"十三五"国家重点出版物出版规划项目

危险化学品安全技术全书

第三版

增补卷

国家安全生产监督管理总局化学品登记中心

中国石油化工股份有限公司青岛安全工程研究院   组织编写

化学品安全控制国家重点实验室

孙万付 主编

郭秀云 翟良云 副主编

化学工业出版社

·北京·

《危险化学品安全技术全书》（第三版）分通用卷、增补卷两卷，是一本有关危险化学品安全管理的技术全书，主要是为全面落实《安全生产法》《危险化学品安全管理条例》等法律法规，根据国家标准《化学品安全技术说明书编写规定》（GB/T 16483—2008）、《化学品安全技术说明书编写指南》（GB/T 17519—2013）的格式和要求编写而成。本书是增补卷，选录的1009种化学品，是目前我国生产、流通量大，最常用的化学品；也是列入我国的一些重要的危险化学品管理名录、目录或标准，危害性大的化学品。每种物质列16大项，分别为化学品标识、危险性概述、成分/组成信息、急救措施、消防措施、泄漏应急处理、操作处置与储存、接触控制/个体防护、理化特性、稳定性和反应性、毒理学信息、生态学信息、废弃处置、运输信息、法规信息和其他信息；大项下又列出若干小项目。

《危险化学品安全技术全书》（第三版）增补卷数据资料系统全面、翔实可靠，可作为危险化学品登记、编制安全技术说明书的指定参考书，亦是化工和石油化工行业从事设计、生产、科研、供销、安全、环保、消防和储运等工作的专业人员必备的工具书。

图书在版编目（CIP）数据

危险化学品安全技术全书：增补卷/国家安全生产监督管理总局化学品登记中心，中国石油化工股份有限公司青岛安全工程研究院，化学品安全控制国家重点实验室组织编写；孙万付主编 . —3 版 . —北京：化学工业出版社，2018.7（2022.8重印）
国家出版基金项目
"十三五"国家重点出版物出版规划项目
ISBN 978-7-122-31937-1

Ⅰ.①危… Ⅱ.①国…②中…③化…④孙… Ⅲ.①化工产品-危险物品管理-安全管理 Ⅳ.①TQ086.5

中国版本图书馆 CIP 数据核字（2018）第 074136 号

责任编辑：杜进祥 郭乃铎 高 震　　　　文字编辑：向 东
责任校对：边 涛　　　　　　　　　　　　装帧设计：韩 飞

出版发行：化学工业出版社（北京市东城区青年湖南街 13 号　邮政编码 100011）
印　装：三河市航远印刷有限公司
880mm×1230mm　1/16　印张 127　字数 5339 千字　2022 年 8 月北京第 3 版第 3 次印刷

购书咨询：010-64518888　　　　　　　　售后服务：010-64518899
网　址：http://www.cip.com.cn
凡购买本书，如有缺损质量问题，本社销售中心负责调换。

定　价：498.00 元　　　　　　　　　　　　　　　　　　版权所有　违者必究

《危险化学品安全技术全书》
（第三版）
编审委员会

《危险化学品安全技术全书》
（第三版）增补卷
编写人员名单

主　　编：孙万付

副 主 编：郭秀云　翟良云

编写人员：

陈金合	陈　军	慕晶霞	郭宗舟	郭　帅	李运才
石燕燕	李　菁	李永兴	纪国峰	孙吉胜	姜　迎
赵学良	张树才	施红勋	刘小萌	刘康炜	黄　飞
方　煜	张金梅	王亚琴	张嘉亮	厉建祥	丁子洋
张　英	刘华炜	王　林	张　海	孔　飞	田　刚
孙旭东	彭湘潍	姜春明	袁纪武	曲福年	蒋　涛
赵永华	刘艳萍	李雪华	于广宇	张广文	侯孝波
曲开顺	杨　猛	孙新鹏	李　健	王禹轩	倪桂才
边　敏	王　锐	朱　鸢	孙青松	龚腊芬	王樟龄

前　言

　　《危险化学品安全技术全书》（以下简称《全书》）第一版1997年出版，第二版2008年出版，被评为"十二五"国家重点图书，2009年荣获中国石油和化学工业协会科技进步奖二等奖。这两版图书出版后，在危险化学品安全管理、化学事故应急救援中发挥了重要作用，均受到了读者的广泛好评。近20年来成为危险化学品登记、编制化学品安全技术说明书（SDS）的指定参考书，亦是化工和石油化工行业从事设计、生产、科研、供销、安全、环保、消防和储运等工作的专业人员必备的工具书。

　　近年来，随着我国危险化学品安全管理力度的不断加强，国家修订了《危险化学品安全管理条例》，采纳了联合国《全球化学品统一分类和标签制度》（GHS），发布了《化学品分类和标签规范》系列标准（GB 30000.2～30000.29—2013），调整了危险化学品分类体系，发布了《危险化学品目录（2015版）》，修订了化学品安全技术说明书标准。为适应安全管理的新要求，尤其是化学品分类体系的变化，《全书》第三版由国家安全生产监督管理总局化学品登记中心、中国石油化工股份有限公司青岛安全工程研究院、化学品安全控制国家重点实验室组织修订，是我们数十年来承担国家科技部、国家安全生产监督管理总局、原化学工业部、中国石化等各类科研课题成果和经验的系统总结。为此，《全书》第三版被列入国家出版基金项目、"十三五"国家重点出版物出版规划项目，并分成通用卷、增补卷两卷出版。

　　根据国家标准《化学品安全技术说明书编写规定》（GB/T 16483—2008）、《化学品安全技术说明书编写指南》（GB/T 17519—2013）的要求，《全书》第三版中"成分/组成信息""危险性概述"内容位置互换，"危险性概述"中危险性类别改为GHS危险性类别，并增加了标签要素信息、对保护施救者的忠告、生物限值、分解温度等信息。根据相关标准的最新修订情况，对职业接触限值、毒理学信息、运输信息、法规信息等部分内容进行了修订和更新。

　　《全书》第三版中各项数据在国内外数十个权威数据库基础上，经反复研究筛选确定，每个项目数据内容的编写，均严格符合SDS国家标准要求。《全书》通用卷、增补卷选录的共2000余种化学品，是目前我国生产量大、流通量大、最常使用的化学品，也是危害性大的化学品，均已列入《危险化学品目录》（2015版），出版后可以有效减轻中小企业编制SDS的负担，预防或者减少各类化学品事故的发生。

　　限于编者的水平，《全书》仍可能存在一些不足之处，敬请读者继续给予批评和指正。

编者

2018 年 2 月

第一版前言

50 年前，全世界的化学品年产量仅有 100 万吨，对于化学品和化工生产过程可能产生的危害还鲜为人知。今天化学品的年产量已超过 4 亿吨，已为人所知的化学品就有 500 万～700 万种之多，在市场上流通的已超过 8 万种，而且每年还有 1000 多种新化学品问世。对化学品这种特殊商品，它的生产和发展确实极大地改善了现代人的生活，但其固有的危险特性也给人类的生存带来了极大的威胁，已引起了世界各国的高度重视。

依靠法律，从信息入手，这是工业国预防和控制化学危害的主要做法和措施。从 70 年代开始，各工业国和国际组织纷纷制订有关法规、标准和公约，旨在强化化学品的管理，减少和预防化学品的危害。国际劳工组织于 1990 年 6 月讨论通过的《作业场所安全使用化学品》170 号公约和 177 号建议书，就是对化学品在生产、搬运、贮存、使用、废物处理和排放等作业过程中可能产生的危害预防和防护问题作出了基本规定，要求会员国批准执行。我国于 1994 年 10 月 27 日第八届全国人大常委会第十二次会议讨论批准了 170 号公约，这表明我国政府对世界劳工组织正式做出承诺，使我国的化学品管理和国际管理体系接轨，按照现行的国际管理模式建立新型的化学品管理体系。为贯彻实施 170 号公约，劳动部和化工部颁布了《工作场所安全使用化学品规定》。按照 170 号公约和《规定》的要求，所有生产和经营化学品的企业，必须进行危险化学品的登记，在包装上加贴安全标签和编印安全技术说明书。为配合这项工作，我们编写了这本《危险化学品安全技术全书》，以飨读者。

《全书》的格式是依据国际标准 "ISO 11014 Safety Data Sheet for Chemical Products" 规定的数据模式，结合国内的实际情况和需要确定的，每种物质列 16 大项，70 余小项，内容包括标识、危险特性、应急与急救、防护、理化特性、燃爆特性、活性反应、毒理学资料、环保资料、运输及储存以及法规信息等，涉及安全、卫生和环境保护三大学科，是国内同类书籍中内容最全、最系统的。

《全书》收录的 1000 种化学品是我国生产、流通量大，最常使用的化学品，也是危害性最大的危险品。

《全书》作为数据源选用的 80 多篇参考文献，大都是专业著作，具有权威性，另外数据资料在采集过程中制订了严格的选评程序，加上专业人员的精心把关，在定稿之前，又经有关专家严格评审，确保了数据资料的质量和可靠性。但《全书》涉及的学科面广，编者水平有限，错漏之处在所难免，敬请广大读者予以批评指正。

《全书》在编审过程中得到了化工部技术监督司、劳动部职安局、公安部消防局等单位的指导和大力支持，化工部安全卫生信息中心刘君汉、冯裕庭、龚腊芬、王平等同志提供了部分数据资料，在此一并表示感谢。

编者

1997 年 6 月

第二版前言

《危险化学品安全技术全书》（以下简称《全书》）于 1997 年由化学工业出版社出版。《全书》的出版，为我国危险化学品生产、使用、储存、运输、经营、废弃等各环节的安全管理及危害控制、化学事故应急救援提供了重要的参考数据源，对我国全面落实《安全生产法》、《危险化学品安全管理条例》等法律法规，发挥了一定作用，受到了读者的广泛好评。

随着我国对危险化学品安全管理的力度不断加强，国家有关部门相继出台和修订了一系列危险化学品的管理法规和标准，国内外有关危险化学品的安全技术、毒理、健康危害和环境影响方面的科学技术研究也有了长足发展。为反映这些新变化和新技术成果，适应管理部门和企业对危险化学品安全管理和技术的新需求，我们决定对 1997 年版《全书》进行全面修订，形成本书。

本书的格式及项目设置，基本依据了国家标准《化学品安全技术说明书编写规定》（GB 16483），个别项目略有变动。每种物质列 16 大项，分别为化学品标识、成分与组成信息、危险性概述、急救措施、消防措施、泄漏应急处理、操作处置与储存、接触控制与个体防护、理化特性、稳定性和反应性、毒理学资料、生态学资料、废弃处置、运输信息、法规信息和其他信息；大项下又列出若干小项目，共 70 余项。每个项目数据内容的编写，也参照了《化学品安全技术说明书编写规定》（GB 16483）的有关要求。

为了保证本书数据的科学性、可信性，能够反映所涉及学科的最新研究成果，编者对 1997 年版《全书》参考数据源进行了论证和调整，引进了一些所涉及学科的目前国际上公认的权威数据库，国内外最新出版的权威专著等。

本书收录的化学品，是目前我国生产、流通量大，最常用的化学品；也是列入我国的一些重要的危险化学品管理名录、目录或标准，危害性大的化学品。相信本书的出版，会为从事危险化学品安全管理和安全技术研究的工作者，提供一本数据资料更加可靠，更为实用的专业参考工具书。今后根据形势的需要，我们会继续筛选化学品，搜集相关资料，陆续出版，以飨读者。

限于编者的水平，本书仍可能存在一些不足之处，敬请读者继续给予批评和指正。

编者

2007 年 8 月

目 录

编写和使用说明

Ⅰ. 项目解释和编写说明

一、化学品标识

包括下列项目：

（1）**化学品中文名** 化学品的中文名称。命名基本上是依据中国化学会 1980 年推荐使用的《有机化学命名原则》和《无机化学命名原则》进行的。农药通用名称按照 GB 4839 填写。

（2）**化学品英文名** 化学品的英文名称。命名是按国际通用的 IUPAC（International Union of Pure & Applied Chemistry）推荐使用的命名原则进行的。农药通用名称按照 ISO 1750 填写。

（3）**分子式** 指用元素符号表示的物质分子的化学成分。排列的规定为：有机化合物先按 C，H 顺序排列，其余按英文字顺排列；有机金属化合物把有机基团写在前，金属离子及络合水写在后；无机物按常规形式排列。

（4）**分子量** 指单质或化合物分子的相对质量，等于分子中各原子的原子量总和。

（5）**结构式** 用元素符号相互连接，表示出化合物分子中原子排列和结合方式的式子。

（6）**化学品的推荐及限制用途** 大多数化学品的用途很广泛，此处只列举化工方面的主要用途。

二、危险性概述

（1）**紧急情况概述** 紧急情况概述描述在事故状态下化学品可能立即引发的严重危害，以及可能具有严重后果需要紧急识别的危害。

（2）**GHS 危险性类别** 指按照 GHS 原则根据化学品固有危险特性划分的类别。本书依据《化学品分类和危险性公示 通则》（GB 13690—2009）和《化学品分类和标签规范》系列标准（GB 30000.2～30000.29—2013）对化学品进行危险性分类。对于本书中已列入《危险化学品目录（2015 版）》的化学品，其符合危险化学品确定原则的危险性类别，采用了《危险化学品目录（2015 版）实施指南（试行）》中的危险性分类类别。

（3）**标签要素** 统一用于标签上的一类信息，包括象形图、警示词、危险性说明、防范说明等。编写时依据《化学品分类和标签规范》系列标准（GB 30000.2～30000.29—2013）。

（4）**物理和化学危险** 简要描述化学品潜在的物理和化学危险性，主要是燃烧爆炸危险性。

（5）**健康危害** 简要描述化学毒物经不同途径侵入机体后引起的急慢性中毒的典型临床表现，以及毒物对眼睛和皮肤等直接接触部位的损害作用。很少涉及化验和特殊检查所见。对一些无人体中毒资料或人体中毒资料较少的毒物，以动物实验资料补充。

（6）**环境危害** 简要描述化学品对环境的危害。

三、成分/组成信息

（1）**组分名称** 如为纯品，直接标出名称；若该物质为混合物，标出其主要组分及其浓度或浓度范围。

（2）**CAS 号** CAS 是 Chemical Abstract Service 的缩写。CAS 号是美国化学文摘社对化学物质登录的检索服务号。该号是检索化学物质有关信息资料最常用的编号。

四、急救措施

（1）根据化学品的不同接触途径，按照**吸入**、**皮肤接触**、**眼睛接触**和**食入**的顺序，分别描述相应的急救措施。如果存在除中毒、化学灼伤外必须处置的其他损伤（例如低温液体引起的冻伤，固体熔融引起的烧伤等），也应说明相应的急救措施。

在现场急救中应重点注意以下几个问题：①施救者要做好个体防护，佩戴合适的防护器具。②迅速将患者移至空气新鲜处，松开衣领和腰带，取出口中义齿和异物，保持呼吸道通畅。呼吸困难和有紫绀者给吸氧，注意保暖。③如有呼吸心跳停止者，应立即在现场进行人工呼吸和胸外心脏按压术，一般不要轻易放弃。对氰化物等剧毒物质中毒者，不要进行口对口人工呼吸。④某些毒物中毒的特殊解毒剂，应在现场即刻使用，如氰化物中毒，应吸入亚硝酸异戊酯。⑤皮肤接触强腐蚀性和易经皮肤吸收引起中毒的物质时，要迅速脱去污染的衣着，立即用大量流动清水或肥皂水彻底清洗，清洗时应注意头发、手足、指甲及皮肤皱褶处，冲洗时间不少于 15min。⑥眼睛受污染时，用生理盐水或流动清水彻底冲洗。对强刺激和腐蚀性物质冲洗时间 5～10min。冲洗时应将眼睑提起，注意将结膜囊内的化学物质全部冲出，要边冲洗边转动眼球。⑦口服中毒患者应首先催吐，尤其是 $LD_{50}<200mg/kg$ 且能被快速吸收的毒物，应立即催吐。在催吐前给饮水 500～600mL（空胃不易引吐），然后用手指或钝物刺激舌根部和咽后壁，即可引起呕吐。催吐要反复数次，直至呕吐物纯为饮入的清水为止。为防止呕吐物呛入气道，患者应取侧卧、头低体位。以下情况禁止催吐：意识不清的患者，或预计半小时内会出现意识障碍的患者；吞服强酸、强碱等腐蚀性毒物者；吞服低黏度有机溶剂，一旦呕吐物呛入呼吸道可造成吸入性肺炎，也不能催吐。对于口服中毒应否催吐，本书主要以《国际化学品安全卡》的提法为依据。⑧迅速将患者送往就近医疗部门做进一步检查和治疗。在护送途中，应密切观察呼吸、心跳、脉搏等生命体征；某些急救措施，如输氧、人工心肺复苏术等亦不能中断。

（2）**对保护施救者的忠告** 必要时，应就施救人员的自我保护提出建议。

（3）**对医生的特别提示** 适当时，应就迟发性效应的临床检查和医学监护、特殊解毒剂的使用及禁忌证、药品禁忌等作出说明。

五、消防措施

（1）**灭火剂** 主要介绍化学品发生火灾后或化学品处于火场情况下，灭火时可选用的灭火剂及禁止使用的灭火剂。部分化学品火灾适用灭火剂的选用参见 GB 17914、GB 17915 和 GB 17916。

（2）**特别危险性** 本项应提供在火场中化学品可能引起的特别危害方面的信息。包括：①燃烧性，包括易燃、可燃、不燃、助燃等；②与空气混合能否形成爆炸性混合物；③遇明火、高热、火花、撞击、摩擦等的反应性；④描述化学品燃烧后产生的主要有害产物等。

（3）**灭火注意事项及防护措施** 描述灭火过程中应注意的有关事项，主要包括：①消防人员应配备的个人防护设备，如全身消防防护服、防火防毒服、防护靴、空气呼吸器等；②灭火过程中对火场容器的冷却与处理措施；③灭火过程中发生异常情况时消防人员应采取的安全、紧急避险措施。

六、泄漏应急处理

在化学品的生产、储运和使用过程中，常常发生一些意外的破裂、倒洒等事故，造成危险化学品的外漏，需要采取简单有效的应急措施和消除方法来消除或减小泄漏危害，即泄漏应急处理。

（1）**作业人员防护措施、防护装备和应急处置程序** 包括消除点火源，疏散无关人员，隔离泄漏污染区等。如果泄漏物是易燃物，则必须首先消除泄漏污染区域的点火源。是否疏散和隔离，视泄漏物毒性和泄漏量的大小而定。给出了呼吸系统（呼吸器）和皮肤（防护服）的防护，但并未给出防护级别，所以实际应用时应根据具体情况，选择适当的防护用品。至于手、脚等部位的防护，可参阅"接触控制与个体防护"部分。

（2）**环境保护措施** 介绍了在泄漏事故处理过程中应注意的事项及如何避免泄漏物对周围环境带来的潜在危害。

（3）**泄漏化学品的收容、清除方法及所使用的处置材料** 主要根据物质的物态（气、液、固）及其危险性（燃爆特性、毒性）给出具体的处置方法。本书中所谓的小量泄漏是指单个小包装（小于208L）、小钢瓶的泄漏或大包装（大于 208L）的滴漏；大量泄漏是指多个小包装或大包装的泄漏。

①气体泄漏物 应急人员能做的仅是止住泄漏。如果可能的话，用合理通风和喷雾状水等方法消除其潜在影响。

②液体泄漏物 在保证安全的前提下切断泄漏源。采用适当的收容方法、覆盖技术和转移工具消除泄漏物。

③固体泄漏物 用适当的工具收集泄漏物。

七、操作处置与储存

主要是指化学品操作处置和安全储存方面的信息资料。包括操作处置作业中的安全注意事项、安全储存条件和注意事项。

（1）**操作注意事项** 包括操作时的工程控制、人员防护、防火防爆要求、分装注意事项、搬运注意事项。

（2）**储存注意事项** 包括储存的基本条件和要求、注意事项、禁忌物、防火防爆要求等。数据的采集分两个层次：一是按照物质的特性提出基本的注意事项，如易燃物的防火防爆、防静电，活泼金属的惰性保护，易聚合物质的加阻聚剂和隔绝空气，禁水物质的防潮，剧毒物品实行双人收发、双人保管制度等问题都做了强调；二是按类分层次的统一处理，尽量做到同一物质数据相近。

其中，储存温度与湿度主要根据《常用化学危险品贮存通则》（GB 15603—1995）、《易燃易爆性商品储存养护技术条件》（GB 17914—2013）、《腐蚀性商品储存养护技术条件》（GB 17915—2013）、《毒害性商品储存养护技术条件》（GB 17916—2013）等国家标准编写。

八、接触控制/个体防护

（1）**职业接触限值** 是对接触职业有害因素（如化学、生物和物理因素）所规定的容许（可接受的）接触水平，即限量标准。目前，各国家机构或团体所制定的车间空气中化学物质的职业接触限值的类型各不相同。本书采用的化学物质的职业接触限值为：

① 《工作场所有害因素职业接触限值 第1部分：化学有害因素》（GBZ 2.1—2019）

a. 时间加权平均容许浓度（PC-TWA） 指以时间为权数规定的8h工作日、40h工作周的平均容许接触水平。用 mg/m³ 表示。

b. 最高容许浓度（MAC） 指工作地点、在一个工作日内、任何时间有毒物质均不应超过的浓度。用 mg/m³ 表示。

c. 短时间接触容许浓度（PC-STEL） 在遵守 PC-TWA 前提下容许短时间（15min）接触的浓度。用 mg/m³ 表示。

② 美国政府工业卫生学家会议（ACGIH） 阈限值（TLV）

a. 时间加权平均阈限值（TLV-TWA） 是指每日工作8h或每周工作40h的时间加权平均浓度，在此浓度下反复接触对几乎全部工人都不致产生不良效应。单位为 mg/m³ 或 ppm。

b. 短时间接触阈限值（TLV-STEL） 是在保证遵守 TLV-TWA 的情况下，容许工人连续接触15min的最大浓度。此浓度在每个工作日中不得超过4次，且两次接触间隔至少60min。它是 TLV-TWA 的一个补充。单位为 mg/m³ 或 ppm。

c. 阈限值的峰值（TLV-C） 瞬时亦不得超过的限值。是专门对某些物质如刺激性气体或以急性作用为主的物质规定的。单位为 mg/m³ 或 ppm。

（2）**生物接触限值** 列出物质或混合物组分的生物限值。

（3）**监测方法** 工作场所空气中有害物质（毒物和粉尘）的检测方法数据取自《工作场所空气有毒物质测定方法》系列标准（GBZ/T 160）。生物监测检验方法数据取自国内已发布的有关生物监测检验方法标准。

（4）**工程控制** 描述作业场所为预防和控制化学品危害所采取的工程控制方法，主要包括生产过程的密闭、通风和隔离措施，不特指工业生产过程的自动化控制。

（5）**个体防护装备** 个体防护装备的使用应与其他控制措施（包括通风、密闭和隔离等）相结合，以将化学品接触引起疾患和损伤的可能性降至最低。个体防护装备的选择，应符合国家或行业的相关标准。包括：GB/T 11651、GB/T 18664 和 GBZ/T 195 等。

① 呼吸系统防护 描述为防止有害化学品通过呼吸系统进入体内而选用的防护用品。数据采集时主要考虑了作业人员与化学品的接触形式、化学品的性质及对人体的危害程度、防护用品的防护能力等。与化学品的接触形式主要包括正常作业时、空气中浓度超标时（或空气中浓度较高时）、高浓度环境中、非正常情况时（紧急事态抢救或撤离时）的接触等。

② 眼睛防护 指为保护眼睛免受化学品侵害而选用的防护用具。主要包括：化学安全防护眼镜、安全面罩、安全防护眼镜、安全护目镜、安全防护面罩等。

③ 皮肤和身体防护 描述为避免皮肤受到化学品侵害而选用的防护用品。根据化学品的性质、可能接触的浓度大小可选择：胶布防毒衣、橡胶防护服、防毒物渗透工作服、透气型防毒服、一般作业

防护服等。

④ **手防护** 描述作业时主要选用的各种防护手套，如橡胶手套、乳胶手套、耐酸碱手套、防化学品手套、一般作业防护手套等。

九、理化特性

（1）**外观与性状** 是对化学品外观和状态的直观描述。主要包括常温常压下该物质的颜色、气味和存在的状态。同时还采集了一些难以分项的性质，如潮解性、挥发性等。

（2）**pH 值** 表示氢离子浓度的一种方法。其定义是氢离子活度的常用对数的负值。

（3）**熔点** 晶体溶解时的温度称为熔点。一般情况填写常温常压的数值，特殊条件下得到的数值，标出技术条件。

（4）**沸点** 在 101.3kPa 大气压下，物质由液态转变为气态的温度称为沸点。一般填写常温常压的沸点值，若不是在 101.3kPa 大气压下得到的数据或者该物质直接从固态变成气态（升华），或者在溶解（或沸腾）前就发生分解的，则在数据之后用"（ ）"标出技术条件。

（5）**相对密度（水＝1）** 在给定的条件下，某一物质的密度与参考物质（水）密度的比值。填写 20℃时物质的密度与 4℃时水的密度比值。

（6）**相对蒸气密度（空气＝1）** 在给定的条件下，某一物质的蒸气密度与参考物质（空气）密度的比值。填写 0℃时物质的蒸气与空气密度的比值。

（7）**饱和蒸气压** 在一定温度下，于真空容器中纯净液体与蒸气达到平衡量时的压力。用 kPa 表示，并标明温度。

（8）**燃烧热** 在标准状态下，1mol 物质与氧进行完全燃烧时生成最稳定化合物后的化学反应热（即反应过程的焓差）称为该物质的标准燃烧热，简称燃烧热，用 kJ/mol 表示。燃烧热数值带负号，意指该反应是放热的。

（9）**临界温度** 物质处于临界状态时的温度。就是加压后使气体液化时所允许的最高温度，用℃表示。

（10）**临界压力** 物质处于临界状态的压力。就是在临界温度时使气体液化所需要的最小压力，也就是液体在临界温度时的饱和蒸气压，用 MPa 表示。

（11）**辛醇/水分配系数** 当一种物质溶解在辛醇/水的混合物中时，该物质在辛醇和水中浓度的比值称为分配系数（K_{ow}），通常以 10 为底的对数形式（lgK_{ow}）表示。辛醇/ 水分配系数是用来预计一种物质在土壤中的吸附性、生物吸收、亲脂性储存和生物富集的重要参数。

（12）**闪点** 指在规定的条件下，试样被加热到它的蒸气与空气的混合气体接触火焰时，能产生闪燃的最低温度。闪点有开杯和闭杯两种值，书中的开杯值用（OC）标注，闭杯值用（CC）标注。闪点是评价液体物质燃爆危险性的重要指标，闪点越低，燃爆危险性越大。

（13）**自燃温度** 是指物质在没有火焰、火花等火源作用下，在空气或氧气中被加热而引起燃烧的最低温度。

从机理可知，自燃温度是一个非物理常数，它受各种因素的影响，如可燃物浓度、压力、反应容器、添加剂等。自燃温度越低，则该物质的燃爆危险性越大。

（14）**爆炸极限** 易燃和可燃气体、液体蒸气、固体粉尘与空气形成混合物，遇火源即能发生燃烧爆炸的最低浓度，称为该气体、蒸气或粉尘的爆炸下限；同时，易燃和可燃气体、蒸气或粉尘与空气形成混合物，遇火源即能发生燃烧爆炸的最高浓度，称为爆炸上限。上下限之间的浓度范围称为爆炸范围。爆炸极限通常用可燃气体或蒸气在混合气中的体积分数（％）表示，粉尘的爆炸极限用 mg/m³表示。

爆炸极限是评价可燃气体、蒸气或粉尘能否发生爆炸的重要参数，爆炸下限越低，爆炸极限范围越宽，则该物质的爆炸危险性越大。

（15）**分解温度** 指处于黏流态的聚合物当温度进一步升高时，便会使分子链的降解加剧，升至使聚合物分子链明显降解时的温度。

（16）**黏度** 液体或半流体流动难易的程度。流动越难的物质，其黏度越大，如胶水、糨糊等都是黏度较大的物质。将两块面积为 $1m^2$ 的板浸于液体中，两板距离为 $1m$，若加 $1N$ 的切应力，使两板之间的相对速率为 $1m/s$，则此液体的黏度为 $1Pa \cdot s$。黏度除以密度可以得出运动黏度，运动黏度是判定物质吸入危害的一个关键参数。

（17）**溶解性** 指在常温常压下该物质在溶剂中的溶解性，分别用混溶、易溶、溶于、微溶等表示其溶解程度。

十、稳定性和反应性

（1）**稳定性** 是指某化学品常温常压下是否能稳定存在。

（2）**危险反应** 该化学品与某些物质混合或接触时，可能会发生燃烧爆炸或其他化学反应，酿成灾害。

（3）**避免接触的条件** 指常温常压下化学品比较敏感的外界条件，一般包括受热、光照、接触空气和潮气 4 个方面。

（4）**禁配物** 是指与该化学品在化学性质上相抵触的物质，该化学品与这些物质混合或接触时，可能会发生燃烧爆炸或其他化学反应，酿成灾害。

（5）**危险的分解产物** 定性描述化学品在分解时可能产生的有害产物。

十一、毒理学信息

毒理学资料包括化学毒物的急性毒性、皮肤刺激或腐蚀、眼睛刺激或腐蚀、呼吸或皮肤过敏、生殖细胞突变性、致癌性、生殖毒性、特异性靶器官系统毒性--一次接触、特异性靶器官系统毒性-反复接触、吸入危害。大部分数据录自化学物质毒性效应登记数据库（RTECS）。

（1）**急性毒性** 选用的急性毒性指标为半数致死剂量或浓度（LD_{50} 或 LC_{50}），即引起受试动物半数死亡的剂量或浓度。LD_{50} 或 LC_{50} 的值愈小，毒物的毒性愈大。此值是将动物实验所得的数据经统计处理而得，与其他急性毒性指标相比有更高的重现性。目前各国对毒物进行急性毒性分级多采用该项指标。

（2）**皮肤刺激或腐蚀** 为化学品对动物皮肤的刺激性实验数据。刺激强度分轻度、中度和重度。

（3）**眼睛刺激或腐蚀** 为化学品对动物眼睛的刺激性实验数据。刺激强度分轻度、中度和重度。

（4）**呼吸或皮肤过敏** 指引起呼吸道或皮肤过敏症状。考虑人类证据和动物实验阳性结果，如豚鼠最大值实验、局部淋巴结实验等。

（5）**生殖细胞突变性** 指该化学品具有引起人类生殖细胞发生可传播给后代的突变的能力，而且此种改变可随同细胞分裂过程而传递。以鼠伤寒沙门氏菌回复突变试验（亦称 Ames 试验）、微核试验、染色体畸变试验数据为主，适当收录大鼠、小鼠、人及其他试验数据。

（6）**致癌性** 采用国际癌症研究中心（IARC）专家小组的评定结论。分为五类，G1 确认人类致癌物，G2A 可能人类致癌物，G2B 可疑人类致癌物，G3 现有的证据不能对人类致癌性进行分类，G4 对人类可能是非致癌物。

（7）**生殖毒性** 指对成年雄性和雌性性功能和生育能力的有害影响，以及对后代的发育毒性。收录该化学品是否有生殖毒性的实验结果，可用最低中毒剂量（TDLo）或最低中毒浓度（TCLo）表示。

（8）**特异性靶器官系统毒性-一次接触** 指一次接触而产生特异性、非致命性靶器官毒性的描述。如甲醇一次接触后致失明的毒性效应。

（9）**特异性靶器官系统毒性-反复接触** 主要收录动物经亚急性和慢性染毒后的毒作用表现及组织病理学检查所见。

（10）**吸入危害** 指液态或固态化学品通过口腔或鼻腔直接进入或者因呕吐间接进入气管和下呼吸系统。如呛吸油品引起的吸入性肺炎等。

十二、生态学信息

（1）**生态毒性** 说明该化学品在一定剂量时对环境生态的各种生物造成的危害，并说明造成危害的程度。表示方法有 LC_{50}，LD_{50}，IC_{50}（半数抑制浓度），EC_{50}（半数效应浓度）和 TLm（半数耐受量）。

（2）**持久性和降解性**

① **生物降解性**　是指有机物质通过活生物（通常是微生物，特别是细菌）的作用所进行的分解。此处提到的好氧生物降解和厌氧生物降解都是在水体中生物降解。COD 是指化学需氧量；BOD 是指生化需氧量或生化耗氧量；MITI 测试是指日本通商产业省试验。

② **非生物降解性**　说明该化学品是否具有非生物降解性，如：光解、水解。

（3）**潜在的生物累积性**　指生物机体或处于同一营养级的许多生物种群，从周围环境，特别是水介质中蓄积某种元素或难分解的化合物，使生物体内物质浓度超过环境中的浓度的现象。此处用生物浓缩系数（BCF）来表示。

（4）**土壤中的迁移性**　是指排放到环境中的物质或混合物组分在自然力的作用下迁移到地下水或排放地点一定距离以外的潜力。如能获得，应提供物质或混合物组分在土壤中迁移性方面的信息。物质或混合物组分的迁移性可经由相关的迁移性研究确定，如吸附研究或淋溶作用研究。吸附系数值（K_{oc}值）可通过 K_{ow} 推算；淋溶和迁移性可利用模型推算。

十三、废弃处置

包括三部分内容：废弃化学品、污染包装物、废弃注意事项。是指对无使用价值的化学品及其包装物进行无害化的最后处理方法，如焚烧炉焚烧、化学反应等方法，视具体物质而定。提请下游用户注意国家和地方有关废弃化学品的处置法规。

十四、运输信息

（1）**联合国危险货物编号**　提供联合国《关于危险货物运输的建议书　规章范本》（以下简称《规章范本》）中的联合国危险货物编号（即物质或混合物的 4 位数字识别号码）。见《危险货物品名表》（GB 12268—2012）（以下简称 GB 12268）。

（2）**联合国运输名称**　提供联合国《规章范本》中的联合国危险货物运输名称。见 GB 12268。

（3）**联合国危险性类别**　提供联合国《规章范本》中根据物质或混合物的最主要危险性划定的物质或混合物的运输危险性类别（和次要危险性）。见 GB 12268。

（4）**包装类别**　根据危险性大小确定的包装级别。见 GB 12268。

（5）**包装标志**　是指标示危险货物危险性的图形标志，见危险货物包装标志（GB 190—2009）。

（6）**海洋污染物**　根据物质或混合物是否满足《国际海运危险货物规则》海洋污染物的判定标准，填写是或否。海洋污染物的判定标准为：GHS 分类满足危害水生环境-急性危害，类别 1；危害水生环境-长期危害，类别 1；危害水生环境-长期危害，类别 2。

（7）**运输注意事项**　为使用者提供应该了解或遵守的其他与运输或运输工具有关的特殊防范措施方面的信息，包括：①对运输工具的要求；②消防和应急处置器材配备要求；③防火、防爆、防静电等要求；④禁配要求；⑤行驶路线要求；⑥其他运输要求。

十五、法规信息

本栏目主要提供有关危险化学品管理方面的法规和标准资料。

十六、其他信息

按照《化学品安全技术说明书编写规定》（GB/T 16483—2008）、《化学品安全技术说明书编写指南》（GB/T 17519—2013）的要求，本项目可提供对安全有重要意义的信息，如编写和修订信息、缩略语和首字母缩写、培训建议、参考文献、免责声明等。

Ⅱ. 有关问题的说明

（1）**"职业接触限值"栏目中有关［　］注释**

① 限值后有［皮］标记者为除经呼吸道吸收外，尚易经皮肤吸收的有毒物质。

② 除［皮］标记外限值后又有［　］者，如氟化氢及氟化物限值后的［F］，重铬酸盐限值后的［CrO_3］，表示该物质的职业接触限值应按［　］内物质计算。如氟化氢及氟化物换算成 F，重铬酸盐换算成 CrO_3 等。

（2）**计量单位的使用**　本书使用法定计量单位。为了读者使用方便，书中保留了一些有关专业中少量经常使用的单位，如 ppm，ppb 等。

d	天（日）	h	小时	min	分
s	秒	m^3	立方米	kg	千克（公斤）
m	米	cm^3	立方厘米	g	克
mm	毫米	L	升	mg	毫克
μm	微米	ml	毫升	μg	微克

Pa　帕斯卡，压力单位，表示气压和液压，1atm＝101325Pa

kPa　千帕斯卡

MPa　兆帕斯卡

mg(g)/kg　每千克体重给予化学物质的质量［毫克（克）］（用以表示剂量）；每千克介质中含有化学物质的质量［毫克（克）］（用以表示含量或浓度）

mg(g)/m^3　每立方米空气中含化学物质的质量［毫克（克）］（表示化学物质在空气中的浓度）

ppm　百万分之一，10^{-6}

ppb　十亿分之一，10^{-9}

吖啶

第一部分　化学品标识

化学品中文名　吖啶；二苯并吡啶；10-氮（杂）蒽
化学品英文名　acridine；10-azaanthracene
分子式　$C_{13}H_9N$　分子量　179.2173
结构式　

化学品的推荐及限制用途　用于染料、药物的合成，如制备杀菌剂等

第二部分　危险性概述

紧急情况概述　吞咽有害
GHS危险性类别　急性毒性-经口，类别4；危害水生环境-急性危害，类别1；危害水生环境-长期危害，类别1
标签要素

象形图

警示词　警告
危险性说明　吞咽有害，对水生生物毒性非常大并具有长期持续影响
防范说明
　　预防措施　避免接触眼睛、皮肤，操作后彻底清洗。作业场所不得进食、饮水或吸烟。禁止排入环境
　　事故响应　食入：如果感觉不适，立即呼叫中毒控制中心或就医，漱口。收集泄漏物
　　安全储存　—
　　废弃处置　本品及内装物、容器依据国家和地方法规处置
物理和化学危险　可燃，其粉体与空气混合，能形成爆炸性混合物
健康危害　对皮肤、黏膜有强烈刺激性。引起眼睑水肿、结膜炎、喉炎、支气管炎及哮喘发作。皮肤接触后，引起剧痒，皮肤黏膜有时可发生严重炎症，对皮肤有光敏感作用。严重中毒者可有呼吸加速、血压升高
环境危害　对水生生物毒性非常大并具有长期持续影响

第三部分　成分/组成信息

√ 物质　　　　　　　　　　混合物

组分	浓度	CAS No.
吖啶		260-94-6

第四部分　急救措施

吸入　迅速脱离现场至空气新鲜处。保持呼吸道通畅。如呼吸困难，给输氧。如呼吸、心跳停止，立即进行心肺复苏术。就医
皮肤接触　立即脱去污染的衣着，用流动清水彻底冲洗。就医
眼睛接触　立即分开眼睑，用流动清水或生理盐水彻底冲洗。就医
食入　漱口，饮水。就医
对保护施救者的忠告　根据需要使用个人防护设备
对医生的特别提示　对症处理

第五部分　消防措施

灭火剂　用雾状水、泡沫、干粉、二氧化碳、砂土灭火
特别危险性　遇明火能燃烧。受高热分解放出有毒的气体。粉体与空气可形成爆炸性混合物，当达到一定浓度时，遇火星会发生爆炸
灭火注意事项及防护措施　消防人员必须佩戴防毒面具、穿全身消防服，在上风向灭火。尽可能将容器从火场移至空旷处。喷水保持火场容器冷却，直至灭火结束

第六部分　泄漏应急处理

作业人员防护措施、防护装备和应急处置程序　消除所有点火源。隔离泄漏污染区，限制出入。建议应急处理人员戴防尘口罩，穿防毒、防静电服。穿上适当的防护服前严禁接触破裂的容器和泄漏物。尽可能切断泄漏源
环境保护措施　用塑料布覆盖泄漏物，减少飞散
泄漏化学品的收容、清除方法及所使用的处置材料　勿使水进入包装容器内。用洁净的铲子收集泄漏物，置于干净、干燥、盖子较松的容器中，将容器移离泄漏区

第七部分　操作处置与储存

操作注意事项　密闭操作，提供充分的局部排风。操作人员必须经过专门培训，严格遵守操作规程。建议操作人员佩戴防尘面具（全面罩），穿胶布防毒衣，戴橡胶手套。远离火种、热源，工作场所严禁吸烟。使用防爆型的通风系统和设备。避免产生粉尘。避免与氧化剂、酸类接触。搬运时要轻装轻卸，防止包装及容器损坏。配备相应品种和数量的消防器材及泄漏应急处理设备。倒空的容器可能残留有害物
储存注意事项　储存于阴凉、通风的库房。远离火种、热源。库温不超过35℃，相对湿度不超过80%。应与氧化剂、酸类、食用化学品分开存放，切忌混储。配备相应品种和数量的消防器材。储区应备有合适的材料收容泄漏物

第八部分　接触控制/个体防护

职业接触限值
　中国　未制定标准
　美国（ACGIH）　未制定标准
生物接触限值　未制定标准
监测方法　空气中有毒物质测定方法：未制定标准。生物监测检验方法：未制定标准
工程控制　严加密闭，提供充分的局部排风。提供安全淋浴和洗眼设备

个体防护装备

呼吸系统防护 可能接触其粉尘时，必须佩戴防尘面具（全面罩）。紧急事态抢救或撤离时，应该佩戴空气呼吸器

眼睛防护 呼吸系统防护中已作防护

皮肤和身体防护 穿密闭型防毒服

手防护 戴橡胶手套

第九部分 理化特性

外观与性状 无色斜方片状或针状结晶，有辛辣气味

pH 值 无意义　　　熔点(℃) 107～110

沸点(℃) 346　　　相对密度(水=1) 无资料

相对蒸气密度(空气=1) 无资料

饱和蒸气压(kPa) 1.33（184℃）

临界压力(MPa) 无资料　　辛醇/水分配系数 3.4

闪点(℃) 无资料　　　自燃温度(℃) 无资料

爆炸下限(%) 无资料　　爆炸上限(%) 无资料

分解温度(℃) 无资料　　黏度(mPa·s) 无资料

燃烧热(kJ/mol) 无资料　临界温度(℃) 无资料

溶解性 微溶于热水，易溶于乙醇、乙醚、苯、二硫化碳等

第十部分 稳定性和反应性

稳定性 稳定

危险反应 与酸类、酰基氯、酸酐、氯仿、强氧化剂等禁配物发生反应

避免接触的条件 无资料

禁配物 酸类、酰基氯、酸酐、氯仿、强氧化剂

危险的分解产物 氮氧化物

第十一部分 毒理学信息

急性毒性 LD_{50}：2000mg/kg（大鼠经口）；500mg/kg（小鼠经口），400mg/kg（小鼠皮下）

皮肤刺激或腐蚀 无资料　眼睛刺激或腐蚀 无资料

呼吸或皮肤过敏 无资料　生殖细胞突变性 无资料

致癌性 无资料　　　生殖毒性 无资料

特异性靶器官系统毒性-一次接触 无资料

特异性靶器官系统毒性-反复接触 无资料

吸入危害 无资料

第十二部分 生态学信息

生态毒性 LC_{50}：2.242mg/L（96h）（鱼类）。EC_{50}：2.055mg/L（48h）（溞类）。EC_{50}：0.08mg/L（96h）（藻类）

持久性和降解性
　生物降解性 不易生物降解
　非生物降解性 无资料

潜在的生物累积性 根据 K_{ow} 值预测，该物质的生物累积性可能较弱

土壤中的迁移性 根据 K_{oc} 值预测，该物质可能有一定的迁移性

第十三部分 废弃处置

废弃化学品 建议用焚烧法处置。焚烧炉排出的氮氧化物通过洗涤器除去

污染包装物 将容器返还生产商或按照国家和地方法规处置

废弃注意事项 处置前应参阅国家和地方有关法规

第十四部分 运输信息

联合国危险货物编号（UN 号） 2713

联合国运输名称 吖啶

联合国危险性类别 6.1

包装类别 Ⅲ　　　　包装标志

海洋污染物 否

运输注意事项 运输前应先检查包装容器是否完整、密封，运输过程中要确保容器不泄漏、不倒塌、不坠落、不损坏。严禁与酸类、氧化剂、食品及食品添加剂混运。运输途中应防暴晒、雨淋，防高温

第十五部分 法规信息

下列法律、法规、规章和标准，对该化学品的管理作了相应的规定。

中华人民共和国职业病防治法 职业病分类和目录：未列入

危险化学品安全管理条例 危险化学品目录：列入。易制爆危险化学品名录：未列入。重点监管的危险化学品名录：未列入。GB 18218—2009《危险化学品重大危险源辨识》（表1）：未列入

使用有毒物品作业场所劳动保护条例 高毒物品目录：未列入

易制毒化学品管理条例 易制毒化学品的分类和品种目录：未列入

国际公约 斯德哥尔摩公约：未列入。鹿特丹公约：未列入。蒙特利尔议定书：未列入

第十六部分 其他信息

编写和修订信息 缩略语和首字母缩写

培训建议 参考文献

免责声明

艾氏剂

第一部分 化学品标识

化学品中文名 艾氏剂；六氯-六氢-二亚甲基萘；化合物-118；1,2,3,4,10,10-六氯-1,4,4a,5,8,8a-六氢-1,4,5,8-桥，挂-二甲撑萘

化学品英文名 Aldrin aldrite；hexachlorohexahydrodimethanonapthalene

分子式 $C_{12}H_8Cl_6$　分子量 364.91

结构式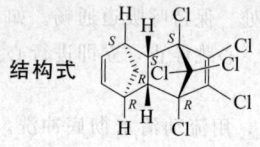

化学品的推荐及限制用途　用作杀虫剂

第二部分　危险性概述

紧急情况概述　吞咽致命，皮肤接触会中毒

GHS危险性类别　急性毒性-经口，类别2；急性毒性-经皮，类别3；特异性靶器官毒性-反复接触，类别1；危害水生环境-急性危害，类别1；危害水生环境-长期危害，类别1

标签要素

象形图　

警示词　危险

危险性说明　吞咽致命，皮肤接触会中毒，长时间或反复接触对器官造成损伤，对水生生物毒性非常大并具有长期持续影响

防范说明

预防措施　避免接触眼睛、皮肤，操作后彻底清洗。作业场所不得进食、饮水或吸烟。戴防护手套、穿防护服。避免吸入粉尘。禁止排入环境

事故响应　皮肤接触：用大量肥皂水和水清洗，如感觉不适，呼叫中毒控制中心或就医，立即脱去所有被污染的衣服。被污染的衣服必须经洗净后方可重新使用。食入：立即呼叫中毒控制中心或就医，漱口。收集泄漏物

安全储存　上锁保管

废弃处置　本品及内装物、容器依据国家和地方法规处置

物理和化学危险　可燃，其粉体与空气混合，能形成爆炸性混合物

健康危害　皮肤吸收为主要侵入途径。主要引起中枢神经系统损害。中毒后发生头痛、恶心、呕吐、眩晕、四肢肌肉痉挛、共济失调。重症出现中枢性发热，全身性抽搐，多呈强直性阵挛性抽搐，可反复发作，并出现昏迷。吸入本品还可发生肺水肿、肝肾功能异常

环境危害　对水生生物毒性非常大并具有长期持续影响

第三部分　成分/组成信息

✓ 物质		混合物
组分	浓度	CAS No.
艾氏剂		309-00-2

第四部分　急救措施

吸入　迅速脱离现场至空气新鲜处。保持呼吸道通畅。如呼吸困难，给输氧。如呼吸、心跳停止，立即进行心肺复苏术。就医

皮肤接触　立即脱去污染的衣着，用流动清水彻底冲洗。就医

眼睛接触　立即分开眼睑，用流动清水或生理盐水彻底冲洗。就医

食入　饮适量温水，催吐（仅限于清醒者）。就医

对保护施救者的忠告　根据需要使用个人防护设备

对医生的特别提示　对症处理

第五部分　消防措施

灭火剂　用雾状水、泡沫、干粉、二氧化碳、砂土灭火

特别危险性　遇明火、高热可燃。受热分解产生有毒的烟气

灭火注意事项及防护措施　消防人员必须佩戴防毒面具、穿全身消防服，在上风向灭火。尽可能将容器从火场移至空旷处。喷水保持火场容器冷却，直至灭火结束

第六部分　泄漏应急处理

作业人员防护措施、防护装备和应急处置程序　隔离泄漏污染区，限制出入。建议应急处理人员戴防尘口罩，穿防毒服。穿上适当的防护服前严禁接触破裂的容器和泄漏物。尽可能切断泄漏源

环境保护措施　用塑料布覆盖泄漏物，减少飞散

泄漏化学品的收容、清除方法及所使用的处置材料　勿使水进入包装容器内。用洁净的铲子收集泄漏物，置于干净、干燥、盖子较松的容器中，将容器移离泄漏区

第七部分　操作处置与储存

操作注意事项　密闭操作，提供充分的局部排风。操作人员必须经过专门培训，严格遵守操作规程。建议操作人员佩戴防尘面具（全面罩），穿胶布防毒衣，戴橡胶手套。远离火种、热源，工作场所严禁吸烟。使用防爆型的通风系统和设备。避免产生粉尘。避免与氧化剂接触。搬运时要轻装轻卸，防止包装及容器损坏。配备相应品种和数量的消防器材及泄漏应急处理设备。倒空的容器可能残留有害物

储存注意事项　储存于阴凉、通风良好的专用库房内，实行"双人收发、双人保管"制度。远离火种、热源。应与氧化剂、食用化学品分开存放，切忌混储。配备相应品种和数量的消防器材。储区应备有合适的材料收容泄漏物

第八部分　接触控制/个体防护

职业接触限值

中国　未制定标准

美国（ACGIH）　TLV-TWA：0.05mg/m³（可吸入性颗粒物和蒸气）[皮]

生物接触限值　未制定标准

监测方法　空气中有毒物质测定方法：未制定标准。生物监测检验方法：未制定标准

工程控制　严加密闭，提供充分的局部排风。提供安全淋浴和洗眼设备

个体防护装备

呼吸系统防护　可能接触其粉尘时，必须佩戴防尘面具（全面罩）。紧急事态抢救或撤离时，应该佩戴空气呼吸器

眼睛防护　呼吸系统防护中已作防护

皮肤和身体防护　穿密闭型防毒服

手防护　戴橡胶手套

第九部分　理化特性

外观与性状　纯品为白色无臭结晶，工业品为暗棕色固体

pH值　无意义　　　　　熔点(℃)　104

沸点(℃)　145　　　　　相对密度(水＝1)　1.65

相对蒸气密度(空气＝1)　无资料

饱和蒸气压(kPa)　无资料

临界压力(MPa)　无资料　辛醇/水分配系数　无资料

闪点(℃)　65　　　　　自燃温度(℃)　无资料

爆炸下限(%)　无资料　爆炸上限(%)　无资料

分解温度(℃)　沸点分解　黏度(mPa·s)　无资料

燃烧热(kJ/mol)　无资料　临界温度(℃)　无资料

溶解性　不溶于水，溶于乙醇、苯、丙酮等多数有机溶剂

第十部分　稳定性和反应性

稳定性　稳定

危险反应　与强氧化剂等禁配物发生反应

避免接触的条件　受热

禁配物　强氧化剂

危险的分解产物　氯化氢

第十一部分　毒理学信息

急性毒性　LD$_{50}$：39mg/kg（大鼠经口）；98mg/kg（大鼠经皮）；44mg/kg（小鼠经口）；50mg/kg（兔经口）；150mg/kg（兔经皮）

皮肤刺激或腐蚀　无资料　眼睛刺激或腐蚀　无资料

呼吸或皮肤过敏　无资料

生殖细胞突变性　微生物致突变：酿酒酵母菌 5ppm；DNA抑制：人淋巴细胞 100mg/L。程序外 DNA 合成：人成纤维细胞 1μmol/L。细胞遗传学分析：人淋巴细胞 19125μg/L。DNA损伤：大鼠肝 300μmol/L

致癌性　IARC致癌性评论：组 3，现有的证据不能对人类致癌性进行分类

生殖毒性　小鼠孕后 9 天经口给予最低中毒剂量（TDLo）25mg/kg，致眼、耳、肌肉骨骼系统发育畸形。仓鼠孕后 7d 经口给予最低中毒剂量（TDLo）50mg/kg，眼、耳、肌肉骨骼系统、颅面部（包括鼻、舌）发育畸形。小鼠经口最低中毒剂量（TDLo）：25mg/kg（孕 9d），致眼、耳发育异常，致肌肉骨骼发育异常

特异性靶器官系统毒性-一次接触　无资料

特异性靶器官系统毒性-反复接触　无资料

吸入危害　无资料

第十二部分　生态学信息

生态毒性　LC$_{50}$：0.002mg/L（96h）（虹鳟）。LC$_{50}$：0.0013mg/L（96h）（银汉鱼）

持久性和降解性

　生物降解性　不易快速生物降解

　非生物降解性　无资料

潜在的生物累积性　易生物富集

土壤中的迁移性　无资料

第十三部分　废弃处置

废弃化学品　根据国家和地方有关法规的要求处置。或与厂商或制造商联系，确定处置方法

污染包装物　将容器返还生产商或按照国家和地方法规处置

废弃注意事项　处置前应参阅国家和地方有关法规

第十四部分　运输信息

联合国危险货物编号（UN号）　2811

联合国运输名称　有机毒性固体，未另作规定的（艾氏剂）

联合国危险性类别　6.1

包装类别　Ⅱ　　　　包装标志　

海洋污染物　是

运输注意事项　运输前应先检查包装容器是否完整、密封，运输过程中要确保容器不泄漏、不倒塌、不坠落、不损坏。严禁与酸类、氧化剂、食品及食品添加剂混运。运输途中应防暴晒、雨淋，防高温

第十五部分　法规信息

下列法律、法规、规章和标准，对该化学品的管理作了相应的规定。

中华人民共和国职业病防治法　职业病分类和目录：未列入

危险化学品安全管理条例　危险化学品目录：列入，作为剧毒化学品进行管理。易制爆危险化学品名录：未列入。重点监管的危险化学品名录：未列入。GB 18218—2009《危险化学品重大危险源辨识》（表1）：未列入

使用有毒物品作业场所劳动保护条例　高毒物品目录：未列入

易制毒化学品管理条例　易制毒化学品的分类和品种目录：未列入

国际公约　斯德哥尔摩公约：列入。鹿特丹公约：列入。蒙特利尔议定书：未列入

第十六部分　其他信息

编写和修订信息　缩略语和首字母缩写

培训建议　　　　　参考文献

免责声明

桉叶油醇

第一部分　化学品标识

化学品中文名　桉叶油醇；桉树脑

化学品英文名　eucalyptol；cineole

分子式　C$_{10}$H$_{18}$O　分子量　154.2493

结构式

化学品的推荐及限制用途　主要用于口腔剂香精的调配，也用于医药产品的制造

第二部分　危险性概述

紧急情况概述　易燃液体和蒸气，吞咽可能有害

GHS危险性类别　易燃液体，类别3；急性毒性-经口，类别5

标签要素

象形图

警示词　警告

危险性说明　易燃液体和蒸气，吞咽可能有害

防范说明

预防措施　远离热源、火花、明火、热表面。禁止吸烟。保持容器密闭。容器和接收设备接地连接。使用防爆型电器、通风、照明设备。只能使用不产生火花的工具。采取防止静电措施。戴防护手套、防护眼镜、防护面罩

事故响应　火灾时，使用雾状水、泡沫、干粉、二氧化碳、砂土灭火。如皮肤（或头发）接触：立即脱掉所有被污染的衣服，用水冲洗皮肤，淋浴。如果感觉不适，呼叫中毒控制中心或就医

安全储存　存放在通风良好的地方。保持低温

废弃处置　本品及内装物、容器依据国家和地方法规处置

物理和化学危险　易燃，其蒸气与空气混合，能形成爆炸性混合物

健康危害　吸入、摄入或经皮肤吸收对身体有害。有刺激作用

环境危害　对环境可能有害

第三部分　成分/组成信息

√ 物质　　　　　　　　　　　混合物

组分	浓度	CAS No.
桉叶油醇		470-82-6

第四部分　急救措施

吸入　迅速脱离现场至空气新鲜处。保持呼吸道通畅。如呼吸困难，给输氧。如呼吸、心跳停止，立即进行心肺复苏术。就医

皮肤接触　立即脱去污染的衣着，用流动清水彻底冲洗。就医

眼睛接触　立即分开眼睑，用流动清水或生理盐水彻底冲洗。就医

食入　漱口，饮水。就医

对保护施救者的忠告　根据需要使用个人防护设备

对医生的特别提示　对症处理

第五部分　消防措施

灭火剂　用雾状水、泡沫、干粉、二氧化碳、砂土灭火

特别危险性　其蒸气与空气可形成爆炸性混合物，遇明火、高热能引起燃烧爆炸。与氧化剂可发生反应。若遇高热，容器内压增大，有开裂和爆炸的危险

灭火注意事项及防护措施　消防人员必须佩戴防毒面具、穿全身消防服，在上风向灭火。尽可能将容器从火场移至空旷处。喷水保持火场容器冷却，直至灭火结束。处在火场中的容器若已变色或从安全泄压装置中发出声音，必须马上撤离

第六部分　泄漏应急处理

作业人员防护措施、防护装备和应急处置程序　消除所有点火源。根据液体流动和蒸气扩散的影响区域划定警戒区，无关人员从侧风向、上风向撤离至安全区。建议应急处理人员戴正压自给式呼吸器，穿防静电服。作业时使用的所有设备应接地。禁止接触或跨越泄漏物。尽可能切断泄漏源

环境保护措施　防止泄漏物进入水体、下水道、地下室或有限空间

泄漏化学品的收容、清除方法及所使用的处置材料　小量泄漏：用砂土或其他不燃材料吸收。使用洁净的无火花工具收集吸收材料。大量泄漏：构筑围堤或挖坑收容。用泡沫覆盖，减少蒸发。喷水雾能减少蒸发，但不能降低泄漏物在有限空间内的易燃性。用防爆泵转移至槽车或专用收集器内

第七部分　操作处置与储存

操作注意事项　密闭操作，全面通风。操作人员必须经过专门培训，严格遵守操作规程。建议操作人员佩戴自吸过滤式防毒面具（半面罩），戴化学安全防护眼镜，穿防静电工作服，戴橡胶耐油手套。远离火种、热源，工作场所严禁吸烟。使用防爆型的通风系统和设备。防止蒸气泄漏到工作场所空气中。避免与氧化剂接触。搬运时要轻装轻卸，防止包装及容器损坏。配备相应品种和数量的消防器材及泄漏应急处理设备。倒空的容器可能残留有害物

储存注意事项　储存于阴凉、通风的库房。库温不宜超过37℃，远离火种、热源。应与氧化剂分开存放，切忌混储。采用防爆型照明、通风设施。禁止使用易产生火花的机械设备和工具。储区应备有泄漏应急处理设备和合适的收容材料

第八部分　接触控制/个体防护

职业接触限值

中国　未制定标准

美国（ACGIH）　未制定标准

生物接触限值　未制定标准

监测方法　空气中有毒物质测定方法：未制定标准。生物监测检验方法：未制定标准

工程控制　生产过程密闭，全面通风

个体防护装备

呼吸系统防护　空气中浓度超标时，必须佩戴过滤式防毒面具（半面罩）。紧急事态抢救或撤离时，应该佩戴空气呼吸器

眼睛防护　戴化学安全防护眼镜

皮肤和身体防护　穿防静电工作服

手防护　戴橡胶耐油手套

第九部分　理化特性

外观与性状　无色、油状液体，有芳香味

pH值　无资料　　　　熔点(℃)　1.5

沸点(℃)　176～177　　相对密度(水=1)　0.92

相对蒸气密度(空气=1)　无资料

饱和蒸气压(kPa)　无资料

临界压力(MPa)　无资料　　辛醇/水分配系数　1.84

闪点(℃)　50　　自燃温度(℃)　无资料

爆炸下限(%)　无资料　　爆炸上限(%)　无资料

分解温度(℃)　无资料　　黏度(mPa·s)　无资料

燃烧热(kJ/mol)　-942.46　临界温度(℃)　无资料

溶解性　微溶于水，可混溶于醇、氯仿、甘油

第十部分　稳定性和反应性

稳定性　稳定

危险反应　与强氧化剂等禁配物接触，有发生火灾和爆炸的危险

避免接触的条件　无资料

禁配物　强氧化剂

危险的分解产物　无资料

第十一部分　毒理学信息

急性毒性　LD$_{50}$：2480mg/kg（大鼠经口）

皮肤刺激或腐蚀　无资料　　眼睛刺激或腐蚀　无资料

呼吸或皮肤过敏　无资料　　生殖细胞突变性　无资料

致癌性　无资料　　　　生殖毒性　无资料

特异性靶器官系统毒性-一次接触　无资料

特异性靶器官系统毒性-反复接触　无资料

吸入危害　无资料

第十二部分　生态学信息

生态毒性　无资料

持久性和降解性

　生物降解性　无资料

　非生物降解性　无资料

潜在的生物累积性　无资料

土壤中的迁移性　无资料

第十三部分　废弃处置

废弃化学品　建议用焚烧法处置

污染包装物　将容器返还生产商或按照国家和地方法规处置

废弃注意事项　处置前应参阅国家和地方有关法规

第十四部分　运输信息

联合国危险货物编号（UN号）　1993

联合国运输名称　易燃液体，未另作规定的（桉叶油醇）

联合国危险性类别　3

包装类别　Ⅲ　　　　　包装标志

海洋污染物　否

运输注意事项　运输时运输车辆应配备相应品种和数量的消防器材及泄漏应急处理设备。夏季最好早晚运输。运输时所用的槽（罐）车应有接地链，槽内可设孔隔板以减少震荡产生的静电。严禁与氧化剂、食用化学品等混装混运。运输途中应防暴晒、雨淋，防高温。中途停留时应远离火种、热源、高温区。装该物品的车辆排气管必须配备阻火装置，禁止使用易产生火花的机械设备和工具装卸。公路运输时要按规定路线行驶，勿在居民区和人口稠密区停留。铁路运输时要禁止溜放。严禁用木船、水泥船散装运输

第十五部分　法规信息

　　下列法律、法规、规章和标准，对该化学品的管理作了相应的规定。

中华人民共和国职业病防治法　职业病分类和目录：未列入

危险化学品安全管理条例　危险化学品目录：列入。易制爆危险化学品名录：未列入。重点监管的危险化学品名录：未列入。GB 18218—2009《危险化学品重大危险源辨识》（表1）：未列入

使用有毒物品作业场所劳动保护条例　高毒物品目录：未列入

易制毒化学品管理条例　易制毒化学品的分类和品种目录：未列入

国际公约　斯德哥尔摩公约：未列入。鹿特丹公约：未列入。蒙特利尔议定书：未列入

第十六部分　其他信息

编写和修订信息　　缩略语和首字母缩写

培训建议　　　　参考文献

免责声明

3-氨基苯甲腈

第一部分　化学品标识

化学品中文名　3-氨基苯甲腈；间氨基苯甲腈；3-氰基苯胺

化学品英文名　3-cyanoaniline；*m*-aminobenzonitrile

分子式　$C_7H_6N_2$　　分子量　118.1359

结构式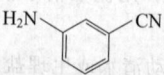

化学品的推荐及限制用途　用于有机合成

第二部分　危险性概述

紧急情况概述　吞咽有害，皮肤接触有害，吸入有害，可能导致皮肤过敏反应

GHS危险性类别　急性毒性-经口，类别4；急性毒性-经皮，类别4；急性毒性-吸入，类别4；皮肤致敏物，

类别1

标签要素

象形图

警示词 警告

危险性说明 吞咽有害，皮肤接触有害，吸入有害，可能导致皮肤过敏反应

防范说明

预防措施 避免接触眼睛、皮肤，操作后彻底清洗。作业场所不得进食、饮水或吸烟。戴防护手套，穿防护服。避免吸入粉尘。仅在室外或通风良好处操作。污染的工作服不得带出工作场所

事故响应 如吸入：将患者转移到空气新鲜处，休息，保持利于呼吸的体位。皮肤接触：用大量肥皂水和水清洗，如感觉不适，呼叫中毒控制中心或就医。被污染的衣服必须经洗净后方可重新使用。如出现皮肤刺激或皮疹：就医。食入：如果感觉不适，立即呼叫中毒控制中心或就医，漱口

安全储存 —

废弃处置 本品及内装物、容器依据国家和地方规处置

物理和化学危险 可燃，其粉体与空气混合，能形成爆炸性混合物

健康危害 有毒。对眼睛、皮肤、黏膜有刺激作用。受热分解出氮氧化物和氰化物烟雾

环境危害 对环境可能有害

第三部分 成分/组成信息

✓ 物质   混合物

组分   浓度   CAS No.

3-氨基苯甲腈   2237-30-1

第四部分 急救措施

吸入 迅速脱离现场至空气新鲜处。保持呼吸道通畅。如呼吸困难，给输氧。呼吸、心跳停止，立即进行心肺复苏术。就医

皮肤接触 立即脱去污染的衣着，用肥皂水和流动清水彻底冲洗。就医

眼睛接触 立即分开眼睑，用流动清水或生理盐水彻底冲洗。就医

食入 催吐（仅限于清醒者），给服活性炭悬液。就医

对保护施救者的忠告 根据需要使用个人防护设备

对医生的特别提示 使用亚硝酸钠、硫代硫酸钠、4-二甲基氨基苯酚等解毒剂

第五部分 消防措施

灭火剂 用雾状水、泡沫、干粉、二氧化碳、砂土灭火

特别危险性 遇明火、高热可燃。其粉体与空气可形成爆炸性混合物，当达到一定浓度时，遇火星会发生爆炸。受高热分解放出有毒的气体

灭火注意事项及防护措施 消防人员必须佩戴防毒面具、穿全身消防服，在上风向灭火。尽可能将容器从火场移至空旷处。喷水保持火场容器冷却，直至灭火结束

第六部分 泄漏应急处理

作业人员防护措施、防护装备和应急处置程序 隔离泄漏污染区，限制出入。消除所有点火源。建议应急处理人员戴防尘口罩，穿防毒服。穿上适当的防护服前严禁接触破裂的容器和泄漏物。尽可能切断泄漏源

环境保护措施 用塑料布覆盖泄漏物，减少飞散

泄漏化学品的收容、清除方法及所使用的处置材料 勿使水进入包装容器内。用洁净的铲子收集泄漏物，置于干净、干燥、盖子较松的容器中，将容器移离泄漏区

第七部分 操作处置与储存

操作注意事项 密闭操作，局部排风。防止粉尘释放到车间空气中。操作人员必须经过专门培训，严格遵守操作规程。建议操作人员佩戴自吸过滤式防尘口罩，戴化学安全防护眼镜，穿防毒物渗透工作服，戴橡胶手套。远离火种、热源，工作场所严禁吸烟。使用防爆型的通风系统和设备。避免产生粉尘。避免与氧化剂、酸类、酸酐、酰基氯接触。配备相应品种和数量的消防器材及泄漏应急处理设备。倒空的容器可能残留有害物

储存注意事项 储存于阴凉、通风的库房。远离火种、热源。防止阳光直射。包装密封。应与氧化剂、酸类、酸酐、酰基氯分开存放，切忌混储。配备相应品种和数量的消防器材。储区应备有合适的材料收容泄漏物

第八部分 接触控制/个体防护

职业接触限值

中国 未制定标准

美国（ACGIH） 未制定标准

生物接触限值 未制定标准

监测方法 空气中有毒物质测定方法：未制定标准。生物监测检验方法：未制定标准

工程控制 密闭操作，局部排风

个体防护装备

呼吸系统防护 空气中粉尘浓度超标时，必须佩戴过滤式防尘呼吸器。紧急事态抢救或撤离时，应该佩戴空气呼吸器

眼睛防护 戴化学安全防护眼镜

皮肤和身体防护 穿防毒物渗透工作服

手防护 戴橡胶手套

第九部分 理化特性

外观与性状 针状结晶   **pH 值** 无意义

熔点（℃） 51～53   **沸点（℃）** 288～290

相对密度（水＝1） 无资料

相对蒸气密度（空气＝1） 无资料

饱和蒸气压（kPa） 无资料

临界压力（MPa） 无资料   **辛醇/水分配系数** 无资料

闪点(℃)	112	自燃温度(℃)	无资料
爆炸下限(%)	无资料	爆炸上限(%)	无资料
分解温度(℃)	无资料	黏度(mPa·s)	无资料
燃烧热(kJ/mol)	无资料	临界温度(℃)	无资料

溶解性　溶于热水，易溶于乙醇、丙酮、乙醚

第十部分　稳定性和反应性

稳定性　稳定

危险反应　与强氧化剂、酸类、酸酐、酰基氯等禁配物发生反应

避免接触的条件　无资料

禁配物　强氧化剂、酸类、酸酐、酰基氯

危险的分解产物　氮氧化物、氰化氢

第十一部分　毒理学信息

急性毒性　LD_{50}：562mg/kg（鹌鹑口服）

皮肤刺激或腐蚀　无资料　眼睛刺激或腐蚀　无资料

呼吸或皮肤过敏　无资料

生殖细胞突变性　微生物致突变：鼠伤寒沙门氏菌100mg/L

致癌性　无资料　　　生殖毒性　无资料

特异性靶器官系统毒性—一次接触　无资料

特异性靶器官系统毒性-反复接触　无资料

吸入危害　无资料

第十二部分　生态学信息

生态毒性　无资料

持久性和降解性

　　生物降解性　无资料

　　非生物降解性　无资料

潜在的生物累积性　无资料

土壤中的迁移性　无资料

第十三部分　废弃处置

废弃化学品　建议用焚烧法处置。在能利用的地方重复使用容器或在规定场所掩埋

污染包装物　将容器返还生产商或按照国家和地方法规处置

废弃注意事项　处置前应参阅国家和地方有关法规

第十四部分　运输信息

联合国危险货物编号（UN号）　—

联合国运输名称　—　联合国危险性类别　—

包装类别　—　　　　包装标志　—

海洋污染物　否

运输注意事项　运输前应先检查包装容器是否完整、密封，运输过程中要确保容器不泄漏、不倒塌、不坠落、不损坏。严禁与酸类、氧化剂、食品及食品添加剂混运。运输时运输车辆应配备相应品种和数量的消防器材及泄漏应急处理设备。运输途中应防暴晒、雨淋，防高温。公路运输时要按规定路线行驶，勿在居民区和人口稠密区停留

第十五部分　法规信息

下列法律、法规、规章和标准，对该化学品的管理作了相应的规定。

中华人民共和国职业病防治法　职业病分类和目录：氰及腈类化合物中毒

危险化学品安全管理条例　危险化学品目录：列入。易制爆危险化学品名录：未列入。重点监管的危险化学品名录：未列入。GB 18218—2009《危险化学品重大危险源辨识》（表1）：未列入

使用有毒物品作业场所劳动保护条例　高毒物品目录：未列入

易制毒化学品管理条例　易制毒化学品的分类和品种目录：未列入

国际公约　斯德哥尔摩公约：未列入。鹿特丹公约：未列入。蒙特利尔议定书：未列入

第十六部分　其他信息

编写和修订信息　　　缩略语和首字母缩写

培训建议　　　　　　参考文献

免责声明

2-氨基苯硫酚

第一部分　化学品标识

化学品中文名　2-氨基苯硫酚；邻氨基苯硫醇；邻氨基苯硫酚

化学品英文名　2-aminothiophenol；o-aminobenzenethiol

分子式　C_6H_7NS　分子量　125.191

结构式　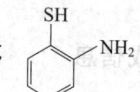

化学品的推荐及限制用途　医药和有机合成用原料

第二部分　危险性概述

紧急情况概述　—

GHS危险性类别　危害水生环境-急性危害，类别1；危害水生环境-长期危害，类别1

标签要素

象形图　

警示词　警告

危险性说明　对水生生物毒性非常大并具有长期持续影响

防范说明

　　预防措施　禁止排入环境

　　事故响应　收集泄漏物

　　安全储存　—

　　废弃处置　本品及内装物、容器依据国家和地方法规处置

物理和化学危险　可燃，其粉体或蒸气与空气混合，能形

成爆炸性混合物

健康危害 有毒，并有腐蚀性。对角质有溶解作用，能使蛋白质变性。吸收进入体内，可形成高铁血红蛋白而致紫绀

环境危害 对水生生物毒性非常大并具有长期持续影响

第三部分　成分/组成信息

√ 物质　　　　　　　混合物

组分	浓度	CAS No.
2-氨基苯硫酚		137-07-5

第四部分　急救措施

吸入 迅速脱离现场至空气新鲜处。保持呼吸道通畅。如呼吸困难，给输氧。如呼吸心跳停止，立即行心肺复苏术。就医

皮肤接触 立即脱去污染衣着，用肥皂水或清水彻底冲洗。就医

眼睛接触 分开眼睑，用清水或生理盐水冲洗。就医

食入 漱口，饮水。就医

对保护施救者的忠告 根据需要使用个人防护设备

对医生的特别提示 高铁血红蛋白血症，可用亚甲蓝和维生素 C 治疗

第五部分　消防措施

灭火剂 用雾状水、泡沫、干粉、二氧化碳、砂土灭火

特别危险性 遇明火、高热可燃。与氧化剂可发生反应。受高热分解放出有毒的气体。蒸气比空气重，沿地面扩散并易积存于低洼处，遇火源会着火回燃。具有腐蚀性。若遇高热，容器内压增大，有开裂和爆炸的危险

灭火注意事项及防护措施 消防人员必须佩戴防毒面具、穿全身消防服，在上风向灭火。尽可能将容器从火场移至空旷处。喷水保持火场容器冷却，直至灭火结束。处在火场中的容器若已变色或从安全泄压装置中发出声音，必须马上撤离

第六部分　泄漏应急处理

作业人员防护措施、防护装备和应急处置程序 根据液体流动和蒸气扩散的影响区域划定警戒区，无关人员从侧风、上风向撤离至安全区。消除所有点火源。建议应急处理人员戴正压自给式呼吸器，穿防毒、防静电服。穿上适当的防护服前严禁接触破裂的容器和泄漏物。尽可能切断泄漏源

环境保护措施 防止泄漏物进入水体、下水道、地下室或有限空间

泄漏化学品的收容、清除方法及所使用的处置材料 小量泄漏：用干燥的砂土或其他不燃材料吸收或覆盖，收集于容器中。大量泄漏：构筑围堤或挖坑收容。用泵转移至槽车或专用收集器内

第七部分　操作处置与储存

操作注意事项 密闭操作，局部排风。防止烟雾或粉尘泄漏到工作场所空气中。操作人员必须经过专门培训，严格遵守操作规程。建议操作人员佩戴自吸过滤式防毒面具（半面罩），戴化学安全防护眼镜，穿防毒物渗透工作服，戴橡胶手套。远离火种、热源，工作场所严禁吸烟。使用防爆型的通风系统和设备。在清除液体和蒸气前不能进行焊接、切割等作业。避免产生蒸气或粉尘。避免与氧化剂、酸类、酸酐、酰基氯接触。配备相应品种和数量的消防器材及泄漏应急处理设备。倒空的容器可能残留有害物

储存注意事项 储存于阴凉、通风的库房。远离火种、热源。防止阳光直射。保持容器密封。应与氧化剂、酸类、酸酐、酰基氯、食用化学品分开存放，切忌混储。配备相应品种和数量的消防器材。储区应备有泄漏应急处理设备和合适的收容材料

第八部分　接触控制/个体防护

职业接触限值

中国　未制定标准

美国（ACGIH）　未制定标准

生物接触限值 未制定标准

监测方法 空气中有毒物质测定方法：未制定标准。生物监测检验方法：未制定标准

工程控制 密闭操作，局部排风

个体防护装备

呼吸系统防护 空气中浓度超标时，必须佩戴过滤式防毒面具（半面罩）。紧急事态抢救或撤离时，应该佩戴空气呼吸器

眼睛防护 戴化学安全防护眼镜

皮肤和身体防护 穿防毒物渗透工作服

手防护 戴橡胶手套

第九部分　理化特性

外观与性状 淡黄色液体或固体，有恶臭味

pH 值 无意义	**熔点(℃)** 16～20
沸点(℃) 227.2	**相对密度(水=1)** 1.168

相对蒸气密度(空气=1) 4.3

饱和蒸气压(kPa) 无资料	
临界压力(MPa) 无资料	**辛醇/水分配系数** 无资料
闪点(℃) 79.44	**自燃温度(℃)** 无资料
爆炸下限(%) 无资料	**爆炸上限(%)** 无资料
分解温度(℃) 无资料	**黏度(mPa·s)** 无资料
燃烧热(kJ/mol) 无资料	**临界温度(℃)** 无资料

溶解性 不溶于水，溶于乙醇、醚

第十部分　稳定性和反应性

稳定性 稳定

危险反应 与强氧化剂、强还原剂、强碱等禁配物发生反应

避免接触的条件 无资料

禁配物 强氧化剂、酸类、酸酐、酰基氯

危险的分解产物 氮氧化物、氧化硫

第十一部分　毒理学信息

急性毒性 LD_{50}：100mg/kg（大鼠静脉）；25mg/kg（小

鼠腹腔内）

皮肤刺激或腐蚀　无资料　眼睛刺激或腐蚀　无资料
呼吸或皮肤过敏　无资料　生殖细胞突变性　无资料
致癌性　无资料　生殖毒性　无资料
特异性靶器官系统毒性-一次接触　无资料
特异性靶器官系统毒性-反复接触　无资料
吸入危害　无资料

第十二部分　生态学信息

生态毒性　LC_{50}：0.57mg/L（96h）（鱼类）
持久性和降解性
　　生物降解性　无资料
　　非生物降解性　无资料
潜在的生物累积性　根据 K_{ow} 值预测，该物质的生物累积性可能较弱
土壤中的迁移性　根据 K_{oc} 值预测，该物质可能易发生迁移

第十三部分　废弃处置

废弃化学品　用熟石灰中和。重复使用容器或在规定场所掩埋
污染包装物　将容器返还生产商或按照国家和地方法规处置
废弃注意事项　处置前应参阅国家和地方有关法规

第十四部分　运输信息

联合国危险货物编号（UN号）　3082
联合国运输名称　对环境有害的液态物质，未另作规定的（2-氨基苯硫酚）
联合国危险性类别　9

包装类别　Ⅲ　　　　包装标志

海洋污染物　是
运输注意事项　运输前应先检查包装容器是否完整、密封，运输过程中要确保容器不泄漏、不倒塌、不坠落、不损坏。严禁与酸类、氧化剂、食品及食品添加剂混运。运输时运输车辆应配备相应品种和数量的消防器材及泄漏应急处理设备。运输途中应防暴晒、雨淋，防高温。公路运输时要按规定路线行驶，勿在居民区和人口稠密区停留

第十五部分　法规信息

　　下列法律、法规、规章和标准，对该化学品的管理作了相应的规定。
中华人民共和国职业病防治法　职业病分类和目录：苯的氨基及硝基化合物中毒
危险化学品安全管理条例　危险化学品目录：列入。易制爆危险化学品名录：未列入。重点监管的危险化学品名录：未列入。GB 18218—2009《危险化学品重大危险源辨识》（表1）：未列入
使用有毒物品作业场所劳动保护条例　高毒物品目录：未

列入
易制毒化学品管理条例　易制毒化学品的分类和品种目录：未列入
国际公约　斯德哥尔摩公约：未列入。鹿特丹公约：未列入。蒙特利尔议定书：未列入

第十六部分　其他信息

编写和修订信息　　　　缩略语和首字母缩写
培训建议　　　　　　　参考文献
免责声明

2-氨基苯胂酸

第一部分　化学品标识

化学品中文名　2-氨基苯胂酸；邻阿散酸；邻氨基苯胂酸
化学品英文名　*o*-arsanilic acid；*o*-aminophenyl arsonic acid
分子式　$C_6H_8AsNO_3$　分子量　217.0542

结构式　

化学品的推荐及限制用途　用作分析试剂

第二部分　危险性概述

紧急情况概述　吞咽会中毒，吸入会中毒
GHS危险性类别　急性毒性-经口，类别3；急性毒性-吸入，类别3；危害水生环境-急性危害，类别1；危害水生环境-长期危害，类别1
标签要素

象形图　　　　⚠️　　　☠️　　🌿

警示词　危险
危险性说明　吞咽会中毒，吸入会中毒，对水生生物毒性非常大并具有长期持续影响
防范说明
　　预防措施　避免接触眼睛、皮肤，操作后彻底清洗。作业场所不得进食、饮水或吸烟。避免吸入粉尘。仅在室外或通风良好处操作。禁止排入环境
　　事故响应　如吸入：将患者转移到空气新鲜处，休息，保持利于呼吸的体位，呼叫中毒控制中心或就医。食入：立即呼叫中毒控制中心或就医。漱口。收集泄漏物
　　安全储存　在通风良好处储存。保持容器密闭。上锁保管
　　废弃处置　本品及内装物、容器依据国家和地方法规处置
物理和化学危险　可燃，其粉体与空气混合，能形成爆炸性混合物
健康危害　对人体有毒。有刺激作用
环境危害　对水生生物毒性非常大并具有长期持续影响

第三部分　成分/组成信息

√ 物质　　　　　　　混合物

组分	浓度	CAS No.
2-氨基苯胂酸		2045-00-3

第四部分　急救措施

吸入　迅速脱离现场至空气新鲜处。保持呼吸道通畅。如呼吸困难，给输氧。呼吸、心跳停止，立即进行心肺复苏术。就医

皮肤接触　立即脱去污染的衣着，用肥皂水和清水彻底冲洗。就医

眼睛接触　立即分开眼睑，用流动清水或生理盐水彻底冲洗。就医

食入　催吐、彻底洗胃，洗胃后服活性炭30~50g（用水调成浆状），而后再服用硫酸镁或硫酸钠导泻。就医

对保护施救者的忠告　根据需要使用个人防护设备

对医生的特别提示　解毒剂有二巯基丙磺酸钠、二巯基丁二酸钠等

第五部分　消防措施

灭火剂　用雾状水、泡沫、干粉、二氧化碳、砂土灭火

特别危险性　遇明火、高热可燃。其粉体与空气可形成爆炸性混合物，当达到一定浓度时，遇火星会发生爆炸。遇高热分解释出剧毒的气体

灭火注意事项及防护措施　消防人员必须佩戴防毒面具、穿全身消防服，在上风向灭火。尽可能将容器从火场移至空旷处。喷水保持火场容器冷却，直至灭火结束

第六部分　泄漏应急处理

作业人员防护措施、防护装备和应急处置程序　隔离泄漏污染区，限制出入。消除所有点火源。建议应急处理人员戴防尘口罩，穿防毒服。穿上适当的防护服前严禁接触破裂的容器和泄漏物。尽可能切断泄漏源

环境保护措施　用塑料布覆盖泄漏物，减少飞散

泄漏化学品的收容、清除方法及所使用的处置材料　勿使水进入包装容器内。用洁净的铲子收集泄漏物，置于干净、干燥、盖子较松的容器中，将容器移离泄漏区

第七部分　操作处置与储存

操作注意事项　密闭操作，局部排风。防止粉尘释放到车间空气中。操作人员必须经过专门培训，严格遵守操作规程。建议操作人员佩戴自吸过滤式防尘口罩，戴化学安全防护眼镜，穿防毒物渗透工作服，戴橡胶手套。远离火种、热源，工作场所严禁吸烟。使用防爆型的通风系统和设备。避免产生粉尘。避免与氧化剂、酸类接触。配备相应品种和数量的消防器材及泄漏应急处理设备。倒空的容器可能残留有害物

储存注意事项　储存于阴凉、通风的库房。远离火种、热源。防止阳光直射。包装密封。应与氧化剂、酸类分开存放，切忌混储。配备相应品种和数量的消防器材。储区应备有合适的材料收容泄漏物

第八部分　接触控制/个体防护

职业接触限值

中国　未制定标准

美国（ACGIH）　未制定标准

生物接触限值　未制定标准

监测方法　空气中有毒物质测定方法：未制定标准。生物监测检验方法：未制定标准

工程控制　密闭操作，局部排风

个体防护装备

呼吸系统防护　空气中粉尘浓度超标时，必须佩戴过滤式防尘呼吸器。紧急事态抢救或撤离时，应该佩戴空气呼吸器

眼睛防护　戴化学安全防护眼镜

皮肤和身体防护　穿防毒物渗透工作服

手防护　戴橡胶手套

第九部分　理化特性

外观与性状　白色针状结晶

pH值　无意义		**熔点（℃）**　154~155	
沸点（℃）　无资料		**相对密度（水=1）**　无资料	
相对蒸气密度（空气=1）　无资料			
饱和蒸气压（kPa）　无资料			
临界压力（MPa）　无资料		**辛醇/水分配系数**　无资料	
闪点（℃）　无意义		**自燃温度（℃）**　无资料	
爆炸下限（%）　无资料		**爆炸上限（%）**　无资料	
分解温度（℃）　无资料		**黏度（mPa·s）**　无资料	
燃烧热（kJ/mol）　无资料		**临界温度（℃）**　无资料	

溶解性　易溶于水、乙醇、酸，溶于甲醇、冰醋酸，溶于乙醚

第十部分　稳定性和反应性

稳定性　稳定

危险反应　与强氧化剂、强酸等禁配物发生反应

避免接触的条件　光照

禁配物　强氧化剂、酸类

危险的分解产物　氮氧化物、氧化砷

第十一部分　毒理学信息

急性毒性　LD_{50}：180mg/kg（小鼠静脉）

皮肤刺激或腐蚀　无资料　　**眼睛刺激或腐蚀**　无资料

呼吸或皮肤过敏　无资料　　**生殖细胞突变性**　无资料

致癌性　无资料　　　　　　**生殖毒性**　无资料

特异性靶器官系统毒性—一次接触　无资料

特异性靶器官系统毒性-反复接触　无资料

吸入危害　无资料

第十二部分　生态学信息

生态毒性　含砷化合物对水生生物有极高毒性

持久性和降解性

生物降解性　无资料

非生物降解性　无资料

潜在的生物累积性　无资料

土壤中的迁移性　无资料

第十三部分　废弃处置

废弃化学品　在污水处理厂处理和中和。若可能，重复使用容器或在规定场所掩埋

污染包装物　将容器返还生产商或按照国家和地方法规处置

废弃注意事项　处置前应参阅国家和地方有关法规

第十四部分　运输信息

联合国危险货物编号（UN 号）　3465

联合国运输名称　固态有机砷化合物，未另作规定的（2-氨基苯胂酸）

联合国危险性类别　6.1

包装类别　Ⅲ　　　　　**包装标志**

海洋污染物　是

运输注意事项　运输前应先检查包装容器是否完整、密封，运输过程中要确保容器不泄漏、不倒塌、不坠落、不损坏。严禁与酸类、氧化剂、食品及食品添加剂混运。运输时运输车辆应配备相应品种和数量的消防器材及泄漏应急处理设备。运输途中应防暴晒、雨淋，防高温。公路运输时要按规定路线行驶，勿在居民区和人口稠密区停留

第十五部分　法规信息

　　下列法律、法规、规章和标准，对该化学品的管理作了相应的规定。

中华人民共和国职业病防治法　职业病分类和目录：砷及其化合物中毒

危险化学品安全管理条例　危险化学品目录：列入。易制爆危险化学品名录：未列入。重点监管的危险化学品名录：未列入。GB 18218—2009《危险化学品重大危险源辨识》（表1）：未列入

使用有毒物品作业场所劳动保护条例　高毒物品目录：未列入

易制毒化学品管理条例　易制毒化学品的分类和品种目录：未列入

国际公约　斯德哥尔摩公约：未列入。鹿特丹公约：未列入。蒙特利尔议定书：未列入

第十六部分　其他信息

编写和修订信息　　　　　**缩略语和首字母缩写**

培训建议　　　　　　　　　**参考文献**

免责声明

4-氨基苯胂酸

第一部分　化学品标识

化学品中文名　4-氨基苯胂酸；对阿散酸；对氨基苯胂酸

化学品英文名　arsanilic acid；atoxylic acid；4-aminobenze-

 nearsonic acid

分子式　$C_6H_8AsNO_3$　**分子量**　217.0542

结构式

化学品的推荐及限制用途　用于医药制造及用作测定铵、铈、锆的试剂

第二部分　危险性概述

紧急情况概述　吞咽会中毒，吸入会中毒

GHS 危险性类别　急性毒性-经口，类别 3；急性毒性-吸入，类别 3；危害水生环境-急性危害，类别 1；危害水生环境-长期危害，类别 1

标签要素

象形图

警示词　危险

危险性说明　吞咽会中毒，吸入会中毒，对水生生物毒性非常大并具有长期持续影响

防范说明

　　预防措施　避免接触眼睛、皮肤，操作后彻底清洗。作业场所不得进食、饮水或吸烟。避免吸入粉尘。仅在室外或通风良好处操作。禁止排入环境

　　事故响应　如吸入：将患者转移到空气新鲜处，休息，保持利于呼吸的体位，呼叫中毒控制中心或就医。食入：立即呼叫中毒控制中心或就医，漱口。收集泄漏物

　　安全储存　在通风良好处储存。保持容器密闭。上锁保管

　　废弃处置　本品及内装物、容器依据国家和地方法规处置

物理和化学危险　可燃，其粉体与空气混合，能形成爆炸性混合物

健康危害　能够引起视神经炎、视神经萎缩、视野收缩。可引起上皮角化症

环境危害　对水生生物毒性非常大并具有长期持续影响

第三部分　成分/组成信息

√ 物质　　　　　　　　　　混合物

组分	浓度	CAS No.
4-氨基苯胂酸		98-50-0

第四部分　急救措施

吸入　迅速脱离现场至空气新鲜处。保持呼吸道通畅。如呼吸困难，给输氧。如呼吸、心跳停止，立即进行心肺复苏术。就医

皮肤接触　立即脱去污染的衣着，用肥皂水和清水彻底冲洗。就医

眼睛接触　立即分开眼睑，用流动清水或生理盐水彻底冲洗。就医

食入 催吐、彻底洗胃，洗胃后服活性炭 30～50g（用水调成浆状），而后再服用硫酸镁或硫酸钠导泻。就医

对保护施救者的忠告 根据需要使用个人防护设备

对医生的特别提示 解毒剂有二巯基丙磺酸钠、二巯基丁二酸钠等

第五部分　消防措施

灭火剂 采用雾状水、泡沫、干粉、二氧化碳、砂土灭火

特别危险性 遇明火、高热可燃。受热分解放出有毒的砷和氧化氮烟雾。受高热或接触酸或酸雾放出剧毒的烟雾

灭火注意事项及防护措施 消防人员必须佩戴空气呼吸器、穿全身防火防毒服，在上风向灭火。尽可能将容器从火场移至空旷处。喷水保持火场容器冷却，直至灭火结束

第六部分　泄漏应急处理

作业人员防护措施、防护装备和应急处置程序 隔离泄漏污染区，限制出入。消除所有点火源。建议应急处理人员戴防尘口罩，穿防毒服。穿上适当的防护服前严禁接触破裂的容器和泄漏物。尽可能切断泄漏源

环境保护措施 用塑料布覆盖泄漏物，减少飞散

泄漏化学品的收容、清除方法及所使用的处置材料 勿使水进入包装容器内。用洁净的铲子收集泄漏物，置于干净、干燥、盖子较松的容器中，将容器移离泄漏区

第七部分　操作处置与储存

操作注意事项 严加密闭，提供充分的局部排风和全面通风。操作人员必须经过专门培训，严格遵守操作规程。建议操作人员佩戴自吸过滤复式防尘口罩，戴化学安全防护眼镜，穿聚乙烯防毒服，戴橡胶手套。远离火种、热源，工作场所严禁吸烟。使用防爆型的通风系统和设备。避免产生粉尘。避免与氧化剂接触。搬运时要轻装轻卸，防止包装及容器破坏。配备相应品种和数量的消防器材及泄漏应急处理设备。倒空的容器可能残留有害物

储存注意事项 储存于阴凉、通风的库房。远离火种、热源。包装密封。应与氧化剂分开存放，切忌混储。配备相应品种和数量的消防器材。储区应备有合适的材料收容泄漏物

第八部分　接触控制/个体防护

职业接触限值

中国　未制定标准

美国（ACGIH）　未制定标准

生物接触限值 未制定标准

监测方法 空气中有毒物质测定方法：未制定标准。生物监测检验方法：未制定标准

工程控制 严加密闭，提供充分的局部排风和全面通风

个体防护装备

呼吸系统防护 可能接触其粉尘时，佩戴过滤式防尘呼吸器。紧急事态抢救或撤离时，佩戴空气呼吸器

眼睛防护 戴化学安全防护眼镜

皮肤和身体防护 穿密闭型防毒服

手防护 戴橡胶手套

第九部分　理化特性

外观与性状 白色、无气味晶状粉末

pH 值 无意义　　　　　**熔点(℃)** 232

沸点(℃) 无资料　　　　**相对密度(水＝1)** 无资料

相对蒸气密度(空气＝1) 无资料

饱和蒸气压(kPa) 无资料

临界压力(MPa) 无资料　**辛醇/水分配系数** 无资料

闪点(℃) 无意义　　　　**自燃温度(℃)** 无资料

爆炸下限(%) 无资料　　**爆炸上限(%)** 无资料

分解温度(℃) 无资料　　**黏度(mPa·s)** 无资料

燃烧热(kJ/mol) 无资料　**临界温度(℃)** 无资料

溶解性 溶于热水，微溶于冷水、乙醇、乙酸，不溶于丙酮、醚、苯、氯仿

第十部分　稳定性和反应性

稳定性 稳定

危险反应 与强氧化剂等禁配物发生反应

避免接触的条件 受热

禁配物 强氧化剂

危险的分解产物 氮氧化物、氧化砷

第十一部分　毒理学信息

急性毒性 LD_{50}：＞10000mg/kg（大鼠经口）

皮肤刺激或腐蚀 无资料　**眼睛刺激或腐蚀** 无资料

呼吸或皮肤过敏 无资料　**生殖细胞突变性** 无资料

致癌性 无资料　　　　　**生殖毒性** 无资料

特异性靶器官系统毒性-一次接触 无资料

特异性靶器官系统毒性-反复接触 无资料

吸入危害 无资料

第十二部分　生态学信息

生态毒性 含砷化合物对水生生物有极高毒性

持久性和降解性

生物降解性　无资料

非生物降解性　无资料

潜在的生物累积性 无资料

土壤中的迁移性 无资料

第十三部分　废弃处置

废弃化学品 用安全掩埋法处置

污染包装物 将容器返还生产商或按照国家和地方法规处置

废弃注意事项 处置前应参阅国家和地方有关法规

第十四部分　运输信息

联合国危险货物编号（UN 号） 3465

联合国运输名称 固态有机砷化合物，未另作规定的（4-氨基苯胂酸）

联合国危险性类别 6.1

包装类别　Ⅲ　　　　包装标志

海洋污染物　是

运输注意事项　运输前应先检查包装容器是否完整、密封，运输过程中要确保容器不泄漏、不倒塌、不坠落、不损坏。严禁与酸类、氧化剂、食品及食品添加剂混运。运输途中应防暴晒、雨淋，防高温

第十五部分　法规信息

下列法律、法规、规章和标准，对该化学品的管理作了相应的规定。

中华人民共和国职业病防治法　职业病分类和目录：砷及其化合物中毒

危险化学品安全管理条例　危险化学品目录：列入。易制爆危险化学品名录：未列入。重点监管的危险化学品名录：未列入。GB 18218—2009《危险化学品重大危险源辨识》（表1）：未列入

使用有毒物品作业场所劳动保护条例　高毒物品目录：未列入

易制毒化学品管理条例　易制毒化学品的分类和品种目录：未列入

国际公约　斯德哥尔摩公约：未列入。鹿特丹公约：未列入。蒙特利尔议定书：未列入

第十六部分　其他信息

编写和修订信息　　缩略语和首字母缩写
培训建议　　参考文献
免责声明

2-氨基吡啶

第一部分　化学品标识

化学品中文名　2-氨基吡啶；α-吡啶胺；邻氨基吡啶
化学品英文名　2-aminopyridine；α-pyridylamine
分子式　$C_5H_6N_2$　**分子量**　94.1145
结构式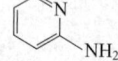

化学品的推荐及限制用途　用作制药中间体，也用于有机合成

第二部分　危险性概述

紧急情况概述　吞咽会中毒，皮肤接触会中毒
GHS危险性类别　急性毒性-经口，类别3；急性毒性-经皮，类别3；严重眼损伤/眼刺激，类别2B；特异性靶器官毒性—一次接触，类别1；危害水生环境-急性危害，类别2；危害水生环境-长期危害，类别2
标签要素

象形图

警示词　危险
危险性说明　吞咽会中毒，皮肤接触会中毒，造成眼刺激，对器官造成损害，对水生生物有毒并具有长期持续影响
防范说明
　预防措施　避免接触眼睛、皮肤，操作后彻底清洗。作业场所不得进食、饮水或吸烟。戴防护手套，穿防护服。避免吸入粉尘、烟气。禁止排入环境
　事故响应　食入：立即呼叫中毒控制中心或就医。漱口。皮肤接触：用大量肥皂水和水清洗，立即脱去所有被污染的衣服。如感觉不适，呼叫中毒控制中心或就医。被污染的衣服必须经洗净后方可重新使用。如接触眼睛：用水细心冲洗数分钟。如戴隐形眼镜并可方便地取出，取出隐形眼镜，继续冲洗。如果眼睛刺激持续：就医。如果接触：立即呼叫中毒控制中心或就医。收集泄漏物
　安全储存　在通风良好处储存。保持容器密闭。上锁保管
　废弃处置　本品及内装物、容器依据国家和地方法规处置
物理和化学危险　可燃，其粉体与空气混合，能形成爆炸性混合物
健康危害　接触本品对眼、鼻、喉有刺激作用，吸入或经皮吸收，出现头痛、头昏、恶心、呕吐、四肢无力、惊厥、昏迷，甚至导致死亡。本品易经皮吸收
环境危害　对水生生物有毒并具有长期持续影响

第三部分　成分/组成信息

√ 物质　　　　　　混合物

组分	浓度	CAS No.
2-氨基吡啶		504-29-0

第四部分　急救措施

吸入　迅速脱离现场至空气新鲜处。保持呼吸道通畅。如呼吸困难，给输氧。呼吸、心跳停止，立即进行心肺复苏术。就医
皮肤接触　立即脱去污染的衣着，用流动清水彻底冲洗。就医
眼睛接触　立即分开眼睑，用流动清水或生理盐水彻底冲洗。就医
食入　饮适量温水，催吐（仅限于清醒者）。就医
对保护施救者的忠告　根据需要使用个人防护设备
对医生的特别提示　对症处理

第五部分　消防措施

灭火剂　用雾状水、泡沫、干粉、二氧化碳、砂土灭火
特别危险性　遇明火能燃烧。受热分解放出有毒气体
灭火注意事项及防护措施　消防人员必须佩戴防毒面具、穿全身消防服，在上风向灭火。尽可能将容器从火场移至空旷处。喷水保持火场容器冷却，直至灭火结束

第六部分　泄漏应急处理

作业人员防护措施、防护装备和应急处置程序　隔离泄漏污染区，限制出入。消除所有点火源。建议应急处理人员戴防尘口罩，穿防毒服。穿上适当的防护服前严禁接触破裂的容器和泄漏物。尽可能切断泄漏源

环境保护措施　用塑料布覆盖泄漏物，减少飞散

泄漏化学品的收容、清除方法及所使用的处置材料　勿使水进入包装容器内。用洁净的铲子收集泄漏物，置于干净、干燥、盖子较松的容器中，将容器移离泄漏区

第七部分　操作处置与储存

操作注意事项　密闭操作，提供充分的局部排风。操作人员必须经过专门培训，严格遵守操作规程。建议操作人员佩戴自吸过滤式防尘口罩，戴化学安全防护眼镜，穿防毒物渗透工作服，戴橡胶手套。远离火种、热源，工作场所严禁吸烟。使用防爆型的通风系统和设备。避免产生粉尘。避免与氧化剂、酸类接触。搬运时要轻装轻卸，防止包装及容器损坏。配备相应品种和数量的消防器材及泄漏应急处理设备。倒空的容器可能残留有害物

储存注意事项　储存于阴凉、通风的库房。远离火种、热源。保持容器密封。应与氧化剂、酸类、食用化学品分开存放，切忌混储。配备相应品种和数量的消防器材。储区应备有合适的材料收容泄漏物

第八部分　接触控制/个体防护

职业接触限值

中国　PC-TWA：2mg/m³［皮］

美国（ACGIH）　TLV-TWA：0.5ppm

生物接触限值　未制定标准

监测方法　空气中有毒物质测定方法：未制定标准。生物监测检验方法：未制定标准

工程控制　严加密闭，提供充分的局部排风。提供安全淋浴和洗眼设备

个体防护装备

呼吸系统防护　空气中粉尘浓度超标时，必须佩戴过滤式防尘呼吸器。紧急事态抢救或撤离时，应该佩戴空气呼吸器

眼睛防护　戴化学安全防护眼镜

皮肤和身体防护　穿防毒物渗透工作服

手防护　戴橡胶手套

第九部分　理化特性

外观与性状　白色片状或无色结晶

pH 值　无意义　　　　**熔点（℃）**　58.1

沸点（℃）　204（升华）　　**相对密度（水＝1）**　无资料

相对蒸气密度（空气＝1）　3.25

饱和蒸气压（kPa）　无资料

临界压力（MPa）　无资料　　**辛醇/水分配系数**　−0.22

闪点（℃）　68　　　　**自燃温度（℃）**　无资料

爆炸下限（%）　无资料　　**爆炸上限（%）**　无资料

分解温度（℃）　无资料　　**黏度（mPa·s）**　无资料

燃烧热（kJ/mol）　无资料　　**临界温度（℃）**　无资料

溶解性　溶于水、乙醇、苯、乙醚、热石油醚

第十部分　稳定性和反应性

稳定性　稳定

危险反应　与强氧化剂、酸类等禁配物发生反应

避免接触的条件　受热、光照

禁配物　强氧化剂、酸类

危险的分解产物　氮氧化物

第十一部分　毒理学信息

急性毒性　LD$_{50}$：200mg/kg（大鼠经口），50mg/kg（小鼠经口）

皮肤刺激或腐蚀　无资料　　**眼睛刺激或腐蚀**　无资料

呼吸或皮肤过敏　无资料　　**生殖细胞突变性**　无资料

致癌性　无资料　　　　**生殖毒性**　无资料

特异性靶器官系统毒性-一次接触　无资料

特异性靶器官系统毒性-反复接触　无资料

吸入危害　无资料

第十二部分　生态学信息

生态毒性　LC$_{50}$：6mg/L（48h）（青鳉）；EC$_{50}$：35mg/L（48h）（大型溞）；ErC$_{50}$：15mg/L（72h）（藻类）

持久性和降解性

生物降解性　不易快速生物降解

非生物降解性　无资料

潜在的生物累积性　根据 K_{ow} 值预测，该物质的生物累积性可能较弱

土壤中的迁移性　根据 K_{oc} 值预测，该物质可能易发生迁移

第十三部分　废弃处置

废弃化学品　用焚烧法处置。焚烧炉排出的氮氧化物通过洗涤器除去

污染包装物　将容器返还生产商或按照国家和地方法规处置

废弃注意事项　处置前应参阅国家和地方有关法规

第十四部分　运输信息

联合国危险货物编号（UN号）　2671

联合国运输名称　氨基吡啶（邻、间、对）

联合国危险性类别　6.1

包装类别　Ⅱ　　　　**包装标志**　

海洋污染物　是

运输注意事项　运输前应先检查包装容器是否完整、密封，运输过程中要确保容器不泄漏、不倒塌、不坠落、不损坏。严禁与酸类、氧化剂、食品及食品添加剂混运。运输途中应防暴晒、雨淋，防高温

第十五部分　法规信息

下列法律、法规、规章和标准，对该化学品的管理作

了相应的规定。

中华人民共和国职业病防治法 职业病分类和目录：未列入

危险化学品安全管理条例 危险化学品目录：列入。易制爆危险化学品名录：未列入。重点监管的危险化学品名录：未列入。GB 18218—2009《危险化学品重大危险源辨识》（表1）：未列入

使用有毒物品作业场所劳动保护条例 高毒物品目录：未列入

易制毒化学品管理条例 易制毒化学品的分类和品种目录：未列入

国际公约 斯德哥尔摩公约：未列入。鹿特丹公约：未列入。蒙特利尔议定书：未列入

第十六部分　其他信息

编写和修订信息　缩略语和首字母缩写
培训建议　参考文献
免责声明

3-氨基吡啶

第一部分　化学品标识

化学品中文名 3-氨基吡啶；间氨基吡啶
化学品英文名 3-pyridylamine；*m*-aminopyridine
分子式 $C_5H_6N_2$　**分子量** 94.1145
结构式
化学品的推荐及限制用途 用作药物、染料的中间体

第二部分　危险性概述

紧急情况概述 吞咽致命
GHS危险性类别 急性毒性-经口，类别2；危害水生环境-急性危害，类别2；危害水生环境-长期危害，类别2
标签要素

象形图

警示词 危险
危险性说明 吞咽致命，对水生生物有毒并具有长期持续影响
防范说明

预防措施　避免接触眼睛、皮肤，操作后彻底清洗。作业场所不得进食、饮水或吸烟。禁止排入环境

事故响应　食入：立即呼叫中毒控制中心或就医，漱口。收集泄漏物

安全储存　上锁保管

废弃处置　本品及内装物、容器依据国家和地方法规处置

物理和化学危险 可燃，其粉体与空气混合，能形成爆炸性混合物

健康危害 有毒。对皮肤、黏膜有刺激作用，并有麻醉作

用。有报道一例2-氨基吡啶急性中毒，先感到剧烈头痛、背痛、剧痒，3h后，突然全身乏力、知觉丧失、四肢抽搐、昏迷；次日，神志恢复；3周后病情恢复。一例2-氨基吡啶溅到身上，未换污染衣服，又继续工作1.5h，2h后因呼吸衰竭而死亡

环境危害 对水生生物有毒并具有长期持续影响

第三部分　成分/组成信息

√ 物质　　　　混合物

组分	浓度	CAS No.
3-氨基吡啶		462-08-8

第四部分　急救措施

吸入 迅速脱离现场至空气新鲜处。保持呼吸道通畅。如呼吸困难，给输氧。呼吸、心跳停止，立即进行心肺复苏术。就医

皮肤接触 立即脱去污染的衣着，用流动清水彻底冲洗。就医

眼睛接触 立即分开眼睑，用流动清水或生理盐水彻底冲洗。就医

食入 漱口，饮水。就医

对保护施救者的忠告 根据需要使用个人防护设备
对医生的特别提示 对症处理

第五部分　消防措施

灭火剂 用雾状水、泡沫、干粉、二氧化碳、砂土灭火
特别危险性 遇明火、高热可燃。其粉体与空气可形成爆炸性混合物，当达到一定浓度时，遇火星会发生爆炸。受高热分解放出有毒的气体
灭火注意事项及防护措施 消防人员必须佩戴防毒面具、穿全身消防服，在上风向灭火。尽可能将容器从火场移至空旷处。喷水保持火场容器冷却，直至灭火结束

第六部分　泄漏应急处理

作业人员防护措施、防护装备和应急处置程序 隔离泄漏污染区，限制出入。消除所有点火源。建议应急处理人员戴防尘口罩，穿防毒服。穿上适当的防护服前严禁接触破裂的容器和泄漏物。尽可能切断泄漏源
环境保护措施 用塑料布覆盖泄漏物，减少飞散
泄漏化学品的收容、清除方法及所使用的处置材料 勿使水进入包装容器内。用洁净的铲子收集泄漏物，置于干净、干燥、盖子较松的容器中，将容器移离泄漏区

第七部分　操作处置与储存

操作注意事项 密闭操作，局部排风。防止粉尘释放到车间空气中。操作人员必须经过专门培训，严格遵守操作规程。建议操作人员佩戴自吸过滤式防尘口罩，戴化学安全防护眼镜，穿防毒物渗透工作服，戴橡胶手套。远离火种、热源，工作场所严禁吸烟。使用防爆型的通风系统和设备。避免产生粉尘。避免与氧化剂、酸类接触。配备相应品种和数量的消防器材及泄漏应急处理设备。倒空的容器可能残留有害物

储存注意事项 储存于阴凉、通风的库房。远离火种、热源。防止阳光直射。包装密封。应与氧化剂、酸类、食用化学品分开存放,切忌混储。配备相应品种和数量的消防器材。储区应备有合适的材料收容泄漏物

第八部分　接触控制/个体防护

职业接触限值

中国　未制定标准

美国(ACGIH)　未制定标准

生物接触限值　未制定标准

监测方法　空气中有毒物质测定方法:未制定标准。生物监测检验方法:未制定标准

工程控制　密闭操作,局部排风

个体防护装备

呼吸系统防护　空气中粉尘浓度超标时,必须佩戴过滤式防尘呼吸器。紧急事态抢救或撤离时,应该佩戴空气呼吸器

眼睛防护　戴化学安全防护眼镜

皮肤和身体防护　穿防毒物渗透工作服

手防护　戴橡胶手套

第九部分　理化特性

外观与性状　白色至淡黄色针状结晶

pH 值　无意义	**熔点(℃)**　57~60
沸点(℃)　248	**相对密度(水=1)**　无资料

相对蒸气密度(空气=1)　无资料

饱和蒸气压(kPa)　无资料

临界压力(MPa)　无资料	**辛醇/水分配系数**　无资料
闪点(℃)　124	**自燃温度(℃)**　无资料
爆炸下限(%)　无资料	**爆炸上限(%)**　无资料
分解温度(℃)　无资料	**黏度(mPa·s)**　无资料
燃烧热(kJ/mol)　无资料	**临界温度(℃)**　无资料

溶解性　溶于水、乙醇、乙醚、苯

第十部分　稳定性和反应性

稳定性　稳定

危险反应　与强氧化剂、酸类等禁配物发生反应

避免接触的条件　无资料

禁配物　强氧化剂、酸类

危险的分解产物　氮氧化物

第十一部分　毒理学信息

急性毒性　LD_{50}:30mg/kg(小鼠皮下);28mg/kg(小鼠腹腔)

皮肤刺激或腐蚀　无资料	**眼睛刺激或腐蚀**　无资料
呼吸或皮肤过敏　无资料	**生殖细胞突变性**　无资料
致癌性　无资料	**生殖毒性**　无资料

特异性靶器官系统毒性-一次接触　无资料

特异性靶器官系统毒性-反复接触　无资料

吸入危害　无资料

第十二部分　生态学信息

生态毒性　LC_{50}:8.6mg/L(96h)(鱼类)。EC_{50}:7.1mg/L

(48h)(溞类)

持久性和降解性

生物降解性　不易生物降解

非生物降解性　无资料

潜在的生物累积性　无资料

土壤中的迁移性　无资料

第十三部分　废弃处置

废弃化学品　建议用焚烧法处置。若可能,重复使用容器或在规定场所掩埋

污染包装物　将容器返还生产商或按照国家和地方法规处置

废弃注意事项　处置前应参阅国家和地方有关法规

第十四部分　运输信息

联合国危险货物编号(UN号)　2671

联合国运输名称　氨基吡啶(邻、间、对)

联合国危险性类别　6.1

包装类别　Ⅱ　　　　　　　**包装标志**

海洋污染物　是

运输注意事项　运输前应先检查包装容器是否完整、密封,运输过程中要确保容器不泄漏、不倒塌、不坠落、不损坏。严禁与酸类、氧化剂、食品及食品添加剂混运。运输时运输车辆应配备相应品种和数量的消防器材及泄漏应急处理设备。运输途中应防暴晒、雨淋,防高温。公路运输时要按规定路线行驶,勿在居民区和人口稠密区停留

第十五部分　法规信息

　　下列法律、法规、规章和标准,对该化学品的管理作了相应的规定。

中华人民共和国职业病防治法　职业病分类和目录:未列入

危险化学品安全管理条例　危险化学品目录:列入。易制爆危险化学品名录:未列入。重点监管的危险化学品名录:未列入。GB 18218—2009《危险化学品重大危险源辨识》(表1):未列入

使用有毒物品作业场所劳动保护条例　高毒物品目录:未列入

易制毒化学品管理条例　易制毒化学品的分类和品种目录:未列入

国际公约　斯德哥尔摩公约:未列入。鹿特丹公约:未列入。蒙特利尔议定书:未列入

第十六部分　其他信息

编写和修订信息	缩略语和首字母缩写
培训建议	参考文献
免责声明	

4-氨基二苯胺

第一部分　化学品标识

化学品中文名　4-氨基二苯胺;对氨基二苯胺

化学品英文名　*p*-aminodiphenyl amine;*N*-phenyl-*p*-phenylenediamine

分子式 C$_{12}$H$_{12}$N$_2$ 分子量 184.24

结构式

化学品的推荐及限制用途   用作染料中间体，分析上用作氧化还原指示剂

第二部分   危险性概述

紧急情况概述   吞咽有害，造成严重眼刺激，可能导致皮肤过敏反应

GHS危险性类别   急性毒性-经口，类别4；严重眼损伤/眼刺激，类别2；皮肤致敏物，类别1；危害水生环境-急性危害，类别1；危害水生环境-长期危害，类别1

标签要素

象形图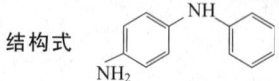

警示词   警告

危险性说明   吞咽有害，造成严重眼刺激，可能导致皮肤过敏反应，对水生生物毒性非常大并具有长期持续影响

防范说明

  预防措施   避免接触眼睛、皮肤，操作后彻底清洗。作业场所不得进食、饮水或吸烟。避免吸入粉尘。仅在室外或通风良好处操作。禁止排入环境

  事故响应   如吸入：将患者转移到空气新鲜处，休息，保持利于呼吸的体位，如感觉不适，呼叫中毒控制中心或就医。食入：如果感觉不适，立即呼叫中毒控制中心或就医，漱口。收集泄漏物

  安全储存   —

  废弃处置   本品及内装物、容器依据国家和地方法规处置

物理和化学危险   可燃，其粉体与空气混合，能形成爆炸性混合物

健康危害   对人体有毒。有刺激性。进入人体内可形成高铁血红蛋白，引起紫绀

环境危害   对水生生物毒性非常大并具有长期持续影响

第三部分   成分/组成信息

✓物质   混合物

组分   浓度   CAS No.

4-氨基二苯胺   101-54-2

第四部分   急救措施

吸入   迅速脱离现场至空气新鲜处。保持呼吸道通畅。如呼吸困难，给输氧。呼吸、心跳停止，立即进行心肺复苏术。就医

皮肤接触   立即脱去污染的衣着，用流动清水彻底冲洗。

就医

眼睛接触   立即分开眼睑，用流动清水或生理盐水彻底冲洗。就医

食入   漱口，饮水。就医

对保护施救者的忠告   根据需要使用个人防护设备

对医生的特别提示   高铁血红蛋白血症，可用亚甲蓝和维生素C治疗

第五部分   消防措施

灭火剂   用雾状水、泡沫、干粉、二氧化碳、砂土灭火

特别危险性   遇明火、高热可燃。其粉体与空气可形成爆炸性混合物，当达到一定浓度时，遇火星会发生爆炸。受高热分解放出有毒的气体

灭火注意事项及防护措施   消防人员必须佩戴防毒面具、穿全身消防服，在上风向灭火。尽可能将容器从火场移至空旷处。喷水保持火场容器冷却，直至灭火结束

第六部分   泄漏应急处理

作业人员防护措施、防护装备和应急处置程序   隔离泄漏污染区，限制出入。消除所有点火源。建议应急处理人员戴防尘口罩，穿防毒服。穿上适当的防护服前严禁接触破裂的容器和泄漏物。尽可能切断泄漏源

环境保护措施   用塑料布覆盖泄漏物，减少飞散

泄漏化学品的收容、清除方法及所使用的处置材料   勿使水进入包装容器内。用洁净的铲子收集泄漏物，置于干净、干燥、盖子较松的容器中，将容器移离泄漏区

第七部分   操作处置与储存

操作注意事项   密闭操作，局部排风。防止粉尘释放到车间空气中。操作人员必须经过专门培训，严格遵守操作规程。建议操作人员佩戴自吸过滤式防尘口罩，戴化学安全防护眼镜，穿防毒物渗透工作服，戴橡胶手套。远离火种、热源，工作场所严禁吸烟。使用防爆型的通风系统和设备。避免产生粉尘。避免与氧化剂、酸类接触。配备相应品种和数量的消防器材及泄漏应急处理设备。倒空的容器可能残留有害物

储存注意事项   储存于阴凉、通风的库房。远离火种、热源。防止阳光直射。包装密封。应与氧化剂、酸类、食用化学品分开存放，切忌混储。配备相应品种和数量的消防器材。储区应备有合适的材料收容泄漏物

第八部分   接触控制/个体防护

职业接触限值

  中国   未制定标准

  美国（ACGIH）   未制定标准

生物接触限值   未制定标准

监测方法   空气中有毒物质测定方法：未制定标准。生物监测检验方法：未制定标准

工程控制   密闭操作，局部排风

个体防护装备

  呼吸系统防护   空气中粉尘浓度超标时，必须佩戴过

滤式防尘呼吸器。紧急事态抢救或撤离时，应该
　　佩戴空气呼吸器
眼睛防护　戴化学安全防护眼镜
皮肤和身体防护　穿防毒物渗透工作服
手防护　戴橡胶手套

第九部分　理化特性

外观与性状　无色至灰色小片状或针状结晶，久储变色
pH值　无意义　　　　　　熔点(℃)　73～75
沸点(℃)　354　　　　　相对密度(水＝1)　无资料
相对蒸气密度(空气＝1)　无资料
饱和蒸气压(kPa)　无资料
临界压力(MPa)　无资料　辛醇/水分配系数　无资料
闪点(℃)　无意义　　　自燃温度(℃)　无资料
爆炸下限(%)　无资料　爆炸上限(%)　无资料
分解温度(℃)　无资料　黏度(mPa·s)　无资料
燃烧热(kJ/mol)　－6290　临界温度(℃)　593.85
溶解性　难溶于水，溶于乙醇、乙醚、稀盐酸

第十部分　稳定性和反应性

稳定性　稳定
危险反应　与强氧化剂、强酸等禁配物发生反应
避免接触的条件　光照
禁配物　强氧化剂、强酸
危险的分解产物　氮氧化物

第十一部分　毒理学信息

急性毒性　LD_{50}：464mg/kg（大鼠经口）；244mg/kg
　　（小鼠经口）；＞5000mg/kg（兔经口）；＞5000mg/
　　kg（兔经皮）
皮肤刺激或腐蚀　无资料
眼睛刺激或腐蚀　家兔空眼：100mg（24h），中度刺激
呼吸或皮肤过敏　无资料
生殖细胞突变性　微生物致突变：鼠伤寒沙门氏菌
　　150μg/皿
致癌性　无资料
生殖毒性　大鼠孕后6～15d经口给予最低中毒剂量
　　（TDLo）1500mg/kg，致肌肉骨骼系统发育畸形
特异性靶器官系统毒性-一次接触　无资料
特异性靶器官系统毒性-反复接触　无资料
吸入危害　无资料

第十二部分　生态学信息

生态毒性　LC_{50}：1.9mg/L（96h）（斑马鱼）；EC_{50}：0.37
　　mg/L（48h）（大型溞）；EC_{50}：4.8mg/L（72h）
　　（*Desmodesmus subspicatus*）；NOEC：≤0.01mg/L
　　（大型溞）
持久性和降解性
　　生物降解性　不易快速生物降解（OECD 301D）
　　非生物降解性　无资料
潜在的生物累积性　根据K_{ow}值预测，该物质的生物累积
　　性可能较弱
土壤中的迁移性　根据K_{oc}值预测，该物质可能有一定的

迁移性

第十三部分　废弃处置

废弃化学品　建议用焚烧法处置。在能利用的地方重复使
　　用容器或在规定场所掩埋
污染包装物　将容器返还生产商或按照国家和地方法规
　　处置
废弃注意事项　处置前应参阅国家和地方有关法规

第十四部分　运输信息

联合国危险货物编号（UN号）　3077
联合国运输名称　对环境有害的固态物质，未另作规定的
　　（4-氨基二苯胺）
联合国危险性类别　9

包装类别　Ⅲ　　　　　　　包装标志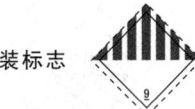

海洋污染物　是
运输注意事项　运输前应先检查包装容器是否完整、密
　　封，运输过程中要确保容器不泄漏、不倒塌、不坠
　　落、不损坏。严禁与酸类、氧化剂、食品及食品添加
　　剂混运。运输时运输车辆应配备相应品种和数量的消
　　防器材及泄漏应急处理设备。运输途中应防暴晒、雨
　　淋，防高温。公路运输时要按规定路线行驶，勿在居
　　民区和人口稠密区停留

第十五部分　法规信息

　　下列法律、法规、规章和标准，对该化学品的管理作
了相应的规定。
中华人民共和国职业病防治法　职业病分类和目录：苯的
　　氨基及硝基化合物中毒
危险化学品安全管理条例　危险化学品目录：列入。易制
　　爆危险化学品名录：未列入。重点监管的危险化学品
　　名录：未列入。GB 18218—2009《危险化学品重大
　　危险源辨识》（表1）：未列入
使用有毒物品作业场所劳动保护条例　高毒物品目录：未
　　列入
易制毒化学品管理条例　易制毒化学品的分类和品种目
　　录：未列入
国际公约　斯德哥尔摩公约：未列入。鹿特丹公约：未列
　　入。蒙特利尔议定书：未列入

第十六部分　其他信息

编写和修订信息　　　　缩略语和首字母缩写
培训建议　　　　　　　参考文献
免责声明

4-氨基-N，N-二甲基苯胺

第一部分　化学品标识

化学品中文名　4-氨基-N，N-二甲基苯胺；N，N-二甲基
　　对苯二胺；对氨基-N，N-二甲基苯胺

化学品英文名　4-amino-N,N-dimethylaniline；N,N-dimethyl-p-phenylenediamine

分子式　$C_8H_{12}N_2$　分子量　136.1943

结构式　

化学品的推荐及限制用途　用于有机合成

第二部分　危险性概述

紧急情况概述　吞咽会中毒，皮肤接触会中毒，吸入会中毒

GHS危险性类别　急性毒性-经口，类别3；急性毒性-经皮，类别3；急性毒性-吸入，类别3

标签要素

象形图　☠

警示词　危险

危险性说明　吞咽会中毒，皮肤接触会中毒，吸入会中毒

防范说明

预防措施　避免接触眼睛、皮肤，操作后彻底清洗。作业场所不得进食、饮水或吸烟。戴防护手套、穿防护服。避免吸入粉尘。仅在室外或通风良好处操作

事故响应　如吸入：将患者转移到空气新鲜处，休息，保持利于呼吸的体位。皮肤接触：用大量肥皂水和水清洗，立即脱去所有被污染的衣服。如感觉不适，呼叫中毒控制中心或就医。被污染的衣服必须经洗净后方可重新使用。食入：立即呼叫中毒控制中心或就医，漱口

安全储存　在通风良好处储存。保持容器密闭。上锁保管

废弃处置　本品及内装物、容器依据国家和地方法规处置

物理和化学危险　可燃，其粉体与空气混合，能形成爆炸性混合物

健康危害　对眼睛、黏膜、呼吸道及皮肤有刺激作用。吸收后导致形成高铁血红蛋白而发生紫绀。吸入、摄入或经皮肤吸收可能致死

环境危害　对环境可能有害

第三部分　成分/组成信息

√ 物质　　　　　　　　　混合物

组分	浓度	CAS No.
4-氨基-N,N-二甲基苯胺		99-98-9

第四部分　急救措施

吸入　迅速脱离现场至空气新鲜处。保持呼吸道通畅。如呼吸困难，给输氧。如呼吸、心跳停止，立即进行心肺复苏术。就医

皮肤接触　立即脱去污染衣着，用肥皂水或清水彻底冲洗。就医

眼睛接触　分开眼睑，用清水或生理盐水冲洗。就医

食入　饮适量温水，催吐（仅限于清醒者）。就医

对保护施救者的忠告　根据需要使用个人防护设备

对医生的特别提示　高铁血红蛋白血症，可用亚甲蓝和维生素C治疗

第五部分　消防措施

灭火剂　用雾状水、泡沫、干粉、二氧化碳、砂土灭火

特别危险性　遇明火、高热可燃。与强氧化剂接触可发生化学反应。受高热分解放出有毒的气体

灭火注意事项及防护措施　消防人员必须佩戴防毒面具、穿全身消防服，在上风向灭火。尽可能将容器从火场移至空旷处。喷水保持火场容器冷却，直至灭火结束

第六部分　泄漏应急处理

作业人员防护措施、防护装备和应急处置程序　隔离泄漏污染区，限制出入。消除所有点火源。建议应急处理人员戴防尘口罩，穿防毒服。穿上适当的防护服前严禁接触破裂的容器和泄漏物。尽可能切断泄漏源

环境保护措施　用塑料布覆盖泄漏物，减少飞散

泄漏化学品的收容、清除方法及所使用的处置材料　勿使水进入包装容器内。用洁净的铲子收集泄漏物，置于干净、干燥、盖子较松的容器中，将容器移离泄漏区

第七部分　操作处置与储存

操作注意事项　密闭操作，提供充分的局部排风。操作人员必须经过专门培训，严格遵守操作规程。建议操作人员佩戴自吸过滤式防尘口罩，戴化学安全防护眼镜，穿防毒物渗透工作服，戴橡胶手套。远离火种、热源，工作场所严禁吸烟。使用防爆型的通风系统和设备。避免与氧化剂、酸类接触。搬运时要轻装轻卸，防止包装及容器损坏。配备相应品种和数量的消防器材及泄漏应急处理设备。倒空的容器可能残留有害物

储存注意事项　储存于阴凉、通风的库房。远离火种、热源。应与氧化剂、酸类等分开存放，切忌混储。配备相应品种和数量的消防器材。储区应备有合适的材料收容泄漏物

第八部分　接触控制/个体防护

职业接触限值

中国　未制定标准

美国（ACGIH）　未制定标准

生物接触限值　未制定标准

监测方法　空气中有毒物质测定方法：未制定标准。生物监测检验方法：未制定标准

工程控制　严加密闭，提供充分的局部排风。提供安全淋浴和洗眼设备

个体防护装备

呼吸系统防护　空气中粉尘浓度超标时，必须佩戴过滤式防尘呼吸器。紧急事态抢救或撤离时，应该佩戴空气呼吸器

眼睛防护 戴化学安全防护眼镜
皮肤和身体防护 穿防毒物渗透工作服
手防护 戴橡胶手套

第九部分 理化特性

外观与性状 灰色至黑色固体

pH 值 无意义 　熔点(℃) 53
沸点(℃) 262 　相对密度(水＝1) 无资料
相对蒸气密度(空气＝1) 无资料
饱和蒸气压(kPa) 无资料
临界压力(MPa) 无资料 辛醇/水分配系数 1.11
闪点(℃) 90 　自燃温度(℃) 无资料
爆炸下限(%) 无资料 爆炸上限(%) 无资料
分解温度(℃) 无资料 黏度(mPa·s) 无资料
燃烧热(kJ/mol) 无资料 临界温度(℃) 无资料
溶解性 溶于水

第十部分 稳定性和反应性

稳定性 稳定
危险反应 与强氧化剂、酸类、酰基氯、酸酐、氯仿等禁
配物发生反应
避免接触的条件 无资料
禁配物 强氧化剂、酸类、酰基氯、酸酐、氯仿
危险的分解产物 氮氧化物

第十一部分 毒理学信息

急性毒性 LD_{50}：50mg/kg（大鼠经口）；30mg/kg（小
鼠经口）
皮肤刺激或腐蚀 无资料 眼睛刺激或腐蚀 无资料
呼吸或皮肤过敏 无资料 生殖细胞突变性 无资料
致癌性 无资料 生殖毒性 无资料
特异性靶器官系统毒性-一次接触 无资料
特异性靶器官系统毒性-反复接触 无资料
吸入危害 无资料

第十二部分 生态学信息

生态毒性 无资料
持久性和降解性
生物降解性 无资料
非生物降解性 无资料
潜在的生物累积性 无资料
土壤中的迁移性 无资料

第十三部分 废弃处置

废弃化学品 建议用焚烧法处置。焚烧炉排出的氮氧化物
通过洗涤器除去
污染包装物 将容器返还生产商或按照国家和地方法规
处置
废弃注意事项 处置前应参阅国家和地方有关法规

第十四部分 运输信息

联合国危险货物编号（UN 号） 2811
联合国运输名称 有机毒性固体，未另作规定的（4-氨
基-N,N-二甲基苯胺）
联合国危险性类别 6.1

包装类别 Ⅲ 　　　包装标志

海洋污染物 否
运输注意事项 运输前应先检查包装容器是否完整、密
封，运输过程中要确保容器不泄漏、不倒塌、不坠
落、不损坏。严禁与酸类、氧化剂、食品及食品添加
剂混运。运输途中应防暴晒、雨淋，防高温

第十五部分 法规信息

下列法律、法规、规章和标准，对该化学品的管理作
了相应的规定。
中华人民共和国职业病防治法 职业病分类和目录：苯的
氨基及硝基化合物中毒
危险化学品安全管理条例 危险化学品目录：列入易制爆
危险化学品名录：未列入。重点监管的危险化学品名
录：未列入。GB 18218—2009《危险化学品重大危
险源辨识》（表 1）：未列入
使用有毒物品作业场所劳动保护条例 高毒物品目录：未
列入
易制毒化学品管理条例 易制毒化学品的分类和品种目
录：未列入
国际公约 斯德哥尔摩公约：未列入。鹿特丹公约：未列
入。蒙特利尔议定书：未列入

第十六部分 其他信息

编写和修订信息 　　　缩略语和首字母缩写
培训建议 　　　　　　参考文献
免责声明

氨基化锂

第一部分 化学品标识

化学品中文名 氨基化锂；氨基锂
化学品英文名 lithium amide；lithamide
分子式 $LiNH_2$ 分子量 22.964
化学品的推荐及限制用途 用于有机合成、药物制造

第二部分 危险性概述

紧急情况概述 遇水放出易燃气体
GHS 危险性类别 遇水放出易燃气体的物质和混合物，
类别 2
标签要素

象形图

警示词 危险
危险性说明 遇水放出易燃气体
防范说明
预防措施 因与水发生剧烈反应和可能发生暴燃，

应避免与水接触。在惰性气体中操作。防潮。戴防护手套、防护眼镜、防护面罩

事故响应 火灾时，使用干粉、二氧化碳、砂土灭火。擦掉皮肤上的微粒，将接触部位浸入冷水中，用湿绷带包扎

安全储存 在干燥处和密闭的容器中储存

废弃处置 本品及内装物、容器依据国家和地方法规处置

物理和化学危险 遇水剧烈反应，产生高度易燃气体

健康危害 本品对黏膜、上呼吸道、眼睛及皮肤有强烈刺激性。吸入后，可因喉和支气管的痉挛、炎症和水肿，化学性肺炎或肺水肿而致死。中毒表现有烧灼感、咳嗽、喘息、喉炎、气短、头痛、恶心和呕吐

环境危害 对环境可能有害

第三部分 成分/组成信息

√物质　　　　　　　混合物

组分　　　　浓度　　　CAS No.

氨基化锂　　　　　　7782-89-0

第四部分 急救措施

吸入 迅速脱离现场至空气新鲜处。保持呼吸道通畅。如呼吸困难，给输氧。呼吸、心跳停止，立即进行心肺复苏术。就医

皮肤接触 立即脱去污染的衣着，用流动清水彻底冲洗。就医

眼睛接触 立即分开眼睑，用流动清水或生理盐水彻底冲洗。就医

食入 漱口，饮水。就医

对保护施救者的忠告 根据需要使用个人防护设备

对医生的特别提示 对症处理

第五部分 消防措施

灭火剂 用干粉、二氧化碳、砂土灭火

特别危险性 遇明火、高热易引起燃烧爆炸。遇水分解放热，并散发出易燃的氨气

灭火注意事项及防护措施 消防人员必须佩戴防毒面具、穿全身消防服，在上风向灭火。尽可能将容器从火场移至空旷处。喷水保持火场容器冷却，直至灭火结束。禁止用水和泡沫灭火

第六部分 泄漏应急处理

作业人员防护措施、防护装备和应急处置程序 隔离泄漏污染区，限制出入。消除所有点火源。建议应急处理人员戴防尘口罩，穿防毒、防静电服。禁止接触或跨越泄漏物。尽可能切断泄漏源

环境保护措施 用塑料布覆盖泄漏物，减少飞散

泄漏化学品的收容、清除方法及所使用的处置材料 严禁用水处理。小量泄漏：用干燥的砂土或其他不燃材料覆盖泄漏物，然后用塑料布覆盖，减少飞散、避免雨淋。粉末泄漏：用塑料布或帆布覆盖泄漏物，减少飞散，保持干燥。在专家指导下清除

第七部分 操作处置与储存

操作注意事项 密闭操作，局部排风。操作人员必须经过专门培训，严格遵守操作规程。建议操作人员佩戴防尘面具（全面罩），穿胶布防毒衣，戴橡胶手套。远离火种、热源，工作场所严禁吸烟。使用防爆型的通风系统和设备。避免产生粉尘。避免与氧化剂、酸类、醇类接触。尤其要注意避免与水接触。搬运时要轻装轻卸，防止包装及容器损坏。配备相应品种和数量的消防器材及泄漏应急处理设备。倒空的容器可能残留有害物

储存注意事项 储存于阴凉、干燥、通风良好的专用库房内，远离火种、热源。库温不超过32℃，相对湿度不超过75%。包装必须密封，切勿受潮。应与氧化剂、酸类、醇类等分开存放，切忌混储。采用防爆型照明、通风设施。禁止使用易产生火花的机械设备和工具。储区应备有合适的材料收容泄漏物

第八部分 接触控制/个体防护

职业接触限值

中国 未制定标准

美国（ACGIH） 未制定标准

生物接触限值 未制定标准

监测方法 空气中有毒物质测定方法：未制定标准。生物监测检验方法：未制定标准

工程控制 密闭操作，局部排风。提供安全淋浴和洗眼设备

个体防护装备

呼吸系统防护 可能接触其粉尘时，必须佩戴防尘面具（全面罩）。紧急事态抢救或撤离时，应该佩戴空气呼吸器

眼睛防护 呼吸系统防护中已作防护

皮肤和身体防护 穿密闭型防毒服

手防护 戴橡胶手套

第九部分 理化特性

外观与性状 白色结晶或粉末，有氨的气味

pH值 无意义		**熔点(℃)** 380~400	
沸点(℃) 430		**相对密度(水=1)** 1.178	
相对蒸气密度(空气=1) 无资料			
饱和蒸气压(kPa) 无资料			
临界压力(MPa) 无资料		**辛醇/水分配系数** 无资料	
闪点(℃) 无资料		**自燃温度(℃)** 无资料	
爆炸下限(%) 无资料		**爆炸上限(%)** 无资料	
分解温度(℃) 320		**黏度(mPa·s)** 无资料	
燃烧热(kJ/mol) 无资料		**临界温度(℃)** 无资料	
溶解性 不溶于煤油			

第十部分 稳定性和反应性

稳定性 稳定

危险反应 与强氧化剂、酸类、水、醇类等禁配物发生反应。遇水分解放热，并散发出易燃的氨气

避免接触的条件 潮湿空气

禁配物 强氧化剂、酸类、水、醇类

危险的分解产物　氨

第十一部分　毒理学信息

急性毒性　无资料

皮肤刺激或腐蚀　无资料　　眼睛刺激或腐蚀　无资料

呼吸或皮肤过敏　无资料　　生殖细胞突变性　无资料

致癌性　无资料　　　　　　生殖毒性　无资料

特异性靶器官系统毒性-一次接触　无资料

特异性靶器官系统毒性-反复接触　无资料

吸入危害　无资料

第十二部分　生态学信息

生态毒性　无资料

持久性和降解性

　　生物降解性　无资料

　　非生物降解性　无资料

潜在的生物累积性　无资料

土壤中的迁移性　无资料

第十三部分　废弃处置

废弃化学品　用无水正丁醇破坏

污染包装物　将容器返还生产商或按照国家和地方法规
　　处置

废弃注意事项　处置前应参阅国家和地方有关法规

第十四部分　运输信息

联合国危险货物编号（UN 号）　1390

联合国运输名称　氨基碱金属（氨基化锂）

联合国危险性类别　4.3

包装类别　　Ⅱ　　　　　　包装标志

海洋污染物　否

运输注意事项　运输时运输车辆应配备相应品种和数量的
　　消防器材及泄漏应急处理设备。装运本品的车辆排气
　　管须有阻火装置。运输过程中要确保容器不泄漏、不
　　倒塌、不坠落、不损坏。严禁与氧化剂、酸类、醇
　　类、食用化学品等混装混运。运输途中应防暴晒、雨
　　淋，防高温。中途停留时应远离火种、热源。运输用
　　车、船必须干燥，并有良好的防雨设施。车辆运输完
　　毕应进行彻底清扫。铁路运输时要禁止溜放

第十五部分　法规信息

　　下列法律、法规、规章和标准，对该化学品的管理作
了相应的规定。

中华人民共和国职业病防治法　职业病分类和目录：未
　　列入

危险化学品安全管理条例　危险化学品目录：列入。易制
　　爆危险化学品名录：未列入。重点监管的危险化学品
　　名录：未列入。GB 18218—2009《危险化学品重大
　　危险源辨识》（表1）：未列入

使用有毒物品作业场所劳动保护条例　高毒物品目录：未

列入

易制毒化学品管理条例　易制毒化学品的分类和品种目
　　录：未列入

国际公约　斯德哥尔摩公约：未列入。鹿特丹公约：未列
　　入。蒙特利尔议定书：未列入

第十六部分　其他信息

编写和修订信息　　缩略语和首字母缩写

培训建议　　　　　参考文献

免责声明

3-氨基喹啉

第一部分　化学品标识

化学品中文名　3-氨基喹啉；3-氨基氮杂萘

化学品英文名　3-aminoquinoline；3-quinolylamine

分子式　$C_9H_8N_2$　分子量　144.1732

结构式
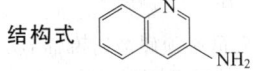

化学品的推荐及限制用途　用于有机合成

第二部分　危险性概述

紧急情况概述　造成皮肤刺激，造成严重眼刺激

GHS 危险性类别　皮肤腐蚀/刺激，类别 2；严重眼损伤/
眼刺激，类别 2

标签要素

象形图

警示词　警告

危险性说明　造成皮肤刺激，造成严重眼刺激

防范说明

　　预防措施　避免接触眼睛、皮肤，操作后彻底清
　　　　洗。戴防护眼镜、防护面罩

　　事故响应　皮肤接触：用大量肥皂水和水清洗，脱
　　　　去被污染的衣服，衣服经洗净后方可重新使
　　　　用。如发生皮肤刺激，就医。如接触眼睛：用
　　　　水细心冲洗数分钟。如戴隐形眼镜并可方便地
　　　　取出，取出隐形眼镜，继续冲洗。如果眼睛刺
　　　　激持续：就医

　　安全储存　—

　　废弃处置　—

物理和化学危险　可燃，其粉体与空气混合，能形成爆炸
　　性混合物

健康危害　有毒。对眼睛、皮肤、黏膜和上呼吸道有刺激
　　作用。受热分解释放出氮氧化物

环境危害　对环境可能有害

第三部分　成分/组成信息

√　物质　　　　　　　　　　混合物

组分	浓度	CAS No.
3-氨基喹啉		580-17-6

第四部分　急救措施

吸入　迅速脱离现场至空气新鲜处。保持呼吸道通畅。如呼吸困难，给输氧。呼吸、心跳停止，立即进行心肺复苏术。就医

皮肤接触　立即脱去污染的衣着，用流动清水彻底冲洗。就医

眼睛接触　立即分开眼睑，用流动清水或生理盐水彻底冲洗。就医

食入　漱口，饮水。就医

对保护施救者的忠告　根据需要使用个人防护设备

对医生的特别提示　对症处理

第五部分　消防措施

灭火剂　用雾状水、泡沫、干粉、二氧化碳、砂土灭火

特别危险性　遇明火、高热可燃。其粉体与空气可形成爆炸性混合物，当达到一定浓度时，遇火星会发生爆炸。受高热分解放出有毒的气体

灭火注意事项及防护措施　消防人员必须佩戴防毒面具、穿全身消防服，在上风向灭火。尽可能将容器从火场移至空旷处。喷水保持火场容器冷却，直至灭火结束

第六部分　泄漏应急处理

作业人员防护措施、防护装备和应急处置程序　隔离泄漏污染区，限制出入。消除所有点火源。建议应急处理人员戴防尘口罩，穿防毒服。穿上适当的防护服前严禁接触破裂的容器和泄漏物。尽可能切断泄漏源

环境保护措施　用塑料布覆盖泄漏物，减少飞散

泄漏化学品的收容、清除方法及所使用的处置材料　勿使水进入包装容器内。用洁净的铲子收集泄漏物，置于干净、干燥、盖子较松的容器中，将容器移离泄漏区

第七部分　操作处置与储存

操作注意事项　密闭操作，局部排风。防止粉尘释放到车间空气中。操作人员必须经过专门培训，严格遵守操作规程。建议操作人员佩戴自吸过滤式防尘口罩，戴化学安全防护眼镜，穿防毒物渗透工作服，戴橡胶手套。远离火种、热源，工作场所严禁吸烟。使用防爆型的通风系统和设备。避免产生粉尘。避免与氧化剂、酸类接触。配备相应品种和数量的消防器材及泄漏应急处理设备。倒空的容器可能残留有害物

储存注意事项　储存于阴凉、通风的库房。远离火种、热源。防止阳光直射。包装密封。应与氧化剂、酸类、食用化学品分开存放，切忌混储。配备相应品种和数量的消防器材。储区应备有合适的材料收容泄漏物

第八部分　接触控制/个体防护

职业接触限值

中国　未制定标准

美国（ACGIH）　未制定标准

生物接触限值　未制定标准

监测方法　空气中有毒物质测定方法：未制定标准。生物

监测检验方法　未制定标准

工程控制　密闭操作，局部排风

个体防护装备

呼吸系统防护　空气中粉尘浓度超标时，必须佩戴过滤式防尘呼吸器。紧急事态抢救或撤离时，应该佩戴空气呼吸器

眼睛防护　戴化学安全防护眼镜

皮肤和身体防护　穿防毒物渗透工作服

手防护　戴橡胶手套

第九部分　理化特性

外观与性状　灰白色结晶粉末

pH 值　无意义　　　　**熔点（℃）**　91～92

沸点（℃）　无资料　　**相对密度（水＝1）**　无资料

相对蒸气密度（空气＝1）　无资料

饱和蒸气压（kPa）　无资料

临界压力（MPa）　无资料　**辛醇/水分配系数**　无资料

闪点（℃）　无意义　　**自燃温度（℃）**　无资料

爆炸下限（%）　无资料　**爆炸上限（%）**　无资料

分解温度（℃）　无资料　**黏度（mPa·s）**　无资料

燃烧热（kJ/mol）　无资料　**临界温度（℃）**　无资料

溶解性　溶于热水、醇

第十部分　稳定性和反应性

稳定性　稳定

危险反应　与强氧化剂、强酸等禁配物发生反应

避免接触的条件　光照

禁配物　强氧化剂、强酸

危险的分解产物　氮氧化物

第十一部分　毒理学信息

急性毒性　LD$_{50}$：150mg/kg（小鼠腹腔）

皮肤刺激或腐蚀　无资料　**眼睛刺激或腐蚀**　无资料

呼吸或皮肤过敏　无资料

生殖细胞突变性　微生物致突变：鼠伤寒沙门氏菌 5μg/皿

致癌性　无资料　　　　**生殖毒性**　无资料

特异性靶器官系统毒性-一次接触　无资料

特异性靶器官系统毒性-反复接触　无资料

吸入危害　无资料

第十二部分　生态学信息

生态毒性　无资料

持久性和降解性

生物降解性　无资料

非生物降解性　无资料

潜在的生物累积性　无资料

土壤中的迁移性　无资料

第十三部分　废弃处置

废弃化学品　建议用焚烧法处置。在能利用的地方重复使用容器或在规定场所掩埋

污染包装物　将容器返还生产商或按照国家和地方法规

处置
废弃注意事项 处置前应参阅国家和地方有关法规

第十四部分 运输信息

联合国危险货物编号（UN号） —
联合国运输名称 — **联合国危险性类别** —
包装类别 — **包装标志** —
海洋污染物 否
运输注意事项 运输前应先检查包装容器是否完整、密封，运输过程中要确保容器不泄漏、不倒塌、不坠落、不损坏。严禁与酸类、氧化剂、食品及食品添加剂混运。运输时运输车辆应配备相应品种和数量的消防器材及泄漏应急处理设备。运输途中应防暴晒、雨淋、防高温。公路运输时要按规定路线行驶，勿在居民区和人口稠密区停留

第十五部分 法规信息

下列法律、法规、规章和标准，对该化学品的管理作了相应的规定。
中华人民共和国职业病防治法 职业病分类和目录：未列入
危险化学品安全管理条例 危险化学品目录：列入。易制爆危险化学品名录：未列入。重点监管的危险化学品名录：未列入。GB 18218—2009《危险化学品重大危险源辨识》（表1）：未列入
使用有毒物品作业场所劳动保护条例 高毒物品目录：未列入
易制毒化学品管理条例 易制毒化学品的分类和品种目录：未列入
国际公约 斯德哥尔摩公约：未列入。鹿特丹公约：未列入。蒙特利尔议定书：未列入

第十六部分 其他信息

编写和修订信息 **缩略语和首字母缩写**
培训建议 **参考文献**
免责声明

2-氨基联苯

第一部分 化学品标识

化学品中文名 2-氨基联苯；邻氨基联苯；邻苯基苯胺
化学品英文名 2-aminobiphenyl；*o-amino-biphenyl*
分子式 $C_{12}H_{11}N$ **分子量** 169.2224
结构式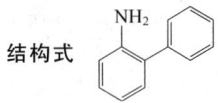
化学品的推荐及限制用途 用于有机合成

第二部分 危险性概述

紧急情况概述 吞咽有害
GHS危险性类别 急性毒性-经口，类别4；危害水生环境-急性危害，类别3；危害水生环境-长期危害，类别3

标签要素
象形图
警示词 警告
危险性说明 吞咽有害，对水生生物有害并具有长期持续影响
防范说明
预防措施 避免接触眼睛、皮肤，操作后彻底清洗。作业场所不得进食、饮水或吸烟。禁止排入环境
事故响应 食入：如果感觉不适，立即呼叫中毒控制中心或就医。漱口
安全储存 —
废弃处置 本品及内装物、容器依据国家和地方法规处置
物理和化学危险 可燃，其粉体与空气混合，能形成爆炸性混合物
健康危害 本品为高铁血红蛋白形成剂。对眼睛、黏膜、呼吸道及皮肤有刺激性。吸入、摄入或经皮肤吸收可致死
环境危害 对水生生物有害并具有长期持续影响

第三部分 成分/组成信息

√物质 混合物

组分	浓度	CAS No.
2-氨基联苯		90-41-5

第四部分 急救措施

吸入 迅速脱离现场至空气新鲜处。保持呼吸道通畅。如呼吸困难，给输氧。如呼吸、心跳停止，立即行心肺复苏术。就医
皮肤接触 立即脱去污染衣着，用肥皂水或清水彻底冲洗。就医
眼睛接触 分开眼睑，用清水或生理盐水冲洗。就医
食入 漱口，饮水。就医
对保护施救者的忠告 根据需要使用个人防护设备
对医生的特别提示 高铁血红蛋白血症，可用亚甲蓝和维生素C治疗

第五部分 消防措施

灭火剂 用雾状水、泡沫、干粉、二氧化碳、砂土灭火
特别危险性 遇明火能燃烧。受热分解放出有毒气体
灭火注意事项及防护措施 消防人员必须佩戴防毒面具、穿全身消防服，在上风向灭火。尽可能将容器从火场移至空旷处。喷水保持火场容器冷却，直至灭火结束

第六部分 泄漏应急处理

作业人员防护措施、防护装备和应急处置程序 隔离泄漏污染区，限制出入。消除所有点火源。建议应急处理人员戴防尘口罩，穿防毒服。穿上适当的防护服前严禁接触破裂的容器和泄漏物。尽可能切断泄漏源
环境保护措施 用塑料布覆盖泄漏物，减少飞散

泄漏化学品的收容、清除方法及所使用的处置材料　勿使水进入包装容器内。用洁净的铲子收集泄漏物，置于干净、干燥、盖子较松的容器中，将容器移离泄漏区

第七部分　操作处置与储存

操作注意事项　密闭操作，提供充分的局部排风。操作人员必须经过专门培训，严格遵守操作规程。建议操作人员佩戴自吸过滤式防尘口罩，戴化学安全防护眼镜，穿防毒物渗透工作服，戴橡胶手套。远离火种、热源，工作场所严禁吸烟。使用防爆型的通风系统和设备。避免产生粉尘。避免与氧化剂、酸类接触。搬运时要轻装轻卸，防止包装及容器损坏。配备相应品种和数量的消防器材及泄漏应急处理设备。倒空的容器可能残留有害物

储存注意事项　储存于阴凉、通风的库房。远离火种、热源。应与氧化剂、酸类等分开存放，切忌混储。配备相应品种和数量的消防器材。储区应备有合适的材料收容泄漏物

第八部分　接触控制/个体防护

职业接触限值

　中国　未制定标准

　美国（ACGIH）　未制定标准

生物接触限值　未制定标准

监测方法　空气中有毒物质测定方法：未制定标准。生物监测检验方法：未制定标准

工程控制　严加密闭，提供充分的局部排风。提供安全淋浴和洗眼设备

个体防护装备

　呼吸系统防护　空气中粉尘浓度超标时，必须佩戴过滤式防尘呼吸器。紧急事态抢救或撤离时，应该佩戴空气呼吸器

　眼睛防护　戴化学安全防护眼镜

　皮肤和身体防护　穿防毒物渗透工作服

　手防护　戴橡胶手套

第九部分　理化特性

外观与性状　浅紫色结晶

pH 值　无意义	熔点（℃）　50～53	
沸点（℃）　299	相对密度（水＝1）　无资料	

相对蒸气密度（空气＝1）　无资料

饱和蒸气压（kPa）　无资料

临界压力（MPa）　无资料　　辛醇/水分配系数　无资料

闪点（℃）　153　　自燃温度（℃）　450.0

爆炸下限（％）　无资料　　爆炸上限（％）　无资料

分解温度（℃）　无资料　　黏度（mPa·s）　无资料

燃烧热（kJ/mol）　无资料　　临界温度（℃）　无资料

溶解性　微溶于水

第十部分　稳定性和反应性

稳定性　稳定

危险反应　与强氧化剂、酰基氯、酸酐、酸类等禁配物发生反应

避免接触的条件　受热

禁配物　强氧化剂、酰基氯、酸酐、酸类

危险的分解产物　氮氧化物

第十一部分　毒理学信息

急性毒性　LD_{50}：2340mg/kg（大鼠经口）；1020mg/kg（兔经口）

皮肤刺激或腐蚀　无资料　　眼睛刺激或腐蚀　无资料

呼吸或皮肤过敏　无资料　　生殖细胞突变性　无资料

致癌性　无资料　　　　　　生殖毒性　无资料

特异性靶器官系统毒性-一次接触　无资料

特异性靶器官系统毒性-反复接触　无资料

吸入危害　无资料

第十二部分　生态学信息

生态毒性　LC_{50}：22mg/L（48h）（青鳉）

持久性和降解性

　生物降解性　不易快速生物降解

　非生物降解性　无资料

潜在的生物累积性　根据 K_{ow} 值预测，该物质的生物累积性可能较弱

土壤中的迁移性　根据 K_{oc} 值预测，该物质可能有一定的迁移性

第十三部分　废弃处置

废弃化学品　用控制焚烧法处置。焚烧炉排出的氮氧化物通过洗涤器除去

污染包装　将容器返还生产商或按照国家和地方法规处置

废弃注意事项　处置前应参阅国家和地方有关法规

第十四部分　运输信息

联合国危险货物编号（UN号）　—

联合国运输名称　—　　联合国危险性类别　—

包装类别　—　　　　　包装标志　—

海洋污染物　否

运输注意事项　运输前应先检查包装容器是否完整、密封，运输过程中要确保容器不泄漏、不倒塌、不坠落、不损坏。严禁与酸类、氧化剂、食品及食品添加剂混运。运输途中应防暴晒、雨淋，防高温

第十五部分　法规信息

　下列法律、法规、规章和标准，对该化学品的管理作了相应的规定。

中华人民共和国职业病防治法　职业病分类和目录：苯的氨基及硝基化合物中毒

危险化学品安全管理条例　危险化学品目录：列入。易制爆危险化学品名录：未列入。重点监管的危险化学品名录：未列入。GB 18218—2009《危险化学品重大危险源辨识》（表1）：未列入

使用有毒物品作业场所劳动保护条例　高毒物品目录：未列入

易制毒化学品管理条例 易制毒化学品的分类和品种目录：未列入

国际公约 斯德哥尔摩公约：未列入。鹿特丹公约：未列入。蒙特利尔议定书：未列入

第十六部分 其他信息

编写和修订信息　　　　缩略语和首字母缩写
培训建议　　　　　　　参考文献
免责声明

2-氨基-4-氯苯酚

第一部分 化学品标识

化学品中文名 2-氨基-4-氯苯酚；4-氯-2-氨基苯酚；对氯邻氨基苯酚；4-氯-2-氨基（苯）酚；5-氯-2-羟基苯胺；对氯邻氨基（苯）酚；2-氨基-4-氯酚

化学品英文名 2-amino-4-chlorophenol；*o*-amino-*p*-chlorophenol

分子式 C_6H_6ClNO **分子量** 143.571

结构式

化学品的推荐及限制用途 用于有机合成，用作染料中间体

第二部分 危险性概述

紧急情况概述 吞咽有害

GHS危险性类别 急性毒性-经口，类别4；特异性靶器官毒性-反复接触，类别2

标签要素

象形图

警示词 警告

危险性说明 吞咽有害，长时间或反复接触可能对器官造成损伤

防范说明

　　预防措施 避免接触眼睛、皮肤，操作后彻底清洗。作业场所不得进食、饮水或吸烟。避免吸入粉尘

　　事故响应 食入：如果感觉不适，立即呼叫中毒控制中心或就医，漱口。如感觉不适，就医

　　安全储存 ——

　　废弃处置 本品及内装物、容器依据国家和地方法规处置

物理和化学危险 可燃，其粉体与空气混合，能形成爆炸性混合物

健康危害 对眼睛、皮肤、黏膜和上呼吸道有刺激作用。进入体内，能形成高铁血红蛋白，引起紫绀

环境危害 对环境可能有害

第三部分 成分/组成信息

√ 物质　　　　　　　混合物

组分	浓度	CAS No.
2-氨基-4-氯苯酚		95-85-2

第四部分 急救措施

吸入 迅速脱离现场至空气新鲜处。保持呼吸道通畅。如呼吸困难，给吸氧。如呼吸、心跳停止，立即行心肺复苏术。就医

皮肤接触 立即脱去污染衣着，用肥皂水或清水彻底冲洗。就医

眼睛接触 分开眼睑，用清水或生理盐水冲洗。就医

食入 漱口，饮水。就医

对保护施救者的忠告 根据需要使用个人防护设备

对医生的特别提示 高铁血红蛋白血症，可用亚甲蓝和维生素C治疗

第五部分 消防措施

灭火剂 用雾状水、泡沫、干粉、二氧化碳、砂土灭火

特别危险性 遇明火、高热可燃。其粉体与空气可形成爆炸性混合物，当达到一定浓度时，遇火星会发生爆炸。受高热分解放出有毒的气体

灭火注意事项及防护措施 消防人员必须佩戴防毒面具、穿全身消防服，在上风向灭火。尽可能将容器从火场移至空旷处。喷水保持火场容器冷却，直至灭火结束

第六部分 泄漏应急处理

作业人员防护措施、防护装备和应急处置程序 隔离泄漏污染区，限制出入。建议应急处理人员戴防尘口罩，穿防毒服。穿上适当的防护服前严禁接触破裂的容器和泄漏物。尽可能切断泄漏源

环境保护措施 用塑料布覆盖泄漏物，减少飞散

泄漏化学品的收容、清除方法及所使用的处置材料 勿使水进入包装容器内。用洁净的铲子收集泄漏物，置于干净、干燥、盖子较松的容器中，将容器移离泄漏区

第七部分 操作处置与储存

操作注意事项 密闭操作，局部排风。防止粉尘释放到车间空气中。操作人员必须经过专门培训，严格遵守操作规程。建议操作人员佩戴自吸过滤式防尘口罩，戴化学安全防护眼镜，穿防毒物渗透工作服，戴橡胶手套。远离火种、热源，工作场所严禁吸烟。使用防爆型的通风系统和设备。避免产生粉尘。避免与氧化剂接触。配备相应品种和数量的消防器材及泄漏应急处理设备。倒空的容器可能残留有害物

储存注意事项 储存于阴凉、通风的库房。远离火种、热源。防止阳光直射。包装密封。应与氧化剂分开存放，切忌混储。配备相应品种和数量的消防器材。储区应备有合适的材料收容泄漏物

第八部分 接触控制/个体防护

职业接触限值

中国 未制定标准

美国（ACGIH） 未制定标准

生物接触限值 未制定标准

监测方法 空气中有毒物质测定方法：未制定标准。生物监测检验方法：未制定标准

工程控制 密闭操作，局部排风

个体防护装备

呼吸系统防护 空气中粉尘浓度超标时，必须佩戴过滤式防尘呼吸器。紧急事态抢救或撤离时，应该佩戴空气呼吸器

眼睛防护 戴化学安全防护眼镜

皮肤和身体防护 穿防毒物渗透工作服

手防护 戴橡胶手套

第九部分　理化特性

外观与性状 淡棕色结晶

pH 值 无意义	**熔点(℃)** 139～143
沸点(℃) 无资料	**相对密度(水＝1)** 无资料
相对蒸气密度(空气＝1) 无资料	
饱和蒸气压(kPa) 无资料	
临界压力(MPa) 无资料	**辛醇/水分配系数** 无资料
闪点(℃) 无意义	**自燃温度(℃)** 无资料
爆炸下限(%) 无资料	**爆炸上限(%)** 无资料
分解温度(℃) 无资料	**黏度(mPa·s)** 无资料
燃烧热(kJ/mol) 无资料	**临界温度(℃)** 无资料

溶解性 溶于稀无机酸、稀碱液

第十部分　稳定性和反应性

稳定性 稳定

危险反应 与强氧化剂等禁配物发生反应

避免接触的条件 光照

禁配物 强氧化剂

危险的分解产物 氮氧化物、氯化氢

第十一部分　毒理学信息

急性毒性 LD$_{50}$：690mg/kg（大鼠经口），1030mg/kg（小鼠经口）

皮肤刺激或腐蚀 无资料　　**眼睛刺激或腐蚀** 无资料

呼吸或皮肤过敏 无资料

生殖细胞突变性 微生物致突变：鼠伤寒沙门氏菌 333μg/皿

致癌性 无资料　　　　**生殖毒性** 无资料

特异性靶器官系统毒性-一次接触 无资料

特异性靶器官系统毒性-反复接触 无资料

吸入危害 无资料

第十二部分　生态学信息

生态毒性 无资料

持久性和降解性

生物降解性 无资料

非生物降解性 无资料

潜在的生物累积性 无资料

土壤中的迁移性 无资料

第十三部分　废弃处置

废弃化学品 建议用焚烧法处置。在能利用的地方重复使用容器或在规定场所掩埋

污染包装物 将容器返还生产商或按照国家和地方法规处置

废弃注意事项 处置前应参阅国家和地方有关法规

第十四部分　运输信息

联合国危险货物编号（UN 号） 2673

联合国运输名称 2-氨基-4-氯苯酚

联合国危险性类别 6.1

包装类别 Ⅱ　　　　　　**包装标志**

海洋污染物 否

运输注意事项 运输前应先检查包装容器是否完整、密封，运输过程中要确保容器不泄漏、不倒塌、不坠落、不损坏。严禁与酸类、氧化剂、食品及食品添加剂混运。运输时运输车辆应配备相应品种和数量的消防器材及泄漏应急处理设备。运输途中应防曝晒、雨淋、防高温。公路运输时要按规定路线行驶，勿在居民区和人口稠密区停留

第十五部分　法规信息

下列法律、法规、规章和标准，对该化学品的管理作了相应的规定。

中华人民共和国职业病防治法 职业病分类和目录：苯的氨基及硝基化合物中毒

危险化学品安全管理条例 危险化学品目录：列入。易制爆危险化学品名录：未列入。重点监管的危险化学品名录：未列入。GB 18218—2009《危险化学品重大危险源辨识》(表 1)：未列入

使用有毒物品作业场所劳动保护条例 高毒物品目录：未列入

易制毒化学品管理条例 易制毒化学品的分类和品种目录：未列入

国际公约 斯德哥尔摩公约：未列入。鹿特丹公约：未列入。蒙特利尔议定书：未列入

第十六部分　其他信息

编写和修订信息　　**缩略语和首字母缩写**

培训建议　　　　　**参考文献**

免责声明

2-氨基-4-硝基苯酚

第一部分　化学品标识

化学品中文名 2-氨基-4-硝基苯酚；4-硝基-2-氨基苯酚；邻氨基对硝基苯酚；4-硝基-2-氨基（苯）酚；邻氨基对硝基（苯）酚；对硝基邻氨基（苯）酚；2-羟基-5-硝基苯胺

化学品英文名 2-amino-4-nitrophenol；4-nitro-2-aminophenol；*p*-nitro-*o*-aminophenol

分子式 $C_6H_6N_2O_3$　　**分子量** 154.13

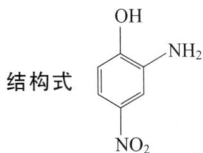

结构式

化学品的推荐及限制用途　用于合成染料及药物中间体

第二部分　危险性概述

紧急情况概述　造成皮肤刺激，造成严重眼刺激，可能引起呼吸道刺激

GHS危险性类别　皮肤腐蚀/刺激，类别2；严重眼损伤/眼刺激，类别2；特异性靶器官毒性--次接触，类别3（呼吸道刺激）

标签要素

象形图

![象形图]

警示词　警告

危险性说明　造成皮肤刺激，造成严重眼刺激，可能引起呼吸道刺激

防范说明

预防措施　避免接触眼睛、皮肤，操作后彻底清洗。戴防护手套、防护眼镜、防护面罩

事故响应　皮肤接触：用大量肥皂水和水清洗，如发生皮肤刺激，就医。脱去被污染的衣服，衣服经洗净后方可重新使用。如接触眼睛：用水细心冲洗数分钟。如戴隐形眼镜并可方便地取出，取出隐形眼镜，继续冲洗。如果眼睛刺激持续：就医

安全储存　—

废弃处置　—

物理和化学危险　可燃，其粉体与空气混合，能形成爆炸性混合物

健康危害　对人体有毒和具有刺激性

环境危害　对环境可能有害

第三部分　成分/组成信息

✓ 物质　　　　　　　　　混合物

组分	浓度	CAS No.
2-氨基-4-硝基苯酚		99-57-0

第四部分　急救措施

吸入　迅速脱离现场至空气新鲜处。保持呼吸道通畅。如呼吸困难，给输氧。呼吸、心跳停止，立即进行心肺复苏术。就医

皮肤接触　立即脱去污染的衣着，用流动清水彻底冲洗。就医

眼睛接触　立即分开眼睑，用流动清水或生理盐水彻底冲洗。就医

食入　漱口，饮水。就医

对保护施救者的忠告　根据需要使用个人防护设备

对医生的特别提示　对症处理

第五部分　消防措施

灭火剂　用雾状水、泡沫、干粉、二氧化碳、砂土灭火

特别危险性　遇明火、高热可燃。其粉体与空气可形成爆炸性混合物，当达到一定浓度时，遇火星会发生爆炸。受高热分解放出有毒的气体

灭火注意事项及防护措施　消防人员必须佩戴防毒面具、穿全身消防服，在上风向灭火。尽可能将容器从火场移至空旷处。喷水保持火场容器冷却，直至灭火结束

第六部分　泄漏应急处理

作业人员防护措施、防护装备和应急处置程序　隔离泄漏污染区，限制出入。消除所有点火源。建议应急处理人员戴防尘口罩，穿防毒服。穿上适当的防护服前严禁接触破裂的容器和泄漏物。尽可能切断泄漏源

环境保护措施　用塑料布覆盖泄漏物，减少飞散

泄漏化学品的收容、清除方法及所使用的处置材料　勿使水进入包装容器内。用洁净的铲子收集泄漏物，置于干净、干燥、盖子较松的容器中，将容器移离泄漏区

第七部分　操作处置与储存

操作注意事项　密闭操作，局部排风。防止粉尘释放到车间空气中。操作人员必须经过专门培训，严格遵守操作规程。建议操作人员佩戴自吸过滤式防尘口罩，戴化学安全防护眼镜，穿防毒物渗透工作服，戴橡胶手套。远离火种、热源，工作场所严禁吸烟。使用防爆型的通风系统和设备。避免产生粉尘。避免与氧化剂、酸酐、酰基氯接触。配备相应品种和数量的消防器材及泄漏应急处理设备。倒空的容器可能残留有害物

储存注意事项　储存于阴凉、通风的库房。远离火种、热源。防止阳光直射。包装密封。应与氧化剂、酸酐、酰基氯分开存放，切忌混储。配备相应品种和数量的消防器材。储区应备有合适的材料收容泄漏物

第八部分　接触控制/个体防护

职业接触限值

中国　未制定标准

美国（ACGIH）　未制定标准

生物接触限值　未制定标准

监测方法　空气中有毒物质测定方法：未制定标准。生物监测检验方法：未制定标准

工程控制　密闭操作，局部排风

个体防护装备

呼吸系统防护　空气中粉尘浓度超标时，必须佩戴过滤式防尘呼吸器。紧急事态抢救或撤离时，应该佩戴空气呼吸器

眼睛防护　戴化学安全防护眼镜

皮肤和身体防护　穿防毒物渗透工作服

手防护　戴橡胶手套

第九部分　理化特性

外观与性状　橙黄色结晶

pH 值　无意义　　　熔点(℃)　212～213

沸点(℃)　无资料　　相对密度(水=1)　无资料

相对蒸气密度(空气=1)　无资料

饱和蒸气压(kPa)　无资料

临界压力(MPa)　无资料　辛醇/水分配系数　无资料

闪点(℃)　无意义　　自燃温度(℃)　无资料

爆炸下限(%)　无资料　爆炸上限(%)　无资料

分解温度(℃)　无资料　黏度(mPa·s)　无资料

燃烧热(kJ/mol)　无资料　临界温度(℃)　无资料

溶解性　微溶于水，溶于乙醚、甲醇、热甲苯，易溶于乙醇

主要用途　用于合成染料

第十部分　稳定性和反应性

稳定性　稳定

危险反应　与强氧化剂、酸酐、酰基氯等禁配物发生反应

避免接触的条件　光照

禁配物　强氧化剂、酸酐、酰基氯

危险的分解产物　氮氧化物

第十一部分　毒理学信息

急性毒性　LD$_{50}$：2400mg/kg（大鼠经口），850mg/kg（小鼠经口）

皮肤刺激或腐蚀　无资料

眼睛刺激或腐蚀　家兔经眼：200mg（24h），中度刺激

呼吸或皮肤过敏　无资料

生殖细胞突变性　微生物致突变：鼠伤寒沙门氏菌 20μg/皿。细胞遗传学分析：仓鼠卵巢 249mg/L。姐妹染色单体互换：仓鼠卵巢 5mg/L

致癌性　IARC致癌性评论：组3，现有的证据不能对人类致癌性进行分类

生殖毒性　无资料

特异性靶器官系统毒性-一次接触　无资料

特异性靶器官系统毒性-反复接触　无资料

吸入危害　无资料

第十二部分　生态学信息

生态毒性　无资料

持久性和降解性

　生物降解性　无资料

　非生物降解性　无资料

潜在的生物累积性　无资料

土壤中的迁移性　无资料

第十三部分　废弃处置

废弃化学品　建议用焚烧法处置。在能利用的地方重复使用容器或在规定场所掩埋

污染包装物　将容器返还生产商或按照国家和地方法规处置

废弃注意事项　处置前应参阅国家和地方有关法规

第十四部分　运输信息

联合国危险货物编号（UN号）—

联合国运输名称　—　联合国危险性类别　—

包装类别　—　　　包装标志　—

海洋污染物　否

运输注意事项　运输前应先检查包装容器是否完整、密封，运输过程中要确保容器不泄漏、不倒塌、不坠落、不损坏。严禁与酸类、氧化剂、食品及食品添加剂混运。运输时运输车辆应配备相应品种和数量的消防器材及泄漏应急处理设备。运输途中应防暴晒、雨淋，防高温。公路运输时要按规定路线行驶，勿在居民区和人口稠密区停留

第十五部分　法规信息

下列法律、法规、规章和标准，对该化学品的管理作了相应的规定。

中华人民共和国职业病防治法　职业病分类和目录：未列入

危险化学品安全管理条例　危险化学品目录：列入。易制爆危险化学品名录：未列入。重点监管的危险化学品名录：未列入。GB 18218—2009《危险化学品重大危险源辨识》（表1）：未列入

使用有毒物品作业场所劳动保护条例　高毒物品目录：未列入

易制毒化学品管理条例　易制毒化学品的分类和品种目录：未列入

国际公约　斯德哥尔摩公约：未列入。鹿特丹公约：未列入。蒙特利尔议定书：未列入

第十六部分　其他信息

编写和修订信息　缩略语和首字母缩写

培训建议　　　　参考文献

免责声明

2-氨基-5-硝基苯酚

第一部分　化学品标识

化学品中文名　2-氨基-5-硝基苯酚；5-硝基-2-氨基苯酚；2-羟基-4-硝基苯胺

化学品英文名　2-amino-5-nitrophenol；5-nitro-2-amino-phenol

分子式　C$_6$H$_6$N$_2$O$_3$　分子量　154.12

结构式

化学品的推荐及限制用途　用于染料的合成

第二部分　危险性概述

紧急情况概述　造成皮肤刺激，造成严重眼刺激，可能引起呼吸道刺激

GHS危险性类别　皮肤腐蚀/刺激，类别2；严重眼损伤/

眼刺激，类别2；特异性靶器官毒性--一次接触，类别3（呼吸道刺激）

标签要素

象形图

警示词　警告

危险性说明　造成皮肤刺激，造成严重眼刺激，可能引起呼吸道刺激

防范说明

预防措施　避免接触眼睛、皮肤，操作后彻底清洗。戴防护手套、防护眼镜、防护面罩

事故响应　皮肤接触：用大量肥皂水和水清洗。脱去被污染的衣服，衣服经洗净后方可重新使用。如发生皮肤刺激，就医。如接触眼睛：用水细心冲洗数分钟。如戴隐形眼镜并可方便地取出，取出隐形眼镜，继续冲洗。如果眼睛刺激持续，就医

安全储存　—

废弃处置　—

物理和化学危险　可燃，其粉体与空气混合，能形成爆炸性混合物

健康危害　吸入、摄入或经皮肤吸收后对身体有害。对眼睛、皮肤、黏膜和上呼吸道有刺激作用。受热分解释放出氮氧化物

环境危害　对环境可能有害

第三部分　成分/组成信息

√ 物质 　　　　　　　　　混合物

组分	浓度	CAS No.
2-氨基-5-硝基苯酚		121-88-0

第四部分　急救措施

吸入　迅速脱离现场至空气新鲜处。保持呼吸道通畅。如呼吸困难，给输氧。呼吸、心跳停止，立即进行心肺复苏术。就医

皮肤接触　立即脱去污染的衣着，用流动清水彻底冲洗。就医

眼睛接触　立即分开眼睑，用流动清水或生理盐水彻底冲洗。就医

食入　漱口，饮水。就医

对保护施救者的忠告　根据需要使用个人防护设备

对医生的特别提示　对症处理

第五部分　消防措施

灭火剂　用雾状水、泡沫、干粉、二氧化碳、砂土灭火

特别危险性　遇明火、高热可燃。其粉体与空气可形成爆炸性混合物，当达到一定浓度时，遇火星会发生爆炸。与亚硝酸能发生爆炸性反应。受高热分解放出有毒的气体

灭火注意事项及防护措施　消防人员必须佩戴防毒面具、穿全身消防服，在上风向灭火。尽可能将容器从火场

移至空旷处。喷水保持火场容器冷却，直至灭火结束。切勿将水流直接射至熔融物，以免引起严重的流淌火灾或引起剧烈的沸溅

第六部分　泄漏应急处理

作业人员防护措施、防护装备和应急处置程序　隔离泄漏污染区，限制出入。消除所有点火源。建议应急处理人员戴防尘口罩，穿防毒服。穿上适当的防护服前严禁接触破裂的容器和泄漏物。尽可能切断泄漏源

环境保护措施　用塑料布覆盖泄漏物，减少飞散

泄漏化学品的收容、清除方法及所使用的处置材料　勿使水进入包装容器内。用洁净的铲子收集泄漏物，置于干净、干燥、盖子较松的容器中，将容器移离泄漏区

第七部分　操作处置与储存

操作注意事项　密闭操作，局部排风。防止粉尘释放到车间空气中。操作人员必须经过专门培训，严格遵守操作规程。建议操作人员佩戴自吸过滤式防尘口罩，戴化学安全防护眼镜，穿防毒物渗透工作服，戴橡胶手套。远离火种、热源，工作场所严禁吸烟。使用防爆型的通风系统和设备。避免产生粉尘。避免与氧化剂、碱类接触。配备相应品种和数量的消防器材及泄漏应急处理设备。倒空的容器可能残留有害物

储存注意事项　储存于阴凉、通风的库房。远离火种、热源。防止阳光直射。包装密封。应与氧化剂、碱类分开存放，切忌混储。配备相应品种和数量的消防器材。储区应备有合适的材料收容泄漏物

第八部分　接触控制/个体防护

职业接触限值

中国　未制定标准

美国（ACGIH）　未制定标准

生物接触限值　未制定标准

监测方法　空气中有毒物质测定方法：未制定标准。生物监测检验方法：未制定标准

工程控制　密闭操作，局部排风

个体防护装备

呼吸系统防护　空气中粉尘浓度超标时，必须佩戴过滤式防尘呼吸器。紧急事态抢救或撤离时，应该佩戴空气呼吸器

眼睛防护　戴化学安全防护眼镜

皮肤和身体防护　穿防毒物渗透工作服

手防护　戴橡胶手套

第九部分　理化特性

外观与性状　橙红色结晶

pH 值　无意义		熔点（℃）　198～202（分解）	
沸点（℃）　无资料		相对密度（水＝1）　无资料	
相对蒸气密度（空气＝1）　无资料			
饱和蒸气压(kPa)　无资料			
临界压力（MPa）　无资料		辛醇/水分配系数　无资料	
闪点（℃）　无意义		自燃温度（℃）　无资料	
爆炸下限（%）　无资料		爆炸上限（%）　无资料	

分解温度(℃)　无资料	黏度(mPa·s)　无资料
燃烧热(kJ/mol)　无资料	临界温度(℃)　无资料

溶解性　溶于水、乙醇、苯

第十部分　稳定性和反应性

稳定性　稳定

危险反应　与强氧化剂等禁配物发生反应。与亚硝酸能发生爆炸性反应

避免接触的条件　无资料

禁配物　强氧化剂、强碱

危险的分解产物　氮氧化物

第十一部分　毒理学信息

急性毒性　LD_{50}：4000mg/kg（大鼠经口）；＞800mg/kg（大鼠腹腔内）

皮肤刺激或腐蚀　无资料　**眼睛刺激或腐蚀**　无资料

呼吸或皮肤过敏　无资料

生殖细胞突变性　微生物致突变：鼠伤寒沙门氏菌20μg/皿。哺乳动物体细胞突变：小鼠淋巴细胞 25mg/L。姊妹染色单体互换：仓鼠卵巢 1240mg/L。细胞遗传学分析：仓鼠卵巢 905mg/L

致癌性　IARC致癌性评论：组3，现有的证据不能对人类致癌性进行分类

生殖毒性　无资料

特异性靶器官系统毒性-一次接触　无资料

特异性靶器官系统毒性-反复接触　无资料

吸入危害　无资料

第十二部分　生态学信息

生态毒性　无资料

持久性和降解性
　　生物降解性　无资料
　　非生物降解性　无资料

潜在的生物累积性　根据 K_{ow} 值预测，该物质的生物累积性可能较弱

土壤中的迁移性　根据 K_{oc} 值预测，该物质可能易发生迁移

第十三部分　废弃处置

废弃化学品　建议用焚烧法处置。在能利用的地方重复使用容器或在规定场所掩埋

污染包装物　将容器返还生产商或按照国家和地方法规处置

废弃注意事项　处置前应参阅国家和地方有关法规

第十四部分　运输信息

联合国危险货物编号（UN号）　—

联合国运输名称　—　　**联合国危险性类别**　—

包装类别　—　　　　　**包装标志**　—

海洋污染物　否

运输注意事项　运输前应先检查包装容器是否完整、密封，运输过程中要确保容器不泄漏、不倒塌、不坠落、不损坏。严禁与酸类、氧化剂、食品及食品添加

剂混运。运输时运输车辆应配备相应品种和数量的消防器材及泄漏应急处理设备。运输途中应防暴晒、雨淋，防高温。公路运输时要按规定路线行驶，勿在居民区和人口稠密区停留

第十五部分　法规信息

下列法律、法规、规章和标准，对该化学品的管理作了相应的规定。

中华人民共和国职业病防治法　职业病分类和目录：未列入

危险化学品安全管理条例　危险化学品目录：列入。易制爆危险化学品名录：未列入。重点监管的危险化学品名录：未列入。GB 18218—2009《危险化学品重大危险源辨识》（表1）：未列入

使用有毒物品作业场所劳动保护条例　高毒物品目录：未列入

易制毒化学品管理条例　易制毒化学品的分类和品种目录：未列入

国际公约　斯德哥尔摩公约：未列入。鹿特丹公约：未列入。蒙特利尔议定书：未列入

第十六部分　其他信息

编写和修订信息	缩略语和首字母缩写
培训建议	参考文献

免责声明

2-(2-氨基乙氧基)乙醇

第一部分　化学品标识

化学品中文名　2-(2-氨基乙氧基)乙醇；二甘醇胺

化学品英文名　2-(2-aminoethoxy)ethanol；diethylene glycolamine

分子式　$C_4H_{11}NO_2$　**分子量**　105.1356

结构式　$H_2N\diagdown\diagup O\diagdown\diagup OH$

化学品的推荐及限制用途　用作中间体

第二部分　危险性概述

紧急情况概述　吞咽可能有害，皮肤接触有害，造成严重的皮肤灼伤和眼损伤

GHS危险性类别　急性毒性-经口，类别5；急性毒性-经皮，类别4；皮肤腐蚀/刺激，类别1；严重眼损伤/眼刺激，类别1

标签要素

象形图　

警示词　危险

危险性说明　吞咽可能有害，皮肤接触有害，造成严重的皮肤灼伤和眼损伤

防范说明

　　预防措施　避免接触眼睛、皮肤，操作后彻底清洗。穿防护服，戴防护眼镜、防护手套、防护

面罩

事故响应　如吸入：将患者转移到空气新鲜处，休息，保持利于呼吸的体位，立即呼叫中毒控制中心或就医。皮肤接触：用大量肥皂水和水清洗。被污染的衣服必须经洗净后方可重新使用。眼睛接触：用水细心地冲洗数分钟。如戴隐形眼镜并可方便地取出，则取出隐形眼镜，继续冲洗。食入：漱口。不要催吐

安全储存　上锁保管

废弃处置　本品及内装物、容器依据国家和地方法规处置

物理和化学危险　可燃

健康危害　具腐蚀性和强烈刺激作用。吸入、摄入或经皮肤吸收后会中毒。眼和皮肤接触引起灼伤。受热分解释放出氮氧化物烟雾

环境危害　对环境可能有害

第三部分　成分/组成信息

√ 物质　　　　　　　　混合物

组分	浓度	CAS No.
2-（2-氨基乙氧基）乙醇		929-06-6

第四部分　急救措施

吸入　迅速脱离现场至空气新鲜处。保持呼吸道通畅。如呼吸困难，给输氧。呼吸、心跳停止，立即进行心肺复苏术。就医

皮肤接触　立即脱去污染的衣着，用大量流动清水彻底冲洗至少 15min。就医

眼睛接触　立即分开眼睑，用流动清水或生理盐水彻底冲洗 5～10min。就医

食入　用水漱口，禁止催吐。给饮牛奶或蛋清。就医

对保护施救者的忠告　根据需要使用个人防护设备

对医生的特别提示　对症处理

第五部分　消防措施

灭火剂　用雾状水、抗溶性泡沫、干粉、二氧化碳、砂土灭火

特别危险性　遇明火、高热可燃。与氧化剂可发生反应。受高热分解放出有毒的气体。具有腐蚀性。若遇高热，容器内压增大，有开裂和爆炸的危险

灭火注意事项及防护措施　消防人员必须佩戴空气呼吸器、穿全身防火防毒服，在上风向灭火。尽可能将容器从火场移至空旷处。喷水保持火场容器冷却，直至灭火结束。处在火场中的容器若已变色或从安全泄压装置中发出声音，必须马上撤离

第六部分　泄漏应急处理

作业人员防护措施、防护装备和应急处置程序　根据液体流动和蒸气扩散的影响区域划定警戒区，无关人员从侧风、上风向撤离至安全区。建议应急处理人员戴正压自给式呼吸器，穿防酸碱服。穿上适当的防护服前严禁接触破裂的容器和泄漏物。尽可能切断泄漏源

环境保护措施　防止泄漏物进入水体、下水道、地下室或有限空间

泄漏化学品的收容、清除方法及所使用的处置材料　小量泄漏：用干燥的砂土或其他不燃材料吸收或覆盖，收集于容器中。大量泄漏：构筑围堤或挖坑收容。用耐腐蚀泵转移至槽车或专用收集器内

第七部分　操作处置与储存

操作注意事项　密闭操作，提供充分的局部排风。防止蒸气泄漏到工作场所空气中。操作人员必须经过专门培训，严格遵守操作规程。建议操作人员佩戴自吸过滤式防毒面具（全面罩），穿橡胶耐酸碱服，戴橡胶耐酸碱手套。远离火种、热源，工作场所严禁吸烟。使用防爆型的通风系统和设备。在清除液体和蒸气前不能进行焊接、切割等作业。避免产生烟雾。避免与氧化剂、碱类接触。配备相应品种和数量的消防器材及泄漏应急处理设备。倒空的容器可能残留有害物

储存注意事项　储存于阴凉、通风的库房。远离火种、热源。防止阳光直射。保持容器密封。应与氧化剂、碱类分开存放，切忌混储。配备相应品种和数量的消防器材。储区应备有泄漏应急处理设备和合适的收容材料

第八部分　接触控制/个体防护

职业接触限值

中国　未制定标准

美国（ACGIH）　未制定标准

生物接触限值　未制定标准

监测方法　空气中有毒物质测定方法：未制定标准。生物监测检验方法：未制定标准

工程控制　严加密闭，提供充分的局部排风

个体防护装备

呼吸系统防护　空气中浓度超标时，必须佩戴过滤式防毒面具（全面罩）。紧急事态抢救或撤离时，应该佩戴空气呼吸器

眼睛防护　呼吸系统防护中已作防护

皮肤和身体防护　穿橡胶耐酸碱服

手防护　戴橡胶耐酸碱手套

第九部分　理化特性

外观与性状　无色微黏稠液体

pH 值　无资料	**熔点（℃）**　12.5	
沸点（℃）　218～224	**相对密度（水=1）**　1.048	
相对蒸气密度（空气=1）　无资料		
饱和蒸气压（kPa）　无资料		
临界压力（MPa）　无资料	**辛醇/水分配系数**　无资料	
闪点（℃）　126.7（OC）	**自燃温度（℃）**　无资料	
爆炸下限（%）　无资料	**爆炸上限（%）**　无资料	
分解温度（℃）　无资料	**黏度（mPa·s）**　无资料	
燃烧热（kJ/mol）　无资料	**临界温度（℃）**　无资料	

溶解性　与水混溶

第十部分　稳定性和反应性

稳定性　稳定

危险反应　与强氧化剂、强碱等禁配物发生反应

避免接触的条件　无资料

禁配物　强氧化剂、强碱

危险的分解产物　氮氧化物

第十一部分　毒理学信息

急性毒性　LD_{50}：3000mg/kg（大鼠经口）；2825mg/kg（小鼠经口）；1190mg/kg（兔经皮）

皮肤刺激或腐蚀　无资料　**眼睛刺激或腐蚀**　无资料

呼吸或皮肤过敏　无资料　**生殖细胞突变性**　无资料

致癌性　无资料　　　　**生殖毒性**　无资料

特异性靶器官系统毒性--一次接触　无资料

特异性靶器官系统毒性-反复接触　无资料

吸入危害　无资料

第十二部分　生态学信息

生态毒性　LC_{50}：＞681mg/L（96h）（高体雅罗鱼）；EC_{50}：189mg/L（48h）（大型溞）（EU Method C.2）；ErC_{50}：202mg/L（72h）（*Desmodesmus subspicatus*）

持久性和降解性

　　生物降解性　无资料

　　非生物降解性　无资料

潜在的生物累积性　根据 K_{ow} 值预测，该物质的生物累积性可能较弱

土壤中的迁移性　根据 K_{oc} 值预测，该物质可能易发生迁移

第十三部分　废弃处置

废弃化学品　建议用控制焚烧法或安全掩埋法处置。若可能，重复使用容器或在规定场所掩埋

污染包装物　将容器返还生产商或按照国家和地方法规处置

废弃注意事项　处置前应参阅国家和地方有关法规

第十四部分　运输信息

联合国危险货物编号（UN 号）　3055

联合国运输名称　2-(2-氨基乙氧基)乙醇

联合国危险性类别　8

包装类别　Ⅲ　　　　　　**包装标志**

海洋污染物　否

运输注意事项　起运时包装要完整，装载应稳妥。运输过程中要确保容器不泄漏、不倒塌、不坠落、不损坏。严禁与氧化剂、碱类、食用化学品等混装混运。运输时运输车辆应配备相应品种和数量的消防器材及泄漏应急处理设备。运输途中应防暴晒、雨淋，防高温。公路运输时要按规定路线行驶，勿在居民区和人口稠密区停留

第十五部分　法规信息

下列法律、法规、规章和标准，对该化学品的管理作了相应的规定。

中华人民共和国职业病防治法　职业病分类和目录：未列入

危险化学品安全管理条例　危险化学品目录：列入。易制爆危险化学品名录：未列入。重点监管的危险化学品名录：未列入。GB 18218—2009《危险化学品重大危险源辨识》（表1）：未列入

使用有毒物品作业场所劳动保护条例　高毒物品目录：未列入

易制毒化学品管理条例　易制毒化学品的分类和品种目录：未列入

国际公约　斯德哥尔摩公约：未列入。鹿特丹公约：未列入。蒙特利尔议定书：未列入

第十六部分　其他信息

编写和修订信息　　　**缩略语和首字母缩写**

培训建议　　　　　　**参考文献**

免责声明

胺吸磷

第一部分　化学品标识

化学品中文名　胺吸磷；S-[2-(二乙氨基)乙基]O,O-二乙基硫赶磷酸酯

化学品英文名　S-[2-(diethylamino)ethyl]O,O-diethylphosphorothioate；amiton

分子式　$C_{10}H_{24}NO_3PS$　　**分子量**　269.344

结构式

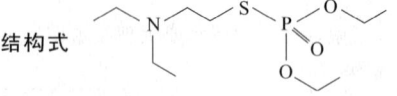

化学品的推荐及限制用途　用作杀虫剂和杀螨剂

第二部分　危险性概述

紧急情况概述　吞咽致命

GHS 危险性类别　急性毒性-经口，类别1

标签要素

　　象形图　　

　　警示词　危险

　　危险性说明　吞咽致命

　　防范说明

　　　　预防措施　避免接触眼睛、皮肤，操作后彻底清洗。作业场所不得进食、饮水或吸烟

　　　　事故响应　食入：立即呼叫中毒控制中心或就医，漱口

　　　　安全储存　上锁保管

　　　　废弃处置　本品及内装物、容器依据国家和地方法规处置

物理和化学危险　可燃，其蒸气与空气混合，能形成爆炸性混合物

健康危害　抑制体内胆碱酯酶活性，造成神经生理功能紊

乱。急性中毒症状有头痛、头昏、乏力、食欲不振、恶心、呕吐、腹痛、腹泻、流涎、瞳孔缩小、呼吸道分泌物增多、多汗、肌束震颤等。重度中毒者出现肺水肿、昏迷、呼吸麻痹、脑水肿。血胆碱酯酶活性降低

环境危害 对环境可能有害

第三部分 成分/组成信息

√ 物质　　　　　　　　混合物

组分	浓度	CAS No.
胺吸磷		78-53-5

第四部分 急救措施

吸入 迅速脱离现场至空气新鲜处。保持呼吸道通畅。如呼吸困难，给输氧。呼吸、心跳停止，立即进行心肺复苏术。就医

皮肤接触 立即脱去污染的衣着，用肥皂水及流动清水彻底冲洗污染的皮肤、头发、指甲等。就医

眼睛接触 分开眼睑，用流动清水或生理盐水冲洗。就医

食入 饮足量温水，催吐（仅限于清醒者）。口服活性炭。就医

对保护施救者的忠告 根据需要使用个人防护设备

对医生的特别提示 解毒剂：阿托品、胆碱酯酶复能剂

第五部分 消防措施

灭火剂 用雾状水、抗溶性泡沫、干粉、二氧化碳、砂土灭火

特别危险性 遇明火、高热可燃。与氧化剂可发生反应。受高热分解放出有毒的气体。若遇高热，容器内压增大，有开裂和爆炸的危险

灭火注意事项及防护措施 消防人员必须佩戴空气呼吸器、穿全身防火防毒服，在上风向灭火。尽可能将容器从火场移至空旷处。喷水保持火场容器冷却，直至灭火结束。处在火场中的容器若已变色或从安全泄压装置中发出声音，必须马上撤离

第六部分 泄漏应急处理

作业人员防护措施、防护装备和应急处置程序 根据液体流动和蒸气扩散的影响区域划定警戒区，无关人员从侧风向、上风向撤离至安全区。建议应急处理人员戴正压自给式呼吸器，穿防毒服。穿上适当的防护服前严禁接触破裂的容器和泄漏物。尽可能切断泄漏源

环境保护措施 防止泄漏物进入水体、下水道、地下室或有限空间

泄漏化学品的收容、清除方法及所使用的处置材料 小量泄漏：用干燥的砂土或其他不燃材料吸收或覆盖，收集于容器中。大量泄漏：构筑围堤或挖坑收容。用泵转移至槽车或专用收集器内

第七部分 操作处置与储存

操作注意事项 密闭操作，提供充分的局部排风。防止蒸气泄漏到工作场所空气中。操作人员必须经过专门培训，严格遵守操作规程。建议操作人员佩戴自

吸过滤式防毒面具（全面罩），穿胶布防毒衣，戴橡胶手套。远离火种、热源，工作场所严禁吸烟。使用防爆型的通风系统和设备。在清除液体和蒸气前不能进行焊接、切割等作业。避免产生烟雾。避免与氧化剂、酸类接触。配备相应品种和数量的消防器材及泄漏应急处理设备。倒空的容器可能残留有害物

储存注意事项 储存于阴凉、通风良好的专用库房内，实行"双人收发、双人保管"制度。远离火种、热源。防止阳光直射。保持容器密封。应与氧化剂、酸类、食用化学品分开存放，切忌混储。配备相应品种和数量的消防器材。储区应备有泄漏应急处理设备和合适的收容材料

第八部分 接触控制/个体防护

职业接触限值

　　中国 未制定标准

　　美国（ACGIH） 未制定标准

生物接触限值 全血胆碱酯酶活性（校正值）：原基础值或参考值的70%（采样时间：开始接触后的3个月内），原基础值或参考值的50%（采样时间：持续接触3个月后，任意时间）

监测方法 空气中有毒物质测定方法：未制定标准。生物监测检验方法：血中胆碱酯酶活性的分光光度测定方法——羟胺三氯化铁法；血中胆碱酯酶活性的分光光度测定方法——硫代乙酰胆碱-联硫代双硝基苯甲酸法

工程控制 严加密闭，提供充分的局部排风

个体防护装备

　　呼吸系统防护 空气中浓度超标时，必须佩戴过滤式防毒面具（全面罩）。紧急事态抢救或撤离时，应该佩戴空气呼吸器

　　眼睛防护 呼吸系统防护中已作防护

　　皮肤和身体防护 穿密闭型防毒服

　　手防护 戴橡胶手套

第九部分 理化特性

外观与性状 无色至黄色低黏度液体，略有气味

pH 值 无资料　　　　**熔点（℃）** 无资料

沸点（℃） 110(0.03kPa)

相对密度（水＝1） 无资料

相对蒸气密度（空气＝1） 无资料

饱和蒸气压（kPa） 无资料

临界压力（MPa） 无资料　**辛醇/水分配系数** 无资料

闪点（℃） 无资料　　　**自燃温度（℃）** 无资料

爆炸下限（%） 无资料　　**爆炸上限（%）** 无资料

分解温度（℃） 无资料　　**黏度（mPa·s）** 无资料

燃烧热（kJ/mol） 无资料　**临界温度（℃）** 无资料

溶解性 易溶于水，溶于多数有机溶剂

第十部分 稳定性和反应性

稳定性 稳定

危险反应 与强氧化剂、强酸等禁配物发生反应

避免接触的条件 无资料
禁配物 强氧化剂、强酸
危险的分解产物 氮氧化物、氧化硫、氧化磷

第十一部分 毒理学信息

急性毒性 LD_{50}：3.3mg/kg（大鼠经口）
皮肤刺激或腐蚀 无资料　眼睛刺激或腐蚀 无资料
呼吸或皮肤过敏 无资料　生殖细胞突变性 无资料
致癌性 无资料　　　　生殖毒性 无资料
特异性靶器官系统毒性-一次接触 无资料
特异性靶器官系统毒性-反复接触 无资料
吸入危害 无资料

第十二部分 生态学信息

生态毒性 无资料
持久性和降解性
　生物降解性 无资料
　非生物降解性 无资料
潜在的生物累积性 无资料
土壤中的迁移性 无资料

第十三部分 废弃处置

废弃化学品 建议用焚烧法处置。在能利用的地方重复使
　用容器或在规定场所掩埋
污染包装物 将容器返还生产商或按照国家和地方法规
　处置
废弃注意事项 处置前应参阅国家和地方有关法规

第十四部分 运输信息

联合国危险货物编号（UN号） 3018
联合国运输名称 液态有机磷农药，毒性（胺吸磷）
联合国危险性类别 6.1

包装类别 I　　　　包装标志

海洋污染物 否
运输注意事项 运输前应先检查包装容器是否完整、密
　封，运输过程中要确保容器不泄漏、不倒塌、不坠
　落、不损坏。严禁与酸类、氧化剂、食品及食品添加
　剂混运。运输时运输车辆应配备相应品种和数量的消
　防器材及泄漏应急处理设备。运输途中应防暴晒、雨
　淋，防高温。公路运输时要按规定路线行驶，勿在居
　民区和人口稠密区停留

第十五部分 法规信息

　下列法律、法规、规章和标准，对该化学品的管理作
了相应的规定。
中华人民共和国职业病防治法 职业病分类和目录：有机
　磷中毒
危险化学品安全管理条例 危险化学品目录：列入。作为
　剧毒化学品进行管理。易制爆危险化学品名录：未列
　入。重点监管的危险化学品名录：未列入。GB

18218—2009《危险化学品重大危险源辨识》（表1）：
　未列入
使用有毒物品作业场所劳动保护条例 高毒物品目录：未
　列入
易制毒化学品管理条例 易制毒化学品的分类和品种目
　录：未列入
国际公约 斯德哥尔摩公约：未列入。鹿特丹公约：未列
　入。蒙特利尔议定书：未列入

第十六部分 其他信息

编写和修订信息　　　缩略语和首字母缩写
培训建议　　　　　　参考文献
免责声明

八氟丙烷

第一部分 化学品标识

化学品中文名 八氟丙烷；全氟丙烷；制冷剂R-218
化学品英文名 octafluoropropane；perfluoropropane
分子式 C_3F_8　分子量 188.0193

结构式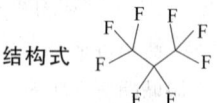

化学品的推荐及限制用途 用作蚀刻剂、制冷剂

第二部分 危险性概述

紧急情况概述 内装加压气体：遇热可能爆炸
GHS危险性类别 加压气体
标签要素

象形图

警示词 警告
危险性说明 内装加压气体：遇热可能爆炸
防范说明
　预防措施 —
　事故响应 —
　安全储存 防日晒。存放在通风良好的地方
　废弃处置 —
物理和化学危险 不燃，无特殊燃爆特性
健康危害 吸入高浓度本品气体有麻醉作用
环境危害 对环境可能有害

第三部分 成分/组成信息

√ 物质　　　　　　　　　　混合物
　组分　　　　浓度　　　CAS No.
八氟丙烷　　　　　　　　76-19-7

第四部分 急救措施

吸入 迅速脱离现场至空气新鲜处。保持呼吸道通畅。如
　呼吸困难，给输氧。如呼吸、心跳停止，立即进行心
　肺复苏术。就医

皮肤接触 如果发生冻伤：将患部浸泡于保持在 38～42℃的温水中复温。不要涂擦。不要使用热水或辐射热。使用清洁、干燥的敷料包扎。如有不适感，就医

对保护施救者的忠告 根据需要使用个人防护设备

对医生的特别提示 对症处理

第五部分 消防措施

灭火剂 迅速切断气源，用水喷淋保护切断气源的人员，然后根据着火原因选择适当灭火剂灭火

特别危险性 若遇高热，容器内压增大，有开裂和爆炸的危险

灭火注意事项及防护措施 尽可能将容器从火场移至空旷处。喷水保持火场容器冷却，直至灭火结束

第六部分 泄漏应急处理

作业人员防护措施、防护装备和应急处置程序 根据气体的影响区域划定警戒区，无关人员从侧风向、上风向撤离至安全区。建议应急处理人员戴正压自给式呼吸器，穿一般作业工作服。液化气体泄漏时穿防寒服。禁止接触或跨越泄漏物。尽可能切断泄漏源。防止气体通过下水道、通风系统和有限空间扩散

环境保护措施 喷雾状水抑制蒸气或改变蒸气云流向，避免水流接触泄漏物。禁止用水直接冲击泄漏物或泄漏源。若可能翻转容器，使之逸出气体而非液体

泄漏化学品的收容、清除方法及所使用的处置材料 漏出气允许排入大气中。泄漏场所保持通风

第七部分 操作处置与储存

操作注意事项 密闭操作，全面通风。操作人员必须经过专门培训，严格遵守操作规程。建议操作人员佩戴过滤式防毒面具（半面罩），戴化学安全防护眼镜。防止气体泄漏到工作场所空气中。避免与氧化剂接触。搬运时戴好钢瓶安全帽和防震橡皮圈，防止钢瓶碰撞、损坏。配备泄漏应急处理设备

储存注意事项 储存于阴凉、通风的不燃气体专用库房。库温不宜超过 30℃。远离火种、热源。应与氧化剂分开存放，切忌混储。储区应备有泄漏应急处理设备

第八部分 接触控制/个体防护

职业接触限值

中国　未制定标准

美国（ACGIH）　未制定标准

生物接触限值 未制定标准

监测方法 空气中有毒物质测定方法：未制定标准。生物监测检验方法：未制定标准

工程控制 生产过程密闭，全面通风

个体防护装备

　　呼吸系统防护 空气中浓度较高时，应视污染气体浓度的高低和作业环境中是否缺氧来选择过滤式防毒面具（半面罩）或空气呼吸器

　　眼睛防护 一般不需要特殊防护

　　皮肤和身体防护 穿一般作业防护服

　　手防护 戴一般作业防护手套

第九部分 理化特性

外观与性状 无色气体

pH 值 无意义	**熔点(℃)** −160
沸点(℃) −36.7	**相对密度(水＝1)** 1.29
相对蒸气密度(空气＝1) 6.6	
饱和蒸气压(kPa) 无资料	
临界压力(MPa) 无资料	**辛醇/水分配系数** 无资料
闪点(℃) 无意义	**自燃温度(℃)** 无意义
爆炸下限(%) 无意义	**爆炸上限(%)** 无意义
分解温度(℃) 无资料	**黏度(mPa·s)** 无资料
燃烧热(kJ/mol) 无资料	**临界温度(℃)** 71.9
溶解性 无资料	

第十部分 稳定性和反应性

稳定性 稳定

危险反应 与强氧化剂等禁配物接触，有发生容器爆炸的危险

避免接触的条件 无资料

禁配物 强氧化剂

危险的分解产物 氟化氢

第十一部分 毒理学信息

急性毒性 LDLo：25mL/kg（大鼠静脉）

皮肤刺激或腐蚀 无资料		**眼睛刺激或腐蚀** 无资料	
呼吸或皮肤过敏 无资料		**生殖细胞突变性** 无资料	
致癌性 无资料		**生殖毒性** 无资料	

特异性靶器官系统毒性-一次接触 无资料

特异性靶器官系统毒性-反复接触 无资料

吸入危害 无资料

第十二部分 生态学信息

生态毒性 无资料

持久性和降解性

　　生物降解性 无资料

　　非生物降解性 无资料

潜在的生物累积性 无资料

土壤中的迁移性 无资料

第十三部分 废弃处置

废弃化学品 根据国家和地方有关法规的要求处置。或与厂商或制造商联系，确定处置方法

污染包装物 将容器返还生产商或按照国家和地方法规处置

废弃注意事项 处置前应参阅国家和地方有关法规

第十四部分 运输信息

联合国危险货物编号（UN 号） 2424

联合国运输名称 八氟丙烷（制冷气体 R218）

联合国危险性类别 2.2

包装类别 —　　　　　　　**包装标志**

海洋污染物　否

运输注意事项　采用刚瓶运输时必须戴好钢瓶上的安全帽。钢瓶一般平放，并应将瓶口朝同一方向，不可交叉；高度不得超过车辆的防护栏板，并用三角木垫卡牢，防止滚动。严禁与氧化剂、等混装混运。夏季应早晚运输，防止日光暴晒。铁路运输时要禁止溜放

第十五部分　法规信息

下列法律、法规、规章和标准，对该化学品的管理作了相应的规定。

中华人民共和国职业病防治法　职业病分类和目录：未列入

危险化学品安全管理条例　危险化学品目录：列入。易制爆危险化学品名录：未列入。重点监管的危险化学品名录：未列入。GB 18218—2009《危险化学品重大危险源辨识》（表1）：未列入

使用有毒物品作业场所劳动保护条例　高毒物品目录：未列入

易制毒化学品管理条例　易制毒化学品的分类和品种目录：未列入

国际公约　斯德哥尔摩公约：未列入。鹿特丹公约：未列入。蒙特利尔议定书：未列入

第十六部分　其他信息

编写和修订信息　缩略语和首字母缩写
培训建议　　　　参考文献
免责声明

八氟-2-丁烯

第一部分　化学品标识

化学品中文名　八氟-2-丁烯；全氟-2-丁烯；制冷剂R-1318

化学品英文名　octafluorobut-2-ene；perfluoro-2-butene

分子式　C_4F_8　分子量　200.03

结构式　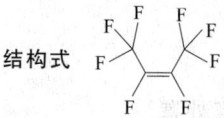

化学品的推荐及限制用途　用于有机合成中间体

第二部分　危险性概述

紧急情况概述　内装加压气体：遇热可能爆炸，吸入有害

GHS危险性类别　加压气体；急性毒性-吸入，类别4

标签要素

象形图　

警示词　警告

危险性说明　内装加压气体：遇热可能爆炸，吸入有害

防范说明

　预防措施　避免吸入气体。仅在室外或通风良好处

操作

　事故响应　如吸入：将患者转移到空气新鲜处，休息，保持利于呼吸的体位。如感觉不适，呼叫中毒控制中心或就医

　安全储存　防日晒。存放在通风良好的地方

　废弃处置　—

物理和化学危险　不燃，无特殊燃爆特性

健康危害　热解能放出高毒氟化氢

环境危害　对环境可能有害

第三部分　成分/组成信息

√ 物质　　　　　　　　　混合物

组分	浓度	CAS No.
八氟-2-丁烯		360-89-4

第四部分　急救措施

吸入　迅速脱离现场至空气新鲜处。保持呼吸道通畅。如呼吸困难，给输氧。如呼吸、心跳停止，立即进行心肺复苏术。就医

皮肤接触　如果发生冻伤：将患部浸泡于保持在38～42℃的温水中复温。不要涂擦。不要使用热水或辐射热。使用清洁、干燥的敷料包扎。如有不适感，就医

对保护施救者的忠告　根据需要使用个人防护设备

对医生的特别提示　对症处理

第五部分　消防措施

灭火剂　迅速切断气源，用水喷淋保护切断气源的人员，然后根据着火原因选择适当灭火剂灭火

特别危险性　若遇高热，容器内压增大，有开裂和爆炸的危险

灭火注意事项及防护措施　消防人员必须佩戴防毒面具、穿全身消防服，在上风向灭火。尽可能将容器从火场移至空旷处。喷水保持火场容器冷却，直至灭火结束

第六部分　泄漏应急处理

作业人员防护措施、防护装备和应急处置程序　根据气体的影响区域划定警戒区，无关人员从侧风向、上风向撤离至安全区。建议应急处理人员戴正压自给式呼吸器，穿一般作业工作服。液化气体泄漏时穿防寒服。禁止接触或跨越泄漏物。尽可能切断泄漏源。防止气体通过下水道、通风系统和有限空间扩散

环境保护措施　喷雾状水抑制蒸气或改变蒸气云流向，避免水流接触泄漏物。禁止用水直接冲击泄漏物或泄漏源。若可能翻转容器，使之逸出气体而非液体

泄漏化学品的收容、清除方法及所使用的处置材料　漏出气允许排入大气中。泄漏场所保持通风

第七部分　操作处置与储存

操作注意事项　密闭操作，全面通风。操作人员必须经过专门培训，严格遵守操作规程。建议操作人员佩戴自吸过滤式防毒面具（半面罩），戴化学安全防护眼镜，穿防毒物渗透工作服，戴乳胶手套。防止气体泄漏到工作场所空气中。避免与氧化剂接触。搬运时戴好钢

瓶安全帽和防震橡皮圈，防止钢瓶碰撞、损坏。配备泄漏应急处理设备

储存注意事项　储存于阴凉、通风的不燃气体专用库房。库温不宜超过30℃。远离火种、热源。应与氧化剂、过氧化物、食用化学品分开存放，切忌混储。储区应备有泄漏应急处理设备

第八部分　接触控制/个体防护

职业接触限值

　中国　未制定标准

　美国（ACGIH）　未制定标准

生物接触限值　未制定标准

监测方法　空气中有毒物质测定方法：未制定标准。生物监测检验方法：未制定标准

工程控制　生产过程密闭，全面通风

个体防护装备

　呼吸系统防护　空气中浓度超标时，建议佩戴过滤式防毒面具（半面罩）。紧急事态抢救或撤离时，应该佩戴空气呼吸器

　眼睛防护　戴化学安全防护眼镜

　皮肤和身体防护　穿防毒物渗透工作服

　手防护　戴橡胶手套

第九部分　理化特性

外观与性状　无色气体　　**pH值**　无意义

熔点（℃）　−136～−134　　**沸点（℃）**　1.2

相对密度（水＝1）　1.53（沸点时）

相对蒸气密度（空气＝1）　6.9

饱和蒸气压（kPa）　无资料

临界压力（MPa）　无资料　**辛醇/水分配系数**　无资料

闪点（℃）　无意义　　**自燃温度（℃）**　无意义

爆炸下限（%）　无意义　　**爆炸上限（%）**　无意义

分解温度（℃）　无资料　　**黏度（mPa·s）**　无资料

燃烧热（kJ/mol）　无资料　**临界温度（℃）**　无资料

溶解性　无资料

第十部分　稳定性和反应性

稳定性　稳定

危险反应　与强氧化剂、过氧化物等禁配物接触，有发生容器爆炸的危险

避免接触的条件　无资料

禁配物　强氧化剂、过氧化物

危险的分解产物　氟化氢

第十一部分　毒理学信息

急性毒性　LC_{50}：81ppm（大鼠吸入，4h）

皮肤刺激或腐蚀　无资料　**眼睛刺激或腐蚀**　无资料

呼吸或皮肤过敏　无资料　**生殖细胞突变性**　无资料

致癌性　无资料　　　　**生殖毒性**　无资料

特异性靶器官系统毒性-一次接触　无资料

特异性靶器官系统毒性-反复接触　无资料

吸入危害　无资料

第十二部分　生态学信息

生态毒性　无资料

持久性和降解性

　生物降解性　无资料

　非生物降解性　无资料

潜在的生物累积性　无资料

土壤中的迁移性　无资料

第十三部分　废弃处置

废弃化学品　根据国家和地方有关法规的要求处置。或与厂商或制造商联系，确定处置方法

污染包装物　将容器返还生产商或按照国家和地方法规处置

废弃注意事项　处置前应参阅国家和地方有关法规

第十四部分　运输信息

联合国危险货物编号（UN号）　2422

联合国运输名称　八氟-2-丁烯（制冷气体R1318）

联合国危险性类别　2.2

包装类别　—　　　　　　　　　**包装标志**

海洋污染物　否

运输注意事项　采用刚瓶运输时必须戴好钢瓶上的安全帽。钢瓶一般平放，并应将瓶口朝同一方向，不可交叉；高度不得超过车辆的防护栏板，并用三角木垫卡牢，防止滚动。严禁与氧化剂、过氧化物、食用化学品等混装混运。夏季应早晚运输，防止日光暴晒。公路运输时要按规定路线行驶，禁止在居民区和人口稠密区停留。铁路运输时要禁止溜放

第十五部分　法规信息

　下列法律、法规、规章和标准，对该化学品的管理作了相应的规定。

中华人民共和国职业病防治法　职业病分类和目录：未列入

危险化学品安全管理条例　危险化学品目录：列入。易制爆危险化学品名录：未列入。重点监管的危险化学品名录：未列入。GB 18218—2009《危险化学品重大危险源辨识》（表1）：未列入

使用有毒物品作业场所劳动保护条例　高毒物品目录：未列入

易制毒化学品管理条例　易制毒化学品的分类和品种目录：未列入

国际公约　斯德哥尔摩公约：未列入。鹿特丹公约：未列入。蒙特利尔议定书：未列入

第十六部分　其他信息

编写和修订信息　　**缩略语和首字母缩写**

培训建议　　　　　　**参考文献**

免责声明

八氟环丁烷

第一部分　化学品标识

化学品中文名　八氟环丁烷；全氟环丁烷；制冷剂
RC-318

化学品英文名　octafluorocyclobutane；perfluorocyclobutane

分子式　C_4F_8　**分子量**　200.03

结构式

化学品的推荐及限制用途　用作稳定无毒的食品气雾喷射剂、介质气体、制冷剂等

第二部分　危险性概述

紧急情况概述　内装加压气体：遇热可能爆炸
GHS 危险性类别　加压气体
标签要素

象形图

警示词　警告
危险性说明　内装加压气体：遇热可能爆炸
防范说明

预防措施　—
事故响应　—
安全储存　防日晒。存放在通风良好的地方
废弃处置　—

物理和化学危险　不燃，无特殊燃爆特性
健康危害　热解时能放出高毒的氟化氢
环境危害　对环境可能有害

第三部分　成分/组成信息

√物质　　　　　　　　混合物

组分	浓度	CAS No.
八氟环丁烷		115-25-3

第四部分　急救措施

吸入　迅速脱离现场至空气新鲜处。保持呼吸道通畅。如呼吸困难，给输氧。如呼吸、心跳停止，立即进行心肺复苏术。就医
皮肤接触　如果发生冻伤：将患部浸泡在保持在38～42℃的温水中复温。不要涂擦。不要使用热水或辐射热。使用清洁、干燥的敷料包扎。如有不适感，就医
对保护施救者的忠告　根据需要使用个人防护设备
对医生的特别提示　对症处理

第五部分　消防措施

灭火剂　迅速切断气源，用水喷淋保护切断气源的人员，然后根据着火原因选择适当灭火剂灭火
特别危险性　若遇高热，容器内压增大，有开裂和爆炸的

危险
灭火注意事项及防护措施　尽可能将容器从火场移至空旷处。喷水保持火场容器冷却，直至灭火结束

第六部分　泄漏应急处理

作业人员防护措施、防护装备和应急处置程序　根据气体的影响区域划定警戒区，无关人员从侧风向、上风向撤离至安全区。建议应急处理人员戴正压自给式呼吸器，穿一般作业工作服。液化气体泄漏时穿防寒服。禁止接触或跨越泄漏物。尽可能切断泄漏源。防止气体通过下水道、通风系统和有限空间扩散
环境保护措施　喷雾状水抑制蒸气或改变蒸气云流向，避免水流接触泄漏物。禁止用水直接冲击泄漏物或泄漏源。若可能翻转容器，使之逸出气体而非液体
泄漏化学品的收容、清除方法及所使用的处置材料　漏出气允许排入大气中。泄漏场所保持通风

第七部分　操作处置与储存

操作注意事项　密闭操作，全面通风。操作人员必须经过专门培训，严格遵守操作规程。建议操作人员佩戴过滤式防毒面具（半面罩），防止气体泄漏到工作场所空气中。避免与氧化剂接触。搬运时戴好钢瓶安全帽和防震橡皮圈，防止钢瓶碰撞、损坏。配备泄漏应急处理设备
储存注意事项　储存于阴凉、通风的不燃气体专用库房。库温不宜超过30℃。远离火种、热源。应与氧化剂分开存放，切忌混储。储区应备有泄漏应急处理设备

第八部分　接触控制/个体防护

职业接触限值

中国　未制定标准
美国（ACGIH）　未制定标准

生物接触限值　未制定标准
监测方法　空气中有毒物质测定方法：未制定标准。生物监测检验方法：未制定标准
工程控制　生产过程密闭，全面通风
个体防护装备

呼吸系统防护　空气中浓度较高时，应视污染气体浓度的高低和作业环境中是否缺氧来选择过滤式防毒面具（半面罩）或空气呼吸器
眼睛防护　一般不需特殊防护
皮肤和身体防护　穿一般作业防护服
手防护　戴一般作业防护手套

第九部分　理化特性

外观与性状　无色、无臭的气体

pH 值　无意义		**熔点(℃)**　－41.4	

沸点(℃)　－6.04
相对密度(水=1)　1.51（21.1℃）
相对蒸气密度(空气=1)　7.33
饱和蒸气压(kPa)　172.37（21.1℃）
临界压力(MPa)　无资料　　**辛醇/水分配系数**　无资料
闪点(℃)　无意义　　　　**自燃温度(℃)**　无意义

爆炸下限(%)　无意义　　爆炸上限(%)　无意义
分解温度(℃)　无资料　　黏度(mPa·s)　0.0109(25℃)
燃烧热(kJ/mol)　无资料　　临界温度(℃)　115.3
溶解性　无资料

第十部分　稳定性和反应性

稳定性　稳定
危险反应　与强氧化剂等禁配物接触，有发生容器爆炸的危险
避免接触的条件　无资料
禁配物　强氧化剂
危险的分解产物　氟化氢

第十一部分　毒理学信息

急性毒性　大鼠吸入本品80%（20%O_2），4h，未死亡，无麻醉现象。LCLo：78pph（小鼠吸入，2h）
皮肤刺激或腐蚀　无资料　　眼睛刺激或腐蚀　无资料
呼吸或皮肤过敏　无资料　　生殖细胞突变性　无资料
致癌性　无资料　　　　　　生殖毒性　无资料
特异性靶器官系统毒性-一次接触　无资料
特异性靶器官系统毒性-反复接触　无资料
吸入危害　无资料

第十二部分　生态学信息

生态毒性　无资料
持久性和降解性
　生物降解性　无资料
　非生物降解性　无资料
潜在的生物累积性　无资料
土壤中的迁移性　无资料

第十三部分　废弃处置

废弃化学品　根据国家和地方有关法规的要求处置。或与厂商或制造商联系，确定处置方法
污染包装物　将容器返还生产商或按照国家和地方法规处置
废弃注意事项　把空容器归还厂商

第十四部分　运输信息

联合国危险货物编号（UN号）　1976
联合国运输名称　八氟环丁烷（制冷气体RC318）
联合国危险性类别　2.2

包装类别　—　　　　　包装标志　

海洋污染物　否
运输注意事项　采用刚瓶运输时必须戴好钢瓶上的安全帽。钢瓶一般平放，并应将瓶口朝同一方向，不可交叉；高度不得超过车辆的防护栏板，并用三角木垫卡牢，防止滚动。严禁与氧化剂、等混装混运。夏季应早晚运输，防止日光暴晒。铁路运输时要禁止溜放

第十五部分　法规信息

下列法律、法规、规章和标准，对该化学品的管理作了相应的规定。
中华人民共和国职业病防治法　职业病分类和目录：未列入
危险化学品安全管理条例　危险化学品目录：列入。易制爆危险化学品名录：未列入。重点监管的危险化学品名录：未列入。GB 18218—2009《危险化学品重大危险源辨识》（表1）：未列入
使用有毒物品作业场所劳动保护条例　高毒物品目录：未列入
易制毒化学品管理条例　易制毒化学品的分类和品种目录：未列入
国际公约　斯德哥尔摩公约：未列入。鹿特丹公约：未列入。蒙特利尔议定书：未列入

第十六部分　其他信息

编写和修订信息　　缩略语和首字母缩写
培训建议　　　　　参考文献
免责声明

八氟异丁烯

第一部分　化学品标识

化学品中文名　八氟异丁烯；全氟异丁烯
化学品英文名　octafluoroisobutylene；perfluoroisobutylene
分子式　C_4F_8　分子量　200.03

结构式　

化学品的推荐及限制用途　用作制备耐腐蚀性聚合物的原料

第二部分　危险性概述

紧急情况概述　内装加压气体：遇热可能爆炸，吸入致命，对器官造成损害，长时间或反复接触对器官造成损伤
GHS危险性类别　加压气体；急性毒性-吸入，类别1；特异性靶器官毒性--次接触，类别1；特异性靶器官毒性-反复接触，类别1
标签要素

象形图　

警示词　危险
危险性说明　吸入致命，对器官造成损害，长时间或反复接触对器官造成损伤
防范说明
　预防措施　避免吸入气体。仅在室外或通风良好处

操作。戴呼吸防护器具。避免接触眼睛、皮肤，操作后彻底清洗。作业场所不得进食、饮水或吸烟

事故响应 如吸入：将患者转移到空气新鲜处，休息，保持利于呼吸的体位。如果接触：立即呼叫中毒控制中心或就医。如感觉不适，就医

安全储存 防日晒。在通风良好处储存。保持容器密闭。上锁保管

废弃处置 本品及内装物、容器依据国家和地方法规处置

物理和化学危险 不燃，无特殊燃爆特性。在空气中久置后能形成有爆炸性的过氧化物

健康危害 本品毒作用带窄，危险性大。主要作用为引起急性中毒性肺水肿。对人的上呼吸道刺激一般不明显，吸入后可有头晕、恶心、胸闷、咳嗽等，但数小时后可发生急性化学性肺炎或肺水肿，甚至发生成人呼吸窘迫综合征（ARDS）。可致死亡

环境危害 对环境可能有害

第三部分 成分/组成信息

√ 物质　　　　　　混合物

组分	浓度	CAS No.
八氟异丁烯		382-21-8

第四部分 急救措施

吸入 迅速脱离现场至空气新鲜处。保持呼吸道通畅。如呼吸困难，给输氧。如呼吸、心跳停止，立即进行心肺复苏术。就医

皮肤接触 如果发生冻伤：将患部浸泡于保持在38～42℃的温水中复温。不要涂擦。不要使用热水或辐射热。使用清洁、干燥的敷料包扎。如有不适感，就医

对保护施救者的忠告 根据需要使用个人防护设备

对医生的特别提示 对症处理

第五部分 消防措施

灭火剂 迅速切断气源，用水喷淋保护切断气源的人员，然后根据着火原因选择适当灭火剂灭火

特别危险性 不燃的剧毒气体。接触空气或在光照条件下可生成具有潜在爆炸危险性的过氧化物

灭火注意事项及防护措施 消防人员必须佩戴空气呼吸器、穿全身防火防毒服，在上风向灭火。尽可能将容器从火场移至空旷处。喷水保持火场容器冷却，直至灭火结束

第六部分 泄漏应急处理

作业人员防护措施、防护装备和应急处置程序 根据气体的影响区域划定警戒区，无关人员从侧风向、上风向撤离至安全区。建议应急处理人员戴正压自给式呼吸器，穿一般作业工作服。液化气体泄漏时穿防寒服。禁止接触或跨越泄漏物。尽可能切断泄漏源。防止气体通过下水道、通风系统和有限空间扩散

环境保护措施 禁止用水直接冲击泄漏物或泄漏源。若可能翻转容器，使之逸出气体而非液体

泄漏化学品的收容、清除方法及所使用的处置材料 泄漏场所保持通风

第七部分 操作处置与储存

操作注意事项 严加密闭，提供充分的局部排风和全面通风。操作人员必须经过专门培训，严格遵守操作规程。建议操作人员佩戴自吸过滤式防毒面具（全面罩），穿防毒物渗透工作服，戴橡胶手套。防止气体泄漏到工作场所空气中。避免与氧化剂、还原剂、酸类接触。搬运时戴好钢瓶安全帽和防震橡皮圈，防止钢瓶碰撞、损坏。配备泄漏应急处理设备

储存注意事项 储存于阴凉、通风的有毒气体专用库房。实行"双人收发、双人保管"制度。库温不宜超过30℃。远离火种、热源。保持容器密封。应与氧化剂、还原剂、酸类、食用化学品分开存放，切忌混储。储区应备有泄漏应急处理设备

第八部分 接触控制/个体防护

职业接触限值

中国 MAC：0.08mg/m³

美国（ACGIH） TLV-C：0.01ppm

生物接触限值 未制定标准

监测方法 空气中有毒物质测定方法：未制定标准。生物监测检验方法：未制定标准

工程控制 严加密闭，提供充分的局部排风和全面通风

个体防护装备

呼吸系统防护 空气中浓度超标时，必须佩戴过滤式防毒面具（全面罩）。紧急事态抢救或撤离时，应该佩戴空气呼吸器

眼睛防护 呼吸系统防护中已作防护

皮肤和身体防护 穿防毒物渗透工作服

手防护 戴橡胶手套

第九部分 理化特性

外观与性状 无色气体，略带青草味

pH 值 无意义　　　　**熔点(℃)** 无资料

沸点(℃) 6.5～7.0

相对密度(水＝1) 1.5922(0℃)

相对蒸气密度(空气=1) 无资料

饱和蒸气压(kPa) 无资料

临界压力(MPa) 无资料　　**辛醇/水分配系数** 无资料

闪点(℃) 无意义　　　　**自燃温度(℃)** 无意义

爆炸下限(%) 无意义　　　**爆炸上限(%)** 无意义

分解温度(℃) 无资料　　　**黏度(mPa·s)** 无资料

燃烧热(kJ/mol) 无资料　　**临界温度(℃)** 无资料

溶解性 微溶于水，溶于乙醚、苯

第十部分 稳定性和反应性

稳定性 稳定

危险反应 与强酸、强氧化剂、强还原剂等禁配物接触，有发生容器爆炸的危险。接触空气或在光照条件下可生成具有潜在爆炸危险性的过氧化物

避免接触的条件 受热、光照

禁配物　强酸、强氧化剂、强还原剂
危险的分解产物　氟化物

第十一部分　毒理学信息

急性毒性　急性毒性为光气的 10 倍，主要作用为引起急性肺水肿。动物吸入时上呼吸道及眼黏膜的刺激症状不明显，常在 6~14h 内死亡。剖检见肺气肿、肺不张、充血、出血、水肿。LC_{50}：24.54mg/m³（大鼠吸入，1h）；7.5mg/m³（大鼠吸入，2h）；7.36mg/m³（小鼠吸入，2h）

皮肤刺激或腐蚀　无资料　　眼睛刺激或腐蚀　无资料
呼吸或皮肤过敏　无资料　　生殖细胞突变性　无资料
致癌性　无资料　　　　　　生殖毒性　无资料
特异性靶器官系统毒性-一次接触　无资料
特异性靶器官系统毒性-反复接触　大鼠反复暴露于 0.82mg/m³（0.1ppm），出现不安、呼吸障碍。病检出现：肺部毛细血管扩张淤血，灶性出血，肺水肿，小支气管痉挛和支气管炎等
吸入危害　无资料

第十二部分　生态学信息

生态毒性　无资料
持久性和降解性
　　生物降解性　无资料
　　非生物降解性　无资料
潜在的生物累积性　无资料
土壤中的迁移性　无资料

第十三部分　废弃处置

废弃化学品　根据国家和地方有关法规的要求处置。或与厂商或制造商联系，确定处置方法
污染包装物　将容器返还生产商或按照国家和地方法规处置
废弃注意事项　处置前应参阅国家和地方有关法规

第十四部分　运输信息

联合国危险货物编号（UN 号）　1955
联合国运输名称　压缩气体，毒性，未另作规定的（八氟异丁烯）
联合国危险性类别　2.3

包装类别　—　　　　　　包装标志

海洋污染物　否
运输注意事项　采用钢瓶运输时必须戴好钢瓶上的安全帽。钢瓶一般平放，并应将瓶口朝同一方向，不可交叉；高度不得超过车辆的防护栏板，并用三角木垫卡牢，防止滚动。严禁与氧化剂、还原剂、酸类、食用化学品等混装混运。夏季应早晚运输，防止日光暴晒。公路运输时要按规定路线行驶，禁止在居民区和人口稠密区停留。铁路运输时要禁止溜放

第十五部分　法规信息

　　下列法律、法规、规章和标准，对该化学品的管理作了相应的规定。
中华人民共和国职业病防治法　职业病分类和目录：未列入
危险化学品安全管理条例　危险化学品目录：列入，作为剧毒化学品进行管理。易制爆危险化学品名录：未列入。重点监管的危险化学品名录：未列入。GB 18218—2009《危险化学品重大危险源辨识》（表 1）：未列入
使用有毒物品作业场所劳动保护条例　高毒物品目录：未列入
易制毒化学品管理条例　易制毒化学品的分类和品种目录：未列入
国际公约　斯德哥尔摩公约：未列入。鹿特丹公约：未列入。蒙特利尔议定书：未列入

第十六部分　其他信息

编写和修订信息　　缩略语和首字母缩写
培训建议　　　　　参考文献
免责声明

八甲基焦磷酰胺

第一部分　化学品标识

化学品中文名　八甲基焦磷酰胺；八甲磷；希拉登
化学品英文名　octamethyl pyrophosphoramide；OMPA；schradan
分子式　$C_8H_{24}N_4O_3P_2$　　分子量　286.2506

结构式

化学品的推荐及限制用途　用作农药杀虫剂

第二部分　危险性概述

紧急情况概述　吞咽致命，皮肤接触会致命
GHS 危险性类别　急性毒性-经口，类别 2；急性毒性-经皮，类别 1；危害水生环境-急性危害，类别 3；危害水生环境-长期危害，类别 3
标签要素

象形图 ☠

警示词　危险
危险性说明　吞咽致命，皮肤接触会致命，对水生生物有害并具有长期持续影响
防范说明
　　预防措施　作业场所不得进食、饮水或吸烟。避免接触眼睛、皮肤或衣服，操作后彻底清洗。戴防护手套、穿防护服。禁止排入环境

事故响应　皮肤接触：用大量肥皂水和水轻轻地清洗，立即脱去所有被污染的衣服。被污染的衣服必须经洗净后方可重新使用。食入：立即呼叫中毒控制中心或就医，漱口

安全储存　上锁保管

废弃处置　本品及内装物、容器依据国家和地方法规处置

物理和化学危险　可燃，其粉体或蒸气与空气混合，能形成爆炸性混合物

健康危害　抑制胆碱酯酶活性，引起神经功能紊乱，发生与胆碱能神经过度兴奋相似的症状。急性中毒　轻度：有头痛、头晕、恶心、呕吐、多汗、胸闷、视力模糊、无力等症状，全血胆碱酯酶活性在 50%～70%。中度：除上述症状外，有肌束震颤、瞳孔缩小、轻度呼吸困难、流涎、腹痛、腹泻等，全血胆碱酯酶活性在 30%～50%。重度：上述症状加重，可有肺水肿、昏迷、呼吸麻痹或脑水肿，全血胆碱酯酶活性在 30% 以下。可引起迟发性神经病。慢性影响：可有神经衰弱综合征、腹胀、多汗、肌纤维震颤等，全血胆碱酯酶降至 50% 以下

环境危害　对水生生物有害并具有长期持续影响

第三部分　成分/组成信息

√ 物质　　　　　　　　混合物

组分	浓度	CAS No.
八甲基焦磷酰胺		152-16-9

第四部分　急救措施

吸入　迅速脱离现场至空气新鲜处。保持呼吸道通畅。如呼吸困难，给输氧。如呼吸、心跳停止，立即进行心肺复苏术。就医

皮肤接触　立即脱去污染的衣着，用肥皂水及流动清水彻底冲洗污染的皮肤、头发、指甲等。就医

眼睛接触　分开眼睑，用流动清水或生理盐水冲洗。就医

食入　饮足量温水，催吐（仅限于清醒者）。口服活性炭。就医

对保护施救者的忠告　根据需要使用个人防护设备

对医生的特别提示　解毒剂：阿托品、胆碱酯酶复能剂

第五部分　消防措施

灭火剂　用雾状水、抗溶性泡沫、干粉、二氧化碳、砂土灭火

特别危险性　遇明火、高热可燃。受热分解，放出氮、磷的氧化物等毒性气体

灭火注意事项及防护措施　消防人员必须佩戴空气呼吸器、穿全身防火防毒服，在上风向灭火。尽可能将容器从火场移至空旷处。喷水保持火场容器冷却，直至灭火结束。处在火场中的容器若已变色或从安全泄压装置中发出声音，必须马上撤离。禁止使用酸碱灭火剂

第六部分　泄漏应急处理

作业人员防护措施、防护装备和应急处置程序　根据液体流动和蒸气扩散的影响区域划定警戒区，无关人员从侧风向、上风向撤离至安全区。建议应急处理人员戴正压自给式呼吸器，穿防毒服。穿上适当的防护服前严禁接触破裂的容器和泄漏物。尽可能切断泄漏源

环境保护措施　防止泄漏物进入水体、下水道、地下室或有限空间

泄漏化学品的收容、清除方法及所使用的处置材料　小量泄漏：用干燥的砂土或其他不燃材料吸收或覆盖，收集于容器中。大量泄漏：构筑围堤或挖坑收容。用泵转移至槽车或专用收集器内

第七部分　操作处置与储存

操作注意事项　密闭操作，提供充分的局部排风。操作尽可能机械化、自动化。操作人员必须经过专门培训，严格遵守操作规程。建议操作人员佩戴自吸过滤式防毒面具（全面罩），穿胶布防毒衣，戴橡胶手套。远离火种、热源，工作场所严禁吸烟。使用防爆型的通风系统和设备。防止蒸气泄漏到工作场所空气中。避免与氧化剂、酸类接触。搬运时要轻装轻卸，防止包装及容器损坏。配备相应品种和数量的消防器材及泄漏应急处理设备。倒空的容器可能残留有害物

储存注意事项　储存于阴凉、通风良好的专用库房内，实行"双人收发、双人保管"制度。远离火种、热源。应与氧化剂、酸类、食用化学品分开存放，切忌混储。配备相应品种和数量的消防器材。储区应备有泄漏应急处理设备和合适的收容材料

第八部分　接触控制/个体防护

职业接触限值

中国　未制定标准

美国（ACGIH）　未制定标准

生物接触限值

全血胆碱酯酶活性（校正值）：原基础值或参考值的 70%（采样时间：开始接触后的 3 个月内），原基础值或参考值的 50%（采样时间：持续接触 3 个月后，任意时间）

监测方法　空气中有毒物质测定方法：未制定标准。生物监测检验方法：血中胆碱酯酶活性的分光光度测定方法——羟胺三氯化铁法；血中胆碱酯酶活性的分光光度测定方法——硫代乙酰胆碱-联硫代双硝基苯甲酸法

工程控制　严加密闭，提供充分的局部排风。提供安全淋浴和洗眼设备

个体防护装备

呼吸系统防护　空气中浓度超标时，必须佩戴过滤式防毒面具（全面罩）。紧急事态抢救或撤离时，应该佩戴空气呼吸器

眼睛防护　呼吸系统防护中已作防护

皮肤和身体防护　穿密闭型防毒服

手防护　戴橡胶手套

第九部分　理化特性

外观与性状　无色或浅黄色黏稠液体，有胡椒气味

pH值　无资料　　　　熔点(℃)　14～20
沸点(℃)　137(0.27kPa)　相对密度(水＝1)　1.14
相对蒸气密度(空气＝1)　无资料
饱和蒸气压(kPa)　无资料
临界压力(MPa)　无资料　辛醇/水分配系数　无资料
闪点(℃)　无资料　　自燃温度(℃)　无资料
爆炸下限(%)　无资料　爆炸上限(%)　无资料
分解温度(℃)　无资料　黏度(mPa·s)　无资料
燃烧热(kJ/mol)　无资料　临界温度(℃)　无资料
溶解性　与水混溶，溶于醇、酮等多数有机溶剂

第十部分　稳定性和反应性

稳定性　稳定
危险反应　与强氧化剂、强酸等禁配物接触，有发生容器
　　爆炸的危险。受热分解，放出氮、磷的氧化物等毒性
　　气体
避免接触的条件　受热
禁配物　强氧化剂、强酸
危险的分解产物　氮氧化物、氧化磷

第十一部分　毒理学信息

急性毒性　属剧毒类杀虫剂，其靶器官毒性见其他有机磷
　　农药。LD_{50}：5mg/kg（大鼠经口）；15mg/kg（大鼠
　　经皮）；26.7mg/kg（小鼠经口）；25mg/kg（兔
　　经口）
皮肤刺激或腐蚀　无资料　眼睛刺激或腐蚀　无资料
呼吸或皮肤过敏　无资料　生殖细胞突变性　无资料
致癌性　无资料　　　　生殖毒性　无资料
特异性靶器官系统毒性-一次接触　无资料
特异性靶器官系统毒性-反复接触　无资料
吸入危害　无资料

第十二部分　生态学信息

生态毒性
　　LC_{50}：22mg/L（96h）（孔雀鱼）
持久性和降解性
　　生物降解性　无资料
　　非生物降解性　无资料
潜在的生物累积性　根据K_{ow}值预测，该物质的生物累积
　　性可能较弱
土壤中的迁移性　根据K_{oc}值预测，该物质可能易发生
　　迁移

第十三部分　废弃处置

废弃化学品　建议用焚烧法处置。焚烧炉排出的气体要通
　　过洗涤器除去
污染包装物　将容器返还生产商或按照国家和地方法规
　　处置
废弃注意事项　处置前应参阅国家和地方有关法规

第十四部分　运输信息

联合国危险货物编号（UN号）　3018
联合国运输名称　液态有机磷农药，毒性（八甲基焦磷
酰胺）
联合国危险性类别　6.1

包装类别　Ⅰ　　　　包装标志

海洋污染物　否
运输注意事项　运输前应先检查包装容器是否完整、密
　　封，运输过程中要确保容器不泄漏、不倒塌、不坠
　　落、不损坏。严禁与酸类、氧化剂、食品及食品添加
　　剂混运。运输时运输车辆应配备相应品种和数量的消
　　防器材及泄漏应急处理设备。运输途中应防暴晒、雨
　　淋，防高温。公路运输时要按规定路线行驶，勿在居
　　民区和人口稠密区停留

第十五部分　法规信息

　　下列法律、法规、规章和标准，对该化学品的管理作
了相应的规定。
中华人民共和国职业病防治法　职业病分类和目录：有机
　　磷中毒
危险化学品安全管理条例　危险化学品目录：列入，作为
　　剧毒化学品进行管理。易制爆危险化学品名录：未列
　　入。重点监管的危险化学品名录：未列入。GB
　　18218—2009《危险化学品重大危险源辨识》（表1）：
　　未列入
使用有毒物品作业场所劳动保护条例　高毒物品目录：未
　　列入
易制毒化学品管理条例　易制毒化学品的分类和品种目
　　录：未列入
国际公约　斯德哥尔摩公约：未列入。鹿特丹公约：未列
　　入。蒙特利尔议定书：未列入

第十六部分　其他信息

编写和修订信息　　缩略语和首字母缩写
培训建议　　　　　参考文献
免责声明

八氯莰烯

第一部分　化学品标识

化学品中文名　八氯莰烯；氯化莰烯；毒杀芬；氯化莰
化学品英文名　camphechlor；toxaphene；octachlorocam-
　　phene
分子式　$C_{10}H_{10}Cl_8$　分子量　413.8
结构式
化学品的推荐及限制用途　用作杀虫剂

第二部分　危险性概述

紧急情况概述　吞咽会中毒，皮肤接触有害，造成皮肤刺
　　激，可能引起呼吸道刺激
GHS危险性类别　急性毒性-经口，类别3；急性毒性-经
　　皮，类别4；皮肤腐蚀/刺激，类别2；致癌性，类别

2；特异性靶器官毒性-一次接触，类别3（呼吸道刺激）；危害水生环境-急性危害，类别1；危害水生环境-长期危害，类别1

标签要素

象形图　

警示词　危险

危险性说明　吞咽会中毒，皮肤接触有害，造成皮肤刺激，怀疑致癌，可能引起呼吸道刺激，对水生生物毒性非常大并具有长期持续影响

防范说明

　　预防措施　避免接触眼睛、皮肤，操作后彻底清洗。作业场所不得进食、饮水或吸烟。戴防护手套、穿防护服。得到专门指导后操作。在阅读并了解所有安全预防措施之前，切勿操作。按要求使用个体防护装备。禁止排入环境

　　事故响应　皮肤接触：用大量肥皂水和水清洗，如感觉不适，呼叫中毒控制中心或就医。被污染的衣服必须经洗净后方可重新使用。如发生皮肤刺激，就医。食入：立即呼叫中毒控制中心或就医，漱口。如果接触或有担心，就医。收集泄漏物

　　安全储存　上锁保管

　　废弃处置　本品及内装物、容器依据国家和地方法规处置

物理和化学危险　可燃，其粉体与空气混合，能形成爆炸性混合物

健康危害　本品有樟脑样的兴奋作用，是全身抽搐性毒物。对皮肤有刺激作用，有因采隔天喷过本品的植物引起中毒的报告，另有儿童误服致死的报道

环境危害　对水生生物毒性非常大并具有长期持续影响

第三部分　成分/组成信息

　　√　物质　　　　　　　　　混合物

组分	浓度	CAS No.
八氯莰烯		8001-35-2

第四部分　急救措施

吸入　迅速脱离现场至空气新鲜处。保持呼吸道通畅。如呼吸困难，给输氧。如呼吸、心跳停止，立即进行心肺复苏术。就医

皮肤接触　立即脱去污染的衣着，用流动清水彻底冲洗。就医

眼睛接触　立即分开眼睑，用流动清水或生理盐水彻底冲洗。就医

食入　漱口，饮水。就医

对保护施救者的忠告　根据需要使用个人防护设备

对医生的特别提示　对症处理

第五部分　消防措施

灭火剂　用雾状水、泡沫、干粉、二氧化碳、砂土灭火

特别危险性　遇明火、高热可燃

灭火注意事项及防护措施　消防人员必须佩戴防毒面具、穿全身消防服，在上风向灭火。尽可能将容器从火场移至空旷处。喷水保持火场容器冷却，直至灭火结束

第六部分　泄漏应急处理

作业人员防护措施、防护装备和应急处置程序　隔离泄漏污染区，限制出入。消除所有点火源。建议应急处理人员戴防尘口罩，穿防毒服。穿上适当的防护服前严禁接触破裂的容器和泄漏物。尽可能切断泄漏源

环境保护措施　用塑料布覆盖泄漏物，减少飞散

泄漏化学品的收容、清除方法及所使用的处置材料　勿使水进入包装容器内。用洁净的铲子收集泄漏物，置于干净、干燥、盖子较松的容器中，将容器移离泄漏区

第七部分　操作处置与储存

操作注意事项　密闭操作，提供充分的局部排风。操作人员必须经过专门培训，严格遵守操作规程。建议操作人员佩戴过滤式防尘口罩，穿胶布防毒衣，戴橡胶手套。远离火种、热源，工作场所严禁吸烟。使用防爆型的通风系统和设备。避免产生粉尘。避免与氧化剂、碱类接触。搬运时要轻装轻卸，防止包装及容器损坏。配备相应品种和数量的消防器材及泄漏应急处理设备。倒空的容器可能残留有害物

储存注意事项　储存于阴凉、通风的库房。远离火种、热源。应与氧化剂、碱类、食用化学品分开存放，切忌混储。配备相应品种和数量的消防器材。储区应备有合适的材料收容泄漏物

第八部分　接触控制/个体防护

职业接触限值

　　中国　未制定标准

　　美国（ACGIH）　TLV-TWA：0.5mg/m³；TLV-STEL：1mg/m³ ［皮］

生物接触限值　未制定标准

监测方法　空气中有毒物质测定方法：未制定标准。生物监测检验方法：未制定标准

工程控制　严加密闭，提供充分的局部排风

个体防护装备

　　呼吸系统防护　可能接触其粉尘时，必须佩戴过滤式防尘口罩。紧急事态抢救或撤离时，应该佩戴空气呼吸器

　　眼睛防护　呼吸系统防护中已作防护

　　皮肤和身体防护　穿密闭型防毒服

　　手防护　戴橡胶手套

第九部分　理化特性

外观与性状　乳白色或琥珀色蜡样固体

pH值　无意义　　　　　**熔点（℃）**　65～90

| 沸点(℃) | 无资料 | 相对密度(水＝1) | 1.6 |

相对蒸气密度(空气＝1)　无资料

饱和蒸气压(kPa)　0.027(25℃)

临界压力(MPa)	无资料	辛醇/水分配系数	无资料
闪点(℃)	135	自燃温度(℃)	无资料
爆炸下限(%)	无资料	爆炸上限(%)	无资料
分解温度(℃)	沸点分解	黏度(mPa·s)	无资料
燃烧热(kJ/mol)	无资料	临界温度(℃)	无资料

溶解性　不溶于水，易溶于多数有机溶剂

第十部分　稳定性和反应性

稳定性　稳定

危险反应　与强氧化剂、碱类等禁配物发生反应

避免接触的条件　无资料

禁配物　强氧化剂、碱类

危险的分解产物　氯化氢

第十一部分　毒理学信息

急性毒性　LD_{50}：40mg/kg（大鼠经口）；45mg/kg（小鼠经口）；25mg/kg（兔经口）；250mg/kg（兔经皮）。LC_{50}：2000mg/m³（大鼠吸入，2h）

急性毒性　无资料

皮肤刺激或腐蚀　无资料　**眼睛刺激或腐蚀**　无资料

呼吸或皮肤过敏　无资料　**生殖细胞突变性**　无资料

致癌性　IARC致癌性评论：组2B，对人类是可能致癌物

生殖毒性　无资料

特异性靶器官系统毒性-一次接触　无资料

特异性靶器官系统毒性-反复接触　无资料

吸入危害　无资料

第十二部分　生态学信息

生态毒性

　　LC_{50}：0.0011mg/L（96h）（*Cyprinodon variegatus*）

持久性和降解性

　　生物降解性　无资料

　　非生物降解性　无资料

潜在的生物累积性　根据K_{ow}值预测，该物质可能有较高的生物累积性

土壤中的迁移性　根据K_{oc}值预测，该物质的迁移性可能较弱

第十三部分　废弃处置

废弃化学品　建议用焚烧法处置。与燃料混合后，再焚烧。焚烧炉排出的卤化氢通过酸洗涤器除去

污染包装物　将容器返还生产商或按照国家和地方法规处置

废弃注意事项　处置前应参阅国家和地方有关法规

第十四部分　运输信息

联合国危险货物编号（UN号）　2811

联合国运输名称　有机毒性固体，未另作规定的（八氯莰烯）

联合国危险性类别　6.1

| 包装类别 | Ⅲ | 包装标志 |  |

海洋污染物　是

运输注意事项　运输前应先检查包装容器是否完整、密封，运输过程中要确保容器不泄漏、不倒塌、不坠落、不损坏。严禁与酸类、氧化剂、食品及食品添加剂混运。运输途中应防暴晒、雨淋，防高温

第十五部分　法规信息

　　下列法律、法规、规章和标准，对该化学品的管理作了相应的规定。

中华人民共和国职业病防治法　职业病分类和目录：未列入

危险化学品安全管理条例　危险化学品目录：列入。易制爆危险化学品名录：未列入。重点监管的危险化学品名录：未列入。GB 18218—2009《危险化学品重大危险源辨识》（表1）：未列入

使用有毒物品作业场所劳动保护条例　高毒物品目录：未列入

易制毒化学品管理条例　易制毒化学品的分类和品种目录：未列入

国际公约　斯德哥尔摩公约：列入。鹿特丹公约：列入。蒙特利尔议定书：未列入

第十六部分　其他信息

| 编写和修订信息 | 缩略语和首字母缩写 |
| 培训建议 | 参考文献 |

免责声明

巴毒磷

第一部分　化学品标识

化学品中文名　巴毒磷；丁烯磷；赛吸磷；O,O-二甲基-O-[1-甲基-2-(1-苯基乙酸基)乙烯基]磷酸酯

化学品英文名　crotoxyphos；pantozol；1-phenylethyl 3-(dimethoxyphosphinoyloxy) isocrotonate

| 分子式 | $C_{14}H_{19}O_6P$ | 分子量 | 314.2708 |

结构式

化学品的推荐及限制用途　用作畜用、农用杀虫剂

第二部分　危险性概述

紧急情况概述　吞咽会中毒，皮肤接触会中毒

GHS危险性类别　急性毒性-经口，类别3；急性毒性-经皮，类别3；危害水生环境-急性危害，类别1；危害水生环境-长期危害，类别1

标签要素

象形图

警示词 危险

危险性说明 吞咽会中毒，皮肤接触会中毒，对水生生物毒性非常大并具有长期持续影响

防范说明

预防措施 避免接触眼睛、皮肤，操作后彻底清洗。作业场所不得进食、饮水或吸烟。戴防护手套、穿防护服。禁止排入环境

事故响应 皮肤接触：用大量肥皂水和水清洗，立即脱去所有被污染的衣服，如感觉不适，呼叫中毒控制中心或就医。被污染的衣服必须经洗净后方可重新使用。食入：立即呼叫中毒控制中心或就医，漱口。收集泄漏物

安全储存 上锁保管

废弃处置 本品及内装物、容器依据国家和地方法规处置

物理和化学危险 可燃，其蒸气与空气混合，能形成爆炸性混合物

健康危害 能抑制胆碱酯酶活性。中毒可引起头痛、头晕、腹痛、瞳孔缩小、视力模糊、肌肉震颤。口服中毒者发病快，常有昏迷、抽搐和肺水肿，消化道刺激症状明显

环境危害 对水生生物毒性非常大并具有长期持续影响

第三部分 成分/组成信息

√ 物质   混合物

组分	浓度	CAS No.
巴毒磷		7700-17-6

第四部分 急救措施

吸入 迅速脱离现场至空气新鲜处。保持呼吸道通畅。如呼吸困难，给输氧。如呼吸、心跳停止，立即进行心肺复苏术。就医

皮肤接触 立即脱去污染的衣着，用肥皂水及流动清水彻底冲洗污染的皮肤、头发、指甲等。就医

眼睛接触 分开眼睑，用流动清水或生理盐水冲洗。就医

食入 饮足量温水，催吐（仅限于清醒者）。口服活性炭。就医

对保护施救者的忠告 根据需要使用个人防护设备

对医生的特别提示 解毒剂：阿托品、胆碱酯酶复能剂

第五部分 消防措施

灭火剂 用雾状水、泡沫、干粉、二氧化碳、砂土灭火

特别危险性 遇明火、高热可燃。与氧化剂可发生反应。受高热分解放出有毒的气体。容易自聚，聚合反应随着温度的上升而急骤加剧。在潮湿条件下能腐蚀某些金属。若遇高热，容器内压增大，有开裂和爆炸的危险

灭火注意事项及防护措施 消防人员必须佩戴防毒面具、穿全身消防服，在上风向灭火。尽可能将容器从火场移至空旷处。喷水保持火场容器冷却，直至灭火结束。处在火场中的容器若已变色或从安全泄压装置中发出声音，必须马上撤离

第六部分 泄漏应急处理

作业人员防护措施、防护装备和应急处置程序 根据液体流动和蒸气扩散的影响区域划定警戒区，无关人员从侧风向、上风向撤离至安全区。建议应急处理人员戴正压自给式呼吸器，穿防毒服。穿上适当的防护服前严禁接触破裂的容器和泄漏物。尽可能切断泄漏源

环境保护措施 防止泄漏物进入水体、下水道、地下室或有限空间

泄漏化学品的收容、清除方法及所使用的处置材料 小量泄漏：用干燥的砂土或其他不燃材料吸收或覆盖，收集于容器中。大量泄漏：构筑围堤或挖坑收容。用泵转移至槽车或专用收集器内

第七部分 操作处置与储存

操作注意事项 密闭操作，局部排风。防止蒸气泄漏到工作场所空气中。操作人员必须经过专门培训，严格遵守操作规程。建议操作人员佩戴自吸过滤式防毒面具（半面罩），戴化学安全防护眼镜，穿防毒物渗透工作服，戴橡胶手套。远离火种、热源，工作场所严禁吸烟。使用防爆型的通风系统和设备。在清除液体和蒸气前不能进行焊接、切割等作业。避免产生烟雾。避免与氧化剂接触。配备相应品种和数量的消防器材及泄漏应急处理设备。倒空的容器可能残留有害物

储存注意事项 储存于阴凉、干燥、通风良好的库房。远离火种、热源。防止阳光直射。保持容器密封，严禁与空气接触。应与氧化剂、食用化学品等分开存放，切忌混储。配备相应品种和数量的消防器材。储区应备有泄漏应急处理设备和合适的收容材料

第八部分 接触控制/个体防护

职业接触限值

中国 未制定标准

美国（ACGIH） 未制定标准

生物接触限值 全血胆碱酯酶活性（校正值）：原基础值或参考值的70%（采样时间：开始接触后的3个月内），原基础值或参考值的50%（采样时间：持续接触3个月后，任意时间）

监测方法 空气中有毒物质测定方法：未制定标准。生物监测检验方法：血中胆碱酯酶活性的分光光度测定方法——羟胺三氯化铁法；血中胆碱酯酶活性的分光光度测定方法——硫代乙酰胆碱-联硫代双硝基苯甲酸法

工程控制 密闭操作，局部排风

个体防护装备

呼吸系统防护 空气中浓度超标时，必须佩戴过滤式防毒面具（半面罩）。紧急事态抢救或撤离时，

应该佩戴空气呼吸器

眼睛防护　戴化学安全防护眼镜

皮肤和身体防护　穿防毒物渗透工作服

手防护　戴橡胶手套

第九部分　理化特性

外观与性状　淡黄色液体，有轻微酯味

pH 值　无资料　　　　　**熔点(℃)**　无资料

沸点(℃)　135(3.99×10⁻³kPa)

相对密度(水＝1)　1.19(25℃)

相对蒸气密度(空气＝1)　无资料

饱和蒸气压(kPa)　无资料

临界压力(MPa)　无资料　　**辛醇/水分配系数**　无资料

闪点(℃)　无资料　　　　**自燃温度(℃)**　无资料

爆炸下限(%)　无资料　　**爆炸上限(%)**　无资料

分解温度(℃)　无资料　　**黏度(mPa·s)**　无资料

燃烧热(kJ/mol)　无资料　**临界温度(℃)**　无资料

溶解性　微溶于水，溶于部分有机溶剂

第十部分　稳定性和反应性

稳定性　稳定

危险反应　与强氧化剂、水等禁配物发生反应。容易发生自聚反应

避免接触的条件　潮湿空气

禁配物　强氧化剂、水

危险的分解产物　氧化磷

第十一部分　毒理学信息

急性毒性　LD₅₀：38400μg/kg（大鼠经口）；202mg/kg（大鼠经皮）；39800μg/kg（小鼠经口）；385mg/kg（兔经皮）

皮肤刺激或腐蚀　无资料　**眼睛刺激或腐蚀**　无资料

呼吸或皮肤过敏　无资料

生殖细胞突变性　微生物致突变：酿酒酵母5000ppm。哺乳动物体细胞突变：小鼠淋巴细胞。基因转化和有丝分裂重组：酿酒酵母500ppm

致癌性　无资料　　　　　**生殖毒性**　无资料

特异性靶器官系统毒性-一次接触　无资料

特异性靶器官系统毒性-反复接触　无资料

吸入危害　无资料

第十二部分　生态学信息

生态毒性　LC₅₀：0.051mg/L（96h）（美洲鲑）。LC₅₀：0.0724mg/L（96h）（虹鳟）

持久性和降解性

生物降解性　无资料

非生物降解性　无资料

潜在的生物累积性　无资料

土壤中的迁移性　无资料

第十三部分　废弃处置

废弃化学品　建议用焚烧法处置。在能利用的地方重复使用容器或在规定场所掩埋

污染包装物　将容器返还生产商或按照国家和地方法规处置

废弃注意事项　处置前应参阅国家和地方有关法规

第十四部分　运输信息

联合国危险货物编号（UN 号）　3018

联合国运输名称　液态有机磷农药，毒性（巴毒磷）

联合国危险性类别　6.1

包装类别　Ⅲ　　　　　**包装标志**

海洋污染物　是

运输注意事项　铁路运输时包装所用的麻袋、塑料编织袋、复合塑料编织袋的强度应符合国家标准要求。铁路运输时，可以使用钙塑瓦楞箱作外包装。运输前应先检查包装容器是否完整、密封，运输过程中要确保容器不泄漏、不倒塌、不坠落、不损坏。严禁与酸类、氧化剂、食品及食品添加剂混运。运输时运输车辆应配备相应品种和数量的消防器材及泄漏应急处理设备。运输途中应防暴晒、雨淋，防高温。公路运输时要按规定路线行驶，勿在居民区和人口稠密区停留

第十五部分　法规信息

下列法律、法规、规章和标准，对该化学品的管理作了相应的规定。

中华人民共和国职业病防治法　职业病分类和目录：有机磷中毒

危险化学品安全管理条例　危险化学品目录：列入。易制爆危险化学品名录：未列入。重点监管的危险化学品名录：未列入。GB 18218—2009《危险化学品重大危险源辨识》（表1）：未列入

使用有毒物品作业场所劳动保护条例　高毒物品目录：未列入

易制毒化学品管理条例　易制毒化学品的分类和品种目录：未列入

国际公约　斯德哥尔摩公约：未列入。鹿特丹公约：未列入。蒙特利尔议定书：未列入

第十六部分　其他信息

编写和修订信息　缩略语和首字母缩写

培训建议　　　　　　参考文献

免责声明

百草枯

第一部分　化学品标识

化学品中文名　百草枯；1,1′-二甲基-4,4′-联吡啶阳离子

化学品英文名　paraquat；1,1′-dimethyl-4,4′-bipyridinium

分子式　C₁₂H₁₄N₂　**分子量**　186.2566

结构式

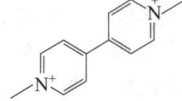

化学品的推荐及限制用途　用作除草剂

第二部分　危险性概述

紧急情况概述　吞咽会中毒，皮肤接触会致命，吸入致命，造成严重的皮肤灼伤和眼损伤

GHS危险性类别　急性毒性-经口，类别3；急性毒性-经皮，类别2；急性毒性-吸入，类别1；皮肤腐蚀/刺激，类别1；严重眼损伤/眼刺激，类别1；生殖毒性，类别2；特异性靶器官毒性--次接触，类别1；特异性靶器官毒性-反复接触，类别1；危害水生环境-急性危害，类别1；危害水生环境-长期危害，类别1

标签要素

象形图　

警示词　危险

危险性说明　吞咽会中毒，皮肤接触会致命，吸入致命，造成严重的皮肤灼伤和眼损伤，怀疑对生育力或胎儿造成伤害，对器官造成损害，长时间或反复接触对器官造成损伤，对水生生物毒性非常大并具有长期持续影响

防范说明

预防措施　作业场所不得进食、饮水或吸烟。避免接触眼睛、皮肤或衣服，操作后彻底清洗。避免吸入粉尘。仅在室外或通风良好处操作。戴呼吸防护器具。戴防护手套，穿防护服，戴防护眼镜、防护面罩。得到专门指导后操作。在阅读并了解所有安全预防措施之前，切勿操作。按要求使用个体防护装备。禁止排入环境

事故响应　如吸入：将患者转移到空气新鲜处，休息，保持利于呼吸的体位。皮肤（或头发）接触：立即脱掉所有被污染的衣服，用水冲洗皮肤，淋浴。污染的衣服必须洗净后方可重新使用。眼睛接触：用水细心地冲洗数分钟。如戴隐形眼镜并可方便地取出，则取出隐形眼镜，继续冲洗。食入：立即呼叫中毒控制中心或就医。如果接触：立即呼叫中毒控制中心或就医。如感觉不适，就医。收集泄漏物

安全储存　在通风良好处储存。保持容器密闭。上锁保管

废弃处置　本品及内装物、容器依据国家和地方法规处置

物理和化学危险　可燃，其粉体与空气混合，能形成爆炸性混合物

健康危害　中毒多为误服所引起，引起口腔、咽部的炎性损伤，同时可引起食管炎、胃炎。对心、肝、肾有损害作用。中毒出现终末支气管和肺泡上皮独特的增生。中毒数日后，出现呼吸困难、紫绀、呼吸衰竭，往往导致死亡。职业接触中毒主要由皮肤污染引起。

长期接触可引起指甲损伤、鼻出血和皮炎

环境危害　对水生生物毒性非常大并具有长期持续影响

第三部分　成分/组成信息

√ 物质　　　　　　　　　　混合物

组分	浓度	CAS No.
百草枯		4685-14-7

第四部分　急救措施

吸入　迅速脱离现场至空气新鲜处。保持呼吸道通畅。如呼吸困难，给输氧。如呼吸、心跳停止，立即进行心肺复苏术。就医

皮肤接触　立即脱去污染的衣着，用流动清水彻底冲洗。就医

眼睛接触　立即分开眼睑，用流动清水或生理盐水彻底冲洗。就医

食入　饮适量温水，催吐（仅限于清醒者）。就医

对保护施救者的忠告　根据需要使用个人防护设备

对医生的特别提示　可以使用心得安、肾上腺糖皮质激素和免疫抑制剂

第五部分　消防措施

灭火剂　用雾状水、泡沫、干粉、二氧化碳、砂土灭火

特别危险性　遇明火、高热可燃。与强氧化剂接触可发生化学反应。受热分解放出有毒气体

灭火注意事项及防护措施　消防人员必须佩戴防毒面具、穿全身消防服，在上风向灭火。尽可能将容器从火场移至空旷处。喷水保持火场容器冷却，直至灭火结束

第六部分　泄漏应急处理

作业人员防护措施、防护装备和应急处置程序　隔离泄漏污染区，限制出入。建议应急处理人员戴防尘口罩，穿防毒服。穿上适当的防护服前严禁接触破裂的容器和泄漏物。尽可能切断泄漏源

环境保护措施　用塑料布覆盖泄漏物，减少飞散

泄漏化学品的收容、清除方法及所使用的处置材料　勿使水进入包装容器内。用洁净的铲子收集泄漏物，置于干净、干燥、盖子较松的容器中，将容器移离泄漏区

第七部分　操作处置与储存

操作注意事项　密闭操作，提供充分的局部排风。操作尽可能机械化、自动化。操作人员必须经过专门培训，严格遵守操作规程。建议操作人员佩戴自吸过滤式防尘口罩，戴化学安全防护眼镜，穿防毒物渗透工作服，戴乳胶手套。远离火种、热源，工作场所严禁吸烟。使用防爆型的通风系统和设备。避免产生粉尘。避免与氧化剂、酸类、碱类接触。搬运时要轻装轻卸，防止包装及容器损坏。配备相应品种和数量的消防器材及泄漏应急处理设备。倒空的容器可能残留有害物

储存注意事项 储存于阴凉、通风的库房。远离火种、热源。应与氧化剂、酸类、碱类、食用化学品分开存放，切忌混储。配备相应品种和数量的消防器材。储区应备有合适的材料收容泄漏物

第八部分 接触控制/个体防护

职业接触限值

中国 PC-TWA：0.5mg/m³

美国（ACGIH） TLV-TWA：0.5mg/m³，0.1mg/m³（呼吸性颗粒物）

生物接触限值 未制定标准

监测方法 空气中有毒物质测定方法：未制定标准。生物监测检验方法：未制定标准

工程控制 严加密闭，提供充分的局部排风。提供安全淋浴和洗眼设备

个体防护装备

呼吸系统防护 空气中粉尘浓度超标时，建议佩戴过滤式防尘呼吸器。紧急事态抢救或撤离时，应该佩戴空气呼吸器

眼睛防护 戴化学安全防护眼镜

皮肤和身体防护 穿防毒物渗透工作服

手防护 戴橡胶手套

第九部分 理化特性

外观与性状 白色粉末

pH 值 无意义	**熔点（℃）** ＞300
沸点（℃） 无资料	**相对密度（水＝1）** 无资料

相对蒸气密度（空气＝1） 8.7

饱和蒸气压（kPa） 无资料

临界压力（MPa） 无资料	**辛醇/水分配系数** 无资料
闪点（℃） 无资料	**自燃温度（℃）** 无资料
爆炸下限（%） 无资料	**爆炸上限（%）** 无资料
分解温度（℃） 340	**黏度（mPa·s）** 无资料
燃烧热（kJ/mol） 无资料	**临界温度（℃）** 无资料

溶解性 易溶于水，溶于醇、丙酮

第十部分 稳定性和反应性

稳定性 稳定

危险反应 与强氧化剂、强酸、强碱等禁配物发生反应

避免接触的条件 受热

禁配物 强氧化剂、强酸、强碱

危险的分解产物 氮氧化物

第十一部分 毒理学信息

急性毒性 大鼠腹腔注射 30～75mg/kg，出现明显的中枢神经系统症状，早期过度兴奋、步态不稳、定向障碍、精神病表现、痉挛、呼吸深快，随后出现呼吸衰竭死亡，个别因肺水肿、心肾衰竭而死亡。肺部病理损伤为纤维化肺炎。LD₅₀：57mg/kg（大鼠经口）；80mg/kg（大鼠经皮）；120mg/kg（小鼠经口）；325mg/kg（兔经皮）。LC₅₀：1mg/m³（大鼠吸入，6h）

皮肤刺激或腐蚀 对兔眼有中等刺激作用

眼睛刺激或腐蚀 对兔皮肤有中等刺激作用

呼吸或皮肤过敏 无资料 **生殖细胞突变性** 无资料

致癌性 无资料 **生殖毒性** 无资料

特异性靶器官系统毒性-一次接触 无资料

特异性靶器官系统毒性-反复接触 无资料

吸入危害 无资料

第十二部分 生态学信息

生态毒性 LC₅₀：15mg/L（96h）（虹鳟）。LC₅₀：13mg/L（96h）（蓝鳃太阳鱼）。EC₅₀：3.7mg/L（48h）（锯顶低额溞）。EC₅₀：1.8～16.5mg/L（48h）（大型溞）。EbC₅₀：0.075mg/L（96h）（月牙藻）

持久性和降解性

生物降解性 不易快速生物降解

非生物降解性 无资料

潜在的生物累积性 无资料

土壤中的迁移性 无资料

第十三部分 废弃处置

废弃化学品 建议用焚烧法处置。与燃料混合后，再焚烧。焚烧炉排出的气体要通过洗涤器除去

污染包装物 将容器返还生产商或按照国家和地方法规处置

废弃注意事项 处置前应参阅国家和地方有关法规

第十四部分 运输信息

联合国危险货物编号（UN 号） 2781

联合国运输名称 固态联吡啶农药，毒性（百草枯）

联合国危险性类别 6.1

包装类别 I **包装标志**

海洋污染物 是

运输注意事项 运输前应先检查包装容器是否完整、密封，运输过程中要确保容器不泄漏、不倒塌、不坠落、不损坏。严禁与酸类、氧化剂、食品及食品添加剂混运。运输途中应防暴晒、雨淋，防高温

第十五部分 法规信息

下列法律、法规、规章和标准，对该化学品的管理作了相应的规定。

中华人民共和国职业病防治法 职业病分类和目录：未列入

危险化学品安全管理条例 危险化学品目录：列入。易制爆危险化学品名录：未列入。重点监管的危险化学品名录：未列入。GB 18218—2009《危险化学品重大危险源辨识》（表1）：未列入

使用有毒物品作业场所劳动保护条例 高毒物品目录：未列入

易制毒化学品管理条例 易制毒化学品的分类和品种目录：未列入

国际公约　斯德哥尔摩公约：未列入。鹿特丹公约：未列入。蒙特利尔议定书：未列入

第十六部分　其他信息

编写和修订信息　　缩略语和首字母缩写

培训建议　　参考文献

免责声明

百治磷

第一部分　化学品标识

化学品中文名　百治磷；百特磷；3-二甲氧基磷氧基-N，N-二甲基异丁烯酰胺

化学品英文名　dicrotophos；3-dimethoxyphosphinoyloxy-N，N-dimethylisocrotonamide

分子式　$C_8H_{16}NO_5P$　**分子量**　237.1901

结构式
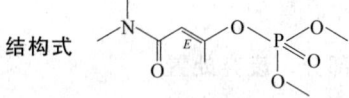

化学品的推荐及限制用途　用作农用杀虫剂

第二部分　危险性概述

紧急情况概述　吞咽致命，皮肤接触会中毒

GHS危险性类别　急性毒性-经口，类别2；急性毒性-经皮，类别3；危害水生环境-急性危害，类别1；危害水生环境-长期危害，类别1

标签要素

象形图

警示词　危险

危险性说明　吞咽致命，皮肤接触会中毒，对水生生物毒性非常大并具有长期持续影响

防范说明

预防措施　避免接触眼睛、皮肤，操作后彻底清洗。作业场所不得进食、饮水或吸烟。戴防护手套、穿防护服。禁止排入环境

事故响应　皮肤接触：用大量肥皂水和水清洗，立即脱去所有被污染的衣服。如感觉不适，呼叫中毒控制中心或就医。被污染的衣服必须经洗净后方可重新使用。食入：立即呼叫中毒控制中心或就医，漱口。收集泄漏物

安全储存　上锁保管

废弃处置　—

物理和化学危险　可燃，其蒸气与空气混合，能形成爆炸性混合物

健康危害　属高毒杀虫剂。轻度中毒出现头痛、头晕、多汗、流涎、视力模糊、乏力、恶心、呕吐和胸闷等症状，全血胆碱酯酶活性可下降至正常值的70%以下；中度中毒以肌束震颤为特征，出现瞳孔缩小、呼吸困难、神态模糊、步态蹒跚等，全血胆碱酯酶活性可下降至正常值的50%以下；重度中毒出现昏迷、惊厥、

肺水肿、呼吸抑制和脑水肿等症状，全血胆碱酯酶活性在30%以下

环境危害　对水生生物毒性非常大并具有长期持续影响

第三部分　成分/组成信息

√　物质　　　　　　　　混合物

组分	浓度	CAS No.
百治磷		141-66-2

第四部分　急救措施

吸入　迅速脱离现场至空气新鲜处。保持呼吸道通畅。如呼吸困难，给输氧。如呼吸、心跳停止，立即进行心肺复苏术。就医

皮肤接触　立即脱去污染的衣着，用肥皂水及流动清水彻底冲洗污染的皮肤、头发、指甲等。就医

眼睛接触　分开眼睑，用流动清水或生理盐水冲洗。就医

食入　饮足量温水，催吐（仅限于清醒者）。口服活性炭。就医

对保护施救者的忠告　根据需要使用个人防护设备

对医生的特别提示　解毒剂：阿托品、胆碱酯酶复能剂

第五部分　消防措施

灭火剂　用雾状水、泡沫、干粉、二氧化碳、砂土灭火

特别危险性　遇明火、高热可燃。受热分解，放出氮、磷的氧化物等毒性气体

灭火注意事项及防护措施　消防人员必须佩戴空气呼吸器、穿全身防火防毒服，在上风向灭火。尽可能将容器从火场移至空旷处。喷水保持火场容器冷却，直至灭火结束。处在火场中的容器若已变色或从安全泄压装置中发出声音，必须马上撤离

第六部分　泄漏应急处理

作业人员防护措施、防护装备和应急处置程序　根据液体流动和蒸气扩散的影响区域划定警戒区，无关人员从侧风向、上风向撤离至安全区。建议应急处理人员戴正压自给式呼吸器，穿防毒服。穿上适当的防护服前严禁接触破裂的容器和泄漏物。尽可能切断泄漏源

环境保护措施　防止泄漏物进入水体、下水道、地下室或有限空间

泄漏化学品的收容、清除方法及所使用的处置材料　小量泄漏：用干燥的砂土或其他不燃材料吸收或覆盖，收集于容器中。大量泄漏：构筑围堤或挖坑收容。用泵转移至槽车或专用收集器内

第七部分　操作处置与储存

操作注意事项　密闭操作，提供充分的局部排风。操作人员必须经过专门培训，严格遵守操作规程。建议操作人员佩戴自吸过滤式防毒面具（全面罩），穿胶布防毒衣，戴橡胶手套。远离火种、热源，工作场所严禁吸烟。使用防爆型的通风系统和设备。防止蒸气泄漏到工作场所空气中。避免与氧化剂接触。搬运时要轻装轻卸，防止包装及容器损坏。配备相应品种和数量

的消防器材及泄漏应急处理设备。倒空的容器可能残留有害物

储存注意事项　储存于阴凉、通风良好的专用库房内，实行"双人收发、双人保管"制度。远离火种、热源。寒冷季要注意保持库温在结晶点以上，防止冻裂容器及变质。应与氧化剂、食用化学品分开存放，切忌混储。配备相应品种和数量的消防器材。储区应备有泄漏应急处理设备和合适的收容材料

第八部分　接触控制/个体防护

职业接触限值

中国　未制定标准

美国（ACGIH）　TLV-TWA：$0.05mg/m^3$（可吸入性颗粒物和蒸气）［皮］

生物接触限值　全血胆碱酯酶活性（校正值）：原基础值或参考值的70％（采样时间：开始接触后的3个月内），原基础值或参考值的50％（采样时间：持续接触3个月后，任意时间）

监测方法　空气中有毒物质测定方法：未制定标准。生物监测检验方法：血中胆碱酯酶活性的分光光度测定方法——羟胺三氯化铁法；血中胆碱酯酶活性的分光光度测定方法——硫代乙酰胆碱-联硫代双硝基苯甲酸法

工程控制　严加密闭，提供充分的局部排风

个体防护装备

呼吸系统防护　空气中浓度超标时，必须佩戴过滤式防毒面具（全面罩）。紧急事态抢救或撤离时，应该佩戴空气呼吸器

眼睛防护　呼吸系统防护中已作防护

皮肤和身体防护　穿密闭型防毒服

手防护　戴橡胶手套

第九部分　理化特性

外观与性状　黄色至棕色液体

pH值　无资料	**熔点(℃)**　无资料
沸点(℃)　400	**相对密度(水=1)**　1.216

相对蒸气密度(空气=1)　无资料

饱和蒸气压(kPa)　无资料

临界压力(MPa)　无资料	**辛醇/水分配系数**　无资料
闪点(℃)　无资料	**自燃温度(℃)**　无资料
爆炸下限(%)　无资料	**爆炸上限(%)**　无资料
分解温度(℃)　无资料	**黏度(mPa·s)**　无资料
燃烧热(kJ/mol)　无资料	**临界温度(℃)**　无资料

溶解性　无资料

第十部分　稳定性和反应性

稳定性　稳定

危险反应　与强氧化剂等禁配物发生反应

避免接触的条件　受热

禁配物　强氧化剂

危险的分解产物　氮氧化物、氧化磷

第十一部分　毒理学信息

急性毒性　LD_{50}：13mg/kg（大鼠经口）；42mg/kg（大鼠经皮）；11mg/kg（小鼠经口）；168mg/kg（兔经皮）。LC_{50}：$90mg/m^3$（大鼠吸入，4h）

皮肤刺激或腐蚀　无资料		**眼睛刺激或腐蚀**　无资料
呼吸或皮肤过敏　无资料		**生殖细胞突变性**　无资料
致癌性　无资料		**生殖毒性**　无资料

特异性靶器官系统毒性-一次接触　无资料

特异性靶器官系统毒性-反复接触　无资料

吸入危害　无资料

第十二部分　生态学信息

生态毒性

LC_{50}：5.7mg/L（96h）（虹鳟）。EC_{50}：0.0123mg/L（48h）（大型溞）。NOAEC：0.0017mg/L（21d）（大型溞）

持久性和降解性

生物降解性　无资料

非生物降解性　无资料

潜在的生物累积性　无资料

土壤中的迁移性　无资料

第十三部分　废弃处置

废弃化学品　根据国家和地方有关法规的要求处置。或与厂商或制造商联系，确定处置方法

污染包装物　将容器返还生产商或按照国家和地方法规处置

废弃注意事项　处置前应参阅国家和地方有关法规

第十四部分　运输信息

联合国危险货物编号（UN号）　3018

联合国运输名称　液态有机磷农药，毒性（百治磷）

联合国危险性类别　6.1

包装类别　Ⅱ　　　　　　　**包装标志**　

海洋污染物　是

运输注意事项　运输前应先检查包装容器是否完整、密封，运输过程中要确保容器不泄漏、不倒塌、不坠落、不损坏。严禁与酸类、氧化剂、食品及食品添加剂混运。运输时运输车辆应配备相应品种和数量的消防器材及泄漏应急处理设备。运输途中应防暴晒、雨淋，防高温。公路运输时要按规定路线行驶，勿在居民区和人口稠密区停留

第十五部分　法规信息

下列法律、法规、规章和标准，对该化学品的管理作了相应的规定。

中华人民共和国职业病防治法　职业病分类和目录：有机磷中毒

危险化学品安全管理条例　危险化学品目录：列入，作为剧毒化学品进行管理。易制爆危险化学品名录：未列入。重点监管的危险化学品名录：未列入。GB 18218—2009《危险化学品重大危险源辨识》（表1）：

未列入

使用有毒物品作业场所劳动保护条例　高毒物品目录：未列入

易制毒化学品管理条例　易制毒化学品的分类和品种目录：未列入

国际公约　斯德哥尔摩公约：未列入。鹿特丹公约：未列入。蒙特利尔议定书：未列入

第十六部分　其他信息

编写和修订信息　　**缩略语和首字母缩写**

培训建议　　　　　　**参考文献**

免责声明

保棉磷

第一部分　化学品标识

化学品中文名　保棉磷；谷硫磷；谷赛昂；甲基谷硫磷；O,O-二甲基-S-［(4-氧代-1,2,3-苯并三氮苯-3[4H]-基)甲基］二硫代磷酸酯

化学品英文名　azinphos-methyl；O,O-dimethyl-S-［(4-oxo-1,2,3-benzotriazin-3[4H]-yl) methyl］phosphorodithioate；guthion

分子式　$C_{10}H_{12}N_3O_3PS_2$　**分子量**　317.324

结构式

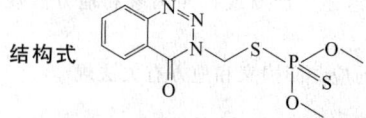

化学品的推荐及限制用途　主要用于防治棉花后期害虫，也能杀螨，残效1～3周，杀虫谱广

第二部分　危险性概述

紧急情况概述　吞咽致命，皮肤接触会中毒，吸入致命，可能导致皮肤过敏反应

GHS危险性类别　急性毒性-经口，类别2；急性毒性-经皮，类别3；急性毒性-吸入，类别2；皮肤致敏物，类别1；危害水生环境-急性危害，类别1；危害水生环境-长期危害，类别1

标签要素

象形图

警示词　危险

危险性说明　吞咽致命，皮肤接触会中毒，吸入致命，可能导致皮肤过敏反应，对水生生物毒性非常大并具有长期持续影响

防范说明

预防措施　避免接触眼睛、皮肤，操作后彻底清洗。作业场所不得进食、饮水或吸烟。戴防护手套、穿防护服。避免吸入粉尘。仅在室外或通风良好处操作。戴呼吸防护器具。污染的工作服不得带出工作场所。禁止排入环境

事故响应　如吸入：将患者转移到空气新鲜处，休息，保持利于呼吸的体位。皮肤接触：用大量肥皂水和水清洗，立即脱去所有被污染的衣服。如感觉不适，呼叫中毒控制中心或就医。被污染的衣服必须经洗净后方可重新使用。如出现皮肤刺激或皮疹：就医。食入：立即呼叫中毒控制中心或就医，漱口。收集泄漏物

安全储存　在通风良好处储存。保持容器密闭。上锁保管

废弃处置　本品及内装物、容器依据国家和地方法规处置

物理和化学危险　可燃，其粉体与空气混合，能形成爆炸性混合物

健康危害　抑制体内胆碱酯酶活性，造成神经生理功能紊乱。急性中毒症状有头痛、头昏、乏力、食欲不振、恶心、呕吐、腹痛、腹泻、流涎、瞳孔缩小、呼吸道分泌物增多、多汗、肌束震颤等。重度中毒者出现肺水肿、昏迷、呼吸麻痹、脑水肿。血胆碱酯酶活性降低。对人的致死剂量估计为0.2g

环境危害　对水生生物毒性非常大并具有长期持续影响

第三部分　成分/组成信息

√ 物质　　　　　　　　混合物

组分	浓度	CAS No.
保棉磷		86-50-0

第四部分　急救措施

吸入　迅速脱离现场至空气新鲜处。保持呼吸道通畅。如呼吸困难，给输氧。如呼吸、心跳停止，立即进行心肺复苏术。就医

皮肤接触　立即脱去污染的衣着，用肥皂水及流动清水彻底冲洗污染的皮肤、头发、指甲等。就医

眼睛接触　分开眼睑，用流动清水或生理盐水冲洗。就医

食入　饮足量温水，催吐（仅限于清醒者）。口服活性炭。就医

对保护施救者的忠告　根据需要使用个人防护设备

对医生的特别提示　解毒剂：阿托品、胆碱酯酶复能剂

第五部分　消防措施

灭火剂　用雾状水、泡沫、干粉、二氧化碳、砂土灭火

特别危险性　遇明火、高热可燃。受高热分解，放出有毒的氮、磷和硫的氧化物烟气

灭火注意事项及防护措施　消防人员必须佩戴防毒面具、穿全身消防服，在上风向灭火。尽可能将容器从火场移至空旷处。喷水保持火场容器冷却，直至灭火结束

第六部分　泄漏应急处理

作业人员防护措施、防护装备和应急处置程序　隔离泄漏污染区，限制出入。建议应急处理人员戴防尘口罩，穿防毒服。穿上适当的防护服前严禁接触破裂的容器和泄漏物。尽可能切断泄漏源

环境保护措施　用塑料布覆盖泄漏物，减少飞散

泄漏化学品的收容、清除方法及所使用的处置材料　勿使
　　水进入包装容器内。用洁净的铲子收集泄漏物，置于
　　干净、干燥、盖子较松的容器中，将容器移离泄漏区

第七部分　操作处置与储存

操作注意事项　密闭操作，提供充分的局部排风。操作人
　　员必须经过专门培训，严格遵守操作规程。建议操作
　　人员佩戴防尘面具（全面罩），穿胶布防毒衣，戴橡
　　胶手套。远离火种、热源，工作场所严禁吸烟。使用
　　防爆型的通风系统和设备。避免产生粉尘。避免与氧
　　化剂接触。搬运时要轻装轻卸，防止包装及容器破
　　坏。配备相应品种和数量的消防器材及泄漏应急处理
　　设备。倒空的容器可能残留有害物

储存注意事项　储存于阴凉、通风良好的专用库房内，实
　　行"双人收发、双人保管"制度。远离火种、热源。
　　寒冷季节要注意保持库温在结晶点以上，防止冻裂容
　　器及变质。应与氧化剂、食用化学品分开存放，切忌
　　混储。配备相应品种和数量的消防器材。储区应备有
　　合适的材料收容泄漏物

第八部分　接触控制/个体防护

职业接触限值
　　中国　未制定标准
　　美国（ACGIH）　TLV-TWA：$0.2mg/m^3$（可吸入性
　　　　颗粒物和蒸气）［皮］［敏］

生物接触限值　全血胆碱酯酶活性（校正值）：原基础值
　　或参考值的70%（采样时间：开始接触后的3个月
　　内），原基础值或参考值的50%（采样时间：持续接
　　触3个月后，任意时间）

监测方法　空气中有毒物质测定方法：未制定标准。生物
　　监测检验方法：血中胆碱酯酶活性的分光光度测定方
　　法——羟胺三氯化铁法；血中胆碱酯酶活性的分光光
　　度测定方法——硫代乙酰胆碱-联硫代双硝基苯甲
　　酸法

工程控制　严加密闭，提供充分的局部排风

个体防护装备
　　呼吸系统防护　可能接触其粉尘时，必须佩戴防尘面
　　　　具（全面罩）。紧急事态抢救或撤离时，应该佩
　　　　戴空气呼吸器
　　眼睛防护　呼吸系统防护中已作防护
　　皮肤和身体防护　穿密闭型防毒服
　　手防护　戴橡胶手套

第九部分　理化特性

外观与性状　白色晶体，商品有2.5%粉剂、25%可湿性
　　粉剂及20%～40%乳剂

pH值　无意义　　　　　　**熔点（℃）**　72～74

沸点（℃）　无资料

相对密度（水=1）　1.44～1.518(20℃)

相对蒸气密度（空气=1）　无资料

饱和蒸气压（kPa）　0.000051(20℃)

临界压力（MPa）　无资料　　**辛醇/水分配系数**　无资料

闪点（℃）　无资料　　　　**自燃温度（℃）**　无资料

爆炸下限（%）　无资料　　**爆炸上限（%）**　无资料

分解温度（℃）　无资料　　**黏度（mPa·s）**　无资料

燃烧热（kJ/mol）　−6346.48

临界温度（℃）　无资料

溶解性　不溶于水，易溶于多数有机溶剂

第十部分　稳定性和反应性

稳定性　稳定

危险反应　与强氧化剂等禁配物发生反应

避免接触的条件　无资料

禁配物　强氧化剂

危险的分解产物　氮氧化物、硫化氢、氧化硫、氧化磷

第十一部分　毒理学信息

急性毒性　LD_{50}：7mg/kg（大鼠经口）；88mg/kg（大鼠
　　经皮）；8.6mg/kg（小鼠经口）；65mg/kg（小鼠
　　经皮）

皮肤刺激或腐蚀　无资料　　**眼睛刺激或腐蚀**　无资料

呼吸或皮肤过敏　无资料　　**生殖细胞突变性**　无资料

致癌性　无资料　　　　　　**生殖毒性**　无资料

特异性靶器官系统毒性-一次接触　无资料

特异性靶器官系统毒性-反复接触　无资料

吸入危害　无资料

第十二部分　生态学信息

生态毒性　LC_{50}：0.00036mg/L（96h）（白斑狗鱼）。LC_{50}：
　　0.0029～0.0071mg/L（96h）（虹鳟）。LC_{50}：0.148～
　　0.293mg/L（96h）（黑头呆鱼）。EC_{50}：0.00113mg/L
　　（48h）（大型溞）。NOEC：0.00044mg/L（60d）（虹鳟）。
　　NOEC：0.00025mg/L（21d）（大型溞）

持久性和降解性
　　生物降解性　无资料
　　非生物降解性　无资料

潜在的生物累积性　根据K_{ow}值预测，该物质的生物累积
　　性可能较弱

土壤中的迁移性　根据K_{oc}值预测，该物质可能有一定的
　　迁移性

第十三部分　废弃处置

废弃化学品　根据国家和地方有关法规的要求处置。或与
　　厂商或制造商联系，确定处置方法

污染包装物　将容器返还生产商或按照国家和地方法规
　　处置

废弃注意事项　处置前应参阅国家和地方有关法规

第十四部分　运输信息

联合国危险货物编号（UN号）　2783

联合国运输名称　固态有机磷农药，毒性（保棉磷）

联合国危险性类别　6.1

包装类别　Ⅱ　　　　　　**包装标志**

海洋污染物　是

运输注意事项　运输前应先检查包装容器是否完整、密封，运输过程中要确保容器不泄漏、不倒塌、不坠落、不损坏。严禁与酸类、氧化剂、食品及食品添加剂混运。运输途中应防暴晒、雨淋，防高温

第十五部分　法规信息

下列法律、法规、规章和标准，对该化学品的管理作了相应的规定。

中华人民共和国职业病防治法　职业病分类和目录：有机磷中毒

危险化学品安全管理条例　危险化学品目录：列入。易制爆危险化学品名录：未列入。重点监管的危险化学品名录：未列入。GB 18218—2009《危险化学品重大危险源辨识》（表1）：未列入

使用有毒物品作业场所劳动保护条例　高毒物品目录：未列入

易制毒化学品管理条例　易制毒化学品的分类和品种目录：未列入

国际公约　斯德哥尔摩公约：未列入。鹿特丹公约：列入。蒙特利尔议定书：未列入

第十六部分　其他信息

编写和修订信息　缩略语和首字母缩写

培训建议　参考文献

免责声明

倍硫磷

第一部分　化学品标识

化学品中文名　倍硫磷；百治屠；O,O-二甲基-O-（3-甲基-4-甲硫基苯基）硫代磷酸酯

化学品英文名　O,O-dimethyl O-4-methylthio-m-tolyl phosphorothioate；fenthion；baytex

分子式　$C_{10}H_{15}O_3PS_2$　**分子量**　278.328

结构式

化学品的推荐及限制用途　主要是触杀和胃毒作用，用于蔬菜、水稻、豆类、棉花、果树等，对于防治卫生害虫也有良效，且残效期长，常用于疟区灭蚊

第二部分　危险性概述

紧急情况概述　吞咽有害，皮肤接触有害，吸入会中毒

GHS危险性类别　急性毒性-经口，类别4；急性毒性-吸入，类别3；急性毒性-经皮，类别4；生殖细胞致突变性，类别2；特异性靶器官毒性-反复接触，类别1；危害水生环境-急性危害，类别1；危害水生环境-长期危害，类别1

标签要素

象形图

警示词　危险

危险性说明　吞咽有害，皮肤接触有害，吸入会中毒，怀疑可造成遗传性缺陷，长时间或反复接触对器官造成损伤，对水生生物毒性非常大并具有长期持续影响

防范说明

预防措施　避免接触眼睛、皮肤，操作后彻底清洗。作业场所不得进食、饮水或吸烟。戴防护手套、穿防护服。避免吸入蒸气、雾。仅在室外或通风良好处操作。得到专门指导后操作。在阅读并了解所有安全预防措施之前，切勿操作。按要求使用个体防护装备。禁止排入环境

事故响应　食入：如果感觉不适，立即呼叫中毒控制中心或就医，漱口。皮肤接触：用大量肥皂水和水清洗，如感觉不适，呼叫中毒控制中心或就医。被污染的衣服必须经洗净后方可重新使用。如果接触或有担心，就医。如吸入：将患者转移到空气新鲜处，休息，保持利于呼吸的体位。收集泄漏物

安全储存　上锁保管

废弃处置　本品及内装物、容器依据国家和地方法规处置

物理和化学危险　可燃，其蒸气与空气混合，能形成爆炸性混合物

健康危害　抑制体内胆碱酯酶活性，造成神经生理功能紊乱。急性中毒症状有头痛、头昏、乏力、食欲缺乏、恶心、呕吐、腹痛、腹泻、流涎、瞳孔缩小、呼吸道分泌物增多、多汗、肌束震颤等。重度中毒者出现肺水肿、昏迷、呼吸麻痹、脑水肿。血胆碱酯酶活性降低。本品急性中毒后可诱发中间型综合征，主要表现为突触后的神经肌肉接头损伤，甚至呼吸肌，重者可导致呼吸肌麻痹

环境危害　对水生生物毒性非常大并具有长期持续影响

第三部分　成分/组成信息

√ 物质　　　　　混合物

组分	浓度	CAS No.
倍硫磷		55-38-9

第四部分　急救措施

吸入　迅速脱离现场至空气新鲜处。保持呼吸道通畅。如呼吸困难，给输氧。如呼吸、心跳停止，立即进行心肺复苏术。就医

皮肤接触　立即脱去污染的衣着，用肥皂水及流动清水彻底冲洗污染的皮肤、头发、指甲等。就医

眼睛接触　分开眼睑，用流动清水或生理盐水冲洗。就医

食入　饮足量温水，催吐（仅限于清醒者）。口服活性炭。

就医

对保护施救者的忠告 根据需要使用个人防护设备

对医生的特别提示 解毒剂：阿托品、胆碱酯酶复能剂

第五部分 消防措施

灭火剂 用雾状水、泡沫、干粉、二氧化碳、砂土灭火

特别危险性 遇明火、高热可燃。受热分解，放出磷、硫的氧化物等毒性气体

灭火注意事项及防护措施 消防人员必须佩戴防毒面具、穿全身消防服，在上风向灭火。尽可能将容器从火场移至空旷处。喷水保持火场容器冷却，直至灭火结束。处在火场中的容器若已变色或从安全泄压装置中发出声音，必须马上撤离

第六部分 泄漏应急处理

作业人员防护措施、防护装备和应急处置程序 根据液体流动和蒸气扩散的影响区域划定警戒区，无关人员从侧风向、上风向撤离至安全区。建议应急处理人员戴正压自给式呼吸器，穿防毒服。穿上适当的防护服前严禁接触破裂的容器和泄漏物。尽可能切断泄漏源

环境保护措施 防止泄漏物进入水体、下水道、地下室或有限空间

泄漏化学品的收容、清除方法及所使用的处置材料 小量泄漏：用干燥的砂土或其他不燃材料吸收或覆盖，收集于容器中。大量泄漏：构筑围堤或挖坑收容。用泵转移至槽车或专用收集器内

第七部分 操作处置与储存

操作注意事项 密闭操作，局部排风。操作尽可能机械化、自动化。操作人员必须经过专门培训，严格遵守操作规程。建议操作人员佩戴过滤式防毒面具（半面罩），戴化学安全防护眼镜，穿防毒物渗透工作服，戴乳胶手套。远离火种、热源，工作场所严禁吸烟。使用防爆型的通风系统和设备。防止蒸气泄漏到工作场所空气中。避免与氧化剂接触。搬运时要轻装轻卸，防止包装及容器损坏。配备相应品种和数量的消防器材及泄漏应急处理设备。倒空的容器可能残留有害物

储存注意事项 储存于阴凉、通风的库房。远离火种、热源。寒冷季节要注意保持库温在结晶点以上，防止冻裂容器及变质。应与氧化剂、食用化学品分开存放，切忌混储。配备相应品种和数量的消防器材。储区应备有泄漏应急处理设备和合适的收容材料

第八部分 接触控制/个体防护

职业接触限值

中国 PC-TWA：0.2mg/m³；PC-STEL：0.3mg/m³［皮］

美国（ACGIH） TLV-TWA：0.05mg/m³（可吸入性颗粒物和蒸气）［皮］

生物接触限值 全血胆碱酯酶活性（校正值）：原基础值或参考值的 70%（采样时间：开始接触后 3 个月内），原基础值或参考值的 50%（采样时间：持续接触 3 个月后，任意时间）

监测方法 空气中有毒物质测定方法：溶剂解吸-气相色谱。生物监测检验方法：血中胆碱酯酶活性的分光光度测定方法——羟胺三氯化铁法；血中胆碱酯酶活性的分光光度测定方法——硫代乙酰胆碱-联硫代双硝基苯甲酸法

工程控制 密闭操作，局部排风

个体防护装备

呼吸系统防护 空气中浓度较高时，应该佩戴过滤式防毒面具（半面罩）。紧急事态抢救或逃生时，建议佩戴空气呼吸器

眼睛防护 戴化学安全防护眼镜

皮肤和身体防护 穿防毒物渗透工作服

手防护 戴橡胶手套

第九部分 理化特性

外观与性状 纯品为无色液体，工业品为有轻度蒜臭的褐色油状液体

pH 值 无资料		**熔点（℃）** 无资料
沸点（℃） 87（纯）(0.0013kPa)		
相对密度（水＝1） 1.25		
相对蒸气密度（空气＝1） 9.6		
饱和蒸气压（kPa） 0.000004（20℃）		
临界压力（MPa） 无资料	**辛醇/水分配系数** 无资料
闪点（℃） 无资料	**自燃温度（℃）** 无资料
爆炸下限（%） 无资料	**爆炸上限（%）** 无资料
分解温度（℃） 受热分解	**黏度（mPa·s）** 无资料
燃烧热（kJ/mol） 无资料	**临界温度（℃）** 无资料

溶解性 不溶于水，易溶于多数有机溶剂

第十部分 稳定性和反应性

稳定性 稳定

危险反应 与强氧化剂等禁配物发生反应

避免接触的条件 受热

禁配物 强氧化剂

危险的分解产物 硫化氢、氧化硫、氧化磷

第十一部分 毒理学信息

急性毒性 属中等毒类。LD₅₀：180mg/kg（大鼠经口）；330mg/kg（大鼠经皮）；88.1mg/kg（小鼠经口）；500mg/kg（小鼠经皮）；150mg/kg（兔经口）。LC₅₀：800mg/m³（大鼠吸入，4h）

皮肤刺激或腐蚀 无资料	**眼睛刺激或腐蚀** 无资料
呼吸或皮肤过敏 无资料	**生殖细胞突变性** 无资料
致癌性 无资料	**生殖毒性** 无资料

特异性靶器官系统毒性-一次接触 无资料

特异性靶器官系统毒性-反复接触 无资料

吸入危害 无资料

第十二部分 生态学信息

生态毒性 LC₅₀：0.83mg/L（96h）（虹鳟）。EC₅₀：0.0052mg/L（48h）（大型溞）。NOEC：0.0075mg/L（虹鳟）。NOEC：0.000013mg/L（大型溞）

持久性和降解性

生物降解性 无资料

非生物降解性 无资料

潜在的生物累积性 无资料

土壤中的迁移性 无资料

第十三部分 废弃处置

废弃化学品 建议用焚烧法处置。焚烧炉排出的气体要通过洗涤器除去

污染包装物 将容器返还生产商或按照国家和地方法规处置

废弃注意事项 处置前应参阅国家和地方有关法规

第十四部分 运输信息

联合国危险货物编号（UN号） 3018

联合国运输名称 液态有机磷农药，毒性（倍硫磷）

联合国危险性类别 6.1

包装类别 Ⅲ 包装标志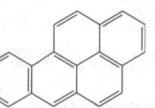

海洋污染物 是

运输注意事项 运输前应先检查包装容器是否完整、密封，运输过程中要确保容器不泄漏、不倒塌、不坠落、不损坏。严禁与酸类、氧化剂、食品及食品添加剂混运。运输时运输车辆应配备相应品种和数量的消防器材及泄漏应急处理设备。运输途中应防暴晒、雨淋，防高温。公路运输时要按规定路线行驶，勿在居民区和人口稠密区停留

第十五部分 法规信息

下列法律、法规、规章和标准，对该化学品的管理作了相应的规定。

中华人民共和国职业病防治法 职业病分类和目录：有机磷中毒

危险化学品安全管理条例 危险化学品目录：列入。易制爆危险化学品名录：未列入。重点监管的危险化学品名录：未列入。GB 18218—2009《危险化学品重大危险源辨识》（表1）：未列入

使用有毒物品作业场所劳动保护条例 高毒物品目录：未列入

易制毒化学品管理条例 易制毒化学品的分类和品种目录：未列入

国际公约 斯德哥尔摩公约：未列入。鹿特丹公约：未列入。蒙特利尔议定书：未列入

第十六部分 其他信息

编写和修订信息 缩略语和首字母缩写

培训建议 参考文献

免责声明

苯并[a]芘

第一部分 化学品标识

化学品中文名 苯并[a]芘；3,4-苯并芘

化学品英文名 benzo(a)pyrene；3,4-benzpyren

分子式 $C_{20}H_{12}$ 分子量 252.31

结构式

化学品的推荐及限制用途 本品在工业上无生产和使用价值，一般只作为生产过程中形成的副产物随废气排放

第二部分 危险性概述

紧急情况概述 可能导致皮肤过敏反应

GHS危险性类别 皮肤腐蚀/刺激，类别3；皮肤致敏物，类别1；生殖细胞致突变性，类别1B；致癌性，类别1B；生殖毒性，类别1B；危害水生环境-急性危害，类别1；危害水生环境-慢性危害，类别1

标签要素

象形图

警示词 危险

危险性说明 造成轻微皮肤刺激，可能导致皮肤过敏反应，可造成遗传性缺陷，可能致癌，可能对生育力或胎儿造成伤害，对水生生物毒性非常大并具有长期持续影响

防范说明

预防措施 得到专门指导后操作。在阅读并了解所有安全预防措施之前，切勿操作。按要求使用个体防护装备。戴防护手套。避免吸入粉尘、烟气、气体。污染的工作服不得带出工作场所。禁止排入环境

事故响应 如皮肤接触：用大量肥皂水和水清洗。如出现皮肤刺激或皮疹：就医。污染的衣服清洗后方可重新使用。如果接触或有担心，就医。收集泄漏物

安全储存 上锁保管

废弃处置 本品及内装物、容器依据国家和地方法规处置

物理和化学危险 可燃，其粉体与空气混合，能形成爆炸性混合物

健康危害 对眼睛、皮肤有刺激作用。是致癌物和诱变剂，有胚胎毒性

环境危害 对水生生物毒性非常大并具有长期持续影响

第三部分 成分/组成信息

√ 物质 混合物

组分	浓度	CAS No.
苯并[a]芘		50-32-8

第四部分 急救措施

吸入 脱离现场至空气新鲜处。如呼吸困难，给输氧。就医

皮肤接触 脱去污染的衣着，用肥皂水和清水彻底冲洗皮肤。如有不适感，就医

眼睛接触 提起眼睑，用流动清水或生理盐水冲洗。如有

不适感，就医

食入 饮足量温水，催吐。就医

对保护施救者的忠告 根据需要使用个人防护设备

对医生的特别提示 对症处理

第五部分 消防措施

灭火剂 用雾状水、泡沫、干粉、二氧化碳、砂土灭火

特别危险性 遇明火、高热可燃。受高热分解放出有毒的气体

灭火注意事项及防护措施 消防人员必须佩戴防毒面具、穿全身消防服，在上风向灭火。尽可能将容器从火场移至空旷处。喷水保持火场容器冷却，直至灭火结束

第六部分 泄漏应急处理

作业人员防护措施、防护装备和应急处置程序 隔离泄漏污染区，限制出入。消除所有点火源。建议应急处理人员戴防尘口罩，穿防毒服。穿上适当的防护服前严禁接触破裂的容器和泄漏物。尽可能切断泄漏源。用塑料布覆盖泄漏物，减少飞散。勿使水进入包装容器内

环境保护措施 防止泄漏物进入水体、下水道、地下室或密闭性空间

泄漏化学品的收容、清除方法及所使用的处置材料 用洁净的铲子收集泄漏物，置于干净、干燥、盖子较松的容器中，将容器移离泄漏区

第七部分 操作处置与储存

操作注意事项 密闭操作，提供良好的自然通风条件。操作人员必须经过专门培训，严格遵守操作规程。建议操作人员佩戴防尘面具（全面罩），穿连体式防毒衣，戴橡胶手套。远离火种、热源，工作场所严禁吸烟。使用防爆型的通风系统和设备。避免产生粉尘。避免与氧化剂接触。轻装轻卸。配备相应品种和数量的消防器材及泄漏应急处理设备。倒空的容器可能残留有害物

储存注意事项 储存于阴凉、通风的库房。远离火种、热源。应与氧化剂、食用化学品分开存放，切忌混储。配备相应品种和数量的消防器材。储区应备有合适的材料收容泄漏物

第八部分 接触控制/个体防护

职业接触限值

中国 未制定标准

美国（ACGIH） 未制定标准

生物接触限值 未制定标准

监测方法 空气中有毒物质测定方法：未制定标准。生物监测检验方法：未制定标准

工程控制 密闭操作。提供良好的自然通风条件

个体防护装备

呼吸系统防护 可能接触其粉尘时，必须佩戴防尘面具（全面罩）。紧急事态抢救或撤离时，应该佩戴空气呼吸器

眼睛防护 呼吸系统防护中已作防护

皮肤和身体防护 穿连体式防毒衣

手防护 戴橡胶手套

第九部分 理化特性

外观与性状 无色至淡黄色、针状晶体（纯品）

pH 值 无资料　　　　**熔点(℃)** 179

沸点(℃) 495　　　　**相对密度(水＝1)** 1.35

相对蒸气密度(空气＝1) 无资料

饱和蒸气压(kPa) 无资料 **临界压力(MPa)** 无资料

辛醇/水分配系数 5.78～6.74

闪点(℃) 无资料　　　　**自燃温度(℃)** 无资料

爆炸下限(%) 无资料　　**爆炸上限(%)** 无资料

分解温度(℃) 无资料　　**黏度(mPa·s)** 无资料

燃烧热(kJ/mol) 无资料 **临界温度(℃)** 无资料

溶解性 不溶于水，微溶于乙醇、甲醇，溶于苯、甲苯、二甲苯、氯仿、乙醚、丙酮等

第十部分 稳定性和反应性

稳定性 稳定

危险反应 与强氧化剂等禁配物发生反应

避免接触的条件 无资料

禁配物 强氧化剂

危险的分解产物 成分未知的黑色烟雾

第十一部分 毒理学信息

急性毒性 LD_{50}：50mg/kg（大鼠皮下），250mg/kg（小鼠腹腔镜）；LDLo：25mg/kg（大鼠经口）

皮肤刺激或腐蚀 无资料 **眼睛刺激或腐蚀** 无资料

呼吸或皮肤过敏 无资料

生殖细胞突变性 微生物致突变：鼠伤寒沙门氏菌312ng/皿。DNA损伤：大肠杆菌500mg/L。微核试验：人淋巴细胞50μmol/L。DNA加合物：人类肝脏100nmol/L。DNA损伤：人成纤维细胞10mg/L。DNA抑制：人成纤维细胞1mg/L。姐妹染色单体交换：人类肝脏1mmol/L。哺乳动物体细胞突变：人类淋巴细胞1200nmol/L

致癌性 IARC致癌性评论：组2A，对人类很可能是致癌物

生殖毒性 大鼠一次腹腔注射10mg，即产生持久的生长抑制。小鼠孕后16～18d腹膜腔内给予最低中毒剂量（TDLo）300mg/kg，致免疫和网状内皮系统发育畸形。小鼠孕后7d腹膜腔内给予最低中毒剂量（TDLo）200mg/kg，致颅面部（包括鼻、舌）、皮肤及附属组织、肌肉骨骼系统发育畸形。小鼠孕后13～17d腹膜腔内给予最低中毒剂量（TDLo）250mg/kg，致血液和淋巴系统（包括脾和骨髓）、免疫和网状内皮系统发育畸形。小鼠多代皮下给予最低中毒剂量（TDLo）12mg/kg，致呼吸系统发育畸形。大鼠孕后14～17d吸入最低中毒剂量（TCLo）100μg/m^3，致中枢神经系统发育畸形

特异性靶器官系统毒性-一次接触 无资料

特异性靶器官系统毒性-反复接触 无资料

吸入危害 无资料

第十二部分 生态学信息

生态毒性 无资料

持久性和降解性

　　生物降解性　在水中生物降解性低

　　非生物降解性　不容易水解

潜在的生物累积性　生物累积性高

土壤中的迁移性　无资料

第十三部分　废弃处置

废弃化学品　根据国家和地方有关法规的要求处置。或与厂商或制造商联系，确定处置方法

污染包装物　将容器返还生产商或按照国家和地方法规处置

废弃注意事项　处置前应参阅国家和地方有关法规

第十四部分　运输信息

联合国危险货物编号（UN号）　3077

联合国运输名称　对环境有害的固态物质，未另作规定的（苯并［α］芘）

联合国危险性类别　9

包装类别　Ⅲ　　　　包装标志

海洋污染物　是

运输注意事项　起运时包装要完整，装载应稳妥。运输过程中要确保容器不泄漏、不倒塌、不坠落、不损坏。严禁与氧化剂、食用化学品等混装混运。运输途中应防暴晒、雨淋，防高温。运输车、船必须彻底清洗、消毒，否则不得装运其他物品

第十五部分　法规信息

　　下列法律、法规、规章和标准，对该化学品的管理作了相应的规定。

中华人民共和国职业病防治法　职业病分类和目录：未列入

危险化学品安全管理条例　危险化学品目录：未列入。易制爆危险化学品名录：未列入。重点监管的危险化学品名录：未列入。GB 18218—2009《危险化学品重大危险源辨识》（表1）：未列入

使用有毒物品作业场所劳动保护条例　高毒物品目录：未列入

易制毒化学品管理条例　易制毒化学品的分类和品种目录：未列入

国际公约　斯德哥尔摩公约：未列入。鹿特丹公约：未列入。蒙特利尔议定书：未列入

第十六部分　其他信息

编写和修订信息　　　缩略语和首字母缩写

培训建议　　　　　　参考文献

免责声明

苯并呋喃

第一部分　化学品标识

化学品中文名　苯并呋喃；氧茚；香豆酮；古马隆

化学品英文名　coumarone；benzofuran

分子式　C_8H_6O　分子量　118.1326

结构式

化学品的推荐及限制用途　用于古马隆-茚树脂的制造

第二部分　危险性概述

紧急情况概述　易燃液体和蒸气

GHS危险性类别　易燃液体，类别3；致癌性，类别2；特异性靶器官毒性-反复接触，类别2；危害水生环境-急性危害，类别3；危害水生环境-长期危害，类别3

标签要素

象形图

警示词　警告

危险性说明　易燃液体和蒸气，怀疑致癌，长时间或反复接触可能对器官造成损伤，对水生生物有害并具有长期持续影响

防范说明

　　预防措施　远离热源、火花、明火、热表面。禁止吸烟。保持容器密闭。容器和接收设备接地连接。使用防爆型电器、通风、照明设备。只能使用不产生火花的工具。采取防止静电措施。戴防护手套、防护眼镜、防护面罩。得到专门指导后操作。在阅读并了解所有安全预防措施之前，切勿操作。按要求使用个体防护装备。避免吸入蒸气、雾。禁止排入环境

　　事故响应　火灾时，使用雾状水、泡沫、干粉、二氧化碳、砂土灭火。如皮肤（或头发）接触：立即脱掉所有被污染的衣服，用水冲洗皮肤，淋浴。如果接触或有担心，就医。如感觉不适，就医

　　安全储存　存放在通风良好的地方。保持低温。上锁保管

　　废弃处置　本品及内装物、容器依据国家和地方法规处置

物理和化学危险　易燃，其蒸气与空气混合，能形成爆炸性混合物

健康危害　吸入、摄入或经皮肤吸收后会引起中毒。具刺激作用

环境危害　对水生生物有害并具有长期持续影响

第三部分　成分/组成信息

　√物质　　　　　　　　　混合物

组分	浓度	CAS No.
苯并呋喃		271-89-6

第四部分　急救措施

吸入　迅速脱离现场至空气新鲜处。保持呼吸道通畅。如呼吸困难，给输氧。如呼吸、心跳停止，立即进行心

肺复苏术。就医

皮肤接触 立即脱去污染的衣着，用流动清水彻底冲洗。就医

眼睛接触 立即分开眼睑，用流动清水或生理盐水彻底冲洗。就医

食入 漱口，饮水。就医

对保护施救者的忠告 根据需要使用个人防护设备

对医生的特别提示 对症处理

第五部分 消防措施

灭火剂 用雾状水、泡沫、干粉、二氧化碳、砂土灭火

特别危险性 其蒸气与空气可形成爆炸性混合物，遇明火、高热极易燃烧爆炸。与氧化剂接触猛烈反应。受高热分解放出有毒的气体。容易自聚，聚合反应随着温度的上升而急骤加剧。若遇高热，容器内压增大，有开裂和爆炸的危险

灭火注意事项及防护措施 消防人员必须佩戴空气呼吸器、穿全身防火防毒服，在上风向灭火。尽可能将容器从火场移至空旷处。喷水保持火场容器冷却，直至灭火结束。处在火场中的容器若已变色或从安全泄压装置中发出声音，必须马上撤离

第六部分 泄漏应急处理

作业人员防护措施、防护装备和应急处置程序 消除所有点火源。根据液体流动和蒸气扩散的影响区域划定警戒区，无关人员从侧风向、上风向撤离至安全区。建议应急处理人员戴正压自给式呼吸器，穿防静电服。作业时使用的所有设备应接地。禁止接触或跨越泄漏物。尽可能切断泄漏源

环境保护措施 防止泄漏物进入水体、下水道、地下室或有限空间

泄漏化学品的收容、清除方法及所使用的处置材料 小量泄漏：用砂土或其他不燃材料吸收。使用洁净的无火花工具收集吸收材料。大量泄漏：构筑围堤或挖坑收容。用泡沫覆盖，减少蒸发。喷水雾能减少蒸发，但不能降低泄漏物在有限空间内的易燃性。用防爆泵转移至槽车或专用收集器内

第七部分 操作处置与储存

操作注意事项 密闭操作，提供充分的局部排风。防止蒸气泄漏到工作场所空气中。操作人员必须经过专门培训，严格遵守操作规程。建议操作人员佩戴自吸过滤式防毒面具（半面罩），穿防静电工作服，戴橡胶手套。远离火种、热源，工作场所严禁吸烟。使用防爆型的通风系统和设备。在清除液体和蒸气前不能进行焊接、切割等作业。避免产生烟雾。避免与氧化剂接触。容器与传送设备要接地，防止产生静电。灌装时应控制流速，且有接地装置，防止静电积聚。配备相应品种和数量的消防器材及泄漏应急处理设备。倒空的容器可能残留有害物

储存注意事项 储存于阴凉、通风的库房。远离火种、热源。防止阳光直射。库温不宜超过37℃，保持容器密封，严禁与空气接触。应与氧化剂分开存放，切忌混储。不宜久存，以免变质。采用防爆型照明、通风设施。禁止使用易产生火花的机械设备和工具。储区应备有泄漏应急处理设备和合适的收容材料

第八部分 接触控制/个体防护

职业接触限值

中国 未制定标准

美国（ACGIH） 未制定标准

生物接触限值 未制定标准

监测方法 空气中有毒物质测定方法：未制定标准。生物监测检验方法：未制定标准

工程控制 严加密闭，提供充分的局部排风

个体防护装备

呼吸系统防护 空气中浓度超标时，必须佩戴过滤式防毒面具（半面罩）。紧急事态抢救或撤离时，应该佩戴空气呼吸器

眼睛防护 呼吸系统防护中已作防护

皮肤和身体防护 穿防静电工作服

手防护 戴橡胶手套

第九部分 理化特性

外观与性状 无色油状液体，具有芳香味

pH 值 无资料	**熔点（℃）** <-18
沸点（℃） 173～175	**相对密度（水=1）** 1.072
相对蒸气密度（空气=1） 无资料	
饱和蒸气压（kPa） 无资料	
临界压力（MPa） 无资料	**辛醇/水分配系数** 2.67
闪点（℃） 56.11	**自燃温度（℃）** 无资料
爆炸下限（%） 无资料	**爆炸上限（%）** 无资料
分解温度（℃） 无资料	**黏度（mPa·s）** 无资料
燃烧热（kJ/mol） 无资料	**临界温度（℃）** 无资料

溶解性 不溶于水，可混溶于苯、石油醚、乙醇、醚

第十部分 稳定性和反应性

稳定性 稳定

危险反应 与强氧化剂等禁配物发生剧烈反应，有发生火灾和爆炸的危险。容易发生自聚反应

避免接触的条件 光照

禁配物 强氧化剂

危险的分解产物 无资料

第十一部分 毒理学信息

急性毒性 LD_{50}：500mg/kg（小鼠腹腔）

急性毒性 无资料

皮肤刺激或腐蚀 无资料   **眼睛刺激或腐蚀** 无资料

呼吸或皮肤过敏 无资料

生殖细胞突变性 哺乳动物体细胞致突变：小鼠淋巴细胞100mg/L。姐妹染色单体互换：仓鼠卵巢199mg/L

致癌性 IARC致癌性评论：组2B，对人类是可能致癌物

生殖毒性 无资料

特异性靶器官系统毒性-一次接触 无资料

特异性靶器官系统毒性-反复接触 无资料

吸入危害 无资料

第十二部分　生态学信息

生态毒性

　　LC_{50}：14mg/L（96h）（黑头呆鱼）

持久性和降解性

　　生物降解性　无资料

　　非生物降解性　无资料

潜在的生物累积性　无资料

土壤中的迁移性　无资料

第十三部分　废弃处置

废弃化学品　建议用焚烧法处置。在能利用的地方重复使用容器或在规定场所掩埋

污染包装物　将容器返还生产商或按照国家和地方法规处置

废弃注意事项　处置前应参阅国家和地方有关法规

第十四部分　运输信息

联合国危险货物编号（UN号）　1993

联合国运输名称　易燃液体，未另作规定的（苯并呋喃）

联合国危险性类别　3

包装类别　Ⅲ　　　　**包装标志**　

海洋污染物　否

运输注意事项　运输时运输车辆应配备相应品种和数量的消防器材及泄漏应急处理设备。夏季最好早晚运输。运输时所用的槽（罐）车应有接地链，槽内可设孔隔板以减少震荡产生的静电。严禁与氧化剂、食用化学品等混装混运。运输途中应防暴晒、雨淋、防高温。中途停留时应远离火种、热源、高温区。装运该物品的车辆排气管必须配备阻火装置，禁止使用易产生火花的机械设备和工具装卸。公路运输时要按规定路线行驶，勿在居民区和人口稠密区停留。铁路运输时要禁止溜放。严禁用木船、水泥船散装运输

第十五部分　法规信息

　　下列法律、法规、规章和标准，对该化学品的管理作了相应的规定。

中华人民共和国职业病防治法　职业病分类和目录：未列入

危险化学品安全管理条例　危险化学品目录：列入。易制爆危险化学品名录：未列入。重点监管的危险化学品名录：未列入。GB 18218—2009《危险化学品重大危险源辨识》（表1）：未列入

使用有毒物品作业场所劳动保护条例　高毒物品目录：未列入

易制毒化学品管理条例　易制毒化学品的分类和品种目录：未列入

国际公约　斯德哥尔摩公约：未列入。鹿特丹公约：未列入。蒙特利尔议定书：未列入

第十六部分　其他信息

编写和修订信息　　**缩略语和首字母缩写**

培训建议　　　　　**参考文献**

免责声明

苯基二氯化磷

第一部分　化学品标识

化学品中文名　苯基二氯化磷；苯基亚膦酰二氯；二氯化膦苯；苯基二氯磷；苯膦化二氯；二氯化苯膦

化学品英文名　phenyl phosphorus dichloride；dichlorophenylphosphine

分子式　$C_6H_5Cl_2P$　**分子量**　178.984

结构式　

化学品的推荐及限制用途　用于有机合成

第二部分　危险性概述

紧急情况概述　吞咽有害，造成严重的皮肤灼伤和眼损伤，可能引起呼吸道刺激

GHS危险性类别　急性毒性-经口，类别4；皮肤腐蚀/刺激，类别1；严重眼损伤/眼刺激，类别1；特异性靶器官毒性-一次接触，类别3（呼吸道刺激）

标签要素

象形图

警示词　危险

危险性说明　吞咽有害，造成严重的皮肤灼伤和眼损伤，可能引起呼吸道刺激

防范说明

　　预防措施　避免吸入蒸气、雾。避免接触眼睛、皮肤，操作后彻底清洗。作业场所不得进食、饮水或吸烟。戴防护手套、穿防护服、戴防护眼镜、防护面罩

　　事故响应　如吸入：将患者转移到空气新鲜处，休息，保持利于呼吸的体位。皮肤（或头发）接触：立即脱掉所有被污染的衣服，用水冲洗皮肤，淋浴。污染的衣服必须洗净后方可重新使用。眼睛接触：用水细心地冲洗数分钟。如戴隐形眼镜并可方便地取出，则取出隐形眼镜，继续冲洗。食入：漱口，不要催吐，如果感觉不适，立即呼叫中毒控制中心或就医

　　安全储存　上锁保管

　　废弃处置　本品及内装物、容器依据国家和地方法规处置

物理和化学危险　可燃，其蒸气与空气混合，能形成爆炸性混合物

健康危害　有毒。误服或吸入会引起中毒。有腐蚀性，眼睛和皮肤接触可引起灼伤

环境危害 对环境可能有害

第三部分 成分/组成信息

√ 物质　　　　　　　　混合物

组分　　　　　浓度　　　CAS No.

苯基二氯化磷　　　　　　644-97-3

第四部分 急救措施

吸入 迅速脱离现场至空气新鲜处。保持呼吸道通畅。如呼吸困难，给输氧。如呼吸、心跳停止，立即进行心肺复苏术。就医

皮肤接触 立即脱去污染的衣着，用大量流动清水彻底冲洗至少15min。就医

眼睛接触 立即分开眼睑，用流动清水或生理盐水彻底冲洗5～10min。就医

食入 用水漱口，禁止催吐。给饮牛奶或蛋清。就医

对保护施救者的忠告 根据需要使用个人防护设备

对医生的特别提示 对症处理

第五部分 消防措施

灭火剂 用雾状水、泡沫、干粉、二氧化碳、砂土灭火

特别危险性 遇明火、高热可燃。与氧化剂可发生反应。遇高热分解释出剧毒的气体。蒸气比空气重，沿地面扩散并易积存于低洼处，遇火源会着火回燃。若遇高热，容器内压增大，有开裂和爆炸的危险

灭火注意事项及防护措施 消防人员必须佩戴防毒面具、穿全身消防服，在上风向灭火。尽可能将容器从火场移至空旷处。喷水保持火场容器冷却，直至灭火结束。处在火场中的容器若已变色或从安全泄压装置中发出声音，必须马上撤离

第六部分 泄漏应急处理

作业人员防护措施、防护装备和应急处置程序 根据液体流动和蒸气扩散的影响区域划定警戒区，无关人员从侧风向、上风向撤离至安全区。消除所有点火源。建议应急处理人员戴正压自给式呼吸器，穿防酸碱服。穿上适当的防护服前严禁接触破裂的容器和泄漏物。尽可能切断泄漏源

环境保护措施 勿使泄漏物与可燃物质（如木材、纸、油等）接触。防止泄漏物进入水体、下水道、地下室或有限空间

泄漏化学品的收容、清除方法及所使用的处置材料 小量泄漏：用干燥的砂土或其他不燃材料覆盖泄漏物，用洁净的无火花工具收集泄漏物，置于一盖子较松的塑料容器中，待处置。大量泄漏：构筑围堤或挖坑收容。用粉煤灰或石灰粉吸收大量液体。用耐腐蚀泵转移至槽车或专用收集器内

第七部分 操作处置与储存

操作注意事项 密闭操作，局部排风。防止蒸气泄漏到工作场所空气中。操作人员必须经过专门培训，严格遵守操作规程。建议操作人员佩戴自吸过滤式防毒面具（半面罩），戴化学安全防护眼镜，穿橡胶耐酸碱服，戴橡胶耐酸碱手套。远离火种、热源，工作场所严禁吸烟。使用防爆型的通风系统和设备。在清除液体和蒸气前不能进行焊接、切割等作业。避免产生烟雾。避免与氧化剂、碱类接触。配备相应品种和数量的消防器材及泄漏应急处理设备。倒空的容器可能残留有害物

储存注意事项 储存于阴凉、干燥、通风良好的库房。远离火种、热源。防止阳光直射。包装必须密封，切勿受潮。应与氧化剂、碱类、食用化学品等分开存放，切忌混储。配备相应品种和数量的消防器材。储区应备有泄漏应急处理设备和合适的收容材料

第八部分 接触控制/个体防护

职业接触限值

中国 未制定标准

美国（ACGIH） 未制定标准

生物接触限值 未制定标准

监测方法 空气中有毒物质测定方法：未制定标准。生物监测检验方法：未制定标准

工程控制 密闭操作，局部排风

个体防护装备

呼吸系统防护 空气中浓度超标时，必须佩戴过滤式防毒面具（半面罩）。紧急事态抢救或撤离时，应该佩戴空气呼吸器

眼睛防护 戴化学安全防护眼镜

皮肤和身体防护 穿橡胶耐酸碱服

手防护 戴橡胶耐酸碱手套

第九部分 理化特性

外观与性状 无色发烟液体

pH值 无资料　　　　　**熔点（℃）** −51

沸点（℃） 225　　　　　**相对密度（水=1）** 1.319

相对蒸气密度（空气=1） 6.17

饱和蒸气压（kPa） 无资料

临界压力（MPa） 无资料　　**辛醇/水分配系数** 无资料

闪点（℃） >110　　　　　**自燃温度（℃）** 无资料

爆炸下限（%） 无资料　　　**爆炸上限（%）** 无资料

分解温度（℃） 无资料　　　**黏度（mPa·s）** 无资料

燃烧热（kJ/mol） −3400.7　**临界温度（℃）** 无资料

溶解性 不溶于乙醚，可混溶于苯

第十部分 稳定性和反应性

稳定性 稳定

危险反应 与强氧化剂、强碱、水等禁配物发生反应

避免接触的条件 潮湿空气

禁配物 强氧化剂、强碱、水

危险的分解产物 氯化氢、氧化磷、磷化氢

第十一部分 毒理学信息

急性毒性 LD_{50}：200mg/kg（大鼠经口）；100mg/kg（小鼠经口）

皮肤刺激或腐蚀 无资料　　**眼睛刺激或腐蚀** 无资料

呼吸或皮肤过敏 无资料　　**生殖细胞突变性** 无资料

致癌性 无资料　　　　　　**生殖毒性** 无资料

特异性靶器官系统毒性-一次接触 无资料

特异性靶器官系统毒性-反复接触 无资料

吸入危害　无资料

第十二部分　生态学信息

生态毒性　无资料
持久性和降解性
　　生物降解性　无资料
　　非生物降解性　无资料
潜在的生物累积性　无资料
土壤中的迁移性　无资料

第十三部分　废弃处置

废弃化学品　用安全掩埋法处置。用石灰浆清洗倒空的容
　　器。把倒空的容器归还厂商或在规定场所掩埋
污染包装物　将容器返还生产商或按照国家和地方法规
　　处置
废弃注意事项　处置前应参阅国家和地方有关法规

第十四部分　运输信息

联合国危险货物编号（UN号）　2798
联合国运输名称　苯基二氯化磷
联合国危险性类别　8

包装类别　Ⅱ　　　　　包装标志

海洋污染物　否
运输注意事项　起运时包装要完整，装载应稳妥。运输过程
　　中要确保容器不泄漏、不倒塌、不坠落、不损坏。严禁
　　与氧化剂、碱类、食用化学品等混装混运。运输时运输
　　车辆应配备相应品种和数量的消防器材及泄漏应急处理
　　设备。运输途中应防暴晒、雨淋，防高温。公路运输时
　　要按规定路线行驶，勿在居民区和人口稠密区停留

第十五部分　法规信息

　　下列法律、法规、规章和标准，对该化学品的管理作
了相应的规定。
中华人民共和国职业病防治法　职业病分类和目录：未
　　列入
危险化学品安全管理条例　危险化学品目录：列入。易制
　　爆危险化学品名录：未列入。重点监管的危险化学品
　　名录：未列入。GB 18218—2009《危险化学品重大
　　危险源辨识》（表1）：未列入
使用有毒物品作业场所劳动保护条例　高毒物品目录：未
　　列入
易制毒化学品管理条例　易制毒化学品的分类和品种目
　　录：未列入
国际公约　斯德哥尔摩公约：未列入。鹿特丹公约：未列
　　入。蒙特利尔议定书：未列入

第十六部分　其他信息

编写和修订信息　　缩略语和首字母缩写
培训建议　　　　　参考文献
免责声明

N-苯基-2-萘胺

第一部分　化学品标识

化学品中文名　N-苯基-2-萘胺；防老剂D
化学品英文名　N-phenyl-2-naphthylamine；N-phenyl-beta-
　　naphthylamine
分子式　$C_{16}H_{13}N$　分子量　219.29
结构式

化学品的推荐及限制用途　用作橡胶抗氧剂、润滑剂、聚
　　合抑制剂

第二部分　危险性概述

紧急情况概述　造成皮肤刺激，造成严重眼刺激，可能导
　　致皮肤过敏反应
GHS危险性类别　皮肤腐蚀/刺激，类别2；严重眼损伤/眼
　　刺激，类别2；皮肤致敏物，类别1；危害水生环境-急
　　性危害，类别2；危害水生环境-长期危害，类别2
标签要素

象形图　

警示词　警告
危险性说明　造成皮肤刺激，造成严重眼刺激，可能导
　　致皮肤过敏反应。对水生生物有毒并具有长期持续
　　影响
防范说明
　　预防措施　避免接触眼睛、皮肤，操作后彻底清
　　　　洗。戴防护手套、防护眼镜、防护面罩。避免
　　　　吸入粉尘。污染的工作服不得带出工作场所。
　　　　禁止排入环境
　　事故响应　皮肤接触：用大量肥皂水和水清洗，脱
　　　　去被污染的衣服，衣服经洗净后方可重新使
　　　　用。如出现皮肤刺激或皮疹：就医。如接触眼
　　　　睛：用水细心冲洗数分钟。如戴隐形眼镜并可
　　　　方便地取出，取出隐形眼镜，继续冲洗。如果
　　　　眼睛刺激持续：就医。食入：如果感觉不适，
　　　　立即呼叫中毒控制中心或就医。收集泄漏物
　　安全储存　—
　　废弃处置　本品及内装物、容器依据国家和地方法
　　　　规处置
物理和化学危险　可燃，其粉体与空气混合，能形成爆炸
　　性混合物
健康危害　对眼睛、皮肤、黏膜和上呼吸道有刺激性。对
　　皮肤有致敏作用
环境危害　对水生生物有毒并具有长期持续影响

第三部分　成分/组成信息

√物质		混合物
组分	浓度	CAS No.
N-苯基-2-萘胺		135-88-6

第四部分 急救措施

吸入 迅速脱离现场至空气新鲜处。保持呼吸道通畅。如呼吸困难，给输氧。呼吸、心跳停止，立即进行心肺复苏术。就医

皮肤接触 立即脱去污染的衣着，用流动清水彻底冲洗。就医

眼睛接触 立即分开眼睑，用流动清水或生理盐水彻底冲洗。就医

食入 漱口，饮水。就医

对保护施救者的忠告 根据需要使用个人防护设备

对医生的特别提示 对症处理

第五部分 消防措施

灭火剂 用雾状水、泡沫、二氧化碳、砂土灭火

特别危险性 遇明火、高热可燃。受热分解，放出有毒的氧化氮烟气。与强氧化剂接触可发生化学反应

灭火注意事项及防护措施 消防人员必须佩戴空气呼吸器、穿全身防火防毒服，在上风向灭火。尽可能将容器从火场移至空旷处。喷水保持火场容器冷却，直至灭火结束

第六部分 泄漏应急处理

作业人员防护措施、防护装备和应急处置程序 隔离泄漏污染区，限制出入。消除所有点火源。建议应急处理人员戴防尘口罩，穿防毒服。穿上适当的防护服前严禁接触破裂的容器和泄漏物。尽可能切断泄漏源

环境保护措施 用塑料布覆盖泄漏物，减少飞散

泄漏化学品的收容、清除方法及所使用的处置材料 勿使水进入包装容器内。用洁净的铲子收集泄漏物，置于干净、干燥、盖子较松的容器中，将容器移离泄漏区

第七部分 操作处置与储存

操作注意事项 密闭操作，提供充分的局部排风。操作人员必须经过专门培训，严格遵守操作规程。建议操作人员佩戴自吸过滤式防尘口罩，戴安全防护眼镜，戴橡胶手套。远离火种、热源，工作场所严禁吸烟。使用防爆型的通风系统和设备。避免产生粉尘。避免与氧化剂、酸类接触。搬运时要轻装轻卸，防止包装及容器损坏。配备相应品种和数量的消防器材及泄漏应急处理设备。倒空的容器可能残留有害物

储存注意事项 储存于阴凉、通风的库房。远离火种、热源。包装密封。应与氧化剂、酸类、食用化学品分开存放，切忌混储。配备相应品种和数量的消防器材。储区应备有合适的材料收容泄漏物

第八部分 接触控制/个体防护

职业接触限值

中国 未制定标准

美国（ACGIH） 未制定标准

生物接触限值 未制定标准

监测方法 空气中有毒物质测定方法：未制定标准。生物监测检验方法：未制定标准

工程控制 严加密闭，提供充分的局部排风。提供安全淋浴和洗眼设备

个体防护装备

呼吸系统防护 空气中粉尘浓度超标时，应该佩戴过滤式防尘呼吸器。紧急事态抢救或撤离时，建议佩戴空气呼吸器

眼睛防护 戴安全防护眼镜

皮肤和身体防护 穿一般作业防护服

手防护 戴橡胶手套

第九部分 理化特性

外观与性状 淡灰色针状结晶或粉末，有氨味

pH 值 无意义 **熔点（℃）** 104~109

沸点（℃） 399.5 **相对密度（水＝1）** 1.23

相对蒸气密度（空气＝1） 无资料

饱和蒸气压（kPa） 无资料

临界压力（MPa） 无资料 **辛醇/水分配系数** 无资料

闪点（℃） 无意义 **自燃温度（℃）** 无资料

爆炸下限（%） 无资料 **爆炸上限（%）** 无资料

分解温度（℃） 无资料 **黏度（mPa·s）** 无资料

燃烧热（kJ/mol） 无资料 **临界温度（℃）** 无资料

溶解性 不溶于水，溶于乙醇、丙酮、苯

第十部分 稳定性和反应性

稳定性 稳定

危险反应 与强氧化剂、强酸等禁配物发生反应

避免接触的条件 受热

禁配物 强氧化剂、强酸

危险的分解产物 氮氧化物

第十一部分 毒理学信息

急性毒性 LD_{50}：8730mg/kg（大鼠经口）；1450mg/kg（小鼠经口）。LC_{50}：1920mg/m³（4h，大鼠吸入）

皮肤刺激或腐蚀 无资料 **眼睛刺激或腐蚀** 无资料

呼吸或皮肤过敏 无资料 **生殖细胞突变性** 无资料

致癌性 无资料 **生殖毒性** 无资料

特异性靶器官系统毒性-一次接触 无资料

特异性靶器官系统毒性-反复接触 无资料

吸入危害 无资料

第十二部分 生态学信息

生态毒性 EC_{50}：0.38mg/L（24h）（四膜虫）

持久性和降解性

生物降解性 不易快速生物降解

非生物降解性 无资料

潜在的生物累积性 根据K_{ow}值预测，该物质可能有较高的生物累积性

土壤中的迁移性 根据K_{oc}值预测，该物质的迁移性可能较弱

第十三部分 废弃处置

废弃化学品 建议用焚烧法处置。焚烧炉排出的氮氧化物

通过洗涤器除去

污染包装物 把倒空的容器归还厂商或在规定场所掩埋

废弃注意事项 处置前应参阅国家和地方有关法规

第十四部分　运输信息

联合国危险货物编号（UN号） 3077

联合国运输名称 对环境有害的固态物质，未另作规定的（N-苯基-2-萘胺）

联合国危险性类别 9

包装类别 Ⅲ　　　　　**包装标志**

海洋污染物 是

运输注意事项 运输前应先检查包装容器是否完整、密封，运输过程中要确保容器不泄漏、不倒塌、不坠落、不损坏。严禁与酸类、氧化剂、食品及食品添加剂混运。运输途中应防暴晒、雨淋，防高温

第十五部分　法规信息

下列法律、法规、规章和标准，对该化学品的管理作了相应的规定。

中华人民共和国职业病防治法 职业病分类和目录：未列入

危险化学品安全管理条例 危险化学品目录：列入。易制爆危险化学品名录：未列入。重点监管的危险化学品名录：未列入。GB 18218—2009《危险化学品重大危险源辨识》（表1）：未列入

使用有毒物品作业场所劳动保护条例 高毒物品目录：未列入

易制毒化学品管理条例 易制毒化学品的分类和品种目录：未列入

国际公约 斯德哥尔摩公约：未列入。鹿特丹公约：未列入。蒙特利尔议定书：未列入

第十六部分　其他信息

编写和修订信息　　**缩略语和首字母缩写**

培训建议　　　　　　**参考文献**

免责声明

N-苯基乙酰胺

第一部分　化学品标识

化学品中文名 N-苯基乙酰胺；N-苯乙酰胺；乙酰苯胺；N-乙酰苯胺；苯基乙酰胺

化学品英文名 acetanilide；N-phenylacetamide

分子式 C_8H_9NO　**分子量** 135.1632

结构式

化学品的推荐及限制用途 用于染料、制药、橡胶等工业，曾用作退热镇痛药

第二部分　危险性概述

紧急情况概述 造成皮肤刺激，造成严重眼刺激

GHS危险性类别 皮肤腐蚀/刺激，类别2；严重眼损伤/眼刺激，类别2

标签要素

象形图

警示词 警告

危险性说明 造成皮肤刺激，造成严重眼刺激

防范说明

　预防措施 避免接触眼睛、皮肤，操作后彻底清洗。戴防护手套、防护眼镜、防护面罩

　事故响应 皮肤接触：用大量肥皂水和水清洗，脱去被污染的衣服，衣服经洗净后方可重新使用。如发生皮肤刺激，就医。如接触眼睛：用水细心冲洗数分钟。如戴隐形眼镜并可方便地取出，取出隐形眼镜，继续冲洗。如果眼睛刺激持续，就医

　安全储存 —

　废弃处置 —

物理和化学危险 可燃，其粉体与空气混合，能形成爆炸性混合物

健康危害 吸入对上呼吸道有刺激性。高剂量摄入可引起高铁血红蛋白血症和骨髓增生。反复接触可发生紫绀。对皮肤有刺激性，可致皮炎

环境危害 对环境可能有害

第三部分　成分/组成信息

√ 物质　　　　　　　　混合物

组分	浓度	CAS No.
N-苯基乙酰胺		103-84-4

第四部分　急救措施

吸入 迅速脱离现场至空气新鲜处。保持呼吸道通畅。如呼吸困难，给输氧。如呼吸、心跳停止，立即进行心肺复苏术。就医

皮肤接触 立即脱去污染衣着，用肥皂水或清水彻底冲洗。就医

眼睛接触 分开眼睑，用清水或生理盐水冲洗。就医

食入 漱口，饮水。就医

对保护施救者的忠告 根据需要使用个人防护设备

对医生的特别提示 高铁血红蛋白血症，可用亚甲蓝和维生素C治疗

第五部分　消防措施

灭火剂 用雾状水、泡沫、干粉、二氧化碳、砂土灭火

特别危险性 遇明火、高热可燃。受热分解放出有毒气体

灭火注意事项及防护措施 消防人员必须佩戴防毒面具、穿全身消防服，在上风向灭火。尽可能将容器从火场移至空旷处。喷水保持火场容器冷却，直至灭火结束

第六部分　泄漏应急处理

作业人员防护措施、防护装备和应急处置程序 隔离泄漏

污染区，限制出入。消除所有点火源。建议应急处理人员戴防尘口罩，穿防毒服。穿上适当的防护服前严禁接触破裂的容器和泄漏物。尽可能切断泄漏源

环境保护措施 用塑料布覆盖泄漏物，减少飞散

泄漏化学品的收容、清除方法及所使用的处置材料 勿使水进入包装容器内。用洁净的铲子收集泄漏物，置于干净、干燥、盖子较松的容器中，将容器移离泄漏区

第七部分 操作处置与储存

操作注意事项 密闭操作，提供充分的局部排风。操作人员必须经过专门培训，严格遵守操作规程。建议操作人员佩戴自吸过滤式防尘口罩，戴化学安全防护眼镜，穿防毒物渗透工作服，戴橡胶手套。远离火种、热源，工作场所严禁吸烟。使用防爆型的通风系统和设备。避免产生粉尘。避免与氧化剂、碱类接触。搬运时要轻装轻卸，防止包装及容器损坏。配备相应品种和数量的消防器材及泄漏应急处理设备。倒空的容器可能残留有害物

储存注意事项 储存于阴凉、通风的库房。远离火种、热源。应与氧化剂、碱类分开存放，切忌混储。配备相应品种和数量的消防器材。储区应备有合适的材料收容泄漏物

第八部分 接触控制/个体防护

职业接触限值
　　中国 未制定标准
　　美国（ACGIH） 未制定标准

生物接触限值 未制定标准

监测方法 空气中有毒物质测定方法：未制定标准。生物监测检验方法：未制定标准

工程控制 严加密闭，提供充分的局部排风

个体防护装备
　　呼吸系统防护 空气中粉尘浓度超标时，必须佩戴过滤式防尘呼吸器。紧急事态抢救或撤离时，应该佩戴空气呼吸器
　　眼睛防护 戴化学安全防护眼镜
　　皮肤和身体防护 穿防毒物渗透工作服
　　手防护 戴橡胶手套

第九部分 理化特性

外观与性状 无色有闪光的小叶状固体

pH 值 无意义	**熔点(℃)** 114～116
沸点(℃) 303.8	**相对密度(水=1)** 1.21(4℃)

相对蒸气密度(空气＝1) 4.65

饱和蒸气压(kPa) 0.13（114℃）

临界压力(MPa) 无资料	**辛醇/水分配系数** 1.16
闪点(℃) 173	**自燃温度(℃)** 539
爆炸下限(%) 无资料	**爆炸上限(%)** 无资料
分解温度(℃) 无资料	**黏度(mPa·s)** 无资料
燃烧热(kJ/mol) 无资料	**临界温度(℃)** 无资料

溶解性 溶于热水，易溶于乙醇、乙醚等

第十部分 稳定性和反应性

稳定性 稳定

危险反应 与强氧化剂、强碱等禁配物发生反应

避免接触的条件 受热

禁配物 强氧化剂、强碱

危险的分解产物 氮氧化物

第十一部分 毒理学信息

急性毒性 LD$_{50}$：800mg/kg（大鼠经口）；1210mg/kg（小鼠经口）

皮肤刺激或腐蚀 无资料		**眼睛刺激或腐蚀** 无资料	
呼吸或皮肤过敏 无资料		**生殖细胞突变性** 无资料	
致癌性 无资料		**生殖毒性** 无资料	

特异性靶器官系统毒性-一次接触 无资料

特异性靶器官系统毒性-反复接触 无资料

吸入危害 无资料

第十二部分 生态学信息

生态毒性 无资料

持久性和降解性
　　生物降解性 无资料
　　非生物降解性 无资料

潜在的生物累积性 无资料

土壤中的迁移性 无资料

第十三部分 废弃处置

废弃化学品 建议用焚烧法处置。焚烧炉排出的氮氧化物通过洗涤器除去

污染包装物 将容器返还生产商或按照国家和地方法规处置

废弃注意事项 处置前应参阅国家和地方有关法规

第十四部分 运输信息

联合国危险货物编号（UN 号） —

联合国运输名称 — **联合国危险性类别** —

包装类别 — **包装标志** —

海洋污染物 否

运输注意事项 运输前应先检查包装容器是否完整、密封，运输过程中要确保容器不泄漏、不倒塌、不坠落、不损坏。严禁与酸类、氧化剂、食品及食品添加剂混运。运输途中应防暴晒、雨淋，防高温

第十五部分 法规信息

　　下列法律、法规、规章和标准，对该化学品的管理作了相应的规定。

中华人民共和国职业病防治法 职业病分类和目录：苯的氨基及硝基化合物中毒

危险化学品安全管理条例 危险化学品目录：列入。易制爆危险化学品名录：未列入。重点监管的危险化学品名录：未列入。GB 18218—2009《危险化学品重大危险源辨识》（表1）：未列入

使用有毒物品作业场所劳动保护条例 高毒物品目录：未列入

易制毒化学品管理条例 易制毒化学品的分类和品种目录：未列入

国际公约　斯德哥尔摩公约：未列入。鹿特丹公约：未列入。蒙特利尔议定书：未列入

第十六部分　其他信息

编写和修订信息　　　缩略语和首字母缩写

培训建议　　　　　　参考文献

免责声明

苯甲醇

第一部分　化学品标识

化学品中文名　苯甲醇

化学品英文名　benzyl alcohol；benzenecarbinol

分子式　C_7H_8O　分子量　108.14

结构式　

化学品的推荐及限制用途　用作溶剂、增塑剂、防腐剂，并用于香料、肥皂、药物、染料等的制造

第二部分　危险性概述

紧急情况概述　吞咽有害，吸入有害，造成严重眼刺激

GHS危险性类别　急性毒性-经口，类别4；急性毒性-吸入，类别4；严重眼损伤/眼刺激，类别2；危害水生环境-急性危害，类别2

标签要素

象形图

警示词　警告

危险性说明　吞咽有害，吸入有害，造成严重眼刺激，对水生生物有毒

防范说明

预防措施　避免接触眼睛、皮肤，操作后彻底清洗。作业场所不得进食、饮水或吸烟。避免吸入蒸气、雾。仅在室外或通风良好处操作。戴防护眼镜、防护面罩。禁止排入环境

事故响应　如吸入：将患者转移到空气新鲜处，休息，保持利于呼吸的体位。如接触眼睛：用水细心冲洗数分钟。如戴隐形眼镜并可方便地取出，取出隐形眼镜，继续冲洗。如果眼睛刺激持续：就医。食入：如果感觉不适，立即呼叫中毒控制中心或就医，漱口

安全储存　—

废弃处置　本品及内装物、容器依据国家和地方法规处置

物理和化学危险　可燃，其蒸气与空气混合，能形成爆炸性混合物

健康危害　具有刺激和麻醉作用。接触含本品的混合剂出现头痛、眩晕、恶心、呕吐、上腹痛者，脱离接触后症状消失

环境危害　对水生生物有毒

第三部分　成分/组成信息

√ 物质　　　　　　　　混合物

组分	浓度	CAS No.
苯甲醇		100-51-6

第四部分　急救措施

吸入　迅速脱离现场至空气新鲜处。保持呼吸道通畅。如呼吸困难，给输氧。呼吸、心跳停止，立即进行心肺复苏术。就医

皮肤接触　立即脱去污染的衣着，用流动清水彻底冲洗。就医

眼睛接触　立即分开眼睑，用流动清水或生理盐水彻底冲洗。就医

食入　漱口，饮水。就医

对保护施救者的忠告　根据需要使用个人防护设备

对医生的特别提示　对症处理

第五部分　消防措施

灭火剂　用雾状水、泡沫、干粉、二氧化碳、砂土灭火

特别危险性　遇明火、高热可燃

灭火注意事项及防护措施　消防人员必须佩戴防毒面具、穿全身消防服，在上风向灭火。尽可能将容器从火场移至空旷处。喷水保持火场容器冷却，直至灭火结束。处在火场中的容器若已变色或从安全泄压装置中发出声音，必须马上撤离

第六部分　泄漏应急处理

作业人员防护措施、防护装备和应急处置程序　根据液体流动和蒸气扩散的影响区域划定警戒区，无关人员从侧风、上风向撤离至安全区。消除所有点火源。建议应急处理人员戴防毒面具，穿防毒服。穿上适当的防护服前严禁接触破裂的容器和泄漏物。尽可能切断泄漏源

环境保护措施　防止泄漏物进入水体、下水道、地下室或有限空间

泄漏化学品的收容、清除方法及所使用的处置材料　小量泄漏：用干燥的砂土或其他不燃材料吸收或覆盖，收集于容器中。大量泄漏：构筑围堤或挖坑收容。用粉煤灰或石灰粉吸收大量液体。用泵转移至槽车或专用收集器内

第七部分　操作处置与储存

操作注意事项　密闭操作，全面通风。操作人员必须经过专门培训，严格遵守操作规程。建议操作人员佩戴自吸过滤式防毒面具（半面罩），戴化学安全防护眼镜，穿防毒物渗透工作服，戴橡胶耐油手套。远离火种、热源，工作场所严禁吸烟。使用防爆型的通风系统和设备。防止蒸气泄漏到工作场所空气中。避免与氧化剂接触。搬运时要轻装轻卸，防止包装及容器损坏。配备相应品种和数量的消防器材及泄漏应急处理设备。倒空的容器可能残留有害物

储存注意事项　储存于阴凉、通风的库房。远离火种、热

源。应与氧化剂、食用化学品分开存放，切忌混储。配备相应品种和数量的消防器材。储区应备有泄漏应急处理设备和合适的收容材料

第八部分　接触控制/个体防护

职业接触限值

中国　未制定标准

美国（ACGIH）　未制定标准

生物接触限值　未制定标准

监测方法　空气中有毒物质测定方法：未制定标准。生物监测检验方法：未制定标准

工程控制　生产过程密闭，全面通风

个体防护装备

呼吸系统防护　空气中浓度超标时，必须佩戴过滤式防毒面具（半面罩）。紧急事态抢救或撤离时，应该佩戴空气呼吸器

眼睛防护　戴化学安全防护眼镜

皮肤和身体防护　穿防毒物渗透工作服

手防护　戴橡胶耐油手套

第九部分　理化特性

外观与性状　无色透明液体，有芳香味

pH 值　无资料　　　　**熔点(℃)**　−15.3

沸点(℃)　203～209

相对密度(水＝1)　1.04（25℃）

相对蒸气密度(空气＝1)　3.72

饱和蒸气压(kPa)　0.13（58℃）

临界压力(MPa)　无资料　**辛醇/水分配系数**　1.1

闪点(℃)　101　　　　**自燃温度(℃)**　428～435

爆炸下限(%)　1.3　　　**爆炸上限(%)**　13.0

分解温度(℃)　无资料

黏度(mPa·s)　5.474（25℃）；2.760（50℃）

燃烧热(kJ/mol)　−3746.54（20℃）

临界温度(℃)　441.85

溶解性　溶于水，易溶于醇、醚、芳烃

第十部分　稳定性和反应性

稳定性　稳定

危险反应　与强氧化剂等禁配物发生反应

避免接触的条件　无资料

禁配物　强氧化剂

危险的分解产物　无资料

第十一部分　毒理学信息

急性毒性　属低毒类，具刺激及麻醉作用。中毒小鼠呈呼吸道刺激、呼吸肌瘫痪、痉挛、麻痹或抽搐。LD_{50}：1660mg/kg（大鼠经口）；1360mg/kg（小鼠经口）；1040mg/kg（兔经口）；2000mg/kg（兔经皮）

皮肤刺激或腐蚀　无资料　**眼睛刺激或腐蚀**　无资料

呼吸或皮肤过敏　无资料　**生殖细胞突变性**　无资料

致癌性　无资料　　　　**生殖毒性**　无资料

特异性靶器官系统毒性-一次接触　无资料

特异性靶器官系统毒性-反复接触　无资料

吸入危害　无资料

第十二部分　生态学信息

生态毒性　LC_{50}：646mg/L（96h）（圆腹雅罗鱼）（DIN 38412，DIN 38412-15）；EC_{50}：230mg/L（48h）（大型溞）（OECD 202）；ErC_{50}：770mg/L（72h）（水藻）（OECD 201）；NOEC：5.1mg/L（14d）（青鳉）（OECD 204）；NOEC：51mg/L（21d）（大型溞）（OECD 211）

持久性和降解性

生物降解性　易被厌氧生物降解（OECD 311）

非生物降解性　无资料

潜在的生物累积性　根据 K_{ow} 值预测，该物质的生物累积性可能较弱

土壤中的迁移性　根据 K_{oc} 值预测，该物质可能易发生迁移

第十三部分　废弃处置

废弃化学品　根据国家和地方有关法规的要求处置。或与制造商联系，确定处置方法

污染包装物　将容器返还生产商或按照国家和地方法规处置

废弃注意事项　处置前应参阅国家和地方有关法规

第十四部分　运输信息

联合国危险货物编号（UN 号）　3334

联合国运输名称　空运受管制的液体，未另作规定的（苯甲醇）

联合国危险性类别　9

包装类别　Ⅲ　　　　**包装标志**

海洋污染物　否

运输注意事项　运输前应先检查包装容器是否完整、密封，运输过程中要确保容器不泄漏、不倒塌、不坠落、不损坏。严禁与氧化剂、食用化学品等混装混运。运输车船必须彻底清洗、消毒，否则不得装运其他物品。船运时，配装位置应远离卧室、厨房，并与机舱、电源、火源等部位隔离。公路运输时要按规定路线行驶

第十五部分　法规信息

下列法律、法规、规章和标准，对该化学品的管理作了相应的规定。

中华人民共和国职业病防治法　职业病分类和目录：未列入

危险化学品安全管理条例　危险化学品目录：未列入；易制爆危险化学品名录：未列入；重点监管的危险化学品名录：未列入；GB 18218—2009《危险化学品重大危险源辨识》（表1）：未列入

使用有毒物品作业场所劳动保护条例　高毒物品目录：未列入

易制毒化学品管理条例 易制毒化学品的分类和品种目录：未列入

国际公约 斯德哥尔摩公约：未列入。鹿特丹公约：未列入。蒙特利尔议定书：未列入

第十六部分　其他信息

编写和修订信息　　　　缩略语和首字母缩写
培训建议　　　　　　　参考文献
免责声明

2-苯甲基吡啶

第一部分　化学品标识

化学品中文名 2-苯甲基吡啶；2-苄基吡啶

化学品英文名 2-benzyl pyridine；2-(phenylmethyl)-pyridine

分子式 $C_{12}H_{11}N$ **分子量** 169.2224

结构式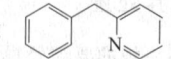

化学品的推荐及限制用途 用作分析试剂

第二部分　危险性概述

紧急情况概述 造成严重眼刺激

GHS危险性类别 严重眼损伤/眼刺激，类别2

标签要素

象形图

警示词 警告

危险性说明 造成严重眼刺激

防范说明

预防措施　避免接触眼睛、皮肤，操作后彻底清洗。戴防护眼镜、防护面罩

事故响应　如接触眼睛：用水细心冲洗数分钟。如戴隐形眼镜并可方便地取出，取出隐形眼镜，继续冲洗。如果眼睛刺激持续：就医

安全储存　—

废弃处置　—

物理和化学危险 可燃，其粉体或蒸气与空气混合，能形成爆炸性混合物

健康危害 有毒，并对皮肤有刺激性。经口摄入会引起中毒

环境危害 对环境可能有害

第三部分　成分/组成信息

    √ 物质　　　　　　　　混合物

组分	浓度	CAS No.
2-苯甲基吡啶		101-82-6

第四部分　急救措施

吸入 迅速脱离现场至空气新鲜处。保持呼吸道通畅。如呼吸困难，给输氧。呼吸、心跳停止，立即进行心肺复苏术。就医

皮肤接触 立即脱去污染的衣着，用流动清水彻底冲洗。就医

眼睛接触 立即分开眼睑，用流动清水或生理盐水彻底冲洗。就医

食入 漱口，饮水。就医

对保护施救者的忠告 根据需要使用个人防护设备

对医生的特别提示 对症处理

第五部分　消防措施

灭火剂 用雾状水、泡沫、干粉、二氧化碳、砂土灭火

特别危险性 遇明火、高热可燃。与氧化剂能发生强烈反应。受高热分解放出有毒的气体。若遇高热，容器内压增大，有开裂和爆炸的危险

灭火注意事项及防护措施 消防人员必须佩戴防毒面具、穿全身消防服，在上风向灭火。尽可能将容器从火场移至空旷处。喷水保持火场容器冷却，直至灭火结束。处在火场中的容器若已变色或安全泄压装置发出声音，必须马上撤离

第六部分　泄漏应急处理

作业人员防护措施、防护装备和应急处置程序 根据液体流动和蒸气扩散的影响区域划定警戒区，无关人员从侧风、上风向撤离至安全区。消除所有点火源。建议应急处理人员戴正压自给式呼吸器，穿防毒服。穿上适当的防护服前严禁接触破裂的容器和泄漏物。尽可能切断泄漏源

环境保护措施 防止泄漏物进入水体、下水道、地下室或有限空间

泄漏化学品的收容、清除方法及所使用的处置材料 少量泄漏：用干燥的砂土或其他不燃材料吸收或覆盖，收集于容器中。大量泄漏：构筑围堤或挖坑收容。用泵转移至槽车或专用收集器内

第七部分　操作处置与储存

操作注意事项 密闭操作，局部排风。防止烟雾或粉尘泄漏到工作场所空气中。操作人员必须经过专门训练，严格遵守操作规程。建议操作人员佩戴自吸过滤式防毒面具（半面罩），戴化学安全防护眼镜，穿防毒物渗透工作服，戴橡胶手套。远离火种、热源，工作场所严禁吸烟。使用防爆型的通风系统和设备。在清除液体和蒸气前不能进行焊接、切割等作业。避免产生蒸气或粉尘。避免与氧化剂、酸类接触。配备相应品种和数量的消防器材及泄漏应急处理设备。倒空的容器可能残留有害物

储存注意事项 储存于阴凉、通风的库房。远离火种、热源。防止阳光直射。保持容器密封。应与氧化剂、酸类分开存放，切忌混储。配备相应品种和数量的消防器材。储区应备有泄漏应急处理设备和合适的收容材料

第八部分　接触控制/个体防护

职业接触限值

中国　未制定标准

美国（ACGIH）　未制定标准

生物接触限值　未制定标准

监测方法　空气中有毒物质测定方法：未制定标准。生物监测检验方法：未制定标准

工程控制　密闭操作，局部排风

个体防护装备

呼吸系统防护　空气中浓度超标时，必须佩戴过滤式防毒面具（半面罩）。紧急事态抢救或撤离时，应该佩戴空气呼吸器

眼睛防护　戴化学安全防护眼镜

皮肤和身体防护　穿防毒物渗透工作服

手防护　戴橡胶手套

第九部分　理化特性

外观与性状　黄色液体或针状结晶

pH 值　无意义　　　　　**熔点（℃）**　8～10

沸点（℃）　276（98.92kPa）**相对密度（水＝1）**　1.054

相对蒸气密度（空气＝1）　无资料

饱和蒸气压（kPa）　无资料

临界压力（MPa）　无资料　**辛醇/水分配系数**　无资料

闪点（℃）　125.0　　　**自燃温度（℃）**　无资料

爆炸下限（%）　无资料　**爆炸上限（%）**　无资料

分解温度（℃）　无资料　**黏度（mPa·s）**　无资料

燃烧热（kJ/mol）　无资料　**临界温度（℃）**　无资料

溶解性　不溶于水，可混溶于乙醇、乙醚

第十部分　稳定性和反应性

稳定性　稳定

危险反应　与强氧化剂、强酸等禁配物发生反应

避免接触的条件　光照

禁配物　强氧化剂、强酸

危险的分解产物　氮氧化物

第十一部分　毒理学信息

急性毒性　LD_{50}：1500mg/kg（小鼠皮下）

皮肤刺激或腐蚀　无资料　**眼睛刺激或腐蚀**　无资料

呼吸或皮肤过敏　无资料　**生殖细胞突变性**　无资料

致癌性　无资料　　　　**生殖毒性**　无资料

特异性靶器官系统毒性-一次接触　无资料

特异性靶器官系统毒性-反复接触　无资料

吸入危害　无资料

第十二部分　生态学信息

生态毒性　无资料

持久性和降解性

生物降解性　无资料

非生物降解性　无资料

潜在的生物累积性　无资料

土壤中的迁移性　无资料

第十三部分　废弃处置

废弃化学品　建议用焚烧法处置。在能利用的地方重复使用容器或在规定场所掩埋

污染包装物　将容器返还生产商或按照国家和地方法规处置

废弃注意事项　处置前应参阅国家和地方有关法规

第十四部分　运输信息

联合国危险货物编号（UN 号）　—

联合国运输名称　—　　**联合国危险性类别**　—

包装类别　—　　　　　**包装标志**　—

海洋污染物　否

运输注意事项　运输前应先检查包装容器是否完整、密封，运输过程中要确保容器不泄漏、不倒塌、不坠落、不损坏。严禁与酸类、氧化剂、食品及食品添加剂混运。运输时运输车辆应配备相应品种和数量的消防器材及泄漏应急处理设备。运输途中应防暴晒、雨淋、防高温。公路运输时要按规定路线行驶，勿在居民区和人口稠密区停留

第十五部分　法规信息

下列法律、法规、规章和标准，对该化学品的管理作了相应的规定。

中华人民共和国职业病防治法　职业病分类和目录：未列入

危险化学品安全管理条例　危险化学品目录：列入。易制爆危险化学品名录：未列入。重点监管的危险化学品名录：未列入。GB 18218—2009《危险化学品重大危险源辨识》（表 1）：未列入

使用有毒物品作业场所劳动保护条例　高毒物品目录：未列入

易制毒化学品管理条例　易制毒化学品的分类和品种目录：未列入

国际公约　斯德哥尔摩公约：未列入。鹿特丹公约：未列入。蒙特利尔议定书：未列入

第十六部分　其他信息

编写和修订信息　　　**缩略语和首字母缩写**

培训建议　　　　　　**参考文献**

免责声明

4-苯甲基吡啶

第一部分　化学品标识

化学品中文名　4-苯甲基吡啶；4-苄基吡啶

化学品英文名　phenyl-4-pyridyl methane；4-benzyl pyridine

分子式　$C_{12}H_{11}N$　**分子量**　169.2224

结构式　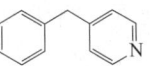

化学品的推荐及限制用途　用于制备药物、染料，也用作分析试剂

第二部分　危险性概述

紧急情况概述　吞咽有害，造成皮肤刺激，造成严重眼刺激，可能引起呼吸道刺激

GHS 危险性类别　急性毒性-经口，类别 4；皮肤腐蚀/刺激，类别 2；严重眼损伤/眼刺激，类别 2；特异性靶器官毒性--一次接触，类别 3（呼吸道刺激）

标签要素

　象形图　

　警示词　警告

　危险性说明　吞咽有害，造成皮肤刺激，造成严重眼刺激，可能引起呼吸道刺激

　防范说明

　　预防措施　避免接触眼睛、皮肤，操作后彻底清洗。作业场所不得进食、饮水或吸烟。戴防护手套、防护眼镜、防护面罩

　　事故响应　皮肤接触：用大量肥皂水和水清洗，脱去被污染的衣服，衣服经洗净后方可重新使用。如发生皮肤刺激，就医。如接触眼睛：用水细心冲洗数分钟。如戴隐形眼镜并可方便地取出，取出隐形眼镜，继续冲洗。如果眼睛刺激持续：就医。食入：如果感觉不适，立即呼叫中毒控制中心或就医，漱口

　　安全储存　—

　　废弃处置　本品及内装物、容器依据国家和地方法规处置

物理和化学危险　可燃，其蒸气与空气混合，能形成爆炸性混合物

健康危害　对人体具有毒性和刺激性。经口摄入会引起中毒。受热分解释出氮氧化物

环境危害　对环境可能有害

第三部分　成分/组成信息

　　√ 物质　　　　　　　　混合物

组分	浓度	CAS No.
4-苯甲基吡啶		2116-65-6

第四部分　急救措施

吸入　迅速脱离现场至空气新鲜处。保持呼吸道通畅。如呼吸困难，给输氧。如呼吸、心跳停止，立即进行心肺复苏术。就医

皮肤接触　立即脱去污染的衣着，用流动清水彻底冲洗。就医

眼睛接触　立即分开眼睑，用流动清水或生理盐水彻底冲洗。就医

食入　漱口，饮水。就医

对保护施救者的忠告　根据需要使用个人防护设备

对医生的特别提示　对症处理

第五部分　消防措施

灭火剂　用雾状水、泡沫、干粉、二氧化碳、砂土灭火

特别危险性　遇明火、高热可燃。与氧化剂可发生反应。受高热分解放出有毒的气体。若遇高热，容器内压增大，有开裂和爆炸的危险

灭火注意事项及防护措施　消防人员必须佩戴防毒面具、穿全身消防服，在上风向灭火。尽可能将容器从火场移至空旷处。喷水保持火场容器冷却，直至灭火结束。处在火场中的容器若已变色或从安全泄压装置中发出声音，必须马上撤离

第六部分　泄漏应急处理

作业人员防护措施、防护装备和应急处置程序　根据液体流动和蒸气扩散的影响区域划定警戒区，无关人员从侧风向、上风向撤离至安全区。消除所有点火源。建议应急处理人员戴正压自给式呼吸器，穿防毒服。穿上适当的防护服前严禁接触破裂的容器和泄漏物。尽可能切断泄漏源

环境保护措施　防止泄漏物进入水体、下水道、地下室或有限空间

泄漏化学品的收容、清除方法及所使用的处置材料　小量泄漏：用干燥的砂土或其他不燃材料吸收或覆盖，收集于容器中。大量泄漏：构筑围堤或挖坑收容。用泵转移至槽车或专用收集器内

第七部分　操作处置与储存

操作注意事项　密闭操作，局部排风。防止蒸气泄漏到工作场所空气中。操作人员必须经过专门培训，严格遵守操作规程。建议操作人员佩戴自吸过滤式防毒面具（半面罩），戴化学安全防护眼镜，穿防毒物渗透工作服，戴橡胶手套。远离火种、热源，工作场所严禁吸烟。使用防爆型的通风系统和设备。在清除液体和蒸气前不能进行焊接、切割等作业。避免产生烟雾。避免与氧化剂、酸类接触。配备相应品种和数量的消防器材及泄漏应急处理设备。倒空的容器可能残留有害物

储存注意事项　储存于阴凉、通风的库房。远离火种、热源。防止阳光直射。保持容器密封。应与氧化剂、酸类分开存放，切忌混储。配备相应品种和数量的消防器材。储区应备有泄漏应急处理设备和合适的收容材料

第八部分　接触控制/个体防护

职业接触限值

　中国　未制定标准

　美国（ACGIH）　未制定标准

生物接触限值　未制定标准

监测方法　空气中有毒物质测定方法：未制定标准。生物监测检验方法：未制定标准

工程控制　密闭操作，局部排风

个体防护装备

　呼吸系统防护　空气中浓度超标时，必须佩戴过滤式防毒面具（半面罩）。紧急事态抢救或撤离时，应该佩戴空气呼吸器

　眼睛防护　戴化学安全防护眼镜

　皮肤和身体防护　穿防毒物渗透工作服

　手防护　戴橡胶手套

第九部分　理化特性

外观与性状　浅黄色或黄色液体

pH 值　无资料　　　　熔点(℃)　8～10

沸点(℃)　287（98.92kPa）

相对密度(水＝1)　1.0614

相对蒸气密度(空气＝1)　无资料

饱和蒸气压(kPa)　无资料

临界压力(MPa)　无资料　辛醇/水分配系数　无资料

闪点(℃)　115.0　　　自燃温度(℃)　无资料

爆炸下限(%)　无资料　爆炸上限(%)　无资料

分解温度(℃)　无资料　黏度(mPa·s)　无资料

燃烧热(kJ/mol)　无资料　临界温度(℃)　无资料

溶解性　不溶于水，可混溶于乙醇、乙醚

第十部分　稳定性和反应性

稳定性　稳定

危险反应　与强氧化剂、强酸等禁配物发生反应

避免接触的条件　光照

禁配物　强氧化剂、强酸

危险的分解产物　氮氧化物

第十一部分　毒理学信息

急性毒性　LD$_{50}$：560μL/kg（大鼠经口），630μL/kg（小鼠经口）

皮肤刺激或腐蚀　无资料　眼睛刺激或腐蚀　无资料

呼吸或皮肤过敏　无资料　生殖细胞突变性　无资料

致癌性　无资料　　　　生殖毒性　无资料

特异性靶器官系统毒性-一次接触　无资料

特异性靶器官系统毒性-反复接触　无资料

吸入危害　无资料

第十二部分　生态学信息

生态毒性　无资料

持久性和降解性

　　生物降解性　无资料

　　非生物降解性　无资料

潜在的生物累积性　无资料

土壤中的迁移性　无资料

第十三部分　废弃处置

废弃化学品　建议用焚烧法处置。在能利用的地方重复使用容器或在规定场所掩埋

污染包装　将容器返还生产商或按照国家和地方法规处置

废弃注意事项　处置前应参阅国家和地方有关法规

第十四部分　运输信息

联合国危险货物编号（UN号）　—

联合国运输名称　—　　联合国危险性类别　—

包装类别　—　　　　　包装标志　—

海洋污染物　否

运输注意事项　运输前应先检查包装容器是否完整、密封，运输过程中要确保容器不泄漏、不倒塌、不坠落、不损坏。严禁与酸类、氧化剂、食品及食品添加剂混运。运输时运输车辆应配备相应品种和数量的消防器材及泄漏应急处理设备。运输途中应防暴晒、雨淋，防高温。公路运输时要按规定路线行驶，勿在居民区和人口稠密区停留

第十五部分　法规信息

下列法律、法规、规章和标准，对该化学品的管理作了相应的规定。

中华人民共和国职业病防治法　职业病分类和目录：未列入

危险化学品安全管理条例　危险化学品目录：列入。易制爆危险化学品名录：未列入。重点监管的危险化学品名录：未列入。GB 18218—2009《危险化学品重大危险源辨识》（表1）：未列入

使用有毒物品作业场所劳动保护条例　高毒物品目录：未列入

易制毒化学品管理条例　易制毒化学品的分类和品种目录：未列入

国际公约　斯德哥尔摩公约：未列入。鹿特丹公约：未列入。蒙特利尔议定书：未列入

第十六部分　其他信息

编写和修订信息　　　缩略语和首字母缩写

培训建议　　　　　　参考文献

免责声明

苯甲醛

第一部分　化学品标识

化学品中文名　苯甲醛；苯醛

化学品英文名　benzaldehyde；benzoic aldehyde

分子式　C$_7$H$_6$O　分子量　106.12

结构式　

化学品的推荐及限制用途　用于制月桂醛、苯乙醛和苯酸苄酯等，也用作食品香料

第二部分　危险性概述

紧急情况概述　可燃液体，吸入可能导致过敏、哮喘症状或呼吸困难，可能导致皮肤过敏反应

GHS危险性类别　易燃液体，类别4；急性毒性-经口，类别4；急性毒性-经皮，类别4；皮肤腐蚀/刺激，类别2；严重眼损伤/眼刺激，类别2B；呼吸道致敏物，类别1；皮肤致敏物，类别1；危害水生环境-急性危害，类别2

标签要素

象形图　

警示词　危险

危险性说明　可燃液体,吞咽有害,皮肤接触有害,造成皮肤刺激,造成眼刺激,吸入可能导致过敏、哮喘症状或呼吸困难,可能导致皮肤过敏反应,对水生生物有毒

防范说明

预防措施　远离火焰和热表面。工作场所禁止吸烟。戴防护手套、防护眼镜、防护面罩。避免接触眼睛皮肤,操作后彻底清洗。作业场所不得进食、饮水或吸烟。避免吸入蒸气、烟雾。通风不良时,戴呼吸防护器具。污染的工作服不得带出工作场所。禁止排入环境

事故响应　火灾时,使用雾状水、泡沫、干粉、二氧化碳、砂土灭火。食入:漱口;如果感觉不适,立即呼叫中毒控制中心或就医。皮肤接触:用大量肥皂水和水清洗;被污染的衣服需经洗净后方可重新使用;如发生皮肤刺激,就医;如接触眼睛:用水细心冲洗数分钟;如戴隐形眼镜并可方便地取出,取出隐形眼镜,继续冲洗。如果眼睛刺激持续:就医。如吸入:如果呼吸困难,将患者转移到空气新鲜处,休息,保持利于呼吸的体位。如有呼吸系统症状,呼叫中毒控制中心或就医

安全储存　在阴凉、通风良好处储存

废弃处置　本品及内装物、容器依据国家和地方法规处置

物理和化学危险　可燃,其蒸气与空气混合,能形成爆炸性混合物

健康危害　本品对眼睛、呼吸道黏膜有一定的刺激作用。由于挥发性低,其刺激作用不足以引致严重危害

环境危害　对水生生物有毒

第三部分　成分/组成信息

√ 物质　　　　　　　　　混合物

组分	浓度	CAS No.
苯甲醛		100-52-7

第四部分　急救措施

吸入　脱离现场至空气新鲜处。如呼吸困难,给输氧。就医

皮肤接触　立即脱去污染的衣着,用肥皂水和清水彻底冲洗皮肤。如有不适感,就医

眼睛接触　提起眼睑,用流动清水或生理盐水冲洗。如有不适感,就医

食入　饮足量温水,催吐。就医

对保护施救者的忠告　根据需要使用个人防护设备

对医生的特别提示　对症处理

第五部分　消防措施

灭火剂　用雾状水、泡沫、干粉、二氧化碳、砂土灭火

特别危险性　遇明火、高热可燃。若遇高热,容器内压增大,有开裂和爆炸的危险

灭火注意事项及防护措施　消防人员必须佩戴防毒面具、穿全身消防服,在上风向灭火。尽可能将容器从火场移至空旷处。喷水保持火场容器冷却,直至灭火结束。处在火场中的容器若已变色或从安全泄压装置中发出声音,必须马上撤离

第六部分　泄漏应急处理

作业人员防护措施、防护装备和应急处置程序　根据液体流动和蒸气扩散的影响区域划定警戒区,无关人员从侧风、上风向撤离至安全区。消除所有点火源。建议应急处理人员戴防毒面具,穿防毒服。作业时使用的所有设备应接地。禁止接触或跨越泄漏物。尽可能切断泄漏源

环境保护措施　防止泄漏物进入水体、下水道、地下室或密闭性空间

泄漏化学品的收容、清除方法及所使用的处置材料　小量泄漏:用砂土或其他不燃材料吸收。使用洁净的无火花工具收集吸收材料。大量泄漏:构筑围堤或挖坑收容。用抗溶性泡沫覆盖,减少蒸发。喷水雾能减少蒸发,但不能降低泄漏物在受限制空间内的易燃性。用粉煤灰或石灰粉吸收大量液体。用泵转移至槽车或专用收集器内

第七部分　操作处置与储存

操作注意事项　密闭操作,全面排风。操作人员必须经过专门培训,严格遵守操作规程。建议操作人员佩戴自吸过滤式防毒面具(半面罩),戴化学安全防护眼镜,穿防毒物渗透工作服,戴橡胶耐油手套。远离火种、热源,工作场所严禁吸烟。使用防爆型的通风系统和设备。防止蒸气泄漏到工作场所空气中。避免与氧化剂、酸类接触。在氮气中操作处置。搬运时要轻装轻卸,防止包装及容器损坏。配备相应品种和数量的消防器材及泄漏应急处理设备。倒空的容器可能残留有害物

储存注意事项　储存于阴凉、通风的库房。远离火种、热源。包装要求密封,不可与空气接触。应与氧化剂、酸类、食用化学品分开存放,切忌混储。采用防爆型照明、通风设施。禁止使用易产生火花的机械设备和工具。储区应备有泄漏应急处理设备和合适的收容材料

第八部分　接触控制/个体防护

职业接触限值

中国　未制定标准

美国(ACGIH)　未制定标准

生物接触限值　未制定标准

监测方法　空气中有毒物质测定方法:未制定标准。生物监测检验方法:未制定标准

工程控制　密闭操作,全面排风

个体防护装备

呼吸系统防护　空气中浓度超标时,必须佩戴过滤式防毒面具(半面罩)。紧急事态抢救或撤离时,应该佩戴空气呼吸器

眼睛防护　戴化学安全防护眼镜

皮肤和身体防护　穿防毒物渗透工作服

手防护　戴橡胶耐油手套

第九部分　理化特性

外观与性状　纯品为无色液体，工业品为无色至淡黄色液
　　　　体，有苦杏仁气味

pH 值　无资料　　　　　　熔点（℃）　－26

沸点（℃）　179　　　　　相对密度（水＝1）　1.04

相对蒸气密度（空气＝1）　3.66

饱和蒸气压（kPa）　4.9（20℃）

临界压力（MPa）　无意义　辛醇/水分配系数　1.48

闪点（℃）　62.7　　　　　自燃温度（℃）　191.6

爆炸下限（%）　1.4　　　　爆炸上限（%）　无资料

分解温度（℃）　无资料　　黏度（mPa·s）　无资料

燃烧热（kJ/mol）　无资料　临界温度（℃）　无资料

溶解性　微溶于水，可混溶于乙醇、乙醚、苯、氯仿

第十部分　稳定性和反应性

稳定性　稳定

危险反应　与强氧化剂等禁配物发生反应

避免接触的条件　无资料

禁配物　强氧化剂、强酸

危险的分解产物　一氧化碳

第十一部分　毒理学信息

急性毒性　小鼠吸入其饱和浓度 2h 可导致麻醉，并使部
　　　　分动物死亡。LD$_{50}$：1300mg/kg（大鼠经口），
　　　　28mg/kg（小鼠经口）

皮肤刺激或腐蚀　无资料　　眼睛刺激或腐蚀　无资料

呼吸或皮肤过敏　无资料　　生殖细胞突变性　无资料

致癌性　无资料　　　　　　生殖毒性　无资料

特异性靶器官系统毒性-一次接触　无资料

特异性靶器官系统毒性-反复接触　无资料

吸入危害　无资料

第十二部分　生态学信息

生态毒性　无资料

持久性和降解性

　　生物降解性　无资料

　　非生物降解性　无资料

潜在的生物累积性　无资料

土壤中的迁移性　无资料

第十三部分　废弃处置

废弃化学品　建议用焚烧法处置

污染包装物　将容器返还生产商或按照国家和地方法规
　　　　处置

废弃注意事项　处置前应参阅国家和地方有关法规

第十四部分　运输信息

联合国危险货物编号（UN 号）　1990

联合国运输名称　苯甲醛

联合国危险性类别　9

包装类别　Ⅲ　　　　　包装标志　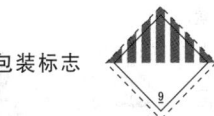

海洋污染物　否

运输注意事项　运输前应先检查包装容器是否完整、密
　　　　封，运输过程中要确保容器不泄漏、不倒塌、不坠
　　　　落、不损坏。严禁与氧化剂、酸类、食用化学品等混
　　　　装混运。运输车船必须彻底清洗、消毒，否则不得装
　　　　运其他物品。船运时，配装位置应远离卧室、厨房，
　　　　并与机舱、电源、火源等部位隔离。公路运输时要按
　　　　规定路线行驶

第十五部分　法规信息

　　下列法律、法规、规章和标准，对该化学品的管理作
了相应的规定。

中华人民共和国职业病防治法　职业病分类和目录：未
　　　　列入

危险化学品安全管理条例　危险化学品目录：未列入。易
　　　　制爆危险化学品名录：未列入。重点监管的危险化学
　　　　品名录：未列入。GB 18218—2009《危险化学品重
　　　　大危险源辨识》（表1）：未列入

使用有毒物品作业场所劳动保护条例　高毒物品目录：未
　　　　列入

易制毒化学品管理条例　易制毒化学品的分类和品种目
　　　　录：未列入

国际公约　斯德哥尔摩公约：未列入。鹿特丹公约：未列
　　　　入。蒙特利尔议定书：未列入

第十六部分　其他信息

编写和修订信息　　　缩略语和首字母缩写

培训建议　　　　　　参考文献

免责声明

苯甲酸

第一部分　化学品标识

化学品中文名　苯甲酸；安息香酸

化学品英文名　benzoic acid；2-thiazolylamine

分子式　C$_7$H$_6$O$_2$　分子量　122.1214

结构式　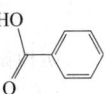

化学品的推荐及限制用途　用作制药和染料的中间体，
　　　　用于制取增塑剂和香料等，也作为钢铁设备的防
　　　　锈剂

第二部分　危险性概述

紧急情况概述　造成严重眼损伤

GHS 危险性类别　急性毒性-经口，类别 5；皮肤腐蚀/刺
　　　　激，类别 2；严重眼损伤/眼刺激，类别 1；特异性靶
　　　　器官毒性-反复接触，类别 1；危害水生环境-急性危
　　　　害，类别 3

标签要素

象形图

警示词　危险

危险性说明　吞咽可能有害，造成皮肤刺激，造成严重
眼损伤，长时间或反复接触对器官造成损伤，对水
生生物有害

防范说明

预防措施　避免接触眼睛、皮肤，操作后彻底清
洗。戴防护手套、防护眼镜、防护面罩。避免
吸入粉尘、烟气、气体。操作后彻底清洗。操
作现场不得进食、饮水或吸烟。禁止排入环境

事故响应　皮肤接触：用大量肥皂水和水清洗，如
发生皮肤刺激，就医，脱去被污染的衣服，衣
服经洗净后方可重新使用。接触眼睛：用水细
心冲洗数分钟。如戴隐形眼镜并可方便地取
出，取出隐形眼镜，继续冲洗。如果感觉不
适，呼叫中毒控制中心或就医

安全储存　——

废弃处置　本品及内装物、容器依据国家和地方法
规处置

物理和化学危险　可燃，其粉体与空气混合，能形成爆炸
性混合物

健康危害　对皮肤有轻度刺激性。气体对上呼吸道、眼和
皮肤产生刺激。本品在一般情况下接触时无明显的危
害性

环境危害　对水生生物有害

第三部分　成分/组成信息

√ 物质　　　　　　　混合物

组分	浓度	CAS No.
苯甲酸		65-85-0

第四部分　急救措施

吸入　脱离现场至空气新鲜处。就医

皮肤接触　立即脱去污染的衣着，用肥皂水和清水彻底冲
洗皮肤。如有不适感，就医

眼睛接触　提起眼睑，用流动清水或生理盐水冲洗。如有
不适感，就医

食入　饮足量温水，催吐。就医

对保护施救者的忠告　根据需要使用个人防护设备

对医生的特别提示　对症处理

第五部分　消防措施

灭火剂　用雾状水、泡沫、干粉、二氧化碳、砂土灭火

特别危险性　遇明火、高热可燃

灭火注意事项及防护措施　消防人员必须穿全身耐酸碱消
防服、佩戴空气呼吸器灭火。尽可能将容器从火场移
至空旷处。喷水保持火场容器冷却，直至灭火结束

第六部分　泄漏应急处理

作业人员防护措施、防护装备和应急处置程序　隔离泄漏
污染区，限制出入。消除所有点火源。建议应急处理
人员戴防尘口罩，穿防毒服。穿上适当的防护服前严
禁接触破裂的容器和泄漏物。尽可能切断泄漏源。用
塑料布覆盖泄漏物，减少飞散。勿使水进入包装容
器内

环境保护措施　防止泄漏物进入水体、下水道、地下室或
密闭性空间

泄漏化学品的收容、清除方法及所使用的处置材料　用洁
净的铲子收集泄漏物，置于干净、干燥、盖子较松的
容器中，将容器移离泄漏区

第七部分　操作处置与储存

操作注意事项　密闭操作，局部排风。操作人员必须经过
专门培训，严格遵守操作规程。建议操作人员佩戴自
吸过滤式防尘口罩，戴化学安全防护眼镜，穿防毒物
渗透工作服，戴橡胶手套。远离火种、热源，工作场
所严禁吸烟。使用防爆型的通风系统和设备。避免产
生粉尘。避免与氧化剂、酸类、碱类接触。搬运时要
轻装轻卸，防止包装及容器损坏。配备相应品种和数
量的消防器材及泄漏应急处理设备。倒空的容器可能
残留有害物

储存注意事项　储存于阴凉、通风的库房。远离火种、热
源。应与氧化剂、酸类、碱类分开存放，切忌混储。
配备相应品种和数量的消防器材。储区应备有合适的
材料收容泄漏物

第八部分　接触控制/个体防护

职业接触限值

中国　未制定标准

美国（ACGIH）　未制定标准

生物接触限值　未制定标准

监测方法　空气中有毒物质测定方法：未制定标准。生物
监测检验方法：未制定标准

工程控制　密闭操作，局部排风

个体防护装备

呼吸系统防护　空气中粉尘浓度超标时，必须佩戴过
滤式防尘呼吸器。紧急事态抢救或撤离时，应该
佩戴空气呼吸器

眼睛防护　戴化学安全防护眼镜

皮肤和身体防护　穿防毒物渗透工作服

手防护　戴橡胶手套

第九部分　理化特性

外观与性状　鳞片状或针状结晶，具有苯或甲醛的臭味

pH 值	无资料	熔点（℃）	121.7
沸点（℃）	249.2	相对密度（水＝1）	1.27
相对蒸气密度（空气＝1）	4.21		
饱和蒸气压（kPa）	0.13（96℃）		
临界压力（MPa）	无资料	辛醇/水分配系数	1.87
闪点（℃）	121~131	自燃温度（℃）	574
爆炸下限（%）	11	爆炸上限（%）	无资料
分解温度（℃）	无资料	黏度（mPa·s）	无资料
燃烧热（kJ/mol）	无资料	临界温度（℃）	无资料

溶解性　微溶于水，溶于乙醇、乙醚、氯仿、苯、二硫化碳、四氯化碳

第十部分　稳定性和反应性

稳定性　稳定

危险反应　与强氧化剂、强碱、强酸等禁配物发生反应

避免接触的条件　无资料

禁配物　强氧化剂、强碱、强酸

危险的分解产物　无资料

第十一部分　毒理学信息

急性毒性　吞咽可能有害。LD_{50}：1700mg/kg（大鼠经口）；1940mg/kg（小鼠经口）；＞5000mg/kg（兔经皮）

皮肤刺激或腐蚀　造成皮肤刺激

眼睛刺激或腐蚀　造成严重眼损伤

呼吸或皮肤过敏　无资料　生殖细胞突变性　无资料

致癌性　无资料　　　　生殖毒性　无资料

特异性靶器官系统毒性-一次接触　无资料

特异性靶器官系统毒性-反复接触　长时间或反复接触会对肺造成损伤

吸入危害　无资料

第十二部分　生态学信息

生态毒性　LC_{50}：180～200mg/L（96h）（鱼）

持久性和降解性

　　生物降解性　无资料

　　非生物降解性　无资料

潜在的生物累积性　无资料

土壤中的迁移性　无资料

第十三部分　废弃处置

废弃化学品　建议用焚烧法处置。在能利用的地方重复使用容器或在规定场所掩埋

污染包装物　将容器返还生产商或按照国家和地方法规处置

废弃注意事项　处置前应参阅国家和地方有关法规

第十四部分　运输信息

联合国危险货物编号（UN号）　—

联合国运输名称　—　　联合国危险性类别　—

包装类别　—　　　　　包装标志　—

海洋污染物　否

运输注意事项　起运时包装要完整，装载应稳妥。运输过程中要确保容器不泄漏、不倒塌、不坠落、不损坏。严禁与氧化剂、酸类、碱类、食用化学品等混装混运。运输途中应防暴晒、雨淋，防高温。车辆运输完毕应进行彻底清扫

第十五部分　法规信息

　　下列法律、法规、规章和标准，对该化学品的管理作了相应的规定。

中华人民共和国职业病防治法　职业病分类和目录：未列入

危险化学品安全管理条例　危险化学品目录：未列入。易制爆危险化学品名录：未列入。重点监管的危险化学品名录：未列入。GB 18218—2009《危险化学品重大危险源辨识》（表1）：未列入

使用有毒物品作业场所劳动保护条例　高毒物品目录：未列入

易制毒化学品管理条例　易制毒化学品的分类和品种目录：未列入

国际公约　斯德哥尔摩公约：未列入。鹿特丹公约：未列入。蒙特利尔议定书：未列入

第十六部分　其他信息

编写和修订信息　　　缩略语和首字母缩写

培训建议　　　　　　参考文献

免责声明

苯甲酸汞

第一部分　化学品标识

化学品中文名　苯甲酸汞；安息香酸汞

化学品英文名　mercury benzoate; mercuric benzoate

分子式　$C_7H_5O_2 \cdot \frac{1}{2}Hg$　分子量　442.83

结构式　 $\cdot \frac{1}{2}Hg(II)$

化学品的推荐及限制用途　用作治疗梅毒的药物

第二部分　危险性概述

紧急情况概述　吞咽致命，皮肤接触会致命，吸入致命

GHS危险性类别　急性毒性-经口，类别2；急性毒性-经皮，类别1；急性毒性-吸入，类别2；特异性靶器官毒性-反复接触，类别2；危害水生环境-急性危害，类别1；危害水生环境-长期危害，类别1

标签要素

象形图　

警示词　危险

危险性说明　吞咽致命，皮肤接触会致命，吸入致命，长时间或反复接触可能对器官造成损伤，对水生生物毒性非常大并具有长期持续影响

防范说明

　　预防措施　作业场所不得进食、饮水或吸烟。避免接触眼睛、皮肤或衣服，操作后彻底清洗。戴防护手套、穿防护服。避免吸入粉尘。仅在室外或通风良好处操作。戴呼吸防护具。禁止排入环境

　　事故响应　如吸入，将患者转移到空气新鲜处，休息，保持利于呼吸的体位。皮肤接触：用大量肥皂水和水轻轻地清洗，立即脱去所有

被污染的衣服。被污染的衣服必须经洗净后方可重新使用。食入：立即呼叫中毒控制中心或就医，漱口，如感觉不适，就医。收集泄漏物

安全储存 在通风良好处储存。保持容器密闭。上锁保管

废弃处置 本品及内装物、容器依据国家和地方法规处置

物理和化学危险 可燃，其粉体与空气混合，能形成爆炸性混合物

健康危害 高毒。误服或吸入会引起中毒，受热分解释出有毒的汞蒸气。有机汞主要侵犯神经系统，表现为进行性神经麻痹、共济失调、神经衰弱综合征，重者可出现神志障碍、谵妄、昏迷。可引起接触性皮炎

环境危害 对水生生物毒性非常大并具有长期持续影响

第三部分 成分/组成信息

√ 物质   混合物

组分   浓度   CAS No.

苯甲酸汞   583-15-3

第四部分 急救措施

吸入 迅速脱离现场至空气新鲜处。保持呼吸道通畅。如呼吸困难，给输氧。如呼吸、心跳停止，立即进行心肺复苏术。就医

皮肤接触 立即脱去污染的衣着，用流动清水彻底冲洗。就医

眼睛接触 立即分开眼睑，用流动清水或生理盐水彻底冲洗。就医

食入 饮适量温水，催吐（仅限于清醒者）。就医

对保护施救者的忠告 根据需要使用个人防护设备

对医生的特别提示 解毒剂：二巯基丙磺酸钠、二巯基丁二酸钠、青霉胺

第五部分 消防措施

灭火剂 用雾状水、泡沫、干粉、二氧化碳、砂土灭火

特别危险性 遇明火、高热可燃。其粉体与空气可形成爆炸性混合物，当达到一定浓度时，遇火星会发生爆炸。受高热分解放出有毒的气体

灭火注意事项及防护措施 消防人员必须佩戴防毒面具、穿全身消防服，在上风向灭火。尽可能将容器从火场移至空旷处。喷水保持火场容器冷却，直至灭火结束

第六部分 泄漏应急处理

作业人员防护措施、防护装备和应急处置程序 隔离泄漏污染区，限制出入。建议应急处理人员戴防尘口罩，穿防毒服。穿上适当的防护服前严禁接触破裂的容器和泄漏物。尽可能切断泄漏源

环境保护措施 用塑料布覆盖泄漏物，减少飞散

泄漏化学品的收容、清除方法及所使用的处置材料 勿使水进入包装容器内。用洁净的铲子收集泄漏物，置于干净、干燥、盖子较松的容器中，将容器移离泄漏区

第七部分 操作处置与储存

操作注意事项 密闭操作，提供充分的局部排风。防止粉尘释放到车间空气中。操作人员必须经过专门培训，严格遵守操作规程。建议操作人员佩戴防尘面具（全面罩），穿胶布防毒衣，戴橡胶手套。远离火种、热源，工作场所严禁吸烟。使用防爆型的通风系统和设备。避免产生粉尘。避免与氧化剂、酸类接触。配备相应品种和数量的消防器材及泄漏应急处理设备。倒空的容器可能残留有害物

储存注意事项 储存于阴凉、通风的库房。远离火种、热源。防止阳光直射。包装密封。应与氧化剂、酸类、食用化学品分开存放，切忌混储。配备相应品种和数量的消防器材。储区应备有合适的材料收容泄漏物

第八部分 接触控制/个体防护

职业接触限值

中国 PC-TWA：0.01mg/m³；PC-STEL：0.03mg/m³ ［按 Hg 计］［皮］

美国（ACGIH） TLV-TWA：0.01mg/m³；TLV-STEL：0.03mg/m³ ［按 Hg 计］［皮］

生物接触限值 未制定标准

监测方法 空气中有毒物质测定方法：原子荧光光谱法；冷原子吸收光谱法。生物监测检验方法：未制定标准

工程控制 严加密闭，提供充分的局部排风

个体防护装备

呼吸系统防护 可能接触其粉尘时，必须佩戴防尘面具（全面罩）。紧急事态抢救或撤离时，应该佩戴空气呼吸器

眼睛防护 呼吸系统防护中已作防护

皮肤和身体防护 穿密闭型防毒服

手防护 戴橡胶手套

第九部分 理化特性

外观与性状 白色结晶粉末，对光敏感

pH 值 无意义   **熔点（℃）** 165

沸点（℃） 无资料   **相对密度（水＝1）** 无资料

相对蒸气密度（空气＝1） 无资料

饱和蒸气压（kPa） 无资料

临界压力（MPa） 无资料 **辛醇/水分配系数** 无资料

闪点（℃） 无意义   **自燃温度（℃）** 无资料

爆炸下限（%） 无资料   **爆炸上限（%）** 无资料

分解温度（℃） 无资料   **黏度（mPa·s）** 无资料

燃烧热（kJ/mol） 无资料 **临界温度（℃）** 无资料

溶解性 微溶于醇，易溶于氯化钠溶液、苯甲酸溶液

第十部分 稳定性和反应性

稳定性 稳定

危险反应 与强氧化剂、酸类等禁配物发生反应

避免接触的条件 光照

禁配物 强氧化剂、酸类

危险的分解产物　无资料

第十一部分　毒理学信息

急性毒性　无资料

皮肤刺激或腐蚀　无资料　　眼睛刺激或腐蚀　无资料

呼吸或皮肤过敏　无资料　　生殖细胞突变性　无资料

致癌性　无资料　　生殖毒性　无资料

特异性靶器官系统毒性--一次接触　无资料

特异性靶器官系统毒性-反复接触　无资料

吸入危害　无资料

第十二部分　生态学信息

生态毒性　含汞化合物对水生生物有极高毒性

持久性和降解性

　　生物降解性　无资料

　　非生物降解性　无资料

潜在的生物累积性　元素汞易在生物体内富集

土壤中的迁移性　无资料

第十三部分　废弃处置

废弃化学品　建议用控制焚烧法或安全掩埋法处置。若可能，重复使用容器或在规定场所掩埋

污染包装物　将容器返还生产商或按照国家和地方法规处置

废弃注意事项　处置前应参阅国家和地方有关法规

第十四部分　运输信息

联合国危险货物编号（UN号）　1631

联合国运输名称　苯甲酸汞

联合国危险性类别　6.1

包装类别　Ⅱ　　　　包装标志

海洋污染物　是

运输注意事项　运输前应先检查包装容器是否完整、密封，运输过程中要确保容器不泄漏、不倒塌、不坠落、不损坏。严禁与酸类、氧化剂、食品及食品添加剂混运。运输时运输车辆应配备相应品种和数量的消防器材及泄漏应急处理设备。运输途中应防暴晒、雨淋、防高温。公路运输时要按规定路线行驶，勿在居民区和人口稠密区停留

第十五部分　法规信息

　　下列法律、法规、规章和标准，对该化学品的管理作了相应的规定。

中华人民共和国职业病防治法　职业病分类和目录：汞及其化合物中毒

危险化学品安全管理条例　危险化学品目录：列入。易制爆危险化学品名录：未列入。重点监管的危险化学品名录：未列入。GB 18218—2009《危险化学品重大危险源辨识》（表1）：未列入

使用有毒物品作业场所劳动保护条例　高毒物品目录：未列入

易制毒化学品管理条例　易制毒化学品的分类和品种目录：未列入

国际公约　斯德哥尔摩公约：未列入。鹿特丹公约：未列入。蒙特利尔议定书：未列入

第十六部分　其他信息

编写和修订信息　缩略语和首字母缩写

培训建议　　　　参考文献

免责声明

苯菌灵

第一部分　化学品标识

化学品中文名　苯菌灵；苯来特；甲基｛1-[（丁氨基）甲酰]1H-苯并咪唑-2-基｝氨基甲酸酯

化学品英文名　benomyl；methyl-1-（butylcarbamoyl）-2-benzimidazolyl carbamate；benlate

分子式　$C_{14}H_{18}N_4O_3$　分子量　290.32

结构式　

化学品的推荐及限制用途　用作内吸性杀菌剂

第二部分　危险性概述

紧急情况概述　造成皮肤刺激，可能导致皮肤过敏反应，可能引起呼吸道刺激

GHS危险性类别　皮肤腐蚀/刺激，类别2；皮肤致敏物，类别1；生殖细胞致突变性，类别1B；生殖毒性，类别1B；特异性靶器官毒性--一次接触，类别3（呼吸道刺激）；危害水生环境-急性危害，类别1；危害水生环境-长期危害，类别1

标签要素

象形图

警示词　危险

危险性说明　造成皮肤刺激，可能导致皮肤过敏反应，可造成遗传性缺陷，可能对生育力或胎儿造成伤害，可能引起呼吸道刺激，对水生生物毒性非常大并具有长期持续影响

防范说明

　　预防措施　避免接触眼睛、皮肤，操作后彻底清洗。戴防护手套。避免吸入粉尘。污染的工作服不得带出工作场所。得到专门指导后操作。在阅读并了解所有安全预防措施之前，切勿操作。按要求使用个体防护装备。禁止排入环境

　　事故响应　如皮肤接触：用大量肥皂水和水清洗。如出现皮肤刺激或皮疹：就医。污染的衣服清

洗后方可重新使用。如果接触或有担心，就
医。收集泄漏物

安全储存　上锁保管

废弃处置　本品及内装物、容器依据国家和地方法
规处置

物理和化学危险　可燃，其粉体与空气混合，能形成爆炸
性混合物

健康危害　对眼睛和皮肤有刺激作用。对皮肤有致敏作
用。吸入、摄入或经皮肤吸收会引起中毒

环境危害　对水生生物毒性非常大并具有长期持续影响

第三部分　成分/组成信息

　　√　物质　　　　　　　　　混合物

组分　　　　　　**浓度**　　　　**CAS No.**

苯菌灵　　　　　　　　　　　　17804-35-2

第四部分　急救措施

吸入　迅速脱离现场至空气新鲜处。保持呼吸道通畅。如
呼吸困难，给输氧。呼吸、心跳停止，立即进行心肺
复苏术。就医

皮肤接触　立即脱去污染的衣着，用流动清水彻底冲洗。
就医

眼睛接触　立即分开眼睑，用流动清水或生理盐水彻底冲
洗。就医

食入　漱口，饮水。就医

对保护施救者的忠告　根据需要使用个人防护设备

对医生的特别提示　对症处理

第五部分　消防措施

灭火剂　用雾状水、泡沫、干粉、二氧化碳、砂土灭火

特别危险性　遇明火、高热可燃。其粉体与空气可形成爆
炸性混合物，当达到一定浓度时，遇火星会发生爆
炸。受高热分解放出有毒的气体

灭火注意事项及防护措施　消防人员必须佩戴防毒面具、
穿全身消防服，在上风向灭火。尽可能将容器从火场
移至空旷处。喷水保持火场容器冷却，直至灭火结束

第六部分　泄漏应急处理

作业人员防护措施、防护装备和应急处置程序　隔离泄漏
污染区，限制出入。消除所有点火源。建议应急处理
人员戴防尘口罩，穿一般作业工作服。尽可能切断泄
漏源

环境保护措施　用塑料布覆盖泄漏物，减少飞散

泄漏化学品的收容、清除方法及所使用的处置材料　勿使
水进入包装容器内。用洁净的铲子收集泄漏物，置于
干净、干燥、盖子较松的容器中，将容器移离泄漏区

第七部分　操作处置与储存

操作注意事项　密闭操作，局部排风。防止粉尘释放到车
间空气中。操作人员必须经过专门培训，严格遵守操
作规程。建议操作人员佩戴自吸过滤式防尘口罩，戴
化学安全防护眼镜，穿防毒物渗透工作服，戴橡胶手
套。远离火种、热源，工作场所严禁吸烟。使用防爆

型的通风系统和设备。避免产生粉尘。避免与氧化剂
接触。配备相应品种和数量的消防器材及泄漏应急处
理设备。倒空的容器可能残留有害物

储存注意事项　储存于阴凉、通风的库房。远离火种、热
源。防止阳光直射。包装密封。应与氧化剂分开存
放，切忌混储。配备相应品种和数量的消防器材。储
区应备有合适的材料收容泄漏物

第八部分　接触控制/个体防护

职业接触限值

中国　未制定标准

美国（ACGIH）　TLV-TWA：1mg/m³（可吸入性颗
粒物）

生物接触限值　未制定标准

监测方法　空气中有毒物质测定方法：未制定标准。生物
监测检验方法：未制定标准

工程控制　密闭操作，局部排风

个体防护装备

呼吸系统防护　空气中粉尘浓度超标时，必须佩戴过
滤式防尘呼吸器。紧急事态抢救或撤离时，应该
佩戴空气呼吸器

眼睛防护　戴化学安全防护眼镜

皮肤和身体防护　穿防毒物渗透工作服

手防护　戴橡胶手套

第九部分　理化特性

外观与性状　白色结晶，稍有刺激性气味

pH 值　无意义　　　　　　**熔点(℃)**　140(分解)

沸点(℃)　无资料　　　　**相对密度(水＝1)**　无资料

相对蒸气密度(空气＝1)　无资料

饱和蒸气压(kPa)　无资料

临界压力(MPa)　无资料　**辛醇/水分配系数**　2.12

闪点(℃)　无意义　　　　**自燃温度(℃)**　无资料

爆炸下限(%)　无资料　　**爆炸上限(%)**　无资料

分解温度(℃)　无资料　　**黏度(mPa·s)**　无资料

燃烧热(kJ/mol)　无资料　**临界温度(℃)**　无资料

溶解性　不溶于水，微溶于乙醇，溶于丙酮、氯仿

第十部分　稳定性和反应性

稳定性　稳定

危险反应　与强氧化剂等禁配物发生反应

避免接触的条件　无资料

禁配物　强氧化剂

危险的分解产物　氮氧化物

第十一部分　毒理学信息

急性毒性　LD_{50}：10000mg/kg（大鼠经口），＞1000mg/kg
（大鼠经皮），5600mg/kg（小鼠经口），＞10000mg/kg
（兔经皮）。LC_{50}：＞2000mg/m³（大鼠吸入，4h）

皮肤刺激或腐蚀　无资料　**眼睛刺激或腐蚀**　无资料

呼吸或皮肤过敏　对皮肤致敏

生殖细胞突变性　微生物致突变：鼠伤寒沙门氏菌
125μg/L。微核试验：小鼠经口 500mg/kg。微核试

验：人淋巴细胞 10mg/L。姐妹染色单体互换：人淋巴细胞 250μg/L。性染色体缺失和不分离：人淋巴细胞 1mg/L

致癌性　美国政府工业卫生学家会议（ACGIH）：未分类为人类致癌物

生殖毒性　大鼠经口最低中毒剂量（TDLo）：936mg/kg（孕 7～12d），引起植入后死亡率增加，引起胚胎毒性和眼、耳发育异常。大鼠经口最低中毒剂量（TDLo）：625mg/kg（孕 7～12d），引起胚胎毒性，中枢神经系统发育异常。大鼠经口最低中毒剂量（TDLo）：1250mg/kg（雄性交配前 5d），对精子生成（包括遗传物质精子形态、活动、计数、能力）有影响，对睾丸、附睾、输精管等有影响

特异性靶器官系统毒性-一次接触　无资料

特异性靶器官系统毒性-反复接触　无资料

吸入危害　无资料

第十二部分　生态学信息

生态毒性　LC$_{50}$：0.17mg/L(96h)（虹鳟）。LC$_{50}$：0.85mg/L（96h）（蓝鳃太阳鱼）。LC$_{50}$：2.2mg/L（96h）（黑头呆鱼）

持久性和降解性
　生物降解性　不易快速生物降解
　非生物降解性　无资料

潜在的生物累积性　根据 K_{ow} 值预测，该物质的生物累积性可能较弱

土壤中的迁移性　根据 K_{oc} 值预测，该物质可能易发生迁移

第十三部分　废弃处置

废弃化学品　建议用焚烧法处置。在能利用的地方重复使用容器或在规定场所掩埋

污染包装物　将容器返还生产商或按照国家和地方法规处置

废弃注意事项　处置前应参阅国家和地方有关法规

第十四部分　运输信息

联合国危险货物编号（UN 号）　3077

联合国运输名称　对环境有害的固态物质，未另作规定的（苯菌灵）

联合国危险性类别　9

包装类别　Ⅲ　　　**包装标志**

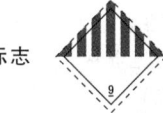

海洋污染物　是

运输注意事项　起运时包装要完整，装载应稳妥。运输过程中要确保容器不泄漏、不倒塌、不坠落、不损坏。严禁与氧化剂、食用化学品等混装混运。运输途中应防暴晒、雨淋，防高温。运输时运输车辆应配备相应品种和数量的消防器材及泄漏应急处理设备。装运本品的车辆排气管须有阻火装置。中途停留时应远离火种、热源。车辆运输完毕应进行彻底清扫。公路运输时要按规定路线行驶

第十五部分　法规信息

下列法律、法规、规章和标准，对该化学品的管理作了相应的规定。

中华人民共和国职业病防治法　职业病分类和目录：未列入

危险化学品安全管理条例　危险化学品目录：列入。易制爆危险化学品名录：未列入。重点监管的危险化学品名录：未列入。GB 18218—2009《危险化学品重大危险源辨识》（表 1）：未列入

使用有毒物品作业场所劳动保护条例　高毒物品目录：未列入

易制毒化学品管理条例　易制毒化学品的分类和品种目录：未列入

国际公约　斯德哥尔摩公约：未列入

鹿特丹公约：列入

蒙特利尔议定书：未列入

第十六部分　其他信息

编写和修订信息　　缩略语和首字母缩写
培训建议　　　　　参考文献
免责声明

苯膦酰二氯

第一部分　化学品标识

化学品中文名　苯膦酰二氯；苯氧氯化膦；苯基氧氯化膦

化学品英文名　benzene phosphorus oxychloride; phenyl dichloro sphosphineoxide

分子式　C$_6$H$_5$Cl$_2$OP　　**分子量**　194.983

结构式

化学品的推荐及限制用途　用于有机合成

第二部分　危险性概述

紧急情况概述　吸入有害，造成严重的皮肤灼伤和眼损伤

GHS 危险性类别　急性毒性-吸入，类别 4；皮肤腐蚀/刺激，类别 1B；严重眼损伤/眼刺激，类别 1

标签要素

象形图

警示词　危险

危险性说明　吸入有害，造成严重的皮肤灼伤和眼损伤

防范说明

预防措施　避免吸入蒸气、雾。仅在室外或通风良好处操作。避免接触眼睛、皮肤，操作后彻底清洗。戴防护手套，穿防护服，戴防护眼镜、防护面罩

事故响应 如吸入：将患者转移到空气新鲜处，休息，保持利于呼吸的体位，如感觉不适，呼叫中毒控制中心或就医。皮肤（或头发）接触：立即脱掉所有被污染的衣服，用水冲洗皮肤，淋浴。污染的衣服必须洗净后方可重新使用。眼睛接触：用水细心地冲洗数分钟。如戴隐形眼镜并可方便地取出，则取出隐形眼镜，继续冲洗。食入：漱口，不要催吐

安全储存 上锁保管

废弃处置 本品及内装物、容器依据国家和地方法规处置

物理和化学危险 可燃。遇水产生刺激性气体

健康危害 吸入、摄入或经皮肤吸收后对身体有害。本品对眼睛、皮肤、黏膜和上呼吸道有强烈的刺激作用。吸入后可引起喉、支气管的痉挛、水肿、化学性肺炎或肺水肿。接触后可引起烧灼感、咳嗽、喘息、气短、头痛、恶心和呕吐。眼睛和皮肤接触可引起灼伤

环境危害 对环境可能有害

第三部分　成分/组成信息

√ 物质　　　　　　　混合物

组分	浓度	CAS No.
苯膦酰二氯		824-72-6

第四部分　急救措施

吸入 迅速脱离现场至空气新鲜处。保持呼吸道通畅。如呼吸困难，给输氧。如呼吸、心跳停止，立即进行心肺复苏术。就医

皮肤接触 立即脱去污染的衣着，用大量流动清水彻底冲洗至少 15min。就医

眼睛接触 立即分开眼睑，用流动清水或生理盐水彻底冲洗 5～10min。就医

食入 用水漱口，禁止催吐。给饮牛奶或蛋清。就医

对保护施救者的忠告 根据需要使用个人防护设备

对医生的特别提示 对症处理

第五部分　消防措施

灭火剂 用干粉、二氧化碳、砂土灭火

特别危险性 受热发生分解释出有刺激性和腐蚀性的气体。遇水或潮湿空气分解出有腐蚀性和刺激性的气体

灭火注意事项及防护措施 消防人员必须穿全身耐酸碱消防服、佩戴空气呼吸器灭火。尽可能将容器从火场移至空旷处。处在火场中的容器若已变色或从安全泄压装置中发出声音，必须马上撤离。禁止用水、泡沫和酸碱灭火剂灭火

第六部分　泄漏应急处理

作业人员防护措施、防护装备和应急处置程序 根据液体流动和蒸气扩散的影响区域划定警戒区，无关人员从侧风向、上风向撤离至安全区。消除所有点火源。建议应急处理人员戴正压自给式呼吸器，穿防酸碱服。穿上适当的防护服前严禁接触破裂的容器和泄漏物。尽可能切断泄漏源

环境保护措施 防止泄漏物进入水体、下水道、地下室或有限空间

泄漏化学品的收容、清除方法及所使用的处置材料 小量泄漏：用干燥的砂土或其他不燃材料吸收或覆盖，收集于容器中。大量泄漏：构筑围堤或挖坑收容。用耐腐蚀泵转移至槽车或专用收集器内

第七部分　操作处置与储存

操作注意事项 密闭操作，局部排风。操作人员必须经过专门培训，严格遵守操作规程。建议操作人员佩戴自吸过滤式防毒面具（半面罩），穿橡胶耐酸碱服，戴橡胶耐酸碱手套。远离火种、热源，工作场所严禁吸烟。使用防爆型的通风系统和设备。避免产生烟雾。防止烟雾和蒸气释放到工作场所空气中。避免与氧化剂、碱类接触。尤其要注意避免与水接触。搬运时要轻装轻卸，防止包装及容器损坏。配备相应品种和数量的消防器材及泄漏应急处理设备。倒空的容器可能残留有害物

储存注意事项 储存于阴凉、干燥、通风良好的库房。远离火种、热源。包装必须密封，切勿受潮。应与氧化剂、碱类分开存放，切忌混储。配备相应品种和数量的消防器材。储区应备有泄漏应急处理设备和合适的收容材料

第八部分　接触控制/个体防护

职业接触限值

中国 未制定标准

美国（ACGIH） 未制定标准

生物接触限值 未制定标准

监测方法 空气中有毒物质测定方法：未制定标准。生物监测检验方法：未制定标准

工程控制 密闭操作，局部排风

个体防护装备

呼吸系统防护 空气中浓度超标时，必须佩戴过滤式防毒面具（半面罩）。紧急事态抢救或撤离时，应该佩戴空气呼吸器

眼睛防护 呼吸系统防护中已作防护

皮肤和身体防护 穿橡胶耐酸碱服

手防护 戴橡胶耐酸碱手套

第九部分　理化特性

外观与性状 无色至亮黄色液体，有微弱的果香味

pH 值 无资料		**熔点(℃)** 3	
沸点(℃) 258		**相对密度(水＝1)** 1.38	
相对蒸气密度(空气＝1) 6.7			
饱和蒸气压(kPa) 2.00(137℃)			
临界压力(MPa) 无资料		**辛醇/水分配系数** 无资料	
闪点(℃) ＞110		**自燃温度(℃)** 无资料	
爆炸下限(%) 无资料		**爆炸上限(%)** 无资料	
分解温度(℃) 无资料		**黏度(mPa·s)** 无资料	
燃烧热(kJ/mol) 无资料		**临界温度(℃)** 无资料	

溶解性 溶于苯、氯仿、四氯化碳

第十部分　稳定性和反应性

稳定性　稳定

危险反应　与强氧化剂、强碱、水等禁配物发生反应。遇水或潮湿空气分解出有腐蚀性和刺激性的气体

避免接触的条件　受热、潮湿空气

禁配物　强氧化剂、强碱、水

危险的分解产物　氯化氢、氧化磷

第十一部分　毒理学信息

急性毒性　无资料

皮肤刺激或腐蚀　无资料　　**眼睛刺激或腐蚀**　无资料

呼吸或皮肤过敏　无资料　　**生殖细胞突变性**　无资料

致癌性　无资料　　　　　　**生殖毒性**　无资料

特异性靶器官系统毒性-一次接触　无资料

特异性靶器官系统毒性-反复接触　无资料

吸入危害　无资料

第十二部分　生态学信息

生态毒性　无资料

持久性和降解性

　　生物降解性　无资料

　　非生物降解性　无资料

潜在的生物累积性　无资料

土壤中的迁移性　无资料

第十三部分　废弃处置

废弃化学品　建议用焚烧法处置。与燃料混合后，再焚烧。焚烧炉排出的气体要通过洗涤器除去

污染包装物　将容器返还生产商或按照国家和地方法规处置

废弃注意事项　处置前应参阅国家和地方有关法规

第十四部分　运输信息

联合国危险货物编号（UN号）　3265

联合国运输名称　有机酸性腐蚀性液体，未另作规定的（苯膦酰二氯）

联合国危险性类别　8

包装类别　Ⅱ　　　　　　　**包装标志**

海洋污染物　否

运输注意事项　起运时包装要完整，装载应稳妥。运输过程中要确保容器不泄漏、不倒塌、不坠落、不损坏。严禁与氧化剂、碱类、食用化学品等混装混运。运输时运输车辆应配备相应品种和数量的消防器材及泄漏应急处理设备。运输途中应防暴晒、雨淋、防高温。公路运输时要按规定路线行驶，勿在居民区和人口稠密区停留

第十五部分　法规信息

下列法律、法规、规章和标准，对该化学品的管理作了相应的规定。

中华人民共和国职业病防治法　职业病分类和目录：未列入

危险化学品安全管理条例　危险化学品目录：列入。易制爆危险化学品名录：未列入。重点监管的危险化学品名录：未列入。GB 18218—2009《危险化学品重大危险源辨识》（表1）：未列入

使用有毒物品作业场所劳动保护条例　高毒物品目录：未列入

易制毒化学品管理条例　易制毒化学品的分类和品种目录：未列入

国际公约　斯德哥尔摩公约：未列入。鹿特丹公约：未列入。蒙特利尔议定书：未列入

第十六部分　其他信息

编写和修订信息　　**缩略语和首字母缩写**

培训建议　　　　　　**参考文献**

免责声明

苯硫代膦酰二氯

第一部分　化学品标识

化学品中文名　苯硫代膦酰二氯；苯硫代二氯化磷

化学品英文名　benzene phosphorus thiodichloride；dichloro（phenyl）phosphine sulphide

分子式　$C_6H_5Cl_2PS$　**分子量**　211.049

结构式

化学品的推荐及限制用途　用作有机合成中间体

第二部分　危险性概述

紧急情况概述　造成严重的皮肤灼伤和眼损伤

GHS危险性类别　皮肤腐蚀/刺激，类别1；严重眼损伤/眼刺激，类别1

标签要素

象形图

警示词　危险

危险性说明　造成严重的皮肤灼伤和眼损伤

防范说明

　　预防措施　避免吸入烟雾。避免接触眼睛、皮肤，操作后彻底清洗。戴防护手套，穿防护服，戴防护眼镜、防护面罩

　　事故响应　如吸入：将患者转移到空气新鲜处，休息，保持利于呼吸的体位，立即呼叫中毒控制中心或就医。皮肤（或头发）接触：立即脱掉所有被污染的衣服，用水冲洗皮肤，淋浴。污染的衣服必须洗净后方可重新使用。眼睛接触：用水细心地冲洗数分钟。如戴隐形眼镜并可方便地取出，则取出隐形眼镜，继续冲洗

　　食入：漱口，不要催吐
　　安全储存　上锁保管
　　废弃处置　本品及内装物、容器依据国家和地方法
　　规处置
物理和化学危险　可燃。遇水产生有毒气体
健康危害　误服或吸入会中毒。对皮肤、眼睛和黏膜有刺
　　激性和腐蚀性
环境危害　对环境可能有害

第三部分　成分/组成信息

　　√ 物质　　　　　　　　　　混合物
　　组分　　　**浓度**　　　**CAS No.**
苯硫代磷酰二氯　　　　　　　　3497-00-5

第四部分　急救措施

吸入　迅速脱离现场至空气新鲜处。保持呼吸道通畅。如
　　呼吸困难，给输氧。如呼吸、心跳停止，立即进行心
　　肺复苏术。就医
皮肤接触　立即脱去污染的衣着，用大量流动清水彻底冲
　　洗至少 15min。就医
眼睛接触　立即分开眼睑，用流动清水或生理盐水彻底冲
　　洗 5～10min。就医
食入　用水漱口，禁止催吐。给饮牛奶或蛋清。就医
对保护施救者的忠告　根据需要使用个人防护设备
对医生的特别提示　对症处理

第五部分　消防措施

灭火剂　用干粉、二氧化碳、砂土灭火
特别危险性　可燃。遇水或水蒸气反应放出有毒和易燃的
　　气体
灭火注意事项及防护措施　消防人员必须穿全身耐酸碱消
　　防服。尽可能将容器从火场移至空旷处。喷水保持火
　　场容器冷却，直至灭火结束。处在火场中的容器若已
　　变色或从安全泄压装置中发出声音，必须马上撤离。
　　禁止用水、泡沫和酸碱灭火剂灭火

第六部分　泄漏应急处理

作业人员防护措施、防护装备和应急处置程序　根据液体
　　流动和蒸气扩散的影响区域划定警戒区，无关人员从
　　侧风向、上风向撤离至安全区。消除所有点火源。建
　　议应急处理人员戴正压自给式呼吸器，穿防酸碱服。
　　穿上适当的防护服前严禁接触破裂的容器和泄漏物。
　　尽可能切断泄漏源
环境保护措施　勿使泄漏物与可燃物质（如木材、纸、油
　　等）接触。防止泄漏物进入水体、下水道、地下室或
　　有限空间
泄漏化学品的收容、清除方法及所使用的处置材料　小量
　　泄漏：用干燥的砂土或其他不燃材料覆盖泄漏物，用
　　洁净的无火花工具收集泄漏物，置于一盖子较松的塑
　　料容器中，待处置。大量泄漏：构筑围堤或挖坑收
　　容。用耐腐蚀泵转移至槽车或专用收集器内

第七部分　操作处置与储存

操作注意事项　密闭操作，注意通风。操作尽可能机械

化、自动化。操作人员必须经过专门培训，严格遵守
操作规程。建议操作人员佩戴自吸过滤式防毒面具
（半面罩），穿橡胶耐酸碱服，戴橡胶耐酸碱手套。远
离火种、热源，工作场所严禁吸烟。使用防爆型的通
风系统和设备。防止蒸气泄漏到工作场所空气中。避
免与氧化剂、碱类接触。尤其要注意避免与水接触。
搬运时要轻装轻卸，防止包装及容器损坏。配备相应
品种和数量的消防器材及泄漏应急处理设备。倒空的
容器可能残留有害物
储存注意事项　储存于阴凉、干燥、通风良好的库房。远
离火种、热源。包装必须密封，切勿受潮。应与氧化
剂、碱类等分开存放，切忌混储。配备相应品种和数
量的消防器材。储区应备有泄漏应急处理设备和合适
的收容材料

第八部分　接触控制/个体防护

职业接触限值
　中国　未制定标准
　美国（ACGIH）　未制定标准
生物接触限值　未制定标准
监测方法　空气中有毒物质测定方法：未制定标准。生物
　　监测检验方法：未制定标准
工程控制　密闭操作，注意通风
个体防护装备
　　呼吸系统防护　空气中浓度超标时，必须佩戴过滤式
　　　防毒面具（半面罩）。紧急事态抢救或撤离时，
　　　应该佩戴空气呼吸器
　　眼睛防护　呼吸系统防护中已作防护
　　皮肤和身体防护　穿橡胶耐酸碱服
　　手防护　戴橡胶耐酸碱手套

第九部分　理化特性

外观与性状　无色液体，在空气中微发烟，有刺激性气味
pH 值　无资料　　　　　　**熔点(℃)**　-24
沸点(℃)　270　　　　　　**相对密度(水=1)**　1.38
相对蒸气密度(空气=1)　无资料
饱和蒸气压(kPa)　17.33(205℃)
临界压力(MPa)　无资料　　**辛醇/水分配系数**　无资料
闪点(℃)　122　　　　　　**自燃温度(℃)**　170
爆炸下限(%)　无资料　　　**爆炸上限(%)**　无资料
分解温度(℃)　无资料　　　**黏度(mPa·s)**　无资料
燃烧热(kJ/mol)　无资料　　**临界温度(℃)**　无资料
溶解性　无资料

第十部分　稳定性和反应性

稳定性　稳定
危险反应　与强氧化剂、强碱、水蒸气等禁配物发生反
　　应。遇水或水蒸气反应放出有毒和易燃的气体
避免接触的条件　潮湿空气
禁配物　强氧化剂、强碱、水蒸气
危险的分解产物　氧化硫、氯化氢、氧化磷

第十一部分　毒理学信息

急性毒性　无资料

皮肤刺激或腐蚀　无资料　　眼睛刺激或腐蚀　无资料
呼吸或皮肤过敏　无资料　　生殖细胞突变性　无资料
致癌性　无资料　　　　　　生殖毒性　无资料
特异性靶器官系统毒性-一次接触　无资料
特异性靶器官系统毒性-反复接触　无资料
吸入危害　无资料

第十二部分　生态学信息

生态毒性　无资料
持久性和降解性
　　生物降解性　无资料
　　非生物降解性　无资料
潜在的生物累积性　无资料
土壤中的迁移性　无资料

第十三部分　废弃处置

废弃化学品　建议用焚烧法处置。与燃料混合后，再焚
　　烧。焚烧炉排出的气体要通过洗涤器除去
污染包装物　将容器返还生产商或按照国家和地方法规
　　处置
废弃注意事项　处置前应参阅国家和地方有关法规

第十四部分　运输信息

联合国危险货物编号（UN号）　2799
联合国运输名称　苯硫代磷酰二氯
联合国危险性类别　8

包装类别　Ⅱ　　　　　　包装标志

海洋污染物　否
运输注意事项　起运时包装要完整，装载应稳妥。运输过
　　程中要确保容器不泄漏、不倒塌、不坠落、不损坏。
　　严禁与氧化剂、碱类、食用化学品等混装混运。运输
　　时运输车辆应配备相应品种和数量的消防器材及泄漏
　　应急处理设备。运输途中应防暴晒、雨淋，防高温。
　　公路运输时要按规定路线行驶，勿在居民区和人口稠
　　密区停留

第十五部分　法规信息

　　下列法律、法规、规章和标准，对该化学品的管理作
了相应的规定。
中华人民共和国职业病防治法　职业病分类和目录：未
　　列入
危险化学品安全管理条例　危险化学品目录：列入。易制
　　爆危险化学品名录：未列入。重点监管的危险化学品
　　名录：未列入。GB 18218—2009《危险化学品重大
　　危险源辨识》（表1）：未列入
使用有毒物品作业场所劳动保护条例　高毒物品目录：未
　　列入
易制毒化学品管理条例　易制毒化学品的分类和品种目
　　录：未列入
国际公约　斯德哥尔摩公约：未列入。鹿特丹公约：未列

入。蒙特利尔议定书：未列入

第十六部分　其他信息

编写和修订信息　　缩略语和首字母缩写
培训建议　　　　　参考文献
免责声明

苯硫磷

第一部分　化学品标识

化学品中文名　苯硫磷；伊皮恩；O-乙基-O-（4-硝基苯
　　基）苯基硫代膦酸酯
化学品英文名　ethyl-p-nitrophenyl phenylphosphonothio-
　　ate；EPN
分子式　$C_{14}H_{14}NO_4PS$　　分子量　323.304

结构式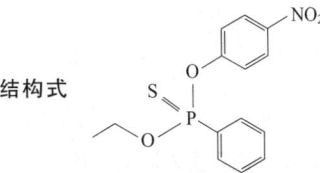

化学品的推荐及限制用途　农业上用于防治棉蚜虫、棉红
　　蜘蛛、稻螟虫、菜青虫等

第二部分　危险性概述

紧急情况概述　吞咽致命，皮肤接触会致命
GHS危险性类别　急性毒性-经口，类别2；急性毒性-经
　　皮，类别1；危害水生环境-急性危害，类别1；危害
　　水生环境-长期危害，类别1
标签要素

象形图

警示词　危险
危险性说明　吞咽致命，皮肤接触会致命，对水生生物
　　毒性非常大并具有长期持续影响
防范说明
　　预防措施　作业场所不得进食、饮水或吸烟。避免
　　　　接触眼睛、皮肤或衣服，操作后彻底清洗。戴
　　　　防护手套、穿防护服。禁止排入环境
　　事故响应　皮肤接触：用大量肥皂水和水轻轻地清
　　　　洗，立即脱去所有被污染的衣服。被污染的衣
　　　　服必须经洗净后方可重新使用。食入：立即呼
　　　　叫中毒控制中心或就医，漱口。收集泄漏物
　　安全储存　上锁保管
　　废弃处置　本品及内装物、容器依据国家和地方法
　　　　规处置
物理和化学危险　可燃，其粉体或蒸气与空气混合，能形
　　成爆炸性混合物
健康危害　抑制体内胆碱酯酶活性，造成神经生理功能紊
　　乱。急性中毒症状有头痛、头昏、乏力、食欲缺乏、
　　恶心、呕吐、腹痛、腹泻、流涎、瞳孔缩小、呼吸道
　　分泌物增多、多汗、肌束震颤等。重度中毒者出现肺

水肿、昏迷、呼吸麻痹、脑水肿。血胆碱酯酶活性降低。本品除引起一般有机磷农药中毒表现外，还可诱发迟发性神经病变

环境危害　对水生生物毒性非常大并具有长期持续影响

第三部分　成分/组成信息

√ 物质　　　　　　　　　混合物

组分	浓度	CAS No.
苯硫磷		2104-64-5

第四部分　急救措施

吸入　迅速脱离现场至空气新鲜处。保持呼吸道通畅。如呼吸困难，给输氧。如呼吸、心跳停止，立即进行心肺复苏术。就医

皮肤接触　立即脱去污染的衣着，用肥皂水及流动清水彻底冲洗污染的皮肤、头发、指甲等。就医

眼睛接触　分开眼睑，用流动清水或生理盐水冲洗。就医

食入　饮足量温水，催吐（仅限于清醒者）。口服活性炭。就医

对保护施救者的忠告　根据需要使用个人防护设备

对医生的特别提示　解毒剂：阿托品、胆碱酯酶复能剂

第五部分　消防措施

灭火剂　用雾状水、泡沫、干粉、二氧化碳、砂土灭火

特别危险性　遇明火、高热可燃。受高热分解，放出有毒的氮、磷和硫的氧化物烟气

灭火注意事项及防护措施　消防人员必须佩戴空气呼吸器、穿全身防火防毒服，在上风向灭火。尽可能将容器从火场移至空旷处。喷水保持火场容器冷却，直至灭火结束。处在火场中的容器若已变色或从安全泄压装置中发出声音，必须马上撤离。禁止使用酸碱灭火剂

第六部分　泄漏应急处理

作业人员防护措施、防护装备和应急处置程序　隔离泄漏污染区，限制出入。建议应急处理人员戴防尘口罩，穿防毒服。穿上适当的防护服前严禁接触破裂的容器和泄漏物。尽可能切断泄漏源

环境保护措施　用塑料布覆盖泄漏物，减少飞散

泄漏化学品的收容、清除方法及所使用的处置材料　勿使水进入包装容器内。用洁净的铲子收集泄漏物，置于干净、干燥、盖子较松的容器中，将容器移离泄漏区

第七部分　操作处置与储存

操作注意事项　密闭操作，局部排风。操作尽可能机械化、自动化。操作人员必须经过专门培训，严格遵守操作规程。建议操作人员佩戴防尘面具（全面罩），穿胶布防毒衣，戴橡胶手套。远离火种、热源，工作场所严禁吸烟。使用防爆型的通风系统和设备。防止烟雾或粉尘泄漏到工作场所空气中。避免与氧化剂接触。搬运时要轻装轻卸，防止包装及容器损坏。配备相应品种和数量的消防器材及泄漏应急处理设备。倒

空的容器可能残留有害物

储存注意事项　储存于阴凉、通风良好的专用库房内，实行"双人收发、双人保管"制度。远离火种、热源。寒冷季节要注意保持库温在结晶点以上，防止冻裂容器及变质。应与氧化剂、食用化学品分开存放，切忌混储。配备相应品种和数量的消防器材。储区应备有泄漏应急处理设备和合适的收容材料

第八部分　接触控制/个体防护

职业接触限值

　中国　PC-TWA：0.5mg/m³〔皮〕

　美国（ACGIH）　TLV-TWA：0.1mg/m³（可吸入性颗粒物）〔皮〕

生物接触限值　全血胆碱酯酶活性（校正值）：原基础值或参考值的70%（采样时间：开始接触后的3个月内），原基础值或参考值的50%（采样时间：持续接触3个月后，任意时间）

监测方法　空气中有毒物质测定方法：未制定标准。生物监测检验方法：血中胆碱酯酶活性的分光光度测定方法——羟胺三氯化铁法；血中胆碱酯酶活性的分光光度测定方法——硫代乙酰胆碱-联硫代双硝基苯甲酸法

工程控制　密闭操作，局部排风

个体防护装备

　呼吸系统防护　可能接触其粉尘时，必须佩戴防尘面具（全面罩）；可能接触其蒸气时，应该佩戴过滤式防毒面具（全面罩）

　眼睛防护　呼吸系统防护中已作防护

　皮肤和身体防护　穿密闭型防毒服

　手防护　戴橡胶手套

第九部分　理化特性

外观与性状　纯品为淡黄色晶状粉末，工业品为深黄色液体

pH值　无意义	**熔点（℃）**　36
沸点（℃）　100（0.04kPa）	**相对密度（水=1）**　1.27
相对蒸气密度（空气=1）　无资料	
饱和蒸气压（kPa）　0.04（100℃）	
临界压力（MPa）　无资料	**辛醇/水分配系数**　无资料
闪点（℃）　无资料	**自燃温度（℃）**　无资料
爆炸下限（%）　无资料	**爆炸上限（%）**　无资料
分解温度（℃）　无资料	**黏度（mPa·s）**　无资料
燃烧热（kJ/mol）　无资料	**临界温度（℃）**　无资料
溶解性　不溶于水，易溶于多数有机溶剂	

第十部分　稳定性和反应性

稳定性　稳定

危险反应　与强氧化剂等禁配物发生反应

避免接触的条件　无资料

禁配物　强氧化剂

危险的分解产物　氮氧化物、硫化氢、溴气、氧化硫、氧化磷

第十一部分 毒理学信息

急性毒性 LD_{50}：7mg/kg（大鼠经口）；25mg/kg（大鼠经皮）；12.2mg/kg（小鼠经口）；348mg/kg（小鼠经皮）；30mg/kg（兔经皮）。LC_{50}：160mg/m^3（大鼠吸入，1h）

皮肤刺激或腐蚀 无资料 　**眼睛刺激或腐蚀** 无资料

呼吸或皮肤过敏 无资料 　**生殖细胞突变性** 无资料

致癌性 无资料 　　　　　**生殖毒性** 无资料

特异性靶器官系统毒性-一次接触 无资料

特异性靶器官系统毒性-反复接触 无资料

吸入危害 无资料

第十二部分 生态学信息

生态毒性 LC_{50}：0.21mg/L（96h）（虹鳟）。LC_{50}：0.16mg/L（96h）（美洲鲑）。LC_{50}：0.11mg/L（96h）（蓝鳃太阳鱼）

持久性和降解性

　生物降解性 无资料

　非生物降解性 无资料

潜在的生物累积性 无资料

土壤中的迁移性 无资料

第十三部分 废弃处置

废弃化学品 根据国家和地方有关法规的要求处置。或与厂商或制造商联系，确定处置方法

污染包装物 将容器返还生产商或按照国家和地方法规处置

废弃注意事项 处置前应参阅国家和地方有关法规

第十四部分 运输信息

联合国危险货物编号（UN号） 2783

联合国运输名称 固态有机磷农药，毒性（苯硫磷）

联合国危险性类别 6.1

包装类别 I 　　　**包装标志**

海洋污染物 是

运输注意事项 运输前应先检查包装容器是否完整、密封，运输过程中要确保容器不泄漏、不倒塌、不坠落、不损坏。严禁与酸类、氧化剂、食品及食品添加剂混运。运输时运输车辆应配备相应品种和数量的消防器材及泄漏应急处理设备。运输途中应防暴晒、雨淋，防高温。公路运输时要按规定路线行驶，勿在居民区和人口稠密区停留

第十五部分 法规信息

　　下列法律、法规、规章和标准，对该化学品的管理作了相应的规定。

中华人民共和国职业病防治法 职业病分类和目录：有机磷中毒

危险化学品安全管理条例 危险化学品目录：列入，作为剧毒化学品进行管理。易制爆危险化学品名录：未列

入。重点监管的危险化学品名录：未列入。GB 18218—2009《危险化学品重大危险源辨识》（表1）：未列入

使用有毒物品作业场所劳动保护条例 高毒物品目录：未列入

易制毒化学品管理条例 易制毒化学品的分类和品种目录：未列入

国际公约 斯德哥尔摩公约：未列入。鹿特丹公约：未列入。蒙特利尔议定书：未列入

第十六部分 其他信息

编写和修订信息 　**缩略语和首字母缩写**

培训建议 　　　　　**参考文献**

免责声明

苯肿化二氯

第一部分 化学品标识

化学品中文名 苯肿化二氯；二氯苯肿

化学品英文名 phenylarsine dichloride; dichlorophenylarsine

分子式 $C_6H_5AsCl_2$ 　**分子量** 222.931

结构式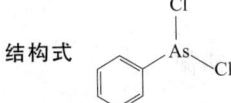

化学品的推荐及限制用途 农业上用作杀菌剂

第二部分 危险性概述

紧急情况概述 皮肤接触会致命

GHS危险性类别 急性毒性-经皮，类别1；危害水生环境-急性危害，类别1；危害水生环境-长期危害，类别1

标签要素

象形图

警示词 危险

危险性说明 皮肤接触会致命，对水生生物毒性非常大并具有长期持续影响

防范说明

　预防措施 避免接触眼睛、皮肤或衣服，操作后彻底清洗。作业场所不得进食、饮水或吸烟。戴防护手套、穿防护服。禁止排入环境

　事故响应 皮肤接触：用大量肥皂水和水轻轻地清洗，立即脱去所有被污染的衣服，立即呼叫中毒控制中心或就医。被污染的衣服必须经洗净后方可重新使用。收集泄漏物

　安全储存 上锁保管

　废弃处置 本品及内装物、容器依国家和地方法规处置

物理和化学危险 可燃，无特殊燃爆特性

健康危害 急性中毒可出现胃肠炎、神经系统损害，重者

可引起休克、肾功能损害。砷中毒 3d 至 3 周出现急性周围神经病。部分患者出现中毒性肝、肾、心肌等损害

环境危害 对水生生物毒性非常大并具有长期持续影响

第三部分　成分/组成信息

√ 物质　　　　　　混合物
组分　　　浓度　　　CAS No.
苯肿化二氯　　　　　　696-28-6

第四部分　急救措施

吸入 迅速脱离现场至空气新鲜处。保持呼吸道通畅。如呼吸困难，给输氧。呼吸、心跳停止，立即进行心肺复苏术。就医

皮肤接触 立即脱去污染的衣着，用肥皂水和清水彻底冲洗。就医

眼睛接触 立即分开眼睑，用流动清水或生理盐水彻底冲洗。就医

食入 催吐、彻底洗胃，洗胃后服活性炭 30～50g（用水调成浆状），而后再服用硫酸镁或硫酸钠导泻。就医

对保护施救者的忠告 根据需要使用个人防护设备

对医生的特别提示 解毒剂：二巯基丙磺酸钠、二巯基丁二酸钠等

第五部分　消防措施

灭火剂 灭火时尽量切断泄漏源，然后根据着火原因选择适当灭火剂灭火

特别危险性 遇明火、高热可燃。遇水或水蒸气反应放热并产生有毒的腐蚀性气体。受热分解释出高毒烟雾。蒸气比空气重，沿地面扩散并易积存于低洼处，遇火源会着火回燃。若遇高热，容器内压增大，有开裂和爆炸的危险

灭火注意事项及防护措施 消防人员必须佩戴空气呼吸器、穿全身防火防毒服，在上风向灭火。尽可能将容器从火场移至空旷处。喷水保持火场容器冷却，直至灭火结束

第六部分　泄漏应急处理

作业人员防护措施、防护装备和应急处置程序 根据液体流动和蒸气扩散的影响区域划定警戒区，无关人员从侧风向、上风向撤离至安全区。建议应急处理人员戴正压自给式呼吸器，穿防毒服。穿上适当的防护服前严禁接触破裂的容器和泄漏物。尽可能切断泄漏源

环境保护措施 防止泄漏物进入水体、下水道、地下室或有限空间

泄漏化学品的收容、清除方法及所使用的处置材料 小量泄漏：用干燥的砂土或其他不燃材料吸收或覆盖，收集于容器中。大量泄漏：构筑围堤或挖坑收容。用泵转移至槽车或专用收集器内

第七部分　操作处置与储存

操作注意事项 密闭操作，提供充分的局部排风。防止蒸气泄漏到工作场所空气中。操作人员必须经过专门培

训，严格遵守操作规程。建议操作人员佩戴自吸过滤式防毒面具（全面罩），穿胶布防毒衣，戴橡胶手套。避免产生烟雾。避免与水接触。配备泄漏应急处理设备。倒空的容器可能残留有害物

储存注意事项 储存于阴凉、干燥、通风良好的专用库房内。实行"双人收发、双人保管"制度。远离火种、热源。防止阳光直射。保持容器密封。应与食用化学品等分开存放，切忌混储。配备相应品种和数量的消防器材。储区应备有泄漏应急处理设备和合适的收容材料

第八部分　接触控制/个体防护

职业接触限值
　中国　未制定标准
　美国（ACGIH）　未制定标准
生物接触限值 未制定标准
监测方法 空气中有毒物质测定方法：未制定标准。生物监测检验方法：未制定标准
工程控制 严加密闭，提供充分的局部排风
个体防护装备
　呼吸系统防护　空气中浓度超标时，必须佩戴过滤式防毒面具（全面罩）。紧急事态抢救或撤离时，应该佩戴空气呼吸器
　眼睛防护　呼吸系统防护中已作防护
　皮肤和身体防护　穿密闭型防毒服
　手防护　戴橡胶手套

第九部分　理化特性

外观与性状 无色至黄色液体

pH 值　无资料		**熔点(℃)**　－20	
沸点(℃)　254～257		**相对密度(水=1)**　1.654	
相对蒸气密度(空气=1)　7.7			
饱和蒸气压(kPa)　2.79×10^{-3}(20℃)			
临界压力(MPa)　无资料		**辛醇/水分配系数**　无资料	
闪点(℃)　无意义		**自燃温度(℃)**　无意义	
爆炸下限(%)　无意义		**爆炸上限(%)**　无意义	
分解温度(℃)　无资料		**黏度(mPa·s)**　无资料	
燃烧热(kJ/mol)　无资料		**临界温度(℃)**　无资料	

溶解性 不溶于水，溶于乙醇、醚、苯

第十部分　稳定性和反应性

稳定性 稳定
危险反应 遇水或水蒸气反应放热并产生有毒的腐蚀性气体。受热分解释出高毒烟雾
避免接触的条件 无资料
禁配物 水
危险的分解产物 砷、氧化砷

第十一部分　毒理学信息

急性毒性 LD_{50}：16mg/kg（大鼠经皮），4mg/kg（小鼠经皮），5mg/kg（兔经皮）。LC_{50}：3300mg/m³（小鼠吸入，10min）

皮肤刺激或腐蚀 无资料　　**眼睛刺激或腐蚀** 无资料

呼吸或皮肤过敏　无资料　　**生殖细胞突变性**　无资料

致癌性　美国 EPA 健康与环境评价办公室：组 D，无资料证明对人类和动物有致癌性

生殖毒性　无资料

特异性靶器官系统毒性-一次接触　无资料

特异性靶器官系统毒性-反复接触　无资料

吸入危害　无资料

第十二部分　生态学信息

生态毒性　含砷化合物对水生生物有极高毒性

持久性和降解性

生物降解性　无资料

非生物降解性　无资料

潜在的生物累积性　无资料

土壤中的迁移性　无资料

第十三部分　废弃处置

废弃化学品　建议用焚烧法处置。在能利用的地方重复使用容器或在规定场所掩埋

污染包装物　将容器返还生产商或按照国家和地方法规处置

废弃注意事项　处置前应参阅国家和地方有关法规

第十四部分　运输信息

联合国危险货物编号（UN 号）　1556

联合国运输名称　液态砷化合物，未另作规定的（苯肿化二氯）

联合国危险性类别　6.1

包装类别　Ⅰ　　　　**包装标志**　

海洋污染物　是

运输注意事项　运输前应先检查包装容器是否完整、密封，运输过程中要确保容器不泄漏、不倒塌、不坠落、不损坏。严禁与酸类、氧化剂、食品及食品添加剂混运。运输时运输车辆应配备泄漏应急处理设备。运输途中应防暴晒、雨淋，防高温。公路运输时要按规定路线行驶，勿在居民区和人口稠密区停留

第十五部分　法规信息

下列法律、法规、规章和标准，对该化学品的管理作了相应的规定。

中华人民共和国职业病防治法　职业病分类和目录：砷及其化合物中毒

危险化学品安全管理条例　危险化学品目录：列入。作为剧毒化学品进行管理。易制爆危险化学品名录：未列入。重点监管的危险化学品名录：未列入。GB 18218—2009《危险化学品重大危险源辨识》（表 1）：未列入

使用有毒物品作业场所劳动保护条例　高毒物品目录：未列入

易制毒化学品管理条例　易制毒化学品的分类和品种目录：未列入

国际公约　斯德哥尔摩公约：未列入。鹿特丹公约：未列入。蒙特利尔议定书：未列入

第十六部分　其他信息

编写和修订信息　　　缩略语和首字母缩写

培训建议　　　　　　参考文献

免责声明

苯线磷

第一部分　化学品标识

化学品中文名　苯线磷；灭线磷；克线磷；乙基- 3-甲基-4-(甲硫基)苯基-N-异丙基磷酰胺

化学品英文名　fenamiphos；phenamiphos；（*RS*）-ethyl 4-methylthio-*m*-tolyl isopropylphosphoramidate

分子式　$C_{13}H_{22}NO_3PS$　**分子量**　303.357

结构式　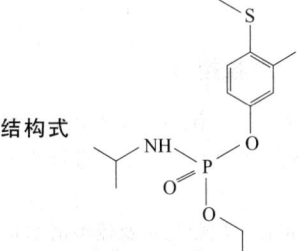

化学品的推荐及限制用途　用作农用杀线虫剂

第二部分　危险性概述

紧急情况概述　吞咽致命，皮肤接触会致命，吸入致命

GHS 危险性类别　急性毒性-经口，类别 2；急性毒性-经皮，类别 2；急性毒性-吸入，类别 2；严重眼损伤/眼刺激，类别 2；危害水生环境-急性危害，类别 1；危害水生环境-长期危害，类别 1

标签要素

象形图　

警示词　危险

危险性说明　吞咽致命，皮肤接触会致命，吸入致命，造成严重眼刺激，对水生生物毒性非常大并具有长期持续影响

防范说明

预防措施　避免接触眼睛、皮肤或衣服，操作后彻底清洗。作业场所不得进食、饮水或吸烟。戴防护手套、穿防护服。避免吸入粉尘。仅在室外或通风良好处操作。戴呼吸防护器具、防护眼镜、防护面罩。禁止排入环境

事故响应　如吸入：将患者转移到空气新鲜处，休息，保持利于呼吸的体位，立即呼叫中毒控制中心或就医。皮肤接触：用大量肥皂水和水轻轻地清洗，立即呼叫中毒控制中心或就医。如接触眼睛：用水细心冲洗数分钟。如戴隐形眼镜并可方便地取出，取出隐形眼镜，继续冲

洗。如果眼睛刺激持续：就医。食入：立即呼叫中毒控制中心或就医，漱口。收集泄漏物

安全储存　在通风良好处储存。保持容器密闭。上锁保管

废弃处置　本品及内装物、容器依据国家和地方法规处置

物理和化学危险　可燃，其粉体与空气混合，能形成爆炸性混合物

健康危害　对胆碱酯酶有抑制作用。轻者出现头痛、恶心、呕吐等症状；中度中毒出现肌束震颤、瞳孔缩小、呼吸困难；重度中毒出现昏迷、肺水肿、呼吸抑制和脑水肿等症状

环境危害　对水生生物毒性非常大并具有长期持续影响

第三部分　成分/组成信息

√　物质　　　　　　　　　混合物

组分	浓度	CAS No.
苯线磷		22224-92-6

第四部分　急救措施

吸入　迅速脱离现场至空气新鲜处。保持呼吸道通畅。如呼吸困难，给输氧。呼吸、心跳停止，立即进行心肺复苏术。就医

皮肤接触　立即脱去污染的衣着，用肥皂水及流动清水彻底冲洗污染的皮肤、头发、指甲等。就医

眼睛接触　分开眼睑，用流动清水或生理盐水冲洗。就医

食入　饮足量温水，催吐（仅限于清醒者）。口服活性炭。就医

对保护施救者的忠告　根据需要使用个人防护设备

对医生的特别提示　解毒剂：阿托品、胆碱酯酶复能剂

第五部分　消防措施

灭火剂　用雾状水、泡沫、干粉、二氧化碳、砂土灭火

特别危险性　遇明火、高热可燃。其粉体与空气可形成爆炸性混合物，当达到一定浓度时，遇火星会发生爆炸。受高热分解放出有毒的气体

灭火注意事项及防护措施　消防人员必须佩戴防毒面具、穿全身消防服，在上风向灭火。尽可能将容器从火场移至空旷处。喷水保持火场容器冷却，直至灭火结束

第六部分　泄漏应急处理

作业人员防护措施、防护装备和应急处置程序　隔离泄漏污染区，限制出入。建议应急处理人员戴防尘口罩，穿防毒服。穿上适当的防护服前严禁接触破裂的容器和泄漏物。尽可能切断泄漏源

环境保护措施　用塑料布覆盖泄漏物，减少飞散

泄漏化学品的收容、清除方法及所使用的处置材料　勿使水进入包装容器内。用洁净的铲子收集泄漏物，置于干净、干燥、盖子较松的容器中，将容器移离泄漏区

第七部分　操作处置与储存

操作注意事项　密闭操作，提供充分的局部排风。防止粉尘释放到车间空气中。操作人员必须经过专门培训，

严格遵守操作规程。建议操作人员佩戴防尘面具（全面罩），穿胶布防毒衣，戴橡胶手套。远离火种、热源，工作场所严禁吸烟。使用防爆型的通风系统和设备。避免产生粉尘。避免与氧化剂、酸类、碱类接触。配备相应品种和数量的消防器材及泄漏应急处理设备。倒空的容器可能残留有害物

储存注意事项　储存于阴凉、通风良好的库房内。远离火种、热源。防止阳光直射。包装密封。应与氧化剂、酸类、碱类、食用化学品分开存放，切忌混储。配备相应品种和数量的消防器材。储区应备有合适的材料收容泄漏物

第八部分　接触控制/个体防护

职业接触限值

中国　未制定标准

美国（ACGIH）　TLV-TWA：0.05mg/m³（可吸入性颗粒物和蒸气）［皮］

生物接触限值　全血胆碱酯酶活性（校正值）：原基础值或参考值的70％（采样时间：开始接触后的3个月内），原基础值或参考值的50％（采样时间：持续接触3个月后，任意时间）

监测方法　空气中有毒物质测定方法：未制定标准。生物监测检验方法：血中胆碱酯酶活性的分光光度测定方法——羟胺三氯化铁法；血中胆碱酯酶活性的分光光度测定方法——硫代乙酰胆碱-联硫代双硝基苯甲酸法

工程控制　严加密闭，提供充分的局部排风

个体防护装备

呼吸系统防护　可能接触其粉尘时，必须佩戴防尘面具（全面罩）。紧急事态抢救或撤离时，应该佩戴空气呼吸器

眼睛防护　呼吸系统防护中已作防护

皮肤和身体防护　穿密闭型防毒服

手防护　戴橡胶手套

第九部分　理化特性

外观与性状　物质为无色结晶

pH 值　无意义	**熔点（℃）**　49.2
沸点（℃）　无资料	**相对密度（水＝1）**　无资料
相对蒸气密度（空气＝1）　无资料	
饱和蒸气压（kPa）　0.133×10^{-6}(30℃)	
临界压力（MPa）　无资料	**辛醇/水分配系数**　3.23
闪点（℃）　无意义	**自燃温度（℃）**　无资料
爆炸下限（％）　无资料	**爆炸上限（％）**　无资料
分解温度（℃）　无资料	**黏度（mPa·s）**　无资料
燃烧热（kJ/mol）　无资料	**临界温度（℃）**　无资料
溶解性　微溶于水，溶于己烷、异丙醇、氯仿、甲苯	

第十部分　稳定性和反应性

稳定性　稳定

危险反应　与强氧化剂、强酸、强碱等禁配物发生反应

避免接触的条件　无资料

禁配物　强氧化剂、强酸、强碱

危险的分解产物　氮氧化物、磷烷、氧化硫

第十一部分　毒理学信息

急性毒性　LD_{50}：8mg/kg（大鼠经口），80mg/kg（大鼠经皮），22.7mg/kg（小鼠经口），10mg/kg（兔经口），178mg/kg（兔经皮）。LC_{50}：91mg/m³（大鼠吸入，4h）

皮肤刺激或腐蚀　无资料　　眼睛刺激或腐蚀　无资料

呼吸或皮肤过敏　无资料　　生殖细胞突变性　无资料

致癌性　无资料　　　　　　生殖毒性　无资料

特异性靶器官系统毒性-一次接触　无资料

特异性靶器官系统毒性-反复接触　无资料

吸入危害　无资料

第十二部分　生态学信息

生态毒性　LC_{50}：0.0095mg/L（96h）（蓝鳃太阳鱼）。LC_{50}：0.0721mg/L（96h）（虹鳟）。EC_{50}：0.0017～0.0021mg/L（48h）（大型溞）。NOEC：0.0038mg/L（虹鳟，鱼类早期生活阶段毒性试验）。NOEC：0.00012mg/L（21d）（大型溞）

持久性和降解性

　　生物降解性　无资料

　　非生物降解性　无资料

潜在的生物累积性　无资料

土壤中的迁移性　无资料

第十三部分　废弃处置

废弃化学品　建议用焚烧法处置。在能利用的地方重复使用容器或在规定场所掩埋

污染包装物　将容器返还生产商或按照国家和地方法规处置

废弃注意事项　处置前应参阅国家和地方有关法规

第十四部分　运输信息

联合国危险货物编号（UN号）　3278

联合国运输名称　有机磷化合物，毒性，液态，未另作规定的（苯线磷）

联合国危险性类别　6.1

包装类别　Ⅱ　　　　　包装标志

海洋污染物　是

运输注意事项　运输前应先检查包装容器是否完整、密封，运输过程中要确保容器不泄漏、不倒塌、不坠落、不损坏。严禁与酸类、氧化剂、食品及食品添加剂混运。运输时运输车辆应配备相应品种和数量的消防器材及泄漏应急处理设备。运输途中应防暴晒、雨淋，防高温。公路运输时要按规定路线行驶，勿在居民区和人口稠密区停留

第十五部分　法规信息

下列法律、法规、规章和标准，对该化学品的管理作了相应的规定。

中华人民共和国职业病防治法　职业病分类和目录：有机磷中毒

危险化学品安全管理条例　危险化学品目录：列入。易制爆危险化学品名录：未列入。重点监管的危险化学品名录：未列入。GB 18218—2009《危险化学品重大危险源辨识》（表1）：未列入

使用有毒物品作业场所劳动保护条例　高毒物品目录：未列入

易制毒化学品管理条例　易制毒化学品的分类和品种目录：未列入

国际公约　斯德哥尔摩公约：未列入。鹿特丹公约：未列入。蒙特利尔议定书：未列入

第十六部分　其他信息

编写和修订信息　　缩略语和首字母缩写

培训建议　　　　　参考文献

免责声明

苯乙醇腈

第一部分　化学品标识

化学品中文名　苯乙醇腈；扁桃腈；苯甲氰醇

化学品英文名　benzaldehyde cyanohydrin；mandelonitrile

分子式　C_8H_7NO　分子量　133.1473

结构式　

化学品的推荐及限制用途　用于有机合成

第二部分　危险性概述

紧急情况概述　可燃液体，吞咽会中毒，皮肤接触会中毒，吸入会中毒

GHS危险性类别　易燃液体，类别4；急性毒性-经口，类别3；急性毒性-经皮，类别3；急性毒性-吸入，类别3

标签要素

象形图

警示词　危险

危险性说明　可燃液体，吞咽会中毒，皮肤接触会中毒，吸入会中毒

防范说明

　　预防措施　远离火焰和热表面。戴防护手套、防护眼镜、防护面罩，穿防护服。避免接触眼睛、皮肤，操作后彻底清洗。作业场所不得进食、饮水或吸烟。避免吸入蒸气、雾。仅在室外或通风良好处操作

　　事故响应　火灾时，使用雾状水、泡沫、干粉、二氧化碳、砂土灭火。如吸入：将患者转移到空气新鲜处，休息，保持利于呼吸的体位。皮肤

接触：用大量肥皂水和水清洗，立即脱去所有被污染的衣服，如感觉不适，呼叫中毒控制中心或就医。被污染的衣服必须经洗净后方可重新使用。食入：立即呼叫中毒控制中心或就医，漱口

安全储存 存放在通风良好的地方。保持低温。保持容器密闭。上锁保管

废弃处置 本品及内装物、容器依据国家和地方法规处置

物理和化学危险 可燃

健康危害 本品毒性大，易释出氰根，抑制呼吸酶，造成缺氧。对眼睛有刺激性。可引起皮肤和黏膜充血、呼吸困难、头痛、头晕、昏迷等

环境危害 对环境可能有害

第三部分 成分/组成信息

√ 物质　　　　　　混合物

组分	浓度	CAS No.
苯乙醇腈		532-28-5

第四部分 急救措施

吸入 迅速脱离现场至空气新鲜处。保持呼吸道通畅。如呼吸困难，给输氧。如呼吸、心跳停止，立即进行心肺复苏术。就医

皮肤接触 立即脱去污染的衣着，用肥皂水和流动清水彻底冲洗。就医

眼睛接触 立即分开眼睑，用流动清水或生理盐水彻底冲洗。就医

食入 催吐（仅限于清醒者），给服活性炭悬液。就医

对保护施救者的忠告 根据需要使用个人防护设备

对医生的特别提示 使用亚硝酸钠、硫代硫酸钠、4-二甲基氨基苯酚等解毒剂

第五部分 消防措施

灭火剂 用雾状水、泡沫、干粉、二氧化碳、砂土灭火

特别危险性 遇明火、高热可燃。与氧化剂可发生反应。受高热分解放出有毒的气体。蒸气比空气重，沿地面扩散并易积存于低洼处，遇火源会着火回燃。若遇高热，容器内压增大，有开裂和爆炸的危险

灭火注意事项及防护措施 消防人员必须佩戴防毒面具、穿全身消防服，在上风向灭火。尽可能将容器从火场移至空旷处。喷水保持火场容器冷却，直至灭火结束。处在火场中的容器若已变色或从安全泄压装置中发出声音，必须马上撤离

第六部分 泄漏应急处理

作业人员防护措施、防护装备和应急处置程序 根据液体流动和蒸气扩散的影响区域划定警戒区，无关人员从侧风向、上风向撤离至安全区。消除所有点火源。建议应急处理人员戴正压自给式呼吸器，穿防毒服。穿上适当的防护服前严禁接触破裂的容器和泄漏物。尽可能切断泄漏源

环境保护措施 防止泄漏物进入水体、下水道、地下室或有限空间

泄漏化学品的收容、清除方法及所使用的处置材料 小量泄漏：用干燥的砂土或其他不燃材料吸收或覆盖，收集于容器中。大量泄漏：构筑围堤或挖坑收容。用泵转移至槽车或专用收集器内

第七部分 操作处置与储存

操作注意事项 密闭操作，局部排风。防止蒸气泄漏到工作场所空气中。操作人员必须经过专门培训，严格遵守操作规程。建议操作人员佩戴自吸过滤式防毒面具（半面罩），戴化学安全防护眼镜，穿防毒物渗透工作服，戴橡胶手套。远离火种、热源，工作场所严禁吸烟。使用防爆型的通风系统和设备。在清除液体和蒸气前不能进行焊接、切割等作业。避免产生烟雾。避免与氧化剂、还原剂接触。配备相应品种和数量的消防器材及泄漏应急处理设备。倒空的容器可能残留有害物

储存注意事项 储存于阴凉、干燥、通风良好的库房。远离火种、热源。防止阳光直射。包装必须密封，切勿受潮。应与氧化剂、还原剂、食用化学品分开存放，切忌混储。配备相应品种和数量的消防器材。储区应备有泄漏应急处理设备和合适的收容材料

第八部分 接触控制/个体防护

职业接触限值

中国 未制定标准

美国（ACGIH） 未制定标准

生物接触限值 未制定标准

监测方法 空气中有毒物质测定方法：未制定标准。生物监测检验方法：未制定标准

工程控制 密闭操作，局部排风

个体防护装备

呼吸系统防护 空气中浓度超标时，必须佩戴过滤式防毒面具（半面罩）。紧急事态抢救或撤离时，应该佩戴空气呼吸器

眼睛防护 戴化学安全防护眼镜

皮肤和身体防护 穿防毒物渗透工作服

手防护 戴橡胶手套

第九部分 理化特性

外观与性状 黄色黏稠液体，具有特殊臭味

pH 值 无资料		**熔点(℃)** −10	
沸点(℃) 170（分解）		**相对密度(水=1)** 1.1165	
相对蒸气密度(空气=1) 4.7			
饱和蒸气压(kPa) 无资料			
临界压力(MPa) 无资料		**辛醇/水分配系数** 无资料	
闪点(℃) 97.22		**自燃温度(℃)** 无资料	
爆炸下限(%) 无资料		**爆炸上限(%)** 无资料	
分解温度(℃) 无资料		**黏度(mPa·s)** 无资料	
燃烧热(kJ/mol) 无资料		**临界温度(℃)** 无资料	

溶解性 不溶于水，易溶于醇、醚、氯仿

第十部分 稳定性和反应性

稳定性 稳定

危险反应 与强氧化剂、强还原剂等禁配物发生反应
避免接触的条件 潮湿空气
禁配物 强氧化剂、强还原剂
危险的分解产物 氮氧化物、氰化氢

第十一部分　毒理学信息

急性毒性 LD$_{50}$：116mg/kg（大鼠经口）；5600μg/kg（小鼠静脉）
皮肤刺激或腐蚀 无资料
眼睛刺激或腐蚀 家兔经眼 250μg（24h），重度刺激
呼吸或皮肤过敏 无资料
生殖细胞突变性 微生物致突变；鼠伤寒沙门氏菌 225nmol/皿
致癌性 无资料　　　**生殖毒性** 无资料
特异性靶器官系统毒性-一次接触 无资料
特异性靶器官系统毒性-反复接触 无资料
吸入危害 无资料

第十二部分　生态学信息

生态毒性 无资料
持久性和降解性
　　生物降解性 无资料
　　非生物降解性 无资料
潜在的生物累积性 无资料
土壤中的迁移性 无资料

第十三部分　废弃处置

废弃化学品 建议用焚烧法处置。在能利用的地方重复使用容器或在规定场所掩埋
污染包装物 将容器返还生产商或按照国家和地方法规处置
废弃注意事项 处置前应参阅国家和地方有关法规

第十四部分　运输信息

联合国危险货物编号（UN 号） 3276
联合国运输名称 腈类，毒性，液态，未另作规定的（苯乙醇腈）
联合国危险性类别 6.1

包装类别 Ⅲ　　　　**包装标志**

海洋污染物 否
运输注意事项 运输前应先检查包装容器是否完整、密封，运输过程中要确保容器不泄漏、不倒塌、不坠落、不损坏。严禁与酸类、氧化剂、食品及食品添加剂混运。运输时运输车辆应配备相应品种和数量的消防器材及泄漏应急处理设备。运输途中应防暴晒、雨淋，防高温。公路运输时要按规定路线行驶，勿在居民区和人口稠密区停留

第十五部分　法规信息

下列法律、法规、规章和标准，对该化学品的管理作了相应的规定。

中华人民共和国职业病防治法 职业病分类和目录：氰及腈类化合物中毒
危险化学品安全管理条例 危险化学品目录：列入。易制爆危险化学品名录：未列入。重点监管的危险化学品名录：未列入。GB 18218—2009《危险化学品重大危险源辨识》（表1）：未列入
使用有毒物品作业场所劳动保护条例 高毒物品目录：未列入
易制毒化学品管理条例 易制毒化学品的分类和品种目录：未列入
国际公约 斯德哥尔摩公约：未列入。鹿特丹公约：未列入。蒙特利尔议定书：未列入

第十六部分　其他信息

编写和修订信息　　**缩略语和首字母缩写**
培训建议　　　　　**参考文献**
免责声明

苯乙酮

第一部分　化学品标识

化学品中文名 苯乙酮；乙酰苯
化学品英文名 phenyl methyl ketone; acetyl benzene
分子式 C$_8$H$_8$O　**分子量** 120.15

结构式

化学品的推荐及限制用途 用于制造香皂和纸烟，也用作有机化学合成的中间体、纤维树脂等的溶剂和塑料的增塑剂

第二部分　危险性概述

紧急情况概述 可燃液体，造成严重眼损伤
GHS 危险性类别 易燃液体，类别4；急性毒性-经口，类别4；严重眼损伤/眼刺激，类别1
标签要素

象形图

警示词 危险
危险性说明 可燃液体，吞咽有害，造成严重眼损伤
防范说明
　　预防措施 远离火焰和热表面。工作场所禁止吸烟。戴防护手套、防护眼镜、防护面罩。避免接触眼睛、皮肤，操作后彻底清洗。作业场所不得进食、饮水或吸烟
　　事故响应 火灾时，使用雾状水、泡沫、干粉、二氧化碳、砂土灭火。食入：漱口。如果感觉不适，立即呼叫中毒控制中心或就医。接触眼睛：用水细心冲洗数分钟。如戴隐形眼镜并可方便地取出，取出隐形眼镜，继续冲洗，立即

呼叫中毒控制中心或就医

　　安全储存　在阴凉、通风良好处储存

　　废弃处置　本品及内装物、容器依据国家和地方法规处置

物理和化学危险　可燃，其粉体或蒸气与空气混合，能形成爆炸性混合物

健康危害　人吞服本品可发生麻醉和止痛作用。对人的危害主要是对眼和皮肤的刺激作用，可引起皮肤局部灼伤和眼角膜损害。除热蒸气外，一般吸入和在工业操作过程中不会引起中毒危害

环境危害　对环境可能有害

第三部分　成分/组成信息

√　物质　　　　　　　　　　　混合物

组分　　　　　**浓度**　　　　　**CAS No.**

苯乙酮　　　　　　　　　　　　　98-86-2

第四部分　急救措施

吸入　脱离现场至空气新鲜处。如呼吸困难，给输氧。就医

皮肤接触　立即脱去污染的衣着，用大量流动清水冲洗20～30min。如有不适感，就医

眼睛接触　提起眼睑，用流动清水或生理盐水冲洗。如有不适感，就医

食入　饮足量温水，催吐。就医

对保护施救者的忠告　根据需要使用个人防护设备

对医生的特别提示　对症处理

第五部分　消防措施

灭火剂　用雾状水、泡沫、干粉、二氧化碳、砂土灭火

特别危险性　遇明火、高热可燃。若遇高热，容器内压增大，有开裂和爆炸的危险

灭火注意事项及防护措施　消防人员必须佩戴防毒面具、穿全身消防服，在上风向灭火。尽可能将容器从火场移至空旷处。喷水保持火场容器冷却，直至灭火结束

第六部分　泄漏应急处理

作业人员防护措施、防护装备和应急处置程序　隔离泄漏污染区，限制出入。消除所有点火源。建议应急处理人员戴防尘口罩，穿防毒服。穿上适当的防护服前严禁接触破裂的容器和泄漏物。尽可能切断泄漏源。用塑料布覆盖泄漏物，减少飞散。勿使水进入包装容器内

环境保护措施　防止泄漏物进入水体、下水道、地下室或密闭性空间

泄漏化学品的收容、清除方法及所使用的处置材料　用洁净的铲子收集泄漏物，置于干净、干燥、盖子较松的容器中，将容器移离泄漏区

第七部分　操作处置与储存

操作注意事项　密闭操作，局部排风。操作人员必须经过专门培训，严格遵守操作规程。建议操作人员佩戴自吸过滤式防尘口罩，戴化学安全防护眼镜，穿防毒物

渗透工作服，戴橡胶耐油手套。远离火种、热源，工作场所严禁吸烟。使用防爆型的通风系统和设备。避免与氧化剂、酸类接触。搬运时要轻装轻卸，防止包装及容器损坏。配备相应品种和数量的消防器材及泄漏应急处理设备。倒空的容器可能残留有害物

储存注意事项　储存于阴凉、通风的库房。远离火种、热源。应与氧化剂、酸类分开存放，切忌混储。配备相应品种和数量的消防器材。储区应备有合适的材料收容泄漏物

第八部分　接触控制/个体防护

职业接触限值

　　中国　　未制定标准

　　美国（ACGIH）　　TLV-TWA：10ppm

生物接触限值　未制定标准

监测方法　空气中有毒物质测定方法：未制定标准。生物监测检验方法：未制定标准

工程控制　密闭操作，局部排风

个体防护装备

　　呼吸系统防护　空气中浓度超标时，必须佩戴过滤式防尘呼吸器。紧急事态抢救或撤离时，应该佩戴空气呼吸器

　　眼睛防护　戴化学安全防护眼镜

　　皮肤和身体防护　穿防毒物渗透工作服

　　手防护　戴橡胶耐油手套

第九部分　理化特性

外观与性状　无色或淡黄色，低熔点、低挥发性、有水果香味的固体或液体

pH值　无资料　　　　　　**熔点(℃)**　19.7

沸点(℃)　201.7

相对密度(水＝1)　1.03（20℃）

相对蒸气密度(空气＝1)　4.14

饱和蒸气压(kPa)　无资料

临界压力(MPa)　无资料　　**辛醇/水分配系数**　1.58

闪点(℃)　77　　　　　　　**自燃温度(℃)**　569

爆炸下限(%)　无资料　　　**爆炸上限(%)**　无资料

分解温度(℃)　无资料　　　**黏度(mPa·s)**　无资料

燃烧热(kJ/mol)　无资料　　**临界温度(℃)**　无资料

溶解性　不溶于水，易溶于多数有机溶剂，不溶于甘油

第十部分　稳定性和反应性

稳定性　稳定

危险反应　与强氧化剂、强酸等禁配物发生反应

避免接触的条件　无资料

禁配物　强氧化剂、强酸

危险的分解产物　无资料

第十一部分　毒理学信息

急性毒性　属低毒类。大鼠在饱和蒸气中8h没有死亡。LD_{50}：300～900mg/kg（大鼠经口）；1070mg/kg（小鼠腹膜腔）

皮肤刺激或腐蚀　无资料　　**眼睛刺激或腐蚀**　对动物可

产生暂时性的角膜损害

呼吸或皮肤过敏　无资料　　生殖细胞突变性　无资料

致癌性　无资料　　　　　生殖毒性　无资料

特异性靶器官系统毒性--一次接触　给小鼠腹腔注射
　　0.4g/kg 或 0.5g/kg，很快发生催眠作用

特异性靶器官系统毒性-反复接触　无资料

吸入危害　无资料

第十二部分　生态学信息

生态毒性　LC_{50}：155～200mg/L（96h）（鱼）

持久性和降解性

　　生物降解性　无资料

　　非生物降解性　无资料

潜在的生物累积性　无资料

土壤中的迁移性　无资料

第十三部分　废弃处置

废弃化学品　建议用焚烧法处置

污染包装物　将容器返还生产商或按照国家和地方法规
　　处置

废弃注意事项　处置前应参阅国家和地方有关法规

第十四部分　运输信息

联合国危险货物编号（UN 号）　—

联合国运输名称　—　　　　联合国危险性类别　—

包装类别　—　　　　　　　包装标志　—

海洋污染物　否

运输注意事项　起运时包装要完整，装载应稳妥。运输过
　　程中要确保容器不泄漏、不倒塌、不坠落、不损坏。
　　严禁与氧化剂、酸类、食用化学品等混装混运。运输
　　途中应防暴晒、雨淋，防高温。车辆运输完毕应进行
　　彻底清扫

第十五部分　法规信息

　　下列法律、法规、规章和标准，对该化学品的管理作
了相应的规定。

中华人民共和国职业病防治法　职业病分类和目录：未
　　列入

危险化学品安全管理条例　危险化学品目录：未列入。易
　　制爆危险化学品名录：未列入。重点监管的危险化学
　　品名录：未列入。GB 18218—2009《危险化学品重
　　大危险源辨识》（表 1）：未列入

使用有毒物品作业场所劳动保护条例　高毒物品目录：未
　　列入

易制毒化学品管理条例　易制毒化学品的分类和品种目
　　录：未列入

国际公约　斯德哥尔摩公约：未列入。鹿特丹公约：未列
　　入。蒙特利尔议定书：未列入

第十六部分　其他信息

编写和修订信息　　　缩略语和首字母缩写

培训建议　　　　　　参考文献

免责声明

吡啶

第一部分　化学品标识

化学品中文名　吡啶；氮（杂）苯；氮杂苯

化学品英文名　pyridine；azabenzene

分子式　C_5H_5N　分子量　79.0999

结构式　

化学品的推荐及限制用途　用于制造维生素、磺胺类药、
　　杀虫剂及塑料等

第二部分　危险性概述

紧急情况概述　高度易燃液体和蒸气，吞咽有害，皮肤接
　　触有害，吸入有害

GHS 危险性类别　易燃液体，类别 2；急性毒性-经口，
　　类别 4；急性毒性-经皮，类别 4；急性毒性-吸入，类
　　别 4；危害水生环境-急性危害，类别 3

标签要素

象形图

警示词　危险

危险性说明　高度易燃液体和蒸气，吞咽有害，皮肤接
　　触有害，吸入有害，对水生生物有害

防范说明

　　预防措施　远离热源、火花、明火、热表面。保持
　　　　容器密闭。容器和接收设备接地连接。使用防
　　　　爆型电器、通风、照明设备。只能使用不产生
　　　　火花的工具。采取防止静电措施。戴防护手
　　　　套、防护眼镜、防护面罩，穿防护服。避免接
　　　　触眼睛、皮肤，操作后彻底清洗。作业场所不
　　　　得进食、饮水或吸烟。避免吸入蒸气、雾。仅
　　　　在室外或通风良好处操作。禁止排入环境

　　事故响应　火灾时，使用雾状水、泡沫、干粉、二
　　　　氧化碳、砂土灭火。如吸入：将患者转移到空
　　　　气新鲜处，休息，保持利于呼吸的体位。皮肤
　　　　接触：用大量肥皂水和水清洗，如感觉不适，
　　　　呼叫中毒控制中心或就医。被污染的衣服必须
　　　　经洗净后方可重新使用。食入：如果感觉不
　　　　适，立即呼叫中毒控制中心或就医，漱口

　　安全储存　存放在通风良好的地方。保持低温

　　废弃处置　本品及内装物、容器依据国家和地方法
　　　　规处置

物理和化学危险　易燃，其蒸气与空气混合，能形成爆炸
　　性混合物

健康危害　有强烈刺激性；能麻醉中枢神经系统。对眼睛
　　及上呼吸道有刺激作用。高浓度吸入后，轻者有欣快
　　或窒息感，继而出现抑郁、肌无力、呕吐；重者意识
　　丧失、大小便失禁、强直性痉挛、血压下降。误服可
　　致死。慢性影响：长期吸入出现头晕、头痛、失眠、
　　步态不稳及消化道功能紊乱。可发生肝肾损害。可致

多发性神经病。对皮肤有刺激性，可引起皮炎，有时
有光感性皮炎

环境危害　对水生生物有害

第三部分　成分/组成信息

√ 物质　　　　　　　混合物

组分　　　**浓度**　　　**CAS No.**

吡啶　　　　　　　　110-86-1

第四部分　急救措施

吸入　迅速脱离现场至空气新鲜处。保持呼吸道通畅。如
呼吸困难，给输氧。如呼吸、心跳停止，立即进行心
肺复苏术。就医

皮肤接触　立即脱去污染的衣着，用流动清水彻底冲洗。
就医

眼睛接触　立即分开眼睑，用流动清水或生理盐水彻底冲
洗。就医

食入　漱口，饮水。就医

对保护施救者的忠告　根据需要使用个人防护设备

对医生的特别提示　对症处理

第五部分　消防措施

灭火剂　用雾状水、泡沫、干粉、二氧化碳、砂土灭火

特别危险性　其蒸气与空气可形成爆炸性混合物，遇明
火、高热极易燃烧爆炸。与氧化剂接触猛烈反应。高
温时分解，释出剧毒的氮氧化物气体。与硫酸、硝
酸、铬酸、发烟硫酸、氯磺酸、顺丁烯二酸酐、高氯
酸银等剧烈反应，有爆炸危险。流速过快，容易产生
和积聚静电。蒸气比空气重，沿地面扩散并易积存于
低洼处，遇火源会着火回燃。若遇高热，容器内压增
大，有开裂和爆炸的危险

灭火注意事项及防护措施　消防人员必须佩戴防毒面具、
穿全身消防服，在上风向灭火。尽可能将容器从火场
移至空旷处。喷水保持火场容器冷却，直至灭火结
束。处在火场中的容器若已变色或从安全泄压装置中
发出声音，必须马上撤离

第六部分　泄漏应急处理

作业人员防护措施、防护装备和应急处置程序　消除所有
点火源。根据液体流动和蒸气扩散的影响区域划定警
戒区，无关人员从侧风向、上风向撤离至安全区。建
议应急处理人员戴正压自给式呼吸器，穿防毒、防静
电服。作业时使用的所有设备应接地。禁止接触或跨
越泄漏物。尽可能切断泄漏源

环境保护措施　防止泄漏物进入水体、下水道、地下室或
有限空间

泄漏化学品的收容、清除方法及所使用的处置材料　小量
泄漏：用砂土或其他不燃材料吸收。使用洁净的无火
花工具收集吸收材料。大量泄漏：构筑围堤或挖坑收
容。用抗溶性泡沫覆盖，减少蒸发。喷水雾能减少蒸
发，但不能降低泄漏物在有限空间内的易燃性。用防
爆泵转移至槽车或专用收集器内。喷雾状水驱散蒸
气、稀释液体泄漏物

第七部分　操作处置与储存

操作注意事项　密闭操作，局部排风。操作人员必须经过
专门培训，严格遵守操作规程。建议操作人员佩戴自
吸过滤式防毒面具（半面罩），穿胶布防毒衣，戴橡
胶耐油手套。远离火种、热源，工作场所严禁吸烟。
使用防爆型的通风系统和设备。防止蒸气泄漏到工作
场所空气中。避免与氧化剂、酸类接触。灌装时应控
制流速，且有接地装置，防止静电积聚。搬运时要轻
装轻卸，防止包装及容器损坏。配备相应品种和数量
的消防器材及泄漏应急处理设备。倒空的容器可能残
留有害物

储存注意事项　储存于阴凉、通风的库房。远离火种、热
源。库温不宜超过 37℃，应与氧化剂、酸类、食用
化学品分开存放，切忌混储。采用防爆型照明、通风
设施。禁止使用易产生火花的机械设备和工具。储区
应备有泄漏应急处理设备和合适的收容材料

第八部分　接触控制/个体防护

职业接触限值

中国　PC-TWA：4mg/m³

美国（ACGIH）　TLV-TWA：1ppm

生物接触限值　未制定标准

监测方法　空气中有毒物质测定方法：溶剂解吸-气相色
谱法。生物监测检验方法：未制定标准

工程控制　密闭操作，局部排风。提供安全淋浴和洗眼
设备

个体防护装备

呼吸系统防护　空气中浓度超标时，必须佩戴过滤式
防毒面具（半面罩）。紧急事态抢救或撤离时，
应该佩戴空气呼吸器

眼睛防护　呼吸系统防护中已作防护

皮肤和身体防护　穿密闭型防毒服

手防护　戴橡胶耐油手套

第九部分　理化特性

外观与性状　无色或微黄色液体，有恶臭

pH 值　8.5(0.2mol/L溶液)　**熔点(℃)**　−42

沸点(℃)　115.3　　　**相对密度(水=1)**　0.982

相对蒸气密度(空气=1)　2.73

饱和蒸气压(kPa)　1.5(20℃)

临界压力(MPa)　无资料　**辛醇/水分配系数**　0.64～1.04

闪点(℃)　20　　　　　**自燃温度(℃)**　482

爆炸下限(%)　1.8　　　**爆炸上限(%)**　12.4

分解温度(℃)　无资料

黏度(mPa·s)　1.038(15℃)；0.952(20℃)；0.829
(30℃)

燃烧热(kJ/mol)　−2646.68　**临界温度(℃)**　346.8

溶解性　溶于水、醇、醚等多数有机溶剂

第十部分　稳定性和反应性

稳定性　稳定

危险反应　与强氧化剂等禁配物接触，有发生火灾和爆炸

的危险。与硫酸、硝酸、铬酸、发烟硫酸、氯磺酸、顺丁烯二酸酐、高氯酸银等剧烈反应，有爆炸危险

避免接触的条件 无资料

禁配物 强氧化剂、氯仿、硫酸、硝酸、铬酸、发烟硫酸、氯磺酸、顺丁烯二酸酐、高氯酸银等

危险的分解产物 氮氧化物

第十一部分 毒理学信息

急性毒性 对动物有麻醉作用，中毒死亡原因是呼吸中枢麻痹。LD_{50}：891mg/kg（大鼠经口）；1500mg/kg（小鼠经口）；1121mg/kg（兔经皮）。LC_{50}：4000ppm（大鼠吸入，4h）

皮肤刺激或腐蚀 无资料

眼睛刺激或腐蚀 家兔经眼：40%的溶液滴入兔眼，可引起角膜坏死；豚鼠经眼：原液滴入豚鼠眼一滴，可引起角膜损害

呼吸或皮肤过敏 无资料　**生殖细胞突变性** 无资料

致癌性 无资料　　　**生殖毒性** 无资料

特异性靶器官系统毒性-一次接触 无资料

特异性靶器官系统毒性-反复接触 豚鼠吸入本品蒸气1g/m³，每天3h，历时4个月，出现体重减轻、萎靡状态。初期有体温下降、低血色素贫血。部分动物出现死胎和产后死亡。病理检查有肝硬化、坏死性病灶和肝脂肪变

吸入危害 无资料

第十二部分 生态学信息

生态毒性 560mg/L<LC_{50}<1000mg/L（96h）（斑马鱼，OECD 203）。EC_{50}：320mg/L（48h）（大型溞，OECD 202）。ErC_{50}：320mg/L（72h）（羊角月牙藻，OECD 201）

持久性和降解性

　生物降解性　易快速生物降解

　非生物降解性　无资料

潜在的生物累积性 无资料

土壤中的迁移性 无资料

第十三部分 废弃处置

废弃化学品 用控制焚烧法处置。焚烧炉排出的氮氧化物通过洗涤器除去

污染包装物 将容器返还生产商或按照国家和地方法规处置

废弃注意事项 把倒空的容器归还厂商或在规定场所掩埋

第十四部分 运输信息

联合国危险货物编号（UN号） 1282

联合国运输名称 吡啶

联合国危险性类别 3

包装类别 Ⅱ　　　　**包装标志**

海洋污染物 否

运输注意事项 运输时运输车辆应配备相应品种和数量的消防器材及泄漏应急处理设备。夏季最好早晚运输。运输时所用的槽（罐）车应有接地链，槽内可设孔隔板以减少震荡产生的静电。严禁与氧化剂、酸类、食用化学品等混装混运。运输途中应防暴晒、雨淋、防高温。中途停留时应远离火种、热源、高温区。装运该物品的车辆排气管必须配备阻火装置，禁止使用易产生火花的机械设备和工具装卸。公路运输时要按规定路线行驶，勿在居民区和人口稠密区停留。铁路运输时要禁止溜放。严禁用木船、水泥船散装运输

第十五部分 法规信息

下列法律、法规、规章和标准，对该化学品的管理作了相应的规定。

中华人民共和国职业病防治法 职业病分类和目录：未列入

危险化学品安全管理条例 危险化学品目录：列入。易制爆危险化学品名录：未列入。重点监管的危险化学品名录：未列入。GB 18218—2009《危险化学品重大危险源辨识》（表1）：未列入

使用有毒物品作业场所劳动保护条例 高毒物品目录：未列入

易制毒化学品管理条例 易制毒化学品的分类和品种目录：未列入

国际公约 斯德哥尔摩公约：未列入。鹿特丹公约：未列入。蒙特利尔议定书：未列入

第十六部分 其他信息

编写和修订信息　　　缩略语和首字母缩写

培训建议　　　　　　参考文献

免责声明

吡咯

第一部分 化学品标识

化学品中文名 吡咯；一氮二烯五环；氮（杂）茂

化学品英文名 pyrrole; divinylenimine

分子式 C_4H_5N　**分子量** 67.0892

结构式

化学品的推荐及限制用途 用作色谱分析标准物质，也用于有机合成及制药工业

第二部分 危险性概述

紧急情况概述 易燃液体和蒸气

GHS危险性类别 易燃液体，类别3

标签要素

象形图

警示词 警告

危险性说明 易燃液体和蒸气

防范说明

预防措施　远离热源、火花、明火、热表面。禁止吸烟。保持容器密闭。容器和接收设备接地连接。使用防爆型电器、通风、照明设备。只能使用不产生火花的工具。采取防止静电措施。戴防护手套、防护眼镜、防护面罩

事故响应　火灾时，使用雾状水、泡沫、干粉、二氧化碳、砂土灭火。如皮肤（或头发）接触：立即脱掉所有被污染的衣服，用水冲洗皮肤，淋浴

安全储存　存放在通风良好的地方。保持低温

废弃处置　本品及内装物、容器依据国家和地方法规处置

物理和化学危险 易燃，其蒸气与空气混合，能形成爆炸性混合物

健康危害 吸入蒸气可致麻醉，并可引起体温持续增高

环境危害 对环境可能有害

第三部分　成分/组成信息

√ 物质　　　　　　　混合物

组分	浓度	CAS No.
吡咯		109-97-7

第四部分　急救措施

吸入 迅速脱离现场至空气新鲜处。保持呼吸道通畅。如呼吸困难，给输氧。如呼吸、心跳停止，立即进行心肺复苏术。就医

皮肤接触 立即脱去污染的衣着，用流动清水彻底冲洗。就医

眼睛接触 立即提开眼睑，用流动清水或生理盐水彻底冲洗。就医

食入 漱口，饮水。就医

对保护施救者的忠告 根据需要使用个人防护设备

对医生的特别提示 对症处理

第五部分　消防措施

灭火剂 用雾状水、泡沫、干粉、二氧化碳、砂土灭火

特别危险性 其蒸气与空气可形成爆炸性混合物，遇明火、高热能引起燃烧爆炸。与氧化剂可发生反应。高温时分解，释出剧毒的氮氧化物气体。流速过快，容易产生和积聚静电。容易自聚，聚合反应随着温度的上升而急骤加剧。蒸气比空气重，沿地面扩散并易积存于低洼处，遇火源会着火回燃。若遇高热，容器内压增大，有开裂和爆炸的危险

灭火注意事项及防护措施 消防人员必须佩戴防毒面具、穿全身消防服，在上风向灭火。尽可能将容器从火场移至空旷处。喷水保持火场容器冷却，直至灭火结束。处在火场中的容器若已变色或从安全泄压装置中发出声音，必须马上撤离

第六部分　泄漏应急处理

作业人员防护措施、防护装备和应急处置程序 消除所有点火源。根据液体流动和蒸气扩散的影响区域划定警戒区，无关人员从侧风向、上风向撤离至安全区。建议应急处理人员戴正压自给式呼吸器，穿防静电服。作业时使用的所有设备应接地。禁止接触或跨越泄漏物。尽可能切断泄漏源

环境保护措施 防止泄漏物进入水体、下水道、地下室或有限空间

泄漏化学品的收容、清除方法及所使用的处置材料 小量泄漏：用砂土或其他不燃材料吸收。使用洁净的无火花工具收集吸收材料。大量泄漏：构筑围堤或挖坑收容。用泡沫覆盖，减少蒸发。喷水雾能减少蒸发，但不能降低泄漏物在有限空间内的易燃性。用防爆泵转移至槽车或专用收集器内

第七部分　操作处置与储存

操作注意事项 密闭操作，全面通风。操作人员必须经过专门培训，严格遵守操作规程。建议操作人员佩戴自吸过滤式防毒面具（半面罩），戴化学安全防护眼镜，穿防静电工作服，戴橡胶耐油手套。远离火种、热源，工作场所严禁吸烟。使用防爆型的通风系统和设备。防止蒸气泄漏到工作场所空气中。避免与氧化剂、酸类接触。充装要控制流速，防止静电积聚。搬运时要轻装轻卸，防止包装及容器损坏。配备相应品种和数量的消防器材及泄漏应急处理设备。倒空的容器可能残留有害物

储存注意事项 储存于阴凉、通风的库房。远离火种、热源。库温不宜超过37℃，包装要求密封，不可与空气接触。应与氧化剂、酸类、食用化学品分开存放，切忌混储。不宜大量储存或久存。采用防爆型照明、通风设施。禁止使用易产生火花的机械设备和工具。储区应备有泄漏应急处理设备和合适的收容材料

第八部分　接触控制/个体防护

职业接触限值

中国　未制定标准

美国（ACGIH）　未制定标准

生物接触限值 未制定标准

监测方法 空气中有毒物质测定方法：未制定标准。生物监测检验方法：未制定标准

工程控制 生产过程密闭，全面通风。提供安全淋浴和洗眼设备

个体防护装备

呼吸系统防护　空气中浓度超标时，必须佩戴过滤式防毒面具（半面罩）。紧急事态抢救或撤离时，应该佩戴空气呼吸器

眼睛防护　戴化学安全防护眼镜

皮肤和身体防护　穿防静电工作服

手防护　戴橡胶耐油手套

第九部分　理化特性

外观与性状 浅黄色或棕色油状液体，具有类似氯仿的气味

pH 值　无资料	熔点（℃）　—24
沸点（℃）　130	相对密度（水＝1）　0.97

相对蒸气密度(空气＝1)　2.31

饱和蒸气压(kPa)　无资料

临界压力(MPa)　无资料　辛醇/水分配系数　0.75

闪点(℃)　38.9　自燃温度(℃)　无资料

爆炸下限（%）　无资料　爆炸上限（%）　无资料

分解温度(℃)　无资料

黏度(mPa·s)　4.1123(—23.4℃)

燃烧热(kJ/mol)　—2241.8　临界温度(℃)　366.75

溶解性　微溶于水，溶于乙醇、乙醚、苯、丙酮等多数有机溶剂

第十部分　稳定性和反应性

稳定性　稳定

危险反应　与酰基氯、强氧化剂等禁配物接触，有发生火灾和爆炸的危险。容易发生自聚反应

避免接触的条件　受热、光照

禁配物　酰基氯、酸酐、强氧化剂、酸类

危险的分解产物　氮氧化物

第十一部分　毒理学信息

急性毒性　LD$_{50}$：98mg/kg（小鼠腹腔）

皮肤刺激或腐蚀　无资料	眼睛刺激或腐蚀　无资料
呼吸或皮肤过敏　无资料	生殖细胞突变性　无资料
致癌性　无资料	生殖毒性　无资料

特异性靶器官系统毒性-一次接触　无资料

特异性靶器官系统毒性-反复接触　无资料

吸入危害　无资料

第十二部分　生态学信息

生态毒性　无资料

持久性和降解性

　　生物降解性　无资料

　　非生物降解性　无资料

潜在的生物累积性　无资料

土壤中的迁移性　无资料

第十三部分　废弃处置

废弃化学品　建议用焚烧法处置。焚烧炉排出的氮氧化物通过洗涤器除去

污染包装物　将容器返还生产商或按照国家和地方法规处置

废弃注意事项　处置前应参阅国家和地方有关法规

第十四部分　运输信息

联合国危险货物编号（UN 号）　1993

联合国运输名称　易燃液体，未另作规定的（吡咯）

联合国危险性类别　3

包装类别　Ⅲ　包装标志　

海洋污染物　否

运输注意事项　运输时运输车辆应配备相应品种和数量的消防器材及泄漏应急处理设备。夏季最好早晚运输。运输时所用的槽（罐）车应有接地链，槽内可设孔隔板以减少震荡产生的静电。严禁与氧化剂、酸类、食用化学品等混装混运。运输途中应防暴晒、雨淋，防高温。中途停留时应远离火种、热源、高温区。装运该物品的车辆排气管必须配备阻火装置，禁止使用易产生火花的机械设备和工具装卸。公路运输时要按规定路线行驶，勿在居民区和人口稠密区停留。铁路运输时要禁止溜放。严禁用木船、水泥船散装运输

第十五部分　法规信息

下列法律、法规、规章和标准，对该化学品的管理作了相应的规定。

中华人民共和国职业病防治法　职业病分类和目录：未列入

危险化学品安全管理条例　危险化学品目录：列入。易制爆危险化学品名录：未列入。重点监管的危险化学品名录：未列入。GB 18218—2009《危险化学品重大危险源辨识》（表 1）：未列入

使用有毒物品作业场所劳动保护条例　高毒物品目录：未列入

易制毒化学品管理条例　易制毒化学品的分类和品种目录：未列入

国际公约　斯德哥尔摩公约：未列入。鹿特丹公约：未列入。蒙特利尔议定书：未列入

第十六部分　其他信息

编写和修订信息　缩略语和首字母缩写

培训建议　　　　参考文献

免责声明

2-吡咯酮

第一部分　化学品标识

化学品中文名　2-吡咯酮；4-丁内酰胺

化学品英文名　2-pyrrolidone；γ-butyrolactam

分子式　C$_4$H$_7$NO　分子量　85.1045

结构式　

化学品的推荐及限制用途　用作增塑剂、聚合剂、杀虫剂等的溶剂

第二部分　危险性概述

紧急情况概述　造成严重眼刺激

GHS 危险性类别　严重眼损伤/眼刺激，类别 2

标签要素

象形图　

警示词　警告

危险性说明 造成严重眼刺激

防范说明

预防措施 避免接触眼睛、皮肤，操作后彻底清洗。戴防护眼镜、防护面罩

事故响应 如接触眼睛：用水细心冲洗数分钟。如戴隐形眼镜并可方便地取出，取出隐形眼镜，继续冲洗。如果眼睛刺激持续：就医

安全储存 —

废弃处置 —

物理和化学危险 可燃，其粉体与空气混合，能形成爆炸性混合物

健康危害 摄入、吸入或经皮吸收对身体有害。其蒸气和气溶胶对眼睛、黏膜、呼吸道、皮肤有刺激作用

环境危害 对环境可能有害

第三部分　成分/组成信息

√ 物质　　　　　　　　混合物

组分	浓度	CAS No.
2-吡咯酮		616-45-5

第四部分　急救措施

吸入 迅速脱离现场至空气新鲜处。保持呼吸道通畅。如呼吸困难，给输氧。呼吸、心跳停止，立即进行心肺复苏术。就医

皮肤接触 立即脱去污染的衣着，用流动清水彻底冲洗。就医

眼睛接触 立即分开眼睑，用流动清水或生理盐水彻底冲洗。就医

食入 漱口，饮水。就医

对保护施救者的忠告 根据需要使用个人防护设备

对医生的特别提示 对症处理

第五部分　消防措施

灭火剂 用雾状水、泡沫、干粉、二氧化碳、砂土灭火

特别危险性 可燃。遇明火能燃烧。与氧化剂可发生反应。受热分解放出有毒的氧化氮烟气

灭火注意事项及防护措施 消防人员必须佩戴防毒面具、穿全身消防服，在上风向灭火。尽可能将容器从火场移至空旷处。喷水保持火场容器冷却，直至灭火结束。处在火场中的容器若已变色或安全泄压装置发出声音，必须马上撤离

第六部分　泄漏应急处理

作业人员防护措施、防护装备和应急处置程序 根据液体流动和蒸气扩散的影响区域划定警戒区，无关人员从侧风、上风向撤离至安全区。消除所有点火源。建议应急处理人员戴正压自给式呼吸器，穿防毒服。穿上适当的防护服前严禁接触破裂的容器和泄漏物。尽可能切断泄漏源

环境保护措施 防止泄漏物进入水体、下水道、地下室或有限空间

泄漏化学品的收容、清除方法及所使用的处置材料 少量泄漏：用干燥的砂土或其他不燃材料吸收或覆盖，收集于容器中。大量泄漏：构筑围堤或挖坑收容。用泵转移至槽车或专用收集器内

第七部分　操作处置与储存

操作注意事项 密闭操作，局部排风。操作人员必须经过专门培训，严格遵守操作规程。建议操作人员佩戴自吸过滤式防尘口罩，戴化学安全防护眼镜，穿防毒物渗透工作服，戴橡胶手套。远离火种、热源，工作场所严禁吸烟。使用防爆型的通风系统和设备。防止烟雾或粉尘泄漏到工作场所空气中。避免与氧化剂、还原剂、酸类、碱类接触。搬运时要轻装轻卸，防止包装及容器损坏。配备相应品种和数量的消防器材及泄漏应急处理设备。倒空的容器可能残留有害物

储存注意事项 储存于阴凉、通风的库房。应与氧化剂、还原剂、酸类、碱类、食用化学品分开存放，切忌混储。配备相应品种和数量的消防器材。储区应备有泄漏应急处理设备和合适的收容材料

第八部分　接触控制/个体防护

职业接触限值

中国 未制定标准

美国（ACGIH） 未制定标准

生物接触限值 未制定标准

监测方法 空气中有毒物质测定方法：未制定标准。生物监测检验方法：未制定标准

工程控制 密闭操作，局部排风。提供安全淋浴和洗眼设备

个体防护装备

呼吸系统防护 空气中粉尘浓度超标时，必须佩戴过滤式防尘呼吸器；可能接触其蒸气时，应该佩戴过滤式防毒面具（半面罩）

眼睛防护 戴化学安全防护眼镜

皮肤和身体防护 穿防毒物渗透工作服

手防护 戴橡胶手套

第九部分　理化特性

外观与性状 无色至淡黄色液体或结晶

pH 值 无资料	**熔点(℃)** 23～25
沸点(℃) 245	**相对密度(水=1)** 1.12
相对蒸气密度(空气=1) 2.9	
饱和蒸气压(kPa) 1.33（122℃）	
临界压力(MPa) 无资料	**辛醇/水分配系数** 无资料
闪点(℃) 129	**自燃温度(℃)** 145
爆炸下限(%) 无资料	**爆炸上限(%)** 无资料
分解温度(℃) 无资料	**黏度(mPa·s)** 13.3（25℃）
燃烧热(kJ/mol) −2290.6	**临界温度(℃)** 523

溶解性 溶于水、乙醇、乙醚、氯仿、乙酸乙酯等多数有机溶剂

第十部分　稳定性和反应性

稳定性 稳定

危险反应 与强氧化剂、强碱、强酸、强还原剂等禁配物发生反应

避免接触的条件　受热

禁配物　强氧化剂、强碱、强酸、强还原剂

危险的分解产物　氮氧化物

第十一部分　毒理学信息

急性毒性　LD$_{50}$：328mg/kg（大鼠经口）；6500mg/kg（豚鼠经口）

皮肤刺激或腐蚀　无资料　　**眼睛刺激或腐蚀**　无资料

呼吸或皮肤过敏　无资料　　**生殖细胞突变性**　无资料

致癌性　无资料　　　　　　**生殖毒性**　无资料

特异性靶器官系统毒性-一次接触　无资料

特异性靶器官系统毒性-反复接触　无资料

吸入危害　无资料

第十二部分　生态学信息

生态毒性　LC$_{50}$：4600～10000mg/L（96h）（斑马鱼）（OECD 203）；EC$_{50}$：＞500mg/L（48h）（大型溞）；ErC$_{50}$：＞500mg/L（72h）(*Scenedesmus subspicatus*)

持久性和降解性

　　生物降解性　易快速生物降解（OECD 301D）

　　非生物降解性　无资料

潜在的生物累积性　根据 K_{ow} 值预测，该物质的生物累积性可能较弱

土壤中的迁移性　根据 K_{oc} 值预测，该物质可能易发生迁移

第十三部分　废弃处置

废弃化学品　建议用焚烧法处置。焚烧炉排出的氮氧化物通过洗涤器除去

污染包装物　将容器返还生产商或按照国家和地方法规处置

废弃注意事项　处置前应参阅国家和地方有关法规。把倒空的容器归还厂商或在规定场所掩埋

第十四部分　运输信息

联合国危险货物编号（UN 号）　—

联合国运输名称　—　　**联合国危险性类别**　—

包装类别　—　　　　　　**包装标志**　—

海洋污染物　否

运输注意事项　运输前应先检查包装容器是否完整、密封，运输过程中要确保容器不泄漏、不倒塌、不坠落、不损坏。严禁与酸类、氧化剂、食品及食品添加剂混运。运输时运输车辆应配备相应品种和数量的消防器材及泄漏应急处理设备。运输途中应防暴晒、雨淋、防高温。公路运输时要按规定路线行驶，勿在居民区和人口稠密区停留

第十五部分　法规信息

　　下列法律、法规、规章和标准，对该化学品的管理作了相应的规定。

中华人民共和国职业病防治法　职业病分类和目录：未列入

危险化学品安全管理条例　危险化学品目录：列入。易制

爆危险化学品名录：未列入。重点监管的危险化学品名录：未列入。GB 18218—2009《危险化学品重大危险源辨识》（表 1）：未列入

使用有毒物品作业场所劳动保护条例　高毒物品目录：未列入

易制毒化学品管理条例　易制毒化学品的分类和品种目录：未列入

国际公约　斯德哥尔摩公约：未列入。鹿特丹公约：未列入。蒙特利尔议定书：未列入

第十六部分　其他信息

编写和修订信息　　　　**缩略语和首字母缩写**

培训建议　　　　　　　**参考文献**

免责声明

苄胺

第一部分　化学品标识

化学品中文名　苄胺；苯甲胺

化学品英文名　benzylamine；α-aminotoluene

分子式　C$_7$H$_9$N　**分子量**　107.15

结构式　

化学品的推荐及限制用途　用作染料、药品及聚合物的化学合成中间体

第二部分　危险性概述

紧急情况概述　吞咽有害，皮肤接触有害，造成严重的皮肤灼伤和眼损伤

GHS 危险性类别　急性毒性-经口，类别 4；急性毒性-经皮，类别 4；皮肤腐蚀/刺激，类别 1B；严重眼损伤/眼刺激，类别 1；危害水生环境-急性危害，类别 3

标签要素

象形图

警示词　危险

危险性说明　吞咽有害，皮肤接触有害，造成严重的皮肤灼伤和眼损伤，对水生生物有害

防范说明

　　预防措施　作业场所不得进食、饮水或吸烟。避免吸入蒸气、雾。避免接触眼睛、皮肤，操作后彻底清洗。穿防护服，戴防护眼镜、防护手套、防护面罩。禁止排入环境

　　事故响应　如吸入：将患者转移到空气新鲜处，休息，保持利于呼吸的体位。皮肤（或头发）接触：立即脱掉所有被污染的衣服。用水冲洗皮肤、淋浴。污染的衣服必须经洗净后方可重新使用。眼睛接触：用水细心地冲洗数分钟，立即呼叫中毒控制中心或就医。如戴隐形眼镜并可方便地取出，则取出隐形眼镜，继续冲洗。食入：漱口，不要催吐

安全储存　上锁保管

废弃处置　本品及内装物、容器依据国家和地方法规处置

物理和化学危险　易燃，其蒸气与空气混合，能形成爆炸性混合物

健康危害　吸入、摄入或经皮肤吸收对身体有害。对眼睛、黏膜、呼吸道及皮肤有强烈刺激作用。吸入后可能因喉、支气管的炎症造成痉挛、水肿及化学性肺炎或肺水肿而致死。中毒表现有烧灼感、咳嗽、喘息、喉炎、气短、头痛、恶心和呕吐。眼和皮肤接触引起灼伤

环境危害　对水生生物有害

第三部分　成分/组成信息

√ 物质　　　　　　　混合物

组分	浓度	CAS No.
苄胺		100-46-9

第四部分　急救措施

吸入　迅速脱离现场至空气新鲜处。保持呼吸道通畅。如呼吸困难，给输氧。呼吸、心跳停止，立即进行心肺复苏术。就医

皮肤接触　立即脱去污染的衣着，用大量流动清水彻底冲洗至少15min。就医

眼睛接触　立即分开眼睑，用流动清水或生理盐水彻底冲洗5～10min。就医

食入　用水漱口，禁止催吐。饮牛奶或蛋清。就医

对保护施救者的忠告　根据需要使用个人防护设备

对医生的特别提示　对症处理

第五部分　消防措施

灭火剂　用雾状水、抗溶性泡沫、干粉、二氧化碳、砂土灭火

特别危险性　遇明火、高热易燃。受高热分解放出有毒的气体

灭火注意事项及防护措施　消防人员必须佩戴空气呼吸器、穿全身防火防毒服，在上风向灭火。尽可能将容器从火场移至空旷处。喷水保持火场容器冷却，直至灭火结束。处在火场中的容器若已变色或从安全泄压装置中发出声音，必须马上撤离

第六部分　泄漏应急处理

作业人员防护措施、防护装备和应急处置程序　根据液体流动和蒸气扩散的影响区域划定警戒区，无关人员从侧风、上风向撤离至安全区。消除所有点火源。建议应急处理人员戴正压自给式呼吸器，穿防毒、防静电服。穿上适当的防护服前严禁接触破裂的容器和泄漏物。尽可能切断泄漏源

环境保护措施　防止泄漏物进入水体、下水道、地下室或有限空间

泄漏化学品的收容、清除方法及所使用的处置材料　小量泄漏：用干燥的砂土或其他不燃材料吸收或覆盖，收集于容器中。也可以用大量水冲洗，冲洗水稀释后放入废水系统。大量泄漏：构筑围堤或挖坑收容。用防爆泵转移至槽车或专用收集器内

第七部分　操作处置与储存

操作注意事项　密闭操作，提供充分的局部排风。操作人员必须经过专门培训，严格遵守操作规程。建议操作人员佩戴自吸过滤式防毒面具（全面罩），穿胶布防毒衣，戴橡胶耐油手套。远离火种、热源，工作场所严禁吸烟。使用防爆型的通风系统和设备。防止蒸气泄漏到工作场所空气中。避免与氧化剂、酸类接触。搬运时要轻装轻卸，防止包装及容器损坏。配备相应品种和数量的消防器材及泄漏应急处理设备。倒空的容器可能残留有害物

储存注意事项　储存于阴凉、通风的库房。远离火种、热源。应与氧化剂、酸类等分开存放，切忌混储。采用防爆型照明、通风设施。禁止使用易产生火花的机械设备和工具。储区应备有泄漏应急处理设备和合适的收容材料

第八部分　接触控制/个体防护

职业接触限值

中国　未制定标准

美国（ACGIH）　未制定标准

生物接触限值　未制定标准

监测方法　空气中有毒物质测定方法：未制定标准。生物监测检验方法：未制定标准

工程控制　严加密闭，提供充分的局部排风。提供安全淋浴和洗眼设备

个体防护装备

呼吸系统防护　空气中浓度超标时，必须佩戴过滤式防毒面具（全面罩）。紧急事态抢救或撤离时，应该佩戴空气呼吸器

眼睛防护　呼吸系统防护中已作防护

皮肤和身体防护　穿密闭型防毒服

手防护　戴橡胶耐油手套

第九部分　理化特性

外观与性状　淡琥珀色液体

pH 值　无资料		**熔点（℃）**　10	
沸点（℃）　185		**相对密度（水＝1）**　0.98	

相对蒸气密度（空气＝1）　无资料

饱和蒸气压（kPa）　1.60（90℃）

临界压力（MPa）　无资料　　**辛醇/水分配系数**　1.09

闪点（℃）　60.0　　**自燃温度（℃）**　无资料

爆炸下限（%）　无资料　　**爆炸上限（%）**　无资料

分解温度（℃）　无资料

黏度（mPa·s）　1.78（21.2℃）

燃烧热（kJ/mol）　－4058.7（101.3kPa，20℃）

临界温度（℃）　无资料

溶解性　与水混溶，可混溶于乙醇、乙醚

第十部分　稳定性和反应性

稳定性　稳定

危险反应 与强氧化剂等禁配物接触，有发生火灾和爆炸的危险。与酰基氯、酸类、酸酐、二氧化碳发生反应

避免接触的条件 无资料

禁配物 酸类、酰基氯、酸酐、强氧化剂、二氧化碳

危险的分解产物 氮氧化物

第十一部分　毒理学信息

急性毒性 LD_{50}：600mg/kg（小鼠腹膜腔）

皮肤刺激或腐蚀 无资料　　**眼睛刺激或腐蚀** 无资料

呼吸或皮肤过敏 无资料　　**生殖细胞突变性** 无资料

致癌性 无资料　　　　　　**生殖毒性** 无资料

特异性靶器官系统毒性-一次接触 无资料

特异性靶器官系统毒性-反复接触 无资料

吸入危害 无资料

第十二部分　生态学信息

生态毒性 EC_{50}：60mg/L（48h）（大型溞）；ErC_{50}：50mg/L（72h）（REACH）

持久性和降解性

生物降解性 易快速生物降解

非生物降解性 无资料

潜在的生物累积性 根据K_{ow}值预测，该物质的生物累积性可能较弱

土壤中的迁移性 根据K_{oc}值预测，该物质可能易发生迁移

第十三部分　废弃处置

废弃化学品 建议用焚烧法处置。焚烧炉排出的氮氧化物通过洗涤器除去

污染包装物 将容器返还生产商或按照国家和地方法规处置

废弃注意事项 处置前应参阅国家和地方有关法规

第十四部分　运输信息

联合国危险货物编号（UN号） 2735

联合国运输名称 液态胺，腐蚀性，未另作规定的（苄胺）

联合国危险性类别 8

包装类别 Ⅲ　　　　　　**包装标志**

海洋污染物 否

运输注意事项 运输前应先检查包装容器是否完整、密封，运输过程中要确保容器不泄漏、不倒塌、不坠落、不损坏。严禁与酸类、氧化剂、食品及食品添加剂混运。运输时运输车辆应配备相应品种和数量的消防器材及泄漏应急处理设备。运输途中应防暴晒、雨淋，防高温。运输时所用的槽（罐）车应有接地链，槽内可设孔隔板以减少震荡产生静电。中途停留时应远离火种、热源。公路运输时要按规定路线行驶，勿在居民区和人口稠密区停留

第十五部分　法规信息

下列法律、法规、规章和标准，对该化学品的管理作了相应的规定。

中华人民共和国职业病防治法 职业病分类和目录：未列入

危险化学品安全管理条例 危险化学品目录：列入。易制爆危险化学品名录：未列入。重点监管的危险化学品名录：未列入。GB 18218—2009《危险化学品重大危险源辨识》（表1）：未列入

使用有毒物品作业场所劳动保护条例 高毒物品目录：未列入

易制毒化学品管理条例 易制毒化学品的分类和品种目录：未列入

国际公约 斯德哥尔摩公约：未列入。鹿特丹公约：未列入。蒙特利尔议定书：未列入

第十六部分　其他信息

编写和修订信息　　　　　**缩略语和首字母缩写**

培训建议　　　　　　　　　**参考文献**

免责声明

苄基二甲胺

第一部分　化学品标识

化学品中文名 苄基二甲胺；N-苄基二甲胺；N，N-二甲基苄胺

化学品英文名 N-benzyl dimethylamine；N，N-dimethylbenzylamine

分子式 $C_9H_{13}N$　　**分子量** 135.2062

结构式

化学品的推荐及限制用途 用作催化剂、阻蚀剂、中和剂，也用于有机合成

第二部分　危险性概述

紧急情况概述 易燃液体和蒸气，吞咽有害，皮肤接触有害，吸入有害，造成严重的皮肤灼伤和眼损伤

GHS危险性类别 易燃液体，类别3；急性毒性-经口，类别4；急性毒性-经皮，类别4；急性毒性-吸入，类别4；皮肤腐蚀/刺激，类别1B；严重眼损伤/眼刺激，类别1；危害水生环境-急性危害，类别3；危害水生环境-长期危害，类别3

标签要素

象形图

警示词 危险

危险性说明 易燃液体和蒸气，吞咽有害，皮肤接触有害，吸入有害，造成严重的皮肤灼伤和眼损伤，对水生生物有害并具有长期持续影响

防范说明

预防措施 远离热源、火花、明火、热表面。保

持容器密闭。容器和接收设备接地连接。使用防爆型电器、通风、照明设备。只能使用不产生火花的工具。采取防止静电措施。戴防护手套、防护眼镜、防护面罩，穿防护服。避免接触眼睛、皮肤，操作后彻底清洗。作业场所不得进食、饮水或吸烟。避免吸入蒸气、雾。仅在室外或通风良好处操作。禁止排入环境

　　事故响应　火灾时，使用雾状水、泡沫、干粉、二氧化碳、砂土灭火。如吸入：将患者转移到空气新鲜处，休息，保持利于呼吸的体位。皮肤接触：用大量肥皂水和水清洗，如感觉不适，呼叫中毒控制中心或就医。被污染的衣服必须经洗净后方可重新使用。眼睛接触：用水细心地冲洗数分钟。如戴隐形眼镜并可方便地取出，则取出隐形眼镜，继续冲洗。食入：漱口。不要催吐，如果感觉不适，立即呼叫中毒控制中心或就医

　　安全储存　存放在通风良好的地方。保持低温。上锁保管

　　废弃处置　本品及内装物、容器依据国家和地方法规处置

物理和化学危险　易燃，其蒸气与空气混合，能形成爆炸性混合物

健康危害　有毒性和腐蚀性。能刺激眼睛、皮肤和黏膜。对呼吸道和皮肤有致敏作用。吸入，可引起喉和支气管痉挛、炎症，化学性肺炎、肺水肿等。眼和皮肤接触可引起灼伤

环境危害　对水生生物有害并具有长期持续影响

第三部分　成分/组成信息

√　物质　　　　　　　　混合物

组分	浓度	CAS No.
苄基二甲胺		103-83-3

第四部分　急救措施

吸入　迅速脱离现场至空气新鲜处。保持呼吸道通畅。如呼吸困难，给输氧。如呼吸、心跳停止，立即进行心肺复苏术。就医

皮肤接触　立即脱去污染的衣着，用大量流动清水彻底冲洗至少 15min。就医

眼睛接触　立即分开眼睑，用流动清水或生理盐水彻底冲洗 5～10min。就医

食入　用水漱口，禁止催吐。给饮牛奶或蛋清。就医

对保护施救者的忠告　根据需要使用个人防护设备

对医生的特别提示　对症处理

第五部分　消防措施

灭火剂　用雾状水、泡沫、干粉、二氧化碳、砂土灭火

特别危险性　其蒸气与空气可形成爆炸性混合物，遇明火、高热能引起燃烧爆炸。与氧化剂可发生反应。受高热分解放出有毒的气体。具有腐蚀性。若遇高热，容器内压增大，有开裂和爆炸的危险

灭火注意事项及防护措施　消防人员必须佩戴防毒面具、穿全身消防服，在上风向灭火。尽可能将容器从火场移至空旷处。喷水保持火场容器冷却，直至灭火结束。处在火场中的容器若已变色或从安全泄压装置中发出声音，必须马上撤离

第六部分　泄漏应急处理

作业人员防护措施、防护装备和应急处置程序　消除所有点火源。根据液体流动和蒸气扩散的影响区域划定警戒区，无关人员从侧风向、上风向撤离至安全区。建议应急处理人员戴正压自给式呼吸器，穿防静电、防腐、防毒服。作业时使用的所有设备应接地。禁止接触或跨越泄漏物。尽可能切断泄漏源

环境保护措施　防止泄漏物进入水体、下水道、地下室或有限空间

泄漏化学品的收容、清除方法及所使用的处置材料　小量泄漏：用砂土或其他不燃材料吸收。使用洁净的无火花工具收集吸收材料。大量泄漏：构筑围堤或挖坑收容。用粉煤灰或石灰粉吸收大量液体。用泡沫覆盖，减少蒸发。喷水雾能减少蒸发，但不能降低泄漏物在有限空间内的易燃性。用防爆、耐腐蚀泵转移至槽车或专用收集器内

第七部分　操作处置与储存

操作注意事项　密闭操作，局部排风。防止蒸气泄漏到工作场所空气中。操作人员必须经过专门培训，严格遵守操作规程。建议操作人员佩戴自吸过滤式防毒面具（半面罩），戴化学安全防护眼镜，穿橡胶耐酸碱服，戴橡胶耐酸碱手套。远离火种、热源，工作场所严禁吸烟。使用防爆型的通风系统和设备。在清除液体和蒸气前不能进行焊接、切割等作业。避免产生烟雾。避免与氧化剂、酸类、酰基氯、二氧化碳接触。配备相应品种和数量的消防器材及泄漏应急处理设备。倒空的容器可能残留有害物

储存注意事项　储存于阴凉、通风的库房。远离火种、热源。防止阳光直射。保持容器密封。应与氧化剂、酸类、酰基氯、二氧化碳、食用化学品分开存放，切忌混储。采用防爆型照明、通风设施。禁止使用易产生火花的机械设备和工具。储区应备有泄漏应急处理设备和合适的收容材料

第八部分　接触控制/个体防护

职业接触限值

　　中国　未制定标准

　　美国（ACGIH）　未制定标准

生物接触限值　未制定标准

监测方法　空气中有毒物质测定方法：未制定标准。生物监测检验方法：未制定标准

工程控制　密闭操作，局部排风

个体防护装备

　　呼吸系统防护　空气中浓度超标时，必须佩戴过滤式防毒面具（半面罩）。紧急事态抢救或撤离时，应该佩戴空气呼吸器

眼睛防护 戴化学安全防护眼镜
皮肤和身体防护 穿橡胶耐酸碱服
手防护 戴橡胶耐酸碱手套

第九部分 理化特性

外观与性状 无色至淡黄色透明液体
pH 值 无资料 熔点(℃) −75
沸点(℃) 178~181 相对密度(水=1) 0.9
相对蒸气密度(空气=1) 无资料
饱和蒸气压(kPa) 无资料
临界压力(MPa) 无资料 辛醇/水分配系数 无资料
闪点(℃) 54.44 自燃温度(℃) 无资料
爆炸下限(%) 无资料 爆炸上限(%) 无资料
分解温度(℃) 无资料 黏度(mPa·s) 无资料
燃烧热(kJ/mol) 无资料 临界温度(℃) 无资料
溶解性 微溶于冷水，溶于热水，可混溶于醇、醚

第十部分 稳定性和反应性

稳定性 稳定
危险反应 与强氧化剂禁配物接触，有发生火灾和爆炸的危险。与酸类、酰基氯、二氧化碳等接触发生反应
避免接触的条件 光照
禁配物 强氧化剂、酸类、酰基氯、二氧化碳
危险的分解产物 氮氧化物

第十一部分 毒理学信息

急性毒性 LD_{50}：265mg/kg（大鼠经口）；1660mg/kg（兔经皮）
皮肤刺激或腐蚀 无资料 眼睛刺激或腐蚀 无资料
呼吸或皮肤过敏 无资料 生殖细胞突变性 无资料
致癌性 无资料 生殖毒性 无资料
特异性靶器官系统毒性-一次接触 无资料
特异性靶器官系统毒性-反复接触 无资料
吸入危害 无资料

第十二部分 生态学信息

生态毒性 LC_{50}：37.8mg/L（96h）（黑头呆鱼，OECD 203）。EC_{50}：>100mg/L（48h）（大型溞，EU Method C.2）。NOEC：0.789mg/L（21d）（大型溞，OECD 211）
持久性和降解性
生物降解性 不易快速生物降解
非生物降解性 无资料
潜在的生物累积性 根据 K_{ow} 值预测，该物质的生物累积性可能较弱
土壤中的迁移性 根据 K_{oc} 值预测，该物质可能易发生迁移

第十三部分 废弃处置

废弃化学品 建议用控制焚烧法或安全掩埋法处置。若可能，重复使用容器或在规定场所掩埋。用水清洗倒空的容器
污染包装物 将容器返还生产商或按照国家和地方法规

处置
废弃注意事项 处置前应参阅国家和地方有关法规

第十四部分 运输信息

联合国危险货物编号（UN 号） 2619
联合国运输名称 苄基二甲胺
联合国危险性类别 8，3
包装类别 Ⅱ
包装标志
海洋污染物 否
运输注意事项 起运时包装要完整，装载应稳妥。运输过程中要确保容器不泄漏、不倒塌、不坠落、不损坏。运输时所用的槽（罐）车应有接地链，槽内可设孔隔板以减少震荡产生的静电。严禁与氧化剂、酸类、食用化学品等混装混运。公路运输时要按规定路线行驶，勿在居民区和人口稠密区停留

第十五部分 法规信息

下列法律、法规、规章和标准，对该化学品的管理作了相应的规定。
中华人民共和国职业病防治法 职业病分类和目录：未列入
危险化学品安全管理条例 危险化学品目录：列入。易制爆危险化学品名录：未列入。重点监管的危险化学品名录：未列入。GB 18218—2009《危险化学品重大危险源辨识》（表 1）：未列入
使用有毒物品作业场所劳动保护条例 高毒物品目录：未列入
易制毒化学品管理条例 易制毒化学品的分类和品种目录：未列入
国际公约 斯德哥尔摩公约：未列入。鹿特丹公约：未列入。蒙特利尔议定书：未列入

第十六部分 其他信息

编写和修订信息 缩略语和首字母缩写
培训建议 参考文献
免责声明

1,2-丙二醇

第一部分 化学品标识

化学品中文名 1,2-丙二醇
化学品英文名 1,2-propanediol；propylene glycol
分子式 $C_3H_8O_2$ 分子量 76.09
结构式 HO⌒OH
化学品的推荐及限制用途 用于生产防冻剂、热交换剂树脂和二醇衍生物，还用作溶剂、增塑剂和湿润剂等

第二部分 危险性概述

紧急情况概述 造成眼刺激

GHS危险性类别 皮肤腐蚀/刺激，类别3；严重眼损伤/眼刺激，类别2B

标签要素

象形图 —　　　　警示词 警告

危险性说明 造成轻微皮肤刺激，造成眼刺激

防范说明

预防措施 避免接触眼睛皮肤，操作后彻底清洗

事故响应 如发生皮肤刺激，就医。如接触眼睛：用水细心冲洗数分钟。如戴隐形眼镜并可方便地取出，取出隐形眼镜，继续冲洗。如果眼睛刺激持续：就医

安全储存 —

废弃处置 本品及内装物、容器依据国家和地方法规处置

物理和化学危险 可燃

健康危害 对皮肤有刺激作用。摄入大量可引起代谢性酸中毒、低血糖，偶见抽搐和昏迷

环境危害 对环境可能有害

第三部分 成分/组成信息

✓ 物质　　　　　混合物

组分	浓度	CAS No.
1,2-丙二醇		57-55-6

第四部分 急救措施

吸入 脱离现场至空气新鲜处。就医

皮肤接触 立即脱去污染的衣着，用肥皂水和清水彻底冲洗皮肤。如有不适感，就医

眼睛接触 提起眼睑，用流动清水或生理盐水冲洗。如有不适感，就医

食入 饮足量温水，催吐、洗胃、导泻。就医

对保护施救者的忠告 根据需要使用个人防护设备

对医生的特别提示 对症处理

第五部分 消防措施

灭火剂 用水、雾状水、抗溶性泡沫、干粉、二氧化碳、砂土灭火

特别危险性 遇明火、高热可燃

灭火注意事项及防护措施 消防人员必须佩戴防毒面具、穿全身消防服，在上风向灭火。尽可能将容器从火场移至空旷处。喷水保持火场容器冷却，直至灭火结束。处在火场中的容器若已变色或从安全泄压装置中发出声音，必须马上撤离

第六部分 泄漏应急处理

作业人员防护措施、防护装备和应急处置程序 根据液体流动和蒸气扩散的影响区域划定警戒区，无关人员从侧风、上风向撤离至安全区。消除所有点火源。建议应急处理人员戴防毒面具，穿防毒服。穿上适当的防护服前严禁接触破裂的容器和泄漏物。尽可能切断泄漏源

环境保护措施 防止泄漏物进入水体、下水道、地下室或密闭性空间

泄漏化学品的收容、清除方法及所使用的处置材料 小量泄漏：用干燥的砂土或其他不燃材料吸收或覆盖，收集于容器中。大量泄漏：构筑围堤或挖坑收容。用泵转移至槽车或专用收集器内

第七部分 操作处置与储存

操作注意事项 密闭操作，全面通风。操作人员必须经过专门培训，严格遵守操作规程。建议操作人员佩戴自吸过滤式防毒面具（半面罩），戴化学安全防护眼镜，穿防毒物渗透工作服，戴橡胶手套。远离火种、热源，工作场所严禁吸烟。使用防爆型的通风系统和设备。防止蒸气泄漏到工作场所空气中。避免与氧化剂、还原剂接触。搬运时要轻装轻卸，防止包装及容器损坏。配备相应品种和数量的消防器材及泄漏应急处理设备。倒空的容器可能残留有害物

储存注意事项 储存于阴凉、通风的库房。远离火种、热源。应与氧化剂、还原剂等分开存放，切忌混储。配备相应品种和数量的消防器材。储区应备有泄漏应急处理设备和合适的收容材料

第八部分 接触控制/个体防护

职业接触限值

中国 未制定标准

美国（ACGIH） 未制定标准

生物接触限值 未制定标准

监测方法 空气中有毒物质测定方法：未制定标准。生物监测检验方法：未制定标准

工程控制 生产过程密闭，全面通风

个体防护装备

呼吸系统防护 空气中浓度超标时，必须佩戴过滤式防毒面具（半面罩）

眼睛防护 戴化学安全防护眼镜

皮肤和身体防护 穿防毒物渗透工作服

手防护 戴防化学品手套

第九部分 理化特性

外观与性状 无色、有苦味、略黏稠吸湿的液体

pH值 无资料　　　　**熔点(℃)** −59

沸点(℃) 187.2

相对密度(水=1) 1.04（25℃）

相对蒸气密度(空气=1) 2.62

饱和蒸气压(kPa) 0.02（25℃）

临界压力(MPa) 无资料

辛醇/水分配系数 −1.41～−0.3

闪点(℃) 103　　　　**自燃温度(℃)** 421

爆炸下限(%) 2.6　　　　**爆炸上限(%)** 12.6

分解温度(℃) 无资料　　**黏度(mPa·s)** 无资料

燃烧热(kJ/mol) 无资料　　**临界温度(℃)** 无资料

溶解性 与水混溶，可混溶于乙醇、乙醚、多数有机溶剂

第十部分 稳定性和反应性

稳定性 稳定

危险反应 与酰基氯、酸酐、氧化剂、还原剂等禁配物发生反应

避免接触的条件 无资料

禁配物 酰基氯、酸酐、氧化剂、还原剂

危险的分解产物 无资料

第十一部分 毒理学信息

急性毒性 LD_{50}：20000mg/kg（大鼠经口）；22000mg/kg（小鼠经口）；18500mg/kg（兔经口）；20800mg/kg（兔经皮）

皮肤刺激或腐蚀 无资料 **眼睛刺激或腐蚀** 无资料

呼吸或皮肤过敏 无资料 **生殖细胞突变性** 无资料

致癌性 无资料

生殖毒性 本品对动物可能有生殖毒性和致畸胎作用

特异性靶器官系统毒性-一次接触 无资料

特异性靶器官系统毒性-反复接触 大鼠和猴接触本品的饱和蒸气12~18个月，未见病变

吸入危害 无资料

第十二部分 生态学信息

生态毒性 无资料

持久性和降解性

生物降解性 无资料

非生物降解性 无资料

潜在的生物累积性 无资料

土壤中的迁移性 无资料

第十三部分 废弃处置

废弃化学品 建议用焚烧法处置

污染包装物 将容器返还生产商或按照国家和地方法规处置

废弃注意事项 处置前应参阅国家和地方有关法规

第十四部分 运输信息

联合国危险货物编号（UN号） —

联合国运输名称 — **联合国危险性类别** —

包装类别 — **包装标志** —

海洋污染物 否

运输注意事项 运输前应先检查包装容器是否完整、密封，运输过程中要确保容器不泄漏、不倒塌、不坠落、不损坏。严禁与氧化剂、还原剂、食用化学品等混装混运。运输车船必须彻底清洗、消毒，否则不得装运其他物品。船运时，配装位置应远离卧室、厨房，并与机舱、电源、火源等部位隔离。公路运输时要按规定路线行驶

第十五部分 法规信息

下列法律、法规、规章和标准，对该化学品的管理作了相应的规定。

中华人民共和国职业病防治法 职业病分类和目录：未列入

危险化学品安全管理条例 危险化学品目录：未列入。易制爆危险化学品名录：未列入。重点监管的危险化学

品名录：未列入。GB 18218—2009《危险化学品重大危险源辨识》（表1）：未列入

使用有毒物品作业场所劳动保护条例 高毒物品目录：未列入

易制毒化学品管理条例 易制毒化学品的分类和品种目录：未列入

国际公约 斯德哥尔摩公约：未列入。鹿特丹公约：未列入。蒙特利尔议定书：未列入

第十六部分 其他信息

编写和修订信息 **缩略语和首字母缩写**

培训建议 **参考文献**

免责声明

丙二醇乙醚

第一部分 化学品标识

化学品中文名 丙二醇乙醚；1-乙氧基-2-丙醇

化学品英文名 propylene glycol monoethyl ether；1-ethoxy-2-propanol

分子式 $C_5H_{12}O_2$ **分子量** 104.15

结构式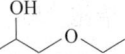

化学品的推荐及限制用途 用作溶剂

第二部分 危险性概述

紧急情况概述 易燃液体和蒸气，可能引起昏昏欲睡或眩晕

GHS危险性类别 易燃液体，类别3；特异性靶器官毒性-一次接触，类别3（麻醉效应）

标签要素

象形图

警示词 警告

危险性说明 易燃液体和蒸气，可能引起昏昏欲睡或眩晕

防范说明

预防措施 远离热源、火花、明火、热表面。禁止吸烟。保持容器密闭。容器和接收设备接地连接。使用防爆型电器、通风、照明设备。只能使用不产生火花的工具。采取防止静电措施。戴防护手套、防护眼镜、防护面罩

事故响应 火灾时，使用水、雾状水、抗溶性泡沫、干粉、二氧化碳、砂土灭火。如皮肤（或头发）接触：立即脱掉所有被污染的衣服，用水冲洗皮肤，淋浴

安全储存 存放在通风良好的地方。保持低温

废弃处置 本品及内装物、容器依据国家和地方法规处置

物理和化学危险 易燃，其蒸气与空气混合，能形成爆炸性混合物

健康危害　动物中毒表现以中枢神经系统抑制为主，可致眼、呼吸道刺激和肾损害。用本品溶液滴兔眼，可引起结膜刺激和暂时性角膜混浊

环境危害　对环境可能有害

第三部分　成分/组成信息

√　物质　　　　　　　　混合物

组分　　　浓度　　　CAS No.

丙二醇乙醚　　　　　　1569-02-4

第四部分　急救措施

吸入　迅速脱离现场至空气新鲜处。保持呼吸道通畅。如呼吸困难，给输氧。如呼吸、心跳停止，立即进行心肺复苏术。就医

皮肤接触　立即脱去污染的衣着，用流动清水彻底冲洗。就医

眼睛接触　立即分开眼睑，用流动清水或生理盐水彻底冲洗。就医

食入　漱口，饮水。就医

对保护施救者的忠告　根据需要使用个人防护设备

对医生的特别提示　对症处理

第五部分　消防措施

灭火剂　用水、雾状水、抗溶性泡沫、干粉、二氧化碳、砂土灭火

特别危险性　其蒸气与空气可形成爆炸性混合物，遇明火、高热能引起燃烧爆炸。与氧化剂可发生反应。若遇高热，容器内压增大，有开裂和爆炸的危险

灭火注意事项及防护措施　消防人员必须佩戴防毒面具、穿全身消防服，在上风向灭火。尽可能将容器从火场移至空旷处。喷水保持火场容器冷却，直至灭火结束。处在火场中的容器若已变色或从安全泄压装置中发出声音，必须马上撤离

第六部分　泄漏应急处理

作业人员防护措施、防护装备和应急处置程序　消除所有点火源。根据液体流动和蒸气扩散的影响区域划定警戒区，无关人员从侧风向、上风向撤离至安全区。建议应急处理人员戴正压自给式呼吸器，穿防静电服。作业时使用的所有设备应接地。禁止接触或跨越泄漏物。尽可能切断泄漏源

环境保护措施　防止泄漏物进入水体、下水道、地下室或有限空间

泄漏化学品的收容、清除方法及所使用的处置材料　小量泄漏：用砂土或其他不燃材料吸收。使用洁净的无火花工具收集吸收材料。大量泄漏：构筑围堤或挖坑收容。用抗溶性泡沫覆盖，减少蒸发。喷水雾能减少蒸发，但不能降低泄漏物在有限空间内的易燃性。用防爆泵转移至槽车或专用收集器内

第七部分　操作处置与储存

操作注意事项　密闭操作，全面通风。操作人员必须经过专门培训，严格遵守操作规程。建议操作人员佩戴自吸过滤式防毒面具（半面罩），戴化学安全防护眼镜，穿防静电工作服，戴橡胶耐油手套。远离火种、热源，工作场所严禁吸烟。使用防爆型的通风系统和设备。防止蒸气泄漏到工作场所空气中。避免与氧化剂、酸类接触。搬运时要轻装轻卸，防止包装及容器损坏。配备相应品种和数量的消防器材及泄漏应急处理设备。倒空的容器可能残留有害物

储存注意事项　储存于阴凉、通风的库房。远离火种、热源。库温不宜超过37℃，包装要求密封，不可与空气接触。应与氧化剂、酸类分开存放，切忌混储。采用防爆型照明、通风设施。禁止使用易产生火花的机械设备和工具。储区应备有泄漏应急处理设备和合适的收容材料

第八部分　接触控制/个体防护

职业接触限值

中国　未制定标准

美国（ACGIH）　未制定标准

生物接触限值　未制定标准

监测方法　空气中有毒物质测定方法：未制定标准。生物监测检验方法：未制定标准

工程控制　生产过程密闭，全面通风

个体防护装备

呼吸系统防护　空气中浓度超标时，必须佩戴过滤式防毒面具（半面罩）。紧急事态抢救或撤离时，应该佩戴空气呼吸器

眼睛防护　戴化学安全防护眼镜

皮肤和身体防护　穿防静电工作服

手防护　戴橡胶耐油手套

第九部分　理化特性

外观与性状　无色液体

pH值　无资料　　　　**熔点（℃）**　-90

沸点（℃）　132.2　　**相对密度（水=1）**　0.90(25℃)

相对蒸气密度（空气=1）　无资料

饱和蒸气压（kPa）　0.96(25℃)

临界压力（MPa）　无资料　**辛醇/水分配系数**　无资料

闪点（℃）　42　　　　**自燃温度（℃）**　255

爆炸下限（%）　1.3　　**爆炸上限（%）**　12.0

分解温度（℃）　无资料　**黏度（mPa·s）**　1.88(25℃)

燃烧热（kJ/mol）　无资料　**临界温度（℃）**　306.65

溶解性　与水混溶

第十部分　稳定性和反应性

稳定性　稳定

危险反应　与强氧化剂、强酸等禁配物接触，有发生火灾和爆炸的危险

避免接触的条件　无资料

禁配物　强氧化剂、强酸

危险的分解产物　过氧化物

第十一部分　毒理学信息

急性毒性　LD$_{50}$：4400mg/kg（大鼠经口）；8100mg/kg

（兔经皮）。LC$_{50}$：10000ppm（大鼠吸入，4h）

皮肤刺激或腐蚀	无资料	眼睛刺激或腐蚀	无资料
呼吸或皮肤过敏	无资料	生殖细胞突变性	无资料
致癌性	无资料	生殖毒性	无资料

特异性靶器官系统毒性-一次接触　无资料

特异性靶器官系统毒性-反复接触　无资料

吸入危害　无资料

第十二部分　生态学信息

生态毒性　无资料

持久性和降解性

　　生物降解性　无资料

　　非生物降解性　无资料

潜在的生物累积性　无资料

土壤中的迁移性　无资料

第十三部分　废弃处置

废弃化学品　用焚烧法处置

污染包装物　将容器返还生产商或按照国家和地方法规
　　处置

废弃注意事项　处置前应参阅国家和地方有关法规

第十四部分　运输信息

联合国危险货物编号（UN 号）　3271

联合国运输名称　醚类，未另作规定的（丙二醇乙醚）

联合国危险性类别　3

包装类别　Ⅲ　　　　　包装标志

海洋污染物　否

运输注意事项　运输时运输车辆应配备相应品种和数量的
　　消防器材及泄漏应急处理设备。夏季最好早晚运输。
　　运输时所用的槽（罐）车应有接地链，槽内可设孔隔
　　板以减少震荡产生的静电。严禁与氧化剂、酸类、食
　　用化学品等混装混运。运输途中应防暴晒、雨淋，防
　　高温。中途停留时应远离火种、热源、高温区。装运
　　该物品的车辆排气管必须配备阻火装置，禁止使用易
　　产生火花的机械设备和工具装卸。公路运输时要按规
　　定路线行驶，勿在居民区和人口稠密区停留。铁路运
　　输时要禁止溜放。严禁用木船、水泥船散装运输

第十五部分　法规信息

　　下列法律、法规、规章和标准，对该化学品的管理作
了相应的规定。

中华人民共和国职业病防治法　职业病分类和目录：未
　　列入

危险化学品安全管理条例　危险化学品目录：列入。易制
　　爆危险化学品名录：未列入。重点监管的危险化学品
　　名录：未列入。GB 18218—2009《危险化学品重大
　　危险源辨识》（表1）：未列入

使用有毒物品作业场所劳动保护条例　高毒物品目录：未
　　列入

易制毒化学品管理条例　易制毒化学品的分类和品种目
　　录：未列入

国际公约　斯德哥尔摩公约：未列入。鹿特丹公约：未列
　　入。蒙特利尔议定书：未列入

第十六部分　其他信息

编写和修订信息	缩略语和首字母缩写
培训建议	参考文献
免责声明	

丙二酸铊

第一部分　化学品标识

化学品中文名　丙二酸铊；丙二酸亚铊

化学品英文名　thallium（Ⅰ）malonate；thallous mal-
　　onate

分子式　C$_3$H$_2$O$_4$Tl$_2$　　分子量　510.81

结构式

化学品的推荐及限制用途　配制克里立斯重液

第二部分　危险性概述

紧急情况概述　吞咽致命，吸入致命

GHS 危险性类别　急性毒性-经口，类别2；急性毒性-吸
　　入，类别2；特异性靶器官毒性-反复接触，类别2；
　　危害水生环境-急性危害，类别2；危害水生环境-长
　　期危害，类别2

标签要素

象形图

警示词　危险

危险性说明　吞咽致命，吸入致命，长时间或反复接触
　　可能对器官造成损伤，对水生生物有毒并具有长期
　　持续影响

防范说明

　　预防措施　避免接触眼睛、皮肤，操作后彻底清
　　　　洗。作业场所不得进食、饮水或吸烟。避免吸
　　　　入粉尘。仅在室外或通风良好处操作。戴呼吸
　　　　防护器具。禁止排入环境

　　事故响应　食入：立即呼叫中毒控制中心或就医。
　　　　漱口。如吸入：将患者转移到空气新鲜处，休
　　　　息，保持利于呼吸的体位。如感觉不适，就
　　　　医。收集泄漏物

　　安全储存　上锁保管

　　废弃处置　本品及内装物、容器依据国家和地方法
　　　　规处置

物理和化学危险　可燃，其粉体与空气混合，能形成爆炸
　　性混合物

健康危害　本品高毒。粉尘能刺激眼睛、上呼吸道。中毒
　　后可出现恶心、腹痛等症状。可经皮吸收。对神经系
　　统、心、肾有损害，脱发是铊中毒的特征表现

环境危害　对水生生物有毒并具有长期持续影响

第三部分　成分/组成信息

　　√　物质　　　　　　　混合物

组分	浓度	CAS No.
丙二酸铊		2757-18-8

第四部分　急救措施

吸入　迅速脱离现场至空气新鲜处。保持呼吸道通畅。如呼吸困难，给输氧。如呼吸、心跳停止，立即进行心肺复苏术。就医

皮肤接触　立即脱去污染的衣着。用流动清水彻底冲洗。就医

眼睛接触　立即分开眼睑，用流动清水或生理盐水彻底冲洗。就医

食入　如中毒者神志清醒，催吐，洗胃。用1%碘化钠或1%碘化钾溶液洗胃效果更佳。口服牛奶、淀粉膏、氢氧化铝凝胶、次碳酸铋。口服活性炭悬液。用硫酸钠、硫酸镁或蓖麻油导泻。就医

对保护施救者的忠告　根据需要使用个人防护设备

对医生的特别提示　解毒剂：普鲁士蓝

第五部分　消防措施

灭火剂　用雾状水、泡沫、干粉、二氧化碳、砂土灭火

特别危险性　遇明火、高热可燃。其粉体与空气可形成爆炸性混合物，当达到一定浓度时，遇火星会发生爆炸。受高热分解放出有毒的气体

灭火注意事项及防护措施　消防人员必须佩戴防毒面具、穿全身消防服，在上风向灭火。尽可能将容器从火场移至空旷处。喷水保持火场容器冷却，直至灭火结束

第六部分　泄漏应急处理

作业人员防护措施、防护装备和应急处置程序　隔离泄漏污染区，限制出入。消除所有点火源。建议应急处理人员戴防尘口罩，穿防毒服。穿上适当的防护服前严禁接触破裂的容器和泄漏物。尽可能切断泄漏源

环境保护措施　用塑料布覆盖泄漏物，减少飞散

泄漏化学品的收容、清除方法及所使用的处置材料　勿使水进入包装容器内。用洁净的铲子收集泄漏物，置于干净、干燥、盖子较松的容器中，将容器移离泄漏区

第七部分　操作处置与储存

操作注意事项　密闭操作，提供充分的局部排风。防止粉尘释放到车间空气中。操作人员必须经过专门培训，严格遵守操作规程。建议操作人员佩戴过滤式防尘口罩，穿胶布防毒衣，戴橡胶手套。远离火种、热源，工作场所严禁吸烟。使用防爆型的通风系统和设备。避免产生粉尘。避免与氧化剂接触。配备相应品种和数量的消防器材及泄漏应急处理设备。倒空的容器可能残留有害物

储存注意事项　储存于阴凉、通风的库房。远离火种、热源。防止阳光直射。包装密封。应与氧化剂、食用化学品分开存放，切忌混储。配备相应品种和数量的消

防器材。储区应备有合适的材料收容泄漏物

第八部分　接触控制/个体防护

职业接触限值
　　中国　未制定标准
　　美国（ACGIH）　未制定标准

生物接触限值　未制定标准

监测方法　空气中有毒物质测定方法：未制定标准。生物监测检验方法：未制定标准

工程控制　严加密闭，提供充分的局部排风

个体防护装备
　　呼吸系统防护　可能接触其粉尘时，必须佩戴过滤式防尘口罩。紧急事态抢救或撤离时，应该佩戴空气呼吸器
　　眼睛防护　呼吸系统防护中已作防护
　　皮肤和身体防护　穿密闭型防毒服
　　手防护　戴橡胶手套

第九部分　理化特性

外观与性状　结晶，在空气中易潮解

pH 值　无意义	**熔点（℃）**　无资料
沸点（℃）　无资料	**相对密度（水=1）**　无资料
相对蒸气密度（空气=1）　无资料	
饱和蒸气压（kPa）　无资料	
临界压力（MPa）　无资料	**辛醇/水分配系数**　无资料
闪点（℃）　无意义	**自燃温度（℃）**　无资料
爆炸下限（%）　无资料	**爆炸上限（%）**　无资料
分解温度（℃）　无资料	**黏度（mPa·s）**　无资料
燃烧热（kJ/mol）　无资料	**临界温度（℃）**　无资料
溶解性　与水混溶	

第十部分　稳定性和反应性

稳定性　稳定

危险反应　与强氧化剂等禁配物发生反应

避免接触的条件　潮湿空气

禁配物　强氧化剂

危险的分解产物　氧化铊

第十一部分　毒理学信息

急性毒性　LD_{50}：18.8mg/kg（大鼠经口），57.7mg/kg（兔经皮）

皮肤刺激或腐蚀　无资料	**眼睛刺激或腐蚀**　无资料
呼吸或皮肤过敏　无资料	**生殖细胞突变性**　无资料
致癌性　无资料	**生殖毒性**　无资料
特异性靶器官系统毒性--一次接触　无资料	
特异性靶器官系统毒性-反复接触　无资料	
吸入危害　无资料	

第十二部分　生态学信息

生态毒性　根据结构类似物质预测，该物质对水生生物有毒

持久性和降解性
　　生物降解性　无资料

非生物降解性　无资料

潜在的生物累积性　无资料

土壤中的迁移性　无资料

第十三部分　废弃处置

废弃化学品　建议用控制焚烧法或安全掩埋法处置。破损容器禁止重新使用，要在规定场所掩埋

污染包装物　将容器返还生产商或按照国家和地方法规处置

废弃注意事项　处置前应参阅国家和地方有关法规

第十四部分　运输信息

联合国危险货物编号（UN 号）　1707

联合国运输名称　铊化合物，未另作规定的（丙二酸铊）

联合国危险性类别　6.1

包装类别　Ⅱ　　　　　　　**包装标志**

海洋污染物　是

运输注意事项　运输前应先检查包装容器是否完整、密封，运输过程中要确保容器不泄漏、不倒塌、不坠落、不损坏。严禁与酸类、氧化剂、食品及食品添加剂混运。运输时运输车辆应配备相应品种和数量的消防器材及泄漏应急处理设备。运输途中应防暴晒、雨淋，防高温。公路运输时要按规定路线行驶，勿在居民区和人口稠密区停留

第十五部分　法规信息

　　下列法律、法规、规章和标准，对该化学品的管理作了相应的规定。

中华人民共和国职业病防治法　职业病分类和目录：铊及其化合物中毒

危险化学品安全管理条例　危险化学品目录：列入。易制爆危险化学品名录：未列入。重点监管的危险化学品名录：未列入。GB 18218—2009《危险化学品重大危险源辨识》（表 1）：未列入

使用有毒物品作业场所劳动保护条例　高毒物品目录：列入

易制毒化学品管理条例　易制毒化学品的分类和品种目录：未列入

国际公约　斯德哥尔摩公约：未列入。鹿特丹公约：未列入。蒙特利尔议定书：未列入

第十六部分　其他信息

编写和修订信息　　**缩略语和首字母缩写**

培训建议　　　　　**参考文献**

免责声明

丙二酰氯

第一部分　化学品标识

化学品中文名　丙二酰氯；二氯化丙二酰；缩苹果酰氯

化学品英文名　malonyl chloride；malonyl dichloride

分子式　$C_3H_2Cl_2O_2$　**分子量**　140.953

结构式

化学品的推荐及限制用途　用于有机合成

第二部分　危险性概述

紧急情况概述　易燃液体和蒸气，造成严重的皮肤灼伤和眼损伤

GHS 危险性类别　易燃液体，类别 3；皮肤腐蚀/刺激，类别 1；严重眼损伤/眼刺激，类别 1

标签要素

象形图

警示词　危险

危险性说明　易燃液体和蒸气，造成严重的皮肤灼伤和眼损伤

防范说明

　　预防措施　远离热源、火花、明火、热表面。禁止吸烟。保持容器密闭。容器和接收设备接地连接。使用防爆型电器、通风、照明设备。只能使用不产生火花的工具。采取防止静电措施。避免接触眼睛、皮肤，操作后彻底清洗。戴防护手套、穿防护服、戴防护眼镜、防护面罩

　　事故响应　火灾时，使用干粉、二氧化碳、砂土灭火。如吸入：将患者转移到空气新鲜处，休息，保持利于呼吸的体位，立即呼叫中毒控制中心或就医。如皮肤（或头发）接触：立即脱掉所有被污染的衣服，用水冲洗皮肤，淋浴。污染的衣服必须洗净后可重新使用。眼睛接触：用水细心地冲洗数分钟。如戴隐形眼镜并可方便地取出，则取出隐形眼镜，继续冲洗。食入：漱口，不要催吐

　　安全储存　存放在通风良好的地方。保持低温。上锁保管

　　废弃处置　本品及内装物、容器依据国家和地方法规处置

物理和化学危险　易燃，其蒸气与空气混合，能形成爆炸性混合物。遇水剧烈反应，产生有毒气体

健康危害　对眼睛、皮肤、黏膜有强刺激性，可致眼睛和皮肤灼伤。吸入后引起喉炎、化学性肺炎、肺水肿等。接触后症状：烧灼感、咳嗽、眩晕、气短、头痛、恶心和呕吐

环境危害　对环境可能有害

第三部分　成分/组成信息

√ 物质　　　　　　　　　　混合物

组分	浓度	CAS No.
丙二酰氯		1663-67-8

第四部分　急救措施

吸入　迅速脱离现场至空气新鲜处。保持呼吸道通畅。如

呼吸困难，给输氧。如呼吸、心跳停止，立即进行心肺复苏术。就医

皮肤接触　立即脱去污染的衣着，用大量流动清水彻底冲洗至少 15min。就医

眼睛接触　立即分开眼睑，用流动清水或生理盐水彻底冲洗 5～10min。就医

食入　用水漱口，禁止催吐。给饮牛奶或蛋清。就医

对保护施救者的忠告　根据需要使用个人防护设备

对医生的特别提示　对症处理

第五部分　消防措施

灭火剂　用干粉、二氧化碳、砂土灭火

特别危险性　其蒸气与空气可形成爆炸性混合物，遇明火、高热能引起燃烧爆炸。与氧化剂可发生反应。遇水发生剧烈反应，散发出具有刺激性和腐蚀性的氯化氢气体。受高热分解放出有毒的气体。具有腐蚀性。若遇高热，容器内压增大，有开裂和爆炸的危险

灭火注意事项及防护措施　消防人员必须穿全身耐酸碱消防服、佩戴空气呼吸器灭火。尽可能将容器从火场移至空旷处。喷水保持火场容器冷却，直至灭火结束。处在火场中的容器若已变色或从安全泄压装置中发出声音，必须马上撤离。禁止用水、泡沫和酸碱灭火剂灭火

第六部分　泄漏应急处理

作业人员防护措施、防护装备和应急处置程序　根据液体流动和蒸气扩散的影响区域划定警戒区，无关人员从侧风向、上风向撤离至安全区。消除所有点火源。建议应急处理人员戴正压自给式呼吸器，穿防静电、防腐服。穿上适当的防护服前严禁接触破裂的容器和泄漏物。尽可能切断泄漏源

环境保护措施　防止泄漏物进入水体、下水道、地下室或有限空间

泄漏化学品的收容、清除方法及所使用的处置材料　小量泄漏：用干燥的砂土或其他不燃材料吸收或覆盖，收集于容器中。大量泄漏：构筑围堤或挖坑收容。用耐腐蚀泵转移至槽车或专用收集器内

第七部分　操作处置与储存

操作注意事项　密闭操作，提供充分的局部排风。防止蒸气泄漏到工作场所空气中。操作人员必须经过专门培训，严格遵守操作规程。建议操作人员佩戴自吸过滤式防毒面具（全面罩），穿橡胶耐酸碱服，戴橡胶耐酸碱手套。远离火种、热源，工作场所严禁吸烟。使用防爆型的通风系统和设备。在清除液体和蒸气前不能进行焊接、切割等作业。避免产生烟雾。避免与氧化剂、碱类、醇类接触。尤其要注意避免与水接触。配备相应品种和数量的消防器材及泄漏应急处理设备。倒空的容器可能残留有害物

储存注意事项　储存于阴凉、干燥、通风良好的库房。远离火种、热源。防止阳光直射。包装必须密封，切勿受潮。应与氧化剂、碱类、醇类等分开存放，切忌混储。采用防爆型照明、通风设施。禁止使用易产生火花的机械设备和工具。储区应备有泄漏应急处理设备

和合适的收容材料

第八部分　接触控制/个体防护

职业接触限值
　中国　未制定标准
　美国（ACGIH）　未制定标准

生物接触限值　未制定标准

监测方法　空气中有毒物质测定方法：未制定标准。生物监测检验方法：未制定标准

工程控制　严加密闭，提供充分的局部排风

个体防护装备
　呼吸系统防护　空气中浓度超标时，必须佩戴过滤式防毒面具（全面罩）。紧急事态抢救或撤离时，应该佩戴空气呼吸器
　眼睛防护　呼吸系统防护中已作防护
　皮肤和身体防护　穿橡胶耐酸碱服
　手防护　戴橡胶耐酸碱手套

第九部分　理化特性

外观与性状　黄色液体

pH 值　无资料		**熔点（℃）**　无资料	
沸点（℃）　53～55(2.53kPa)		**相对密度（水＝1）**　1.449	
相对蒸气密度（空气＝1）　无资料			
饱和蒸气压（kPa）　无资料			
临界压力（MPa）　无资料		**辛醇/水分配系数**　无资料	
闪点（℃）　47.22		**自燃温度（℃）**　无资料	
爆炸下限（%）　无资料		**爆炸上限（%）**　无资料	
分解温度（℃）　无资料		**黏度（mPa·s）**　无资料	
燃烧热（kJ/mol）　无资料		**临界温度（℃）**　无资料	

溶解性　溶于乙醚、乙酸乙酯

第十部分　稳定性和反应性

稳定性　稳定

危险反应　与强氧化剂、强碱等禁配物接触，有发生火灾和爆炸的危险。遇水发生剧烈反应，散发出具有刺激性和腐蚀性的氯化氢气体

避免接触的条件　潮湿空气

禁配物　强氧化剂、强碱、水、醇类

危险的分解产物　氯化氢、光气

第十一部分　毒理学信息

急性毒性　无资料

皮肤刺激或腐蚀　无资料	**眼睛刺激或腐蚀**　无资料
呼吸或皮肤过敏　无资料	**生殖细胞突变性**　无资料
致癌性　无资料	**生殖毒性**　无资料

特异性靶器官系统毒性-一次接触　无资料

特异性靶器官系统毒性-反复接触　无资料

吸入危害　无资料

第十二部分　生态学信息

生态毒性　无资料

持久性和降解性
　生物降解性　无资料

非生物降解性　无资料

潜在的生物累积性　无资料

土壤中的迁移性　无资料

第十三部分　废弃处置

废弃化学品　建议用焚烧法处置。在能利用的地方重复使用容器或在规定场所掩埋

污染包装物　将容器返还生产商或按照国家和地方法规处置

废弃注意事项　处置前应参阅国家和地方有关法规

第十四部分　运输信息

联合国危险货物编号（UN号）　2920

联合国运输名称　腐蚀性液体，易燃，未另作规定的（丙二酰氯）

联合国危险性类别　8，3

包装类别　Ⅱ

包装标志　

海洋污染物　否

运输注意事项　起运时包装要完整，装载应稳妥。运输过程中要确保容器不泄漏、不倒塌、不坠落、不损坏。运输时所用的槽（罐）车应有接地链，槽内可设孔隔板以减少震荡产生的静电。严禁与氧化剂、碱类、醇类、食用化学品等混装混运。公路运输时要按规定路线行驶，勿在居民区和人口稠密区停留

第十五部分　法规信息

下列法律、法规、规章和标准，对该化学品的管理作了相应的规定。

中华人民共和国职业病防治法　职业病分类和目录：未列入

危险化学品安全管理条例　危险化学品目录：列入。易制爆危险化学品名录：未列入。重点监管的危险化学品名录：未列入。GB 18218—2009《危险化学品重大危险源辨识》（表1）：未列入

使用有毒物品作业场所劳动保护条例　高毒物品目录：未列入

易制毒化学品管理条例　易制毒化学品的分类和品种目录：未列入

国际公约　斯德哥尔摩公约：未列入。鹿特丹公约：未列入。蒙特利尔议定书：未列入

第十六部分　其他信息

编写和修订信息　　缩略语和首字母缩写

培训建议　　　　　参考文献

免责声明

丙炔醇

第一部分　化学品标识

化学品中文名　丙炔醇；炔丙醇；2-丙炔-1-醇

化学品英文名　propargyl alcohol；2-propyn-1-ol

分子式　C_3H_4O　**分子量**　56.0636

结构式　HO—═

化学品的推荐及限制用途　用作除锈剂、化学中间体、腐蚀抑制剂、溶剂、稳定剂等

第二部分　危险性概述

紧急情况概述　易燃液体和蒸气，吞咽、皮肤接触、吸入致命，造成严重的皮肤灼伤和眼损伤

GHS危险性类别　易燃液体，类别3；急性毒性-经口，类别2；急性毒性-经皮，类别1；急性毒性-吸入，类别2；皮肤腐蚀/刺激，类别1B；严重眼损伤/眼刺激，类别1

标签要素

象形图　

警示词　危险

危险性说明　易燃液体和蒸气，吞咽致命，皮肤接触会致命，吸入致命，造成严重的皮肤灼伤和眼损伤

防范说明

预防措施　远离热源、火花、明火、热表面。保持容器密闭。容器和接收设备接地连接。使用防爆型电器、通风、照明设备。只能使用不产生火花的工具。采取防止静电措施。避免接触眼睛、皮肤，操作后彻底清洗。作业场所不得进食、饮水或吸烟。避免接触眼睛、皮肤或衣服。避免吸入蒸气、雾。仅在室外或通风良好处操作。戴呼吸防护器具。穿防护服，戴防护眼镜、防护手套、防护面罩

事故响应　火灾时，使用雾状水、泡沫、干粉、二氧化碳、砂土灭火。如吸入：将患者转移到空气新鲜处，休息，保持利于呼吸的体位，立即呼叫中毒控制中心或就医。皮肤（或头发）接触：立即脱掉所有被污染的衣服，用水冲洗皮肤，淋浴。被污染的衣服必须经洗净后方可重新使用。眼睛接触：用水细心地冲洗数分钟。如戴隐形眼镜并可方便地取出，则取出隐形眼镜，继续冲洗。食入：漱口，不要催吐

安全储存　存放在通风良好的地方。保持低温。上锁保管。保持容器密闭

废弃处置　本品及内装物、容器依据国家和地方法规处置

物理和化学危险　易燃，其蒸气与空气混合，能形成爆炸性混合物。容易自聚

健康危害　高浓度丙炔醇对眼睛、皮肤、黏膜和呼吸道有强烈的刺激作用。中毒表现有烧灼感、咳嗽、喘息、喉炎、气短、头痛、恶心和呕吐。严重者可能致死。眼和皮肤接触引起灼伤

环境危害　对环境可能有害

第三部分　成分/组成信息

√ 物质　　　　　　　　　混合物

组分	浓度	CAS No.
丙炔醇		107-19-7

第四部分　急救措施

吸入　迅速脱离现场至空气新鲜处。保持呼吸道通畅。如呼吸困难，给输氧。呼吸、心跳停止，立即进行心肺复苏术。就医

皮肤接触　立即脱去被污染的衣着，用大量流动清水彻底冲洗至少 15min。就医

眼睛接触　立即分开眼睑，用流动清水或生理盐水彻底冲洗 5～10min。就医

食入　用水漱口，禁止催吐。给饮牛奶或蛋清。就医

对保护施救者的忠告　根据需要使用个人防护设备

对医生的特别提示　对症处理

第五部分　消防措施

灭火剂　用雾状水、泡沫、干粉、二氧化碳、砂土灭火

特别危险性　其蒸气与空气可形成爆炸性混合物，遇明火、高热能引起燃烧爆炸。与氧化剂可发生反应。受热放出辛辣的烟气。与氧化剂、五氧化二磷发生反应。容易自聚，聚合反应随着温度的上升而急骤加剧。蒸气比空气重，沿地面扩散并易积存于低洼处，遇火源会着火回燃。若遇高热，容器内压增大，有开裂和爆炸的危险

灭火注意事项及防护措施　消防人员必须佩戴防毒面具、穿全身消防服，在上风向灭火。尽可能将容器从火场移至空旷处。喷水保持火场容器冷却，直至灭火结束。处在火场中的容器若已变色或从安全泄压装置中发出声音，必须马上撤离

第六部分　泄漏应急处理

作业人员防护措施、防护装备和应急处置程序　消除所有点火源。根据液体流动和蒸气扩散的影响区域划定警戒区，无关人员从侧风、上风向撤离至安全区。建议应急处理人员戴正压自给式呼吸器，穿防静电、防腐、防毒服。尽可能切断泄漏源

环境保护措施　防止泄漏物进入水体、下水道、地下室或有限空间

泄漏化学品的收容、清除方法及所使用的处置材料　小量泄漏：用活性炭或其他惰性材料吸收。也可以用大量水冲洗，冲洗水稀释后放入废水系统。大量泄漏：构筑围堤或挖坑收容。用泵转移至槽车或专用收集器内。喷雾状水驱散蒸气、稀释液体泄漏物

第七部分　操作处置与储存

操作注意事项　密闭操作，提供充分的局部排风。操作人员必须经过专门培训，严格遵守操作规程。建议操作人员佩戴自吸过滤式防毒面具（全面罩），穿胶布防毒衣，戴橡胶手套。远离火种、热源，工作场所严禁吸烟。使用防爆型的通风系统和设备。防止蒸气泄漏到工作场所空气中。避免与氧化剂、酸类、碱类接触。充装要控制流速，防止静电积聚。搬运时要轻装轻卸，防止包装及容器损坏。配备相应品种和数量的消防器材及泄漏应急处理设备。倒空的容器可能残留有害物

储存注意事项　储存于阴凉、通风良好的专用库房内，实行"双人收发、双人保管"制度。远离火种、热源。库温不宜超过 37℃，保持容器密封。应与氧化剂、酸类、碱类、食用化学品分开存放，切忌混储。不宜大量储存或久存。采用防爆型照明、通风设施。禁止使用易产生火花的机械设备和工具。储区应备有泄漏应急处理设备和合适的收容材料

第八部分　接触控制/个体防护

职业接触限值

中国　PC-TWA：未制定标准

美国（ACGIH）　TLV-TWA：1ppm［皮］

生物接触限值　未制定标准

监测方法　空气中有毒物质测定方法：未制定标准。生物监测检验方法：未制定标准

工程控制　严加密闭，提供充分的局部排风。提供安全淋浴和洗眼设备

个体防护装备

呼吸系统防护　空气中浓度超标时，必须佩戴过滤式防毒面具（全面罩）。紧急事态抢救或撤离时，应该佩戴空气呼吸器

眼睛防护　呼吸系统防护中已作防护

皮肤和身体防护　穿密闭型防毒服

手防护　戴橡胶手套

第九部分　理化特性

外观与性状　无色至黄色液体，有香叶气味

pH 值　约 7（33%溶液）		**熔点(℃)**　−52～−48	
沸点(℃)　114～115		**相对密度(水＝1)**　0.972	
相对蒸气密度(空气＝1)　1.93			
饱和蒸气压(kPa)　1.55（20℃）			
临界压力(MPa)　无资料			
辛醇/水分配系数　−0.38			
闪点(℃)　36（OC）		**自燃温度(℃)**　365	
爆炸下限(%)　1.9		**爆炸上限(%)**　86.2	
分解温度(℃)　无资料			
黏度(mPa·s)　1.68（20℃）			
燃烧热(kJ/mol)　−1729.2		**临界温度(℃)**　无资料	

溶解性　溶于水、醇、醚

第十部分　稳定性和反应性

稳定性　稳定

危险反应　与氧化剂、五氧化二磷等禁配物接触，有发生火灾和爆炸的危险。容易发生自聚反应

避免接触的条件　受热

禁配物　强氧化剂、强酸、强碱、酰基氯、酸酐

危险的分解产物　无资料

第十一部分 毒理学信息

急性毒性 LD$_{50}$：20mg/kg（大鼠经口）；50mg/kg（小鼠经口）。LC$_{50}$：2000mg/m^3（大鼠吸入，2h）

皮肤刺激或腐蚀 无资料	**眼睛刺激或腐蚀** 无资料
呼吸或皮肤过敏 无资料	**生殖细胞突变性** 无资料
致癌性 无资料	**生殖毒性** 无资料

特异性靶器官系统毒性-一次接触 无资料

特异性靶器官系统毒性-反复接触 无资料

吸入危害 无资料

第十二部分 生态学信息

生态毒性 LC$_{50}$：1.53mg/L（96h）（黑头呆鱼）；EC$_{50}$：1.07mg/L（48h）（大型溞）（OECD 202）

持久性和降解性

　生物降解性 无资料

　非生物降解性 无资料

潜在的生物累积性 根据 K_{ow} 值预测，该物质的生物累积性可能较弱

土壤中的迁移性 根据 K_{oc} 值预测，该物质可能易发生迁移

第十三部分 废弃处置

废弃化学品 建议用焚烧法处置

污染包装物 将容器返还生产商或按照国家和地方法规处置

废弃注意事项 处置前应参阅国家和地方有关法规

第十四部分 运输信息

联合国危险货物编号（UN 号） 1986

联合国运输名称 醇类，易燃，毒性，未另作规定的（丙炔醇）

联合国危险性类别 3

包装类别 Ⅲ　**包装标志**

海洋污染物 是

运输注意事项 运输时运输车辆应配备相应品种和数量的消防器材及泄漏应急处理设备。夏季最好早晚运输。运输时所用的槽（罐）车应有接地链，槽内可设孔隔板以减少震荡产生的静电。严禁与氧化剂、酸类、碱类、食用化学品等混装混运。运输途中应防暴晒、雨淋、防高温。中途停留时应远离火种、热源、高温区。装运该物品的车辆排气管必须配备阻火装置，禁止使用易产生火花的机械设备和工具装卸。公路运输时要按规定路线行驶，勿在居民区和人口稠密区停留。铁路运输时要禁止溜放。严禁用木船、水泥船散装运输

第十五部分 法规信息

　下列法律、法规、规章和标准，对该化学品的管理作了相应的规定。

中华人民共和国职业病防治法 职业病分类和目录：未列入

危险化学品安全管理条例 危险化学品目录：列入，作为剧毒化学品进行管理。易制爆危险化学品名录：未列入。重点监管的危险化学品名录：未列入。GB 18218—2009《危险化学品重大危险源辨识》（表 1）：未列入

使用有毒物品作业场所劳动保护条例 高毒物品目录：未列入

易制毒化学品管理条例 易制毒化学品的分类和品种目录：未列入

国际公约 斯德哥尔摩公约：未列入。鹿特丹公约：未列入。蒙特利尔议定书：未列入

第十六部分 其他信息

编写和修订信息	**缩略语和首字母缩写**
培训建议	**参考文献**
免责声明	

丙酮氰醇

第一部分 化学品标识

化学品中文名 丙酮氰醇；2-羟基异丁腈；氰丙醇；丙酮合氰化氢

化学品英文名 2-hydroxyisobutyronitrile；acetone cyanohydrin

分子式 C_4H_7NO　**分子量** 85.1053

结构式

化学品的推荐及限制用途 是有机玻璃单体——甲基丙烯酸甲酯的中间体，还用于有机合成、农药制造等

第二部分 危险性概述

紧急情况概述 可燃液体，吞咽致命，皮肤接触会致命，吸入致命

GHS 危险性类别 易燃液体，类别 4；急性毒性-经口，类别 2；急性毒性-经皮，类别 1；急性毒性-吸入，类别 2；危害水生环境-急性危害，类别 1；危害水生环境-长期危害，类别 1

标签要素

象形图

警示词 危险

危险性说明 可燃液体，吞咽致命，皮肤接触会致命，吸入致命，对水生生物毒性非常大并具有长期持续影响

防范说明

　预防措施 远离火源和热表面。避免接触眼睛、皮肤，操作后彻底清洗。作业场所不得进食、饮水或吸烟。戴防护手套、穿防护服、戴呼吸防护器具。避免吸入蒸气、雾。仅在室外或通风良好处操作。禁止排入环境

　事故响应 如吸入：将患者转移到空气新鲜处，休

息，保持利于呼吸的体位。皮肤接触：用大量肥皂水和水轻轻地清洗，立即呼叫中毒控制中心或就医，立即脱去所有被污染的衣服。被污染的衣服必须经洗净后方可重新使用。食入：立即呼叫中毒控制中心或就医，漱口。收集泄漏物

安全储存　上锁保管。在通风良好处储存。保持容器密闭

废弃处置　本品及内装物、容器依据国家和地方法规处置

物理和化学危险　可燃

健康危害　本品的蒸气或液体对皮肤、黏膜均有刺激作用，不良反应与氢氰酸相同。一般接触 4～5min 后出现症状，早期中毒症状有无力、头昏、头痛、胸闷、心悸、恶心、呕吐和食欲减退，严重者可致死。可引起皮炎

环境危害　对水生生物毒性非常大并具有长期持续影响

第三部分　成分/组成信息

√　物质　　　　　　　　　　　　混合物

组分　　　　**浓度**　　　**CAS No.**

丙酮氰醇　　　　　　　　　　　75-86-5

第四部分　急救措施

吸入　迅速脱离现场至空气新鲜处。保持呼吸道通畅。如呼吸困难，给输氧。呼吸、心跳停止，立即进行心肺复苏术（禁止口对口进行人工呼吸）。就医

皮肤接触　立即脱去污染的衣着，用肥皂水和流动清水彻底冲洗 10～15min。就医

眼睛接触　立即分开眼睑，用大量流动清水或生理盐水彻底冲洗至少 15min。就医

食入　如患者神志清醒，催吐，洗胃。就医

对保护施救者的忠告　根据需要使用个人防护设备

对医生的特别提示　轻度中毒或有低血压者，可单独使用硫代硫酸钠 10～12.5g；重度中毒者首先吸入亚硝酸异戊酯（2～3 支碎于纱布、单衣或手帕中）30s，停 15s，然后缓慢静注 3%亚硝酸钠溶液 10mL，随即用同一针头静注 25%硫代硫酸钠溶液 12.5～15g。用药后 30min 症状未缓解者，可重复应用硫代硫酸钠半量或全量

第五部分　消防措施

灭火剂　用雾状水、抗溶性泡沫、干粉、二氧化碳、砂土灭火

特别危险性　遇明火、高热易燃。与氧化剂可发生反应。受热分解成氢氰酸及丙酮。蒸气比空气重，沿地面扩散并易积存于低洼处，遇火源会着火回燃。若遇高热，容器内压增大，有开裂和爆炸的危险

灭火注意事项及防护措施　消防人员必须佩戴防毒面具、穿全身消防服，在上风向灭火。尽可能将容器从火场移至空旷处。喷水保持火场容器冷却，直至灭火结束。处在火场中的容器若已变色或从安全泄压装置中发出声音，必须马上撤离

第六部分　泄漏应急处理

作业人员防护措施、防护装备和应急处置程序　根据液体流动和蒸气扩散的影响区域划定警戒区，无关人员从侧风、上风向撤离至安全区。消除所有点火源。建议应急处理人员戴正压自给式呼吸器，穿防毒服。作业时使用的所有设备应接地。穿上适当的防护服前严禁接触破裂的容器和泄漏物。尽可能切断泄漏源

环境保护措施　防止泄漏物进入水体、下水道、地下室或有限空间

泄漏化学品的收容、清除方法及所使用的处置材料　严禁用水处理。小量泄漏：用干燥的砂土或其他不燃材料覆盖泄漏物。大量泄漏：构筑围堤或挖坑收容。用粉煤灰或石灰粉吸收大量液体。用泵转移至槽车或专用收集器内。喷雾状水驱散蒸气、稀释液体泄漏物

第七部分　操作处置与储存

操作注意事项　严加密闭，提供充分的局部排风和全面通风。操作尽可能机械化、自动化。操作人员必须经过专门培训，严格遵守操作规程。建议操作人员佩戴自吸过滤式防毒面具（全面罩），穿胶布防毒衣，戴橡胶耐油手套。远离火种、热源，工作场所严禁吸烟。使用防爆型的通风系统和设备。防止蒸气泄漏到工作场所的空气中。避免与氧化剂、还原剂、酸类、碱类接触。搬运时要轻装轻卸，防止包装及容器损坏。配备相应品种和数量的消防器材及泄漏应急处理设备。倒空的容器可能残留有害物

储存注意事项　储存于阴凉、通风良好的专用库房内，实行"双人收发、双人保管"制度。远离火种、热源。应与氧化剂、还原剂、酸类、碱类、食用化学品分开存放，切忌混储。配备相应品种和数量的消防器材。储区应备有泄漏应急处理设备和合适的收容材料

第八部分　接触控制/个体防护

职业接触限值

中国　MAC：3mg/m³［按 CN 计］［皮］

美国（ACGIH）　TLV-C：5mg/m³［按 CN 计］［皮］

生物接触限值　未制定标准

监测方法　空气中有毒物质测定方法：异烟酸钠-巴比妥酸钠分光光度法。生物监测检验方法：未制定标准

工程控制　严加密闭，提供充分的局部排风和全面通风

个体防护装备

呼吸系统防护　空气中浓度超标时，必须佩戴过滤式防毒面具（全面罩）。紧急事态抢救或撤离时，应该佩戴空气呼吸器

眼睛防护　呼吸系统防护中已作防护

皮肤和身体防护　穿密闭型防毒服

手防护　戴橡胶耐油手套

第九部分　理化特性

外观与性状　无色或亮黄色液体

pH 值　无资料　　　　　　　　**熔点(℃)**　-19

沸点(℃) 95　　　　　　相对密度(水＝1) 0.932

相对蒸气密度(空气＝1) 2.93

饱和蒸气压(kPa) 2.07（20℃）

临界压力(MPa) 无资料　辛醇/水分配系数 无资料

闪点(℃) 63.89　　　　自燃温度(℃) 687.8

爆炸下限(%) 2.25　　　　爆炸上限(%) 11.0

分解温度(℃) 无资料　　黏度(mPa·s) 无资料

燃烧热(kJ/mol) −2239.1　临界温度(℃) 346.85

溶解性 易溶于水，易溶于乙醇、乙醚，溶于丙酮、苯，
微溶于石油醚、二硫化碳

第十部分　稳定性和反应性

稳定性　稳定

危险反应　与强酸、强碱、强氧化剂等禁配物接触，有发
生火灾和爆炸的危险。受热分解成氢氰酸及丙酮

避免接触的条件　受热

禁配物　强酸、强碱、强氧化剂、强还原剂

危险的分解产物　氮氧化物、氰化氢、丙酮

第十一部分　毒理学信息

急性毒性　LD_{50}：19.3mg/kg（大鼠经口）；15mg/kg
（小鼠经口）；13.5mg/kg（兔经口）；17mg/kg（兔
经皮）。LC_{50}：575ppm（小鼠吸入，2h）

皮肤刺激或腐蚀　无资料　眼睛刺激或腐蚀　无资料

呼吸或皮肤过敏　无资料　生殖细胞突变性　无资料

致癌性　无资料　　　　　生殖毒性　无资料

特异性靶器官系统毒性-一次接触　无资料

特异性靶器官系统毒性-反复接触　无资料

吸入危害　无资料

第十二部分　生态学信息

生态毒性　LC_{50}：0.0709mg/L（96h）（*Cancer irroratus*）
（NAS-677-C）。氰化物对水生生物的急性毒性是来
自8个主要分类群体的43种物种（包括28种淡水物
种和15种海洋物种）的物种敏感性分布确定的。淡
水物种和海洋物种的急性 HC_5（对研究物种的5%产
生危害的污染物浓度值）定为15.8μg/L

持久性和降解性
　生物降解性　不易快速生物降解
　非生物降解性　无资料

潜在的生物累积性　根据 K_{ow} 值预测，该物质的生物累积
性可能较弱

土壤中的迁移性　根据 K_{oc} 值预测，该物质可能易发生
迁移

第十三部分　废弃处置

废弃化学品　建议用焚烧法处置。焚烧炉排出的氮氧化物
通过洗涤器除去

污染包装物　将容器返还生产商或按照国家和地方法规
处置

废弃注意事项　处置前应参阅国家和地方有关法规

第十四部分　运输信息

联合国危险货物编号（UN号） 1541

联合国运输名称　丙酮合氰化氢，稳定的

联合国危险性类别　6.1

包装类别　Ⅰ　　　　　　　包装标志　

海洋污染物　是

运输注意事项　运输前应先检查包装容器是否完整、密
封，运输过程中要确保容器不泄漏、不倒塌、不坠
落、不损坏。严禁与酸类、氧化剂、食品及食品添加
剂混运。运输时运输车辆应配备相应品种和数量的消
防器材及泄漏应急处理设备。运输途中应防暴晒、雨
淋、防高温。公路运输时要按规定路线行驶，勿在居
民区和人口稠密区停留

第十五部分　法规信息

下列法律、法规、规章和标准，对该化学品的管理作
了相应的规定。

中华人民共和国职业病防治法　职业病分类和目录：氰及
腈类化合物中毒

危险化学品安全管理条例　危险化学品目录：列入。作为
剧毒化学品进行管理。易制爆危险化学品名录：未列
入。重点监管的危险化学品名录：列入。GB
18218—2009《危险化学品重大危险源辨识》（表1）：
未列入

使用有毒物品作业场所劳动保护条例　高毒物品目录：未
列入

易制毒化学品管理条例　易制毒化学品的分类和品种目
录：未列入

国际公约　斯德哥尔摩公约：未列入。鹿特丹公约：未列
入。蒙特利尔议定书：未列入

第十六部分　其他信息

编写和修订信息　　　　　缩略语和首字母缩写

培训建议　　　　　　　　参考文献

免责声明

2-丙烯-1-醇

第一部分　化学品标识

化学品中文名　2-丙烯-1-醇；烯丙醇；蒜醇

化学品英文名　allyl alcohol；2-propen-1-ol

分子式　C_3H_6O　分子量　58.0791

结构式　＾＾OH

化学品的推荐及限制用途　用于丙烯化合物制备和树脂、
塑料合成，用于显微分析及测定汞等

第二部分　危险性概述

紧急情况概述　高度易燃液体和蒸气，吞咽会中毒，皮肤
接触会致命，吸入致命，造成皮肤刺激，造成严重眼
刺激，可能引起呼吸道刺激

GHS危险性类别　易燃液体，类别2；急性毒性-经口，
类别3；急性毒性-经皮，类别1；急性毒性-吸入，类

别 2；皮肤腐蚀/刺激，类别 2；严重眼损伤/眼刺激，类别 2；特异性靶器官毒性——次接触，类别 3（呼吸道刺激）；危害水生环境-急性危害，类别 1

标签要素

象形图

警示词　危险

危险性说明　高度易燃液体和蒸气，吞咽会中毒，皮肤接触会致命，吸入致命，造成皮肤刺激，造成严重眼刺激，可能引起呼吸道刺激，对水生生物毒性非常大

防范说明

预防措施　远离热源、火花、明火、热表面。保持容器密闭。容器和接收设备接地连接。使用防爆型电器、通风、照明设备。只能使用不产生火花的工具。采取防止静电措施。戴防护手套、防护眼镜、防护面罩，穿防护服。避免接触眼睛、皮肤，操作后彻底清洗。作业场所不得进食、饮水或吸烟。避免吸入蒸气、雾。仅在室外或通风良好处操作。戴呼吸防护器具。禁止排入环境

事故响应　火灾时，使用雾状水、泡沫、干粉、二氧化碳、砂土灭火。如吸入：将患者转移到空气新鲜处，休息，保持于呼吸的体位。如皮肤（或头发）接触：立即脱掉所有被污染的衣服，用水冲洗皮肤，淋浴。被污染的衣服必须经洗净后方可重新使用。如接触眼睛：用水细心冲洗数分钟。如戴隐形眼镜并可方便地取出，取出隐形眼镜，继续冲洗。如果眼睛刺激持续：就医。食入：立即呼叫中毒控制中心或就医，漱口。收集泄漏物

安全储存　存放在通风良好的地方。保持低温。保持容器密闭。上锁保管

废弃处置　本品及内装物、容器依据国家和地方法规处置

物理和化学危险　易燃，其蒸气与空气混合，能形成爆炸性混合物

健康危害　蒸气对眼结膜有强烈刺激作用，严重病例可引起急性结膜炎。眼直接沾染后可致严重化学灼伤。皮肤接触可引起疼痛、接触性皮炎或轻度灼伤。口服可致死

环境危害　对水生生物毒性非常大

第三部分　成分/组成信息

√ 物质　　　　　　　　　　　混合物

组分	浓度	CAS No.
2-丙烯-1-醇		107-18-6

第四部分　急救措施

吸入　迅速脱离现场至空气新鲜处。保持呼吸道通畅。如呼吸困难，给输氧。呼吸、心跳停止，立即进行心肺

复苏术。就医

皮肤接触　立即脱去污染的衣着，用流动清水彻底冲洗。就医

眼睛接触　立即分开眼睑，用流动清水或生理盐水彻底冲洗 5～10min。就医

食入　饮适量温水，催吐（仅限于清醒者）。就医

对保护施救者的忠告　根据需要使用个人防护设备

对医生的特别提示　对症处理

第五部分　消防措施

灭火剂　用雾状水、泡沫、干粉、二氧化碳、砂土灭火

特别危险性　其蒸气与空气可形成爆炸性混合物，遇明火、高热极易燃烧爆炸。与氧化剂接触猛烈反应。遇氯磺酸、硝酸、硫酸、氢氧化钠、亚磷酸二烯丙酯，可形成不稳定产物。在火场中，受热的容器有爆炸危险。容易自聚，聚合反应随着温度的上升而急骤加剧。蒸气比空气重，沿地面扩散并易积存于低洼处，遇火源会着火回燃

灭火注意事项及防护措施　消防人员必须佩戴防毒面具、穿全身消防服，在上风向灭火。尽可能将容器从火场移至空旷处。喷水保持火场容器冷却，直至灭火结束。处在火场中的容器若已变色或安全泄压装置发出声音，必须马上撤离

第六部分　泄漏应急处理

作业人员防护措施、防护装备和应急处置程序　消除所有点火源。根据液体流动和蒸气扩散的影响区域划定警戒区，无关人员从侧风、上风向撤离至安全区。建议应急处理人员戴正压自给式呼吸器，穿防毒、防静电服。作业时使用的所有设备应接地。禁止接触或跨越泄漏物。尽可能切断泄漏源

环境保护措施　防止泄漏物进入水体、下水道、地下室或有限空间

泄漏化学品的收容、清除方法及所使用的处置材料　少量泄漏：用砂土或其他不燃材料吸收。使用洁净的无火花工具收集吸收材料。大量泄漏：构筑围堤或挖坑收容。用粉煤灰或石灰粉吸收大量液体。用泡沫覆盖，减少蒸发。喷水雾能减少蒸发，但不能降低泄漏物在有限空间内的易燃性。用防爆泵转移至槽车或专用收集器内。喷雾状水驱散蒸气、稀释液体泄漏物

第七部分　操作处置与储存

操作注意事项　密闭操作，加强通风。操作人员必须经过专门培训，严格遵守操作规程。建议操作人员佩戴自吸过滤式防毒面具（全面罩），穿胶布防毒衣，戴橡胶手套。远离火种、热源，工作场所严禁吸烟。使用防爆型的通风系统和设备。防止蒸气泄漏到工作场所空气中。避免与氧化剂、酸类、碱金属接触。灌装时应控制流速，且有接地装置，防止静电积聚。配备相应品种和数量的消防器材及泄漏应急处理设备。倒空的容器可能残留有害物

储存注意事项　储存于阴凉、通风良好的专用库房内，实行"双人收发、双人保管"制度。远离火种、热源。

库温不宜超过 37℃，包装要求密封，不可与空气接触。应与氧化剂、酸类、碱金属、食用化学品分开存放，切忌混储。采用防爆型照明、通风设施。禁止使用易产生火花的机械设备和工具。储区应备有泄漏应急处理设备和合适的收容材料

第八部分　接触控制/个体防护

职业接触限值

　　中国　　PC-TWA：2mg/m³；PC-STEL：3mg/m³〔皮〕

　　美国（ACGIH）　TLV-TWA：0.5ppm〔皮〕

生物接触限值　未制定标准

监测方法　空气中有毒物质测定方法：溶剂解析-气相色谱法。生物监测检验方法：未制定标准

工程控制　生产过程密闭，加强通风。提供安全淋浴和洗眼设备

个体防护装备

　　呼吸系统防护　空气中浓度超标时，必须佩戴过滤式防毒面具（全面罩）。紧急事态抢救或撤离时，应该佩戴空气呼吸器

　　眼睛防护　呼吸系统防护中已作防护

　　皮肤和身体防护　穿密闭型防毒服

　　手防护　戴橡胶手套

第九部分　理化特性

外观与性状　无色透明液体，有刺激性气味

pH 值　无资料　　　　　**熔点（℃）**　−129

沸点（℃） 96.9　　　　**相对密度（水=1）** 0.85

相对蒸气密度（空气=1） 2.0

饱和蒸气压（kPa） 1.33（10.5℃）

临界压力（MPa）　无资料

辛醇/水分配系数　−0.25～0.17

闪点（℃） 21　　　　　**自燃温度（℃）** 378

爆炸下限（%） 2.5　　　**爆炸上限（%）** 18.0

分解温度（℃）　无资料

黏度（mPa·s）　1.218（25℃）；0.759（50℃）；0.505（75℃）

燃烧热（kJ/mol）　−1853.8　**临界温度（℃）** 266.62

溶解性　溶于水、醇、醚

第十部分　稳定性和反应性

稳定性　稳定

危险反应　与强氧化剂等禁配物接触，有引起燃烧爆炸的危险。遇氯磺酸、硝酸、硫酸、氢氧化钠、亚磷酸二烯丙酯，可反应形成不稳定产物

避免接触的条件　受热

禁配物　强氧化剂、碱金属、酸类

危险的分解产物　无资料

第十一部分　毒理学信息

急性毒性　LD$_{50}$：64mg/kg（大鼠经口）；96mg/kg（小鼠经口）；52mg/kg（兔经口）；45mg/kg（兔经皮）。LC$_{50}$：165ppm（大鼠吸入，4h）

皮肤刺激或腐蚀　家兔经皮 10mg（24h），引起刺激（开放性刺激试验）

眼睛刺激或腐蚀　人经眼 25ppm，重度刺激

呼吸或皮肤过敏　无资料

生殖细胞突变性　微生物致突变：鼠伤寒沙门氏菌 100μmol/L；鼠伤寒沙门氏菌 50μg/皿。哺乳动物体细胞突变：仓鼠肺 1μmol/L

致癌性　美国工业卫生学家会议（ACGIH）：未分类为人类致癌物

生殖毒性　无资料

特异性靶器官系统毒性-一次接触　无资料

特异性靶器官系统毒性-反复接触　大鼠吸入 0.24g/m³，每天 7h，55d，见气喘、委靡、鼻分泌物增多、眼刺激

吸入危害　无资料

第十二部分　生态学信息

生态毒性　LC$_{50}$：0.589mg/L（96h）（青鳉）（OECD 203）；LC$_{50}$：0.32mg/L（96h）（黑头呆鱼）；EC$_{50}$：1.65mg/L（48h）（大型溞）（OECD 202）；ErC$_{50}$：5.38mg/L（72h）（羊角月牙藻）（OECD 201）

持久性和降解性

　　生物降解性　易快速生物降解（OECD 301C）

　　非生物降解性　无资料

潜在的生物累积性　根据 K_{ow} 值预测，该物质的生物累积性可能较弱

土壤中的迁移性　根据 K_{oc} 值预测，该物质可能易发生迁移

第十三部分　废弃处置

废弃化学品　用焚烧法处置。溶于易燃溶剂后，再焚烧

污染包装物　将容器返还生产商或按照国家和地方法规处置

废弃注意事项　处置前应参阅国家和地方有关法规。把空容器归还厂商

第十四部分　运输信息

联合国危险货物编号（UN 号） 1098

联合国运输名称　烯丙醇

联合国危险性类别　3，6.1

包装类别　Ⅰ

包装标志　

海洋污染物　是

运输注意事项　运输时运输车辆应配备相应品种和数量的消防器材及泄漏应急处理设备。夏季最好早晚运输。运输时所用的槽（罐）车应有接地链，槽内可设孔隔板以减少震荡产生的静电。严禁与氧化剂、酸类、碱金属、食用化学品等混装混运。运输途中应防暴晒、雨淋，防高温。中途停留时应远离火种、热源、高温区。装运该物品的车辆排气管必须配备阻火装置，禁止使用易产生火

花的机械设备和工具装卸。公路运输时要按规定路线行驶，勿在居民区和人口稠密区停留。铁路运输时要禁止溜放。严禁用木船、水泥船散装运输

第十五部分　法规信息

下列法律、法规、规章和标准，对该化学品的管理作了相应的规定。

中华人民共和国职业病防治法　职业病分类和目录：未列入

危险化学品安全管理条例　危险化学品目录：列入。作为剧毒化学品进行管理。易制爆危险化学品名录：未列入。重点监管的危险化学品名录：未列入。GB 18218—2009《危险化学品重大危险源辨识》（表1）：未列入

使用有毒物品作业场所劳动保护条例　高毒物品目录：未列入

易制毒化学品管理条例　易制毒化学品的分类和品种目录：未列入

国际公约　斯德哥尔摩公约：未列入。鹿特丹公约：未列入。蒙特利尔议定书：未列入

第十六部分　其他信息

编写和修订信息　　　　缩略语和首字母缩写
培训建议　　　　　　　参考文献
免责声明

2-丙烯-1-硫醇

第一部分　化学品标识

化学品中文名　2-丙烯-1-硫醇；烯丙基硫醇
化学品英文名　2-propene-1-thiol；allyl mercaptan
分子式　C_3H_6S　**分子量**　74.145
结构式　
化学品的推荐及限制用途　用作橡胶促进剂、制药中间体

第二部分　危险性概述

紧急情况概述　高度易燃液体和蒸气，造成皮肤刺激，造成严重眼刺激，可能引起昏昏欲睡或眩晕

GHS危险性类别　易燃液体，类别2；皮肤腐蚀/刺激，类别2；严重眼损伤/眼刺激，类别2A；特异性靶器官毒性—一次接触，类别3（麻醉效应）

标签要素

象形图

警示词　危险
危险性说明　高度易燃液体和蒸气，造成皮肤刺激，造成严重眼刺激，可能引起昏昏欲睡或眩晕
防范说明
　　预防措施　远离热源、火花、明火、热表面。禁止吸烟。保持容器密闭。容器和接收设备接地连接。使用防爆型电器、通风、照明设备。只能使用不产生火花的工具。采取防止静电措施。

戴防护手套、防护眼镜、防护面罩。避免接触眼睛、皮肤，操作后彻底清洗

　　事故响应　火灾时，使用雾状水、泡沫、干粉、二氧化碳、砂土灭火。皮肤接触：用大量肥皂水和水清洗。脱去被污染的衣服，衣服经洗净后方可重新使用。如发生皮肤刺激，就医。如接触眼睛：用水细心冲洗数分钟。如戴隐形眼镜并可方便地取出，取出隐形眼镜，继续冲洗。如果眼睛刺激持续：就医

　　安全储存　存放在通风良好的地方。保持低温
　　废弃处置　本品及内装物、容器依据国家和地方法规处置

物理和化学危险　易燃，其蒸气与空气混合，能形成爆炸性混合物。遇水产生高度易燃气体。遇酸产生有毒气体

健康危害　具有刺激性。接触后可引起头痛、恶心和呕吐
环境危害　对环境可能有害

第三部分　成分/组成信息

√ 物质　　　　　　　　　　混合物

组分	浓度	CAS No.
2-丙烯-1-硫醇		870-23-5

第四部分　急救措施

吸入　迅速脱离现场至空气新鲜处。保持呼吸道通畅。如呼吸困难，给输氧。呼吸、心跳停止，立即进行心肺复苏术。就医

皮肤接触　立即脱去污染的衣着，用流动清水彻底冲洗。就医

眼睛接触　立即分开眼睑，用流动清水或生理盐水彻底冲洗。就医

食入　漱口，饮水。就医
对保护施救者的忠告　根据需要使用个人防护设备
对医生的特别提示　对症处理

第五部分　消防措施

灭火剂　用雾状水、泡沫、干粉、二氧化碳、砂土灭火
特别危险性　遇明火、高热易燃。遇酸产生有毒气体。遇水分解放出易燃气体。与氧化剂能发生强烈反应，引起燃烧或爆炸

灭火注意事项及防护措施　消防人员必须佩戴防毒面具、穿全身消防服，在上风向灭火。尽可能将容器从火场移至空旷处。喷水保持火场容器冷却，直至灭火结束。处在火场中的容器若已变色或从安全泄压装置中发生声音，必须马上撤离

第六部分　泄漏应急处理

作业人员防护措施、防护装备和应急处置程序　消除所有点火源。根据液体流动和蒸气扩散的影响区域划定警戒区，无关人员从侧风、上风向撤离至安全区。建议应急处理人员戴正压自给式呼吸器，穿防静电服。作业时使用的所有设备应接地。禁止接触或跨越泄漏物。尽可能切断泄漏源

环境保护措施 防止泄漏物进入水体、下水道、地下室或有限空间

泄漏化学品的收容、清除方法及所使用的处置材料 少量泄漏：用砂土或其他不燃材料吸收。使用洁净的无火花工具收集吸收材料。大量泄漏：构筑围堤或挖坑收容。用泡沫覆盖，减少蒸发。喷水雾能减少蒸发，但不能降低泄漏物在有限空间内的易燃性。用防爆泵转移至槽车或专用收集器内

第七部分 操作处置与储存

操作注意事项 密闭操作，局部排风。操作人员必须经过专门培训，严格遵守操作规程。建议操作人员佩戴自吸过滤式防毒面具（半面罩），戴化学安全防护眼镜，穿防毒物渗透工作服，戴橡胶耐油手套。远离火种、热源，工作场所严禁吸烟。使用防爆型的通风系统和设备。防止蒸气泄漏到工作场所空气中。避免与氧化剂、碱类、碱金属接触。灌装时应控制流速，且有接地装置，防止静电积聚。搬运时要轻装轻卸，防止包装及容器损坏。配备相应品种和数量的消防器材及泄漏应急处理设备。倒空的容器可能残留有害物

储存注意事项 储存于阴凉、通风的库房。远离火种、热源。库温不宜超过37℃，应与氧化剂、碱类、碱金属分开存放，切忌混储。采用防爆型照明、通风设施。禁止使用易产生火花的机械设备和工具。储区应备有泄漏应急处理设备和合适的收容材料

第八部分 接触控制/个体防护

职业接触限值
中国 未制定标准
美国（ACGIH） 未制定标准
生物接触限值 未制定标准
监测方法 空气中有毒物质测定方法：未制定标准。生物监测检验方法：未制定标准
工程控制 密闭操作，局部排风
个体防护装备
呼吸系统防护 空气中浓度超标时，必须佩戴过滤式防毒面具（半面罩）。紧急事态抢救或撤离时，应该佩戴空气呼吸器
眼睛防护 戴化学安全防护眼镜
皮肤和身体防护 穿防毒物渗透工作服
手防护 戴橡胶耐油手套

第九部分 理化特性

外观与性状 无色液体，有强烈的蒜样气味

pH值 无资料		**熔点(℃)** 无资料	
沸点(℃) 68		**相对密度(水＝1)** 0.93	
相对蒸气密度(空气＝1) 无资料			
饱和蒸气压(kPa) 无资料			
临界压力(MPa) 无资料		**辛醇/水分配系数** 无资料	
闪点(℃) 21.11		**自燃温度(℃)** 无资料	
爆炸下限(%) 无资料		**爆炸上限(%)** 无资料	
分解温度(℃) 无资料		**黏度(mPa·s)** 无资料	

燃烧热(kJ/mol) 无资料 **临界温度(℃)** 无资料
溶解性 不溶于水，可混溶于乙醇、乙醚等

第十部分 稳定性和反应性

稳定性 稳定
危险反应 与强氧化剂、强碱、碱金属等禁配物接触，有引起燃烧爆炸的危险。遇酸反应产生有毒气体。遇水分解放出易燃气体
避免接触的条件 无资料
禁配物 强氧化剂、强碱、碱金属、水、酸
危险的分解产物 硫化氢、氧化硫

第十一部分 毒理学信息

急性毒性 无资料
皮肤刺激或腐蚀 无资料 **眼睛刺激或腐蚀** 无资料
呼吸或皮肤过敏 无资料 **生殖细胞突变性** 无资料
致癌性 无资料 **生殖毒性** 无资料
特异性靶器官系统毒性-一次接触 无资料
特异性靶器官系统毒性-反复接触 无资料
吸入危害 无资料

第十二部分 生态学息

生态毒性 无资料
持久性和降解性
生物降解性 无资料
非生物降解性 无资料
潜在的生物累积性 无资料
土壤中的迁移性 无资料

第十三部分 废弃处置

废弃化学品 建议用焚烧法处置。焚烧炉排出的硫氧化物通过洗涤器除去
污染包装物 将容器返还生产商或按照国家和地方法规处置
废弃注意事项 处置前应参阅国家和地方有关法规

第十四部分 运输信息

联合国危险货物编号（UN号） 3336
联合国运输名称 液态硫醇，易燃，未另作规定的（2-丙烯-1-硫醇）
联合国危险性类别 3

包装类别 Ⅱ   **包装标志**

海洋污染物 否
运输注意事项 运输时运输车辆应配备相应品种和数量的消防器材及泄漏应急处理设备。夏季最好早晚运输。运输时所用的槽（罐）车应有接地链，槽内可设孔隔板以减少震荡产生的静电。严禁与氧化剂、碱类、碱金属、食用化学品等混装混运。运输途中应防暴晒、雨淋，防高温。中途停留时应远离火种、热源、高温区。装运该物品的车辆排气管必须配备阻火装置，禁

止使用易产生火花的机械设备和工具装卸。公路运输时要按规定路线行驶，勿在居民区和人口稠密区停留。铁路运输时要禁止溜放。严禁用木船、水泥船散装运输

第十五部分　法规信息

下列法律、法规、规章和标准，对该化学品的管理作了相应的规定。

中华人民共和国职业病防治法　职业病分类和目录：未列入

危险化学品安全管理条例　危险化学品目录：列入。易制爆危险化学品名录：未列入。重点监管的危险化学品名录：未列入。GB 18218—2009《危险化学品重大危险源辨识》（表1）：未列入

使用有毒物品作业场所劳动保护条例　高毒物品目录：未列入

易制毒化学品管理条例　易制毒化学品的分类和品种目录：未列入

国际公约　斯德哥尔摩公约：未列入。鹿特丹公约：未列入。蒙特利尔议定书：未列入

第十六部分　其他信息

编写和修订信息　　　缩略语和首字母缩写
培训建议　　　　　　参考文献
免责声明

丙烯酸-2-乙基己酯

第一部分　化学品标识

化学品中文名　丙烯酸-2-乙基己酯
化学品英文名　acrylic acid-2-ethylhexyl ester；2-ethylhexyl acrylate
分子式　$C_{11}H_{20}O_2$　**分子量**　184.28

结构式
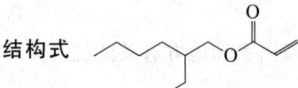

化学品的推荐及限制用途　用于制造涂料、黏合剂、纤维和织物改性、加工助剂、皮革加工助剂等

第二部分　危险性概述

紧急情况概述　可燃液体，可能导致皮肤过敏反应，可能引起呼吸道刺激

GHS危险性类别　易燃液体，类别4；急性毒性-经口，类别5；皮肤腐蚀/刺激，类别2；皮肤致敏物，类别1；特异性靶器官毒性——次接触，类别3（呼吸道刺激）；危害水生环境-急性危害，类别2；危害水生环境-长期危害，类别3

标签要素

象形图

警示词　警告

危险性说明　可燃液体，吞咽可能有害，造成皮肤刺激，可能导致皮肤过敏反应，可能引起呼吸道刺激，对水生生物有毒，对水生生物有害并具有长期持续影响

防范说明

预防措施　远离火焰和热表面。工作场所禁止吸烟。戴防护手套、防护眼镜、防护面罩。避免吸入蒸气、喷雾。避免接触眼睛皮肤，操作后彻底清洗。污染的工作服不得带出工作场所。禁止排入环境

事故响应　火灾时，使用雾状水、泡沫、干粉、二氧化碳、砂土灭火。如果感觉不适，呼叫中毒控制中心或就医。皮肤接触：用大量肥皂水和水清洗。如出现皮肤刺激或皮疹：就医。脱去被污染的衣服，衣服经洗净后方可重新使用

安全储存　在阴凉、通风良好处储存

废弃处置　本品及内装物、容器依据国家和地方法规处置

物理和化学危险　易燃，其蒸气与空气混合，能形成爆炸性混合物。容易自聚

健康危害　本品对皮肤、眼睛有刺激作用。属低毒类，但若吸入、摄入或经皮肤吸收均会引起中毒。遇热分解释放出具刺激性的烟雾

环境危害　对水生生物有毒，对水生生物有害并具有长期持续影响

第三部分　成分/组成信息

√ 物质　　　　　　　　　混合物

组分	浓度	CAS No.
丙烯酸-2-乙基己酯		103-11-7

第四部分　急救措施

吸入　迅速脱离现场至空气新鲜处。保持呼吸道通畅。如呼吸困难，给输氧。呼吸、心跳停止，立即进行心肺复苏术。就医

皮肤接触　立即脱去污染的衣着，用大量流动清水冲洗。如有不适感，就医

眼睛接触　提起眼睑，用流动清水或生理盐水冲洗。如有不适感，就医

食入　饮足量温水，催吐。就医

对保护施救者的忠告　根据需要使用个人防护设备

对医生的特别提示　对症处理

第五部分　消防措施

灭火剂　用雾状水、泡沫、干粉、二氧化碳、砂土灭火

特别危险性　遇明火、高热可燃。与强氧化剂接触可发生化学反应。蒸气比空气重，沿地面扩散并易积存于低洼处，遇火源会着火回燃。容易自聚，聚合反应随着温度的上升而急骤加剧。若遇高热，容器内压增大，有开裂和爆炸的危险

灭火注意事项及防护措施　消防人员必须佩戴防毒面具、穿全身消防服，在上风向灭火。尽可能将容器从火场移至空旷处。喷水保持火场容器冷却，直至灭火结

束。处在火场中的容器若已变色或从安全泄压装置中发出声音，必须马上撤离

第六部分 泄漏应急处理

作业人员防护措施、防护装备和应急处置程序 根据液体流动和蒸气扩散的影响区域划定警戒区，无关人员从侧风、上风向撤离至安全区。消除所有点火源。建议应急处理人员戴防毒面具，穿一般作业工作服。尽可能切断泄漏源

环境保护措施 防止泄漏物进入水体、下水道、地下室或密闭性空间

泄漏化学品的收容、清除方法及所使用的处置材料 小量泄漏：用干燥的砂土或其他不燃材料吸收或覆盖，收集于容器中。大量泄漏：构筑围堤或挖坑收容。用泵转移至槽车或专用收集器内

第七部分 操作处置与储存

操作注意事项 密闭操作，局部排风。防止蒸气泄漏到工作场所空气中。操作人员必须经过专门培训，严格遵守操作规程。建议操作人员佩戴自吸过滤式防毒面具（半面罩），戴化学安全防护眼镜，穿防静电工作服，戴橡胶手套。远离火种、热源，工作场所严禁吸烟。使用防爆型的通风系统和设备。在清除液体和蒸气前不能进行焊接、切割等作业。避免产生烟雾。避免与氧化剂、酸类、碱类接触。容器与传送设备要接地，防止产生静电。灌装时应控制流速，且有接地装置，防止静电积聚。配备相应品种和数量的消防器材及泄漏应急处理设备。倒空的容器可能残留有害物

储存注意事项 储存于阴凉、通风的库房。远离火种、热源。避光保存。库温不宜超过30℃。保持容器密封，严禁与空气接触。应与氧化剂、酸类、碱类分开存放，切忌混储。配备相应品种和数量的消防器材。储区应备有泄漏应急处理设备和合适的收容材料

第八部分 接触控制/个体防护

职业接触限值
中国 未制定标准
美国（ACGIH） 未制定标准
生物接触限值 未制定标准
监测方法 空气中有毒物质测定方法：未制定标准。生物监测检验方法：未制定标准
工程控制 密闭操作，局部排风
个体防护装备
呼吸系统防护 空气中浓度超标时，必须佩戴过滤式防毒面具（半面罩）。紧急事态抢救或撤离时，应该佩戴空气呼吸器
眼睛防护 戴化学安全防护眼镜
皮肤和身体防护 穿防静电工作服
手防护 戴橡胶手套

第九部分 理化特性

外观与性状 水白色液体
pH值 无资料　　　　**熔点（℃）** −90

沸点（℃） 215～219
相对密度（水=1） 0.8869（20℃）
相对蒸气密度（空气=1） 6.35
饱和蒸气压（kPa） 0.02（20℃）
临界压力（MPa） 无资料　**辛醇/水分配系数** 3.67
闪点（℃） 86.67　　　**自燃温度（℃）** 252
爆炸下限（%） 0.8　　　**爆炸上限（%）** 6.4
分解温度（℃） 无资料　**黏度（mPa·s）** 无资料
燃烧热（kJ/mol） 无资料　**临界温度（℃）** 无资料
溶解性 不溶于水，溶于多数有机溶剂

第十部分 稳定性和反应性

稳定性 不稳定
危险反应 与强氧化剂、强碱、强酸等禁配物发生反应。容易发生自聚反应
避免接触的条件 光照
禁配物 强氧化剂、强酸、强碱
危险的分解产物 一氧化碳

第十一部分 毒理学信息

急性毒性 LD$_{50}$：5850mg/kg（大鼠经口）；4440mg/kg（小鼠经口）；8480mg/kg（兔经皮）
皮肤刺激或腐蚀 家兔经皮：20mg/24h，中度刺激；开放性刺激试验，500mg，轻度刺激
眼睛刺激或腐蚀 家兔经眼：5mg，重度刺激；500mg/24h，轻度刺激
呼吸或皮肤过敏 无资料
生殖细胞突变性 哺乳动物体细胞突变：小鼠细胞70µg/L
致癌性 IARC致癌性评论：组3，现有的证据不能对人类致癌性进行分类
生殖毒性 无资料
特异性靶器官系统毒性-一次接触 无资料
特异性靶器官系统毒性-反复接触 无资料
吸入危害 无资料

第十二部分 生态学信息

生态毒性 无资料
持久性和降解性
生物降解性 无资料
非生物降解性 无资料
潜在的生物累积性 BCF：183-53890
土壤中的迁移性 无资料

第十三部分 废弃处置

废弃化学品 建议用控制焚烧法或安全掩埋法处置。若可能，重复使用容器或在规定场所掩埋
污染包装物 将容器返还生产商或按照国家和地方法规处置
废弃注意事项 处置前应参阅国家和地方有关法规

第十四部分 运输信息

联合国危险货物编号（UN号） —

联合国运输名称　—　　　　联合国危险性类别　—

包装类别　—　　　　　　包装标志　—

海洋污染物　否

运输注意事项　运输前应先检查包装容器是否完整、密
封，运输过程中要确保容器不泄漏、不倒塌、不坠
落、不损坏。严禁与氧化剂、酸类、碱类、食用化学
品等混装混运。运输车船必须彻底清洗、消毒，否则
不得装运其他物品。船运时，配装位置应远离卧室、
厨房，并与机舱、电源、火源等部位隔离。公路运输
时要按规定路线行驶

第十五部分　法规信息

下列法律、法规、规章和标准，对该化学品的管理作
了相应的规定。

中华人民共和国职业病防治法　职业病分类和目录：未
列入

危险化学品安全管理条例　危险化学品目录：未列入。易
制爆危险化学品名录：未列入。重点监管的危险化学
品名录：未列入。GB 18218—2009《危险化学品重
大危险源辨识》（表 1）：未列入

使用有毒物品作业场所劳动保护条例　高毒物品目录：未
列入

易制毒化学品管理条例　易制毒化学品的分类和品种目
录：未列入

国际公约　斯德哥尔摩公约：未列入。鹿特丹公约：未列
入。蒙特利尔议定书：未列入

第十六部分　其他信息

编写和修订信息　　　　缩略语和首字母缩写

培训建议　　　　　　　参考文献

免责声明

丙酰氯

第一部分　化学品标识

化学品中文名　丙酰氯；氯化丙酰；氯丙酰

化学品英文名　propionyl chloride；propanoyl chloride

分子式　C$_3$H$_5$ClO　**分子量**　92.524

结构式

化学品的推荐及限制用途　用于制造农药的中间体，也是
有机合成的原料

第二部分　危险性概述

紧急情况概述　高度易燃液体和蒸气，造成严重的皮肤灼
伤和眼损伤

GHS 危险性类别　易燃液体，类别 2；皮肤腐蚀/刺激，
类别 1B；严重眼损伤/眼刺激，类别 1

标签要素

　　象形图　

警示词　危险

危险性说明　高度易燃液体和蒸气，造成严重的皮肤灼
伤和眼损伤

防范说明

预防措施　远离热源、火花、明火、热表面。禁止
吸烟。保持容器密闭。容器和接收设备接地连
接。使用防爆型电器、通风、照明设备。只能
使用不产生火花的工具。采取防止静电措施。
避免吸入烟雾。避免接触眼睛、皮肤，操作后
彻底清洗。戴防护手套、穿防护服、戴防护眼
镜、防护面罩

事故响应　火灾时，使用干粉、二氧化碳、砂土灭
火。如吸入：将患者转移到空气新鲜处，休
息，保持利于呼吸的体位，立即呼叫中毒控制
中心或就医。如皮肤（或头发）接触：立即脱
掉所有被污染的衣服，用水冲洗皮肤，淋浴。
污染的衣服必须洗净后方可重新使用。眼睛接
触：用水细心地冲洗数分钟。如戴隐形眼镜并
可方便地取出，则取出隐形眼镜，继续冲洗。
食入：漱口，不要催吐

安全储存　存放在通风良好的地方。保持低温。上
锁保管

废弃处置　本品及内装物、容器依据国家和地方法
规处置

物理和化学危险　易燃，其蒸气与空气混合，能形成爆炸
性混合物。遇水剧烈反应，产生有毒气体

健康危害　本品蒸气对呼吸道和眼有强烈的刺激性，吸入
后引起咳嗽、呼吸困难。可致眼睛和皮肤灼伤

环境危害　对环境可能有害

第三部分　成分/组成信息

　√　物质　　　　　　　　混合物

组分	浓度	CAS No.
丙酰氯		79-03-8

第四部分　急救措施

吸入　迅速脱离现场至空气新鲜处。保持呼吸道通畅。如
呼吸困难，给输氧。如呼吸、心跳停止，立即进行心
肺复苏术。就医

皮肤接触　立即脱去污染的衣着，用大量流动清水彻底冲
洗至少 15min。就医

眼睛接触　立即分开眼睑，用流动清水或生理盐水彻底冲
洗 5～10min。就医

食入　用水漱口，禁止催吐。给饮牛奶或蛋清。就医

对保护施救者的忠告　根据需要使用个人防护设备

对医生的特别提示　对症处理

第五部分　消防措施

灭火剂　用干粉、二氧化碳、砂土灭火

特别危险性　其蒸气与空气可形成爆炸性混合物，遇明
火、高热极易燃烧爆炸。与氧化剂接触猛烈反应。受
热分解能放出剧毒的光气。与水和水蒸气发生反应，
放出有毒的腐蚀性气体。蒸气比空气重，沿地面扩散

并易积存于低洼处，遇火源会着火回燃。若遇高热，容器内压增大，有开裂和爆炸的危险

灭火注意事项及防护措施　消防人员必须穿全身耐酸碱消防服、佩戴空气呼吸器灭火。尽可能将容器从火场移至空旷处。处在火场中的容器若已变色或从安全泄压装置中发出声音，必须马上撤离。禁止用水和泡沫灭火

第六部分　泄漏应急处理

作业人员防护措施、防护装备和应急处置程序　消除所有点火源。根据液体流动和蒸气扩散的影响区域划定警戒区，无关人员从侧风向、上风向撤离至安全区。建议应急处理人员戴正压自给式呼吸器，穿防静电、防腐、防毒服。作业时使用的所有设备应接地。禁止接触或跨越泄漏物。尽可能切断泄漏源

环境保护措施　防止泄漏物进入水体、下水道、地下室或有限空间

泄漏化学品的收容、清除方法及所使用的处置材料　小量泄漏：用砂土或其他不燃材料吸收。使用洁净的无火花工具收集吸收材料。大量泄漏：构筑围堤或挖坑收容。用防爆泵转移至槽车或专用收集器内

第七部分　操作处置与储存

操作注意事项　密闭操作，提供充分的局部排风。操作人员必须经过专门培训，严格遵守操作规程。建议操作人员佩戴自吸过滤式防毒面具（全面罩），穿胶布防毒衣，戴橡胶耐油手套。远离火种、热源，工作场所严禁吸烟。使用防爆型的通风系统和设备。避免产生烟雾。防止烟雾和蒸气释放到工作场所空气中。避免与氧化剂、醇类、碱类接触。尤其要注意避免与水接触。搬运时要轻装轻卸，防止包装及容器损坏。配备相应品种和数量的消防器材及泄漏应急处理设备。倒空的容器可能残留有害物

储存注意事项　储存于阴凉、干燥、通风良好的库房。远离火种、热源。库温不宜超过37℃，保持容器密封。应与氧化剂、醇类、碱类、食用化学品分开存放，切忌混储。不宜久存，以免变质。采用防爆型照明、通风设施。禁止使用易产生火花的机械设备和工具。储区应备有泄漏应急处理设备和合适的收容材料

第八部分　接触控制/个体防护

职业接触限值
　　中国　未制定标准
　　美国（ACGIH）　未制定标准
生物接触限值　未制定标准
监测方法　空气中有毒物质测定方法：未制定标准。生物监测检验方法：未制定标准
工程控制　严加密闭，提供充分的局部排风。提供安全淋浴和洗眼设备
个体防护装备
　　呼吸系统防护　空气中浓度超标时，必须佩戴过滤式防毒面具（全面罩）。紧急事态抢救或撤离时，应该佩戴空气呼吸器

　　眼睛防护　呼吸系统防护中已作防护
　　皮肤和身体防护　穿密闭型防毒服
　　手防护　戴橡胶耐油手套

第九部分　理化特性

外观与性状　无色到浅黄色液体，有强烈刺激性气味

pH值　无资料	**熔点(℃)**　−94	
沸点(℃)　77~79	**相对密度(水＝1)**　1.065	

相对蒸气密度(空气＝1)　3.2
饱和蒸气压(kPa)　10.6(20℃)

临界压力(MPa)　无资料	**辛醇/水分配系数**　无资料
闪点(℃)　6.5	**自燃温度(℃)**　270
爆炸下限(%)　3.6	**爆炸上限(%)**　11.9
分解温度(℃)　无资料	**黏度(mPa·s)**　无资料
燃烧热(kJ/mol)　无资料	**临界温度(℃)**　无资料

溶解性　溶于水、乙醇

第十部分　稳定性和反应性

稳定性　稳定
危险反应　与强氧化剂等禁配物接触，有发生火灾和爆炸的危险。与水和水蒸气发生反应，放出有毒的腐蚀性气体
避免接触的条件　受热、潮湿空气
禁配物　强氧化剂、水、醇类、强碱
危险的分解产物　氯化氢、光气

第十一部分　毒理学信息

急性毒性　LD_{50}：823mg/kg（大鼠经口）

皮肤刺激或腐蚀　无资料	**眼睛刺激或腐蚀**　无资料
呼吸或皮肤过敏　无资料	**生殖细胞突变性**　无资料
致癌性　无资料	**生殖毒性**　无资料

特异性靶器官系统毒性-一次接触　无资料
特异性靶器官系统毒性-反复接触　无资料
吸入危害　无资料

第十二部分　生态学信息

生态毒性　无资料
持久性和降解性
　　生物降解性　无资料
　　非生物降解性　无资料
潜在的生物累积性　无资料
土壤中的迁移性　无资料

第十三部分　废弃处置

废弃化学品　建议用焚烧法处置。与燃料混合后，再焚烧。焚烧炉排出的卤化氢通过酸洗涤器除去
污染包装物　将容器返还生产商或按照国家和地方法规处置
废弃注意事项　处置前应参阅国家和地方有关法规

第十四部分　运输信息

联合国危险货物编号（UN号）　1815
联合国运输名称　丙酰氯

联合国危险性类别 3，8
包装类别 Ⅱ

包装标志

海洋污染物 否

运输注意事项 运输时运输车辆应配备相应品种和数量的消防器材及泄漏应急处理设备。夏季最好早晚运输。运输时所用的槽（罐）车应有接地链，槽内可设孔隔板以减少震荡产生的静电。严禁与氧化剂、醇类、碱类、食用化学品等混装混运。运输途中应防暴晒、雨淋，防高温。中途停留时应远离火种、热源、高温区。装运该物品的车辆排气管必须配备阻火装置，禁止使用易产生火花的机械设备和工具卸载。公路运输时要按规定路线行驶，勿在居民区和人口稠密区停留。铁路运输时要禁止溜放。严禁用木船、水泥船散装运输

第十五部分　法规信息

下列法律、法规、规章和标准，对该化学品的管理作了相应的规定。

中华人民共和国职业病防治法 职业病分类和目录：未列入

危险化学品安全管理条例 危险化学品目录：列入。易制爆危险化学品名录：未列入。重点监管的危险化学品名录：未列入。GB 18218—2009《危险化学品重大危险源辨识》（表1）：未列入

使用有毒物品作业场所劳动保护条例 高毒物品目录：未列入

易制毒化学品管理条例 易制毒化学品的分类和品种目录：未列入

国际公约 斯德哥尔摩公约：未列入。鹿特丹公约：未列入。蒙特利尔议定书：未列入

第十六部分　其他信息

编写和修订信息　缩略语和首字母缩写
培训建议　参考文献
免责声明

丙酰溴

第一部分　化学品标识

化学品中文名 丙酰溴；溴丙酰；溴化丙酰
化学品英文名 propionyl bromide；propanoyl bromide
分子式 C_3H_5BrO　**分子量** 136.975

结构式

化学品的推荐及限制用途 用于有机合成

第二部分　危险性概述

紧急情况概述 易燃液体和蒸气
GHS危险性类别 易燃液体，类别3

标签要素

象形图

警示词 警告

危险性说明 易燃液体和蒸气

防范说明

预防措施　远离热源、火花、明火、热表面。禁止吸烟。保持容器密闭。容器和接收设备接地连接。使用防爆型电器、通风、照明设备。只能使用不产生火花的工具。采取防止静电措施。戴防护手套、防护眼镜、防护面罩

事故响应　火灾时，使用干粉、二氧化碳、砂土灭火。如皮肤（或头发）接触：立即脱掉所有被污染的衣服，用水冲洗皮肤，淋浴

安全储存　存放在通风良好的地方。保持低温

废弃处置　本品及内装物、容器依据国家和地方法规处置

物理和化学危险 易燃，其蒸气与空气混合，能形成爆炸性混合物。遇水产生刺激性气体

健康危害 对眼睛、黏膜、呼吸道和皮肤有刺激作用

环境危害 对环境可能有害

第三部分　成分/组成信息

√ 物质　　　　　　　　混合物

组分	浓度	CAS No.
丙酰溴		598-22-1

第四部分　急救措施

吸入 迅速脱离现场至空气新鲜处。保持呼吸道通畅。如呼吸困难，给输氧。如呼吸、心跳停止，立即进行心肺复苏术。就医

皮肤接触 立即脱去污染的衣着，用流动清水彻底冲洗。就医

眼睛接触 立即分开眼睑，用流动清水或生理盐水彻底冲洗。就医

食入 漱口，饮水。就医

对保护施救者的忠告 根据需要使用个人防护设备

对医生的特别提示 对症处理

第五部分　消防措施

灭火剂 用干粉、二氧化碳、砂土灭火

特别危险性 易燃，受热分解放出溴化氢和有毒的碳酰溴。与水和乙醇发生激烈分解生成溴氢酸和乙酸。遇潮时对大多数金属有强腐蚀性

灭火注意事项及防护措施 消防人员必须穿全身耐酸碱消防服。尽可能将容器从火场移至空旷处。处在火场中的容器若已变色或从安全泄压装置中发出声音，必须马上撤离。禁止用水、泡沫和酸碱灭火剂灭火

第六部分　泄漏应急处理

作业人员防护措施、防护装备和应急处置程序 根据液体

流动和蒸气扩散的影响区域划定警戒区，无关人员从侧风向、上风向撤离至安全区。消除所有点火源。建议应急处理人员戴正压自给式呼吸器，穿防腐、防毒服。穿上适当的防护服前严禁接触破裂的容器和泄漏物。尽可能切断泄漏源

环境保护措施　防止泄漏物进入水体、下水道、地下室或有限空间

泄漏化学品的收容、清除方法及所使用的处置材料　小量泄漏：用干燥的砂土或其他不燃材料吸收或覆盖，收集于容器中。大量泄漏：构筑围堤或挖坑收容。用耐腐蚀泵转移至槽车或专用收集器内

第七部分　操作处置与储存

操作注意事项　密闭操作，局部排风。操作人员必须经过专门培训，严格遵守操作规程。建议操作人员佩戴自吸过滤式防毒面具（全面罩），穿橡胶耐酸碱服，戴橡胶耐酸碱手套。远离火种、热源，工作场所严禁吸烟。使用防爆型的通风系统和设备。防止蒸气泄漏到工作场所空气中。避免与氧化剂、碱类、醇类接触。尤其要注意避免与水接触。搬运时要轻装轻卸，防止包装及容器损坏。配备相应品种和数量的消防器材及泄漏应急处理设备。倒空的容器可能残留有害物

储存注意事项　储存于阴凉、干燥、通风良好的库房。远离火种、热源。保持容器密封。应与氧化剂、碱类、醇类等分开存放，切忌混储。采用防爆型照明、通风设施。禁止使用易产生火花的机械设备和工具。储区应备有泄漏应急处理设备和合适的收容材料

第八部分　接触控制/个体防护

职业接触限值
　中国　未制定标准
　美国（ACGIH）　未制定标准
生物接触限值　未制定标准
监测方法　空气中有毒物质测定方法：未制定标准。生物监测检验方法：未制定标准
工程控制　密闭操作，局部排风。提供安全淋浴和洗眼设备
个体防护装备
　呼吸系统防护　空气中浓度超标时，必须佩戴过滤式防毒面具（全面罩）。紧急事态抢救或撤离时，应该佩戴空气呼吸器
　眼睛防护　呼吸系统防护中已作防护
　皮肤和身体防护　穿橡胶耐酸碱服
　手防护　戴橡胶耐酸碱手套

第九部分　理化特性

外观与性状　无色或浅黄色液体，有刺激性气味
pH 值　无资料　　　　**熔点（℃）**　无资料
沸点（℃）　103～104　　**相对密度（水＝1）**　1.52
相对蒸气密度(空气＝1)　无资料
饱和蒸气压（kPa）　无资料

临界压力（MPa）　无资料　　**辛醇/水分配系数**　无资料
闪点（℃）　52.22　　　　**自燃温度（℃）**　无资料
爆炸下限（%）　无资料　　**爆炸上限（%）**　无资料
分解温度（℃）　无资料　　**黏度（mPa·s）**　无资料
燃烧热（kJ/mol）　无资料　　**临界温度（℃）**　无资料
溶解性　溶于乙醚

第十部分　稳定性和反应性

稳定性　稳定
危险反应　与强氧化剂、强碱等禁配物接触，有发生火灾和爆炸的危险。与水和乙醇发生激烈分解生成溴氢酸和乙酸
避免接触的条件　受热、潮湿空气
禁配物　水、醇类、强氧化剂、强碱
危险的分解产物　溴化氢、溴氢酸、碳酰溴

第十一部分　毒理学信息

急性毒性　无资料
皮肤刺激或腐蚀　无资料　　**眼睛刺激或腐蚀**　无资料
呼吸或皮肤过敏　无资料　　**生殖细胞突变性**　无资料
致癌性　无资料　　　　　**生殖毒性**　无资料
特异性靶器官系统毒性-一次接触　无资料
特异性靶器官系统毒性-反复接触　无资料
吸入危害　无资料

第十二部分　生态学信息

生态毒性　无资料
持久性和降解性
　生物降解性　无资料
　非生物降解性　无资料
潜在的生物累积性　无资料
土壤中的迁移性　无资料

第十三部分　废弃处置

废弃化学品　建议用焚烧法处置。焚烧炉排出的卤化氢通过酸洗涤器除去
污染包装物　将容器返还生产商或按照国家和地方法规处置
废弃注意事项　处置前应参阅国家和地方有关法规

第十四部分　运输信息

联合国危险货物编号（UN 号）　1993
联合国运输名称　易燃液体，未另作规定的（丙酰溴）
联合国危险性类别　3

包装类别　Ⅲ　　　　　　　**包装标志**　

海洋污染物　否
运输注意事项　起运时包装要完整，装载应稳妥。运输过程中要确保容器不泄漏、不倒塌、不坠落、不损坏。严禁与氧化剂、碱类、醇类、食用化学品等混装混运。运输时运输车辆应配备相应品种和数量的消防器

材及泄漏应急处理设备。公路运输时要按规定路线行驶，勿在居民区和人口稠密区停留

第十五部分　法规信息

下列法律、法规、规章和标准，对该化学品的管理作了相应的规定。

中华人民共和国职业病防治法　职业病分类和目录：未列入

危险化学品安全管理条例　危险化学品目录：列入。易制爆危险化学品名录：未列入。重点监管的危险化学品名录：未列入。GB 18218—2009《危险化学品重大危险源辨识》（表1）：未列入

使用有毒物品作业场所劳动保护条例　高毒物品目录：未列入

易制毒化学品管理条例　易制毒化学品的分类和品种目录：未列入

国际公约　斯德哥尔摩公约：未列入。鹿特丹公约：未列入。蒙特利尔议定书：未列入

第十六部分　其他信息

编写和修订信息　　缩略语和首字母缩写
培训建议　　　　　参考文献
免责声明

不育胺

第一部分　化学品标识

化学品中文名　不育胺；三（2-甲基氮丙啶）氧化磷；三（2-甲基氮杂环丙烯）氧化磷

化学品英文名　tris(2-methyl-1-aziridinyl)-phosphine oxide; methyl aphoxide

分子式　$C_9H_{18}N_3OP$　**分子量**　215.23

结构式　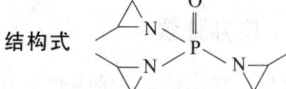

化学品的推荐及限制用途　用作高分子化合物的交联剂和化学杀菌剂

第二部分　危险性概述

紧急情况概述　吞咽会中毒，皮肤接触会致命

GHS危险性类别　急性毒性-经口，类别3；急性毒性-经皮，类别2

标签要素

象形图　

警示词　危险

危险性说明　吞咽会中毒，皮肤接触会致命

防范说明

预防措施　避免接触眼睛、皮肤或衣服，操作后彻底清洗。作业场所不得进食、饮水或吸烟。戴防护手套、穿防护服

事故响应　皮肤接触：用大量肥皂水和水轻轻地清洗，立即呼叫中毒控制中心或就医。食入：立即呼叫中毒控制中心或就医，漱口

安全储存　上锁保管

废弃处置　本品及内装物、容器依据国家和地方法规处置

物理和化学危险　可燃

健康危害　摄入、吸入或经皮肤吸收可引起中毒。对胆碱酯酶有抑制作用，引起有机磷中毒的症状

环境危害　对环境可能有害

第三部分　成分/组成信息

√ 物质　　　　　　　　　混合物

组分	浓度	CAS No.
不育胺		57-39-6

第四部分　急救措施

吸入　迅速脱离现场至空气新鲜处。保持呼吸道通畅。如呼吸困难，给输氧。呼吸、心跳停止，立即进行心肺复苏术。就医

皮肤接触　立即脱去污染的衣着，用肥皂水及流动清水彻底冲洗污染的皮肤、头发、指甲等。就医

眼睛接触　分开眼睑，用流动清水或生理盐水冲洗。就医

食入　饮足量温水，催吐（仅限于清醒者）。口服活性炭。就医

对保护施救者的忠告　根据需要使用个人防护设备

对医生的特别提示　解毒剂：阿托品、胆碱酯酶复能剂

第五部分　消防措施

灭火剂　用雾状水、抗溶性泡沫、干粉、二氧化碳、砂土灭火

特别危险性　遇明火、高热可燃。与氧化剂可发生反应。受高热分解放出有毒的气体。若遇高热，容器内压增大，有开裂和爆炸的危险

灭火注意事项及防护措施　消防人员必须佩戴防毒面具、穿全身消防服，在上风向灭火。尽可能将容器从火场移至空旷处。喷水保持火场容器冷却，直至灭火结束。处在火场中的容器若已变色或从安全泄压装置中发出声音，必须马上撤离

第六部分　泄漏应急处理

作业人员防护措施、防护装备和应急处置程序　根据液体流动和蒸气扩散的影响区域划定警戒区，无关人员从侧风向、上风向撤离至安全区。消除所有点火源。建议应急处理人员戴正压自给式呼吸器，穿防毒服。穿上适当的防护服前严禁接触破裂的容器和泄漏物。尽可能切断泄漏源

环境保护措施　防止泄漏物进入水体、下水道、地下室或有限空间

泄漏化学品的收容、清除方法及所使用的处置材料　小量泄漏：用干燥的砂土或其他不燃材料吸收或覆盖，收集于容器中。大量泄漏：构筑围堤或挖坑收容。用泵转移至槽车或专用收集器内

第七部分 操作处置与储存

操作注意事项 密闭操作，局部排风。防止蒸气泄漏到工作场所空气中。操作人员必须经过专门培训，严格遵守操作规程。建议操作人员佩戴过滤式防毒面具（半面罩），戴化学安全防护眼镜，穿防毒物渗透工作服，戴乳胶手套。远离火种、热源，工作场所严禁吸烟。使用防爆型的通风系统和设备。在清除液体和蒸气前不能进行焊接、切割等作业。避免产生烟雾。避免与氧化剂接触。配备相应品种和数量的消防器材及泄漏应急处理设备。倒空的容器可能残留有害物

储存注意事项 储存于阴凉、通风的库房。远离火种、热源。防止阳光直射。保持容器密封。应与氧化剂、食用化学品分开存放，切忌混储。配备相应品种和数量的消防器材。储区应备有泄漏应急处理设备和合适的收容材料

第八部分 接触控制/个体防护

职业接触限值

中国 未制定标准

美国（ACGIH） 未制定标准

生物接触限值 全血胆碱酯酶活性（校正值）：原基础值或参考值的 70%（采样时间：开始接触后的 3 个月内），原基础值或参考值的 50%（采样时间：持续接触 3 个月后，任意时间）

监测方法 空气中有毒物质测定方法：未制定标准。生物监测检验方法：血中胆碱酯酶活性的分光光度测定方法——羟胺三氯化铁法；血中胆碱酯酶活性的分光光度测定方法——硫代乙酰胆碱-联硫代双硝基苯甲酸法

工程控制 密闭操作，局部排风

个体防护装备

呼吸系统防护 空气中浓度较高时，应该佩戴过滤式防毒面具（半面罩）。紧急事态抢救或逃生时，建议佩戴空气呼吸器

眼睛防护 戴化学安全防护眼镜

皮肤和身体防护 穿防毒物渗透工作服

手防护 戴橡胶手套

第九部分 理化特性

外观与性状 浅黄色黏稠液体，有氨味

pH 值 无资料　　　　**熔点（℃）** 无资料

沸点（℃） 118～125(0.133kPa)

相对密度（水＝1） 1.079(25℃)

相对蒸气密度（空气＝1） 无资料

饱和蒸气压(kPa) 无资料

临界压力（MPa） 无资料　**辛醇/水分配系数** 无资料

闪点（℃） 无资料　　**自燃温度（℃）** 无资料

爆炸下限(%) 无资料　**爆炸上限(%)** 无资料

分解温度（℃） 无资料　**黏度(mPa·s)** 无资料

燃烧热(kJ/mol) 无资料　**临界温度（℃）** 无资料

溶解性 可混溶于水多数有机溶剂

第十部分 稳定性和反应性

稳定性 稳定

危险反应 与强氧化剂等禁配物发生反应

避免接触的条件 无资料

禁配物 强氧化剂

危险的分解产物 氮氧化物、氧化磷

第十一部分 毒理学信息

急性毒性 LD_{50}：136mg/kg（大鼠经口），183mg/kg（大鼠经皮），292mg/kg（小鼠经口），375mg/kg（兔经口），183mg/kg（兔经皮）

皮肤刺激或腐蚀 无资料　**眼睛刺激或腐蚀** 无资料

呼吸或皮肤过敏 无资料

生殖细胞突变性 微生物致突变：鼠伤寒沙门氏菌 500μg/皿。细胞遗传学分析：大鼠经口 408mg/kg (30d)。显性致死试验：小鼠腹腔内 12500μg/kg。精子形态学分析：小鼠腹腔内 30mg/kg (5d)。细胞遗传学分析：人淋巴细胞 20mg/L

致癌性 IARC 致癌性评论：组 3，现有的证据不能对人类致癌性进行分类

生殖毒性 大鼠经口最低中毒剂量（TDLo）：500μg/kg（雌性交配前 1d），对雌性生育指数有影响，每窝胎数改变。大鼠腹腔内最低中毒剂量（TDLo）：30mg/kg（孕 12d），引起死胎和肌肉骨骼系统发育异常，对新生鼠生长统计指数有影响。大鼠经口最低中毒剂量（TDLo）：1mg/kg（雌性交配前 1d），对雄性生育指数有影响，每窝胎数改变，引起死产

特异性靶器官系统毒性--一次接触 无资料

特异性靶器官系统毒性-反复接触 无资料

吸入危害 无资料

第十二部分 生态学信息

生态毒性 无资料

持久性和降解性

生物降解性 无资料

非生物降解性 无资料

潜在的生物累积性 无资料

土壤中的迁移性 无资料

第十三部分 废弃处置

废弃化学品 用安全掩埋法处置。在能利用的地方重复使用容器或在规定场所掩埋

污染包装物 将容器返还生产商或按照国家和地方法规处置

废弃注意事项 处置前应参阅国家和地方有关法规

第十四部分 运输信息

联合国危险货物编号（UN 号） 3278

联合国运输名称 有机磷化合物，毒性，液态，未另作规定的（不育胺）

联合国危险性类别 6.1

包装类别　Ⅱ　　　　　包装标志

海洋污染物　否

运输注意事项　运输前应先检查包装容器是否完整、密封，运输过程中要确保容器不泄漏、不倒塌、不坠落、不损坏。严禁与酸类、氧化剂、食品及食品添加剂混运。运输时运输车辆应配备相应品种和数量的消防器材及泄漏应急处理设备。运输途中应防暴晒、雨淋，防高温。公路运输时要按规定路线行驶，勿在居民区和人口稠密区停留

第十五部分　法规信息

下列法律、法规、规章和标准，对该化学品的管理作了相应的规定。

中华人民共和国职业病防治法　职业病分类和目录：有机磷中毒

危险化学品安全管理条例　危险化学品目录：列入。易制爆危险化学品名录：未列入。重点监管的危险化学品名录：未列入。GB 18218—2009《危险化学品重大危险源辨识》（表1）：未列入

使用有毒物品作业场所劳动保护条例　高毒物品目录：未列入

易制毒化学品管理条例　易制毒化学品的分类和品种目录：未列入

国际公约　斯德哥尔摩公约：未列入。鹿特丹公约：未列入。蒙特利尔议定书：未列入

第十六部分　其他信息

编写和修订信息　　缩略语和首字母缩写
培训建议　　　　　参考文献
免责声明

菜草畏

第一部分　化学品标识

化学品中文名　菜草畏；草克死；N,N-二乙基-2-氯丙烯二硫代氨基甲酸酯

化学品英文名　sulfallate; 2-chlorallyl diethyldithiocarbamate

分子式　$C_8H_{14}ClNS_2$　**分子量**　223.786

结构式

（结构式：2-氯丙烯基二乙基二硫代氨基甲酸酯结构图）

化学品的推荐及限制用途　用作农用除草剂

第二部分　危险性概述

紧急情况概述　吞咽有害

GHS 危险性类别　急性毒性-经口，类别4；危害水生环境-急性危害，类别1；危害水生环境-长期危害，类别1

标签要素

象形图

警示词　警告

危险性说明　吞咽有害，对水生生物毒性非常大并具有长期持续影响

防范说明

预防措施　避免接触眼睛、皮肤，操作后彻底清洗。作业场所不得进食、饮水或吸烟。禁止排入环境

事故响应　食入：如果感觉不适，立即呼叫中毒控制中心或就医，漱口。收集泄漏物

安全储存　—

废弃处置　本品及内装物、容器依据国家和地方法规处置

物理和化学危险　可燃，其蒸气与空气混合，能形成爆炸性混合物

健康危害　氨基甲酸酯类农药抑制胆碱酯酶，出现相应的症状。中毒症状有头痛、恶心、呕吐、腹痛、流涎、出汗、瞳孔缩小、步行困难、语言障碍，重者可发生全身痉挛、昏迷

环境危害　对水生生物毒性非常大并具有长期持续影响

第三部分　成分/组成信息

√　物质　　　　　　　　混合物

组分	浓度	CAS No.
菜草畏		95-06-7

第四部分　急救措施

吸入　迅速脱离现场至空气新鲜处。保持呼吸道通畅。如呼吸困难，给输氧。如呼吸、心跳停止，立即进行心肺复苏术。就医

皮肤接触　立即脱去污染的衣着，用流动清水彻底冲洗。就医

眼睛接触　立即分开眼睑，用流动清水或生理盐水彻底冲洗。就医

食入　饮适量温水，催吐（仅限于清醒者）。就医

对保护施救者的忠告　根据需要使用个人防护设备

对医生的特别提示　解毒剂：阿托品

第五部分　消防措施

灭火剂　用雾状水、泡沫、干粉、二氧化碳、砂土灭火

特别危险性　遇明火、高热可燃。与氧化剂可发生反应。受高热分解放出有毒的气体。若遇高热，容器内压增大，有开裂和爆炸的危险

灭火注意事项及防护措施　消防人员必须佩戴空气呼吸器、穿全身防火防毒服，在上风向灭火。尽可能将容器从火场移至空旷处。喷水保持火场容器冷却，直至灭火结束。处在火场中的容器若已变色或从安全泄压装置中发出声音，必须马上撤离

第六部分 泄漏应急处理

作业人员防护措施、防护装备和应急处置程序 根据液体流动和蒸气扩散的影响区域划定警戒区，无关人员从侧风向、上风向撤离至安全区。建议应急处理人员戴正压自给式呼吸器，穿一般作业工作服。尽可能切断泄漏源

环境保护措施 防止泄漏物进入水体、下水道、地下室或有限空间

泄漏化学品的收容、清除方法及所使用的处置材料 小量泄漏：用干燥的砂土或其他不燃材料吸收或覆盖，收集于容器中。大量泄漏：构筑围堤或挖坑收容。用泵转移至槽车或专用收集器内

第七部分 操作处置与储存

操作注意事项 密闭操作，提供充分的局部排风。防止蒸气泄漏到工作场所空气中。操作人员必须经过专门培训，严格遵守操作规程。建议操作人员佩戴自吸过滤式防毒面具（全面罩），穿防毒物渗透工作服，戴橡胶手套。远离火种、热源，工作场所严禁吸烟。使用防爆型的通风系统和设备。在清除液体和蒸气前不能进行焊接、切割等作业。避免产生烟雾。避免与氧化剂、酸类接触。配备相应品种和数量的消防器材及泄漏应急处理设备。倒空的容器可能残留有害物

储存注意事项 储存于阴凉、通风的库房。远离火种、热源。防止阳光直射。保持容器密封。应与氧化剂、酸类、食用化学品分开存放，切忌混储。配备相应品种和数量的消防器材。储区应备有泄漏应急处理设备和合适的收容材料

第八部分 接触控制/个体防护

职业接触限值
　中国　未制定标准
　美国（ACGIH）　未制定标准
生物接触限值 未制定标准
监测方法 空气中有毒物质测定方法：未制定标准。生物监测检验方法：未制定标准
工程控制 严加密闭，提供充分的局部排风
个体防护装备
　呼吸系统防护　空气中浓度超标时，必须佩戴过滤式防毒面具（全面罩）。紧急事态抢救或撤离时，应该佩戴空气呼吸器
　眼睛防护　呼吸系统防护中已作防护
　皮肤和身体防护　穿防毒物渗透工作服
　手防护　戴橡胶手套

第九部分 理化特性

外观与性状 琥珀色油状液体
pH 值 无资料　　**熔点（℃）** 无资料
沸点（℃） 129（0.133kPa）
相对密度（水＝1） 1.088（25℃）
相对蒸气密度（空气＝1） 无资料

饱和蒸气压（kPa） 0.293×10^{-3}（20℃）
临界压力（MPa） 无资料　**辛醇/水分配系数** 无资料
闪点（℃） 无资料　　**自燃温度（℃）** 无资料
爆炸下限（%） 无资料　**爆炸上限（%）** 无资料
分解温度（℃） 150　　**黏度（mPa·s）** 无资料
燃烧热（kJ/mol） 无资料　**临界温度（℃）** 无资料
溶解性 难溶于水，易溶于多数有机溶剂

第十部分 稳定性和反应性

稳定性 稳定
危险反应 与强氧化剂、酸类等禁配物发生反应
避免接触的条件 无资料
禁配物 强氧化剂、酸类
危险的分解产物 氮氧化物、氯化氢、氧化硫

第十一部分 毒理学信息

急性毒性 LD_{50}：850mg/kg（大鼠经口）；2200mg/kg（兔经皮）
皮肤刺激或腐蚀 无资料　**眼睛刺激或腐蚀** 无资料
呼吸或皮肤过敏 无资料
生殖细胞突变性 微生物致突变：鼠伤寒沙门氏菌10μg/皿。DNA抑制：大鼠细胞 1g/L。DNA抑制：人淋巴细胞 500mg/L
致癌性 IARC致癌性评论：组2B，对人类是可能致癌物
生殖毒性 无资料
特异性靶器官系统毒性-一次接触 无资料
特异性靶器官系统毒性-反复接触 无资料
吸入危害 无资料

第十二部分 生态学信息

生态毒性 根据结构类似物质预测，该物质对水生生物有极高毒性
持久性和降解性
　生物降解性　无资料
　非生物降解性　无资料
潜在的生物累积性 无资料
土壤中的迁移性 无资料

第十三部分 废弃处置

废弃化学品 建议用控制焚烧法或安全掩埋法处置。把倒空的容器归还厂商或在规定场所掩埋
污染包装物 将容器返还生产商或按照国家和地方法规处置
废弃注意事项 处置前应参阅国家和地方有关法规

第十四部分 运输信息

联合国危险货物编号（UN号） 3082
联合国运输名称 对环境有害的液态物质，未另作规定的（菜草畏）
联合国危险性类别 9

包装类别 Ⅲ　　　**包装标志**

海洋污染物 是

运输注意事项 铁路运输时，可以使用钙塑瓦楞箱作外包装。运输前应先检查包装容器是否完整、密封，运输过程中要确保容器不泄漏、不倒塌、不坠落、不损坏。严禁与酸类、氧化剂、食品及食品添加剂混运。运输时运输车辆应配备相应品种和数量的消防器材及泄漏应急处理设备。运输途中应防暴晒、雨淋，防高温。公路运输时要按规定路线行驶，勿在居民区和人口稠密区停留

第十五部分　法规信息

下列法律、法规、规章和标准，对该化学品的管理作了相应的规定。

中华人民共和国职业病防治法 职业病分类和目录：未列入

危险化学品安全管理条例 危险化学品目录：列入。易制爆危险化学品名录：未列入。重点监管的危险化学品名录：未列入。GB 18218—2009《危险化学品重大危险源辨识》（表1）：未列入

使用有毒物品作业场所劳动保护条例 高毒物品目录：未列入

易制毒化学品管理条例 易制毒化学品的分类和品种目录：未列入

国际公约 斯德哥尔摩公约：未列入。鹿特丹公约：未列入。蒙特利尔议定书：未列入

第十六部分　其他信息

编写和修订信息　缩略语和首字母缩写
培训建议　参考文献
免责声明

虫线磷

第一部分　化学品标识

化学品中文名 虫线磷；O,O-二乙基-O-吡嗪基硫代磷酸酯;治线磷;硫磷嗪

化学品英文名 thionazin；O,O-diethyl O-pyrazinyl phosphorothioate

分子式 $C_8H_{13}N_2O_3PS$　**分子量** 248.239

结构式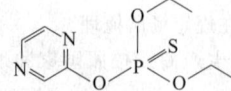

化学品的推荐及限制用途 农用杀虫剂、杀线虫剂

第二部分　危险性概述

紧急情况概述 吞咽致命，皮肤接触会致命

GHS危险性类别 急性毒性-经口，类别2；急性毒性-经皮，类别1

标签要素

象形图

警示词 危险

危险性说明 吞咽致命，皮肤接触会致命

防范说明

预防措施　作业场所不得进食、饮水或吸烟。避免接触眼睛、皮肤或衣服，操作后彻底清洗。戴防护手套、穿防护服

事故响应　皮肤接触：用大量肥皂水和水轻轻地清洗，立即脱去所有被污染的衣服。被污染的衣服必须经洗净后方可重新使用。食入：立即呼叫中毒控制中心或就医，漱口

安全储存　上锁保管

废弃处置　本品及内装物、容器依据国家和地方法规处置

物理和化学危险 可燃，其蒸气与空气混合，能形成爆炸性混合物

健康危害 使全血胆碱酯酶活性下降，引起头晕、呕吐、出汗、流涎、瞳孔缩小、肌肉震颤、抽搐、呼吸困难、紫绀，重者常伴有肺水肿、脑水肿，死于呼吸衰竭

环境危害 对环境可能有害

第三部分　成分/组成信息

√ 物质　　　　　混合物

组分	浓度	CAS No.
虫线磷		297-97-2

第四部分　急救措施

吸入 迅速脱离现场至空气新鲜处。保持呼吸道通畅。如呼吸困难，给输氧。如呼吸、心跳停止，立即进行心肺复苏术。就医

皮肤接触 立即脱去污染的衣着，用肥皂水及流动清水彻底冲洗污染的皮肤、头发、指甲等。就医

眼睛接触 分开眼睑，用流动清水或生理盐水冲洗。就医

食入 饮足量温水，催吐（仅限于清醒者）。口服活性炭。就医

对保护施救者的忠告 根据需要使用个人防护设备

对医生的特别提示 解毒剂：阿托品、胆碱酯酶复能剂

第五部分　消防措施

灭火剂 用雾状水、泡沫、干粉、二氧化碳、砂土灭火

特别危险性 遇明火、高热可燃。与氧化剂可发生反应。遇高热分解释出高毒烟气。若遇高热，容器内压增大，有开裂和爆炸的危险

灭火注意事项及防护措施 消防人员必须佩戴空气呼吸器、穿全身防火防毒服，在上风向灭火。尽可能将容器从火场移至空旷处。喷水保持火场容器冷却，直至灭火结束。处在火场中的容器若已变色或从安全泄压装置中发出声音，必须马上撤离

第六部分　泄漏应急处理

作业人员防护措施、防护装备和应急处置程序 根据液体流动和蒸气扩散的影响区域划定警戒区，无关人员从侧风向、上风向撤离至安全区。建议应急处理

人员戴正压自给式呼吸器，穿防毒服。穿上适当的防护服前严禁接触破裂的容器和泄漏物。尽可能切断泄漏源

环境保护措施　防止泄漏物进入水体、下水道、地下室或有限空间

泄漏化学品的收容、清除方法及所使用的处置材料　小量泄漏：用干燥的砂土或其他不燃材料吸收或覆盖，收集于容器中。大量泄漏：构筑围堤或挖坑收容。用泵转移至槽车或专用收集器内

第七部分　操作处置与储存

操作注意事项　密闭操作，提供充分的局部排风。防止蒸气泄漏到工作场所空气中。操作人员必须经过专门培训，严格遵守操作规程。建议操作人员佩戴自吸过滤式防毒面具（全面罩），穿胶布防毒衣，戴橡胶手套。远离火种、热源，工作场所严禁吸烟。使用防爆型的通风系统和设备。在清除液体和蒸气前不能进行焊接、切割等作业。避免产生烟雾。避免与氧化剂接触。配备相应品种和数量的消防器材及泄漏应急处理设备。倒空的容器可能残留有害物

储存注意事项　储存于阴凉、通风良好的专用库房内，实行"双人收发、双人保管"制度。远离火种、热源。防止阳光直射。保持容器密封。应与氧化剂、食用化学品分开存放，切忌混储。配备相应品种和数量的消防器材。储区应备有泄漏应急处理设备和合适的收容材料

第八部分　接触控制/个体防护

职业接触限值

中国　未制定标准

美国（ACGIH）　未制定标准

生物接触限值

全血胆碱酯酶活性（校正值）：原基础值或参考值的70%（采样时间：开始接触后的3个月内），原基础值或参考值的50%（采样时间：持续接触3个月后，任意时间）

监测方法　空气中有毒物质测定方法：未制定标准。生物监测检验方法：血中胆碱酯酶活性的分光光度测定方法——羟胺三氯化铁法；血中胆碱酯酶活性的分光光度测定方法——硫代乙酰胆碱-联硫代双硝基苯甲酸法

工程控制　严加密闭，提供充分的局部排风

个体防护装备

呼吸系统防护　空气中浓度超标时，必须佩戴过滤式防毒面具（全面罩）。紧急事态抢救或撤离时，应该佩戴空气呼吸器

眼睛防护　呼吸系统防护中已作防护

皮肤和身体防护　穿密闭型防毒服

手防护　戴橡胶手套

第九部分　理化特性

外观与性状　纯品为几乎无色液体，工业品为浅棕色液体

pH值　无资料　　　　　**熔点（℃）**　−1.7

沸点（℃）　80

相对密度（水＝1）　1.204～1.210（25℃）

相对蒸气密度（空气＝1）　无资料

饱和蒸气压（kPa）　$3.99×10^{-4}$（30℃）

临界压力（MPa）　无资料　**辛醇/水分配系数**　无资料

闪点（℃）　无资料　　　**自燃温度（℃）**　无资料

爆炸下限（%）　无资料　**爆炸上限（%）**　无资料

分解温度（℃）　无资料　**黏度（mPa·s）**　无资料

燃烧热（kJ/mol）　无资料　**临界温度（℃）**　无资料

溶解性　微溶于水，可混溶于多数有机溶剂

第十部分　稳定性和反应性

稳定性　稳定

危险反应　与强氧化剂等禁配物发生反应

避免接触的条件　无资料

禁配物　强氧化剂

危险的分解产物　氮氧化物、氧化硫、氧化磷

第十一部分　毒理学信息

急性毒性　LD_{50}：12mg/kg（大鼠经口）；11mg/kg（大鼠经皮）

皮肤刺激或腐蚀　无资料　**眼睛刺激或腐蚀**　无资料

呼吸或皮肤过敏　无资料　**生殖细胞突变性**　无资料

致癌性　无资料　　　　　**生殖毒性**　无资料

特异性靶器官系统毒性-一次接触　无资料

特异性靶器官系统毒性-反复接触　无资料

吸入危害　无资料

第十二部分　生态学信息

生态毒性　无资料

持久性和降解性

生物降解性　无资料

非生物降解性　无资料

潜在的生物累积性　无资料

土壤中的迁移性　无资料

第十三部分　废弃处置

废弃化学品　建议用焚烧法处置。在能利用的地方重复使用容器或在规定场所掩埋

污染包装物　将容器返还生产商或按照国家和地方法规处置

废弃注意事项　处置前应参阅国家和地方有关法规

第十四部分　运输信息

联合国危险货物编号（UN号）　3018

联合国运输名称　液态有机磷农药，毒性（虫线磷）

联合国危险性类别　6.1

包装类别　Ⅰ　　　　　　**包装标志**　

海洋污染物　否

运输注意事项 运输前应先检查包装容器是否完整、密封，运输过程中要确保容器不泄漏、不倒塌、不坠落、不损坏。严禁与酸类、氧化剂、食品及食品添加剂混运。运输时运输车辆应配备相应品种和数量的消防器材及泄漏应急处理设备。运输途中应防暴晒、雨淋，防高温。公路运输时要按规定路线行驶，勿在居民区和人口稠密区停留

第十五部分　法规信息

下列法律、法规、规章和标准，对该化学品的管理作了相应的规定。

中华人民共和国职业病防治法 职业病分类和目录：有机磷中毒

危险化学品安全管理条例 危险化学品目录：列入，作为剧毒化学品进行管理。易制爆危险化学品名录：未列入。重点监管的危险化学品名录：未列入。GB 18218—2009《危险化学品重大危险源辨识》（表1）：未列入

使用有毒物品作业场所劳动保护条例 高毒物品目录：未列入

易制毒化学品管理条例 易制毒化学品的分类和品种目录：未列入

国际公约 斯德哥尔摩公约：未列入。鹿特丹公约：未列入。蒙特利尔议定书：未列入

第十六部分　其他信息

编写和修订信息　　缩略语和首字母缩写
培训建议　　　　　参考文献
免责声明

2-茨醇

第一部分　化学品标识

化学品中文名 2-茨醇；冰片；龙脑
化学品英文名 borneol；2-camphanol
分子式 $C_{10}H_{18}O$　**分子量** 154.2493
结构式

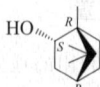

化学品的推荐及限制用途 用于制造龙脑酯类、香料等

第二部分　危险性概述

紧急情况概述 易燃固体
GHS危险性类别 易燃固体，类别2；特异性靶器官毒性——次接触，类别2
标签要素

象形图

警示词 危险
危险性说明 易燃固体，可能对器官造成损害

防范说明

预防措施　远离热源、火花、明火、热表面。禁止吸烟。容器和接收设备接地连接。使用防爆型电器、通风、照明设备。戴防护手套、防护眼镜、防护面罩。避免吸入粉尘。避免接触眼睛、皮肤，操作后彻底清洗。工作场所不得进食、饮水或吸烟

事故响应　火灾时，使用雾状水、泡沫、干粉、二氧化碳、砂土灭火。如果接触或感觉不适：呼叫中毒控制中心或就医

安全储存　上锁保管

废弃处置　本品及内装物、容器依据国家和地方法规处置

物理和化学危险 易燃，其粉体与空气混合，能形成爆炸性混合物

健康危害 吸收后有微毒，可能引起过敏反应，有刺激作用。接触后可引起头痛、恶心、呕吐及惊厥

环境危害 对环境可能有害

第三部分　成分/组成信息

√ 物质　　　　　　　　　混合物

组分	浓度	CAS No.
2-茨醇		507-70-0

第四部分　急救措施

吸入 迅速脱离现场至空气新鲜处。保持呼吸道通畅。如呼吸困难，给输氧。呼吸、心跳停止，立即进行心肺复苏术。就医

皮肤接触 立即脱去污染的衣着，用流动清水彻底冲洗。就医

眼睛接触 立即分开眼睑，用流动清水或生理盐水彻底冲洗。就医

食入 漱口，饮水。就医

对保护施救者的忠告 根据需要使用个人防护设备
对医生的特别提示 对症处理

第五部分　消防措施

灭火剂 用雾状水、泡沫、干粉、二氧化碳、砂土灭火
特别危险性 易燃，遇热易升华，其蒸气与空气可形成爆炸性混合物，遇明火、火花、高热和火焰有燃烧爆炸危险。与氧化剂可发生反应
灭火注意事项及防护措施 消防人员必须佩戴空气呼吸器、穿全身防火防毒服，在上风向灭火。尽可能将容器从火场移至空旷处。喷水保持火场容器冷却，直至灭火结束

第六部分　泄漏应急处理

作业人员防护措施、防护装备和应急处置程序 消除所有点火源。隔离泄漏污染区，限制出入。建议应急处理人员戴防尘口罩，穿防毒、防静电服。禁止接触或跨越泄漏物
环境保护措施 防止泄漏物进入水体、下水道、地下室或有限空间

泄漏化学品的收容、清除方法及所使用的处置材料 小量泄漏：用洁净的铲子收集泄漏物，置于干净、干燥、盖子较松的容器中，将容器移离泄漏区。大量泄漏：用水润湿，并筑堤收容

第七部分 操作处置与储存

操作注意事项 密闭操作，全面通风。操作人员必须经过专门培训，严格遵守操作规程。建议操作人员佩戴自吸过滤式防尘口罩，戴化学安全防护眼镜，穿防毒物渗透工作服，戴橡胶手套。远离火种、热源，工作场所严禁吸烟。使用防爆型的通风系统和设备。避免产生粉尘。避免与氧化剂接触。搬运时轻装轻卸，防止包装破损。配备相应品种和数量的消防器材及泄漏应急处理设备。倒空的容器可能残留有害物

储存注意事项 储存于阴凉、通风的库房。远离火种、热源。库温不宜超过35℃。应与氧化剂分开存放，切忌混储。采用防爆型照明、通风设施。禁止使用易产生火花的机械设备和工具。储区应备有合适的材料收容泄漏物

第八部分 接触控制/个体防护

职业接触限值
　　中国 未制定标准
　　美国（ACGIH） 未制定标准
生物接触限值 未制定标准
监测方法 空气中有毒物质测定方法：未制定标准。生物监测检验方法：未制定标准
工程控制 生产过程密闭，全面通风
个体防护装备
　　呼吸系统防护 空气中粉尘浓度超标时，必须佩戴过滤式防尘呼吸器。紧急事态抢救或撤离时，应该佩戴空气呼吸器
　　眼睛防护 戴化学安全防护眼镜
　　皮肤和身体防护 穿防毒物渗透工作服
　　手防护 戴橡胶手套

第九部分 理化特性

外观与性状 白色、半透明结晶，有似樟脑气味，能升华
pH值 无意义　　　　**熔点（℃）** 202
沸点（℃） 212
相对密度（水＝1） 1.01（20℃）
相对蒸气密度（空气＝1） 5.3
饱和蒸气压（kPa） 无资料
临界压力（MPa） 无资料　**辛醇/水分配系数** 2.94
闪点（℃） 无意义　　　**自燃温度（℃）** 无资料
爆炸下限（%） 无资料　**爆炸上限（%）** 无资料
分解温度（℃） 无资料　**黏度（mPa·s）** 无资料
燃烧热（kJ/mol） 无资料　**临界温度（℃）** 无资料
溶解性 溶于醇、醚，微溶于水

第十部分 稳定性和反应性

稳定性 稳定
危险反应 与强氧化剂等禁配物接触，有引起燃烧爆炸的

危险
避免接触的条件 无资料
禁配物 强氧化剂
危险的分解产物 无资料

第十一部分 毒理学信息

急性毒性 LD$_{50}$：500mg/kg（大鼠经口）；1059mg/kg（小鼠经口）
皮肤刺激或腐蚀 无资料　**眼睛刺激或腐蚀** 无资料
呼吸或皮肤过敏 无资料　**生殖细胞突变性** 无资料
致癌性 无资料　　　　　**生殖毒性** 无资料
特异性靶器官系统毒性-一次接触 无资料
特异性靶器官系统毒性-反复接触 无资料
吸入危害 无资料

第十二部分 生态学信息

生态毒性 无资料
持久性和降解性
　　生物降解性 无资料
　　非生物降解性 无资料
潜在的生物累积性 无资料
土壤中的迁移性 无资料

第十三部分 废弃处置

废弃化学品 建议用焚烧法处置
污染包装物 将容器返还生产商或按照国家和地方法规处置
废弃注意事项 处置前应参阅国家和地方有关法规

第十四部分 运输信息

联合国危险货物编号（UN号） 1312
联合国运输名称 冰片（龙脑）
联合国危险性类别 4.1

包装类别 Ⅲ　　　　　　**包装标志**

海洋污染物 否
运输注意事项 运输时运输车辆应配备相应品种和数量的消防器材及泄漏应急处理设备。装运本品的车辆排气管必须有阻火装置。运输过程中要确保容器不泄漏、不倒塌、不坠落、不损坏。严禁与氧化剂、食用化学品等混装混运。运输途中应防暴晒、雨淋，防高温。中途停留时应远离火种、热源。车辆运输完毕应进行彻底清扫。铁路运输时要禁止溜放

第十五部分 法规信息

下列法律、法规、规章和标准，对该化学品的管理作了相应的规定。
中华人民共和国职业病防治法 职业病分类和目录：未列入
危险化学品安全管理条例 危险化学品目录：列入。易制爆危险化学品名录：未列入。重点监管的危险化学品

名录：未列入。GB 18218—2009《危险化学品重大危险源辨识》（表1）：未列入

使用有毒物品作业场所劳动保护条例 高毒物品目录：未列入

易制毒化学品管理条例 易制毒化学品的分类和品种目录：未列入

国际公约 斯德哥尔摩公约：未列入。鹿特丹公约：未列入。蒙特利尔议定书：未列入

第十六部分 其他信息

编写和修订信息 **缩略语和首字母缩写**
培训建议 **参考文献**
免责声明

代森锰

第一部分 化学品标识

化学品中文名 代森锰；乙撑双二硫代氨基甲酸锰

化学品英文名 maneb；manganese（Ⅱ）ethylenebis（dithiocarbamate）

分子式 $C_4H_6MnN_2S_4$ **分子量** 265.31

结构式

化学品的推荐及限制用途 用作农用杀菌剂，可加工成粉剂和可湿性粉剂使用

第二部分 危险性概述

紧急情况概述 数量大时自热：可能燃烧，遇水放出易燃气体，吸入有害，造成严重眼刺激，可能导致皮肤过敏反应

GHS危险性类别 自热物质和混合物，类别2；遇水放出易燃气体的物质和混合物，类别3；急性毒性-吸入，类别4；严重眼损伤/眼刺激，类别2；皮肤致敏物，类别1；生殖毒性，类别2；危害水生环境-急性危害，类别1；危害水生环境-长期危害，类别1

标签要素

象形图

警示词 危险

危险性说明 数量大时自热：可能燃烧，遇水放出易燃气体，吸入有害，造成严重眼刺激，可能导致皮肤过敏反应，怀疑对生育力或胎儿造成伤害，对水生生物毒性非常大并具有长期持续影响

防范说明

　　预防措施 保持阴凉，避免日照。因与水发生剧烈反应和可能发生暴燃，应避免与水接触。在惰性气体中操作。防潮。戴防护手套、防护眼镜、防护面罩。避免吸入粉尘。仅在室外或通风良好处操作。避免接触眼睛、皮肤，操作后彻底清洗。污染的工作服不得带出工作场所。得到专门指导后操作。在阅读并了解所有安全预防措施之前，切勿操作。按要求使用个体防护装备。禁止排入环境

　　事故响应 火灾时，使用雾状水、泡沫、干粉、二氧化碳、砂土灭火。擦掉皮肤上的微粒，将接触部位浸入冷水中，用湿绷带包扎。如吸入：将患者转移到空气新鲜处，休息，保持利于呼吸的体位，如感觉不适，呼叫中毒控制中心或就医。如皮肤接触：用大量肥皂水和水清洗，污染的衣服清洗后方可重新使用，如出现皮肤刺激或皮疹，就医。如接触眼睛：用水细心冲洗数分钟。如戴隐形眼镜并可方便地取出，取出隐形眼镜，继续冲洗。如果眼睛刺激持续，就医。如果接触或有担心，就医。收集泄漏物。

　　安全储存 垛、货架之间留有空隙。远离其他物质储存。在干燥处和密闭的容器中储存。上锁保管。

　　废弃处置 本品及内装物、容器依据国家和地方法规处置

物理和化学危险 自燃物品

健康危害 对皮肤和黏膜有刺激作用，接触后可发生皮炎、发痒、皮疹、红肿等。误服出现胃肠刺激和中枢神经系统症状

环境危害 对水生生物毒性非常大并具有长期持续影响

第三部分 成分/组成信息

√ 物质　　　　　　　　　　混合物

组分	浓度	CAS No.
代森锰		12427-38-2

第四部分 急救措施

吸入 迅速脱离现场至空气新鲜处。保持呼吸道通畅。如呼吸困难，给输氧。如呼吸、心跳停止，立即进行心肺复苏术。就医

皮肤接触 立即脱去污染的衣着，用流动清水彻底冲洗。就医

眼睛接触 立即分开眼睑，用流动清水或生理盐水彻底冲洗。就医

食入 漱口，饮水。就医

对保护施救者的忠告 根据需要使用个人防护设备

对医生的特别提示 对症处理

第五部分 消防措施

灭火剂 用雾状水、泡沫、干粉、二氧化碳、砂土灭火

特别危险性 在空气中发热并自燃。卷入火内或与酸类接触，放出有毒和刺激性的烟雾

灭火注意事项及防护措施 消防人员必须佩戴防毒面具、穿全身消防服，在上风向灭火。尽可能将容器从火场移至空旷处。喷水保持火场容器冷却，直至灭火结束

第六部分　泄漏应急处理

作业人员防护措施、防护装备和应急处置程序　消除所有点火源。隔离泄漏污染区，限制出入。建议应急处理人员戴防尘口罩，穿防毒、防静电服。禁止接触或跨越泄漏物。尽可能切断泄漏源

环境保护措施　用干燥的砂土或其他不燃材料覆盖泄漏物，然后用塑料布覆盖，减少飞散、避免雨淋

泄漏化学品的收容、清除方法及所使用的处置材料　用洁净的无火花工具收集泄漏物，置于一盖子较松的塑料容器中，待处置

第七部分　操作处置与储存

操作注意事项　密闭操作，加强通风。操作人员必须经过专门培训，严格遵守操作规程。建议操作人员佩戴自吸过滤式防尘口罩，戴化学安全防护眼镜，穿防毒物渗透工作服，戴橡胶手套。远离火种、热源，工作场所严禁吸烟。使用防爆型的通风系统和设备。避免产生粉尘。避免与氧化剂、酸类、碱类接触。搬运时要轻装轻卸，防止包装及容器损坏。配备相应品种和数量的消防器材及泄漏应急处理设备。倒空的容器可能残留有害物

储存注意事项　储存于阴凉、通风的库房。远离火种、热源。包装要求密封，不可与空气接触。应与氧化剂、酸类、碱类分开存放，切忌混储。采用防爆型照明、通风设施。禁止使用易产生火花的机械设备和工具。储区应备有合适的材料收容泄漏物

第八部分　接触控制/个体防护

职业接触限值
中国　未制定标准
美国（ACGIH）　未制定标准

生物接触限值　未制定标准

监测方法　空气中有毒物质测定方法：未制定标准。生物监测检验方法：未制定标准

工程控制　生产过程密闭，加强通风

个体防护装备
呼吸系统防护　空气中粉尘浓度超标时，必须佩戴过滤式防尘呼吸器。紧急事态抢救或撤离时，应该佩戴空气呼吸器
眼睛防护　戴化学安全防护眼镜
皮肤和身体防护　穿防毒物渗透工作服
手防护　戴橡胶手套

第九部分　理化特性

外观与性状　淡黄色晶体，能潮解

pH 值　无意义	**熔点（℃）**　分解
沸点（℃）　无资料	**相对密度（水＝1）**　1.92
相对蒸气密度（空气＝1）　无资料	
饱和蒸气压（kPa）　无资料	
临界压力（MPa）　无资料	**辛醇/水分配系数**　无资料
闪点（℃）　无资料	**自燃温度（℃）**　无资料
爆炸下限（%）　无资料	**爆炸上限（%）**　无资料

分解温度（℃）　192～204	**黏度（mPa・s）**　无资料
燃烧热（kJ/mol）　无资料	**临界温度（℃）**　无资料

溶解性　溶于水，不溶于多数有机溶剂

第十部分　稳定性和反应性

稳定性　稳定

危险反应　与强氧化剂、强酸、强碱等禁配物接触，有发生火灾和爆炸的危险。在空气中发热并自燃。卷入火内或与酸类接触，放出有毒和刺激性的烟雾

避免接触的条件　受热、光照

禁配物　强氧化剂、强酸、强碱

危险的分解产物　氮氧化物、硫化物、氧化锰

第十一部分　毒理学信息

急性毒性　LD$_{50}$：3000mg/kg（大鼠经口）；2600mg/kg（小鼠经口）；＞2000mg/kg（兔经皮）。LC$_{50}$：3000mg/m^3（小鼠吸入）

皮肤刺激或腐蚀　无资料　　**眼睛刺激或腐蚀**　无资料

呼吸或皮肤过敏　无资料

生殖细胞突变性　DNA 抑制：人类淋巴细胞 10mg/L。非程序 DNA 合成：人类成纤维细胞 10mg/L。微生物致突变：酿酒酵母 5ppm。姐妹染色单体交换：鸟胚胎 14g/L

致癌性　IARC 致癌性评论：组 3，现有的证据不能对人类致癌性进行分类

生殖毒性　大鼠经口给予最低中毒剂量（TDLo）：770mg/kg（孕 11d），致体壁、中枢神经系统、颅面部（包括鼻、舌）、肌肉骨骼系统畸形

特异性靶器官系统毒性-一次接触　无资料

特异性靶器官系统毒性-反复接触　无资料

吸入危害　无资料

第十二部分　生态学信息

生态毒性　LC$_{50}$：0.042mg/L（黑头呆鱼）。EC$_{50}$：0.12mg/L（大型溞）。NOEC：0.0065mg/L（35d）（黑头呆鱼）。NOEC：0.0023mg/L（48h）（大型溞）

持久性和降解性
生物降解性：无资料
非生物降解性　无资料

潜在的生物累积性　根据 K_{ow} 值预测，该物质的生物累积性可能较弱

土壤中的迁移性　根据 K_{oc} 值预测，该物质可能易发生迁移

第十三部分　废弃处置

废弃化学品　根据国家和地方有关法规的要求处置。或与厂商或制造商联系，确定处置方法

污染包装物　将容器返还生产商或按照国家和地方法规处置

废弃注意事项　处置前应参阅国家和地方有关法规

第十四部分　运输信息

联合国危险货物编号（UN 号）　2210

联合国运输名称 代森锰或代森锰制剂，代森锰含量不低于60%

联合国危险性类别 4.2,4.3

包装类别 Ⅲ

包装标志

海洋污染物 是

运输注意事项 运输时运输车辆应配备相应品种和数量的消防器材及泄漏应急处理设备。装运本品的车辆排气管必须有阻火装置。运输过程中要确保容器不泄漏、不倒塌、不坠落、不损坏。严禁与氧化剂、酸类、碱类、食用化学品等混装混运。运输途中应防暴晒、雨淋、防高温。中途停留时应远离火种、热源。车辆运输完毕应进行彻底清扫。铁路运输时要禁止溜放

第十五部分 法规信息

下列法律、法规、规章和标准，对该化学品的管理作了相应的规定。

中华人民共和国职业病防治法 职业病分类和目录：未列入

危险化学品安全管理条例 危险化学品目录：列入。易制爆危险化学品名录：未列入。重点监管的危险化学品名录：未列入。GB 18218—2009《危险化学品重大危险源辨识》（表1）：未列入

使用有毒物品作业场所劳动保护条例 高毒物品目录：列入

易制毒化学品管理条例 易制毒化学品的分类和品种目录：未列入

国际公约 斯德哥尔摩公约：未列入。鹿特丹公约：未列入。蒙特利尔议定书：未列入

第十六部分 其他信息

编写和修订信息 缩略语和首字母缩写

培训建议 参考文献

免责声明

单乙醇胺

第一部分 化学品标识

化学品中文名 单乙醇胺；β-氨基乙醇；乙醇胺；β-羟基乙胺

化学品英文名 monoethanolamine；2-aminoethanol

分子式 C_2H_7NO 分子量 61.083

结构式 H₂N～OH

化学品的推荐及限制用途 用作化学试剂、溶剂、乳化剂、橡胶促进剂、腐蚀抑制剂等

第二部分 危险性概述

紧急情况概述 吞咽有害，皮肤接触有害，吸入有害，造成严重的皮肤灼伤和眼损伤，可能引起呼吸道刺激

GHS 危险性类别 急性毒性-经口，类别4；急性毒性-经皮，类别4；急性毒性-吸入，类别4；皮肤腐蚀/刺激，类别1B；严重眼损伤/眼刺激，类别1；特异性靶器官毒性-一次接触，类别3（呼吸道刺激）；危害水生环境-急性危害，类别2

标签要素

象形图

警示词 危险

危险性说明 吞咽有害，皮肤接触有害，吸入有害，造成严重的皮肤灼伤和眼损伤，可能引起呼吸道刺激，对水生生物有毒

防范说明

预防措施 避免接触眼睛、皮肤，操作后彻底清洗。作业场所不得进食、饮水或吸烟。避免吸入蒸气、雾。仅在室外或通风良好处操作。避免接触眼睛、皮肤，操作后彻底清洗。穿防护服，戴防护眼镜、防护手套、防护面罩。禁止排入环境

事故响应 如吸入：将患者转移到空气新鲜处，休息，保持利于呼吸的体位。皮肤（或头发）接触：立即脱掉所有被污染的衣服，用水冲洗皮肤，淋浴。被污染的衣服必须经洗净后方可重新使用。眼睛接触：用水细心地冲洗数分钟。如戴隐形眼镜并可方便地取出，则取出隐形眼镜，继续冲洗。食入：漱口，不要催吐

安全储存 上锁保管

废弃处置 本品及内装物、容器依据国家和地方法规处置

物理和化学危险 可燃，其蒸气与空气混合，能形成爆炸性混合物

健康危害 蒸气对眼、鼻有刺激性。眼接触液状本品，造成严重眼损害；皮肤接触引起刺痛、灼伤。口服损害口腔和消化道

环境危害 对水生生物有毒

第三部分 成分/组成信息

√ 物质 混合物

组分	浓度	CAS No.
单乙醇胺		141-43-5

第四部分 急救措施

吸入 迅速脱离现场至空气新鲜处。保持呼吸道通畅。如呼吸困难，给输氧。呼吸、心跳停止，立即进行心肺复苏术。就医

皮肤接触 立即脱去污染的衣着，用大量流动清水彻底冲洗至少15min。就医

眼睛接触 立即分开眼睑，用流动清水或生理盐水彻底冲洗5～10min。就医

食入 用水漱口，禁止催吐。给饮牛奶或蛋清。就医

对保护施救者的忠告 根据需要使用个人防护设备

对医生的特别提示 对症处理

第五部分 消防措施

灭火剂 用雾状水、抗溶性泡沫、干粉、二氧化碳、砂土灭火

特别危险性 遇明火、高热可燃。遇乙酸、乙酸酐、丙烯酸、丙烯腈、氯磺酸、环氧氯丙烷、氯化氢、氟化氢、硝酸、硫酸、乙酸乙烯等剧烈反应。对铜、铜的化合物、铜合金和橡胶有腐蚀性

灭火注意事项及防护措施 消防人员必须佩戴防毒面具、穿全身消防服，在上风向灭火。尽可能将容器从火场移至空旷处。喷水保持火场容器冷却，直至灭火结束。处在火场中的容器若已变色或从安全泄压装置中发出声音，必须马上撤离

第六部分 泄漏应急处理

作业人员防护措施、防护装备和应急处置程序 根据液体流动和蒸气扩散的影响区域划定警戒区，无关人员从侧风、上风向撤离至安全区。消除所有点火源。建议应急处理人员戴正压自给式呼吸器，穿防酸碱服。穿上适当的防护服前严禁接触破裂的容器和泄漏物。尽可能切断泄漏源

环境保护措施 防止泄漏物进入水体、下水道、地下室或有限空间

泄漏化学品的收容、清除方法及所使用的处置材料 小量泄漏：用干燥的砂土或其他不燃材料吸收或覆盖，收集于容器中。大量泄漏：构筑围堤或挖坑收容。用耐腐蚀泵转移至槽车或专用收集器内

第七部分 操作处置与储存

操作注意事项 密闭操作，注意通风。操作人员必须经过专门培训，严格遵守操作规程。建议操作人员佩戴自吸过滤式防毒面具（半面罩），戴化学安全防护眼镜，穿橡胶耐酸碱服，戴橡胶耐酸碱手套。远离火种、热源，工作场所严禁吸烟。使用防爆型的通风系统和设备。防止蒸气泄漏到工作场所空气中。避免与酸类接触。搬运时要轻装轻卸，防止包装及容器损坏。配备相应品种和数量的消防器材及泄漏应急处理设备。倒空的容器可能残留有害物

储存注意事项 储存于阴凉、通风的库房。远离火种、热源。应与酸类等分开存放，切忌混储。配备相应品种和数量的消防器材。储区应备有泄漏应急处理设备和合适的收容材料

第八部分 接触控制/个体防护

职业接触限值

中国 未制定标准

美国（ACGIH） TLV-TWA：3ppm；TLV-STEL：6ppm

生物接触限值 未制定标准

监测方法 空气中有毒物质测定方法：未制定标准。生物监测检验方法：未制定标准

工程控制 密闭操作，注意通风。提供安全淋浴和洗眼设备

个体防护装备

呼吸系统防护 空气中浓度超标时，必须佩戴过滤式防毒面具（半面罩）。紧急事态抢救或撤离时，应该佩戴空气呼吸器

眼睛防护 戴化学安全防护眼镜

皮肤和身体防护 穿橡胶耐酸碱服

手防护 戴橡胶耐酸碱手套

第九部分 理化特性

外观与性状 无色透明黏性液体，有吸湿性，有氨的气味

pH值 12.1（1%溶液）	**熔点（℃）** 10.5
沸点（℃） 170.5	**相对密度（水=1）** 1.02
相对蒸气密度（空气=1） 2.11	
饱和蒸气压（kPa） 0.80（60℃）	
临界压力（MPa） 无资料	**辛醇/水分配系数** −1.31
闪点（℃） 93	**自燃温度（℃）** 410
爆炸下限（%） 2.5	**爆炸上限（%）** 13.1
分解温度（℃） 无资料	
黏度（mPa·s） 18.95（25℃）；5.03（60℃）	
燃烧热（kJ/mol） −1520.96	**临界温度（℃）** 397.85

溶解性 与水混溶，微溶于苯，可混溶于乙醇、四氯化碳、氯仿

第十部分 稳定性和反应性

稳定性 稳定

危险反应 与乙酸、乙酸酐、丙烯酸、丙烯腈、氯磺酸、环氧氯丙烷、氯化氢、氟化氢、硝酸、硫酸、乙酸乙烯等剧烈反应

避免接触的条件 无资料

禁配物 酸类、酸酐、酰基氯、铝、铜、丙烯腈、氯磺酸、环氧氯丙烷、氯化氢、氟化氢、硝酸、硫酸、乙酸乙烯等

危险的分解产物 氮氧化物

第十一部分 毒理学信息

急性毒性 LD_{50}：1720mg/kg（大鼠经口）；700mg/kg（小鼠经口）；1000mg/kg（兔经口）；1000mg/kg（兔经皮）。LC_{50}：2120mg/m³（大鼠吸入，4h）

皮肤刺激或腐蚀 无资料	**眼睛刺激或腐蚀** 无资料
呼吸或皮肤过敏 无资料	**生殖细胞突变性** 无资料
致癌性 无资料	**生殖毒性** 无资料

特异性靶器官系统毒性-一次接触 无资料

特异性靶器官系统毒性-反复接触 无资料

吸入危害 无资料

第十二部分 生态学信息

生态毒性 LC_{50}：349mg/L（96h）（鲤鱼）；EC_{50}：65mg/L（48h）（大型溞）；ErC_{50}：2.5mg/L（48h）（羊角月牙藻）；NOEC：1.2mg/L（30d）（青鳉）

持久性和降解性

生物降解性 21d降解90%，易快速生物降解（OECD 301A）

非生物降解性 无资料

潜在的生物累积性　根据 K_{ow} 值预测，该物质的生物累积性可能较弱

土壤中的迁移性　根据 K_{oc} 值预测，该物质可能易发生迁移

第十三部分　废弃处置

废弃化学品　用控制焚烧法处置。焚烧炉排出的氮氧化物通过洗涤器除去

污染包装物　将容器返还生产商或按照国家和地方法规处置

废弃注意事项　把倒空的容器归还厂商或在规定场所掩埋

第十四部分　运输信息

联合国危险货物编号（UN 号）　2491
联合国运输名称　乙醇胺或乙醇胺溶液
联合国危险性类别　8

包装类别　Ⅲ　　　　　　包装标志

海洋污染物　否
运输注意事项　起运时包装要完整，装载应稳妥。运输过程中要确保容器不泄漏、不倒塌、不坠落、不损坏。严禁与酸类等禁配物及食用化学品等混装混运。运输时运输车辆应配备相应品种和数量的消防器材及泄漏应急处理设备。运输途中应防暴晒、雨淋，防高温。公路运输时要按规定路线行驶，勿在居民区和人口稠密区停留

第十五部分　法规信息

下列法律、法规、规章和标准，对该化学品的管理作了相应的规定。

中华人民共和国职业病防治法　职业病分类和目录：未列入

危险化学品安全管理条例　危险化学品目录：列入。易制爆危险化学品名录：未列入。重点监管的危险化学品名录：未列入。GB 18218—2009《危险化学品重大危险源辨识》（表 1）：未列入

使用有毒物品作业场所劳动保护条例　高毒物品目录：未列入

易制毒化学品管理条例　易制毒化学品的分类和品种目录：未列入

国际公约　斯德哥尔摩公约：未列入。鹿特丹公约：未列入。蒙特利尔议定书：未列入

第十六部分　其他信息

编写和修订信息　　　　缩略语和首字母缩写
培训建议　　　　　　　参考文献
免责声明

1-氮杂环丙烷

第一部分　化学品标识

化学品中文名　1-氮杂环丙烷；亚乙基亚胺；氮丙环；吖丙啶；乙撑亚胺

化学品英文名　ethylenimine；aziridine

分子式　C_2H_5N　分子量　43.07

结构式　$\overset{NH}{\triangle}$

化学品的推荐及限制用途　用作有机合成的中间体、黏合剂、诱变剂以及用于纤维处理，能促使细胞歧化等

第二部分　危险性概述

紧急情况概述　高度易燃液体和蒸气，吞咽致命，皮肤接触会致命，吸入致命，造成严重的皮肤灼伤和眼损伤

GHS 危险性类别　易燃液体，类别 2；急性毒性-经口，类别 2；急性毒性-经皮，类别 1；急性毒性-吸入，类别 2；皮肤腐蚀/刺激，类别 1B；严重眼损伤/眼刺激，类别 1；生殖细胞致突变性，类别 1B；致癌性，类别 2；危害水生环境-急性危害，类别 2；危害水生环境-长期危害，类别 2

标签要素
象形图

警示词　危险

危险性说明　高度易燃液体和蒸气，吞咽致命，皮肤接触会致命，吸入致命，造成严重的皮肤灼伤和眼损伤，可造成遗传性缺陷，怀疑致癌，对水生生物有毒并具有长期持续影响

防范说明
预防措施　远离热源、火花、明火、热表面。保持容器密闭。容器和接收设备接地连接。使用防爆型电器、通风、照明设备。只能使用不产生火花的工具。采取防止静电措施。戴防护手套、防护眼镜、防护面罩，穿防护服。避免接触眼睛、皮肤，操作后彻底清洗。作业场所不得进食、饮水或吸烟。避免吸入蒸气、雾。仅在室外或通风良好处操作。戴呼吸防护器具。得到专门指导后操作。在阅读并了解所有安全预防措施之前，切勿操作。按要求使用个体防护装备。禁止排入环境

事故响应　火灾时，使用水、雾状水、抗溶性泡沫、干粉、二氧化碳、砂土灭火。如吸入：将患者转移到空气新鲜处，休息，保持利于呼吸的体位。如皮肤（或头发）接触：立即脱掉所有被污染的衣服。用水冲洗皮肤，淋浴。被污染的衣服必须经洗净后方可重新使用。眼睛接触：用水细心地冲洗数分钟。如戴隐形眼镜并可方便地取出，则取出隐形眼镜，继续冲洗。食入：漱口。不要催吐，立即呼叫中毒控制中心或就医。如果接触或有担心，就医。收集泄漏物

安全储存　存放在通风良好的地方。保持低温。保持容器密闭。上锁保管

废弃处置　本品及内装物、容器依据国家和地方法

规处置

物理和化学危险 高度易燃，其蒸气与空气混合，能形成爆炸性混合物

健康危害 本品有强烈刺激性和腐蚀性，兴奋中枢神经系统，可致肾损害，有致敏作用。急性中毒主要表现为眼、口腔和呼吸道剧烈刺激，出现眼结膜、角膜炎，流涕，喉头水肿；严重者气管有白喉样改变和发生肺水肿。可致肾损害。溅入眼内可致灼伤。皮肤接触液体可致灼伤；本品有致敏性，可致变应性皮炎

环境危害 对水生生物有毒并具有长期持续影响

第三部分 成分/组成信息

√ 物质　　　　　　　混合物

组分	浓度	CAS No.
1-氮杂环丙烷		151-56-4

第四部分 急救措施

吸入 迅速脱离现场至空气新鲜处。保持呼吸道通畅。如呼吸困难，给输氧。呼吸、心跳停止，立即进行心肺复苏术。就医

皮肤接触 立即脱去污染的衣着，用大量流动清水彻底冲洗至少15min。就医

眼睛接触 立即分开眼睑，用流动清水或生理盐水彻底冲洗5～10min。就医

食入 用水漱口，禁止催吐。给饮牛奶或蛋清。就医

对保护施救者的忠告 根据需要使用个人防护设备

对医生的特别提示 对症处理

第五部分 消防措施

灭火剂 用水、雾状水、抗溶性泡沫、干粉、二氧化碳、砂土灭火

特别危险性 其蒸气与空气可形成爆炸性混合物，遇明火、高热能引起燃烧爆炸。与氧化剂能发生强烈反应。与硝酸、硫酸、盐酸、乙酸、氯磺酸、氯、二硫化碳、次氯酸钠等能发生剧烈反应。蒸气比空气重，沿地面扩散并易积存于低洼处，遇火源会着火回燃

灭火注意事项及防护措施 消防人员必须佩戴空气呼吸器、穿全身防火防毒服，在上风向灭火。尽可能将容器从火场移至空旷处。喷水保持火场容器冷却，直至灭火结束。处在火场中的容器若已变色或从安全泄压装置中发出声音，必须马上撤离

第六部分 泄漏应急处理

作业人员防护措施、防护装备和应急处置程序 消除所有点火源。根据液体流动和蒸气扩散的影响区域划定警戒区，无关人员从侧风、上风向撤离至安全区。建议应急处理人员戴正压自给式呼吸器，穿防毒、防静电服。作业时使用的所有设备应接地。禁止接触或跨越泄漏物。尽可能切断泄漏源

环境保护措施 防止泄漏物进入水体、下水道、地下室或有限空间

泄漏化学品的收容、清除方法及所使用的处置材料 小量泄漏：用砂土或其他不燃材料吸收。使用洁净的无火花工具收集吸收材料。大量泄漏：构筑围堤或挖坑收容。用抗溶性泡沫覆盖，减少蒸发。喷水雾能减少蒸发，但不能降低泄漏物在有限空间内的易燃性。用防爆泵转移至槽车或专用收集器内。喷雾状水驱散蒸气、稀释液体泄漏物

第七部分 操作处置与储存

操作注意事项 严加密闭，提供充分的局部排风和全面通风。操作人员必须经过专门培训，严格遵守操作规程。建议操作人员佩戴自吸过滤式防毒面具（全面罩），穿胶布防毒衣，戴橡胶耐油手套。远离火种、热源，工作场所严禁吸烟。使用防爆型的通风系统和设备。防止蒸气泄漏到工作场所空气中。避免与氧化剂、酸类接触。搬运时要轻装轻卸，防止包装及容器损坏。配备相应品种和数量的消防器材及泄漏应急处理设备。倒空的容器可能残留有害物

储存注意事项 储存于阴凉、通风良好的专用库房内，实行"双人收发、双人保管"制度。远离火种、热源。应与氧化剂、酸类、食用化学品分开存放，切忌混储。不宜大量储存或久存。采用防爆型照明、通风设施。禁止使用易产生火花的机械设备和工具。储区应备有泄漏应急处理设备和合适的收容材料

第八部分 接触控制/个体防护

职业接触限值

中国 未制定标准

美国（ACGIH） TLV-TWA：0.05ppm；TLV-STEL：0.1ppm［皮］

生物接触限值 未制定标准

监测方法 空气中有毒物质测定方法：未制定标准。生物监测检验方法：未制定标准

工程控制 严加密闭，提供充分的局部排风和全面通风

个体防护装备

呼吸系统防护 空气中浓度超标时，必须佩戴过滤式防毒面具（全面罩）。紧急事态抢救或撤离时，应该佩戴空气呼吸器

眼睛防护 呼吸系统防护中已作防护

皮肤和身体防护 穿密闭型防毒服

手防护 戴橡胶耐油手套

第九部分 理化特性

外观与性状 无色油状液体，有刺激性氨味

pH值 无资料		**熔点（℃）** −78	
沸点（℃） 56～57		**相对密度（水=1）** 0.83	
相对蒸气密度（空气=1） 1.48			
饱和蒸气压（kPa） 21.33（20℃）			
临界压力（MPa） 无资料		**辛醇/水分配系数** 无资料	
闪点（℃） −11.1		**自燃温度（℃）** 322	
爆炸下限（%） 3.6		**爆炸上限（%）** 46.0	
分解温度（℃） 无资料		**黏度（mPa·s）** 无资料	
燃烧热（kJ/mol） −1596.11		**临界温度（℃）** 无资料	

溶解性　与水混溶，可混溶于多数有机溶剂

第十部分　稳定性和反应性

稳定性　稳定

危险反应　与强氧化剂、强酸、硝酸、硫酸、盐酸、乙酸、氯磺酸、氯、二硫化碳、次氯酸钠等禁配物接触，有发生火灾和爆炸的危险

避免接触的条件　无资料

禁配物　强氧化剂、强酸、硝酸、硫酸、盐酸、乙酸、氯磺酸、氯、二硫化碳、次氯酸钠等

危险的分解产物　氮氧化物

第十一部分　毒理学信息

急性毒性　LD_{50}：15mg/kg（大鼠经口）；LC_{50}：100mg/m³（大鼠吸入，2h）

皮肤刺激或腐蚀　无资料　　**眼睛刺激或腐蚀**　无资料

呼吸或皮肤过敏　有致敏性，致变应性皮炎

生殖细胞突变性　DNA 抑制：人 HeLa 细胞 500μmol/L。细胞遗传学分析：人淋巴细胞 1μmol/L（1h）。程序外 DNA 合成：小鼠胃肠外 5mg/kg

致癌性　IARC 致癌性评论：组 2B，对人类是可能致癌物

生殖毒性　小鼠孕后 6～14d 皮下给予最低中毒剂量（TDLo）41760μg/kg，致中枢神经系统、眼、耳、颅面部（包括鼻、舌）发育畸形

特异性靶器官系统毒性-一次接触　无资料

特异性靶器官系统毒性-反复接触　无资料

吸入危害　无资料

第十二部分　生态学信息

生态毒性　LC_{50}：2.4mg/L（48h）（高体雅罗鱼）；EC_{50}：43mg/L（24h）（大型溞）；ErC_{50}：8.85mg/L（72h）（羊角月牙藻）（OECD 201）

持久性和降解性
　　生物降解性　易快速生物降解
　　非生物降解性　无资料

潜在的生物累积性　根据 K_{ow} 值预测，该物质的生物累积性可能较弱

土壤中的迁移性　根据 K_{oc} 值预测，该物质可能易发生迁移

第十三部分　废弃处置

废弃化学品　根据国家和地方有关法规的要求处置。或与厂商或制造商联系，确定处置方法

污染包装物　将容器返还生产商或按照国家和地方法规处置

废弃注意事项　处置前应参阅国家和地方有关法规

第十四部分　运输信息

联合国危险货物编号（UN 号）　1185

联合国运输名称　乙撑亚胺，稳定的

联合国危险性类别　6.1，3

包装类别　I

包装标志　

海洋污染物　是

运输注意事项　运输前应先检查包装容器是否完整、密封，运输过程中要确保容器不泄漏、不倒塌、不坠落、不损坏。严禁与酸类、氧化剂、食品及食品添加剂混运。运输时运输车辆应配备相应品种和数量的消防器材及泄漏应急处理设备。运输途中应防暴晒、雨淋，防高温。运输时所用的槽（罐）车应有接地链，槽内可设孔隔板以减少震荡产生的静电。中途停留时应远离火种、热源。公路运输要按规定路线行驶，勿在居民区和人口稠密区停留

第十五部分　法规信息

下列法律、法规、规章和标准，对该化学品的管理作了相应的规定。

中华人民共和国职业病防治法　职业病分类和目录：未列入

危险化学品安全管理条例　危险化学品目录：列入。作为剧毒化学品进行管理。易制爆危险化学品名录：未列入。重点监管的危险化学品名录：未列入。GB 18218—2009《危险化学品重大危险源辨识》（表1）：未列入

使用有毒物品作业场所劳动保护条例　高毒物品目录：未列入

易制毒化学品管理条例　易制毒化学品的分类和品种目录：未列入

国际公约　斯德哥尔摩公约：未列入。鹿特丹公约：未列入。蒙特利尔议定书：未列入

第十六部分　其他信息

编写和修订信息　　**缩略语和首字母缩写**

培训建议　　**参考文献**

免责声明

低聚甲醛

第一部分　化学品标识

化学品中文名　低聚甲醛；多聚甲醛；聚蚁醛；聚合甲醛；仲甲醛

化学品英文名　paraformaldehyde；polyoxymethylene

分子式　$(CH_2O)_n$　　**分子量**　无

结构式　无

化学品的推荐及限制用途　主要用于制造各种合成树脂和黏合剂等，也用于制取熏蒸消毒剂、杀菌剂和杀虫剂

第二部分　危险性概述

紧急情况概述　易燃固体，吞咽有害，吸入有害，造成皮肤刺激，造成严重眼刺激，可能引起呼吸道刺激

GHS 危险性类别　易燃固体，类别 2；急性毒性-经口，类别 4；急性毒性-吸入，类别 4；皮肤腐蚀/刺激，

类别 2；严重眼损伤/眼刺激，类别 2A；特异性靶器官毒性——次接触，类别 1；特异性靶器官毒性-一次接触，类别 3（呼吸道刺激）；危害水生环境-急性危害，类别 3；危害水生环境-长期危害，类别 3

标签要素

象形图　

警示词　危险

危险性说明　易燃固体，吞咽有害，吸入有害，造成皮肤刺激，造成严重眼刺激，对器官造成损害，可能引起呼吸道刺激，对水生生物有害并具有长期持续影响

防范说明

预防措施　远离热源、火花、明火、热表面。禁止吸烟。容器和接收设备接地连接。使用防爆型电器、通风、照明设备。戴防护手套、防护眼镜、防护面罩。避免接触眼睛、皮肤，操作后彻底清洗。作业场所不得进食、饮水或吸烟。避免吸入粉尘。仅在室外或通风良好处操作。禁止排入环境

事故响应　火灾时，使用雾状水、泡沫、干粉、二氧化碳、砂土灭火。如吸入：将患者转移到空气新鲜处，休息，保持利于呼吸的体位。皮肤接触：用大量肥皂水和水清洗，如发生皮肤刺激，就医。脱去被污染的衣服，衣服经洗净后方可重新使用。如接触眼睛：用水细心冲洗数分钟。如戴隐形眼镜并可方便地取出，取出隐形眼镜，继续冲洗。如果眼睛刺激持续，就医。食入：如果感觉不适，立即呼叫中毒控制中心或就医，漱口。如果接触：立即呼叫中毒控制中心或就医

安全储存　上锁保管

废弃处置　本品及内装物、容器依据国家和地方法规处置

物理和化学危险　易燃，其粉体与空气混合，能形成爆炸性混合物

健康危害　本品对呼吸道有强烈刺激性，引起鼻炎、咽喉炎、肺炎和肺水肿。对呼吸道有致敏作用。眼直接接触可致灼伤。对皮肤有刺激性，引起皮肤红肿。口服强烈刺激消化道，引起口腔炎、咽喉炎、胃炎、剧烈胃痛、昏迷。皮肤长期反复接触引起干燥、皲裂、脱屑

环境危害　对水生生物有害并具有长期持续影响

第三部分　成分/组成信息

√ 物质　　　　　　　　混合物

组分	浓度	CAS No.
低聚甲醛		30525-89-4

第四部分　急救措施

吸入　迅速脱离现场至空气新鲜处。保持呼吸道通畅。如呼吸困难，给输氧。如呼吸、心跳停止，立即进行心肺复苏术。就医

皮肤接触　立即脱去污染的衣着，用流动清水彻底冲洗。就医

眼睛接触　立即分开眼睑，用流动清水或生理盐水彻底冲洗 5～10min。就医

食入　漱口，饮水。就医

对保护施救者的忠告　根据需要使用个人防护设备

对医生的特别提示　对症处理

第五部分　消防措施

灭火剂　用雾状水、泡沫、干粉、二氧化碳、砂土灭火

特别危险性　遇明火易燃。燃烧或受热分解时，均放出大量有毒的甲醛气体

灭火注意事项及防护措施　消防人员必须佩戴防毒面具、穿全身消防服，在上风向灭火。尽可能将容器从火场移至空旷处。喷水保持火场容器冷却，直至灭火结束

第六部分　泄漏应急处理

作业人员防护措施、防护装备和应急处置程序　消除所有点火源。隔离泄漏污染区，限制出入。建议应急处理人员戴防尘口罩，穿防毒、防静电服。禁止接触或跨越泄漏物

环境保护措施　防止泄漏物进入水体、下水道、地下室或有限空间

泄漏化学品的收容、清除方法及所使用的处置材料　小量泄漏：用洁净的铲子收集泄漏物，置于干净、干燥、盖子较松的容器中，将容器移离泄漏区。大量泄漏：用水润湿，并筑堤收容

第七部分　操作处置与储存

操作注意事项　密闭操作，局部排风。操作人员必须经过专门培训，严格遵守操作规程。建议操作人员佩戴防尘面具（全面罩），穿胶布防毒衣，戴橡胶手套。远离火种、热源，工作场所严禁吸烟。使用防爆型的通风系统和设备。避免产生粉尘。避免与氧化剂、还原剂、酸类、碱类接触。搬运时要轻装轻卸，防止包装及容器损坏。配备相应品种和数量的消防器材及泄漏应急处理设备。倒空的容器可能残留有害物

储存注意事项　储存于阴凉、通风的库房。远离火种、热源。库温不宜超过 35℃。应与氧化剂、还原剂、酸类、碱类等分开存放，切忌混储。采用防爆型照明、通风设施。禁止使用易产生火花的机械设备和工具。储区应备有合适的材料收容泄漏物

第八部分　接触控制/个体防护

职业接触限值

中国　未制定标准

美国（ACGIH）　未制定标准

生物接触限值　未制定标准

监测方法　空气中有毒物质测定方法：未制定标准。生物监测检验方法：未制定标准

工程控制　密闭操作，局部排风

个体防护装备

呼吸系统防护　可能接触其粉尘时，必须佩戴防尘面具（全面罩）。紧急事态抢救或撤离时，应该佩戴空气呼吸器

眼睛防护　呼吸系统防护中已作防护

皮肤和身体防护　穿密闭型防毒服

手防护　戴橡胶手套

第九部分　理化特性

外观与性状　低分子量的是白色结晶粉末，具有甲醛味

pH值　无意义　　**熔点(℃)**　120～170

沸点(℃)　150（升华）　**相对密度(水=1)**　1.46

相对蒸气密度(空气=1)　1.03

饱和蒸气压(kPa)　0.19（25℃）

临界压力(MPa)　无资料　**辛醇/水分配系数**　无资料

闪点(℃)　71　　**自燃温度(℃)**　300

爆炸下限(%)　73.0　**爆炸上限(%)**　7.0

分解温度(℃)　164　**黏度(mPa·s)**　无资料

燃烧热(kJ/mol)　-510　**临界温度(℃)**　无资料

溶解性　不溶于乙醇，微溶于冷水，溶于稀酸、稀碱

第十部分　稳定性和反应性

稳定性　稳定

危险反应　与强酸、强碱、酸酐、强氧化剂、强还原剂、铜等禁配物发生反应。受热分解释放出甲醛气体

避免接触的条件　受热

禁配物　强酸、强碱、酸酐、强氧化剂、强还原剂、铜

危险的分解产物　甲醛

第十一部分　毒理学信息

急性毒性　LD$_{50}$：800mg/kg(大鼠经口)。LC$_{50}$：1070mg/m^3（大鼠吸入，4h）

皮肤刺激或腐蚀　无资料　**眼睛刺激或腐蚀**　无资料

呼吸或皮肤过敏　无资料　**生殖细胞突变性**　无资料

致癌性　无资料　　**生殖毒性**　无资料

特异性靶器官系统毒性-一次接触　无资料

特异性靶器官系统毒性-反复接触　无资料

吸入危害　无资料

第十二部分　生态学信息

生态毒性

LC$_{50}$：60mg/L（96h）（虹鳟）

持久性和降解性

生物降解性　无资料

非生物降解性　无资料

潜在的生物累积性　无资料

土壤中的迁移性　根据结构类似物质预测，该物质对水生生物有极高毒性

第十三部分　废弃处置

废弃化学品　建议用焚烧法处置

污染包装物　将容器返还生产商或按照国家和地方法规处置

废弃注意事项　处置前应参阅国家和地方有关法规

第十四部分　运输信息

联合国危险货物编号（UN号）　2213

联合国运输名称　仲甲醛

联合国危险性类别　4.1

包装类别　Ⅲ　　**包装标志**

海洋污染物　否

运输注意事项　运输时运输车辆应配备相应品种和数量的消防器材及泄漏应急处理设备。装运本品的车辆排气管须有阻火装置。运输过程中要确保容器不泄漏、不倒塌、不坠落、不损坏。严禁与氧化剂、还原剂、酸类、碱类、食用化学品等混装混运。运输途中应防暴晒、雨淋，防高温。中途停留时应远离火种、热源。车辆运输完毕应进行彻底清扫。铁路运输时要禁止溜放

第十五部分　法规信息

下列法律、法规、规章和标准，对该化学品的管理作了相应的规定。

中华人民共和国职业病防治法　职业病分类和目录：未列入

危险化学品安全管理条例　危险化学品目录：列入。易制爆危险化学品名录：未列入。重点监管的危险化学品名录：未列入。GB 18218—2009《危险化学品重大危险源辨识》（表1）：未列入

使用有毒物品作业场所劳动保护条例　高毒物品目录：未列入

易制毒化学品管理条例　易制毒化学品的分类和品种目录：未列入

国际公约　斯德哥尔摩公约：未列入。鹿特丹公约：未列入。蒙特利尔议定书：未列入

第十六部分　其他信息

编写和修订信息　缩略语和首字母缩写

培训建议　　　参考文献

免责声明

2,4-滴丙酸

第一部分　化学品标识

化学品中文名　2,4-滴丙酸；2-(2,4-二氯苯氧基)丙酸

化学品英文名　2-(2,4-dichlorophenoxyl) propionic acid; dichlorprop

分子式　C$_9$H$_8$Cl$_2$O$_3$　**分子量**　235.064

结构式

化学品的推荐及限制用途　用作农用除草剂、熏蒸剂

第二部分　危险性概述

紧急情况概述　吞咽有害，皮肤接触有害，造成皮肤刺激，造成严重眼损伤

GHS 危险性类别　急性毒性-经口，类别4；急性毒性-经皮，类别4；皮肤腐蚀/刺激，类别2；严重眼损伤/眼刺激，类别1；危害水生环境-急性危害，类别1；危害水生环境-长期危害，类别1

标签要素

象形图

警示词　危险

危险性说明　吞咽有害，皮肤接触有害，造成皮肤刺激，造成严重眼损伤，对水生生物毒性非常大并具有长期持续影响

防范说明

　　预防措施　避免接触眼睛、皮肤，操作后彻底清洗。作业场所不得进食、饮水或吸烟。戴防护手套、穿防护服。戴防护眼镜、防护面罩。禁止排入环境

　　事故响应　皮肤接触：用大量肥皂水和水清洗，如感觉不适，呼叫中毒控制中心或就医。被污染的衣服必须经洗净后方可重新使用。接触眼睛：用水细心冲洗数分钟，立即呼叫中毒控制中心或就医。如戴隐形眼镜并可方便地取出，取出隐形眼镜，继续冲洗。食入：如果感觉不适，立即呼叫中毒控制中心或就医，漱口。收集泄漏物

　　安全储存　—

　　废弃处置　本品及内装物、容器依据国家和地方法规处置

物理和化学危险　可燃，其粉体与空气混合，能形成爆炸性混合物

健康危害　本品对眼睛、皮肤、黏膜和上呼吸道有刺激作用。眼接触引起严重损伤。急性中毒可引起溶血性贫血

环境危害　对水生生物毒性非常大并具有长期持续影响

第三部分　成分/组成信息

√ 物质　　　　　　　　混合物

组分	浓度	CAS No.
2,4-滴丙酸		120-36-5

第四部分　急救措施

吸入　迅速脱离现场至空气新鲜处。保持呼吸道通畅。如呼吸困难，给输氧。呼吸、心跳停止，立即进行心肺复苏术。就医

皮肤接触　立即脱去污染的衣着，用流动清水彻底冲洗。就医

眼睛接触　立即分开眼睑，用流动清水或生理盐水彻底冲洗5~10min。就医

食入　漱口，饮水。就医

对保护施救者的忠告　根据需要使用个人防护设备

对医生的特别提示　对症处理

第五部分　消防措施

灭火剂　用雾状水、泡沫、干粉、二氧化碳、砂土灭火

特别危险性　遇明火、高热可燃。其粉体与空气可形成爆炸性混合物，当达到一定浓度时，遇火星会发生爆炸。受高热分解放出有毒的气体。遇潮时对大多数金属有腐蚀性

灭火注意事项及防护措施　消防人员必须佩戴防毒面具、穿全身消防服，在上风向灭火。尽可能将容器从火场移至空旷处。喷水保持火场容器冷却，直至灭火结束

第六部分　泄漏应急处理

作业人员防护措施、防护装备和应急处置程序　隔离泄漏污染区，限制出入。建议应急处理人员戴防尘口罩，穿防毒服。穿上适当的防护服前严禁接触破裂的容器和泄漏物。尽可能切断泄漏源

环境保护措施　用塑料布覆盖泄漏物，减少飞散

泄漏化学品的收容、清除方法及所使用的处置材料　勿使水进入包装容器内。用洁净的铲子收集泄漏物，置于干净、干燥、盖子较松的容器中，将容器移离泄漏区

第七部分　操作处置与储存

操作注意事项　密闭操作，局部排风。防止粉尘释放到车间空气中。操作人员必须经过专门培训，严格遵守操作规程。建议操作人员佩戴自吸过滤式防尘口罩，戴化学安全防护眼镜，穿防毒物渗透工作服，戴橡胶手套。远离火种、热源，工作场所严禁吸烟。使用防爆型的通风系统和设备。避免产生粉尘。避免与氧化剂接触。配备相应品种和数量的消防器材及泄漏应急处理设备。倒空的容器可能残留有害物

储存注意事项　储存于阴凉、通风的库房。远离火种、热源。防止阳光直射。包装密封。应与氧化剂分开存放，切忌混储。配备相应品种和数量的消防器材。储区应备有合适的材料收容泄漏物

第八部分　接触控制/个体防护

职业接触限值

　　中国　未制定标准

　　美国（ACGIH）　未制定标准

生物接触限值　未制定标准

监测方法　空气中有毒物质测定方法：未制定标准。生物监测检验方法：未制定标准

工程控制　密闭操作，局部排风

个体防护装备

　　呼吸系统防护　空气中粉尘浓度超标时，必须佩戴过滤式防尘呼吸器。紧急事态抢救或撤离时，应该佩戴空气呼吸器

　　眼睛防护　戴化学安全防护眼镜

　　皮肤和身体防护　穿防毒物渗透工作服

　　手防护　戴橡胶手套

第九部分　理化特性

外观与性状　纯品为无色、无味结晶

pH 值　无意义　　　　　熔点（℃）　110～112

沸点（℃）　无资料　　相对密度（水＝1）　无资料

相对蒸气密度（空气＝1）　无资料

饱和蒸气压（kPa）　无资料

临界压力（MPa）　无资料　辛醇/水分配系数　无资料

闪点（℃）　无意义　　　自燃温度（℃）　无资料

爆炸下限（%）　无资料　爆炸上限（%）　无资料

分解温度（℃）　无资料　黏度（mPa·s）　无资料

燃烧热（kJ/mol）　无资料　临界温度（℃）　无资料

溶解性　微溶于水，溶于多数有机溶剂

第十部分　稳定性和反应性

稳定性　稳定

危险反应　与强氧化剂等禁配物发生反应

避免接触的条件　无资料

禁配物　强氧化剂

危险的分解产物　氯化氢

第十一部分　毒理学信息

急性毒性　LD_{50}：344mg/kg（大鼠经口），1880mg/kg（大鼠经皮），309mg/kg（小鼠经口），1400mg/kg（小鼠经皮）。LC_{50}：650mg/m³（大鼠吸入，4h）

皮肤刺激或腐蚀　家兔经皮：开放性刺激试验，10mg（24h），重度刺激

眼睛刺激或腐蚀　无资料

呼吸或皮肤过敏　无资料　生殖细胞突变性　无资料

致癌性　IARC 致癌性评论：组 2B，对人类是可能致癌物

生殖毒性　小鼠经口最低中毒剂量（TDLo）：5g/kg（孕6～15d），植入后死亡率增加，引起颅面（包括鼻、舌）发育异常。小鼠经口最低中毒剂量（TDLo）：4g/kg（孕6～15d），引起肌肉骨骼系统发育异常

特异性靶器官系统毒性-一次接触　无资料

特异性靶器官系统毒性-反复接触　无资料

吸入危害　无资料

第十二部分　生态学信息

生态毒性　LC_{50}：0.5mg/L（96h）（虹鳟）

持久性和降解性

　　生物降解性　无资料

　　非生物降解性　无资料

潜在的生物累积性　根据 K_{ow} 值预测，该物质的生物累积性可能较弱

土壤中的迁移性　根据 K_{oc} 值预测，该物质可能有一定的迁移性

第十三部分　废弃处置

废弃化学品　不要冲洗或重复使用容器

污染包装物　将容器返还生产商或按照国家和地方法规处置

废弃注意事项　处置前应参阅国家和地方有关法规

第十四部分　运输信息

联合国危险货物编号（UN 号）　3077

联合国运输名称　对环境有害的固态物质，未另作规定的（2,4-滴丙酸）

联合国危险性类别　9

包装类别　Ⅲ　　　　　包装标志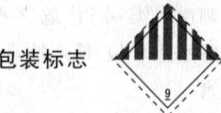

海洋污染物　是

运输注意事项　铁路运输时包装所用的麻袋、塑料编织袋、复合塑料编织袋的强度应符合国家标准要求。运输前应先检查包装容器是否完整、密封，运输过程中要确保容器不泄漏、不倒塌、不坠落、不损坏。严禁与酸类、氧化剂、食品及食品添加剂混运。运输时运输车辆应配备相应品种和数量的消防器材及泄漏应急处理设备。运输途中应防暴晒、雨淋，防高温。公路运输时要按规定路线行驶，勿在居民区和人口稠密区停留

第十五部分　法规信息

下列法律、法规、规章和标准，对该化学品的管理作了相应的规定。

中华人民共和国职业病防治法　职业病分类和目录：未列入

危险化学品安全管理条例　危险化学品目录：列入。易制爆危险化学品名录：未列入。重点监管的危险化学品名录：未列入。GB 18218—2009《危险化学品重大危险源辨识》（表1）：未列入

使用有毒物品作业场所劳动保护条例　高毒物品目录：未列入

易制毒化学品管理条例　易制毒化学品的分类和品种目录：未列入

国际公约　斯德哥尔摩公约：未列入。鹿特丹公约：未列入。蒙特利尔议定书：未列入

第十六部分　其他信息

编写和修订信息　　缩略语和首字母缩写

培训建议　　　　　参考文献

免责声明

滴滴涕

第一部分　化学品标识

化学品中文名　滴滴涕；1,1,1-三氯-2,2-双（对氯苯基）乙烷；2,2-双（对氯苯基）-1,1,1-三氯乙烷

化学品英文名　DDT；1,1,1-trichloro-2,2-bis（p-chlorophenyl）ethane

分子式　$C_{14}H_9Cl_5$　分子量　354.486

结构式

化学品的推荐及限制用途 用作农用杀虫剂

第二部分 危险性概述

紧急情况概述 吞咽会中毒

GHS危险性类别 急性毒性-经口，类别3；致癌性，类别2；特异性靶器官毒性-反复接触，类别1；危害水生环境-急性危害，类别1；危害水生环境-长期危害，类别1

标签要素

象形图

警示词 危险

危险性说明 吞咽会中毒，怀疑致癌，长时间或反复接触对器官造成损伤，对水生生物毒性非常大并具有长期持续影响

防范说明

预防措施 避免接触眼睛、皮肤，操作后彻底清洗。作业场所不得进食、饮水或吸烟。得到专门指导后操作。在阅读并了解所有安全预防措施之前，切勿操作。按要求使用个体防护装备。避免吸入粉尘、喷雾。禁止排入环境

事故响应 食入：立即呼叫中毒控制中心或就医。漱口。如果接触或有担心，就医。如感觉不适，就医。收集泄漏物

安全储存 上锁保管

废弃处置 本品及内装物、容器依据国家和地方法规处置

物理和化学危险 可燃，其粉体与空气混合，能形成爆炸性混合物

健康危害 急性中毒症状有头痛、眩晕、恶心、呕吐、四肢感觉异常、共济失调；重者体温升高、心动过速、呼吸困难、昏迷，甚至死亡。对皮肤有刺激作用

环境危害 对水生生物毒性非常大并具有长期持续影响

第三部分 成分/组成信息

√ 物质　　　　　　　混合物

组分	浓度	CAS No.
滴滴涕		50-29-3

第四部分 急救措施

吸入 迅速脱离现场至空气新鲜处。保持呼吸道通畅。如呼吸困难，给输氧。如呼吸、心跳停止，立即进行心肺复苏术。就医

皮肤接触 立即脱去污染的衣着，用流动清水彻底冲洗。就医

眼睛接触 立即分开眼睑，用流动清水或生理盐水彻底冲洗。就医

食入 饮适量温水，催吐（仅限于清醒者）。就医

对保护施救者的忠告 根据需要使用个人防护设备

对医生的特别提示 对症处理

第五部分 消防措施

灭火剂 用雾状水、泡沫、干粉、二氧化碳、砂土灭火

特别危险性 遇明火、高热可燃。其粉体与空气可形成爆炸性混合物，当达到一定浓度时，遇火星会发生爆炸。受高热分解放出有毒的气体

灭火注意事项及防护措施 消防人员必须佩戴空气呼吸器、穿全身防火防毒服，在上风向灭火。尽可能将容器从火场移至空旷处。喷水保持火场容器冷却，直至灭火结束

第六部分 泄漏应急处理

作业人员防护措施、防护装备和应急处置程序 隔离泄漏污染区，限制出入。建议应急处理人员戴防尘口罩，穿防毒服。穿上适当的防护服前严禁接触破裂的容器和泄漏物。尽可能切断泄漏源

环境保护措施 用塑料布覆盖泄漏物，减少飞散

泄漏化学品的收容、清除方法及所使用的处置材料 勿使水进入包装容器内。用洁净的铲子收集泄漏物，置于干净、干燥、盖子较松的容器中，将容器移离泄漏区

第七部分 操作处置与储存

操作注意事项 密闭操作，提供充分的局部排风。防止粉尘释放到车间空气中。操作人员必须经过专门培训，严格遵守操作规程。建议操作人员佩戴防尘面具（全面罩），穿防毒物渗透工作服，戴橡胶手套。远离火种、热源，工作场所严禁吸烟。使用防爆型的通风系统和设备。避免产生粉尘。避免与氧化剂、碱类接触。配备相应品种和数量的消防器材及泄漏应急处理设备。倒空的容器可能残留有害物

储存注意事项 储存于阴凉、通风的库房。远离火种、热源。防止阳光直射。包装密封。应与氧化剂、碱类、食用化学品分开存放，切忌混储。配备相应品种和数量的消防器材。储区应备有合适的材料收容泄漏物

第八部分 接触控制/个体防护

职业接触限值

中国　PC-TWA：0.2mg/m³［G2B］

美国（ACGIH）　TLV-TWA：1mg/m³

生物接触限值 未制定标准

监测方法 空气中有毒物质测定方法：溶剂洗脱-气相色谱法。生物监测检验方法：未制定标准

工程控制 严加密闭，提供充分的局部排风

个体防护装备

呼吸系统防护 可能接触其粉尘时，必须佩戴防尘面具（全面罩）。紧急事态抢救或撤离时，应该佩戴空气呼吸器

眼睛防护 呼吸系统防护中已作防护

皮肤和身体防护 穿防毒物渗透工作服

手防护 戴橡胶手套

第九部分 理化特性

外观与性状 白色或淡黄色粉末

pH 值　无意义　　　　　熔点(℃)　107～109

沸点(℃)　260

相对密度(水＝1)　1.55(25℃)

相对蒸气密度(空气＝1)　无资料

饱和蒸气压(kPa)　$2.53×10^{-8}$(20℃)

临界压力(MPa)　无资料　辛醇/水分配系数　无资料

闪点(℃)　72～77　　　自燃温度(℃)　无资料

爆炸下限(%)　无资料　爆炸上限(%)　无资料

分解温度(℃)　110　　黏度(mPa·s)　无资料

燃烧热(kJ/mol)　无资料　临界温度(℃)　无资料

溶解性　不溶于水，易溶于丙酮、苯、二氯乙烷

第十部分　稳定性和反应性

稳定性　稳定

危险反应　与氧化剂、碱类等禁配物发生反应

避免接触的条件　无资料

禁配物　氧化剂、碱类

危险的分解产物　氯化氢

第十一部分　毒理学信息

急性毒性　LD_{50}：87mg/kg（大鼠经口）；100mg/kg（小鼠经口）；250mg/kg（小鼠经皮）；250mg/kg（兔经口）；300mg/kg（兔经皮）

皮肤刺激或腐蚀　无资料　眼睛刺激或腐蚀　无资料

呼吸或皮肤过敏　无资料

生殖细胞突变性　细胞遗传学分析：小鼠经口 300mg/kg。显性致死试验：小鼠经口 100mg/kg。DNA 抑制：人淋巴细胞 500mg/L。细胞遗传学分析：人白细胞 40mg/L。DNA 加合物：大肠杆菌 15μmol/L。DNA 抑制：人淋巴细胞 500mg/L。程序外 DNA 合成：大鼠肝 100pmol/L

致癌性　IARC 致癌性评论：组 2B，对人类是可能致癌物

生殖毒性　大鼠孕后 15～19d 经口给予 250mg/kg，致泌尿生殖系统发育畸形。大鼠经口最低中毒剂量（TDLo）：250mg/kg（孕 15～19d），引起泌尿生殖系统发育异常，小鼠皮下最低中毒剂量（TDLo）：418mg/kg（孕 6～14d），对胚胎外部结构有影响。小鼠腹腔内最低中毒剂量（TDLo）：40mg/kg（孕 1～3d），引起植入前死亡率增加，大鼠经口最低中毒剂量（TDLo）：112mg/kg（雄性交配前 56d），对精子生成（包括遗传物质形态、活动、能力、计数）有影响，对睾丸、附睾和输精管有影响

特异性靶器官系统毒性--一次接触　无资料

特异性靶器官系统毒性-反复接触　大鼠经口 200ppm，2年，极个别动物有震颤，病理检查有中度肝脏损害

吸入危害　无资料

第十二部分　生态学信息

生态毒性　EC_{50}：0.36mg/L（48h）（大型溞）

持久性和降解性

　　生物降解性　不易快速生物降解

　　非生物降解性　无资料

潜在的生物累积性　高生物富集性

土壤中的迁移性　无资料

第十三部分　废弃处置

废弃化学品　建议用焚烧法处置

污染包装物　将容器返还生产商或按照国家和地方法规处置

废弃注意事项　在能利用的地方重复使用容器或在规定场所掩埋

第十四部分　运输信息

联合国危险货物编号（UN 号）　2811

联合国运输名称　有机毒性固体，未另作规定的（滴滴涕）

联合国危险性类别　6.1

包装类别　Ⅲ　　　　　包装标志　

海洋污染物　是

运输注意事项　铁路运输时包装所用的麻袋、塑料编织袋、复合塑料编织袋的强度应符合国家标准要求。铁路运输时，可以使用钙塑瓦楞箱作外包装。运输前应先检查包装容器是否完整、密封，运输过程中要确保容器不泄漏、不倒塌、不坠落、不损坏。严禁与酸类、氧化剂、食品及食品添加剂混运。运输时运输车辆应配备相应品种和数量的消防器材及泄漏应急处理设备。运输途中应防暴晒、雨淋，防高温。公路运输时要按规定路线行驶，勿在居民区和人口稠密区停留

第十五部分　法规信息

下列法律、法规、规章和标准，对该化学品的管理作了相应的规定。

中华人民共和国职业病防治法　职业病分类和目录：未列入

危险化学品安全管理条例　危险化学品目录：列入。易制爆危险化学品名录：未列入。重点监管的危险化学品名录：未列入。GB 18218—2009《危险化学品重大危险源辨识》（表1）：未列入

使用有毒物品作业场所劳动保护条例　高毒物品目录：未列入

易制毒化学品管理条例　易制毒化学品的分类和品种目录：未列入

国际公约　斯德哥尔摩公约：列入。鹿特丹公约：列入。蒙特利尔议定书：未列入

第十六部分　其他信息

编写和修订信息　　　缩略语和首字母缩写

培训建议　　　　　　参考文献

免责声明

2,4-滴钠

第一部分　化学品标识

化学品中文名　2,4-滴钠；2,4-二氯苯氧乙酸钠

化学品英文名 2,4-D-sodium；sodium-2,4-dichlorophenox-yacetate

分子式 $C_8H_5Cl_2NaO_3$　　分子量 243.02

结构式

化学品的推荐及限制用途 用作农用除草剂、植物生长调节剂

第二部分 危险性概述

紧急情况概述 吞咽有害，造成严重眼损伤，吸入可能导致过敏、哮喘症状或呼吸困难

GHS危险性类别 急性毒性-经口，类别4；严重眼损伤/眼刺激，类别1；呼吸道致敏物，类别1；危害水生环境-急性危害，类别2

标签要素

象形图

警示词 危险

危险性说明 吞咽有害，造成严重眼损伤，吸入可能导致过敏、哮喘症状或呼吸困难，对水生生物有毒

防范说明

预防措施 戴防护眼镜、防护面罩。通风不良时，戴呼吸防护器具。避免吸入粉尘、烟气、气体。避免接触眼睛皮肤，操作后彻底清洗。作业场所不得进食、饮水或吸烟。禁止排入环境

事故响应 食入：漱口，如果感觉不适，立即呼叫中毒控制中心或就医。接触眼睛：用水细心冲洗数分钟。如戴隐形眼镜并可方便地取出，取出隐形眼镜，继续冲洗。如吸入：如果呼吸困难，将患者转移到空气新鲜处，休息，保持利于呼吸的体位。如有呼吸系统症状，呼叫中毒控制中心或就医

安全储存 —

废弃处置 本品及内装物、容器依据国家和地方法规处置

物理和化学危险 可燃，其粉体与空气混合，能形成爆炸性混合物

健康危害 本品为中等毒性除草剂。吸入、摄入或经皮肤吸收后对身体有害。对眼睛、皮肤和黏膜有刺激作用

环境危害 对水生生物有毒

第三部分 成分/组成信息

√ 物质　　　　　　　　　混合物

组分	浓度	CAS No.
2,4-滴钠		2702-72-9

第四部分 急救措施

吸入 迅速脱离现场至空气新鲜处。保持呼吸道通畅。如呼吸困难，给输氧。呼吸、心跳停止，立即进行心肺

复苏术。就医

皮肤接触 立即脱去污染的衣着，用大量流动清水冲洗。如有不适感，就医

眼睛接触 提起眼睑，用流动清水或生理盐水冲洗。如有不适感，就医

食入 饮足量温水，催吐。就医

对保护施救者的忠告 根据需要使用个人防护设备

对医生的特别提示 对症处理

第五部分 消防措施

灭火剂 用雾状水、泡沫、干粉、二氧化碳、砂土灭火

特别危险性 遇明火、高热可燃。其粉体与空气可形成爆炸性混合物，当达到一定浓度时，遇火星会发生爆炸。受高热分解放出有毒的气体

灭火注意事项及防护措施 消防人员必须佩戴防毒面具、穿全身消防服，在上风向灭火。尽可能将容器从火场移至空旷处。喷水保持火场容器冷却，直至灭火结束

第六部分 泄漏应急处理

作业人员防护措施、防护装备和应急处置程序 隔离泄漏污染区，限制出入。建议应急处理人员戴防尘口罩，穿防毒服。穿上适当的防护服前严禁接触破裂的容器和泄漏物。尽可能切断泄漏源。用塑料布覆盖泄漏物，减少飞散。勿使水进入包装容器内

环境保护措施 防止泄漏物进入水体、下水道、地下室或密闭性空间

泄漏化学品的收容、清除方法及所使用的处置材料 用洁净的铲子收集泄漏物，置于干净、干燥、盖子较松的容器中，将容器移离泄漏区

第七部分 操作处置与储存

操作注意事项 密闭操作，局部排风。防止粉尘释放到车间空气中。操作人员必须经过专门培训，严格遵守操作规程。建议操作人员佩戴自吸过滤式防尘口罩，戴化学安全防护眼镜，穿防毒物渗透工作服，戴橡胶手套。远离火种、热源，工作场所严禁吸烟。使用防爆型的通风系统和设备。避免产生粉尘。避免与氧化剂接触。配备相应品种和数量的消防器材及泄漏应急处理设备。倒空的容器可能残留有害物

储存注意事项 储存于阴凉、通风的库房。远离火种、热源。防止阳光直射。包装密封。应与氧化剂分开存放，切忌混储。配备相应品种和数量的消防器材。储区应备有合适的材料收容泄漏物

第八部分 接触控制/个体防护

职业接触限值

中国 未制定标准

美国（ACGIH） 未制定标准

生物接触限值 未制定标准

监测方法 空气中有毒物质测定方法：火焰原子吸收光谱法。生物监测检验方法：未制定标准

工程控制 密闭操作，局部排风

个体防护装备

呼吸系统防护　空气中粉尘浓度超标时，必须佩戴过滤式防尘呼吸器。紧急事态抢救或撤离时，应该佩戴空气呼吸器

眼睛防护　戴化学安全防护眼镜

皮肤和身体防护　穿防毒物渗透工作服

手防护　戴橡胶手套

第九部分　理化特性

外观与性状　固体

pH 值　无意义　　　　　　　熔点(℃)　无资料

沸点(℃)　无资料　　　　　相对密度(水＝1)　无资料

相对蒸气密度(空气＝1)　无资料

饱和蒸气压(kPa)　无资料

临界压力(MPa)　无资料　　辛醇/水分配系数　无资料

闪点(℃)　无资料　　　　　自燃温度(℃)　无资料

爆炸下限(%)　无资料　　　爆炸上限(%)　无资料

分解温度(℃)　无资料　　　黏度(mPa·s)　无资料

燃烧热(kJ/mol)　无资料　　临界温度(℃)　无资料

溶解性　溶于水，微溶于乙醇

第十部分　稳定性和反应性

稳定性　稳定

危险反应　与强氧化剂等禁配物发生反应

避免接触的条件　潮湿空气

禁配物　强氧化剂

危险的分解产物　氯化氢、氧化钠

第十一部分　毒理学信息

急性毒性　吞咽有害。LD_{50}：555mg/kg（大鼠经口）；1500mg/kg（大鼠经皮）；3750mg/kg（小鼠经口）；＞2000mg/kg（兔经皮）

皮肤刺激或腐蚀　无资料

眼睛刺激或腐蚀　造成严重眼损伤

呼吸或皮肤过敏　吸入可能导致过敏、哮喘症状或呼吸困难

生殖细胞突变性　基因转换和有丝分裂重组：酿酒酵母300mg/L。程序外 DNA 合成：鸡细胞 $2500\mu mol/L$

致癌性　无资料

生殖毒性　大鼠经口最低中毒剂量：$100\mu g/kg$（孕 10d），有胚胎毒性

特异性靶器官系统毒性-一次接触　无资料

特异性靶器官系统毒性-反复接触　无资料

吸入危害　无资料

第十二部分　生态学信息

生态毒性　对水生生物有毒

持久性和降解性

生物降解性　无资料

非生物降解性　无资料

潜在的生物累积性　无资料

土壤中的迁移性　无资料

第十三部分　废弃处置

废弃化学品　建议用控制焚烧法或安全掩埋法处置。用水清洗倒空的容器。在规定场所掩埋空容器

污染包装物　将容器返还生产商或按照国家和地方法规处置

废弃注意事项　处置前应参阅国家和地方有关法规

第十四部分　运输信息

联合国危险货物编号（UN 号）　—

联合国运输名称　—　　　联合国危险性类别　—

包装类别　—　　　　　　包装标志　—

海洋污染物　否

运输注意事项　铁路运输时包装所用的麻袋、塑料编织袋、复合塑料编织袋的强度应符合国家标准要求。运输前应先检查包装容器是否完整、密封，运输过程中要确保容器不泄漏、不倒塌、不坠落、不损坏。严禁与酸类、氧化剂、食品及食品添加剂混运。运输时，运输车辆应配备相应品种和数量的消防器材及泄漏应急处理设备。运输途中应防暴晒、雨淋，防高温。公路运输时要按规定路线行驶，勿在居民区和人口稠密区停留

第十五部分　法规信息

下列法律、法规、规章和标准，对该化学品的管理作了相应的规定。

中华人民共和国职业病防治法　职业病分类和目录：未列入

危险化学品安全管理条例　危险化学品目录：列入。易制爆危险化学品名录：未列入。重点监管的危险化学品名录：未列入。GB 18218—2009《危险化学品重大危险源辨识》（表 1）：未列入

使用有毒物品作业场所劳动保护条例　高毒物品目录：未列入

易制毒化学品管理条例　易制毒化学品的分类和品种目录：未列入

国际公约　斯德哥尔摩公约：未列入。鹿特丹公约：未列入。蒙特利尔议定书：未列入

第十六部分　其他信息

编写和修订信息　　　缩略语和首字母缩写

培训建议　　　　　　参考文献

免责声明

敌噁磷

第一部分　化学品标识

化学品中文名　敌噁磷；敌杀磷；二噁硫磷；1,4-二噁烷-2,3-二基-S,S′-双(O,O-二乙基二硫代磷酸酯)

化学品英文名　dioxathion；delcar；S,S′-(1,4-dioxane-2,3-diyl) bis(O,O-diethyl phosphorodithioate)

分子式　$C_{12}H_{26}O_6P_2S_4$　分子量　456.539

结构式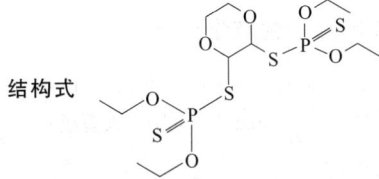

化学品的推荐及限制用途　用作农用杀虫剂

第二部分　危险性概述

紧急情况概述　吞咽致命，皮肤接触会中毒，吸入致命

GHS危险性类别　急性毒性-经口，类别2；急性毒性-经皮，类别3；急性毒性-吸入，类别2；危害水生环境-急性危害，类别1；危害水生环境-长期危害，类别1

标签要素

象形图

警示词　危险

危险性说明　吞咽致命，皮肤接触会中毒，吸入致命，对水生生物毒性非常大并具有长期持续影响

防范说明

预防措施　避免接触眼睛、皮肤，操作后彻底清洗。作业场所不得进食、饮水或吸烟。戴防护手套、穿防护服。避免吸入粉尘、蒸气、雾。仅在室外或通风良好处操作。戴呼吸防护器具。禁止排入环境

事故响应　如吸入：将患者转移到空气新鲜处，休息，保持利于呼吸的体位。皮肤接触：用大量肥皂水和水清洗，立即脱去所有被污染的衣服，如感觉不适，呼叫中毒控制中心或就医。被污染的衣服必须经洗净后方可重新使用。食入：立即呼叫中毒控制中心或就医，漱口。收集泄漏物

安全储存　在通风良好处储存。保持容器密闭。上锁保管

废弃处置　本品及内装物、容器依据国家和地方法规处置

物理和化学危险　可燃，其粉体与空气混合，能形成爆炸性混合物

健康危害　对胆碱酯酶活性有抑制作用。轻者出现头痛、多汗、恶心、呕吐等；中度中毒有瞳孔缩小、呼吸困难、肌束震颤等；重者昏迷、惊厥、呼吸抑制和脑水肿等

环境危害　对水生生物毒性非常大并具有长期持续影响

第三部分　成分/组成信息

√ 物质　　　　　　　　混合物

组分	浓度	CAS No.
敌噁磷		78-34-2

第四部分　急救措施

吸入　迅速脱离现场至空气新鲜处。保持呼吸道通畅。如呼吸困难，给输氧。如呼吸、心跳停止，立即进行心肺复苏术。就医

皮肤接触　立即脱去污染的衣着，用肥皂水及流动清水彻底冲洗污染的皮肤、头发、指甲等。就医

眼睛接触　分开眼睑，用流动清水或生理盐水冲洗。就医

食入　饮足量温水，催吐（仅限于清醒者）。口服活性炭。就医

对保护施救者的忠告　根据需要使用个人防护设备

对医生的特别提示　解毒剂：阿托品、胆碱酯酶复能剂

第五部分　消防措施

灭火剂　用雾状水、泡沫、干粉、二氧化碳、砂土灭火

特别危险性　遇明火、高热可燃。其粉体与空气可形成爆炸性混合物，当达到一定浓度时，遇火星会发生爆炸。受高热分解放出有毒的气体

灭火注意事项及防护措施　消防人员必须佩戴防毒面具、穿全身消防服，在上风向灭火。尽可能将容器从火场移至空旷处。喷水保持火场容器冷却，直至灭火结束

第六部分　泄漏应急处理

作业人员防护措施、防护装备和应急处置程序　根据液体流动和蒸气扩散的影响区域划定警戒区，无关人员从侧风向、上风向撤离至安全区。建议应急处理人员戴正压自给式呼吸器，穿防毒服。穿上适当的防护服前严禁接触破裂的容器和泄漏物。尽可能切断泄漏源

环境保护措施　防止泄漏物进入水体、下水道、地下室或有限空间

泄漏化学品的收容、清除方法及所使用的处置材料　小量泄漏：用干燥的砂土或其他不燃材料吸收或覆盖，收集于容器中。大量泄漏：构筑围堤或挖坑收容。用泵转移至槽车或专用收集器内

第七部分　操作处置与储存

操作注意事项　密闭操作，提供充分的局部排风。防止烟雾或粉尘泄漏到工作场所空气中。操作人员必须经过专门培训，严格遵守操作规程。建议操作人员佩戴防尘面具（全面罩），穿胶布防毒衣，戴橡胶手套。远离火种、热源，工作场所严禁吸烟。使用防爆型的通风系统和设备。在清除液体和蒸气前不能进行焊接、切割等作业。避免产生蒸气或粉尘。避免与氧化剂、碱类接触。配备相应品种和数量的消防器材及泄漏应急处理设备。倒空的容器可能残留有害物

储存注意事项　储存于阴凉、通风的库房。远离火种、热源。防止阳光直射。保持容器密封。应与氧化剂、碱类、食用化学品分开存放，切忌混储。配备相应品种和数量的消防器材。储区应备有泄漏应急处理设备和合适的收容材料

第八部分　接触控制/个体防护

职业接触限值

中国　未制定标准

美国（ACGIH）　TLV-TWA：0.1mg/m³（可吸入性颗粒物和蒸气）［皮］

生物接触限值 全血胆碱酯酶活性（校正值）：原基础值
　　或参考值的 70%（采样时间：开始接触后的 3 个月
　　内），原基础值或参考值的 50%（采样时间：持续接
　　触 3 个月后，任意时间）
监测方法 空气中有毒物质测定方法：未制定标准。生物
　　监测检验方法：血中胆碱酯酶活性的分光光度测定方
　　法——羟胺三氯化铁法；血中胆碱酯酶活性的分光光
　　度测定方法——硫代乙酰胆碱-联硫代双硝基苯甲
　　酸法
工程控制 严加密闭，提供充分的局部排风
个体防护装备
　　呼吸系统防护 可能接触其粉尘时，必须佩戴防尘面
　　　　具（全面罩）。紧急事态抢救或撤离时，应该佩
　　　　戴空气呼吸器
　　眼睛防护 呼吸系统防护中已作防护
　　皮肤和身体防护 穿密闭型防毒服
　　手防护 戴橡胶手套

第九部分 理化特性

外观与性状 不挥发的稳定的固体，工业品为棕色液体
pH 值 无资料   **熔点(℃)** −20
沸点(℃) 60～68 (0.067kPa)
相对密度(水＝1) 1.257(20℃)
相对蒸气密度(空气＝1) 无资料
饱和蒸气压(kPa) 无资料
临界压力(MPa) 无资料 **辛醇/水分配系数** 无资料
闪点(℃) 无意义   **自燃温度(℃)** 无资料
爆炸下限(%) 无资料   **爆炸下限(%)** 无资料
分解温度(℃) >135   **黏度(mPa·s)** 117 (25℃)
燃烧热(kJ/mol) 无资料 **临界温度(℃)** 无资料
溶解性 不溶于水，溶于多数有机溶剂

第十部分 稳定性和反应性

稳定性 稳定
危险反应 与强氧化剂、强碱等禁配物发生反应
避免接触的条件 无资料
禁配物 强氧化剂、强碱
危险的分解产物 氧化硫、氧化磷

第十一部分 毒理学信息

急性毒性 LD$_{50}$：20mg/kg（大鼠经口）；63mg/kg（大
　　鼠经皮）；176mg/kg（小鼠经口）；85mg/kg（兔经
　　皮）。LC$_{50}$：1398mg/m^3（大鼠吸入，1h）
皮肤刺激或腐蚀 无资料   眼睛刺激或腐蚀 无资料
呼吸或皮肤过敏 无资料
生殖细胞突变性 微生物致突变：鼠伤寒沙门氏菌
　　6667μg/皿
致癌性 美国政府工业卫生学家会议（ACGIH）：未分类
　　为人类致癌物
生殖毒性 无资料
特异性靶器官系统毒性-一次接触 无资料
特异性靶器官系统毒性-反复接触 无资料
吸入危害 无资料

第十二部分 生态学信息

生态毒性 LC$_{50}$：0.09mg/L(96h)(虹鳟)。LC$_{50}$：0.11mg/L
　　(96h)（美洲鲑）。EC$_{50}$：0.35mg/L (48h)（大型溞）
持久性和降解性
　　生物降解性 无资料
　　非生物降解性 无资料
潜在的生物累积性 无资料
土壤中的迁移性 无资料

第十三部分 废弃处置

废弃化学品 建议用焚烧法处置。在能利用的地方重复使
　　用容器或在规定场所掩埋
污染包装物 将容器返还生产商或按照国家和地方法规处置
废弃注意事项 处置前应参阅国家和地方有关法规

第十四部分 运输信息

联合国危险货物编号（UN 号） 3018
联合国运输名称 液态有机磷农药，毒性（敌噁磷）
联合国危险性类别 6.1

包装类别 Ⅱ   包装标志

海洋污染物 是
运输注意事项 运输前应先检查包装容器是否完整、密
　　封，运输过程中要确保容器不泄漏、不倒塌、不坠
　　落、不损坏。严禁与酸类、氧化剂、食品及食品添加
　　剂混运。运输时运输车辆应配备相应品种和数量的消
　　防器材及泄漏应急处理设备。运输途中应防暴晒、雨
　　淋，防高温。公路运输时要按规定路线行驶，勿在居
　　民区和人口稠密区停留

第十五部分 法规信息

　　下列法律、法规、规章和标准，对该化学品的管理作
了相应的规定。
中华人民共和国职业病防治法 职业病分类和目录：有机
　　磷中毒
危险化学品安全管理条例 危险化学品目录：列入。易制
　　爆危险化学品名录：未列入。重点监管的危险化学品
　　名录：未列入。GB 18218—2009《危险化学品重大
　　危险源辨识》（表1）：未列入
使用有毒物品作业场所劳动保护条例 高毒物品目录：未
　　列入
易制毒化学品管理条例 易制毒化学品的分类和品种目
　　录：未列入
国际公约 斯德哥尔摩公约：未列入。鹿特丹公约：未列
　　入。蒙特利尔议定书：未列入

第十六部分 其他信息

编写和修订信息   缩略语和首字母缩写
培训建议   参考文献
免责声明

敌鼠

第一部分　化学品标识

化学品中文名　敌鼠；2-(二苯基乙酰基)-1,3-茚满二酮；2-(2,2-二苯基乙酰基)-1,3-茚满二酮

化学品英文名　diphacinone；2-diphenyl acetyl-1,3-indan-dione

分子式　$C_{23}H_{16}O_3$　**分子量**　340.3713

结构式

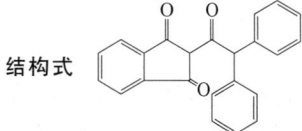

化学品的推荐及限制用途　用作杀鼠剂，也用作抗凝血的药物

第二部分　危险性概述

紧急情况概述　吞咽致命

GHS 危险性类别　急性毒性-经口，类别 2；特异性靶器官毒性-反复接触，类别 1

标签要素

象形图　

警示词　危险

危险性说明　吞咽致命，长时间或反复接触对器官造成损伤

防范说明

　　预防措施　避免接触眼睛、皮肤，操作后彻底清洗。避免吸入粉尘。操作现场不得进食、饮水或吸烟

　　事故响应　食入：立即呼叫中毒控制中心或就医，漱口。如感觉不适，就医

　　安全储存　上锁保管

　　废弃处置　本品及内装物、容器依据国家和地方法规处置

物理和化学危险　可燃，其粉体与空气混合，能形成爆炸性混合物

健康危害　本品为血液抗凝剂。误食出现心慌、头昏、低热、食欲不振、全身皮疹，重者不省人事；误食 1g 以上，则表现为各脏器和皮下广泛出血，严重则可危及生命。人食用敌鼠毒死后的死鼠后，可引起中毒

环境危害　对环境可能有害

第三部分　成分/组成信息

√物质　　　　　　　　　混合物

组分	浓度	CAS No.
敌鼠		82-66-6

第四部分　急救措施

吸入　迅速脱离现场至空气新鲜处。保持呼吸道通畅。如呼吸困难，给输氧。如呼吸、心跳停止，立即进行心肺复苏术。就医

皮肤接触　立即脱去污染的衣着，用流动清水彻底冲洗。就医

眼睛接触　立即分开眼睑，用流动清水或生理盐水彻底冲洗。就医

食入　饮适量温水，催吐（仅限于清醒者）。就医

对保护施救者的忠告　根据需要使用个人防护设备

对医生的特别提示　对症处理

第五部分　消防措施

灭火剂　用雾状水、泡沫、干粉、二氧化碳、砂土灭火

特别危险性　遇明火、高热可燃。其粉体与空气可形成爆炸性混合物，当达到一定浓度时，遇火星会发生爆炸。与氧化剂发生反应，有燃烧危险。受高热分解放出有毒的气体

灭火注意事项及防护措施　消防人员必须佩戴防毒面具、穿全身消防服，在上风向灭火。尽可能将容器从火场移至空旷处。喷水保持火场容器冷却，直至灭火结束

第六部分　泄漏应急处理

作业人员防护措施、防护装备和应急处置程序　隔离泄漏污染区，限制出入。建议应急处理人员戴防尘口罩，穿防毒服。穿上适当的防护服前严禁接触破裂的容器和泄漏物。尽可能切断泄漏源

环境保护措施　用塑料布覆盖泄漏物，减少飞散

泄漏化学品的收容、清除方法及所使用的处置材料　勿使水进入包装容器内。用洁净的铲子收集泄漏物，置于干净、干燥、盖子较松的容器中，将容器移离泄漏区。用洁净的铲子收集泄漏物，置于干净、干燥、盖子较松的容器中，将容器移离泄漏区

第七部分　操作处置与储存

操作注意事项　密闭操作，提供充分的局部排风。防止粉尘释放到车间空气中。操作人员必须经过专门培训，严格遵守操作规程。建议操作人员佩戴防尘面具（全面罩），穿胶布防毒衣，戴橡胶手套。远离火种、热源，工作场所严禁吸烟。使用防爆型的通风系统和设备。避免产生粉尘。避免与氧化剂接触。配备相应品种和数量的消防器材及泄漏应急处理设备。倒空的容器可能残留有害物

储存注意事项　储存于阴凉、通风良好的专用库房内，实行"双人收发、双人保管"制度。远离火种、热源。防止阳光直射。包装密封。应与氧化剂、食用化学品分开存放，切忌混储。配备相应品种和数量的消防器材。储区应备有合适的材料收容泄漏物

第八部分　接触控制/个体防护

职业接触限值

　中国　未制定标准

　美国（ACGIH）　未制定标准

生物接触限值　未制定标准

监测方法　空气中有毒物质测定方法：未制定标准。生物

监测检验方法：未制定标准
工程控制 严加密闭，提供充分的局部排风
个体防护装备
　呼吸系统防护 可能接触其粉尘时，必须佩戴防尘面
　　　具（全面罩）。紧急事态抢救或撤离时，应该佩
　　　戴空气呼吸器
　眼睛防护 呼吸系统防护中已作防护
　皮肤和身体防护 穿密闭型防毒服
　手防护 戴橡胶手套

第九部分　理化特性

外观与性状 纯品为无臭黄色针状结晶
pH 值 无意义　　　　　　　**熔点(℃)** 146～147
沸点(℃) 无资料
相对密度(水＝1) 1.281(25℃)
相对蒸气密度(空气＝1) 无资料
饱和蒸气压(kPa) 无资料
临界压力(MPa) 无资料　**辛醇/水分配系数** 无资料
闪点(℃) 无意义　　　　**自燃温度(℃)** 无资料
爆炸下限(%) 无资料　　**爆炸上限(%)** 无资料
分解温度(℃) 无资料　　**黏度(mPa·s)** 无资料
燃烧热(kJ/mol) 无资料　**临界温度(℃)** 无资料
溶解性 不溶于水、苯、甲苯，溶于丙酮、乙醇

第十部分　稳定性和反应性

稳定性 稳定
危险反应 与强氧化剂等禁配物发生反应
避免接触的条件 无资料
禁配物 强氧化剂
危险的分解产物 无资料

第十一部分　毒理学信息

急性毒性 LD$_{50}$：1.5mg/kg（大鼠经口）；200mg/kg（大鼠
　　　经皮）；28.3mg/kg（小鼠经口）；35mg/kg（兔经口）。
　　　LC$_{50}$：2000mg/m³（大鼠吸入，4h）
皮肤刺激或腐蚀 无资料　**眼睛刺激或腐蚀** 无资料
呼吸或皮肤过敏 无资料　**生殖细胞突变性** 无资料
致癌性 无资料　　　　　**生殖毒性** 无资料
特异性靶器官系统毒性-一次接触 无资料
特异性靶器官系统毒性-反复接触 无资料
吸入危害 无资料

第十二部分　生态学信息

生态毒性 无资料
持久性和降解性
　生物降解性 无资料
　非生物降解性 无资料
潜在的生物累积性 无资料
土壤中的迁移性 无资料

第十三部分　废弃处置

废弃化学品 用安全掩埋法处置。在规定场所掩埋空容器
污染包装物 将容器返还生产商或按照国家和地方法规

处置
废弃注意事项 处置前应参阅国家和地方有关法规

第十四部分　运输信息

联合国危险货物编号（UN 号） 2811
联合国运输名称 有机毒性固体，未另作规定的（敌鼠）
联合国危险性类别 6.1

包装类别 Ⅱ　　　　　　**包装标志**

海洋污染物 否
运输注意事项 运输前应先检查包装容器是否完整、密
　　　封，运输过程中要确保容器不泄漏、不倒塌、不坠
　　　落、不损坏。严禁与酸类、氧化剂、食品及食品添加
　　　剂混运。运输时运输车辆应配备相应品种和数量的消
　　　防器材及泄漏应急处理设备。运输途中应防暴晒、雨
　　　淋，防高温。公路运输时要按规定路线行驶，勿在居
　　　民区和人口稠密区停留

第十五部分　法规信息

　下列法律、法规、规章和标准，对该化学品的管理作
了相应的规定。
中华人民共和国职业病防治法 职业病分类和目录：未
　　　列入
危险化学品安全管理条例 危险化学品目录：列入，作为
　　　剧毒化学品进行管理。易制爆危险化学品名录：未列
　　　入。重点监管的危险化学品名录：未列入。GB
　　　18218—2009《危险化学品重大危险源辨识》（表 1）：
　　　未列入
使用有毒物品作业场所劳动保护条例 高毒物品目录：未
　　　列入
易制毒化学品管理条例 易制毒化学品的分类和品种目
　　　录：未列入
国际公约 斯德哥尔摩公约：未列入。鹿特丹公约：未列
　　　入。蒙特利尔议定书：未列入

第十六部分　其他信息

编写和修订信息　　**缩略语和首字母缩写**
培训建议　　　　　**参考文献**
免责声明

敌瘟磷

第一部分　化学品标识

化学品中文名 敌瘟磷；二硫代磷酸-O-乙基-S,S-二苯
　　　酯；西双散；O-乙基-S,S-联苯二硫代磷酸酯
化学品英文名 O-ethyl-S,S-diphenyldithiophosphate；
　　　edifenphos
分子式 C$_{14}$H$_{15}$O$_2$PS$_2$　**分子量** 310.371

结构式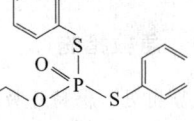

化学品的推荐及限制用途　用作农用杀虫剂

第二部分　危险性概述

紧急情况概述　吞咽会中毒，皮肤接触有害，吸入会中毒，可能导致皮肤过敏反应

GHS 危险性类别　急性毒性-经口，类别 3；急性毒性-经皮，类别 4；急性毒性-吸入，类别 3；皮肤致敏物，类别 1；危害水生环境-急性危害，类别 1；危害水生环境-长期危害，类别 1

标签要素

象形图　

警示词　危险

危险性说明　吞咽会中毒，皮肤接触有害，吸入会中毒，可能导致皮肤过敏反应，对水生生物毒性非常大并具有长期持续影响

防范说明

预防措施　避免接触眼睛、皮肤，操作后彻底清洗。作业场所不得进食、饮水或吸烟。戴防护手套、穿防护服。避免吸入蒸气、雾。仅在室外或通风良好处操作。污染的工作服不得带出工作场所。禁止排入环境

事故响应　如吸入：将患者转移到空气新鲜处，休息，保持利于呼吸的体位。皮肤接触：用大量肥皂水和水清洗，如感觉不适，呼叫中毒控制中心或就医。被污染的衣服必须经洗净后方可重新使用。如出现皮肤刺激或皮疹，就医。食入：立即呼叫中毒控制中心或就医，漱口。收集泄漏物

安全储存　在通风良好处储存。保持容器密闭。上锁保管

废弃处置　本品及内装物、容器依据国家和地方法规处置

物理和化学危险　可燃，其蒸气与空气混合，能形成爆炸性混合物

健康危害　抑制胆碱酯酶。中毒表现有头痛、头晕、恶心、腹痛、流涎、瞳孔缩小、多汗，肌束震颤、肺水肿、呼吸中枢衰竭、脑水肿等。可引起变应性接触性皮炎

环境危害　对水生生物毒性非常大并具有长期持续影响

第三部分　成分/组成信息

√ 物质　　　　　　　　　混合物

组分	浓度	CAS No.
敌瘟磷		17109-49-8

第四部分　急救措施

吸入　迅速脱离现场至空气新鲜处。保持呼吸道通畅。如呼吸困难，给输氧。如呼吸、心跳停止，立即进行心肺复苏术。就医

皮肤接触　立即脱去污染的衣着，用肥皂水及流动清水彻底冲洗污染的皮肤、头发、指甲等。就医

眼睛接触　分开眼睑，用流动清水或生理盐水冲洗。就医

食入　饮足量温水，催吐（仅限于清醒者）。口服活性炭。就医

对保护施救者的忠告　根据需要使用个人防护设备

对医生的特别提示　解毒剂：阿托品、胆碱酯酶复能剂

第五部分　消防措施

灭火剂　用雾状水、泡沫、干粉、二氧化碳、砂土灭火

特别危险性　遇明火、高热可燃。与氧化剂可发生反应。受高热分解放出有毒的气体。若遇高热，容器内压增大，有开裂和爆炸的危险

灭火注意事项及防护措施　消防人员必须佩戴防毒面具、穿全身消防服，在上风向灭火。尽可能将容器从火场移至空旷处。喷水保持火场容器冷却，直至灭火结束。处在火场中的容器若已变色或从安全泄压装置中发出声音，必须马上撤离

第六部分　泄漏应急处理

作业人员防护措施、防护装备和应急处置程序　根据液体流动和蒸气扩散的影响区域划定警戒区，无关人员从侧风向、上风向撤离至安全区。建议应急处理人员戴正压自给式呼吸器，穿防毒服。穿上适当的防护服前严禁接触破裂的容器和泄漏物。尽可能切断泄漏源

环境保护措施　防止泄漏物进入水体、下水道、地下室或有限空间

泄漏化学品的收容、清除方法及所使用的处置材料　小量泄漏：用干燥的砂土或其他不燃材料吸收或覆盖，收集于容器中。大量泄漏：构筑围堤或挖坑收容。用泵转移至槽车或专用收集器内

第七部分　操作处置与储存

操作注意事项　密闭操作，局部排风。防止蒸气泄漏到工作场所空气中。操作人员必须经过专门培训，严格遵守操作规程。建议操作人员佩戴过滤式防毒面具（半面罩），戴化学安全防护眼镜，穿防毒物渗透工作服，戴乳胶手套。远离火种、热源，工作场所严禁吸烟。使用防爆型的通风系统和设备。在清除液体和蒸气前不能进行焊接、切割等作业。避免产生烟雾。避免与氧化剂、碱类接触。配备相应品种和数量的消防器材及泄漏应急处理设备。倒空的容器可能残留有害物

储存注意事项　储存于阴凉、通风的库房。远离火种、热源。避免光照。保持容器密封。应与氧化剂、碱类、食用化学品分开存放，切忌混储。配备相应品种和数量的消防器材。储区应备有泄漏应急处理设备和合适的收容材料

第八部分　接触控制/个体防护

职业接触限值

中国　未制定标准

美国（ACGIH）　未制定标准

生物接触限值　全血胆碱酯酶活性（校正值）：原基础值或参考值的 70%（采样时间：开始接触后的 3 个月

内），原基础值或参考值的 50%（采样时间：持续接触 3 个月后，任意时间）

监测方法　空气中有毒物质测定方法：未制定标准。生物监测检验方法：血中胆碱酯酶活性的分光光度测定方法——羟胺三氯化铁法；血中胆碱酯酶活性的分光光度测定方法——硫代乙酰胆碱-联硫代双硝基苯甲酸法

工程控制　密闭操作，局部排风

个体防护装备

　　呼吸系统防护　空气中浓度较高时，应该佩戴过滤式防毒面具（半面罩）。紧急事态抢救或逃生时，建议佩戴空气呼吸器

　　眼睛防护　戴化学安全防护眼镜

　　皮肤和身体防护　穿防毒物渗透工作服

　　手防护　戴橡胶手套

第九部分　理化特性

外观与性状　黄色至浅棕色透明液体，带有硫醇的臭味

pH 值　无资料　　　　**熔点($^{\circ}$C)**　-25

沸点($^{\circ}$C)　154 $(1.33 \times 10^{-3} kPa)$

相对密度(水＝1)　1.23

相对蒸气密度(空气＝1)　无资料

饱和蒸气压(kPa)　0.1×10^{-4}(70°C)

临界压力(MPa)　无资料　　**辛醇/水分配系数**　无资料

闪点($^{\circ}$C)　无资料　　　**自燃温度($^{\circ}$C)**　无资料

爆炸下限(%)　无资料　　**爆炸上限(%)**　无资料

分解温度($^{\circ}$C)　无资料　　**黏度(mPa·s)**　无资料

燃烧热(kJ/mol)　无资料　　**临界温度($^{\circ}$C)**　无资料

溶解性　难溶于水，易溶于丙酮、二甲苯

第十部分　稳定性和反应性

稳定性　稳定

危险反应　与强氧化剂、碱等禁配物发生反应

避免接触的条件　光照

禁配物　强氧化剂、碱

危险的分解产物　氧化硫、氧化磷

第十一部分　毒理学信息

急性毒性　LD_{50}：100mg/kg（大鼠经口）；615mg/kg（大鼠经皮）；143mg/kg（小鼠经口）；350mg/kg（兔经口）。LC_{50}：650mg/m^3（大鼠吸入，4h）

皮肤刺激或腐蚀　无资料　　**眼睛刺激或腐蚀**　无资料

呼吸或皮肤过敏　无资料

生殖细胞突变性　细胞遗传学分析：大鼠腹腔内 3mg/kg。微核试验：小鼠经口 6625mg/kg。精子形态学分析：小鼠经口 26500μg/kg

致癌性　无资料　　　　**生殖毒性**　无资料

特异性靶器官系统毒性-一次接触　无资料

特异性靶器官系统毒性-反复接触　无资料

吸入危害　无资料

第十二部分　生态学信息

生态毒性　EC_{50}：0.021mg/L（48h）（大型溞）

持久性和降解性

　　生物降解性　无资料

　　非生物降解性　无资料

潜在的生物累积性　根据 K_{ow} 值预测，该物质的生物累积性可能较弱

土壤中的迁移性　根据 K_{oc} 值预测，该物质可能有一定的迁移性

第十三部分　废弃处置

废弃化学品　建议用焚烧法处置。在能利用的地方重复使用容器或在规定场所掩埋

污染包装物　将容器返还生产商或按照国家和地方法规处置

废弃注意事项　处置前应参阅国家和地方有关法规

第十四部分　运输信息

联合国危险货物编号（UN 号）　3018

联合国运输名称　液态有机磷农药，毒性（敌瘟磷）

联合国危险性类别　6.1

包装类别　Ⅲ　　　　　　　**包装标志**

海洋污染物　是

运输注意事项　铁路运输时包装所用的麻袋、塑料编织袋、复合塑料编织袋的强度应符合国家标准要求。铁路运输时，可以使用钙塑瓦楞箱作外包装。运输前应先检查包装容器是否完整、密封，运输过程中要确保容器不泄漏、不倒塌、不坠落、不损坏。严禁与酸类、氧化剂、食品及食品添加剂混运。运输时运输车辆应配备相应品种和数量的消防器材及泄漏应急处理设备。运输途中应防暴晒、雨淋，防高温。公路运输时要按规定路线行驶，勿在居民区和人口稠密区停留

第十五部分　法规信息

　　下列法律、法规、规章和标准，对该化学品的管理作了相应的规定。

中华人民共和国职业病防治法　职业病分类和目录：有机磷中毒

危险化学品安全管理条例　危险化学品目录：列入。易制爆危险化学品名录：未列入。重点监管的危险化学品名录：未列入。GB 18218—2009《危险化学品重大危险源辨识》（表 1）：未列入

使用有毒物品作业场所劳动保护条例　高毒物品目录：未列入

易制毒化学品管理条例　易制毒化学品的分类和品种目录：未列入

国际公约　斯德哥尔摩公约：未列入。鹿特丹公约：未列入。蒙特利尔议定书：未列入

第十六部分　其他信息

编写和修订信息　　缩略语和首字母缩写

培训建议　　　　　　参考文献

免责声明

地乐酚

第一部分　化学品标识

化学品中文名　地乐酚；二硝基仲丁基苯酚；二硝（另）丁酚；2-仲丁基-4,6-二硝基酚

化学品英文名　dinitrobutylphenol；2-*sec*-butyl-4,6-dinitrophenol；dinoseb

分子式　$C_{10}H_{12}N_2O_5$　**分子量**　240.2127

结构式

化学品的推荐及限制用途　用于染料、有机合成、木材防腐等

第二部分　危险性概述

紧急情况概述　吞咽会中毒，皮肤接触会中毒，造成严重眼刺激

GHS危险性类别　急性毒性-经口，类别3；急性毒性-经皮，类别3；严重眼损伤/眼刺激，类别2；生殖毒性，类别1B；危害水生环境-急性危害，类别1；危害水生环境-长期危害，类别1

标签要素

象形图

警示词　危险

危险性说明　吞咽会中毒，皮肤接触会中毒，造成严重眼刺激，可能致癌，对水生生物毒性非常大并具有长期持续影响

防范说明

　　预防措施　避免接触眼睛、皮肤，操作后彻底清洗。作业场所不得进食、饮水或吸烟。戴防护手套，穿防护服，戴防护眼镜、防护面罩。得到专门指导后操作。在阅读并了解所有安全预防措施之前，切勿操作。按要求使用个体防护装备。禁止排入环境

　　事故响应　皮肤接触：用大量肥皂水和水清洗，立即脱去所有被污染的衣服。如感觉不适，呼叫中毒控制中心或就医。被污染的衣服必须经洗净后方可重新使用。如接触眼睛：用水细心冲洗数分钟。如戴隐形眼镜可方便地取出，取出隐形眼镜，继续冲洗。如果眼睛刺激持续，就医。食入：立即呼叫中毒控制中心或就医，漱口。如感觉不适，就医。收集泄漏物

　　安全储存　上锁保管

　　废弃处置　本品及内装物、容器依据国家和地方法规处置

物理和化学危险　易燃，其蒸气与空气混合，能形成爆炸性混合物

健康危害　直接作用于能量代谢过程，吸收后基础代谢率

明显增加，体温增加。本品可经呼吸道和皮肤吸收进入体内。急性中毒有皮肤潮红、大汗、口渴、烦躁不安、全身乏力、心率和呼吸加快，高热可达40℃以上，可出现抽搐、肌肉强直、昏迷，最后血压下降而死亡。经口中毒可发生肝炎、粒细胞减少、心律紊乱等。长期接触致皮肤损害。尚可致周围神经炎和白内障

环境危害　对水生生物毒性非常大并具有长期持续影响

第三部分　成分/组成信息

√ 物质　　　　　　　　混合物

组分	浓度	CAS No.
地乐酚		88-85-7

第四部分　急救措施

吸入　迅速脱离现场至空气新鲜处。保持呼吸道通畅。如呼吸困难，给输氧。如呼吸、心跳停止，立即进行心肺复苏术。就医

皮肤接触　立即脱去污染的衣着，用流动清水彻底冲洗。就医

眼睛接触　立即分开眼睑，用流动清水或生理盐水彻底冲洗。就医

食入　饮适量温水，催吐（仅限于清醒者）。就医。

对保护施救者的忠告　根据需要使用个人防护设备

对医生的特别提示　对症处理

第五部分　消防措施

灭火剂　用雾状水、泡沫、干粉、二氧化碳、砂土灭火

特别危险性　遇明火、高热或与氧化剂接触，有引起燃烧爆炸的危险。燃烧分解时，放出有毒的氮氧化物气体

灭火注意事项及防护措施　消防人员须戴好防毒面具，在安全距离以外，在上风向灭火。尽可能将容器从火场移至空旷处。喷水保持火场容器冷却，直至灭火结束。遇大火，消防人员须在有防护掩蔽处操作

第六部分　泄漏应急处理

作业人员防护措施、防护装备和应急处置程序　隔离泄漏污染区，限制出入。消除所有点火源。建议应急处理人员戴防尘口罩，穿防毒服。穿上适当的防护服前严禁接触破裂的容器和泄漏物。尽可能切断泄漏源

环境保护措施　用塑料布覆盖泄漏物，减少飞散

泄漏化学品的收容、清除方法及所使用的处置材料　勿使水进入包装容器内。用洁净的铲子收集泄漏物，置于干净、干燥、盖子较松的容器中，将容器移离泄漏区

第七部分　操作处置与储存

操作注意事项　密闭操作，提供充分的局部排风。尽可能采取隔离操作。操作人员必须经过专门培训，严格遵守操作规程。建议操作人员佩戴防尘面具（全面罩），穿胶布防毒衣，戴橡胶手套。远离火种、热源，工作场所严禁吸烟。使用防爆型的通风系统和设备。避免与氧化剂、酸类接触。搬运时要轻装轻卸，防止包装

及容器损坏。禁止震动、撞击和摩擦。配备相应品种和数量的消防器材及泄漏应急处理设备。倒空的容器可能残留有害物

储存注意事项 储存于阴凉、通风的库房。远离火种、热源。库温不超过35℃，相对湿度不超过85%。应与氧化剂、酸类、食用化学品分开存放，切忌混储。采用防爆型照明、通风设施。禁止使用易产生火花的机械设备和工具。储区应备有合适的材料收容泄漏物

第八部分　接触控制/个体防护

职业接触限值

中国　未制定标准

美国（ACGIH）　未制定标准

生物接触限值　未制定标准

监测方法　空气中有毒物质测定方法：未制定标准。生物监测检验方法：未制定标准

工程控制　严加密闭，提供充分的局部排风。尽可能采取隔离操作

个体防护装备

呼吸系统防护　可能接触其粉尘时，必须佩戴防尘面具（全面罩）。紧急事态抢救或撤离时，应该佩戴空气呼吸器

眼睛防护　呼吸系统防护中已作防护

皮肤和身体防护　穿密闭型防毒服

手防护　戴橡胶手套

第九部分　理化特性

外观与性状　暗黄色蜡状固体

pH 值 无意义		**熔点（℃）** 38～42	

沸点（℃） 69～73　　　　**相对密度（水=1）** 1.265

相对蒸气密度（空气=1） 7.73

饱和蒸气压（kPa） 0.133(152℃)

临界压力（MPa） 无资料　**辛醇/水分配系数** 3.69

闪点（℃） 177　　　　　**自燃温度（℃）** 无资料

爆炸下限（%） 无资料　**爆炸上限（%）** 无资料

分解温度（℃） 无资料　**黏度（mPa·s）** 无资料

燃烧热（kJ/mol） 无资料　**临界温度（℃）** 无资料

溶解性　无资料

第十部分　稳定性和反应性

稳定性　稳定

危险反应　与强氧化剂、强酸等禁配物发生反应

避免接触的条件　无资料

禁配物　强氧化剂、强酸

危险的分解产物　氮氧化物

第十一部分　毒理学信息

急性毒性　LD$_{50}$：25mg/kg（大鼠经口）；80mg/kg（大鼠经皮）；16mg/kg（小鼠经口）；80mg/kg（兔经皮）

皮肤刺激或腐蚀　无资料　**眼睛刺激或腐蚀**　无资料

呼吸或皮肤过敏　无资料　**生殖细胞突变性**　无资料

致癌性　无资料　　　**生殖毒性**　无资料

特异性靶器官系统毒性-一次接触　无资料

特异性靶器官系统毒性-反复接触　无资料

吸入危害　无资料

第十二部分　生态学信息

生态毒性　LC$_{50}$：0.058mg/L（96h）（斑点叉尾鮰）。EC$_{50}$：0.024～0.074mg/L（48h）（大型溞）。ErC$_{50}$：0.49～1.4mg/L(72h)（*Pseudokirchnerella subcapitata*）。NOEC：0.0145～0.0485mg/L（64d）（黑头呆鱼）。NOEC：0.062mg/L（21d）（大型溞）

持久性和降解性

生物降解性　OECD 301B，不易快速生物降解

非生物降解性　无资料

潜在的生物累积性　根据 K_{ow} 值预测，该物质的生物累积性可能较弱

土壤中的迁移性　根据 K_{oc} 值预测，该物质可能易发生迁移

第十三部分　废弃处置

废弃化学品　建议用焚烧法处置。焚烧炉排出的氮氧化物通过洗涤器除去

污染包装物　将容器返还生产商或按照国家和地方法规处置

废弃注意事项　处置前应参阅国家和地方有关法规

第十四部分　运输信息

联合国危险货物编号（UN号） 2588

联合国运输名称　固态农药，毒性，未另作规定的（地乐酚）

联合国危险性类别　6.1

包装类别　Ⅲ　　　　　**包装标志**

海洋污染物　是

运输注意事项　运输前应先检查包装容器是否完整、密封，运输过程中要确保容器不泄漏、不倒塌、不坠落、不损坏。严禁与酸类、氧化剂、食品及食品添加剂混运。运输时运输车辆应配备相应品种和数量的消防器材及泄漏应急处理设备。运输途中应防暴晒、雨淋，防高温。运输时所用的槽（罐）车应有接地链，槽内可设孔隔板以减少震荡产生的静电。中途停留时应远离火种、热源

第十五部分　法规信息

下列法律、法规、规章和标准，对该化学品的管理作了相应的规定。

中华人民共和国职业病防治法　职业病分类和目录：未列入

危险化学品安全管理条例　危险化学品目录：列入。易制爆危险化学品名录：未列入。重点监管的危险化学品名录：未列入。GB 18218—2009《危险化学品重大危险源辨识》（表1）：未列入

使用有毒物品作业场所劳动保护条例　高毒物品目录：未

列入

易制毒化学品管理条例 易制毒化学品的分类和品种目
录：未列入

国际公约 斯德哥尔摩公约：未列入。鹿特丹公约：列
入。蒙特利尔议定书：未列入

第十六部分　其他信息

编写和修订信息　　缩略语和首字母缩写
培训建议　　　　　　参考文献
免责声明

4-碘苯酚

第一部分　化学品标识

化学品中文名　4-碘苯酚；对碘苯酚；4-碘酚
化学品英文名　4-iodophenol；*p*-iodophenol
分子式　C_6H_5IO　**分子量**　220.0078

结构式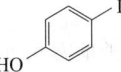

化学品的推荐及限制用途　用于有机合成

第二部分　危险性概述

紧急情况概述　—
GHS危险性类别　危害水生环境-急性危害，类别2；危
害水生环境-长期危害，类别2
标签要素

象形图

警示词　—
危险性说明　对水生生物有毒并具有长期持续影响
防范说明
　　预防措施　禁止排入环境
　　事故响应　收集泄漏物
　　安全储存
　　废弃处置　本品及内装物、容器依据国家和地方法
　　　　规处置
物理和化学危险　可燃，其粉体与空气混合，能形成爆炸
性混合物
健康危害　有毒。对眼睛、皮肤和黏膜有刺激作用
环境危害　对水生生物有毒并具有长期持续影响

第三部分　成分/组成信息

　　√ 物质　　　　　　　　　混合物

组分	浓度	CAS No.
4-碘苯酚		540-38-5

第四部分　急救措施

吸入　迅速脱离现场至空气新鲜处。保持呼吸道通畅。如
呼吸困难，给输氧。呼吸、心跳停止，立即进行心肺
复苏术。就医
皮肤接触　立即脱去污染的衣着，用流动清水彻底冲洗。

就医
眼睛接触　立即分开眼睑，用流动清水或生理盐水彻底冲
洗。就医
食入　漱口，饮水。就医
对保护施救者的忠告　根据需要使用个人防护设备
对医生的特别提示　对症处理

第五部分　消防措施

灭火剂　用雾状水、泡沫、干粉、二氧化碳、砂土灭火
特别危险性　遇明火、高热可燃。其粉体与空气可形成爆
炸性混合物，当达到一定浓度时，遇火星会发生爆
炸。受高热分解放出有毒的气体
灭火注意事项及防护措施　消防人员必须佩戴防毒面具、
穿全身消防服，在上风向灭火。尽可能将容器从火场
移至空旷处。喷水保持火场容器冷却，直至灭火结束

第六部分　泄漏应急处理

作业人员防护措施、防护装备和应急处置程序　隔离泄漏
污染区，限制出入。消除所有点火源。建议应急处理
人员戴防尘口罩，穿防毒服。穿上适当的防护服前严
禁接触破裂的容器和泄漏物。尽可能切断泄漏源
环境保护措施　用塑料布覆盖泄漏物，减少飞散
泄漏化学品的收容、清除方法及所使用的处置材料　勿使
水进入包装容器内。用洁净的铲子收集泄漏物，置于
干净、干燥、盖子较松的容器中，将容器移离泄漏区

第七部分　操作处置与储存

操作注意事项　密闭操作，提供充分的局部排风。防止粉
尘释放到车间空气中。操作人员必须经过专门培训，
严格遵守操作规程。建议操作人员佩戴防尘面具（全
面罩），穿防毒物渗透工作服，戴橡胶手套。远离火
种、热源，工作场所严禁吸烟。使用防爆型的通风系
统和设备。避免产生粉尘。避免与氧化剂、酸酐、酰
基氯接触。配备相应品种和数量的消防器材及泄漏应
急处理设备。倒空的容器可能残留有害物
储存注意事项　储存于阴凉、通风的库房。远离火种、热
源。防止阳光直射。包装密封。应与氧化剂、酸酐、
酰基氯分开存放，切忌混储。配备相应品种和数量的
消防器材。储区应备有合适的材料收容泄漏物

第八部分　接触控制/个体防护

职业接触限值
　　中国　未制定标准
　　美国（ACGIH）　未制定标准
生物接触限值　未制定标准
监测方法　空气中有毒物质测定方法：碳酸氢钠溶液解
吸-离子色谱法。生物监测检验方法：未制定标准
工程控制　严加密闭，提供充分的局部排风
个体防护装备
　　呼吸系统防护　可能接触其粉尘时，必须佩戴防尘面
　　　　具（全面罩）。紧急事态抢救或撤离时，应该佩
　　　　戴空气呼吸器
　　眼睛防护　呼吸系统防护中已作防护

皮肤和身体防护　穿防毒物渗透工作服

手防护　戴橡胶手套

第九部分　理化特性

外观与性状　白色或带红色针状结晶，有特殊气味

pH 值　无意义　　　　**熔点(℃)**　93～95

沸点(℃)　138(0.665kPa)

相对密度(水＝1)　1.8573(112℃)

相对蒸气密度(空气＝1)　无资料

饱和蒸气压(kPa)　无资料

辛醇/水分配系数　无资料　**临界压力(MPa)**　无资料

闪点(℃)　无意义　　　**自燃温度(℃)**　无资料

爆炸下限(％)　无资料　**爆炸上限(％)**　无资料

分解温度(℃)　无资料　**黏度(mPa·s)**　无资料

燃烧热(kJ/mol)　无资料　**临界温度(℃)**　无资料

溶解性　微溶于水，易溶于醇、醚

第十部分　稳定性和反应性

稳定性　稳定

危险反应　与氧化剂、酸酐、酰基氯等禁配物发生反应

避免接触的条件　无资料

禁配物　氧化剂、酸酐、酰基氯

危险的分解产物　碘化氢

第十一部分　毒理学信息

急性毒性　LDLo：700mg/kg（大鼠经口）

皮肤刺激或腐蚀　无资料　**眼睛刺激或腐蚀**　无资料

呼吸或皮肤过敏　无资料　**生殖细胞突变性**　无资料

致癌性　小鼠经皮 7200mg/kg（18 周，间歇），按 RTECS 标准为致肿瘤物，皮肤肿瘤

生殖毒性　无资料

特异性靶器官系统毒性-一次接触　无资料

特异性靶器官系统毒性-反复接触　无资料

吸入危害　无资料

第十二部分　生态学信息

生态毒性　根据结构类似物质预测，该物质对水生生物有毒

持久性和降解性

　　生物降解性　无资料

　　非生物降解性　无资料

潜在的生物累积性　无资料

土壤中的迁移性　无资料

第十三部分　废弃处置

废弃化学品　建议用焚烧法处置。在能利用的地方重复使用容器或在规定场所掩埋

污染包装物　将容器返还生产商或按照国家和地方法规处置

废弃注意事项　处置前应参阅国家和地方有关法规

第十四部分　运输信息

联合国危险货物编号（UN 号）　3077

联合国运输名称　对环境有害的固态物质，未另作规定的（4-碘苯酚）

联合国危险性类别　9

包装类别　Ⅲ　　　　　**包装标志**

海洋污染物　是

运输注意事项　运输前应先检查包装容器是否完整、密封，运输过程中要确保容器不泄漏、不倒塌、不坠落、不损坏。严禁与酸类、氧化剂、食品及食品添加剂混运。运输时运输车辆应配备相应品种和数量的消防器材及泄漏应急处理设备。运输途中应防暴晒、雨淋，防高温。公路运输时要按规定路线行驶，勿在居民区和人口稠密区停留

第十五部分　法规信息

下列法律、法规、规章和标准，对该化学品的管理作了相应的规定。

中华人民共和国职业病防治法　职业病分类和目录：未列入

危险化学品安全管理条例　危险化学品目录：列入。易制爆危险化学品名录：未列入。重点监管的危险化学品名录：未列入。GB 18218—2009《危险化学品重大危险源辨识》（表1）：未列入

使用有毒物品作业场所劳动保护条例　高毒物品目录：未列入

易制毒化学品管理条例　易制毒化学品的分类和品种目录：未列入

国际公约　斯德哥尔摩公约：未列入。鹿特丹公约：未列入。蒙特利尔议定书：未列入

第十六部分　其他信息

编写和修订信息　　　缩略语和首字母缩写

培训建议　　　　　　参考文献

免责声明

2-碘丙烷

第一部分　化学品标识

化学品中文名　2-碘丙烷；异丙基碘；碘代异丙烷

化学品英文名　2-iodopropane；isopropyl iodide

分子式　C_3H_7I　**分子量**　169.9922

结构式

化学品的推荐及限制用途　用作溶剂，并用于有机合成

第二部分　危险性概述

紧急情况概述　易燃液体和蒸气

GHS 危险性类别　易燃液体，类别3

标签要素

象形图

警示词 警告

危险性说明 易燃液体和蒸气

防范说明

预防措施 远离热源、火花、明火、热表面。禁止吸烟。保持容器密闭。容器和接收设备接地连接。使用防爆型电器、通风、照明设备。只能使用不产生火花的工具。采取防止静电措施。戴防护手套、防护眼镜、防护面罩

事故响应 火灾时，使用雾状水、泡沫、干粉、二氧化碳、砂土灭火。如皮肤（或头发）接触：立即脱掉所有被污染的衣服，用水冲洗皮肤，淋浴

安全储存 存放在通风良好的地方。保持低温

废弃处置 本品及内装物、容器依据国家和地方法规处置

物理和化学危险 易燃，其蒸气与空气混合，能形成爆炸性混合物

健康危害 对眼睛、皮肤和黏膜具刺激性。误服或吸入会中毒

环境危害 对环境可能有害

第三部分 成分/组成信息

√ 物质　　　　　　　　　混合物

组分	浓度	CAS No.
2-碘丙烷		75-30-9

第四部分 急救措施

吸入 迅速脱离现场至空气新鲜处。保持呼吸道通畅。如呼吸困难，给输氧。呼吸、心跳停止，立即进行心肺复苏术。就医

皮肤接触 立即脱去污染的衣着，用流动清水彻底冲洗。就医

眼睛接触 立即分开眼睑，用流动清水或生理盐水彻底冲洗。就医

食入 漱口，饮水。就医

对保护施救者的忠告 根据需要使用个人防护设备

对医生的特别提示 对症处理

第五部分 消防措施

灭火剂 用雾状水、泡沫、干粉、二氧化碳、砂土灭火

特别危险性 其蒸气与空气可形成爆炸性混合物，遇明火、高热极易燃烧爆炸。与氧化剂接触猛烈反应。受高热分解放出有毒的气体。若遇高热，容器内压增大，有开裂和爆炸的危险

灭火注意事项及防护措施 消防人员必须佩戴空气呼吸器、穿全身防火防毒服，在上风向灭火。尽可能将容器从火场移至空旷处。喷水保持火场容器冷却，直至灭火结束。处在火场中的容器若已变色或从安全泄压装置中发出声音，必须马上撤离

第六部分 泄漏应急处理

作业人员防护措施、防护装备和应急处置程序 消除所有点火源。根据液体流动和蒸气扩散的影响区域划定警戒区，无关人员从侧风、上风向撤离至安全区。建议应急处理人员戴正压自给式呼吸器，穿防静电服。作业时使用的所有设备应接地。禁止接触或跨越泄漏物。尽可能切断泄漏源

环境保护措施 防止泄漏物进入水体、下水道、地下室或有限空间

泄漏化学品的收容、清除方法及所使用的处置材料 小量泄漏：用砂土或其他不燃材料吸收。使用洁净的无火花工具收集吸收材料。大量泄漏：构筑围堤或挖坑收容。用泡沫覆盖，减少蒸发。喷水雾能减少蒸发，但不能降低泄漏物在有限空间内的易燃性。用防爆泵转移至槽车或专用收集器内

第七部分 操作处置与储存

操作注意事项 密闭操作，提供充分的局部排风。防止蒸气泄漏到工作场所空气中。操作人员必须经过专门培训，严格遵守操作规程。建议操作人员佩戴自吸过滤式防毒面具（全面罩），穿防静电工作服，戴橡胶手套。远离火种、热源，工作场所严禁吸烟。使用防爆型的通风系统和设备。在清除液体和蒸气前不能进行焊接、切割等作业。避免产生烟雾。避免与氧化剂、碱类接触。容器与传送设备要接地，防止产生静电。灌装时应控制流速，且有接地装置，防止静电积聚。配备相应品种和数量的消防器材及泄漏应急处理设备。倒空的容器可能残留有害物

储存注意事项 储存于通风、低温的库房内。远离火种、热源。防止阳光直射。库温不宜超过37℃，包装必须密封，切勿受潮。应与氧化剂、碱类、食用化学品等分开存放，切忌混储。采用防爆型照明、通风设施。禁止使用易产生火花的机械设备和工具。储区应备有泄漏应急处理设备和合适的收容材料

第八部分 接触控制/个体防护

职业接触限值

中国 未制定标准

美国（ACGIH） 未制定标准

生物接触限值 未制定标准

监测方法 空气中有毒物质测定方法：未制定标准。生物监测检验方法：未制定标准

工程控制 严加密闭，提供充分的局部排风

个体防护装备

呼吸系统防护 空气中浓度超标时，必须佩戴过滤式防毒面具（全面罩）。紧急事态抢救或撤离时，应该佩戴空气呼吸器

眼睛防护 呼吸系统防护中已作防护

皮肤和身体防护 穿防静电工作服

手防护 戴橡胶手套

第九部分 理化特性

外观与性状 无色至淡黄色液体

pH值 无资料	**熔点(℃)** −90
沸点(℃) 88.4~89.4	**相对密度(水＝1)** 1.7
相对蒸气密度(空气＝1) 无资料	

饱和蒸气压(kPa)　5.719（25℃）

临界压力(MPa)　无资料　　辛醇/水分配系数　无资料

闪点(℃)　42　　　　自燃温度(℃)　无资料

爆炸下限(%)　无资料　　爆炸上限(%)　无资料

分解温度(℃)　无资料　　黏度(mPa·s)　无资料

燃烧热(kJ/mol)　−2132（液）

临界温度(℃)　无资料

溶解性　微溶于水，可混溶于醇、苯、氯仿、醚

第十部分　稳定性和反应性

稳定性　稳定

危险反应　与强氧化剂、强碱、水蒸气等禁配物接触，有引起燃烧爆炸的危险

避免接触的条件　潮湿空气

禁配物　强氧化剂、强碱、水蒸气

危险的分解产物　碘化氢

第十一部分　毒理学信息

急性毒性　LD_{50}：1850mg/kg（大鼠腹腔内）；1300mg/kg（小鼠腹腔内）。LC_{50}：320000mg/m³（大鼠吸入，30min）

皮肤刺激或腐蚀　无资料　　眼睛刺激或腐蚀　无资料

呼吸或皮肤过敏　无资料　　生殖细胞突变性　无资料

致癌性　小鼠腹腔内最低中毒剂量（TDLo）：1190mg/kg，8周（间歇），按RTECS标准为致肿瘤物，呼吸系统肿瘤

生殖毒性　无资料

特异性靶器官系统毒性-一次接触　无资料

特异性靶器官系统毒性-反复接触　无资料

吸入危害　无资料

第十二部分　生态学信息

生态毒性　无资料

持久性和降解性

　生物降解性　无资料

　非生物降解性　无资料

潜在的生物累积性　无资料

土壤中的迁移性　无资料

第十三部分　废弃处置

废弃化学品　建议用焚烧法处置。在能利用的地方重复使用容器或在规定场所掩埋

污染包装物　将容器返还生产商或按照国家和地方法规处置

废弃注意事项　处置前应参阅国家和地方有关法规

第十四部分　运输信息

联合国危险货物编号（UN号）　2392

联合国运输名称　碘丙烷

联合国危险性类别　3

包装类别　Ⅲ　　　　包装标志　

海洋污染物　否

运输注意事项　运输时运输车辆应配备相应品种和数量的消防器材及泄漏应急处理设备。夏季最好早晚运输。运输时所用的槽（罐）车应有接地链，槽内可设孔隔板以减少震荡产生的静电。严禁与氧化剂、碱类、食用化学品等混装混运。运输途中应防暴晒、雨淋、防高温。中途停留时应远离火种、热源、高温区。装运该物品的车辆排气管必须配备阻火装置，禁止使用易产生火花的机械设备和工具装卸。公路运输时要按规定路线行驶，勿在居民区和人口稠密区停留。铁路运输时要禁止溜放。严禁用木船、水泥船散装运输

第十五部分　法规信息

下列法律、法规、规章和标准，对该化学品的管理作了相应的规定。

中华人民共和国职业病防治法　职业病分类和目录：未列入

危险化学品安全管理条例　危险化学品目录：列入。易制爆危险化学品名录：未列入。重点监管的危险化学品名录：未列入。GB 18218—2009《危险化学品重大危险源辨识》（表1）：未列入

使用有毒物品作业场所劳动保护条例　高毒物品目录：未列入

易制毒化学品管理条例　易制毒化学品的分类和品种目录：未列入

国际公约　斯德哥尔摩公约：未列入。鹿特丹公约：未列入。蒙特利尔议定书：未列入

第十六部分　其他信息

编写和修订信息　　　　缩略语和首字母缩写

培训建议　　　　　　　参考文献

免责声明

3-碘-1-丙烯

第一部分　化学品标识

化学品中文名　3-碘-1-丙烯；烯丙基碘；碘代烯丙基；碘丙烯

化学品英文名　allyl iodide；3-iodo-1-propene

分子式　C_3H_5I　分子量　167.9763

结构式　

化学品的推荐及限制用途　用于有机合成

第二部分　危险性概述

紧急情况概述　高度易燃液体和蒸气，造成严重的皮肤灼伤和眼损伤

GHS危险性类别　易燃液体，类别2；皮肤腐蚀、刺激，类别1B；严重眼损伤、眼刺激，类别1

标签要素

象形图　

警示词　危险

危险性说明　高度易燃液体和蒸气，造成严重的皮肤灼伤和眼损伤

防范说明

预防措施　远离热源、火花、明火、热表面。禁止吸烟。保持容器密闭。容器和接收设备接地连接。使用防爆型电器、通风、照明设备。只能使用不产生火花的工具。采取防止静电措施。避免吸入烟雾。避免接触眼睛、皮肤，操作后彻底清洗。戴防护手套，穿防护服，戴防护眼镜、防护面罩

事故响应　火灾时，使用雾状水、泡沫、干粉、二氧化碳、砂土灭火。如吸入：将患者转移到空气新鲜处，休息，保持利于呼吸的体位，立即呼叫中毒控制中心或就医。皮肤（或头发）接触：立即脱掉所有被污染的衣服，用水冲洗皮肤，淋浴。污染的衣服必须洗净后方可重新使用。眼睛接触：用水细心地冲洗数分钟。如戴隐形眼镜并可方便地取出，则取出隐形眼镜，继续冲洗。食入：漱口，不要催吐

安全储存　存放在通风良好的地方。保持低温。上锁保管

废弃处置　本品及内装物、容器依据国家和地方法规处置

物理和化学危险　易燃，其蒸气与空气混合，能形成爆炸性混合物

健康危害　本品及其蒸气对眼睛、皮肤和上呼吸道有强烈的刺激作用。眼和皮肤接触引起灼伤

环境危害　对环境可能有害

第三部分　成分/组成信息

√　物质　　　　　　　混合物

组分	浓度	CAS No.
3-碘-1-丙烯		556-56-9

第四部分　急救措施

吸入　迅速脱离现场至空气新鲜处。保持呼吸道通畅。如呼吸困难，给输氧。呼吸、心跳停止，立即进行心肺复苏术。就医

皮肤接触　立即脱去污染的衣着，用大量流动清水彻底冲洗至少 15min。就医

眼睛接触　立即分开眼睑，用流动清水或生理盐水彻底冲洗 5～10min。就医

食入　用水漱口，禁止催吐。给饮牛奶或蛋清。就医

对保护施救者的忠告　根据需要使用个人防护设备

对医生的特别提示　对症处理

第五部分　消防措施

灭火剂　用雾状水、泡沫、干粉、二氧化碳、砂土灭火

特别危险性　其蒸气与空气可形成爆炸性混合物，遇明火、高热极易燃烧爆炸。与氧化剂接触猛烈反应。遇高热时能分解出有毒的碘化物烟雾。流速过快，容易产生和积聚静电。容易自聚，聚合反应随着温度的上升而急骤加剧。蒸气比空气重，沿地面扩散并易积存于低洼处，遇火源会着火回燃。若遇高热，容器内压增大，有开裂和爆炸的危险

灭火注意事项及防护措施　消防人员必须佩戴空气呼吸器、穿全身防火防毒服，在上风向灭火。尽可能将容器从火场移至空旷处。喷水保持火场容器冷却，直至灭火结束。处在火场中的容器若已变色或从安全泄压装置中发出声音，必须马上撤离

第六部分　泄漏应急处理

作业人员防护措施、防护装备和应急处置程序　消除所有点火源。根据液体流动和蒸气扩散的影响区域划定警戒区，无关人员从侧风向、上风向撤离至安全区。建议应急处理人员戴正压自给式呼吸器，穿防毒、防静电服。作业时使用的所有设备应接地。禁止接触或跨越泄漏物。尽可能切断泄漏源

环境保护措施　防止泄漏物进入水体、下水道、地下室或有限空间

泄漏化学品的收容、清除方法及所使用的处置材料　小量泄漏：用砂土或其他不燃材料吸收。使用洁净的无火花工具收集吸收材料。大量泄漏：构筑围堤或挖坑收容。用泡沫覆盖，减少蒸发。喷水雾能减少蒸发，但不能降低泄漏物在有限空间内的易燃性。用防爆泵转移至槽车或专用收集器内

第七部分　操作处置与储存

操作注意事项　密闭操作，全面通风。操作人员必须经过专门培训，严格遵守操作规程。建议操作人员佩戴自吸过滤式防毒面具（全面罩），穿胶布防毒衣，戴橡胶耐油手套。远离火种、热源，工作场所严禁吸烟。使用防爆型的通风系统和设备。防止蒸气泄漏到工作场所空气中。避免与氧化剂、酸类接触。充装要控制流速，防止静电积聚。搬运时要轻装轻卸，防止包装及容器损坏。配备相应品种和数量的消防器材及泄漏应急处理设备。倒空的容器可能残留有害物

储存注意事项　储存于阴凉、通风的库房。远离火种、热源。库温不宜超过 37℃，保持容器密封。应与氧化剂、酸类分开存放，切忌混储。采用防爆型照明、通风设施。禁止使用易产生火花的机械设备和工具。储区应备有泄漏应急处理设备和合适的收容材料

第八部分　接触控制/个体防护

职业接触限值

中国　未制定标准

美国（ACGIH）　未制定标准

生物接触限值　未制定标准

监测方法　空气中有毒物质测定方法：未制定标准。生物监测检验方法：未制定标准

工程控制　生产过程密闭，全面通风

个体防护装备

呼吸系统防护　空气中浓度超标时，必须佩戴过滤式防毒面具（全面罩）。紧急事态抢救或撤离时，应该佩戴空气呼吸器

眼睛防护　呼吸系统防护中已作防护

皮肤和身体防护　穿密闭型防毒服

手防护　戴橡胶耐油手套

第九部分　理化特性

外观与性状　黄色液体，有刺激性气味

pH 值　无资料　　　　熔点(℃)　−99.3

沸点(℃)　103.1　　　相对密度(水＝1)　1.837

相对蒸气密度(空气＝1)　5.8

饱和蒸气压(kPa)　无资料

临界压力(MPa)　无资料　辛醇/水分配系数　无资料

闪点(℃)　18.33　　　自燃温度(℃)　无资料

爆炸下限(%)　无资料　爆炸上限(%)　无资料

分解温度(℃)　无资料　黏度(mPa·s)　无资料

燃烧热(kJ/mol)　无资料　临界温度(℃)　无资料

溶解性　不溶于水，可混溶于乙醇、乙醚

第十部分　稳定性和反应性

稳定性　稳定

危险反应　与强氧化剂、强酸等禁配物接触，有发生火灾
　　和爆炸的危险。与锂、钠、钾、镁、锌、镉、铝、汞
　　等金属发生反应。容易发生自聚反应

避免接触的条件　受热、光照

禁配物　强氧化剂，强酸，锂、钠、钾、镁、锌、镉、
　　铝、汞等金属

危险的分解产物　碘化氢

第十一部分　毒理学信息

急性毒性　LD$_{50}$：10mg/kg（大鼠经口）

皮肤刺激或腐蚀　无资料　眼睛刺激或腐蚀　无资料

呼吸或皮肤过敏　无资料

生殖细胞突变性　微生物致突变：鼠伤寒沙门（氏）菌
　　1μmol/皿。人 Hela 细胞程序外 DNA 合成：50μmol/L

致癌性　无资料　　　　生殖毒性　无资料

特异性靶器官系统毒性-一次接触　无资料

特异性靶器官系统毒性-反复接触　无资料

吸入危害　无资料

第十二部分　生态学信息

生态毒性　无资料

持久性和降解性

　　生物降解性　无资料

　　非生物降解性　无资料

潜在的生物累积性　无资料

土壤中的迁移性　无资料

第十三部分　废弃处置

废弃化学品　建议用焚烧法处置。焚烧炉排出的卤化氢通
　　过酸洗涤器除去

污染包装物　将容器返还生产商或按照国家和地方法规
　　处置

废弃注意事项　处置前应参阅国家和地方有关法规

第十四部分　运输信息

联合国危险货物编号（UN 号）　1723

联合国运输名称　烯丙基碘

联合国危险性类别　3，8

包装类别　Ⅱ

包装标志　

海洋污染物　否

运输注意事项　运输时运输车辆应配备相应品种和数量
　　的消防器材及泄漏应急处理设备。夏季最好早晚运
　　输。运输时所用的槽（罐）车应有接地链，槽内可
　　设孔隔板以减少震荡产生的静电。严禁与氧化剂、
　　酸类、食用化学品等混装混运。运输途中应防暴晒、
　　雨淋、防高温。中途停留时应远离火种、热源、高
　　温区。装运该物品的车辆排气管必须配备阻火装置，
　　禁止使用易产生火花的机械设备和工具装卸。公路
　　运输时要按规定路线行驶，勿在居民区和人口稠密
　　区停留。铁路运输时要禁止溜放。严禁用木船、水
　　泥船散装运输

第十五部分　法规信息

　　下列法律、法规、规章和标准，对该化学品的管理作
了相应的规定。

中华人民共和国职业病防治法　职业病分类和目录：未
　　列入

危险化学品安全管理条例　危险化学品目录：列入。易制
　　爆危险化学品名录：未列入。重点监管的危险化学品
　　名录：未列入。GB 18218—2009《危险化学品重大
　　危险源辨识》（表 1）：未列入

使用有毒物品作业场所劳动保护条例　高毒物品目录：未
　　列入

易制毒化学品管理条例　易制毒化学品的分类和品种目
　　录：未列入

国际公约　斯德哥尔摩公约：未列入。鹿特丹公约：未列
　　入。蒙特利尔议定书：未列入

第十六部分　其他信息

编写和修订信息　　　缩略语和首字母缩写

培训建议　　　　　　参考文献

免责声明

2-碘丁烷

第一部分　化学品标识

化学品中文名　2-碘丁烷；碘代仲丁烷；仲丁基碘

化学品英文名　2-iodobutane；*sec*-butyl iodide

分子式　C$_4$H$_9$I　分子量　184.0187

结构式

化学品的推荐及限制用途　用作溶剂及用于有机合成

第二部分 危险性概述

紧急情况概述 高度易燃液体和蒸气
GHS 危险性类别 易燃液体，类别 2
标签要素

象形图

警示词 危险
危险性说明 高度易燃液体和蒸气
防范说明

预防措施 远离热源、火花、明火、热表面。禁止吸烟。保持容器密闭。容器和接收设备接地连接。使用防爆型电器、通风、照明设备。只能使用不产生火花的工具。采取防止静电措施。戴防护手套、防护眼镜、防护面罩

事故响应 火灾时，使用雾状水、泡沫、干粉、二氧化碳、砂土灭火。如皮肤（或头发）接触：立即脱掉所有被污染的衣服，用水冲洗皮肤，淋浴

安全储存 存放在通风良好的地方。保持低温

废弃处置 本品及内装物、容器依据国家和地方法规处置

物理和化学危险 易燃，其蒸气与空气混合，能形成爆炸性混合物

健康危害 本品对眼睛、皮肤和黏膜有刺激作用。对中枢神经系统有抑制作用。吸入，可引起头痛、恶心、呕吐、咳嗽、气短、喉炎等症状

环境危害 对环境可能有害

第三部分 成分/组成信息

√ 物质   混合物

组分	浓度	CAS No.
2-碘丁烷		513-48-4

第四部分 急救措施

吸入 迅速脱离现场至空气新鲜处。保持呼吸道通畅。如呼吸困难，给输氧。呼吸、心跳停止，立即进行心肺复苏术。就医

皮肤接触 立即脱去污染的衣着，用流动清水彻底冲洗。就医

眼睛接触 立即分开眼睑，用流动清水或生理盐水彻底冲洗。就医

食入 漱口，饮水。就医

对保护施救者的忠告 根据需要使用个人防护设备
对医生的特别提示 对症处理

第五部分 消防措施

灭火剂 用雾状水、泡沫、干粉、二氧化碳、砂土灭火
特别危险性 其蒸气与空气可形成爆炸性混合物，遇明火、高热极易燃烧爆炸。与氧化剂接触猛烈反应。受高热分解放出有毒的气体。若遇高热，容器内压增大，有开裂和爆炸的危险

灭火注意事项及防护措施 消防人员必须佩戴空气呼吸器、穿全身防火防毒服，在上风向灭火。尽可能将容器从火场移至空旷处。喷水保持火场容器冷却，直至灭火结束。处在火场中的容器若已变色或从安全泄压装置中发出声音，必须马上撤离

第六部分 泄漏应急处理

作业人员防护措施、防护装备和应急处置程序 消除所有点火源。根据液体流动和蒸气扩散的影响区域划定警戒区，无关人员从侧风、上风向撤离至安全区。建议应急处理人员戴正压自给式呼吸器，穿防静电服。作业时使用的所有设备应接地。禁止接触或跨越泄漏物。尽可能切断泄漏源

环境保护措施 防止泄漏物进入水体、下水道、地下室或有限空间

泄漏化学品的收容、清除方法及所使用的处置材料 小量泄漏：用砂土或其他不燃材料吸收。使用洁净的无火花工具收集吸收材料。大量泄漏：构筑围堤或挖坑收容。用泡沫覆盖，减少蒸发。喷水雾能减少蒸发，但不能降低泄漏物在有限空间内的易燃性。用防爆泵转移至槽车或专用收集器内

第七部分 操作处置与储存

操作注意事项 密闭操作，提供充分的局部排风。防止蒸气泄漏到工作场所空气中。操作人员必须经过专门培训，严格遵守操作规程。建议操作人员佩戴自吸过滤式防毒面具（全面罩），穿防静电工作服，戴橡胶手套。远离火种、热源，工作场所严禁吸烟。使用防爆型的通风系统和设备。在清除液体和蒸气前不能进行焊接、切割等作业。避免产生烟雾。避免与氧化剂、碱类接触。容器与传送设备要接地，防止产生静电。灌装时应控制流速，且有接地装置，防止静电积聚。配备相应品种和数量的消防器材及泄漏应急处理设备。倒空的容器可能残留有害物

储存注意事项 储存于阴凉、通风的库房。远离火种、热源。防止阳光直射。库温不宜超过 37℃，保持容器密封。应与氧化剂、碱类、食用化学品分开存放，切忌混储。采用防爆型照明、通风设施。禁止使用易产生火花的机械设备和工具。储区应备有泄漏应急处理设备和合适的收容材料

第八部分 接触控制/个体防护

职业接触限值

中国 未制定标准
美国（ACGIH） 未制定标准

生物接触限值 未制定标准

监测方法 空气中有毒物质测定方法：未制定标准。生物监测检验方法：未制定标准

工程控制 严加密闭，提供充分的局部排风

个体防护装备

呼吸系统防护 空气中浓度超标时，必须佩戴过滤式防毒面具（全面罩）。紧急事态抢救或撤离时，

应该佩戴空气呼吸器

眼睛防护 呼吸系统防护中已作防护

皮肤和身体防护 穿防静电工作服

手防护 戴橡胶手套

第九部分 理化特性

外观与性状 无色液体，见光后变成棕色

pH 值 无资料　　　　**熔点(℃)** －104

沸点(℃) 119～120　**相对密度(水＝1)** 1.598

相对蒸气密度(空气＝1) 无资料

饱和蒸气压(kPa) 无资料

临界压力(MPa) 无资料　**辛醇/水分配系数** 无资料

闪点(℃) 23.89　　　**自燃温度(℃)** 无资料

爆炸下限(%) 无资料　**爆炸上限(%)** 无资料

分解温度(℃) 无资料　**黏度(mPa·s)** 无资料

燃烧热(kJ/mol) 无资料　**临界温度(℃)** 无资料

溶解性 不溶于水，溶于醇、丙酮、醚

第十部分 稳定性和反应性

稳定性 稳定

危险反应 与强氧化剂、强碱等禁配物接触，有引起燃烧爆炸的危险

避免接触的条件 光照

禁配物 强氧化剂、强碱

危险的分解产物 碘化氢

第十一部分 毒理学信息

急性毒性 无资料

皮肤刺激或腐蚀 无资料　**眼睛刺激或腐蚀** 无资料

呼吸或皮肤过敏 无资料

生殖细胞突变性 DNA 修复：大肠杆菌：$39800\mu g$/孔（16h）

致癌性 小鼠腹腔内最低中毒剂量（TDLo）：6000mg/kg，8 周（间歇），按 RTECS 标准为致肿瘤物，呼吸系统肿瘤

生殖毒性 无资料

特异性靶器官系统毒性-一次接触 无资料

特异性靶器官系统毒性-反复接触 无资料

吸入危害 无资料

第十二部分 生态学信息

生态毒性 无资料

持久性和降解性

　生物降解性　无资料

　非生物降解性　无资料

潜在的生物累积性 无资料

土壤中的迁移性 无资料

第十三部分 废弃处置

废弃化学品 建议用焚烧法处置。在能利用的地方重复使用容器或在规定场所掩埋

污染包装物 将容器返还生产商或按照国家和地方法规处置

废弃注意事项 处置前应参阅国家和地方有关法规

第十四部分 运输信息

联合国危险货物编号（UN 号） 2390

联合国运输名称 2-碘丁烷

联合国危险性类别 3

包装类别 Ⅲ　　　　　**包装标志**

海洋污染物 否

运输注意事项 运输时运输车辆应配备相应品种和数量的消防器材及泄漏应急处理设备。夏季最好早晚运输。运输时所用的槽（罐）车应有接地链，槽内可设孔隔板以减少震荡产生的静电。严禁与氧化剂、碱类、食用化学品等混装混运。运输途中应防暴晒、雨淋，防高温。中途停留时应远离火种、热源、高温区。装运该物品的车辆排气管必须配备阻火装置，禁止使用易产生火花的机械设备和工具装卸。公路运输时要按规定路线行驶，勿在居民区和人口稠密区停留。铁路运输时要禁止溜放。严禁用木船、水泥船散装运输

第十五部分 法规信息

　下列法律、法规、规章和标准，对该化学品的管理作了相应的规定。

中华人民共和国职业病防治法 职业病分类和目录：未列入

危险化学品安全管理条例 危险化学品目录：列入。易制爆危险化学品名录：未列入。重点监管的危险化学品名录：未列入。GB 18218—2009《危险化学品重大危险源辨识》(表 1)：未列入

使用有毒物品作业场所劳动保护条例 高毒物品目录：未列入

易制毒化学品管理条例 易制毒化学品的分类和品种目录：未列入

国际公约 斯德哥尔摩公约：未列入。鹿特丹公约：未列入。蒙特利尔议定书：未列入

第十六部分 其他信息

编写和修订信息　　　　**缩略语和首字母缩写**

培训建议　　　　　　　**参考文献**

免责声明

碘化钾汞

第一部分 化学品标识

化学品中文名 碘化钾汞；碘化汞钾；碘汞酸钾

化学品英文名 mercury potassium iodide；Mayer's reagent；dipotassium tetraiodomercurate

分子式 K_2HgI_4　**分子量** 786.388

结构式 $K^+ \genfrac{}{}{0pt}{}{I}{I}\!\!>\!Hg^{2-}\!<\!\genfrac{}{}{0pt}{}{I}{I}\, K^+$

化学品的推荐及限制用途 用作杀菌剂及配制选矿液

第二部分　危险性概述

紧急情况概述 吞咽致命，皮肤接触会致命，吸入致命

GHS 危险性类别 急性毒性-经口，类别2；急性毒性-经皮，类别1；急性毒性-吸入，类别2；特异性靶器官毒性-反复接触，类别2；危害水生环境-急性危害，类别1；危害水生环境-长期危害，类别1

标签要素

象形图　

警示词 危险

危险性说明 吞咽致命，皮肤接触会致命，吸入致命，长时间或反复接触可能对器官造成损伤，对水生生物毒性非常大并具有长期持续影响

防范说明

预防措施　作业场所不得进食、饮水或吸烟。避免接触眼睛、皮肤或衣服，操作后彻底清洗。戴防护手套、穿防护服。避免吸入粉尘。仅在室外或通风良好处操作。戴呼吸防护器具。禁止排入环境

事故响应　如吸入：将患者转移到空气新鲜处，休息，保持利于呼吸的体位。皮肤接触：用大量肥皂水和水轻轻地清洗，立即脱去所有被污染的衣服。被污染的衣服必须经洗净后方可重新使用。食入：立即呼叫中毒控制中心或就医，漱口。如感觉不适，就医。收集泄漏物

安全储存　在通风良好处储存。保持容器密闭。上锁保管

废弃处置　本品及内装物、容器依据国家和地方法规处置

物理和化学危险 不燃，无特殊燃爆特性

健康危害 高毒。吸入、摄入或经皮肤吸收后会中毒。吸入时，神经系统最早受损；误服，首先出现消化道症状；对肝、肾和心脏有损害，皮肤接触可引起接触性皮炎

环境危害 对水生生物毒性非常大并具有长期持续影响

第三部分　成分/组成信息

√ 物质　　　　　　　　　混合物

组分	浓度	CAS No.
碘化钾汞		7783-33-7

第四部分　急救措施

吸入 迅速脱离现场至空气新鲜处。保持呼吸道通畅。如呼吸困难，给输氧。如呼吸、心跳停止，立即进行心肺复苏术。就医

皮肤接触 立即脱去污染的衣着，用流动清水彻底冲洗。就医

眼睛接触 立即分开眼睑，用流动清水或生理盐水彻底冲洗。就医

食入 口服蛋清、牛奶或豆浆。就医

对保护施救者的忠告 根据需要使用个人防护设备

对医生的特别提示 解毒剂：二巯基丙磺酸钠、二巯基丁二酸钠、青霉胺

第五部分　消防措施

灭火剂 本品不燃，根据着火原因选择适当灭火剂灭火

特别危险性 本身不能燃烧。遇高热分解释出高毒烟气

灭火注意事项及防护措施 消防人员必须穿全身防火防毒服，在上风向灭火。灭火时尽可能将容器从火场移至空旷处

第六部分　泄漏应急处理

作业人员防护措施、防护装备和应急处置程序 隔离泄漏污染区，限制出入。建议应急处理人员戴防尘口罩，穿防毒服。穿上适当的防护服前严禁接触破裂的容器和泄漏物。尽可能切断泄漏源

环境保护措施 用塑料布覆盖泄漏物，减少飞散

泄漏化学品的收容、清除方法及所使用的处置材料 勿使水进入包装容器内。用洁净的铲子收集泄漏物，置于干净、干燥、盖子较松的容器中，将容器移离泄漏区

第七部分　操作处置与储存

操作注意事项 密闭操作，提供充分的局部排风。防止粉尘释放到车间空气中。操作人员必须经过专门培训，严格遵守操作规程。建议操作人员佩戴防尘面具（全面罩），穿胶布防毒衣，戴橡胶手套。避免产生粉尘。避免与氧化剂、还原剂、酸类接触。配备泄漏应急处理设备。倒空的容器可能残留有害物

储存注意事项 储存于阴凉、通风的库房。远离火种、热源。防止阳光直射。包装密封。应与氧化剂、还原剂、酸类、食用化学品分开存放，切忌混储。储区应备有合适的材料收容泄漏物

第八部分　接触控制/个体防护

职业接触限值

中国　未制定标准

美国（ACGIH）　TLV-TWA：$0.025mg/m^3$ ［按 Hg 计］［皮］，0.01ppm（可吸入性颗粒物和蒸气）［碘化物］

生物接触限值 尿总汞：$20\mu mol/mol$ 肌酐（$35\mu g/g$ 肌酐）（采样时间：接触6个月后工作班前）

监测方法 空气中有毒物质测定方法：原子荧光光谱法；双硫腙分光光度法；冷原子吸收光谱法。生物监测检验方法：尿中汞的双硫腙萃取分光光度测定方法；尿中汞的冷原子吸收光谱测定方法——碱性氯化亚锡还原法；尿中有机（甲基）汞、无机汞和总汞的分别测定方法——选择性还原-冷原子吸收光谱法

工程控制 严加密闭，提供充分的局部排风

个体防护装备

呼吸系统防护　可能接触其粉尘时，必须佩戴防尘面具（全面罩）。紧急事态抢救或撤离时，应该佩

　　戴空气呼吸器
眼睛防护　呼吸系统防护中已作防护
皮肤和身体防护　穿密闭型防毒服
手防护　戴橡胶手套

第九部分　理化特性

外观与性状　黄色至亮橘红色重质结晶或粉末。在空气中
　　易潮解
pH 值　无意义　　　　　**熔点(℃)**　无资料
沸点(℃)　无资料　　　　**相对密度(水＝1)**　4.29
相对蒸气密度(空气＝1)　无资料
饱和蒸气压(kPa)　无资料
临界压力(MPa)　无资料　**辛醇/水分配系数**　无资料
闪点(℃)　无意义　　　　**自燃温度(℃)**　无意义
爆炸下限(%)　无资料　　**爆炸上限(%)**　无资料
分解温度(℃)　无资料　　**黏度(mPa·s)**　无资料
燃烧热(kJ/mol)　无资料　**临界温度(℃)**　无资料
溶解性　易溶于水，溶于醇、丙酮、醚

第十部分　稳定性和反应性

稳定性　稳定
危险反应　与强氧化剂、强还原剂、强酸等禁配物发生
　　反应
避免接触的条件　光照
禁配物　强氧化剂、强还原剂、强酸
危险的分解产物　氧化钾、汞、碘化氢

第十一部分　毒理学信息

急性毒性　LD_{50}：1000mg/kg（豚鼠经皮）
皮肤刺激或腐蚀　无资料　**眼睛刺激或腐蚀**　无资料
呼吸或皮肤过敏　无资料　**生殖细胞突变性**　无资料
致癌性　无资料
生殖毒性　可能对胚胎（胎儿）有害，但证据有限
特异性靶器官系统毒性-一次接触　无资料
特异性靶器官系统毒性-反复接触　无资料
吸入危害　无资料

第十二部分　生态学信息

生态毒性　含汞化合物对水生生物有极高毒性
持久性和降解性
　　生物降解性　无资料
　　非生物降解性　无资料
潜在的生物累积性　元素汞易在生物体内富集
土壤中的迁移性　无资料

第十三部分　废弃处置

废弃化学品　用安全掩埋法处置。在能利用的地方重复使
　　用容器或在规定场所掩埋
污染包装物　将容器返还生产商或按照国家和地方法规
　　处置
废弃注意事项　处置前应参阅国家和地方有关法规

第十四部分　运输信息

联合国危险货物编号（UN 号）　1643

联合国运输名称　碘化汞钾
联合国危险性类别　6.1

包装类别　Ⅱ　　　　　　**包装标志**　

海洋污染物　是
运输注意事项　运输前应先检查包装容器是否完整、密
　　封，运输过程中要确保容器不泄漏、不倒塌、不坠
　　落、不损坏。严禁与酸类、氧化剂、食品及食品添加
　　剂混运。运输时运输车辆应配备泄漏应急处理设备。
　　运输途中应防暴晒、雨淋，防高温。公路运输时要按
　　规定路线行驶，勿在居民区和人口稠密区停留

第十五部分　法规信息

　　下列法律、法规、规章和标准，对该化学品的管理作
了相应的规定。
中华人民共和国职业病防治法　职业病分类和目录：汞及
　　其化合物中毒
危险化学品安全管理条例　危险化学品目录：列入。易制
　　爆危险化学品名录：未列入。重点监管的危险化学品
　　名录：未列入。GB 18218—2009《危险化学品重大
　　危险源辨识》（表 1）：未列入
使用有毒物品作业场所劳动保护条例　高毒物品目录：未
　　列入
易制毒化学品管理条例　易制毒化学品的分类和品种目
　　录：未列入
国际公约　斯德哥尔摩公约：未列入。鹿特丹公约：未列
　　入。蒙特利尔议定书：未列入

第十六部分　其他信息

编写和修订信息　　**缩略语和首字母缩写**
培训建议　　　　　　**参考文献**
免责声明

碘酸锶

第一部分　化学品标识

化学品中文名　碘酸锶
化学品英文名　strontium iodate
分子式　SrI_2O_6　**分子量**　437.43

结构式　

化学品的推荐及限制用途　用作试剂

第二部分　危险性概述

紧急情况概述　可加剧燃烧：氧化剂
GHS 危险性类别　氧化性固体，类别 2
标签要素

象形图　

警示词　危险

危险性说明　可加剧燃烧：氧化剂

防范说明

　　预防措施　远离热源。远离衣物、可燃物保存。采取一切预防措施，避免与可燃物混合。戴防护手套、防护眼镜、防护面罩

　　事故响应　—

　　安全储存　—

　　废弃处置　本品及内装物、容器依据国家和地方法规处置

物理和化学危险　助燃。与可燃物接触易着火燃烧

健康危害　对皮肤、黏膜有刺激作用

环境危害　对环境可能有害

第三部分　成分/组成信息

√ 物质　　　　　　　混合物

组分	浓度	CAS No.
碘酸锶		13470-01-4

第四部分　急救措施

吸入　迅速脱离现场至空气新鲜处。保持呼吸道通畅。如呼吸困难，给输氧。如呼吸、心跳停止，立即进行心肺复苏术。就医

皮肤接触　立即脱去污染的衣着，用流动清水彻底冲洗。就医

眼睛接触　立即分开眼睑，用流动清水或生理盐水彻底冲洗。就医

食入　漱口，饮水。就医

对保护施救者的忠告　根据需要使用个人防护设备

对医生的特别提示　对症处理

第五部分　消防措施

灭火剂　本品不燃，根据着火原因选择适当灭火剂灭火

特别危险性　无机氧化剂。与还原剂、有机物、易燃物如硫、磷或金属粉末等混合可形成爆炸性混合物。受热分解放出有毒的碘化物烟气

灭火注意事项及防护措施　消防人员必须佩戴空气呼吸器、穿全身防火防毒服，在上风向灭火。喷水冷却容器，可能的话将容器从火场移至空旷处。在火场中与可燃物混合会爆炸，消防人员必须在有防爆掩蔽处操作

第六部分　泄漏应急处理

作业人员防护措施、防护装备和应急处置程序　隔离泄漏污染区，限制出入。消除所有点火源。建议应急处理人员戴防尘口罩，穿防毒服。勿使泄漏物与可燃物质（如木材、纸、油等）接触。穿上适当的防护服前严禁接触破裂的容器和泄漏物。尽可能切断泄漏源

环境保护措施　用塑料布覆盖泄漏物，减少飞散

泄漏化学品的收容、清除方法及所使用的处置材料　勿使水进入包装容器内。小量泄漏：用洁净的铲子收集泄漏物，置于干净、干燥、盖子较松的容器中，将容器移离泄漏区。大量泄漏：泄漏物回收后，用水冲洗泄漏区

第七部分　操作处置与储存

操作注意事项　密闭操作。操作人员必须经过专门培训，严格遵守操作规程。建议操作人员佩戴自吸过滤式防尘口罩，戴化学安全防护眼镜，穿胶布防毒衣，戴橡胶手套。远离火种、热源，工作场所严禁吸烟。远离易燃、可燃物。避免产生粉尘。避免与还原剂接触。搬运时要轻装轻卸，防止包装及容器损坏。配备相应品种和数量的消防器材及泄漏应急处理设备。倒空的容器可能残留有害物

储存注意事项　储存于阴凉、通风的库房。远离火种、热源。库温不超过30℃，相对湿度不超过80%。包装密封。应与易（可）燃物、还原剂、食用化学品分开存放，切忌混储。储区应备有合适的材料收容泄漏物

第八部分　接触控制/个体防护

职业接触限值

　　中国　未制定标准

　　美国（ACGIH）　未制定标准

生物接触限值　未制定标准

监测方法　空气中有毒物质测定方法：未制定标准。生物监测检验方法：未制定标准

工程控制　密闭操作

个体防护装备

　　呼吸系统防护　可能接触其粉尘时，应该佩戴过滤式防尘呼吸器

　　眼睛防护　戴化学安全防护眼镜

　　皮肤和身体防护　穿密闭型防毒服

　　手防护　戴橡胶手套

第九部分　理化特性

外观与性状　白色三斜结晶

pH 值　无意义　　　　　**熔点（℃）**　无资料

沸点（℃）　无资料

相对密度（水＝1）　5.05（15℃）

相对蒸气密度（空气＝1）　无资料

饱和蒸气压（kPa）　无资料

临界压力（MPa）　无意义　**辛醇/水分配系数**　无资料

闪点（℃）　无意义　　**自燃温度（℃）**　无意义

爆炸下限（%）　无意义　**爆炸上限（%）**　无意义

分解温度（℃）　无资料　**黏度（mPa·s）**　无资料

燃烧热（kJ/mol）　无资料　**临界温度（℃）**　无资料

溶解性　不溶于水

第十部分　稳定性和反应性

稳定性　稳定

危险反应　与还原剂、有机物、易燃物（如硫、磷）或金属粉末等混合可形成爆炸性混合物，受热或受到摩擦撞击有发生火灾和爆炸的危险

避免接触的条件　无资料

禁配物　还原剂、易燃或可燃物（硫、磷）、活性金属粉末

危险的分解产物　碘化氢、氧化锶

第十一部分 毒理学信息

急性毒性 无资料
皮肤刺激或腐蚀 无资料   **眼睛刺激或腐蚀** 无资料
呼吸或皮肤过敏 无资料   **生殖细胞突变性** 无资料
致癌性 无资料   **生殖毒性** 无资料
特异性靶器官系统毒性-一次接触 无资料
特异性靶器官系统毒性-反复接触 无资料
吸入危害 无资料

第十二部分 生态学信息

生态毒性 无资料
持久性和降解性
　生物降解性 无资料
　非生物降解性 无资料
潜在的生物累积性 无资料
土壤中的迁移性 无资料

第十三部分 废弃处置

废弃化学品 倒入碳酸氢钠溶液中，用氨水喷洒，同时加碎冰，反应停止后，用水冲入废水系统
污染包装物 将容器返还生产商或按照国家和地方法规处置
废弃注意事项 处置前应参阅国家和地方有关法规

第十四部分 运输信息

联合国危险货物编号（UN号） 1479
联合国运输名称 氧化性固体（碘酸锶）
联合国危险性类别 5.1

包装类别 Ⅱ   **包装标志**

海洋污染物 否
运输注意事项 运输时单独装运，运输过程中要确保容器不泄漏、不倒塌、不坠落、不损坏。运输时运输车辆应配备相应品种和数量的消防器材。严禁与酸类、易燃物、有机物、还原剂、自燃物品、遇湿易燃物品等并车混运。运输时车速不宜过快，不得强行超车。运输车辆装卸前后，均应彻底清扫、洗净，严禁混入有机物、易燃物等杂质

第十五部分 法规信息

　下列法律、法规、规章和标准，对该化学品的管理作了相应的规定。
中华人民共和国职业病防治法 职业病分类和目录：未列入
危险化学品安全管理条例 危险化学品目录：列入。易制爆危险化学品名录：未列入。重点监管的危险化学品名录：未列入。GB 18218—2009《危险化学品重大危险源辨识》（表1）：未列入
使用有毒物品作业场所劳动保护条例 高毒物品目录：未列入

易制毒化学品管理条例 易制毒化学品的分类和品种目录：未列入
国际公约 斯德哥尔摩公约：未列入。鹿特丹公约：未列入。蒙特利尔议定书：未列入

第十六部分 其他信息

编写和修订信息   **缩略语和首字母缩写**
培训建议   **参考文献**
免责声明

碘酸铁

第一部分 化学品标识

化学品中文名 碘酸铁；碘酸高铁
化学品英文名 ferric iodate；iron iodate
分子式 FeI_3O_9 **分子量** 580.549
结构式

化学品的推荐及限制用途 用作氧化剂

第二部分 危险性概述

紧急情况概述 可加剧燃烧：氧化剂
GHS危险性类别 氧化性固体，类别2
标签要素

象形图 ![pictogram]

警示词 危险
危险性说明 可加剧燃烧：氧化剂
防范说明
　预防措施 远离热源。远离衣物、可燃物保存。采取一切预防措施，避免与可燃物混合。戴防护手套、防护眼镜、防护面罩
　事故响应 —
　安全储存 —
　废弃处置 本品及内装物、容器依据国家和地方法规处置
物理和化学危险 助燃。与可燃物接触易着火燃烧
健康危害 对皮肤、黏膜有刺激作用
环境危害 对环境可能有害

第三部分 成分/组成信息

√ 物质　　　　　　　　　　混合物

组分	浓度	CAS No.
碘酸铁		29515-61-5

第四部分 急救措施

吸入 迅速脱离现场至空气新鲜处。保持呼吸道通畅。如呼吸困难，给输氧。如呼吸、心跳停止，立即进行心

肺复苏术。就医

皮肤接触　立即脱去污染的衣着，用流动清水彻底冲洗。
　　就医

眼睛接触　立即分开眼睑，用流动清水或生理盐水彻底冲
　　洗。就医

食入　漱口，饮水。就医

对保护施救者的忠告　根据需要使用个人防护设备

对医生的特别提示　对症处理·

第五部分　消防措施

灭火剂　本品不燃，根据着火原因选择适当灭火剂灭火

特别危险性　无机氧化剂。与还原剂、有机物、易燃物
　　（如硫、磷）或金属粉末等混合可形成爆炸性混合物。
　　受热分解放出有毒的碘化物烟气

灭火注意事项及防护措施　消防人员必须佩戴空气呼吸
　　器、穿全身防火防毒服，在上风向灭火。喷水冷却容
　　器，尽可能将容器从火场移至空旷处。在火场中与可
　　燃物混合会爆炸，消防人员必须在有防爆掩蔽处操作

第六部分　泄漏应急处理

作业人员防护措施、防护装备和应急处置程序　隔离泄漏
　　污染区，限制出入。消除所有点火源。建议应急处理
　　人员戴防尘口罩，穿防毒服。勿使泄漏物与可燃物质
　　（如木材、纸、油等）接触。穿上适当的防护服前严
　　禁接触破裂的容器和泄漏物。尽可能切断泄漏源

环境保护措施　用塑料布覆盖泄漏物，减少飞散

泄漏化品的收容、清除方法及所使用的处置材料　勿使
　　水进入包装容器内。小量泄漏：用洁净的铲子收集泄
　　漏物，置于干净、干燥、盖子较松的容器中，将容器
　　移离泄漏区。大量泄漏：泄漏物回收后，用水冲洗泄
　　漏区

第七部分　操作处置与储存

操作注意事项　密闭操作，局部排风。操作人员必须经过
　　专门培训，严格遵守操作规程。建议操作人员佩戴自
　　吸过滤式防尘口罩，戴化学安全防护眼镜，穿胶布防
　　毒衣，戴橡胶手套。远离火种、热源，工作场所严禁
　　吸烟。远离易燃、可燃物。避免产生粉尘。避免与还
　　原剂接触。搬运时要轻装轻卸，防止包装及容器损
　　坏。配备相应品种和数量的消防器材及泄漏应急处理
　　设备。倒空的容器可能残留有害物

储存注意事项　储存于阴凉、通风的库房。远离火种、热
　　源。库温不超过 30℃，相对湿度不超过 80%。包装
　　密封。应与易（可）燃物、还原剂、食用化学品分开
　　存放，切忌混储。储区应备有合适的材料收容泄漏物

第八部分　接触控制/个体防护

职业接触限值
　　中国　未制定标准
　　美国（ACGIH）　未制定标准

生物接触限值　未制定标准

监测方法　空气中有毒物质测定方法：未制定标准。生物
　　监测检验方法：未制定标准

工程控制　密闭操作，局部排风

个体防护装备
　　呼吸系统防护　可能接触其粉尘时，应该佩戴过滤式
　　　防尘呼吸器
　　眼睛防护　戴化学安全防护眼镜
　　皮肤和身体防护　穿密闭型防毒服
　　手防护　戴橡胶手套

第九部分　理化特性

外观与性状　黄绿色粉末

pH 值　无意义		**熔点（℃）**　130（分解）

沸点（℃）　无资料

相对密度（水=1）　4.80（20℃）

相对蒸气密度（空气=1）　无资料

饱和蒸气压（kPa）　无资料

临界压力（MPa）　无意义　**辛醇/水分配系数**　无资料

闪点（℃）　无意义　　　**自燃温度（℃）**　无意义

爆炸下限（%）　无意义　**爆炸上限（%）**　无意义

分解温度（℃）　无资料　**黏度（mPa·s）**　无资料

燃烧热（kJ/mol）　无资料　**临界温度（℃）**　无资料

溶解性　微溶于水，不溶于稀硝酸

第十部分　稳定性和反应性

稳定性　稳定

危险反应　与还原剂、有机物、易燃物（如硫、磷）或金
　　属粉末等混合可形成爆炸性混合物，受热或受到摩擦
　　撞击有发生火灾和爆炸的危险

避免接触的条件　无资料

禁配物　还原剂、易燃或可燃物、活性金属粉末、硫、磷

危险的分解产物　碘化氢

第十一部分　毒理学信息

急性毒性　无资料

皮肤刺激或腐蚀　无资料	**眼睛刺激或腐蚀**　无资料
呼吸或皮肤过敏　无资料	**生殖细胞突变性**　无资料
致癌性　无资料	**生殖毒性**　无资料

特异性靶器官系统毒性--一次接触　无资料

特异性靶器官系统毒性-反复接触　无资料

吸入危害　无资料

第十二部分　生态学信息

生态毒性　无资料

持久性和降解性
　　生物降解性　无资料
　　非生物降解性　无资料

潜在的生物累积性　无资料

土壤中的迁移性　无资料

第十三部分　废弃处置

废弃化学品　根据国家和地方有关法规的要求处置。或与
　　厂商或制造商联系，确定处置方法

污染包装物　将容器返还生产商或按照国家和地方法规
　　处置

废弃注意事项 处置前应参阅国家和地方有关法规

第十四部分 运输信息

联合国危险货物编号（UN号） 1479
联合国运输名称 氧化性固体（碘酸铁）
联合国危险性类别 5.1

包装类别 Ⅱ　　　　　　**包装标志**

海洋污染物 否
运输注意事项 运输时单独装运，运输过程中要确保容器不泄漏、不倒塌、不坠落、不损坏。运输时运输车辆应配备相应品种和数量的消防器材。严禁与酸类、易燃物、有机物、还原剂、自燃物品、遇湿易燃物品等并车混运。运输时车速不宜过快，不得强行超车。运输车辆装卸前后，均应彻底清扫、洗净，严禁混入有机物、易燃物等杂质

第十五部分 法规信息

　　下列法律、法规、规章和标准，对该化学品的管理作了相应的规定。
中华人民共和国职业病防治法 职业病分类和目录：未列入
危险化学品安全管理条例 危险化学品目录：列入。易制爆危险化学品名录：未列入。重点监管的危险化学品名录：未列入。GB 18218—2009《危险化学品重大危险源辨识》（表1）：未列入
使用有毒物品作业场所劳动保护条例 高毒物品目录：未列入
易制毒化学品管理条例 易制毒化学品的分类和品种目录：未列入
国际公约 斯德哥尔摩公约：未列入。鹿特丹公约：未列入。蒙特利尔议定书：未列入

第十六部分 其他信息

编写和修订信息　　**缩略语和首字母缩写**
培训建议　　　　　　**参考文献**
免责声明

1-碘-3-硝基苯

第一部分 化学品标识

化学品中文名 1-碘-3-硝基苯；3-碘硝基苯；3-硝基碘苯；间硝基碘苯；间碘硝基苯
化学品英文名 3-iodonitrobenzene；*m*-nitroiodobenzene
分子式 $C_6H_4INO_2$　**分子量** 249.0059
结构式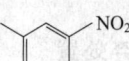
化学品的推荐及限制用途 用于有机合成

第二部分 危险性概述

紧急情况概述 吞咽会中毒，皮肤接触会中毒，吸入会中毒，造成皮肤刺激，造成严重眼刺激，可能引起呼吸道刺激
GHS危险性类别 急性毒性-经口，类别3；急性毒性-经皮，类别3；急性毒性-吸入，类别3；皮肤腐蚀/刺激，类别2；严重眼损伤/眼刺激，类别2；特异性靶器官毒性-一次接触，类别3（呼吸道刺激）
标签要素

象形图

警示词 危险
危险性说明 吞咽会中毒，皮肤接触会中毒，吸入会中毒，造成皮肤刺激，造成严重眼刺激，可能引起呼吸道刺激
防范说明
　　预防措施 避免接触眼睛、皮肤，操作后彻底清洗。作业场所不得进食、饮水或吸烟。戴防护手套，穿防护服，戴防护眼镜、防护面罩。避免吸入粉尘。仅在室外或通风良好处操作
　　事故响应 如吸入：将患者转移到空气新鲜处，休息，保持利于呼吸的体位。皮肤接触：用大量肥皂水和水清洗，立即脱去所有被污染的衣服。被污染的衣服必须经洗净后方可重新使用。如感觉不适，呼叫中毒控制中心或就医。如发生皮肤刺激，就医。如接触眼睛：用水细心冲洗数分钟。如戴隐形眼镜并可方便地取出，取出隐形眼镜，继续冲洗。如果眼睛刺激持续：就医。食入：立即呼叫中毒控制中心或就医，漱口
　　安全储存 在通风良好处储存。保持容器密闭。上锁保管
　　废弃处置 本品及内装物、容器依据国家和地方法规处置
物理和化学危险 可燃，其粉体与空气混合，能形成爆炸性混合物
健康危害 对眼睛、皮肤和黏膜有刺激作用。进入体内能形成高铁血红蛋白，导致紫绀
环境危害 对环境可能有害

第三部分 成分/组成信息

　√ 物质　　　　　　　　　混合物

组分	浓度	CAS No.
1-碘-3-硝基苯		645-00-1

第四部分 急救措施

吸入 迅速脱离现场至空气新鲜处。保持呼吸道通畅。如呼吸困难，给吸氧。如呼吸、心跳停止，立即进行心肺复苏术。就医
皮肤接触 立即脱去污染衣着，用肥皂水或清水彻底冲洗。就医
眼睛接触 分开眼睑，用清水或生理盐水冲洗。就医
食入 漱口，饮水。就医

对保护施救者的忠告 根据需要使用个人防护设备

对医生的特别提示 高铁血红蛋白血症，可用亚甲蓝和维生素 C 治疗

第五部分 消防措施

灭火剂 用雾状水、泡沫、干粉、二氧化碳、砂土灭火

特别危险性 遇明火、高热可燃。其粉体与空气可形成爆炸性混合物，当达到一定浓度时，遇火星会发生爆炸。受高热分解放出有毒的气体

灭火注意事项及防护措施 消防人员必须佩戴防毒面具、穿全身消防服，在上风向灭火。尽可能将容器从火场移至空旷处。喷水保持火场容器冷却，直至灭火结束

第六部分 泄漏应急处理

作业人员防护措施、防护装备和应急处置程序 隔离泄漏污染区，限制出入。消除所有点火源。建议应急处理人员戴防尘口罩，穿一般作业工作服。尽可能切断泄漏源

环境保护措施 用塑料布覆盖泄漏物，减少飞散

泄漏化学品的收容、清除方法及所使用的处置材料 勿使水进入包装容器内。用洁净的铲子收集泄漏物，置于干净、干燥、盖子较松的容器中，将容器移离泄漏区

第七部分 操作处置与储存

操作注意事项 密闭操作，局部排风。防止粉尘释放到车间空气中。操作人员必须经过专门培训，严格遵守操作规程。建议操作人员佩戴自吸过滤式防尘口罩，戴化学安全防护眼镜，穿防毒物渗透工作服，戴橡胶手套。远离火种、热源，工作场所严禁吸烟。使用防爆型的通风系统和设备。避免产生粉尘。避免与氧化剂、碱类接触。配备相应品种和数量的消防器材及泄漏应急处理设备。倒空的容器可能残留有害物

储存注意事项 储存于阴凉、通风的库房。远离火种、热源。防止阳光直射。包装密封。应与氧化剂、碱类分开存放，切忌混储。配备相应品种和数量的消防器材。储区应备有合适的材料收容泄漏物

第八部分 接触控制/个体防护

职业接触限值

中国 未制定标准

美国（ACGIH） 未制定标准

生物接触限值 未制定标准

监测方法 空气中有毒物质测定方法：未制定标准。生物监测检验方法：未制定标准

工程控制 密闭操作，局部排风

个体防护装备

呼吸系统防护 空气中粉尘浓度超标时，必须佩戴过滤式防尘呼吸器。紧急事态抢救或撤离时，应该佩戴空气呼吸器

眼睛防护 戴化学安全防护眼镜

皮肤和身体防护 穿防毒物渗透工作服

手防护 戴橡胶手套

第九部分 理化特性

外观与性状 黄色或橙黄色固体

pH 值 无意义		**熔点（℃）** 36～38	
沸点（℃） 280			
相对密度（水＝1） 1.948（50/4℃）			
相对蒸气密度（空气＝1） 无资料			
饱和蒸气压（kPa） 无资料			
临界压力（MPa） 无资料		**辛醇/水分配系数** 无资料	
闪点（℃） 71.67		**自燃温度（℃）** 无资料	
爆炸下限（%） 无资料		**爆炸上限（%）** 无资料	
分解温度（℃） 无资料		**黏度（mPa·s）** 无资料	
燃烧热（kJ/mol） 无资料		**临界温度（℃）** 无资料	
溶解性 不溶于水，溶于乙醇、乙醚			

第十部分 稳定性和反应性

稳定性 稳定

危险反应 与强氧化剂、强碱等禁配物发生反应

避免接触的条件 无资料

禁配物 强氧化剂、强碱

危险的分解产物 氮氧化物、碘化氢

第十一部分 毒理学信息

急性毒性 无资料

皮肤刺激或腐蚀 无资料		**眼睛刺激或腐蚀** 无资料	
呼吸或皮肤过敏 无资料		**生殖细胞突变性** 无资料	
致癌性 无资料		**生殖毒性** 无资料	

特异性靶器官系统毒性—一次接触 无资料

特异性靶器官系统毒性-反复接触 无资料

吸入危害 无资料

第十二部分 生态学信息

生态毒性 无资料

持久性和降解性

生物降解性 无资料

非生物降解性 无资料

潜在的生物累积性 无资料

土壤中的迁移性 无资料

第十三部分 废弃处置

废弃化学品 建议用焚烧法处置。在能利用的地方重复使用容器或在规定场所掩埋

污染包装物 将容器返还生产商或按照国家和地方法规处置

废弃注意事项 处置前应参阅国家和地方有关法规

第十四部分 运输信息

联合国危险货物编号（UN 号） 2811

联合国运输名称 有机毒性固体，未另作规定的（1-碘-3-硝基苯）

联合国危险性类别 6.1

包装类别 Ⅲ　　　　　　**包装标志**

海洋污染物 否

运输注意事项　运输前应先检查包装容器是否完整、密封，运输过程中要确保容器不泄漏、不倒塌、不坠落、不损坏。严禁与酸类、氧化剂、食品及食品添加剂混运。运输时运输车辆应配备相应品种和数量的消防器材及泄漏应急处理设备。运输途中应防暴晒、雨淋，防高温。公路运输时要按规定路线行驶，勿在居民区和人口稠密区停留

第十五部分　法规信息

下列法律、法规、规章和标准，对该化学品的管理作了相应的规定。

中华人民共和国职业病防治法　职业病分类和目录：苯的氨基及硝基化合物中毒

危险化学品安全管理条例　危险化学品目录：列入。易制爆危险化学品名录：未列入。重点监管的危险化学品名录：未列入。GB 18218—2009《危险化学品重大危险源辨识》（表1）：未列入

使用有毒物品作业场所劳动保护条例　高毒物品目录：未列入

易制毒化学品管理条例　易制毒化学品的分类和品种目录：未列入

国际公约　斯德哥尔摩公约：未列入。鹿特丹公约：未列入。蒙特利尔议定书：未列入

第十六部分　其他信息

编写和修订信息　　　　缩略语和首字母缩写
培训建议　　　　　　　参考文献
免责声明

1-碘-4-硝基苯

第一部分　化学品标识

化学品中文名　1-碘-4-硝基苯；对碘硝基苯；4-硝基碘苯；4-碘硝基苯；对硝基碘苯

化学品英文名　*p*-nitroiodobenzene；4-iodonitrobenzene

分子式　$C_6H_4INO_2$　**分子量**　249.0059

结构式　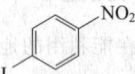

化学品的推荐及限制用途　用于有机合成

第二部分　危险性概述

紧急情况概述　吞咽会中毒，皮肤接触会中毒，吸入会中毒，造成严重眼刺激，可能引起呼吸道刺激

GHS危险性类别　急性毒性-经口，类别3；急性毒性-经皮，类别3；急性毒性-吸入，类别3；皮肤腐蚀/刺激，类别2；严重眼损伤/眼刺激，类别2；特异性靶器官毒性——次接触，类别3（呼吸道刺激）

标签要素

象形图　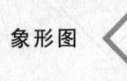

警示词　危险

危险性说明　吞咽会中毒，皮肤接触会中毒，吸入会中毒，造成严重眼刺激，可能引起呼吸道刺激

防范说明

预防措施　避免接触眼睛、皮肤，操作后彻底清洗。作业场所不得进食、饮水或吸烟。戴防护手套，穿防护服，戴防护眼镜、防护面罩。避免吸入粉尘。仅在室外或通风良好处操作

事故响应　如吸入：将患者转移到空气新鲜处，休息，保持利于呼吸的体位。皮肤接触：用大量肥皂水和水清洗，立即脱去所有被污染的衣服，如感觉不适，呼叫中毒控制中心或就医。被污染的衣服必须经洗净后方可重新使用。如接触眼睛：用水细心冲洗数分钟。如戴隐形眼镜并可方便地取出，取出隐形眼镜，继续冲洗。如果眼睛刺激持续，就医。食入：立即呼叫中毒控制中心或就医，漱口

安全储存　在通风良好处储存。保持容器密闭。上锁保管

废弃处置　本品及内装物、容器依据国家和地方法规处置

物理和化学危险　可燃，其粉体与空气混合，能形成爆炸性混合物

健康危害　有毒，并有刺激性。进入体内后，可形成高铁血红蛋白致发生紫绀

环境危害　对环境可能有害

第三部分　成分/组成信息

√ 物质　　　　　　　混合物

组分	浓度	CAS No.
1-碘-4-硝基苯		636-98-6

第四部分　急救措施

吸入　迅速脱离现场至空气新鲜处。保持呼吸道通畅。如呼吸困难，给吸氧。如呼吸、心跳停止，立即行心肺复苏术。就医

皮肤接触　立即脱去污染衣着，用肥皂水或清水彻底冲洗。就医

眼睛接触　分开眼睑，用清水或生理盐水冲洗。就医

食入　漱口，饮水。就医

对保护施救者的忠告　根据需要使用个人防护设备

对医生的特别提示　高铁血红蛋白血症，可用亚甲蓝和维生素C治疗

第五部分　消防措施

灭火剂　用雾状水、泡沫、干粉、二氧化碳、砂土灭火

特别危险性　遇明火、高热可燃。其粉体与空气可形成爆炸性混合物，当达到一定浓度时，遇火星会发生爆炸。受热分解产生有毒的烟气

灭火注意事项及防护措施　消防人员必须佩戴防毒面具、穿全身消防服，在上风向灭火。尽可能将容器从火场移至空旷处。喷水保持火场容器冷却，直至灭火结束

第六部分　泄漏应急处理

作业人员防护措施、防护装备和应急处置程序　隔离泄漏污染区，限制出入。消除所有点火源。建议应急处理人员戴防尘口罩，穿一般作业工作服。尽可能切断泄漏源

环境保护措施　用塑料布覆盖泄漏物，减少飞散

泄漏化学品的收容、清除方法及所使用的处置材料　勿使水进入包装容器内。用洁净的铲子收集泄漏物，置于干净、干燥、盖子较松的容器中，将容器移离泄漏区

第七部分　操作处置与储存

操作注意事项　密闭操作，局部排风。防止粉尘释放到车间空气中。操作人员必须经过专门培训，严格遵守操作规程。建议操作人员佩戴自吸过滤式防尘口罩，戴化学安全防护眼镜，穿防毒物渗透工作服，戴橡胶手套。远离火种、热源，工作场所严禁吸烟。使用防爆型的通风系统和设备。避免产生粉尘。避免与氧化剂、碱类接触。配备相应品种和数量的消防器材及泄漏应急处理设备。倒空的容器可能残留有害物

储存注意事项　储存于阴凉、通风的库房。远离火种、热源。防止阳光直射。包装密封。应与氧化剂、碱类分开存放，切忌混储。配备相应品种和数量的消防器材。储区应备有合适的材料收容泄漏物

第八部分　接触控制/个体防护

职业接触限值
　　中国　未制定标准
　　美国（ACGIH）　未制定标准

生物接触限值　未制定标准

监测方法　空气中有毒物质测定方法：未制定标准。生物监测检验方法：未制定标准

工程控制　密闭操作，局部排风

个体防护装备
　　呼吸系统防护　空气中粉尘浓度超标时，必须佩戴过滤式防尘呼吸器。紧急事态抢救或撤离时，应该佩戴空气呼吸器
　　眼睛防护　戴化学安全防护眼镜
　　皮肤和身体防护　穿防毒物渗透工作服
　　手防护　戴橡胶手套

第九部分　理化特性

外观与性状　黄色针状结晶，有刺激性

pH 值　无意义	**熔点（℃）**　175～177
沸点（℃）　289(102.9kPa)	
相对密度（水＝1）　2.273(固体)	
相对蒸气密度（空气＝1）　无资料	
饱和蒸气压（kPa）　无资料	
临界压力（MPa）　无资料	**辛醇/水分配系数**　无资料
闪点（℃）　无意义	**自燃温度（℃）**　无资料
爆炸下限（%）　无资料	**爆炸上限（%）**　无资料
分解温度（℃）　无资料	**黏度（mPa·s）**　无资料
燃烧热（kJ/mol）　无资料	**临界温度（℃）**　无资料

溶解性　不溶于水，溶于乙醇、乙醚

第十部分　稳定性和反应性

稳定性　稳定

危险反应　与强氧化剂、强碱等禁配物发生反应

避免接触的条件　无资料

禁配物　强氧化剂、强碱

危险的分解产物　氮氧化物、碘化氢

第十一部分　毒理学信息

急性毒性　无资料

皮肤刺激或腐蚀　无资料	**眼睛刺激或腐蚀**　无资料
呼吸或皮肤过敏　无资料	**生殖细胞突变性**　无资料
致癌性　无资料	**生殖毒性**　无资料

特异性靶器官系统毒性-一次接触　无资料

特异性靶器官系统毒性-反复接触　无资料

吸入危害　无资料

第十二部分　生态学信息

生态毒性　无资料

持久性和降解性
　　生物降解性　无资料
　　非生物降解性　无资料

潜在的生物累积性　无资料

土壤中的迁移性　无资料

第十三部分　废弃处置

废弃化学品　建议用焚烧法处置。在能利用的地方重复使用容器或在规定场所掩埋

污染包装物　将容器返还生产商或按照国家和地方法规处置

废弃注意事项　处置前应参阅国家和地方有关法规

第十四部分　运输信息

联合国危险货物编号（UN 号）　2811

联合国运输名称　有机毒性固态，未另作规定的（1-碘-4-硝基苯）

联合国危险性类别　6.1

包装类别　Ⅲ　　　　　**包装标志**　

海洋污染物　否

运输注意事项　运输前应先检查包装容器是否完整、密封，运输过程中要确保容器不泄漏、不倒塌、不坠落、不损坏。严禁与酸类、氧化剂、食品及食品添加剂混运。运输时运输车辆应配备相应品种和数量的消防器材及泄漏应急处理设备。运输途中应防暴晒、雨淋，防高温。公路运输时要按规定路线行驶，勿在居民区和人口稠密区停留

第十五部分　法规信息

下列法律、法规、规章和标准，对该化学品的管理作

了相应的规定。

中华人民共和国职业病防治法　职业病分类和目录：苯的氨基及硝基化合物中毒

危险化学品安全管理条例　危险化学品目录：列入。易制爆危险化学品名录：列入。重点监管的危险化学品名录：未列入。GB 18218—2009《危险化学品重大危险源辨识》（表 1）：未列入

使用有毒物品作业场所劳动保护条例　高毒物品目录：未列入

易制毒化学品管理条例　易制毒化学品的分类和品种目录：未列入

国际公约　斯德哥尔摩公约：未列入。鹿特丹公约：未列入。蒙特利尔议定书：未列入

第十六部分　其他信息

编写和修订信息　缩略语和首字母缩写
培训建议　参考文献
免责声明

碘乙酸乙酯

第一部分　化学品标识

化学品中文名　碘乙酸乙酯
化学品英文名　ethyl iodoacetate；iodo-acetic acid ethyl ester
分子式　$C_4H_7IO_2$　**分子量**　214.0016
结构式

化学品的推荐及限制用途　用作有机合成的中间体

第二部分　危险性概述

紧急情况概述　吞咽致命
GHS 危险性类别　急性毒性-经口，类别 2
标签要素

象形图

警示词　危险
危险性说明　吞咽致命
防范说明

　　预防措施　避免接触眼睛、皮肤，操作后彻底清洗。作业场所不得进食、饮水或吸烟

　　事故响应　食入：立即呼叫中毒控制中心或就医，漱口

　　安全储存　上锁保管

　　废弃处置　本品及内装物、容器依据国家和地方法规处置

物理和化学危险　可燃，其蒸气与空气混合，能形成爆炸性混合物

健康危害　本品蒸气对眼睛有强烈刺激作用，在 1.4mg/m^3 时，即有催泪作用。接触高浓度碘乙酸乙酯，可引起肺水肿而死亡

环境危害　对环境可能有害

第三部分　成分/组成信息

√ 物质　　　　　　　　混合物
组分　　　**浓度**　　　**CAS No.**
碘乙酸乙酯　　　　　　　　623-48-3

第四部分　急救措施

吸入　迅速脱离现场至空气新鲜处。保持呼吸道通畅。如呼吸困难，给输氧。呼吸、心跳停止，立即进行心肺复苏术。就医

皮肤接触　立即脱去污染的衣着，用流动清水彻底冲洗。就医

眼睛接触　立即分开眼睑，用流动清水或生理盐水彻底冲洗。就医

食入　饮适量温水，催吐（仅限于清醒者）。就医
对保护施救者的忠告　根据需要使用个人防护设备
对医生的特别提示　对症处理

第五部分　消防措施

灭火剂　用干粉、二氧化碳、砂土灭火
特别危险性　遇明火、高热可燃。与氧化剂可发生反应。遇水或水蒸气反应放热并产生有毒的腐蚀性气体。受热分解或与酸类接触放出有毒气体。蒸气比空气重，沿地面扩散并易积存于低洼处，遇火源会着火回燃。若遇高热，容器内压增大，有开裂和爆炸的危险

灭火注意事项及防护措施　消防人员必须佩戴空气呼吸器、穿全身防火防毒服，在上风向灭火。尽可能将容器从火场移至空旷处。喷水保持火场容器冷却，直至灭火结束。处在火场中的容器若已变色或从安全泄压装置中发出声音，必须马上撤离。禁止用水和泡沫灭火

第六部分　泄漏应急处理

作业人员防护措施、防护装备和应急处置程序　根据液体流动和蒸气扩散的影响区域划定警戒区，无关人员从侧风向、上风向撤离至安全区。消除所有点火源。建议应急处理人员戴防毒面具，穿防腐、防毒服。穿上适当的防护服前严禁接触破裂的容器和泄漏物。尽可能切断泄漏源

环境保护措施　防止泄漏物进入水体、下水道、地下室或有限空间

泄漏化学品的收容、清除方法及所使用的处置材料　小量泄漏：用干燥的砂土或其他不燃材料吸收或覆盖，收集于容器中。大量泄漏：构筑围堤或挖坑收容。用耐腐蚀泵转移至槽车或专用收集器内

第七部分　操作处置与储存

操作注意事项　密闭操作，提供充分的局部排风。防止蒸气泄漏到工作场所空气中。操作人员必须经过专门培训，严格遵守操作规程。建议操作人员佩戴自吸过滤式防毒面具（全面罩），穿胶布防毒衣，戴橡胶手套。远离火种、热源，工作场所严禁吸烟。使用防爆型的

通风系统和设备。在清除液体和蒸气前不能进行焊接、切割等作业。避免产生烟雾。避免与氧化剂、还原剂、酸类、碱类接触。尤其要注意避免与水接触。配备相应品种和数量的消防器材及泄漏应急处理设备。倒空的容器可能残留有害物

储存注意事项 储存于阴凉、干燥、通风良好的库房。远离火种、热源。防止阳光直射。保持容器密封。应与氧化剂、还原剂、酸类、碱类、食用化学品分开存放，切忌混储。配备相应品种和数量的消防器材。储区应备有泄漏应急处理设备和合适的收容材料

第八部分 接触控制/个体防护

职业接触限值
中国 未制定标准
美国（ACGIH） 未制定标准
生物接触限值 未制定标准
监测方法 空气中有毒物质测定方法：碳酸氢钠溶液解吸-离子色谱法。生物监测检验方法：未制定标准
工程控制 严加密闭，提供充分的局部排风
个体防护装备
呼吸系统防护 空气中浓度超标时，必须佩戴过滤式防毒面具（全面罩）。紧急事态抢救或撤离时，应该佩戴空气呼吸器
眼睛防护 呼吸系统防护中已作防护
皮肤和身体防护 穿密闭型防毒服
手防护 戴橡胶手套

第九部分 理化特性

外观与性状 无色油状液体，见光及空气逐渐分解变黄色
pH 值 无资料　　　　**熔点（℃）** 无资料
沸点（℃） 179～180　**相对密度（水＝1）** 1.8080
相对蒸气密度（空气＝1） 7.4
饱和蒸气压（kPa） 0.072(20℃)
临界压力（MPa） 无资料　**辛醇/水分配系数** 无资料
闪点（℃） 76.67　　　**自燃温度（℃）** 无资料
爆炸下限（%） 无资料　**爆炸上限（%）** 无资料
分解温度（℃） 无资料　**黏度（mPa·s）** 无资料
燃烧热（kJ/mol） 无资料　**临界温度（℃）** 无资料
溶解性 不溶于水，溶于乙醇、乙醚

第十部分 稳定性和反应性

稳定性 稳定
危险反应 与强氧化剂、强还原剂、酸类、碱类等禁配物发生反应。遇水或水蒸气反应放热并产生有毒的腐蚀性气体。受热分解或与酸类接触放出有毒气体
避免接触的条件 光照、潮湿空气
禁配物 强氧化剂、强还原剂、酸类、碱类
危险的分解产物 碘化氢

第十一部分 毒理学信息

急性毒性 LD_{50}：50mg/kg（大鼠经口），50mg/kg（小鼠经口）

皮肤刺激或腐蚀 无资料　　眼睛刺激或腐蚀 无资料
呼吸或皮肤过敏 无资料　　生殖细胞突变性 无资料
致癌性 无资料　　　　　生殖毒性 无资料
特异性靶器官系统毒性-一次接触 无资料
特异性靶器官系统毒性-反复接触 无资料
吸入危害 无资料

第十二部分 生态学信息

生态毒性 无资料
持久性和降解性
生物降解性 无资料
非生物降解性 无资料
潜在的生物累积性 无资料
土壤中的迁移性 无资料

第十三部分 废弃处置

废弃化学品 若可能，重复使用容器或在规定场所掩埋
污染包装物 将容器返还生产商或按照国家和地方法规处置
废弃注意事项 处置前应参阅国家和地方有关法规

第十四部分 运输信息

联合国危险货物编号（UN 号） 2810
联合国运输名称 有机毒性液体，未另作规定的（碘乙酸乙酯）
联合国危险性类别 6.1

包装类别 Ⅱ　　　　　**包装标志**

海洋污染物 否
运输注意事项 运输前应先检查包装容器是否完整、密封，运输过程中要确保容器不泄漏、不倒塌、不坠落、不损坏。严禁与氧化剂、还原剂、酸类、碱类、食用化学品等混装混运。运输车船必须彻底清洗、消毒，否则不得装运其他物品。船运时，配装位置应远离卧室、厨房，并与机舱、电源、火源等部位隔离。公路运输时要按规定路线行驶，勿在居民区和人口稠密区停留

第十五部分 法规信息

下列法律、法规、规章和标准，对该化学品的管理作了相应的规定。
中华人民共和国职业病防治法 职业病分类和目录：未列入
危险化学品安全管理条例 危险化学品目录：列入。易制爆危险化学品名录：未列入。重点监管的危险化学品名录：未列入。GB 18218—2009《危险化学品重大危险源辨识》（表1）：未列入
使用有毒物品作业场所劳动保护条例 高毒物品目录：未列入
易制毒化学品管理条例 易制毒化学品的分类和品种目录：未列入

国际公约　斯德哥尔摩公约：未列入。鹿特丹公约：未列入。蒙特利尔议定书：未列入

第十六部分　其他信息

编写和修订信息　　缩略语和首字母缩写
培训建议　　　　　参考文献
免责声明

叠氮化钡［干的或含水＜50％］

第一部分　化学品标识

化学品中文名　叠氮化钡［干的或含水＜50％］；叠氮钡
化学品英文名　barium azide（dry or containing less than 50% water）
分子式　BaN_6　分子量　221.372
结构式　
化学品的推荐及限制用途　用作电子管的吸气剂

第二部分　危险性概述

紧急情况概述　爆炸物、整体爆炸危险，吞咽有害，吸入有害
GHS危险性类别　爆炸物，1.1项；急性毒性-经口，类别4；急性毒性-吸入，类别4
标签要素

象形图　

警示词　危险
危险性说明　爆炸物、整体爆炸危险，吞咽有害，吸入有害
防范说明
　　预防措施　远离热源、火花、明火、热表面。容器和接收设备接地连接。避免研磨、撞击、摩擦。戴防护面罩。避免接触眼睛、皮肤，操作后彻底清洗。作业场所不得进食、饮水或吸烟。避免吸入粉尘。仅在室外或通风良好处操作
　　事故响应　火灾时可能爆炸。火势蔓延到爆炸物时，切勿灭火，撤离现场。如吸入：将患者转移到空气新鲜处，休息，保持利于呼吸的体位，如感觉不适，呼叫中毒控制中心或就医。食入：如果感觉不适，立即呼叫中毒控制中心或就医，漱口
　　安全储存　—
　　废弃处置　本品及内装物、容器依据国家和地方法规处置
物理和化学危险　受撞击、摩擦，遇明火或其他点火源极易爆炸
健康危害　有毒。对皮肤和黏膜有刺激性。吸收进入体内，可影响神经系统、心脏和肾脏，重者可引起惊厥和死亡。吸入可影响肺功能
环境危害　对环境可能有害

第三部分　成分/组成信息

√　物质　　　　　　混合物

组分	浓度	CAS No.
叠氮化钡（干的或含水＜50％）		18810-58-7

第四部分　急救措施

吸入　迅速脱离现场至空气新鲜处。保持呼吸道通畅。如呼吸困难，给输氧。呼吸、心跳停止，立即进行心肺复苏术。就医
皮肤接触　立即脱去污染的衣着，用流动清水彻底冲洗。就医
眼睛接触　立即分开眼睑，用流动清水或生理盐水彻底冲洗。就医
食入　饮足量温水，催吐。给服硫酸钠。就医
对保护施救者的忠告　根据需要使用个人防护设备
对医生的特别提示　解毒剂：硫酸钠、硫代硫酸钠。有低血钾者应补充钾盐

第五部分　消防措施

灭火剂　用大量水灭火
特别危险性　干燥时，接触明火、高热或受到摩擦、震动、撞击时可发生爆炸。与酸反应生成爆炸性的叠氮化氢。受热分解产生有毒的烟气
灭火注意事项及防护措施　消防人员须在有防爆掩蔽处操作。遇大火切勿轻易接近。禁止用砂土压盖

第六部分　泄漏应急处理

作业人员防护措施、防护装备和应急处置程序　消除所有点火源。隔离泄漏污染区，限制出入。建议应急处理人员戴防尘口罩，穿防毒服。作业时使用的所有设备应接地。禁止接触或跨越泄漏物
环境保护措施　用塑料布覆盖泄漏物，减少飞散
泄漏化学品的收容、清除方法及所使用的处置材料　在专家指导下清除

第七部分　操作处置与储存

操作注意事项　密闭操作，提供充分的局部排风。防止粉尘释放到车间空气中。操作人员必须经过专门培训，严格遵守操作规程。建议操作人员佩戴防尘面具（全面罩），穿胶布防毒衣，戴橡胶手套。远离火种、热源，工作场所严禁吸烟。使用防爆型的通风系统和设备。避免产生粉尘。避免与氧化剂、酸类接触。配备相应品种和数量的消防器材及泄漏应急处理设备
储存注意事项　应润湿储存于阴凉、通风仓库内。储存于阴凉、干燥、通风的爆炸品专用库房。库温不超过32℃，相对湿度不超过80％。若含有水作稳定剂，库温不低于1℃，相对湿度小于80％。远离火种、热源。防止阳光直射。保持容器密封，严禁与空气接触。应与氧化剂、酸类、食用化学品等分开存放，切忌混储。配备相应品种和数量的消防器材。储区应备有合适的材料收容泄漏物。禁止震动、撞击和摩擦

第八部分　接触控制/个体防护

职业接触限值
　　中国　未制定标准
　　美国（ACGIH）　未制定标准
生物接触限值　未制定标准
监测方法　空气中有毒物质测定方法：未制定标准。生物监测检验方法：未制定标准
工程控制　严加密闭，提供充分的局部排风
个体防护装备
　　呼吸系统防护　可能接触其粉尘时，必须佩戴防尘面具（全面罩）。紧急事态抢救或撤离时，应该佩戴空气呼吸器
　　眼睛防护　呼吸系统防护中已作防护
　　皮肤和身体防护　穿密闭型防毒服
　　手防护　戴橡胶手套

第九部分　理化特性

外观与性状　白色单斜棱状结晶

pH 值　无意义		**熔点（℃）**　120	
沸点（℃）　无资料		**相对密度（水＝1）**　2.936	

相对蒸气密度（空气＝1）　无资料
饱和蒸气压（kPa）　无资料
临界压力（MPa）　无意义　　**辛醇/水分配系数**　无资料
闪点（℃）　无意义　　　　**自燃温度（℃）**　无资料
爆炸下限（%）　无资料　　**爆炸上限（%）**　无资料
分解温度（℃）　160　　　　**黏度（mPa·s）**　无资料
燃烧热（kJ/mol）　无资料　**临界温度（℃）**　无资料
溶解性　溶于水、乙醇，不溶于乙醚

第十部分　稳定性和反应性

稳定性　不稳定
危险反应　受热、摩擦、震动、撞击、与强氧化剂等禁配物接触，有发生火灾和爆炸的危险。与酸反应生成爆炸性的叠氮化氢
避免接触的条件　受热、摩擦、震动、撞击
禁配物　强氧化剂、酸类
危险的分解产物　氮氧化物、叠氮化氢

第十一部分　毒理学信息

急性毒性　无资料

皮肤刺激或腐蚀　无资料	**眼睛刺激或腐蚀**　无资料
呼吸或皮肤过敏　无资料	**生殖细胞突变性**　无资料
致癌性　无资料	**生殖毒性**　无资料

特异性靶器官系统毒性-一次接触　无资料
特异性靶器官系统毒性-反复接触　无资料
吸入危害　无资料

第十二部分　生态学信息

生态毒性　无资料
持久性和降解性
　　生物降解性　无资料
　　非生物降解性　无资料

潜在的生物累积性　无资料
土壤中的迁移性　无资料

第十三部分　废弃处置

废弃化学品　处置前应参阅国家和地方有关法规。在公安部门指定地点引爆
污染包装物　将容器返还生产商或按照国家和地方法规处置
废弃注意事项　处置前应参阅国家和地方有关法规。废弃处置人员必须接受过专门的爆炸性物质废弃处置培训

第十四部分　运输信息

联合国危险货物编号（UN 号）　0224
联合国运输名称　叠氮化钡，干的或湿的，按质量计含水低于 50％
联合国危险性类别　1.1A，6.1
包装类别　—

包装标志　

海洋污染物　否
运输注意事项　起运时包装要完整，装载应稳妥。运输过程中要确保容器不泄漏、不倒塌、不坠落、不损坏。车速要加以控制，避免颠簸、震荡。不得与酸、碱、盐类、氧化剂、易燃可燃物、自燃物品、金属粉末等危险物品及钢铁材料器具混装。运输途中应防暴晒、雨淋，防高温。公路运输时要按规定路线行驶，中途停留时应严格选择停放地点，远离高压电源、火源和高温场所，要与其他车辆隔离并留有专人看管，禁止在居民区和人口稠密区停留。铁路运输时要禁止溜放

第十五部分　法规信息

　　下列法律、法规、规章和标准，对该化学品的管理作了相应的规定。
中华人民共和国职业病防治法　职业病分类和目录：钡及其化合物中毒
危险化学品安全管理条例　危险化学品目录：列入。易制爆危险化学品名录：未列入。重点监管的危险化学品名录：未列入。GB 18218—2009《危险化学品重大危险源辨识》（表1）：列入。类别：爆炸品，临界量（t）：0.5
使用有毒物品作业场所劳动保护条例　高毒物品目录：未列入
易制毒化学品管理条例　易制毒化学品的分类和品种目录：未列入
国际公约　斯德哥尔摩公约：未列入。鹿特丹公约：未列入。蒙特利尔议定书：未列入

第十六部分　其他信息

编写和修订信息　　**缩略语和首字母缩写**
培训建议　　　　　**参考文献**
免责声明

叠氮化铅

第一部分　化学品标识

化学品中文名　叠氮化铅；叠氮铅
化学品英文名　lead azide
分子式　PbN_6　分子量　291.2
结构式　
化学品的推荐及限制用途　用作雷管中的起爆装药

第二部分　危险性概述

紧急情况概述　爆炸物、整体爆炸危险，吞咽有害，吸入有害
GHS危险性类别　爆炸物，1.1项；急性毒性-经口，类别4；急性毒性-吸入，类别4；生殖毒性，类别1A；特异性靶器官毒性-反复接触，类别2；危害水生环境-急性危害，类别1；危害水生环境-长期危害，类别1
标签要素
象形图

警示词　危险
危险性说明　爆炸物、整体爆炸危险，吞咽有害，吸入有害，可能对生育力或胎儿造成伤害，长时间或反复接触可能对器官造成损伤，对水生生物毒性非常大并具有长期持续影响
防范说明
　　预防措施　远离热源、火花、明火、热表面。容器和接收设备接地连接。避免研磨、撞击、摩擦。戴防护面罩。避免接触眼睛、皮肤，操作后彻底清洗。作业场所不得进食、饮水或吸烟。避免吸入粉尘。仅在室外或通风良好处操作。得到专门指导后操作。在阅读并了解所有安全预防措施之前，切勿操作。按要求使用个体防护装备。禁止排入环境
　　事故响应　火灾时可能爆炸。火势蔓延到爆炸物时，切勿灭火，撤离现场。如吸入：将患者转移到空气新鲜处，休息，保持利于呼吸的体位，如感觉不适，呼叫中毒控制中心或就医。食入：如果感觉不适，立即呼叫中毒控制中心或就医，漱口。如果接触或有担心，就医。如感觉不适，就医。收集泄漏物
　　安全储存　上锁保管
　　废弃处置　本品及内装物、容器依据国家和地方法规处置
物理和化学危险　受撞击、摩擦，遇明火或其他点火源极易爆炸
健康危害　铅及其化合物损害造血、神经系统、消化系统及肾脏。职业中毒主要为慢性。神经系统主要表现为神经衰弱综合征、周围神经病（以运动功能受累较明显），重者出现铅中毒性脑病。消化系统表现有齿龈

铅线、食欲不振、恶心、腹胀、腹泻或便秘；腹绞痛见于中等及较重病例。造血系统损害出现卟啉代谢障碍、贫血等。短时大量接触可发生急性或亚急性铅中毒，类似重症慢性铅中毒
环境危害　对水生生物毒性非常大并具有长期持续影响

第三部分　成分/组成信息

√　物质　　　　　　　　　　混合物

组分	浓度	CAS No.
叠氮化铅		13424-46-9

第四部分　急救措施

吸入　迅速脱离现场至空气新鲜处。保持呼吸道通畅。如呼吸困难，给输氧。呼吸、心跳停止，立即进行心肺复苏术。就医
皮肤接触　立即脱去污染的衣着，用流动清水彻底冲洗。就医
眼睛接触　立即分开眼睑，用流动清水或生理盐水彻底冲洗。就医
食入　漱口，饮水。就医
对保护施救者的忠告　根据需要使用个人防护设备
对医生的特别提示　解毒剂：依地酸二钠钙、二巯基丁二酸钠、二巯基丁二酸等

第五部分　消防措施

灭火剂　用大量水灭火
特别危险性　干燥时，接触明火、高热或受到摩擦、震动、撞击时可发生爆炸。与铜生成极敏感的叠氮化铜。能与浓硫酸、发烟硝酸猛烈反应，甚至发生爆炸
灭火注意事项及防护措施　消防人员须在有防爆掩蔽处操作。遇大火切勿轻易接近。禁止用砂土压盖

第六部分　泄漏应急处理

作业人员防护措施、防护装备和应急处置程序　消除所有点火源。隔离泄漏污染区，限制出入。建议应急处理人员戴防尘口罩，穿一般作业工作服。作业时使用的所有设备应接地。禁止接触或跨越泄漏物
环境保护措施　用塑料布覆盖泄漏物，减少飞散
泄漏化学品的收容、清除方法及所使用的处置材料　润湿泄漏物。严禁设法扫除干的泄漏物。在专家指导下清除

第七部分　操作处置与储存

操作注意事项　密闭操作，提供充分的局部排风。防止粉尘释放到车间空气中。操作人员必须经过专门培训，严格遵守操作规程。建议操作人员佩戴防尘面具（全面罩），穿胶布防毒衣，戴橡胶手套。远离火种、热源，工作场所严禁吸烟。使用防爆型的通风系统和设备。避免产生粉尘。避免与铜、二氧化碳、氧化剂接触。配备相应品种和数量的消防器材及泄漏应急处理设备
储存注意事项　储存过程中应保持不少于20%的水作稳定剂。储存于阴凉、干燥、通风的爆炸品专用库房

库温不低于1℃，相对湿度小于80％。远离火种、热源。防止阳光直射。包装密封。应与铜、二氧化碳、氧化剂、食用化学品分开存放，切忌混储。配备相应品种和数量的消防器材。储区应备有合适的材料收容泄漏物。禁止震动、撞击和摩擦

第八部分　接触控制/个体防护

职业接触限值

中国　PC-TWA：0.05mg/m³（铅尘），0.03mg/m³（铅烟）[按 Pb 计]〔G2A〕

美国（ACGIH）　TLV-TWA：0.05mg/m³〔按 Pb 计〕

生物接触限值　血铅：2.0μmol/L（400μg/L）（采样时间：接触三周后的任意时间）

监测方法　空气中有毒物质测定方法：火焰原子吸收光谱法；双硫腙分光光度法；氢化物-原子吸收光谱法；微分电位溶出法。生物监测检验方法：血中铅的石墨炉原子吸收光谱测定方法；血中铅的微分电位溶出测定方法

工程控制　严加密闭，提供充分的局部排风

个体防护装备

呼吸系统防护　可能接触其粉尘时，必须佩戴空气呼吸器

眼睛防护　呼吸系统防护中已作防护

皮肤和身体防护　穿密闭型防毒服

手防护　戴橡胶手套

第九部分　理化特性

外观与性状　无色针状结晶或白色粉末

pH 值　无意义　　　**熔点（℃）**　无资料

沸点（℃）　350（爆炸）　**相对密度（水=1）**　4.8

相对蒸气密度（空气=1）　无资料

饱和蒸气压（kPa）　无资料

辛醇/水分配系数　无资料　**临界压力（MPa）**　无意义

闪点（℃）　无意义　　**自燃温度（℃）**　316～360

爆炸下限（％）　无资料　**爆炸上限（％）**　无资料

分解温度（℃）　190　　**黏度（mPa·s）**　无资料

燃烧热（kJ/mol）　无资料　**临界温度（℃）**　无资料

溶解性　微溶于水，不溶于氨水，易溶于乙酸

第十部分　稳定性和反应性

稳定性　不稳定

危险反应　受热、摩擦、震动、撞击、与强氧化剂等禁配物接触，有发生火灾和爆炸的危险。与铜生成极敏感的叠氮化铜。能与浓硫酸、发烟硝酸猛烈反应，甚至发生爆炸

避免接触的条件　受热、摩擦、震动、撞击

禁配物　铜、二氧化碳、强氧化剂、浓硫酸、发烟硝酸

危险的分解产物　氮氧化物、叠氮金属化合物

第十一部分　毒理学信息

急性毒性　无资料

皮肤刺激或腐蚀　无资料　**眼睛刺激或腐蚀**　无资料

呼吸或皮肤过敏　无资料　**生殖细胞突变性**　无资料

致癌性　美国政府工业卫生学家会议（ACGIH）：动物致癌物

生殖毒性　无资料

特异性靶器官系统毒性-一次接触　无资料

特异性靶器官系统毒性-反复接触　无资料

吸入危害　无资料

第十二部分　生态学信息

生态毒性　含铅化合物对水生生物有极高毒性

持久性和降解性

生物降解性　无资料

非生物降解性　无资料

潜在的生物累积性　无资料

土壤中的迁移性　无资料

第十三部分　废弃处置

废弃化学品　处置前应参阅国家和地方有关法规。在公安部门指定地点引爆

污染包装物　将容器返还生产商或按照国家和地方法规处置

废弃注意事项　处置前应参阅国家和地方有关法规。废弃处置人员必须接受过专门的爆炸性物质废弃处置培训

第十四部分　运输信息

联合国危险货物编号（UN 号）　0129

联合国运输名称　叠氮化铅，湿的，按质量计含水或乙醇和水的混合物不低于20％

联合国危险性类别　1.1A

包装类别　—　　　　　**包装标志**　

海洋污染物　否

运输注意事项　铁路暂不办理运输。起运时包装要完整，装载应稳妥。运输过程中要确保容器不泄漏、不倒塌、不坠落、不损坏。车速要加以控制，避免颠簸、震荡。不得与酸类、碱类、盐类、氧化剂、易燃可燃物、自燃物品、金属粉末等危险物品及钢铁材料器具混装。运输途中应防暴晒、雨淋，防高温。公路运输时要按规定路线行驶，中途停留时应严格选择停放地点，远离高压电源、火源和高温场所，要与其他车辆隔离并留有专人看管，禁止在居民区和人口稠密区停留

第十五部分　法规信息

下列法律、法规、规章和标准，对该化学品的管理作了相应的规定。

中华人民共和国职业病防治法　职业病分类和目录：铅及其化合物中毒

危险化学品安全管理条例　危险化学品目录：列入。易制爆危险化学品名录：未列入。重点监管的危险化学品名录：未列入。GB 18218—2009《危险化学品重大危险源辨识》（表1）：列入。类别：爆炸品，临界量（t）：0.5

使用有毒物品作业场所劳动保护条例　高毒物品目录：未

列入

易制毒化学品管理条例　易制毒化学品的分类和品种目录：未列入

国际公约　斯德哥尔摩公约：未列入。鹿特丹公约：未列入。蒙特利尔议定书：未列入

第十六部分　其他信息

编写和修订信息　　**缩略语和首字母缩写**

培训建议　　**参考文献**

免责声明

2,3-丁二酮

第一部分　化学品标识

化学品中文名　2,3-丁二酮；二乙酰；二甲基(乙)二酮；双乙酰；丁二酮

化学品英文名　2,3-butanedione；diacetyl

分子式　$C_4H_6O_2$　**分子量**　86.0892

结构式

化学品的推荐及限制用途　用作食品香料载体

第二部分　危险性概述

紧急情况概述　高度易燃液体和蒸气，吞咽有害，造成皮肤刺激，造成严重眼损伤

GHS危险性类别　易燃液体，类别2；急性毒性-经口，类别4；皮肤腐蚀/刺激，类别2；严重眼损伤/眼刺激，类别1

标签要素

象形图

警示词　危险

危险性说明　高度易燃液体和蒸气，吞咽有害，造成皮肤刺激，造成严重眼损伤

防范说明

预防措施　远离热源、火花、明火、热表面。保持容器密闭。容器和接收设备接地连接。使用防爆型电器、通风、照明设备。只能使用不产生火花的工具。采取防止静电措施。戴防护手套、防护眼镜、防护面罩。避免接触眼睛、皮肤，操作后彻底清洗。作业场所不得进食、饮水或吸烟

事故响应　火灾时，使用雾状水、泡沫、干粉、二氧化碳、砂土灭火。皮肤接触：用大量肥皂水和水清洗。如发生皮肤刺激，就医。脱去被污染的衣服，衣服经洗净后方可重新使用。接触眼睛：用水细心冲洗数分钟。如戴隐形眼镜并可方便地取出，取出隐形眼镜，继续冲洗。食入：如果感觉不适，立即呼叫中毒控制中心或就医，漱口

安全储存　存放在通风良好的地方。保持低温

废弃处置　本品及内装物、容器依据国家和地方法规处置

物理和化学危险　易燃，其蒸气与空气混合，能形成爆炸性混合物

健康危害　具有刺激性。接触后可引起恶心、头痛和呕吐。可因麻醉作用而造成呼吸中枢抑制。长期反复接触可出现皮炎和皮肤皲裂

环境危害　对环境可能有害

第三部分　成分/组成信息

√　物质　　　　　　　　　混合物

组分	浓度	CAS No.
2,3-丁二酮		431-03-8

第四部分　急救措施

吸入　迅速脱离现场至空气新鲜处。保持呼吸道通畅。如呼吸困难，给输氧。呼吸、心跳停止，立即进行心肺复苏术。就医

皮肤接触　立即脱去污染的衣着，用流动清水彻底冲洗。就医

眼睛接触　立即分开眼睑，用流动清水或生理盐水彻底冲洗5～10min。就医

食入　漱口，饮水。就医

对保护施救者的忠告　根据需要使用个人防护设备

对医生的特别提示　对症处理

第五部分　消防措施

灭火剂　用雾状水、泡沫、干粉、二氧化碳、砂土灭火

特别危险性　其蒸气与空气可形成爆炸性混合物，遇明火、高热极易燃烧爆炸。与氧化剂接触猛烈反应。流速过快，容易产生和积聚静电。蒸气比空气重，沿地面扩散并易积存于低洼处，遇火源会着火回燃。若遇高热，容器内压增大，有开裂和爆炸的危险

灭火注意事项及防护措施　消防人员必须佩戴防毒面具、穿全身消防服，在上风向灭火。尽可能将容器从火场移至空旷处。喷水保持火场容器冷却，直至灭火结束。处在火场中的容器若已变色或从安全泄压装置中发出声音，必须马上撤离

第六部分　泄漏应急处理

作业人员防护措施、防护装备和应急处置程序　消除所有点火源。根据液体流动和蒸气扩散的影响区域划定警戒区，无关人员从侧风、上风向撤离至安全区。建议应急处理人员戴正压自给式呼吸器，穿防静电服。作业时使用的所有设备应接地。禁止接触或跨越泄漏物。尽可能切断泄漏源

环境保护措施　防止泄漏物进入水体、下水道、地下室或有限空间

泄漏化学品的收容、清除方法及所使用的处置材料　小量泄漏：用砂土或其他不燃材料吸收。使用洁净的无火花工具收集吸收材料。大量泄漏：构筑围堤或挖坑收容。用粉煤灰或石灰粉吸收大量液体。用抗溶性泡沫

覆盖，减少蒸发。喷水雾能减少蒸发，但不能降低泄漏物在有限空间内的易燃性。用防爆泵转移至槽车或专用收集器内。喷雾状水驱散蒸气、稀释液体泄漏物

第七部分　操作处置与储存

操作注意事项　密闭操作，注意通风。操作人员必须经过专门培训，严格遵守操作规程。建议操作人员佩戴自吸过滤式防毒面具（半面罩），戴化学安全防护眼镜，穿防静电工作服，戴橡胶耐油手套。远离火种、热源，工作场所严禁吸烟。使用防爆型的通风系统和设备。防止蒸气泄漏到工作场所空气中。避免与氧化剂、还原剂、碱类接触。灌装时应控制流速，且有接地装置，防止静电积聚。搬运时要轻装轻卸，防止包装及容器损坏。配备相应品种和数量的消防器材及泄漏应急处理设备。倒空的容器可能残留有害物

储存注意事项　储存于阴凉、通风的库房。远离火种、热源。库温不宜超过37℃，应与氧化剂、还原剂、碱类、食用化学品分开存放，切忌混储。采用防爆型照明、通风设施。禁止使用易产生火花的机械设备和工具。储区应备有泄漏应急处理设备和合适的收容材料

第八部分　接触控制/个体防护

职业接触限值
　中国　未制定标准
　美国（ACGIH）　TLV-TWA：0.01ppm；TLV-STEL：0.02ppm
生物接触限值　未制定标准
监测方法　空气中有毒物质测定方法：未制定标准。生物监测检验方法：未制定标准
工程控制　密闭操作，注意通风
个体防护装备
　呼吸系统防护　空气中浓度超标时，必须佩戴过滤式防毒面具（半面罩）。紧急事态抢救或撤离时，应该佩戴空气呼吸器
　眼睛防护　戴化学安全防护眼镜
　皮肤和身体防护　穿防静电工作服
　手防护　戴橡胶耐油手套

第九部分　理化特性

外观与性状　微绿黄色液体，有强烈的气味
pH值　无资料　　　　**熔点(℃)**　3～4
沸点(℃)　88　　　　**相对密度(水=1)**　0.982
相对蒸气密度(空气=1)　3.00
饱和蒸气压(kPa)　7.0（20℃）
临界压力(MPa)　无资料　**辛醇/水分配系数**　无资料
闪点(℃)　26.67　　　**自燃温度(℃)**　285
爆炸下限(%)　无资料　**爆炸上限(%)**　无资料
分解温度(℃)　无资料　**黏度(mPa·s)**　无资料
燃烧热(kJ/mol)　无资料　**临界温度(℃)**　无资料
溶解性　溶于水、乙醇、乙醚

第十部分　稳定性和反应性

稳定性　稳定

危险反应　与强氧化剂、强还原剂、强碱禁配物接触，有发生火灾和爆炸的危险
避免接触的条件　无资料
禁配物　强氧化剂、强还原剂、强碱
危险的分解产物　无资料

第十一部分　毒理学信息

急性毒性　LD$_{50}$：1580mg/kg（大鼠经口）；＞5000mg/kg（兔经皮）
皮肤刺激或腐蚀　无资料　**眼睛刺激或腐蚀**　无资料
呼吸或皮肤过敏　无资料　**生殖细胞突变性**　无资料
致癌性　无资料　　　　**生殖毒性**　无资料
特异性靶器官系统毒性-一次接触　无资料
特异性靶器官系统毒性-反复接触　大鼠经口90mg/kg，90d，未引起中毒症状；剂量为540mg/kg时，引起动物发育迟缓、贫血、白细胞增多，肝、肾、肾上腺及垂体重量增加，动物剖检可见胃黏膜溃疡及发炎
吸入危害　无资料

第十二部分　生态学信息

生态毒性　无资料
持久性和降解性
　生物降解性　无资料
　非生物降解性　无资料
潜在的生物累积性　根据K_{ow}值预测，该物质的生物累积性可能较弱
土壤中的迁移性　根据K_{oc}值预测，该物质可能易发生迁移

第十三部分　废弃处置

废弃化学品　建议用焚烧法处置
污染包装物　将容器返还生产商或按照国家和地方法规处置
废弃注意事项　处置前应参阅国家和地方有关法规

第十四部分　运输信息

联合国危险货物编号（UN号）　2346
联合国运输名称　丁二酮
联合国危险性类别　3

包装类别　Ⅱ　　　　　　**包装标志**　

海洋污染物　否
运输注意事项　运输时运输车辆应配备相应品种和数量的消防器材及泄漏应急处理设备。夏季最好早晚运输。运输时所用的槽（罐）车应有接地链，槽内可设孔隔板以减少震荡产生的静电。严禁与氧化剂、还原剂、碱类、食用化学品等混装混运。运输途中应防暴晒、雨淋，防高温。中途停留时应远离火种、热源、高温区。装运该物品的车辆排气管必须配备阻火装置，禁止使用易产生火花的机械设备和工具装卸。公路运输时要按规定路线行驶，勿在居民区和人口稠密区停

留。铁路运输时要禁止溜放。严禁用木船、水泥船散装运输

第十五部分 法规信息

下列法律、法规、规章和标准，对该化学品的管理作了相应的规定。

中华人民共和国职业病防治法 职业病分类和目录：未列入

危险化学品安全管理条例 危险化学品目录：列入。易制爆危险化学品名录：未列入。重点监管的危险化学品名录：未列入。GB 18218—2009《危险化学品重大危险源辨识》（表1）：未列入

使用有毒物品作业场所劳动保护条例 高毒物品目录：未列入

易制毒化学品管理条例 易制毒化学品的分类和品种目录：未列入

国际公约 斯德哥尔摩公约：未列入。鹿特丹公约：未列入。蒙特利尔议定书：未列入

第十六部分 其他信息

编写和修订信息　　　　缩略语和首字母缩写
培训建议　　　　　　　参考文献
免责声明

丁基磷酸

第一部分 化学品标识

化学品中文名 丁基磷酸；酸式磷酸丁酯
化学品英文名 butyl acid phosphate；butyl phosphoric acid
分子式 $C_4H_{11}O_4P$ **分子量** 154.1
结构式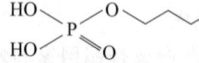
化学品的推荐及限制用途 用于塑料工业

第二部分 危险性概述

紧急情况概述 造成严重的皮肤灼伤和眼损伤
GHS 危险性类别 皮肤腐蚀/刺激，类别1；严重眼损伤/眼刺激，类别1
标签要素

象形图

警示词 危险
危险性说明 造成严重的皮肤灼伤和眼损伤
防范说明

预防措施 避免吸入烟雾。避免接触眼睛、皮肤，操作后彻底清洗。戴防护手套，穿防护服，戴防护眼镜、防护面罩

事故响应 如吸入：将患者转移到空气新鲜处，休息，保持利于呼吸的体位，立即呼叫中毒控制中心或就医。皮肤（或头发）接触：立即脱掉所有被污染的衣服，用水冲洗皮肤，淋浴。污

染的衣服须洗净后方可重新使用。眼睛接触：用水细心地冲洗数分钟。如戴隐形眼镜并可方便地取出，则取出隐形眼镜，继续冲洗。食入：漱口，不要催吐

安全储存 上锁保管
废弃处置 本品及内装物、容器依据国家和地方法规处置

物理和化学危险 可燃，无特殊燃爆特性
健康危害 对皮肤、眼睛和黏膜有腐蚀性。可致眼、皮肤灼伤。吸入对呼吸道有强烈刺激作用引起咳嗽、气短。遇热分解释出高毒的烟雾
环境危害 对环境可能有害

第三部分 成分/组成信息

　√ 物质　　　　　　　混合物

组分	浓度	CAS No.
丁基磷酸		12788-93-1

第四部分 急救措施

吸入 迅速脱离现场至空气新鲜处。保持呼吸道通畅。如呼吸困难，给输氧。如呼吸、心跳停止，立即进行心肺复苏术。就医
皮肤接触 立即脱去污染的衣着，用大量流动清水彻底冲洗至少15min。就医
眼睛接触 立即分开眼睑，用流动清水或生理盐水彻底冲洗5～10min。就医
食入 用水漱口，禁止催吐。给饮牛奶或蛋清。就医
对保护施救者的忠告 根据需要使用个人防护设备
对医生的特别提示 对症处理

第五部分 消防措施

灭火剂 用雾状水、泡沫、干粉、二氧化碳、砂土灭火
特别危险性 遇明火、高热可燃。与氧化剂可发生反应。受热分解产生有毒的烟气。具有腐蚀性。若遇高热，容器内压增大，有开裂和爆炸的危险
灭火注意事项及防护措施 消防人员必须穿全身耐酸碱消防服、佩戴空气呼吸器灭火。尽可能将容器从火场移至空旷处。喷水保持火场容器冷却，直至灭火结束。处在火场中的容器若已变色或从安全泄压装置中发出声音，必须马上撤离

第六部分 泄漏应急处理

作业人员防护措施、防护装备和应急处置程序 根据液体流动和蒸气扩散的影响区域划定警戒区，无关人员从侧风向、上风向撤离至安全区。消除所有点火源。建议应急处理人员戴正压自给式呼吸器，穿防酸碱服。穿上适当的防护服前严禁接触破裂的容器和泄漏物。尽可能切断泄漏源
环境保护措施 防止泄漏物进入水体、下水道、地下室或有限空间
泄漏化学品的收容、清除方法及所使用的处置材料 小量泄漏：用干燥的砂土或其他不燃材料吸收或覆盖，收集于容器中。大量泄漏：构筑围堤或挖坑收容。用耐

腐蚀泵转移至槽车或专用收集器内

第七部分 操作处置与储存

操作注意事项 密闭操作，局部排风。防止蒸气泄漏到工作场所空气中。操作人员必须经过专门培训，严格遵守操作规程。建议操作人员佩戴自吸过滤式防毒面具（半面罩），戴化学安全防护眼镜，穿橡胶耐酸碱服，戴橡胶耐酸碱手套。远离火种、热源，工作场所严禁吸烟。使用防爆型的通风系统和设备。在清除液体和蒸气前不能进行焊接、切割等作业。避免产生烟雾。避免与氧化剂、碱类接触。配备相应品种和数量的消防器材及泄漏应急处理设备。倒空的容器可能残留有害物

储存注意事项 储存于阴凉、通风的库房。远离火种、热源。防止阳光直射。保持容器密封。应与氧化剂、碱类分开存放，切忌混储。配备相应品种和数量的消防器材。储区应备有泄漏应急处理设备和合适的收容材料

第八部分 接触控制/个体防护

职业接触限值
中国 未制定标准
美国（ACGIH） 未制定标准
生物接触限值 未制定标准
监测方法 空气中有毒物质测定方法：未制定标准。生物监测检验方法：未制定标准
工程控制 密闭操作，局部排风
个体防护装备
呼吸系统防护 空气中浓度超标时，必须佩戴过滤式防毒面具（半面罩）。紧急事态抢救或撤离时，应该佩戴空气呼吸器
眼睛防护 戴化学安全防护眼镜
皮肤和身体防护 穿橡胶耐酸碱服
手防护 戴橡胶耐酸碱手套

第九部分 理化特性

外观与性状 无色至浅黄色液体
pH 值 无资料　　**熔点（℃）** 无资料
沸点（℃） 无资料
相对密度（水=1） 1.120～1.125
相对蒸气密度（空气＝1） 无资料
饱和蒸气压（kPa） 无资料
临界压力（MPa） 无资料　**辛醇/水分配系数** 0.28
闪点（℃） 110　　**自燃温度（℃）** 无资料
爆炸下限（%） 无资料　**爆炸上限（%）** 无资料
分解温度（℃） 无资料　**黏度（mPa·s）** 无资料
燃烧热（kJ/mol） 无资料　**临界温度（℃）** 无资料
溶解性 不溶于水，溶于醇

第十部分 稳定性和反应性

稳定性 稳定
危险反应 与强氧化剂、强碱等禁配物发生反应
避免接触的条件 受热

禁配物 强氧化剂、强碱
危险的分解产物 氧化磷

第十一部分 毒理学信息

急性毒性 无资料
皮肤刺激或腐蚀 无资料　**眼睛刺激或腐蚀** 无资料
呼吸或皮肤过敏 无资料　**生殖细胞突变性** 无资料
致癌性 无资料　　　　**生殖毒性** 无资料
特异性靶器官系统毒性-一次接触 无资料
特异性靶器官系统毒性-反复接触 无资料
吸入危害 无资料

第十二部分 生态学信息

生态毒性 无资料
持久性和降解性
生物降解性 无资料
非生物降解性 无资料
潜在的生物累积性 无资料
土壤中的迁移性 无资料

第十三部分 废弃处置

废弃化学品 若可能，重复使用容器或在规定场所掩埋
污染包装物 将容器返还生产商或按照国家和地方法规处置
废弃注意事项 处置前应参阅国家和地方有关法规

第十四部分 运输信息

联合国危险货物编号（UN 号） 1718
联合国运输名称 磷酸二氢丁酯
联合国危险性类别 8

包装类别 Ⅲ　　　　**包装标志**

海洋污染物 否
运输注意事项 起运时包装要完整，装载应稳妥。运输过程中要确保容器不泄漏、不倒塌、不坠落、不损坏。严禁与氧化剂、碱类、食用化学品等混装混运。运输时运输车辆应配备相应品种和数量的消防器材及泄漏应急处理设备。运输途中应防暴晒、雨淋，防高温。公路运输时要按规定路线行驶，勿在居民区和人口稠密区停留

第十五部分 法规信息

下列法律、法规、规章和标准，对该化学品的管理作了相应的规定。
中华人民共和国职业病防治法 职业病分类和目录：未列入
危险化学品安全管理条例 危险化学品目录：列入。易制爆危险化学品名录：未列入。重点监管的危险化学品名录：未列入。GB 18218—2009《危险化学品重大危险源辨识》（表1）：未列入
使用有毒物品作业场所劳动保护条例 高毒物品目录：未

列入

易制毒化学品管理条例　易制毒化学品的分类和品种目录：未列入

国际公约　斯德哥尔摩公约：未列入。鹿特丹公约：未列入。蒙特利尔议定书：未列入

第十六部分　其他信息

编写和修订信息　　**缩略语和首字母缩写**

培训建议　　**参考文献**

免责声明

2-丁基硫醇

第一部分　化学品标识

化学品中文名　2-丁基硫醇；仲丁硫醇；丁硫醇

化学品英文名　*sec*-butyl mercaptan；2-butanethiol

分子式　C$_4$H$_{10}$S　**分子量**　90.187

结构式

化学品的推荐及限制用途　用作溶剂、有机合成中间体

第二部分　危险性概述

紧急情况概述　高度易燃液体和蒸气，造成严重眼刺激，可能导致皮肤过敏反应，可能引起呼吸道刺激

GHS危险性类别　易燃液体，类别2；严重眼损伤/眼刺激，类别2；皮肤致敏物，类别1；特异性靶器官毒性——一次接触，类别3（呼吸道刺激）；危害水生环境-急性危害，类别2；危害水生环境-长期危害，类别2

标签要素

象形图

警示词　危险

危险性说明　高度易燃液体和蒸气，造成严重眼刺激，可能导致皮肤过敏反应，可能引起呼吸道刺激，对水生生物有毒并具有长期持续影响

防范说明

预防措施　远离热源、火花、明火、热表面。禁止吸烟。保持容器密闭。容器和接收设备接地连接。使用防爆型电器、通风、照明设备。只能使用不产生火花的工具。采取防止静电措施。戴防护手套、防护眼镜、防护面罩。避免接触眼睛、皮肤，操作后彻底清洗。避免吸入蒸气、雾。污染的工作服不得带出工作场所。禁止排入环境

事故响应　火灾时，使用泡沫、干粉、二氧化碳、砂土灭火。如皮肤（或头发）接触：立即脱掉所有被污染的衣服，用水冲洗皮肤，淋浴。污染的衣服清洗后方可重新使用。如出现皮肤刺激或皮疹：就医。如接触眼睛：用水小心冲洗数分钟。如戴隐形眼镜并可方便地取出，取出

隐形眼镜，继续冲洗。如果眼睛刺激持续：就医。收集泄漏物

安全储存　存放在通风良好的地方。保持低温

废弃处置　本品及内装物、容器依据国家和地方法规处置

物理和化学危险　极易燃，其蒸气与空气混合，能形成爆炸性混合物

健康危害　如吸入或口服，对机体有害。蒸气或雾对眼和上呼吸道有刺激性。对皮肤有刺激性。接触后引起头痛、恶心和呕吐

环境危害　对水生生物有毒并具有长期持续影响

第三部分　成分/组成信息

√ 物质　　　　　　　混合物

组分	浓度	CAS No.
2-丁基硫醇		513-53-1

第四部分　急救措施

吸入　迅速脱离现场至空气新鲜处。保持呼吸道通畅。如呼吸困难，给输氧。呼吸、心跳停止，立即进行心肺复苏术。就医

皮肤接触　立即脱去污染的衣着，用流动清水彻底冲洗。就医

眼睛接触　立即分开眼睑，用流动清水或生理盐水彻底冲洗。就医

食入　漱口，饮水。就医

对保护施救者的忠告　根据需要使用个人防护设备

对医生的特别提示　对症处理

第五部分　消防措施

灭火剂　用泡沫、干粉、二氧化碳、砂土灭火

特别危险性　其蒸气与空气可形成爆炸性混合物，遇明火、高热极易燃烧爆炸。与氧化剂接触猛烈反应。受热分解或与酸类接触放出有毒气体。流速过快，容易产生和积聚静电。蒸气比空气重，沿地面扩散并易积存于低洼处，遇火源会着火回燃。若遇高热，容器内压增大，有开裂和爆炸的危险

灭火注意事项及防护措施　消防人员必须佩戴防毒面具、穿全身消防服，在上风向灭火。尽可能将容器从火场移至空旷处。喷水保持火场容器冷却，直至灭火结束。处在火场中的容器若已变色或从安全泄压装置中发出声音，必须马上撤离。用水灭火无效

第六部分　泄漏应急处理

作业人员防护措施、防护装备和应急处置程序　消除所有点火源。根据液体流动和蒸气扩散的影响区域划定警戒区，无关人员从侧风、上风向撤离至安全区。建议应急处理人员戴正压自给式呼吸器，穿防静电服。作业时使用的所有设备应接地。禁止接触或跨越泄漏物。尽可能切断泄漏源

环境保护措施　防止泄漏物进入水体、下水道、地下室或有限空间

泄漏化学品的收容、清除方法及所使用的处置材料　小量

泄漏：用砂土或其他不燃材料吸收。使用洁净的无火花工具收集吸收材料。大量泄漏：构筑围堤或挖坑收容。用泡沫覆盖，减少蒸发。喷水雾能减少蒸发，但不能降低泄漏物在有限空间内的易燃性。用防爆泵转移至槽车或专用收集器内

第七部分　操作处置与储存

操作注意事项　密闭操作，局部排风。操作人员必须经过专门培训，严格遵守操作规程。建议操作人员佩戴自吸过滤式防毒面具（半面罩），戴化学安全防护眼镜，穿防静电工作服，戴橡胶手套。远离火种、热源，工作场所严禁吸烟。使用防爆型的通风系统和设备。防止蒸气泄漏到工作场所空气中。避免与氧化剂、酸类、碱金属接触。灌装时应控制流速，且有接地装置，防止静电积聚。搬运时要轻装轻卸，防止包装及容器损坏。配备相应品种和数量的消防器材及泄漏应急处理设备。倒空的容器可能残留有害物

储存注意事项　储存于阴凉、通风的库房。远离火种、热源。库温不宜超过29℃，包装要求密封，不可与空气接触。应与氧化剂、酸类、碱金属等分开存放，切忌混储。采用防爆型照明、通风设施。禁止使用易产生火花的机械设备和工具。储区应备有泄漏应急处理设备和合适的收容材料

第八部分　接触控制/个体防护

职业接触限值

中国　未制定标准

美国（ACGIH）　未制定标准

生物接触限值　未制定标准

监测方法　空气中有毒物质测定方法：未制定标准。生物监测检验方法：未制定标准

工程控制　密闭操作，局部排风

个体防护装备

呼吸系统防护　空气中浓度超标时，必须佩戴过滤式防毒面具（半面罩）。紧急事态抢救或撤离时，应该佩戴空气呼吸器

眼睛防护　戴化学安全防护眼镜

皮肤和身体防护　穿防静电工作服

手防护　戴橡胶手套

第九部分　理化特性

外观与性状　无色液体，有不愉快气味

pH值　无资料　　　　　**熔点(℃)**　−140.1

沸点(℃)　84.6～85.2　　**相对密度(水＝1)**　0.83

相对蒸气密度(空气＝1)　3.11

饱和蒸气压(kPa)　无资料

临界压力(MPa)　无资料　　**辛醇/水分配系数**　无资料

闪点(℃)　−10　　　　　**自燃温度(℃)**　无资料

爆炸下限(%)　无资料　　**爆炸上限(%)**　无资料

分解温度(℃)　无资料　　**黏度(mPa·s)**　无资料

燃烧热(kJ/mol)　无资料　　**临界温度(℃)**　无资料

溶解性　溶于乙醇、乙醚、苯等

第十部分　稳定性和反应性

稳定性　稳定

危险反应　与强氧化剂等禁配物接触，有引起燃烧爆炸的危险。受热分解或与酸类接触放出有毒气体

避免接触的条件　无资料

禁配物　强氧化剂、酸类、酸酐、酰基氯、碱金属

危险的分解产物　硫化氢、氧化硫

第十一部分　毒理学信息

急性毒性　LD$_{50}$：5176mg/kg（大鼠经口）

皮肤刺激或腐蚀　无资料　**眼睛刺激或腐蚀**　无资料

呼吸或皮肤过敏　无资料　**生殖细胞突变性**　无资料

致癌性　无资料　　　　**生殖毒性**　无资料

特异性靶器官系统毒性-一次接触　无资料

特异性靶器官系统毒性-反复接触　无资料

吸入危害　无资料

第十二部分　生态学信息

生态毒性　根据结构类似物质预测，该物质对水生生物有毒。加拿大现有化学品分类项目（CCR）使用 Ecosar v0.99g、Oasis Forecast M v1.10、Aster、PNN 等 QSAR 模型进行预测：LC$_{50}$ 为 4.53～84.402mg/L（鱼类）

持久性和降解性

生物降解性　无资料

非生物降解性　无资料

潜在的生物累积性　根据 K_{ow} 值预测，该物质的生物累积性可能较弱

土壤中的迁移性　根据 K_{oc} 值预测，该物质可能有一定的迁移性

第十三部分　废弃处置

废弃化学品　用焚烧法处置。焚烧炉排出的硫氧化物通过洗涤器除去

污染包装物　将容器返还生产商或按照国家和地方法规处置

废弃注意事项　处置前应参阅国家和地方有关法规

第十四部分　运输信息

联合国危险货物编号（UN号）　2347

联合国运输名称　丁硫醇

联合国危险性类别　3

包装类别　Ⅱ　　　　　**包装标志**　

海洋污染物　是

运输注意事项　运输时运输车辆应配备相应品种和数量的消防器材及泄漏应急处理设备。夏季最好早晚运输。运输时所用的槽（罐）车应有接地链，槽内可设孔隔板以减少震荡产生的静电。严禁与氧化剂、酸类、碱金属、食用化学品等混装混运。运输途中应防暴晒、雨淋，防高

温。中途停留时应远离火种、热源、高温区。装运该物品的车辆排气管必须配备阻火装置，禁止使用易产生火花的机械设备和工具装卸。公路运输时要按规定路线行驶，勿在居民区和人口稠密区停留。铁路运输时要禁止溜放。严禁用木船、水泥船散装运输

第十五部分　法规信息

下列法律、法规、规章和标准，对该化学品的管理作了相应的规定。

中华人民共和国职业病防治法　职业病分类和目录：未列入

危险化学品安全管理条例　危险化学品目录：列入。易制爆危险化学品名录：未列入。重点监管的危险化学品名录：未列入。GB 18218—2009《危险化学品重大危险源辨识》（表1）：未列入

使用有毒物品作业场所劳动保护条例　高毒物品目录：未列入

易制毒化学品管理条例　易制毒化学品的分类和品种目录：未列入

国际公约　斯德哥尔摩公约：未列入。鹿特丹公约：未列入。蒙特利尔议定书：未列入

第十六部分　其他信息

编写和修订信息　　　　缩略语和首字母缩写
培训建议　　　　　　　参考文献
免责声明

丁酸烯丙酯

第一部分　化学品标识

化学品中文名　丁酸烯丙酯
化学品英文名　allyl butyrate；butyric acid allyl ester
分子式　$C_7H_{12}O_2$　**分子量**　128.169

结构式　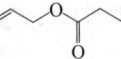

化学品的推荐及限制用途　用于有机合成

第二部分　危险性概述

紧急情况概述　易燃液体和蒸气，吞咽会中毒，皮肤接触会中毒

GHS危险性类别　易燃液体，类别3；急性毒性-经口，类别3；急性毒性-经皮，类别3

标签要素

象形图　

警示词　危险
危险性说明　易燃液体和蒸气，吞咽会中毒，皮肤接触会中毒
防范说明
　　预防措施　远离热源、火花、明火、热表面。保持容器密闭。容器和接收设备接地连接。使用防

爆型电器、通风、照明设备。只能使用不产生火花的工具。采取防止静电措施。戴防护手套、防护眼镜、防护面罩。避免接触眼睛、皮肤，操作后彻底清洗。作业场所不得进食、饮水或吸烟

事故响应　火灾时，使用雾状水、泡沫、干粉、二氧化碳、砂土灭火。皮肤接触：用大量肥皂水和水清洗，立即脱去所有被污染的衣服，如感觉不适，呼叫中毒控制中心或就医。被污染的衣服必须经洗净后方可重新使用。食入：立即呼叫中毒控制中心或就医，漱口

安全储存　存放在通风良好的地方。保持低温。上锁保管

废弃处置　本品及内装物、容器依据国家和地方法规处置

物理和化学危险　易燃，其蒸气与空气混合，能形成爆炸性混合物。容易自聚

健康危害　吸入、摄入或经皮肤吸收后对身体有害。有刺激作用

环境危害　对环境可能有害

第三部分　成分/组成信息

√物质　　　　　　　　　混合物

组分	浓度	CAS No.
丁酸烯丙酯		2051-78-7

第四部分　急救措施

吸入　迅速脱离现场至空气新鲜处。保持呼吸道通畅。如呼吸困难，给输氧。呼吸、心跳停止，立即进行心肺复苏术。就医

皮肤接触　立即脱去污染的衣着，用流动清水彻底冲洗。就医

眼睛接触　立即分开眼睑，用流动清水或生理盐水彻底冲洗。就医

食入　漱口，饮水。就医

对保护施救者的忠告　根据需要使用个人防护设备

对医生的特别提示　对症处理

第五部分　消防措施

灭火剂　用雾状水、泡沫、干粉、二氧化碳、砂土灭火

特别危险性　其蒸气与空气可形成爆炸性混合物，遇明火、高热能引起燃烧爆炸。与氧化剂可发生反应。流速过快，容易产生和积聚静电。容易自聚，聚合反应随着温度的上升而急骤加剧。若遇高热，容器内压增大，有开裂和爆炸的危险

灭火注意事项及防护措施　消防人员必须佩戴防毒面具、穿全身消防服，在上风向灭火。尽可能将容器从火场移至空旷处。喷水保持火场容器冷却，直至灭火结束。处在火场中的容器若已变色或从安全泄压装置中发出声音，必须马上撤离

第六部分　泄漏应急处理

作业人员防护措施、防护装备和应急处置程序　消除所有

点火源。根据液体流动和蒸气扩散的影响区域划定警
戒区，无关人员从侧风、上风向撤离至安全区。建议
应急处理人员戴正压自给式呼吸器，穿防毒、防静电
服。作业时使用的所有设备应接地。禁止接触或跨越
泄漏物。尽可能切断泄漏源

环境保护措施　防止泄漏物进入水体、下水道、地下室或
有限空间

泄漏化学品的收容、清除方法及所使用的处置材料　小量
泄漏：用砂土或其他不燃材料吸收。使用洁净的无火
花工具收集吸收材料。大量泄漏：构筑围堤或挖坑收
容。用泡沫覆盖，减少蒸发。喷水雾能减少蒸发，但
不能降低泄漏物在有限空间内的易燃性。用防爆泵转
移至槽车或专用收集器内

第七部分　操作处置与储存

操作注意事项　密闭操作，全面通风。操作人员必须经过
专门培训，严格遵守操作规程。建议操作人员佩戴自
吸过滤式防毒面具（半面罩），戴化学安全防护眼镜，
穿防静电工作服，戴橡胶耐油手套。远离火种、热
源，工作场所严禁吸烟。使用防爆型的通风系统和设
备。防止蒸气泄漏到工作场所空气中。避免与氧化
剂、酸类、碱类接触。充装时要控制流速，防止静电
积聚。搬运时要轻装轻卸，防止包装及容器损坏。配
备相应品种和数量的消防器材及泄漏应急处理设备。
倒空的容器可能残留有害物

储存注意事项　储存于阴凉、通风的库房。远离火种、热
源。库温不宜超过37℃，应与氧化剂、酸类、碱类、
食用化学品分开存放，切忌混储。不宜大量储存或久
存。采用防爆型照明、通风设施。禁止使用易产生火
花的机械设备和工具。储区应备有泄漏应急处理设备
和合适的收容材料

第八部分　接触控制/个体防护

职业接触限值
　中国　未制定标准
　美国（ACGIH）　未制定标准
生物接触限值　未制定标准
监测方法　空气中有毒物质测定方法：未制定标准。生物
　监测检验方法：未制定标准
工程控制　生产过程密闭，全面通风。提供安全淋浴和洗
　眼设备
个体防护装备
　呼吸系统防护　空气中浓度超标时，必须佩戴过滤式
　　防毒面具（半面罩）。紧急事态抢救或撤离时，
　　应该佩戴空气呼吸器
　眼睛防护　戴化学安全防护眼镜
　皮肤和身体防护　穿防静电工作服
　手防护　戴橡胶耐油手套

第九部分　理化特性

外观与性状　无色液体

pH值　无资料		**熔点（℃）**　无资料	
沸点（℃）　143		**相对密度（水＝1）**　0.90	

相对蒸气密度（空气＝1）　无资料
饱和蒸气压（kPa）　2.00（45℃）

临界压力（MPa）　无资料	**辛醇/水分配系数**　无资料
闪点（℃）　41.67	**自燃温度（℃）**　无资料
爆炸下限（%）　无资料	**爆炸上限（%）**　无资料
分解温度（℃）　无资料	**黏度（mPa·s）**　无资料
燃烧热（kJ/mol）　无资料	**临界温度（℃）**　无资料

溶解性　不溶于水，溶于乙醇、乙醚

第十部分　稳定性和反应性

稳定性　稳定
危险反应　与强氧化剂等禁配物接触，有发生火灾和爆炸
　的危险。容易发生自聚反应
避免接触的条件　无资料
禁配物　强氧化剂、强酸、强碱
危险的分解产物　无资料

第十一部分　毒理学信息

急性毒性　LD$_{50}$：250mg/kg（大鼠经口），530mg/kg
　（兔经皮）

皮肤刺激或腐蚀　无资料		**眼睛刺激或腐蚀**　无资料	
呼吸或皮肤过敏　无资料		**生殖细胞突变性**　无资料	
致癌性　无资料		**生殖毒性**　无资料	

特异性靶器官系统毒性-一次接触　无资料
特异性靶器官系统毒性-反复接触　无资料
吸入危害　无资料

第十二部分　生态学信息

生态毒性　无资料
持久性和降解性
　生物降解性　无资料
　非生物降解性　无资料
潜在的生物累积性　无资料
土壤中的迁移性　无资料

第十三部分　废弃处置

废弃化学品　建议用焚烧法处置
污染包装物　将容器返还生产商或按照国家和地方法规
　处置
废弃注意事项　处置前应参阅国家和地方有关法规

第十四部分　运输信息

联合国危险货物编号（UN号）　1390
联合国运输名称　易燃液体，毒性，未另作规定的（丁酸
　烯丙酯）
联合国危险性类别　3，6.1
包装类别　Ⅲ
包装标志　

海洋污染物　否
运输注意事项　运输时运输车辆应配备相应品种和数量的

消防器材及泄漏应急处理设备。夏季最好早晚运输。运输时所用的槽（罐）车应有接地链，槽内可设孔隔板以减少震荡产生的静电。严禁与氧化剂、酸类、碱类、食用化学品等混装混运。运输途中应防暴晒、雨淋，防高温。中途停留时应远离火种、热源、高温区。装运该物品的车辆排气管必须配备阻火装置，禁止使用易产生火花的机械设备和工具装卸。公路运输时要按规定路线行驶，勿在居民区和人口稠密区停留。铁路运输时要禁止溜放。严禁用木船、水泥船散装运输

第十五部分　法规信息

下列法律、法规、规章和标准，对该化学品的管理作了相应的规定。

中华人民共和国职业病防治法　职业病分类和目录：未列入

危险化学品安全管理条例　危险化学品目录：列入。易制爆危险化学品名录：未列入。重点监管的危险化学品名录：未列入。GB 18218—2009《危险化学品重大危险源辨识》（表1）：未列入

使用有毒物品作业场所劳动保护条例　高毒物品目录：未列入

易制毒化学品管理条例　易制毒化学品的分类和品种目录：未列入

国际公约　斯德哥尔摩公约：未列入。鹿特丹公约：未列入。蒙特利尔议定书：未列入

第十六部分　其他信息

编写和修订信息　　　缩略语和首字母缩写
培训建议　　　　　　参考文献
免责声明

2-丁烯-1-醇

第一部分　化学品标识

化学品中文名　2-丁烯-1-醇；巴豆醇；丁烯醇；2-丁烯醇
化学品英文名　2-buten-1-ol；crotonyl alcohol
分子式　C_4H_8O　**分子量**　72.1057
结构式
化学品的推荐及限制用途　用作化学中间体，制造杀虫剂、增塑剂、药品、涂料等

第二部分　危险性概述

紧急情况概述　易燃液体和蒸气，吞咽有害，皮肤接触有害
GHS危险性类别　易燃液体，类别3；急性毒性-经口，类别4；急性毒性-经皮，类别4
标签要素

象形图

警示词　警告

危险性说明　易燃液体和蒸气，吞咽有害，皮肤接触有害
防范说明

预防措施　远离热源、火花、明火、热表面。保持容器密闭。容器和接收设备接地连接。使用防爆型电器、通风、照明设备。只能使用不产生火花的工具。采取防止静电措施。戴防护手套、防护眼镜、防护面罩，穿防护服。避免接触眼睛、皮肤，操作后彻底清洗。作业场所不得进食、饮水或吸烟

事故响应　火灾时，使用雾状水、泡沫、干粉、二氧化碳、砂土灭火。皮肤接触：用大量肥皂水和水清洗。如感觉不适，呼叫中毒控制中心或就医。被污染的衣服必须经洗净后方可重新使用。食入：如果感觉不适，立即呼叫中毒控制中心或就医。漱口

安全储存　存放在通风良好的地方。保持低温
废弃处置　本品及内装物、容器依据国家和地方法规处置

物理和化学危险　易燃，其蒸气与空气混合，能形成爆炸性混合物。容易自聚
健康危害　吸入、摄入或经皮肤吸收对身体有害。高浓度丁烯醇对眼睛、皮肤、黏膜和呼吸道有强烈的刺激作用。中毒表现有烧灼感、咳嗽、喘息、喉炎、气短、头痛、恶心和呕吐
环境危害　对环境可能有害

第三部分　成分/组成信息

√ 物质　　　　　　　　　　　混合物

组分	浓度	CAS No.
2-丁烯-1-醇		6117-91-5

第四部分　急救措施

吸入　迅速脱离现场至空气新鲜处。保持呼吸道通畅。如呼吸困难，给输氧。呼吸、心跳停止，立即进行心肺复苏术。就医
皮肤接触　立即脱去污染的衣着，用流动清水彻底冲洗。就医
眼睛接触　立即分开眼睑，用流动清水或生理盐水彻底冲洗。就医
食入　漱口，饮水。就医
对保护施救者的忠告　根据需要使用个人防护设备
对医生的特别提示　对症处理

第五部分　消防措施

灭火剂　用雾状水、泡沫、干粉、二氧化碳、砂土灭火
特别危险性　其蒸气与空气可形成爆炸性混合物，遇明火、高热能引起燃烧爆炸。与氧化剂可发生反应。容易自聚，聚合反应随着温度的上升而急骤加剧。蒸气比空气重，沿地面扩散并易积存于低洼处，遇火源会着火回燃。若遇高热，容器内压增大，有开裂和爆炸的危险
灭火注意事项及防护措施　消防人员必须佩戴空气呼吸

器、穿全身防火防毒服，在上风向灭火。尽可能将容器从火场移至空旷处。喷水保持火场容器冷却，直至灭火结束。处在火场中的容器若已变色或从安全泄压装置中发出声音，必须马上撤离

第六部分　泄漏应急处理

作业人员防护措施、防护装备和应急处置程序　消除所有点火源。根据液体流动和蒸气扩散的影响区域划定警戒区，无关人员从侧风、上风向撤离至安全区。建议应急处理人员戴正压自给式呼吸器，穿防毒、防静电服。作业时使用的所有设备应接地。禁止接触或跨越泄漏物。尽可能切断泄漏源

环境保护措施　防止泄漏物进入水体、下水道、地下室或有限空间

泄漏化学品的收容、清除方法及所使用的处置材料　小量泄漏：用砂土或其他不燃材料吸收。使用洁净的无火花工具收集吸收材料。大量泄漏：构筑围堤或挖坑收容。用抗溶性泡沫覆盖，减少蒸发。喷水雾能减少蒸发，但不能降低泄漏物在有限空间内的易燃性。用防爆泵转移至槽车或专用收集器内

第七部分　操作处置与储存

操作注意事项　密闭操作，提供充分的局部排风。操作人员必须经过专门培训，严格遵守操作规程。建议操作人员佩戴自吸过滤式防毒面具（全面罩），穿胶布防毒衣，戴橡胶手套。远离火种、热源，工作场所严禁吸烟。使用防爆型的通风系统和设备。防止蒸气泄漏到工作场所空气中。避免与氧化剂、还原剂、酸类接触。充装要控制流速，防止静电积聚。搬运时要轻装轻卸，防止包装及容器损坏。配备相应品种和数量的消防器材及泄漏应急处理设备。倒空的容器可能残留有害物

储存注意事项　储存于阴凉、通风的库房。远离火种、热源。库温不宜超过37℃，应与氧化剂、还原剂、酸类、食用化学品分开存放，切忌混储。不宜大量储存或久存。采用防爆型照明、通风设施。禁止使用易产生火花的机械设备和工具。储区应备有泄漏应急处理设备和合适的收容材料

第八部分　接触控制/个体防护

职业接触限值
中国　未制定标准
美国（ACGIH）　未制定标准
生物接触限值　未制定标准
监测方法　空气中有毒物质测定方法：未制定标准。生物监测检验方法：未制定标准
工程控制　严加密闭，提供充分的局部排风。提供安全淋浴和洗眼设备
个体防护装备
呼吸系统防护　空气中浓度超标时，必须佩戴过滤式防毒面具（全面罩）。紧急事态抢救或撤离时，应该佩戴空气呼吸器
眼睛防护　呼吸系统防护中已作防护

皮肤和身体防护　穿密闭型防毒服
手防护　戴橡胶手套

第九部分　理化特性

外观与性状　无色液体，有特殊气味

pH 值　无资料	**熔点（℃）**　−90.15（顺式）
沸点（℃）　121~122	**相对密度（水＝1）**　0.845
相对蒸气密度（空气＝1）　2.49	
饱和蒸气压（kPa）　无资料	
临界压力（MPa）　无资料	**辛醇/水分配系数**　0.54
闪点（℃）　37	**自燃温度（℃）**　349
爆炸下限（%）　4.2	**爆炸上限（%）**　35.3
分解温度（℃）　无资料	**黏度（mPa・s）**　无资料
燃烧热（kJ/mol）　无资料	**临界温度（℃）**　无资料

溶解性　溶于水、乙醇、乙醚

第十部分　稳定性和反应性

稳定性　稳定

危险反应　与强酸、强氧化剂、强还原剂、酰基氯、酸酐等禁配物接触，有引起燃烧爆炸的危险。容易发生自聚反应

避免接触的条件　无资料

禁配物　强酸、强氧化剂、强还原剂、酰基氯、酸酐

危险的分解产物　无资料

第十一部分　毒理学信息

急性毒性　LD_{50}：793mg/kg（大鼠经口）；1084mg/kg（兔经皮）

皮肤刺激或腐蚀　无资料　　**眼睛刺激或腐蚀**　无资料

呼吸或皮肤过敏　无资料　　**生殖细胞突变性**　无资料

致癌性　无资料　　　　　　**生殖毒性**　无资料

特异性靶器官系统毒性—一次接触　无资料

特异性靶器官系统毒性-反复接触　无资料

吸入危害　无资料

第十二部分　生态学信息

生态毒性　无资料

持久性和降解性
生物降解性　无资料
非生物降解性　无资料

潜在的生物累积性　无资料

土壤中的迁移性　无资料

第十三部分　废弃处置

废弃化学品　建议用焚烧法处置

污染包装物　将容器返还生产商或按照国家和地方法规处置

废弃注意事项　处置前应参阅国家和地方有关法规

第十四部分　运输信息

联合国危险货物编号（UN 号）　1987

联合国运输名称　醇类，未另作规定的（2-丁烯-1-醇）

联合国危险性类别　3

包装类别　　Ⅲ　　　　　　包装标志

海洋污染物　否

运输注意事项　运输时运输车辆应配备相应品种和数量的消防器材及泄漏应急处理设备。夏季最好早晚运输。运输时所用的槽（罐）车应有接地链，槽内可设孔隔板以减少震荡产生的静电。严禁与氧化剂、还原剂、酸类、食用化品等混装混运。运输途中应防暴晒、雨淋，防高温。中途停留时应远离火种、热源、高温区。装运该物品的车辆排气管必须配备阻火装置，禁止使用易产生火花的机械设备和工具装卸。公路运输时要按规定路线行驶，勿在居民区和人口稠密区停留。铁路运输时要禁止溜放。严禁用木船、水泥船散装运输

第十五部分　法规信息

下列法律、法规、规章和标准，对该化学品的管理作了相应的规定。

中华人民共和国职业病防治法　职业病分类和目录：未列入

危险化学品安全管理条例　危险化学品目录：列入。易制爆危险化学品名录：未列入。重点监管的危险化学品名录：未列入。GB 18218—2009《危险化学品重大危险源辨识》（表1）：未列入

使用有毒物品作业场所劳动保护条例　高毒物品目录：未列入

易制毒化学品管理条例　易制毒化学品的分类和品种目录：未列入

国际公约　斯德哥尔摩公约：未列入。鹿特丹公约：未列入。蒙特利尔议定书：未列入

第十六部分　其他信息

编写和修订信息　　　　缩略语和首字母缩写
培训建议　　　　　　　参考文献
免责声明

丁烯二酰氯［反式］

第一部分　化学品标识

化学品中文名　丁烯二酰氯［反式］；富马酰氯
化学品英文名　fumaryl chloride；*trans*-butenedioyl chloride
分子式　$C_4H_2Cl_2O_2$　　**分子量**　152.963
结构式

Cl（O=）C—CH=CH—C（=O）Cl

化学品的推荐及限制用途　用于有机合成

第二部分　危险性概述

紧急情况概述　吞咽有害，皮肤接触有害，造成严重的皮肤灼伤和眼损伤

GHS 危险性类别　急性毒性-经口，类别 4；急性毒性-经皮，类别 4；皮肤腐蚀/刺激，类别 1；严重眼损伤/眼刺激，类别 1

标签要素

象形图

警示词　危险

危险性说明　吞咽有害，皮肤接触有害，造成严重的皮肤灼伤和眼损伤

防范说明

　　预防措施　避免吸入烟雾。避免接触眼睛、皮肤，操作后彻底清洗。作业场所不得进食、饮水或吸烟。戴防护手套，穿防护服，戴防护眼镜、防护面罩

　　事故响应　如吸入：将患者转移到空气新鲜处，休息，保持利于呼吸的体位，立即呼叫中毒控制中心或就医。皮肤接触：用大量肥皂水和水清洗，如感觉不适，呼叫中毒控制中心或就医。被污染的衣服必须经洗净后方可重新使用。眼睛接触：用水细心地冲洗数分钟。如戴隐形眼镜并可方便地取出，则取出隐形眼镜，继续冲洗。食入：漱口，不要催吐，如果感觉不适，立即呼叫中毒控制中心或就医

　　安全储存　上锁保管

　　废弃处置　本品及内装物、容器依据国家和地方法规处置

物理和化学危险　可燃。遇水剧烈反应，产生有毒气体

健康危害　有腐蚀性。对眼睛、皮肤、黏膜有强刺激性，可引起眼和皮肤灼伤。遇水分解释出有刺激性和腐蚀性的氯化物烟雾

环境危害　对环境可能有害

第三部分　成分/组成信息

√ 物质　　　　　　　　　混合物

组分	浓度	CAS No.
丁烯二酰氯（反式）		627-63-4

第四部分　急救措施

吸入　迅速脱离现场至空气新鲜处。保持呼吸道通畅。如呼吸困难，给输氧。如呼吸、心跳停止，立即进行心肺复苏术。就医

皮肤接触　立即脱去污染的衣着，用大量流动清水彻底冲洗至少 15min。就医

眼睛接触　立即分开眼睑，用流动清水或生理盐水彻底冲洗 5~10min。就医

食入　用水漱口，禁止催吐。给饮牛奶或蛋清。就医

对保护施救者的忠告　根据需要使用个人防护设备

对医生的特别提示　对症处理

第五部分　消防措施

灭火剂　用干粉、二氧化碳、砂土灭火

特别危险性 遇明火、高热可燃。与氧化剂可发生反应。遇水发生剧烈反应，散发出具有刺激性和腐蚀性的氯化氢气体。受热分解释出高毒烟雾。容易自聚，聚合反应随着温度的上升而急骤加剧。遇潮时对大多数金属有腐蚀性。若遇高热，容器内压增大，有开裂和爆炸的危险

灭火注意事项及防护措施 消防人员必须穿全身耐酸碱消防服、佩戴空气呼吸器灭火。尽可能将容器从火场移至空旷处。喷水保持火场容器冷却，直至灭火结束。处在火场中的容器若已变色或从安全泄压装置中发出声音，必须马上撤离。禁止用水、泡沫和酸碱灭火剂灭火

第六部分 泄漏应急处理

作业人员防护措施、防护装备和应急处置程序 根据液体流动和蒸气扩散的影响区域划定警戒区，无关人员从侧风向、上风向撤离至安全区。建议应急处理人员戴正压自给式呼吸器，穿防酸碱服。作业时使用的所有设备应接地。穿上适当的防护服前严禁接触破裂的容器和泄漏物。尽可能切断泄漏源

环境保护措施 防止泄漏物进入水体、下水道、地下室或有限空间。严禁用水处理

泄漏化学品的收容、清除方法及所使用的处置材料 小量泄漏：用干燥的砂土或其他不燃材料覆盖泄漏物。大量泄漏：构筑围堤或挖坑收容。用碎石灰石（$CaCO_3$）、苏打灰（Na_2CO_3）或石灰（CaO）中和。用耐腐蚀泵转移至槽车或专用收集器内

第七部分 操作处置与储存

操作注意事项 密闭操作，提供充分的局部排风。防止蒸气泄漏到工作场所空气中。操作人员必须经过专门培训，严格遵守操作规程。建议操作人员佩戴自吸过滤式防毒面具（全面罩），穿橡胶耐酸碱服，戴橡胶耐酸碱手套。远离火种、热源，工作场所严禁吸烟。使用防爆型的通风系统和设备。在清除液体和蒸气前不能进行焊接、切割等作业。避免产生烟雾。避免与碱类、氧化剂、醇类接触。尤其要注意避免与水接触。配备相应品种和数量的消防器材及泄漏应急处理设备。倒空的容器可能残留有害物

储存注意事项 储存于阴凉、干燥、通风良好的库房。远离火种、热源。防止阳光直射。保持容器密封，严禁与空气接触。应与碱类、氧化剂、醇类等分开存放，切忌混储。配备相应品种和数量的消防器材。储区应备有泄漏应急处理设备和合适的收容材料

第八部分 接触控制/个体防护

职业接触限值
　　中国 未制定标准
　　美国（ACGIH） 未制定标准

生物接触限值 未制定标准

监测方法 空气中有毒物质测定方法：未制定标准。生物监测检验方法：未制定标准

工程控制 严加密闭，提供充分的局部排风

个体防护装备
　　呼吸系统防护 空气中浓度超标时，必须佩戴过滤式防毒面具（全面罩）。紧急事态抢救或撤离时，应该佩戴空气呼吸器
　　眼睛防护 呼吸系统防护中已作防护
　　皮肤和身体防护 穿橡胶耐酸碱服
　　手防护 戴橡胶耐酸碱手套

第九部分 理化特性

外观与性状 无色至浅黄色液体

pH 值 无资料		**熔点（℃）** 无资料	
沸点（℃） 161～164		**相对密度（水=1）** 1.415	

相对蒸气密度（空气=1） 无资料

饱和蒸气压（kPa） 无资料

临界压力（MPa） 无资料	**辛醇/水分配系数** 无资料
闪点（℃） 73.89	**自燃温度（℃）** 无资料
爆炸下限（%） 无资料	**爆炸上限（%）** 无资料
分解温度（℃） 无资料	**黏度（mPa·s）** 无资料
燃烧热（kJ/mol） 无资料	**临界温度（℃）** 无资料

溶解性 溶于部分有机溶剂

第十部分 稳定性和反应性

稳定性 稳定

危险反应 与强碱、氧化剂、水、醇类等禁配物发生反应。遇水发生剧烈反应，散发出具有刺激性和腐蚀性的氯化氢气体。容易发生自聚反应

避免接触的条件 受热、潮湿空气

禁配物 强碱、氧化剂、水、醇类

危险的分解产物 氯化氢、光气

第十一部分 毒理学信息

急性毒性 LD_{50}：810μL/kg（大鼠经口）；1410mg/kg（兔经皮）。LC_{50}：500ppm（大鼠吸入，4h）

皮肤刺激或腐蚀 家兔经皮：750μg（24h），有较强刺激性

眼睛刺激或腐蚀 家兔经眼：5mg（24h），有较强刺激性

呼吸或皮肤过敏 无资料	**生殖细胞突变性** 无资料
致癌性 无资料	**生殖毒性** 无资料

特异性靶器官系统毒性-一次接触 无资料

特异性靶器官系统毒性-反复接触 无资料

吸入危害 无资料

第十二部分 生态学信息

生态毒性 无资料

持久性和降解性
　　生物降解性 无资料
　　非生物降解性 无资料

潜在的生物累积性 无资料

土壤中的迁移性 无资料

第十三部分 废弃处置

废弃化学品 建议用控制焚烧法或安全掩埋法处置。若可能，重复使用容器或在规定场所掩埋

污染包装物 将容器返还生产商或按照国家和地方法规处置

废弃注意事项 处置前应参阅国家和地方有关法规

第十四部分 运输信息

联合国危险货物编号（UN号） 1780

联合国运输名称 反丁烯二酰氯（富马酰氯）

联合国危险性类别 8

包装类别 Ⅱ   **包装标志**

海洋污染物 否

运输注意事项 起运时包装要完整，装载应稳妥。运输过程中要确保容器不泄漏、不倒塌、不坠落、不损坏。严禁与碱类、氧化剂、醇类、食用化学品等混装混运。运输时运输车辆应配备相应品种和数量的消防器材及泄漏应急处理设备。运输途中应防暴晒、雨淋，防高温。公路运输时要按规定路线行驶，勿在居民区和人口稠密区停留

第十五部分 法规信息

下列法律、法规、规章和标准，对该化学品的管理作了相应的规定。

中华人民共和国职业病防治法 职业病分类和目录：未列入

危险化学品安全管理条例 危险化学品目录：列入。易制爆危险化学品名录：未列入。重点监管的危险化学品名录：未列入。GB 18218—2009《危险化学品重大危险源辨识》（表1）：未列入

使用有毒物品作业场所劳动保护条例 高毒物品目录：未列入

易制毒化学品管理条例 易制毒化学品的分类和品种目录：未列入

国际公约 斯德哥尔摩公约：未列入。鹿特丹公约：未列入。蒙特利尔议定书：未列入

第十六部分 其他信息

编写和修订信息   **缩略语和首字母缩写**

培训建议   **参考文献**

免责声明

2-丁烯腈

第一部分 化学品标识

化学品中文名 2-丁烯腈；丙烯基腈；巴豆腈；丙烯基氰

化学品英文名 2-butenenitrile; propenyl cyanide; crotononitrile

分子式 C_4H_5N **分子量** 67.0892

结构式

化学品的推荐及限制用途 用于有机合成

第二部分 危险性概述

紧急情况概述 高度易燃液体和蒸气，吞咽有害

GHS危险性类别 易燃液体，类别2；急性毒性-经口，类别4

标签要素

象形图

警示词 危险

危险性说明 高度易燃液体和蒸气，吞咽有害

防范说明

预防措施 远离热源、火花、明火、热表面。保持容器密闭。容器和接收设备接地连接。使用防爆型电器、通风、照明设备。只能使用不产生火花的工具。采取防止静电措施。戴防护手套、防护眼镜、防护面罩。避免接触眼睛、皮肤，操作后彻底清洗。作业场所不得进食、饮水或吸烟

事故响应 火灾时，使用雾状水、泡沫、干粉、二氧化碳、砂土灭火。如皮肤（或头发）接触：立即脱掉所有被污染的衣服，用水冲洗皮肤，淋浴。食入：如果感觉不适，立即呼叫中毒控制中心或就医，漱口

安全储存 存放在通风良好的地方。保持低温

废弃处置 本品及内装物、容器依据国家和地方法规处置

物理和化学危险 易燃，其蒸气与空气混合，能形成爆炸性混合物

健康危害 腈类物质可抑制细胞呼吸，造成组织缺氧。腈类中毒出现恶心、呕吐、腹痛、腹泻、胸闷、乏力等症状，重者出现呼吸抑制、血压下降、昏迷、抽搐等

环境危害 对环境可能有害

第三部分 成分/组成信息

√ 物质   混合物

组分	浓度	CAS No.
2-丁烯腈		4786-20-3

第四部分 急救措施

吸入 迅速脱离现场至空气新鲜处。保持呼吸道通畅。如呼吸困难，给输氧。呼吸、心跳停止，立即进行心肺复苏术。就医

皮肤接触 立即脱去污染的衣着，用肥皂水和流动清水彻底冲洗。就医

眼睛接触 立即分开眼睑，用流动清水或生理盐水彻底冲洗。就医

食入 催吐（仅限于清醒者），给服活性炭悬液。就医

对保护施救者的忠告 根据需要使用个人防护设备

对医生的特别提示 使用亚硝酸钠、硫代硫酸钠、4-二甲基氨基苯酚等解毒剂

第五部分 消防措施

灭火剂 用雾状水、泡沫、干粉、二氧化碳、砂土灭火

特别危险性 其蒸气与空气可形成爆炸性混合物，遇明

火、高热极易燃烧爆炸。与氧化剂接触猛烈反应。接触酸和酸雾产生有毒气体。流速过快，容易产生和积聚静电。容易自聚，聚合反应随着温度的上升而急骤加剧。蒸气比空气重，沿地面扩散并易积存于低注处，遇火源会着火回燃。若遇高热，容器内压增大，有开裂和爆炸的危险

灭火注意事项及防护措施 消防人员必须佩戴空气呼吸器、穿全身防火防毒服，在上风向灭火。尽可能将容器从火场移至空旷处。喷水保持火场容器冷却，直至灭火结束。处在火场中的容器若已变色或从安全泄压装置中产生声音，必须马上撤离。禁止使用酸碱灭火剂

第六部分 泄漏应急处理

作业人员防护措施、防护装备和应急处置程序 根据液体流动和蒸气扩散的影响区域划定警戒区，无关人员从侧风、上风向撤离至安全区。消除所有点火源。建议应急处理人员戴正压自给式呼吸器，穿防毒、防静电服。穿上适当的防护服前严禁接触破裂的容器和泄漏物。尽可能切断泄漏源

环境保护措施 防止泄漏物进入水体、下水道、地下室或有限空间

泄漏化学品的收容、清除方法及所使用的处置材料 小量泄漏：用干燥的砂土或其他不燃材料吸收或覆盖，收集于容器中。大量泄漏：构筑围堤或挖坑收容。用防爆泵转移至槽车或专用收集器内

第七部分 操作处置与储存

操作注意事项 严加密闭，提供充分的局部排风和全面通风。尽可能采取隔离操作。操作人员必须经过专门培训，严格遵守操作规程。建议操作人员佩戴自吸过滤式防毒面具（全面罩），穿胶布防毒衣，戴橡胶耐油手套。远离火种、热源，工作场所严禁吸烟。使用防爆型的通风系统和设备。防止蒸气泄漏到工作场所空气中。避免与氧化剂、酸类接触。充装要控制流速，防止静电积聚。搬运时轻装轻卸，保持包装完整，防止洒漏。配备相应品种和数量的消防器材及泄漏应急处理设备。倒空的容器可能残留有害物

储存注意事项 储存于阴凉、通风的库房。远离火种、热源。库温不超过35℃，相对湿度不超过85％。应与氧化剂、酸类分开存放，切忌混储。采用防爆型照明、通风设施。禁止使用易产生火花的机械设备和工具。储区应备有泄漏应急处理设备和合适的收容材料

第八部分 接触控制/个体防护

职业接触限值
　中国 未制定标准
　美国（ACGIH） 未制定标准
生物接触限值 未制定标准
监测方法 空气中有毒物质测定方法：未制定标准。生物监测检验方法：未制定标准
工程控制 严加密闭，提供充分的局部排风和全面通风。尽可能采取隔离操作

个体防护装备
　呼吸系统防护 空气中浓度超标时，必须佩戴过滤式防毒面具（全面罩）。紧急事态抢救或撤离时，应该佩戴空气呼吸器
　眼睛防护 呼吸系统防护中已作防护
　皮肤和身体防护 穿密闭型防毒服
　手防护 戴橡胶耐油手套

第九部分 理化特性

外观与性状 无色至淡黄色液体
pH值 无资料　　　　　**熔点(℃)** −51.5
沸点(℃) 120～121（102kPa）
相对密度(水=1) 0.824
相对蒸气密度(空气=1) 2.3
饱和蒸气压(kPa) 无资料
临界压力(MPa) 无资料　**辛醇/水分配系数** 无资料
闪点(℃) 20.0　　　　**自燃温度(℃)** 无资料
爆炸下限(%) 无资料　　**爆炸上限(%)** 无资料
分解温度(℃) 无资料　　**黏度(mPa·s)** 无资料
燃烧热(kJ/mol) 无资料　**临界温度(℃)** 无资料
溶解性 溶于乙醚、丙酮

第十部分 稳定性和反应性

稳定性 稳定
危险反应 与强氧化剂等禁配物接触，有引起燃烧爆炸的危险。容易发生自聚反应。接触酸和酸雾反应产生有毒气体
避免接触的条件 受热
禁配物 强氧化剂、强酸
危险的分解产物 氮氧化物、氰化氢

第十一部分 毒理学信息

急性毒性 LD_{50}：501mg/kg（大鼠经口）；396mg/kg（小鼠经口）
皮肤刺激或腐蚀 无资料　**眼睛刺激或腐蚀** 无资料
呼吸或皮肤过敏 无资料　**生殖细胞突变性** 无资料
致癌性 无资料　　　　**生殖毒性** 无资料
特异性靶器官系统毒性-一次接触 无资料
特异性靶器官系统毒性-反复接触 无资料
吸入危害 无资料

第十二部分 生态学信息

生态毒性 无资料
持久性和降解性
　生物降解性 无资料
　非生物降解性 无资料
潜在的生物累积性 无资料
土壤中的迁移性 无资料

第十三部分 废弃处置

废弃化学品 建议用焚烧法处置。焚烧炉排出的氮氧化物通过洗涤器除去
污染包装物 将容器返还生产商或按照国家和地方法规

处置

废弃注意事项　处置前应参阅国家和地方有关法规

第十四部分　运输信息

联合国危险货物编号（UN号）　1993

联合国运输名称　易燃液体，未另作规定的（2-丁烯腈）

联合国危险性类别　3

包装类别　Ⅱ　　　　　包装标志

海洋污染物　否

运输注意事项　运输前应先检查包装容器是否完整、密封，运输过程中要确保容器不泄漏、不倒塌、不坠落、不损坏。严禁与酸类、氧化剂、食品及食品添加剂混运。运输时运输车辆应配备相应品种和数量的消防器材及泄漏应急处理设备。运输途中应防暴晒、雨淋，防高温。运输时所用的槽（罐）车应有接地链，槽内可设孔隔板以减少震荡产生的静电。中途停留时应远离火种、热源。公路运输时要按规定路线行驶，勿在居民区和人口稠密区停留

第十五部分　法规信息

下列法律、法规、规章和标准，对该化学品的管理作了相应的规定。

中华人民共和国职业病防治法　职业病分类和目录：氰及腈类化合物中毒

危险化学品安全管理条例　危险化学品目录：列入。易制爆危险化学品名录：未列入。重点监管的危险化学品名录：未列入。GB 18218—2009《危险化学品重大危险源辨识》（表1）：未列入

使用有毒物品作业场所劳动保护条例　高毒物品目录：未列入

易制毒化学品管理条例　易制毒化学品的分类和品种目录：未列入

国际公约　斯德哥尔摩公约：未列入。鹿特丹公约：未列入。蒙特利尔议定书：未列入

第十六部分　其他信息

编写和修订信息　　缩略语和首字母缩写

培训建议　　　　　参考文献

免责声明

3-丁烯腈

第一部分　化学品标识

化学品中文名　3-丁烯腈；烯丙基氰

化学品英文名　3-butene nitrile；allyl cyanide

分子式　C_4H_5N　**分子量**　67.0892

结构式　╱╲═N

化学品的推荐及限制用途　用于有机合成和作聚合交联剂

第二部分　危险性概述

紧急情况概述　易燃液体和蒸气，吞咽会中毒，皮肤接触有害，吸入致命，造成严重眼损伤

GHS危险性类别　易燃液体，类别3；急性毒性-经口，类别3；急性毒性-经皮，类别4；急性毒性-吸入，类别2；严重眼损伤/眼刺激，类别1；生殖毒性，类别1B；特异性靶器官毒性-反复接触，类别2

标签要素

象形图

警示词　危险

危险性说明　易燃液体和蒸气，吞咽会中毒，皮肤接触有害，吸入致命，造成严重眼损伤，可能对生育力或胎儿造成伤害，长时间或反复接触可能对器官造成损伤

防范说明

预防措施　远离热源、火花、明火、热表面。保持容器密闭。容器和接收设备接地连接。使用防爆型电器、通风、照明设备。只能使用不产生火花的工具。采取防止静电措施。戴防护手套、防护眼镜、防护面罩，穿防护服。避免接触眼睛、皮肤，操作后彻底清洗。作业场所不得进食、饮水或吸烟。避免吸入蒸气、雾。仅在室外或通风良好处操作。戴呼吸防护器具。得到专门指导后操作。在阅读并了解所有安全预防措施之前，切勿操作。按要求使用个体防护装备

事故响应　火灾时，使用雾状水、泡沫、干粉、二氧化碳、砂土灭火。如吸入：将患者转移到空气新鲜处，休息，保持利于呼吸的体位。皮肤接触：用大量肥皂水和水清洗，如感觉不适，呼叫中毒控制中心或就医。被污染的衣服必须经洗净后方可重新使用。接触眼睛：用水细心冲洗数分钟。如戴隐形眼镜并可方便地取出，取出隐形眼镜，继续冲洗。食入：立即呼叫中毒控制中心或就医，漱口。如果接触或有担心，就医

安全储存　存放在通风良好的地方。保持低温。保持容器密闭。上锁保管

废弃处置　本品及内装物、容器依据国家和地方法规处置

物理和化学危险　易燃，其蒸气与空气混合，能形成爆炸性混合物

健康危害　如吸入、摄入或经皮肤吸收后对身体有害。具有刺激性。腈类物质可抑制细胞呼吸，造成组织缺氧。腈类中毒出现恶心、呕吐、腹痛、腹泻、胸闷、乏力等症状，重者出现呼吸抑制、血压下降、昏迷、抽搐等

环境危害　对环境可能有害

第三部分　成分/组成信息

√ 物质　　　　　　　　混合物

组分	浓度	CAS No.
3-丁烯腈		109-75-1

第四部分　急救措施

吸入　迅速脱离现场至空气新鲜处。保持呼吸道通畅。如呼吸困难，给输氧。呼吸、心跳停止，立即进行心肺复苏术。就医

皮肤接触　立即脱去污染的衣着，用肥皂水和流动清水彻底冲洗。就医

眼睛接触　立即分开眼睑，用流动清水或生理盐水彻底冲洗。就医

食入　催吐（仅限于清醒者），给服活性炭悬液。就医

对保护施救者的忠告　根据需要使用个人防护设备

对医生的特别提示　使用亚硝酸钠、硫代硫酸钠、4-二甲基氨基苯酚等解毒剂

第五部分　消防措施

灭火剂　用雾状水、泡沫、干粉、二氧化碳、砂土灭火

特别危险性　易燃，遇热或明火燃烧。受热分解或接触酸和酸雾能释出剧毒的氮氧化物和氰化物的烟雾

灭火注意事项及防护措施　消防人员必须佩戴防毒面具、穿全身消防服，在上风向灭火。尽可能将容器从火场移至空旷处。喷水保持火场容器冷却，直至灭火结束。处在火场中的容器若已变色或从安全泄压装置中发出声音，必须马上撤离。禁止使用酸碱灭火剂

第六部分　泄漏应急处理

作业人员防护措施、防护装备和应急处置程序　根据液体流动和蒸气扩散的影响区域划定警戒区，无关人员从侧风向、上风向撤离至安全区。消除所有点火源。建议应急处理人员戴正压自给式呼吸器，穿防毒、防静电服。穿上适当的防护服前严禁接触破裂的容器和泄漏物。尽可能切断泄漏源

环境保护措施　防止泄漏物进入水体、下水道、地下室或有限空间

泄漏化学品的收容、清除方法及所使用的处置材料　小量泄漏：用干燥的砂土或其他不燃材料吸收或覆盖，收集于容器中。大量泄漏：构筑围堤或挖坑收容。用防爆泵转移至槽车或专用收集器内

第七部分　操作处置与储存

操作注意事项　严加密闭，提供充分的局部排风和全面通风。操作尽可能机械化、自动化。操作人员必须经过专门培训，严格遵守操作规程。建议操作人员佩戴自吸过滤式防毒面具（半面罩），戴化学安全防护眼镜，穿防毒物渗透工作服，戴橡胶耐油手套。远离火种、热源，工作场所严禁吸烟。使用防爆型的通风系统和设备。防止蒸气泄漏到工作场所空气中。避免与氧化剂、酸类、碱类接触。搬运时要轻装轻卸，防止包装及容器损坏。配备相应品种和数量的消防器材及泄漏应急处理设备。倒空的容器可能残留有害物

储存注意事项　储存于阴凉、通风的库房。远离火种、热源。库温不超过 35℃，相对湿度不超过 85%。应与氧化剂、酸类、碱类、食用化学品分开存放，切忌混储。采用防爆型照明、通风设施。禁止使用易产生火

花的机械设备和工具。储区应备有泄漏应急处理设备和合适的收容材料

第八部分　接触控制/个体防护

职业接触限值
　中国　未制定标准
　美国（ACGIH）　未制定标准

生物接触限值　未制定标准

监测方法　空气中有毒物质测定方法：未制定标准。生物监测检验方法：未制定标准

工程控制　严加密闭，提供充分的局部排风和全面通风。提供安全淋浴和洗眼设备

个体防护装备
　　呼吸系统防护　空气中浓度超标时，必须佩戴过滤式防毒面具（半面罩）。紧急事态抢救或撤离时，应该佩戴空气呼吸器
　　眼睛防护　戴化学安全防护眼镜
　　皮肤和身体防护　穿防毒物渗透工作服
　　手防护　戴橡胶耐油手套

第九部分　理化特性

外观与性状　无色液体，有不愉快的气味

pH 值　无资料	**熔点（℃）**　－87
沸点（℃）　116～121	**相对密度（水＝1）**　0.834
相对蒸气密度（空气＝1）　无资料	
饱和蒸气压（kPa）　无资料	
临界压力（MPa）　无资料	**辛醇/水分配系数**　无资料
闪点（℃）　23.89	**自燃温度（℃）**　455.0
爆炸下限（%）　无资料	**爆炸上限（%）**　无资料
分解温度（℃）　无资料	**黏度（mPa·s）**　无资料
燃烧热（kJ/mol）　无资料	**临界温度（℃）**　无资料

溶解性　微溶于水，可混溶于乙醇、乙醚

第十部分　稳定性和反应性

稳定性　稳定

危险反应　与强氧化剂、强酸、强碱、强还原剂等禁配物接触，有发生火灾和爆炸的危险。受热分解或接触酸和酸雾能释出剧毒的氮氧化物和氰化物的烟雾

避免接触的条件　受热

禁配物　强氧化剂、强酸、强碱、强还原剂

危险的分解产物　氮氧化物、氰化氢

第十一部分　毒理学信息

急性毒性　LD_{50}：115mg/kg（大鼠经口）；1410μL/kg（兔经皮）。LC_{50}：2500mg/m³（豚鼠吸入，4h）

皮肤刺激或腐蚀　无资料	**眼睛刺激或腐蚀**　无资料
呼吸或皮肤过敏　无资料	**生殖细胞突变性**　无资料
致癌性　无资料	**生殖毒性**　无资料

特异性靶器官系统毒性-一次接触　无资料

特异性靶器官系统毒性-反复接触　无资料

吸入危害　无资料

第十二部分　生态学信息

生态毒性　LC_{50}：182mg/L（96h）(黑头呆鱼)

持久性和降解性
　　生物降解性　无资料
　　非生物降解性　无资料
潜在的生物累积性　无资料
土壤中的迁移性　无资料

第十三部分　废弃处置

废弃化学品　建议用焚烧法处置。焚烧炉排出的氮氧化物通过洗涤器除去
污染包装物　将容器返还生产商或按照国家和地方法规处置
废弃注意事项　处置前应参阅国家和地方有关法规

第十四部分　运输信息

联合国危险货物编号（UN号）　3275
联合国运输名称　腈类，毒性，易燃，未另作规定的（3-丁烯腈）
联合国危险性类别　6.1，3
包装类别　Ⅱ
包装标志　
海洋污染物　否
运输注意事项　运输前应先检查包装容器是否完整、密封，运输过程中要确保容器不泄漏、不倒塌、不坠落、不损坏。严禁与酸类、氧化剂、食品及食品添加剂混运。运输时运输车辆应配备相应品种和数量的消防器材及泄漏应急处理设备。运输途中应防暴晒、雨淋，防高温。运输时所用的槽（罐）车应有接地链，槽内可设孔隔板以减少震荡产生的静电。中途停留时应远离火种、热源。公路运输时要按规定路线行驶，勿在居民区和人口稠密区停留

第十五部分　法规信息

　　下列法律、法规、规章和标准，对该化学品的管理作了相应的规定。
中华人民共和国职业病防治法　职业病分类和目录：氰及腈类化合物中毒
危险化学品安全管理条例　危险化学品目录：列入。易制爆危险化学品名录：未列入。重点监管的危险化学品名录：未列入。GB 18218—2009《危险化学品重大危险源辨识》（表1）：未列入
使用有毒物品作业场所劳动保护条例　高毒物品目录：未列入
易制毒化学品管理条例　易制毒化学品的分类和品种目录：未列入
国际公约　斯德哥尔摩公约：未列入。鹿特丹公约：未列入。蒙特利尔议定书：未列入

第十六部分　其他信息

编写和修订信息　　　缩略语和首字母缩写
培训建议　　　　　　参考文献
免责声明

2-丁烯酸甲酯

第一部分　化学品标识

化学品中文名　2-丁烯酸甲酯；巴豆酸甲酯
化学品英文名　methyl crotonate
分子式　$C_5H_8O_2$　分子量　100.1158
结构式　
化学品的推荐及限制用途　用作溶剂

第二部分　危险性概述

紧急情况概述　高度易燃液体和蒸气，造成皮肤刺激
GHS危险性类别　易燃液体，类别2；皮肤腐蚀/刺激，类别2
标签要素
象形图　
警示词　危险
危险性说明　高度易燃液体和蒸气，造成皮肤刺激
防范说明
　　预防措施　远离热源、火花、明火、热表面。禁止吸烟。保持容器密闭。容器和接收设备接地连接。使用防爆型电器、通风、照明设备。只能使用不产生火花的工具。采取防止静电措施。戴防护手套、防护眼镜、防护面罩。避免接触眼睛、皮肤，操作后彻底清洗
　　事故响应　火灾时，使用雾状水、泡沫、干粉、二氧化碳、砂土灭火。皮肤接触：用大量肥皂水和水清洗，如发生皮肤刺激，就医。脱去被污染的衣服，衣服经洗净后方可重新使用
　　安全储存　存放在通风良好的地方。保持低温
　　废弃处置　本品及内装物、容器依据国家和地方法规处置
物理和化学危险　易燃，其蒸气与空气混合，能形成爆炸性混合物。容易自聚
健康危害　蒸气或雾对眼、黏膜和上呼吸道有刺激性。对皮肤有刺激性。接触后表现有烧灼感、咳嗽、喘息、喉炎、气短、头痛、恶心和呕吐
环境危害　对环境可能有害

第三部分　成分/组成信息

✓ 物质　　　　　　　　　　混合物

组分	浓度	CAS No.
2-丁烯酸甲酯		623-43-8

第四部分　急救措施

吸入　迅速脱离现场至空气新鲜处。保持呼吸道通畅。如呼吸困难，给输氧。如呼吸、心跳停止，立即进行心肺复苏术。就医
皮肤接触　立即脱去污染的衣着，用流动清水彻底冲洗。

就医

眼睛接触 立即分开眼睑，用流动清水或生理盐水彻底冲洗。就医

食入 漱口，饮水。就医

对保护施救者的忠告 根据需要使用个人防护设备

对医生的特别提示 对症处理

第五部分 消防措施

灭火剂 用雾状水、泡沫、干粉、二氧化碳、砂土灭火

特别危险性 其蒸气与空气可形成爆炸性混合物，遇明火、高热极易燃烧爆炸。与氧化剂接触猛烈反应。流速过快，容易产生和积聚静电。容易自聚，聚合反应随着温度的上升而急骤加剧。若遇高热，容器内压增大，有开裂和爆炸的危险

灭火注意事项及防护措施 消防人员必须佩戴防毒面具、穿全身消防服，在上风向灭火。尽可能将容器从火场移至空旷处。喷水保持火场容器冷却，直至灭火结束。处在火场中的容器若已变色或从安全泄压装置中发出声音，必须马上撤离

第六部分 泄漏应急处理

作业人员防护措施、防护装备和应急处置程序 消除所有点火源。根据液体流动和蒸气扩散的影响区域划定警戒区，无关人员从侧风向、上风向撤离至安全区。建议应急处理人员戴正压自给式呼吸器，穿防静电服。作业时使用的所有设备应接地。禁止接触或跨越泄漏物。尽可能切断泄漏源

环境保护措施 防止泄漏物进入水体、下水道、地下室或有限空间

泄漏化学品的收容、清除方法及所使用的处置材料 小量泄漏：用砂土或其他不燃材料吸收。使用洁净的无火花工具收集吸收材料。大量泄漏：构筑围堤或挖坑收容。用泡沫覆盖，减少蒸发。喷水雾能减少蒸发，但不能降低泄漏物在有限空间内的易燃性。用防爆泵转移至槽车或专用收集器内

第七部分 操作处置与储存

操作注意事项 密闭操作，全面通风。操作人员必须经过专门培训，严格遵守操作规程。建议操作人员佩戴自吸过滤式防毒面具（半面罩），戴化学安全防护眼镜，穿防静电工作服，戴橡胶耐油手套。远离火种、热源，工作场所严禁吸烟。使用防爆型的通风系统和设备。防止蒸气泄漏到工作场所空气中。避免与氧化剂、酸类、碱类接触。灌装时应控制流速，且有接地装置，防止静电积聚。搬运时要轻装轻卸，防止包装及容器损坏。配备相应品种和数量的消防器材及泄漏应急处理设备。倒空的容器可能残留有害物

储存注意事项 储存于阴凉、通风的库房。远离火种、热源。库温不宜超过37℃，包装要求密封，不可与空气接触。应与氧化剂、酸类、碱类、食用化学品分开存放，切忌混储。不宜大量储存或久存。采用防爆型照明、通风设施。禁止使用易产生火花的机械设备和工具。储区应备有泄漏应急处理设备和合适的收容材料

第八部分 接触控制/个体防护

职业接触限值

中国 未制定标准

美国（ACGIH） 未制定标准

生物接触限值 未制定标准

监测方法 空气中有毒物质测定方法：未制定标准。生物监测检验方法：未制定标准

工程控制 生产过程密闭，全面通风。提供安全淋浴和洗眼设备

个体防护装备

呼吸系统防护 空气中浓度超标时，必须佩戴过滤式防毒面具（半面罩）。紧急事态抢救或撤离时，应该佩戴空气呼吸器

眼睛防护 戴化学安全防护眼镜

皮肤和身体防护 穿防静电工作服

手防护 戴橡胶耐油手套

第九部分 理化特性

外观与性状 无色液体

pH 值 无资料	**熔点(℃)** 无资料
沸点(℃) 120.7	**相对密度(水＝1)** 0.944
相对蒸气密度(空气＝1) 无资料	
饱和蒸气压(kPa) 无资料	
临界压力(MPa) 无资料	**辛醇/水分配系数** 0.72
闪点(℃) 4.44	**自燃温度(℃)** 无资料
爆炸下限(%) 无资料	**爆炸上限(%)** 无资料
分解温度(℃) 无资料	**黏度(mPa·s)** 无资料
燃烧热(kJ/mol) 无资料	**临界温度(℃)** 无资料

溶解性 不溶于水，溶于乙醇、乙醚

第十部分 稳定性和反应性

稳定性 稳定

危险反应 与强氧化剂等禁配物发生反应。容易发生自聚反应

避免接触的条件 无资料

禁配物 强氧化剂、酸类、碱类

危险的分解产物 无资料

第十一部分 毒理学信息

急性毒性 LD_{50}：＞3200mg/kg（大鼠经口）；1600mg/kg（小鼠经口）；＞5000mg/kg（兔经皮）

皮肤刺激或腐蚀 无资料	**眼睛刺激或腐蚀** 无资料
呼吸或皮肤过敏 无资料	**生殖细胞突变性** 无资料
致癌性 无资料	**生殖毒性** 无资料

特异性靶器官系统毒性--一次接触 无资料

特异性靶器官系统毒性-反复接触 无资料

吸入危害 无资料

第十二部分 生态学信息

生态毒性 无资料

持久性和降解性

生物降解性 无资料

非生物降解性 无资料

潜在的生物累积性　无资料

土壤中的迁移性　无资料

第十三部分　废弃处置

废弃化学品　建议用焚烧法处置

污染包装物　将容器返还生产商或按照国家和地方法规处置

废弃注意事项　处置前应参阅国家和地方有关法规

第十四部分　运输信息

联合国危险货物编号（UN号）　3272

联合国运输名称　酯类，未另作规定的（2-丁烯酸甲酯）

联合国危险性类别　3

包装类别　Ⅱ　　　　　包装标志

海洋污染物　否

运输注意事项　运输时运输车辆应配备相应品种和数量的消防器材及泄漏应急处理设备。夏季最好早晚运输。运输时所用的槽（罐）车应有接地链，槽内可设孔隔板以减少震荡产生的静电。严禁与氧化剂、酸类、碱类、食用化学品等混装混运。运输途中应防暴晒、雨淋，防高温。中途停留时应远离火种、热源、高温区。装运该物品的车辆排气管必须配备阻火装置，禁止使用易产生火花的机械设备和工具装卸。公路运输时要按规定路线行驶，勿在居民区和人口稠密区停留。铁路运输时要禁止溜放。严禁用木船、水泥船散装运输

第十五部分　法规信息

下列法律、法规、规章和标准，对该化学品的管理作了相应的规定。

中华人民共和国职业病防治法　职业病分类和目录：未列入

危险化学品安全管理条例　危险化学品目录：列入。易制爆危险化学品名录：未列入。重点监管的危险化学品名录：未列入。GB 18218—2009《危险化学品重大危险源辨识》（表1）：未列入

使用有毒物品作业场所劳动保护条例　高毒物品目录：未列入

易制毒化学品管理条例　易制毒化学品的分类和品种目录：未列入

国际公约　斯德哥尔摩公约：未列入。鹿特丹公约：未列入。蒙特利尔议定书：未列入

第十六部分　其他信息

编写和修订信息　缩略语和首字母缩写

培训建议　　　　参考文献

免责声明

毒草胺

第一部分　化学品标识

化学品中文名　毒草胺；2-氯-N-(1-甲基乙基)-N-苯基乙酰胺；毒草安；扑草胺；N-异丙基-N-苯基-氯乙酰胺

化学品英文名　propachlor；2-chloro-N-isopropylacetanilide

分子式　$C_{11}H_{14}ClNO$　分子量　211.688

结构式

化学品的推荐及限制用途　用作农用除草剂

第二部分　危险性概述

紧急情况概述　吞咽有害，造成严重眼刺激，可能导致皮肤过敏反应

GHS危险性类别　急性毒性-经口，类别4；严重眼损伤/眼刺激，类别2；皮肤致敏物，类别1；危害水生环境-急性危害，类别1；危害水生环境-长期危害，类别1

标签要素

象形图 ![symbol]

警示词　警告

危险性说明　吞咽有害，造成严重眼刺激，可能导致皮肤过敏反应，对水生生物毒性非常大并具有长期持续影响

防范说明

预防措施　避免接触眼睛、皮肤，操作后彻底清洗。作业场所不得进食、饮水或吸烟。戴防护手套，戴防护眼镜、防护面罩。避免吸入粉尘。污染的工作服不得带出工作场所。禁止排入环境

事故响应　如皮肤接触：用大量肥皂水和水清洗。如出现皮肤刺激或皮疹：就医。被污染的衣服清洗后方可重新使用。如接触眼睛：用水细心冲洗数分钟。如戴隐形眼镜并可方便地取出，取出隐形眼镜，继续冲洗。如果眼睛刺激持续，就医。食入：如果感觉不适，立即呼叫中毒控制中心或就医，漱口。收集泄漏物

安全储存　—

废弃处置　本品及内装物、容器依据国家和地方法规处置

物理和化学危险　可燃，其粉体与空气混合，能形成爆炸性混合物

健康危害　本品为低毒除草剂。中毒症状有头痛、头晕、恶心、呕吐、胸闷、紫绀、抽搐及昏迷等

环境危害　对水生生物毒性非常大并具有长期持续影响

第三部分　成分/组成信息

√ 物质　　　　　　　　　混合物

组分	浓度	CAS No.
毒草胺		1918-16-7

第四部分　急救措施

吸入　迅速脱离现场至空气新鲜处。保持呼吸道通畅。如

呼吸困难，给输氧。如呼吸、心跳停止，立即进行心肺复苏术。就医

皮肤接触　立即脱去污染的衣着，用流动清水彻底冲洗。就医

眼睛接触　立即分开眼睑，用流动清水或生理盐水彻底冲洗。就医

食入　漱口，饮水。就医

对保护施救者的忠告　根据需要使用个人防护设备

对医生的特别提示　对症处理

第五部分　消防措施

灭火剂　用雾状水、泡沫、干粉、二氧化碳、砂土灭火

特别危险性　遇明火、高热可燃。其粉体与空气可形成爆炸性混合物，当达到一定浓度时，遇火星会发生爆炸。受高热分解放出有毒的气体

灭火注意事项及防护措施　消防人员必须佩戴空气呼吸器、穿全身防火防毒服，在上风向灭火。尽可能将容器从火场移至空旷处。喷水保持火场容器冷却，直至灭火结束

第六部分　泄漏应急处理

作业人员防护措施、防护装备和应急处置程序　隔离泄漏污染区，限制出入。建议应急处理人员戴防尘口罩，穿防毒服。穿上适当的防护服前严禁接触破裂的容器和泄漏物。尽可能切断泄漏源

环境保护措施　用塑料布覆盖泄漏物，减少飞散

泄漏化学品的收容、清除方法及所使用的处置材料　勿使水进入包装容器内。用洁净的铲子收集泄漏物，置于干净、干燥、盖子较松的容器中，将容器移离泄漏区

第七部分　操作处置与储存

操作注意事项　密闭操作，全面通风。防止粉尘释放到车间空气中。操作人员必须经过专门培训，严格遵守操作规程。建议操作人员佩戴自吸过滤式防尘口罩，戴化学安全防护眼镜，穿透气型防毒服，戴防化学品手套。远离火种、热源，工作场所严禁吸烟。使用防爆型的通风系统和设备。避免产生粉尘。避免与氧化剂接触。配备相应品种和数量的消防器材及泄漏应急处理设备。倒空的容器可能残留有害物

储存注意事项　储存于阴凉、通风的库房。远离火种、热源。防止阳光直射。包装密封。应与氧化剂分开存放，切忌混储。配备相应品种和数量的消防器材。储区应备有合适的材料收容泄漏物

第八部分　接触控制/个体防护

职业接触限值
　中国　未制定标准
　美国（ACGIH）　未制定标准

生物接触限值　未制定标准

监测方法　空气中有毒物质测定方法：未制定标准。生物监测检验方法：未制定标准

工程控制　生产过程密闭，全面通风

个体防护装备
　呼吸系统防护　空气中粉尘浓度较高时，建议佩戴过滤式防尘呼吸器
　眼睛防护　戴化学安全防护眼镜
　皮肤和身体防护　穿透气型防毒服
　手防护　戴防化学品手套

第九部分　理化特性

外观与性状　淡黄褐色固体

pH 值　无意义　　　　**熔点(℃)**　67～79

沸点(℃)　110(0.004kPa)

相对密度(水＝1)　1.13～1.24

相对蒸气密度(空气＝1)　7.3

饱和蒸气压(kPa)　0.004(110℃)

临界压力(MPa)　无资料　**辛醇/水分配系数**　2.18

闪点(℃)　174（开杯）　**自燃温度(℃)**　316

爆炸下限(%)　无资料　**爆炸上限(%)**　无资料

分解温度(℃)　170　　**黏度(mPa·s)**　无资料

燃烧热(kJ/mol)　无资料　**临界温度(℃)**　无资料

溶解性　微溶于水，易溶于苯、丙酮、乙醇、甲苯、四氯化碳

第十部分　稳定性和反应性

稳定性　稳定

危险反应　与强氧化剂等禁配物发生反应

避免接触的条件　无资料

禁配物　强氧化剂

危险的分解产物　氯化氢、氧化硫

第十一部分　毒理学信息

急性毒性　LD₅₀：710mg/kg（大鼠经口）；290mg/kg（小鼠经口）；392mg/kg（兔经口）；380mg/kg（兔经皮）

皮肤刺激或腐蚀　无资料　**眼睛刺激或腐蚀**　无资料

呼吸或皮肤过敏　无资料

生殖细胞突变性　细胞遗传学分析：小鼠经口 10mg/kg。其他致突变试验系统：大鼠经口 672mg/kg，16 周（间歇）。精子形态学分析：大鼠经口 672mg，16 周（间歇）。细胞遗传学分析：小鼠经口 10mg/kg

致癌性　无资料　　　　**生殖毒性**　无资料

特异性靶器官系统毒性--一次接触　无资料

特异性靶器官系统毒性-反复接触　无资料

吸入危害　无资料

第十二部分　生态学信息

生态毒性　LC₅₀：0.174mg/L(96h)(虹鳟)。EC₅₀：6.9mg/L(48h)(大型溞)

持久性和降解性
　生物降解性　无资料
　非生物降解性　无资料

潜在的生物累积性　无资料

土壤中的迁移性　无资料

第十三部分 废弃处置

废弃化学品 用安全掩埋法处置。在规定场所掩埋空容器

污染包装物 将容器返还生产商或按照国家和地方法规处置

废弃注意事项 处置前应参阅国家和地方有关法规

第十四部分 运输信息

联合国危险货物编号（UN号） 3077

联合国运输名称 对环境有害的固态物质，未另作规定的（毒草胺）

联合国危险性类别 9

包装类别 Ⅲ

包装标志

海洋污染物 是

运输注意事项 铁路运输时包装所用的麻袋、塑料编织袋、复合塑料编织袋的强度应符合国家标准要求。运输前应先检查包装容器是否完整、密封，运输过程中要确保容器不泄漏、不倒塌、不坠落、不损坏。严禁与酸类、氧化剂、食品及食品添加剂混运。运输时运输车辆应配备相应品种和数量的消防器材及泄漏应急处理设备。运输途中应防暴晒、雨淋，防高温。公路运输时要按规定路线行驶，勿在居民区和人口稠密区停留

第十五部分 法规信息

下列法律、法规、规章和标准，对该化学品的管理作了相应的规定。

中华人民共和国职业病防治法 职业病分类和目录：未列入

危险化学品安全管理条例 危险化学品目录：列入。易制爆危险化学品名录：未列入。重点监管的危险化学品名录：未列入。GB 18218—2009《危险化学品重大危险源辨识》（表1）：未列入

使用有毒物品作业场所劳动保护条例 高毒物品目录：未列入

易制毒化学品管理条例 易制毒化学品的分类和品种目录：未列入

国际公约 斯德哥尔摩公约：未列入。鹿特丹公约：未列入。蒙特利尔议定书：未列入

第十六部分 其他信息

编写和修订信息 缩略语和首字母缩写

培训建议 参考文献

免责声明

毒菌酚

第一部分 化学品标识

化学品中文名 毒菌酚；2,2′-亚甲基-双（3,4,6-三氯苯酚）；2,2′-二羟基六氯二苯甲烷；双（3,5,6-三氯-2-羟基苯）甲烷；菌螨酚

化学品英文名 2,2′-methylene bis(3,4,6-trichlorophenol)；hexachlorophene

分子式 $C_{13}H_6Cl_6O_2$ **分子量** 406.904

结构式

化学品的推荐及限制用途 用作防霉抑菌剂

第二部分 危险性概述

紧急情况概述 吞咽会中毒，皮肤接触会中毒

GHS危险性类别 急性毒性-经口，类别3；急性毒性-经皮，类别3；危害水生环境-急性危害，类别1；危害水生环境-长期危害，类别1

标签要素

象形图

警示词 危险

危险性说明 吞咽会中毒，皮肤接触会中毒，对水生生物毒性非常大并具有长期持续影响

防范说明

　　预防措施 避免接触眼睛、皮肤，操作后彻底清洗。作业场所不得进食、饮水或吸烟。戴防护手套、穿防护服。禁止排入环境

　　事故响应 皮肤接触：用大量肥皂水和水清洗，立即脱去所有被污染的衣服，如感觉不适，呼叫中毒控制中心或就医。被污染的衣服必须经洗净后方可重新使用。食入：立即呼叫中毒控制中心或就医，漱口。收集泄漏物

　　安全储存 上锁保管

　　废弃处置 本品及内装物、容器依据国家和地方法规处置

物理和化学危险 可燃，其粉体与空气混合，能形成爆炸性混合物

健康危害 摄入引起急性中毒：食欲减退、恶心、呕吐、腹部绞痛、衰弱无力、瞳孔缩小、光反射消失、颅内压升高，甚至死亡

环境危害 对水生生物毒性非常大并具有长期持续影响

第三部分 成分/组成信息

√ 物质		混合物
组分	浓度	CAS No.
毒菌酚		70-30-4

第四部分 急救措施

吸入 迅速脱离现场至空气新鲜处。保持呼吸道通畅。如呼吸困难，给输氧。呼吸、心跳停止，立即进行心肺复苏术。就医

皮肤接触 立即脱去污染的衣着，用流动清水彻底冲洗。就医

眼睛接触　立即分开眼睑，用流动清水或生理盐水彻底冲洗。就医

食入　饮适量温水，催吐（仅限于清醒者）。就医

对保护施救者的忠告　根据需要使用个人防护设备

对医生的特别提示　对症处理

第五部分　消防措施

灭火剂　用雾状水、泡沫、干粉、二氧化碳、砂土灭火

特别危险性　遇明火、高热可燃。其粉体与空气可形成爆炸性混合物，当达到一定浓度时，遇火星会发生爆炸。受高热分解放出有毒的气体

灭火注意事项及防护措施　消防人员必须佩戴防毒面具、穿全身消防服，在上风向灭火。尽可能将容器从火场移至空旷处。喷水保持火场容器冷却，直至灭火结束

第六部分　泄漏应急处理

作业人员防护措施、防护装备和应急处置程序　隔离泄漏污染区，限制出入。建议应急处理人员戴防尘口罩，穿防毒服。穿上适当的防护服前严禁接触破裂的容器和泄漏物。尽可能切断泄漏源

环境保护措施　用塑料布覆盖泄漏物，减少飞散

泄漏化学品的收容、清除方法及所使用的处置材料　勿使水进入包装容器内。用洁净的铲子收集泄漏物，置于干净、干燥、盖子较松的容器中，将容器移离泄漏区

第七部分　操作处置与储存

操作注意事项　密闭操作，局部排风。防止粉尘释放到车间空气中。操作人员必须经过专门培训，严格遵守操作规程。建议操作人员佩戴自吸过滤式防尘口罩，戴化学安全防护眼镜，穿防毒物渗透工作服，戴橡胶手套。远离火种、热源，工作场所严禁吸烟。使用防爆型的通风系统和设备。避免产生粉尘。避免与氧化剂接触。配备相应品种和数量的消防器材及泄漏应急处理设备。倒空的容器可能残留有害物

储存注意事项　储存于阴凉、通风的库房。远离火种、热源。防止阳光直射。包装密封。应与氧化剂、食用化学品分开存放，切忌混储。配备相应品种和数量的消防器材。储区应备有合适的材料收容泄漏物

第八部分　接触控制/个体防护

职业接触限值

中国　未制定标准

美国（ACGIH）　未制定标准

生物接触限值　未制定标准

监测方法　空气中有毒物质测定方法：未制定标准。生物监测检验方法：未制定标准

工程控制　密闭操作，局部排风

个体防护装备

呼吸系统防护　空气中粉尘浓度超标时，必须佩戴过滤式防尘呼吸器。紧急事态抢救或撤离时，应该佩戴空气呼吸器

眼睛防护　戴化学安全防护眼镜

皮肤和身体防护　穿防毒物渗透工作服

手防护　戴橡胶手套

第九部分　理化特性

外观与性状　白色或浅褐色粉末

pH 值　无意义　　　　熔点（℃）　161～167

沸点（℃）　无资料　　相对密度（水＝1）　无资料

相对蒸气密度（空气＝1）　无资料

饱和蒸气压（kPa）　无资料

辛醇/水分配系数　无资料　临界压力（MPa）　无资料

闪点（℃）　无意义　　自燃温度（℃）　无资料

爆炸下限（%）　无资料　爆炸上限（%）　无资料

分解温度（℃）　无资料　黏度（mPa・s）　无资料

燃烧热（kJ/mol）　无资料　临界温度（℃）　无资料

溶解性　不溶于水，溶于醇、丙酮、乙醚、氯仿、丙二醇、油类、稀碱液

第十部分　稳定性和反应性

稳定性　稳定

危险反应　与强氧化剂等禁配物发生反应

避免接触的条件　无资料

禁配物　强氧化剂

危险的分解产物　氯化氢

第十一部分　毒理学信息

急性毒性　LD_{50}：56mg/kg（大鼠经口），67mg/kg（小鼠经口），40.7mg/kg（兔经口），1840mg/kg（兔经皮）。LC_{50}：340mg/m^3（大鼠吸入）

皮肤刺激或腐蚀　家兔经皮：1250μg（24h），轻度刺激；人经皮：3mg（3d，连续），轻度刺激

眼睛刺激或腐蚀　无资料

呼吸或皮肤过敏　无资料　　生殖细胞突变性　无资料

致癌性　IARC致癌性评论：组3，现有的证据不能对人类致癌性进行分类

生殖毒性　大鼠孕后7～8d经口给予最低中毒剂量（TDLo）50mg/kg，颅面部（包括鼻、舌）发育畸形。大鼠孕后8～11d阴道内给予最低中毒剂量（TDLo）80mg/kg，致中枢神经系统、眼、耳和泌尿生殖系统发育畸形

特异性靶器官系统毒性-一次接触　无资料

特异性靶器官系统毒性-反复接触　无资料

吸入危害　无资料

第十二部分　生态学信息

生态毒性　LC_{50}：0.021mg/L（96h）（黑头呆鱼）。EC_{50}：0.008mg/L（48h）（大型溞）

持久性和降解性

生物降解性　不易快速生物降解

非生物降解性　无资料

潜在的生物累积性　无资料

土壤中的迁移性　无资料

第十三部分　废弃处置

废弃化学品　建议用焚烧法处置。在能利用的地方重复使

用容器或在规定场所掩埋

污染包装物 将容器返还生产商或按照国家和地方法规处置

废弃注意事项 处置前应参阅国家和地方有关法规

第十四部分 运输信息

联合国危险货物编号（UN号） 2875

联合国运输名称 六氯酚

联合国危险性类别 6.1

包装类别 Ⅲ **包装标志**

海洋污染物 是

运输注意事项 运输前应先检查包装容器是否完整、密封，运输过程中要确保容器不泄漏、不倒塌、不坠落、不损坏。严禁与酸类、氧化剂、食品及食品添加剂混运。运输时运输车辆应配备相应品种和数量的消防器材及泄漏应急处理设备。运输途中应防暴晒、雨淋、防高温。公路运输时要按规定路线行驶，勿在居民区和人口稠密区停留

第十五部分 法规信息

下列法律、法规、规章和标准，对该化学品的管理作了相应的规定。

中华人民共和国职业病防治法 职业病分类和目录：未列入

危险化学品安全管理条例 危险化学品目录：列入。易制爆危险化学品名录：未列入。重点监管的危险化学品名录：未列入。GB 18218—2009《危险化学品重大危险源辨识》（表1）：未列入

使用有毒物品作业场所劳动保护条例 高毒物品目录：未列入

易制毒化学品管理条例 易制毒化学品的分类和品种目录：未列入

国际公约 斯德哥尔摩公约：未列入。鹿特丹公约：未列入。蒙特利尔议定书：未列入

第十六部分 其他信息

编写和修订信息 **缩略语和首字母缩写**

培训建议 **参考文献**

免责声明

毒壤磷

第一部分 化学品标识

化学品中文名 毒壤磷；壤虫磷；O-乙基-O-2,4,5-三氯苯基乙基硫代膦酸酯

化学品英文名 trichloronat；O-ethyl O-(2,4,5-trichloro-phenyl)ethylphosphonothioate

分子式 $C_{10}H_{12}Cl_3O_2PS$ **分子量** 333.6

结构式

（结构式图）

化学品的推荐及限制用途 用作农用杀虫剂

第二部分 危险性概述

紧急情况概述 吞咽致命，皮肤接触会中毒

GHS危险性类别 急性毒性-经口，类别2；急性毒性-经皮，类别3；危害水生环境-急性危害，类别1；危害水生环境-长期危害，类别1

标签要素

象形图

警示词 危险

危险性说明 吞咽致命，皮肤接触会中毒，对水生生物毒性非常大并具有长期持续影响

防范说明

预防措施 避免接触眼睛、皮肤，操作后彻底清洗。作业场所不得进食、饮水或吸烟。戴防护手套、穿防护服。禁止排入环境

事故响应 皮肤接触：用大量肥皂水和水清洗，立即脱去所有被污染的衣服，如感觉不适，呼叫中毒控制中心或就医。被污染的衣服必须经洗净后方可重新使用。食入：立即呼叫中毒控制中心或就医，漱口。收集泄漏物

安全储存 上锁保管

废弃处置 本品及内装物、容器依据国家和地方法规处置

物理和化学危险 可燃，其蒸气与空气混合，能形成爆炸性混合物

健康危害 抑制胆碱酯酶活性，引起头晕、无力、烦躁、恶心、出汗、流涎、瞳孔缩小、肌肉震颤、抽搐、呼吸困难、紫绀，重者肺水肿、脑水肿，可死于呼吸衰竭

环境危害 对水生生物毒性非常大并具有长期持续影响

第三部分 成分/组成信息

√ 物质 混合物

组分	浓度	CAS No.
毒壤磷		327-98-0

第四部分 急救措施

吸入 迅速脱离现场至空气新鲜处。保持呼吸道通畅。如呼吸困难，给输氧。呼吸、心跳停止，立即进行心肺复苏术。就医

皮肤接触 立即脱去污染的衣着，用肥皂水及流动清水彻底冲洗污染的皮肤、头发、指甲等。就医

眼睛接触 分开眼睑，用流动清水或生理盐水冲洗。就医

食入 饮足量温水，催吐（仅限于清醒者）。口服活性炭。就医

对保护施救者的忠告 根据需要使用个人防护设备

对医生的特别提示 解毒剂：阿托品、胆碱酯酶复能剂

第五部分 消防措施

灭火剂 用雾状水、泡沫、干粉、二氧化碳、砂土灭火

特别危险性　遇明火、高热可燃。与氧化剂可发生反应。遇高热分解释出高毒烟气。若遇高热，容器内压增大，有开裂和爆炸的危险

灭火注意事项及防护措施　消防人员必须佩戴空气呼吸器、穿全身防火防毒服，在上风向灭火。尽可能将容器从火场移至空旷处。喷水保持火场容器冷却，直至灭火结束。处在火场中的容器若已变色或从安全泄压装置中发出声音，必须马上撤离

第六部分　泄漏应急处理

作业人员防护措施、防护装备和应急处置程序　根据液体流动和蒸气扩散的影响区域划定警戒区，无关人员从侧风向、上风向撤离至安全区。建议应急处理人员戴正压自给式呼吸器，穿防毒服。穿上适当的防护服前严禁接触破裂的容器和泄漏物。尽可能切断泄漏源

环境保护措施　防止泄漏物进入水体、下水道、地下室或有限空间

泄漏化学品的收容、清除方法及所使用的处置材料　小量泄漏：用干燥的砂土或其他不燃材料吸收或覆盖，收集于容器中。大量泄漏：构筑围堤或挖坑收容。用泵转移至槽车或专用收集器内

第七部分　操作处置与储存

操作注意事项　密闭操作，提供充分的局部排风。防止蒸气泄漏到工作场所空气中。操作人员必须经过专门培训，严格遵守操作规程。建议操作人员佩戴自吸过滤式防毒面具（全面罩），穿胶布防毒衣，戴橡胶手套。远离火种、热源，工作场所严禁吸烟。使用防爆型的通风系统和设备。在清除液体和蒸气前不能进行焊接、切割等作业。避免产生烟雾。避免与氧化剂接触。配备相应品种和数量的消防器材及泄漏应急处理设备。倒空的容器可能残留有害物

储存注意事项　储存于阴凉、通风良好的库房内。远离火种、热源。防止阳光直射。保持容器密封。应与氧化剂、食用化学品分开存放，切忌混储。配备相应品种和数量的消防器材。储区应备有泄漏应急处理设备和合适的收容材料

第八部分　接触控制/个体防护

职业接触限值
　　中国　未制定标准
　　美国（ACGIH）　未制定标准

生物接触限值　全血胆碱酯酶活性（校正值）：原基础值或参考值的70%（采样时间：开始接触后的3个月内），原基础值或参考值的50%（采样时间：持续接触3个月后，任意时间）

监测方法　空气中有毒物质测定方法：未制定标准。生物监测检验方法：血中胆碱酯酶活性的分光光度测定方法——羟胺三氯化铁法；血中胆碱酯酶活性的分光光度测定方法——硫代乙酰胆碱-联硫代双硝基苯甲酸法

工程控制　严加密闭，提供充分的局部排风

个体防护装备
　　呼吸系统防护　空气中浓度超标时，必须佩戴过滤式防毒面具（全面罩）。紧急事态抢救或撤离时，应该佩戴空气呼吸器
　　眼睛防护　呼吸系统防护中已作防护
　　皮肤和身体防护　穿密闭型防毒服
　　手防护　戴橡胶手套

第九部分　理化特性

外观与性状　琥珀色液体
pH值　无资料　　　　**熔点（℃）**　无资料
沸点（℃）　108(1.33×10^{-3}kPa)
相对密度（水＝1）　1.365
相对蒸气密度（空气＝1）　无资料
饱和蒸气压（kPa）　无资料
临界压力（MPa）　无资料　**辛醇/水分配系数**　无资料
闪点（℃）　无资料　　　**自燃温度（℃）**　无资料
爆炸下限（%）　无资料　**爆炸上限（%）**　无资料
分解温度（℃）　无资料　**黏度（mPa·s）**　无资料
燃烧热（kJ/mol）　无资料　**临界温度（℃）**　无资料
溶解性　溶于部分有机溶剂

第十部分　稳定性和反应性

稳定性　稳定
危险反应　与强氧化剂等禁配物发生反应
避免接触的条件　无资料
禁配物　强氧化剂
危险的分解产物　氧化磷、氧化硫、氯化氢

第十一部分　毒理学信息

急性毒性　LD$_{50}$：15mg/kg（大鼠经口），64mg/kg（大鼠经皮），40mg/kg（小鼠经口），25mg/kg（兔经口）
皮肤刺激或腐蚀　无资料　**眼睛刺激或腐蚀**　无资料
呼吸或皮肤过敏　无资料　**生殖细胞突变性**　无资料
致癌性　无资料　　　　**生殖毒性**　无资料
特异性靶器官系统毒性-一次接触　无资料
特异性靶器官系统毒性-反复接触　无资料
吸入危害　无资料

第十二部分　生态学信息

生态毒性　LC$_{50}$：0.14mg/L（96h）（虹鳟）。LC$_{50}$：0.22mg/L（96h）（蓝鳃太阳鱼）
持久性和降解性
　　生物降解性　无资料
　　非生物降解性　无资料
潜在的生物累积性　无资料
土壤中的迁移性　无资料

第十三部分　废弃处置

废弃化学品　建议用焚烧法处置。在能利用的地方重复使用容器或在规定场所掩埋
污染包装物　将容器返还生产商或按照国家和地方法规处置

废弃注意事项　处置前应参阅国家和地方有关法规

第十四部分　运输信息

联合国危险货物编号（UN号）　3018
联合国运输名称　液态有机磷农药，毒性（毒壤磷）
联合国危险性类别　6.1

包装类别　Ⅲ　　　　　　包装标志

海洋污染物　是
运输注意事项　运输前应先检查包装容器是否完整、密封，运输过程中要确保容器不泄漏、不倒塌、不坠落、不损坏。严禁与酸类、氧化剂、食品及食品添加剂混运。运输时运输车辆应配备相应品种和数量的消防器材及泄漏应急处理设备。运输途中应防暴晒、雨淋，防高温。公路运输时要按规定路线行驶，勿在居民区和人口稠密区停留

第十五部分　法规信息

　　下列法律、法规、规章和标准，对该化学品的管理作了相应的规定。

中华人民共和国职业病防治法　职业病分类和目录：有机磷中毒
危险化学品安全管理条例　危险化学品目录：列入。易制爆危险化学品名录：未列入。重点监管的危险化学品名录：未列入。GB 18218—2009《危险化学品重大危险源辨识》（表1）：未列入
使用有毒物品作业场所劳动保护条例　高毒物品目录：未列入
易制毒化学品管理条例　易制毒化学品的分类和品种目录：未列入
国际公约　斯德哥尔摩公约：未列入。鹿特丹公约：未列入。蒙特利尔议定书：未列入

第十六部分　其他信息

编写和修订信息　缩略语和首字母缩写
培训建议　　　　参考文献
免责声明

对氨基苯磺酸

第一部分　化学品标识

化学品中文名　对氨基苯磺酸；磺胺酸
化学品英文名　*p*-aminobenzene sulfonic acid
分子式　$C_6H_7NO_3S$　分子量　173.19

结构式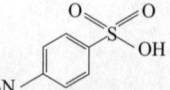

化学品的推荐及限制用途　用于制造偶氮染料等，也用作防治麦锈病的农药

第二部分　危险性概述

紧急情况概述　造成皮肤刺激，造成严重眼刺激，可能导致皮肤过敏反应

GHS危险性类别　皮肤腐蚀/刺激，类别2；严重眼损伤/眼刺激，类别2；皮肤致敏物，类别1；危害水生环境-急性危害，类别3；危害水生环境-长期危害，类别3

标签要素

象形图

警示词　警告
危险性说明　造成皮肤刺激，造成严重眼刺激，可能导致皮肤过敏反应，对水生生物有害并具有长期持续影响

防范说明
　预防措施　避免接触眼睛、皮肤，操作后彻底清洗。戴防护手套、防护眼镜、防护面罩。避免吸入粉尘。污染的工作服不得带出工作场所。禁止排入环境
　事故响应　如皮肤接触：用大量肥皂水和水清洗。如出现皮肤刺激或皮疹：就医。污染的衣服清洗后方可重新使用。如接触眼睛：用水细心冲洗数分钟。如戴隐形眼镜并可方便地取出，取出隐形眼镜，继续冲洗。如果眼睛刺激持续：就医
　安全储存　—
　废弃处置　本品及内装物、容器依据国家和地方法规处置
物理和化学危险　可燃，其粉体与空气混合，能形成爆炸性混合物
健康危害　摄入、吸入或经皮肤吸收后对身体有害。具有刺激作用
环境危害　对水生生物有害并具有长期持续影响

第三部分　成分/组成信息

√物质　　　　　　　　　　混合物

组分	浓度	CAS No.
对氨基苯磺酸		121-57-3

第四部分　急救措施

吸入　迅速脱离现场至空气新鲜处。保持呼吸道通畅。如呼吸困难，给输氧。呼吸、心跳停止，立即进行心肺复苏术。就医
皮肤接触　立即脱去污染的衣着，用流动清水彻底冲洗。就医
眼睛接触　立即分开眼睑，用流动清水或生理盐水彻底冲洗。就医
食入　漱口，饮水。就医
对保护施救者的忠告　根据需要使用个人防护设备
对医生的特别提示　对症处理

第五部分　消防措施

灭火剂　采用雾状水、抗溶性泡沫、干粉、二氧化碳、砂

土灭火

特别危险性　可燃。受热分解，放出氮、硫的氧化物等毒性气体

灭火注意事项及防护措施　消防人员必须穿全身耐酸碱消防服、佩戴空气呼吸器灭火。灭火时尽可能将容器从火场移至空旷处

第六部分　泄漏应急处理

作业人员防护措施、防护装备和应急处置程序　隔离泄漏污染区，限制出入。建议应急处理人员戴防尘口罩，穿防酸碱服。穿上适当的防护服前严禁接触破裂的容器和泄漏物。尽可能切断泄漏源

环境保护措施　用塑料布覆盖泄漏物，减少飞散

泄漏化学品的收容、清除方法及所使用的处置材料　勿使水进入包装容器内。用洁净的铲子收集泄漏物，置于干净、干燥、盖子较松的容器中，将容器移离泄漏区

第七部分　操作处置与储存

操作注意事项　密闭操作，局部排风。操作人员必须经过专门培训，严格遵守操作规程。建议操作人员佩戴自吸过滤式防尘口罩，戴化学安全防护眼镜，穿防毒物渗透工作服，戴橡胶手套。避免产生粉尘。避免与氧化剂、酸类、碱类接触。搬运时要轻装轻卸，防止包装及容器损坏。配备泄漏应急处理设备。倒空的容器可能残留有害物

储存注意事项　储存于阴凉、通风的库房。远离火种、热源。应与氧化剂、酸类、碱类分开存放，切忌混储。储区应备有合适的材料收容泄漏物

第八部分　接触控制/个体防护

职业接触限值

中国　未制定标准

美国（ACGIH）　未制定标准

生物接触限值　未制定标准

监测方法　空气中有毒物质测定方法：未制定标准。生物监测检验方法：未制定标准

工程控制　密闭操作，局部排风

个体防护装备

呼吸系统防护　空气中粉尘浓度超标时，必须佩戴过滤式防尘呼吸器。紧急事态抢救或撤离时，应该佩戴空气呼吸器

眼睛防护　戴化学安全防护眼镜

皮肤和身体防护　穿防毒物渗透工作服

手防护　戴橡胶手套

第九部分　理化特性

外观与性状　灰白色粉末或无色晶体

pH 值　无意义　　　　　**熔点（℃）**　288（分解）

沸点（℃）　无资料　　　**相对密度（水＝1）**　1.5

相对蒸气密度（空气＝1）　无资料

饱和蒸气压（kPa）　无资料

临界压力（MPa）　无资料　　**辛醇/水分配系数**　无资料

闪点（℃）　无意义　　　　**自燃温度（℃）**　无意义

爆炸下限（%）　无意义　　**爆炸上限（%）**　无意义

分解温度（℃）　288　　　**黏度（mPa·s）**　无资料

燃烧热（kJ/mol）　无资料　**临界温度（℃）**　无资料

溶解性　微溶于冷水，溶于热水，不溶于乙醇、乙醚、苯，溶于氢氧化钠水溶液

第十部分　稳定性和反应性

稳定性　稳定

危险反应　与强氧化剂、强酸、强碱等禁配物发生反应

避免接触的条件　受热

禁配物　强氧化剂、强酸、强碱

危险的分解产物　硫化物、氮氧化物

第十一部分　毒理学信息

急性毒性　LD_{50}：>3200mg/kg（小鼠经口）

皮肤刺激或腐蚀　无资料　**眼睛刺激或腐蚀**　无资料

呼吸或皮肤过敏　无资料　**生殖细胞突变性**　无资料

致癌性　无资料　　　　　**生殖毒性**　无资料

特异性靶器官系统毒性-一次接触　无资料

特异性靶器官系统毒性-反复接触　无资料

吸入危害　无资料

第十二部分　生态学信息

生态毒性　LC_{50}：>100mg/L（96h）（斑马鱼，静态，OECD 203）。EC_{50}：23mg/L（48h）（大型溞，静态，OECD 202）。ErC_{50}：97mg/L（72h）（*Desmodesmus subspicatus*，静态，OECD 201）

持久性和降解性

生物降解性　不易快速生物降解

非生物降解性　无资料

潜在的生物累积性　无资料

土壤中的迁移性　无资料

第十三部分　废弃处置

废弃化学品　根据国家和地方有关法规的要求处置。或与厂商或制造商联系，确定处置方法

污染包装物　将容器返还生产商或按照国家和地方法规处置

废弃注意事项　处置前应参阅国家和地方有关法规

第十四部分　运输信息

联合国危险货物编号（UN号）　—

联合国运输名称　—　　　**联合国危险性类别**　—

包装类别　—　　　　　　**包装标志**　—

海洋污染物　否

运输注意事项　起运时包装要完整，装载应稳妥。运输过程中要确保容器不泄漏、不倒塌、不坠落、不损坏。严禁与氧化剂、酸类、碱类、食用化学品等混装混运。运输途中应防暴晒、雨淋，防高温。车辆运输完毕应进行彻底清扫

第十五部分　法规信息

下列法律、法规、规章和标准，对该化学品的管理作

了相应的规定。

中华人民共和国职业病防治法 职业病分类和目录：未列入

危险化学品安全管理条例 危险化学品目录：列入。易制爆危险化学品名录：未列入。重点监管的危险化学品名录：未列入。GB 18218—2009《危险化学品重大危险源辨识》（表1）：未列入

使用有毒物品作业场所劳动保护条例 高毒物品目录：未列入

易制毒化学品管理条例 易制毒化学品的分类和品种目录：未列入

国际公约 斯德哥尔摩公约：未列入。鹿特丹公约：未列入。蒙特利尔议定书：未列入

第十六部分　其他信息

编写和修订信息 **缩略语和首字母缩写**
培训建议 **参考文献**
免责声明

对氨基苯乙酰胺

第一部分　化学品标识

化学品中文名 对氨基苯乙酰胺；N-乙酰对苯二胺
化学品英文名 N-acetyl-p-phenylenediamine；p-acetamidoaniline

分子式 $C_8H_{10}N_2O$　**分子量** 150.1778

结构式

化学品的推荐及限制用途 用作染料中间体

第二部分　危险性概述

紧急情况概述 造成严重眼刺激，吸入可能导致过敏或哮喘症状或呼吸困难，可能导致皮肤过敏反应

GHS危险性类别 严重眼损伤/眼刺激，类别2；呼吸道致敏物，类别1；皮肤致敏物，类别1

标签要素

象形图

警示词 危险

危险性说明 造成严重眼刺激，吸入可能导致过敏或哮喘症状或呼吸困难，可能导致皮肤过敏反应

防范说明

　　预防措施 避免接触眼睛、皮肤，操作后彻底清洗。戴防护手套、戴防护眼镜、防护面罩。避免吸入粉尘。通风不良时，戴呼吸防护器具。污染的工作服不得带出工作场所

　　事故响应 如吸入：如果呼吸困难，将患者转移到空气新鲜处，休息，保持利于呼吸的体位。如有呼吸系统症状，呼叫中毒控制中心或就医。如皮肤接触：用大量肥皂水和水清洗。如出现

皮肤刺激或皮疹：就医。污染的衣服清洗后方可重新使用。如接触眼睛：用水细心冲洗数分钟。如戴隐形眼镜并可方便地取出，取出隐形眼镜，继续冲洗。如果眼睛刺激持续，就医

　　安全储存 —

　　废弃处置 本品及内装物、容器依据国家和地方法规处置

物理和化学危险 可燃，其粉体与空气混合，能形成爆炸性混合物

健康危害 有毒。对眼睛、皮肤、黏膜和上呼吸道有刺激作用。对皮肤和呼吸道有致敏性

环境危害 对环境可能有害

第三部分　成分/组成信息

√ 物质　　　　　　　　　混合物

组分	浓度	CAS No.
对氨基苯乙酰胺		122-80-5

第四部分　急救措施

吸入 迅速脱离现场至空气新鲜处。保持呼吸道通畅。如呼吸困难，给输氧。如呼吸、心跳停止，立即进行心肺复苏术。就医

皮肤接触 立即脱去污染的衣着，用流动清水彻底冲洗。就医

眼睛接触 立即分开眼睑，用流动清水或生理盐水彻底冲洗。就医

食入 漱口，饮水。就医

对保护施救者的忠告 根据需要使用个人防护设备
对医生的特别提示 对症处理

第五部分　消防措施

灭火剂 用雾状水、泡沫、干粉、二氧化碳、砂土灭火

特别危险性 遇明火、高热可燃。其粉体与空气可形成爆炸性混合物，当达到一定浓度时，遇火星会发生爆炸。受热分解产生有毒的烟气

灭火注意事项及防护措施 消防人员必须佩戴防毒面具、穿全身消防服，在上风向灭火。尽可能将容器从火场移至空旷处。喷水保持火场容器冷却，直至灭火结束

第六部分　泄漏应急处理

作业人员防护措施、防护装备和应急处置程序 隔离泄漏污染区，限制出入。消除所有点火源。建议应急处理人员戴防尘口罩，穿防毒服。穿上适当的防护服前严禁接触破裂的容器和泄漏物。尽可能切断泄漏源

环境保护措施 用塑料布覆盖泄漏物，减少飞散

泄漏化学品的收容、清除方法及所使用的处置材料 勿使水进入包装容器内。用洁净的铲子收集泄漏物，置于干净、干燥、盖子较松的容器中，将容器移离泄漏区

第七部分　操作处置与储存

操作注意事项 密闭操作，局部排风。防止粉尘释放到车

间空气中。操作人员必须经过专门培训，严格遵守操作规程。建议操作人员佩戴自吸过滤式防尘口罩，戴化学安全防护眼镜，穿防毒物渗透工作服，戴橡胶手套。远离火种、热源，工作场所严禁吸烟。使用防爆型的通风系统和设备。避免产生粉尘。避免与氧化剂接触。配备相应品种和数量的消防器材及泄漏应急处理设备。倒空的容器可能残留有害物

储存注意事项 储存于阴凉、通风的库房。远离火种、热源。防止阳光直射。包装密封。应与氧化剂分开存放，切忌混储。配备相应品种和数量的消防器材。储区应备有合适的材料收容泄漏物

第八部分 接触控制/个体防护

职业接触限值
中国 未制定标准
美国（ACGIH） 未制定标准
生物接触限值 未制定标准
监测方法 空气中有毒物质测定方法：未制定标准。生物监测检验方法：未制定标准
工程控制 密闭操作，局部排风
个体防护装备
呼吸系统防护 空气中粉尘浓度超标时，必须佩戴过滤式防尘呼吸器。紧急事态抢救或撤离时，应该佩戴空气呼吸器
眼睛防护 戴化学安全防护眼镜
皮肤和身体防护 穿防毒物渗透工作服
手防护 戴橡胶手套

第九部分 理化特性

外观与性状 白色至淡红色结晶，在空气中逐渐变黑
pH 值 无意义   **熔点（℃）** 164～167
沸点（℃） 267   **相对密度（水＝1）** 无资料
相对蒸气密度（空气＝1） 无资料
饱和蒸气压（kPa） 无资料
临界压力（MPa） 无资料   **辛醇/水分配系数** 无资料
闪点（℃） 无意义   **自燃温度（℃）** 无资料
爆炸下限（%） 无资料   **爆炸上限（%）** 无资料
分解温度（℃） 无资料   **黏度（mPa·s）** 无资料
燃烧热（kJ/mol） 无资料   **临界温度（℃）** 无资料
溶解性 微溶于冷水，溶于热水、乙醇、乙醚

第十部分 稳定性和反应性

稳定性 稳定
危险反应 与强氧化剂等禁配物发生反应
避免接触的条件 受热
禁配物 强氧化剂
危险的分解产物 氮氧化物

第十一部分 毒理学信息

急性毒性 LD_{50}：2500mg/kg（大鼠经口）；633mg/kg（小鼠经口）
皮肤刺激或腐蚀 家兔经皮：100mg（24h），中度刺激
眼睛刺激或腐蚀 无资料

呼吸或皮肤过敏 无资料
生殖细胞突变性 微生物致突变：鼠伤寒沙门氏菌500μg/皿
致癌性 无资料   **生殖毒性** 无资料
特异性靶器官系统毒性-一次接触 无资料
特异性靶器官系统毒性-反复接触 无资料
吸入危害 无资料

第十二部分 生态学信息

生态毒性 无资料
持久性和降解性
生物降解性 无资料
非生物降解性 无资料
潜在的生物累积性 无资料
土壤中的迁移性 无资料

第十三部分 废弃处置

废弃化学品 建议用焚烧法处置。在能利用的地方重复使用容器或在规定场所掩埋
污染包装物 将容器返还生产商或按照国家和地方法规处置
废弃注意事项 处置前应参阅国家和地方有关法规

第十四部分 运输信息

联合国危险货物编号（UN 号） —
联合国运输名称 — **联合国危险性类别** —
包装类别 —   **包装标志** —
海洋污染物 否
运输注意事项 起运时包装要完整，装载应稳妥。运输过程中要确保容器不泄漏、不倒塌、不坠落、不损坏。严禁与氧化剂、食用化学品等混装混运。运输途中应防暴晒、雨淋，防高温。运输时运输车辆应配备相应品种和数量的消防器材及泄漏应急处理设备。装运本品的车辆排气管须有阻火装置。中途停留时应远离火种、热源。车辆运输完毕应进行彻底清扫。公路运输时要按规定路线行驶

第十五部分 法规信息

下列法律、法规、规章和标准，对该化学品的管理作了相应的规定。
中华人民共和国职业病防治法 职业病分类和目录：未列入
危险化学品安全管理条例 危险化学品目录：列入。易制爆危险化学品名录：未列入。重点监管的危险化学品名录：未列入。GB 18218—2009《危险化学品重大危险源辨识》（表1）：未列入
使用有毒物品作业场所劳动保护条例 高毒物品目录：未列入
易制毒化学品管理条例 易制毒化学品的分类和品种目录：未列入
国际公约 斯德哥尔摩公约：未列入。鹿特丹公约：未列入。蒙特利尔议定书：未列入

第十六部分　其他信息

编写和修订信息　　缩略语和首字母缩写
培训建议　　　　　参考文献
免责声明

对苯二甲酸

第一部分　化学品标识

化学品中文名　对苯二甲酸
化学品英文名　*p*-phthalicacid；terephthalic acid
分子式　$C_8H_6O_4$　**分子量**　166.131

结构式　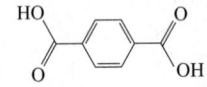

化学品的推荐及限制用途　用于制造合成树脂、合成纤维和增塑剂等

第二部分　危险性概述

紧急情况概述　皮肤接触可能有害
GHS危险性类别　急性毒性-经皮，类别5
标签要素
　象形图　—　　**警示词**　警告
　危险性说明　皮肤接触可能有害
　防范说明
　　预防措施　—
　　事故响应　如感觉不适，呼叫中毒控制中心或就医
　　安全储存　—
　　废弃处置　本品及内装物、容器依据国家和地方法规处置
物理和化学危险　可燃，其粉体与空气混合，能形成爆炸性混合物
健康危害　对皮肤有轻度刺激性，未见职业中毒的报道
环境危害　对环境可能有害

第三部分　成分/组成信息

　√ 物质　　　　　　　混合物

组分	浓度	CAS No.
对苯二甲酸		100-21-0

第四部分　急救措施

吸入　脱离现场至空气新鲜处。如呼吸困难，给输氧。就医
皮肤接触　脱去污染的衣着，用肥皂水和清水彻底冲洗皮肤。如有不适感，就医
眼睛接触　提起眼睑，用流动清水或生理盐水冲洗。如有不适感，就医
食入　饮足量温水，催吐。如有不适感，就医
对保护施救者的忠告　根据需要使用个人防护设备
对医生的特别提示　对症处理

第五部分　消防措施

灭火剂　用雾状水、泡沫、干粉、二氧化碳、砂土灭火
特别危险性　遇明火、高热可燃
灭火注意事项及防护措施　消防人员必须穿全身耐酸碱消防服、佩戴空气呼吸器灭火。尽可能将容器从火场移至空旷处。喷水保持火场容器冷却，直至灭火结束

第六部分　泄漏应急处理

作业人员防护措施、防护装备和应急处置程序　隔离泄漏污染区，限制出入。消除所有点火源。建议应急处理人员戴防尘口罩，穿防毒服。穿上适当的防护服前严禁接触破裂的容器和泄漏物。尽可能切断泄漏源。用塑料布覆盖泄漏物，减少飞散。勿使水进入包装容器内
环境保护措施　防止泄漏物进入水体、下水道、地下室或密闭性空间
泄漏化学品的收容、清除方法及所使用的处置材料　用洁净的铲子收集泄漏物，置于干净、干燥、盖子较松的容器中，将容器移离泄漏区

第七部分　操作处置与储存

操作注意事项　密闭操作，局部排风。操作人员必须经过专门培训，严格遵守操作规程。建议操作人员佩戴自吸过滤式防尘口罩，戴化学安全防护眼镜，穿防毒物渗透工作服，戴橡胶手套。远离火种、热源，工作场所严禁吸烟。使用防爆型的通风系统和设备。避免产生粉尘。避免与氧化剂、碱类接触。搬运时要轻装轻卸，防止包装及容器损坏。配备相应品种和数量的消防器材及泄漏应急处理设备。倒空的容器可能残留有害物
储存注意事项　储存于阴凉、通风的库房。远离火种、热源。应与氧化剂、碱类分开存放，切忌混储。配备相应品种和数量的消防器材。储区应备有合适的材料收容泄漏物

第八部分　接触控制/个体防护

职业接触限值
　中国　PC-TWA：8mg/m³；PC-STEL：15mg/m³
　美国（ACGIH）　TLV-TWA：10mg/m³
生物接触限值　未制定标准
监测方法　空气中有毒物质测定方法：紫外分光光度法。
　生物监测检验方法：未制定标准
工程控制　密闭操作，局部排风
个体防护装备
　呼吸系统防护　空气中粉尘浓度超标时，必须佩戴过滤式防尘呼吸器。紧急事态抢救或撤离时，应该佩戴空气呼吸器
　眼睛防护　戴化学安全防护眼镜
　皮肤和身体防护　穿防毒物渗透工作服
　手防护　戴橡胶手套

第九部分　理化特性

外观与性状　白色结晶或粉末
pH值　无意义　　　　　**熔点（℃）**　402（升华）
沸点（℃）　无资料　　　**相对密度（水＝1）**　1.51
相对蒸气密度（空气＝1）　无资料

饱和蒸气压(kPa)　无资料

临界压力(MPa)　无资料　辛醇/水分配系数　无资料

闪点(℃)　260（开杯）　自燃温度(℃)　496.11

爆炸下限(%)　无资料　爆炸上限(%)　无资料

分解温度(℃)　无资料　黏度(mPa·s)　无资料

燃烧热(kJ/mol)　无资料　临界温度(℃)　无资料

溶解性　不溶于水，不溶于四氯化碳、醚、乙酸，微溶于乙醇，溶于碱液

第十部分　稳定性和反应性

稳定性　稳定

危险反应　与强氧化剂、碱类等禁配物发生反应

避免接触的条件　无资料

禁配物　强氧化剂、碱类

危险的分解产物　无资料

第十一部分　毒理学信息

急性毒性　皮肤接触可能有害。LD_{50}：＞6400mg/kg（大鼠经口）；1647mg/kg（大鼠腹膜腔）；3200mg/kg（小鼠经口）

皮肤刺激或腐蚀　无资料　眼睛刺激或腐蚀　无资料

呼吸或皮肤过敏　无资料　生殖细胞突变性　无资料

致癌性　无资料　生殖毒性　无资料

特异性靶器官系统毒性-一次接触　无资料

特异性靶器官系统毒性-反复接触　喂饲含本品4%的饲料二周，大鼠出现酸尿，尿中钙、镁排出增加

吸入危害　无资料

第十二部分　生态学信息

生态毒性　无资料

持久性和降解性

　生物降解性　可快速生物降解

　非生物降解性　无资料

潜在的生物累积性　无资料

土壤中的迁移性　无资料

第十三部分　废弃处置

废弃化学品　建议用焚烧法处置

污染包装物　将容器返还生产商或按照国家和地方法规处置

废弃注意事项　处置前应参阅国家和地方有关法规

第十四部分　运输信息

联合国危险货物编号（UN号）　—

联合国运输名称　—　联合国危险性类别　—

包装类别　—　　　　　包装标志　—

海洋污染物　否

运输注意事项　起运时包装要完整，装载应稳妥。运输过程中要确保容器不泄漏、不倒塌、不坠落、不损坏。严禁与氧化剂、碱类、食用化学品等混装混运。运输途中应防暴晒、雨淋，防高温。车辆运输完毕应进行彻底清扫

第十五部分　法规信息

下列法律、法规、规章和标准，对该化学品的管理作了相应的规定。

中华人民共和国职业病防治法　职业病分类和目录　未列入

危险化学品安全管理条例　危险化学品目录：未列入。易制爆危险化学品名录：未列入。重点监管的危险化学品名录：未列入。GB 18218—2009《危险化学品重大危险源辨识》（表1）：未列入

使用有毒物品作业场所劳动保护条例　高毒物品目录：未列入

易制毒化学品管理条例　易制毒化学品的分类和品种目录：未列入

国际公约　斯德哥尔摩公约：未列入。鹿特丹公约：未列入。蒙特利尔议定书：未列入

第十六部分　其他信息

编写和修订信息　　缩略语和首字母缩写

培训建议　　　　　参考文献

免责声明

对二氨基联苯

第一部分　化学品标识

化学品中文名　对二氨基联苯；4,4′-二氨基联苯；联苯胺；二氨基联苯

化学品英文名　4,4′-diaminobiphenyl；benzidine

分子式　$C_{12}H_{12}N_2$　分子量　184.2371

结构式

化学品的推荐及限制用途　用于偶氮染料中间体，也作不溶偶氮染料的显色剂

第二部分　危险性概述

紧急情况概述　吞咽有害，可能致癌

GHS危险性类别　急性毒性-经口，类别4；致癌性，类别1A；危害水生环境-急性危害，类别1；危害水生环境-长期危害，类别1

标签要素

象形图

警示词　危险

危险性说明　吞咽有害，可能致癌，对水生生物毒性非常大并具有长期持续影响

防范说明

　预防措施　避免接触眼睛、皮肤，操作后彻底清洗。作业场所不得进食、饮水或吸烟。得到专门指导后操作。在阅读并了解所有安全预防措

施之前，切勿操作。按要求使用个体防护装备。禁止排入环境

事故响应　食入：如果感觉不适，立即呼叫中毒控制中心或就医，漱口。如果接触或有担心，就医。收集泄漏物

安全储存　上锁保管

废弃处置　本品及内装物、容器依据国家和地方法规处置

物理和化学危险　可燃，其粉体与空气混合，能形成爆炸性混合物

健康危害　联苯胺可经呼吸道、胃肠道、皮肤进入人体。对皮肤可引起接触性皮炎；对黏膜有刺激作用；长期接触可引起出血性膀胱炎，膀胱复发性乳头状瘤和膀胱癌。国际癌症研究机构（IARC）已将本品确认为对人类是致癌物

环境危害　对水生生物毒性非常大并具有长期持续影响

第三部分　成分/组成信息

√ 物质　　　　　　　　　混合物

组分	浓度	CAS No.
对二氨基联苯		92-87-5

第四部分　急救措施

吸入　迅速脱离现场至空气新鲜处。保持呼吸道通畅。如呼吸困难，给输氧。如呼吸、心跳停止，立即进行心肺复苏术。就医

皮肤接触　立即脱去污染的衣着，用流动清水彻底冲洗。就医

眼睛接触　立即分开眼睑，用流动清水或生理盐水彻底冲洗。就医

食入　漱口，饮水。就医

对保护施救者的忠告　根据需要使用个人防护设备

对医生的特别提示　对症处理

第五部分　消防措施

灭火剂　用雾状水、泡沫、干粉、二氧化碳、砂土灭火

特别危险性　遇明火、高热可燃。与强氧化剂接触可发生化学反应。受热分解放出有毒的氧化氮烟气

灭火注意事项及防护措施　消防人员必须佩戴防毒面具、穿全身消防服，在上风向灭火。尽可能将容器从火场移至空旷处。喷水保持火场容器冷却，直至灭火结束

第六部分　泄漏应急处理

作业人员防护措施、防护装备和应急处置程序　隔离泄漏污染区，限制出入。消除所有点火源。建议应急处理人员戴防尘口罩，穿防毒服。穿上适当的防护服前严禁接触破裂的容器和泄漏物。尽可能切断泄漏源

环境保护措施　用塑料布覆盖泄漏物，减少飞散

泄漏化学品的收容、清除方法及所使用的处置材料　勿使水进入包装容器内。用洁净的铲子收集泄漏物，置于干净、干燥、盖子较松的容器中，将容器移离泄漏区

第七部分　操作处置与储存

操作注意事项　密闭操作，提供充分的局部排风。操作人员必须经过专门培训，严格遵守操作规程。建议操作人员佩戴防尘面具（全面罩），穿胶布防毒衣，戴橡胶手套。远离火种、热源，工作场所严禁吸烟。使用防爆型的通风系统和设备。避免产生粉尘。避免与氧化剂、酸类接触。搬运时要轻装轻卸，防止包装及容器损坏。配备相应品种和数量的消防器材及泄漏应急处理设备。倒空的容器可能残留有害物

储存注意事项　储存于阴凉、通风的库房。远离火种、热源。应与氧化剂、酸类、食用化学品分开存放，切忌混储。配备相应品种和数量的消防器材。储区应备有合适的材料收容泄漏物

第八部分　接触控制/个体防护

职业接触限值

中国　未制定标准

美国（ACGIH）　未制定标准

生物接触限值　未制定标准

监测方法　空气中有毒物质测定方法：未制定标准。生物监测检验方法：未制定标准

工程控制　严加密闭，提供充分的局部排风。提供安全淋浴和洗眼设备

个体防护装备

呼吸系统防护　可能接触其粉尘时，必须佩戴防尘面具（全面罩）。紧急事态抢救或撤离时，应该佩戴空气呼吸器

眼睛防护　呼吸系统防护中已作防护

皮肤和身体防护　穿密闭型防毒服

手防护　戴橡胶手套

第九部分　理化特性

外观与性状　白色或浅粉红色结晶性粉末，商品呈褐色或深紫褐色

pH 值　无意义		**熔点（℃）**　128	
沸点（℃）　401.7		**相对密度（水＝1）**　1.25	
相对蒸气密度（空气＝1）　无资料			
饱和蒸气压（kPa）　98.64（128.7℃）			
临界压力（MPa）　无资料			
辛醇/水分配系数　1.34～1.81			
闪点（℃）　无资料		**自燃温度（℃）**　无资料	
爆炸下限（%）　无资料		**爆炸上限（%）**　无资料	
分解温度（℃）　无资料		**黏度（mPa·s）**　无资料	
燃烧热（kJ/mol）　−6524.6		**临界温度（℃）**　无资料	

溶解性　不溶于冷水，溶于热水，易溶于乙醇、乙醚

第十部分　稳定性和反应性

稳定性　稳定

危险反应　与强氧化剂、酸类、酸酐、酰基氯、氯仿、卤素等禁配物发生反应

避免接触的条件　受热

禁配物　强氧化剂、酸类、酸酐、酰基氯、氯仿、卤素等

危险的分解产物　氮氧化物

第十一部分　毒理学信息

急性毒性　LD_{50}：309mg/kg（大鼠经口）；214mg/kg

（小鼠经口）

皮肤刺激或腐蚀　无资料　　**眼睛刺激或腐蚀**　无资料

呼吸或皮肤过敏　无资料

生殖细胞突变性　DNA 损伤：人成纤维细胞 3mmol/L。DNA 加合物：人淋巴细胞 30μmol/L。程序外 DNA 合成：人类肝脏 10mg/L。姐妹染色单体交换：人淋巴细胞 2mg/L

致癌性　IARC 致癌性评论：组 1，对人类是致癌物

生殖毒性　无资料

特异性靶器官系统毒性-一次接触　无资料

特异性靶器官系统毒性-反复接触　无资料

吸入危害　无资料

第十二部分　生态学信息

生态毒性　LC_{50}：2.5mg/L（96h）（*Notropis lutrensis*）；LC_{50}：7.4mg/L（96h）（虹鳟）；EC_{50}：0.6mg/L（48h）（大型溞）

持久性和降解性

生物降解性　无资料

非生物降解性　无资料

潜在的生物累积性　根据 K_{ow} 值预测，该物质的生物累积性可能较弱

土壤中的迁移性　根据 K_{oc} 值预测，该物质可能易发生迁移

第十三部分　废弃处置

废弃化学品　用焚烧法处置。焚烧炉排出的氮氧化物通过洗涤器除去

污染包装物　将容器返还生产商或按照国家和地方法规处置

废弃注意事项　处置前应参阅国家和地方有关法规

第十四部分　运输信息

联合国危险货物编号（UN 号）　1885

联合国运输名称　联苯胺

联合国危险性类别　6.1

包装类别　Ⅱ　　　　**包装标志**

海洋污染物　是

运输注意事项　运输前应先检查包装容器是否完整、密封，运输过程中要确保容器不泄漏、不倒塌、不坠落、不损坏。严禁与酸类、氧化剂、食品及食品添加剂混运。运输途中应防暴晒、雨淋，防高温

第十五部分　法规信息

下列法律、法规、规章和标准，对该化学品的管理作了相应的规定。

中华人民共和国职业病防治法　职业病分类和目录：联苯胺所致膀胱癌

危险化学品安全管理条例　危险化学品目录：列入。易制爆危险化学品名录：未列入。重点监管的危险化学品

名录：未列入。GB 18218—2009《危险化学品重大危险源辨识》（表 1）：未列入

使用有毒物品作业场所劳动保护条例　高毒物品目录：未列入

易制毒化学品管理条例　易制毒化学品的分类和品种目录：未列入

国际公约　斯德哥尔摩公约：未列入。鹿特丹公约：未列入。蒙特利尔议定书：未列入

第十六部分　其他信息

编写和修订信息　　　缩略语和首字母缩写

培训建议　　　　　　参考文献

免责声明

对甲基异丙基苯

第一部分　化学品标识

化学品中文名　对甲基异丙基苯；伞花烃；（对）甲基异丙基苯

化学品英文名　*p*-isopropyltoluene；*p*-cymene

分子式　$C_{10}H_{14}$　　**分子量**　134.2182

结构式　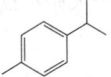

化学品的推荐及限制用途　用于有机合成及配制油漆稀释剂

第二部分　危险性概述

紧急情况概述　易燃液体和蒸气，可能引起昏昏欲睡或眩晕，吞咽及进入呼吸道可能致命

GHS 危险性类别　易燃液体，类别 3；特异性靶器官毒性—一次接触，类别 3（麻醉效应）；吸入危害，类别 1；危害水生环境-急性危害，类别 2；危害水生环境-长期危害，类别 2

标签要素

象形图　

警示词　危险

危险性说明　易燃液体和蒸气，可能引起昏昏欲睡或眩晕，吞咽及进入呼吸道可能致命，对水生生物有毒并具有长期持续影响

防范说明

预防措施　远离热源。远离衣物、可燃物保存。采取一切预防措施，避免与可燃物混合。戴防护手套、防护眼镜、防护面罩。禁止排入环境

事故响应　火灾时，使用雾状水、泡沫、干粉、二氧化碳、砂土灭火。如果食入：立即呼叫中毒控制中心或就医，不要催吐。收集泄漏物

安全储存　存放在通风良好的地方。保持低温。上锁保管

废弃处置　本品及内装物、容器依据国家和地方法规处置

物理和化学危险 易燃，其蒸气与空气混合，能形成爆炸性混合物

健康危害 吸入、摄入或经皮肤吸收后对身体有害。对皮肤有刺激作用。其蒸气或雾对眼睛、黏膜和上呼吸道有刺激作用。液态本品吸入呼吸道可引起吸入性肺炎

环境危害 对水生生物有毒并具有长期持续影响

第三部分　成分/组成信息

√ 物质　　　　　　　　　混合物

组分	浓度	CAS No.
对甲基异丙基苯		99-87-6

第四部分　急救措施

吸入 迅速脱离现场至空气新鲜处。保持呼吸道通畅。如呼吸困难，给输氧。如呼吸、心跳停止，立即进行心肺复苏术。就医

皮肤接触 立即脱去污染的衣着，用流动清水彻底冲洗。就医

眼睛接触 立即分开眼睑，用流动清水或生理盐水彻底冲洗。就医

食入 漱口，饮水。禁止催吐。就医

对保护施救者的忠告 根据需要使用个人防护设备

对医生的特别提示 对症处理

第五部分　消防措施

灭火剂 用雾状水、泡沫、干粉、二氧化碳、砂土灭火

特别危险性 其蒸气与空气可形成爆炸性混合物，遇明火、高热能引起燃烧爆炸。与氧化剂可发生反应。流速过快，容易产生和积聚静电。若遇高热，容器内压增大，有开裂和爆炸的危险

灭火注意事项及防护措施 消防人员必须佩戴防毒面具、穿全身消防服，在上风向灭火。尽可能将容器从火场移至空旷处。喷水保持火场容器冷却，直至灭火结束。处在火场中的容器若已变色或从安全泄压装置中发出声音，必须马上撤离

第六部分　泄漏应急处理

作业人员防护措施、防护装备和应急处置程序 消除所有点火源。根据液体流动和蒸气扩散的影响区域划定警戒区，无关人员从侧风向、上风向撤离至安全区。建议应急处理人员戴正压自给式呼吸器，穿防静电服。作业时使用的所有设备应接地。禁止接触或跨越泄漏物。尽可能切断泄漏源

环境保护措施 防止泄漏物进入水体、下水道、地下室或有限空间

泄漏化学品的收容、清除方法及所使用的处置材料 小量泄漏：用砂土或其他不燃材料吸收。使用洁净的无火花工具收集吸收材料。大量泄漏：构筑围堤或挖坑收容。用泡沫覆盖，减少蒸发。喷水雾能减少蒸发，但不能降低泄漏物在有限空间内的易燃性。用防爆泵转移至槽车或专用收集器内

第七部分　操作处置与储存

操作注意事项 密闭操作，注意通风。操作人员必须经过专门培训，严格遵守操作规程。建议操作人员佩戴自吸过滤式防毒面具（半面罩），戴化学安全防护眼镜，穿防毒物渗透工作服，戴橡胶耐油手套。远离火种、热源，工作场所严禁吸烟。使用防爆型的通风系统和设备。防止蒸气泄漏到工作场所空气中。避免与氧化剂接触。充装要控制流速，防止静电积聚。搬运时要轻装轻卸，防止包装及容器损坏。配备相应品种和数量的消防器材及泄漏应急处理设备。倒空的容器可能残留有害物

储存注意事项 储存于阴凉、通风的库房。远离火种、热源。库温不宜超过 37℃，应与氧化剂分开存放，切忌混储。采用防爆型照明、通风设施。禁止使用易产生火花的机械设备和工具。储区应备有泄漏应急处理设备和合适的收容材料

第八部分　接触控制/个体防护

职业接触限值

中国　未制定标准

美国（ACGIH）　未制定标准

生物接触限值 未制定标准

监测方法 空气中有毒物质测定方法：未制定标准。生物监测检验方法：未制定标准

工程控制 密闭操作，注意通风

个体防护装备

呼吸系统防护　空气中浓度超标时，必须佩戴过滤式防毒面具（半面罩）。紧急事态抢救或撤离时，应该佩戴空气呼吸器

眼睛防护　戴化学安全防护眼镜

皮肤和身体防护　穿防毒物渗透工作服

手防护　戴橡胶耐油手套

第九部分　理化特性

外观与性状 无色透明液体，有芳香气味

pH 值 无资料		**熔点（℃）** −67.9	
沸点（℃） 177.1		**相对密度（水＝1）** 0.86	
相对蒸气密度（空气＝1） 4.62			
饱和蒸气压（kPa） 0.2(20℃)			
临界压力（MPa） 无资料		**辛醇/水分配系数** 4.1	
闪点（℃） 47.22		**自燃温度（℃）** 436.11	
爆炸下限（%） 0.7		**爆炸上限（%）** 5.6	
分解温度（℃） 无资料			
黏度（mPa·s） 3.402(20℃)；1.600(30℃)			
燃烧热（kJ/mol） −5865.34		**临界温度（℃）** 378.85	

溶解性 不溶于水，溶于乙醇、乙醚、丙酮、氯仿

第十部分　稳定性和反应性

稳定性 稳定

危险反应 与强氧化剂等禁配物接触，有发生火灾和爆炸的危险

避免接触的条件 无资料

禁配物 强氧化剂

危险的分解产物 无资料

第十一部分　毒理学信息

急性毒性　LD_{50}：3669mg/kg（大鼠经口）；1695mg/kg（小鼠经口）

皮肤刺激或腐蚀　无资料	**眼睛刺激或腐蚀**　无资料
呼吸或皮肤过敏　无资料	**生殖细胞突变性**　无资料
致癌性　无资料	**生殖毒性**　无资料

特异性靶器官系统毒性-一次接触　无资料
特异性靶器官系统毒性-反复接触　无资料
吸入危害　无资料

第十二部分　生态学信息

生态毒性　LC_{50}：2mg/L（96h）（鱼类，OECD 203）。EC_{50}：1.9mg/L（48h）（大型溞，OECD 202）。ErC_{50}：5.6mg/L（72h）（藻类，OECD 201）。NOEC：0.69mg/L（鱼类，OECD 210）。NOEC：0.46mg/L（21d）（鱼类，OECD 211）

持久性和降解性
　生物降解性　易快速生物降解
　非生物降解性　无资料
潜在的生物累积性　根据 K_{ow} 值预测，该物质可能有较高的生物累积性
土壤中的迁移性　根据 K_{oc} 值预测，该物质的迁移性可能较弱

第十三部分　废弃处置

废弃化学品　建议用焚烧法处置
污染包装物　将容器返还生产商或按照国家和地方法规处置
废弃注意事项　处置前应参阅国家和地方有关法规

第十四部分　运输信息

联合国危险货物编号（UN号）　2046
联合国运输名称　伞花烃
联合国危险性类别　3

包装类别　Ⅲ　　　　　　　**包装标志**

海洋污染物　否
运输注意事项　运输时运输车辆应配备相应品种和数量的消防器材及泄漏应急处理设备。夏季最好早晚运输。运输时所用的槽（罐）车应有接地链，槽内可设孔隔板以减少震荡产生的静电。严禁与氧化剂、食用化学品等混装混运。运输途中应防暴晒、雨淋、防高温。中途停留时应远离火种、热源、高温区。装运该物品的车辆排气管必须配备阻火装置，禁止使用易产生火花的机械设备和工具装卸。公路运输时要按规定路线行驶，勿在居民区和人口稠密区停留。铁路运输时要禁止溜放。严禁用木船、水泥船散装运输

第十五部分　法规信息

下列法律、法规、规章和标准，对该化学品的管理作

了相应的规定。

中华人民共和国职业病防治法　职业病分类和目录：未列入
危险化学品安全管理条例　危险化学品目录：列入。易制爆危险化学品名录：未列入。重点监管的危险化学品名录：未列入。GB 18218—2009《危险化学品重大危险源辨识》（表1）：未列入
使用有毒物品作业场所劳动保护条例　高毒物品目录：未列入
易制毒化学品管理条例　易制毒化学品的分类和品种目录：未列入
国际公约　斯德哥尔摩公约：未列入。鹿特丹公约：未列入。蒙特利尔议定书：未列入

第十六部分　其他信息

编写和修订信息	**缩略语和首字母缩写**
培训建议	**参考文献**
免责声明	

对硫氰酸苯胺

第一部分　化学品标识

化学品中文名　对硫氰酸苯胺；对硫氰基苯胺
化学品英文名　*p*-thiocyanatoaniline
分子式　$C_7H_6N_2S$　**分子量**　150.204
结构式

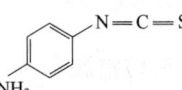

化学品的推荐及限制用途　用作有机合成的重要原料，还用作种子消毒剂硫化氰的配料

第二部分　危险性概述

紧急情况概述　吞咽会中毒
GHS 危险性类别　急性毒性-经口，类别3
标签要素

象形图

警示词　危险
危险性说明　吞咽会中毒
防范说明
　预防措施　避免接触眼睛、皮肤，操作后彻底清洗。作业场所不得进食、饮水或吸烟
　事故响应　食入：立即呼叫中毒控制中心或就医，漱口
　安全储存　上锁保管
　废弃处置　本品及内装物、容器依据国家和地方法规处置
物理和化学危险　可燃，其粉体与空气混合，能形成爆炸性混合物
健康危害　本品蒸气有恶臭，对眼睛和上呼吸道有刺激性。急性中毒是由于其解离产生的氰化物，后者抑制

呼吸酶，造成组织缺氧。其水溶液可致角膜暂时性混浊。对皮肤有致敏性，引起小丘疹、发痒

环境危害　对环境可能有害

第三部分　成分/组成信息

√ 物质　　　　　　　　　　　混合物

组分	浓度	CAS No.
对硫氰酸苯胺		15191-25-0

第四部分　急救措施

吸入　迅速脱离现场至空气新鲜处。保持呼吸道通畅。如呼吸困难，给输氧。如呼吸、心跳停止，立即进行心肺复苏术（禁止口对口进行人工呼吸）。就医

皮肤接触　立即脱去污染的衣着，用肥皂水和流动清水彻底冲洗 10～15min。就医

眼睛接触　立即分开眼睑，用大量流动清水或生理盐水彻底冲洗至少 15min。就医

食入　如患者神志清醒，催吐，洗胃。就医

对保护施救者的忠告　根据需要使用个人防护设备

对医生的特别提示　轻度中毒或有低血压者，可单独使用硫代硫酸钠 10～12.5g；重度中毒者首先吸入亚硝酸异戊酯（2～3 支压碎于纱布、单衣或手帕中）30s，停 15s，然后缓慢静注 3% 亚硝酸钠溶液 10mL，随即用同一针头静注 25% 硫代硫酸钠溶液 12.5～15g。用药后 30min 症状未缓解者，可重复应用硫代硫酸钠半量或全量

第五部分　消防措施

灭火剂　采用泡沫、干粉、二氧化碳、砂土灭火

特别危险性　遇明火能燃烧。接触酸和酸雾产生剧毒气体

灭火注意事项及防护措施　消防人员必须佩戴空气呼吸器、穿全身防火防毒服，在上风向灭火。尽可能将容器从火场移至空旷处。禁止使用酸碱灭火剂。用水灭火无效，但可用水保持火场中容器冷却

第六部分　泄漏应急处理

作业人员防护措施、防护装备和应急处置程序　隔离泄漏污染区，限制出入。消除所有点火源。建议应急处理人员戴防尘口罩，穿防毒服。穿上适当的防护服前严禁接触破裂的容器和泄漏物。尽可能切断泄漏源

环境保护措施　用塑料布覆盖泄漏物，减少飞散

泄漏化学品的收容、清除方法及所使用的处置材料　勿使水进入包装容器内。用洁净的铲子收集泄漏物，置于干净、干燥、盖子较松的容器中，将容器移离泄漏区

第七部分　操作处置与储存

操作注意事项　密闭操作，提供充分的局部排风。操作人员必须经过专门培训，严格遵守操作规程。建议操作人员佩戴自吸过滤式防尘口罩，戴化学安全防护眼镜，穿聚乙烯防毒服，戴橡胶手套。远离火种、热源，工作场所严禁吸烟。使用防爆型的通风系统和设备。避免产生粉尘。避免与氧化剂、酸类接触。搬运时要轻装轻卸，防止包装及容器损坏。配备相应品种和数量的消防器材及泄漏应急处理设备。倒空的容器可能残留有害物

储存注意事项　储存于阴凉、通风的库房。远离火种、热源。包装密封。应与氧化剂、酸类、食用化学品分开存放，切忌混储。配备相应品种和数量的消防器材。储区应备有合适的材料收容泄漏物

第八部分　接触控制/个体防护

职业接触限值

中国　未制定标准

美国（ACGIH）　未制定标准

生物接触限值　未制定标准

监测方法　空气中有毒物质测定方法：未制定标准。生物监测检验方法：未制定标准

工程控制　严加密闭，提供充分的局部排风

个体防护装备

呼吸系统防护　可能接触其粉尘时，佩戴过滤式防尘呼吸器

眼睛防护　戴化学安全防护眼镜

皮肤和身体防护　穿密闭型防毒服

手防护　戴橡胶手套

第九部分　理化特性

外观与性状　针状结晶

pH 值　无意义		**熔点(℃)**　57～58	
沸点(℃)　无资料		**相对密度(水=1)**　无资料	
相对蒸气密度(空气=1)　无资料			
饱和蒸气压(kPa)　无资料			
临界压力(MPa)　无资料		**辛醇/水分配系数**　无资料	
闪点(℃)　无意义		**自燃温度(℃)**　无资料	
爆炸下限(%)　无资料		**爆炸上限(%)**　无资料	
分解温度(℃)　无资料		**黏度(mPa·s)**　无资料	
燃烧热(kJ/mol)　无资料		**临界温度(℃)**　无资料	

溶解性　微溶于水，易溶于乙醇，溶于乙醚、苯

第十部分　稳定性和反应性

稳定性　稳定

危险反应　与强氧化剂等禁配物发生反应。接触酸和酸雾产生剧毒气体

避免接触的条件　无资料

禁配物　强氧化剂、酸类

危险的分解产物　氮氧化物

第十一部分　毒理学信息

急性毒性　LD_{50}：228mg/kg（大鼠经口），40mg/kg（小鼠经口）

皮肤刺激或腐蚀　无资料　　**眼睛刺激或腐蚀**　无资料

呼吸或皮肤过敏　无资料　　**生殖细胞突变性**　无资料

致癌性　无资料　　　　　　**生殖毒性**　无资料

特异性靶器官系统毒性--一次接触　无资料

特异性靶器官系统毒性-反复接触　无资料

吸入危害　无资料

第十二部分　生态学信息

生态毒性　无资料

持久性和降解性

生物降解性　无资料

非生物降解性　无资料

潜在的生物累积性　无资料

土壤中的迁移性　无资料

第十三部分　废弃处置

废弃化学品　建议用焚烧法处置。焚烧炉排出的气体要通过洗涤器除去

污染包装物　将容器返还生产商或按照国家和地方法规处置

废弃注意事项　处置前应参阅国家和地方有关法规

第十四部分　运输信息

联合国危险货物编号（UN号）　2811

联合国运输名称　有机毒性固体，未另作规定的（对硫氰基苯胺）

联合国危险性类别　6.1

包装类别　Ⅲ　　　　　包装标志

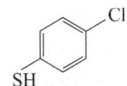

海洋污染物　否

运输注意事项　运输前应先检查包装容器是否完整、密封，运输过程中要确保容器不泄漏、不倒塌、不坠落、不损坏。严禁与酸类、氧化剂、食品及食品添加剂混运。运输途中应防暴晒、雨淋，防高温

第十五部分　法规信息

下列法律、法规、规章和标准，对该化学品的管理作了相应的规定。

中华人民共和国职业病防治法　职业病分类和目录：氰及腈类化合物中毒

危险化学品安全管理条例　危险化学品目录：列入。易制爆危险化学品名录：未列入。重点监管的危险化学品名录：未列入。GB 18218—2009《危险化学品重大危险源辨识》（表1）：未列入

使用有毒物品作业场所劳动保护条例　高毒物品目录：未列入

易制毒化学品管理条例　易制毒化学品的分类和品种目录：未列入

国际公约　斯德哥尔摩公约：未列入。鹿特丹公约：未列入。蒙特利尔议定书：未列入

第十六部分　其他信息

编写和修订信息　缩略语和首字母缩写

培训建议　　　　　参考文献

免责声明

对氯苯硫醇

第一部分　化学品标识

化学品中文名　对氯苯硫醇；4-氯硫酚；对氯硫酚

化学品英文名　*p*-chlorophenyl mercaptan；*p*-chlorobenzene-thiol

分子式　C_6H_5ClS　分子量　144.622

结构式　

化学品的推荐及限制用途　用作增塑剂、油漆添加剂、润湿剂

第二部分　危险性概述

紧急情况概述　吞咽有害，造成严重的皮肤灼伤和眼损伤

GHS危险性类别　急性毒性-经口，类别4；皮肤腐蚀/刺激，类别1；严重眼损伤/眼刺激，类别1

标签要素

象形图　

警示词　危险

危险性说明　吞咽有害，造成严重的皮肤灼伤和眼损伤

防范说明

预防措施　避免接触眼睛、皮肤，操作后彻底清洗。作业场所不得进食、饮水或吸烟。避免吸入粉尘。戴防护手套，穿防护服，戴防护眼镜、防护面罩

事故响应　如吸入：将患者转移到空气新鲜处，休息，保持利于呼吸的体位，立即呼叫中毒控制中心或就医。皮肤（或头发）接触：立即脱掉所有被污染的衣服，用水冲洗皮肤，淋浴。污染的衣服须洗净后方可重新使用。眼睛接触：用水细心地冲洗数分钟。如戴隐形眼镜并可方便地取出，则取出隐形眼镜，继续冲洗。食入：漱口，不要催吐，如果感觉不适，立即呼叫中毒控制中心或就医

安全储存　上锁保管

废弃处置　本品及内装物、容器依据国家和地方法规处置

物理和化学危险　可燃，其粉体与空气混合，能形成爆炸性混合物

健康危害　本品有毒。有催泪作用和腐蚀性。是一种催泪性毒剂。吸入后可引起喉炎、化学性肺炎和肺水肿。接触后可引起头痛、恶心、呕吐、咳嗽、气短等症状。眼和皮肤接触可引起灼伤

环境危害　对环境可能有害

第三部分　成分/组成信息

√ 物质　　　　　　　　混合物

组分	浓度	CAS No.
对氯苯硫醇		106-54-7

第四部分　急救措施

吸入　迅速脱离现场至空气新鲜处。保持呼吸道通畅。如呼吸困难，给输氧。如呼吸、心跳停止，立即进行心肺复苏术。就医

皮肤接触　立即脱去污染的衣着，用大量流动清水彻底冲洗至少 15min。就医

眼睛接触　立即分开眼睑，用流动清水或生理盐水彻底冲洗 5～10min。就医

食入　用水漱口，禁止催吐。给饮牛奶或蛋清。就医

对保护施救者的忠告　根据需要使用个人防护设备

对医生的特别提示　对症处理

第五部分　消防措施

灭火剂　用雾状水、泡沫、干粉、二氧化碳、砂土灭火

特别危险性　遇高热、明火或与氧化剂混合，经摩擦、撞击有引起燃烧爆炸的危险。受高热分解放出有毒的气体

灭火注意事项及防护措施　消防人员必须佩戴防毒面具、穿全身消防服，在上风向灭火。尽可能将容器从火场移至空旷处。喷水保持火场容器冷却，直至灭火结束

第六部分　泄漏应急处理

作业人员防护措施、防护装备和应急处置程序　隔离泄漏污染区，限制出入。消除所有点火源。建议应急处理人员戴防尘口罩，穿防毒、防静电服。穿上适当的防护服前严禁接触破裂的容器和泄漏物。尽可能切断泄漏源

环境保护措施　防止泄漏物进入水体、下水道、地下室或有限空间

泄漏化学品的收容、清除方法及所使用的处置材料　小量泄漏：用干燥的砂土或其他不燃材料吸收或覆盖，收集于容器中。大量泄漏：构筑围堤或挖坑收容。用泵转移至槽车或专用收集器内

第七部分　操作处置与储存

操作注意事项　密闭操作，提供充分的局部排风。防止粉尘释放到车间空气中。操作人员必须经过专门培训，严格遵守操作规程。建议操作人员佩戴防尘面具（全面罩），穿胶布防毒衣，戴橡胶手套。远离火种、热源，工作场所严禁吸烟。使用防爆型的通风系统和设备。避免产生粉尘。避免与氧化剂、碱类接触。配备相应品种和数量的消防器材及泄漏应急处理设备。倒空的容器可能残留有害物

储存注意事项　储存于阴凉、通风的库房。远离火种、热源。防止阳光直射。包装密封。应与氧化剂、碱类、食用化学品分开存放，切忌混储。配备相应品种和数量的消防器材。储区应备有合适的材料收容泄漏物

第八部分　接触控制/个体防护

职业接触限值

　中国　未制定标准

　美国（ACGIH）　未制定标准

生物接触限值　未制定标准

监测方法　空气中有毒物质测定方法：未制定标准。生物监测检验方法：未制定标准

工程控制　严加密闭，提供充分的局部排风

个体防护装备

　呼吸系统防护　可能接触其粉尘时，必须佩戴防尘面具（全面罩）。紧急事态抢救或撤离时，应该佩戴空气呼吸器

　眼睛防护　呼吸系统防护中已作防护

　皮肤和身体防护　穿密闭型防毒服

　手防护　戴橡胶手套

第九部分　理化特性

外观与性状　具有刺激性恶臭味的白色结晶

pH 值　无意义	**熔点（℃）**　49～51
沸点（℃）　205～207	**相对密度（水＝1）**　无资料
相对蒸气密度（空气＝1）　无资料	
饱和蒸气压（kPa）　无资料	
临界压力（MPa）　无资料	**辛醇/水分配系数**　无资料
闪点（℃）　81	**自燃温度（℃）**　无资料
爆炸下限（%）　无资料	**爆炸上限（%）**　无资料
分解温度（℃）　无资料	**黏度（mPa·s）**　无资料
燃烧热（kJ/mol）　无资料	**临界温度（℃）**　无资料

溶解性　不溶于水，溶于热醇、醚、苯

第十部分　稳定性和反应性

稳定性　稳定

危险反应　与强氧化剂、强碱等禁配物接触，或经摩擦、撞击有引起燃烧爆炸的危险

避免接触的条件　摩擦、撞击

禁配物　强氧化剂、强碱

危险的分解产物　氯化氢、氧化硫

第十一部分　毒理学信息

急性毒性　LD$_{50}$：500mg/kg（大鼠经口）

皮肤刺激或腐蚀　家兔经皮：20mg（24h），中度刺激

眼睛刺激或腐蚀　家兔经眼：50μg（24h），重度刺激

呼吸或皮肤过敏　无资料　**生殖细胞突变性**　无资料

致癌性　小鼠经皮最低中毒剂量（TDLo）：8000mg/kg，20 周（间歇），按 RTECS 标准为可疑致肿瘤物，皮肤肿瘤

生殖毒性　无资料

特异性靶器官系统毒性-一次接触　无资料

特异性靶器官系统毒性-反复接触　无资料

吸入危害　无资料

第十二部分　生态学信息

生态毒性　无资料

持久性和降解性

　生物降解性　无资料

　非生物降解性　无资料

潜在的生物累积性　无资料

土壤中的迁移性　无资料

第十三部分　废弃处置

废弃化学品　建议用控制焚烧法或安全掩埋法处置。若可能，重复使用容器或在规定场所掩埋

污染包装物　将容器返还生产商或按照国家和地方法规处置

废弃注意事项　处置前应参阅国家和地方有关法规

第十四部分　运输信息

联合国危险货物编号（UN 号）　3261

联合国运输名称　有机酸性腐蚀性固体，未另作规定的（对氯苯硫醇）

联合国危险性类别　8

包装类别　Ⅱ

包装标志　

海洋污染物　否

运输注意事项　运输前应先检查包装容器是否完整、密封，运输过程中要确保容器不泄漏、不倒塌、不坠落、不损坏。严禁与酸类、氧化剂、食品及食品添加剂混运。运输时运输车辆应配备相应品种和数量的消防器材及泄漏应急处理设备。运输途中应防暴晒、雨淋，防高温。公路运输时要按规定路线行驶，勿在居民区和人口稠密区停留

第十五部分　法规信息

下列法律、法规、规章和标准，对该化学品的管理作了相应的规定。

中华人民共和国职业病防治法　职业病分类和目录：未列入

危险化学品安全管理条例　危险化学品目录：列入。易制爆危险化学品名录：未列入。重点监管的危险化学品名录：未列入。GB 18218—2009《危险化学品重大危险源辨识》（表1）：未列入

使用有毒物品作业场所劳动保护条例　高毒物品目录：未列入

易制毒化学品管理条例　易制毒化学品的分类和品种目录：未列入

国际公约　斯德哥尔摩公约：未列入。鹿特丹公约：未列入。蒙特利尔议定书：未列入

第十六部分　其他信息

编写和修订信息　　缩略语和首字母缩写

培训建议　　参考文献

免责声明

对叔丁基邻苯二酚

第一部分　化学品标识

化学品中文名　对叔丁基邻苯二酚；4-叔丁基-1,2-二羟基苯

化学品英文名　$p\text{-}tert\text{-}butylcatechol$；$4\text{-}tert\text{-}butyl\text{-}1,2\text{-}dihydroxybenzene$

分子式　$C_{10}H_{14}O_2$　　**分子量**　166.22

结构式　

化学品的推荐及限制用途　用作聚合抑制剂及抗氧化剂

第二部分　危险性概述

紧急情况概述　吞咽有害，皮肤接触有害，造成严重的皮肤灼伤和眼损伤，可能导致皮肤过敏反应

GHS 危险性类别　急性毒性-经口，类别4；急性毒性-经皮，类别4；皮肤腐蚀/刺激，类别1B；严重眼损伤/眼刺激，类别1；皮肤致敏物，类别1；危害水生环境-急性危害，类别1；危害水生环境-长期危害，类别1

标签要素

象形图　⚠️ 🧪 🌳

警示词　危险

危险性说明　吞咽有害，皮肤接触有害，造成严重的皮肤灼伤和眼损伤，造成严重眼损伤，可能导致皮肤过敏反应，对水生生物毒性非常大并具有长期持续影响

防范说明

预防措施　避免接触眼睛皮肤，操作后彻底清洗。作业场所不得进食、饮水或吸烟。戴防护手套、防护眼镜、防护面罩，穿防护服。避免吸入粉尘或烟雾，避免接触眼睛皮肤，操作后彻底清洗。污染的工作服不得带出工作场所。禁止排入环境

事故响应　食入：漱口。不要催吐。如果感觉不适，立即呼叫中毒控制中心或就医。皮肤接触：立即脱掉所有被污染的衣服。用大量肥皂水和水清洗。如出现皮肤刺激或皮疹：就医。被污染的衣服必须经洗净后方可重新使用。如吸入：将患者转移到空气新鲜处，休息，保持利于呼吸的体位，立即呼叫中毒控制中心或就医。眼睛接触：用水细心地冲洗数分钟。如戴隐形眼镜并可方便地取出，则取出隐形眼镜，继续冲洗，立即呼叫中毒控制中心或就医。收集泄漏物

安全储存　上锁保管

废弃处置　本品及内装物、容器依据国家和地方法规处置

物理和化学危险　可燃，其粉体与空气混合，能形成爆炸性混合物

健康危害　未见职业性中毒报道。动物试验对皮肤有局部刺激作用和致白斑作用

环境危害　对水生生物毒性非常大并具有长期持续影响

第三部分　成分/组成信息

√　物质　　　　　　　混合物

组分	浓度	CAS No.
对叔丁基邻苯二酚		98-29-3

第四部分　急救措施

吸入　迅速脱离现场至空气新鲜处。保持呼吸道通畅。如呼吸困难，给输氧。呼吸、心跳停止，立即进行心肺复苏术。就医

皮肤接触　立即脱去污染的衣着，用肥皂水和清水彻底冲洗皮肤。如有不适感，就医

眼睛接触　提起眼睑，用流动清水或生理盐水冲洗。如有不适感，就医

食入　饮足量温水，催吐。就医

对保护施救者的忠告　根据需要使用个人防护设备

对医生的特别提示　对症处理

第五部分　消防措施

灭火剂　用雾状水、泡沫、干粉、二氧化碳、砂土灭火

特别危险性　遇明火、高热可燃。粉体与空气可形成爆炸性混合物，当达到一定浓度时，遇火星会发生爆炸

灭火注意事项及防护措施　消防人员必须佩戴空气呼吸器、穿全身防火防毒服，在上风向灭火。尽可能将容器从火场移至空旷处。喷水保持火场容器冷却，直至灭火结束

第六部分　泄漏应急处理

作业人员防护措施、防护装备和应急处置程序　隔离泄漏污染区，限制出入。消除所有点火源。建议应急处理人员戴防尘口罩，穿防毒服。穿上适当的防护服前严禁接触破裂的容器和泄漏物。尽可能切断泄漏源。用塑料布覆盖泄漏物，减少飞散。勿使水进入包装容器内

环境保护措施　防止泄漏物进入水体、下水道、地下室或密闭性空间

泄漏化学品的收容、清除方法及所使用的处置材料　用洁净的铲子收集泄漏物，置于干净、干燥、盖子较松的容器中，将容器移离泄漏区

第七部分　操作处置与储存

操作注意事项　密闭操作，提供充分的局部排风。操作人员必须经过专门培训，严格遵守操作规程。建议操作人员佩戴自吸过滤式防尘口罩，戴化学安全防护眼镜，穿防毒物渗透工作服，戴橡胶手套。远离火种、热源，工作场所严禁吸烟。使用防爆型的通风系统和设备。避免产生粉尘。避免与氧化剂、酸类接触。搬运时要轻装轻卸，防止包装及容器损坏。配备相应品种和数量的消防器材及泄漏应急处理设备。倒空的容器可能残留有害物

储存注意事项　储存于阴凉、通风的库房。远离火种、热源。保持容器密封。应与氧化剂、酸类等分开存放，切忌混储。配备相应品种和数量的消防器材。储区应

备有合适的材料收容泄漏物

第八部分　接触控制/个体防护

职业接触限值

中国　未制定标准

美国（ACGIH）　未制定标准

生物接触限值　未制定标准

监测方法　空气中有毒物质测定方法：未制定标准。生物监测检验方法：未制定标准

工程控制　严加密闭，提供充分的局部排风。现场备有冲洗眼及皮肤的设备

个体防护装备

呼吸系统防护　空气中粉尘浓度超标时，必须佩戴过滤式防尘呼吸器。紧急事态抢救或撤离时，应该佩戴空气呼吸器

眼睛防护　戴化学安全防护眼镜

皮肤和身体防护　穿防毒物渗透工作服

手防护　戴橡胶手套

第九部分　理化特性

外观与性状　无色晶体，有刺激性

pH 值　约 4（1%溶液）		**熔点（℃）**　56～57	
沸点（℃）　285		**相对密度（水＝1）**　1.05	
相对蒸气密度（空气＝1）　无资料			
饱和蒸气压（kPa）　无资料			
临界压力（MPa）　无资料		**辛醇/水分配系数**　无资料	
闪点（℃）　151		**自燃温度（℃）**　无资料	
爆炸下限（%）　无资料		**爆炸上限（%）**　无资料	
分解温度（℃）　无资料		**黏度（mPa·s）**　无资料	
燃烧热（kJ/mol）　无资料		**临界温度（℃）**　无资料	

溶解性　微溶于热水，溶于乙醇、乙醚、丙酮等

第十部分　稳定性和反应性

稳定性　稳定

危险反应　与强氧化剂、强酸等禁配物发生反应

避免接触的条件　光照

禁配物　强氧化剂、强酸、酸酐

危险的分解产物　无资料

第十一部分　毒理学信息

急性毒性　吞咽有害，皮肤接触有害。LD_{50}：2820mg/kg（大鼠经口）；630mg/kg（兔经口）

皮肤刺激或腐蚀　造成严重的皮肤灼伤和眼损伤

眼睛刺激或腐蚀　造成严重眼损伤

呼吸或皮肤过敏　可能导致皮肤过敏反应

生殖细胞突变性　无资料

致癌性　无资料　　　　　　**生殖毒性**　无资料

特异性靶器官系统毒性-一次接触　无资料

特异性靶器官系统毒性-反复接触　无资料

吸入危害　无资料

第十二部分　生态学信息

生态毒性　对水生生物毒性非常大并具有长期持续影响

持久性和降解性

    生物降解性　无资料

    非生物降解性　无资料

潜在的生物累积性　无资料

土壤中的迁移性　无资料

第十三部分　废弃处置

废弃化学品　建议用焚烧法处置

污染包装物　将容器返还生产商或按照国家和地方法规处置

废弃注意事项　处置前应参阅国家和地方有关法规

第十四部分　运输信息

联合国危险货物编号（UN 号）　3077

联合国运输名称　对环境有害的固态物质，未另作规定的（对叔丁基邻苯二酚）

联合国危险性类别　9

包装类别　Ⅲ　　　　　　　包装标志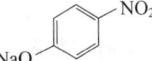

海洋污染物　是

运输注意事项　起运时包装要完整，装载应稳妥。运输过程中要确保容器不泄漏、不倒塌、不坠落、不损坏。严禁与氧化剂、酸类、食用化学品等混装混运。运输途中应防暴晒、雨淋，防高温。车辆运输完毕应进行彻底清扫

第十五部分　法规信息

    下列法律、法规、规章和标准，对该化学品的管理作了相应的规定。

中华人民共和国职业病防治法　职业病分类和目录：未列入

危险化学品安全管理条例　危险化学品目录：未列入。易制爆危险化学品名录：未列入。重点监管的危险化学品名录：未列入。GB 18218—2009《危险化学品重大危险源辨识》（表1）：未列入

使用有毒物品作业场所劳动保护条例　高毒物品目录：未列入

易制毒化学品管理条例　易制毒化学品的分类和品种目录：未列入

国际公约　斯德哥尔摩公约：未列入。鹿特丹公约：未列入。蒙特利尔议定书：未列入

第十六部分　其他信息

编写和修订信息　　　　缩略语和首字母缩写

培训建议　　　　　　　参考文献

免责声明

对硝基苯酚钠

第一部分　化学品标识

化学品中文名　对硝基苯酚钠；4-硝基酚钠

化学品英文名　*p*-nitro-phenolsodiumsalt；sodium 4-nitr-ophenolate

分子式　$C_6H_4NNaO_3$　　　分子量　161.092

结构式

化学品的推荐及限制用途　用于有机合成、测定及吸收水分，并用作酸碱指示剂

第二部分　危险性概述

紧急情况概述　吞咽有害

GHS 危险性类别　急性毒性-经口，类别 4；特异性靶器官毒性-一次接触，类别 2；特异性靶器官毒性-反复接触，类别 2

标签要素

象形图

警示词　警告

危险性说明　吞咽有害，可能对器官造成损害，长时间或反复接触可能对器官造成损伤

防范说明

    预防措施　避免接触眼睛、皮肤，操作后彻底清洗。作业场所不得进食、饮水或吸烟。避免吸入粉尘

    事故响应　食入：如果感觉不适，立即呼叫中毒控制中心或就医。漱口

    安全储存　上锁保管

    废弃处置　本品及内装物、容器依据国家和地方法规处置

物理和化学危险　可燃，其粉体与空气混合，能形成爆炸性混合物

健康危害　对人体有毒。对眼睛、皮肤、黏膜和上呼吸道有刺激作用。中毒表现有：头痛、嗜睡、恶心、紫绀、共济失调、呼吸困难等

环境危害　对环境可能有害

第三部分　成分/组成信息

√ 物质　　　　　　　　　混合物

组分	浓度	CAS No.
对硝基苯酚钠		824-78-2

第四部分　急救措施

吸入　迅速脱离现场至空气新鲜处。保持呼吸道通畅。如呼吸困难，给吸氧。如呼吸心跳停止，立即进行心肺复苏术。就医

皮肤接触　立即脱去污染衣着，用肥皂水或清水彻底冲洗。就医

眼睛接触　分开眼睑，用流动清水或生理盐水冲洗。就医

食入　漱口，饮水。就医

对保护施救者的忠告　根据需要使用个人防护设备

对医生的特别提示　高铁血红蛋白血症，可用亚甲蓝和维生素 C 治疗

第五部分　消防措施

灭火剂　用雾状水、泡沫、干粉、二氧化碳、砂土灭火

特别危险性　遇明火、高热可燃。其粉体与空气可形成爆炸性混合物，当达到一定浓度时，遇火星会发生爆炸。受高热分解放出有毒的气体。具有腐蚀性

灭火注意事项及防护措施　消防人员必须佩戴空气呼吸器、穿全身防火防毒服，在上风向灭火。尽可能将容器从火场移至空旷处。喷水保持火场容器冷却，直至灭火结束

第六部分　泄漏应急处理

作业人员防护措施、防护装备和应急处置程序　隔离泄漏污染区，限制出入。消除所有点火源。建议应急处理人员戴防尘口罩，穿防毒服。穿上适当的防护服前严禁接触破裂的容器和泄漏物。尽可能切断泄漏源

环境保护措施　用塑料布覆盖泄漏物，减少飞散

泄漏化学品的收容、清除方法及所使用的处置材料　勿使水进入包装容器内。用洁净的铲子收集泄漏物，置于干净、干燥、盖子较松的容器中，将容器移离泄漏区

第七部分　操作处置与储存

操作注意事项　密闭操作，局部排风。防止粉尘释放到车间空气中。操作人员必须经过专门培训，严格遵守操作规程。建议操作人员佩戴自吸过滤式防尘口罩，戴化学安全防护眼镜，穿防毒物渗透工作服，戴橡胶手套。远离火种、热源，工作场所严禁吸烟。使用防爆型的通风系统和设备。避免产生粉尘。避免与氧化剂、碱类接触。配备相应品种和数量的消防器材及泄漏应急处理设备。倒空的容器可能残留有害物

储存注意事项　储存于阴凉、通风的库房。远离火种、热源。防止阳光直射。包装密封。应与氧化剂、碱类、食用化学品分开存放，切忌混储。配备相应品种和数量的消防器材。储区应备有合适的材料收容泄漏物

第八部分　接触控制/个体防护

职业接触限值

中国　未制定标准

美国（ACGIH）　未制定标准

生物接触限值　未制定标准

监测方法　空气中有毒物质测定方法：未制定标准。生物监测检验方法：未制定标准

工程控制　密闭操作，局部排风

个体防护装备

呼吸系统防护　空气中粉尘浓度超标时，必须佩戴过滤式防尘呼吸器。紧急事态抢救或撤离时，应该佩戴空气呼吸器

眼睛防护　戴化学安全防护眼镜

皮肤和身体防护　穿防毒物渗透工作服

手防护　戴橡胶手套

第九部分　理化特性

外观与性状　橙黄色或淡黄色结晶

pH 值　无意义		**熔点(℃)**　>300	
沸点(℃)　无资料		**相对密度(水＝1)**　无资料	
相对蒸气密度(空气＝1)　无资料			
饱和蒸气压(kPa)　无资料			
临界压力(MPa)　无资料	**辛醇/水分配系数**　无资料		
闪点(℃)　90	**自燃温度(℃)**　无资料		
爆炸下限(%)　无资料	**爆炸上限(%)**　无资料		
分解温度(℃)　无资料	**黏度(mPa·s)**　无资料		
燃烧热(kJ/mol)　无资料	**临界温度(℃)**　无资料		

溶解性　溶于水、多数有机溶剂

第十部分　稳定性和反应性

稳定性　稳定

危险反应　与强氧化剂、强碱等禁配物发生反应

避免接触的条件　无资料

禁配物　强氧化剂、强碱

危险的分解产物　氮氧化物

第十一部分　毒理学信息

急性毒性　LD_{50}：320mg/kg（大鼠经口）；>5000mg/kg（兔经皮）

皮肤刺激或腐蚀　无资料	**眼睛刺激或腐蚀**　无资料
呼吸或皮肤过敏　无资料	**生殖细胞突变性**　无资料
致癌性　无资料	**生殖毒性**　无资料

特异性靶器官系统毒性-一次接触　无资料

特异性靶器官系统毒性-反复接触　无资料

吸入危害　无资料

第十二部分　生态学信息

生态毒性　无资料

持久性和降解性

生物降解性　无资料

非生物降解性　无资料

潜在的生物累积性　无资料

土壤中的迁移性　无资料

第十三部分　废弃处置

废弃化学品　建议用控制焚烧法或安全掩埋法处置

污染包装物　将容器返还生产商或按照国家和地方法规处置

废弃注意事项　若可能，重复使用容器或在规定场所掩埋

第十四部分　运输信息

联合国危险货物编号（UN 号）　—

联合国运输名称　—　　　　**联合国危险性类别**　—

包装类别　　　　　　　　　**包装标志**

海洋污染物　否

运输注意事项　运输前应先检查包装容器是否完整、密封，运输过程中要确保容器不泄漏、不倒塌、不坠落、不损坏。严禁与酸类、氧化剂、食品及食品添加剂混运。运输时运输车辆应配备相应品种和数量的消防器材及泄漏应急处理设备。运输途中应防暴晒、雨淋，防高温。公路运输时要按规定路线行驶，勿在居

民区和人口稠密区停留

第十五部分　法规信息

下列法律、法规、规章和标准，对该化学品的管理作了相应的规定。

中华人民共和国职业病防治法　职业病分类和目录：苯的氨基及硝基化合物中毒

危险化学品安全管理条例　危险化学品目录：列入。易制爆危险化学品名录：未列入。重点监管的危险化学品名录：未列入。GB 18218—2009《危险化学品重大危险源辨识》（表1）：未列入

使用有毒物品作业场所劳动保护条例　高毒物品目录：未列入

易制毒化学品管理条例　易制毒化学品的分类和品种目录：未列入

国际公约　斯德哥尔摩公约：未列入。鹿特丹公约：未列入。蒙特利尔议定书：未列入

第十六部分　其他信息

编写和修订信息　　缩略语和首字母缩写
培训建议　　　　　参考文献
免责声明

对硝基氯苯

第一部分　化学品标识

化学品中文名　对硝基氯苯；4-硝基氯苯；对氯硝基苯；4-氯硝基苯；4-硝基氯化苯；1-氯-4-硝基苯

化学品英文名　4-nitrochlorobenzene；*p*-chloronitrobenzene

分子式　$C_6H_4ClNO_2$　　**分子量**　157.556

结构式　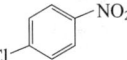

化学品的推荐及限制用途　用作染料中间体及制药

第二部分　危险性概述

紧急情况概述　吞咽会中毒，皮肤接触会中毒，吸入会中毒

GHS危险性类别　急性毒性-经口，类别3；急性毒性-经皮，类别3；急性毒性-吸入，类别3；生殖细胞致突变性，类别2；特异性靶器官毒性-反复接触，类别2；危害水生环境-急性危害，类别2；危害水生环境-长期危害，类别2

标签要素

象形图　

警示词　危险

危险性说明　吞咽会中毒，皮肤接触中毒，吸入会中毒，怀疑可造成遗传性缺陷，长时间或反复接触可能对器官造成损伤，对水生生物有毒并具有长期持续影响

防范说明

预防措施　避免接触眼睛、皮肤，操作后彻底清洗。作业场所不得进食、饮水或吸烟。戴防护手套、穿防护服。避免吸入粉尘。仅在室外或通风良好处操作。得到专门指导后操作。在阅读并了解所有安全预防措施之前，切勿操作。按要求使用个体防护装备。禁止排入环境

事故响应　如吸入：将患者转移到空气新鲜处，休息，保持利于呼吸的体位。皮肤接触：用大量肥皂水和水清洗。如感觉不适，呼叫中毒控制中心或就医。立即脱去所有被污染的衣服，被污染的衣服必须经洗净后方可重新使用。食入：立即呼叫中毒控制中心或就医，漱口。如果接触或有担心，就医。收集泄漏物

安全储存　上锁保管。在通风良好处储存。保持容器密闭

废弃处置　本品及内装物、容器依据国家和地方法规处置

物理和化学危险　可燃，其粉体与空气混合，能形成爆炸性混合物

健康危害　对黏膜和皮肤有刺激作用，引起高铁血红蛋白血症。急性中毒：病人可有头痛、头昏、乏力、皮肤黏膜紫绀、手指麻木等症状。重者可出现胸闷、呼吸困难、心悸，甚至发生心律失常、昏迷、抽搐、呼吸麻痹，有时可引起溶血性贫血，肝损害。慢性中毒：有头痛、乏力、失眠、记忆力减退等神经衰弱综合征表现；有慢性溶血时，可引起黄疸、贫血；还可引起中毒性肝炎

环境危害　对水生生物有毒并具有长期持续影响

第三部分　成分/组成信息

√ 物质　　　　　　　　　　混合物

组分	浓度	CAS No.
对硝基氯苯		100-00-5

第四部分　急救措施

吸入　迅速脱离现场至空气新鲜处。保持呼吸道通畅。如呼吸困难，给输氧。如呼吸、心跳停止，立即进行心肺复苏术。就医

皮肤接触　立即脱去污染衣着，用肥皂水或清水彻底冲洗。就医

眼睛接触　分开眼睑，用流动清水或生理盐水冲洗。就医

食入　漱口，饮水。就医

对保护施救者的忠告　根据需要使用个人防护设备

对医生的特别提示　高铁血红蛋白血症，可用亚甲蓝和维生素C治疗

第五部分　消防措施

灭火剂　用雾状水、泡沫、干粉、二氧化碳、砂土灭火

特别危险性　遇高热、明火或与氧化剂接触，有引起燃烧的危险。易升华，具有爆炸性。受高热分解，产生有毒的氮氧化物和氯化物气体

灭火注意事项及防护措施　消防人员必须佩戴空气呼吸器、穿全身防火防毒服，在上风向灭火。尽可能将容器从火场移至空旷处。喷水保持火场容器冷却，直至

灭火结束

第六部分　泄漏应急处理

作业人员防护措施、防护装备和应急处置程序　隔离泄漏污染区，限制出入。建议应急处理人员戴防尘口罩，穿防毒服。穿上适当的防护服前严禁接触破裂的容器和泄漏物。尽可能切断泄漏源

环境保护措施　用塑料布覆盖泄漏物，减少飞散

泄漏化学品的收容、清除方法及所使用的处置材料　勿使水进入包装容器内。用洁净的铲子收集泄漏物，置于干净、干燥、盖子较松的容器中，将容器移离泄漏区

第七部分　操作处置与储存

操作注意事项　密闭操作，提供充分的局部排风。操作人员必须经过专门培训，严格遵守操作规程。建议操作人员佩戴自吸过滤式防尘口罩，戴化学安全防护眼镜，穿防毒物渗透工作服，戴橡胶手套。远离火种、热源，工作场所严禁吸烟。使用防爆型的通风系统和设备。避免产生粉尘。避免与氧化剂、还原剂、碱类接触。搬运时要轻装轻卸，防止包装及容器损坏。配备相应品种和数量的消防器材及泄漏应急处理设备。倒空的容器可能残留有害物

储存注意事项　储存于阴凉、通风的库房。远离火种、热源。应与氧化剂、还原剂、碱类、食用化学品分开存放，切忌混储。配备相应品种和数量的消防器材。储区应备有合适的材料收容泄漏物

第八部分　接触控制/个体防护

职业接触限值

中国　PC-TWA：0.6mg/m³ ［皮］

美国（ACGIH）　TLV-TWA：0.1ppm ［皮］

生物接触限值　未制定标准

监测方法　空气中有毒物质测定方法：毛细管柱-气相色谱法。盐酸萘乙二胺分光光度法。生物监测检验方法：未制定标准

工程控制　严加密闭，提供充分的局部排风。提供安全淋浴和洗眼设备

个体防护装备

呼吸系统防护　空气中粉尘浓度超标时，必须佩戴过滤式防尘呼吸器。紧急事态抢救或撤离时，应该佩戴空气呼吸器

眼睛防护　戴化学安全防护眼镜

皮肤和身体防护　穿防毒物渗透工作服

手防护　戴橡胶手套

第九部分　理化特性

外观与性状　纯品为浅黄色单斜棱形晶体

pH 值　无意义　　　　　　**熔点(℃)**　83～84

沸点(℃)　242　　　　　**相对密度(水＝1)**　1.298

相对蒸气密度(空气＝1)　5.43

饱和蒸气压(kPa)　0.012（25℃）

临界压力(MPa)　无资料

辛醇/水分配系数　2.39～2.41

闪点(℃)　127　　　　　**自燃温度(℃)**　126.67

爆炸下限(%)　无资料　　**爆炸上限(%)**　无资料

分解温度(℃)　无资料

黏度(mPa·s)　1.07（83.5℃）

燃烧热(kJ/mol)　无资料　**临界温度(℃)**　477.85

溶解性　不溶于水，微溶于乙醇、乙醚、二硫化碳

第十部分　稳定性和反应性

稳定性　稳定

危险反应　与强氧化剂、强碱、强还原剂等禁配物发生反应。易升华，具有爆炸性

避免接触的条件　无资料

禁配物　强氧化剂、强碱、强还原剂

危险的分解产物　氮氧化物、氯化氢

第十一部分　毒理学信息

急性毒性　LD₅₀：420mg/kg（大鼠经口）；16000mg/kg（大鼠经皮）；440mg/kg（小鼠经口）；3040mg/kg（兔经皮）

皮肤刺激或腐蚀　无资料　　**眼睛刺激或腐蚀**　无资料

呼吸或皮肤过敏　无资料

生殖细胞突变性　微生物致突变：鼠伤寒沙门氏菌 819μg/皿。DNA损伤：大鼠肝 5μmol/L。细胞遗传学分析：仓鼠卵巢 600mg/L。姐妹染色单体交换：仓鼠卵巢 250mg/L

致癌性　无资料

生殖毒性　小鼠多代经口给予最低中毒剂量（TDLo）250mg/kg，致泌尿生殖系统、血液和淋巴系统（包括脾和骨髓）、肝胆管系统发育畸形

特异性靶器官系统毒性-一次接触　无资料

特异性靶器官系统毒性-反复接触　无资料

吸入危害　无资料

第十二部分　生态学信息

生态毒性　LC₅₀：14.36mg/L（96h）（斑马鱼）；EC₅₀：2.7mg/L（48h）（大型溞）；ErC₅₀：16mg/L（48h）（*Scenedesmus subspicatus*）；NOEC：0.103mg/L（21d）（大型溞）

持久性和降解性

生物降解性　14d 降解 0%，不易快速生物降解（OECD 301C）

非生物降解性　无资料

潜在的生物累积性　BCF：5.6～20.9（鱼类）；根据 K_{ow} 值预测，该物质的生物累积性可能较弱

土壤中的迁移性　根据 K_{oc} 值预测，该物质可能有一定的迁移性

第十三部分　废弃处置

废弃化学品　用焚烧法处置。焚烧炉排出的气体要通过洗涤器除去

污染包装物　将容器返还生产商或按照国家和地方法规处置

废弃注意事项　把倒空的容器归还厂商或在规定场所掩埋

第十四部分　运输信息

联合国危险货物编号（UN 号）　1578

联合国运输名称　硝基氯苯，固态（对硝基氯苯）

联合国危险性类别　6.1

包装类别　Ⅱ　　　　　**包装标志**　

海洋污染物　是

运输注意事项　运输前应先检查包装容器是否完整、密封，运输过程中要确保容器不泄漏、不倒塌、不坠落、不损坏。严禁与酸类、氧化剂、食品及食品添加剂混运。运输途中应防暴晒、雨淋，防高温

第十五部分　法规信息

　　下列法律、法规、规章和标准，对该化学品的管理作了相应的规定。

中华人民共和国职业病防治法　职业病分类和目录　苯的氨基及硝基化合物中毒

危险化学品安全管理条例　危险化学品目录：列入。易制爆危险化学品名录：未列入。重点监管的危险化学品名录：未列入。GB 18218—2009《危险化学品重大危险源辨识》（表1）：未列入

使用有毒物品作业场所劳动保护条例　高毒物品目录：列入

易制毒化学品管理条例　易制毒化学品的分类和品种目录：未列入

国际公约　斯德哥尔摩公约：未列入。鹿特丹公约：未列入。蒙特利尔议定书：未列入

第十六部分　其他信息

编写和修订信息　　　　**缩略语和首字母缩写**

培训建议　　　　　　　**参考文献**

免责声明

对溴苯胺

第一部分　化学品标识

化学品中文名　对溴苯胺；对氨基溴化苯；4-溴苯胺

化学品英文名　*p*-bromoaniline；4-bromoaniline

分子式　C_6H_6BrN　**分子量**　172.023

结构式　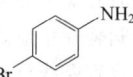

化学品的推荐及限制用途　用于有机合成、制备二氢喹唑啉

第二部分　危险性概述

紧急情况概述　吞咽有害

GHS 危险性类别　急性毒性-经口，类别4；危害水生环境-急性危害，类别3；危害水生环境-长期危害，类别3

象形图　

警示词　警告

危险性说明　吞咽有害，对水生生物有害并具有长期持续影响

防范说明

　　预防措施　避免接触眼睛、皮肤，操作后彻底清洗。作业场所不得进食、饮水或吸烟。禁止排入环境

　　事故响应　食入：如果感觉不适，立即呼叫中毒控制中心或就医，漱口

　　安全储存　—

　　废弃处置　本品及内装物、容器依据国家和地方法规处置

物理和化学危险　可燃，其粉体与空气混合，能形成爆炸性混合物

健康危害　吸入、摄入或经皮肤吸收后对身体有害。对肝、肾有损害作用。进入体内可形成高铁血红蛋白，导致发生紫绀

环境危害　对水生生物有害并具有长期持续影响

第三部分　成分/组成信息

√ 物质　　　　　　　　　　混合物

组分	浓度	CAS No.
对溴苯胺		106-40-1

第四部分　急救措施

吸入　迅速脱离现场至空气新鲜处。保持呼吸道通畅。如呼吸困难，给吸氧。如呼吸、心跳停止，立即行心肺复苏术。就医

皮肤接触　立即脱去污染衣着，用肥皂水或清水彻底冲洗。就医

眼睛接触　分开眼睑，用清水或生理盐水冲洗。就医

食入　漱口，饮水。就医

对保护施救者的忠告　根据需要使用个人防护设备

对医生的特别提示　高铁血红蛋白血症，可用亚甲蓝和维生素 C 治疗

第五部分　消防措施

灭火剂　用雾状水、泡沫、干粉、二氧化碳、砂土灭火

特别危险性　遇明火、高热可燃。其粉体与空气可形成爆炸性混合物，当达到一定浓度时，遇火星会发生爆炸。受热分解产生有毒的烟气

灭火注意事项及防护措施　消防人员必须佩戴防毒面具、穿全身消防服，在上风向灭火。尽可能将容器从火场移至空旷处。喷水保持火场容器冷却，直至灭火结束

第六部分　泄漏应急处理

作业人员防护措施、防护装备和应急处置程序　隔离泄漏污染区，限制出入。消除所有点火源。建议应急处理

人员戴防尘口罩,穿防毒服。穿上适当的防护服前严禁接触破裂的容器和泄漏物。尽可能切断泄漏源

环境保护措施 用塑料布覆盖泄漏物,减少飞散

泄漏化学品的收容、清除方法及所使用的处置材料 勿使水进入包装容器内。用洁净的铲子收集泄漏物,置于干净、干燥、盖子较松的容器中,将容器移离泄漏区

第七部分 操作处置与储存

操作注意事项 密闭操作,局部排风。防止粉尘释放到车间空气中。操作人员必须经过专门培训,严格遵守操作规程。建议操作人员佩戴自吸过滤式防尘口罩,戴化学安全防护眼镜,穿防毒物渗透工作服,戴乳胶手套。远离火种、热源,工作场所严禁吸烟。使用防爆型的通风系统和设备。避免产生粉尘。避免与氧化剂、酸类、酸酐、酰基氯接触。配备相应品种和数量的消防器材及泄漏应急处理设备。倒空的容器可能残留有害物

储存注意事项 储存于阴凉、通风的库房。远离火种、热源。防止阳光直射。包装密封。应与氧化剂、酸类、酸酐、酰基氯、食用化学品分开存放,切忌混储。配备相应品种和数量的消防器材。储区应备有合适的材料收容泄漏物

第八部分 接触控制/个体防护

职业接触限值
　　中国 未制定标准
　　美国(ACGIH) 未制定标准
生物接触限值 未制定标准
监测方法 空气中有毒物质测定方法:未制定标准。生物监测检验方法:未制定标准
工程控制 密闭操作,局部排风
个体防护装备
　　呼吸系统防护 空气中粉尘浓度超标时,建议佩戴过滤式防尘呼吸器。紧急事态抢救或撤离时,应该佩戴空气呼吸器
　　眼睛防护 戴化学安全防护眼镜
　　皮肤和身体防护 穿防毒物渗透工作服
　　手防护 戴橡胶手套

第九部分 理化特性

外观与性状 无色斜方或针状结晶

pH 值 无意义		**熔点(℃)** 66～66.5	
沸点(℃) 无资料		**相对密度(水=1)** 1.80	
相对蒸气密度(空气=1) 无资料			
饱和蒸气压(kPa) 无资料			
临界压力(MPa) 无资料		**辛醇/水分配系数** 无资料	
闪点(℃) >112		**自燃温度(℃)** 无资料	
爆炸下限(%) 无资料		**爆炸上限(%)** 无资料	
分解温度(℃) 沸点分解		**黏度(mPa·s)** 无资料	
燃烧热(kJ/mol) 无资料		**临界温度(℃)** 无资料	

溶解性 不溶于冷水,易溶于乙醇、醚

第十部分 稳定性和反应性

稳定性 稳定

危险反应 与强氧化剂、酸类、酸酐、酰基氯等禁配物发生反应

避免接触的条件 受热、光照

禁配物 强氧化剂、酸类、酸酐、酰基氯

危险的分解产物 氮氧化物、溴化氢

第十一部分 毒理学信息

急性毒性 LD_{50}:456mg/kg(大鼠经口);289mg/kg(小鼠经口)

皮肤刺激或腐蚀 无资料　**眼睛刺激或腐蚀** 无资料

呼吸或皮肤过敏 无资料

生殖细胞突变性 程序外 DNA 合成:大鼠肝 50μmol/L

致癌性 无资料　　　　**生殖毒性** 无资料

特异性靶器官系统毒性-一次接触 无资料

特异性靶器官系统毒性-反复接触 无资料

吸入危害 无资料

第十二部分 生态学信息

生态毒性
　　LC_{50}:47.5mg/L(96h)(黑头呆鱼)

持久性和降解性
　　生物降解性 无资料
　　非生物降解性 无资料

潜在的生物累积性 无资料

土壤中的迁移性 无资料

第十三部分 废弃处置

废弃化学品 建议用焚烧法处置。在能利用的地方重复使用容器或在规定场所掩埋

污染包装物 将容器返还生产商或按照国家和地方法规处置

废弃注意事项 处置前应参阅国家和地方有关法规

第十四部分 运输信息

联合国危险货物编号(UN 号) —

联合国运输名称 —

联合国危险性类别 —

包装类别 —　　　　**包装标志** —

海洋污染物 否

运输注意事项 运输前应先检查包装容器是否完整、密封,运输过程中要确保容器不泄漏、不倒塌、不坠落、不损坏。严禁与酸类、氧化剂、食品及食品添加剂混运。运输时运输车辆应配备相应品种和数量的消防器材及泄漏应急处理设备。运输途中应防暴晒、雨淋,防高温。公路运输时要按规定路线行驶,勿在居民区和人口稠密区停留

第十五部分 法规信息

　　下列法律、法规、规章和标准,对该化学品的管理作了相应的规定。

中华人民共和国职业病防治法 职业病分类和目录:苯的氨基及硝基化合物中毒

危险化学品安全管理条例 危险化学品目录:列入。易制

爆危险化学品名录：未列入。重点监管的危险化学品名录：未列入。GB 18218—2009《危险化学品重大危险源辨识》（表1）：未列入

使用有毒物品作业场所劳动保护条例　高毒物品目录：未列入

易制毒化学品管理条例　易制毒化学品的分类和品种目录：未列入

国际公约　斯德哥尔摩公约：未列入。鹿特丹公约：未列入。蒙特利尔议定书：未列入

第十六部分　其他信息

编写和修订信息　　缩略语和首字母缩写
培训建议　　　　　参考文献
免责声明

对溴甲苯

第一部分　化学品标识

化学品中文名　对溴甲苯；对甲基溴苯；4-溴甲苯；对甲（基）溴苯；4-甲（基）溴苯；1-溴-4-甲基苯

化学品英文名　*p*-bromotoluene；*p*-tolyl bromide

分子式　C_7H_7Br　**分子量**　171.034

结构式　

化学品的推荐及限制用途　用于有机合成

第二部分　危险性概述

紧急情况概述　吞咽有害，造成皮肤刺激

GHS危险性类别　急性毒性-经口，类别4；皮肤腐蚀/刺激，类别2

标签要素

象形图　

警示词　警告

危险性说明　吞咽有害，造成皮肤刺激

防范说明

预防措施　避免接触眼睛、皮肤，操作后彻底清洗。作业场所不得进食、饮水或吸烟。戴防护手套

事故响应　皮肤接触：用大量肥皂水和水清洗，如发生皮肤刺激，就医。脱去被污染的衣服，衣服经洗净后方可重新使用。食入：如果感觉不适，立即呼叫中毒控制中心或就医，漱口

安全储存　—

废弃处置　本品及内装物、容器依据国家和地方法规处置

物理和化学危险　可燃，其粉体与空气混合，能形成爆炸性混合物

健康危害　对眼睛、皮肤、黏膜和上呼吸道有刺激作用。有毒，并有麻醉作用

环境危害　对环境可能有害

第三部分　成分/组成信息

√　物质　　　　　　　　混合物

组分	浓度	CAS No.
对溴甲苯		106-38-7

第四部分　急救措施

吸入　迅速脱离现场至空气新鲜处。保持呼吸道通畅。如呼吸困难，给输氧。如呼吸、心跳停止，立即进行心肺复苏术。就医

皮肤接触　立即脱去污染的衣着，用流动清水彻底冲洗。就医

眼睛接触　立即分开眼睑，用流动清水或生理盐水彻底冲洗。就医

食入　漱口，饮水。就医

对保护施救者的忠告　根据需要使用个人防护设备

对医生的特别提示　对症处理

第五部分　消防措施

灭火剂　用雾状水、泡沫、干粉、二氧化碳、砂土灭火

特别危险性　遇高热、明火或与氧化剂接触，有引起燃烧的危险。燃烧时放出有毒的刺激性烟雾

灭火注意事项及防护措施　消防人员必须佩戴防毒面具、穿全身消防服，在上风向灭火。尽可能将容器从火场移至空旷处。喷水保持火场容器冷却，直至灭火结束

第六部分　泄漏应急处理

作业人员防护措施、防护装备和应急处置程序　隔离泄漏污染区，限制出入。消除所有点火源。建议应急处理人员戴防尘口罩，穿防毒服。穿上适当的防护服前严禁接触破裂的容器和泄漏物。尽可能切断泄漏源

环境保护措施　用塑料布覆盖泄漏物，减少飞散

泄漏化学品的收容、清除方法及所使用的处置材料　勿使水进入包装容器内。用洁净的铲子收集泄漏物，置于干净、干燥、盖子较松的容器中，将容器移离泄漏区

第七部分　操作处置与储存

操作注意事项　密闭操作，局部排风。防止粉尘释放到车间空气中。操作人员必须经过专门培训，严格遵守操作规程。建议操作人员佩戴自吸过滤式防尘口罩，戴化学安全防护眼镜，穿防毒物渗透工作服，戴橡胶手套。远离火种、热源，工作场所严禁吸烟。使用防爆型的通风系统和设备。避免产生粉尘。避免与氧化剂接触。配备相应品种和数量的消防器材及泄漏应急处理设备。倒空的容器可能残留有害物

储存注意事项　储存于阴凉、通风的库房。远离火种、热源。防止阳光直射。包装密封。应与氧化剂分开存放，切忌混储。配备相应品种和数量的消防器材。储区应备有合适的材料收容泄漏物

第八部分 接触控制/个体防护

职业接触限值
中国 未制定标准
美国（ACGIH） 未制定标准
生物接触限值 未制定标准
监测方法 空气中有毒物质测定方法：未制定标准。生物监测检验方法：未制定标准
工程控制 密闭操作，局部排风
个体防护装备
呼吸系统防护 空气中粉尘浓度超标时，必须佩戴过滤式防尘呼吸器。紧急事态抢救或撤离时，应该佩戴空气呼吸器
眼睛防护 戴化学安全防护眼镜
皮肤和身体防护 穿防毒物渗透工作服
手防护 戴橡胶手套

第九部分 理化特性

外观与性状 白色结晶

pH 值 无意义		**熔点（℃）** 26～29	
沸点（℃） 184.5		**相对密度（水＝1）** 1.39	

相对蒸气密度（空气＝1） 5.9
饱和蒸气压（kPa） 无资料
临界压力（MPa） 无资料　　**辛醇/水分配系数** 无资料
闪点（℃） 85.0　　**自燃温度（℃）** 无资料
爆炸下限（%） 无资料　　**爆炸上限（%）** 无资料
分解温度（℃） 无资料　　**黏度（mPa·s）** 无资料
燃烧热（kJ/mol） 无资料　　**临界温度（℃）** 无资料
溶解性 不溶于水，溶于乙醇、乙醚、苯

第十部分 稳定性和反应性

稳定性 稳定
危险反应 与强氧化剂等禁配物发生反应
避免接触的条件 无资料
禁配物 强氧化剂
危险的分解产物 溴化氢

第十一部分 毒理学信息

急性毒性 LD_{50}：1540mg/kg（大鼠经口）；1860mg/kg（小鼠经口）。LC_{50}：6800mg/m³（大鼠吸入）
皮肤刺激或腐蚀 无资料　　**眼睛刺激或腐蚀** 无资料
呼吸或皮肤过敏 无资料　　**生殖细胞突变性** 无资料
致癌性 无资料　　**生殖毒性** 无资料
特异性靶器官系统毒性——次接触 无资料
特异性靶器官系统毒性-反复接触 无资料
吸入危害 无资料

第十二部分 生态学信息

生态毒性 无资料
持久性和降解性
生物降解性 无资料
非生物降解性 无资料
潜在的生物累积性 无资料

土壤中的迁移性 无资料

第十三部分 废弃处置

废弃化学品 建议用控制焚烧法或安全掩埋法处置。若可能，重复使用容器或在规定场所掩埋
污染包装物 将容器返还生产商或按照国家和地方法规处置
废弃注意事项 处置前应参阅国家和地方有关法规

第十四部分 运输信息

联合国危险货物编号（UN 号） —
联合国运输名称 — **联合国危险性类别** —
包装类别 — **包装标志** —
海洋污染物 是
运输注意事项 运输前应先检查包装容器是否完整、密封，运输过程中要确保容器不泄漏、不倒塌、不坠落、不损坏。严禁与酸类、氧化剂、食品及食品添加剂混装。运输时运输车辆应配备相应品种和数量的消防器材及泄漏应急处理设备。运输途中应防暴晒、雨淋，防高温。公路运输时要按规定路线行驶，勿在居民区和人口稠密区停留

第十五部分 法规信息

下列法律、法规、规章和标准，对该化学品的管理作了相应的规定。
中华人民共和国职业病防治法 职业病分类和目录：未列入
危险化学品安全管理条例 危险化学品目录：列入。易制爆危险化学品名录：未列入。重点监管的危险化学品名录：未列入。GB 18218—2009《危险化学品重大危险源辨识》（表1）：未列入
使用有毒物品作业场所劳动保护条例 高毒物品目录：未列入
易制毒化学品管理条例 易制毒化学品的分类和品种目录：未列入
国际公约 斯德哥尔摩公约：未列入。鹿特丹公约：未列入。蒙特利尔议定书：未列入

第十六部分 其他信息

编写和修订信息 缩略语和首字母缩写
培训建议 参考文献
免责声明

多氯联苯

第一部分 化学品标识

化学品中文名 多氯联苯；氯化联苯
化学品英文名 polychlorinated biphenyls；polychlorodiphenyls
分子式 $C_{12}H_{10-n}Cl_n$
分子量 188.7～498.7（$n=1\sim10$）
结构式

化学品的推荐及限制用途 用作润滑材料、增塑剂、杀菌剂、热载体及变压器油等

第二部分 危险性概述

紧急情况概述 可能致癌

GHS 危险性类别 致癌性，类别 1B；特异性靶器官毒性-反复接触，类别 2；危害水生环境-急性危害，类别 1；危害水生环境-长期危害，类别 1

标签要素

象形图

警示词 危险

危险性说明 可能致癌，长时间或反复接触可能对器官造成损伤，对水生生物毒性非常大并具有长期持续影响

防范说明

预防措施 得到专门指导后操作。在阅读并了解所有安全预防措施之前，切勿操作。按要求使用个体防护装备。避免吸入粉尘、烟气、蒸气、雾。禁止排入环境

事故响应 如果接触或有担心，就医。如感觉不适，就医。收集泄漏物

安全储存 上锁保管

废弃处置 本品及内装物、容器依据国家和地方法规处置

物理和化学危险 可燃，其粉体或蒸气与空气混合，能形成爆炸性混合物

健康危害 本品可经呼吸道、胃肠道和皮肤吸收。长期接触能引起肝脏损害和痤疮样皮炎。中毒症状有恶心、呕吐、腹痛、水肿、黄疸等。本品可经过胎盘影响胎儿

环境危害 对水生生物毒性非常大并具有长期持续影响

第三部分 成分/组成信息

√ 物质 混合物

组分	浓度	CAS No.
多氯联苯		1336-36-3

第四部分 急救措施

吸入 迅速脱离现场至空气新鲜处。保持呼吸道通畅。如呼吸困难，给输氧。如呼吸、心跳停止，立即进行心肺复苏术。就医

皮肤接触 立即脱去污染的衣着，用流动清水彻底冲洗。就医

眼睛接触 立即分开眼睑，用流动清水或生理盐水彻底冲洗。就医

食入 漱口，饮水。就医

对保护施救者的忠告 根据需要使用个人防护设备

对医生的特别提示 对症处理

第五部分 消防措施

灭火剂 用雾状水、泡沫、干粉、二氧化碳、砂土灭火

特别危险性 遇明火、高热可燃。与氧化剂可发生反应。受高热分解放出有毒的气体。若遇高热，容器内压增大，有开裂和爆炸的危险

灭火注意事项及防护措施 消防人员必须佩戴空气呼吸器、穿全身防火防毒服，在上风向灭火。尽可能将容器从火场移至空旷处。喷水保持火场容器冷却，直至灭火结束。处在火场中的容器若已变色或从安全泄压装置中发出声音，必须马上撤离

第六部分 泄漏应急处理

作业人员防护措施、防护装备和应急处置程序 根据液体流动和蒸气扩散的影响区域划定警戒区，无关人员从侧风向、上风向撤离至安全区。建议应急处理人员戴正压自给式呼吸器，穿防毒服。禁止接触或跨越泄漏物。尽可能切断泄漏源

环境保护措施 防止泄漏物进入水体、下水道、地下室或有限空间

泄漏化学品的收容、清除方法及所使用的处置材料 喷雾状水抑制蒸气或改变蒸气云流向。小量泄漏：用砂土或其他不燃材料吸收。大量泄漏：构筑围堤或挖坑收容。用粉煤灰或石灰粉吸收大量液体。用泵转移至槽车或专用收集器内

第七部分 操作处置与储存

操作注意事项 密闭操作，提供充分的局部排风。防止烟雾或粉尘泄漏到工作场所空气中。操作人员必须经过专门培训，严格遵守操作规程。建议操作人员佩戴自吸过滤式防毒面具（全面罩），穿胶布防毒衣，戴橡胶手套。远离火种、热源，工作场所严禁吸烟。使用防爆型的通风系统和设备。在清除液体和蒸气前不能进行焊接、切割等作业。避免产生蒸气或粉尘。避免与氧化剂接触。配备相应品种和数量的消防器材及泄漏应急处理设备。倒空的容器可能残留有害物

储存注意事项 储存于阴凉、通风的库房。远离火种、热源。防止阳光直射。保持容器密封。应与氧化剂、食用化学品分开存放，切忌混储。配备相应品种和数量的消防器材。储区应备有泄漏应急处理设备和合适的收容材料

第八部分 接触控制/个体防护

职业接触限值

中国 未制定标准

美国（ACGIH） 未制定标准

生物接触限值 未制定标准

监测方法 空气中有毒物质测定方法：未制定标准。生物监测检验方法：未制定标准

工程控制 严加密闭，提供充分的局部排风

个体防护装备

呼吸系统防护 空气中浓度超标时，必须佩戴过滤式防毒面具（全面罩）。紧急事态抢救或撤离时，应该佩戴空气呼吸器

眼睛防护 呼吸系统防护中已作防护

皮肤和身体防护 穿密闭型防毒服

手防护　戴橡胶手套

第九部分　理化特性

外观与性状　流动的油状液体或白色结晶固体或非结晶性
　　树脂
pH 值　无资料　　　　　**熔点(℃)**　16～198
沸点(℃)　290～420
相对密度(水＝1)　1.18～1.8
相对蒸气密度(空气＝1)　无资料
饱和蒸气压(kPa)　无资料
临界压力(MPa)　无资料　**辛醇/水分配系数**　无资料
闪点(℃)　无资料　　　　**自燃温度(℃)**　无资料
爆炸下限(%)　无资料　　**爆炸上限(%)**　无资料
分解温度(℃)　无资料　　**黏度(mPa·s)**　无资料
燃烧热(kJ/mol)　无资料　**临界温度(℃)**　无资料
溶解性　不溶于水，溶于多数有机溶剂

第十部分　稳定性和反应性

稳定性　稳定
危险反应　与强氧化剂等禁配物发生反应
避免接触的条件　无资料
禁配物　强氧化剂
危险的分解产物　氯化氢

第十一部分　毒理学信息

急性毒性　LD$_{50}$：4000mg/kg（大鼠经口）；1900mg/kg
　　（小鼠经口）
皮肤刺激或腐蚀　无资料　**眼睛刺激或腐蚀**　无资料
呼吸或皮肤过敏　无资料　**生殖细胞突变性**　无资料
致癌性　IARC 致癌性评论：组 2A，对人类很可能是致
　　癌物
生殖毒性　哺乳动物（未明确指明种类）多代经口给予最
　　低中毒剂量（TDLo）0.0125mg/kg，可致内分泌系
　　统发育畸形。大鼠经口最低中毒剂量（TDLo）：
　　400mg/kg（孕 6～15d），对新生鼠行为有影响。大鼠
　　经口最低中毒剂量（TDLo）：420mg/kg（产后 21d），
　　对新生鼠行为有影响。哺乳动物经口最低中毒剂量
　　（TDLo）：325mg/kg（雌性交配前 30d/孕 1～36d），
　　新生鼠生长统计指数改变
特异性靶器官系统毒性-一次接触　无资料
特异性靶器官系统毒性-反复接触　大鼠暴露在平均浓度
　　为 0.57mg/m^3 的含氯 65% 的本品中，每天 16h，6 周
　　后，引起轻微肝损害
吸入危害　无资料

第十二部分　生态学信息

生态毒性　无资料
持久性和降解性
　　生物降解性　无资料
　　非生物降解性　无资料
潜在的生物累积性　易在生物体内富集
土壤中的迁移性　无资料

第十三部分　废弃处置

废弃化学品　建议用焚烧法处置。通过高温焚烧
污染包装物　将容器返还生产商或按照国家和地方法规
　　处置
废弃注意事项　处置前应参阅国家和地方有关法规

第十四部分　运输信息

联合国危险货物编号（UN 号）　2315（液态）；3432（固态）
联合国运输名称　多氯联苯
联合国危险性类别　9

包装类别　Ⅱ　　　　　　**包装标志**　

海洋污染物　是
运输注意事项　运输前应先检查包装容器是否完整、密
　　封，运输过程中要确保容器不泄漏、不倒塌、不坠
　　落、不损坏。严禁与酸类、氧化剂、食品及食品添加
　　剂混运。运输时运输车辆应配备相应品种和数量的消
　　防器材及泄漏应急处理设备。运输途中应防暴晒、雨
　　淋，防高温。公路运输时要按规定路线行驶，勿在居
　　民区和人口稠密区停留

第十五部分　法规信息

　　下列法律、法规、规章和标准，对该化学品的管理作
了相应的规定。
中华人民共和国职业病防治法　职业病分类和目录：职业
　　性皮肤病，痤疮
危险化学品安全管理条例　危险化学品目录：列入。易制
　　爆危险化学品名录：未列入。重点监管的危险化学品
　　名录：未列入。GB 18218—2009《危险化学品重大
　　危险源辨识》（表 1）：未列入
使用有毒物品作业场所劳动保护条例　高毒物品目录：未
　　列入
易制毒化学品管理条例　易制毒化学品的分类和品种目
　　录：未列入
国际公约　斯德哥尔摩公约：列入。鹿特丹公约：列入。
　　蒙特利尔议定书：未列入

第十六部分　其他信息

编写和修订信息　缩略语和首字母缩写
培训建议　　　　　参考文献
免责声明

苊

第一部分　化学品标识

化学品中文名　苊；萘己环
化学品英文名　acenaphthene；1,8-ethylenenaphthalene
分子式　C$_{12}$H$_8$　**分子量**　152.1919
结构式

化学品的推荐及限制用途　用作染料中间体，也可用作杀虫剂、杀菌剂等

第二部分　危险性概述

紧急情况概述　易燃固体

GHS危险性类别　易燃固体，类别2；危害水生环境-急性危害，类别1；危害水生环境-长期危害，类别1

标签要素

象形图　

警示词　危险

危险性说明　易燃固体，对水生生物毒性非常大并具有长期持续影响

防范说明

预防措施　远离热源、火花、明火、热表面。禁止吸烟。容器和接收设备接地连接。使用防爆型电器、通风、照明设备。戴防护手套、防护眼镜、防护面罩。禁止排入环境

事故响应　火灾时，使用雾状水、泡沫、二氧化碳、干粉、砂土灭火。收集泄漏物

安全储存　—

废弃处置　本品及内装物、容器依据国家和地方法规处置

物理和化学危险　易燃，其粉体与空气混合，能形成爆炸性混合物

健康危害　本品对眼睛、皮肤、黏膜和上呼吸道有刺激性

环境危害　对水生生物毒性非常大并具有长期持续影响

第三部分　成分/组成信息

√ 物质　　　　　　　混合物

组分	浓度	CAS No.
芘		83-32-9

第四部分　急救措施

吸入　迅速脱离现场至空气新鲜处。保持呼吸道通畅。如呼吸困难，给输氧。如呼吸、心跳停止，立即进行心肺复苏术。就医

皮肤接触　立即脱去污染的衣着，用流动清水彻底冲洗。就医

眼睛接触　立即分开眼睑，用流动清水或生理盐水彻底冲洗。就医

食入　漱口，饮水。就医

对保护施救者的忠告　根据需要使用个人防护设备

对医生的特别提示　对症处理

第五部分　消防措施

灭火剂　用雾状水、泡沫、二氧化碳、干粉、砂土灭火

特别危险性　遇明火、高热或与氧化剂接触，有引起燃烧爆炸的危险。受热分解产生有毒的烟气

灭火注意事项及防护措施　消防人员必须佩戴空气呼吸器、穿全身防火防毒服，在上风向灭火。喷水冷却容器，尽可能将容器从火场移至空旷处

第六部分　泄漏应急处理

作业人员防护措施、防护装备和应急处置程序　隔离泄漏污染区，限制出入。消除所有点火源。建议应急处理人员戴防尘口罩，穿防毒服。禁止接触或跨越泄漏物

环境保护措施　防止泄漏物进入水体、下水道、地下室或有限空间

泄漏化学品的收容、清除方法及所使用的处置材料　小量泄漏：用洁净的铲子收集泄漏物，置于干净、干燥、盖子较松的容器中，将容器移离泄漏区。大量泄漏：用水润湿，并筑堤收容

第七部分　操作处置与储存

操作注意事项　密闭操作，局部排风。操作人员必须经过专门培训，严格遵守操作规程。建议操作人员佩戴自吸过滤式防尘口罩，戴安全防护眼镜，穿防毒物渗透工作服。远离火种、热源，工作场所严禁吸烟。使用防爆型的通风系统和设备。避免产生粉尘。避免与氧化剂接触。搬运时轻装轻卸，防止包装破损。配备相应品种和数量的消防器材及泄漏应急处理设备。倒空的容器可能残留有害物

储存注意事项　储存于阴凉、通风的库房。远离火种、热源。库温不宜超过35℃。包装密封。应与氧化剂分开存放，切忌混储。采用防爆型照明、通风设施。禁止使用易产生火花的机械设备和工具。储区应备有合适的材料收容泄漏物

第八部分　接触控制/个体防护

职业接触限值

中国　未制定标准

美国（ACGIH）　未制定标准

生物接触限值　未制定标准

监测方法　空气中有毒物质测定方法：未制定标准。生物监测检验方法：未制定标准

工程控制　密闭操作，局部排风

个体防护装备

呼吸系统防护　空气中粉尘浓度超标时，应该佩戴过滤式防尘呼吸器

眼睛防护　戴安全防护眼镜

皮肤和身体防护　穿防毒物渗透工作服

手防护　戴一般作业防护手套

第九部分　理化特性

外观与性状　白色针状结晶

pH值　无意义		**熔点(℃)**　95	
沸点(℃)　277.5		**相对密度(水=1)**　1.19	
相对蒸气密度(空气=1)　5.32			
饱和蒸气压(kPa)　1.33(131.2℃)			
临界压力(MPa)　无资料		**辛醇/水分配系数**　3.92	
闪点(℃)　无意义		**自燃温度(℃)**　无资料	
爆炸下限(%)　无资料		**爆炸上限(%)**　无资料	

分解温度(℃) 无资料   黏度(mPa·s) 无资料
燃烧热(kJ/mol) 无资料   临界温度(℃) 无资料
溶解性   不溶于水，溶于热苯、醚、醇

第十部分 稳定性和反应性

稳定性   稳定
危险反应   与强氧化剂等禁配物接触，有发生燃烧和爆炸
  的危险
避免接触的条件   无资料
禁配物   强氧化剂
危险的分解产物   无资料

第十一部分 毒理学信息

急性毒性 LD_{50}：600mg/kg（大鼠腹腔）
皮肤刺激或腐蚀   无资料   眼睛刺激或腐蚀   无资料
呼吸或皮肤过敏   无资料
生殖细胞突变性   微生物致突变：鼠伤寒沙门氏菌属 0.5
  nmol/皿(48h)。细胞遗传学分析：仓鼠肺 10mmol/L
  (6h)
致癌性   无资料   生殖毒性   无资料
特异性靶器官系统毒性-一次接触   无资料
特异性靶器官系统毒性-反复接触   无资料
吸入危害   无资料

第十二部分 生态学信息

生态毒性 LC_{50}：1.57mg/L(96h)（虹鳟）。LC_{50}：1.6mg/L
  (96h)（黑头呆鱼）。LC_{50}：1.7mg/L（96h）（蓝鳃太阳
  鱼）。ErC_{50}：0.52mg/L（72h）（羊角月牙藻）
持久性和降解性
  生物降解性   不易快速生物降解
  非生物降解性   无资料
潜在的生物累积性   无资料
土壤中的迁移性   无资料

第十三部分 废弃处置

废弃化学品   建议用焚烧法处置
污染包装物   将容器返还生产商或按照国家和地方法规
  处置
废弃注意事项   处置前应参阅国家和地方有关法规

第十四部分 运输信息

联合国危险货物编号（UN号）   1325
联合国运输名称   有机易燃固体，未另作规定的（苊）
联合国危险性类别   4.1

包装类别   Ⅲ   包装标志

海洋污染物   是
运输注意事项   运输时运输车辆应配备相应品种和数量的
  消防器材及泄漏应急处理设备。装运本品的车辆排气
  管须有阻火装置。运输过程中要确保容器不泄漏、不
  倒塌、不坠落、不损坏。严禁与氧化剂、食用化学品

等混装混运。运输途中应防暴晒、雨淋，防高温。中
途停留时应远离火种、热源。车辆运输完毕应进行彻
底清扫。铁路运输时要禁止溜放

第十五部分 法规信息

下列法律、法规、规章和标准，对该化学品的管理作
了相应的规定。
中华人民共和国职业病防治法   职业病分类和目录：未
  列入
危险化学品安全管理条例   危险化学品目录：列入。易制
  爆危险化学品名录：未列入。重点监管的危险化学品
  名录：未列入。GB 18218—2009《危险化学品重大
  危险源辨识》（表1）：未列入
使用有毒物品作业场所劳动保护条例   高毒物品目录：未
  列入
易制毒化学品管理条例   易制毒化学品的分类和品种目
  录：未列入
国际公约   斯德哥尔摩公约：未列入。鹿特丹公约：未列
  入。蒙特利尔议定书：未列入

第十六部分 其他信息

编写和修订信息   缩略语和首字母缩写
培训建议   参考文献
免责声明

3,3'-二氨基二丙胺

第一部分 化学品标识

化学品中文名   3,3'-二氨基二丙胺；3,3'-亚氨基二丙胺；
  二丙三胺
化学品英文名   3,3'-iminodipropylamine；3,3'-diaminod-
  ipropylamine
分子式 $C_6H_{17}N_3$ 分子量   131.2193
结构式 $H_2N{\sim}\sim{\sim}NH{\sim}\sim{\sim}NH_2$
化学品的推荐及限制用途   制造染料、表面活化剂

第二部分 危险性概述

紧急情况概述   吞咽有害，皮肤接触会中毒，吸入致命，
  造成严重的皮肤灼伤和眼损伤，可能导致皮肤过敏
  反应
GHS危险性类别   急性毒性-经口，类别4；急性毒性-经
  皮，类别3；急性毒性-吸入，类别2；皮肤腐蚀/刺
  激，类别1A；严重眼损伤/眼刺激，类别1；皮肤致
  敏物，类别1
标签要素

象形图

警示词   危险
危险性说明   吞咽有害，皮肤接触会中毒，吸入致命，
  造成严重的皮肤灼伤和眼损伤，可能导致皮肤过敏
  反应

防范说明

预防措施 避免接触眼睛、皮肤，操作后彻底清洗。作业场所不得进食、饮水或吸烟。避免吸入蒸气、雾。仅在室外或通风良好处操作。戴呼吸防护器具。穿防护服，戴防护眼镜、防护手套、防护面罩。污染的工作服不得带出工作场所

事故响应 如吸入：将患者转移到空气新鲜处，休息，保持利于呼吸的体位。皮肤接触：用大量肥皂水和水清洗，立即脱去所有被污染的衣服。如感觉不适，呼叫中毒控制中心或就医。被污染的衣服必须经洗净后方可重新使用。眼睛接触：用水细心地冲洗数分钟。如戴隐形眼镜并可方便地取出，则取出隐形眼镜，继续冲洗。食入：漱口，不要催吐，如果感觉不适，立即呼叫中毒控制中心或就医

安全储存 在通风良好处储存。保持容器密闭。上锁保管

废弃处置 本品及内装物、容器依据国家和地方法规处置

物理和化学危险 可燃，其蒸气与空气混合，能形成爆炸性混合物

健康危害 误服或吸入有害。对皮肤、眼睛和黏膜有腐蚀性。吸入可引起喉和支气管炎症、水肿、化学性肺炎、肺水肿等

环境危害 对环境可能有害

第三部分 成分/组成信息

√ 物质　　　　　　　　　　　混合物

组分	浓度	CAS No.
3,3'-二氨基二丙胺		56-18-8

第四部分 急救措施

吸入 迅速脱离现场至空气新鲜处。保持呼吸道通畅。如呼吸困难，给输氧。呼吸、心跳停止，立即进行心肺复苏术。就医

皮肤接触 立即脱去污染的衣着，用大量流动清水彻底冲洗至少15min。就医

眼睛接触 立即分开眼睑，用流动清水或生理盐水彻底冲洗5～10min。就医

食入 用水漱口，禁止催吐。给饮牛奶或蛋清。就医

对保护施救者的忠告 根据需要使用个人防护设备

对医生的特别提示 对症处理

第五部分 消防措施

灭火剂 用雾状水、抗溶性泡沫、干粉、二氧化碳、砂土灭火

特别危险性 遇高热、明火或与氧化剂接触，有引起燃烧的危险。受高热分解放出有毒的气体。具有腐蚀性

灭火注意事项及防护措施 消防人员必须穿全身耐酸碱消防服。尽可能将容器从火场移至空旷处。喷水保持火场容器冷却，直至灭火结束。处在火场中的容器若已变色或从安全泄压装置中产生声音，必须马上撤离

第六部分 泄漏应急处理

作业人员防护措施、防护装备和应急处置程序 根据液体流动和蒸气扩散的影响区域划定警戒区，无关人员从侧风、上风向撤离至安全区。消除所有点火源。建议应急处理人员戴正压自给式呼吸器，穿防腐、防毒服。穿上适当的防护服前严禁接触破裂的容器和泄漏物。尽可能切断泄漏源

环境保护措施 防止泄漏物进入水体、下水道、地下室或有限空间

泄漏化学品的收容、清除方法及所使用的处置材料 小量泄漏：用干燥的砂土或其他不燃材料吸收或覆盖，收集于容器中。大量泄漏：构筑围堤或挖坑收容。用粉煤灰或石灰吸收大量液体。用耐腐蚀泵转移至槽车或专用收集器内

第七部分 操作处置与储存

操作注意事项 密闭操作，局部排风。防止蒸气泄漏到工作场所空气中。操作人员必须经过专门培训，严格遵守操作规程。建议操作人员佩戴自吸过滤式防毒面具（半面罩），戴化学安全防护眼镜，穿橡胶耐酸碱服，戴橡胶耐酸碱手套。远离火种、热源，工作场所严禁吸烟。使用防爆型的通风系统和设备。在清除液体和蒸气前不能进行焊接、切割等作业。避免产生烟雾。避免与氧化剂、酸类、酸酐、酰基氯接触。配备相应品种和数量的消防器材及泄漏应急处理设备。倒空的容器可能残留有害物

储存注意事项 储存于阴凉、通风的库房。远离火种、热源。防止阳光直射。保持容器密封。应与氧化剂、酸类、酸酐、酰基氯分开存放，切忌混储。配备相应品种和数量的消防器材。储区应备有泄漏应急处理设备和合适的收容材料

第八部分 接触控制/个体防护

职业接触限值

中国 未制定标准

美国（ACGIH） 未制定标准

生物接触限值 未制定标准

监测方法 空气中有毒物质测定方法：未制定标准。生物监测检验方法：未制定标准

工程控制 密闭操作，局部排风

个体防护装备

呼吸系统防护 空气中浓度超标时，必须佩戴过滤式防毒面具（半面罩）。紧急事态抢救或撤离时，应该佩戴空气呼吸器

眼睛防护 戴化学安全防护眼镜

皮肤和身体防护 穿橡胶耐酸碱服

手防护 戴橡胶耐酸碱手套

第九部分 理化特性

外观与性状 无色液体　　　**pH值** 无资料

熔点（℃） －14　　　　　　沸点（℃） 240.6

相对密度（水＝1） 0.925～0.933

相对蒸气密度(空气＝1)　无资料

饱和蒸气压(kPa)　无资料

临界压力(MPa)　无资料　辛醇/水分配系数　无资料

闪点(℃)　118.33　自燃温度(℃)　无资料

爆炸下限(%)　无资料　爆炸上限(%)　无资料

分解温度(℃)　无资料　黏度(mPa·s)　无资料

燃烧热(kJ/mol)　无资料　临界温度(℃)　无资料

溶解性　与水混溶，溶于醇、醚

第十部分　稳定性和反应性

稳定性　稳定

危险反应　与氧化剂、酸类、酸酐、酰基氯等禁配物发生反应

避免接触的条件　无资料

禁配物　氧化剂、酸类、酸酐、酰基氯

危险的分解产物　氮氧化物

第十一部分　毒理学信息

急性毒性　LD_{50}：738mg/kg（大鼠经口）；435mg/kg（小鼠经口）；210mg/kg（兔经口）；110μL/kg（兔经皮）。LC_{50}：30mg/m³（大鼠吸入，4h）

皮肤刺激或腐蚀　家兔经皮开放性刺激试验，470mg，中度刺激

眼睛刺激或腐蚀　家兔经眼 4mg，重度刺激

呼吸或皮肤过敏　无资料　生殖细胞突变性　无资料

致癌性　无资料　生殖毒性　无资料

特异性靶器官系统毒性--一次接触　无资料

特异性靶器官系统毒性-反复接触　无资料

吸入危害　无资料

第十二部分　生态学信息

生态毒性　LC_{50}：215～316mg/L（96h）（圆腹雅罗鱼）（DIN 38412-15，Part 15）。EC_{50}：37.35mg/L（48h）（大型溞）（EU Method C.2）。ErC_{50}：599.2mg/L（72h）（*Desmodesmus subspicatus*）（DIN 38412，Part 9）

持久性和降解性

　　生物降解性　易快速生物降解（OECD 301B）

　　非生物降解性　无资料

潜在的生物累积性　根据 K_{ow} 值预测，该物质的生物累积性可能较弱

土壤中的迁移性　根据 K_{oc} 值预测，该物质可能易发生迁移

第十三部分　废弃处置

废弃化学品　建议用焚烧法处置。在能利用的地方重复使用容器或在规定场所掩埋

污染包装物　将容器返还生产商或按照国家和地方法规处置

废弃注意事项　处置前应参阅国家和地方有关法规

第十四部分　运输信息

联合国危险货物编号（UN 号）　2269

联合国运输名称　3,3′-亚氨基二丙胺（三丙撑三胺）

联合国危险性类别　8

包装类别　Ⅲ　　　　包装标志　

海洋污染物　否

运输注意事项　起运时包装要完整，装载应稳妥。运输过程中要确保容器不泄漏、不倒塌、不坠落、不损坏。严禁与氧化剂、酸类、食用化学品等混装混运。运输时运输车辆应配备相应品种和数量的消防器材及泄漏应急处理设备。运输途中应防暴晒、雨淋，防高温。公路运输时要按规定路线行驶，勿在居民区和人口稠密区停留

第十五部分　法规信息

下列法律、法规、规章和标准，对该化学品的管理作了相应的规定。

中华人民共和国职业病防治法　职业病分类和目录：未列入

危险化学品安全管理条例　危险化学品目录：列入。易制爆危险化学品名录：未列入。重点监管的危险化学品名录：未列入。GB 18218—2009《危险化学品重大危险源辨识》（表 1）：未列入

使用有毒物品作业场所劳动保护条例　高毒物品目录：未列入

易制毒化学品管理条例　易制毒化学品的分类和品种目录：未列入

国际公约　斯德哥尔摩公约：未列入。鹿特丹公约：未列入。蒙特利尔议定书：未列入

第十六部分　其他信息

编写和修订信息　　　缩略语和首字母缩写

培训建议　　　　　　参考文献

免责声明

二苯胺

第一部分　化学品标识

化学品中文名　二苯胺

化学品英文名　diphenylamine；*N*-phenylaniline

分子式　$C_{12}H_{11}N$　分子量　169.2224

结构式　

化学品的推荐及限制用途　用于染料、抗氧剂、药品、炸药和农药的合成

第二部分　危险性概述

紧急情况概述　吞咽会中毒，皮肤接触会中毒，吸入会中毒

GHS 危险性类别　急性毒性-经口，类别 3；急性毒性-经皮，类别 3；急性毒性-吸入，类别 3；特异性靶器官毒性-反复接触，类别 2；危害水生环境-急性危害，

类别1；危害水生环境-长期危害，类别1

标签要素

象形图

警示词 危险

危险性说明 吞咽会中毒，皮肤接触会中毒，吸入会中毒，长时间或反复接触可能对器官造成损伤，对水生生物毒性非常大并具有长期持续影响

防范说明

预防措施 避免接触眼睛、皮肤，操作后彻底清洗。作业场所不得进食、饮水或吸烟。戴防护手套、穿防护服。避免吸入粉尘、蒸气。仅在室外或通风良好处操作。禁止排入环境

事故响应 如吸入：将患者转移到空气新鲜处，休息，保持利于呼吸的体位，呼叫中毒控制中心或就医。皮肤接触：用大量肥皂水和水清洗，立即脱去所有被污染的衣服，如感觉不适，呼叫中毒控制中心或就医。被污染的衣服必须经洗净后方可重新使用。食入：立即呼叫中毒控制中心或就医，漱口。如感觉不适，就医。收集泄漏物

安全储存 在通风良好处储存。保持容器密闭。上锁保管

废弃处置 本品及内装物、容器依据国家和地方法规处置

物理和化学危险 可燃，其粉体与空气混合，能形成爆炸性混合物

健康危害 接触本品粉尘或蒸气出现眼刺激症状、鼻咽炎及支气管炎。能引起高铁血红蛋白血症。对皮肤有刺激性。本品制造过程中可能含有4-氨基联苯，应注意后者的致癌性

环境危害 对水生生物毒性非常大并具有长期持续影响

第三部分 成分/组成信息

√ 物质　　　　　　　混合物

组分	浓度	CAS No.
二苯胺		122-39-4

第四部分 急救措施

吸入 迅速脱离现场至空气新鲜处。保持呼吸道通畅。如呼吸困难，给吸氧。如呼吸、心跳停止，立即行心肺复苏术。就医

皮肤接触 立即脱去污染衣着，用肥皂水或清水彻底冲洗。就医

眼睛接触 分开眼睑，用清水或生理盐水冲洗。就医

食入 漱口，饮水。就医

对保护施救者的忠告 根据需要使用个人防护设备

对医生的特别提示 高铁血红蛋白血症，可用亚甲蓝和维生素C治疗

第五部分 消防措施

灭火剂 用雾状水、泡沫、干粉、二氧化碳、砂土灭火

特别危险性 遇明火、高热可燃。粉体与空气可形成爆炸性混合物，当达到一定浓度时，遇火星会发生爆炸

灭火注意事项及防护措施 消防人员必须佩戴防毒面具、穿全身消防服，在上风向灭火。尽可能将容器从火场移至空旷处。喷水保持火场容器冷却，直至灭火结束

第六部分 泄漏应急处理

作业人员防护措施、防护装备和应急处置程序 隔离泄漏污染区，限制出入。消除所有点火源。建议应急处理人员戴防尘口罩，穿防毒服。穿上适当的防护服前严禁接触破裂的容器和泄漏物。尽可能切断泄漏源

环境保护措施 用塑料布覆盖泄漏物，减少飞散

泄漏化学品的收容、清除方法及所使用的处置材料 勿使水进入包装容器内。用洁净的铲子收集泄漏物，置于干净、干燥、盖子较松的容器中，将容器移离泄漏区

第七部分 操作处置与储存

操作注意事项 密闭操作，局部排风。操作人员必须经过专门培训，严格遵守操作规程。建议操作人员佩戴防尘面具（全面罩），穿连体式防毒衣，戴橡胶手套。远离火种、热源，工作场所严禁吸烟。使用防爆型的通风系统和设备。避免产生粉尘。避免与氧化剂、酸类接触。搬运时要轻装轻卸，防止包装及容器损坏。配备相应品种和数量的消防器材及泄漏应急处理设备。倒空的容器可能残留有害物

储存注意事项 储存于阴凉、通风的库房。远离火种、热源。应与氧化剂、酸类分开存放，切忌混储。配备相应品种和数量的消防器材。储区应备有合适的材料收容泄漏物

第八部分 接触控制/个体防护

职业接触限值

中国 PC-TWA：$10mg/m^3$

美国（ACGIH） TLV-TWA：$10mg/m^3$

生物接触限值 未制定标准

监测方法 空气中有毒物质测定方法：未制定标准。生物监测检验方法：未制定标准

工程控制 密闭操作，局部排风

个体防护装备

呼吸系统防护 可能接触其粉尘时，必须佩戴防尘面具（全面罩）。紧急事态抢救或撤离时，应该佩戴空气呼吸器

眼睛防护 呼吸系统防护中已作防护

皮肤和身体防护 穿连体式防毒衣

手防护 戴橡胶手套

第九部分 理化特性

外观与性状 无色至灰色结晶体

pH值 无意义　　　　　熔点（℃） 52.85

沸点（℃） 302　　　　相对密度（水＝1） 1.16

相对蒸气密度（空气＝1） 5.82

饱和蒸气压（kPa） 无资料　临界压力（MPa） 无资料

辛醇/水分配系数 3.22～3.5

闪点(℃)	152.7	自燃温度(℃)	634
爆炸下限(%)	无资料	爆炸上限(%)	无资料
分解温度(℃)	无资料	黏度(mPa·s)	无资料
燃烧热(kJ/mol)	−6413.5	临界温度(℃)	无资料

溶解性 不溶于水,溶于二硫化碳、苯、乙醇、乙醚等

第十部分 稳定性和反应性

稳定性 稳定
危险反应 与强氧化剂、强酸等禁配物发生反应
避免接触的条件 无资料
禁配物 强氧化剂、强酸
危险的分解产物 氮氧化物

第十一部分 毒理学信息

急性毒性 LD_{50}:1120mg/kg(大鼠经口),1230mg/kg(小鼠经口)

皮肤刺激或腐蚀	无资料	眼睛刺激或腐蚀	无资料
呼吸或皮肤过敏	无资料	生殖细胞突变性	无资料
致癌性	无资料	生殖毒性	无资料

特异性靶器官系统毒性-一次接触 无资料
特异性靶器官系统毒性-反复接触 大鼠出现器官重量减轻、胸腺、睾丸、卵巢重量减少,白细胞数、红细胞数、血色素水平减少
吸入危害 无资料

第十二部分 生态学信息

生态毒性 无资料。LC_{50}:6.61mg/L(96h)(鱼类)。EC_{50}:2mg/L(48h)(大型溞,OECD 202)。ErC_{50}:0.43mg/L(72h)(藻类)
持久性和降解性
   生物降解性 OECD 301D,不易快速生物降解
   非生物降解性 无资料
潜在的生物累积性 无资料
土壤中的迁移性 无资料

第十三部分 废弃处置

废弃化学品 用焚烧法处置。与燃料混合后,再焚烧。焚烧炉排出的氮氧化物通过洗涤器除去
污染包装物 将容器返还生产商或按照国家和地方法规处置
废弃注意事项 处置前应参阅国家和地方有关法规

第十四部分 运输信息

联合国危险货物编号(UN号) 2811
联合国运输名称 有机毒性固体,未另作规定的(二苯胺)
联合国危险性类别 6.1

包装类别 Ⅲ 包装标志

海洋污染物 是
运输注意事项 起运时包装要完整,装载应稳妥。运输过程中要确保容器不泄漏、不倒塌、不坠落、不损坏。

严禁与氧化剂、酸类、食用化学品等混装混运。运输途中应防暴晒、雨淋,防高温。车辆运输完毕应进行彻底清扫

第十五部分 法规信息

下列法律、法规、规章和标准,对该化学品的管理作了相应的规定。
中华人民共和国职业病防治法 职业病分类和目录:苯的氨基及硝基化合物中毒
危险化学品安全管理条例 危险化学品目录:列入。易制爆危险化学品名录:未列入。重点监管的危险化学品名录:未列入。GB 18218—2009《危险化学品重大危险源辨识》(表1):未列入
使用有毒物品作业场所劳动保护条例 高毒物品目录:列入
易制毒化学品管理条例 易制毒化学品的分类和品种目录:未列入
国际公约 斯德哥尔摩公约:未列入。鹿特丹公约:未列入。蒙特利尔议定书:未列入

第十六部分 其他信息

编写和修订信息   缩略语和首字母缩写
培训建议   参考文献
免责声明

二苯基二氯硅烷

第一部分 化学品标识

化学品中文名 二苯基二氯硅烷;二苯二氯硅烷
化学品英文名 diphenyldichlorosilane; dichlorodiphenyl-silane
分子式 $C_{12}H_{10}Cl_2Si$ 分子量 253.199
结构式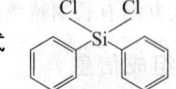
化学品的推荐及限制用途 用于制造硅酮润滑脂

第二部分 危险性概述

紧急情况概述 皮肤接触会致命,造成严重的皮肤灼伤和眼损伤
GHS危险性类别 急性毒性-经皮,类别2;皮肤腐蚀/刺激,类别1;严重眼损伤/眼刺激,类别1;特异性靶器官毒性-一次接触,类别2
标签要素

象形图

警示词 危险
危险性说明 皮肤接触会致命,造成严重的皮肤灼伤和眼损伤,可能对器官造成损害
防范说明
   预防措施 避免接触眼睛、皮肤或衣服,操作后彻

底清洗。作业场所不得进食、饮水或吸烟。穿防护服，戴防护手套、防护眼镜、防护面罩。避免吸入蒸气、雾

事故响应　如吸入：将患者转移到空气新鲜处，休息，保持利于呼吸的体位，立即呼叫中毒控制中心或就医。皮肤（或头发）接触：立即脱掉所有被污染的衣服，用水冲洗皮肤，淋浴，立即呼叫中毒控制中心或就医。污染的衣服洗净后方可重新使用。眼睛接触：用水细心地冲洗数分钟，立即呼叫中毒控制中心或就医。如戴隐形眼镜并可方便地取出，则取出隐形眼镜，继续冲洗。食入：漱口，不要催吐。如果接触或感觉不适：呼叫中毒控制中心或就医

安全储存　上锁保管

废弃处置　本品及内装物、容器依据国家和地方法规处置

物理和化学危险　可燃。遇水产生刺激性气体

健康危害　吸入本品蒸气对呼吸道有强烈刺激性。皮肤或眼睛接触可致灼伤。口服灼伤口腔和消化道

环境危害　对环境可能有害

第三部分　成分/组成信息

√物质　　　　　　　　　　混合物

组分	浓度	CAS No.
二苯二氯硅烷		80-10-4

第四部分　急救措施

吸入　迅速脱离现场至空气新鲜处。保持呼吸道通畅。如呼吸困难，给输氧。呼吸、心跳停止，立即进行心肺复苏术。就医

皮肤接触　立即脱去污染的衣着，用大量流动清水彻底冲洗至少 15min。就医

眼睛接触　立即分开眼睑，用流动清水或生理盐水彻底冲洗 5～10min。就医

食入　用水漱口，禁止催吐。给饮牛奶或蛋清。就医

对保护施救者的忠告　根据需要使用个人防护设备

对医生的特别提示　对症处理

第五部分　消防措施

灭火剂　用干粉、二氧化碳、砂土灭火

特别危险性　可燃。与氧化剂接触猛烈反应。受热分解或接触酸、酸雾能散发出有毒的烟雾。遇潮时对大多数金属有强腐蚀性

灭火注意事项及防护措施　消防人员必须佩戴防毒面具、穿全身消防服，在上风向灭火。尽可能将容器从火场移至空旷处。处在火场中的容器若已变色或从安全泄压装置中发出声音，必须马上撤离。禁止用水、泡沫和酸碱灭火剂灭火

第六部分　泄漏应急处理

作业人员防护措施、防护装备和应急处置程序　根据液体流动和蒸气扩散的影响区域划定警戒区，无关人员从侧风、上风向撤离至安全区。建议应急处理人员戴正压自给式呼吸器，穿防腐、防毒服。作业时使用的所有设备应接地。穿上适当的防护服前严禁接触破裂的容器和泄漏物。尽可能切断泄漏源

环境保护措施　防止泄漏物进入水体、下水道、地下室或有限空间

泄漏化学品的收容、清除方法及所使用的处置材料　严禁用水处理。小量泄漏：用干燥的砂土或其他不燃材料覆盖泄漏物。大量泄漏：构筑围堤或挖坑收容。用碎石灰石（$CaCO_3$）、苏打灰（Na_2CO_3）或石灰（CaO）中和。用耐腐蚀泵转移至槽车或专用收集器内

第七部分　操作处置与储存

操作注意事项　密闭操作，注意通风。操作尽可能机械化、自动化。操作人员必须经过专门培训，严格遵守操作规程。建议操作人员佩戴自吸过滤式防毒面具（全面罩），穿橡胶耐酸碱服，戴橡胶耐酸碱手套。远离火种、热源，工作场所严禁吸烟。使用防爆型的通风系统和设备。避免产生烟雾。防止烟雾和蒸气释放到工作场所空气中。避免与氧化剂接触。尤其要注意避免与水接触。搬运时要轻装轻卸，防止包装及容器损坏。配备相应品种和数量的消防器材及泄漏应急处理设备。倒空的容器可能残留有害物

储存注意事项　储存于阴凉、干燥、通风良好的库房。远离火种、热源。保持容器密封。应与氧化剂等分开存放，切忌混储。配备相应品种和数量的消防器材。储区应备有泄漏应急处理设备和合适的收容材料

第八部分　接触控制/个体防护

职业接触限值

中国　未制定标准

美国（ACGIH）　未制定标准

生物接触限值　未制定标准

监测方法　空气中有毒物质测定方法：未制定标准。生物监测检验方法：未制定标准

工程控制　密闭操作，注意通风。提供安全淋浴和洗眼设备

个体防护装备

呼吸系统防护　空气中浓度超标时，必须佩戴过滤式防毒面具（全面罩）。紧急事态抢救或撤离时，应该佩戴空气呼吸器

眼睛防护　呼吸系统防护中已作防护

皮肤和身体防护　穿橡胶耐酸碱服

手防护　戴橡胶耐酸碱手套

第九部分　理化特性

外观与性状　无色液体，有刺激性气味，易潮解

pH值　无资料　　　　　　**熔点（℃）**　－22

沸点（℃）　305.2　　　　**相对密度（水＝1）**　1.204

相对蒸气密度（空气＝1）　8.45

饱和蒸气压（kPa）　0.27（125℃）

临界压力(MPa)　无资料		辛醇/水分配系数　无资料	
闪点(℃)　157.78		自燃温度(℃)　400	
爆炸下限(%)　无资料		爆炸上限(%)　无资料	
分解温度(℃)　无资料		黏度(mPa·s)　无资料	
燃烧热(kJ/mol)　−6583.17		临界温度(℃)　无资料	

溶解性　溶于多数有机溶剂

第十部分　稳定性和反应性

稳定性　稳定

危险反应　与强氧化剂等禁配物发生反应。受热分解或接触酸、酸雾能散发出有毒的烟雾

避免接触的条件　受热、潮湿空气

禁配物　强氧化剂、水

危险的分解产物　氯化氢、氧化硅

第十一部分　毒理学信息

急性毒性　LD_{50}：$100\mu L/kg$（兔经皮）

皮肤刺激或腐蚀　无资料	眼睛刺激或腐蚀　无资料
呼吸或皮肤过敏　无资料	生殖细胞突变性　无资料
致癌性　无资料	生殖毒性　无资料

特异性靶器官系统毒性--一次接触　无资料

特异性靶器官系统毒性-反复接触　无资料

吸入危害　无资料

第十二部分　生态学信息

生态毒性　无资料

持久性和降解性
　生物降解性　无资料
　非生物降解性　无资料

潜在的生物累积性　无资料

土壤中的迁移性　无资料

第十三部分　废弃处置

废弃化学品　建议用焚烧法处置。与燃料混合后，再焚烧。焚烧炉排出的卤化氢通过酸洗涤器除去

污染包装物　将容器返还生产商或按照国家和地方法规处置

废弃注意事项　处置前应参阅国家和地方有关法规

第十四部分　运输信息

联合国危险货物编号（UN号）　1769

联合国运输名称　二苯基二氯硅烷

联合国危险性类别　8

包装类别　Ⅱ　　　**包装标志**

海洋污染物　否

运输注意事项　起运时包装要完整，装载应稳妥。运输过程中要确保容器不泄漏、不倒塌、不坠落、不损坏。严禁与氧化剂、食用化学品等混装混运。运输时运输车辆应配备相应品种和数量的消防器材及泄漏应急处理设备。运输途中应防暴晒、雨淋，防高温。公路运输时要按规定路线行驶，勿在居民区和人口稠密区停留

第十五部分　法规信息

下列法律、法规、规章和标准，对该化学品的管理作了相应的规定。

中华人民共和国职业病防治法　职业病分类和目录：未列入

危险化学品安全管理条例　危险化学品目录：列入。易制爆危险化学品名录：未列入。重点监管的危险化学品名录：未列入。GB 18218—2009《危险化学品重大危险源辨识》（表1）：未列入

使用有毒物品作业场所劳动保护条例　高毒物品目录：未列入

易制毒化学品管理条例　易制毒化学品的分类和品种目录：未列入

国际公约　斯德哥尔摩公约：未列入。鹿特丹公约：未列入。蒙特利尔议定书：未列入

第十六部分　其他信息

编写和修订信息	缩略语和首字母缩写
培训建议	参考文献
免责声明	

二苯基二硒

第一部分　化学品标识

化学品中文名　二苯基二硒；二硒二苯

化学品英文名　diphenyl diselenide

分子式　$C_{12}H_{10}Se_2$　**分子量**　312.13

结构式

化学品的推荐及限制用途　用作有机合成的原料

第二部分　危险性概述

紧急情况概述　吞咽会中毒，吸入会中毒

GHS危险性类别　急性毒性-经口，类别3；急性毒性-吸入，类别3；特异性靶器官毒性-反复接触，类别2；危害水生环境-急性危害，类别1；危害水生环境-长期危害，类别1

标签要素

象形图

警示词　危险

危险性说明　吞咽会中毒，吸入会中毒，长时间或反复接触可能对器官造成损伤，对水生生物毒性非常大并具有长期持续影响

防范说明
　预防措施　避免接触眼睛、皮肤，操作后彻底清洗。作业场所不得进食、饮水或吸烟。避免吸

入粉尘。仅在室外或通风良好处操作。禁止排入环境

事故响应 如吸入：将患者转移到空气新鲜处，休息，保持利于呼吸的体位。食入：立即呼叫中毒控制中心或就医，漱口。如感觉不适，就医。收集泄漏物

安全储存 在通风良好处储存。保持容器密闭。上锁保管

废弃处置 本品及内装物、容器依据国家和地方法规处置

物理和化学危险 可燃，其粉体与空气混合，能形成爆炸性混合物

健康危害 吸入、摄入或经皮肤吸收可致死。具有刺激性。对肝和肺脏有损害

环境危害 对水生生物毒性非常大并具有长期持续影响

第三部分　成分/组成信息

√ 物质　　　　　　　　　混合物

组分	浓度	CAS No.
二苯基二硒		1666-13-3

第四部分　急救措施

吸入 迅速脱离现场至空气新鲜处。保持呼吸道通畅。如呼吸困难，给输氧。如呼吸、心跳停止，立即进行心肺复苏术。就医

皮肤接触 立即脱去污染的衣着，用流动清水彻底冲洗。就医

眼睛接触 立即分开眼睑，用流动清水或生理盐水彻底冲洗。就医

食入 漱口，饮水。就医

对保护施救者的忠告 根据需要使用个人防护设备

对医生的特别提示 对症处理

第五部分　消防措施

灭火剂 用雾状水、泡沫、干粉、二氧化碳、砂土灭火

特别危险性 遇明火能燃烧。受高热分解。与酸类接触能发生反应

灭火注意事项及防护措施 消防人员必须佩戴防毒面具、穿全身消防服，在上风向灭火。尽可能将容器从火场移至空旷处。喷水保持火场容器冷却，直至灭火结束

第六部分　泄漏应急处理

作业人员防护措施、防护装备和应急处置程序 隔离泄漏污染区，限制出入。消除所有点火源。建议应急处理人员戴防尘口罩，穿防毒服。穿上适当的防护服前严禁接触破裂的容器和泄漏物。尽可能切断泄漏源

环境保护措施 用塑料布覆盖泄漏物，减少飞散

泄漏化学品的收容、清除方法及所使用的处置材料 勿使水进入包装容器内。用洁净的铲子收集泄漏物，置于干净、干燥、盖子较松的容器中，将容器移离泄漏区

第七部分　操作处置与储存

操作注意事项 密闭操作，提供充分的局部排风。操作人员必须经过专门培训，严格遵守操作规程。建议操作人员佩戴自吸过滤式防尘口罩，戴化学安全防护眼镜，穿防毒物渗透工作服，戴橡胶手套。远离火种、热源，工作场所严禁吸烟。使用防爆型的通风系统和设备。避免与氧化剂、还原剂、卤素接触。搬运时要轻装轻卸，防止包装及容器损坏。配备相应品种和数量的消防器材及泄漏应急处理设备。倒空的容器可能残留有害物

储存注意事项 储存于阴凉、通风的库房。远离火种、热源。应与氧化剂、还原剂、卤素分开存放，切忌混储。配备相应品种和数量的消防器材。储区应备有合适的材料收容泄漏物

第八部分　接触控制/个体防护

职业接触限值

中国　未制定标准

美国（ACGIH）　未制定标准

生物接触限值 未制定标准

监测方法 空气中有毒物质测定方法：未制定标准。生物监测检验方法：未制定标准

工程控制 严加密闭，提供充分的局部排风

个体防护装备

呼吸系统防护　空气中粉尘浓度超标时，必须佩戴过滤式防尘呼吸器。紧急事态抢救或撤离时，应该佩戴空气呼吸器

眼睛防护　戴化学安全防护眼镜

皮肤和身体防护　穿防毒物渗透工作服

手防护　戴橡胶手套

第九部分　理化特性

外观与性状 黄色固体，无气味

pH 值 无意义	**熔点（℃）** 61～63

沸点（℃） 无资料

相对密度（水＝1） 1.74(20℃)

相对蒸气密度（空气＝1） 无资料

饱和蒸气压（kPa） 无资料

临界压力（MPa） 无资料	**辛醇/水分配系数** 无资料
闪点（℃） 无资料	**自燃温度（℃）** 无资料
爆炸下限（%） 无资料	**爆炸上限（%）** 无资料
分解温度（℃） 无资料	**黏度（mPa·s）** 无资料
燃烧热（kJ/mol） 无资料	**临界温度（℃）** 无资料

溶解性 溶于热乙醇、乙醚、二甲苯

第十部分　稳定性和反应性

稳定性 稳定

危险反应 与强氧化剂、卤素、还原剂、酸类等禁配物发生反应

避免接触的条件 无资料

禁配物 强氧化剂、卤素、还原剂

危险的分解产物 氧化硒

第十一部分　毒理学信息

急性毒性　LD$_{50}$：28mg/kg（小鼠静脉）

皮肤刺激或腐蚀　无资料	**眼睛刺激或腐蚀**　无资料
呼吸或皮肤过敏　无资料	**生殖细胞突变性**　无资料
致癌性　无资料	**生殖毒性**　无资料

特异性靶器官系统毒性-一次接触　无资料

特异性靶器官系统毒性-反复接触　无资料

吸入危害　无资料

第十二部分　生态学信息

生态毒性　根据结构类似物质预测，该物质对水生生物有极高毒性

持久性和降解性

　　生物降解性　无资料

　　非生物降解性　无资料

潜在的生物累积性　无资料

土壤中的迁移性　无资料

第十三部分　废弃处置

废弃化学品　建议用焚烧法处置

污染包装物　将容器返还生产商或按照国家和地方法规处置

废弃注意事项　处置前应参阅国家和地方有关法规

第十四部分　运输信息

联合国危险货物编号（UN 号）　3283

联合国运输名称　硒化合物，固态，未另作规定的（二苯基二硒）

联合国危险性类别　6.1

包装类别　Ⅲ　　　　**包装标志**　

海洋污染物　是

运输注意事项　运输前应先检查包装容器是否完整、密封，运输过程中要确保容器不泄漏、不倒塌、不坠落、不损坏。严禁与酸类、氧化剂、食品及食品添加剂混运。运输途中应防暴晒、雨淋，防高温

第十五部分　法规信息

　　下列法律、法规、规章和标准，对该化学品的管理作了相应的规定。

中华人民共和国职业病防治法　职业病分类和目录：未列入

危险化学品安全管理条例　危险化学品目录：列入。易制爆危险化学品名录：未列入。重点监管的危险化学品名录：未列入。GB 18218—2009《危险化学品重大危险源辨识》（表1）：未列入

使用有毒物品作业场所劳动保护条例　高毒物品目录：未列入

易制毒化学品管理条例　易制毒化学品的分类和品种目录：未列入

国际公约　斯德哥尔摩公约：未列入。鹿特丹公约：未列入。蒙特利尔议定书：未列入

第十六部分　其他信息

编写和修订信息	缩略语和首字母缩写
培训建议	参考文献
免责声明	

二苯基氯胂

第一部分　化学品标识

化学品中文名　二苯基氯胂；氯化二苯基胂；二苯氯胂；氯化二苯胂；二苯胂化氯

化学品英文名　diphenylarsine chloride；diphenyl chloro-arsine

分子式　C$_{12}$H$_{10}$AsCl　**分子量**　264.582

结构式　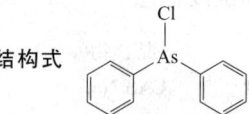

化学品的推荐及限制用途　农业上用作杀菌剂，是强刺激性军用毒剂

第二部分　危险性概述

紧急情况概述　吞咽会中毒，吸入会中毒

GHS 危险性类别　急性毒性-经口，类别 3；急性毒性-吸入，类别 3；危害水生环境-急性危害，类别 1；危害水生环境-长期危害，类别 1

标签要素

象形图　

警示词　危险

危险性说明　吞咽会中毒，吸入会中毒，对水生生物毒性非常大并具有长期持续影响

防范说明

　　预防措施　避免接触眼睛、皮肤，操作后彻底清洗。作业场所不得进食、饮水或吸烟。避免吸入粉尘。仅在室外或通风良好处操作。禁止排入环境

　　事故响应　如吸入：将患者转移到空气新鲜处，休息，保持利于呼吸的体位，呼叫中毒控制中心或就医。食入：立即呼叫中毒控制中心或就医，漱口。收集泄漏物

　　安全储存　在通风良好处储存。保持容器密闭。上锁保管

　　废弃处置　本品及内装物、容器依据国家和地方法规处置

物理和化学危险　可燃，其粉体或蒸气与空气混合，能形成爆炸性混合物

健康危害　本品的刺激性和毒性都很强，吸入可引起头痛、恶心、呕吐及呼吸障碍等

环境危害　对水生生物毒性非常大并具有长期持续影响

第三部分　成分/组成信息

√ 物质　　　　　　　混合物

组分	浓度	CAS No.
二苯基氯肿		712-48-1

第四部分　急救措施

吸入　迅速脱离现场至空气新鲜处。保持呼吸道通畅。如呼吸困难，给输氧。如呼吸、心跳停止，立即进行心肺复苏术。就医

皮肤接触　立即脱去污染的衣着，用肥皂水和清水彻底冲洗。就医

眼睛接触　立即分开眼睑，用流动清水或生理盐水彻底冲洗。就医

食入　催吐、彻底洗胃，洗胃后服活性炭 30～50g（用水调成浆状），而后再服用硫酸镁或硫酸钠导泻。就医

对保护施救者的忠告　根据需要使用个人防护设备

对医生的特别提示　解毒剂有二巯基丙磺酸钠、二巯基丁二酸钠等

第五部分　消防措施

灭火剂　用雾状水、泡沫、干粉、二氧化碳、砂土灭火

特别危险性　遇明火、高热可燃。其粉体与空气可形成爆炸性混合物，当达到一定浓度时，遇火星会发生爆炸。受高热分解放出有毒的气体

灭火注意事项及防护措施　消防人员必须佩戴防毒面具、穿全身消防服，在上风向灭火。尽可能将容器从火场移至空旷处。喷水保持火场容器冷却，直至灭火结束

第六部分　泄漏应急处理

作业人员防护措施、防护装备和应急处置程序　隔离泄漏污染区，限制出入。建议应急处理人员戴防尘口罩，穿防毒服。穿上适当的防护服前严禁接触破裂的容器和泄漏物。尽可能切断泄漏源

环境保护措施　用塑料布覆盖泄漏物，减少飞散

泄漏化学品的收容、清除方法及所使用的处置材料　勿使水进入包装容器内。用洁净的铲子收集泄漏物，置于干净、干燥、盖子较松的容器中，将容器移离泄漏区

第七部分　操作处置与储存

操作注意事项　密闭操作，提供充分的局部排风。防止烟雾或粉尘泄漏到工作场所空气中。操作人员必须经过专门培训，严格遵守操作规程。建议操作人员佩戴防尘面具（全面罩），穿胶布防毒衣，戴橡胶手套。远离火种、热源，工作场所严禁吸烟。使用防爆型的通风系统和设备。在清除液体和蒸气前不能进行焊接、切割等作业。避免产生蒸气或粉尘。避免与氧化剂接触。配备相应品种和数量的消防器材及泄漏应急处理设备。倒空的容器可能残留有害物

储存注意事项　储存于阴凉、通风的库房。远离火种、热源。防止阳光直射。保持容器密封。应与氧化剂、食用化学品分开存放，切忌混储。配备相应品种和数量的消防器材。储区应备有泄漏应急处理设备和合适的收容材料

第八部分　接触控制/个体防护

职业接触限值
　中国　未制定标准
　美国（ACGIH）　未制定标准

生物接触限值　未制定标准

监测方法　空气中有毒物质测定方法：未制定标准。生物监测检验方法：未制定标准

工程控制　严加密闭，提供充分的局部排风

个体防护装备
　呼吸系统防护　可能接触其粉尘时，必须佩戴防尘面具（全面罩）。紧急事态抢救或撤离时，应该佩戴空气呼吸器
　眼睛防护　呼吸系统防护中已作防护
　皮肤和身体防护　穿密闭型防毒服
　手防护　戴橡胶手套

第九部分　理化特性

外观与性状　纯品为无色结晶，工业品为深褐色液体

pH 值　无意义		**熔点(℃)**　41	
沸点(℃)　333（分解）		**相对密度(水=1)**　1.363	
相对蒸气密度(空气=1)　9.15			
饱和蒸气压(kPa)　6.5×10^{-5}(20℃)			
临界压力(MPa)　无资料		**辛醇/水分配系数**　无资料	
闪点(℃)　无意义		**自燃温度(℃)**　无资料	
爆炸下限(%)　无资料		**爆炸上限(%)**　无资料	
分解温度(℃)　333		**黏度(mPa·s)**　无资料	
燃烧热(kJ/mol)　无资料		**临界温度(℃)**　无资料	

溶解性　不溶于水

第十部分　稳定性和反应性

稳定性　稳定

危险反应　与强氧化剂等禁配物发生反应

避免接触的条件　无资料

禁配物　强氧化剂

危险的分解产物　氯化氢、氧化砷

第十一部分　毒理学信息

急性毒性　LCLo：55ppm（人吸入，30min）。LCLo：200000 mg/m³（狗吸入，50min）

皮肤刺激或腐蚀　无资料		**眼睛刺激或腐蚀**　无资料	
呼吸或皮肤过敏　无资料		**生殖细胞突变性**　无资料	
致癌性　无资料		**生殖毒性**　无资料	

特异性靶器官系统毒性-一次接触　无资料

特异性靶器官系统毒性-反复接触　无资料

吸入危害　无资料

第十二部分　生态学信息

生态毒性　含砷化合物对水生生物有极高毒性

持久性和降解性
　生物降解性　无资料
　非生物降解性　无资料

潜在的生物累积性　无资料

土壤中的迁移性　无资料

第十三部分　废弃处置

废弃化学品　若可能，重复使用容器或在规定场所掩埋

污染包装物　将容器返还生产商或按照国家和地方法规处置

废弃注意事项　处置前应参阅国家和地方有关法规

第十四部分　运输信息

联合国危险货物编号（UN号）　1699（液态）；3450（固态）

联合国运输名称　二苯氯肿

联合国危险性类别　6.1

包装类别　Ⅰ　　　　　　包装标志

海洋污染物　是

运输注意事项　运输前应先检查包装容器是否完整、密封，运输过程中要确保容器不泄漏、不倒塌、不坠落、不损坏。严禁与酸类、氧化剂、食品及食品添加剂混运。运输时运输车辆应配备相应品种和数量的消防器材及泄漏应急处理设备。运输途中应防暴晒、雨淋，防高温。公路运输时要按规定路线行驶，勿在居民区和人口稠密区停留

第十五部分　法规信息

　　下列法律、法规、规章和标准，对该化学品的管理作了相应的规定。

中华人民共和国职业病防治法　职业病分类和目录：砷及其化合物中毒

危险化学品安全管理条例　危险化学品目录：列入。易制爆危险化学品名录：未列入。重点监管的危险化学品名录：未列入。GB 18218—2009《危险化学品重大危险源辨识》（表1）：未列入

使用有毒物品作业场所劳动保护条例　高毒物品目录：未列入

易制毒化学品管理条例　易制毒化学品的分类和品种目录：未列入

国际公约　斯德哥尔摩公约：未列入。鹿特丹公约：未列入。蒙特利尔议定书：未列入

第十六部分　其他信息

编写和修订信息　缩略语和首字母缩写

培训建议　　　　参考文献

免责声明

二苯甲烷-4,4′-二异氰酸酯

第一部分　化学品标识

化学品中文名　二苯甲烷-4,4′-二异氰酸酯；4,4′-二异氰酸二苯甲烷

化学品英文名　diphenyl methane-4,4′-diisocyanate；MDI

分子式　$C_{15}H_{10}N_2O_2$　　分子量　250.2521

结构式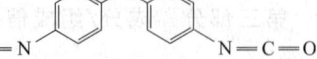

化学品的推荐及限制用途　用作聚氨酯泡沫塑料、橡胶、纤维、涂料等的原料

第二部分　危险性概述

紧急情况概述　吸入有害，造成皮肤刺激，造成严重眼刺激，吸入可能导致过敏或哮喘症状或呼吸困难，可能导致皮肤过敏反应，可能引起呼吸道刺激

GHS危险性类别　急性毒性-吸入，类别4；皮肤腐蚀/刺激，类别2；严重眼损伤/眼刺激，类别2；呼吸道致敏物，类别1；皮肤致敏物，类别1；特异性靶器官毒性——次接触，类别3（呼吸道刺激）；特异性靶器官毒性-反复接触，类别2

标签要素

象形图

警示词　危险

危险性说明　吸入有害，造成皮肤刺激，造成严重眼刺激，吸入可能导致过敏或哮喘症状或呼吸困难，可能导致皮肤过敏反应，可能引起呼吸道刺激，长时间或反复接触可能对器官造成损伤

防范说明

　　预防措施　避免吸入粉尘。仅在室外或通风良好处操作。避免接触眼睛、皮肤，操作后彻底清洗。戴防护手套、防护眼镜、防护面罩。通风不良时，戴呼吸防护器具。污染的工作服不得带出工作场所

　　事故响应　如吸入：将患者转移到空气新鲜处，休息，保持利于呼吸的体位，如感觉不适，呼叫中毒控制中心或就医。如有呼吸系统症状，呼叫中毒控制中心或就医。皮肤接触：用大量肥皂水和水清洗，如出现皮肤刺激或皮疹，就医。脱去被污染的衣服，衣服经洗净后方可重新使用。如接触眼睛：用水细心冲洗数分钟。如戴隐形眼镜并可方便地取出，取出隐形眼镜，继续冲洗。如果眼睛刺激持续，就医

　　安全储存　—

　　废弃处置　本品及内装物、容器依据国家和地方法规处置

物理和化学危险　可燃，其粉体与空气混合，能形成爆炸性混合物

健康危害　较大量吸入，能引起头痛、眼痛、咳嗽、呼吸困难和嗅觉丧失等。严重者可发生支气管炎和弥漫性肺炎。对黏膜有强烈刺激作用。对皮肤和呼吸道有致敏作用

环境危害　对环境可能有害

第三部分　成分/组成信息

√ 物质　　　　　　　　　　　混合物

组分	浓度	CAS No.
二苯甲烷-4,4′-二异氰酸酯		101-68-8

第四部分 急救措施

吸入 迅速脱离现场至空气新鲜处。保持呼吸道通畅。如呼吸困难，给输氧。如呼吸、心跳停止，立即进行心肺复苏术。就医

皮肤接触 立即脱去污染的衣着，用流动清水彻底冲洗。就医

眼睛接触 立即分开眼睑，用流动清水或生理盐水彻底冲洗。就医

食入 漱口，饮水。就医

对保护施救者的忠告 根据需要使用个人防护设备

对医生的特别提示 对症处理

第五部分 消防措施

灭火剂 用干粉、二氧化碳、砂土灭火

特别危险性 遇明火、高热可燃。受热或遇水、酸分解放热，放出有毒烟气

灭火注意事项及防护措施 消防人员必须佩戴空气呼吸器、穿全身防火防毒服，在上风向灭火。尽可能将容器从火场移至空旷处。喷水保持火场容器冷却，直至灭火结束。禁止用水、泡沫和酸碱灭火剂灭火

第六部分 泄漏应急处理

作业人员防护措施、防护装备和应急处置程序 隔离泄漏污染区，限制出入。建议应急处理人员戴防尘口罩，穿防毒服。作业时使用的所有设备应接地。穿上适当的防护服前严禁接触破裂的容器和泄漏物。尽可能切断泄漏源

环境保护措施 用塑料布覆盖泄漏物，减少飞散

泄漏化学品的收容、清除方法及所使用的处置材料 小量泄漏：用干燥的砂土或其他不燃材料覆盖泄漏物，然后用塑料布覆盖，减少飞散，避免雨淋。用洁净的铲子收集泄漏物，置于干净、干燥、盖子较松的容器中，将容器移离泄漏区

第七部分 操作处置与储存

操作注意事项 严加密闭，提供充分的局部排风和全面通风。操作人员必须经过专门培训，严格遵守操作规程。建议操作人员佩戴防尘面具（全面罩），穿胶布防毒衣，戴橡胶手套。远离火种、热源，工作场所严禁吸烟。使用防爆型的通风系统和设备。避免与氧化剂、酸类、醇类接触。尤其要注意避免与水接触。搬运时要轻装轻卸，防止包装及容器损坏。配备相应品种和数量的消防器材及泄漏应急处理设备。倒空的容器可能残留有害物

储存注意事项 储存于阴凉、干燥、通风良好的库房。远离火种、热源。保持容器密封。应与氧化剂、酸类、醇类等分开存放，切忌混储。配备相应品种和数量的消防器材。储区应备有合适的材料收容泄漏物

第八部分 接触控制/个体防护

职业接触限值

中国 PC-TWA：0.05mg/m³；PC-STEL：0.1mg/m³

美国（ACGIH） TLV-TWA：0.005ppm

生物接触限值 未制定标准

监测方法 空气中有毒物质测定方法：溶液采集-气相色谱法；盐酸萘乙二胺分光光度法。生物监测检验方法：未制定标准

工程控制 严加密闭，提供充分的局部排风和全面通风

个体防护装备

呼吸系统防护 可能接触其粉尘时，必须佩戴防尘面具（全面罩）。紧急事态抢救或撤离时，应该佩戴空气呼吸器

眼睛防护 呼吸系统防护中已作防护

皮肤和身体防护 穿密闭型防毒服

手防护 戴橡胶手套

第九部分 理化特性

外观与性状 亮黄色固体

pH值 无意义 　　**熔点（℃）** 40～41

沸点（℃） 190 　　**相对密度（水=1）** 1.20

相对蒸气密度（空气=1） 8.64

饱和蒸气压（kPa） 0.07(25℃)

临界压力（MPa） 无资料 　**辛醇/水分配系数** 无资料

闪点（℃） 202 　　**自燃温度（℃）** 无资料

爆炸下限（%） 无资料 　**爆炸上限（%）** 无资料

分解温度（℃） 无资料 　**黏度（mPa·s）** 无资料

燃烧热（kJ/mol） 无资料 　**临界温度（℃）** 无资料

溶解性 溶于丙酮、苯、煤油等

第十部分 稳定性和反应性

稳定性 稳定

危险反应 与强氧化剂、酸类、醇类、水蒸气等禁配物发生反应。受热或遇水、酸分解放热，放出有毒烟气

避免接触的条件 受热、潮湿空气

禁配物 强氧化剂、酸类、醇类、水蒸气

危险的分解产物 氮氧化物

第十一部分 毒理学信息

急性毒性 LD₅₀：9200mg/kg（大鼠经口）；2200mg/kg（小鼠经口）。LC₅₀：178mg/m³（大鼠吸入）

皮肤刺激或腐蚀 无资料 　**眼睛刺激或腐蚀** 无资料

呼吸或皮肤过敏 无资料 　**生殖细胞突变性** 无资料

致癌性 无资料 　　**生殖毒性** 无资料

特异性靶器官系统毒性-一次接触 无资料

特异性靶器官系统毒性-反复接触 无资料

吸入危害 无资料

第十二部分 生态学信息

生态毒性 无资料

持久性和降解性

生物降解性 无资料

非生物降解性 无资料

潜在的生物累积性 无资料

土壤中的迁移性 无资料

第十三部分　废弃处置

废弃化学品　建议用焚烧法处置。焚烧炉排出的氮氧化物通过洗涤器除去

污染包装物　将容器返还生产商或按照国家和地方法规处置

废弃注意事项　处置前应参阅国家和地方有关法规

第十四部分　运输信息

联合国危险货物编号（UN号）　—

联合国运输名称　—

联合国危险性类别　—

包装类别　—　　　　　**包装标志**　—

海洋污染物　否

运输注意事项　运输前应先检查包装容器是否完整、密封，运输过程中要确保容器不泄漏、不倒塌、不坠落、不损坏。严禁与酸类、氧化剂、食品及食品添加剂混运。运输途中应防暴晒、雨淋、防高温

第十五部分　法规信息

下列法律、法规、规章和标准，对该化学品的管理作了相应的规定。

中华人民共和国职业病防治法　职业病分类和目录：未列入

危险化学品安全管理条例　危险化学品目录：列入。易制爆危险化学品名录：未列入。重点监管的危险化学品名录：未列入。GB 18218—2009《危险化学品重大危险源辨识》（表1）：未列入

使用有毒物品作业场所劳动保护条例　高毒物品目录：未列入

易制毒化学品管理条例　易制毒化学品的分类和品种目录：未列入

国际公约　斯德哥尔摩公约：未列入。鹿特丹公约：未列入。蒙特利尔议定书：未列入

第十六部分　其他信息

编写和修订信息　　**缩略语和首字母缩写**

培训建议　　　　　**参考文献**

免责声明

二丁氨基乙醇

第一部分　化学品标识

化学品中文名　二丁氨基乙醇；N,N-二丁基乙醇胺；N,N-二正丁基氨基乙醇；N,N-二（正）丁基乙醇胺；2-(二丁氨基)乙醇

化学品英文名　2-di-N-butylaminoethyl alcohol；N,N-dibutylethanolamine

分子式　$C_{10}H_{23}NO$　**分子量**　173.2957

结构式

化学品的推荐及限制用途　用作溶剂、萃取剂及用于有机合成

第二部分　危险性概述

紧急情况概述　可燃液体，吞咽有害，皮肤接触有害，造成严重的皮肤灼伤和眼损伤，可能引起呼吸道刺激

GHS危险性类别　易燃液体，类别4；急性毒性-经口，类别4；急性毒性-经皮，类别4；皮肤腐蚀/刺激，类别1；严重眼损伤/眼刺激，类别1；特异性靶器官毒性——次接触，类别2；特异性靶器官毒性——次接触，类别3（呼吸道刺激）；特异性靶器官毒性-反复接触，类别2；危害水生环境-急性危害，类别3；危害水生环境-长期危害，类别3

标签要素

象形图　

警示词　危险

危险性说明　可燃液体，吞咽有害，皮肤接触有害，造成严重的皮肤灼伤和眼损伤，可能对器官造成损害，可能引起呼吸道刺激，长时间或反复接触可能对器官造成损伤，对水生生物有害并具有长期持续影响

防范说明

预防措施　远离火焰和热表面。禁止吸烟。避免接触眼睛、皮肤，操作后彻底清洗。作业场所不得进食、饮水或吸烟。戴防护手套，穿防护服，戴防护眼镜、防护面罩。避免吸入蒸气、雾。禁止排入环境

事故响应　火灾时，使用雾状水、泡沫、干粉、二氧化碳、砂土灭火。如吸入：将患者转移到空气新鲜处，休息，保持利于呼吸的体位。皮肤接触：用大量肥皂水和水清洗，如感觉不适，呼叫中毒控制中心或就医。被污染的衣服必须经洗净后方可重新使用。眼睛接触：用水细心地冲洗数分钟。如戴隐形眼镜并可方便地取出，则取出隐形眼镜，继续冲洗。食入：漱口，不要催吐，如果感觉不适，立即呼叫中毒控制中心或就医

安全储存　存放在通风良好的地方。保持低温。上锁保管

废弃处置　本品及内装物、容器依据国家和地方法规处置

物理和化学危险　可燃，其蒸气与空气混合，能形成爆炸性混合物

健康危害　本品具有刺激性

环境危害　对水生生物有害并具有长期持续影响

第三部分　成分/组成信息

√ 物质　　　　　　　　　　混合物

组分	浓度	CAS No.
二丁氨基乙醇		102-81-8

第四部分　急救措施

吸入　迅速脱离现场至空气新鲜处。保持呼吸道通畅。如

呼吸困难，给输氧。如呼吸、心跳停止，立即进行心肺复苏术。就医

皮肤接触 立即脱去污染的衣着，用大量流动清水彻底冲洗至少15min。就医

眼睛接触 立即分开眼睑，用流动清水或生理盐水彻底冲洗5～10min。就医

食入 用水漱口，禁止催吐。给饮牛奶或蛋清。就医

对保护施救者的忠告 根据需要使用个人防护设备

对医生的特别提示 对症处理

第五部分 消防措施

灭火剂 用雾状水、泡沫、干粉、二氧化碳、砂土灭火

特别危险性 遇明火、高热可燃。与氧化剂可发生反应。蒸气比空气重，沿地面扩散并易积存于低洼处，遇火源会着火回燃。若遇高热，容器内压增大，有开裂和爆炸的危险

灭火注意事项及防护措施 消防人员必须佩戴防毒面具、穿全身消防服，在上风向灭火。尽可能将容器从火场移至空旷处。喷水保持火场容器冷却，直至灭火结束。处在火场中的容器若已变色或从安全泄压装置中发出声音，必须马上撤离

第六部分 泄漏应急处理

作业人员防护措施、防护装备和应急处置程序 根据液体流动和蒸气扩散的影响区域划定警戒区，无关人员从侧风向、上风向撤离至安全区。消除所有点火源。建议应急处理人员戴正压自给式呼吸器，穿防毒服。穿上适当的防护服前严禁接触破裂的容器和泄漏物。尽可能切断泄漏源

环境保护措施 防止泄漏物进入水体、下水道、地下室或有限空间

泄漏化学品的收容、清除方法及所使用的处置材料 小量泄漏：用干燥的砂土或其他不燃材料吸收或覆盖，收集于容器中。大量泄漏：构筑围堤或挖坑收容。用泵转移至槽车或专用收集器内

第七部分 操作处置与储存

操作注意事项 密闭操作，注意通风。操作人员必须经过专门培训，严格遵守操作规程。建议操作人员佩戴自吸过滤式防毒面具（半面罩），戴化学安全防护眼镜，穿防毒物渗透工作服，戴橡胶手套。远离火种、热源，工作场所严禁吸烟。使用防爆型的通风系统和设备。防止蒸气泄漏到工作场所空气中。避免与氧化剂、酸类、碱类接触。搬运时要轻装轻卸，防止包装及容器损坏。配备相应品种和数量的消防器材及泄漏应急处理设备。倒空的容器可能残留有害物

储存注意事项 储存于阴凉、通风的库房。远离火种、热源。应与氧化剂、酸类、碱类、食用化学品分开存放，切忌混储。配备相应品种和数量的消防器材。储区应备有泄漏应急处理设备和合适的收容材料

第八部分 接触控制/个体防护

职业接触限值

中国 PC-TWA：$4mg/m^3$ [皮]

美国（ACGIH） TLV-TWA：0.5ppm [皮]

生物接触限值 未制定标准

监测方法 空气中有毒物质测定方法：未制定标准。生物监测检验方法：未制定标准

工程控制 密闭操作，注意通风

个体防护装备

呼吸系统防护 空气中浓度超标时，必须佩戴过滤式防毒面具（半面罩）。紧急事态抢救或撤离时，应该佩戴空气呼吸器

眼睛防护 戴化学安全防护眼镜

皮肤和身体防护 穿防毒物渗透工作服

手防护 戴橡胶手套

第九部分 理化特性

外观与性状 无色液体，微有氨的气味

pH值 无资料　　　　**熔点（℃）** −75

沸点（℃） 224～232

相对密度（水＝1） 0.89(20℃)

相对蒸气密度（空气＝1） 6.0

饱和蒸气压（kPa） 无资料

临界压力（MPa） 无资料　**辛醇/水分配系数** 无资料

闪点（℃） 93　　　　**自燃温度（℃）** 无资料

爆炸下限（%） 无资料　**爆炸上限（%）** 无资料

分解温度（℃） 无资料

黏度（mPa·s） 7.7(20℃)；6.50(25℃)；1.94(60℃)

燃烧热（kJ/mol） 无资料　**临界温度（℃）** 无资料

溶解性 微溶于水，溶于甲醇、乙醇、乙醚、芳烃、乙酸乙酯，微溶于烃类

第十部分 稳定性和反应性

稳定性 稳定

危险反应 与强氧化剂、强酸、强碱等禁配物发生反应

避免接触的条件 无资料

禁配物 强氧化剂、强酸、强碱

危险的分解产物 氮氧化物

第十一部分 毒理学信息

急性毒性 LD_{50}：1070mg/kg（大鼠经口）；1.68mL/kg（兔经皮）

皮肤刺激或腐蚀 无资料　**眼睛刺激或腐蚀** 无资料

呼吸或皮肤过敏 无资料　**生殖细胞突变性** 无资料

致癌性 无资料　　　　**生殖毒性** 无资料

特异性靶器官系统毒性-一次接触 无资料

特异性靶器官系统毒性-反复接触 无资料

吸入危害 无资料

第十二部分 生态学信息

生态毒性 LC_{50}：29mg/L（96h）（鱼类，OECD 203）。EC_{50}：＞110mg/L（48h）（大型溞，OECD 202）。

ErC_{50}：21mg/L（72h）（OECD 201）。NOEC：4.4mg/L（21d）（大型溞，OECD 211）

持久性和降解性

生物降解性　不易快速生物降解

非生物降解性　无资料

潜在的生物累积性　根据 K_{ow} 值预测，该物质的生物累积性可能较弱

土壤中的迁移性　根据 K_{oc} 值预测，该物质可能易发生迁移

第十三部分　废弃处置

废弃化学品　建议用焚烧法处置。焚烧炉排出的氮氧化物通过洗涤器除去

污染包装物　将容器返还生产商或按照国家和地方法规处置

废弃注意事项　处置前应参阅国家和地方有关法规

第十四部分　运输信息

联合国危险货物编号（UN号）　2873

联合国运输名称　二丁氨基乙醇

联合国危险性类别　6.1

包装类别　Ⅲ　　　　**包装标志**

海洋污染物　否

运输注意事项　运输前应先检查包装容器是否完整、密封，运输过程中要确保容器不泄漏、不倒塌、不坠落、不损坏。严禁与酸类、氧化剂、食品及食品添加剂混运。运输时运输车辆应配备相应品种和数量的消防器材及泄漏应急处理设备。运输途中应防暴晒、雨淋，防高温。公路运输时要按规定路线行驶

第十五部分　法规信息

下列法律、法规、规章和标准，对该化学品的管理作了相应的规定。

中华人民共和国职业病防治法　职业病分类和目录：未列入

危险化学品安全管理条例　危险化学品目录：列入。易制爆危险化学品名录：未列入。重点监管的危险化学品名录：未列入。GB 18218—2009《危险化学品重大危险源辨识》（表1）：未列入

使用有毒物品作业场所劳动保护条例　高毒物品目录：未列入

易制毒化学品管理条例　易制毒化学品的分类和品种目录：未列入

国际公约　斯德哥尔摩公约：未列入。鹿特丹公约：未列入。蒙特利尔议定书：未列入

第十六部分　其他信息

编写和修订信息　缩略语和首字母缩写

培训建议　　　　参考文献

免责声明

二丁基二月桂酸锡

第一部分　化学品标识

化学品中文名　二丁基二月桂酸锡；二丁基二（十二酸）锡；二月桂酸二丁基锡

化学品英文名　dibutyltin dilaurate；dibutyltin didodecanoate

分子式　$C_{32}H_{64}O_4Sn$　**分子量**　631.6

结构式

化学品的推荐及限制用途　用于有机合成，用作聚氯乙烯树脂的稳定剂

第二部分　危险性概述

紧急情况概述　吞咽会中毒，吸入致命，造成皮肤刺激，造成严重眼刺激

GHS危险性类别　急性毒性-经口，类别3；急性毒性-吸入，类别2；皮肤腐蚀/刺激，类别2；严重眼损伤/眼刺激，类别2A；生殖毒性，类别1B；特异性靶器官毒性-反复接触，类别1；危害水生环境-急性危害，类别1；危害水生环境-长期危害，类别1

标签要素

象形图　　　（骷髅图、健康危害图、环境危害图）

警示词　危险

危险性说明　吞咽会中毒，吸入致命，造成皮肤刺激，造成严重眼刺激，可能对生育力或胎儿造成伤害，长时间或反复接触对器官造成损伤，对水生生物毒性非常大并具有长期持续影响

防范说明

预防措施　避免接触眼睛、皮肤，操作后彻底清洗。作业场所不得进食、饮水或吸烟。避免吸入粉尘、蒸气、雾。仅在室外或通风良好处操作。戴呼吸防护器具。戴防护手套、防护眼镜、防护面罩。得到专门指导后操作。在阅读并了解所有安全预防措施之前，切勿操作。按要求使用个体防护装备。禁止排入环境

事故响应　如吸入：将患者转移到空气新鲜处，休息，保持利于呼吸的体位。皮肤接触：用大量肥皂水和水清洗，如发生皮肤刺激，就医。脱去被污染的衣服，衣服经洗净后方可重新使用。如接触眼睛：用水细心冲洗数分钟。如戴隐形眼镜并可方便地取出，取出隐形眼镜，继续冲洗。如果眼睛刺激持续，就医。食入：立即呼叫中毒控制中心或就医，漱口。如果接触或有担心，就医，如感觉不适，就医。收集泄漏物

安全储存　在通风良好处储存。保持容器密闭。上

锁保管

废弃处置 本品及内装物、容器依据国家和地方法规处置

物理和化学危险 可燃，其粉体或蒸气与空气混合，能形成爆炸性混合物

健康危害 急性中毒时主要表现为中枢神经系统症状，有头痛、头晕、乏力、精神萎靡、恶心等。长期接触可引起神经衰弱综合征。对皮肤可致接触性皮炎和过敏性皮炎

环境危害 对水生生物毒性非常大并具有长期持续影响

第三部分 成分/组成信息

√ 物质   混合物

组分	浓度	CAS No.
二丁基二月桂酸锡		77-58-7

第四部分 急救措施

吸入 迅速脱离现场至空气新鲜处。保持呼吸道通畅。如呼吸困难，给输氧。如呼吸、心跳停止，立即进行心肺复苏术。就医

皮肤接触 立即脱去污染的衣着，用流动清水彻底冲洗。就医

眼睛接触 立即分开眼睑，用流动清水或生理盐水彻底冲洗。就医

食入 饮适量温水，催吐（仅限于清醒者）。就医

对保护施救者的忠告 根据需要使用个人防护设备

对医生的特别提示 对症处理

第五部分 消防措施

灭火剂 用雾状水、泡沫、干粉、二氧化碳、砂土灭火

特别危险性 遇明火、高热可燃。与氧化剂可发生反应。受高热分解放出有毒的气体。蒸气比空气重，沿地面扩散并易积存于低洼处，遇火源会着火回燃。若遇高热，容器内压增大，有开裂和爆炸的危险

灭火注意事项及防护措施 消防人员必须佩戴防毒面具、穿全身消防服，在上风向灭火。尽可能将容器从火场移至空旷处。喷水保持火场容器冷却，直至灭火结束。处在火场中的容器若已变色或从安全泄压装置中发出声音，必须马上撤离

第六部分 泄漏应急处理

作业人员防护措施、防护装备和应急处置程序 根据液体流动和蒸气扩散的影响区域划定警戒区，无关人员从侧风向、上风向撤离至安全区。消除所有点火源。建议应急处理人员戴正压自给式呼吸器，穿防毒服。穿上适当的防护服前严禁接触破裂的容器和泄漏物。尽可能切断泄漏源

环境保护措施 防止泄漏物进入水体、下水道、地下室或有限空间

泄漏化学品的收容、清除方法及所使用的处置材料 小量泄漏：用干燥的砂土或其他不燃材料吸收或覆盖，收集于容器中。大量泄漏：构筑围堤或挖坑收容。用泵转移至槽车或专用收集器内

第七部分 操作处置与储存

操作注意事项 密闭操作，局部排风。防止烟雾或粉尘泄漏到工作场所空气中。操作人员必须经过专门培训，严格遵守操作规程。建议操作人员佩戴过滤式防毒面具（半面罩），戴化学安全防护眼镜，穿防毒物渗透工作服，戴乳胶手套。远离火种、热源，工作场所严禁吸烟。使用防爆型的通风系统和设备。在清除液体和蒸气前不能进行焊接、切割等作业。避免产生蒸气或粉尘。避免与氧化剂接触。配备相应品种和数量的消防器材及泄漏应急处理设备。倒空的容器可能残留有害物

储存注意事项 储存于阴凉、通风的库房。远离火种、热源。防止阳光直射。保持容器密封。应与氧化剂、食用化学品分开存放，切忌混储。配备相应品种和数量的消防器材。储区应备有泄漏应急处理设备和合适的收容材料

第八部分 接触控制/个体防护

职业接触限值

中国   PC-TWA：0.1mg/m³；PC-STEL：0.2mg/m³[皮]

美国（ACGIH）   TLV-TWA：0.1mg/m³；TLV-STEL：0.2mg/m³[按Sn计][皮]

生物接触限值 未制定标准

监测方法 空气中有毒物质测定方法：双硫腙分光光度法。生物监测检验方法：未制定标准

工程控制 密闭操作，局部排风

个体防护装备

呼吸系统防护 空气中浓度较高时，应该佩戴过滤式防毒面具（半面罩）。紧急事态抢救或逃生时，建议佩戴空气呼吸器

眼睛防护 戴化学安全防护眼镜

皮肤和身体防护 穿防毒物渗透工作服

手防护 戴橡胶手套

第九部分 理化特性

外观与性状 无色到淡黄色结晶或黄色液体

pH值 无资料	**熔点(℃)** 22～24	
沸点(℃) 无资料		
相对密度(水=1) 1.066(20℃)		
相对蒸气密度(空气=1) 21.8		
饱和蒸气压(kPa) 0.027(160℃)		
临界压力(MPa) 无资料	**辛醇/水分配系数** 无资料	
闪点(℃) 226	**自燃温度(℃)** 无资料	
爆炸下限(%) 无资料	**爆炸上限(%)** 无资料	
分解温度(℃) 无资料	**黏度(mPa·s)** 42(25℃)	
燃烧热(kJ/mol) 无资料	**临界温度(℃)** 无资料	

溶解性 不溶于水、甲醇，溶于乙醚、丙酮、苯、四氯化碳、石油醚、酯

第十部分 稳定性和反应性

稳定性 稳定

危险反应　与强氧化剂等禁配物发生反应
避免接触的条件　无资料
禁配物　强氧化剂
危险的分解产物　氧化锡

第十一部分　毒理学信息

急性毒性　LD$_{50}$：175mg/kg（大鼠经口）；210mg/kg（小鼠经口）；100mg/kg（兔经口）。LC$_{50}$：150mg/m^3（小鼠吸入，2h）
皮肤刺激或腐蚀　家兔经皮：500mg，重度刺激
眼睛刺激或腐蚀　家兔经眼：100mg（24h），中度刺激
呼吸或皮肤过敏　引起过敏性皮炎
生殖细胞突变性　无资料
致癌性　无资料
生殖毒性　大鼠经口最低中毒剂量（TDLo）：50532μg/kg（孕8天），引起颜面（包括鼻、舌）和肌肉、骨骼系统发育异常
特异性靶器官系统毒性-一次接触　无资料
特异性靶器官系统毒性-反复接触　无资料
吸入危害　无资料

第十二部分　生态学信息

生态毒性　有机锡对水生无脊椎动物有极高的毒性
持久性和降解性
　生物降解性　OECD 301F，不易快速生物降解
　非生物降解性　无资料
潜在的生物累积性　无资料
土壤中的迁移性　无资料

第十三部分　废弃处置

废弃化学品　建议用焚烧法处置。在能利用的地方重复使用容器或在规定场所掩埋
污染包装物　将容器返还生产商或按照国家和地方法规处置
废弃注意事项　处置前应参阅国家和地方有关法规

第十四部分　运输信息

联合国危险货物编号（UN号）　2810
联合国运输名称　有机毒性液体，未另作规定的（二丁基二月桂酸锡）
联合国危险性类别　6.1

包装类别　Ⅱ　　　　　**包装标志**　

海洋污染物　是
运输注意事项　运输前应先检查包装容器是否完整、密封，运输过程中要确保容器不泄漏、不倒塌、不坠落、不损坏。严禁与酸类、氧化剂、食品及食品添加剂混运。运输时运输车辆应配备相应品种和数量的消防器材及泄漏应急处理设备。运输途中应防暴晒、雨淋，防高温。公路运输时要按规定路线行驶，勿在居民区和人口稠密区停留

第十五部分　法规信息

　　下列法律、法规、规章和标准，对该化学品的管理作了相应的规定。
中华人民共和国职业病防治法　职业病分类和目录：有机锡中毒
危险化学品安全管理条例　危险化学品目录：列入。易制爆危险化学品名录：未列入。重点监管的危险化学品名录：未列入。GB 18218—2009《危险化学品重大危险源辨识》（表1）：未列入
使用有毒物品作业场所劳动保护条例　高毒物品目录：未列入
易制毒化学品管理条例　易制毒化学品的分类和品种目录：未列入
国际公约　斯德哥尔摩公约：未列入。鹿特丹公约：未列入。蒙特利尔议定书：未列入

第十六部分　其他信息

编写和修订信息　　**缩略语和首字母缩写**
培训建议　　**参考文献**
免责声明

二丁基氧化锡

第一部分　化学品标识

化学品中文名　二丁基氧化锡；氧化二丁基锡
化学品英文名　dibutyl tin oxide；dibutyloxotin
分子式　C$_8$H$_{18}$SnO　**分子量**　248.9

结构式　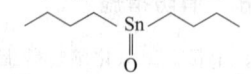

化学品的推荐及限制用途　用作酯化和聚合反应的催化剂

第二部分　危险性概述

紧急情况概述　吞咽致命，造成轻微皮肤刺激，造成严重眼刺激
GHS危险性类别　急性毒性-经口，类别2；皮肤腐蚀/刺激，类别3；严重眼损伤/眼刺激，类别2A；生殖毒性，类别2；特异性靶器官毒性-反复接触，类别1；危害水生环境-急性危害，类别1；危害水生环境-长期危害，类别1
标签要素

象形图　

警示词　危险
危险性说明　吞咽致命，造成轻微皮肤刺激，造成严重眼刺激，怀疑对生育力或胎儿造成伤害，长时间或反复接触对器官造成损伤，对水生生物毒性非常大并具有长期持续影响
防范说明
　预防措施　避免接触眼睛、皮肤，操作后彻底清洗。作业场所不得进食、饮水或吸烟。戴防护

眼镜、防护面罩。得到专门指导后操作。在阅读并了解所有安全预防措施之前，切勿操作。按要求使用个体防护装备。避免吸入粉尘。禁止排入环境

　　事故响应　如发生皮肤刺激，就医。如接触眼睛：用水细心冲洗数分钟。如戴隐形眼镜并可方便地取出，取出隐形眼镜，继续冲洗。如果眼睛刺激持续，就医。食入：立即呼叫中毒控制中心或就医，漱口。如果接触或有担心，就医。如感觉不适，就医。收集泄漏物

　　安全储存　上锁保管

　　废弃处置　本品及内装物、容器依据国家和地方法规处置

物理和化学危险　可燃，其粉体与空气混合，能形成爆炸性混合物

健康危害　对眼睛和皮肤有刺激作用，高浓度时有强烈刺激作用。中毒症状有剧烈头痛、恶心、呕吐、嗜睡，甚至昏迷

环境危害　对水生生物毒性非常大并具有长期持续影响

第三部分　成分/组成信息

　　√ 物质　　　　　　　　混合物

组分	浓度	CAS No.
二丁基氧化锡		818-08-6

第四部分　急救措施

吸入　迅速脱离现场至空气新鲜处。保持呼吸道通畅。如呼吸困难，给输氧。如呼吸、心跳停止，立即进行心肺复苏术。就医

皮肤接触　立即脱去污染的衣着，用流动清水彻底冲洗。就医

眼睛接触　立即分开眼睑，用流动清水或生理盐水彻底冲洗。就医

食入　漱口，饮水。就医

对保护施救者的忠告　根据需要使用个人防护设备

对医生的特别提示　对症处理

第五部分　消防措施

灭火剂　用雾状水、泡沫、干粉、二氧化碳、砂土灭火

特别危险性　遇明火、高热可燃。其粉体与空气可形成爆炸性混合物，当达到一定浓度时，遇火星会发生爆炸。与氧化剂可发生反应。受高热分解放出有毒的气体

灭火注意事项及防护措施　消防人员必须佩戴防毒面具、穿全身消防服，在上风向灭火。尽可能将容器从火场移至空旷处。喷水保持火场容器冷却，直至灭火结束。切勿将水流直接射至熔融物，以免引起严重的流淌火灾或引起剧烈的沸溅

第六部分　泄漏应急处理

作业人员防护措施、防护装备和应急处置程序　隔离泄漏污染区，限制出入。消除所有点火源。建议应急处理人员戴防尘口罩，穿防毒服。穿上适当的防护服前严

禁接触破裂的容器和泄漏物。尽可能切断泄漏源

环境保护措施　用塑料布覆盖泄漏物，减少飞散

泄漏化学品的收容、清除方法及所使用的处置材料　勿使水进入包装容器内。用洁净的铲子收集泄漏物，置于干净、干燥、盖子较松的容器中，将容器移离泄漏区

第七部分　操作处置与储存

操作注意事项　密闭操作，提供充分的局部排风。防止粉尘释放到车间空气中。操作人员必须经过专门培训，严格遵守操作规程。建议操作人员佩戴防尘面具（全面罩），穿胶布防毒衣，戴橡胶手套。远离火种、热源，工作场所严禁吸烟。使用防爆型的通风系统和设备。避免产生粉尘。避免与氧化剂接触。配备相应品种和数量的消防器材及泄漏应急处理设备。倒空的容器可能残留有害物

储存注意事项　储存于阴凉、通风的库房。远离火种、热源。防止阳光直射。包装密封。应与氧化剂、食用化学品分开存放，切忌混储。配备相应品种和数量的消防器材。储区应备有合适的材料收容泄漏物

第八部分　接触控制/个体防护

职业接触限值

　　中国　未制定标准

　　美国（ACGIH）　未制定标准

生物接触限值　未制定标准

监测方法　空气中有毒物质测定方法：未制定标准。生物监测检验方法：未制定标准

工程控制　严加密闭，提供充分的局部排风

个体防护装备

　　呼吸系统防护　可能接触其粉尘时，必须佩戴防尘面具（全面罩）。紧急事态抢救或撤离时，应该佩戴空气呼吸器

　　眼睛防护　呼吸系统防护中已作防护

　　皮肤和身体防护　穿密闭型防毒服

　　手防护　戴橡胶手套

第九部分　理化特性

外观与性状　白色至微黄色粉末

pH 值　无意义	**熔点（℃）**　>300
沸点（℃）　无资料	**相对密度（水＝1）**　无资料
相对蒸气密度（空气＝1）　8.6	
饱和蒸气压（kPa）　无资料	
临界压力（MPa）　无资料	**辛醇/水分配系数**　无资料
闪点（℃）　无意义	**自燃温度（℃）**　278.9
爆炸下限（%）　无资料	**爆炸上限（%）**　无资料
分解温度（℃）　210	**黏度（mPa·s）**　无资料
燃烧热（kJ/mol）　无资料	**临界温度（℃）**　无资料

溶解性　不溶于水、多数有机溶剂，溶于盐酸

第十部分　稳定性和反应性

稳定性　稳定

危险反应　与氧化剂等禁配物发生反应

避免接触的条件　潮湿空气
禁配物　氧化剂
危险的分解产物　氧化锡、锡

第十一部分　毒理学信息

急性毒性　LD_{50}：44.9mg/kg（大鼠经口）
皮肤刺激或腐蚀　家兔经皮：500mg（24h），轻度刺激
眼睛刺激或腐蚀　家兔经眼：100mg，重度刺激
呼吸或皮肤过敏　无资料　生殖细胞突变性　无资料
致癌性　无资料
生殖毒性　大鼠经口最低中毒剂量（TDLo）：19916μg/
　　kg（孕8d），颅面（包括鼻、舌）和肌肉骨骼系统发
　　育异常
特异性靶器官系统毒性—一次接触　无资料
特异性靶器官系统毒性-反复接触　无资料
吸入危害　无资料

第十二部分　生态学信息

生态毒性　有机锡对水生无脊椎动物有极高的毒性
持久性和降解性
　　生物降解性　OECD 301F，不易快速生物降解
　　非生物降解性　无资料
潜在的生物累积性　无资料
土壤中的迁移性　无资料

第十三部分　废弃处置

废弃化学品　建议用焚烧法处置。在能利用的地方重复使
　　用容器或在规定场所掩埋
污染包装物　将容器返还生产商或按照国家和地方法规
　　处置
废弃注意事项　处置前应参阅国家和地方有关法规

第十四部分　运输信息

联合国危险货物编号（UN号）　3146
联合国运输名称　固态有机锡化合物，未另作规定的（二
　　丁基氧化锡）
联合国危险性类别　6.1

包装类别　Ⅱ　　　　　包装标志

海洋污染物　是
运输注意事项　运输前应先检查包装容器是否完整、密
　　封，运输过程中要确保容器不泄漏、不倒塌、不坠
　　落、不损坏。严禁与酸类、氧化剂、食品及食品添加
　　剂混运。运输时运输车辆应配备相应品种和数量的消
　　防器材及泄漏应急处理设备。运输途中应防暴晒、雨
　　淋，防高温。公路运输时要按规定路线行驶，勿在居
　　民区和人口稠密区停留

第十五部分　法规信息

　　下列法律、法规、规章和标准，对该化学品的管理作
了相应的规定。

中华人民共和国职业病防治法　职业病分类和目录：有机
　　锡中毒
危险化学品安全管理条例　危险化学品目录：列入。易制
　　爆危险化学品名录：未列入。重点监管的危险化学品
　　名录：未列入。GB 18218—2009《危险化学品重大
　　危险源辨识》（表1）：未列入
使用有毒物品作业场所劳动保护条例　高毒物品目录：未
　　列入
易制毒化学品管理条例　易制毒化学品的分类和品种目
　　录：未列入
国际公约　斯德哥尔摩公约：未列入。鹿特丹公约：未列
　　入。蒙特利尔议定书：未列入

第十六部分　其他信息

编写和修订信息　　　缩略语和首字母缩写
培训建议　　　　　　参考文献
免责声明

二氟化钴

第一部分　化学品标识

化学品中文名　二氟化钴；氟化亚钴；氟化钴
化学品英文名　cobaltous fluoride；cobalt（Ⅱ）fluoride
分子式　CoF_2　分子量　96.930001

结构式　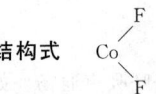

化学品的推荐及限制用途　用作有机反应的催化剂

第二部分　危险性概述

紧急情况概述　吞咽会中毒
GHS危险性类别　急性毒性-经口，类别3；致癌性，类
　　别2
标签要素

象形图　

警示词　危险
危险性说明　吞咽会中毒，怀疑致癌
防范说明
　　预防措施　避免接触眼睛、皮肤，操作后彻底清
　　　洗。作业场所不得进食、饮水或吸烟。得到
　　　专门指导后操作。在阅读并了解所有安全预
　　　防措施之前，切勿操作。按要求使用个体防
　　　护装备
　　事故响应　食入：立即呼叫中毒控制中心或就医，
　　　漱口。如果接触或有担心，就医
　　安全储存　上锁保管
　　废弃处置　本品及内装物、容器依据国家和地方法
　　　规处置
物理和化学危险　不燃，无特殊燃爆特性
健康危害　吸入、摄入有毒。对皮肤及黏膜有刺激和腐

蚀作用。过量摄入氟化物引起骨硬化。每天摄入氟化物量多于 6mg 会导致氟中毒，其症状有：体重减轻、骨头变脆、贫血、虚弱、关节发硬、全身不适

环境危害 对环境可能有害

第三部分　成分/组成信息

√ 物质　　　　　　　混合物

组分	浓度	CAS No.
二氟化钴		10026-17-2

第四部分　急救措施

吸入 迅速脱离现场至空气新鲜处。保持呼吸道通畅。如呼吸困难，给输氧。如呼吸、心跳停止，立即进行心肺复苏术。就医

皮肤接触 立即脱去污染的衣着，用大量流动清水彻底冲洗至少 15min。就医

眼睛接触 立即提开眼睑，用流动清水或生理盐水彻底冲洗 5～10min。就医

食入 用水漱口，禁止催吐。给饮牛奶或蛋清。就医

对保护施救者的忠告 根据需要使用个人防护设备

对医生的特别提示 对症处理

第五部分　消防措施

灭火剂 本品不燃，根据着火原因选择适当灭火剂灭火

特别危险性 本身不能燃烧。受高热分解放出有毒的气体。具有腐蚀性

灭火注意事项及防护措施 消防人员必须穿全身防火防毒服，在上风向灭火。灭火时尽可能将容器从火场移至空旷处

第六部分　泄漏应急处理

作业人员防护措施、防护装备和应急处置程序 隔离泄漏污染区，限制出入。建议应急处理人员戴防尘口罩，穿防毒服。穿上适当的防护服前严禁接触破裂的容器和泄漏物。尽可能切断泄漏源

环境保护措施 用塑料布覆盖泄漏物，减少飞散

泄漏化学品的收容、清除方法及所使用的处置材料 勿使水进入包装容器内。用洁净的铲子收集泄漏物，置于干净、干燥、盖子较松的容器中，将容器移离泄漏区

第七部分　操作处置与储存

操作注意事项 密闭操作，局部排风。防止粉尘释放到车间空气中。操作人员必须经过专门培训，严格遵守操作规程。建议操作人员佩戴自吸过滤式防尘口罩，戴化学安全防护眼镜，穿防毒物渗透工作服，戴橡胶手套。避免产生粉尘。避免与酸类接触。配备泄漏应急处理设备。倒空的容器可能残留有害物

储存注意事项 储存于阴凉、通风的库房。远离火种、热源。防止阳光直射。包装密封。应与酸类、食用化学品分开存放，切忌混储。储区应备有合适的材料收容泄漏物

第八部分　接触控制/个体防护

职业接触限值

中国　PC-TWA：2mg/m³〔按 F 计〕

美国（ACGIH）　TLV-TWA：2.5mg/m³〔按 F 计〕，0.02mg/m³〔按 Co 计〕〔敏〕

生物接触限值 尿氟：42mmol/mol 肌酐（7mg/g 肌酐）（采样时间：工作班后）

监测方法 空气中有毒物质测定方法：离子选择电极法。生物监测检验方法：尿中氟的离子选择电极测定方法

工程控制 密闭操作，局部排风

个体防护装备

呼吸系统防护 空气中粉尘浓度超标时，必须佩戴过滤式防尘呼吸器。紧急事态抢救或撤离时，应该佩戴空气呼吸器

眼睛防护 戴化学安全防护眼镜

皮肤和身体防护 穿防毒物渗透工作服

手防护 戴橡胶手套

第九部分　理化特性

外观与性状 淡红色单斜或四方形结晶

pH 值	无意义	**熔点（℃）**	1100～1200
沸点（℃）	1400（挥发）	**相对密度（水＝1）**	4.43

相对蒸气密度（空气＝1） 无资料

饱和蒸气压（kPa） 无资料

临界压力（MPa）	无意义	**辛醇/水分配系数**	无资料
闪点（℃）	无意义	**自燃温度（℃）**	无意义
爆炸下限（％）	无意义	**爆炸上限（％）**	无意义
分解温度（℃）	无资料	**黏度（mPa·s）**	无资料
燃烧热（kJ/mol）	无资料	**临界温度（℃）**	无资料

溶解性 微溶于水，溶于浓盐酸、硫酸、硝酸

第十部分　稳定性和反应性

稳定性 稳定

危险反应 与强酸等禁配物发生反应

避免接触的条件 无资料

禁配物 强酸

危险的分解产物 氧化钴、氟化物

第十一部分　毒理学信息

急性毒性 LD$_{50}$：150mg/kg（大鼠经口）

皮肤刺激或腐蚀 无资料　　**眼睛刺激或腐蚀** 无资料

呼吸或皮肤过敏 无资料　　**生殖细胞突变性** 无资料

致癌性 美国（ACGIH）：动物致癌物

生殖毒性 无资料

特异性靶器官系统毒性-一次接触 无资料

特异性靶器官系统毒性-反复接触 无资料

吸入危害 无资料

第十二部分　生态学信息

生态毒性 无资料

持久性和降解性

生物降解性 无资料

非生物降解性 无资料

潜在的生物累积性 无资料

土壤中的迁移性 无资料

第十三部分　废弃处置

废弃化学品　用安全掩埋法处置。在能利用的地方重复使用容器或在规定场所掩埋

污染包装物　将容器返还生产商或按照国家和地方法规处置

废弃注意事项　处置前应参阅国家和地方有关法规

第十四部分　运输信息

联合国危险货物编号（UN号）　3288

联合国运输名称　无机毒性固体未另作规定的（二氟化钴）

联合国危险性类别　6.1

包装类别　Ⅲ

包装标志　

海洋污染物　否

运输注意事项　运输前应先检查包装容器是否完整、密封，运输过程中要确保容器不泄漏、不倒塌、不坠落、不损坏。严禁与酸类、氧化剂、食品及食品添加剂混运。运输时运输车辆应配备泄漏应急处理设备。运输途中应防暴晒、雨淋，防高温。公路运输时要按规定路线行驶，勿在居民区和人口稠密区停留

第十五部分　法规信息

　　下列法律、法规、规章和标准，对该化学品的管理作了相应的规定。

中华人民共和国职业病防治法　职业病分类和目录：氟及其无机化合物中毒

危险化学品安全管理条例　危险化学品目录：列入。易制爆危险化学品名录：未列入。重点监管的危险化学品名录：未列入。GB 18218—2009《危险化学品重大危险源辨识》（表1）：未列入

使用有毒物品作业场所劳动保护条例　高毒物品目录：列入

易制毒化学品管理条例　易制毒化学品的分类和品种目录：未列入

国际公约　斯德哥尔摩公约：未列入。鹿特丹公约：未列入。蒙特利尔议定书：未列入

第十六部分　其他信息

编写和修订信息　缩略语和首字母缩写
培训建议　　　参考文献
免责声明

二氟化氢铵

第一部分　化学品标识

化学品中文名　二氟化氢铵；氟化氢铵；二氟化铵
化学品英文名　ammonium difluoride；ammonium hydrogen fluoride

分子式　F_2H_5N　**分子量**　57.04
结构式　$F^- NH_4^+ \cdot HF$
化学品的推荐及限制用途　用于炼铍、制电焊条、铸钢、木材防腐剂等

第二部分　危险性概述

紧急情况概述　吞咽会中毒，造成严重的皮肤灼伤和眼损伤

GHS危险性类别　急性毒性-经口，类别3；皮肤腐蚀/刺激，类别1B；严重眼损伤/眼刺激，类别1；危害水生环境-急性危害，类别3

标签要素

象形图　

警示词　危险

危险性说明　吞咽会中毒，造成严重的皮肤灼伤和眼损伤，对水生生物有害

防范说明

　　预防措施　避免接触眼睛、皮肤，操作后彻底清洗。作业场所不得进食、饮水或吸烟。避免吸入粉尘。戴防护手套，穿防护服，戴防护眼镜、防护面罩。禁止排入环境

　　事故响应　如吸入：将患者转移到空气新鲜处，休息，保持利于呼吸的体位，立即呼叫中毒控制中心或就医。皮肤（或头发）接触：立即脱掉所有被污染的衣服，用水冲洗皮肤，淋浴。污染的衣服须洗净后方可重新使用。眼睛接触：用水细心地冲洗数分钟，如戴隐形眼镜并可方便地取出，则取出隐形眼镜，继续冲洗，立即呼叫中毒控制中心或就医

　　安全储存　上锁保管

　　废弃处置　本品及内装物、容器依据国家和地方法规处置

物理和化学危险　不燃，无特殊燃爆特性

健康危害　眼和皮肤接触可引起灼伤。过量摄入氟化物引起骨硬化。每天摄入氟化物量多于6mg会导致氟中毒，其症状有：体重减轻、骨头变脆、贫血、虚弱、关节发硬、全身不适

环境危害　对水生生物有害

第三部分　成分/组成信息

√ 物质　　　　　　　　　　　　混合物

组分	浓度	CAS No.
二氟化氢铵		1341-49-7

第四部分　急救措施

吸入　迅速脱离现场至空气新鲜处。保持呼吸道通畅。如呼吸困难，给输氧。如呼吸、心跳停止，立即进行心肺复苏术。就医

皮肤接触　立即脱去污染的衣着，用大量流动清水彻底冲洗至少15min。就医

眼睛接触　立即分开眼睑，用流动清水或生理盐水彻底冲洗5～10min。就医

食入　用水漱口，禁止催吐。给饮牛奶或蛋清。就医

对保护施救者的忠告　根据需要使用个人防护设备

对医生的特别提示　对症处理

第五部分　消防措施

灭火剂　本品不燃，根据着火原因选择适当灭火剂灭火

特别危险性　受热分解，放出有毒的氮氧化物和氟化物烟气

灭火注意事项及防护措施　消防人员必须穿全身防火防毒服，在上风向灭火。灭火时尽可能将容器从火场移至空旷处

第六部分　泄漏应急处理

作业人员防护措施、防护装备和应急处置程序　隔离泄漏污染区，限制出入。建议应急处理人员戴防尘口罩，穿防腐、防毒服。穿上适当的防护服前严禁接触破裂的容器和泄漏物。尽可能切断泄漏源

环境保护措施　用塑料布覆盖泄漏物，减少飞散

泄漏化学品的收容、清除方法及所使用的处置材料　勿使水进入包装容器内。用洁净的铲子收集泄漏物，置于干净、干燥、盖子较松的容器中，将容器移离泄漏区

第七部分　操作处置与储存

操作注意事项　密闭操作，加强通风。操作人员必须经过专门培训，严格遵守操作规程。建议操作人员佩戴自吸过滤式防尘口罩，戴化学安全防护眼镜，穿防毒物渗透工作服，戴橡胶手套。避免产生粉尘。避免与酸类接触。搬运时要轻装轻卸，防止包装及容器损坏。配备泄漏应急处理设备。倒空的容器可能残留有害物

储存注意事项　储存于阴凉、干燥、通风良好的库房。远离火种、热源。保持容器密封。应与酸类分开存放，切忌混储。储区应备有合适的材料收容泄漏物

第八部分　接触控制/个体防护

职业接触限值
　　中国　PC-TWA：2mg/m³〔按F计〕
　　美国（ACGIH）　TLV-TWA：2.5mg/m³〔按F计〕

生物接触限值　尿氟：42mmol/mol肌酐（7mg/g肌酐）（采样时间：工作班后）

监测方法　空气中有毒物质测定方法：离子选择电极法。
　　生物监测检验方法：尿中氟的离子选择电极测定方法

工程控制　生产过程密闭，加强通风

个体防护装备
　　呼吸系统防护　空气中粉尘浓度超标时，必须佩戴过滤式防尘呼吸器。紧急事态抢救或撤离时，应该佩戴空气呼吸器
　　眼睛防护　戴化学安全防护眼镜
　　皮肤和身体防护　穿防毒物渗透工作服
　　手防护　戴橡胶手套

第九部分　理化特性

外观与性状　白色透明晶体，略带酸味，易潮解

pH值　无意义		**熔点（℃）**　125.6	
沸点（℃）　239		**相对密度（水＝1）**　1.5	
相对蒸气密度（空气＝1）　无资料			
饱和蒸气压（kPa）　无资料			
临界压力（MPa）　无资料		**辛醇/水分配系数**　无资料	
闪点（℃）　无意义		**自燃温度（℃）**　无意义	
爆炸下限（%）　无意义		**爆炸上限（%）**　无意义	
分解温度（℃）　无资料		**黏度（mPa·s）**　无资料	
燃烧热（kJ/mol）　无资料		**临界温度（℃）**　无资料	

溶解性　易溶于水，微溶于醇

第十部分　稳定性和反应性

稳定性　稳定

危险反应　与强酸等禁配物发生反应

避免接触的条件　受热、潮湿空气

禁配物　强酸

危险的分解产物　氮氧化物、氟化氢

第十一部分　毒理学信息

急性毒性　无资料

皮肤刺激或腐蚀　无资料	**眼睛刺激或腐蚀**　无资料
呼吸或皮肤过敏　无资料	**生殖细胞突变性**　无资料
致癌性　无资料	**生殖毒性**　无资料

特异性靶器官系统毒性-一次接触　无资料

特异性靶器官系统毒性-反复接触　无资料

吸入危害　无资料

第十二部分　生态学信息

生态毒性　无资料

持久性和降解性
　　生物降解性　无资料
　　非生物降解性　无资料

潜在的生物累积性　无资料

土壤中的迁移性　无资料

第十三部分　废弃处置

废弃化学品　根据国家和地方有关法规的要求处置。或与厂商或制造商联系，确定处置方法

污染包装物　将容器返还生产商或按照国家和地方法规处置

废弃注意事项　处置前应参阅国家和地方有关法规

第十四部分　运输信息

联合国危险货物编号（UN号）　1727

联合国运输名称　固态二氟化氢铵

联合国危险性类别　8

包装类别　Ⅱ　　　　　**包装标志**

海洋污染物　否

运输注意事项　起运时包装要完整，装载应稳妥。运输过程中要确保容器不泄漏、不倒塌、不坠落、不损坏。

严禁与酸类、食用化学品等混装混运。运输途中应防暴晒、雨淋，防高温。车辆运输完毕应进行彻底清扫

第十五部分　法规信息

下列法律、法规、规章和标准，对该化学品的管理作了相应的规定。

中华人民共和国职业病防治法　职业病分类和目录：氟及其无机化合物中毒

危险化学品安全管理条例　危险化学品目录：列入。易制爆危险化学品名录：未列入。重点监管的危险化学品名录：未列入。GB 18218—2009《危险化学品重大危险源辨识》（表 1）：未列入

使用有毒物品作业场所劳动保护条例　高毒物品目录：列入

易制毒化学品管理条例　易制毒化学品的分类和品种目录：未列入

国际公约　斯德哥尔摩公约：未列入。鹿特丹公约：未列入。蒙特利尔议定书：未列入

第十六部分　其他信息

编写和修订信息　　缩略语和首字母缩写
培训建议　　　　　参考文献
免责声明

二氟磷酸(无水)

第一部分　化学品标识

化学品中文名　二氟磷酸（无水）；二氟代磷酸（无水）

化学品英文名　difluopophosphoric acid anhydrous；phosphorodifluoridic acid

分子式　F_2HPO_2　**分子量**　101.9773

结构式
$$F-P-F$$
（上 O，下 OH）

化学品的推荐及限制用途　用作催化剂

第二部分　危险性概述

紧急情况概述　造成严重的皮肤灼伤和眼损伤

GHS 危险性类别　皮肤腐蚀/刺激，类别 1；严重眼损伤/眼刺激，类别 1

标签要素

象形图　

警示词　危险

危险性说明　造成严重的皮肤灼伤和眼损伤

防范说明

预防措施　避免吸入烟雾。避免接触眼睛、皮肤，操作后彻底清洗。戴防护手套，穿防护服，戴防护眼镜、防护面罩

事故响应　如吸入：将患者转移到空气新鲜处，休息，保持利于呼吸的体位，立即呼叫中毒控制

中心或就医。皮肤（或头发）接触：立即脱掉所有被污染的衣服，用水冲洗皮肤，淋浴。污染的衣服须洗净后方可重新使用。眼睛接触：用水细心地冲洗数分钟，立即呼叫中毒控制中心或就医。如戴隐形眼镜并可方便地取出，则取出隐形眼镜，继续冲洗。食入：漱口，不要催吐

安全储存　上锁保管

废弃处置　本品及内装物、容器依据国家和地方法规处置

物理和化学危险　不燃，无特殊燃爆特性

健康危害　本品为腐蚀性刺激物，误服或皮肤吸收会中毒

环境危害　对环境可能有害

第三部分　成分/组成信息

√ 物质　　　　　　　　　　混合物

组分	浓度	CAS No.
二氟磷酸（无水）		13779-41-4

第四部分　急救措施

吸入　迅速脱离现场至空气新鲜处。保持呼吸道通畅。如呼吸困难，给输氧。呼吸、心跳停止，立即进行心肺复苏术。就医

皮肤接触　立即脱去污染的衣着，用大量流动清水彻底冲洗至少 15min。就医

眼睛接触　立即分开眼睑，用流动清水或生理盐水彻底冲洗 5～10min。就医

食入　用水漱口，禁止催吐。给饮牛奶或蛋清。就医

对保护施救者的忠告　根据需要使用个人防护设备

对医生的特别提示　对症处理

第五部分　消防措施

灭火剂　灭火时尽量切断泄漏源，然后根据着火原因选择适当灭火剂灭火

特别危险性　本身不能燃烧。受高热分解产生有毒的腐蚀性烟气。具有腐蚀性。若遇高热，容器内压增大，有开裂和爆炸的危险

灭火注意事项及防护措施　消防人员必须佩戴防毒面具、穿全身消防服，在上风向灭火。尽可能将容器从火场移至空旷处。喷水保持火场容器冷却，直至灭火结束

第六部分　泄漏应急处理

作业人员防护措施、防护装备和应急处置程序　根据液体流动和蒸气扩散的影响区域划定警戒区，无关人员从侧风向、上风向撤离至安全区。建议应急处理人员戴正压自给式呼吸器，穿防腐、防毒服。穿上适当的防护服前严禁接触破裂的容器和泄漏物。尽可能切断泄漏源

环境保护措施　防止泄漏物进入水体、下水道、地下室或有限空间

泄漏化学品的收容、清除方法及所使用的处置材料　小量泄漏：用干燥的砂土或其他不燃材料吸收或覆盖，收集于容器中。大量泄漏：构筑围堤或挖坑收容。用碎

石灰石（$CaCO_3$）、苏打灰（Na_2CO_3）或石灰（CaO）中和。用耐腐蚀泵转移至槽车或专用收集器内

第七部分　操作处置与储存

操作注意事项　密闭操作，局部排风。防止蒸气泄漏到工作场所空气中。操作人员必须经过专门培训，严格遵守操作规程。建议操作人员佩戴自吸过滤式防毒面具（半面罩），戴化学安全防护眼镜，穿橡胶耐酸碱服，戴橡胶耐酸碱手套。避免产生烟雾。避免与碱类接触。配备泄漏应急处理设备。倒空的容器可能残留有害物

储存注意事项　储存于阴凉、通风的库房。远离火种、热源。防止阳光直射。保持容器密封。应与碱类、食用化学品分开存放，切忌混储。储区应备有泄漏应急处理设备和合适的收容材料

第八部分　接触控制/个体防护

职业接触限值

中国　PC-TWA：$2mg/m^3$［按 F 计］

美国（ACGIH）　TLV-TWA：$2.5mg/m^3$［按 F 计］

生物接触限值　尿氟：42mmol/mol 肌酐（7mg/g 肌酐）（采样时间：工作班后）

监测方法　空气中有毒物质测定方法：离子选择电极法。生物监测检验方法：尿中氟的离子选择电极测定方法

工程控制　密闭操作，局部排风

个体防护装备

呼吸系统防护　空气中浓度超标时，必须佩戴过滤式防毒面具（半面罩）。紧急状态抢救或撤离时，应该佩戴空气呼吸器

眼睛防护　戴化学安全防护眼镜

皮肤和身体防护　穿橡胶耐酸碱服

手防护　戴橡胶耐酸碱手套

第九部分　理化特性

外观与性状　挥发性无色液体

pH 值　无资料　　　　　**熔点（℃）**　－75

沸点（℃）　116　　　　**相对密度（水＝1）**　1.583

相对蒸气密度(空气＝1)　3.52

饱和蒸气压(kPa)　无资料

临界压力(MPa)　无资料　　**辛醇/水分配系数**　无资料

闪点（℃）　无意义　　　**自燃温度（℃）**　无意义

爆炸下限（%）　无意义　　**爆炸上限（%）**　无意义

分解温度（℃）　无资料　　**黏度(mPa·s)**　无资料

燃烧热(kJ/mol)　无资料　**临界温度（℃）**　无资料

溶解性　溶于水

第十部分　稳定性和反应性

稳定性　稳定

危险反应　与强碱等禁配物发生反应

避免接触的条件　无资料

禁配物　强碱

危险的分解产物　氟化氢、氧化磷

第十一部分　毒理学信息

急性毒性　无资料

皮肤刺激或腐蚀　无资料　　**眼睛刺激或腐蚀**　无资料

呼吸或皮肤过敏　无资料　　**生殖细胞突变性**　无资料

致癌性　无资料　　　　　　**生殖毒性**　无资料

特异性靶器官系统毒性--一次接触　无资料

特异性靶器官系统毒性-反复接触　无资料

吸入危害　无资料

第十二部分　生态学信息

生态毒性　无资料

持久性和降解性

生物降解性　无资料

非生物降解性　无资料

潜在的生物累积性　无资料

土壤中的迁移性　无资料

第十三部分　废弃处置

废弃化学品　用熟石灰中和。重复使用容器或在规定场所掩埋

污染包装物　将容器返还生产商或按照国家和地方法规处置

废弃注意事项　处置前应参阅国家和地方有关法规

第十四部分　运输信息

联合国危险货物编号（UN 号）　1768

联合国运输名称　无水二氟磷酸

联合国危险性类别　8

包装类别　Ⅱ　　　　　**包装标志**　

海洋污染物　否

运输注意事项　起运时包装要完整，装载应稳妥。运输过程中要确保容器不泄漏、不倒塌、不坠落、不损坏。严禁与碱类、食用化学品等混装混运。运输时运输车辆应配备泄漏应急处理设备。运输途中应防暴晒、雨淋，防高温。公路运输时要按规定路线行驶，勿在居民区和人口稠密区停留

第十五部分　法规信息

下列法律、法规、规章和标准，对该化学品的管理作了相应的规定。

中华人民共和国职业病防治法　职业病分类和目录：氟及其无机化合物中毒

危险化学品安全管理条例　危险化学品目录：列入。易制爆危险化学品名录：未列入。重点监管的危险化学品名录：未列入。GB 18218—2009《危险化学品重大危险源辨识》（表1）：未列入

使用有毒物品作业场所劳动保护条例　高毒物品目录：列入

易制毒化学品管理条例　易制毒化学品的分类和品种目

录：未列入

国际公约 斯德哥尔摩公约：未列入。鹿特丹公约：未列入。蒙特利尔议定书：未列入

第十六部分 其他信息

编写和修订信息　缩略语和首字母缩写
培训建议　　　　参考文献
免责声明

二环[2.2.1]庚-2,5-二烯

第一部分 化学品标识

化学品中文名 二环[2.2.1]庚-2,5-二烯；二环庚二烯；2,5-降冰片二烯

化学品英文名 dicycloheptadiene；2,5-norbornadiene

分子式 C_7H_8　**分子量** 92.1384

结构式

化学品的推荐及限制用途 用于制环戊二烯系农药及不饱和聚酯树脂等

第二部分 危险性概述

紧急情况概述 高度易燃液体和蒸气

GHS危险性类别 易燃液体，类别2；危害水生环境-急性危害，类别3；危害水生环境-长期危害，类别3

标签要素

象形图

警示词 危险

危险性说明 高度易燃液体和蒸气，对水生生物有害并具有长期持续影响

防范说明

预防措施　远离热源、火花、明火、热表面。禁止吸烟。保持容器密闭。容器和接收设备接地连接。使用防爆型电器、通风、照明设备。只能使用不产生火花的工具。采取防止静电措施。戴防护手套、防护眼镜、防护面罩。禁止排入环境

事故响应　火灾时，使用泡沫、干粉、二氧化碳、砂土灭火。如皮肤（或头发）接触：立即脱掉所有被污染的衣服，用水冲洗皮肤，淋浴

安全储存　存放在通风良好的地方。保持低温

废弃处置　本品及内装物、容器依据国家和地方法规处置

物理和化学危险 极易燃，其蒸气与空气混合，能形成爆炸性混合物

健康危害 本品可由呼吸道和消化道进入体内。中毒后引起头痛、咳嗽、迟钝、呼吸困难、恶心。对眼和皮肤有刺激性。对皮肤有脱脂作用

环境危害 对水生生物有害并具有长期持续影响

第三部分 成分/组成信息

√ 物质　　　　　　　混合物

组分	浓度	CAS No.
二环[2.2.1]庚-2,5-二烯		121-46-0

第四部分 急救措施

吸入 迅速脱离现场至空气新鲜处。保持呼吸道通畅。如呼吸困难，给输氧。如呼吸、心跳停止，立即进行心肺复苏术。就医

皮肤接触 立即脱去污染的衣着，用流动清水彻底冲洗。就医

眼睛接触 立即分开眼睑，用流动清水或生理盐水彻底冲洗。就医

食入 漱口，饮水。就医

对保护施救者的忠告 根据需要使用个人防护设备

对医生的特别提示 对症处理

第五部分 消防措施

灭火剂 用泡沫、干粉、二氧化碳、砂土灭火

特别危险性 其蒸气与空气可形成爆炸性混合物，遇明火、高热极易燃烧爆炸。与氧化剂接触猛烈反应。流速过快，容易产生和积聚静电。容易自聚，聚合反应随着温度的上升而急骤加剧。若遇高热，容器内压增大，有开裂和爆炸的危险

灭火注意事项及防护措施 消防人员必须佩戴防毒面具、穿全身消防服，在上风向灭火。尽可能将容器从火场移至空旷处。喷水保持火场容器冷却，直至灭火结束。处在火场中的容器若已变色或从安全泄压装置中发出声音，必须马上撤离。用水灭火无效

第六部分 泄漏应急处理

作业人员防护措施、防护装备和应急处置程序 消除所有点火源。根据液体流动和蒸气扩散的影响区域划定警戒区，无关人员从侧风向、上风向撤离至安全区。建议应急处理人员戴正压自给式呼吸器，穿防静电服。作业时使用的所有设备应接地。禁止接触或跨越泄漏物。尽可能切断泄漏源

环境保护措施 防止泄漏物进入水体、下水道、地下室或有限空间

泄漏化学品的收容、清除方法及所使用的处置材料 小量泄漏：用砂土或其他不燃材料吸收。使用洁净的无火花工具收集吸收材料。大量泄漏：构筑围堤或挖坑收容。用粉煤灰或石灰粉吸收大量液体。用泡沫覆盖，减少蒸发。喷水雾能减少蒸发，但不能降低泄漏物在有限空间内的易燃性。用防爆泵转移至槽车或专用收集器内

第七部分 操作处置与储存

操作注意事项 密闭操作，全面通风。操作人员必须经过专门培训，严格遵守操作规程。建议操作人员佩戴过滤式防毒面具（半面罩），戴化学安全防护眼镜，穿防静电工作服，戴橡胶耐油手套。远离火种、热源，

工作场所严禁吸烟。使用防爆型的通风系统和设备。防止蒸气泄漏到工作场所空气中。避免与氧化剂、酸类接触。充装要控制流速，防止静电积聚。搬运时要轻装轻卸，防止包装及容器损坏。配备相应品种和数量的消防器材及泄漏应急处理设备。倒空的容器可能残留有害物

储存注意事项　储存于阴凉、通风的库房。远离火种、热源。库温不宜超过 29℃，应与氧化剂、酸类、食用化学品分开存放，切忌混储。采用防爆型照明、通风设施。禁止使用易产生火花的机械设备和工具。储区应备有泄漏应急处理设备和合适的收容材料

第八部分　接触控制/个体防护

职业接触限值

中国　未制定标准

美国（ACGIH）　未制定标准

生物接触限值　未制定标准

监测方法　空气中有毒物质测定方法：未制定标准。生物监测检验方法：未制定标准

工程控制　生产过程密闭，全面通风

个体防护装备

呼吸系统防护　空气中浓度较高时，应该佩戴过滤式防毒面具（半面罩）。紧急事态抢救或逃生时，建议佩戴空气呼吸器

眼睛防护　戴化学安全防护眼镜

皮肤和身体防护　穿防静电工作服

手防护　戴橡胶耐油手套

第九部分　理化特性

外观与性状　无色透明液体，有特臭

pH 值　无资料	**熔点（℃）**　−19
沸点（℃）　89	**相对密度（水＝1）**　0.854

相对蒸气密度（空气＝1）　无资料

饱和蒸气压(kPa)　无资料

临界压力(MPa)　无资料	**辛醇/水分配系数**　无资料
闪点(℃)　−11.11	**自燃温度(℃)**　无资料
爆炸下限(%)　无资料	**爆炸上限(%)**　无资料
分解温度(℃)　无资料	**黏度(mPa·s)**　无资料
燃烧热(kJ/mol)　无资料	**临界温度(℃)**　无资料

溶解性　不溶于水

第十部分　稳定性和反应性

稳定性　稳定

危险反应　与强氧化剂、强酸、卤代烃、卤素等禁配物接触，有发生火灾和爆炸的危险。容易发生自聚反应

避免接触的条件　受热、光照

禁配物　强氧化剂、强酸、卤代烃、卤素等

危险的分解产物　无资料

第十一部分　毒理学信息

急性毒性　LD_{50}：890mg/kg（大鼠经口）；3850mg/kg（小鼠经口）。LC_{50}：14100ppm（大鼠吸入，8h）

皮肤刺激或腐蚀　无资料　　**眼睛刺激或腐蚀**　无资料

呼吸或皮肤过敏　无资料　　**生殖细胞突变性**　无资料

致癌性　无资料　　　　　　**生殖毒性**　无资料

特异性靶器官系统毒性-一次接触　无资料

特异性靶器官系统毒性-反复接触　无资料

吸入危害　无资料

第十二部分　生态学信息

生态毒性

LC_{50}：46mg/L（24h）（金鱼）

持久性和降解性

生物降解性　无资料

非生物降解性　无资料

潜在的生物累积性　无资料

土壤中的迁移性　无资料

第十三部分　废弃处置

废弃化学品　建议用焚烧法处置

污染包装物　将容器返还生产商或按照国家和地方法规处置

废弃注意事项　处置前应参阅国家和地方有关法规

第十四部分　运输信息

联合国危险货物编号（UN 号）　2251

联合国运输名称　二环［2.2.1］庚-2,5-二烯，稳定的（2,5-降冰片二烯，稳定的）

联合国危险性类别　3

包装类别　Ⅱ　　　　　　　**包装标志**

海洋污染物　否

运输注意事项　运输时运输车辆应配备相应品种和数量的消防器材及泄漏应急处理设备。夏季最好早晚运输。运输时所用的槽（罐）车应有接地链，槽内可设孔隔板以减少震荡产生的静电。严禁与氧化剂、酸类、食用化学品等混装混运。运输途中应防暴晒、雨淋，防高温。中途停留时应远离火种、热源、高温区。装运该物品的车辆排气管必须配备阻火装置，禁止使用易产生火花的机械设备和工具装卸。公路运输时要按规定路线行驶，勿在居民区和人口稠密区停留。铁路运输时要禁止溜放。严禁用木船、水泥船散装运输

第十五部分　法规信息

下列法律、法规、规章和标准，对该化学品的管理作了相应的规定。

中华人民共和国职业病防治法　职业病分类和目录：未列入

危险化学品安全管理条例　危险化学品目录：列入。易制爆危险化学品名录：未列入。重点监管的危险化学品名录：未列入。GB 18218—2009《危险化学品重大危险源辨识》（表1）：未列入

使用有毒物品作业场所劳动保护条例　高毒物品目录：未

列入

易制毒化学品管理条例　易制毒化学品的分类和品种目录：未列入

国际公约　斯德哥尔摩公约：未列入。鹿特丹公约：未列入。蒙特利尔议定书：未列入

第十六部分　其他信息

编写和修订信息　　缩略语和首字母缩写
培训建议　　　　　参考文献
免责声明

二(2-环氧丙基)醚

第一部分　化学品标识

化学品中文名　二(2-环氧丙基)醚；二缩水甘油醚

化学品英文名　di(2-epoxypropyl) ether；diglycidyl ether

分子式　$C_6H_{10}O_3$　**分子量**　130.14

结构式　

化学品的推荐及限制用途　用作化学中间体，也用作环氧树脂活性稀释剂、有机氯化物的稳定剂和纺织处理剂

第二部分　危险性概述

紧急情况概述　可燃液体，吞咽有害，皮肤接触会中毒，吸入致命，造成皮肤刺激，造成严重眼刺激

GHS危险性类别　易燃液体，类别4；急性毒性-经口，类别4；急性毒性-经皮，类别3；急性毒性-吸入，类别1；皮肤腐蚀/刺激，类别2；严重眼损伤/眼刺激，类别2A；特异性靶器官毒性——次接触，类别1；特异性靶器官毒性-反复接触，类别1

标签要素

象形图　

警示词　危险

危险性说明　可燃液体，吞咽有害，皮肤接触会中毒，吸入致命，造成皮肤刺激，造成严重眼刺激，对器官造成损害，长时间或反复接触对器官造成损伤

防范说明

预防措施　远离火焰和热表面。禁止吸烟。戴防护手套、防护眼镜、防护面罩，穿防护服。避免接触眼睛、皮肤，操作后彻底清洗。作业场所不得进食、饮水或吸烟。避免吸入蒸气、雾。仅在室外或通风良好处操作。戴呼吸防护器具

事故响应　火灾时，使用雾状水、抗溶性泡沫、干粉、二氧化碳、砂土灭火。如吸入：将患者转移到空气新鲜处，休息，保持利于呼吸的体位。皮肤接触：用大量肥皂水和水清洗，立即脱去所有被污染的衣服，如感觉不适，呼叫中毒控制中心或就医。被污染的衣服必须经洗净

后方可重新使用。如发生皮肤刺激，就医。如接触眼睛：用水细心冲洗数分钟。如戴隐形眼镜并可方便地取出，取出隐形眼镜，继续冲洗。如果眼睛刺激持续，就医。食入：如果感觉不适，立即呼叫中毒控制中心或就医，漱口。如果接触：立即呼叫中毒控制中心或就医

安全储存　存放在通风良好的地方。保持低温。保持容器密闭。上锁保管

废弃处置　本品及内装物、容器依据国家和地方法规处置

物理和化学危险　可燃，其蒸气与空气混合，能形成爆炸性混合物

健康危害　对人可引起眼和呼吸道急性刺激及痊愈很慢的皮肤灼伤

环境危害　对环境可能有害

第三部分　成分/组成信息

√ 物质　　　　　　　　混合物

组分	浓度	CAS No.
二(2-环氧丙基)醚		2238-07-5

第四部分　急救措施

吸入　迅速脱离现场至空气新鲜处。保持呼吸道通畅。如呼吸困难，给输氧。如呼吸、心跳停止，立即进行心肺复苏术。就医

皮肤接触　立即脱去污染的衣着，用流动清水彻底冲洗。就医

眼睛接触　立即分开眼睑，用流动清水或生理盐水彻底冲洗。就医

食入　漱口，饮水。就医

对保护施救者的忠告　根据需要使用个人防护设备

对医生的特别提示　对症处理

第五部分　消防措施

灭火剂　用雾状水、抗溶性泡沫、干粉、二氧化碳、砂土灭火

特别危险性　遇高热、明火或与氧化剂接触，有引起燃烧的危险

灭火注意事项及防护措施　消防人员必须佩戴空气呼吸器、穿全身防火防毒服，在上风向灭火。尽可能将容器从火场移至空旷处。喷水保持火场容器冷却，直至灭火结束。处在火场中的容器若已变色或从安全泄压装置中发出声音，必须马上撤离

第六部分　泄漏应急处理

作业人员防护措施、防护装备和应急处置程序　根据液体流动和蒸气扩散的影响区域划定警戒区，无关人员从侧风向、上风向撤离至安全区。消除所有点火源。建议应急处理人员戴正压自给式呼吸器，穿防毒服。穿上适当的防护服前严禁接触破裂的容器和泄漏物。尽可能切断泄漏源

环境保护措施　防止泄漏物进入水体、下水道、地下室或有限空间

泄漏化学品的收容、清除方法及所使用的处置材料　小量泄漏：用干燥的砂土或其他不燃材料吸收或覆盖，收集于容器中。大量泄漏：构筑围堤或挖坑收容。用泵转移至槽车或专用收集器内

第七部分　操作处置与储存

操作注意事项　密闭操作，提供充分的局部排风。防止蒸气泄漏到工作场所空气中。操作人员必须经过专门培训，严格遵守操作规程。建议操作人员佩戴自吸过滤式防毒面具（全面罩），穿胶布防毒衣，戴橡胶手套。远离火种、热源，工作场所严禁吸烟。使用防爆型的通风系统和设备。在清除液体和蒸气前不能进行焊接、切割等作业。避免产生烟雾。避免与氧化剂接触。配备相应品种和数量的消防器材及泄漏应急处理设备。倒空的容器可能残留有害物

储存注意事项　储存于阴凉、通风的库房。远离火种、热源。防止阳光直射。保持容器密封。应与氧化剂、食用化学品分开存放，切忌混储。配备相应品种和数量的消防器材。储区应备有泄漏应急处理设备和合适的收容材料

第八部分　接触控制/个体防护

职业接触限值

　　中国　PC-TWA：$0.5mg/m^3$

　　美国（ACGIH）　TLV-TWA：0.01ppm

生物接触限值　未制定标准

监测方法　空气中有毒物质测定方法：未制定标准。生物监测检验方法：未制定标准

工程控制　严加密闭，提供充分的局部排风

个体防护装备

　　呼吸系统防护　空气中浓度超标时，必须佩戴过滤式防毒面具（全面罩）。紧急事态抢救或撤离时，应该佩戴空气呼吸器

　　眼睛防护　呼吸系统防护中已作防护

　　皮肤和身体防护　穿密闭型防毒服

　　手防护　戴橡胶手套

第九部分　理化特性

外观与性状　无色透明液体，有刺激性气味

pH值　无资料　　　　熔点（℃）　无资料

沸点（℃）　260　　　相对密度（水=1）　1.262

相对蒸气密度（空气=1）　3.78

饱和蒸气压（kPa）　0.012（25℃）

临界压力（MPa）　无资料　辛醇/水分配系数　无资料

闪点（℃）　64　　　　自燃温度（℃）　无资料

爆炸下限（%）　无资料　爆炸上限（%）　无资料

分解温度（℃）　无资料　黏度（mPa·s）　无资料

燃烧热（kJ/mol）　无资料　临界温度（℃）　无资料

溶解性　易溶于水，溶于酮、苯、苯酚

第十部分　稳定性和反应性

稳定性　稳定

危险反应　与强氧化剂等禁配物发生反应

避免接触的条件　无资料

禁配物　强氧化剂

危险的分解产物　无资料

第十一部分　毒理学信息

急性毒性　LD_{50}：450mg/kg（大鼠经口）；170mg/kg（小鼠经口）。LC_{50}：200ppm（大鼠吸入，4h）

皮肤刺激或腐蚀　家兔经皮：20mg（24h），中度刺激

眼睛刺激或腐蚀　家兔经眼：750μg（24h），重度刺激

呼吸或皮肤过敏　无资料

生殖细胞突变性　微生物致突变：鼠伤寒沙门氏菌 50μg/皿

致癌性　美国（ACGIH）：未分类为人类致癌物。小鼠最低中毒剂量（TDLo）：1300mg/kg，按 RTECS 标准为可疑致肿瘤物，皮肤肿瘤

生殖毒性　无资料

特异性靶器官系统毒性-一次接触　无资料

特异性靶器官系统毒性-反复接触　大鼠反复涂皮对造血系统有抑制作用。吸入 $0.11g/m^3$ 蒸气，4h，共 4 次，引起显著的呼吸道刺激、体重减轻、白细胞减少、胸腺和脾脏退化、骨髓造血和骨髓有核细胞数减少达一半

吸入危害　无资料

第十二部分　生态学信息

生态毒性　无资料

持久性和降解性

　　生物降解性　无资料

　　非生物降解性　无资料

潜在的生物累积性　无资料

土壤中的迁移性　无资料

第十三部分　废弃处置

废弃化学品　建议用控制焚烧法或安全掩埋法处置。若可能，重复使用容器或在规定场所掩埋

污染包装物　将容器返还生产商或按照国家和地方法规处置

废弃注意事项　处置前应参阅国家和地方有关法规

第十四部分　运输信息

联合国危险货物编号（UN号）　2810

联合国运输名称　有机毒性液体，未另作规定的〔二（2-环氧丙基）醚〕

联合国危险性类别　6.1

包装类别　　I　　　　　包装标志　

海洋污染物　否

运输注意事项　运输前应先检查包装容器是否完整、密封，运输过程中要确保容器不泄漏、不倒塌、不坠落、不损坏。严禁与酸类、氧化剂、食品及食品添加剂混运。运输时运输车辆应配备相应品种和数

量的消防器材及泄漏应急处理设备。运输途中应防暴晒、雨淋，防高温。公路运输时要按规定路线行驶，勿在居民区和人口稠密区停留

第十五部分　法规信息

下列法律、法规、规章和标准，对该化学品的管理作了相应的规定。

中华人民共和国职业病防治法　职业病分类和目录：未列入

危险化学品安全管理条例　危险化学品目录：列入。易制爆危险化学品名录：未列入。重点监管的危险化学品名录：未列入。GB 18218—2009《危险化学品重大危险源辨识》（表1）：未列入

使用有毒物品作业场所劳动保护条例　高毒物品目录：未列入

易制毒化学品管理条例　易制毒化学品的分类和品种目录：未列入

国际公约　斯德哥尔摩公约：未列入。鹿特丹公约：未列入。蒙特利尔议定书：未列入

第十六部分　其他信息

编写和修订信息　　缩略语和首字母缩写
培训建议　　　　　参考文献
免责声明

1,3-二磺酰肼苯

第一部分　化学品标识

化学品中文名　1,3-二磺酰肼苯；苯-1,3-二磺酰肼
化学品英文名　benzene-1,3-disulphohydrazide
分子式　$C_6H_{10}N_4O_4S_2$　**分子量**　266.301

结构式

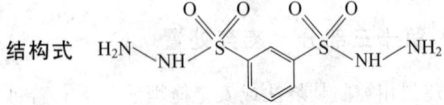

化学品的推荐及限制用途　用作天然胶和合成胶的发泡剂

第二部分　危险性概述

紧急情况概述　加热可能引起火
GHS危险性类别　自反应物质和混合物，D型
标签要素

象形图

警示词　危险
危险性说明　加热可引能起火
防范说明

　　预防措施　远离热源、火花、明火、热表面。禁止吸烟。远离衣物、可燃物保存。仅在原容器中保存。戴防护手套、防护眼镜、防护面罩
　　事故响应　火灾时，使用雾状水、泡沫、干粉、二氧化碳灭火
　　安全储存　存放在通风良好的地方。保持低温。远

离其他物质储存

废弃处置　本品及内装物、容器依据国家和地方法规处置

物理和化学危险　易燃。与氧化性物质混合会发生爆炸
健康危害　本品对眼睛、皮肤、黏膜和上呼吸道有强烈刺激作用
环境危害　对环境可能有害

第三部分　成分/组成信息

√ 物质　　　　　　　　　　混合物
组分　　　　浓度　　　　CAS No.
1,3-二磺酰肼苯　　　　　　26747-93-3

第四部分　急救措施

吸入　迅速脱离现场至空气新鲜处。保持呼吸道通畅。如呼吸困难，给输氧。呼吸、心跳停止，立即进行心肺复苏术。就医
皮肤接触　立即脱去污染的衣着，用流动清水彻底冲洗。就医
眼睛接触　立即分开眼睑，用流动清水或生理盐水彻底冲洗。就医
食入　漱口，饮水。就医
对保护施救者的忠告　根据需要使用个人防护设备
对医生的特别提示　对症处理

第五部分　消防措施

灭火剂　用雾状水、泡沫、干粉、二氧化碳灭火
特别危险性　易燃，卷入火中时强烈分解，无明火燃烧时分解也会持续。与酸和碱接触，能剧烈分解
灭火注意事项及防护措施　消防人员必须佩戴防毒面具、穿全身消防服，在上风向灭火。尽可能将容器从火场移至空旷处。喷水保持火场容器冷却，直至灭火结束

第六部分　泄漏应急处理

作业人员防护措施、防护装备和应急处置程序　隔离泄漏污染区，限制出入。消除所有点火源。建议应急处理人员戴防尘口罩，穿防毒服。禁止接触或跨越泄漏物。尽可能切断泄漏源
环境保护措施　防止泄漏物进入水体、下水道、地下室或有限空间
泄漏化学品的收容、清除方法及所使用的处置材料　小量泄漏：用惰性、湿润的不燃材料吸收泄漏物，用洁净的非火花工具收集于一盖子较松的塑料容器中，待处理。防止泄漏物进入水体、下水道、地下室或有限空间

第七部分　操作处置与储存

操作注意事项　密闭操作，局部排风。操作人员必须经过专门培训，严格遵守操作规程。建议操作人员佩戴防尘面具（全面罩），穿胶布防毒衣，戴橡胶手套。远离火种、热源，工作场所严禁吸烟。使用防爆型的通风系统和设备。避免产生粉尘。避免与氧化剂、酸类、碱类接触。禁止震动、撞击和摩擦。配备相应品

种和数量的消防器材及泄漏应急处理设备。倒空的容器可能残留有害物

储存注意事项 储存于阴凉、通风的库房。远离火种、热源。库温不宜超过 35℃。保持容器密封。应与氧化剂、酸类、碱类分开存放，切忌混储。采用防爆型照明、通风设施。禁止使用易产生火花的机械设备和工具。储区应备有合适的材料收容泄漏物

第八部分 接触控制/个体防护

职业接触限值

中国 未制定标准

美国（ACGIH） 未制定标准

生物接触限值 未制定标准

监测方法 空气中有毒物质测定方法：未制定标准。生物监测检验方法：未制定标准

工程控制 密闭操作，局部排风

个体防护装备

呼吸系统防护 可能接触其粉尘时，必须佩戴防尘面具（全面罩）。紧急事态抢救或撤离时，应该佩戴空气呼吸器

眼睛防护 呼吸系统防护中已作防护

皮肤和身体防护 穿密闭型防毒服

手防护 戴橡胶手套

第九部分 理化特性

外观与性状 白色、黄色或灰色糊状物

pH 值 无资料	**熔点（℃）** 无资料
沸点（℃） 无资料	**相对密度（水＝1）** 无资料
相对蒸气密度(空气＝1) 无资料	
饱和蒸气压(kPa) 无资料	
临界压力(MPa) 无资料	**辛醇/水分配系数** 无资料
闪点（℃） 无资料	**自燃温度（℃）** 无资料
爆炸下限（%） 无资料	**爆炸上限（%）** 无资料
分解温度（℃） 无资料	**黏度(mPa·s)** 无资料
燃烧热(kJ/mol) 无资料	**临界温度（℃）** 无资料

溶解性 不溶于水

第十部分 稳定性和反应性

稳定性 稳定

危险反应 与强氧化剂、酸类、碱类等禁配物接触发生剧烈反应

避免接触的条件 受热

禁配物 强氧化剂、酸类、碱类

危险的分解产物 氮氧化物

第十一部分 毒理学信息

急性毒性 无资料

皮肤刺激或腐蚀 无资料	**眼睛刺激或腐蚀** 无资料
呼吸或皮肤过敏 无资料	**生殖细胞突变性** 无资料
致癌性 无资料	**生殖毒性** 无资料

特异性靶器官系统毒性-一次接触 无资料

特异性靶器官系统毒性-反复接触 无资料

吸入危害 无资料

第十二部分 生态学信息

生态毒性 无资料

持久性和降解性

生物降解性 无资料

非生物降解性 无资料

潜在的生物累积性 无资料

土壤中的迁移性 无资料

第十三部分 废弃处置

废弃化学品 建议用焚烧法处置。焚烧炉排出的气体要通过洗涤器除去

污染包装物 将容器返还生产商或按照国家和地方法规处置

废弃注意事项 处置前应参阅国家和地方有关法规

第十四部分 运输信息

联合国危险货物编号（UN 号） 3226

联合国运输名称 D 型自反应固体（1,3-二磺酰肼苯）

联合国危险性类别 4.1

包装类别 Ⅱ   **包装标志**

海洋污染物 否

运输注意事项 运输时运输车辆应配备相应品种和数量的消防器材及泄漏应急处理设备。装运本品的车辆排气管必须有阻火装置。运输过程中要确保容器不泄漏、不倒塌、不坠落、不损坏。严禁与氧化剂、酸类、碱类、食用化学品等混装混运。运输途中应防暴晒、雨淋，防高温。中途停留时应远离火种、热源。车辆运输完毕应进行彻底清扫。铁路运输时要禁止溜放

第十五部分 法规信息

下列法律、法规、规章和标准，对该化学品的管理作了相应的规定。

中华人民共和国职业病防治法 职业病分类和目录：未列入

危险化学品安全管理条例 危险化学品目录：列入。易制爆危险化学品名录：未列入。重点监管的危险化学品名录：未列入。GB 18218—2009《危险化学品重大危险源辨识》(表 1)：未列入

使用有毒物品作业场所劳动保护条例 高毒物品目录：未列入

易制毒化学品管理条例 易制毒化学品的分类和品种目录：未列入

国际公约 斯德哥尔摩公约：未列入。鹿特丹公约：未列入。蒙特利尔议定书：未列入

第十六部分 其他信息

编写和修订信息	**缩略语和首字母缩写**
培训建议	**参考文献**
免责声明	

3-二甲氨基-1-丙胺

第一部分　化学品标识

化学品中文名　3-二甲氨基-1-丙胺；N,N-二甲基-1,3-丙二胺；二甲氨基丙胺

化学品英文名　3-dimethylamino-1-propylamine；1-amino-3-dimethylaminopropane

分子式　$C_5H_{14}N_2$　**分子量**　102.1781

结构式

化学品的推荐及限制用途　用作环氧树脂固化剂，并用于有机合成

第二部分　危险性概述

紧急情况概述　易燃液体和蒸气，吞咽有害，造成严重的皮肤灼伤和眼损伤，可能导致皮肤过敏反应

GHS 危险性类别　易燃液体，类别 3；急性毒性-经口，类别 4；皮肤腐蚀/刺激，类别 1B；严重眼损伤/眼刺激，类别 1；皮肤致敏物，类别 1；危害水生环境-急性危害，类别 3

标签要素

象形图　⬛⬛⬛

警示词　危险

危险性说明　易燃液体和蒸气，吞咽有害，造成严重的皮肤灼伤和眼损伤，造成严重眼损伤，可能导致皮肤过敏反应，对水生生物有害

防范说明

　　预防措施　远离热源、火花、明火、热表面。保持容器密闭。容器和接收设备接地连接。使用防爆的电器、通风、照明设备。只能使用不产生火花的工具。采取防止静电措施。避免接触眼睛、皮肤，操作后彻底清洗。作业场所不得进食、饮水或吸烟。戴防护手套，穿防护服，戴防护眼镜、防护面罩。避免吸入蒸气、雾。污染的工作服不得带出工作场所。禁止排入环境

　　事故响应　火灾时，使用雾状水、泡沫、干粉、二氧化碳、砂土灭火。如吸入：将患者转移到空气新鲜处，休息，保持利于呼吸的体位，立即呼叫中毒控制中心或就医。皮肤（或头发）接触：立即脱掉所有被污染的衣服，用水冲洗皮肤，淋浴。污染的衣服须洗净后方可重新使用。如出现皮肤刺激或皮疹：就医。眼睛接触：用水细心地冲洗数分钟，立即呼叫中毒控制中心或就医。如戴隐形眼镜并可方便地取出，则取出隐形眼镜，继续冲洗。食入：漱口，不要催吐。如果感觉不适，立即呼叫中毒控制中心或就医

　　安全储存　存放在通风良好的地方。保持低温。上

锁保管

　　废弃处置　本品及内装物、容器依据国家和地方法规处置

物理和化学危险　易燃，其蒸气与空气混合，能形成爆炸性混合物

健康危害　本品有腐蚀性，对皮肤、眼睛有刺激作用。误服、吸入会中毒

环境危害　对水生生物有害

第三部分　成分/组成信息

　　√ 物质　　　　　　　　　　　混合物

组分	浓度	CAS No.
3-二甲氨基-1-丙胺		109-55-7

第四部分　急救措施

吸入　迅速脱离现场至空气新鲜处。保持呼吸道通畅。如呼吸困难，给输氧。呼吸、心跳停止，立即进行心肺复苏术。就医

皮肤接触　立即脱去污染的衣着，用大量流动清水彻底冲洗至少 15min。就医

眼睛接触　立即分开眼睑，用流动清水或生理盐水彻底冲洗 5～10min。就医

食入　用水漱口，禁止催吐。给饮牛奶或蛋清。就医

对保护施救者的忠告　根据需要使用个人防护设备

对医生的特别提示　对症处理

第五部分　消防措施

灭火剂　用雾状水、泡沫、干粉、二氧化碳、砂土灭火

特别危险性　其蒸气与空气可形成爆炸性混合物，遇明火、高热能引起燃烧爆炸。与氧化剂可发生反应。与1,2-二氯乙烷反应产生爆炸性的乙炔气。受高热分解放出有毒的气体。蒸气比空气重，沿地面扩散并易积存于低洼处，遇火源会着火回燃。具有腐蚀性。若遇高热，容器内压增大，有开裂和爆炸的危险

灭火注意事项及防护措施　消防人员必须佩戴防毒面具、穿全身消防服，在上风向灭火。尽可能将容器从火场移至空旷处。喷水保持火场容器冷却，直至灭火结束。处在火场中的容器若已变色或从安全泄压装置中发出声音，必须马上撤离

第六部分　泄漏应急处理

作业人员防护措施、防护装备和应急处置程序　消除所有点火源。根据液体流动和蒸气扩散的影响区域划定警戒区，无关人员从侧风向、上风向撤离至安全区。建议应急处理人员戴正压自给式呼吸器，穿防静电、防腐、防毒服。作业时使用的所有设备应接地。禁止接触或跨越泄漏物。尽可能切断泄漏源

环境保护措施　防止泄漏物进入水体、下水道、地下室或有限空间

泄漏化学品的收容、清除方法及所使用的处置材料　小量泄漏：用砂土或其他不燃材料吸收。使用洁净的无火花工具收集吸收材料。大量泄漏：构筑围堤或挖坑收容。用抗溶性泡沫覆盖，减少蒸发。喷水雾能减少蒸

发，但不能降低泄漏物在有限空间内的易燃性。用防爆、耐腐蚀泵转移至槽车或专用收集器内

第七部分　操作处置与储存

操作注意事项　密闭操作，局部排风。防止蒸气泄漏到工作场所空气中。操作人员必须经过专门培训，严格遵守操作规程。建议操作人员佩戴自吸过滤式防毒面具（半面罩），戴化学安全防护眼镜，穿防静电工作服，戴橡胶手套。远离火种、热源，工作场所严禁吸烟。使用防爆型的通风系统和设备。在清除液体和蒸气前不能进行焊接、切割等作业。避免产生烟雾。避免与氧化剂、酸类、酸酐、酰基氯接触。容器与传送设备要接地，防止产生的静电。灌装时应控制流速，且有接地装置，防止静电积聚。配备相应品种和数量的消防器材及泄漏应急处理设备。倒空的容器可能残留有害物

储存注意事项　储存于阴凉、通风的库房。远离火种、热源。防止阳光直射。库温不宜超过37℃，保持容器密封。应与氧化剂、酸类、酸酐、酰基氯分开存放，切忌混储。采用防爆型照明、通风设施。禁止使用易产生火花的机械设备和工具。储区应备有泄漏应急处理设备和合适的收容材料

第八部分　接触控制/个体防护

职业接触限值

中国　未制定标准

美国（ACGIH）　未制定标准

生物接触限值　未制定标准

监测方法　空气中有毒物质测定方法：未制定标准。生物监测检验方法：未制定标准

工程控制　密闭操作，局部排风

个体防护装备

呼吸系统防护　空气中浓度超标时，必须佩戴过滤式防毒面具（半面罩）。紧急事态抢救或撤离时，应该佩戴空气呼吸器

眼睛防护　戴化学安全防护眼镜

皮肤和身体防护　穿防静电工作服

手防护　戴橡胶手套

第九部分　理化特性

外观与性状　无色液体，具有氨味

pH值　无资料		**熔点（℃）**　−60	
沸点（℃）　132～140		**相对密度（水＝1）**　0.8120	

相对蒸气密度（空气＝1）　3.52

饱和蒸气压（kPa）　2.27（30℃）

临界压力（MPa）　无资料	**辛醇/水分配系数**　无资料
闪点（℃）　38	**自燃温度（℃）**　无资料
爆炸下限（%）　3.0	**爆炸上限（%）**　无资料
分解温度（℃）　无资料	**黏度（mPa·s）**　1.1
燃烧热（kJ/mol）　无资料	**临界温度（℃）**　无资料

溶解性　溶于水、多数有机溶剂

第十部分　稳定性和反应性

稳定性　稳定

危险反应　与强氧化剂等禁配物接触，有发生火灾和爆炸的危险。与1,2-二氯乙烷反应产生爆炸性的乙炔气

避免接触的条件　光照

禁配物　强氧化剂、酸类、酸酐、酰基氯

危险的分解产物　氮氧化物

第十一部分　毒理学信息

急性毒性　LD_{50}：1870mg/kg（大鼠经口），600μL/kg（兔经皮）

皮肤刺激或腐蚀　家兔经皮：开放性刺激试验，100μg（24h），引起刺激

眼睛刺激或腐蚀　家兔经眼：5mg，中度刺激

呼吸或皮肤过敏　无资料　　**生殖细胞突变性**　无资料

致癌性　无资料　　**生殖毒性**　无资料

特异性靶器官系统毒性-一次接触　无资料

特异性靶器官系统毒性-反复接触　无资料

吸入危害　无资料

第十二部分　生态学信息

生态毒性　LC_{50}：122mg/L（96h）（圆腹雅罗鱼）。EC_{50}：60mg/L（48h）（大型溞）。EC_{50}：56g/L（72h）（*Scenedesmus subspicatus*）

持久性和降解性

生物降解性　OECD 301D，易快速生物降解

非生物降解性　无资料

潜在的生物累积性　无资料

土壤中的迁移性　无资料

第十三部分　废弃处置

废弃化学品　建议用焚烧法处置。在能利用的地方重复使用容器或在规定场所掩埋

污染包装物　将容器返还生产商或按照国家和地方法规处置

废弃注意事项　处置前应参阅国家和地方有关法规

第十四部分　运输信息

联合国危险货物编号（UN号）　1768

联合国运输名称　液态胺，腐蚀性，易燃，未另作规定的（3-二甲氨基-1-丙胺）

联合国危险性类别　8，3

包装类别　Ⅱ

包装标志　

海洋污染物　否

运输注意事项　运输时运输车辆应配备相应品种和数量的消防器材及泄漏应急处理设备。夏季最好早晚运输。运输时所用的槽（罐）车应有接地链，槽内可设孔隔板以减少震荡产生的静电。严禁与氧化剂、酸类、食用化学品等混装混运。运输途中应防暴晒、雨淋，防高温。中途停留时应远离火种、热源、高温区。装运该物品的车辆排气管必须配备阻火装置，禁止使用易

产生火花的机械设备和工具装卸。公路运输时要按规定路线行驶，勿在居民区和人口稠密区停留。铁路运输时要禁止溜放。严禁用木船、水泥船散装运输

第十五部分　法规信息

下列法律、法规、规章和标准，对该化学品的管理作了相应的规定。

中华人民共和国职业病防治法　职业病分类和目录：未列入

危险化学品安全管理条例　危险化学品目录：列入。易制爆危险化学品名录：未列入。重点监管的危险化学品名录：未列入。GB 18218—2009《危险化学品重大危险源辨识》(表1)：未列入

使用有毒物品作业场所劳动保护条例　高毒物品目录：未列入

易制毒化学品管理条例　易制毒化学品的分类和品种目录：未列入

国际公约　斯德哥尔摩公约：未列入。鹿特丹公约：未列入。蒙特利尔议定书：未列入

第十六部分　其他信息

编写和修订信息　　　缩略语和首字母缩写
培训建议　　　　　　参考文献
免责声明

3-二甲氨基丙腈

第一部分　化学品标识

化学品中文名　3-二甲氨基丙腈；β-二甲氨基丙腈；2-二甲氨基乙基氰

化学品英文名　β-(dimethylamino) propionitrile；2-dimethylaminoethyl cyanide

分子式　$C_5H_{10}N_2$　**分子量**　98.1463

结构式　

化学品的推荐及限制用途　用于制造二甲丙胺、合成B族维生素和聚氨酯泡沫塑料，用作二氧化碳吸附剂，也用作溶剂

第二部分　危险性概述

紧急情况概述　可燃液体，吞咽有害，皮肤接触有害，造成皮肤刺激

GHS危险性类别　易燃液体，类别4；急性毒性-经口，类别4；急性毒性-经皮，类别4；皮肤腐蚀/刺激，类别2

标签要素

象形图　

警示词　警告

危险性说明　可燃液体，吞咽有害，皮肤接触有害，造成皮肤刺激

防范说明

预防措施　远离火焰和热表面。戴防护手套、防护眼镜、防护面罩，穿防护服。避免接触眼睛、皮肤，操作后彻底清洗。作业场所不得进食、饮水或吸烟

事故响应　火灾时，使用雾状水、抗溶性泡沫、干粉、二氧化碳、砂土灭火。皮肤接触：用大量肥皂水和水清洗，脱去被污染的衣服，如感觉不适，呼叫中毒控制中心或就医。被污染的衣服经洗净后方可重新使用。如发生皮肤刺激，就医。食入：如果感觉不适，立即呼叫中毒控制中心或就医，漱口

安全储存　存放在通风良好的地方。保持低温

废弃处置　本品及内装物、容器依据国家和地方法规处置

物理和化学危险　可燃，其蒸气与空气混合，能形成爆炸性混合物

健康危害　接触本品后，可引起失眠、易激动、头痛、阳痿和肌无力。有60%以上的接触者，主诉排尿困难

环境危害　对环境可能有害

第三部分　成分/组成信息

√物质　　　　　　　混合物

组分	浓度	CAS No.
3-二甲氨基丙腈		1738-25-6

第四部分　急救措施

吸入　迅速脱离现场至空气新鲜处。保持呼吸道通畅。如呼吸困难，给输氧。如呼吸、心跳停止，立即进行心肺复苏术。就医

皮肤接触　立即脱去污染的衣着，用肥皂水和流动清水彻底冲洗。就医

眼睛接触　立即分开眼睑，用流动清水或生理盐水彻底冲洗。就医

食入　催吐(仅限于清醒者)，给服活性炭悬液。就医

对保护施救者的忠告　根据需要使用个人防护设备

对医生的特别提示　使用亚硝酸钠、硫代硫酸钠、4-二甲基氨基苯酚等解毒剂

第五部分　消防措施

灭火剂　用雾状水、抗溶性泡沫、干粉、二氧化碳、砂土灭火

特别危险性　遇明火、高热可燃。与氧化剂可发生反应。受高热分解放出有毒的气体。蒸气比空气重，沿地面扩散并易积存于低洼处，遇火源会着火回燃。若遇高热，容器内压增大，有开裂和爆炸的危险

灭火注意事项及防护措施　消防人员必须佩戴防毒面具、穿全身消防服，在上风向灭火。尽可能将容器从火场移至空旷处。喷水保持火场容器冷却，直至灭火结束。处在火场中的容器若已变色或从安全泄压装置中发出声音，必须马上撤离

第六部分　泄漏应急处理

作业人员防护措施、防护装备和应急处置程序　根据液体流动和蒸气扩散的影响区域划定警戒区，无关人员从侧风向、上风向撤离至安全区。消除所有点火源。建议应急处理人员戴正压自给式呼吸器，穿防毒服。作业时使用的所有设备应接地。禁止接触或跨越泄漏物。尽可能切断泄漏源

环境保护措施　防止泄漏物进入水体、下水道、地下室或有限空间

泄漏化学品的收容、清除方法及所使用的处置材料　小量泄漏：用砂土或其他不燃材料吸收。使用洁净的无火花工具收集吸收材料。大量泄漏：构筑围堤或挖坑收容。用泡沫覆盖，减少蒸发。喷水雾能减少蒸发，但不能降低泄漏物在有限空间内的易燃性。用防爆泵转移至槽车或专用收集器内

第七部分　操作处置与储存

操作注意事项　密闭操作，全面通风。防止蒸气泄漏到工作场所空气中。操作人员必须经过专门培训，严格遵守操作规程。建议操作人员佩戴自吸过滤式防毒面具（半面罩），戴化学安全防护眼镜，穿透气型防毒服，戴防化学品手套。远离火种、热源，工作场所严禁吸烟。使用防爆型的通风系统和设备。在清除液体和蒸气前不能进行焊接、切割等作业。避免产生烟雾。避免与氧化剂、酸类、酸酐、酰基氯接触。配备相应品种和数量的消防器材及泄漏应急处理设备。倒空的容器可能残留有害物

储存注意事项　储存于阴凉、通风的库房。远离火种、热源。防止阳光直射。保持容器密封。应与氧化剂、酸类、酸酐、酰基氯分开存放，切忌混储。配备相应品种和数量的消防器材。储区应备有泄漏应急处理设备和合适的收容材料

第八部分　接触控制/个体防护

职业接触限值
中国　未制定标准
美国（ACGIH）　未制定标准
生物接触限值　未制定标准
监测方法　空气中有毒物质测定方法：未制定标准。生物监测检验方法：未制定标准
工程控制　生产过程密闭，全面通风
个体防护装备
呼吸系统防护　高浓度接触时可佩戴过滤式防毒面具（半面罩）
眼睛防护　空气中浓度较高时，佩戴化学安全防护眼镜
皮肤和身体防护　穿透气型防毒服
手防护　戴防化学品手套

第九部分　理化特性

外观与性状　无色透明液体，久置空气中易变质
pH值　无资料　　　　**熔点（℃）**　−43

沸点（℃）　172～173　　**相对密度（水＝1）**　0.870
相对蒸气密度（空气＝1）　3.4
饱和蒸气压（kPa）　1.33（57℃）
临界压力（MPa）　无资料　　**辛醇/水分配系数**　无资料
闪点（℃）　62.78　　**自燃温度（℃）**　无资料
爆炸下限（%）　无资料　　**爆炸上限（%）**　无资料
分解温度（℃）　无资料　　**黏度（mPa·s）**　无资料
燃烧热（kJ/mol）　无资料　　**临界温度（℃）**　无资料
溶解性　可混溶于水、乙醇

第十部分　稳定性和反应性

稳定性　稳定
危险反应　与强氧化剂、酸类、酸酐、酰基氯等禁配物发生反应
避免接触的条件　无资料
禁配物　强氧化剂、酸类、酸酐、酰基氯
危险的分解产物　氮氧化物

第十一部分　毒理学信息

急性毒性　LD_{50}：2600mg/kg（大鼠经口）；1500mg/kg（小鼠经口）；1410mg/kg（兔经皮）
皮肤刺激或腐蚀　家兔经皮 500mg（24h），轻度刺激
眼睛刺激或腐蚀　家兔经眼 20mg（24h），中度刺激
呼吸或皮肤过敏　无资料　　**生殖细胞突变性**　无资料
致癌性　无资料　　**生殖毒性**　无资料
特异性靶器官系统毒性-一次接触　无资料
特异性靶器官系统毒性-反复接触　无资料
吸入危害　无资料

第十二部分　生态学信息

生态毒性　LC_{50}：681.2mg/L（96h）（圆腹雅罗鱼）。EC_{50}：＞500mg/L（48h）（大型溞，EU Method C.2）。ErC_{50}：＞500mg/L（72h）（*Scenedesmus subspicatus*）
持久性和降解性
生物降解性　OECD 301A，易快速生物降解
非生物降解性　无资料
潜在的生物累积性　无资料
土壤中的迁移性　无资料

第十三部分　废弃处置

废弃化学品　建议用焚烧法处置。在能利用的地方重复使用容器或在规定场所掩埋
污染包装物　将容器返还生产商或按照国家和地方法规处置
废弃注意事项　处置前应参阅国家和地方有关法规

第十四部分　运输信息

联合国危险货物编号（UN号）　—
联合国运输名称　—
联合国危险性类别　—
包装类别　—　　　　**包装标志**　—
海洋污染物　否
运输注意事项　运输前应先检查包装容器是否完整、密

封，运输过程中要确保容器不泄漏、不倒塌、不坠落、不损坏。严禁与酸类、氧化剂、食品及食品添加剂混运。运输时运输车辆应配备相应品种和数量的消防器材及泄漏应急处理设备。运输途中应防暴晒、雨淋，防高温。公路运输时要按规定路线行驶，勿在居民区和人口稠密区停留

第十五部分　法规信息

下列法律、法规、规章和标准，对该化学品的管理作了相应的规定。

中华人民共和国职业病防治法　职业病分类和目录：氰及腈类化合物中毒

危险化学品安全管理条例　危险化学品目录：列入。易制爆危险化学品名录：未列入。重点监管的危险化学品名录：未列入。GB 18218—2009《危险化学品重大危险源辨识》（表1）：未列入

使用有毒物品作业场所劳动保护条例　高毒物品目录：未列入

易制毒化学品管理条例　易制毒化学品的分类和品种目录：未列入

国际公约　斯德哥尔摩公约：未列入。鹿特丹公约：未列入。蒙特利尔议定书：未列入

第十六部分　其他信息

编写和修订信息	缩略语和首字母缩写
培训建议	参考文献
免责声明	

2,3-二甲苯酚

第一部分　化学品标识

化学品中文名　2,3-二甲苯酚；1-羟基-2,3-二甲基苯；连二甲苯酚；2,3-二甲酚

化学品英文名　2,3-xylenol；2,3-dimethyl phenol

分子式　$C_8H_{10}O$　　**分子量**　122.1644

结构式　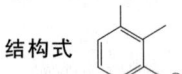

化学品的推荐及限制用途　用于有机合成，可作为消毒剂、溶剂等

第二部分　危险性概述

紧急情况概述　吞咽会中毒，皮肤接触会中毒，造成严重的皮肤灼伤和眼损伤

GHS危险性类别　急性毒性-经口，类别3；急性毒性-经皮，类别3；皮肤腐蚀/刺激，类别1B；严重眼损伤/眼刺激，类别1；危害水生环境-急性危害，类别2；危害水生环境-长期危害，类别2

标签要素

象形图　

警示词　危险

危险性说明　吞咽会中毒，皮肤接触会中毒，造成严重的皮肤灼伤和眼损伤，对水生生物有毒并具有长期持续影响

防范说明

　　预防措施　避免接触眼睛、皮肤，操作后彻底清洗。作业场所不得进食、饮水或吸烟。避免吸入粉尘或烟雾。穿防护服，戴防护眼镜、防护手套、防护面罩。禁止排入环境

　　事故响应　如吸入：将患者转移到空气新鲜处，休息，保持利于呼吸的体位。皮肤接触：用大量肥皂水和水清洗。立即脱去所有被污染的衣服，被污染的衣服必须经洗净后方可重新使用。如感觉不适，呼叫中毒控制中心或就医。眼睛接触：用水细心地冲洗数分钟。如戴隐形眼镜并可方便地取出，则取出隐形眼镜，继续冲洗。食入：漱口，不要催吐，立即呼叫中毒控制中心或就医。收集泄漏物

　　安全储存　上锁保管

　　废弃处置　本品及内装物、容器依据国家和地方法规处置

物理和化学危险　可燃，其粉体与空气混合，能形成爆炸性混合物

健康危害　本品蒸气能刺激眼睛、皮肤和呼吸系统。有毒。误服或经皮肤吸收能导致头痛、眩晕、恶心、呕吐、腹痛、衰竭、昏迷等症状。对皮肤可造成腐蚀性灼伤

环境危害　对水生生物有毒并具有长期持续影响

第三部分　成分/组成信息

√ 物质　　　　　　　　　混合物

组分	浓度	CAS No.
2,3-二甲苯酚		526-75-0

第四部分　急救措施

吸入　迅速脱离现场至空气新鲜处。保持呼吸道通畅。如呼吸困难，给输氧。呼吸、心跳停止，立即进行心肺复苏术。就医

皮肤接触　立即脱去污染衣物，用大量流动清水彻底冲洗污染创面，同时使用浸过聚乙二醇（PEG400或PEG300）的棉球或浸过30%～50%酒精的棉球擦洗创面至无酚味为止（注意不能将患处浸泡于清洗液中）。可继续用4%～5%碳酸氢钠溶液湿敷创面。就医

眼睛接触　立即分开眼睑，用大量流动清水或生理盐水彻底冲洗至少15min。就医

食入　漱口，给服植物油15～30mL，催吐。对食入时间长者禁用植物油，可口服牛奶或蛋清。就医

对保护施救者的忠告　根据需要使用个人防护设备

对医生的特别提示　对症处理

第五部分　消防措施

灭火剂　用雾状水、泡沫、干粉、二氧化碳、砂土灭火

特别危险性　遇高热、明火或与氧化剂接触，有引起燃烧的危险。具有腐蚀性

灭火注意事项及防护措施　消防人员必须佩戴空气呼吸器、穿全身防火防毒服，在上风向灭火。尽可能将容器从火场移至空旷处。喷水保持火场容器冷却，直至灭火结束

第六部分　泄漏应急处理

作业人员防护措施、防护装备和应急处置程序　隔离泄漏污染区，限制出入。消除所有点火源。建议应急处理人员戴防尘口罩，穿防毒服。穿上适当的防护服前严禁接触破裂的容器和泄漏物。尽可能切断泄漏源

环境保护措施　用塑料布覆盖泄漏物，减少飞散

泄漏化学品的收容、清除方法及所使用的处置材料　用塑料布覆盖泄漏物，减少飞散。勿使水进入包装容器内。用洁净的铲子收集泄漏物，置于干净、干燥、盖子较松的容器中，将容器移离泄漏区

第七部分　操作处置与储存

操作注意事项　密闭操作，局部排风。防止粉尘释放到车间空气中。操作人员必须经过专门培训，严格遵守操作规程。建议操作人员佩戴自吸过滤式防尘口罩，戴化学安全防护眼镜，穿防毒物渗透工作服，戴橡胶手套。远离火种、热源，工作场所严禁吸烟。使用防爆型的通风系统和设备。避免产生粉尘。避免与氧化剂接触。配备相应品种和数量的消防器材及泄漏应急处理设备。倒空的容器可能残留有害物

储存注意事项　储存于阴凉、通风的库房。远离火种、热源。防止阳光直射。包装密封。应与氧化剂分开存放，切忌混储。配备相应品种和数量的消防器材。储区应备有合适的材料收容泄漏物

第八部分　接触控制/个体防护

职业接触限值
　中国　未制定标准
　美国（ACGIH）　未制定标准
生物接触限值　未制定标准
监测方法　空气中有毒物质测定方法：未制定标准。生物监测检验方法：未制定标准
工程控制　密闭操作，局部排风
个体防护装备
　呼吸系统防护　空气中粉尘浓度超标时，必须佩戴过滤式防尘呼吸器。紧急事态抢救或撤离时，应该佩戴空气呼吸器
　眼睛防护　戴化学安全防护眼镜
　皮肤和身体防护　穿防毒物渗透工作服
　手防护　戴橡胶手套

第九部分　理化特性

外观与性状　白色长针状结晶
pH值　无意义　　　　**熔点(℃)**　75
沸点(℃)　218

相对密度(水=1)　1.164（25℃）
相对蒸气密度(空气=1)　无资料
饱和蒸气压(kPa)　0.133（55.1℃）
临界压力(MPa)　无资料　　**辛醇/水分配系数**　无资料
闪点(℃)　无意义　　　　**自燃温度(℃)**　无资料
爆炸下限(%)　无资料　　**爆炸上限(%)**　无资料
分解温度(℃)　无资料
黏度(mPa·s)　18.95（20℃）
燃烧热(kJ/mol)　−4338.91　**临界温度(℃)**　449.7
溶解性　溶于水、醇

第十部分　稳定性和反应性

稳定性　稳定
危险反应　与强氧化剂等禁配物发生反应
避免接触的条件　无资料
禁配物　强氧化剂
危险的分解产物　无资料

第十一部分　毒理学信息

急性毒性　LD$_{50}$：1070mg/kg（大鼠经口）；56mg/kg（小鼠静脉）
皮肤刺激或腐蚀　无资料　　**眼睛刺激或腐蚀**　无资料
呼吸或皮肤过敏　无资料　　**生殖细胞突变性**　无资料
致癌性　无资料　　　　　　**生殖毒性**　无资料
特异性靶器官系统毒性-一次接触　无资料
特异性靶器官系统毒性-反复接触　无资料
吸入危害　无资料

第十二部分　生态学信息

生态毒性　根据结构类似物质预测，该物质对水生生物有毒
持久性和降解性
　生物降解性　无资料
　非生物降解性　无资料
潜在的生物累积性　无资料
土壤中的迁移性　无资料

第十三部分　废弃处置

废弃化学品　建议用焚烧法处置
污染包装物　将容器返还生产商或按照国家和地方法规处置
废弃注意事项　在能利用的地方重复使用容器或在规定场所掩埋

第十四部分　运输信息

联合国危险货物编号（UN号）　2261
联合国运输名称　二甲苯酚，固态(2,3-二甲苯酚)
联合国危险性类别　6.1

包装类别　Ⅱ　　　　　　　**包装标志**

海洋污染物　是

运输注意事项　运输前应先检查包装容器是否完整、密封，运输过程中要确保容器不泄漏、不倒塌、不坠落、不损坏。严禁与酸类、氧化剂、食品及食品添加剂混运。运输时运输车辆应配备相应品种和数量的消防器材及泄漏应急处理设备。运输途中应防暴晒、雨淋、防高温。公路运输时要按规定路线行驶，勿在居民区和人口稠密区停留

第十五部分　法规信息

下列法律、法规、规章和标准，对该化学品的管理作了相应的规定。

中华人民共和国职业病防治法　职业病分类和目录：未列入

危险化学品安全管理条例　危险化学品目录：列入。易制爆危险化学品名录：未列入。重点监管的危险化学品名录：未列入。GB 18218—2009《危险化学品重大危险源辨识》（表1）：未列入

使用有毒物品作业场所劳动保护条例　高毒物品目录：未列入

易制毒化学品管理条例　易制毒化学品的分类和品种目录：未列入

国际公约　斯德哥尔摩公约：未列入。鹿特丹公约：未列入。蒙特利尔议定书：未列入

第十六部分　其他信息

编写和修订信息　　　　　缩略语和首字母缩写
培训建议　　　　　　　　参考文献
免责声明

2,4-二甲苯酚

第一部分　化学品标识

化学品中文名　2,4-二甲苯酚；1-羟基-2,4-二甲苯；2,4-二甲酚

化学品英文名　2,4-xylenol；2,4-dimethyl phenol

分子式　$C_8H_{10}O$　**分子量**　122.1644

结构式　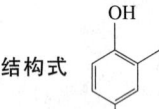

化学品的推荐及限制用途　用作防腐剂，用于有机合成

第二部分　危险性概述

紧急情况概述　吞咽会中毒，皮肤接触中毒，造成严重的皮肤灼伤和眼损伤

GHS危险性类别　急性毒性-经口，类别3；急性毒性-经皮，类别3；皮肤腐蚀/刺激，类别1B；严重眼损伤/眼刺激，类别1；危害水生环境-急性危害，类别2；危害水生环境-长期危害，类别2

标签要素

象形图　

警示词　危险

危险性说明　吞咽会中毒，皮肤接触会中毒，造成严重的皮肤灼伤和眼损伤，对水生生物有毒并具有长期持续影响

防范说明

预防措施　避免接触眼睛、皮肤，操作后彻底清洗。作业场所不得进食、饮水或吸烟。避免吸入粉尘。戴防护手套，穿防护服，戴防护眼镜、防护面罩。禁止排入环境

事故响应　如吸入：将患者转移到空气新鲜处，休息，保持利于呼吸的体位，立即呼叫中毒控制中心或就医。皮肤接触：用大量肥皂水和水清洗，立即脱去所有被污染的衣服，如感觉不适，呼叫中毒控制中心或就医。被污染的衣服必须经洗净后方可重新使用。眼睛接触：用水细心地冲洗数分钟，立即呼叫中毒控制中心或就医。如戴隐形眼镜并可方便地取出，则取出隐形眼镜，继续冲洗。食入：漱口，不要催吐，立即呼叫中毒控制中心或就医。收集泄漏物

安全储存　上锁保管

废弃处置　本品及内装物、容器依据国家和地方法规处置

物理和化学危险　可燃，其粉体与空气混合，能形成爆炸性混合物

健康危害　本品蒸气能刺激眼睛、皮肤和呼吸系统。误服或经皮肤吸收能导致头痛、眩晕、恶心、呕吐、腹痛、衰竭、昏迷等症状。对皮肤可造成腐蚀性灼伤

环境危害　对水生生物有毒并具有长期持续影响

第三部分　成分/组成信息

√　物质　　　　　　　　　混合物

组分	浓度	CAS No.
2,4-二甲苯酚		105-67-9

第四部分　急救措施

吸入　迅速脱离现场至空气新鲜处。保持呼吸道通畅。如呼吸困难，给输氧。呼吸、心跳停止，立即进行心肺复苏术。就医

皮肤接触　立即脱去污染衣物，用大量流动清水彻底冲洗污染创面，同时使用浸过聚乙二醇（PEG400或PEG300）的棉球或浸过30%～50%酒精的棉球擦洗创面至无酚味为止（注意不能将患处浸泡于清洗液中）。可继续用4%～5%碳酸氢钠溶液湿敷创面。就医

眼睛接触　立即分开眼睑，用大量流动清水或生理盐水彻底冲洗至少15min。就医

食入　漱口，给服植物油15～30mL，催吐。对食入时间长者禁用植物油，可口服牛奶或蛋清。就医

对保护施救者的忠告　根据需要使用个人防护设备

对医生的特别提示　对症处理

第五部分　消防措施

灭火剂　用雾状水、泡沫、干粉、二氧化碳、砂土灭火

特别危险性　遇高热、明火或与氧化剂接触，有引起燃烧的危险。具有腐蚀性

灭火注意事项及防护措施　消防人员必须佩戴空气呼吸器、穿全身防火防毒服，在上风向灭火。尽可能将容器从火场移至空旷处。喷水保持火场容器冷却，直至灭火结束

第六部分　泄漏应急处理

作业人员防护措施、防护装备和应急处置程序　隔离泄漏污染区，限制出入。消除所有点火源。建议应急处理人员戴防尘口罩，穿防毒服。作业时使用的所有设备应接地。穿上适当的防护服前严禁接触破裂的容器和泄漏物。尽可能切断泄漏源

环境保护措施　用塑料布覆盖，减少飞散、避免雨淋

泄漏化学品的收容、清除方法及所使用的处置材料　小量泄漏：用干燥的砂土或其他不燃材料覆盖泄漏物，用洁净的铲子收集泄漏物，置于干净、干燥、盖子较松的容器中，将容器移离泄漏区

第七部分　操作处置与储存

操作注意事项　密闭操作，局部排风。防止粉尘释放到车间空气中。操作人员必须经过专门培训，严格遵守操作规程。建议操作人员佩戴自吸过滤式防尘口罩，戴化学安全防护眼镜，穿防毒物渗透工作服，戴橡胶手套。远离火种、热源，工作场所严禁吸烟。使用防爆型的通风系统和设备。避免产生粉尘。避免与氧化剂接触。配备相应品种和数量的消防器材及泄漏应急处理设备。倒空的容器可能残留有害物

储存注意事项　储存于阴凉、通风的库房。远离火种、热源。防止阳光直射。包装密封。应与氧化剂分开存放，切忌混储。配备相应品种和数量的消防器材。储区应备有合适的材料收容泄漏物

第八部分　接触控制/个体防护

职业接触限值

　中国　未制定标准

　美国（ACGIH）　未制定标准

生物接触限值　未制定标准

监测方法　空气中有毒物质测定方法：未制定标准。生物监测检验方法：未制定标准

工程控制　密闭操作，局部排风

个体防护装备

　呼吸系统防护　空气中粉尘浓度超标时，必须佩戴过滤式防尘呼吸器。紧急事态抢救或撤离时，应该佩戴空气呼吸器

　眼睛防护　戴化学安全防护眼镜

　皮肤和身体防护　穿防毒物渗透工作服

　手防护　戴橡胶手套

第九部分　理化特性

外观与性状　针状结晶

pH值　无意义　　　　　**熔点（℃）**　26

沸点（℃）　211.5　　　**相对密度（水＝1）**　1.036

相对蒸气密度（空气＝1）　无资料

饱和蒸气压（kPa）　1.33(92℃)

临界压力（MPa）　无资料　　**辛醇/水分配系数**　2.3

闪点（℃）　>110　　　　　**自燃温度（℃）**　无资料

爆炸下限（%）　无资料　　　**爆炸上限（%）**　无资料

分解温度（℃）　无资料　　　**黏度（mPa·s）**　无资料

燃烧热（kJ/mol）　-4351.38　**临界温度（℃）**　434.4

溶解性　溶于水、醇

第十部分　稳定性和反应性

稳定性　稳定

危险反应　与强氧化剂等禁配物发生反应

避免接触的条件　无资料

禁配物　强氧化剂

危险的分解产物　无资料

第十一部分　毒理学信息

急性毒性　LD_{50}：3200mg/kg（大鼠经口），1040mg/kg（大鼠皮下），809mg/kg（小鼠经口）

皮肤刺激或腐蚀　无资料　　**眼睛刺激或腐蚀**　无资料

呼吸或皮肤过敏　无资料　　**生殖细胞突变性**　无资料

致癌性　小鼠经皮最低中毒剂量（TDLo）：16g/kg（39周）（间歇），按 RTECS 标准为致肿瘤物，皮肤肿瘤

生殖毒性　无资料

特异性靶器官系统毒性-一次接触　无资料

特异性靶器官系统毒性-反复接触　无资料

吸入危害　无资料

第十二部分　生态学信息

生态毒性　LC_{50}：16mg/L（96h）（鱼类，OECD 203）。EC_{50}：2.7mg/L（48h）（大型溞，OECD 202）。ErC_{50}：9.7g/L（72h）（藻类，OECD 201）。NOEC：0.27mg/L（21d）（大型溞，OECD 211）

持久性和降解性

　生物降解性　无资料

　非生物降解性　无资料

潜在的生物累积性　无资料

土壤中的迁移性　无资料

第十三部分　废弃处置

废弃化学品　建议用焚烧法处置

污染包装物　将容器返还生产商或按照国家和地方法规处置

废弃注意事项　在能利用的地方重复使用容器或在规定场所掩埋

第十四部分　运输信息

联合国危险货物编号（UN号）　3430（液态）；2261（固态）

联合国运输名称　液态二甲苯酚；二甲苯酚，固态

联合国危险性类别　6.1

包装类别　Ⅱ　　　　　**包装标志**

海洋污染物　是

运输注意事项　运输前应先检查包装容器是否完整、密封，运输过程中要确保容器不泄漏、不倒塌、不坠落、不损坏。严禁与酸类、氧化剂、食品及食品添加剂混运。运输时运输车辆应配备相应品种和数量的消防器材及泄漏应急处理设备。运输途中应防暴晒、雨淋，防高温。公路运输时要按规定路线行驶，勿在居民区和人口稠密区停留

第十五部分　法规信息

下列法律、法规、规章和标准，对该化学品的管理作了相应的规定。

中华人民共和国职业病防治法　职业病分类和目录：未列入

危险化学品安全管理条例　危险化学品目录：列入。易制爆危险化学品名录：未列入。重点监管的危险化学品名录：未列入。GB 18218—2009《危险化学品重大危险源辨识》（表1）：未列入

使用有毒物品作业场所劳动保护条例　高毒物品目录：未列入

易制毒化学品管理条例　易制毒化学品的分类和品种目录：未列入

国际公约　斯德哥尔摩公约：未列入。鹿特丹公约：未列入。蒙特利尔议定书：未列入

第十六部分　其他信息

编写和修订信息　　缩略语和首字母缩写
培训建议　　　　　参考文献
免责声明

2,5-二甲苯酚

第一部分　化学品标识

化学品中文名　2,5-二甲苯酚；1-羟基-2,5-二甲基苯；2,5-二甲酚

化学品英文名　2,5-dimethyl phenol；2,5-xylenol

分子式　$C_8H_{10}O$　分子量　122.1644

结构式　

化学品的推荐及限制用途　用于有机合成，用作消毒剂、溶剂、药物、增塑剂和润湿剂

第二部分　危险性概述

紧急情况概述　吞咽会中毒，皮肤接触会中毒，造成严重的皮肤灼伤和眼损伤

GHS危险性类别　急性毒性-经口，类别3；急性毒性-经皮，类别3；皮肤腐蚀/刺激，类别1B；严重眼损伤/眼刺激，类别1；危害水生环境-急性危害，类别2；危害水生环境-长期危害，类别2

标签要素

象形图　

警示词　危险

危险性说明　吞咽会中毒，皮肤接触会中毒，造成严重的皮肤灼伤和眼损伤，对水生生物有毒并具有长期持续影响

防范说明

预防措施　避免接触眼睛、皮肤，操作后彻底清洗。作业场所不得进食、饮水或吸烟。避免吸入粉尘或烟雾。穿防护服，戴防护眼镜、防护手套、防护面罩。禁止排入环境

事故响应　如吸入：将患者转移到空气新鲜处，休息，保持利于呼吸的体位。皮肤接触：用大量肥皂水和水清洗，立即脱去所有被污染的衣服，被污染的衣服必须经洗净后方可重新使用。如感觉不适，呼叫中毒控制中心或就医。眼睛接触：用水细心地冲洗数分钟。如戴隐形眼镜并可方便地取出，则取出隐形眼镜，继续冲洗。食入：漱口，不要催吐，立即呼叫中毒控制中心或就医。收集泄漏物

安全储存　上锁保管

废弃处置　本品及内装物、容器依据国家和地方法规处置

物理和化学危险　可燃，其粉体与空气混合，能形成爆炸性混合物

健康危害　本品蒸气能刺激眼睛、皮肤和呼吸系统。有毒。误服或经皮肤吸收能导致头痛、眩晕、恶心、呕吐、腹痛、衰竭、昏迷等症状。对眼和皮肤可造成腐蚀性灼伤

环境危害　对水生生物有毒并具有长期持续影响

第三部分　成分/组成信息

√物质　　　　　　　　混合物

组分	浓度	CAS No.
2,5-二甲苯酚		95-87-4

第四部分　急救措施

吸入　迅速脱离现场至空气新鲜处。保持呼吸道通畅。如呼吸困难，给输氧。呼吸、心跳停止，立即进行心肺复苏术。就医

皮肤接触　立即脱去污染衣物，用大量流动清水彻底冲洗污染创面，同时使用浸过聚乙烯乙二醇（PEG400或PEG300）的棉球或浸过30%～50%酒精的棉球擦洗创面至无酚味为止（注意不能将患处浸泡于清洗液中）。可继续用4%～5%碳酸氢钠溶液湿敷创面。就医

眼睛接触　立即分开眼睑，用大量流动清水或生理盐水彻底冲洗至少15min。就医

食入　漱口，给服植物油15～30mL，催吐。对食入时间长者禁用植物油，可口服牛奶或蛋清。就医

对保护施救者的忠告　根据需要使用个人防护设备

对医生的特别提示　对症处理

第五部分　消防措施

灭火剂　用雾状水、泡沫、干粉、二氧化碳、砂土灭火

特别危险性　遇高热、明火或与氧化剂接触，有引起燃烧的危险。具有腐蚀性

灭火注意事项及防护措施　消防人员必须佩戴空气呼吸器、穿全身防火防毒服，在上风向灭火。尽可能将容器从火场移至空旷处。喷水保持火场容器冷却，直至灭火结束

第六部分　泄漏应急处理

作业人员防护措施、防护装备和应急处置程序　隔离泄漏污染区，限制出入。消除所有点火源。建议应急处理人员戴防尘口罩，穿防毒服。穿上适当的防护服前严禁接触破裂的容器和泄漏物。尽可能切断泄漏源

环境保护措施　用塑料布覆盖泄漏物，减少飞散

泄漏化学品的收容、清除方法及所使用的处置材料　勿使水进入包装容器内。用洁净的铲子收集泄漏物，置于干净、干燥、盖子较松的容器中，将容器移离泄漏区

第七部分　操作处置与储存

操作注意事项　密闭操作，提供充分的局部排风。防止粉尘释放到车间空气中。操作人员必须经过专门培训，严格遵守操作规程。建议操作人员佩戴防尘面具（全面罩），穿胶布防毒衣，戴橡胶手套。远离火种、热源，工作场所严禁吸烟。使用防爆型的通风系统和设备。避免产生粉尘。避免与氧化剂接触。配备相应品种和数量的消防器材及泄漏应急处理设备。倒空的容器可能残留有害物

储存注意事项　储存于阴凉、通风的库房。远离火种、热源。防止阳光直射。包装密封。应与氧化剂、食用化学品分开存放，切忌混储。配备相应品种和数量的消防器材。储区应备有合适的材料收容泄漏物

第八部分　接触控制/个体防护

职业接触限值
　中国　未制定标准
　美国（ACGIH）　未制定标准
生物接触限值　未制定标准
监测方法　空气中有毒物质测定方法：未制定标准。生物监测检验方法：未制定标准
工程控制　严加密闭，提供充分的局部排风
个体防护装备
　呼吸系统防护　可能接触其粉尘时，必须佩戴防尘面具（全面罩）。紧急事态抢救或撤离时，应该佩戴空气呼吸器
　眼睛防护　呼吸系统防护中已作防护
　皮肤和身体防护　穿密闭型防毒服
　手防护　戴橡胶手套

第九部分　理化特性

外观与性状　白色针状结晶
pH值　无意义　　　　　**熔点（℃）**　74.5
沸点（℃）　211.5～213.5
相对密度（水＝1）　1.02～1.03
相对蒸气密度（空气＝1）　无资料

饱和蒸气压（kPa）　1.33（92℃）
临界压力（MPa）　无资料　**辛醇/水分配系数**　2.34
闪点（℃）　85　　　　　**自燃温度（℃）**　无资料
爆炸下限（%）　无资料　**爆炸上限（%）**　无资料
分解温度（℃）　无资料
黏度（mPa·s）　1.55（80℃）
燃烧热（kJ/mol）　－4333.51
临界温度（℃）　449.9
溶解性　溶于醇，易溶于醚

第十部分　稳定性和反应性

稳定性　稳定
危险反应　与强氧化剂等禁配物发生反应
避免接触的条件　无资料
禁配物　强氧化剂
危险的分解产物　无资料

第十一部分　毒理学信息

急性毒性　LD_{50}：444mg/kg（大鼠经口）；383mg/kg（小鼠经口）；938mg/kg（兔经口）
皮肤刺激或腐蚀　无资料　**眼睛刺激或腐蚀**　无资料
呼吸或皮肤过敏　无资料　**生殖细胞突变性**　无资料
致癌性　小鼠经皮最低中毒剂量（TDLo）：4000mg/kg，20周（间歇），按RTECS标准为可疑致肿瘤物，皮肤及附属组织肿瘤
生殖毒性　无资料
特异性靶器官系统毒性-一次接触　无资料
特异性靶器官系统毒性-反复接触　无资料
吸入危害　无资料

第十二部分　生态学信息

生态毒性　LC_{50}：5.7mg/L（96h）（青鳉）；EC_{50}：5.2mg/L（48h）（大型溞）；ErC_{50}：29mg/L（72h）（藻类）
持久性和降解性
　生物降解性　不易快速生物降解
　非生物降解性　无资料
潜在的生物累积性　根据 K_{ow} 值预测，该物质的生物累积性可能较弱
土壤中的迁移性　根据 K_{oc} 值预测，该物质可能有一定的迁移性

第十三部分　废弃处置

废弃化学品　建议用焚烧法处置
污染包装物　将容器返还生产商或按照国家和地方法规处置
废弃注意事项　在能利用的地方重复使用容器或在规定场所掩埋

第十四部分　运输信息

联合国危险货物编号（UN号）　2261
联合国运输名称　二甲苯酚，固态
联合国危险性类别　6.1

包装类别　Ⅱ　　　　包装标志

海洋污染物　是

运输注意事项　运输前应先检查包装容器是否完整、密封，运输过程中要确保容器不泄漏、不倒塌、不坠落、不损坏。严禁与酸类、氧化剂、食品及食品添加剂混运。运输时运输车辆应配备相应品种和数量的消防器材及泄漏应急处理设备。运输途中应防暴晒、雨淋，防高温。公路运输时要按规定路线行驶，勿在居民区和人口稠密区停留

第十五部分　法规信息

下列法律、法规、规章和标准，对该化学品的管理作了相应的规定。

中华人民共和国职业病防治法　职业病分类和目录：未列入

危险化学品安全管理条例　危险化学品目录：列入。易制爆危险化学品名录：未列入。重点监管的危险化学品名录：未列入。GB 18218—2009《危险化学品重大危险源辨识》（表1）：未列入

使用有毒物品作业场所劳动保护条例　高毒物品目录：未列入

易制毒化学品管理条例　易制毒化学品的分类和品种目录：未列入

国际公约　斯德哥尔摩公约：未列入。鹿特丹公约：未列入。蒙特利尔议定书：未列入

第十六部分　其他信息

编写和修订信息　　　缩略语和首字母缩写
培训建议　　　　　　参考文献
免责声明

2,6-二甲苯酚

第一部分　化学品标识

化学品中文名　2,6-二甲苯酚；1-羟基-2,6-二甲基苯；2,6-二甲酚

化学品英文名　2,6-xylenol；2,6-dimethyl phenol

分子式　$C_8H_{10}O$　**分子量**　122.1644

结构式

化学品的推荐及限制用途　用于有机合成和防腐消毒、医药、溶剂和抗氧剂

第二部分　危险性概述

紧急情况概述　吞咽会中毒，皮肤接触会中毒，造成严重的皮肤灼伤和眼损伤

GHS危险性类别　急性毒性-经口，类别3；急性毒性-经皮，类别3；皮肤腐蚀/刺激，类别1B；严重眼损伤/眼刺激，类别1；危害水生环境-急性危害，类别2；

危害水生环境-长期危害，类别2

标签要素

象形图

警示词　危险

危险性说明　吞咽会中毒，皮肤接触会中毒，造成严重的皮肤灼伤和眼损伤，对水生生物有毒并具有长期持续影响

防范说明

预防措施　避免接触眼睛、皮肤，操作后彻底清洗。作业场所不得进食、饮水或吸烟。避免吸入粉尘或烟雾。穿防护服、戴防护眼镜、防护手套、防护面罩。禁止排入环境

事故响应　食入：立即呼叫中毒控制中心或就医。皮肤接触：用大量肥皂水和水清洗，立即脱去所有被污染的衣服，被污染的衣服必须经洗净后方可重新使用。如感觉不适，呼叫中毒控制中心或就医。食入：漱口，不要催吐。如吸入：将患者转移到空气新鲜处，休息，保持利于呼吸的体位。眼睛接触：用水细心地冲洗数分钟。如戴隐形眼镜并可方便地取出，则取出隐形眼镜，继续冲洗。收集泄漏物

安全储存　上锁保管

废弃处置　本品及内装物、容器依据国家和地方法规处置

物理和化学危险　可燃，其粉体与空气混合，能形成爆炸性混合物

健康危害　本品蒸气能刺激眼睛、皮肤和呼吸系统。有毒。误服或经皮肤吸收能导致头痛、眩晕、恶心、呕吐、腹痛、衰竭、昏迷等症状。对眼和皮肤可造成腐蚀性灼伤

环境危害　对水生生物有毒并具有长期持续影响

第三部分　成分/组成信息

√ 物质　　　　　　　混合物

组分	浓度	CAS No.
2,6-二甲苯酚		576-26-1

第四部分　急救措施

吸入　迅速脱离现场至空气新鲜处。保持呼吸道通畅。如呼吸困难，给输氧。呼吸、心跳停止，立即进行心肺复苏术。就医

皮肤接触　立即脱去污染衣物，用大量流动清水彻底冲洗污染创面，同时使用浸过聚乙烯乙二醇（PEG400或PEG300）的棉球或浸过30%～50%酒精的棉球擦洗创面至无酚味为止（注意不能将患处浸泡于清洗液中）。可继续用4%～5%碳酸氢钠溶液湿敷创面。就医

眼睛接触　立即分开眼睑，用大量流动清水或生理盐水彻底冲洗至少15min。就医

食入　漱口，给服植物油15～30mL，催吐。对食入时间

长者禁用植物油，可口服牛奶或蛋清。就医

对保护施救者的忠告 根据需要使用个人防护设备

对医生的特别提示 对症处理

第五部分　消防措施

灭火剂 用雾状水、泡沫、干粉、二氧化碳、砂土灭火

特别危险性 遇高热、明火或与氧化剂接触，有引起燃烧的危险。具有腐蚀性

灭火注意事项及防护措施 消防人员必须佩戴空气呼吸器、穿全身防火防毒服，在上风向灭火。尽可能将容器从火场移至空旷处。喷水保持火场容器冷却，直至灭火结束

第六部分　泄漏应急处理

作业人员防护措施、防护装备和应急处置程序 隔离泄漏污染区，限制出入。消除所有点火源。建议应急处理人员戴防尘口罩，穿防毒服。穿上适当的防护服前严禁接触破裂的容器和泄漏物。尽可能切断泄漏源

环境保护措施 用塑料布覆盖泄漏物，减少飞散

泄漏化学品的收容、清除方法及所使用的处置材料 勿使水进入包装容器内。用洁净的铲子收集泄漏物，置于干净、干燥、盖子较松的容器中，将容器移离泄漏区

第七部分　操作处置与储存

操作注意事项 密闭操作，提供充分的局部排风。防止粉尘释放到车间空气中。操作人员必须经过专门培训，严格遵守操作规程。建议操作人员佩戴防尘面具（全面罩），穿胶布防毒衣，戴橡胶手套。远离火种、热源，工作场所严禁吸烟。使用防爆型的通风系统和设备。避免产生粉尘。避免与氧化剂接触。配备相应品种和数量的消防器材及泄漏应急处理设备。倒空的容器可能残留有害物

储存注意事项 储存于阴凉、通风的库房。远离火种、热源。防止阳光直射。包装密封。应与氧化剂分开存放，切忌混储。配备相应品种和数量的消防器材。储区应备有合适的材料收容泄漏物

第八部分　接触控制/个体防护

职业接触限值

中国　未制定标准

美国（ACGIH）　未制定标准

生物接触限值　未制定标准

监测方法 空气中有毒物质测定方法：未制定标准。生物监测检验方法：未制定标准

工程控制 严加密闭，提供充分的局部排风

个体防护装备

呼吸系统防护 可能接触其粉尘时，必须佩戴防尘面具（全面罩）。紧急事态抢救或撤离时，应该佩戴空气呼吸器

眼睛防护 呼吸系统防护中已作防护

皮肤和身体防护 穿密闭型防毒服

手防护 戴橡胶手套

第九部分　理化特性

外观与性状 无色叶片状或针状结晶

pH 值 无意义　　　　　　**熔点（℃）** 48～49

沸点（℃） 203

相对密度（水＝1） 1.135（25℃）

相对蒸气密度（空气＝1） 无资料

饱和蒸气压（kPa） 0.133（51℃）

临界压力（MPa） 无资料

辛醇/水分配系数 2.36～2.97

闪点（℃） 73　　　　　　**引燃温度（℃）** 无资料

爆炸下限（%） 无资料　　**爆炸上限（%）** 无资料

分解温度（℃） 无资料　　**黏度（mPa·s）** 无资料

燃烧热（kJ/mol） -4342.76　**临界温度（℃）** 427.8

溶解性 溶于热水、醇、醚、氯仿、苯、氢氧化钠水溶液

第十部分　稳定性和反应性

稳定性 稳定

危险反应 与强氧化剂等禁配物发生反应

避免接触的条件 无资料

禁配物 强氧化剂

危险的分解产物 无资料

第十一部分　毒理学信息

急性毒性 LD_{50}：296mg/kg（大鼠经口）；450mg/kg（小鼠经口）；920mg/kg（小鼠经皮）；700mg/kg（兔经口）；1000mg/kg（兔经皮）

皮肤刺激或腐蚀 无资料

眼睛刺激或腐蚀 家兔经眼 100mg，引起刺激

呼吸或皮肤过敏 无资料　　**生殖细胞突变性** 无资料

致癌性 小鼠经皮最低中毒剂量（TDLo）：4000mg/kg，20 周（间歇），按 RTECS 标准为可疑致肿瘤物，皮肤肿瘤

生殖毒性 无资料

特异性靶器官系统毒性-一次接触 无资料

特异性靶器官系统毒性-反复接触 无资料

吸入危害 无资料

第十二部分　生态学信息

生态毒性 LC_{50}＞27mg/L（96h）（黑头呆鱼）（OECD 203）；LC_{50}：15mg/L（96h）（青鳉）；EC_{50}：11mg/L（48h）（大型溞）；ErC_{50}：48mg/L（72h）（羊角月牙藻）（OECD 201）；NOEC：0.54mg/L（72h）（大型溞）（OECD 211）

持久性和降解性

生物降解性 不易快速生物降解

非生物降解性 无资料

潜在的生物累积性 根据 K_{ow} 值预测，该物质的生物累积性可能较弱

土壤中的迁移性 根据 K_{oc} 值预测，该物质可能有一定的迁移性

第十三部分　废弃处置

废弃化学品　建议用焚烧法处置

污染包装物　将容器返还生产商或按照国家和地方法规处置

废弃注意事项　在能利用的地方重复使用容器或在规定场所掩埋

第十四部分　运输信息

联合国危险货物编号（UN号）　2261

联合国运输名称　二甲苯酚，固态

联合国危险性类别　6.1

包装类别　Ⅲ　　　　　**包装标志**

海洋污染物　是

运输注意事项　运输前应先检查包装容器是否完整、密封，运输过程中要确保容器不泄漏、不倒塌、不坠落、不损坏。严禁与酸类、氧化剂、食品及食品添加剂混运。运输时运输车辆应配备相应品种和数量的消防器材及泄漏应急处理设备。运输途中应防暴晒、雨淋，防高温。公路运输时要按规定路线行驶，勿在居民区和人口稠密区停留

第十五部分　法规信息

下列法律、法规、规章和标准，对该化学品的管理作了相应的规定。

中华人民共和国职业病防治法　职业病分类和目录：未列入

危险化学品安全管理条例　危险化学品目录：列入。易制爆危险化学品名录：未列入。重点监管的危险化学品名录：未列入。GB 18218—2009《危险化学品重大危险源辨识》（表1）：未列入

使用有毒物品作业场所劳动保护条例　高毒物品目录：未列入

易制毒化学品管理条例　易制毒化学品的分类和品种目录：未列入

国际公约　斯德哥尔摩公约：未列入。鹿特丹公约：未列入。蒙特利尔议定书：未列入

第十六部分　其他信息

编写和修订信息　　　　**缩略语和首字母缩写**

培训建议　　　　　　　**参考文献**

免责声明

3,4-二甲苯酚

第一部分　化学品标识

化学品中文名　3,4-二甲苯酚；1-羟基-3,4-二甲基苯；3,4-二甲酚

化学品英文名　1,3,4-xylenol；3,4-dimethyl phenol

分子式　$C_8H_{10}O$　**分子量**　122.1644

结构式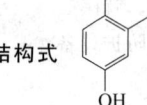

化学品的推荐及限制用途　用于消毒剂、溶剂、药物及用作抗氧剂

第二部分　危险性概述

紧急情况概述　吞咽会中毒，皮肤接触会中毒，造成严重的皮肤灼伤和眼损伤

GHS危险性类别　急性毒性-经口，类别3；急性毒性-经皮，类别3；皮肤腐蚀/刺激，类别1B；严重眼损伤/眼刺激，类别1；危害水生环境-急性危害，类别2；危害水生环境-长期危害，类别2

标签要素

象形图

警示词　危险

危险性说明　吞咽会中毒，皮肤接触会中毒，造成严重的皮肤灼伤和眼损伤，对水生生物有毒并具有长期持续影响

防范说明

预防措施　避免接触眼睛、皮肤，操作后彻底清洗。作业场所不得进食、饮水或吸烟。避免吸入粉尘。穿防护服，戴防护眼镜、防护手套、防护面罩。禁止排入环境

事故响应　如吸入：将患者转移到空气新鲜处，休息，保持利于呼吸的体位。皮肤接触：用大量肥皂水和水清洗，立即脱去所有被污染的衣服。如感觉不适，呼叫中毒控制中心或就医。被污染的衣服必须经洗净后方可重新使用。眼睛接触：用水细心地冲洗数分钟。如戴隐形眼镜并可方便地取出，则取出隐形眼镜，继续冲洗。食入：漱口，不要催吐，立即呼叫中毒控制中心或就医。收集泄漏物

安全储存　上锁保管

废弃处置　本品及内装物、容器依据国家和地方法规处置

物理和化学危险　可燃，其粉体与空气混合，能形成爆炸性混合物

健康危害　本品蒸气能刺激眼睛、皮肤和呼吸系统。有毒。误服或经皮肤吸收能导致头痛、眩晕、恶心、呕吐、腹痛、衰竭、昏迷等症状。对皮肤可造成腐蚀性灼伤

环境危害　对水生生物有毒并具有长期持续影响

第三部分　成分/组成信息

√ 物质　　　　　　　　混合物

组分	浓度	CAS No.
3,4-二甲苯酚		95-65-8

第四部分　急救措施

吸入　迅速脱离现场至空气新鲜处。保持呼吸道通畅。如

呼吸困难，给输氧。呼吸、心跳停止，立即进行心肺复苏术。就医

皮肤接触 立即脱去污染衣物，用大量流动清水彻底冲洗污染创面，同时使用浸过聚乙二醇（PEG400 或 PEG300）的棉球或浸过 30％～50％酒精棉球擦洗创面至无酚味为止（注意不能将患处浸泡于清洗液中）。可继续用 4％～5％碳酸氢钠溶液湿敷创面。就医

眼睛接触 立即分开眼睑，用大量流动清水或生理盐水彻底冲洗至少 15min。就医

食入 漱口，给服植物油 15～30mL，催吐。对食入时间长者禁用植物油，可口服牛奶或蛋清。就医

对保护施救者的忠告 根据需要使用个人防护设备

对医生的特别提示 对症处理

第五部分 消防措施

灭火剂 用雾状水、泡沫、干粉、二氧化碳、砂土灭火

特别危险性 遇高热、明火或与氧化剂接触，有引起燃烧的危险。具有腐蚀性

灭火注意事项及防护措施 消防人员必须佩戴空气呼吸器、穿全身防火防毒服，在上风向灭火。尽可能将容器从火场移至空旷处。喷水保持火场容器冷却，直至灭火结束

第六部分 泄漏应急处理

作业人员防护措施、防护装备和应急处置程序 隔离泄漏污染区，限制出入。消除所有点火源。建议应急处理人员戴防尘口罩，穿防毒服。穿上适当的防护服前严禁接触破裂的容器和泄漏物。尽可能切断泄漏源

环境保护措施 用塑料布覆盖泄漏物，减少飞散

泄漏化学品的收容、清除方法及所使用的处置材料 勿使水进入包装容器内。用洁净的铲子收集泄漏物，置于干净、干燥、盖子较松的容器中，将容器移离泄漏区

第七部分 操作处置与储存

操作注意事项 密闭操作，提供充分的局部排风。防止粉尘释放到车间空气中。操作人员必须经过专门培训，严格遵守操作规程。建议操作人员佩戴防尘面具（全面罩），穿胶布防毒衣，戴橡胶手套。远离火种、热源，工作场所严禁吸烟。使用防爆型的通风系统和设备。避免产生粉尘。避免与氧化剂接触。配备相应品种和数量的消防器材及泄漏应急处理设备。倒空的容器可能残留有害物

储存注意事项 储于阴凉、通风的库房。远离火种、热源。防止阳光直射。包装密封。应与氧化剂、食用化学品分开存放，切忌混储。配备相应品种和数量的消防器材。储区应备有合适的材料收容泄漏物

第八部分 接触控制/个体防护

职业接触限值

中国 未制定标准

美国（ACGIH） 未制定标准

生物接触限值 未制定标准

监测方法 空气中有毒物质测定方法：未制定标准。生物

监测检验方法：未制定标准

工程控制 严加密闭，提供充分的局部排风

个体防护装备

呼吸系统防护 可能接触其粉尘时，必须佩戴防尘面具（全面罩）。紧急事态抢救或撤离时，应该佩戴空气呼吸器

眼睛防护 呼吸系统防护中已作防护

皮肤和身体防护 穿密闭型防毒服

手防护 戴橡胶手套

第九部分 理化特性

外观与性状 白色针状结晶 　**pH 值** 无意义

熔点(℃) 62.5 　**沸点(℃)** 225

相对密度(水＝1) 1.076（17.5℃）

相对蒸气密度(空气＝1) 无资料

临界温度(℃) 456.7

临界压力(MPa) 无资料

辛醇/水分配系数 2.23～2.54

闪点(℃) 无资料 　**自燃温度(℃)** 无资料

爆炸下限(％) 无资料 　**爆炸上限(％)** 无资料

分解温度(℃) 无资料

黏度(mPa·s) 3.0（80℃）

燃烧热(kJ/mol) －4337.82

临界温度(℃) 456.7

溶解性 微溶于水，溶于醇、醚

第十部分 稳定性和反应性

稳定性 稳定

危险反应 与强氧化剂等禁配物发生反应

避免接触的条件 无资料

禁配物 强氧化剂

危险的分解产物 无资料

第十一部分 毒理学信息

急性毒性 LD$_{50}$：727mg/kg（大鼠经口）；400mg/kg（小鼠经口）；800mg/kg（兔经口）

皮肤刺激或腐蚀 无资料 　**眼睛刺激或腐蚀** 无资料

呼吸或皮肤过敏 无资料 　**生殖细胞突变性** 无资料

致癌性 小鼠经皮最低中毒剂量（TDLo）：4000mg/kg，20 周（间歇），按 RTECS 标准为可疑皮肤及附属组织肿瘤

生殖毒性 无资料

特异性靶器官系统毒性-一次接触 无资料

特异性靶器官系统毒性-反复接触 无资料

吸入危害 无资料

第十二部分 生态学信息

生态毒性 无资料

持久性和降解性

生物降解性 无资料

非生物降解性 无资料

潜在的生物累积性 无资料

土壤中的迁移性 无资料

第十三部分　废弃处置

废弃化学品　建议用焚烧法处置
污染包装物　将容器返还生产商或按照国家和地方法规处置
废弃注意事项　在能利用的地方重复使用容器或在规定场所掩埋

第十四部分　运输信息

联合国危险货物编号（UN号）　2261
联合国运输名称　二甲苯酚，固态
联合国危险性类别　6.1

包装类别　Ⅱ　　　　**包装标志**　

海洋污染物　是
运输注意事项　运输前应先检查包装容器是否完整、密封，运输过程中要确保容器不泄漏、不倒塌、不坠落、不损坏。严禁与酸类、氧化剂、食品及食品添加剂混运。运输时运输车辆应配备相应品种和数量的消防器材及泄漏应急处理设备。运输途中应防暴晒、雨淋，防高温。运输时所用的槽（罐）车应有接地链，槽内可设孔隔板以减少震荡产生的静电。中途停留时应远离火种、热源。公路运输时要按规定路线行驶，勿在居民区和人口稠密区停留

第十五部分　法规信息

下列法律、法规、规章和标准，对该化学品的管理作了相应的规定。
中华人民共和国职业病防治法　职业病分类和目录：未列入
危险化学品安全管理条例　危险化学品目录：列入。易制爆危险化学品名录：未列入。重点监管的危险化学品名录：未列入。GB 18218—2009《危险化学品重大危险源辨识》（表1）：未列入
使用有毒物品作业场所劳动保护条例　高毒物品目录：未列入
易制毒化学品管理条例　易制毒化学品的分类和品种目录：未列入
国际公约　斯德哥尔摩公约：未列入。鹿特丹公约：未列入。蒙特利尔议定书：未列入

第十六部分　其他信息

编写和修订信息　　　**缩略语和首字母缩写**
培训建议　　　　　**参考文献**
免责声明

3,5-二甲苯酚

第一部分　化学品标识

化学品中文名　3,5-二甲苯酚；1-羟基-3,5-二甲基苯；3,5-二甲酚

化学品英文名　3,5-xylenol；3,5-dimethyl phenol
分子式　$C_8H_{10}O$　**分子量**　122.1644
结构式　

化学品的推荐及限制用途　用于有机合成，防腐消毒

第二部分　危险性概述

紧急情况概述　吞咽会中毒，皮肤接触会中毒，造成严重的皮肤灼伤和眼损伤
GHS危险性类别　急性毒性-经口，类别3；急性毒性-经皮，类别3；皮肤腐蚀/刺激，类别1B；严重眼损伤/眼刺激，类别1；危害水生环境-急性危害，类别3
标签要素

象形图　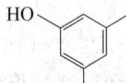

警示词　危险
危险性说明　吞咽会中毒，皮肤接触会中毒，造成严重的皮肤灼伤和眼损伤，对水生生物有害
防范说明

预防措施　避免接触眼睛、皮肤，操作后彻底清洗。作业场所不得进食、饮水或吸烟。戴防护手套，穿防护服。避免吸入粉尘或烟雾。避免接触眼睛皮肤，操作后彻底清洗。戴防护手套，穿防护服，戴防护眼镜、防护面罩。禁止排入环境

事故响应　如吸入：将患者转移到空气新鲜处，休息，保持利于呼吸的体位，立即呼叫中毒控制中心或就医。皮肤（或头发）接触：立即脱掉所有被污染的衣服，用水冲洗皮肤，淋浴，如感觉不适，呼叫中毒控制中心或就医。被污染的衣服必须经洗净后方可重新使用。眼睛接触：用水细心地冲洗数分钟。如戴隐形眼镜并可方便地取出，则取出隐形眼镜，继续冲洗。食入：漱口，不要催吐，立即呼叫中毒控制中心或就医

安全储存　上锁保管
废弃处置　本品及内装物、容器依据国家和地方法规处置
物理和化学危险　可燃，其粉体与空气混合，能形成爆炸性混合物
健康危害　本品蒸气能刺激眼睛、皮肤和呼吸系统。有毒。误服或经皮肤吸收能导致头痛、眩晕、恶心、呕吐、腹痛、衰竭、昏迷等症状。眼和皮肤接触可造成腐蚀性灼伤
环境危害　对水生生物有害

第三部分　成分/组成信息

√ 物质　　　　　　　　混合物

组分	浓度	CAS No.
3,5-二甲苯酚		108-68-9

第四部分　急救措施

吸入　迅速脱离现场至空气新鲜处。保持呼吸道通畅。如呼吸困难，给输氧。呼吸、心跳停止，立即进行心肺复苏术。就医

皮肤接触　立即脱去污染衣物，用大量流动清水彻底冲洗污染创面，同时使用浸过聚乙二醇（PEG400或PEG300）的棉球或浸过30％～50％酒精棉球擦洗创面至无酚味为止（注意不能将患处浸泡于清洗液中）。可继续用4％～5％碳酸氢钠溶液湿敷创面。就医

眼睛接触　立即分开眼睑，用大量流动清水或生理盐水彻底冲洗至少15min。就医

食入　漱口。口服牛奶或蛋清。就医

对保护施救者的忠告　根据需要使用个人防护设备

对医生的特别提示　对症处理

第五部分　消防措施

灭火剂　用雾状水、泡沫、干粉、二氧化碳、砂土灭火

特别危险性　遇高热、明火或与氧化剂接触，有引起燃烧的危险。具有腐蚀性

灭火注意事项及防护措施　消防人员必须佩戴空气呼吸器、穿全身防火防毒服，在上风向灭火。尽可能将容器从火场移至空旷处。喷水保持火场容器冷却，直至灭火结束

第六部分　泄漏应急处理

作业人员防护措施、防护装备和应急处置程序　隔离泄漏污染区，限制出入。消除所有点火源。建议应急处理人员戴防尘口罩，穿防毒服。穿上适当的防护服前严禁接触破裂的容器和泄漏物。尽可能切断泄漏源

环境保护措施　用塑料布覆盖泄漏物，减少飞散

泄漏化学品的收容、清除方法及所使用的处置材料　勿使水进入包装容器内。用洁净的铲子收集泄漏物，置于干净、干燥、盖子较松的容器中，将容器移离泄漏区

第七部分　操作处置与储存

操作注意事项　密闭操作，提供充分的局部排风。防止粉尘释放到车间空气中。操作人员必须经过专门培训，严格遵守操作规程。建议操作人员佩戴防尘面具（全面罩），穿胶布防毒衣，戴橡胶手套。远离火种、热源，工作场所严禁吸烟。使用防爆型的通风系统和设备。避免产生粉尘。避免与氧化剂接触。配备相应品种和数量的消防器材及泄漏应急处理设备。倒空的容器可能残留有害物

储存注意事项　储存于阴凉、通风的库房。远离火种、热源。防止阳光直射。包装密封。应与氧化剂分开存放，切忌混储。配备相应品种和数量的消防器材。储区应备有合适的材料收容泄漏物

第八部分　接触控制/个体防护

职业接触限值

中国　未制定标准

美国（ACGIH）　未制定标准

生物接触限值　未制定标准

监测方法　空气中有毒物质测定方法：未制定标准。生物监测检验方法：未制定标准

工程控制　严加密闭，提供充分的局部排风

个体防护装备

呼吸系统防护　可能接触其粉尘时，必须佩戴防尘面具（全面罩）。紧急事态抢救或撤离时，应该佩戴空气呼吸器

眼睛防护　呼吸系统防护中已作防护

皮肤和身体防护　穿密闭型防毒服

手防护　戴橡胶手套

第九部分　理化特性

外观与性状　白色结晶　　**pH值**　无意义

熔点(℃)　64　　**沸点(℃)**　219.5

相对密度(水=1)　1.0362

相对蒸气密度(空气=1)　无资料

饱和蒸气压(kPa)　0.133（62℃）

临界压力(MPa)　无资料

辛醇/水分配系数　2.35

闪点(℃)　109　　**自燃温度(℃)**　无资料

爆炸下限(%)　无资料　　**爆炸上限(%)**　无资料

分解温度(℃)　无资料

黏度(mPa·s)　2.42（80℃）

燃烧热(kJ/mol)　−4335.72　**临界温度(℃)**　442.4

溶解性　微溶于水，溶于醇

第十部分　稳定性和反应性

稳定性　稳定

危险反应　与强氧化剂等禁配物发生反应

避免接触的条件　无资料　　**禁配物**　强氧化剂

危险的分解产物　无资料

第十一部分　毒理学信息

急性毒性　LD$_{50}$：608mg/kg（大鼠经口），477mg/kg（小鼠经口），1313mg/kg（兔经口）

皮肤刺激或腐蚀　无资料

眼睛刺激或腐蚀　家兔经眼250μg，重度刺激

呼吸或皮肤过敏　无资料　　**生殖细胞突变性**　无资料

致癌性　小鼠经皮最低中毒剂量（TDLo）：4000mg/kg（20周，间歇），按RTECS标准为可疑致肿瘤物，皮肤肿瘤

生殖毒性　无资料

特异性靶器官系统毒性-一次接触　无资料

特异性靶器官系统毒性-反复接触　无资料

吸入危害　无资料

第十二部分　生态学信息

生态毒性　LC$_{50}$：22mg/L（96h）（鱼类）

持久性和降解性

生物降解性　易快速生物降解

非生物降解性　无资料

潜在的生物累积性　根据 K_{ow} 值预测，该物质的生物累积性可能较弱

土壤中的迁移性　根据 K_{oc} 值预测，该物质可能有一定的迁移性

第十三部分　废弃处置

废弃化学品　建议用焚烧法处置

污染包装物　将容器返还生产商或按照国家和地方法规处置

废弃注意事项　在能利用的地方重复使用容器或在规定场所掩埋

第十四部分　运输信息

联合国危险货物编号（UN号）　2261

联合国运输名称　二甲苯酚，固态

联合国危险性类别　6.1

包装类别　Ⅱ　　　　包装标志

海洋污染物　否

运输注意事项　运输前应先检查包装容器是否完整、密封，运输过程中要确保容器不泄漏、不倒塌、不坠落、不损坏。严禁与酸类、氧化剂、食品及食品添加剂混运。运输时运输车辆应配备相应品种和数量的消防器材及泄漏应急处理设备。运输途中应防暴晒、雨淋、防高温。公路运输时要按规定路线行驶，勿在居民区和人口稠密区停留

第十五部分　法规信息

下列法律、法规、规章和标准，对该化学品的管理作了相应的规定。

中华人民共和国职业病防治法　职业病分类和目录：未列入

危险化学品安全管理条例　危险化学品目录：列入。易制爆危险化学品名录：未列入。重点监管的危险化学品名录：未列入。GB 18218—2009《危险化学品重大危险源辨识》（表1）：未列入

使用有毒物品作业场所劳动保护条例　高毒物品目录：未列入

易制毒化学品管理条例　易制毒化学品的分类和品种目录：未列入

国际公约　斯德哥尔摩公约：未列入。鹿特丹公约：未列入。蒙特利尔议定书：未列入

第十六部分　其他信息

编写和修订信息　　缩略语和首字母缩写

培训建议　　　　　参考文献

免责声明

二甲次胂酸

第一部分　化学品标识

化学品中文名　二甲次胂酸；二甲胂酸；羟基二甲基氧化胂；二甲基胂酸

化学品英文名　cacodylic acid；hydroxydimethyl arsine oxide；dimethylarsinic acid

分子式　$C_2H_7AsO_2$　分子量　137.9974

结构式　

$$\begin{array}{c} O \\ \| \\ -As- \\ | \\ OH \end{array}$$

化学品的推荐及限制用途　用作除草剂，也用于制药物、香料、染料等

第二部分　危险性概述

紧急情况概述　吞咽会中毒，吸入会中毒，可能致癌

GHS危险性类别　急性毒性-经口，类别3；急性毒性-吸入，类别3；致癌性，类别1A；危害水生环境-急性危害，类别1；危害水生环境-长期危害，类别1

标签要素

象形图　　

警示词　危险

危险性说明　吞咽会中毒，吸入会中毒，可能致癌，对水生生物毒性非常大并具有长期持续影响

防范说明

预防措施　避免接触眼睛、皮肤，操作后彻底清洗。作业场所不得进食、饮水或吸烟。避免吸入粉尘。仅在室外或通风良好处操作。得到专门指导后操作。在阅读并了解所有安全预防措施之前，切勿操作。按要求使用个体防护装备。禁止排入环境

事故响应　如吸入：将患者转移到空气新鲜处，休息，保持利于呼吸的体位，呼叫中毒控制中心或就医。食入：立即呼叫中毒控制中心或就医，漱口。如果接触或有担心，就医。收集泄漏物

安全储存　在通风良好处储存。保持容器密闭。上锁保管

废弃处置　本品及内装物、容器依据国家和地方法规处置

物理和化学危险　可燃，其粉体与空气混合，能形成爆炸性混合物

健康危害　食入、吸入有毒。对眼睛和皮肤具刺激作用

环境危害　对水生生物毒性非常大并具有长期持续影响

第三部分　成分/组成信息

√ 物质　　　　　　　　混合物

组分	浓度	CAS No.
二甲次胂酸		75-60-5

第四部分　急救措施

吸入　迅速脱离现场至空气新鲜处。保持呼吸道通畅。如呼吸困难，给输氧。如呼吸、心跳停止，立即进行心肺复苏术。就医

皮肤接触 立即脱去污染的衣着，用肥皂水和清水彻底冲洗。就医

眼睛接触 立即分开眼睑，用流动清水或生理盐水彻底冲洗。就医

食入 催吐、彻底洗胃，洗胃后服活性炭30～50g（用水调成浆状），而后再服用硫酸镁或硫酸钠导泻。就医

对保护施救者的忠告 根据需要使用个人防护设备

对医生的特别提示 解毒剂有二巯基丙磺酸钠、二巯基丁二酸钠等

第五部分 消防措施

灭火剂 用雾状水、泡沫、干粉、二氧化碳、砂土灭火

特别危险性 遇明火、高热可燃。其粉体与空气可形成爆炸性混合物，当达到一定浓度时，遇火星会发生爆炸。遇高热分解释出高毒烟气

灭火注意事项及防护措施 消防人员必须佩戴防毒面具、穿全身消防服，在上风向灭火。尽可能将容器从火场移至空旷处。喷水保持火场容器冷却，直至灭火结束

第六部分 泄漏应急处理

作业人员防护措施、防护装备和应急处置程序 隔离泄漏污染区，限制出入。建议应急处理人员戴防尘口罩，穿防毒服。穿上适当的防护服前严禁接触破裂的容器和泄漏物。尽可能切断泄漏源

环境保护措施 用塑料布覆盖泄漏物，减少飞散

泄漏化学品的收容、清除方法及所使用的处置材料 勿使水进入包装容器内。用洁净的铲子收集泄漏物，置于干净、干燥、盖子较松的容器中，将容器移离泄漏区

第七部分 操作处置与储存

操作注意事项 密闭操作，局部排风。防止粉尘释放到车间空气中。操作人员必须经过专门培训，严格遵守操作规程。建议操作人员佩戴自吸过滤式防尘口罩，戴化学安全防护眼镜，穿防毒物渗透工作服，戴橡胶手套。远离火种、热源，工作场所严禁吸烟。使用防爆型的通风系统和设备。避免产生粉尘。避免与氧化剂、碱类接触。配备相应品种和数量的消防器材及泄漏应急处理设备。倒空的容器可能残留有害物

储存注意事项 储存于阴凉、通风的库房。远离火种、热源。防止阳光直射。包装密封。应与氧化剂、碱类、食用化学品分开存放，切忌混储。配备相应品种和数量的消防器材。储区应备有合适的材料收容泄漏物

第八部分 接触控制/个体防护

职业接触限值

中国 未制定标准

美国（ACGIH） 未制定标准

生物接触限值 未制定标准

监测方法 空气中有毒物质测定方法：未制定标准。生物监测检验方法：未制定标准

工程控制 密闭操作，局部排风

个体防护装备

呼吸系统防护 空气中粉尘浓度超标时，必须佩戴过滤式防尘呼吸器。紧急事态抢救或撤离时，应该佩戴空气呼吸器

眼睛防护 戴化学安全防护眼镜

皮肤和身体防护 穿防毒物渗透工作服

手防护 戴橡胶手套

第九部分 理化特性

外观与性状 无色结晶，无臭，有吸湿性

pH值 无意义 **熔点(℃)** 195～196

沸点(℃) 无资料

相对密度（水＝1） ＞1.1(20℃)

相对蒸气密度（空气＝1） 无资料

饱和蒸气压(kPa) 无资料

临界压力(MPa) 无资料 **辛醇/水分配系数** 无资料

闪点(℃) 无意义 **自燃温度(℃)** 无资料

爆炸下限(%) 无资料 **爆炸上限(%)** 无资料

分解温度(℃) 无资料 **黏度(mPa·s)** 无资料

燃烧热(kJ/mol) 无资料 **临界温度(℃)** 无资料

溶解性 溶于水、乙酸，易溶于乙醇，不溶于乙醚

第十部分 稳定性和反应性

稳定性 稳定

危险反应 与强氧化剂、强碱等禁配物发生反应

避免接触的条件 无资料

禁配物 强氧化剂、强碱

危险的分解产物 氧化砷

第十一部分 毒理学信息

急性毒性 LD_{50}：644mg/kg（大鼠经口）；1200mg/kg（小鼠经口）

皮肤刺激或腐蚀 家兔经皮：2600mg/m^3 2h，引起刺激

眼睛刺激或腐蚀 家兔经眼：2600mg/m^3 2h，引起刺激

呼吸或皮肤过敏 无资料

生殖细胞突变性 微生物致突变：酿酒酵母2ppb。微核试验：小鼠腹腔内7900mg/kg（24h）。细胞遗传学分析：人成纤维细胞700μmol/L。性染色体缺失和不分离：人肺12500nmol/L。DNA损伤：人成纤维细胞500μmol/L（2h）。微核试验：人肺 12.5μmol/L（30h）

致癌性 IARC致癌性评论：动物致癌性证据不足

生殖毒性 大鼠孕后7～16d，经口给予400mg/kg，致肌肉骨骼系统发育畸形。大鼠孕后7～16d经口给予300mg/kg，致颅面部（包括鼻和舌部）发育畸形。小鼠孕后8d经口给予1600mg/kg，致中枢神经系统发育畸形。大鼠经口最低中毒剂量（TDLo）：500mg/kg（孕7～16d），死胎。小鼠经口最低中毒剂量（TDLo）：4g/kg（孕7～16d），有胚胎毒性，引起颅面（包括鼻、舌）和肌肉骨骼系统发育异常

特异性靶器官系统毒性--一次接触 无资料

特异性靶器官系统毒性-反复接触 无资料

吸入危害 无资料

第十二部分　生态学信息

生态毒性　含砷化合物对水生生物有极高毒性

持久性和降解性

　　生物降解性　无资料

　　非生物降解性　无资料

潜在的生物累积性　无资料

土壤中的迁移性　无资料

第十三部分　废弃处置

废弃化学品　在污水处理厂处理和中和。若可能，重复使用容器或在规定场所掩埋

污染包装物　将容器返还生产商或按照国家和地方法规处置

废弃注意事项　处置前应参阅国家和地方有关法规

第十四部分　运输信息

联合国危险货物编号（UN 号）　1572

联合国运输名称　卡可基酸（二甲次砷酸）

联合国危险性类别　6.1

包装类别　Ⅱ　　　　　　**包装标志**

海洋污染物　是

运输注意事项　运输前应先检查包装容器是否完整、密封，运输过程中要确保容器不泄漏、不倒塌、不坠落、不损坏。严禁与酸类、氧化剂、食品及食品添加剂混运。运输时运输车辆应配备相应品种和数量的消防器材及泄漏应急处理设备。运输途中应防暴晒、雨淋，防高温。公路运输时要按规定路线行驶，勿在居民区和人口稠密区停留

第十五部分　法规信息

　　下列法律、法规、规章和标准，对该化学品的管理作了相应的规定。

中华人民共和国职业病防治法　职业病分类和目录：砷及其化合物中毒

危险化学品安全管理条例　危险化学品目录：列入。易制爆危险化学品名录：未列入。重点监管的危险化学品名录：未列入。GB 18218—2009《危险化学品重大危险源辨识》（表 1）：未列入

使用有毒物品作业场所劳动保护条例　高毒物品目录：未列入

易制毒化学品管理条例　易制毒化学品的分类和品种录：未列入

国际公约　斯德哥尔摩公约：未列入。鹿特丹公约：未列入。蒙特利尔议定书：未列入

第十六部分　其他信息

编写和修订信息　　　缩略语和首字母缩写

培训建议　　　　　　参考文献

免责声明

二甲基氨基甲酰氯

第一部分　化学品标识

化学品中文名　二甲基氨基甲酰氯

化学品英文名　dimethylcarbamyl chloride；*N*,*N*-dimethylcarbamyl chloride

分子式　C_3H_6ClNO　**分子量**　107.539

结构式　

化学品的推荐及限制用途　用于有机合成

第二部分　危险性概述

紧急情况概述　吞咽有害，吸入会中毒，造成皮肤刺激，造成严重眼刺激，可能致癌，可能引起呼吸道刺激

GHS 危险性类别　急性毒性-经口，类别 4；急性毒性-吸入，类别 3；皮肤腐蚀/刺激，类别 2；严重眼损伤/眼刺激，类别 2；致癌性，类别 1B；特异性靶器官毒性——次接触，类别 3（呼吸道刺激）

标签要素

象形图　

警示词　危险

危险性说明　吞咽有害，吸入会中毒，造成皮肤刺激，造成严重眼刺激，可能致癌，可能引起呼吸道刺激

防范说明

　　预防措施　避免接触眼睛、皮肤，操作后彻底清洗。作业场所不得进食、饮水或吸烟。避免吸入蒸气、雾。仅在室外或通风良好处操作。戴防护手套、防护眼镜、防护面罩。得到专门指导后操作。在阅读并了解所有安全预防措施之前，切勿操作。按要求使用个体防护装备

　　事故响应　如吸入：将患者转移到空气新鲜处，休息，保持利于呼吸的体位，呼叫中毒控制中心或就医。皮肤接触：用大量肥皂水和水清洗，脱去被污染的衣服，如发生皮肤刺激，就医。被污染的衣服必须经洗净后方可重新使用。如接触眼睛：用水细心冲洗数分钟。如戴隐形眼镜并可方便地取出，取出隐形眼镜，继续冲洗。如果眼睛刺激持续：就医。食入：如果感觉不适，立即呼叫中毒控制中心或就医，漱口。如果接触或有担心，就医

　　安全储存　在通风良好处储存。保持容器密闭。上锁保管

　　废弃处置　本品及内装物、容器依据国家和地方法规处置

物理和化学危险　可燃。遇水产生刺激性气体

健康危害　对眼睛、黏膜、呼吸道和皮肤有强烈刺激作用。吸入后，可因喉、支气管的痉挛、炎症、水肿，化学性肺炎或肺水肿而致死。中毒表现有咳嗽、喘

息、气短、喉炎、头痛、恶心和呕吐

环境危害 对环境可能有害

第三部分 成分/组成信息

√物质　　　　　　混合物

组分	浓度	CAS No.
二甲基氨基甲酰氯		79-44-7

第四部分 急救措施

吸入 迅速脱离现场至空气新鲜处。保持呼吸道通畅。如呼吸困难，给输氧。呼吸、心跳停止，立即进行心肺复苏术。就医

皮肤接触 立即脱去污染的衣着，用流动清水彻底冲洗。就医

眼睛接触 立即分开眼睑，用流动清水或生理盐水彻底冲洗。就医

食入 漱口，饮水。就医

对保护施救者的忠告 根据需要使用个人防护设备

对医生的特别提示 对症处理

第五部分 消防措施

灭火剂 用干粉、二氧化碳、砂土灭火

特别危险性 可燃。遇高热、明火或与氧化剂接触，有引起燃烧的危险。遇水或水蒸气反应放热并产生有毒的腐蚀性气体

灭火注意事项及防护措施 消防人员必须穿全身耐酸碱消防服、佩戴空气呼吸器灭火。尽可能将容器从火场移至空旷处。处在火场中的容器若已变色或从安全泄压装置中发出声音，必须马上撤离。禁止用水、泡沫和酸碱灭火剂灭火

第六部分 泄漏应急处理

作业人员防护措施、防护装备和应急处置程序 根据液体流动和蒸气扩散的影响区域划定警戒区，无关人员从侧风、上风向撤离至安全区。建议应急处理人员戴正压自给式呼吸器，穿防酸碱服。作业时使用的所有设备应接地。穿上适当的防护服前严禁接触破裂的容器和泄漏物。尽可能切断泄漏源

环境保护措施 防止泄漏物进入水体、下水道、地下室或有限空间

泄漏化学品的收容、清除方法及所使用的处置材料 严禁用水处理。小量泄漏：用干燥的砂土或其他不燃材料覆盖泄漏物。大量泄漏：构筑围堤或挖坑收容。用耐腐蚀泵转移至槽车或专用收集器内

第七部分 操作处置与储存

操作注意事项 密闭操作，局部排风。操作人员必须经过专门培训，严格遵守操作规程。建议操作人员佩戴自吸过滤式防毒面具（全面罩），穿橡胶耐酸碱服，戴橡胶耐酸碱手套。远离火种、热源，工作场所严禁吸烟。使用防爆型的通风系统和设备。防止蒸气泄漏到工作场所空气中。避免与氧化剂、碱类接触。尤其要注意避免与水接触。搬运时要轻装轻卸，防止包装及

容器损坏。配备相应品种和数量的消防器材及泄漏应急处理设备。倒空的容器可能残留有害物

储存注意事项 储存于阴凉、干燥、通风良好的库房。远离火种、热源。保持容器密封。应与氧化剂、碱类、食用化学品分开存放，切忌混储。配备相应品种和数量的消防器材。储区应备有泄漏应急处理设备和合适的收容材料

第八部分 接触控制/个体防护

职业接触限值

中国 未制定标准

美国（ACGIH） TLV-TWA：0.005ppm

生物接触限值 未制定标准

监测方法 空气中有毒物质测定方法：未制定标准。生物监测检验方法：未制定标准

工程控制 密闭操作，局部排风。提供安全淋浴和洗眼设备

个体防护装备

呼吸系统防护 空气中浓度超标时，必须佩戴过滤式防毒面具（全面罩）。紧急事态抢救或撤离时，应该佩戴空气呼吸器

眼睛防护 呼吸系统防护中已作防护

皮肤和身体防护 穿橡胶耐酸碱服

手防护 戴橡胶耐酸碱手套

第九部分 理化特性

外观与性状 无色透明液体

pH值 无资料	**熔点(℃)** -33
沸点(℃) 167~168	**相对密度(水=1)** 1.168
相对蒸气密度(空气=1) 3.73	
饱和蒸气压(kPa) 无资料	
临界压力(MPa) 无资料	**辛醇/水分配系数** 无资料
闪点(℃) 68.33	**自燃温度(℃)** 无资料
爆炸下限(%) 无资料	**爆炸上限(%)** 无资料
分解温度(℃) 无资料	**黏度(mPa·s)** 无资料
燃烧热(kJ/mol) 无资料	**临界温度(℃)** 无资料

溶解性 溶于乙醇

第十部分 稳定性和反应性

稳定性 稳定

危险反应 与强氧化剂、强碱、水、碱类等禁配物发生反应。遇水或水蒸气反应放热并产生有毒的腐蚀性气体

避免接触的条件 潮湿空气

禁配物 强氧化剂、强碱、水、碱类

危险的分解产物 氮氧化物、氯化氢

第十一部分 毒理学信息

急性毒性 LD_{50}：1000mg/kg（大鼠经口）。LC_{50}：180ppm（大鼠吸入，6h）

皮肤刺激或腐蚀 无资料　　**眼睛刺激或腐蚀** 无资料

呼吸或皮肤过敏 无资料　　**生殖细胞突变性** 微生物致突变：鼠伤寒沙门氏菌33μg/皿。DNA修复：大肠杆菌100μg/皿。程序外DNA合成：人成纤维细胞

$32\mu g/L$。细胞遗传学分析：仓鼠卵巢 33 uL/L。姐妹染色单体交换：仓鼠肺 $100\mu mol/L$

致癌性　IARC 致癌性评论：组 2A，对人类很可能是致癌物

生殖毒性　无资料

特异性靶器官系统毒性-一次接触　无资料

特异性靶器官系统毒性-反复接触　无资料

吸入危害　无资料

第十二部分　生态学信息

生态毒性　无资料

持久性和降解性

　生物降解性　无资料

　非生物降解性　无资料

潜在的生物累积性　无资料

土壤中的迁移性　无资料

第十三部分　废弃处置

废弃化学品　建议用焚烧法处置。与燃料混合后，再焚烧。焚烧炉排出的气体要通过洗涤器除去

污染包装物　将容器返还生产商或按照国家和地方法规处置

废弃注意事项　处置前应参阅国家和地方有关法规

第十四部分　运输信息

联合国危险货物编号（UN号）　2262

联合国运输名称　二甲氨基甲酰氯

联合国危险性类别　8

包装类别　Ⅱ　　　　　　**包装标志**

海洋污染物　否

运输注意事项　起运时包装要完整，装载应稳妥。运输过程中要确保容器不泄漏、不倒塌、不坠落、不损坏。严禁与氧化剂、碱类、食用化学品等混装混运。运输时运输车辆应配备相应品种和数量的消防器材及泄漏应急处理设备。运输途中应防暴晒、雨淋，防高温。公路运输时要按规定路线行驶，勿在居民区和人口稠密区停留

第十五部分　法规信息

　下列法律、法规、规章和标准，对该化学品的管理作了相应的规定。

中华人民共和国职业病防治法　职业病分类和目录：未列入

危险化学品安全管理条例　危险化学品目录：列入。易制爆危险化学品名录：未列入。重点监管的危险化学品名录：未列入。GB 18218—2009《危险化学品重大危险源辨识》（表1）：未列入

使用有毒物品作业场所劳动保护条例　高毒物品目录：未列入

易制毒化学品管理条例　易制毒化学品的分类和品种目

录：未列入

国际公约　斯德哥尔摩公约：未列入。鹿特丹公约：未列入。蒙特利尔议定书：未列入

第十六部分　其他信息

编写和修订信息　　缩略语和首字母缩写

培训建议　　　　　参考文献

免责声明

二甲基氨基乙腈

第一部分　化学品标识

化学品中文名　二甲基氨基乙腈；N,N-二甲基氨基乙腈；2-（二甲氨基）乙腈

化学品英文名　N,N-dimethylaminoacetonitrile；2-dimethylaminoacetonitrile

分子式　$C_4H_8N_2$　**分子量**　84.1197

结构式

化学品的推荐及限制用途　用作中间体

第二部分　危险性概述

紧急情况概述　高度易燃液体和蒸气，吞咽致命，皮肤接触会致命

GHS危险性类别　易燃液体，类别2；急性毒性-经口，类别2；急性毒性-经皮，类别1

标签要素

象形图

警示词　危险

危险性说明　高度易燃液体和蒸气，吞咽致命，皮肤接触会致命

防范说明

　预防措施　远离热源、火花、明火、热表面。保持容器密闭。容器和接收设备接地连接。使用防爆型电器、通风、照明设备。只能使用不产生火花的工具。采取防止静电措施。戴防护手套、防护眼镜、防护面罩，穿防护服。避免接触眼睛、皮肤或衣服，操作后彻底清洗。作业场所不得进食、饮水或吸烟

　事故响应　火灾时，使用干粉、二氧化碳、砂土灭火。如皮肤（或头发）接触：立即脱掉所有被污染的衣服，用水冲洗皮肤，淋浴。食入：立即呼叫中毒控制中心或就医，漱口

　安全储存　存放在通风良好的地方。保持低温。上锁保管

　废弃处置　本品及内装物、容器依据国家和地方法规处置

物理和化学危险　易燃，其蒸气与空气混合，能形成爆炸性混合物

健康危害　吸入、摄入或经皮吸收后引起中毒，有刺激作

用。本品与水、蒸汽或酸接触能产生有毒烟雾

环境危害 对环境可能有害

第三部分 成分/组成信息

√ 物质 混合物

组分	浓度	CAS No.
二甲基氨基乙腈		926-64-7

第四部分 急救措施

吸入 迅速脱离现场至空气新鲜处。保持呼吸道通畅。如呼吸困难，给输氧。如呼吸、心跳停止，立即进行心肺复苏术。就医

皮肤接触 立即脱去污染的衣着，用肥皂水和流动清水彻底冲洗。就医

眼睛接触 立即分开眼睑，用流动清水或生理盐水彻底冲洗。就医

食入 催吐（仅限于清醒者），给服活性炭悬液。就医

对保护施救者的忠告 根据需要使用个人防护设备

对医生的特别提示 使用亚硝酸钠、硫代硫酸钠、4-二甲基氨基苯酚等解毒剂

第五部分 消防措施

灭火剂 用干粉、二氧化碳、砂土灭火

特别危险性 其蒸气与空气可形成爆炸性混合物，遇明火、高热能引起燃烧爆炸。与氧化剂可发生反应。与水、水蒸气或酸接触能产生有毒烟雾。若遇高热，容器内压增大，有开裂和爆炸的危险

灭火注意事项及防护措施 消防人员必须佩戴空气呼吸器、穿全身防火防毒服，在上风向灭火。尽可能将容器从火场移至空旷处。喷水保持火场容器冷却，直至灭火结束。处在火场中的容器若已变色或从安全泄压装置中发出声音，必须马上撤离。禁止用水和泡沫灭火

第六部分 泄漏应急处理

作业人员防护措施、防护装备和应急处置程序 消除所有点火源。根据液体流动和蒸气扩散的影响区域划定警戒区，无关人员从侧风、上风向撤离至安全区。建议应急处理人员戴正压自给式呼吸器，穿防毒、防静电服。作业时使用的所有设备应接地。禁止接触或跨越泄漏物。尽可能切断泄漏源

环境保护措施 防止泄漏物进入水体、下水道、地下室或有限空间

泄漏化学品的收容、清除方法及所使用的处置材料 小量泄漏：用砂土或其他不燃材料吸收。使用洁净的无火花工具收集吸收材料。大量泄漏：构筑围堤或挖坑收容。用抗溶性泡沫覆盖，减少蒸发。用防爆泵转移至槽车或专用收集器内

第七部分 操作处置与储存

操作注意事项 严加密闭，提供充分的局部排风和全面通风。尽可能采取隔离操作。操作人员必须经过专门培训，严格遵守操作规程。建议操作人员佩戴自吸过

滤式防毒面具（全面罩），穿胶布防毒衣，戴橡胶耐油手套。远离火种、热源，工作场所严禁吸烟。使用防爆型的通风系统和设备。防止蒸气泄漏到工作场所空气中。避免与氧化剂、还原剂、酸类、碱类接触。尤其要注意避免与水接触。搬运时要轻装轻卸，防止包装及容器损坏。配备相应品种和数量的消防器材及泄漏应急处理设备。倒空的容器可能残留有害物

储存注意事项 储存于阴凉、通风良好的专用库房内，实行"双人收发、双人保管"制度。远离火种、热源。库温不宜超过37℃，应与氧化剂、还原剂、酸类、碱类、食用化学品分开存放，切忌混储。采用防爆型照明、通风设施。禁止使用易产生火花的机械设备和工具。储区应备有泄漏应急处理设备和合适的收容材料

第八部分 接触控制/个体防护

职业接触限值

中国 未制定标准

美国（ACGIH） 未制定标准

生物接触限值 未制定标准

监测方法 空气中有毒物质测定方法：未制定标准。生物监测检验方法：未制定标准

工程控制 严加密闭，提供充分的局部排风和全面通风。尽可能采取隔离操作

个体防护装备

呼吸系统防护 空气中浓度超标时，必须佩戴过滤式防毒面具（全面罩）。紧急事态抢救或撤离时，应该佩戴空气呼吸器

眼睛防护 呼吸系统防护中已作防护

皮肤和身体防护 穿密闭型防毒服

手防护 戴橡胶耐油手套

第九部分 理化特性

外观与性状 无色至淡黄色液体

pH 值 无资料	**熔点(℃)** 无资料
沸点(℃) 137~138	**相对密度(水=1)** 0.86
相对蒸气密度(空气=1) 无资料	
饱和蒸气压(kPa) 101.1 (137℃)	
临界压力(MPa) 无资料	**辛醇/水分配系数** 无资料
闪点(℃) 36.67	**自燃温度(℃)** 无资料
爆炸下限(%) 无资料	**爆炸上限(%)** 无资料
分解温度(℃) 无资料	**黏度(mPa·s)** 无资料
燃烧热(kJ/mol) 无资料	**临界温度(℃)** 无资料

溶解性 与水混溶

第十部分 稳定性和反应性

稳定性 稳定

危险反应 与强氧化剂、强还原剂、强酸、强碱等禁配物接触，有发生火灾和爆炸的危险。与水、水蒸气或酸接触能产生有毒烟雾

避免接触的条件 潮湿空气

禁配物 强氧化剂、强还原剂、强酸、强碱

危险的分解产物　氮氧化物、氰化氢

第十一部分　毒理学信息

急性毒性　LD$_{50}$：50mg/kg（大鼠经口）；32mg/kg（兔经皮）。LC$_{50}$：250 ppm（大鼠吸入，4h）
皮肤刺激或腐蚀　无资料　　**眼睛刺激或腐蚀**　无资料
呼吸或皮肤过敏　无资料　　**生殖细胞突变性**　无资料
致癌性　无资料　　　　　**生殖毒性**　无资料
特异性靶器官系统毒性-一次接触　无资料
特异性靶器官系统毒性-反复接触　无资料
吸入危害　无资料

第十二部分　生态学信息

生态毒性　无资料
持久性和降解性
　生物降解性　无资料
　非生物降解性　无资料
潜在的生物累积性　无资料
土壤中的迁移性　无资料

第十三部分　废弃处置

废弃化学品　建议用焚烧法处置。焚烧炉排出的氮氧化物通过洗涤器除去
污染包装物　将容器返还生产商或按照国家和地方法规处置
废弃注意事项　处置前应参阅国家和地方有关法规

第十四部分　运输信息

联合国危险货物编号（UN号）　2378
联合国运输名称　2-(二甲氨基)乙腈
联合国危险性类别　3，6.1
包装类别　Ⅱ
包装标志　
海洋污染物　否
运输注意事项　运输时运输车辆应配备相应品种和数量的消防器材及泄漏应急处理设备。夏季最好早晚运输。运输时所用的槽（罐）车应有接地链，槽内可设孔隔板以减少震荡产生的静电。严禁与氧化剂、还原剂、酸类、碱类、食用化学品等混装混运。运输途中应防暴晒、雨淋，防高温。中途停留时应远离火种、热源、高温区。装运该物品的车辆排气管必须配备阻火装置，禁止使用易产生火花的机械设备和工具装卸。公路运输时要按规定路线行驶，勿在居民区和人口稠密区停留。铁路运输时要禁止溜放。严禁用木船、水泥船散装运输

第十五部分　法规信息

下列法律、法规、规章和标准，对该化学品的管理作了相应的规定。
中华人民共和国职业病防治法　职业病分类和目录：氰及腈类化合物中毒

危险化学品安全管理条例　危险化学品目录：列入，作为剧毒化学品进行管理。易制爆危险化学品名录：未列入。重点监管的危险化学品名录：未列入。GB 18218—2009《危险化学品重大危险源辨识》（表1）：未列入
使用有毒物品作业场所劳动保护条例　高毒物品目录：未列入
易制毒化学品管理条例　易制毒化学品的分类和品种目录：未列入
国际公约　斯德哥尔摩公约：未列入。鹿特丹公约：未列入。蒙特利尔议定书：未列入

第十六部分　其他信息

编写和修订信息　　**缩略语和首字母缩写**
培训建议　　**参考文献**
免责声明

3,4-二甲基苯胺

第一部分　化学品标识

化学品中文名　3,4-二甲基苯胺；3,4-二甲苯胺；1-氨基-3,4-二甲苯；1-氨基-3,4-二甲基苯；4-氨基邻二甲苯
化学品英文名　3,4-xylidine；3,4-dimethylaniline
分子式　C$_8$H$_{11}$N　**分子量**　121.1796
结构式　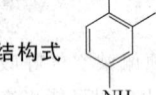
化学品的推荐及限制用途　用作染料中间体及用于有机合成

第二部分　危险性概述

紧急情况概述　吞咽有害
GHS危险性类别　急性毒性-经口，类别4；特异性靶器官毒性-反复接触，类别2；危害水生环境-急性危害，类别2；危害水生环境-长期危害，类别2
标签要素
象形图　
警示词　危险
危险性说明　吞咽有害，长时间或反复接触可能对器官造成损伤，对水生生物有毒并具有长期持续影响
防范说明
　预防措施　避免接触眼睛、皮肤，操作后彻底清洗。作业场所不得进食、饮水或吸烟。避免吸入粉尘。禁止排入环境
　事故响应　食入：如果感觉不适，立即呼叫中毒控制中心或就医，漱口。如感觉不适，就医。收集泄漏物
　安全储存　—

废弃处置　本品及内装物、容器依据国家和地方法规处置

物理和化学危险　可燃，其粉体与空气混合，能形成爆炸性混合物

健康危害　吸入、摄入或经皮肤吸收后会中毒。进入体内，可形成高铁血红蛋白，引起紫绀、头痛、眩晕、恶心等

环境危害　对水生生物有毒并具有长期持续影响

第三部分　成分/组成信息

√物质　　　　　混合物

组分	浓度	CAS No.
3,4-二甲基苯胺		95-64-7

第四部分　急救措施

吸入　迅速脱离现场至空气新鲜处。保持呼吸道通畅。如呼吸困难，给吸氧。如呼吸、心跳停止，立即进行心肺复苏术。就医

皮肤接触　立即脱去污染衣着，用肥皂水或清水彻底冲洗。就医

眼睛接触　分开眼睑，用清水或生理盐水冲洗。就医

食入　漱口，饮水。就医

对保护施救者的忠告　根据需要使用个人防护设备

对医生的特别提示　高铁血红蛋白血症，可用亚甲蓝和维生素C治疗

第五部分　消防措施

灭火剂　用雾状水、泡沫、干粉、二氧化碳、砂土灭火

特别危险性　遇明火、高热可燃。其粉体与空气可形成爆炸性混合物，当达到一定浓度时，遇火星会发生爆炸。与氧化剂可发生反应。受高热分解放出有毒的气体

灭火注意事项及防护措施　消防人员必须佩戴空气呼吸器、穿全身防火防毒服，在上风向灭火。尽可能将容器从火场移至空旷处。喷水保持火场容器冷却，直至灭火结束

第六部分　泄漏应急处理

作业人员防护措施、防护装备和应急处置程序　隔离泄漏污染区，限制出入。消除所有点火源。建议应急处理人员戴防尘口罩，穿防毒服。穿上适当的防护服前严禁接触破裂的容器和泄漏物。尽可能切断泄漏源

环境保护措施　用塑料布覆盖泄漏物，减少飞散

泄漏化学品的收容、清除方法及所使用的处置材料　勿使水进入包装容器内。用洁净的铲子收集泄漏物，置于干净、干燥、盖子较松的容器中，将容器移离泄漏区

第七部分　操作处置与储存

操作注意事项　密闭操作，全面通风。防止粉尘释放到车间空气中。操作人员必须经过专门培训，严格遵守操作规程。建议操作人员佩戴自吸过滤式防尘口罩，戴化学安全防护眼镜，穿透气型防毒服，戴防化学品手套。远离火种、热源，工作场所严禁吸烟。使用防爆型的通风系统和设备。避免产生粉尘。避免与氧化剂、酸类、酸酐、酰基氯、卤素接触。配备相应品种和数量的消防器材及泄漏应急处理设备。倒空的容器可能残留有害物

储存注意事项　储存于阴凉、通风的库房。远离火种、热源。防止阳光直射。包装密封。应与氧化剂、酸类、酸酐、酰基氯、卤素分开存放，切忌混储。配备相应品种和数量的消防器材。储区应备有合适的材料收容泄漏物

第八部分　接触控制/个体防护

职业接触限值
　中国　未制定标准
　美国（ACGIH）　未制定标准

生物接触限值　未制定标准

监测方法　空气中有毒物质测定方法：未制定标准。生物监测检验方法：未制定标准

工程控制　生产过程密闭，全面通风

个体防护装备
　呼吸系统防护　空气中粉尘浓度较高时，建议佩戴过滤式防尘呼吸器
　眼睛防护　戴化学安全防护眼镜
　皮肤和身体防护　穿透气型防毒服
　手防护　戴防化学品手套

第九部分　理化特性

外观与性状　灰白色片状或柱状结晶

pH值　无意义　　　　　**熔点（℃）**　49～51

沸点（℃）　226

相对密度（水=1）　1.076（18℃）

相对蒸气密度（空气=1）　无资料

饱和蒸气压（kPa）　无资料

临界压力（MPa）　无资料

辛醇/水分配系数　1.7～2.21

闪点（℃）　98.33　　　　**自燃温度（℃）**　无资料

爆炸下限（%）　无资料　　**爆炸上限（%）**　无资料

分解温度（℃）　无资料　　**黏度（mPa·s）**　无资料

燃烧热（kJ/mol）　无资料　**临界温度（℃）**　无资料

溶解性　不溶于水，溶于石油醚、乙醚、醇

第十部分　稳定性和反应性

稳定性　稳定

危险反应　与强氧化剂、强酸、酸酐、酰基氯、卤素等禁配物发生反应

避免接触的条件　无资料

禁配物　强氧化剂、强酸、酸酐、酰基氯、卤素

危险的分解产物　氮氧化物

第十一部分　毒理学信息

急性毒性　LD_{50}：812mg/kg（大鼠经口），707mg/kg（小鼠经口）

皮肤刺激或腐蚀　无资料　**眼睛刺激或腐蚀**　无资料

呼吸或皮肤过敏　无资料

生殖细胞突变性 微生物致突变：鼠伤寒沙门氏菌 5μmol/皿。DNA抑制：小鼠腹腔内 100mg/kg

致癌性 无资料 　　　**生殖毒性** 无资料

特异性靶器官系统毒性-一次接触 无资料

特异性靶器官系统毒性-反复接触 无资料

吸入危害 无资料

第十二部分　生态学信息

生态毒性 LC$_{50}$：＞98mg/L（96h）（青鳉，OECD 203）。

EC$_{50}$：1.1mg/L（48h）（大型溞，OECD 202）。

ErC$_{50}$：8.6mg/L（72h）（藻类，OECD 201）。

NOEC：0.0095mg/L（21d）（大型溞，OECD 211）

持久性和降解性

生物降解性 不易快速生物降解

非生物降解性 无资料

潜在的生物累积性 无资料

土壤中的迁移性 无资料

第十三部分　废弃处置

废弃化学品 建议用焚烧法处置。在能利用的地方重复使用容器或在规定场所掩埋

污染包装物 将容器返还生产商或按照国家和地方法规处置

废弃注意事项 处置前应参阅国家和地方有关法规

第十四部分　运输信息

联合国危险货物编号（UN号） 3452

联合国运输名称 固态二甲基苯胺

联合国危险性类别 6.1

包装类别 Ⅱ 　　　　　　**包装标志**

海洋污染物 是

运输注意事项 运输前应先检查包装容器是否完整、密封，运输过程中要确保容器不泄漏、不倒塌、不坠落、不损坏。严禁与酸类、氧化剂、食品及食品添加剂混运。运输时运输车辆应配备相应品种和数量的消防器材及泄漏应急处理设备。运输途中应防暴晒、雨淋，防高温。公路运输时要按规定路线行驶，勿在居民区和人口稠密区停留

第十五部分　法规信息

下列法律、法规、规章和标准，对该化学品的管理作了相应的规定。

中华人民共和国职业病防治法 职业病分类和目录：苯的氨基及硝基化合物中毒

危险化学品安全管理条例 危险化学品目录：列入。易制爆危险化学品名录：未列入。重点监管的危险化学品名录：未列入。GB 18218—2009《危险化学品重大危险源辨识》（表1）：未列入

使用有毒物品作业场所劳动保护条例 高毒物品目录：未列入

易制毒化学品管理条例 易制毒化学品的分类和品种目录：未列入

国际公约 斯德哥尔摩公约：未列入。鹿特丹公约：未列入。蒙特利尔议定书：未列入

第十六部分　其他信息

编写和修订信息 缩略语和首字母缩写

培训建议 参考文献

免责声明

3,5-二甲基苯胺

第一部分　化学品标识

化学品中文名 3,5-二甲基苯胺；1-氨基-3,5-二甲苯；1-氨基-3,5-二甲基苯；3,5-二甲苯胺

化学品英文名 1-amino-3,5-dimethyl benzene；3,5-xylidine

分子式 C$_8$H$_{11}$N 　**分子量** 121.1796

结构式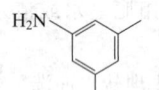

化学品的推荐及限制用途 用作染料中间体，用于有机合成

第二部分　危险性概述

紧急情况概述 咽有害，造成眼刺激

GHS危险性类别 急性毒性-经口，类别4；严重眼损伤/眼刺激，类别2B；特异性靶器官毒性-反复接触，类别2；特异性靶器官毒性-一次接触，类别1；危害水生环境-急性危害，类别2；危害水生环境-长期危害，类别2

标签要素

象形图

警示词 危险

危险性说明 咽有害，造成眼刺激，长时间或反复接触可能对器官造成损伤，对器官造成损害，对水生生物有毒并具有长期持续影响

防范说明

预防措施 避免接触眼睛、皮肤，操作后彻底清洗。作业场所不得进食、饮水或吸烟。避免吸入蒸气、雾。禁止排入环境

事故响应 如接触眼睛：用水细心冲洗数分钟。如戴隐形眼镜并可方便地取出，取出隐形眼镜，继续冲洗。如果眼睛刺激持续，就医。食入：如果感觉不适，立即呼叫中毒控制中心或就医，漱口。如果接触：立即呼叫中毒控制中心或就医。收集泄漏物

安全储存 上锁保管

废弃处置 本品及内装物、容器依据国家和地方法规处置

物理和化学危险 可燃,其蒸气与空气混合,能形成爆炸性混合物

健康危害 吸入、摄入或经皮肤吸收后会中毒。进入体内,可形成高铁血红蛋白,引起紫绀、头痛、眩晕、恶心等

环境危害 对水生生物有毒并具有长期持续影响

第三部分 成分/组成信息

√ 物质　　　　　　混合物

组分	浓度	CAS No.
3,5-二甲基苯胺		108-69-0

第四部分 急救措施

吸入 迅速脱离现场至空气新鲜处。保持呼吸道通畅。如呼吸困难,给输氧。如呼吸、心跳停止,立即进行心肺复苏术。就医

皮肤接触 立即脱去污染衣着,用肥皂水或清水彻底冲洗。就医

眼睛接触 分开眼睑,用清水或生理盐水冲洗。就医

食入 漱口,饮水。就医

对保护施救者的忠告 根据需要使用个人防护设备

对医生的特别提示 高铁血红蛋白血症,可用亚甲蓝和维生素C治疗

第五部分 消防措施

灭火剂 用雾状水、泡沫、干粉、二氧化碳、砂土灭火

特别危险性 遇明火、高热可燃。与氧化剂可发生反应。受高热分解放出有毒的气体。若遇高热,容器内压增大,有开裂和爆炸的危险

灭火注意事项及防护措施 消防人员必须佩戴防毒面具、穿全身消防服,在上风向灭火。尽可能将容器从火场移至空旷处。喷水保持火场容器冷却,直至灭火结束。处在火场中的容器若已变色或从安全泄压装置中发出声音,必须马上撤离

第六部分 泄漏应急处理

作业人员防护措施、防护装备和应急处置程序 根据液体流动和蒸气扩散的影响区域划定警戒区,无关人员从侧风向、上风向撤离至安全区。消除所有点火源。建议应急处理人员戴正压自给式呼吸器,穿防毒服。穿上适当的防护服前严禁接触破裂的容器和泄漏物。尽可能切断泄漏源

环境保护措施 防止泄漏物进入水体、下水道、地下室或有限空间

泄漏化学品的收容、清除方法及所使用的处置材料 小量泄漏:用干燥的砂土或其他不燃材料吸收或覆盖,收集于容器中。大量泄漏:构筑围堤或挖坑收容。用泵转移至槽车或专用收集器内

第七部分 操作处置与储存

操作注意事项 密闭操作,全面通风。防止蒸气泄漏到工作场所空气中。操作人员必须经过专门培训,严格遵守操作规程。建议操作人员佩戴自吸过滤式防毒面具(半面罩),戴化学安全防护眼镜,穿透气型防毒服,戴防化学品手套。远离火种、热源,工作场所严禁吸烟。使用防爆型的通风系统和设备。在清除液体和蒸气前不能进行焊接、切割等作业。避免产生烟雾。避免与氧化剂接触。配备相应品种和数量的消防器材及泄漏应急处理设备。倒空的容器可能残留有害物

储存注意事项 储存于阴凉、通风的库房。远离火种、热源。防止阳光直射。保持容器密封。应与氧化剂分开存放,切忌混储。配备相应品种和数量的消防器材。储区应备有泄漏应急处理设备和合适的收容材料

第八部分 接触控制/个体防护

职业接触限值

中国 未制定标准

美国(ACGIH) TLV-TWA:$0.5mg/m^3$(可吸入性颗粒物和蒸气)[皮]

生物接触限值 未制定标准

监测方法 空气中有毒物质测定方法:未制定标准。生物监测检验方法:未制定标准

工程控制 生产过程密闭,全面通风

个体防护装备

呼吸系统防护 一般不需要特殊防护,高浓度接触时可佩戴过滤式防毒面具(半面罩)

眼睛防护 空气中浓度较高时,佩戴化学安全防护眼镜

皮肤和身体防护 穿透气型防毒服

手防护 戴防化学品手套

第九部分 理化特性

外观与性状 油状液体　**pH值** 无资料

熔点(℃) 9.8　**沸点(℃)** 221～222

相对密度(水=1) 0.972

相对蒸气密度(空气=1) 无资料

饱和蒸气压(kPa) 无资料

临界压力(MPa) 无资料　**辛醇/水分配系数** 无资料

闪点(℃) 93.33　**自燃温度(℃)** 无资料

爆炸下限(%) 无资料　**爆炸上限(%)** 无资料

分解温度(℃) 无资料　**黏度(mPa·s)** 无资料

燃烧热(kJ/mol) 无资料　**临界温度(℃)** 无资料

溶解性 微溶于水,易溶于乙醚、乙醇

第十部分 稳定性和反应性

稳定性 稳定

危险反应 与强氧化剂等禁配物发生反应

避免接触的条件 无资料

禁配物 强氧化剂

危险的分解产物 氮氧化物

第十一部分 毒理学信息

急性毒性 LD_{50}:707mg/kg(大鼠经口);421mg/kg(小鼠经口)

皮肤刺激或腐蚀　无资料　眼睛刺激或腐蚀　无资料

呼吸或皮肤过敏　无资料　生殖细胞突变性　微生物致突变：鼠伤寒沙门氏菌 1mg/皿

致癌性　无资料　　　　生殖毒性　无资料

特异性靶器官系统毒性-一次接触　无资料

特异性靶器官系统毒性-反复接触　无资料

吸入危害　无资料

第十二部分　生态学信息

生态毒性　LC_{50}：17mg/L（48h）（青鳉）。EC_{50}：2.2mg/L（48h）（溞类）。ErC_{50}：29mg/L（72h）（藻类）。NOEC：0.81mg/L（14d）（鱼类）。NOEC：0.03mg/L（21d）（溞类）

持久性和降解性

　　生物降解性　根据 EU Method C.4-A，不易快速生物降解

　　非生物降解性　无资料

潜在的生物累积性　根据 K_{ow} 值预测，该物质的生物累积性可能较弱

土壤中的迁移性　根据 K_{oc} 值预测，该物质可能易发生迁移

第十三部分　废弃处置

废弃化学品　建议用焚烧法处置。在能利用的地方重复使用容器或在规定场所掩埋

污染包装物　将容器返还生产商或按照国家和地方法规处置

废弃注意事项　处置前应参阅国家和地方有关法规

第十四部分　运输信息

联合国危险货物编号（UN 号）　1711（液态）；3452（固态）

联合国运输名称　液态二甲基苯胺（液态）；固态二甲基苯胺（固态）

联合国危险性类别　6.1

包装类别　Ⅱ　　　　　包装标志

海洋污染物　是

运输注意事项　运输前应先检查包装容器是否完整、密封，运输过程中要确保容器不泄漏、不倒塌、不坠落、不损坏。严禁与酸类、氧化剂、食品及食品添加剂混运。运输时运输车辆应配备相应品种和数量的消防器材及泄漏应急处理设备。运输途中应防暴晒、雨淋，防高温。公路运输时要按规定路线行驶，勿在居民区和人口稠密区停留

第十五部分　法规信息

下列法律、法规、规章和标准，对该化学品的管理作了相应的规定。

中华人民共和国职业病防治法　职业病分类和目录：苯的氨基及硝基化合物中毒

危险化学品安全管理条例　危险化学品目录：列入。易制爆危险化学品名录：未列入。重点监管的危险化学品名录：未列入。GB 18218—2009《危险化学品重大危险源辨识》（表1）：未列入

使用有毒物品作业场所劳动保护条例　高毒物品目录：未列入

易制毒化学品管理条例　易制毒化学品的分类和品种目录：未列入

国际公约　斯德哥尔摩公约：未列入。鹿特丹公约：未列入。蒙特利尔议定书：未列入

第十六部分　其他信息

编写和修订信息　　　缩略语和首字母缩写

培训建议　　　　　　参考文献

免责声明

2,5-二甲基吡啶

第一部分　化学品标识

化学品中文名　2,5-二甲基吡啶；2,5-二甲基氮杂苯

化学品英文名　2,5-dimethylpyridine；2,5-lutidine

分子式　C_7H_9N　分子量　107.1531

结构式

化学品的推荐及限制用途　用于医药、有机合成等

第二部分　危险性概述

紧急情况概述　易燃液体和蒸气，吞咽有害

GHS 危险性类别　易燃液体，类别 3；急性毒性-经口，类别 4

标签要素

象形图

警示词　警告

危险性说明　易燃液体和蒸气，吞咽有害

防范说明

　　预防措施　远离热源、火花、明火、热表面。保持容器密闭。容器和接收设备接地连接。使用防爆型电器、通风、照明设备。只能使用不产生火花的工具。采取防止静电措施。戴防护手套、防护眼镜、防护面罩。避免接触眼睛、皮肤，操作后彻底清洗。作业场所不得进食、饮水或吸烟

　　事故响应　火灾时，使用雾状水、泡沫、干粉、二氧化碳、砂土灭火。如皮肤（或头发）接触：立即脱掉所有被污染的衣服，用水冲洗皮肤，淋浴。食入：如果感觉不适，立即呼叫中毒控制中心或就医，漱口

　　安全储存　存放在通风良好的地方。保持低温

　　废弃处置　本品及内装物、容器依据国家和地方法规处置

物理和化学危险　易燃，其蒸气与空气混合，能形成爆炸性混合物

健康危害　对眼睛有强烈刺激性。对皮肤有刺激性；易经皮吸收。本品对黏膜及上呼吸道有刺激作用。接触后引起咳嗽、胸痛、呼吸困难和胃肠道功能紊乱。人的嗅阈浓度为1000mg/m³

环境危害　对环境可能有害

第三部分　成分/组成信息

√ 物质　　　　　　　混合物

组分	浓度	CAS No.
2,5-二甲基吡啶		589-93-5

第四部分　急救措施

吸入　迅速脱离现场至空气新鲜处。保持呼吸道通畅。如呼吸困难，给输氧。呼吸、心跳停止，立即进行心肺复苏术。就医

皮肤接触　立即脱去污染的衣着，用流动清水彻底冲洗。就医

眼睛接触　立即分开眼睑，用流动清水或生理盐水彻底冲洗。就医

食入　漱口，饮水。就医

对保护施救者的忠告　根据需要使用个人防护设备

对医生的特别提示　对症处理

第五部分　消防措施

灭火剂　用雾状水、泡沫、干粉、二氧化碳、砂土灭火

特别危险性　其蒸气与空气可形成爆炸性混合物，遇明火、高热能引起燃烧爆炸。与氧化剂可发生反应。高温时分解，释放出剧毒的氮氧化物气体。流速过快，容易产生和积聚静电。若遇高热，容器内压增大，有开裂和爆炸的危险

灭火注意事项及防护措施　消防人员必须佩戴空气呼吸器、穿全身防火防毒服，在上风向灭火。尽可能将容器从火场移至空旷处。喷水保持火场容器冷却，直至灭火结束。处在火场中的容器若已变色或从安全泄压装置中产生声音，必须马上撤离

第六部分　泄漏应急处理

作业人员防护措施、防护装备和应急处置程序　消除所有点火源。根据液体流动和蒸气扩散的影响区域划定警戒区，无关人员从侧风、上风向撤离至安全区。建议应急处理人员戴正压自给式呼吸器，穿防毒、防静电服。作业时使用的所有设备应接地。禁止接触或跨越泄漏物。尽可能切断泄漏源

环境保护措施　防止泄漏物进入水体、下水道、地下室或有限空间

泄漏化学品的收容、清除方法及所使用的处置材料　小量泄漏：用砂土或其他不燃材料吸收。使用洁净的无火花工具收集吸收材料。大量泄漏：构筑围堤或挖坑收容。用抗溶性泡沫覆盖，减少蒸发。喷水雾能减少蒸发，但不能降低泄漏物在有限空间内的易燃性。用防爆泵转移至槽车或专用收集器内

第七部分　操作处置与储存

操作注意事项　密闭操作，全面通风。操作人员必须经过专门培训，严格遵守操作规程。建议操作人员佩戴自吸过滤式防毒面具（全面罩），穿胶布防毒衣，戴橡胶耐油手套。远离火种、热源，工作场所严禁吸烟。使用防爆型的通风系统和设备。防止蒸气泄漏到工作场所空气中。避免与氧化剂、酸类接触。充装要控制流速，防止静电积聚。搬运时要轻装轻卸，防止包装及容器损坏。配备相应品种和数量的消防器材及泄漏应急处理设备。倒空的容器可能残留有害物

储存注意事项　储存于阴凉、通风的库房。远离火种、热源。库温不宜超过37℃，应与氧化剂、酸类、食用化学品分开存放，切忌混储。不宜大量储存或久存。采用防爆型照明、通风设施。禁止使用易产生火花的机械设备和工具。储区应备有泄漏应急处理设备和合适的收容材料

第八部分　接触控制/个体防护

职业接触限值

中国　未制定标准

美国（ACGIH）　未制定标准

生物接触限值　未制定标准

监测方法　空气中有毒物质测定方法：未制定标准。生物监测检验方法：未制定标准

工程控制　生产过程密闭，全面通风。提供安全淋浴和洗眼设备

个体防护装备

呼吸系统防护　空气中浓度超标时，必须佩戴过滤式防毒面具（全面罩）。紧急事态抢救或撤离时，应该佩戴空气呼吸器

眼睛防护　呼吸系统防护中已作防护

皮肤和身体防护　穿密闭型防毒服

手防护　戴橡胶耐油手套

第九部分　理化特性

外观与性状　无色油状吸湿性液体

pH值　无资料		**熔点（℃）**　−15.9	
沸点（℃）　157		**相对密度（水＝1）**　0.93	

相对蒸气密度（空气＝1）　无资料

临界温度（℃）　371.1	**临界压力（MPa）**　无资料	
辛醇/水分配系数　无资料	**闪点（℃）**　47.78	
自燃温度（℃）　无资料	**爆炸下限（%）**　无资料	
爆炸上限（%）　无资料	**分解温度（℃）**　无资料	
黏度（mPa·s）　无资料	**燃烧热（kJ/mol）**　无资料	

临界温度（℃）　无资料

溶解性　溶于水、乙醇、乙醚等多数有机溶剂

第十部分　稳定性和反应性

稳定性　稳定

危险反应　与酸类、酰基氯、强氧化剂、氯仿等禁配物接触，有引起燃烧爆炸的危险

避免接触的条件　无资料

禁配物　酸类、酰基氯、强氧化剂、氯仿

危险的分解产物　氮氧化物

第十一部分　毒理学信息

急性毒性　LD$_{50}$：800mg/kg（大鼠经口）；670mg/kg（小鼠经口）；827mg/kg（豚鼠经口）

皮肤刺激或腐蚀　无资料　眼睛刺激或腐蚀　无资料

呼吸或皮肤过敏　无资料　生殖细胞突变性　无资料

致癌性　无资料　　　　生殖毒性　无资料

特异性靶器官系统毒性-一次接触　无资料

特异性靶器官系统毒性-反复接触　无资料

吸入危害　无资料

第十二部分　生态学信息

生态毒性　无资料

持久性和降解性

　　生物降解性　无资料

　　非生物降解性　无资料

潜在的生物累积性　无资料

土壤中的迁移性　无资料

第十三部分　废弃处置

废弃化学品　建议用焚烧法处置。焚烧炉排出的氮氧化物通过洗涤器除去

污染包装物　将容器返还生产商或按照国家和地方法规处置

废弃注意事项　处置前应参阅国家和地方有关法规

第十四部分　运输信息

联合国危险货物编号（UN号）　1993

联合国运输名称　易燃液体，未另作规定的（2,5-二甲基吡啶）

联合国危险性类别　3

包装类别　Ⅲ　　　　包装标志

海洋污染物　否

运输注意事项　运输时运输车辆应配备相应品种和数量的消防器材及泄漏应急处理设备。夏季最好早晚运输。运输时所用的槽（罐）车应有接地链，槽内可设孔隔板以减少震荡产生的静电。严禁与氧化剂、酸类、食用化学品等混装混运。运输途中应防暴晒、雨淋，防高温。中途停留时应远离火种、热源、高温区。装运该物品的车辆排气管必须配备阻火装置，禁止使用易产生火花的机械设备和工具装卸。公路运输时要按规定路线行驶，勿在居民区和人口稠密区停留。铁路运输时要禁止溜放。严禁用木船、水泥船散装运输

第十五部分　法规信息

　　下列法律、法规、规章和标准，对该化学品的管理作了相应的规定。

中华人民共和国职业病防治法　职业病分类和目录：未

列入

危险化学品安全管理条例　危险化学品目录：列入。易制爆危险化学品名录：未列入。重点监管的危险化学品名录：未列入。GB 18218—2009《危险化学品重大危险源辨识》（表1）：未列入

使用有毒物品作业场所劳动保护条例　高毒物品目录：未列入

易制毒化学品管理条例　易制毒化学品的分类和品种目录：未列入

国际公约　斯德哥尔摩公约：未列入。鹿特丹公约：未列入。蒙特利尔议定书：未列入

第十六部分　其他信息

编写和修订信息　　　缩略语和首字母缩写

培训建议　　　　　　参考文献

免责声明

3,4-二甲基吡啶

第一部分　化学品标识

化学品中文名　3,4-二甲基吡啶；3,4-二甲基氮杂苯

化学品英文名　3,4-dimethylpyridine；3,4-lutidine

分子式　C$_7$H$_9$N　分子量　107.1531

结构式

化学品的推荐及限制用途　用于有机合成

第二部分　危险性概述

紧急情况概述　易燃液体和蒸气，吞咽有害，皮肤接触会致命

GHS危险性类别　易燃液体，类别3；急性毒性-经口，类别4；急性毒性-经皮，类别2

标签要素

象形图

警示词　危险

危险性说明　易燃液体和蒸气，吞咽有害，皮肤接触会致命

防范说明

　　预防措施　远离热源、火花、明火、热表面。保持容器密闭。容器和接收设备接地连接。使用防爆型电器、通风、照明设备。只能使用不产生火花的工具。采取防止静电措施。戴防护手套、防护眼镜、防护面罩，穿防护服。避免接触眼睛、皮肤或衣服，操作后彻底清洗。作业场所不得进食、饮水或吸烟

　　事故响应　火灾时，使用雾状水、泡沫、干粉、二氧化碳、砂土灭火。皮肤接触：用大量肥皂水和水轻轻地清洗，立即呼叫中毒控制中心或就医。食入：如果感觉不适，立即呼叫中毒控制中心或就医，漱口

安全储存 存放在通风良好的地方。保持低温。上锁保管

废弃处置 本品及内装物、容器依据国家和地方法规处置

物理和化学危险 易燃，其蒸气与空气混合，能形成爆炸性混合物

健康危害 吸入、摄入或经皮肤吸收后可引起中毒。刺激眼睛、皮肤和呼吸系统。损害神经系统、肝和肾

环境危害 对环境可能有害

第三部分　成分/组成信息

√ 物质　　　　　　　　　混合物

组分	浓度	CAS No.
3,4-二甲基吡啶		583-58-4

第四部分　急救措施

吸入 迅速脱离现场至空气新鲜处。保持呼吸道通畅。如呼吸困难，给输氧。呼吸、心跳停止，立即进行心肺复苏术。就医

皮肤接触 立即脱去污染的衣着，用流动清水彻底冲洗。就医

眼睛接触 立即分开眼睑，用流动清水或生理盐水彻底冲洗。就医

食入 漱口，饮水。就医

对保护施救者的忠告 根据需要使用个人防护设备

对医生的特别提示 对症处理

第五部分　消防措施

灭火剂 用雾状水、泡沫、干粉、二氧化碳、砂土灭火

特别危险性 其蒸气与空气可形成爆炸性混合物，遇明火、高热能引起燃烧爆炸。与氧化剂可发生反应。受高热分解放出有毒的气体。若遇高热，容器内压增大，有开裂和爆炸的危险

灭火注意事项及防护措施 消防人员必须佩戴防毒面具、穿全身消防服，在上风向灭火。尽可能将容器从火场移至空旷处。喷水保持火场容器冷却，直至灭火结束。处在火场中的容器若已变色或从安全泄压装置中发出声音，必须马上撤离

第六部分　泄漏应急处理

作业人员防护措施、防护装备和应急处置程序 消除所有点火源。根据液体流动和蒸气扩散的影响区域划定警戒区，无关人员从侧风、上风向撤离至安全区。建议应急处理人员戴正压自给式呼吸器，穿防毒、防静电服。作业时使用的所有设备应接地。禁止接触或跨越泄漏物。尽可能切断泄漏源

环境保护措施 防止泄漏物进入水体、下水道、地下室或有限空间

泄漏化学品的收容、清除方法及所使用的处置材料 小量泄漏：用砂土或其他不燃材料吸收。使用洁净的无火花工具收集吸收材料。大量泄漏：构筑围堤或挖坑收容。用泡沫覆盖，减少蒸发。喷水雾能减少蒸发，但不能降低泄漏物在有限空间内的易燃性。用防爆泵转移至槽车或专用收集器内

第七部分　操作处置与储存

操作注意事项 密闭操作，局部排风。防止蒸气泄漏到工作场所空气中。操作人员必须经过专门培训，严格遵守操作规程。建议操作人员佩戴自吸过滤式防毒面具（半面罩），戴化学安全防护眼镜，穿防静电工作服，戴橡胶手套。远离火种、热源，工作场所严禁吸烟。使用防爆型的通风系统和设备。在清除液体和蒸气前不能进行焊接、切割等作业。避免产生烟雾。避免与氧化剂、酸类接触。容器与传送设备要接地，防止产生静电。灌装时应控制流速，且有接地装置，防止静电积聚。配备相应品种和数量的消防器材及泄漏应急处理设备。倒空的容器可能残留有害物

储存注意事项 储存于阴凉、通风良好的专用库房内，实行"双人收发、双人保管"制度。远离火种、热源。防止阳光直射。库温不宜超过37℃，保持容器密封。应与氧化剂、酸类分开存放，切忌混储。采用防爆型照明、通风设施。禁止使用易产生火花的机械设备和工具。储区应备有泄漏应急处理设备和合适的收容材料

第八部分　接触控制/个体防护

职业接触限值

中国　未制定标准

美国（ACGIH）　未制定标准

生物接触限值 未制定标准

监测方法 空气中有毒物质测定方法：未制定标准。生物监测检验方法：未制定标准

工程控制 密闭操作，局部排风

个体防护装备

呼吸系统防护 空气中浓度超标时，必须佩戴过滤式防毒面具（半面罩）。紧急事态抢救或撤离时，应该佩戴空气呼吸器

眼睛防护 戴化学安全防护眼镜

皮肤和身体防护 穿防静电工作服

手防护 戴橡胶手套

第九部分　理化特性

外观与性状 无色至淡黄色油状液体，有吸湿性

pH 值 无资料		**熔点(℃)** −12	
沸点(℃) 163.5～164.5			
相对密度(水＝1) 0.954（25℃）			
相对蒸气密度(空气＝1) 无资料			
饱和蒸气压(kPa) 无资料			
临界压力(MPa) 无资料		**辛醇/水分配系数** 无资料	
闪点(℃) 53.89		**自燃温度(℃)** 无资料	
爆炸下限(%) 无资料		**爆炸上限(%)** 无资料	
分解温度(℃) 无资料		**黏度(mPa·s)** 无资料	
燃烧热(kJ/mol) 无资料		**临界温度(℃)** 无资料	

溶解性 微溶于水，溶于乙醇、乙醚

第十部分　稳定性和反应性

稳定性 稳定

危险反应　与氧化剂、酸类等禁配物接触，有发生火灾和爆炸的危险

避免接触的条件　光照

禁配物　氧化剂、酸类、I52

危险的分解产物　氮氧化物

第十一部分　毒理学信息

急性毒性　LD_{50}：677mg/kg（大鼠经口）；134mg/kg（兔经皮）

皮肤刺激或腐蚀　无资料　　**眼睛刺激或腐蚀**　无资料

呼吸或皮肤过敏　无资料　　**生殖细胞突变性**　无资料

致癌性　无资料　　　　　　**生殖毒性**　无资料

特异性靶器官系统毒性-一次接触　无资料

特异性靶器官系统毒性-反复接触　无资料

吸入危害　无资料

第十二部分　生态学信息

生态毒性　无资料

持久性和降解性

　生物降解性　无资料

　非生物降解性　无资料

潜在的生物累积性　无资料

土壤中的迁移性　无资料

第十三部分　废弃处置

废弃化学品　建议用焚烧法处置。在能利用的地方重复使用容器或在规定场所掩埋

污染包装物　将容器返还生产商或按照国家和地方法规处置

废弃注意事项　处置前应参阅国家和地方有关法规

第十四部分　运输信息

联合国危险货物编号（UN号）　2929

联合国运输名称　有机毒性液体，易燃，未另作规定的（3,4-二甲基吡啶）

联合国危险性类别　6.1，3

包装类别　Ⅱ

包装标志　

海洋污染物　否

运输注意事项　运输时运输车辆应配备相应品种和数量的消防器材及泄漏应急处理设备。夏季最好早晚运输。运输时所用的槽（罐）车应有接地链，槽内可设孔隔板以减少震荡产生的静电。严禁与氧化剂、酸类、食用化学品等混装混运。运输途中应防暴晒、雨淋，防高温。中途停留时应远离火种、热源、高温区。装运该物品的车辆排气管必须配备阻火装置，禁止使用易产生火花的机械设备和工具装卸。公路运输时要按规定路线行驶，勿在居民区和人口稠密区停留。铁路运输时要禁止溜放。严禁用木船、水泥船散装运输

第十五部分　法规信息

下列法律、法规、规章和标准，对该化学品的管理作了相应的规定。

中华人民共和国职业病防治法　职业病分类和目录：未列入

危险化学品安全管理条例　危险化学品目录：列入。易制爆危险化学品名录：未列入。重点监管的危险化学品名录：未列入。GB 18218—2009《危险化学品重大危险源辨识》（表1）：未列入

使用有毒物品作业场所劳动保护条例　高毒物品目录：未列入

易制毒化学品管理条例　易制毒化学品的分类和品种目录：未列入

国际公约　斯德哥尔摩公约：未列入。鹿特丹公约：未列入。蒙特利尔议定书：未列入

第十六部分　其他信息

编写和修订信息　　　**缩略语和首字母缩写**

培训建议　　　　　　**参考文献**

免责声明

2,2-二甲基丙酸甲酯

第一部分　化学品标识

化学品中文名　2,2-二甲基丙酸甲酯；三甲基乙酸甲酯

化学品英文名　methyl 2,2-dimethylpropanoate；methyl trimethylacetate；methyl pivalate

分子式　$C_6H_{12}O_2$　**分子量**　116.1583

结构式

化学品的推荐及限制用途　用作溶剂，用于有机合成

第二部分　危险性概述

紧急情况概述　高度易燃液体和蒸气

GHS危险性类别　易燃液体，类别2

标签要素

象形图　

警示词　危险

危险性说明　高度易燃液体和蒸气

防范说明

　预防措施　远离热源、火花、明火、热表面。禁止吸烟。保持容器密闭。容器和接收设备接地连接。使用防爆型电器、通风、照明设备。只能使用不产生火花的工具。采取防止静电措施。戴防护手套、防护眼镜、防护面罩

　事故响应　火灾时，使用泡沫、干粉、二氧化碳、砂土灭火。如皮肤（或头发）接触：立即脱掉所有被污染的衣服。用水冲洗皮肤，淋浴

安全储存　存放在通风良好的地方。保持低温

废弃处置　本品及内装物、容器依据国家和地方法规处置

物理和化学危险　易燃，其蒸气与空气混合，能形成爆炸性混合物

健康危害　吸入、摄入或经皮肤吸收对身体有害。具有刺激性

环境危害　对环境可能有害

第三部分　成分/组成信息

√ 物质　　　　　　　　混合物

组分	浓度	CAS No.
2,2-二甲基丙酸甲酯		598-98-1

第四部分　急救措施

吸入　迅速脱离现场至空气新鲜处。保持呼吸道通畅。如呼吸困难，给输氧。呼吸、心跳停止，立即进行心肺复苏术。就医

皮肤接触　立即脱去污染的衣着，用流动清水彻底冲洗。就医

眼睛接触　立即分开眼睑，用流动清水或生理盐水彻底冲洗。就医

食入　漱口，饮水。就医

对保护施救者的忠告　根据需要使用个人防护设备

对医生的特别提示　对症处理

第五部分　消防措施

灭火剂　用泡沫、干粉、二氧化碳、砂土灭火

特别危险性　其蒸气与空气可形成爆炸性混合物，遇明火、高热极易燃烧爆炸。与氧化剂接触猛烈反应。若遇高热，容器内压增大，有开裂和爆炸的危险

灭火注意事项及防护措施　消防人员必须佩戴防毒面具、穿全身消防服，在上风向灭火。尽可能将容器从火场移至空旷处。喷水保持火场容器冷却，直至灭火结束。处在火场中的容器若已变色或从安全泄压装置中发出声音，必须马上撤离。用水灭火无效

第六部分　泄漏应急处理

作业人员防护措施、防护装备和应急处置程序　消除所有点火源。根据液体流动和蒸气扩散的影响区域划定警戒区，无关人员从侧风、上风向撤离至安全区。建议应急处理人员戴正压自给式呼吸器，穿防静电服。作业时使用的所有设备应接地。禁止接触或跨越泄漏物。尽可能切断泄漏源

环境保护措施　防止泄漏物进入水体、下水道、地下室或有限空间

泄漏化学品的收容、清除方法及所使用的处置材料　小量泄漏：用砂土或其他不燃材料吸收。使用洁净的无火花工具收集吸收材料。大量泄漏：构筑围堤或挖坑收容。用泡沫覆盖，减少蒸发。喷水雾能减少蒸发，但不能降低泄漏物在有限空间内的易燃性。用防爆泵转移至槽车或专用收集器内

第七部分　操作处置与储存

操作注意事项　密闭操作，注意通风。操作人员必须经过专门培训，严格遵守操作规程。建议操作人员佩戴自吸过滤式防毒面具（半面罩），戴化学安全防护眼镜，穿防静电工作服，戴橡胶耐油手套。远离火种、热源，工作场所严禁吸烟。使用防爆型的通风系统和设备。防止蒸气泄漏到工作场所空气中。避免与氧化剂、酸类、碱类接触。搬运时要轻装轻卸，防止包装及容器损坏。配备相应品种和数量的消防器材及泄漏应急处理设备。倒空的容器可能残留有害物

储存注意事项　储存于阴凉、通风的库房。远离火种、热源。库温不宜超过37℃，应与氧化剂、酸类、碱类分开存放，切忌混储。采用防爆型照明、通风设施。禁止使用易产生火花的机械设备和工具。储区应备有泄漏应急处理设备和合适的收容材料

第八部分　接触控制/个体防护

职业接触限值

中国　未制定标准

美国（ACGIH）　未制定标准

生物接触限值　未制定标准

监测方法　空气中有毒物质测定方法：未制定标准。生物监测检验方法：未制定标准

工程控制　密闭操作，注意通风

个体防护装备

呼吸系统防护　空气中浓度超标时，必须佩戴过滤式防毒面具（半面罩）。紧急事态抢救或撤离时，应该佩戴空气呼吸器

眼睛防护　戴化学安全防护眼镜

皮肤和身体防护　穿防静电工作服

手防护　戴橡胶耐油手套

第九部分　理化特性

外观与性状　无色液体　　**pH 值**　无资料

熔点（℃）　无资料　　　**沸点（℃）**　101

相对密度（水＝1）　0.873

相对蒸气密度（空气＝1）　无资料

饱和蒸气压（kPa）　无资料

临界压力（MPa）　无资料　**辛醇/水分配系数**　无资料

闪点（℃）　6　　　　　**自燃温度（℃）**　无资料

爆炸下限（%）　无资料　**爆炸上限（%）**　无资料

分解温度（℃）　无资料　**黏度（mPa·s）**　无资料

燃烧热（kJ/mol）　无资料　**临界温度（℃）**　无资料

溶解性　微溶于水，可混溶于乙醇、乙醚

第十部分　稳定性和反应性

稳定性　稳定

危险反应　与强氧化剂、酸类、碱类等禁配物接触，有发生火灾和爆炸的危险

避免接触的条件　无资料

禁配物　强氧化剂、酸类、碱类

危险的分解产物　无资料

第十一部分　毒理学信息

急性毒性　无资料

皮肤刺激或腐蚀　无资料　　眼睛刺激或腐蚀　无资料
呼吸或皮肤过敏　无资料　　生殖细胞突变性　无资料
致癌性　无资料　　　　　　生殖毒性　无资料
特异性靶器官系统毒性-一次接触　无资料
特异性靶器官系统毒性-反复接触　无资料
吸入危害　无资料

第十二部分　生态学信息

生态毒性　无资料
持久性和降解性
　　生物降解性　无资料
　　非生物降解性　无资料
潜在的生物累积性　无资料
土壤中的迁移性　无资料

第十三部分　废弃处置

废弃化学品　建议用焚烧法处置
污染包装物　将容器返还生产商或按照国家和地方法规
　　处置
废弃注意事项　处置前应参阅国家和地方有关法规

第十四部分　运输信息

联合国危险货物编号（UN号）　3272
联合国运输名称　酯类，未另作规定的（2,2-二甲基丙酸
　　甲酯）
联合国危险性类别　3

包装类别　Ⅱ　　　　　　　包装标志

海洋污染物　否
运输注意事项　运输时运输车辆应配备相应品种和数量的
　　消防器材及泄漏应急处理设备。夏季最好早晚运输。
　　运输时所用的槽（罐）车应有接地链，槽内可设孔隔
　　板以减少震荡产生的静电。严禁与氧化剂、酸类、碱
　　类、食用化学品等混装混运。运输途中应防暴晒、雨
　　淋，防高温。中途停留时应远离火种、热源、高温
　　区。装运该物品的车辆排气管必须配备阻火装置，禁
　　止使用易产生火花的机械设备和工具装卸。公路运输
　　时要按规定路线行驶，勿在居民区和人口稠密区停
　　留。铁路运输时要禁止溜放。严禁用木船、水泥船散
　　装运输

第十五部分　法规信息

　　下列法律、法规、规章和标准，对该化学品的管理作
了相应的规定。
中华人民共和国职业病防治法　职业病分类和目录：未
　　列入
危险化学品安全管理条例　危险化学品目录：列入。易制
　　爆危险化学品名录：未列入。重点监管的危险化学品
　　名录：未列入。GB 18218—2009《危险化学品重大
　　危险源辨识》（表1）：未列入
使用有毒物品作业场所劳动保护条例　高毒物品目录：未

列入
易制毒化学品管理条例　易制毒化学品的分类和品种目
　　录：未列入
国际公约　斯德哥尔摩公约：未列入。鹿特丹公约：未列
　　入。蒙特利尔议定书：未列入

第十六部分　其他信息

编写和修订信息　　　　缩略语和首字母缩写
培训建议　　　　　　　参考文献
免责声明

2,3-二甲基丁烷

第一部分　化学品标识

化学品中文名　2,3-二甲基丁烷；二异丙基
化学品英文名　2,3-dimethylbutane；diisopropyl
分子式　C_6H_{14}　　分子量　86.18

结构式

化学品的推荐及限制用途　用于有机合成

第二部分　危险性概述

紧急情况概述　高度易燃液体和蒸气，造成皮肤刺激，可
　　能引起昏昏欲睡或眩晕，吞咽及进入呼吸道可能致命
GHS危险性类别　易燃液体，类别2；皮肤腐蚀/刺激，
　　类别2；特异性靶器官毒性-一次接触，类别3（麻醉
　　效应）；吸入危害，类别1；危害水生环境-急性危害，
　　类别2；危害水生环境-长期危害，类别2
标签要素

象形图　

警示词　危险
危险性说明　高度易燃液体和蒸气，造成皮肤刺激，可
　　能引起昏昏欲睡或眩晕，吞咽及进入呼吸道可能致
　　命，对水生生物有毒并具有长期持续影响

防范说明
　　预防措施　远离热源、火花、明火、热表面。禁止
　　吸烟。保持容器密闭。容器和接收设备接地连
　　接。使用防爆型电器、通风、照明设备。只能
　　使用不产生火花的工具。采取防止静电措施。
　　戴防护手套、防护眼镜、防护面罩。避免接触
　　眼睛、皮肤，操作后彻底清洗。禁止排入环境
　　事故响应　火灾时，使用泡沫、干粉、二氧化碳、
　　砂土灭火。皮肤接触：用大量肥皂水和水清
　　洗。如发生皮肤刺激，就医。脱去被污染的衣
　　服，衣服经洗净后方可重新使用。食入：立即
　　呼叫中毒控制中心或就医，不要催吐。收集泄
　　漏物
　　安全储存　上锁保管。存放在通风良好的地方。保
　　持低温
　　废弃处置　本品及内装物、容器依据国家和地方法

规处置

物理和化学危险 极易燃，其蒸气与空气混合，能形成爆炸性混合物

健康危害 吸入、摄入对身体有害。对眼睛、黏膜和上呼吸道有刺激作用。液态本品吸入呼吸道可引起吸入性肺炎

环境危害 对水生生物有毒并具有长期持续影响

第三部分　成分/组成信息

√ 物质　　　　　　　　　　混合物

组分	浓度	CAS No.
2,3-二甲基丁烷		79-29-8

第四部分　急救措施

吸入 迅速脱离现场至空气新鲜处。保持呼吸道通畅。如呼吸困难，给输氧。呼吸、心跳停止，立即进行心肺复苏术。就医

皮肤接触 立即脱去污染的衣着，用流动清水彻底冲洗。就医

眼睛接触 立即分开眼睑，用流动清水或生理盐水彻底冲洗。就医

食入 漱口，饮水。禁止催吐。就医

对保护施救者的忠告 根据需要使用个人防护设备

对医生的特别提示 对症处理

第五部分　消防措施

灭火剂 用泡沫、干粉、二氧化碳、砂土灭火

特别危险性 其蒸气与空气可形成爆炸性混合物，遇明火、高热极易燃烧爆炸。与氧化剂接触猛烈反应。流速过快，容易产生和积聚静电。蒸气比空气重，沿地面扩散并易积存于低洼处，遇火源会着火回燃。若遇高热，容器内压增大，有开裂和爆炸的危险

灭火注意事项及防护措施 消防人员必须佩戴防毒面具、穿全身消防服，在上风向灭火。尽可能将容器从火场移至空旷处。喷水保持火场容器冷却，直至灭火结束。处在火场中的容器若已变色或从安全泄压装置中发出声音，必须马上撤离。用水灭火无效

第六部分　泄漏应急处理

作业人员防护措施、防护装备和应急处置程序 消除所有点火源。根据液体流动和蒸气扩散的影响区域划定警戒区，无关人员从侧风、上风向撤离至安全区。建议应急处理人员戴正压自给式呼吸器，穿防静电服。作业时使用的所有设备应接地。禁止接触或跨越泄漏物。尽可能切断泄漏源

环境保护措施 防止泄漏物进入水体、下水道、地下室或有限空间

泄漏化学品的收容、清除方法及所使用的处置材料 小量泄漏：用砂土或其他不燃材料吸收。使用洁净的无火花工具收集吸收材料。大量泄漏：构筑围堤或挖坑收容。用泡沫覆盖，减少蒸发。喷水雾能减少蒸发，但不能降低泄漏物在有限空间内的易燃性。用防爆泵转移至槽车或专用收集器内

第七部分　操作处置与储存

操作注意事项 密闭操作，全面通风。防止烟雾或蒸气释放到工作场所空气中。操作人员必须经过专门培训，严格遵守操作规程。建议操作人员佩戴过滤式防毒面具（半面罩），戴化学安全防护眼镜，穿防静电工作服，戴乳胶手套。远离火种、热源，工作场所严禁吸烟。使用防爆型的通风系统和设备。在清除液体和蒸气前不能进行焊接、切割等作业。避免产生烟雾或蒸气。避免与氧化剂接触。容器与传送设备要接地，防止产生静电。灌装时应控制流速，且有接地装置，防止静电积聚。配备相应品种和数量的消防器材及泄漏应急处理设备。倒空的容器可能残留有害物

储存注意事项 储存于阴凉、通风的库房。远离火种、热源。防止阳光直射。库温不宜超过29℃，保持容器密封。应与氧化剂、食用化学品分开存放，切忌混储。采用防爆型照明、通风设施。禁止使用易产生火花的机械设备和工具。储区应备有泄漏应急处理设备和合适的收容材料

第八部分　接触控制/个体防护

职业接触限值

　　中国　未制定标准

　　美国（ACGIH）　TLV-TWA：500ppm；TLV-STEL：1000ppm

生物接触限值 未制定标准

监测方法 空气中有毒物质测定方法：未制定标准。生物监测检验方法：未制定标准

工程控制 生产过程密闭，全面通风

个体防护装备

　　呼吸系统防护　空气中浓度较高时，应该佩戴过滤式防毒面具（半面罩）。紧急事态抢救或逃生时，建议佩戴空气呼吸器

　　眼睛防护　戴化学安全防护眼镜

　　皮肤和身体防护　穿防静电工作服

　　手防护　戴橡胶手套

第九部分　理化特性

外观与性状 无色液体	**pH 值** 无资料
熔点(℃) −128.5	**沸点(℃)** 58
相对密度(水＝1) 0.662	
相对蒸气密度(空气＝1) 3.0	
饱和蒸气压(kPa) 26.07（21.1℃）	
临界压力(MPa) 3.131	**辛醇/水分配系数** 3.42
闪点(℃) −33.33	**自燃温度(℃)** 405
爆炸下限(%) 1.2	**爆炸上限(%)** 7.7
分解温度(℃) 无资料	
黏度(mPa·s) 0.45661（0℃）	
燃烧热(kJ/mol) −3877.86	**临界温度(℃)** 226.85

溶解性 不溶于水，可混溶于醇、酮、苯、醚

第十部分　稳定性和反应性

稳定性 稳定

危险反应　与强氧化剂、卤素等禁配物接触，有发生火灾和爆炸的危险

避免接触的条件　无资料

禁配物　强氧化剂、强酸、强碱、卤素

危险的分解产物　无资料

第十一部分　毒理学信息

急性毒性　无资料

皮肤刺激或腐蚀　无资料　　**眼睛刺激或腐蚀**　无资料

呼吸或皮肤过敏　无资料　　**生殖细胞突变性**　无资料

致癌性　无资料　　　　　　**生殖毒性**　无资料

特异性靶器官系统毒性-一次接触　无资料

特异性靶器官系统毒性-反复接触　无资料

吸入危害　无资料

第十二部分　生态学信息

生态毒性　根据结构类似物质预测，该物质对水生生物有毒

持久性和降解性

　　生物降解性　无资料

　　非生物降解性　无资料

潜在的生物累积性　根据 K_{ow} 值预测，该物质可能有一定的生物累积性

土壤中的迁移性　根据 K_{oc} 值预测，该物质的迁移性可能较弱

第十三部分　废弃处置

废弃化学品　建议用焚烧法处置。在能利用的地方重复使用容器或在规定场所掩埋

污染包装物　将容器返还生产商或按照国家和地方法规处置

废弃注意事项　处置前应参阅国家和地方有关法规

第十四部分　运输信息

联合国危险货物编号（UN 号）　2457

联合国运输名称　2,3-二甲基丁烷

联合国危险性类别　3

包装类别　Ⅱ　　　　　　**包装标志**

海洋污染物　是

运输注意事项　运输时运输车辆应配备相应品种和数量的消防器材及泄漏应急处理设备。夏季最好早晚运输。运输时所用的槽（罐）车应有接地链，槽内可设孔隔板以减少振荡产生的静电。严禁与氧化剂等混装混运。运输途中应防暴晒、雨淋，防高温。中途停留时应远离火种、热源、高温区。装运该物品的车辆排气管必须配备阻火装置，禁止使用易产生火花的机械设备和工具装卸。公路运输时要按规定路线行驶，勿在居民区和人口稠密区停留。铁路运输时要禁止溜放。严禁用木船、水泥船散装运输

第十五部分　法规信息

　　下列法律、法规、规章和标准，对该化学品的管理作了相应的规定。

中华人民共和国职业病防治法　职业病分类和目录：未列入

危险化学品安全管理条例　危险化学品目录：列入。易制爆危险化学品名录：未列入。重点监管的危险化学品名录：未列入。GB 18218—2009《危险化学品重大危险源辨识》（表1）：未列入

使用有毒物品作业场所劳动保护条例　高毒物品目录：未列入

易制毒化学品管理条例　易制毒化学品的分类和品种目录：未列入

国际公约　斯德哥尔摩公约：未列入。鹿特丹公约：未列入。蒙特利尔议定书：未列入

第十六部分　其他信息

编写和修订信息　　　　**缩略语和首字母缩写**

培训建议　　　　　　　**参考文献**

免责声明

2,3-二甲基-1-丁烯

第一部分　化学品标识

化学品中文名　2,3-二甲基-1-丁烯；1-甲基-1-异丙基乙烯

化学品英文名　2,3-dimethyl-1-butene；1-methyl-1-isopropylethylene

分子式　C_6H_{12}　　**分子量**　84.1595

结构式

化学品的推荐及限制用途　用于有机合成，也用作色谱分析对比样品

第二部分　危险性概述

紧急情况概述　高度易燃液体和蒸气

GHS 危险性类别　易燃液体，类别2

标签要素

象形图

警示词　危险

危险性说明　高度易燃液体和蒸气

防范说明

　　预防措施　远离热源、火花、明火、热表面。禁止吸烟。保持容器密闭。容器和接收设备接地连接。使用防爆型电器、通风、照明设备。只能使用不产生火花的工具。采取防止静电措施。戴防护手套、防护眼镜、防护面罩

　　事故响应　火灾时，使用泡沫、干粉、二氧化碳、砂土灭火。如皮肤（或头发）接触：立即脱掉所有被污染的衣服，用水冲洗皮肤，

淋浴

安全储存 存放在通风良好的地方。保持低温

废弃处置 本品及内装物、容器依据国家和地方法规处置

物理和化学危险 极易燃，其蒸气与空气混合，能形成爆炸性混合物

健康危害 吸入或摄入对身体有害，对眼睛、黏膜和上呼吸道有刺激作用

环境危害 对环境可能有害

第三部分　成分/组成信息

√ 物质　　　　　　　　　　　混合物

组分	浓度	CAS No.
2,3-二甲基-1-丁烯		563-78-0

第四部分　急救措施

吸入 迅速脱离现场至空气新鲜处。保持呼吸道通畅。如呼吸困难，给输氧。呼吸、心跳停止，立即进行心肺复苏术。就医

皮肤接触 立即脱去污染的衣着，用流动清水彻底冲洗。就医

眼睛接触 立即分开眼睑，用流动清水或生理盐水彻底冲洗。就医

食入 漱口，饮水。就医

对保护施救者的忠告 根据需要使用个人防护设备

对医生的特别提示 对症处理

第五部分　消防措施

灭火剂 用泡沫、干粉、二氧化碳、砂土灭火

特别危险性 其蒸气与空气可形成爆炸性混合物，遇明火、高热极易燃烧爆炸。与氧化剂接触猛烈反应。容易自聚，聚合反应随着温度的上升而急骤加剧。流速过快，容易产生和积聚静电。蒸气比空气重，沿地面扩散并易积存于低洼处，遇火源会着火回燃。若遇高热，容器内压增大，有开裂和爆炸的危险

灭火注意事项及防护措施 消防人员必须佩戴防毒面具、穿全身消防服，在上风向灭火。尽可能将容器从火场移至空旷处。喷水保持火场容器冷却，直至灭火结束。处在火场中的容器若已变色或从安全泄压装置中发出声音，必须马上撤离。用水灭火无效

第六部分　泄漏应急处理

作业人员防护措施、防护装备和应急处置程序 消除所有点火源。根据液体流动和蒸气扩散的影响区域划定警戒区，无关人员从侧风、上风向撤离至安全区。建议应急处理人员戴正压自给式呼吸器，穿防静电服。作业时使用的所有设备应接地。禁止接触或跨越泄漏物。尽可能切断泄漏源

环境保护措施 防止泄漏物进入水体、下水道、地下室或有限空间

泄漏化学品的收容、清除方法及所使用的处置材料 小量泄漏：用砂土或其他不燃材料吸收。使用洁净的无火花工具收集吸收材料。大量泄漏：构筑围堤或挖坑收

容。用泡沫覆盖，减少蒸发。喷水雾能减少蒸发，但不能降低泄漏物在有限空间内的易燃性。用防爆泵转移至槽车或专用收集器内

第七部分　操作处置与储存

操作注意事项 密闭操作，局部排风。防止烟雾或蒸气释放到工作场所空气中。操作人员必须经过专门培训，严格遵守操作规程。建议操作人员佩戴自吸过滤式防毒面具（半面罩），戴化学安全防护眼镜，穿防静电工作服，戴橡胶手套。远离火种、热源，工作场所严禁吸烟。使用防爆型的通风系统和设备。在清除液体和蒸气前不能进行焊接、切割等作业。避免产生烟雾或蒸气。避免与氧化剂接触。容器与传送设备要接地，防止产生静电。灌装时应控制流速，且有接地装置，防止静电积聚。配备相应品种和数量的消防器材及泄漏应急处理设备。倒空的容器可能残留有害物

储存注意事项 储存于阴凉、通风的库房。远离火种、热源。防止阳光直射。库温不宜超过29℃，保持容器密封，严禁与空气接触。应与氧化剂、食用化学品分开存放，切忌混储。采用防爆型照明、通风设施。禁止使用易产生火花的机械设备和工具。储区应备有泄漏应急处理设备和合适的收容材料

第八部分　接触控制/个体防护

职业接触限值

中国　未制定标准

美国（ACGIH）　未制定标准

生物接触限值 未制定标准

监测方法 空气中有毒物质测定方法：未制定标准。生物监测检验方法：未制定标准

工程控制 密闭操作，局部排风

个体防护装备

呼吸系统防护　空气中浓度超标时，必须佩戴过滤式防毒面具（半面罩）。紧急事态抢救或撤离时，应该佩戴空气呼吸器

眼睛防护　戴化学安全防护眼镜

皮肤和身体防护　穿防静电工作服

手防护　戴橡胶手套

第九部分　理化特性

外观与性状	无色液体	pH值	无资料
熔点（℃）	−157.2	沸点（℃）	56
相对密度（水＝1）	0.680（20℃）		
相对蒸气密度（空气＝1）	2.91		
饱和蒸气压（kPa）	54.79（37.7℃）		
临界压力（MPa）	无资料	辛醇/水分配系数	无资料
闪点（℃）	−18.33	自燃温度（℃）	360
爆炸下限（%）	1.2	爆炸上限（%）	无资料
分解温度（℃）	无资料	黏度（mPa·s）	无资料
燃烧热（kJ/mol）	无资料	临界温度（℃）	无资料

溶解性　不溶于水，可混溶于二硫化碳、乙醇、乙醚

第十部分　稳定性和反应性

稳定性 稳定

危险反应　与强氧化剂等禁配物接触，有发生火灾和爆炸的危险。容易发生自聚反应

避免接触的条件　无资料

禁配物　强氧化剂

危险的分解产物　无资料

第十一部分　毒理学信息

急性毒性　无资料

皮肤刺激或腐蚀　无资料　眼睛刺激或腐蚀　无资料

呼吸或皮肤过敏　无资料　生殖细胞突变性　无资料

致癌性　无资料　　　　生殖毒性　无资料

特异性靶器官系统毒性-一次接触　无资料

特异性靶器官系统毒性-反复接触　无资料

吸入危害　无资料

第十二部分　生态学信息

生态毒性　无资料

持久性和降解性

　　生物降解性　无资料

　　非生物降解性　无资料

潜在的生物累积性　无资料

土壤中的迁移性　无资料

第十三部分　废弃处置

废弃化学品　建议用焚烧法处置。在能利用的地方重复使用容器或在规定场所掩埋

污染包装物　将容器返还生产商或按照国家和地方法规处置

废弃注意事项　处置前应参阅国家和地方有关法规

第十四部分　运输信息

联合国危险货物编号（UN号）　3295

联合国运输名称　液态烃类，未另作规定的(2,3-二甲基-1-丁烯)

联合国危险性类别　3

包装类别　Ⅱ　　　　　　包装标志

海洋污染物　否

运输注意事项　运输时运输车辆应配备相应品种和数量的消防器材及泄漏应急处理设备。夏季最好早晚运输。运输时所用的槽（罐）车应有接地链，槽内可设孔隔板以减少震荡产生的静电。严禁与氧化剂、食用化学品等混装混运。运输途中应防暴晒、雨淋，防高温。中途停留时应远离火种、热源、高温区。装运该物品的车辆排气管必须配备阻火装置，禁止使用易产生火花的机械设备和工具装卸。公路运输时要按规定路线行驶，勿在居民区和人口稠密区停留。铁路运输时要禁止溜放。严禁用木船、水泥船散装运输

第十五部分　法规信息

下列法律、法规、规章和标准，对该化学品的管理作

了相应的规定。

中华人民共和国职业病防治法　职业病分类和目录：未列入

危险化学品安全管理条例　危险化学品目录：列入。易制爆危险化学品名录：未列入。重点监管的危险化学品名录：未列入。GB 18218—2009《危险化学品重大危险源辨识》（表1）：未列入

使用有毒物品作业场所劳动保护条例　高毒物品目录：未列入

易制毒化学品管理条例　易制毒化学品的分类和品种目录：未列入

国际公约　斯德哥尔摩公约：未列入。鹿特丹公约：未列入。蒙特利尔议定书：未列入

第十六部分　其他信息

编写和修订信息　　　　缩略语和首字母缩写

培训建议　　　　　　　参考文献

免责声明

2,3-二甲基-2-丁烯

第一部分　化学品标识

化学品中文名　2,3-二甲基-2-丁烯；四甲基乙烯

化学品英文名　2,3-dimethyl-2-butene；tetramethylethylene

分子式　C_6H_{12}　　分子量　84.1595

结构式

化学品的推荐及限制用途　用于有机合成，用作气相色谱对比样品

第二部分　危险性概述

紧急情况概述　高度易燃液体和蒸气

GHS危险性类别　易燃液体，类别2

标签要素

象形图　

警示词　危险

危险性说明　高度易燃液体和蒸气

防范说明

　　预防措施　远离热源、火花、明火、热表面。禁止吸烟。保持容器密闭。容器和接收设备接地连接。使用防爆型电器、通风、照明设备。只能使用不产生火花的工具。采取防止静电措施。戴防护手套、防护眼镜、防护面罩

　　事故响应　火灾时，使用泡沫、干粉、二氧化碳、砂土灭火。如皮肤（或头发）接触：立即脱掉所有被污染的衣服，用水冲洗皮肤，淋浴

　　安全储存　存放在通风良好的地方。保持低温

　　废弃处置　本品及内装物、容器依据国家和地方法规处置

物理和化学危险　极易燃，其蒸气与空气混合，能形成爆

炸性混合物

健康危害　对眼睛、皮肤、黏膜和上呼吸道有刺激作用

环境危害　对环境可能有害

第三部分　成分/组成信息

√ 物质　　　　　　　混合物

组分　　　**浓度**　　　**CAS No.**

2,3-二甲基-2-丁烯　　　　　563-79-1

第四部分　急救措施

吸入　迅速脱离现场至空气新鲜处。保持呼吸道通畅。如呼吸困难，给输氧。呼吸、心跳停止，立即进行心肺复苏术。就医

皮肤接触　立即脱去污染的衣着，用流动清水彻底冲洗。就医

眼睛接触　立即分开眼睑，用流动清水或生理盐水彻底冲洗。就医

食入　漱口，饮水。就医

对保护施救者的忠告　根据需要使用个人防护设备

对医生的特别提示　对症处理

第五部分　消防措施

灭火剂　用泡沫、干粉、二氧化碳、砂土灭火

特别危险性　其蒸气与空气可形成爆炸性混合物，遇明火、高热极易燃烧爆炸。与氧化剂接触猛烈反应。容易自聚，聚合反应随着温度的上升而急骤加剧。流速过快，容易产生和积聚静电。蒸气比空气重，沿地面扩散并易积存于低洼处，遇火源会着火回燃。若遇高热，容器内压增大，有开裂和爆炸的危险

灭火注意事项及防护措施　消防人员必须佩戴防毒面具、穿全身消防服，在上风向灭火。尽可能将容器从火场移至空旷处。喷水保持火场容器冷却，直至灭火结束。处在火场中的容器若已变色或从安全泄压装置中发出声音，必须马上撤离。用水灭火无效

第六部分　泄漏应急处理

作业人员防护措施、防护装备和应急处置程序　消除所有点火源。根据液体流动和蒸气扩散的影响区域划定警戒区，无关人员从侧风、上风向撤离至安全区。建议应急处理人员戴正压自给式呼吸器，穿防静电服。作业时使用的所有设备应接地。禁止接触或跨越泄漏物。尽可能切断泄漏源

环境保护措施　防止泄漏物进入水体、下水道、地下室或有限空间

泄漏化学品的收容、清除方法及所使用的处置材料　小量泄漏：用砂土或其他不燃材料吸收。使用洁净的无火花工具收集吸收材料。大量泄漏：构筑围堤或挖坑收容。用泡沫覆盖，减少蒸发。喷水雾能减少蒸发，但不能降低泄漏物在有限空间内的易燃性。用防爆泵转移至槽车或专用收集器内

第七部分　操作处置与储存

操作注意事项　密闭操作，局部排风。防止蒸气泄漏到工

作场所空气中。操作人员必须经过专门培训，严格遵守操作规程。建议操作人员佩戴自吸过滤式防毒面具（半面罩），戴化学安全防护眼镜，穿防静电工作服，戴橡胶手套。远离火种、热源，工作场所严禁吸烟。使用防爆型的通风系统和设备。在清除液体和蒸气前不能进行焊接、切割等作业。避免产生烟雾。避免与氧化剂接触。容器与传送设备要接地，防止产生静电。灌装时应控制流速，且有接地装置，防止静电积聚。配备相应品种和数量的消防器材及泄漏应急处理设备。倒空的容器可能残留有害物

储存注意事项　储存于阴凉、通风的库房。远离火种、热源。防止阳光直射。库温不宜超过29℃，保持容器密封，严禁与空气接触。应与氧化剂、食用化学品分开存放，切忌混储。采用防爆型照明、通风设施。禁止使用易产生火花的机械设备和工具。储区应备有泄漏应急处理设备和合适的收容材料

第八部分　接触控制/个体防护

职业接触限值

中国　未制定标准

美国（ACGIH）　未制定标准

生物接触限值　未制定标准

监测方法　空气中有毒物质测定方法：未制定标准。生物监测检验方法：未制定标准

工程控制　密闭操作，局部排风

个体防护装备

呼吸系统防护　空气中浓度超标时，必须佩戴过滤式防毒面具（半面罩）。紧急事态抢救或撤离时，应该佩戴空气呼吸器

眼睛防护　戴化学安全防护眼镜

皮肤和身体防护　穿防静电工作服

手防护　戴橡胶手套

第九部分　理化特性

外观与性状　无色液体　　　**pH值**　无资料

熔点（℃）　−75　　　　**沸点（℃）**　73

相对密度（水＝1）　0.708（20℃）

相对蒸气密度（空气＝1）　2.91

饱和蒸气压（kPa）　28.6（37.7℃）

临界压力（MPa）　无资料　**辛醇/水分配系数**　无资料

闪点（℃）　−16.67　　　**自燃温度（℃）**　400.5

爆炸下限（%）　1.2　　　**爆炸上限（%）**　无资料

分解温度（℃）　无资料　**黏度（mPa·s）**　无资料

燃烧热（kJ/mol）　无资料　**临界温度（℃）**　无资料

溶解性　不溶于水，溶于乙醚、丙酮、醇、氯仿

第十部分　稳定性和反应性

稳定性　稳定

危险反应　与强氧化剂等禁配物接触，有发生火灾和爆炸的危险。容易发生自聚反应

避免接触的条件　无资料

禁配物　强氧化剂、强酸、卤代烃、卤素

危险的分解产物　无资料

第十一部分　毒理学信息

急性毒性　无资料

皮肤刺激或腐蚀　无资料　　**眼睛刺激或腐蚀**　无资料

呼吸或皮肤过敏　无资料　　**生殖细胞突变性**　无资料

致癌性　无资料　　　　　　**生殖毒性**　无资料

特异性靶器官系统毒性--一次接触　无资料

特异性靶器官系统毒性-反复接触　无资料

吸入危害　无资料

第十二部分　生态学信息

生态毒性　无资料

持久性和降解性

　　生物降解性　无资料

　　非生物降解性　无资料

潜在的生物累积性　无资料

土壤中的迁移性　无资料

第十三部分　废弃处置

废弃化学品　建议用焚烧法处置。在能利用的地方重复使用容器或在规定场所掩埋

污染包装物　将容器返还生产商或按照国家和地方法规处置

废弃注意事项　处置前应参阅国家和地方有关法规

第十四部分　运输信息

联合国危险货物编号（UN号）　3295

联合国运输名称　液态烃类，未另作规定的（2,3-二甲基-2-丁烯）

联合国危险性类别　3

包装类别　Ⅱ　　　　**包装标志**　

海洋污染物　否

运输注意事项　运输时运输车辆应配备相应品种和数量的消防器材及泄漏应急处理设备。夏季最好早晚运输。运输时所用的槽（罐）车应有接地链，槽内可设孔隔板以减少震荡产生的静电。严禁与氧化剂、食用化学品等混装混运。运输途中应防暴晒、雨淋，防高温。中途停留时应远离火种、热源、高温区。装运该物品的车辆排气管必须配备阻火装置，禁止使用易产生火花的机械设备和工具装卸。公路运输时要按规定路线行驶，勿在居民区和人口稠密区停留。铁路运输时要禁止溜放。严禁用木船、水泥船散装运输

第十五部分　法规信息

　　下列法律、法规、规章和标准，对该化学品的管理作了相应的规定。

中华人民共和国职业病防治法　职业病分类和目录：未列入

危险化学品安全管理条例　危险化学品目录：列入。易制爆危险化学品名录：未列入。重点监管的危险化学品

名录：未列入。GB 18218—2009《危险化学品重大危险源辨识》（表1）：未列入

使用有毒物品作业场所劳动保护条例　高毒物品目录：未列入

易制毒化学品管理条例　易制毒化学品的分类和品种目录：未列入

国际公约　斯德哥尔摩公约：未列入。鹿特丹公约：未列入。蒙特利尔议定书：未列入

第十六部分　其他信息

编写和修订信息　　　　**缩略语和首字母缩写**

培训建议　　　　　　　**参考文献**

免责声明

4,4′-二甲基-1,3-二噁烷

第一部分　化学品标识

化学品中文名　4,4′-二甲基-1,3-二噁烷；二甲基二噁烷

化学品英文名　4,4′-dimethyl-1,3-dioxane；4,4′-dimethyldioxane-1,3

分子式　$C_6H_{12}O_2$　　**分子量**　116.1583

结构式　

化学品的推荐及限制用途　用于合成异戊二烯橡胶

第二部分　危险性概述

紧急情况概述　高度易燃液体和蒸气，吞咽可能有害，皮肤接触可能有害

GHS危险性类别　易燃液体，类别2；急性毒性-经口，类别5；急性毒性-经皮，类别5

标签要素

象形图　

警示词　危险

危险性说明　高度易燃液体和蒸气，吞咽可能有害，皮肤接触可能有害

防范说明

　　预防措施　远离热源、火花、明火、热表面。禁止吸烟。保持容器密闭。容器和接收设备接地连接。使用防爆型电器、通风、照明设备。只能使用不产生火花的工具。采取防止静电措施。戴防护手套、防护眼镜、防护面罩

　　事故响应　火灾时，使用雾状水、泡沫、干粉、二氧化碳、砂土灭火。如皮肤（或头发）接触：立即脱掉所有被污染的衣服，用水冲洗皮肤，淋浴。如果感觉不适，呼叫中毒控制中心或就医

　　安全储存　存放在通风良好的地方。保持低温

　　废弃处置　本品及内装物、容器依据国家和地方法规处置

物理和化学危险　易燃，其蒸气与空气混合，能形成爆炸

性混合物

健康危害 本品对眼睛、呼吸道黏膜有刺激作用。急性中毒时，可有头痛、腹痛、咳嗽、乏力、喘息、紫绀、多汗等

环境危害 对环境可能有害

第三部分 成分/组成信息

√ 物质 混合物

组分	浓度	CAS No.
4,4'-二甲基-1,3-二噁烷		766-15-4

第四部分 急救措施

吸入 迅速脱离现场至空气新鲜处。保持呼吸道通畅。如呼吸困难，给输氧。如呼吸、心跳停止，立即进行心肺复苏术。就医

皮肤接触 脱去污染的衣着，用流动清水冲洗。如有不适感，就医

眼睛接触 分开眼睑，用流动清水或生理盐水冲洗。如有不适感，就医

食入 饮足量温水，催吐。就医

对保护施救者的忠告 根据需要使用个人防护设备

对医生的特别提示 对症处理

第五部分 消防措施

灭火剂 用雾状水、泡沫、干粉、二氧化碳、砂土灭火

特别危险性 其蒸气与空气可形成爆炸性混合物，遇明火、高热能引起燃烧爆炸。与氧化剂可发生反应。蒸气比空气重，沿地面扩散并易积存于低洼处，遇火源会着火回燃。若遇高热，容器内压增大，有开裂和爆炸的危险

灭火注意事项及防护措施 消防人员必须佩戴防毒面具、穿全身消防服，在上风向灭火。尽可能将容器从火场移至空旷处。喷水保持火场容器冷却，直至灭火结束。处在火场中的容器若已变色或从安全泄压装置中发出声音，必须马上撤离

第六部分 泄漏应急处理

作业人员防护措施、防护装备和应急处置程序 消除所有点火源。根据液体流动和蒸气扩散的影响区域划定警戒区，无关人员从侧风向、上风向撤离至安全区。建议应急处理人员戴正压自给式呼吸器，穿防静电服。作业时使用的所有设备应接地。禁止接触或跨越泄漏物。尽可能切断泄漏源

环境保护措施 防止泄漏物进入水体、下水道、地下室或有限空间

泄漏化学品的收容、清除方法及所使用的处置材料 小量泄漏：用砂土或其他不燃材料吸收。使用洁净的无火花工具收集吸收材料。大量泄漏：构筑围堤或挖坑收容。用泡沫覆盖，减少蒸发。喷水雾能减少蒸发，但不能降低泄漏物在有限空间内的易燃性。用防爆泵转移至槽车或专用收集器内

第七部分 操作处置与储存

操作注意事项 密闭操作，注意通风。操作人员必须经过专门培训，严格遵守操作规程。建议操作人员佩戴自吸过滤式防毒面具（半面罩），戴化学安全防护眼镜，穿防静电工作服，戴橡胶耐油手套。远离火种、热源，工作场所严禁吸烟。使用防爆型的通风系统和设备。防止蒸气泄漏到工作场所空气中。避免与氧化剂、酸类接触。搬运时要轻装轻卸，防止包装及容器损坏。配备相应品种和数量的消防器材及泄漏应急处理设备。倒空的容器可能残留有害物

储存注意事项 储存于阴凉、通风的库房。远离火种、热源。库温不宜超过 37℃，应与氧化剂、酸类分开存放，切忌混储。采用防爆型照明、通风设施。禁止使用易产生火花的机械设备和工具。储区应备有泄漏应急处理设备和合适的收容材料

第八部分 接触控制/个体防护

职业接触限值

中国 未制定标准

美国（ACGIH） 未制定标准

生物接触限值 未制定标准

监测方法 空气中有毒物质测定方法：未制定标准。生物监测检验方法：未制定标准

工程控制 密闭操作，注意通风

个体防护装备

呼吸系统防护 空气中浓度超标时，必须佩戴过滤式防毒面具（半面罩）。紧急事态抢救或撤离时，应该佩戴空气呼吸器

眼睛防护 戴化学安全防护眼镜

皮肤和身体防护 穿防静电工作服

手防护 戴橡胶耐油手套

第九部分 理化特性

外观与性状 无色透明液体，有恶臭

pH 值 无资料 　　　　**熔点(℃)** 无资料

沸点(℃) 113.4

相对密度(水＝1) 0.96（20℃）

相对蒸气密度(空气＝1) 4.0

饱和蒸气压(kPa) 2.05（20℃）

临界压力(MPa) 无资料

辛醇/水分配系数 无资料

闪点(℃) 30～35 　　　**自燃温度(℃)** 无资料

爆炸下限(%) 无资料 　　**爆炸上限(%)** 无资料

分解温度(℃) 无资料 　　**黏度(mPa·s)** 无资料

燃烧热(kJ/mol) 无资料 　**临界温度(℃)** 无资料

溶解性 溶于水

第十部分 稳定性和反应性

稳定性 稳定

危险反应 与强氧化剂、强酸等禁配物发生反应

避免接触的条件 无资料

禁配物 强氧化剂、强酸

危险的分解产物 无资料

第十一部分 毒理学信息

急性毒性 LD$_{50}$：3580.8mg/kg（大鼠经口）；3398.4mg/kg

（兔经皮）

皮肤刺激或腐蚀	无资料	眼睛刺激或腐蚀	无资料
呼吸或皮肤过敏	无资料	生殖细胞突变性	无资料
致癌性	无资料	生殖毒性	无资料

特异性靶器官系统毒性-一次接触　无资料
特异性靶器官系统毒性-反复接触　无资料
吸入危害　无资料

第十二部分　生态学信息

生态毒性　无资料
持久性和降解性
　　生物降解性　无资料
　　非生物降解性　无资料
潜在的生物累积性　无资料
土壤中的迁移性　无资料

第十三部分　废弃处置

废弃化学品　建议用焚烧法处置
污染包装物　将容器返还生产商或按照国家和地方法规
　　处置
废弃注意事项　处置前应参阅国家和地方有关法规

第十四部分　运输信息

联合国危险货物编号（UN号）　1993
联合国运输名称　易燃液体，未另作规定的（4,4-二甲
　　基-1,3-二噁烷）
联合国危险性类别　3

包装类别　Ⅱ　　　　　　包装标志

海洋污染物　否
运输注意事项　运输时运输车辆应配备相应品种和数量的
　　消防器材及泄漏应急处理设备。夏季最好早晚运输。
　　运输时所用的槽（罐）车应有接地链，槽内可设孔隔
　　板以减少震荡产生的静电。严禁与氧化剂、酸类、食
　　用化学品等混装混运。运输途中应防暴晒、雨淋，防
　　高温。中途停留时应远离火种、热源、高温区。装运
　　该物品的车辆排气管必须配备阻火装置，禁止使用易
　　产生火花的机械设备和工具装卸。公路运输时要按规
　　定路线行驶，勿在居民区和人口稠密区停留。铁路运
　　输时要禁止溜放。严禁用木船、水泥船散装运输

第十五部分　法规信息

　　下列法律、法规、规章和标准，对该化学品的管理作
了相应的规定。
中华人民共和国职业病防治法　职业病分类和目录：未
　　列入
危险化学品安全管理条例　危险化学品目录：列入。易制
　　爆危险化学品名录：未列入。重点监管的危险化学品
　　名录：未列入。GB 18218—2009《危险化学品重大
　　危险源辨识》（表1）：未列入
使用有毒物品作业场所劳动保护条例　高毒物品目录：未

列入
易制毒化学品管理条例　易制毒化学品的分类和品种目
　　录：未列入
国际公约　斯德哥尔摩公约：未列入。鹿特丹公约：未列
　　入。蒙特利尔议定书：未列入

第十六部分　其他信息

编写和修订信息	缩略语和首字母缩写
培训建议	参考文献
免责声明	

二甲基二硫

第一部分　化学品标识

化学品中文名　二甲基二硫；二硫化二甲基；甲基化二
　　硫；二甲二硫
化学品英文名　dimethyl disulfide；methyl disulfide
分子式　$C_2H_6S_2$　　分子量　94.014
结构式　$H_3C—S—S—CH_3$
化学品的推荐及限制用途　用于有机合成

第二部分　危险性概述

紧急情况概述　高度易燃液体和蒸气，吞咽会中毒，吸入
　　会中毒，造成皮肤刺激，造成严重眼刺激
GHS危险性类别　易燃液体，类别2；急性毒性-经口，
　　类别3；急性毒性-吸入，类别3；皮肤腐蚀/刺激，
　　类别2；严重眼损伤/眼刺激，类别2B；生殖毒性，
　　类别2；特异性靶器官毒性-反复接触，类别1；危害
　　水生环境-急性危害，类别2；危害水生环境-长期危
　　害，类别2
标签要素

象形图　

警示词　危险
危险性说明　高度易燃液体和蒸气，吞咽会中毒，吸入
　　会中毒，造成皮肤刺激，造成严重眼刺激，怀疑对
　　生育力或胎儿造成伤害，长时间或反复接触对器官
　　造成损伤，对水生生物有毒并具有长期持续影响
防范说明
　　预防措施　远离热源、火花、明火、热表面。保持
　　　　容器密闭。容器和接收设备接地连接。使用防
　　　　爆型电器、通风、照明设备。只能使用不产生
　　　　火花的工具。采取防止静电措施。戴防护手
　　　　套、防护面罩、防护眼镜。避免接触眼睛、皮
　　　　肤，操作后彻底清洗。作业场所不得进食、饮
　　　　水或吸烟。避免吸入蒸气、雾。仅在室外或通
　　　　风良好处操作。得到专门指导后操作。在阅读
　　　　并了解所有安全预防措施之前，切勿操作。按
　　　　要求使用个体防护装备。操作后彻底清洗。禁
　　　　止排入环境
　　事故响应　火灾时，使用雾状水、泡沫、干粉、二

氧化碳、砂土灭火。如吸入：将患者转移到空气新鲜处，休息，保持利于呼吸的体位，呼叫中毒控制中心或就医。皮肤接触：用大量肥皂水和水清洗。如发生皮肤刺激，就医。脱去被污染的衣服，衣服经洗净后方可重新使用。如接触眼睛：用水细心冲洗数分钟。如戴隐形眼镜并可方便地取出，取出隐形眼镜，继续冲洗。如果眼睛刺激持续：就医。食入：立即呼叫中毒控制中心或就医，漱口。如果接触或有担心，就医。如感觉不适，就医。收集泄漏物

安全储存 存放在通风良好的地方。保持低温。保持容器密闭。上锁保管

废弃处置 本品及内装物、容器依据国家和地方法规处置

物理和化学危险 易燃，其蒸气与空气混合，能形成爆炸性混合物

健康危害 本品遇高热，接触酸或酸雾能分解产生有毒的气体。误服或吸入本品可引起中毒。接触后可引起头痛、恶心和呕吐

环境危害 对水生生物有毒并具有长期持续影响

第三部分 成分/组成信息

√ 物质　　　　　　　　　混合物

组分	浓度	CAS No.
二甲基二硫		624-92-0

第四部分 急救措施

吸入 迅速脱离现场至空气新鲜处。保持呼吸道通畅。如呼吸困难，给输氧。呼吸、心跳停止，立即进行心肺复苏术。就医

皮肤接触 立即脱去污染的衣着，用流动清水彻底冲洗。就医

眼睛接触 立即分开眼睑，用流动清水或生理盐水彻底冲洗。就医

食入 漱口，饮水。就医

对保护施救者的忠告 根据需要使用个人防护设备

对医生的特别提示 对症处理

第五部分 消防措施

灭火剂 用雾状水、泡沫、干粉、二氧化碳、砂土灭火

特别危险性 其蒸气与空气可形成爆炸性混合物，遇明火、高热极易燃烧爆炸。与氧化剂接触猛烈反应。流速过快，容易产生和积聚静电。蒸气比空气重，沿地面扩散并易积存于低洼处，遇火源会着火回燃。若遇高热，容器内压增大，有开裂和爆炸的危险

灭火注意事项及防护措施 消防人员必须佩戴防毒面具、穿全身消防服，在上风向灭火。尽可能将容器从火场移至空旷处。喷水保持火场容器冷却，直至灭火结束。处在火场中的容器若已变色或从安全泄压装置中发出声音，必须马上撤离

第六部分 泄漏应急处理

作业人员防护措施、防护装备和应急处置程序 消除所有点火源。根据液体流动和蒸气扩散的影响区域划定警戒区，无关人员从侧风、上风向撤离至安全区。建议应急处理人员戴正压自给式呼吸器，穿防静电服。作业时使用的所有设备应接地。禁止接触或跨越泄漏物。尽可能切断泄漏源

环境保护措施 防止泄漏物进入水体、下水道、地下室或有限空间

泄漏化学品的收容、清除方法及所使用的处置材料 小量泄漏：用砂土或其他不燃材料吸收。使用洁净的无火花工具收集吸收材料。大量泄漏：构筑围堤或挖坑收容。用泡沫覆盖，减少蒸发。喷水雾能减少蒸发，但不能降低泄漏物在有限空间内的易燃性。用防爆泵转移至槽车或专用收集器内

第七部分 操作处置与储存

操作注意事项 严加密闭，提供充分的局部排风和全面通风。操作人员必须经过专门培训，严格遵守操作规程。建议操作人员佩戴自吸过滤式防毒面具（全面罩），穿胶布防毒衣，戴橡胶耐油手套。远离火种、热源，工作场所严禁吸烟。使用防爆型的通风系统和设备。防止蒸气泄漏到工作场所空气中。避免与氧化剂、还原剂、碱类接触。充装要控制流速，防止静电积聚。搬运时要轻装轻卸，防止包装及容器损坏。配备相应品种和数量的消防器材及泄漏应急处理设备。倒空的容器可能残留有害物

储存注意事项 储存于阴凉、通风的库房。远离火种、热源。库温不宜超过37℃，应与氧化剂、还原剂、碱类、食用化学品分开存放，切忌混储。采用防爆型照明、通风设施。禁止使用易产生火花的机械设备和工具。储区应备有泄漏应急处理设备和合适的收容材料

第八部分 接触控制/个体防护

职业接触限值

中国　未制定标准

美国（ACGIH）　TLV-TWA：0.5ppm［皮］

生物接触限值 未制定标准

监测方法 空气中有毒物质测定方法：未制定标准。生物监测检验方法：未制定标准

工程控制 严加密闭，提供充分的局部排风和全面通风

个体防护装备

呼吸系统防护　空气中浓度超标时，必须佩戴过滤式防毒面具（全面罩）。紧急事态抢救或撤离时，应该佩戴空气呼吸器

眼睛防护　呼吸系统防护中已作防护

皮肤和身体防护　穿密闭型防毒服

手防护　戴橡胶耐油手套

第九部分 理化特性

外观与性状 无色或微黄色液体

pH 值 无资料　　　　　　　　**熔点（℃）** −84.7

沸点（℃） 109.6

相对密度（水＝1） 1.06（16℃）

相对蒸气密度(空气＝1)　3.24
饱和蒸气压(kPa)　2.8（20℃）
临界压力(MPa)　无资料　辛醇/水分配系数　1.77
闪点(℃)　16　自燃温度(℃)　300
爆炸下限(%)　1.1　爆炸上限(%)　16.0
分解温度(℃)　无资料　黏度(mPa·s)　无资料
燃烧热(kJ/mol)　无资料
临界温度(℃)　0.62（20℃）
溶解性　不溶于水，可混溶于醇、醚等

第十部分　稳定性和反应性

稳定性　稳定
危险反应　与强氧化剂等禁配物接触，有发生火灾和爆炸的危险
避免接触的条件　无资料
禁配物　强氧化剂、强还原剂、强碱
危险的分解产物　硫化氢

第十一部分　毒理学信息

急性毒性　LC_{50}：$15.85mg/m^3$（大鼠吸入，2h）
皮肤刺激或腐蚀　无资料　眼睛刺激或腐蚀　无资料
呼吸或皮肤过敏　无资料　生殖细胞突变性　无资料
致癌性　无资料　生殖毒性　无资料
特异性靶器官系统毒性-一次接触　无资料
特异性靶器官系统毒性-反复接触　无资料
吸入危害　无资料

第十二部分　生态学信息

生态毒性　LC_{50}：1.1mg/L（96h）（青鳉）；EC_{50}：5.7mg/L（48h）（大型溞）；NOEC：0.089mg/L（21d）（大型溞）
持久性和降解性
　生物降解性　不易快速生物降解（OECD 301D）
　非生物降解性　无资料
潜在的生物累积性　根据K_{ow}值预测，该物质的生物累积性可能较弱
土壤中的迁移性　根据K_{oc}值预测，该物质可能易发生迁移

第十三部分　废弃处置

废弃化学品　建议用焚烧法处置。焚烧炉排出的硫氧化物通过洗涤器除去
污染包装物　将容器返还生产商或按照国家和地方法规处置
废弃注意事项　处置前应参阅国家和地方有关法规

第十四部分　运输信息

联合国危险货物编号（UN号）　2381
联合国运输名称　二甲二硫
联合国危险性类别　3

包装类别　Ⅱ　包装标志　

海洋污染物　是
运输注意事项　运输时运输车辆应配备相应品种和数量的消防器材及泄漏应急处理设备。夏季最好早晚运输。运输时所用的槽（罐）车应有接地链，槽内可设孔隔板以减少震荡产生的静电。严禁与氧化剂、还原剂、碱类、食用化学品等混装混运。运输途中应防暴晒、雨淋、防高温。中途停留时应远离火种、热源、高温区。装该该物品的车辆排气管必须配备阻火装置，禁止使用易产生火花的机械设备和工具装卸。公路运输时要按规定路线行驶，勿在居民区和人口稠密区停留。铁路运输时要禁止溜放。严禁用木船、水泥船散装运输

第十五部分　法规信息

下列法律、法规、规章和标准，对该化学品的管理作了相应的规定。
中华人民共和国职业病防治法　职业病分类和目录：未列入
危险化学品安全管理条例　危险化学品目录：列入。易制爆危险化学品名录：未列入。重点监管的危险化学品名录：未列入。GB 18218—2009《危险化学品重大危险源辨识》（表1）：未列入
使用有毒物品作业场所劳动保护条例　高毒物品目录：未列入
易制毒化学品管理条例　易制毒化学品的分类和品种目录：未列入
国际公约　斯德哥尔摩公约：未列入。鹿特丹公约：未列入。蒙特利尔议定书：未列入

第十六部分　其他信息

编写和修订信息　　缩略语和首字母缩写
培训建议　　参考文献
免责声明

二甲基二硫代氨基甲酸锌

第一部分　化学品标识

化学品中文名　二甲基二硫代氨基甲酸锌；福美锌；什来特；促进剂 P-2；锌来特；二（二甲氨基硫代甲酸）锌
化学品英文名　zinc N-dimethyl dithio carbamate；ziram
分子式　$C_6H_{12}N_2S_4Zn$　分子量　305.81
结构式
化学品的推荐及限制用途　橡胶工业最常用的促进剂

第二部分　危险性概述

紧急情况概述　吞咽有害，吸入致命，造成严重眼损伤，可能导致皮肤致敏反应，可能引起呼吸道刺激
GHS危险性类别　急性毒性-经口，类别4；急性毒性-吸入，类别2；严重眼损伤/眼刺激，类别1；皮肤致敏

物，类别1；特异性靶器官毒性--一次接触，类别3（呼吸道刺激）；特异性靶器官毒性-反复接触，类别2；危害水生环境-急性危害，类别1；危害水生环境-长期危害，类别1

标签要素

象形图

警示词 危险

危险性说明 吞咽有害，吸入致命，造成严重眼损伤，可能导致皮肤过敏反应，可能引起呼吸道刺激，长时间或反复接触可能对器官造成损伤，对水生生物毒性非常大并具有长期持续影响

防范说明

 预防措施 避免接触眼睛、皮肤，操作后彻底清洗。作业场所不得进食、饮水或吸烟。避免吸入粉尘。仅在室外或通风良好处操作。戴呼吸防护器具。戴防护手套、防护眼镜、防护面罩。污染的工作服不得带出工作场所。禁止排入环境

 事故响应 如吸入：将患者转移到空气新鲜处，休息，保持利于呼吸的体位。如皮肤接触：用大量肥皂水和水清洗，如出现皮肤刺激或皮疹，就医。污染的衣服清洗后方可重新使用。接触眼睛：用水细心冲洗数分钟。如戴隐形眼镜并可方便地取出，取出隐形眼镜，继续冲洗。食入：如果感觉不适，立即呼叫中毒控制中心或就医，漱口。收集泄漏物

 安全储存 在通风良好处储存。保持容器密闭。上锁保管

 废弃处置 本品及内装物、容器依据国家和地方法规处置

物理和化学危险 可燃，其粉体与空气混合，能形成爆炸性混合物

健康危害 对眼及呼吸道有强烈刺激性。眼接触引起灼伤。接触或从事生产本品的工人可有鼻衄、咳嗽、咯血性痰、胸闷、气急、肺散在湿罗音等表现

环境危害 对水生生物毒性非常大并具有长期持续影响

第三部分 成分/组成信息

  √ 物质   混合物

组分	浓度	CAS No.
二甲基二硫代氨基甲酸锌		137-30-4

第四部分 急救措施

吸入 迅速脱离现场至空气新鲜处。保持呼吸道通畅。如呼吸困难，给输氧。如呼吸、心跳停止，立即进行心肺复苏术。就医

皮肤接触 立即脱去污染的衣着，用流动清水彻底冲洗。就医

眼睛接触 立即分开眼睑，用流动清水或生理盐水彻底冲洗5~10min。就医

食入 漱口，饮水。就医

对保护施救者的忠告 根据需要使用个人防护设备

对医生的特别提示 对症处理

第五部分 消防措施

灭火剂 用雾状水、泡沫、干粉、二氧化碳、砂土灭火

特别危险性 受热分解，放出氮、硫的氧化物等毒性气体

灭火注意事项及防护措施 消防人员必须佩戴空气呼吸器、穿全身防火防毒服，在上风向灭火。尽可能将容器从火场移至空旷处。喷水保持火场容器冷却，直至灭火结束

第六部分 泄漏应急处理

作业人员防护措施、防护装备和应急处置程序 隔离泄漏污染区，限制出入。消除所有点火源。建议应急处理人员戴防尘口罩，穿防毒服。穿上适当的防护服前严禁接触破裂的容器和泄漏物。尽可能切断泄漏源

环境保护措施 用塑料布覆盖泄漏物，减少飞散

泄漏化学品的收容、清除方法及所使用的处置材料 勿使水进入包装容器内。用洁净的铲子收集泄漏物，置于干净、干燥、盖子较松的容器中，将容器移离泄漏区

第七部分 操作处置与储存

操作注意事项 密闭操作，局部排风。操作人员必须经过专门培训，严格遵守操作规程。建议操作人员佩戴防尘面具（全面罩），穿连体式防毒衣，戴橡胶手套。远离火种、热源，工作场所严禁吸烟。使用防爆型的通风系统和设备。避免产生粉尘。避免与氧化剂接触。搬运时要轻装轻卸，防止包装及容器损坏。配备相应品种和数量的消防器材及泄漏应急处理设备。倒空的容器可能残留有害物

储存注意事项 储存于阴凉、通风的库房。远离火种、热源。应与氧化剂分开存放，切忌混储。配备相应品种和数量的消防器材。储区应备有合适的材料收容泄漏物

第八部分 接触控制/个体防护

职业接触限值

 中国 未制定标准

 美国（ACGIH） 未制定标准

生物接触限值 未制定标准

监测方法 空气中有毒物质测定方法：未制定标准。生物监测检验方法：未制定标准

工程控制 密闭操作，局部排风

个体防护装备

 呼吸系统防护 可能接触其粉尘时，必须佩戴防尘面具（全面罩）。紧急事态抢救或撤离时，应该佩戴空气呼吸器

 眼睛防护 呼吸系统防护中已作防护

 皮肤和身体防护 穿连衣式防毒衣

 手防护 戴橡胶手套

第九部分　理化特性

外观与性状　白色粉末

pH 值　无意义　　　　熔点(℃)　240～257

沸点(℃)　无资料

相对密度(水＝1)　1.75～1.80

相对蒸气密度(空气＝1)　无资料

饱和蒸气压(kPa)　无资料

临界压力(MPa)　无资料　辛醇/水分配系数　0.16

闪点(℃)　无资料　　　自燃温度(℃)　无资料

爆炸下限(%)　无资料　爆炸上限(%)　无资料

分解温度(℃)　无资料　黏度(mPa·s)　无资料

燃烧热(kJ/mol)　无资料　临界温度(℃)　无资料

溶解性　不溶于水，不溶于汽油，溶于氯仿、二硫化碳等

第十部分　稳定性和反应性

稳定性　稳定

危险反应　与强氧化物等禁配物发生反应

避免接触的条件　受热

禁配物　强氧化剂

危险的分解产物　氮氧化物、硫化物

第十一部分　毒理学信息

急性毒性　LD_{50}：267mg/kg（大鼠经口）；480mg/kg
（小鼠经口）；400mg/kg（兔经口）；＞2000mg/kg
（兔经皮）

皮肤刺激或腐蚀　无资料　眼睛刺激或腐蚀　无资料

呼吸或皮肤过敏　无资料　生殖细胞突变性　无资料

致癌性　无资料　　　　生殖毒性　无资料

特异性靶器官系统毒性-一次接触　无资料

特异性靶器官系统毒性-反复接触　无资料

吸入危害　无资料

第十二部分　生态学信息

生态毒性　LC_{50}：0.0097mg/L（96h）（蓝腮太阳鱼）。
LC_{50}：1.7mg/L（96h）（虹鳟）。LC_{50}：0.008mg/L
（96h）（黑头呆鱼）。LC_{50}：0.048mg/L（48h）（大型
溞）。NOAEC：0.101mg/L（黑头呆鱼）。NOAEC：
0.039mg/L（21d）（大型溞）

持久性和降解性

　　生物降解性　不易快速生物降解

　　非生物降解性　无资料

潜在的生物累积性　根据 K_{ow} 值预测，该物质的生物累积
性可能较弱

土壤中的迁移性　根据 K_{oc} 值预测，该物质可能易发生
迁移

第十三部分　废弃处置

废弃化学品　用安全掩埋法处置

污染包装物　将容器返还生产商或按照国家和地方法规
处置

废弃注意事项　在能利用的地方重复使用容器或在规定场
所掩埋

第十四部分　运输信息

联合国危险货物编号（UN号）　2811

联合国运输名称　有机毒性固体，未另作规定的（二甲基
二硫代氨基甲酸锌）

联合国危险性类别　6.1

包装类别　Ⅱ　　　　　　包装标志

海洋污染物　是

运输注意事项　起运时包装要完整，装载应稳妥。运输过
程中要确保容器不泄漏、不倒塌、不坠落、不损坏。
严禁与氧化剂、食用化学品等混装混运。运输途中应
防暴晒、雨淋，防高温。运输车船必须彻底清洗、消
毒，否则不得装运其他物品。

第十五部分　法规信息

　　下列法律、法规、规章和标准，对该化学品的管理作
了相应的规定。

中华人民共和国职业病防治法　职业病分类和目录：未
列入

危险化学品安全管理条例　危险化学品目录：列入。易制
爆危险化学品名录：未列入。重点监管的危险化学品
名录：未列入。GB 18218—2009《危险化学品重大
危险源辨识》（表1）：未列入

使用有毒物品作业场所劳动保护条例　高毒物品目录：未
列入

易制毒化学品管理条例　易制毒化学品的分类和品种目
录：未列入

国际公约　斯德哥尔摩公约：未列入。鹿特丹公约：未列
入。蒙特利尔议定书：未列入

第十六部分　其他信息

编写和修订信息　　　缩略语和首字母缩写

培训建议　　　　　　参考文献

免责声明

2,5-二甲基呋喃

第一部分　化学品标识

化学品中文名　2,5-二甲基呋喃；2,5-二甲氧（杂）茂

化学品英文名　2,5-dimethylfuran

分子式　C_6H_8O　分子量　96.1271

结构式

化学品的推荐及限制用途　用作溶剂、中间体

第二部分　危险性概述

紧急情况概述　高度易燃液体和蒸气

GHS危险性类别　易燃液体，类别 2；危害水生环境-急
性危害，类别 3；危害水生环境-长期危害，类别 3

标签要素

象形图

警示词 危险

危险性说明 高度易燃液体和蒸气,对水生生物有害并具有长期持续影响

防范说明

预防措施 远离热源、火花、明火、热表面。禁止吸烟。保持容器密闭。容器和接收设备接地连接。使用防爆型电器、通风、照明设备。只能使用不产生火花的工具。采取防止静电措施。戴防护手套、防护眼镜、防护面罩。禁止排入环境

事故响应 火灾时,使用泡沫、干粉、二氧化碳、砂土灭火。如皮肤(或头发)接触:立即脱掉所有被污染的衣服,用水冲洗皮肤,淋浴

安全储存 存放在通风良好的地方。保持低温

废弃处置 本品及内装物、容器依据国家和地方法规处置

物理和化学危险 易燃,其蒸气与空气混合,能形成爆炸性混合物

健康危害 吸入、摄入或经皮肤吸收后对身体有害,有刺激作用

环境危害 对水生生物有害并具有长期持续影响

第三部分 成分/组成信息

√ 物质   混合物

组分	浓度	CAS No.
2,5-二甲基呋喃		625-86-5

第四部分 急救措施

吸入 迅速脱离现场至空气新鲜处。保持呼吸道通畅。如呼吸困难,给输氧。呼吸、心跳停止,立即进行心肺复苏术。就医

皮肤接触 立即脱去污染的衣着,用流动清水彻底冲洗。就医

眼睛接触 立即分开眼睑,用流动清水或生理盐水彻底冲洗。就医

食入 漱口,饮水。就医

对保护施救者的忠告 根据需要使用个人防护设备

对医生的特别提示 对症处理

第五部分 消防措施

灭火剂 用泡沫、干粉、二氧化碳、砂土灭火

特别危险性 其蒸气与空气可形成爆炸性混合物,遇明火、高热极易燃烧爆炸。与氧化剂接触猛烈反应。流速过快,容易产生和积聚静电。蒸气比空气重,沿地面扩散并易积存于低洼处,遇火源会着火回燃。若遇高热,容器内压增大,有开裂和爆炸的危险

灭火注意事项及防护措施 消防人员必须佩戴防毒面具、穿全身消防服,在上风向灭火。尽可能将容器从火场移至空旷处。喷水保持火场容器冷却,直至灭火结束。处在火场中的容器若已变色或从安全泄压装置中发出声音,必须马上撤离。用水灭火无效

第六部分 泄漏应急处理

作业人员防护措施、防护装备和应急处置程序 消除所有点火源。根据液体流动和蒸气扩散的影响区域划定警戒区,无关人员从侧风、上风向撤离至安全区。建议应急处理人员戴正压自给式呼吸器,穿防静电服。作业时使用的所有设备应接地。禁止接触或跨越泄漏物。尽可能切断泄漏源

环境保护措施 防止泄漏物进入水体、下水道、地下室或有限空间

泄漏化学品的收容、清除方法及所使用的处置材料 小量泄漏:用砂土或其他不燃材料吸收。使用洁净的无火花工具收集吸收材料。大量泄漏:构筑围堤或挖坑收容。用泡沫覆盖,减少蒸发。喷水雾能减少蒸发,但不能降低泄漏物在有限空间内的易燃性。用防爆泵转移至槽车或专用收集器内

第七部分 操作处置与储存

操作注意事项 密闭操作,加强通风。操作人员必须经过专门培训,严格遵守操作规程。建议操作人员佩戴自吸过滤式防毒面具(半面罩),戴化学安全防护眼镜,穿防静电工作服,戴橡胶耐油手套。远离火种、热源,工作场所严禁吸烟。使用防爆型的通风系统和设备。防止蒸气泄漏到工作场所空气中。避免与氧化剂、酸类接触。充装要控制流速,防止静电积聚。搬运时要轻装轻卸,防止包装及容器损坏。配备相应品种和数量的消防器材及泄漏应急处理设备。倒空的容器可能残留有害物

储存注意事项 储存于阴凉、通风的库房。远离火种、热源。库温不宜超过37℃,包装要求密封,不可与空气接触。应与氧化剂、酸类等分开存放,切忌混储。采用防爆型照明、通风设施。禁止使用易产生火花的机械设备和工具。储区应备有泄漏应急处理设备和合适的收容材料

第八部分 接触控制/个体防护

职业接触限值

中国 未制定标准

美国(ACGIH) 未制定标准

生物接触限值 未制定标准

监测方法 空气中有毒物质测定方法:未制定标准。生物监测检验方法:未制定标准

工程控制 生产过程密闭,加强通风

个体防护装备

呼吸系统防护 空气中浓度超标时,必须佩戴过滤式防毒面具(半面罩)。紧急事态抢救或撤离时,应该佩戴空气呼吸器

眼睛防护 戴化学安全防护眼镜

皮肤和身体防护 穿防静电工作服

手防护 戴橡胶耐油手套

第九部分　理化特性

外观与性状　黄色液体　　**pH 值**　无资料
熔点(℃)　－62　　沸点(℃)　92～94
相对密度(水＝1)　0.90
相对蒸气密度(空气＝1)　3.31
饱和蒸气压(kPa)　无资料
临界压力(MPa)　无资料　辛醇/水分配系数　无资料
闪点(℃)　－1.67　　自燃温度(℃)　无资料
爆炸下限(%)　无资料　爆炸上限(%)　无资料
分解温度(℃)　无资料　黏度(mPa·s)　无资料
燃烧热(kJ/mol)　无资料　临界温度(℃)　无资料
溶解性　不溶于水，溶于醇、醚、氯仿、苯

第十部分　稳定性和反应性

稳定性　稳定
危险反应　与强氧化剂、酸类、水蒸气等禁配物接触，有
　　引起燃烧爆炸的危险
避免接触的条件　无资料
禁配物　强氧化剂、酸类、水蒸气
危险的分解产物　无资料

第十一部分　毒理学信息

急性毒性　LCLo：500ppm（大鼠吸入，4h）
皮肤刺激或腐蚀　无资料　眼睛刺激或腐蚀　无资料
呼吸或皮肤过敏　无资料　生殖细胞突变性　无资料
致癌性　无资料　　生殖毒性　无资料
特异性靶器官系统毒性-一次接触　无资料
特异性靶器官系统毒性-反复接触　无资料
吸入危害　无资料

第十二部分　生态学信息

生态毒性　LC_{50}：71.1mg/L（96h）（鱼类）
持久性和降解性
　生物降解性　无资料
　非生物降解性　无资料
潜在的生物累积性　无资料
土壤中的迁移性　无资料

第十三部分　废弃处置

废弃化学品　建议用焚烧法处置
污染包装物　将容器返还生产商或按照国家和地方法规
　　处置
废弃注意事项　处置前应参阅国家和地方有关法规

第十四部分　运输信息

联合国危险货物编号（UN号）　1993
联合国运输名称　易燃液体，未另作规定的（2,5-二甲基
　　呋喃）
联合国危险性类别　3

包装类别　Ⅱ　　　包装标志

海洋污染物　否
运输注意事项　运输时运输车辆应配备相应品种和数量的
　　消防器材及泄漏应急处理设备。夏季最好早晚运输。
　　运输时所用的槽（罐）车应有接地链，槽内可设孔隔
　　板以减少震荡产生的静电。严禁与氧化剂、酸类、食
　　用化学品等混装混运。运输途中应防暴晒、雨淋，防
　　高温。中途停留时应远离火种、热源、高温区。装运
　　该物品的车辆排气管必须配备阻火装置，禁止使用易
　　产生火花的机械设备和工具卸装。公路运输时要按规
　　定路线行驶，勿在居民区和人口稠密区停留。铁路运
　　输时要禁止溜放。严禁用木船、水泥船散装运输

第十五部分　法规信息

下列法律、法规、规章和标准，对该化学品的管理作
了相应的规定。
中华人民共和国职业病防治法　职业病分类和目录：未
　　列入
危险化学品安全管理条例　危险化学品目录：列入。易制
　　爆危险化学品名录：未列入。重点监管的危险化学品
　　名录：未列入。GB 18218—2009《危险化学品重大
　　危险源辨识》(表1)：未列入
使用有毒物品作业场所劳动保护条例　高毒物品目录：未
　　列入
易制毒化学品管理条例　易制毒化学品的分类和品种目
　　录：未列入
国际公约　斯德哥尔摩公约：未列入。鹿特丹公约：未列
　　入。蒙特利尔议定书：未列入

第十六部分　其他信息

编写和修订信息　　　缩略语和首字母缩写
培训建议　　　　　　参考文献
免责声明

2,5-二甲基庚烷

第一部分　化学品标识

化学品中文名　2,5-二甲基庚烷
化学品英文名　2,5-dimethylheptane
分子式　C_9H_{20}　分子量　128.2551
结构式
化学品的推荐及限制用途　用作气相色谱对比样品

第二部分　危险性概述

紧急情况概述　易燃液体和蒸气
GHS危险性类别　易燃液体，类别3
标签要素

象形图

警示词　警告
危险性说明　易燃液体和蒸气

防范说明

预防措施 远离热源、火花、明火、热表面。禁止吸烟。保持容器密闭。容器和接收设备接地连接。使用防爆型电器、通风、照明设备。只能使用不产生火花的工具。采取防止静电措施。戴防护手套、防护眼镜、防护面罩

事故响应 火灾时,使用雾状水、泡沫、干粉、二氧化碳、砂土灭火。如皮肤(或头发)接触:立即脱掉所有被污染的衣服,用水冲洗皮肤,淋浴

安全储存 存放在通风良好的地方。保持低温

废弃处置 本品及内装物、容器依据国家和地方法规处置

物理和化学危险 易燃,其蒸气与空气混合,能形成爆炸性混合物

健康危害 对黏膜有刺激作用,高浓度时有麻醉作用

环境危害 对环境可能有害

第三部分 成分/组成信息

√ 物质   混合物

组分	浓度	CAS No.
2,5-二甲基庚烷		2216-30-0

第四部分 急救措施

吸入 迅速脱离现场至空气新鲜处。保持呼吸道通畅。如呼吸困难,给输氧。呼吸、心跳停止,立即进行心肺复苏术。就医

皮肤接触 立即脱去污染的衣着,用流动清水彻底冲洗。就医

眼睛接触 立即分开眼睑,用流动清水或生理盐水彻底冲洗。就医

食入 漱口,饮水。就医

对保护施救者的忠告 根据需要使用个人防护设备

对医生的特别提示 对症处理

第五部分 消防措施

灭火剂 用雾状水、泡沫、干粉、二氧化碳、砂土灭火

特别危险性 其蒸气与空气可形成爆炸性混合物,遇明火、高热能引起燃烧爆炸。与氧化剂可发生反应。流速过快,容易产生和积聚静电。蒸气比空气重,沿地面扩散并易积存于低洼处,遇火源会着火回燃。若遇高热,容器内压增大,有开裂和爆炸的危险

灭火注意事项及防护措施 消防人员必须佩戴防毒面具、穿全身消防服,在上风向灭火。尽可能将容器从火场移至空旷处。喷水保持火场容器冷却,直至灭火结束。处在火场中的容器若已变色或从安全泄压装置中产生声音,必须马上撤离

第六部分 泄漏应急处理

作业人员防护措施、防护装备和应急处置程序 消除所有点火源。根据液体流动和蒸气扩散的影响区域划定警戒区,无关人员从侧风、上风向撤离至安全区。建议应急处理人员戴正压自给式呼吸器,穿防静电服。作业时使用的所有设备应接地。禁止接触或跨越泄漏物。尽可能切断泄漏源

环境保护措施 防止泄漏物进入水体、下水道、地下室或有限空间

泄漏化学品的收容、清除方法及所使用的处置材料 小量泄漏:用砂土或其他不燃材料吸收。使用洁净的无火花工具收集吸收材料。大量泄漏:构筑围堤或挖坑收容。用泡沫覆盖,减少蒸发。喷水雾能减少蒸发,但不能降低泄漏物在有限空间内的易燃性。用防爆泵转移至槽车或专用收集器内

第七部分 操作处置与储存

操作注意事项 密闭操作,局部排风。防止蒸气泄漏到工作场所空气中。操作人员必须经过专门培训,严格遵守操作规程。建议操作人员佩戴自吸过滤式防毒面具(半面罩),戴化学安全防护眼镜,穿防静电工作服,戴橡胶手套。远离火种、热源,工作场所严禁吸烟。使用防爆型的通风系统和设备。在清除液体和蒸气前不能进行焊接、切割等作业。避免产生烟雾。避免与氧化剂接触。容器与传送设备要接地,防止产生静电。灌装时应控制流速,且有接地装置,防止静电积聚。配备相应品种和数量的消防器材及泄漏应急处理设备。倒空的容器可能残留有害物

储存注意事项 储存于阴凉、通风的库房。远离火种、热源。防止阳光直射。库温不宜超过37℃,保持容器密封。应与氧化剂、食用化学品分开存放,切忌混储。采用防爆型照明、通风设施。禁止使用易产生火花的机械设备和工具。储区应备有泄漏应急处理设备和合适的收容材料

第八部分 接触控制/个体防护

职业接触限值

中国 未制定标准

美国(ACGIH) 未制定标准

生物接触限值 未制定标准

监测方法 空气中有毒物质测定方法:未制定标准。生物监测检验方法:未制定标准

工程控制 密闭操作,局部排风

个体防护装备

呼吸系统防护 空气中浓度超标时,必须佩戴过滤式防毒面具(半面罩)。紧急事态抢救或撤离时,应该佩戴空气呼吸器

眼睛防护 戴化学安全防护眼镜

皮肤和身体防护 穿防静电工作服

手防护 戴橡胶手套

第九部分 理化特性

外观与性状	无色液体	pH值	无资料
熔点(℃)	无资料	沸点(℃)	136(101.3kPa)
相对密度(水=1)	0.715(20℃)		
相对蒸气密度(空气=1)	4.42		
饱和蒸气压(kPa)	无资料		
临界压力(MPa)	无资料	辛醇/水分配系数	无资料

闪点(℃)	24	自燃温度(℃)	无资料
爆炸下限(%)	无资料	爆炸上限(%)	无资料
分解温度(℃)	无资料	黏度(mPa·s)	无资料
燃烧热(kJ/mol)	无资料	临界温度(℃)	无资料

溶解性　不溶于水,溶于醇、醚、苯

第十部分　稳定性和反应性

稳定性　稳定

危险反应　与强氧化剂、强酸、强碱、卤素等禁配物接触,有引起燃烧爆炸的危险

避免接触的条件　无资料

禁配物　强氧化剂、强酸、强碱、卤素

危险的分解产物　无资料

第十一部分　毒理学信息

急性毒性　无资料

皮肤刺激或腐蚀　无资料　眼睛刺激或腐蚀　无资料

呼吸或皮肤过敏　无资料　生殖细胞突变性　无资料

致癌性　无资料　　　　生殖毒性　无资料

特异性靶器官系统毒性—一次接触　无资料

特异性靶器官系统毒性-反复接触　无资料

吸入危害　无资料

第十二部分　生态学信息

生态毒性　根据结构类似物质预测,该物质对水生生物有极高毒性

持久性和降解性

　生物降解性　无资料

　非生物降解性　无资料

潜在的生物累积性　无资料

土壤中的迁移性　无资料

第十三部分　废弃处置

废弃化学品　建议用焚烧法处置。在能利用的地方重复使用容器或在规定场所掩埋

污染包装物　将容器返还生产商或按照国家和地方法规处置

废弃注意事项　处置前应参阅国家和地方有关法规

第十四部分　运输信息

联合国危险货物编号（UN号）　1920

联合国运输名称　壬烷

联合国危险性类别　3

包装类别　Ⅲ　　　　　包装标志

海洋污染物　是

运输注意事项　运输时运输车辆应配备相应品种和数量的消防器材及泄漏应急处理设备。夏季最好早晚运输。运输时所用的槽（罐）车应有接地链,槽内可设孔隔板以减少震荡产生的静电。严禁与氧化剂、食用化学品等混装混运。运输途中应防暴晒、雨淋,防高温。

中途停留时应远离火种、热源、高温区。装运该物品的车辆排气管必须配备阻火装置,禁止使用易产生火花的机械设备和工具装卸。公路运输时要按规定路线行驶,勿在居民区和人口稠密区停留。铁路运输时要禁止溜放。严禁用木船、水泥船散装运输

第十五部分　法规信息

下列法律、法规、规章和标准,对该化学品的管理作了相应的规定。

中华人民共和国职业病防治法　职业病分类和目录:未列入

危险化学品安全管理条例　危险化学品目录:列入。易制爆危险化学品名录:未列入。重点监管的危险化学品名录:未列入。GB 18218—2009《危险化学品重大危险源辨识》(表1):未列入

使用有毒物品作业场所劳动保护条例　高毒物品目录:未列入

易制毒化学品管理条例　易制毒化学品的分类和品种目录:未列入

国际公约　斯德哥尔摩公约:未列入。鹿特丹公约:未列入。蒙特利尔议定书:未列入

第十六部分　其他信息

编写和修订信息	缩略语和首字母缩写
培训建议	参考文献
免责声明	

3,5-二甲基庚烷

第一部分　化学品标识

化学品中文名　3,5-二甲基庚烷

化学品英文名　3,5-dimetyl heptane

分子式　C_9H_{20}　分子量　128.2551

结构式

化学品的推荐及限制用途　用作气相色谱对比样品

第二部分　危险性概述

紧急情况概述　易燃液体和蒸气

GHS危险性类别　易燃液体,类别3

标签要素

象形图　

警示词　警告

危险性说明　易燃液体和蒸气

防范说明

　预防措施　远离热源、火花、明火、热表面。禁止吸烟。保持容器密闭。容器和接收设备接地连接。使用防爆型电器、通风、照明设备。只能使用不产生火花的工具。采取防止静电措施。戴防护手套、防护眼镜、防护面罩

　事故响应　火灾时,使用雾状水、泡沫、干粉、二

氧化碳、砂土灭火。如皮肤（或头发）接触：立即脱掉所有被污染的衣服，用水冲洗皮肤、淋浴

安全储存　存放在通风良好的地方。保持低温
废弃处置　本品及内装物、容器依据国家和地方法规处置
物理和化学危险　易燃，其蒸气与空气混合，能形成爆炸性混合物
健康危害　对黏膜有刺激作用，高浓度时有麻醉作用
环境危害　对环境可能有害

第三部分　成分/组成信息

√ 物质　　　　　　　混合物

组分	浓度	CAS No.
3,5-二甲基庚烷		926-82-9

第四部分　急救措施

吸入　迅速脱离现场至空气新鲜处。保持呼吸道通畅。如呼吸困难，给输氧。呼吸、心跳停止，立即进行心肺复苏术。就医
皮肤接触　立即脱去污染的衣着，用流动清水彻底冲洗。就医
眼睛接触　立即分开眼睑，用流动清水或生理盐水彻底冲洗。就医
食入　漱口，饮水。就医
对保护施救者的忠告　根据需要使用个人防护设备
对医生的特别提示　对症处理

第五部分　消防措施

灭火剂　用雾状水、泡沫、干粉、二氧化碳、砂土灭火
特别危险性　其蒸气与空气可形成爆炸性混合物，遇明火、高热能引起燃烧爆炸。与氧化剂可发生反应。流速过快，容易产生和积聚静电。蒸气比空气重，沿地面扩散并易积存于低洼处，遇火源会着火回燃。若遇高热，容器内压增大，有开裂和爆炸的危险
灭火注意事项及防护措施　消防人员必须佩戴防毒面具、穿全身消防服，在上风向灭火。尽可能将容器从火场移至空旷处。喷水保持火场容器冷却，直至灭火结束。处在火场中的容器若已变色或从安全泄压装置中发出声音，必须马上撤离

第六部分　泄漏应急处理

作业人员防护措施、防护装备和应急处置程序　消除所有点火源。根据液体流动和蒸气扩散的影响区域划定警戒区，无关人员从侧风向、上风向撤离至安全区。建议应急处理人员戴正压自给式呼吸器，穿防静电服。作业时使用的所有设备应接地。禁止接触或跨越泄漏物。尽可能切断泄漏源
环境保护措施　防止泄漏物进入水体、下水道、地下室或有限空间
泄漏化学品的收容、清除方法及所使用的处置材料　小量泄漏：用砂土或其他不燃材料吸收。使用洁净的无火花工具收集吸收材料。大量泄漏：构筑围堤或挖坑收

容。用泡沫覆盖，减少蒸发。喷水雾能减少蒸发，但不能降低泄漏物在有限空间内的易燃性。用防爆泵转移至槽车或专用收集器内

第七部分　操作处置与储存

操作注意事项　密闭操作，局部排风。防止蒸气泄漏到工作场所空气中。操作人员必须经过专门培训，严格遵守操作规程。建议操作人员佩戴自吸过滤式防毒面具（半面罩），戴化学安全防护眼镜，穿防静电工作服，戴橡胶手套。远离火种、热源，工作场所严禁吸烟。使用防爆型的通风系统和设备。在清除液体和蒸气前不能进行焊接、切割等作业。避免产生烟雾。避免与氧化剂接触。容器与传送设备要接地，防止产生静电。灌装时应控制流速，且有接地装置，防止静电积聚。配备相应品种和数量的消防器材及泄漏应急处理设备。倒空的容器可能残留有害物
储存注意事项　储存于阴凉、通风的库房。远离火种、热源。防止阳光直射。库温不宜超过37℃，保持容器密封。应与氧化剂、食用化学品分开存放，切忌混储。采用防爆型照明、通风设施。禁止使用易产生火花的机械设备和工具。储区应备有泄漏应急处理设备和合适的收容材料

第八部分　接触控制/个体防护

职业接触限值
　中国　未制定标准
　美国（ACGIH）　未制定标准
生物接触限值　未制定标准
监测方法　空气中有毒物质测定方法：未制定标准。生物监测检验方法：未制定标准
工程控制　密闭操作，局部排风
个体防护装备
　呼吸系统防护　空气中浓度超标时，必须佩戴过滤式防毒面具（半面罩）。紧急事态抢救或撤离时，应该佩戴空气呼吸器
　眼睛防护　戴化学安全防护眼镜
　皮肤和身体防护　穿防静电工作服
　手防护　戴橡胶手套

第九部分　理化特性

外观与性状　无色液体		**pH值**　无资料	
熔点(℃)　无资料		**沸点(℃)**　136	
相对密度(水=1)　0.723(20℃)			
相对蒸气密度(空气=1)　4.42			
饱和蒸气压(kPa)　1.266(25℃)			
临界压力(MPa)　无资料		**辛醇/水分配系数**　无资料	
闪点(℃)　23		**自燃温度(℃)**　无资料	
爆炸下限(%)　无资料		**爆炸上限(%)**　无资料	
分解温度(℃)　无资料		**黏度(mPa·s)**　无资料	
燃烧热(kJ/mol)　无资料		**临界温度(℃)**　无资料	
溶解性　不溶于水，溶于醇、醚、苯			

第十部分　稳定性和反应性

稳定性　稳定

危险反应 与强氧化剂、强酸、强碱、卤素等禁配物接触，有发生火灾和爆炸的危险

避免接触的条件 无资料

禁配物 强氧化剂、强酸、强碱、卤素

危险的分解产物 无资料

第十一部分 毒理学信息

急性毒性 无资料

皮肤刺激或腐蚀 无资料 **眼睛刺激或腐蚀** 无资料

呼吸或皮肤过敏 无资料 **生殖细胞突变性** 无资料

致癌性 无资料 **生殖毒性** 无资料

特异性靶器官系统毒性-一次接触 无资料

特异性靶器官系统毒性-反复接触 无资料

吸入危害 无资料

第十二部分 生态学信息

生态毒性 根据结构类似物质预测，该物质对水生生物有极高毒性

持久性和降解性

生物降解性 无资料

非生物降解性 无资料

潜在的生物累积性 无资料

土壤中的迁移性 无资料

第十三部分 废弃处置

废弃化学品 建议用焚烧法处置。在能利用的地方重复使用容器或在规定场所掩埋

污染包装物 将容器返还生产商或按照国家和地方法规处置

废弃注意事项 处置前应参阅国家和地方有关法规

第十四部分 运输信息

联合国危险货物编号（UN号） 1920

联合国运输名称 壬烷

联合国危险性类别 3

包装类别 Ⅲ **包装标志**

海洋污染物 是

运输注意事项 运输时运输车辆应配备相应品种和数量的消防器材及泄漏应急处理设备。夏季最好早晚运输。运输时所用的槽（罐）车应有接地链，槽内可设孔隔板以减少震荡产生的静电。严禁与氧化剂、食用化学品等混装混运。运输途中应防暴晒、雨淋，防高温。中途停留时应远离火种、热源、高温区。装运该物品的车辆排气管必须配备阻火装置，禁止使用易产生火花的机械设备和工具装卸。公路运输时要按规定路线行驶，勿在居民区和人口稠密区停留。铁路运输时要禁止溜放。严禁用木船、水泥船散装运输

第十五部分 法规信息

下列法律、法规、规章和标准，对该化学品的管理作了相应的规定。

中华人民共和国职业病防治法 职业病分类和目录：未列入

危险化学品安全管理条例 危险化学品目录：列入。易制爆危险化学品名录：未列入。重点监管的危险化学品名录：未列入。GB 18218—2009《危险化学品重大危险源辨识》（表1）：未列入

使用有毒物品作业场所劳动保护条例 高毒物品目录：未列入

易制毒化学品管理条例 易制毒化学品的分类和品种目录：未列入

国际公约 斯德哥尔摩公约：未列入。鹿特丹公约：未列入。蒙特利尔议定书：未列入

第十六部分 其他信息

编写和修订信息 缩略语和首字母缩写

培训建议 参考文献

免责声明

4,4-二甲基庚烷

第一部分 化学品标识

化学品中文名 4,4-二甲基庚烷

化学品英文名 4,4-dimethylheptane

分子式 C$_9$H$_{20}$ **分子量** 128.2551

结构式

化学品的推荐及限制用途 用作气相色谱对比样品

第二部分 危险性概述

紧急情况概述 易燃液体和蒸气

GHS危险性类别 易燃液体，类别3

标签要素

象形图

警示词 警告

危险性说明 易燃液体和蒸气

防范说明

预防措施 远离热源、火花、明火、热表面。禁止吸烟。保持容器密闭。容器和接收设备接地连接。使用防爆型电器、通风、照明设备。只能使用不产生火花的工具。采取防止静电措施。戴防护手套、防护眼镜、防护面罩

事故响应 火灾时，使用雾状水、泡沫、干粉、二氧化碳、砂土灭火。如皮肤（或头发）接触：立即脱掉所有被污染的衣服，用水冲洗皮肤，淋浴

安全储存 存放在通风良好的地方。保持低温

废弃处置 本品及内装物、容器依据国家和地方法规处置

物理和化学危险 易燃，其蒸气与空气混合，能形成爆炸性混合物

健康危害 对黏膜有刺激作用，高浓度时有麻醉作用
环境危害 对环境可能有害

第三部分 成分/组成信息

√ 物质 　　　　混合物

组分	浓度	CAS No.
4,4-二甲基庚烷		1068-19-5

第四部分 急救措施

吸入 迅速脱离现场至空气新鲜处。保持呼吸道通畅。如呼吸困难，给输氧。如呼吸、心跳停止，立即进行心肺复苏术。就医

皮肤接触 立即脱去污染的衣着，用流动清水彻底冲洗。就医

眼睛接触 立即分开眼睑，用流动清水或生理盐水彻底冲洗。就医

食入 漱口，饮水。就医

对保护施救者的忠告 根据需要使用个人防护设备

对医生的特别提示 对症处理

第五部分 消防措施

灭火剂 用雾状水、泡沫、干粉、二氧化碳、砂土灭火

特别危险性 其蒸气与空气可形成爆炸性混合物，遇明火、高热能引起燃烧爆炸。与氧化剂可发生反应。流速过快，容易产生和积聚静电。蒸气比空气重，沿地面扩散并易积存于低洼处，遇火源会着火回燃。若遇高热，容器内压增大，有开裂和爆炸的危险

灭火注意事项及防护措施 消防人员必须佩戴防毒面具、穿全身消防服，在上风向灭火。尽可能将容器从火场移至空旷处。喷水保持火场容器冷却，直至灭火结束。处在火场中的容器若已变色或从安全泄压装置中发出声音，必须马上撤离

第六部分 泄漏应急处理

作业人员防护措施、防护装备和应急处置程序 消除所有点火源。根据液体流动和蒸气扩散的影响区域划定警戒区，无关人员从侧风向、上风向撤离至安全区。建议应急处理人员戴正压自给式呼吸器，穿防静电服。作业时使用的所有设备应接地。禁止接触或跨越泄漏物。尽可能切断泄漏源

环境保护措施 防止泄漏物进入水体、下水道、地下室或有限空间

泄漏化学品的收容、清除方法及所使用的处置材料 小量泄漏：用砂土或其他不燃材料吸收。使用洁净的无火花工具收集吸收材料。大量泄漏：构筑围堤或挖坑收容。用泡沫覆盖，减少蒸发。喷水雾能减少蒸发，但不能降低泄漏物在有限空间内的易燃性。用防爆泵转移至槽车或专用收集器内

第七部分 操作处置与储存

操作注意事项 密闭操作，局部排风。防止蒸气泄漏到工作场所空气中。操作人员必须经过专门培训，严格遵守操作规程。建议操作人员佩戴自吸过滤式防毒面具（半面罩），戴化学安全防护眼镜，穿防静电工作服，戴橡胶手套。远离火种、热源，工作场所严禁吸烟。使用防爆型的通风系统和设备。在清除液体和蒸气前不能进行焊接、切割等作业。避免产生烟雾。避免与氧化剂接触。容器与传送设备要接地，防止产生静电。灌装时应控制流速，且有接地装置，防止静电积聚。配备相应品种和数量的消防器材及泄漏应急处理设备。倒空的容器可能残留有害物

储存注意事项 储存于阴凉、通风的库房。远离火种、热源。防止阳光直射。库温不宜超过37℃，保持容器密封。应与氧化剂、食用化学品分开存放，切忌混储。采用防爆型照明、通风设施。禁止使用易产生火花的机械设备和工具。储区应备有泄漏应急处理设备和合适的收容材料

第八部分 接触控制/个体防护

职业接触限值
中国 未制定标准
美国（ACGIH） 未制定标准
生物接触限值 未制定标准
监测方法 空气中有毒物质测定方法：未制定标准。生物监测检验方法：未制定标准
工程控制 密闭操作，局部排风

个体防护装备
呼吸系统防护 空气中浓度超标时，必须佩戴过滤式防毒面具（半面罩）。紧急事态抢救或撤离时，应该佩戴空气呼吸器
眼睛防护 戴化学安全防护眼镜
皮肤和身体防护 穿防静电工作服
手防护 戴橡胶手套

第九部分 理化特性

外观与性状 无色液体　　**pH值** 无资料
熔点（℃） 无资料
沸点（℃） 135.2（101.3kPa）
相对密度（水=1） 0.72（25/4℃）
相对蒸气密度（空气=1） 4.42
饱和蒸气压（kPa） 1.386（25℃）
临界压力（MPa） 无资料
辛醇/水分配系数 无资料

闪点（℃） 无资料		**自燃温度（℃）** 无资料	
爆炸下限（%） 无资料		**爆炸上限（%）** 无资料	
分解温度（℃） 无资料		**黏度（mPa·s）** 无资料	
燃烧热（kJ/mol） 无资料		**临界温度（℃）** 无资料	

溶解性 不溶于水，溶于醇、醚、苯、氯仿

第十部分 稳定性和反应性

稳定性 稳定
危险反应 与强氧化剂、强酸、强碱、卤素等禁配物接触，有发生火灾和爆炸的危险
避免接触的条件 无资料
禁配物 强氧化剂、强酸、强碱、卤素
危险的分解产物 无资料

第十一部分　毒理学信息

急性毒性　无资料

皮肤刺激或腐蚀　无资料　　**眼睛刺激或腐蚀**　无资料

呼吸或皮肤过敏　无资料　　**生殖细胞突变性**　无资料

致癌性　无资料　　**生殖毒性**　无资料

特异性靶器官系统毒性--一次接触　无资料

特异性靶器官系统毒性-反复接触　无资料

吸入危害　无资料

第十二部分　生态学信息

生态毒性　根据结构类似物质预测，该物质对水生生物有极高毒性

持久性和降解性

生物降解性　无资料

非生物降解性　无资料

潜在的生物累积性　无资料

土壤中的迁移性　无资料

第十三部分　废弃处置

废弃化学品　建议用焚烧法处置。在能利用的地方重复使用容器或在规定场所掩埋

污染包装物　将容器返还生产商或按照国家和地方法规处置

废弃注意事项　处置前应参阅国家和地方有关法规

第十四部分　运输信息

联合国危险货物编号（UN号）　1920

联合国运输名称　壬烷

联合国危险性类别　3

包装类别　Ⅲ　　　　　　**包装标志**　

海洋污染物　是

运输注意事项　运输时运输车辆应配备相应品种和数量的消防器材及泄漏应急处理设备。夏季最好早晚运输。运输时所用的槽（罐）车应有接地链，槽内可设孔隔板以减少震荡产生的静电。严禁与氧化剂、食用化学品等混装混运。运输途中应防暴晒、雨淋，防高温。中途停留时应远离火种、热源、高温区。装运该物品的车辆排气管必须配备阻火装置，禁止使用易产生火花的机械设备和工具装卸。公路运输时要按规定路线行驶，勿在居民区和人口稠密区停留。铁路运输时要禁止溜放。严禁用木船、水泥船散装运输

第十五部分　法规信息

下列法律、法规、规章和标准，对该化学品的管理作了相应的规定。

中华人民共和国职业病防治法　职业病分类和目录：未列入

危险化学品安全管理条例　危险化学品目录：列入。易制爆危险化学品名录：未列入。重点监管的危险化学品名录：未列入。GB 18218—2009《危险化学品重大

危险源辨识》（表1）：未列入

使用有毒物品作业场所劳动保护条例　高毒物品目录：未列入

易制毒化学品管理条例　易制毒化学品的分类和品种目录：未列入

国际公约　斯德哥尔摩公约：未列入。鹿特丹公约：未列入。蒙特利尔议定书：未列入

第十六部分　其他信息

编写和修订信息　　　　**缩略语和首字母缩写**

培训建议　　　　　　　**参考文献**

免责声明

2,6-二甲基-3-庚烯

第一部分　化学品标识

化学品中文名　2,6-二甲基-3-庚烯

化学品英文名　2,6-dimethyl-3-heptene

分子式　C_9H_{18}　**分子量**　126.2392

结构式　

化学品的推荐及限制用途　用于有机合成

第二部分　危险性概述

紧急情况概述　高度易燃液体和蒸气

GHS危险性类别　易燃液体，类别2

标签要素

象形图　

警示词　危险

危险性说明　高度易燃液体和蒸气

防范说明

预防措施　远离热源、火花、明火、热表面。禁止吸烟。保持容器密闭。容器和接收设备接地连接。使用防爆型电器、通风、照明设备。只能使用不产生火花的工具。采取防止静电措施。戴防护手套、防护眼镜、防护面罩

事故响应　火灾时，使用泡沫、二氧化碳、干粉、砂土灭火。如皮肤（或头发）接触：立即脱掉所有被污染的衣服，用水冲洗皮肤，淋浴

安全储存　存放在通风良好的地方。保持低温

废弃处置　本品及内装物、容器依据国家和地方法规处置

物理和化学危险　易燃，其蒸气与空气混合，能形成爆炸性混合物

健康危害　高浓度蒸气具有麻醉性

环境危害　对环境可能有害

第三部分　成分/组成信息

√ 物质　　　　　　　　　混合物

组分	浓度	CAS No.
2,6-二甲基-3-庚烯		2738-18-3

第四部分　急救措施

吸入　迅速脱离现场至空气新鲜处。保持呼吸道通畅。如呼吸困难，给输氧。呼吸、心跳停止，立即进行心肺复苏术。就医

皮肤接触　立即脱去污染的衣着，用流动清水彻底冲洗。就医

眼睛接触　立即开开眼睑，用流动清水或生理盐水彻底冲洗。就医

食入　漱口，饮水。就医

对保护施救者的忠告　根据需要使用个人防护设备

对医生的特别提示　对症处理

第五部分　消防措施

灭火剂　用泡沫、二氧化碳、干粉、砂土灭火

特别危险性　其蒸气与空气可形成爆炸性混合物，遇明火、高热极易燃烧爆炸。与氧化剂接触猛烈反应。流速过快，容易产生和积聚静电。蒸气比空气重，沿地面扩散并易积存于低洼处，遇火源会着火回燃。若遇高热，容器内压增大，有开裂和爆炸的危险

灭火注意事项及防护措施　消防人员必须佩戴防毒面具、穿全身消防服，在上风向灭火。尽可能将容器从火场移至空旷处。喷水保持火场容器冷却，直至灭火结束。处在火场中的容器若已变色或从安全泄压装置中发出声音，必须马上撤离

第六部分　泄漏应急处理

作业人员防护措施、防护装备和应急处置程序　消除所有点火源。根据液体流动和蒸气扩散的影响区域划定警戒区，无关人员从侧风、上风向撤离至安全区。建议应急处理人员戴正压自给式呼吸器，穿防静电服。作业时使用的所有设备应接地。禁止接触或跨越泄漏物。尽可能切断泄漏源

环境保护措施　防止泄漏物进入水体、下水道、地下室或有限空间

泄漏化学品的收容、清除方法及所使用的处置材料　小量泄漏：用砂土或其他不燃材料吸收。使用洁净的无火花工具收集吸收材料。大量泄漏：构筑围堤或挖坑收容。用泡沫覆盖，减少蒸发。喷水雾能减少蒸发，但不能降低泄漏物在有限空间内的易燃性。用防爆泵转移至槽车或专用收集器内

第七部分　操作处置与储存

操作注意事项　密闭操作，提供良好的自然通风条件。操作人员必须经过专门培训，严格遵守操作规程。建议操作人员佩戴过滤式防毒面具（半面罩），穿防静电工作服，戴橡胶耐油手套。远离火种、热源，工作场所严禁吸烟。使用防爆型的通风系统和设备。防止蒸气泄漏到工作场所空气中。避免与氧化剂、酸类、卤素接触。充装要控制流速，防止静电积聚。搬运时要轻装轻卸，防止包装及容器损坏。配备相应品种和数量的消防器材及泄漏应急处理设备。倒空的容器可能残留有害物

储存注意事项　储存于阴凉、通风的库房。远离火种、热源。库温不宜超过37℃，应与氧化剂、酸类、卤素分开存放，切忌混储。采用防爆型照明、通风设施。禁止使用易产生火花的机械设备和工具。储区应备有泄漏应急处理设备和合适的收容材料

第八部分　接触控制/个体防护

职业接触限值
中国　未制定标准
美国（ACGIH）　未制定标准

生物接触限值　未制定标准

监测方法　空气中有毒物质测定方法：未制定标准。生物监测检验方法：未制定标准

工程控制　提供良好的自然通风条件

个体防护装备
呼吸系统防护　空气中浓度较高时，应该佩戴过滤式防毒面具（半面罩）。紧急事态抢救或逃生时，建议佩戴空气呼吸器
眼睛防护　一般不需特殊防护
皮肤和身体防护　穿防静电工作服
手防护　戴橡胶耐油手套

第九部分　理化特性

外观与性状　无色液体	pH值　无资料
熔点（℃）　无资料	沸点（℃）　128.5～129
相对密度（水＝1）　0.72（15.5℃）	
相对蒸气密度（空气＝1）　4.38	
饱和蒸气压（kPa）　3.79（38℃）	
临界压力（MPa）　无资料	辛醇/水分配系数　无资料
闪点（℃）　15.4	自燃温度（℃）　无资料
爆炸下限（%）　无资料	爆炸上限（%）　无资料
分解温度（℃）　无资料	黏度（mPa·s）　无资料
燃烧热（kJ/mol）　无资料	临界温度（℃）　无资料
溶解性　不溶于水	

第十部分　稳定性和反应性

稳定性　稳定

危险反应　与强氧化剂、强酸、卤代烃、卤素等禁配物发生反应

避免接触的条件　受热、光照

禁配物　强氧化剂、强酸、卤代烃、卤素

危险的分解产物　无资料

第十一部分　毒理学信息

急性毒性　无资料

皮肤刺激或腐蚀　无资料	眼睛刺激或腐蚀　无资料
呼吸或皮肤过敏　无资料	生殖细胞突变性　无资料
致癌性　无资料	生殖毒性　无资料

特异性靶器官系统毒性-一次接触　无资料

特异性靶器官系统毒性-反复接触　无资料

吸入危害　无资料

第十二部分　生态学信息

生态毒性　无资料
持久性和降解性
　生物降解性　无资料
　非生物降解性　无资料
潜在的生物累积性　无资料
土壤中的迁移性　无资料

第十三部分　废弃处置

废弃化学品　建议用焚烧法处置
污染包装物　将容器返还生产商或按照国家和地方法规处置
废弃注意事项　处置前应参阅国家和地方有关法规

第十四部分　运输信息

联合国危险货物编号（UN号）　3295
联合国运输名称　液态烃类，未另作规定的（2,6-二甲基-3-庚烯）
联合国危险性类别　3

包装类别　Ⅱ　　　　**包装标志**

海洋污染物　否
运输注意事项　运输时运输车辆应配备相应品种和数量的消防器材及泄漏应急处理设备。夏季最好早晚运输。运输时所用的槽（罐）车应有接地链，槽内可设孔隔板以减少震荡产生的静电。严禁与氧化剂、酸类、卤素等混装混运。运输途中应防暴晒、雨淋，防高温。中途停留时应远离火种、热源、高温区。装运该物品的车辆排气管必须配备阻火装置，禁止使用易产生火花的机械设备和工具装卸。公路运输时要按规定路线行驶。铁路运输时要禁止溜放。严禁用木船、水泥船散装运输

第十五部分　法规信息

下列法律、法规、规章和标准，对该化学品的管理作了相应的规定。
中华人民共和国职业病防治法　职业病分类和目录：未列入
危险化学品安全管理条例　危险化学品目录：列入。易制爆危险化学品名录：未列入。重点监管的危险化学品名录：未列入。GB 18218—2009《危险化学品重大危险源辨识》（表1）：未列入
使用有毒物品作业场所劳动保护条例　高毒物品目录：未列入
易制毒化学品管理条例　易制毒化学品的分类和品种目录：未列入
国际公约　斯德哥尔摩公约：未列入。鹿特丹公约：未列入。蒙特利尔议定书：未列入

第十六部分　其他信息

编写和修订信息　　**缩略语和首字母缩写**
培训建议　　　　　　**参考文献**
免责声明

1,3-二甲基环己烷

第一部分　化学品标识

化学品中文名　1,3-二甲基环己烷；六氢间二甲苯
化学品英文名　1,3-dimethyl cyclohexane；*m*-dimethylcyclohexane
分子式　C_8H_{16}　**分子量**　112.214
结构式

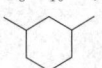

化学品的推荐及限制用途　用于有机合成，并用作分析试剂

第二部分　危险性概述

紧急情况概述　高度易燃液体和蒸气
GHS危险性类别　易燃液体，类别2；危害水生环境-急性危害，类别2；危害水生环境-长期危害，类别2
标签要素

象形图　

警示词　危险
危险性说明　高度易燃液体和蒸气，对水生生物有毒并具有长期持续影响
防范说明
　预防措施　远离热源、火花、明火、热表面。禁止吸烟。保持容器密闭。容器和接收设备接地连接。使用防爆型电器、通风、照明设备。只能使用不产生火花的工具。戴防护手套、防护眼镜、防护面罩。禁止排入环境
　事故响应　火灾时，使用雾状水、泡沫、干粉、二氧化碳、砂土灭火。如皮肤（或头发）接触：立即脱掉所有被污染的衣服，用水冲洗皮肤，淋浴。收集泄漏物
　安全储存　存放在通风良好的地方。保持低温
　废弃处置　本品及内装物、容器依据国家和地方法规处置
物理和化学危险　高度易燃，其蒸气与空气混合，能形成爆炸性混合物
健康危害　有刺激作用。浓度高时有麻醉作用
环境危害　对水生生物有毒并具有长期持续影响

第三部分　成分/组成信息

　√　物质　　　　　　　　　混合物

组分	浓度	CAS No.
1,3-二甲基环己烷		592-21-9

第四部分　急救措施

吸入　迅速脱离现场至空气新鲜处。保持呼吸道通畅。如呼吸困难，给输氧。呼吸、心跳停止，立即进行心肺复苏术。就医
皮肤接触　立即脱去污染的衣着，用流动清水彻底冲洗。

就医

眼睛接触 立即分开眼睑，用流动清水或生理盐水彻底冲洗。就医

食入 漱口，饮水。就医

对保护施救者的忠告 根据需要使用个人防护设备

对医生的特别提示 对症处理

第五部分 消防措施

灭火剂 用雾状水、泡沫、干粉、二氧化碳、砂土灭火

特别危险性 其蒸气与空气可形成爆炸性混合物，遇明火、高热极易燃烧爆炸。与氧化剂接触猛烈反应。流速过快，容易产生和积聚静电。蒸气比空气重，沿地面扩散并易积存于低洼处，遇火源会着火回燃。若遇高热，容器内压增大，有开裂和爆炸的危险

灭火注意事项及防护措施 消防人员必须佩戴防毒面具、穿全身消防服，在上风向灭火。尽可能将容器从火场移至空旷处。喷水保持火场容器冷却，直至灭火结束。处在火场中的容器若已变色或从安全泄压装置中发出声音，必须马上撤离

第六部分 泄漏应急处理

作业人员防护措施、防护装备和应急处置程序 消除所有点火源。根据液体流动和蒸气扩散的影响区域划定警戒区，无关人员从侧风、上风向撤离至安全区。建议应急处理人员戴正压自给式呼吸器，穿防静电服。作业时使用的所有设备应接地。禁止接触或跨越泄漏物。尽可能切断泄漏源

环境保护措施 防止泄漏物进入水体、下水道、地下室或有限空间

泄漏化学品的收容、清除方法及所使用的处置材料 小量泄漏：用砂土或其他不燃材料吸收。使用洁净的无火花工具收集吸收材料。大量泄漏：构筑围堤或挖坑收容。用泡沫覆盖，减少蒸发。喷水雾能减少蒸发，但不能降低泄漏物在有限空间内的易燃性。用防爆泵转移至槽车或专用收集器内

第七部分 操作处置与储存

操作注意事项 密闭操作，局部排风。防止蒸气泄漏到工作场所空气中。操作人员必须经过专门培训，严格遵守操作规程。建议操作人员佩戴自吸过滤式防毒面具（半面罩），戴化学安全防护眼镜，穿防静电工作服，戴橡胶手套。远离火种、热源，工作场所严禁吸烟。使用防爆型的通风系统和设备。在清除液体和蒸气前不能进行焊接、切割等作业。避免产生烟雾。避免与氧化剂接触。容器与传送设备要接地，防止产生静电。灌装时应控制流速，且有接地装置，防止静电积聚。配备相应品种和数量的消防器材及泄漏应急处理设备。倒空的容器可能残留有害物

储存注意事项 储存于阴凉、通风的库房。远离火种、热源。防止阳光直射。库温不宜超过37℃，保持容器密封。应与氧化剂、食用化学品分开存放，切忌混储。采用防爆型照明、通风设施。禁止使用易产生火花的机械设备和工具。储区应备有泄漏应急处理设备

和合适的收容材料

第八部分 接触控制/个体防护

职业接触限值

中国 未制定标准

美国（ACGIH） 未制定标准

生物接触限值 未制定标准

监测方法 空气中有毒物质测定方法：未制定标准。生物监测检验方法：未制定标准

工程控制 密闭操作，局部排风

个体防护装备

呼吸系统防护 空气中浓度超标时，必须佩戴自吸过滤式防毒面具（半面罩）。紧急事态抢救或撤离时，应该佩戴空气呼吸器

眼睛防护 戴化学安全防护眼镜

皮肤和身体防护 穿防静电工作服

手防护 戴橡胶手套

第九部分 理化特性

外观与性状 无色透明液体

pH值 无资料		**熔点(℃)** 无资料	
沸点(℃) 124		**相对密度(水=1)** 0.7670	
相对蒸气密度(空气=1) 3.87			
饱和蒸气压(kPa) 无资料			
临界压力(MPa) 无资料		**辛醇/水分配系数** 无资料	
闪点(℃) 6		**自燃温度(℃)** 306	
爆炸下限(%) 无资料		**爆炸上限(%)** 无资料	
分解温度(℃) 无资料		**黏度(mPa·s)** 无资料	
燃烧热(kJ/mol) 无资料		**临界温度(℃)** 无资料	

溶解性 不溶于水，溶于醇、醚、苯、酮

第十部分 稳定性和反应性

稳定性 稳定

危险反应 与强氧化剂、强酸、强碱、卤素等禁配物接触，有发生火灾和爆炸的危险

避免接触的条件 无资料

禁配物 强氧化剂、强酸、强碱、卤素

危险的分解产物 无资料

第十一部分 毒理学信息

急性毒性 MLD：500mg/kg（人经口）

皮肤刺激或腐蚀 无资料 **眼睛刺激或腐蚀** 无资料

呼吸或皮肤过敏 无资料 **生殖细胞突变性** 无资料

致癌性 无资料 **生殖毒性** 无资料

特异性靶器官系统毒性-一次接触 无资料

特异性靶器官系统毒性-反复接触 无资料

吸入危害 无资料

第十二部分 生态学信息

生态毒性 无资料

持久性和降解性

生物降解性 无资料

非生物降解性 无资料

潜在的生物累积性　无资料

土壤中的迁移性　无资料

第十三部分　废弃处置

废弃化学品　建议用焚烧法处置。在能利用的地方重复使
　　用容器或在规定场所掩埋

污染包装物　将容器返还生产商或按照国家和地方法规
　　处置

废弃注意事项　处置前应参阅国家和地方有关法规

第十四部分　运输信息

联合国危险货物编号（UN号）　2263

联合国运输名称　二甲基环己烷

联合国危险性类别　3

包装类别　Ⅱ　　　　　　　包装标志

海洋污染物　是

运输注意事项　运输时运输车辆应配备相应品种和数量的
　　消防器材及泄漏应急处理设备。夏季最好早晚运输。
　　运输时所用的槽（罐）车应有接地链，槽内可设孔隔
　　板以减少震荡产生的静电。严禁与氧化剂、食用化学
　　品等混装混运。运输途中应防暴晒、雨淋，防高温。
　　中途停留时应远离火种、热源、高温区。装运该物品
　　的车辆排气管必须配备阻火装置，禁止使用易产生火
　　花的机械设备和工具装卸。公路运输时要按规定路线
　　行驶，勿在居民区和人口稠密区停留。铁路运输时要
　　禁止溜放。严禁用木船、水泥船散装运输

第十五部分　法规信息

　　下列法律、法规、规章和标准，对该化学品的管理作
了相应的规定。

中华人民共和国职业病防治法　职业病分类和目录：未列入

危险化学品安全管理条例　危险化学品目录：列入。易制
　　爆危险化学品名录：未列入。重点监管的危险化学品
　　名录：未列入。GB 18218—2009《危险化学品重大
　　危险源辨识》（表1）：未列入

使用有毒物品作业场所劳动保护条例　高毒物品目录：未
　　列入

易制毒化学品管理条例　易制毒化学品的分类和品种目
　　录：未列入

国际公约　斯德哥尔摩公约：未列入。鹿特丹公约：未列
　　入。蒙特利尔议定书：未列入

第十六部分　其他信息

编写和修订信息　　　　缩略语和首字母缩写

培训建议　　　　　　　参考文献

免责声明

1,4-二甲基环己烷

第一部分　化学品标识

化学品中文名　1,4-二甲基环己烷；六氢对二甲苯

化学品英文名　1,4-dimethyl cyclohexane；hexahydro-p-xylene

分子式　C_8H_{16}　分子量　112.2126

结构式

化学品的推荐及限制用途　用于有机合成，用作溶剂

第二部分　危险性概述

紧急情况概述　高度易燃液体和蒸气，可能引起昏昏欲睡
　　或眩晕，吞咽及进入呼吸道可能致命

GHS危险性类别　易燃液体，类别2；皮肤腐蚀/刺激，
　　类别2；特异性靶器官毒性——次接触，类别3（麻醉
　　效应）；吸入危害，类别1；危害水生环境-急性危害，
　　类别2；危害水生环境-长期危害，类别2

标签要素

象形图

警示词　危险

危险性说明　高度易燃液体和蒸气，造成皮肤刺激，可
　　能引起昏昏欲睡或眩晕，吞咽及进入呼吸道可能致
　　命，对水生生物有毒并具有长期持续影响

防范说明

　　预防措施　远离热源、火花、明火、热表面。禁止
　　　　吸烟。保持容器密闭。容器和接收设备接地连
　　　　接。使用防爆型电器、通风、照明设备。只能
　　　　使用不产生火花的工具。采取防止静电措施。
　　　　戴防护手套、防护眼镜、防护面罩。避免接触
　　　　眼睛皮肤，操作后彻底清洗。禁止排入环境

　　事故响应　火灾时，使用雾状水、泡沫、干粉、二
　　　　氧化碳、砂土灭火。如皮肤（或头发）接触：
　　　　立即脱掉所有被污染的衣服，用水冲洗皮肤，
　　　　淋浴。如发生皮肤刺激，就医。被污染的衣服
　　　　必须经洗净后方可重新使用。如果食入：立即
　　　　呼叫中毒控制中心或就医，不要催吐。收集泄
　　　　漏物

　　安全储存　存放在通风良好的地方。保持低温。上
　　　　锁保管

　　废弃处置　本品及内装物、容器依据国家和地方法
　　　　规处置

物理和化学危险　高度易燃，其蒸气与空气混合，能形成
　　爆炸性混合物

健康危害　有刺激作用。浓度高时有麻醉作用

环境危害　对水生生物有毒并具有长期持续影响

第三部分　成分/组成信息

　√　物质　　　　　　　　　混合物

	组分	浓度	CAS No.
1,4-二甲基环己烷			589-90-2

第四部分　急救措施

吸入　迅速脱离现场至空气新鲜处。保持呼吸道通畅。如

呼吸困难，给输氧。呼吸、心跳停止，立即进行心肺复苏术。就医

皮肤接触 立即脱去污染的衣着，用流动清水彻底冲洗。就医

眼睛接触 立即分开眼睑，用流动清水或生理盐水彻底冲洗。就医

食入 漱口，饮水。禁止催吐。就医

对保护施救者的忠告 根据需要使用个人防护设备

对医生的特别提示 对症处理

第五部分 消防措施

灭火剂 用雾状水、泡沫、干粉、二氧化碳、砂土灭火

特别危险性 其蒸气与空气可形成爆炸性混合物，遇明火、高热极易燃烧爆炸。与氧化剂接触猛烈反应。流速过快，容易产生和积累静电。蒸气比空气重，沿地面扩散并易积存于低洼处，遇火源会着火回燃。若遇高热，容器内压增大，有开裂和爆炸的危险

灭火注意事项及防护措施 消防人员必须佩戴防毒面具、穿全身消防服，在上风向灭火。尽可能将容器从火场移至空旷处。喷水保持火场容器冷却，直至灭火结束。处在火场中的容器若已变色或从安全泄压装置中发出声音，必须马上撤离

第六部分 泄漏应急处理

作业人员防护措施、防护装备和应急处置程序 消除所有点火源。根据液体流动和蒸气扩散的影响区域划定警戒区，无关人员从侧风、上风向撤离至安全区。建议应急处理人员戴正压自给式呼吸器，穿防静电服。作业时使用的所有设备应接地。禁止接触或跨越泄漏物。尽可能切断泄漏源

环境保护措施 防止泄漏物进入水体、下水道、地下室或有限空间

泄漏化学品的收容、清除方法及所使用的处置材料 小量泄漏：用砂土或其他不燃材料吸收。使用洁净的无火花工具收集吸收材料。大量泄漏：构筑围堤或挖坑收容。用泡沫覆盖，减少蒸发。喷水雾能减少蒸发，但不能降低泄漏物在有限空间内的易燃性。用防爆泵转移至槽车或专用收集器内

第七部分 操作处置与储存

操作注意事项 密闭操作，局部排风。防止蒸气泄漏到工作场所空气中。操作人员必须经过专门培训，严格遵守操作规程。建议操作人员佩戴自吸过滤式防毒面具（半面罩），戴化学安全防护眼镜，穿防静电工作服，戴橡胶手套。远离火种、热源，工作场所严禁吸烟。使用防爆型的通风系统和设备。在清除液体和蒸气前不能进行焊接、切割等作业。避免产生烟雾。避免与氧化剂接触。容器与传送设备要接地，防止产生静电。灌装时应控制流速，且有接地装置，防止静电积聚。配备相应品种和数量的消防器材及泄漏应急处理设备。倒空的容器可能残留有害物

储存注意事项 储存于阴凉、通风的库房。远离火种、热源。防止阳光直射。库温不宜超过37℃，保持容器密封。应与氧化剂、食用化学品分开存放，切忌混储。采用防爆型照明、通风设施。禁止使用易产生火花的机械设备和工具。储区应备有泄漏应急处理设备和合适的收容材料

第八部分 接触控制/个体防护

职业接触限值

中国 未制定标准

美国（ACGIH） 未制定标准

生物接触限值 未制定标准

监测方法 空气中有毒物质测定方法：未制定标准。生物监测检验方法：未制定标准

工程控制 密闭操作，局部排风

个体防护装备

呼吸系统防护 空气中浓度超标时，必须佩戴自吸过滤式防毒面具（半面罩）。紧急事态抢救或撤离时，应该佩戴空气呼吸器

眼睛防护 戴化学安全防护眼镜

皮肤和身体防护 穿防静电工作服

手防护 戴橡胶手套

第九部分 理化特性

外观与性状 无色透明液体

pH值 无资料		**熔点(℃)** −86	
沸点(℃) 119.5		**相对密度（水＝1）** 0.773	
相对蒸气密度（空气＝1） 3.86			
饱和蒸气压(kPa) 1.33（10.2℃）			
临界压力(MPa) 无资料		**辛醇/水分配系数** 无资料	
闪点(℃) 10		**自燃温度(℃)** 304	
爆炸下限(%) 无资料		**爆炸上限(%)** 无资料	
分解温度(℃) 无资料		**黏度(mPa·s)** 无资料	
燃烧热(kJ/mol) 无资料		**临界温度(℃)** 无资料	

溶解性 不溶于水，溶于醇、醚、酮、苯

第十部分 稳定性和反应性

稳定性 稳定

危险反应 与强氧化剂、强酸、强碱、卤素等禁配物接触，有发生火灾和爆炸的危险

避免接触的条件 无资料

禁配物 强氧化剂、强酸、强碱、卤素

危险的分解产物 无资料

第十一部分 毒理学信息

急性毒性 MLD：500mg/kg（人经口）

皮肤刺激或腐蚀 无资料	**眼睛刺激或腐蚀** 无资料	
呼吸或皮肤过敏 无资料	**生殖细胞突变性** 无资料	
致癌性 无资料	**生殖毒性** 无资料	
特异性靶器官系统毒性--一次接触 无资料		
特异性靶器官系统毒性-反复接触 无资料		
吸入危害 无资料		

第十二部分 生态学信息

生态毒性 根据结构类似物质预测，该物质对水生生物

有毒

持久性和降解性

生物降解性　无资料

非生物降解性　无资料

潜在的生物累积性　无资料

土壤中的迁移性　无资料

第十三部分　废弃处置

废弃化学品　建议用控制焚烧法或安全掩埋法处置。在能利用的地方重复使用容器或在规定场所掩埋

污染包装物　将容器返还生产商或按照国家和地方法规处置

废弃注意事项　处置前应参阅国家和地方有关法规

第十四部分　运输信息

联合国危险货物编号（UN号）　2263

联合国运输名称　二甲基环己烷

联合国危险性类别　3

包装类别　Ⅱ　　　　　　　　**包装标志**

海洋污染物　是

运输注意事项　运输时运输车辆应配备相应品种和数量的消防器材及泄漏应急处理设备。夏季最好早晚运输。运输时所用的槽（罐）车应有接地链，槽内可设孔隔板以减少震荡产生的静电。严禁与氧化剂、食用化学品等混装混运。运输途中应防暴晒、雨淋，防高温。中途停留时应远离火种、热源、高温区。装运该物品的车辆排气管必须配备阻火装置，禁止使用易产生火花的机械设备和工具装卸。公路运输时要按规定路线行驶，勿在居民区和人口稠密区停留。铁路运输时要禁止溜放。严禁用木船、水泥船散装运输

第十五部分　法规信息

下列法律、法规、规章和标准，对该化学品的管理作了相应的规定。

中华人民共和国职业病防治法　职业病分类和目录：未列入

危险化学品安全管理条例　危险化学品目录：列入。易制爆危险化学品名录：未列入。重点监管的危险化学品名录：未列入。GB 18218—2009《危险化学品重大危险源辨识》（表1）：未列入

使用有毒物品作业场所劳动保护条例　高毒物品目录：未列入

易制毒化学品管理条例　易制毒化学品的分类和品种目录：未列入

国际公约　斯德哥尔摩公约：未列入。鹿特丹公约：未列入。蒙特利尔议定书：未列入

第十六部分　其他信息

编写和修订信息　　**缩略语和首字母缩写**

培训建议　　　　　　**参考文献**

免责声明

2,5-二甲基-2,4-己二烯

第一部分　化学品标识

化学品中文名　2,5-二甲基-2,4-己二烯

化学品英文名　2,5-dimethyl-2,4-hexadiene

分子式　C_8H_{14}　**分子量**　110.1968

结构式

化学品的推荐及限制用途　用作溶剂、中间体等

第二部分　危险性概述

紧急情况概述　易燃液体和蒸气

GHS危险性类别　易燃液体，类别3；危害水生环境-急性危害，类别2；危害水生环境-长期危害，类别2

标签要素

象形图　

警示词　警告

危险性说明　易燃液体和蒸气，对水生生物有毒并具有长期持续影响

防范说明

预防措施　远离热源、火花、明火、热表面。禁止吸烟。保持容器密闭。容器和接收设备接地连接。使用防爆型电器、通风、照明设备。只能使用不产生火花的工具。采取防止静电措施。戴防护手套、防护眼镜、防护面罩。禁止排入环境

事故响应　火灾时，使用雾状水、泡沫、干粉、二氧化碳、砂土灭火。如皮肤（或头发）接触：立即脱掉所有被污染的衣服，用水冲洗皮肤、淋浴。收集泄漏物

安全储存　存放在通风良好的地方。保持低温

废弃处置　本品及内装物、容器依据国家和地方法规处置

物理和化学危险　易燃，其蒸气与空气混合，能形成爆炸性混合物

健康危害　吸入、摄入或经皮肤吸收对身体有害。蒸气或雾对眼、黏膜和上呼吸道有刺激性，对皮肤有刺激性

环境危害　对水生生物有毒并具有长期持续影响

第三部分　成分/组成信息

√ 物质　　　　　　　　　　混合物

组分	浓度	CAS No.
2,5-二甲基-2,4-己二烯		764-13-6

第四部分　急救措施

吸入　迅速脱离现场至空气新鲜处。保持呼吸道通畅。如呼吸困难，给输氧。呼吸、心跳停止，立即进行心肺复苏术。就医

皮肤接触　立即脱去污染的衣着，用流动清水彻底冲洗。就医

眼睛接触　立即分开眼睑，用流动清水或生理盐水彻底冲洗。就医

食入　漱口，饮水。就医

对保护施救者的忠告　根据需要使用个人防护设备

对医生的特别提示　对症处理

第五部分　消防措施

灭火剂　用雾状水、泡沫、干粉、二氧化碳、砂土灭火

特别危险性　其蒸气与空气可形成爆炸性混合物，遇明火、高热能引起燃烧爆炸。与氧化剂可发生反应。流速过快，容易产生和积聚静电。容易自聚，聚合反应随着温度的上升而急骤加剧。蒸气比空气重，沿地面扩散并易积存于低洼处，遇火源会着火回燃。若遇高热，容器内压增大，有开裂和爆炸的危险

灭火注意事项及防护措施　消防人员必须佩戴防毒面具、穿全身消防服，在上风向灭火。尽可能将容器从火场移至空旷处。喷水保持火场容器冷却，直至灭火结束。处在火场中的容器若已变色或从安全泄压装置中产生声音，必须马上撤离

第六部分　泄漏应急处理

作业人员防护措施、防护装备和应急处置程序　消除所有点火源。根据液体流动和蒸气扩散的影响区域划定警戒区，无关人员从侧风、上风向撤离至安全区。建议应急处理人员戴正压自给式呼吸器，穿防静电服。作业时使用的所有设备应接地。禁止接触或跨越泄漏物。尽可能切断泄漏源

环境保护措施　防止泄漏物进入水体、下水道、地下室或有限空间

泄漏化学品的收容、清除方法及所使用的处置材料　小量泄漏：用砂土或其他不燃材料吸收。使用洁净的无火花工具收集吸收材料。大量泄漏：构筑围堤或挖坑收容。用泡沫覆盖，减少蒸发。喷水雾能减少蒸发，但不能降低泄漏物在有限空间内的易燃性。用防爆泵转移至槽车或专用收集器内

第七部分　操作处置与储存

操作注意事项　密闭操作，提供良好的自然通风条件。操作人员必须经过专门培训，严格遵守操作规程。建议操作人员佩戴自吸过滤式防毒面具（半面罩），戴化学安全防护眼镜，穿防静电工作服，戴橡胶耐油手套。远离火种、热源，工作场所严禁吸烟。使用防爆型的通风系统和设备。防止蒸气泄漏到工作场所空气中。避免与氧化剂、酸类、卤素接触。充装要控制流速，防止静电积聚。搬运时要轻装轻卸，防止包装及容器损坏。配备相应品种和数量的消防器材及泄漏应急处理设备。倒空的容器可能残留有害物

储存注意事项　储存于阴凉、通风的库房。远离火种、热源。库温不宜超过 37℃，应与氧化剂、酸类、卤素分开存放，切忌混储。采用防爆型照明、通风设施。禁止使用易产生火花的机械设备和工具。储区应备有泄漏应急处理设备和合适的收容材料

第八部分　接触控制/个体防护

职业接触限值

　　中国　未制定标准

　　美国（ACGIH）　未制定标准

生物接触限值　未制定标准

监测方法　空气中有毒物质测定方法：未制定标准。生物监测检验方法：未制定标准

工程控制　提供良好的自然通风条件

个体防护装备

　　呼吸系统防护　空气中浓度超标时，必须佩戴过滤式防毒面具（半面罩）。紧急事态抢救或撤离时，应该佩戴空气呼吸器

　　眼睛防护　戴化学安全防护眼镜

　　皮肤和身体防护　穿防静电工作服

　　手防护　戴橡胶耐油手套

第九部分　理化特性

外观与性状　无色透明液体

pH 值　无资料	**熔点(℃)**　12～14
沸点(℃)　132～134	**相对密度(水＝1)**　0.773
相对蒸气密度(空气＝1)　3.8	
饱和蒸气压(kPa)　0.96（20℃）	
临界压力(MPa)　无资料	**辛醇/水分配系数**　无资料
闪点(℃)　29.44	**自燃温度(℃)**　无资料
爆炸下限(%)　无资料	**爆炸上限(%)**　无资料
分解温度(℃)　无资料	**黏度(mPa·s)**　无资料
燃烧热(kJ/mol)　无资料	**临界温度(℃)**　无资料

溶解性　不溶于水，溶于醇、醚

第十部分　稳定性和反应性

稳定性　稳定

危险反应　与氧化剂、强酸、卤素等禁配物接触，有引起燃烧爆炸的危险。容易发生自聚反应

避免接触的条件　无资料

禁配物　强氧化剂、强酸、卤素

危险的分解产物　无资料

第十一部分　毒理学信息

急性毒性　无资料

皮肤刺激或腐蚀　无资料	**眼睛刺激或腐蚀**　无资料
呼吸或皮肤过敏　无资料	**生殖细胞突变性**　无资料
致癌性　无资料	**生殖毒性**　无资料

特异性靶器官系统毒性-一次接触　无资料

特异性靶器官系统毒性-反复接触　无资料

吸入危害　无资料

第十二部分　生态学信息

生态毒性　LC_{50}：2.6mg/L（96h）（黑头呆鱼）（OECD 203）；EC_{50}：4.2mg/L（48h）（大型溞）（OECD 202）；ErC_{50}：＞4.7mg/L（72h）（羊角月牙藻）（OECD 201）

持久性和降解性

　　生物降解性　不易快速生物降解

非生物降解性　无资料

潜在的生物累积性　根据 K_{ow} 值预测，该物质可能有一定的生物累积性；BCF：155～493（鲤鱼，初始浓度 40mg/L），150～266（鲤鱼，初始浓度 4mg/L）

土壤中的迁移性　根据 K_{oc} 值预测，该物质可能有一定的迁移性

第十三部分　废弃处置

废弃化学品　建议用焚烧法处置

污染包装物　将容器返还生产商或按照国家和地方法规处置

废弃注意事项　处置前应参阅国家和地方有关法规

第十四部分　运输信息

联合国危险货物编号（UN号）　3295

联合国运输名称　液态烃类，未另作规定的（2,5-二甲基-2,4-己二烯）

联合国危险性类别　3

包装类别　Ⅲ　　　　　　　包装标志

海洋污染物　是

运输注意事项　运输时运输车辆应配备相应品种和数量的消防器材及泄漏应急处理设备。夏季最好早晚运输。运输时所用的槽（罐）车应有接地链，槽内可设孔隔板以减少震荡产生的静电。严禁与氧化剂、酸类、卤素、食用化学品等混装混运。运输途中应防暴晒、雨淋、防高温。中途停留时应远离火种、热源、高温区。装运该物品的车辆排气管必须配备阻火装置，禁止使用易产生火花的机械设备和工具装卸。公路运输时要按规定路线行驶，勿在居民区和人口稠密区停留。铁路运输时要禁止溜放。严禁用木船、水泥船散装运输

第十五部分　法规信息

下列法律、法规、规章和标准，对该化学品的管理作了相应的规定。

中华人民共和国职业病防治法　职业病分类和目录：未列入

危险化学品安全管理条例　危险化学品目录：列入。易制爆危险化学品名录：未列入。重点监管的危险化学品名录：未列入。GB 18218—2009《危险化学品重大危险源辨识》（表1）：未列入

使用有毒物品作业场所劳动保护条例　高毒物品目录：未列入

易制毒化学品管理条例　易制毒化学品的分类和品种目录：未列入

国际公约　斯德哥尔摩公约：未列入。鹿特丹公约：未列入。蒙特利尔议定书：未列入

第十六部分　其他信息

编写和修订信息　　　缩略语和首字母缩写

培训建议　　　　　　参考文献

免责声明

N，N-二甲基间硝基苯胺

第一部分　化学品标识

化学品中文名　N，N-二甲基间硝基苯胺；3-硝基-N，N-二甲基苯胺

化学品英文名　N,N-dimethyl-m-nitroaniline；3-nitro-N,N-dimethylaniline

分子式　$C_8H_{10}N_2O_2$　　分子量　166.1772

结构式

化学品的推荐及限制用途　用于染料合成

第二部分　危险性概述

紧急情况概述　吞咽有害，皮肤接触有害，吸入有害，造成皮肤刺激，造成严重眼刺激

GHS危险性类别　急性毒性-经口，类别4；急性毒性-经皮，类别4；急性毒性-吸入，类别4；皮肤腐蚀/刺激，类别2；严重眼损伤/眼刺激，类别2

标签要素

象形图　

警示词　警告

危险性说明　吞咽有害，皮肤接触有害，吸入有害，造成皮肤刺激，造成严重眼刺激

防范说明

　　预防措施　避免接触眼睛、皮肤，操作后彻底清洗。作业场所不得进食、饮水或吸烟。戴防护手套，穿防护服，戴防护眼镜、防护面罩。避免吸入粉尘。仅在室外或通风良好处操作

　　事故响应　如吸入：将患者转移到空气新鲜处，休息，保持利于呼吸的体位。皮肤接触：用大量肥皂水和水清洗。被污染的衣服必须经洗净后方可重新使用。如发生皮肤刺激，就医。如接触眼睛：用水细心冲洗数分钟。如戴隐形眼镜并可方便地取出，取出隐形眼镜，继续冲洗。如果眼睛刺激持续，就医。食入：如果感觉不适，立即呼叫中毒控制中心或就医，漱口

　　安全储存　—

　　废弃处置　本品及内装物、容器依据国家和地方法规处置

物理和化学危险　可燃，其粉体与空气混合，能形成爆炸性混合物

健康危害　对人体有毒，有刺激性。进入人体内可引起高铁血红蛋白血症，引起紫绀

环境危害　对环境可能有害

第三部分 成分/组成信息

√ 物质　　　　　　　　　混合物

组分	浓度	CAS No.
N,N-二甲基间硝基苯胺		619-31-8

第四部分 急救措施

吸入 迅速脱离现场至空气新鲜处。保持呼吸道通畅。如呼吸困难，给输氧。如呼吸、心跳停止，立即进行心肺复苏术。就医

皮肤接触 立即脱去污染衣着，用肥皂水或清水彻底冲洗。就医

眼睛接触 分开眼睑，用清水或生理盐水冲洗。就医

食入 漱口，饮水。就医

对保护施救者的忠告 根据需要使用个人防护设备

对医生的特别提示 高铁血红蛋白血症，可用亚甲蓝和维生素C治疗

第五部分 消防措施

灭火剂 用雾状水、泡沫、干粉、砂土灭火

特别危险性 受高热分解放出有毒的气体。与氧化剂能发生强烈反应

灭火注意事项及防护措施 消防人员必须佩戴防毒面具、穿全身消防服，在上风向灭火。尽可能将容器从火场移至空旷处。喷水保持火场容器冷却，直至灭火结束

第六部分 泄漏应急处理

作业人员防护措施、防护装备和应急处置程序 隔离泄漏污染区，限制出入。消除所有点火源。建议应急处理人员戴防尘口罩，穿防毒服。穿上适当的防护服前严禁接触破裂的容器和泄漏物。尽可能切断泄漏源

环境保护措施 用塑料布覆盖泄漏物，减少飞散

泄漏化学品的收容、清除方法及所使用的处置材料 勿使水进入包装容器内。用洁净的铲子收集泄漏物，置于干净、干燥、盖子较松的容器中，将容器移离泄漏区

第七部分 操作处置与储存

操作注意事项 密闭操作，局部排风。防止粉尘释放到车间空气中。操作人员必须经过专门培训，严格遵守操作规程。建议操作人员佩戴自吸过滤式防尘口罩，戴化学安全防护眼镜，穿防毒物渗透工作服，戴橡胶手套。远离火种、热源，工作场所严禁吸烟。使用防爆型的通风系统和设备。避免产生粉尘。避免与氧化剂、酸类接触。配备相应品种和数量的消防器材及泄漏应急处理设备。倒空的容器可能残留有害物

储存注意事项 储存于阴凉、通风的库房。远离火种、热源。防止阳光直射。包装密封。应与氧化剂、酸类、食用化学品分开存放，切忌混储。配备相应品种和数量的消防器材。储区应备有合适的材料收容

泄漏物

第八部分 接触控制/个体防护

职业接触限值
中国 未制定标准
美国（ACGIH） 未制定标准

生物接触限值 未制定标准

监测方法 空气中有毒物质测定方法：未制定标准。生物监测检验方法：未制定标准

工程控制 密闭操作，局部排风

个体防护装备
呼吸系统防护 空气中粉尘浓度超标时，必须佩戴过滤式防尘呼吸器。紧急事态抢救或撤离时，应该佩戴空气呼吸器
眼睛防护 戴化学安全防护眼镜
皮肤和身体防护 穿防毒物渗透工作服
手防护 戴橡胶手套

第九部分 理化特性

外观与性状	红色结晶	**pH值**	无意义
熔点(℃)	59~60	**沸点(℃)**	285
相对密度(水=1)	1.313 (17℃/4℃)		
相对蒸气密度(空气=1)	无资料		
饱和蒸气压(kPa)	无资料		
临界压力(MPa)	无资料	**辛醇/水分配系数**	无资料
闪点(℃)	无意义	**自燃温度(℃)**	无资料
爆炸下限(%)	无资料	**爆炸上限(%)**	无资料
分解温度(℃)	无资料	**黏度(mPa·s)**	无资料
燃烧热(kJ/mol)	无资料	**临界温度(℃)**	无资料
溶解性	不溶于水，溶于乙醚、乙醇		

第十部分 稳定性和反应性

稳定性 稳定

危险反应 与强氧化剂、酸类、醇类等禁配物发生反应

避免接触的条件 无资料

禁配物 强氧化剂、酸类、醇类、卤素、胺类、二氧化碳

危险的分解产物 氮氧化物

第十一部分 毒理学信息

急性毒性 无资料

皮肤刺激或腐蚀 无资料　　**眼睛刺激或腐蚀** 无资料

呼吸或皮肤过敏 无资料　　**生殖细胞突变性** 无资料

致癌性 无资料　　**生殖毒性** 无资料

特异性靶器官系统毒性--一次接触 无资料

特异性靶器官系统毒性-反复接触 无资料

吸入危害 无资料

第十二部分 生态学信息

生态毒性 无资料

持久性和降解性
生物降解性 无资料
非生物降解性 无资料

潜在的生物累积性 无资料

土壤中的迁移性　无资料

第十三部分　废弃处置

废弃化学品　建议用焚烧法处置。在能利用的地方重复使
用容器或在规定场所掩埋

污染包装物　将容器返还生产商或按照国家和地方法规
处置

废弃注意事项　处置前应参阅国家和地方有关法规

第十四部分　运输信息

联合国危险货物编号（UN号）　—

联合国运输名称　—　**联合国危险性类别**　—

包装类别　—　　　　**包装标志**　—

海洋污染物　否

运输注意事项　运输前应先检查包装容器是否完整、密
封，运输过程中要确保容器不泄漏、不倒塌、不坠
落、不损坏。严禁与酸类、氧化剂、食品及食品添加
剂混运。运输时运输车辆应配备相应品种和数量的消
防器材及泄漏应急处理设备。运输途中应防暴晒、雨
淋，防高温。公路运输时要按规定路线行驶，勿在居
民区和人口稠密区停留

第十五部分　法规信息

　　下列法律、法规、规章和标准，对该化学品的管理作
了相应的规定。

中华人民共和国职业病防治法　职业病分类和目录：苯的
氨基及硝基化合物中毒

危险化学品安全管理条例　危险化学品目录：列入。易制
爆危险化学品名录：列入。重点监管的危险化学品名
录：未列入。GB 18218—2009《危险化学品重大危
险源辨识》（表1）：未列入

使用有毒物品作业场所劳动保护条例　高毒物品目录：未
列入

易制毒化学品管理条例　易制毒化学品的分类和品种目
录：未列入

国际公约　斯德哥尔摩公约：未列入。鹿特丹公约：未列
入。蒙特利尔议定书：未列入

第十六部分　其他信息

编写和修订信息　　　**缩略语和首字母缩写**

培训建议　　　　　　**参考文献**

免责声明

O,O'-二甲基硫代磷酰氯

第一部分　化学品标识

化学品中文名　O,O'-二甲基硫代磷酰氯；二甲基硫代磷
酰氯

化学品英文名　O,O'-dimethylthiophosphoryl chloride;
dimethyl phosphorochloridothioate

分子式　$C_2H_6ClO_2PS$　**分子量**　160.56

结构式

$$-O-\overset{\displaystyle Cl}{\underset{\displaystyle S}{P}}-O-$$

化学品的推荐及限制用途　用于合成有机磷杀虫剂

第二部分　危险性概述

紧急情况概述　吞咽有害，皮肤接触会中毒，吸入致命，
造成皮肤刺激，造成严重眼损伤

GHS危险性类别　急性毒性-经口，类别4；急性毒性-经
皮，类别3；急性毒性-吸入，类别1；皮肤腐蚀/刺
激，类别2；严重眼损伤/眼刺激，类别1；特异性靶
器官毒性-一次接触，类别2；特异性靶器官毒性-反
复接触，类别2；危害水生环境-急性危害，类别3；
危害水生环境-长期危害，类别3

标签要素

象形图　

警示词　危险

危险性说明　吞咽有害，皮肤接触会中毒，吸入致命，
造成皮肤刺激，造成严重眼损伤，可能对器官造成
损害，长时间或反复接触可能对器官造成损伤，对
水生生物有害并具有长期持续影响

防范说明

　　预防措施　避免接触眼睛、皮肤，操作后彻底清
洗。作业场所不得进食、饮水或吸烟。避免吸
入蒸气、雾。仅在室外或通风良好处操作。戴
呼吸防护器具。戴防护手套、防护眼镜、防护
面罩，穿防护服。禁止排入环境

　　事故响应　如吸入：将患者转移到空气新鲜处，休
息，保持利于呼吸的体位。皮肤接触：用大量
肥皂水和水清洗，立即脱去所有被污染的衣
服。被污染的衣服必须经洗净后方可重新使
用。如发生皮肤刺激，就医。接触眼睛：用水
细心冲洗数分钟。如戴隐形眼镜并可方便地取
出，取出隐形眼镜，继续冲洗。食入：如果感
觉不适，立即呼叫中毒控制中心或就医，漱
口。如果接触或感觉不适：呼叫中毒控制中心
或就医

　　安全储存　在通风良好处储存。保持容器密闭。上
锁保管

　　废弃处置　本品及内装物、容器依据国家和地方法
规处置

物理和化学危险　可燃。遇水产生刺激性气体

健康危害　抑制体内胆碱酯酶活性，造成神经生理功能紊
乱。急性中毒症状有头痛、头昏、乏力、食欲不振、
恶心、呕吐、腹痛、腹泻、流涎、瞳孔缩小、呼吸道
分泌物增多、多汗、肌束震颤等。重度中毒者出现肺
水肿、昏迷、呼吸麻痹、脑水肿。血胆碱酯酶活性降
低。眼接触引起严重损伤

环境危害　对水生生物有害并具有长期持续影响

第三部分　成分/组成信息

√　**物质**　　　　　　　　　　　　　混合物

组分	浓度	CAS No.
O,O'-二甲基硫代磷酰氯		2524-03-0

第四部分　急救措施

吸入　迅速脱离现场至空气新鲜处。保持呼吸道通畅。如呼吸困难，给输氧。如呼吸、心跳停止，立即进行心肺复苏术。就医

皮肤接触　立即脱去污染的衣着，用肥皂水及流动清水彻底冲洗污染的皮肤、头发、指甲等。就医

眼睛接触　立即分开眼睑，用流动清水或生理盐水彻底冲洗5～10min。就医

食入　饮足量温水，催吐（仅限于清醒者）。口服活性炭。就医

对保护施救者的忠告　根据需要使用个人防护设备

对医生的特别提示　解毒剂：阿托品、胆碱酯酶复能剂

第五部分　消防措施

灭火剂　用干粉、二氧化碳、砂土灭火

特别危险性　遇明火、高热可燃。当加热到120℃以上时，开始急剧分解。若遇高热可发生剧烈分解，引起容器破裂或爆炸事故。遇水或醇分解释出有毒烟雾。具有腐蚀性

灭火注意事项及防护措施　消防人员必须穿全身耐酸碱消防服。尽可能将容器从火场移至空旷处。处在火场中的容器若已变色或从安全泄压装置中发出声音，必须马上撤离。禁止用水、泡沫和酸碱灭火剂灭火

第六部分　泄漏应急处理

作业人员防护措施、防护装备和应急处置程序　根据液体流动和蒸气扩散的影响区域划定警戒区，无关人员从侧风向、上风向撤离至安全区。建议应急处理人员戴正压自给式呼吸器，穿防酸碱服。作业时使用的所有设备应接地。穿上适当的防护服前严禁接触破裂的容器和泄漏物。尽可能切断泄漏源

环境保护措施　防止泄漏物进入水体、下水道、地下室或有限空间

泄漏化学品的收容、清除方法及所使用的处置材料　严禁用水处理。小量泄漏：用干燥的砂土或其他不燃材料覆盖泄漏物。大量泄漏：构筑围堤或挖坑收容。用耐腐蚀泵转移至槽车或专用收集器内

第七部分　操作处置与储存

操作注意事项　密闭操作，局部排风。操作尽可能机械化、自动化。操作人员必须经过专门培训，严格遵守操作规程。建议操作人员佩戴自吸过滤式防毒面具（全面罩），穿橡胶耐酸碱服，戴橡胶耐酸碱手套。远离火种、热源，工作场所严禁吸烟。使用防爆型的通风系统和设备。防止蒸气泄漏到工作场所空气中。避免与氧化剂、碱类接触。搬运时要轻装轻卸，防止包装及容器损坏。配备相应品种和数量的消防器材及泄漏应急处理设备。倒空的容器可能残留有害物

储存注意事项　储存于阴凉、干燥、通风良好的专用库房内，实行"双人收发、双人保管"制度。远离火种、热源。保持容器密封。应与氧化剂、碱类、食用化学品分开存放，切忌混储。配备相应品种和数量的消防

器材。储区应备有泄漏应急处理设备和合适的收容材料

第八部分　接触控制/个体防护

职业接触限值

中国未制定标准

美国（ACGIH）　未制定标准

生物接触限值　全血胆碱酯酶活性（校正值）：原基础值或参考值的70%（采样时间：开始接触后的3个月内），原基础值或参考值的50%（采样时间：持续接触3个月后，任意时间）

监测方法　空气中有毒物质测定方法：未制定标准。生物监测检验方法：血中胆碱酯酶活性的分光光度测定方法——羟胺三氯化铁法；血中胆碱酯酶活性的分光光度测定方法——硫代乙酰胆碱-联硫代双硝基苯甲酸法

工程控制　密闭操作，局部排风。提供安全淋浴和洗眼设备

个体防护装备

呼吸系统防护　空气中浓度超标时，必须佩戴过滤式防毒面具（全面罩）。紧急事态抢救或撤离时，应该佩戴空气呼吸器

眼睛防护　呼吸系统防护中已作防护

皮肤和身体防护　穿橡胶耐酸碱服

手防护　戴橡胶耐酸碱手套

第九部分　理化特性

外观与性状　无色或微黄色液体，有令人窒息的刺激性气味

pH值　无资料		**熔点（℃）**　无资料	
沸点（℃）　66（2.13kPa）		**相对密度（水＝1）**　1.33	

相对蒸气密度（空气＝1）　无资料

饱和蒸气压（kPa）　4.62（20℃）

临界压力（MPa）　无资料		**辛醇/水分配系数**　无资料	
闪点（℃）　105.0		**自燃温度（℃）**　无资料	
爆炸下限（%）　无资料		**爆炸上限（%）**　无资料	
分解温度（℃）　无资料		**黏度（mPa·s）**　无资料	
燃烧热（kJ/mol）　无资料		**临界温度（℃）**　无资料	

溶解性　不溶于水，溶于苯、氯仿、乙醚等多数有机溶剂

第十部分　稳定性和反应性

稳定性　稳定

危险反应　与强氧化剂、强碱等禁配物发生反应。加热到120℃以上时，开始发生急剧的分解反应。遇水或醇分解释出有毒烟雾。具有腐蚀性

避免接触的条件　潮湿空气

禁配物　强氧化剂、强碱

危险的分解产物　一氧化氯化氢、氧化硫、磷烷

第十一部分　毒理学信息

急性毒性　LD_{50}：540mg/kg（大鼠经口）；1800mg/kg（小鼠经口）。LC_{50}：340mg/m³（大鼠吸入，4h）

急性毒性　无资料

皮肤刺激或腐蚀　无资料　　眼睛刺激或腐蚀　无资料
呼吸或皮肤过敏　无资料
生殖细胞突变性　显性致死试验：大鼠经口 $37500\mu g/kg$，
　　5d（连续）
致癌性　无资料　　　　　　　生殖毒性　无资料
特异性靶器官系统毒性—一次接触　无资料
特异性靶器官系统毒性-反复接触　无资料
吸入危害　无资料

第十二部分　生态学信息

生态毒性　EC_{50}：42mg/L（48h）（大型溞，OECD 202）。
　　ErC_{50}：19mg/L（72h）（*Desmodesmus subspicatus*，
　　OECD 201）
持久性和降解性
　　生物降解性　OECD 301F，不易快速生物降解
　　非生物降解性　无资料
潜在的生物累积性　无资料
土壤中的迁移性　无资料

第十三部分　废弃处置

废弃化学品　建议用焚烧法处置。与燃料混合后，再焚
　　烧。焚烧炉排出的气体要通过洗涤器除去
污染包装物　将容器返还生产商或按照国家和地方法规
　　处置
废弃注意事项　处置前应参阅国家和地方有关法规

第十四部分　运输信息

联合国危险货物编号（UN号）　2267
联合国运输名称　二甲基硫代磷酰氯
联合国危险性类别　6.1，8
包装类别　Ⅱ
包装标志　

海洋污染物　否
运输注意事项　起运时包装要完整，装载应稳妥。运输过
　　程中要确保容器不泄漏、不倒塌、不坠落、不损坏。
　　严禁与氧化剂、碱类、食用化学品等混装混运。运输
　　时运输车辆应配备相应品种和数量的消防器材及泄漏
　　应急处理设备。运输途中应防暴晒、雨淋，防高温。
　　公路运输时要按规定路线行驶，勿在居民区和人口稠
　　密区停留

第十五部分　法规信息

　　下列法律、法规、规章和标准，对该化学品的管理作
了相应的规定。
中华人民共和国职业病防治法　职业病分类和目录：有机
　　磷中毒
危险化学品安全管理条例　危险化学品目录：列入，作为
　　剧毒化学品进行管理。易制爆危险化学品名录：未列
　　入。重点监管的危险化学品名录：未列入。GB
　　18218—2009《危险化学品重大危险源辨识》（表1）：

未列入
使用有毒物品作业场所劳动保护条例　高毒物品目录：未
　　列入
易制毒化学品管理条例　易制毒化学品的分类和品种目
　　录：未列入
国际公约　斯德哥尔摩公约：未列入。鹿特丹公约：未列
　　入。蒙特利尔议定书：未列入

第十六部分　其他信息

编写和修订信息　　　缩略语和首字母缩写
培训建议　　　　　　参考文献
免责声明

2,6-二甲基吗啡啉

第一部分　化学品标识

化学品中文名　2,6-二甲基吗啡啉；2,6-二甲基吗啉
化学品英文名　2,6-dimethyl morpholine；2,6-dimethyl-
　　2,3,5,6-thtrahydro-4*H*-oxazine
分子式　$C_6H_{13}NO$　分子量　115.1735
结构式　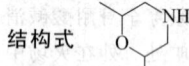
化学品的推荐及限制用途　用作腐蚀抑制剂、氯代溶剂的
　　稳定剂、橡胶促进剂、杀虫剂及用于织物处理

第二部分　危险性概述

紧急情况概述　易燃液体和蒸气，吞咽可能有害，皮肤接
　　触会中毒
GHS危险性类别　易燃液体，类别3；急性毒性-经口，
　　类别5；急性毒性-经皮，类别3
标签要素
象形图　

警示词　危险
危险性说明　易燃液体和蒸气，吞咽可能有害，皮肤接
　　触会中毒
防范说明
　　预防措施　远离热源、火花、明火、热表面。禁止
　　　　吸烟。保持容器密闭。容器和接收设备接地连
　　　　接。使用防爆型电器、通风、照明设备。只能
　　　　使用不产生火花的工具。采取防止静电措施。
　　　　戴防护手套、防护眼镜、防护面罩，穿防护服
　　事故响应　火灾时，使用雾状水、抗溶性泡沫、干
　　　　粉、二氧化碳、砂土灭火。皮肤接触：用大量
　　　　肥皂水和水清洗，立即脱去所有被污染的衣
　　　　服，被污染的衣服必须经洗净后方可重新使
　　　　用。如果感觉不适，呼叫中毒控制中心或就医
　　安全储存　存放在通风良好的地方。保持低温。上
　　　　锁保管
　　废弃处置　本品及内装物、容器依据国家和地方法
　　　　规处置

物理和化学危险　易燃,其蒸气与空气混合,能形成爆炸性混合物

健康危害　吸入、摄入或经皮肤吸收对身体有害,具有刺激性

环境危害　对环境可能有害

第三部分　成分/组成信息

√物质　　　　　　　　　混合物

组分	浓度	CAS No.
2,6-二甲基吗啡啉		141-91-3

第四部分　急救措施

吸入　迅速脱离现场至空气新鲜处。保持呼吸道通畅。如呼吸困难,给输氧。呼吸、心跳停止,立即进行心肺复苏术。就医

皮肤接触　立即脱去污染的衣着,用流动清水彻底冲洗。就医

眼睛接触　立即分开眼睑,用流动清水或生理盐水彻底冲洗。就医

食入　漱口,饮水。就医

对保护施救者的忠告　根据需要使用个人防护设备

对医生的特别提示　对症处理

第五部分　消防措施

灭火剂　用雾状水、抗溶性泡沫、干粉、二氧化碳、砂土灭火

特别危险性　其蒸气与空气可形成爆炸性混合物,遇明火、高热能引起燃烧爆炸。与氧化剂可发生反应。高温时分解,释放出剧毒的氮氧化物气体。流速过快,容易产生和积聚静电。蒸气比空气重,沿地面扩散并易积存于低洼处,遇火源会着火回燃。若遇高热,容器内压增大,有开裂和爆炸的危险

灭火注意事项及防护措施　消防人员必须佩戴防毒面具、穿全身消防服,在上风向灭火。尽可能将容器从火场移至空旷处。喷水保持火场容器冷却,直至灭火结束。处在火场中的容器若已变色或从安全泄压装置中发出声音,必须马上撤离

第六部分　泄漏应急处理

作业人员防护措施、防护装备和应急处置程序　消除所有点火源。根据液体流动和蒸气扩散的影响区域划定警戒区,无关人员从侧风、上风向撤离至安全区。建议应急处理人员戴正压自给式呼吸器,穿防静电、防腐、防毒服。作业时使用的所有设备应接地。禁止接触或跨越泄漏物。尽可能切断泄漏源

环境保护措施　防止泄漏物进入水体、下水道、地下室或有限空间

泄漏化学品的收容、清除方法及所使用的处置材料　小量泄漏:用砂土或其他不燃材料吸收。使用洁净的无火花工具收集吸收材料。大量泄漏:构筑围堤或挖坑收容。用抗溶性泡沫覆盖,减少蒸发。喷水雾能减少蒸发,但不能降低泄漏物在有限空间内的易燃性。用防爆、耐腐蚀泵转移至槽车或专用收集器内

第七部分　操作处置与储存

操作注意事项　密闭操作,注意通风。操作人员必须经过专门培训,严格遵守操作规程。建议操作人员佩戴自吸过滤式防毒面具(半面罩),戴化学安全防护眼镜,穿防毒物渗透工作服,戴橡胶耐油手套。远离火种、热源,工作场所严禁吸烟。使用防爆型的通风系统和设备。防止蒸气泄漏到工作场所空气中。避免与氧化剂、酸类接触。充装要控制流速,防止静电积聚。搬运时要轻装轻卸,防止包装及容器损坏。配备相应品种和数量的消防器材及泄漏应急处理设备。倒空的容器可能残留有害物

储存注意事项　储存于阴凉、通风的库房。远离火种、热源。库温不宜超过37℃,应与氧化剂、酸类分开存放,切忌混储。采用防爆型照明、通风设施。禁止使用易产生火花的机械设备和工具。储区应备有泄漏应急处理设备和合适的收容材料

第八部分　接触控制/个体防护

职业接触限值

中国　未制定标准

美国(ACGIH)　未制定标准

生物接触限值　未制定标准

监测方法　空气中有毒物质测定方法:未制定标准。生物监测检验方法:未制定标准

工程控制　密闭操作,注意通风

个体防护装备

呼吸系统防护　空气中浓度超标时,必须佩戴过滤式防毒面具(半面罩)。紧急事态抢救或撤离时,应该佩戴空气呼吸器

眼睛防护　戴化学安全防护眼镜

皮肤和身体防护　穿防毒物渗透工作服

手防护　戴橡胶耐油手套

第九部分　理化特性

外观与性状　无色液体		**pH值**　无资料	
熔点(℃)　-85		**沸点(℃)**　146.6	
相对密度(水=1)　0.94			
相对蒸气密度(空气=1)　4.0			
饱和蒸气压(kPa)　无资料			
临界压力(MPa)　无资料		**辛醇/水分配系数**　无资料	
闪点(℃)　48.89		**自燃温度(℃)**　无资料	
爆炸下限(%)　无资料		**爆炸上限(%)**　无资料	
分解温度(℃)　无资料		**黏度(mPa·s)**　无资料	
燃烧热(kJ/mol)　无资料		**临界温度(℃)**　无资料	

溶解性　易溶于水、乙醇,溶于丙酮,可混溶于苯

第十部分　稳定性和反应性

稳定性　稳定

危险反应　与强氧化剂、强酸等禁配物接触,有引起燃烧爆炸的危险

避免接触的条件　无资料

禁配物　强氧化剂、强酸

危险的分解产物　氮氧化物

第十一部分　毒理学信息

急性毒性　LD$_{50}$：2830mg/kg（大鼠经口）；710mg/kg（兔经皮）

皮肤刺激或腐蚀　无资料　**眼睛刺激或腐蚀**　无资料

呼吸或皮肤过敏　无资料　**生殖细胞突变性**　无资料

致癌性　无资料　　　　　**生殖毒性**　无资料

特异性靶器官系统毒性-一次接触　无资料

特异性靶器官系统毒性-反复接触　无资料

吸入危害　无资料

第十二部分　生态学信息

生态毒性　无资料

持久性和降解性

　　生物降解性　无资料

　　非生物降解性　无资料

潜在的生物累积性　无资料

土壤中的迁移性　无资料

第十三部分　废弃处置

废弃化学品　建议用焚烧法处置。焚烧炉排出的氮氧化物通过洗涤器除去

污染包装物　将容器返还生产商或按照国家和地方法规处置

废弃注意事项　处置前应参阅国家和地方有关法规

第十四部分　运输信息

联合国危险货物编号（UN号）　1992

联合国运输名称　易燃液体，毒性，未另作规定的（2,6-二甲基吗啉）

联合国危险性类别　3，6.1

包装类别　Ⅲ

包装标志　

海洋污染物　否

运输注意事项　运输时运输车辆应配备相应品种和数量的消防器材及泄漏应急处理设备。夏季最好早晚运输。运输时所用的槽（罐）车应有接地链，槽内可设孔隔板以减少震荡产生的静电。严禁与氧化剂、酸类、食用化学品等混装混运。运输途中应防暴晒、雨淋、防高温。中途停留时应远离火种、热源、高温区。装运该物品的车辆排气管必须配备阻火装置，禁止使用易产生火花的机械设备和工具装卸。公路运输时要按规定路线行驶，勿在居民区和人口稠密区停留。铁路运输时要禁止溜放。严禁用木船、水泥船散装运输

第十五部分　法规信息

下列法律、法规、规章和标准，对该化学品的管理作了相应的规定。

中华人民共和国职业病防治法　职业病分类和目录：未

列入

危险化学品安全管理条例　危险化学品目录：列入。易制爆危险化学品名录：未列入。重点监管的危险化学品名录：未列入。GB 18218—2009《危险化学品重大危险源辨识》（表1）：未列入

使用有毒物品作业场所劳动保护条例　高毒物品目录：未列入

易制毒化学品管理条例　易制毒化学品的分类和品种目录：未列入

国际公约　斯德哥尔摩公约：未列入。鹿特丹公约：未列入。蒙特利尔议定书：未列入

第十六部分　其他信息

编写和修订信息　　　　缩略语和首字母缩写

培训建议　　　　　　　参考文献

免责声明

二甲基镁

第一部分　化学品标识

化学品中文名　二甲基镁

化学品英文名　dimethyl magnesium

分子式　C$_2$H$_6$Mg　**分子量**　54.38

结构式　Mg

化学品的推荐及限制用途　用于有机合成

第二部分　危险性概述

紧急情况概述　暴露在空气中自燃，遇水放出可自燃的易燃气体

GHS危险性类别　自燃固体，类别1；遇水放出易燃气体的物质和混合物，类别1

标签要素

象形图　

警示词　危险

危险性说明　暴露在空气中自燃，遇水放出可自燃的易燃气体

防范说明

　　预防措施　远离热源、火花、明火、热表面。禁止吸烟。不得与空气接触。戴防护手套、防护眼镜、防护面罩。因与水发生剧烈反应和可能发生暴燃，应避免与水接触。在惰性气体中操作。防潮

　　事故响应　火灾时，使用干粉、二氧化碳、砂土灭火。擦掉皮肤上的微粒，将接触部位浸入冷水中，用湿绷带包扎

　　安全储存　在干燥处和密闭的容器中储存

　　废弃处置　本品及内装物、容器依据国家和地方法规处置

物理和化学危险　接触空气易自燃

健康危害　对黏膜有刺激作用。误服后，可引起上腹痛、呕吐、腹泻、烦渴、呼吸困难等

环境危害　对环境可能有害

第三部分　成分/组成信息

√ 物质　　　　　　　　混合物

组分	浓度	CAS No.
二甲基镁		2999-74-8

第四部分　急救措施

吸入　迅速脱离现场至空气新鲜处。保持呼吸道通畅。如呼吸困难，给输氧。如呼吸、心跳停止，立即进行心肺复苏术。就医

皮肤接触　立即脱去污染的衣着，用流动清水彻底冲洗。就医

眼睛接触　立即分开眼睑，用流动清水或生理盐水彻底冲洗。就医

食入　漱口，饮水。就医

对保护施救者的忠告　根据需要使用个人防护设备

对医生的特别提示　对症处理

第五部分　消防措施

灭火剂　用干粉、二氧化碳、砂土灭火

特别危险性　自燃物品。暴露在空气中能自燃

灭火注意事项及防护措施　消防人员必须佩戴防毒面具、穿全身消防服，在上风向灭火。尽可能将容器从火场移至空旷处。禁止用水和泡沫灭火

第六部分　泄漏应急处理

作业人员防护措施、防护装备和应急处置程序　隔离泄漏污染区，限制出入。消除所有点火源。建议应急处理人员戴防尘口罩，穿防毒、防静电服。禁止接触或跨越泄漏物。尽可能切断泄漏源

环境保护措施　用塑料布覆盖泄漏物，减少飞散

泄漏化学品的收容、清除方法及所使用的处置材料　用干燥的砂土或其他不燃材料覆盖泄漏物，然后用塑料布覆盖，减少飞散、避免雨淋。用洁净的无火花工具收集泄漏物，置于一盖子较松的塑料容器中，待处置

第七部分　操作处置与储存

操作注意事项　密闭操作，局部排风。防止粉尘释放到车间空气中。操作人员必须经过专门培训，严格遵守操作规程。建议操作人员佩戴自吸过滤式防尘口罩，戴化学安全防护眼镜，穿防毒物渗透工作服，戴橡胶手套。远离火种、热源，工作场所严禁吸烟。使用防爆型的通风系统和设备。避免产生粉尘。避免与氧化剂接触。尤其要注意避免与水接触。配备相应品种和数量的消防器材及泄漏应急处理设备。倒空的容器可能残留有害物

储存注意事项　储存于阴凉、干燥、通风良好的专用库房内，库温不超过30℃，相对湿度不超过80%。远离火种、热源。防止阳光直射。保持容器密封，严禁与空气接触。应与氧化剂、食用化学品等分开存放，切忌混储。采用防爆型照明、通风设施。禁止使用易产生火花的机械设备和工具。储区应备有合适的材料收容泄漏物

第八部分　接触控制/个体防护

职业接触限值

　中国　未制定标准

　美国（ACGIH）　未制定标准

生物接触限值　未制定标准

监测方法　空气中有毒物质测定方法：未制定标准。生物监测检验方法：未制定标准

工程控制　密闭操作，局部排风

个体防护装备

　呼吸系统防护　空气中粉尘浓度超标时，必须佩戴过滤式防尘呼吸器。紧急事态抢救或撤离时，应该佩戴空气呼吸器

　眼睛防护　戴化学安全防护眼镜

　皮肤和身体防护　穿防毒物渗透工作服

　手防护　戴橡胶手套

第九部分　理化特性

外观与性状　无色固体

pH 值　无意义		**熔点（℃）**　无资料	
沸点（℃）　无资料		**相对密度（水=1）**　无资料	
相对蒸气密度（空气=1）　无资料			
饱和蒸气压（kPa）　无资料			
临界压力（MPa）　无资料		**辛醇/水分配系数**　无资料	
闪点（℃）　无意义		**自燃温度（℃）**　无资料	
爆炸下限（%）　无资料		**爆炸上限（%）**　无资料	
分解温度（℃）　无资料		**黏度（mPa·s）**　无资料	
燃烧热（kJ/mol）　无资料		**临界温度（℃）**　无资料	

溶解性　微溶于乙醚

第十部分　稳定性和反应性

稳定性　稳定

危险反应　与强氧化剂、水等禁配物接触，有发生火灾和爆炸的危险。暴露在空气中能发生自燃

避免接触的条件　空气、潮湿空气

禁配物　强氧化剂、水

危险的分解产物　氧化镁

第十一部分　毒理学信息

急性毒性　无资料

皮肤刺激或腐蚀　无资料	**眼睛刺激或腐蚀**　无资料
呼吸或皮肤过敏　无资料	**生殖细胞突变性**　无资料
致癌性　无资料	**生殖毒性**　无资料

特异性靶器官系统毒性--一次接触　无资料

特异性靶器官系统毒性-反复接触　无资料

吸入危害　无资料

第十二部分　生态学信息

生态毒性　无资料

持久性和降解性
　　生物降解性　无资料
　　非生物降解性　无资料
潜在的生物累积性　无资料
土壤中的迁移性　无资料

第十三部分　废弃处置

废弃化学品　建议用焚烧法处置
污染包装物　将容器返还生产商或按照国家和地方法规处置
废弃注意事项　处置前应参阅国家和地方有关法规

第十四部分　运输信息

联合国危险货物编号（UN号）　3393
联合国运输名称　固态有机金属物质，发火，遇水反应（二甲基镁）
联合国危险性类别　4.2，4.3
包装类别　I

包装标志　

海洋污染物　否
运输注意事项　运输时运输车辆应配备相应品种和数量的消防器材及泄漏应急处理设备。装运本品的车辆排气管须有阻火装置。运输过程中要确保容器不泄漏、不倒塌、不坠落、不损坏。严禁与氧化剂、食用化学品等混装混运。运输途中应防暴晒、雨淋，防高温。中途停留时应远离火种、热源。运输用车、船必须干燥，并有良好的防雨设施。车辆运输完毕应进行彻底清扫。铁路运输时要禁止溜放

第十五部分　法规信息

　　下列法律、法规、规章和标准，对该化学品的管理作了相应的规定。
中华人民共和国职业病防治法　职业病分类和目录：未列入
危险化学品安全管理条例　危险化学品目录：列入。易制爆危险化学品名录：未列入。重点监管的危险化学品名录：未列入。GB 18218—2009《危险化学品重大危险源辨识》（表1）：未列入
使用有毒物品作业场所劳动保护条例　高毒物品目录：未列入
易制毒化学品管理条例　易制毒化学品的分类和品种目录：未列入
国际公约　斯德哥尔摩公约：未列入。鹿特丹公约：未列入。蒙特利尔议定书：未列入

第十六部分　其他信息

编写和修订信息　缩略语和首字母缩写
培训建议　参考文献
免责声明

1,4-二甲基哌嗪

第一部分　化学品标识

化学品中文名　1,4-二甲基哌嗪；N,N'-二甲基哌嗪
化学品英文名　1,4-dimethyl piperazine；N,N'-dimethylpiperazine
分子式　$C_6H_{14}N_2$　**分子量**　114.1888
结构式　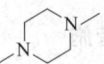

化学品的推荐及限制用途　用于医药工业、催化剂等

第二部分　危险性概述

紧急情况概述　高度易燃液体和蒸气
GHS危险性类别　易燃液体，类别2
标签要素

象形图　

警示词　危险
危险性说明　高度易燃液体和蒸气
防范说明
　　预防措施　远离热源、火花、明火、热表面。禁止吸烟。保持容器密闭。容器和接收设备接地连接。使用防爆型电器、通风、照明设备。只能使用不产生火花的工具。采取防止静电措施。戴防护手套、防护眼镜、防护面罩
　　事故响应　火灾时，使用雾状水、抗溶性泡沫、干粉、二氧化碳、砂土灭火。如皮肤（或头发）接触：立即脱掉所有被污染的衣服。用水冲洗皮肤，淋浴
　　安全储存　存放在通风良好的地方。保持低温
　　废弃处置　本品及内装物、容器依据国家和地方法规处置
物理和化学危险　高度易燃，其蒸气与空气混合，能形成爆炸性混合物
健康危害　本品有腐蚀性。吸入或经皮肤吸收后对身体有害。吸入可引起喉痉挛、喉炎、支气管炎、化学性肺炎、肺水肿等
环境危害　对环境可能有害

第三部分　成分/组成信息

　　√　物质　　　　　　　　　　　　混合物

组分	浓度	CAS No.
1,4-二甲基哌嗪		106-58-1

第四部分　急救措施

吸入　迅速脱离现场至空气新鲜处。保持呼吸道通畅。如呼吸困难，给输氧。呼吸、心跳停止，立即进行心肺复苏术。就医
皮肤接触　立即脱去污染的衣着，用大量流动清水彻底冲洗至少15min。就医

眼睛接触　立即分开眼睑，用流动清水或生理盐水彻底冲洗 5~10min。就医

食入　用水漱口，禁止催吐。给饮牛奶或蛋清。就医

对保护施救者的忠告　根据需要使用个人防护设备

对医生的特别提示　对症处理

第五部分　消防措施

灭火剂　用雾状水、抗溶性泡沫、干粉、二氧化碳、砂土灭火

特别危险性　其蒸气与空气可形成爆炸性混合物，遇明火、高热能引起燃烧爆炸。与氧化剂可发生反应。受高热分解放出有毒的气体。具有腐蚀性。若遇高热，容器内压增大，有开裂和爆炸的危险

灭火注意事项及防护措施　消防人员必须佩戴防毒面具、穿全身消防服，在上风向灭火。尽可能将容器从火场移至空旷处。喷水保持火场容器冷却，直至灭火结束。处在火场中的容器若已变色或从安全泄压装置中发出声音，必须马上撤离

第六部分　泄漏应急处理

作业人员防护措施、防护装备和应急处置程序　消除所有点火源。根据液体流动和蒸气扩散的影响区域划定警戒区，无关人员从侧风、上风向撤离至安全区。建议应急处理人员戴正压自给式呼吸器，穿防静电、防腐服。作业时使用的所有设备应接地。禁止接触或跨越泄漏物。尽可能切断泄漏源

环境保护措施　防止泄漏物进入水体、下水道、地下室或有限空间

泄漏化学品的收容、清除方法及所使用的处置材料　小量泄漏：用砂土或其他不燃材料吸收。使用洁净的无火花工具收集吸收材料。大量泄漏：构筑围堤或挖坑收容。用抗溶性泡沫覆盖，减少蒸发。喷水雾能减少蒸发，但不能降低泄漏物在有限空间内的易燃性。用防爆、耐腐蚀泵转移至槽车或专用收集器内

第七部分　操作处置与储存

操作注意事项　密闭操作，局部排风。防止蒸气泄漏到工作场所空气中。操作人员必须经过专门培训，严格遵守操作规程。建议操作人员佩戴自吸过滤式防毒面具（半面罩），戴化学安全防护眼镜，穿防静电工作服，戴橡胶手套。远离火种、热源，工作场所严禁吸烟。使用防爆型的通风系统和设备。在清除液体和蒸气前不能进行焊接、切割等作业。避免产生烟雾。避免与氧化剂、酸类接触。容器与传送设备要接地，防止产生静电。灌装时应控制流速，且有接地装置，防止静电积聚。配备相应品种和数量的消防器材及泄漏应急处理设备。倒空的容器可能残留有害物

储存注意事项　储存于阴凉、通风的库房。远离火种、热源。防止阳光直射。库温不宜超过 37℃，保持容器密封。应与氧化剂、酸类分开存放，切忌混储。采用防爆型照明、通风设施。禁止使用易产生火花的机械设备和工具。储区应备有泄漏应急处理设备和合适的收容材料

第八部分　接触控制/个体防护

职业接触限值

　　中国　未制定标准

　　美国（ACGIH）　未制定标准

生物接触限值　未制定标准

监测方法　空气中有毒物质测定方法：未制定标准。生物监测检验方法：未制定标准

工程控制　密闭操作，局部排风

个体防护装备

　　呼吸系统防护　空气中浓度超标时，必须佩戴自吸过滤式防毒面具（半面罩）。紧急事态抢救或撤离时，应该佩戴空气呼吸器

　　眼睛防护　戴化学安全防护眼镜

　　皮肤和身体防护　穿防静电工作服

　　手防护　戴橡胶手套

第九部分　理化特性

外观与性状　无色挥发性液体

pH 值　无资料	**熔点(℃)**　−1

沸点(℃)　131~132（106.6kPa）

相对密度(水＝1)　0.844

相对蒸气密度(空气＝1)　无资料

饱和蒸气压(kPa)　无资料

临界压力(MPa)　无资料	**辛醇/水分配系数**　无资料
闪点(℃)　18.33	**自燃温度(℃)**　无资料
爆炸下限(%)　无资料	**爆炸上限(%)**　无资料
分解温度(℃)　无资料	**黏度(mPa·s)**　无资料
燃烧热(kJ/mol)　无资料	**临界温度(℃)**　无资料

溶解性　易溶于水、乙醇、乙醚

第十部分　稳定性和反应性

稳定性　稳定

危险反应　与强氧化剂、强酸等禁配物接触，有发生火灾和爆炸的危险

避免接触的条件　无资料

禁配物　强氧化剂、强酸

危险的分解产物　氮氧化物

第十一部分　毒理学信息

急性毒性　LD$_{50}$：2500mg/kg（小鼠皮下）

皮肤刺激或腐蚀　无资料	**眼睛刺激或腐蚀**　无资料
呼吸或皮肤过敏　无资料	**生殖细胞突变性**　无资料
致癌性　无资料	**生殖毒性**　无资料

特异性靶器官系统毒性-一次接触　无资料

特异性靶器官系统毒性-反复接触　无资料

吸入危害　无资料

第十二部分　生态学信息

生态毒性　LC$_{50}$：≥100mg/L（96h）（斑马鱼）（OECD 203）；EC$_{50}$：＞100mg/L（48h）（大型溞）（EU Method C.2）；ErC$_{50}$：＞100mg/L（48h）（羊角月牙藻）（OECD 201）

持久性和降解性

　　生物降解性　不易快速生物降解（OECD 301C）

　　非生物降解性　无资料

潜在的生物累积性 根据 K_{ow} 值预测，该物质的生物累积性可能较弱

土壤中的迁移性 根据 K_{oc} 值预测，该物质可能易发生迁移

第十三部分 废弃处置

废弃化学品 建议用焚烧法处置。在能利用的地方重复使用容器或在规定场所掩埋

污染包装物 将容器返还生产商或按照国家和地方法规处置

废弃注意事项 处置前应参阅国家和地方有关法规

第十四部分 运输信息

联合国危险货物编号（UN 号） 1993

联合国运输名称 易燃液体，未另作规定的（1,4-二甲基哌嗪）

联合国危险性类别 3

包装类别 Ⅱ 包装标志

海洋污染物 否

运输注意事项 运输时运输车辆应配备相应品种和数量的消防器材及泄漏应急处理设备。夏季最好早晚运输。运输时所用的槽（罐）车应有接地链，槽内可设孔隔板以减少震荡产生的静电。严禁与氧化剂、酸类、食用化学品等混装混运。运输途中应防暴晒、雨淋，防高温。中途停留时应远离火种、热源、高温区。装运该物品的车辆排气管必须配备阻火装置，禁止使用易产生火花的机械设备和工具装卸。公路运输时要按规定路线行驶，勿在居民区和人口稠密区停留。铁路运输时要禁止溜放。严禁用木船、水泥船散装运输

第十五部分 法规信息

下列法律、法规、规章和标准，对该化学品的管理作了相应的规定。

中华人民共和国职业病防治法 职业病分类和目录：未列入

危险化学品安全管理条例 危险化学品目录：列入。易制爆危险化学品名录：未列入。重点监管的危险化学品名录：未列入。GB 18218—2009《危险化学品重大危险源辨识》（表 1）：未列入

使用有毒物品作业场所劳动保护条例 高毒物品目录：未列入

易制毒化学品管理条例 易制毒化学品的分类和品种目录：未列入

国际公约 斯德哥尔摩公约：未列入。鹿特丹公约：未列入。蒙特利尔议定书：未列入

第十六部分 其他信息

编写和修订信息 缩略语和首字母缩写

培训建议 参考文献

免责声明

二甲基砷酸钠

第一部分 化学品标识

化学品中文名 二甲基砷酸钠；卡可地钠；二甲胂酸钠；卡可酸钠；卡可基钠

化学品英文名 sodium dimethylarsinate；sodium cacodylate

分子式 $C_2H_6AsNaO_2$ 分子量 159.98

结构式
$$\begin{matrix} & O \\ & \| \\ —As & —O^- \cdot Na^+ \\ & \end{matrix}$$

化学品的推荐及限制用途 用作除草剂，并用于生化研究

第二部分 危险性概述

紧急情况概述 吞咽可能有害

GHS 危险性类别 急性毒性-经口，类别 3；急性毒性-吸入，类别 4；急性毒性-经皮，类别 5；危害水生环境-急性危害，类别 1；危害水生环境-长期危害，类别 1

标签要素

象形图

警示词 危险

危险性说明 吞咽会中毒，吸入有害，皮肤接触可能有害，对水生生物有害并具有长期持续影响

防范说明

预防措施 避免吸入粉尘、烟、气体、烟雾、蒸气、喷雾。作业后彻底清洗皮肤。使用本产品时不要进食、饮水或吸烟。只能在室外或通风良好之处使用。避免释放到环境中

事故响应 如食入：立即呼叫中毒控制中心或就医，漱口。如吸入：将人转移到空气新鲜处，保持呼吸舒适体位。如感觉不适，呼叫中毒控制中心或就医。收集泄漏物

安全储存 上锁保管

废弃处置 本品及内装物、容器依据国家和地方法规处置

物理和化学危险 不燃，无特殊燃爆特性

健康危害 对人有毒。有刺激作用。对眼睛和皮肤有刺激作用。摄入或过量吸入引起胃肠道的刺激作用，出现恶心、呕吐、腹泻、脉搏加快、休克、昏迷。其呼吸中汗液和尿中有强烈的大蒜味

环境危害 对水生生物有害并具有长期持续影响

第三部分 成分/组成信息

√ 物质 混合物

组分	浓度	CAS No.
二甲基砷酸钠		124-65-2

第四部分 急救措施

吸入 迅速脱离现场至空气新鲜处。保持呼吸道通畅。如

呼吸困难，给输氧。呼吸、心跳停止，立即进行心肺复苏术。就医

皮肤接触　立即脱去污染的衣着，用肥皂水和清水彻底冲洗。就医

眼睛接触　立即分开眼睑，用流动清水或生理盐水彻底冲洗。就医

食入　催吐、彻底洗胃，洗胃后服活性炭 30～50g（用水调成浆状），而后再服用硫酸镁或硫酸钠导泻。就医

对保护施救者的忠告　根据需要使用个人防护设备

对医生的特别提示　解毒剂：二巯基丙磺酸钠、二巯基丁二酸钠等

第五部分　消防措施

灭火剂　本品不燃，根据着火原因选择适当灭火剂灭火

特别危险性　本身不能燃烧。受高热分解放出有毒的气体

灭火注意事项及防护措施　消防人员必须穿全身防火防毒服，在上风向灭火。灭火时尽可能将容器从火场移至空旷处

第六部分　泄漏应急处理

作业人员防护措施、防护装备和应急处置程序　隔离泄漏污染区，限制出入。建议应急处理人员戴防尘口罩，穿防毒服。穿上适当的防护服前严禁接触破裂的容器和泄漏物。尽可能切断泄漏源

环境保护措施　用塑料布覆盖泄漏物，减少飞散

泄漏化学品的收容、清除方法及所使用的处置材料　勿使水进入包装容器内。用洁净的铲子收集泄漏物，置于干净、干燥、盖子较松的容器中，将容器移离泄漏区

第七部分　操作处置与储存

操作注意事项　密闭操作，局部排风。防止粉尘释放到车间空气中。操作人员必须经过专门培训，严格遵守操作规程。建议操作人员佩戴自吸过滤式防尘口罩，戴化学安全防护眼镜，穿防毒物渗透工作服，戴橡胶手套。避免产生粉尘。避免与氧化剂、碱类接触。配备泄漏应急处理设备。倒空的容器可能残留有害物

储存注意事项　储存于阴凉、通风的库房。远离火种、热源。防止阳光直射。包装密封。应与氧化剂、碱类分开存放，切忌混储。储区应备有合适的材料收容泄漏物

第八部分　接触控制/个体防护

职业接触限值

中国　未制定标准

美国（ACGIH）　未制定标准

生物接触限值　未制定标准

监测方法　空气中有毒物质测定方法：未制定标准

生物监测检验方法：未制定标准

工程控制　密闭操作，局部排风

个体防护装备

呼吸系统防护　空气中粉尘浓度超标时，必须佩戴过滤式防尘呼吸器。紧急事态抢救或撤离时，应该佩戴空气呼吸器

眼睛防护　戴化学安全防护眼镜

皮肤和身体防护　穿防毒物渗透工作服

手防护　戴橡胶手套

第九部分　理化特性

外观与性状　白色粉末，易潮解

pH 值　无意义	**熔点(℃)**　60
沸点(℃)　无资料	
相对密度(水＝1)　＞1(20℃)	
相对蒸气密度(空气＝1)　7.4	
饱和蒸气压(kPa)　无资料	
临界压力(MPa)　无资料	**辛醇/水分配系数**　无资料
闪点(℃)　无意义	**自燃温度(℃)**　无意义
爆炸下限(%)　无意义	**爆炸上限(%)**　无意义
分解温度(℃)　无资料	**黏度(mPa·s)**　无资料
燃烧热(kJ/mol)　无资料	**临界温度(℃)**　无资料

溶解性　溶于水、乙醇

第十部分　稳定性和反应性

稳定性　稳定

危险反应　与强氧化剂、强碱等禁配物发生反应

避免接触的条件　无资料

禁配物　强氧化剂、强碱

危险的分解产物　氧化砷、氧化钠

第十一部分　毒理学信息

急性毒性　LD_{50}：2600mg/kg（大鼠经口），4mg/kg（小鼠经口）

皮肤刺激或腐蚀　无资料		**眼睛刺激或腐蚀**　无资料	
呼吸或皮肤过敏　无资料		**生殖细胞突变性**　无资料	

致癌性　无资料

生殖毒性　仓鼠腹腔内最低中毒剂量（TDLo）：900mg/kg（孕 9d），引起中枢神经系统、肌肉骨骼系统和颅面（包括鼻、舌）发育异常，引起植入后死亡率增加和死胎

特异性靶器官系统毒性-一次接触　无资料

特异性靶器官系统毒性-反复接触　无资料

吸入危害　无资料

第十二部分　生态学信息

生态毒性　LC_{50}：17mg/L（96h）（蓝鳃太阳鱼）

持久性和降解性

生物降解性　无资料

非生物降解性　无资料

潜在的生物累积性　无资料

土壤中的迁移性　无资料

第十三部分　废弃处置

废弃化学品　若可能，重复使用容器或在规定场所掩埋

污染包装物　将容器返还生产商或按照国家和地方法规处置

废弃注意事项　处置前应参阅国家和地方有关法规

第十四部分　运输信息

联合国危险货物编号（UN 号）　1688
联合国运输名称　卡可酸钠（二甲胂酸钠）
联合国危险性类别　6.1

包装类别　II　　　　　包装标志

海洋污染物　是
运输注意事项　运输前应先检查包装容器是否完整、密封，运输过程中要确保容器不泄漏、不倒塌、不坠落、不损坏。严禁与酸类、氧化剂、食品及食品添加剂混运。运输时运输车辆应配备泄漏应急处理设备。运输途中应防暴晒、雨淋，防高温。公路运输时要按规定路线行驶，勿在居民区和人口稠密区停留

第十五部分　法规信息

下列法律、法规、规章和标准，对该化学品的管理作了相应的规定。
中华人民共和国职业病防治法　职业病分类和目录：砷及其化合物中毒，砷及其化合物所致肺癌、皮肤癌
危险化学品安全管理条例　危险化学品目录：列入。易制爆危险化学品名录：未列入。重点监管的危险化学品名录：未列入。GB 18218—2009《危险化学品重大危险源辨识》（表 1）：未列入
使用有毒物品作业场所劳动保护条例　高毒物品目录：未列入
易制毒化学品管理条例　易制毒化学品的分类和品种目录：未列入
国际公约　斯德哥尔摩公约：未列入。鹿特丹公约：未列入。蒙特利尔议定书：未列入

第十六部分　其他信息

编写和修订信息　　缩略语和首字母缩写
培训建议　　　　　参考文献
免责声明

2,5-二甲基-2,5-双(过氧化叔丁基)己烷

第一部分　化学品标识

化学品中文名　2,5-二甲基-2,5-双(过氧化叔丁基)己烷；双-2,5-己烷；(1,1,4,4-四甲基四亚甲基)二(叔丁基)过氧化物
化学品英文名　2,5-dimethyl-2,5-di(*tert*-butylperoxy)hexane；di-*tert*-butyl 1,1,4,4-tetramethyltetramethylene diperoxide
分子式　$C_{16}H_{34}O_4$　　分子量　290.44
结构式
化学品的推荐及限制用途　用作合成橡胶硫化剂、聚合用

引发剂、不饱和聚酯交联剂

第二部分　危险性概述

紧急情况概述　加热可引起燃烧
GHS 危险性类别　有机过氧化物，C 型
标签要素

象形图

警示词　危险
危险性说明　加热可引起燃烧
防范说明
　　预防措施　远离热源、火花、明火、热表面。禁止吸烟。远离衣物、可燃物保存。仅在原容器中保存。戴防护手套、防护眼镜、防护面罩
　　事故响应　—
　　安全储存　避免日照。远离其他物质储存
　　废弃处置　本品及内装物、容器依据国家和地方法规处置
物理和化学危险　易燃。受撞击、摩擦，遇明火或其他点火源极易爆炸
健康危害　对眼睛有刺激作用。吸入可致中枢神经损害，引起运动障碍、平衡失调等
环境危害　对环境可能有害

第三部分　成分/组成信息

√ 物质　　　　　　　　　　混合物

组分	浓度	CAS No.
2,5-二甲基-2,5-双(过氧化叔丁基)己烷		78-63-7

第四部分　急救措施

吸入　迅速脱离现场至空气新鲜处。保持呼吸道通畅。如呼吸困难，给输氧。呼吸、心跳停止，立即进行心肺复苏术。就医
皮肤接触　立即脱去污染的衣着，用流动清水彻底冲洗。就医
眼睛接触　立即分开眼睑，用流动清水或生理盐水彻底冲洗。就医
食入　漱口，饮水。就医
对保护施救者的忠告　根据需要使用个人防护设备
对医生的特别提示　对症处理

第五部分　消防措施

灭火剂　用雾状水、泡沫、干粉、二氧化碳、砂土灭火
特别危险性　其蒸气与空气可形成爆炸性混合物，遇明火、高热能引起燃烧爆炸。与氧化剂可发生反应。与还原剂能发生强烈反应。若遇高热，容器内压增大，有开裂和爆炸的危险。特点注意：可能发生复燃
灭火注意事项及防护措施　消防人员必须佩戴防毒面具、穿全身消防服，在上风向灭火。尽可能将容器从火场移至空旷处。不要使用强实水流，这样会造成火势蔓

延。处在火场中的容器若已变色或从安全泄压装置中发出声音，必须马上撤离

第六部分　泄漏应急处理

作业人员防护措施、防护装备和应急处置程序　根据液体流动和蒸气扩散的影响区域划定警戒区，无关人员从侧风向、上风向撤离至安全区。消除所有点火源。建议应急处理人员戴正压自给式呼吸器，穿一般作业工作服。勿使泄漏物与可燃物质（如木材、纸、油等）接触。尽可能切断泄漏源

环境保护措施　防止泄漏物进入水体、下水道、地下室或有限空间

泄漏化学品的收容、清除方法及所使用的处置材料　小量泄漏：用惰性、湿润的不燃材料吸收泄漏物，用洁净的非火花工具收集于一盖子较松的塑料容器中，待处理。大量泄漏：构筑围堤或挖坑收容。在专家指导下清除

第七部分　操作处置与储存

操作注意事项　密闭操作，局部排风。防止蒸气泄漏到工作场所空气中。操作人员必须经过专门培训，严格遵守操作规程。建议操作人员佩戴自吸过滤式防毒面具（半面罩），戴化学安全防护眼镜，穿防毒物渗透工作服，戴橡胶手套。远离火种、热源，工作场所严禁吸烟。使用防爆型的通风系统和设备。在清除液体和蒸气前不能进行焊接、切割等作业。远离易燃、可燃物。避免产生烟雾。避免与还原剂、酸类、碱类、硫、磷接触。配备相应品种和数量的消防器材及泄漏应急处理设备。倒空的容器可能残留有害物

储存注意事项　商品通常稀释后储装。储存于阴凉、通风的库房。远离火种、热源。防止阳光直射。库温不超过40℃，相对湿度不超过80%。避免储存温度低于10℃，防止冻结和分层。如果产品冻结或者分层，请联系供应商或在处理有机过氧化物分层、冻结有经验的专家指导下操作。保持容器密封。应与还原剂、催化剂、酸类、碱类、硫、磷分开存放，切忌混储。不宜久存。采用防爆型照明、通风设施。禁止使用易产生火花的机械设备和工具

第八部分　接触控制/个体防护

职业接触限值
中国　未制定标准
美国（ACGIH）　未制定标准
生物接触限值　未制定标准
监测方法　空气中有毒物质测定方法：未制定标准。生物监测检验方法：未制定标准
工程控制　密闭操作，局部排风
个体防护装备
呼吸系统防护　空气中浓度超标时，必须佩戴过滤式防毒面具（半面罩）。紧急事态抢救或撤离时，应该佩戴空气呼吸器
眼睛防护　戴化学安全防护眼镜
皮肤和身体防护　穿防毒物渗透工作服

手防护　戴橡胶手套

第九部分　理化特性

外观与性状　淡黄色油状液体，有特殊臭味
pH值　无资料　　　　　**熔点(℃)**　8
沸点(℃)　不适用（沸腾前分解）
相对密度(水=1)　0.865
相对蒸气密度(空气=1)　10
饱和蒸气压(kPa)　0.001
临界压力(MPa)　无资料
辛醇/水分配系数　$\lg K_{ow}$：7.34（20℃）
闪点(℃)　68(101.3kPa)　**自燃温度(℃)**　172
爆炸下限(%)　无资料　　**爆炸上限(%)**　无资料
分解温度(℃)　80(SADT)　**黏度(mPa·s)**　无资料
燃烧热(kJ/mol)　无资料　**临界温度(℃)**　无资料
溶解性　不溶于水，溶于多数有机溶剂

第十部分　稳定性和反应性

稳定性　推荐的条件下稳定
危险反应　与强还原剂、酸类、碱类、卤素、催化剂、重金属离子及化合物、铁锈等禁配物接触，有发生火灾和爆炸的危险
避免接触的条件　无资料
禁配物　强还原剂、酸类、碱类、卤素、催化剂、重金属离子及化合物、铁锈等
危险的分解产物　无资料

第十一部分　毒理学信息

急性毒性　LDLo：1700mg/kg（小鼠腹腔）
皮肤刺激或腐蚀　无资料　**眼睛刺激或腐蚀**　无资料
呼吸或皮肤过敏　无资料　**生殖细胞突变性**　无资料
致癌性　无资料　　　　　**生殖毒性**　无资料
特异性靶器官系统毒性-一次接触　无资料
特异性靶器官系统毒性-反复接触　无资料
吸入危害　无资料

第十二部分　生态学信息

生态毒性　无资料
持久性和降解性
生物降解性　无资料
非生物降解性　无资料
潜在的生物累积性　无资料
土壤中的迁移性　无资料

第十三部分　废弃处置

废弃化学品　建议用焚烧法处置
污染包装物　将容器返还生产商或按照国家和地方法规处置
废弃注意事项　处置前应参阅国家和地方有关法规

第十四部分　运输信息

联合国危险货物编号（UN号）　3103
联合国运输名称　液态C型有机过氧化物［2,5-二甲基-

2,5-双（过氧化叔丁基）己烷]
联合国危险性类别　5.2

包装类别　—　　　　　**包装标志**

海洋污染物　否
运输注意事项　运输前应先检查包装容器是否完整、密封，运输过程中要确保容器不泄漏、不倒塌、不坠落、不损坏。运输时运输车辆应配备相应品种和数量的消防器材及泄漏应急处理设备。夏季最好早晚运输。运输时所用的槽（罐）车应有接地链，槽内可设孔隔板以减少震荡产生的静电。严禁与强还原剂、酸类、碱类、卤素、催化剂、重金属离子及化合物、铁锈、食用化学品等混装混运。运输途中应防暴晒、雨淋，防高温。中途停留时应远离火种、热源、高温区。装运该物品的车辆排气管必须配备阻火装置，禁止使用易产生火花的机械设备和工具装卸。运输车船必须彻底清洗、消毒，否则不得装其他物品。船运时，配装位置应远离卧室、厨房，并与机舱、电源、火源等部位隔离。公路运输时要按规定路线行驶

第十五部分　法规信息

下列法律、法规、规章和标准，对该化学品的管理作了相应的规定。
中华人民共和国职业病防治法　职业病分类和目录：未列入
危险化学品安全管理条例　危险化学品目录：列入。易制爆危险化学品名录：未列入。重点监管的危险化学品名录：未列入。GB 18218—2009《危险化学品重大危险源辨识》（表1）：未列入
使用有毒物品作业场所劳动保护条例　高毒物品目录：未列入
易制毒化学品管理条例　易制毒化学品的分类和品种目录：未列入
国际公约　斯德哥尔摩公约：未列入。鹿特丹公约：未列入。蒙特利尔议定书：未列入

第十六部分　其他信息

编写和修订信息　缩略语和首字母缩写
培训建议　参考文献
免责声明

2,3-二甲基戊醛

第一部分　化学品标识

化学品中文名　2,3-二甲基戊醛
化学品英文名　2,3-dimethylpentaldehyde；2,3-dimethyl-valeraldehyde
分子式　$C_7H_{14}O$　**分子量**　114.1855
结构式

化学品的推荐及限制用途　用作有机合成中间体

第二部分　危险性概述

紧急情况概述　易燃液体和蒸气，吞咽可能有害
GHS危险性类别　易燃液体，类别3；急性毒性-经口，类别5
标签要素

象形图

警示词　警告
危险性说明　易燃液体和蒸气，吞咽可能有害
防范说明
　　预防措施　远离热源、火花、明火、热表面。禁止吸烟。保持容器密闭。容器和接收设备接地连接。使用防爆型电器、通风、照明设备。只能使用不产生火花的工具。采取防止静电措施。戴防护手套、防护眼镜、防护面罩
　　事故响应　火灾时，使用雾状水、泡沫、干粉、二氧化碳、砂土灭火。如皮肤（或头发）接触：立即脱掉所有被污染的衣服，用水冲洗皮肤，淋浴。如果感觉不适，呼叫中毒控制中心或就医
　　安全储存　存放在通风良好的地方。保持低温
　　废弃处置　本品及内装物、容器依据国家和地方法规处置
物理和化学危险　易燃，其蒸气与空气混合，能形成爆炸性混合物
健康危害　吸入、摄入或经皮肤吸收对身体有害。其蒸气或雾对眼睛、皮肤、黏膜和呼吸道有刺激作用
环境危害　对环境可能有害

第三部分　成分/组成信息

√　物质　　　　　　　　混合物

组分	浓度	CAS No.
2,3-二甲基戊醛		32749-94-3

第四部分　急救措施

吸入　迅速脱离现场至空气新鲜处。保持呼吸道通畅。如呼吸困难，给输氧。呼吸、心跳停止，立即进行心肺复苏术。就医
皮肤接触　立即脱去污染的衣着，用流动清水彻底冲洗。就医
眼睛接触　立即分开眼睑，用流动清水或生理盐水彻底冲洗。就医
食入　漱口，饮水。就医
对保护施救者的忠告　根据需要使用个人防护设备
对医生的特别提示　对症处理

第五部分　消防措施

灭火剂　用雾状水、泡沫、干粉、二氧化碳、砂土灭火
特别危险性　其蒸气与空气可形成爆炸性混合物，遇明

火、高热能引起燃烧爆炸。与氧化剂可发生反应。蒸气比空气重，沿地面扩散并易积存于低洼处，遇火源会着火回燃。若遇高热，容器内压增大，有开裂和爆炸的危险

灭火注意事项及防护措施 消防人员必须佩戴防毒面具、穿全身消防服，在上风向灭火。尽可能将容器从火场移至空旷处。喷水保持火场容器冷却，直至灭火结束。处在火场中的容器若已变色或从安全泄压装置中发出声音，必须马上撤离

第六部分 泄漏应急处理

作业人员防护措施、防护装备和应急处置程序 消除所有点火源。根据液体流动和蒸气扩散的影响区域划定警戒区，无关人员从侧风、上风向撤离至安全区。建议应急处理人员戴正压自给式呼吸器，穿防静电服。作业时使用的所有设备应接地。禁止接触或跨越泄漏物。尽可能切断泄漏源

环境保护措施 防止泄漏物进入水体、下水道、地下室或有限空间

泄漏化学品的收容、清除方法及所使用的处置材料 小量泄漏：用砂土或其他不燃材料吸收。使用洁净的无火花工具收集吸收材料。大量泄漏：构筑围堤或挖坑收容。用泡沫覆盖，减少蒸发。喷水雾能减少蒸发，但不能降低泄漏物在有限空间内的易燃性。用防爆泵转移至槽车或专用收集器内

第七部分 操作处置与储存

操作注意事项 密闭操作，全面排风。操作人员必须经过专门培训，严格遵守操作规程。建议操作人员佩戴自吸过滤式防毒面具（半面罩），戴化学安全防护眼镜，穿防毒物渗透工作服，戴橡胶手套。远离火种、热源，工作场所严禁吸烟。使用防爆型的通风系统和设备。防止蒸气泄漏到工作场所空气中。避免与氧化剂、还原剂、酸类接触。充装要控制流速，防止静电积聚。搬运时要轻装轻卸，防止包装及容器损坏。配备相应品种和数量的消防器材及泄漏应急处理设备。倒空的容器可能残留有害物

储存注意事项 储存于阴凉、通风的库房。远离火种、热源。库温不宜超过37℃，包装要求密封，不可与空气接触。应与氧化剂、还原剂、酸类分开存放，切忌混储。不宜大量储存或久存。采用防爆型照明、通风设施。禁止使用易产生火花的机械设备和工具。储区应备有泄漏应急处理设备和合适的收容材料

第八部分 接触控制/个体防护

职业接触限值
中国 未制定标准
美国（ACGIH） 未制定标准
生物接触限值 未制定标准
监测方法 空气中有毒物质测定方法：未制定标准。生物监测检验方法：未制定标准
工程控制 密闭操作，全面排风。提供安全淋浴和洗眼设备

个体防护装备
呼吸系统防护 空气中浓度超标时，必须佩戴过滤式防毒面具（半面罩）。紧急事态抢救或撤离时，应该佩戴空气呼吸器
眼睛防护 戴化学安全防护眼镜
皮肤和身体防护 穿防毒物渗透工作服
手防护 戴橡胶手套

第九部分 理化特性

外观与性状	无色液体	**pH 值**	无资料
熔点（℃）	−110	沸点（℃）	140.5
相对密度（水＝1）	0.83		
相对蒸气密度（空气＝1）	3.9		
饱和蒸气压（kPa）	无资料		
临界压力（MPa）	无资料	辛醇/水分配系数	无资料
闪点（℃）	58.33	自燃温度（℃）	无资料
爆炸下限（%）	无资料	爆炸上限（%）	无资料
分解温度（℃）	无资料	黏度（mPa·s）	无资料
燃烧热（kJ/mol）	无资料	临界温度（℃）	无资料
溶解性	微溶于水		

第十部分 稳定性和反应性

稳定性 稳定
危险反应 与强氧化剂、强碱、强还原剂等禁配物接触，有发生火灾和爆炸的危险
避免接触的条件 无资料
禁配物 强氧化剂、强碱、强还原剂
危险的分解产物 无资料

第十一部分 毒理学信息

急性毒性 LD_{50}：2938mg/kg（大鼠经口）；5893mg/kg（兔经皮）

皮肤刺激或腐蚀	无资料	**眼睛刺激或腐蚀**	无资料
呼吸或皮肤过敏	无资料	**生殖细胞突变性**	无资料
致癌性	无资料	**生殖毒性**	无资料

特异性靶器官系统毒性-一次接触 无资料
特异性靶器官系统毒性-反复接触 无资料
吸入危害 无资料

第十二部分 生态学信息

生态毒性 无资料
持久性和降解性
生物降解性 无资料
非生物降解性 无资料
潜在的生物累积性 无资料
土壤中的迁移性 无资料

第十三部分 废弃处置

废弃化学品 建议用焚烧法处置
污染包装物 将容器返还生产商或按照国家和地方法规处置
废弃注意事项 处置前应参阅国家和地方有关法规

第十四部分　运输信息

联合国危险货物编号（UN号）　1989

联合国运输名称　醛类，未另作规定的（2,3-二甲基戊醛）

联合国危险性类别　3

包装类别　Ⅲ　　　　　　**包装标志**

海洋污染物　否

运输注意事项　运输时运输车辆应配备相应品种和数量的消防器材及泄漏应急处理设备。夏季最好早晚运输。运输时所用的槽（罐）车应有接地链，槽内可设孔隔板以减少震荡产生的静电。严禁与氧化剂、还原剂、酸类、食用化学品等混装混运。运输途中应防暴晒、雨淋，防高温。中途停留时应远离火种、热源、高温区。装运该物品的车辆排气管必须配备阻火装置，禁止使用易产生火花的机械设备和工具装卸。公路运输时要按规定路线行驶，勿在居民区和人口稠密区停留。铁路运输时要禁止溜放。严禁用木船、水泥船散装运输

第十五部分　法规信息

下列法律、法规、规章和标准，对该化学品的管理作了相应的规定。

中华人民共和国职业病防治法　职业病分类和目录：未列入

危险化学品安全管理条例　危险化学品目录：列入。易制爆危险化学品名录：未列入。重点监管的危险化学品名录：未列入。GB 18218—2009《危险化学品重大危险源辨识》（表1）：未列入

使用有毒物品作业场所劳动保护条例　高毒物品目录：未列入

易制毒化学品管理条例　易制毒化学品的分类和品种目录：未列入

国际公约　斯德哥尔摩公约：未列入。鹿特丹公约：未列入。蒙特利尔议定书：未列入

第十六部分　其他信息

编写和修订信息　　　　**缩略语和首字母缩写**
培训建议　　　　　　　**参考文献**
免责声明

2,4-二甲基-3-戊酮

第一部分　化学品标识

化学品中文名　2,4-二甲基-3-戊酮；二异丙基甲酮

化学品英文名　2,4-dimethyl-3-pentanone；diisopropyl ketone

分子式　$C_7H_{14}O$　**分子量**　114.1855

结构式

化学品的推荐及限制用途　用作溶剂

第二部分　危险性概述

紧急情况概述　高度易燃液体和蒸气

GHS危险性类别　易燃液体，类别2；急性毒性-吸入，类别4

标签要素

象形图　

警示词　危险

危险性说明　高度易燃液体和蒸气，吸入有害

防范说明

预防措施　远离热源、火花、明火、热表面。禁止吸烟。保持容器密闭。容器和接收设备接地连接。使用防爆型电器、通风、照明设备。只能使用不产生火花的工具。采取防止静电措施。戴防护手套、防护眼镜、防护面罩。避免吸入气体、蒸气、喷雾。仅在室外或通风良好处操作

事故响应　如皮肤（或头发）接触：立即脱掉所有被污染的衣服，用水冲洗皮肤，淋浴。火灾时，使用雾状水、泡沫、干粉、二氧化碳、砂土灭火。如吸入：将患者转移到空气新鲜处，休息，保持利于呼吸的体位。如感觉不适，呼叫中毒控制中心或就医

安全储存　存放在通风良好的地方。保持低温

废弃处置　本品及内装物、容器依据国家和地方法规处置

物理和化学危险　高度易燃，其蒸气与空气混合，能形成爆炸性混合物

健康危害　有刺激作用。吸入、摄入或经皮肤吸收后对身体可能有害

环境危害　对环境可能有害

第三部分　成分/组成信息

√　物质　　　　　　　　　混合物

组分	浓度	CAS No.
2,4-二甲基-3-戊酮		565-80-0

第四部分　急救措施

吸入　迅速脱离现场至空气新鲜处。保持呼吸道通畅。如呼吸困难，给输氧。呼吸、心跳停止，立即进行心肺复苏术。就医

皮肤接触　立即脱去污染的衣着，用流动清水彻底冲洗。就医

眼睛接触　立即分开眼睑，用流动清水或生理盐水彻底冲洗。就医

食入　漱口，饮水。就医

对保护施救者的忠告　根据需要使用个人防护设备

对医生的特别提示　对症处理

第五部分　消防措施

灭火剂　用雾状水、泡沫、干粉、二氧化碳、砂土灭火

特别危险性　其蒸气与空气可形成爆炸性混合物，遇明火、高热极易燃烧爆炸。与氧化剂接触猛烈反应。流速过快，容易产生和积聚静电。若遇高热，容器内压增大，有开裂和爆炸的危险

灭火注意事项及防护措施　消防人员必须佩戴防毒面具、穿全身消防服，在上风向灭火。尽可能将容器从火场移至空旷处。喷水保持火场容器冷却，直至灭火结束。处在火场中的容器若已变色或从安全泄压装置中发出声音，必须马上撤离

第六部分　泄漏应急处理

作业人员防护措施、防护装备和应急处置程序　消除所有点火源。根据液体流动和蒸气扩散的影响区域划定警戒区，无关人员从侧风、上风向撤离至安全区。建议应急处理人员戴正压自给式呼吸器，穿防静电服。作业时使用的所有设备应接地。禁止接触或跨越泄漏物。尽可能切断泄漏源

环境保护措施　防止泄漏物进入水体、下水道、地下室或有限空间

泄漏化学品的收容、清除方法及所使用的处置材料　小量泄漏：用砂土或其他不燃材料吸收。使用洁净的无火花工具收集吸收材料。大量泄漏：构筑围堤或挖坑收容。用泡沫覆盖，减少蒸发。喷水雾能减少蒸发，但不能降低泄漏物在有限空间内的易燃性。用防爆泵转移至槽车或专用收集器内

第七部分　操作处置与储存

操作注意事项　密闭操作，局部排风。防止蒸气泄漏到工作场所空气中。操作人员必须经过专门培训，严格遵守操作规程。建议操作人员佩戴自吸过滤式防毒面具（半面罩），戴化学安全防护眼镜，穿防静电工作服，戴橡胶手套。远离火种、热源，工作场所严禁吸烟。使用防爆型的通风系统和设备。在清除液体和蒸气前不能进行焊接、切割等作业。避免产生烟雾。避免与氧化剂接触。容器与传送设备要接地，防止产生静电。灌装时应控制流速，且有接地装置，防止静电积聚。配备相应品种和数量的消防器材及泄漏应急处理设备。倒空的容器可能残留有害物

储存注意事项　储存于阴凉、通风的库房。远离火种、热源。防止阳光直射。库温不宜超过37℃，保持容器密封。应与氧化剂、食用化学品分开存放，切忌混储。不宜久存。采用防爆型照明、通风设施。禁止使用易产生火花的机械设备和工具。储区应备有泄漏应急处理设备和合适的收容材料

第八部分　接触控制/个体防护

职业接触限值
中国　未制定标准
美国（ACGIH）　未制定标准
生物接触限值　未制定标准

监测方法　空气中有毒物质测定方法：未制定标准。生物监测检验方法：未制定标准

工程控制　密闭操作，局部排风

个体防护装备
呼吸系统防护　空气中浓度超标时，必须佩戴过滤式防毒面具（半面罩）。紧急事态抢救或撤离时，应该佩戴空气呼吸器
眼睛防护　戴化学安全防护眼镜
皮肤和身体防护　穿防静电工作服
手防护　戴橡胶手套

第九部分　理化特性

外观与性状　无色透明液体

pH值　无资料	**熔点(℃)**　−80
沸点(℃)　123.7	**相对密度(水=1)**　0.8062
相对蒸气密度(空气=1)　无资料	
临界压力(MPa)　无资料	**辛醇/水分配系数**　无资料
闪点(℃)　15.56	**自燃温度(℃)**　无资料
爆炸下限(%)　无资料	**爆炸上限(%)**　无资料
分解温度(℃)　无资料	**黏度(mPa·s)**　无资料
燃烧热(kJ/mol)　无资料	**临界温度(℃)**　无资料

溶解性　微溶于水，溶于苯，可混溶于乙醇、乙醚

第十部分　稳定性和反应性

稳定性　稳定

危险反应　与强氧化剂等禁配物接触，有引起燃烧爆炸的危险

避免接触的条件　无资料

禁配物　强氧化剂

危险的分解产物　无资料

第十一部分　毒理学信息

急性毒性　LD$_{50}$：3536mg/kg（大鼠经口）；16120mg/kg（大鼠经皮）。LC$_{50}$：10700mg/m³（大鼠吸入，4h）

皮肤刺激或腐蚀　无资料	**眼睛刺激或腐蚀**　无资料
呼吸或皮肤过敏　无资料	**生殖细胞突变性**　无资料
致癌性　无资料	**生殖毒性**　无资料

特异性靶器官系统毒性-一次接触　无资料

特异性靶器官系统毒性-反复接触　无资料

吸入危害　无资料

第十二部分　生态学信息

生态毒性　无资料

持久性和降解性
生物降解性　无资料
非生物降解性　无资料

潜在的生物累积性　无资料

土壤中的迁移性　无资料

第十三部分　废弃处置

废弃化学品　建议用焚烧法处置。在能利用的地方重复使用容器或在规定场所掩埋

污染包装物　将容器返还生产商或按照国家和地方法规

处置

废弃注意事项 处置前应参阅国家和地方有关法规

第十四部分　运输信息

联合国危险货物编号（UN号） 1224

联合国运输名称 液态酮类，未另作规定的（2,4-二甲基-3-戊酮）

联合国危险性类别 3

包装类别 Ⅱ　　　　　　**包装标志**

海洋污染物 否

运输注意事项 运输时运输车辆应配备相应品种和数量的消防器材及泄漏应急处理设备。夏季最好早晚运输。运输时所用的槽（罐）车应有接地链，槽内可设孔隔板以减少震荡产生的静电。严禁与氧化剂、食用化学品等混装混运。运输途中应防暴晒、雨淋、防高温。中途停留时应远离火种、热源、高温区。装运该物品的车辆排气管必须配备阻火装置，禁止使用易产生火花的机械设备和工具装卸。公路运输时要按规定路线行驶，勿在居民区和人口稠密区停留。铁路运输时要禁止溜放。严禁用木船、水泥船散装运输

第十五部分　法规信息

下列法律、法规、规章和标准，对该化学品的管理作了相应的规定。

中华人民共和国职业病防治法 职业病分类和目录：未列入

危险化学品安全管理条例 危险化学品目录：列入。易制爆危险化学品名录：未列入。重点监管的危险化学品名录：未列入。GB 18218—2009《危险化学品重大危险源辨识》（表1）：未列入

使用有毒物品作业场所劳动保护条例 高毒物品目录：未列入

易制毒化学品管理条例 易制毒化学品的分类和品种目录：未列入

国际公约 斯德哥尔摩公约：未列入。鹿特丹公约：未列入。蒙特利尔议定书：未列入

第十六部分　其他信息

编写和修订信息　　　**缩略语和首字母缩写**

培训建议　　　　　　**参考文献**

免责声明

N,N-二甲基硒脲

第一部分　化学品标识

化学品中文名 N,N-二甲基硒脲；不对称二甲基硒脲

化学品英文名 N,N-dimethylseleniumurea；asym-dimethyl selenium urea

分子式 $C_3H_8N_2Se$　**分子量** 151.07

结构式

化学品的推荐及限制用途 用于有机合成

第二部分　危险性概述

紧急情况概述 吞咽会中毒，吸入会中毒

GHS危险性类别 急性毒性-经口，类别3；急性毒性-吸入，类别3；特异性靶器官毒性-反复接触，类别2；危害水生环境-急性危害，类别1；危害水生环境-长期危害，类别1

标签要素

象形图 ☠ ⬥ 🌳

警示词 危险

危险性说明 吞咽会中毒，吸入会中毒，长时间或反复接触可能对器官造成损伤，对水生生物毒性非常大并具有长期持续影响

防范说明

　　预防措施 避免接触眼睛、皮肤，操作后彻底清洗。作业场所不得进食、饮水或吸烟。避免吸入粉尘。仅在室外或通风良好处操作。禁止排入环境

　　事故响应 如吸入：将患者转移到空气新鲜处，休息，保持利于呼吸的体位。食入：立即呼叫中毒控制中心或就医，漱口。如感觉不适，就医。收集泄漏物

　　安全储存 在通风良好处储存。保持容器密闭。上锁保管

　　废弃处置 本品及内装物、容器依据国家和地方法规处置

物理和化学危险 可燃，其粉体与空气混合，能形成爆炸性混合物

健康危害 吸入、摄入或经皮肤吸收可致死。具有刺激性

环境危害 对水生生物毒性非常大并具有长期持续影响

第三部分　成分/组成信息

√ 物质　　　　　　　　　混合物

组分	浓度	CAS No.
N,N-二甲基硒脲		5117-16-8

第四部分　急救措施

吸入 迅速脱离现场至空气新鲜处。保持呼吸道通畅。如呼吸困难，给输氧。如呼吸、心跳停止，立即进行心肺复苏术。就医

皮肤接触 立即脱去污染的衣着，用流动清水彻底冲洗。就医

眼睛接触 立即分开眼睑，用流动清水或生理盐水彻底冲洗。就医

食入 漱口，饮水。就医

对保护施救者的忠告　根据需要使用个人防护设备
对医生的特别提示　对症处理

第五部分　消防措施

灭火剂　用雾状水、泡沫、干粉、二氧化碳、砂土灭火
特别危险性　遇明火、高热可燃。受热分解放出有毒气体
灭火注意事项及防护措施　消防人员必须佩戴防毒面具、穿全身消防服，在上风向灭火。尽可能将容器从火场移至空旷处。喷水保持火场容器冷却，直至灭火结束

第六部分　泄漏应急处理

作业人员防护措施、防护装备和应急处置程序　隔离泄漏污染区，限制出入。消除所有点火源。建议应急处理人员戴防尘口罩，穿防毒服。穿上适当的防护服前严禁接触破裂的容器和泄漏物。尽可能切断泄漏源
环境保护措施　用塑料布覆盖泄漏物，减少飞散
泄漏化学品的收容、清除方法及所使用的处置材料　勿使水进入包装容器内。用洁净的铲子收集泄漏物，置于干净、干燥、盖子较松的容器中，将容器移离泄漏区

第七部分　操作处置与储存

操作注意事项　密闭操作，局部排风。操作人员必须经过专门培训，严格遵守操作规程。建议操作人员佩戴过滤式防尘口罩，戴化学安全防护眼镜，穿防毒物渗透工作服，戴橡胶手套。远离火种、热源，工作场所严禁吸烟。使用防爆型的通风系统和设备。避免产生粉尘。避免与氧化剂、酸类接触。搬运时要轻装轻卸，防止包装及容器损坏。配备相应品种和数量的消防器材及泄漏应急处理设备。倒空的容器可能残留有害物
储存注意事项　储存于阴凉、干燥、通风良好的库房。远离火种、热源。保持容器密封。应与氧化剂、酸类等分开存放，切忌混储。配备相应品种和数量的消防器材。储区应备有合适的材料收容泄漏物

第八部分　接触控制/个体防护

职业接触限值
　　中国　未制定标准
　　美国（ACGIH）　未制定标准
生物接触限值　未制定标准
监测方法　空气中有毒物质测定方法：未制定标准。生物监测检验方法：未制定标准
工程控制　密闭操作，局部排风
个体防护装备
　　呼吸系统防护　空气中粉尘浓度超标时，必须佩戴过滤式防尘呼吸器。紧急事态抢救或撤离时，应该佩戴空气呼吸器
　　眼睛防护　戴化学安全防护眼镜
　　皮肤和身体防护　穿防毒物渗透工作服
　　手防护　戴橡胶手套

第九部分　理化特性

外观与性状　白色结晶

pH 值　无意义　　　　**熔点（℃）**　172～174
沸点（℃）　无资料　　　**相对密度（水＝1）**　无资料
相对蒸气密度（空气＝1）　无资料
饱和蒸气压（kPa）　无资料
临界压力（MPa）　无资料　**辛醇/水分配系数**　无资料
闪点（℃）　无资料　　　**自燃温度（℃）**　无资料
爆炸下限（%）　无资料　**爆炸上限（%）**　无资料
分解温度（℃）　无资料　**黏度（mPa·s）**　无资料
燃烧热（kJ/mol）　无资料　**临界温度（℃）**　无资料
溶解性　不溶于水，溶于乙醇、苯

第十部分　稳定性和反应性

稳定性　稳定
危险反应　与强氧化剂、水、酸类等禁配物发生反应
避免接触的条件　受热、光照、潮湿空气
禁配物　强氧化剂、水、酸类
危险的分解产物　氮氧化物、氧化硒

第十一部分　毒理学信息

急性毒性　无资料
皮肤刺激或腐蚀　无资料　**眼睛刺激或腐蚀**　无资料
呼吸或皮肤过敏　无资料　**生殖细胞突变性**　无资料
致癌性　无资料　　　　　**生殖毒性**　无资料
特异性靶器官系统毒性-一次接触　无资料
特异性靶器官系统毒性-反复接触　无资料
吸入危害　无资料

第十二部分　生态学信息

生态毒性　对水生生物有极高毒性，可能在水生环境中造成长期不利影响
持久性和降解性
　　生物降解性　无资料
　　非生物降解性　无资料
潜在的生物累积性　无资料
土壤中的迁移性　无资料

第十三部分　废弃处置

废弃化学品　建议用焚烧法处置。焚烧炉排出的氮氧化物通过洗涤器除去
污染包装物　将容器返还生产商或按照国家和地方法规处置
废弃注意事项　处置前应参阅国家和地方有关法规

第十四部分　运输信息

联合国危险货物编号（UN 号）　3283
联合国运输名称　硒化合物，固态，未另作规定的（*N*，*N*-二甲基硒脲）
联合国危险性类别　6.1

包装类别　Ⅲ　　　　　　**包装标志**　

海洋污染物　是

运输注意事项　运输前应先检查包装容器是否完整、密封，运输过程中要确保容器不泄漏、不倒塌、不坠落、不损坏。严禁与酸类、氧化剂、食品及食品添加剂混运。运输途中应防暴晒、雨淋，防高温

第十五部分　法规信息

下列法律、法规、规章和标准，对该化学品的管理作了相应的规定。

中华人民共和国职业病防治法　职业病分类和目录：未列入

危险化学品安全管理条例　危险化学品目录：列入。易制爆危险化学品名录：未列入。重点监管的危险化学品名录：未列入。GB 18218—2009《危险化学品重大危险源辨识》（表1）：未列入

使用有毒物品作业场所劳动保护条例　高毒物品目录：未列入

易制毒化学品管理条例　易制毒化学品的分类和品种目录：未列入

国际公约　斯德哥尔摩公约：未列入。鹿特丹公约：未列入。蒙特利尔议定书：未列入

第十六部分　其他信息

编写和修订信息　缩略语和首字母缩写
培训建议　　　　参考文献
免责声明

二甲基锌

第一部分　化学品标识

化学品中文名　二甲基锌；甲基锌
化学品英文名　dimethyl zinc
分子式　C_2H_6Zn　**分子量**　95.45
结构式　
化学品的推荐及限制用途　用作有机合成和聚合反应催化剂

第二部分　危险性概述

紧急情况概述　暴露在空气中自燃，遇水放出可自燃的易燃气体，造成严重的皮肤灼伤和眼损伤

GHS危险性类别　自燃液体，类别1；遇水放出易燃气体的物质和混合物，类别1；皮肤腐蚀/刺激，类别1B；严重眼损伤/眼刺激，类别1；危害水生环境-急性危害，类别1；危害水生环境-长期危害，类别1

标签要素

象形图　

警示词　危险

危险性说明　暴露在空气中自燃，遇水放出可自燃的易燃气体，造成严重的皮肤灼伤和眼损伤，对水生物毒性非常大并具有长期持续影响

防范说明

预防措施　远离热源、火花、明火、热表面。禁止吸烟。不得与空气接触。因与水发生剧烈反应和可能发生暴燃，应避免与水接触。在惰性气体中操作。防潮。避免吸入烟雾。避免接触眼睛、皮肤，操作后彻底清洗。戴防护手套，穿防护服，戴防护眼镜、防护面罩。禁止排入环境

事故响应　火灾时，使用干粉、二氧化碳、砂土灭火。如吸入：将患者转移到空气新鲜处，休息，保持利于呼吸的体位，立即呼叫中毒控制中心或就医。皮肤（或头发）接触：立即脱掉所有被污染的衣服，用水冲洗皮肤，淋浴。污染的衣服须洗净后方可重新使用。眼睛接触：用水细心地冲洗数分钟。如戴隐形眼镜并可方便地取出，则取出隐形眼镜，继续冲洗。食入：漱口，不要催吐。收集泄漏物

安全储存　在干燥处和密闭的容器中储存。上锁保管

废弃处置　本品及内装物、容器依据国家和地方法规处置

物理和化学危险　接触空气易自燃

健康危害　对眼睛、皮肤和黏膜有强烈刺激作用。摄入引起黏膜灼伤、恶心、呕吐、腹部绞痛、腹泻等。眼和皮肤接触可引起灼伤

环境危害　对水生生物毒性非常大并具有长期持续影响

第三部分　成分/组成信息

√　物质　　　　　　　　　混合物

组分	浓度	CAS No.
二甲基锌		544-97-8

第四部分　急救措施

吸入　迅速脱离现场至空气新鲜处。保持呼吸道通畅。如呼吸困难，给输氧。如呼吸、心跳停止，立即进行心肺复苏术。就医

皮肤接触　立即脱去污染的衣着，用大量流动清水彻底冲洗至少15min。就医

眼睛接触　立即分开眼睑，用流动清水或生理盐水彻底冲洗5～10min。就医

食入　用水漱口，禁止催吐。给饮牛奶或蛋清。就医

对保护施救者的忠告　根据需要使用个人防护设备

对医生的特别提示　对症处理

第五部分　消防措施

灭火剂　用干粉、二氧化碳、砂土灭火

特别危险性　自燃物品。暴露在空气中能自燃。接触水、2,2-二氯丙烷发生爆炸性反应

灭火注意事项及防护措施　消防人员必须佩戴防毒面具、穿全身消防服，在上风向灭火。尽可能将容器从火场移至空旷处。处在火场中的容器若已变色或从安全泄压装置中发出声音，必须马上撤离。禁止用水和泡沫

灭火

第六部分 泄漏应急处理

作业人员防护措施、防护装备和应急处置程序 严禁用水处理。根据液体流动和蒸气扩散的影响区域划定警戒区，无关人员从侧风向、上风向撤离至安全区。消除所有点火源。建议应急处理人员戴正压自给式呼吸器，穿防静电服。禁止接触或跨越泄漏物。尽可能切断泄漏源

环境保护措施 保持泄漏物干燥。防止泄漏物进入水体、下水道、地下室或有限空间

泄漏化学品的收容、清除方法及所使用的处置材料 小量泄漏：用干燥的砂土或其他不燃材料覆盖泄漏物，用洁净的无火花工具收集泄漏物，置于一盖子较松的塑料容器中，待处置。大量泄漏：构筑围堤或挖坑收容。用防爆泵转移至槽车或专用收集器内

第七部分 操作处置与储存

操作注意事项 密闭操作，局部排风。防止烟雾或蒸气释放到工作场所空气中。操作人员必须经过专门培训，严格遵守操作规程。建议操作人员佩戴过滤式防毒面具（半面罩），戴化学安全防护眼镜，穿防静电工作服，戴乳胶手套。远离火种、热源，工作场所严禁吸烟。使用防爆型的通风系统和设备。在清除液体和蒸气前不能进行焊接、切割等作业。避免产生烟雾或蒸气。避免与氧化剂接触。尤其要注意避免与水接触。配备相应品种和数量的消防器材及泄漏应急处理设备。倒空的容器可能残留有害物

储存注意事项 储存于阴凉、干燥、通风良好的专用库房内，库温不超过 30℃，相对湿度不超过 80%。远离火种、热源。防止阳光直射。保持容器密封，严禁与空气接触。应与氧化剂等分开存放，切忌混储。采用防爆型照明、通风设施。禁止使用易产生火花的机械设备和工具。储区应备有泄漏应急处理设备和合适的收容材料

第八部分 接触控制/个体防护

职业接触限值
中国 未制定标准
美国（ACGIH） 未制定标准

生物接触限值 未制定标准

监测方法 空气中有毒物质测定方法：未制定标准。生物监测检验方法：未制定标准

工程控制 密闭操作，局部排风

个体防护装备
呼吸系统防护 空气中浓度较高时，应该佩戴过滤式防毒面具（半面罩）。紧急事态抢救或逃生时，建议佩戴空气呼吸器
眼睛防护 戴化学安全防护眼镜
皮肤和身体防护 穿防静电工作服
手防护 戴橡胶手套

第九部分 理化特性

外观与性状 无色液体

pH值 无资料   **熔点（℃）** −40
沸点（℃） 46
相对密度（水＝1） 1.386(11℃)
相对蒸气密度（空气＝1） 无资料
饱和蒸气压（kPa） 无资料
临界压力（MPa） 无资料   **辛醇/水分配系数** 无资料
闪点（℃） −17.22   **自燃温度（℃）** 无资料
爆炸下限（%） 无资料   **爆炸上限（%）** 无资料
分解温度（℃） 无资料   **黏度（mPa·s）** 0.807(21℃)
燃烧热（kJ/mol） 无资料   **临界温度（℃）** 无资料
溶解性 溶于醚，可混溶于石油醚、苯

第十部分 稳定性和反应性

稳定性 稳定

危险反应 与强氧化剂、氧、空气等禁配物接触，有发生火灾和爆炸的危险。暴露在空气中能发生自燃。接触水、2,2-二氯丙烷发生爆炸性反应

避免接触的条件 空气、潮湿空气

禁配物 强氧化剂、氧、空气、水、2,2-二氯丙烷

危险的分解产物 氧化锌

第十一部分 毒理学信息

急性毒性 无资料

皮肤刺激或腐蚀 无资料   **眼睛刺激或腐蚀** 无资料

呼吸或皮肤过敏 无资料   **生殖细胞突变性** 无资料

致癌性 无资料   **生殖毒性** 无资料

特异性靶器官系统毒性-一次接触 无资料

特异性靶器官系统毒性-反复接触 无资料

吸入危害 无资料

第十二部分 生态学信息

生态毒性 含锌化合物对水生生物有极高毒性

持久性和降解性
生物降解性 无资料
非生物降解性 无资料

潜在的生物累积性 无资料

土壤中的迁移性 无资料

第十三部分 废弃处置

废弃化学品 建议用焚烧法处置。在能利用的地方重复使用容器或在规定场所掩埋。量小时，小心加入含适当溶剂的干丁醇中。反应可能产生大量易燃的氢气和烃类气体，并剧烈放热，必须提供通风。用含水酸中和，滤出固体做掩埋处置，液体部分烧掉

污染包装物 将容器返还生产商或按照国家和地方法规处置

废弃注意事项 处置前应参阅国家和地方有关法规

第十四部分 运输信息

联合国危险货物编号（UN号） 3394

联合国运输名称 液态有机金属物质，发火，遇水反应（二甲基锌）

联合国危险性类别　4.2，4.3
包装类别　Ⅰ

包装标志

海洋污染物　否

运输注意事项　运输时运输车辆应配备相应品种和数量的消防器材及泄漏应急处理设备。装运本品的车辆排气管须有阻火装置。运输过程中要确保容器不泄漏、不倒塌、不坠落、不损坏。严禁与氧化剂、活泼非金属、等混装混运。运输途中应防暴晒、雨淋、防高温。中途停留时应远离火种、热源。运输用车、船必须干燥，并有良好的防雨设施。车辆运输完毕应进行彻底清扫。铁路运输时要禁止溜放

第十五部分　法规信息

下列法律、法规、规章和标准，对该化学品的管理作了相应的规定。

中华人民共和国职业病防治法　职业病分类和目录：未列入

危险化学品安全管理条例　危险化学品目录：列入。易制爆危险化学品名录：未列入。重点监管的危险化学品名录：未列入。GB 18218—2009《危险化学品重大危险源辨识》（表1）：未列入

使用有毒物品作业场所劳动保护条例　高毒物品目录：未列入

易制毒化学品管理条例　易制毒化学品的分类和品种目录：未列入

国际公约　斯德哥尔摩公约：未列入。鹿特丹公约：未列入。蒙特利尔议定书：未列入

第十六部分　其他信息

编写和修订信息　缩略语和首字母缩写
培训建议　参考文献
免责声明

2,6-二甲氧基苯甲酰氯

第一部分　化学品标识

化学品中文名　2,6-二甲氧基苯甲酰氯
化学品英文名　2,6-dimethoxybenzoyl chloride
分子式　$C_9H_9ClO_3$　分子量　200.62

结构式

化学品的推荐及限制用途　用于有机合成

第二部分　危险性概述

紧急情况概述　造成严重的皮肤灼伤和眼损伤
GHS危险性类别　皮肤腐蚀/刺激，类别1；严重眼损伤/眼刺激，类别1

标签要素

象形图

警示词　危险
危险性说明　造成严重的皮肤灼伤和眼损伤
防范说明
　预防措施　避免吸入粉尘或烟雾。避免接触眼睛、皮肤，操作后彻底清洗。穿防护服，戴防护眼镜、防护手套、防护面罩
　事故响应　吸入：将患者转移到空气新鲜处，休息，保持利于呼吸的体位，立即呼叫中毒控制中心或就医。皮肤（或头发）接触：立即脱掉所有被污染的衣服，用水冲洗皮肤，淋浴。污染的衣服必须洗净后方可重新使用。眼睛接触：用水细心地冲洗数分钟。如戴隐形眼镜并可方便地取出，则取出隐形眼镜，继续冲洗。食入：漱口。不要催吐
　安全储存　上锁保管
　废弃处置　本品及内装物、容器依据国家和地方法规处置

物理和化学危险　可燃。遇水产生刺激性气体
健康危害　吸入、摄入或经皮肤吸收后对身体有害。对眼睛、皮肤、黏膜和上呼吸道有强烈刺激性。接触后可引起头痛、恶心、喉炎、气短、化学性肺炎、肺水肿。眼和皮肤接触引起灼伤
环境危害　对环境可能有害

第三部分　成分/组成信息

√ 物质　　　　　　　　　　混合物

组分	浓度	CAS No.
2,6-二甲氧基苯甲酰氯		1989-53-3

第四部分　急救措施

吸入　迅速脱离现场至空气新鲜处。保持呼吸道通畅。如呼吸困难，给输氧。如呼吸、心跳停止，立即进行心肺复苏术。就医
皮肤接触　立即脱去污染的衣着，用大量流动清水彻底冲洗至少15min。就医
眼睛接触　立即分开眼睑，用流动清水或生理盐水彻底冲洗5～10min。就医
食入　用水漱口，禁止催吐。给饮牛奶或蛋清。就医
对保护施救者的忠告　根据需要使用个人防护设备
对医生的特别提示　对症处理

第五部分　消防措施

灭火剂　用干粉、二氧化碳、砂土灭火
特别危险性　遇明火、高热可燃。其粉体与空气可形成爆炸性混合物，当达到一定浓度时，遇火星会发生爆炸。与氧化剂能发生强烈反应。遇水迅速分解，放出白色烟雾。受高热分解放出有毒的气体。具有腐蚀性
灭火注意事项及防护措施　消防人员必须佩戴防毒面具、

穿全身消防服，在上风向灭火。尽可能将容器从火场移至空旷处。喷水保持火场容器冷却，直至灭火结束。禁止用水、泡沫和酸碱灭火剂灭火

第六部分　泄漏应急处理

作业人员防护措施、防护装备和应急处置程序　隔离泄漏污染区，限制出入。消除所有点火源。建议应急处理人员戴防尘口罩，穿防酸碱服。穿上适当的防护服前严禁接触破裂的容器和泄漏物。尽可能切断泄漏源

环境保护措施　用塑料布覆盖泄漏物，减少飞散

泄漏化学品的收容、清除方法及所使用的处置材料　勿使水进入包装容器内。用洁净的铲子收集泄漏物，置于干净、干燥、盖子较松的容器中，将容器移离泄漏区

第七部分　操作处置与储存

操作注意事项　密闭操作，局部排风。防止粉尘释放到车间空气中。操作人员必须经过专门培训，严格遵守操作规程。建议操作人员佩戴自吸过滤式防尘口罩，戴化学安全防护眼镜，穿橡胶耐酸碱服，戴橡胶耐酸碱手套。远离火种、热源，工作场所严禁吸烟。使用防爆型的通风系统和设备。避免产生粉尘。避免与氧化剂、碱类接触，尤其要注意避免与水接触。配备相应品种和数量的消防器材及泄漏应急处理设备。倒空的容器可能残留有害物

储存注意事项　储存于阴凉、干燥、通风良好的库房。远离火种、热源。防止阳光直射。包装密封。应与氧化剂、碱类等分开存放，切忌混储。配备相应品种和数量的消防器材。储区应备有合适的材料收容泄漏物

第八部分　接触控制/个体防护

职业接触限值

　中国　未制定标准

　美国（ACGIH）　未制定标准

生物接触限值　未制定标准

监测方法　空气中有毒物质测定方法：未制定标准。生物监测检验方法：未制定标准

工程控制　密闭操作，局部排风

个体防护装备

　呼吸系统防护　空气中粉尘浓度超标时，必须佩戴过滤式防尘呼吸器。紧急事态抢救或撤离时，应该佩戴空气呼吸器

　眼睛防护　戴化学安全防护眼镜

　皮肤和身体防护　穿橡胶耐酸碱服

　手防护　戴橡胶耐酸碱手套

第九部分　理化特性

外观与性状　无色结晶　　**pH值**　无意义

熔点（℃）　64～66　　**沸点（℃）**　无资料

相对密度（水＝1）　无资料

相对蒸气密度（空气＝1）　无资料

饱和蒸气压（kPa）　无资料

临界压力（MPa）　无资料　**辛醇/水分配系数**　无资料

闪点（℃）　无意义　　**自燃温度（℃）**　无资料

爆炸下限（%）　无资料　　**爆炸上限（%）**　无资料

分解温度（℃）　无资料　　**黏度（mPa·s）**　无资料

燃烧热（kJ/mol）　无资料　**临界温度（℃）**　无资料

溶解性　溶于乙醚、丙酮、苯

第十部分　稳定性和反应性

稳定性　稳定

危险反应　与强氧化剂、强碱、水等禁配物发生反应

避免接触的条件　潮湿空气

禁配物　强氧化剂、强碱、水

危险的分解产物　氯化氢

第十一部分　毒理学信息

急性毒性　无资料

皮肤刺激或腐蚀　无资料　**眼睛刺激或腐蚀**　无资料

呼吸或皮肤过敏　无资料　**生殖细胞突变性**　无资料

致癌性　无资料　　　　**生殖毒性**　无资料

特异性靶器官系统毒性——次接触　无资料

特异性靶器官系统毒性-反复接触　无资料

吸入危害　无资料

第十二部分　生态学信息

生态毒性　无资料

持久性和降解性

　生物降解性　无资料

　非生物降解性　无资料

潜在的生物累积性　无资料

土壤中的迁移性　无资料

第十三部分　废弃处置

废弃化学品　建议用焚烧法处置。在能利用的地方重复使用容器或在规定场所掩埋

污染包装物　将容器返还生产商或按照国家和地方法规处置

废弃注意事项　处置前应参阅国家和地方有关法规

第十四部分　运输信息

联合国危险货物编号（UN号）　3261

联合国运输名称　有机酸性腐蚀性固体，未另作规定的（2,6-二甲氧基苯甲酰氯）

联合国危险性类别　8

包装类别　Ⅱ　　　　　**包装标志**　

海洋污染物　否

运输注意事项　起运时包装要完整，装载应稳妥。运输过程中要确保容器不泄漏、不倒塌、不坠落、不损坏。严禁与氧化剂、碱类、食用化学品等混装混运。运输时运输车辆应配备相应品种和数量的消防器材及泄漏应急处理设备。运输途中应防暴晒、雨淋，防高温。公路运输时要按规定路线行驶，勿在居民区和人口稠密区停留

第十五部分　法规信息

下列法律、法规、规章和标准，对该化学品的管理作了相应的规定。

中华人民共和国职业病防治法　职业病分类和目录：未列入

危险化学品安全管理条例　危险化学品目录：列入。易制爆危险化学品名录：未列入。重点监管的危险化学品名录：未列入。GB 18218—2009《危险化学品重大危险源辨识》（表1）：未列入

使用有毒物品作业场所劳动保护条例　高毒物品目录：未列入

易制毒化学品管理条例　易制毒化学品的分类和品种目录：未列入

国际公约　斯德哥尔摩公约：未列入。鹿特丹公约：未列入。蒙特利尔议定书：未列入

第十六部分　其他信息

编写和修订信息　　　　　缩略语和首字母缩写
培训建议　　　　　　　　参考文献
免责声明

3,3′-二甲氧基联苯胺二盐酸盐

第一部分　化学品标识

化学品中文名　3,3′-二甲氧基联苯胺二盐酸盐；盐酸-3,3′-二甲氧基-4,4′-二氨基联苯

化学品英文名　3,3′-dimethoxybenzidine dihydrochloride；2-dianisidine dihydrochloride

分子式　$C_{14}H_{16}N_2O_2 \cdot 2HCl$　**分子量**　317.214

结构式

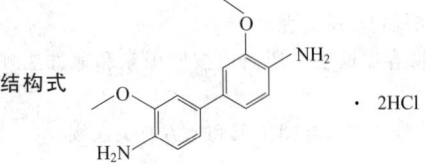

化学品的推荐及限制用途　用作染料中间体和测定金、亚硝酸盐的试剂

第二部分　危险性概述

紧急情况概述　吞咽有害，造成严重的皮肤灼伤和眼损伤，可能致癌

GHS危险性类别　急性毒性-经口，类别4；皮肤腐蚀/刺激，类别1A；严重眼损伤/眼刺激，类别1；致癌性，类别1B

标签要素

象形图

警示词　危险

危险性说明　吞咽有害，造成严重的皮肤灼伤和眼损伤，可能致癌

防范说明

预防措施　避免接触眼睛、皮肤，操作后彻底清洗。作业场所不得进食、饮水或吸烟。避免吸入粉尘。穿防护服、戴防护眼镜、防护手套、防护面罩。得到专门指导后操作。在阅读并了解所有安全预防措施之前，切勿操作。按要求使用个体防护装备

事故响应　如吸入：将患者转移到空气新鲜处，休息，保持利于呼吸的体位。皮肤（或头发）接触：立即脱掉所有被污染的衣服，用水冲洗皮肤，淋浴。污染的衣服必须洗净后方可重新使用。眼睛接触：用水细心地冲洗数分钟。如戴隐形眼镜并可方便地取出，则取出隐形眼镜，继续冲洗。食入：漱口。不要催吐，如果感觉不适，立即呼叫中毒控制中心或就医。如果接触或有担心，就医

安全储存　上锁保管

废弃处置　本品及内装物、容器依据国家和地方法规处置

物理和化学危险　可燃，其粉体与空气混合，能形成爆炸性混合物

健康危害　有毒。具有刺激性

环境危害　对环境可能有害

第三部分　成分/组成信息

√物质　　　　　　　　　混合物

组分	浓度	CAS No.
3,3′-二甲氧基联苯胺二盐酸盐		20325-40-0

第四部分　急救措施

吸入　迅速脱离现场至空气新鲜处。保持呼吸道通畅。如呼吸困难，给输氧。呼吸、心跳停止，立即进行心肺复苏术。就医

皮肤接触　立即脱去污染的衣着，用大量流动清水彻底冲洗至少15min。就医

眼睛接触　立即分开眼睑，用流动清水或生理盐水彻底冲洗5～10min。就医

食入　用水漱口，禁止催吐。给饮牛奶或蛋清。就医

对保护施救者的忠告　根据需要使用个人防护设备

对医生的特别提示　对症处理

第五部分　消防措施

灭火剂　用雾状水、泡沫、干粉、二氧化碳、砂土灭火

特别危险性　遇明火、高热可燃。其粉体与空气可形成爆炸性混合物，当达到一定浓度时，遇火星会发生爆炸。与氧化剂发生反应，有燃烧危险。受高热分解放出有毒的气体

灭火注意事项及防护措施　消防人员必须佩戴防毒面具、穿全身消防服，在上风向灭火。尽可能将容器从火场移至空旷处。喷水保持火场容器冷却，直至灭火结束

第六部分　泄漏应急处理

作业人员防护措施、防护装备和应急处置程序　隔离泄漏

污染区，限制出入。消除所有点火源。建议应急处理人员戴防尘口罩，穿防毒服。作业时使用的所有设备应接地。禁止接触或跨越泄漏物。尽可能切断泄漏源

环境保护措施　防止泄漏物进入水体、下水道、地下室或有限空间

泄漏化学品的收容、清除方法及所使用的处置材料　小量泄漏：用砂土或其他不燃材料吸收。使用洁净的无火花工具收集吸收材料。大量泄漏：构筑围堤或挖坑收容。用泵转移至槽车或专用收集器内

第七部分　操作处置与储存

操作注意事项　密闭操作，提供充分的局部通风。防止粉尘释放到车间空气中。操作人员必须经过专门培训，严格遵守操作规程。建议操作人员佩戴防尘面具（全面罩），穿胶布防毒衣，戴橡胶手套。远离火种、热源，工作场所严禁吸烟。使用防爆型的通风系统和设备。避免产生粉尘。避免与氧化剂接触。配备相应品种和数量的消防器材及泄漏应急处理设备。倒空的容器可能残留有害物

储存注意事项　储存于阴凉、通风的库房。远离火种、热源。防止阳光直射。包装密封。应与氧化剂分开存放，切忌混储。配备相应品种和数量的消防器材。储区应备有合适的材料收容泄漏物

第八部分　接触控制/个体防护

职业接触限值

中国　未制定标准

美国（ACGIH）　未制定标准

生物接触限值　未制定标准

监测方法　空气中有毒物质测定方法：未制定标准。生物监测检验方法：未制定标准

工程控制　严加密闭，提供充分的局部排风

个体防护装备

呼吸系统防护　可能接触其粉尘时，必须佩戴防尘面具（全面罩）。紧急事态抢救或撤离时，应该佩戴空气呼吸器

眼睛防护　呼吸系统防护中已作防护

皮肤和身体防护　穿密闭型防毒服

手防护　戴橡胶手套

第九部分　理化特性

外观与性状　白色片状结晶

pH值　无意义　　　　**熔点（℃）**　268（分解）

沸点（℃）　无资料　　**相对密度（水＝1）**　无资料

相对蒸气密度（空气＝1）　无资料

饱和蒸气压（kPa）　无资料

临界压力（MPa）　无资料

辛醇/水分配系数　无资料

闪点（℃）　无意义　　　**自燃温度（℃）**　无资料

爆炸下限（%）　无资料　**爆炸上限（%）**　无资料

分解温度（℃）　无资料　**黏度（mPa·s）**　无资料

燃烧热（kJ/mol）　无资料　**临界温度（℃）**　无资料

溶解性　溶于水、乙醇，微溶于乙醚

第十部分　稳定性和反应性

稳定性　稳定

危险反应　与强氧化剂等禁配物发生反应

避免接触的条件　无资料

禁配物　强氧化剂

危险的分解产物　氮氧化物、氯化氢

第十一部分　毒理学信息

急性毒性　无资料

皮肤刺激或腐蚀　无资料　**眼睛刺激或腐蚀**　无资料

呼吸或皮肤过敏　无资料

生殖细胞突变性　微生物致突变：鼠伤寒沙门氏菌10nmol/皿。哺乳动物体细胞突变：小鼠淋巴细胞33mg/L。细胞遗传学分析：仓鼠卵巢500μg/L。姐妹染色单体交换：仓鼠卵巢50mg/L

致癌性　大鼠经口最低中毒剂量（TDLo）：1040mg/kg，1年（间歇），按RTECS标准为致癌物，睾丸肿瘤。小鼠经口最低中毒剂量（TDLo）：5760mg/kg，2年（间歇），按RTECS标准为可疑致肿瘤物，肝和皮肤肿瘤。小鼠皮下最低中毒剂量（TDLo）：1152mg/kg，2年（间歇），按RTECS标准为可疑致肿瘤物，肝和子宫肝瘤

生殖毒性　无资料

特异性靶器官系统毒性--一次接触　无资料

特异性靶器官系统毒性-反复接触　无资料

吸入危害　无资料

第十二部分　生态学信息

生态毒性　无资料

持久性和降解性

生物降解性　无资料

非生物降解性　无资料

潜在的生物累积性　无资料

土壤中的迁移性　无资料

第十三部分　废弃处置

废弃化学品　建议用焚烧法处置。在能利用的地方重复使用容器或在规定场所掩埋

污染包装物　将容器返还生产商或按照国家和地方法规处置

废弃注意事项　处置前应参阅国家和地方有关法规

第十四部分　运输信息

联合国危险货物编号（UN号）　3261

联合国运输名称　有机酸性腐蚀性固体，未另作规定的（3,3′-二甲氧基联苯胺二盐酸盐）

联合国危险性类别　8

包装类别　I　　　　　**包装标志**

海洋污染物　否

运输注意事项　运输前应先检查包装容器是否完整、密封，运输过程中要确保容器不泄漏、不倒塌、不坠落、不损坏。严禁与酸类、氧化剂、食品及食品添加剂混运。运输时运输车辆应配备相应品种和数量的消防器材及泄漏应急处理设备。运输途中应防暴晒、雨淋，防高温。公路运输时要按规定路线行驶，勿在居民区和人口稠密区停留

第十五部分　法规信息

下列法律、法规、规章和标准，对该化学品的管理作了相应的规定。

中华人民共和国职业病防治法　职业病分类和目录：苯的氨基及硝基化合物中毒，职业性中毒性肝病

危险化学品安全管理条例　危险化学品目录：列入。易制爆危险化学品名录：未列入。重点监管的危险化学品名录：未列入。GB 18218—2009《危险化学品重大危险源辨识》（表1）：未列入

使用有毒物品作业场所劳动保护条例　高毒物品目录：未列入

易制毒化学品管理条例　易制毒化学品的分类和品种目录：未列入

国际公约　斯德哥尔摩公约：未列入。鹿特丹公约：未列入。蒙特利尔议定书：未列入

第十六部分　其他信息

编写和修订信息　　　　　缩略语和首字母缩写
培训建议　　　　　　　　参考文献
免责声明

1,1-二甲氧基乙烷

第一部分　化学品标识

化学品中文名　1,1-二甲氧基乙烷；二甲基乙缩醛；乙醛缩二甲醇

化学品英文名　1,1-dimethoxyethane；dimethylacetal

分子式　$C_4H_{10}O_2$　**分子量**　90.12

结构式　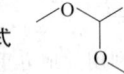

化学品的推荐及限制用途　用于医药和有机合成

第二部分　危险性概述

紧急情况概述　高度易燃液体和蒸气
GHS危险性类别　易燃液体，类别2
标签要素

象形图　

　警示词　危险
　危险性说明　高度易燃液体和蒸气
　防范说明
　　预防措施　远离热源、火花、明火、热表面。禁止吸烟。保持容器密闭。容器和接收设备接地连

接。使用防爆型电器、通风、照明设备。只能使用不产生火花的工具。采取防止静电措施。戴防护手套、防护眼镜、防护面罩

　　事故响应　火灾时，使用泡沫、干粉、二氧化碳、砂土灭火。如皮肤（或头发）接触：立即脱掉所有被污染的衣服，用水冲洗皮肤，淋浴

　　安全储存　存放在通风良好的地方。保持低温

　　废弃处置　本品及内装物、容器依据国家和地方法规处置

物理和化学危险　高度易燃，其蒸气与空气混合，能形成爆炸性混合物

健康危害　蒸气或雾对眼、黏膜和上呼吸道有刺激性。对皮肤有刺激性

环境危害　对水生生物毒性非常大并具有长期持续影响

第三部分　成分/组成信息

√ 物质　　　　　　　　　　混合物

组分	浓度	CAS No.
1,1-二甲氧基乙烷		534-15-6

第四部分　急救措施

吸入　迅速脱离现场至空气新鲜处。保持呼吸道通畅。如呼吸困难，给输氧。呼吸、心跳停止，立即进行心肺复苏术。就医

皮肤接触　立即脱去污染的衣着，用流动清水彻底冲洗。就医

眼睛接触　立即分开眼睑，用流动清水或生理盐水彻底冲洗。就医

食入　漱口，饮水。就医

对保护施救者的忠告　根据需要使用个人防护设备

对医生的特别提示　对症处理

第五部分　消防措施

灭火剂　用泡沫、干粉、二氧化碳、砂土灭火

特别危险性　其蒸气与空气可形成爆炸性混合物，遇明火、高热极易燃烧爆炸。与氧化剂接触猛烈反应。接触空气或在光照条件下可生成具有潜在爆炸危险性的过氧化物。流速过快，容易产生和积聚静电。蒸气比空气重，沿地面扩散并易积存于低洼处，遇火源会着火回燃。若遇高热，容器内压增大，有开裂和爆炸的危险

灭火注意事项及防护措施　消防人员必须佩戴防毒面具、穿全身消防服，在上风向灭火。尽可能将容器从火场移至空旷处。喷水保持火场容器冷却，直至灭火结束。处在火场中的容器若已变色或从安全泄压装置中发出声音，必须马上撤离。用水灭火无效

第六部分　泄漏应急处理

作业人员防护措施、防护装备和应急处置程序　消除所有点火源。根据液体流动和蒸气扩散的影响区域划定警戒区，无关人员从侧风、上风向撤离至安全区。建议应急处理人员戴正压自给式呼吸器，穿防静电服。作业时使用的所有设备应接地。禁止接触或跨越泄漏

物。尽可能切断泄漏源

环境保护措施　防止泄漏物进入水体、下水道、地下室或有限空间

泄漏化学品的收容、清除方法及所使用的处置材料　小量泄漏：用砂土或其他不燃材料吸收。使用洁净的无火花工具收集吸收材料。大量泄漏：构筑围堤或挖坑收容。用抗溶性泡沫覆盖，减少蒸发。喷水雾能减少蒸发，但不能降低泄漏物在有限空间内的易燃性。用防爆泵转移至槽车或专用收集器内

第七部分　操作处置与储存

操作注意事项　密闭操作，全面通风。操作人员必须经过专门培训，严格遵守操作规程。建议操作人员佩戴自吸过滤式防毒面具（半面罩），戴化学安全防护眼镜，穿防静电工作服，戴橡胶耐油手套。远离火种、热源，工作场所严禁吸烟。使用防爆型的通风系统和设备。防止蒸气泄漏到工作场所空气中。避免与氧化剂、酸类接触。灌装时应控制流速，且有接地装置，防止静电积聚。搬运时要轻装轻卸，防止包装及容器损坏。配备相应品种和数量的消防器材及泄漏应急处理设备。倒空的容器可能残留有害物

储存注意事项　通常商品加有稳定剂。储存于阴凉、通风的库房。远离火种、热源。库温不宜超过 29℃，包装要求密封，不可与空气接触。应与氧化剂、酸类分开存放，切忌混储。采用防爆型照明、通风设施。禁止使用易产生火花的机械设备和工具。储区应备有泄漏应急处理设备和合适的收容材料

第八部分　接触控制/个体防护

职业接触限值

中国　未制定标准

美国（ACGIH）　未制定标准

生物接触限值　未制定标准

监测方法　空气中有毒物质测定方法：未制定标准。生物监测检验方法：未制定标准

工程控制　生产过程密闭，全面通风。提供安全淋浴和洗眼设备

个体防护装备

呼吸系统防护　空气中浓度超标时，必须佩戴过滤式防毒面具（半面罩）。紧急事态抢救或撤离时，应该佩戴空气呼吸器

眼睛防护　戴化学安全防护眼镜

皮肤和身体防护　穿防静电工作服

手防护　戴橡胶耐油手套

第九部分　理化特性

外观与性状　无色液体，有浓芳香气味

pH 值　无资料		**熔点(℃)**　−113.2	

沸点(℃)　64.5　　　　**相对密度(水＝1)**　0.852

相对蒸气密度(空气＝1)　3.1

饱和蒸气压(kPa)　8.0(20℃)

临界压力(MPa)　无资料　　**辛醇/水分配系数**　无资料

闪点(℃)　−17.22　　　**自燃温度(℃)**　无资料

爆炸下限(%)　无资料　　**爆炸上限(%)**　无资料

分解温度(℃)　无资料　　**黏度(mPa·s)**　无资料

燃烧热(kJ/mol)　无资料　　**临界温度(℃)**　无资料

溶解性　溶于水、乙醇、乙醚、氯仿

第十部分　稳定性和反应性

稳定性　稳定

危险反应　与强氧化剂、强酸等禁配物接触，有发生火灾和爆炸的危险。接触空气或在光照条件下可生成具有潜在爆炸危险性的过氧化物

避免接触的条件　受热、光照

禁配物　强氧化剂、强酸

危险的分解产物　过氧化物

第十一部分　毒理学信息

急性毒性　LD_{50}：6500mg/kg（大鼠经口）；20000mg/kg（大鼠经皮）；4500mg/kg（兔经口）；20000mg/kg（兔经皮）。LC_{50}：3000ppm（大鼠吸入，4h）

皮肤刺激或腐蚀　无资料　　**眼睛刺激或腐蚀**　无资料

呼吸或皮肤过敏　无资料　　**生殖细胞突变性**　无资料

致癌性　无资料　　　　　　**生殖毒性**　无资料

特异性靶器官系统毒性-一次接触　无资料

特异性靶器官系统毒性-反复接触　无资料

吸入危害　无资料

第十二部分　生态学信息

生态毒性　无资料

持久性和降解性

生物降解性　无资料

非生物降解性　无资料

潜在的生物累积性　无资料

土壤中的迁移性　无资料

第十三部分　废弃处置

废弃化学品　建议用焚烧法处置

污染包装物　将容器返还生产商或按照国家和地方法规处置

废弃注意事项　处置前应参阅国家和地方有关法规

第十四部分　运输信息

联合国危险货物编号（UN 号）　2377

联合国运输名称　1,1-二甲氧基乙烷

联合国危险性类别　3

包装类别　　Ⅱ　　　　　　**包装标志**　

海洋污染物　否

运输注意事项　运输时运输车辆应配备相应品种和数量的消防器材及泄漏应急处理设备。夏季最好早晚运输。运输时所用的槽（罐）车应有接地链，槽内可设孔隔板以减少震荡产生的静电。严禁与氧化剂、酸类、食用化学品等混装混运。运输途中应防暴晒、

雨淋，防高温。中途停留时应远离火种、热源、高温区。装运该物品的车辆排气管必须配备阻火装置，禁止使用易产生火花的机械设备和工具装卸。公路运输时要按规定路线行驶，勿在居民区和人口稠密区停留。铁路运输时要禁止溜放。严禁用木船、水泥船散装运输

第十五部分　法规信息

下列法律、法规、规章和标准，对该化学品的管理作了相应的规定。

中华人民共和国职业病防治法　职业病分类和目录：未列入

危险化学品安全管理条例　危险化学品目录：列入。易制爆危险化学品名录：未列入。重点监管的危险化学品名录：未列入。GB 18218—2009《危险化学品重大危险源辨识》（表1）：未列入

使用有毒物品作业场所劳动保护条例　高毒物品目录：未列入

易制毒化学品管理条例　易制毒化学品的分类和品种目录：未列入

国际公约　斯德哥尔摩公约：未列入。鹿特丹公约：未列入。蒙特利尔议定书：未列入

第十六部分　其他信息

编写和修订信息　　　缩略语和首字母缩写
培训建议　　　　　　参考文献
免责声明

二聚丙烯醛［稳定的］

第一部分　化学品标识

化学品中文名　二聚丙烯醛［稳定的］
化学品英文名　acrolein dimer（stabilized）；2-formyl-3,4-dihydro-2H-pyran

分子式　$C_6H_8O_2$　**分子量**　112.1265

结构式　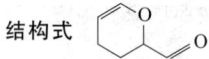

化学品的推荐及限制用途　用作织物精整助剂、纸张处理剂、橡胶助剂、增塑剂，用于合成树脂和医药

第二部分　危险性概述

紧急情况概述　易燃液体和蒸气，吞咽可能有害，造成皮肤刺激

GHS危险性类别　易燃液体，类别3；急性毒性-经口，类别5；皮肤腐蚀/刺激，类别2

标签要素

象形图　

警示词　警告

危险性说明　易燃液体和蒸气，吞咽可能有害，造成皮肤刺激

防范说明

预防措施　远离热源、火花、明火、热表面。禁止吸烟。保持容器密闭。容器和接收设备接地连接。使用防爆电器、通风、照明设备。只能使用不产生火花的工具。采取防止静电措施。戴防护手套、防护眼镜、防护面罩。避免接触眼睛、皮肤，操作后彻底清洗

事故响应　火灾时，使用雾状水、泡沫、干粉、二氧化碳、砂土灭火。皮肤接触：用大量肥皂水和水清洗，脱去被污染的衣服，如发生皮肤刺激，就医。被污染的衣服必须经洗净后方可重新使用。如果感觉不适，呼叫中毒控制中心或就医

安全储存　存放在通风良好的地方。保持低温

废弃处置　本品及内装物、容器依据国家和地方法规处置

物理和化学危险　易燃，其蒸气与空气混合，能形成爆炸性混合物。容易自聚

健康危害　本品有毒。其蒸气和烟雾对皮肤、眼睛和黏膜有刺激作用

环境危害　对环境可能有害

第三部分　成分/组成信息

√ 物质　　　　　　　混合物

组分	浓度	CAS No.
二聚丙烯醛（稳定的）		100-73-2

第四部分　急救措施

吸入　迅速脱离现场至空气新鲜处。保持呼吸道通畅。如呼吸困难，给输氧。呼吸、心跳停止，立即进行心肺复苏术。就医

皮肤接触　立即脱去污染的衣着，用流动清水彻底冲洗。就医

眼睛接触　立即分开眼睑，用流动清水或生理盐水彻底冲洗。就医

食入　漱口，饮水。就医

对保护施救者的忠告　根据需要使用个人防护设备

对医生的特别提示　对症处理

第五部分　消防措施

灭火剂　用雾状水、泡沫、干粉、二氧化碳、砂土灭火

特别危险性　其蒸气与空气可形成爆炸性混合物，遇明火、高热能引起燃烧爆炸。与氧化剂可发生反应。容易自聚，聚合反应随着温度的上升而急骤加剧。若遇高热，容器内压增大，有开裂和爆炸的危险

灭火注意事项及防护措施　消防人员必须佩戴防毒面具、穿全身消防服，在上风向灭火。尽可能将容器从火场移至空旷处。喷水保持火场容器冷却，直至灭火结束。处在火场中的容器若已变色或从安全泄压装置中发出声音，必须马上撤离

第六部分　泄漏应急处理

作业人员防护措施、防护装备和应急处置程序　消除所有

点火源。根据液体流动和蒸气扩散的影响区域划定警戒区，无关人员从侧风向、上风向撤离至安全区。建议应急处理人员戴正压自给式呼吸器，穿防静电服。作业时使用的所有设备应接地。禁止接触或跨越泄漏物。尽可能切断泄漏源

环境保护措施 防止泄漏物进入水体、下水道、地下室或有限空间

泄漏化学品的收容、清除方法及所使用的处置材料 小量泄漏：用砂土或其他不燃材料吸收。使用洁净的无火花工具收集吸收材料。大量泄漏：构筑围堤或挖坑收容。用粉煤灰或石灰粉吸收大量液体。用抗溶性泡沫覆盖，减少蒸发。喷水雾能减少蒸发，但不能降低泄漏物在有限空间内的易燃性。用防爆泵转移至槽车或专用收集器内

第七部分　操作处置与储存

操作注意事项 密闭操作，局部排风。防止蒸气泄漏到工作场所空气中。操作人员必须经过专门培训，严格遵守操作规程。建议操作人员佩戴自吸过滤式防毒面具（半面罩），戴化学安全防护眼镜，穿防静电工作服，戴橡胶手套。远离火种、热源，工作场所严禁吸烟。使用防爆型的通风系统和设备。在清除液体和蒸气前不能进行焊接、切割等作业。避免产生烟雾。避免与氧化剂、碱类接触。容器与传送设备要接地，防止产生的静电。灌装时应控制流速，且有接地装置，防止静电积聚。配备相应品种和数量的消防器材及泄漏应急处理设备。倒空的容器可能残留有害物

储存注意事项 通常商品加有稳定剂。储存于阴凉、通风的库房。远离火种、热源。防止阳光直射。库温不宜超过37℃，保持容器密封，严禁与空气接触。应与氧化剂、碱类分开存放，切忌混储。采用防爆型照明、通风设施。禁止使用易产生火花的机械设备和工具。储区应备有泄漏应急处理设备和合适的收容材料

第八部分　接触控制/个体防护

职业接触限值

中国　未制定标准

美国（ACGIH）　未制定标准

生物接触限值 未制定标准

监测方法 空气中有毒物质测定方法：未制定标准。生物监测检验方法：未制定标准

工程控制 密闭操作，局部排风

个体防护装备

呼吸系统防护　空气中浓度超标时，必须佩戴过滤式防毒面具（半面罩）。紧急事态抢救或撤离时，应该佩戴空气呼吸器

眼睛防护　戴化学安全防护眼镜

皮肤和身体防护　穿防静电工作服

手防护　戴橡胶手套

第九部分　理化特性

外观与性状 无色液体

pH 值 无资料　　　　**熔点(℃)** －100

沸点(℃) 146

相对密度(水＝1) 1.0775(20℃)

相对蒸气密度(空气＝1) 无资料

饱和蒸气压(kPa) 无资料

临界压力(MPa) 无资料　**辛醇/水分配系数** 无资料

闪点(℃) 39.44　　　　**自燃温度(℃)** 无资料

爆炸下限(%) 无资料　　**爆炸上限(%)** 无资料

分解温度(℃) 无资料　　**黏度(mPa·s)** 无资料

燃烧热(kJ/mol) 无资料　**临界温度(℃)** 无资料

溶解性 溶于水

第十部分　稳定性和反应性

稳定性 不稳定

危险反应 与强氧化剂等禁配物接触，有发生火灾和爆炸的危险。容易发生自聚反应

避免接触的条件 无资料

禁配物 强氧化剂、强碱

危险的分解产物 无资料

第十一部分　毒理学信息

急性毒性 LD_{50}：4920mg/kg（大鼠经口）。LC_{50}：3225ppm（大鼠吸入，4h）

皮肤刺激或腐蚀 家兔经皮：开放性刺激试验，500mg，轻度刺激

眼睛刺激或腐蚀 家兔经眼：开放性刺激试验，750μg，重度刺激

呼吸或皮肤过敏 无资料　**生殖细胞突变性** 无资料

致癌性 无资料　　　　**生殖毒性** 无资料

特异性靶器官系统毒性-一次接触 无资料

特异性靶器官系统毒性-反复接触 无资料

吸入危害 无资料

第十二部分　生态学信息

生态毒性 无资料

持久性和降解性

生物降解性　无资料

非生物降解性　无资料

潜在的生物累积性 无资料

土壤中的迁移性 无资料

第十三部分　废弃处置

废弃化学品 建议用焚烧法处置

污染包装物 将容器返还生产商或按照国家和地方法规处置

废弃注意事项 处置前应参阅国家和地方有关法规

第十四部分　运输信息

联合国危险货物编号（UN 号） 2607

联合国运输名称 二聚丙烯醛，稳定的

联合国危险性类别 3

包装类别 Ⅲ　　　　　　**包装标志**

海洋污染物　否

运输注意事项　运输时运输车辆应配备相应品种和数量的消防器材及泄漏应急处理设备。夏季最好早晚运输。运输时所用的槽（罐）车应有接地链，槽内可设孔隔板以减少震荡产生的静电。严禁与氧化剂、碱类、食用化学品等混装混运。运输途中应防暴晒、雨淋，防高温。中途停留时应远离火种、热源、高温区。装运该物品的车辆排气管必须配备阻火装置，禁止使用易产生火花的机械设备和工具装卸。公路运输时要按规定路线行驶，勿在居民区和人口稠密区停留。铁路运输时要禁止溜放。严禁用木船、水泥船散装运输

第十五部分　法规信息

下列法律、法规、规章和标准，对该化学品的管理作了相应的规定。

中华人民共和国职业病防治法　职业病分类和目录：未列入

危险化学品安全管理条例　危险化学品目录：列入。易制爆危险化学品名录：未列入。重点监管的危险化学品名录：未列入。GB 18218—2009《危险化学品重大危险源辨识》（表1）：未列入

使用有毒物品作业场所劳动保护条例　高毒物品目录：未列入

易制毒化学品管理条例　易制毒化学品的分类和品种目录：未列入

国际公约　斯德哥尔摩公约：未列入。鹿特丹公约：未列入。蒙特利尔议定书：未列入

第十六部分　其他信息

编写和修订信息　　缩略语和首字母缩写
培训建议　　　　　参考文献
免责声明

4,4′-二硫代二苯胺

第一部分　化学品标识

化学品中文名　4,4′-二硫代二苯胺；4,4′-二氨基二苯基二硫醚；二硫代对氨基苯；二硫代-4,4′-二氨基（代）二苯

化学品英文名　4,4′-diaminodiphenyl disulfide；diphenyl-4-diamino disulfide

分子式　$C_{12}H_{12}N_2S_2$　分子量　248.367

结构式

化学品的推荐及限制用途　用作橡胶硫化剂

第二部分　危险性概述

紧急情况概述　造成皮肤刺激，造成严重眼刺激，可能引起呼吸道刺激

GHS危险性类别　皮肤腐蚀/刺激，类别2；严重眼损伤/眼刺激，类别2；特异性靶器官毒性——一次接触，类别

3（呼吸道刺激）

标签要素

象形图　

警示词　警告

危险性说明　造成皮肤刺激，造成严重眼刺激，可能引起呼吸道刺激

防范说明

　预防措施　避免接触眼睛、皮肤，操作后彻底清洗。戴防护手套、防护眼镜、防护面罩

　事故响应　皮肤接触：脱去被污染的衣服，用大量肥皂水和水清洗。如发生皮肤刺激，就医。污染的衣服经洗净后方可重新使用。如接触眼睛：用水细心冲洗数分钟。如戴隐形眼镜并可方便地取出，取出隐形眼镜，继续冲洗。如果眼睛刺激持续：就医

　安全储存　—

　废弃处置　—

物理和化学危险　可燃，其粉体与空气混合，能形成爆炸性混合物

健康危害　对眼睛有强烈刺激作用，摄入有毒

环境危害　对环境可能有害

第三部分　成分/组成信息

√　物质　　　　　　　　　　混合物

组分	浓度	CAS No.
4,4′-二硫代二苯胺		722-27-0

第四部分　急救措施

吸入　迅速脱离现场至空气新鲜处。保持呼吸道通畅。如呼吸困难，给输氧。呼吸、心跳停止，立即进行心肺复苏术。就医

皮肤接触　立即脱去污染的衣着，用流动清水彻底冲洗。就医

眼睛接触　立即分开眼睑，用流动清水或生理盐水彻底冲洗。就医

食入　漱口，饮水。就医

对保护施救者的忠告　根据需要使用个人防护设备

对医生的特别提示　对症处理

第五部分　消防措施

灭火剂　用雾状水、泡沫、干粉、二氧化碳、砂土灭火

特别危险性　遇明火、高热可燃。其粉体与空气可形成爆炸性混合物，当达到一定浓度时，遇火星会发生爆炸。受高热分解放出有毒的气体

灭火注意事项及防护措施　消防人员必须佩戴防毒面具、穿全身消防服，在上风向灭火。尽可能将容器从火场移至空旷处。喷水保持火场容器冷却，直至灭火结束

第六部分　泄漏应急处理

作业人员防护措施、防护装备和应急处置程序　隔离泄

漏污染区，限制出入。消除所有点火源。建议应急处理人员戴防尘口罩，穿防毒服。穿上适当的防护服前严禁接触破裂的容器和泄漏物。尽可能切断泄漏源

环境保护措施 用塑料布覆盖泄漏物，减少飞散

泄漏化学品的收容、清除方法及所使用的处置材料 勿使水进入包装容器内。用洁净的铲子收集泄漏物，置于干净、干燥、盖子较松的容器中，将容器移离泄漏区

第七部分　操作处置与储存

操作注意事项 密闭操作，提供充分的局部排风。防止粉尘释放到车间空气中。操作人员必须经过专门培训，严格遵守操作规程。建议操作人员佩戴防尘面具（全面罩），穿胶布防毒衣，戴橡胶手套。远离火种、热源，工作场所严禁吸烟。使用防爆型的通风系统和设备。避免产生粉尘。避免与氧化剂、酸类、酸酐、酰基氯接触。配备相应品种和数量的消防器材及泄漏应急处理设备。倒空的容器可能残留有害物

储存注意事项 储存于阴凉、通风的库房。远离火种、热源。防止阳光直射。包装密封。应与氧化剂、酸类、酸酐、酰基氯分开存放，切忌混储。配备相应品种和数量的消防器材。储区应备有合适的材料收容泄漏物

第八部分　接触控制/个体防护

职业接触限值
中国　未制定标准
美国（ACGIH）　未制定标准
生物接触限值　未制定标准
监测方法　空气中有毒物质测定方法：未制定标准。生物监测检验方法：未制定标准
工程控制　严加密闭，提供充分的局部排风
个体防护装备
呼吸系统防护　可能接触其粉尘时，必须佩戴防尘面具（全面罩）。紧急事态抢救或撤离时，应该佩戴空气呼吸器
眼睛防护　呼吸系统防护中已作防护
皮肤和身体防护　穿密闭型防毒服
手防护　戴橡胶手套

第九部分　理化特性

外观与性状 无色至淡黄色针状结晶

pH 值 无意义	**熔点(℃)** 77～78
沸点(℃) 无资料	**相对密度(水＝1)** 无资料
相对蒸气密度(空气＝1) 无资料	
饱和蒸气压(kPa) 无资料	
临界压力(MPa) 无资料	**辛醇/水分配系数** 无资料
闪点(℃) 无意义	**自燃温度(℃)** 无资料
爆炸下限(%) 无资料	**爆炸上限(%)** 无资料
分解温度(℃) 无资料	**黏度(mPa·s)** 无资料
燃烧热(kJ/mol) 无资料	**临界温度(℃)** 无资料

溶解性 溶于热水，微溶于热苯，易溶于乙醇、乙醚、氯仿

第十部分　稳定性和反应性

稳定性 稳定

危险反应 与强氧化剂、酸类、酸酐、酰基氯等禁配物发生反应

避免接触的条件 无资料

禁配物 强氧化剂、酸类、酸酐、酰基氯

危险的分解产物 氮氧化物、氧化硫

第十一部分　毒理学信息

急性毒性 无资料

皮肤刺激或腐蚀 无资料	**眼睛刺激或腐蚀** 无资料
呼吸或皮肤过敏 无资料	**生殖细胞突变性** 无资料
致癌性 无资料	**生殖毒性** 无资料

特异性靶器官系统毒性-一次接触 无资料

特异性靶器官系统毒性-反复接触 无资料

吸入危害 无资料

第十二部分　生态学信息

生态毒性 无资料

持久性和降解性
生物降解性　无资料
非生物降解性　无资料

潜在的生物累积性 无资料

土壤中的迁移性 无资料

第十三部分　废弃处置

废弃化学品 建议用焚烧法处置。在能利用的地方重复使用容器或在规定场所掩埋

污染包装物 将容器返还生产商或按照国家和地方法规处置

废弃注意事项 处置前应参阅国家和地方有关法规

第十四部分　运输信息

联合国危险货物编号（UN 号） —

联合国运输名称 —	**联合国危险性类别** —
包装类别 —	**包装标志** —

海洋污染物 否

运输注意事项 运输前应先检查包装容器是否完整、密封，运输过程中要确保容器不泄漏、不倒塌、不坠落、不损坏。严禁与酸类、氧化剂、食品及食品添加剂混运。运输时运输车辆应配备相应品种和数量的消防器材及泄漏应急处理设备。运输途中应防暴晒、雨淋，防高温。公路运输时要按规定路线行驶，勿在居民区和人口稠密区停留

第十五部分　法规信息

下列法律、法规、规章和标准，对该化学品的管理作了相应的规定。

中华人民共和国职业病防治法 职业病分类和目录：未列入

危险化学品安全管理条例 危险化学品目录：列入。易制爆危险化学品名录：未列入。重点监管的危险化学品

名录：未列入。GB 18218—2009《危险化学品重大危险源辨识》（表1）：未列入

使用有毒物品作业场所劳动保护条例　高毒物品目录：未列入

易制毒化学品管理条例　易制毒化学品的分类和品种目录：未列入

国际公约　斯德哥尔摩公约：未列入。鹿特丹公约：未列入。蒙特利尔议定书：未列入

第十六部分　其他信息

编写和修订信息　　　缩略语和首字母缩写
培训建议　　　　　　参考文献
免责声明

二硫化二苯并噻唑

第一部分　化学品标识

化学品中文名　二硫化二苯并噻唑；促进剂 DM
化学品英文名　di(2-benzothiazol)disulfide; benzothiazolyl disulfide

分子式　$C_{14}H_8N_2S_4$　**分子量**　332.49

结构式　

化学品的推荐及限制用途　用作天然橡胶或合成橡胶的硫化促进剂

第二部分　危险性概述

紧急情况概述　可能导致皮肤过敏反应
GHS 危险性类别　皮肤致敏物，类别1；危害水生环境-急性危害，类别1；危害水生环境-长期危害，类别1
标签要素

象形图　![GHS07][GHS09]

警示词　警告
危险性说明　可能导致皮肤过敏反应，对水生生物毒性非常大并具有长期持续影响
防范说明
预防措施　避免吸入粉尘、烟气、气体。污染的工作服不得带出工作场所。戴防护手套。禁止排入环境
事故响应　如皮肤接触：用大量肥皂水和水清洗。如出现皮肤刺激或皮疹：就医。污染的衣服经洗净后方可重新使用。收集泄漏物
安全储存　—
废弃处置　—
物理和化学危险　可燃，其粉体与空气混合，能形成爆炸性混合物
健康危害　摄入可引起中毒
环境危害　对水生生物毒性非常大并具有长期持续影响

第三部分　成分/组成信息

✓ 物质　　　　　　　　混合物

组分	浓度	CAS No.
二硫化二苯并噻唑		120-78-5

第四部分　急救措施

吸入　迅速脱离现场至空气新鲜处。保持呼吸道通畅。如呼吸困难，给输氧。呼吸、心跳停止，立即进行心肺复苏术。就医
皮肤接触　脱去污染的衣着，用流动清水冲洗。如有不适感，就医
眼睛接触　提起眼睑，用流动清水或生理盐水冲洗。1滴橄榄油或3滴肾上腺素，要反复滴可控制结膜炎症状。如有不适感，就医
食入　饮足量温水，催吐。用2%～5%硫酸钠或硫酸镁溶液洗胃，导泻。就医
对保护施救者的忠告　根据需要使用个人防护设备
对医生的特别提示　对症处理

第五部分　消防措施

灭火剂　用雾状水、泡沫、干粉、二氧化碳、砂土灭火
特别危险性　遇明火、高热可燃。其粉体与空气可形成爆炸性混合物，当达到一定浓度时，遇火星会发生爆炸。受高热分解放出有毒的气体
灭火注意事项及防护措施　消防人员必须佩戴防毒面具、穿全身消防服，在上风向灭火。尽可能将容器从火场移至空旷处。喷水保持火场容器冷却，直至灭火结束

第六部分　泄漏应急处理

作业人员防护措施、防护装备和应急处置程序　隔离泄漏污染区，限制出入。消除所有点火源。建议应急处理人员戴防尘口罩，穿一般作业工作服。尽可能切断泄漏源。用塑料布覆盖泄漏物，减少飞散。勿使水进入包装容器内
环境保护措施　防止泄漏物进入水体、下水道、地下室或密闭性空间
泄漏化学品的收容、清除方法及所使用的处置材料　用洁净的铲子收集泄漏物，置于干净、干燥、盖子较松的容器中，将容器移离泄漏区

第七部分　操作处置与储存

操作注意事项　密闭操作，提供充分的局部排风。防止粉尘释放到车间空气中。操作人员必须经过专门培训，严格遵守操作规程。建议操作人员佩戴防尘面具（全面罩），穿胶布防毒衣，戴橡胶手套。远离火种、热源，工作场所严禁吸烟。使用防爆型的通风系统和设备。避免产生粉尘。避免与氧化剂接触。配备相应品种和数量的消防器材及泄漏应急处理设备。倒空的容器可能残留有害物
储存注意事项　储存于阴凉、通风的库房。远离火种、热源。防止阳光直射。包装密封。应与氧化剂分开存

放，切忌混储。配备相应品种和数量的消防器材。储区应备有合适的材料收容泄漏物

第八部分 接触控制/个体防护

职业接触限值

中国 未制定标准

美国（ACGIH） 未制定标准

生物接触限值 未制定标准

监测方法 空气中有毒物质测定方法：未制定标准。生物监测检验方法：未制定标准

工程控制 严加密闭，提供充分的局部排风

个体防护装备

呼吸系统防护 可能接触其粉尘时，必须佩戴防尘面具（全面罩）。紧急事态抢救或撤离时，应该佩戴空气呼吸器

眼睛防护 呼吸系统防护中已作防护

皮肤和身体防护 穿密闭型防毒服

手防护 戴橡胶手套

第九部分 理化特性

外观与性状 黄白色粉末　　**pH 值** 无意义

熔点(℃) 165～180　　**沸点(℃)** 260（分解）

相对密度(水＝1) 1.54～1.60

相对蒸气密度(空气＝1) 无资料

饱和蒸气压(kPa) 无资料

临界压力(MPa) 无资料　　**辛醇/水分配系数** 无资料

闪点(℃) 271（开杯）　　**自燃温度(℃)** 360

爆炸下限(%) 无资料　　**爆炸上限(%)** 无资料

分解温度(℃) 无资料　　**黏度(mPa·s)** 无资料

燃烧热(kJ/mol) 无资料　　**临界温度(℃)** 无资料

溶解性 不溶于水、汽油、乙酸乙酯，溶于苯、四氯化碳、乙醇、丙酮

第十部分 稳定性和反应性

稳定性 稳定

危险反应 与强氧化剂等禁配物发生反应

避免接触的条件 无资料

禁配物 强氧化剂

危险的分解产物 氮氧化物、氧化硫

第十一部分 毒理学信息

急性毒性 LD_{50}：＞12000mg/kg（大鼠经口）；2600mg/kg（大鼠腹腔镜）；7000mg/kg（小鼠经口）；＞7940mg/kg（兔经皮）

皮肤刺激或腐蚀 无资料　　**眼睛刺激或腐蚀** 无资料

呼吸或皮肤过敏 可致接触性皮炎

生殖细胞突变性 微生物致突变：鼠伤寒沙门氏菌 $3333\mu g/皿$

致癌性 小鼠经口最低中毒剂量（TDLo）：172g/kg（78周，间歇），按 RTECS 标准为可疑致肿瘤物、血液和呼吸系统肿瘤

生殖毒性 大鼠肠胃外最低中毒剂量（TDLo）：400mg/kg（孕4～11d），植入后死亡率增加，每窝胎数改变，

死胎。大鼠肠胃外最低中毒剂量（TDLo）：800mg/kg（雌、雄交配前2d）引起植入后死亡率增加、每窝胎数改变和胚胎毒性

特异性靶器官系统毒性-一次接触 无资料

特异性靶器官系统毒性-反复接触 无资料

吸入危害 无资料

第十二部分 生态学信息

生态毒性 对水生生物毒性非常大并具有长期持续影响。LC_{50}：82mg/L（大太阳鱼，96h）；82mg/L（水蚤，48h）。EC_{50}：0.7mg/mL（海藻，96h）

持久性和降解性

生物降解性 无资料

非生物降解性 无资料

潜在的生物累积性 无资料

土壤中的迁移性 无资料

第十三部分 废弃处置

废弃化学品 建议用焚烧法处置。在规定场所掩埋空容器

污染包装物 将容器返还生产商或按照国家和地方法规处置

废弃注意事项 处置前应参阅国家和地方有关法规

第十四部分 运输信息

联合国危险货物编号（UN 号） 3077

联合国运输名称 对环境有害的固态物质，未另作规定的（二硫化苯并噻唑）

联合国危险性类别 9

包装类别 Ⅲ　　　　　　**包装标志**

海洋污染物 是

运输注意事项 起运时包装要完整，装载应稳妥。运输过程中要确保容器不泄漏、不倒塌、不坠落、不损坏。严禁与氧化剂、食用化学品等混装混运。运输途中应防暴晒、雨淋，防高温。运输时运输车辆应配备相应品种和数量的消防器材及泄漏应急处理设备。装运本品的车辆排气管必须有阻火装置。中途停留时应远离火种、热源。运输车船必须彻底清洗、消毒，否则不得装运其他物品。公路运输时要按规定路线行驶，勿在居民区和人口稠密区停留

第十五部分 法规信息

下列法律、法规、规章和标准，对该化学品的管理作了相应的规定。

中华人民共和国职业病防治法 职业病分类和目录：未列入

危险化学品安全管理条例 危险化学品目录：未列入。易制爆危险化学品名录：未列入。重点监管的危险化学品名录：未列入。GB 18218—2009《危险化学品重大危险源辨识》（表1）：未列入

使用有毒物品作业场所劳动保护条例 高毒物品目录：未

列入

易制毒化学品管理条例　易制毒化学品的分类和品种目
录：未列入

国际公约　斯德哥尔摩公约：未列入。鹿特丹公约：未列
入。蒙特利尔议定书：未列入

第十六部分　其他信息

编写和修订信息　　　　　缩略语和首字母缩写
培训建议　　　　　　　　参考文献
免责声明

二硫化二苄

第一部分　化学品标识

化学品中文名　二硫化二苄；二苄基二硫
化学品英文名　dibenzyl disulfide；benzyl disulfide
分子式　$C_{14}H_{14}S_2$　**分子量**　246.38

结构式

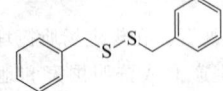

化学品的推荐及限制用途　用作抗氧剂及稳定剂

第二部分　危险性概述

紧急情况概述　可能导致皮肤过敏反应
GHS危险性类别　皮肤腐蚀/刺激，类别3；严重眼损伤/
眼刺激，类别2B；皮肤致敏物，类别1
标签要素

象形图

警示词　警告
危险性说明　造成轻微皮肤刺激，造成眼刺激，可能导
致皮肤过敏反应
防范说明
预防措施　避免接触眼睛皮肤，操作后彻底清洗。
避免吸入粉尘、烟气、气体。污染的工作服不
得带出工作场所。戴防护手套
事故响应　如接触眼睛：用水细心冲洗数分钟。如
戴隐形眼镜并可方便地取出，取出隐形眼镜，
继续冲洗。如果眼睛刺激持续：就医。如皮肤
接触：用大量肥皂水和水清洗。如出现皮肤刺
激或皮疹：就医。污染的衣服经洗净后方可重
新使用
安全储存　—
废弃处置　本品及内装物、容器依据国家和地方法
规处置
物理和化学危险　可燃，其粉体与空气混合，能形成爆炸
性混合物
健康危害　接触者有恶心、乏力、食欲下降，可以恢复。
目前，未见中毒报道
环境危害　对环境可能有害

第三部分　成分/组成信息

√ 物质　　　　　　　　　混合物

组分	浓度	CAS No.
二硫化二苄		150-60-7

第四部分　急救措施

吸入　脱离现场至空气新鲜处。如呼吸困难，给输氧。
就医
皮肤接触　脱去污染的衣着，用流动清水冲洗。如有不适
感，就医
眼睛接触　提起眼睑，用流动清水或生理盐水冲洗。如有
不适感，就医
食入　饮足量温水，催吐。就医
对保护施救者的忠告　根据需要使用个人防护设备
对医生的特别提示　对症处理

第五部分　消防措施

灭火剂　用二氧化碳、泡沫、干粉、砂土灭火
特别危险性　遇明火、高热可燃。粉体与空气可形成爆
炸性混合物，当达到一定浓度时，遇火星会发生
爆炸
灭火注意事项及防护措施　消防人员必须佩戴防毒面具、
穿全身消防服，在上风向灭火。尽可能将容器从火
场移至空旷处。喷水保持火场容器冷却，直至灭火
结束

第六部分　泄漏应急处理

作业人员防护措施、防护装备和应急处置程序　隔离泄漏
污染区，限制出入。消除所有点火源。建议应急处理
人员戴防尘口罩，穿一般作业工作服。尽可能切断泄
漏源。用塑料布覆盖泄漏物，减少飞散。勿使水进入
包装容器内
环境保护措施　防止泄漏物进入水体、下水道、地下室或
密闭性空间
泄漏化学品的收容、清除方法及所使用的处置材料　用洁
净的铲子收集泄漏物，置于干净、干燥、盖子较松的
容器中，将容器移离泄漏区

第七部分　操作处置与储存

操作注意事项　密闭操作，局部排风。操作人员必须经过
专门培训，严格遵守操作规程。建议操作人员佩戴自
吸过滤式防尘口罩，戴化学安全防护眼镜，穿防毒物
渗透工作服，戴乳胶手套。远离火种、热源，工作场
所严禁吸烟。使用防爆型的通风系统和设备。避免与
氧化剂、酸类接触。搬运时要轻装轻卸，防止包装及
容器损坏。配备相应品种和数量的消防器材及泄漏应
急处理设备。倒空的容器可能残留有害物
储存注意事项　储存于阴凉、通风的库房。远离火种、热
源。应与氧化剂、酸类分开存放，切忌混储。配备相
应品种和数量的消防器材。储区应备有合适的材料收
容泄漏物

第八部分　接触控制/个体防护

职业接触限值
　　中国　未制定标准
　　美国（ACGIH）　未制定标准
生物接触限值　未制定标准
监测方法　空气中有毒物质测定方法：未制定标准。生物监测检验方法：未制定标准
工程控制　密闭操作，局部排风
个体防护装备
　　呼吸系统防护　空气中粉尘浓度超标时，建议佩戴过滤式防尘呼吸器。紧急事态抢救或撤离时，应该佩戴空气呼吸器
　　眼睛防护　戴化学安全防护眼镜
　　皮肤和身体防护　穿防毒物渗透工作服
　　手防护　戴乳胶手套

第九部分　理化特性

外观与性状　白色粉末
pH 值　无资料　　　　**熔点(℃)**　70～72
沸点(℃)　无资料　　　**相对密度(水=1)**　无资料
相对蒸气密度(空气=1)　无资料
饱和蒸气压(kPa)　无资料
临界压力(MPa)　无资料　**辛醇/水分配系数**　无资料
闪点(℃)　无资料　　　**自燃温度(℃)**　无资料
爆炸下限(%)　无资料　**爆炸上限(%)**　无资料
分解温度(℃)　无资料　**黏度(mPa·s)**　无资料
燃烧热(kJ/mol)　无资料　**临界温度(℃)**　无资料
溶解性　微溶于水，溶于多数有机溶剂

第十部分　稳定性和反应性

稳定性　稳定
危险反应　与强氧化剂、酸类等禁配物发生反应
避免接触的条件　无资料
禁配物　强氧化剂、酸类
危险的分解产物　氧化硫

第十一部分　毒理学信息

急性毒性　无资料
皮肤刺激或腐蚀　无资料　**眼睛刺激或腐蚀**　无资料
呼吸或皮肤过敏　无资料　**生殖细胞突变性**　无资料
致癌性　无资料　　　　**生殖毒性**　无资料
特异性靶器官系统毒性-一次接触　无资料
特异性靶器官系统毒性-反复接触　无资料
吸入危害　无资料

第十二部分　生态学信息

生态毒性　无资料
持久性和降解性
　　生物降解性　无资料
　　非生物降解性　无资料
潜在的生物累积性　无资料
土壤中的迁移性　无资料

第十三部分　废弃处置

废弃化学品　建议用焚烧法处置
污染包装物　将容器返还生产商或按照国家和地方法规处置
废弃注意事项　处置前应参阅国家和地方有关法规

第十四部分　运输信息

联合国危险货物编号（UN 号）　—
联合国运输名称　—　　**联合国危险性类别**　—
包装类别　—　　　　　**包装标志**　—
海洋污染物　否
运输注意事项　起运时包装要完整，装载应稳妥。运输过程中要确保容器不泄漏、不倒塌、不坠落、不损坏。严禁与氧化剂、酸类等混装混运。运输途中应防暴晒、雨淋，防高温

第十五部分　法规信息

　　下列法律、法规、规章和标准，对该化学品的管理作了相应的规定。
中华人民共和国职业病防治法　职业病分类和目录：未列入
危险化学品安全管理条例　危险化学品目录：未列入。易制爆危险化学品名录：未列入。重点监管的危险化学品名录：未列入。GB 18218—2009《危险化学品重大危险源辨识》（表1）：未列入
使用有毒物品作业场所劳动保护条例　高毒物品目录：未列入
易制毒化学品管理条例　易制毒化学品的分类和品种目录：未列入
国际公约　斯德哥尔摩公约：未列入。鹿特丹公约：未列入。蒙特利尔议定书：未列入

第十六部分　其他信息

编写和修订信息　　　**缩略语和首字母缩写**
培训建议　　　　　　**参考文献**
免责声明

二硫化四甲基秋兰姆

第一部分　化学品标识

化学品中文名　二硫化四甲基秋兰姆；四甲基二硫代秋兰姆；促进剂 TMTD；福美双；秋兰姆；赛欧散；四甲基硫代过氧化二碳酸二酰胺
化学品英文名　tetramethylthiuram disulfide；Thiram
分子式　$C_6H_{12}N_2S_4$　**分子量**　240.4388
结构式

化学品的推荐及限制用途　在橡胶工业中用作硫化促进剂，农业上用作杀菌剂和杀虫剂；也可用作润滑油添加剂等

第二部分　危险性概述

紧急情况概述　吞咽有害，吸入有害，造成皮肤刺激，造成严重眼刺激

GHS危险性类别　急性毒性-经口，类别4；急性毒性-吸入，类别4；皮肤腐蚀/刺激，类别2；严重眼损伤/眼刺激，类别2

标签要素

象形图　

警示词　警告

危险性说明　吞咽有害，吸入有害，造成皮肤刺激，造成严重眼刺激

防范说明

预防措施　避免接触眼睛、皮肤，操作后彻底清洗。作业场所不得进食、饮水或吸烟。避免吸入粉尘。仅在室外或通风良好处操作。戴防护手套、防护眼镜、防护面罩

事故响应　如吸入：将患者转移到空气新鲜处，休息，保持利于呼吸的体位。皮肤接触：用大量肥皂水和水清洗，如发生皮肤刺激，就医，脱去被污染的衣服，衣服经洗净后方可重新使用。如接触眼睛：用水细心冲洗数分钟。如戴隐形眼镜并可方便地取出，取出隐形眼镜，继续冲洗。如果眼睛刺激持续：就医。食入：如果感觉不适，立即呼叫中毒控制中心或就医，漱口

安全储存　—

废弃处置　本品及内装物、容器依据国家和地方法规处置

物理和化学危险　可燃，其粉体与空气混合，能形成爆炸性混合物

健康危害　对呼吸道、皮肤、胃肠道有明显刺激作用，可抑制白细胞生成。大剂量误服可损害中枢神经系统、心脏、肝脏和内分泌腺。吸入后可产生过敏。中毒少见，中毒后可有头痛、多汗、心动过速、心律不齐、呕吐、呼吸困难、支气管炎。可引起荨麻疹。口服大剂量后出现恶心、呕吐、腹痛、腹泻。严重时出现神经系统兴奋，最后转入呼吸中枢抑制和麻痹，可有肝肾损害。接触本品后可提高对酒精的敏感度。长期接触，可引起职业性皮炎、神衰综合征、眼及上呼吸道刺激症状等

环境危害　对环境可能有害

第三部分　成分/组成信息

√ 物质 　　　　　　　　　　　混合物

组分	浓度	CAS No.
二硫化四甲基秋兰姆		137-26-8

第四部分　急救措施

吸入　迅速脱离现场至空气新鲜处。保持呼吸道通畅。如呼吸困难，给输氧。呼吸、心跳停止，立即进行心肺复苏术。就医

皮肤接触　立即脱去污染的衣着，用流动清水彻底冲洗。就医

眼睛接触　立即分开眼睑，用流动清水或生理盐水彻底冲洗。就医

食入　漱口，饮水。就医

对保护施救者的忠告　根据需要使用个人防护设备

对医生的特别提示　对症处理

第五部分　消防措施

灭火剂　用雾状水、泡沫、干粉、二氧化碳、砂土灭火

特别危险性　遇明火、高热可燃。受热分解，放出氮、硫的氧化物等毒性气体

灭火注意事项及防护措施　消防人员必须佩戴防毒面具、穿全身消防服，在上风向灭火。尽可能将容器从火场移至空旷处。喷水保持火场容器冷却，直至灭火结束

第六部分　泄漏应急处理

作业人员防护措施、防护装备和应急处置程序　隔离泄漏污染区，限制出入。消除所有点火源。建议应急处理人员戴防尘口罩，穿防毒服。穿上适当的防护服前严禁接触破裂的容器和泄漏物。尽可能切断泄漏源

环境保护措施　用塑料布覆盖泄漏物，减少飞散

泄漏化学品的收容、清除方法及所使用的处置材料　勿使水进入包装容器内。用洁净的铲子收集泄漏物，置于干净、干燥、盖子较松的容器中，将容器移离泄漏区

第七部分　操作处置与储存

操作注意事项　密闭操作，全面通风。操作人员必须经过专门培训，严格遵守操作规程。建议操作人员佩戴自吸过滤式防尘口罩，戴化学安全防护眼镜，穿防毒物渗透工作服，戴橡胶手套。远离火种、热源，工作场所严禁吸烟。使用防爆型的通风系统和设备。避免产生粉尘。避免与氧化剂接触。搬运时要轻装轻卸，防止包装及容器损坏。配备相应品种和数量的消防器材及泄漏应急处理设备。倒空的容器可能残留有害物

储存注意事项　储存于阴凉、通风的库房。远离火种、热源。应与氧化剂分开存放，切忌混储。配备相应品种和数量的消防器材。储区应备有合适的材料收容泄漏物

第八部分　接触控制/个体防护

职业接触限值

中国　未制定标准

美国（ACGIH）　TLV-TWA：0.05mg/m³（可吸入性颗粒物和蒸气）〔敏〕

生物接触限值　未制定标准

监测方法　空气中有毒物质测定方法：未制定标准。生物监测检验方法：未制定标准

工程控制　生产过程密闭，全面通风

个体防护装备

呼吸系统防护　空气中粉尘浓度超标时，必须佩戴过

滤式防尘呼吸器。紧急事态抢救或撤离时，应该佩戴空气呼吸器

眼睛防护　戴化学安全防护眼镜

皮肤和身体防护　穿防毒物渗透工作服

手防护　戴橡胶手套

第九部分　理化特性

外观与性状　白色或灰白色、有特殊气味、结晶粉末

pH 值　无意义　　　　熔点(℃)　146～148

沸点(℃)　无资料　　　相对密度(水＝1)　1.43

相对蒸气密度(空气＝1)　无资料

饱和蒸气压(kPa)　无资料

临界压力(MPa)　无资料　辛醇/水分配系数　无资料

闪点(℃)　150（CC）　自燃温度(℃)　无资料

爆炸下限(%)　无资料　爆炸上限(%)　无资料

分解温度(℃)　沸点分解　黏度(mPa·s)　无资料

燃烧热(kJ/mol)　无资料　临界温度(℃)　无资料

溶解性　不溶于水，不溶于稀碱液、汽油，溶于乙醇、苯、氯仿、二硫化碳等

第十部分　稳定性和反应性

稳定性　稳定

危险反应　与强氧化剂等禁配物发生反应

避免接触的条件　受热

禁配物　强氧化剂

危险的分解产物　硫化物、氮氧化物

第十一部分　毒理学信息

急性毒性　LD_{50}：560mg/kg（大鼠经口）；1250mg/kg（小鼠经口）；210mg/kg（兔经口）；800mg/kg（其他动物）

皮肤刺激或腐蚀　无资料　眼睛刺激或腐蚀　无资料

呼吸或皮肤过敏　无资料　生殖细胞突变性　无资料

致癌性　无资料　　　　生殖毒性　无资料

特异性靶器官系统毒性-一次接触　无资料

特异性靶器官系统毒性-反复接触　无资料

吸入危害　无资料

第十二部分　生态学信息

生态毒性　LC_{50}：0.046mg/L（96h）（虹鳟）（OECD 203）；EC_{50}：0.38mg/L（48h）（大型溞）（OECD 202）；ErC_{50}：0.12mg/L（24h）（羊角月牙藻）（OECD 201）；NOEC：0.0046mg/L（33d）（黑头呆鱼）（OECD 210）；NOEC：0.04mg/L（21d）（大型溞）（OECD 211）

持久性和降解性

　　生物降解性　不易快速生物降解（OECD 301D）

　　非生物降解性　无资料

潜在的生物累积性　根据 K_{ow} 值预测，该物质的生物累积性可能较弱

土壤中的迁移性　根据 K_{oc} 值预测，该物质可能易发生迁移

第十三部分　废弃处置

废弃化学品　建议用焚烧法处置。焚烧炉排出的气体要通过洗涤器除去

污染包装物　将容器返还生产商或按照国家和地方法规处置

废弃注意事项　处置前应参阅国家和地方有关法规

第十四部分　运输信息

联合国危险货物编号（UN 号）　3077

联合国运输名称　对环境有害的固态物质，未另作规定的（二硫化四甲基秋兰姆）

联合国危险性类别　9

包装类别　Ⅲ　　　　　包装标志　

海洋污染物　是

运输注意事项　起运时包装要完整，装载应稳妥。运输过程中要确保容器不泄漏、不倒塌、不坠落、不损坏。严禁与氧化剂、食用化学品等混装混运。运输途中应防暴晒、雨淋，防高温。车辆运输完毕应进行彻底清扫

第十五部分　法规信息

下列法律、法规、规章和标准，对该化学品的管理作了相应的规定。

中华人民共和国职业病防治法　职业病分类和目录：未列入

危险化学品安全管理条例　危险化学品目录：列入。易制爆危险化学品名录：未列入。重点监管的危险化学品名录：未列入。GB 18218—2009《危险化学品重大危险源辨识》(表1)：未列入

使用有毒物品作业场所劳动保护条例　高毒物品目录：未列入

易制毒化学品管理条例　易制毒化学品的分类和品种目录：未列入

国际公约　斯德哥尔摩公约：未列入。鹿特丹公约：列入。蒙特利尔议定书：未列入

第十六部分　其他信息

编写和修订信息　　　　缩略语和首字母缩写

培训建议　　　　　　　参考文献

免责声明

二硫化硒

第一部分　化学品标识

化学品中文名　二硫化硒

化学品英文名　selenium disulfide; selenium sulfide

分子式　SeS_2　分子量　143.09

结构式　S＝Se＝S

化学品的推荐及限制用途　用于治疗猫或狗的湿疹和细菌

感染。25%的悬浮液用作慢性脂溢症的洗发香波。还用于仪器及仪表工业

第二部分　危险性概述

紧急情况概述　吞咽会中毒，吸入会中毒

GHS 危险性类别　急性毒性-经口，类别 3；急性毒性-吸入，类别 3；特异性靶器官毒性-反复接触，类别 2；危害水生环境-急性危害，类别 1；危害水生环境-长期危害，类别 1

标签要素

象形图　

警示词　危险

危险性说明　吞咽会中毒，吸入会中毒，长时间或反复接触可能对器官造成损伤，对水生生物毒性非常大并具有长期持续影响

防范说明

　　预防措施　避免接触眼睛、皮肤，操作后彻底清洗。作业场所不得进食、饮水或吸烟。避免吸入粉尘。仅在室外或通风良好处操作。禁止排入环境

　　事故响应　如吸入：将患者转移到空气新鲜处，休息，保持利于呼吸的体位，呼叫中毒控制中心或就医。食入：立即呼叫中毒控制中心或就医。漱口。如感觉不适，就医。收集泄漏物

　　安全储存　在通风良好处储存。保持容器密闭。上锁保管

　　废弃处置　本品及内装物、容器依据国家和地方法规处置

物理和化学危险　不燃，无特殊燃爆特性

健康危害　本品对眼睛、皮肤、黏膜有强烈刺激作用，误服可引起中毒。中毒出现震颤、腹痛，偶有呕吐，呼气有大蒜味

环境危害　对水生生物毒性非常大并具有长期持续影响

第三部分　成分/组成信息

√ 物质　　　　　　　　混合物

组分	浓度	CAS No.
二硫化硒		7488-56-4

第四部分　急救措施

吸入　迅速脱离现场至空气新鲜处。保持呼吸道通畅。如呼吸困难，给输氧。如呼吸、心跳停止，立即进行心肺复苏术。就医

皮肤接触　立即脱去污染的衣着，用流动清水彻底冲洗。就医

眼睛接触　立即分开眼睑，用流动清水或生理盐水彻底冲洗。就医

食入　饮适量温水，催吐（仅限于清醒者）。就医

对保护施救者的忠告　根据需要使用个人防护设备

对医生的特别提示　对症处理

第五部分　消防措施

灭火剂　本品不燃，根据着火原因选择适当灭火剂灭火

特别危险性　本身不能燃烧。受高热分解放出有毒的气体

灭火注意事项及防护措施　消防人员必须穿全身防火防毒服，在上风向灭火。灭火时尽可能将容器从火场移至空旷处

第六部分　泄漏应急处理

作业人员防护措施、防护装备和应急处置程序　隔离泄漏污染区，限制出入。建议应急处理人员戴防尘口罩，穿防毒服。穿上适当的防护服前严禁接触破裂的容器和泄漏物。尽可能切断泄漏源

环境保护措施　用塑料布覆盖泄漏物，减少飞散

泄漏化学品的收容、清除方法及所使用的处置材料　勿使水进入包装容器内。用洁净的铲子收集泄漏物，置于干净、干燥、盖子较松的容器中，将容器移离泄漏区

第七部分　操作处置与储存

操作注意事项　密闭操作，提供充分的局部排风。防止粉尘释放到车间空气中。操作人员必须经过专门培训，严格遵守操作规程。建议操作人员佩戴防尘面具（全面罩），穿胶布防毒衣，戴橡胶手套。避免产生粉尘。避免与氧化剂接触。配备泄漏应急处理设备。倒空的容器可能残留有害物

储存注意事项　储存于阴凉、通风的库房。远离火种、热源。防止阳光直射。包装密封。应与氧化剂、食用化学品分开存放，切忌混储。储区应备有合适的材料收容泄漏物

第八部分　接触控制/个体防护

职业接触限值

　　中国　PC-TWA：0.1mg/m³〔按 Se 计〕

　　美国（ACGIH）　TLV-TWA：0.2mg/m³〔按 Se 计〕

生物接触限值　未制定标准

监测方法　空气中有毒物质测定方法：未制定标准。生物监测检验方法：未制定标准

工程控制　严加密闭，提供充分的局部排风

个体防护装备

　　呼吸系统防护　可能接触其粉尘时，必须佩戴防尘面具（全面罩）。紧急事态抢救或撤离时，应该佩戴空气呼吸器

　　眼睛防护　呼吸系统防护中已作防护

　　皮肤和身体防护　穿密闭型防毒服

　　手防护　戴橡胶手套

第九部分　理化特性

外观与性状　红色至黄色结晶

pH 值　无意义		熔点（℃）　>120	
沸点（℃）（分解）		相对密度（水=1）　2.99	

相对蒸气密度(空气=1)　无资料

饱和蒸气压(kPa)　无资料

临界压力(MPa)	无意义	辛醇/水分配系数	无资料
闪点(℃)	无意义	自燃温度(℃)	无意义
爆炸下限(%)	无意义	爆炸上限(%)	无意义
分解温度(℃)	沸点分解	黏度(mPa·s)	无资料
燃烧热(kJ/mol)	无资料	临界温度(℃)	无资料

溶解性　不溶于水、多数有机溶剂

第十部分　稳定性和反应性

稳定性　稳定

危险反应　与强氧化剂等禁配物发生反应

避免接触的条件　无资料

禁配物　强氧化剂

危险的分解产物　氧化硫、硒、氧化硒

第十一部分　毒理学信息

急性毒性　LD$_{50}$：138mg/kg（大鼠经口）；370mg/kg（小鼠经口）

皮肤刺激或腐蚀　无资料　　**眼睛刺激或腐蚀**　无资料

呼吸或皮肤过敏　无资料　　**生殖细胞突变性**　无资料

致癌性　美国EPA 1988年报道：对大鼠和小鼠致癌阳性

生殖毒性　无资料

特异性靶器官系统毒性-一次接触　无资料

特异性靶器官系统毒性-反复接触　无资料

吸入危害　无资料

第十二部分　生态学信息

生态毒性　硒化合物对水生生物有极高毒性

持久性和降解性

　生物降解性　无资料

　非生物降解性　无资料

潜在的生物累积性　无资料

土壤中的迁移性　无资料

第十三部分　废弃处置

废弃化学品　建议用控制焚烧法或安全掩埋法处置。破损容器禁止重新使用，要在规定场所掩埋

污染包装物　将容器返还生产商或按照国家和地方法规处置

废弃注意事项　处置前应参阅国家和地方有关法规

第十四部分　运输信息

联合国危险货物编号（UN号）　2657

联合国运输名称　二硫化硒

联合国危险性类别　6.1

包装类别　Ⅱ　　　　**包装标志**

海洋污染物　是

运输注意事项　运输前应先检查包装容器是否完整、密封，运输过程中要确保容器不泄漏、不倒塌、不坠落、不损坏。严禁与酸类、氧化剂、食品及食品添加剂混运。运输时运输车辆应配备泄漏应急处理设

备。运输途中应防暴晒、雨淋，防高温。公路运输时要按规定路线行驶，勿在居民区和人口稠密区停留

第十五部分　法规信息

下列法律、法规、规章和标准，对该化学品的管理作了相应的规定。

中华人民共和国职业病防治法　职业病分类和目录：未列入

危险化学品安全管理条例　危险化学品目录：列入。易制爆危险化学品名录：未列入。重点监管的危险化学品名录：未列入。GB 18218—2009《危险化学品重大危险源辨识》（表1）：未列入

使用有毒物品作业场所劳动保护条例　高毒物品目录：未列入

易制毒化学品管理条例　易制毒化学品的分类和品种目录：未列入

国际公约　斯德哥尔摩公约：未列入。鹿特丹公约：未列入。蒙特利尔议定书：未列入

第十六部分　其他信息

编写和修订信息	缩略语和首字母缩写
培训建议	参考文献
免责声明	

二硫酰氯

第一部分　化学品标识

化学品中文名　二硫酰氯；氯化二硫酰；焦硫酰氯

化学品英文名　disulfuryl chloride；pyrosulfuryl chloride

分子式　Cl$_2$O$_5$S$_2$　　**分子量**　215.05

结构式

化学品的推荐及限制用途　用于有机合成

第二部分　危险性概述

紧急情况概述　造成严重的皮肤灼伤和眼损伤

GHS危险性类别　皮肤腐蚀/刺激，类别1；严重眼损伤/眼刺激，类别1

标签要素

象形图

警示词　危险

危险性说明　造成严重的皮肤灼伤和眼损伤

防范说明

　预防措施　避免吸入烟雾。避免接触眼睛、皮肤，操作后彻底清洗。戴防护手套、穿防护服，戴防护眼镜、防护面罩

　事故响应　如吸入：将患者转移到空气新鲜处，休息，保持利于呼吸的体位，立即呼叫中毒控制

中心或就医。皮肤（或头发）接触：立即脱掉所有被污染的衣服，用水冲洗皮肤，淋浴。污染的衣服须洗净后方可重新使用。眼睛接触：用水细心地冲洗数分钟。如戴隐形眼镜并可方便地取出，则取出隐形眼镜，继续冲洗。食入：漱口，不要催吐

安全储存　上锁保管

废弃处置　本品及内装物、容器依据国家和地方法规处置

物理和化学危险　不燃，无特殊燃爆特性。遇水剧烈反应，产生有毒气体

健康危害　对眼睛、皮肤、黏膜有刺激性。本品是具腐蚀性，眼和皮肤接触可引起灼伤

环境危害　对环境可能有害

第三部分　成分/组成信息

√ 物质　　　　　　混合物

组分	浓度	CAS No.
二硫酰氯		7791-27-7

第四部分　急救措施

吸入　迅速脱离现场至空气新鲜处。保持呼吸道通畅。如呼吸困难，给输氧。如呼吸、心跳停止，立即进行心肺复苏术。就医

皮肤接触　立即脱去污染的衣着，用大量流动清水彻底冲洗至少15min。就医

眼睛接触　立即分开眼睑，用流动清水或生理盐水彻底冲洗5～10min。就医

食入　用水漱口，禁止催吐。给饮牛奶或蛋清。就医

对保护施救者的忠告　根据需要使用个人防护设备

对医生的特别提示　对症处理

第五部分　消防措施

灭火剂　灭火时尽量切断泄漏源，然后根据着火原因选择适当灭火剂灭火

特别危险性　本身不能燃烧。遇水发生剧烈反应，散发出具有刺激性和腐蚀性的氯化氢气体。与磷发生猛烈反应。在潮湿条件下能腐蚀某些金属。若遇高热，容器内压增大，有开裂和爆炸的危险

灭火注意事项及防护措施　消防人员必须穿全身耐酸碱消防服。尽可能将容器从火场移至空旷处。禁止用水、泡沫和酸碱灭火剂灭火

第六部分　泄漏应急处理

作业人员防护措施、防护装备和应急处置程序　根据液体流动和蒸气扩散的影响区域划定警戒区，无关人员从侧风向、上风向撤离至安全区。建议应急处理人员戴正压自给式呼吸器，穿防酸碱服。穿上适当的防护服前严禁接触破裂的容器和泄漏物。尽可能切断泄漏源。勿使泄漏物与可燃物质（如木材、纸、油等）接触

环境保护措施　防止泄漏物进入水体、下水道、地下室或有限空间

泄漏化学品的收容、清除方法及所使用的处置材料　小量泄漏：用干燥的砂土或其他不燃材料覆盖泄漏物，用洁净的无火花工具收集泄漏物，置于一盖子较松的塑料容器中，待处置。大量泄漏：构筑围堤或挖坑收容。用碎石灰石（$CaCO_3$）、苏打灰（Na_2CO_3）或石灰（CaO）中和。用耐腐蚀泵转移至槽车或专用收集器内

第七部分　操作处置与储存

操作注意事项　密闭操作，提供充分的局部排风。防止蒸气泄漏到工作场所空气中。操作人员必须经过专门培训，严格遵守操作规程。建议操作人员佩戴自吸过滤式防毒面具（全面罩），穿橡胶耐酸碱服，戴橡胶耐酸碱手套。避免产生烟雾。避免与磷接触。尤其要注意避免与水接触。配备泄漏应急处理设备。倒空的容器可能残留有害物

储存注意事项　储存于阴凉、干燥、通风良好的库房。远离火种、热源。防止阳光直射。保持容器密封。应与磷、食用化学品等分开存放，切忌混储。储区应备有泄漏应急处理设备和合适的收容材料

第八部分　接触控制/个体防护

职业接触限值

中国　未制定标准

美国（ACGIH）　未制定标准

生物接触限值　未制定标准

监测方法　空气中有毒物质测定方法：未制定标准。生物监测检验方法：未制定标准

工程控制　严加密闭，提供充分的局部排风

个体防护装备

呼吸系统防护　空气中浓度超标时，必须佩戴过滤式防毒面具（全面罩）。紧急事态抢救或撤离时，应该佩戴空气呼吸器

眼睛防护　呼吸系统防护中已作防护

皮肤和身体防护　穿橡胶耐酸碱服

手防护　戴橡胶耐酸碱手套

第九部分　理化特性

外观与性状　无色挥发性发烟液体，并带有刺激性臭味

pH 值　无资料		**熔点(℃)**　−37	
沸点(℃)　146		**相对密度(水=1)**　1.837	
相对蒸气密度(空气=1)　9.6(g/L)			
饱和蒸气压(kPa)　无资料			
临界压力(MPa)　无资料		**辛醇/水分配系数**　无资料	
闪点(℃)　无意义		**自燃温度(℃)**　无意义	
爆炸下限(%)　无意义		**爆炸上限(%)**　无意义	
分解温度(℃)　无资料		**黏度(mPa·s)**　无资料	
燃烧热(kJ/mol)　无资料		**临界温度(℃)**　无资料	

溶解性　无资料

第十部分　稳定性和反应性

稳定性　稳定

危险反应　遇水发生剧烈反应，散发出具有刺激性和腐蚀

性的氯化氢气体。与磷发生猛烈反应

避免接触的条件 潮湿空气

禁配物 水、磷

危险的分解产物 氯化氢、氧化硫

第十一部分 毒理学信息

急性毒性 无资料

皮肤刺激或腐蚀 无资料　　**眼睛刺激或腐蚀** 无资料

呼吸或皮肤过敏 无资料　　**生殖细胞突变性** 无资料

致癌性 无资料　　　　　**生殖毒性** 无资料

特异性靶器官系统毒性-一次接触 无资料

特异性靶器官系统毒性-反复接触 无资料

吸入危害 无资料

第十二部分 生态学信息

生态毒性 无资料

持久性和降解性

　生物降解性 无资料

　非生物降解性 无资料

潜在的生物累积性 无资料

土壤中的迁移性 无资料

第十三部分 废弃处置

废弃化学品 用安全掩埋法处置。用石灰浆清洗倒空的容器。把倒空的容器归还厂商或在规定场所掩埋。量小时，中和本品的水溶液，滤出固体做掩埋处置，溶液冲入下水道。反应产生热和烟雾，通过控制加入速度予以控制

污染包装物 将容器返还生产商或按照国家和地方法规处置

废弃注意事项 处置前应参阅国家和地方有关法规

第十四部分 运输信息

联合国危险货物编号（UN 号） 1817

联合国运输名称 焦硫酰二氯

联合国危险性类别 8

包装类别 Ⅱ　　　　**包装标志**　

海洋污染物 否

运输注意事项 起运时包装要完整，装载应稳妥。运输过程中要确保容器不泄漏、不倒塌、不坠落、不损坏。严禁与活泼非金属、食用化学品等混装混运。运输时运输车辆应配备泄漏应急处理设备。运输途中应防暴晒、雨淋，防高温。公路运输时要按规定路线行驶，勿在居民区和人口稠密区停留

第十五部分 法规信息

　下列法律、法规、规章和标准，对该化学品的管理作了相应的规定。

中华人民共和国职业病防治法 职业病分类和目录：未列入

危险化学品安全管理条例 危险化学品目录：列入。易制爆危险化学品名录：未列入。重点监管的危险化学品名录：未列入。GB 18218—2009《危险化学品重大危险源辨识》（表1）：未列入

使用有毒物品作业场所劳动保护条例 高毒物品目录：未列入

易制毒化学品管理条例 易制毒化学品的分类和品种目录：未列入

国际公约 斯德哥尔摩公约：未列入。鹿特丹公约：未列入。蒙特利尔议定书：未列入

第十六部分 其他信息

编写和修订信息　　缩略语和首字母缩写

培训建议　　　　　　参考文献

免责声明

2,3-二氯苯酚

第一部分 化学品标识

化学品中文名 2,3-二氯苯酚；2,3-二氯酚

化学品英文名 2,3-dichlorophenol

分子式 $C_6H_4Cl_2O$　　**分子量** 163.001

结构式　

化学品的推荐及限制用途 用作气相色谱对比样品、分析试剂，并用于有机合成

第二部分 危险性概述

紧急情况概述 造成皮肤刺激，造成严重眼刺激

GHS 危险性类别 皮肤腐蚀/刺激，类别2；严重眼损伤/眼刺激，类别2；危害水生环境-急性危害，类别2；危害水生环境-长期危害，类别2

标签要素

象形图

警示词 警告

危险性说明 造成皮肤刺激，造成严重眼刺激，对水生生物有毒并具有长期持续影响

防范说明

　预防措施 避免接触眼睛、皮肤，操作后彻底清洗。戴防护手套、防护眼镜、防护面罩。禁止排入环境

　事故响应 皮肤接触：用大量肥皂水和水清洗，脱去被污染的衣服，如发生皮肤刺激，就医。被污染的衣服必须经洗净后方可重新使用。如接触眼睛：用水细心冲洗数分钟。如戴隐形眼镜并可方便地取出，取出隐形眼镜，继续冲洗。如果眼睛刺激持续：就医。收集泄漏物

　安全储存 —

　废弃处置 本品及内装物、容器依据国家和地方法

规处置

物理和化学危险　可燃，其粉体与空气混合，能形成爆炸性混合物

健康危害　对眼睛、皮肤、黏膜和上呼吸道有刺激作用。可引起高铁血红蛋白血症和肝肾损害。受热分解放出有毒的气体

环境危害　对水生生物有毒并具有长期持续影响

第三部分　成分/组成信息

√ 物质　　　　　　　混合物

组分	浓度	CAS No.
2,3-二氯苯酚		576-24-9

第四部分　急救措施

吸入　迅速脱离现场至空气新鲜处。保持呼吸道通畅。如呼吸困难，给吸氧。如呼吸、心跳停止，立即行心肺复苏术。就医

皮肤接触　立即脱去污染衣着，用肥皂水或清水彻底冲洗。就医

眼睛接触　分开眼睑，用清水或生理盐水冲洗。就医

食入　漱口，饮水。就医

对保护施救者的忠告　根据需要使用个人防护设备

对医生的特别提示　高铁血红蛋白血症，可用亚甲蓝和维生素C治疗

第五部分　消防措施

灭火剂　用雾状水、泡沫、干粉、二氧化碳、砂土灭火

特别危险性　遇明火、高热可燃。其粉体与空气可形成爆炸性混合物，当达到一定浓度时，遇火星会发生爆炸。受高热分解放出有毒的气体

灭火注意事项及防护措施　消防人员必须佩戴防毒面具、穿全身消防服，在上风向灭火。尽可能将容器从火场移至空旷处。喷水保持火场容器冷却，直至灭火结束

第六部分　泄漏应急处理

作业人员防护措施、防护装备和应急处置程序　隔离泄漏污染区，限制出入。消除所有点火源。建议应急处理人员戴防尘口罩，穿防毒服。穿上适当的防护服前严禁接触破裂的容器和泄漏物。尽可能切断泄漏源

环境保护措施　用塑料布覆盖泄漏物，减少飞散

泄漏化学品的收容、清除方法及所使用的处置材料　勿使水进入包装容器内。用洁净的铲子收集泄漏物，置于干净、干燥、盖子较松的容器中，将容器移离泄漏区

第七部分　操作处置与储存

操作注意事项　密闭操作，局部排风。防止粉尘释放到车间空气中。操作人员必须经过专门培训，严格遵守操作规程。建议操作人员佩戴自吸过滤式防尘口罩，戴化学安全防护眼镜，穿防毒物渗透工作服，戴橡胶手套。远离火种、热源，工作场所严禁吸烟。使用防爆型的通风系统和设备。避免产生粉尘。避免与氧化

剂、酸酐、酰基氯接触。配备相应品种和数量的消防器材及泄漏应急处理设备。倒空的容器可能残留有害物

储存注意事项　储存于阴凉、通风的库房。远离火种、热源。防止阳光直射。包装密封。应与氧化剂、酸酐、酰基氯分开存放，切忌混储。配备相应品种和数量的消防器材。储区应备有合适的材料收容泄漏物

第八部分　接触控制/个体防护

职业接触限值

中国　未制定标准

美国（ACGIH）　未制定标准

生物接触限值　未制定标准

监测方法　空气中有毒物质测定方法：未制定标准。生物监测检验方法：未制定标准

工程控制　密闭操作，局部排风

个体防护装备

呼吸系统防护　空气中粉尘浓度超标时，必须佩戴过滤式防尘呼吸器。紧急事态抢救或撤离时，应该佩戴空气呼吸器

眼睛防护　戴化学安全防护眼镜

皮肤和身体防护　穿防毒物渗透工作服

手防护　戴橡胶手套

第九部分　理化特性

外观与性状　白色结晶

pH值　无意义	**熔点（℃）**　57～59
沸点（℃）　206	**相对密度（水=1）**　无资料

相对蒸气密度（空气=1）　无资料

饱和蒸气压（kPa）　无资料

临界压力（MPa）　无资料	**辛醇/水分配系数**　无资料
闪点（℃）　>100	**自燃温度（℃）**　无资料
爆炸下限（%）　无资料	**爆炸上限（%）**　无资料
分解温度（℃）　无资料	**黏度（mPa·s）**　无资料
燃烧热（kJ/mol）　无资料	**临界温度（℃）**　无资料

溶解性　溶于乙醇、乙醚

第十部分　稳定性和反应性

稳定性　稳定

危险反应　与氧化剂、酸酐、酰基氯等禁配物发生反应

避免接触的条件　无资料

禁配物　氧化剂、酸酐、酰基氯

危险的分解产物　氯化氢

第十一部分　毒理学信息

急性毒性　LD_{50}：2376mg/kg（大鼠经口）

皮肤刺激或腐蚀　无资料		**眼睛刺激或腐蚀**　无资料	
呼吸或皮肤过敏　无资料		**生殖细胞突变性**　无资料	
致癌性　无资料		**生殖毒性**　无资料	

特异性靶器官系统毒性-一次接触　无资料

特异性靶器官系统毒性-反复接触　无资料

吸入危害　无资料

第十二部分　生态学信息

生态毒性　EC_{50}：3.1mg/L（48h）（大型溞）。ErC_{50}：5mg/L（96h）（羊角月牙藻）

持久性和降解性

生物降解性　OECD 301C，不易生物降解

非生物降解性　无资料

潜在的生物累积性　无资料

土壤中的迁移性　无资料

第十三部分　废弃处置

废弃化学品　根据国家和地方有关法规的要求处置。或与厂商或制造商联系，确定处置方法

污染包装物　将容器返还生产商或按照国家和地方法规处置

废弃注意事项　处置前应参阅国家和地方有关法规

第十四部分　运输信息

联合国危险货物编号（UN号）　2020

联合国运输名称　固态氯苯酚

联合国危险性类别　6.1

包装类别　Ⅲ　　**包装标志**　

海洋污染物　是

运输注意事项　运输前应先检查包装容器是否完整、密封，运输过程中要确保容器不泄漏、不倒塌、不坠落、不损坏。严禁与酸类、氧化剂、食品及食品添加剂混运。运输时运输车辆应配备相应品种和数量的消防器材及泄漏应急处理设备。运输途中应防暴晒、雨淋、防高温。公路运输时要按规定路线行驶，勿在居民区和人口稠密区停留

第十五部分　法规信息

下列法律、法规、规章和标准，对该化学品的管理作了相应的规定。

中华人民共和国职业病防治法　职业病分类和目录：未列入

危险化学品安全管理条例　危险化学品目录：列入。易制爆危险化学品名录：未列入。重点监管的危险化学品名录：未列入。GB 18218—2009《危险化学品重大危险源辨识》（表1）：未列入

使用有毒物品作业场所劳动保护条例　高毒物品目录：未列入

易制毒化学品管理条例　易制毒化学品的分类和品种目录：未列入

国际公约　斯德哥尔摩公约：未列入。鹿特丹公约：未列入。蒙特利尔议定书：未列入

第十六部分　其他信息

编写和修订信息　缩略语和首字母缩写

培训建议　参考文献

免责声明

2,4-二氯苯酚

第一部分　化学品标识

化学品中文名　2,4-二氯苯酚；2,4-二氯酚

化学品英文名　2,4-dichlorophenol；2,4-DCP

分子式　$C_6H_4Cl_2O$　**分子量**　163.001

结构式　

化学品的推荐及限制用途　用于有机合成

第二部分　危险性概述

紧急情况概述　吞咽有害，皮肤接触会中毒，造成严重的皮肤灼伤和眼损伤

GHS危险性类别　急性毒性-经口，类别4；急性毒性-经皮，类别3；皮肤腐蚀/刺激，类别1B；严重眼损伤/眼刺激，类别1；危害水生环境-急性危害，类别2；危害水生环境-长期危害，类别2

标签要素

象形图　

警示词　危险

危险性说明　吞咽有害，皮肤接触会中毒，造成严重的皮肤灼伤和眼损伤，对水生生物有毒并具有长期持续影响

防范说明

预防措施　避免接触眼睛、皮肤，操作后彻底清洗。作业场所不得进食、饮水或吸烟。避免吸入粉尘。穿防护服，戴防护手套、防护眼镜、防护面罩。禁止排入环境

事故响应　如吸入：将患者转移到空气新鲜处，休息，保持利于呼吸的体位，立即呼叫中毒控制中心或就医。皮肤接触：用大量肥皂水和水清洗，立即脱去所有被污染的衣服，如感觉不适，呼叫中毒控制中心或就医。被污染的衣服经洗净后方可重新使用。眼睛接触：用水细心地冲洗数分钟，立即呼叫中毒控制中心或就医。如戴隐形眼镜并可方便地取出，则取出隐形眼镜，继续冲洗。食入：漱口，不要催吐，如果感觉不适，立即呼叫中毒控制中心或就医。收集泄漏物

安全储存　上锁保管

废弃处置　本品及内装物、容器依据国家和地方法规处置

物理和化学危险　可燃，其粉体与空气混合，能形成爆炸性混合物

健康危害　吸入、摄入或经皮肤吸收对身体有害。对眼睛、黏膜、呼吸道及皮肤有刺激作用，重者可引起灼伤

环境危害 对水生生物有毒并具有长期持续影响

第三部分　成分/组成信息

√物质　　　　　　　　混合物

组分　　　　　浓度　　　　CAS No.

2,4-二氯苯酚　　　　　　　　120-83-2

第四部分　急救措施

吸入 迅速脱离现场至空气新鲜处。保持呼吸道通畅。如呼吸困难，给输氧。呼吸、心跳停止，立即进行心肺复苏术。就医

皮肤接触 立即脱去污染的衣着，用大量流动清水彻底冲洗至少15min。就医

眼睛接触 立即分开眼睑，用流动清水或生理盐水彻底冲洗5～10min。就医

食入 用水漱口，禁止催吐。给饮牛奶或蛋清。就医

对保护施救者的忠告 根据需要使用个人防护设备

对医生的特别提示 对症处理

第五部分　消防措施

灭火剂 用雾状水、泡沫、干粉、二氧化碳、砂土灭火

特别危险性 遇明火能燃烧。与氧化剂接触猛烈反应。受热或接触酸或酸雾，产生氯化物烟气

灭火注意事项及防护措施 消防人员必须佩戴空气呼吸器、穿全身防火防毒服，在上风向灭火。尽可能将容器从火场移至空旷处。喷水保持火场容器冷却，直至灭火结束

第六部分　泄漏应急处理

作业人员防护措施、防护装备和应急处置程序 隔离泄漏污染区，限制出入。消除所有点火源。建议应急处理人员戴防尘口罩，穿防毒服。穿上适当的防护服前严禁接触破裂的容器和泄漏物。尽可能切断泄漏源

环境保护措施 用塑料布覆盖泄漏物，减少飞散

泄漏化学品的收容、清除方法及所使用的处置材料 勿使水进入包装容器内。用洁净的铲子收集泄漏物，置于干净、干燥、盖子较松的容器中，将容器移离泄漏区

第七部分　操作处置与储存

操作注意事项 密闭操作，提供充分的局部排风。操作人员必须经过专门培训，严格遵守操作规程。建议操作人员佩戴自吸过滤式防尘口罩，戴化学安全防护眼镜，穿防毒物渗透工作服，戴橡胶手套。远离火种、热源，工作场所严禁吸烟。使用防爆型的通风系统和设备。避免产生粉尘。避免与氧化剂接触。搬运时要轻装轻卸，防止包装及容器损坏。配备相应品种和数量的消防器材及泄漏应急处理设备。倒空的容器可能残留有害物

储存注意事项 储存于阴凉、通风的库房。远离火种、热源。应与氧化剂等分开存放，切忌混储。配备相应品种和数量的消防器材。储区应备有合适的材料收容泄漏物

第八部分　接触控制/个体防护

职业接触限值

　中国　未制定标准

　美国（ACGIH）　未制定标准

生物接触限值 未制定标准

监测方法 空气中有毒物质测定方法：未制定标准。生物监测检验方法：未制定标准

工程控制 严加密闭，提供充分的局部排风。提供安全淋浴和洗眼设备

个体防护装备

　呼吸系统防护 空气中粉尘浓度超标时，必须佩戴过滤式防尘呼吸器。紧急事态抢救或撤离时，应该佩戴空气呼吸器

　眼睛防护 戴化学安全防护眼镜

　皮肤和身体防护 穿防毒物渗透工作服

　手防护 戴橡胶手套

第九部分　理化特性

外观与性状 无色结晶

pH值 ＜7（1%溶液）　　　**熔点（℃）** 42～43

沸点（℃） 210　　　　　　**相对密度（水=1）** 1.38

相对蒸气密度（空气＝1） 5.62

饱和蒸气压（kPa） 0.133（49.8℃）

临界压力（MPa） 无资料　　**辛醇/水分配系数** 2.92

闪点（℃） 113.89　　　　　**自燃温度（℃）** 无资料

爆炸下限（%） 无资料　　　**爆炸上限（%）** 无资料

分解温度（℃） 无资料　　　**黏度（mPa·s）** 无资料

燃烧热（kJ/mol） 无资料　　**临界温度（℃）** 无资料

溶解性 微溶于水，溶于醇、乙醚、苯、四氯化碳

第十部分　稳定性和反应性

稳定性 稳定

危险反应 与强氧化剂、强酸、酸酐、酰基氯等禁配物发生反应。受热或接触酸或酸雾，产生氯化物烟气

避免接触的条件 受热

禁配物 强氧化剂、强酸、酸酐、酰基氯

危险的分解产物 氯化氢

第十一部分　毒理学信息

急性毒性 动物实验症状与氯酚相似，致抽搐作用稍轻。

　LD_{50}：380mg/kg（大鼠经口），1276mg/kg（小鼠经口）

皮肤刺激或腐蚀 无资料　　**眼睛刺激或腐蚀** 无资料

呼吸或皮肤过敏 无资料

生殖细胞突变性 微生物致突变：鼠伤寒沙门氏菌333μg/皿。DNA损伤：大鼠肝200μmol/L。哺乳动物体细胞突变：小鼠淋巴细胞30mg/L。细胞遗传学分析：仓鼠卵巢1400μmol/L

致癌性 小鼠皮肤染毒最低中毒剂量（TDLo）16mg/kg（39周，间歇给药），按照RTECS标准可致皮肤和附属组织肿瘤

生殖毒性 大鼠孕后6～15d经口给予最低中毒剂量（TDLo）7500mg/kg，致肌肉骨骼系统发育畸形

特异性靶器官系统毒性-一次接触　无资料
特异性靶器官系统毒性-反复接触　无资料
吸入危害　无资料

第十二部分　生态学信息

生态毒性　LC$_{50}$：3.4mg/L（96h）（青鳉）。EC$_{50}$：2.8mg/L（48h）（大型溞，半静态，OECD 202）。ErC$_{50}$：3.44mg/L（72h）（羊角月牙藻，静态，OECD 201）。NOEC：0.052mg/L（21d）（大型溞）

持久性和降解性
　生物降解性　OECD 301B，不易快速生物降解
　非生物降解性　无资料

潜在的生物累积性　无资料

土壤中的迁移性　无资料

第十三部分　废弃处置

废弃化学品　用焚烧法处置。与燃料混合后，再焚烧。焚烧炉排出的卤化氢通过酸洗涤器除去

污染包装物　将容器返还生产商或按照国家和地方法规处置

废弃注意事项　处置前应参阅国家和地方有关法规

第十四部分　运输信息

联合国危险货物编号（UN号）　2928

联合国运输名称　有机毒性固体，腐蚀性，未另作规定的（2,4-二氯苯酚）

联合国危险性类别　6.1，8

包装类别　Ⅱ

包装标志
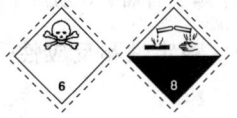

海洋污染物　是

运输注意事项　运输前应先检查包装容器是否完整、密封，运输过程中要确保容器不泄漏、不倒塌、不坠落、不损坏。严禁与酸类、氧化剂、食品及食品添加剂混运。运输途中应防暴晒、雨淋，防高温

第十五部分　法规信息

　下列法律、法规、规章和标准，对该化学品的管理作了相应的规定。

中华人民共和国职业病防治法　职业病分类和目录：未列入

危险化学品安全管理条例　危险化学品目录：列入。易制爆危险化学品名录：未列入。重点监管的危险化学品名录：未列入。GB 18218—2009《危险化学品重大危险源辨识》（表1）：未列入

使用有毒物品作业场所劳动保护条例　高毒物品目录：未列入

易制毒化学品管理条例　易制毒化学品的分类和品种目录：未列入

国际公约　斯德哥尔摩公约：未列入。鹿特丹公约：未列入。蒙特利尔议定书：未列入

第十六部分　其他信息

编写和修订信息　　　缩略语和首字母缩写
培训建议　　　　　　参考文献
免责声明

2,5-二氯苯酚

第一部分　化学品标识

化学品中文名　2,5-二氯苯酚；2,5-二氯酚

化学品英文名　2,5-dichlorophenol；2,5-dichlo-1-hydroxy-benzene

分子式　C$_6$H$_4$Cl$_2$O　**分子量**　163.001

结构式
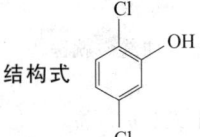

化学品的推荐及限制用途　用作分析试剂和气相色谱对比样品

第二部分　危险性概述

紧急情况概述　吞咽有害，造成皮肤刺激，造成严重眼刺激

GHS危险性类别　急性毒性-经口，类别4；皮肤腐蚀/刺激，类别2；严重眼损伤/眼刺激，类别2；危害水生环境-急性危害，类别2；危害水生环境-长期危害，类别2

标签要素

象形图

警示词　警告

危险性说明　吞咽有害，造成皮肤刺激，造成严重眼刺激，对水生生物有毒并具有长期持续影响

防范说明
　预防措施　避免接触眼睛、皮肤，操作后彻底清洗。作业场所不得进食、饮水或吸烟。戴防护手套、防护眼镜、防护面罩。禁止排入环境

　事故响应　皮肤接触：用大量肥皂水和水清洗，脱去被污染的衣服，如发生皮肤刺激，就医。被污染的衣服必须经洗净后方可重新使用。如接触眼睛：用水细心冲洗数分钟。如戴隐形眼镜并可方便地取出，取出隐形眼镜，继续冲洗。如果眼睛刺激持续：就医。食入：如果感觉不适，立即呼叫中毒控制中心或就医，漱口。收集泄漏物

　安全储存　—

　废弃处置　本品及内装物、容器依据国家和地方法规处置

物理和化学危险　可燃，其粉体与空气混合，能形成爆炸性混合物

健康危害　有毒，对眼睛、皮肤、黏膜和上呼吸道有刺激作用。可引起高铁血红蛋白血症和肝肾损害。受热分

解出有毒气体

环境危害　对水生生物有毒并具有长期持续影响

第三部分　成分/组成信息

√ 物质　　　　　　混合物

组分　　　浓度　　CAS No.

2,5-二氯苯酚　　　　583-78-8

第四部分　急救措施

吸入　迅速脱离现场至空气新鲜处。保持呼吸道通畅。如呼吸困难，给吸氧。如呼吸、心跳停止，立即行心肺复苏术。就医

皮肤接触　立即脱去污染衣着，用肥皂水或清水彻底冲洗。就医

眼睛接触　分开眼睑，用清水或生理盐水冲洗。就医

食入　漱口，饮水。就医

对保护施救者的忠告　根据需要使用个人防护设备

对医生的特别提示　高铁血红蛋白血症，可用亚甲蓝和维生素C治疗

第五部分　消防措施

灭火剂　用雾状水、泡沫、干粉、二氧化碳、砂土灭火

特别危险性　遇明火、高热可燃。其粉体与空气可形成爆炸性混合物，当达到一定浓度时，遇火星会发生爆炸。受高热分解放出有毒的气体

灭火注意事项及防护措施　消防人员必须佩戴防毒面具、穿全身消防服，在上风向灭火。尽可能将容器从火场移至空旷处。喷水保持火场容器冷却，直至灭火结束

第六部分　泄漏应急处理

作业人员防护措施、防护装备和应急处置程序　隔离泄漏污染区，限制出入。消除所有点火源。建议应急处理人员戴防尘口罩，穿防毒服。穿上适当的防护服前严禁接触破裂的容器和泄漏物。尽可能切断泄漏源

环境保护措施　用塑料布覆盖泄漏物，减少飞散

泄漏化学品的收容、清除方法及所使用的处置材料　勿使水进入包装容器内。用洁净的铲子收集泄漏物，置于干净、干燥、盖子较松的容器中，将容器移离泄漏区

第七部分　操作处置与储存

操作注意事项　密闭操作，局部排风。防止粉尘释放到车间空气中。操作人员必须经过专门培训，严格遵守操作规程。建议操作人员佩戴自吸过滤式防尘口罩，戴化学安全防护眼镜，穿防毒物渗透工作服，戴橡胶手套。远离火种、热源，工作场所严禁吸烟。使用防爆型的通风系统和设备。避免产生粉尘。避免与氧化剂、酸酐、酰基氯接触。配备相应品种和数量的消防器材及泄漏应急处理设备。倒空的容器可能残留有害物

储存注意事项　储存于阴凉、通风的库房。远离火种、热源。防止阳光直射。包装密封。应与氧化剂、酸酐、酰基氯分开存放，切忌混储。配备相应品种和数量的消防器材。储区应备有合适的材料收容泄漏物

第八部分　接触控制/个体防护

职业接触限值

中国　未制定标准

美国（ACGIH）　未制定标准

生物接触限值　未制定标准

监测方法　空气中有毒物质测定方法：未制定标准。生物监测检验方法：未制定标准

工程控制　密闭操作，局部排风

个体防护装备

呼吸系统防护　空气中粉尘浓度超标时，必须佩戴过滤式防尘呼吸器。紧急事态抢救或撤离时，应该佩戴空气呼吸器

眼睛防护　戴化学安全防护眼镜

皮肤和身体防护　穿防毒物渗透工作服

手防护　戴橡胶手套

第九部分　理化特性

外观与性状　白色棱状结晶

pH值　无意义　　　　**熔点(℃)**　56~58

沸点(℃)　211　　　　**相对密度(水=1)**　无资料

相对蒸气密度(空气=1)　无资料

饱和蒸气压(kPa)　0.133(49.8℃)

临界压力(MPa)　无资料　**辛醇/水分配系数**　3.2

闪点(℃)　108　　　　**自燃温度(℃)**　无资料

爆炸下限(%)　无资料　**爆炸上限(%)**　无资料

分解温度(℃)　无资料　**黏度(mPa·s)**　无资料

燃烧热(kJ/mol)　无资料　**临界温度(℃)**　无资料

溶解性　微溶于水，溶于苯、石油醚，易溶于乙醇、乙醚

第十部分　稳定性和反应性

稳定性　稳定

危险反应　与氧化剂、酸酐、酰基氯等禁配物发生反应

避免接触的条件　无资料

禁配物　氧化剂、酸酐、酰基氯

危险的分解产物　氯化氢

第十一部分　毒理学信息

急性毒性　LD$_{50}$：580mg/kg（大鼠经口），946mg/kg（小鼠经口）

皮肤刺激或腐蚀　无资料　**眼睛刺激或腐蚀**　无资料

呼吸或皮肤过敏　无资料

生殖细胞突变性　姐妹染色单体互换：小鼠腹腔内注射210mg/kg

致癌性　无资料　　　　**生殖毒性**　无资料

特异性靶器官系统毒性--一次接触　无资料

特异性靶器官系统毒性-反复接触　无资料

吸入危害　无资料

第十二部分　生态学信息

生态毒性　LC$_{50}$：3.29mg/L（96h）（欧洲川鲽）

持久性和降解性

生物降解性　不易快速生物降解

非生物降解性　无资料

潜在的生物累积性　无资料

土壤中的迁移性　无资料

第十三部分　废弃处置

废弃化学品　用安全掩埋法处置。在能利用的地方重复使用容器或在规定场所掩埋

污染包装物　将容器返还生产商或按照国家和地方法规处置

废弃注意事项　处置前应参阅国家和地方有关法规

第十四部分　运输信息

联合国危险货物编号（UN 号）　2020

联合国运输名称　固态氯苯酚

联合国危险性类别　6.1

包装类别　Ⅲ　　　　　　　**包装标志**

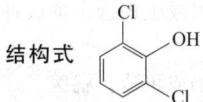

海洋污染物　是

运输注意事项　运输前应先检查包装容器是否完整、密封，运输过程中要确保容器不泄漏、不倒塌、不坠落、不损坏。严禁与酸类、氧化剂、食品及食品添加剂混运。运输时运输车辆应配备相应品种和数量的消防器材及泄漏应急处理设备。运输途中应防暴晒、雨淋，防高温。公路运输时要按规定路线行驶，勿在居民区和人口稠密区停留

第十五部分　法规信息

　　下列法律、法规、规章和标准，对该化学品的管理作了相应的规定。

中华人民共和国职业病防治法　职业病分类和目录：未列入

危险化学品安全管理条例　危险化学品目录：列入。易制爆危险化学品名录：未列入。重点监管的危险化学品名录：未列入。GB 18218—2009《危险化学品重大危险源辨识》（表 1）：未列入

使用有毒物品作业场所劳动保护条例　高毒物品目录：未列入

易制毒化学品管理条例　易制毒化学品的分类和品种目录：未列入

国际公约　斯德哥尔摩公约：未列入。鹿特丹公约：未列入。蒙特利尔议定书：未列入

第十六部分　其他信息

编写和修订信息　　　缩略语和首字母缩写

培训建议　　　　　　参考文献

免责声明

2,6-二氯苯酚

第一部分　化学品标识

化学品中文名　2,6-二氯苯酚；2,6-二氯酚

化学品英文名　2,6-dichlorophenol

分子式　$C_6H_4Cl_2O$　**分子量**　163.001

结构式　

化学品的推荐及限制用途　用于分析试剂及有机合成

第二部分　危险性概述

紧急情况概述　造成皮肤刺激，造成严重眼刺激

GHS 危险性类别　皮肤腐蚀/刺激，类别 2；严重眼损伤/眼刺激，类别 2；特异性靶器官毒性-一次接触，类别 2；危害水生环境-急性危害，类别 2；危害水生环境-长期危害，类别 2

标签要素

象形图　

警示词　警告

危险性说明　造成皮肤刺激，造成严重眼刺激，可能对器官造成损害，对水生生物有毒并具有长期持续影响

防范说明

　　预防措施　避免接触眼睛、皮肤，操作后彻底清洗。戴防护手套、防护眼镜、防护面罩。避免吸入粉尘。工作场所不得进食、饮水或吸烟。禁止排入环境

　　事故响应　皮肤接触：用大量肥皂水和水清洗，脱去被污染的衣服，如发生皮肤刺激，就医。被污染的衣服必须经洗净后方可重新使用。如接触眼睛：用水细心冲洗数分钟。如戴隐形眼镜并可方便地取出，取出隐形眼镜，继续冲洗。如果眼睛刺激持续：就医。如果接触或感觉不适：呼叫中毒控制中心或就医，收集泄漏物

　　安全储存　上锁保管

　　废弃处置　本品及内装物、容器依据国家和地方法规处置

物理和化学危险　可燃，其粉体与空气混合，能形成爆炸性混合物

健康危害　吸入、摄入或经皮肤吸收对身体有害。对眼睛、黏膜、呼吸道及皮肤有刺激作用，严重者可引起灼伤

环境危害　对水生生物有毒并具有长期持续影响

第三部分　成分/组成信息

√物质　　　　　　　　　混合物

组分	浓度	CAS No.
2,6-二氯苯酚		87-65-0

第四部分　急救措施

吸入　迅速脱离现场至空气新鲜处。保持呼吸道通畅。如呼吸困难，给输氧。呼吸、心跳停止，立即进行心肺复苏术。就医

皮肤接触　立即脱去污染的衣着，用大量流动清水彻底冲洗至少15min。就医

眼睛接触　立即分开眼睑，用流动清水或生理盐水彻底冲洗5～10min。就医

食入　用水漱口，禁止催吐。给饮牛奶或蛋清。就医

对保护施救者的忠告　根据需要使用个人防护设备

对医生的特别提示　对症处理

第五部分　消防措施

灭火剂　用雾状水、泡沫、干粉、二氧化碳、砂土灭火

特别危险性　遇明火、高热可燃。与强氧化剂接触可发生化学反应。受热分解放出有毒气体

灭火注意事项及防护措施　消防人员必须佩戴空气呼吸器、穿全身防火防毒服，在上风向灭火。尽可能将容器从火场移至空旷处。喷水保持火场容器冷却，直至灭火结束

第六部分　泄漏应急处理

作业人员防护措施、防护装备和应急处置程序　隔离泄漏污染区，限制出入。消除所有点火源。建议应急处理人员戴防尘口罩，穿防毒服。穿上适当的防护服前严禁接触破裂的容器和泄漏物。尽可能切断泄漏源

环境保护措施　用塑料布覆盖泄漏物，减少飞散

泄漏化学品的收容、清除方法及所使用的处置材料　勿使水进入包装容器内。用洁净的铲子收集泄漏物，置于干净、干燥、盖子较松的容器中，将容器移离泄漏区

第七部分　操作处置与储存

操作注意事项　密闭操作，提供充分的局部排风。操作人员必须经过专门培训，严格遵守操作规程。建议操作人员佩戴自吸过滤式防尘口罩，戴化学安全防护眼镜，穿防毒物渗透工作服，戴橡胶手套。远离火种、热源，工作场所严禁吸烟。使用防爆型的通风系统和设备。避免产生粉尘。避免与氧化剂、酸类接触。搬运时要轻装轻卸，防止包装及容器损坏。配备相应品种和数量的消防器材及泄漏应急处理设备。倒空的容器可能残留有害物

储存注意事项　储存于阴凉、通风的库房。远离火种、热源。应与氧化剂、酸类等分开存放，切忌混储。配备相应品种和数量的消防器材。储区应备有合适的材料收容泄漏物

第八部分　接触控制/个体防护

职业接触限值

　中国　未制定标准

　美国（ACGIH）　未制定标准

生物接触限值　未制定标准

监测方法　空气中有毒物质测定方法：未制定标准。生物监测检验方法：未制定标准

工程控制　严加密闭，提供充分的局部排风。提供安全淋浴和洗眼设备

个体防护装备

　呼吸系统防护　空气中粉尘浓度超标时，必须佩戴过滤式防尘呼吸器。紧急事态抢救或撤离时，应该佩戴空气呼吸器

　眼睛防护　戴化学安全防护眼镜

　皮肤和身体防护　穿防毒物渗透工作服

　手防护　戴橡胶手套

第九部分　理化特性

外观与性状　无色针状结晶

pH值　无意义　　　　　　　**熔点（℃）**　65～68

沸点（℃）　218～220　　　**相对密度（水＝1）**　无资料

相对蒸气密度（空气＝1）　无资料

饱和蒸气压（kPa）　0.133（49.8℃）

临界压力（MPa）　无资料　**辛醇/水分配系数**　2.64

闪点（℃）　无资料　　　　**自燃温度（℃）**　无资料

爆炸下限（%）　无资料　　**爆炸上限（%）**　无资料

分解温度（℃）　无资料　　**黏度（mPa·s）**　无资料

燃烧热（kJ/mol）　无资料　**临界温度（℃）**　无资料

溶解性　溶于水，易溶于乙醇、乙醚

第十部分　稳定性和反应性

稳定性　稳定

危险反应　与强氧化剂、强酸、酸酐、酰基氯等禁配物发生反应。受热或接触酸或酸雾，产生氯化物烟气

避免接触的条件　受热

禁配物　酸酐、酰基氯、强酸、强氧化剂

危险的分解产物　氯化氢

第十一部分　毒理学信息

急性毒性　动物实验症状与氯酚相似，致抽搐作用稍轻。LD$_{50}$：2940mg/kg（大鼠经口），2120mg/kg（小鼠经口）

皮肤刺激或腐蚀　无资料　　**眼睛刺激或腐蚀**　无资料

呼吸或皮肤过敏　无资料　　**生殖细胞突变性**　无资料

致癌性　无资料　　　　　　**生殖毒性**　无资料

特异性靶器官系统毒性--一次接触　无资料

特异性靶器官系统毒性-反复接触　无资料

吸入危害　无资料

第十二部分　生态学信息

生态毒性　LC$_{50}$：4mg/L（48h）（*Idus melanotus*）。ErC$_{50}$：9.7mg/L（96h）（*Chlorella vulgaris*，静态）

持久性和降解性

　生物降解性　不易快速生物降解

　非生物降解性　无资料

潜在的生物累积性　无资料

土壤中的迁移性　无资料

第十三部分　废弃处置

废弃化学品　用焚烧法处置。与燃料混合后，再焚烧。焚烧炉排出的卤化氢通过酸洗涤器除去

污染包装物　将容器返还生产商或按照国家和地方法规处置

废弃注意事项　处置前应参阅国家和地方有关法规

第十四部分　运输信息

联合国危险货物编号（UN号）　2928

联合国运输名称　有机毒性固体，腐蚀性，未另作规定的（2,4-二氯苯酚）

联合国危险性类别　6.1，8

包装类别　Ⅱ

包装标志　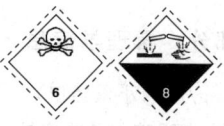

海洋污染物　否

运输注意事项　运输前应先检查包装容器是否完整、密封，运输过程中要确保容器不泄漏、不倒塌、不坠落、不损坏。严禁与酸类、氧化剂、食品及食品添加剂混运。运输途中应防暴晒、雨淋，防高温

第十五部分　法规信息

下列法律、法规、规章和标准，对该化学品的管理作了相应的规定。

中华人民共和国职业病防治法　职业病分类和目录：未列入

危险化学品安全管理条例　危险化学品目录：列入。易制爆危险化学品名录：未列入。重点监管的危险化学品名录：未列入。GB 18218—2009《危险化学品重大危险源辨识》（表1）：未列入

使用有毒物品作业场所劳动保护条例　高毒物品目录：未列入

易制毒化学品管理条例　易制毒化学品的分类和品种目录：未列入

国际公约　斯德哥尔摩公约：未列入。鹿特丹公约：未列入。蒙特利尔议定书：未列入

第十六部分　其他信息

编写和修订信息　　**缩略语和首字母缩写**

培训建议　　**参考文献**

免责声明

3,4-二氯苯酚

第一部分　化学品标识

化学品中文名　3,4-二氯苯酚；3,4-二氯酚

化学品英文名　3,4-dichlorophenol

分子式　$C_6H_4Cl_2O$　**分子量**　163.001

结构式

化学品的推荐及限制用途　用作气相色谱对比样品，并用于有机合成

第二部分　危险性概述

紧急情况概述　吞咽有害

GHS危险性类别　急性毒性-经口，类别4；特异性靶器官毒性——次接触，类别2；危害水生环境-急性危害，类别2；危害水生环境-长期危害，类别2

标签要素

象形图　

警示词　警告

危险性说明　吞咽有害，可能对器官造成损害，对水生生物有毒并具有长期持续影响

防范说明

　　预防措施　避免接触眼睛、皮肤，操作后彻底清洗。作业场所不得进食、饮水或吸烟。避免吸入粉尘。禁止排入环境

　　事故响应　食入：如果感觉不适，立即呼叫中毒控制中心或就医，漱口。如果接触或感觉不适：呼叫中毒控制中心或就医。收集泄漏物

　　安全储存　上锁保管

　　废弃处置　本品及内装物、容器依据国家和地方法规处置

物理和化学危险　可燃，其粉体与空气混合，能形成爆炸性混合物

健康危害　有毒。对眼睛、皮肤、黏膜和上呼吸道有强烈刺激作用。可引起高铁血红蛋白血症和肝肾损害。受热分解放出有毒气体

环境危害　对水生生物有毒并具有长期持续影响

第三部分　成分/组成信息

√ 物质　　　　　　　　混合物

组分	浓度	CAS No.
3,4-二氯苯酚		95-77-2

第四部分　急救措施

吸入　迅速脱离现场至空气新鲜处。保持呼吸道通畅。如呼吸困难，给吸氧。如呼吸、心跳停止，立即行心肺复苏术。就医

皮肤接触　立即脱去污染衣着，用肥皂水或清水彻底冲洗。就医

眼睛接触　分开眼睑，用清水或生理盐水冲洗。就医

食入　漱口，饮水。就医

对保护施救者的忠告　根据需要使用个人防护设备

对医生的特别提示　高铁血红蛋白血症，可用亚甲蓝和维生素C治疗

第五部分　消防措施

灭火剂　用雾状水、泡沫、干粉、二氧化碳、砂土灭火

特别危险性　遇明火、高热可燃。其粉体与空气可形成爆炸性混合物，当达到一定浓度时，遇火星会发生爆炸。受高热分解放出有毒的气体

灭火注意事项及防护措施　消防人员必须佩戴防毒面具、穿全身消防服，在上风向灭火。尽可能将容器从火场移至空旷处。喷水保持火场容器冷却，直至灭火结束

第六部分 泄漏应急处理

作业人员防护措施、防护装备和应急处置程序 隔离泄漏污染区，限制出入。消除所有点火源。建议应急处理人员戴防尘口罩，穿防毒服。穿上适当的防护服前严禁接触破裂的容器和泄漏物。尽可能切断泄漏源

环境保护措施 用塑料布覆盖泄漏物，减少飞散

泄漏化学品的收容、清除方法及所使用的处置材料 勿使水进入包装容器内。用洁净的铲子收集泄漏物，置于干净、干燥、盖子较松的容器中，将容器移离泄漏区

第七部分 操作处置与储存

操作注意事项 密闭操作，提供充分的局部排风。防止粉尘释放到车间空气中。操作人员必须经过专门培训，严格遵守操作规程。建议操作人员佩戴防尘工具（全面罩），穿胶布防毒衣，戴橡胶手套。远离火种、热源，工作场所严禁吸烟。使用防爆型的通风系统和设备。避免产生粉尘。避免与氧化剂、酸酐、酰基氯接触。配备相应品种和数量的消防器材及泄漏应急处理设备。倒空的容器可能残留有害物

储存注意事项 储存于阴凉、通风的库房。远离火种、热源。防止阳光直射。包装密封。应与氧化剂、酸酐、酰基氯分开存放，切忌混储。配备相应品种和数量的消防器材。储区应备有合适的材料收容泄漏物

第八部分 接触控制/个体防护

职业接触限值
　　中国　未制定标准
　　美国（ACGIH）　未制定标准
生物接触限值 未制定标准
监测方法 空气中有毒物质测定方法：未制定标准。生物监测检验方法：未制定标准
工程控制 严加密闭，提供充分的局部排风
个体防护装备
　　呼吸系统防护　可能接触其粉尘时，必须佩戴防尘面具（全面罩）。紧急事态抢救或撤离时，应该佩戴空气呼吸器
　　眼睛防护　呼吸系统防护中已作防护
　　皮肤和身体防护　穿密闭型防毒服
　　手防护　戴橡胶手套

第九部分 理化特性

外观与性状 针状结晶

pH 值 无意义		**熔点（℃）** 66～68	
沸点（℃） 145～146		**相对密度（水=1）** 无资料	
相对蒸气密度（空气=1） 无资料			
饱和蒸气压（kPa） 0.133(49.8℃)			
临界压力（MPa） 无资料		**辛醇/水分配系数** 无资料	
闪点（℃） 无意义		**自燃温度（℃）** 无资料	
爆炸下限（%） 无资料		**爆炸上限（%）** 无资料	
分解温度（℃） 无资料		**黏度（mPa·s）** 无资料	
燃烧热（kJ/mol） 无资料		**临界温度（℃）** 无资料	

溶解性 溶于乙醇、乙醚、苯

第十部分 稳定性和反应性

稳定性 稳定

危险反应 与氧化剂、酸酐、酰基氯等禁配物发生反应

避免接触的条件 无资料

禁配物 氧化剂、酸酐、酰基氯

危险的分解产物 氯化氢

第十一部分 毒理学信息

急性毒性 LD_{50}：1685mg/kg（小鼠经口）

皮肤刺激或腐蚀 无资料　　**眼睛刺激或腐蚀** 无资料

呼吸或皮肤过敏 无资料　　**生殖细胞突变性** 无资料

致癌性 无资料　　　　　　**生殖毒性** 无资料

特异性靶器官系统毒性-一次接触 无资料

特异性靶器官系统毒性-反复接触 无资料

吸入危害 无资料

第十二部分 生态学信息

生态毒性 ErC_{50}：3.2mg/L（96h）（羊角月牙藻）

持久性和降解性
　　生物降解性　不易快速生物降解
　　非生物降解性　无资料
潜在的生物累积性 无资料
土壤中的迁移性 无资料

第十三部分 废弃处置

废弃化学品 用安全掩埋法处置。在能利用的地方重复使用容器或在规定场所掩埋

污染包装物 将容器返还生产商或按照国家和地方法规处置

废弃注意事项 处置前应参阅国家和地方有关法规

第十四部分 运输信息

联合国危险货物编号（UN 号） 2020

联合国运输名称 固态氯苯酚

联合国危险性类别 6.1

包装类别 Ⅲ　　　　　**包装标志**

海洋污染物 是

运输注意事项 运输前应先检查包装容器是否完整、密封，运输过程中要确保容器不泄漏、不倒塌、不坠落、不损坏。严禁与酸类、氧化剂、食品及食品添加剂混运。运输时运输车辆应配备相应品种和数量的消防器材及泄漏应急处理设备。运输途中应防暴晒、雨淋，防高温。公路运输时要按规定路线行驶，勿在居民区和人口稠密区停留

第十五部分 法规信息

下列法律、法规、规章和标准，对该化学品的管理作了相应的规定。

中华人民共和国职业病防治法 职业病分类和目录：未

列入

危险化学品安全管理条例 危险化学品目录：列入。易制爆危险化学品名录：未列入。重点监管的危险化学品名录：未列入。GB 18218—2009《危险化学品重大危险源辨识》（表1）：未列入

使用有毒物品作业场所劳动保护条例 高毒物品目录：未列入

易制毒化学品管理条例 易制毒化学品的分类和品种目录：未列入

国际公约 斯德哥尔摩公约：未列入。鹿特丹公约：未列入。蒙特利尔议定书：未列入

第十六部分 其他信息

编写和修订信息　　缩略语和首字母缩写

培训建议　　参考文献

免责声明

二氯苯基三氯硅烷

第一部分 化学品标识

化学品中文名 二氯苯基三氯硅烷；三氯（二氯苯基）硅烷

化学品英文名 dichlorophenyl trichlorosilane；trichloro (dichlorophenyl) silane

分子式 $C_6H_3Cl_5Si$　**分子量** 280.43

结构式

化学品的推荐及限制用途 用于有机合成

第二部分 危险性概述

紧急情况概述 造成严重的皮肤灼伤和眼损伤

GHS危险性类别 皮肤腐蚀/刺激，类别1；严重眼损伤/眼刺激，类别1

标签要素

象形图

警示词 危险

危险性说明 造成严重的皮肤灼伤和眼损伤

防范说明

预防措施　避免吸入烟雾。避免接触眼睛、皮肤，操作后彻底清洗。戴防护手套，穿防护服，戴防护眼镜、防护面罩

事故响应　如吸入：将患者转移到空气新鲜处，休息，保持利于呼吸的体位，立即呼叫中毒控制中心或就医。皮肤（或头发）接触：立即脱掉所有被污染的衣服，用水冲洗皮肤，淋浴。污染的衣服须洗净后方可重新使用。眼睛接触：用水细心地冲洗数分钟。如戴隐形眼镜并可方便地取出，则取出隐形眼镜，继续冲洗。食入：漱口，不要催吐

安全储存　上锁保管

废弃处置　本品及内装物、容器依据国家和地方法规处置

物理和化学危险 可燃。遇水产生刺激性气体

健康危害 本品蒸气强烈刺激皮肤、眼睛和黏膜，对中枢神经系统、肝、肾有损害作用。眼和皮肤接触可引起灼伤

环境危害 对环境可能有害

第三部分 成分/组成信息

√ 物质　　　　　　　混合物

组分	浓度	CAS No.
二氯苯基三氯硅烷		27137-85-5

第四部分 急救措施

吸入 迅速脱离现场至空气新鲜处。保持呼吸道通畅。如呼吸困难，给输氧。如呼吸、心跳停止，立即进行心肺复苏术。就医

皮肤接触 立即脱去污染的衣着，用大量流动清水彻底冲洗至少15min。就医

眼睛接触 立即分开眼睑，用流动清水或生理盐水彻底冲洗5～10min。就医

食入 用水漱口，禁止催吐。给饮牛奶或蛋清。就医

对保护施救者的忠告 根据需要使用个人防护设备

对医生的特别提示 对症处理

第五部分 消防措施

灭火剂 用干粉、二氧化碳、砂土灭火

特别危险性 遇明火、高热可燃。与氧化剂可发生反应。吸潮或遇水会产生大量的腐蚀性烟雾。受高热分解产生有毒的腐蚀性烟气。具有腐蚀性。若遇高热，容器内压增大，有开裂和爆炸的危险

灭火注意事项及防护措施 消防人员必须佩戴空气呼吸器、穿全身防火防毒服，在上风向灭火。尽可能将容器从火场移至空旷处。喷水保持火场容器冷却，直至灭火结束。处在火场中的容器若已变色或从安全泄压装置中发出声音，必须马上撤离。禁止用水和泡沫灭火

第六部分 泄漏应急处理

作业人员防护措施、防护装备和应急处置程序 根据液体流动和蒸气扩散的影响区域划定警戒区，无关人员从侧风向、上风向撤离至安全区。建议应急处理人员戴正压自给式呼吸器，穿防腐、防毒服。作业时使用的所有设备应接地。穿上适当的防护服前严禁接触破裂的容器和泄漏物。尽可能切断泄漏源

环境保护措施 防止泄漏物进入水体、下水道、地下室或有限空间

泄漏化学品的收容、清除方法及所使用的处置材料 严禁用水处理。小量泄漏：用干燥的砂土或其他不燃材料覆盖泄漏物。大量泄漏：构筑围堤或挖坑收容。用碎石灰石（$CaCO_3$）、苏打灰（Na_2CO_3）或石灰（CaO）中和。用耐腐蚀泵转移至槽车或专用收集

器内

第七部分 操作处置与储存

操作注意事项 密闭操作，提供充分的局部排风。防止蒸气泄漏到工作场所空气中。操作人员必须经过专门培训，严格遵守操作规程。建议操作人员佩戴自吸过滤式防毒面具（全面罩），穿橡胶耐酸碱服，戴橡胶耐酸碱手套。远离火种、热源，工作场所严禁吸烟。使用防爆型的通风系统和设备。在清除液体和蒸气前不能进行焊接、切割等作业。避免产生烟雾。避免与氧化剂、碱类、酸类、醇类、胺类接触。尤其要注意避免与水接触。配备相应品种和数量的消防器材及泄漏应急处理设备。倒空的容器可能残留有害物

储存注意事项 储存于阴凉、干燥、通风良好的库房。远离火种、热源。防止阳光直射。保持容器密封。应与氧化剂、碱类、酸类、醇类、胺类、食用化学品分开存放，切忌混储。配备相应品种和数量的消防器材。储区应备有泄漏应急处理设备和合适的收容材料

第八部分 接触控制/个体防护

职业接触限值
中国 未制定标准
美国（ACGIH） 未制定标准
生物接触限值 未制定标准
监测方法 空气中有毒物质测定方法：未制定标准。生物监测检验方法：未制定标准
工程控制 严加密闭，提供充分的局部排风
个体防护装备
呼吸系统防护 空气中浓度超标时，必须佩戴过滤式防毒面具（全面罩）。紧急事态抢救或撤离时，应该佩戴空气呼吸器
眼睛防护 呼吸系统防护中已作防护
皮肤和身体防护 穿橡胶耐酸碱服
手防护 戴橡胶耐酸碱手套

第九部分 理化特性

外观与性状 稻草色液体，有刺激性气味

pH 值 无资料		**熔点(℃)** 无资料	
沸点(℃) 260		**相对密度(水＝1)** 1.562	
相对蒸气密度(空气＝1) 无资料			
饱和蒸气压(kPa) 无资料			
临界压力(MPa) 无资料		**辛醇/水分配系数** 无资料	
闪点(℃) 141.0		**自燃温度(℃)** 无资料	
爆炸下限(%) 无资料		**爆炸上限(%)** 无资料	
分解温度(℃) 无资料		**黏度(mPa·s)** 无资料	
燃烧热(kJ/mol) 无资料		**临界温度(℃)** 无资料	

溶解性 溶于水、过氯乙烯

第十部分 稳定性和反应性

稳定性 稳定
危险反应 与强氧化剂、强碱、酸类、醇类、胺类等禁配物发生反应。吸潮或遇水会产生大量的腐蚀性烟雾。
避免接触的条件 潮湿空气
禁配物 强氧化剂、强碱、酸类、醇类、胺类
危险的分解产物 氯化氢、氧化硅

第十一部分 毒理学信息

急性毒性 LDLo：100mg/kg（小鼠经口）
皮肤刺激或腐蚀 无资料 **眼睛刺激或腐蚀** 无资料
呼吸或皮肤过敏 无资料 **生殖细胞突变性** 无资料
致癌性 无资料 **生殖毒性** 无资料
特异性靶器官系统毒性-一次接触 无资料
特异性靶器官系统毒性-反复接触 无资料
吸入危害 无资料

第十二部分 生态学信息

生态毒性 无资料
持久性和降解性
生物降解性 无资料
非生物降解性 无资料
潜在的生物累积性 无资料
土壤中的迁移性 无资料

第十三部分 废弃处置

废弃化学品 建议用焚烧法处置。在能利用的地方重复使用容器或在规定场所掩埋
污染包装物 将容器返还生产商或按照国家和地方法规处置
废弃注意事项 处置前应参阅国家和地方有关法规

第十四部分 运输信息

联合国危险货物编号（UN号） 1766
联合国运输名称 二氯苯基三氯硅烷
联合国危险性类别 8

包装类别 Ⅱ **包装标志**

海洋污染物 否
运输注意事项 起运时包装要完整，装载应稳妥。运输过程中要确保容器不泄漏、不倒塌、不坠落、不损坏。严禁与氧化剂、碱类、酸类、醇类、胺类、食用化学品等混装混运。运输时运输车辆应配备相应品种和数量的消防器材及泄漏应急处理设备。运输途中应防暴晒、雨淋，防高温。公路运输时要按规定路线行驶，勿在居民区和人口稠密区停留

第十五部分 法规信息

下列法律、法规、规章和标准，对该化学品的管理作了相应的规定。
中华人民共和国职业病防治法 职业病分类和目录：未列入
危险化学品安全管理条例 危险化学品目录：列入。易制

爆危险化学品名录：未列入。重点监管的危险化学品名录：未列入。GB 18218—2009《危险化学品重大危险源辨识》（表1）：未列入

使用有毒物品作业场所劳动保护条例 高毒物品目录：未列入

易制毒化学品管理条例 易制毒化学品的分类和品种目录：未列入

国际公约 斯德哥尔摩公约：未列入。鹿特丹公约：未列入。蒙特利尔议定书：未列入

第十六部分 其他信息

编写和修订信息　缩略语和首字母缩写
培训建议　参考文献
免责声明

3,4-二氯苯基异氰酸酯

第一部分 化学品标识

化学品中文名 3,4-二氯苯基异氰酸酯；异氰酸-3,4-二氯苯酯

化学品英文名 3,4-dicylorophenyl isocyanate；isocyanic acid-3,4-dichlorophenyl ester

分子式 $C_7H_3Cl_2NO$ **分子量** 188.011

结构式

化学品的推荐及限制用途 用于合成除莠剂敌草隆

第二部分 危险性概述

紧急情况概述 吞咽会中毒，吸入有害，造成严重眼损伤，可能引起呼吸道刺激

GHS 危险性类别 急性毒性-经口，类别3；急性毒性-吸入，类别4；严重眼损伤/眼刺激，类别1；特异性靶器官毒性-一次接触，类别3（呼吸道刺激）

标签要素

象形图

警示词 危险

危险性说明 吞咽会中毒，吸入有害，造成严重眼损伤，可能引起呼吸道刺激

防范说明

预防措施 避免接触眼睛、皮肤，操作后彻底清洗。作业场所不得进食、饮水或吸烟。避免吸入粉尘。仅在室外或通风良好处操作。戴防护眼镜、防护面罩

事故响应 如吸入：将患者转移到空气新鲜处，休息，保持利于呼吸的体位，如感觉不适，呼叫中毒控制中心或就医。接触眼睛：用水细心冲洗数分钟。如戴隐形眼镜并可方便地取出，取出隐形眼镜，继续冲洗。食入：立即呼叫中毒控制中心或就医，漱口

安全储存 上锁保管

废弃处置 本品及内装物、容器依据国家和地方法规处置

物理和化学危险 可燃，其粉体与空气混合，能形成爆炸性混合物

健康危害 吸入、摄入或经皮肤吸收后会中毒。刺激作用较强，人在 $0.66mg/m^3$ 浓度下暴露 1min 即可感到刺激作用

环境危害 对环境可能有害

第三部分 成分/组成信息

√ 物质　　　　　　混合物

组分	浓度	CAS No.
3,4-二氯苯基异氰酸酯		102-36-3

第四部分 急救措施

吸入 迅速脱离现场至空气新鲜处。保持呼吸道通畅。如呼吸困难，给输氧。呼吸、心跳停止，立即进行心肺复苏术。就医

皮肤接触 立即脱去污染的衣着，用流动清水彻底冲洗。就医

眼睛接触 立即分开眼睑，用流动清水或生理盐水彻底冲洗 5～10min。就医

食入 饮适量温水，催吐（仅限于清醒者）。就医

对保护施救者的忠告 根据需要使用个人防护设备

对医生的特别提示 对症处理

第五部分 消防措施

灭火剂 用雾状水、泡沫、干粉、二氧化碳、砂土灭火

特别危险性 遇明火、高热可燃。其粉体与空气可形成爆炸性混合物，当达到一定浓度时，遇火星会发生爆炸。遇高热分解释出高毒烟气

灭火注意事项及防护措施 消防人员必须佩戴防毒面具、穿全身消防服，在上风向灭火。尽可能将容器从火场移至空旷处。喷水保持火场容器冷却，直至灭火结束

第六部分 泄漏应急处理

作业人员防护措施、防护装备和应急处置程序 隔离泄漏污染区，限制出入。建议应急处理人员戴防尘口罩，穿防毒服。作业时使用的所有设备应接地。穿上适当的防护服前严禁接触破裂的容器和泄漏物。尽可能切断泄漏源

环境保护措施 用塑料布覆盖泄漏物，减少飞散

泄漏化学品的收容、清除方法及所使用的处置材料 小量泄漏：用干燥的砂土或其他不燃材料覆盖泄漏物，然后用塑料布覆盖，减少飞散、避免雨淋。用洁净的铲子收集泄漏物，置于干净、干燥、盖子较松的容器中，将容器移离泄漏区

第七部分 操作处置与储存

操作注意事项 密闭操作，提供充分的局部排风。防止粉尘释放到车间空气中。操作人员必须经过专门培训，严格遵守操作规程。建议操作人员佩戴防尘用具（全面罩），穿胶布防毒衣，戴橡胶手套。远离火种、热

源，工作场所严禁吸烟。使用防爆型的通风系统和设备。避免产生粉尘。避免与氧化剂、碱类、醇类、胺类接触。配备相应品种和数量的消防器材及泄漏应急处理设备。倒空的容器可能残留有害物

储存注意事项　储存于阴凉、干燥、通风良好的库房。远离火种、热源。防止阳光直射。包装密封。应与氧化剂、碱类、醇类、胺类、食用化学品等分开存放，切忌混储。配备相应品种和数量的消防器材。储区应备有合适的材料收容泄漏物

第八部分　接触控制/个体防护

职业接触限值
　　中国　未制定标准
　　美国（ACGIH）　未制定标准
生物接触限值　未制定标准
监测方法　空气中有毒物质测定方法：未制定标准。生物监测检验方法：未制定标准
工程控制　严加密闭，提供充分的局部排风
个体防护装备
　　呼吸系统防护　可能接触其粉尘时，必须佩戴防尘面具（全面罩）。紧急事态抢救或撤离时，应该佩戴空气呼吸器
　　眼睛防护　呼吸系统防护中已作防护
　　皮肤和身体防护　穿密闭型防毒服
　　手防护　戴橡胶手套

第九部分　理化特性

外观与性状　白色至浅棕色固体
pH 值　无资料　　　　**熔点（℃）**　42
沸点（℃）　133（4kPa）
相对密度（水＝1）　1.39（50/4℃）
相对蒸气密度（空气＝1）　无资料
饱和蒸气压（kPa）　无资料
临界压力（MPa）　无资料
辛醇/水分配系数　无资料
闪点（℃）　＞110　　**自燃温度（℃）**　无资料
爆炸下限（%）　无资料　**爆炸上限（%）**　无资料
分解温度（℃）　无资料　**黏度（mPa·s）**　2（熔点）
燃烧热（kJ/mol）　无资料　**临界温度（℃）**　无资料
溶解性　溶于多数有机溶剂

第十部分　稳定性和反应性

稳定性　稳定
危险反应　与强氧化剂、强碱、醇类、胺类、水等禁配物发生反应
避免接触的条件　潮湿空气
禁配物　强氧化剂、强碱、醇类、胺类、水
危险的分解产物　氧化硫、氯化氢、氰化氢

第十一部分　毒理学信息

急性毒性　LD$_{50}$：91mg/kg（大鼠经口）。LC$_{50}$：2700 mg/m^3（大鼠吸入，4h）
皮肤刺激或腐蚀　无资料　**眼睛刺激或腐蚀**　无资料

呼吸或皮肤过敏　无资料　**生殖细胞突变性**　无资料
致癌性　无资料　　　　**生殖毒性**　无资料
特异性靶器官系统毒性-一次接触　无资料
特异性靶器官系统毒性-反复接触　无资料
吸入危害　无资料

第十二部分　生态学信息

生态毒性　无资料
持久性和降解性
　　生物降解性　无资料
　　非生物降解性　易水解，水解产物二氯苯酚
潜在的生物累积性　无资料
土壤中的迁移性　无资料

第十三部分　废弃处置

废弃化学品　建议用控制焚烧法或安全掩埋法处置。在能利用的地方重复使用容器或在规定场所掩埋
污染包装物　将容器返还生产商或按照国家和地方法规处置
废弃注意事项　处置前应参阅国家和地方有关法规

第十四部分　运输信息

联合国危险货物编号（UN 号）　2250
联合国运输名称　异氰酸二氯苯酯
联合国危险性类别　6.1

包装类别　Ⅱ　　　　　　　**包装标志**

海洋污染物　否
运输注意事项　运输前应先检查包装容器是否完整、密封，运输过程中要确保容器不泄漏、不倒塌、不坠落、不损坏。严禁与酸类、氧化剂、食品及食品添加剂混运。运输时运输车辆应配备相应品种和数量的消防器材及泄漏应急处理设备。运输途中应防暴晒、雨淋，防高温。公路运输时要按规定路线行驶，勿在居民区和人口稠密区停留

第十五部分　法规信息

　　下列法律、法规、规章和标准，对该化学品的管理作了相应的规定。
中华人民共和国职业病防治法　职业病分类和目录：未列入
危险化学品安全管理条例　危险化学品目录：列入。易制爆危险化学品名录：未列入。重点监管的危险化学品名录：未列入。GB 18218—2009《危险化学品重大危险源辨识》（表1）：未列入
使用有毒物品作业场所劳动保护条例　高毒物品目录：未列入
易制毒化学品管理条例　易制毒化学品的分类和品种目录：未列入
国际公约　斯德哥尔摩公约：未列入。鹿特丹公约：未列入。蒙特利尔议定书：未列入

第十六部分　其他信息

编写和修订信息　　　缩略语和首字母缩写
培训建议　　　　　　参考文献
免责声明

2,4-二氯苯甲酰氯

第一部分　化学品标识

化学品中文名　2,4-二氯苯甲酰氯；2,4-二氯(代)氯化苯甲酰

化学品英文名　2,4-dichlorobenzoyl chloride；2,4-dichlorobenzene-1-carbonyl chloride

分子式　$C_7H_3Cl_3O$　**分子量**　209.457

结构式　

化学品的推荐及限制用途　用于有机合成，用作染料、制药工业的中间体

第二部分　危险性概述

紧急情况概述　吞咽可能有害，皮肤接触可能有害，吸入可能有害，造成严重的皮肤灼伤和眼损伤

GHS危险性类别　急性毒性-经口，类别5；急性毒性-经皮，类别5；急性毒性-吸入，类别5；皮肤腐蚀/刺激，类别1；严重眼损伤/眼刺激，类别1

标签要素

象形图

警示词　危险

危险性说明　吞咽可能有害，皮肤接触可能有害，吸入可能有害，造成严重的皮肤灼伤和眼损伤

防范说明

　　预防措施　避免吸入粉尘或烟雾。避免接触眼睛、皮肤，操作后彻底清洗。穿防护服、戴防护眼镜、防护手套、防护面罩

　　事故响应　如吸入：将患者转移到空气新鲜处，休息，保持利于呼吸的体位。皮肤（或头发）接触：立即脱掉所有被污染的衣服，用水冲洗皮肤，淋浴。污染的衣服必须洗净后方可重新使用。眼睛接触：用水细心地冲洗数分钟。如戴隐形眼镜并可方便地取出，则取出隐形眼镜，继续冲洗。食入：漱口，不要催吐，如果感觉不适，呼叫中毒控制中心或就医

　　安全储存　上锁保管

　　废弃处置　本品及内装物、容器依据国家和地方法规处置

物理和化学危险　可燃。遇水产生刺激性气体

健康危害　对眼睛、皮肤、黏膜和呼吸道有强烈的刺激作用。眼和皮肤接触引起灼伤。吸入可能由于喉、支气管痉挛、水肿、炎症，化学性肺炎或肺水肿而致死。中毒表现有烧灼感、咳嗽、喘息、喉炎、气短、头痛、恶心和呕吐

环境危害　对环境可能有害

第三部分　成分/组成信息

√ 物质		混合物
组分	浓度	CAS No.
2,4-二氯苯甲酰氯		89-75-8

第四部分　急救措施

吸入　迅速脱离现场至空气新鲜处。保持呼吸道通畅。如呼吸困难，给输氧。呼吸、心跳停止，立即进行心肺复苏术。就医

皮肤接触　立即脱去污染的衣着，用大量流动清水彻底冲洗至少15min。就医

眼睛接触　立即分开眼睑，用流动清水或生理盐水彻底冲洗5～10min。就医

食入　用水漱口，禁止催吐。给饮牛奶或蛋清。就医

对保护施救者的忠告　根据需要使用个人防护设备

对医生的特别提示　对症处理

第五部分　消防措施

灭火剂　用干粉、二氧化碳、砂土灭火

特别危险性　可燃。遇高热、明火有引起燃烧的危险。与氧化剂可发生反应。与水或潮气发生反应，散发出刺激性和腐蚀性的氯化氢气体。遇潮时对大多数金属有腐蚀性

灭火注意事项及防护措施　消防人员灭火时必须穿全身耐酸碱消防服、佩戴空气呼吸器。尽可能将容器从火场移至空旷处。处在火场中的容器若已变色或从安全泄压装置中发出声音，必须马上撤离。禁止用水、泡沫和酸碱灭火剂灭火

第六部分　泄漏应急处理

作业人员防护措施、防护装备和应急处置程序　根据液体流动和蒸气扩散的影响区域划定警戒区，无关人员从侧风、上风向撤离至安全区。消除所有点火源。建议应急处理人员戴正压自给式呼吸器，穿防酸碱服。穿上适当的防护服前严禁接触破裂的容器和泄漏物。尽可能切断泄漏源

环境保护措施　防止泄漏物进入水体、下水道、地下室或有限空间

泄漏化学品的收容、清除方法及所使用的处置材料　小量泄漏：用干燥的砂土或其他不燃材料吸收或覆盖，收集于容器中。大量泄漏：构筑围堤或挖坑收容。用耐腐蚀泵转移至槽车或专用收集器内

第七部分　操作处置与储存

操作注意事项　密闭操作，局部排风。操作人员必须经过专门培训，严格遵守操作规程。建议操作人员佩戴防尘面具（全面罩），穿橡胶耐酸碱服，戴橡胶耐酸碱手套。远离火种、热源，工作场所严禁吸烟。使用防

爆型的通风系统和设备。避免与氧化剂、碱类、醇类接触，尤其要注意避免与水接触。搬运时要轻装轻卸，防止包装及容器损坏。配备相应品种和数量的消防器材及泄漏应急处理设备。倒空的容器可能残留有害物

储存注意事项　储存于阴凉、干燥、通风良好的库房。远离火种、热源。保持容器密封。应与氧化剂、碱类、醇类等分开存放，切忌混储。配备相应品种和数量的消防器材。储区应备有泄漏应急处理设备和合适的收容材料

第八部分　接触控制/个体防护

职业接触限值
　　中国　未制定标准
　　美国（ACGIH）　未制定标准
生物接触限值　未制定标准
监测方法　空气中有毒物质测定方法：未制定标准。生物监测检验方法：未制定标准
工程控制　密闭操作，局部排风。提供安全淋浴和洗眼设备
个体防护装备
　　呼吸系统防护　可能接触其粉尘时，必须佩戴防尘面具（全面罩）；可能接触其蒸气时，应该佩戴过滤式防毒面具（全面罩）
　　眼睛防护　呼吸系统防护中已作防护
　　皮肤和身体防护　穿橡胶耐酸碱服
　　手防护　戴橡胶耐酸碱手套

第九部分　理化特性

外观与性状　无色至浅黄色的液体或固体
pH 值　无资料　　　　**熔点(℃)**　16～18
沸点(℃)　150（4.53kPa）　**相对密度(水＝1)**　1.494
相对蒸气密度(空气＝1)　无资料
饱和蒸气压(kPa)　1.00（111℃）
临界压力(MPa)　无资料　**辛醇/水分配系数**　无资料
闪点(℃)　137.78　　　**自燃温度(℃)**　无资料
爆炸下限(%)　无资料　**爆炸上限(%)**　无资料
分解温度(℃)　无资料　**黏度(mPa·s)**　无资料
燃烧热(kJ/mol)　无资料　**临界温度(℃)**　无资料
溶解性　溶于乙醚、氯仿等多数有机溶剂

第十部分　稳定性和反应性

稳定性　稳定
危险反应　与强氧化剂、醇类、强碱等禁配物发生反应。与水或潮湿空气发生反应，散发出刺激性和腐蚀性的氯化氢气体
避免接触的条件　潮湿空气
禁配物　水、醇类、强氧化剂、强碱
危险的分解产物　氯化氢、光气

第十一部分　毒理学信息

急性毒性　LD$_{50}$：4640mg/kg（大鼠经口）；3160mg/kg（兔经皮）

皮肤刺激或腐蚀　无资料　　**眼睛刺激或腐蚀**　无资料
呼吸或皮肤过敏　无资料　　**生殖细胞突变性**　无资料
致癌性　无资料　　　　　　**生殖毒性**　无资料
特异性靶器官系统毒性-一次接触　无资料
特异性靶器官系统毒性-反复接触　无资料
吸入危害　无资料

第十二部分　生态学信息

生态毒性　LC$_{50}$：500～710mg/L（96h）（斑马鱼）（OECD 203）；EC$_{50}$：300～400mg/L（48h）（大型溞）
持久性和降解性
　　生物降解性　无资料
　　非生物降解性　无资料
潜在的生物累积性　无资料
土壤中的迁移性　无资料

第十三部分　废弃处置

废弃化学品　建议用焚烧法处置。与燃料混合后，再焚烧。焚烧炉排出的卤化氢通过酸洗涤器除去
污染包装物　将容器返还生产商或按照国家和地方法规处置
废弃注意事项　处置前应参阅国家和地方有关法规

第十四部分　运输信息

联合国危险货物编号（UN 号）　3265
联合国运输名称　有机酸性腐蚀性液体，未另作规定的（2,4-二氯苯甲酰氯）
联合国危险性类别　8

包装类别　Ⅰ　　　　　　**包装标志**

海洋污染物　否
运输注意事项　起运时包装要完整，装载应稳妥。运输过程中要确保容器不泄漏、不倒塌、不坠落、不损坏。严禁与氧化剂、碱类、醇类、食用化学品等混装混运。运输时运输车辆应配备相应品种和数量的消防器材及泄漏应急处理设备。运输途中应防暴晒、雨淋，防高温。公路运输时要按规定路线行驶，勿在居民区和人口稠密区停留

第十五部分　法规信息

　　下列法律、法规、规章和标准，对该化学品的管理作了相应的规定。
中华人民共和国职业病防治法　职业病分类和目录：未列入
危险化学品安全管理条例　危险化学品目录：列入。易制爆危险化学品名录：未列入。重点监管的危险化学品名录：未列入。GB 18218—2009《危险化学品重大危险源辨识》（表1）：未列入
使用有毒物品作业场所劳动保护条例　高毒物品目录：未列入
易制毒化学品管理条例　易制毒化学品的分类和品种目

录：未列入

国际公约 斯德哥尔摩公约：未列入。鹿特丹公约：未列入。蒙特利尔议定书：未列入

第十六部分 其他信息

编写和修订信息 缩略语和首字母缩写
培训建议 参考文献
免责声明

1,3-二氯-2-丙醇

第一部分 化学品标识

化学品中文名 1,3-二氯-2-丙醇；1,3-二氯异丙醇
化学品英文名 1,3-dichloro-2-propanol；1,3-dichloroiso-propyl alcohol
分子式 $C_3H_6Cl_2O$ 分子量 128.99
结构式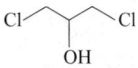
化学品的推荐及限制用途 用作溶剂及用于有机合成

第二部分 危险性概述

紧急情况概述 吞咽会中毒，皮肤接触有害
GHS 危险性类别 急性毒性-经口，类别 3；急性毒性-经皮，类别 4
标签要素

象形图

警示词 危险
危险性说明 吞咽会中毒，皮肤接触有害
防范说明
　预防措施 避免接触眼睛、皮肤，操作后彻底清洗。作业场所不得进食、饮水或吸烟。戴防护手套、穿防护服
　事故响应 皮肤接触：用大量肥皂水和水清洗，如感觉不适，呼叫中毒控制中心或就医。被污染的衣服必须经洗净后方可重新使用。食入：立即呼叫中毒控制中心或就医，漱口
　安全储存 上锁保管
　废弃处置 本品及内装物、容器依据国家和地方法规处置
物理和化学危险 可燃，其蒸气与空气混合，能形成爆炸性混合物
健康危害 本品对黏膜有强烈刺激性，吸入后损害呼吸道。此外尚有麻醉和损害实质性脏器的作用。急性吸入或经皮吸收中毒时，出现头痛、头晕、乏力、嗜睡、恶心、呕吐和上腹疼痛。重者有谵妄、休克和昏迷。病程中常伴有肝脏、心肌及肾损害，肺炎及肺水肿，皮肤黏膜出血以及溶血性贫血等。直接接触时，损害皮肤和眼睛
环境危害 对环境可能有害

第三部分 成分/组成信息

√ 物质 　　　混合物

组分	浓度	CAS No.
1,3-二氯-2-丙醇		96-23-1

第四部分 急救措施

吸入 迅速脱离现场至空气新鲜处。保持呼吸道通畅。如呼吸困难，给输氧。呼吸、心跳停止，立即进行心肺复苏术。就医
皮肤接触 立即脱去污染的衣着，用流动清水彻底冲洗。就医
眼睛接触 立即分开眼睑，用流动清水或生理盐水彻底冲洗。就医
食入 漱口，饮水。就医
对保护施救者的忠告 根据需要使用个人防护设备
对医生的特别提示 对症处理

第五部分 消防措施

灭火剂 用雾状水、泡沫、干粉、二氧化碳、砂土灭火
特别危险性 遇高热、明火或与氧化剂接触，有引起燃烧的危险。高热时能分解出剧毒的光气。吸湿性强，遇水很快释放出氯化氢
灭火注意事项及防护措施 消防人员必须佩戴空气呼吸器、穿全身防火防毒服，在上风向灭火。尽可能将容器从火场移至空旷处。喷水保持火场容器冷却，直至灭火结束。处在火场中的容器若已变色或从安全泄压装置中发出声音，必须马上撤离

第六部分 泄漏应急处理

作业人员防护措施、防护装备和应急处置程序 根据液体流动和蒸气扩散的影响区域划定警戒区，无关人员从侧风、上风向撤离至安全区。消除所有点火源。建议应急处理人员戴正压自给式呼吸器，穿防毒服。穿上适当的防护服前严禁接触破裂的容器和泄漏物。尽可能切断泄漏源
环境保护措施 防止泄漏物进入水体、下水道、地下室或有限空间
泄漏化学品的收容、清除方法及所使用的处置材料 小量泄漏：用干燥的砂土或其他不燃材料吸收或覆盖，收集于容器中。大量泄漏：构筑围堤或挖坑收容。用泵转移至槽车或专用收集器内

第七部分 操作处置与储存

操作注意事项 密闭操作，提供充分的局部排风。操作人员必须经过专门培训，严格遵守操作规程。建议操作人员佩戴自吸过滤式防毒面具（全面罩），穿胶布防毒衣，戴橡胶手套。远离火种、热源，工作场所严禁吸烟。使用防爆型的通风系统和设备。防止蒸气泄漏到工作场所空气中。避免与氧化剂、还原剂、酸类接触。搬运时要轻装轻卸，防止包装及容器损坏。配备相应品种和数量的消防器材及泄漏应急处理设备。倒空的容器可能残留有害物

储存注意事项 储存于阴凉、通风的库房。远离火种、热源。应与氧化剂、还原剂、酸类、食用化学品分开存放，切忌混储。配备相应品种和数量的消防器材。储区应备有泄漏应急处理设备和合适的收容材料

第八部分 接触控制/个体防护

职业接触限值
中国 PC-TWA：5mg/m³［皮］
美国（ACGIH） 未制定标准

生物接触限值 未制定标准

监测方法 空气中有毒物质测定方法：变色酸分光光度法。生物监测检验方法：未制定标准

工程控制 严加密闭，提供充分的局部排风。提供安全淋浴和洗眼设备

个体防护装备
呼吸系统防护 空气中浓度超标时，必须佩戴自吸过滤式防毒面具（全面罩）。紧急事态抢救或撤离时，应该佩戴空气呼吸器

眼睛防护 呼吸系统防护中已作防护

皮肤和身体防护 穿密闭型防毒服

手防护 戴橡胶手套

第九部分 理化特性

外观与性状 无色透明液体，微有氯仿气味

pH 值 无资料		**熔点（℃）** −4	
沸点（℃） 174.3		**相对密度（水＝1）** 1.351	

相对蒸气密度（空气＝1） 4.45

饱和蒸气压（kPa） 0.13（28.0℃）

临界压力（MPa） 无资料 **辛醇/水分配系数** 0.2

闪点（℃） 85.56 **自燃温度（℃）** 无资料

爆炸下限（%） 无资料 **爆炸上限（%）** 无资料

分解温度（℃） 无资料 **黏度（mPa·s）** 无资料

燃烧热（kJ/mol） 无资料 **临界温度（℃）** 无资料

溶解性 不溶于水，溶于乙醇、乙醚等多数有机溶剂

第十部分 稳定性和反应性

稳定性 稳定

危险反应 与强酸、强氧化剂、强还原剂、酰氯、酸酐等禁配物发生反应。与水接触放出氯化氢

避免接触的条件 受热、潮湿空气

禁配物 强酸、强氧化剂、强还原剂、酰氯、酸酐

危险的分解产物 氯化氢、光气

第十一部分 毒理学信息

急性毒性 小鼠浸尾1,3-二氯-2-丙醇约20min均出现不同程度的中毒症状，如流泪、四肢抽搐、昏迷、紧张、大小便失禁等，一般在3～4h内死亡。LD₅₀：81mg/kg（大鼠经口）；93mg/kg（小鼠经口）；590mg/kg（兔经皮）

皮肤刺激或腐蚀 无资料 **眼睛刺激或腐蚀** 无资料

呼吸或皮肤过敏 无资料

生殖细胞突变性 微生物致突变：鼠伤寒沙门氏菌1μmol/皿。DNA抑制：人 HeLa 细胞2500μmol/L。姐妹染色单体交换：仓鼠肺250μmol/L

致癌性 大鼠经口给予最低中毒剂量（TDLo）4550mg/kg（2年），按照 RTECS 标准可致肾、输尿管、膀胱肿瘤

生殖毒性 无资料

特异性靶器官系统毒性-一次接触 无资料

特异性靶器官系统毒性-反复接触 动物长期暴露在1,3-二氯-2-丙醇200～300mg/m³浓度时，主要引起呼吸道和肾脏的严重病变

吸入危害 无资料

第十二部分 生态学信息

生态毒性 LC₅₀：＞100mg/L（96h）（青鳉）（OECD 203）；EC₅₀：725mg/L（72h）（大型溞）（OECD 202）；ErC₅₀：630mg/L（72h）（藻类）；NOEC：6.25mg/L（21d）（OECD 211）

持久性和降解性
生物降解性 以快速生物降解
非生物降解性 无资料

潜在的生物累积性 无资料

土壤中的迁移性 无资料

第十三部分 废弃处置

废弃化学品 根据国家和地方有关法规的要求处置。或与厂商或制造商联系，确定处置方法

污染包装物 将容器返还生产商或按照国家和地方法规处置

废弃注意事项 处置前应参阅国家和地方有关法规

第十四部分 运输信息

联合国危险货物编号（UN 号） 2750

联合国运输名称 1,3-二氯-2-丙醇

联合国危险性类别 6.1

包装类别 Ⅱ **包装标志**

海洋污染物 否

运输注意事项 运输前应先检查包装容器是否完整、密封，运输过程中要确保容器不泄漏、不倒塌、不坠落、不损坏。严禁与酸类、氧化剂、食品及食品添加剂混运。运输时运输车辆应配备相应品种和数量的消防器材及泄漏应急处理设备。运输途中应防暴晒、雨淋，防高温。公路运输时要按规定路线行驶

第十五部分 法规信息

下列法律、法规、规章和标准，对该化学品的管理作了相应的规定。

中华人民共和国职业病防治法 职业病分类和目录：未列入

危险化学品安全管理条例 危险化学品目录：列入。易制爆危险化学品名录：未列入。重点监管的危险化学品名录：未列入。GB 18218—2009《危险化学品重大

危险源辨识》（表1）：未列入

使用有毒物品作业场所劳动保护条例 高毒物品目录：未列入

易制毒化学品管理条例 易制毒化学品的分类和品种目录：未列入

国际公约 斯德哥尔摩公约：未列入。鹿特丹公约：未列入。蒙特利尔议定书：未列入

第十六部分 其他信息

编写和修订信息 缩略语和首字母缩写
培训建议 参考文献
免责声明

1,2-二氯丙烷

第一部分 化学品标识

化学品中文名 1,2-二氯丙烷；二氯化丙烯
化学品英文名 1,2-dichloropropane；propylene dichloride
分子式 $C_3H_6Cl_2$ **分子量** 112.986
结构式

$$\overset{Cl}{\underset{}{|}}\!\!\diagup\!\!\diagdown\!\!\diagup_{Cl}$$

化学品的推荐及限制用途 用作脂肪、油、蜡、树脂和树胶的溶剂及杀虫剂等

第二部分 危险性概述

紧急情况概述 高度易燃液体和蒸气，吞咽有害，吸入有害

GHS危险性类别 易燃液体，类别2；急性毒性-经口，类别4；急性毒性-吸入，类别4；危害水生环境-急性危害，类别3

标签要素

象形图

警示词 警告

危险性说明 高度易燃液体和蒸气，吞咽有害，吸入有害，对水生生物有害

防范说明

预防措施 远离热源、火花、明火、热表面。禁止吸烟。保持容器密闭。容器和接收设备接地连接。使用防爆型电器、通风、照明设备。只能使用不产生火花的工具。采取防止静电措施。戴防护手套、防护眼镜、防护面罩。避免接触眼睛、皮肤，操作后彻底清洗。作业场所不得进食、饮水或吸烟。避免吸入蒸气、雾。仅在室外或通风良好处操作。禁止排入环境

事故响应 火灾时，使用雾状水、泡沫、干粉、二氧化碳、砂土灭火。如吸入：将患者转移到空气新鲜处，休息，保持利于呼吸的体位。如皮肤（或头发）接触：立即脱掉所有被污染的衣服，用水冲洗皮肤，淋浴。食入：如果感觉不适，立即呼叫中毒控制中心或就医。漱口

安全储存 存放在通风良好的地方。保持低温

废弃处置 本品及内装物、容器依据国家和地方法规处置

物理和化学危险 易燃，其蒸气与空气混合，能形成爆炸性混合物

健康危害 不同的中毒途径，其急性中毒的临床表现相似，均以肝、肾损害，溶血性贫血和弥散性血管内凝血为主。目前未见慢性中毒病例报道，但长期接触可导致皮炎

环境危害 对水生生物有害

第三部分 成分/组成信息

√ 物质 混合物

组分	浓度	CAS No.
1,2-二氯丙烷		78-87-5

第四部分 急救措施

吸入 迅速脱离现场至空气新鲜处。保持呼吸道通畅。如呼吸困难，给输氧。呼吸、心跳停止，立即进行心肺复苏术。就医

皮肤接触 立即脱去污染的衣着，用流动清水彻底冲洗。就医

眼睛接触 立即分开眼睑，用流动清水或生理盐水彻底冲洗。就医

食入 漱口，饮水。就医

对保护施救者的忠告 根据需要使用个人防护设备

对医生的特别提示 对症处理

第五部分 消防措施

灭火剂 用雾状水、泡沫、干粉、二氧化碳、砂土灭火

特别危险性 其蒸气与空气可形成爆炸性混合物，遇明火、高热极易燃烧爆炸。与氧化剂接触猛烈反应。受高热分解产生有毒的氯化物气体。流速过快，容易产生和积聚静电。蒸气比空气重，沿地面扩散并易积存于低洼处，遇火源会着火回燃。若遇高热，容器内压增大，有开裂和爆炸的危险

灭火注意事项及防护措施 消防人员必须佩戴防毒面具、穿全身消防服，在上风向灭火。尽可能将容器从火场移至空旷处。喷水保持火场容器冷却，直至灭火结束。处在火场中的容器若已变色或从安全泄压装置中发出声音，必须马上撤离

第六部分 泄漏应急处理

作业人员防护措施、防护装备和应急处置程序 消除所有点火源。根据液体流动和蒸气扩散的影响区域划定警戒区，无关人员从侧风、上风向撤离至安全区。建议应急处理人员戴正压自给式呼吸器，穿防静电服。作业时使用的所有设备应接地。禁止接触或跨越泄漏物。尽可能切断泄漏源

环境保护措施 防止泄漏物进入水体、下水道、地下室或有限空间

泄漏化学品的收容、清除方法及所使用的处置材料 小量泄漏：用砂土或其他不燃材料吸收。使用洁净的无火

花工具收集吸收材料。大量泄漏：构筑围堤或挖坑收容。用泡沫覆盖，减少蒸发。喷水雾能减少蒸发，但不能降低泄漏物在有限空间内的易燃性。用防爆泵转移至槽车或专用收集器内

第七部分　操作处置与储存

操作注意事项　密闭操作，加强通风。操作人员必须经过专门培训，严格遵守操作规程。建议操作人员佩戴自吸过滤式防毒面具（半面罩），戴化学安全防护眼镜，穿防静电工作服，戴橡胶耐油手套。远离火种、热源，工作场所严禁吸烟。使用防爆型的通风系统和设备。防止蒸气泄漏到工作场所空气中。避免与氧化剂、酸类、碱类接触。灌装时应控制流速，且有接地装置，防止静电积聚。搬运时要轻装轻卸，防止包装及容器损坏。配备相应品种和数量的消防器材及泄漏应急处理设备。倒空的容器可能残留有害物

储存注意事项　储存于阴凉、通风的库房。远离火种、热源。库温不宜超过37℃，应与氧化剂、酸类、碱类等分开存放，切忌混储。采用防爆型照明、通风设施。禁止使用易产生火花的机械设备和工具。储区应备有泄漏应急处理设备和合适的收容材料

第八部分　接触控制/个体防护

职业接触限值
　　中国　PC-TWA：350mg/m³；PC-STEL：500mg/m³
　　美国（ACGIH）　TLV-TWA：10ppm［敏］

生物接触限值　未制定标准

监测方法　空气中有毒物质测定方法：溶剂解吸-气相色谱法。生物监测检验方法：未制定标准

工程控制　生产过程密闭，加强通风。提供安全的淋浴和洗眼设备

个体防护装备
　　呼吸系统防护　空气中浓度超标时，必须佩戴过滤式防毒面具（半面罩）。紧急事态抢救或撤离时，应该佩戴空气呼吸器
　　眼睛防护　戴化学安全防护眼镜
　　皮肤和身体防护　穿防静电工作服
　　手防护　戴橡胶耐油手套

第九部分　理化特性

外观与性状　无色透明液体，有类似氯仿的气味

pH 值　无资料	**熔点(℃)**　−100
沸点(℃)　96.8	**相对密度(水=1)**　1.156

相对蒸气密度(空气=1)　3.9
饱和蒸气压(kPa)　5.32（20℃）
临界压力(MPa)　4.44
辛醇/水分配系数　1.99～2.28

闪点(℃)　4.44	**自燃温度(℃)**　557.22
爆炸下限(%)　3.4	**爆炸上限(%)**　14.5
分解温度(℃)　无资料	**黏度(mPa·s)**　无资料

燃烧热(kJ/mol)　−1905.46
临界温度(℃)　304.3
溶解性　不溶于水，溶于多数有机溶剂

第十部分　稳定性和反应性

稳定性　稳定

危险反应　与强氧化剂等禁配物接触，有发生火灾和爆炸的危险。与锂、钠、钾、镁、锌、镉、铝、汞等金属发生反应

避免接触的条件　受热

禁配物　强氧化剂、酸类、碱类及锂、钠、钾、镁、锌、镉、铝、汞等金属

危险的分解产物　氯化氢、光气

第十一部分　毒理学信息

急性毒性　LD$_{50}$：1900mg/kg（大鼠经口）；860mg/kg（小鼠经口）；8750mg/kg（兔经皮）。LC$_{50}$：14000 mg/m³（大鼠吸入，8h）

皮肤刺激或腐蚀　无资料　　**眼睛刺激或腐蚀**　无资料

呼吸或皮肤过敏　无资料

生殖细胞突变性　微生物致突变：鼠伤寒沙门氏菌100μg/皿。细胞遗传学分析：仓鼠卵巢 660mg/L。姐妹染色单体交换：仓鼠卵巢 113mg/L

致癌性　IARC致癌性评论：组3，现有的证据不能对人类致癌性进行分类

生殖毒性　无资料

特异性靶器官系统毒性-一次接触　中毒后出现眼睛、皮肤的轻度刺激作用；先兴奋，后抑制，共济失调、麻醉、昏迷、死亡。大鼠吸入 1.85g/m³ 4～7h 可耐受

特异性靶器官系统毒性-反复接触　无资料

吸入危害　无资料

第十二部分　生态学信息

生态毒性　LC$_{50}$：140mg/L（96h）（黑头呆鱼）；EC$_{50}$：56mg/L（48h）（大型溞）；IC$_{50}$：15～16mg/L（72h）（咸水藻）；NOEC：4.1mg/L（28d）（巴西拟糠虾）

持久性和降解性
　　生物降解性　不易快速生物降解
　　非生物降解性　无资料

潜在的生物累积性　根据 K_{ow} 值预测，该物质的生物累积性可能较弱

土壤中的迁移性　根据 K_{oc} 值预测，该物质可能易发生迁移

第十三部分　废弃处置

废弃化学品　用焚烧法处置。与燃料混合后，再焚烧。焚烧炉排出的卤化氢通过酸洗涤器除去

污染包装物　将容器返还生产商或按照国家和地方法规处置

废弃注意事项　把倒空的容器归还厂商或在规定场所掩埋

第十四部分　运输信息

联合国危险货物编号（UN号）　1279
联合国运输名称　1,2-二氯丙烷
联合国危险性类别　3

包装类别　Ⅱ　　　包装标志

海洋污染物　否

运输注意事项　运输时运输车辆应配备相应品种和数量的消防器材及泄漏应急处理设备。夏季最好早晚运输。运输时所用的槽（罐）车应有接地链，槽内可设孔隔板以减少震荡产生的静电。严禁与氧化剂、酸类、碱类、食用化学品等混装混运。运输途中应防暴晒、雨淋、防高温。中途停留时应远离火种、热源、高温区。装运该物品的车辆排气管必须配备阻火装置，禁止使用易产生火花的机械设备和工具装卸。公路运输时要按规定路线行驶，勿在居民区和人口稠密区停留。铁路运输时要禁止溜放。严禁用木船、水泥船散装运输

第十五部分　法规信息

下列法律、法规、规章和标准，对该化学品的管理作了相应的规定。

中华人民共和国职业病防治法　职业病分类和目录：未列入

危险化学品安全管理条例　危险化学品目录：列入。易制爆危险化学品名录：未列入。重点监管的危险化学品名录：未列入。GB 18218—2009《危险化学品重大危险源辨识》（表1）：未列入

使用有毒物品作业场所劳动保护条例　高毒物品目录：未列入

易制毒化学品管理条例　易制毒化学品的分类和品种目录：未列入

国际公约　斯德哥尔摩公约：未列入。鹿特丹公约：未列入。蒙特利尔议定书：未列入

第十六部分　其他信息

编写和修订信息　　　缩略语和首字母缩写
培训建议　　　　　　参考文献
免责声明

2,3-二氯丙烯

第一部分　化学品标识

化学品中文名　2,3-二氯丙烯
化学品英文名　2,3-dichloropropene；2,3-dichloropropylene
分子式　$C_3H_4Cl_2$　　**分子量**　110.97
结构式

化学品的推荐及限制用途　用于有机合成和用作熏蒸剂

第二部分　危险性概述

紧急情况概述　高度易燃液体和蒸气，吞咽有害，皮肤接触有害，吸入有害，造成皮肤刺激，造成严重眼损伤，可能引起昏昏欲睡或眩晕

GHS危险性类别　易燃液体，类别2；急性毒性-经口，类别4；急性毒性-经皮，类别4；急性毒性-吸入，类别4；皮肤腐蚀/刺激，类别2；严重眼损伤/眼刺激，类别1；生殖细胞致突变性，类别2；特异性靶器官毒性-一次接触，类别3（呼吸道刺激）；危害水生环境-急性危害，类别3；危害水生环境-长期危害，类别3

标签要素

象形图

警示词　危险

危险性说明　高度易燃液体和蒸气，吞咽有害，皮肤接触有害，吸入有害，造成皮肤刺激，造成严重眼损伤，怀疑可造成遗传性缺陷，可能引起昏昏欲睡或眩晕，对水生生物有害并具有长期持续影响

防范说明

预防措施　远离热源、火花、明火、热表面。保持容器密闭。容器和接收设备接地连接。使用防爆型电器、通风、照明设备。只能使用不产生火花的工具。采取防止静电措施。戴防护手套、防护眼镜、防护面罩，穿防护服。避免接触眼睛、皮肤，操作后彻底清洗。作业场所不得进食、饮水或吸烟。避免吸入蒸气、雾。仅在室外或通风良好处操作。得到专门指导后操作。在阅读并了解所有安全预防措施之前，切勿操作。按要求使用个体防护装备。禁止排入环境

事故响应　火灾时，使用雾状水、泡沫、干粉、二氧化碳、砂土灭火。如吸入：将患者转移到空气新鲜处，休息，保持利于呼吸的体位。皮肤接触：用大量肥皂水和水清洗。被污染的衣服必须经洗净后方可重新使用。如发生皮肤刺激，就医。接触眼睛：用水细心冲洗数分钟。如戴隐形眼镜并可方便地取出，取出隐形眼镜，继续冲洗。食入：如果感觉不适，立即呼叫中毒控制中心或就医，漱口。如果接触或有担心，就医

安全储存　存放在通风良好的地方。保持低温。上锁保管

废弃处置　本品及内装物、容器依据国家和地方法规处置

物理和化学危险　易燃，其蒸气与空气混合，能形成爆炸性混合物

健康危害　吸入、摄入或经皮吸收后有害，对眼睛、皮肤、黏膜和上呼吸道有刺激作用。可引起灼伤。吸入可引起喉、支气管痉挛、炎症、化学性肺炎、肺水肿等

环境危害　对水生生物有害并具有长期持续影响

第三部分　成分/组成信息

√ 物质　　　　　　　混合物

组分	浓度	CAS No.
2,3-二氯丙烯		78-88-6

第四部分　急救措施

吸入　迅速脱离现场至空气新鲜处。保持呼吸道通畅。如呼吸困难，给输氧。呼吸、心跳停止，立即进行心肺复苏术。就医

皮肤接触　立即脱去污染的衣着，用流动清水彻底冲洗。就医

眼睛接触　立即分开眼睑，用流动清水或生理盐水彻底冲洗 5~10min。就医

食入　漱口，饮水。就医

对保护施救者的忠告　根据需要使用个人防护设备

对医生的特别提示　对症处理

第五部分　消防措施

灭火剂　用雾状水、泡沫、干粉、二氧化碳、砂土灭火

特别危险性　其蒸气与空气可形成爆炸性混合物，遇明火、高热极易燃烧爆炸。与氧化剂接触猛烈反应。容易自聚，聚合反应随着温度的上升而急骤加剧。流速过快，容易产生和积聚静电。蒸气比空气重，沿地面扩散并易积存于低洼处，遇火源会着火回燃。若遇高热，容器内压增大，有开裂和爆炸的危险

灭火注意事项及防护措施　消防人员必须佩戴空气呼吸器，穿全身防火防毒服，在上风向灭火。尽可能将容器从火场移至空旷处。喷水保持火场容器冷却，直至灭火结束。处在火场中的容器若已变色或从安全泄压装置中发出声音，必须马上撤离

第六部分　泄漏应急处理

作业人员防护措施、防护装备和应急处置程序　消除所有点火源。根据液体流动和蒸气扩散的影响区域划定警戒区，无关人员从侧风、上风向撤离至安全区。建议应急处理人员戴正压自给式呼吸器，穿防毒、防静电服。作业时使用的所有设备应接地。禁止接触或跨越泄漏物。尽可能切断泄漏源

环境保护措施　防止泄漏物进入水体、下水道、地下室或有限空间

泄漏化学品的收容、清除方法及所使用的处置材料　小量泄漏：用砂土或其他不燃材料吸收。使用洁净的无火花工具收集吸收材料。大量泄漏：构筑围堤或挖坑收容。用泡沫覆盖，减少蒸发。喷水雾能减少蒸发，但不能降低泄漏物在有限空间内的易燃性。用防爆泵转移至槽车或专用收集器内

第七部分　操作处置与储存

操作注意事项　密闭操作，提供充分的局部排风。防止蒸气泄漏到工作场所空气中。操作人员必须经过专门培训，严格遵守操作规程。建议操作人员佩戴自吸过滤式防毒面具（全面罩），穿胶布防毒衣，戴橡胶手套。远离火种、热源，工作场所严禁吸烟。使用防爆型的通风系统和设备。在清除液体和蒸气前不能进行焊接、切割等作业。避免产生烟雾。避免与氧化剂、碱类接触。容器与传送设备要接地，防止产生静电。灌装时应控制流速，且有接地装置，防止静电积聚。配

备相应品种和数量的消防器材及泄漏应急处理设备。倒空的容器可能残留有害物

储存注意事项　储存于阴凉、通风的库房。远离火种、热源。防止阳光直射。库温不宜超过 37℃，保持容器密封，严禁与空气接触。应与氧化剂、碱类、食用化学品分开存放，切忌混储。不宜大量储存或久存。采用防爆型照明、通风设施。禁止使用易产生火花的机械设备和工具。储区应备有泄漏应急处理设备和合适的收容材料

第八部分　接触控制/个体防护

职业接触限值

中国　未制定标准

美国（ACGIH）　未制定标准

生物接触限值　未制定标准

监测方法　空气中有毒物质测定方法：未制定标准。生物监测检验方法：未制定标准

工程控制　严加密闭，提供充分的局部排风

个体防护装备

呼吸系统防护　空气中浓度超标时，必须佩戴过滤式防毒面具（全面罩）。紧急事态抢救或撤离时，应该佩戴空气呼吸器

眼睛防护　呼吸系统防护中已作防护

皮肤和身体防护　穿密闭型防毒服

手防护　戴橡胶手套

第九部分　理化特性

外观与性状　无色或微黄色液体，有氯仿气味

pH 值　无资料　　　**熔点（℃）**　−81.7

沸点（℃）　94　　　**相对密度（水＝1）**　1.204

相对蒸气密度（空气＝1）　3.8

饱和蒸气压（kPa）　5.85（20℃）

临界压力（MPa）　无资料　　**辛醇/水分配系数**　无资料

闪点（℃）　10.0　　　**自燃温度（℃）**　无资料

爆炸下限（%）　2.6　　　**爆炸上限（%）**　7.8

分解温度（℃）　无资料　　**黏度（mPa·s）**　无资料

燃烧热（kJ/mol）　−1811.59

临界温度（℃）　278.4

溶解性　不溶于水，易溶于醇，溶于醚、苯、氯仿

第十部分　稳定性和反应性

稳定性　稳定

危险反应　与强氧化剂、强碱等禁配物接触，有发生火灾和爆炸的危险。容易发生自聚反应

避免接触的条件　无资料

禁配物　强氧化剂、强碱

危险的分解产物　氯化氢

第十一部分　毒理学信息

急性毒性　LD_{50}：320mg/kg（大鼠经口）；1580mg/kg（兔经皮）。LC_{50}：3100mg/m³（小鼠吸入，2h）

皮肤刺激或腐蚀　家兔经皮：开放性刺激试验，10mg（24h），重度刺激

眼睛刺激或腐蚀：无资料

呼吸或皮肤过敏 无资料

生殖细胞突变性 微生物致突变：鼠伤寒沙门氏菌 $3\mu g/$ 皿。姐妹染色单体互换：仓鼠肺 $300\mu mol/L$。程序外 DNA 合成：人 Hela 细胞 $100\mu mol/L$

致癌性 无资料　　**生殖毒性** 无资料

特异性靶器官系统毒性-一次接触 无资料

特异性靶器官系统毒性-反复接触 无资料

吸入危害 无资料

第十二部分　生态学信息

生态毒性 无资料

持久性和降解性

　　生物降解性　无资料

　　非生物降解性　无资料

潜在的生物累积性 无资料

土壤中的迁移性 无资料

第十三部分　废弃处置

废弃化学品 建议用焚烧法处置。在能利用的地方重复使用容器或在规定场所掩埋

污染包装物 将容器返还生产商或按照国家和地方法规处置

废弃注意事项 处置前应参阅国家和地方有关法规

第十四部分　运输信息

联合国危险货物编号（UN 号） 2047

联合国运输名称 二氯丙烯

联合国危险性类别 3

包装类别 Ⅱ　　　　**包装标志**

海洋污染物 否

运输注意事项 运输时运输车辆应配备相应品种和数量的消防器材及泄漏应急处理设备。夏季最好早晚运输。运输时所用的槽（罐）车应有接地链，槽内可设孔隔板以减少震荡产生的静电。严禁与氧化剂、碱类、食用化学品等混装混运。运输途中应防暴晒、雨淋，防高温。中途停留时应远离火种、热源、高温区。装运该物品的车辆排气管必须配备阻火装置，禁止使用易产生火花的机械设备和工具装卸。公路运输时要按规定路线行驶，勿在居民区和人口稠密区停留。铁路运输时要禁止溜放。严禁用木船、水泥船散装运输

第十五部分　法规信息

下列法律、法规、规章和标准，对该化学品的管理作了相应的规定。

中华人民共和国职业病防治法 职业病分类和目录：未列入

危险化学品安全管理条例 危险化学品目录：列入。易制爆危险化学品名录：未列入。重点监管的危险化学品名录：未列入。GB 18218—2009《危险化学品重大

危险源辨识》（表1）：未列入

使用有毒物品作业场所劳动保护条例 高毒物品目录：未列入

易制毒化学品管理条例 易制毒化学品的分类和品种目录：未列入

国际公约 斯德哥尔摩公约：未列入。鹿特丹公约：未列入。蒙特利尔议定书：未列入

第十六部分　其他信息

编写和修订信息　　缩略语和首字母缩写

培训建议　　　　　参考文献

免责声明

二氯代苯胩

第一部分　化学品标识

化学品中文名 二氯代苯胩；苯胩化二氯；二氯苯胩；苯胩化氯

化学品英文名 phenyl carbylamine dichloride; phenyl isocyanide dichloride

分子式 $C_7H_5Cl_2N$　**分子量** 174.04

结构式

化学品的推荐及限制用途 用于遮盖有毒气体特别是芥子气的臭味

第二部分　危险性概述

紧急情况概述 可燃液体，吞咽有害，吸入致命，造成皮肤刺激，造成严重眼刺激

GHS 危险性类别 易燃液体，类别4；急性毒性-经口，类别4；急性毒性-吸入，类别2；皮肤腐蚀/刺激，类别2；严重眼损伤/眼刺激，类别2

标签要素

象形图 ☠

警示词 危险

危险性说明 可燃液体，吞咽有害，吸入致命，造成皮肤刺激，造成严重眼刺激

防范说明

预防措施　远离火焰和热表面。禁止吸烟。戴防护手套、防护眼镜、防护面罩。避免接触眼睛、皮肤，操作后彻底清洗。作业场所不得进食、饮水或吸烟。避免吸入蒸气、雾。仅在室外或通风良好处操作。戴呼吸防护器具

事故响应　火灾时，使用雾状水、泡沫、干粉、二氧化碳、砂土灭火。如吸入：将患者转移到空气新鲜处，休息，保持利于呼吸的体位，立即呼叫中毒控制中心或就医。皮肤接触：用大量肥皂水和水清洗，如发生皮肤刺激，就医。脱去被污染的衣服，衣服经洗净后方可重新使用。如接触眼睛：用水细心冲洗数分钟。如戴

隐形眼镜并可方便地取出，取出隐形眼镜，继续冲洗。如果眼睛刺激持续，就医。食入：如果感觉不适，立即呼叫中毒控制中心或就医，漱口

安全储存　存放在通风良好的地方。保持低温。保持容器密闭。上锁保管

废弃处置　本品及内装物、容器依据国家和地方法规处置

物理和化学危险　可燃，其蒸气与空气混合，能形成爆炸性混合物

健康危害　极低的浓度可刺激人的眼、鼻、咽的黏膜。在 $30mg/m^3$ 下 1min 以上人即不能耐受，可致头痛及支气管炎。$800mg/m^3$ 时，人吸入 $1\sim2min$ 引起呼吸器官的显著损害

环境危害　对环境可能有害

第三部分　成分/组成信息

√ 物质　　　　　　　　　混合物

组分	浓度	CAS No.
二氯代苯肼		622-44-6

第四部分　急救措施

吸入　迅速脱离现场至空气新鲜处。保持呼吸道通畅。如呼吸困难，给输氧。如呼吸、心跳停止，立即进行心肺复苏术。就医

皮肤接触　立即脱去污染的衣着，用流动清水彻底冲洗。就医

眼睛接触　立即分开眼睑，用流动清水或生理盐水彻底冲洗。就医

食入　漱口，饮水。就医

对保护施救者的忠告　根据需要使用个人防护设备

对医生的特别提示　对症处理

第五部分　消防措施

灭火剂　用雾状水、泡沫、干粉、二氧化碳、砂土灭火

特别危险性　可燃。受热分解产生有毒的烟气

灭火注意事项及防护措施　消防人员必须佩戴空气呼吸器、穿全身防火防毒服，在上风向灭火。尽可能将容器从火场移至空旷处。喷水保持火场容器冷却，直至灭火结束。处在火场中的容器若已变色或从安全泄压装置中发出声音，必须马上撤离

第六部分　泄漏应急处理

作业人员防护措施、防护装备和应急处置程序　根据液体流动和蒸气扩散的影响区域划定警戒区，无关人员从侧风向、上风向撤离至安全区。建议应急处理人员戴正压自给式呼吸器，穿防毒服。穿上适当的防护服前严禁接触破裂的容器和泄漏物。尽可能切断泄漏源。喷雾状水抑制蒸气或改变蒸气云流向

环境保护措施　防止泄漏物进入水体、下水道、地下室或有限空间

泄漏化学品的收容、清除方法及所使用的处置材料　小量泄漏：用干燥的砂土或其他不燃材料吸收或覆盖，收

集于容器中。大量泄漏：构筑围堤或挖坑收容。用泵转移至槽车或专用收集器内

第七部分　操作处置与储存

操作注意事项　严加密闭，提供充分的局部排风和全面通风。尽可能采取隔离操作。操作人员必须经过专门培训，严格遵守操作规程。建议操作人员佩戴自吸过滤式防毒面具（全面罩），穿胶布防毒衣，戴橡胶耐油手套。远离火种、热源，工作场所严禁吸烟。使用防爆型的通风系统和设备。防止蒸气泄漏到工作场所空气中。避免与氧化剂接触。搬运时要轻装轻卸，防止包装及容器损坏。配备相应品种和数量的消防器材及泄漏应急处理设备。倒空的容器可能残留有害物

储存注意事项　储存于阴凉、通风的库房。远离火种、热源。应与氧化剂分开存放，切忌混储。配备相应品种和数量的消防器材。储区应备有泄漏应急处理设备和合适的收容材料

第八部分　接触控制/个体防护

职业接触限值

中国　未制定标准

美国（ACGIH）　未制定标准

生物接触限值　未制定标准

监测方法　空气中有毒物质测定方法：未制定标准。生物监测检验方法：未制定标准

工程控制　严加密闭，提供充分的局部排风和全面通风。尽可能采取隔离操作

个体防护装备

呼吸系统防护　空气中浓度超标时，必须佩戴过滤式防毒面具（全面罩）。紧急事态抢救或撤离时，应该佩戴空气呼吸器

眼睛防护　呼吸系统防护中已作防护

皮肤和身体防护　穿密闭型防毒服

手防护　戴橡胶耐油手套

第九部分　理化特性

外观与性状　无色液体

pH值　无资料		**熔点(℃)**　19.5	
沸点(℃)　211			
相对密度(水=1)　1.29(0℃)			
相对蒸气密度(空气=1)　无资料			
饱和蒸气压(kPa)　无资料			
临界压力(MPa)　无资料		**辛醇/水分配系数**　无资料	
闪点(℃)　79		**自燃温度(℃)**　无资料	
爆炸下限(%)　无资料		**爆炸上限(%)**　无资料	
分解温度(℃)　无资料		**黏度(mPa·s)**　无资料	
燃烧热(kJ/mol)　无资料		**临界温度(℃)**　无资料	

溶解性　不溶于水，溶于氯仿、四氯化碳

第十部分　稳定性和反应性

稳定性　稳定

危险反应　与强氧化剂等禁配物发生反应

避免接触的条件　受热

禁配物　强氧化剂

危险的分解产物　氮氧化物、氯化氢

第十一部分　毒理学信息

急性毒性　TCLo：7ppm（人吸入，10min）

皮肤刺激或腐蚀　无资料　　眼睛刺激或腐蚀　无资料

呼吸或皮肤过敏　无资料　　生殖细胞突变性　无资料

致癌性　无资料　　　　　　生殖毒性　无资料

特异性靶器官系统毒性--一次接触　无资料

特异性靶器官系统毒性-反复接触　无资料

吸入危害　无资料

第十二部分　生态学信息

生态毒性　无资料

持久性和降解性

　　生物降解性　无资料

　　非生物降解性　无资料

潜在的生物累积性　无资料

土壤中的迁移性　无资料

第十三部分　废弃处置

废弃化学品　建议用焚烧法处置。与燃料混合后，再焚烧。焚烧炉排出的气体要通过洗涤器除去

污染包装物　将容器返还生产商或按照国家和地方法规处置

废弃注意事项　处置前应参阅国家和地方有关法规

第十四部分　运输信息

联合国危险货物编号（UN号）　1672

联合国运输名称　二氯化苯肼

联合国危险性类别　6.1

包装类别　Ⅰ　　　　包装标志　

海洋污染物　否

运输注意事项　运输前应先检查包装容器是否完整、密封，运输过程中要确保容器不泄漏、不倒塌、不坠落、不损坏。严禁与酸类、氧化剂、食品及食品添加剂混运。运输时运输车辆应配备相应品种和数量的消防器材及泄漏应急处理设备。运输途中应防暴晒、雨淋，防高温。公路运输时要按规定路线行驶，勿在居民区和人口稠密区停留

第十五部分　法规信息

　　下列法律、法规、规章和标准，对该化学品的管理作了相应的规定。

中华人民共和国职业病防治法　职业病分类和目录：未列入

危险化学品安全管理条例　危险化学品目录：列入。易制爆危险化学品名录：未列入。重点监管的危险化学品名录：未列入。GB 18218—2009《危险化学品重大

危险源辨识》（表1）：未列入

使用有毒物品作业场所劳动保护条例　高毒物品目录：未列入

易制毒化学品管理条例　易制毒化学品的分类和品种目录：未列入

国际公约　斯德哥尔摩公约：未列入。鹿特丹公约：未列入。蒙特利尔议定书：未列入

第十六部分　其他信息

编写和修订信息　　缩略语和首字母缩写

培训建议　　　　　参考文献

免责声明

1,4-二氯-2-丁烯

第一部分　化学品标识

化学品中文名　1,4-二氯-2-丁烯

化学品英文名　1,4-dichloro-2-butene

分子式　$C_4H_6Cl_2$　分子量　124.997

结构式　

化学品的推荐及限制用途　用作有机物制造的中间体

第二部分　危险性概述

紧急情况概述　易燃液体和蒸气，吞咽会中毒，皮肤接触会中毒，吸入致命，造成严重的皮肤灼伤和眼损伤，可能引起呼吸道刺激

GHS危险性类别　易燃液体，类别3；急性毒性-经口，类别3；急性毒性-经皮，类别3；急性毒性-吸入，类别2；皮肤腐蚀/刺激，类别1B；严重眼损伤/眼刺激，类别1；特异性靶器官毒性--一次接触，类别3（呼吸道刺激）；危害水生环境-急性危害，类别1；危害水生环境-长期危害，类别1

标签要素

象形图　

警示词　危险

危险性说明　易燃液体和蒸气，吞咽会中毒，皮肤接触会中毒，吸入致命，造成严重的皮肤灼伤和眼损伤，可能引起呼吸道刺激，对水生生物毒性非常大并具有长期持续影响

防范说明

预防措施　远离热源、火花、明火、热表面。保持容器密闭。容器和接收设备接地连接。使用防爆型电器、通风、照明设备。只能使用不产生火花的工具。采取防止静电措施。避免接触眼睛皮肤，操作后彻底清洗。作业场所不得进食、饮水或吸烟。避免吸入蒸气、雾。仅在室外或通风良好处操作。戴呼吸防护器具。穿防护服，戴防护眼镜、防护手套、防护面罩。禁止排入环境

事故响应　火灾时，使用雾状水、泡沫、干粉、二

氧化碳、砂土灭火。如吸入：将患者转移到空气新鲜处，休息，保持利于呼吸的体位。如皮肤（或头发）接触：立即脱掉所有被污染的衣服。用水冲洗皮肤，淋浴。如感觉不适，呼叫中毒控制中心或就医。被污染的衣服必须经洗净后方可重新使用。眼睛接触：用水细心地冲洗数分钟。如戴隐形眼镜并可方便地取出，则取出隐形眼镜，继续冲洗。食入：漱口，不要催吐，立即呼叫中毒控制中心或就医。收集泄漏物

安全储存　存放在通风良好的地方。保持低温。保持容器密闭。上锁保管

废弃处置　本品及内装物、容器依据国家和地方法规处置

物理和化学危险　易燃，其蒸气与空气混合，能形成爆炸性混合物

健康危害　吸入致死。食入或经皮肤吸收有毒。眼和皮肤接触引起灼伤

环境危害　对水生生物毒性非常大并具有长期持续影响

第三部分　成分/组成信息

√ 物质　　　　　　　　混合物

组分	浓度	CAS No.
1,4-二氯-2-丁烯		764-41-0

第四部分　急救措施

吸入　迅速脱离现场至空气新鲜处。保持呼吸道通畅。如呼吸困难，给输氧。呼吸、心跳停止，立即进行心肺复苏术。就医

皮肤接触　立即脱去污染的衣着，用大量流动清水彻底冲洗至少15min。就医

眼睛接触　立即分开眼睑，用流动清水或生理盐水彻底冲洗5~10min。就医

食入　用水漱口，禁止催吐。给饮牛奶或蛋清。就医

对保护施救者的忠告　根据需要使用个人防护设备

对医生的特别提示　对症处理

第五部分　消防措施

灭火剂　用雾状水、泡沫、干粉、二氧化碳、砂土灭火

特别危险性　其蒸气与空气可形成爆炸性混合物，遇明火、高热能引起燃烧爆炸。与氧化剂可发生反应。受高热分解产生有毒的氯化物气体。流速过快，容易产生和积聚静电。容易自聚，聚合反应随着温度的上升而急骤加剧。若遇高热，容器内压增大，有开裂和爆炸的危险

灭火注意事项及防护措施　消防人员必须佩戴空气呼吸器、穿全身防火防毒服，在上风向灭火。尽可能将容器从火场移至空旷处。喷水保持火场容器冷却，直至灭火结束。处在火场中的容器若已变色或从安全泄压装置中发出声音，必须马上撤离

第六部分　泄漏应急处理

作业人员防护措施、防护装备和应急处置程序　消除所有点火源。根据液体流动和蒸气扩散的影响区域划定警戒区，无关人员从侧风、上风向撤离至安全区。建议应急处理人员戴正压自给式呼吸器，穿防静电、防腐、防毒服。作业时使用的所有设备应接地。禁止接触或跨越泄漏物。尽可能切断泄漏源

环境保护措施　防止泄漏物进入水体、下水道、地下室或有限空间

泄漏化学品的收容、清除方法及所使用的处置材料　小量泄漏：用砂土或其他不燃材料吸收。使用洁净的无火花工具收集吸收材料。大量泄漏：构筑围堤或挖坑收容。用泡沫覆盖，减少蒸发。喷水雾能减少蒸发，但不能降低泄漏物在有限空间内的易燃性。用防爆、耐腐蚀泵转移至槽车或专用收集器内

第七部分　操作处置与储存

操作注意事项　密闭操作，加强通风。操作人员必须经过专门培训，严格遵守操作规程。建议操作人员佩戴自吸过滤式防毒面具（全面罩），穿胶布防毒衣，戴橡胶耐油手套。远离火种、热源，工作场所严禁吸烟。使用防爆型的通风系统和设备。防止蒸气泄漏到工作场所空气中。避免与氧化剂、酸类、碱类接触。充装要控制流速，防止静电积聚。搬运时要轻装轻卸，防止包装及容器损坏。配备相应品种和数量的消防器材及泄漏应急处理设备。倒空的容器可能残留有害物

储存注意事项　储存于阴凉、通风的库房。远离火种、热源。库温不宜超过37℃，包装要求密封，不可与空气接触。应与氧化剂、酸类、碱类、食用化学品分开存放，切忌混储。不宜大量储存或久存。采用防爆型照明、通风设施。禁止使用易产生火花的机械设备和工具。储区应备有泄漏应急处理设备和合适的收容材料

第八部分　接触控制/个体防护

职业接触限值

中国　未制定标准

美国（ACGIH）　0.005ppm［皮］

生物接触限值　未制定标准

监测方法　空气中有毒物质测定方法：未制定标准。生物监测检验方法：未制定标准

工程控制　生产过程密闭，加强通风。提供安全淋浴和洗眼设备

个体防护装备

　呼吸系统防护　空气中浓度超标时，必须佩戴自吸过滤式防毒面具（全面罩）。紧急事态抢救或撤离时，应该佩戴空气呼吸器

　眼睛防护　呼吸系统防护中已作防护

　皮肤和身体防护　穿密闭型防毒服

　手防护　戴橡胶耐油手套

第九部分　理化特性

外观与性状　无色至棕色液体，有特殊气味

pH值	无资料	熔点（℃）	1~3
沸点（℃）	72~75	相对密度（水=1）	1.183

相对蒸气密度(空气＝1)　无资料

饱和蒸气压(kPa)　1.33（20℃）

临界压力(MPa)　无资料　　辛醇/水分配系数　无资料

闪点(℃)　59.44　　　　自燃温度(℃)　无资料

爆炸下限(%)　无资料　　爆炸上限(%)　无资料

分解温度(℃)　无资料　　黏度(mPa·s)　无资料

燃烧热(kJ/mol)　无资料　临界温度(℃)　无资料

溶解性　不溶于水，可混溶于乙醇、苯、四氯化碳

第十部分　稳定性和反应性

稳定性　稳定

危险反应　与强氧化剂、强碱、强酸等禁配物接触，有发生火灾和爆炸的危险。容易发生自聚反应

避免接触的条件　光照

禁配物　强氧化剂、强碱、强酸

危险的分解产物　氯化氢

第十一部分　毒理学信息

急性毒性　LD_{50}：89mg/kg（大鼠经口）；190mg/kg（小鼠经口）；620mg/kg（兔经皮）。LC_{50}：920mg/m³；86ppm（大鼠吸入，4h）

皮肤刺激或腐蚀　无资料　　眼睛刺激或腐蚀　无资料

呼吸或皮肤过敏　无资料

生殖细胞突变性　微生物致突变：鼠伤寒沙门氏菌1mmol/L。性染色体缺失和不分离：黑腹果蝇经口2mmol/L（3d，间断性的）。细胞遗传学分析：大鼠吸入1700μg/m³（30d，间断性的）

致癌性　美国政府工业卫生学家会议（ACGIH）：对人类是可疑致癌物

生殖毒性　无资料

特异性靶器官系统毒性-一次接触　无资料

特异性靶器官系统毒性-反复接触　无资料

吸入危害　无资料

第十二部分　生态学信息

生态毒性　LC_{50}：0.42mg/L（96h）(蓝鳃太阳鱼)

持久性和降解性

　生物降解性　无资料

　非生物降解性　无资料

潜在的生物累积性　根据 K_{ow} 值预测，该物质的生物累积性可能较弱

土壤中的迁移性　根据 K_{oc} 值预测，该物质可能有一定的迁移性

第十三部分　废弃处置

废弃化学品　建议用焚烧法处置。与燃料混合后，再焚烧。焚烧炉排出的卤化氢通过酸洗涤器除去

污染包装物　将容器返还生产商或按照国家和地方法规处置

废弃注意事项　处置前应参阅国家和地方有关法规

第十四部分　运输信息

联合国危险货物编号（UN号）　3390

联合国运输名称　吸入毒性液体，腐蚀性，未另作规定的（1,4-二氯-2-丁烯）

联合国危险性类别　6.1，8

包装类别　I

包装标志　

海洋污染物　是

运输注意事项　运输时运输车辆应配备相应品种和数量的消防器材及泄漏应急处理设备。夏季最好早晚运输。运输时所用的槽（罐）车应有接地链，槽内可设孔隔板以减少震荡产生的静电。严禁与氧化剂、酸类、碱类、食用化学品等混装混运。运输途中应防暴晒、雨淋、防高温。中途停留时应远离火种、热源、高温区。装运该物品的车辆排气管必须配备阻火装置，禁止使用易产生火花的机械设备和工具装卸。公路运输时要按规定路线行驶，勿在居民区和人口稠密区停留。铁路运输时禁止溜放。严禁用木船、水泥船散装运输

第十五部分　法规信息

下列法律、法规、规章和标准，对该化学品的管理作了相应的规定。

中华人民共和国职业病防治法　职业病分类和目录：未列入

危险化学品安全管理条例　危险化学品目录：列入。易制爆危险化学品名录：未列入。重点监管的危险化学品名录：未列入。GB 18218—2009《危险化学品重大危险源辨识》（表1）：未列入

使用有毒物品作业场所劳动保护条例　高毒物品目录：未列入

易制毒化学品管理条例　易制毒化学品的分类和品种目录：未列入

国际公约　斯德哥尔摩公约：未列入。鹿特丹公约：未列入。蒙特利尔议定书：未列入

第十六部分　其他信息

编写和修订信息　　　　缩略语和首字母缩写

培训建议　　　　　　　参考文献

免责声明

4,4′-二氯二苯乙醇酸乙酯

第一部分　化学品标识

化学品中文名　4,4′-二氯二苯乙醇酸乙酯；乙酯杀螨醇；乙基-4-氯-2-(4-氯苯基)-2-羟基苯基乙酸酯

化学品英文名　ethyl 4,4′-dichlorobenzilate；chlorobenzilate

分子式　$C_{16}H_{14}Cl_2O_3$　分子量　325.187

结构式　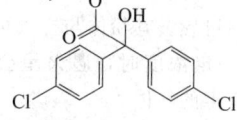

化学品的推荐及限制用途　用作农用杀虫剂

第二部分　危险性概述

紧急情况概述　吞咽有害

GHS危险性类别　急性毒性-经口，类别4；危害水生环境-急性危害，类别1；危害水生环境-长期危害，类别1

标签要素

象形图　

警示词　警告

危险性说明　吞咽有害，对水生生物毒性非常大并具有长期持续影响

防范说明

预防措施　避免接触眼睛、皮肤，操作后彻底清洗。作业场所不得进食、饮水或吸烟。禁止排入环境

事故响应　食入：如果感觉不适，立即呼叫中毒控制中心或就医。漱口。收集泄漏物

安全储存　—

废弃处置　本品及内装物、容器依据国家和地方法规处置

物理和化学危险　可燃，其粉体或蒸气与空气混合，能形成爆炸性混合物

健康危害　对眼睛和皮肤有刺激作用。摄入有毒。有接触中毒报告，出现肌肉痛、共济失调、轻度精神障碍、发热

环境危害　对水生生物毒性非常大并具有长期持续影响

第三部分　成分/组成信息

√ 物质　　　　　　　　　混合物

组分	浓度	CAS No.
4,4'-二氯二苯乙醇酸乙酯		510-15-6

第四部分　急救措施

吸入　迅速脱离现场至空气新鲜处。保持呼吸道通畅。如呼吸困难，给输氧。如呼吸、心跳停止，立即进行心肺复苏术。就医

皮肤接触　立即脱去污染的衣着，用流动清水彻底冲洗。就医

眼睛接触　立即分开眼睑，用流动清水或生理盐水彻底冲洗。就医

食入　漱口，饮水。就医

对保护施救者的忠告　根据需要使用个人防护设备

对医生的特别提示　对症处理

第五部分　消防措施

灭火剂　用雾状水、泡沫、干粉、二氧化碳、砂土灭火

特别危险性　遇明火、高热可燃。其粉体与空气可形成爆炸性混合物，当达到一定浓度时，遇火星会发生爆炸。受高热分解放出有毒的气体

灭火注意事项及防护措施　消防人员必须佩戴防毒面具、穿全身消防服，在上风向灭火。尽可能将容器从火场移至空旷处。喷水保持火场容器冷却，直至灭火结束

第六部分　泄漏应急处理

作业人员防护措施、防护装备和应急处置程序　隔离泄漏污染区，限制出入。建议应急处理人员戴防尘口罩，穿防毒服。穿上适当的防护服前严禁接触破裂的容器和泄漏物。尽可能切断泄漏源

环境保护措施　用塑料布覆盖泄漏物，减少飞散

泄漏化学品的收容、清除方法及所使用的处置材料　勿使水进入包装容器内。用洁净的铲子收集泄漏物，置于干净、干燥、盖子较松的容器中，将容器移离泄漏区

第七部分　操作处置与储存

操作注意事项　密闭操作，局部排风。防止烟雾或粉尘泄漏到工作场所空气中。操作人员必须经过专门培训，严格遵守操作规程。建议操作人员佩戴自吸过滤式防尘口罩，戴化学安全防护眼镜，穿防毒物渗透工作服，戴橡胶手套。远离火种、热源，工作场所严禁吸烟。使用防爆型的通风系统和设备。在清除液体和蒸气前不能进行焊接、切割等作业。避免产生蒸气或粉尘。避免与氧化剂、酸类、碱类接触。配备相应品种和数量的消防器材及泄漏应急处理设备。倒空的容器可能残留有害物

储存注意事项　储存于阴凉、通风的库房。远离火种、热源。防止阳光直射。保持容器密封。应与氧化剂、酸类、碱类分开存放，切忌混储。配备相应品种和数量的消防器材。储区应备有泄漏应急处理设备和合适的收容材料

第八部分　接触控制/个体防护

职业接触限值

中国　未制定标准

美国（ACGIH）　未制定标准

生物接触限值　未制定标准

监测方法　空气中有毒物质测定方法：未制定标准。生物监测检验方法：未制定标准

工程控制　密闭操作，局部排风

个体防护装备

呼吸系统防护　空气中粉尘浓度超标时，必须佩戴过滤式防尘呼吸器。紧急事态抢救或撤离时，应该佩戴空气呼吸器

眼睛防护　戴化学安全防护眼镜

皮肤和身体防护　穿防毒物渗透工作服

手防护　戴橡胶手套

第九部分　理化特性

外观与性状　微黄色固体，工业品为棕色液体

pH值　无意义　　　　　**熔点（℃）**　35～37

沸点（℃）　156～158　　**相对密度（水＝1）**　1.2816

相对蒸气密度（空气＝1）　无资料

饱和蒸气压（kPa）　0.29×10^{-6}（20℃）

临界压力(MPa)	无资料	辛醇/水分配系数	无资料
闪点(℃)	无意义	自燃温度(℃)	无资料
爆炸下限(%)	无资料	爆炸上限(%)	无资料
分解温度(℃)	无资料	黏度(mPa·s)	无资料
燃烧热(kJ/mol)	无资料	临界温度(℃)	无资料

溶解性 微溶于水，溶于多数有机溶剂

第十部分 稳定性和反应性

稳定性 稳定

危险反应 与强氧化剂、强酸、强碱等禁配物发生反应

避免接触的条件 无资料

禁配物 强氧化剂、强酸、强碱

危险的分解产物 氯化氢

第十一部分 毒理学信息

急性毒性 LD_{50}：700mg/kg（大鼠经口）；>5000mg/kg（大鼠经皮）；700mg/kg（小鼠经口）；>1000mg/kg（兔经皮）

皮肤刺激或腐蚀 家兔经皮开放性刺激试验，125mg，轻度刺激

眼睛刺激或腐蚀 无资料   **呼吸或皮肤过敏** 无资料

生殖细胞突变性 肿瘤性转化：大鼠经口4620mg/kg，77d（连续）。哺乳动物体细胞突变：小鼠淋巴细胞80mg/L

致癌性 IARC致癌性评论：组3，现有的证据不能对人类致癌性进行分类

生殖毒性 无资料

特异性靶器官系统毒性-一次接触 无资料

特异性靶器官系统毒性-反复接触 无资料

吸入危害 无资料

第十二部分 生态学信息

生态毒性 LC_{50}：0.6mg/L（96h）（虹鳟）

持久性和降解性

　生物降解性 不易快速生物降解

　非生物降解性 无资料

潜在的生物累积性 根据K_{ow}值预测，该物质的生物累积性可能较弱

土壤中的迁移性 根据K_{oc}值预测，该物质可能易发生迁移

第十三部分 废弃处置

废弃化学品 建议用焚烧法处置。在能利用的地方重复使用容器或在规定场所掩埋

污染包装物 将容器返还生产商或按照国家和地方法规处置

废弃注意事项 处置前应参阅国家和地方有关法规

第十四部分 运输信息

联合国危险货物编号（UN号） 3082

联合国运输名称 对环境有害的液态物质，未另作规定的（4,4'-二氯二苯乙醇酸乙酯）

联合国危险性类别 9

包装类别 Ⅲ   **包装标志**

海洋污染物 是

运输注意事项 铁路运输时包装所用的麻袋、塑料编织袋、复合塑料编织袋的强度应符合国家标准要求。铁路运输时，可以使用钙塑瓦楞箱作外包装。但必须包装试验合格，并经铁路局批准。运输前应先检查包装容器是否完整、密封，运输过程中要确保容器不泄漏、不倒塌、不坠落、不损坏。严禁与酸类、氧化剂、食品及食品添加剂混运。运输时运输车辆应配备相应品种和数量的消防器材及泄漏应急处理设备。运输途中应防暴晒、雨淋，防高温。公路运输时要按规定路线行驶，勿在居民区和人口稠密区停留

第十五部分 法规信息

下列法律、法规、规章和标准，对该化学品的管理作了相应的规定。

中华人民共和国职业病防治法 职业病分类和目录：未列入

危险化学品安全管理条例 危险化学品目录：列入。易制爆危险化学品名录：未列入。重点监管的危险化学品名录：未列入。GB 18218—2009《危险化学品重大危险源辨识》（表1）：未列入

使用有毒物品作业场所劳动保护条例 高毒物品目录：未列入

易制毒化学品管理条例 易制毒化学品的分类和品种目录：未列入

国际公约 斯德哥尔摩公约：未列入。鹿特丹公约：列入。蒙特利尔议定书：未列入

第十六部分 其他信息

编写和修订信息	缩略语和首字母缩写
培训建议	参考文献
免责声明	

二氯二丁基锡

第一部分 化学品标识

化学品中文名 二氯二丁基锡；二丁基二氯化锡

化学品英文名 dibutyltin dichloride；dibutyldichlorotin

分子式 $C_8H_{18}Cl_2Sn$ **分子量** 303.845

结构式

化学品的推荐及限制用途 农业上用作杀菌剂，工业上用作防腐剂、塑料稳定剂和分析试剂

第二部分 危险性概述

紧急情况概述 吞咽会中毒，皮肤接触有害，吸入致命，造成严重的皮肤灼伤和眼损伤

GHS危险性类别 急性毒性-经口，类别3；急性毒性-经

皮，类别 4；急性毒性-吸入，类别 2；皮肤腐蚀/刺
激，类别 1B；严重眼损伤/眼刺激，类别 1；生殖细
胞致突变性，类别 2；生殖毒性，类别 1B；特异性靶
器官毒性-反复接触，类别 1；危害水生环境-急性危
害，类别 1；危害水生环境-长期危害，类别 1

标签要素

象形图

警示词　危险

危险性说明　吞咽会中毒，皮肤接触有害，吸入致命，
　　造成严重的皮肤灼伤和眼损伤，怀疑可造成遗传性
　　缺陷，可能对生育力或胎儿造成伤害，长时间或反
　　复接触对器官造成损伤，对水生生物毒性非常大并
　　具有长期持续影响

防范说明

　　预防措施　避免接触眼睛、皮肤，操作后彻底清
　　洗。作业场所不得进食、饮水或吸烟。避免
　　吸入粉尘。仅在室外或通风良好处操作。戴
　　呼吸防护器具。戴防护手套，穿防护服，戴
　　防护眼镜、防护面罩。得到专门指导后操作。
　　在阅读并了解所有安全预防措施之前，切勿
　　操作。按要求使用个体防护装备。禁止排入
　　环境

　　事故响应　如吸入：将患者转移到空气新鲜处，休
　　息，保持利于呼吸的体位，立即呼叫中毒控制
　　中心或就医。皮肤接触：用大量肥皂水和水清
　　洗，如感觉不适，呼叫中毒控制中心或就医。
　　被污染的衣服必须经洗净后方可重新使用。眼
　　睛接触：用水细心地冲洗数分钟，立即呼叫中
　　毒控制中心或就医。如戴隐形眼镜并可方便地
　　取出，则取出隐形眼镜，继续冲洗。食入：漱
　　口，不要催吐，立即呼叫中毒控制中心或就
　　医。如果接触或有担心，就医。如感觉不适，
　　就医。收集泄漏物

　　安全储存　在通风良好处储存。保持容器密闭。上
　　锁保管

　　废弃处置　本品及内装物、容器依据国家和地方法
　　规处置

物理和化学危险　可燃。遇水产生有毒气体

健康危害　对眼睛、皮肤和黏膜有刺激作用，可致皮肤灼
　　伤。中毒表现有头晕、剧烈的头痛、失眠、记忆力减
　　退、乏力、多汗等，重症者可出现中毒性脑病

环境危害　对水生生物毒性非常大并具有长期持续影响

第三部分　成分/组成信息

√ 物质　　　　　　　　　混合物

组分	浓度	CAS No.
二氯二丁基锡		683-18-1

第四部分　急救措施

吸入　迅速脱离现场至空气新鲜处。保持呼吸道通畅。如
　　呼吸困难，给输氧。呼吸、心跳停止，立即进行心肺
　　复苏术。就医

皮肤接触　立即脱去污染的衣着，用大量流动清水彻底冲
　　洗至少 15min。就医

眼睛接触　立即分开眼睑，用流动清水或生理盐水彻底冲
　　洗 5～10min。就医

食入　用水漱口，禁止催吐。给饮牛奶或蛋清。就医

对保护施救者的忠告　根据需要使用个人防护设备

对医生的特别提示　对症处理

第五部分　消防措施

灭火剂　用干粉、二氧化碳、砂土灭火

特别危险性　遇明火、高热可燃。其粉体与空气可形成爆
　　炸性混合物，当达到一定浓度时，遇火星会发生爆
　　炸。与氧化剂能发生强烈反应。遇水或水蒸气反应放
　　热并产生有毒的腐蚀性气体

灭火注意事项及防护措施　消防人员必须佩戴防毒面具、
　　穿全身消防服，在上风向灭火。尽可能将容器从火场
　　移至空旷处。喷水保持火场容器冷却，直至灭火结
　　束。禁止用水和泡沫灭火

第六部分　泄漏应急处理

作业人员防护措施、防护装备和应急处置程序　隔离泄
　　漏污染区，限制出入。消除所有点火源。建议应急
　　处理人员戴防尘口罩，穿防毒服。穿上适当的防护
　　服前严禁接触破裂的容器和泄漏物。尽可能切断泄
　　漏源

环境保护措施　用塑料布覆盖泄漏物，减少飞散

泄漏化学品的收容、清除方法及所使用的处置材料　勿使
　　水进入包装容器内。用洁净的铲子收集泄漏物，置于
　　干净、干燥、盖子较松的容器中，将容器移离泄漏区

第七部分　操作处置与储存

操作注意事项　密闭操作，局部排风。防止粉尘释放到车
　　间空气中。操作人员必须经过专门培训，严格遵守操
　　作规程。建议操作人员佩戴自吸过滤式防尘口罩，戴
　　化学安全防护眼镜，穿防毒物渗透工作服，戴橡胶手
　　套。远离火种、热源，工作场所严禁吸烟。使用防爆
　　型的通风系统和设备。避免产生粉尘。避免与氧化剂
　　接触。尤其要注意避免与水接触。配备相应品种和数
　　量的消防器材及泄漏应急处理设备。倒空的容器可能
　　残留有害物

储存注意事项　储存于阴凉、干燥、通风良好的库房。远
　　离火种、热源。防止阳光直射。包装必须密封，切勿
　　受潮。应与氧化剂、食用化学品等分开存放，切忌混
　　储。配备相应品种和数量的消防器材。储区应备有合
　　适的材料收容泄漏物

第八部分　接触控制/个体防护

职业接触限值

　中国　未制定标准

　美国（ACGIH）　TLV-TWA：0.1mg/m^3；TLV-STEL：
　　0.2mg/m^3（皮）

生物接触限值　未制定标准

监测方法　空气中有毒物质测定方法：未制定标准。生物
　　监测检验方法：未制定标准

工程控制　密闭操作，局部排风

个体防护装备

　　呼吸系统防护　空气中粉尘浓度超标时，必须佩戴过
　　　　滤式防尘呼吸器。紧急事态抢救或撤离时，应该
　　　　佩戴空气呼吸器

　　眼睛防护　戴化学安全防护眼镜

　　皮肤和身体防护　穿防毒物渗透工作服

　　手防护　戴橡胶手套

第九部分　理化特性

外观与性状　白色结晶

pH 值　无意义　　　　　　**熔点（℃）** 39～41

沸点（℃）　135(1.33kPa)

相对密度（水＝1）　1.36(50℃)

相对蒸气密度（空气＝1）　10.5

饱和蒸气压（kPa）　0.266(100℃)

临界压力（MPa）　无资料　辛醇/水分配系数　0.05

闪点（℃）　168(OC)　　自燃温度（℃）　无资料

爆炸下限（%）　无资料　爆炸上限（%）　无资料

分解温度（℃）　无资料　黏度（mPa·s）　无资料

燃烧热（kJ/mol）　无资料　临界温度（℃）　无资料

溶解性　微溶于水

第十部分　稳定性和反应性

稳定性　稳定

危险反应　与强氧化剂、水及水蒸气等禁配物发生反应。
　　遇水或水蒸气反应放热并产生有毒的腐蚀性气体

避免接触的条件　潮湿空气

禁配物　强氧化剂、水及水蒸气

危险的分解产物　氯化氢、氧化锡

第十一部分　毒理学信息

急性毒性　LD_{100}：7.5mg/kg（大鼠腹腔）

皮肤刺激或腐蚀　无资料　　眼睛刺激或腐蚀　无资料

呼吸或皮肤过敏　无资料

生殖细胞突变性　微生物致突变：鼠伤寒沙门氏菌 1μg/
　　皿。DNA损伤：枯草杆菌 2000μg/皿。哺乳动物体
　　细胞突变：仓鼠卵巢 100μg/L。程序外 DNA 合成：
　　兔细胞 10μg/L。DNA抑制：兔细胞 100μg/L

致癌性　美国政府工业卫生学家会议（ACGIH）：未分类
　　为人类致癌物

生殖毒性　大鼠孕后 7～15d 经口给予最低中毒剂量
　　（TDLo）45mg/kg，致肌肉骨骼系统、颅面部（包括
　　鼻、舌）发育畸形。大鼠孕后 6d 至出生后 21d 经口
　　给予最低中毒剂量（TDLo）190mg/kg，致免疫和网
　　状内皮系统发育畸形

特异性靶器官系统毒性-一次接触　无资料

特异性靶器官系统毒性-反复接触　无资料

吸入危害　无资料

第十二部分　生态学信息

生态毒性　LC_{50}：＞4mg/L（96h）（斑马鱼，OECD
　　203）。EC_{50}：0.843mg/L（48h）（大型溞，OECD
　　202）。ErC_{50}：8mg/L（72h）（*Desmodesmus subspi-*
　　catus，OECD 201）

持久性和降解性

　　生物降解性　OECD 301B，不易快速生物降解

　　非生物降解性　无资料

潜在的生物累积性　无资料

土壤中的迁移性　无资料

第十三部分　废弃处置

废弃化学品　根据国家和地方有关法规的要求处置。或与
　　厂商或制造商联系，确定处置方法

污染包装物　将容器返还生产商或按照国家和地方法规
　　处置

废弃注意事项　处置前应参阅国家和地方有关法规

第十四部分　运输信息

联合国危险货物编号（UN 号）　3146

联合国运输名称　固态有机锡化合物，未另作规定的（二
　　氯二丁基锡）

联合国危险性类别　6.1

包装类别　Ⅱ　　　　　包装标志　

海洋污染物　是

运输注意事项　起运时包装要完整，装载应稳妥。运输过
　　程中要确保容器不泄漏、不倒塌、不坠落、不损坏。
　　严禁与氧化剂、食用化学品等混装混运。运输途中应
　　防暴晒、雨淋，防高温。运输时运输车辆应配备相应
　　品种和数量的消防器材及泄漏应急处理设备。装运本
　　品的车辆排气管须有阻火装置。中途停留时应远离火
　　种、热源。运输用车、船必须干燥，并有良好的防雨
　　设施。车辆运输完毕应进行彻底清扫。公路运输时要
　　按规定路线行驶

第十五部分　法规信息

　　下列法律、法规、规章和标准，对该化学品的管理作
了相应的规定。

中华人民共和国职业病防治法　职业病分类和目录：有机
　　锡中毒

危险化学品安全管理条例　危险化学品目录：列入。易制
　　爆危险化学品名录：未列入。重点监管的危险化学品
　　名录：未列入。GB 18218—2009《危险化学品重大
　　危险源辨识》（表1）：未列入

使用有毒物品作业场所劳动保护条例　高毒物品目录：未
　　列入

易制毒化学品管理条例　易制毒化学品的分类和品种目
　　录：未列入

国际公约　斯德哥尔摩公约：未列入。鹿特丹公约：未列

入。蒙特利尔议定书：未列入

第十六部分　其他信息

编写和修订信息　　缩略语和首字母缩写
培训建议　　　　　参考文献
免责声明

二氯化乙基铝

第一部分　化学品标识

化学品中文名　二氯化乙基铝；乙基二氯化铝
化学品英文名　dichloroethyl aluminum；aluminum ethyl dichloride
分子式　C$_2$H$_5$AlCl$_2$　分子量　126.949
结构式　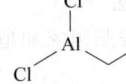
化学品的推荐及限制用途　用作烯烃聚合和芳烃加氯的催化剂

第二部分　危险性概述

紧急情况概述　暴露在空气中自燃，遇水放出可自燃的易燃气体，造成严重眼刺激
GHS 危险性类别　自燃液体，类别 1；遇水放出易燃气体的物质和混合物，类别 1；严重眼损伤/眼刺激，类别 2
标签要素

象形图　

警示词　危险
危险性说明　暴露在空气中自燃，遇水放出可自燃的易燃气体，造成严重眼刺激
防范说明
　预防措施　远离热源、火花、明火、热表面。禁止吸烟。不得与空气接触。戴防护手套、防护眼镜、防护面罩。因与水发生剧烈反应和可能发生暴燃，应避免与水接触。在惰性气体中操作。防潮。避免接触眼睛、皮肤，操作后彻底清洗
　事故响应　火灾时，使用干粉、二氧化碳、砂土灭火。如果皮肤接触，将接触部位浸入冷水中，用湿绷带包扎。如接触眼睛：用水细心冲洗数分钟。如戴隐形眼镜并可方便地取出，取出隐形眼镜，继续冲洗。如果眼睛刺激持续，就医
　安全储存　内装物存放于惰性气体之中。在干燥处和密闭的容器中储存
　废弃处置　本品及内装物、容器依据国家和地方法规处置
物理和化学危险　接触空气易自燃
健康危害　吸入、摄入或经皮吸收有害。对眼睛、皮肤、黏膜和上呼吸道有强烈刺激作用。接触后的症状有烧

灼感、咳嗽、气短、头痛、恶心和呕吐等。能灼伤皮肤
环境危害　对环境可能有害

第三部分　成分/组成信息

√ 物质　　　　　　　混合物
组分　　　浓度　　　CAS No.
二氯化乙基铝　　　　563-43-9

第四部分　急救措施

吸入　迅速脱离现场至空气新鲜处。保持呼吸道通畅。如呼吸困难，给输氧。如呼吸、心跳停止，立即进行心肺复苏术。就医
皮肤接触　立即脱去污染的衣着，用流动清水彻底冲洗。就医
眼睛接触　立即分开眼睑，用流动清水或生理盐水彻底冲洗。就医
食入　漱口，饮水。就医
对保护施救者的忠告　根据需要使用个人防护设备
对医生的特别提示　对症处理

第五部分　消防措施

灭火剂　用干粉、二氧化碳、砂土灭火
特别危险性　遇空气易燃烧。遇水发生爆炸。与卤化物（如四氯化碳）能发生强烈反应。受热分解产生有毒的烟气。具有强腐蚀性
灭火注意事项及防护措施　消防人员必须佩戴防毒面具、穿全身消防服，在上风向灭火。尽可能将容器从火场移至空旷处。禁止用水和泡沫灭火

第六部分　泄漏应急处理

作业人员防护措施、防护装备和应急处置程序　隔离泄漏污染区，限制出入。消除所有点火源。建议应急处理人员戴防护口罩，穿防毒、防静电服。禁止接触或跨越泄漏物。尽可能切断泄漏源
环境保护措施　用干燥的砂土或其他不燃材料覆盖泄漏物，然后用塑料布覆盖，减少飞散、避免雨淋
泄漏化学品的收容、清除方法及所使用的处置材料　用洁净的无火花工具收集泄漏物，置于一盖子较松的塑料容器中，待处置

第七部分　操作处置与储存

操作注意事项　密闭操作，提供充分的局部排风。远离火种、热源，工作场所严禁吸烟。使用防爆型的通风系统和设备。避免与氧化剂、酸类、氯仿、四氯化碳、醇类接触。尤其要注意避免与水接触。配备相品种和数量的消防器材及泄漏应急处理设备。倒空的容器可能残留有害物
储存注意事项　储存于阴凉、通风良好的专用库房内，远离火种、热源。防止阳光直射。保持容器密封，严禁与空气接触。应与氧化剂、酸类、氯仿、四氯化碳、醇类、食用化学品分开存放，切忌混储。采用防爆型照明、通风设施。禁止使用易产生火花的

机械设备和工具。储区应备有合适的材料收容泄漏物

第八部分　接触控制/个体防护

职业接触限值
　　中国　未制定标准
　　美国（ACGIH）　未制定标准
生物接触限值　未制定标准
监测方法　空气中有毒物质测定方法：未制定标准。生物监测检验方法：未制定标准
工程控制　严加密闭，提供充分的局部排风
个体防护装备
　　呼吸系统防护　可能接触其粉尘时，必须佩戴防尘面具（全面罩）。紧急事态抢救或撤离时，应该佩戴空气呼吸器
　　眼睛防护　呼吸系统防护中已作防护
　　皮肤和身体防护　穿密闭型防毒服
　　手防护　戴橡胶手套

第九部分　理化特性

外观与性状　无色或微黄色结晶
pH 值　无资料　　　　**熔点（℃）**　31
沸点（℃）　194　　　**相对密度（水＝1）**　1.222
相对蒸气密度（空气＝1）　无资料
饱和蒸气压（kPa）　0.665（60℃）
饱和蒸气压（kPa）　无资料
临界压力（MPa）　无资料　**辛醇/水分配系数**　无资料
闪点（℃）　无意义　　**自燃温度（℃）**　无资料
爆炸下限（%）　无资料　**爆炸上限（%）**　无资料
分解温度（℃）　无资料　**黏度（mPa·s）**　无资料
燃烧热（kJ/mol）　−1650　**临界温度（℃）**　无资料
溶解性　可混溶于甲苯、汽油

第十部分　稳定性和反应性

稳定性　稳定
危险反应　与氧化剂、酸类、氯仿、四氯化碳、醇类等禁配物接触，有发生火灾和爆炸的危险。遇水发生爆炸。与卤化物（如四氯化碳）能发生强烈反应。受热分解产生有毒的烟气
避免接触的条件　受热、潮湿空气
禁配物　氧化剂、酸类、氯仿、四氯化碳、醇类、水
危险的分解产物　氯化氢

第十一部分　毒理学信息

急性毒性　无资料
皮肤刺激或腐蚀　无资料　**眼睛刺激或腐蚀**　无资料
呼吸或皮肤过敏　无资料　**生殖细胞突变性**　无资料
致癌性　无资料　　　　**生殖毒性**　无资料
特异性靶器官系统毒性-一次接触　无资料
特异性靶器官系统毒性-反复接触　无资料
吸入危害　无资料

第十二部分　生态学信息

生态毒性　无资料

持久性和降解性
　　生物降解性　无资料
　　非生物降解性　无资料
潜在的生物累积性　无资料
土壤中的迁移性　无资料

第十三部分　废弃处置

废弃化学品　建议用焚烧法处置。量小时，在惰性气氛下小心加入含适当溶剂的干丁醇中，反应可能产生大量易燃的氢气和（或）烃类气体，并伴随着剧烈放热，必须提供通风。用含水酸中和，滤出固体做掩埋处置，液体部分烧掉
污染包装物　将容器返还生产商或按照国家和地方法规处置
废弃注意事项　处置前应参阅国家和地方有关法规

第十四部分　运输信息

联合国危险货物编号（UN 号）　3393
联合国运输名称　固态有机金属物质，发火，遇水反应（二氯化乙基铝）
联合国危险性类别　4.2，4.3
包装类别　Ⅰ

海洋污染物　否
运输注意事项　运输时运输车辆应配备相应品种和数量的消防器材及泄漏应急处理设备。装运本品的车辆排气管须有阻火装置。运输过程中要确保容器不泄漏、不倒塌、不坠落、不损坏。严禁与氧化剂、酸类、卤代烃、卤代烃、醇类、食用化学品等混装混运。运输途中应防暴晒、雨淋，防高温。中途停留时应远离火种、热源。运输用车、船必须干燥，并有良好的防雨设施。车辆运输完毕应进行彻底清扫。铁路运输时要禁止溜放

第十五部分　法规信息

　　下列法律、法规、规章和标准，对该化学品的管理作了相应的规定。
中华人民共和国职业病防治法　职业病分类和目录：未列入
危险化学品安全管理条例　危险化学品目录：列入。易制爆危险化学品名录：未列入。重点监管的危险化学品名录：未列入。GB 18218—2009《危险化学品重大危险源辨识》（表1）：未列入
使用有毒物品作业场所劳动保护条例　高毒物品目录：未列入
易制毒化学品管理条例　易制毒化学品的分类和品种目录：未列入
国际公约　斯德哥尔摩公约：未列入。鹿特丹公约：未列入。蒙特利尔议定书：未列入

第十六部分 其他信息

编写和修订信息　　缩略语和首字母缩写
培训建议　　参考文献
免责声明

2,5-二氯甲苯

第一部分 化学品标识

化学品中文名　2,5-二氯甲苯
化学品英文名　2,5-dichlorotoluene
分子式　$C_7H_6Cl_2$　分子量　161.029

结构式　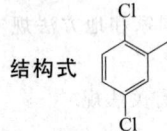

化学品的推荐及限制用途　用于有机合成

第二部分 危险性概述

紧急情况概述　—
GHS 危险性类别　危害水生环境-急性危害，类别 2；危害水生环境-长期危害，类别 2
标签要素

象形图　

警示词　—
危险性说明　对水生生物有毒并具有长期持续影响
防范说明
　　预防措施　禁止排入环境
　　事故响应　收集泄漏物
　　安全储存　—
　　废弃处置　本品及内装物、容器依据国家和地方法规处置
物理和化学危险　可燃，其蒸气与空气混合，能形成爆炸性混合物
健康危害　本品对黏膜和皮肤有刺激性。持续吸入高浓度蒸气可出现呼吸道炎症，甚至肺水肿。对眼有刺激作用。皮肤接触可引起红斑、大疱，或发生湿疹
环境危害　对水生生物有毒并具有长期持续影响

第三部分 成分/组成信息

　　√ 物质　　　　　　混合物

组分	浓度	CAS No.
2,5-二氯甲苯		19398-61-9

第四部分 急救措施

吸入　迅速脱离现场至空气新鲜处。保持呼吸道通畅。如呼吸困难，给输氧。呼吸、心跳停止，立即进行心肺复苏术。就医
皮肤接触　立即脱去污染的衣着，用流动清水彻底冲洗。就医

眼睛接触　立即分开眼睑，用流动清水或生理盐水彻底冲洗。就医
食入　漱口，饮水。就医
对保护施救者的忠告　根据需要使用个人防护设备
对医生的特别提示　对症处理

第五部分 消防措施

灭火剂　用雾状水、泡沫、干粉、二氧化碳、砂土灭火
特别危险性　遇明火能燃烧。与强氧化剂接触可发生化学反应。受高热分解放出有毒的气体
灭火注意事项及防护措施　消防人员必须佩戴防毒面具、穿全身消防服，在上风向灭火。尽可能将容器从火场移至空旷处。喷水保持火场容器冷却，直至灭火结束。处在火场中的容器若已变色或从安全泄压装置中发出声音，必须马上撤离

第六部分 泄漏应急处理

作业人员防护措施、防护装备和应急处置程序　根据液体流动和蒸气扩散的影响区域划定警戒区，无关人员从侧风、上风向撤离至安全区。消除所有点火源。建议应急处理人员戴正压自给式呼吸器，穿一般作业工作服。尽可能切断泄漏源
环境保护措施　防止泄漏物进入水体、下水道、地下室或有限空间
泄漏化学品的收容、清除方法及所使用的处置材料　小量泄漏：用干燥的砂土或其他不燃材料吸收或覆盖，收集于容器中。大量泄漏：构筑围堤或挖坑收容。用泵转移至槽车或专用收集器内

第七部分 操作处置与储存

操作注意事项　密闭操作，提供充分的局部排风。操作人员必须经过专门培训，严格遵守操作规程。建议操作人员佩戴自吸过滤式防毒面具（半面罩），戴化学安全防护眼镜，穿防毒物渗透工作服，戴橡胶耐油手套。远离火种、热源，工作场所严禁吸烟。使用防爆型的通风系统和设备。防止蒸气泄漏到工作场所空气中。避免与氧化剂、碱类接触。搬运时要轻装轻卸，防止包装及容器损坏。配备相应品种和数量的消防器材及泄漏应急处理设备。倒空的容器可能残留有害物
储存注意事项　储存于阴凉、通风的库房。远离火种、热源。应与氧化剂、碱类分开存放，切忌混储。配备相应品种和数量的消防器材。储区应备有泄漏应急处理设备和合适的收容材料

第八部分 接触控制/个体防护

职业接触限值
　　中国　未制定标准
　　美国（ACGIH）　未制定标准
生物接触限值　未制定标准
监测方法　空气中有毒物质测定方法：未制定标准。生物监测检验方法：未制定标准
工程控制　严加密闭，提供充分的局部排风。提供安全淋浴和洗眼设备

个体防护装备

呼吸系统防护　空气中浓度超标时，必须佩戴过滤式防毒面具（半面罩）。紧急事态抢救或撤离时，应该佩戴空气呼吸器

眼睛防护　戴化学安全防护眼镜

皮肤和身体防护　穿防毒物渗透工作服

手防护　戴橡胶耐油手套

第九部分　理化特性

外观与性状　无色透明液体，有刺激性气味

pH 值　无资料　　　　　**熔点(℃)**　4～5

沸点(℃)　197～200　　　**相对密度(水＝1)**　1.254

相对蒸气密度(空气＝1)　无资料

饱和蒸气压(kPa)　102.64（200℃）

临界压力(MPa)　无资料　　**辛醇/水分配系数**　无资料

闪点(℃)　79.44　　　　　**自燃温度(℃)**　无资料

爆炸下限(%)　无资料　　　**爆炸上限(%)**　无资料

分解温度(℃)　无资料　　　**黏度(mPa·s)**　无资料

燃烧热(kJ/mol)　无资料　　**临界温度(℃)**　无资料

溶解性　不溶于水，溶于苯，可混溶于乙醇、乙醚、氯仿

第十部分　稳定性和反应性

稳定性　稳定

危险反应　与强氧化剂、强碱等禁配物发生反应

避免接触的条件　无资料

禁配物　强氧化剂、强碱

危险的分解产物　氯化氢

第十一部分　毒理学信息

急性毒性　无资料

皮肤刺激或腐蚀　无资料　　**眼睛刺激或腐蚀**　无资料

呼吸或皮肤过敏　无资料　　**生殖细胞突变性**　无资料

致癌性　无资料　　　　　　**生殖毒性**　无资料

特异性靶器官系统毒性-一次接触　无资料

特异性靶器官系统毒性-反复接触　无资料

吸入危害　无资料

第十二部分　生态学信息

生态毒性　LC_{50}：4mg/L（96h）（鱼类）（OECD 203）；EC_{50}：1.1mg/L（48h）（大型溞）（OECD 202）；ErC_{50}：1.7mg/L（72h）（羊角月牙藻）（OECD 201）

持久性和降解性

生物降解性　不易快速生物降解

非生物降解性　无资料

潜在的生物累积性　BCF：1190（鲤鱼，初始浓度 20mg/L），1160（鲤鱼，初始浓度 2mg/L）

土壤中的迁移性　无资料

第十三部分　废弃处置

废弃化学品　建议用焚烧法处置。与燃料混合后，再焚烧。焚烧炉排出的卤化氢通过酸洗涤器除去

污染包装物　将容器返还生产商或按照国家和地方法规处置

废弃注意事项　处置前应参阅国家和地方有关法规

第十四部分　运输信息

联合国危险货物编号（UN 号）　3082

联合国运输名称　对环境有害的液态物质，未另作规定的（2,5-二氯甲苯）

联合国危险性类别　9

包装类别　Ⅲ　　　　　**包装标志**

海洋污染物　是

运输注意事项　运输前应先检查包装容器是否完整、密封，运输过程中要确保容器不泄漏、不倒塌、不坠落、不损坏。严禁与酸类、氧化剂、食品及食品添加剂混运。运输时运输车辆应配备相应品种和数量的消防器材及泄漏应急处理设备。运输途中应防暴晒、雨淋，防高温。公路运输时要按规定路线行驶

第十五部分　法规信息

下列法律、法规、规章和标准，对该化学品的管理作了相应的规定。

中华人民共和国职业病防治法　职业病分类和目录：未列入

危险化学品安全管理条例　危险化学品目录：列入。易制爆危险化学品名录：未列入。重点监管的危险化学品名录：未列入。GB 18218—2009《危险化学品重大危险源辨识》（表1）：未列入

使用有毒物品作业场所劳动保护条例　高毒物品目录：未列入

易制毒化学品管理条例　易制毒化学品的分类和品种目录：未列入

国际公约　斯德哥尔摩公约：未列入。鹿特丹公约：未列入。蒙特利尔议定书：未列入

第十六部分　其他信息

编写和修订信息　　　　**缩略语和首字母缩写**

培训建议　　　　　　　**参考文献**

免责声明

（二氯甲基）苯

第一部分　化学品标识

化学品中文名　（二氯甲基）苯；二氯化苄；α,α-二氯甲（基）苯；亚苄基二氯

化学品英文名　benzyl dichloride；alpha, alpha-dichloro-toluene

分子式　$C_7H_6Cl_2$　**分子量**　161.029

结构式

化学品的推荐及限制用途　用于有机合成

第二部分　危险性概述

紧急情况概述　可能致癌，吞咽有害，吸入会中毒，造成皮肤刺激，造成严重眼损伤，可能引起呼吸道刺激

GHS危险性类别　致癌性，类别1B；急性毒性-经口，类别4；急性毒性-吸入，类别3；皮肤腐蚀/刺激，类别2；严重眼损伤/眼刺激，类别1；特异性靶器官毒性—一次接触，类别3（呼吸道刺激）；危害水生环境-急性危害，类别3；危害水生环境-长期危害，类别3

标签要素

象形图　

警示词　危险

危险性说明　可能致癌，吞咽有害，吸入会中毒，造成皮肤刺激，造成严重眼损伤，可能引起呼吸道刺激，对水生生物有害并具有长期持续影响

防范说明

　　预防措施　得到专门指导后操作。在阅读了解所有安全预防措施之前，切勿操作。按要求使用个体防护装备。避免接触眼睛、皮肤，操作后彻底清洗。作业场所不得进食、饮水或吸烟。避免吸入蒸气、雾。仅在室外或通风良好处操作。戴防护手套、防护眼镜、防护面罩。禁止排入环境

　　事故响应　如吸入：将患者转移到空气新鲜处，休息，保持利于呼吸的体位。皮肤接触：用大量肥皂水和水清洗，如发生皮肤刺激，就医。脱去被污染的衣服，衣服经洗净后方可重新使用。接触眼睛：用水细心冲洗数分钟。如戴隐形眼镜并可方便地取出，取出隐形眼镜，继续冲洗。食入：如果感觉不适，立即呼叫中毒控制中心或就医，漱口。如果接触或有担心，就医

　　安全储存　在通风良好处储存。保持容器密闭。上锁保管

　　废弃处置　本品及内装物、容器依据国家和地方法规处置

物理和化学危险　可燃，其蒸气与空气混合，能形成爆炸性混合物

健康危害　有腐蚀性，有毒，为可疑致癌物。吸入可引起喉、支气管痉挛、炎症和水肿，化学性肺炎、肺水肿

环境危害　对水生生物有害并具有长期持续影响

第三部分　成分/组成信息

√ 物质　　　　　　　　　　混合物

组分	浓度	CAS No.
（二氯甲基）苯		98-87-3

第四部分　急救措施

吸入　迅速脱离现场至空气新鲜处。保持呼吸道通畅。如呼吸困难，给输氧。如呼吸、心跳停止，立即进行心肺复苏术。就医

皮肤接触　立即脱去污染的衣着，用流动清水彻底冲洗。就医

眼睛接触　立即分开眼睑，用流动清水或生理盐水彻底冲洗5～10min。就医

食入　漱口，饮水。就医

对保护施救者的忠告　根据需要使用个人防护设备

对医生的特别提示　对症处理

第五部分　消防措施

灭火剂　用雾状水、泡沫、干粉、二氧化碳、砂土灭火

特别危险性　遇明火、高热可燃。与氧化剂可发生反应。受高热分解产生有毒的腐蚀性烟气。具有腐蚀性。若遇高热，容器内压增大，有开裂和爆炸的危险

灭火注意事项及防护措施　消防人员必须穿全身耐酸碱消防服。尽可能将容器从火场移至空旷处。喷水保持火场容器冷却，直至灭火结束。处在火场中的容器若已变色或从安全泄压装置中发出声音，必须马上撤离

第六部分　泄漏应急处理

作业人员防护措施、防护装备和应急处置程序　根据液体流动和蒸气扩散的影响区域划定警戒区，无关人员从侧风向、上风向撤离至安全区。建议应急处理人员戴正压自给式呼吸器，穿防毒服。作业时使用的所有设备应接地。穿上适当的防护服前严禁接触破裂的容器和泄漏物。尽可能切断泄漏源

环境保护措施　防止泄漏物进入水体、下水道、地下室或有限空间

泄漏化学品的收容、清除方法及所使用的处置材料　严禁用水处理。小量泄漏：用干燥的砂土或其他不燃材料覆盖泄漏物。大量泄漏：构筑围堤或挖坑收容。用泵转移至槽车或专用收集器内

第七部分　操作处置与储存

操作注意事项　密闭操作，局部排风。防止蒸气泄漏到工作场所空气中。操作人员必须经过专门培训，严格遵守操作规程。建议操作人员佩戴自吸过滤式防毒面具（半面罩），戴化学安全防护眼镜，穿橡胶防腐工作服，戴橡胶手套。远离火种、热源，工作场所严禁吸烟。使用防爆型的通风系统和设备。在清除液体和蒸气前不能进行焊接、切割等作业。避免产生烟雾。避免与氧化剂、碱类接触。配备相应品种和数量的消防器材及泄漏应急处理设备。倒空的容器可能残留有害物

储存注意事项　储存于阴凉、干燥、通风的库房。远离火种、热源。防止阳光直射。包装必须密封，切勿受潮。应与氧化剂、碱类等分开存放，切忌混储。配备相应品种和数量的消防器材。储区应备有泄漏应急处理设备和合适的收容材料

第八部分　接触控制/个体防护

职业接触限值
　　中国　未制定标准
　　美国（ACGIH）　未制定标准
生物接触限值　未制定标准
监测方法　空气中有毒物质测定方法：未制定标准。生物
　　监测检验方法：未制定标准
工程控制　密闭操作，局部排风
个体防护装备
　　呼吸系统防护　空气中浓度超标时，必须佩戴过滤式
　　　防毒面具（半面罩）。紧急事态抢救或撤离时，
　　　应该佩戴空气呼吸器
　　眼睛防护　戴化学安全防护眼镜
　　皮肤和身体防护　穿橡胶防腐工作服
　　手防护　戴橡胶手套

第九部分　理化特性

外观与性状　无色油状液体，有刺激性气味

pH 值　无资料	**熔点(℃)**　−16
沸点(℃)　207	
相对密度(水=1)　1.256(14℃)	
相对蒸气密度(空气=1)　无资料	
饱和蒸气压(kPa)　0.04(20℃)	
临界压力(MPa)　无资料	**辛醇/水分配系数**　无资料
闪点(℃)　92.22	**自燃温度(℃)**　无资料
爆炸下限(%)　无资料	**爆炸上限(%)**　无资料
分解温度(℃)　无资料	**黏度(mPa·s)**　无资料
燃烧热(kJ/mol)　无资料	**临界温度(℃)**　无资料

溶解性　不溶于水，溶于乙醇、乙醚

第十部分　稳定性和反应性

稳定性　稳定
危险反应　与强氧化剂、强碱、水蒸气等禁配物发生反应
避免接触的条件　潮湿空气
禁配物　强氧化剂、强碱、水蒸气
危险的分解产物　氯化氢

第十一部分　毒理学信息

急性毒性　LD_{50}：3249mg/kg（大鼠经口）；2460mg/kg
　　（小鼠经口）。LC_{50}：61ppm（大鼠吸入，2h）；
　　32ppm（小鼠吸入，2h）
皮肤刺激或腐蚀　无资料　**眼睛刺激或腐蚀**　无资料
呼吸或皮肤过敏　无资料
生殖细胞突变性　微生物致突变：鼠伤寒沙门氏菌
　　600nmol/皿（20min）。DNA修复：枯草杆菌31μmol/盘
致癌性　IARC致癌性评论：组2A，对人类很可能是致
　　癌物
生殖毒性　无资料
特异性靶器官系统毒性-一次接触　无资料
特异性靶器官系统毒性-反复接触　无资料
吸入危害　无资料

第十二部分　生态学信息

生态毒性　LC_{50}：23mg/L(96h)（鱼类）。EC_{50}：22mg/L
　　(48h)（大型溞，OECD 202）。ErC_{50}：27mg/L（72h）
　　（藻类，OECD 201）。NOEC：5mg/L（21d）（大型溞）
持久性和降解性
　　生物降解性　易快速生物降解
　　非生物降解性　无资料
潜在的生物累积性　根据K_{ow}值预测，该物质的生物累积
　　性可能较弱
土壤中的迁移性　根据K_{oc}值预测，该物质可能易发生
　　迁移

第十三部分　废弃处置

废弃化学品　建议用焚烧法处置。用溶于硫酸的过锰酸
　　钾、饱和过锰酸钾溶液氧化破坏或用浓硫酸分解破
　　坏。若可能，重复使用容器或在规定场所掩埋
污染包装物　将容器返还生产商或按照国家和地方法规
　　处置
废弃注意事项　处置前应参阅国家和地方有关法规

第十四部分　运输信息

联合国危险货物编号（UN号）　1886
联合国运输名称　二氯甲基苯
联合国危险性类别　6.1

包装类别　Ⅱ　　　　　　　**包装标志**

海洋污染物　否
运输注意事项　运输前应先检查包装容器是否完整、密
　　封，运输过程中要确保容器不泄漏、不倒塌、不坠
　　落、不损坏。严禁与酸类、氧化剂、食品及食品添加
　　剂混运。运输时运输车辆应配备相应品种和数量的消
　　防器材及泄漏应急处理设备。运输途中应防暴晒、雨
　　淋，防高温。公路运输时要按规定路线行驶，勿在居
　　民区和人口稠密区停留

第十五部分　法规信息

　　下列法律、法规、规章和标准，对该化学品的管理作
了相应的规定。
中华人民共和国职业病防治法　职业病分类和目录：未
　　列入
危险化学品安全管理条例　危险化学品目录：列入。易制
　　爆危险化学品名录：未列入。重点监管的危险化学品
　　名录：未列入。GB 18218—2009《危险化学品重大
　　危险源辨识》（表1）：未列入
使用有毒物品作业场所劳动保护条例　高毒物品目录：未
　　列入
易制毒化学品管理条例　易制毒化学品的分类和品种目
　　录：未列入
国际公约　斯德哥尔摩公约：未列入。鹿特丹公约：未列
　　入。蒙特利尔议定书：未列入

第十六部分　其他信息

编写和修订信息　　　缩略语和首字母缩写
培训建议　　　　　　　参考文献
免责声明

3,3'-二氯联苯胺

第一部分　化学品标识

化学品中文名　3,3'-二氯联苯胺
化学品英文名　3,3'-dichlorobenzidine；4,4'-diamino-3,3'-dichlorobiphenyl
分子式　$C_{12}H_{10}Cl_2N_2$　分子量　253.127

结构式
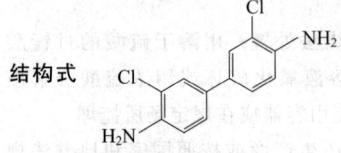

化学品的推荐及限制用途　作偶氮染料中间体和颜料苯胺黄的重要原料

第二部分　危险性概述

紧急情况概述　皮肤接触有害，可能导致皮肤过敏反应
GHS危险性类别　急性毒性-经皮，类别4；致癌性，类别2；皮肤致敏物，类别1；危害水生环境-急性危害，类别1；危害水生环境-长期危害，类别1
标签要素

象形图

警示词　警告
危险性说明　皮肤接触有害，怀疑致癌，可能导致皮肤过敏反应，对水生生物毒性非常大并具有长期持续影响
防范说明
　预防措施　戴防护手套、穿防护服。得到专门指导后操作。在阅读并了解所有安全预防措施之前，切勿操作。按要求使用个体防护装备。避免吸入粉尘。污染的工作服不得带出工作场所。禁止排入环境
　事故响应　皮肤接触：用大量肥皂水和水清洗，如感觉不适，呼叫中毒控制中心或就医。被污染的衣服必须经洗净后可重新使用。如出现皮肤刺激或皮疹：就医。如果接触或有担心，就医。收集泄漏物
　安全储存　上锁保管
　废弃处置　本品及内装物、容器依据国家和地方法规处置
物理和化学危险　可燃，其粉体与空气混合，能形成爆炸性混合物
健康危害　接触本品可引起皮炎
环境危害　对水生生物毒性非常大并具有长期持续影响

第三部分　成分/组成信息

　√　物质　　　　　　　　混合物
　　组分　　　　　浓度　　　CAS No.
3,3'-二氯联苯胺　　　　　　91-94-1

第四部分　急救措施

吸入　迅速脱离现场至空气新鲜处。保持呼吸道通畅。如呼吸困难，给输氧。呼吸、心跳停止，立即进行心肺复苏术。就医
皮肤接触　立即脱去污染的衣着，用流动清水彻底冲洗。就医
眼睛接触　立即分开眼睑，用流动清水或生理盐水彻底冲洗。就医
食入　漱口，饮水。就医
对保护施救者的忠告　根据需要使用个人防护设备
对医生的特别提示　对症处理

第五部分　消防措施

灭火剂　用雾状水、泡沫、干粉、二氧化碳、砂土灭火
特别危险性　遇明火、高热可燃。其粉体与空气可形成爆炸性混合物，当达到一定浓度时，遇火星会发生爆炸。受高热分解放出有毒的气体
灭火注意事项及防护措施　消防人员必须佩戴防毒面具、穿全身消防服，在上风向灭火。尽可能将容器从火场移至空旷处。喷水保持火场容器冷却，直至灭火结束

第六部分　泄漏应急处理

作业人员防护措施、防护装备和应急处置程序　隔离泄漏污染区，限制出入。消除所有点火源。建议应急处理人员戴防尘口罩，穿防毒服。作业时使用的所有设备应接地。禁止接触或跨越泄漏物。尽可能切断泄漏源
环境保护措施　防止泄漏物进入水体、下水道、地下室或有限空间
泄漏化学品的收容、清除方法及所使用的处置材料　小量泄漏：用砂土或其他不燃材料吸收。使用洁净的无火花工具收集吸收材料。大量泄漏：构筑围堤或挖坑收容。用泵转移至槽车或专用收集器内

第七部分　操作处置与储存

操作注意事项　密闭操作，提供充分的局部排风。防止粉尘释放到车间空气中。操作人员必须经过专门培训，严格遵守操作规程。建议操作人员佩戴防尘面具（全面罩），穿胶布防毒衣，戴橡胶手套。远离火种、热源，工作场所严禁吸烟。使用防爆型的通风系统和设备。避免产生粉尘。避免与氧化剂接触。配备相应品种和数量的消防器材及泄漏应急处理设备。倒空的容器可能残留有害物
储存注意事项　储存于阴凉、通风的库房。远离火种、热源。防止阳光直射。包装密封。应与氧化剂分开存放，切忌混储。配备相应品种和数量的消防器材。储

区应备有合适的材料收容泄漏物

第八部分　接触控制/个体防护

职业接触限值
　中国　未制定标准
　美国（ACGIH）　未制定标准
生物接触限值　未制定标准
监测方法　空气中有毒物质测定方法：未制定标准。生物
　监测检验方法：未制定标准
工程控制　严加密闭，提供充分的局部排风
个体防护装备
　呼吸系统防护　可能接触其粉尘时，必须佩戴防尘面
　　具（全面罩）。紧急事态抢救或撤离时，应该佩
　　戴空气呼吸器
　眼睛防护　呼吸系统防护中已作防护
　皮肤和身体防护　穿密闭型防毒服
　手防护　戴橡胶手套

第九部分　理化特性

外观与性状　棕褐色针状结晶，易氧化

pH 值　无意义		**熔点（℃）**　132～133	
沸点（℃）　无资料		**相对密度（水＝1）**　无资料	

相对蒸气密度(空气＝1)　8.73
饱和蒸气压(kPa)　无资料
临界压力(MPa)　无资料　　**辛醇/水分配系数**　3.51
闪点(℃)　无意义　　**自燃温度(℃)**　无资料
爆炸下限(%)　无资料　　**爆炸上限(%)**　无资料
分解温度(℃)　无资料　　**黏度(mPa·s)**　无资料
燃烧热(kJ/mol)　无资料　　**临界温度(℃)**　无资料
溶解性　微溶于水，溶于醇、醚、稀酸

第十部分　稳定性和反应性

稳定性　稳定
危险反应　与强氧化剂等禁配物发生反应
避免接触的条件　无资料
禁配物　强氧化剂
危险的分解产物　氮氧化物、氯化氢

第十一部分　毒理学信息

急性毒性　LD$_{50}$：3820mg/kg（大鼠经口）；8000mg/kg
　（大鼠经皮）；352mg/kg（小鼠经口）
皮肤刺激或腐蚀　无资料　　**眼睛刺激或腐蚀**　无资料
呼吸或皮肤过敏　无资料
生殖细胞突变性　微生物致突变：鼠伤寒沙门氏菌
　10nmol/皿。微核试验：小鼠经口 1g/kg。细胞遗
　传学分析：小鼠腹腔内 100mg/kg。程序外 DNA 合成：
　人 Hela 细胞 100nmol/L
致癌性　IARC 致癌性评论：组 2B，对人类是可能致癌物
生殖毒性　无资料
特异性靶器官系统毒性-一次接触　无资料
特异性靶器官系统毒性-反复接触　无资料
吸入危害　无资料

第十二部分　生态学信息

生态毒性　LC$_{50}$：0.5mg/L（96h）(蓝鳃太阳鱼）
持久性和降解性
　生物降解性　不易快速生物降解
　非生物降解性　无资料
潜在的生物累积性　根据 K_{ow} 值预测，该物质可能有一定
　的生物累积性
土壤中的迁移性　根据 K_{oc} 值预测，该物质可能有一定的
　迁移性

第十三部分　废弃处置

废弃化学品　用焚烧法处置。燃烧过程中要喷入蒸汽或甲
　烷，以免生成氯气。焚烧炉排出的氮氧化物通过催化
　氧化装置或高温装置除去。在能利用的地方重复使用
　容器或在规定场所掩埋
污染包装物　将容器返还生产商或按照国家和地方法规
　处置
废弃注意事项　处置前应参阅国家和地方有关法规

第十四部分　运输信息

联合国危险货物编号（UN 号）　3077
联合国运输名称　对环境有害的固态物质，未另作规定的
　（3,3′-二氯联苯胺）
联合国危险性类别　9

包装类别　Ⅲ　　　　　　　　**包装标志**　

海洋污染物　是
运输注意事项　起运时包装要完整，装载应稳妥。运输
　过程中要确保容器不泄漏、不倒塌、不坠落、不损
　坏。严禁与氧化剂等混装混运。运输途中应防暴晒、
　雨淋，防高温。运送时运输车辆应配备相应品种和
　数量的消防器材及泄漏应急处理设备。装运本品的
　车辆排气管必须有阻火装置。中途停留时应远离火
　种、热源

第十五部分　法规信息

　下列法律、法规、规章和标准，对该化学品的管理作
了相应的规定。
中华人民共和国职业病防治法　职业病分类和目录：未
　列入
危险化学品安全管理条例　危险化学品目录：列入。易制
　爆危险化学品名录：未列入。重点监管的危险化学品
　名录：未列入。GB 18218—2009《危险化学品重大
　危险源辨识》（表1）：未列入
使用有毒物品作业场所劳动保护条例　高毒物品目录：未
　列入
易制毒化学品管理条例　易制毒化学品的分类和品种目
　录：未列入
国际公约　斯德哥尔摩公约：未列入。鹿特丹公约：未列
　入。蒙特利尔议定书：未列入

第十六部分　其他信息

编写和修订信息　　　　缩略语和首字母缩写
培训建议　　　　　　　参考文献
免责声明

3,3′-二氯联苯胺盐酸盐

第一部分　化学品标识

化学品中文名　3,3′-二氯联苯胺盐酸盐；盐酸-3,3′-二氯联苯胺；盐酸二氯联苯胺

化学品英文名　3,3′-dichlorobenzidine dihydrochloride

分子式　$C_{12}H_{10}Cl_2N_2 \cdot 2HCl$　**分子量**　326.06

结构式

化学品的推荐及限制用途　用作染料中间体

第二部分　危险性概述

紧急情况概述　造成严重眼损伤，可能引起呼吸道刺激

GHS危险性类别　严重眼损伤/眼刺激，类别1；生殖细胞致突变性，类别2；致癌性，类别2；特异性靶器官毒性-一次接触，类别3（呼吸道刺激）；危害水生环境-急性危害，类别1；危害水生环境-长期危害，类别1

标签要素

象形图

警示词　危险

危险性说明　造成严重眼损伤，怀疑可造成遗传性缺陷，怀疑致癌，可能引起呼吸道刺激，对水生生物毒性非常大并具有长期持续影响

防范说明

　　预防措施　戴防护眼镜、防护面罩。得到专门指导后操作。在阅读并了解所有安全预防措施之前，切勿操作。按要求使用个体防护装备。禁止排入环境

　　事故响应　接触眼睛：用水细心冲洗数分钟，立即呼叫中毒控制中心或就医。如戴隐形眼镜并可方便地取出，取出隐形眼镜，继续冲洗。如果接触或有担心：就医。收集泄漏物

　　安全储存　上锁保管

　　废弃处置　本品及内装物、容器依据国家和地方法规处置

物理和化学危险　可燃，其粉体与空气混合，能形成爆炸性混合物

健康危害　吸入、摄入或经皮吸收后对身体有害。本品受热分解出有毒的氯和氮氧化物

环境危害　对水生生物毒性非常大并具有长期持续影响

第三部分　成分/组成信息

　　√ 物质　　　　　　　　　混合物

组分	浓度	CAS No.
3,3′-二氯联苯胺盐酸盐		612-83-9

第四部分　急救措施

吸入　迅速脱离现场至空气新鲜处。保持呼吸道通畅。如呼吸困难，给输氧。呼吸、心跳停止，立即进行心肺复苏术。就医

皮肤接触　立即脱去污染的衣着，用流动清水彻底冲洗。就医

眼睛接触　立即分开眼睑，用流动清水或生理盐水彻底冲洗5～10min。就医

食入　漱口，饮水。就医

对保护施救者的忠告　根据需要使用个人防护设备

对医生的特别提示　对症处理

第五部分　消防措施

灭火剂　用雾状水、泡沫、干粉、二氧化碳、砂土灭火

特别危险性　遇明火、高热可燃。其粉体与空气可形成爆炸性混合物，当达到一定浓度时，遇火星会发生爆炸。受高热分解放出有毒的气体

灭火注意事项及防护措施　消防人员必须佩戴空气呼吸器、穿全身防火防毒服，在上风向灭火。尽可能将容器从火场移至空旷处。喷水保持火场容器冷却，直至灭火结束

第六部分　泄漏应急处理

作业人员防护措施、防护装备和应急处置程序　隔离泄漏污染区，限制出入。消除所有点火源。建议应急处理人员戴防尘口罩，穿防毒服。穿上适当的防护服前严禁接触破裂的容器和泄漏物。尽可能切断泄漏源

环境保护措施　用塑料布覆盖泄漏物，减少飞散

泄漏化学品的收容、清除方法及所使用的处置材料　勿使水进入包装容器内。用洁净的铲子收集泄漏物，置于干净、干燥、盖子较松的容器中，将容器移离泄漏区

第七部分　操作处置与储存

操作注意事项　生产过程密闭化。防止粉尘释放到车间空气中。操作人员必须经过专门培训，严格遵守操作规程。建议操作人员佩戴自吸过滤式防尘口罩，戴化学安全防护眼镜，穿透气型防毒服，戴乳胶手套。远离火种、热源，工作场所严禁吸烟。使用防爆型的通风系统和设备。避免产生粉尘。避免与氧化剂接触。配备相应品种和数量的消防器材及泄漏应急处理设备。倒空的容器可能残留有害物

储存注意事项　储存于阴凉、通风的库房。远离火种、热源。防止阳光直射。包装密封。应与氧化剂分开存放，切忌混储。配备相应品种和数量的消防器材。储区应备有合适的材料收容泄漏物

第八部分 接触控制/个体防护

职业接触限值
　　中国　未制定标准
　　美国（ACGIH）　未制定标准
生物接触限值　未制定标准
监测方法　空气中有毒物质测定方法：未制定标准。生物监测检验方法：未制定标准
工程控制　生产过程密闭化。保证良好的自然通风
个体防护装备
　　呼吸系统防护　空气中粉尘浓度超标时，建议佩戴过滤式防尘呼吸器。紧急事态抢救或撤离时，应该佩戴空气呼吸器
　　眼睛防护　戴化学安全防护眼镜
　　皮肤和身体防护　穿透气型防毒服
　　手防护　戴橡胶手套

第九部分 理化特性

外观与性状　针状结晶　　**pH 值**　无意义
熔点（℃）　无资料　　　**沸点（℃）**　无资料
相对密度（水=1）　无资料
相对蒸气密度（空气＝1）　无资料
饱和蒸气压（kPa）　无资料
临界压力（MPa）　无资料　**辛醇/水分配系数**　无资料
闪点（℃）　无意义　　**自燃温度（℃）**　无资料
爆炸下限（%）　无资料　　**爆炸上限（%）**　无资料
分解温度（℃）　无资料　　**黏度（mPa·s）**　无资料
燃烧热（kJ/mol）　无资料　**临界温度（℃）**　无资料
溶解性　微溶于水，易溶于乙醇

第十部分 稳定性和反应性

稳定性　稳定
危险反应　与强氧化剂等禁配物发生反应
避免接触的条件　无资料
禁配物　强氧化剂
危险的分解产物　氮氧化物、氯化氢

第十一部分 毒理学信息

急性毒性　LD_{50}：3820mg/kg（大鼠经口）
皮肤刺激或腐蚀　无资料　**眼睛刺激或腐蚀**　无资料
呼吸或皮肤过敏　无资料
生殖细胞突变性　微生物致突变：鼠伤寒沙门氏菌 $10\mu g/皿$
致癌性　美国毒理学计划（NTP）：有理由预测是人类致癌物
生殖毒性　无资料
特异性靶器官系统毒性-一次接触　无资料
特异性靶器官系统毒性-反复接触　无资料
吸入危害　无资料

第十二部分 生态学信息

生态毒性　LC_{50}：0.66mg/L（96h）（青鳉）

持久性和降解性
　　生物降解性　无资料
　　非生物降解性　无资料
潜在的生物累积性　根据 K_{ow} 值预测，该物质可能有一定的生物累积性
土壤中的迁移性　根据 K_{oc} 值预测，该物质可能有一定的迁移性

第十三部分 废弃处置

废弃化学品　建议用焚烧法处置。在能利用的地方重复使用容器或在规定场所掩埋
污染包装物　将容器返还生产商或按照国家和地方法规处置
废弃注意事项　处置前应参阅国家和地方有关法规

第十四部分 运输信息

联合国危险货物编号（UN 号）　3077
联合国运输名称　对环境有害的固态物质，未另作规定的（3,3′-二氯联苯胺盐酸盐）
联合国危险性类别　9

包装类别　Ⅲ　　　　　**包装标志**　

海洋污染物　是
运输注意事项　运输前应先检查包装容器是否完整、密封，运输过程中要确保容器不泄漏、不倒塌、不坠落、不损坏。严禁与酸类、氧化剂、食品及食品添加剂混运。运输时运输车辆应配备相应品种和数量的消防器材及泄漏应急处理设备。运输途中应防暴晒、雨淋、防高温。公路运输时要按规定路线行驶，勿在居民区和人口稠密区停留

第十五部分 法规信息

　　下列法律、法规、规章和标准，对该化学品的管理作了相应的规定。
中华人民共和国职业病防治法　职业病分类和目录：未列入
危险化学品安全管理条例　危险化学品目录：列入。易制爆危险化学品名录：未列入。重点监管的危险化学品名录：未列入。GB 18218—2009《危险化学品重大危险源辨识》（表1）：未列入
使用有毒物品作业场所劳动保护条例　高毒物品目录：未列入
易制毒化学品管理条例　易制毒化学品的分类和品种目录：未列入
国际公约　斯德哥尔摩公约：未列入。鹿特丹公约：未列入。蒙特利尔议定书：未列入

第十六部分 其他信息

编写和修订信息　　　　**缩略语和首字母缩写**
培训建议　　　　　　　**参考文献**
免责声明

二氯硫化碳

第一部分　化学品标识

化学品中文名　二氯硫化碳；硫光气；硫代羰基氯

化学品英文名　thiophosgene；thiocarbonyl chloride

分子式　CCl_2S　**分子量**　114.982

结构式

化学品的推荐及限制用途　用于有机合成

第二部分　危险性概述

紧急情况概述　吞咽有害，吸入会中毒，可能引起呼吸道刺激

GHS 危险性类别　急性毒性-经口，类别 4；急性毒性-吸入，类别 3；皮肤腐蚀/刺激，类别 2；严重眼损伤/眼刺激，类别 2；特异性靶器官毒性--次接触，类别 3（呼吸道刺激）

标签要素

象形图　

警示词　危险

危险性说明　吞咽有害，吸入会中毒，造成皮肤刺激，造成严重眼刺激，可能引起呼吸道刺激

防范说明

　预防措施　避免接触眼睛、皮肤，操作后彻底清洗。作业场所不得进食、饮水或吸烟。避免吸入蒸气、雾。仅在室外或通风良好处操作。戴防护手套，戴防护眼镜、防护面罩

　事故响应　如吸入：将患者转移到空气新鲜处，休息，保持利于呼吸的体位，呼叫中毒控制中心或就医。皮肤接触：用大量肥皂水和水清洗，如发生皮肤刺激，就医。脱去被污染的衣服，衣服经洗净后方可重新使用。如接触眼睛：用水细心冲洗数分钟。如戴隐形眼镜并可方便地取出，取出隐形眼镜，继续冲洗。如果眼睛刺激持续，就医。食入：如果感觉不适，立即呼叫中毒控制中心或就医，漱口

　安全储存　在通风良好处储存。保持容器密闭。上锁保管

　废弃处置　本品及内装物、容器依据国家和地方法规处置

物理和化学危险　可燃，其蒸气与空气混合，能形成爆炸性混合物

健康危害　对眼睛、皮肤及黏膜有刺激性。吸入后可致喉、支气管痉挛、炎症，化学性肺炎、肺水肿；接触后可引起烧灼感、咳嗽、喉炎、气短、头痛、恶心和呕吐

环境危害　对环境可能有害

第三部分　成分/组成信息

√ 物质　　　　　　　　　　混合物

组分	浓度	CAS No.
二氯硫化碳		463-71-8

第四部分　急救措施

吸入　迅速脱离现场至空气新鲜处。保持呼吸道通畅。如呼吸困难，给输氧。如呼吸、心跳停止，立即进行心肺复苏术。就医

皮肤接触　立即脱去污染的衣着，用流动清水彻底冲洗。就医

眼睛接触　立即分开眼睑，用流动清水或生理盐水彻底冲洗。就医

食入　漱口，饮水。就医

对保护施救者的忠告　根据需要使用个人防护设备

对医生的特别提示　对症处理

第五部分　消防措施

灭火剂　用雾状水、泡沫、干粉、二氧化碳、砂土灭火

特别危险性　遇明火、高热可燃。与氧化剂可发生反应。与酸反应，放出有毒的腐蚀性烟气。受高热分解放出有毒的气体。流速过快，容易产生和积聚静电。蒸气比空气重，沿地面扩散并易积存于低洼处，遇火源会着火回燃。若遇高热，容器内压增大，有开裂和爆炸的危险

灭火注意事项及防护措施　消防人员必须佩戴空气呼吸器、穿全身防火防毒服，在上风向灭火。尽可能将容器从火场移至空旷处。喷水保持火场容器冷却，直至灭火结束。处在火场中的容器若已变色或从安全泄压装置中发出声音，必须马上撤离

第六部分　泄漏应急处理

作业人员防护措施、防护装备和应急处置程序　根据液体流动和蒸气扩散的影响区域划定警戒区，无关人员从侧风向、上风向撤离至安全区。建议应急处理人员戴正压自给式呼吸器，穿防毒服。作业时使用的所有设备应接地。穿上适当的防护服前严禁接触破裂的容器和泄漏物。尽可能切断泄漏源

环境保护措施　防止泄漏物进入水体、下水道、地下室或有限空间

泄漏化学品的收容、清除方法及所使用的处置材料　喷雾状水抑制蒸气或改变蒸气云流向，避免水流接触泄漏物。勿使水进入包装容器内。小量泄漏：用干燥的砂土或其他不燃材料覆盖泄漏物。大量泄漏：构筑围堤或挖坑收容。用泡沫覆盖，减少蒸发。用碎石灰石（$CaCO_3$）、苏打灰（Na_2CO_3）或石灰（CaO）中和。用泵转移至槽车或专用收集器内

第七部分　操作处置与储存

操作注意事项　密闭操作，提供充分的局部排风。防止蒸气泄漏到工作场所空气中。操作人员必须经过专门培训，严格遵守操作规程。建议操作人员佩戴自吸过滤

式防毒面具（全面罩），穿胶布防毒衣，戴橡胶手套。远离火种、热源，工作场所严禁吸烟。使用防爆型的通风系统和设备。在清除液体和蒸气前不能进行焊接、切割等作业。避免产生烟雾。避免与酸类、碱类、醇类、胺类接触。配备相应品种和数量的消防器材及泄漏应急处理设备。倒空的容器可能残留有害物

储存注意事项 储存于阴凉、干燥、通风良好的库房。远离火种、热源。防止阳光直射。包装必须密封，切勿受潮。应与酸类、碱类、醇类、胺类等分开存放，切忌混储。配备相应品种和数量的消防器材。储区应备有泄漏应急处理设备和合适的收容材料

第八部分　接触控制/个体防护

职业接触限值

　　中国　未制定标准

　　美国（ACGIH）　未制定标准

生物接触限值　未制定标准

监测方法　空气中有毒物质测定方法：未制定标准。生物监测检验方法：未制定标准

工程控制　严加密闭，提供充分的局部排风

个体防护装备

　　呼吸系统防护　空气中浓度超标时，必须佩戴过滤式防毒面具（全面罩）。紧急事态抢救或撤离时，应该佩戴空气呼吸器

　　眼睛防护　呼吸系统防护中已作防护

　　皮肤和身体防护　穿密闭型防毒服

　　手防护　戴橡胶手套

第九部分　理化特性

外观与性状　红色液体，有刺激性气味

pH 值　无资料　　　　**熔点（℃）**　无资料

沸点（℃）　73.5

相对密度（水＝1）　1.5085（15℃）

相对蒸气密度（空气＝1）　4

饱和蒸气压（kPa）　无资料

临界压力（MPa）　无资料　**辛醇/水分配系数**　无资料

闪点（℃）　无资料　　　**自燃温度（℃）**　无资料

爆炸下限（%）　无资料　**爆炸上限（%）**　无资料

分解温度（℃）　无资料　**黏度（mPa·s）**　无资料

燃烧热（kJ/mol）　－914.45　**临界温度（℃）**　无资料

溶解性　溶于醚

第十部分　稳定性和反应性

稳定性　稳定

危险反应　与酸类、碱、醇类、胺类、水等禁配物发生反应。与酸反应，放出有毒的腐蚀性烟气

避免接触的条件　潮湿空气

禁配物　酸类、碱、醇类、胺类、水

危险的分解产物　氯化氢、氧化硫

第十一部分　毒理学信息

急性毒性　LD$_{50}$：929mg/kg（大鼠经口）；100mg/kg（小鼠

静脉）。LC$_{50}$：370mg/m³（小鼠吸入）

皮肤刺激或腐蚀　家兔经皮：500mg（24h），中度刺激

眼睛刺激或腐蚀　家兔经眼：50μg（24h），重度刺激

呼吸或皮肤过敏　无资料　**生殖细胞突变性**　无资料

致癌性　无资料　　　　**生殖毒性**　无资料

特异性靶器官系统毒性-一次接触　无资料

特异性靶器官系统毒性-反复接触　无资料

吸入危害　无资料

第十二部分　生态学信息

生态毒性　无资料

持久性和降解性

　　生物降解性　无资料

　　非生物降解性　无资料

潜在的生物累积性　无资料

土壤中的迁移性　无资料

第十三部分　废弃处置

废弃化学品　用5%氢氧化钠水溶液或苏打灰中和，接着加水。建议用控制焚烧法或安全掩埋法处置。破损容器禁止重新使用，要在规定场所掩埋

污染包装物　将容器返还生产商或按照国家和地方法规处置

废弃注意事项　处置前应参阅国家和地方有关法规

第十四部分　运输信息

联合国危险货物编号（UN 号）　2474

联合国运输名称　硫光气

联合国危险性类别　6.1

包装类别　　Ⅰ　　　　　　　　**包装标志**

海洋污染物　否

运输注意事项　运输前应先检查包装容器是否完整、密封，运输过程中要确保容器不泄漏、不倒塌、不坠落、不损坏。严禁与酸类、氧化剂、食品及食品添加剂混运。运输时运输车辆应配备相应品种和数量的消防器材及泄漏应急处理设备。运输途中应防暴晒、雨淋，防高温。公路运输时要按规定路线行驶，勿在居民区和人口稠密区停留

第十五部分　法规信息

　　下列法律、法规、规章和标准，对该化学品的管理作了相应的规定。

中华人民共和国职业病防治法　职业病分类和目录：未列入

危险化学品安全管理条例　危险化学品目录：列入。易制爆危险化学品名录：未列入。重点监管的危险化学品名录：未列入。GB 18218—2009《危险化学品重大危险源辨识》（表1）：未列入

使用有毒物品作业场所劳动保护条例　高毒物品目录：未列入

易制毒化学品管理条例　易制毒化学品的分类和品种目录：未列入

国际公约　斯德哥尔摩公约：未列入。鹿特丹公约：未列入。蒙特利尔议定书：未列入

第十六部分　其他信息

编写和修订信息　　缩略语和首字母缩写
培训建议　　　　　参考文献
免责声明

1,2-二氯-4-(氯甲基)苯

第一部分　化学品标识

化学品中文名　1,2-二氯-4-(氯甲基)苯；3,4-二氯苄基氯；α-氯-3,4-二氯甲苯；3,4-二氯氯化苄；氯化-3,4-二氯苄

化学品英文名　3,4-dichlorobenzyl chloride；3,4,α-trichlorotoluene

分子式　$C_7H_5Cl_3$　**分子量**　195.474

结构式
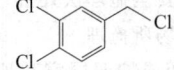

化学品的推荐及限制用途　用作杀虫剂、有机合成中间体

第二部分　危险性概述

紧急情况概述　—

GHS 危险性类别　危害水生环境-急性危害，类别 2；危害水生环境-长期危害，类别 2

标签要素

象形图

警示词　—

危险性说明　—

防范说明

　预防措施　禁止排入环境

　事故响应　收集泄漏物

　安全储存　—

　废弃处置　本品及内装物、容器依据国家和地方法规处置

物理和化学危险　可燃，其蒸气与空气混合，能形成爆炸性混合物

健康危害　有强麻醉性。极微量即能刺激皮肤、眼睛和黏膜。接触引起烧灼感、咳嗽、眩晕、气短、头痛、恶心和呕吐。吸入可引起喉炎，支气管炎，化学性肺炎，肺水肿

环境危害　对水生生物有毒并具有长期持续影响

第三部分　成分/组成信息

　　　　√ 物质　　　　　　　混合物

组分	浓度	CAS No.
1,2-二氯-4-(氯甲基)苯		102-47-6

第四部分　急救措施

吸入　迅速脱离现场至空气新鲜处。保持呼吸道通畅。如呼吸困难，给输氧。呼吸、心跳停止，立即进行心肺复苏术。就医

皮肤接触　立即脱去污染的衣着，用流动清水彻底冲洗。就医

眼睛接触　立即分开眼睑，用流动清水或生理盐水彻底冲洗。就医

食入　漱口，饮水。就医

对保护施救者的忠告　根据需要使用个人防护设备

对医生的特别提示　对症处理

第五部分　消防措施

灭火剂　用雾状水、泡沫、干粉、二氧化碳、砂土灭火

特别危险性　遇明火、高热可燃。与氧化剂可发生反应。受高热分解产生有毒的腐蚀性烟气。蒸气比空气重，沿地面扩散并易积存于低洼处，遇火源会着火回燃。若遇高热，容器内压增大，有开裂和爆炸的危险

灭火注意事项及防护措施　消防人员必须佩戴防毒面具，穿全身消防服，在上风向灭火。尽可能将容器从火场移至空旷处。喷水保持火场容器冷却，直至灭火结束。处在火场中的容器若已变色或从安全泄压装置中发出声音，必须马上撤离

第六部分　泄漏应急处理

作业人员防护措施、防护装备和应急处置程序　根据液体流动和蒸气扩散的影响区域划定警戒区，无关人员从侧风、上风向撤离至安全区。消除所有点火源。建议应急处理人员戴正压自给式呼吸器，穿防毒服。穿上适当的防护服前严禁接触破裂的容器和泄漏物。尽可能切断泄漏源

环境保护措施　防止泄漏物进入水体、下水道、地下室或有限空间

泄漏化学品的收容、清除方法及所使用的处置材料　小量泄漏：用干燥的砂土或其他不燃材料吸收或覆盖，收集于容器中。大量泄漏：构筑围堤或挖坑收容。用泵转移至槽车或专用收集器内

第七部分　操作处置与储存

操作注意事项　密闭操作，提供充分的局部排风。防止蒸气泄漏到工作场所空气中。操作人员必须经过专门培训，严格遵守操作规程。建议操作人员佩戴自吸过滤式防毒面具（半面罩），戴化学安全防护眼镜，穿防毒物渗透工作服，戴橡胶手套。远离火种、热源，工作场所严禁吸烟。使用防爆型的通风系统和设备。在清除液体和蒸气前不能进行焊接、切割等作业。避免产生烟雾。避免与氧化剂、碱类、胺类、醇类接触。配备相应品种和数量的消防器材及泄漏应急处理设备。倒空的容器可能残留有害物

储存注意事项　储存于阴凉、通风的库房。远离火种、热源。防止阳光直射。保持容器密封。应与氧化剂、碱类、胺类、醇类分开存放，切忌混储。配备相应品种

和数量的消防器材。储区应备有泄漏应急处理设备和合适的收容材料

第八部分 接触控制/个体防护

职业接触限值
　　中国 未制定标准
　　美国（ACGIH） 未制定标准
生物接触限值 未制定标准
监测方法 空气中有毒物质测定方法：未制定标准。生物监测检验方法：未制定标准
工程控制 严加密闭，提供充分的局部排风
个体防护装备
　　呼吸系统防护 空气中浓度超标时，必须佩戴过滤式防毒面具（半面罩）。紧急事态抢救或撤离时，应该佩戴空气呼吸器
　　眼睛防护 戴化学安全防护眼镜
　　皮肤和身体防护 穿防毒物渗透工作服
　　手防护 戴橡胶手套

第九部分 理化特性

外观与性状 无色液体　　**pH 值** 无资料
熔点（℃） 245～252　　**沸点（℃）** 无资料
相对密度（水＝1） 1.4110
相对蒸气密度（空气＝1） 6.76
饱和蒸气压（kPa） 无资料
临界压力（MPa） 无资料
辛醇/水分配系数 无资料
闪点（℃） 110　　　**自燃温度（℃）** 无资料
爆炸下限（%） 无资料　　**爆炸上限（%）** 无资料
分解温度（℃） 无资料　　**黏度（mPa·s）** 无资料
燃烧热（kJ/mol） 无资料　　**临界温度（℃）** 无资料
溶解性 不溶于水，溶于醇、丙酮、醚

第十部分 稳定性和反应性

稳定性 稳定
危险反应 与氧化剂、碱、胺类、醇类等禁配物发生反应
避免接触的条件 无资料
禁配物 氧化剂、碱、胺类、醇类
危险的分解产物 氯化氢

第十一部分 毒理学信息

急性毒性 无资料
　皮肤刺激或腐蚀 无资料　　眼睛刺激或腐蚀 无资料
　呼吸或皮肤过敏 无资料　　生殖细胞突变性 无资料
　致癌性 无资料　　　　　　生殖毒性 无资料
　特异性靶器官系统毒性—一次接触 无资料
　特异性靶器官系统毒性-反复接触 无资料
　吸入危害 无资料

第十二部分 生态学信息

生态毒性 LC_{50}：8.98mg/L（48h）（青鳉）
持久性和降解性
　生物降解性 不易快速生物降解

非生物降解性 无资料
潜在的生物累积性 无资料
土壤中的迁移性 无资料

第十三部分 废弃处置

废弃化学品 用安全掩埋法处置。用石灰浆清洗倒空的容器。破损容器禁止重新使用，要在规定场所掩埋
污染包装物 将容器返还生产商或按照国家和地方法规处置
废弃注意事项 处置前应参阅国家和地方有关法规

第十四部分 运输信息

联合国危险货物编号（UN 号） 3082
联合国运输名称 对环境有害的液态物质，未另作规定的［1,2-二氯-4-(氯甲基)苯］
联合国危险性类别 9

包装类别 Ⅲ　　　　**包装标志**

海洋污染物 是
运输注意事项 运输前应先检查包装容器是否完整、密封，运输过程中要确保容器不泄漏、不倒塌、不坠落、不损坏。严禁与酸类、氧化剂、食品及食品添加剂混运。运输时运输车辆应配备相应品种和数量的消防器材及泄漏应急处理设备。运输途中应防暴晒、雨淋、防高温。公路运输时要按规定路线行驶，勿在居民区和人口稠密区停留

第十五部分 法规信息

　　下列法律、法规、规章和标准，对该化学品的管理作了相应的规定。
中华人民共和国职业病防治法 职业病分类和目录：未列入
危险化学品安全管理条例 危险化学品目录：列入。易制爆危险化学品名录：未列入。重点监管的危险化学品名录：未列入。GB 18218—2009《危险化学品重大危险源辨识》（表1）：未列入
使用有毒物品作业场所劳动保护条例 高毒物品目录：未列入
易制毒化学品管理条例 易制毒化学品的分类和品种目录：未列入
国际公约 斯德哥尔摩公约：未列入。鹿特丹公约：未列入。蒙特利尔议定书：未列入

第十六部分 其他信息

编写和修订信息　　**缩略语和首字母缩写**
培训建议　　　　　　**参考文献**
免责声明

二氯萘醌

第一部分 化学品标识

化学品中文名 二氯萘醌；2,3-二氯-1,4-萘二酮；非冈

化学品英文名　dichlone；2,3-dichloro-1,4-naphthalenedi-one

分子式　$C_{10}H_4Cl_2O_2$　分子量　227.044

结构式　

化学品的推荐及限制用途　用作农用杀菌剂

第二部分　危险性概述

紧急情况概述　吞咽有害

GHS危险性类别　急性毒性-经口，类别4；皮肤腐蚀/刺激，类别2；严重眼损伤/眼刺激，类别2；危害水生环境-急性危害，类别1；危害水生环境-长期危害，类别1

标签要素

象形图　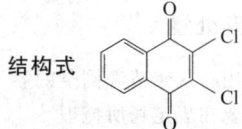

警示词　警告

危险性说明　吞咽有害，造成皮肤刺激，造成严重眼刺激，对水生生物毒性非常大并具有长期持续影响

防范说明

　　预防措施　避免接触眼睛、皮肤，操作后彻底清洗。作业场所不得进食、饮水或吸烟。戴防护手套，戴防护眼镜、防护面罩。禁止排入环境

　　事故响应　皮肤接触：用大量肥皂水和水清洗，如发生皮肤刺激，就医。脱去被污染的衣服，衣服经洗净后方可重新使用。如接触眼睛：用水细心冲洗数分钟。如戴隐形眼镜并可方便地取出，取出隐形眼镜，继续冲洗。如果眼睛刺激持续，就医。食入：如果感觉不适，立即呼叫中毒控制中心或就医，漱口。收集泄漏物

　　安全储存　—

　　废弃处置　本品及内装物、容器依据国家和地方法规处置

物理和化学危险　可燃，其粉体与空气混合，能形成爆炸性混合物

健康危害　本品有毒。对眼睛、皮肤和黏膜有刺激作用。大剂量时，对中枢神经系统有抑制作用。受热分解放出有毒的氯气烟雾

环境危害　对水生生物毒性非常大并具有长期持续影响

第三部分　成分/组成信息

√ 物质　　　　　　　　混合物

组分	浓度	CAS No.
二氯萘醌		117-80-6

第四部分　急救措施

吸入　迅速脱离现场至空气新鲜处。保持呼吸道通畅。如呼吸困难，给输氧。如呼吸、心跳停止，立即进行心肺复苏术。就医

皮肤接触　立即脱去污染的衣着，用流动清水彻底冲洗。就医

眼睛接触　立即分开眼睑，用流动清水或生理盐水彻底冲洗。就医

食入　饮适量温水，催吐（仅限于清醒者）。就医

对保护施救者的忠告　根据需要使用个人防护设备

对医生的特别提示　对症处理

第五部分　消防措施

灭火剂　用雾状水、泡沫、干粉、二氧化碳、砂土灭火

特别危险性　遇明火、高热可燃。其粉体与空气可形成爆炸性混合物，当达到一定浓度时，遇火星会发生爆炸。受高热分解放出有毒的气体

灭火注意事项及防护措施　消防人员必须佩戴防毒面具、穿全身消防服，在上风向灭火。尽可能将容器从火场移至空旷处。喷水保持火场容器冷却，直至灭火结束

第六部分　泄漏应急处理

作业人员防护措施、防护装备和应急处置程序　隔离泄漏污染区，限制出入。建议应急处理人员戴防尘口罩，穿防毒服。穿上适当的防护服前严禁接触破裂的容器和泄漏物。尽可能切断泄漏源

环境保护措施　用塑料布覆盖泄漏物，减少飞散

泄漏化学品的收容、清除方法及所使用的处置材料　勿使水进入包装容器内。用洁净的铲子收集泄漏物，置于干净、干燥、盖子较松的容器中，将容器移离泄漏区

第七部分　操作处置与储存

操作注意事项　密闭操作，提供充分的局部排风。防止粉尘释放到车间空气中。操作人员必须经过专门培训，严格遵守操作规程。建议操作人员佩戴防尘面具（全面罩），穿防毒物渗透工作服，戴橡胶手套。远离火种、热源，工作场所严禁吸烟。使用防爆型的通风系统和设备。避免产生粉尘。避免与氧化剂、碱类接触。配备相应品种和数量的消防器材及泄漏应急处理设备。倒空的容器可能残留有害物

储存注意事项　储存于阴凉、通风的库房。远离火种、热源。防止阳光直射。包装密封。应与氧化剂、碱类、食用化学品分开存放，切忌混储。配备相应品种和数量的消防器材。储区应备有合适的材料收容泄漏物

第八部分　接触控制/个体防护

职业接触限值

　　中国　未制定标准

　　美国（ACGIH）　未制定标准

生物接触限值　未制定标准

监测方法　空气中有毒物质测定方法：未制定标准。生物监测检验方法：未制定标准

工程控制　严加密闭，提供充分的局部排风

个体防护装备

　　呼吸系统防护　可能接触其粉尘时，必须佩戴防尘面具（全面罩）。紧急事态抢救或撤离时，应该佩

戴空气呼吸器

眼睛防护　呼吸系统防护中已作防护

皮肤和身体防护　穿防毒物渗透工作服

手防护　戴橡胶手套

第九部分　理化特性

外观与性状　黄色针状结晶，无气味

pH 值　无意义　　　　　**熔点(℃)**　193～195

沸点(℃)　275(0.27kPa)　**相对密度(水＝1)**　无资料

相对蒸气密度(空气＝1)　7.8

饱和蒸气压(kPa)　无资料

临界压力(MPa)　无资料　**辛醇/水分配系数**　无资料

闪点(℃)　无意义　　　　**自燃温度(℃)**　无资料

爆炸下限(%)　无资料　　**爆炸上限(%)**　无资料

分解温度(℃)　无资料　　**黏度(mPa·s)**　无资料

燃烧热(kJ/mol)　无资料　**临界温度(℃)**　无资料

溶解性　不溶于水，微溶于乙醇、乙醚、苯

第十部分　稳定性和反应性

稳定性　稳定

危险反应　与强氧化剂、强碱等禁配物发生反应

避免接触的条件　无资料

禁配物　强氧化剂、强碱

危险的分解产物　氯化氢

第十一部分　毒理学信息

急性毒性　LD$_{50}$：160mg/kg（大鼠经口）；440mg/kg（小鼠经口）；500mg/kg（兔经皮）

皮肤刺激或腐蚀　无资料　**眼睛刺激或腐蚀**　无资料

呼吸或皮肤过敏　无资料　**生殖细胞突变性**　无资料

致癌性　小鼠经口最低中毒剂量（TDLo）：3300mg/kg，78 周（间歇），按 RTECS 标准为致肿瘤物，呼吸和血液系统肿瘤。小鼠皮下最低中毒剂量（TDLo）：22mg/kg，按 RTECS 标准为致癌物，血液系统肿瘤

生殖毒性　无资料

特异性靶器官系统毒性-一次接触　无资料

特异性靶器官系统毒性-反复接触　无资料

吸入危害　无资料

第十二部分　生态学信息

生态毒性　EC$_{50}$：0.0396mg/L（48h）（大型溞，OECD 202）。ErC$_{50}$：0.203mg/L（72h）（*Pseudokirchnerella subcapitata*，OECD 201）

持久性和降解性

生物降解性　OECD 301B，不易快速生物降解

非生物降解性　无资料

潜在的生物累积性　根据 K_{ow} 值预测，该物质的生物累积性可能较弱

土壤中的迁移性　根据 K_{oc} 值预测，该物质可能易发生迁移

第十三部分　废弃处置

废弃化学品　建议用焚烧法处置。在能利用的地方重复使用容器或在规定场所掩埋

污染包装物　将容器返还生产商或按照国家和地方法规处置

废弃注意事项　处置前应参阅国家和地方有关法规

第十四部分　运输信息

联合国危险货物编号（UN 号）　3077

联合国运输名称　对环境有害的固态物质，未另作规定的（二氯萘醌）

联合国危险性类别　9

包装类别　Ⅲ　　　　　**包装标志**　

海洋污染物　是

运输注意事项　铁路运输时包装所用的麻袋、塑料编织袋、复合塑料编织袋的强度应符合国家标准要求。铁路运输时，可以使用钙塑瓦楞箱作外包装。运输前应先检查包装容器是否完整、密封，运输过程中要确保容器不泄漏、不倒塌、不坠落、不损坏。严禁与酸类、氧化剂、食品及食品添加剂混运。运输时运输车辆应配备相应品种和数量的消防器材及泄漏应急处理设备。运输途中应防暴晒、雨淋，防高温。公路运输时要按规定路线行驶，勿在居民区和人口稠密区停留

第十五部分　法规信息

下列法律、法规、规章和标准，对该化学品的管理作了相应的规定。

中华人民共和国职业病防治法　职业病分类和目录：未列入

危险化学品安全管理条例　危险化学品目录：列入。易制爆危险化学品名录：未列入。重点监管的危险化学品名录：未列入。GB 18218—2009《危险化学品重大危险源辨识》（表 1）：未列入

使用有毒物品作业场所劳动保护条例　高毒物品目录：未列入

易制毒化学品管理条例　易制毒化学品的分类和品种目录：未列入

国际公约　斯德哥尔摩公约：未列入。鹿特丹公约：未列入。蒙特利尔议定书：未列入

第十六部分　其他信息

编写和修订信息　缩略语和首字母缩写

培训建议　　　　　参考文献

免责声明

2,5-二氯硝基苯

第一部分　化学品标识

化学品中文名　2,5-二氯硝基苯；邻硝基-1,4-二氯苯；1,4-二氯-2-硝基苯

化学品英文名　2,5-dichloronitrobenzene；1-nitro-2,5-dichlorine benzene

分子式　$C_6H_3Cl_2NO_2$　分子量　192

结构式　

化学品的推荐及限制用途　用于制造冰染染料及有机颜料

第二部分　危险性概述

紧急情况概述　吞咽有害，可能引起昏昏欲睡或眩晕

GHS危险性类别　急性毒性-经口，类别4；生殖毒性，类别2；特异性靶器官毒性--次接触，类别1；特异性靶器官毒性--次接触，类别3（麻醉效应）；特异性靶器官毒性-反复接触，类别1；危害水生环境-急性危害，类别1；危害水生环境-长期危害，类别1

标签要素

象形图

警示词　危险

危险性说明　吞咽有害，怀疑对生育力或胎儿造成伤害，对器官造成损害，可能引起昏昏欲睡或眩晕，长时间或反复接触对器官造成损伤，对水生生物毒性非常大并具有长期持续影响

防范说明

预防措施　避免接触眼睛、皮肤，操作后彻底清洗。作业场所不得进食、饮水或吸烟。得到专门指导后操作。在阅读并了解所有安全预防措施之前，切勿操作。按要求使用个体防护装备。避免吸入粉尘。禁止排入环境

事故响应　食入：如果感觉不适，立即呼叫中毒控制中心或就医，漱口。如果接触：立即呼叫中毒控制中心或就医。如感觉不适，就医。收集泄漏物

安全储存　上锁保管

废弃处置　本品及内装物、容器依据国家和地方法规处置

物理和化学危险　可燃，其粉体与空气混合，能形成爆炸性混合物

健康危害　吸入、摄入或经皮肤吸收后对身体有害。对眼睛、皮肤、黏膜和上呼吸道有刺激作用。吸收后体内可形成高铁血红蛋白而致紫绀

环境危害　对水生生物毒性非常大并具有长期持续影响

第三部分　成分/组成信息

√ 物质　　　　　　　　　混合物

组分	浓度	CAS No.
2,5-二氯硝基苯		89-61-2

第四部分　急救措施

吸入　迅速脱离现场至空气新鲜处。保持呼吸道通畅。如呼吸困难，给吸氧。如呼吸、心跳停止，立即行心肺复苏术。就医

皮肤接触　立即脱去污染衣着，用肥皂水或清水彻底冲洗。就医

眼睛接触　分开眼睑，用清水或生理盐水冲洗。就医

食入　漱口，饮水。就医

对保护施救者的忠告　根据需要使用个人防护设备

对医生的特别提示　高铁血红蛋白血症，可用亚甲蓝和维生素C治疗

第五部分　消防措施

灭火剂　用雾状水、泡沫、干粉、二氧化碳、砂土灭火

特别危险性　遇明火、高热可燃。其粉体与空气可形成爆炸性混合物，当达到一定浓度时，遇火星会发生爆炸。与氧化剂能发生强烈反应。受高热分解放出有毒的气体

灭火注意事项及防护措施　消防人员必须佩戴防毒面具、穿全身消防服，在上风向灭火。尽可能将容器从火场移至空旷处。喷水保持火场容器冷却，直至灭火结束

第六部分　泄漏应急处理

作业人员防护措施、防护装备和应急处置程序　隔离泄漏污染区，限制出入。消除所有点火源。建议应急处理人员戴防尘口罩，穿防毒服。穿上适当的防护服前严禁接触破裂的容器和泄漏物。尽可能切断泄漏源

环境保护措施　用塑料布覆盖泄漏物，减少飞散

泄漏化学品的收容、清除方法及所使用的处置材料　勿使水进入包装容器内。用洁净的铲子收集泄漏物，置于干净、干燥、盖子较松的容器中，将容器移离泄漏区

第七部分　操作处置与储存

操作注意事项　密闭操作，局部排风。防止粉尘释放到车间空气中。操作人员必须经过专门培训，严格遵守操作规程。建议操作人员佩戴自吸过滤式防尘口罩，戴化学安全防护眼镜，穿防毒物渗透工作服，戴橡胶手套。远离火种、热源，工作场所严禁吸烟。使用防爆型的通风系统和设备。避免产生粉尘。避免与氧化剂接触。配备相应品种和数量的消防器材及泄漏应急处理设备。倒空的容器可能残留有害物

储存注意事项　储存于阴凉、通风的库房。远离火种、热源。防止阳光直射。包装密封。应与氧化剂分开存放，切忌混储。配备相应品种和数量的消防器材。储区应备有合适的材料收容泄漏物

第八部分　接触控制/个体防护

职业接触限值

中国　未制定标准

美国（ACGIH）　未制定标准

生物接触限值　未制定标准

监测方法　空气中有毒物质测定方法：未制定标准。生物监测检验方法：未制定标准

工程控制　密闭操作，局部排风

个体防护装备

　　呼吸系统防护　空气中粉尘浓度超标时，必须佩戴过滤式防尘呼吸器。紧急事态抢救或撤离时，应该佩戴空气呼吸器

　　眼睛防护　戴化学安全防护眼镜

　　皮肤和身体防护　穿防毒物渗透工作服

　　手防护　戴橡胶手套

第九部分　理化特性

外观与性状　黄褐色结晶粉末

pH 值　无意义　　熔点(℃)　54～57

沸点(℃)　266～269　　相对密度(水=1)　1.439

相对蒸气密度(空气=1)　6.6

饱和蒸气压(kPa)　无资料

临界压力(MPa)　无资料　辛醇/水分配系数　无资料

闪点(℃)　135　　自燃温度(℃)　无资料

爆炸下限(%)　1.5　　爆炸上限(%)　9.2

分解温度(℃)　无资料　黏度(mPa·s)　无资料

燃烧热(kJ/mol)　无资料　临界温度(℃)　无资料

溶解性　不溶于水，溶于醇、醚、苯、氯仿、二硫化碳

第十部分　稳定性和反应性

稳定性　稳定

危险反应　与强氧化剂等禁配物发生反应

避免接触的条件　无资料

禁配物　强氧化剂

危险的分解产物　氮氧化物、氯化氢

第十一部分　毒理学信息

急性毒性　LD$_{50}$：1000mg/kg（大鼠经口），2850mg/kg（小鼠经口）

皮肤刺激或腐蚀　家兔经皮：500mg（24h），轻度刺激

眼睛刺激或腐蚀　家兔经眼：100mg（24h），中度刺激

呼吸或皮肤过敏　无资料

生殖细胞突变性　微生物致突变：鼠伤寒沙门氏菌205μg/皿。细胞遗传学分析：仓鼠肺 10mmol/L（48h）

致癌性　无资料　　生殖毒性　无资料

特异性靶器官系统毒性-一次接触　无资料

特异性靶器官系统毒性-反复接触　无资料

吸入危害　无资料

第十二部分　生态学信息

生态毒性　LC$_{50}$：0.118mg/L（96h）（鲤鱼）

持久性和降解性

　　生物降解性　不易快速生物降解

　　非生物降解性　无资料

潜在的生物累积性　无资料

土壤中的迁移性　无资料

第十三部分　废弃处置

废弃化学品　建议用焚烧法处置。在能利用的地方重复使用容器或在规定场所掩埋

污染包装物　将容器返还生产商或按照国家和地方法规处置

废弃注意事项　处置前应参阅国家和地方有关法规

第十四部分　运输信息

联合国危险货物编号（UN 号）　3077

联合国运输名称　对环境有害的固态物质，未另作规定的（2,5-二氯硝基苯）

联合国危险性类别　9

包装类别　Ⅲ　　　包装标志　

海洋污染物　是

运输注意事项　运输前应先检查包装容器是否完整、密封，运输过程中要确保容器不泄漏、不倒塌、不坠落、不损坏。严禁与酸类、氧化剂、食品及食品添加剂混运。运输时运输车辆应配备相应品种和数量的消防器材及泄漏应急处理设备。运输途中应防暴晒、雨淋、防高温。公路运输时要按规定路线行驶，勿在居民区和人口稠密区停留

第十五部分　法规信息

　　下列法律、法规、规章和标准，对该化学品的管理作了相应的规定。

中华人民共和国职业病防治法　职业病分类和目录：苯的氨基及硝基化合物中毒

危险化学品安全管理条例　危险化学品目录：列入。易制爆危险化学品名录：未列入。重点监管的危险化学品名录：未列入。GB 18218—2009《危险化学品重大危险源辨识》（表1）：未列入

使用有毒物品作业场所劳动保护条例　高毒物品目录：未列入

易制毒化学品管理条例　易制毒化学品的分类和品种目录：未列入

国际公约　斯德哥尔摩公约：未列入。鹿特丹公约：未列入。蒙特利尔议定书：未列入

第十六部分　其他信息

编写和修订信息　缩略语和首字母缩写

培训建议　　　　参考文献

免责声明

3,4-二氯硝基苯

第一部分　化学品标识

化学品中文名　3,4-二氯硝基苯；1,2-二氯-4-硝基苯

化学品英文名　3,4-dichloronitrobenzene；1,2-dichloro-4-nitrobenzene

分子式　C$_6$H$_3$Cl$_2$NO$_2$　分子量　192

结构式　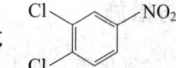

化学品的推荐及限制用途　用作中间体

第二部分　危险性概述

紧急情况概述　吞咽有害，可能引起昏昏欲睡或眩晕

GHS危险性类别　急性毒性-经口，类别4；生殖毒性，类别2；特异性靶器官毒性--一次接触，类别3（麻醉效应）；特异性靶器官毒性-反复接触，类别1；危害水生环境-急性危害，类别2；危害水生环境-长期危害，类别2

标签要素

象形图　

警示词　危险

危险性说明　吞咽有害，可能引起昏昏欲睡或眩晕

防范说明

预防措施　避免接触眼睛、皮肤，操作后彻底清洗。作业场所不得进食、饮水或吸烟。得到专门指导后操作。在阅读并了解所有安全预防措施之前，切勿操作。按要求使用个体防护装备。避免吸入粉尘。禁止排入环境

事故响应　食入：如果感觉不适，立即呼叫中毒控制中心或就医。漱口。如果接触或有担心，就医。如感觉不适，就医。收集泄漏物

安全储存　上锁保管

废弃处置　本品及内装物、容器依据国家和地方法规处置

物理和化学危险　可燃，其粉体与空气混合，能形成爆炸性混合物

健康危害　对皮肤、黏膜及呼吸道有刺激作用。吸收后导致体内形成高铁血红蛋白，引起紫绀

环境危害　对水生生物有毒并具有长期持续影响

第三部分　成分/组成信息

✓ 物质　　　　　　　　混合物

组分	浓度	CAS No.
3,4-二氯硝基苯		99-54-7

第四部分　急救措施

吸入　迅速脱离现场至空气新鲜处。保持呼吸道通畅。如呼吸困难，给输氧。如呼吸、心跳停止，立即进行心肺复苏术。就医

皮肤接触　立即脱去污染衣着，用肥皂水或清水彻底冲洗。就医

眼睛接触　分开眼睑，用清水或生理盐水冲洗。就医

食入　漱口，饮水。就医

对保护施救者的忠告　根据需要使用个人防护设备

对医生的特别提示　高铁血红蛋白血症，可用亚甲蓝和维生素C治疗

第五部分　消防措施

灭火剂　用雾状水、泡沫、干粉、二氧化碳、砂土灭火

特别危险性　遇明火能燃烧。与氧化剂接触猛烈反应。受高热分解，产生有毒的氮氧化物和氯化物气体

灭火注意事项及防护措施　消防人员必须佩戴防毒面具、穿全身消防服，在上风向灭火。尽可能将容器从火场移至空旷处。喷水保持火场容器冷却，直至灭火结束

第六部分　泄漏应急处理

作业人员防护措施、防护装备和应急处置程序　隔离泄漏污染区，限制出入。消除所有点火源。建议应急处理人员戴防尘口罩，穿防毒服。穿上适当的防护服前严禁接触破裂的容器和泄漏物。尽可能切断泄漏源

环境保护措施　用塑料布覆盖泄漏物，减少飞散

泄漏化学品的收容、清除方法及所使用的处置材料　勿使水进入包装容器内。用洁净的铲子收集泄漏物，置于干净、干燥、盖子较松的容器中，将容器移离泄漏区

第七部分　操作处置与储存

操作注意事项　密闭操作，提供充分的局部排风。操作人员必须经过专门培训，严格遵守操作规程。建议操作人员佩戴自吸过滤式防尘口罩，戴化学安全防护眼镜，穿防毒物渗透工作服，戴橡胶手套。远离火种、热源，工作场所严禁吸烟。使用防爆型的通风系统和设备。避免产生粉尘。避免与氧化剂、还原剂、碱类接触。搬运时要轻装轻卸，防止包装及容器损坏。配备相应品种和数量的消防器材及泄漏应急处理设备。倒空的容器可能残留有害物

储存注意事项　储存于阴凉、通风的库房。远离火种、热源。应与氧化剂、还原剂、碱类分开存放，切忌混储。配备相应品种和数量的消防器材。储区应备有合适的材料收容泄漏物

第八部分　接触控制/个体防护

职业接触限值

中国　未制定标准

美国（ACGIH）　未制定标准

生物接触限值　未制定标准

监测方法　空气中有毒物质测定方法：未制定标准。生物监测检验方法：未制定标准

工程控制　严加密闭，提供充分的局部排风。提供安全淋浴和洗眼设备

个体防护装备

呼吸系统防护　空气中粉尘浓度超标时，必须佩戴过滤式防尘呼吸器。紧急事态抢救或撤离时，应该佩戴空气呼吸器

眼睛防护　戴化学安全防护眼镜

皮肤和身体防护　穿防毒物渗透工作服

手防护　戴橡胶手套

第九部分　理化特性

外观与性状　针状结晶　　**pH值**　无意义

熔点(℃)　41～44　　**沸点(℃)**　255～256

相对密度(水=1)　1.46

相对蒸气密度(空气=1)　无资料

饱和蒸气压(kPa)　无资料

临界压力(MPa)	无资料	辛醇/水分配系数	无资料
闪点(℃)	123.89	自燃温度(℃)	无资料
爆炸下限(%)	无资料	爆炸上限(%)	无资料
分解温度(℃)	无资料	黏度(mPa·s)	无资料
燃烧热(kJ/mol)	无资料	临界温度(℃)	484.85

溶解性　不溶于水，溶于热乙醇、乙醚

第十部分　稳定性和反应性

稳定性　稳定

危险反应　与强氧化剂、强还原剂、强碱等禁配物发生反应

避免接触的条件　无资料

禁配物　强氧化剂、强还原剂、强碱

危险的分解产物　氮氧化物、氯化氢

第十一部分　毒理学信息

急性毒性　LD_{50}：953mg/kg（大鼠经口）；1384mg/kg（小鼠经口）。LC_{50}：10000mg/m³（大鼠吸入，4h）

皮肤刺激或腐蚀　无资料　　眼睛刺激或腐蚀　无资料

呼吸或皮肤过敏　无资料

生殖细胞突变性　微生物致突变：鼠伤寒沙门氏菌250μg/皿。性染色体缺失和不分离：黑腹果蝇200ppm

致癌性　无资料　　　　生殖毒性　无资料

特异性靶器官系统毒性-一次接触　无资料

特异性靶器官系统毒性-反复接触　无资料

吸入危害　无资料

第十二部分　生态学信息

生态毒性　LC_{50}：3.1mg/L（48h）（鱼类）；EC_{50}：13mg/L（24h）（大型溞）；EC_{50}：5.8mg/L（48h）（藻类）

持久性和降解性

　　生物降解性　不易生物降解

　　非生物降解性　无资料

潜在的生物累积性　无资料

土壤中的迁移性　无资料

第十三部分　废弃处置

废弃化学品　建议用焚烧法处置。与燃料混合后，再焚烧。焚烧炉排出的气体要通过洗涤器除去

污染包装物　将容器返还生产商或按照国家和地方法规处置

废弃注意事项　处置前应参阅国家和地方有关法规

第十四部分　运输信息

联合国危险货物编号（UN号）　3077

联合国运输名称　对环境有害的固态物质，未另作规定的（3,4-二氯硝基苯）

联合国危险性类别　9

包装类别　Ⅲ　　　　包装标志

海洋污染物　是

运输注意事项　运输前应先检查包装容器是否完整、密封，运输过程中要确保容器不泄漏、不倒塌、不坠落、不损坏。严禁与酸类、氧化剂、食品及食品添加剂混运。运输途中应防暴晒、雨淋，防高温

第十五部分　法规信息

下列法律、法规、规章和标准，对该化学品的管理作了相应的规定。

中华人民共和国职业病防治法　职业病分类和目录：苯的氨基及硝基化合物中毒

危险化学品安全管理条例　危险化学品目录：列入。易制爆危险化学品名录：未列入。重点监管的危险化学品名录：未列入。GB 18218—2009《危险化学品重大危险源辨识》（表1）：未列入

使用有毒物品作业场所劳动保护条例　高毒物品目录：未列入

易制毒化学品管理条例　易制毒化学品的分类和品种目录：未列入

国际公约　斯德哥尔摩公约：未列入。鹿特丹公约：未列入。蒙特利尔议定书：未列入

第十六部分　其他信息

编写和修订信息	缩略语和首字母缩写
培训建议	参考文献
免责声明	

1,1-二氯-1-硝基乙烷

第一部分　化学品标识

化学品中文名　1,1-二氯-1-硝基乙烷

化学品英文名　1,1-dichloro-1-nitroethane

分子式　$C_2H_3Cl_2NO_2$　分子量　143.9

结构式　

化学品的推荐及限制用途　用作溶剂及消毒剂

第二部分　危险性概述

紧急情况概述　吞咽会中毒，皮肤接触会中毒，吸入会中毒

GHS危险性类别　急性毒性-经口，类别3；急性毒性-经皮，类别3；急性毒性-吸入，类别3

标签要素

象形图

警示词　危险

危险性说明　吞咽会中毒，皮肤接触会中毒，吸入会中毒

防范说明

　　预防措施　避免接触眼睛、皮肤，操作后彻底清洗。作业场所不得进食、饮水或吸烟。戴防护

手套、穿防护服。避免吸入蒸气、雾。仅在室外或通风良好处操作

事故响应　如吸入：将患者转移到空气新鲜处，休息，保持利于呼吸的体位。皮肤接触：用大量肥皂水和水清洗，立即脱去所有被污染的衣服。如感觉不适，呼叫中毒控制中心或就医。被污染的衣服必须经洗净后方可重新使用。食入：立即呼叫中毒控制中心或就医，漱口

安全储存　在通风良好处储存。保持容器密闭。上锁保管

废弃处置　本品及内装物、容器依据国家和地方法规处置

物理和化学危险　可燃，其蒸气与空气混合，能形成爆炸性混合物

健康危害　动物实验表明，本品对肺有刺激性；出现心、肝、肾和血管损害

环境危害　对水生生物有毒并具有长期持续影响

第三部分　成分/组成信息

√ 物质　　　　　　　　　　混合物

组分	浓度	CAS No.
1,1-二氯-1-硝基乙烷		594-72-9

第四部分　急救措施

吸入　迅速脱离现场至空气新鲜处。保持呼吸道通畅。如呼吸困难，给输氧。呼吸、心跳停止，立即进行心肺复苏术。就医

皮肤接触　立即脱去污染的衣着，用流动清水彻底冲洗。就医

眼睛接触　立即分开眼睑，用流动清水或生理盐水彻底冲洗。就医

食入　漱口，饮水。就医

对保护施救者的忠告　根据需要使用个人防护设备

对医生的特别提示　对症处理

第五部分　消防措施

灭火剂　用雾状水、泡沫、干粉、二氧化碳、砂土灭火

特别危险性　遇明火、高热能燃烧。与氧化剂接触猛烈反应。受高热分解，产生有毒的氮氧化物和氯化物气体

灭火注意事项及防护措施　消防人员必须佩戴防毒面具、穿全身消防服，在上风向灭火。尽可能将容器从火场移至空旷处。喷水保持火场容器冷却，直至灭火结束。处在火场中的容器若已变色或从安全泄压装置中发出声音，必须马上撤离

第六部分　泄漏应急处理

作业人员防护措施、防护装备和应急处置程序　根据液体流动和蒸气扩散的影响区域划定警戒区，无关人员从侧风、上风向撤离至安全区。消除所有点火源。建议应急处理人员戴正压自给式呼吸器，穿防毒服。穿上适当的防护服前严禁接触破裂的容器和泄漏物。尽可能切断泄漏源

环境保护措施　防止泄漏物进入水体、下水道、地下室或有限空间

泄漏化学品的收容、清除方法及所使用的处置材料　小量泄漏：用干燥的砂土或其他不燃材料吸收或覆盖，收集于容器中。大量泄漏：构筑围堤或挖坑收容。用泵转移至槽车或专用收集器内

第七部分　操作处置与储存

操作注意事项　密闭操作，局部排风。操作人员必须经过专门培训，严格遵守操作规程。建议操作人员佩戴自吸过滤式防毒面具（半面罩），戴化学安全防护眼镜，穿防毒物渗透工作服，戴橡胶耐油手套。远离火种、热源，工作场所严禁吸烟。使用防爆型的通风系统和设备。防止蒸气泄漏到工作场所空气中。避免与氧化剂、还原剂接触。搬运时要轻装轻卸，防止包装及容器损坏。配备相应品种和数量的消防器材及泄漏应急处理设备。倒空的容器可能残留有害物

储存注意事项　储存于阴凉、通风的库房。远离火种、热源。应与氧化剂、还原剂、食用化学品分开存放，切忌混储。配备相应品种和数量的消防器材。储区应备有泄漏应急处理设备和合适的收容材料

第八部分　接触控制/个体防护

职业接触限值

中国　PC-TWA：$12mg/m^3$

美国（ACGIH）　TLV-TWA：2ppm

生物接触限值　未制定标准

监测方法　空气中有毒物质测定方法：未制定标准。生物监测检验方法：未制定标准

工程控制　密闭操作，局部排风

个体防护装备

呼吸系统防护　空气中浓度超标时，必须佩戴过滤式防毒面具（半面罩）。紧急事态抢救或撤离时，应该佩戴空气呼吸器

眼睛防护　戴化学安全防护眼镜

皮肤和身体防护　穿防毒物渗透工作服

手防护　戴橡胶耐油手套

第九部分　理化特性

外观与性状　无色液体，有不愉快气味

pH值　无资料	**熔点(℃)**　无资料
沸点(℃)　124	**相对密度(水＝1)**　1.42
相对蒸气密度(空气＝1)　4.97	
饱和蒸气压(kPa)　2.02（15℃）	
临界压力(MPa)　无资料	**辛醇/水分配系数**　无资料
闪点(℃)　75.6（OC）	**自燃温度(℃)**　无资料
爆炸下限(%)　无资料	**爆炸上限(%)**　无资料
分解温度(℃)　无资料	**黏度(mPa·s)**　无资料
燃烧热(kJ/mol)　无资料	**临界温度(℃)**　无资料
溶解性　不溶于水	

第十部分　稳定性和反应性

稳定性　稳定

危险反应　与强氧化剂、强还原剂、无机碱、碱金属等禁

配物发生反应

避免接触的条件 无资料

禁配物 强还原剂、无机碱、碱金属、卤代烷烃、金属氢化物、金属烷氧化物、氨、胺等

危险的分解产物 氮氧化物、氯化氢

第十一部分　毒理学信息

急性毒性 LD$_{50}$：410mg/kg（大鼠经口）；240mg/kg（小鼠腹腔内）

皮肤刺激或腐蚀 无资料　　**眼睛刺激或腐蚀** 无资料

呼吸或皮肤过敏 无资料

生殖细胞突变性 微生物致突变：鼠伤寒沙门氏菌 333μg/皿

致癌性 无资料　　　　　**生殖毒性** 无资料

特异性靶器官系统毒性—一次接触 染毒时，动物出现黏膜强烈刺激症状；流泪、流涎、肺部可闻及啰音

特异性靶器官系统毒性-反复接触 兔经口 0.15g/kg，10d，尸检可见胃黏膜出血性和渗出性炎症、心肌退化性变、肝细胞坏死、肺充血和水肿

吸入危害 无资料

第十二部分　生态学信息

生态毒性 无资料

持久性和降解性

　生物降解性 无资料

　非生物降解性 无资料

潜在的生物累积性 无资料

土壤中的迁移性 无资料

第十三部分　废弃处置

废弃化学品 用焚烧法处置。燃烧过程中要喷入蒸汽或甲烷，以免生成氯气。焚烧炉排出的气体要通过洗涤器除去

污染包装物 将容器返还生产商或按照国家和地方法规处置

废弃注意事项 处置前应参阅国家和地方有关法规

第十四部分　运输信息

联合国危险货物编号（UN 号） 2650

联合国运输名称 1,1-二氯-1-硝基乙烷

联合国危险性类别 6.1

包装类别 Ⅱ　　　**包装标志**

海洋污染物 否

运输注意事项 运输前应先检查包装容器是否完整、密封，运输过程中要确保容器不泄漏、不倒塌、不坠落、不损坏。严禁与酸类、氧化剂、食品及食品添加剂混运。运输时运输车辆应配备相应品种和数量的消防器材及泄漏应急处理设备。运输途中应防暴晒、雨淋，防高温。公路运输要按规定路线行驶，勿在居民区和人口稠密区停留

第十五部分　法规信息

下列法律、法规、规章和标准，对该化学品的管理作了相应的规定。

中华人民共和国职业病防治法 职业病分类和目录：未列入

危险化学品安全管理条例 危险化学品目录：列入。易制爆危险化学品名录：未列入。重点监管的危险化学品名录：未列入。GB 18218—2009《危险化学品重大危险源辨识》（表1）：未列入

使用有毒物品作业场所劳动保护条例 高毒物品目录：未列入

易制毒化学品管理条例 易制毒化学品的分类和品种目录：未列入

国际公约 斯德哥尔摩公约：未列入。鹿特丹公约：未列入。蒙特利尔议定书：未列入

第十六部分　其他信息

编写和修订信息　　　**缩略语和首字母缩写**

培训建议　　　　　　**参考文献**

免责声明

2,2-二氯乙酰氯

第一部分　化学品标识

化学品中文名 2,2-二氯乙酰氯；二氯乙酰氯

化学品英文名 2,2-dichloroacetyl chloride；dichloroethanoyl chloride

分子式 C$_2$HCl$_3$O　　**分子量** 147.388

结构式

化学品的推荐及限制用途 作为有机合成中间体、氯乙酰化剂

第二部分　危险性概述

紧急情况概述 造成严重的皮肤灼伤和眼损伤

GHS 危险性类别 皮肤腐蚀/刺激，类别 1A；严重眼损伤/眼刺激，类别 1；危害水生环境-急性危害，类别 1

标签要素

象形图

警示词 危险

危险性说明 造成严重的皮肤灼伤和眼损伤，对水生生物毒性非常大

防范说明

　预防措施 避免接触眼睛、皮肤，操作后彻底清洗。穿防护服，戴防护眼镜、防护手套、防护面罩。禁止排入环境

　事故响应 如吸入：将患者转移到空气新鲜处，休

息，保持利于呼吸的体位，立即呼叫中毒控制中心或就医。皮肤（或头发）接触：立即脱掉所有被污染的衣服。用水冲洗皮肤，淋浴。污染的衣服必须洗净后方可重新使用。眼睛接触：用水细心地冲洗数分钟。如戴隐形眼镜并可方便地取出，则取出隐形眼镜，继续冲洗。食入：漱口。不要催吐。收集泄漏物

　安全储存　上锁保管

　废弃处置　本品及内装物、容器依据国家和地方法规处置

物理和化学危险　可燃。遇水产生刺激性气体

健康危害　吸入、摄入或经皮肤吸收后对身体有害。对眼睛、皮肤、黏膜和上呼吸道有刺激作用，可引起灼伤。吸入后能引起喉、支气管的炎症、水肿、痉挛、化学性肺炎或肺水肿。接触后可引起烧灼感、咳嗽、喘息、气短、头痛、恶心和呕吐等

环境危害　对水生生物毒性非常大

第三部分　成分/组成信息

　√　物质　　　　　　　　混合物

组分	浓度	CAS No.
2,2-二氯乙酰氯		79-36-7

第四部分　急救措施

吸入　迅速脱离现场至空气新鲜处。保持呼吸道通畅。如呼吸困难，给输氧。呼吸、心跳停止，立即进行心肺复苏术。就医

皮肤接触　立即脱去污染的衣着，用大量流动清水彻底冲洗至少15min。就医

眼睛接触　立即分开眼睑，用流动清水或生理盐水彻底冲洗5~10min。就医

食入　用水漱口，禁止催吐。给饮牛奶或蛋清。就医

对保护施救者的忠告　根据需要使用个人防护设备

对医生的特别提示　对症处理

第五部分　消防措施

灭火剂　用干粉、二氧化碳、砂土灭火

特别危险性　能与很多物质发生剧烈反应导致燃烧爆炸。受热或遇水、酸分解放热，放出有毒烟气。遇潮时对大多数金属有强腐蚀性

灭火注意事项及防护措施　消防人员必须穿全身耐酸碱消防服。尽可能将容器从火场移至空旷处。处在火场中的容器若已变色或从安全泄压装置中发出声音，必须马上撤离。禁止用水、泡沫和酸碱灭火剂灭火

第六部分　泄漏应急处理

作业人员防护措施、防护装备和应急处置程序　根据液体流动和蒸气扩散的影响区域划定警戒区，无关人员从侧风、上风向撤离至安全区。建议应急处理人员戴正压自给式呼吸器，穿防酸碱服。作业时使用的所有设备应接地。穿上适当的防护服前严禁接触破裂的容器和泄漏物。尽可能切断泄漏源

环境保护措施　防止泄漏物进入水体、下水道、地下室或有限空间

泄漏化学品的收容、清除方法及所使用的处置材料　严禁用水处理。小量泄漏：用干燥的砂土或其他不燃材料覆盖泄漏物。大量泄漏：构筑围堤或挖坑收容。用碎石灰石（CaCO$_3$）、苏打灰（Na$_2$CO$_3$）或石灰（CaO）中和。用耐腐蚀泵转移至槽车或专用收集器内

第七部分　操作处置与储存

操作注意事项　密闭操作，注意通风。操作人员必须经过专门培训，严格遵守操作规程。建议操作人员佩戴自吸过滤式防毒面具（全面罩），穿橡胶耐酸碱服，戴橡胶耐酸碱手套。远离火种、热源，工作场所严禁吸烟。使用防爆型的通风系统和设备。避免产生烟雾。防止烟雾和蒸气释放到工作场所空气中。避免与氧化剂、碱类、醇类接触。尤其要注意避免与水接触。搬运时要轻装轻卸，防止包装及容器损坏。配备相应品种和数量的消防器材及泄漏应急处理设备。倒空的容器可能残留有害物

储存注意事项　储存于阴凉、干燥、通风良好的库房。远离火种、热源。保持容器密封。应与氧化剂、碱类、醇类等分开存放，切忌混储。配备相应品种和数量的消防器材。储区应备有泄漏应急处理设备和合适的收容材料

第八部分　接触控制/个体防护

职业接触限值

　中国　未制定标准

　美国（ACGIH）　未制定标准

生物接触限值　未制定标准

监测方法　空气中有毒物质测定方法：未制定标准。生物监测检验方法：未制定标准

工程控制　密闭操作，注意通风

个体防护装备

　呼吸系统防护　空气中浓度超标时，必须佩戴过滤式防毒面具（全面罩）。紧急事态抢救或撤离时，应该佩戴空气呼吸器

　眼睛防护　呼吸系统防护中已作防护

　皮肤和身体防护　穿橡胶耐酸碱服

　手防护　戴橡胶耐酸碱手套

第九部分　理化特性

外观与性状　无色发烟液体，有刺激性气味

pH值　无资料		**熔点（℃）**　无资料
沸点（℃）　108		
相对密度（水=1）　1.53（16℃）		
相对蒸气密度（空气=1）　5.1		
饱和蒸气压（kPa）　无资料		
临界压力（MPa）　无资料	**辛醇/水分配系数**　无资料	
闪点（℃）　66	**自燃温度（℃）**　无资料	
爆炸下限（%）　无资料	**爆炸上限（%）**　无资料	
分解温度（℃）　无资料	**黏度（mPa·s）**　无资料	
燃烧热（kJ/mol）　无资料	**临界温度（℃）**　无资料	

溶解性　可混溶于乙醚

第十部分　稳定性和反应性

稳定性　稳定

危险反应　与强氧化剂、强碱、水、醇类等禁配物接触，有发生火灾和爆炸的危险

避免接触的条件　受热、潮湿空气

禁配物　强氧化剂、强碱、水、醇类

危险的分解产物　氯化氢、光气

第十一部分　毒理学信息

急性毒性　LD_{50}：2460mg/kg（大鼠经口）；650mg/kg（兔经皮）

皮肤刺激或腐蚀　无资料　　**眼睛刺激或腐蚀**　无资料

呼吸或皮肤过敏　无资料

生殖细胞突变性　微生物致突变：鼠伤寒沙门氏菌1mg/皿。小鼠皮下给予2mg/kg，80周（间断），按照RTECS标准可致皮肤及其附属组织肿瘤

致癌性　无资料　　　　**生殖毒性**　无资料

特异性靶器官系统毒性-一次接触　无资料

特异性靶器官系统毒性-反复接触　无资料

吸入危害　无资料

第十二部分　生态学信息

生态毒性　根据结构类似物质预测，该物质对水生生物有极高毒性

持久性和降解性
　生物降解性　无资料
　非生物降解性　无资料

潜在的生物累积性　无资料

土壤中的迁移性　无资料

第十三部分　废弃处置

废弃化学品　建议用焚烧法处置。与燃料混合后，再焚烧。焚烧炉排出的卤化氢通过酸洗涤器除去

污染包装物　将容器返还生产商或按照国家和地方法规处置

废弃注意事项　处置前应参阅国家和地方有关法规

第十四部分　运输信息

联合国危险货物编号（UN号）　1765

联合国运输名称　二氯乙酰氯

联合国危险性类别　8

包装类别　Ⅱ　　　　**包装标志**　

海洋污染物　是

运输注意事项　起运时包装要完整，装载应稳妥。运输过程中要确保容器不泄漏、不倒塌、不坠落、不损坏。严禁与氧化剂、碱类、醇类、食用化学品等混装混运。运输时运输车辆应配备相应品种和数量的消防器材及泄漏应急处理设备。运输途中应防暴晒、雨淋、

防高温。公路运输时要按规定路线行驶，勿在居民区和人口稠密区停留

第十五部分　法规信息

下列法律、法规、规章和标准，对该化学品的管理作了相应的规定。

中华人民共和国职业病防治法　职业病分类和目录：未列入

危险化学品安全管理条例　危险化学品目录：列入。易制爆危险化学品名录：未列入。重点监管的危险化学品名录：未列入。GB 18218—2009《危险化学品重大危险源辨识》（表1）：未列入

使用有毒物品作业场所劳动保护条例　高毒物品目录：未列入

易制毒化学品管理条例　易制毒化学品的分类和品种目录：未列入

国际公约　斯德哥尔摩公约：未列入。鹿特丹公约：未列入。蒙特利尔议定书：未列入

第十六部分　其他信息

编写和修订信息　　　　缩略语和首字母缩写
培训建议　　　　　　　参考文献
免责声明

二氯异丙醚

第一部分　化学品标识

化学品中文名　二氯异丙醚；二氯异丙基醚

化学品英文名　dichloroisopropyl ether；bis（2-chloro-1-methylethyl）ether

分子式　$C_6H_{12}Cl_2O$　　**分子量**　171.066

结构式

化学品的推荐及限制用途　用作脂、蜡、润滑脂的溶剂和去漆剂、去垢剂、萃取剂

第二部分　危险性概述

紧急情况概述　可燃液体，吞咽有害，吸入致命，可能引起呼吸道刺激

GHS危险性类别　易燃液体，类别4；急性毒性-经口，类别4；急性毒性-吸入，类别2；特异性靶器官毒性-一次接触，类别1；特异性靶器官毒性-一次接触，类别3（呼吸道刺激）；危害水生环境-急性危害，类别3；危害水生环境-长期危害，类别3

标签要素

象形图　　

警示词　危险

危险性说明　可燃液体，吞咽有害，吸入致命，对器官造成损害，可能引起呼吸道刺激，对水生生物有害并具有长期持续影响

防范说明

预防措施　远离火焰和热表面。戴防护手套、防护眼镜、防护面罩。避免接触眼睛、皮肤，操作后彻底清洗。作业场所不得进食、饮水或吸烟。避免吸入蒸气、雾。仅在室外或通风良好处操作。禁止排入环境

事故响应　火灾时，使用雾状水、泡沫、干粉、二氧化碳、砂土灭火。如吸入：将患者转移到空气新鲜处，休息，保持利于呼吸的体位，立即呼叫中毒控制中心或就医。食入：如果感觉不适，立即呼叫中毒控制中心或就医，漱口。如果接触：立即呼叫中毒控制中心或就医

安全储存　存放在通风良好的地方。保持低温。保持容器密闭。上锁保管

废弃处置　本品及内装物、容器依据国家和地方法规处置

物理和化学危险　可燃，其蒸气与空气混合，能形成爆炸性混合物

健康危害　对眼睛和黏膜有刺激作用。可使大鼠发生肝、肾损害

环境危害　对水生生物有害并具有长期持续影响

第三部分　成分/组成信息

√ 物质　　　　　　　　　混合物

组分	浓度	CAS No.
二氯异丙醚		108-60-1

第四部分　急救措施

吸入　迅速脱离现场至空气新鲜处。保持呼吸道通畅。如呼吸困难，给输氧。呼吸、心跳停止，立即进行心肺复苏术。就医

皮肤接触　立即脱去污染的衣着，用流动清水彻底冲洗。就医

眼睛接触　立即分开眼睑，用流动清水或生理盐水彻底冲洗。就医

食入　漱口，饮水。就医

对保护施救者的忠告　根据需要使用个人防护设备

对医生的特别提示　对症处理

第五部分　消防措施

灭火剂　用雾状水、泡沫、干粉、二氧化碳、砂土灭火

特别危险性　遇明火、高热可燃。与氧化剂可发生反应。流速过快，容易产生和积聚静电。蒸气比空气重，沿地面扩散并易积存于低洼处，遇火源会着火回燃。若遇高热，容器内压增大，有开裂和爆炸的危险

灭火注意事项及防护措施　消防人员必须佩戴防毒面具、穿全身消防服，在上风向灭火。尽可能将容器从火场移至空旷处。喷水保持火场容器冷却，直至灭火结束。处在火场中的容器若已变色或从安全泄压装置中发出声音，必须马上撤离

第六部分　泄漏应急处理

作业人员防护措施、防护装备和应急处置程序　根据液体流动和蒸气扩散的影响区域划定警戒区，无关人员从侧风、上风向撤离至安全区。消除所有点火源。建议应急处理人员戴正压自给式呼吸器，穿防化服。穿上适当的防护服前严禁接触破裂的容器和泄漏物。尽可能切断泄漏源

环境保护措施　防止泄漏物进入水体、下水道、地下室或有限空间

泄漏化学品的收容、清除方法及所使用的处置材料　小量泄漏：用干燥的砂土或其他不燃材料吸收或覆盖，收集于容器中。大量泄漏：构筑围堤或挖坑收容。用泵转移至槽车或专用收集器内

第七部分　操作处置与储存

操作注意事项　密闭操作，提供充分的局部排风。操作人员必须经过专门培训，严格遵守操作规程。建议操作人员佩戴自吸过滤式防毒面具（半面罩），戴化学安全防护眼镜，穿防毒物渗透工作服，戴橡胶耐油手套。远离火种、热源，工作场所严禁吸烟。使用防爆型的通风系统和设备。防止蒸气泄漏到工作场所空气中。避免与氧化剂、酸类接触。充装要控制流速，防止静电积聚。搬运时要轻装轻卸，防止包装及容器损坏。配备相应品种和数量的消防器材及泄漏应急处理设备。倒空的容器可能残留有害物

储存注意事项　储存于阴凉、通风的库房。远离火种、热源。应与氧化剂、酸类、食用化学品分开存放，切忌混储。配备相应品种和数量的消防器材。储区应备有泄漏应急处理设备和合适的收容材料

第八部分　接触控制/个体防护

职业接触限值

中国　未制定标准

美国（ACGIH）　未制定标准

生物接触限值　未制定标准

监测方法　空气中有毒物质测定方法：未制定标准。生物监测检验方法：未制定标准

工程控制　严加密闭，提供充分的局部排风。提供安全淋浴和洗眼设备

个体防护装备

呼吸系统防护　空气中浓度超标时，必须佩戴过滤式防毒面具（半面罩）。紧急事态抢救或撤离时，应该佩戴空气呼吸器

眼睛防护　戴化学安全防护眼镜

皮肤和身体防护　穿防毒物渗透工作服

手防护　戴橡胶耐油手套

第九部分　理化特性

外观与性状	无色液体	pH 值	无资料
熔点（℃）	无资料	沸点（℃）	187.8
相对密度（水=1）	1.11	相对蒸气密度（空气=1）	6.0
饱和蒸气压（kPa）	0.01（20℃）		
临界压力（MPa）	无资料	辛醇/水分配系数	无资料
闪点（℃）	85	自燃温度（℃）	无资料
爆炸下限（%）	无资料	爆炸上限（%）	无资料

分解温度(℃)　无资料　　黏度(mPa·s)　无资料
燃烧热(kJ/mol)　无资料　临界温度(℃)　2.30（20℃）
溶解性　不溶于水，可混溶于多数有机溶剂

第十部分　稳定性和反应性

稳定性　稳定
危险反应　与强氧化剂、强酸等禁配物接触，有发生火灾
　　　和爆炸的危险
避免接触的条件　无资料
禁配物　强氧化剂、强酸
危险的分解产物　氯化氢

第十一部分　毒理学信息

急性毒性　LD_{50}：240mg/kg（大鼠经口）；＞2000mg/kg
　　　（大鼠经皮）；296mg/kg（小鼠经口）；3330mg/kg
　　　（兔经皮）
皮肤刺激或腐蚀　无资料　眼睛刺激或腐蚀　无资料
呼吸或皮肤过敏　无资料
生殖细胞突变性　微生物致突变：鼠伤寒沙门氏菌 1g/
　　　皿。哺乳动物体细胞突变：小鼠淋巴细胞 250mg/L。
　　　细胞遗传学分析：仓鼠卵巢 124mg/L。姐妹染色单
　　　体交换：仓鼠卵巢 11300μg/L
致癌性　IARC 致癌性评论：组 3，现有的证据不能对人
　　　类致癌性进行分类
生殖毒性　无资料
特异性靶器官系统毒性-一次接触　无资料
特异性靶器官系统毒性-反复接触　无资料
吸入危害　无资料

第十二部分　生态学信息

生态毒性　EC_{50}：31.9mg/L（48h）（大型溞）
持久性和降解性
　　生物降解性　不易快速生物降解
　　非生物降解性　无资料
潜在的生物累积性　根据 K_{ow} 值预测，该物质的生物累积
　　　性可能较弱
土壤中的迁移性　根据 K_{oc} 值预测，该物质可能有一定的
　　　迁移性

第十三部分　废弃处置

废弃化学品　建议用焚烧法处置。与燃料混合后，再焚
　　　烧。焚烧炉排出的卤化氢通过酸洗涤器除去
污染包装物　将容器返还生产商或按照国家和地方法规
　　　处置
废弃注意事项　处置前应参阅国家和地方有关法规

第十四部分　运输信息

联合国危险货物编号（UN 号）　2490
联合国运输名称　二氯异丙醚
联合国危险性类别　6.1

包装类别　Ⅱ　　　　　包装标志　

海洋污染物　否
运输注意事项　运输前应先检查包装容器是否完整、密
　　　封，运输过程中要确保容器不泄漏、不倒塌、不坠
　　　落、不损坏。严禁与酸类、氧化剂、食品及食品添加
　　　剂混运。运输时运输车辆应配备相应品种和数量的消
　　　防器材及泄漏应急处理设备。运输途中应防暴晒、雨
　　　淋，防高温。公路运输时要按规定路线行驶

第十五部分　法规信息

下列法律、法规、规章和标准，对该化学品的管理作
了相应的规定。

中华人民共和国职业病防治法　职业病分类和目录：未
　　　列入
危险化学品安全管理条例　危险化学品目录：列入。易制
　　　爆危险化学品名录：未列入。重点监管的危险化学品
　　　名录：未列入。GB 18218—2009《危险化学品重大
　　　危险源辨识》（表1）：未列入
使用有毒物品作业场所劳动保护条例　高毒物品目录：未
　　　列入
易制毒化学品管理条例　易制毒化学品的分类和品种目
　　　录：未列入
国际公约　斯德哥尔摩公约：未列入。鹿特丹公约：未列
　　　入。蒙特利尔议定书：未列入

第十六部分　其他信息

编写和修订信息　　　缩略语和首字母缩写
培训建议　　　　　　参考文献
免责声明

3,6-二羟基邻苯二甲腈

第一部分　化学品标识

化学品中文名　3,6-二羟基邻苯二甲腈；2,3-二氰基对苯
　　　二酚
化学品英文名　3,6-dihydroxyphthalonitrile；2,3-dicyano-
　　　hydroquinone
分子式　$C_8H_4N_2O_2$　分子量　160.13

结构式　

HO—〈benzene ring〉—CN / CN / OH

化学品的推荐及限制用途　用于有机合成

第二部分　危险性概述

紧急情况概述　造成皮肤刺激，造成严重眼刺激，可能引
　　　起呼吸道刺激
GHS 危险性类别　皮肤腐蚀/刺激，类别2；严重眼损伤/
　　　眼刺激，类别2；特异性靶器官毒性--一次接触，类别
　　　3（呼吸道刺激）
标签要素

象形图　

警示词　警告

危险性说明　造成皮肤刺激，造成严重眼刺激，可能引起呼吸道刺激

防范说明

预防措施　避免接触眼睛、皮肤，操作后彻底清洗。戴防护手套、防护眼镜、防护面罩

事故响应　皮肤接触：用大量肥皂水和水清洗，脱去被污染的衣服，衣服经洗净后方可重新使用。如发生皮肤刺激，就医。如接触眼睛：用水细心冲洗数分钟。如戴隐形眼镜并可方便地取出，取出隐形眼镜，继续冲洗。如果眼睛刺激持续：就医

安全储存　—

废弃处置　—

物理和化学危险　可燃，其粉体与空气混合，能形成爆炸性混合物

健康危害　对眼睛、皮肤、黏膜和上呼吸道有刺激作用。腈类物质可抑制细胞呼吸，造成组织缺氧。腈类中毒出现恶心、呕吐、腹痛、腹泻、胸闷、乏力等症状，重者出现呼吸抑制、血压下降、昏迷、抽搐等

环境危害　对环境可能有害

第三部分　成分/组成信息

√ 物质　　　　　　　混合物

组分	浓度	CAS No.
3,6-二羟基邻苯二甲腈		4733-50-0

第四部分　急救措施

吸入　迅速脱离现场至空气新鲜处。保持呼吸道通畅。如呼吸困难，给输氧。呼吸、心跳停止，立即进行心肺复苏术。就医

皮肤接触　立即脱去污染的衣着，用肥皂水和流动清水彻底冲洗。就医

眼睛接触　立即分开眼睑，用流动清水或生理盐水彻底冲洗。就医

食入　催吐（仅限于清醒者），给服活性炭悬液。就医

对保护施救者的忠告　根据需要使用个人防护设备

对医生的特别提示　使用亚硝酸钠、硫代硫酸钠、4-二甲基氨基苯酚等解毒剂

第五部分　消防措施

灭火剂　用雾状水、泡沫、干粉、二氧化碳、砂土灭火

特别危险性　遇明火能燃烧。与强氧化剂接触可发生化学反应。受高热分解放出有毒的气体

灭火注意事项及防护措施　消防人员必须佩戴防毒面具、穿全身消防服，在上风向灭火。尽可能将容器从火场移至空旷处。喷水保持火场容器冷却，直至灭火结束

第六部分　泄漏应急处理

作业人员防护措施、防护装备和应急处置程序　隔离泄漏污染区，限制出入。消除所有点火源。建议应急处理人员戴防尘口罩，穿防毒服。穿上适当的防护服前严禁接触破裂的容器和泄漏物。尽可能切断泄漏源

环境保护措施　用塑料布覆盖泄漏物，减少飞散

泄漏化学品的收容、清除方法及所使用的处置材料　勿使水进入包装容器内。用洁净的铲子收集泄漏物，置于干净、干燥、盖子较松的容器中，将容器移离泄漏区

第七部分　操作处置与储存

操作注意事项　严加密闭，提供充分的局部排风和全面通风。操作尽可能机械化、自动化。操作人员必须经过专门培训，严格遵守操作规程。建议操作人员佩戴自吸过滤式防尘口罩，戴化学安全防护眼镜，穿防毒物渗透工作服，戴橡胶手套。远离火种、热源，工作场所严禁吸烟。使用防爆型的通风系统和设备。避免产生粉尘。避免与氧化剂、还原剂、酸类、碱类接触。搬运时要轻装轻卸，防止包装及容器损坏。配备相应品种和数量的消防器材及泄漏应急处理设备。倒空的容器可能残留有害物

储存注意事项　储存于阴凉、通风的库房。远离火种、热源。应与氧化剂、还原剂、酸类、碱类分开存放，切忌混储。配备相应品种和数量的消防器材。储区应备有合适的材料收容泄漏物

第八部分　接触控制/个体防护

职业接触限值

中国　未制定标准

美国（ACGIH）　未制定标准

生物接触限值　未制定标准

监测方法　空气中有毒物质测定方法：未制定标准。生物监测检验方法：未制定标准

工程控制　严加密闭，提供充分的局部排风和全面通风。提供安全淋浴和洗眼设备

个体防护装备

呼吸系统防护　空气中粉尘浓度超标时，必须佩戴过滤式防尘呼吸器。紧急事态抢救或撤离时，应该佩戴空气呼吸器

眼睛防护　戴化学安全防护眼镜

皮肤和身体防护　穿防毒物渗透工作服

手防护　戴橡胶手套

第九部分　理化特性

外观与性状　微黄色片状结晶

pH值　无意义		**熔点（℃）**　230	
沸点（℃）　无资料		**相对密度（水=1）**　无资料	
相对蒸气密度（空气=1）　无资料			
饱和蒸气压（kPa）　无资料			
临界压力（MPa）　无资料		**辛醇/水分配系数**　无资料	
闪点（℃）　无资料		**自燃温度（℃）**　无资料	
爆炸下限（%）　无资料		**爆炸上限（%）**　无资料	
分解温度（℃）　无资料		**黏度（mPa·s）**　无资料	
燃烧热（kJ/mol）　无资料		**临界温度（℃）**　无资料	

溶解性　微溶于水、苯，易溶于乙醇、乙醚

第十部分　稳定性和反应性

稳定性　稳定

危险反应 与强氧化剂、强还原剂、强酸、强碱等禁配物发生反应

避免接触的条件 无资料

禁配物 强氧化剂、强还原剂、强酸、强碱

危险的分解产物 氮氧化物、氰化氢

第十一部分　毒理学信息

急性毒性 无资料

皮肤刺激或腐蚀 无资料　　**眼睛刺激或腐蚀** 无资料

呼吸或皮肤过敏 无资料　　**生殖细胞突变性** 无资料

致癌性 无资料　　　　　　**生殖毒性** 无资料

特异性靶器官系统毒性-一次接触 无资料

特异性靶器官系统毒性-反复接触 无资料

吸入危害 无资料

第十二部分　生态学信息

生态毒性 无资料

持久性和降解性

　　生物降解性　无资料

　　非生物降解性　无资料

潜在的生物累积性 无资料

土壤中的迁移性 无资料

第十三部分　废弃处置

废弃化学品 建议用焚烧法处置。焚烧炉排出的氮氧化物通过洗涤器除去

污染包装物 将容器返还生产商或按照国家和地方法规处置

废弃注意事项 处置前应参阅国家和地方有关法规

第十四部分　运输信息

联合国危险货物编号（UN 号） —

联合国运输名称 —　　**联合国危险性类别** —

包装类别 —　　　　　　**包装标志** —

海洋污染物 否

运输注意事项 运输前应先检查包装容器是否完整、密封，运输过程中要确保容器不泄漏、不倒塌、不坠落、不损坏。严禁与酸类、氧化剂、食品及食品添加剂混运。运输途中应防暴晒、雨淋，防高温

第十五部分　法规信息

　　下列法律、法规、规章和标准，对该化学品的管理作了相应的规定。

中华人民共和国职业病防治法 职业病分类和目录：氰及腈类化合物中毒

危险化学品安全管理条例 危险化学品目录：列入。易制爆危险化学品名录：未列入。重点监管的危险化学品名录：未列入。GB 18218—2009《危险化学品重大危险源辨识》（表1）：未列入

使用有毒物品作业场所劳动保护条例 高毒物品目录：未列入

易制毒化学品管理条例 易制毒化学品的分类和品种目录：未列入

国际公约 斯德哥尔摩公约：未列入。鹿特丹公约：未列入。蒙特利尔议定书：未列入

第十六部分　其他信息

编写和修订信息　　　**缩略语和首字母缩写**

培训建议　　　　　　　**参考文献**

免责声明

二氢化镁

第一部分　化学品标识

化学品中文名 二氢化镁；氢化镁

化学品英文名 magnesium hydride

分子式 MgH_2　**分子量** 26.3209

结构式 无

化学品的推荐及限制用途 用作强还原剂

第二部分　危险性概述

紧急情况概述 遇水放出可自燃的易燃气体

GHS 危险性类别 遇水放出易燃气体的物质和混合物，类别 1

标签要素

象形图

警示词 危险

危险性说明 遇水放出可自燃的易燃气体

防范说明

　　预防措施　因与水发生剧烈反应和可能发生暴燃，应避免与水接触。在惰性气体中操作。防潮。戴防护手套、防护眼镜、防护面罩

　　事故响应　火灾时，使用干粉、二氧化碳、砂土灭火。擦掉皮肤上的微粒，将接触部位浸入冷水中，用湿绷带包扎

　　安全储存　在干燥处和密闭的容器中储存

　　废弃处置　本品及内装物、容器依据国家和地方法规处置

物理和化学危险 接触空气易自燃。遇水剧烈反应，产生有毒气体

健康危害 氢化镁粉尘对眼睛、鼻、皮肤和呼吸系统有强烈刺激作用

环境危害 对环境可能有害

第三部分　成分/组成信息

√ 物质　　　　　　　　混合物

组分	浓度	CAS No.
二氢化镁		60616-74-2

第四部分　急救措施

吸入 迅速脱离现场至空气新鲜处。保持呼吸道通畅。如呼吸困难，给输氧。如呼吸、心跳停止，立即进行心肺复苏术。就医

皮肤接触 立即脱去污染的衣着，用流动清水彻底冲洗。就医

眼睛接触 立即分开眼睑，用流动清水或生理盐水彻底冲洗。就医

食入 漱口，饮水。就医

对保护施救者的忠告 根据需要使用个人防护设备

对医生的特别提示 对症处理

第五部分 消防措施

灭火剂 用干粉、二氧化碳、砂土灭火

特别危险性 强还原剂。与氧化剂能发生强烈反应。化学反应活性较高，在潮湿空气中能自燃。遇水或酸发生反应放出氢气及热量，能引起燃烧

灭火注意事项及防护措施 消防人员必须佩戴防毒面具、穿全身消防服，在上风向灭火。尽可能将容器从火场移至空旷处。禁止用水和泡沫灭火

第六部分 泄漏应急处理

作业人员防护措施、防护装备和应急处置程序 严禁用水处理。隔离泄漏污染区，限制出入。消除所有点火源。建议应急处理人员戴防尘口罩，穿防毒、防静电服。禁止接触或跨越泄漏物。尽可能切断泄漏源。保持泄漏物干燥

环境保护措施 用塑料布覆盖泄漏物，减少飞散

泄漏化学品的收容、清除方法及所使用的处置材料 小量泄漏：用干燥的砂土或其他不燃材料覆盖泄漏物，然后用塑料布覆盖，减少飞散、避免雨淋。粉末泄漏：用塑料布或帆布覆盖泄漏物，减少飞散，保持干燥。在专家指导下清除

第七部分 操作处置与储存

操作注意事项 密闭操作，提供充分的局部排风。防止粉尘释放到车间空气中。操作人员必须经过专门培训，严格遵守操作规程。建议操作人员佩戴防尘面具（全面罩），穿胶布防毒衣，戴橡胶手套。远离火种、热源，工作场所严禁吸烟。使用防爆型的通风系统和设备。避免产生粉尘。避免与酸类、酸酐、氧化剂、醇类、卤素、氧接触。尤其要注意避免与水接触。在氮气中操作处置。配备相应品种和数量的消防器材及泄漏应急处理设备。倒空的容器可能残留有害物

储存注意事项 储存于阴凉、干燥、通风良好的专用库房内，库温不超过32℃，相对湿度不超过75%。远离火种、热源。防止阳光直射。包装必须密封，切勿受潮。应与酸类、酸酐、氧化剂、醇类、卤素、氧、食用化学品等分开存放，切忌混储。采用防爆型照明、通风设施。禁止使用易产生火花的机械设备和工具

第八部分 接触控制/个体防护

职业接触限值

中国 未制定标准

美国（ACGIH） 未制定标准

生物接触限值 未制定标准

监测方法 空气中有毒物质测定方法：未制定标准。生物监测检验方法：未制定标准

工程控制 严加密闭，提供充分的局部排风

个体防护装备

呼吸系统防护 可能接触其粉尘时，必须佩戴防尘面具（全面罩）。紧急事态抢救或撤离时，应该佩戴空气呼吸器

眼睛防护 呼吸系统防护中已作防护

皮肤和身体防护 穿密闭型防毒服

手防护 戴橡胶手套

第九部分 理化特性

外观与性状 白色结晶

pH值 无意义　　　　**熔点(℃)** ＞200(分解)

沸点(℃) 无资料　　　**相对密度(水＝1)** 1.45

相对蒸气密度(空气＝1) 无资料

饱和蒸气压(kPa) 无资料

临界压力(MPa) 无意义　**辛醇/水分配系数** 无资料

闪点(℃) 无意义　　　**自燃温度(℃)** 无资料

爆炸下限(%) 无资料　　**爆炸上限(%)** 无资料

分解温度(℃) 无资料　　**黏度(mPa·s)** 无资料

燃烧热(kJ/mol) 无资料　**临界温度(℃)** 无资料

溶解性 溶于异丙胺

第十部分 稳定性和反应性

稳定性 稳定

危险反应 与酸类、酸酐、强氧化剂、水、醇类、卤素、氧等禁配物接触，有发生火灾和爆炸的危险。遇水发生爆炸。化学反应活性较高，在潮湿空气中能自燃。遇水或酸发生反应放出氢气及热量，能引起燃烧

避免接触的条件 潮湿空气

禁配物 酸类、酸酐、强氧化剂、水、醇类、卤素、氧

危险的分解产物 氧化镁、水

第十一部分 毒理学信息

急性毒性 无资料

皮肤刺激或腐蚀 无资料　**眼睛刺激或腐蚀** 无资料

呼吸或皮肤过敏 无资料　**生殖细胞突变性** 无资料

致癌性 无资料　　　　**生殖毒性** 无资料

特异性靶器官系统毒性--一次接触 无资料

特异性靶器官系统毒性-反复接触 无资料

吸入危害 无资料

第十二部分 生态学信息

生态毒性 无资料

持久性和降解性

生物降解性 无资料

非生物降解性 无资料

潜在的生物累积性 无资料

土壤中的迁移性 无资料

第十三部分 废弃处置

废弃化学品 根据国家和地方有关法规的要求处置。或与厂商或制造商联系，确定处置方法

污染包装物 将容器返还生产商或按照国家和地方法规处置

废弃注意事项 处置前应参阅国家和地方有关法规

第十四部分 运输信息

联合国危险货物编号（UN号） 2010

联合国运输名称 二氢化镁

联合国危险性类别 4.3

包装类别 Ⅰ   **包装标志**

海洋污染物 否

运输注意事项 运输时运输车辆应配备相应品种和数量的消防器材及泄漏应急处理设备。装运本品的车辆排气管须有阻火装置。运输过程中要确保容器不泄漏、不倒塌、不坠落、不损坏。严禁与酸类、氧化剂、醇类、活泼非金属、活泼非金属、食用化学品等混装混运。运输途中应防暴晒、雨淋，防高温。中途停留时应远离火种、热源。运输用车、船必须干燥，并有良好的防雨设施。车辆运输完毕应进行彻底清扫。铁路运输时要禁止溜放

第十五部分 法规信息

下列法律、法规、规章和标准，对该化学品的管理作了相应的规定。

中华人民共和国职业病防治法 职业病分类和目录：未列入

危险化学品安全管理条例 危险化学品目录：列入。易制爆危险化学品名录：未列入。重点监管的危险化学品名录：未列入。GB 18218—2009《危险化学品重大危险源辨识》（表1）：未列入

使用有毒物品作业场所劳动保护条例 高毒物品目录：未列入

易制毒化学品管理条例 易制毒化学品的分类和品种目录：未列入

国际公约 斯德哥尔摩公约：未列入。鹿特丹公约：未列入。蒙特利尔议定书：未列入

第十六部分 其他信息

编写和修订信息 缩略语和首字母缩写

培训建议 参考文献

免责声明

2,3-二氰-5,6-二氯苯醌

第一部分 化学品标识

化学品中文名 2,3-二氰-5,6-二氯苯醌

化学品英文名 2,3-dicyano-5,6-dichlorobenzoquinone;

2,3-dichloro-5,6-dicyano-1,4-benzoquinone

分子式 $C_8Cl_2N_2O_2$ **分子量** 227.004

结构式

化学品的推荐及限制用途 用作对有机化合物选择性的氧化剂、分析试剂

第二部分 危险性概述

紧急情况概述 吞咽会中毒

GHS危险性类别 急性毒性-经口，类别3

标签要素

象形图

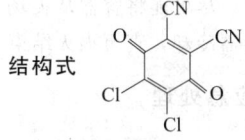

警示词 危险

危险性说明 吞咽会中毒

防范说明

预防措施 避免接触眼睛、皮肤，操作后彻底清洗。作业场所不得进食、饮水或吸烟

事故响应 食入：立即呼叫中毒控制中心或就医，漱口

安全储存 上锁保管

废弃处置 本品及内装物、容器依据国家和地方法规处置

物理和化学危险 可燃，其粉体与空气混合，能形成爆炸性混合物

健康危害 吸入、摄入或经皮肤吸收对身体有害。受热放出有毒气体。具有刺激性

环境危害 对环境可能有害

第三部分 成分/组成信息

√物质   混合物

组分	浓度	CAS No.
2,3-二氰-5,6-二氯苯醌		84-58-2

第四部分 急救措施

吸入 迅速脱离现场至空气新鲜处。保持呼吸道通畅。如呼吸困难，给输氧。呼吸、心跳停止，立即进行心肺复苏术。就医

皮肤接触 立即脱去污染的衣着，用肥皂水和流动清水彻底冲洗。就医

眼睛接触 立即分开眼睑，用流动清水或生理盐水彻底冲洗。就医

食入 催吐（仅限于清醒者），给服活性炭悬液。就医

对保护施救者的忠告 根据需要使用个人防护设备

对医生的特别提示 解毒剂：亚硝酸钠、硫代硫酸钠、4-二甲基氨基苯酚等

第五部分 消防措施

灭火剂 用雾状水、泡沫、干粉、二氧化碳、砂土灭火

特别危险性 可燃。受热分解放出有毒气体

灭火注意事项及防护措施 消防人员必须佩戴防毒面具、穿全身消防服，在上风向灭火。尽可能将容器从火场移至空旷处。喷水保持火场容器冷却，直至灭火结束

第六部分 泄漏应急处理

作业人员防护措施、防护装备和应急处置程序 隔离泄漏污染区，限制出入。消除所有点火源。建议应急处理人员戴防尘口罩，穿防腐服。穿上适当的防护服前严禁接触破裂的容器和泄漏物。尽可能切断泄漏源

环境保护措施 用塑料布覆盖泄漏物，减少飞散

泄漏化学品的收容、清除方法及所使用的处置材料 勿使水进入包装容器内。用洁净的铲子收集泄漏物，置于干净、干燥、盖子较松的容器中，将容器移离泄漏区

第七部分 操作处置与储存

操作注意事项 密闭操作，局部排风。操作人员必须经过专门培训，严格遵守操作规程。建议操作人员佩戴自吸过滤式防尘口罩，戴化学安全防护眼镜，穿防毒物渗透工作服，戴橡胶手套。远离火种、热源，工作场所严禁吸烟。使用防爆型的通风系统和设备。避免与氧化剂、还原剂、酸类、碱类接触。搬运时要轻装轻卸，防止包装及容器损坏。配备相应品种和数量的消防器材及泄漏应急处理设备。倒空的容器可能残留有害物

储存注意事项 储存于阴凉、通风的库房。远离火种、热源。应与氧化剂、还原剂、酸类、碱类分开存放，切忌混储。配备相应品种和数量的消防器材。储区应备有合适的材料收容泄漏物

第八部分 接触控制/个体防护

职业接触限值

中国 未制定标准

美国（ACGIH） 未制定标准

生物接触限值 未制定标准

监测方法 空气中有毒物质测定方法：未制定标准。生物监测检验方法：未制定标准

工程控制 密闭操作，局部排风

个体防护装备

呼吸系统防护 空气中粉尘浓度超标时，必须佩戴过滤式防尘呼吸器。紧急事态抢救或撤离时，应该佩戴空气呼吸器

眼睛防护 戴化学安全防护眼镜

皮肤和身体防护 穿防毒物渗透工作服

手防护 戴橡胶手套

第九部分 理化特性

外观与性状 黄橙色固体

pH 值 无意义   **熔点(℃)** 213~216

沸点(℃) 无资料   **相对密度(水=1)** 无资料

相对蒸气密度(空气=1) 无资料

饱和蒸气压(kPa) 无资料

临界压力(MPa) 无资料   **辛醇/水分配系数** 无资料

闪点(℃) 无资料   **自燃温度(℃)** 无资料

爆炸下限(%) 无资料   **爆炸上限(%)** 无资料

分解温度(℃) 210~215   **黏度(mPa·s)** 无资料

燃烧热(kJ/mol) 无资料   **临界温度(℃)** 无资料

溶解性 溶于苯、乙酸，微溶于氯仿

第十部分 稳定性和反应性

稳定性 稳定

危险反应 与强氧化剂、强还原剂、强酸、强碱等禁配物发生反应

避免接触的条件 受热

禁配物 强氧化剂、强还原剂、强酸、强碱

危险的分解产物 氮氧化物、氯化物

第十一部分 毒理学信息

急性毒性 LD_{50}：31mg/kg（小鼠腹腔）

皮肤刺激或腐蚀 无资料   **眼睛刺激或腐蚀** 无资料

呼吸或皮肤过敏 无资料

生殖细胞突变性 微生物致突变：鼠伤寒沙门氏菌180nmol/皿

致癌性 无资料   **生殖毒性** 无资料

特异性靶器官系统毒性--次接触 无资料

特异性靶器官系统毒性-反复接触 无资料

吸入危害 无资料

第十二部分 生态学信息

生态毒性 无资料

持久性和降解性

生物降解性 无资料

非生物降解性 无资料

潜在的生物累积性 无资料

土壤中的迁移性 无资料

第十三部分 废弃处置

废弃化学品 建议用焚烧法处置。与燃料混合后，再焚烧。焚烧炉排出的气体要通过洗涤器除去

污染包装物 将容器返还生产商或按照国家和地方法规处置

废弃注意事项 处置前应参阅国家和地方有关法规

第十四部分 运输信息

联合国危险货物编号（UN 号） 3439

联合国运输名称 固态腈类，毒性，未另作规定的（2,3-二氰-5,6-二氯苯醌）

联合国危险性类别 6.1

包装类别 Ⅲ   **包装标志**

海洋污染物 否

运输注意事项 运输前应先检查包装容器是否完整、密封，运输过程中要确保容器不泄漏、不倒塌、不坠落、不损坏。严禁与酸类、氧化剂、食品及食品添加

剂混运。运输途中应防暴晒、雨淋，防高温

第十五部分　法规信息

下列法律、法规、规章和标准，对该化学品的管理作了相应的规定。

中华人民共和国职业病防治法　职业病分类和目录：氰及腈类化合物中毒

危险化学品安全管理条例　危险化学品目录：列入。易制爆危险化学品名录：未列入。重点监管的危险化学品名录：未列入。GB 18218—2009《危险化学品重大危险源辨识》（表1）：未列入

使用有毒物品作业场所劳动保护条例　高毒物品目录：未列入

易制毒化学品管理条例　易制毒化学品的分类和品种目录：未列入

国际公约　斯德哥尔摩公约：未列入。鹿特丹公约：未列入。蒙特利尔议定书：未列入

第十六部分　其他信息

编写和修订信息　缩略语和首字母缩写
培训建议　参考文献
免责声明

2,6-二叔丁基对甲酚

第一部分　化学品标识

化学品中文名　2,6-二叔丁基对甲酚
化学品英文名　2,6-di-*tert*-butyl-*p*-cresol；2,6-di-*tert*-butyl-4-methylphenol

分子式　$C_{15}H_{24}O$　**分子量**　220.35

结构式

化学品的推荐及限制用途　用作石油制品、燃料、橡胶、塑料、食品、饲料、药品等的抗氧剂

第二部分　危险性概述

紧急情况概述　—
GHS危险性类别　危害水生环境-急性危害，类别1；危害水生环境-长期危害，类别1
标签要素

象形图　

警示词　警告
危险性说明　对水生生物毒性非常大并具有长期持续影响
防范说明
　预防措施　禁止排入环境
　事故响应　收集泄漏物
　安全储存　—

废弃处置　本品及内装物、容器依据国家和地方法规处置

物理和化学危险　可燃，其粉体与空气混合，能形成爆炸性混合物

健康危害　本品对眼睛、皮肤、黏膜和上呼吸道有刺激作用，长时间的接触对眼睛有害并引起头痛、恶心和眩晕

环境危害　对水生生物毒性非常大并具有长期持续影响

第三部分　成分/组成信息

√　物质　　　　　　　混合物

组分	浓度	CAS No.
2,6-二叔丁基对甲酚		128-37-0

第四部分　急救措施

吸入　脱离现场至空气新鲜处。如呼吸困难，给输氧。就医
皮肤接触　立即脱去污染的衣着，用肥皂水和清水彻底冲洗皮肤。如有不适感，就医
眼睛接触　分开眼睑，用流动清水或生理盐水冲洗。如有不适感，就医
食入　饮足量温水，催吐。就医
对保护施救者的忠告　根据需要使用个人防护设备
对医生的特别提示　对症处理

第五部分　消防措施

灭火剂　用雾状水、泡沫、干粉、二氧化碳、砂土灭火
特别危险性　遇明火、高热或与氧化剂接触能燃烧，并散发出有毒气体
灭火注意事项及防护措施　消防人员必须佩戴防毒面具、穿全身消防服，在上风向灭火。尽可能将容器从火场移至空旷处。喷水保持火场容器冷却，直至灭火结束

第六部分　泄漏应急处理

作业人员防护措施、防护装备和应急处置程序　隔离泄漏污染区，限制出入。消除所有点火源。建议应急处理人员戴防尘口罩，穿防毒服。穿上适当的防护服前严禁接触破裂的容器和泄漏物。尽可能切断泄漏源。用塑料布覆盖泄漏物，减少飞散。勿使水进入包装容器内
环境保护措施　用塑料布覆盖泄漏物，减少飞散。勿使水进入包装容器内
泄漏化学品的收容、清除方法及所使用的处置材料　用洁净的铲子收集泄漏物，置于干净、干燥、盖子较松的容器中，将容器移离泄漏区

第七部分　操作处置与储存

操作注意事项　密闭操作，注意通风。操作人员必须经过专门培训，严格遵守操作规程。建议操作人员佩戴自吸过滤式防尘口罩，戴化学安全防护眼镜，穿防毒物渗透工作服，戴橡胶手套。远离火种、热源，工作场所严禁吸烟。使用防爆型的通风系统和设备。避免产生粉尘。避免与氧化剂、碱类接触。搬运时要轻装轻卸，防止包装及容器损坏。配备相应品种和数量的消防器材及泄漏应

急处理设备。倒空的容器可能残留有害物

储存注意事项　储存于阴凉、通风的库房。远离火种、热源。应与氧化剂、碱类等分开存放，切忌混储。配备相应品种和数量的消防器材。储区应备有合适的材料收容泄漏物

第八部分　接触控制/个体防护

职业接触限值

　　中国　未制定标准

　　美国（ACGIH）　未制定标准

生物接触限值　未制定标准

监测方法　空气中有毒物质测定方法：未制定标准。生物监测检验方法：未制定标准

工程控制　密闭操作，注意通风

个体防护装备

　　呼吸系统防护　空气中粉尘浓度超标时，必须佩戴过滤式防尘呼吸器。紧急事态抢救或撤离时，应该佩戴空气呼吸器

　　眼睛防护　戴化学安全防护眼镜

　　皮肤和身体防护　穿防毒物渗透工作服

　　手防护　戴橡胶手套

第九部分　理化特性

外观与性状　白色结晶		**pH 值**　无意义	
熔点（℃）　70		**沸点（℃）**　265	
相对密度（水=1）　1.05		**相对蒸气密度（空气=1）**　7.6	
饱和蒸气压（kPa）　0.0013（20℃）			
临界压力（MPa）　无资料		**辛醇/水分配系数**　4.17	
闪点（℃）　127		**自燃温度（℃）**　470	
爆炸下限（%）　无资料		**爆炸上限（%）**　无资料	
分解温度（℃）　无资料		**黏度（mPa·s）**　无资料	
燃烧热（kJ/mol）　无资料		**临界温度（℃）**　无资料	

溶解性　不溶于水，溶于甲醇、乙醇、苯、石油醚等

第十部分　稳定性和反应性

稳定性　稳定

危险反应　与氧化剂接触可能发生燃烧。与碱类、酰基氯、酸酐、铜及其合金等禁配物发生反应

避免接触的条件　无资料

禁配物　氧化剂、碱类、酰基氯、酸酐、铜及其合金

危险的分解产物　无资料

第十一部分　毒理学信息

急性毒性　大剂量本品引起兔的钠、钾和水代谢明显紊乱，往往因缺钾造成死亡。LD$_{50}$：890mg/kg（大鼠经口），650mg/kg（小鼠经口），2100mg/kg（兔经口）

皮肤刺激或腐蚀　无资料　**眼睛刺激或腐蚀**　无资料

呼吸或皮肤过敏　无资料　**生殖细胞突变性**　无资料

致癌性　无资料　**生殖毒性**　无资料

特异性靶器官系统毒性-一次接触　动物的急性中毒症状有流涎、轻度瞳孔缩小、不安定、兴奋增强、腹泻和震颤，类似副交感神经兴奋药物的中毒

特异性靶器官系统毒性-反复接触　无资料

吸入危害　无资料

第十二部分　生态学信息

生态毒性　无资料

持久性和降解性

　　生物降解性　无资料

　　非生物降解性　无资料

潜在的生物累积性　无资料

土壤中的迁移性　无资料

第十三部分　废弃处置

废弃化学品　建议用焚烧法处置。在能利用的地方重复使用容器或在规定场所掩埋

污染包装物　将容器返还生产商或按照国家和地方法规处置

废弃注意事项　处置前应参阅国家和地方有关法规

第十四部分　运输信息

联合国危险货物编号（UN 号）　3077

联合国运输名称　对环境有害的固态物质，未另作规定的（2,6-二叔丁基对甲酚）

联合国危险性类别　9

包装类别　Ⅲ　　　　**包装标志**

海洋污染物　是

运输注意事项　起运时包装要完整，装载应稳妥。运输过程中要确保容器不泄漏、不倒塌、不坠落、不损坏。严禁与氧化剂、碱类、食用化学品等混装混运。运输途中应防暴晒、雨淋，防高温。车辆运输完毕应进行彻底清扫

第十五部分　法规信息

　　下列法律、法规、规章和标准，对该化学品的管理作了相应的规定。

中华人民共和国职业病防治法　职业病分类和目录：未列入

危险化学品安全管理条例　危险化学品目录：未列入。易制爆危险化学品名录：未列入。重点监管的危险化学品名录：未列入。GB 18218—2009《危险化学品重大危险源辨识》（表1）：未列入

使用有毒物品作业场所劳动保护条例　高毒物品目录：未列入

易制毒化学品管理条例　易制毒化学品的分类和品种目录：未列入

国际公约　斯德哥尔摩公约：未列入。鹿特丹公约：未列入。蒙特利尔议定书：未列入

第十六部分　其他信息

编写和修订信息　　　　**缩略语和首字母缩写**

培训建议　　　　　　**参考文献**

免责声明

二叔丁基过氧化物

第一部分　化学品标识

化学品中文名　二叔丁基过氧化物；过氧化二叔丁基醚；硫化剂 DTBP

化学品英文名　di-*tert*-butyl peroxide；*tert*-butyl peroxide

分子式　$C_8H_{18}O_2$　　**分子量**　146.2282

结构式　

化学品的推荐及限制用途　用作合成树脂引发剂、光聚合敏化剂、橡胶硫化剂、柴油点火促进剂，也用于有机合成

第二部分　危险性概述

紧急情况概述　加热可引起燃烧

GHS 危险性类别　有机过氧化物，E 型

标签要素

象形图

警示词　警告

危险性说明　加热可引起燃烧

防范说明

预防措施　远离热源、火花、明火、热表面。禁止吸烟。远离衣物、可燃物保存。仅在原容器中保存。戴防护手套、防护眼镜、防护面罩

事故响应　—

安全储存　保持阴凉。避免日照。远离其他物质储存

废弃处置　本品及内装物、容器依据国家和地方法规处置

物理和化学危险　易燃。受撞击、摩擦，遇明火或其他点火源极易爆炸

健康危害　高浓度吸入本品蒸气对鼻、喉和肺有轻度刺激性。对眼睛和皮肤有轻度刺激性。口服刺激消化道

环境危害　对环境可能有害

第三部分　成分/组成信息

√ 物质　　　　　　　　　　　混合物

组分	浓度	CAS No.
二叔丁基过氧化物		110-05-4

第四部分　急救措施

吸入　迅速脱离现场至空气新鲜处。保持呼吸道通畅。如呼吸困难，给输氧。呼吸、心跳停止，立即进行心肺复苏术。就医

皮肤接触　立即脱去污染的衣着，用流动清水彻底冲洗。就医

眼睛接触　立即分开眼睑，用流动清水或生理盐水彻底冲洗。就医

食入　漱口，饮水。就医

对保护施救者的忠告　根据需要使用个人防护设备

对医生的特别提示　对症处理

第五部分　消防措施

灭火剂　用雾状水、泡沫、干粉、二氧化碳灭火

特别危险性　其蒸气与空气可形成爆炸性混合物，遇明火、高热能引起燃烧爆炸，并可能发生复燃。与还原剂、催化剂、有机物、可燃物等接触会发生剧烈反应，有燃烧爆炸的危险

灭火注意事项及防护措施　消防人员必须佩戴防毒面具、穿全身消防服，在上风向灭火。尽可能将容器从火场移至空旷处。不要使用强实水流，因为它可能使火势蔓延扩散。可以使用喷水保持火场容器冷却，直至灭火结束。防止消防水流入下水道和河道。在着火情况下，会分解生成有害物。处在火场中的容器若已变色或从安全泄压装置中发出声音，必须马上撤离。遇大火须远离以防炸伤。禁止用砂土压盖

第六部分　泄漏应急处理

作业人员防护措施、防护装备和应急处置程序　根据液体流动和蒸气扩散的影响区域划定警戒区，无关人员从侧风、上风向撤离至安全区。消除所有点火源。建议应急处理人员戴正压自给式呼吸器，穿一般作业工作服。勿使泄漏物与可燃物质（如木材、纸、油等）接触。尽可能切断泄漏源

环境保护措施　防止泄漏物进入水体、下水道、地下室或有限空间

泄漏化学品的收容、清除方法及所使用的处置材料　小量泄漏：用惰性、湿润的不燃材料吸收泄漏物，用洁净的非火花工具收集于一盖子较松的塑料容器中，待处理。大量泄漏：构筑围堤或挖坑收容。在专家指导下清除

第七部分　操作处置与储存

操作注意事项　密闭操作，提供充分的局部排风。防止蒸气泄漏到工作场所空气中。操作人员必须经过专门培训，严格遵守操作规程。建议操作人员佩戴自吸过滤式防毒面具（全面罩），穿连体式防毒衣，戴橡胶手套。远离火种、热源，工作场所严禁吸烟。使用防爆型的通风系统和设备。在清除液体和蒸气前不能进行焊接、切割等作业。避免产生烟雾。避免与还原剂、碱类接触。配备相应品种和数量的消防器材及泄漏应急处理设备。倒空的容器可能残留有害物

储存注意事项　储存于阴凉、通风的库房。远离火种、热源。防止阳光直射。库温不超过 40℃，避免温度低于 −30℃，相对湿度不超过 80%。保持容器密封。请远离还原剂（比如胺）、酸、碱和重金属离子。采用防爆型照明、通风设施。禁止使用易产生火花的机械设备和工具。储区应备有泄漏应急处理设备和合适的收容材料。禁止震动、撞击和摩擦。如果产品冻结或者分层，请联系供应商或在有经验处理有机过氧化物分层、冻结的专家的指导下操作

第八部分　接触控制/个体防护

职业接触限值

中国　未制定标准

美国（ACGIH） 未制定标准

生物接触限值 未制定标准

监测方法 空气中有毒物质测定方法：未制定标准。生物
监测检验方法：未制定标准

工程控制 严加密闭，提供充分的局部排风

个体防护装备

呼吸系统防护 空气中浓度超标时，必须佩戴过滤式
防毒面具（全面罩）。紧急事态抢救或撤离时，
应该佩戴空气呼吸器

眼睛防护 呼吸系统防护中已作防护

皮肤和身体防护 穿连体式防毒衣

手防护 戴橡胶手套

第九部分 理化特性

外观与性状 水白色透明液体

pH 值 无资料 **熔点（℃）** 29

沸点（℃） 不适用 **相对密度（水＝1）** 0.794

相对蒸气密度（空气＝1） 5.03

饱和蒸气压（kPa） 2.59（20℃）

临界压力（MPa） 无资料 **辛醇/水分配系数** 无资料

闪点（℃） 6 **自燃温度（℃）** 无资料

爆炸下限（%） 无资料 **爆炸上限（%）** 无资料

分解温度（℃） 80（SADT） **黏度（mPa·s）** 0.83（20℃）

燃烧热（kJ/mol） 无资料 **临界温度（℃）** 无资料

溶解性 不溶于水，溶于酮、烃类

第十部分 稳定性和反应性

稳定性 正常条件下稳定。在建议贮存条件下是稳定的

危险反应 与还原剂、催化剂、有机物、可燃物等接触会
发生剧烈反应，有燃烧爆炸的危险

避免接触的条件 过度封闭。热、火焰和火花

禁配物 酸和碱、铁、铜、还原剂、重金属离子及化合物、
铁锈。仅使用不锈钢 316、PP、聚乙烯或玻璃衬设备，
如果对其他材料的适用性有疑问，请联系供应商

危险的分解产物 叔丁醇、丙酮、甲烷

第十一部分 毒理学信息

急性毒性 LD$_{50}$：6750mg/kg（大鼠经口），216.4mg/kg
（小鼠经口）。LC$_{50}$：4100ppm（大鼠吸入，4h）

皮肤刺激或腐蚀 家兔经皮 500mg，引起刺激

眼睛刺激或腐蚀 家兔经眼 500mg（24h），轻度刺激

呼吸或皮肤过敏 无资料 **生殖细胞突变性** 无资料

致癌性 小鼠最低中毒剂量（TDLo）：585mg/kg，按
RTECS 标准为可疑致肿瘤物，呼吸系统肿瘤和淋巴
瘤（包括何杰金氏病）

生殖毒性 大鼠吸入最低中毒浓度（TCLo）：226mg/m³
（4h）（孕 1～14d），有胚胎毒性

特异性靶器官系统毒性-一次接触 无资料

特异性靶器官系统毒性-反复接触 无资料

吸入危害 无资料

第十二部分 生态学信息

生态毒性 无资料

持久性和降解性

生物降解性 28d 降解 6%，不易快速生物降解
（OECD 301D）

非生物降解性 无资料

潜在的生物累积性 无资料

土壤中的迁移性 无资料

第十三部分 废弃处置

废弃化学品 建议用控制焚烧法或安全掩埋法处置

污染包装物 将容器返还生产商或按照国家和地方法规
处置

废弃注意事项 处置前应参阅国家和地方有关法规

第十四部分 运输信息

联合国危险货物编号（UN 号） 3107

联合国运输名称 液态 E 型有机过氧化物（二叔丁基过
氧化物）

联合国危险性类别 5.2

包装类别 — **包装标志**

海洋污染物 否

运输注意事项 运输时单独装运，运输过程中要确保容器
不泄漏、不倒塌、不坠落、不损坏。运输时运输车辆
应配备相应品种和数量的消防器材。严禁与酸类、还
原剂、铁锈、重金属离子及化合物等并车混运。车速
要加以控制，避免颠簸、震荡。夏季应早晚运输，防
止暴晒。公路运输时要按规定路线行驶，禁止在居民
区和人口稠密区停留。运输车辆装卸前后，均应彻底
清扫、洗净，严禁混入有机物、重金属、铁锈、还原
剂等杂质

第十五部分 法规信息

下列法律、法规、规章和标准，对该化学品的管理作
了相应的规定。

中华人民共和国职业病防治法 职业病分类和目录：未
列入

危险化学品安全管理条例 危险化学品目录：列入。易制
爆危险化学品名录：未列入。重点监管的危险化学品
名录：未列入。GB 18218—2009《危险化学品重大
危险源辨识》（表1）：未列入

使用有毒物品作业场所劳动保护条例 高毒物品目录：未
列入

易制毒化学品管理条例 易制毒化学品的分类和品种目
录：未列入

国际公约 斯德哥尔摩公约：未列入。鹿特丹公约：未列
入。蒙特利尔议定书：未列入

第十六部分 其他信息

编写和修订信息 **缩略语和首字母缩写**

培训建议 **参考文献**

免责声明

二烯丙基胺

第一部分　化学品标识

化学品中文名　二烯丙基胺；二-2-丙烯基胺；二烯丙胺
化学品英文名　diallylamine；di-2-propenylamine
分子式　$C_6H_{11}N$　分子量　97.1582
结构式
化学品的推荐及限制用途　用于制药、化工合成等

第二部分　危险性概述

紧急情况概述　高度易燃液体和蒸气，吞咽有害，皮肤接触会中毒，吸入有害，造成严重的皮肤灼伤和眼损伤，可能引起呼吸道刺激

GHS危险性类别　易燃液体，类别2；急性毒性-经口，类别4；急性毒性-经皮，类别3；急性毒性-吸入，类别4；皮肤腐蚀/刺激，类别1；严重眼损伤/眼刺激，类别1；特异性靶器官毒性-一次接触，类别2；特异性靶器官毒性-一次接触，类别3（呼吸道刺激）；危害水生环境-急性危害，类别2；危害水生环境-长期危害，类别2

标签要素

象形图

警示词　危险

危险性说明　高度易燃液体和蒸气，吞咽有害，皮肤接触会中毒，吸入有害，造成严重的皮肤灼伤和眼损伤，可能对器官造成损害，可能引起呼吸道刺激，对水生生物有毒并具有长期持续影响

防范说明

预防措施　远离热源、火花、明火、热表面。禁止吸烟。保持容器密闭。容器和接收设备接地连接。使用防爆型电器、通风、照明设备。只能使用不产生火花的工具。采取防止静电措施。作业场所不得进食、饮水或吸烟。仅在室外或通风良好处操作。避免接触眼睛、皮肤，操作后彻底清洗。穿防护服，戴防护手套、防护眼镜、防护面罩。避免吸入蒸气、雾。禁止排入环境

事故响应　火灾时，使用水、雾状水、抗溶性泡沫、干粉、二氧化碳、砂土灭火。如吸入：将患者转移到空气新鲜处，休息，保持利于呼吸的体位，如感觉不适，呼叫中毒控制中心或就医。皮肤接触：用大量肥皂水和水清洗，立即脱去所有被污染的衣服，如感觉不适，呼叫中毒控制中心或就医。被污染的衣服经洗净后方可重新使用。眼睛接触：用水细心地冲洗数分钟，立即呼叫中毒控制中心或就医。如戴隐形眼镜并可方便地取出，则取出隐形眼镜，继续冲洗。食入：漱口，不要催吐，如果感觉不

适，立即呼叫中毒控制中心或就医。如果接触或感觉不适：呼叫中毒控制中心或就医。收集泄漏物

安全储存　存放在通风良好的地方。保持低温。上锁保管

废弃处置　本品及内装物、容器依据国家和地方法规处置

物理和化学危险　易燃，其蒸气与空气混合，能形成爆炸性混合物。容易自聚

健康危害　吸入本品蒸气或雾对呼吸道有刺激性，高浓度吸入可致肺水肿。液体、雾或蒸气对眼睛有刺激性，由于本品的腐蚀性，严重者可致永久性重度眼损害。对皮肤有刺激性，重者可致灼伤。能经皮肤吸收引起中毒。摄入引起口腔、咽喉和消化道烧灼感，并有恶心和头痛等症状

环境危害　对水生生物有毒并具有长期持续影响

第三部分　成分/组成信息

√物质　　　　　　　　混合物

组分	浓度	CAS No.
二烯丙基胺		124-02-7

第四部分　急救措施

吸入　迅速脱离现场至空气新鲜处。保持呼吸道通畅。如呼吸困难，给输氧。呼吸、心跳停止，立即进行心肺复苏术。就医

皮肤接触　立即脱去污染的衣着，用大量流动清水彻底冲洗至少15min。就医

眼睛接触　立即分开眼睑，用流动清水或生理盐水彻底冲洗5～10min。就医

食入　用水漱口，禁止催吐。给饮牛奶或蛋清。就医

对保护施救者的忠告　根据需要使用个人防护设备

对医生的特别提示　对症处理

第五部分　消防措施

灭火剂　用水、雾状水、抗溶性泡沫、干粉、二氧化碳、砂土灭火

特别危险性　其蒸气与空气可形成爆炸性混合物，遇明火、高热极易燃烧爆炸。与氧化剂接触猛烈反应。容易自聚，聚合反应随着温度的上升而急骤加剧。蒸气比空气重，沿地面扩散并易积存于低洼处，遇火源会着火回燃。若遇高热，容器内压增大，有开裂和爆炸的危险

灭火注意事项及防护措施　消防人员必须佩戴防毒面具、穿全身消防服，在上风向灭火。尽可能将容器从火场移至空旷处。喷水保持火场容器冷却，直至灭火结束。处在火场中的容器若已变色或从安全泄压装置中发出声音，必须马上撤离

第六部分　泄漏应急处理

作业人员防护措施、防护装备和应急处置程序　消除所有点火源。根据液体流动和蒸气扩散的影响区域划定警戒区，无关人员从侧风、上风向撤离至安全区。建议

应急处理人员戴正压自给式呼吸器，穿防静电、防腐、防毒服。作业时使用的所有设备应接地。禁止接触或跨越泄漏物。尽可能切断泄漏源

环境保护措施　防止泄漏物进入水体、下水道、地下室或有限空间

泄漏化学品的收容、清除方法及所使用的处置材料　小量泄漏：用砂土或其他不燃材料吸收。使用洁净的无火花工具收集吸收材料。大量泄漏：构筑围堤或挖坑收容。用抗溶性泡沫覆盖，减少蒸发。喷水雾能减少蒸发，但不能降低泄漏物在有限空间内的易燃性。用防爆、耐腐蚀泵转移至槽车或专用收集器内

第七部分　操作处置与储存

操作注意事项　密闭操作，注意通风。操作人员必须经过专门培训，严格遵守操作规程。建议操作人员佩戴自吸过滤式防毒面具（半面罩），戴化学安全防护眼镜，穿防毒物渗透工作服，戴橡胶耐油手套。远离火种、热源，工作场所严禁吸烟。使用防爆型的通风系统和设备。防止蒸气泄漏到工作场所空气中。避免与氧化剂、酸类接触。搬运时要轻装轻卸，防止包装及容器损坏。配备相应品种和数量的消防器材及泄漏应急处理设备。倒空的容器可能会残留有害物

储存注意事项　储存于阴凉、通风的库房。远离火种、热源。库温不宜超过37℃，应与氧化剂、酸类、食用化学品分开存放，切忌混储。采用防爆型照明、通风设施。禁止使用易产生火花的机械设备和工具。储区应备有泄漏应急处理设备和合适的收容材料

第八部分　接触控制/个体防护

职业接触限值

　中国　未制定标准

　美国（ACGIH）　未制定标准

生物接触限值　未制定标准

监测方法　空气中有毒物质测定方法：未制定标准。生物监测检验方法：未制定标准

工程控制　密闭操作，注意通风

个体防护装备

　呼吸系统防护　空气中浓度超标时，必须佩戴过滤式防毒面具（半面罩）。紧急事态抢救或撤离时，应该佩戴空气呼吸器

　眼睛防护　戴化学安全防护眼镜

　皮肤和身体防护　穿防毒物渗透工作服

　手防护　戴橡胶耐油手套

第九部分　理化特性

外观与性状　无色液体

pH值　无资料　　　　**熔点（℃）**　−88.4

沸点（℃）　112　　　　**相对密度（水=1）**　0.79

相对蒸气密度（空气=1）　3.35

饱和蒸气压（kPa）　2.40（20℃）

临界压力（MPa）　无资料　　**辛醇/水分配系数**　1.11

闪点（℃）　15.56　　　**自燃温度（℃）**　无资料

爆炸下限（%）　无资料　　**爆炸上限（%）**　无资料

分解温度（℃）　无资料

黏度（mPa·s）　14.6（−88.4℃）

燃烧热（kJ/mol）　无资料　　**临界温度（℃）**　282.85

溶解性　与水混溶，可混溶于乙醇、乙醚、苯

第十部分　稳定性和反应性

稳定性　稳定

危险反应　与酸类、酰基氯、酸酐、强氧化剂等禁配物发生反应。容易发生自聚反应

避免接触的条件　无资料

禁配物　酸类、酰基氯、酸酐、强氧化剂

危险的分解产物　氮氧化物

第十一部分　毒理学信息

急性毒性　小鼠吸入本品，浓度为1.9%，10min内几乎所有动物死亡。对动物的眼睛、皮肤、呼吸道有刺激作用。LD_{50}：578mg/kg（大鼠经口），355mg/kg（小鼠经口），221mg/kg（兔经皮）。LC_{50}：27800mg/m³（大鼠吸入，1h）

皮肤刺激或腐蚀　无资料　　　**眼睛刺激或腐蚀**　无资料

呼吸或皮肤过敏　无资料　　　**生殖细胞突变性**　无资料

致癌性　无资料　　　　　　　**生殖毒性**　无资料

特异性靶器官系统毒性-一次接触　无资料

特异性靶器官系统毒性-反复接触　无资料

吸入危害　无资料

第十二部分　生态学信息

生态毒性　LC_{50}：7mg/L（96h）（金鱼）

持久性和降解性

　生物降解性　无资料

　非生物降解性　无资料

潜在的生物累积性　无资料

土壤中的迁移性　无资料

第十三部分　废弃处置

废弃化学品　建议用焚烧法处置。焚烧炉排出的氮氧化物通过洗涤器除去

污染包装物　将容器返还生产商或按照国家和地方法规处置

废弃注意事项　处置前应参阅国家和地方有关法规

第十四部分　运输信息

联合国危险货物编号（UN号）　2359

联合国运输名称　二烯丙基胺

联合国危险性类别　3，6.1（8）

包装类别　Ⅱ

包装标志　

海洋污染物　是

运输注意事项　运输时运输车辆应配备相应品种和数量的消防器材及泄漏应急处理设备。夏季最好早晚运输。

运输时所用的槽（罐）车应有接地链，槽内可设孔隔板以减少震荡产生的静电。严禁与氧化剂、酸类、食用化学品等混装混运。运输途中应防暴晒、雨淋、防高温。中途停留时应远离火种、热源、高温区。装运该物品的车辆排气管必须配备阻火装置，禁止使用易产生火花的机械设备和工具装卸。公路运输时要按规定路线行驶，勿在居民区和人口稠密区停留。铁路运输时要禁止溜放。严禁用木船、水泥船散装运输

第十五部分　法规信息

下列法律、法规、规章和标准，对该化学品的管理作了相应的规定。

中华人民共和国职业病防治法　职业病分类和目录：未列入

危险化学品安全管理条例　危险化学品目录：列入。易制爆危险化学品名录：未列入。重点监管的危险化学品名录：未列入。GB 18218—2009《危险化学品重大危险源辨识》（表1）：未列入

使用有毒物品作业场所劳动保护条例　高毒物品目录：未列入

易制毒化学品管理条例　易制毒化学品的分类和品种目录：未列入

国际公约　斯德哥尔摩公约：未列入。鹿特丹公约：未列入。蒙特利尔议定书：未列入

第十六部分　其他信息

编写和修订信息　缩略语和首字母缩写
培训建议　　　　参考文献
免责声明

二烯丙基硫醚

第一部分　化学品标识

化学品中文名　二烯丙基硫醚；烯丙基硫；烯丙基硫醚；烯丙基化硫

化学品英文名　diallyl thioether；allyl sulfide

分子式　$C_6H_{10}S$　**分子量**　114.209

结构式　

化学品的推荐及限制用途　用于有机合成

第二部分　危险性概述

紧急情况概述　易燃液体和蒸气

GHS 危险性类别　易燃液体，类别 3

标签要素

象形图　🔥

警示词　警告

危险性说明　易燃液体和蒸气

防范说明

预防措施　远离热源、火花、明火、热表面。禁止吸烟。保持容器密闭。容器和接收设备接地连接。使用防爆型电器、通风、照明设备。只能使用不产生火花的工具。采取防止静电措施。戴防护手套、防护眼镜、防护面罩

事故响应　火灾时，使用泡沫、干粉、二氧化碳、砂土灭火。如皮肤（或头发）接触：立即脱掉所有被污染的衣服，用水冲洗皮肤，淋浴

安全储存　存放在通风良好的地方。保持低温

废弃处置　本品及内装物、容器依据国家和地方法规处置

物理和化学危险　易燃，其蒸气与空气混合，能形成爆炸性混合物

健康危害　吸入、摄入或经皮肤吸收对身体有害。本品具有强烈刺激性。高浓度接触严重损害黏膜、上呼吸道、眼和皮肤。接触后引起烧灼感、咳嗽、喘息、喉炎、气短、头痛、恶心和呕吐

环境危害　对环境可能有害

第三部分　成分/组成信息

√ 物质　　　　　　　　　混合物

组分	浓度	CAS No.
二烯丙基硫醚		592-88-1

第四部分　急救措施

吸入　迅速脱离现场至空气新鲜处。保持呼吸道通畅。如呼吸困难，给输氧。如呼吸、心跳停止，立即进行心肺复苏术。就医

皮肤接触　立即脱去污染的衣着，用流动清水彻底冲洗。就医

眼睛接触　立即分开眼睑，用流动清水或生理盐水彻底冲洗。就医

食入　漱口，饮水。就医

对保护施救者的忠告　根据需要使用个人防护设备

对医生的特别提示　对症处理

第五部分　消防措施

灭火剂　用泡沫、干粉、二氧化碳、砂土灭火

特别危险性　遇明火、高热易燃。遇水蒸气、酸或酸雾会产生易燃和有毒的硫化氢气体

灭火注意事项及防护措施　消防人员必须佩戴空气呼吸器、穿全身防火防毒服，在上风向灭火。尽可能将容器从火场移至空旷处。喷水保持火场容器冷却，直至灭火结束。处在火场中的容器若已变色或从安全泄压装置中发出声音，必须马上撤离

第六部分　泄漏应急处理

作业人员防护措施、防护装备和应急处置程序　根据液体流动和蒸气扩散的影响区域划定警戒区，无关人员从侧风向、上风向撤离至安全区。消除所有点火源。建议应急处理人员戴正压自给式呼吸器，穿防毒、防静电服。穿上适当的防护服前严禁接触破裂的容器和泄漏物。尽可能切断泄漏源

环境保护措施　防止泄漏物进入水体、下水道、地下室或有限空间

泄漏化学品的收容、清除方法及所使用的处置材料　小量泄漏：用干燥的砂土或其他不燃材料吸收或覆盖，收集于容器中。大量泄漏：构筑围堤或挖坑收容。用防爆泵转移至槽车或专用收集器内

第七部分　操作处置与储存

操作注意事项　密闭操作，提供充分的局部排风。操作人员必须经过专门培训，严格遵守操作规程。建议操作人员佩戴自吸过滤式防毒面具（全面罩），穿胶布防毒衣，戴橡胶耐油手套。远离火种、热源，工作场所严禁吸烟。使用防爆型的通风系统和设备。防止蒸气泄漏到工作场所空气中。避免与氧化剂、碱类接触。搬运时要轻装轻卸，防止包装及容器损坏。配备相应品种和数量的消防器材及泄漏应急处理设备。倒空的容器可能残留有害物

储存注意事项　储存于阴凉、通风的库房。远离火种、热源。应与氧化剂、碱类分开存放，切忌混储。不宜大量储存或久存。采用防爆型照明、通风设施。禁止使用易产生火花的机械设备和工具。储区应备有泄漏应急处理设备和合适的收容材料

第八部分　接触控制/个体防护

职业接触限值

中国　未制定标准

美国（ACGIH）　未制定标准

生物接触限值　未制定标准

监测方法　空气中有毒物质测定方法：未制定标准。生物监测检验方法：未制定标准

工程控制　严加密闭，提供充分的局部排风

个体防护装备

呼吸系统防护　空气中浓度超标时，必须佩戴过滤式防毒面具（全面罩）。紧急事态抢救或撤离时，应该佩戴空气呼吸器

眼睛防护　呼吸系统防护中已作防护

皮肤和身体防护　穿密闭型防毒服

手防护　戴橡胶耐油手套

第九部分　理化特性

外观与性状　无色油状液体，有蒜臭味

pH 值　无资料　　　　　**熔点（℃）**　−83

沸点（℃）　138　　　　　**相对密度（水=1）**　0.887

相对蒸气密度（空气=1）　3.90

饱和蒸气压（kPa）　0.93(20℃)

临界压力（MPa）　无资料　　**辛醇/水分配系数**　无资料

闪点（℃）　46.11　　　　**自燃温度（℃）**　无资料

爆炸下限（%）　无资料　　**爆炸上限（%）**　无资料

分解温度（℃）　无资料　　**黏度（mPa·s）**　无资料

燃烧热（kJ/mol）　无资料　**临界温度（℃）**　无资料

溶解性　不溶于水，可混溶于乙醇、乙醚、氯仿、四氯化碳

第十部分　稳定性和反应性

稳定性　稳定

危险反应　与强氧化剂、强碱等禁配物接触，有发生火灾和爆炸的危险。遇水蒸气、酸或酸雾会产生易燃和有毒的硫化氢气体

避免接触的条件　潮湿空气

禁配物　强氧化剂、强碱、水蒸气、酸

危险的分解产物　硫化氢

第十一部分　毒理学信息

急性毒性　LD_{50}：2980mg/kg（大鼠经口）；>5000mg/kg（兔经皮）

皮肤刺激或腐蚀　无资料　　**眼睛刺激或腐蚀**　无资料

呼吸或皮肤过敏　无资料　　**生殖细胞突变性**　无资料

致癌性　无资料　　　　　　**生殖毒性**　无资料

特异性靶器官系统毒性-一次接触　无资料

特异性靶器官系统毒性-反复接触　猫、兔和豚鼠吸入 2.74g/m³，每天 8h，8~12d，全部死亡。致肺和肾脏损害

吸入危害　无资料

第十二部分　生态学信息

生态毒性　无资料

持久性和降解性

生物降解性　无资料

非生物降解性　无资料

潜在的生物累积性　无资料

土壤中的迁移性　无资料

第十三部分　废弃处置

废弃化学品　建议用焚烧法处置。焚烧炉排出的硫氧化物通过洗涤器除去

污染包装物　将容器返还生产商或按照国家和地方法规处置

废弃注意事项　处置前应参阅国家和地方有关法规

第十四部分　运输信息

联合国危险货物编号（UN号）　1993

联合国运输名称　易燃液体，未另做规定的（二烯丙基硫醚）

联合国危险性类别　3

包装类别　Ⅲ　　　　　　　　**包装标志**　

海洋污染物　否

运输注意事项　运输前应先检查包装容器是否完整、密封，运输过程中要确保容器不泄漏、不倒塌、不坠落、不损坏。严禁与酸类、氧化剂、食品及食品添加剂混运。运输时运输车辆应配备相应品种和数量的消防器材及泄漏应急处理设备。运输途中应防暴晒、雨淋，防高温。运输时所用的槽（罐）车应有接地链，槽内可设孔隔板以减少震荡产生的静电。中途停留时应远离火种、热源。公路运输时要按规定路线行驶，勿在居民区和人口稠密区停留

第十五部分 法规信息

下列法律、法规、规章和标准，对该化学品的管理作了相应的规定。

中华人民共和国职业病防治法 职业病分类和目录：未列入

危险化学品安全管理条例 危险化学品目录：列入。易制爆危险化学品名录：未列入。重点监管的危险化学品名录：未列入。GB 18218—2009《危险化学品重大危险源辨识》(表1)：未列入

使用有毒物品作业场所劳动保护条例 高毒物品目录：未列入

易制毒化学品管理条例 易制毒化学品的分类和品种目录：未列入

国际公约 斯德哥尔摩公约：未列入。鹿特丹公约：未列入。蒙特利尔议定书：未列入

第十六部分 其他信息

编写和修订信息　　缩略语和首字母缩写
培训建议　　　　　参考文献
免责声明

二烯丙基醚

第一部分 化学品标识

化学品中文名 二烯丙基醚；烯丙基醚
化学品英文名 diallyl ether；allyl ether
分子式 $C_6H_{10}O$ **分子量** 98.1430
结构式
化学品的推荐及限制用途 用于有机合成

第二部分 危险性概述

紧急情况概述 高度易燃液体和蒸气，吞咽有害，皮肤接触会中毒，造成轻微皮肤刺激，造成严重眼刺激，可能引起昏昏欲睡或眩晕

GHS危险性类别 易燃液体，类别2；急性毒性-经口，类别4；急性毒性-经皮，类别3；皮肤腐蚀/刺激，类别3；严重眼损伤/眼刺激，类别2；特异性靶器官毒性--一次接触，类别3（麻醉效应）

标签要素

象形图

警示词 警告

危险性说明 高度易燃液体和蒸气，吞咽有害，皮肤接触会中毒，造成轻微皮肤刺激，造成严重眼刺激，可能引起昏昏欲睡或眩晕

防范说明

预防措施 远离热源、火花、明火、热表面。保持容器密闭。容器和接收设备接地连接。使用防爆型电器、通风、照明设备。只能使用不产生火花的工具。采取防止静电措施。戴防护手套、防护眼镜、防护面罩，穿防护服。避免接触眼睛、皮肤，操作后彻底清洗。作业场所不得进食、饮水或吸烟

事故响应 火灾时，使用泡沫、干粉、二氧化碳、砂土灭火。皮肤接触：用大量肥皂水和水清洗。立即脱去所有被污染的衣服。被污染的衣服必须经洗净后方可重新使用。如发生皮肤刺激，就医。如接触眼睛：用水细心冲洗数分钟。如戴隐形眼镜并可方便地取出，取出隐形眼镜，继续冲洗。如果眼睛刺激持续，就医。食入：如果感觉不适，立即呼叫中毒控制中心或就医，漱口

安全储存 存放在通风良好的地方。保持低温。上锁保管

废弃处置 本品及内装物、容器依据国家和地方法规处置

物理和化学危险 易燃，其蒸气与空气混合，能形成爆炸性混合物。容易自聚

健康危害 蒸气或雾对眼和上呼吸道有刺激性。对皮肤有刺激性。食入或经皮肤吸收对身体有害

环境危害 对环境可能有害

第三部分 成分/组成信息

√ 物质　　　　　　　　　混合物

组分	浓度	CAS No.
二烯丙基醚		557-40-4

第四部分 急救措施

吸入 迅速脱离现场至空气新鲜处。保持呼吸道通畅。如呼吸困难，给输氧。如呼吸、心跳停止，立即进行心肺复苏术。就医

皮肤接触 立即脱去污染的衣着，用流动清水彻底冲洗。就医

眼睛接触 立即分开眼睑，用流动清水或生理盐水彻底冲洗。就医

食入 漱口，饮水。就医

对保护施救者的忠告 根据需要使用个人防护设备

对医生的特别提示 对症处理

第五部分 消防措施

灭火剂 用泡沫、干粉、二氧化碳、砂土灭火

特别危险性 其蒸气与空气可形成爆炸性混合物，遇明火、高热极易燃烧爆炸。与氧化剂接触猛烈反应。高热时能放出辛辣的有毒气体。流速过快，容易产生和积聚静电。容易自聚，聚合反应随着温度的上升而急骤加剧。蒸气比空气重，沿地面扩散并易积存于低洼处，遇火源会着火回燃。若遇高热，容器内压增大，有开裂和爆炸的危险

灭火注意事项及防护措施 消防人员必须佩戴防毒面具、穿全身消防服，在上风向灭火。尽可能将容器从火场移至空旷处。喷水保持火场容器冷却，直至灭火结束。处在火场中的容器若已变色或从安全泄压装置中发出声音，必须马上撤离。用水灭火无效

第六部分　泄漏应急处理

作业人员防护措施、防护装备和应急处置程序　消除所有点火源。根据液体流动和蒸气扩散的影响区域划定警戒区，无关人员从侧风向、上风向撤离至安全区。建议应急处理人员戴正压自给式呼吸器，穿防毒、防静电服。作业时使用的所有设备应接地。禁止接触或跨越泄漏物。尽可能切断泄漏源

环境保护措施　防止泄漏物进入水体、下水道、地下室或有限空间

泄漏化学品的收容、清除方法及所使用的处置材料　小量泄漏：用砂土或其他不燃材料吸收。使用洁净的无火花工具收集吸收材料。大量泄漏：构筑围堤或挖坑收容。用泡沫覆盖，减少蒸气。喷水雾能减少蒸发，但不能降低泄漏物在有限空间内的易燃性。用防爆泵转移至槽车或专用收集器内

第七部分　操作处置与储存

操作注意事项　密闭操作，全面通风。操作人员必须经过专门培训，严格遵守操作规程。建议操作人员佩戴自吸过滤式防毒面具（半面罩），戴化学安全防护眼镜，穿防静电工作服，戴橡胶耐油手套。远离火种、热源，工作场所严禁吸烟。使用防爆型的通风系统和设备。防止蒸气泄漏到工作场所空气中。避免与氧化剂、酸类接触。灌装时应控制流速，且有接地装置，防止静电积聚。搬运时要轻装轻卸，防止包装及容器损坏。配备相应品种和数量的消防器材及泄漏应急处理设备。倒空的容器可能残留有害物

储存注意事项　通常商品加有阻聚剂。储存于阴凉、通风的库房。远离火种、热源。库温不宜超过37℃，包装要求密封，不可与空气接触。应与氧化剂、酸类、食用化学品分开存放，切忌混储。采用防爆型照明、通风设施。禁止使用易产生火花的机械设备和工具。储区应备有泄漏应急处理设备和合适的收容材料

第八部分　接触控制/个体防护

职业接触限值
　　中国　未制定标准
　　美国（ACGIH）　未制定标准
生物接触限值　未制定标准
监测方法　空气中有毒物质测定方法：未制定标准。生物监测检验方法：未制定标准
工程控制　生产过程密闭，全面通风。提供安全淋浴和洗眼设备
个体防护装备
　　呼吸系统防护　空气中浓度超标时，必须佩戴过滤式防毒面具（半面罩）。紧急事态抢救或撤离时，应该佩戴空气呼吸器
　　眼睛防护　戴化学安全防护眼镜
　　皮肤和身体防护　穿防静电工作服
　　手防护　戴橡胶耐油手套

第九部分　理化特性

外观与性状　无色透明液体，有萝卜气味

pH 值　无资料　　　　　**熔点（℃）**　无资料
沸点（℃）　94.3　　　　**相对密度（水＝1）**　0.80
相对蒸气密度（空气＝1）　3.38
饱和蒸气压（kPa）　无资料
临界压力（MPa）　无资料　　**辛醇/水分配系数**　无资料
闪点（℃）　−6.67　　　　**自燃温度（℃）**　无资料
爆炸下限（%）　无资料　　**爆炸上限（%）**　无资料
分解温度（℃）　无资料　　**黏度（mPa·s）**　无资料
燃烧热（kJ/mol）　无资料　　**临界温度（℃）**　无资料
溶解性　不溶于水，可混溶于乙醇、乙醚等多数有机溶剂

第十部分　稳定性和反应性

稳定性　稳定
危险反应　与氧化剂、强酸等禁配物接触，有发生火灾和爆炸的危险。容易发生自聚反应
避免接触的条件　光照
禁配物　强氧化剂、强酸
危险的分解产物　过氧化物

第十一部分　毒理学信息

急性毒性　LD$_{50}$：320mg/kg（大鼠经口）；600mg/kg（兔经皮）
皮肤刺激或腐蚀　无资料　　**眼睛刺激或腐蚀**　无资料
呼吸或皮肤过敏　无资料　　**生殖细胞突变性**　无资料
致癌性　无资料　　　　　　**生殖毒性**　无资料
特异性靶器官系统毒性-一次接触　无资料
特异性靶器官系统毒性-反复接触　无资料
吸入危害　无资料

第十二部分　生态学信息

生态毒性　无资料
持久性和降解性
　　生物降解性　无资料
　　非生物降解性　无资料
潜在的生物累积性　无资料
土壤中的迁移性　无资料

第十三部分　废弃处置

废弃化学品　建议用焚烧法处置
污染包装物　将容器返还生产商或按照国家和地方法规处置
废弃注意事项　处置前应参阅国家和地方有关法规

第十四部分　运输信息

联合国危险货物编号（UN 号）　2360
联合国运输名称　二烯丙基醚
联合国危险性类别　3，6.1
包装类别　Ⅱ

包装标志　

海洋污染物　否

运输注意事项　运输时运输车辆应配备相应品种和数量的消防器材及泄漏应急处理设备。夏季最好早晚运输。运输时所用的槽（罐）车应有接地链，槽内可设孔隔板以减少震荡产生的静电。严禁与氧化剂、酸类、食用化学品等混装混运。运输途中应防暴晒、雨淋、防高温。中途停留时应远离火种、热源、高温区。装运该物品的车辆排气管必须配备阻火装置，禁止使用易产生火花的机械设备和工具装卸。公路运输时要按规定路线行驶，勿在居民区和人口稠密区停留。铁路运输时要禁止溜放。严禁用木船、水泥船散装运输

第十五部分　法规信息

下列法律、法规、规章和标准，对该化学品的管理作了相应的规定。

中华人民共和国职业病防治法　职业病分类和目录：未列入

危险化学品安全管理条例　危险化学品目录：列入。易制爆危险化学品名录：未列入。重点监管的危险化学品名录：未列入。GB 18218—2009《危险化学品重大危险源辨识》（表1）：未列入

使用有毒物品作业场所劳动保护条例　高毒物品目录：未列入

易制毒化学品管理条例　易制毒化学品的分类和品种目录：未列入

国际公约　斯德哥尔摩公约：未列入。鹿特丹公约：未列入。蒙特利尔议定书：未列入

第十六部分　其他信息

编写和修订信息　　缩略语和首字母缩写
培训建议　　参考文献
免责声明

二烯丙基氰胺

第一部分　化学品标识

化学品中文名　二烯丙基氰胺；二烯丙基代氰氨；*N*-氰基二烯丙基胺

化学品英文名　diallyl cyanamide；*N*-cyanodiallylamine

分子式　$C_7H_{10}N_2$　　**分子量**　122.1677

结构式　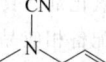

化学品的推荐及限制用途　用于有机合成、聚合物合成

第二部分　危险性概述

紧急情况概述　吞咽会中毒

GHS 危险性类别　急性毒性-经口，类别3

标签要素

象形图　

警示词　危险

危险性说明　吞咽会中毒

防范说明

　　预防措施　避免接触眼睛、皮肤，操作后彻底清洗。作业场所不得进食、饮水或吸烟

　　事故响应　食入：立即呼叫中毒控制中心或就医，漱口

　　安全储存　上锁保管

　　废弃处置　本品及内装物、容器依据国家和地方法规处置

物理和化学危险　可燃，其蒸气与空气混合，能形成爆炸性混合物

健康危害　本品毒作用特征与氰胺相似，但毒性强度高于氰胺。吸入氰胺蒸气引起面部潮红、头痛、恶心、呕吐、呼吸加快。氰胺对皮肤黏膜有刺激性或腐蚀性，可致皮炎，可经皮吸收

环境危害　对环境可能有害

第三部分　成分/组成信息

√ 物质　　　　　　　　混合物

组分	浓度	CAS No.
二烯丙基氰胺		538-08-9

第四部分　急救措施

吸入　迅速脱离现场至空气新鲜处。保持呼吸道通畅。如呼吸困难，给输氧。如呼吸、心跳停止，立即进行心肺复苏术。就医

皮肤接触　立即脱去污染的衣着，用流动清水彻底冲洗。就医

眼睛接触　立即分开眼睑，用流动清水或生理盐水彻底冲洗。就医

食入　漱口，饮水。就医

对保护施救者的忠告　根据需要使用个人防护设备

对医生的特别提示　对症处理

第五部分　消防措施

灭火剂　用雾状水、泡沫、干粉、二氧化碳、砂土灭火

特别危险性　遇明火能燃烧。受高热分解放出有毒的气体

灭火注意事项及防护措施　消防人员必须佩戴防毒面具、穿全身消防服，在上风向灭火。尽可能将容器从火场移至空旷处。喷水保持火场容器冷却，直至灭火结束。处在火场中的容器若已变色或从安全泄压装置中发出声音，必须马上撤离

第六部分　泄漏应急处理

作业人员防护措施、防护装备和应急处置程序　根据液体流动和蒸气扩散的影响区域划定警戒区，无关人员从侧风向、上风向撤离至安全区。消除所有点火源。建议应急处理人员戴正压自给式呼吸器，穿防毒服。穿上适当的防护服前严禁接触破裂的容器和泄漏物。尽可能切断泄漏源

环境保护措施　防止泄漏物进入水体、下水道、地下室或有限空间

泄漏化学品的收容、清除方法及所使用的处置材料　小量泄漏：用干燥的砂土或其他不燃材料吸收或覆盖，收

集于容器中。大量泄漏：构筑围堤或挖坑收容。用泵转移至槽车或专用收集器内

第七部分　操作处置与储存

操作注意事项　严加密闭，提供充分的局部排风和全面通风。尽可能采取隔离操作。操作人员必须经过专门培训，严格遵守操作规程。建议操作人员佩戴自吸过滤式防毒面具（半面罩），戴化学安全防护眼镜，穿防毒物渗透工作服，戴橡胶耐油手套。远离火种、热源，工作场所严禁吸烟。使用防爆型的通风系统和设备。防止蒸气泄漏到工作场所空气中。避免与酸类接触。搬运时要轻装轻卸，防止包装及容器损坏。配备相应品种和数量的消防器材及泄漏应急处理设备。倒空的容器可能残留有害物

储存注意事项　储存于阴凉、通风的库房。远离火种、热源。应与酸类分开存放，切忌混储。不宜大量储存或久存。配备相应品种和数量的消防器材。储区应备有泄漏应急处理设备和合适的收容材料

第八部分　接触控制/个体防护

职业接触限值
　中国　未制定标准
　美国（ACGIH）　未制定标准
生物接触限值　未制定标准
监测方法　空气中有毒物质测定方法：未制定标准。生物监测检验方法：未制定标准
工程控制　严加密闭，提供充分的局部排风和全面通风。尽可能采取隔离操作
个体防护装备
　呼吸系统防护　空气中浓度超标时，必须佩戴过滤式防毒面具（半面罩）。紧急事态抢救或撤离时，应该佩戴空气呼吸器
　眼睛防护　戴化学安全防护眼镜
　皮肤和身体防护　穿防毒物渗透工作服
　手防护　戴橡胶耐油手套

第九部分　理化特性

外观与性状　无色液体

pH 值　无资料		**熔点（℃）**　−70	
沸点（℃）　222（微分解）		**相对密度（水＝1）**　0.90	
相对蒸气密度（空气＝1）　4.1			
饱和蒸气压（kPa）　无资料			
临界压力（MPa）　无资料		**辛醇/水分配系数**　无资料	
闪点（℃）　无资料		**自燃温度（℃）**　无资料	
爆炸下限（%）　无资料		**爆炸上限（%）**　无资料	
分解温度（℃）　无资料		**黏度（mPa·s）**　无资料	
燃烧热（kJ/mol）　无资料		**临界温度（℃）**　无资料	

溶解性　不溶于水，可混溶于多数有机溶剂

第十部分　稳定性和反应性

稳定性　稳定
危险反应　与强酸等禁配物发生反应
避免接触的条件　无资料

禁配物　强酸
危险的分解产物　氰化物、氮氧化物

第十一部分　毒理学信息

急性毒性　LDLo：125mg/kg（小鼠腹腔）
皮肤刺激或腐蚀　无资料　　**眼睛刺激或腐蚀**　无资料
呼吸或皮肤过敏　无资料　　**生殖细胞突变性**　无资料
致癌性　无资料　　　　　　**生殖毒性**　无资料
特异性靶器官系统毒性-一次接触　无资料
特异性靶器官系统毒性-反复接触　无资料
吸入危害　无资料

第十二部分　生态学信息

生态毒性　无资料
持久性和降解性
　生物降解性　无资料
　非生物降解性　无资料
潜在的生物累积性　无资料
土壤中的迁移性　无资料

第十三部分　废弃处置

废弃化学品　建议用焚烧法处置。焚烧炉排出的氮氧化物通过洗涤器除去
污染包装物　将容器返还生产商或按照国家和地方法规处置
废弃注意事项　处置前应参阅国家和地方有关法规

第十四部分　运输信息

联合国危险货物编号（UN 号）　2810
联合国运输名称　有机毒性液体，未另作规定的（二烯丙基氰胺）
联合国危险性类别　6.1

包装类别　Ⅲ　　　　　　**包装标志**

海洋污染物　否
运输注意事项　运输前应先检查包装容器是否完整、密封，运输过程中要确保容器不泄漏、不倒塌、不坠落、不损坏。严禁与酸类、氧化剂、食品及食品添加剂混运。运输时运输车辆应配备相应品种和数量的消防器材及泄漏应急处理设备。运输途中应防暴晒、雨淋，防高温。公路运输时要按规定路线行驶，勿在居民区和人口稠密区停留

第十五部分　法规信息

　下列法律、法规、规章和标准，对该化学品的管理作了相应的规定。
中华人民共和国职业病防治法　职业病分类和目录：未列入
危险化学品安全管理条例　危险化学品目录：列入。易制爆危险化学品名录：未列入。重点监管的危险化学品名录：未列入。GB 18218—2009《危险化学品重大

危险源辨识》（表1）：未列入

使用有毒物品作业场所劳动保护条例 高毒物品目录：未列入

易制毒化学品管理条例 易制毒化学品的分类和品种目录：未列入

国际公约 斯德哥尔摩公约：未列入。鹿特丹公约：未列入。蒙特利尔议定书：未列入

第十六部分 其他信息

编写和修订信息　缩略语和首字母缩写
培训建议　　　　参考文献
免责声明

4,6-二硝基-2-氨基苯酚

第一部分 化学品标识

化学品中文名 4,6-二硝基-2-氨基苯酚；苦氨酸；二硝基氨基苯酚

化学品英文名 4,6-dinitro-2-aminophenol；picramic acid

分子式 $C_6H_5N_3O_5$　**分子量** 199.121

结构式

化学品的推荐及限制用途 用于制造偶氮染料、分析试剂、指示剂等

第二部分 危险性概述

紧急情况概述 爆炸物、整体爆炸危险，吞咽有害，皮肤接触有害，吸入有害

GHS危险性类别 爆炸物，1.1项；急性毒性-经口，类别4；急性毒性-经皮，类别4；急性毒性-吸入，类别4；危害水生环境-急性危害，类别3；危害水生环境-长期危害，类别3

标签要素

象形图

警示词 危险

危险性说明 爆炸物、整体爆炸危险，吞咽有害，皮肤接触有害，吸入有害，对水生生物有害并具有长期持续影响

防范说明

预防措施　远离热源、火花、明火、热表面。容器和接收设备接地连接。避免研磨、撞击、摩擦。戴防护面罩。避免接触眼睛、皮肤，操作后彻底清洗。作业场所不得进食、饮水或吸烟。戴防护手套、穿防护服。避免吸入粉尘。仅在室外或通风良好处操作。禁止排入环境

事故响应　火灾时可能爆炸。火势蔓延到爆炸物时，切勿灭火。撤离现场。如吸入：将患者转移到空气新鲜处，休息，保持利于呼吸的体位。皮肤接触：用大量肥皂水和水清洗，如感觉不适，呼叫中毒控制中心或就医。被污染的衣服必须经洗净后方可重新使用。食入：如果感觉不适，立即呼叫中毒控制中心或就医。漱口

安全储存　本品依据国家和地方法规储存

废弃处置　本品及内装物、容器依据国家和地方法规处置

物理和化学危险 易燃。受撞击、摩擦，遇明火或其他点火源有爆炸危险

健康危害 有毒。吸入、摄入或经皮肤吸收可引起中毒。中毒表现有盗汗、发烧、呼吸短促、心跳加快等。皮肤接触可引起皮炎、周围神经炎。本品为高铁血红蛋白形成剂

环境危害 对水生生物有害并具有长期持续影响

第三部分 成分/组成信息

√ 物质　　　　　　　　　混合物

组分	浓度	CAS No.
4,6-二硝基-2-氨基苯酚		96-91-3

第四部分 急救措施

吸入 迅速脱离现场至空气新鲜处。保持呼吸道通畅。如呼吸困难，给输氧。如呼吸心跳停止，立即进行心肺复苏术。就医

皮肤接触 立即脱去污染衣着，用肥皂水或清水彻底冲洗。就医

眼睛接触 分开眼睑，用清水或生理盐水冲洗。就医

食入 漱口，饮水。就医

对保护施救者的忠告 根据需要使用个人防护设备

对医生的特别提示 高铁血红蛋白血症，可用亚甲蓝和维生素C治疗

第五部分 消防措施

灭火剂 用雾状水、泡沫、干粉、二氧化碳灭火

特别危险性 遇明火、高热、摩擦、震动、撞击，有引起燃烧爆炸的危险。与氧化剂混合能形成爆炸性混合物。干燥时经震动、撞击会引起爆炸。受高热分解放出有毒的气体

灭火注意事项及防护措施 消防人员必须戴好防毒面具，在安全距离以外，在上风向灭火。尽可能将容器从火场移至空旷处。喷水保持火场容器冷却，直至灭火结束。禁止用砂土压盖

第六部分 泄漏应急处理

作业人员防护措施、防护装备和应急处置程序 隔离泄漏污染区，限制出入。消除所有点火源。建议应急处理人员戴防尘口罩，穿防毒、防静电服。穿上适当的防护服前严禁接触破裂的容器和泄漏物

环境保护措施 用塑料布覆盖泄漏物，减少飞散

泄漏化学品的收容、清除方法及所使用的处置材料 用洁净的无火花工具收集泄漏物，置于一盖子较松的塑料

容器中，待处置

第七部分　操作处置与储存

操作注意事项　密闭操作，全面通风。防止粉尘释放到车间空气中。操作人员必须经过专门培训，严格遵守操作规程。建议操作人员佩戴自吸过滤式防尘口罩，戴化学安全防护眼镜，戴防化学品手套。远离火种、热源，工作场所严禁吸烟。使用防爆型的通风系统和设备。避免产生粉尘。避免与氧化剂接触。配备相应品种和数量的消防器材及泄漏应急处理设备。倒空的容器可能残留有害物

储存注意事项　储存于阴凉、通风的库房。库温不宜超过35℃。远离火种、热源。防止阳光直射。包装密封。应与氧化剂、食用化学品分开存放，切忌混储。采用防爆型照明、通风设施。禁止使用易产生火花的机械设备和工具。储区应备有合适的材料收容泄漏物

第八部分　接触控制/个体防护

职业接触限值
　中国　未制定标准
　美国（ACGIH）　未制定标准
生物接触限值　未制定标准
监测方法　空气中有毒物质测定方法：未制定标准。生物监测检验方法：未制定标准
工程控制　生产过程密闭，全面通风
个体防护装备
　呼吸系统防护　空气中粉尘浓度较高时，建议佩戴过滤式防尘呼吸器
　眼睛防护　戴化学安全防护眼镜
　皮肤和身体防护　一般不需特殊防护
　手防护　戴防化学品手套

第九部分　理化特性

外观与性状　暗红色针状或棱状结晶
pH 值　无意义　　　　**熔点（℃）**　169～170
沸点（℃）　无资料　　**相对密度（水＝1）**　无资料
相对蒸气密度（空气＝1）　无资料
饱和蒸气压（kPa）　无资料
临界压力（MPa）　无资料　**辛醇/水分配系数**　无资料
闪点（℃）　210　　　　**自燃温度（℃）**　无资料
爆炸下限（%）　无资料　**爆炸上限（%）**　无资料
分解温度（℃）　无资料　**黏度（mPa·s）**　无资料
燃烧热（kJ/mol）　无资料　**临界温度（℃）**　无资料
溶解性　微溶于水，溶于苯、醇、苯胺

第十部分　稳定性和反应性

稳定性　稳定
危险反应　受热、摩擦、震动、撞击、与氧化剂等禁配物接触，有发生火灾和爆炸的危险
避免接触的条件　摩擦、震动、撞击
禁配物　氧化剂
危险的分解产物　氮氧化物

第十一部分　毒理学信息

急性毒性　LDLo：150mg/kg（狗，静脉内）；2100mg/kg（大鼠皮下）
皮肤刺激或腐蚀　无资料　　**眼睛刺激或腐蚀**　无资料
呼吸或皮肤过敏　无资料
生殖细胞突变性　微生物致突变：鼠伤寒沙门氏菌5μmol/皿
致癌性　无资料　　　　　**生殖毒性**　无资料
特异性靶器官系统毒性-一次接触　无资料
特异性靶器官系统毒性-反复接触　无资料
吸入危害　无资料

第十二部分　生态学信息

生态毒性　LC₅₀：46.2mg/L（96h）（虹鳟）
持久性和降解性
　生物降解性　无资料
　非生物降解性　无资料
潜在的生物累积性　无资料
土壤中的迁移性　无资料

第十三部分　废弃处置

废弃化学品　建议用控制焚烧法或安全掩埋法处置。破损容器禁止重新使用，要在规定场所掩埋
污染包装物　将容器返还生产商或按照国家和地方法规处置
废弃注意事项　处置前应参阅国家和地方有关法规

第十四部分　运输信息

联合国危险货物编号（UN 号）　0473
联合国运输名称　爆炸性物质，未另作规定的（4,6-二硝基-2-氨基苯酚）
联合国危险性类别　1.1D

包装类别　—　　　　　　**包装标志**　

海洋污染物　否
运输注意事项　运输时运输车辆应配备相应品种和数量的消防器材及泄漏应急处理设备。装运本品的车辆排气管必须有阻火装置。运输过程中要确保容器不泄漏、不倒塌、不坠落、不损坏。严禁与氧化剂等混装混运。运输途中应防暴晒、雨淋，防高温。中途停留时应远离火种、热源。车辆运输完毕应进行彻底清扫。铁路运输时要禁止溜放

第十五部分　法规信息

　下列法律、法规、规章和标准，对该化学品的管理作了相应的规定。
中华人民共和国职业病防治法　职业病分类和目录：苯的氨基及硝基化合物中毒
危险化学品安全管理条例　危险化学品目录：列入。易制爆危险化学品名录：未列入。重点监管的危险化学

名录：未列入。GB 18218—2009《危险化学品重大危险源辨识》（表1）：未列入

使用有毒物品作业场所劳动保护条例　高毒物品目录：未列入

易制毒化学品管理条例　易制毒化学品的分类和品种目录：未列入

国际公约　斯德哥尔摩公约：未列入。鹿特丹公约：未列入。蒙特利尔议定书：未列入

第十六部分　其他信息

编写和修订信息　　　　缩略语和首字母缩写
培训建议　　　　　　　参考文献
免责声明

2,5-二硝基苯酚[含水≥15%]

第一部分　化学品标识

化学品中文名　2,5-二硝基苯酚(含水≥15%)；γ-二硝基酚；2,5-二硝基(苯)酚

化学品英文名　2,5-dinitrophenol(with not less than 15% water)；γ-dinitrophenol

分子式　$C_6H_4N_2O_5$　**分子量**　184.1064

结构式　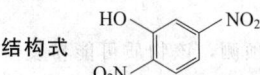

化学品的推荐及限制用途　用于染料工业和有机合成，也用作木材防腐和酸碱指示剂

第二部分　危险性概述

紧急情况概述　易燃固体，吞咽会中毒，皮肤接触会中毒，吸入会中毒

GHS危险性类别　易燃固体，类别1；急性毒性-经口，类别3；急性毒性-经皮，类别3；急性毒性-吸入，类别3；特异性靶器官毒性-反复接触，类别2；危害水生环境-急性危害，类别2；危害水生环境-长期危害，类别2

标签要素

象形图　

警示词　危险

危险性说明　易燃固体，吞咽会中毒，皮肤接触会中毒，吸入会中毒，长时间或反复接触可能对器官造成损伤，对水生生物有毒并具有长期持续影响

防范说明

　预防措施　远离热源、火花、明火、热表面。容器和接收设备接地连接。使用防爆型电器、通风、照明设备。戴防护手套、防护眼镜、防护面罩，穿防护服。避免接触眼睛、皮肤，操作后彻底清洗。作业场所不得进食、饮水或吸烟。避免吸入粉尘。仅在室外或通风良好处操作。禁止排入环境

　事故响应　火灾时，使用雾状水、泡沫、干粉、二氧化碳灭火。如吸入：将患者转移到空气新鲜处，休息，保持利于呼吸的体位。皮肤接触：用大量肥皂水和水清洗，立即脱去所有被污染的衣服，被污染的衣服必须经洗净后方可重新使用。如感觉不适，呼叫中毒控制中心或就医。食入：立即呼叫中毒控制中心或就医，漱口。收集泄漏物

　安全储存　在通风良好处储存。保持容器密闭。上锁保管

　废弃处置　本品及内装物、容器依据国家和地方法规处置

物理和化学危险　易燃。受撞击、摩擦，遇明火或其他点火源有爆炸危险

健康危害　吸入、食入或经皮肤吸收均会引起中毒。中毒时大量出汗、发烧、全身乏力、抽搐、肌肉强直等。可引起高铁血红蛋白血症。长期接触可引起皮炎、周围神经炎

环境危害　对水生生物有毒并具有长期持续影响

第三部分　成分/组成信息

√ 物质　　　　　　　　　混合物

组分	浓度	CAS No.
2,5-二硝基苯酚(含水≥15%)		329-71-5

第四部分　急救措施

吸入　迅速脱离现场至空气新鲜处。保持呼吸道通畅。如呼吸困难，给输氧。如呼吸心跳停止，立即行心肺复苏术。就医

皮肤接触　立即脱去污染衣着，用肥皂水或清水彻底冲洗。就医

眼睛接触　分开眼睑，用清水或生理盐水冲洗。就医

食入　漱口，饮水。就医

对保护施救者的忠告　根据需要使用个人防护设备

对医生的特别提示　高铁血红蛋白血症，可用亚甲蓝和维生素C治疗

第五部分　消防措施

灭火剂　用雾状水、泡沫、干粉、二氧化碳灭火

特别危险性　遇明火、高热易燃。与重金属粉末能起化学反应生成金属盐，增加敏感度。经摩擦、震动或撞击可引起燃烧或爆炸。受高热分解放出有毒的气体

灭火注意事项及防护措施　消防人员必须戴好防毒面具，在安全距离以外，在上风向灭火。尽可能将容器从火场移至空旷处。喷水保持火场容器冷却，直至灭火结束。禁止用砂土压盖

第六部分　泄漏应急处理

作业人员防护措施、防护装备和应急处置程序　隔离泄漏污染区，限制出入。消除所有点火源。建议应急处理人员戴防尘口罩，穿防毒、防静电服。作业时使用的所有设备应接地。禁止接触或跨越泄漏物

环境保护措施　用塑料布覆盖泄漏物，减少飞散

泄漏化学品的收容、清除方法及所使用的处置材料　小量

泄漏：用大量水冲洗，洗水稀释后放入废水系统。大量泄漏：用水润湿，并筑堤收容。通过慢慢加入大量水保持泄漏物湿润

第七部分　操作处置与储存

操作注意事项　密闭操作，全面通风。防止粉尘释放到车间空气中。操作人员必须经过专门培训，严格遵守操作规程。建议操作人员佩戴自吸过滤式防尘口罩，戴化学安全防护眼镜，戴防化学品手套。远离火种、热源，工作场所严禁吸烟。使用防爆型的通风系统和设备。避免产生粉尘。避免与氧化剂、碱类接触。配备相应品种和数量的消防器材及泄漏应急处理设备。倒空的容器可能残留有害物

储存注意事项　储存于阴凉、通风的库房。远离火种、热源。防止阳光直射。库温不宜超过35℃。包装密封。应与氧化剂、碱类、食用化学品分开存放，切忌混储。采用防爆型照明、通风设施。禁止使用易产生火花的机械设备和工具。储区应备有合适的材料收容泄漏物

第八部分　接触控制/个体防护

职业接触限值
　　中国　未制定标准
　　美国（ACGIH）　未制定标准
生物接触限值　未制定标准
监测方法　空气中有毒物质测定方法：未制定标准。生物监测检验方法：未制定标准
工程控制　生产过程密闭，全面通风
个体防护装备
　　呼吸系统防护　空气中粉尘浓度较高时，建议佩戴过滤式防尘呼吸器
　　眼睛防护　戴化学安全防护眼镜
　　皮肤和身体防护　一般不需特殊防护
　　手防护　戴防化学品手套

第九部分　理化特性

外观与性状　黄色结晶或粉末
pH 值　无意义　　　　**熔点（℃）**　106～109
沸点（℃）　无资料　　**相对密度（水＝1）**　1.689
相对蒸气密度（空气＝1）　无资料
临界压力（MPa）　无资料
辛醇/水分配系数　1.18～1.75
闪点（℃）　无意义　　**自燃温度（℃）**　无资料
爆炸下限（％）　无资料　**爆炸上限（％）**　无资料
分解温度（℃）　无资料　**黏度（mPa·s）**　无资料
燃烧热（kJ/mol）　无资料　**临界温度（℃）**　无资料
溶解性　微溶于冷水、醇，溶于热醇、醚、碱

第十部分　稳定性和反应性

稳定性　稳定
危险反应　与强氧化剂、强碱等禁配物接触，有引起燃烧爆炸的危险。与重金属粉末能起化学反应生成金属盐，增加敏感度。经摩擦、震动或撞击可引起燃烧或爆炸

避免接触的条件　摩擦、震动、撞击
禁配物　强氧化剂、强碱
危险的分解产物　氮氧化物

第十一部分　毒理学信息

急性毒性　LD$_{50}$：150mg/kg（大鼠腹腔内）；273mg/kg（小鼠腹腔内）
皮肤刺激或腐蚀　无资料　**眼睛刺激或腐蚀**　无资料
呼吸或皮肤过敏　无资料
生殖细胞突变性　微生物致突变：鼠伤寒沙门氏菌100μg/皿
致癌性　无资料　　　　　**生殖毒性**　无资料
特异性靶器官系统毒性-一次接触　无资料
特异性靶器官系统毒性-反复接触　无资料
吸入危害　无资料

第十二部分　生态学信息

生态毒性　LC$_{50}$：3.36mg/L（96h）（虹鳟）
持久性和降解性
　　生物降解性　不易快速生物降解
　　非生物降解性　无资料
潜在的生物累积性　根据 K_{ow} 值预测，该物质的生物累积性可能较弱
土壤中的迁移性　根据 K_{oc} 值预测，该物质可能易发生迁移

第十三部分　废弃处置

废弃化学品　建议用控制焚烧法或安全掩埋法处置。破损容器禁止重新使用，要在规定场所掩埋
污染包装物　将容器返还生产商或按照国家和地方法规处置
废弃注意事项　处置前应参阅国家和地方有关法规

第十四部分　运输信息

联合国危险货物编号（UN 号）　1320
联合国运输名称　二硝基苯酚，湿的，按质量含水不低于 15％
联合国危险性类别　4.1, 6.1
包装类别　Ⅰ

包装标志　

海洋污染物　是
运输注意事项　运输时运输车辆应配备相应品种和数量的消防器材及泄漏应急处理设备。装运本品的车辆排气管必须有阻火装置。运输过程中要确保容器不泄漏、不倒塌、不坠落、不损坏。严禁与氧化剂、碱类等混装混运。运输途中应防暴晒、雨淋，防高温。中途停留时应远离火种、热源。车辆运输完毕应进行彻底清扫。铁路运输时要禁止溜放

第十五部分　法规信息

下列法律、法规、规章和标准，对该化学品的管理作

了相应的规定。

中华人民共和国职业病防治法　职业病分类和目录：苯的氨基及硝基化合物中毒

危险化学品安全管理条例　危险化学品目录：列入。易制爆危险化学品名录：未列入。重点监管的危险化学品名录：未列入。GB 18218—2009《危险化学品重大危险源辨识》（表1）：未列入

使用有毒物品作业场所劳动保护条例　高毒物品目录：未列入

易制毒化学品管理条例　易制毒化学品的分类和品种目录：未列入

国际公约　斯德哥尔摩公约：未列入。鹿特丹公约：未列入。蒙特利尔议定书：未列入

第十六部分　其他信息

编写和修订信息　　缩略语和首字母缩写
培训建议　　　　　参考文献
免责声明

2,4-二硝基苯磺酰氯

第一部分　化学品标识

化学品中文名　2,4-二硝基苯磺酰氯；氯化-2,4-二硝基苯磺酰

化学品英文名　2,4-dinitrobenzene sulfonyl chloride

分子式　$C_6H_3ClN_2O_6S$　**分子量**　266.62

结构式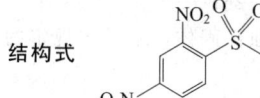

化学品的推荐及限制用途　用于制药工业、有机合成，也用作染料中间体

第二部分　危险性概述

紧急情况概述　造成严重的皮肤灼伤和眼损伤

GHS 危险性类别　皮肤腐蚀/刺激，类别1；严重眼损伤/眼刺激，类别1

标签要素

象形图

警示词　危险

危险性说明　造成严重的皮肤灼伤和眼损伤

防范说明

预防措施　避免吸入粉尘或烟雾。避免接触眼睛、皮肤，操作后彻底清洗。穿防护服、戴防护眼镜、防护手套、防护面罩

事故响应　如吸入：将患者转移到空气新鲜处，休息，保持利于呼吸的体位，立即呼叫中毒控制中心或就医。皮肤（或头发）接触：立即脱掉所有被污染的衣服，用水冲洗皮肤，淋浴。污染的衣服必须洗净后方可重新使用。眼睛接

触：用水细心地冲洗数分钟。如戴隐形眼镜并可方便地取出，则取出隐形眼镜，继续冲洗。食入：漱口。不要催吐

安全储存　上锁保管

废弃处置　本品及内装物、容器依据国家和地方法规处置

物理和化学危险　易燃。遇水产生刺激性气体

健康危害　吸入、摄入或经皮肤吸收对身体有害。对眼睛、黏膜、呼吸道和皮肤有强烈刺激作用。吸入后可因喉、支气管的痉挛、炎症、水肿，化学性肺炎或肺水肿而致死。中毒表现有烧灼感、咳嗽、喘息、喉炎、气短、头痛、恶心和呕吐

环境危害　对环境可能有害

第三部分　成分/组成信息

√　物质　　　　　　　　混合物

组分	浓度	CAS No.
2,4-二硝基苯磺酰氯		1656-44-6

第四部分　急救措施

吸入　迅速脱离现场至空气新鲜处。保持呼吸道通畅。如呼吸困难，给输氧。呼吸、心跳停止，立即进行心肺复苏术。就医

皮肤接触　立即脱去污染的衣着，用大量流动清水彻底冲洗至少15min。就医

眼睛接触　立即分开眼睑，用流动清水或生理盐水彻底冲洗5～10min。就医

食入　用水漱口，禁止催吐。给饮牛奶或蛋清。就医

对保护施救者的忠告　根据需要使用个人防护设备

对医生的特别提示　对症处理

第五部分　消防措施

灭火剂　用干粉、二氧化碳、砂土灭火

特别危险性　遇明火、高热易燃。燃烧时，放出有毒气体。与强氧化剂接触可发生化学反应。遇水易分解

灭火注意事项及防护措施　消防人员必须穿全身耐酸碱消防服、佩戴空气呼吸器灭火。尽可能将容器从火场移至空旷处。喷水保持火场容器冷却，直至灭火结束。禁止用水、泡沫和酸碱灭火剂灭火

第六部分　泄漏应急处理

作业人员防护措施、防护装备和应急处置程序　隔离泄漏污染区，限制出入。消除所有点火源。建议应急处理人员戴防尘口罩，穿防毒服。作业时使用的所有设备应接地。禁止接触或跨越泄漏物。尽可能切断泄漏源

环境保护措施　防止泄漏物进入水体、下水道、地下室或有限空间

泄漏化学品的收容、清除方法及所使用的处置材料　小量泄漏：用砂土或其他不燃材料吸收。使用洁净的无火花工具收集吸收材料。大量泄漏：构筑围堤或挖坑收容。用泡沫覆盖，减少蒸发。喷水雾能减少蒸发，但不能降低泄漏物在有限空间内的易燃性。用泵转移至槽车或专用收集器内

第七部分 操作处置与储存

操作注意事项 密闭操作,提供充分的局部排风。操作人员必须经过专门培训,严格遵守操作规程。建议操作人员佩戴防尘面具(全面罩),穿胶布防毒衣,戴橡胶手套。远离火种、热源,工作场所严禁吸烟。使用防爆型的通风系统和设备。避免产生粉尘。避免与氧化剂、还原剂、碱类接触,尤其要注意避免与水接触。搬运时要轻装轻卸,防止包装及容器损坏。配备相应品种和数量的消防器材及泄漏应急处理设备。倒空的容器可能残留有害物

储存注意事项 储存于阴凉、干燥、通风良好的库房。远离火种、热源。保持容器密封。应与氧化剂、还原剂、碱类分开存放,切忌混储。配备相应品种和数量的消防器材。储区应备有合适的材料收容泄漏物

第八部分 接触控制/个体防护

职业接触限值
 中国 未制定标准
 美国(ACGIH) 未制定标准
生物接触限值 未制定标准
监测方法 空气中有毒物质测定方法:未制定标准。生物监测检验方法:未制定标准
工程控制 严加密闭,提供充分的局部排风。提供安全淋浴和洗眼设备
个体防护装备
 呼吸系统防护 可能接触其粉尘时,必须佩戴防尘面具(全面罩)。紧急事态抢救或撤离时,应该佩戴空气呼吸器
 眼睛防护 呼吸系统防护中已作防护
 皮肤和身体防护 穿密闭型防毒服
 手防护 戴橡胶手套

第九部分 理化特性

外观与性状 淡黄色结晶
pH 值 无意义   **熔点(℃)** 102~105
沸点(℃) 无资料   **相对密度(水=1)** 无资料
相对蒸气密度(空气=1) 无资料
饱和蒸气压(kPa) 无资料
临界压力(MPa) 无资料   **辛醇/水分配系数** 无资料
闪点(℃) 无资料   **自燃温度(℃)** 无资料
爆炸下限(%) 无资料   **爆炸上限(%)** 无资料
分解温度(℃) 无资料   **黏度(mPa·s)** 无资料
燃烧热(kJ/mol) 无资料   **临界温度(℃)** 无资料
溶解性 微溶于石油醚,溶于苯

第十部分 稳定性和反应性

稳定性 稳定
危险反应 与强氧化剂、强还原剂、强碱等禁配物发生反应。与水接触发生分解反应
避免接触的条件 潮湿空气
禁配物 强氧化剂、强还原剂、强碱
危险的分解产物 一氧化碳、氯化氢、氧化硫、氮氧化物

第十一部分 毒理学信息

急性毒性 无资料
皮肤刺激或腐蚀 无资料   **眼睛刺激或腐蚀** 无资料
呼吸或皮肤过敏 无资料   **生殖细胞突变性** 无资料
致癌性 无资料   **生殖毒性** 无资料
特异性靶器官系统毒性--一次接触 无资料
特异性靶器官系统毒性-反复接触 无资料
吸入危害 无资料

第十二部分 生态学信息

生态毒性 无资料
持久性和降解性
 生物降解性 无资料
 非生物降解性 无资料
潜在的生物累积性 无资料
土壤中的迁移性 无资料

第十三部分 废弃处置

废弃化学品 建议用焚烧法处置。与燃料混合后,再焚烧。焚烧炉排出的气体要通过洗涤器除去
污染包装物 将容器返还生产商或按照国家和地方法规处置
废弃注意事项 处置前应参阅国家和地方有关法规

第十四部分 运输信息

联合国危险货物编号(UN 号) 3261
联合国运输名称 有机酸腐蚀性固体,未另作规定的(2,4-二硝基苯磺酰氯)
联合国危险性类别 8

包装类别 Ⅰ   **包装标志**

海洋污染物 否
运输注意事项 运输前应先检查包装容器是否完整、密封,运输过程中要确保容器不泄漏、不倒塌、不坠落、不损坏。严禁与酸类、氧化剂、食品及食品添加剂混运。运输时运输车辆应配备相应品种和数量的消防器材及泄漏应急处理设备。运输途中应防暴晒、雨淋,防高温

第十五部分 法规信息

下列法律、法规、规章和标准,对该化学品的管理作了相应的规定。
中华人民共和国职业病防治法 职业病分类和目录:未列入
危险化学品安全管理条例 危险化学品目录:列入。易制爆危险化学品名录:未列入。重点监管的危险化学品名录:未列入。GB 18218—2009《危险化学品重大危险源辨识》(表1):未列入
使用有毒物品作业场所劳动保护条例 高毒物品目录:未列入

易制毒化学品管理条例　易制毒化学品的分类和品种目录：未列入

国际公约　斯德哥尔摩公约：未列入。鹿特丹公约：未列入。蒙特利尔议定书：未列入

第十六部分　其他信息

编写和修订信息　　　　缩略语和首字母缩写
培训建议　　　　　　　参考文献
免责声明

3,5-二硝基苯甲酰氯

第一部分　化学品标识

化学品中文名　3,5-二硝基苯甲酰氯；氯化-3,5-二硝基苯甲酰；3,5-二硝基氯化苯甲酰

化学品英文名　3,5-dinitrobenzoyl chloride

分子式　$C_7H_3ClN_2O_5$　分子量　230.562

结构式　

化学品的推荐及限制用途　用于医药工业，也用作消毒防腐剂和试剂

第二部分　危险性概述

紧急情况概述　易燃固体

GHS危险性类别　易燃固体，类别2

标签要素

象形图　

警示词　危险

危险性说明　易燃固体

防范说明

预防措施　远离热源、火花、明火、热表面。禁止吸烟。容器和接收设备接地连接。使用防爆型电器、通风、照明设备。戴防护手套、防护眼镜、防护面罩

事故响应　火灾时，使用干粉、二氧化碳、砂土灭火

安全储存　—

废弃处置　—

物理和化学危险　易燃。与氧化性物质混合会发生爆炸

健康危害　吸入、摄入或经皮肤吸收后有害。对眼睛、皮肤、黏膜和上呼吸道有强烈刺激作用。吸入后，可引起喉、支气管的痉挛、炎症和水肿，化学性肺炎、肺水肿等

环境危害　对环境可能有害

第三部分　成分/组成信息

√ 物质		混合物
组分	浓度	CAS No.
3,5-二硝基苯甲酰氯		99-33-2

第四部分　急救措施

吸入　迅速脱离现场至空气新鲜处。保持呼吸道通畅。如呼吸困难，给输氧。呼吸、心跳停止，立即进行心肺复苏术。就医

皮肤接触　立即脱去污染的衣着，用流动清水彻底冲洗。就医

眼睛接触　立即分开眼睑，用流动清水或生理盐水彻底冲洗。就医

食入　漱口，饮水。就医

对保护施救者的忠告　根据需要使用个体防护设备

对医生的特别提示　对症处理

第五部分　消防措施

灭火剂　用干粉、二氧化碳、砂土灭火

特别危险性　遇高热、明火或与氧化剂接触，有引起燃烧的危险。与水或潮气发生反应，散发出刺激性和腐蚀性的氯化氢气体

灭火注意事项及防护措施　消防人员必须穿全身耐酸碱消防服、佩戴空气呼吸器灭火。尽可能将容器从火场移至空旷处。喷水保持火场容器冷却，直至灭火结束。禁止用水、泡沫和酸碱灭火剂灭火

第六部分　泄漏应急处理

作业人员防护措施、防护装备和应急处置程序　隔离泄漏污染区，限制出入。消除所有点火源。建议应急处理人员戴防尘口罩，穿防腐、防毒服。穿上适当的防护服前严禁接触破裂的容器和泄漏物

环境保护措施　用塑料布覆盖泄漏物，减少飞散

泄漏化学品的收容、清除方法及所使用的处置材料　用洁净的无火花工具收集泄漏物，置于一盖子较松的塑料容器中，待处置

第七部分　操作处置与储存

操作注意事项　密闭操作，提供充分的局部排风。防止粉尘释放到车间空气中。操作人员必须经过专门培训，严格遵守操作规程。建议操作人员佩戴防尘面具（全面罩），穿胶布防毒衣，戴橡胶手套。远离火种、热源，工作场所严禁吸烟。使用防爆型的通风系统和设备。避免产生粉尘。避免与氧化剂接触。尤其要注意避免与水接触。配备相应品种和数量的消防器材及泄漏应急处理设备。倒空的容器可能残留有害物

储存注意事项　储存于阴凉、干燥、通风良好的库房。库温不宜超过35℃。远离火种、热源。防止阳光直射。库温不宜超过30℃。包装密封。应与氧化剂、食用化学品等分开存放，切忌混储。配备相应品种和数量的消防器材。储区应备有合适的材料收容泄漏物

第八部分　接触控制/个体防护

职业接触限值

中国　未制定标准

美国（ACGIH）　未制定标准

生物接触限值　未制定标准

监测方法　空气中有毒物质测定方法：未制定标准。生物
　　监测检验方法：未制定标准
工程控制　严加密闭，提供充分的局部排风
个体防护装备
　　呼吸系统防护　可能接触其粉尘时，必须佩戴防尘面
　　　具（全面罩）。紧急事抢救或撤离时，应该佩戴
　　　空气呼吸器
　　眼睛防护　呼吸系统防护中已作防护
　　皮肤和身体防护　穿密闭型防毒服
　　手防护　戴橡胶手套

第九部分　理化特性

外观与性状　黄色结晶　　**pH值**　无意义
熔点(℃)　69～71
沸点(℃)　196（1.5996kPa）
相对密度（水＝1）　无资料
相对蒸气密度（空气＝1）　7.6
饱和蒸气压(kPa)　无资料　临界压力(MPa)　无资料
辛醇/水分配系数　无资料　闪点(℃)　无意义
自燃温度(℃)　380（粉尘云）
爆炸下限(%)　无资料　　爆炸上限(%)　无资料
分解温度(℃)　无资料　　黏度(mPa·s)　无资料
燃烧热(kJ/mol)　无资料　临界温度(℃)　无资料
溶解性　溶于乙醇、丙酮、苯，易溶于氢氧化钠水溶液

第十部分　稳定性和反应性

稳定性　稳定
危险反应　与强氧化剂等禁配物接触，有发生火灾和爆炸
　　的危险。与水或潮气发生反应，散发出刺激性和腐蚀
　　性的氯化氢气体
避免接触的条件　潮湿空气
禁配物　强氧化剂、水
危险的分解产物　氮氧化物、氯化氢

第十一部分　毒理学信息

急性毒性　无资料
皮肤刺激或腐蚀　无资料　　**眼睛刺激或腐蚀**　无资料
呼吸或皮肤过敏　无资料
生殖细胞突变性　微生物致突变：鼠伤寒沙门氏菌
　　100μg/皿
致癌性　无资料　　　　**生殖毒性**　无资料
特异性靶器官系统毒性-一次接触　无资料
特异性靶器官系统毒性-反复接触　无资料
吸入危害　无资料

第十二部分　生态学信息

生态毒性　无资料
持久性和降解性
　　生物降解性　无资料
　　非生物降解性　无资料
潜在的生物累积性　无资料
土壤中的迁移性　无资料

第十三部分　废弃处置

废弃化学品　建议用焚烧法处置。在能利用的地方重复使
　　用容器或在规定场所掩埋
污染包装物　将容器返还生产商或按照国家和地方法规
　　处置
废弃注意事项　处置前应参阅国家和地方有关法规

第十四部分　运输信息

联合国危险货物编号（UN号）　1325
联合国运输名称　有机易燃固体，未另作规定的（3,5-二
　　硝基苯甲酰氯）
联合国危险性类别　4.1

包装类别　Ⅲ　　　　　　**包装标志**　

海洋污染物　否
运输注意事项　运输时运输车辆应配备相应品种和数量的
　　消防器材及泄漏应急处理设备。装运本品的车辆排气
　　管必须有阻火装置。运输过程中要确保容器不泄漏、
　　不倒塌、不坠落、不损坏。严禁与氧化剂、食用化学
　　品等混装混运。运输途中应防暴晒、雨淋，防高温。
　　中途停留时应远离火种、热源。运输用车、船必须干
　　燥，并有良好的防雨设施。车辆运输完毕应进行彻底
　　清扫。铁路运输时要禁止溜放

第十五部分　法规信息

　　下列法律、法规、规章和标准，对该化学品的管理作
了相应的规定。

中华人民共和国职业病防治法　职业病分类和目录：未
　　列入
危险化学品安全管理条例　危险化学品目录：列入。易制
　　爆危险化学品名录：未列入。重点监管的危险化学品
　　名录：未列入。GB 18218—2009《危险化学品重大
　　危险源辨识》（表1）：未列入
使用有毒物品作业场所劳动保护条例　高毒物品目录：未
　　列入
易制毒化学品管理条例　易制毒化学品的分类和品种目
　　录：未列入
国际公约　斯德哥尔摩公约：未列入。鹿特丹公约：未列
　　入。蒙特利尔议定书：未列入

第十六部分　其他信息

编写和修订信息　　　缩略语和首字母缩写
培训建议　　　　　　参考文献
免责声明

2,6-二硝基甲苯

第一部分　化学品标识

化学品中文名　2,6-二硝基甲苯；1-甲基-2,6-二硝基苯；
　　2-甲基-1,3-二硝基苯

化学品英文名　2,6-dinitrotoluene；1-methyl-2,6-dinitro-benzene

分子式　$C_7H_6N_2O_4$　**分子量**　182.1335

结构式　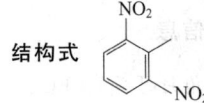

化学品的推荐及限制用途　用作有机合成原料

第二部分　危险性概述

紧急情况概述　吞咽会中毒，皮肤接触会中毒，吸入会中毒

GHS危险性类别　急性毒性-经口，类别3；急性毒性-经皮，类别3；急性毒性-吸入，类别3；生殖细胞致突变性，类别2；致癌性，类别2；生殖毒性，类别2；特异性靶器官毒性-反复接触，类别2；危害水生环境-急性危害，类别3；危害水生环境-长期危害，类别3

标签要素

象形图　

警示词　危险

危险性说明　吞咽会中毒，皮肤接触会中毒，吸入会中毒，怀疑可造成遗传性缺陷，怀疑致癌，怀疑对生育力或胎儿造成伤害，长时间或反复接触可能对器官造成损伤，对水生生物有害并具有长期持续影响

防范说明

预防措施　避免接触眼睛、皮肤，操作后彻底清洗。作业场所不得进食、饮水或吸烟。戴防护手套，穿防护服。避免吸入粉尘。仅在室外或通风良好处操作。得到专门指导后操作。在阅读并了解所有安全预防措施之前，切勿操作。按要求使用个体防护装备。禁止排入环境

事故响应　如吸入：将患者转移到空气新鲜处，休息，保持利于呼吸的体位，呼叫中毒控制中心或就医。皮肤接触：用大量肥皂水和水清洗，立即脱去所有被污染的衣服，被污染的衣服必须经洗净后方可重新使用。如感觉不适，呼叫中毒控制中心或就医。食入：立即呼叫中毒控制中心或就医。漱口。如果接触或有担心，就医

安全储存　在通风良好处储存。保持容器密闭。上锁保管

废弃处置　本品及内装物、容器依据国家和地方法规处置

物理和化学危险　易燃。受撞击、摩擦、遇明火或其他点火源有爆炸危险

健康危害　本品有形成高铁血红蛋白血症的作用。吸入、摄入或经皮肤吸收均可引起中毒。中毒表现有头痛、头晕、虚弱、恶心、紫绀、嗜睡、气短和虚脱。慢性影响：高铁血红蛋白血症、贫血、肝脾损害

环境危害　对水生生物有害并具有长期持续影响

第三部分　成分/组成信息

√ 物质　　　　　　　　　混合物

组分	浓度	CAS No.
2,6-二硝基甲苯		606-20-2

第四部分　急救措施

吸入　迅速脱离现场至空气新鲜处。保持呼吸道通畅。如呼吸困难，给输氧。如呼吸心跳停止，立即行心肺复苏术。就医

皮肤接触　立即脱去污染衣着，用肥皂水或清水彻底冲洗。就医

眼睛接触　分开眼睑，用清水或生理盐水冲洗。就医

食入　漱口，饮水。就医

对保护施救者的忠告　根据需要使用个人防护设备

对医生的特别提示　高铁血红蛋白血症，可用亚甲蓝和维生素C治疗

第五部分　消防措施

灭火剂　用雾状水、泡沫、干粉、二氧化碳、砂土灭火

特别危险性　遇明火、高热易燃。燃烧时放出有毒的刺激性烟雾。与氧化剂混合能形成爆炸性混合物。经摩擦、震动或撞击可引起燃烧或爆炸

灭火注意事项及防护措施　消防人员必须佩戴防毒面具、穿全身消防服，在上风向灭火。尽可能将容器从火场移至空旷处。喷水保持火场容器冷却，直至灭火结束

第六部分　泄漏应急处理

作业人员防护措施、防护装备和应急处置程序　隔离泄漏污染区，限制出入。建议应急处理人员戴防尘口罩，穿防毒服。穿上适当的防护服前严禁接触破裂的容器和泄漏物。尽可能切断泄漏源

环境保护措施　用塑料布覆盖泄漏物，减少飞散

泄漏化学品的收容、清除方法及所使用的处置材料　勿使水进入包装容器内。用洁净的铲子收集泄漏物，置于干净、干燥、盖子较松的容器中，将容器移离泄漏区

第七部分　操作处置与储存

操作注意事项　密闭操作，提供充分的局部排风。操作人员必须经过专门培训，严格遵守操作规程。建议操作人员佩戴自吸过滤式防尘口罩，戴化学安全防护眼镜，穿防毒物渗透工作服，戴乳胶手套。远离火种、热源，工作场所严禁吸烟。使用防爆型的通风系统和设备。避免产生粉尘。避免与氧化剂、还原剂、碱类接触。搬运时要轻装轻卸，防止包装及容器损坏。禁止震动、撞击和摩擦。配备相应品种和数量的消防器材及泄漏应急处理设备。倒空的容器可能残留有害物

储存注意事项　储存于阴凉、通风的库房。远离火种、热源。库温不超过35℃，相对湿度不超过80%。应与氧化剂、还原剂、碱类、食用化学品分开存放，切忌

混储。采用防爆型照明、通风设施。禁止使用易产生火花的机械设备和工具。储区应备有合适的材料收容泄漏物

第八部分　接触控制/个体防护

职业接触限值
　　中国　未制定标准
　　美国(ACGIH)　未制定标准
生物接触限值　未制定标准
监测方法　空气中有毒物质测定方法：未制定标准。生物监测检验方法：未制定标准
工程控制　严加密闭，提供充分的局部排风。提供安全淋浴和洗眼设备
个体防护装备
　　呼吸系统防护　空气中粉尘浓度超标时，建议佩戴过滤式防尘呼吸器。紧急事态抢救或撤离时，应该佩戴空气呼吸器
　　眼睛防护　戴化学安全防护眼镜
　　皮肤和身体防护　穿防毒物渗透工作服
　　手防护　戴橡胶手套

第九部分　理化特性

外观与性状　浅黄色针状结晶

pH 值　无意义		**熔点(℃)**　64～66	
沸点(℃)　无资料		**相对密度(水=1)**　1.28	

相对蒸气密度(空气=1)　无资料
饱和蒸气压(kPa)　无资料
临界压力(MPa)　无资料　　**辛醇/水分配系数**　1.72
闪点(℃)　无资料　　　　　**自燃温度(℃)**　无资料
爆炸下限(%)　无资料　　　**爆炸上限(%)**　无资料
分解温度(℃)　285　　　　　**黏度(mPa·s)**　无资料
燃烧热(kJ/mol)　−3429.6　**临界温度(℃)**　503.85
溶解性　不溶于水，溶于乙醇、乙醚

第十部分　稳定性和反应性

稳定性　稳定
危险反应　与强氧化剂、强还原剂、强碱等禁配物发生反应
避免接触的条件　摩擦、震动、撞击
禁配物　强氧化剂、强还原剂、强碱
危险的分解产物　氮氧化物

第十一部分　毒理学信息

急性毒性　LD$_{50}$：177mg/kg（大鼠经口）；621mg/kg（小鼠经口）。LC$_{50}$：240mg/m³（大鼠吸入，6h）
刺激性　无资料
致突变性　微生物致突变：鼠伤寒沙门氏菌 100μg/皿。DNA 加合物：大鼠经口 10mg/kg。DNA 损伤：大鼠肝 3mmol/L
致癌性　IARC 致癌性评论：组 2B，对人类是可能致癌物

皮肤刺激或腐蚀　无资料	**眼睛刺激或腐蚀**　无资料
呼吸或皮肤过敏　无资料	**生殖细胞突变性**　无资料
致癌性　无资料	**生殖毒性**　无资料

特异性靶器官系统毒性-一次接触　无资料
特异性靶器官系统毒性-反复接触　无资料
吸入危害　无资料

第十二部分　生态学信息

生态毒性　ErC$_{50}$：15mg/L（72h）（羊角月牙藻）；EC$_{50}$：20mg/L（24h）（大型溞）
持久性和降解性
　　生物降解性　不易快速生物降解
　　非生物降解性　无资料
潜在的生物累积性　根据 K_{ow} 值预测，该物质的生物累积性可能较弱
土壤中的迁移性　根据 K_{oc} 值预测，该物质可能有一定的迁移性

第十三部分　废弃处置

废弃化学品　用焚烧法处置。与碳酸氢钠、固体易燃物充分接触后，再焚烧。焚烧炉排出的氮氧化物通过洗涤器除去
污染包装物　将容器返还生产商或按照国家和地方法规处置
废弃注意事项　处置前应参阅国家和地方有关法规

第十四部分　运输信息

联合国危险货物编号（UN 号）　2038（液态）；3454（固态）；1600（熔融）
联合国运输名称　液态二硝基甲苯（液态）；固态二硝基甲苯（固态）；熔融二硝基甲苯（熔融）
联合国危险性类别　6.1

包装类别　Ⅱ　　　　　　　**包装标志**

海洋污染物　否
运输注意事项　运输前应先检查包装容器是否完整、密封，运输过程中要确保容器不泄漏、不倒塌、不坠落、不损坏。严禁与酸类、氧化剂、食品及食品添加剂混运。运输时运输车辆应配备相应品种和数量的消防器材及泄漏应急处理设备。运输途中应防暴晒、雨淋，防高温

第十五部分　法规信息

　　下列法律、法规、规章和标准，对该化学品的管理作了相应的规定。
中华人民共和国职业病防治法　职业病分类和目录：苯的氨基及硝基化合物中毒
危险化学品安全管理条例　危险化学品目录：列入。易制爆危险化学品名录：未列入。重点监管的危险化学品名录：未列入。GB 18218—2009《危险化学品重大危险源辨识》(表 1)：未列入
使用有毒物品作业场所劳动保护条例　高毒物品目录：未列入
易制毒化学品管理条例　易制毒化学品的分类和品种目

录：未列入

国际公约 斯德哥尔摩公约：未列入。鹿特丹公约：未列入。蒙特利尔议定书：未列入

第十六部分 其他信息

编写和修订信息　　缩略语和首字母缩写
培训建议　　　　　参考文献
免责声明

4,6-二硝基邻甲苯酚

第一部分 化学品标识

化学品中文名 4,6-二硝基邻甲苯酚；2,4-二硝基邻甲酚；2-甲基-4,6-二硝基苯酚；4,6-二硝基邻甲酚

化学品英文名 2,4-dinitro-o-cresol；4,6-dinitro-o-cresol

分子式 $C_7H_6N_2O_5$　　**分子量** 198.1329

结构式
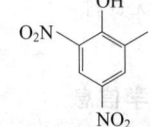

化学品的推荐及限制用途 用作果树杀虫剂、除草剂

第二部分 危险性概述

紧急情况概述 吞咽致命，皮肤接触会致命，吸入致命，造成皮肤刺激，造成严重眼损伤，可能导致皮肤过敏反应

GHS危险性类别 急性毒性-经口，类别2；急性毒性-经皮，类别1；急性毒性-吸入，类别2；皮肤腐蚀/刺激，类别2；严重眼损伤/眼刺激，类别1；皮肤致敏物，类别1；生殖细胞致突变性，类别2；危害水生环境-急性危害，类别1；危害水生环境-长期危害，类别1

标签要素

象形图

警示词 危险

危险性说明 吞咽致命，皮肤接触会致命，吸入致命，造成皮肤刺激，造成严重眼损伤，可能导致皮肤过敏反应，怀疑可造成遗传性缺陷，对水生生物毒性非常大并具有长期持续影响

防范说明

预防措施 避免接触眼睛、皮肤或衣服，操作后彻底清洗。作业场所不得进食、饮水或吸烟。戴防护手套，穿防护服，戴防护眼镜、防护面罩。避免吸入粉尘。仅在室外或通风良好处操作。戴呼吸防护器具。污染的工作服不得带出工作场所。得到专门指导后操作。在阅读并了解所有安全预防措施之前，切勿操作。按要求使用个体防护装备。禁止排入环境

事故响应 如吸入：将患者转移到空气新鲜处，休息，保持利于呼吸的体位。皮肤接触：用大量肥皂水和水轻轻地清洗，立即呼叫中毒控制中心或就医，立即脱去所有被污染的衣服。被污染的衣服必须经洗净后方可重新使用。如出现皮肤刺激或皮疹：就医。接触眼睛：用水细心冲洗数分钟。如戴隐形眼镜并可方便地取出，取出隐形眼镜，继续冲洗。食入：立即呼叫中毒控制中心或就医，漱口。如果接触或有担心，就医。收集泄漏物

安全储存 在通风良好处储存。保持容器密闭。上锁保管

废弃处置 本品及内装物、容器依据国家和地方法规处置

物理和化学危险 可燃，其粉体与空气混合，能形成爆炸性混合物

健康危害 本品中毒可引起皮肤潮红、大汗、口渴、烦躁不安、全身乏力、高热、抽搐、肌肉强直、昏迷、最后血压下降而死亡。本品可引起高铁血红蛋白血症。长期接触可引起皮炎、周围神经炎

环境危害 对水生生物毒性非常大并具有长期持续影响

第三部分 成分/组成信息

√ 物质　　　　　　　　混合物

组分	浓度	CAS No.
4,6-二硝基邻甲苯酚		534-52-1

第四部分 急救措施

吸入 迅速脱离现场至空气新鲜处。保持呼吸道通畅。如呼吸困难，给输氧。如呼吸、心跳停止，立即进行心肺复苏术。就医

皮肤接触 立即脱去污染的衣着，用流动清水彻底冲洗。就医

眼睛接触 立即分开眼睑，用流动清水或生理盐水彻底冲洗5～10min。就医

食入 饮适量温水，催吐（仅限于清醒者）。就医

对保护施救者的忠告 根据需要使用个人防护设备

对医生的特别提示 高铁血红蛋白血症，可用亚甲蓝和维生素C治疗

第五部分 消防措施

灭火剂 用雾状水、泡沫、干粉、二氧化碳、砂土灭火

特别危险性 遇明火、高热可燃。其粉体与空气可形成爆炸性混合物，当达到一定浓度时，遇火星会发生爆炸。受高热分解放出有毒的气体

灭火注意事项及防护措施 消防人员必须佩戴防毒面具、穿全身消防服，在上风向灭火。尽可能将容器从火场移至空旷处。喷水保持火场容器冷却，直至灭火结束

第六部分 泄漏应急处理

作业人员防护措施、防护装备和应急处置程序 隔离泄漏污染区，限制出入。消除所有点火源。建议应急处理人员戴防尘口罩，穿防毒服。穿上适当的防护服前严禁接触破裂的容器和泄漏物。尽可能切断泄漏源

环境保护措施 用塑料布覆盖泄漏物，减少飞散

泄漏化学品的收容、清除方法及所使用的处置材料　勿使
　　水进入包装容器内。用洁净的铲子收集泄漏物，置于
　　干净、干燥、盖子较松的容器中，将容器移离泄漏区

第七部分　操作处置与储存

操作注意事项　密闭操作，提供充分的局部排风。防止粉
　　尘释放到车间空气中。操作人员必须经过专门培训，
　　严格遵守操作规程。建议操作人员佩戴防尘面具（全
　　面罩），穿胶布防毒衣，戴橡胶手套。远离火种、热
　　源，工作场所严禁吸烟。使用防爆型的通风系统和设
　　备。避免产生粉尘。避免与氧化剂、还原剂、碱类接
　　触。配备相应品种和数量的消防器材及泄漏应急处理
　　设备。倒空的容器可能残留有害物
储存注意事项　储存于阴凉、通风良好的专用库房内，实
　　行"双人收发、双人保管"制度。远离火种、热源。
　　防止阳光直射。包装密封。应与氧化剂、还原剂、碱
　　类、食用化学品分开存放，切忌混储。配备相应品种
　　和数量的消防器材。储区应备有合适的材料收容泄
　　漏物

第八部分　接触控制/个体防护

职业接触限值
　　中国　PC-TWA：0.2mg/m³〔皮〕
　　美国（ACGIH）　TLV-TWA：0.2mg/m³〔皮〕
生物接触限值　未制定标准
监测方法　空气中有毒物质测定方法：未制定标准。生物
　　监测检验方法：未制定标准
工程控制　严加密闭，提供充分的局部排风
个体防护装备
　　呼吸系统防护　可能接触其粉尘时，必须佩戴防尘面
　　　　具（全面罩）。紧急事态抢救或撤离时，应该佩
　　　　戴空气呼吸器
　　眼睛防护　呼吸系统防护中已作防护
　　皮肤和身体防护　穿密闭型防毒服
　　手防护　戴橡胶手套

第九部分　理化特性

外观与性状　黄色棱状结晶

pH值　无意义　　　　　　熔点（℃）　87.5
沸点（℃）　312　　　　　相对密度（水＝1）　无资料
相对蒸气密度（空气＝1）　6.82
饱和蒸气压（kPa）　无资料
临界压力（MPa）　无资料　辛醇/水分配系数　2.546
闪点（℃）　无意义　　　　自燃温度（℃）　无资料
爆炸下限（%）　无资料　　爆炸上限（%）　无资料
分解温度（℃）　无资料　　黏度（mPa·s）　无资料
燃烧热（kJ/mol）　-3251.3　临界温度（℃）　无资料
溶解性　微溶于水、石油醚，溶于乙醚、乙醇、丙酮

第十部分　稳定性和反应性

稳定性　稳定
危险反应　与氧化剂、还原剂、强碱等禁配物发生反应
避免接触的条件　无资料

禁配物　氧化剂、还原剂、强碱
危险的分解产物　氮氧化物

第十一部分　毒理学信息

急性毒性　LD₅₀：7mg/kg（大鼠经口），200mg/kg（大
　　鼠经皮），21mg/kg（小鼠经口），1000mg/kg（兔经
　　皮）
皮肤刺激或腐蚀　家兔经皮 105mg，9d（间歇），轻度
　　刺激
眼睛刺激或腐蚀　家兔经眼 20mg（24h），中度刺激
呼吸或皮肤过敏　无资料
生殖细胞突变性　微生物致突变：鼠伤寒沙门氏菌
　　100μg/皿。细胞遗传学分析：大鼠经口 15mg/kg。
　　基因转化和有丝分裂重组：黑腹果蝇经口 250μmol/L
致癌性　无资料　　　　　　生殖毒性　无资料
特异性靶器官系统毒性-一次接触　无资料
特异性靶器官系统毒性-反复接触　无资料
吸入危害　无资料

第十二部分　生态学信息

生态毒性　LC₅₀：0.066mg/L（96h）（虹鳟）
持久性和降解性
　　生物降解性　无资料
　　非生物降解性　无资料
潜在的生物累积性　无资料
土壤中的迁移性　无资料

第十三部分　废弃处置

废弃化学品　建议用控制焚烧法或安全掩埋法处置。破损
　　容器禁止重新使用，要在规定场所掩埋
污染包装物　将容器返还生产商或按照国家和地方法规
　　处置
废弃注意事项　处置前应参阅国家和地方有关法规

第十四部分　运输信息

联合国危险货物编号（UN号）　1598
联合国运输名称　二硝基邻甲酚
联合国危险性类别　6.1

包装类别　Ⅱ　　　　　　　包装标志　

海洋污染物　否
运输注意事项　运输前应先检查包装容器是否完整、密
　　封，运输过程中要确保容器不泄漏、不倒塌、不坠
　　落、不损坏。严禁与酸类、氧化剂、食品及食品添加
　　剂混运。运输时运输车辆应配备相应品种和数量的消
　　防器材及泄漏应急处理设备。运输途中应防暴晒、雨
　　淋，防高温。公路运输时要按规定路线行驶，勿在居
　　民区和人口稠密区停留

第十五部分　法规信息

下列法律、法规、规章和标准，对该化学品的管理作

了相应的规定。

中华人民共和国职业病防治法 职业病分类和目录：苯的氨基及硝基化合物中毒

危险化学品安全管理条例 危险化学品目录：列入。作为剧毒化学品进行管理。易制爆危险化学品名录：未列入。重点监管的危险化学品名录：未列入。GB 18218—2009《危险化学品重大危险源辨识》（表1）：未列入

使用有毒物品作业场所劳动保护条例 高毒物品目录：未列入

易制毒化学品管理条例 易制毒化学品的分类和品种目录：未列入

国际公约 斯德哥尔摩公约：未列入。鹿特丹公约：列入。蒙特利尔议定书：未列入

第十六部分 其他信息

编写和修订信息　　　缩略语和首字母缩写
培训建议　　　　　　参考文献
免责声明

二硝基邻甲酚钠［含水≥15％］

第一部分 化学品标识

化学品中文名 二硝基邻甲酚钠［含水≥15％］；二硝基邻甲苯酚钠

化学品英文名 sodiam dinitro-*o*-cresolate（with not less than 15％ water）；sodium 4,6-dinitro-*o*-cresoxide

分子式 $C_7H_5N_2O_5Na$ **分子量** 220.115

结构式

化学品的推荐及限制用途 用作染料中间体、杀虫剂、除莠剂

第二部分 危险性概述

紧急情况概述 爆炸物，燃烧、爆轰或迸射危险，吞咽致命，皮肤接触会致命，吸入会中毒

GHS危险性类别 爆炸物，1.3项；急性毒性-经口，类别2；急性毒性-经皮，类别2；急性毒性-吸入，类别3；特异性靶器官毒性-反复接触，类别2；危害水生环境-急性危害，类别1；危害水生环境-长期危害，类别1

标签要素

象形图

警示词 危险

危险性说明 爆炸物，燃烧、爆轰或迸射危险，吞咽致命，皮肤接触会致命，吸入会中毒，长时间或反复接触可能对器官造成损伤，对水生生物毒性非常大

并具有长期持续影响

防范说明

　　预防措施 远离热源、火花、明火、热表面。容器和接收设备接地连接。避免研磨、撞击、摩擦。戴防护面罩。避免接触眼睛、皮肤或衣服，操作后彻底清洗。作业场所不得进食、饮水或吸烟。戴防护手套、穿防护服。避免吸入粉尘。仅在室外或通风良好处操作。禁止排入环境

　　事故响应 火灾时可能爆炸。火势蔓延到爆炸物时，切勿灭火，撤离现场。如吸入：将患者转移到空气新鲜处，休息，保持利于呼吸的体位，呼叫中毒控制中心或就医。皮肤接触：用大量肥皂水和水轻轻地清洗，立即呼叫中毒控制中心或就医。食入：立即呼叫中毒控制中心或就医，漱口。如感觉不适，就医。收集泄漏物

　　安全储存 在通风良好处储存。保持容器密闭。上锁保管

　　废弃处置 本品及内装物、容器依据国家和地方法规处置

物理和化学危险 易燃。受撞击、摩擦，遇明火或其他点火源有爆炸危险

健康危害 有毒。受热分解可释出有毒的氮氧化物烟雾

环境危害 对水生生物毒性非常大并具有长期持续影响

第三部分 成分/组成信息

√ 物质　　　　　　□ 混合物

组分	浓度	CAS No.
二硝基邻甲酚钠（含水≥15％）		2312-76-7

第四部分 急救措施

吸入 迅速脱离现场至空气新鲜处。保持呼吸道通畅。如呼吸困难，给输氧。呼吸、心跳停止，立即进行心肺复苏术。就医

皮肤接触 立即脱去污染的衣着，用流动清水彻底冲洗。就医

眼睛接触 立即分开眼睑，用流动清水或生理盐水彻底冲洗。就医

食入 饮适量温水，催吐（仅限于清醒者）。就医

对保护施救者的忠告 根据需要使用个人防护设备

对医生的特别提示 对症处理

第五部分 消防措施

灭火剂 用雾状水、泡沫、干粉、二氧化碳灭火

特别危险性 遇明火、高热可燃。干燥时经震动、撞击会引起爆炸。受高热分解放出有毒的气体

灭火注意事项及防护措施 消防人员须戴好防毒面具，在安全距离以外，在上风向灭火。尽可能将容器从火场移至空旷处。喷水保持火场容器冷却，直至灭火结束。遇大火，消防人员须在有防护掩蔽处操作。禁止用砂土压盖

第六部分　泄漏应急处理

作业人员防护措施、防护装备和应急处置程序　隔离泄漏
　　污染区，限制出入。消除所有点火源。建议应急处理
　　人员戴防尘口罩，穿防毒服。作业时使用的所有设备
　　应接地。禁止接触或跨越泄漏物

环境保护措施　用塑料布覆盖泄漏物，减少飞散

泄漏化学品的收容、清除方法及所使用的处置材料　小量
　　泄漏：用大量水冲洗，洗水稀释后放入废水系统。大
　　量泄漏：用水润湿，并筑堤收容。通过慢慢加入大量
　　水保持泄漏物湿润

第七部分　操作处置与储存

操作注意事项　密闭操作，提供充分的局部排风。防止粉
　　尘释放到车间空气中。操作人员必须经过专门培训，
　　严格遵守操作规程。建议操作人员佩戴防尘面具（全
　　面罩），穿胶布防毒衣，戴橡胶手套。远离火种、热
　　源，工作场所严禁吸烟。使用防爆型的通风系统和设
　　备。避免产生粉尘。避免与氧化剂、还原剂、碱类接
　　触。配备相应品种和数量的消防器材及泄漏应急处理
　　设备。倒空的容器可能残留有害物

储存注意事项　为安全起见，储存时可加不少于15％的
　　水作稳定剂。储存于阴凉、通风良好的库房内。库温
　　不宜超过35℃。远离火种、热源。防止阳光直射。
　　包装密封。应与氧化剂、还原剂、碱类、食用化学品
　　分开存放，切忌混储。配备相应品种和数量的消防器
　　材。储区应备有合适的材料收容泄漏物

第八部分　接触控制/个体防护

职业接触限值
　　中国　未制定标准
　　美国（ACGIH）　未制定标准
生物接触限值　未制定标准
监测方法　空气中有毒物质测定方法：未制定标准。生物
　　监测检验方法：未制定标准
工程控制　严加密闭，提供充分的局部排风
个体防护装备
　　呼吸系统防护　可能接触其粉尘时，必须佩戴防尘面
　　　　具（全面罩）。紧急事态抢救或撤离时，应该佩
　　　　戴空气呼吸器
　　眼睛防护　呼吸系统防护中已作防护
　　皮肤和身体防护　穿密闭型防毒服
　　手防护　戴橡胶手套

第九部分　理化特性

外观与性状　鲜艳的橘黄色粉末

pH 值　无意义	**熔点(℃)**　无资料	
沸点(℃)　无资料	**相对密度(水=1)**　无资料	
相对蒸气密度(空气=1)　无资料		
饱和蒸气压(kPa)　无资料		
临界压力(MPa)　无资料	**辛醇/水分配系数**　无资料	
闪点(℃)　无意义	**自燃温度(℃)**　无资料	
爆炸下限(％)　无资料	**爆炸上限(％)**　无资料	

分解温度(℃)　无资料　　　**黏度(mPa·s)**　无资料
燃烧热(kJ/mol)　无资料　　**临界温度(℃)**　无资料
溶解性　易溶于水，溶于甲醇、乙醇

第十部分　稳定性和反应性

稳定性　稳定
危险反应　受热，摩擦，震动，撞击，与氧化剂、还原
　　剂、强碱等禁配物接触，有发生火灾和爆炸的危险
避免接触的条件　震动、撞击
禁配物　氧化剂、还原剂、强碱
危险的分解产物　氮氧化物、氧化钠

第十一部分　毒理学信息

急性毒性　LD_{50}：26mg/kg（大鼠经口），200mg/kg（大
　　鼠经皮），200mg/kg（人经口）
皮肤刺激或腐蚀　无资料　　**眼睛刺激或腐蚀**　无资料
呼吸或皮肤过敏　无资料
生殖细胞突变性　微生物致突变：鼠伤寒沙门氏菌
　　200μg/皿
致癌性　无资料　　　　　　　**生殖毒性**　无资料
特异性靶器官系统毒性-一次接触　无资料
特异性靶器官系统毒性-反复接触　无资料
吸入危害　无资料

第十二部分　生态学信息

生态毒性　根据结构类似物质预测，该物质对水生生物有
　　极高毒性
持久性和降解性
　　生物降解性　无资料
　　非生物降解性　无资料
潜在的生物累积性　无资料
土壤中的迁移性　无资料

第十三部分　废弃处置

废弃化学品　建议用焚烧法处置
污染包装物　将容器返还生产商或按照国家和地方法规
　　处置
废弃注意事项　处置前应参阅国家和地方有关法规

第十四部分　运输信息

联合国危险货物编号（UN 号）　0234
联合国运输名称　二硝基邻甲苯酚钠，湿的，按质量计含
　　水不低于15％
联合国危险性类别　4.1，6.1
包装类别　Ⅰ

包装标志　

海洋污染物　是
运输注意事项　运输时运输车辆应配备相应品种和数量
　　的消防器材及泄漏应急处理设备。装运本品的车辆
　　排气管须有阻火装置。运输过程中要确保容器不泄

漏、不倒塌、不坠落、不损坏。严禁与氧化剂、还原剂、碱类等混装混运。运输途中应防暴晒、雨淋，防高温。中途停留时应远离火种、热源。车辆运输完毕应进行彻底清扫。铁路运输时要禁止溜放

第十五部分　法规信息

下列法律、法规、规章和标准，对该化学品的管理作了相应的规定。

中华人民共和国职业病防治法　职业病分类和目录：未列入

危险化学品安全管理条例　危险化学品目录：列入。易制爆危险化学品名录：未列入。重点监管的危险化学品名录：未列入。GB 18218—2009《危险化学品重大危险源辨识》（表1）：未列入

使用有毒物品作业场所劳动保护条例　高毒物品目录：未列入

易制毒化学品管理条例　易制毒化学品的分类和品种目录：未列入

国际公约　斯德哥尔摩公约：未列入。鹿特丹公约：未列入。蒙特利尔议定书：未列入

第十六部分　其他信息

编写和修订信息　　缩略语和首字母缩写
培训建议　　　　　参考文献
免责声明

1,5-二硝基萘

第一部分　化学品标识

化学品中文名　1,5-二硝基萘
化学品英文名　1,5-dinitronaphthalene
分子式　$C_{10}H_6N_2O_4$　**分子量**　218.1656

结构式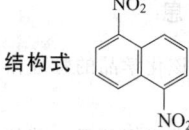

化学品的推荐及限制用途　用于染料、有机合成中间体

第二部分　危险性概述

紧急情况概述　易燃固体
GHS危险性类别　易燃固体，类别1
标签要素

象形图

警示词　危险
危险性说明　易燃固体
防范说明

预防措施　远离热源、火花、明火、热表面。禁止吸烟。容器和接收设备接地连接。使用防爆型电器、通风、照明设备。戴防护手套、防护眼镜、防护面罩。禁止排入环境

事故响应　火灾时，使用雾状水、泡沫、干粉、二氧化碳灭火
安全储存　—
废弃处置　—

物理和化学危险　易燃。与氧化性物质混合会发生爆炸

健康危害　对眼睛、皮肤、黏膜、上呼吸道有刺激性。进入体内导致高铁血红蛋白血症。高浓度时可引起紫绀，这种症状可持续2～4h或更长时间

环境危害　对环境可能有害

第三部分　成分/组成信息

√ 物质　　　　　　　　　混合物

组分	浓度	CAS No.
1,5-二硝基萘		605-71-0

第四部分　急救措施

吸入　迅速脱离现场至空气新鲜处。保持呼吸道通畅。如呼吸困难，给吸氧。如呼吸心跳停止，立即行心肺复苏术。就医

皮肤接触　立即脱去污染衣着，用肥皂水或清水彻底冲洗。就医

眼睛接触　分开眼睑，用清水或生理盐水冲洗。就医

食入　漱口，饮水。就医

对保护施救者的忠告　根据需要使用个人防护设备

对医生的特别提示　高铁血红蛋白血症，可用亚甲蓝和维生素C治疗

第五部分　消防措施

灭火剂　用雾状水、泡沫、干粉、二氧化碳灭火

特别危险性　遇明火、高热能引起燃烧爆炸。与氧化剂混合能形成爆炸性混合物

灭火注意事项及防护措施　消防人员必须戴好防毒面具，在安全距离以外，在上风向灭火。尽可能将容器从火场移至空旷处。喷水保持火场容器冷却，直至灭火结束。遇大火切勿轻易接近

第六部分　泄漏应急处理

作业人员防护措施、防护装备和应急处置程序　隔离泄漏污染区，限制出入。消除所有点火源。建议应急处理人员戴防尘口罩，穿防毒服。穿上适当的防护服前严禁接触破裂的容器和泄漏物

环境保护措施　用塑料布覆盖泄漏物，减少飞散

泄漏化学品的收容、清除方法及所使用的处置材料　用洁净的无火花工具收集泄漏物，置于一盖子较松的塑料容器中，待处置

第七部分　操作处置与储存

操作注意事项　密闭操作，局部排风。操作人员必须经过专门培训，严格遵守操作规程。建议操作人员佩戴自吸过滤式防尘口罩，戴化学安全防护眼镜，穿防毒物渗透工作服，戴橡胶手套。远离火种、热源，工作场所严禁吸烟。使用防爆型的通风系统和设备。避免产生粉尘。避免与氧化剂、碱类接触。搬运时要轻装轻卸，防止包装及容器损坏。配备相应品种和数量的消

防器材及泄漏应急处理设备。倒空的容器可能残留有害物

储存注意事项　储存于阴凉、通风的库房。远离火种、热源。库温不宜超过 35℃。应与氧化剂、碱类分开存放，切忌混储。采用防爆型照明、通风设施。禁止使用易产生火花的机械设备和工具。储区应备有合适的材料收容泄漏物

第八部分　接触控制/个体防护

职业接触限值

　　中国　未制定标准

　　美国（ACGIH）　未制定标准

生物接触限值　未制定标准

监测方法　空气中有毒物质测定方法：未制定标准。生物监测检验方法：未制定标准

工程控制　密闭操作，局部排风

个体防护装备

　　呼吸系统防护　空气中粉尘浓度超标时，必须佩戴过滤式防尘呼吸器。紧急事态抢救或撤离时，应该佩戴空气呼吸器

　　眼睛防护　戴化学安全防护眼镜

　　皮肤和身体防护　穿防毒物渗透工作服

　　手防护　戴橡胶手套

第九部分　理化特性

外观与性状　微黄色晶状粉末

pH 值　无意义		**熔点(℃)**　217.5
沸点(℃)　升华		**相对密度(水＝1)**　无资料
相对蒸气密度(空气＝1)　7.51		
饱和蒸气压(kPa)　无资料		
临界压力(MPa)　无资料	**辛醇/水分配系数**　无资料
闪点(℃)　无资料	**自燃温度(℃)**　无资料
爆炸下限(%)　无资料	**爆炸上限(%)**　无资料
分解温度(℃)　无资料	**黏度(mPa·s)**　无资料
燃烧热(kJ/mol)　无资料	**临界温度(℃)**　无资料

溶解性　不溶于水，溶于丙酮、苯等多数有机溶剂

第十部分　稳定性和反应性

稳定性　稳定

危险反应　与强氧化剂、强碱等禁配物发生反应

避免接触的条件　无资料

禁配物　强氧化剂、强碱

危险的分解产物　氮氧化物

第十一部分　毒理学信息

急性毒性　无资料

皮肤刺激或腐蚀　无资料	**眼睛刺激或腐蚀**　无资料
呼吸或皮肤过敏　无资料	**生殖细胞突变性**　无资料
致癌性　无资料	**生殖毒性**　无资料

特异性靶器官系统毒性——次接触　无资料

特异性靶器官系统毒性-反复接触　无资料

吸入危害　无资料

第十二部分　生态学信息

生态毒性　无资料

持久性和降解性

　　生物降解性　不易快速生物降解

　　非生物降解性　无资料

潜在的生物累积性　根据 K_{ow} 值预测，该物质的生物累积性可能较弱

土壤中的迁移性　根据 K_{oc} 值预测，该物质可能有一定的迁移性

第十三部分　废弃处置

废弃化学品　建议用焚烧法处置。焚烧炉排出的氮氧化物通过洗涤器除去

污染包装物　将容器返还生产商或按照国家和地方法规处置

废弃注意事项　处置前应参阅国家和地方有关法规

第十四部分　运输信息

联合国危险货物编号（UN号）　1325

联合国运输名称　有机易燃固体，未另作规定的（1,5-二硝基萘）

联合国危险性类别　4.1

包装类别　Ⅱ　　　　　　**包装标志**

海洋污染物　否

运输注意事项　运输时运输车辆应配备相应品种和数量的消防器材及泄漏应急处理设备。装运本品的车辆排气管必须有阻火装置。运输过程中要确保容器不泄漏、不倒塌、不坠落、不损坏。严禁与氧化剂、碱类、食用化学品等混装混运。运输途中应防暴晒、雨淋，防高温。中途停留时应远离火种、热源。车辆运输完毕应进行彻底清扫。铁路运输时要禁止溜放

第十五部分　法规信息

　　下列法律、法规、规章和标准，对该化学品的管理作了相应的规定。

中华人民共和国职业病防治法　职业病分类和目录：苯的氨基及硝基化合物中毒

危险化学品安全管理条例　危险化学品目录：列入。易制爆危险化学品名录：未列入。重点监管的危险化学品名录：未列入。GB 18218—2009《危险化学品重大危险源辨识》（表1）：未列入

使用有毒物品作业场所劳动保护条例　高毒物品目录：未列入

易制毒化学品管理条例　易制毒化学品的分类和品种目录：未列入

国际公约　斯德哥尔摩公约：未列入。鹿特丹公约：未列入。蒙特利尔议定书：未列入

第十六部分　其他信息

编写和修订信息　　　缩略语和首字母缩写

培训建议　　　　参考文献

免责声明

2,7-二硝基芴

第一部分　化学品标识

化学品中文名　2,7-二硝基芴

化学品英文名　2,7-dinitrofluorene

分子式　$C_{13}H_8N_2O_4$　**分子量**　256.21

结构式　

化学品的推荐及限制用途　用于有机合成

第二部分　危险性概述

紧急情况概述　易燃固体

GHS 危险性类别　易燃固体，类别 2

标签要素

象形图

警示词　危险

危险性说明　易燃固体

防范说明

预防措施　远离热源、火花、明火、热表面。禁止吸烟。容器和接收设备接地连接。使用防爆型电器、通风、照明设备。戴防护手套、防护眼镜、防护面罩

事故响应　火灾时，使用雾状水、泡沫、干粉、二氧化碳灭火

安全储存　—

废弃处置　—

物理和化学危险　易燃。受撞击、摩擦，遇明火或其他点火源有爆炸危险

健康危害　吸入、摄入或经皮肤吸收后对身体有害。有刺激作用

环境危害　对环境可能有害

第三部分　成分/组成信息

√ 物质　　　　　　　　混合物

组分	浓度	CAS No.
2,7-二硝基芴		5405-53-8

第四部分　急救措施

吸入　迅速脱离现场至空气新鲜处。保持呼吸道通畅。如呼吸困难，给输氧。呼吸、心跳停止，立即进行心肺复苏术。就医

皮肤接触　立即脱去污染的衣着，用流动清水彻底冲洗。就医

眼睛接触　立即分开眼睑，用流动清水或生理盐水彻底冲洗。就医

食入　漱口，饮水。就医

对保护施救者的忠告　根据需要使用个人防护设备

对医生的特别提示　对症处理

第五部分　消防措施

灭火剂　用雾状水、泡沫、干粉、二氧化碳灭火

特别危险性　遇明火、高热能引起燃烧爆炸。与氧化剂混合能形成爆炸性混合物。受高热分解放出有毒的气体

灭火注意事项及防护措施　消防人员必须戴好防毒面具，在安全距离以外，在上风向灭火。遇大火，消防人员必须在有防护掩蔽处操作。尽可能将容器从火场移至空旷处。喷水保持火场容器冷却，直至灭火结束。切勿将水流直接射至熔融物，以免引起严重的流淌火灾或引起剧烈的沸溅。禁止用砂土压盖

第六部分　泄漏应急处理

作业人员防护措施、防护装备和应急处置程序　隔离泄漏污染区，限制出入。消除所有点火源。建议应急处理人员戴防尘口罩，穿一般作业工作服

环境保护措施　用塑料布覆盖泄漏物，减少飞散

泄漏化学品的收容、清除方法及所使用的处置材料　用洁净的无火花工具收集泄漏物，置于一盖子较松的塑料容器中，待处置

第七部分　操作处置与储存

操作注意事项　密闭操作，提供充分的局部排风。防止粉尘释放到车间空气中。操作人员必须经过专门培训，严格遵守操作规程。建议操作人员佩戴防尘面具（全面罩），穿防毒物渗透工作服，戴橡胶手套。远离火种、热源，工作场所严禁吸烟。使用防爆型的通风系统和设备。避免产生粉尘。避免与氧化剂、酸类接触。配备相应品种和数量的消防器材及泄漏应急处理设备。倒空的容器可能残留有害物

储存注意事项　储存于阴凉、通风的库房。库温不宜超过35℃。远离火种、热源。防止阳光直射。包装密封。应与氧化剂、酸类分开存放，切忌混储。配备相应品种和数量的消防器材。储区应备有合适的材料收容泄漏物

第八部分　接触控制/个体防护

职业接触限值

中国　未制定标准

美国（ACGIH）　未制定标准

生物接触限值　未制定标准

监测方法　空气中有毒物质测定方法：未制定标准。生物监测检验方法：未制定标准

工程控制　严加密闭，提供充分的局部排风

个体防护装备

呼吸系统防护　可能接触其粉尘时，必须佩戴防尘面具（全面罩）。紧急事态抢救或撤离时，应该佩戴空气呼吸器

眼睛防护　呼吸系统防护中已作防护

皮肤和身体防护　穿防毒物渗透工作服

手防护　戴橡胶手套

第九部分　理化特性

外观与性状　针状结晶或黄色粉末

| pH 值 | 无意义 | 熔点(℃) | 334 |

| 沸点(℃) | 无资料 | 相对密度(水＝1) | 无资料 |

相对蒸气密度(空气＝1)　无资料

| 饱和蒸气压(kPa) | 无资料 |

| 临界压力(MPa) | 无资料 | 辛醇/水分配系数 | 无资料 |

| 闪点(℃) | 无意义 | 自燃温度(℃) | 无资料 |

| 爆炸下限(%) | 无资料 | 爆炸上限(%) | 无资料 |

| 分解温度(℃) | 无资料 | 黏度(mPa·s) | 无资料 |

| 燃烧热(kJ/mol) | 无资料 | 临界温度(℃) | 无资料 |

溶解性　不溶于乙醇，溶于热乙酸

第十部分　稳定性和反应性

稳定性　稳定

危险反应　与强氧化剂等禁配物接触，有发生火灾和爆炸的危险

避免接触的条件　无资料

禁配物　强氧化剂、酸类

危险的分解产物　氮氧化物

第十一部分　毒理学信息

急性毒性　无资料

皮肤刺激或腐蚀　无资料　　眼睛刺激或腐蚀　无资料

呼吸或皮肤过敏　无资料

生殖细胞突变性　微生物致突变：鼠伤寒沙门氏菌 10ng/皿。程序外 DNA 合成：大鼠肝 100μmol/L

致癌性　大鼠经口最低中毒剂量（TDLo）：2700mg/kg，17 周（连续），按 RTECS 标准为致癌物，胃肠和皮肤肿瘤

生殖毒性　无资料

特异性靶器官系统毒性-一次接触　无资料

特异性靶器官系统毒性-反复接触　无资料

吸入危害　无资料

第十二部分　生态学信息

生态毒性　无资料

持久性和降解性
　　生物降解性　无资料
　　非生物降解性　无资料

潜在的生物累积性　无资料

土壤中的迁移性　无资料

第十三部分　废弃处置

废弃化学品　建议用焚烧法处置。在能利用的地方重复使用容器或在规定场所掩埋

污染包装物　将容器返还生产商或按照国家和地方法规处置

废弃注意事项　处置前应参阅国家和地方有关法规

第十四部分　运输信息

联合国危险货物编号（UN 号）　1325

联合国运输名称　有机易燃固体，未另作规定的（2,7-二硝基芴）

联合国危险性类别　4.1

| 包装类别 | Ⅲ | 包装标志 | 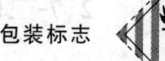 |

海洋污染物　否

运输注意事项　运输时运输车辆应配备相应品种和数量的消防器材及泄漏应急处理设备。装运本品的车辆排气管必须有阻火装置。运输过程中要确保容器不泄漏、不倒塌、不坠落、不损坏。严禁与氧化剂、酸类、食用化学品等混装混运。运输途中应防暴晒、雨淋，防高温。中途停留时应远离火种、热源。车辆运输完毕应进行彻底清扫。铁路运输时要禁止溜放

第十五部分　法规信息

下列法律、法规、规章和标准，对该化学品的管理作了相应的规定。

中华人民共和国职业病防治法　职业病分类和目录：未列入

危险化学品安全管理条例　危险化学品目录：列入。易制爆危险化学品名录：未列入。重点监管的危险化学品名录：未列入。GB 18218—2009《危险化学品重大危险源辨识》（表 1）：未列入

使用有毒物品作业场所劳动保护条例　高毒物品目录：未列入

易制毒化学品管理条例　易制毒化学品的分类和品种目录：未列入

国际公约　斯德哥尔摩公约：未列入。鹿特丹公约：未列入。蒙特利尔议定书：未列入

第十六部分　其他信息

编写和修订信息　　　　缩略语和首字母缩写

培训建议　　　　　　　参考文献

免责声明

1,2-二溴苯

第一部分　化学品标识

化学品中文名　1,2-二溴苯；邻二溴苯

化学品英文名　1,2-dibromobenzene；*o*-dibromobenzene

分子式　$C_6H_4Br_2$　　分子量　235.904

结构式　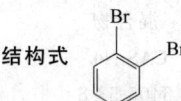

化学品的推荐及限制用途　用作溶剂、浮选剂，也用于有机合成

第二部分　危险性概述

紧急情况概述　可燃液体，造成皮肤刺激

GHS 危险性类别　易燃液体，类别 4；皮肤腐蚀/刺激，类别 2；危害水生环境-急性危害，类别 2；危害水生环境-长期危害，类别 2

标签要素

象形图　

警示词 警告

危险性说明 可燃液体，造成皮肤刺激，对水生生物有毒并具有长期持续影响

防范说明

预防措施 远离火焰和热表面。禁止吸烟。戴防护手套、防护眼镜、防护面罩。避免接触眼睛、皮肤，操作后彻底清洗。禁止排入环境

事故响应 火灾时，使用雾状水、泡沫、干粉、二氧化碳、砂土灭火。皮肤接触：用大量肥皂水和水清洗，脱去被污染的衣服，如发生皮肤刺激，就医。被污染的衣服必须经洗净后方可重新使用。收集泄漏物

安全储存 存放在通风良好的地方。保持低温

废弃处置 本品及内装物、容器依据国家和地方法规处置

物理和化学危险 易燃，其蒸气与空气混合，能形成爆炸性混合物

健康危害 吸入、摄入或经皮肤吸收后对身体有害。对眼睛、皮肤有刺激作用

环境危害 对水生生物有毒并具有长期持续影响

第三部分 成分/组成信息

√ 物质　　　　　　　混合物

组分	浓度	CAS No.
1,2-二溴苯		583-53-9

第四部分 急救措施

吸入 迅速脱离现场至空气新鲜处。保持呼吸道通畅。如呼吸困难，给输氧。呼吸、心跳停止，立即进行心肺复苏术。就医

皮肤接触 立即脱去污染的衣着，用流动清水彻底冲洗。就医

眼睛接触 立即分开眼睑，用流动清水或生理盐水彻底冲洗。就医

食入 漱口，饮水。就医

对保护施救者的忠告 根据需要使用个人防护设备

对医生的特别提示 对症处理

第五部分 消防措施

灭火剂 用雾状水、泡沫、干粉、二氧化碳、砂土灭火

特别危险性 其蒸气与空气可形成爆炸性混合物，遇明火、高热能引起燃烧爆炸。与氧化剂可发生反应。受高热分解放出有毒的气体。若遇高热，容器内压增大，有开裂和爆炸的危险

灭火注意事项及防护措施 消防人员必须佩戴防毒面具、穿全身消防服，在上风向灭火。尽可能将容器从火场移至空旷处。喷水保持火场容器冷却，直至灭火结束。处在火场中的容器若已变色或从安全泄压装置中发出声音，必须马上撤离

第六部分 泄漏应急处理

作业人员防护措施、防护装备和应急处置程序 消除所有点火源。根据液体流动和蒸气扩散的影响区域划定警戒区，无关人员从侧风向、上风向撤离至安全区。建议应急处理人员戴正压自给式呼吸器，穿防静电服。作业时使用的所有设备应接地。禁止接触或跨越泄漏物。尽可能切断泄漏源

环境保护措施 防止泄漏物进入水体、下水道、地下室或有限空间

泄漏化学品的收容、清除方法及所使用的处置材料 小量泄漏：用砂土或其他不燃材料吸收。使用洁净的无火花工具收集吸收材料。大量泄漏：构筑围堤或挖坑收容。用泡沫覆盖，减少蒸发。喷水雾能减少蒸发，但不能降低泄漏物在有限空间内的易燃性。用防爆泵转移至槽车或专用收集器内

第七部分 操作处置与储存

操作注意事项 密闭操作，局部排风。防止蒸气泄漏到工作场所空气中。操作人员必须经过专门培训，严格遵守操作规程。建议操作人员佩戴自吸过滤式防毒面具（半面罩），戴化学安全防护眼镜，穿防静电工作服，戴橡胶手套。远离火种、热源，工作场所严禁吸烟。使用防爆型的通风系统和设备。在清除液体和蒸气前不能进行焊接、切割等作业。避免产生烟雾。避免与氧化剂接触。容器与传送设备要接地，防止产生的静电。灌装时应控制流速，且有接地装置，防止静电积聚。配备相应品种和数量的消防器材及泄漏应急处理设备。倒空的容器可能残留有害物

储存注意事项 储存于阴凉、通风的库房。远离火种、热源。防止阳光直射。库温不宜超过37℃，保持容器密封。应与氧化剂、食用化学品分开存放，切忌混储。配备相应品种和数量的消防器材。储区应备有泄漏应急处理设备和合适的收容材料

第八部分 接触控制/个体防护

职业接触限值

中国 未制定标准

美国（ACGIH） 未制定标准

生物接触限值 未制定标准

监测方法 空气中有毒物质测定方法：未制定标准。生物监测检验方法：未制定标准

工程控制 密闭操作，局部排风

个体防护装备

呼吸系统防护 空气中浓度超标时，必须佩戴过滤式防毒面具（半面罩）。紧急事态抢救或撤离时，应该佩戴空气呼吸器

眼睛防护 戴化学安全防护眼镜

皮肤和身体防护 穿防静电工作服

手防护 戴橡胶手套

第九部分 理化特性

外观与性状 无色液体，有芳香气味

pH值 无资料	**熔点（℃）** 4～6
沸点（℃） 223～224	**相对密度（水＝1）** 1.956

相对蒸气密度（空气＝1） 8.2

饱和蒸气压（kPa） 0.67（70℃）

临界压力(MPa)　无资料　　辛醇/水分配系数　无资料
闪点(℃)　91.67　　　自燃温度(℃)　无资料
爆炸下限(%)　无资料　　爆炸上限(%)　无资料
分解温度(℃)　无资料　　黏度(mPa·s)　2.91（20℃）
燃烧热(kJ/mol)　无资料　临界温度(℃)　486.6
溶解性　不溶于水，溶于乙醇、乙醚、丙酮、乙酸、苯、
　石油醚、四氯化碳

第十部分　稳定性和反应性

稳定性　稳定
危险反应　与强氧化剂等禁配物发生反应
避免接触的条件　无资料
禁配物　强氧化剂
危险的分解产物　溴化氢

第十一部分　毒理学信息

急性毒性　无资料
皮肤刺激或腐蚀　无资料　眼睛刺激或腐蚀　无资料
呼吸或皮肤过敏　无资料　生殖细胞突变性　无资料
致癌性　无资料　　　　生殖毒性　无资料
特异性靶器官系统毒性-一次接触　无资料
特异性靶器官系统毒性-反复接触　无资料
吸入危害　无资料

第十二部分　生态学信息

生态毒性　根据结构类似物质预测，该物质对水生生物
　有毒
持久性和降解性
　生物降解性　无资料
　非生物降解性　无资料
潜在的生物累积性　无资料
土壤中的迁移性　无资料

第十三部分　废弃处置

废弃化学品　建议用焚烧法处置。在能利用的地方重复使
　用容器或在规定场所掩埋
污染包装物　将容器返还生产商或按照国家和地方法规
　处置
废弃注意事项　处置前应参阅国家和地方有关法规

第十四部分　运输信息

联合国危险货物编号（UN号）　3082
联合国运输名称　对环境有害的液态物质，未另作规定的
　（1,2-二溴苯）
联合国危险性类别　9

包装类别　Ⅲ　　　包装标志
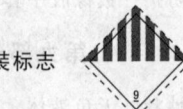
海洋污染物　是
运输注意事项　运输时运输车辆应配备相应品种和数量
　的消防器材及泄漏应急处理设备。夏季最好早晚运
　输。运输时所用的槽（罐）车应有接地链，槽内可

设孔隔板以减少震荡产生的静电。严禁与氧化剂、
食用化学品等混装混运。运输途中应防暴晒、雨
淋，防高温。中途停留时应远离火种、热源、高
温区。装运该物品的车辆排气管必须配备阻火装
置，禁止使用易产生火花的机械设备和工具装卸。
铁路运输时要禁止溜放。严禁用木船、水泥船散
装运输

第十五部分　法规信息

下列法律、法规、规章和标准，对该化学品的管理作
了相应的规定。
中华人民共和国职业病防治法　职业病分类和目录：未
　列入
危险化学品安全管理条例　危险化学品目录：列入。易制
　爆危险化学品名录：未列入。重点监管的危险化学品
　名录：未列入。GB 18218—2009《危险化学品重大
　危险源辨识》（表1）：未列入
使用有毒物品作业场所劳动保护条例　高毒物品目录：未
　列入
易制毒化学品管理条例　易制毒化学品的分类和品种目
　录：未列入
国际公约　斯德哥尔摩公约：未列入。鹿特丹公约：未列
　入。蒙特利尔议定书：未列入

第十六部分　其他信息

编写和修订信息　　缩略语和首字母缩写
培训建议　　　　　参考文献
免责声明

1,3-二溴苯

第一部分　化学品标识

化学品中文名　1,3-二溴苯；间二溴苯
化学品英文名　1,3-dibromobenzene；*m*-dibromobenzene
分子式　$C_6H_4Br_2$　　分子量　235.92
结构式
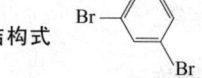
化学品的推荐及限制用途　用于有机合成

第二部分　危险性概述

紧急情况概述　造成严重眼刺激，可能引起呼吸道刺激
GHS危险性类别　急性毒性-经口，类别5；皮肤腐蚀/刺
　激，类别2；严重眼损伤/眼刺激，类别2A；特异性
　靶器官毒性-一次接触，类别3（呼吸道刺激）
标签要素
象形图

警示词　警告
危险性说明　吞咽可能有害，造成皮肤刺激，造成严重
　眼刺激，可能引起呼吸道刺激

防范说明

预防措施 避免接触眼睛、皮肤，操作后彻底清洗。戴防护手套、防护眼镜、防护面罩

事故响应 如果感觉不适，呼叫中毒控制中心或就医。皮肤接触：用大量肥皂水和水清洗。如发生皮肤刺激，就医。脱去被污染的衣服，衣服洗净后方可重新使用。如接触眼睛：用水细心冲洗数分钟。如戴隐形眼镜并可方便地取出，取出隐形眼镜，继续冲洗。如果眼睛刺激持续：就医

安全储存 —

废弃处置 本品及内装物、容器依据国家和地方法规处置

物理和化学危险 可燃，其蒸气与空气混合，能形成爆炸性混合物

健康危害 吸入、摄入或经皮肤吸收后对身体有害，对眼睛、皮肤、黏膜和上呼吸道有刺激作用

环境危害 对环境可能有害

第三部分 成分/组成信息

√ 物质　　　　　混合物

组分	浓度	CAS No.
1,3-二溴苯		108-36-1

第四部分 急救措施

吸入 迅速脱离现场至空气新鲜处。保持呼吸道通畅。如呼吸困难，给输氧。呼吸、心跳停止，立即进行心肺复苏术。就医

皮肤接触 立即脱去污染的衣着，用大量流动清水冲洗。如有不适感，就医

眼睛接触 提起眼睑，用流动清水或生理盐水冲洗。如有不适感，就医

食入 饮足量温水，催吐。就医

对保护施救者的忠告 根据需要使用个人防护设备

对医生的特别提示 对症处理

第五部分 消防措施

灭火剂 用雾状水、泡沫、干粉、二氧化碳、砂土灭火

特别危险性 其蒸气与空气可形成爆炸性混合物，遇明火、高热能引起燃烧爆炸。与氧化剂可发生反应。受高热分解放出有毒的气体。若遇高热，容器内压增大，有开裂和爆炸的危险

灭火注意事项及防护措施 消防人员必须佩戴防毒面具、穿全身消防服，在上风向灭火。尽可能将容器从火场移至空旷处。喷水保持火场容器冷却，直至灭火结束。处在火场中的容器若已变色或从安全泄压装置中发出声音，必须马上撤离

第六部分 泄漏应急处理

作业人员防护措施、防护装备和应急处置程序 消除所有点火源。根据液体流动和蒸气扩散的影响区域划定警戒区，无关人员从侧风、上风向撤离至安全区。建议应急处理人员戴正压自给式呼吸器，穿防静电服。作业时使用的所有设备应接地。禁止接触或跨越泄漏物。尽可能切断泄漏源

环境保护措施 防止泄漏物进入水体、下水道、地下室或密闭性空间

泄漏化学品的收容、清除方法及所使用的处置材料 小量泄漏：用砂土或其他不燃材料吸收。使用洁净的无火花工具收集吸收材料。大量泄漏：构筑围堤或挖坑收容。用泡沫覆盖，减少蒸发。喷水雾能减少蒸发，但不能降低泄漏物在受限制空间内的易燃性。用防爆泵转移至槽车或专用收集器内

第七部分 操作处置与储存

操作注意事项 密闭操作，局部排风。防止蒸气泄漏到工作场所空气中。操作人员必须经过专门培训，严格遵守操作规程。建议操作人员佩戴自吸过滤式防毒面具（半面罩），戴化学安全防护眼镜，穿防静电工作服，戴橡胶手套。远离火种、热源，工作场所严禁吸烟。使用防爆型的通风系统和设备。在清除液体和蒸气前不能进行焊接、切割等作业。避免产生烟雾。避免与氧化剂接触。容器与传送设备要接地，防止产生静电。灌装时应控制流速，且有接地装置，防止静电积聚。配备相应品种和数量的消防器材及泄漏应急处理设备。倒空的容器可能残留有害物

储存注意事项 储存于阴凉、通风的库房。远离火种、热源。防止阳光直射。库温不宜超过37℃，保持容器密封。应与氧化剂分开存放，切忌混储。配备相应品种和数量的消防器材。储区应备有泄漏应急处理设备和合适的收容材料

第八部分 接触控制/个体防护

职业接触限值

中国 未制定标准

美国（ACGIH） 未制定标准

生物接触限值 未制定标准

监测方法 空气中有毒物质测定方法：未制定标准。生物监测检验方法：未制定标准

工程控制 密闭操作，局部排风

个体防护装备

呼吸系统防护 空气中浓度超标时，必须佩戴过滤式防毒面具（半面罩）。紧急事态抢救或撤离时，应该佩戴空气呼吸器

眼睛防护 戴化学安全防护眼镜

皮肤和身体防护 穿防静电工作服

手防护 戴橡胶手套

第九部分 理化特性

外观与性状 无色至淡黄色液体

pH值 无资料	熔点(℃) −7
沸点(℃) 218～219	相对密度(水=1) 1.9520
相对蒸气密度(空气=1) 8.16	
饱和蒸气压(kPa) 无资料	
临界压力(MPa) 无资料	辛醇/水分配系数 无资料
闪点(℃) 93.4	自燃温度(℃) 无资料

爆炸下限(%)　无资料　　爆炸上限(%)　无资料

分解温度(℃)　无资料　　黏度(mPa·s)　无资料

燃烧热(kJ/mol)　无资料　　临界温度(℃)　无资料

溶解性　不溶于水，溶于乙醇、乙醚、丙酮、乙酸、苯、石油醚、四氯化碳

第十部分　稳定性和反应性

稳定性　稳定

危险反应　与强氧化剂等禁配物发生反应

避免接触的条件　无资料

禁配物　强氧化剂

危险的分解产物　溴化氢

第十一部分　毒理学信息

急性毒性　吞咽可能有害。LD$_{50}$：2250mg/kg（小鼠经口）

皮肤刺激或腐蚀　造成皮肤刺激

眼睛刺激或腐蚀　造成严重眼刺激

呼吸或皮肤过敏　无资料　　生殖细胞突变性　无资料

致癌性　无资料　　　　　　生殖毒性　无资料

特异性靶器官系统毒性-一次接触　可能引起呼吸道刺激

特异性靶器官系统毒性-反复接触　无资料

吸入危害　无资料

第十二部分　生态学信息

生态毒性　无资料

持久性和降解性

　　生物降解性　无资料

　　非生物降解性　无资料

潜在的生物累积性　无资料

土壤中的迁移性　无资料

第十三部分　废弃处置

废弃化学品　建议用焚烧法处置。在能利用的地方重复使用容器或在规定场所掩埋

污染包装物　将容器返还生产商或按照国家和地方法规处置

废弃注意事项　在规定场所掩埋空容器

第十四部分　运输信息

联合国危险货物编号（UN号）　—

联合国运输名称　—　　联合国危险性类别　—

包装类别　—　　　　　　包装标志　—

海洋污染物　否

运输注意事项　运输时运输车辆应配备相应品种和数量的消防器材及泄漏应急处理设备。夏季最好早晚运输。运输时所用的槽（罐）车应有接地链，槽内可设孔隔板，以减少震荡产生的静电。严禁与氧化剂、食用化学品等混装混运。运输途中应防暴晒、雨淋，防高温。中途停留时应远离火种、热源、高温区。装运该物品的车辆排气管必须配备阻火装置，禁止使用易产生火花的机械设备和工具装卸。铁路运输时要禁止溜放。严禁用木船、水泥船散装运输

第十五部分　法规信息

下列法律、法规、规章和标准，对该化学品的管理作了相应的规定。

中华人民共和国职业病防治法　职业病分类和目录：未列入

危险化学品安全管理条例　危险化学品目录：未列入。易制爆危险化学品名录：未列入。重点监管的危险化学品名录：未列入。GB 18218—2009《危险化学品重大危险源辨识》（表1）：未列入

使用有毒物品作业场所劳动保护条例　高毒物品目录：未列入

易制毒化学品管理条例　易制毒化学品的分类和品种目录：未列入

国际公约　斯德哥尔摩公约：未列入。鹿特丹公约：未列入。蒙特利尔议定书：未列入

第十六部分　其他信息

编写和修订信息　　　缩略语和首字母缩写

培训建议　　　　　　参考文献

免责声明

2,4-二溴苯胺

第一部分　化学品标识

化学品中文名　2,4-二溴苯胺

化学品英文名　2,4-dibromoaniline；2,4-dibromobenzena-mine

分子式　$C_6H_5Br_2N$　分子量　250.919

结构式

化学品的推荐及限制用途　用于有机合成

第二部分　危险性概述

紧急情况概述　吞咽会中毒，造成皮肤刺激，造成严重眼刺激，可能引起呼吸道刺激

GHS危险性类别　急性毒性-经口，类别3；皮肤腐蚀/刺激，类别2；严重眼损伤/眼刺激，类别2；特异性靶器官毒性-一次接触，类别3（呼吸道刺激）

标签要素

象形图

警示词　危险

危险性说明　吞咽会中毒，造成皮肤刺激，造成严重眼刺激，可能引起呼吸道刺激

防范说明

　　预防措施　避免接触眼睛、皮肤，操作后彻底清洗。作业场所不得进食、饮水或吸烟。戴防护手套、防护眼镜、防护面罩

　　事故响应　皮肤接触：用大量肥皂水和水清洗。如

发生皮肤刺激，就医。脱去被污染的衣服，衣服经洗净后可重新使用。如接触眼睛：用水细心冲洗数分钟。如戴隐形眼镜并可方便地取出，取出隐形眼镜，继续冲洗。如果眼睛刺激持续：就医。食入：立即呼叫中毒控制中心或就医。漱口

安全储存　上锁保管

废弃处置　本品及内装物、容器依据国家和地方法规处置

物理和化学危险　可燃，其粉体与空气混合，能形成爆炸性混合物

健康危害　吸入、摄入或经皮肤吸收后对身体有害。对眼睛、皮肤、黏膜和上呼吸道有强烈刺激作用。吸收进入体内，形成高铁血红蛋白致发生紫绀，可引起过敏反应

环境危害　对环境可能有害

第三部分　成分/组成信息

√ 物质		混合物
组分	浓度	CAS No.
2,4-二溴苯胺		615-57-6

第四部分　急救措施

吸入　迅速脱离现场至空气新鲜处。保持呼吸道通畅。如呼吸困难，给吸氧。如呼吸心跳停止，立即行心肺复苏术。就医

皮肤接触　立即脱去污染衣着，用肥皂水或清水彻底冲洗。就医

眼睛接触　分开眼睑，用清水或生理盐水冲洗。就医

食入　漱口，饮水。就医

对保护施救者的忠告　根据需要使用个人防护设备

对医生的特别提示　高铁血红蛋白血症，可用亚甲蓝和维生素 C 治疗

第五部分　消防措施

灭火剂　用雾状水、泡沫、干粉、二氧化碳、砂土灭火

特别危险性　遇明火、高热可燃。其粉体与空气可形成爆炸性混合物，当达到一定浓度时，遇火星会发生爆炸。受高热分解放出有毒的气体

灭火注意事项及防护措施　消防人员必须佩戴防毒面具、穿全身消防服，在上风向灭火。尽可能将容器从火场移至空旷处。喷水保持火场容器冷却，直至灭火结束

第六部分　泄漏应急处理

作业人员防护措施、防护装备和应急处置程序　隔离泄漏污染区，限制出入。消除所有点火源。建议应急处理人员戴防尘口罩，穿防毒服。穿上适当的防护服前严禁接触破裂的容器和泄漏物。尽可能切断泄漏源

环境保护措施　用塑料布覆盖泄漏物，减少飞散

泄漏化学品的收容、清除方法及所使用的处置材料　勿使水进入包装容器内。用洁净的铲子收集泄漏物，置于干净、干燥、盖子较松的容器中，将容器移离泄漏区

第七部分　操作处置与储存

操作注意事项　密闭操作，提供充分的局部排风。防止粉尘释放到车间空气中。操作人员必须经过专门培训，严格遵守操作规程。建议操作人员佩戴防尘面具（全面罩），穿胶布防毒衣，戴橡胶手套。远离火种、热源，工作场所严禁吸烟。使用防爆型的通风系统和设备。避免产生粉尘。避免与氧化剂、酸类、酸酐、酰基氯接触。配备相应品种和数量的消防器材及泄漏应急处理设备。倒空的容器可能残留有害物

储存注意事项　储存于阴凉、通风的库房。远离火种、热源。防止阳光直射。包装密封。应与氧化剂、酸类、酸酐、酰基氯、食用化学品分开存放，切忌混储。配备相应品种和数量的消防器材。储区应备有合适的材料收容泄漏物

第八部分　接触控制/个体防护

职业接触限值

中国　未制定标准

美国（ACGIH）　未制定标准

生物接触限值　未制定标准

监测方法　空气中有毒物质测定方法：未制定标准。生物监测检验方法：未制定标准

工程控制　严加密闭，提供充分的局部排风

个体防护装备

呼吸系统防护　可能接触其粉尘时，必须佩戴防尘面具（全面罩）。紧急事态抢救或撤离时，应该佩戴空气呼吸器

眼睛防护　呼吸系统防护中已作防护

皮肤和身体防护　穿密闭型防毒服

手防护　戴橡胶手套

第九部分　理化特性

外观与性状　灰白色结晶状粉末			
pH 值　无意义		**熔点（℃）**　78～80	
沸点（℃）　156（3.19kPa）			
相对密度（水＝1）　2.260（20℃）			
相对蒸气密度（空气＝1）　无资料			
饱和蒸气压（kPa）　无资料			
临界压力（MPa）　无资料		**辛醇/水分配系数**　无资料	
闪点（℃）　无意义		**自燃温度（℃）**　无资料	
爆炸下限（%）　无资料		**爆炸上限（%）**　无资料	
分解温度（℃）　无资料		**黏度（mPa·s）**　无资料	
燃烧热（kJ/mol）　无资料		**临界温度（℃）**　无资料	
溶解性　微溶于氯仿，溶于乙醇			

第十部分　稳定性和反应性

稳定性　稳定

危险反应　与氧化剂、酸类、酸酐、酰基氯等禁配物接触，有引起燃烧爆炸的危险

避免接触的条件　无资料

禁配物　氧化剂、酸类、酸酐、酰基氯

危险的分解产物　氮氧化物、溴化氢

第十一部分　毒理学信息

急性毒性　无资料

皮肤刺激或腐蚀　无资料　　眼睛刺激或腐蚀　无资料

呼吸或皮肤过敏　无资料　　生殖细胞突变性　无资料

致癌性　无资料　　　　　　生殖毒性　无资料

特异性靶器官系统毒性-一次接触　无资料

特异性靶器官系统毒性-反复接触　无资料

吸入危害　无资料

第十二部分　生态学信息

生态毒性　无资料

持久性和降解性

　生物降解性　无资料

　非生物降解性　无资料

潜在的生物累积性　无资料

土壤中的迁移性　无资料

第十三部分　废弃处置

废弃化学品　建议用焚烧法处置。在能利用的地方重复使用容器或在规定场所掩埋

污染包装物　将容器返还生产商或按照国家和地方法规处置

废弃注意事项　处置前应参阅国家和地方有关法规

第十四部分　运输信息

联合国危险货物编号（UN 号）　2811

联合国运输名称　有机毒性固体，未另作规定的（2,4-二溴苯胺）

联合国危险性类别　6.1

包装类别　Ⅲ　　　　　包装标志

海洋污染物　否

运输注意事项　运输前应先检查包装容器是否完整、密封，运输过程中要确保容器不泄漏、不倒塌、不坠落、不损坏。严禁与酸类、氧化剂、食品及食品添加剂混运。运输时运输车辆应配备相应品种和数量的消防器材及泄漏应急处理设备。运输途中应防暴晒、雨淋，防高温。公路运输时要按规定路线行驶，勿在居民区和人口稠密区停留

第十五部分　法规信息

　下列法律、法规、规章和标准，对该化学品的管理作了相应的规定。

中华人民共和国职业病防治法　职业病分类和目录：苯的氨基及硝基化合物中毒

危险化学品安全管理条例　危险化学品目录：列入。易制爆危险化学品名录：未列入。重点监管的危险化学品名录：未列入。GB 18218—2009《危险化学品重大危险源辨识》（表1）：未列入

使用有毒物品作业场所劳动保护条例　高毒物品目录：未

列入

易制毒化学品管理条例　易制毒化学品的分类和品种目录：未列入

国际公约　斯德哥尔摩公约：未列入。鹿特丹公约：未列入。蒙特利尔议定书：未列入

第十六部分　其他信息

编写和修订信息　　　　缩略语和首字母缩写

培训建议　　　　　　　参考文献

免责声明

2,5-二溴苯胺

第一部分　化学品标识

化学品中文名　2,5-二溴苯胺

化学品英文名　2,5-dibromoaniline；2,5-dibromobenzenamine

分子式　$C_6H_5Br_2N$　分子量　250.93

结构式　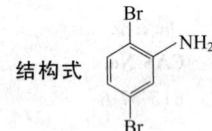

化学品的推荐及限制用途　用于有机合成

第二部分　危险性概述

紧急情况概述　吞咽会中毒，造成皮肤刺激，造成严重眼刺激，可能引起呼吸道刺激

GHS 危险性类别　急性毒性-经口，类别 3；皮肤腐蚀/刺激，类别 2；严重眼损伤/眼刺激，类别 2；特异性靶器官毒性-一次接触，类别 3（呼吸道刺激）

标签要素

象形图　

警示词　危险

危险性说明　吞咽会中毒，造成皮肤刺激，造成严重眼刺激，可能引起呼吸道刺激

防范说明

　预防措施　避免接触眼睛、皮肤，操作后彻底清洗。作业场所不得进食、饮水或吸烟。戴防护手套、防护眼镜、防护面罩

　事故响应　皮肤接触：用大量肥皂水和水清洗。如发生皮肤刺激，就医。脱去被污染的衣服，衣服经洗净后方可重新使用。如接触眼睛：用水细心冲洗数分钟。如戴隐形眼镜并可方便地取出，取出隐形眼镜，继续冲洗。如果眼睛刺激持续：就医。食入：立即呼叫中毒控制中心或就医。漱口

　安全储存　上锁保管

　废弃处置　本品及内装物、容器依据国家和地方法规处置

物理和化学危险　可燃，其粉体与空气混合，能形成爆炸

性混合物

健康危害 吸入、摄入或经皮肤吸收后对身体有害。对眼睛、皮肤、黏膜和上呼吸道有强烈刺激性。经吸入进入体内，可形成高铁血红蛋白致发生紫绀。可引起过敏反应

环境危害 对环境可能有害

第三部分　成分/组成信息

√ 物质　　　　　　　　　混合物

组分	浓度	CAS No.
2,5-二溴苯胺		3638-73-1

第四部分　急救措施

吸入 迅速脱离现场至空气新鲜处。保持呼吸道通畅。如呼吸困难，给输氧。如呼吸心跳停止，立即行心肺复苏术。就医

皮肤接触 立即脱去污染衣着，用肥皂水或清水彻底冲洗。就医

眼睛接触 分开眼睑，用清水或生理盐水冲洗。就医

食入 漱口，饮水。就医

对保护施救者的忠告 根据需要使用个人防护设备

对医生的特别提示 高铁血红蛋白血症，可用亚甲蓝和维生素C治疗

第五部分　消防措施

灭火剂 用雾状水、泡沫、干粉、二氧化碳、砂土灭火

特别危险性 遇明火、高热可燃。其粉体与空气可形成爆炸性混合物，当达到一定浓度时，遇火星会发生爆炸。受高热分解放出有毒的气体

灭火注意事项及防护措施 消防人员必须佩戴防毒面具、穿全身消防服，在上风向灭火。尽可能将容器从火场移至空旷处。喷水保持火场容器冷却，直至灭火结束

第六部分　泄漏应急处理

作业人员防护措施、防护装备和应急处置程序 隔离泄漏污染区，限制出入。消除所有点火源。建议应急处理人员戴防尘口罩，穿防毒服。穿上适当的防护服前严禁接触破裂的容器和泄漏物。尽可能切断泄漏源

环境保护措施 用塑料布覆盖泄漏物，减少飞散

泄漏化学品的收容、清除方法及所使用的处置材料 勿使水进入包装容器内。用洁净的铲子收集泄漏物，置于干净、干燥、盖子较松的容器中，将容器移离泄漏区

第七部分　操作处置与储存

操作注意事项 密闭操作，提供充分的局部排风。防止粉尘释放到车间空气中。操作人员必须经过专门培训，严格遵守操作规程。建议操作人员佩戴防尘面具（全面罩），穿胶布防毒衣，戴橡胶手套。远离火种、热源，工作场所严禁吸烟。使用防爆型的通风系统和设备。避免产生粉尘。避免与氧化剂、酸类、酸酐、酰

基氯接触。配备相应品种和数量的消防器材及泄漏应急处理设备。倒空的容器可能残留有害物

储存注意事项 储存于阴凉、通风的库房。远离火种、热源。防止阳光直射。包装密封。应与氧化剂、酸类、酸酐、酰基氯、食用化学品分开存放，切忌混储。配备相应品种和数量的消防器材。储区应备有合适的材料收容泄漏物

第八部分　接触控制/个体防护

职业接触限值

　中国　未制定标准

　美国（ACGIH）　未制定标准

生物接触限值 未制定标准

监测方法 空气中有毒物质测定方法：未制定标准。生物监测检验方法：未制定标准

工程控制 严加密闭，提供充分的局部排风

个体防护装备

　呼吸系统防护 可能接触其粉尘时，必须佩戴防尘面具（全面罩）。紧急事态抢救或撤离时，应该佩戴空气呼吸器

　眼睛防护 呼吸系统防护中已作防护

　皮肤和身体防护 穿密闭型防毒服

　手防护 戴橡胶手套

第九部分　理化特性

外观与性状 棕色棱形结晶

pH值 无意义		**熔点(℃)** 51～53	
沸点(℃) 无资料		**相对密度(水=1)** 无资料	
相对蒸气密度(空气=1) 无资料			
饱和蒸气压(kPa) 无资料			
临界压力(MPa) 无资料		**辛醇/水分配系数** 无资料	
闪点(℃) >110		**自燃温度(℃)** 无资料	
爆炸下限(%) 无资料		**爆炸上限(%)** 无资料	
分解温度(℃) 无资料		**黏度(mPa·s)** 无资料	
燃烧热(kJ/mol) 无资料		**临界温度(℃)** 无资料	

溶解性 易溶于醇，溶于醚

第十部分　稳定性和反应性

稳定性 稳定

危险反应 与氧化剂、酸类、酸酐、酰基氯等禁配物接触，有引起燃烧爆炸的危险

避免接触的条件 光照

禁配物 氧化剂、酸类、酸酐、酰基氯

危险的分解产物 氮氧化物、溴化氢

第十一部分　毒理学信息

急性毒性 无资料

皮肤刺激或腐蚀 无资料	**眼睛刺激或腐蚀** 无资料
呼吸或皮肤过敏 无资料	**生殖细胞突变性** 无资料
致癌性 无资料	**生殖毒性** 无资料

特异性靶器官系统毒性-一次接触 无资料

特异性靶器官系统毒性-反复接触 无资料

吸入危害 无资料

第十二部分　生态学信息

生态毒性　无资料
持久性和降解性
　生物降解性　无资料
　非生物降解性　无资料
潜在的生物累积性　无资料
土壤中的迁移性　无资料

第十三部分　废弃处置

废弃化学品　建议用焚烧法处置。在能利用的地方重复使用容器或在规定场所掩埋
污染包装物　将容器返还生产商或按照国家和地方法规处置
废弃注意事项　处置前应参阅国家和地方有关法规

第十四部分　运输信息

联合国危险货物编号（UN号）　2811
联合国运输名称　有机毒性固体，未另作规定的（2,5-二溴苯胺）
联合国危险性类别　6.1

包装类别　Ⅲ　　　　**包装标志**

海洋污染物　否
运输注意事项　运输前应先检查包装容器是否完整、密封，运输过程中要确保容器不泄漏、不倒塌、不坠落、不损坏。严禁与酸类、氧化剂、食品及食品添加剂混运。运输时运输车辆应配备相应品种和数量的消防器材及泄漏应急处理设备。运输途中应防暴晒、雨淋，防高温。公路运输时要按规定路线行驶，勿在居民区和人口稠密区停留

第十五部分　法规信息

下列法律、法规、规章和标准，对该化学品的管理作了相应的规定。
中华人民共和国职业病防治法　职业病分类和目录：苯的氨基及硝基化合物中毒
危险化学品安全管理条例　危险化学品目录：列入。易制爆危险化学品名录：未列入。重点监管的危险化学品名录：未列入。GB 18218—2009《危险化学品重大危险源辨识》（表1）：未列入
使用有毒物品作业场所劳动保护条例　高毒物品目录：未列入
易制毒化学品管理条例　易制毒化学品的分类和品种目录：未列入
国际公约　斯德哥尔摩公约：未列入。鹿特丹公约：未列入。蒙特利尔议定书：未列入

第十六部分　其他信息

编写和修订信息　　　**缩略语和首字母缩写**
培训建议　　　　　　**参考文献**
免责声明

1,2-二溴-3-丁酮

第一部分　化学品标识

化学品中文名　1,2-二溴-3-丁酮；3,4-二溴丁酮
化学品英文名　1,2-dibromo-3-butanone；3,4-dibromobutanone
分子式　$C_4H_6Br_2O$　**分子量**　229.91

结构式　

化学品的推荐及限制用途　用于有机合成

第二部分　危险性概述

紧急情况概述　易燃液体和蒸气
GHS危险性类别　易燃液体，类别3
标签要素

象形图

警示词　警告
危险性说明　易燃液体和蒸气
防范说明
　预防措施　远离热源、火花、明火、热表面。禁止吸烟。保持容器密闭。容器和接收设备接地连接。使用防爆型电器、通风、照明设备。只能使用不产生火花的工具。采取防止静电措施。戴防护手套、防护眼镜、防护面罩
　事故响应　火灾时，使用雾状水、泡沫、干粉、二氧化碳、砂土灭火。如皮肤（或头发）接触：立即脱掉所有被污染的衣服，用水冲洗皮肤，淋浴
　安全储存　存放在通风良好的地方。保持低温
　废弃处置　本品及内装物、容器依据国家和地方法规处置
物理和化学危险　可燃，其蒸气与空气混合，能形成爆炸性混合物
健康危害　本品有毒，具强烈催泪性。人在本品18.8mg/m³环境下，几秒钟内失去工作能力；1～2s可致显著呼吸道疾患
环境危害　对环境可能有害

第三部分　成分/组成信息

√ 物质　　　　　　　　混合物

组分	浓度	CAS No.
1,2-二溴-3-丁酮		25109-57-3

第四部分　急救措施

吸入　迅速脱离现场至空气新鲜处。保持呼吸道通畅。如呼吸困难，给输氧。呼吸、心跳停止，立即进行心肺复苏术。就医
皮肤接触　立即脱去污染的衣着，用流动清水彻底冲洗。

就医

眼睛接触 立即分开眼睑，用流动清水或生理盐水彻底冲洗。就医

食入 漱口，饮水。就医

对保护施救者的忠告 根据需要使用个人防护设备

对医生的特别提示 对症处理

第五部分 消防措施

灭火剂 用雾状水、泡沫、干粉、二氧化碳、砂土灭火

特别危险性 遇明火、高热可燃。受高热分解产生有毒的溴化物气体

灭火注意事项及防护措施 消防人员必须佩戴防毒面具、穿全身消防服，在上风向灭火。尽可能将容器从火场移至空旷处。喷水保持火场容器冷却，直至灭火结束。处在火场中的容器若已变色或从安全泄压装置中发出声音，必须马上撤离

第六部分 泄漏应急处理

作业人员防护措施、防护装备和应急处置程序 根据液体流动和蒸气扩散的影响区域划定警戒区，无关人员从侧风、上风向撤至安全区。建议应急处理人员戴正压自给式呼吸器，穿防毒服。穿上适当的防护服前严禁接触破裂的容器和泄漏物。尽可能切断泄漏源

环境保护措施 防止泄漏物进入水体、下水道、地下室或有限空间

泄漏化学品的收容、清除方法及所使用的处置材料 小量泄漏：用干燥的砂土或其他不燃材料吸收或覆盖，收集于容器中。大量泄漏：构筑围堤或挖坑收容。用耐腐蚀泵转移至槽车或专用收集器内

第七部分 操作处置与储存

操作注意事项 严加密闭，提供充分的局部排风和全面通风。操作人员必须经过专门培训，严格遵守操作规程。建议操作人员佩戴过滤式防毒面具（半面罩），戴化学安全防护眼镜，穿防毒物渗透工作服，戴乳胶手套。远离火种、热源，工作场所严禁吸烟。使用防爆型的通风系统和设备。防止蒸气泄漏到工作场所空气中。避免与氧化剂接触。搬运时要轻装轻卸，防止包装及容器损坏。配备相应品种和数量的消防器材及泄漏应急处理设备。倒空的容器可能残留有害物

储存注意事项 储存于阴凉、通风的库房。远离火种、热源。应与氧化剂、食用化学品分开存放，切忌混储。配备相应品种和数量的消防器材。储区应备有泄漏应急处理设备和合适的收容材料

第八部分 接触控制/个体防护

职业接触限值

中国 未制定标准

美国（ACGIH） 未制定标准

生物接触限值 未制定标准

监测方法 空气中有毒物质测定方法：未制定标准。生物监测检验方法：未制定标准

工程控制 严加密闭，提供充分的局部排风和全面通风

个体防护装备

呼吸系统防护 空气中浓度较高时，应该佩戴自吸过滤式防毒面具（半面罩）。紧急事态抢救或逃生时，建议佩戴空气呼吸器

眼睛防护 戴化学安全防护眼镜

皮肤和身体防护 穿防毒物渗透工作服

手防护 戴橡胶手套

第九部分 理化特性

外观与性状 液体		**pH 值** 无资料	
熔点(℃) 无资料		**沸点(℃)** 80（0.13kPa）	
相对密度(水＝1) 1.97（15℃）			
相对蒸气密度(空气＝1) 8.0			
饱和蒸气压(kPa) 无资料		**临界压力(MPa)** 无资料	
辛醇/水分配系数 无资料		**闪点(℃)** 无资料	
自燃温度(℃) 无资料		**爆炸下限(%)** 无资料	
爆炸上限(%) 无资料		**分解温度(℃)** 无资料	
黏度(mPa·s) 无资料		**燃烧热(kJ/mol)** 无资料	
临界温度(℃) 无资料		**溶解性** 不溶于水	

第十部分 稳定性和反应性

稳定性 稳定

危险反应 与强氧化剂等禁配物接触，有发生火灾和爆炸的危险

避免接触的条件 无资料

禁配物 强氧化剂

危险的分解产物 溴化氢

第十一部分 毒理学信息

急性毒性 无资料

皮肤刺激或腐蚀 无资料	**眼睛刺激或腐蚀** 无资料
呼吸或皮肤过敏 无资料	**生殖细胞突变性** 无资料
致癌性 无资料	**生殖毒性** 无资料

特异性靶器官系统毒性-一次接触 无资料

特异性靶器官系统毒性-反复接触 无资料

吸入危害 无资料

第十二部分 生态学信息

生态毒性 无资料

持久性和降解性

生物降解性 无资料

非生物降解性 无资料

潜在的生物累积性 无资料

土壤中的迁移性 无资料

第十三部分 废弃处置

废弃化学品 建议用焚烧法处置。焚烧炉排出的卤化氢通过酸洗涤器除去

污染包装物 将容器返还生产商或按照国家和地方法规处置

废弃注意事项 处置前应参阅国家和地方有关法规

第十四部分 运输信息

联合国危险货物编号（UN 号） 2648

联合国运输名称　1,2-二溴-3-丁酮
联合国危险性类别　6.1

包装类别　Ⅱ　　　　包装标志

海洋污染物　否
运输注意事项　运输前应先检查包装容器是否完整、密封，运输过程中要确保容器不泄漏、不倒塌、不坠落、不损坏。严禁与酸类、氧化剂、食品及食品添加剂混运。运输时运输车辆应配备相应品种和数量的消防器材及泄漏应急处理设备。运输途中应防暴晒、雨淋，防高温。公路运输时要按规定路线行驶，勿在居民区和人口稠密区停留

第十五部分　法规信息

下列法律、法规、规章和标准，对该化学品的管理作了相应的规定。

中华人民共和国职业病防治法　职业病分类和目录：未列入

危险化学品安全管理条例　危险化学品目录：列入。易制爆危险化学品名录：未列入。重点监管的危险化学品名录：未列入。GB 18218—2009《危险化学品重大危险源辨识》（表1）：未列入

使用有毒物品作业场所劳动保护条例　高毒物品目录：未列入

易制毒化学品管理条例　易制毒化学品的分类和品种目录：未列入

国际公约　斯德哥尔摩公约：未列入。鹿特丹公约：未列入。蒙特利尔议定书：未列入

第十六部分　其他信息

编写和修订信息　　　缩略语和首字母缩写
培训建议　　　　　　参考文献
免责声明

二溴二氟甲烷

第一部分　化学品标识

化学品中文名　二溴二氟甲烷；二氟二溴甲烷
化学品英文名　dibromodifluoromethane；difluorodibrom-omethane
分子式　CBr$_2$F$_2$　**分子量**　209.816
结构式

化学品的推荐及限制用途　合成染料、药物、灭火剂、季铵化合物

第二部分　危险性概述

紧急情况概述　—
GHS危险性类别　特异性靶器官毒性-—次接触，类别2
标签要素

象形图

警示词　警告
危险性说明　可能对器官造成损害
防范说明

预防措施　避免吸入蒸气、雾。避免接触眼睛、皮肤，操作后彻底清洗。工作场所不得进食、饮水或吸烟

事故响应　如果接触或感觉不适：呼叫中毒控制中心或就医

安全储存　上锁保管

废弃处置　本品及内装物、容器依据国家和地方法规处置

物理和化学危险　不燃，无特殊燃爆特性
健康危害　吸入后引起肺刺激、胸痛，可因肺水肿而死亡
环境危害　对环境可能有害

第三部分　成分/组成信息

√ 物质　　　　　　　　　混合物

组分	浓度	CAS No.
二溴二氟甲烷		75-61-6

第四部分　急救措施

吸入　迅速脱离现场至空气新鲜处。保持呼吸道通畅。如呼吸困难，给输氧。如呼吸、心跳停止，立即进行心肺复苏术。就医

皮肤接触　立即脱去污染的衣着，用流动清水彻底冲洗。就医

眼睛接触　立即分开眼睑，用流动清水或生理盐水彻底冲洗。就医

食入　漱口，饮水。就医

对保护施救者的忠告　根据需要使用个人防护设备
对医生的特别提示　对症处理

第五部分　消防措施

灭火剂　迅速切断气源，然后根据着火原因选择适当灭火剂灭火

特别危险性　不燃。受热分解产生有毒的烟气。与碱金属能发生剧烈反应。与活性金属粉末（如镁、铝等）能发生反应，引起分解

灭火注意事项及防护措施　消防人员必须佩戴防毒面具、穿全身消防服，在上风向灭火。尽可能将容器从火场移至空旷处。喷水保持火场容器冷却，直至灭火结束。处在火场中的容器若已变色或从安全泄压装置中发出声音，必须马上撤离

第六部分　泄漏应急处理

作业人员防护措施、防护装备和应急处置程序　根据液体流动和蒸气扩散的影响区域划定警戒区，无关人员从侧风向、上风向撤离至安全区。建议应急处理人员戴正压自给式呼吸器，穿防毒服。禁止接触或跨越泄漏

物。尽可能切断泄漏源

环境保护措施 防止泄漏物进入水体、下水道、地下室或有限空间

泄漏化学品的收容、清除方法及所使用的处置材料 小量泄漏：用砂土或其他不燃材料吸收。大量泄漏：构筑围堤或挖坑收容。用泵转移至槽车或专用收集器内

第七部分 操作处置与储存

操作注意事项 密闭操作，加强通风。操作人员必须经过专门培训，严格遵守操作规程。建议操作人员佩戴自吸过滤式防毒面具（半面罩），戴化学安全防护眼镜，穿防毒物渗透工作服，戴橡胶耐油手套。防止蒸气泄漏到工作场所空气中。避免与氧化剂、碱金属接触。搬运时要轻装轻卸，防止包装及容器损坏。配备泄漏应急处理设备。倒空的容器可能残留有害物

储存注意事项 储存于阴凉、通风的库房。远离火种、热源。应与氧化剂、碱金属等分开存放，切忌混储。储区应备有泄漏应急处理设备和合适的收容材料

第八部分 接触控制/个体防护

职业接触限值

中国 未制定标准

美国（ACGIH） TLV-TWA：100ppm

生物接触限值 未制定标准

监测方法 空气中有毒物质测定方法：未制定标准。生物监测检验方法：未制定标准

工程控制 生产过程密闭，加强通风

个体防护装备

呼吸系统防护 空气中浓度超标时，必须佩戴过滤式防毒面具（半面罩）。紧急事态抢救或撤离时，应该佩戴空气呼吸器

眼睛防护 戴化学安全防护眼镜

皮肤和身体防护 穿防毒物渗透工作服

手防护 戴橡胶耐油手套

第九部分 理化特性

外观与性状 无色液体

pH值 无资料　　　**熔点（℃）** −141.7

沸点（℃） 24.5　　**相对密度（水＝1）** 2.31

相对蒸气密度（空气＝1） 7.24

饱和蒸气压（kPa） 88.12（20℃）

临界压力（MPa） 无资料　**辛醇/水分配系数** 无资料

闪点（℃） 无意义　　　**自燃温度（℃）** 无意义

爆炸下限（%） 无意义　　**爆炸上限（%）** 无意义

分解温度（℃） 无资料　　**黏度（mPa·s）** 无资料

燃烧热（kJ/mol） 无资料　**临界温度（℃）** 205

溶解性 不溶于水，溶于甲醇、乙醚

第十部分 稳定性和反应性

稳定性 稳定

危险反应 与强氧化剂等禁配物发生反应。与碱金属能发生剧烈反应。与活性金属粉末（如镁、铝等）能发生反应，引起分解

避免接触的条件 受热

禁配物 强氧化剂、铝、碱金属、镁、锌

危险的分解产物 溴化氢、氟化氢

第十一部分 毒理学信息

急性毒性 LC$_{50}$：210600mg/m³（大鼠吸入，4h）

皮肤刺激或腐蚀 无资料　　**眼睛刺激或腐蚀** 无资料

呼吸或皮肤过敏 无资料　　**生殖细胞突变性** 无资料

致癌性 无资料　　　　　　**生殖毒性** 无资料

特异性靶器官系统毒性-一次接触 大鼠暴露 4000ppm 15min，出现明显肺损害，肺水肿

特异性靶器官系统毒性-反复接触 大鼠和狗，暴露 350ppm 7个月，无明显中毒表现

吸入危害 无资料

第十二部分 生态学信息

生态毒性 无资料

持久性和降解性

生物降解性 无资料

非生物降解性 无资料

潜在的生物累积性 无资料

土壤中的迁移性 无资料

第十三部分 废弃处置

废弃化学品 根据国家和地方有关法规的要求处置。或与厂商或制造商联系，确定处置方法

污染包装物 将容器返还生产商或按照国家和地方法规处置

废弃注意事项 处置前应参阅国家和地方有关法规

第十四部分 运输信息

联合国危险货物编号（UN号） 1941

联合国运输名称 二氟二溴甲烷

联合国危险性类别 9

包装类别 Ⅲ　　　　　　　　**包装标志**

海洋污染物 否

运输注意事项 运输前应先检查包装容器是否完整、密封，运输过程中要确保容器不泄漏、不倒塌、不坠落、不损坏。严禁与酸类、氧化剂、食品及食品添加剂混运。运输时运输车辆应配备泄漏应急处理设备。运输途中应防暴晒、雨淋，防高温。公路运输时要按规定路线行驶，勿在居民区和人口稠密区停留

第十五部分 法规信息

下列法律、法规、规章和标准，对该化学品的管理作了相应的规定。

中华人民共和国职业病防治法 职业病分类和目录：未列入

危险化学品安全管理条例 危险化学品目录：列入。易制

爆危险化学品名录：未列入。重点监管的危险化学品名录：未列入。GB 18218—2009《危险化学品重大危险源辨识》（表1）：未列入

使用有毒物品作业场所劳动保护条例 高毒物品目录：未列入

易制毒化学品管理条例 易制毒化学品的分类和品种目录：未列入

国际公约 斯德哥尔摩公约：未列入。鹿特丹公约：未列入。蒙特利尔议定书：未列入

第十六部分　其他信息

编写和修订信息　　　缩略语和首字母缩写

培训建议　　　　　　参考文献

免责声明

3,5-二溴-4-羟基苄腈

第一部分　化学品标识

化学品中文名 3,5-二溴-4-羟基苄腈；溴苯腈

化学品英文名 3,5-dibromo-4-hydroxybenzonitrile；2,6-dibromo-4-cyanophenol；bromoxynil

分子式 $C_7H_3Br_2NO$ **分子量** 276.913

结构式

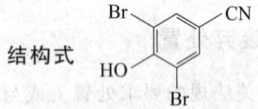

化学品的推荐及限制用途 用作粮食作物的除草剂

第二部分　危险性概述

紧急情况概述 吞咽会中毒，吸入致命，可能导致皮肤过敏反应

GHS危险性类别 急性毒性-经口，类别3；急性毒性-吸入，类别2；皮肤致敏物，类别1；生殖毒性，类别2；危害水生环境-急性危害，类别1；危害水生环境-长期危害，类别1

标签要素

象形图

警示词 危险

危险性说明 吞咽会中毒，吸入致命，可能导致皮肤过敏反应，怀疑对生育力或胎儿造成伤害，对水生生物毒性非常大并具有长期持续影响

防范说明

预防措施　避免接触眼睛、皮肤，操作后彻底清洗。作业场所不得进食、饮水或吸烟。避免吸入粉尘。仅在室外或通风良好处操作。戴呼吸防护器具。污染的工作服不得带出工作场所。戴防护手套。得到专门指导后操作。在阅读并了解所有安全预防措施之前，切勿操作。按要求使用个体防护装备。禁止排入环境

事故响应　如吸入：将患者转移到空气新鲜处，休息，保持利于呼吸的体位，立即呼叫中毒控制

中心或就医。如皮肤接触：用大量肥皂水和水清洗。如出现皮肤刺激或皮疹：就医。污染的衣服清洗后方可重新使用。食入：立即呼叫中毒控制中心或就医，漱口。如果接触或有担心，就医。收集泄漏物

安全储存　在通风良好处储存。保持容器密闭。上锁保管

废弃处置　本品及内装物、容器依据国家和地方法规处置

物理和化学危险 可燃，其粉体与空气混合，能形成爆炸性混合物

健康危害 吸入、摄入或经皮肤吸收后对身体有害。本品对眼睛、黏膜、皮肤和上呼吸道有刺激作用。接触本品工人的尿中硫氰酸盐排出增多

环境危害 对水生生物毒性非常大并具有长期持续影响

第三部分　成分/组成信息

√ 物质   混合物

组分	浓度	CAS No.
3,5-二溴-4-羟基苯腈		1689-84-5

第四部分　急救措施

吸入 迅速脱离现场至空气新鲜处。保持呼吸道通畅。如呼吸困难，给输氧。呼吸、心跳停止，立即进行心肺复苏术。就医

皮肤接触 立即脱去污染的衣着，用肥皂水和流动清水彻底冲洗。就医

眼睛接触 立即分开眼睑，用流动清水或生理盐水彻底冲洗。就医

食入 催吐（仅限于清醒者），给服活性炭悬液。就医

对保护施救者的忠告 根据需要使用个人防护设备

对医生的特别提示 使用亚硝酸钠、硫代硫酸钠、4-二甲基氨基苯酚等解毒剂

第五部分　消防措施

灭火剂 用雾状水、泡沫、干粉、二氧化碳、砂土灭火

特别危险性 遇明火、高热可燃。受高热分解，放出有毒的氮、溴化物烟气

灭火注意事项及防护措施 消防人员必须佩戴防毒面具、穿全身消防服，在上风向灭火。尽可能将容器从火场移至空旷处。喷水保持火场容器冷却，直至灭火结束

第六部分　泄漏应急处理

作业人员防护措施、防护装备和应急处置程序 隔离泄漏污染区，限制出入。消除所有点火源。建议应急处理人员戴防尘口罩，穿防毒服。穿上适当的防护服前严禁接触破裂的容器和泄漏物。尽可能切断泄漏源

环境保护措施 用塑料布覆盖泄漏物，减少飞散

泄漏化学品的收容、清除方法及所使用的处置材料 勿使水进入包装容器内。用洁净的铲子收集泄漏物，置于干净、干燥、盖子较松的容器中，将容器移离泄漏区

第七部分　操作处置与储存

操作注意事项 密闭操作，提供充分的局部排风。操作

尽可能机械化、自动化。操作人员必须经过专门培训，严格遵守操作规程。建议操作人员佩戴自吸过滤式防尘口罩，戴化学安全防护眼镜，穿防毒物渗透工作服，戴橡胶手套。远离火种、热源，工作场所严禁吸烟。使用防爆型的通风系统和设备。避免产生粉尘。避免与氧化剂、酸类接触。搬运时要轻装轻卸，防止包装及容器损坏。配备相应品种和数量的消防器材及泄漏应急处理设备。倒空的容器可能残留有害物

储存注意事项 储存于阴凉、通风的库房。远离火种、热源。应与氧化剂、酸类、食用化学品分开存放，切忌混储。配备相应品种和数量的消防器材。储区应备有合适的材料收容泄漏物

第八部分 接触控制/个体防护

职业接触限值
中国 未制定标准
美国（ACGIH） 未制定标准
生物接触限值 未制定标准
监测方法 空气中有毒物质测定方法：未制定标准。生物监测检验方法：未制定标准
工程控制 严加密闭，提供充分的局部排风
个体防护装备
呼吸系统防护 空气中粉尘浓度超标时，必须佩戴过滤式防尘呼吸器。紧急事态抢救或撤离时，应该佩戴空气呼吸器
眼睛防护 戴化学安全防护眼镜
皮肤和身体防护 穿防毒物渗透工作服
手防护 戴橡胶手套

第九部分 理化特性

外观与性状 灰白色粉末
pH 值 无意义 　　**熔点（℃）** 194～195
沸点（℃） 无资料 　**相对密度（水＝1）** 无资料
相对蒸气密度（空气＝1） 无资料
饱和蒸气压（kPa） 无资料
临界压力（MPa） 无资料 **辛醇/水分配系数** 无资料
闪点（℃） 无资料 　**自燃温度（℃）** 无资料
爆炸下限（%） 无资料 　**爆炸上限（%）** 无资料
分解温度（℃） 无资料 **黏度（mPa·s）** 无资料
燃烧热（kJ/mol） 无资料 **临界温度（℃）** 无资料
溶解性 无资料

第十部分 稳定性和反应性

稳定性 稳定
危险反应 与强氧化剂、强酸等禁配物发生反应
避免接触的条件 无资料
禁配物 强氧化剂、强酸
危险的分解产物 氮氧化物、溴化氢

第十一部分 毒理学信息

急性毒性 属中等毒类。LD_{50}：190mg/kg（大鼠经口）；110mg/kg（小鼠经口）；260mg/kg（兔经口）；

3660mg/kg（兔经皮）

皮肤刺激或腐蚀 无资料 **眼睛刺激或腐蚀** 无资料
呼吸或皮肤过敏 无资料 **生殖细胞突变性** 无资料
致癌性 无资料 　　　　　**生殖毒性** 无资料
特异性靶器官系统毒性-一次接触 无资料
特异性靶器官系统毒性-反复接触 无资料
吸入危害 无资料

第十二部分 生态学信息

生态毒性 LC_{50}：2mg/L（96h）（虹鳟）。LC_{50}：4mg/L（96h）（蓝鳃太阳鱼）。EC_{50}：12.5mg/L（48h）（大型溞）。EbC_{50}：0.12mg/L（72h）（小皮舟形藻）
持久性和降解性
生物降解性 不易快速生物降解
非生物降解性 无资料
潜在的生物累积性 无资料
土壤中的迁移性 无资料

第十三部分 废弃处置

废弃化学品 建议用焚烧法处置。焚烧炉排出的气体要通过洗涤器除去
污染包装物 将容器返还生产商或按照国家和地方法规处置
废弃注意事项 处置前应参阅国家和地方有关法规

第十四部分 运输信息

联合国危险货物编号（UN 号） 3439
联合国运输名称 固态腈类，毒性，未另作规定的（3,5-二溴-4-羟基苄腈）
联合国危险性类别 6.1

包装类别 Ⅱ 　　　　　**包装标志**

海洋污染物 是
运输注意事项 起运时包装要完整，装载应稳妥。运输过程中要确保容器不泄漏、不倒塌、不坠落、不损坏。严禁与氧化剂、酸类、食用化学品等混装混运。运输途中应防暴晒、雨淋，防高温。车辆运输完毕应进行彻底清扫

第十五部分 法规信息

下列法律、法规、规章和标准，对该化学品的管理作了相应的规定。
中华人民共和国职业病防治法 职业病分类和目录：氰及腈类化合物中毒
危险化学品安全管理条例 危险化学品目录：列入。易制爆危险化学品名录：未列入。重点监管的危险化学品名录：未列入。GB 18218—2009《危险化学品重大危险源辨识》（表1）：未列入
使用有毒物品作业场所劳动保护条例 高毒物品目录：未列入
易制毒化学品管理条例 易制毒化学品的分类和品种目

录：未列入

国际公约　斯德哥尔摩公约：未列入。鹿特丹公约：未列入。蒙特利尔议定书：未列入

第十六部分　其他信息

编写和修订信息　　　缩略语和首字母缩写
培训建议　　　　　　参考文献
免责声明

2,4-二亚硝基间苯二酚

第一部分　化学品标识

化学品中文名　2,4-二亚硝基间苯二酚；1,3-二羟基-2,4-二亚硝基苯

化学品英文名　2,4-dinitrosoresorcinol；2,4-dinitroso-1,3-benzenediol

分子式　$C_6H_4N_2O_4$　**分子量**　168.107

结构式　

化学品的推荐及限制用途　用作重金属的络合剂、交联剂、生物染色剂及用于弹药制造和钴的测定

第二部分　危险性概述

紧急情况概述　易燃固体
GHS危险性类别　易燃固体，类别1
标签要素

象形图　

警示词　危险
危险性说明　易燃固体
防范说明
　预防措施　远离热源、火花、明火、热表面。禁止吸烟。容器和接收设备接地连接。使用防爆型电器、通风、照明设备。戴防护手套、防护眼镜、防护面罩
　事故响应　火灾时，使用雾状水、泡沫、干粉、二氧化碳、砂土灭火
　安全储存　—
　废弃处置　—
物理和化学危险　易燃。与氧化性物质混合会发生爆炸
健康危害　无资料
环境危害　对环境可能有害

第三部分　成分/组成信息

√ 物质　　　　　　　　混合物

组分	浓度	CAS No.
2,4-二亚硝基间苯二酚		118-02-5

第四部分　急救措施

吸入　迅速脱离现场至空气新鲜处。保持呼吸道通畅。如

呼吸困难，给输氧。呼吸、心跳停止，立即进行心肺复苏术。就医

皮肤接触　立即脱去污染的衣着，用流动清水彻底冲洗。就医

眼睛接触　立即分开眼睑，用流动清水或生理盐水彻底冲洗。就医

食入　漱口，饮水。就医

对保护施救者的忠告　根据需要使用个人防护设备

对医生的特别提示　对症处理

第五部分　消防措施

灭火剂　用雾状水、泡沫、干粉、二氧化碳、砂土灭火

特别危险性　遇高热或与氧化剂接触易发生燃烧爆炸

灭火注意事项及防护措施　消防人员必须戴好防毒面具，在安全距离以外，在上风向灭火。尽可能将容器从火场移至空旷处。喷水保持火场容器冷却，直至灭火结束

第六部分　泄漏应急处理

作业人员防护措施、防护装备和应急处置程序　隔离泄漏污染区，限制出入。消除所有点火源。建议应急处理人员戴防尘口罩，穿防毒服。禁止接触或跨越泄漏物

环境保护措施　防止泄漏物进入水体、下水道、地下室或有限空间

泄漏化学品的收容、清除方法及所使用的处置材料　小量泄漏：用洁净的铲子收集泄漏物，置于干净、干燥、盖子较松的容器中，将容器移离泄漏区。大量泄漏：用水润湿，并筑堤收容

第七部分　操作处置与储存

操作注意事项　严加密闭，提供充分的局部排风和全面通风。操作人员必须经过专门培训，严格遵守操作规程。建议操作人员佩戴自吸过滤式防尘口罩，戴化学安全防护眼镜，穿防毒物渗透工作服，戴乳胶手套。远离火种、热源，工作场所严禁吸烟。使用防爆型的通风系统和设备。避免产生粉尘。避免与氧化剂、酸类接触。搬运时要轻装轻卸，防止包装及容器损坏。禁止震动、撞击和摩擦。配备相应品种和数量的消防器材及泄漏应急处理设备。倒空的容器可能残留有害物

储存注意事项　储存于阴凉、通风的库房。远离火种、热源。库温不超过30℃，相对湿度不超过80%。应与氧化剂、酸类、食用化学品分开存放，切忌混储。采用防爆型照明、通风设施。禁止使用易产生火花的机械设备和工具。储区应备有合适的材料收容泄漏物

第八部分　接触控制/个体防护

职业接触限值
　中国　未制定标准
　美国（ACGIH）　未制定标准
生物接触限值　未制定标准
监测方法　空气中有毒物质测定方法：未制定标准。生物监测检验方法：未制定标准

工程控制 严加密闭，提供充分的局部排风和全面通风
个体防护装备

呼吸系统防护 空气中粉尘浓度超标时，建议佩戴过滤式防尘呼吸器。紧急事态抢救或撤离时，应该佩戴空气呼吸器

眼睛防护 戴化学安全防护眼镜

皮肤和身体防护 穿防毒物渗透工作服

手防护 戴橡胶手套

第九部分 理化特性

外观与性状 黄褐色叶片结晶

pH 值 无意义　　**熔点(℃)** 168

沸点(℃) 无资料　　**相对密度(水＝1)** 无资料

相对蒸气密度(空气＝1) 无资料

饱和蒸气压(kPa) 无资料

临界压力(MPa) 无资料　**辛醇/水分配系数** 无资料

闪点(℃) 无资料　　**自燃温度(℃)** 115

爆炸下限(%) 无资料　**爆炸上限(%)** 无资料

分解温度(℃) 无资料　**黏度(mPa·s)** 无资料

燃烧热(kJ/mol) 无资料　**临界温度(℃)** 无资料

溶解性 不溶于水，不溶于冷水、乙醇，易溶于乙醚、苯

第十部分 稳定性和反应性

稳定性 稳定

危险反应 与强氧化剂、强酸、活性金属粉末等禁配物接触，有引起燃烧爆炸的危险

避免接触的条件 无资料

禁配物 强氧化剂、强酸、活性金属粉末

危险的分解产物 氮氧化物

第十一部分 毒理学信息

急性毒性 LD：＞500mg/kg（大鼠经口）

皮肤刺激或腐蚀 无资料　**眼睛刺激或腐蚀** 无资料

呼吸或皮肤过敏 无资料　**生殖细胞突变性** 无资料

致癌性 无资料　　**生殖毒性** 无资料

特异性靶器官系统毒性-一次接触 无资料

特异性靶器官系统毒性-反复接触 无资料

吸入危害 无资料

第十二部分 生态学信息

生态毒性 无资料

持久性和降解性

生物降解性 无资料

非生物降解性 无资料

潜在的生物累积性 无资料

土壤中的迁移性 无资料

第十三部分 废弃处置

废弃化学品 建议用焚烧法处置。焚烧炉排出的氮氧化物通过洗涤器除去

污染包装物 将容器返还生产商或按照国家和地方法规处置

废弃注意事项 处置前应参阅国家和地方有关法规

第十四部分 运输信息

联合国危险货物编号（UN 号） 1325

联合国运输名称 有机易燃固体，未另作规定的（2,4-二亚硝基间苯二酚）

联合国危险性类别 4.1

包装类别 Ⅱ　　　　**包装标志**

海洋污染物 否

运输注意事项 运输时运输车辆应配备相应品种和数量的消防器材及泄漏应急处理设备。装运本品的车辆排气管必须有阻火装置。运输过程中要确保容器不泄漏、不倒塌、不坠落、不损坏。严禁与氧化剂、酸类、食用化学品等混装混运。运输途中应防暴晒、雨淋，防高温。中途停留时应远离火种、热源。车辆运输完毕应进行彻底清扫。铁路运输时要禁止溜放

第十五部分 法规信息

下列法律、法规、规章和标准，对该化学品的管理作了相应的规定。

中华人民共和国职业病防治法 职业病分类和目录：未列入

危险化学品安全管理条例 危险化学品目录：列入。易制爆危险化学品名录：未列入。重点监管的危险化学品名录：未列入。GB 18218—2009《危险化学品重大危险源辨识》（表1）：未列入

使用有毒物品作业场所劳动保护条例 高毒物品目录：未列入

易制毒化学品管理条例 易制毒化学品的分类和品种目录：未列入

国际公约 斯德哥尔摩公约：未列入。鹿特丹公约：未列入。蒙特利尔议定书：未列入

第十六部分 其他信息

编写和修订信息　　　**缩略语和首字母缩写**

培训建议　　　　　　**参考文献**

免责声明

二亚乙基三胺

第一部分 化学品标识

化学品中文名 二亚乙基三胺；二乙三胺

化学品英文名 diethylenetriamine；aminoethylethandiamine

分子式 $C_4H_{13}N_3$　**分子量** 103.1661

结构式 NH_2〜〜NH〜〜NH_2

化学品的推荐及限制用途 用作氨羧络合指示剂、气体净化剂、环氧树脂固化剂，也用于合成橡胶

第二部分 危险性概述

紧急情况概述 吞咽有害，皮肤接触有害，造成严重的皮

肤灼伤和眼损伤，可能导致皮肤过敏反应

GHS危险性类别 急性毒性-经口，类别4；急性毒性-经皮，类别4；皮肤腐蚀/刺激，类别1B；严重眼损伤/眼刺激，类别1；皮肤致敏物，类别1；危害水生环境-急性危害，类别3

标签要素

象形图

警示词 危险

危险性说明 吞咽有害，皮肤接触有害，造成严重的皮肤灼伤和眼损伤，可能导致皮肤过敏反应，对水生生物有害

防范说明

预防措施 避免接触眼睛、皮肤，操作后彻底清洗。作业场所不得进食、饮水或吸烟。戴防护手套，穿防护服，戴防护眼镜、防护面罩。避免吸入蒸气、雾。污染的工作服不得带出工作场所。禁止排入环境

事故响应 如吸入：将患者转移到空气新鲜处，休息，保持利于呼吸的体位。皮肤接触：用大量肥皂水和水清洗，如感觉不适，呼叫中毒控制中心或就医。被污染的衣服必须经洗净后方可重新使用。如出现皮肤刺激或皮疹：就医。眼睛接触：用水细心地冲洗数分钟。如戴隐形眼镜并可方便地取出，则取出隐形眼镜，继续冲洗。食入：漱口，不要催吐，如果感觉不适，立即呼叫中毒控制中心或就医

安全储存 上锁保管

废弃处置 本品及内装物、容器依据国家和地方法规处置

物理和化学危险 可燃，其蒸气与空气混合，能形成爆炸性混合物

健康危害 蒸气或雾对鼻、喉和黏膜有腐蚀性，可引起支气管炎、化学性肺炎或肺水肿。蒸气、雾或液体对眼有强烈腐蚀性，重者可导致失明。皮肤接触可造成灼伤；对皮肤有致敏性。口服灼伤口腔和消化道，出现剧烈腹痛、恶心、呕吐和虚脱。慢性影响：本品有明显的致敏作用

环境危害 对水生生物有害

第三部分 成分/组成信息

√ 物质   混合物

组分	浓度	CAS No.
二亚乙基三胺		111-40-0

第四部分 急救措施

吸入 迅速脱离现场至空气新鲜处。保持呼吸道通畅。如呼吸困难，给输氧。如呼吸、心跳停止，立即进行心肺复苏术。就医

皮肤接触 立即脱去污染的衣着，用大量流动清水彻底冲洗至少15min。就医

眼睛接触 立即分开眼睑，用流动清水或生理盐水彻底冲洗5～10min。就医

食入 用水漱口，禁止催吐。给饮牛奶或蛋清。就医

对保护施救者的忠告 根据需要使用个人防护设备

对医生的特别提示 对症处理

第五部分 消防措施

灭火剂 用雾状水、泡沫、干粉、二氧化碳、砂土灭火

特别危险性 遇明火、高热可燃。与氧化剂接触猛烈反应。能与硝酸形成爆炸性混合物。接触酸或酸雾能引起反应。能腐蚀铜及其合金

灭火注意事项及防护措施 消防人员必须佩戴防毒面具、穿全身消防服，在上风向灭火。尽可能将容器从火场移至空旷处。喷水保持火场容器冷却，直至灭火结束。处在火场中的容器若已变色或从安全泄压装置中发出声音，必须马上撤离

第六部分 泄漏应急处理

作业人员防护措施、防护装备和应急处置程序 根据液体流动和蒸气扩散的影响区域划定警戒区，无关人员从侧风向、上风向撤离至安全区。建议应急处理人员戴正压自给式呼吸器，穿防酸碱服。穿上适当的防护服前严禁接触破裂的容器和泄漏物。尽可能切断泄漏源

环境保护措施 防止泄漏物进入水体、下水道、地下室或有限空间

泄漏化学品的收容、清除方法及所使用的处置材料 小量泄漏：用干燥的砂土或其他不燃材料吸收或覆盖，收集于容器中。大量泄漏：构筑围堤或挖坑收容。用耐腐蚀泵转移至槽车或专用收集器内。喷雾状水驱散蒸气、稀释液体泄漏物

第七部分 操作处置与储存

操作注意事项 密闭操作，注意通风。操作人员必须经过专门培训，严格遵守操作规程。建议操作人员佩戴自吸过滤式防毒面具（全面罩），穿橡胶耐酸碱服，戴橡胶耐酸碱手套。远离火种、热源，工作场所严禁吸烟。使用防爆型的通风系统和设备。防止蒸气泄漏到工作场所空气中。避免与氧化剂、酸类接触。搬运时要轻装轻卸，防止包装及容器损坏。配备相应品种和数量的消防器材及泄漏应急处理设备。倒空的容器可能残留有害物

储存注意事项 储存于阴凉、通风的库房。远离火种、热源。应与氧化剂、酸类、食用化学品分开存放，切忌混储。配备相应品种和数量的消防器材。储区应备有泄漏应急处理设备和合适的收容材料

第八部分 接触控制/个体防护

职业接触限值

中国 PC-TWA：4mg/m³［皮］

美国（ACGIH） TLV-TWA：1ppm［皮］

生物接触限值 未制定标准

监测方法 空气中有毒物质测定方法：未制定标准。生物监测检验方法：未制定标准

工程控制　密闭操作，注意通风。提供安全淋浴和洗眼设备

个体防护装备

　　呼吸系统防护　空气中浓度超标时，必须佩戴过滤式防毒面具（全面罩）。紧急事态抢救或撤离时，应该佩戴空气呼吸器

　　眼睛防护　呼吸系统防护中已作防护

　　皮肤和身体防护　穿橡胶耐酸碱服

　　手防护　戴橡胶耐酸碱手套

第九部分　理化特性

外观与性状　无色或黄色透明液体，略有氨的气味

pH 值　＞7(1%溶液)　　**熔点(℃)**　－39

沸点(℃)　199～209　　**相对密度(水＝1)**　0.96

相对蒸气密度(空气＝1)　3.48

饱和蒸气压(kPa)　0.03(20℃)

临界压力(MPa)　无资料　　**辛醇/水分配系数**　－1.27

闪点(℃)　101.67（开杯）　**自燃温度(℃)**　399

爆炸下限(%)　无资料　　**爆炸上限(%)**　无资料

分解温度(℃)　无资料　　**黏度(mPa·s)**　7.1(20℃)

燃烧热(kJ/mol)　无资料　**临界温度(℃)**　无资料

溶解性　溶于水、乙醇，不溶于乙醚

第十部分　稳定性和反应性

稳定性　稳定

危险反应　与强氧化剂、强酸、铝、二氧化碳等禁配物发生反应。能与硝酸形成爆炸性混合物。接触酸或酸雾能引起反应

避免接触的条件　无资料

禁配物　强氧化剂、强酸、铝、二氧化碳

危险的分解产物　氮氧化物、碳

第十一部分　毒理学信息

急性毒性　LD_{50}：1080mg/kg（大鼠经口）；1090mg/kg（兔经皮）

皮肤刺激或腐蚀　可引起皮肤刺激

眼睛刺激或腐蚀　可引起眼睛刺激

呼吸或皮肤过敏　对皮肤和肺有致敏作用

生殖细胞突变性　无资料

致癌性　无资料　　　　**生殖毒性**　无资料

特异性靶器官系统毒性-一次接触　无资料

特异性靶器官系统毒性-反复接触　无资料

吸入危害　无资料

第十二部分　生态学信息

生态毒性

　　EC_{50}：16mg/L（48h）（大型溞）。NOEC：5.6mg/L（21d）（大型溞）

持久性和降解性

　　生物降解性　OECD 301D，易快速生物降解

　　非生物降解性　无资料

潜在的生物累积性　根据 K_{ow} 值预测，该物质的生物累积性可能较弱

土壤中的迁移性　根据 K_{oc} 值预测，该物质可能易发生迁移

第十三部分　废弃处置

废弃化学品　建议用焚烧法处置。焚烧炉排出的氮氧化物通过洗涤器除去

污染包装物　将容器返还生产商或按照国家和地方法规处置

废弃注意事项　处置前应参阅国家和地方有关法规

第十四部分　运输信息

联合国危险货物编号（UN号）　2079

联合国运输名称　二亚乙基三胺

联合国危险性类别　8

包装类别　Ⅱ　　　　　　　**包装标志**　

海洋污染物　否

运输注意事项　起运时包装要完整，装载应稳妥。运输过程中要确保容器不泄漏、不倒塌、不坠落、不损坏。严禁与氧化剂、酸类、食用化学品等混装混运。运输时运输车辆应配备相应品种和数量的消防器材及泄漏应急处理设备。运输途中应防暴晒、雨淋，防高温。公路运输时要按规定路线行驶，勿在居民区和人口稠密区停留

第十五部分　法规信息

　　下列法律、法规、规章和标准，对该化学品的管理作了相应的规定。

中华人民共和国职业病防治法　职业病分类和目录：未列入

危险化学品安全管理条例　危险化学品目录：列入。易制爆危险化学品名录：未列入。重点监管的危险化学品名录：未列入。GB 18218—2009《危险化学品重大危险源辨识》（表1）：未列入

使用有毒物品作业场所劳动保护条例　高毒物品目录：未列入

易制毒化学品管理条例　易制毒化学品的分类和品种目录：未列入

国际公约　斯德哥尔摩公约：未列入。鹿特丹公约：未列入。蒙特利尔议定书：未列入

第十六部分　其他信息

编写和修订信息　缩略语和首字母缩写

培训建议　　　　参考文献

免责声明

二氧化丁二烯

第一部分　化学品标识

化学品中文名　二氧化丁二烯；双环氧化丁二烯；双环氧丁烷

化学品英文名　butadiene dioxide；1，2：3，4-diepoxybu-
　　tane

分子式　$C_4H_6O_2$　分子量　86.0892

结构式　

化学品的推荐及限制用途　用作化学中间体、交联剂，也
　　用于制备丁四醇和药物

第二部分　危险性概述

紧急情况概述　吞咽会中毒，皮肤接触会致命，吸入致命

GHS危险性类别　急性毒性-经口，类别3；急性毒性-经
　　皮，类别2；急性毒性-吸入，类别2

标签要素

象形图　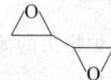

警示词　危险

危险性说明　吞咽会中毒，皮肤接触会致命，吸入致命

防范说明

　　预防措施　避免接触眼睛、皮肤或衣服，操作后彻
　　底清洗。作业场所不得进食、饮水或吸烟。戴
　　防护手套、穿防护服。避免吸入蒸气、雾。仅
　　在室外或通风良好处操作。戴呼吸防护器具

　　事故响应　如吸入：将患者转移到空气新鲜处，休
　　息，保持利于呼吸的体位，立即呼叫中毒控制
　　中心或就医。皮肤接触：用大量肥皂水和水轻
　　轻地清洗，立即呼叫中毒控制中心或就医。食
　　入：立即呼叫中毒控制中心或就医。漱口

　　安全储存　在通风良好处储存。保持容器密闭。上
　　锁保管

　　废弃处置　本品及内装物、容器依据国家和地方法
　　规处置

物理和化学危险　易燃，其蒸气与空气混合，能形成爆炸
　　性混合物

健康危害　动物实验示本品为剧烈肺部刺激剂，可致肺水
　　肿；对眼睛和皮肤有强烈刺激性。本品尚有明显的类
　　放射线作用。人在事故中少量接触本品后6h，出现
　　眼睑水肿、眼痛和上呼吸道刺激

环境危害　对环境可能有害

第三部分　成分/组成信息

√物质　　　　　　　　　混合物
　　组分　　　浓度　　CAS No.
双环氧化丁二烯　　　　　1464-53-5

第四部分　急救措施

吸入　迅速脱离现场至空气新鲜处。保持呼吸道通畅。如
　　呼吸困难，给输氧。呼吸、心跳停止，立即进行心肺
　　复苏术。就医

皮肤接触　立即脱去污染的衣着；用流动清水彻底冲洗。
　　就医

眼睛接触　立即分开眼睑，用流动清水或生理盐水彻底冲
　　洗。就医

食入　漱口，饮水。就医

对保护施救者的忠告　根据需要使用个人防护设备

对医生的特别提示　对症处理

第五部分　消防措施

灭火剂　用水、雾状水、抗溶性泡沫、干粉、二氧化碳、
　　砂土灭火

特别危险性　遇明火、高热或与氧化剂接触，有引起燃烧
　　爆炸的危险。若遇高热可发生剧烈分解，引起容器破
　　裂或爆炸事故

灭火注意事项及防护措施　消防人员必须佩戴空气呼吸
　　器、穿全身防火防毒服，在上风向灭火。尽可能将容
　　器从火场移至空旷处。喷水保持火场容器冷却，直至
　　灭火结束。处在火场中的容器若已变色或从安全泄压
　　装置中发出声音，必须马上撤离

第六部分　泄漏应急处理

作业人员防护措施、防护装备和应急处置程序　根据液体
　　流动和蒸气扩散的影响区域划定警戒区，无关人员从
　　侧风、上风向撤离至安全区。消除所有点火源。建议
　　应急处理人员戴防毒面具，穿防毒、防静电服。作业
　　时使用的所有设备应接地。禁止接触或跨越泄漏物。
　　尽可能切断泄漏源

环境保护措施　防止泄漏物进入水体、下水道、地下室或
　　有限空间

泄漏化学品的收容、清除方法及所使用的处置材料　小量
　　泄漏：用砂土或其他不燃材料吸收。使用洁净的无火
　　花工具收集吸收材料。大量泄漏：构筑围堤或挖坑收
　　容。用抗溶性泡沫覆盖，减少蒸发。喷水雾能减少蒸
　　发，但不能降低泄漏物在有限空间内的易燃性。用防
　　爆泵转移至槽车或专用收集器内

第七部分　操作处置与储存

操作注意事项　密闭操作，局部排风。操作人员必须经过
　　专门培训，严格遵守操作规程。建议操作人员佩戴自
　　吸过滤式防毒面具（全面罩），穿连体式防毒衣，戴
　　橡胶耐油手套。远离火种、热源，工作场所严禁吸
　　烟。使用防爆型的通风系统和设备。防止蒸气泄漏到
　　工作场所空气中。避免与氧化剂、酸类、碱类接触。
　　搬运时要轻装轻卸，防止包装及容器损坏。配备相应
　　品种和数量的消防器材及泄漏应急处理设备。倒空的
　　容器可能残留有害物

储存注意事项　储存于阴凉、通风的库房。远离火种、热
　　源。库温不宜超过30℃。应与氧化剂、酸类、碱类、
　　食用化学品分开存放，切忌混储。采用防爆型照明、
　　通风设施。禁止使用易产生火花的机械设备和工具。
　　储区应备有泄漏应急处理设备和合适的收容材料

第八部分　接触控制/个体防护

职业接触限值
　　中国　未制定标准

美国（ACGIH） 未制定标准

生物接触限值 未制定标准

监测方法 空气中有毒物质测定方法：未制定标准。生物监测检验方法：未制定标准

工程控制 密闭操作，局部排风

个体防护装备

呼吸系统防护 空气中浓度超标时，必须佩戴过滤式防毒面具（全面罩）。紧急事态抢救或撤离时，应该佩戴空气呼吸器

眼睛防护 呼吸系统防护中已作防护

皮肤和身体防护 穿连体式防毒衣

手防护 戴橡胶耐油手套

第九部分 理化特性

外观与性状 无色至黄色液体

pH 值 无资料	**熔点（℃）** －19
沸点（℃） 138	**相对密度（水＝1）** 1.113

相对蒸气密度（空气＝1） 无资料

饱和蒸气压（kPa） 0.52（20℃）

临界压力（MPa） 无资料	**辛醇/水分配系数** 无资料
闪点（℃） 45.6	**自燃温度（℃）** 无资料
爆炸下限（%） 无资料	**爆炸上限（%）** 无资料
分解温度（℃） 无资料	**黏度（mPa·s）** 无资料
燃烧热（kJ/mol） 无资料	**临界温度（℃）** 无资料

溶解性 与水混溶

第十部分 稳定性和反应性

稳定性 稳定

危险反应 与酸类、碱类、氧化剂等禁配物发生反应

避免接触的条件 无资料

禁配物 酸类、碱类、氧化剂

危险的分解产物 无资料

第十一部分 毒理学信息

急性毒性 吸入高毒类，经消化道或经皮吸收属中等毒类。为肺的强烈刺激剂，活泼的拟放射性物质。吸入，引起流泪、角膜混浊，呼吸困难和肺充血，常因肺水肿和休克而死亡。LD_{50}：210mg/kg（大鼠经口），800mg/kg（兔经皮）。LC_{50}：320mg/m³（大鼠吸入，4h）；56ppm（大鼠吸入，4h）

皮肤刺激或腐蚀 无资料	**眼睛刺激或腐蚀** 无资料
呼吸或皮肤过敏 无资料	**生殖细胞突变性** 无资料

致癌性 大鼠、小鼠反复多次皮下和腹腔注射，可致肉瘤

生殖毒性 无资料

特异性靶器官系统毒性-一次接触 无资料

特异性靶器官系统毒性-反复接触 无资料

吸入危害 无资料

第十二部分 生态学信息

生态毒性 无资料

持久性和降解性

生物降解性 无资料

非生物降解性 无资料

潜在的生物累积性 无资料

土壤中的迁移性 无资料

第十三部分 废弃处置

废弃化学品 建议用焚烧法处置

污染包装物 将容器返还生产商或按照国家和地方法规处置

废弃注意事项 处置前应参阅国家和地方有关法规

第十四部分 运输信息

联合国危险货物编号（UN 号） 2810

联合国运输名称 有机毒性液体，未另作规定的（二氧化丁二烯）

联合国危险性类别 6.1

包装类别 Ⅱ   **包装标志**

海洋污染物 否

运输注意事项 运输前应先检查包装容器是否完整、密封，运输过程中要确保容器不泄漏、不倒塌、不坠落、不损坏。运输时运输车辆应配备相应品种和数量的消防器材及泄漏应急处理设备。夏季最好早晚运输。运输时所用的槽（罐）车应有接地链，槽内可设孔隔板以减少震荡产生的静电。严禁与氧化剂、酸类、碱类、食用化学品等混装混运。运输途中应防暴晒、雨淋，防高温。中途停留时应远离火种、热源、高温区。装运该物品的车辆排气管必须配备阻火装置，禁止使用易产生火花的机械设备和工具装卸。运输车船必须彻底清洗、消毒，否则不得装运其他物品。船运时，配装位置应远离卧室、厨房，并与机舱、电源、火源等部位隔离。公路运输时要按规定路线行驶，勿在居民区和人口稠密区停留

第十五部分 法规信息

下列法律、法规、规章和标准，对该化学品的管理作了相应的规定。

中华人民共和国职业病防治法 职业病分类和目录：未列入

危险化学品安全管理条例 危险化学品目录：列入。易制爆危险化学品名录：未列入。重点监管的危险化学品名录：未列入。GB 18218—2009《危险化学品重大危险源辨识》（表 1）：未列入

使用有毒物品作业场所劳动保护条例 高毒物品目录：未列入

易制毒化学品管理条例 易制毒化学品的分类和品种目录：未列入

国际公约 斯德哥尔摩公约：未列入。鹿特丹公约：未列入。蒙特利尔议定书：未列入

第十六部分 其他信息

编写和修订信息 缩略语和首字母缩写

培训建议 参考文献

免责声明

二氧化氯

第一部分　化学品标识

化学品中文名　二氧化氯
化学品英文名　chlorine dioxide; chlorine oxide
分子式　ClO_2　**分子量**　67.45
结构式　$O \diagdown Cl—O$
化学品的推荐及限制用途　用作漂白剂、除臭剂、氧化剂等

第二部分　危险性概述

紧急情况概述　可引起燃烧或加剧燃烧：氧化剂；内装加压气体：遇热可能爆炸；吸入致命，造成严重的皮肤灼伤和眼损伤，可能引起呼吸道刺激

GHS 危险性类别　氧化性气体，类别 1；加压气体；急性毒性-吸入，类别 2；皮肤腐蚀/刺激，类别 1B；严重眼损伤/眼刺激，类别 1；特异性靶器官毒性—一次性接触，类别 3（呼吸道刺激）；危害水生环境-急性危害，类别 1

标签要素

象形图

警示词　危险

危险性说明　可引起燃烧或加剧燃烧：氧化剂；内装加压气体；遇热可能爆炸；吸入致命，造成严重的皮肤灼伤和眼损伤，可能引起呼吸道刺激；对水生生物毒性非常大

防范说明

　　预防措施　储存处远离服装、可燃材料。阀门或紧固装置不得带有油脂或油剂。避免吸入粉尘、烟气、气体、烟雾、蒸气、喷雾。仅在室外或通风良好处操作。戴呼吸防护器具。操作后彻底清洗。戴防护手套，穿防护服，戴防护眼镜、防护面罩。仅在室外或通风良好处操作。禁止排入环境

　　事故响应　火灾时：如能保证安全，设法堵塞泄漏。如吸入：将患者转移到空气新鲜处，休息，保持利于呼吸的体位，立即呼叫中毒控制中心或就医

物理和化学危险　与可燃物混合会发生爆炸。受撞击、摩擦，遇明火或其他点火源极易爆炸

健康危害　本品具有强烈刺激性。接触后主要引起眼睛和呼吸道刺激。吸入高浓度可发生肺水肿。能致死。对呼吸道产生严重损伤浓度的本品气体，可能对皮肤有刺激性。皮肤接触或摄入本品的高浓度溶液，可引起强烈刺激和腐蚀。长期接触可导致慢性支气管炎

环境危害　对环境可能有害

第三部分　成分/组成信息

√　物质　　　　　　　　　　　混合物

组分	浓度	CAS No.
二氧化氯		10049-04-4

第四部分　急救措施

吸入　迅速脱离现场至空气新鲜处。保持呼吸道通畅。如呼吸困难，给输氧。呼吸、心跳停止，立即进行心肺复苏术。就医

皮肤接触　立即脱去污染的衣着，用大量流动清水彻底冲洗至少 15min。就医

眼睛接触　立即分开眼睑，用流动清水或生理盐水彻底冲洗 5～10min。就医

食入　用水漱口，禁止催吐。给饮牛奶或蛋清。就医

对保护施救者的忠告　根据需要使用个人防护设备

对医生的特别提示　对症处理

第五部分　消防措施

灭火剂　本品不燃，根据着火原因选择适当灭火剂灭火

特别危险性　具有强氧化性。本品及其 10% 以上的溶液在日光下、受热、震动或摩擦下会发生爆炸性分解。能与可燃的还原性物质、汞、二氧化碳、一氧化碳剧烈反应。与水反应能生成高氯酸，具有腐蚀性

灭火注意事项及防护措施　消防人员必须佩戴空气呼吸器、穿全身防火防毒服，在上风向灭火。迅速切断气源，用水喷淋保护切断气源的人员，然后根据着火原因选择适当灭火剂灭火。尽可能将容器从火场移至空旷处。喷水保持火场容器冷却，直至灭火结束

第六部分　泄漏应急处理

作业人员防护措施、防护装备和应急处置程序　根据气体的影响区域划定警戒区，无关人员从侧风、上风向撤离至安全区。建议应急处理人员戴正压自给式呼吸器，穿防腐、防毒服。尽可能切断泄漏源。喷雾状水保护抢险人员

环境保护措施　防止气体通过下水道、通风系统和有限空间扩散

泄漏化学品的收容、清除方法及所使用的处置材料　漏气容器要妥善处理，修复、检验后再用

第七部分　操作处置与储存

操作注意事项　严加密闭，提供充分的局部排风和全面通风。操作人员必须经过专门培训，严格遵守操作规程。建议操作人员佩戴自吸过滤式防毒面具（全面罩），穿连体式防毒衣，戴橡胶手套。远离易燃、可燃物。防止气体泄漏到工作场所空气中。避免与还原剂接触。搬运时要轻装轻卸，防止包装及容器损坏。配备泄漏应急处理设备。倒空的容器可能残留有害物

储存注意事项　储存于阴凉、通风的库房。远离火种、热源。保持容器密封。应与易（可）燃物、还原剂等分开存放，切忌混储。储区应备有泄漏应急处理设备

第八部分　接触控制/个体防护

职业接触限值
中国　PC-TWA：0.3mg/m³；PC-STEL：0.8mg/m³
美国（ACGIH）　TLV-TWA：0.1ppm；TLV-STEL：0.3ppm

生物接触限值　未制定标准

监测方法　空气中有毒物质测定方法：酸性紫 R 分光光度法。生物监测检验方法：未制定标准

工程控制　严加密闭，提供充分的局部排风和全面通风

个体防护装备
呼吸系统防护　空气中浓度超标时，必须佩戴过滤式防毒面具（全面罩）。紧急事态抢救或撤离时，应该佩戴空气呼吸器
眼睛防护　呼吸系统防护中已作防护
皮肤和身体防护　穿连体式防毒衣
手防护　戴橡胶手套

第九部分　理化特性

外观与性状　黄红色气体，有刺激性气味

pH 值　无意义　　　　**熔点（℃）**　−59.5

沸点（℃）　10（爆炸）

相对密度（水＝1）　3.09（11℃）

相对蒸气密度（空气＝1）　2.4

饱和蒸气压（kPa）　无资料

临界压力（MPa）　无资料　　**辛醇/水分配系数**　无资料

闪点（℃）　无意义　　　**自燃温度（℃）**　无意义

爆炸下限（%）　无意义　　**爆炸上限（%）**　无意义

分解温度（℃）　无资料　　**黏度（mPa·s）**　无资料

燃烧热（kJ/mol）　无资料　　**临界温度（℃）**　无资料

溶解性　可溶于水

第十部分　稳定性和反应性

稳定性　不稳定

危险反应　本品及其 10% 以上的溶液在日光下、受热、震动或摩擦下会发生爆炸性分解。能与可燃的还原性物质、汞、二氧化碳、一氧化碳剧烈反应。与水反应能生成高氯酸

避免接触的条件　震动、撞击、摩擦、受热、光照

禁配物　还原剂、易燃或可燃物、活性金属粉末

危险的分解产物　无资料

第十一部分　毒理学信息

急性毒性　LD₅₀：292mg/kg（大鼠经口）；＞5000mg/kg（小鼠经口）

皮肤刺激或腐蚀　无资料　**眼睛刺激或腐蚀**　无资料

呼吸或皮肤过敏　无资料

生殖细胞突变性　微核试验：小鼠腹腔注射 3.2mg/kg。微生物致突变试验：鼠伤寒沙门氏菌 400mg/皿

致癌性　无资料

生殖毒性　大鼠交配前 10 周，孕后 22d 经口给予最低中毒剂量（TDLo）92mg/kg，致肌肉骨骼系统发育畸形。大鼠经口最低中毒剂量（TDLo）：570mg/kg

（孕 14～21d，染毒），影响新生鼠行为及机体。小鼠经口最低中毒剂量（TDLo）：840mg/kg（孕 1～12d），21d 染毒，新生仔鼠体重增加减少

特异性靶器官系统毒性-一次接触　大鼠接触 54mg/m³（2h），仅见刺激症状，无死亡

特异性靶器官系统毒性-反复接触　大鼠在 27mg/m³ 的浓度下，每天 4h，反复接触，至 19d 死亡。尸检见化脓性支气管炎和支气管肺炎

吸入危害　无资料

第十二部分　生态学信息

生态毒性　LC₅₀：140mg/L（96h）（*Cyprinodon variegatus*）；LC₅₀：0.026mg/L（48h）（大型溞）

持久性和降解性
生物降解性　无资料
非生物降解性　无资料

潜在的生物累积性　无资料

土壤中的迁移性　无资料

第十三部分　废弃处置

废弃化学品　与厂商或制造商联系，确定处置方法

污染包装物　将容器返还生产商或按照国家和地方法规处置

废弃注意事项　处置前应参阅国家和地方有关法规

第十四部分　运输信息

联合国危险货物编号（UN 号）　3306（压缩的）；3310（液化的）

联合国运输名称　压缩气体，毒性，氧化性，腐蚀性，未另作规定的（二氧化氯）；液化气体，毒性，氧化性，腐蚀性，未另作规定的（二氧化氯）

联合国危险性类别　2.3，5.1，8

包装类别　—

包装标志　

海洋污染物　是

运输注意事项　采用钢瓶运输时必须戴好钢瓶上的安全帽。钢瓶一般平放，并将瓶口朝同一方向，不可交叉；高度不得超过车辆的防护栏板，并用三角木垫卡牢，防止滚动。严禁与易燃物或可燃物、还原剂、食用化学品等混装混运。夏季应早晚运输，防止暴晒。公路运输时要按规定路线行驶，禁止在居民区和人口稠密区停留。铁路运输时要禁止溜放

第十五部分　法规信息

下列法律、法规、规章和标准，对该化学品的管理作了相应的规定。

中华人民共和国职业病防治法　职业病分类和目录：未列入

危险化学品安全管理条例　危险化学品目录：列入。易制爆危险化学品名录：未列入。重点监管的危险化学品

名录：未列入。GB 18218—2009《危险化学品重大危险源辨识》（表1）：未列入

使用有毒物品作业场所劳动保护条例　高毒物品目录：未列入

易制毒化学品管理条例　易制毒化学品的分类和品种目录：未列入

国际公约　斯德哥尔摩公约：未列入。鹿特丹公约：未列入。蒙特利尔议定书：未列入

第十六部分　其他信息

编写和修订信息　　　　缩略语和首字母缩写
培训建议　　　　　　　参考文献
免责声明

二氧化铅

第一部分　化学品标识

化学品中文名　过氧化铅；二氧化铅；棕色氧化铅
化学品英文名　lead dioxide；lead peroxide
分子式　PbO_2　**分子量**　239.2
结构式　
化学品的推荐及限制用途　用作氧化剂、电极、蓄电池、分析试剂、火柴等

第二部分　危险性概述

紧急情况概述　可加剧燃烧：氧化剂，造成皮肤刺激，造成严重眼刺激，可能致癌
GHS危险性类别　氧化性固体，类别3；皮肤腐蚀/刺激，类别2；严重眼损伤/眼刺激，类别2A；致癌性，类别1B；生殖毒性，类别1A；特异性靶器官毒性--次接触，类别1；特异性靶器官毒性-反复接触，类别1；危害水生环境-长期危害，类别4
标签要素

象形图　![GHS火焰、感叹号、健康危害象形图]

　警示词　危险
危险性说明　可加剧燃烧：氧化剂，造成皮肤刺激，造成严重眼刺激，可能致癌，可能对生育力或胎儿造成伤害，对器官造成损害，长时间或反复接触对器官造成损伤，可能对水生生物造成长期持续有害影响
防范说明
　预防措施　远离热源。远离衣物、可燃物保存。采取一切预防措施，避免与可燃物混合。戴防护手套、防护眼镜、防护面罩。避免接触眼睛、皮肤，操作后彻底清洗。得到专门指导后操作。在阅读并了解所有安全预防措施之前，切勿操作。按要求使用个体防护装备。避免吸入粉尘。作业场所不得进食、饮水或吸烟。禁止排入环境

　事故响应　皮肤接触：用大量肥皂水和水清洗，如发生皮肤刺激，就医，脱去被污染的衣服，衣服经洗净后方可重新使用。如接触眼睛：用水细心冲洗数分钟。如戴隐形眼镜并可方便地取出，取出隐形眼镜，继续冲洗。如果眼睛刺激持续，就医。如果接触或有担心，立即呼叫中毒控制中心或就医。如感觉不适，就医
　安全储存　上锁保管
　废弃处置　本品及内装物、容器依据国家和地方法规处置
物理和化学危险　助燃。与可燃物接触易着火燃烧
健康危害　损害造血、神经、消化系统及肾脏。职业中毒主要为慢性。神经系统主要表现为神经衰弱综合征、周围神经病（以运动功能受累较明显），重者出现铅中毒性脑病。消化系统表现有齿龈铅线、食欲不振、恶心、腹胀、腹泻或便秘，腹绞痛见于中度及较重病例。造血系统损害出现卟啉代谢障碍、贫血等。短时接触大剂量可发生急性或亚急性铅中毒，表现类似重症慢性铅中毒
环境危害　可能对水生生物造成长期持续有害影响

第三部分　成分/组成信息

√ 物质　　　　　　　　　混合物

组分	浓度	CAS No.
二氧化铅		1309-60-0

第四部分　急救措施

吸入　迅速脱离现场至空气新鲜处。保持呼吸道通畅。如呼吸困难，给输氧。如呼吸、心跳停止，立即进行心肺复苏术。就医
皮肤接触　立即脱去污染的衣着，用流动清水彻底冲洗。就医
眼睛接触　立即分开眼睑，用流动清水或生理盐水彻底冲洗。就医
食入　漱口，饮水。就医
对保护施救者的忠告　根据需要使用个人防护设备
对医生的特别提示　解毒剂：依地酸二钠钙、二巯基丁二酸钠、二巯基丁二酸等

第五部分　消防措施

灭火剂　本品不燃，根据着火原因选择适当灭火剂灭火
特别危险性　无机氧化剂。与有机物、还原剂、易燃物如硫、磷等接触或混合时有引起燃烧爆炸的危险。受高热分解放出有毒的气体
灭火注意事项及防护措施　消防人员必须佩戴空气呼吸器、穿全身防火防毒服，在上风向灭火。尽可能将容器从火场移至空旷处

第六部分　泄漏应急处理

作业人员防护措施、防护装备和应急处置程序　隔离泄漏污染区，限制出入。建议应急处理人员戴防尘口罩，穿防毒服。勿使泄漏物与可燃物质（如木材、纸、油

等）接触。穿上适当的防护服前严禁接触破裂的容器和泄漏物。尽可能切断泄漏源

环境保护措施 用塑料布覆盖泄漏物，减少飞散

泄漏化学品的收容、清除方法及所使用的处置材料 用洁净的铲子收集泄漏物，置于干净、干燥、盖子较松的容器中，将容器移离泄漏区

第七部分 操作处置与储存

操作注意事项 密闭操作，加强通风。操作人员必须经过专门培训，严格遵守操作规程。建议操作人员佩戴自吸过滤式防尘口罩，戴化学安全防护眼镜，穿胶布防毒衣，戴乳胶手套。远离火种、热源，工作场所严禁吸烟。避免产生粉尘。避免与还原剂、碱土金属接触。搬运时要轻装轻卸，防止包装及容器损坏。配备相应品种和数量的消防器材及泄漏应急处理设备。倒空的容器可能残留有害物

储存注意事项 储存于阴凉、通风的库房。库温不超过30℃，相对湿度不超过80%。远离火种、热源。保持容器密封。应与还原剂、碱土金属分开存放，切忌混储。储区应备有合适的材料收容泄漏物

第八部分 接触控制/个体防护

职业接触限值

中国 PC-TWA：0.05 mg/m³ （铅尘），0.03 mg/m³ （铅烟）[按 Pb 计] [G2A]

美国（ACGIH） TLV-TWA：0.05mg/m³ [按 Pb 计]

生物接触限值 血铅：2.0μmol/L （400μg/L）（采样时间：接触三周后的任意时间）

监测方法 空气中有毒物质测定方法：火焰原子吸收光谱法；双硫腙分光光度法；氢化物-原子吸收光谱法；微分电位溶出法。生物监测检验方法：血中铅的石墨炉原子吸收光谱测定方法；血中铅的微分电位溶出测定方法

工程控制 生产过程密闭，加强通风。提供安全淋浴和洗眼设备

个体防护装备

呼吸系统防护 空气中粉尘浓度超标时，建议佩戴过滤式防尘呼吸器。紧急事态抢救或撤离时，应该佩戴空气呼吸器

眼睛防护 戴化学安全防护眼镜

皮肤和身体防护 穿密闭型防毒服

手防护 戴橡胶手套

第九部分 理化特性

外观与性状 棕褐色结晶或粉末

pH 值 无意义 　　**熔点(℃)** 290(分解)

沸点(℃) 无资料 　　**相对密度(水=1)** 9.38

相对蒸气密度(空气=1) 无资料

饱和蒸气压(kPa) 无资料

临界压力(MPa) 无意义　**辛醇/水分配系数** 无资料

闪点(℃) 无意义 　　**自燃温度(℃)** 无意义

爆炸下限(%) 无意义　　**爆炸上限(%)** 无意义

分解温度(℃) 290 　　**黏度(mPa·s)** 无资料

燃烧热(kJ/mol) 无资料　**临界温度(℃)** 无资料

溶解性 不溶于水、醇，溶于乙酸、氢氧化钠水溶液

第十部分 稳定性和反应性

稳定性 稳定

危险反应 与有机物、还原剂、易燃物（如硫、磷）等接触或混合时有引起燃烧爆炸的危险

避免接触的条件 光照、受热

禁配物 强还原剂、活性金属粉末、有机物、易燃物（如硫、磷）等

危险的分解产物 无资料

第十一部分 毒理学信息

急性毒性 LD₅₀：291mg/kg（小鼠腹腔）；220mg/kg（豚鼠腹腔）

皮肤刺激或腐蚀 无资料 　**眼睛刺激或腐蚀** 无资料

呼吸或皮肤过敏 无资料 　**生殖细胞突变性** 无资料

致癌性 美国政府工业卫生学家会议（ACGIH）：动物致癌物

生殖毒性 无资料

特异性靶器官系统毒性-一次接触 无资料

特异性靶器官系统毒性-反复接触 无资料

吸入危害 无资料

第十二部分 生态学信息

生态毒性 无资料

持久性和降解性

生物降解性 无资料

非生物降解性 无资料

潜在的生物累积性 无资料

土壤中的迁移性 无资料

第十三部分 废弃处置

废弃化学品 用安全掩埋法处置

污染包装物 将容器返还生产商或按照国家和地方法规处置

废弃注意事项 处置前应参阅国家和地方有关法规

第十四部分 运输信息

联合国危险货物编号（UN 号） 1872

联合国运输名称 二氧化铅

联合国危险性类别 5.1

包装类别 Ⅲ 　　　　　**包装标志**

海洋污染物 否

运输注意事项 运输时单独装运，运输过程中要确保容器不泄漏、不倒塌、不坠落、不损坏。运输时运输车辆应配备相应品种和数量的消防器材。严禁与酸类、易燃物、有机物、还原剂、自燃物品、遇湿易燃物品等并车混运。运输时车速不宜过快，不得强行超车。运输车辆装卸前后，均应彻底清扫、洗净，严禁混入有

机物、易燃物等杂质

第十五部分 法规信息

下列法律、法规、规章和标准,对该化学品的管理作了相应的规定。

中华人民共和国职业病防治法 职业病分类和目录:铅及其化合物中毒

危险化学品安全管理条例 危险化学品目录:列入。易制爆危险化学品名录:未列入。重点监管的危险化学品名录:未列入。GB 18218—2009《危险化学品重大危险源辨识》(表1):未列入

使用有毒物品作业场所劳动保护条例 高毒物品目录:未列入

易制毒化学品管理条例 易制毒化学品的分类和品种目录:未列入

国际公约 斯德哥尔摩公约:未列入。鹿特丹公约:未列入。蒙特利尔议定书:未列入

第十六部分 其他信息

编写和修订信息　　缩略语和首字母缩写
培训建议　　　　　参考文献
免责声明

二氧化硒

第一部分 化学品标识

化学品中文名 二氧化硒;亚硒酐
化学品英文名 selenium dioxide;selenious acid anhydride
分子式 SeO_2　**分子量** 110.96
结构式 $O=Se=O$
化学品的推荐及限制用途 用作氧化剂、催化剂、试剂等

第二部分 危险性概述

紧急情况概述 吞咽致命,造成严重眼刺激
GHS 危险性类别 急性毒性-经口,类别2;严重眼损伤/眼刺激,类别2;特异性靶器官毒性-一次接触,类别1;特异性靶器官毒性-反复接触,类别1;危害水生环境-急性危害,类别1;危害水生环境-长期危害,类别1
标签要素

象形图

警示词 危险
危险性说明 吞咽致命,造成严重眼刺激,对器官造成损害,长时间或反复接触对器官造成损伤,对水生生物毒性非常大并具有长期持续影响
防范说明
　　预防措施 避免接触眼睛、皮肤,操作后彻底清洗。作业场所不得进食、饮水或吸烟。戴防护眼镜、防护面罩。避免吸入粉尘、蒸气。禁止排入环境

事故响应 如接触眼睛:用水细心冲洗数分钟。如戴隐形眼镜并可方便地取出,取出隐形眼镜,继续冲洗。如果眼睛刺激持续,就医。食入:立即呼叫中毒控制中心或就医,漱口。如果接触:立即呼叫中毒控制中心或就医。如感觉不适,就医。收集泄漏物
　　安全储存 上锁保管
　　废弃处置 本品及内装物、容器依据国家和地方法规处置
物理和化学危险 不燃,无特殊燃爆特性
健康危害 对皮肤、黏膜有较强的刺激性。大量吸入本品蒸气可引起化学性支气管炎、化学性肺炎或肺水肿。进入眼内可引起结膜炎。可引起接触性皮炎和皮肤灼伤
环境危害 对水生生物毒性非常大并具有长期持续影响

第三部分 成分/组成信息

√ 物质　　　　　　　　混合物

组分	浓度	CAS No.
二氧化硒		7446-08-4

第四部分 急救措施

吸入 迅速脱离现场至空气新鲜处。保持呼吸道通畅。如呼吸困难,给输氧。如呼吸、心跳停止,立即进行心肺复苏术。就医
皮肤接触 立即脱去污染的衣着,用流动清水彻底冲洗。就医
眼睛接触 立即分开眼睑,用流动清水或生理盐水彻底冲洗。就医
食入 漱口,饮水。就医
对保护施救者的忠告 根据需要使用个人防护设备
对医生的特别提示 对症处理

第五部分 消防措施

灭火剂 本品不燃,根据着火原因选择适当灭火剂灭火
特别危险性 本身不能燃烧。若遇高热,升华产生剧毒的气体
灭火注意事项及防护措施 消防人员必须穿全身防火防毒服,在上风向灭火。灭火时尽可能将容器从火场移至空旷处

第六部分 泄漏应急处理

作业人员防护措施、防护装备和应急处置程序 隔离泄漏污染区,限制出入。建议应急处理人员戴防尘口罩,穿防毒服。穿上适当的防护服前严禁接触破裂的容器和泄漏物。尽可能切断泄漏源
环境保护措施 用塑料布覆盖泄漏物,减少飞散
泄漏化学品的收容、清除方法及所使用的处置材料 勿使水进入包装容器内。用洁净的铲子收集泄漏物,置于干净、干燥、盖子较松的容器中,将容器移离泄漏区

第七部分 操作处置与储存

操作注意事项 密闭操作,局部排风。操作人员必须经

过专门培训，严格遵守操作规程。建议操作人员佩戴防尘面具（全面罩），穿胶布防毒衣，戴橡胶手套。远离易燃、可燃物。避免产生粉尘。避免与酸类接触。搬运时要轻装轻卸，防止包装及容器损坏。配备泄漏应急处理设备。倒空的容器可能残留有害物

储存注意事项 储存于阴凉、通风的库房。远离火种、热源。库温不超过 35℃，相对湿度不超过 80%。应与易（可）燃物、酸类等分开存放，切忌混储。储区应备有合适的材料收容泄漏物

第八部分 接触控制/个体防护

职业接触限值
中国 PC-TWA：0.1mg/m³ ［按 Se 计］
美国（ACGIH） TLV-TWA：0.2mg/m³ ［按 Se 计］

生物接触限值 未制定标准

监测方法 空气中有毒物质测定方法：氢化物-原子荧光光谱法；二氨基萘荧光分光光度法；氢化物-原子吸收光谱法。生物监测检验方法：未制定标准

工程控制 密闭操作，局部排风。提供安全淋浴和洗眼设备

个体防护装备
呼吸系统防护 可能接触其粉尘时，必须佩戴防尘面具（全面罩）。紧急事态抢救或撤离时，应该佩戴空气呼吸器
眼睛防护 呼吸系统防护中已作防护
皮肤和身体防护 穿密闭型防毒服
手防护 戴橡胶手套

第九部分 理化特性

外观与性状 白色或微红色有光泽的针状结晶粉末，有刺激性气味

pH 值 无意义 　　**熔点（℃）** 340～350

沸点（℃） 无资料 　　**相对密度（水＝1）** 3.95

相对蒸气密度（空气＝1） 无资料

饱和蒸气压（kPa） 1.66（70℃）

临界压力（MPa） 无资料 　　**辛醇/水分配系数** 无资料

闪点（℃） 无意义 　　**自燃温度（℃）** 无意义

爆炸下限（%） 无意义 　　**爆炸上限（%）** 无意义

分解温度（℃） 无资料 　　**黏度（mPa·s）** 无资料

燃烧热（kJ/mol） 无资料 　　**临界温度（℃）** 无资料

溶解性 溶于水、乙醇、丙酮、苯、乙酸

第十部分 稳定性和反应性

稳定性 稳定

危险反应 与强酸、氨、易燃或可燃物等禁配物发生反应

避免接触的条件 无资料

禁配物 强酸、氨、易燃或可燃物

危险的分解产物 无资料

第十一部分 毒理学信息

急性毒性 LD$_{50}$：68.1mg/kg（大鼠经口）；23.3mg/kg（小鼠经口）

皮肤刺激或腐蚀 无资料 　**眼睛刺激或腐蚀** 无资料

呼吸或皮肤过敏 无资料

生殖细胞突变性 DNA 修复：枯草杆菌 10mmol/L。微核试验：鱼白细胞 50μg/L

致癌性 无资料 　　**生殖毒性** 无资料

特异性靶器官系统毒性-一次接触 无资料

特异性靶器官系统毒性-反复接触 无资料

吸入危害 无资料

第十二部分 生态学信息

生态毒性 硒化合物对水生生物有极高毒性

持久性和降解性
生物降解性 无资料
非生物降解性 无资料

潜在的生物累积性 无资料

土壤中的迁移性 无资料

第十三部分 废弃处置

废弃化学品 根据国家和地方有关法规的要求处置。或与厂商或制造商联系，确定处置方法

污染包装物 将容器返还生产商或按照国家和地方法规处置

废弃注意事项 处置前应参阅国家和地方有关法规

第十四部分 运输信息

联合国危险货物编号（UN 号） 3283

联合国运输名称 硒化合物，固态，未另作规定的（二氧化硒）

联合国危险性类别 6.1

包装类别 Ⅱ 　　　　**包装标志**

海洋污染物 是

运输注意事项 运输前应先检查包装容器是否完整、密封，运输过程中要确保容器不泄漏、不倒塌、不坠落、不损坏。严禁与酸类、氧化剂、食品及食品添加剂混运。运输时运输车辆应配备泄漏应急处理设备。运输途中应防暴晒、雨淋，防高温

第十五部分 法规信息

下列法律、法规、规章和标准，对该化学品的管理作了相应的规定。

中华人民共和国职业病防治法 职业病分类和目录：未列入

危险化学品安全管理条例 危险化学品目录：列入。易制爆危险化学品名录：未列入。重点监管的危险化学品名录：未列入。GB 18218—2009《危险化学品重大危险源辨识》（表1）：未列入

使用有毒物品作业场所劳动保护条例 高毒物品目录：未列入

易制毒化学品管理条例 易制毒化学品的分类和品种目录：未列入

国际公约 斯德哥尔摩公约：未列入。鹿特丹公约：未列入。蒙特利尔议定书：未列入

第十六部分 其他信息

编写和修订信息　　缩略语和首字母缩写
培训建议　　参考文献
免责声明

二乙基氨腈

第一部分 化学品标识

化学品中文名　二乙基氨腈；N-氰基二乙胺；二乙氨基氰；N,N-二乙基氨基腈；氰化二乙胺；N,N-二乙氨基腈

化学品英文名　N-cyanodiethylamine；diethyl cyanamide

分子式　$C_5H_{10}N_2$　分子量　98.1463

结构式　

化学品的推荐及限制用途　用于有机合成等

第二部分 危险性概述

紧急情况概述　吞咽会中毒，皮肤接触会中毒，吸入致命，造成皮肤刺激，造成严重眼刺激，可能引起呼吸道刺激

GHS危险性类别　急性毒性-经口，类别3；急性毒性-经皮，类别3；急性毒性-吸入，类别2；皮肤腐蚀/刺激，类别2；严重眼损伤/眼刺激，类别2；特异性靶器官毒性--一次接触，类别3（呼吸道刺激）

标签要素

象形图　

警示词　危险

危险性说明　吞咽会中毒，皮肤接触会中毒，吸入致命，造成皮肤刺激，造成严重眼刺激，可能引起呼吸道刺激

防范说明

预防措施　避免接触眼睛、皮肤，操作后彻底清洗。作业场所不得进食、饮水或吸烟。戴防护手套，穿防护服，戴防护眼镜、防护面罩。避免吸入蒸气、雾。仅在室外或通风良好处操作。戴呼吸防护器具

事故响应　如吸入：将患者转移到空气新鲜处，休息，保持利于呼吸的体位。皮肤接触：用大量肥皂水和水清洗，如感觉不适，呼叫中毒控制中心或就医，立即脱去所有被污染的衣服。被污染的衣服必须经洗净后方可重新使用。如发生皮肤刺激，就医。如接触眼睛：用水细心冲洗数分钟。如戴隐形眼镜并可方便地取出，取出隐形眼镜，继续冲洗。如果眼睛刺激持续，就医。食入：立即呼叫中毒控制中心或就医，漱口

安全储存　在通风良好处储存。保持容器密闭。上锁保管

废弃处置　本品及内装物、容器依据国家和地方法规处置

物理和化学危险　易燃，其蒸气与空气混合，能形成爆炸性混合物

健康危害　本品对眼睛、皮肤、黏膜有强烈的刺激作用。受热分解或接触酸液、酸雾能放出有毒的氰化物气体，应引起注意。接触水或水蒸气能产生有腐蚀性、有毒的气体

环境危害　对环境可能有害

第三部分 成分/组成信息

√ 物质　　　　混合物

组分	浓度	CAS No.
二乙基氨腈		617-83-4

第四部分 急救措施

吸入　迅速脱离现场至空气新鲜处。保持呼吸道通畅。如呼吸困难，给输氧。如呼吸、心跳停止，立即进行心肺复苏术。就医

皮肤接触　立即脱去污染的衣着，用肥皂水和流动清水彻底冲洗。就医

眼睛接触　立即分开眼睑，用流动清水或生理盐水彻底冲洗。就医

食入　催吐（仅限于清醒者），给服活性炭悬液。就医

对保护施救者的忠告　根据需要使用个人防护设备

对医生的特别提示　使用亚硝酸钠、硫代硫酸钠、4-二甲基氨基苯酚等解毒剂

第五部分 消防措施

灭火剂　用干粉、二氧化碳、砂土灭火

特别危险性　易燃，与氧化剂接触猛烈反应。受热分解或接触酸液、酸雾能放出有毒的氰化物气体。遇水或水蒸气反应放热并产生有毒的腐蚀性气体

灭火注意事项及防护措施　消防人员必须佩戴空气呼吸器、穿全身防火防毒服，在上风向灭火。尽可能将容器从火场移至空旷处。处在火场中的容器若已变色或从安全泄压装置中发出声音，必须马上撤离。禁止用水和泡沫灭火

第六部分 泄漏应急处理

作业人员防护措施、防护装备和应急处置程序　根据液体流动和蒸气扩散的影响区域划定警戒区，无关人员从侧风向、上风向撤离至安全区。消除所有点火源。建议应急处理人员戴正压自给式呼吸器，穿防毒服。作业时使用的所有设备应接地。禁止接触或跨越泄漏物。尽可能切断泄漏源

环境保护措施　防止泄漏物进入水体、下水道、地下室或有限空间

泄漏化学品的收容、清除方法及所使用的处置材料　小量泄漏：用砂土或其他不燃材料吸收。使用洁净的无火花工具收集吸收材料。大量泄漏：构筑围堤或挖坑收

容。用泡沫覆盖，减少蒸发。喷水雾能减少蒸发，但不能降低泄漏物在有限空间内的易燃性。用泵转移至槽车或专用收集器内

第七部分 操作处置与储存

操作注意事项 严加密闭，提供充分的局部排风和全面通风。尽可能采取隔离操作。操作人员必须经过专门培训，严格遵守操作规程。建议操作人员佩戴自吸过滤式防毒面具（半面罩），穿胶布防毒衣，戴橡胶耐油手套。远离火种、热源，工作场所严禁吸烟。使用防爆型的通风系统和设备。防止蒸气泄漏到工作场所空气中。避免与氧化剂、还原剂、酸类、碱类接触。尤其要注意避免与水接触。搬运时要轻装轻卸，防止包装及容器损坏。配备相应品种和数量的消防器材及泄漏应急处理设备。倒空的容器可能残留有害物

储存注意事项 储存于阴凉、干燥、通风良好的库房。远离火种、热源。保持容器密封。应与氧化剂、还原剂、酸类、碱类、食用化学品分开存放，切忌混储。配备相应品种和数量的消防器材。储区应备有泄漏应急处理设备和合适的收容材料

第八部分 接触控制/个体防护

职业接触限值
　　中国　未制定标准
　　美国（ACGIH）　未制定标准
生物接触限值 未制定标准
监测方法 空气中有毒物质测定方法：未制定标准。生物监测检验方法：未制定标准
工程控制 严加密闭，提供充分的局部排风和全面通风。尽可能采取隔离操作
个体防护装备
　　呼吸系统防护　空气中浓度超标时，必须佩戴过滤式防毒面具（半面罩）。紧急事态抢救或撤离时，应该佩戴空气呼吸器
　　眼睛防护　呼吸系统防护中已作防护
　　皮肤和身体防护　穿密闭型防毒服
　　手防护　戴橡胶耐油手套

第九部分 理化特性

外观与性状 无色液体

pH值 无资料	**熔点(℃)** −80
沸点(℃) 186~188	**相对密度(水=1)** 0.85
相对蒸气密度(空气=1) 3.4	
饱和蒸气压(kPa) 无资料	
临界压力(MPa) 无资料	**辛醇/水分配系数** 无资料
闪点(℃) 69.44	**自燃温度(℃)** 无资料
爆炸下限(%) 无资料	**爆炸上限(%)** 无资料
分解温度(℃) 无资料	**黏度(mPa·s)** 无资料
燃烧热(kJ/mol) 无资料	**临界温度(℃)** 无资料

溶解性 微溶于水，可混溶于乙醇、乙醚等多数有机溶剂

第十部分 稳定性和反应性

稳定性 稳定

危险反应 与强氧化剂、强还原剂等禁配物发生反应。受热分解或接触酸液、酸雾能放出有毒的氰化物气体。遇水或水蒸气反应放热并产生有毒的腐蚀性气体
避免接触的条件 受热、潮湿空气
禁配物 强氧化剂、强还原剂、强酸、强碱、水蒸气
危险的分解产物 氮氧化物、氰化物

第十一部分 毒理学信息

急性毒性 LD_{50}：100mg/kg（小鼠静脉）

皮肤刺激或腐蚀 无资料	**眼睛刺激或腐蚀** 无资料
呼吸或皮肤过敏 无资料	**生殖细胞突变性** 无资料
致癌性 无资料	**生殖毒性** 无资料

特异性靶器官系统毒性-一次接触 无资料
特异性靶器官系统毒性-反复接触 无资料
吸入危害 无资料

第十二部分 生态学信息

生态毒性 无资料
持久性和降解性
　　生物降解性　无资料
　　非生物降解性　无资料
潜在的生物累积性 无资料
土壤中的迁移性 无资料

第十三部分 废弃处置

废弃化学品 建议用焚烧法处置。焚烧炉排出的氮氧化物通过洗涤器除去
污染包装物 将容器返还生产商或按照国家和地方法规处置
废弃注意事项 处置前应参阅国家和地方有关法规

第十四部分 运输信息

联合国危险货物编号（UN号） 3276
联合国运输名称 腈类，毒性，液态，未另作规定的（二乙基氨腈）
联合国危险性类别 6.1

包装类别 Ⅱ　　　　　**包装标志**

海洋污染物 否
运输注意事项 运输前应先检查包装容器是否完整、密封，运输过程中要确保容器不泄漏、不倒塌、不坠落、不损坏。严禁与酸类、氧化剂、食品及食品添加剂混运。运输时运输车辆应配备相应品种和数量的消防器材及泄漏应急处理设备。运输途中应防暴晒、雨淋，防高温。公路运输时要按规定路线行驶

第十五部分 法规信息

　　下列法律、法规、规章和标准，对该化学品的管理作了相应的规定。

中华人民共和国职业病防治法 职业病分类和目录：氰及
　　腈类化合物中毒
危险化学品安全管理条例 危险化学品目录：列入。易制
　　爆危险化学品名录：未列入。重点监管的危险化学品
　　名录：未列入。GB 18218—2009《危险化学品重大
　　危险源辨识》（表1）：未列入
使用有毒物品作业场所劳动保护条例 高毒物品目录：未
　　列入
易制毒化学品管理条例 易制毒化学品的分类和品种目
　　录：未列入
国际公约 斯德哥尔摩公约：未列入。鹿特丹公约：未列
　　入。蒙特利尔议定书：未列入

第十六部分　其他信息

编写和修订信息　　缩略语和首字母缩写
培训建议　　　　　参考文献
免责声明

N,N-二乙基-1,3-丙二胺

第一部分　化学品标识

化学品中文名　N,N-二乙基-1,3-丙二胺；3-二乙氨基丙
　　胺；N,N-二乙基-1,3-二氨基丙烷
化学品英文名　3-diethylaminopropylamine；1-amino-3
　　（diethylamino）propane
分子式　$C_7H_{18}N_2$　分子量　130.2312
结构式　
化学品的推荐及限制用途　用作溶剂、萃取剂、环氧树脂
　　固化剂及用于有机合成

第二部分　危险性概述

紧急情况概述　易燃液体和蒸气，吞咽有害，皮肤接触有
　　害，造成严重的皮肤灼伤和眼损伤，可能导致皮肤过
　　敏反应
GHS危险性类别　易燃液体，类别3；急性毒性-经口，
　　类别4；急性毒性-经皮，类别4；皮肤腐蚀/刺激，
　　类别1B；严重眼损伤/眼刺激，类别1；皮肤致敏物，
　　类别1
标签要素

象形图 ⬙⬙⬙

警示词　危险
危险性说明　易燃液体和蒸气，吞咽有害，皮肤接触有
　　害，造成严重的皮肤灼伤和眼损伤，可能导致皮肤
　　过敏反应
防范说明
　　预防措施　远离热源、火花、明火、热表面。保持
　　　　容器密闭。容器和接收设备接地连接。使用防
　　　　爆型电器、通风、照明设备。只能使用不产生
　　　　火花的工具。采取防止静电措施。避免接触眼

睛、皮肤，操作后彻底清洗。作业场所不得进
　　食、饮水或吸烟。戴防护手套，穿防护服，戴
　　防护眼镜、防护面罩。避免吸入蒸气、雾。污
　　染的工作服不得带出工作场所
　　事故响应　火灾时，使用雾状水、抗溶性泡沫、干
　　粉、二氧化碳、砂土灭火。如吸入：将患者转
　　移到空气新鲜处，休息，保持利于呼吸的体
　　位。如皮肤（或头发）接触：立即脱掉所有被
　　污染的衣服，用水冲洗皮肤，淋浴。被污染的
　　衣服必须经洗净后方可重新使用。如出现皮肤
　　刺激或皮疹，就医。眼睛接触：用水细心地冲
　　洗数分钟。如戴隐形眼镜并可方便地取出，则
　　取出隐形眼镜，继续冲洗。食入：漱口，不要
　　催吐。如果感觉不适，立即呼叫中毒控制中心
　　或就医
　　安全储存　存放在通风良好的地方。保持低温。上
　　锁保管
　　废弃处置　本品及内装物、容器依据国家和地方法
　　规处置
物理和化学危险　易燃，其蒸气与空气混合，能形成爆炸
　　性混合物
健康危害　有毒。有腐蚀性，眼和皮肤接触可引起灼伤
环境危害　对环境可能有害

第三部分　成分/组成信息

√　物质　　　　　　　　　　　混合物
　　组分　　　　　浓度　　　　CAS No.
N,N-二乙基-1,3-二氨基丙烷　　　　104-78-9

第四部分　急救措施

吸入　迅速脱离现场至空气新鲜处。保持呼吸道通畅。如
　　呼吸困难，给输氧。如呼吸、心跳停止，立即进行心
　　肺复苏术。就医
皮肤接触　立即脱去污染的衣着，用大量流动清水彻底冲
　　洗至少15min。就医
眼睛接触　立即分开眼睑，用流动清水或生理盐水彻底冲
　　洗5~10min。就医
食入　用水漱口，禁止催吐。给饮牛奶或蛋清。就医
对保护施救者的忠告　根据需要使用个人防护设备
对医生的特别提示　对症处理

第五部分　消防措施

灭火剂　用雾状水、抗溶性泡沫、干粉、二氧化碳、砂土
　　灭火
特别危险性　其蒸气与空气可形成爆炸性混合物，遇明
　　火、高热能引起燃烧爆炸。与氧化剂可发生反应。受
　　高热分解放出有毒的气体。蒸气比空气重，沿地面扩
　　散并易积存于低洼处，遇火源会着火回燃。具有腐蚀
　　性。若遇高热，容器内压增大，有开裂和爆炸的危险
灭火注意事项及防护措施　消防人员必须佩戴防毒面具、
　　穿全身消防服，在上风向灭火。尽可能将容器从火场
　　移至空旷处。喷水保持火场容器冷却，直至灭火结
　　束。处在火场中的容器若已变色或从安全泄压装置中

发出声音，必须马上撤离

第六部分　泄漏应急处理

作业人员防护措施、防护装备和应急处置程序　根据液体流动和蒸气扩散的影响区域划定警戒区，无关人员从侧风向、上风向撤离至安全区。消除所有点火源。建议应急处理人员戴正压自给式呼吸器，穿防静电、防腐、防毒服。作业时使用的所有设备应接地。禁止接触或跨越泄漏物。尽可能切断泄漏源

环境保护措施　防止泄漏物进入水体、下水道、地下室或有限空间

泄漏化学品的收容、清除方法及所使用的处置材料　小量泄漏：用砂土或其他不燃材料吸收。使用洁净的无火花工具收集吸收材料。大量泄漏：构筑围堤或挖坑收容。用粉煤灰或石灰粉吸收大量液体。用抗溶性泡沫覆盖，减少蒸气。喷水雾能减少蒸发，但不能降低泄漏物在有限空间内的易燃性。用防爆、耐腐蚀泵转移至槽车或专用收集器内

第七部分　操作处置与储存

操作注意事项　密闭操作，局部排风。防止蒸气泄漏到工作场所空气中。操作人员必须经过专门培训，严格遵守操作规程。建议操作人员佩戴自吸过滤式防毒面具（半面罩），戴化学安全防护眼镜，穿橡胶耐酸碱服，戴橡胶耐酸碱手套。远离火种、热源，工作场所严禁吸烟。使用防爆型的通风系统和设备。在清除液体和蒸气前不能进行焊接、切割等作业。避免产生烟雾。避免与氧化剂、酸类、酰基氯、酸酐、二氧化碳接触。配备相应品种和数量的消防器材及泄漏应急处理设备。倒空的容器可能残留有害物

储存注意事项　储存于阴凉、通风的库房。远离火种、热源。防止阳光直射。保持容器密封。应与氧化剂、酸类、酰基氯、酸酐、二氧化碳分开存放，切忌混储。采用防爆型照明、通风设施。禁止使用易产生火花的机械设备和工具。储区应备有泄漏应急处理设备和合适的收容材料

第八部分　接触控制/个体防护

职业接触限值
中国　未制定标准
美国（ACGIH）　未制定标准

生物接触限值　未制定标准

监测方法　空气中有毒物质测定方法：未制定标准。生物监测检验方法：未制定标准

工程控制　密闭操作，局部排风

个体防护装备
呼吸系统防护　空气中浓度超标时，必须佩戴过滤式防毒面具（半面罩）。紧急事态抢救或撤离时，应该佩戴空气呼吸器
眼睛防护　戴化学安全防护眼镜
皮肤和身体防护　穿橡胶耐酸碱服
手防护　戴橡胶耐酸碱手套

第九部分　理化特性

外观与性状　无色液体，具有鱼腥气味

pH值　无资料　　　　　**熔点（℃）**　－60

沸点（℃）　165～170

相对密度（水＝1）　0.8260（20℃）

相对蒸气密度（空气＝1）　4.48

饱和蒸气压（kPa）　2.6（70℃）

临界压力（MPa）　无资料　　**辛醇/水分配系数**　无资料

闪点（℃）　58.89　　　　**自燃温度（℃）**　215.0

爆炸下限（％）　1.4　　　　**爆炸上限（％）**　11.6

分解温度（℃）　无资料　　**黏度（mPa·s）**　无资料

燃烧热（kJ/mol）　无资料　**临界温度（℃）**　无资料

溶解性　与水混溶

第十部分　稳定性和反应性

稳定性　稳定

危险反应　与强氧化剂禁配物接触，有发生火灾和爆炸的危险。与酸类、酰基氯、酸酐、二氧化碳等接触发生反应

避免接触的条件　无资料

禁配物　强氧化剂、酸类、酰基氯、酸酐、二氧化碳

危险的分解产物　氮氧化物

第十一部分　毒理学信息

急性毒性　LD_{50}：550mg/kg（大鼠经口）；425mg/kg（小鼠经口）；750mg/kg（兔经皮）

皮肤刺激或腐蚀　无资料　　**眼睛刺激或腐蚀**　无资料

呼吸或皮肤过敏　无资料　　**生殖细胞突变性**　无资料

致癌性　无资料　　　　　　**生殖毒性**　无资料

特异性靶器官系统毒性-一次接触　无资料

特异性靶器官系统毒性-反复接触　无资料

吸入危害　无资料

第十二部分　生态学信息

生态毒性　无资料

持久性和降解性
生物降解性　无资料
非生物降解性　无资料

潜在的生物累积性　无资料

土壤中的迁移性　无资料

第十三部分　废弃处置

废弃化学品　建议用焚烧法处置。在能利用的地方重复使用容器或在规定场所掩埋

污染包装物　将容器返还生产商或按照国家和地方法规处置

废弃注意事项　处置前应参阅国家和地方有关法规

第十四部分　运输信息

联合国危险货物编号（UN号）　2684

联合国运输名称　3-二乙氨基丙胺

联合国危险性类别　3，8

包装类别　Ⅲ

包装标志　

海洋污染物　否

运输注意事项　起运时包装要完整，装载应稳妥。运输过程中要确保容器不泄漏、不倒塌、不坠落、不损坏。运输时所用的槽（罐）车应有接地链，槽内可设孔隔板以减少震荡产生的静电。严禁与氧化剂、酸类、食用化学品等混装混运。公路运输时要按规定路线行驶，勿在居民区和人口稠密区停留

第十五部分　法规信息

下列法律、法规、规章和标准，对该化学品的管理作了相应的规定。

中华人民共和国职业病防治法　职业病分类和目录：未列入

危险化学品安全管理条例　危险化学品目录：列入。易制爆危险化学品名录：未列入。重点监管的危险化学品名录：未列入。GB 18218—2009《危险化学品重大危险源辨识》（表1）：未列入

使用有毒物品作业场所劳动保护条例　高毒物品目录：未列入

易制毒化学品管理条例　易制毒化学品的分类和品种目录：未列入

国际公约　斯德哥尔摩公约：未列入。鹿特丹公约：未列入。蒙特利尔议定书：未列入

第十六部分　其他信息

编写和修订信息　缩略语和首字母缩写
培训建议　　　　参考文献
免责声明

N,N-二乙基对苯二胺盐酸盐

第一部分　化学品标识

化学品中文名　N,N-二乙基对苯二胺盐酸盐；盐酸-4-氨基-N,N-二乙苯胺

化学品英文名　4-amino-N,N-diethylaniline dihydrochloride；N,N-diethyl-p-phenylenediamine dihydrochloride

分子式　$C_{10}H_{16}N_2 \cdot HCl$　**分子量**　200.711

结构式　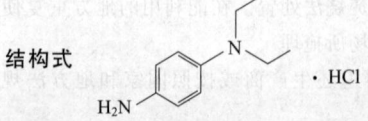

化学品的推荐及限制用途　用作彩色显影剂

第二部分　危险性概述

紧急情况概述　吞咽会中毒，皮肤接触会中毒，吸入会中毒

GHS危险性类别　急性毒性-经口，类别3；急性毒性-经皮，类别3；急性毒性-吸入，类别3

标签要素

象形图　

警示词　危险

危险性说明　吞咽会中毒，皮肤接触会中毒，吸入会中毒

防范说明

预防措施　避免接触眼睛、皮肤，操作后彻底清洗。作业场所不得进食、饮水或吸烟。戴防护手套、穿防护服。避免吸入粉尘。仅在室外或通风良好处操作

事故响应　如吸入：将患者转移到空气新鲜处，休息，保持利于呼吸的体位，呼叫中毒控制中心或就医。皮肤接触：用大量肥皂水和水清洗，立即脱去所有被污染的衣服，如感觉不适，呼叫中毒控制中心或就医。被污染的衣服必须经洗净后方可重新使用。食入：立即呼叫中毒控制中心或就医，漱口

安全储存　在通风良好处储存。保持容器密闭。上锁保管

废弃处置　本品及内装物、容器依据国家和地方法规处置

物理和化学危险　可燃，其粉体与空气混合，能形成爆炸性混合物

健康危害　有毒。对眼睛、皮肤和黏膜有刺激作用

环境危害　对环境可能有害

第三部分　成分/组成信息

√　物质　　　　　　　　　　混合物

组分	浓度	CAS No.
N,N-二乙基对苯二胺盐酸盐		148-18-5

第四部分　急救措施

吸入　迅速脱离现场至空气新鲜处。保持呼吸道通畅。如呼吸困难，给输氧。呼吸、心跳停止，立即进行心肺复苏术。就医

皮肤接触　立即脱去污染的衣着，用流动清水彻底冲洗。就医

眼睛接触　立即分开眼睑，用流动清水或生理盐水彻底冲洗。就医

食入　饮适量温水，催吐（仅限于清醒者）。就医

对保护施救者的忠告　根据需要使用个人防护设备

对医生的特别提示　对症处理

第五部分　消防措施

灭火剂　用雾状水、泡沫、干粉、二氧化碳、砂土灭火

特别危险性　遇高热、明火或与氧化剂接触，有引起燃烧的危险。受高热分解放出有毒的气体

灭火注意事项及防护措施　消防人员必须佩戴防毒面具、穿全身消防服，在上风向灭火。尽可能将容器从火场

移至空旷处。喷水保持火场容器冷却，直至灭火结束。切勿将水流直接射至熔融物，以免引起严重的流淌火灾或引起剧烈的沸溅

第六部分 泄漏应急处理

作业人员防护措施、防护装备和应急处置程序 隔离泄漏污染区，限制出入。消除所有点火源。建议应急处理人员戴防尘口罩，穿防毒服。穿上适当的防护服前严禁接触破裂的容器和泄漏物。尽可能切断泄漏源

环境保护措施 用塑料布覆盖泄漏物，减少飞散

泄漏化学品的收容、清除方法及所使用的处置材料 勿使水进入包装容器内。用洁净的铲子收集泄漏物，置于干净、干燥、盖子较松的容器中，将容器移离泄漏区

第七部分 操作处置与储存

操作注意事项 密闭操作，局部排风。防止粉尘释放到车间空气中。操作人员必须经过专门培训，严格遵守操作规程。建议操作人员佩戴自吸过滤式防尘口罩，戴化学安全防护眼镜，穿防毒物渗透工作服，戴橡胶手套。远离火种、热源，工作场所严禁吸烟。使用防爆型的通风系统和设备。避免产生粉尘。避免与氧化剂接触。配备相应品种和数量的消防器材及泄漏应急处理设备。倒空的容器可能残留有害物

储存注意事项 储存于阴凉、通风的库房。远离火种、热源。防止阳光直射。包装密封。应与氧化剂、食用化学品分开存放，切忌混储。配备相应品种和数量的消防器材。储区应备有合适的材料收容泄漏物

第八部分 接触控制/个体防护

职业接触限值
中国 未制定标准
美国（ACGIH） 未制定标准

生物接触限值 未制定标准

监测方法 空气中有毒物质测定方法：未制定标准。生物监测检验方法：未制定标准

工程控制 密闭操作，局部排风

个体防护装备
呼吸系统防护 空气中粉尘浓度超标时，必须佩戴过滤式防尘呼吸器。紧急事态抢救或撤离时，应该佩戴空气呼吸器
眼睛防护 戴化学安全防护眼镜
皮肤和身体防护 穿防毒物渗透工作服
手防护 戴橡胶手套

第九部分 理化特性

外观与性状 无色针状结晶，久储或见光颜色变深
pH 值 无意义　　　**熔点（℃）** 233～236
沸点（℃） 无资料　　**相对密度（水＝1）** 无资料
相对蒸气密度（空气＝1） 无资料
饱和蒸气压（kPa） 无资料
临界压力（MPa） 无资料　**辛醇/水分配系数** 无资料
闪点（℃） 无意义　　**自燃温度（℃）** 无资料
爆炸下限（%） 无资料　**爆炸上限（%）** 无资料

分解温度（℃） 无资料　**黏度（mPa·s）** 无资料
燃烧热（kJ/mol） 无资料　**临界温度（℃）** 无资料
溶解性 溶于水、乙醇，不溶于石油醚

第十部分 稳定性和反应性

稳定性 稳定
危险反应 与强氧化剂等禁配物发生反应
避免接触的条件 光照
禁配物 强氧化剂
危险的分解产物 氮氧化物、氯化氢

第十一部分 毒理学信息

急性毒性 LD$_{50}$：200mg/kg（大鼠经口），24mg/kg（小鼠静脉）

皮肤刺激或腐蚀 无资料　**眼睛刺激或腐蚀** 无资料
呼吸或皮肤过敏 无资料　**生殖细胞突变性** 无资料
致癌性 无资料　　　　　**生殖毒性** 无资料
特异性靶器官系统毒性-一次接触 无资料
特异性靶器官系统毒性-反复接触 无资料
吸入危害 无资料

第十二部分 生态学信息

生态毒性 无资料
持久性和降解性
生物降解性 无资料
非生物降解性 无资料
潜在的生物累积性 无资料
土壤中的迁移性 无资料

第十三部分 废弃处置

废弃化学品 用安全掩埋法处置。在能利用的地方重复使用容器或在规定场所掩埋
污染包装物 将容器返还生产商或按照国家和地方法规处置
废弃注意事项 处置前应参阅国家和地方有关法规

第十四部分 运输信息

联合国危险货物编号（UN 号） 2811
联合国运输名称 有机毒性固体，未另作规定的（N，N-二乙基对苯二胺盐酸盐）
联合国危险性类别 6.1

包装类别 Ⅲ　　　　　**包装标志**

海洋污染物 否
运输注意事项 运输前应先检查包装容器是否完整、密封，运输过程中要确保容器不泄漏、不倒塌、不坠落、不损坏。严禁与酸类、氧化剂、食品及食品添加剂混运。运输时运输车辆应配备相应品种和数量的消防器材及泄漏应急处理设备。运输途中应防暴晒、雨淋，防高温。公路运输时要按规定路线行驶，勿在居民区和人口稠密区停留

第十五部分　法规信息

下列法律、法规、规章和标准,对该化学品的管理作了相应的规定。

中华人民共和国职业病防治法　职业病分类和目录:未列入

危险化学品安全管理条例　危险化学品目录:列入。易制爆危险化学品名录:未列入。重点监管的危险化学品名录:未列入。GB 18218—2009《危险化学品重大危险源辨识》(表1):未列入

使用有毒物品作业场所劳动保护条例　高毒物品目录:未列入

易制毒化学品管理条例　易制毒化学品的分类和品种目录:未列入

国际公约　斯德哥尔摩公约:未列入。鹿特丹公约:未列入。蒙特利尔议定书:未列入

第十六部分　其他信息

编写和修订信息　　**缩略语和首字母缩写**
培训建议　　　　　　**参考文献**
免责声明

N,N-二乙基对甲基苯胺

第一部分　化学品标识

化学品中文名　N,N-二乙基对甲基苯胺;4-(二乙氨基)甲苯;N,N-二乙基-4-甲基苯胺

化学品英文名　N,N-diethyl-p-toluidine;4-(Diethylamino)toluene

分子式　$C_{11}H_{17}N$　**分子量**　163.2594

结构式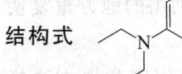

化学品的推荐及限制用途　用于有机合成

第二部分　危险性概述

紧急情况概述　吞咽有害,造成皮肤刺激,造成严重眼刺激

GHS 危险性类别　急性毒性-经口,类别4;皮肤腐蚀/刺激,类别2;严重眼损伤/眼刺激,类别2

标签要素

象形图

警示词　警告

危险性说明　吞咽有害,造成皮肤刺激,造成严重眼刺激。

防范说明

预防措施　避免接触眼睛、皮肤,操作后彻底清洗。作业场所不得进食、饮水或吸烟。戴防护手套、防护眼镜、防护面罩

事故响应　皮肤接触:用大量肥皂水和水清洗,脱

去被污染的衣服,衣服经洗净后方可重新使用。如发生皮肤刺激,就医。如接触眼睛:用水细心冲洗数分钟。如戴隐形眼镜并可方便地取出,取出隐形眼镜,继续冲洗。如果眼睛刺激持续,就医。食入:如果感觉不适,立即呼叫中毒控制中心或就医,漱口

安全储存　—

废弃处置　本品及内装物、容器依据国家和地方法规处置

物理和化学危险　可燃,其蒸气与空气混合,能形成爆炸性混合物

健康危害　苯的氨基化合物为高铁血红蛋白形成剂,引起紫绀。本品受热能分解出有毒气体

环境危害　对环境可能有害

第三部分　成分/组成信息

√ 物质　　　　　　　　　混合物

组分	浓度	CAS No.
N,N-二乙基对甲基苯胺		613-48-9

第四部分　急救措施

吸入　迅速脱离现场至空气新鲜处。保持呼吸道通畅。如呼吸困难,给输氧。如呼吸、心跳停止,立即进行心肺复苏术。就医

皮肤接触　立即脱去污染衣着,用肥皂水或清水彻底冲洗。就医

眼睛接触　分开眼睑,用清水或生理盐水冲洗。就医

食入　漱口,饮水。就医

对保护施救者的忠告　根据需要使用个人防护设备

对医生的特别提示　高铁血红蛋白血症,可用亚甲蓝和维生素 C 治疗

第五部分　消防措施

灭火剂　用雾状水、泡沫、干粉、二氧化碳、砂土灭火

特别危险性　遇明火能燃烧。受热分解放出有毒气体

灭火注意事项及防护措施　消防人员必须佩戴防毒面具、穿全身消防服,在上风向灭火。尽可能将容器从火场移至空旷处。喷水保持火场容器冷却,直至灭火结束。处在火场中的容器若已变色或从安全泄压装置中发出声音,必须马上撤离

第六部分　泄漏应急处理

作业人员防护措施、防护装备和应急处置程序　根据液体流动和蒸气扩散的影响区域划定警戒区,无关人员从侧风向、上风向撤离至安全区。消除所有点火源。建议应急处理人员戴正压自给式呼吸器,穿防毒服。穿上适当的防护服前严禁接触破裂的容器和泄漏物。尽可能切断泄漏源

环境保护措施　防止泄漏物进入水体、下水道、地下室或有限空间

泄漏化学品的收容、清除方法及所使用的处置材料　小量泄漏:用干燥的砂土或其他不燃材料吸收或覆盖,收集于容器中。大量泄漏:构筑围堤或挖坑收容。用泵

转移至槽车或专用收集器内

第七部分　操作处置与储存

操作注意事项　密闭操作，提供充分的局部排风。操作人员必须经过专门培训，严格遵守操作规程。建议操作人员佩戴过滤式防毒面具（半面罩），戴化学安全防护眼镜，穿防毒物渗透工作服，戴橡胶耐油手套。远离火种、热源，工作场所严禁吸烟。使用防爆型的通风系统和设备。防止蒸气泄漏到工作场所空气中。避免与氧化剂、酸类、碱类接触。搬运时要轻装轻卸，防止包装及容器损坏。配备相应品种和数量的消防器材及泄漏应急处理设备。倒空的容器可能残留有害物

储存注意事项　储存于阴凉、通风的库房。远离火种、热源。应与氧化剂、酸类、碱类、食用化学品分开存放，切忌混储。配备相应品种和数量的消防器材。储区应备有泄漏应急处理设备和合适的收容材料

第八部分　接触控制/个体防护

职业接触限值
　中国　未制定标准
　美国（ACGIH）　未制定标准
生物接触限值　未制定标准
监测方法　空气中有毒物质测定方法：未制定标准。生物监测检验方法：未制定标准
工程控制　密闭操作，注意通风
个体防护装备
　呼吸系统防护　空气中浓度较高时，应该佩戴过滤式防毒面具（半面罩）。紧急事态抢救或逃生时，建议佩戴空气呼吸器
　眼睛防护　戴化学安全防护眼镜
　皮肤和身体防护　穿防毒物渗透工作服
　手防护　戴橡胶耐油手套

第九部分　理化特性

外观与性状　无色液体
pH 值　无资料　　　**熔点（℃）**　无资料
沸点（℃）　229(102.67kPa)　**相对密度（水＝1）**　0.92
相对蒸气密度（空气＝1）　无资料
饱和蒸气压（kPa）　无资料
临界压力（MPa）　无资料　**辛醇/水分配系数**　无资料
闪点（℃）　102　　　**自燃温度（℃）**　无资料
爆炸下限（%）　无资料　**爆炸上限（%）**　无资料
分解温度（℃）　无资料　**黏度（mPa·s）**　无资料
燃烧热（kJ/mol）　无资料　**临界温度（℃）**　无资料
溶解性　微溶于水，溶于乙醇、乙醚

第十部分　稳定性和反应性

稳定性　稳定
危险反应　与强氧化剂、强酸、强碱等禁配物发生反应
避免接触的条件　受热
禁配物　强氧化剂、强酸、强碱
危险的分解产物　氮氧化物

第十一部分　毒理学信息

急性毒性　无资料
皮肤刺激或腐蚀　无资料　　**眼睛刺激或腐蚀**　无资料
呼吸或皮肤过敏　无资料　　**生殖细胞突变性**　无资料
致癌性　无资料　　　　　　**生殖毒性**　无资料
特异性靶器官系统毒性-一次接触　无资料
特异性靶器官系统毒性-反复接触　无资料
吸入危害　无资料

第十二部分　生态学信息

生态毒性　无资料
持久性和降解性
　生物降解性　无资料
　非生物降解性　无资料
潜在的生物累积性　无资料
土壤中的迁移性　无资料

第十三部分　废弃处置

废弃化学品　建议用焚烧法处置。焚烧炉排出的氮氧化物通过洗涤器除去
污染包装物　将容器返还生产商或按照国家和地方法规处置
废弃注意事项　处置前应参阅国家和地方有关法规

第十四部分　运输信息

联合国危险货物编号（UN 号）　—
联合国运输名称　—　**联合国危险性类别**　—
包装类别　—　　　　**包装标志**　—
海洋污染物　否
运输注意事项　运输前应先检查包装容器是否完整、密封，运输过程中要确保容器不泄漏、不倒塌、不坠落、不损坏。严禁与酸类、氧化剂、食品及食品添加剂混运。运输时运输车辆应配备相应品种和数量的消防器材及泄漏应急处理设备。运输途中应防暴晒、雨淋，防高温。公路运输时要按规定路线行驶

第十五部分　法规信息

　下列法律、法规、规章和标准，对该化学品的管理作了相应的规定。
中华人民共和国职业病防治法　职业病分类和目录：苯的氨基及硝基化合物中毒
危险化学品安全管理条例　危险化学品目录：列入。易制爆危险化学品名录：未列入。重点监管的危险化学品名录：未列入。GB 18218—2009《危险化学品重大危险源辨识》（表1）：未列入
使用有毒物品作业场所劳动保护条例　高毒物品目录：未列入
易制毒化学品管理条例　易制毒化学品的分类和品种目录：未列入
国际公约　斯德哥尔摩公约：未列入。鹿特丹公约：未列

入。蒙特利尔议定书：未列入

第十六部分　其他信息

编写和修订信息　　缩略语和首字母缩写
培训建议　　　　　参考文献
免责声明

二乙基二氯硅烷

第一部分　化学品标识

化学品中文名　二乙基二氯硅烷；二氯二乙基硅烷
化学品英文名　diethyldichlorosilane；dichlorodiethylsilane
分子式　$C_4H_{10}Cl_2Si$　分子量　157.114
结构式　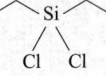
化学品的推荐及限制用途　用作制造硅铜的中间体

第二部分　危险性概述

紧急情况概述　高度易燃液体和蒸气，吞咽有害，造成严重的皮肤灼伤和眼损伤
GHS 危险性类别　易燃液体，类别 2；急性毒性-经口，类别 4；皮肤腐蚀/刺激，类别 1；严重眼损伤/眼刺激，类别 1
标签要素

象形图　

警示词　危险
危险性说明　高度易燃液体和蒸气，吞咽有害，造成严重的皮肤灼伤和眼损伤
防范说明
　　预防措施　远离热源、火花、明火、热表面。保持容器密闭。容器和接收设备接地连接。使用防爆型电器、通风、照明设备。只能使用不产生火花的工具。采取防止静电措施。避免接触眼睛、皮肤，操作后彻底清洗。作业场所不得进食、饮水或吸烟。避免吸入烟雾。戴防护手套，穿防护服，戴防护眼镜、防护面罩
　　事故响应　火灾时，使用干粉、二氧化碳、砂土灭火。如吸入：将患者转移到空气新鲜处，休息，保持利于呼吸的体位。如皮肤（或头发）接触：立即脱掉所有被污染的衣服，用水冲洗皮肤，淋浴。污染的衣服必须洗净后方可重新使用。眼睛接触：用水细心地冲洗数分钟。如戴隐形眼镜并可方便地取出，则取出隐形眼镜，继续冲洗。食入：漱口，不要催吐。如果感觉不适，立即呼叫中毒控制中心或就医
　　安全储存　存放在通风良好的地方。保持低温。上锁保管
　　废弃处置　本品及内装物、容器依据国家和地方法规处置
物理和化学危险　易燃，其蒸气与空气混合，能形成爆炸

性混合物。遇水产生刺激性气体
健康危害　对眼睛、皮肤、黏膜和上呼吸道有强烈刺激作用。接触可引起头痛、恶心、呕吐、烧灼感、喉炎、气短等，甚至发生化学性肺炎、肺水肿。眼和皮肤接触可引起灼伤
环境危害　对环境可能有害

第三部分　成分/组成信息

√　物质　　　　　　　　混合物

组分	浓度	CAS No.
二乙基二氯硅烷		1719-53-5

第四部分　急救措施

吸入　迅速脱离现场至空气新鲜处。保持呼吸道通畅。如呼吸困难，给输氧。如呼吸、心跳停止，立即进行心肺复苏术。就医
皮肤接触　立即脱去污染的衣着，用大量流动清水彻底冲洗至少 15min。就医
眼睛接触　立即分开眼睑，用流动清水或生理盐水彻底冲洗 5～10min。就医
食入　用水漱口，禁止催吐。给饮牛奶或蛋清。就医
对保护施救者的忠告　根据需要使用个人防护设备
对医生的特别提示　对症处理

第五部分　消防措施

灭火剂　用干粉、二氧化碳、砂土灭火
特别危险性　其蒸气与空气可形成爆炸性混合物，遇明火、高热能引起燃烧爆炸。与氧化剂可发生反应。吸潮或遇水会产生大量的腐蚀性烟雾。受高热分解放出有毒的气体。蒸气比空气重，沿地面扩散并易积存于低洼处，遇火源会着火回燃。遇潮时对大多数金属有腐蚀性。若遇高热，容器内压增大，有开裂和爆炸的危险
灭火注意事项及防护措施　消防人员必须佩戴空气呼吸器、穿全身防火防毒服，在上风向灭火。尽可能将容器从火场移至空旷处。喷水保持火场容器冷却，直至灭火结束。处在火场中的容器若已变色或从安全泄压装置中发出声音，必须马上撤离。禁止用水和泡沫灭火

第六部分　泄漏应急处理

作业人员防护措施、防护装备和应急处置程序　消除所有点火源。根据液体流动和蒸气扩散的影响区域划定警戒区，无关人员从侧风向、上风向撤离至安全区。建议应急处理人员戴正压自给式呼吸器，穿防静电、防腐、防毒服。作业时使用的所有设备应接地。穿上适当的防护服前严禁接触破裂的容器和泄漏物。尽可能切断泄漏源
环境保护措施　防止泄漏物进入水体、下水道、地下室或有限空间
泄漏化学品的收容、清除方法及所使用的处置材料　严禁用水处理。小量泄漏：用干燥的砂土或其他不燃材料覆盖泄漏物。大量泄漏：构筑围堤或挖坑收容。

用碎石灰石（CaCO₃）、苏打灰（Na₂CO₃）或石灰（CaO）中和。用防爆、耐腐蚀泵转移至槽车或专用收集器内

第七部分　操作处置与储存

操作注意事项　密闭操作，提供充分的局部排风。防止蒸气泄漏到工作场所空气中。操作人员必须经过专门培训，严格遵守操作规程。建议操作人员佩戴自吸过滤式防毒面具（全面罩），穿橡胶耐酸碱服，戴橡胶耐酸碱手套。远离火种、热源，工作场所严禁吸烟。使用防爆型的通风系统和设备。在清除液体和蒸气前不能进行焊接、切割等作业。避免产生烟雾。避免与氧化剂接触。尤其要注意避免与水接触。配备相应品种和数量的消防器材及泄漏应急处理设备。倒空的容器可能残留有害物

储存注意事项　储存于阴凉、干燥、通风良好的库房。远离火种、热源。防止阳光直射。保持容器密封。应与氧化剂分开存放，切忌混储。采用防爆型照明、通风设施。禁止使用易产生火花的机械设备和工具。储区应备有泄漏应急处理设备和合适的收容材料

第八部分　接触控制/个体防护

职业接触限值
　　中国　未制定标准
　　美国（ACGIH）　未制定标准
生物接触限值　未制定标准
监测方法　空气中有毒物质测定方法：未制定标准。生物监测检验方法：未制定标准
工程控制　严加密闭，提供充分的局部排风
个体防护装备
　　呼吸系统防护　空气中浓度超标时，必须佩戴过滤式防毒面具（全面罩）。紧急事态抢救或撤离时，应该佩戴空气呼吸器
　　眼睛防护　呼吸系统防护中已作防护
　　皮肤和身体防护　穿橡胶耐酸碱服
　　手防护　戴橡胶耐酸碱手套

第九部分　理化特性

外观与性状　无色液体，极易水解
pH 值　无资料　　　　**熔点（℃）**　−96
沸点（℃）　128～129
相对密度（水＝1）　1.053(25℃)
相对蒸气密度（空气＝1）　5.41
饱和蒸气压（kPa）　无资料
临界压力（MPa）　无资料　**辛醇/水分配系数**　无资料
闪点（℃）　28.33　　　**自燃温度（℃）**　295
爆炸下限（%）　1.13　　**爆炸上限（%）**　无资料
分解温度（℃）　无资料　**黏度（mPa·s）**　无资料
燃烧热（kJ/mol）　无资料　**临界温度（℃）**　无资料
溶解性　溶于醚、石油醚、苯

第十部分　稳定性和反应性

稳定性　稳定

危险反应　与强氧化剂等禁配物接触，有发生火灾和爆炸的危险。吸潮或遇水会产生大量的腐蚀性烟雾
避免接触的条件　潮湿空气
禁配物　强氧化剂
危险的分解产物　氯化氢、氧化硅

第十一部分　毒理学信息

急性毒性　LDLo：1000mg/kg（大鼠经口）
皮肤刺激或腐蚀　无资料　**眼睛刺激或腐蚀**　无资料
呼吸或皮肤过敏　无资料　**生殖细胞突变性**　无资料
致癌性　无资料　　　　　**生殖毒性**　无资料
特异性靶器官系统毒性-一次接触　无资料
特异性靶器官系统毒性-反复接触　无资料
吸入危害　无资料

第十二部分　生态学信息

生态毒性　无资料
持久性和降解性
　　生物降解性　无资料
　　非生物降解性　无资料
潜在的生物累积性　无资料
土壤中的迁移性　无资料

第十三部分　废弃处置

废弃化学品　建议用焚烧法处置。在能利用的地方重复使用容器或在规定场所掩埋
污染包装物　将容器返还生产商或按照国家和地方法规处置
废弃注意事项　处置前应参阅国家和地方有关法规

第十四部分　运输信息

联合国危险货物编号（UN 号）　1767
联合国运输名称　二乙基二氯硅烷
联合国危险性类别　8，3
包装类别　Ⅱ

包装标志　

海洋污染物　否
运输注意事项　起运时包装要完整，装载应稳妥。运输过程中要确保容器不泄漏、不倒塌、不坠落、不损坏。运输时所用的槽（罐）车应有接地链，槽内可设孔隔板以减少震荡产生的静电。严禁与氧化剂、食用化学品等混装混运。公路运输时要按规定路线行驶，勿在居民区和人口稠密区停留

第十五部分　法规信息

　　下列法律、法规、规章和标准，对该化学品的管理作了相应的规定。
中华人民共和国职业病防治法　职业病分类和目录：未列入
危险化学品安全管理条例　危险化学品目录：列入。易制

爆危险化学品名录：未列入。重点监管的危险化学品名录：未列入。GB 18218—2009《危险化学品重大危险源辨识》（表1）：未列入

使用有毒物品作业场所劳动保护条例 高毒物品目录：未列入

易制毒化学品管理条例 易制毒化学品的分类和品种目录：未列入

国际公约 斯德哥尔摩公约：未列入。鹿特丹公约：未列入。蒙特利尔议定书：未列入

第十六部分　其他信息

编写和修订信息　缩略语和首字母缩写
培训建议　参考文献
免责声明

二乙基汞

第一部分　化学品标识

化学品中文名 二乙基汞；二乙汞
化学品英文名 diethyl mercury
分子式 $C_4H_{10}Hg$　**分子量** 258.71
结构式
化学品的推荐及限制用途 用于有机合成

第二部分　危险性概述

紧急情况概述 吞咽致命，皮肤接触会致命，吸入致命

GHS危险性类别 急性毒性-经口，类别2；急性毒性-经皮，类别1；急性毒性-吸入，类别2；特异性靶器官毒性-反复接触，类别2；危害水生环境-急性危害，类别1；危害水生环境-长期危害，类别1

标签要素

象形图

警示词 危险

危险性说明 吞咽致命，皮肤接触会致命，吸入致命，长时间或反复接触可能对器官造成损伤，对水生物毒性非常大并具有长期持续影响

防范说明

预防措施　避免接触眼睛、皮肤、皮肤或衣服，操作后彻底清洗。作业场所不得进食、饮水或吸烟。戴防护手套、穿防护服。避免吸入蒸气、雾。仅在室外或通风良好处操作。戴呼吸防护器具。禁止排入环境

事故响应　如吸入：将患者转移到空气新鲜处，休息，保持利于呼吸的体位。皮肤接触：用大量肥皂水和水轻轻地清洗，立即脱去所有被污染的衣服。被污染的衣服必须经洗净后方可重新使用。食入：立即呼叫中毒控制中心或就医，漱口。如感觉不适，就医。收集泄漏物

安全储存　在通风良好处储存。保持容器密闭。上锁保管

废弃处置　本品及内装物、容器依据国家和地方法规处置

物理和化学危险 可燃，其蒸气与空气混合，能形成爆炸性混合物

健康危害 本品属有机汞。有机汞系亲脂性毒物，主要侵犯神经系统。有机汞中毒的主要表现有：无论经任何途径侵入，均可发生口腔炎，口服引起急性胃肠炎；神经精神症状有神经衰弱综合征、精神障碍、昏迷、瘫痪、震颤、共济失调、向心性视野缩小等；可发生肾脏损害；可致皮肤损害

环境危害 对水生生物毒性非常大并具有长期持续影响

第三部分　成分/组成信息

√ 物质　　　　　　　　混合物

组分	浓度	CAS No.
二乙基汞		627-44-1

第四部分　急救措施

吸入 迅速脱离现场至空气新鲜处。保持呼吸道通畅。如呼吸困难，给输氧。如呼吸、心跳停止，立即进行心肺复苏术。就医

皮肤接触 立即脱去污染的衣着，用流动清水彻底冲洗。就医

眼睛接触 立即分开眼睑，用流动清水或生理盐水彻底冲洗。就医

食入 饮适量温水，催吐（仅限于清醒者）。就医

对保护施救者的忠告 根据需要使用个人防护设备

对医生的特别提示 解毒剂：二巯基丙磺酸钠、二巯基丁二酸钠、青霉胺

第五部分　消防措施

灭火剂 用雾状水、泡沫、干粉、二氧化碳、砂土灭火

特别危险性 遇明火能燃烧。与氧化剂可发生反应。受热分解或接触酸或酸雾能发出有毒汞蒸气

灭火注意事项及防护措施 消防人员必须佩戴空气呼吸器、穿全身防火防毒服，在上风向灭火。尽可能将容器从火场移至空旷处。喷水保持火场容器冷却，直至灭火结束。处在火场中的容器若已变色或从安全泄压装置中发出声音，必须马上撤离

第六部分　泄漏应急处理

作业人员防护措施、防护装备和应急处置程序 根据液体流动和蒸气扩散的影响区域划定警戒区，无关人员从侧风向、上风向撤离至安全区。消除所有点火源。建议应急处理人员戴正压自给式呼吸器，穿防毒、防静电服。穿上适当的防护服前严禁接触破裂的容器和泄漏物。尽可能切断泄漏源

环境保护措施 防止泄漏物进入水体、下水道、地下室或有限空间

泄漏化学品的收容、清除方法及所使用的处置材料 小量泄漏：用干燥的砂土或其他不燃材料吸收或覆盖，收集于容器中。大量泄漏：构筑围堤或挖坑收容。用防

爆泵转移至槽车或专用收集器内

第七部分　操作处置与储存

操作注意事项　密闭操作，提供充分的局部排风。操作尽可能机械化、自动化。操作人员必须经过专门培训，严格遵守操作规程。建议操作人员佩戴自吸过滤式防毒面具（全面罩），穿胶布防毒衣，戴橡胶手套。远离火种、热源，工作场所严禁吸烟。使用防爆型的通风系统和设备。防止蒸气泄漏到工作场所空气中。避免与氧化剂、酸类、卤素接触。搬运时要轻装轻卸，防止包装及容器损坏。配备相应品种和数量的消防器材及泄漏应急处理设备。倒空的容器可能残留有害物

储存注意事项　储存于阴凉、通风良好的专用库房内，实行"双人收发、双人保管"制度。远离火种、热源。应与氧化剂、酸类、卤素、食用化学品分开存放，切忌混储。配备相应品种和数量的消防器材。储区应备有泄漏应急处理设备和合适的收容材料

第八部分　接触控制/个体防护

职业接触限值
　中国　PC-TWA：$0.01mg/m^3$；PC-STEL：$0.03mg/m^3$［按Hg计］［皮］
　美国（ACGIH）　TLV-TWA：$0.01mg/m^3$；TLV-STEL：$0.03mg/m^3$［按Hg计］［皮］
生物接触限值　未制定标准
监测方法　空气中有毒物质测定方法：原子荧光光谱法；冷原子吸收光谱法。生物监测检验方法：未制定标准
工程控制　严加密闭，提供充分的局部排风。提供安全淋浴和洗眼设备
个体防护装备
　呼吸系统防护　空气中浓度超标时，必须佩戴过滤式防毒面具（全面罩）。紧急事态抢救或撤离时，应该佩戴空气呼吸器
　眼睛防护　呼吸系统防护中已作防护
　皮肤和身体防护　穿密闭型防毒服
　手防护　戴橡胶手套

第九部分　理化特性

外观与性状　无色液体，有刺激气味

pH值　无资料	**熔点（℃）**　无资料
沸点（℃）　159	**相对密度（水＝1）**　2.47
相对蒸气密度（空气＝1）　无资料	
饱和蒸气压（kPa）　无资料	
临界压力（MPa）　无资料	**辛醇/水分配系数**　无资料
闪点（℃）　47	**自燃温度（℃）**　无资料
爆炸下限（%）　无资料	**爆炸上限（%）**　无资料
分解温度（℃）　无资料	**黏度（mPa·s）**　无资料
燃烧热（kJ/mol）　无资料	**临界温度（℃）**　无资料

溶解性　不溶于水，微溶于乙醇，易溶于乙醚

第十部分　稳定性和反应性

稳定性　稳定

危险反应　与强氧化剂、强酸、卤素等禁配物发生反应。受热分解或接触酸或酸雾能发出有毒汞蒸气
避免接触的条件　受热
禁配物　强氧化剂、强酸、卤素
危险的分解产物　氧化汞

第十一部分　毒理学信息

急性毒性　LD_{50}：51mg/kg（大鼠经口）；44mg/kg（小鼠经口）。LC_{50}：258mg/m³（大鼠吸入）
皮肤刺激或腐蚀　无资料　　**眼睛刺激或腐蚀**　无资料
呼吸或皮肤过敏　无资料
生殖细胞突变性　显性致死试验：大鼠吸入 $6\mu g/m^3$（24h）。细胞遗传学分析：仓鼠卵巢 40mg/L
致癌性　无资料　　　**生殖毒性**　无资料
特异性靶器官系统毒性-一次接触　无资料
特异性靶器官系统毒性-反复接触　无资料
吸入危害　无资料

第十二部分　生态学信息

生态毒性　含汞化合物对水生生物有极高毒性
持久性和降解性
　生物降解性　无资料
　非生物降解性　无资料
潜在的生物累积性　元素汞易在生物体内富集
土壤中的迁移性　无资料

第十三部分　废弃处置

废弃化学品　建议用焚烧法处置
污染包装物　将容器返还生产商或按照国家和地方法规处置
废弃注意事项　处置前应参阅国家和地方有关法规

第十四部分　运输信息

联合国危险货物编号（UN号）　2024
联合国运输名称　液态汞化合物，未另作规定的（二乙基汞）
联合国危险性类别　6.1

包装类别　Ⅰ　　　　**包装标志**

海洋污染物　是
运输注意事项　运输前应先检查包装容器是否完整、密封，运输过程中要确保容器不泄漏、不倒塌、不坠落、不损坏。严禁与酸类、氧化剂、食品及食品添加剂混运。运输时运输车辆应配备相应品种和数量的消防器材及泄漏应急处理设备。运输途中应防暴晒、雨淋，防高温。公路运输时要按规定路线行驶，勿在居民区和人口稠密区停留

第十五部分　法规信息

　下列法律、法规、规章和标准，对该化学品的管理作了相应的规定。
中华人民共和国职业病防治法　职业病分类和目录：汞及

其化合物中毒

危险化学品安全管理条例　危险化学品目录：列入。作为剧毒化学品进行管理。易制爆危险化学品名录：未列入。重点监管的危险化学品名录：未列入。GB 18218—2009《危险化学品重大危险源辨识》（表 1）：未列入

使用有毒物品作业场所劳动保护条例　高毒物品目录：未列入

易制毒化学品管理条例　易制毒化学品的分类和品种目录：未列入

国际公约　斯德哥尔摩公约：未列入。鹿特丹公约：未列入。蒙特利尔议定书：未列入

第十六部分　其他信息

编写和修订信息　　缩略语和首字母缩写
培训建议　　　　　参考文献
免责声明

二（2-乙基己基）磷酸酯

第一部分　化学品标识

化学品中文名　二（2-乙基己基）磷酸酯；磷酸二（2-乙基己）酯；P204 磷酸酯

化学品英文名　bis（2-ethylhexyl）hydrogen phosphate；bis（2-ethylhexyl）phosphoric acid

分子式　$C_{16}H_{35}O_4P$　　**分子量**　322.4205

结构式

化学品的推荐及限制用途　用作有机溶剂，萃取剂，有机合成中间体

第二部分　危险性概述

紧急情况概述　吞咽可能有害，皮肤接触有害

GHS 危险性类别　急性毒性-经口，类别 5；急性毒性-经皮，类别 4；危害水生环境-急性危害，类别 3；危害水生环境-长期危害，类别 3

标签要素

象形图　

警示词　警告

危险性说明　吞咽可能有害，皮肤接触有害，对水生生物有害并具有长期持续影响

防范说明

预防措施　戴防护手套、穿防护服。禁止排入环境

事故响应　如果感觉不适，呼叫中毒控制中心或就医。皮肤接触：用大量肥皂水和水清洗。被污染的衣服必须经洗净后方可重新使用

安全储存　—

废弃处置　本品及内装物、容器依据国家和地方法规处置

物理和化学危险　可燃

健康危害　摄入、吸入或经皮肤吸收后对身体有害。对眼睛、皮肤、黏膜和上呼吸道有强烈刺激作用。可引起眼和皮肤灼伤

环境危害　对水生生物有害并具有长期持续影响

第三部分　成分/组成信息

√ 物质		混合物
组分	浓度	CAS No.
二（2-乙基己基）磷酸酯		298-07-7

第四部分　急救措施

吸入　迅速脱离现场至空气新鲜处。保持呼吸道通畅。如呼吸困难，给输氧。如呼吸、心跳停止，立即进行心肺复苏术。就医

皮肤接触　立即脱去污染的衣着，用大量流动清水彻底冲洗至少 15min。就医

眼睛接触　立即分开眼睑，用流动清水或生理盐水彻底冲洗 5～10min。就医

食入　用水漱口，禁止催吐。给饮牛奶或蛋清。就医

对保护施救者的忠告　根据需要使用个人防护设备

对医生的特别提示　对症处理

第五部分　消防措施

灭火剂　用雾状水、泡沫、干粉、二氧化碳、砂土灭火

特别危险性　遇明火、高热可燃。与氧化剂可发生反应。受高热分解放出有毒的气体

灭火注意事项及防护措施　消防人员必须佩戴空气呼吸器、穿全身防火防毒服，在上风向灭火。尽可能将容器从火场移至空旷处。喷水保持火场容器冷却，直至灭火结束。处在火场中的容器若已变色或从安全泄压装置中发出声音，必须马上撤离

第六部分　泄漏应急处理

作业人员防护措施、防护装备和应急处置程序　根据液体流动和蒸气扩散的影响区域划定警戒区，无关人员从侧风向、上风向撤离至安全区。消除所有点火源。建议应急处理人员戴正压自给式呼吸器，穿防毒服。穿上适当的防护服前严禁接触破裂的容器和泄漏物。尽可能切断泄漏源

环境保护措施　防止泄漏物进入水体、下水道、地下室或有限空间

泄漏化学品的收容、清除方法及所使用的处置材料　小量泄漏：用干燥的砂土或其他不燃材料吸收或覆盖，收集于容器中。大量泄漏：构筑围堤或挖坑收容。用碳酸氢钠（$NaHCO_3$）或石灰（CaO）溶液中和。用泵转移至槽车或专用收集器内

第七部分　操作处置与储存

操作注意事项　密闭操作，提供充分的局部排风。防止蒸气泄漏到工作场所空气中。操作人员必须经过专门培训，严格遵守操作规程。建议操作人员佩戴自吸过滤式防毒面具（全面罩），穿胶布防毒衣，戴橡胶手套。

远离火种、热源，工作场所严禁吸烟。使用防爆型的通风系统和设备。在清除液体和蒸气前不能进行焊接、切割等作业。避免产生烟雾。避免与氧化剂、碱类接触。配备相应品种和数量的消防器材及泄漏应急处理设备。倒空的容器可能残留有害物

储存注意事项 储存于阴凉、通风的库房。远离火种、热源。防止阳光直射。保持容器密封。应与氧化剂、碱类分开存放，切忌混储。配备相应品种和数量的消防器材。储区应备有泄漏应急处理设备和合适的收容材料

第八部分 接触控制/个体防护

职业接触限值
中国 未制定标准
美国（ACGIH） 未制定标准
生物接触限值 未制定标准
监测方法 空气中有毒物质测定方法：未制定标准。生物监测检验方法：未制定标准
工程控制 严加密闭，提供充分的局部排风
个体防护装备
呼吸系统防护 空气中浓度超标时，必须佩戴过滤式防毒面具（全面罩）。紧急事态抢救或撤离时，应该佩戴空气呼吸器
眼睛防护 呼吸系统防护中已作防护
皮肤和身体防护 穿密闭型防毒服
手防护 戴橡胶手套

第九部分 理化特性

外观与性状 无色透明较黏稠液体
pH 值 无资料   **熔点(℃)** −60
沸点(℃) 无资料
相对密度(水＝1) 0.973(25℃)
相对蒸气密度(空气＝1) 无资料
饱和蒸气压(kPa) 无资料
临界压力(MPa) 无资料   **辛醇/水分配系数** 无资料
闪点(℃) 196   **自燃温度(℃)** 无资料
爆炸下限(%) 无资料   **爆炸上限(%)** 无资料
分解温度(℃) 无资料
黏度(mPa·s) 47.320 (21℃)
燃烧热(kJ/mol) −10472.2 **临界温度(℃)** 无资料
溶解性 不溶于水，溶于乙醇、甲苯、己烷

第十部分 稳定性和反应性

稳定性 稳定
危险反应 与强氧化剂、强碱等禁配物发生反应
避免接触的条件 无资料
禁配物 强氧化剂、强碱
危险的分解产物 氧化磷

第十一部分 毒理学信息

急性毒性 LD_{50}：4940mg/kg（大鼠经口）；1250mg/kg（兔经皮）
皮肤刺激或腐蚀 家兔经皮：5mg（24h），重度刺激

眼睛刺激或腐蚀 家兔经眼：250μg（24h），重度刺激
呼吸或皮肤过敏 无资料   **生殖细胞突变性** 无资料
致癌性 无资料   **生殖毒性** 无资料
特异性靶器官系统毒性-一次接触 无资料
特异性靶器官系统毒性-反复接触 无资料
吸入危害 无资料

第十二部分 生态学信息

生态毒性 LC_{50}：30mg/L（96h）（虹鳟）。EC_{50}：15mg/L（48h）（大型溞，OECD 202）。NOEC：20.6mg/L（48d）（虹鳟）
持久性和降解性
生物降解性 不易快速生物降解
非生物降解性 无资料
潜在的生物累积性 根据 K_{ow} 值预测，该物质的生物累积性可能较弱
土壤中的迁移性 根据 K_{oc} 值预测，该物质可能有一定的迁移性

第十三部分 废弃处置

废弃化学品 若可能，重复使用容器或在规定场所掩埋
污染包装物 将容器返还生产商或按照国家和地方法规处置
废弃注意事项 处置前应参阅国家和地方有关法规

第十四部分 运输信息

联合国危险货物编号（UN 号） 1902
联合国运输名称 酸式磷酸二异辛酯
联合国危险性类别 8

包装类别 Ⅲ   **包装标志**

海洋污染物 否
运输注意事项 运输前应先检查包装容器是否完整、密封，运输过程中要确保容器不泄漏、不倒塌、不坠落、不损坏。严禁与酸类、氧化剂、食品及食品添加剂混运。运输时运输车辆应配备相应品种和数量的消防器材及泄漏应急处理设备。运输途中应防暴晒、雨淋，防高温。公路运输时要按规定路线行驶，勿在居民区和人口稠密区停留

第十五部分 法规信息

下列法律、法规、规章和标准，对该化学品的管理作了相应的规定。
中华人民共和国职业病防治法 职业病分类和目录：未列入
危险化学品安全管理条例 危险化学品目录：列入。易制爆危险化学品名录：未列入。重点监管的危险化学品名录：未列入。GB 18218—2009《危险化学品重大危险源辨识》（表1）：未列入
使用有毒物品作业场所劳动保护条例 高毒物品目录：未列入

易制毒化学品管理条例　易制毒化学品的分类和品种目录：未列入

国际公约　斯德哥尔摩公约：未列入。鹿特丹公约：未列入。蒙特利尔议定书：未列入

第十六部分　其他信息

编写和修订信息　　　缩略语和首字母缩写
培训建议　　　　　　参考文献
免责声明

O,O'-二乙基硫代磷酰氯

第一部分　化学品标识

化学品中文名　O,O'-二乙基硫代磷酰氯；二乙基硫代磷酰氯

化学品英文名　O,O'-diethylthiophosphoryl chloride; di-ethyl chlorothiophosphate

分子式　$C_4H_{10}ClO_2PS$　**分子量**　188.613

结构式

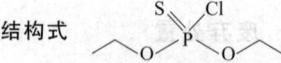

化学品的推荐及限制用途　用于合成农药

第二部分　危险性概述

紧急情况概述　吞咽有害，皮肤接触会中毒，吸入致命，造成严重的皮肤灼伤和眼损伤

GHS危险性类别　急性毒性-经口，类别4；急性毒性-经皮，类别3；急性毒性-吸入，类别2；皮肤腐蚀/刺激，类别1B；严重眼损伤/眼刺激，类别1；危害水生环境-急性危害，类别2；危害水生环境-长期危害，类别2

标签要素

象形图

警示词　危险

危险性说明　吞咽有害，皮肤接触会中毒，吸入致命，造成严重的皮肤灼伤和眼损伤，对水生生物有毒并具有长期持续影响

防范说明

预防措施　避免接触眼睛、皮肤，操作后彻底清洗。作业场所不得进食、饮水或吸烟。避免吸入蒸气、雾。仅在室外或通风良好处操作。戴呼吸防护器具。戴防护手套，穿防护服，戴防护眼镜、防护面罩。禁止排入环境

事故响应　如吸入：将患者转移到空气新鲜处，休息，保持利于呼吸的体位。皮肤接触：用大量肥皂水和水清洗，立即脱去所有被污染的衣服。被污染的衣服必须经洗净后方可重新使用。如感觉不适，呼叫中毒控制中心或就医。眼睛接触：用水细心地冲洗数分钟。如戴隐形眼镜并可方便地取出，则取出隐形眼镜，继续冲洗。食入：漱口，不要催吐，如果感觉不

适，立即呼叫中毒控制中心或就医。收集泄漏物

安全储存　在通风良好处储存。保持容器密闭。上锁保管

废弃处置　本品及内装物、容器依据国家和地方法规处置

物理和化学危险　可燃。遇水产生刺激性气体

健康危害　抑制体内胆碱酯酶活性，造成神经生理功能紊乱。急性中毒症状有头痛、头昏、乏力、食欲不振、恶心、呕吐、腹痛、腹泻、流涎、瞳孔缩小、呼吸道分泌物增多、多汗、肌束震颤等。重度中毒者出现肺水肿、昏迷、呼吸麻痹、脑水肿。血胆碱酯酶活性降低。眼和皮肤接触引起灼伤

环境危害　对水生生物有毒并具有长期持续影响

第三部分　成分/组成信息

√ 物质　　　　　　　　　　混合物

组分	浓度	CAS No.
O,O'-二乙基硫代磷酰氯		2524-04-1

第四部分　急救措施

吸入　迅速脱离现场至空气新鲜处。保持呼吸道通畅。如呼吸困难，给输氧。如呼吸、心跳停止，立即进行心肺复苏术。就医

皮肤接触　立即脱去污染的衣着，用大量流动清水彻底冲洗至少15min。就医

眼睛接触　立即分开眼睑，用流动清水或生理盐水彻底冲洗5～10min。就医

食入　用水漱口，禁止催吐。给饮牛奶或蛋清。就医

对保护施救者的忠告　根据需要使用个人防护设备

对医生的特别提示　解毒剂：阿托品、胆碱酯酶复能剂

第五部分　消防措施

灭火剂　用干粉、二氧化碳、砂土灭火

特别危险性　遇明火、高热可燃。撞击能引起爆炸。遇水反应产生有毒和腐蚀性的烟雾

灭火注意事项及防护措施　消防人员必须穿全身耐酸碱消防服。尽可能将容器从火场移至空旷处。处在火场中的容器若已变色或从安全泄压装置中发出声音，必须马上撤离。禁止用水、泡沫和酸碱灭火剂灭火

第六部分　泄漏应急处理

作业人员防护措施、防护装备和应急处置程序　根据液体流动和蒸气扩散的影响区域划定警戒区，无关人员从侧风向、上风向撤离至安全区。消除所有点火源。建议应急处理人员戴正压自给式呼吸器，穿防腐、防毒服。作业时使用的所有设备应接地。穿上适当的防护服前严禁接触破裂的容器和泄漏物。尽可能切断泄漏源

环境保护措施　防止泄漏物进入水体、下水道、地下室或有限空间

泄漏化学品的收容、清除方法及所使用的处置材料　严禁

用水处理。小量泄漏：用干燥的砂土或其他不燃材料覆盖泄漏物。大量泄漏：构筑围堤或挖坑收容。用耐腐蚀泵转移至槽车或专用收集器内

第七部分　操作处置与储存

操作注意事项　密闭操作，局部排风。操作尽可能机械化、自动化。操作人员必须经过专门培训，严格遵守操作规程。建议操作人员佩戴自吸过滤式防毒面具（全面罩），穿橡胶耐酸碱服，戴橡胶耐酸碱手套。远离火种、热源，工作场所严禁吸烟。使用防爆型的通风系统和设备。防止蒸气泄漏到工作场所空气中。避免与氧化剂、碱类接触。搬运时要轻装轻卸，防止包装及容器损坏。配备相应品种和数量的消防器材及泄漏应急处理设备。倒空的容器可能残留有害物

储存注意事项　储存于阴凉、干燥、通风的库房。远离火种、热源。保持容器密封。应与氧化剂、碱类、食用化学品分开存放，切忌混储。配备相应品种和数量的消防器材。储区应备有泄漏应急处理设备和合适的收容材料

第八部分　接触控制/个体防护

职业接触限值

中国　未制定标准

美国（ACGIH）　未制定标准

生物接触限值　全血胆碱酯酶活性（校正值）：原基础值或参考值的 70%（采样时间：开始接触后的 3 个月内），原基础值或参考值的 50%（采样时间：持续接触 3 个月后，任意时间）

监测方法　空气中有毒物质测定方法：未制定标准。生物监测检验方法：血中胆碱酯酶活性的分光光度测定方法——羟胺三氯化铁法；血中胆碱酯酶活性的分光光度测定方法——硫代乙酰胆碱-联硫代双硝基苯甲酸法

工程控制　密闭操作，局部排风。提供安全淋浴和洗眼设备

个体防护装备

呼吸系统防护　空气中浓度超标时，必须佩戴过滤式防毒面具（全面罩）。紧急事态抢救或撤离时，应该佩戴空气呼吸器

眼睛防护　呼吸系统防护中已作防护

皮肤和身体防护　穿橡胶耐酸碱服

手防护　戴橡胶耐酸碱手套

第九部分　理化特性

外观与性状　无色透明液体，有不愉快气味

pH 值　无资料　　　　　**熔点（℃）**　−75

沸点（℃）　85（1.33kPa）　**相对密度（水＝1）**　1.20

相对蒸气密度（空气＝1）　无资料

饱和蒸气压（kPa）　0.18(50℃)

临界压力（MPa）　无资料　**辛醇/水分配系数**　无资料

闪点（℃）　110　　　　**自燃温度（℃）**　无资料

爆炸下限（%）　无资料　**爆炸上限（%）**　无资料

分解温度（℃）　无资料　**黏度（mPa·s）**　无资料

燃烧热（kJ/mol）　无资料　**临界温度（℃）**　无资料

溶解性　不溶于水，易溶于苯、乙醚、脂肪等多数有机溶剂

第十部分　稳定性和反应性

稳定性　稳定

危险反应　与强氧化剂、水、强碱等禁配物发生反应。撞击能引起爆炸。遇水反应产生有毒和腐蚀性的烟雾

避免接触的条件　潮湿空气

禁配物　强氧化剂、水、强碱

危险的分解产物　一氧化氧化硫、氯化氢、氧化磷

第十一部分　毒理学信息

急性毒性　LD$_{50}$：1340mg/kg（大鼠经口）；800mg/kg（小鼠经口）；900mg/kg（兔经口）。LC$_{50}$：20ppm（大鼠吸入，4h）

急性毒性　无资料

皮肤刺激或腐蚀　无资料　**眼睛刺激或腐蚀**　无资料

呼吸或皮肤过敏　无资料　**生殖细胞突变性**　无资料

致癌性　无资料　　　　　**生殖毒性**　无资料

特异性靶器官系统毒性-一次接触　无资料

特异性靶器官系统毒性-反复接触　无资料

吸入危害　无资料

第十二部分　生态学信息

生态毒性

EC$_{50}$：5.2mg/L（48h）（大型溞，OECD 202）

持久性和降解性

生物降解性　不易快速生物降解

非生物降解性　无资料

潜在的生物累积性　无资料

土壤中的迁移性　无资料

第十三部分　废弃处置

废弃化学品　建议用焚烧法处置。与燃料混合后，再焚烧。焚烧炉排出的气体要通过洗涤器除去

污染包装物　将容器返还生产商或按照国家和地方法规处置

废弃注意事项　处置前应参阅国家和地方有关法规

第十四部分　运输信息

联合国危险货物编号（UN 号）　2751

联合国运输名称　二乙基硫代磷酰氯

联合国危险性类别　6.1

包装类别　Ⅱ　　　　　**包装标志**　

海洋污染物　否

运输注意事项　起运时包装要完整，装载应稳妥。运输过程中要确保容器不泄漏、不倒塌、不坠落、不损坏。严禁与氧化剂、碱类、食用化学品等混装混运。运输

时运输车辆应配备相应品种和数量的消防器材及泄漏应急处理设备。运输途中应防暴晒、雨淋，防高温。公路运输时要按规定路线行驶，勿在居民区和人口稠密区停留

第十五部分　法规信息

下列法律、法规、规章和标准，对该化学品的管理作了相应的规定。

中华人民共和国职业病防治法　职业病分类和目录：有机磷中毒

危险化学品安全管理条例　危险化学品目录：列入。易制爆危险化学品名录：未列入。重点监管的危险化学品名录：未列入。GB 18218—2009《危险化学品重大危险源辨识》（表1）：未列入

使用有毒物品作业场所劳动保护条例　高毒物品目录：未列入

易制毒化学品管理条例　易制毒化学品的分类和品种目录：未列入

国际公约　斯德哥尔摩公约：未列入。鹿特丹公约：未列入。蒙特利尔议定书：未列入

第十六部分　其他信息

编写和修订信息　　缩略语和首字母缩写
培训建议　　　　　参考文献
免责声明

二乙基镁

第一部分　化学品标识

化学品中文名　二乙基镁
化学品英文名　diethyl magnesium
分子式　$C_4H_{10}Mg$　**分子量**　82.428
结构式　Mg
化学品的推荐及限制用途　用于有机合成

第二部分　危险性概述

紧急情况概述　暴露在空气中自燃，遇水放出可自燃的易燃气体

GHS 危险性类别　自燃液体，类别1；遇水放出易燃气体的物质和混合物，类别1

标签要素

象形图

警示词　危险

危险性说明　暴露在空气中自燃，遇水放出可自燃的易燃气体

防范说明

预防措施　远离热源、火花、明火、热表面。禁止吸烟。不得与空气接触。戴防护手套、防护眼镜、防护面罩。因与水发生剧烈反应和可能发生暴燃，应避免与水接触。在惰性气体中操

作。防潮

事故响应　火灾时，使用干粉、砂土灭火。将接触部位浸入冷水中，用湿绷带包扎

安全储存　在干燥处和密闭的容器中储存

废弃处置　本品及内装物、容器依据国家和地方法规处置

物理和化学危险　接触空气易自燃

健康危害　误服过量二乙基镁可引起中毒，出现上腹痛、呕吐、腹泻、烦渴、紫绀等现象

环境危害　对环境可能有害

第三部分　成分/组成信息

√ 物质　　　　　　　　　混合物

组分	浓度	CAS No.
二乙基镁		557-18-6

第四部分　急救措施

吸入　迅速脱离现场至空气新鲜处。保持呼吸道通畅。如呼吸困难，给输氧。如呼吸、心跳停止，立即进行心肺复苏术。就医

皮肤接触　立即脱去污染的衣着，用流动清水彻底冲洗。就医

眼睛接触　立即分开眼睑，用流动清水或生理盐水彻底冲洗。就医

食入　漱口，饮水。就医

对保护施救者的忠告　根据需要使用个人防护设备

对医生的特别提示　对症处理

第五部分　消防措施

灭火剂　用干粉、砂土灭火

特别危险性　暴露在空气或二氧化碳中会自燃。与氧化剂能发生强烈反应。遇水、强氧化剂、酸类、醇类、卤素、胺类发生分解，放出易燃气体

灭火注意事项及防护措施　消防人员必须佩戴空气呼吸器、穿全身防火防毒服，在上风向灭火。尽可能将容器从火场移至空旷处。处在火场中的容器若已变色或从安全泄压装置中发出声音，必须马上撤离。严禁用水、泡沫、二氧化碳扑救

第六部分　泄漏应急处理

作业人员防护措施、防护装备和应急处置程序　根据液体流动和蒸气扩散的影响区域划定警戒区，无关人员从侧风向、上风向撤离至安全区。消除所有点火源。建议应急处理人员戴正压自给式呼吸器，穿防毒、防静电服。禁止接触或跨越泄漏物。尽可能切断泄漏源

环境保护措施　防止泄漏物进入水体、下水道、地下室或有限空间

泄漏化学品的收容、清除方法及所使用的处置材料　小量泄漏：用干燥的砂土或其他不燃材料覆盖泄漏物，用洁净的无火花工具收集泄漏物，置于一盖子较松的塑料容器中，待处置。大量泄漏：构筑围堤或挖坑收容。用防爆泵转移至槽车或专用收集器内

第七部分　操作处置与储存

操作注意事项　密闭操作，提供充分的局部排风。防止蒸气泄漏到工作场所空气中。操作人员必须经过专门培训，严格遵守操作规程。建议操作人员佩戴自吸过滤式防毒面具（全面罩），穿防静电工作服，戴橡胶手套。远离火种、热源，工作场所严禁吸烟。使用防爆型的通风系统和设备。在清除液体和蒸气前不能进行焊接、切割等作业。避免产生烟雾。避免与氧化剂、酸类、醇类、卤素、胺类接触。尤其要注意避免与水接触。在氮气中操作处置。配备相应品种和数量的消防器材及泄漏应急处理设备。倒空的容器可能残留有害物

储存注意事项　储存于阴凉、干燥、通风良好的专用库房内，远离火种、热源。防止阳光直射。库温不超过30℃，相对湿度不超过80%。保持容器密封，严禁与空气接触。应与氧化剂、酸类、醇类、卤素、胺类、食用化学品分开存放，切忌混储。采用防爆型照明、通风设施。禁止使用易产生火花的机械设备和工具。储区应备有泄漏应急处理设备和合适的收容材料

第八部分　接触控制/个体防护

职业接触限值
　中国　未制定标准
　美国（ACGIH）　未制定标准
生物接触限值　未制定标准
监测方法　空气中有毒物质测定方法：未制定标准。生物监测检验方法：未制定标准
工程控制　严加密闭，提供充分的局部排风
个体防护装备
　呼吸系统防护　空气中浓度超标时，必须佩戴过滤式防毒面具（全面罩）。紧急事态抢救或撤离时，应该佩戴空气呼吸器
　眼睛防护　呼吸系统防护中已作防护
　皮肤和身体防护　穿防静电工作服
　手防护　戴橡胶手套

第九部分　理化特性

外观与性状　液体

pH值　无资料	**熔点(℃)**　0
沸点(℃)　无资料	**相对密度(水＝1)**　无资料
相对蒸气密度(空气＝1)　无资料	
饱和蒸气压(kPa)　无资料	
临界压力(MPa)　无资料	**辛醇/水分配系数**　无资料
闪点(℃)　无资料	**自燃温度(℃)**　无资料
爆炸下限(%)　无资料	**爆炸上限(%)**　无资料
分解温度(℃)　无资料	**黏度(mPa·s)**　无资料
燃烧热(kJ/mol)　无资料	**临界温度(℃)**　无资料
溶解性　溶于乙醚	

第十部分　稳定性和反应性

稳定性　稳定

危险反应　暴露在空气或二氧化碳中会自燃。与氧化剂等禁配物能发生强烈反应。遇水、强氧化剂、酸类、醇类、卤素、胺类发生分解，放出易燃气体

避免接触的条件　空气、二氧化碳

禁配物　强氧化剂、强酸、二氧化碳、醇类、卤素、胺类

危险的分解产物　氧化镁

第十一部分　毒理学信息

急性毒性　无资料

皮肤刺激或腐蚀　无资料		**眼睛刺激或腐蚀**　无资料	
呼吸或皮肤过敏　无资料		**生殖细胞突变性**　无资料	
致癌性　无资料		**生殖毒性**　无资料	

特异性靶器官系统毒性-一次接触　无资料
特异性靶器官系统毒性-反复接触　无资料
吸入危害　无资料

第十二部分　生态学信息

生态毒性　无资料

持久性和降解性
　生物降解性　无资料
　非生物降解性　无资料
潜在的生物累积性　无资料
土壤中的迁移性　无资料

第十三部分　废弃处置

废弃化学品　建议用焚烧法处置

污染包装物　将容器返还生产商或按照国家和地方法规处置

废弃注意事项　处置前应参阅国家和地方有关法规

第十四部分　运输信息

联合国危险货物编号（UN号）　3394

联合国运输名称　液态有机金属物质，发火，遇水反应（二乙基镁）

联合国危险性类别　4.2，4.3

包装类别　Ⅰ

包装标志　

海洋污染物　否

运输注意事项　运输时运输车辆应配备相应品种和数量的消防器材及泄漏应急处理设备。装运本品的车辆排气管须有阻火装置。运输过程中要确保容器不泄漏、不倒塌、不坠落、不损坏。严禁与氧化剂、酸类、醇类、活泼非金属、胺类、食用化学品等混装混运。运输途中应防暴晒、雨淋，防高温。中途停留时应远离火种、热源。运输用车、船必须干燥，并有良好的防雨设施。车辆运输完毕应进行彻底清扫。铁路运输时要禁止溜放

第十五部分　法规信息

下列法律、法规、规章和标准，对该化学品的管理作

了相应的规定。

中华人民共和国职业病防治法　职业病分类和目录：未
　　列入

危险化学品安全管理条例　危险化学品目录：列入。易制
　　爆危险化学品名录：未列入。重点监管的危险化学品
　　名录：未列入。GB 18218—2009《危险化学品重大
　　危险源辨识》（表1）：未列入

使用有毒物品作业场所劳动保护条例　高毒物品目录：未
　　列入

易制毒化学品管理条例　易制毒化学品的分类和品种目
　　录：未列入

国际公约　斯德哥尔摩公约：未列入。鹿特丹公约：未列
　　入。蒙特利尔议定书：未列入

第十六部分　其他信息

编写和修订信息　　　缩略语和首字母缩写
培训建议　　　　　　参考文献
免责声明

N,N-二乙基-1,4-戊二胺

第一部分　化学品标识

化学品中文名　N,N-二乙基-1,4-戊二胺；1-二乙基氨基-
　　4-氨基戊烷；2-氨基-5-二乙基氨基戊烷

化学品英文名　2-amino-5-diethylaminopentane；N,N-di-
　　ethyl-1,4-pentanediamine

分子式　$C_9H_{22}N_2$　**分子量**　158.2844

结构式

化学品的推荐及限制用途　用于药物合成

第二部分　危险性概述

紧急情况概述　可燃液体，造成严重的皮肤灼伤和眼损伤

GHS危险性类别　易燃液体，类别4；皮肤腐蚀/刺激，
　　类别1；严重眼损伤/眼刺激，类别1

标签要素

　　象形图

　　警示词　危险

危险性说明　可燃液体，造成严重的皮肤灼伤和眼损伤

防范说明

　　预防措施　远离火焰和热表面。禁止吸烟。避免吸
　　　　入粉尘或烟雾。避免接触眼睛、皮肤，操作后
　　　　彻底清洗。穿防护服，戴防护眼镜、防护手
　　　　套、防护面罩

　　事故响应　火灾时，使用雾状水、泡沫、干粉、二
　　　　氧化碳、砂土灭火。食入：漱口。不要催吐。
　　　　皮肤（或头发）接触：立即脱掉所有被污染的
　　　　衣服。用水冲洗皮肤，淋浴。被污染的衣服必
　　　　须洗净后方可重新使用。如吸入：将患者转移
　　　　到空气新鲜处，休息，保持利于呼吸的体位。

立即呼叫中毒控制中心或就医。眼睛接触：用
　　水细心地冲洗数分钟。如戴隐形眼镜并可方便
　　地取出，则取出隐形眼镜，继续冲洗

　　安全储存　存放在通风良好的地方。保持低温。上
　　　　锁保管

　　废弃处置　本品及内装物、容器依据国家和地方法
　　　　规处置

物理和化学危险　可燃，其蒸气与空气混合，能形成爆炸
　　性混合物

健康危害　摄入、吸入或经皮肤吸收后对身体有害。具腐
　　蚀性。吸入可引起喉和支气管的痉挛、炎症和水肿，
　　化学性肺炎、肺水肿

环境危害　对环境可能有害

第三部分　成分/组成信息

　　√ 物质　　　　　　　　　混合物

组分	浓度	CAS No.
N,N-二乙基-1,4-戊二胺		140-80-7

第四部分　急救措施

吸入　迅速脱离现场至空气新鲜处。保持呼吸道通畅。如
　　呼吸困难，给输氧。呼吸、心跳停止，立即进行心肺
　　复苏术。就医

皮肤接触　立即脱去污染的衣着，用大量流动清水彻底冲
　　洗至少15min。就医

眼睛接触　立即分开眼睑，用流动清水或生理盐水彻底冲
　　洗5～10min。就医

食入　用水漱口，禁止催吐。给饮牛奶或蛋清。就医

对保护施救者的忠告　根据需要使用个人防护设备

对医生的特别提示　对症处理

第五部分　消防措施

灭火剂　用雾状水、泡沫、干粉、二氧化碳、砂土灭火

特别危险性　遇明火、高热可燃。与强氧化剂接触可发
　　生化学反应。受高热分解放出有毒的气体。具有腐
　　蚀性。若遇高热，容器内压增大，有开裂和爆炸的
　　危险

灭火注意事项及防护措施　消防人员必须穿全身耐酸碱消
　　防服。尽可能将容器从火场移至空旷处。喷水保持火
　　场容器冷却，直至灭火结束。处在火场中的容器若已
　　变色或从安全泄压装置中发出声音，必须马上撤离

第六部分　泄漏应急处理

作业人员防护措施、防护装备和应急处置程序　根据液体
　　流动和蒸气扩散的影响区域划定警戒区，无关人员从
　　侧风、上风向撤离至安全区。消除所有点火源。建议
　　应急处理人员戴正压自给式呼吸器，穿防毒服。穿上
　　适当的防护服前严禁接触破裂的容器和泄漏物。尽可
　　能切断泄漏源

环境保护措施　防止泄漏物进入水体、下水道、地下室或
　　有限空间

泄漏化学品的收容、清除方法及所使用的处置材料　小量
　　泄漏：用干燥的砂土或其他不燃材料吸收或覆盖，收

集于容器中。大量泄漏：构筑围堤或挖坑收容。用泵转移至槽车或专用收集器内

第七部分　操作处置与储存

操作注意事项　密闭操作，局部排风。防止蒸气泄漏到工作场所空气中。操作人员必须经过专门培训，严格遵守操作规程。建议操作人员佩戴自吸过滤式防毒面具（半面罩），戴化学安全防护眼镜，穿橡胶防腐工作服，戴橡胶手套。远离火种、热源，工作场所严禁吸烟。使用防爆型的通风系统和设备。在清除液体和蒸气前不能进行焊接、切割等作业。避免产生烟雾。避免与酸类、酸酐、酰基氯、氧化剂、二氧化碳接触。配备相应品种和数量的消防器材及泄漏应急处理设备。倒空的容器可能残留有害物

储存注意事项　储存于阴凉、通风的库房。远离火种、热源。防止阳光直射。保持容器密封。应与酸类、酸酐、酰氯、氧化剂、二氧化碳、食用化学品分开存放，切忌混储。配备相应品种和数量的消防器材。储区应备有泄漏应急处理设备和合适的收容材料

第八部分　接触控制/个体防护

职业接触限值
　中国　未制定标准
　美国（ACGIH）　未制定标准
生物接触限值　未制定标准
监测方法　空气中有毒物质测定方法：未制定标准。生物监测检验方法：未制定标准
工程控制　密闭操作，局部排风
个体防护装备
　呼吸系统防护　空气中浓度超标时，必须佩戴自吸过滤式防毒面具（半面罩）。紧急事态抢救或撤离时，应该佩戴空气呼吸器
　眼睛防护　戴化学安全防护眼镜
　皮肤和身体防护　穿橡胶防腐工作服
　手防护　戴橡胶手套

第九部分　理化特性

外观与性状　液体，有氨气味
pH 值　无资料　　　　**熔点（℃）**　无资料
沸点（℃）　200～200.5（100.15kPa）
相对密度(水＝1)　0.819
相对蒸气密度(空气＝1)　无资料
饱和蒸气压（kPa）　无资料
临界压力（MPa）　无资料　**辛醇/水分配系数**　无资料
闪点（℃）　68.33　　**自燃温度（℃）**　无资料
爆炸下限（%）　无资料　**爆炸上限（%）**　无资料
分解温度（℃）　无资料　**黏度（mPa·s）**　无资料
燃烧热（kJ/mol）　无资料　**临界温度（℃）**　无资料
溶解性　溶于水、乙醇、乙醚

第十部分　稳定性和反应性

稳定性　稳定
危险反应　与强氧化剂、酸类、酸酐、酰氯等禁配物发生反应
避免接触的条件　无资料
禁配物　酸类、酸酐、酰氯、强氧化剂
危险的分解产物　氮氧化物

第十一部分　毒理学信息

急性毒性　LD_{50}：180mg/kg（小鼠静脉）
皮肤刺激或腐蚀　无资料　　**眼睛刺激或腐蚀**　无资料
呼吸或皮肤过敏　无资料　　**生殖细胞突变性**　无资料
致癌性　无资料　　　　　　**生殖毒性**　无资料
特异性靶器官系统毒性--一次接触　无资料
特异性靶器官系统毒性-反复接触　无资料
吸入危害　无资料

第十二部分　生态学信息

生态毒性　无资料
持久性和降解性
　生物降解性　无资料
　非生物降解性　无资料
潜在的生物累积性　无资料
土壤中的迁移性　无资料

第十三部分　废弃处置

废弃化学品　建议用控制焚烧法或安全掩埋法处置。若可能，重复使用容器或在规定场所掩埋
污染包装物　将容器返还生产商或按照国家和地方法规处置
废弃注意事项　处置前应参阅国家和地方有关法规

第十四部分　运输信息

联合国危险货物编号（UN 号）　2946
联合国运输名称　2-氨基-5-二乙氨基戊烷
联合国危险性类别　6.1

包装类别　Ⅲ　　　　　　**包装标志**　

海洋污染物　否
运输注意事项　运输前应先检查包装容器是否完整、密封，运输过程中要确保容器不泄漏、不倒塌、不坠落、不损坏。严禁与酸类、氧化剂、食品及食品添加剂混运。运输时运输车辆应配备相应品种和数量的消防器材及泄漏应急处理设备。运输途中应防暴晒、雨淋，防高温。公路运输时要按规定路线行驶，勿在居民区和人口稠密区停留

第十五部分　法规信息

　下列法律、法规、规章和标准，对该化学品的管理作了相应的规定。

中华人民共和国职业病防治法　职业病分类和目录：未列入
危险化学品安全管理条例　危险化学品目录：列入。易制爆危险化学品名录：未列入。重点监管的危险化学品

名录：未列入。GB 18218—2009《危险化学品重大
危险源辨识》（表1）：未列入

使用有毒物品作业场所劳动保护条例　高毒物品目录：未
列入

易制毒化学品管理条例　易制毒化学品的分类和品种目
录：未列入

国际公约　斯德哥尔摩公约：未列入。鹿特丹公约：未列
入。蒙特利尔议定书：未列入

第十六部分　其他信息

编写和修订信息　　　　**缩略语和首字母缩写**
培训建议　　　　　　　**参考文献**
免责声明

二乙基锌

第一部分　化学品标识

化学品中文名　二乙基锌；乙基锌
化学品英文名　diethylzinc；zinc ethide
分子式　$C_4H_{10}Zn$　**分子量**　123.5
结构式　
化学品的推荐及限制用途　用于电子工业和有机合成

第二部分　危险性概述

紧急情况概述　暴露在空气中自燃，遇水放出可燃的易
燃气体，造成严重的皮肤灼伤和眼损伤

GHS危险性类别　自燃液体，类别1；遇水放出易燃气体
的物质和混合物，类别1；皮肤腐蚀/刺激，类别1B；
严重眼损伤/眼刺激，类别1；危害水生环境-急性危
害，类别1；危害水生环境-长期危害，类别1

标签要素

象形图　

警示词　危险

危险性说明　暴露在空气中自燃，遇水放出可燃的易
燃气体，造成严重的皮肤灼伤和眼损伤，对水生生
物毒性非常大并具有长期持续影响

防范说明

预防措施　远离热源、火花、明火、热表面。禁止
吸烟。不得与空气接触。因与水发生剧烈反应
和可能发生暴燃，应避免与水接触。在惰性气
体中操作。防潮。避免吸入烟雾。避免接触眼
睛、皮肤，操作后彻底清洗。戴防护手套，穿
防护服，戴防护眼镜、防护面罩。禁止排入
环境

事故响应　火灾时，使用干粉、二氧化碳、砂土
灭火。如吸入：将患者转移到空气新鲜处，
休息，保持利于呼吸的体位，立即呼叫中毒
控制中心或就医。皮肤（或头发）接触：立
即脱掉所有被污染的衣服，用水冲洗皮肤，
淋浴。污染的衣服须洗净后方可重新使用。

眼睛接触：用水细心地冲洗数分钟。如戴隐
形眼镜并可方便地取出，则取出隐形眼镜，
继续冲洗。食入：漱口，不要催吐。收集泄
漏物

安全储存　在干燥处和密闭的容器中储存。上锁
保管

废弃处置　本品及内装物、容器依据国家和地方法
规处置

物理和化学危险　接触空气易自燃

健康危害　摄入、吸入或经皮肤吸收后对身体有害。对眼
睛、皮肤、黏膜有强烈刺激作用。吸入可引起喉和支
气管的痉挛、炎症和水肿，化学性肺炎、肺水肿。眼
和皮肤接触可引起灼伤

环境危害　对水生生物毒性非常大并具有长期持续影响

第三部分　成分/组成信息

√ 物质　　　　　　　　　混合物

组分	浓度	CAS No.
二乙基锌		557-20-0

第四部分　急救措施

吸入　迅速脱离现场至空气新鲜处。保持呼吸道通畅。如
呼吸困难，给输氧。如呼吸、心跳停止，立即进行心
肺复苏术。就医

皮肤接触　立即脱去污染的衣着，用大量流动清水彻底冲
洗至少15min。就医

眼睛接触　立即分开眼睑，用流动清水或生理盐水彻底冲
洗5～10min。就医

食入　用水漱口，禁止催吐。给饮牛奶或蛋清。就医

对保护施救者的忠告　根据需要使用个人防护设备

对医生的特别提示　对症处理

第五部分　消防措施

灭火剂　用干粉、二氧化碳、砂土灭火

特别危险性　在潮湿空气中能自燃。加热时可能发生爆
炸。化学反应活性较高，能与烯烃、二碘甲烷、二氧
化硫发生爆炸性反应。能和溴、水、硝基化合物发生
剧烈反应。接触空气、臭氧、甲醇或肼能着火。和非
金属卤化物剧烈反应生成可自燃的产物

灭火注意事项及防护措施　消防人员必须佩戴空气呼吸
器、穿全身防火防毒服，在上风向灭火。尽可能将容
器从火场移至空旷处。处在火场中的容器若已变色或
从安全泄压装置中发出声音，必须马上撤离。禁止用
水和泡沫灭火

第六部分　泄漏应急处理

作业人员防护措施、防护装备和应急处置程序　严禁用水
处理。根据液体流动和蒸气扩散的影响区域划定警戒
区，无关人员从侧风向、上风向撤离至安全区。消除
所有点火源。建议应急处理人员戴正压自给式呼吸
器，穿防静电服。禁止接触或跨越泄漏物。尽可能切
断泄漏源

环境保护措施　保持泄漏物干燥。防止泄漏物进入水体、

下水道、地下室或有限空间

泄漏化学品的收容、清除方法及所使用的处置材料　小量泄漏：用干燥的砂土或其他不燃材料覆盖泄漏物，用洁净的无火花工具收集泄漏物，置于一盖子较松的塑料容器中，待处置。大量泄漏：构筑围堤或挖坑收容。用防爆泵转移至槽车或专用收集器内

第七部分　操作处置与储存

操作注意事项　密闭操作，提供充分的局部排风。防止蒸气泄漏到工作场所空气中。操作人员必须经过专门培训，严格遵守操作规程。建议操作人员佩戴自吸过滤式防毒面具（全面罩），穿防静电工作服，戴橡胶手套。远离火种、热源，工作场所严禁吸烟。使用防爆型的通风系统和设备。在清除液体和蒸气前不能进行焊接、切割等作业。避免产生烟雾。避免与氧化剂、卤素、卤化物接触。尤其要注意避免与水接触。配备相应品种和数量的消防器材及泄漏应急处理设备。倒空的容器可能残留有害物

储存注意事项　储存于阴凉、干燥、通风良好的专用库房内，远离火种、热源。防止阳光直射。库温不超过30℃，相对湿度不超过80％。保持容器密封，严禁与空气接触。应与氧化剂、卤素、卤化物等分开存放，切忌混储。采用防爆型照明、通风设施。禁止使用易产生火花的机械设备和工具。储区应备有泄漏应急处理设备和合适的收容材料

第八部分　接触控制/个体防护

职业接触限值
　　中国　未制定标准
　　美国（ACGIH）　未制定标准
生物接触限值　未制定标准
监测方法　空气中有毒物质测定方法：未制定标准。生物监测检验方法：未制定标准
工程控制　严加密闭，提供充分的局部排风
个体防护装备
　　呼吸系统防护　空气中浓度超标时，必须佩戴过滤式防毒面具（全面罩）。紧急事态抢救或撤离时，应该佩戴空气呼吸器
　　眼睛防护　呼吸系统防护中已作防护
　　皮肤和身体防护　穿防静电工作服
　　手防护　戴橡胶手套

第九部分　理化特性

外观与性状　无色液体

pH 值　无资料　　　　熔点（℃）　−28

沸点（℃）　118　　　相对密度（水＝1）　1.2065

相对蒸气密度（空气＝1）　无资料

饱和蒸气压（kPa）　1.9995(20℃)

临界压力（MPa）　无资料　辛醇/水分配系数　无资料

闪点（℃）　−18.33　　自燃温度（℃）　无资料

爆炸下限（%）　无资料　爆炸上限（%）　无资料

分解温度（℃）　无资料　黏度（mPa·s）　0.682(21℃)

燃烧热（kJ/mol）　−3359.2 临界温度（℃）　无资料

溶解性　可混溶于乙醚、苯、石油醚

第十部分　稳定性和反应性

稳定性　稳定

危险反应　在潮湿空气中能自燃。加热时可能发生爆炸。能与烯烃、二碘化烷、二氧化硫发生爆炸性反应。能和溴、水、硝基化合物发生剧烈反应。接触空气、臭氧、甲醇或肼能着火。和非金属卤化物剧烈反应生成可自燃的产物

避免接触的条件　空气、潮湿空气

禁配物　强氧化剂、卤素、卤化物、水、空气、臭氧、甲醇或肼

危险的分解产物　氧化锌

第十一部分　毒理学信息

急性毒性　无资料

皮肤刺激或腐蚀　无资料　眼睛刺激或腐蚀　无资料

呼吸或皮肤过敏　无资料　生殖细胞突变性　无资料

致癌性　无资料　　　　生殖毒性　无资料

特异性靶器官系统毒性-一次接触　无资料

特异性靶器官系统毒性-反复接触　无资料

吸入危害　无资料

第十二部分　生态学信息

生态毒性　含锌化合物对水生生物有极高毒性

持久性和降解性
　　生物降解性　无资料
　　非生物降解性　无资料

潜在的生物累积性　无资料

土壤中的迁移性　无资料

第十三部分　废弃处置

废弃化学品　建议用焚烧法处置。在能利用的地方重复使用容器或在规定场所掩埋。量小时，小心加入含适当溶剂的干丁醇中。反应可能产生大量易燃的氢气和烃类气体，并剧烈放热，必须提供通风。用含水酸中和，滤出固体做掩埋处置，液体部分烧掉

污染包装物　将容器返还生产商或按照国家和地方法规处置

废弃注意事项　处置前应参阅国家和地方有关法规

第十四部分　运输信息

联合国危险货物编号（UN号）　3394

联合国运输名称　液态有机金属物质，发火，遇水反应（二乙基锌）

联合国危险性类别　4.2，4.3

包装类别　Ⅰ

包装标志　

海洋污染物　否

运输注意事项　运输时运输车辆应配备相应品种和数量的

消防器材及泄漏应急处理设备。装运本品的车辆排气管须有阻火装置。运输过程中要确保容器不泄漏、不倒塌、不坠落、不损坏。严禁与氧化剂、活泼非金属、卤化物、食用化学品等混装混运。运输途中应防暴晒、雨淋，防高温。中途停留时应远离火种、热源。运输用车、船必须干燥，并有良好的防雨设施。车辆运输完毕应进行彻底清扫。铁路运输时要禁止溜放

第十五部分　法规信息

下列法律、法规、规章和标准，对该化学品的管理作了相应的规定。

中华人民共和国职业病防治法　职业病分类和目录：未列入

危险化学品安全管理条例　危险化学品目录：列入。易制爆危险化学品名录：未列入。重点监管的危险化学品名录：未列入。GB 18218—2009《危险化学品重大危险源辨识》（表1）：未列入

使用有毒物品作业场所劳动保护条例　高毒物品目录：未列入

易制毒化学品管理条例　易制毒化学品的分类和品种目录：未列入

国际公约　斯德哥尔摩公约：未列入。鹿特丹公约：未列入。蒙特利尔议定书：未列入

第十六部分　其他信息

编写和修订信息　缩略语和首字母缩写
培训建议　　　　参考文献
免责声明

N,N-二乙基乙二胺

第一部分　化学品标识

化学品中文名　*N,N*-二乙基乙二胺；*N,N*-二乙基乙烯二胺

化学品英文名　*N,N*-diethyl ethylene diamine；2-aminoethyldiethylamine

分子式　$C_6H_{16}N_2$　**分子量**　116.2046

结构式　

化学品的推荐及限制用途　用作有机合成的中间体

第二部分　危险性概述

紧急情况概述　易燃液体和蒸气，皮肤接触会中毒，造成严重的皮肤灼伤和眼损伤，

GHS危险性类别　易燃液体，类别3；急性毒性-经皮，类别3；皮肤腐蚀/刺激，类别1；严重眼损伤/眼刺激，类别1

标签要素

象形图

警示词　危险

危险性说明　易燃液体和蒸气，皮肤接触会中毒，造成严重的皮肤灼伤和眼损伤

防范说明

预防措施　远离热源、火花、明火、热表面。禁止吸烟。保持容器密闭。容器和接收设备接地连接。使用防爆型电器、通风、照明设备。只能使用不产生火花的工具。采取防止静电措施。避免吸入烟雾。避免接触眼睛、皮肤，操作后彻底清洗。穿防护服，戴防护手套、防护眼镜、防护面罩

事故响应　火灾时，使用雾状水、抗溶性泡沫、干粉、二氧化碳、砂土灭火。如吸入：将患者转移到空气新鲜处，休息，保持利于呼吸的体位，立即呼叫中毒控制中心或就医。皮肤接触：用大量肥皂水和水清洗，立即脱去所有被污染的衣服，如感觉不适，呼叫中毒控制中心或就医。被污染的衣服经洗净后方可重新使用。眼睛接触：用水细心地冲洗数分钟，立即呼叫中毒控制中心或就医。如戴隐形眼镜并可方便地取出，则取出隐形眼镜，继续冲洗。食入：漱口，不要催吐

安全储存　存放在通风良好的地方。保持低温。上锁保管

废弃处置　本品及内装物、容器依据国家和地方法规处置

物理和化学危险　易燃，其蒸气与空气混合，能形成爆炸性混合物

健康危害　对眼睛、皮肤、黏膜和上呼吸道有强烈刺激作用。接触后可引起头痛、头晕、恶心、呕吐、咳嗽等。眼和皮肤接触引起灼伤

环境危害　对环境可能有害

第三部分　成分/组成信息

√物质　　　　　　　　　　　混合物

组分	浓度	CAS No.
N,N-二乙基乙二胺		100-36-7

第四部分　急救措施

吸入　迅速脱离现场至空气新鲜处。保持呼吸道通畅。如呼吸困难，给输氧。呼吸、心跳停止，立即进行心肺复苏术。就医

皮肤接触　立即脱去污染的衣着，用大量流动清水彻底冲洗至少15min。就医

眼睛接触　立即分开眼睑，用流动清水或生理盐水彻底冲洗5～10min。就医

食入　用水漱口，禁止催吐。给饮牛奶或蛋清。就医

对保护施救者的忠告　根据需要使用个人防护设备

对医生的特别提示　对症处理

第五部分　消防措施

灭火剂　用雾状水、抗溶性泡沫、干粉、二氧化碳、砂土灭火

特别危险性　易燃，遇高热、明火或与氧化剂接触，有引

起燃烧的危险

灭火注意事项及防护措施 消防人员必须佩戴空气呼吸器、穿全身防火防毒服，在上风向灭火。尽可能将容器从火场移至空旷处。喷水保持火场容器冷却，直至灭火结束。处在火场中的容器若已变色或从安全泄压装置中发出声音，必须马上撤离

第六部分 泄漏应急处理

作业人员防护措施、防护装备和应急处置程序 根据液体流动和蒸气扩散的影响区域划定警戒区，无关人员从侧风、上风向撤离至安全区。消除所有点火源。建议应急处理人员戴正压自给式呼吸器，穿防静电、防腐、防毒服。作业时使用的所有设备应接地。禁止接触或跨越泄漏物。尽可能切断泄漏源

环境保护措施 防止泄漏物进入水体、下水道、地下室或有限空间

泄漏化学品的收容、清除方法及所使用的处置材料 小量泄漏：用砂土或其他不燃材料吸收。使用洁净的无火花工具收集吸收材料。大量泄漏：构筑围堤或挖坑收容。用抗溶性泡沫覆盖，减少蒸发。喷水雾能减少蒸发，但不能降低泄漏物在有限空间内的易燃性。用防爆、耐腐蚀泵转移至槽车或专用收集器内

第七部分 操作处置与储存

操作注意事项 密闭操作，全面通风。尽可能采取隔离操作。操作人员必须经过专门培训，严格遵守操作规程。建议操作人员佩戴自吸过滤式防毒面具（全面罩），穿橡胶耐酸碱服，戴橡胶耐酸碱手套。远离火种、热源，工作场所严禁吸烟。使用防爆型的通风系统和设备。防止蒸气泄漏到工作场所空气中。避免与氧化剂、酸类接触。搬运时要轻装轻卸，防止包装及容器损坏。配备相应品种和数量的消防器材及泄漏应急处理设备。倒空的容器可能残留有害物

储存注意事项 储存于阴凉、通风的库房。远离火种、热源。库温不宜超过30℃。应与氧化剂、酸类分开存放，切忌混储。采用防爆型照明、通风设施。禁止使用易产生火花的机械设备和工具。储区应备有泄漏应急处理设备和合适的收容材料

第八部分 接触控制/个体防护

职业接触限值
中国 未制定标准
美国（ACGIH） 未制定标准

生物接触限值 未制定标准

监测方法 空气中有毒物质测定方法：未制定标准。生物监测检验方法：未制定标准

工程控制 生产过程密闭，全面通风。尽可能采取隔离操作

个体防护装备
呼吸系统防护 空气中浓度超标时，必须佩戴过滤式防毒面具（全面罩）。紧急事态抢救或撤离时，应该佩戴空气呼吸器
眼睛防护 呼吸系统防护中已作防护

皮肤和身体防护 穿橡胶耐酸碱服
手防护 戴橡胶耐酸碱手套

第九部分 理化特性

外观与性状 无色液体

pH值 无资料	**熔点(℃)** 无资料
沸点(℃) 145.2	**相对密度(水=1)** 0.827

相对蒸气密度(空气=1) 4.00

饱和蒸气压(kPa) 无资料

临界压力(MPa) 无资料	**辛醇/水分配系数** 无资料
闪点(℃) 30.56	**自燃温度(℃)** 无资料
爆炸下限(%) 无资料	**爆炸上限(%)** 无资料
分解温度(℃) 无资料	**黏度(mPa·s)** 无资料
燃烧热(kJ/mol) 无资料	**临界温度(℃)** 无资料

溶解性 与水混溶

第十部分 稳定性和反应性

稳定性 稳定

危险反应 与强氧化剂等禁配物接触，有发生火灾和爆炸的危险

避免接触的条件 无资料

禁配物 强氧化剂、强酸

危险的分解产物 氮氧化物

第十一部分 毒理学信息

急性毒性 LD$_{50}$：2830mg/kg（大鼠经口），820mg/kg（兔经皮）

皮肤刺激或腐蚀 无资料	**眼睛刺激或腐蚀** 无资料
呼吸或皮肤过敏 无资料	**生殖细胞突变性** 无资料
致癌性 无资料	**生殖毒性** 无资料

特异性靶器官系统毒性—一次接触 无资料

特异性靶器官系统毒性-反复接触 无资料

吸入危害 无资料

第十二部分 生态学信息

生态毒性 无资料

持久性和降解性
生物降解性 无资料
非生物降解性 无资料

潜在的生物累积性 无资料

土壤中的迁移性 无资料

第十三部分 废弃处置

废弃化学品 建议用焚烧法处置。焚烧炉排出的氮氧化物通过洗涤器除去

污染包装物 将容器返还生产商或按照国家和地方法规处置

废弃注意事项 处置前应参阅国家和地方有关法规

第十四部分 运输信息

联合国危险货物编号（UN号） 2685

联合国运输名称 N,N-二乙基乙二胺

联合国危险性类别 8,3

包装类别　　Ⅱ

包装标志　

海洋污染物　否

运输注意事项　起运时包装要完整，装载应稳妥。运输过程中要确保容器不泄漏、不倒塌、不坠落、不损坏。运输时所用的槽（罐）车应有接地链，槽内可设孔隔板以减少震荡产生的静电。严禁与氧化剂、酸类、食用化学品等混装混运。公路运输时要按规定路线行驶，勿在居民区和人口稠密区停留

第十五部分　法规信息

下列法律、法规、规章和标准，对该化学品的管理作了相应的规定。

中华人民共和国职业病防治法　职业病分类和目录：未列入

危险化学品安全管理条例　危险化学品目录：列入。易制爆危险化学品名录：未列入。重点监管的危险化学品名录：未列入。GB 18218—2009《危险化学品重大危险源辨识》（表1）：未列入

使用有毒物品作业场所劳动保护条例　高毒物品目录：未列入

易制毒化学品管理条例　易制毒化学品的分类和品种目录：未列入

国际公约　斯德哥尔摩公约：未列入。鹿特丹公约：未列入。蒙特利尔议定书：未列入

第十六部分　其他信息

编写和修订信息　　缩略语和首字母缩写
培训建议　　　　　参考文献
免责声明

N,N-二乙肼

第一部分　化学品标识

化学品中文名　N,N-二乙肼；1,2-二乙基肼
化学品英文名　N,N-diethylhydrazine
分子式　C₄H₁₂N₂　分子量　88.1515
结构式　

化学品的推荐及限制用途　用于有机合成

第二部分　危险性概述

紧急情况概述　易燃液体和蒸气
GHS危险性类别　易燃液体，类别3；致癌性，类别2；生殖毒性，类别2
标签要素
　象形图　
　警示词　警告

危险性说明　易燃液体和蒸气，怀疑致癌，怀疑对生育力或胎儿造成伤害
防范说明
　预防措施　远离热源、火花、明火、热表面。禁止吸烟。保持容器密闭。容器和接收设备接地连接。使用防爆型电器、通风、照明设备。只能使用不产生火花的工具。采取防止静电措施。戴防护手套、防护眼镜、防护面罩。得到专门指导后操作。在阅读并了解所有安全预防措施之前，切勿操作。按要求使用个体防护装备
　事故响应　火灾时，使用雾状水、抗溶性泡沫、干粉、二氧化碳、砂土灭火。如皮肤（或头发）接触：立即脱掉所有被污染的衣服，用水冲洗皮肤，淋浴。如果接触或有担心，就医
　安全储存　存放在通风良好的地方。保持低温。上锁保管
　废弃处置　本品及内装物、容器依据国家和地方法规处置

物理和化学危险　易燃，其蒸气与空气混合，能形成爆炸性混合物
健康危害　吸入其蒸气，先出现鼻、咽喉刺激、呼吸困难，以后有恶心、呕吐、轻度结膜炎。皮肤接触液体，可引起灼伤，或过敏性皮炎。溅入眼内，可产生眼刺激症状
环境危害　对环境可能有害

第三部分　成分/组成信息

√物质　　　　　　　　　　　混合物

组分	浓度	CAS No.
N,N-二乙肼		1615-80-1

第四部分　急救措施

吸入　迅速脱离现场至空气新鲜处。保持呼吸道通畅。如呼吸困难，给输氧。呼吸、心跳停止，立即进行心肺复苏术。就医
皮肤接触　立即脱去污染的衣着，用流动清水彻底冲洗。就医
眼睛接触　立即分开眼睑，用流动清水或生理盐水彻底冲洗。就医
食入　漱口，饮水。就医
对保护施救者的忠告　根据需要使用个人防护设备
对医生的特别提示　对症处理

第五部分　消防措施

灭火剂　用雾状水、抗溶性泡沫、干粉、二氧化碳、砂土灭火
特别危险性　其蒸气与空气可形成爆炸性混合物，遇明火、高热能引起燃烧爆炸。与氧化剂可发生反应。受高热分解放出有毒的气体。若遇高热，容器内压增大，有开裂和爆炸的危险
灭火注意事项及防护措施　消防人员必须佩戴防毒面具、穿全身消防服，在上风向灭火。尽可能将容器从火场移至空旷处。喷水保持火场容器冷却，直至灭火结

束。处在火场中的容器若已变色或从安全泄压装置中发出声音，必须马上撤离

第六部分　泄漏应急处理

作业人员防护措施、防护装备和应急处置程序　消除所有点火源。根据液体流动和蒸气扩散的影响区域划定警戒区，无关人员从侧风、上风向撤离至安全区。建议应急处理人员戴正压自给式呼吸器，穿防静电、防腐、防毒服。作业时使用的所有设备应接地。禁止接触或跨越泄漏物。尽可能切断泄漏源

环境保护措施　防止泄漏物进入水体、下水道、地下室或有限空间

泄漏化学品的收容、清除方法及所使用的处置材料　小量泄漏：用砂土或其他不燃材料吸收。使用洁净的无火花工具收集吸收材料。大量泄漏：构筑围堤或挖坑收容。用抗溶性泡沫覆盖，减少蒸发。喷水雾能减少蒸发，但不能降低泄漏物在有限空间内的易燃性。用防爆、耐腐蚀泵转移至槽车或专用收集器内

第七部分　操作处置与储存

操作注意事项　密闭操作，局部排风。操作人员必须经过专门培训，严格遵守操作规程。建议操作人员佩戴自吸过滤式防毒面具（半面罩），戴化学安全防护眼镜，穿防毒物渗透工作服，戴橡胶耐油手套。远离火种、热源，工作场所严禁吸烟。使用防爆型的通风系统和设备。防止蒸气泄漏到工作场所空气中。避免与氧化剂、氧、酸类接触。充装时要控制流速，防止静电积聚。搬运时要轻装轻卸，防止包装及容器损坏。配备相应品种和数量的消防器材及泄漏应急处理设备。倒空的容器可能残留有害物

储存注意事项　储存于阴凉、通风的库房。远离火种、热源。库温不宜超过 37℃，应与氧化剂、氧、酸类分开存放，切忌混储。采用防爆型照明、通风设施。禁止使用易产生火花的机械设备和工具。储区应备有泄漏应急处理设备和合适的收容材料

第八部分　接触控制/个体防护

职业接触限值

中国　未制定标准

美国（ACGIH）　未制定标准

生物接触限值　未制定标准

监测方法　空气中有毒物质测定方法：未制定标准。生物监测检验方法：未制定标准

工程控制　密闭操作，局部排风。提供安全淋浴和洗眼设备

个体防护装备

呼吸系统防护　空气中浓度超标时，必须佩戴过滤式防毒面具（半面罩）。紧急事态抢救或撤离时，应该佩戴空气呼吸器

眼睛防护　戴化学安全防护眼镜

皮肤和身体防护　穿防毒物渗透工作服

手防护　戴橡胶耐油手套

第九部分　理化特性

外观与性状　无色液体，具有吸湿性

pH 值　无资料　　　　**熔点（℃）**　无资料

沸点（℃）　86　　　**相对密度（水＝1）**　0.797

相对蒸气密度（空气＝1）　无资料

饱和蒸气压（kPa）　无资料

临界压力（MPa）　无资料　　**辛醇/水分配系数**　无资料

闪点（℃）　无资料　　　　**自燃温度（℃）**　无资料

爆炸下限（%）　无资料　　**爆炸上限（%）**　无资料

分解温度（℃）　无资料　　**黏度（mPa·s）**　无资料

燃烧热（kJ/mol）　无资料　**临界温度（℃）**　无资料

溶解性　易溶于水，溶于乙醇、乙醚等

第十部分　稳定性和反应性

稳定性　稳定

危险反应　与强氧化剂等禁配物接触，有发生火灾和爆炸的危险

避免接触的条件　无资料

禁配物　强氧化剂、氧、酸类

危险的分解产物　氮氧化物

第十一部分　毒理学信息

急性毒性　无资料

皮肤刺激或腐蚀　无资料　　**眼睛刺激或腐蚀**　无资料

呼吸或皮肤过敏　无资料

生殖细胞突变性　微生物致突变：鼠伤寒沙门氏菌 83200nmol/Ⅲ

致癌性　IARC 致癌性评论：组 2B，对人类是可能致癌物

生殖毒性　大鼠孕后 15d 静脉内给予最低中毒剂量（TDLo）10mg/kg，致眼、耳发育畸形

特异性靶器官系统毒性-一次接触　无资料

特异性靶器官系统毒性-反复接触　无资料

吸入危害　无资料

第十二部分　生态学信息

生态毒性　无资料

持久性和降解性

生物降解性　无资料

非生物降解性　无资料

潜在的生物累积性　无资料

土壤中的迁移性　无资料

第十三部分　废弃处置

废弃化学品　建议用焚烧法处置。焚烧炉排出的氮氧化物通过洗涤器除去

污染包装物　将容器返还生产商或按照国家和地方法规处置

废弃注意事项　处置前应参阅国家和地方有关法规

第十四部分　运输信息

联合国危险货物编号（UN号）　1993

联合国运输名称　易燃液体，未另作规定的（N，N-二

乙肼)

联合国危险性类别 3

包装类别 Ⅲ　　　　　　　**包装标志**

海洋污染物 否

运输注意事项 运输时运输车辆应配备相应品种和数量的消防器材及泄漏应急处理设备。夏季最好早晚运输。运输时所用的槽（罐）车应有接地链，槽内可设孔隔板以减少震荡产生的静电。严禁与氧化剂、氧、酸类、食用化学品等混装混运。运输途中应防暴晒、雨淋、防高温。中途停留时应远离火种、热源、高温区。装运该物品的车辆排气管必须配备阻火装置，禁止使用易产生火花的机械设备和工具装卸。公路运输时要按规定路线行驶，勿在居民区和人口稠密区停留。铁路运输时要禁止溜放。严禁用木船、水泥船散装运输

第十五部分　法规信息

下列法律、法规、规章和标准，对该化学品的管理作了相应的规定。

中华人民共和国职业病防治法 职业病分类和目录：未列入

危险化学品安全管理条例 危险化学品目录：列入。易制爆危险化学品名录：未列入。重点监管的危险化学品名录：未列入。GB 18218—2009《危险化学品重大危险源辨识》（表1）：未列入

使用有毒物品作业场所劳动保护条例 高毒物品目录：未列入

易制毒化学品管理条例 易制毒化学品的分类和品种目录：未列入

国际公约 斯德哥尔摩公约：未列入。鹿特丹公约：未列入。蒙特利尔议定书：未列入

第十六部分　其他信息

编写和修订信息　缩略语和首字母缩写
培训建议　　　　　参考文献
免责声明

3,3-二乙氧基丙烯

第一部分　化学品标识

化学品中文名 3,3-二乙氧基丙烯；丙烯醛二乙缩醛；二乙基缩醛丙烯醛

化学品英文名 3,3-diethoxypropene；acrolein diethylacetal

分子式 $C_7H_{14}O_2$　**分子量** 130.1849

结构式

化学品的推荐及限制用途 用于有机合成

第二部分　危险性概述

紧急情况概述 高度易燃液体和蒸气

GHS 危险性类别 易燃液体，类别2

标签要素

象形图

警示词 危险

危险性说明 高度易燃液体和蒸气

防范说明

预防措施　远离热源、火花、明火、热表面。禁止吸烟。保持容器密闭。容器和接收设备接地连接。使用防爆型电器、通风、照明设备。只能使用不产生火花的工具。采取防止静电措施。戴防护手套、防护眼镜、防护面罩

事故响应　火灾时，使用雾状水、泡沫、干粉、二氧化碳、砂土灭火。如皮肤（或头发）接触：立即脱掉所有被污染的衣服，用水冲洗皮肤，淋浴

安全储存　存放在通风良好的地方。保持低温

废弃处置　本品及内装物、容器依据国家和地方法规处置

物理和化学危险 易燃，其蒸气与空气混合，能形成爆炸性混合物。容易自聚

健康危害 本品具有刺激性

环境危害 对环境可能有害

第三部分　成分/组成信息

√ 物质　　　　　　　　混合物

组分	浓度	CAS No.
3,3-二乙氧基丙烯		3054-95-3

第四部分　急救措施

吸入 迅速脱离现场至空气新鲜处。保持呼吸道通畅。如呼吸困难，给输氧。呼吸、心跳停止，立即进行心肺复苏术。就医

皮肤接触 立即脱去污染的衣着，用流动清水彻底冲洗。就医

眼睛接触 立即分开眼睑，用流动清水或生理盐水彻底冲洗。就医

食入 漱口，饮水。就医

对保护施救者的忠告 根据需要使用个人防护设备

对医生的特别提示 对症处理

第五部分　消防措施

灭火剂 用雾状水、泡沫、干粉、二氧化碳、砂土灭火

特别危险性 其蒸气与空气可形成爆炸性混合物，遇明火、高热极易燃烧爆炸。与氧化剂接触猛烈反应。流速过快，容易产生和积聚静电。容易自聚，聚合反应随着温度的上升而急骤加剧。若遇高热，容器内压增大，有开裂和爆炸的危险

灭火注意事项及防护措施 消防人员必须佩戴防毒面具、穿全身消防服，在上风向灭火。尽可能将容器从火场移至空旷处。喷水保持火场容器冷却，直至灭火结

束。处在火场中的容器若已变色或从安全泄压装置中发出声音，必须马上撤离

第六部分　泄漏应急处理

作业人员防护措施、防护装备和应急处置程序　消除所有点火源。根据液体流动和蒸气扩散的影响区域划定警戒区，无关人员从侧风、上风向撤离至安全区。建议应急处理人员戴正压自给式呼吸器，穿防静电服。作业时使用的所有设备应接地。禁止接触或跨越泄漏物。尽可能切断泄漏源

环境保护措施　防止泄漏物进入水体、下水道、地下室或有限空间

泄漏化学品的收容、清除方法及所使用的处置材料　小量泄漏：用砂土或其他不燃材料吸收。使用洁净的无火花工具收集吸收材料。大量泄漏：构筑围堤或挖坑收容。用泡沫覆盖，减少蒸发。喷水雾能减少蒸发，但不能降低泄漏物在有限空间内的易燃性。用防爆泵转移至槽车或专用收集器内

第七部分　操作处置与储存

操作注意事项　密闭操作，局部排风。操作人员必须经过专门培训，严格遵守操作规程。建议操作人员佩戴自吸过滤式防毒面具（半面罩），戴化学安全防护眼镜，穿防静电工作服，戴橡胶耐油手套。远离火种、热源，工作场所严禁吸烟。使用防爆型的通风系统和设备。防止蒸气泄漏到工作场所空气中。避免与氧化剂、酸类接触。灌装时应控制流速，且有接地装置，防止静电积聚。搬运时要轻装轻卸，防止包装及容器损坏。配备相应品种和数量的消防器材及泄漏应急处理设备。倒空的容器可能残留有害物

储存注意事项　通常商品加有稳定剂。储存于阴凉、干燥、通风良好的库房。远离火种、热源。库温不宜超过37℃；保持容器密封。应与氧化剂、酸类分开存放，切忌混储。采用防爆型照明、通风设施。禁止使用易产生火花的机械设备和工具。储区应备有泄漏应急处理设备和合适的收容材料

第八部分　接触控制/个体防护

职业接触限值
　中国　未制定标准
　美国（ACGIH）　未制定标准
生物接触限值　未制定标准
监测方法　空气中有毒物质测定方法：未制定标准。生物监测检验方法：未制定标准
工程控制　密闭操作，局部排风。提供安全淋浴和洗眼设备
个体防护装备
　呼吸系统防护　空气中浓度超标时，必须佩戴过滤式防毒面具（半面罩）。紧急事态抢救或撤离时，应该佩戴空气呼吸器
　眼睛防护　戴化学安全防护眼镜
　皮肤和身体防护　穿防静电工作服
　手防护　戴橡胶耐油手套

第九部分　理化特性

外观与性状	无色液体	**pH值**	无资料
熔点(℃)	无资料	沸点(℃)	125
相对密度(水＝1)	0.854		
相对蒸气密度(空气＝1)	无资料		
饱和蒸气压(kPa)	无资料		
临界压力(MPa)	无资料	辛醇/水分配系数	无资料
闪点(℃)	4	自燃温度(℃)	无资料
爆炸下限(%)	无资料	爆炸上限(%)	无资料
分解温度(℃)	无资料	黏度(mPa·s)	无资料
燃烧热(kJ/mol)	无资料	临界温度(℃)	无资料
溶解性	不溶于水		

第十部分　稳定性和反应性

稳定性　稳定
危险反应　与酸类、强氧化剂等禁配物接触，有发生火灾和爆炸的危险。容易发生自聚反应
避免接触的条件　潮湿空气
禁配物　酸类、强氧化剂
危险的分解产物　无资料

第十一部分　毒理学信息

急性毒性　无资料

皮肤刺激或腐蚀	无资料	眼睛刺激或腐蚀	无资料
呼吸或皮肤过敏	无资料	生殖细胞突变性	无资料
致癌性	无资料	生殖毒性	无资料

特异性靶器官系统毒性-一次接触　无资料
特异性靶器官系统毒性-反复接触　无资料
吸入危害　无资料

第十二部分　生态学信息

生态毒性　无资料
持久性和降解性
　生物降解性　无资料
　非生物降解性　无资料
潜在的生物累积性　无资料
土壤中的迁移性　无资料

第十三部分　废弃处置

废弃化学品　建议用焚烧法处置
污染包装物　将容器返还生产商或按照国家和地方法规处置
废弃注意事项　处置前应参阅国家和地方有关法规

第十四部分　运输信息

联合国危险货物编号（UN号）　2374
联合国运输名称　3,3-二乙氧基丙烯
联合国危险性类别　3

包装类别　Ⅱ　　　　　　　**包装标志**

海洋污染物　否

运输注意事项　运输时运输车辆应配备相应品种和数量的消防器材及泄漏应急处理设备。夏季最好早晚运输。运输时所用的槽（罐）车应有接地链，槽内可设孔隔板以减少震荡产生的静电。严禁与氧化剂、酸类、食用化学品等混装混运。运输途中应防暴晒、雨淋、防高温。中途停留时应远离火种、热源、高温区。装运该物品的车辆排气管必须配备阻火装置，禁止使用易产生火花的机械设备和工具装卸。公路运输时要按规定路线行驶，勿在居民区和人口稠密区停留。铁路运输时要禁止溜放。严禁用木船、水泥船散装运输

第十五部分　法规信息

下列法律、法规、规章和标准，对该化学品的管理作了相应的规定。

中华人民共和国职业病防治法　职业病分类和目录：未列入

危险化学品安全管理条例　危险化学品目录：列入。易制爆危险化学品名录：未列入。重点监管的危险化学品名录：未列入。GB 18218—2009《危险化学品重大危险源辨识》（表1）：未列入

使用有毒物品作业场所劳动保护条例　高毒物品目录：未列入

易制毒化学品管理条例　易制毒化学品的分类和品种目录：未列入

国际公约　斯德哥尔摩公约：未列入。鹿特丹公约：未列入。蒙特利尔议定书：未列入

第十六部分　其他信息

编写和修订信息　　　　缩略语和首字母缩写
培训建议　　　　　　　参考文献
免责声明

二乙氧基甲烷

第一部分　化学品标识

化学品中文名　二乙氧基甲烷；二乙醇缩甲醛；甲醛缩二乙醇

化学品英文名　diethoxymethane；ethylal

分子式　$C_5H_{12}O_2$　**分子量**　104.1476

结构式　

化学品的推荐及限制用途　用于溶剂、树脂和香料合成等

第二部分　危险性概述

紧急情况概述　高度易燃液体和蒸气，皮肤接触会中毒

GHS危险性类别　易燃液体，类别2；急性毒性-经皮，类别3

标签要素

象形图

警示词　危险

危险性说明　高度易燃液体和蒸气，皮肤接触会中毒

防范说明

预防措施　远离热源、火花、明火、热表面。禁止吸烟。保持容器密闭。容器和接收设备接地连接。使用防爆型电器、通风、照明设备。只能使用不产生火花的工具。采取防止静电措施。戴防护手套、防护眼镜、防护面罩

事故响应　火灾时，使用泡沫、干粉、二氧化碳、砂土灭火。如皮肤（或头发）接触：立即脱掉所有被污染的衣服，用水冲洗皮肤，淋浴。食入：立即呼叫中毒控制中心或就医，漱口

安全储存　存放在通风良好的地方。保持低温。上锁保管

废弃处置　本品及内装物、容器依据国家和地方法规处置

物理和化学危险　高度易燃，其蒸气与空气混合，能形成爆炸性混合物

健康危害　蒸气或雾对眼、黏膜和上呼吸道有刺激性。对皮肤有刺激性。经皮肤吸收能引起中毒

环境危害　对环境可能有害

第三部分　成分/组成信息

√　物质　　　　　　　　　混合物

组分	浓度	CAS No.
二乙氧基甲烷		462-95-3

第四部分　急救措施

吸入　迅速脱离现场至空气新鲜处。保持呼吸道通畅。如呼吸困难，给输氧。如呼吸、心跳停止，立即进行心肺复苏术。就医

皮肤接触　立即脱去污染的衣着，用流动清水彻底冲洗。就医

眼睛接触　立即分开眼睑，用流动清水或生理盐水彻底冲洗。就医

食入　漱口，饮水。就医

对保护施救者的忠告　根据需要使用个人防护设备

对医生的特别提示　对症处理

第五部分　消防措施

灭火剂　用泡沫、干粉、二氧化碳、砂土灭火

特别危险性　其蒸气与空气可形成爆炸性混合物，遇明火、高热极易燃烧爆炸。与氧化剂接触猛烈反应。流速过快，容易产生和积聚静电。若遇高热，容器内压增大，有开裂和爆炸的危险

灭火注意事项及防护措施　消防人员必须佩戴防毒面具、穿全身消防服，在上风向灭火。尽可能将容器从火场移至空旷处。喷水保持火场容器冷却，直至灭火结束。处在火场中的容器若已变色或从安全泄压装置中发出声音，必须马上撤离。用水灭火无效

第六部分　泄漏应急处理

作业人员防护措施、防护装备和应急处置程序　消除所有点火源。根据液体流动和蒸气扩散的影响区域划定警

戒区，无关人员从侧风向、上风向撤离至安全区。建议应急处理人员戴正压自给式呼吸器，穿防静电服。作业时使用的所有设备应接地。禁止接触或跨越泄漏物。尽可能切断泄漏源

环境保护措施　防止泄漏物进入水体、下水道、地下室或有限空间

泄漏化学品的收容、清除方法及所使用的处置材料　小量泄漏：用砂土或其他不燃材料吸收。使用洁净的无火花工具收集吸收材料。大量泄漏：构筑围堤或挖坑收容。用抗溶性泡沫覆盖，减少蒸发。喷水雾能减少蒸发，但不能降低泄漏物在有限空间内的易燃性。用防爆泵转移至槽车或专用收集器内

第七部分　操作处置与储存

操作注意事项　密闭操作，全面通风。操作人员必须经过专门培训，严格遵守操作规程。建议操作人员佩戴自吸过滤式防毒面具（半面罩），戴化学安全防护眼镜，穿防静电工作服，戴橡胶耐油手套。远离火种、热源，工作场所严禁吸烟。使用防爆型的通风系统和设备。防止蒸气泄漏到工作场所空气中。避免与氧化剂、酸类接触。灌装时应控制流速，且有接地装置，防止静电积聚。搬运时要轻装轻卸，防止包装及容器损坏。配备相应品种和数量的消防器材及泄漏应急处理设备。倒空的容器可能残留有害物

储存注意事项　通常商品加有稳定剂。储存于阴凉、通风的库房。远离火种、热源。库温不宜超过29℃，应与氧化剂、酸类分开存放，切忌混储。采用防爆型照明、通风设施。禁止使用易产生火花的机械设备和工具。储区应备有泄漏应急处理设备和合适的收容材料

第八部分　接触控制/个体防护

职业接触限值
　　中国　未制定标准
　　美国（ACGIH）　未制定标准
生物接触限值　未制定标准
监测方法　空气中有毒物质测定方法：未制定标准。生物监测检验方法：未制定标准
工程控制　生产过程密闭，全面通风。提供安全淋浴和洗眼设备
个体防护装备
　　呼吸系统防护　空气中浓度超标时，必须佩戴过滤式防毒面具（半面罩）。紧急事态抢救或撤离时，应该佩戴空气呼吸器
　　眼睛防护　戴化学安全防护眼镜
　　皮肤和身体防护　穿防静电工作服
　　手防护　戴橡胶耐油手套

第九部分　理化特性

外观与性状　无色、澄清易挥发液体，有类似醚的气味
pH值　无资料　　　　**熔点(℃)**　−66.5
沸点(℃)　89　　　　**相对密度(水=1)**　0.839
相对蒸气密度(空气=1)　3.6
饱和蒸气压(kPa)　7.98(25℃)

临界压力(MPa)　无资料　　**辛醇/水分配系数**　无资料
闪点(℃)　−5.56　　　　　**自燃温度(℃)**　174.44
爆炸下限(%)　无资料　　　**爆炸上限(%)**　无资料
分解温度(℃)　无资料　　　**黏度(mPa·s)**　无资料
燃烧热(kJ/mol)　无资料　　**临界温度(℃)**　258.55
溶解性　微溶于水，溶于醇、醚等多数有机溶剂

第十部分　稳定性和反应性

稳定性　稳定
危险反应　与强氧化剂、强酸等禁配物接触，有发生火灾和爆炸的危险
避免接触的条件　无资料
禁配物　强氧化剂、强酸
危险的分解产物　无资料

第十一部分　毒理学信息

急性毒性　LD_{50}：3200mg/kg（小鼠经口）；2604mg/kg（兔经口）；1000mg/kg（兔经皮）
皮肤刺激或腐蚀　无资料　　**眼睛刺激或腐蚀**　无资料
呼吸或皮肤过敏　无资料　　**生殖细胞突变性**　无资料
致癌性　无资料　　　　　　**生殖毒性**　无资料
特异性靶器官系统毒性-一次接触　无资料
特异性靶器官系统毒性-反复接触　无资料
吸入危害　无资料

第十二部分　生态学信息

生态毒性　无资料
持久性和降解性
　　生物降解性　无资料
　　非生物降解性　无资料
潜在的生物累积性　无资料
土壤中的迁移性　无资料

第十三部分　废弃处置

废弃化学品　建议用焚烧法处置
污染包装物　将容器返还生产商或按照国家和地方法规处置
废弃注意事项　处置前应参阅国家和地方有关法规

第十四部分　运输信息

联合国危险货物编号（UN号）　2373
联合国运输名称　二乙氧基甲烷
联合国危险性类别　3

包装类别　Ⅱ　　　　　**包装标志**

海洋污染物　否
运输注意事项　运输时运输车辆应配备相应品种和数量的消防器材及泄漏应急处理设备。夏季最好早晚运输。运输时所用的槽（罐）车应有接地链，槽内可设孔隔板以减少震荡产生的静电。严禁与氧化剂、酸类、食用化学品等混装混运。运输途中应防暴晒、

雨淋，防高温。中途停留时应远离火种、热源、高温区。装运该物品的车辆排气管必须配备阻火装置，禁止使用易产生火花的机械设备和工具装卸。公路运输时要按规定路线行驶，勿在居民区和人口稠密区停留。铁路运输时要禁止溜放。严禁用木船、水泥船散装运输

第十五部分　法规信息

下列法律、法规、规章和标准，对该化学品的管理作了相应的规定。

中华人民共和国职业病防治法　职业病分类和目录：未列入

危险化学品安全管理条例　危险化学品目录：列入。易制爆危险化学品名录：未列入。重点监管的危险化学品名录：未列入。GB 18218—2009《危险化学品重大危险源辨识》（表1）：未列入

使用有毒物品作业场所劳动保护条例　高毒物品目录：未列入

易制毒化学品管理条例　易制毒化学品的分类和品种目录：未列入

国际公约　斯德哥尔摩公约：未列入。鹿特丹公约：未列入。蒙特利尔议定书：未列入

第十六部分　其他信息

编写和修订信息　　缩略语和首字母缩写
培训建议　　　　　参考文献
免责声明

二异丙基二硫代磷酸锑

第一部分　化学品标识

化学品中文名　二异丙基二硫代磷酸锑；O,O-二丙基二硫代磷酸酯锑盐

化学品英文名　O,O-diisopropyl dithiophosphate antimony

分子式　$C_{18}H_{42}O_6P_3S_6Sb$　　**相对分子质量**　761.57

结构式

化学品的推荐及限制用途　用作钝化剂

第二部分　危险性概述

紧急情况概述　吞咽有害，吸入有害

GHS危险性类别　急性毒性-经口，类别4；急性毒性-吸入，类别4；危害水生环境-急性危害，类别2；危害水生环境-长期危害，类别2

标签要素

象形图

警示词　警告

危险性说明　吞咽有害，吸入有害，对水生生物有毒并

具有长期持续影响

防范说明

预防措施　避免接触眼睛、皮肤，操作后彻底清洗。作业场所不得进食、饮水或吸烟。避免吸入粉尘。仅在室外或通风良好处操作。禁止排入环境

事故响应　如吸入：将患者转移到空气新鲜处，休息，保持利于呼吸的体位，如感觉不适，呼叫中毒控制中心或就医。食入：如果感觉不适，立即呼叫中毒控制中心或就医，漱口。收集泄漏物

安全储存　—

废弃处置　本品及内装物、容器依据国家和地方法规处置

物理和化学危害　可燃，其粉体与空气混合，能形成爆炸性混合物

健康危害　对眼睛和皮肤有中等至强烈刺激，使神经系统先兴奋后抑制，可死于循环衰竭

环境危害　对水生生物有毒并具有长期持续影响

第三部分　成分/组成信息

√ 物质　　　　　　　　　　　混合物

组分	浓度	CAS No.
二异丙基二硫代磷酸锑		15874-48-3

第四部分　急救措施

吸入　迅速脱离现场至空气新鲜处。保持呼吸道通畅。如呼吸困难，给输氧。如呼吸、心跳停止，立即进行心肺复苏术。就医

皮肤接触　立即脱去污染的衣着，用流动清水彻底冲洗。就医

眼睛接触　立即分开眼睑，用流动清水或生理盐水彻底冲洗。就医

食入　漱口，饮水。就医

对保护施救者的忠告　根据需要使用个人防护设备

对医生的特别提示　对症处理

第五部分　消防措施

灭火剂　用雾状水、泡沫、干粉、二氧化碳、砂土灭火

特别危险性　遇明火能燃烧。受热分解放出有毒气体

灭火注意事项及防护措施　消防人员必须佩戴防毒面具、穿全身消防服，在上风向灭火。尽可能将容器从火场移至空旷处。喷水保持火场容器冷却，直至灭火结束

第六部分　泄漏应急处理

作业人员防护措施、防护装备和应急处置程序　隔离泄漏污染区，限制出入。消除所有点火源。建议应急处理人员戴防尘口罩，穿一般作业工作服。尽可能切断泄漏源

环境保护措施　用塑料布覆盖泄漏物，减少飞散

泄漏化学品的收容、清除方法及所使用的处置材料　勿使水进入包装容器内。用洁净的铲子收集泄漏物，置于干净、干燥、盖子较松的容器中，将容器移离泄漏区

第七部分　操作处置与储存

操作注意事项　密闭操作，局部排风。操作人员必须经过

专门培训，严格遵守操作规程。建议操作人员佩戴防尘面具（全面罩），穿胶布防毒衣，戴橡胶手套。远离火种、热源，工作场所严禁吸烟。使用防爆型的通风系统和设备。避免产生粉尘。避免与氧化剂接触。搬运时要轻装轻卸，防止包装及容器损坏。配备相应品种和数量的消防器材及泄漏应急处理设备。倒空的容器可能残留有害物

储存注意事项 储存于阴凉、通风的库房。远离火种、热源。应与氧化剂、食用化学品分开存放，切忌混储。配备相应品种和数量的消防器材。储区应备有合适的材料收容泄漏物

第八部分 接触控制/个体防护

职业接触限值
  中国 未制定标准
  美国（ACGIH） 未制定标准
生物接触限值 未制定标准
监测方法 空气中有毒物质测定方法：未制定标准。生物监测检验方法：未制定标准
工程控制 密闭操作，局部排风
个体防护装备
  呼吸系统防护 可能接触其粉尘时，必须佩戴防尘面具（全面罩）。紧急事态抢救或撤离时，应该佩戴空气呼吸器
  眼睛防护 呼吸系统防护中已作防护
  皮肤和身体防护 穿密闭型防毒服
  手防护 戴橡胶手套

第九部分 理化特性

外观与性状 鹅黄色结晶固体

pH 值 无意义		**熔点（℃）** 79～80	
沸点（℃） 无资料		**相对密度（水＝1）** 无资料	
相对蒸气密度（空气＝1） 无资料			
饱和蒸气压（kPa） 无资料			
临界压力（MPa） 无资料		**辛醇/水分配系数** 无资料	
闪点（℃） 无资料		**自燃温度（℃）** 无资料	
爆炸下限（%） 无资料		**爆炸上限（%）** 无资料	
分解温度（℃） 无资料		**黏度（mPa·s）** 无资料	
燃烧热（kJ/mol） 无资料		**临界温度（℃）** 无资料	
溶解性 无资料			

第十部分 稳定性和反应性

稳定性 稳定
危险反应 与强氧化剂等禁配物发生反应
避免接触的条件 受热
禁配物 强氧化剂
危险的分解产物 硫化物、氧化磷

第十一部分 毒理学信息

急性毒性 无资料

皮肤刺激或腐蚀 无资料	**眼睛刺激或腐蚀** 无资料
呼吸或皮肤过敏 无资料	**生殖细胞突变性** 无资料
致癌性 无资料	**生殖毒性** 无资料

特异性靶器官系统毒性-一次接触 无资料
特异性靶器官系统毒性-反复接触 无资料
吸入危害 无资料

第十二部分 生态学信息

生态毒性 含锑化合物对水生生物有毒
持久性和降解性
  生物降解性 无资料
  非生物降解性 无资料
潜在的生物累积性 无资料
土壤中的迁移性 无资料

第十三部分 废弃处置

废弃化学品 建议用焚烧法处置。焚烧炉排出的气体要通过洗涤器除去
污染包装物 将容器返还生产商或按照国家和地方法规处置
废弃注意事项 处置前应参阅国家和地方有关法规

第十四部分 运输信息

联合国危险货物编号（UN 号） 2373
联合国运输名称 对环境有害的固态物质，未另作规定的（二异丙基二硫代磷酸锑）
联合国危险性类别 9

包装类别 Ⅲ　　　　　　**包装标志**

海洋污染物 是
运输注意事项 运输前应先检查包装容器是否完整、密封，运输过程中要确保容器不泄漏、不倒塌、不坠落、不损坏。严禁与酸类、氧化剂、食品及食品添加剂混运。运输途中应防暴晒、雨淋、防高温

第十五部分 法规信息

下列法律、法规、规章和标准，对该化学品的管理作了相应的规定。
中华人民共和国职业病防治法 职业病分类和目录：未列入
危险化学品安全管理条例 危险化学品目录：列入。易制爆危险化学品名录：未列入。重点监管的危险化学品名录：未列入。GB 18218—2009《危险化学品重大危险源辨识》（表1）：未列入
使用有毒物品作业场所劳动保护条例 高毒物品目录：列入
易制毒化学品管理条例 易制毒化学品的分类和品种目录：未列入
国际公约 斯德哥尔摩公约：未列入。鹿特丹公约：未列入。蒙特利尔议定书：未列入

第十六部分 其他信息

编写和修订信息 缩略语和首字母缩写
培训建议 参考文献
免责声明

N,N-二异丙基乙胺

第一部分　化学品标识

化学品中文名　N,N-二异丙基乙胺；N-乙基二异丙胺

化学品英文名　N,N-diisopropylethylamine；N-ethyldii-
　　　　　　　sopropylamine

分子式　$C_8H_{19}N$　分子量　129.2432

结构式　

化学品的推荐及限制用途　用于有机合成

第二部分　危险性概述

紧急情况概述　高度易燃液体和蒸气，造成严重的皮肤灼
　　　伤和眼损伤

GHS危险性类别　易燃液体，类别2；皮肤腐蚀/刺激，
　　　类别1；严重眼损伤/眼刺激，类别1

标签要素

象形图　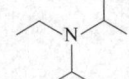

警示词　危险

危险性说明　高度易燃液体和蒸气，造成严重的皮肤灼
　　　伤和眼损伤

防范说明

　　预防措施　远离热源、火花、明火、热表面。禁止
　　　吸烟。保持容器密闭。容器和接收设备接地连
　　　接。使用防爆型电器、通风、照明设备。只能
　　　使用不产生火花的工具。采取防止静电措施。
　　　避免接触眼睛、皮肤，操作后彻底清洗。戴
　　　护手套，穿防护服，戴防护眼镜、防护面罩

　　事故响应　火灾时，使用雾状水、泡沫、干粉、二
　　　氧化碳、砂土灭火。如吸入：将患者转移到空
　　　气新鲜处，休息，保持利于呼吸的体位，立即
　　　呼叫中毒控制中心或就医。如皮肤（或头发）
　　　接触：立即脱掉所有被污染的衣服，用水冲洗
　　　皮肤，淋浴。污染的衣服必须洗净后方可重新
　　　使用。眼睛接触：用水细心地冲洗数分钟。如
　　　戴隐形眼镜并可方便地取出，则取出隐形眼
　　　镜，继续冲洗。食入：漱口，不要催吐

　　安全储存　存放在通风良好的地方。保持低温。上
　　　锁保管

　　废弃处置　本品及内装物、容器依据国家和地方法
　　　规处置

物理和化学危险　易燃，其蒸气与空气混合，能形成爆炸
　　　性混合物

健康危害　吸入、摄入或经皮肤吸收后对身体有害。本品对
　　　眼睛、皮肤、黏膜和上呼吸道有刺激作用。吸入后可
　　　引起喉、支气管的炎症、水肿、痉挛，化学性肺炎或
　　　肺水肿。接触后可引起烧灼感、咳嗽、喘息、气短、
　　　头痛、恶心和呕吐。眼和皮肤接触可引起灼伤

环境危害　对环境可能有害

第三部分　成分/组成信息

√ 物质　　　　　　　　　　　混合物

组分	浓度	CAS No.
N,N-二异丙基乙胺		7087-68-5

第四部分　急救措施

吸入　迅速脱离现场至空气新鲜处。保持呼吸道通畅。如
　　　呼吸困难，给输氧。如呼吸、心跳停止，立即进行心
　　　肺复苏术。就医

皮肤接触　立即脱去污染的衣着，用大量流动清水彻底冲
　　　洗至少15min。就医

眼睛接触　立即分开眼睑，用流动清水或生理盐水彻底冲
　　　洗5~10min。就医

食入　用水漱口，禁止催吐。给饮牛奶或蛋清。就医

对保护施救者的忠告　根据需要使用个人防护设备

对医生的特别提示　对症处理

第五部分　消防措施

灭火剂　用雾状水、泡沫、干粉、二氧化碳、砂土灭火

特别危险性　其蒸气与空气可形成爆炸性混合物，遇明
　　　火、高热极易燃烧爆炸。与氧化剂接触猛烈反应。若
　　　遇高热，容器内压增大，有开裂和爆炸的危险

灭火注意事项及防护措施　消防人员必须佩戴防毒面具、
　　　穿全身消防服，在上风向灭火。尽可能将容器从火场
　　　移至空旷处。喷水保持火场容器冷却，直至灭火结
　　　束。处在火场中的容器若已变色或从安全泄压装置中
　　　发出声音，必须马上撤离

第六部分　泄漏应急处理

作业人员防护措施、防护装备和应急处置程序　消除所有
　　　点火源。根据液体流动和蒸气扩散的影响区域划定警
　　　戒区，无关人员从侧风向、上风向撤离至安全区。建
　　　议应急处理人员戴正压自给式呼吸器，穿防静电、防
　　　腐、防毒服。作业时使用的所有设备应接地。禁止接
　　　触或跨越泄漏物。尽可能切断泄漏源

环境保护措施　防止泄漏物进入水体、下水道、地下室或
　　　有限空间

泄漏化学品的收容、清除方法及所使用的处置材料　小量
　　　泄漏：用砂土或其他不燃材料吸收。使用洁净的无火
　　　花工具收集吸收材料。大量泄漏：构筑围堤或挖坑收
　　　容。用泡沫覆盖，减少蒸发。喷水雾能减少蒸发，但
　　　不能降低泄漏物在有限空间内的易燃性。用防爆、耐
　　　腐蚀泵转移至槽车或专用收集器内

第七部分　操作处置与储存

操作注意事项　密闭操作，全面通风。操作人员必须经过
　　　专门培训，严格遵守操作规程。建议操作人员佩戴自
　　　吸过滤式防毒面具（半面罩），戴化学安全防护眼镜，
　　　穿防静电工作服，戴橡胶耐油手套。远离火种、热
　　　源，工作场所严禁吸烟。使用防爆型的通风系统和设
　　　备。防止蒸气泄漏到工作场所空气中。避免与氧化

剂、酸类接触。搬运时要轻装轻卸，防止包装及容器损坏。配备相应品种和数量的消防器材及泄漏应急处理设备。倒空的容器可能残留有害物

储存注意事项 储存于阴凉、通风的库房。远离火种、热源。库温不宜超过 37℃，应与氧化剂、酸类分开存放，切忌混储。采用防爆型照明、通风设施。禁止使用易产生火花的机械设备和工具。储区应备有泄漏应急处理设备和合适的收容材料

第八部分　接触控制/个体防护

职业接触限值
　中国　未制定标准
　美国（ACGIH）　未制定标准
生物接触限值　未制定标准
监测方法　空气中有毒物质测定方法：未制定标准。生物监测检验方法：未制定标准
工程控制　生产过程密闭，全面通风
个体防护装备
　呼吸系统防护　空气中浓度超标时，必须佩戴过滤式防毒面具（半面罩）。紧急事态抢救或撤离时，应该佩戴空气呼吸器
　眼睛防护　戴化学安全防护眼镜
　皮肤和身体防护　穿防静电工作服
　手防护　戴橡胶耐油手套

第九部分　理化特性

外观与性状　无色液体，有强烈的氨味

pH 值　无资料		熔点(℃)　无资料	
沸点(℃)　128		相对密度(水=1)　0.742	
相对蒸气密度(空气=1)　无资料			
饱和蒸气压(kPa)　4.12(37.7℃)			
临界压力(MPa)　无资料		辛醇/水分配系数　无资料	
闪点(℃)　10.56		自燃温度(℃)　无资料	
爆炸下限(%)　无资料		爆炸上限(%)　无资料	
分解温度(℃)　无资料		黏度(mPa·s)　无资料	
燃烧热(kJ/mol)　无资料		临界温度(℃)　无资料	

溶解性　无资料

第十部分　稳定性和反应性

稳定性　稳定
危险反应　与强氧化剂禁配物接触，有发生火灾和爆炸的危险
避免接触的条件　无资料
禁配物　强氧化剂、酸类
危险的分解产物　氮氧化物

第十一部分　毒理学信息

急性毒性　无资料

皮肤刺激或腐蚀　无资料	眼睛刺激或腐蚀　无资料
呼吸或皮肤过敏　无资料	生殖细胞突变性　无资料
致癌性　无资料	生殖毒性　无资料

特异性靶器官系统毒性-一次接触　无资料
特异性靶器官系统毒性-反复接触　无资料

吸入危害　无资料

第十二部分　生态学信息

生态毒性　无资料
持久性和降解性
　生物降解性　无资料
　非生物降解性　无资料
潜在的生物累积性　无资料
土壤中的迁移性　无资料

第十三部分　废弃处置

废弃化学品　建议用焚烧法处置。焚烧炉排出的氮氧化物通过洗涤器除去
污染包装物　将容器返还生产商或按照国家和地方法规处置
废弃注意事项　处置前应参阅国家和地方有关法规

第十四部分　运输信息

联合国危险货物编号（UN 号）　2733
联合国运输名称　胺，易燃，腐蚀性，未另作规定的（N,N-二异丙基乙胺）
联合国危险性类别　3，8
包装类别　Ⅱ
包装标志
海洋污染物　否
运输注意事项　运输时运输车辆应配备相应品种和数量的消防器材及泄漏应急处理设备。夏季最好早晚运输。运输时所用的槽（罐）车应有接地链，槽内可设孔隔板以减少震荡产生的静电。严禁与氧化剂、酸类、食用化学品等混装混运。运输途中应防暴晒、雨淋、防高温。中途停留时应远离火种、热源、高温区。装运该物品的车辆排气管必须配备阻火装置，禁止使用易产生火花的机械设备和工具装卸。公路运输时要按规定路线行驶。铁路运输时要禁止溜放。严禁用木船、水泥船散装运输

第十五部分　法规信息

　　下列法律、法规、规章和标准，对该化学品的管理作了相应的规定。
中华人民共和国职业病防治法　职业病分类和目录：未列入
危险化学品安全管理条例　危险化学品目录：列入。易制爆危险化学品名录：未列入。重点监管的危险化学品名录：未列入。GB 18218—2009《危险化学品重大危险源辨识》（表1）：未列入
使用有毒物品作业场所劳动保护条例　高毒物品目录：未列入
易制毒化学品管理条例　易制毒化学品的分类和品种目录：未列入
国际公约　斯德哥尔摩公约：未列入。鹿特丹公约：未列

入。蒙特利尔议定书：未列入

第十六部分　其他信息

编写和修订信息　　缩略语和首字母缩写
培训建议　　　　　　参考文献
免责声明

N,N-二异丙基乙醇胺

第一部分　化学品标识

化学品中文名　N,N-二异丙基乙醇胺；N,N-二异丙氨
基乙醇

化学品英文名　N,N-diisopropyl aminoethanol；diisopro-
pylethanolamine

分子式　$C_8H_{19}NO$　**分子量**　145.2426

结构式　

化学品的推荐及限制用途　用于有机合成，是医药的中间
体，也可用于纤维助剂、乳化剂和催化剂等

第二部分　危险性概述

紧急情况概述　可燃液体，造成严重的皮肤灼伤和眼损伤
GHS 危险性类别　易燃液体，类别 4；皮肤腐蚀/刺激，
类别 1；严重眼损伤/眼刺激，类别 1
标签要素

象形图

警示词　危险
危险性说明　可燃液体，造成严重的皮肤灼伤和眼损伤
防范说明

预防措施　远离火焰和热表面。禁止吸烟。避免吸
入烟雾。避免接触眼睛、皮肤，操作后彻底清
洗。戴防护手套，穿防护服，戴防护眼镜、防
护面罩

事故响应　火灾时，使用雾状水、泡沫、干粉、二
氧化碳、砂土灭火。如吸入：将患者转移到空
气新鲜处，休息，保持利于呼吸的体位，立即
呼叫中毒控制中心或就医。皮肤（或头发）接
触：立即脱掉所有被污染的衣服，用水冲洗皮
肤，淋浴。污染的衣服必须洗净后方可重新使
用。眼睛接触：用水细心地冲洗数分钟。如戴
隐形眼镜并可方便地取出，则取出隐形眼镜，
继续冲洗。食入：漱口，不要催吐

安全储存　存放在通风良好的地方。保持低温。上
锁保管

废弃处置　本品及内装物、容器依据国家和地方法
规处置

物理和化学危险　易燃，其蒸气与空气混合，能形成爆炸
性混合物

健康危害　误服或吸入有毒。对眼睛、皮肤和黏膜有刺激
性和腐蚀性。眼和皮肤接触可引起灼伤

环境危害　对环境可能有害

第三部分　成分/组成信息

√ 物质　　　　　　　　　　混合物

组分　　　　　　　　浓度　　　　CAS No.
N,N-二异丙基乙醇胺　　　　　　96-80-0

第四部分　急救措施

吸入　迅速脱离现场至空气新鲜处。保持呼吸道通畅。如
呼吸困难，给输氧。如呼吸、心跳停止，立即进行心
肺复苏术。就医
皮肤接触　立即脱去污染的衣着，用大量流动清水彻底冲
洗至少 15min。就医
眼睛接触　立即分开眼睑，用流动清水或生理盐水彻底冲
洗 5～10min。就医
食入　用水漱口，禁止催吐。给饮牛奶或蛋清。就医
对保护施救者的忠告　根据需要使用个人防护设备
对医生的特别提示　对症处理

第五部分　消防措施

灭火剂　用雾状水、泡沫、干粉、二氧化碳、砂土灭火
特别危险性　其蒸气与空气可形成爆炸性混合物，遇明
火、高热能引起燃烧爆炸。与氧化剂可发生反应。
受高热分解放出有毒的气体。蒸气比空气重，沿地
面扩散并易积存于低洼处，遇火源会着火回燃。具
有腐蚀性。若遇高热，容器内压增大，有开裂和爆
炸的危险
灭火注意事项及防护措施　消防人员必须佩戴防毒面具、
穿全身消防服，在上风向灭火。尽可能将容器从火场
移至空旷处。喷水保持火场容器冷却，直至灭火结
束。处在火场中的容器若已变色或从安全泄压装置中
发出声音，必须马上撤离

第六部分　泄漏应急处理

作业人员防护措施、防护装备和应急处置程序　消除所有
点火源。根据液体流动和蒸气扩散的影响区域划定警
戒区，无关人员从侧风向、上风向撤离至安全区。建
议应急处理人员戴正压自给式呼吸器，穿防静电、防
腐服。作业时使用的所有设备应接地。禁止接触或跨
越泄漏物。尽可能切断泄漏源
环境保护措施　防止泄漏物进入水体、下水道、地下室或
有限空间
泄漏化学品的收容、清除方法及所使用的处置材料　小
量泄漏：用砂土或其他不燃材料吸收。使用洁净的
无火花工具收集吸收材料。大量泄漏：构筑围堤或
挖坑收容。用防爆、耐腐蚀泵转移至槽车或专用收
集器内

第七部分　操作处置与储存

操作注意事项　密闭操作，局部排风。防止蒸气泄漏到工
作场所空气中。操作人员必须经过专门培训，严格遵
守操作规程。建议操作人员佩戴自吸过滤式防毒面具
（半面罩），戴化学安全防护眼镜，穿橡胶耐酸碱服，

戴橡胶耐酸碱手套。远离火种、热源，工作场所严禁吸烟。使用防爆型的通风系统和设备。在清除液体和蒸气前不能进行焊接、切割等作业。避免产生烟雾。避免与氧化剂、酸类接触。配备相应品种和数量的消防器材及泄漏应急处理设备。倒空的容器可能残留有害物

储存注意事项   储存于阴凉、通风的库房。远离火种、热源。防止阳光直射。保持容器密封。应与氧化剂、酸类分开存放，切忌混储。采用防爆型照明、通风设施。禁止使用易产生火花的机械设备和工具。储区应备有泄漏应急处理设备和合适的收容材料

第八部分 接触控制/个体防护

职业接触限值

   中国   未制定标准

   美国（ACGIH）   未制定标准

生物接触限值   未制定标准

监测方法   空气中有毒物质测定方法：未制定标准。生物监测检验方法：未制定标准

工程控制   密闭操作，局部排风

个体防护装备

   呼吸系统防护   空气中浓度超标时，必须佩戴过滤式防毒面具（半面罩）。紧急事态抢救或撤离时，应该佩戴空气呼吸器

   眼睛防护   戴化学安全防护眼镜

   皮肤和身体防护   穿橡胶耐酸碱服

   手防护   戴橡胶耐酸碱手套

第九部分 理化特性

外观与性状   无色油状液体

pH 值   无资料   **熔点（℃）** -39.3

沸点（℃）   187～192

相对密度（水=1）   0.874(20℃)

相对蒸气密度（空气=1）   5.0

饱和蒸气压（kPa）   0.11(20℃)

临界压力（MPa）   无资料   **辛醇/水分配系数**   无资料

闪点（℃）   57.22   **自燃温度（℃）**   无资料

爆炸下限（%）   无资料   **爆炸上限（%）**   无资料

分解温度（℃）   无资料   **黏度（mPa·s）**   无资料

燃烧热（kJ/mol）   无资料   **临界温度（℃）**   无资料

溶解性   微溶于水

第十部分 稳定性和反应性

稳定性   稳定

危险反应   与强氧化剂、酸类等禁配物发生反应

避免接触的条件   无资料

禁配物   强氧化剂、酸类

危险的分解产物   氮氧化物

第十一部分 毒理学信息

急性毒性 LD_{50}：860mg/kg（大鼠经口）；770mg/kg（小鼠经口）；450mg/kg（兔经皮）。LC_{50}：1965mg/m^3（大鼠吸入，6h）

皮肤刺激或腐蚀   无资料   **眼睛刺激或腐蚀**   无资料

呼吸或皮肤过敏   无资料   **生殖细胞突变性**   无资料

致癌性   无资料   **生殖毒性**   无资料

特异性靶器官系统毒性-一次接触   无资料

特异性靶器官系统毒性-反复接触   无资料

吸入危害   无资料

第十二部分 生态学信息

生态毒性   无资料

持久性和降解性

   生物降解性   无资料

   非生物降解性   无资料

潜在的生物累积性   无资料

土壤中的迁移性   无资料

第十三部分 废弃处置

废弃化学品   用焚烧法处置。在能利用的地方重复使用容器或在规定场所掩埋

污染包装物   将容器返还生产商或按照国家和地方法规处置

废弃注意事项   处置前应参阅国家和地方有关法规

第十四部分 运输信息

联合国危险货物编号（UN 号）   1760

联合国运输名称   腐蚀性液体，未另作规定的（N,N-二异丙基乙醇胺）

联合国危险性类别   8

包装类别   Ⅱ   **包装标志**

海洋污染物   否

运输注意事项   起运时包装要完整，装载应稳妥。运输过程中要确保容器不泄漏、不倒塌、不坠落、不损坏。运输时所用的槽（罐）车应有接地链，槽内可设孔隔板以减少震荡产生的静电。严禁与氧化剂、酸类、食用化学品等混装混运。公路运输时要按规定路线行驶，勿在居民区和人口稠密区停留

第十五部分 法规信息

下列法律、法规、规章和标准，对该化学品的管理作了相应的规定。

中华人民共和国职业病防治法   职业病分类和目录：未列入

危险化学品安全管理条例   危险化学品目录：列入。易制爆危险化学品名录：未列入。重点监管的危险化学品名录：未列入。GB 18218—2009《危险化学品重大危险源辨识》（表1）：未列入

使用有毒物品作业场所劳动保护条例   高毒物品目录：未列入

易制毒化学品管理条例   易制毒化学品的分类和品种目录：未列入

国际公约   斯德哥尔摩公约：未列入。鹿特丹公约：未列入。蒙特利尔议定书：未列入

第十六部分　其他信息

编写和修订信息　　缩略语和首字母缩写
培训建议　　　　　参考文献
免责声明

二异丁基甲酮

第一部分　化学品标识

化学品中文名　二异丁基甲酮；二异丁基酮
化学品英文名　diisobutyl ketone；2,6-dimethyl-4-hep-
　　　　　　　tanone
分子式　$C_9H_{18}O$　分子量　142.2386
结构式　
化学品的推荐及限制用途　用作硝化纤维素、橡胶、树脂
　　等的溶剂和涂料，用于有机合成等

第二部分　危险性概述

紧急情况概述　易燃液体和蒸气，可能引起呼吸道刺激
GHS危险性类别　易燃液体，类别3；特异性靶器官毒性
　　一一次接触，类别3（呼吸道刺激）
标签要素

象形图

警示词　警告
危险性说明　易燃液体和蒸气，可能引起呼吸道刺激
防范说明
　　预防措施　远离热源、火花、明火、热表面。禁止
　　　吸烟。保持容器密闭。容器和接收设备接地连
　　　接。使用防爆型电器、通风、照明设备。只能
　　　使用不产生火花的工具。采取防止静电措施。
　　　戴防护手套、防护眼镜、防护面罩
　　事故响应　火灾时，使用雾状水、泡沫、干粉、二
　　　氧化碳、砂土灭火。如皮肤（或头发）接触：
　　　立即脱掉所有被污染的衣服，用水冲洗皮肤，
　　　淋浴
　　安全储存　存放在通风良好的地方。保持低温
　　废弃处置　本品及内装物、容器依据国家和地方法
　　　规处置
物理和化学危险　易燃，其蒸气与空气混合，能形成爆炸
　　性混合物
健康危害　高浓度时有刺激和麻醉作用，可造成呼吸中枢
　　抑制。反复接触发生恶心、眩晕。对肝、肾可有轻度
　　影响
环境危害　对环境可能有害

第三部分　成分/组成信息

√物质　　　　　　　　　混合物

组分	浓度	CAS No.
二异丁基甲酮		108-83-8

第四部分　急救措施

吸入　迅速脱离现场至空气新鲜处。保持呼吸道通畅。如
　　呼吸困难，给输氧。呼吸、心跳停止，立即进行心肺
　　复苏术。就医
皮肤接触　立即脱去污染的衣着，用流动清水彻底冲洗。
　　就医
眼睛接触　立即分开眼睑，用流动清水或生理盐水彻底冲
　　洗。就医
食入　漱口，饮水。就医
对保护施救者的忠告　根据需要使用个人防护设备
对医生的特别提示　对症处理

第五部分　消防措施

灭火剂　用雾状水、泡沫、干粉、二氧化碳、砂土灭火
特别危险性　其蒸气与空气可形成爆炸性混合物，遇明
　　火、高热能引起燃烧爆炸。与氧化剂可发生反应。流
　　速过快，容易产生和积聚静电。蒸气比空气重，沿地
　　面扩散并易积存于低洼处，遇火源会着火回燃。若遇
　　高热，容器内压增大，有开裂和爆炸的危险
灭火注意事项及防护措施　消防人员必须佩戴防毒面具、
　　穿全身消防服，在上风向灭火。尽可能将容器从火场
　　移至空旷处。喷水保持火场容器冷却，直至灭火结
　　束。处在火场中的容器若已变色或从安全泄压装置中
　　发出声音，必须马上撤离

第六部分　泄漏应急处理

作业人员防护措施、防护装备和应急处置程序　消除所有
　　点火源。根据液体流动和蒸气扩散的影响区域划定警
　　戒区，无关人员从侧风、上风向撤离至安全区。建议
　　应急处理人员戴正压自给式呼吸器，穿防静电服。作
　　业时使用的所有设备应接地。禁止接触或跨越泄漏
　　物。尽可能切断泄漏源
环境保护措施　防止泄漏物进入水体、下水道、地下室或
　　有限空间
泄漏化学品的收容、清除方法及所使用的处置材料　小量
　　泄漏：用砂土或其他不燃材料吸收。使用洁净的无火
　　花工具收集吸收材料。大量泄漏：构筑围堤或挖坑收
　　容。用泡沫覆盖，减少蒸发。喷水雾能减少蒸发，但
　　不能降低泄漏物在有限空间内的易燃性。用防爆泵转
　　移至槽车或专用收集器内

第七部分　操作处置与储存

操作注意事项　密闭操作，注意通风。操作人员必须经过
　　专门培训，严格遵守操作规程。建议操作人员佩戴过
　　滤式防毒面具（半面罩），戴化学安全防护眼镜，穿
　　防静电工作服，戴防化学品手套。远离火种、热源，
　　工作场所严禁吸烟。使用防爆型的通风系统和设备。
　　防止蒸气泄漏到工作场所空气中。避免与氧化剂、还
　　原剂、碱类接触。充装时要控制流速，防止静电积
　　聚。搬运时要轻装轻卸，防止包装及容器损坏。配备
　　相应品种和数量的消防器材及泄漏应急处理设备。倒
　　空的容器可能残留有害物

储存注意事项　储存于阴凉、通风的库房。库温不宜超过37℃，远离火种、热源。应与氧化剂、还原剂、碱类分开存放，切忌混储。采用防爆型照明、通风设施。禁止使用易产生火花的机械设备和工具。储区应备有泄漏应急处理设备和合适的收容材料

第八部分　接触控制/个体防护

职业接触限值
中国　PC-TWA：145mg/m³
美国（ACGIH）　TLV-TWA：25ppm
生物接触限值　未制定标准
监测方法　空气中有毒物质测定方法：溶剂解吸-气相色谱法；生物监测检验方法：未制定标准
工程控制　密闭操作，注意通风
个体防护装备
呼吸系统防护　空气中浓度较高时，应该佩戴过滤式防毒面具（半面罩）。紧急事态抢救或逃生时，建议佩戴空气呼吸器
眼睛防护　空气中浓度较高时，佩戴化学安全防护眼镜
皮肤和身体防护　穿防静电工作服
手防护　戴防化学品手套

第九部分　理化特性

外观与性状　无色液体，略有气味
pH值　无资料　　　　熔点（℃）　－41.5
沸点（℃）　168.1　　相对密度（水=1）　0.81
相对蒸气密度（空气=1）　4.9
饱和蒸气压（kPa）　0.22（20℃）
临界压力（MPa）　无资料　　辛醇/水分配系数　2.65
闪点（℃）　49　　　自燃温度（℃）　396
爆炸下限（%）　0.8　　爆炸上限（%）　7.1
分解温度（℃）　无资料
黏度（mPa·s）　0.896（70℃）；1.32～0.665（0～40℃）
燃烧热（kJ/mol）　－5305.5　　临界温度（℃）　340
溶解性　不溶于水，可混溶于乙醇、乙醚等多数有机溶剂

第十部分　稳定性和反应性

稳定性　稳定
危险反应　与强氧化剂、强还原剂、强碱等禁配物接触，有发生火灾和爆炸的危险
避免接触的条件　无资料
禁配物　强氧化剂、强还原剂、强碱
危险的分解产物　无资料

第十一部分　毒理学信息

急性毒性　LD$_{50}$：5750mg/kg（大鼠经口），1416mg/kg（小鼠经口），16000mg/kg（兔经皮）
皮肤刺激或腐蚀　无资料　　眼睛刺激或腐蚀　无资料
呼吸或皮肤过敏　无资料　　生殖细胞突变性　无资料
致癌性　无资料　　　　　　生殖毒性　无资料
特异性靶器官系统毒性-一次接触　无资料
特异性靶器官系统毒性-反复接触　无资料

吸入危害　无资料

第十二部分　生态学信息

生态毒性　无资料
持久性和降解性
生物降解性　无资料
非生物降解性　无资料
潜在的生物累积性　无资料
土壤中的迁移性　无资料

第十三部分　废弃处置

废弃化学品　用焚烧法处置
污染包装物　将容器返还生产商或按照国家和地方法规处置
废弃注意事项　处置前应参阅国家和地方有关法规

第十四部分　运输信息

联合国危险货物编号（UN号）　1157
联合国运输名称　二异丁酮
联合国危险性类别　3

包装类别　Ⅲ　　　　　　包装标志　

海洋污染物　否
运输注意事项　运输时运输车辆应配备相应品种和数量的消防器材及泄漏应急处理设备。夏季最好早晚运输。运输时所用的槽（罐）车应有接地链，槽内可设孔隔板以减少震荡产生的静电。严禁与氧化剂、还原剂、碱类等混装混运。运输途中应防暴晒、雨淋，防高温。中途停留时应远离火种、热源、高温区。装运该物品的车辆排气管必须配备阻火装置，禁止使用易产生火花的机械设备和工具装卸。公路运输时要按规定路线行驶，勿在居民区和人口稠密区停留。铁路运输时要禁止溜放。严禁用木船、水泥船散装运输

第十五部分　法规信息

下列法律、法规、规章和标准，对该化学品的管理作了相应的规定。
中华人民共和国职业病防治法　职业病分类和目录：未列入
危险化学品安全管理条例　危险化学品目录：列入。易制爆危险化学品名录：未列入。重点监管的危险化学品名录：未列入。GB 18218—2009《危险化学品重大危险源辨识》（表1）：未列入
使用有毒物品作业场所劳动保护条例　高毒物品目录：未列入
易制毒化学品管理条例　易制毒化学品的分类和品种目录：未列入
国际公约　斯德哥尔摩公约：未列入。鹿特丹公约：未列入。蒙特利尔议定书：未列入

第十六部分　其他信息

编写和修订信息　　缩略语和首字母缩写
培训建议　　　　　参考文献
免责声明

发硫磷

第一部分　化学品标识

化学品中文名　发硫磷；发果；O,O-二乙基-S-（N-异丙基氨基甲酰甲基）二硫化磷酸酯；亚果；乙基乐果

化学品英文名　prothoate；trimethoate；O,O-diethyl S-isopropylcarbamoylmethyl phosphorodithioate

分子式　$C_9H_{20}NO_3PS_2$　　**分子量**　285.4

结构式

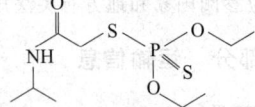

化学品的推荐及限制用途　用作杀螨和杀虫剂

第二部分　危险性概述

紧急情况概述　吞咽致命，皮肤接触会致命

GHS危险性类别　急性毒性-经口，类别2；急性毒性-经皮，类别1；危害水生环境-急性危害，类别3；危害水生环境-长期危害，类别3

标签要素

象形图

警示词　危险

危险性说明　吞咽致命，皮肤接触会致命，对水生生物有害并具有长期持续影响

防范说明

　　预防措施　避免接触眼睛、皮肤、皮肤或衣服，操作后彻底清洗。作业场所不得进食、饮水或吸烟。戴防护手套、穿防护服。禁止排入环境

　　事故响应　皮肤接触：用大量肥皂水和水轻轻地清洗，立即脱去所有被污染的衣服。被污染的衣服必须经洗净后方可重新使用。食入：立即呼叫中毒控制中心或就医，漱口

　　安全储存　上锁保管

　　废弃处置　本品及内装物、容器依据国家和地方法规处置

物理和化学危险　可燃，其粉体与空气混合，能形成爆炸性混合物

健康危害　对胆碱酯酶有抑制作用。轻者出现头晕、多汗、恶心、呕吐等；中度中毒出现肌束震颤、瞳孔缩小、腹痛等；重者出现昏迷、肺水肿、呼吸抑制和脑水肿等

环境危害　对水生生物有害并具有长期持续影响

第三部分　成分/组成信息

√ 物质　　　　　　　　　□ 混合物

组分	浓度	CAS No.
发硫磷		2275-18-5

第四部分　急救措施

吸入　迅速脱离现场至空气新鲜处。保持呼吸道通畅。如呼吸困难，给输氧。如呼吸、心跳停止，立即进行心肺复苏术。就医

皮肤接触　立即脱去污染的衣着，用肥皂水及流动清水彻底冲洗污染的皮肤、头发、指甲等。就医

眼睛接触　分开眼睑，用流动清水或生理盐水冲洗。就医

食入　饮足量温水，催吐（仅限于清醒者）。口服活性炭。就医

对保护施救者的忠告　根据需要使用个人防护设备

对医生的特别提示　解毒剂：阿托品、胆碱酯酶复能剂

第五部分　消防措施

灭火剂　用雾状水、泡沫、干粉、二氧化碳、砂土灭火

特别危险性　遇明火、高热可燃。其粉体与空气可形成爆炸性混合物，当达到一定浓度时，遇火星会发生爆炸。受高热分解放出有毒的气体

灭火注意事项及防护措施　消防人员必须佩戴防毒面具、穿全身消防服，在上风向灭火。尽可能将容器从火场移至空旷处。喷水保持火场容器冷却，直至灭火结束

第六部分　泄漏应急处理

作业人员防护措施、防护装备和应急处置程序　隔离泄漏污染区，限制出入。消除所有点火源。建议应急处理人员戴防尘口罩，穿防毒服。穿上适当的防护服前严禁接触破裂的容器和泄漏物。尽可能切断泄漏源

环境保护措施　用塑料布覆盖泄漏物，减少飞散

泄漏化学品的收容、清除方法及所使用的处置材料　勿使水进入包装容器内。用洁净的铲子收集泄漏物，置于干净、干燥、盖子较松的容器中，将容器移离泄漏区

第七部分　操作处置与储存

操作注意事项　密闭操作，提供充分的局部排风。防止粉尘释放到车间空气中。操作人员必须经过专门培训，严格遵守操作规程。建议操作人员佩戴防尘面具（全面罩），穿胶布防毒衣，戴橡胶手套。远离火种、热源，工作场所严禁吸烟。使用防爆型的通风系统和设备。避免产生粉尘。避免与氧化剂、碱类接触。配备相应品种和数量的消防器材及泄漏应急处理设备。倒空的容器可能残留有害物

储存注意事项　储存于阴凉、通风良好的专用库房内，实行"双人收发、双人保管"制度。远离火种、热源。防止阳光直射。包装密封。应与氧化剂、碱类、食用化学品分开存放，切忌混储。配备相应品种和

数量的消防器材。储区应备有合适的材料收容泄漏物

第八部分　接触控制/个体防护

职业接触限值
中国　未制定标准
美国（ACGIH）　未制定标准

生物接触限值
全血胆碱酯酶活性（校正值）：原基础值或参考值的 70%（采样时间：开始接触后的 3 个月内），原基础值或参考值的 50%（采样时间：持续接触 3 个月后，任意时间）

监测方法　空气中有毒物质测定方法：未制定标准。生物监测检验方法：血中胆碱酯酶活性的分光光度测定方法——羟胺三氯化铁法；血中胆碱酯酶活性的分光光度测定方法——硫代乙酰胆碱-联硫代双硝基苯甲酸法

工程控制　严加密闭，提供充分的局部排风

个体防护装备
呼吸系统防护　可能接触其粉尘时，必须佩戴防尘面具（全面罩）。紧急事态抢救或撤离时，应该佩戴空气呼吸器
眼睛防护　呼吸系统防护中已作防护
皮肤和身体防护　穿密闭型防毒服
手防护　戴橡胶手套

第九部分　理化特性

外观与性状　纯品为无色结晶固体，工业品为琥珀色至黄色半固体，带樟脑气味

pH 值　无意义　　　**熔点(℃)**　28.5

沸点(℃)　无资料　　**相对密度(水＝1)**　1.151

相对蒸气密度(空气＝1)　无资料

饱和蒸气压(kPa)　无资料

临界压力(MPa)　无资料　　**辛醇/水分配系数**　无资料

闪点(℃)　无意义　　**自燃温度(℃)**　无资料

爆炸下限(%)　无资料　　**爆炸上限(%)**　无资料

分解温度(℃)　无资料　　**黏度(mPa·s)**　无资料

燃烧热(kJ/mol)　无资料　　**临界温度(℃)**　无资料

溶解性　微溶于水

第十部分　稳定性和反应性

稳定性　稳定

危险反应　与强氧化剂、强碱等禁配物发生反应

避免接触的条件　无资料

禁配物　强氧化剂、强碱

危险的分解产物　氮氧化物、氧化磷、氧化硫

第十一部分　毒理学信息

急性毒性　LD_{50}：8mg/kg（大鼠经口）；8mg/kg（小鼠经口），8.5mg/kg（兔经口）；14mg/kg（兔经皮）。LC_{50}：165mg/m³（大鼠吸入，4h）

皮肤刺激或腐蚀　无资料　　**眼睛刺激或腐蚀**　无资料

呼吸或皮肤过敏　无资料　　**生殖细胞突变性**　无资料

致癌性　无资料　　　　**生殖毒性**　无资料

特异性靶器官系统毒性-一次接触　无资料

特异性靶器官系统毒性-反复接触　无资料

吸入危害　无资料

第十二部分　生态学信息

生态毒性
LC_{50}：50～70mg/L（96h）（金鱼）

持久性和降解性
生物降解性　无资料
非生物降解性　无资料

潜在的生物累积性　根据 K_{ow} 值预测，该物质的生物累积性可能较弱

土壤中的迁移性　根据 K_{oc} 值预测，该物质可能易发生迁移

第十三部分　废弃处置

废弃化学品　建议用控制焚烧法或安全掩埋法处置

污染包装物　将容器返还生产商或按照国家和地方法规处置

废弃注意事项　处置前应参阅国家和地方有关法规

第十四部分　运输信息

联合国危险货物编号（UN 号）　2783

联合国运输名称　固态有机磷农药，毒性（发硫磷）

联合国危险性类别　6

包装类别　Ⅰ　　　　**包装标志**　

海洋污染物　否

运输注意事项　运输前应先检查包装容器是否完整、密封，运输过程中要确保容器不泄漏、不倒塌、不坠落、不损坏。严禁与酸类、氧化剂、食品及食品添加剂混运。运输时运输车辆应配备相应品种和数量的消防器材及泄漏应急处理设备。运输途中应防暴晒、雨淋，防高温。公路运输时要按规定路线行驶，勿在居民区和人口稠密区停留

第十五部分　法规信息

下列法律、法规、规章和标准，对该化学品的管理作了相应的规定。

中华人民共和国职业病防治法　职业病分类和目录：有机磷中毒

危险化学品安全管理条例　危险化学品目录：列入。作为剧毒化学品进行管理。易制爆危险化学品名录：未列入。重点监管的危险化学品名录：未列入。GB 18218—2009《危险化学品重大危险源辨识》（表1）：未列入

使用有毒物品作业场所劳动保护条例　高毒物品目录：未列入

易制毒化学品管理条例　易制毒化学品的分类和品种目录：未列入

国际公约　斯德哥尔摩公约：未列入。鹿特丹公约：未列入。蒙特利尔议定书：未列入

第十六部分　其他信息

编写和修订信息　缩略语和首字母缩写
培训建议　　　　参考文献
免责声明

丰索磷

第一部分　化学品标识

化学品中文名　丰索磷；线虫磷；O,O'-二乙基-O-[(4-甲基亚磺酰)苯基]硫代磷酸酯
化学品英文名　fensulfothion；O,O-diethyl-O-(p-methylsulfinyl) phenylthiophosphate
分子式　$C_{11}H_{17}O_4PS_2$　分子量　308.354
结构式

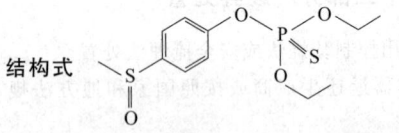

化学品的推荐及限制用途　用作农用杀虫剂、杀线虫剂

第二部分　危险性概述

紧急情况概述　吞咽致命，皮肤接触会致命
GHS危险性类别　急性毒性-经口，类别2；急性毒性-经皮，类别1；危害水生环境-急性危害，类别1；危害水生环境-长期危害，类别1
标签要素

象形图　

警示词　危险
危险性说明　吞咽致命，皮肤接触会致命，对水生生物毒性非常大并具有长期持续影响
防范说明
　　预防措施　避免接触眼睛、皮肤、皮肤或衣服，操作后彻底清洗。作业场所不得进食、饮水或吸烟。戴防护手套、穿防护服。禁止排入环境
　　事故响应　皮肤接触：用大量肥皂水和水轻轻地清洗，立即脱去所有被污染的衣服。被污染的衣服必须经洗净后方可重新使用。食入：立即呼叫中毒控制中心或就医，漱口。收集泄漏物
　　安全储存　上锁保管
　　废弃处置　本品及内装物、容器依据国家和地方法规处置
物理和化学危险　可燃，其蒸气与空气混合，能形成爆炸性混合物
健康危害　抑制胆碱酯酶活性。轻者出现头痛、头晕、恶心、多汗、瞳孔缩小。中度中毒者出现肌束震颤、呼吸困难；重度中毒者，可出现肺水肿、脑水肿、呼吸麻痹
环境危害　对水生生物毒性非常大并具有长期持续影响

第三部分　成分/组成信息

√ 物质　　　　　　　　　　混合物
组分　　　　浓度　　　　CAS No.
丰索磷　　　　　　　　　　115-90-2

第四部分　急救措施

吸入　迅速脱离现场至空气新鲜处。保持呼吸道通畅。如呼吸困难，给输氧。如呼吸、心跳停止，立即进行心肺复苏术。就医
皮肤接触　立即脱去污染的衣着，用肥皂水及流动清水彻底冲洗污染的皮肤、头发、指甲等。就医
眼睛接触　分开眼睑，用流动清水或生理盐水冲洗。就医
食入　饮足量温水，催吐（仅限于清醒者）。口服活性炭。就医
对保护施救者的忠告　根据需要使用个人防护设备
对医生的特别提示　解毒剂：阿托品、胆碱酯酶复能剂

第五部分　消防措施

灭火剂　用雾状水、泡沫、干粉、二氧化碳、砂土灭火
特别危险性　遇明火、高热可燃。与氧化剂可发生反应。受高热分解放出有毒的气体。若遇高热，容器内压增大，有开裂和爆炸的危险
灭火注意事项及防护措施　消防人员必须佩戴空气呼吸器、穿全身防火防毒服，在上风向灭火。尽可能将容器从火场移至空旷处。喷水保持火场容器冷却，直至灭火结束。处在火场中的容器若已变色或从安全泄压装置中发出声音，必须马上撤离

第六部分　泄漏应急处理

作业人员防护措施、防护装备和应急处置程序　根据液体流动和蒸气扩散的影响区域划定警戒区，无关人员从侧风向、上风向撤离至安全区。建议应急处理人员戴正压自给式呼吸器，穿防毒服。穿上适当的防护服前严禁接触破裂的容器和泄漏物。尽可能切断泄漏源
环境保护措施　防止泄漏物进入水体、下水道、地下室或有限空间
泄漏化学品的收容、清除方法及所使用的处置材料　小量泄漏：用干燥的砂土或其他不燃材料吸收或覆盖，收集于容器中。大量泄漏：构筑围堤或挖坑收容。用泵转移至槽车或专用收集器内

第七部分　操作处置与储存

操作注意事项　密闭操作，提供充分的局部排风。防止蒸气泄漏到工作场所空气中。操作人员必须经过专门培训，严格遵守操作规程。建议操作人员佩戴自吸过滤式防毒面具（全面罩），穿胶布防毒衣，戴橡胶手套。远离火种、热源，工作场所严禁吸烟。使用防爆型的通风系统和设备。在清除液体和蒸气前不能进行焊接、切割等作业。避免产生烟雾。避免与氧化剂接触。配备相应品种和数量的消防器材及泄漏应急处理设备。倒空的容器可能残留有害物
储存注意事项　储存于阴凉、通风良好的专用库房内，实

行"双人收发、双人保管"制度。远离火种、热源。防止阳光直射。保持容器密封。应与氧化剂、食用化学品分开存放，切忌混储。配备相应品种和数量的消防器材。储区应备有泄漏应急处理设备和合适的收容材料

第八部分　接触控制/个体防护

职业接触限值

中国　未制定标准

美国（ACGIH）　TLV-TWA：0.05mg/m³（可吸入性颗粒物和蒸气）［皮］

生物接触限值　全血胆碱酯酶活性（校正值）：原基础值或参考值的70%（采样时间：开始接触后的3个月内），原基础值或参考值的50%（采样时间：持续接触3个月后，任意时间）

监测方法　空气中有毒物质测定方法：未制定标准。生物监测检验方法：血中胆碱酯酶活性的分光光度测定方法——羟胺三氯化铁法；血中胆碱酯酶活性的分光光度测定方法——硫代乙酰胆碱-联硫代双硝基苯甲酸法

工程控制　严加密闭，提供充分的局部排风

个体防护装备

呼吸系统防护　空气中浓度超标时，必须佩戴过滤式防毒面具（全面罩）。紧急事态抢救或撤离时，应该佩戴空气呼吸器

眼睛防护　呼吸系统防护中已作防护

皮肤和身体防护　穿密闭型防毒服

手防护　戴橡胶手套

第九部分　理化特性

外观与性状　黄色油状液体

pH值　无资料　　　　**熔点（℃）**　无资料

沸点（℃）　138～141　　**相对密度（水＝1）**　1.202

相对蒸气密度（空气＝1）　无资料

饱和蒸气压（kPa）　无资料

临界压力（MPa）　无资料　**辛醇/水分配系数**　2.23

闪点（℃）　无资料　　　**自燃温度（℃）**　无资料

爆炸下限（%）　无资料　　**爆炸上限（%）**　无资料

分解温度（℃）　无资料　　**黏度（mPa·s）**　无资料

燃烧热（kJ/mol）　无资料　**临界温度（℃）**　无资料

溶解性　微溶于水，溶于多数有机溶剂

第十部分　稳定性和反应性

稳定性　稳定

危险反应　与强氧化剂等禁配物发生反应

避免接触的条件　无资料

禁配物　强氧化剂

危险的分解产物　氧化硫、氧化磷

第十一部分　毒理学信息

急性毒性　LD₅₀：2.2mg/kg（大鼠经口）；3mg/kg（大鼠经皮）。LC₅₀：113mg/m³（大鼠吸入，1h）

皮肤刺激或腐蚀　无资料　　**眼睛刺激或腐蚀**　无资料

呼吸或皮肤过敏　无资料　**生殖细胞突变性**　无资料

致癌性　美国政府工业卫生学家会议（ACGIH）：未分类为人类致癌物。大鼠腹腔内最低中毒剂量（TDLo）：30mg/kg，60d（连续），引起生殖系统肿瘤

生殖毒性　无资料

特异性靶器官系统毒性-一次接触　无资料

特异性靶器官系统毒性-反复接触　无资料

吸入危害　无资料

第十二部分　生态学信息

生态毒性　TLm：0.12mg/l/96h（蓝鳃太阳鱼）。LC₅₀：8.8mg/L（96h）（虹鳟）

持久性和降解性

生物降解性　无资料

非生物降解性　无资料

潜在的生物累积性　根据 K_{ow} 值预测，该物质的生物累积性可能较弱

土壤中的迁移性　根据 K_{oc} 值预测，该物质可能易发生迁移

第十三部分　废弃处置

废弃化学品　建议用焚烧法处置。在能利用的地方重复使用容器或在规定场所掩埋

污染包装物　将容器返还生产商或按照国家和地方法规处置

废弃注意事项　处置前应参阅国家和地方有关法规

第十四部分　运输信息

联合国危险货物编号（UN号）　3018

联合国运输名称　液态有机磷农药，毒性（丰索磷）

联合国危险性类别　6

包装类别　Ⅰ　　　　　　**包装标志**

海洋污染物　是

运输注意事项　运输前应先检查包装容器是否完整、密封，运输过程中要确保容器不泄漏、不倒塌、不坠落、不损坏。严禁与酸类、氧化剂、食品及食品添加剂混运。运输时运输车辆应配备相应品种和数量的消防器材及泄漏应急处理设备。运输途中应防暴晒、雨淋，防高温。公路运输时要按规定路线行驶，勿在居民区和人口稠密区停留

第十五部分　法规信息

下列法律、法规、规章和标准，对该化学品的管理作了相应的规定。

中华人民共和国职业病防治法　职业病分类和目录：有机磷中毒

危险化学品安全管理条例　危险化学品目录：列入。作为剧毒化学品进行管理。易制爆危险化学品名录：未列入。重点监管的危险化学品名录：未列入。GB 18218—2009《危险化学品重大危险源辨识》（表1）：未列入

使用有毒物品作业场所劳动保护条例　高毒物品目录：未
　　列入
易制毒化学品管理条例　易制毒化学品的分类和品种目
　　录：未列入
国际公约　斯德哥尔摩公约：未列入。鹿特丹公约：未列
　　入。蒙特利尔议定书：未列入

第十六部分　其他信息

编写和修订信息　　缩略语和首字母缩写
培训建议　　　　　参考文献
免责声明

呋喃甲酰氯

第一部分　化学品标识

化学品中文名　呋喃甲酰氯；糠酰氯；氯化呋喃甲酰
化学品英文名　α-furoyl chloride；pyromucyl chloride
分子式　$C_5H_3ClO_2$　分子量　130.529
结构式　

化学品的推荐及限制用途　用于有机合成

第二部分　危险性概述

紧急情况概述　吞咽有害，吸入可能有害，造成严重的皮
　　肤灼伤和眼损伤
GHS 危险性类别　急性毒性-经口，类别 4；急性毒性-吸
　　入，类别 5；皮肤腐蚀/刺激，类别 1；严重眼损伤/
　　眼刺激，类别 1
标签要素

象形图　

警示词　危险
危险性说明　吞咽有害，吸入可能有害，造成严重的皮
　　肤灼伤和眼损伤
防范说明
　　预防措施　避免接触眼睛、皮肤，操作后彻底清
　　　　洗。作业场所不得进食、饮水或吸烟。避免吸
　　　　入烟雾。戴防护手套，穿防护服，戴防护眼
　　　　镜、防护面罩
　　事故响应　如吸入：将患者转移到空气新鲜处，休
　　　　息，保持利于呼吸的体位，如感觉不适，呼叫
　　　　中毒控制中心或就医。皮肤（或头发）接触：
　　　　立即脱掉所有被污染的衣服，用水冲洗皮肤、
　　　　淋浴。污染的衣服须洗净后方可重新使用。眼
　　　　睛接触：用水细心地冲洗数分钟。如戴隐形
　　　　镜并可方便地取出，则取出隐形眼镜，继续冲
　　　　洗。食入：漱口，不要催吐，如果感觉不适，
　　　　立即呼叫中毒控制中心或就医
　　安全储存　上锁保管
　　废弃处置　本品及内装物、容器依据国家和地方法
　　　　规处置

物理和化学危险　可燃。遇水产生刺激性气体
健康危害　对眼睛、皮肤、黏膜和呼吸道有强烈的刺激作
　　用。吸入可能由于喉、支气管痉挛、水肿、炎症，化
　　学性肺炎或肺水肿而致死。中毒表现有烧灼感、咳
　　嗽、喘息喉炎、气短、头痛、恶心和呕吐。眼和皮肤
　　接触可引起灼伤
环境危害　对环境可能有害

第三部分　成分/组成信息

√ 物质　　　　　　　　　　　　　混合物

组分	浓度	CAS No.
呋喃甲酰氯		527-69-5

第四部分　急救措施

吸入　迅速脱离现场至空气新鲜处。保持呼吸道通畅。如
　　呼吸困难，给输氧。如呼吸、心跳停止，立即进行心
　　肺复苏术。就医
皮肤接触　立即脱去污染的衣着，用大量流动清水彻底冲
　　洗至少 15min。就医
眼睛接触　立即分开眼睑，用流动清水或生理盐水彻底冲
　　洗 5～10min。就医
食入　用水漱口，禁止催吐。给饮牛奶或蛋清。就医
对保护施救者的忠告　根据需要使用个人防护设备
对医生的特别提示　对症处理

第五部分　消防措施

灭火剂　用干粉、二氧化碳、砂土灭火
特别危险性　可燃。遇高热、明火或与氧化剂接触，有引
　　起燃烧的危险。在空气中受热分解释出剧毒的光气和
　　氯化氢气体。遇水或水蒸气反应放热并产生有毒的腐
　　蚀性气体
灭火注意事项及防护措施　消防人员必须穿全身耐酸碱消
　　防服、佩戴空气呼吸器灭火。尽可能将容器从火场移
　　至空旷处。处在火场中的容器若已变色或从安全泄压
　　装置中发出声音，必须马上撤离。禁止用水、泡沫和
　　酸碱灭火剂灭火

第六部分　泄漏应急处理

作业人员防护措施、防护装备和应急处置程序　根据液体
　　流动和蒸气扩散的影响区域划定警戒区，无关人员从
　　侧风向、上风向撤离至安全区。消除所有点火源。建
　　议应急处理人员戴正压自给式呼吸器，穿防酸碱服。
　　穿上适当的防护服前严禁接触破裂的容器和泄漏物。
　　尽可能切断泄漏源
环境保护措施　防止泄漏物进入水体、下水道、地下室或
　　有限空间
泄漏化学品的收容、清除方法及所使用的处置材料　小量
　　泄漏：用干燥的砂土或其他不燃材料吸收或覆盖，收
　　集于容器中。大量泄漏：构筑围堤或挖坑收容。用耐
　　腐蚀泵转移至槽车或专用收集器内

第七部分　操作处置与储存

操作注意事项　密闭操作，局部排风。操作人员必须经过

专门培训，严格遵守操作规程。建议操作人员佩戴自吸过滤式防毒面具（全面罩），穿橡胶耐酸碱服，戴橡胶耐酸碱手套。远离火种、热源，工作场所严禁吸烟。使用防爆型的通风系统和设备。避免产生烟雾。防止烟雾和蒸气释放到工作场所空气中。避免与氧化剂、碱类、醇类接触。尤其要注意避免与水接触。搬运时要轻装轻卸，防止包装及容器损坏。配备相应品种和数量的消防器材及泄漏应急处理设备。倒空的容器可能残留有害物

储存注意事项　储存于阴凉、干燥、通风良好的库房。远离火种、热源。保持容器密封。应与氧化剂、碱类、醇类等分开存放，切忌混储。配备相应品种和数量的消防器材。储区应备有泄漏应急处理设备和合适的收容材料

第八部分　接触控制/个体防护

职业接触限值
　　中国　未制定标准
　　美国（ACGIH）　未制定标准
生物接触限值　未制定标准
监测方法　空气中有毒物质测定方法：未制定标准。生物监测检验方法：未制定标准
工程控制　密闭操作，局部排风。提供安全淋浴和洗眼设备
个体防护装备
　　呼吸系统防护　空气中浓度超标时，必须佩戴过滤式防毒面具（全面罩）。紧急事态抢救或撤离时，应该佩戴空气呼吸器
　　眼睛防护　呼吸系统防护中已作防护
　　皮肤和身体防护　穿橡胶耐酸碱服
　　手防护　戴橡胶耐酸碱手套

第九部分　理化特性

外观与性状　无色或浅黄色液体

pH 值　无资料　　　　　**熔点(℃)**　－2

沸点(℃)　173～174　　　**相对密度(水＝1)**　1.324

相对蒸气密度(空气＝1)　无资料

饱和蒸气压(kPa)　1.33(66℃)

临界压力(MPa)　无资料　**辛醇/水分配系数**　无资料

闪点(℃)　85　　　　　　**自燃温度(℃)**　无资料

爆炸下限(%)　无资料　　**爆炸上限(%)**　无资料

分解温度(℃)　无资料　　**黏度(mPa·s)**　无资料

燃烧热(kJ/mol)　无资料　**临界温度(℃)**　无资料

溶解性　不溶于水，溶于乙醚、氯仿

第十部分　稳定性和反应性

稳定性　稳定

危险反应　与强氧化剂、强碱、水、醇类、碱类等配物发生反应。在空气中受热分解释出剧毒的光气和氯化氢气体。遇水或水蒸气反应放热并产生有毒的腐蚀性气体

避免接触的条件　潮湿空气

禁配物　强氧化剂、强碱、水、醇类、碱类

危险的分解产物　氯化氢、光气

第十一部分　毒理学信息

急性毒性　LD$_{50}$：616mg/kg（大鼠经口）；1082mg/kg（小鼠经口）

皮肤刺激或腐蚀　无资料　　**眼睛刺激或腐蚀**　无资料

呼吸或皮肤过敏　无资料　　**生殖细胞突变性**　无资料

致癌性　无资料　　　　　　**生殖毒性**　无资料

特异性靶器官系统毒性--一次接触　无资料

特异性靶器官系统毒性-反复接触　无资料

吸入危害　无资料

第十二部分　生态学信息

生态毒性　无资料

持久性和降解性
　　生物降解性　无资料
　　非生物降解性　无资料

潜在的生物累积性　无资料

土壤中的迁移性　无资料

第十三部分　废弃处置

废弃化学品　建议用焚烧法处置。与燃料混合后，再焚烧。焚烧炉排出的卤化氢通过酸洗涤器除去

污染包装物　将容器返还生产商或按照国家和地方法规处置

废弃注意事项　处置前应参阅国家和地方有关法规

第十四部分　运输信息

联合国危险货物编号（UN号）　3265

联合国运输名称　有机酸性腐蚀性液体，未另作规定的（呋喃甲酰氯）

联合国危险性类别　8

包装类别　Ⅱ　　　　　　　**包装标志**　

海洋污染物　否

运输注意事项　起运时包装要完整，装载应稳妥。运输过程中要确保容器不泄漏、不倒塌、不坠落、不损坏。严禁与氧化剂、碱类、醇类、食用化学品等混装混运。运输时运输车辆应配备相应品种和数量的消防器材及泄漏应急处理设备。运输途中应防暴晒、雨淋、防高温。公路运输时要按规定路线行驶，勿在居民区和人口稠密区停留

第十五部分　法规信息

　　下列法律、法规、规章和标准，对该化学品的管理作了相应的规定。

中华人民共和国职业病防治法　职业病分类和目录：未列入

危险化学品安全管理条例　危险化学品目录：列入。易制爆危险化学品名录：未列入。重点监管的危险化学品名录：未列入。GB 18218—2009《危险化学品重大危险源辨识》（表1）：未列入

使用有毒物品作业场所劳动保护条例　高毒物品目录：未

列入

易制毒化学品管理条例　易制毒化学品的分类和品种目录：未列入

国际公约　斯德哥尔摩公约：未列入。鹿特丹公约：未列入。蒙特利尔议定书：未列入

第十六部分　其他信息

编写和修订信息　缩略语和首字母缩写
培训建议　参考文献
免责声明

2-氟苯胺

第一部分　化学品标识

化学品中文名　2-氟苯胺；邻氟苯胺
化学品英文名　2-fluoroaniline；*o*-fluoroaniline
分子式　C_6H_6FN　**分子量**　111.1169

结构式　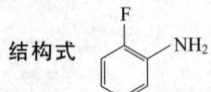

化学品的推荐及限制用途　用作中间体、分析试剂等

第二部分　危险性概述

紧急情况概述　易燃液体和蒸气，造成皮肤刺激，造成严重眼刺激，可能引起呼吸道刺激
GHS危险性类别　易燃液体，类别3；皮肤腐蚀/刺激，类别2；严重眼损伤/眼刺激，类别2A；特异性靶器官毒性—一次接触，类别3（呼吸道刺激）；危害水生环境-急性危害，类别3；危害水生环境-长期危害，类别3
标签要素

象形图　

警示词　警告
危险性说明　易燃液体和蒸气，造成皮肤刺激，造成严重眼刺激，可能引起呼吸道刺激，对水生生物有害并具有长期持续影响
防范说明

预防措施　远离热源、火花、明火、热表面。禁止吸烟。保持容器密闭。容器和接收设备接地连接。使用防爆型电器、通风、照明设备。只能使用不产生火花的工具。采取防止静电措施。戴防护手套、防护眼镜、防护面罩。避免接触眼睛、皮肤，操作后彻底清洗。禁止排入环境

事故响应　火灾时，使用雾状水、泡沫、干粉、二氧化碳、砂土灭火。皮肤接触：用大量肥皂水和水清洗。脱去被污染的衣服，衣服经洗净后方可重新使用。如发生皮肤刺激，就医。如接触眼睛：用水细心冲洗数分钟。如戴隐形眼镜并可方便地取出，取出隐形眼镜，继续冲洗。

如果眼睛刺激持续：就医

安全储存　存放在通风良好的地方。保持低温

废弃处置　本品及内装物、容器依据国家和地方法规处置

物理和化学危险　易燃，其蒸气与空气混合，能形成爆炸性混合物

健康危害　有毒。对皮肤有刺激作用，其蒸气或烟雾对眼睛、黏膜和上呼吸道有刺激作用。进入人体内，可形成高铁血红蛋白致紫绀

环境危害　对水生生物有害并具有长期持续影响

第三部分　成分/组成信息

√ 物质　　　　　　　　　　　混合物

组分	浓度	CAS No.
2-氟苯胺		348-54-9

第四部分　急救措施

吸入　迅速脱离现场至空气新鲜处。保持呼吸道通畅。如呼吸困难，给输氧。如呼吸、心跳停止，立即行心肺复苏术。就医
皮肤接触　立即脱去污染衣着，用肥皂水或清水彻底冲洗。就医
眼睛接触　分开眼睑，用清水或生理盐水冲洗。就医
食入　漱口，饮水。就医
对保护施救者的忠告　根据需要使用个人防护设备
对医生的特别提示　高铁血红蛋白血症，可用亚甲蓝和维生素C治疗

第五部分　消防措施

灭火剂　用雾状水、泡沫、干粉、二氧化碳、砂土灭火
特别危险性　其蒸气与空气可形成爆炸性混合物，遇明火、高热能引起燃烧爆炸。与氧化剂可发生反应。受高热分解放出有毒的气体。若遇高热，容器内压增大，有开裂和爆炸的危险
灭火注意事项及防护措施　消防人员必须佩戴防毒面具、穿全身消防服，在上风向灭火。尽可能将容器从火场移至空旷处。喷水保持火场容器冷却，直至灭火结束。处在火场中的容器若已变色或从安全泄压装置中发出声音，必须马上撤离

第六部分　泄漏应急处理

作业人员防护措施、防护装备和应急处置程序　根据液体流动和蒸气扩散的影响区域划定警戒区，无关人员从侧风、上风向撤离至安全区。消除所有点火源。建议应急处理人员戴正压自给式呼吸器，穿防毒服。穿上适当的防护服前严禁接触破裂的容器和泄漏物。尽可能切断泄漏源
环境保护措施　防止泄漏物进入水体、下水道、地下室或有限空间
泄漏化学品的收容、清除方法及所使用的处置材料　小量泄漏：用干燥的砂土或其他不燃材料吸收或覆盖，收集于容器中。大量泄漏：构筑围堤或挖坑收容。用泵转移至槽车或专用收集器内

第七部分 操作处置与储存

操作注意事项 密闭操作，局部排风。防止蒸气泄漏到工作场所空气中。操作人员必须经过专门培训，严格遵守操作规程。建议操作人员佩戴自吸过滤式防毒面具（半面罩），戴化学安全防护眼镜，穿防毒物渗透工作服，戴橡胶手套。远离火种、热源，工作场所严禁吸烟。使用防爆型的通风系统和设备。在清除液体和蒸气前不能进行焊接、切割等作业。避免产生烟雾。避免与氧化剂、酸类、酸酐、酰基氯接触。配备相应品种和数量的消防器材及泄漏应急处理设备。倒空的容器可能残留有害物

储存注意事项 储存于阴凉、通风的库房。远离火种、热源。防止阳光直射。保持容器密封。应与氧化剂、酸类、酸酐、酰基氯、食用化学品分开存放，切忌混储。采用防爆型照明、通风设施。禁止使用易产生火花的机械设备和工具。储区应备有泄漏应急处理设备和合适的收容材料

第八部分 接触控制/个体防护

职业接触限值
中国 未制定标准
美国（ACGIH） 未制定标准
生物接触限值 未制定标准
监测方法 空气中有毒物质测定方法：未制定标准。生物监测检验方法：未制定标准
工程控制 密闭操作，局部排风
个体防护装备
呼吸系统防护 空气中浓度超标时，必须佩戴过滤式防毒面具（半面罩）。紧急事态抢救或撤离时，应该佩戴空气呼吸器
眼睛防护 戴化学安全防护眼镜
皮肤和身体防护 穿防毒物渗透工作服
手防护 戴橡胶手套

第九部分 理化特性

外观与性状 淡黄色液体

pH 值 无资料	**熔点(℃)** −28.5
沸点(℃) 182～183	**相对密度(水=1)** 1.151

相对蒸气密度(空气=1) 无资料
饱和蒸气压(kPa) 无资料

临界压力(MPa) 无资料	**辛醇/水分配系数** 无资料
闪点(℃) 61.0	**自燃温度(℃)** 无资料
爆炸下限(%) 无资料	**爆炸上限(%)** 无资料
分解温度(℃) 无资料	**黏度(mPa·s)** 无资料
燃烧热(kJ/mol) 无资料	**临界温度(℃)** 无资料

溶解性 不溶于水，溶于乙醇、乙醚

第十部分 稳定性和反应性

稳定性 稳定
危险反应 与强氧化剂、酸类、酸酐、酰基氯等禁配物接触，有引起燃烧爆炸的危险
避免接触的条件 无资料

禁配物 强氧化剂、酸类、酸酐、酰基氯
危险的分解产物 氮氧化物、氟化氢

第十一部分 毒理学信息

急性毒性 无资料

皮肤刺激或腐蚀 无资料	**眼睛刺激或腐蚀** 无资料
呼吸或皮肤过敏 无资料	**生殖细胞突变性** 无资料
致癌性 无资料	**生殖毒性** 无资料

特异性靶器官系统毒性-一次接触 无资料
特异性靶器官系统毒性-反复接触 无资料
吸入危害 无资料

第十二部分 生态学信息

生态毒性 LC_{50}：75mg/L（96h）（青鳉）；ErC_{50}：45mg/L（72h）（羊角月牙藻）（OECD 201）
持久性和降解性
生物降解性 无资料
非生物降解性 无资料
潜在的生物累积性 无资料
土壤中的迁移性 无资料

第十三部分 废弃处置

废弃化学品 建议用焚烧法处置。在能利用的地方重复使用容器或在规定场所掩埋
污染包装物 将容器返还生产商或按照国家和地方法规处置
废弃注意事项 处置前应参阅国家和地方有关法规

第十四部分 运输信息

联合国危险货物编号（UN号） 2941
联合国运输名称 氟苯胺
联合国危险性类别 6.1

包装类别 Ⅲ   **包装标志**

海洋污染物 否
运输注意事项 运输前应先检查包装容器是否完整、密封，运输过程中要确保容器不泄漏、不倒塌、不坠落、不损坏。严禁与酸类、氧化剂、食品及食品添加剂混运。运输时运输车辆应配备相应品种和数量的消防器材及泄漏应急处理设备。运输途中应防暴晒、雨淋，防高温。运输时所用的槽（罐）车应有接地链，槽内可设孔隔板以减少震荡产生的静电。中途停留时应远离火种、热源。公路运输时要按规定路线行驶，勿在居民区和人口稠密区停留

第十五部分 法规信息

下列法律、法规、规章和标准，对该化学品的管理作了相应的规定。
中华人民共和国职业病防治法 职业病分类和目录：苯的氨基及硝基化合物中毒

危险化学品安全管理条例 危险化学品目录：列入。易制爆危险化学品名录：未列入。重点监管的危险化学品名录：未列入。GB 18218—2009《危险化学品重大危险源辨识》（表1）：未列入

使用有毒物品作业场所劳动保护条例 高毒物品目录：未列入

易制毒化学品管理条例 易制毒化学品的分类和品种目录：未列入

国际公约 斯德哥尔摩公约：未列入。鹿特丹公约：未列入。蒙特利尔议定书：未列入

第十六部分 其他信息

编写和修订信息   缩略语和首字母缩写

培训建议   参考文献

免责声明

3-氟苯胺

第一部分 化学品标识

化学品中文名 3-氟苯胺；间氟苯胺

化学品英文名 *m*-fluoroaniline；3-fluorobenzenamine

分子式 C_6H_6FN **分子量** 111.1169

结构式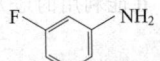

化学品的推荐及限制用途 用于制造药物、杀虫剂、农用化学品，也是偶氮染料和颜料的中间体

第二部分 危险性概述

紧急情况概述 可燃液体，造成皮肤刺激，造成严重眼刺激，可能引起呼吸道刺激

GHS危险性类别 易燃液体，类别4；皮肤腐蚀/刺激，类别2；严重眼损伤/眼刺激，类别2A；特异性靶器官毒性——一次接触，类别3（呼吸道刺激）；危害水生环境-急性危害，类别3；危害水生环境-长期危害，类别3

标签要素

象形图

警示词 警告

危险性说明 可燃液体，造成皮肤刺激，造成严重眼刺激，可能引起呼吸道刺激，对水生生物有害并具有长期持续影响

防范说明

预防措施 远离火焰和热表面。禁止吸烟。戴防护手套、防护眼镜、防护面罩。避免接触眼睛、皮肤，操作后彻底清洗。禁止排入环境

事故响应 火灾时，使用雾状水、泡沫、干粉、二氧化碳、砂土灭火。皮肤接触：用大量肥皂水和水清洗，脱去被污染的衣服，衣服经洗净后方可重新使用。如发生皮肤刺激，就医。如接

触眼睛：用水细心冲洗数分钟。如戴隐形眼镜并可方便地取出，取出隐形眼镜，继续冲洗。如果眼睛刺激持续：就医

安全储存 存放在通风良好的地方。保持低温

废弃处置 本品及内装物、容器依据国家和地方法规处置

物理和化学危险 可燃，其蒸气与空气混合，能形成爆炸性混合物

健康危害 对眼睛、皮肤、黏膜和上呼吸道有刺激作用。吸收进入体内后，可形成高铁血红蛋白而引起紫绀

环境危害 对水生生物有害并具有长期持续影响

第三部分 成分/组成信息

√ 物质   混合物

组分	浓度	CAS No.
3-氟苯胺		372-19-0

第四部分 急救措施

吸入 迅速脱离现场至空气新鲜处。保持呼吸道通畅。如呼吸困难，给吸氧。如呼吸、心跳停止，立即进行心肺复苏术。就医

皮肤接触 立即脱去污染衣着，用肥皂水或清水彻底冲洗。就医

眼睛接触 分开眼睑，用清水或生理盐水冲洗。就医

食入 漱口，饮水。就医

对保护施救者的忠告 根据需要使用个人防护设备

对医生的特别提示 高铁血红蛋白血症，可用亚甲蓝和维生素C治疗

第五部分 消防措施

灭火剂 用雾状水、泡沫、干粉、二氧化碳、砂土灭火

特别危险性 遇明火、高热可燃。与氧化剂可发生反应。受热分解产生有毒的烟气。若遇高热，容器内压增大，有开裂和爆炸的危险

灭火注意事项及防护措施 消防人员必须佩戴防毒面具、穿全身消防服，在上风向灭火。尽可能将容器从火场移至空旷处。喷水保持火场容器冷却，直至灭火结束。处在火场中的容器若已变色或从安全泄压装置中发出声音，必须马上撤离

第六部分 泄漏应急处理

作业人员防护措施、防护装备和应急处置程序 根据液体流动和蒸气扩散的影响区域划定警戒区，无关人员从侧风向、上风向撤离至安全区。消除所有点火源。建议应急处理人员戴正压自给式呼吸器，穿防毒服。穿上适当的防护服前严禁接触破裂的容器和泄漏物。尽可能切断泄漏源

环境保护措施 防止泄漏物进入水体、下水道、地下室或有限空间

泄漏化学品的收容、清除方法及所使用的处置材料 小量泄漏：用干燥的砂土或其他不燃材料吸收或覆盖，收集于容器中。大量泄漏：构筑围堤或挖坑收容。用泵转移至槽车或专用收集器内

第七部分 操作处置与储存

操作注意事项 密闭操作，局部排风。防止蒸气泄漏到工作场所空气中。操作人员必须经过专门培训，严格遵守操作规程。建议操作人员佩戴自吸过滤式防毒面具（半面罩），戴化学安全防护眼镜，穿防毒物渗透工作服，戴橡胶手套。远离火种、热源，工作场所严禁吸烟。使用防爆型的通风系统和设备。在清除液体和蒸气前不能进行焊接、切割等作业。避免产生烟雾。避免与氧化剂、酸类、酸酐、酰基氯接触。配备相应品种和数量的消防器材及泄漏应急处理设备。倒空的容器可能残留有害物

储存注意事项 储存于阴凉、通风的库房。远离火种、热源。防止阳光直射。保持容器密封。应与氧化剂、酸类、酸酐、酰基氯、食用化学品分开存放，切忌混储。配备相应品种和数量的消防器材。储区应备有泄漏应急处理设备和合适的收容材料

第八部分 接触控制/个体防护

职业接触限值
中国 未制定标准
美国（ACGIH） 未制定标准
生物接触限值 未制定标准
监测方法 空气中有毒物质测定方法：未制定标准。生物监测检验方法：未制定标准
工程控制 密闭操作，局部排风
个体防护装备
呼吸系统防护 空气中浓度超标时，必须佩戴过滤式防毒面具（半面罩）。紧急事态抢救或撤离时，应该佩戴空气呼吸器
眼睛防护 戴化学安全防护眼镜
皮肤和身体防护 穿防毒物渗透工作服
手防护 戴橡胶手套

第九部分 理化特性

外观与性状 淡黄色液体

pH 值 无资料　　　　**熔点（℃）** －34.6
沸点（℃） 187～189　　**相对密度（水=1）** 1.156
相对蒸气密度（空气=1） 无资料
饱和蒸气压（kPa） 无资料
临界压力（MPa） 无资料
辛醇/水分配系数 无资料
闪点（℃） 77.22　　　**自燃温度（℃）** 无资料
爆炸下限（%） 无资料　　**爆炸上限（%）** 无资料
分解温度（℃） 无资料　　**黏度（mPa·s）** 无资料
燃烧热（kJ/mol） 无资料　　**临界温度（℃）** 无资料
溶解性 微溶于水，溶于乙醇、乙醚

第十部分 稳定性和反应性

稳定性 稳定
危险反应 与强氧化剂、酸类、酸酐、酰基氯等禁配物发生反应
避免接触的条件 受热

禁配物 强氧化剂、酸类、酸酐、酰基氯
危险的分解产物 氮氧化物、氟化氢

第十一部分 毒理学信息

急性毒性 LD_{50}：56mg/kg（野鸟经口）
皮肤刺激或腐蚀 无资料　　**眼睛刺激或腐蚀** 无资料
呼吸或皮肤过敏 无资料　　**生殖细胞突变性** 无资料
致癌性 无资料　　　　　　**生殖毒性** 无资料
特异性靶器官系统毒性--一次接触 无资料
特异性靶器官系统毒性-反复接触 无资料
吸入危害 无资料

第十二部分 生态学信息

生态毒性 LC_{50}：15.3mg/L（96h）（青鳉）；ErC_{50}：47.1mg/L（72h）（羊角月牙藻）
持久性和降解性
生物降解性 无资料
非生物降解性 无资料
潜在的生物累积性 无资料
土壤中的迁移性 无资料

第十三部分 废弃处置

废弃化学品 建议用焚烧法处置。在能利用的地方重复使用容器或在规定场所掩埋
污染包装物 将容器返还生产商或按照国家和地方法规处置
废弃注意事项 处置前应参阅国家和地方有关法规

第十四部分 运输信息

联合国危险货物编号（UN 号） 2941
联合国运输名称 氟苯胺
联合国危险性类别 6.1

包装类别 Ⅲ　　　　　　**包装标志**

海洋污染物 否
运输注意事项 运输前应先检查包装容器是否完整、密封，运输过程中要确保容器不泄漏、不倒塌、不坠落、不损坏。严禁与酸类、氧化剂、食品及食品添加剂混运。运输时运输车辆应配备相应品种和数量的消防器材及泄漏应急处理设备。运输途中应防暴晒、雨淋，防高温。公路运输时要按规定路线行驶，勿在居民区和人口稠密区停留

第十五部分 法规信息

下列法律、法规、规章和标准，对该化学品的管理作了相应的规定。
中华人民共和国职业病防治法 职业病分类和目录：苯的氨基及硝基化合物中毒
危险化学品安全管理条例 危险化学品目录：列入。易制爆危险化学品名录：未列入。重点监管的危险化学品名录：未列入。GB 18218—2009《危险化学品重大

危险源辨识》（表1）：未列入

使用有毒物品作业场所劳动保护条例　高毒物品目录：未列入

易制毒化学品管理条例　易制毒化学品的分类和品种目录：未列入

国际公约　斯德哥尔摩公约：未列入。鹿特丹公约：未列入。蒙特利尔议定书：未列入

第十六部分　其他信息

编写和修订信息　　　　缩略语和首字母缩写
培训建议　　　　　　　参考文献
免责声明

氟丙酮

第一部分　化学品标识

化学品中文名　氟丙酮

化学品英文名　fluoroacetone

分子式　C_3H_5FO　**分子量**　76.07

结构式

化学品的推荐及限制用途　用作化学中间体

第二部分　危险性概述

紧急情况概述　高度易燃液体和蒸气，吞咽致命，吸入致命，皮肤接触会致命

GHS危险性类别　易燃液体，类别2；急性毒性-经口，类别2；急性毒性-吸入，类别2；急性毒性-经皮，类别2

标签要素

象形图

警示词　危险

危险性说明　高度易燃液体和蒸气，吞咽致命，吸入致命，皮肤接触会致命

防范说明

预防措施　远离热源，火花，明火，热表面。保持容器密闭。容器和接收设备接地连接。使用防爆型电器、通风、照明设备。只能使用不产生火花的工具。采用防止静电措施。戴防护手套、防护眼镜、防护面罩，穿防护服。避免接触眼睛、皮肤或衣服，操作后彻底清洗。作业场所不得进食、饮水或吸烟。避免吸入蒸气、喷雾。仅在室外或通风良好处操作

事故响应　火灾时：使用雾状水、泡沫、干粉、二氧化碳、砂土灭火。食入：漱口，立即呼叫中毒控制中心或就医。如吸入：将患者移至空气新鲜处，休息，保持利于呼吸的体位，立即呼叫中毒控制中心或就医。如皮肤（或头发）接触：立即脱掉被污染的衣服，用大量肥皂水和清水轻轻地清洗

安全储存　在阴凉、通风良好处储存。上锁保管。保持容器密闭

废弃处置　本品及内装物、容器依据国家和地方法规处置

物理和化学危险　高度易燃，其蒸气与空气混合，能形成爆炸性混合物

健康危害　催泪，糜烂剂，本品毒性非常大

环境危害　对环境可能有害

第三部分　成分/组成信息

√ 物质　　　　　　　　　　混合物

组分	浓度	CAS No.
氟丙酮		430-51-3

第四部分　急救措施

吸入　脱离现场至空气新鲜处。如呼吸困难，给输氧。就医

皮肤接触　立即脱去污染的衣着，用肥皂水和清水彻底冲洗皮肤。如有不适感，就医

眼睛接触　提起眼睑，用流动清水或生理盐水冲洗。如有不适感，就医

食入　禁止催吐。就医

对保护施救者的忠告　根据需要使用个人防护设备

对医生的特别提示　对症处理

第五部分　消防措施

灭火剂　用雾状水、泡沫、干粉、二氧化碳、砂土灭火

特别危险性　其蒸气与空气可形成爆炸性混合物，遇明火、高热能引起燃烧爆炸。与氧化剂能发生强烈反应。蒸气比空气重，沿地面扩散并易积存于低洼处，遇火源会着火回燃。若遇高热，容器内压增大，有开裂和爆炸的危险

灭火注意事项及防护措施　消防人员必须佩戴防毒面具、穿全身消防服，在上风向灭火。尽可能将容器从火场移至空旷处。喷水保持火场容器冷却，直至灭火结束。处在火场中的容器若已变色或从安全泄压装置中发出声音，必须马上撤离

第六部分　泄漏应急处理

作业人员防护措施、防护装备和应急处置程序　根据液体流动和蒸气扩散的影响区域划定警戒区，无关人员从侧风、上风向撤离至安全区。消除所有点火源。建议应急处理人员戴正压自给式呼吸器，穿防毒、防静电服。作业时使用的所有设备应接地。禁止接触或跨越泄漏物。尽可能切断泄漏源

环境保护措施　防止泄漏物进入水体、下水道、地下室或密闭性空间

泄漏化学品的收容、清除方法及所使用的处置材料　小量泄漏：用砂土或其他不燃材料吸收。使用洁净的无火花工具收集吸收材料。大量泄漏：构筑围堤或挖坑收容。用泡沫覆盖，减少蒸发。喷水雾能减少蒸发，但不能降低泄漏物在受限制空间内的易燃性。用防爆泵转移至槽车或专用收集器内

第七部分 操作处置与储存

操作注意事项 密闭操作，注意通风。操作人员必须经过专门培训，严格遵守操作规程。建议操作人员佩戴自吸过滤式防毒面具（半面罩），戴化学安全防护眼镜，穿防毒物渗透工作服，戴橡胶耐油手套。远离火种、热源，工作场所严禁吸烟。使用防爆型的通风系统和设备。防止蒸气泄漏到工作场所空气中。避免与氧化剂、还原剂、碱类接触。搬运时要轻装轻卸，防止包装及容器损坏。配备相应品种和数量的消防器材及泄漏应急处理设备。倒空的容器可能残留有害物

储存注意事项 储存于阴凉、通风的库房。远离火种、热源。库温不宜超过 30℃。应与氧化剂、还原剂、碱类分开存放，切忌混储。采用防爆型照明、通风设施。禁止使用易产生火花的机械设备和工具。储区应备有泄漏应急处理设备和合适的收容材料

第八部分 接触控制/个体防护

职业接触限值

中国 未制定标准

美国（ACGIH） TLA-TWA：2.5mg/m³

生物接触限值 未制定标准

监测方法 空气中有毒物质测定方法：未制定标准。生物监测检验方法：未制定标准

工程控制 密闭操作，注意通风

个体防护装备

呼吸系统防护 空气中粉尘浓度超标时，必须佩戴自吸过滤式防毒面具（半面罩）。紧急事态抢救或撤离时，应该佩戴空气呼吸器

眼睛防护 戴化学安全防护眼镜

皮肤和身体防护 穿防毒物渗透工作服

手防护 戴橡胶耐油手套

第九部分 理化特性

外观与性状	无色液体	**pH 值**	无资料
熔点(℃)	无资料	**沸点(℃)**	75
相对密度(水＝1)	1.054		
相对蒸气密度(空气＝1)	无资料		
饱和蒸气压(kPa)	无资料	**临界压力(MPa)**	无资料
辛醇/水分配系数	无资料	**闪点(℃)**	7.22
自燃温度(℃)	无资料	**爆炸下限(%)**	无资料
爆炸上限(%)	无资料	**分解温度(℃)**	无资料
黏度(mPa·s)	无资料	**燃烧热(kJ/mol)**	无资料
临界温度(℃)	无资料	**溶解性**	无资料

第十部分 稳定性和反应性

稳定性 稳定

危险反应 与强氧化剂、强碱、强还原剂等禁配物发生反应

避免接触的条件 无资料

禁配物 强氧化剂、强碱、强还原剂

危险的分解产物 无资料

第十一部分 毒理学信息

急性毒性 LC₅₀：1000mg/m³（小鼠吸入）

皮肤刺激或腐蚀 无资料　**眼睛刺激或腐蚀** 无资料

呼吸或皮肤过敏 无资料　**生殖细胞突变性** 无资料

致癌性 无资料　　　　**生殖毒性** 无资料

特异性靶器官系统毒性--一次接触 无资料

特异性靶器官系统毒性-反复接触 无资料

吸入危害 无资料

第十二部分 生态学信息

生态毒性 无资料

持久性和降解性

生物降解性 无资料

非生物降解性 无资料

潜在的生物累积性 无资料

土壤中的迁移性 无资料

第十三部分 废弃处置

废弃化学品 建议用焚烧法处置。焚烧炉排出的卤化氢通过酸洗涤器除去

污染包装物 将容器返还生产商或按照国家和地方法规处置

废弃注意事项 处置前应参阅国家和地方有关法规

第十四部分 运输信息

联合国危险货物编号（UN 号） 2929

联合国运输名称 有机毒性液体，易燃，未另作规定的（氟丙酮）

联合国危险性类别 6.1，3　　**包装类别** Ⅰ

包装标志

海洋污染物 否

运输注意事项 运输前应先检查包装容器是否完整、密封，运输过程中要确保容器不泄漏、不倒塌、不坠落、不损坏。夏季应早晚运输，防止暴晒。运输时运输车辆应配备相应品种和数量的消防器材及泄漏应急处理设备。运输时所用的槽（罐）车应有接地链，槽内可设孔隔板以减少震荡产生的静电。严禁与氧化剂、还原剂、碱类、食用化学品等混装混运。运输途中应防雨淋，防高温。中途停留时应远离火种、热源、高温区。装运该物品的车辆排气管必须配备阻火装置，禁止使用易产生火花的机械设备和工具装卸。运输车船必须彻底清洗、消毒，否则不得装运其他物品。船运时，配装位置应远离卧室、厨房，并与机舱、电源、火源等部位隔离。公路运输时要按规定路线行驶

第十五部分 法规信息

下列法律、法规、规章和标准，对该化学品的管理作了相应的规定。

中华人民共和国职业病防治法 职业病分类和目录：未

列入

危险化学品安全管理条例 危险化学品目录：未列入。易制爆危险化学品名录：未列入。重点监管的危险化学品名录：未列入。GB 18218—2009《危险化学品重大危险源辨识》（表1）：未列入

使用有毒物品作业场所劳动保护条例 高毒物品目录：未列入

易制毒化学品管理条例 易制毒化学品的分类和品种目录：未列入

国际公约 斯德哥尔摩公约：未列入。鹿特丹公约：未列入。蒙特利尔议定书：未列入

第十六部分 其他信息

编写和修订信息　缩略语和首字母缩写
培训建议　参考文献
免责声明

氟硅酸钠

第一部分 化学品标识

化学品中文名 氟硅酸钠；氟硅化钠
化学品英文名 sodium fluosilicate; sodium silicofluoride
分子式 F_6Na_2Si　**分子量** 188.06
结构式

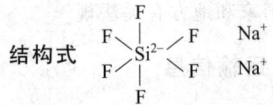

化学品的推荐及限制用途 用作搪瓷乳白剂、农业杀虫剂、木材防腐剂等

第二部分 危险性概述

紧急情况概述 吞咽会中毒，皮肤接触会中毒，吸入会中毒
GHS 危险性类别 急性毒性-经口，类别3；急性毒性-经皮，类别3；急性毒性-吸入，类别3
标签要素

象形图

　警示词　危险
　危险性说明 吞咽会中毒，皮肤接触会中毒，吸入会中毒
　防范说明
　　预防措施　避免接触眼睛、皮肤，操作后彻底清洗。作业场所不得进食、饮水或吸烟。戴防护手套、穿防护服。避免吸入粉尘。仅在室外或通风良好处操作
　　事故响应　如吸入：将患者转移到空气新鲜处，休息，保持利于呼吸的体位。皮肤接触：用大量肥皂水和水清洗。如感觉不适，呼叫中毒控制中心或就医，立即脱去所有被污染的衣服。被污染的衣服必须经洗净后方可重新使用。食入：立即呼叫中毒控制中心或就医，漱口

安全储存　上锁保管。在通风良好处储存。保持容器密闭
　废弃处置　本品及内装物、容器依据国家和地方法规处置
物理和化学危险 不燃，无特殊燃爆特性
健康危害 误服引起恶心、呕吐、腹痛、腹泻等急性胃肠炎样的急性中毒症状，吐泻物中常含血，严重者可发生抽搐、休克、急性心力衰竭等。可致死。皮肤接触可致皮炎或干裂
环境危害 对环境可能有害

第三部分 成分/组成信息

√ 物质　　　　　　　　　　混合物

组分	浓度	CAS No.
氟硅酸钠		16893-85-9

第四部分 急救措施

吸入 迅速脱离现场至空气新鲜处。保持呼吸道通畅。如呼吸困难，给输氧。呼吸、心跳停止，立即进行心肺复苏术。就医
皮肤接触 立即脱去污染的衣着，用流动清水彻底冲洗。就医
眼睛接触 立即分开眼睑，用流动清水或生理盐水彻底冲洗。就医
食入 漱口，饮水。就医
对保护施救者的忠告 根据需要使用个人防护设备
对医生的特别提示 对症处理

第五部分 消防措施

灭火剂 本品不燃，根据着火原因选择适当灭火剂灭火
特别危险性 不燃。与酸类反应，散发出腐蚀性和刺激性的氟化氢和四氟化硅气体
灭火注意事项及防护措施 消防人员必须穿全身耐酸碱消防服、佩戴空气呼吸器灭火。尽可能将容器从火场移至空旷处。喷水保持火场容器冷却，直至灭火结束

第六部分 泄漏应急处理

作业人员防护措施、防护装备和应急处置程序 隔离泄漏污染区，限制出入。建议应急处理人员戴防尘口罩，穿防毒服。穿上适当的防护服前严禁接触破裂的容器和泄漏物。尽可能切断泄漏源
环境保护措施 用塑料布覆盖泄漏物，减少飞散
泄漏化学品的收容、清除方法及所使用的处置材料 勿使水进入包装容器内。用洁净的铲子收集泄漏物，置于干净、干燥、盖子较松的容器中，将容器移离泄漏区

第七部分 操作处置与储存

操作注意事项 密闭操作，局部排风。操作人员必须经过专门培训，严格遵守操作规程。建议操作人员佩戴自吸过滤式防尘口罩，戴化学安全防护眼镜，穿防毒物渗透工作服，戴乳胶手套。避免产生粉尘。避免与氧化剂接触。搬运时轻装轻卸，保持包装完整，防止洒

漏。配备泄漏应急处理设备。倒空的容器可能残留有害物

储存注意事项 储存于阴凉、通风的库房。远离火种、热源。应与氧化剂、食用化学品分开存放，切忌混储。储区应备有合适的材料收容泄漏物

第八部分 接触控制/个体防护

职业接触限值
中国 PC-TWA：2mg/m³〔按 F 计〕
美国（ACGIH） TLV-TWA：2.5mg/m³〔按 F 计〕
生物接触限值 尿氟：42mmol/mol 肌酐（7mg/g 肌酐）
（采样时间：工作班后）
监测方法 空气中有毒物质测定方法：离子选择电极法。
生物监测检验方法：尿中氟离子选择电极测定方法
工程控制 密闭操作，局部排风
个体防护装备
呼吸系统防护 空气中粉尘浓度超标时，建议佩戴自吸过滤式防尘口罩。紧急事态抢救或撤离时，应该佩戴空气呼吸器
眼睛防护 戴化学安全防护眼镜
皮肤和身体防护 穿防毒物渗透工作服
手防护 戴橡胶手套

第九部分 理化特性

外观与性状 白色颗粒粉末，无臭无味，有吸湿性
pH 值 无意义 **熔点（℃）** 无资料
沸点（℃） 无资料 **相对密度（水＝1）** 2.68
相对蒸气密度（空气＝1） 无资料
饱和蒸气压(kPa) 无资料
临界压力(MPa) 无意义 **辛醇/水分配系数** 无资料
闪点（℃） 无意义 **自燃温度（℃）** 无意义
爆炸下限(%) 无意义 **爆炸上限(%)** 无意义
分解温度（℃） 熔点分解 **黏度(mPa·s)** 无资料
燃烧热(kJ/mol) 无资料 **临界温度（℃）** 无资料
溶解性 微溶于水，不溶于乙醇，溶于乙醚等

第十部分 稳定性和反应性

稳定性 稳定
危险反应 与酸类反应，散发出腐蚀性和刺激性的氟化氢和四氟化硅气体
避免接触的条件 潮湿空气
禁配物 强酸
危险的分解产物 氟化氢、四氟化硅

第十一部分 毒理学信息

急性毒性 LD₅₀：125mg/kg（大鼠经口）；70mg/kg（小鼠经口）；125mg/kg（兔经口）
皮肤刺激或腐蚀 家兔经皮 500mg，轻度刺激
眼睛刺激或腐蚀 家兔经眼 100mg（4s）（冲洗），重度刺激
呼吸或皮肤过敏 无资料 **生殖细胞突变性** 无资料
致癌性 无资料 **生殖毒性** 无资料
特异性靶器官系统毒性-一次接触 无资料

特异性靶器官系统毒性-反复接触 无资料
吸入危害 无资料

第十二部分 生态学信息

生态毒性 无资料
持久性和降解性
生物降解性 无资料
非生物降解性 无资料
潜在的生物累积性 无资料
土壤中的迁移性 无资料

第十三部分 废弃处置

废弃化学品 用安全掩埋法处置
污染包装物 将容器返还生产商或按照国家和地方法规处置
废弃注意事项 处置前应参阅国家和地方有关法规

第十四部分 运输信息

联合国危险货物编号（UN 号） 2674
联合国运输名称 氟硅酸钠
联合国危险性类别 6.1

包装类别 Ⅲ **包装标志**

海洋污染物 否
运输注意事项 运输前应先检查包装容器是否完整、密封，运输过程中要确保容器不泄漏、不倒塌、不坠落、不损坏。严禁与酸类、氧化剂、食品及食品添加剂混运。运输时运输车辆应配备泄漏应急处理设备。运输途中应防暴晒、雨淋，防高温

第十五部分 法规信息

下列法律、法规、规章和标准，对该化学品的管理作了相应的规定。
中华人民共和国职业病防治法 职业病分类和目录：氟及其无机化合物中毒
危险化学品安全管理条例 危险化学品目录：列入。易制爆危险化学品名录：未列入。重点监管的危险化学品名录：未列入。GB 18218—2009《危险化学品重大危险源辨识》（表1）：未列入
使用有毒物品作业场所劳动保护条例 高毒物品目录：列入
易制毒化学品管理条例 易制毒化学品的分类和品种目录：未列入
国际公约 斯德哥尔摩公约：未列入。鹿特丹公约：未列入。蒙特利尔议定书：未列入

第十六部分 其他信息

编写和修订信息 **缩略语和首字母缩写**
培训建议 **参考文献**
免责声明

氟化铵

第一部分　化学品标识

化学品中文名　氟化铵；中性氟化铵

化学品英文名　ammonium fluoride；neutral ammonium fluoride

分子式　NH_4F　**分子量**　37.037

结构式　$NH_4^+F^-$

化学品的推荐及限制用途　用于提取稀有元素、雕刻玻璃，并用作分析试剂、消毒剂等

第二部分　危险性概述

紧急情况概述　吞咽会中毒，皮肤接触会中毒，吸入会中毒

GHS危险性类别　急性毒性-经口，类别3；急性毒性-经皮，类别3；急性毒性-吸入，类别3；危害水生环境-急性危害，类别3

标签要素

象形图　

警示词　危险

危险性说明　吞咽会中毒，皮肤接触会中毒，吸入会中毒，对水生生物有害

防范说明

预防措施　避免接触眼睛、皮肤，操作后彻底清洗。作业场所不得进食、饮水或吸烟。戴防护手套、穿防护服。避免吸入粉尘。仅在室外或通风良好处操作。禁止排入环境

事故响应　如吸入：将患者转移到空气新鲜处，休息，保持利于呼吸的体位。皮肤接触：用大量肥皂水和水清洗，立即脱去所有被污染的衣服。如感觉不适，呼叫中毒控制中心或就医。被污染的衣服必须经洗净后方可重新使用。食入：立即呼叫中毒控制中心或就医，漱口

安全储存　在通风良好处储存。保持容器密闭。上锁保管

废弃处置　本品及内装物、容器依据国家和地方法规处置

物理和化学危险　不燃，无特殊燃爆特性

健康危害　口服引起流涎、恶心、呕吐、腹泻和腹痛，继之震颤、昏迷，可因呼吸麻痹而死亡。可致眼、呼吸道和皮肤灼伤。能经皮肤吸收。长期接触引起氟斑牙和氟骨症

环境危害　对水生生物有害

第三部分　成分/组成信息

	√ 物质	混合物
组分	浓度	CAS No.
氟化铵		12125-01-8

第四部分　急救措施

吸入　迅速脱离现场至空气新鲜处。保持呼吸道通畅。如呼吸困难，给输氧。如呼吸、心跳停止，立即进行心肺复苏术。就医

皮肤接触　立即脱去污染的衣着，用大量流动清水彻底冲洗至少15min。就医

眼睛接触　立即分开眼睑，用流动清水或生理盐水彻底冲洗5～10min。就医

食入　用水漱口，禁止催吐。给饮牛奶或蛋清。就医

对保护施救者的忠告　根据需要使用个人防护设备

对医生的特别提示　对症处理

第五部分　消防措施

灭火剂　本品不燃，根据着火原因选择适当灭火剂灭火

特别危险性　遇酸分解，放出腐蚀性的氟化氢气体。遇碱放出有刺激性的氨。受高热分解产生有毒的腐蚀性烟气

灭火注意事项及防护措施　消防人员必须穿全身防火防毒服，在上风向灭火。灭火时尽可能将容器从火场移至空旷处

第六部分　泄漏应急处理

作业人员防护措施、防护装备和应急处置程序　隔离泄漏污染区，限制出入。建议应急处理人员戴防尘口罩，穿防毒服。穿上适当的防护服前严禁接触破裂的容器和泄漏物。尽可能切断泄漏源

环境保护措施　用塑料布覆盖泄漏物，减少飞散

泄漏化学品的收容、清除方法及所使用的处置材料　勿使水进入包装容器内。用洁净的铲子收集泄漏物，置于干净、干燥、盖子较松的容器中，将容器移离泄漏区

第七部分　操作处置与储存

操作注意事项　密闭操作，提供充分的局部排风。防止粉尘释放到车间空气中。操作人员必须经过专门培训，严格遵守操作规程。建议操作人员佩戴防尘面具（全面罩），穿胶布防毒衣，戴橡胶手套。避免产生粉尘。避免与酸类、碱类接触。配备泄漏应急处理设备。倒空的容器可能残留有害物

储存注意事项　储存于阴凉、通风的库房。远离火种、热源。防止阳光直射。包装密封。应与酸类、碱类、食用化学品分开存放，切忌混储。储区应备有合适的材料收容泄漏物

第八部分　接触控制/个体防护

职业接触限值

中国　PC-TWA：$2mg/m^3$［按F计］

美国（ACGIH）　TLV-TWA：$2.5mg/m^3$［按F计］

生物接触限值　尿氟：42mmol/mol 肌酐（7mg/g 肌酐）（采样时间：工作班后）

监测方法　空气中有毒物质测定方法：离子选择电极法。生物监测检验方法：尿中氟的离子选择电极测定方法

工程控制　严加密闭，提供充分的局部排风

个体防护装备

呼吸系统防护　可能接触其粉尘时，必须佩戴防尘面具（全面罩）。紧急事态抢救或撤离时，应该佩戴空气呼吸器

眼睛防护　呼吸系统防护中已作防护

皮肤和身体防护　穿密闭型防毒服

手防护　戴橡胶手套

第九部分　理化特性

外观与性状　白色六角晶体或粉末，易潮解

pH 值　无意义　　熔点(℃)　无资料

沸点(℃)　无资料　　相对密度(水＝1)　1.0090

相对蒸气密度(空气＝1)　无资料

饱和蒸气压(kPa)　无资料

临界压力(MPa)　无意义　辛醇/水分配系数　无资料

闪点(℃)　无意义　　自燃温度(℃)　无意义

爆炸下限(%)　无意义　爆炸上限(%)　无意义

分解温度(℃)　无资料　黏度(mPa·s)　无资料

燃烧热(kJ/mol)　无资料　临界温度(℃)　无资料

溶解性　难溶于乙醇，易溶于水、甲醇，不溶于氨水

第十部分　稳定性和反应性

稳定性　稳定

危险反应　遇酸分解，放出腐蚀性的氟化氢气体。遇碱放出有刺激性的氨

避免接触的条件　潮湿空气

禁配物　强酸、强碱

危险的分解产物　氟化氢、氨、氮氧化物

第十一部分　毒理学信息

急性毒性　LD_{50}：32mg/kg（大鼠腹腔）

皮肤刺激或腐蚀　无资料　眼睛刺激或腐蚀　无资料

呼吸或皮肤过敏　无资料　生殖细胞突变性　无资料

致癌性　无资料　　生殖毒性　无资料

特异性靶器官系统毒性-一次接触　无资料

特异性靶器官系统毒性-反复接触　无资料

吸入危害　无资料

第十二部分　生态学信息

生态毒性　无资料

持久性和降解性

生物降解性　无资料

非生物降解性　无资料

潜在的生物累积性　无资料

土壤中的迁移性　无资料

第十三部分　废弃处置

废弃化学品　在规定的处理厂处理和中和。若可能，重复使用容器或在规定场所掩埋。量小时，小心溶解于水中，用碳酸钠中和，如果不能完全溶解，先加入小量盐酸，接着加入碳酸钠，然后加入过量氯化钙沉淀氟化物/碳酸盐。滤出固体当作有害废物在规定场所掩埋

污染包装物　将容器返还生产商或按照国家和地方法规处置

废弃注意事项　处置前应参阅国家和地方有关法规

第十四部分　运输信息

联合国危险货物编号（UN 号）　2505

联合国运输名称　氟化铵

联合国危险性类别　6.1

包装类别　Ⅲ　　　　　包装标志

海洋污染物　否

运输注意事项　运输前应先检查包装容器是否完整、密封，运输过程中要确保容器不泄漏、不倒塌、不坠落、不损坏。严禁与酸类、氧化剂、食品及食品添加剂混运。运输时运输车辆应配备泄漏应急处理设备。运输途中应防暴晒、雨淋，防高温。公路运输时要按规定路线行驶，勿在居民区和人口稠密区停留

第十五部分　法规信息

下列法律、法规、规章和标准，对该化学品的管理作了相应的规定。

中华人民共和国职业病防治法　职业病分类和目录：氟及其无机化合物中毒

危险化学品安全管理条例　危险化学品目录：列入。易制爆危险化学品名录：未列入。重点监管的危险化学品名录：未列入。GB 18218—2009《危险化学品重大危险源辨识》（表1）：未列入

使用有毒物品作业场所劳动保护条例　高毒物品目录：列入

易制毒化学品管理条例　易制毒化学品的分类和品种目录：未列入

国际公约　斯德哥尔摩公约：未列入。鹿特丹公约：未列入。蒙特利尔议定书：未列入

第十六部分　其他信息

编写和修订信息　　缩略语和首字母缩写

培训建议　　　　参考文献

免责声明

氟化钡

第一部分　化学品标识

化学品中文名　氟化钡

化学品英文名　barium fluoride

分子式　BaF_2　分子量　175.324

结构式　F—Ba—F

化学品的推荐及限制用途　用作防腐剂，用于金属热处理及陶瓷、搪瓷、玻璃制造

第二部分　危险性概述

紧急情况概述　吞咽会中毒，造成严重眼刺激，可能引起

呼吸道刺激

GHS 危险性类别　急性毒性-经口，类别 3；严重眼损伤/眼刺激，类别 2；生殖毒性，类别 2；特异性靶器官毒性—一次接触，类别 3（呼吸道刺激）；特异性靶器官毒性-反复接触，类别 1

标签要素

　象形图　

　警示词　危险

　危险性说明　吞咽会中毒，造成严重眼刺激，怀疑对生育力或胎儿造成伤害，可能引起呼吸道刺激，长时间或反复接触对器官造成损伤

　防范说明

　　预防措施　避免接触眼睛、皮肤，操作后彻底清洗。作业场所不得进食、饮水或吸烟。戴防护眼镜、防护面罩。得到专门指导后操作。在阅读并了解所有安全预防措施之前，切勿操作。按要求使用个体防护装备。避免吸入粉尘

　　事故响应　如接触眼睛：用水细心冲洗数分钟。如戴隐形眼镜并可方便地取出，取出隐形眼镜，继续冲洗。如果眼睛刺激持续，就医。食入：立即呼叫中毒控制中心或就医，漱口。如果接触或有担心，就医。如感觉不适，就医

　　安全储存　上锁保管

　　废弃处置　本品及内装物、容器依据国家和地方法规处置

　物理和化学危险　不燃，无特殊燃爆特性

　健康危害　对眼睛、皮肤、黏膜和上呼吸道有强烈刺激作用。过量接触，可引起唾液分泌增加、恶心、呕吐、腹痛、发烧、血中钙减少。慢性影响可致骨、韧带、肌腱钙化

　环境危害　对环境可能有害

第三部分　成分/组成信息

　　√ 物质　　　　　　　　混合物

组分	浓度	CAS No.
氟化钡		7787-32-8

第四部分　急救措施

吸入　迅速脱离现场至空气新鲜处。保持呼吸道通畅。如呼吸困难，给输氧。如呼吸、心跳停止，立即进行心肺复苏术。就医

皮肤接触　立即脱去污染的衣着，用流动清水彻底冲洗。就医

眼睛接触　立即分开眼睑，用流动清水或生理盐水彻底冲洗。就医

食入　漱口，饮水。就医

对保护施救者的忠告　根据需要使用个人防护设备

对医生的特别提示　对症处理

第五部分　消防措施

灭火剂　本品不燃，根据着火原因选择适当灭火剂灭火

特别危险性　本身不能燃烧

灭火注意事项及防护措施　消防人员必须穿全身防火防毒服，在上风向灭火。灭火时尽可能将容器从火场移至空旷处

第六部分　泄漏应急处理

作业人员防护措施、防护装备和应急处置程序　隔离泄漏污染区，限制出入。建议应急处理人员戴防尘口罩，穿防毒服。穿上适当的防护服前严禁接触破裂的容器和泄漏物。尽可能切断泄漏源

环境保护措施　用塑料布覆盖泄漏物，减少飞散

泄漏化学品的收容、清除方法及所使用的处置材料　勿使水进入包装容器内。用洁净的铲子收集泄漏物，置于干净、干燥、盖子较松的容器中，将容器移离泄漏区

第七部分　操作处置与储存

操作注意事项　密闭操作，提供充分的局部排风。防止粉尘释放到车间空气中。操作人员必须经过专门培训，严格遵守操作规程。建议操作人员佩戴防尘面具（全面罩），穿胶布防毒衣，戴橡胶手套。避免产生粉尘。避免与碱类、酸类接触。配备泄漏应急处理设备。倒空的容器可能残留有害物

储存注意事项　储存于阴凉、通风的库房。远离火种、热源。防止阳光直射。包装密封。应与碱类、酸类、食用化学品分开存放，切忌混储。储区应备有合适的材料收容泄漏物

第八部分　接触控制/个体防护

职业接触限值

　中国　PC-TWA：2mg/m³［按 F 计］

　美国（ACGIH）　TLV-TWA：2.5mg/m³［按 F 计］，0.5mg/m³［按 Ba 计］

生物接触限值　尿氟：42mmol/mol 肌酐（7mg/g 肌酐）（采样时间：工作班后）

监测方法　空气中有毒物质测定方法：氟化物，离子选择电极法。钡，二溴对甲基偶氮甲磺分光光度法；等离子体原子发射光谱法。生物监测检验方法：尿中氟的离子选择电极测定方法

工程控制　严加密闭，提供充分的局部排风

个体防护装备

　呼吸系统防护　可能接触其粉尘时，必须佩戴防尘面具（全面罩）。紧急事态抢救或撤离时，应该佩戴空气呼吸器

　眼睛防护　呼吸系统防护中已作防护

　皮肤和身体防护　穿密闭型防毒服

　手防护　戴橡胶手套

第九部分　理化特性

外观与性状　白色粉末或无色透明四方晶系结晶

pH 值　无意义　　　　**熔点（℃）**　1353

沸点(℃)	2260	相对密度(水＝1)	4.83	

相对蒸气密度(空气＝1)　无资料

饱和蒸气压(kPa)　无资料

临界压力(MPa)　无意义　辛醇/水分配系数　无资料

闪点(℃)　无意义　自燃温度(℃)　无意义

爆炸下限(%)　无意义　爆炸上限(%)　无意义

分解温度(℃)　无资料　黏度(mPa·s)　无资料

燃烧热(kJ/mol)　无资料　临界温度(℃)　无资料

溶解性　微溶于水，溶于盐酸、硝酸、氢氟酸、氯化铵

第十部分　稳定性和反应性

稳定性　稳定

危险反应　与强碱、强酸等禁配物发生反应

避免接触的条件　无资料

禁配物　强碱、强酸

危险的分解产物　氧化钡、氟化氢

第十一部分　毒理学信息

急性毒性　LD_{50}：250mg/kg（大鼠经口）

皮肤刺激或腐蚀　无资料　眼睛刺激或腐蚀　无资料

呼吸或皮肤过敏　无资料　生殖细胞突变性　无资料

致癌性　无资料

生殖毒性　大鼠吸入最低中毒浓度（TCLo）：5560μg/m³ 24h（孕1～21d），有胚胎毒性，引起死胎。小鼠腹腔内最低中毒剂量（TDLo）：656mg/kg（孕 1～21d），有胚胎毒性

特异性靶器官系统毒性-一次接触　无资料

特异性靶器官系统毒性-反复接触　无资料

吸入危害　无资料

第十二部分　生态学信息

生态毒性　无资料

持久性和降解性

　　生物降解性　无资料

　　非生物降解性　无资料

潜在的生物累积性　无资料

土壤中的迁移性　无资料

第十三部分　废弃处置

废弃化学品　用安全掩埋法处置。若可能，重复使用容器或在规定场所掩埋。量小时，小心溶解于水中，用碳酸钠中和，如果不能完全溶解，先加入小量盐酸，再加入碳酸钠，然后加入过量氯化钙沉淀氟化物/碳酸盐。滤出固体当作有害废物在规定场所掩埋

污染包装物　将容器返还生产商或按照国家和地方法规处置

废弃注意事项　处置前应参阅国家和地方有关法规

第十四部分　运输信息

联合国危险货物编号（UN号）　1564

联合国运输名称　钡化合物，未另作规定的（氟化钡）

联合国危险性类别　6.1

包装类别　Ⅲ　　　　包装标志　

海洋污染物　否

运输注意事项　运输前应先检查包装容器是否完整、密封，运输过程中要确保容器不泄漏、不倒塌、不坠落、不损坏。严禁与酸类、氧化剂、食品及食品添加剂混运。运输时运输车辆应配备泄漏应急处理设备。运输途中应防暴晒、雨淋，防高温。公路运输时要按规定路线行驶，勿在居民区和人口稠密区停留

第十五部分　法规信息

下列法律、法规、规章和标准，对该化学品的管理作了相应的规定。

中华人民共和国职业病防治法　职业病分类和目录：氟及其无机化合物中毒

危险化学品安全管理条例　危险化学品目录：列入。易制爆危险化学品名录：未列入。重点监管的危险化学品名录：未列入。GB 18218—2009《危险化学品重大危险源辨识》（表1）：未列入

使用有毒物品作业场所劳动保护条例　高毒物品目录：列入

易制毒化学品管理条例　易制毒化学品的分类和品种目录：未列入

国际公约　斯德哥尔摩公约：未列入。鹿特丹公约：未列入。蒙特利尔议定书：未列入

第十六部分　其他信息

编写和修订信息　缩略语和首字母缩写

培训建议　　　　参考文献

免责声明

氟化锆

第一部分　化学品标识

化学品中文名　氟化锆；四氟化锆

化学品英文名　zirconium fluoride; zirconium tetrafluoride

分子式　ZrF_4　分子量　167.218

结构式

$$F-Zr{<}^{F}_{F}-F$$

化学品的推荐及限制用途　原子反应堆用助熔性盐

第二部分　危险性概述

紧急情况概述　吞咽有害，吸入有害，造成严重的皮肤灼伤和眼损伤

GHS危险性类别　急性毒性-经口，类别4；急性毒性-吸入，类别4；皮肤腐蚀/刺激，类别1；严重眼损伤/眼刺激，类别1

标签要素

象形图

警示词　危险

危险性说明　吞咽有害，吸入有害，造成严重的皮肤灼伤和眼损伤

防范说明

预防措施　避免接触眼睛、皮肤，操作后彻底清洗。作业场所不得进食、饮水或吸烟。仅在室外或通风良好处操作。避免吸入粉尘或烟雾。戴防护手套，穿防护服，戴防护眼镜、防护面罩

事故响应　如吸入：将患者转移到空气新鲜处，休息，保持利于呼吸的体位，如感觉不适，呼叫中毒控制中心或就医。皮肤（或头发）接触：立即脱掉所有被污染的衣服，用水冲洗皮肤，淋浴。污染的衣服须洗净后方可重新使用。眼睛接触：用水细心地冲洗数分钟。如戴隐形眼镜并可方便地取出，则取出隐形眼镜，继续冲洗。食入：漱口，不要催吐，如果感觉不适，立即呼叫中毒控制中心或就医

安全储存　上锁保管

废弃处置　本品及内装物、容器依据国家和地方法规处置

物理和化学危险　不燃，无特殊燃爆特性

健康危害　有毒。误服或吸入会中毒。目前，工业上未见有锆中毒的报道。本品受热分解放出氟，对皮肤和黏膜有刺激及腐蚀作用

环境危害　对环境可能有害

第三部分　成分/组成信息

√ 物质　　　　　　　　　混合物

组分	浓度	CAS No.
氟化锆		7783-64-4

第四部分　急救措施

吸入　迅速脱离现场至空气新鲜处。保持呼吸道通畅。如呼吸困难，给输氧。如呼吸、心跳停止，立即进行心肺复苏术。就医

皮肤接触　立即脱去污染的衣着，用大量流动清水彻底冲洗至少 15min。就医

眼睛接触　立即分开眼睑，用流动清水或生理盐水彻底冲洗 5～10min。就医

食入　用水漱口，禁止催吐。给饮牛奶或蛋清。就医

对保护施救者的忠告　根据需要使用个人防护设备

对医生的特别提示　对症处理

第五部分　消防措施

灭火剂　本品不燃，根据着火原因选择适当灭火剂灭火

特别危险性　遇酸分解，放出腐蚀性的氟化氢气体

灭火注意事项及防护措施　消防人员必须佩戴防毒面具、穿全身消防服，在上风向灭火。尽可能将容器从火场移至空旷处。喷水保持火场容器冷却，直至灭火结束。切勿将水流直接射至熔融物，以免引起严重的流淌火灾或引起剧烈的沸溅

第六部分　泄漏应急处理

作业人员防护措施、防护装备和应急处置程序　隔离泄漏污染区，限制出入。建议应急处理人员戴防尘口罩，穿防毒服。穿上适当的防护服前严禁接触破裂的容器和泄漏物。尽可能切断泄漏源

环境保护措施　用塑料布覆盖泄漏物，减少飞散

泄漏化学品的收容、清除方法及所使用的处置材料　勿使水进入包装容器内。用洁净的铲子收集泄漏物，置于干净、干燥、盖子较松的容器中，将容器移离泄漏区

第七部分　操作处置与储存

操作注意事项　密闭操作，局部排风。防止粉尘释放到车间空气中。操作人员必须经过专门培训，严格遵守操作规程。建议操作人员佩戴自吸过滤式防尘口罩，戴化学安全防护眼镜，穿防毒物渗透工作服，戴乳胶手套。避免产生粉尘。避免与酸类、碱类接触。配备泄漏应急处理设备。倒空的容器可能残留有害物

储存注意事项　储存于阴凉、通风的库房。远离火种、热源。防止阳光直射。包装密封。应与酸类、碱类、食用化学品分开存放，切忌混储。储区应备有合适的材料收容泄漏物

第八部分　接触控制/个体防护

职业接触限值

中国　PC-TWA：5mg/m³［按 Zr 计］，2mg/m³［按 F 计］；PC-STEL：10mg/m³［按 Zr 计］

美国（ACGIH）　TLV-TWA：5mg/m³［按 Zr 计］，2.5mg/m³［按 F 计］

生物接触限值　尿氟：42mmol/mol 肌酐（7mg/g 肌酐）（采样时间：工作班后）

监测方法　空气中有毒物质测定方法：离子选择电极法。生物监测检验方法：尿中氟的离子选择电极测定方法

工程控制　密闭操作，局部排风

个体防护装备

呼吸系统防护　空气中粉尘浓度超标时，建议佩戴过滤式防尘呼吸器。紧急事态抢救或撤离时，应该佩戴空气呼吸器

眼睛防护　戴化学安全防护眼镜

皮肤和身体防护　穿防毒物渗透工作服

手防护　戴橡胶手套

第九部分　理化特性

外观与性状　无色有强折射率的透明单斜系结晶

pH 值　无意义　　　　　　熔点（℃）　600(升华)

沸点（℃）　无资料

相对密度(水＝1)　4.6(16℃)

相对蒸气密度(空气＝1)　无资料

饱和蒸气压(kPa)　无资料

临界压力(MPa)　无意义　　辛醇/水分配系数　无资料

闪点(℃)　无意义　　自燃温度(℃)　无意义

爆炸下限(%)　无意义　　爆炸上限(%)　无意义

分解温度(℃)　无资料　　黏度(mPa·s)　无资料

燃烧热(kJ/mol)　无资料　　临界温度(℃)　无资料

溶解性　不溶于水，易溶于氢氟酸

第十部分　稳定性和反应性

稳定性　稳定

危险反应　与强碱、强酸等禁配物发生反应。遇酸分解，放出腐蚀性的氟化氢气体

避免接触的条件　无资料

禁配物　强酸、强碱

危险的分解产物　氟化氢、氧化锆

第十一部分　毒理学信息

急性毒性　LD_{50}：98mg/kg（小鼠静脉）

皮肤刺激或腐蚀　无资料　　眼睛刺激或腐蚀　无资料

呼吸或皮肤过敏　无资料　　生殖细胞突变性　无资料

致癌性　无资料　　生殖毒性　无资料

特异性靶器官系统毒性-一次接触　无资料

特异性靶器官系统毒性-反复接触　无资料

吸入危害　无资料

第十二部分　生态学信息

生态毒性　无资料

持久性和降解性

　生物降解性　无资料

　非生物降解性　无资料

潜在的生物累积性　无资料

土壤中的迁移性　无资料

第十三部分　废弃处置

废弃化学品　用安全掩埋法处置。在能利用的地方重复使用容器或在规定场所掩埋。量小时，溶解在水或适当的酸溶液中，或用适当氧化剂将其转变成水溶液。用硫化物沉淀，调节pH值至7完成沉淀

污染包装物　将容器返还生产商或按照国家和地方法规处置

废弃注意事项　处置前应参阅国家和地方有关法规

第十四部分　运输信息

联合国危险货物编号（UN号）　3260

联合国运输名称　无机酸性腐蚀性固体，未另作规定的（氟化锆）

联合国危险性类别　8

包装类别　Ⅱ　　包装标志　

海洋污染物　否

运输注意事项　运输前应先检查包装容器是否完整、密封，运输过程中要确保容器不泄漏、不倒塌、不坠落、不损坏。严禁与酸类、氧化剂、食品及食品添加剂混运。运输时运输车辆应配备泄漏应急处理设备。运输途中应防暴晒、雨淋，防高温。公路运输时要按规定路线行驶，勿在居民区和人口稠密区停留

第十五部分　法规信息

下列法律、法规、规章和标准，对该化学品的管理作了相应的规定。

中华人民共和国职业病防治法　职业病分类和目录：氟及其无机化合物中毒

危险化学品安全管理条例　危险化学品目录：列入。易制爆危险化学品名录：未列入。重点监管的危险化学品名录：未列入。GB 18218—2009《危险化学品重大危险源辨识》（表1）：未列入

使用有毒物品作业场所劳动保护条例　高毒物品目录：列入

易制毒化学品管理条例　易制毒化学品的分类和品种目录：未列入

国际公约　斯德哥尔摩公约：未列入。鹿特丹公约：未列入。蒙特利尔议定书：未列入

第十六部分　其他信息

编写和修订信息　缩略语和首字母缩写

培训建议　　参考文献

免责声明

氟化镉

第一部分　化学品标识

化学品中文名　氟化镉

化学品英文名　cadmium fluoride

分子式　CdF_2　分子量　150.408

结构式　F—Cd—F

化学品的推荐及限制用途　用于阴极射线管、磷光体、玻璃、控制核反应器及激光结晶的起始材料

第二部分　危险性概述

紧急情况概述　吞咽会中毒，吸入致命，可能致癌

GHS危险性类别　急性毒性-经口，类别3；急性毒性-吸入，类别2；生殖细胞致突变性，类别1B；致癌性，类别1A；生殖毒性，类别1B；特异性靶器官毒性-反复接触，类别1；危害水生环境-急性危害，类别1；危害水生环境-长期危害，类别1

标签要素

象形图　

警示词　危险

危险性说明　吞咽会中毒，吸入致命，可能致癌，可能对生育力或胎儿造成伤害，长时间或反复接触对器官造成损伤，对水生生物毒性非常大并具有长期持续影响

防范说明

预防措施　避免接触眼睛、皮肤，操作后彻底清洗。作业场所不得进食、饮水或吸烟。避免吸入粉尘。仅在室外或通风良好处操作。戴呼吸防护器具。得到专门指导后操作。在阅读并了解所有安全预防措施之前，切勿操作。按要求使用个体防护装备。禁止排入环境

事故响应　如吸入：将患者转移到空气新鲜处，休息，保持利于呼吸的体位。食入：立即呼叫中毒控制中心或就医，漱口，如果接触或有担心，就医。如感觉不适，就医。收集泄漏物

安全储存　在通风良好处储存。保持容器密闭。上锁保管

废弃处置　本品及内装物、容器依据国家和地方法规处置

物理和化学危险　不燃，无特殊燃爆特性

健康危害　有毒。误服或吸入会中毒。吸入，可出现呼吸道刺激症状和肺水肿；误服，出现急性胃肠炎。慢性影响可损害肾和肺。镉及其化合物对人类是致癌物

环境危害　对水生生物毒性非常大并具有长期持续影响

第三部分　成分/组成信息

√ 物质　　　　　　　混合物

组分	浓度	CAS No.
氟化镉		7790-79-6

第四部分　急救措施

吸入　迅速脱离现场至空气新鲜处。保持呼吸道通畅。如呼吸困难，给输氧。如呼吸、心跳停止，立即进行心肺复苏术。就医

皮肤接触　立即脱去污染的衣着，用流动清水彻底冲洗。就医

眼睛接触　立即分开眼睑，用流动清水或生理盐水彻底冲洗。就医

食入　漱口，饮水。就医

对保护施救者的忠告　根据需要使用个人防护设备

对医生的特别提示　对症处理

第五部分　消防措施

灭火剂　本品不燃，根据着火原因选择适当灭火剂灭火

特别危险性　能与钾猛烈反应。遇酸分解，放出腐蚀性的氟化氢气体

灭火注意事项及防护措施　消防人员必须穿全身防火防毒服，在上风向灭火。灭火时尽可能将容器从火场移至空旷处

第六部分　泄漏应急处理

作业人员防护措施、防护装备和应急处置程序　隔离泄漏污染区，限制出入。建议应急处理人员戴防尘口罩，穿防毒服。穿上适当的防护服前严禁接触破裂的容器和泄漏物。尽可能切断泄漏源

环境保护措施　用塑料布覆盖泄漏物，减少飞散

泄漏化学品的收容、清除方法及所使用的处置材料　勿使水进入包装容器内。用洁净的铲子收集泄漏物，置于干净、干燥、盖子较松的容器中，将容器移离泄漏区

第七部分　操作处置与储存

操作注意事项　密闭操作，提供充分的局部排风。防止粉尘释放到车间空气中。操作人员必须经过专门培训，严格遵守操作规程。建议操作人员佩戴防尘面具（全面罩），穿胶布防毒衣，戴橡胶手套。避免产生粉尘。避免与钾、氧化剂接触。配备泄漏应急处理设备。倒空的容器可能残留有害物

储存注意事项　储存于阴凉、通风的库房。远离火种、热源。防止阳光直射。包装密封。应与钾、氧化剂、食用化学品分开存放，切忌混储。储区应备有合适的材料收容泄漏物

第八部分　接触控制/个体防护

职业接触限值

中国　PC-TWA：0.01mg/m³［按 Cd 计］，2mg/m³［按 F 计］；PC-STEL：0.02mg/m³［按 Cd 计］［G1］

美国（ACGIH）　TLV-TWA：0.01mg/m³［按 Cd 计］，0.002mg/m³（呼吸性颗粒物）［按 Cd 计］，2.5mg/m³［按 F 计］

生物接触限值　尿镉：5μmol/g 肌酐（5μg/g 肌酐）（采样时间：不作严格规定）；血镉 45nmol/L（5μg/L）（采样时间：不作严格规定）；尿氟：42mmol/mol 肌酐（7mg/g 肌酐）（采样时间：工作班后）

监测方法　空气中有毒物质测定方法：离子选择电极法。生物监测检验方法：尿中镉的火焰原子吸收光谱法；尿中镉的石墨炉原子吸收光谱测定方法；尿中镉的微分电位溶出测定方法；血中镉的石墨炉原子吸收光谱测定方法；尿中氟的离子选择电极测定方法

工程控制　严加密闭，提供充分的局部排风

个体防护装备

呼吸系统防护　可能接触其粉尘时，必须佩戴防尘面具（全面罩）。紧急事态抢救或撤离时，应该佩戴空气呼吸器

眼睛防护　呼吸系统防护中已作防护

皮肤和身体防护　穿密闭型防毒服

手防护　戴橡胶手套

第九部分　理化特性

外观与性状　白色立方体结晶

pH 值　无意义		**熔点(℃)**　1049	
沸点(℃)　1748		**相对密度(水＝1)**　6.33	
相对蒸气密度(空气＝1)　无资料			
饱和蒸气压(kPa)　0.133(1112℃)			
临界压力(MPa)　无意义		**辛醇/水分配系数**　无资料	
闪点(℃)　无意义		**自燃温度(℃)**　无意义	
爆炸下限(%)　无意义		**爆炸上限(%)**　无意义	
分解温度(℃)　无资料		**黏度(mPa·s)**　无资料	

燃烧热(kJ/mol) 无资料 临界温度(℃) 无资料
溶解性 微溶于水,溶于氢氟酸、无机酸,不溶于醇、液氨

第十部分 稳定性和反应性

稳定性 稳定
危险反应 与强氧化剂等禁配物发生反应。能与钾猛烈反应。遇酸分解,放出腐蚀性的氟化氢气体
避免接触的条件 无资料
禁配物 钾、强氧化剂
危险的分解产物 氟化氢、镉

第十一部分 毒理学信息

急性毒性 LD$_{50}$:245mg/kg(大鼠经口);150mg/kg(豚鼠经口)
皮肤刺激或腐蚀 无资料 眼睛刺激或腐蚀 无资料
呼吸或皮肤过敏 无资料 生殖细胞突变性 无资料
致癌性 IARC致癌性评论:组1,对人类是致癌物
生殖毒性 无资料
特异性靶器官系统毒性-一次接触 无资料
特异性靶器官系统毒性-反复接触 无资料
吸入危害 无资料

第十二部分 生态学信息

生态毒性 镉化合物对水生生物有极高毒性
持久性和降解性
　生物降解性 无资料
　非生物降解性 无资料
潜在的生物累积性 无资料
土壤中的迁移性 无资料

第十三部分 废弃处置

废弃化学品 用安全掩埋法处置。在能利用的地方重复使用容器或在规定场所掩埋。量小时,溶解在水或适当的酸溶液中,或用适当氧化剂将其转变成水溶液。用硫化物沉淀,调节pH值至7完成沉淀。滤出固体硫化物回收或做掩埋处置。用次氯酸钠中和过量的硫化物,然后冲入下水道
污染包装物 将容器返还生产商或按照国家和地方法规处置
废弃注意事项 处置前应参阅国家和地方有关法规

第十四部分 运输信息

联合国危险货物编号(UN号) 2570
联合国运输名称 镉化合物(氟化镉)
联合国危险性类别 6.1

包装类别 Ⅱ　　　　包装标志

海洋污染物 否
运输注意事项 运输前应先检查包装容器是否完整、密封,运输过程中要确保容器不泄漏、不倒塌、不坠

落、不损坏。严禁与酸类、氧化剂、食品及食品添加剂混运。运输时运输车辆应配备泄漏应急处理设备。运输途中应防暴晒、雨淋,防高温。公路运输时要按规定路线行驶,勿在居民区和人口稠密区停留

第十五部分 法规信息

下列法律、法规、规章和标准,对该化学品的管理作了相应的规定。
中华人民共和国职业病防治法 职业病分类和目录:镉及其化合物中毒,氟及其无机化合物中毒
危险化学品安全管理条例 危险化学品目录:列入。易制爆危险化学品名录:未列入。重点监管的危险化学品名录:未列入。GB 18218—2009《危险化学品重大危险源辨识》(表1):未列入
使用有毒物品作业场所劳动保护条例 高毒物品目录:列入
易制毒化学品管理条例 易制毒化学品的分类和品种目录:未列入
国际公约 斯德哥尔摩公约:未列入。鹿特丹公约:未列入。蒙特利尔议定书:未列入

第十六部分 其他信息

编写和修订信息　缩略语和首字母缩写
培训建议　　　　参考文献
免责声明

氟化锂

第一部分 化学品标识

化学品中文名 氟化锂
化学品英文名 lithium fluoride
分子式 LiF 分子量 25.939
结构式 Li$^+$F$^-$
化学品的推荐及限制用途 用于搪瓷、玻璃、釉和焊接中作助熔剂

第二部分 危险性概述

紧急情况概述 吞咽会中毒,对水生生物有害
GHS危险性类别 急性毒性-经口,类别3;危害水生环境-急性危害,类别3
标签要素

象形图

警示词 危险
危险性说明 吞咽会中毒,对水生生物有害
防范说明
　预防措施 避免接触眼睛、皮肤,操作后彻底清洗。作业场所不得进食、饮水或吸烟。禁止排入环境
　事故响应 食入:立即呼叫中毒控制中心或就医,

漱口

安全储存　上锁保管

废弃处置　本品及内装物、容器依据国家和地方法规处置

物理和化学危险　不燃，无特殊燃爆特性

健康危害　急性中毒常由误服所致。人经口最低致死量为75mg/kg。摄入后迅速出现急性胃肠炎症状，吐泻物常为血性。严重中毒时可伴有痉挛、休克、急性心力衰竭、可致死亡。工业生产中主要因吸入粉尘致中毒。若短时大量吸入可出现呼吸道刺激症状，如咽喉灼痛、咳嗽、咯血、胸闷、气急、鼻衄、声音嘶哑等。有时伴有头昏、头痛、无力以及食欲减退、恶心、呕吐、腹泻等症状。长期吸入较高浓度本品粉尘，可引起呼吸道炎症，还可引起工业性氟病

环境危害　对水生生物有害

第三部分　成分/组成信息

√ 物质　　　　　　　　　混合物

组分	浓度	CAS No.
氟化锂		7789-24-4

第四部分　急救措施

吸入　迅速脱离现场至空气新鲜处。保持呼吸道通畅。如呼吸困难，给输氧。如呼吸、心跳停止，立即进行心肺复苏术。就医

皮肤接触　立即脱去污染的衣着，用流动清水彻底冲洗。就医

眼睛接触　立即分开眼睑，用流动清水或生理盐水彻底冲洗。就医

食入　饮适量温水，催吐（仅限于清醒者）。就医

对保护施救者的忠告　根据需要使用个人防护设备

对医生的特别提示　对症处理

第五部分　消防措施

灭火剂　本品不燃，根据着火原因选择适当灭火剂灭火

特别危险性　遇酸分解，放出腐蚀性的氟化氢气体

灭火注意事项及防护措施　消防人员必须穿全身防火防毒服，在上风向灭火。灭火时尽可能将容器从火场移至空旷处

第六部分　泄漏应急处理

作业人员防护措施、防护装备和应急处置程序　隔离泄漏污染区，限制出入。建议应急处理人员戴防尘口罩，穿防毒服。穿上适当的防护服前严禁接触破裂的容器和泄漏物。尽可能切断泄漏源

环境保护措施　用塑料布覆盖泄漏物，减少飞散

泄漏化学品的收容、清除方法及所使用的处置材料　勿使水进入包装容器内。用洁净的铲子收集泄漏物，置于干净、干燥、盖子较松的容器中，将容器移离泄漏区

第七部分　操作处置与储存

操作注意事项　密闭操作，局部排风。防止粉尘释放到车间空气中。操作人员必须经过专门培训，严格遵守操作规程。建议操作人员佩戴自吸过滤式防尘口罩，戴化学安全防护眼镜，穿防毒物渗透工作服，戴橡胶手套。避免产生粉尘。避免与氧化剂、酸类接触。配备泄漏应急处理设备。倒空的容器可能残留有害物

储存注意事项　储存于阴凉、通风的库房。远离火种、热源。防止阳光直射。包装密封。应与氧化剂、酸类、食用化学品分开存放，切忌混储。储区应备有合适的材料收容泄漏物

第八部分　接触控制/个体防护

职业接触限值

中国　PC-TWA：2mg/m³［按 F 计］

美国（ACGIH）　TLV-TWA：2.5mg/m³［按 F 计］

生物接触限值　尿氟：42mmol/mol 肌酐（7mg/g 肌酐）（采样时间：工作班后）

监测方法　空气中有毒物质测定方法：离子选择电极法。生物监测检验方法：尿中氟的离子选择电极测定方法

工程控制　密闭操作，局部排风

个体防护装备

呼吸系统防护　空气中粉尘浓度超标时，必须佩戴过滤式防尘呼吸器。紧急事态抢救或撤离时，应该佩戴空气呼吸器

眼睛防护　戴化学安全防护眼镜

皮肤和身体防护　穿防毒物渗透工作服

手防护　戴橡胶手套

第九部分　理化特性

外观与性状　白色粉末或立方晶体

pH 值　无意义		**熔点（℃）**　848	
沸点（℃）　1681		**相对密度（水=1）**　2.635	

相对蒸气密度（空气=1）　无资料

饱和蒸气压（kPa）　0.133(1047℃)

临界压力（MPa）　无意义　　**辛醇/水分配系数**　无资料

闪点（℃）　无意义　　**自燃温度（℃）**　无意义

爆炸下限（%）　无意义　　**爆炸上限（%）**　无意义

分解温度（℃）　无资料　　**黏度（mPa·s）**　无资料

燃烧热（kJ/mol）　无资料　　**临界温度（℃）**　无资料

溶解性　难溶于水，不溶于醇，溶于酸

第十部分　稳定性和反应性

稳定性　稳定

危险反应　与强氧化剂、强酸等禁配物发生反应。遇酸分解，放出腐蚀性的氟化氢气体

避免接触的条件　无资料

禁配物　强氧化剂、强酸

危险的分解产物　氟化氢、氧化锂

第十一部分　毒理学信息

急性毒性　LD₅₀：143mg/kg（大鼠经口）；119mg/kg（小鼠经口）

皮肤刺激或腐蚀　无资料　　**眼睛刺激或腐蚀**　无资料

呼吸或皮肤过敏　无资料　　**生殖细胞突变性**　无资料

致癌性　美国政府工业卫生学家会议（ACGIH）：未分类

为人类致癌物

生殖毒性 无资料

特异性靶器官系统毒性--一次接触 无资料

特异性靶器官系统毒性-反复接触 无资料

吸入危害 无资料

第十二部分 生态学信息

生态毒性 无资料

持久性和降解性

生物降解性 无资料

非生物降解性 无资料

潜在的生物累积性 无资料

土壤中的迁移性 无资料

第十三部分 废弃处置

废弃化学品 用安全掩埋法处置。在能利用的地方重复使用容器或在规定场所掩埋。量小时，小心溶解于水中，用碳酸钠中和，如果不能完全溶解，先加入小量盐酸，接着加入碳酸钠，然后加入过量氯化钙沉淀氟化物/碳酸盐。滤出固体当作有害废物在规定场所掩埋

污染包装物 将容器返还生产商或按照国家和地方法规处置

废弃注意事项 处置前应参阅国家和地方有关法规

第十四部分 运输信息

联合国危险货物编号（UN号） 3288

联合国运输名称 无机毒性固体，未另作规定的（氟化锂）

联合国危险性类别 6.1

包装类别 Ⅲ **包装标志**

海洋污染物 否

运输注意事项 运输前应先检查包装容器是否完整、密封，运输过程中要确保容器不泄漏、不倒塌、不坠落、不损坏。严禁与酸类、氧化剂、食品及食品添加剂混运。运输时运输车辆应配备泄漏应急处理设备。运输途中应防暴晒、雨淋，防高温。公路运输时要按规定路线行驶，勿在居民区和人口稠密区停留

第十五部分 法规信息

下列法律、法规、规章和标准，对该化学品的管理作了相应的规定。

中华人民共和国职业病防治法 职业病分类和目录：氟及其无机化合物中毒

危险化学品安全管理条例 危险化学品目录：列入。易制爆危险化学品名录：未列入。重点监管的危险化学品名录：未列入。GB 18218—2009《危险化学品重大危险源辨识》（表1）：未列入

使用有毒物品作业场所劳动保护条例 高毒物品目录：列入

易制毒化学品管理条例 易制毒化学品的分类和品种目录：未列入

国际公约 斯德哥尔摩公约：未列入。鹿特丹公约：未列入。蒙特利尔议定书：未列入

第十六部分 其他信息

编写和修订信息 缩略语和首字母缩写

培训建议 参考文献

免责声明

氟化氢钾

第一部分 化学品标识

化学品中文名 氟化氢钾；酸式氟化钾

化学品英文名 potassium bifluoride; potassium hydrogen fluoride

分子式 KHF_2 **分子量** 78.103

结构式 $K^+F^- \cdot HF$

化学品的推荐及限制用途 用于制氟、雕刻玻璃，用作防腐剂、烷基苯催化剂、焊接银制品的助熔剂及掩蔽剂

第二部分 危险性概述

紧急情况概述 吞咽会中毒，造成严重的皮肤灼伤和眼损伤

GHS危险性类别 急性毒性-经口，类别3；皮肤腐蚀/刺激，类别1B；严重眼损伤/眼刺激，类别1；危害水生环境-急性危害，类别3

标签要素

象形图

警示词 危险

危险性说明 吞咽会中毒，造成严重的皮肤灼伤和眼损伤，对水生生物有害

防范说明

预防措施 避免接触眼睛、皮肤，操作后彻底清洗。作业场所不得进食、饮水或吸烟。避免吸入粉尘。戴防护手套，穿防护服，戴防护眼镜、防护面罩。禁止排入环境

事故响应 如吸入：将患者转移到空气新鲜处，休息，保持利于呼吸的体位。皮肤（或头发）接触：立即脱掉所有被污染的衣服，用水冲洗皮肤，淋浴。污染的衣服须洗净后方可重新使用。眼睛接触：用水细心地冲洗数分钟。如戴隐形眼镜并可方便地取出，则取出隐形眼镜，继续冲洗。食入：漱口，不要催吐，立即呼叫中毒控制中心或就医

安全储存 上锁保管

废弃处置 本品及内装物、容器依据国家和地方法规处置

物理和化学危险 不燃，无特殊燃爆特性。遇水产生有毒

气体

健康危害　吸入、摄入或经皮肤吸收后会引起中毒。对眼睛、皮肤、黏膜有强烈的刺激作用，可引起眼和皮肤灼伤。可出现低血钙，不及时处理可导致死亡

环境危害　对水生生物有害

第三部分　成分/组成信息

　√　物质　　　　　　　混合物

组分	浓度	CAS No.
氟化氢钾		7789-29-9

第四部分　急救措施

吸入　迅速脱离现场至空气新鲜处。保持呼吸道通畅。如呼吸困难，给输氧。如呼吸、心跳停止，立即进行心肺复苏术。就医

皮肤接触　立即脱去污染的衣着，用大量流动清水彻底冲洗至少15min。就医

眼睛接触　立即分开眼睑，用流动清水或生理盐水彻底冲洗5～10min。就医

食入　用水漱口，禁止催吐。给饮牛奶或蛋清。就医

对保护施救者的忠告　根据需要使用个人防护设备

对医生的特别提示　对症处理

第五部分　消防措施

灭火剂　本品不燃，根据着火原因选择适当灭火剂灭火

特别危险性　吸潮或遇水会产生大量的腐蚀性烟雾。其水溶液有腐蚀性和强烈的刺激性。受高热分解产生有毒的腐蚀性烟气

灭火注意事项及防护措施　消防人员必须穿全身防火防毒服，在上风向灭火。灭火时尽可能将容器从火场移至空旷处

第六部分　泄漏应急处理

作业人员防护措施、防护装备和应急处置程序　隔离泄漏污染区，限制出入。建议应急处理人员戴防尘口罩，穿防酸碱服。穿上适当的防护服前严禁接触破裂的容器和泄漏物。尽可能切断泄漏源

环境保护措施　用塑料布覆盖泄漏物，减少飞散

泄漏化学品的收容、清除方法及所使用的处置材料　勿使水进入包装容器内。用洁净的铲子收集泄漏物，置于干净、干燥、盖子较松的容器中，将容器移离泄漏区

第七部分　操作处置与储存

操作注意事项　密闭操作，提供充分的局部排风。防止粉尘释放到车间空气中。操作人员必须经过专门培训，严格遵守操作规程。建议操作人员佩戴防尘面具（全面罩），穿橡胶耐酸碱服，戴橡胶耐酸碱手套。避免产生粉尘。避免与酸类接触。尤其要注意避免与水接触。配备泄漏应急处理设备。倒空的容器可能残留有害物

储存注意事项　储存于阴凉、干燥、通风良好的库房。远离火种、热源。防止阳光直射。包装必须密封，切勿受潮。应与酸类、食用化学品等分开存放，切忌混储。储区应备有合适的材料收容泄漏物

第八部分　接触控制/个体防护

职业接触限值
　中国　PC-TWA：2mg/m³〔按F计〕
　美国（ACGIH）　TLV-TWA：2.5mg/m³〔按F计〕

生物接触限值　尿氟：42mmol/mol肌酐（7mg/g肌酐）（采样时间：工作班后）

监测方法　空气中有毒物质测定方法：离子选择电极法。生物监测检验方法：尿中氟的离子选择电极测定方法

工程控制　严加密闭，提供充分的局部排风

个体防护装备
　呼吸系统防护　可能接触其粉尘时，必须佩戴防尘面具（全面罩）。紧急事态抢救或撤离时，应该佩戴空气呼吸器
　眼睛防护　呼吸系统防护中已作防护
　皮肤和身体防护　穿橡胶耐酸碱服
　手防护　戴橡胶耐酸碱手套

第九部分　理化特性

外观与性状　无色至白色结晶

pH值　无意义		**熔点(℃)**　238.7	
沸点(℃)　478		**相对密度(水=1)**　2.37	
相对蒸气密度(空气=1)　无资料			
饱和蒸气压(kPa)　无资料			
临界压力(MPa)　无意义		**辛醇/水分配系数**　无资料	
闪点(℃)　无意义		**自燃温度(℃)**　无意义	
爆炸下限(%)　无意义		**爆炸上限(%)**　无意义	
分解温度(℃)　无资料		**黏度(mPa·s)**　无资料	
燃烧热(kJ/mol)　无资料		**临界温度(℃)**　无资料	

溶解性　易溶于水，不溶于醇

第十部分　稳定性和反应性

稳定性　稳定

危险反应　与强酸、水等禁配物发生反应。吸潮或遇水会产生大量的腐蚀性烟雾。其水溶液有腐蚀性和强烈的刺激性

避免接触的条件　潮湿空气

禁配物　强酸、水

危险的分解产物　氟化氢、氧化钾

第十一部分　毒理学信息

急性毒性　无资料

皮肤刺激或腐蚀　无资料　　**眼睛刺激或腐蚀**　无资料

呼吸或皮肤过敏　无资料　　**生殖细胞突变性**　无资料

致癌性　无资料　　　　　　**生殖毒性**　无资料

特异性靶器官系统毒性-一次接触　无资料

特异性靶器官系统毒性-反复接触　无资料

吸入危害　无资料

第十二部分　生态学信息

生态毒性　无资料

持久性和降解性
　　生物降解性　无资料
　　非生物降解性　无资料
潜在的生物累积性　无资料
土壤中的迁移性　无资料

第十三部分　废弃处置

废弃化学品　用安全掩埋法处置。在能利用的地方重复使用容器或在规定场所掩埋。量小时，小心溶解于水中，用碳酸钠中和，如果不能完全溶解，先加入小量盐酸，接着加入碳酸钠，然后加入过量氯化钙沉淀氟化物/碳酸盐。滤出固体当作有害废物在规定场所掩埋

污染包装物　将容器返还生产商或按照国家和地方法规处置

废弃注意事项　处置前应参阅国家和地方有关法规

第十四部分　运输信息

联合国危险货物编号（UN号）　1811
联合国运输名称　固态二氟化氢钾
联合国危险性类别　8，6.1
包装类别　Ⅱ

包装标志　

海洋污染物　否

运输注意事项　起运时包装要完整，装载应稳妥。运输过程中要确保容器不泄漏、不倒塌、不坠落、不损坏。严禁与酸类、食用化学品等混装混运。运输时运输车辆应配备泄漏应急处理设备。运输途中应防暴晒、雨淋，防高温。公路运输时要按规定路线行驶，勿在居民区和人口稠密区停留

第十五部分　法规信息

　　下列法律、法规、规章和标准，对该化学品的管理作了相应的规定。

中华人民共和国职业病防治法　职业病分类和目录：氟及其无机化合物中毒

危险化学品安全管理条例　危险化学品目录：列入。易制爆危险化学品名录：未列入。重点监管的危险化学品名录：未列入。GB 18218—2009《危险化学品重大危险源辨识》（表1）：未列入

使用有毒物品作业场所劳动保护条例　高毒物品目录：列入

易制毒化学品管理条例　易制毒化学品的分类和品种目录：未列入

国际公约　斯德哥尔摩公约：未列入。鹿特丹公约：未列入。蒙特利尔议定书：未列入

第十六部分　其他信息

编写和修订信息　　缩略语和首字母缩写
培训建议　　　　　参考文献
免责声明

氟化氢钠

第一部分　化学品标识

化学品中文名　氟化氢钠；酸式氟化钠
化学品英文名　sodium bifluoride; sodium hydrogen fluoride
分子式　$NaHF_2$　分子量　62.01
结构式　$Na^+ F^- \cdot HF$
化学品的推荐及限制用途　用于铍的精炼、雕刻玻璃、铸造工业，也用作焊接熔剂、焊条的外皮及防腐剂

第二部分　危险性概述

紧急情况概述　吞咽会中毒，造成严重的皮肤灼伤和眼损伤
GHS危险性类别　急性毒性-经口，类别3；皮肤腐蚀/刺激，类别1B；严重眼损伤/眼刺激，类别1；危害水生环境-急性危害，类别3
标签要素

象形图　

警示词　危险
危险性说明　吞咽会中毒，造成严重的皮肤灼伤和眼损伤，对水生生物有害
防范说明
　　预防措施　避免接触眼睛、皮肤，操作后彻底清洗。作业场所不得进食、饮水或吸烟。避免吸入粉尘。戴防护手套，穿防护服，戴防护眼镜、防护面罩。禁止排入环境
　　事故响应　如吸入：将患者转移到空气新鲜处，休息，保持利于呼吸的体位。皮肤（或头发）接触：立即脱掉所有被污染的衣服，用水冲洗皮肤，淋浴。污染的衣服须洗净后方可重新使用。眼睛接触：用水细心地冲洗数分钟。如戴隐形眼镜并可方便地取出，则取出隐形眼镜，继续冲洗。食入：漱口，不要催吐，立即呼叫中毒控制中心或就医
　　安全储存　上锁保管
　　废弃处置　本品及内装物、容器依据国家和地方法规处置
物理和化学危险　不燃，无特殊燃爆特性。遇水产生有毒气体
健康危害　粉尘对皮肤、眼、呼吸道有强烈刺激性，吸入后引起呼吸道黏膜组织破坏和严重肺炎，重者可致死。口服灼伤消化道，大量口服可致死
环境危害　对水生生物有害

第三部分　成分/组成信息

　　√ 物质　　　　　　　　　　混合物

组分	浓度	CAS No.
氟化氢钠		1333-83-1

第四部分　急救措施

吸入　迅速脱离现场至空气新鲜处。保持呼吸道通畅。如呼吸困难，给输氧。如呼吸、心跳停止，立即进行心肺复苏术。就医

皮肤接触　立即脱去污染的衣着，用大量流动清水彻底冲洗至少 15min。就医

眼睛接触　立即分开眼睑，用流动清水或生理盐水彻底冲洗 5～10min。就医

食入　用水漱口，禁止催吐。给饮牛奶或蛋清。就医

对保护施救者的忠告　根据需要使用个人防护设备

对医生的特别提示　对症处理

第五部分　消防措施

灭火剂　本品不燃，根据着火原因选择适当灭火剂灭火

特别危险性　遇水分解，放出剧毒的氟化氢气体。其水溶液有腐蚀性和强烈的刺激性。受热易分解，燃烧时产生有毒的氯化物气体。受热分解，放出高毒的氟化物烟气

灭火注意事项及防护措施　消防人员必须穿全身防火防毒服，在上风向灭火。灭火时尽可能将容器从火场移至空旷处

第六部分　泄漏应急处理

作业人员防护措施、防护装备和应急处置程序　隔离泄漏污染区，限制出入。建议应急处理人员戴防尘口罩，穿防酸碱服。穿上适当的防护服前严禁接触破裂的容器和泄漏物。尽可能切断泄漏源

环境保护措施　用塑料布覆盖泄漏物，减少飞散

泄漏化学品的收容、清除方法及所使用的处置材料　勿使水进入包装容器内。用洁净的铲子收集泄漏物，置于干净、干燥、盖子较松的容器中，将容器移离泄漏区

第七部分　操作处置与储存

操作注意事项　密闭操作，提供充分的局部排风。防止粉尘释放到车间空气中。操作人员必须经过专门培训，严格遵守操作规程。建议操作人员佩戴防尘面具（全面罩），穿橡胶耐酸碱服，戴橡胶耐酸碱手套。避免产生粉尘。避免与酸类接触。尤其要注意避免与水接触。配备泄漏应急处理设备。倒空的容器可能残留有害物

储存注意事项　储存于阴凉、干燥、通风良好的库房。远离火种、热源。防止阳光直射。包装必须密封，切勿受潮。应与酸类、食用化学品等分开存放，切忌混储。储区应备有合适的材料收容泄漏物

第八部分　接触控制/个体防护

职业接触限值

中国　PC-TWA：2mg/m³〔按 F 计〕

美国（ACGIH）　TLV-TWA：2.5mg/m³〔按 F 计〕

生物接触限值　尿氟：42mmol/mol 肌酐（7mg/g 肌酐）（采样时间：工作班后）

监测方法　空气中有毒物质测定方法：离子选择电极法。

生物监测检验方法：尿中氟的离子选择电极测定方法

工程控制　严加密闭，提供充分的局部排风

个体防护装备

呼吸系统防护　可能接触其粉尘时，必须佩戴防尘面具（全面罩）。紧急事态抢救或撤离时，应该佩戴空气呼吸器

眼睛防护　呼吸系统防护中已作防护

皮肤和身体防护　穿橡胶耐酸碱服

手防护　戴橡胶耐酸碱手套

第九部分　理化特性

外观与性状　无色或白色粉末，有强烈酸味

pH 值　无意义	**熔点（℃）**　（分解）
沸点（℃）　无资料	**相对密度（水=1）**　2.08

相对蒸气密度（空气=1）　2.14

饱和蒸气压（kPa）　无资料	
临界压力（MPa）　无意义	**辛醇/水分配系数**　无资料
闪点（℃）　无意义	**自燃温度（℃）**　无意义
爆炸下限（%）　无意义	**爆炸上限（%）**　无意义
分解温度（℃）　加热分解	**黏度（mPa·s）**　无资料
燃烧热（kJ/mol）　无资料	**临界温度（℃）**　无资料

溶解性　溶于水，不溶于醇

第十部分　稳定性和反应性

稳定性　稳定

危险反应　与强酸、水等禁配物发生反应。遇水分解，放出剧毒的氟化氢气体。其水溶液有腐蚀性和强烈的刺激性

避免接触的条件　受热、潮湿空气

禁配物　强酸、水

危险的分解产物　氟化氢、氧化钠

第十一部分　毒理学信息

急性毒性　LD_{50}：80mg/kg（大鼠经口）

皮肤刺激或腐蚀　无资料	**眼睛刺激或腐蚀**　无资料
呼吸或皮肤过敏　无资料	**生殖细胞突变性**　无资料
致癌性　无资料	**生殖毒性**　无资料

特异性靶器官系统毒性--一次接触　无资料

特异性靶器官系统毒性-反复接触　无资料

吸入危害　无资料

第十二部分　生态学信息

生态毒性　无资料

持久性和降解性

生物降解性　无资料

非生物降解性　无资料

潜在的生物累积性　无资料

土壤中的迁移性　无资料

第十三部分　废弃处置

废弃化学品　用安全掩埋法处置。用石灰浆清洗倒空的容器

污染包装物　将容器返还生产商或按照国家和地方法规

处置

废弃注意事项 处置前应参阅国家和地方有关法规

第十四部分 运输信息

联合国危险货物编号（UN 号） 2439
联合国运输名称 二氟化氢钠
联合国危险性类别 8

包装类别 Ⅱ   **包装标志**

海洋污染物 否
运输注意事项 起运时包装要完整，装载应稳妥。运输过程中要确保容器不泄漏、不倒塌、不坠落、不损坏。严禁与酸类、食用化学品等混装混运。运输时运输车辆应配备泄漏应急处理设备。运输途中应防曝晒、雨淋，防高温。公路运输时要按规定路线行驶，勿在居民区和人口稠密区停留

第十五部分 法规信息

下列法律、法规、规章和标准，对该化学品的管理作了相应的规定。

中华人民共和国职业病防治法 职业病分类和目录：氟及其无机化合物中毒
危险化学品安全管理条例 危险化学品目录：列入。易制爆危险化学品名录：未列入。重点监管的危险化学品名录：未列入。GB 18218—2009《危险化学品重大危险源辨识》（表1）：未列入
使用有毒物品作业场所劳动保护条例 高毒物品目录：列入
易制毒化学品管理条例 易制毒化学品的分类和品种目录：未列入
国际公约 斯德哥尔摩公约：未列入。鹿特丹公约：未列入。蒙特利尔议定书：未列入

第十六部分 其他信息

编写和修订信息   缩略语和首字母缩写
培训建议   参考文献
免责声明

氟化铜

第一部分 化学品标识

化学品中文名 氟化铜；二氟化铜
化学品英文名 cupric fluoride；copper difluoride
分子式 CuF₂   **分子量** 101.543
结构式 F—Cu—F（F在上，Cu在下）
化学品的推荐及限制用途 用作高温氟化剂

第二部分 危险性概述

紧急情况概述 造成严重眼刺激，可能引起呼吸道刺激
GHS 危险性类别 严重眼损伤/眼刺激，类别2；特异性靶器官毒性--一次接触，类别3（呼吸道刺激）；特

异性靶器官毒性-反复接触，类别1；危害水生环境-急性危害，类别1；危害水生环境-长期危害，类别1

标签要素

象形图

警示词 危险
危险性说明 造成严重眼刺激，可能引起呼吸道刺激，长时间或反复接触对器官造成损伤，对水生生物毒性非常大并具有长期持续影响
防范说明

预防措施 避免接触眼睛、皮肤，操作后彻底清洗。戴防护眼镜、防护面罩。避免吸入粉尘。操作现场不得进食、饮水或吸烟。禁止排入环境

事故响应 如接触眼睛：用水细心冲洗数分钟。如戴隐形眼镜并可方便地取出，取出隐形眼镜，继续冲洗。如果眼睛刺激持续，就医，如感觉不适，就医。收集泄漏物

安全储存 —

废弃处置 本品及内装物、容器依据国家和地方法规处置

物理和化学危险 不燃，无特殊燃爆特性
健康危害 对眼睛、皮肤、黏膜有刺激作用。接触可引起唾液分泌增加、恶心、呕吐、腹痛、发烧、呼吸困难。其粉尘、蒸气或烟雾可引起鼻中隔穿孔
环境危害 对水生生物毒性非常大并具有长期持续影响

第三部分 成分/组成信息

√ 物质   混合物

组分	浓度	CAS No.
氟化铜		7789-19-7

第四部分 急救措施

吸入 迅速脱离现场至空气新鲜处。保持呼吸道通畅。如呼吸困难，给输氧。如呼吸、心跳停止，立即进行心肺复苏术。就医
皮肤接触 立即脱去污染的衣着，用流动清水彻底冲洗。就医
眼睛接触 立即分开眼睑，用流动清水或生理盐水彻底冲洗。就医
食入 漱口，饮水。就医
对保护施救者的忠告 根据需要使用个人防护设备
对医生的特别提示 对症处理

第五部分 消防措施

灭火剂 本品不燃，根据着火原因选择适当灭火剂灭火
特别危险性 遇酸分解，放出腐蚀性的氟化氢气体
灭火注意事项及防护措施 消防人员必须佩戴防毒面具、穿全身消防服，在上风向灭火。尽可能将容器从火场移至空旷处。喷水保持火场容器冷却，直至灭火结

束。切勿将水流直接射至熔融物，以免引起严重的流淌火灾或引起剧烈的沸溅

第六部分　泄漏应急处理

作业人员防护措施、防护装备和应急处置程序　隔离泄漏污染区，限制出入。建议应急处理人员戴防尘口罩，穿防毒服。穿上适当的防护服前严禁接触破裂的容器和泄漏物。尽可能切断泄漏源

环境保护措施　用塑料布覆盖泄漏物，减少飞散

泄漏化学品的收容、清除方法及所使用的处置材料　勿使水进入包装容器内。用洁净的铲子收集泄漏物，置于干净、干燥、盖子较松的容器中，将容器移离泄漏区

第七部分　操作处置与储存

操作注意事项　密闭操作，局部排风。防止粉尘释放到车间空气中。操作人员必须经过专门培训，严格遵守操作规程。建议操作人员佩戴自吸过滤式防尘口罩，戴化学安全防护眼镜，穿防毒物渗透工作服，戴乳胶手套。避免产生粉尘。避免与酸类接触。配备泄漏应急处理设备。倒空的容器可能残留有害物

储存注意事项　储存于阴凉、干燥、通风良好的库房。远离火种、热源。防止阳光直射。包装密封。应与酸类、食用化学品等分开存放，切忌混储。储区应备有合适的材料收容泄漏物

第八部分　接触控制/个体防护

职业接触限值
　　中国　PC-TWA：2mg/m³〔按 F 计〕
　　美国（ACGIH）　TLV-TWA：2.5mg/m³〔按 F 计〕

生物接触限值　尿氟：42mmol/mol 肌酐（7mg/g 肌酐）（采样时间：工作班后）

监测方法　空气中有毒物质测定方法：离子选择电极法。生物监测检验方法：尿中氟的离子选择电极测定方法

工程控制　密闭操作，局部排风

个体防护装备
　　呼吸系统防护　空气中粉尘浓度超标时，建议佩戴过滤式防尘呼吸器。紧急事态抢救或撤离时，应该佩戴空气呼吸器
　　眼睛防护　戴化学安全防护眼镜
　　皮肤和身体防护　穿防毒物渗透工作服
　　手防护　戴橡胶手套

第九部分　理化特性

外观与性状　浅灰白色粉末，在潮湿空气中形成二水物，为蓝色结晶

pH 值　无意义　　　　　　**熔点（℃）**　950（分解）

沸点（℃）　1449　　　　**相对密度（水＝1）**　4.23

相对蒸气密度（空气＝1）　无资料

饱和蒸气压（kPa）　无资料

临界压力（MPa）　无意义

辛醇/水分配系数　无资料

闪点（℃）　无意义　　　　**自燃温度（℃）**　无意义

爆炸下限（%）　无意义　　　**爆炸上限（%）**　无意义

分解温度（℃）　无资料　　　**黏度（mPa·s）**　无资料

燃烧热（kJ/mol）　无资料　　**临界温度（℃）**　无资料

溶解性　微溶于水，溶于醇、酸、丙酮、氨水

第十部分　稳定性和反应性

稳定性　稳定

危险反应　遇酸分解，放出腐蚀性的氟化氢气体

避免接触的条件　无资料

禁配物　酸类

危险的分解产物　氟化氢

第十一部分　毒理学信息

急性毒性　无资料

皮肤刺激或腐蚀　无资料　　**眼睛刺激或腐蚀**　无资料

呼吸或皮肤过敏　无资料　　**生殖细胞突变性**　无资料

致癌性　无资料　　　　　　**生殖毒性**　无资料

特异性靶器官系统毒性-一次接触　无资料

特异性靶器官系统毒性-反复接触　无资料

吸入危害　无资料

第十二部分　生态学信息

生态毒性　铜化合物对水生生物有极高毒性

持久性和降解性
　　生物降解性　无资料
　　非生物降解性　无资料

潜在的生物累积性　无资料

土壤中的迁移性　无资料

第十三部分　废弃处置

废弃化学品　用安全掩埋法处置。在能利用的地方重复使用容器或在规定场所掩埋。量小时，小心溶解于水中，用碳酸钠中和，如果不能完全溶解，先加入小量盐酸，接着加入碳酸钠，然后加入过量氯化钙沉淀氟化物/碳酸盐。滤出固体当作有害废物在规定场所掩埋

污染包装物　将容器返还生产商或按照国家和地方法规处置

废弃注意事项　处置前应参阅国家和地方有关法规

第十四部分　运输信息

联合国危险货物编号（UN 号）　3077

联合国运输名称　对环境有害的固态物质，未另作规定的（氟化铜）

联合国危险性类别　9

包装类别　Ⅲ　　　　　　　**包装标志**

海洋污染物　是

运输注意事项　运输前应先检查包装容器是否完整、密封，运输过程中要确保容器不泄漏、不倒塌、不坠落、不损坏。严禁与酸类、氧化剂、食品及食品添

加剂混运。运输时运输车辆应配备泄漏应急处理设备。运输途中应防暴晒、雨淋，防高温。公路运输时要按规定路线行驶，勿在居民区和人口稠密区停留

第十五部分 法规信息

下列法律、法规、规章和标准，对该化学品的管理作了相应的规定。

中华人民共和国职业病防治法 职业病分类和目录：氟及其无机化合物中毒

危险化学品安全管理条例 危险化学品目录：列入。易制爆危险化学品名录：未列入。重点监管的危险化学品名录：未列入。GB 18218—2009《危险化学品重大危险源辨识》（表1）：未列入

使用有毒物品作业场所劳动保护条例 高毒物品目录：列入

易制毒化学品管理条例 易制毒化学品的分类和品种目录：未列入

国际公约 斯德哥尔摩公约：未列入。鹿特丹公约：未列入。蒙特利尔议定书：未列入

第十六部分 其他信息

编写和修订信息　　缩略语和首字母缩写
培训建议　　　　　参考文献
免责声明

2-氟甲苯

第一部分 化学品标识

化学品中文名 2-氟甲苯；邻氟甲苯；邻甲（基）氟苯；2-甲（基）氟苯

化学品英文名 2-fluorotoluene；*o*-fluorotoluene

分子式 C_7H_7F **分子量** 110.1289

结构式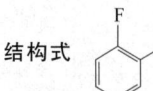

化学品的推荐及限制用途 用于有机合成

第二部分 危险性概述

紧急情况概述 高度易燃液体和蒸气
GHS 危险性类别 易燃液体，类别2
标签要素

象形图

警示词 危险
危险性说明 高度易燃液体和蒸气
防范说明

预防措施 远离热源、火花、明火、热表面。禁止吸烟。保持容器密闭。容器和接收设备接地连接。使用防爆型电器、通风、照明设备。只能使用不产生火花的工具。采取防止静电措施。

戴防护手套、防护眼镜、防护面罩

事故响应 火灾时，使用雾状水、泡沫、干粉、二氧化碳、砂土灭火。如皮肤（或头发）接触：立即脱掉所有被污染的衣服，用水冲洗皮肤，淋浴

安全储存 存放在通风良好的地方。保持低温

废弃处置 本品及内装物、容器依据国家和地方法规处置

物理和化学危险 易燃，其蒸气与空气混合，能形成爆炸性混合物

健康危害 吸入、摄入或经皮肤吸收后对身体有害。对眼睛、皮肤、黏膜和呼吸道有刺激作用

环境危害 对环境可能有害

第三部分 成分/组成信息

√ 物质　　　　　混合物

组分	浓度	CAS No.
2-氟甲苯		95-52-3

第四部分 急救措施

吸入 迅速脱离现场至空气新鲜处。保持呼吸道通畅。如呼吸困难，给输氧。呼吸、心跳停止，立即进行心肺复苏术。就医

皮肤接触 立即脱去污染的衣着，用流动清水彻底冲洗。就医

眼睛接触 立即分开眼睑，用流动清水或生理盐水彻底冲洗。就医

食入 漱口，饮水。就医

对保护施救者的忠告 根据需要使用个人防护设备
对医生的特别提示 对症处理

第五部分 消防措施

灭火剂 用雾状水、泡沫、干粉、二氧化碳、砂土灭火

特别危险性 其蒸气与空气可形成爆炸性混合物，遇明火、高热极易燃烧爆炸。与氧化剂接触猛烈反应。受高热分解放出有毒的气体。流速过快，容易产生和积聚静电。若遇高热，容器内压增大，有开裂和爆炸的危险

灭火注意事项及防护措施 消防人员必须佩戴防毒面具、穿全身消防服，在上风向灭火。尽可能将容器从火场移至空旷处。喷水保持火场容器冷却，直至灭火结束。处在火场中的容器若已变色或从安全泄压装置中发出声音，必须马上撤离

第六部分 泄漏应急处理

作业人员防护措施、防护装备和应急处置程序 消除所有点火源。根据液体流动和蒸气扩散的影响区域划定警戒区，无关人员从侧风、上风向撤离至安全区。建议应急处理人员戴正压自给式呼吸器，穿防静电服。作业时使用的所有设备应接地。禁止接触或跨越泄漏物。尽可能切断泄漏源

环境保护措施 防止泄漏物进入水体、下水道、地下室或有限空间

泄漏化学品的收容、清除方法及所使用的处置材料　小量泄漏：用砂土或其他不燃材料吸收。使用洁净的无火花工具收集吸收材料。大量泄漏：构筑围堤或挖坑收容。用泡沫覆盖，减少蒸发。喷水雾能减少蒸发，但不能降低泄漏物在有限空间内的易燃性。用防爆泵转移至槽车或专用收集器内

第七部分　操作处置与储存

操作注意事项　密闭操作，加强通风。操作人员必须经过专门培训，严格遵守操作规程。建议操作人员佩戴自吸过滤式防毒面具（半面罩），戴化学安全防护眼镜，穿防静电工作服，戴橡胶耐油手套。远离火种、热源，工作场所严禁吸烟。使用防爆型的通风系统和设备。防止蒸气泄漏到工作场所空气中。避免与氧化剂接触。灌装时应控制流速，且有接地装置，防止静电积聚。搬运时要轻装轻卸，防止包装及容器损坏。配备相应品种和数量的消防器材及泄漏应急处理设备。倒空的容器可能残留有害物

储存注意事项　储存于阴凉、通风的库房。远离火种、热源。库温不宜超过37℃，应与氧化剂分开存放，切忌混储。采用防爆型照明、通风设施。禁止使用易产生火花的机械设备和工具。储区应备有泄漏应急处理设备和合适的收容材料

第八部分　接触控制/个体防护

职业接触限值
中国　未制定标准
美国（ACGIH）　未制定标准
生物接触限值　未制定标准
监测方法　空气中有毒物质测定方法：未制定标准。生物监测检验方法：未制定标准
工程控制　生产过程密闭，加强通风。提供安全淋浴和洗眼设备
个体防护装备
呼吸系统防护　空气中浓度超标时，必须佩戴过滤式防毒面具（半面罩）。紧急事态抢救或撤离时，应该佩戴空气呼吸器
眼睛防护　戴化学安全防护眼镜
皮肤和身体防护　穿防静电工作服
手防护　戴橡胶耐油手套

第九部分　理化特性

外观与性状　无色透明液体

pH 值　无资料	**熔点（℃）**　−62
沸点（℃）　113～114	**相对密度（水＝1）**　1.00
相对蒸气密度（空气＝1）　3.8	
饱和蒸气压（kPa）　2.8（20℃）	
临界压力（MPa）　无资料	**辛醇/水分配系数**　无资料
闪点（℃）　12.78	**自燃温度（℃）**　无资料
爆炸下限（%）　1.3	**爆炸上限（%）**　无资料
分解温度（℃）　无资料	**黏度（mPa·s）**　无资料
燃烧热（kJ/mol）　无资料	**临界温度（℃）**　无资料
溶解性　溶于乙醇、乙醚、丙酮、苯等	

第十部分　稳定性和反应性

稳定性　稳定
危险反应　与强氧化剂等禁配物接触，有引起燃烧爆炸的危险
避免接触的条件　无资料
禁配物　强氧化剂
危险的分解产物　氟化氢

第十一部分　毒理学信息

急性毒性　LD$_{50}$：100mg/kg（野鸟经口）
皮肤刺激或腐蚀　无资料　　**眼睛刺激或腐蚀**　无资料
呼吸或皮肤过敏　无资料　　**生殖细胞突变性**　无资料
致癌性　无资料　　　　　　　**生殖毒性**　无资料
特异性靶器官系统毒性-一次接触　无资料
特异性靶器官系统毒性-反复接触　无资料
吸入危害　无资料

第十二部分　生态学信息

生态毒性　无资料
持久性和降解性
生物降解性　无资料
非生物降解性　无资料
潜在的生物累积性　无资料
土壤中的迁移性　无资料

第十三部分　废弃处置

废弃化学品　建议用焚烧法处置。焚烧炉排出的卤化氢通过酸洗涤器除去
污染包装物　将容器返还生产商或按照国家和地方法规处置
废弃注意事项　处置前应参阅国家和地方有关法规

第十四部分　运输信息

联合国危险货物编号（UN 号）　2388
联合国运输名称　氟代甲苯
联合国危险性类别　3

包装类别　Ⅱ　　　　　　**包装标志**

海洋污染物　否
运输注意事项　运输时运输车辆应配备相应品种和数量的消防器材及泄漏应急处理设备。夏季最好早晚运输。运输时所用的槽（罐）车应有接地链，槽内可设孔隔板以减少震荡产生的静电。严禁与氧化剂、食用化学品等混装混运。运输途中应防暴晒、雨淋，防高温。中途停留时应远离火种、热源、高温区。装运该物品的车辆排气管必须配备阻火装置，禁止使用易产生火花的机械设备和工具装卸。公路运输时要按规定路线行驶，勿在居民区和人口稠密区停留。铁路运输时要禁止溜放。严禁用木船、水泥船散装运输

第十五部分　法规信息

下列法律、法规、规章和标准，对该化学品的管理作了相应的规定。

中华人民共和国职业病防治法　职业病分类和目录：未列入

危险化学品安全管理条例　危险化学品目录：列入。易制爆危险化学品名录：未列入。重点监管的危险化学品名录：未列入。GB 18218—2009《危险化学品重大危险源辨识》（表1）：未列入

使用有毒物品作业场所劳动保护条例　高毒物品目录：未列入

易制毒化学品管理条例　易制毒化学品的分类和品种目录：未列入

国际公约　斯德哥尔摩公约：未列入。鹿特丹公约：未列入。蒙特利尔议定书：未列入

第十六部分　其他信息

编写和修订信息　　　缩略语和首字母缩写
培训建议　　　　　　参考文献
免责声明

3-氟甲苯

第一部分　化学品标识

化学品中文名　3-氟甲苯；间氟甲苯；间甲（基）氟苯；3-甲（基）氟苯

化学品英文名　3-fluorotoluene；*m*-fluorotoluene

分子式　C_7H_7F　**分子量**　110.1289

结构式

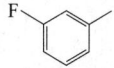

化学品的推荐及限制用途　用于有机合成

第二部分　危险性概述

紧急情况概述　高度易燃液体和蒸气
GHS危险性类别　易燃液体，类别2
标签要素

象形图

警示词　危险
危险性说明　高度易燃液体和蒸气
防范说明

预防措施　远离热源、火花、明火、热表面。禁止吸烟。保持容器密闭。容器和接收设备接地连接。使用防爆型电器、通风、照明设备。只能使用不产生火花的工具。采取防止静电措施。戴防护手套、防护眼镜、防护面罩

事故响应　火灾时，使用雾状水、泡沫、干粉、二氧化碳、砂土灭火。如皮肤（或头发）接触：立即脱掉所有被污染的衣服，用水冲洗皮肤，淋浴

安全储存　存放在通风良好的地方。保持低温
废弃处置　本品及内装物、容器依据国家和地方法规处置

物理和化学危险　易燃，其蒸气与空气混合，能形成爆炸性混合物

健康危害　吸入、摄入或经皮肤吸收后对身体有害。其蒸气或雾对眼睛、皮肤、黏膜、呼吸道有刺激作用

环境危害　对环境可能有害

第三部分　成分/组成信息

√ 物质		混合物
组分	浓度	CAS No.
3-氟甲苯		352-70-5

第四部分　急救措施

吸入　迅速脱离现场至空气新鲜处。保持呼吸道通畅。如呼吸困难，给输氧。呼吸、心跳停止，立即进行心肺复苏术。就医

皮肤接触　立即脱去污染的衣着，用流动清水彻底冲洗。就医

眼睛接触　立即分开眼睑，用流动清水或生理盐水彻底冲洗。就医

食入　漱口，饮水。就医

对保护施救者的忠告　根据需要使用个人防护设备
对医生的特别提示　对症处理

第五部分　消防措施

灭火剂　用雾状水、泡沫、干粉、二氧化碳、砂土灭火

特别危险性　其蒸气与空气可形成爆炸性混合物，遇明火、高热极易燃烧爆炸。与氧化剂接触猛烈反应。受高热分解放出有毒的气体。流速过快，容易产生和积聚静电。若遇高热，容器内压增大，有开裂和爆炸的危险

灭火注意事项及防护措施　消防人员必须佩戴防毒面具、穿全身消防服，在上风向灭火。尽可能将容器从火场移至空旷处。喷水保持火场容器冷却，直至灭火结束。处在火场中的容器若已变色或从安全泄压装置中发出声音，必须马上撤离

第六部分　泄漏应急处理

作业人员防护措施、防护装备和应急处置程序　消除所有点火源。根据液体流动和蒸气扩散的影响区域划定警戒区，无关人员从侧风向、上风向撤离至安全区。建议应急处理人员戴正压自给式呼吸器，穿防静电服。作业时使用的所有设备应接地。禁止接触或跨越泄漏物。尽可能切断泄漏源

环境保护措施　防止泄漏物进入水体、下水道、地下室或有限空间

泄漏化学品的收容、清除方法及所使用的处置材料　小量泄漏：用砂土或其他不燃材料吸收。使用洁净的无火花工具收集吸收材料。大量泄漏：构筑围堤或挖坑收容。用泡沫覆盖，减少蒸发。喷水雾能减少蒸发，但不能降低泄漏物在有限空间内的易燃性。用防爆泵转移至槽车或专用收集器内

第七部分　操作处置与储存

操作注意事项　密闭操作，加强通风。操作人员必须经过专门培训，严格遵守操作规程。建议操作人员佩戴自吸过滤式防毒面具（半面罩），戴化学安全防护眼镜，穿防静电工作服，戴橡胶耐油手套。远离火种、热源，工作场所严禁吸烟。使用防爆型的通风系统和设备。防止蒸气泄漏到工作场所空气中。避免与氧化剂接触。灌装时应控制流速，且有接地装置，防止静电积聚。搬运时要轻装轻卸，防止包装及容器损坏。配备相应品种和数量的消防器材及泄漏应急处理设备。倒空的容器可能残留有害物

储存注意事项　储存于阴凉、通风的库房。远离火种、热源。库温不宜超过37℃，应与氧化剂分开存放，切忌混储。采用防爆型照明、通风设施。禁止使用易产生火花的机械设备和工具。储区应备有泄漏应急处理设备和合适的收容材料

第八部分　接触控制/个体防护

职业接触限值
　中国　未制定标准
　美国（ACGIH）　未制定标准
生物接触限值　未制定标准
监测方法　空气中有毒物质测定方法：未制定标准。生物监测检验方法：未制定标准
工程控制　生产过程密闭，加强通风。提供安全淋浴和洗眼设备
个体防护装备
　呼吸系统防护　空气中浓度超标时，必须佩戴过滤式防毒面具（半面罩）。紧急事态抢救或撤离时，应该佩戴空气呼吸器
　眼睛防护　戴化学安全防护眼镜
　皮肤和身体防护　穿防静电工作服
　手防护　戴橡胶耐油手套

第九部分　理化特性

外观与性状　无色至浅黄色液体
pH 值　无资料　　　　**熔点（℃）**　－87
沸点（℃）　115　　　　**相对密度（水＝1）**　0.99
相对蒸气密度（空气＝1）　无资料
饱和蒸气压（kPa）　1.33（11.0℃）
临界压力（MPa）　无资料　**辛醇/水分配系数**　无资料
闪点（℃）　9.44　　　　**自燃温度（℃）**　无资料
爆炸下限（％）　无资料　**爆炸上限（％）**　无资料
分解温度（℃）　无资料　**黏度（mPa·s）**　无资料
燃烧热（kJ/mol）　无资料　**临界温度（℃）**　无资料
溶解性　溶于乙醇、乙醚、丙酮、苯等

第十部分　稳定性和反应性

稳定性　稳定
危险反应　与强氧化剂等禁配物接触，有发生火灾和爆炸的危险
避免接触的条件　无资料

禁配物　强氧化剂
危险的分解产物　氟化氢

第十一部分　毒理学信息

急性毒性　无资料
皮肤刺激或腐蚀　无资料　**眼睛刺激或腐蚀**　无资料
呼吸或皮肤过敏　无资料　**生殖细胞突变性**　无资料
致癌性　无资料　　　　　**生殖毒性**　无资料
特异性靶器官系统毒性-一次接触　无资料
特异性靶器官系统毒性-反复接触　无资料
吸入危害　无资料

第十二部分　生态学信息

生态毒性　无资料
持久性和降解性
　生物降解性　无资料
　非生物降解性　无资料
潜在的生物累积性　无资料
土壤中的迁移性　无资料

第十三部分　废弃处置

废弃化学品　建议用焚烧法处置。焚烧炉排出的卤化氢通过酸洗涤器除去
污染包装物　将容器返还生产商或按照国家和地方法规处置
废弃注意事项　处置前应参阅国家和地方有关法规

第十四部分　运输信息

联合国危险货物编号（UN 号）　2388
联合国运输名称　氟代甲苯
联合国危险性类别　3

包装类别　Ⅱ　　　　　　**包装标志**

海洋污染物　否
运输注意事项　运输时运输车辆应配备相应品种和数量的消防器材及泄漏应急处理设备。夏季最好早晚运输。运输时所用的槽（罐）车应有接地链，槽内可设孔隔板以减少震荡产生的静电。严禁与氧化剂、食用化学品等混装混运。运输途中应防暴晒、雨淋，防高温。中途停留时应远离火种、热源、高温区。装运该物品的车辆排气管必须配备阻火装置，禁止使用易产生火花的机械设备和工具装卸。公路运输时要按规定路线行驶，勿在居民区和人口稠密区停留。铁路运输时要禁止溜放。严禁用木船、水泥船散装运输

第十五部分　法规信息

下列法律、法规、规章和标准，对该化学品的管理作了相应的规定。
中华人民共和国职业病防治法　职业病分类和目录：未列入
危险化学品安全管理条例　危险化学品目录：列入。易制

爆危险化学品名录：未列入。重点监管的危险化学品名录：未列入。GB 18218—2009《危险化学品重大危险源辨识》（表1）：未列入

使用有毒物品作业场所劳动保护条例　高毒物品目录：未列入

易制毒化学品管理条例　易制毒化学品的分类和品种目录：未列入

国际公约　斯德哥尔摩公约：未列入。鹿特丹公约：未列入。蒙特利尔议定书：未列入

第十六部分　其他信息

编写和修订信息　　　缩略语和首字母缩写
培训建议　　　　　　参考文献
免责声明

氟磷酸二异丙酯

第一部分　化学品标识

化学品中文名　氟磷酸二异丙酯；氟磷酸异丙酯
化学品英文名　isopropyl fluorophosphate；diisopropyl fluorophosphate
分子式　$C_6H_{14}FO_3P$　**分子量**　184.1457

结构式

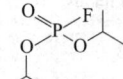

化学品的推荐及限制用途　用于医药、杀虫剂等

第二部分　危险性概述

紧急情况概述　吞咽致命，吸入致命
GHS 危险性类别　急性毒性-经口，类别1；急性毒性-吸入，类别2
标签要素

象形图

警示词　危险
危险性说明　吞咽致命，吸入致命
防范说明

预防措施　避免接触眼睛、皮肤，操作后彻底清洗。作业场所不得进食、饮水或吸烟。避免吸入蒸气、雾。仅在室外或通风良好处操作。戴呼吸防护器具

事故响应　如吸入：将患者转移到空气新鲜处，休息，保持利于呼吸的体位，立即呼叫中毒控制中心或就医。食入：立即呼叫中毒控制中心或就医，漱口

安全储存　在通风良好处储存。保持容器密闭。上锁保管

废弃处置　本品及内装物、容器依据国家和地方法规处置

物理和化学危险　可燃，其蒸气与空气混合，能形成爆炸性混合物

健康危害　胆碱酯酶抑制剂。吸入、摄入或经皮肤吸收后可能致死。中毒表现有咳嗽、咽痛、呼吸困难、头痛、恶心、呕吐、眩晕、腹泻、胃痛、惊厥
环境危害　对环境可能有害

第三部分　成分/组成信息

√物质　　　　　　　　混合物

组分	浓度	CAS No.
氟磷酸二异丙酯		55-91-4

第四部分　急救措施

吸入　迅速脱离现场至空气新鲜处。保持呼吸道通畅。如呼吸困难，给输氧。呼吸、心跳停止，立即进行心肺复苏术。就医
皮肤接触　立即脱去污染的衣着，用肥皂水及流动清水彻底冲洗污染的皮肤、头发、指甲等。就医
眼睛接触　分开眼睑，用流动清水或生理盐水冲洗。就医
食入　饮足量温水，催吐（仅限于清醒者）。口服活性炭。就医
对保护施救者的忠告　根据需要使用个人防护设备
对医生的特别提示　解毒剂：阿托品、胆碱酯酶复能剂

第五部分　消防措施

灭火剂　用雾状水、泡沫、干粉、二氧化碳、砂土灭火
特别危险性　遇明火、高热可燃。受高热分解放出有毒的气体
灭火注意事项及防护措施　消防人员必须佩戴空气呼吸器、穿全身防火防毒服，在上风向灭火。尽可能将容器从火场移至空旷处。喷水保持火场容器冷却，直至灭火结束。处在火场中的容器若已变色或从安全泄压装置中发出声音，必须马上撤离

第六部分　泄漏应急处理

作业人员防护措施、防护装备和应急处置程序　根据液体流动和蒸气扩散的影响区域划定警戒区，无关人员从侧风、上风向撤离至安全区。消除所有点火源。建议应急处理人员戴正压自给式呼吸器，穿防毒服。穿上适当的防护服前严禁接触破裂的容器和泄漏物。尽可能切断泄漏源
环境保护措施　防止泄漏物进入水体、下水道、地下室或有限空间
泄漏化学品的收容、清除方法及所使用的处置材料　小量泄漏：用干燥的砂土或其他不燃材料吸收或覆盖，收集于容器中。大量泄漏：构筑围堤或挖坑收容。用泵转移至槽车或专用收集器内

第七部分　操作处置与储存

操作注意事项　密闭操作，提供充分的局部排风。操作尽可能机械化、自动化。操作人员必须经过专门培训，严格遵守操作规程。建议操作人员佩戴自吸过滤式防毒面具（全面罩），穿胶布防毒衣，戴橡胶耐油手套。远离火种、热源，工作场所严禁吸烟。使用防爆型的

通风系统和设备。防止蒸气泄漏到工作场所空气中。避免与氧化剂、碱类接触。搬运时要轻装轻卸，防止包装及容器损坏。配备相应品种和数量的消防器材及泄漏应急处理设备。倒空的容器可能残留有害物

储存注意事项 储存于阴凉、干燥、通风良好的专用库房内，实行"双人收发、双人保管"制度。远离火种、热源。保持容器密封。应与氧化剂、碱类、食用化学品分开存放，切忌混储。配备相应品种和数量的消防器材。储区应备有泄漏应急处理设备和合适的收容材料

第八部分　接触控制/个体防护

职业接触限值
　中国　未制定标准
　美国（ACGIH）　未制定标准
生物接触限值 未制定标准
监测方法 空气中有毒物质测定方法：未制定标准。生物监测检验方法：未制定标准
工程控制 严加密闭，提供充分的局部排风。提供安全淋浴和洗眼设备
个体防护装备
　呼吸系统防护　空气中浓度超标时，必须佩戴过滤式防毒面具（全面罩）。紧急事态抢救或撤离时，应该佩戴空气呼吸器
　眼睛防护　呼吸系统防护中已作防护
　皮肤和身体防护　穿密闭型防毒服
　手防护　戴橡胶耐油手套

第九部分　理化特性

外观与性状 无色油状液体，易潮解

pH值 无资料	**熔点（℃）** −82
沸点（℃） 183	**相对密度（水＝1）** 1.06

相对蒸气密度（空气＝1） 6.3
饱和蒸气压（kPa） 0.077（20℃）

临界压力（MPa） 无资料	**辛醇/水分配系数** 无资料
闪点（℃） 无资料	**自燃温度（℃）** 无资料
爆炸下限（%） 无资料	**爆炸上限（%）** 无资料
分解温度（℃） 无资料	**黏度（mPa·s）** 无资料
燃烧热（kJ/mol） 无资料	**临界温度（℃）** 无资料

溶解性 微溶于水，溶于醇、醚、氯仿

第十部分　稳定性和反应性

稳定性 稳定
危险反应 与强氧化剂、强碱等禁配物发生反应
避免接触的条件 潮湿空气
禁配物 强氧化剂、强碱
危险的分解产物 一氧化碳、氟化氢、氧化磷、磷烷

第十一部分　毒理学信息

急性毒性 LD$_{50}$：5mg/kg（大鼠经口），2mg/kg（小鼠经口），72mg/kg（小鼠经皮），4mg/kg（兔经口），＞117mg/kg（兔经皮）。LC$_{50}$：360mg/m³（大鼠吸入，10min）

皮肤刺激或腐蚀	无资料	眼睛刺激或腐蚀	无资料
呼吸或皮肤过敏	无资料	生殖细胞突变性	无资料
致癌性	无资料	生殖毒性	无资料

特异性靶器官系统毒性-一次接触 无资料
特异性靶器官系统毒性-反复接触 无资料
吸入危害 无资料

第十二部分　生态学信息

生态毒性 无资料
持久性和降解性
　生物降解性　无资料
　非生物降解性　无资料
潜在的生物累积性 无资料
土壤中的迁移性 无资料

第十三部分　废弃处置

废弃化学品 建议用焚烧法处置。焚烧炉排出的气体要通过洗涤器除去
污染包装物 将容器返还生产商或按照国家和地方法规处置
废弃注意事项 处置前应参阅国家和地方有关法规

第十四部分　运输信息

联合国危险货物编号（UN号） 3278
联合国运输名称 有机磷化合物，毒性，液态，未另作规定的（氟磷酸二异丙酯）
联合国危险性类别 6.1

包装类别 Ⅰ　　　　**包装标志**

海洋污染物 否
运输注意事项 运输前应先检查包装容器是否完整、密封，运输过程中要确保容器不泄漏、不倒塌、不坠落、不损坏。严禁与酸类、氧化剂、食品及食品添加剂混运。运输时运输车辆应配备相应品种和数量的消防器材及泄漏应急处理设备。运输途中应防暴晒、雨淋，防高温。公路运输时要按规定路线行驶，勿在居民区和人口稠密区停留

第十五部分　法规信息

下列法律、法规、规章和标准，对该化学品的管理作了相应的规定。
中华人民共和国职业病防治法 职业病分类和目录：有机磷中毒
危险化学品安全管理条例 危险化学品目录：列入。作为剧毒化学品进行管理。易制爆危险化学品名录：未列入。重点监管的危险化学品名录：未列入。GB 18218—2009《危险化学品重大危险源辨识》（表1）：未列入
使用有毒物品作业场所劳动保护条例 高毒物品目录：未列入
易制毒化学品管理条例 易制毒化学品的分类和品种目

录：未列入

国际公约 斯德哥尔摩公约：未列入。鹿特丹公约：未列入。蒙特利尔议定书：未列入

第十六部分 其他信息

编写和修订信息 缩略语和首字母缩写

培训建议 参考文献

免责声明

氟硼酸镉

第一部分 化学品标识

化学品中文名 氟硼酸镉

化学品英文名 cadmium fluoroborate; cadmium fluoborate

分子式 $Cd(BF_4)_2$ 分子量 286.02

结构式

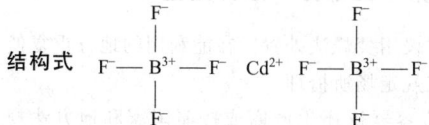

化学品的推荐及限制用途 用于电镀工业、有色金属焊接

第二部分 危险性概述

紧急情况概述 吞咽有害，皮肤接触有害，吸入有害，可能致癌

GHS危险性类别 急性毒性-经口，类别4；急性毒性-经皮，类别4；急性毒性-吸入，类别4；致癌性，类别1A；危害水生环境-急性危害，类别1；危害水生环境-长期危害，类别1

标签要素

象形图

警示词 危险

危险性说明 吞咽有害，皮肤接触有害，吸入有害，可能致癌，对水生生物毒性非常大并具有长期持续影响

防范说明

预防措施 避免接触眼睛、皮肤，操作后彻底清洗。作业场所不得进食、饮水或吸烟。戴防护手套、穿防护服。避免吸入粉尘。仅在室外或通风良好处操作。得到专门指导后操作。在阅读并了解所有安全预防措施之前，切勿操作。按要求使用个体防护装备。禁止排入环境

事故响应 如吸入：将患者转移到空气新鲜处，休息，保持利于呼吸的体位。皮肤接触：用大量肥皂水和水清洗。被污染的衣服必须经洗净后方可重新使用。食入：如果感觉不适，立即呼叫中毒控制中心或就医，漱口。如果接触或有担心，就医。收集泄漏物

安全储存 上锁保管

废弃处置 本品及内装物、容器依据国家和地方法规处置

物理和化学危险 不燃，无特殊燃爆特性

健康危害 误服或吸入粉尘会中毒。刺激皮肤。吸入可引起呼吸道刺激症状和肺水肿；误服出现急性胃肠炎。慢性影响可损害肾、肺，影响钙、磷代谢，发生氟骨症等

环境危害 对水生生物毒性非常大并具有长期持续影响

第三部分 成分/组成信息

√ 物质		混合物
组分	浓度	CAS No.
氟硼酸镉		14486-19-2

第四部分 急救措施

吸入 迅速脱离现场至空气新鲜处。保持呼吸道通畅。如呼吸困难，给输氧。如呼吸、心跳停止，立即进行心肺复苏术。就医

皮肤接触 立即脱去污染的衣着，用流动清水彻底冲洗。就医

眼睛接触 立即分开眼睑，用流动清水或生理盐水彻底冲洗。就医

食入 漱口，饮水。就医

对保护施救者的忠告 根据需要使用个人防护设备

对医生的特别提示 解毒剂：依地酸二钠钙、二巯基丁二酸钠、二巯基丁二酸等

第五部分 消防措施

灭火剂 本品不燃，根据着火原因选择适当灭火剂灭火

特别危险性 本身不能燃烧。遇高热分解释出高毒烟气

灭火注意事项及防护措施 消防人员必须穿全身防火防毒服，在上风向灭火。灭火时尽可能将容器从火场移至空旷处

第六部分 泄漏应急处理

作业人员防护措施、防护装备和应急处置程序 隔离泄漏污染区，限制出入。建议应急处理人员戴防尘口罩，穿防毒服。穿上适当的防护服前严禁接触破裂的容器和泄漏物。尽可能切断泄漏源

环境保护措施 用塑料布覆盖泄漏物，减少飞散

泄漏化学品的收容、清除方法及所使用的处置材料 勿使水进入包装容器内。用洁净的铲子收集泄漏物，置于干净、干燥、盖子较松的容器中，将容器移离泄漏区

第七部分 操作处置与储存

操作注意事项 密闭操作，提供充分的局部排风。防止粉尘释放到车间空气中。操作人员必须经过专门培训，严格遵守操作规程。建议操作人员佩戴防尘面具（全面罩），穿胶布防毒衣，戴橡胶手套。避免产生粉尘。避免与酸类接触。配备泄漏应急处理设备。倒空的容器可能残留有害物

储存注意事项 储存于阴凉、通风的库房。远离火种、热

源。防止阳光直射。包装密封。应与酸类、食用化学品分开存放，切忌混储。储区应备有合适的材料收容泄漏物

第八部分　接触控制/个体防护

职业接触限值

中国　PC-TWA：0.01mg/m³〔按 Cd 计〕，2mg/m³〔按 F 计〕；PC-STEL：0.02mg/m³〔按 Cd 计〕〔G1〕

美国（ACGIH）　TLV-TWA：0.01mg/m³〔按 Cd 计〕，0.002mg/m³（呼吸性颗粒物）〔按 Cd 计〕，2.5mg/m³〔按 F 计〕

生物接触限值　尿镉：5μmol/g 肌酐（5μg/g 肌酐）（采样时间：不做严格规定）；血镉 45nmol/L（5μg/L）（采样时间：不做严格规定）；尿氟：42mmol/mol 肌酐（7mg/g 肌酐）（采样时间：工作班后）

监测方法　空气中有毒物质测定方法：离子选择电极法。生物监测检验方法：尿中镉的火焰原子吸收光谱法；尿中镉的石墨炉原子吸收光谱测定方法；尿中镉的微分电位溶出测定方法；血中镉的石墨炉原子吸收光谱测定方法；尿中氟的离子选择电极测定方法

工程控制　严加密闭，提供充分的局部排风

个体防护装备

呼吸系统防护　可能接触其粉尘时，必须佩戴防尘面具（全面罩）。紧急事态抢救或撤离时，应该佩戴空气呼吸器

眼睛防护　呼吸系统防护中已作防护

皮肤和身体防护　穿密闭型防毒服

手防护　戴橡胶手套

第九部分　理化特性

外观与性状　无色结晶，易潮解

pH 值　无意义　　　　**熔点(℃)**　无资料

沸点(℃)　无资料　　　相对密度(水=1)　2.292

相对蒸气密度(空气=1)　无资料

饱和蒸气压(kPa)　无资料

临界压力(MPa)　无意义　**辛醇/水分配系数**　无资料

闪点(℃)　无意义　　　**自燃温度(℃)**　无意义

爆炸下限(%)　无意义　　**爆炸上限(%)**　无意义

分解温度(℃)　无资料　　**黏度(mPa·s)**　无资料

燃烧热(kJ/mol)　无资料　**临界温度(℃)**　无资料

溶解性　易溶于水、乙醇

第十部分　稳定性和反应性

稳定性　稳定

危险反应　与强酸等禁配物发生反应

避免接触的条件　无资料

禁配物　强酸

危险的分解产物　镉、氟化氢、氧化硼、氧化镉

第十一部分　毒理学信息

急性毒性　LDLo：250mg/kg(大鼠经口)。LC₅₀：650mg/m³（小鼠吸入，10min）

皮肤刺激或腐蚀　无资料　　**眼睛刺激或腐蚀**　无资料

呼吸或皮肤过敏　无资料　　**生殖细胞突变性**　无资料

致癌性　IARC 致癌性评论：组 1，对人类是致癌物

生殖毒性　无资料

特异性靶器官系统毒性-一次接触　无资料

特异性靶器官系统毒性-反复接触　无资料

吸入危害　无资料

第十二部分　生态学信息

生态毒性　镉化合物对水生生物有极高毒性

持久性和降解性

生物降解性　无资料

非生物降解性　无资料

潜在的生物累积性　无资料

土壤中的迁移性　无资料

第十三部分　废弃处置

废弃化学品　建议用焚烧法处置。在能利用的地方重复使用容器或在规定场所掩埋

污染包装物　将容器返还生产商或按照国家和地方法规处置

废弃注意事项　处置前应参阅国家和地方有关法规

第十四部分　运输信息

联合国危险货物编号（UN 号）　3077

联合国运输名称　对环境有害的固态物质，未另作规定的（氟硼酸镉）

联合国危险性类别　9

包装类别　Ⅲ　　　　　　　**包装标志**　

海洋污染物　是

运输注意事项　运输前应先检查包装容器是否完整、密封，运输过程中要确保容器不泄漏、不倒塌、不坠落、不损坏。严禁与酸类、氧化剂、食品及食品添加剂混运。运输时运输车辆应配备泄漏应急处理设备。运输途中应防暴晒、雨淋，防高温。公路运输时要按规定路线行驶，勿在居民区和人口稠密区停留

第十五部分　法规信息

下列法律、法规、规章和标准，对该化学品的管理作了相应的规定。

中华人民共和国职业病防治法　职业病分类和目录：镉及其化合物中毒，氟及其无机化合物中毒

危险化学品安全管理条例　危险化学品目录：列入。易制爆危险化学品名录：未列入。重点监管的危险化学品名录：未列入。GB 18218—2009《危险化学品重大危险源辨识》（表1）：未列入

使用有毒物品作业场所劳动保护条例　高毒物品目录：列入

易制毒化学品管理条例　易制毒化学品的分类和品种目

录：未列入

国际公约　斯德哥尔摩公约：未列入。鹿特丹公约：未列入。蒙特利尔议定书：未列入

第十六部分　其他信息

编写和修订信息　缩略语和首字母缩写

培训建议　参考文献

免责声明

氟硼酸铅

第一部分　化学品标识

化学品中文名　氟硼酸铅；四氟硼酸铅

化学品英文名　lead fluoroborate；lead tetrafluoroborate

分子式　$Pb(BF_4)_2$　分子量　380.8

结构式　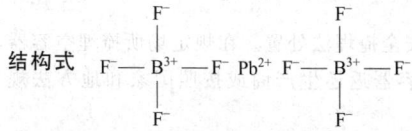

化学品的推荐及限制用途　用作电解质及用于容器耐酸表面、轴承等耐腐蚀表面处理

第二部分　危险性概述

紧急情况概述　吞咽有害，吸入有害，可能致癌，可能致癌

GHS 危险性类别　急性毒性-经口，类别 4；急性毒性-吸入，类别 4；致癌性，类别 1B；生殖毒性，类别 1A；特异性靶器官毒性-反复接触，类别 2；危害水生环境-急性危害，类别 1；危害水生环境-长期危害，类别 1

标签要素

象形图　

警示词　危险

危险性说明　吞咽有害，吸入有害，可能致癌，可能致癌，长时间或反复接触可能对器官造成损伤，对水生生物毒性非常大并具有长期持续影响

防范说明

预防措施　避免接触眼睛、皮肤，操作后彻底清洗。作业场所不得进食、饮水或吸烟。避免吸入粉尘。仅在室外或通风良好处操作。得到专门指导后操作。在阅读并了解所有安全预防措施之前，切勿操作。按要求使用个体防护装备。禁止排入环境

事故响应　如吸入：将患者转移到空气新鲜处，休息，保持利于呼吸的体位。食入：如果感觉不适，立即呼叫中毒控制中心或就医，漱口。如果接触或有担心，就医。收集泄漏物

安全储存　上锁保管

废弃处置　本品及内装物、容器依据国家和地方法规处置

物理和化学危险　不燃，无特殊燃爆特性

健康危害　对眼睛、黏膜和皮肤有强烈刺激性。在体内影响多种酶的活性及糖代谢，引起钙磷代谢紊乱及氟骨症。长期接触可致铅中毒

环境危害　对水生生物毒性非常大并具有长期持续影响

第三部分　成分/组成信息

√ 物质　　　　混合物

组分	浓度	CAS No.
氟硼酸铅		13814-96-5

第四部分　急救措施

吸入　迅速脱离现场至空气新鲜处。保持呼吸道通畅。如呼吸困难，给输氧。如呼吸、心跳停止，立即进行心肺复苏术。就医

皮肤接触　立即脱去污染的衣着，用流动清水彻底冲洗。就医

眼睛接触　立即分开眼睑，用流动清水或生理盐水彻底冲洗。就医

食入　漱口，饮水。就医

对保护施救者的忠告　根据需要使用个人防护设备

对医生的特别提示　对症处理

第五部分　消防措施

灭火剂　灭火时尽量切断泄漏源，然后根据着火原因选择适当灭火剂灭火

特别危险性　本身不能燃烧。遇高热分解释出高毒烟气。具有腐蚀性

灭火注意事项及防护措施　消防人员必须佩戴空气呼吸器、穿全身防火防毒服，在上风向灭火。尽可能将容器从火场移至空旷处。喷水保持火场容器冷却，直至灭火结束

第六部分　泄漏应急处理

作业人员防护措施、防护装备和应急处置程序　根据液体流动和蒸气扩散的影响区域划定警戒区，无关人员从侧风向、上风向撤离至安全区。建议应急处理人员戴正压自给式呼吸器，穿防毒服。禁止接触或跨越泄漏物。尽可能切断泄漏源

环境保护措施　防止泄漏物进入水体、下水道、地下室或有限空间

泄漏化学品的收容、清除方法及所使用的处置材料　小量泄漏：用砂土吸收。也可以用大量水、稀碳酸氢钠溶液或苏打灰冲洗。大量泄漏：构筑围堤或挖坑收容。用泵转移至槽车或专用收集器内

第七部分　操作处置与储存

操作注意事项　密闭操作，提供充分的局部排风。防止蒸气泄漏到工作场所空气中。操作人员必须经过专门培训，严格遵守操作规程。建议操作人员佩戴自吸过滤式防毒面具（全面罩），穿胶布防毒衣，戴橡胶手套。避免产生烟雾。避免与酸类接触。配备泄漏应急处理设备。倒空的容器可能残留有害物

储存注意事项　储存于阴凉、通风的库房。远离火种、热源。防止阳光直射。保持容器密封。应与酸类、食用化学品分开存放，切忌混储。储区应备有泄漏应急处理设备和合适的收容材料

第八部分　接触控制/个体防护

职业接触限值

中国　PC-TWA：0.05mg/m³（铅尘）［按 Pb 计］，0.03mg/m³（铅烟）［按 Pb 计］，2mg/m³［按 F 计］［G2A］

美国（ACGIH）　TLV-TWA：0.05mg/m³［按 Pb 计］，2.5mg/m³［按 F 计］

生物接触限值　血铅：2.0μmol/L（400μg/L）（采样时间：接触三周后的任意时间）；尿氟：42mmol/mol 肌酐（7mg/g 肌酐）（采样时间：工作班后）

监测方法　空气中有毒物质测定方法：铅，火焰原子吸收光谱法；双硫腙分光光度法；氢化物-原子吸收光谱法；微分电位溶出法。氟化物：离子选择电极法。生物监测检验方法：血中铅的石墨炉原子吸收光谱测定方法；血中铅的微分电位溶出测定方法；尿中氟的离子选择电极测定方法

工程控制　严加密闭，提供充分的局部排风

个体防护装备

呼吸系统防护　空气中浓度超标时，必须佩戴过滤式防毒面具（全面罩）。紧急事态抢救或撤离时，应该佩戴空气呼吸器

眼睛防护　呼吸系统防护中已作防护

皮肤和身体防护　穿密闭型防毒服

手防护　戴橡胶手套

第九部分　理化特性

外观与性状　淡黄色固体

pH 值　无意义　　　　　**熔点(℃)**　无资料

沸点(℃)　无资料　　　**相对密度(水=1)**　1.5～1.7

相对蒸气密度(空气=1)　无资料

饱和蒸气压(kPa)　无资料

临界压力(MPa)　无资料　**辛醇/水分配系数**　无资料

闪点(℃)　无意义　　　　**自燃温度(℃)**　无意义

爆炸下限(%)　无意义　　**爆炸上限(%)**　无意义

分解温度(℃)　无资料　　**黏度(mPa·s)**　无资料

燃烧热(kJ/mol)　无资料　**临界温度(℃)**　无资料

溶解性　与水混溶

第十部分　稳定性和反应性

稳定性　稳定

危险反应　与强酸等禁配物发生反应

避免接触的条件　无资料

禁配物　强酸

危险的分解产物　铅、氟化氢、氧化硼

第十一部分　毒理学信息

急性毒性　LDLo：50mg/kg（大鼠经口）

皮肤刺激或腐蚀　无资料　**眼睛刺激或腐蚀**　无资料

呼吸或皮肤过敏　无资料　**生殖细胞突变性**　无资料

致癌性　对动物致癌性已得到证实，对人类致癌性不明确

生殖毒性　无资料

特异性靶器官系统毒性--次接触　无资料

特异性靶器官系统毒性-反复接触　无资料

吸入危害　无资料

第十二部分　生态学信息

生态毒性　铅化合物对水生生物有极高毒性

持久性和降解性

生物降解性　无资料

非生物降解性　无资料

潜在的生物累积性　无资料

土壤中的迁移性　无资料

第十三部分　废弃处置

废弃化学品　用安全掩埋法处置。在规定场所掩埋空容器

污染包装物　将容器返还生产商或按照国家和地方法规处置

废弃注意事项　处置前应参阅国家和地方有关法规

第十四部分　运输信息

联合国危险货物编号（UN 号）　3077

联合国运输名称　对环境有害的固态物质，未另作规定的（氟硼酸铅）

联合国危险性类别　9

包装类别　Ⅲ　　　　　　**包装标志**

海洋污染物　是

运输注意事项　运输前应先检查包装容器是否完整、密封，运输过程中要确保容器不泄漏、不倒塌、不坠落、不损坏。严禁与酸类、氧化剂、食品及食品添加剂混运。运输时运输车辆应配备泄漏应急处理设备。运输途中应防暴晒、雨淋，防高温。公路运输时要按规定路线行驶，勿在居民区和人口稠密区停留

第十五部分　法规信息

下列法律、法规、规章和标准，对该化学品的管理作了相应的规定。

中华人民共和国职业病防治法　职业病分类和目录：铅及其化合物中毒，氟及其无机化合物中毒

危险化学品安全管理条例　危险化学品目录：列入。易制爆危险化学品名录：未列入。重点监管的危险化学品名录：未列入。GB 18218—2009《危险化学品重大危险源辨识》（表1）：未列入

使用有毒物品作业场所劳动保护条例　高毒物品目录：列入

易制毒化学品管理条例　易制毒化学品的分类和品种目录：未列入

国际公约　斯德哥尔摩公约：未列入。鹿特丹公约：未列入。蒙特利尔议定书：未列入

第十六部分　其他信息

编写和修订信息　　缩略语和首字母缩写
培训建议　　　　　　参考文献
免责声明

氟乙酸钾

第一部分　化学品标识

化学品中文名　氟乙酸钾；氟醋酸钾
化学品英文名　potassium fluoroacetate; fluoroacetic acid potassium salt
分子式　$C_2H_2FKO_2$　**分子量**　116.1318
结构式

化学品的推荐及限制用途　用作杀虫剂、灭鼠剂等

第二部分　危险性概述

紧急情况概述　吞咽致命，皮肤接触会致命，吸入致命，对水生生物毒性非常大
GHS危险性类别　急性毒性-经口，类别2；急性毒性-经皮，类别1；急性毒性-吸入，类别2；危害水生环境-急性危害，类别1
标签要素

象形图

警示词　危险
危险性说明　吞咽致命，皮肤接触会致命，吸入致命，对水生生物毒性非常大
防范说明

预防措施　避免接触眼睛、皮肤、皮肤或衣服，操作后彻底清洗。作业场所不得进食、饮水或吸烟。戴防护手套、穿防护服。避免吸入粉尘。仅在室外或通风良好处操作。戴呼吸防护器具。禁止排入环境

事故响应　如吸入：将患者转移到空气新鲜处，休息，保持利于呼吸的体位。皮肤接触：用大量肥皂水和水轻轻地清洗，立即脱去所有被污染的衣服。被污染的衣服必须经洗净后方可重新使用。食入：立即呼叫中毒控制中心或就医，漱口。收集泄漏物

安全储存　在通风良好处储存。保持容器密闭。上锁保管

废弃处置　本品及内装物、容器依据国家和地方法规处置

物理和化学危险　可燃，其粉体与空气混合，能形成爆炸性混合物
健康危害　剧毒。吸入、摄入或经皮吸收后会严重中毒。引起流涎、恶心、呕吐、目视不清、眼球震颤、低血压、肌痉挛、抽搐、昏迷、呼吸衰竭等。可致死
环境危害　对水生生物毒性非常大

第三部分　成分/组成信息

√ 物质　　　　　　　　混合物

组分	浓度	CAS No.
氟乙酸钾		23745-86-0

第四部分　急救措施

吸入　迅速脱离现场至空气新鲜处。保持呼吸道通畅。如呼吸困难，给输氧。如呼吸、心跳停止，立即进行心肺复苏术。就医
皮肤接触　立即脱去污染的衣着，用流动清水彻底冲洗。就医
眼睛接触　立即分开眼睑，用流动清水或生理盐水彻底冲洗。就医
食入　饮适量温水，催吐（仅限于清醒者）。就医
对保护施救者的忠告　根据需要使用个人防护设备
对医生的特别提示　对症处理

第五部分　消防措施

灭火剂　用雾状水、泡沫、干粉、二氧化碳、砂土灭火
特别危险性　遇明火、高热可燃。其粉体与空气可形成爆炸性混合物，当达到一定浓度时，遇火星会发生爆炸。遇高热分解释出高毒烟气
灭火注意事项及防护措施　消防人员必须佩戴防毒面具、穿全身消防服，在上风向灭火。尽可能将容器从火场移至空旷处。喷水保持火场容器冷却，直至灭火结束

第六部分　泄漏应急处理

作业人员防护措施、防护装备和应急处置程序　隔离泄漏污染区，限制出入。建议应急处理人员戴防尘口罩，穿防毒服。穿上适当的防护服前严禁接触破裂的容器和泄漏物。尽可能切断泄漏源
环境保护措施　用塑料布覆盖泄漏物，减少飞散
泄漏化学品的收容、清除方法及所使用的处置材料　勿使水进入包装容器内。用洁净的铲子收集泄漏物，置于干净、干燥、盖子较松的容器中，将容器移离泄漏区

第七部分　操作处置与储存

操作注意事项　密闭操作，提供充分的局部排风。防止粉尘释放到车间空气中。操作人员必须经过专门培训，严格遵守操作规程。建议操作人员佩戴防尘面具（全面罩），穿胶布防毒衣，戴橡胶手套。远离火种、热源，工作场所严禁吸烟。使用防爆型的通风系统和设备。避免产生粉尘。避免与氧化剂、酸类、碱类接触。配备相应品种和数量的消防器材及泄漏应急处理设备。倒空的容器可能残留有害物
储存注意事项　储存于阴凉、通风的库房。远离火种、热源。防止阳光直射。包装密封。应与氧化剂、酸类、碱类、食用化学品分开存放，切忌混储。配备相应品种和数量的消防器材。储区应备有合适的材料收容泄漏物

第八部分　接触控制/个体防护

职业接触限值

　　中国　未制定标准

　　美国（ACGIH）　未制定标准

生物接触限值　未制定标准

监测方法　空气中有毒物质测定方法：未制定标准。生物

　　监测检验方法：未制定标准

工程控制　严加密闭，提供充分的局部排风

个体防护装备

　　呼吸系统防护　可能接触其粉尘时，必须佩戴空气呼吸器

　　眼睛防护　呼吸系统防护中已作防护

　　皮肤和身体防护　穿密闭型防毒服

　　手防护　戴橡胶手套

第九部分　理化特性

外观与性状　固体

pH 值　无意义　　　　　　**熔点（℃）**　无资料

沸点（℃）　无资料　　　　**相对密度（水＝1）**　无资料

相对蒸气密度（空气＝1）　无资料

饱和蒸气压（kPa）　无资料

临界压力（MPa）　无资料　　**辛醇/水分配系数**　无资料

闪点（℃）　无意义　　　　**自燃温度（℃）**　无资料

爆炸下限（%）　无资料　　**爆炸上限（%）**　无资料

分解温度（℃）　无资料　　**黏度（mPa·s）**　无资料

燃烧热（kJ/mol）　无资料　**临界温度（℃）**　无资料

溶解性　溶于水，不溶于多数有机溶剂

第十部分　稳定性和反应性

稳定性　稳定

危险反应　与强氧化剂、强酸、强碱等禁配物发生反应

避免接触的条件　无资料

禁配物　强氧化剂、强酸、强碱

危险的分解产物　氟化氢、氧化钾

第十一部分　毒理学信息

急性毒性　LDLo：0.5mg/kg（兔经口）；0.5mg/kg（兔经皮）

皮肤刺激或腐蚀　无资料　　**眼睛刺激或腐蚀**　无资料

呼吸或皮肤过敏　无资料　　**生殖细胞突变性**　无资料

致癌性　无资料　　　　　　**生殖毒性**　无资料

特异性靶器官系统毒性-一次接触　无资料

特异性靶器官系统毒性-反复接触　无资料

吸入危害　无资料

第十二部分　生态学信息

生态毒性　根据结构类似物质预测，该物质对水生生物有极高毒性

持久性和降解性

　　生物降解性　无资料

　　非生物降解性　无资料

潜在的生物累积性　无资料

土壤中的迁移性　无资料

第十三部分　废弃处置

废弃化学品　建议用控制焚烧法或安全掩埋法处置。破损容器禁止重新使用，要在规定场所掩埋

污染包装物　将容器返还生产商或按照国家和地方法规处置

废弃注意事项　处置前应参阅国家和地方有关法规

第十四部分　运输信息

联合国危险货物编号（UN 号）　2628

联合国运输名称　氟乙酸钾

联合国危险性类别　6.1

包装类别　Ⅰ　　　　　　**包装标志**　

海洋污染物　是

运输注意事项　运输前应先检查包装容器是否完整、密封，运输过程中要确保容器不泄漏、不倒塌、不坠落、不损坏。严禁与酸类、氧化剂、食品及食品添加剂混运。运输时运输车辆应配备相应品种和数量的消防器材及泄漏应急处理设备。运输途中应防暴晒、雨淋，防高温。公路运输时要按规定路线行驶，勿在居民区和人口稠密区停留

第十五部分　法规信息

　　下列法律、法规、规章和标准，对该化学品的管理作了相应的规定。

中华人民共和国职业病防治法　职业病分类和目录：未列入

危险化学品安全管理条例　危险化学品目录：列入。易制爆危险化学品名录：未列入。重点监管的危险化学品名录：未列入。GB 18218—2009《危险化学品重大危险源辨识》（表1）：未列入

使用有毒物品作业场所劳动保护条例　高毒物品目录：未列入

易制毒化学品管理条例　易制毒化学品的分类和品种目录：未列入

国际公约　斯德哥尔摩公约：未列入。鹿特丹公约：未列入。蒙特利尔议定书：未列入

第十六部分　其他信息

编写和修订信息　　缩略语和首字母缩写

培训建议　　　　　　参考文献

免责声明

氟乙酸钠

第一部分　化学品标识

化学品中文名　氟乙酸钠；氟醋酸钠

化学品英文名　sodium fluoroacetate; sodium monofluoroacetate

分子式 $C_2H_2FNaO_2$ 分子量 100.02

结构式

化学品的推荐及限制用途 用作杀鼠剂，杀昆虫药

第二部分 危险性概述

紧急情况概述 吞咽致命，皮肤接触会致命，吸入致命

GHS 危险性类别 急性毒性-经口，类别 2；急性毒性-经皮，类别 1；急性毒性-吸入，类别 2；危害水生环境-急性危害，类别 1

标签要素

象形图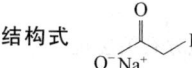

警示词 危险

危险性说明 吞咽致命，皮肤接触会致命，吸入致命，对水生生物毒性非常大

防范说明

预防措施 避免接触眼睛、皮肤或衣服，操作后彻底清洗。作业场所不得进食、饮水或吸烟。戴防护手套、穿防护服。避免吸入粉尘。仅在室外或通风良好处操作。戴呼吸防护器具。禁止排入环境

事故响应 如吸入：将患者转移到空气新鲜处，休息，保持利于呼吸的体位。皮肤接触：用大量肥皂水和水轻轻地清洗，立即脱去所有被污染的衣服。被污染的衣服必须经洗净后方可重新使用。食入：立即呼叫中毒控制中心或就医，漱口。收集泄漏物

安全储存 在通风良好处储存。保持容器密闭。上锁保管

废弃处置 本品及内装物、容器依据国家和地方法规处置

物理和化学危险 可燃，其粉体与空气混合，能形成爆炸性混合物

健康危害 引起流涎、恶心、呕吐、上腹痛、视物不清、恐惧感、低血压、心律紊乱、肌痉挛、抽搐、昏迷。潜伏期一般约为 6h。可致死。对人致死量约为 2～10mg/kg

环境危害 对水生生物毒性非常大

第三部分 成分/组成信息

√ 物质　　　　　　　混合物

组分	浓度	CAS No.
氟乙酸钠		62-74-8

第四部分 急救措施

吸入 迅速脱离现场至空气新鲜处。保持呼吸道通畅。如呼吸困难，给输氧。如呼吸、心跳停止，立即进行心肺复苏术。就医

皮肤接触 立即脱去污染的衣着，用流动清水彻底冲洗。就医

眼睛接触 立即分开眼睑，用流动清水或生理盐水彻底冲洗。就医

食入 饮适量温水，催吐（仅限于清醒者）。就医

对保护施救者的忠告 根据需要使用个人防护设备

对医生的特别提示 对症处理

第五部分 消防措施

灭火剂 用雾状水、泡沫、干粉、二氧化碳、砂土灭火

特别危险性 遇明火、高热可燃。其粉体与空气可形成爆炸性混合物，当达到一定浓度时，遇火星会发生爆炸。遇高热分解释出高毒烟气

灭火注意事项及防护措施 消防人员必须佩戴空气呼吸器、穿全身防火防毒服，在上风向灭火。尽可能将容器从火场移至空旷处。喷水保持火场容器冷却，直至灭火结束

第六部分 泄漏应急处理

作业人员防护措施、防护装备和应急处置程序 隔离泄漏污染区，限制出入。建议应急处理人员戴防尘口罩，穿防毒服。穿上适当的防护服前严禁接触破裂的容器和泄漏物。尽可能切断泄漏源

环境保护措施 用塑料布覆盖泄漏物，减少飞散

泄漏化学品的收容、清除方法及所使用的处置材料 勿使水进入包装容器内。用洁净的铲子收集泄漏物，置于干净、干燥、盖子较松的容器中，将容器移离泄漏区

第七部分 操作处置与储存

操作注意事项 密闭操作，提供充分的局部排风。防止粉尘释放到车间空气中。操作人员必须经过专门培训，严格遵守操作规程。建议操作人员佩戴防尘面具（全面罩），穿胶布防毒衣，戴橡胶手套。远离火种、热源，工作场所严禁吸烟。使用防爆型的通风系统和设备。避免产生粉尘。避免与氧化剂、酸类接触。配备相应品种和数量的消防器材及泄漏应急处理设备。倒空的容器可能残留有害物

储存注意事项 储存于阴凉、通风良好的专用库房内，实行"双人收发、双人保管"制度。远离火种、热源。防止阳光直射。包装密封。应与氧化剂、酸类、食用化学品分开存放，切忌混储。配备相应品种和数量的消防器材。储区应备有合适的材料收容泄漏物

第八部分 接触控制/个体防护

职业接触限值

中国 未制定标准

美国（ACGIH） TLV-TWA：0.05mg/m³ ［皮］

生物接触限值 未制定标准

监测方法 空气中有毒物质测定方法：未制定标准。生物监测检验方法：未制定标准

工程控制 严加密闭，提供充分的局部排风

个体防护装备

呼吸系统防护 可能接触其粉尘时，必须佩戴防尘面具（全面罩）。紧急事态抢救或撤离时，应该佩戴空气呼吸器

眼睛防护　呼吸系统防护中已作防护
皮肤和身体防护　穿密闭型防毒服
手防护　戴橡胶手套

第九部分　理化特性

外观与性状　白色粉末，无气味
pH 值　无意义　　　熔点(℃)　200(分解)
沸点(℃)　无资料　　相对密度(水＝1)　无资料
相对蒸气密度(空气＝1)　无资料
饱和蒸气压(kPa)　无资料
临界压力(MPa)　无资料　辛醇/水分配系数　无资料
闪点(℃)　无意义　　自燃温度(℃)　无资料
爆炸下限(%)　无资料　爆炸上限(%)　无资料
分解温度(℃)　200　　黏度(mPa·s)　无资料
燃烧热(kJ/mol)　无资料　临界温度(℃)　无资料
溶解性　易溶于水，溶于多数有机溶剂

第十部分　稳定性和反应性

稳定性　稳定
危险反应　与强氧化剂、酸类等禁配物发生反应
避免接触的条件　无资料
禁配物　强氧化剂、酸类
危险的分解产物　氟化氢、氧化钠

第十一部分　毒理学信息

急性毒性　LD$_{50}$：0.1mg/kg（大鼠经口）；48mg/kg（大鼠经皮）；0.1mg/kg（小鼠经口）；25.3mg/kg（小鼠经皮）；0.34mg/kg（兔经口）
皮肤刺激或腐蚀　无资料　眼睛刺激或腐蚀　无资料
呼吸或皮肤过敏　无资料
生殖细胞突变性　宿主中介试验：小鼠细胞 5mg/kg
致癌性　无资料
生殖毒性　大鼠经口最低中毒剂量（TDLo）：210μg/kg（雄性交配前 3d），对雄性睾丸、附睾及输精管有影响
特异性靶器官系统毒性-一次接触　无资料
特异性靶器官系统毒性-反复接触　无资料
吸入危害　无资料

第十二部分　生态学信息

生态毒性　根据结构类似物质预测，该物质对水生生物有极高毒性
持久性和降解性
　生物降解性　无资料
　非生物降解性　无资料
潜在的生物累积性　无资料
土壤中的迁移性　无资料

第十三部分　废弃处置

废弃化学品　用焚烧法处置。同大量的蛭石、碳酸钠、碳酸氢钠、消石灰混合后，在焚烧炉中焚烧。焚烧系统要装置后燃烧室，焚烧炉排出的气体要通过碱洗涤器除去。破损容器禁止重新使用，要在规定场所掩埋

污染包装物　将容器返还生产商或按照国家和地方法规处置
废弃注意事项　处置前应参阅国家和地方有关法规

第十四部分　运输信息

联合国危险货物编号（UN号）　2629
联合国运输名称　氟乙酸钠
联合国危险性类别　6.1

包装类别　I　　　　包装标志　

海洋污染物　是
运输注意事项　运输前应先检查包装容器是否完整、密封，运输过程中要确保容器不泄漏、不倒塌、不坠落、不损坏。严禁与酸类、氧化剂、食品及食品添加剂混运。运输时运输车辆应配备相应品种和数量的消防器材及泄漏应急处理设备。运输途中应防暴晒、雨淋，防高温。公路运输时要按规定路线行驶，勿在居民区和人口稠密区停留

第十五部分　法规信息

下列法律、法规、规章和标准，对该化学品的管理作了相应的规定。
中华人民共和国职业病防治法　职业病分类和目录：未列入
危险化学品安全管理条例　危险化学品目录：列入。作为剧毒化学品进行管理。易制爆危险化学品名录：未列入。重点监管的危险化学品名录：未列入。GB 18218—2009《危险化学品重大危险源辨识》（表1）：未列入
使用有毒物品作业场所劳动保护条例　高毒物品目录：未列入
易制毒化学品管理条例　易制毒化学品的分类和品种目录：未列入
国际公约　斯德哥尔摩公约：未列入。鹿特丹公约：未列入。蒙特利尔议定书：未列入

第十六部分　其他信息

编写和修订信息　　缩略语和首字母缩写
培训建议　　　　　参考文献
免责声明

氟乙酸乙酯

第一部分　化学品标识

化学品中文名　氟乙酸乙酯；氟醋酸乙酯
化学品英文名　ethyl fluoroacetate；fluoroacetic acid，ethyl ester
分子式　C$_4$H$_7$FO$_2$　分子量　106.0956
结构式
化学品的推荐及限制用途　用于有机合成

第二部分　危险性概述

紧急情况概述　易燃液体和蒸气，吞咽致命

GHS 危险性类别　易燃液体，类别 3；急性毒性-经口，类别 2

标签要素

象形图　

警示词　危险

危险性说明　易燃液体和蒸气，吞咽致命

防范说明

预防措施　远离热源、火花、明火、热表面。保持容器密闭。容器和接收设备接地连接。使用防爆型电器、通风、照明设备。只能使用不产生火花的工具。采取防止静电措施。戴防护手套、防护眼镜、防护面罩。避免接触眼睛、皮肤，操作后彻底清洗。作业场所不得进食、饮水或吸烟。

事故响应　火灾时，使用雾状水、泡沫、干粉、二氧化碳、砂土灭火。如皮肤（或头发）接触：立即脱掉所有被污染的衣服，用水冲洗皮肤，淋浴。食入：立即呼叫中毒控制中心或就医，漱口

安全储存　存放在通风良好的地方。保持低温。上锁保管

废弃处置　本品及内装物、容器依据国家和地方法规处置

物理和化学危险　易燃，其蒸气与空气混合，能形成爆炸性混合物

健康危害　高毒，食入可致死。蒸气对眼睛和呼吸道有刺激作用

环境危害　对环境可能有害

第三部分　成分/组成信息

√ 物质　　　　　　　　　混合物

组分	浓度	CAS No.
氟乙酸乙酯		459-72-3

第四部分　急救措施

吸入　迅速脱离现场至空气新鲜处。保持呼吸道通畅。如呼吸困难，给输氧。如呼吸、心跳停止，立即进行心肺复苏术。就医

皮肤接触　立即脱去污染的衣着，用流动清水彻底冲洗。就医

眼睛接触　立即分开眼睑，用流动清水或生理盐水彻底冲洗。就医

食入　饮适量温水，催吐（仅限于清醒者）。就医

对保护施救者的忠告　根据需要使用个人防护设备

对医生的特别提示　对症处理

第五部分　消防措施

灭火剂　用雾状水、泡沫、干粉、二氧化碳、砂土灭火

特别危险性　其蒸气与空气可形成爆炸性混合物，遇明火、高热能引起燃烧爆炸。与氧化剂可发生反应。遇高热分解释出高毒烟气。蒸气比空气重，沿地面扩散并易积存于低洼处，遇火源会着火回燃。若遇高热，容器内压增大，有开裂和爆炸的危险

灭火注意事项及防护措施　消防人员必须佩戴空气呼吸器、穿全身防火防毒服，在上风向灭火。尽可能将容器从火场移至空旷处。喷水保持火场容器冷却，直至灭火结束。处在火场中的容器若已变色或从安全泄压装置中发出声音，必须马上撤离

第六部分　泄漏应急处理

作业人员防护措施、防护装备和应急处置程序　根据液体流动和蒸气扩散的影响区域划定警戒区，无关人员从侧风向、上风向撤离至安全区。消除所有点火源。建议应急处理人员戴正压自给式呼吸器，穿防毒、防静电服。穿上适当的防护服前严禁接触破裂的容器和泄漏物。尽可能切断泄漏源

环境保护措施　防止泄漏物进入水体、下水道、地下室或有限空间

泄漏化学品的收容、清除方法及所使用的处置材料　小量泄漏：用干燥的砂土或其他不燃材料吸收或覆盖，收集于容器中。大量泄漏：构筑围堤或挖坑收容。用防爆泵转移至槽车或专用收集器内

第七部分　操作处置与储存

操作注意事项　密闭操作，提供充分的局部排风。防止蒸气泄漏到工作场所空气中。操作人员必须经过专门培训，严格遵守操作规程。建议操作人员佩戴自吸过滤式防毒面具（全面罩），穿胶布防毒衣，戴橡胶手套。远离火种、热源，工作场所严禁吸烟。使用防爆型的通风系统和设备。在清除液体和蒸气前不能进行焊接、切割等作业。避免产生烟雾。避免与氧化剂、还原剂、酸类、碱类接触。配备相应品种和数量的消防器材及泄漏应急处理设备。倒空的容器可能残留有害物

储存注意事项　储存于阴凉、通风的库房。远离火种、热源。防止阳光直射。库温不宜超过 30℃。保持容器密封。应与氧化剂、还原剂、酸类、碱类、食用化学品分开存放，切忌混储。采用防爆型照明、通风设施。禁止使用易产生火花的机械设备和工具。储区应备有泄漏应急处理设备和合适的收容材料

第八部分　接触控制/个体防护

职业接触限值

中国　未制定标准

美国（ACGIH）　未制定标准

生物接触限值　未制定标准

监测方法　空气中有毒物质测定方法：未制定标准。生物监测检验方法：未制定标准

工程控制　严加密闭，提供充分的局部排风

个体防护装备

呼吸系统防护　空气中浓度超标时，必须佩戴过滤式

防毒面具（全面罩）。紧急事态抢救或撤离时，应该佩戴空气呼吸器

眼睛防护　呼吸系统防护中已作防护

皮肤和身体防护　穿密闭型防毒服

手防护　戴橡胶手套

第九部分　理化特性

外观与性状　无色液体，有乙酸乙酯气味

pH 值　无资料　　　　熔点（℃）　无资料

沸点（℃）　119.2(100.2kPa)　相对密度（水＝1）　1.098

相对蒸气密度（空气＝1）　3.7

饱和蒸气压（kPa）　0.07(20℃)

临界压力（MPa）　无资料　辛醇/水分配系数　无资料

闪点（℃）　30.0　　　自燃温度（℃）　无资料

爆炸下限（%）　无资料　爆炸上限（%）　无资料

分解温度（℃）　无资料　黏度（mPa·s）　无资料

燃烧热（kJ/mol）　无资料　临界温度（℃）　无资料

溶解性　溶于水

第十部分　稳定性和反应性

稳定性　稳定

危险反应　与氧化剂、还原剂、酸类、碱类等禁配物发生反应

避免接触的条件　无资料

禁配物　氧化剂、还原剂、酸类、碱类

危险的分解产物　氟化氢

第十一部分　毒理学信息

急性毒性　LD_{50}：10mg/kg（小鼠经口）

皮肤刺激或腐蚀　无资料　眼睛刺激或腐蚀　无资料

呼吸或皮肤过敏　无资料　生殖细胞突变性　无资料

致癌性　无资料　　　生殖毒性　无资料

特异性靶器官系统毒性——次接触　无资料

特异性靶器官系统毒性-反复接触　无资料

吸入危害　无资料

第十二部分　生态学信息

生态毒性　无资料

持久性和降解性

　生物降解性　无资料

　非生物降解性　无资料

潜在的生物累积性　无资料

土壤中的迁移性　无资料

第十三部分　废弃处置

废弃化学品　建议用焚烧法处置。在能利用的地方重复使用容器或在规定场所掩埋

污染包装物　将容器返还生产商或按照国家和地方法规处置

废弃注意事项　处置前应参阅国家和地方有关法规

第十四部分　运输信息

联合国危险货物编号（UN号）　2929

联合国运输名称　有机毒性液体，易燃，未另作规定的（氟乙酸乙酯）

联合国危险性类别　6.1，3

包装类别　Ⅱ

包装标志　

海洋污染物　否

运输注意事项　运输前应先检查包装容器是否完整、密封，运输过程中要确保容器不泄漏、不倒塌、不坠落、不损坏。严禁与酸类、氧化剂、食品及食品添加剂混运。运输时运输车辆应配备相应品种和数量的消防器材及泄漏应急处理设备。运输途中应防暴晒、雨淋，防高温。运输时所用的槽（罐）车应有接地链，槽内可设孔隔板以减少震荡产生的静电。中途停留时应远离火种、热源。公路运输时要按规定路线行驶，勿在居民区和人口稠密区停留

第十五部分　法规信息

下列法律、法规、规章和标准，对该化学品的管理作了相应的规定。

中华人民共和国职业病防治法　职业病分类和目录：未列入

危险化学品安全管理条例　危险化学品目录：列入。易制爆危险化学品名录：未列入。重点监管的危险化学品名录：未列入。GB 18218—2009《危险化学品重大危险源辨识》（表1）：未列入

使用有毒物品作业场所劳动保护条例　高毒物品目录：未列入

易制毒化学品管理条例　易制毒化学品的分类和品种目录：未列入

国际公约　斯德哥尔摩公约：未列入。鹿特丹公约：未列入。蒙特利尔议定书：未列入

第十六部分　其他信息

编写和修订信息　缩略语和首字母缩写

培训建议　　　　参考文献

免责声明

2-氟乙酰胺

第一部分　化学品标识

化学品中文名　2-氟乙酰胺；氟素儿；氟乙酰胺；敌蚜胺

化学品英文名　2-fluoroacetamide；fluorakil 100

分子式　C_2H_4FNO　分子量　77.0577

结构式　

化学品的推荐及限制用途　用作有机氟农药，主要用于农田、森林、果园以杀灭蚜虫、螨类和介壳虫等

第二部分　危险性概述

紧急情况概述　吞咽致命，皮肤接触会中毒

GHS危险性类别 急性毒性-经口，类别2；急性毒性-经皮，类别3

标签要素

象形图

警示词 危险

危险性说明 吞咽致命，皮肤接触会中毒

防范说明

预防措施 避免接触眼睛、皮肤，操作后彻底清洗。作业场所不得进食、饮水或吸烟。戴防护手套，穿防护服

事故响应 皮肤接触：用大量肥皂水和水清洗，立即脱去所有被污染的衣服。如感觉不适，呼叫中毒控制中心或就医。被污染的衣服必须经洗净后方可重新使用。食入：立即呼叫中毒控制中心或就医。漱口

安全储存 上锁保管

废弃处置 本品及内装物、容器依据国家和地方法规处置

物理和化学危险 可燃，其粉体与空气混合，能形成爆炸性混合物

健康危害 本品的中毒多由误服引起，神经系统的症状有头痛、头晕、无力、四肢麻木、易激动、肌肉震颤、肢体阵发性抽搐、昏迷、谵妄等，常因呼吸衰竭而死亡。循环系统方面多为窦性心动过速，重者出现心肌损害，甚至发生心室纤维性颤动，此为心脏型。本品对胃肠道有一定的刺激性。本品可经皮肤吸收，导致中毒死亡

环境危害 对环境可能有害

第三部分 成分/组成信息

√ 物质   混合物

组分	浓度	CAS No.
2-氟乙酰胺		640-19-7

第四部分 急救措施

吸入 迅速脱离现场至空气新鲜处。保持呼吸道通畅。如呼吸困难，给输氧。呼吸、心跳停止，立即进行心肺复苏术。就医

皮肤接触 立即脱去污染的衣着，用流动清水彻底冲洗。就医

眼睛接触 立即分开眼睑，用流动清水或生理盐水彻底冲洗。就医

食入 饮适量温水，催吐（仅限于清醒者）。就医

对保护施救者的忠告 根据需要使用个人防护设备

对医生的特别提示 解毒剂：乙酰胺（解氟灵）

第五部分 消防措施

灭火剂 用雾状水、泡沫、干粉、二氧化碳、砂土灭火

特别危险性 受热分解，放出有毒的氮氧化物和氟化物烟气

灭火注意事项及防护措施 消防人员必须佩戴空气呼吸器、穿全身防火防毒服，在上风向灭火。尽可能将容器从火场移至空旷处。喷水保持火场容器冷却，直至灭火结束

第六部分 泄漏应急处理

作业人员防护措施、防护装备和应急处置程序 隔离泄漏污染区，限制出入。建议应急处理人员戴防尘口罩，穿防毒服。穿上适当的防护服前严禁接触破裂的容器和泄漏物。尽可能切断泄漏源

环境保护措施 用塑料布覆盖泄漏物，减少飞散

泄漏化学品的收容、清除方法及所使用的处置材料 勿使水进入包装容器内。用洁净的铲子收集泄漏物，置于干净、干燥、盖子较松的容器中，将容器移离泄漏区

第七部分 操作处置与储存

操作注意事项 严加密闭，提供充分的局部排风和全面通风。操作人员必须经过专门培训，严格遵守操作规程。建议操作人员佩戴防尘面具（全面罩），穿胶布防毒衣，戴橡胶手套。远离火种、热源，工作场所严禁吸烟。使用防爆型的通风系统和设备。避免产生粉尘。避免与氧化剂、还原剂、酸类、碱类接触。搬运时要轻装轻卸，防止包装及容器损坏。配备相应品种和数量的消防器材及泄漏应急处理设备。倒空的容器可能残留有害物

储存注意事项 储存于阴凉、通风良好的专用库房内，实行"双人收发、双人保管"制度。远离火种、热源。应与氧化剂、还原剂、酸类、碱类、食用化学品分开存放，切忌混储。配备相应品种和数量的消防器材。储区应备有合适的材料收容泄漏物

第八部分 接触控制/个体防护

职业接触限值

中国 未制定标准

美国（ACGIH） 未制定标准

生物接触限值 未制定标准

监测方法 空气中有毒物质测定方法：未制定标准。生物监测检验方法：未制定标准

工程控制 严加密闭，提供充分的局部排风和全面通风

个体防护装备

呼吸系统防护 可能接触其粉尘时，必须佩戴防尘面具（全面罩）。紧急事态抢救或撤离时，应该佩戴空气呼吸器

眼睛防护 呼吸系统防护中已作防护

皮肤和身体防护 穿密闭型防毒服

手防护 戴橡胶手套

第九部分 理化特性

外观与性状 无臭、无味、不易挥发的白色针状固体

pH值 无意义		**熔点（℃）** 108	
沸点（℃） 无资料		**相对密度(水=1)** 无资料	
相对蒸气密度(空气=1) 无资料			
饱和蒸气压(kPa) 无资料			

临界压力（MPa）　无资料	辛醇/水分配系数　无资料
闪点（℃）　无资料	自燃温度（℃）　无资料
爆炸下限（%）　无资料	爆炸上限（%）　无资料
分解温度（℃）　无资料	黏度（mPa·s）　无资料
燃烧热（kJ/mol）　无资料	临界温度（℃）　无资料

溶解性　易溶于水，易溶于醇、多数有机溶剂

第十部分　稳定性和反应性

稳定性　稳定
危险反应　与强氧化剂、强还原剂、强酸、强碱等禁配物
　　发生反应
避免接触的条件　受热
禁配物　强氧化剂、强还原剂、强酸、强碱
危险的分解产物　氮氧化物、氟化氢

第十一部分　毒理学信息

急性毒性　LD_{50}：5.8mg/kg（大鼠经口）；80mg/kg（大
　　鼠经皮）；25mg/kg（小鼠经口）；34mg/kg（小鼠经皮）
皮肤刺激或腐蚀　无资料　眼睛刺激或腐蚀　无资料
呼吸或皮肤过敏　无资料
生殖细胞突变性　细胞遗传学分析：大鼠腹腔内 4mg/
　　kg。精子形态学改变：大鼠腹腔内 4mg/kg
致癌性　无资料
生殖毒性　大鼠经口最低中毒剂量（TDLo）：90mg/kg
　　（30d，雄性），影响睾丸、附睾及输精管
特异性靶器官系统毒性—一次接触　本品为内吸性强的农
　　药，可造成兔、豚鼠心、肝、脾、肺、肾等脏器损害
特异性靶器官系统毒性-反复接触　无资料
吸入危害　无资料

第十二部分　生态学信息

生态毒性　无资料
持久性和降解性
　　生物降解性　无资料
　　非生物降解性　无资料
潜在的生物累积性　无资料
土壤中的迁移性　无资料

第十三部分　废弃处置

废弃化学品　根据国家和地方有关法规的要求处置。或与
　　厂商或制造商联系，确定处置方法
污染包装物　将容器返还生产商或按照国家和地方法规
　　处置
废弃注意事项　处置前应参阅国家和地方有关法规

第十四部分　运输信息

联合国危险货物编号（UN号）　2811
联合国运输名称　有机毒性固体，未另作规定的（2-氟乙
　　酰胺）
联合国危险性类别　6.1

包装类别　Ⅱ　　　　包装标志

海洋污染物　否
运输注意事项　运输前应先检查包装容器是否完整、密
　　封，运输过程中要确保容器不泄漏、不倒塌、不坠
　　落、不损坏。严禁与酸类、氧化剂、食品及食品添加
　　剂混运。运输途中应防暴晒、雨淋，防高温

第十五部分　法规信息

　　下列法律、法规、规章和标准，对该化学品的管理作
了相应的规定。
中华人民共和国职业病防治法　职业病分类和目录：未
　　列入
危险化学品安全管理条例　危险化学品目录：列入。作为
　　剧毒化学品进行管理。易制爆危险化学品名录：未列
　　入。重点监管的危险化学品名录：未列入。GB
　　18218—2009《危险化学品重大危险源辨识》（表1）：
　　未列入
使用有毒物品作业场所劳动保护条例　高毒物品目录：未
　　列入
易制毒化学品管理条例　易制毒化学品的分类和品种目
　　录：未列入
国际公约　斯德哥尔摩公约：未列入。鹿特丹公约：列
　　入。蒙特利尔议定书：未列入

第十六部分　其他信息

编写和修订信息　　　　缩略语和首字母缩写
培训建议　　　　　　　参考文献
免责声明

富马酸

第一部分　化学品标识

化学品中文名　富马酸；反丁烯二酸
化学品英文名　fumaric acid；*trans*-butene dioic acid
分子式　$C_4H_4O_4$　分子量　116.07

结构式
$$HO-\overset{O}{\underset{}{C}}-CH=CH-\overset{O}{\underset{}{C}}-OH$$

化学品的推荐及限制用途　用于制造合成树脂和松香脂等

第二部分　危险性概述

紧急情况概述　造成严重眼睛刺激
GHS危险性类别　皮肤腐蚀/刺激，类别3；严重眼睛损
　　伤/眼睛刺激，类别2A
标签要素

象形图　

警示词　警告
危险性说明　造成轻微皮肤刺激，造成严重眼睛刺激
防范说明
　　预防措施　避免接触眼睛、皮肤，操作后彻底清
　　　　洗。戴防护眼镜、防护面罩

事故响应　如发生皮肤刺激，就医。如接触眼睛：用水细心冲洗数分钟。如戴隐形眼镜并可方便地取出，取出隐形眼镜，继续冲洗。如果眼睛刺激持续：就医

安全储存　—

废弃处置　本品及内装物、容器依据国家和地方法规处置

物理和化学危险　可燃，其粉体与空气混合，能形成爆炸性混合物

健康危害　本品具有轻微刺激作用。在工业使用中，未见职业性损害的报道

环境危害　对环境可能有害

第三部分　成分/组成信息

√ 物质　　　　　　　混合物

组分	浓度	CAS No.
富马酸		110-17-8

第四部分　急救措施

吸入　脱离现场至空气新鲜处。如呼吸困难，给输氧。就医

皮肤接触　立即脱去污染的衣着，用肥皂水和清水彻底冲洗皮肤。如有不适感，就医

眼睛接触　提起眼睑，用流动清水或生理盐水冲洗。如有不适感，就医

食入　饮足量温水，催吐。就医

对保护施救者的忠告　根据需要使用个人防护设备

对医生的特别提示　对症处理

第五部分　消防措施

灭火剂　用雾状水、泡沫、干粉、二氧化碳、砂土灭火

特别危险性　遇明火、高热可燃。其粉体与空气可形成爆炸性混合物，当达到一定浓度时，遇火星会发生爆炸。受高热分解，放出刺激性烟气

灭火注意事项及防护措施　消防人员必须佩戴防毒面具、穿全身消防服，在上风向灭火。尽可能将容器从火场移至空旷处。喷水保持火场容器冷却，直至灭火结束

第六部分　泄漏应急处理

作业人员防护措施、防护装备和应急处置程序　隔离泄漏污染区，限制出入。消除所有点火源。建议应急处理人员戴防尘口罩，穿一般作业工作服。尽可能切断泄漏源。用塑料布覆盖泄漏物，减少飞散。勿使水进入包装容器内

环境保护措施　防止泄漏物进入水体、下水道、地下室或密闭性空间

泄漏化学品的收容、清除方法及所使用的处置材料　用洁净的铲子收集泄漏物，置于干净、干燥、盖子较松的容器中，将容器移离泄漏区

第七部分　操作处置与储存

操作注意事项　密闭操作。操作人员必须经过专门培训，严格遵守操作规程。建议操作人员佩戴自吸过滤式防尘口罩，戴化学安全防护眼镜，穿防毒物渗透工作服，戴橡胶手套。远离火种、热源，工作场所严禁吸烟。使用防爆型的通风系统和设备。避免产生粉尘。避免与氧化剂、还原剂、碱类接触。搬运时要轻装轻卸，防止包装及容器损坏。配备相应品种和数量的消防器材及泄漏应急处理设备。倒空的容器可能残留有害物

储存注意事项　储存于阴凉、通风的库房。远离火种、热源。应与氧化剂、还原剂、碱类等分开存放，切忌混储。配备相应品种和数量的消防器材。储区应备有合适的材料收容泄漏物

第八部分　接触控制/个体防护

职业接触限值

中国　未制定标准

美国（ACGIH）　未制定标准

生物接触限值　未制定标准

监测方法　空气中有毒物质测定方法：未制定标准。生物监测检验方法：未制定标准

工程控制　密闭操作

个体防护装备

呼吸系统防护　空气中粉尘浓度超标时，必须佩戴过滤式防尘呼吸器。紧急事态抢救或撤离时，应该佩戴空气呼吸器

眼睛防护　戴化学安全防护眼镜

皮肤和身体防护　穿防毒物渗透工作服

手防护　戴橡胶手套

第九部分　理化特性

外观与性状　白色结晶粉末，有水果酸味

pH 值　无资料		**熔点（℃）**　286～287
沸点（℃）　290（分解）		
相对密度（水＝1）　1.64（20℃）		
相对蒸气密度（空气＝1）　无资料		
饱和蒸气压（kPa）　无资料		
临界压力（MPa）　无资料		
辛醇/水分配系数　0.07～0.58		
闪点（℃）　无资料		**自燃温度（℃）**　393
爆炸下限（%）　3		**爆炸上限（%）**　40
分解温度（℃）　无资料		**黏度（mPa·s）**　无资料
燃烧热（kJ/mol）　无资料		**临界温度（℃）**　无资料

溶解性　溶于水，微溶于冷水、乙醚、苯，易溶于热水，溶于乙醇

第十部分　稳定性和反应性

稳定性　稳定

危险反应　与碱类、强氧化剂、强还原剂、胺类等禁配物发生反应

避免接触的条件　无资料

禁配物　碱类、强氧化剂、强还原剂、胺类

危险的分解产物　无资料

第十一部分　毒理学信息

急性毒性　LD_{50}：9300mg/kg（大鼠经口）；5000mg/kg

（兔经皮）

皮肤刺激或腐蚀　无资料　　眼睛刺激或腐蚀　无资料
呼吸或皮肤过敏　无资料　　生殖细胞突变性　无资料
致癌性　无资料　　　　　　生殖毒性　无资料
特异性靶器官系统毒性--一次接触　无资料
特异性靶器官系统毒性-反复接触　无资料
吸入危害　无资料

第十二部分　生态学信息

生态毒性　无资料
持久性和降解性
　　生物降解性　无资料
　　非生物降解性　无资料
潜在的生物累积性　无资料
土壤中的迁移性　无资料

第十三部分　废弃处置

废弃化学品　建议用焚烧法处置
污染包装物　将容器返还生产商或按照国家和地方法规
　　处置
废弃注意事项　处置前应参阅国家和地方有关法规

第十四部分　运输信息

联合国危险货物编号（UN 号）　—
联合国运输名称　—　　　联合国危险性类别　—
包装类别　—　　　　　　包装标志　—
海洋污染物　否
运输注意事项　起运时包装要完整，装载应稳妥。运输过
　　程中要确保容器不泄漏、不倒塌、不坠落、不损坏。
　　严禁与氧化剂、还原剂、碱类、食用化学品等混装混
　　运。运输途中应防暴晒、雨淋，防高温。车辆运输完
　　毕应进行彻底清扫

第十五部分　法规信息

　　下列法律、法规、规章和标准，对该化学品的管理作
了相应的规定。
中华人民共和国职业病防治法　职业病分类和目录：未
　　列入
危险化学品安全管理条例　危险化学品目录：未列入。易
　　制爆危险化学品名录：未列入。重点监管的危险化学
　　品名录：未列入。GB 18218—2009《危险化学品重
　　大危险源辨识》（表1）：未列入
使用有毒物品作业场所劳动保护条例　高毒物品目录：未
　　列入
易制毒化学品管理条例　易制毒化学品的分类和品种目
　　录：未列入
国际公约　斯德哥尔摩公约：未列入。鹿特丹公约：未列
　　入。蒙特利尔议定书：未列入

第十六部分　其他信息

编写和修订信息　　　　　缩略语和首字母缩写
培训建议　　　　　　　　参考文献
免责声明

高碘酸铵

第一部分　化学品标识

化学品中文名　高碘酸铵；过碘酸铵
化学品英文名　ammonium periodate；ammonium meta-perio-
　　date
分子式　NH_4IO_4　分子量　208.94
结构式　　
化学品的推荐及限制用途　用作氧化剂

第二部分　危险性概述

紧急情况概述　可加剧燃烧：氧化剂
GHS 危险性类别　氧化性固体，类别2
标签要素

象形图　

警示词　危险
危险性说明　可加剧燃烧：氧化剂
防范说明
　　预防措施　远离热源。远离衣物、可燃物保存。采
　　　　取一切预防措施，避免与可燃物混合。戴防护
　　　　手套、防护眼镜、防护面罩
　　事故响应　—
　　安全储存　—
　　废弃处置　本品及内装物、容器依据国家和地方法
　　　　规处置
物理和化学危险　助燃。与可燃物混合或急剧加热会发生
　　爆炸
健康危害　本品粉尘有刺激性。受热易分解释出有毒气
　　体：氨、氮氧化物和碘
环境危害　对环境可能有害

第三部分　成分/组成信息

✓　物质　　　　　　　　　混合物

组分	浓度	CAS No.
高碘酸铵		13446-11-2

第四部分　急救措施

吸入　迅速脱离现场至空气新鲜处。保持呼吸道通畅。如
　　呼吸困难，给输氧。如呼吸、心跳停止，立即进行心
　　肺复苏术。就医
皮肤接触　立即脱去污染的衣着，用流动清水彻底冲洗。
　　就医
眼睛接触　立即分开眼睑，用流动清水或生理盐水彻底冲
　　洗。就医
食入　漱口，饮水。就医
对保护施救者的忠告　根据需要使用个人防护设备

对医生的特别提示　对症处理

第五部分　消防措施

灭火剂　本品不燃，根据着火原因选择适当灭火剂灭火

特别危险性　强氧化剂。震动撞击时可发生爆炸。与易燃物、可燃物混合能引起燃烧爆炸。受高热分解放出有毒的气体

灭火注意事项及防护措施　消防人员须戴好防毒面具，在安全距离以外，在上风向灭火。灭火时尽可能将容器从火场移至空旷处。遇大火，消防人员须在有防护掩蔽处操作

第六部分　泄漏应急处理

作业人员防护措施、防护装备和应急处置程序　隔离泄漏污染区，限制出入。建议应急处理人员戴防尘口罩，穿防毒服。勿使泄漏物与可燃物质（如木材、纸、油等）接触。穿上适当的防护服前严禁接触破裂的容器和泄漏物。尽可能切断泄漏源

环境保护措施　用塑料布覆盖泄漏物，减少飞散

泄漏化学品的收容、清除方法及所使用的处置材料　勿使水进入包装容器内。小量泄漏：用洁净的铲子收集泄漏物，置于干净、干燥、盖子较松的容器中，将容器移离泄漏区。大量泄漏：泄漏物回收后，用水冲洗泄漏区

第七部分　操作处置与储存

操作注意事项　密闭操作，局部排风。防止粉尘释放到车间空气中。操作人员必须经过专门培训，严格遵守操作规程。建议操作人员佩戴自吸过滤式防尘口罩，戴化学安全防护眼镜，穿胶布防毒衣，戴橡胶手套。远离火种、热源，工作场所严禁吸烟。远离易燃、可燃物。避免产生粉尘。避免与还原剂接触。配备相应品种和数量的消防器材及泄漏应急处理设备。倒空的容器可能残留有害物

储存注意事项　储存于阴凉、通风的库房。远离火种、热源。库温不超过 30℃，相对湿度不超过 80%。防止阳光直射。包装密封。应与还原剂、易（可）燃物、食用化学品分开存放，切忌混储。储区应备有合适的材料收容泄漏物

第八部分　接触控制/个体防护

职业接触限值
　中国　未制定标准
　美国（ACGIH）　未制定标准

生物接触限值　未制定标准

监测方法　空气中有毒物质测定方法：碳酸氢钠溶液解吸-离子色谱法。生物监测检验方法：未制定标准

工程控制　密闭操作，局部排风

个体防护装备
　呼吸系统防护　空气中粉尘浓度超标时，必须佩戴过滤式防尘呼吸器。紧急事态抢救或撤离时，应该佩戴空气呼吸器

眼睛防护　戴化学安全防护眼镜
皮肤和身体防护　穿密闭型防毒服
手防护　戴橡胶手套

第九部分　理化特性

外观与性状　无色正方形结晶

pH 值　无意义	熔点（℃）　无资料
沸点（℃）　无资料	相对密度（水=1）　3.056

相对蒸气密度（空气＝1）　无资料

饱和蒸气压（kPa）　无资料

临界压力（MPa）　无意义	辛醇/水分配系数　无资料
闪点（℃）　无意义	自燃温度（℃）　无意义
爆炸下限（%）　无意义	爆炸上限（%）　无意义
分解温度（℃）　无资料	黏度（mPa·s）　无资料
燃烧热（kJ/mol）　无资料	临界温度（℃）　无资料

溶解性　微溶于水

第十部分　稳定性和反应性

稳定性　稳定

危险反应　震动撞击时可发生爆炸。与易燃物、可燃物混合能引起燃烧爆炸

避免接触的条件　震动、撞击

禁配物　强还原剂、易燃或可燃物

危险的分解产物　氮氧化物、碘化氢

第十一部分　毒理学信息

急性毒性　无资料

皮肤刺激或腐蚀　无资料	眼睛刺激或腐蚀　无资料
呼吸或皮肤过敏　无资料	生殖细胞突变性　无资料
致癌性　无资料	生殖毒性　无资料

特异性靶器官系统毒性-一次接触　无资料

特异性靶器官系统毒性-反复接触　无资料

吸入危害　无资料

第十二部分　生态学信息

生态毒性　无资料

持久性和降解性
　生物降解性　无资料
　非生物降解性　无资料

潜在的生物累积性　无资料

土壤中的迁移性　无资料

第十三部分　废弃处置

废弃化学品　根据国家和地方有关法规的要求处置。或与厂商或制造商联系，确定处置方法

污染包装物　将容器返还生产商或按照国家和地方法规处置

废弃注意事项　处置前应参阅国家和地方有关法规

第十四部分　运输信息

联合国危险货物编号（UN 号）　1479

联合国运输名称　氧化性固体，未另作规定的（高碘酸铵）

联合国危险性类别　5.1

包装类别　Ⅱ　　　　　　　包装标志

海洋污染物　否

运输注意事项　运输时单独装运，运输过程中要确保容器不泄漏、不倒塌、不坠落、不损坏。运输时运输车辆应配备相应品种和数量的消防器材。严禁与酸类、易燃物、有机物、还原剂、自燃物品、遇湿易燃物品等并车混运。运输时车速不宜过快，不得强行超车。公路运输时要按规定路线行驶。运输车辆装卸前后，均应彻底清扫、洗净，严禁混入有机物、易燃物等杂质

第十五部分　法规信息

下列法律、法规、规章和标准，对该化学品的管理作了相应的规定。

中华人民共和国职业病防治法　职业病分类和目录：未列入

危险化学品安全管理条例　危险化学品目录：列入。易制爆危险化学品名录：未列入。重点监管的危险化学品名录：未列入。GB 18218—2009《危险化学品重大危险源辨识》（表1）：未列入

使用有毒物品作业场所劳动保护条例　高毒物品目录：未列入

易制毒化学品管理条例　易制毒化学品的分类和品种目录：未列入

国际公约　斯德哥尔摩公约：未列入。鹿特丹公约：未列入。蒙特利尔议定书：未列入

第十六部分　其他信息

编写和修订信息　缩略语和首字母缩写
培训建议　　　　参考文献
免责声明

高锰酸钡

第一部分　化学品标识

化学品中文名　高锰酸钡；过锰酸钡

化学品英文名　barium permanganate；permanganic acid, barium salt

分子式　$Ba(MnO_4)_2$　**分子量**　375.198

结构式
$$O=Mn-O^- \quad O^- -Mn=O$$
$$Ba^{2+}$$

化学品的推荐及限制用途　用作干电池的原料、强消毒剂及用于高锰酸盐的制造

第二部分　危险性概述

紧急情况概述　可加剧燃烧：氧化剂，吞咽有害，吸入有害

GHS危险性类别　氧化性固体，类别2；急性毒性-经口，

类别4；急性毒性-吸入，类别4

标签要素

象形图

警示词　危险

危险性说明　可加剧燃烧：氧化剂，吞咽有害，吸入有害

防范说明

预防措施　远离热源。远离衣物、可燃物保存。采取一切预防措施，避免与可燃物混合。戴防护手套、防护眼镜、防护面罩。避免接触眼睛、皮肤，操作后彻底清洗。作业场所不得进食、饮水或吸烟。避免吸入粉尘。仅在室外或通风良好处操作

事故响应　如吸入：将患者转移到空气新鲜处，休息，保持利于呼吸的体位，如感觉不适，呼叫中毒控制中心或就医。食入：如果感觉不适，立即呼叫中毒控制中心或就医。漱口

安全储存　—

废弃处置　本品及内装物、容器依据国家和地方法规处置

物理和化学危险　助燃。与可燃物混合会发生爆炸

健康危害　对眼睛、黏膜和皮肤有刺激性。急性中毒多为误服所致。出现流涎、恶心、腹痛、腹泻、脉缓、脉律不齐、血压下降，可因呼吸肌麻痹、严重心律紊乱而死亡

环境危害　对环境可能有害

第三部分　成分/组成信息

√ 物质　　　　　　　　　混合物

组分	浓度	CAS No.
高锰酸钡		7787-36-2

第四部分　急救措施

吸入　迅速脱离现场至空气新鲜处。保持呼吸道通畅。如呼吸困难，给输氧。如呼吸、心跳停止，立即进行心肺复苏术。就医

皮肤接触　立即脱去污染的衣着，用流动清水彻底冲洗。就医

眼睛接触　立即分开眼睑，用流动清水或生理盐水彻底冲洗。就医

食入　饮足量温水，催吐。给服硫酸钠。就医

对保护施救者的忠告　根据需要使用个人防护设备

对医生的特别提示　解毒剂：硫酸钠、硫代硫酸钠。有低血钾者应补充钾盐

第五部分　消防措施

灭火剂　本品不燃，根据着火原因选择适当灭火剂灭火

特别危险性　强氧化剂。与某些物品如甘油、乙醇混合会引起自燃。遇硫酸、过氧化氢发生剧烈反应。与有机物、铵盐形成爆炸性混合物。受热或经摩擦、震动、

撞击可引起燃烧或爆炸

灭火注意事项及防护措施 消防人员必须穿全身防火防毒服，在上风向灭火。灭火时尽可能将容器从火场移至空旷处

第六部分 泄漏应急处理

作业人员防护措施、防护装备和应急处置程序 隔离泄漏污染区，限制出入。建议应急处理人员戴防尘口罩，穿防毒服。勿使泄漏物与可燃物质（如木材、纸、油等）接触。穿上适当的防护服前严禁接触破裂的容器和泄漏物。尽可能切断泄漏源。勿使水进入包装容器内

环境保护措施 用塑料布覆盖泄漏物，减少飞散

泄漏化学品的收容、清除方法及所使用的处置材料 小量泄漏：用洁净的铲子收集泄漏物，置于干净、干燥、盖子较松的容器中，将容器移离泄漏区。大量泄漏：泄漏物回收后，用水冲洗泄漏区

第七部分 操作处置与储存

操作注意事项 密闭操作，提供充分的局部排风。防止粉尘释放到车间空气中。操作人员必须经过专门培训，严格遵守操作规程。建议操作人员佩戴防尘面具（全面罩），穿密闭型防毒服，戴橡胶手套。远离火种、热源，工作场所严禁吸烟。远离易燃、可燃物。避免产生粉尘。避免与硫酸、铵盐、乙醇、过氧化氢、还原剂、甘油接触。配备相应品种和数量的消防器材及泄漏应急处理设备

储存注意事项 储存于阴凉、通风的库房。库温不超过30℃，相对湿度不超过80%。远离火种、热源。防止阳光直射。包装密封。应与硫酸、铵盐、乙醇、易（可）燃物、过氧化氢、还原剂、甘油、食用化学品分开存放，切忌混储。储区应备有合适的材料收容泄漏物

第八部分 接触控制/个体防护

职业接触限值

　　中国　PC-TWA：0.5mg/m³［按 Ba 计］，0.15mg/m³［按 MnO_2 计］；PC-STEL：1.5mg/m³［按 Ba 计］

　　美国（ACGIH）　TLV-TWA：0.5mg/m³［按 Ba 计］，0.2mg/m³［按 Mn 计］

生物接触限值 未制定标准

监测方法 空气中有毒物质测定方法：钡，二溴对甲基偶氮甲磺分光光度法；等离子体原子发射光谱法。锰，磷酸-高碘酸钾分光光度法；火焰原子吸收光谱法。生物监测检验方法：未制定标准

工程控制 严加密闭，提供充分的局部排风

个体防护装备

　　呼吸系统防护　可能接触其粉尘时，必须佩戴空气呼吸器

　　眼睛防护　呼吸系统防护中已作防护

　　皮肤和身体防护　穿密闭型防毒服

　　手防护　戴橡胶手套

第九部分 理化特性

外观与性状 紫褐色至黑色有光泽的结晶或粉末

pH 值 无意义　　　　　　**熔点(℃)** 200(分解)

沸点(℃) 无资料

相对密度（水＝1） 3.77(20℃)

相对蒸气密度（空气＝1） 无资料

饱和蒸气压(kPa) 无资料

临界压力(MPa) 无意义　　**辛醇/水分配系数** 无资料

闪点(℃) 无意义　　　　　**自燃温度(℃)** 无意义

爆炸下限(%) 无意义　　　**爆炸上限(%)** 无意义

分解温度(℃) 无资料　　　**黏度(mPa·s)** 无资料

燃烧热(kJ/mol) 无资料　　**临界温度(℃)** 无资料

溶解性 溶于水

第十部分 稳定性和反应性

稳定性 稳定

危险反应 与某些物品如甘油、乙醇混合会引起自燃。遇硫酸、过氧化氢发生剧烈反应。与有机物、铵盐形成爆炸性混合物。受热或经摩擦、震动、撞击可引起燃烧或爆炸

避免接触的条件 受热、摩擦、震动、撞击

禁配物 硫酸、铵盐、乙醇、易燃或可燃物、过氧化氢、强还原剂、甘油

危险的分解产物 氧化钡、氧化锰

第十一部分 毒理学信息

急性毒性 无资料

皮肤刺激或腐蚀 无资料　　**眼睛刺激或腐蚀** 无资料

呼吸或皮肤过敏 无资料　　**生殖细胞突变性** 无资料

致癌性 美国政府工业卫生学家会议（ACGIH）：未分类为人类致癌物

生殖毒性 无资料

特异性靶器官系统毒性-一次接触 无资料

特异性靶器官系统毒性-反复接触 无资料

吸入危害 无资料

第十二部分 生态学信息

生态毒性 无资料

持久性和降解性

　　生物降解性　无资料

　　非生物降解性　无资料

潜在的生物累积性 无资料

土壤中的迁移性 无资料

第十三部分 废弃处置

废弃化学品 在规定的处理厂处理和中和。破损容器禁止重新使用，要在规定场所掩埋。量小时，用含有50% 以上漂白剂的稀碱液（pH＝10～11）处理。通过漂白剂的加入速度控制反应温度。若必要调节 pH 值。静置一晚，小心将 pH 值调至7，反应可能放出气体。滤出固体做掩埋处置。通过加入硫化物沉淀重金属

污染包装物　将容器返还生产商或按照国家和地方法规
　　处置

废弃注意事项　处置前应参阅国家和地方有关法规

第十四部分　运输信息

联合国危险货物编号（UN号）　1448

联合国运输名称　高锰酸钡

联合国危险性类别　5.1，6.1

包装类别　Ⅱ

包装标志

海洋污染物　否

运输注意事项　起运时包装要完整，装载应稳妥。运输过
　　程中要确保容器不泄漏、不倒塌、不坠落、不损坏。
　　严禁与酸类、醇类、易燃物或可燃物、氧化剂、还原
　　剂、铵盐、食用化学品等混装混运。运输途中应防暴
　　晒，雨淋，防高温。车辆运输完毕应进行彻底清扫。
　　公路运输时要按规定路线行驶

第十五部分　法规信息

　　下列法律、法规、规章和标准，对该化学品的管理作
了相应的规定。

中华人民共和国职业病防治法　职业病分类和目录：钡及
　　其化合物中毒

危险化学品安全管理条例　危险化学品目录：列入。易制
　　爆危险化学品名录：未列入。重点监管的危险化学品
　　名录：未列入。GB 18218—2009《危险化学品重大
　　危险源辨识》（表1）：未列入

使用有毒物品作业场所劳动保护条例　高毒物品目录：
　　列入

易制毒化学品管理条例　易制毒化学品的分类和品种目
　　录：未列入

国际公约　斯德哥尔摩公约：未列入。鹿特丹公约：未列
　　入。蒙特利尔议定书：未列入

第十六部分　其他信息

编写和修订信息　　缩略语和首字母缩写

培训建议　　　　　参考文献

免责声明

高锰酸锌

第一部分　化学品标识

化学品中文名　高锰酸锌；过锰酸锌

化学品英文名　zinc permanganate

分子式　$Zn(MnO_4)_2$　分子量　303.25

结构式

化学品的推荐及限制用途　用作氧化剂、防腐剂

第二部分　危险性概述

紧急情况概述　可加剧燃烧：氧化剂

GHS危险性类别　氧化性固体，类别2；特异性靶器官毒
　　性-反复接触，类别1；危害水生环境-急性危害，类
　　别1；危害水生环境-长期危害，类别1

标签要素

象形图

警示词　危险

危险性说明　可加剧燃烧：氧化剂，长时间或反复接触
　　对器官造成损伤，对水生生物毒性非常大并具有长
　　期持续影响

防范说明

　　预防措施　远离热源。远离衣物、可燃物保存。采
　　　　取一切预防措施，避免与可燃物混合。戴防护
　　　　手套、防护眼镜、防护面罩。避免吸入粉尘。
　　　　操作后彻底清洗。操作现场不得进食、饮水或
　　　　吸烟。禁止排入环境

　　事故响应　如感觉不适，就医。收集泄漏物

　　安全储存　—

　　废弃处置　本品及内装物、容器依据国家和地方法
　　　　规处置

物理和化学危险　助燃。与可燃物混合会发生爆炸

健康危害　本品粉尘能刺激眼睛和皮肤。误服会中毒，中
　　毒的症状有恶心、呕吐、腹痛、腹泻等急性胃肠炎症
　　状。严重时可引起脱水和休克

环境危害　对水生生物毒性非常大并具有长期持续影响

第三部分　成分/组成信息

√　物质　　　　　　　　　　　混合物

　　组分　　　　　浓度　　　　CAS No.

高锰酸锌　　　　　　　　　　23414-72-4

第四部分　急救措施

吸入　迅速脱离现场至空气新鲜处。保持呼吸道通畅。如
　　呼吸困难，给输氧。如呼吸、心跳停止，立即进行心
　　肺复苏术。就医

皮肤接触　立即脱去污染的衣着，用流动清水彻底冲洗。
　　就医

眼睛接触　立即分开眼睑，用流动清水或生理盐水彻底冲
　　洗。就医

食入　漱口，饮水。就医

对保护施救者的忠告　根据需要使用个人防护设备

对医生的特别提示　对症处理

第五部分　消防措施

灭火剂　本品不燃，根据着火原因选择适当灭火剂灭火

特别危险性　强氧化剂。与某些物品如甘油、乙醇混合会
　　引起自燃。遇硫酸、过氧化氢发生剧烈反应。与有机
　　物、铵盐形成爆炸性混合物

灭火注意事项及防护措施 消防人员必须穿全身防火防毒服，在上风向灭火。灭火时尽可能将容器从火场移至空旷处

第六部分 泄漏应急处理

作业人员防护措施、防护装备和应急处置程序 隔离泄漏污染区，限制出入。建议应急处理人员戴防尘口罩，穿防毒服。勿使泄漏物与可燃物质（如木材、纸、油等）接触。穿上适当的防护服前严禁接触破裂的容器和泄漏物。尽可能切断泄漏源。勿使水进入包装容器内

环境保护措施 用塑料布覆盖泄漏物，减少飞散

泄漏化学品的收容、清除方法及所使用的处置材料 小量泄漏：用洁净的铲子收集泄漏物，置于干净、干燥、盖子较松的容器中，将容器移离泄漏区。大量泄漏：泄漏物回收后，用水冲洗泄漏区

第七部分 操作处置与储存

操作注意事项 密闭操作，局部排风。防止粉尘释放到车间空气中。操作人员必须经过专门培训，严格遵守操作规程。建议操作人员佩戴自吸过滤式防尘口罩，戴化学安全防护眼镜，穿胶布防毒衣，戴橡胶手套。远离火种、热源，工作场所严禁吸烟。远离易燃、可燃物。避免产生粉尘。避免与还原剂、硫酸、铵盐、乙醇、甘油、过氧化氢接触。配备相应品种和数量的消防器材及泄漏应急处理设备。倒空的容器可能残留有害物

储存注意事项 储存于阴凉、通风的库房。库温不超过30℃，相对湿度不超过80%。远离火种、热源。防止阳光直射。包装密封。应与还原剂、易（可）燃物、硫酸、铵盐、乙醇、甘油、过氧化氢、食用化学品分开存放，切忌混储。储区应备有合适的材料收容泄漏物

第八部分 接触控制/个体防护

职业接触限值
中国 PC-TWA：0.15mg/m³［按 MnO₂ 计］
美国(ACGIH) TLV-TWA：0.2 mg/m³［按 Mn 计］
生物接触限值 未制定标准
监测方法 空气中有毒物质测定方法：磷酸-高碘酸钾分光光度法；火焰原子吸收光谱法。生物监测检验方法：未制定标准
工程控制 密闭操作，局部排风
个体防护装备
呼吸系统防护 空气中粉尘浓度超标时，必须佩戴过滤式防尘呼吸器。紧急事态抢救或撤离时，应该佩戴空气呼吸器
眼睛防护 戴化学安全防护眼镜
皮肤和身体防护 穿密闭型防毒服
手防护 戴橡胶手套

第九部分 理化特性

外观与性状 紫褐色至黑色易潮解的结晶

pH值 无意义	熔点(℃) 无资料
沸点(℃) 无资料	相对密度(水=1) 2.47
相对蒸气密度(空气=1) 无资料	
饱和蒸气压(kPa) 无资料	
临界压力(MPa) 无意义	辛醇/水分配系数 无资料
闪点(℃) 无意义	自燃温度(℃) 无意义
爆炸下限(%) 无意义	爆炸上限(%) 无意义
分解温度(℃) 无资料	黏度(mPa·s) 无资料
燃烧热(kJ/mol) 无资料	临界温度(℃) 无资料
溶解性 溶于水、酸	

第十部分 稳定性和反应性

稳定性 稳定
危险反应 与某些物品如甘油、乙醇混合会引起自燃。遇硫酸、过氧化氢发生剧烈反应
避免接触的条件 光照、接触空气
禁配物 强还原剂、易燃或可燃物、硫酸、铵盐、乙醇、甘油、过氧化氢
危险的分解产物 氧化锰、氧化锌

第十一部分 毒理学信息

急性毒性 无资料
皮肤刺激或腐蚀 无资料	眼睛刺激或腐蚀 无资料
呼吸或皮肤过敏 无资料	生殖细胞突变性 无资料
致癌性 无资料	生殖毒性 无资料

特异性靶器官系统毒性-一次接触 无资料
特异性靶器官系统毒性-反复接触 无资料
吸入危害 无资料

第十二部分 生态学信息

生态毒性 锌化合物对水生生物有极高毒性
持久性和降解性
生物降解性 无资料
非生物降解性 无资料
潜在的生物累积性 无资料
土壤中的迁移性 无资料

第十三部分 废弃处置

废弃化学品 在规定的处理厂处理和中和。破损容器禁止重新使用，要在规定场所掩埋。量小时，溶于水，加入还原剂，并加入硫酸促进还原。用苏打灰中和。在规定场所掩埋沉淀物
污染包装物 将容器返还生产商或按照国家和地方法规处置
废弃注意事项 处置前应参阅国家和地方有关法规

第十四部分 运输信息

联合国危险货物编号（UN号） 1515
联合国运输名称 高锰酸锌
联合国危险性类别 5.1

包装类别 Ⅱ　　　　　**包装标志**

海洋污染物 是

运输注意事项 运输时单独装运,运输过程中要确保容器
不泄漏、不倒塌、不坠落、不损坏。运输时运输车辆
应配备相应品种和数量的消防器材。严禁与酸类、易
燃物、有机物、铵盐、过氧化氢、还原剂、自燃物
品、遇湿易燃物品等并车混运。运输时车速不宜过
快,不得强行超车。公路运输时要按规定路线行驶。
运输车辆装卸前后,均应彻底清扫、洗净,严禁混入
有机物、易燃物等杂质

第十五部分 法规信息

下列法律、法规、规章和标准,对该化学品的管理作
了相应的规定。

中华人民共和国职业病防治法 职业病分类和目录:未
列入

危险化学品安全管理条例 危险化学品目录:列入。易制
爆危险化学品名录:未列入。重点监管的危险化学品
名录:未列入。GB 18218—2009《危险化学品重大
危险源辨识》(表1):未列入

使用有毒物品作业场所劳动保护条例 高毒物品目录:
列入

易制毒化学品管理条例 易制毒化学品的分类和品种目
录:未列入

国际公约 斯德哥尔摩公约:未列入。鹿特丹公约:未列
入。蒙特利尔议定书:未列入

第十六部分 其他信息

编写和修订信息   缩略语和首字母缩写
培训建议   参考文献
免责声明

镉

第一部分 化学品标识

化学品中文名 镉
化学品英文名 cadmium;colloidal cadmium
分子式 Cd **分子量** 112.411
化学品的推荐及限制用途 用于电镀工业,也用于制造合
金、电池、焊料及半导体材料等

第二部分 危险性概述

紧急情况概述 吸入致命,可能致癌
GHS危险性类别 急性毒性-吸入,类别2;生殖细胞致
突变性,类别2;致癌性,类别1A;生殖毒性,类
别2;特异性靶器官毒性-反复接触,类别1;危害水
生环境-急性危害,类别1;危害水生环境-长期危害,
类别1
标签要素

象形图

警示词 危险

危险性说明 吸入致命,怀疑可造成遗传性缺陷,可能
致癌,怀疑对生育力或胎儿造成伤害,长时间或反
复接触对器官造成损伤,对水生生物毒性非常大并
具有长期持续影响
防范说明

预防措施 避免吸入粉尘、烟气。仅在室外或通风
良好处操作。戴呼吸防护器具。得到专门指导
后操作。在阅读并了解所有安全预防措施之
前,切勿操作。按要求使用个体防护装备。操
作后彻底清洗。操作现场不得进食、饮水或吸
烟。禁止排入环境

事故响应 如吸入:将患者转移到空气新鲜处,休
息,保持利于呼吸的体位,立即呼叫中毒控制
中心或就医。如果接触或有担心,就医。如感
觉不适,就医。收集泄漏物

安全储存 在通风良好处储存。保持容器密闭。上
锁保管

废弃处置 本品及内装物、容器依据国家和地方法
规处置

物理和化学危险 其粉体与空气混合,能形成爆炸性混
合物

健康危害 吸入镉烟雾,可引起急性肺水肿和化学性肺
炎。个别病例可伴有肝、肾损害。对眼有刺激性。用
镀镉器调制或储存酸性食物或饮料,食入后可引起急
性中毒症状。出现恶心、呕吐、腹痛、腹泻、大汗、
虚脱,甚至抽搐、休克。长期吸入较高浓度镉引起职
业性慢性镉中毒。临床表现有肺气肿、嗅觉丧失、牙
釉黄色环、肾损害、骨软化症等

环境危害 对水生生物毒性非常大并具有长期持续影响

第三部分 成分/组成信息

✓ 物质   混合物

组分	浓度	CAS No.
镉		7440-43-9

第四部分 急救措施

吸入 迅速脱离现场至空气新鲜处。保持呼吸道通畅。如
呼吸困难,给输氧。呼吸、心跳停止,立即进行心肺
复苏术。就医
皮肤接触 立即脱去污染的衣着,用流动清水彻底冲洗。
就医
眼睛接触 立即分开眼睑,用流动清水或生理盐水彻底冲
洗。就医
食入 漱口,饮水。就医
对保护施救者的忠告 根据需要使用个人防护设备
对医生的特别提示 对症处理

第五部分 消防措施

灭火剂 用干粉、砂土灭火
特别危险性 其粉体遇高热、明火能燃烧甚至爆炸
灭火注意事项及防护措施 消防人员必须佩戴防毒面具、
穿全身消防服,在上风向灭火。尽可能将容器从火场
移至空旷处。喷水保持火场容器冷却,直至灭火结束

第六部分　泄漏应急处理

作业人员防护措施、防护装备和应急处置程序　隔离泄漏污染区，限制出入。建议应急处理人员戴防尘口罩，穿防毒服。禁止接触或跨越泄漏物

环境保护措施　防止泄漏物进入水体、下水道、地下室或有限空间

泄漏化学品的收容、清除方法及所使用的处置材料　小量泄漏：用洁净的铲子收集泄漏物，置于干净、干燥、盖子较松的容器中，将容器移离泄漏区。大量泄漏：用水润湿，并筑堤收容

第七部分　操作处置与储存

操作注意事项　操作人员必须经过专门培训，严格遵守操作规程。建议操作人员佩戴自吸过滤式防尘口罩，戴化学安全防护眼镜，穿防毒物渗透工作服，戴橡胶手套。远离火种、热源，工作场所严禁吸烟。使用防爆型的通风系统和设备。避免产生粉尘。避免与氧化剂、酸类接触。搬运时轻装轻卸，保持包装完整，防止洒漏。配备相应品种和数量的消防器材及泄漏应急处理设备。倒空的容器可能残留有害物

储存注意事项　储存于阴凉、通风的库房。远离火种、热源。包装要求密封，不可与空气接触。应与氧化剂、酸类等分开存放，切忌混储。采用防爆型照明、通风设施。禁止使用易产生火花的机械设备和工具。储区应备有合适的材料收容泄漏物

第八部分　接触控制/个体防护

职业接触限值

中国　PC-TWA：0.01mg/m³；PC-STEL：0.02mg/m³〔按Cd计〕〔G1〕

美国(ACGIH)　TLV-TWA：0.01mg/m³，0.002mg/m³（呼吸性颗粒物）〔按Cd计〕

生物接触限值　尿镉：5μmol/g肌酐（5μg/g肌酐）（采样时间：不做严格规定）；血镉45nmol/L（5μg/L）（采样时间：不做严格规定）

监测方法　空气中有毒物质测定方法：火焰原子吸收光谱法。生物监测检验方法：尿中镉的火焰原子吸收光谱法；尿中镉的石墨炉原子吸收光谱测定方法；尿中镉的微分电位溶出测定方法；血中镉的石墨炉原子吸收光谱测定方法

工程控制　密闭操作，注意通风

个体防护装备

呼吸系统防护　空气中粉尘浓度超标时，必须佩戴过滤式防尘呼吸器。紧急事态抢救或撤离时，应该佩戴空气呼吸器

眼睛防护　戴化学安全防护眼镜

皮肤和身体防护　穿防毒物渗透工作服

手防护　戴橡胶手套

第九部分　理化特性

外观与性状　呈银白色，略带淡蓝光泽，质软，富有延展性

pH值　无意义　　　**熔点(℃)**　320.9

沸点(℃)　767　　　**相对密度(水＝1)**　8.64

相对蒸气密度(空气＝1)　3.88

饱和蒸气压(kPa)　0.13(394℃)

临界压力(MPa)　无资料　**辛醇/水分配系数**　无资料

闪点(℃)　无资料　　**自燃温度(℃)**　无资料

爆炸下限(%)　无资料　**爆炸上限(%)**　无资料

分解温度(℃)　无资料　**黏度(mPa·s)**　无资料

燃烧热(kJ/mol)　无资料　**临界温度(℃)**　无资料

溶解性　不溶于水

第十部分　稳定性和反应性

稳定性　稳定

危险反应　与氧化剂、酸类、硫、锌、钾等禁配物发生反应

避免接触的条件　无资料

禁配物　氧化剂、酸类、硫、锌、钾等

危险的分解产物　无资料

第十一部分　毒理学信息

急性毒性　LD$_{50}$：225mg/kg（大鼠经口），890mg/kg（小鼠经口）

皮肤刺激或腐蚀　无资料　**眼睛刺激或腐蚀**　无资料

呼吸或皮肤过敏　对皮肤有致敏作用

生殖细胞突变性　细胞遗传学分析：仓鼠卵巢1μmol/L。微核试验：小鼠胚胎6μmol/L。细胞遗传学分析：仓鼠卵巢1μmol/L。DNA损伤：人肺10μmol/L

致癌性　IARC致癌性评论：组1，对人类是致癌物

生殖毒性　大鼠孕后1～22d，经口染毒最低中毒剂量（TDLo）23mg/kg，致血液和淋巴系统发育畸形（包括脾和骨髓）。大鼠孕后14d，静脉内给药1250μg/kg，致体壁和泌尿生殖系统发育畸形。大鼠孕后9d，静脉内给药1250μg/kg，致中枢神经系统、眼、耳发育畸形。仓鼠孕后8d胃肠外给药2mg/kg，致颅面部发育畸形（包括鼻和舌部）

特异性靶器官系统毒性--一次接触　无资料

特异性靶器官系统毒性-反复接触　镉对肾有慢性损害，主要在近曲小管，肾小球亦可受累。此外，镉对动物的慢性损害尚有高血压、睾丸损害、贫血、骨质疏松

吸入危害　无资料

第十二部分　生态学信息

生态毒性　镉对水生生物有极高毒性

持久性和降解性

生物降解性　无资料

非生物降解性　无资料

潜在的生物累积性　无资料

土壤中的迁移性　无资料

第十三部分　废弃处置

废弃化学品　若可能，回收使用

污染包装物　将容器返还生产商或按照国家和地方法规处置

废弃注意事项　处置前应参阅国家和地方有关法规

第十四部分　运输信息

联合国危险货物编号（UN 号）　3288

联合国运输名称　无机毒性固体，未另作规定的（镉）

联合国危险性类别　6.1

包装类别　Ⅱ　　　　　　包装标志

海洋污染物　是

运输注意事项　起运时包装要完整，装载应稳妥。运输过程中要确保容器不泄漏、不倒塌、不坠落、不损坏。严禁与氧化剂、酸类、食用化学品等混装混运。运输途中应防暴晒、雨淋，防高温。运输时运输车辆应配备相应品种和数量的消防器材及泄漏应急处理设备。装运本品的车辆排气管须有阻火装置。中途停留时应远离火种、热源。车辆运输完毕应进行彻底清扫。铁路运输时要禁止溜放

第十五部分　法规信息

下列法律、法规、规章和标准，对该化学品的管理作了相应的规定。

中华人民共和国职业病防治法　职业病分类和目录：镉及其化合物中毒

危险化学品安全管理条例　危险化学品目录：列入。易制爆危险化学品名录：未列入。重点监管的危险化学品名录：未列入。GB 18218—2009《危险化学品重大危险源辨识》（表 1）：未列入

使用有毒物品作业场所劳动保护条例　高毒物品目录：列入

易制毒化学品管理条例　易制毒化学品的分类和品种目录：未列入

国际公约　斯德哥尔摩公约：未列入。鹿特丹公约：未列入。蒙特利尔议定书：未列入

第十六部分　其他信息

编写和修订信息　缩略语和首字母缩写

培训建议　　　　　参考文献

免责声明

铬酸钾

第一部分　化学品标识

化学品中文名　铬酸钾；铬酸二钾

化学品英文名　dipotassium chromate；potassium chromate（Ⅵ）

分子式　K_2CrO_4　分子量　194.19

结构式　$\underset{\underset{O}{|}}{\overset{\overset{O}{|}}{O^- {-} Cr {-} O^-}}$ 2K$^+$

化学品的推荐及限制用途　用于鞣革、医药，并用作媒染剂和分析试剂等

第二部分　危险性概述

紧急情况概述　造成严重眼刺激，造成皮肤刺激，可能导致皮肤过敏反应，可能致癌，可能引起呼吸道刺激

GHS 危险性类别　严重眼损伤/眼刺激，类别 2；皮肤腐蚀/刺激，类别 2；皮肤致敏物，类别 1；生殖细胞致突变性，类别 1B；致癌性，类别 1A；特异性靶器官毒性——次接触，类别 3（呼吸道刺激）；危害水生环境-急性危害，类别 1；危害水生环境-长期危害，类别 1

标签要素

象形图　

警示词　危险

危险性说明　造成严重眼刺激，造成皮肤刺激，可能导致皮肤过敏反应，可造成遗传性缺陷，可能致癌，可能引起呼吸道刺激，对水生生物毒性非常大并具有长期持续影响

防范说明

预防措施　避免接触眼睛、皮肤，操作后彻底清洗。戴防护眼镜、防护面罩、防护手套。避免吸入粉尘。污染的工作服不得带出工作场所。得到专门指导后操作。在阅读并了解所有安全预防措施之前，切勿操作。按要求使用个体防护装备。禁止排入环境

事故响应　如皮肤接触：用大量肥皂水和水清洗。如出现皮肤刺激或皮疹：就医。污染的衣服清洗后方可重新使用。如接触眼睛：用水细心冲洗数分钟。如戴隐形眼镜并可方便地取出，取出隐形眼镜，继续冲洗。如果眼睛刺激持续：就医。如果接触或有担心，就医。收集泄漏物

安全储存　上锁保管

废弃处置　本品及内装物、容器依据国家和地方法规处置

物理和化学危险　助燃。与可燃物混合能形成爆炸性混合物

健康危害　对眼、皮肤和黏膜具腐蚀性，可造成严重灼伤。吸入引起咽痛、咳嗽、气短，可致过敏性哮喘和肺炎。长期接触能引起鼻黏膜溃疡和鼻中隔穿孔。可引起肺癌

环境危害　对水生生物毒性非常大并具有长期持续影响

第三部分　成分/组成信息

√ 物质　　　　　　　　　　混合物

组分	浓度	CAS No.
铬酸钾		7789-00-6

第四部分　急救措施

吸入　迅速脱离现场至空气新鲜处。保持呼吸道通畅。如呼吸困难，给输氧。呼吸、心跳停止，立即进行心肺复苏术。就医

皮肤接触　脱去污染的衣着，用肥皂水和清水彻底冲洗皮肤。就医

眼睛接触　分开眼睑，用流动清水或生理盐水冲洗。就医

食入　饮足量温水，催吐。用清水或1%硫代硫酸钠溶液洗胃。给饮牛奶或蛋清。就医

对保护施救者的忠告　根据需要使用个人防护设备

对医生的特别提示　解毒剂：硫代硫酸钠、二巯丙磺酸钠、二巯丁二酸钠

第五部分　消防措施

灭火剂　本品不燃，根据着火原因选择适当灭火剂灭火

特别危险性　强氧化剂。接触有机物有引起燃烧的危险

灭火注意事项及防护措施　消防人员必须穿全身防火防毒服，在上风向灭火。灭火时尽可能将容器从火场移至空旷处

第六部分　泄漏应急处理

作业人员防护措施、防护装备和应急处置程序　隔离泄漏污染区，限制出入。建议应急处理人员戴防尘口罩，穿防腐、防毒服。勿使泄漏物与可燃物质（如木材、纸、油等）接触。穿上适当的防护服前严禁接触破裂的容器和泄漏物。尽可能切断泄漏源

环境保护措施　用塑料布覆盖泄漏物，减少飞散

泄漏化学品的收容、清除方法及所使用的处置材料　勿使水进入包装容器内。小量泄漏：用洁净的铲子收集泄漏物，置于干净、干燥、盖子较松的容器中，将容器移离泄漏区。大量泄漏：泄漏物回收后，用水冲洗泄漏区

第七部分　操作处置与储存

操作注意事项　密闭操作，提供充分的局部排风。防止粉尘释放到车间空气中。操作人员必须经过专门培训，严格遵守操作规程。建议操作人员佩戴防尘面具（全面罩），穿连体式防毒衣，戴橡胶手套。远离火种、热源，工作场所严禁吸烟。远离易燃、可燃物。避免产生粉尘。避免与还原剂接触。配备相应品种和数量的消防器材及泄漏应急处理设备。倒空的容器可能残留有害物

储存注意事项　储存于阴凉、通风的库房。远离火种、热源。防止阳光直射。包装密封。应与还原剂、易（可）燃物、食用化学品分开存放，切忌混储。储区应备有合适的材料收容泄漏物

第八部分　接触控制/个体防护

职业接触限值

中国　PC-TWA：0.05mg/m³［按Cr计］［G1］

美国(ACGIH)　TLV-TWA：0.05mg/m³［按Cr计］

生物接触限值　尿总铬：65μmol/mol肌酐（30μg/g肌酐）（采样时间：接触1个月后工作周末的班末）

监测方法　空气中有毒物质测定方法：火焰原子吸收光谱法；二苯碳酰二肼分光光度法；三价铬和六价铬的分别测定。生物监测检验方法：尿中铬的石墨炉原子吸收光谱测定方法

工程控制　严加密闭，提供充分的局部排风

个体防护装备

呼吸系统防护　可能接触其粉尘时，必须佩戴防尘面具（全面罩）。紧急事态抢救或撤离时，应该佩戴空气呼吸器

眼睛防护　呼吸系统防护中已作防护

皮肤和身体防护　穿连体式防毒衣

手防护　戴橡胶手套

第九部分　理化特性

外观与性状　黄色斜方晶体

pH值　无意义　　　　熔点(℃)　968～975

沸点(℃)　无资料　　　相对密度(水=1)　2.732

相对蒸气密度(空气=1)　无资料

饱和蒸气压(kPa)　无资料

临界压力(MPa)　无意义　辛醇/水分配系数　无资料

闪点(℃)　无意义　　　自燃温度(℃)　无意义

爆炸下限(%)　无意义　　爆炸上限(%)　无意义

分解温度(℃)　无资料　　黏度(mPa·s)　无资料

燃烧热(kJ/mol)　无资料　临界温度(℃)　无资料

溶解性　溶于水，不溶于乙醇

第十部分　稳定性和反应性

稳定性　稳定

危险反应　与还原剂、易燃或可燃物等禁配物接触，有发生火灾和爆炸的危险

避免接触的条件　无资料

禁配物　还原剂、易燃或可燃物

危险的分解产物　氧化钾、氧化铬

第十一部分　毒理学信息

急性毒性　LD_{50}：180mg/kg（大鼠经口），11mg/kg（兔皮下）

皮肤刺激或腐蚀　家兔经皮：20mg（48h），轻度刺激；500mg（24h），中度刺激

眼睛刺激或腐蚀　无资料

呼吸或皮肤过敏　无资料

生殖细胞突变性　微生物致突变：鼠伤寒沙门氏菌10μg/皿。微核试验：小鼠腹腔内25mg/kg。DNA损伤：人成纤维细胞50μmol/L（4h）。细胞遗传学分析：人淋巴细胞20μmol/L。细胞遗传学分析：人白细胞4μmol/L。程序外DNA合成：人成纤维细胞100μmol/L

致癌性　IARC致癌性评论：组1，对人类是致癌物

生殖毒性　小鼠腹腔内最低中毒剂量（TDLo）30mg/kg（孕8～10d），胚胎细胞学改变（包括体细胞遗传物质）

特异性靶器官系统毒性--一次接触　无资料

特异性靶器官系统毒性-反复接触　无资料

吸入危害　无资料

第十二部分　生态学信息

生态毒性　铬酸盐对水生生物有极高毒性

持久性和降解性

　　生物降解性　无资料

　　非生物降解性　无资料

潜在的生物累积性　无资料

土壤中的迁移性　无资料

第十三部分　废弃处置

废弃化学品　建议用控制焚烧法或安全掩埋法处置。破损容器禁止重新使用，要在规定场所掩埋

污染包装物　将容器返还生产商或按照国家和地方法规处置

废弃注意事项　处置前应参阅国家和地方有关法规

第十四部分　运输信息

联合国危险货物编号（UN 号）　3077

联合国运输名称　对环境有害的固态物质，未另作规定的（铬酸钾）

联合国危险性类别　9

包装类别　Ⅲ　　　　**包装标志**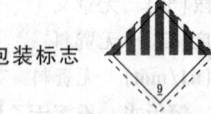

海洋污染物　是

运输注意事项　起运时包装要完整，装载应稳妥。运输过程中要确保容器不泄漏、不倒塌、不坠落、不损坏。严禁与还原剂、易燃物或可燃物、食用化学品等混装混运。运输途中应防暴晒、雨淋，防高温。运输车船必须彻底清洗、消毒，否则不得装运其他物品。公路运输时要按规定路线行驶，勿在居民区和人口稠密区停留

第十五部分　法规信息

　　下列法律、法规、规章和标准，对该化学品的管理作了相应的规定。

中华人民共和国职业病防治法　职业病分类和目录：六价铬化合物所致肺癌，铬鼻病

危险化学品安全管理条例　危险化学品目录：列入。易制爆危险化学品名录：未列入。重点监管的危险化学品名录：未列入。GB 18218—2009《危险化学品重大危险源辨识》（表1）：未列入

使用有毒物品作业场所劳动保护条例　高毒物品目录：列入

易制毒化学品管理条例　易制毒化学品的分类和品种目录：未列入

国际公约　斯德哥尔摩公约：未列入。鹿特丹公约：未列入。蒙特利尔议定书：未列入

第十六部分　其他信息

编写和修订信息　缩略语和首字母缩写

培训建议　　　　参考文献

免责声明

铬酸钠

第一部分　化学品标识

化学品中文名　铬酸钠；铬酸二钠

化学品英文名　disodium chromate；sodium chromate

分子式　Na$_2$CrO$_4$　　**分子量**　161.97

结构式

$$\begin{array}{c} O \\ \| \\ {}^-O-Cr-O^- \\ \| \\ O \end{array} \cdot 2Na^+$$

化学品的推荐及限制用途　用于染色、鞣革和制铬黄颜料等

第二部分　危险性概述

紧急情况概述　吞咽会中毒，皮肤接触有害，吸入致命，造成严重的皮肤灼伤和眼睛损伤，吸入可能导致过敏、哮喘症状或呼吸困难，可能致癌

GHS 危险性类别　急性毒性-经口，类别 3；急性毒性-经皮，类别 4；急性毒性-吸入，类别 2；皮肤腐蚀/刺激，类别 1B；严重眼睛损伤/眼睛刺激，类别 1；呼吸道致敏物，类别 1；皮肤致敏物，类别 1；生殖细胞致突变性，类别 1B；致癌性，类别 1A；生殖毒性，类别 1B；特异性靶器官毒性-反复接触，类别 1；危害水生环境-急性危害，类别 1；危害水生环境-长期危害，类别 1

标签要素

象形图　

警示词　危险

危险性说明　吞咽会中毒，皮肤接触有害，吸入致命，造成严重的皮肤灼伤和眼睛损伤，吸入可能导致过敏、哮喘症状或呼吸困难，可能致癌，可能对生育力或胎儿造成伤害，长时间或反复接触对器官造成损伤，对水生生物毒性非常大并具有长期持续影响

防范说明

　　预防措施　避免接触眼睛、皮肤，操作后彻底清洗。作业场所不得进食、饮水或吸烟。避免吸入粉尘、蒸气。仅在室外或通风良好处操作。穿防护服、戴防护眼镜、防护手套、防护面罩。通风不良时，戴呼吸防护器具。得到专门指导后操作。在阅读并了解所有安全预防措施之前，切勿操作。按要求使用个体防护装备。操作后彻底清洗。禁止排入环境

　　事故响应　如吸入：将患者转移到空气新鲜处，休息，保持利于呼吸的体位。如有呼吸系统症状，呼叫中毒控制中心或就医。皮肤接触：用大量肥皂水和水清洗。如感觉不适，呼叫中毒控制中心或就医。被污染的衣服必须经洗净后方可重新使用。眼睛接触：用水细心地冲洗数分钟。如戴隐形眼镜并可方便地取出，则取出隐形眼镜，继续冲洗。食入：漱口，不要催吐，立即呼叫中毒控制中心或就医。如果接触或有担心，就医。收集泄漏物

　　安全储存　上锁保管。在通风良好处储存。保持容器密闭

　　废弃处置　本品及内装物、容器依据国家和地方法

规处置

物理和化学危险 助燃。与可燃物混合能形成爆炸性混合物

健康危害 对眼睛、皮肤和黏膜具有腐蚀性，可造成严重灼伤。吸入引起咽痛、咳嗽、气短，可致过敏性哮喘和肺炎。长期接触能引起鼻黏膜溃疡和鼻中隔穿孔。可引起肺癌

环境危害 对水生生物毒性非常大并具有长期持续影响

第三部分 成分/组成信息

√ 物质　　　　　　　　混合物

组分	浓度	CAS No.
铬酸钠		7775-11-3

第四部分 急救措施

吸入 迅速脱离现场至空气新鲜处。保持呼吸道通畅。如呼吸困难，给输氧。呼吸、心跳停止，立即进行心肺复苏术。就医

皮肤接触 脱去污染的衣着，用肥皂水和清水彻底冲洗皮肤。就医

眼睛接触 分开眼睑，用流动清水或生理盐水冲洗。就医

食入 饮足量温水，催吐。用清水或1%硫代硫酸钠溶液洗胃。给饮牛奶或蛋清。就医

对保护施救者的忠告 根据需要使用个人防护设备

对医生的特别提示 解毒剂硫代硫酸钠、二巯丙磺钠、二巯丁二钠

第五部分 消防措施

灭火剂 本品不燃，根据着火原因选择适当灭火剂灭火

特别危险性 强氧化剂。接触有机物有引起燃烧的危险

灭火注意事项及防护措施 消防人员必须穿全身防火防毒服，在上风向灭火。灭火时尽可能将容器从火场移至空旷处

第六部分 泄漏应急处理

作业人员防护措施、防护装备和应急处置程序 隔离泄漏污染区，限制出入。建议应急处理人员戴防尘口罩，穿防腐、防毒服。穿上适当的防护服前严禁接触破裂的容器和泄漏物。禁止接触或跨越泄漏物

环境保护措施 用塑料布覆盖泄漏物，减少飞散，避免雨淋

泄漏化学品的收容、清除方法及所使用的处置材料 用洁净的铲子收集泄漏物，置于干净、干燥、盖子较松的容器中，将容器移离泄漏区

第七部分 操作处置与储存

操作注意事项 密闭操作，提供充分的局部排风。防止粉尘释放到车间空气中。操作人员必须经过专门培训，严格遵守操作规程。建议操作人员佩戴防尘面具（全面罩），穿连体式防毒衣，戴橡胶手套。远离火种、热源，工作场所严禁吸烟。远离易燃、可燃物。避免产生粉尘。避免与还原剂接触。配备相应品种和数量的消防器材及泄漏应急处理设备。倒空的容器可能残

留有害物

储存注意事项 储存于阴凉、通风的库房。远离火种、热源。防止阳光直射。包装密封。应与还原剂、易（可）燃物、食用化学品分开存放，切忌混储。储区应备有合适的材料收容泄漏物

第八部分 接触控制/个体防护

职业接触限值

中国 PC-TWA：0.05mg/m³［按Cr计］［G1］

美国（ACGIH） TLV-TWA：0.05mg/m³［按Cr计］

生物接触限值 尿总铬：65μmol/mol 肌酐（30μg/g肌酐）（采样时间：接触1个月后工作周末的班末）

监测方法 空气中有毒物质测定方法：火焰原子吸收光谱法；二苯碳酰二肼分光光度法；三价铬和六价铬分别测定。生物监测检验方法：尿中铬的石墨炉原子吸收光谱测定方法

工程控制 严加密闭，提供充分的局部排风

个体防护装备

呼吸系统防护 可能接触其粉尘时，必须佩戴防尘面具（全面罩）。紧急事态抢救或撤离时，应该佩戴空气呼吸器

眼睛防护 呼吸系统防护中已作防护

皮肤和身体防护 穿连体式防毒衣

手防护 戴橡胶手套

第九部分 理化特性

外观与性状 黄色单斜晶体，易潮解

pH值 无意义	**熔点(℃)** 392
沸点(℃) 无资料	**相对密度(水=1)** 2.72
相对蒸气密度(空气=1) 无资料	
饱和蒸气压(kPa) 无资料	
临界压力(MPa) 无意义	**辛醇/水分配系数** 无资料
闪点(℃) 无意义	**自燃温度(℃)** 无意义
爆炸下限(%) 无意义	**爆炸上限(%)** 无意义
分解温度(℃) 无资料	**黏度(mPa·s)** 无资料
燃烧热(kJ/mol) 无资料	**临界温度(℃)** 无资料

溶解性 溶于水、甲醇，微溶于乙醇

第十部分 稳定性和反应性

稳定性 稳定

危险反应 与强还原剂、易燃或可燃物等禁配物接触，有发生燃烧和爆炸的危险

避免接触的条件 无资料

禁配物 强还原剂、易燃或可燃物

危险的分解产物 氧化钠、氧化铬

第十一部分 毒理学信息

急性毒性 LD$_{50}$：136mg/kg（大鼠经口）；57mg/kg（大鼠腹腔内）；1600mg/kg（兔经皮）

皮肤刺激或腐蚀 无资料　　**眼睛刺激或腐蚀** 无资料

呼吸或皮肤过敏 无资料

生殖细胞突变性 微生物致突变：大肠杆菌5nmol/皿。DNA修复：鼠伤寒沙门氏菌50mmol/L。细胞遗传

学分析：仓鼠肺 2500nmol/L。姐妹染色单体互换：仓鼠卵巢 250μg/L。细胞遗传学分析：人成纤维细胞 0.5μmol/L（24h）

致癌性　IARC 致癌性评论：组 1，对人类是致癌物

生殖毒性　大鼠腹腔内最低中毒剂量（TDLo）：5mg/kg（雄性交配前 5d），对精子生成（包括遗传物质、形态学、运动能力、计数）有影响

特异性靶器官系统毒性-一次接触　无资料

特异性靶器官系统毒性-反复接触　无资料

吸入危害　无资料

第十二部分　生态学信息

生态毒性　六价铬对水生生物有极高毒性。LC_{50}：18～213mg Cr^{6+}/L（鱼类）；L（E）C_{50}：0.03～35mg Cr^{6+}/L（无脊椎动物）；EC_{50}：0.13～4.6mg Cr^{6+}/L（藻类）；NOEC：0.0047mg Cr^{6+}/L（模糊网纹溞）

持久性和降解性

　　生物降解性　无资料

　　非生物降解性　无资料

潜在的生物累积性　无资料

土壤中的迁移性　无资料

第十三部分　废弃处置

废弃化学品　在污水处理厂处理和中和。若可能，重复使用容器或在规定场所掩埋

污染包装物　将容器返还生产商或按照国家和地方法规处置

废弃注意事项　处置前应参阅国家和地方有关法规

第十四部分　运输信息

联合国危险货物编号（UN 号）　3290

联合国运输名称　无机毒性固体，腐蚀性，未另作规定的（铬酸钠）

联合国危险性类别　6.1，8

包装类别　Ⅱ

包装标志

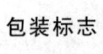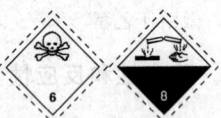

海洋污染物　是

运输注意事项　起运时包装要完整，装载应稳妥。运输过程中要确保容器不泄漏、不倒塌、不坠落、不损坏。严禁与还原剂、易燃物或可燃物、食用化学品等混装混运。运输途中应防曝晒、雨淋，防高温。运输车船必须彻底清洗、消毒，否则不得装其他物品。公路运输时要按规定路线行驶，勿在居民区和人口稠密区停留

第十五部分　法规信息

　　下列法律、法规、规章和标准，对该化学品的管理作了相应的规定。

中华人民共和国职业病防治法　职业病分类和目录：六价

铬化合物所致肺癌；铬鼻病

危险化学品安全管理条例　危险化学品目录：列入。易制爆危险化学品名录：未列入。重点监管的危险化学品名录：未列入。GB 18218—2009《危险化学品重大危险源辨识》（表 1）：未列入

使用有毒物品作业场所劳动保护条例　高毒物品目录：列入

易制毒化学品管理条例　易制毒化学品的分类和品种目录：未列入

国际公约　斯德哥尔摩公约：未列入。鹿特丹公约：未列入。蒙特利尔议定书：未列入

第十六部分　其他信息

编写和修订信息　　**缩略语和首字母缩写**

培训建议　　　　　　**参考文献**

免责声明

铬酸铅

第一部分　化学品标识

化学品中文名　铬酸铅；铬黄

化学品英文名　lead chromate；chrome yellow

分子式　$PbCrO_4$　**分子量**　323.2

结构式　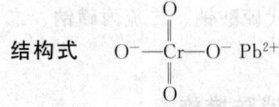

化学品的推荐及限制用途　用于制油漆、油墨、水彩、颜料，还用于色纸、橡胶、塑料制品的着色

第二部分　危险性概述

紧急情况概述　可能致癌

GHS 危险性类别　致癌性，类别 1A；生殖毒性，类别 1A；特异性靶器官毒性-反复接触，类别 2；危害水生环境-急性危害，类别 1；危害水生环境-长期危害，类别 1

标签要素

象形图　

警示词　危险

危险性说明　可能致癌，可能对生育力或胎儿造成伤害，长时间或反复接触可能对器官造成损伤，对水生生物毒性非常大并具有长期持续影响

防范说明

　　预防措施　得到专门指导后操作。在阅读并了解所有安全预防措施之前，切勿操作。按要求使用个体防护装备。避免吸入粉尘。禁止排入环境

　　事故响应　如果接触或有担心，就医。如感觉不适，就医。收集泄漏物

　　安全储存　上锁保管

　　废弃处置　本品及内装物、容器依据国家和地方法

规处置

物理和化学危险　不燃，无特殊燃爆特性。与可燃物混合能形成爆炸性混合物

健康危害　急性中毒：吸入后对上呼吸道有刺激性；摄入后可引起头晕、头痛、恶心、呕吐、胃肠道刺激，可致死。

　　慢性影响：可引起贫血、肾损害、铅蓄积、铅中毒。可引起皮炎和湿疹。铬化合物可引起铬鼻病和皮肤溃疡。国际癌症研究机构（IARC）将"六价铬化合物"列入对人类致癌的化学物质

环境危害　对水生生物毒性非常大并具有长期持续影响

第三部分　成分/组成信息

√物质　　　　　　　　混合物

组分	浓度	CAS No.
铬酸铅		7758-97-6

第四部分　急救措施

吸入　迅速脱离现场至空气新鲜处。保持呼吸道通畅。如呼吸困难，给输氧。呼吸、心跳停止，立即进行心肺复苏术。就医

皮肤接触　脱去污染的衣着，用肥皂水和清水彻底冲洗皮肤。就医

眼睛接触　分开眼睑，用流动清水或生理盐水冲洗。就医

食入　饮足量温水，催吐。用清水或1％硫代硫酸钠溶液洗胃。给饮牛奶或蛋清。就医

对保护施救者的忠告　根据需要使用个人防护设备

对医生的特别提示　铬中毒解毒剂：硫代硫酸钠、二巯基丙磺酸钠、二巯基丁二酸钠。铅中毒解毒剂：依地酸二钠钙、二巯基丁二酸钠、二巯基丁二酸等

第五部分　消防措施

灭火剂　本品不燃，根据着火原因选择适当灭火剂灭火

特别危险性　强氧化剂。与有机物，还原剂，硫、磷等混合，易着火燃烧

灭火注意事项及防护措施　消防人员必须穿全身防火防毒服，在上风向灭火。灭火时尽可能将容器从火场移至空旷处

第六部分　泄漏应急处理

作业人员防护措施、防护装备和应急处置程序　隔离泄漏污染区，限制出入。建议应急处理人员戴防尘口罩，穿防毒服。穿上适当的防护服前严禁接触破裂的容器和泄漏物。尽可能切断泄漏源

环境保护措施　用塑料布覆盖泄漏物，减少飞散

泄漏化学品的收容、清除方法及所使用的处置材料　勿使水进入包装容器内。用洁净的铲子收集泄漏物，置于干净、干燥、盖子较松的容器中，将容器移离泄漏区

第七部分　操作处置与储存

操作注意事项　密闭操作，加强通风。操作人员必须经过专门培训，严格遵守操作规程。建议操作人员佩戴防尘面具（全面罩），穿连体式防毒衣，戴橡胶手套。

远离易燃、可燃物。避免产生粉尘。搬运时要轻装轻卸，防止包装及容器损坏。配备泄漏应急处理设备。倒空的容器可能残留有害物

储存注意事项　储存于阴凉、通风的库房。远离火种、热源。应与易（可）燃物分开存放，切忌混储。储区应备有合适的材料收容泄漏物

第八部分　接触控制/个体防护

职业接触限值

中国　PC-TWA：0.05mg/m³［按Cr计］［G1］。PC-TWA：0.05mg/m³（铅尘），0.03mg/m³（铅烟）［按Pb计］［G2A］

美国（ACGIH）　TLV-TWA：0.012mg/m³［按Cr计］，0.05mg/m³［按Pb计］

生物接触限值　尿总铬：65μmol/mol肌酐（30μg/g肌酐）（采样时间：接触1个月后工作周末的班末）。血铅：2.0μmol/L（400μg/L）（采样时间：接触三周后的任意时间）

监测方法　空气中有毒物质测定方法：铬，火焰原子吸收光谱法；二苯碳酰二肼分光光度法；三价铬和六价铬的分别测定。铅，火焰原子吸收光谱法；双硫腙分光光度法；氢化物-原子吸收光谱法；微分电位溶出法。生物监测检验方法：尿中铬的石墨炉原子吸收光谱测定方法。血中铅的石墨炉原子吸收光谱测定方法；血中铅的微分电位溶出测定方法

工程控制　生产过程密闭，加强通风

个体防护装备

呼吸系统防护　可能接触其粉尘时，必须佩戴防尘面具（全面罩）。紧急事态抢救或撤离时，应该佩戴空气呼吸器

眼睛防护　呼吸系统防护中已作防护

皮肤和身体防护　穿连体式防毒衣

手防护　戴橡胶手套

第九部分　理化特性

外观与性状　黄色或橙黄色粉末

pH值　无意义		**熔点（℃）**　844	
沸点（℃）　分解		**相对密度（水=1）**　6.3	

相对蒸气密度（空气=1）　无资料

饱和蒸气压（kPa）　无资料

临界压力（MPa）　无意义	**辛醇/水分配系数**　无资料
闪点（℃）　无意义	**自燃温度（℃）**　无意义
爆炸下限（％）　无意义	**爆炸上限（％）**　无意义
分解温度（℃）　无资料	**黏度（mPa·s）**　无资料
燃烧热（kJ/mol）　无资料	**临界温度（℃）**　无资料

溶解性　溶于碱液、无机酸，不溶于水，不溶于油类

第十部分　稳定性和反应性

稳定性　稳定

危险反应　与有机物，还原剂，硫、磷等混合，有发生火灾和爆炸的危险

避免接触的条件　无资料

禁配物　易燃或可燃物

危险的分解产物 氧化铅、氧化铬

第十一部分 毒理学信息

急性毒性 LD_{50}：>12000mg/kg（小鼠经口）

皮肤刺激或腐蚀 无资料 　　**眼睛刺激或腐蚀** 无资料

呼吸或皮肤过敏 无资料

生殖细胞突变性 微生物致突变：鼠伤寒沙门氏菌属 200μg/皿。形态学转化：人成纤维细胞 500nmol/L。细胞遗传学分析：人淋巴细胞 13μmol/L。姐妹染色单体交换：人淋巴细胞 20μmol/L。DNA 损伤：仓鼠卵巢 350μmol/L（24h）

致癌性 IARC 致癌性评论：组 1，对人类是致癌物

生殖毒性 无资料

特异性靶器官系统毒性-一次接触 无资料

特异性靶器官系统毒性-反复接触 无资料

吸入危害 无资料

第十二部分 生态学信息

生态毒性 铬酸盐对水生生物有极高毒性

持久性和降解性

　　生物降解性 无资料

　　非生物降解性 无资料

潜在的生物累积性 无资料

土壤中的迁移性 无资料

第十三部分 废弃处置

废弃化学品 根据国家和地方有关法规的要求处置。或与厂商或制造商联系，确定处置方法

污染包装物 将容器返还生产商或按照国家和地方法规处置

废弃注意事项 处置前应参阅国家和地方有关法规

第十四部分 运输信息

联合国危险货物编号（UN 号） 3077

联合国运输名称 对环境有害的固态物质，未另作规定的（铬酸铅）

联合国危险性类别 9

包装类别 Ⅲ 　　**包装标志**

海洋污染物 是

运输注意事项 起运时包装要完整，装载应稳妥。运输过程中要确保容器不泄漏、不倒塌、不坠落、不损坏。严禁与易燃物或可燃物、食用化学品等混装混运。运输途中应防暴晒、雨淋，防高温。运输车船必须彻底清洗、消毒，否则不得装运其他物品

第十五部分 法规信息

　　下列法律、法规、规章和标准，对该化学品的管理作了相应的规定。

中华人民共和国职业病防治法 职业病分类和目录：铅及

其化合物中毒；六价铬化合物所致肺癌，铬鼻病

危险化学品安全管理条例 危险化学品目录：列入。易制爆危险化学品名录：未列入。重点监管的危险化学品名录：未列入。GB 18218—2009《危险化学品重大危险源辨识》（表1）：未列入

使用有毒物品作业场所劳动保护条例 高毒物品目录：列入

易制毒化学品管理条例 易制毒化学品的分类和品种目录：未列入

国际公约 斯德哥尔摩公约：未列入。鹿特丹公约：未列入。蒙特利尔议定书：未列入

第十六部分 其他信息

编写和修订信息 　　**缩略语和首字母缩写**

培训建议 　　**参考文献**

免责声明

铬酸溶液

第一部分 化学品标识

化学品中文名 铬酸溶液

化学品英文名 chromic acid；chromic（Ⅵ）acid，solution

分子式 H_2CrO_4 　　**分子量** 118.01

结构式
$$HO-\overset{\displaystyle O}{\underset{\displaystyle O}{Cr}}-OH$$

化学品的推荐及限制用途 用于镀铬、制颜料、作媒染剂和蚀刻剂，也用于医药

第二部分 危险性概述

紧急情况概述 造成严重的皮肤灼伤和眼损伤，可能导致皮肤过敏反应，可能致癌

GHS 危险性类别 皮肤腐蚀/刺激，类别 1；严重眼损伤/眼刺激，类别 1；皮肤致敏物，类别 1；致癌性，类别 1A；危害水生环境-急性危害，类别 1；危害水生环境-长期危害，类别 1

标签要素

象形图

警示词 危险

危险性说明 造成严重的皮肤灼伤和眼损伤，可能导致皮肤过敏反应，可能致癌，对水生生物毒性非常大并具有长期持续影响

防范说明

　　预防措施 避免接触眼睛、皮肤，操作后彻底清洗。戴防护手套，穿防护服，戴防护眼镜、防护面罩。避免吸入蒸气、雾。污染的工作服不得带出工作场所。得到专门指导后操作。在阅读并了解所有安全预防措施之前，切勿操作。

按要求使用个体防护装备。禁止排入环境

事故响应 如吸入：将患者转移到空气新鲜处，休息，保持利于呼吸的体位，立即呼叫中毒控制中心或就医。皮肤（或头发）接触：立即脱掉所有被污染的衣服，用水冲洗皮肤，淋浴。污染的衣服须洗净后方可重新使用。如出现皮肤刺激或皮疹，就医。眼睛接触：用水细心地冲洗数分钟。如戴隐形眼镜并可方便地取出，则取出隐形眼镜，继续冲洗。食入：漱口，不要催吐。如果接触或有担心，就医。收集泄漏物

安全储存 上锁保管

废弃处置 本品及内装物、容器依据国家和地方法规处置

物理和化学危险 助燃。与可燃物接触易着火燃烧

健康危害 对眼、皮肤和黏膜具腐蚀性，可造成严重灼伤。吸入引起咽痛、咳嗽、气短，可致过敏性哮喘和肺炎。长期接触能引起鼻黏膜溃疡和鼻中隔穿孔。可引起肺癌

环境危害 对水生生物毒性非常大并具有长期持续影响

第三部分　成分/组成信息

物质　　　√ 混合物

组分	浓度	CAS No.
铬酸溶液		7738-94-5

第四部分　急救措施

吸入 迅速脱离现场至空气新鲜处。保持呼吸道通畅。如呼吸困难，给输氧。如呼吸、心跳停止，立即进行心肺复苏术。就医

皮肤接触 脱去污染的衣着，用肥皂水和清水彻底冲洗皮肤。就医

眼睛接触 分开眼睑，用流动清水或生理盐水冲洗。就医

食入 饮足量温水，催吐。用清水或1%硫代硫酸钠溶液洗胃。给饮牛奶或蛋清。就医

对保护施救者的忠告 根据需要使用个人防护设备

对医生的特别提示 解毒剂：硫代硫酸钠、二巯丙磺钠、二巯丁二钠

第五部分　消防措施

灭火剂 本品不燃，根据着火原因选择适当灭火剂灭火

特别危险性 强氧化剂。接触有机物有引起燃烧的危险。具有腐蚀性

灭火注意事项及防护措施 消防人员必须穿全身耐酸碱消防服、佩戴空气呼吸器灭火。灭火时尽可能将容器从火场移至空旷处

第六部分　泄漏应急处理

作业人员防护措施、防护装备和应急处置程序 根据液体流动和蒸气扩散的影响区域划定警戒区，无关人员从侧风向、上风向撤离至安全区。建议应急处理人员戴正压自给式呼吸器，穿防酸碱服。穿上适当的防护服前严禁接触破裂的容器和泄漏物。尽可能切断泄漏源

环境保护措施 防止泄漏物进入水体、下水道、地下室或有限空间

泄漏化学品的收容、清除方法及所使用的处置材料 小量泄漏：用干燥的砂土或其他不燃材料吸收或覆盖，收集于容器中。大量泄漏：构筑围堤或挖坑收容。用农用石灰（CaO）、碎石灰石（CaCO$_3$）或碳酸氢钠（NaHCO$_3$）中和。用耐腐蚀泵转移至槽车或专用收集器内

第七部分　操作处置与储存

操作注意事项 密闭操作，提供充分的局部排风。防止蒸气泄漏到工作场所空气中。操作人员必须经过专门培训，严格遵守操作规程。建议操作人员佩戴自吸过滤式防毒面具（全面罩），穿橡胶耐酸碱服，戴橡胶耐酸碱手套。远离火种、热源，工作场所严禁吸烟。在清除液体和蒸气前不能进行焊接、切割等作业。远离易燃、可燃物。避免产生烟雾。避免与还原剂接触。配备相应品种和数量的消防器材及泄漏应急处理设备。倒空的容器可能残留有害物

储存注意事项 储存于阴凉、通风的库房。远离火种、热源。防止阳光直射。保持容器密封。应与易（可）燃物、还原剂、食用化学品分开存放，切忌混储。储区应备有泄漏应急处理设备和合适的收容材料

第八部分　接触控制/个体防护

职业接触限值

中国　PC-TWA：0.05mg/m³［按 Cr 计］［G1］

美国（ACGIH）　TLV-TWA：0.05mg/m³［按 Cr 计］

生物接触限值 未制定标准

监测方法 空气中有毒物质测定方法：火焰原子吸收光谱法；二苯碳酰二肼分光光度法；三价铬和六价铬的分别测定。生物监测检验方法：未制定标准

工程控制 严加密闭，提供充分的局部排风

个体防护装备

呼吸系统防护 空气中浓度超标时，必须佩戴过滤式防毒面具（全面罩）。紧急事态抢救或撤离时，应该佩戴空气呼吸器

眼睛防护 呼吸系统防护中已作防护

皮肤和身体防护 穿橡胶耐酸碱服

手防护 戴橡胶耐酸碱手套

第九部分　理化特性

外观与性状 橘红色液体

pH 值 无资料	**熔点（℃）** 无资料
沸点（℃） 无资料	**相对密度（水=1）** 无资料
相对蒸气密度（空气=1） 无资料	
饱和蒸气压（kPa） 无资料	
临界压力（MPa） 无资料	**辛醇/水分配系数** 无资料
闪点（℃） 无意义	**自燃温度（℃）** 无意义
爆炸下限（%） 无意义	**爆炸上限（%）** 无意义
分解温度（℃） 无资料	**黏度（mPa·s）** 无资料
燃烧热（kJ/mol） 无资料	**临界温度（℃）** 无资料
溶解性 无资料	

第十部分　稳定性和反应性

稳定性　稳定

危险反应　与易燃或可燃物、还原剂等禁配物发生反应

避免接触的条件　无资料

禁配物　易燃或可燃物、还原剂

危险的分解产物　氧化铬

第十一部分　毒理学信息

急性毒性　LD_{50}：330mg/kg（狗经口）。LD_{100}：350mg/kg（大鼠经口）

皮肤刺激或腐蚀　无资料　**眼睛刺激或腐蚀**　无资料

呼吸或皮肤过敏　无资料

生殖细胞突变性　微生物致突变：鼠伤寒沙门氏菌80μg/Ⅲ。DNA修复：酿酒酵母1200nmol/L

致癌性　IARC致癌性评论：组1，确认人类致癌物

生殖毒性　无资料

特异性靶器官系统毒性--一次接触　无资料

特异性靶器官系统毒性-反复接触　无资料

吸入危害　无资料

第十二部分　生态学信息

生态毒性　铬化合物对水生生物有极高毒性

持久性和降解性

　　生物降解性　无资料

　　非生物降解性　无资料

潜在的生物累积性　无资料

土壤中的迁移性　无资料

第十三部分　废弃处置

废弃化学品　浓的铬酸废液经化学还原后变成三价铬，调节溶液的pH值，使之生成沉淀，沉淀物按化学废料填埋处理

污染包装物　将容器返还生产商或按照国家和地方法规处置

废弃注意事项　处置前应参阅国家和地方有关法规

第十四部分　运输信息

联合国危险货物编号（UN号）　1755

联合国运输名称　铬酸溶液

联合国危险性类别　8

包装类别　Ⅱ或Ⅲ　　　**包装标志**　

海洋污染物　是

运输注意事项　起运时包装要完整，装载应稳妥。运输过程中要确保容器不泄漏、不倒塌、不坠落、不损坏。严禁与易燃物或可燃物、还原剂、食用化学品等混装混运。运输时运输车辆应配备泄漏应急处理设备。运输途中应防暴晒、雨淋，防高温。公路运输时要按规定路线行驶，勿在居民区和人口稠密区

停留

第十五部分　法规信息

下列法律、法规、规章和标准，对该化学品的管理作了相应的规定。

中华人民共和国职业病防治法　职业病分类和目录：六价铬化合物所致肺癌，铬鼻病

危险化学品安全管理条例　危险化学品目录：列入。易制爆危险化学品名录：未列入。重点监管的危险化学品名录：未列入。GB 18218—2009《危险化学品重大危险源辨识》（表1）：未列入

使用有毒物品作业场所劳动保护条例　高毒物品目录：列入

易制毒化学品管理条例　易制毒化学品的分类和品种目录：未列入

国际公约　斯德哥尔摩公约：未列入。鹿特丹公约：未列入。蒙特利尔议定书：未列入

第十六部分　其他信息

编写和修订信息　　缩略语和首字母缩写

培训建议　　　　　参考文献

免责声明

庚二腈

第一部分　化学品标识

化学品中文名　庚二腈；1,5-二氰戊烷；1,5-二氰基戊烷

化学品英文名　1,5-dicyanopentane；pimelonitrile

分子式　$C_7H_{10}N_2$　**分子量**　122.1677

结构式　NC⌒⌒⌒CN

化学品的推荐及限制用途　用于有机合成

第二部分　危险性概述

紧急情况概述　吞咽会中毒，皮肤接触有害，吸入有害

GHS危险性类别　急性毒性-经口，类别3；急性毒性-经皮，类别4；急性毒性-吸入，类别4

标签要素

象形图　

警示词　危险

危险性说明　吞咽会中毒，皮肤接触有害，吸入有害

防范说明

　　预防措施　避免接触眼睛、皮肤，操作后彻底清洗。作业场所不得进食、饮水或吸烟。戴防护手套、穿防护服。避免吸入蒸气、雾。仅在室外或通风良好处操作

　　事故响应　如吸入：将患者转移到空气新鲜处，休息，保持利于呼吸的体位。皮肤接触：用大量肥皂水和水清洗，如感觉不适，呼叫中毒控制中心或就医。被污染的衣服必须经洗净后方可

重新使用。食入：立即呼叫中毒控制中心或就
　　医，漱口
　　安全储存　上锁保管
　　废弃处置　本品及内装物、容器依据国家和地方法
　　　　规处置
物理和化学危险　可燃，其蒸气与空气混合，能形成爆炸
　　性混合物
健康危害　本品对皮肤有刺激作用。吸入、摄入或经皮肤
　　吸收后对身体有害。其蒸气或雾对眼睛、黏膜和上呼
　　吸道有刺激作用
环境危害　对环境可能有害

第三部分　成分/组成信息

√ 物质　　　　　　　　混合物
**　　组分　　　　浓度　　　CAS No.**
庚二腈　　　　　　　　　　646-20-8

第四部分　急救措施

吸入　迅速脱离现场至空气新鲜处。保持呼吸道通畅。如
　　呼吸困难，给输氧。呼吸、心跳停止，立即进行心肺
　　复苏术。就医
皮肤接触　立即脱去污染的衣着，用肥皂水和流动清水彻
　　底冲洗。就医
眼睛接触　立即分开眼睑，用流动清水或生理盐水彻底冲
　　洗。就医
食入　催吐（仅限于清醒者），给服活性炭悬液。就医
对保护施救者的忠告　根据需要使用个人防护设备
对医生的特别提示　使用亚硝酸钠、硫代硫酸钠、4-二甲
　　基氨基苯酚等解毒剂

第五部分　消防措施

灭火剂　用雾状水、泡沫、干粉、二氧化碳、砂土灭火
特别危险性　遇明火能燃烧。与氧化剂可发生反应。遇高
　　热分解释出剧毒的气体
灭火注意事项及防护措施　消防人员必须佩戴防毒面具、
　　穿全身消防服，在上风向灭火。尽可能将容器从火场
　　移至空旷处。喷水保持火场容器冷却，直至灭火结
　　束。处在火场中的容器若已变色或从安全泄压装置中
　　发出声音，必须马上撤离

第六部分　泄漏应急处理

作业人员防护措施、防护装备和应急处置程序　根据液体
　　流动和蒸气扩散的影响区域划定警戒区，无关人员从
　　侧风、上风向撤离至安全区。消除所有点火源。建议
　　应急处理人员戴正压自给式呼吸器，穿防毒服。穿上
　　适当的防护服前严禁接触破裂的容器和泄漏物。尽可
　　能切断泄漏源
环境保护措施　防止泄漏物进入水体、下水道、地下室或
　　有限空间
泄漏化学品的收容、清除方法及所使用的处置材料　小量
　　泄漏：用干燥的砂土或其他不燃材料吸收或覆盖，收
　　集于容器中。大量泄漏：构筑围堤或挖坑收容。用泵
　　转移至槽车或专用收集器内

第七部分　操作处置与储存

操作注意事项　严加密闭，提供充分的局部排风和全面通
　　风。操作人员必须经过专门培训，严格遵守操作规
　　程。建议操作人员佩戴自吸过滤式防毒面具（半面
　　罩），戴化学安全防护眼镜，穿防毒物渗透工作服，
　　戴橡胶耐油手套。远离火种、热源，工作场所严禁吸
　　烟。使用防爆型的通风系统和设备。防止蒸气泄漏到
　　工作场所空气中。避免与氧化剂、还原剂、酸类、碱
　　类接触。搬运时要轻装轻卸，防止包装及容器损坏。
　　配备相应品种和数量的消防器材及泄漏应急处理设
　　备。倒空的容器可能残留有害物
储存注意事项　储存于阴凉、通风的库房。远离火种、热
　　源。应与氧化剂、还原剂、酸类、碱类、食用化学品
　　分开存放，切忌混储。配备相应品种和数量的消防器
　　材。储区应备有泄漏应急处理设备和合适的收容材料

第八部分　接触控制/个体防护

职业接触限值
　　中国　未制定标准
　　美国（ACGIH）　未制定标准
生物接触限值　未制定标准
监测方法　空气中有毒物质测定方法：未制定标准。生物
　　监测检验方法：未制定标准
工程控制　严加密闭，提供充分的局部排风和全面通风
个体防护装备
　　呼吸系统防护　空气中浓度超标时，必须佩戴自吸过
　　　　滤式防毒面具（半面罩）。紧急事态抢救或撤离
　　　　时，应该佩戴空气呼吸器
　　眼睛防护　戴化学安全防护眼镜
　　皮肤和身体防护　穿防毒物渗透工作服
　　手防护　戴橡胶耐油手套

第九部分　理化特性

外观与性状　无色液体　　**pH 值**　无资料
熔点（℃）　−31.4　　　**沸点（℃）**　175（1.87kPa）
相对密度（水＝1）　0.95
相对蒸气密度（空气＝1）　无资料
饱和蒸气压（kPa）　1.87（175℃）
临界压力（MPa）　无资料　**辛醇/水分配系数**　无资料
闪点（℃）　＞110　　　**自燃温度（℃）**　无资料
爆炸下限（％）　无资料　**爆炸上限（％）**　无资料
分解温度（℃）　无资料　**黏度（mPa·s）**　无资料
燃烧热（kJ/mol）　无资料　**临界温度（℃）**　无资料
溶解性　不溶于水，可混溶于乙醇、乙醚、氯仿

第十部分　稳定性和反应性

稳定性　稳定
危险反应　与强氧化剂、强还原剂、强酸、强碱等禁配物
　　发生反应
避免接触的条件　无资料
禁配物　强氧化剂、强还原剂、强酸、强碱
危险的分解产物　氮氧化物、氰化物

第十一部分　毒理学信息

急性毒性　LD$_{50}$：126mg/kg（小鼠经口）

皮肤刺激或腐蚀　无资料　　**眼睛刺激或腐蚀**　无资料

呼吸或皮肤过敏　无资料　　**生殖细胞突变性**　无资料

致癌性　无资料　　　　　　**生殖毒性**　无资料

特异性靶器官系统毒性--一次接触　无资料

特异性靶器官系统毒性-反复接触　无资料

吸入危害　无资料

第十二部分　生态学信息

生态毒性　无资料

持久性和降解性

　　生物降解性　无资料

　　非生物降解性　无资料

潜在的生物累积性　无资料

土壤中的迁移性　无资料

第十三部分　废弃处置

废弃化学品　建议用焚烧法处置。焚烧炉排出的氮氧化物
　　通过洗涤器除去

污染包装物　将容器返还生产商或按照国家和地方法规
　　处置

废弃注意事项　处置前应参阅国家和地方有关法规

第十四部分　运输信息

联合国危险货物编号（UN 号）　3276

联合国运输名称　腈类，毒性，液态，未另作规定的（庚
　　二腈）

联合国危险性类别　6.1

包装类别　Ⅲ　　　　　**包装标志**　

海洋污染物　否

运输注意事项　运输前应先检查包装容器是否完整、密
　　封，运输过程中要确保容器不泄漏、不倒塌、不坠
　　落、不损坏。严禁与酸类、氧化剂、食品及食品添加
　　剂混运。运输时运输车辆应配备相应品种和数量的消
　　防器材及泄漏应急处理设备。运输途中应防暴晒、雨
　　淋，防高温。公路运输时要按规定路线行驶，勿在居
　　民区和人口稠密区停留

第十五部分　法规信息

　　下列法律、法规、规章和标准，对该化学品的管理作
了相应的规定。

中华人民共和国职业病防治法　职业病分类和目录：氰及
　　腈类化合物中毒

危险化学品安全管理条例　危险化学品目录：列入。易制
　　爆危险化学品名录：未列入。重点监管的危险化学品
　　名录：未列入。GB 18218—2009《危险化学品重大
　　危险源辨识》（表1）：未列入

使用有毒物品作业场所劳动保护条例　高毒物品目录：未

列入

易制毒化学品管理条例　易制毒化学品的分类和品种目
　　录：未列入

国际公约　斯德哥尔摩公约：未列入。鹿特丹公约：未列
　　入。蒙特利尔议定书：未列入

第十六部分　其他信息

编写和修订信息　　　　**缩略语和首字母缩写**

培训建议　　　　　　　**参考文献**

免责声明

庚酸

第一部分　化学品标识

化学品中文名　庚酸；毒水芹酸

化学品英文名　heptanoic acid；*n*-heptylic acid

分子式　C$_7$H$_{14}$O$_2$　　**分子量**　130.1849

结构式　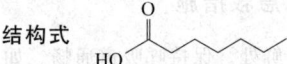

化学品的推荐及限制用途　用于有机合成

第二部分　危险性概述

紧急情况概述　造成严重的皮肤灼伤和眼损伤

GHS 危险性类别　皮肤腐蚀/刺激，类别 1B；严重眼损
　　伤/眼刺激，类别 1

标签要素

象形图　

警示词　危险

危险性说明　造成严重的皮肤灼伤和眼损伤

防范说明

　　预防措施　避免吸入烟雾。避免接触眼睛、皮肤，
　　　　操作后彻底清洗。戴防护手套，穿防护服，戴
　　　　防护眼镜、防护面罩

　　事故响应　如吸入：将患者转移到空气新鲜处，休
　　　　息，保持利于呼吸的体位，立即呼叫中毒控制
　　　　中心或就医。皮肤（或头发）接触：立即脱掉
　　　　所有被污染的衣服，用水冲洗皮肤，淋浴。污
　　　　染的衣服须洗净后方可重新使用。食入：漱
　　　　口，不要催吐。眼睛接触：用水细心地冲洗数
　　　　分钟。立即呼叫中毒控制中心或就医。如戴隐
　　　　形眼镜并可方便地取出，则取出隐形眼镜，继
　　　　续冲洗

　　安全储存　上锁保管

　　废弃处置　本品及内装物、容器依据国家和地方法
　　　　规处置

物理和化学危险　可燃，其蒸气与空气混合，能形成爆炸
　　性混合物

健康危害　对眼睛、皮肤、黏膜和上呼吸道有强烈刺激作
　　用。吸入，可引起喉、支气管的炎症、痉挛、化学性
　　肺炎、肺水肿等。眼和皮肤接触引起灼伤

环境危害 对环境可能有害

第三部分 成分/组成信息

√ 物质		混合物
组分	浓度	CAS No.
庚酸		111-14-8

第四部分 急救措施

吸入 迅速脱离现场至空气新鲜处。保持呼吸道通畅。如呼吸困难，给输氧。呼吸、心跳停止，立即进行心肺复苏术。就医

皮肤接触 立即脱去污染的衣着，用大量流动清水彻底冲洗至少 15min。就医

眼睛接触 立即分开眼睑，用流动清水或生理盐水彻底冲洗 5～10min。就医

食入 用水漱口，禁止催吐。给饮牛奶或蛋清。就医

对保护施救者的忠告 根据需要使用个人防护设备

对医生的特别提示 对症处理

第五部分 消防措施

灭火剂 用雾状水、泡沫、干粉、二氧化碳、砂土灭火

特别危险性 遇明火、高热可燃。与氧化剂可发生反应。具有腐蚀性。若遇高热，容器内压增大，有开裂和爆炸的危险

灭火注意事项及防护措施 消防人员必须穿全身耐酸碱消防服、佩戴空气呼吸器灭火。尽可能将容器从火场移至空旷处。喷水保持火场容器冷却，直至灭火结束。处在火场中的容器若已变色或从安全泄压装置中发出声音，必须马上撤离

第六部分 泄漏应急处理

作业人员防护措施、防护装备和应急处置程序 根据液体流动和蒸气扩散的影响区域划定警戒区，无关人员从侧风向、上风向撤离至安全区。消除所有点火源。建议应急处理人员戴正压自给式呼吸器，穿防腐、防毒服。穿上适当的防护服前严禁接触破裂的容器和泄漏物。尽可能切断泄漏源

环境保护措施 防止泄漏物进入水体、下水道、地下室或有限空间

泄漏化学品的收容、清除方法及所使用的处置材料 小量泄漏：用干燥的砂土或其他不燃材料吸收或覆盖，收集于容器中。大量泄漏：构筑围堤或挖坑收容。用耐腐蚀泵转移至槽车或专用收集器内

第七部分 操作处置与储存

操作注意事项 密闭操作，提供充分的局部排风。防止蒸气泄漏到工作场所空气中。操作人员必须经过专门培训，严格遵守操作规程。建议操作人员佩戴自吸过滤式防毒面具（全面罩），穿橡胶耐酸碱服，戴橡胶耐酸碱手套。远离火种、热源，工作场所严禁吸烟。使用防爆型的通风系统和设备。在清除液体和蒸气前不能进行焊接、切割等作业。避免产生烟雾。避免与氧化剂、还原剂、碱类接触。配备相应品种和数量的消

防器材及泄漏应急处理设备。倒空的容器可能残留有害物

储存注意事项 储存于阴凉、通风的库房。远离火种、热源。防止阳光直射。保持容器密封。应与氧化剂、还原剂、碱类分开存放，切忌混储。配备相应品种和数量的消防器材。储区应备有泄漏应急处理设备和合适的收容材料

第八部分 接触控制/个体防护

职业接触限值

中国 未制定标准

美国（ACGIH） 未制定标准

生物接触限值 未制定标准

监测方法 空气中有毒物质测定方法：未制定标准。生物监测检验方法：未制定标准

工程控制 密闭操作，注意通风。提供安全淋浴和洗眼设备

个体防护装备

呼吸系统防护 空气中浓度超标时，必须佩戴过滤式防毒面具（全面罩）。紧急事态抢救或撤离时，应该佩戴空气呼吸器

眼睛防护 戴化学安全防护眼镜

皮肤和身体防护 穿橡胶耐酸碱服

手防护 戴橡胶耐酸碱手套

第九部分 理化特性

外观与性状 油状液体

pH 值 无意义	熔点（℃） －8.9
沸点（℃） 223	相对密度（水＝1） 0.918

相对蒸气密度（空气＝1） 4.5

饱和蒸气压（kPa） 0.13（78℃）

临界压力（MPa） 无资料	辛醇/水分配系数 2.72
闪点（℃） ＞110	自燃温度（℃） 无资料
爆炸下限（%） 1.1	爆炸上限（%） 10.1
分解温度（℃） 无资料	黏度（mPa·s） 无资料
燃烧热（kJ/mol） 无资料	临界温度（℃） 无资料

溶解性 微溶于水，溶于乙醇、乙醚

第十部分 稳定性和反应性

稳定性 稳定

危险反应 与氧化剂、还原剂、可燃物等禁配物接触发生剧烈反应，有燃烧爆炸的危险

避免接触的条件 受热、点火源

禁配物 氧化剂、还原剂、碱类

危险的分解产物 无资料

第十一部分 毒理学信息

急性毒性 LD_{50}：7000mg/kg（大鼠经口），6400mg/kg（小鼠经口）

皮肤刺激或腐蚀 无资料	**眼睛刺激或腐蚀** 无资料
呼吸或皮肤过敏 无资料	**生殖细胞突变性** 无资料
致癌性 无资料	**生殖毒性** 无资料

特异性靶器官系统毒性--一次接触 无资料

特异性靶器官系统毒性-反复接触　无资料

吸入危害　无资料

第十二部分　生态学信息

生态毒性　LC_{50}：$3.2\sim13.2mg/L$（96h）（鱼）；11mg/L（96h）（无脊椎动物）

持久性和降解性

　　生物降解性　无资料

　　非生物降解性　无资料

潜在的生物累积性　无资料

土壤中的迁移性　无资料

第十三部分　废弃处置

废弃化学品　建议用控制焚烧法处置

污染包装物　将容器返还生产商或按照国家和地方法规处置

废弃注意事项　处置前应参阅国家和地方有关法规

第十四部分　运输信息

联合国危险货物编号（UN号）　3265

联合国运输名称　有机酸性腐蚀性液体，未另作规定的（庚酸）

联合国危险性类别　8

包装类别　Ⅱ　　　包装标志

海洋污染物　否

运输注意事项　运输时单独装运，运输过程中要确保容器不泄漏、不倒塌、不坠落、不损坏。运输时运输车辆应配备相应品种和数量的消防器材。严禁与酸类、易燃物、有机物、还原剂、自燃物品、遇湿易燃物品等并车混运。车速要加以控制，避免颠簸、震荡。夏季应早晚运输，防止日光暴晒。运输车辆装卸前后，均应彻底清扫、洗净，严禁混入有机物、易燃物等杂质

第十五部分　法规信息

下列法律、法规、规章和标准，对该化学品的管理作了相应的规定。

中华人民共和国职业病防治法　职业病分类和目录：未列入

危险化学品安全管理条例　危险化学品目录：列入。易制爆危险化学品名录：未列入。重点监管的危险化学品名录：未列入。GB 18218—2009《危险化学品重大危险源辨识》（表1）：未列入

使用有毒物品作业场所劳动保护条例　高毒物品目录：未列入

易制毒化学品管理条例　易制毒化学品的分类和品种目录：未列入

国际公约　斯德哥尔摩公约：未列入。鹿特丹公约：未列入。蒙特利尔议定书：未列入

第十六部分　其他信息

编写和修订信息　　　缩略语和首字母缩写

培训建议　　　　　　参考文献

免责声明

4-庚酮

第一部分　化学品标识

化学品中文名　4-庚酮；乳酮；二丙基（甲）酮；二丙基甲酮

化学品英文名　dipropyl ketone；4-heptanone

分子式　$C_7H_{14}O$　分子量　114.1855

结构式

化学品的推荐及限制用途　用作硝化纤维、原油和树脂等的溶剂，也用于油漆工业

第二部分　危险性概述

紧急情况概述　易燃液体和蒸气，吸入有害

GHS危险性类别　易燃液体，类别3；急性毒性-吸入，类别4

标签要素

象形图　

警示词　警告

危险性说明　易燃液体和蒸气，吸入有害

防范说明

　　预防措施　远离热源、火花、明火、热表面。禁止吸烟。保持容器密闭。容器和接收设备接地连接。使用防爆型电器、通风、照明设备。只能使用不产生火花的工具。采取防止静电措施。戴防护手套、防护眼镜、防护面罩。避免吸入蒸气、雾。仅在室外或通风良好处操作

　　事故响应　火灾时，使用雾状水、泡沫、干粉、二氧化碳、砂土灭火。如吸入：将患者转移到空气新鲜处，休息，保持利于呼吸的体位。如感觉不适，呼叫中毒控制中心或就医。如皮肤（或头发）接触：立即脱掉所有被污染的衣服。用水冲洗皮肤、淋浴

　　安全储存　存放在通风良好的地方。保持低温

　　废弃处置　本品及内装物、容器依据国家和地方法规处置

物理和化学危险　易燃，其蒸气与空气混合，能形成爆炸性混合物

健康危害　吸入有害。本品对眼仅引起轻微的刺激

环境危害　对环境可能有害

第三部分　成分/组成信息

√　物质　　　　　　　　　混合物

组分	浓度	CAS No.
4-庚酮		123-19-3

第四部分 急救措施

吸入 迅速脱离现场至空气新鲜处。保持呼吸道通畅。如呼吸困难，给输氧。如呼吸、心跳停止，立即进行心肺复苏术。就医

皮肤接触 立即脱去污染的衣着，用流动清水彻底冲洗。就医

眼睛接触 立即分开眼睑，用流动清水或生理盐水彻底冲洗。就医

食入 漱口，饮水。就医

对保护施救者的忠告 根据需要使用个人防护设备

对医生的特别提示 对症处理

第五部分 消防措施

灭火剂 用雾状水、泡沫、干粉、二氧化碳、砂土灭火

特别危险性 其蒸气与空气可形成爆炸性混合物，遇明火、高热能引起燃烧爆炸。与氧化剂可发生反应。流速过快，容易产生和积聚静电。蒸气比空气重，沿地面扩散并易积存于低洼处，遇火源会着火回燃。若遇高热，容器内压增大，有开裂和爆炸的危险

灭火注意事项及防护措施 消防人员必须佩戴防毒面具、穿全身消防服，在上风向灭火。尽可能将容器从火场移至空旷处。喷水保持火场容器冷却，直至灭火结束。处在火场中的容器若已变色或从安全泄压装置中发出声音，必须马上撤离

第六部分 泄漏应急处理

作业人员防护措施、防护装备和应急处置程序 消除所有点火源。根据液体流动和蒸气扩散的影响区域划定警戒区，无关人员从侧风向、上风向撤离至安全区。建议应急处理人员戴正压自给式呼吸器，穿防静电服。作业时使用的所有设备应接地。禁止接触或跨越泄漏物。尽可能切断泄漏源

环境保护措施 防止泄漏物进入水体、下水道、地下室或有限空间

泄漏化学品的收容、清除方法及所使用的处置材料 小量泄漏：用砂土或其他不燃材料吸收。使用洁净的无火花工具收集吸收材料。大量泄漏：构筑围堤或挖坑收容。用泡沫覆盖，减少蒸发。喷水雾能减少蒸发，但不能降低泄漏物在有限空间内的易燃性。用防爆泵转移至槽车或专用收集器内

第七部分 操作处置与储存

操作注意事项 密闭操作，注意通风。操作人员必须经过专门培训，严格遵守操作规程。建议操作人员佩戴自吸过滤式防毒面具（半面罩），戴化学安全防护眼镜，穿防静电工作服，戴防化学品手套。远离火种、热源，工作场所严禁吸烟。使用防爆型的通风系统和设备。防止蒸气泄漏到工作场所空气中。避免与氧化剂、还原剂、碱类接触。充装要控制流速，防止静电积聚。搬运时要轻装轻卸，防止包装及容器损坏。配备相应品种和数量的消防器材及泄漏应急处理设备。倒空的容器可能残留有害物

储存注意事项 储存于阴凉、通风的库房。库温不宜超过37℃，远离火种、热源。应与氧化剂、还原剂、碱类分开存放，切忌混储。采用防爆型照明、通风设施。禁止使用易产生火花的机械设备和工具。储区应备有泄漏应急处理设备和合适的收容材料

第八部分 接触控制/个体防护

职业接触限值

中国 未制定标准

美国（ACGIH） TLV-TWA：50ppm

生物接触限值 未制定标准

监测方法 空气中有毒物质测定方法：未制定标准。生物监测检验方法：未制定标准

工程控制 密闭操作，注意通风

个体防护装备

呼吸系统防护 一般不需要特殊防护，高浓度接触时可佩戴过滤式防毒面具（半面罩）

眼睛防护 空气中浓度较高时，佩戴化学安全防护眼镜

皮肤和身体防护 穿防静电工作服

手防护 戴防化学品手套

第九部分 理化特性

外观与性状 无色、透明、低挥发性并具有香味的液体

pH 值 无资料	**熔点(℃)**	−32.6
沸点(℃) 145	**相对密度(水=1)**	0.82
相对蒸气密度(空气=1) 3.9		
饱和蒸气压(kPa) 0.69（20℃）		
临界压力(MPa) 无资料	**辛醇/水分配系数**	1.98
闪点(℃) 49	**自燃温度(℃)**	无资料
爆炸下限(%) 无资料	**爆炸上限(%)**	无资料
分解温度(℃) 无资料		
黏度(mPa·s) 0.0074（20℃）；0.685（25℃）		
燃烧热(kJ/mol) −4400	**临界温度(℃)**	328.85

溶解性 微溶于水，易溶于多数有机溶剂

第十部分 稳定性和反应性

稳定性 稳定

危险反应 与强氧化剂、强还原剂、强碱等禁配物接触，有发生火灾和爆炸的危险

避免接触的条件 无资料

禁配物 强氧化剂、强还原剂、强碱

危险的分解产物 无资料

第十一部分 毒理学信息

急性毒性 LD$_{50}$：3058.6mg/kg（大鼠经口）；4641mg/kg（兔经皮）。LC$_{50}$：12540mg/m³（大鼠吸入，6h）；2690ppm（大鼠吸入，6h）

皮肤刺激或腐蚀 无资料 **眼睛刺激或腐蚀** 无资料

呼吸或皮肤过敏 无资料 **生殖细胞突变性** 无资料

致癌性 无资料 **生殖毒性** 无资料

特异性靶器官系统毒性-一次接触 无资料

特异性靶器官系统毒性-反复接触 无资料

吸入危害　无资料

第十二部分　生态学信息

生态毒性　无资料
持久性和降解性
　　生物降解性　无资料
　　非生物降解性　无资料
潜在的生物累积性　无资料
土壤中的迁移性　无资料

第十三部分　废弃处置

废弃化学品　用焚烧法处置
污染包装物　将容器返还生产商或按照国家和地方法规
　　处置
废弃注意事项　处置前应参阅国家和地方有关法规

第十四部分　运输信息

联合国危险货物编号（UN号）　3710
联合国运输名称　二丙酮
联合国危险性类别　3

包装类别　Ⅲ　　　　**包装标志**　

海洋污染物　否
运输注意事项　运输时运输车辆应配备相应品种和数量
　　的消防器材及泄漏应急处理设备。夏季最好早晚运
　　输。运输时所用的槽（罐）车应有接地链，槽内可
　　设孔隔板以减少震荡产生的静电。严禁与氧化剂、
　　还原剂、碱类等混装混运。运输途中应防暴晒、雨
　　淋，防高温。中途停留时应远离火种、热源、高温
　　区。装运该物品的车辆排气管必须配备阻火装置，
　　禁止使用易产生火花的机械设备和工具装卸。公路
　　运输时要按规定路线行驶，勿在居民区和人口稠密
　　区停留。铁路运输时要禁止溜放。严禁用木船、水
　　泥船散装运输

第十五部分　法规信息

　　下列法律、法规、规章和标准，对该化学品的管理作
了相应的规定。
中华人民共和国职业病防治法　职业病分类和目录：未
　　列入
危险化学品安全管理条例　危险化学品目录：列入。易制
　　爆危险化学品名录：未列入。重点监管的危险化学品
　　名录：未列入。GB 18218—2009《危险化学品重大
　　危险源辨识》（表1）：未列入
使用有毒物品作业场所劳动保护条例　高毒物品目录：未
　　列入
易制毒化学品管理条例　易制毒化学品的分类和品种目
　　录：未列入
国际公约　斯德哥尔摩公约：未列入。鹿特丹公约：未列
　　入。蒙特利尔议定书：未列入

第十六部分　其他信息

编写和修订信息　　　　缩略语和首字母缩写
培训建议　　　　　　　参考文献
免责声明

汞

第一部分　化学品标识

化学品中文名　汞；水银
化学品英文名　mercury
分子式　Hg　　**分子量**　200.59
结构式　无
化学品的推荐及限制用途　用于制造汞盐，也用于仪表
　　工业

第二部分　危险性概述

紧急情况概述　吸入致命
GHS危险性类别　急性毒性-吸入，类别2；生殖毒性，
　　类别1B；特异性靶器官毒性-反复接触，类别1；危
　　害水生环境-急性危害，类别1；危害水生环境-长期
　　危害，类别1
标签要素

象形图　

警示词　危险
危险性说明　吸入致命，可能对生育力或胎儿造成伤
　　害，长时间或反复接触对器官造成损伤，对水生生
　　物毒性非常大并具有长期持续影响
防范说明
　　预防措施　避免吸入蒸气。仅在室外或通风良好处
　　　　操作。戴呼吸防护器具。得到专门指导后操
　　　　作。在阅读并了解所有安全预防措施之前，切
　　　　勿操作。按要求使用个体防护装备。操作后彻
　　　　底清洗。操作现场不得进食、饮水或吸烟。禁
　　　　止排入环境
　　事故响应　如吸入：将患者转移到空气新鲜处，休
　　　　息，保持利于呼吸的体位，立即呼叫中毒控制
　　　　中心或就医。如果接触或有担心，就医。如感
　　　　觉不适，就医。收集泄漏物
　　安全储存　在通风良好处储存。保持容器密闭。上
　　　　锁保管
　　废弃处置　本品及内装物、容器依据国家和地方法
　　　　规处置
物理和化学危险　不燃，无特殊燃爆特性
健康危害　短期内大量吸入汞蒸气后引起急性中毒，患者
　　有头痛、头晕、乏力、多梦、睡眠障碍、易激动、手
　　指振颤、发热等全身症状，并有明显口腔炎表现。可
　　有食欲不振、恶心、腹痛、腹泻等。部分患者皮肤出
　　现红色斑丘疹。呼吸道刺激症状有咳嗽、咳痰、胸
　　痛、胸闷等。严重者可发生化学性肺炎。可引起肾脏

损伤。口服可溶性汞盐引起急性腐蚀性胃肠炎，严重者发生昏迷、休克、急性肾功能衰竭。慢性中毒：最早出现头痛、头晕、乏力、记忆减退等神经衰弱综合征，并有口腔炎。严重者可有明显的性格改变，汞毒性振颤及四肢共济失调等中毒性脑病表现，可伴有肾脏损害

环境危害　对水生生物毒性非常大并具有长期持续影响

第三部分　成分/组成信息

　√ 物质　　　　　　　　　混合物

组分	浓度	CAS No.
汞		7439-97-6

第四部分　急救措施

吸入　迅速脱离现场至空气新鲜处。保持呼吸道通畅。如呼吸困难，给输氧。呼吸、心跳停止，立即进行心肺复苏术。就医

皮肤接触　立即脱去污染的衣着，用流动清水彻底冲洗。就医

眼睛接触　立即分开眼睑，用流动清水或生理盐水彻底冲洗。就医

食入　口服蛋清、牛奶或豆浆。就医

对保护施救者的忠告　根据需要使用个人防护设备

对医生的特别提示　解毒剂：二巯基丙磺酸钠、二巯基丁二酸钠、青霉胺

第五部分　消防措施

灭火剂　本品不燃，根据着火原因选择适当灭火剂灭火

特别危险性　与叠氮化物、乙炔或氨反应可生成爆炸性化合物。

灭火注意事项及防护措施　消防人员必须佩戴空气呼吸器、穿全身防火防毒服，在上风向灭火。喷水冷却容器，尽可能将容器从火场移至空旷处

第六部分　泄漏应急处理

作业人员防护措施、防护装备和应急处置程序　根据液体流动和蒸气扩散的影响区域划定警戒区，无关人员从侧风、上风向撤离至安全区。建议应急处理人员戴防护口罩，穿防腐、防毒服。禁止使用钢或铝制工具和设备。尽可能切断泄漏源

环境保护措施　防止泄漏物进入水体、下水道、地下室或有限空间

泄漏化学品的收容、清除方法及所使用的处置材料　小量泄漏：用硫化钙或硫代硫酸钠冲洗。大量泄漏：构筑围堤或挖坑收容。用汞泄漏专用工具箱收集

第七部分　操作处置与储存

操作注意事项　密闭操作，提供充分的局部排风。采取降温措施。操作人员必须经过专门培训，严格遵守操作规程。建议操作人员佩戴自吸过滤式防毒面具（全面罩），戴化学安全防护眼镜，穿胶布防毒衣，戴橡胶手套。远离易燃、可燃物。防止蒸气泄漏到工作场所空气中。避免与酸类接触。搬运时要轻装轻卸，防止包装及容器损坏。配备泄漏应急处理设备。倒空的容器可能残留有害物

储存注意事项　储存于阴凉、通风的库房。远离火种、热源。库温不宜超过 30℃。应与易（可）燃物、酸类等分开存放，切忌混储。储区应备有泄漏应急处理设备和合适的收容材料

第八部分　接触控制/个体防护

职业接触限值

　中国　PC-TWA：0.02mg/m³；PC-STEL：0.04mg/m³　［皮］

　美国（ACGIH）　TLV-TWA：0.025mg/m³　［皮］

生物接触限值　尿总汞：20μmol/mol 肌酐（35μg/g 肌酐）（采样时间：接触 6 个月后工作班前）

监测方法　空气中有毒物质测定方法：原子荧光光谱法；双硫腙分光光度法；冷原子吸收光谱法。生物监测检验方法：尿中汞的双硫腙萃取分光光度测定方法；尿中汞的冷原子吸收光谱测定方法；碱性氯化亚锡还原法；尿中有机（甲基）汞、无机汞和总汞的分别测定方法：选择性还原-冷原子吸收光谱法

工程控制　严加密闭，提供充分的局部排风。采取降温措施。提供安全淋浴和洗眼设备

个体防护装备

　呼吸系统防护　空气中浓度超标时，必须佩戴过滤式防毒面具（半面罩）。紧急事态抢救或撤离时，应该佩戴空气呼吸器

　眼睛防护　戴化学安全防护眼镜

　皮肤和身体防护　穿密闭型防毒服

　手防护　戴橡胶手套

第九部分　理化特性

外观与性状　银白色液态金属，在常温下可挥发

pH 值　无意义		**熔点(℃)**　-38.9	
沸点(℃)　356.9		**相对密度(水=1)**　13.534	

相对蒸气密度(空气=1)　7.0

饱和蒸气压(kPa)　0.13（126.2℃）

临界压力(MPa)　>20.26　**辛醇/水分配系数**　无资料

闪点(℃)　无意义　　**自燃温度(℃)**　无意义

爆炸下限(%)　无意义　**爆炸上限(%)**　无意义

分解温度(℃)　无资料　**黏度(mPa·s)**　1.55（20℃）

燃烧热(kJ/mol)　无资料　**临界温度(℃)**　1462

溶解性　不溶于水、盐酸、稀硫酸，溶于浓硝酸，易溶于王水及浓硫酸

第十部分　稳定性和反应性

稳定性　稳定

危险反应　与强氧化剂、氯酸盐、硝酸盐、硫酸等禁配物发生反应。与叠氮化物、乙炔或氨反应可生成爆炸性化合物

避免接触的条件　无资料

禁配物　氯酸盐、硝酸盐、硫酸、叠氮化物、乙炔、氨

危险的分解产物　无资料

第十一部分　毒理学信息

急性毒性　LCLo：$30mg/m^3$（大鼠吸入）；$29mg/m^3$（兔吸入）

皮肤刺激或腐蚀　无资料　　**眼睛刺激或腐蚀**　无资料

呼吸或皮肤过敏　无资料

生殖细胞突变性　细胞遗传学分析：男人$150\mu g/m^3$。DNA损伤：小鼠吸入$2.71\mu g/L$（1h）

致癌性　IARC致癌性评论：组3，现有的证据不能对人类致癌性进行分类

生殖毒性　大鼠吸入最低中毒浓度（TCLo）：$890ng/m^3$（24h）（雄性16周），影响精子生成。大鼠孕后$7\sim21d$吸入最低中毒剂量（TCLo）$300\mu g/m^3$（4h），致中枢神经系统发育畸形

特异性靶器官系统毒性-一次接触　无资料

特异性靶器官系统毒性-反复接触　大、小鼠接触汞蒸气浓度$0.04\sim3mg/m^3$，每天6h，历时$2\sim3$个月，可出现中毒症状。动物的慢性中毒表现最早的是行为改变，继而出现神经系统功能障碍，血液变化主要有白细胞增多，血沉加快，然后出现肝、肾功能受损

吸入危害　无资料

第十二部分　生态学信息

生态毒性　含汞化合物对水生生物有极高毒性

持久性和降解性

　　生物降解性　无资料

　　非生物降解性　无资料

潜在的生物累积性　元素汞易在生物体内富集

土壤中的迁移性　无资料

第十三部分　废弃处置

废弃化学品　根据国家和地方有关法规的要求处置。或与厂商或制造商联系，确定处置方法

污染包装物　将容器返还生产商或按照国家和地方法规处置

废弃注意事项　把倒空的容器归还厂商或在规定场所掩埋

第十四部分　运输信息

联合国危险货物编号（UN号）　2809

联合国运输名称　汞

联合国危险性类别　8

包装类别　Ⅲ　　　　　**包装标志**　

海洋污染物　是

运输注意事项　起运时包装要完整，装载应稳妥。运输过程中要确保容器不泄漏、不倒塌、不坠落、不损坏。严禁与易燃物或可燃物、酸类、食用化学品等混装混运。运输时运输车辆应配备泄漏应急处理设备。运输途中应防暴晒、雨淋，防高温。公路运输时要按规定路线行驶，勿在居民区和人口稠密区停留

第十五部分　法规信息

下列法律、法规、规章和标准，对该化学品的管理作了相应的规定。

中华人民共和国职业病防治法　职业病分类和目录：汞及其化合物中毒

危险化学品安全管理条例　危险化学品目录：列入。易制爆危险化学品名录：未列入。重点监管的危险化学品名录：未列入。GB 18218—2009《危险化学品重大危险源辨识》（表1）：未列入

使用有毒物品作业场所劳动保护条例　高毒物品目录：列入

易制毒化学品管理条例　易制毒化学品的分类和品种目录：未列入

国际公约　斯德哥尔摩公约：未列入。鹿特丹公约：未列入。蒙特利尔议定书：未列入

第十六部分　其他信息

编写和修订信息　　　　**缩略语和首字母缩写**

培训建议　　　　　　　**参考文献**

免责声明

硅化钙

第一部分　化学品标识

化学品中文名　硅化钙

化学品英文名　calcium silicide

分子式　CaSi　**分子量**　68.164

结构式　无

化学品的推荐及限制用途　用于合金制造

第二部分　危险性概述

紧急情况概述　遇水放出易燃气体

GHS危险性类别　遇水放出易燃气体的物质和混合物，类别2

标签要素

象形图　

警示词　危险

危险性说明　遇水放出易燃气体

防范说明

　　预防措施　因与水发生剧烈反应和可能发生暴燃，应避免与水接触。在惰性气体中操作。防潮。戴防护手套、防护眼镜、防护面罩

　　事故响应　火灾时，使用干粉、二氧化碳、砂土灭火。擦掉皮肤上的微粒，将接触部位浸入冷水中，用湿绷带包扎

　　安全储存　在干燥处和密闭的容器中储存

　　废弃处置　本品及内装物、容器依据国家和地方法规处置

物理和化学危险　遇水剧烈反应，产生高度易燃气体

健康危害 对眼睛、皮肤和黏膜有刺激性和腐蚀性

环境危害 对环境可能有害

第三部分 成分/组成信息

√ 物质　　　　　　　　混合物

组分	浓度	CAS No.
硅化钙		12013-55-7

第四部分 急救措施

吸入 迅速脱离现场至空气新鲜处。保持呼吸道通畅。如呼吸困难，给输氧。如呼吸、心跳停止，立即进行心肺复苏术。就医

皮肤接触 立即脱去污染的衣着，用流动清水彻底冲洗。就医

眼睛接触 立即分开眼睑，用流动清水或生理盐水彻底冲洗。就医

食入 漱口，饮水。就医

对保护施救者的忠告 根据需要使用个人防护设备

对医生的特别提示 对症处理

第五部分 消防措施

灭火剂 用干粉、二氧化碳、砂土灭火

特别危险性 粉体与空气可形成爆炸性混合物。与水强烈反应，放出易爆炸着火的氢气。与氟发生剧烈反应

灭火注意事项及防护措施 消防人员必须佩戴防毒面具、穿全身消防服，在上风向灭火。尽可能将容器从火场移至空旷处。喷水保持火场容器冷却，直至灭火结束。禁止用水和泡沫灭火

第六部分 泄漏应急处理

作业人员防护措施、防护装备和应急处置程序 隔离泄漏污染区，限制出入。消除所有点火源。建议应急处理人员戴防尘口罩，穿防静电、防腐服。禁止接触或跨越泄漏物。尽可能切断泄漏源

环境保护措施 用塑料布覆盖泄漏物，减少飞散

泄漏化学品的收容、清除方法及所使用的处置材料 严禁用水处理。小量泄漏：用干燥的砂土或其他不燃材料覆盖泄漏物，然后用塑料布覆盖，减少飞散、避免雨淋。粉末泄漏：用塑料布或帆布覆盖泄漏物，减少飞散，保持干燥。在专家指导下清除

第七部分 操作处置与储存

操作注意事项 密闭操作，局部排风。防止粉尘释放到车间空气中。操作人员必须经过专门培训，严格遵守操作规程。建议操作人员佩戴自吸过滤式防尘口罩，戴化学安全防护眼镜，穿橡胶防腐工作服，戴橡胶手套。远离火种、热源，工作场所严禁吸烟。使用防爆型的通风系统和设备。避免产生粉尘。避免与酸类、氟接触。尤其要注意避免与水接触。配备相应品种和数量的消防器材及泄漏应急处理设备。倒空的容器可能残留有害物

储存注意事项 储存于阴凉、干燥、通风良好的专用库房内，库温不超过32℃，相对湿度不超过75%。远离火种、热源。防止阳光直射。包装必须密封，切勿受潮。应与酸类、氟等分开存放，切忌混储。配备相应品种和数量的消防器材。储区应备有合适的材料收容泄漏物

第八部分 接触控制/个体防护

职业接触限值

中国 未制定标准

美国（ACGIH） 未制定标准

生物接触限值 未制定标准

监测方法 空气中有毒物质测定方法：未制定标准。生物监测检验方法：未制定标准

工程控制 密闭操作，局部排风

个体防护装备

呼吸系统防护 空气中粉尘浓度超标时，必须佩戴过滤式防尘呼吸器。紧急事态抢救或撤离时，应该佩戴空气呼吸器

眼睛防护 戴化学安全防护眼镜

皮肤和身体防护 穿橡胶防腐工作服

手防护 戴橡胶手套

第九部分 理化特性

外观与性状 白色粉末或玻璃质固体

pH 值 无意义		**熔点（℃）** 无资料	
沸点（℃） 无资料		**相对密度（水＝1）** 2.5	
相对蒸气密度（空气＝1） 无资料			
饱和蒸气压（kPa） 无资料			
临界压力（MPa） 无意义		**辛醇/水分配系数** 无资料	
闪点（℃） 无意义		**自燃温度（℃）** 540（粉尘云）	
爆炸下限（%） 60g/m³		**爆炸上限（%）** 无资料	
分解温度（℃） 无资料		**黏度（mPa·s）** 无资料	
燃烧热（kJ/mol） 无资料		**临界温度（℃）** 无资料	

溶解性 不溶于水，溶于酸、碱

第十部分 稳定性和反应性

稳定性 稳定

危险反应 与水强烈反应，放出易爆炸着火的氢气。与氟发生剧烈反应

避免接触的条件 潮湿空气

禁配物 酸类、水、氟

危险的分解产物 氧化硅、氧化钙

第十一部分 毒理学信息

急性毒性 无资料

皮肤刺激或腐蚀 无资料	**眼睛刺激或腐蚀** 无资料
呼吸或皮肤过敏 无资料	**生殖细胞突变性** 无资料
致癌性 无资料	**生殖毒性** 无资料

特异性靶器官系统毒性-一次接触 无资料

特异性靶器官系统毒性-反复接触 无资料

吸入危害 无资料

第十二部分 生态学信息

生态毒性 无资料

持久性和降解性
　生物降解性　无资料
　非生物降解性　无资料
潜在的生物累积性　无资料
土壤中的迁移性　无资料

第十三部分　废弃处置

废弃化学品　用安全掩埋法处置。在能利用的地方重复使用容器或在规定场所掩埋
污染包装物　将容器返还生产商或按照国家和地方法规处置
废弃注意事项　处置前应参阅国家和地方有关法规

第十四部分　运输信息

联合国危险货物编号（UN号）　1405
联合国运输名称　硅化钙
联合国危险性类别　4.3

包装类别　Ⅱ　　　　　**包装标志**　

海洋污染物　否
运输注意事项　运输时运输车辆应配备相应品种和数量的消防器材及泄漏应急处理设备。装运本品的车辆排气管须有阻火装置。运输过程中要确保容器不泄漏、不倒塌、不坠落、不损坏。严禁与酸类、活泼非金属、食用化学品等混装混运。运输途中应防暴晒、雨淋、防高温。中途停留时应远离火种、热源。运输用车、船必须干燥，并有良好的防雨设施。车辆运输完毕应进行彻底清扫。铁路运输时要禁止溜放

第十五部分　法规信息

　下列法律、法规、规章和标准，对该化学品的管理作了相应的规定。
中华人民共和国职业病防治法　职业病分类和目录：未列入
危险化学品安全管理条例　危险化学品目录：列入。易制爆危险化学品名录：未列入。重点监管的危险化学品名录：未列入。GB 18218—2009《危险化学品重大危险源辨识》（表1）：未列入
使用有毒物品作业场所劳动保护条例　高毒物品目录：未列入
易制毒化学品管理条例　易制毒化学品的分类和品种目录：未列入
国际公约　斯德哥尔摩公约：未列入。鹿特丹公约：未列入。蒙特利尔议定书：未列入

第十六部分　其他信息

编写和修订信息　缩略语和首字母缩写
培训建议　参考文献
免责声明

硅锂

第一部分　化学品标识

化学品中文名　硅锂

化学品英文名　lithium silicon
分子式　LiSi　**分子量**　34.9
结构式　无
化学品的推荐及限制用途　用作冶金工业

第二部分　危险性概述

紧急情况概述　遇水放出易燃气体
GHS危险性类别　遇水放出易燃气体的物质和混合物，类别2
标签要素

象形图　

警示词　危险
危险性说明　遇水放出易燃气体
防范说明
　预防措施　因与水发生剧烈反应和可能发生暴燃，应避免与水接触。在惰性气体中操作。防潮。戴防护手套、防护眼镜、防护面罩
　事故响应　火灾时，使用干粉、二氧化碳、砂土灭火。擦掉皮肤上的微粒，将接触部位浸入冷水中，用湿绷带包扎
　安全储存
　　在干燥处和密闭的容器中储存
　废弃处置　本品及内装物、容器依据国家和地方法规处置
物理和化学危险　遇水剧烈反应，产生高度易燃气体
健康危害　具有刺激性
环境危害　对环境可能有害

第三部分　成分/组成信息

✓ 物质　　　　　　　　　　　混合物

组分	浓度	CAS No.
硅锂		68848-64-6

第四部分　急救措施

吸入　迅速脱离现场至空气新鲜处。保持呼吸道通畅。如呼吸困难，给输氧。如呼吸、心跳停止，立即进行心肺复苏术。就医
皮肤接触　立即脱去污染的衣着，用流动清水彻底冲洗。就医
眼睛接触　立即分开眼睑，用流动清水或生理盐水彻底冲洗。就医
食入　漱口，饮水。就医
对保护施救者的忠告　根据需要使用个人防护设备
对医生的特别提示　对症处理

第五部分　消防措施

灭火剂　用干粉、二氧化碳、砂土灭火
特别危险性　其粉体遇高热、明火能燃烧甚至爆炸。与氧化剂能发生强烈反应。与水强烈反应，放出易爆炸着火的氢气

灭火注意事项及防护措施　消防人员必须佩戴防毒面具、穿全身消防服，在上风向灭火。尽可能将容器从火场移至空旷处。喷水保持火场容器冷却，直至灭火结束。禁止用水和泡沫灭火

第六部分　泄漏应急处理

作业人员防护措施、防护装备和应急处置程序　严禁用水处理。隔离泄漏污染区，限制出入。消除所有点火源。建议应急处理人员戴防尘口罩，穿防静电服。禁止接触或跨越泄漏物。尽可能切断泄漏源

环境保护措施　用塑料布覆盖泄漏物，减少飞散

泄漏化学品的收容、清除方法及所使用的处置材料　保持泄漏物干燥。小量泄漏：用干燥的砂土或其他不燃材料覆盖泄漏物，然后用塑料布覆盖，减少飞散、避免雨淋。粉末泄漏：用塑料布或帆布覆盖泄漏物，减少飞散，保持干燥。在专家指导下清除

第七部分　操作处置与储存

操作注意事项　密闭操作，局部排风。防止粉尘释放到车间空气中。操作人员必须经过专门培训，严格遵守操作规程。建议操作人员佩戴自吸过滤式防尘口罩，戴化学安全防护眼镜，穿防毒物渗透工作服，戴橡胶手套。远离火种、热源，工作场所严禁吸烟。使用防爆型的通风系统和设备。避免产生粉尘。避免与氧化剂、酸类接触。尤其要注意避免与水接触。配备相应品种和数量的消防器材及泄漏应急处理设备。倒空的容器可能残留有害物

储存注意事项　储存于阴凉、干燥、通风良好的专用库房内，库温不超过 32℃，相对湿度不超过 75%。远离火种、热源。防止阳光直射。包装必须密封，切勿受潮。应与氧化剂、酸类、食用化学品等分开存放，切忌混储。采用防爆型照明、通风设施。禁止使用易产生火花的机械设备和工具。储区应备有合适的材料收容泄漏物

第八部分　接触控制/个体防护

职业接触限值
　　中国　未制定标准
　　美国（ACGIH）　未制定标准
生物接触限值　未制定标准
监测方法　空气中有毒物质测定方法：未制定标准。生物监测检验方法：未制定标准
工程控制　密闭操作，局部排风
个体防护装备
　　呼吸系统防护　空气中粉尘浓度超标时，必须佩戴过滤式防尘呼吸器。紧急事态抢救或撤离时，应该佩戴空气呼吸器
　　眼睛防护　戴化学安全防护眼镜
　　皮肤和身体防护　穿防毒物渗透工作服
　　手防护　戴橡胶手套

第九部分　理化特性

外观与性状　黑色发光的块团、晶体或粉末，带有令人不愉快的刺激性气味

pH 值　无意义		**熔点(℃)**　无资料	
沸点(℃)　无资料		**相对密度(水=1)**　无资料	
相对蒸气密度(空气=1)　无资料			
饱和蒸气压(kPa)　无资料			
临界压力(MPa)　无意义	**辛醇/水分配系数**　无资料		
闪点(℃)　无意义	**自燃温度(℃)**　无资料		
爆炸下限(%)　无资料	**爆炸上限(%)**　无资料		
分解温度(℃)　无资料	**黏度(mPa·s)**　无资料		
燃烧热(kJ/mol)　无资料	**临界温度(℃)**　无资料		
溶解性　无资料			

第十部分　稳定性和反应性

稳定性　稳定
危险反应　与强氧化剂、水、酸类发生反应。与水强烈反应，放出易爆炸着火的氢气
避免接触的条件　潮湿空气
禁配物　强氧化剂、水、酸类
危险的分解产物　氧化锂、氧化硅

第十一部分　毒理学信息

急性毒性　无资料
皮肤刺激或腐蚀　无资料　**眼睛刺激或腐蚀**　无资料
呼吸或皮肤过敏　无资料　**生殖细胞突变性**　无资料
致癌性　无资料　　　　　　**生殖毒性**　无资料
特异性靶器官系统毒性-一次接触　无资料
特异性靶器官系统毒性-反复接触　无资料
吸入危害　无资料

第十二部分　生态学信息

生态毒性　无资料
持久性和降解性
　　生物降解性　无资料
　　非生物降解性　无资料
潜在的生物累积性　无资料
土壤中的迁移性　无资料

第十三部分　废弃处置

废弃化学品　量小时，溶解在水或适当的酸溶液中，或用适当氧化剂将其转变成水溶液。用硫化物沉淀，调节 pH 值至 7 完成沉淀。滤出固体硫化物回收或做掩埋处置。用次氯酸钠中和过量的硫化物，然后冲入下水道
污染包装物　将容器返还生产商或按照国家和地方法规处置
废弃注意事项　处置前应参阅国家和地方有关法规

第十四部分　运输信息

联合国危险货物编号（UN 号）　1417
联合国运输名称　硅锂合金
联合国危险性类别　4.3

包装类别　Ⅱ　　　　　　　　**包装标志**

海洋污染物　否

运输注意事项　运输时运输车辆应配备相应品种和数量的消防器材及泄漏应急处理设备。装运本品的车辆排气管须有阻火装置。运输过程中要确保容器不泄漏、不倒塌、不坠落、不损坏。严禁与氧化剂、酸类、食用化学品等混装混运。运输途中应防暴晒、雨淋，防高温。中途停留时应远离火种、热源。运输用车、船必须干燥，并有良好的防雨设施。车辆运输完毕应进行彻底清扫。铁路运输时要禁止溜放

第十五部分　法规信息

下列法律、法规、规章和标准，对该化学品的管理作了相应的规定。

中华人民共和国职业病防治法　职业病分类和目录：未列入

危险化学品安全管理条例　危险化学品目录：列入。易制爆危险化学品名录：未列入。重点监管的危险化学品名录：未列入。GB 18218—2009《危险化学品重大危险源辨识》（表1）：未列入

使用有毒物品作业场所劳动保护条例　高毒物品目录：未列入

易制毒化学品管理条例　易制毒化学品的分类和品种目录：未列入

国际公约　斯德哥尔摩公约：未列入。鹿特丹公约：未列入。蒙特利尔议定书：未列入

第十六部分　其他信息

编写和修订信息　　缩略语和首字母缩写
培训建议　　　　参考文献
免责声明

硅酸钠

第一部分　化学品标识

化学品中文名　硅酸钠；泡花碱
化学品英文名　sodium silicate；water glass
分子式　Na_2SiO_3　**分子量**　122.06
结构式

$$Na^+ \quad \overset{O}{\underset{O}{\overset{\|}{\underset{|}{Si}}}} \quad Na^+$$

化学品的推荐及限制用途　用作胶黏剂、硅胶和白炭黑的原料，制皂业的填充料以及化工、橡胶防水剂等，还可用来制造不溶性硅酸盐类产品

第二部分　危险性概述

紧急情况概述　可能腐蚀金属，造成严重的皮肤灼伤和眼损伤，可能引起呼吸道刺激

GHS 危险性类别　金属腐蚀物，类别1；皮肤腐蚀/刺激，类别1A；严重眼损伤/眼刺激，类别1；特异性靶器官毒性——次接触，类别3（呼吸道刺激）

标签要素

象形图　

警示词　危险

危险性说明　可能腐蚀金属，造成严重的皮肤灼伤和眼损伤，可能引起呼吸道刺激

防范说明

预防措施　仅在原容器中保存。避免吸入粉尘或烟雾。避免接触眼睛、皮肤，操作后彻底清洗。戴防护手套、防护眼镜、防护面罩，穿防护服

事故响应　吸收泄漏物，防止材料损坏。食入：漱口。不要催吐。皮肤（或头发）接触：立即脱掉被污染的衣服，用水冲洗皮肤，淋浴。污染的衣服洗净后方可重新使用。如吸入：将患者移至空气新鲜处，休息，保持利于呼吸的体位，立即呼叫中毒控制中心或就医。眼睛接触：用水细心地冲洗数分钟。如戴隐形眼镜并可方便地取出，取出隐形眼镜，继续冲洗

安全储存　存储于抗腐蚀或有腐蚀内衬的容器中。上锁保管

废弃处置　本品及内装物、容器依据国家和地方法规处置

物理和化学危险　不燃，无特殊燃爆特性

健康危害　吸入本品蒸气或雾对呼吸道黏膜有刺激和腐蚀性，可引起化学性肺炎。液体或雾对眼睛有强烈刺激性，可致结膜和角膜溃疡。皮肤接触液体可引起皮炎或灼伤。摄入的本品液体会腐蚀消化道，出现恶心、呕吐、头痛、虚弱及肾损害

环境危害　对环境可能有害

第三部分　成分/组成信息

√ 物质　　　　　　混合物

组分	浓度	CAS No.
硅酸钠		1344-09-8

第四部分　急救措施

吸入　迅速脱离现场至空气新鲜处。保持呼吸道通畅。如呼吸困难，给输氧。呼吸、心跳停止，立即进行心肺复苏术。就医

皮肤接触　立即脱去污染的衣着，用大量流动清水冲洗20～30min。如有不适感，就医

眼睛接触　立即分开眼睑，用大量流动清水或生理盐水彻底冲洗至少15min。如有不适感，就医

食入　用水漱口，给饮牛奶或蛋清。就医

对保护施救者的忠告　根据需要使用个人防护设备

对医生的特别提示　对症处理

第五部分　消防措施

灭火剂　迅速切断气源，然后根据着火原因选择适当灭火剂灭火

特别危险性　无特殊的燃烧爆炸特性

灭火注意事项及防护措施　消防人员必须穿全身耐酸碱消防服、佩戴空气呼吸器灭火。尽可能将容器从火场移至空旷处。喷水保持火场容器冷却，直至灭火结束

第六部分　泄漏应急处理

作业人员防护措施、防护装备和应急处置程序　隔离泄漏

污染区，限制出入。建议应急处理人员戴防尘口罩，穿防腐、防毒服。穿上适当的防护服前严禁接触破裂的容器和泄漏物。尽可能切断泄漏源。用塑料布覆盖泄漏物，减少飞散。勿使水进入包装容器内

环境保护措施 防止泄漏物进入水体、下水道、地下室或密闭性空间

泄漏化学品的收容、清除方法及所使用的处置材料 用洁净的铲子收集泄漏物，置于干净、干燥、盖子较松的容器中，将容器移离泄漏区

第七部分 操作处置与储存

操作注意事项 密闭操作，加强通风。操作人员必须经过专门培训，严格遵守操作规程。建议操作人员佩戴防尘面具（全面罩），穿连体式防毒衣，戴橡胶耐油手套。避免产生粉尘。避免与氧化剂、酸类接触。搬运时要轻装轻卸，防止包装及容器损坏。配备泄漏应急处理设备。倒空的容器可能残留有害物

储存注意事项 储存于阴凉、通风的库房。远离火种、热源。应与氧化剂、酸类分开存放，切忌混储。储区应备有泄漏应急处理设备和合适的收容材料

第八部分 接触控制/个体防护

职业接触限值
中国 未制定标准
美国（ACGIH） 未制定标准

生物接触限值 未制定标准

监测方法 空气中有毒物质测定方法：火焰原子吸收光谱法。生物监测检验方法：未制定标准

工程控制 生产过程密闭，加强通风

个体防护装备
呼吸系统防护 可能接触其粉尘时，必须佩戴防尘面具（全面罩）；可能接触其蒸气时，应该佩戴过滤式防毒面具（全面罩）
眼睛防护 呼吸系统防护中已作防护
皮肤和身体防护 穿连体式防毒衣
手防护 戴橡胶耐油手套

第九部分 理化特性

外观与性状 略带绿色或白色粉末，透明块状或黏稠液体

pH 值 无资料　　　　**熔点（℃）** 1088

沸点（℃） 无资料　　　**相对密度（水＝1）** 1.75

相对蒸气密度（空气＝1） 无资料

饱和蒸气压（kPa） 无资料

临界压力（MPa） 无资料　　**辛醇/水分配系数** 无资料

闪点（℃） 无意义　　　**自燃温度（℃）** 无意义

爆发下限（%） 无意义　　**爆炸上限（%）** 无意义

分解温度（℃） 无资料　　**黏度（mPa·s）** 无资料

燃烧热（kJ/mol） 无资料　　**临界温度（℃）** 无资料

溶解性 易溶于水

第十部分 稳定性和反应性

稳定性 稳定

危险反应 与强氧化剂、强酸等禁配物发生反应

避免接触的条件 潮湿空气

禁配物 强氧化剂、强酸

危险的分解产物 氧化硅

第十一部分 毒理学信息

急性毒性 LD_{50}：847mg/kg（大鼠经口）

皮肤刺激或腐蚀 不纯的硅酸钠有强碱性，可腐蚀皮肤及黏膜

眼睛刺激或腐蚀 无资料　**呼吸或皮肤过敏** 无资料

生殖细胞突变性 无资料　**致癌性** 无资料

生殖毒性 无资料

特异性靶器官系统毒性-一次接触 吞服则可引起呕吐及腹泻。粉尘颗粒沉积在呼吸器官时，可发生尘肺炎或支气管炎

特异性靶器官系统毒性-反复接触 无资料

吸入危害 无资料

第十二部分 生态学信息

生态毒性 无资料

持久性和降解性
生物降解性 无资料
非生物降解性 无资料

潜在的生物累积性 无资料

土壤中的迁移性 无资料

第十三部分 废弃处置

废弃化学品 根据国家和地方有关法规的要求处置。或与厂商或制造商联系，确定处置方法

污染包装物 将容器返还生产商或按照国家和地方法规处置

废弃注意事项 处置前应参阅国家和地方有关法规

第十四部分 运输信息

联合国危险货物编号（UN 号） —

联合国运输名称 —　　**联合国危险性类别** —

包装类别 —　　　　**包装标志** —

海洋污染物 否

运输注意事项 运输前应先检查包装容器是否完整、密封，运输过程中要确保容器不泄漏、不倒塌、不坠落、不损坏。严禁与氧化剂、酸类、食用化学品等混装混运。运输车船必须彻底清洗、消毒，否则不得装运其他物品。公路运输时要按规定路线行驶

第十五部分 法规信息

下列法律、法规、规章和标准，对该化学品的管理作了相应的规定。

中华人民共和国职业病防治法 职业病分类和目录：未列入

危险化学品安全管理条例 危险化学品目录：未列入。易制爆危险化学品名录：未列入。重点监管的危险化学品名录：未列入。GB 18218—2009《危险化学品重大危险源辨识》（表1）：未列入

使用有毒物品作业场所劳动保护条例 高毒物品目录：未

列入
易制毒化学品管理条例　易制毒化学品的分类和品种目录：未列入
国际公约　斯德哥尔摩公约：未列入。鹿特丹公约：未列入。蒙特利尔议定书：未列入

第十六部分　其他信息

编写和修订信息　　　　缩略语和首字母缩写
培训建议　　　　　　　参考文献
免责声明

硅酸铅

第一部分　化学品标识

化学品中文名　硅酸铅
化学品英文名　lead silicate；lead metasilicate
分子式　$PbSiO_3$　**分子量**　283.3
结构式

$$O^- - \overset{\overset{O}{\parallel}}{Si} - O^- \quad Pb^{2+}$$

化学品的推荐及限制用途　用于陶瓷及耐火性纺织品，用于油漆及热稳定剂

第二部分　危险性概述

紧急情况概述　可能致癌
GHS 危险性类别　致癌性，类别 1B；生殖毒性，类别 1A；特异性靶器官毒性--一次接触，类别 1；特异性靶器官毒性-反复接触，类别 1；危害水生环境-急性危害，类别 1；危害水生环境-长期危害，类别 1
标签要素

象形图　

　警示词　危险
　危险性说明　可能致癌，可能对生育力或胎儿造成伤害，对器官造成损害，长时间或反复接触对器官造成损伤，对水生生物毒性非常大并具有长期持续影响
　防范说明
　　　预防措施　得到专门指导后操作。在阅读并了解所有安全预防措施之前，切勿操作。按要求使用个体防护装备。避免吸入粉尘。避免接触眼睛、皮肤，操作后彻底清洗。作业场所不得进食、饮水或吸烟。禁止排入环境
　　　事故响应　如果接触：立即呼叫中毒控制中心或就医。收集泄漏物
　　　安全储存　上锁保管
　　　废弃处置　本品及内装物、容器依据国家和地方法规处置
　物理和化学危险　不燃，无特殊燃爆特性
　健康危害　铅及其化合物损害造血、神经系统、消化系统及肾脏。职业中毒主要为慢性。神经系统主要表现为

神经衰弱综合征，周围神经病（以运动功能受累较明显），重者出现铅中毒性脑病。消化系统表现有齿龈铅线、食欲不振、恶心、腹胀、腹泻或便秘；腹绞痛见于中等及较重病例。造血系统损害出现卟啉代谢障碍、贫血等。短时大量接触可发生急性或亚急性铅中毒，类似重症慢性铅中毒
　环境危害　对水生生物毒性非常大并具有长期持续影响

第三部分　成分/组成信息

√　物质　　　　　　　　　　　混合物

组分	浓度	CAS No.
硅酸铅		10099-76-0

第四部分　急救措施

吸入　迅速脱离现场至空气新鲜处。保持呼吸道通畅。如呼吸困难，给输氧。如呼吸、心跳停止，立即进行心肺复苏术。就医
皮肤接触　立即脱去污染的衣着，用流动清水彻底冲洗。就医
眼睛接触　立即分开眼睑，用流动清水或生理盐水彻底冲洗。就医
食入　漱口，饮水。就医
对保护施救者的忠告　根据需要使用个人防护设备
对医生的特别提示　解毒剂：依地酸二钠钙、二巯基丁二酸钠、二巯基丁二酸等

第五部分　消防措施

灭火剂　本品不燃，根据着火原因选择适当灭火剂灭火
特别危险性　不燃。受高热分解放出有毒的气体
灭火注意事项及防护措施　消防人员必须穿全身防火防毒服，在上风向灭火。灭火时尽可能将容器从火场移至空旷处

第六部分　泄漏应急处理

作业人员防护措施、防护装备和应急处置程序　隔离泄漏污染区，限制出入。建议应急处理人员戴防尘口罩，穿防毒服。穿上适当的防护服前严禁接触破裂的容器和泄漏物。尽可能切断泄漏源
环境保护措施　用塑料布覆盖泄漏物，减少飞散
泄漏化学品的收容、清除方法及所使用的处置材料　勿使水进入包装容器内。用洁净的铲子收集泄漏物，置于干净、干燥、盖子较松的容器中，将容器移离泄漏区

第七部分　操作处置与储存

操作注意事项　密闭操作，局部排风。操作人员必须经过专门培训，严格遵守操作规程。建议操作人员佩戴自吸过滤式防尘口罩，戴化学安全防护眼镜，穿防毒物渗透工作服，戴乳胶手套。避免产生粉尘。避免与氧化剂、酸类接触。搬运时轻装轻卸，保持包装完整，防止洒漏。配备泄漏应急处理设备。倒空的容器可能残留有害物
储存注意事项　储存于阴凉、通风的库房。远离火种、热

源。应与氧化剂、酸类、食用化学品分开存放，切忌混储。储区应备有合适的材料收容泄漏物

第八部分　接触控制/个体防护

职业接触限值

中国　PC-TWA：0.05mg/m³（铅尘），0.03mg/m³（铅烟）［按 Pb 计］［G2A］

美国（ACGIH）　TLV-TWA：0.05mg/m³［按 Pb 计］

生物接触限值　血铅：2.0μmol/L（400μg/L）（采样时间：接触 3 周后的任意时间）

监测方法　空气中有毒物质测定方法：火焰原子吸收光谱法；双硫腙分光光度法；氢化物-原子吸收光谱法；微分电位溶出法。生物监测检验方法：血中铅的石墨炉原子吸收光谱测定方法；血中铅的微分电位溶出测定方法

工程控制　密闭操作，局部排风

个体防护装备

呼吸系统防护　空气中粉尘浓度超标时，建议佩戴过滤式防尘呼吸器。紧急事态抢救或撤离时，应该佩戴空气呼吸器

眼睛防护　戴化学安全防护眼镜

皮肤和身体防护　穿防毒物渗透工作服

手防护　戴橡胶手套

第九部分　理化特性

外观与性状　白色晶状粉末

pH 值　无意义　　　　**熔点（℃）**　766

沸点（℃）　无资料　　**相对密度（水＝1）**　6.49

相对蒸气密度（空气＝1）　无资料

饱和蒸气压（kPa）　无资料

临界压力（MPa）　无意义　**辛醇/水分配系数**　无资料

闪点（℃）　无意义　　**自燃温度（℃）**　无意义

爆炸下限（%）　无意义　**爆炸上限（%）**　无意义

分解温度（℃）　无资料　**黏度（mPa·s）**　无资料

燃烧热（kJ/mol）　无资料　**临界温度（℃）**　无资料

溶解性　不溶于普通溶剂

第十部分　稳定性和反应性

稳定性　稳定

危险反应　与强氧化剂、强酸等禁配物发生反应

避免接触的条件　无资料

禁配物　强氧化剂、强酸

危险的分解产物　氧化铅、氧化硅

第十一部分　毒理学信息

急性毒性　LDLo：250mg/kg（大鼠气管内）

皮肤刺激或腐蚀　无资料　**眼睛刺激或腐蚀**　无资料

呼吸或皮肤过敏　无资料　**生殖细胞突变性**　无资料

致癌性　IARC 致癌性评论：组 2A，可能人类致癌物

生殖毒性　无资料

特异性靶器官系统毒性-一次接触　无资料

特异性靶器官系统毒性-反复接触　无资料

吸入危害　无资料

第十二部分　生态学信息

生态毒性　铅化合物对水生生物有极高毒性

持久性和降解性

生物降解性　无资料

非生物降解性　无资料

潜在的生物累积性　无资料

土壤中的迁移性　无资料

第十三部分　废弃处置

废弃化学品　根据国家和地方有关法规的要求处置。或与厂商或制造商联系，确定处置方法

污染包装物　将容器返还生产商或按照国家和地方法规处置

废弃注意事项　处置前应参阅国家和地方有关法规

第十四部分　运输信息

联合国危险货物编号（UN 号）　3077

联合国运输名称　对环境有害的固态物质，未另作规定的（硅酸铅）

联合国危险性类别　9

包装类别　Ⅲ　　　　　**包装标志**

海洋污染物　是

运输注意事项　运输前应先检查包装容器是否完整、密封，运输过程中要确保容器不泄漏、不倒塌、不坠落、不损坏。严禁与酸类、氧化剂、食品及食品添加剂混运。运输时运输车辆应配备泄漏应急处理设备。运输途中应防暴晒、雨淋，防高温

第十五部分　法规信息

下列法律、法规、规章和标准，对该化学品的管理作了相应的规定。

中华人民共和国职业病防治法　职业病分类和目录：铅及其化合物中毒

危险化学品安全管理条例　危险化学品目录：列入。易制爆危险化学品名录：未列入。重点监管的危险化学品名录：未列入。GB 18218—2009《危险化学品重大危险源辨识》（表1）：未列入

使用有毒物品作业场所劳动保护条例　高毒物品目录：未列入

易制毒化学品管理条例　易制毒化学品的分类和品种目录：未列入

国际公约　斯德哥尔摩公约：未列入。鹿特丹公约：未列入。蒙特利尔议定书：未列入

第十六部分　其他信息

编写和修订信息　　缩略语和首字母缩写

培训建议　　　　　参考文献

免责声明

硅烷

第一部分　化学品标识

化学品中文名　硅烷；四氢化硅；甲硅烷
化学品英文名　silicon tetrahydride; silicane
分子式　H_4Si　分子量　32.13
结构式　$\begin{array}{c} H \\ H \end{array} \rangle Si \langle \begin{array}{c} H \\ H \end{array}$
化学品的推荐及限制用途　用于微电子、光电子制造业

第二部分　危险性概述

紧急情况概述　极易燃气体，内装加压气体；遇热可能爆炸

GHS危险性类别　易燃气体，类别1；加压气体；急性毒性-吸入，类别5；皮肤腐蚀/刺激，类别2；严重眼损伤/眼刺激，类别2A；特异性靶器官毒性-一次接触，类别3（呼吸道刺激）；特异性靶器官毒性-反复接触，类别2

标签要素

象形图

警示词　危险

危险性说明　极易燃气体，内装加压气体；遇热可能爆炸，吸入可能有害，造成皮肤刺激，造成严重眼刺激，可能引起呼吸道刺激，长时间或反复接触可能对器官造成损伤

防范说明

预防措施　远离热源、火花、明火、热表面。禁止吸烟。避免接触眼睛、皮肤，操作后彻底清洗。戴防护眼镜、防护面罩、防护手套。避免吸入气体

事故响应　漏气着火：切勿灭火，除非漏气能够安全地制止。如果没有危险，消除一切点火源。如吸入：如感觉不适，呼叫中毒控制中心或就医。皮肤接触：用大量肥皂水和水清洗。如发生皮肤刺激，就医。脱去被污染的衣服，衣服洗净后方可重新使用。如接触眼睛：用水细心冲洗数分钟。如戴隐形眼镜并可方便地取出，取出隐形眼镜，继续冲洗。如果眼睛刺激持续：就医

安全储存　存放在通风良好的地方。防日晒。存放在通风良好的地方

废弃处置　本品及内装物、容器依据国家和地方法规处置

物理和化学危险　接触空气易自燃

健康危害　吸入硅烷蒸气后，引起头痛、头晕、发热、恶心、多汗；严重者面色苍白、脉搏微弱、昏迷

环境危害　对环境可能有害

第三部分　成分/组成信息

√ 物质　　　　　　　　　混合物

组分	浓度	CAS No.
硅烷		7803-62-5

第四部分　急救措施

吸入　迅速脱离现场至空气新鲜处。保持呼吸道通畅。如呼吸困难，给输氧。呼吸、心跳停止，立即进行心肺复苏术。就医

皮肤接触　立即脱去污染的衣着，用流动清水彻底冲洗。就医

眼睛接触　立即分开眼睑，用流动清水或生理盐水彻底冲洗。就医

对保护施救者的忠告　根据需要使用个人防护设备
对医生的特别提示　对症处理

第五部分　消防措施

灭火剂　迅速切断气源，用水喷淋保护切断气源的人员，然后根据着火原因选择适当灭火剂灭火

特别危险性　与空气混合能形成爆炸性混合物。遇明火、高热极易燃烧爆炸。暴露在空气中能自燃。与氟、氯等接触会发生剧烈的化学反应

灭火注意事项及防护措施　消防人员必须佩戴防毒面具、穿全身消防服，在上风向灭火。切断气源，若不能切断气源，则不允许熄灭泄漏处的火焰。尽可能将容器从火场移至空旷处。喷水保持火场容器冷却，直至灭火结束

第六部分　泄漏应急处理

作业人员防护措施、防护装备和应急处置程序　消除所有点火源。根据气体的影响区域划定警戒区，无关人员从侧风、上风向撤离至安全区。建议应急处理人员戴正压自给式呼吸器，穿防静电服。作业时使用的所有设备应接地。禁止接触或跨越泄漏物。尽可能切断泄漏源。若可能翻转容器，使之逸出气体而非液体。喷雾状水抑制蒸气或改变蒸气云流向，避免水流接触泄漏物。禁止用水直接冲击泄漏物或泄漏源

环境保护措施　防止气体通过下水道、通风系统和有限空间扩散

泄漏化学品的收容、清除方法及所使用的处置材料　隔离泄漏区直至气体散尽

第七部分　操作处置与储存

操作注意事项　密闭操作，全面通风。操作人员必须经过专门培训，严格遵守操作规程。建议操作人员佩戴自吸过滤式防毒面具（半面罩），戴化学安全防护眼镜，穿防静电工作服，戴乳胶手套。远离火种、热源，工作场所严禁吸烟。使用防爆型的通风系统和设备。防止气体泄漏到工作场所空气中。避免与氧化剂、碱类、卤素接触。在传送过程中，钢瓶和容器必须接地和跨接，防止产生静电。搬运时轻装轻卸，防止钢瓶及附件破损。配备相应品种和数量的消防器材及泄漏

应急处理设备

储存注意事项　储存于阴凉、通风的易燃气体专用库房。库温不宜超过30℃。远离火种、热源。钢瓶温度不应超过52℃。保持容器密封。应与氧化剂、碱类、卤素、食用化学品分开存放，切忌混储。采用防爆型照明、通风设施。禁止使用易产生火花的机械设备和工具。储区应备有泄漏应急处理设备

第八部分　接触控制/个体防护

职业接触限值
　　中国　PC-TWA：6.6mg/m³
　　美国（ACGIH）　TLV-TWA：5ppm
生物接触限值　未制定标准
监测方法　空气中有毒物质测定方法：未制定标准。生物监测检验方法：未制定标准
工程控制　生产过程密闭，全面通风
个体防护装备
　　呼吸系统防护　空气中浓度超标时，建议佩戴过滤式防毒面具（半面罩）。紧急事态抢救或撤离时，应该佩戴空气呼吸器
　　眼睛防护　戴化学安全防护眼镜
　　皮肤和身体防护　穿防静电工作服
　　手防护　戴橡胶手套

第九部分　理化特性

外观与性状　无色、发火气体，有恶臭

pH 值　无意义	**熔点（℃）**　−185

沸点（℃）　−112
相对密度（水=1）　0.68（−182℃）
相对蒸气密度（空气=1）　1.3
饱和蒸气压（kPa）　无资料

临界压力（MPa）　无资料	**辛醇/水分配系数**　无资料
闪点（℃）　＜−50	**自燃温度（℃）**　无资料
爆炸下限（%）　1.4	**爆炸上限（%）**　96
分解温度（℃）　无资料	**黏度（mPa·s）**　无资料
燃烧热（kJ/mol）　无资料	**临界温度（℃）**　无资料

溶解性　溶于苯、四氯化碳

第十部分　稳定性和反应性

稳定性　不稳定
危险反应　与强氧化剂、氧、碱、卤素等禁配物接触，有发生火灾和爆炸的危险。暴露在空气中能自燃。与氟、氯等接触会发生剧烈的化学反应
避免接触的条件　受热、潮湿空气
禁配物　强氧化剂、氧、碱、卤素
危险的分解产物　氧化硅、氢气

第十一部分　毒理学信息

急性毒性　LC₅₀：4000ppm（大鼠吸入，4h）

皮肤刺激或腐蚀　无资料	**眼睛刺激或腐蚀**　无资料
呼吸或皮肤过敏　无资料	**生殖细胞突变性**　无资料
致癌性　无资料	**生殖毒性**　无资料

特异性靶器官系统毒性-一次接触　无资料
特异性靶器官系统毒性-反复接触　无资料
吸入危害　无资料

第十二部分　生态学信息

生态毒性　无资料
持久性和降解性
　　生物降解性　无资料
　　非生物降解性　无资料
潜在的生物累积性　无资料
土壤中的迁移性　无资料

第十三部分　废弃处置

废弃化学品　根据国家和地方有关法规的要求处置。或与厂商或制造商联系，确定处置方法
污染包装物　将容器返还生产商或按照国家和地方法规处置
废弃注意事项　处置前应参阅国家和地方有关法规

第十四部分　运输信息

联合国危险货物编号（UN号）　2203
联合国运输名称　硅烷
联合国危险性类别　2.1

包装类别　—　　　　　　　**包装标志**

海洋污染物　是
运输注意事项　采用钢瓶运输时必须戴好钢瓶上的安全帽。钢瓶一般平放，并应将瓶口朝同一方向，不可交叉；高度不得超过车辆的防护栏板，并用三角木垫卡牢，防止滚动。运输时运输车辆应配备相应品种和数量的消防器材。装运该物品的车辆排气管必须配备阻火装置，禁止使用易产生火花的机械设备和工具装卸。严禁与氧化剂、碱类、卤素、食用化学品等混装混运。夏季应早晚运输，防止日光暴晒。中途停留时应远离火种、热源。公路运输时要按规定路线行驶。铁路运输时要禁止溜放

第十五部分　法规信息

下列法律、法规、规章和标准，对该化学品的管理作了相应的规定。
中华人民共和国职业病防治法　职业病分类和目录：未列入
危险化学品安全管理条例　危险化学品目录：列入。易制爆危险化学品名录：未列入。重点监管的危险化学品名录：未列入。GB 18218—2009《危险化学品重大危险源辨识》（表1）：未列入
使用有毒物品作业场所劳动保护条例　高毒物品目录：未列入
易制毒化学品管理条例　易制毒化学品的分类和品种目录：未列入
国际公约　斯德哥尔摩公约：未列入。鹿特丹公约：未列入。蒙特利尔议定书：未列入

第十六部分　其他信息

编写和修订信息　　　　缩略语和首字母缩写
培训建议　　　　　　　参考文献
免责声明

癸二酰氯

第一部分　化学品标识

化学品中文名　癸二酰氯；氯化癸二酰
化学品英文名　sebacoyl chloride；sebacoyl dichloride
分子式　$C_{10}H_{16}Cl_2O_2$　**分子量**　239.139
结构式
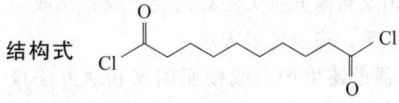

化学品的推荐及限制用途　用于有机合成

第二部分　危险性概述

紧急情况概述　吞咽有害，造成严重的皮肤灼伤和眼损伤
GHS危险性类别　急性毒性-经口，类别4；皮肤腐蚀/刺激，类别1；严重眼损伤/眼刺激，类别1
标签要素

象形图　

警示词　危险
危险性说明　吞咽有害，造成严重的皮肤灼伤和眼损伤
防范说明
　　预防措施　避免吸入烟雾。避免接触眼睛、皮肤，操作后彻底清洗。作业场所不得进食、饮水或吸烟。戴防护手套，穿防护服，戴防护眼镜、防护面罩
　　事故响应　如吸入：将患者转移到空气新鲜处，休息，保持利于呼吸的体位。皮肤（或头发）接触：立即脱掉所有被污染的衣服，用水冲洗皮肤、淋浴。污染的衣服须洗净后方可重新使用。眼睛接触：用水细心地冲洗数分钟。如戴隐形眼镜并可方便地取出，则取出隐形眼镜，继续冲洗。食入：漱口，不要催吐，如果感觉不适，立即呼叫中毒控制中心或就医
　　安全储存　上锁保管
　　废弃处置　本品及内装物、容器依据国家和地方法规处置
物理和化学危险　可燃，其蒸气与空气混合，能形成爆炸性混合物
健康危害　本品对眼睛、皮肤、黏膜和上呼吸道有强烈刺激作用。吸入后可引起喉、支气管的痉挛、水肿、炎症、化学性肺炎或肺水肿。接触后可引起烧灼感、咳嗽、喘息、气短、喉炎、头痛、恶心和呕吐。眼和皮肤接触可引起灼伤
环境危害　对环境可能有害

第三部分　成分/组成信息

√ 物质　　　　　　　　混合物

组分	浓度	CAS No.
癸二酰氯		111-19-3

第四部分　急救措施

吸入　迅速脱离现场至空气新鲜处。保持呼吸道通畅。如呼吸困难，给输氧。如呼吸、心跳停止，立即进行心肺复苏术。就医
皮肤接触　立即脱去污染的衣着，用大量流动清水彻底冲洗至少15min。就医
眼睛接触　立即分开眼睑，用流动清水或生理盐水彻底冲洗5~10min。就医
食入　用水漱口，禁止催吐。给饮牛奶或蛋清。就医
对保护施救者的忠告　根据需要使用个人防护设备
对医生的特别提示　对症处理

第五部分　消防措施

灭火剂　用泡沫、干粉、二氧化碳、砂土灭火
特别危险性　遇高热、明火有引起燃烧的危险。具有腐蚀性
灭火注意事项及防护措施　消防人员必须佩戴空气呼吸器、穿全身防火防毒服，在上风向灭火。尽可能将容器从火场移至空旷处。处在火场中的容器若已变色或从安全泄压装置中产生声音，必须马上撤离

第六部分　泄漏应急处理

作业人员防护措施、防护装备和应急处置程序　根据液体流动和蒸气扩散的影响区域划定警戒区，无关人员从侧风向、上风向撤离至安全区。消除所有点火源。建议应急处理人员戴正压自给式呼吸器，穿防酸碱服。穿上适当的防护服前严禁接触破裂的容器和泄漏物。尽可能切断泄漏源
环境保护措施　防止泄漏物进入水体、下水道、地下室或有限空间
泄漏化学品的收容、清除方法及所使用的处置材料　小量泄漏：用干燥的砂土或其他不燃材料吸收或覆盖，收集于容器中。大量泄漏：构筑围堤或挖坑收容。用耐腐蚀泵转移至槽车或专用收集器内

第七部分　操作处置与储存

操作注意事项　加强局部排风。操作人员必须经过专门培训，严格遵守操作规程。建议操作人员佩戴自吸过滤式防毒面具（全面罩），穿橡胶耐酸碱服，戴橡胶耐酸碱手套。远离火种、热源，工作场所严禁吸烟。使用防爆型的通风系统和设备。防止蒸气泄漏到工作场所空气中。避免与氧化剂、碱类、醇类接触。搬运时要轻装轻卸，防止包装及容器损坏。配备相应品种和数量的消防器材及泄漏应急处理设备。倒空的容器可能残留有害物
储存注意事项　储存于阴凉、干燥、通风良好的库房。远离火种、热源。保持容器密封。应与氧化剂、碱类、

醇类等分开存放，切忌混储。配备相应品种和数量的消防器材。储区应备有泄漏应急处理设备和合适的收容材料

第八部分　接触控制/个体防护

职业接触限值
　　中国　未制定标准
　　美国（ACGIH）　未制定标准
生物接触限值　未制定标准
监测方法　空气中有毒物质测定方法：未制定标准。生物监测检验方法：未制定标准
工程控制　加强局部排风
个体防护装备
　　呼吸系统防护　空气中浓度超标时，必须佩戴过滤式防毒面具（全面罩）。紧急事态抢救或撤离时，应该佩戴空气呼吸器
　　眼睛防护　呼吸系统防护中已作防护
　　皮肤和身体防护　穿橡胶耐酸碱服
　　手防护　戴橡胶耐酸碱手套

第九部分　理化特性

外观与性状　无色液体
pH 值　无资料　　　　　　**熔点（℃）**　−2.5
沸点（℃）　168(1.60kPa)　**相对密度（水＝1）**　1.121
相对蒸气密度（空气＝1）　无资料
饱和蒸气压（kPa）　0.40(137～140℃)
临界压力（MPa）　无资料　**辛醇/水分配系数**　无资料
闪点（℃）　>110　　　　　**自燃温度（℃）**　无资料
爆炸下限（%）　无资料　　**爆炸上限（%）**　无资料
分解温度（℃）　无资料　　**黏度（mPa·s）**　无资料
燃烧热（kJ/mol）　无资料　**临界温度（℃）**　无资料
溶解性　溶于醚、烃类

第十部分　稳定性和反应性

稳定性　稳定
危险反应　与氧化剂、强碱、水、醇类等禁配物发生反应
避免接触的条件　潮湿空气
禁配物　氧化剂、强碱、水、醇类
危险的分解产物　氯化氢、光气

第十一部分　毒理学信息

急性毒性　LD$_{50}$：400mg/kg（大鼠经口）；>1600mg/kg（小鼠经口）；50μL/kg（豚鼠经皮）
皮肤刺激或腐蚀　无资料　**眼睛刺激或腐蚀**　无资料
呼吸或皮肤过敏　无资料　**生殖细胞突变性**　无资料
致癌性　无资料　　　　　**生殖毒性**　无资料
特异性靶器官系统毒性-一次接触　无资料
特异性靶器官系统毒性-反复接触　无资料
吸入危害　无资料

第十二部分　生态学信息

生态毒性　无资料
持久性和降解性
　　生物降解性　无资料
　　非生物降解性　无资料
潜在的生物累积性　无资料
土壤中的迁移性　无资料

第十三部分　废弃处置

废弃化学品　建议用焚烧法处置。与燃料混合后，再焚烧。焚烧炉排出的卤化氢通过酸洗涤器除去
污染包装物　将容器返还生产商或按照国家和地方法规处置
废弃注意事项　处置前应参阅国家和地方有关法规

第十四部分　运输信息

联合国危险货物编号（UN 号）　3265
联合国运输名称　有机酸性腐蚀性液体，未另作规定的（癸二酰氯）
联合国危险性类别　8

包装类别　Ⅱ　　　　　　　**包装标志**

海洋污染物　否
运输注意事项　起运时包装要完整，装载应稳妥。运输过程中要确保容器不泄漏、不倒塌、不坠落、不损坏。严禁与氧化剂、碱类、醇类、食用化学品等混装混运。运输时运输车辆应配备相应品种和数量的消防器材及泄漏应急处理设备。运输途中应防暴晒、雨淋，防高温。公路运输时要按规定路线行驶，勿在居民区和人口稠密区停留

第十五部分　法规信息

　　下列法律、法规、规章和标准，对该化学品的管理作了相应的规定。
中华人民共和国职业病防治法　职业病分类和目录：未列入
危险化学品安全管理条例　危险化学品目录：列入。易制爆危险化学品名录：未列入。重点监管的危险化学品名录：未列入。GB 18218—2009《危险化学品重大危险源辨识》（表 1）：未列入
使用有毒物品作业场所劳动保护条例　高毒物品目录：未列入
易制毒化学品管理条例　易制毒化学品的分类和品种目录：未列入
国际公约　斯德哥尔摩公约：未列入。鹿特丹公约：未列入。蒙特利尔议定书：未列入

第十六部分　其他信息

编写和修订信息　　缩略语和首字母缩写
培训建议　　　　　　参考文献
免责声明

过苯甲酸

第一部分　化学品标识

化学品中文名　过苯甲酸；过氧化氢苯甲酰

化学品英文名　perbenzoic acid；benzoyl hydroperoxide
分子式　$C_7H_6O_3$　分子量　138.1207
结构式　
化学品的推荐及限制用途　用作有机合成

第二部分　危险性概述

紧急情况概述　加热可引起燃烧，造成严重的皮肤灼伤和眼损伤

GHS危险性类别　有机过氧化物，C型；皮肤腐蚀/刺激，类别1；严重眼损伤/眼刺激，类别1

标签要素

象形图

警示词　危险

危险性说明　加热可引起燃烧，造成严重的皮肤灼伤和眼损伤

防范说明

预防措施　远离热源、火花、明火、热表面。禁止吸烟。远离衣物、可燃物保存。仅在原容器中保存。避免吸入粉尘。避免接触眼睛、皮肤，操作后彻底清洗。戴防护手套，穿防护服，戴防护眼镜、防护面罩

事故响应　如吸入：将患者转移到空气新鲜处，休息，保持利于呼吸的体位，立即呼叫中毒控制中心或就医。皮肤（或头发）接触：立即脱掉所有被污染的衣服，用水冲洗皮肤，淋浴。污染的衣服须洗净后方可重新使用。眼睛接触：用水细心地冲洗数分钟，立即呼叫中毒控制中心或就医。如戴隐形眼镜并可方便地取出，则取出隐形眼镜，继续冲洗。食入：漱口，不要催吐

安全储存　避免日照。远离其他物质储存。上锁保管

废弃处置　本品及内装物、容器依据国家和地方法规处置

物理和化学危险　易燃。受撞击、摩擦，遇明火或其他点火源极易爆炸

健康危害　眼和皮肤接触引起灼伤

环境危害　对环境可能有害

第三部分　成分/组成信息

√ 物质　　　　　　　　混合物

组分	浓度	CAS No.
过苯甲酸		93-59-4

第四部分　急救措施

吸入　迅速脱离现场至空气新鲜处。保持呼吸道通畅。如呼吸困难，给输氧。呼吸、心跳停止，立即进行心肺复苏术。就医

皮肤接触　立即脱去污染的衣着，用大量流动清水彻底冲洗至少15min。就医

眼睛接触　立即分开眼睑，用流动清水或生理盐水彻底冲洗5～10min。就医

食入　用水漱口，禁止催吐。给饮牛奶或蛋清。就医

对保护施救者的忠告　根据需要使用个人防护设备

对医生的特别提示　对症处理

第五部分　消防措施

灭火剂　用雾状水、泡沫、干粉、二氧化碳灭火

特别危险性　具有强氧化性。遇热源和明火有燃烧爆炸的危险。与还原剂、催化剂、有机物、可燃物等接触会发生剧烈反应，有燃烧爆炸的危险

灭火注意事项及防护措施　消防人员必须穿全身耐酸碱消防服、佩戴空气呼吸器灭火。尽可能将容器从火场移至空旷处。喷水保持火场容器冷却，直至灭火结束。消防人员须在有防爆掩蔽处操作。禁止用砂土压盖

第六部分　泄漏应急处理

作业人员防护措施、防护装备和应急处置程序　隔离泄漏污染区，限制出入。消除所有点火源。建议应急处理人员戴防尘口罩，穿一般作业工作服。勿使泄漏物与可燃物质（如木材、纸、油等）接触。用雾状水保持泄漏物湿润。尽可能切断泄漏源

环境保护措施　防止泄漏物进入水体、下水道、地下室或有限空间

泄漏化学品的收容、清除方法及所使用的处置材料　小量泄漏：用惰性、湿润的不燃材料吸收泄漏物，用洁净的非火花工具收集于一盖子较松的塑料容器中，待处理。大量泄漏：用水润湿，并筑堤收容。在专家指导下清除

第七部分　操作处置与储存

操作注意事项　密闭操作，局部排风。防止粉尘释放到车间空气中。操作人员必须经过专门培训，严格遵守操作规程。建议操作人员佩戴自吸过滤式防尘口罩，戴化学安全防护眼镜，穿胶布防毒衣，戴橡胶手套。远离火种、热源，工作场所严禁吸烟。使用防爆型的通风系统和设备。远离易燃、可燃物。避免产生粉尘。避免与氧化剂接触。配备相应品种和数量的消防器材及泄漏应急处理设备。倒空的容器可能残留有害物

储存注意事项　储存于阴凉、通风的库房。远离火种、热源。库温不超过30℃，相对湿度不超过80%。保持容器密封。应与氧化剂、还原剂、酸类、碱类、食用化学品分开存放，切忌混储。采用防爆型照明、通风设备。禁止使用易产生火花的机械设备和工具。储区应备有合适的材料收容泄漏物。禁止震动、撞击和摩擦

第八部分　接触控制/个体防护

职业接触限值

中国　未制定标准

美国（ACGIH）　未制定标准

生物接触限值　未制定标准

监测方法　空气中有毒物质测定方法：未制定标准。生物监测检验方法：未制定标准

工程控制　密闭操作，局部排风

个体防护装备

　呼吸系统防护　空气中粉尘浓度超标时，必须佩戴过滤式防尘呼吸器。紧急事态抢救或撤离时，应该佩戴空气呼吸器

　眼睛防护　戴化学安全防护眼镜

　皮肤和身体防护　穿密闭型防毒服

　手防护　戴橡胶手套

第九部分　理化特性

外观与性状　无色或白色棱柱形结晶体

pH 值　无意义　　　　熔点（℃）　42

沸点（℃）　80～100　　相对密度（水=1）　无资料

相对蒸气密度（空气=1）　无资料

饱和蒸气压（kPa）　无资料

临界压力（MPa）　无资料　辛醇/水分配系数　无资料

闪点（℃）　无意义　　自燃温度（℃）　无资料

爆炸下限（%）　无资料　爆炸上限（%）　无资料

分解温度（℃）　无资料　黏度（mPa·s）　无资料

燃烧热（kJ/mol）　无资料　临界温度（℃）　无资料

溶解性　微溶于水，不溶于甲醇，溶于乙醇、乙醚、氯仿

第十部分　稳定性和反应性

稳定性　不稳定

危险反应　干燥状态下，受摩擦、震动、撞击可引起爆炸。受热剧烈分解发生爆炸。与还原剂、催化剂、有机物、可燃物等接触会发生剧烈反应，有燃烧爆炸的危险

避免接触的条件　受热

禁配物　强氧化剂、强还原剂、酸类、碱类

危险的分解产物　无资料

第十一部分　毒理学信息

急性毒性　无资料

皮肤刺激或腐蚀　无资料　眼睛刺激或腐蚀　无资料

呼吸或皮肤过敏　无资料　生殖细胞突变性　无资料

致癌性　无资料　　　　生殖毒性　无资料

特异性靶器官系统毒性-一次接触　无资料

特异性靶器官系统毒性-反复接触　无资料

吸入危害　无资料

第十二部分　生态学信息

生态毒性　无资料

持久性和降解性

　生物降解性　无资料

　非生物降解性　无资料

潜在的生物累积性　无资料

土壤中的迁移性　无资料

第十三部分　废弃处置

废弃化学品　建议用控制焚烧法或安全掩埋法处置

污染包装物　将容器返还生产商或按照国家和地方法规处置

废弃注意事项　处置前应参阅国家和地方有关法规

第十四部分　运输信息

联合国危险货物编号（UN 号）　3104

联合国运输名称　固态 C 型有机过氧化物（过苯甲酸）

联合国危险性类别　5.2

包装类别　—　　　　包装标志

海洋污染物　否

运输注意事项　运输时单独装运，运输过程中要确保容器不泄漏、不倒塌、不坠落、不损坏。运输时运输车辆应配备相应品种和数量的消防器材。严禁与酸类、易燃物、有机物、还原剂、自燃物品、遇湿易燃物品等并车混运。车速要加以控制，避免颠簸、震荡。夏季应早晚运输，防止日光暴晒。公路运输时要按规定路线行驶，禁止在居民区和人口稠密区停留。运输车辆装卸前后，均应彻底清扫、洗净，严禁混入有机物、易燃物等杂质

第十五部分　法规信息

下列法律、法规、规章和标准，对该化学品的管理作了相应的规定。

中华人民共和国职业病防治法　职业病分类和目录：未列入

危险化学品安全管理条例　危险化学品目录：列入。易制爆危险化学品名录：未列入。重点监管的危险化学品名录：未列入。GB 18218—2009《危险化学品重大危险源辨识》（表1）：未列入

使用有毒物品作业场所劳动保护条例　高毒物品目录：未列入

易制毒化学品管理条例　易制毒化学品的分类和品种目录：未列入

国际公约　斯德哥尔摩公约：未列入。鹿特丹公约：未列入。蒙特利尔议定书：未列入

第十六部分　其他信息

编写和修订信息　缩略语和首字母缩写

培训建议　　　　参考文献

免责声明

过磷酸钙

第一部分　化学品标识

化学品中文名　过磷酸钙；过磷酸石灰

化学品英文名　calcium phosphate; calcium bis（dihydrogen phosphate）

分子式　CaP₂H₄O₈　分子量　234.05

结构式

化学品的推荐及限制用途　可用作基肥、追肥或种肥

第二部分　危险性概述

紧急情况概述　造成严重眼刺激，可能引起呼吸道刺激

GHS 危险性类别　皮肤腐蚀/刺激，类别 2；严重眼损伤/眼刺激，类别 2A；特异性靶器官毒性-一次接触，类别 3（呼吸道刺激）

标签要素

象形图　

警示词　警告

危险性说明　造成皮肤刺激，造成严重眼刺激，可能引起呼吸道刺激

防范说明

预防措施　避免接触眼睛皮肤，操作后彻底清洗。戴防护手套、防护眼镜、防护面罩

事故响应　皮肤接触：用大量肥皂水和水清洗。如发生皮肤刺激：就医。脱去被污染的衣服，衣服洗净后方可重新使用。如接触眼睛：用水细心冲洗数分钟。如戴隐形眼镜并可方便地取出，取出隐形眼镜，继续冲洗。如果眼睛刺激持续：就医

安全储存　—

废弃处置　本品及内装物、容器依据国家和地方法规处置

物理和化学危险　不燃，无特殊燃爆特性

健康危害　接触者少数可出现皮疹、烧灼感和瘙痒，面部皮肤水肿，眼灼痛及流泪，停止接触后这些症状很快消失。本品粉尘落入眼内，引起结膜的剧烈刺激，眼睑水肿，角膜混浊，有时甚至角膜穿孔及虹膜脱出。据报道，接触者有前臂骨骼的改变，神经系统功能障碍，嗅阈改变，多汗，动脉压不稳定，女性有月经紊乱等

环境危害　对环境可能有害

第三部分　成分/组成信息

√ 物质　　　　　　　　混合物

组分	浓度	CAS No.
过磷酸钙		7758-23-8

第四部分　急救措施

吸入　脱离现场至空气新鲜处。如呼吸困难，给输氧。就医

皮肤接触　脱去污染的衣着，用大量流动清水冲洗。如有不适感，就医

眼睛接触　立即提起眼睑，用大量流动清水或生理盐水彻底冲洗至少 15min。如有不适感，就医

食入　饮足量温水，催吐。就医

对保护施救者的忠告　根据需要使用个人防护设备

对医生的特别提示　对症处理

第五部分　消防措施

灭火剂　本品不燃。根据着火原因选择适当灭火剂灭火

特别危险性　无特殊的燃烧爆炸特性

灭火注意事项及防护措施　消防人员必须穿全身防火、防毒服，在上风向灭火。灭火时尽可能将容器从火场移至空旷处

第六部分　泄漏应急处理

作业人员防护措施、防护装备和应急处置程序　隔离泄漏污染区，限制出入。建议应急处理人员戴防尘口罩，穿防毒服。穿上适当的防护服前严禁接触破裂的容器和泄漏物。尽可能切断泄漏源。用塑料布覆盖泄漏物，减少飞散。勿使水进入包装容器内

环境保护措施　防止泄漏物进入水体、下水道、地下室或密闭性空间

泄漏化学品的收容、清除方法及所使用的处置材料　用洁净的铲子收集泄漏物，置于干净、干燥、盖子较松的容器中，将容器移离泄漏区

第七部分　操作处置与储存

操作注意事项　密闭操作，注意通风。操作人员必须经过专门培训，严格遵守操作规程。建议操作人员佩戴自吸过滤式防尘口罩，戴化学安全防护眼镜，穿防毒物渗透工作服，戴橡胶手套。避免产生粉尘。避免与酸类接触。搬运时轻装轻卸，防止包装破损。配备泄漏应急处理设备

储存注意事项　储存于阴凉、通风的库房。远离火种、热源。应与酸类分开存放，切忌混储。储区应备有合适的材料收容泄漏物

第八部分　接触控制/个体防护

职业接触限值

中国　未制定标准

美国（ACGIH）　未制定标准

生物接触限值　未制定标准

监测方法　空气中有毒物质测定方法：火焰原子吸收光谱法。生物监测检验方法：未制定标准

工程控制　密闭操作，注意通风

个体防护装备

呼吸系统防护　空气中粉尘浓度超标时，必须佩戴过滤式防尘呼吸器。紧急事态抢救或撤离时，应该佩戴空气呼吸器

眼睛防护　戴化学安全防护眼镜

皮肤和身体防护　穿防毒物渗透工作服

手防护　戴橡胶手套

第九部分　理化特性

外观与性状　灰白色至深灰色（有的带粉红色）粉末，有酸味

pH 值　无意义		**熔点（℃）**　无资料	
沸点（℃）　无资料		**相对密度（水＝1）**　2.22	
相对蒸气密度（空气＝1）　无资料			
临界压力（MPa）　无资料		**辛醇/水分配系数**　无资料	
闪点（℃）　无意义		**自燃温度（℃）**　无意义	
爆炸下限（%）　无意义		**爆炸上限（%）**　无意义	

分解温度(℃)　无资料　　黏度(mPa·s)　无资料
燃烧热(kJ/mol)　无资料　临界温度(℃)　无资料
溶解性　溶于水

第十部分　稳定性和反应性

稳定性　稳定
危险反应　与强酸等禁配物发生反应
避免接触的条件　无资料
禁配物　强酸
危险的分解产物　无资料

第十一部分　毒理学信息

急性毒性　无资料
皮肤刺激或腐蚀　无资料　眼睛刺激或腐蚀　无资料
呼吸或皮肤过敏　无资料　生殖细胞突变性　无资料
致癌性　无资料　　　　生殖毒性　无资料
特异性靶器官系统毒性-一次接触　无资料
特异性靶器官系统毒性-反复接触　无资料
吸入危害　无资料

第十二部分　生态学信息

生态毒性　无资料
持久性和降解性
　　生物降解性　无资料
　　非生物降解性　无资料
潜在的生物累积性　无资料
土壤中的迁移性　无资料

第十三部分　废弃处置

废弃化学品　根据国家和地方有关法规的要求处置。或与
　　厂商或制造商联系，确定处置方法
污染包装物　将容器返还生产商或按照国家和地方法规
　　处置
废弃注意事项　处置前应参阅国家和地方有关法规

第十四部分　运输信息

联合国危险货物编号（UN号）　—
联合国运输名称　—　　联合国危险性类别　—
包装类别　—　　　　　包装标志　—
海洋污染物　否
运输注意事项　起运时包装要完整，装载应稳妥。运输过
　　程中要确保容器不泄漏、不倒塌、不坠落、不损坏。
　　严禁与酸类、食用化学品等混装混运。运输途中应防
　　暴晒、雨淋，防高温。车辆运输完毕应进行彻底清扫

第十五部分　法规信息

　　下列法律、法规、规章和标准，对该化学品的管理作
了相应的规定。
中华人民共和国职业病防治法　职业病分类和目录：未
　　列入
危险化学品安全管理条例　危险化学品目录：未列入。易
　　制爆危险化学品名录：未列入。重点监管的危险化学
　　品名录：未列入。GB 18218—2009《危险化学品重
　　大危险源辨识》（表1）：未列入

使用有毒物品作业场所劳动保护条例　高毒物品目录：未
　　列入
易制毒化学品管理条例　易制毒化学品的分类和品种目
　　录：未列入
国际公约　斯德哥尔摩公约：未列入。鹿特丹公约：未列
　　入。蒙特利尔议定书：未列入

第十六部分　其他信息

编写和修订信息　　　缩略语和首字母缩写
培训建议　　　　　　参考文献
免责声明

过氯酰氟

第一部分　化学品标识

化学品中文名　过氯酰氟；氟化过氯酰；高氯酰氟
化学品英文名　perchloryl fluoride；chlorine oxyfluoride
分子式　ClFO₃　分子量　102.45

结构式
$$O = Cl - F$$
（结构式为 O=Cl—F，Cl 上下各有一个 O）

化学品的推荐及限制用途　用于有机合成、制药及国防工
业中作为氟化剂、氧化剂

第二部分　危险性概述

紧急情况概述　可引起燃烧或加剧燃烧：氧化剂，内装加
　　压气体：遇热可能爆炸，吸入致命，造成严重眼刺激
GHS危险性类别　氧化性气体，类别1；加压气体；急性
　　毒性-吸入，类别2；严重眼损伤/眼刺激，类别2A
标签要素

象形图　

警示词　危险
危险性说明　可引起燃烧或加剧燃烧：氧化剂，内装加
　　压气体：遇热可能爆炸，吸入致命，造成严重眼
　　刺激
防范说明
　　预防措施　避开，储存处远离服装、可燃材料。阀
　　　　门或紧固装置不得带有油脂或油剂。避免吸入
　　　　气体。仅在室外或通风良好处操作。戴呼吸防
　　　　护器具。避免接触眼睛、皮肤，操作后彻底清
　　　　洗。戴防护眼镜、防护面罩
　　事故响应　火灾时：如能保证安全，设法堵塞泄
　　　　漏。如吸入：将患者转移到空气新鲜处，休
　　　　息，保持利于呼吸的体位，立即呼叫中毒控制
　　　　中心或就医。如接触眼睛：用水细心冲洗数分
　　　　钟。如戴隐形眼镜并可方便地取出，取出隐形
　　　　眼镜，继续冲洗。如果眼睛刺激持续，就医
　　安全储存　防日晒。存放在通风良好的地方。保持
　　　　容器密闭。上锁保管
　　废弃处置　本品及内装物、容器依据国家和地方法

规处置

物理和化学危险　助燃。与可燃物接触易着火燃烧。遇水产生刺激性气体

健康危害　实验动物急性中毒时见高铁血红蛋白血症，引起缺氧，出现紫绀

环境危害　对环境可能有害

第三部分　成分/组成信息

√ 物质　　　　　　　　　混合物

组分	浓度	CAS No.
过氯酰氟		7616-94-6

第四部分　急救措施

吸入　迅速脱离现场至空气新鲜处。保持呼吸道通畅。如呼吸困难，给输氧。如呼吸、心跳停止，立即进行心肺复苏术。就医

皮肤接触　立即脱去污染的衣着，用流动清水彻底冲洗。就医

眼睛接触　立即分开眼睑，用流动清水或生理盐水彻底冲洗。就医

对保护施救者的忠告　根据需要使用个人防护设备

对医生的特别提示　高铁血红蛋白血症，可用亚甲蓝和维生素C治疗

第五部分　消防措施

灭火剂　迅速切断气源，用水喷淋保护切断气源的人员，然后根据着火原因选择适当灭火剂灭火

特别危险性　强氧化剂。与可燃气体或蒸气、氰化钾、硫氰化钾、氧化氮等发生爆炸性反应。遇易燃物、有机物会引起燃烧。与含氮碱类（如异丙胺、苯胺、苯肼等）反应生成爆炸性产物。受热分解产生有毒的烟气

灭火注意事项及防护措施　消防人员必须佩戴防毒面具、穿全身消防服，在上风向灭火。迅速切断气源，用水喷淋保护切断气源的人员，然后根据着火原因选择适当灭火剂灭火。尽可能将容器从火场移至空旷处。喷水保持火场容器冷却，直至灭火结束

第六部分　泄漏应急处理

作业人员防护措施、防护装备和应急处置程序　消除所有点火源。根据气体的影响区域划定警戒区，无关人员从侧风向、上风向撤离至安全区。建议应急处理人员穿内置正压自给式呼吸器的全封闭防化服。如果是液化气体泄漏，还应注意防冻伤。禁止接触或跨越泄漏物。勿使泄漏物与可燃物质（如木材、纸、油等）接触。尽可能切断泄漏源。喷雾状水抑制蒸气或改变蒸气云流向，避免水流接触泄漏物。禁止用水直接冲击泄漏物或泄漏源。若可能翻转容器，使之逸出气体而非液体

环境保护措施　防止气体通过下水道、通风系统和有限空间扩散

泄漏化学品的收容、清除方法及所使用的处置材料　隔离泄漏区直至气体散尽。泄漏场所保持通风

第七部分　操作处置与储存

操作注意事项　密闭操作，局部排风。防止气体泄漏到工作场所空气中。操作人员必须经过专门培训，严格遵守操作规程。建议操作人员佩戴自吸过滤式防毒面具（半面罩），戴化学安全防护眼镜，穿密闭型防毒服，戴乳胶手套。远离火种、热源，工作场所严禁吸烟。远离易燃、可燃物。避免与还原剂、胺类接触。配备相应品种和数量的消防器材及泄漏应急处理设备

储存注意事项　储存于阴凉、通风的有毒气体专用库房。库温不宜超过30℃。远离火种、热源。防止阳光直射。保持容器密封。应与还原剂、易（可）燃物、胺类、食用化学品分开存放，切忌混储。储区应备有泄漏应急处理设备

第八部分　接触控制/个体防护

职业接触限值

中国　未制定标准

美国(ACGIH)　TLV-TWA：3ppm；TLV-STEL：6ppm

生物接触限值　未制定标准

监测方法　空气中有毒物质测定方法：未制定标准。生物监测检验方法：未制定标准

工程控制　密闭操作，局部排风

个体防护装备

呼吸系统防护　空气中浓度超标时，建议佩戴过滤式防毒面具（半面罩）。紧急事态抢救或撤离时，应该佩戴空气呼吸器

眼睛防护　戴化学安全防护眼镜

皮肤和身体防护　穿密闭型防毒服

手防护　戴橡胶手套

第九部分　理化特性

外观与性状　无色气体，带甜味

pH值　无意义　　　　　**熔点(℃)**　−147.7

沸点(℃)　−46.7

相对密度(水=1)　1.434(液体，20℃)

相对蒸气密度(空气=1)　0.637

饱和蒸气压(kPa)　无资料

临界压力(MPa)　5.37　　　**辛醇/水分配系数**　无资料

闪点(℃)　无意义　　　　　**自燃温度(℃)**　无意义

爆炸下限(%)　无意义　　　**爆炸上限(%)**　无意义

分解温度(℃)　无资料

黏度(mPa·s)　3.91(液体，熔点)

燃烧热(kJ/mol)　无资料　　**临界温度(℃)**　95.2

溶解性　无资料

第十部分　稳定性和反应性

稳定性　稳定

危险反应　与可燃气体或蒸气、氰化钾、硫氰化钾、氧化氮等发生爆炸性反应。遇易燃物、有机物会引起燃烧。与含氮碱类（如异丙胺、苯胺、苯肼等）反应生成爆炸性产物

避免接触的条件　受热

禁配物　强还原剂、易燃或可燃物、含氮碱类（如异丙胺、苯胺、苯肼等）、胺类、氰化钾、硫氰化钾、氧化氮等

危险的分解产物　氯化氢、氟化氢

第十一部分　毒理学信息

急性毒性　LC_{50}：385ppm（大鼠吸入，4h）；630ppm（小鼠吸入，4h）

皮肤刺激或腐蚀　无资料　　**眼睛刺激或腐蚀**　无资料

呼吸或皮肤过敏　无资料　　**生殖细胞突变性**　无资料

致癌性　无资料　　**生殖毒性**　无资料

特异性靶器官系统毒性-一次接触　无资料

特异性靶器官系统毒性-反复接触　无资料

吸入危害　无资料

第十二部分　生态学信息

生态毒性　无资料

持久性和降解性

　生物降解性　无资料

　非生物降解性　无资料

潜在的生物累积性　无资料

土壤中的迁移性　无资料

第十三部分　废弃处置

废弃化学品　根据国家和地方有关法规的要求处置

污染包装物　将容器返还生产商或按照国家和地方法规处置

废弃注意事项　处置前应参阅国家和地方有关法规

第十四部分　运输信息

联合国危险货物编号（UN号）　3083

联合国运输名称　氟化高氯酰（高氯酰氟）

联合国危险性类别　2.3，5.1

包装类别　—

包装标志　

海洋污染物　否

运输注意事项　采用钢瓶运输时必须戴好钢瓶上的安全帽。钢瓶一般平放，并应将瓶口朝同一方向，不可交叉；高度不得超过车辆的防护栏板，并用三角木垫卡牢，防止滚动。运输时运输车辆应配备相应品种和数量的消防器材。严禁与还原剂、易燃物或可燃物、胺类等混装混运。夏季应早晚运输，防止日光暴晒。中途停留时应远离火种、热源。铁路运输时要禁止溜放

第十五部分　法规信息

下列法律、法规、规章和标准，对该化学品的管理作了相应的规定。

中华人民共和国职业病防治法　职业病分类和目录：未列入

危险化学品安全管理条例　危险化学品目录：列入。易制爆危险化学品名录：未列入。重点监管的危险化学品名录：未列入。GB 18218—2009《危险化学品重大危险源辨识》（表1）：未列入

使用有毒物品作业场所劳动保护条例　高毒物品目录：未列入

易制毒化学品管理条例　易制毒化学品的分类和品种目录：未列入

国际公约　斯德哥尔摩公约：未列入。鹿特丹公约：未列入。蒙特利尔议定书：未列入

第十六部分　其他信息

编写和修订信息　　**缩略语和首字母缩写**

培训建议　　**参考文献**

免责声明

过硼酸钠

第一部分　化学品标识

化学品中文名　过硼酸钠；高硼酸钠

化学品英文名　sodium perborate；sodium peroxyborate

分子式　$NaBO_3$　　**分子量**　81.8

结构式　$O=B-O-O^-\ Na^+$

化学品的推荐及限制用途　用作氧化剂、漂白剂、杀菌剂、脱臭剂、洗涤剂中的添加剂等

第二部分　危险性概述

紧急情况概述　可加剧燃烧：氧化剂，吞咽有害，造成严重眼损伤，可能引起呼吸道刺激

GHS危险性类别　氧化性固体，类别2；急性毒性-经口，类别4；严重眼损伤/眼刺激，类别1；生殖毒性，类别1B；特异性靶器官毒性-一次接触，类别3（呼吸道刺激）

标签要素

象形图　

警示词　危险

危险性说明　可加剧燃烧：氧化剂，吞咽有害，造成严重眼损伤，可能对生育力或胎儿造成伤害，可能引起呼吸道刺激

防范说明

　预防措施　远离热源。远离衣物、可燃物保存。采取一切预防措施，避免与可燃物混合。戴防护手套、防护眼镜、防护面罩。避免接触眼睛、皮肤，操作后彻底清洗。作业场所不得进食、饮水或吸烟。得到专门指导后操作。在阅读并了解所有安全预防措施之前，切勿操作。按要求使用个体防护装备

　事故响应　接触眼睛：用水细心冲洗数分钟。如戴隐形眼镜并可方便地取出，取出隐形眼镜，继续冲洗。食入：如果感觉不适，立即呼叫中毒控制中心或就医，漱口。如果接触或有担心，就医

　安全储存　上锁保管

　废弃处置　本品及内装物、容器依据国家和地方法规处置

物理和化学危险　助燃。受撞击、摩擦，遇明火或其他点火源极易爆炸。与可燃物混合会发生爆炸

健康危害　对上呼吸道黏膜有强烈刺激性。口服腐蚀消化道，可致胃肠出血。本品对眼和皮肤有刺激和腐蚀性。长期接触能引起食欲不振、体重减轻、呕吐和贫血等

环境危害　对环境可能有害

第三部分　成分/组成信息

√　物质　　　　　　　　混合物

组分	浓度	CAS No.
过硼酸钠		7632-04-4

第四部分　急救措施

吸入　迅速脱离现场至空气新鲜处。保持呼吸道通畅。如呼吸困难，给输氧。如呼吸、心跳停止，立即进行心肺复苏术。就医

皮肤接触　立即脱去污染的衣着，用大量流动清水彻底冲洗至少 15min。就医

眼睛接触　立即分开眼睑，用流动清水或生理盐水彻底冲洗 5～10min。就医

食入　用水漱口，禁止催吐。给饮牛奶或蛋清。就医

对保护施救者的忠告　根据需要使用个人防护设备

对医生的特别提示　对症处理

第五部分　消防措施

灭火剂　本品不燃，根据着火原因选择适当灭火剂灭火

特别危险性　加热时可能发生爆炸。在潮湿空气或热空气（40℃）中分解并放出氧。能促使附近有机物、易燃物燃烧

灭火注意事项及防护措施　消防人员必须佩戴空气呼吸器、穿全身防火防毒服，在上风向灭火。尽可能将容器从火场移至空旷处。喷水保持火场容器冷却，直至灭火结束

第六部分　泄漏应急处理

作业人员防护措施、防护装备和应急处置程序　隔离泄漏污染区，限制出入。建议应急处理人员戴防尘口罩，穿防毒服。勿使泄漏物与可燃物质（如木材、纸、油等）接触。穿上适当的防护服前严禁接触破裂的容器和泄漏物。尽可能切断泄漏源。勿使水进入包装容器内

环境保护措施　用塑料布覆盖泄漏物，减少飞散

泄漏化学品的收容、清除方法及所使用的处置材料　小量泄漏：用洁净的铲子收集泄漏物，置于干净、干燥、盖子较松的容器中，将容器移离泄漏区。大量泄漏：泄漏物回收后，用水冲洗泄漏区

第七部分　操作处置与储存

操作注意事项　密闭操作，局部排风。防止粉尘释放到车间空气中。操作人员必须经过专门培训，严格遵守操作规程。建议操作人员佩戴自吸过滤式防尘口罩，戴化学安全防护眼镜，穿胶布防毒衣，戴橡胶手套。远离火种、热源，工作场所严禁吸烟。远离易燃、可燃物。避免产生粉尘。避免与还原剂、酸类接触。配备相应品种和数量的消防器材及泄漏应急处理设备。倒空的容器可能残留有害物

储存注意事项　储存于阴凉、通风的库房。远离火种、热源。防止阳光直射。库温不超过 30℃，相对湿度不超过 80%。包装必须密封，切勿受潮。应与还原剂、易（可）燃物、酸类、食用化学品等分开存放，切忌混储。储区应备有合适的材料收容泄漏物

第八部分　接触控制/个体防护

职业接触限值

中国　未制定标准

美国（ACGIH）　未制定标准

生物接触限值　未制定标准

监测方法　空气中有毒物质测定方法：未制定标准。生物监测检验方法：未制定标准

工程控制　密闭操作，局部排风

个体防护装备

呼吸系统防护　空气中粉尘浓度超标时，必须佩戴过滤式防尘呼吸器。紧急事态抢救或撤离时，应该佩戴空气呼吸器

眼睛防护　戴化学安全防护眼镜

皮肤和身体防护　穿密闭型防毒服

手防护　戴橡胶手套

第九部分　理化特性

外观与性状　白色颗粒或结晶性粉末，味咸

pH 值　无意义　　　　　**熔点(℃)**　57

沸点(℃)　130～150

相对密度(水＝1)　0.69～0.87

相对蒸气密度(空气＝1)　无资料

饱和蒸气压(kPa)　无资料

临界压力(MPa)　无意义　　**辛醇/水分配系数**　无资料

闪点(℃)　无意义　　　**自燃温度(℃)**　无意义

爆炸下限(%)　无意义　　**爆炸上限(%)**　无意义

分解温度(℃)　无资料　　**黏度(mPa·s)**　无资料

燃烧热(kJ/mol)　无资料　**临界温度(℃)**　无资料

溶解性　微溶于水

第十部分　稳定性和反应性

稳定性　稳定

危险反应　与强还原剂、水蒸气、易燃或可燃物、强酸发生剧烈反应，有发生火灾和爆炸的危险。加热时可能发生爆炸。在潮湿空气或热空气（40℃）中分解并放出氧

避免接触的条件　潮湿空气

禁配物　强还原剂、水蒸气、易燃或可燃物、强酸

危险的分解产物　氧气、氧化硼

第十一部分　毒理学信息

急性毒性　LD_{50}：1200mg/kg（大鼠经口）；1060mg/kg（小鼠经口）

皮肤刺激或腐蚀　无资料

眼睛刺激或腐蚀　家兔经眼 500mg，中度刺激

呼吸或皮肤过敏　无资料

生殖细胞突变性　无资料

致癌性　无资料

生殖毒性　大鼠经口最低中毒剂量（TDLo）：3g/kg（孕6～15d），对母体有影响，植入后死亡率增加，对胚胎外部结构（如胎盘、脐带）有影响。有胚胎毒性。大鼠经口最低中毒剂量（TDLo）：10g/kg（孕6～15d），肌肉骨骼和心血管系统发育异常

特异性靶器官系统毒性-一次接触　无资料

特异性靶器官系统毒性-反复接触　无资料

吸入危害　无资料

第十二部分　生态学信息

生态毒性　无资料

持久性和降解性

　生物降解性　无资料

　非生物降解性　无资料

潜在的生物累积性　无资料

土壤中的迁移性　无资料

第十三部分　废弃处置

废弃化学品　建议用控制焚烧法或安全掩埋法处置

污染包装物　将容器返还生产商或按照国家和地方法规处置

废弃注意事项　破损容器禁止重新使用，要在规定场所掩埋

第十四部分　运输信息

联合国危险货物编号（UN 号）　3247

联合国运输名称　无水过硼酸钠

联合国危险性类别　5.1

包装类别　Ⅱ　　　　　　　包装标志

海洋污染物　否

运输注意事项　运输时单独装运，运输过程中要确保容器不泄漏、不倒塌、不坠落、不损坏。运输时运输车辆应配备相应品种和数量的消防器材。严禁与酸类、易燃物、有机物、还原剂、自燃物品、遇湿易燃物品等并车混运。运输时车速不宜过快，不得强行超车。公路运输时要按规定路线行驶。运输车辆装卸前后，均应彻底清扫、洗净，严禁混入有机物、易燃物等杂质

第十五部分　法规信息

下列法律、法规、规章和标准，对该化学品的管理作了相应的规定。

中华人民共和国职业病防治法　职业病分类和目录：未列入

危险化学品安全管理条例　危险化学品目录：列入。易制爆危险化学品名录：未列入。重点监管的危险化学品名录：未列入。GB 18218—2009《危险化学品重大

危险源辨识》（表 1）：未列入

使用有毒物品作业场所劳动保护条例　高毒物品目录：未列入

易制毒化学品管理条例　易制毒化学品的分类和品种目录：未列入

国际公约　斯德哥尔摩公约：未列入。鹿特丹公约：未列入。蒙特利尔议定书：未列入

第十六部分　其他信息

编写和修订信息　　缩略语和首字母缩写

培训建议　　　　　参考文献

免责声明

过氧化苯甲酸叔丁酯

第一部分　化学品标识

化学品中文名　过氧化苯甲酸叔丁酯；叔丁基过苯甲酸酯；过苯甲酸叔丁酯；过氧化叔丁基苯甲酸酯

化学品英文名　*tert*-butyl perbenzoate；*tert*-butyl peroxy-benzoate

分子式　$C_{11}H_{14}O_3$　　分子量　194.23

结构式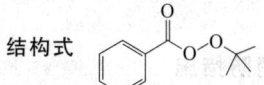

化学品的推荐及限制用途　用于化学中间体、聚合引发剂

第二部分　危险性概述

紧急情况概述　加热可引起燃烧

GHS 危险性类别　有机过氧化物，C 型；严重眼损伤/眼刺激，类别 2B；危害水生环境-急性危害，类别 1

标签要素

象形图

警示词　危险

危险性说明　加热可引起燃烧，造成眼刺激，对水生生物毒性非常大

防范说明

　预防措施　远离热源、火花、明火、热表面。禁止吸烟。远离衣物、可燃物保存。仅在原容器中保存。戴防护手套、防护眼镜、防护面罩。避免接触眼睛、皮肤，操作后彻底清洗。禁止排入环境

　事故响应　如接触眼睛：用水细心冲洗数分钟。如戴隐形眼镜并可方便地取出，取出隐形眼镜，继续冲洗。如果眼睛刺激持续：就医。收集泄漏物

　安全储存　保持阴凉。避免日照。远离其他物质储存

　废弃处置　本品及内装物、容器依据国家和地方法规处置

物理和化学危险　易燃。受撞击、摩擦，遇明火或其他点

火源极易爆炸

健康危害 本品对皮肤有刺激作用。蒸气或雾对眼睛、黏膜和上呼吸道有刺激作用。吸入、摄入或经皮吸收后对身体有害

环境危害 对水生生物毒性非常大

第三部分　成分/组成信息

√ 物质　　　　　　　　混合物

组分	浓度	CAS No.
过氧化苯甲酸叔丁酯		614-45-9

第四部分　急救措施

吸入 迅速脱离现场至空气新鲜处。保持呼吸道通畅。如呼吸困难，给输氧。呼吸、心跳停止，立即进行心肺复苏术。就医

皮肤接触 立即脱去污染的衣着，用流动清水彻底冲洗。就医

眼睛接触 立即分开眼睑，用流动清水或生理盐水彻底冲洗。就医

食入 漱口，饮水。就医

对保护施救者的忠告 根据需要使用个人防护设备

对医生的特别提示 对症处理

第五部分　消防措施

灭火剂 用雾状水、泡沫、干粉、二氧化碳灭火

特别危险性 易燃，并可能发生复燃其蒸气与空气可形成爆炸性混合物。干燥时经震动、撞击会引起爆炸。与还原剂、催化剂、酸类或还原剂、铁锈、重金属离子化合物接触会发生剧烈反应，有燃烧爆炸的危险

灭火注意事项及防护措施 消防人员必须戴好防毒面具，在安全距离以外的上风向灭火。尽可能将容器从火场移至空旷处。不要使用强实水流，因为它可能使火势蔓延扩散。喷淋水除非是专业消防员使用，否则灭火效果不佳。还可以使用喷水保持火场容器冷却，直至灭火结束。防止消防水流入下水道和河道。在着火情况下，会分解生成有害物。处在火场中的容器若已变色或从安全泄压装置中发出声音，必须马上撤离。遇大火，消防人员必须在有防护掩蔽处操作。禁止用砂土压盖

第六部分　泄漏应急处理

作业人员防护措施、防护装备和应急处置程序 根据液体流动和蒸气扩散的影响区域划定警戒区，无关人员从侧风、上风向撤离至安全区。消除所有点火源。建议应急处理人员戴正压自给式呼吸器，穿防毒服。勿使泄漏物与可燃物质（如木材、纸、油等）接触。穿上适当的防护服前严禁接触破裂的容器和泄漏物。尽可能切断泄漏源

环境保护措施 防止泄漏物进入水体、下水道、地下室或有限空间

泄漏化学品的收容、清除方法及所使用的处置材料 小量泄漏：用惰性、湿润的不燃材料吸收泄漏物，用洁净的非火花工具收集于一盖子较松的塑料容器中，待处理。大量泄漏：构筑围堤或挖坑收容。在专家指导下清除

第七部分　操作处置与储存

操作注意事项 密闭操作，注意通风。操作人员必须经过专门培训，严格遵守操作规程。建议操作人员佩戴自吸过滤式防毒面具（半面罩），戴化学安全防护眼镜，穿胶布防毒衣，戴橡胶耐油手套。远离火种、热源、工作场所严禁吸烟。使用防爆型的通风系统和设备。远离易燃、可燃物。防止蒸气泄漏到工作场所空气中。避免与还原剂接触。搬运时要轻装轻卸，防止包装及容器损坏。禁止震动、撞击和摩擦。配备相应品种和数量的消防器材及泄漏应急处理设备。倒空的容器可能残留有害物

储存注意事项 储存于阴凉、通风的库房。远离火种、热源。库温不超过30℃，相对湿度不超过80%。保持容器密封。应与易（可）燃物、还原剂分储，请远离还原剂（比如胺）、酸、碱和重金属离子及化合物。同时与食用化学品分开存放，切忌混储。采用防爆型照明、通风设施。禁止使用易产生火花的机械设备和工具。储区应备有泄漏应急处理设备和合适的收容材料。禁止震动、撞击和摩擦。避免温度低于10℃。如果产品冻结或分层，请联系供应商，或者在有经验处理有机过氧化物分层、冻结的专家的指导下操作。避免储存温度高于25℃

第八部分　接触控制/个体防护

职业接触限值

中国　未制定标准

美国（ACGIH）　未制定标准

生物接触限值 未制定标准

监测方法 空气中有毒物质测定方法：未制定标准。生物监测检验方法：未制定标准

工程控制 密闭操作，注意通风

个体防护装备

呼吸系统防护　空气中浓度超标时，必须佩戴过滤式防毒面具（半面罩）。紧急事态抢救或撤离时，应该佩戴空气呼吸器

眼睛防护　戴化学安全防护眼镜

皮肤和身体防护　穿密闭型防毒服

手防护　戴橡胶耐油手套

第九部分　理化特性

外观与性状 无色至微黄色液体，略有芳香味

pH值 无资料　　　　　　**熔点（℃）** 8

沸点（℃） 不适用（沸腾前分解）

相对密度（水=1） 1.02

相对蒸气密度（空气=1） 无资料

饱和蒸气压（kPa） 0.044（50℃）

临界压力（MPa） 无资料

辛醇/水分配系数 lgK_{ow}：3（25℃）

闪点（℃） 高于SADT　　**自燃温度（℃）** 无资料

爆炸下限（%） 无资料　　**爆炸上限（%）** 无资料

分解温度（℃） 60（SADT）　**黏度（mPa·s）** 6（20℃）

燃烧热（kJ/mol） 无资料　**临界温度（℃）** 无资料

溶解性　不溶于水，溶于多数有机溶剂

第十部分　稳定性和反应性

稳定性　正常条件下稳定。在建议的储存条件下是稳定的

危险反应　干燥时经震动、撞击会引起爆炸。与还原剂、催化剂、酸类、还原剂、铁锈、重金属离子及化合物接触会发生剧烈反应，有燃烧爆炸的危险

避免接触的条件　震动、撞击、受热

禁配物　酸和碱、铁、铜、还原剂、重金属离子及化合物、铁锈。除非经过特别控制处理，仅使用不锈钢316、PP、聚乙烯或玻璃衬设备。如果对其他材料的适用性有疑问，请联系供应商

危险的分解产物　苯、叔丁醇、丙酮、二氧化碳、甲烷、苯甲酸

第十一部分　毒理学信息

急性毒性　LD_{50}：1012mg/kg（大鼠经口）；914mg/kg（小鼠经口）

皮肤刺激或腐蚀　无资料　眼睛刺激或腐蚀　无资料

呼吸或皮肤过敏　无资料　生殖细胞突变性　无资料

致癌性　无资料　　　　生殖毒性　无资料

特异性靶器官系统毒性-一次接触　无资料

特异性靶器官系统毒性-反复接触　无资料

吸入危害　无资料

第十二部分　生态学信息

生态毒性　LC_{50}：1.6mg/L（96h）（斑马鱼）；EC_{50}：11mg/L（48h）（大型溞）；ErC_{50}：0.8mg/L（72h）（羊角月牙藻）

持久性和降解性

生物降解性　28d降解70%，易快速生物降解（OECD 301D）

非生物降解性　无资料

潜在的生物累积性　根据K_{ow}值预测，该物质的生物累积性可能较弱

土壤中的迁移性　根据K_{oc}值预测，该物质可能易发生迁移

第十三部分　废弃处置

废弃化学品　建议用控制焚烧法处置。与不燃性物料混合后，再焚烧

污染包装物　将容器返还生产商或按照国家和地方法规处置

废弃注意事项　处置前应参阅国家和地方有关法规。在规定场所掩埋空容器

第十四部分　运输信息

联合国危险货物编号（UN号）　3103（77%＜含量≤100%）

联合国运输名称　液态C型有机过氧化物［过氧化苯甲酸叔丁酯（77%＜含量≤100%）］

联合国危险性类别　5.2

包装类别　—　　　　包装标志

海洋污染物　是

运输注意事项　运输时单独装运，运输过程中要确保容器不泄漏、不倒塌、不坠落、不损坏。运输时运输车辆应配备相应品种和数量的消防器材。严禁与酸类、还原剂、铁锈、重金属离子及化合物等混运。车速要加以控制，避免颠簸、震荡。夏季应早晚运输，防止暴晒。公路运输时要按规定路线行驶，禁止在居民区和人口稠密区停留。运输车辆装卸前后，均应彻底清扫、洗净，严禁混入有机物、重金属离子及化合物、铁锈、还原剂等杂质

第十五部分　法规信息

下列法律、法规、规章和标准，对该化学品的管理作了相应的规定。

中华人民共和国职业病防治法　职业病分类和目录：未列入

危险化学品安全管理条例　危险化学品目录：未列入。易制爆危险化学品名录：未列入。重点监管的危险化学品名录：未列入。GB 18218—2009《危险化学品重大危险源辨识》（表1）：未列入

使用有毒物品作业场所劳动保护条例　高毒物品目录：未列入

易制毒化学品管理条例　易制毒化学品的分类和品种目录：未列入

国际公约　斯德哥尔摩公约：未列入。鹿特丹公约：未列入。蒙特利尔议定书：未列入

第十六部分　其他信息

编写和修订信息　　　缩略语和首字母缩写

培训建议　　　　　　参考文献

免责声明

过氧化二(2,4-二氯苯甲酰)

第一部分　化学品标识

化学品中文名　过氧化二(2,4-二氯苯甲酰)；2,4-二氯过氧化苯甲酰；2,4,2′,4′-四氯过氧化二苯甲酰；硫化剂DCBP

化学品英文名　di-2,4-dichlorobenzoyl peroxide；2,4-dichlorobenzoyl peroxide

分子式　$C_{14}H_6Cl_4O_4$　分子量　380.009

结构式

化学品的推荐及限制用途　用作硅橡胶硫化剂

第二部分　危险性概述

紧急情况概述　加热可引起燃烧或爆炸

GHS危险性类别　有机过氧化物，B型
标签要素

象形图　

警示词　危险
危险性说明　加热可引起燃烧或爆炸
防范说明
　　预防措施　远离热源、火花、明火、热表面。禁止吸烟。远离衣物、可燃物保存。仅在原容器中保存。戴防护手套、防护眼镜、防护面罩
　　事故响应　—
　　安全储存　避免日照。远离其他物质储存
　　废弃处置　本品及内装物、容器依据国家和地方法规处置
物理和化学危险　易燃。受撞击、摩擦，遇明火或其他点火源极易爆炸
健康危害　对眼睛、皮肤和黏膜有刺激作用。受热分解释放出氯气
环境危害　对环境可能有害

第三部分　成分/组成信息

√ 物质　　　　　　　混合物

组分	浓度	CAS No.
过氧化二(2,4-二氯苯甲酰)		133-14-2

第四部分　急救措施

吸入　迅速脱离现场至空气新鲜处。保持呼吸道通畅。如呼吸困难，给输氧。呼吸、心跳停止，立即进行心肺复苏术。就医
皮肤接触　立即脱去污染的衣着，用流动清水彻底冲洗。就医
眼睛接触　立即分开眼睑，用流动清水或生理盐水彻底冲洗。就医
食入　漱口，饮水。就医
对保护施救者的忠告　根据需要使用个人防护设备
对医生的特别提示　对症处理

第五部分　消防措施

灭火剂　用雾状水、泡沫、干粉、二氧化碳灭火
不合适的灭火剂　大量水喷射
特别危险性　干燥状态下，受摩擦、震动、撞击可引起爆炸。受热剧烈分解发生爆炸。与还原剂、催化剂、酸类、碱类、铁锈、重金属离子及化合物等接触会发生剧烈反应，有燃烧爆炸的危险。特别注意：可能发生复燃
灭火注意事项及防护措施　消防人员必须佩戴防毒面具、穿全身消防服，在上风向灭火。尽可能将容器从火场移至空旷处。不要使用强实水流，这样会造成火势蔓延。禁止用砂土压盖

第六部分　泄漏应急处理

作业人员防护措施、防护装备和应急处置程序　隔离泄漏污染区，限制出入。消除所有点火源。建议应急处理人员戴防尘口罩，穿一般作业工作服。勿使泄漏物与可燃物质（如木材、纸、油等）接触。用雾状水保持泄漏物湿润。尽可能切断泄漏源。
环境保护措施　防止泄漏物进入水体、下水道、地下室或有限空间
泄漏化学品的收容、清除方法及所使用的处置材料　小量泄漏：用惰性、湿润的不燃材料吸收泄漏物，用洁净的非火花工具收集于一盖子较松的塑料容器中，待处理。大量泄漏：用水润湿，并筑堤收容。在专家指导下清除

第七部分　操作处置与储存

操作注意事项　密闭操作，局部排风。防止粉尘释放到车间空气中。操作人员必须经过专门培训，严格遵守操作规程。建议操作人员佩戴自吸过滤式防尘口罩，戴化学安全防护眼镜，穿胶布防毒衣，戴橡胶手套。远离火种、热源，工作场所严禁吸烟。使用防爆型的通风系统和设备。远离易燃、可燃物。避免产生粉尘。避免与氧化剂接触。配备相应品种和数量的消防器材及泄漏应急处理设备。倒空的容器可能残留有害物
储存注意事项　通常商品加有稳定剂。储存于阴凉、通风的库房。远离火种、热源。防止阳光直射。库温不超过30℃，相对湿度不超过80%。包装密封。应与还原剂、催化剂、酸类、碱类、铁锈、重金属离子及化合物等分开存放，切忌混储。不宜久存，以免变质。配备相应品种和数量的消防器材。储区应备有合适的材料收容泄漏物。禁止震动、撞击和摩擦

第八部分　接触控制/个体防护

职业接触限值
　　中国　未制定标准
　　美国（ACGIH）　未制定标准
生物接触限值　未制定标准
监测方法　空气中有毒物质测定方法：未制定标准。生物监测检验方法：未制定标准
工程控制　密闭操作，局部排风
个体防护装备
　　呼吸系统防护　空气中粉尘浓度超标时，必须佩戴过滤式防尘呼吸器。紧急事态抢救或撤离时，应该佩戴空气呼吸器
　　眼睛防护　戴化学安全防护眼镜
　　皮肤和身体防护　穿密闭型防毒服
　　手防护　戴橡胶手套

第九部分　理化特性

外观与性状　白色至浅黄色结晶粉末或片状带滑感的粉末
pH值　无意义
熔点(℃)　不适用(熔化前分解)
沸点(℃)　不适用(沸腾前分解)
相对密度(水=1)　1.18
相对蒸气密度(空气=1)　无资料
饱和蒸气压(kPa)　无资料

临界压力(MPa) 无资料	辛醇/水分配系数 无资料	
闪点(℃) 无意义	自燃温度(℃) 无资料	
爆炸下限(%) 无资料	爆炸上限(%) 无资料	
分解温度(℃) 60(SADT)	黏度(mPa·s) 无资料	
燃烧热(kJ/mol) 无资料	临界温度(℃) 无资料	

溶解性 不溶于水，微溶于乙醇，溶于丙酮，易溶于苯、氯仿

第十部分 稳定性和反应性

稳定性 推荐条件下稳定

危险反应 干燥状态下，受摩擦、震动、撞击可引起爆炸。受热剧烈分解发生爆炸。与还原剂、催化剂、酸类、碱类、铁锈、重金属离子等接触会发生剧烈反应，有燃烧爆炸的危险

避免接触的条件 受热、摩擦、震动、撞击

禁配物 还原剂、催化剂、酸类、碱类、铁锈、重金属离子

危险的分解产物 氯化氢

第十一部分 毒理学信息

急性毒性 LD$_{50}$：225mg/kg（小鼠腹腔）

皮肤刺激或腐蚀 无资料	眼睛刺激或腐蚀 无资料
呼吸或皮肤过敏 无资料	生殖细胞突变性 无资料
致癌性 无资料	生殖毒性 无资料

特异性靶器官系统毒性--次接触 无资料

特异性靶器官系统毒性-反复接触 无资料

吸入危害 无资料

第十二部分 生态学信息

生态毒性 无资料

持久性和降解性

　　生物降解性 无资料

　　非生物降解性 无资料

潜在的生物累积性 无资料

土壤中的迁移性 无资料

第十三部分 废弃处置

废弃化学品 建议用控制焚烧法或安全掩埋法处置。破损容器禁止重新使用，要在规定场所掩埋

污染包装物 将容器返还生产商或按照国家和地方法规处置

废弃注意事项 处置前应参阅国家和地方有关法规

第十四部分 运输信息

联合国危险货物编号（UN号） 3102（含量≤77%，含水≥23%）

联合国运输名称 固态B型有机过氧化物［过氧化二(2,4-二氯苯甲酰)(含量≤77%,含水≥23%)］

联合国危险性类别 5.2

包装类别 — 包装标志

海洋污染物 否

运输注意事项 运输时单独装运，运输过程中要确保容器不泄漏、不倒塌、不坠落、不损坏。运输时运输车辆应配备相应品种和数量的消防器材。严禁与还原剂、催化剂、酸类、碱类、铁锈、重金属离子及化合物、自燃物品、遇湿易燃物品等并车混运。车速要加以控制，避免颠簸、震荡。夏季应早晚运输，防止日光暴晒。公路运输时要按规定路线行驶，禁止在居民区和人口稠密区停留。运输车辆装卸前后，均应彻底清扫、洗净，严禁混入还原剂、催化剂、酸类、碱类、铁锈、重金属离子及化合物等杂质

第十五部分 法规信息

下列法律、法规、规章和标准，对该化学品的管理作了相应的规定。

中华人民共和国职业病防治法 职业病分类和目录：未列入

危险化学品安全管理条例 危险化学品目录：列入。易制爆危险化学品名录：未列入。重点监管的危险化学品名录：未列入。GB 18218—2009《危险化学品重大危险源辨识》（表1）：未列入

使用有毒物品作业场所劳动保护条例 高毒物品目录：未列入

易制毒化学品管理条例 易制毒化学品的分类和品种目录：未列入

国际公约 斯德哥尔摩公约：未列入。鹿特丹公约：未列入。蒙特利尔议定书：未列入

第十六部分 其他信息

编写和修订信息	缩略语和首字母缩写
培训建议	参考文献
免责声明	

过氧化二碳酸二(2-乙基己基)酯

第一部分 化学品标识

化学品中文名 过氧化二碳酸二(2-乙基己基)酯；过氧化二(2-乙基己基)二碳酸酯；过二碳酸二(2-乙基己)酯

化学品英文名 di-(2-ethylhexyl) peroxydicarbonate；bis(2-ethylhexyl)peroxydicarbonate

分子式 C$_{18}$H$_{34}$O$_6$ 分子量 346.459

结构式

化学品的推荐及限制用途 用作乙烯、氯乙烯、苯乙烯、乙酸乙烯、甲基丙烯酸甲酯等的聚合引发剂

第二部分 危险性概述

紧急情况概述 加热可引起燃烧

GHS危险性类别 有机过氧化物，C型

标签要素

象形图　

警示词　危险

危险性说明　加热可引起燃烧

防范说明

预防措施　远离热源、火花、明火、热表面。禁止吸烟。远离衣物、可燃物保存。仅在原容器中保存。戴防护手套、防护眼镜、防护面罩

事故响应　—

安全储存　保持阴凉。避免日照。远离其他物质储存

废弃处置　本品及内装物、容器依据国家和地方法规处置

物理和化学危险　易燃。受撞击、摩擦，遇明火或其他点火源极易爆炸

健康危害　对眼睛、皮肤和黏膜有刺激性，属低毒物质。受热分解放出有腐蚀性和刺激性的烟雾

环境危害　对环境可能有害

第三部分　成分/组成信息

√ 物质　　　　　　　　　　混合物

组分	浓度	CAS No.
过氧化二碳酸二(2-乙基己基)酯		16111-62-9

第四部分　急救措施

吸入　迅速脱离现场至空气新鲜处。保持呼吸道通畅。如呼吸困难，给输氧。呼吸、心跳停止，立即进行心肺复苏术。就医

皮肤接触　立即脱去污染的衣着，用流动清水彻底冲洗。就医

眼睛接触　立即分开眼睑，用流动清水或生理盐水彻底冲洗。就医

食入　漱口，饮水。就医

对保护施救者的忠告　根据需要使用个人防护设备

对医生的特别提示　对症处理

第五部分　消防措施

灭火剂　用雾状水、泡沫、干粉、二氧化碳灭火

特别危险性　在室温下迅速分解，其蒸气接触空气能自燃。受热或经摩擦、震动、撞击可引起燃烧或爆炸。与还原剂、催化剂、有机物、可燃物等接触会发生剧烈反应，有燃烧爆炸的危险。特别注意：可能发生复燃

灭火注意事项及防护措施　消防人员须佩戴防毒面具、穿全身消防服，在上风向灭火。不要使用强实水流，因为它可能使火势蔓延扩散。喷淋水除非是专业消防员使用，否则灭火效果不佳。可以使用喷水保持火场容器冷却，直至灭火结束。防止消防水流入下水道和河道。在着火情况下，会分解生成有害物。处在火场中的容器若已变色或从安全泄压装置中发出声音，必须

马上撤离。遇大火，消防人员须在有防护掩蔽处操作。禁止用砂土压盖

第六部分　泄漏应急处理

作业人员防护措施、防护装备和应急处置程序　根据液体流动和蒸气扩散的影响区域划定警戒区，无关人员从侧风、上风向撤离至安全区。建议应急处理人员戴正压自给式呼吸器，穿防毒服。禁止接触或跨越泄漏物。勿使泄漏物与可燃物质（如木材、纸、油等）接触。尽可能切断泄漏源

环境保护措施　防止泄漏物进入水体、下水道、地下室或有限空间

泄漏化学品的收容、清除方法及所使用的处置材料　小量泄漏：用水稀释，保持其湿润状态。用惰性、湿润的不燃材料吸收泄漏物，用洁净的非火花工具收集于一盖子较松的塑料容器中，待处理。大量泄漏：构筑围堤或挖坑收容。在专家指导下清除。避免封闭空间，严禁回收泄漏物进入原始窖器

第七部分　操作处置与储存

操作注意事项　密闭操作，局部排风。防止蒸气泄漏到工作场所空气中。操作人员必须经过专门培训，严格遵守操作规程。建议操作人员佩戴自吸过滤式防毒面具（半面罩），戴化学安全防护眼镜，穿胶布防毒衣，戴橡胶手套。远离火种、热源，工作场所严禁吸烟。使用防爆型的通风系统和设备。在清除液体和蒸气前不能进行焊接、切割等作业。远离易燃、可燃物。避免产生烟雾。避免与还原剂、酸类接触。配备相应品种和数量的消防器材及泄漏应急处理设备。倒空的容器可能残留有害物

储存注意事项　本品需存储在−20℃以下，仓库或存放设施应具有温控措施。只能在原容器中存放，且需保持容器密封。不同稀释剂配方产品的控制温度和危急温度请查看 GB 28644.3《有机过氧化物分类及品名表》应与还原剂、酸类、铁锈、重金属离子及化合物、易(可)燃物分开存放，切忌混储。采用防爆型照明、通风设施。禁止使用易产生火花的机械设备和工具。储区应备有泄漏应急处理设备和合适的收容材料。禁止震动、撞击和摩擦

第八部分　接触控制/个体防护

职业接触限值

中国　未制定标准

美国（ACGIH）　未制定标准

生物接触限值　未制定标准

监测方法　空气中有毒物质测定方法：未制定标准。生物监测检验方法：未制定标准

工程控制　密闭操作，局部排风

个体防护装备

呼吸系统防护　空气中浓度超标时，必须佩戴过滤式防毒面具（半面罩）。紧急事态抢救或撤离时，应该佩戴空气呼吸器

眼睛防护　戴化学安全防护眼镜

皮肤和身体防护　穿密闭型防毒服
手防护　戴橡胶手套

第九部分　理化特性

外观与性状　无色液体　　**pH 值**　无资料
熔点(℃)　−30
沸点(℃)　不适用（沸腾前分解）
相对密度(水＝1)　0.995（−10℃）
相对蒸气密度(空气＝1)　无资料
饱和蒸气压(kPa)　＜0.004（20℃）
临界压力(MPa)　无资料
辛醇/水分配系数　无资料　　闪点(℃)　高于 SADT
自燃温度(℃)　无资料　　爆炸下限(%)　无资料
爆炸上限(%)　无资料　　分解温度(℃)　0（SADT）
黏度(mPa·s)　无资料　　燃烧热(kJ/mol)　无资料
临界温度(℃)　无资料　　溶解性　不溶于水

第十部分　稳定性和反应性

稳定性　在推荐的储存温度和储存条件下稳定。严格控制储存温度为−20℃及以下
危险反应　在室温下迅速分解，其蒸气接触空气能自燃。受热或经摩擦、震动、撞击可引起燃烧或爆炸。与还原剂、催化剂、有机物、可燃物等接触会发生剧烈反应，有燃烧爆炸的危险
避免接触的条件　密闭空间使用、受热、摩擦、震动、撞击
禁配物　还原剂、酸类、碱类、重金属离子及化合物、铁锈。除非经过特别控制处理，仅使用不锈钢316、PP、聚乙烯或玻璃衬设备。如果对其他材料的适用性有疑问，请联系供应商
危险的分解产物　无资料

第十一部分　毒理学信息

急性毒性　LD$_{50}$：1020mg/kg（大鼠经口）
皮肤刺激或腐蚀　无资料　　**眼睛刺激或腐蚀**　无资料
呼吸或皮肤过敏　无资料　　**生殖细胞突变性**　无资料
致癌性　无资料　　**生殖毒性**　无资料
特异性靶器官系统毒性-一次接触　无资料
特异性靶器官系统毒性-反复接触　无资料
吸入危害　无资料

第十二部分　生态学信息

生态毒性　无资料
持久性和降解性
　　生物降解性　无资料
　　非生物降解性　无资料
潜在的生物累积性　无资料
土壤中的迁移性　无资料

第十三部分　废弃处置

废弃化学品　用5%氢氧化钠水溶液或苏打灰中和，接着加水。建议用控制焚烧法或安全掩埋法处置
污染包装物　破损容器禁止重新使用，要在规定场所掩埋

废弃注意事项　处置前应参阅国家和地方有关法规

第十四部分　运输信息

联合国危险货物编号（UN 号）　3113
联合国运输名称　液态 C 型有机过氧化物，控制温度的〔过氧化二碳酸二(2-乙基己基)酯(77%＜含量≤100%)〕
联合国危险性类别　5.2

包装类别　—　　　　**包装标志**

海洋污染物　否
运输注意事项　保持制冷系统工作正常，实时监测温度，严格控制温度。运输时单独装运，运输过程中要确保容器不泄漏、不倒塌、不坠落、不损坏。运输时运输车辆应配备相应品种和数量的消防器材。严禁与酸类、还原剂、自燃物品、遇湿易燃物品、铁锈、重金属离子及化合物等混运。车速要加以控制，避免颠簸、震荡。夏季应早晚运输，防止暴晒。公路运输时要按规定路线行驶，禁止在居民区和人口稠密区停留。运输车辆装卸前后，均应彻底清扫、洗净，严禁混入酸类、还原剂、自燃物品、遇湿易燃物品、铁锈、重金属离子及化合物等杂质
其他运输信息　控制温度：−20℃；紧急温度：−10℃

第十五部分　法规信息

　　下列法律、法规、规章和标准，对该化学品的管理作了相应的规定。
中华人民共和国职业病防治法　职业病分类和目录：未列入
危险化学品安全管理条例　危险化学品目录：列入。易制爆危险化学品名录：未列入。重点监管的危险化学品名录：未列入。GB 18218—2009《危险化学品重大危险源辨识》（表1）：未列入
使用有毒物品作业场所劳动保护条例　高毒物品目录：未列入
易制毒化学品管理条例　易制毒化学品的分类和品种目录：未列入
国际公约　斯德哥尔摩公约：未列入。鹿特丹公约：未列入。蒙特利尔议定书：未列入

第十六部分　其他信息

编写和修订信息　　　缩略语和首字母缩写
培训建议　　　　　　参考文献
免责声明

过氧化二碳酸二乙酯

第一部分　化学品标识

化学品中文名　过氧化二碳酸二乙酯；过氧化二乙基二碳酸酯
化学品英文名　diethyl peroxydicarbonate；diethyl peroxydiformate

分子式　$C_6H_{10}O_6$　分子量　178.139

结构式　

化学品的推荐及限制用途　聚合用引发剂、催化剂等

第二部分　危险性概述

紧急情况概述　加热可引起燃烧
GHS危险性类别　有机过氧化物，D型
标签要素

象形图　

　　警示词　危险
　　危险性说明　加热可引起燃烧
　　防范说明
　　　　预防措施　远离热源、火花、明火、热表面。禁止
　　　　　　吸烟。远离衣物、可燃物保存。仅在原容器中
　　　　　　保存。戴防护手套、防护眼镜、防护面罩
　　　　事故响应　——
　　　　安全储存　保持阴凉，储存温度不超过−10℃。避
　　　　　　免日照。远离其他物质储存
　　　　废弃处置　本品及内装物、容器依据国家和地方法
　　　　　　规处置
物理和化学危险　易燃。受撞击、摩擦，遇明火或其他点
　　火源极易爆炸
健康危害　对眼睛和黏膜有强烈刺激作用，受热分解释放
　　出有腐蚀性的烟雾
环境危害　对环境可能有害

第三部分　成分/组成信息

✓　物质　　　　　　　　混合物

组分	浓度	CAS No.
过氧化二碳酸二乙酯		14666-78-5

第四部分　急救措施

吸入　迅速脱离现场至空气新鲜处。保持呼吸道通畅。如
　　呼吸困难，给输氧。如呼吸、心跳停止，立即进行心
　　肺复苏术。就医
皮肤接触　立即脱去污染的衣着，用流动清水彻底冲洗。
　　就医
眼睛接触　立即分开眼睑，用流动清水或生理盐水彻底冲
　　洗。就医
食入　漱口，饮水。就医
对保护施救者的忠告　根据需要使用个人防护设备
对医生的特别提示　对症处理

第五部分　消防措施

灭火剂　用雾状水、泡沫、干粉、二氧化碳灭火
特别危险性　强氧化剂。常温下能急剧分解，引起燃烧爆
　　炸。与还原剂、催化剂、有机物、可燃物等接触会发
　　生剧烈反应，有燃烧爆炸的危险

灭火注意事项及防护措施　消防人员必须佩戴空气呼吸
　　器、穿全身防火防毒服，在上风向灭火。尽可能将容
　　器从火场移至空旷处。喷水保持火场容器冷却，直至
　　灭火结束。处在火场中的容器若已变色或从安全泄压
　　装置中发出声音，必须马上撤离。禁止用砂土压盖

第六部分　泄漏应急处理

作业人员防护措施、防护装备和应急处置程序　根据液体
　　流动和蒸气扩散的影响区域划定警戒区，无关人员从
　　侧风向、上风向撤离至安全区。消除所有点火源。建
　　议应急处理人员戴正压自给式呼吸器，穿一般作业工
　　作服。禁止接触或跨越泄漏物。勿使泄漏物与可燃物
　　质（如木材、纸、油等）接触。尽可能切断泄漏源
环境保护措施　防止泄漏物进入水体、下水道、地下室或
　　有限空间
泄漏化学品的收容、清除方法及所使用的处置材料　小量
　　泄漏：用惰性、湿润的不燃材料吸收泄漏物，用洁净
　　的非火花工具收集于一盖子较松的塑料容器中，待处
　　理。大量泄漏：构筑围堤或挖坑收容。在专家指导下
　　清除

第七部分　操作处置与储存

操作注意事项　密闭操作，提供充分的局部排风。防止蒸
　　气泄漏到工作场所空气中。操作人员必须经过专门培
　　训，严格遵守操作规程。建议操作人员佩戴自吸过滤
　　式防毒面具（全面罩），穿连体式防毒衣，戴橡胶手
　　套。远离火种、热源，工作场所严禁吸烟。使用防爆
　　型的通风系统和设备。在清除液体和蒸气前不能进行
　　焊接、切割等作业。远离易燃、可燃物。避免产生烟
　　雾。避免与还原剂、酸类接触。配备相应品种和数量
　　的消防器材及泄漏应急处理设备。倒空的容器可能残
　　留有害物
储存注意事项　储存于阴凉、通风的库房。远离火种、热
　　源。防止阳光直射。保持容器密封。应与还原剂、酸
　　类、易（可）燃物分开存放，切忌混储。采用防爆型
　　照明、通风设施。禁止使用易产生火花的机械设备和
　　工具。储区应备有泄漏应急处理设备和合适的收容材
　　料。禁止震动、撞击和摩擦

第八部分　接触控制/个体防护

职业接触限值
　　中国　未制定标准
　　美国（ACGIH）　未制定标准
生物接触限值　未制定标准
监测方法　空气中有毒物质测定方法：未制定标准。生物
　　监测检验方法：未制定标准
工程控制　严加密闭，提供充分的局部排风
个体防护装备
　　呼吸系统防护　空气中浓度超标时，必须佩戴过滤式
　　　　防毒面具（全面罩）。紧急事态抢救或撤离时，
　　　　应该佩戴空气呼吸器
　　眼睛防护　呼吸系统防护中已作防护
　　皮肤和身体防护　穿连体式防毒衣

手防护 戴橡胶手套

第九部分 理化特性

外观与性状 无色液体

pH 值 无资料　　　　熔点(℃) 无资料

沸点(℃) 无资料　　　相对密度(水＝1) 无资料

相对蒸气密度(空气＝1) 无资料

饱和蒸气压(kPa) 无资料

临界压力(MPa) 无资料　辛醇/水分配系数 无资料

闪点(℃) 无资料　　　自燃温度(℃) 无资料

爆炸下限(%) 无资料　爆炸上限(%) 无资料

分解温度(℃) 无资料　黏度(mPa·s) 无资料

燃烧热(kJ/mol) 无资料　临界温度(℃) 无资料

溶解性 不溶于水

第十部分 稳定性和反应性

稳定性 不稳定

危险反应 常温下能急剧分解，引起燃烧爆炸。与还原
　　剂、催化剂、有机物、可燃物等接触会发生剧烈反
　　应，有燃烧爆炸的危险

避免接触的条件 受热（常温下能急剧分解）；摩擦、震
　　动、撞击

禁配物 还原剂、强酸、易燃或可燃物

危险的分解产物 无资料

第十一部分 毒理学信息

急性毒性 无资料

皮肤刺激或腐蚀 无资料　眼睛刺激或腐蚀 无资料

呼吸或皮肤过敏 无资料　生殖细胞突变性 无资料

致癌性 无资料　　　　生殖毒性 无资料

特异性靶器官系统毒性--一次接触 无资料

特异性靶器官系统毒性-反复接触 无资料

吸入危害 无资料

第十二部分 生态学信息

生态毒性 无资料

持久性和降解性

　　生物降解性 无资料

　　非生物降解性 无资料

潜在的生物累积性 无资料

土壤中的迁移性 无资料

第十三部分 废弃处置

废弃化学品 用5%氢氧化钠水溶液或苏打灰中和，接着
　　加水。建议用控制焚烧法或安全掩埋法处置。破损容
　　器禁止重新使用，要在规定场所掩埋

污染包装物 将容器返还生产商或按照国家和地方法规
　　处置

废弃注意事项 处置前应参阅国家和地方有关法规

第十四部分 运输信息

联合国危险货物编号（UN号） 3105

联合国运输名称 液态D型有机过氧化物（过氧化二碳
酸二乙酯）

联合国危险性类别 5.2

包装类别 —　　　　　包装标志

海洋污染物 否

运输注意事项 运输时单独装运，运输过程中要确保容器
　　不泄漏、不倒塌、不坠落、不损坏。运输时运输车辆
　　应配备相应品种和数量的消防器材。严禁与酸类、易
　　燃物、有机物、还原剂、自燃物品、遇湿易燃物品等
　　并车混运。车速要加以控制，避免颠簸、震荡。夏季
　　应早晚运输，防止日光暴晒。公路运输时要按规定路
　　线行驶，禁止在居民区和人口稠密区停留。运输车辆
　　装卸前后，均应彻底清扫、洗净，严禁混入有机物、
　　易燃物等杂质

第十五部分 法规信息

　　下列法律、法规、规章和标准，对该化学品的管理作
了相应的规定。

中华人民共和国职业病防治法 职业病分类和目录：未
　　列入

危险化学品安全管理条例 危险化学品目录：列入。易制
　　爆危险化学品名录：未列入。重点监管的危险化学品
　　名录：未列入。GB 18218—2009《危险化学品重大
　　危险源辨识》（表1）：未列入

使用有毒物品作业场所劳动保护条例 高毒物品目录：未
　　列入

易制毒化学品管理条例 易制毒化学品的分类和品种目
　　录：未列入

国际公约 斯德哥尔摩公约：未列入。鹿特丹公约：未列
　　入。蒙特利尔议定书：未列入

第十六部分 其他信息

编写和修订信息　　缩略语和首字母缩写

培训建议　　　　　参考文献

免责声明

过氧化二碳酸二异丙酯

第一部分 化学品标识

化学品中文名 过氧化二碳酸二异丙酯；过氧化二异丙基
　　二碳酸酯

化学品英文名 diisopropyl peroxydicarbonate

分子式 $C_8H_{14}O_6$　　分子量 206.19

结构式

化学品的推荐及限制用途 用于有机合成

第二部分 危险性概述

紧急情况概述 加热可引起燃烧或爆炸，造成皮肤刺激，
造成严重眼损伤

GHS 危险性类别　有机过氧化物，B 型；皮肤腐蚀/刺激，类别 2；严重眼损伤/眼刺激，类别 1

标签要素

象形图　

警示词　危险

危险性说明　加热可引起燃烧或爆炸，造成皮肤刺激，造成严重眼损伤

防范说明

预防措施　远离热源、火花、明火、热表面。禁止吸烟。远离衣物、可燃物保存。仅在原容器中保存。戴防护手套、防护眼镜、防护面罩。避免接触眼睛、皮肤，操作后彻底清洗

事故响应　皮肤接触：用大量肥皂水和水清洗。如发生皮肤刺激，就医。脱去被污染的衣服，衣服洗净后方可重新使用。接触眼睛：用水细心冲洗数分钟。如戴隐形眼镜并可方便地取出，取出隐形眼镜，继续冲洗。如不适立即呼叫中毒控制中心或就医

安全储存　保持阴凉。避免日照。远离其他物质储存

废弃处置　本品及内装物、容器依据国家和地方法规处置

物理和化学危险　易燃。受撞击、摩擦，遇明火或其他点火源极易爆炸

健康危害　严重刺激眼睛。摄入和皮肤接触有中度毒性。皮肤长时间接触会有损害。吸入蒸气可致头痛，高浓度吸入可引起肺水肿

环境危害　对环境可能有害

第三部分　成分/组成信息

√ 物质　　　　　　　　　混合物

组分	浓度	CAS No.
过氧化二碳酸二异丙酯		105-64-6

第四部分　急救措施

吸入　迅速脱离现场至空气新鲜处。保持呼吸道通畅。如呼吸困难，给输氧。呼吸、心跳停止，立即进行心肺复苏术。就医

皮肤接触　立即脱去污染的衣着，用流动清水彻底冲洗。就医

眼睛接触　立即分开眼睑，用流动清水或生理盐水彻底冲洗 5～10min。就医

食入　漱口，饮水。就医

对保护施救者的忠告　根据需要使用个人防护设备

对医生的特别提示　对症处理

第五部分　消防措施

灭火剂　用雾状水、泡沫、干粉、二氧化碳灭火

特别危险性　易燃。在正常环境温度下会爆炸。对热、震动、撞击和摩擦相当敏感，极易分解发生爆炸。与还

原剂、催化剂、酸类、铁锈、重金属离子及化合物接触发生强烈反应而引起燃烧或爆炸。特别注意：可能发生复燃

灭火注意事项及防护措施　不要使用强实水流，因为它可能使火势蔓延扩散。喷淋水除非是消防员使用，否则灭火效果不佳。消防人员必须佩戴空气呼吸器、穿全身防火防毒服，在上风向灭火。尽可能将容器从火场移至空旷处。喷水保持火场容器冷却，直至灭火结束。处在火场中的容器若已变色或从安全泄压装置中发出声音，必须马上撤离。禁止用砂土压盖

第六部分　泄漏应急处理

作业人员防护措施、防护装备和应急处置程序　根据液体流动和蒸气扩散的影响区域划定警戒区，无关人员从侧风、上风向撤离至安全区。建议应急处理人员戴正压自给式呼吸器，穿一般作业工作服。禁止接触或跨越泄漏物。勿使泄漏物与可燃物质（如木材、纸、油等）接触。尽可能切断泄漏源

环境保护措施　防止泄漏物进入水体、下水道、地下室或有限空间

泄漏化学品的收容、清除方法及所使用的处置材料　小量泄漏：用惰性、湿润的不燃材料吸收泄漏物，用洁净的非火花工具收集于一盖子较松的塑料容器中，待处理。大量泄漏：构筑围堤或挖坑收容。在专家指导下清除

第七部分　操作处置与储存

操作注意事项　密闭操作，加强通风。操作人员必须经过专门培训，严格遵守操作规程。建议操作人员佩戴自吸过滤式防毒面具（全面罩），穿连体式防毒衣，戴橡胶手套。远离火种、热源，工作场所严禁吸烟。使用防爆型的通风系统和设备。防止蒸气泄漏到工作场所空气中。避免与酸类、碱类接触。搬运时要轻装轻卸，防止包装及容器损坏。配备相应品种和数量的消防器材及泄漏应急处理设备。倒空的容器可能残留有害物

储存注意事项　本品需存储在−15℃以下，仓库或存放设施应具有温控措施。只能在原容器中存放，且需保持容器密封。不同产品的控制温度和危急温度请查看 GB 28644.3《有机过氧化物分类及品名表》。应与酸类、碱类分开存放，请远离还原剂（比如胺）和重金属离子及化合物，切忌混储。采用防爆型照明、通风设施。禁止使用易产生火花的机械设备和工具。储区应备有泄漏应急处理设备和合适的收容材料。禁止震动、撞击和摩擦

第八部分　接触控制/个体防护

职业接触限值

中国　未制定标准

美国（ACGIH）　未制定标准

生物接触限值　未制定标准

监测方法　空气中有毒物质测定方法：未制定标准。生物监测检验方法：未制定标准

工程控制　生产过程密闭，加强通风。提供安全淋浴和洗眼设备

个体防护装备

呼吸系统防护　空气中浓度超标时，必须佩戴过滤式防毒面具（全面罩）。紧急事态抢救或撤离时，应该佩戴空气呼吸器

眼睛防护　呼吸系统防护中已作防护

皮肤和身体防护　穿连体式防毒衣

手防护　戴橡胶手套

第九部分　理化特性

外观与性状　无色液体，低温时为无色结晶性粉末

pH 值　无资料　　　　　　熔点（℃）　0

沸点（℃）　不适用（沸腾前已分解）

相对密度（水＝1）　1.08

相对蒸气密度（空气＝1）　无资料

饱和蒸气压（kPa）　无资料

临界压力（MPa）　无资料　　辛醇/水分配系数　无资料

闪点（℃）　高于 SADT　　自燃温度（℃）　无资料

爆炸下限（%）　无资料　　爆炸上限（%）　无资料

分解温度（℃）　5（SADT）　黏度（mPa·s）　41（−10℃）

燃烧热（kJ/mol）　无资料　临界温度（℃）　无资料

溶解性　不溶于水，可混溶于烃类、醚、酯等多数有机溶剂

第十部分　稳定性和反应性

稳定性　在推荐的储存温度和储存条件下稳定。严格控制储存温度为−15℃及以下

危险反应　在正常环境温度下会爆炸。对热、震动、撞击和摩擦相当敏感，极易分解发生爆炸。还原剂、催化剂、酸类、碱类、重金属离子及化合物、铁锈等接触发生强烈反应而引起燃烧或爆炸

避免接触的条件　震动、撞击、摩擦、受热、光照

禁配物　还原剂、酸类、碱类、重金属离子及化合物、铁锈。如果对其他材料的适用性有疑问，请联系供应商。请勿与无机过氧物催化剂混合，除非经过特殊的控制处理。仅使用不锈钢316、PP、聚乙烯或玻璃内衬设备

危险的分解产物　无资料

第十一部分　毒理学信息

急性毒性　LD$_{50}$：2140mg/kg（大鼠经口）；2025mg/kg（兔经皮）

皮肤刺激或腐蚀　无资料　　眼睛刺激或腐蚀　无资料

呼吸或皮肤过敏　无资料　　生殖细胞突变性　无资料

致癌性　无资料　　　　　　生殖毒性　无资料

特异性靶器官系统毒性-一次接触　无资料

特异性靶器官系统毒性-反复接触　无资料

吸入危害　无资料

第十二部分　生态学信息

生态毒性　无资料

持久性和降解性

生物降解性　无资料

非生物降解性　无资料

潜在的生物累积性　无资料

土壤中的迁移性　无资料

第十三部分　废弃处置

废弃化学品　建议用控制焚烧法处置。与不燃性物料混合后，再焚烧

污染包装物　将容器返还生产商或按照国家和地方法规处置

废弃注意事项　处置前应参阅国家和地方有关法规

第十四部分　运输信息

联合国危险货物编号（UN 号）　3112

联合国运输名称　固态 B 型有机过氧化物，控制温度的〔过氧化二碳酸二异丙酯（52%＜含量≤100%）〕

联合国危险性类别　5.2

包装类别　—

包装标志　　（52%＜含量≤100%）

—

海洋污染物　否

运输注意事项　保持制冷系统工作正常，实时监测温度，严格控制温度。运输时单独装运，运输过程中要确保容器不泄漏、不倒塌、不坠落、不损坏。运输时运输车辆应配备相应品种和数量的消防器材。严禁与酸类、还原剂、自燃物品、遇湿易燃物品、铁锈、重金属离子及化合物等混运。车速要加以控制，避免颠簸、震荡。夏季应早晚运输，防止曝晒。公路运输时要按规定路线行驶，勿在居民区和人口稠密区停留。运输车辆装卸前后，均应彻底清扫、洗净，严禁混入酸类、还原剂、自燃物品、遇湿易燃物品、铁锈、重金属离子及化合物等杂质

其他运输信息　控制温度：−15℃；紧急温度：−5℃

第十五部分　法规信息

　　下列法律、法规、规章和标准，对该化学品的管理作了相应的规定。

中华人民共和国职业病防治法　职业病分类和目录：未列入

危险化学品安全管理条例　危险化学品目录：列入。易制爆危险化学品名录：未列入。重点监管的危险化学品名录：未列入。GB 18218—2009《危险化学品重大危险源辨识》（表1）：未列入

使用有毒物品作业场所劳动保护条例　高毒物品目录：未列入

易制毒化学品管理条例　易制毒化学品的分类和品种目录：未列入

国际公约　斯德哥尔摩公约：未列入。鹿特丹公约：未列入。蒙特利尔议定书：未列入

第十六部分　其他信息

编写和修订信息　　　缩略语和首字母缩写

培训建议　　　　　　参考文献

免责声明

过氧化二碳酸二正丙酯

第一部分　化学品标识

化学品中文名　过氧化二碳酸二正丙酯；二正丙基过氧重碳酸酯；过氧化二碳酸二丙酯

化学品英文名　di-*n*-propyl peroxydicarbonate；*n*-propyl percarbonate

分子式　$C_8H_{14}O_6$　**分子量**　206.193

结构式　

化学品的推荐及限制用途　用作聚合引发剂、催化剂等

第二部分　危险性概述

紧急情况概述　加热可引起燃烧

GHS危险性类别　有机过氧化物，C型

标签要素

象形图

警示词　危险

危险性说明　加热可引起燃烧

防范说明

预防措施　远离热源、火花、明火、热表面。禁止吸烟。远离衣物、可燃物保存。仅在原容器中保存。戴防护手套、防护眼镜、防护面罩

事故响应　—

安全储存　保持阴凉。避免日照。远离其他物质储存

废弃处置　本品及内装物、容器依据国家和地方法规处置

物理和化学危险　易燃。受撞击、摩擦，遇明火或其他点火源极易爆炸

健康危害　吸入、摄入或经皮肤吸收后可引起中毒。本品属低毒类，对皮肤和黏膜有刺激作用。受热分解释出有腐蚀性和刺激性的烟雾

环境危害　对环境可能有害

第三部分　成分/组成信息

√ 物质　　　　　　　　　混合物

组分	浓度	CAS No.
过氧化二碳酸二正丙酯		16066-38-9

第四部分　急救措施

吸入　迅速脱离现场至空气新鲜处。保持呼吸道通畅。如呼吸困难，给输氧。如呼吸、心跳停止，立即进行心肺复苏术。就医

皮肤接触　立即脱去污染的衣着，用流动清水彻底冲洗。就医

眼睛接触　立即分开眼睑，用流动清水或生理盐水彻底冲洗。就医

食入　漱口，饮水。就医

对保护施救者的忠告　根据需要使用个人防护设备

对医生的特别提示　对症处理

第五部分　消防措施

灭火剂　用雾状水、泡沫、干粉、二氧化碳灭火

不合适的灭火剂　大量水喷射

特别危险性　常温下能急剧分解，引起燃烧爆炸。与还原剂、催化剂、酸类、铁锈、重金属离子及化合物接触发生强烈反应而引起燃烧。特别注意：可能发生复燃

灭火注意事项及防护措施　消防人员须佩戴防毒面具、穿全身消防服，在上风向灭火。不要使用强实水流，因为它可能使火势蔓延扩散。喷淋水除非是消防员使用，否则灭火效果不佳。尽可能将容器从火场移至空旷处。喷水保持火场容器冷却，直至灭火结束。处在火场中的容器若已变色或从安全泄压装置中发出声音，必须马上撤离。禁止用砂土压盖

第六部分　泄漏应急处理

作业人员防护措施、防护装备和应急处置程序　根据液体流动和蒸气扩散的影响区域划定警戒区，无关人员从侧风向、上风向撤离至安全区。消除所有点火源。建议应急处理人员戴正压自给式呼吸器，穿一般作业工作服。禁止接触或跨越泄漏物。勿使泄漏物与可燃物质（如木材、纸、油等）接触。尽可能切断泄漏源

环境保护措施　防止泄漏物进入水体、下水道、地下室或有限空间

泄漏化学品的收容、清除方法及所使用的处置材料　小量泄漏：用惰性、湿润的不燃材料吸收泄漏物，用洁净的非火花工具收集于一盖子较松的塑料容器中，待处理。大量泄漏：构筑围堤或挖坑收容。在专家指导下清除

第七部分　操作处置与储存

操作注意事项　密闭操作，局部排风。防止蒸气泄漏到工作场所空气中。操作人员必须经过专门培训，严格遵守操作规程。建议操作人员佩戴自吸过滤式防毒面具（半面罩），戴化学安全防护眼镜，穿胶布防毒衣，戴橡胶手套。远离火种、热源，工作场所严禁吸烟。使用防爆型的通风系统和设备。在清除液体和蒸气前不能进行焊接、切割等作业。远离易燃、可燃物。避免产生烟雾。避免与还原剂、酸类接触。配备相应品种和数量的消防器材及泄漏应急处理设备。倒空的容器可能残留有害物

储存注意事项　仓库或存放设施应具有温控措施。严格控制储存温度于-25℃及以下。远离火种、热源。防止阳光直射。只能在原容器中存放，且需保持容器密封。不同稀释剂配方产品的控制温度和危急温度请查看 GB 28644.3《有机过氧化物分类及品名表》。应与酸类、碱类分开存放，请远离还原剂（比如胺）和重金属离子及化合物，切忌混储。配备相应品种和数量的消防器材。储区应备有泄漏应急处理设备和合适的收容材料。禁止震动、撞击和摩擦

第八部分　接触控制/个体防护

职业接触限值

　　中国　未制定标准

　　美国（ACGIH）　未制定标准

生物接触限值　未制定标准

监测方法　空气中有毒物质测定方法：未制定标准。生物
　　监测检验方法：未制定标准

工程控制　密闭操作，局部排风

个体防护装备

　　呼吸系统防护　空气中浓度超标时，必须佩戴过滤式
　　　　防毒面具（半面罩）。紧急事态抢救或撤离时，
　　　　应该佩戴空气呼吸器

　　眼睛防护　戴化学安全防护眼镜

　　皮肤和身体防护　穿密闭型防毒服

　　手防护　戴橡胶手套

第九部分　理化特性

外观与性状　无色液体

pH 值　无资料　　　　　**熔点(℃)**　＜−50

沸点(℃)　不适用（沸腾前已分解）

相对密度(水＝1)　1.12（−20℃）

相对蒸气密度(空气＝1)　无资料

饱和蒸气压(kPa)　无资料

临界压力(MPa)　无资料　**辛醇/水分配系数**　无资料

闪点(℃)　高于 SADT　　**自燃温度(℃)**　无资料

爆炸下限(%)　无资料　　**爆炸上限(%)**　无资料

分解温度(℃)　−5(SADT)**黏度(mPa·s)**　无资料

燃烧热(kJ/mol)　无资料　**临界温度(℃)**　无资料

溶解性　不溶于水

第十部分　稳定性和反应性

稳定性　在推荐的储存温度和储存条件下稳定。严格控制
　　储存温度为−25℃及以下

危险反应　常温下能急剧分解，引起燃烧爆炸。与还原
　　剂、催化剂、酸类、碱类、重金属离子及化合物、铁
　　锈等接触发生强烈反应而引起燃烧或爆炸

避免接触的条件　受热（常温下能急剧分解）；摩擦、震
　　动、撞击

禁配物　还原剂、催化剂、酸类、碱类、重金属离子及化
　　合物、铁锈

危险的分解产物　无资料

第十一部分　毒理学信息

急性毒性　LD$_{50}$：3400mg/kg（大鼠经口）；3500mg/kg
　　（兔经皮）。LC$_{50}$：＞190mg/m³（大鼠吸入，1h）

皮肤刺激或腐蚀　无资料　**眼睛刺激或腐蚀**　无资料

呼吸或皮肤过敏　无资料　**生殖细胞突变性**　无资料

致癌性　无资料　　　　　**生殖毒性**　无资料

特异性靶器官系统毒性--一次接触　无资料

特异性靶器官系统毒性-反复接触　无资料

吸入危害　无资料

第十二部分　生态学信息

生态毒性　无资料

持久性和降解性

　　生物降解性　无资料

　　非生物降解性　无资料

潜在的生物累积性　无资料

土壤中的迁移性　无资料

第十三部分　废弃处置

废弃化学品　用5％氢氧化钠水溶液或苏打灰中和，接着
　　加水。建议用控制焚烧法或安全掩埋法处置。破损容
　　器禁止重新使用，要在规定场所掩埋

污染包装物　将容器返还生产商或按照国家和地方法规
　　处置

废弃注意事项　处置前应参阅国家和地方有关法规

第十四部分　运输信息

联合国危险货物编号（UN 号）　3113

联合国运输名称　液态 C 型有机过氧化物，控制温度的
　　（过氧化二碳酸二正丙酯）

联合国危险性类别　5.2

包装类别　—　　　　　　　**包装标志**

海洋污染物　否

运输注意事项　任何交通工具都要保持制冷系统工作正
　　常，实时监测温度，严格控制温度。运输时单独装
　　运，运输过程中要确保容器不泄漏、不倒塌、不坠
　　落、不损坏。运输时运输车辆应配备相应品种和数量
　　的消防器材。严禁与酸类、还原剂、自燃物品、遇湿
　　易燃物品、铁锈、重金属离子及化合物等衣车混运。
　　车速要加以控制，避免颠簸、震荡。夏季应早晚运
　　输，防止日光暴晒。公路运输时要按规定路线行驶，
　　禁止在居民区和人口稠密区停留。运输车辆装卸前
　　后，均应彻底清扫、洗净，严禁混入酸类、还原剂、
　　自燃物品、遇湿易燃物品、铁锈、重金属离子及化合
　　物等杂质

其他运输信息　控制温度：−25℃；紧急温度：−15℃

第十五部分　法规信息

　　下列法律、法规、规章和标准，对该化学品的管理作
了相应的规定。

中华人民共和国职业病防治法　职业病分类和目录：未
　　列入

危险化学品安全管理条例　危险化学品目录：列入。易制
　　爆危险化学品名录：未列入。重点监管的危险化学品
　　名录：未列入。GB 18218—2009《危险化学品重大
　　危险源辨识》（表 1）：未列入

使用有毒物品作业场所劳动保护条例　高毒物品目录：未
　　列入

易制毒化学品管理条例　易制毒化学品的分类和品种目

录：未列入

国际公约　斯德哥尔摩公约：未列入。鹿特丹公约：未列入。蒙特利尔议定书：未列入

第十六部分　其他信息

编写和修订信息　　缩略语和首字母缩写
培训建议　　　　　参考文献
免责声明

过氧化二碳酸二仲丁酯

第一部分　化学品标识

化学品中文名　过氧化二碳酸二仲丁酯；过氧化二仲丁基二碳酸酯

化学品英文名　di-*sec*-butyl peroxydicarbonate；*sec*-butyl peroxydicarbonate

分子式　$C_{10}H_{18}O_6$　分子量　234.246

结构式　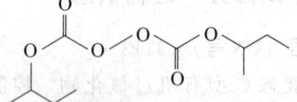

化学品的推荐及限制用途　用作聚合引发剂、催化剂等

第二部分　危险性概述

紧急情况概述　加热可引起燃烧
GHS危险性类别　有机过氧化物，C型
标签要素

象形图　

警示词　危险
危险性说明　加热可引起燃烧
防范说明

　　预防措施　远离热源、火花、明火、热表面。禁止吸烟。远离衣物、可燃物保存。仅在原容器中保存。戴防护手套、防护眼镜、防护面罩

　　事故响应　—

　　安全储存　保持阴凉。避免日照。远离其他物质储存

　　废弃处置　本品及内装物、容器依据国家和地方法规处置

物理和化学危险　易燃。受撞击、摩擦，遇明火或其他点火源极易爆炸

健康危害　对眼睛、皮肤和黏膜有刺激作用

环境危害　对环境可能有害

第三部分　成分/组成信息

√ 物质　　　　　　　混合物

组分	浓度	CAS No.
过氧化二碳酸二仲丁酯		19910-65-7

第四部分　急救措施

吸入　迅速脱离现场至空气新鲜处。保持呼吸道通畅。如

呼吸困难，给输氧。如呼吸、心跳停止，立即进行心肺复苏术。就医

皮肤接触　立即脱去污染的衣着，用流动清水彻底冲洗。就医

眼睛接触　立即分开眼睑，用流动清水或生理盐水彻底冲洗。就医

食入　漱口，饮水。就医

对保护施救者的忠告　根据需要使用个人防护设备
对医生的特别提示　对症处理

第五部分　消防措施

灭火剂　用雾状水、泡沫、干粉、二氧化碳灭火

特别危险性　常温下能急剧分解，引起燃烧爆炸。急剧加热时可发生爆炸。受热或经摩擦、震动、撞击可引起燃烧或爆炸。与还原剂、催化剂、酸类、铁锈、重金属离子及化合物接触发生强烈反应而引起燃烧。特别注意：可能发生复燃

灭火注意事项及防护措施　消防人员须佩戴防毒面具、穿全身消防服，在上风向灭火。尽可能将容器从火场移至空旷处。喷水保持火场容器冷却，直至灭火结束。处在火场中的容器若已变色或从安全泄压装置中发出声音，必须马上撤离。禁止用砂土压盖。严禁回收泄漏物进入原容器

第六部分　泄漏应急处理

作业人员防护措施、防护装备和应急处置程序　根据液体流动和蒸气扩散的影响区域划定警戒区，无关人员从侧风向、上风向撤离至安全区。消除所有点火源。建议应急处理人员戴正压自给式呼吸器，穿防毒服。禁止接触或跨越泄漏物。勿使泄漏物与可燃物质（如木材、纸、油等）接触。尽可能切断泄漏源

环境保护措施　防止泄漏物进入水体、下水道、地下室或有限空间

泄漏化学品的收容、清除方法及所使用的处置材料　小量泄漏：用惰性、湿润的不燃材料吸收泄漏物，用洁净的非火花工具收集于一盖子较松的塑料容器中，待处理。大量泄漏：构筑围堤或挖坑收容。在专家指导下清除

第七部分　操作处置与储存

操作注意事项　密闭操作，局部排风。防止蒸气泄漏到工作场所空气中。操作人员必须经过专门培训，严格遵守操作规程。建议操作人员佩戴自吸过滤式防毒面具（半面罩），戴化学安全防护眼镜，穿胶布防毒衣，戴橡胶手套。远离火种、热源，工作场所严禁吸烟。使用防爆型的通风系统和设备。在清除液体和蒸气前不能进行焊接、切割等作业。远离易燃、可燃物。避免产生烟雾。避免与还原剂、酸类接触。配备相应品种和数量的消防器材及泄漏应急处理设备。倒空的容器可能残留有害物

储存注意事项　仓库或存放设施应具有温控措施。严格控制储存温度于−20℃及以下。远离火种、热源。防止阳光直射。保持容器密封。只能在原容器中存放，且

需保持容器密封。不同稀释剂配方产品的控制温度和危急温度请查看 GB 28644.3《有机过氧化物分类及品名表》。应与酸类、碱类分开存放，请远离还原剂（比如胺）和重金属离子及化合物，切忌混储。配备相应品种和数量的消防器材。储区应备有泄漏应急处理设备和合适的收容材料。禁止震动、撞击和摩擦

第八部分　接触控制/个体防护

职业接触限值
中国　未制定标准
美国（ACGIH）　未制定标准
生物接触限值　未制定标准
监测方法　空气中有毒物质测定方法：未制定标准。生物监测检验方法：未制定标准
工程控制　密闭操作，局部排风
个体防护装备
呼吸系统防护　空气中浓度超标时，必须佩戴过滤式防毒面具（半面罩）。紧急事态抢救或撤离时，应该佩戴空气呼吸器
眼睛防护　戴化学安全防护眼镜
皮肤和身体防护　穿密闭型防毒服
手防护　戴橡胶手套

第九部分　理化特性

外观与性状　无色液体
pH 值　无资料　　　　**熔点（℃）**　无资料
沸点（℃）　不适用（沸腾前已分解）
相对密度（水＝1）　无资料
相对蒸气密度（空气＝1）　无资料
饱和蒸气压（kPa）　无资料
临界压力（MPa）　无资料　**辛醇/水分配系数**　无资料
闪点（℃）　高于 SADT　　**自燃温度（℃）**　无资料
爆炸下限（%）　无资料　**爆炸上限（%）**　无资料
分解温度（℃）　0（SADT）　**黏度（mPa·s）**　无资料
燃烧热（kJ/mol）　无资料　**临界温度（℃）**　无资料
溶解性　不溶于水

第十部分　稳定性和反应性

稳定性　在推荐的储存温度和储存条件下稳定。严格控制储存温度为−20℃及以下
危险反应　常温下能急剧分解，引起燃烧爆炸。急剧加热时可发生爆炸。受热或经摩擦、震动、撞击可引起燃烧或爆炸。与还原剂、催化剂、酸类、碱类、重金属离子及化合物、铁锈等接触发生强烈反应而引起燃烧或爆炸
避免接触的条件　受热、摩擦、震动、撞击
禁配物　还原剂、催化剂、酸类、碱类、重金属离子及化合物、铁锈
危险的分解产物　无资料

第十一部分　毒理学信息

急性毒性　LD$_{50}$：1200mg/kg（兔经皮）
皮肤刺激或腐蚀　无资料　**眼睛刺激或腐蚀**　无资料

呼吸或皮肤过敏　无资料　**生殖细胞突变性**　无资料
致癌性　无资料　　　**生殖毒性**　无资料
特异性靶器官系统毒性-一次接触　无资料
特异性靶器官系统毒性-反复接触　无资料
吸入危害　无资料

第十二部分　生态学信息

生态毒性　无资料
持久性和降解性
生物降解性　无资料
非生物降解性　无资料
潜在的生物累积性　无资料
土壤中的迁移性　无资料

第十三部分　废弃处置

废弃化学品　用5%氢氧化钠水溶液或苏打灰中和，然后加水。建议用控制焚烧法或安全掩埋法处置。破损容器禁止重新使用，要在规定场所掩埋
污染包装物　将容器返还生产商或按照国家和地方法规处置
废弃注意事项　处置前应参阅国家和地方有关法规

第十四部分　运输信息

联合国危险货物编号（UN号）　3113
联合国运输名称　液态C型有机过氧化物，控制温度的［过氧化二碳酸二仲丁酯（52%＜含量＜100%）］
联合国危险性类别　5.2

包装类别　—　　　　**包装标志**

海洋污染物　否
运输注意事项　任何交通工具都要保持制冷系统工作正常，实时监测温度，严格控制温度。运输时单独装运，运输过程中要确保容器不泄漏、不倒塌、不坠落、不损坏。运输时运输车辆应配备相应品种和数量的消防器材。严禁与酸类、还原剂、自燃物品、遇湿易燃物品、铁锈、重金属离子及化合物等混运。车速要加以控制，避免颠簸、震荡。夏季应早晚运输，防止日光曝晒。公路运输时要按规定路线行驶，禁止在居民区和人口稠密区停留。运输车辆装卸前后，均应彻底清扫、洗净，严禁混入酸类、还原剂、自燃物品、遇湿易燃物品、铁锈、重金属离子及化合物等杂质
其他运输信息　控制温度：−20℃；紧急温度：−10℃

第十五部分　法规信息

下列法律、法规、规章和标准，对该化学品的管理作了相应的规定。
中华人民共和国职业病防治法　职业病分类和目录：未列入
危险化学品安全管理条例　危险化学品目录：列入。易制爆危险化学品名录：未列入。重点监管的危险化学品

名录：未列入。GB 18218—2009《危险化学品重大
　危险源辨识》（表1）：未列入
使用有毒物品作业场所劳动保护条例　高毒物品目录：未
　列入
易制毒化学品管理条例　易制毒化学品的分类和品种目
　录：未列入
国际公约　斯德哥尔摩公约：未列入。鹿特丹公约：未列
　入。蒙特利尔议定书：未列入

第十六部分　其他信息

编写和修订信息　　缩略语和首字母缩写
培训建议　　　　　参考文献
免责声明

过氧化二月桂酰

第一部分　化学品标识

化学品中文名　过氧化二月桂酰；过氧化十二烷酰；过氧
　化十二酰
化学品英文名　dilauroyl peroxide；dodecanoyl peroxide
分子式　$C_{24}H_{46}O_4$　**分子量**　398.63

结构式　 (CH₂)₁₀  (CH₂)₁₀

化学品的推荐及限制用途　用作不饱和聚酯交联剂，聚合
　用引发剂和食品工业中的漂白剂

第二部分　危险性概述

紧急情况概述　加热可引起燃烧
GHS危险性类别　有机过氧化物，D型
标签要素

象形图　

　警示词　危险
　危险性说明　加热可引起燃烧
　防范说明
　　预防措施　远离热源、火花、明火、热表面。禁止
　　　吸烟。远离衣物、可燃物保存。仅在原容器中
　　　保存。戴防护手套、防护眼镜、防护面罩
　　事故响应　—
　　安全储存　避免日照。远离其他物质储存
　　废弃处置　本品及内装物、容器依据国家和地方法
　　　规处置
物理和化学危险　易燃。受撞击、摩擦，遇明火或其他点
　火源极易爆炸
健康危害　粉尘对眼睛、皮肤和黏膜有刺激作用
环境危害　对环境可能有害

第三部分　成分/组成信息

　　√ 物质　　　　　　　　　　混合物

组分	浓度	CAS No.
过氧化二月桂酰		105-74-8

第四部分　急救措施

吸入　迅速脱离现场至空气新鲜处。保持呼吸道通畅。如
　呼吸困难，给输氧。呼吸、心跳停止，立即进行心肺
　复苏术。就医
皮肤接触　立即脱去污染的衣着，用流动清水彻底冲洗。
　就医
眼睛接触　立即分开眼睑，用流动清水或生理盐水彻底冲
　洗。就医
食入　漱口，饮水。就医
对保护施救者的忠告　根据需要使用个人防护设备
对医生的特别提示　对症处理

第五部分　消防措施

灭火剂　用雾状水、泡沫、干粉、二氧化碳灭火
特别危险性　加热时可能发生爆炸。与还原剂、催化剂、酸
　类、碱类、铁锈、重金属离子及化合物等接触会发生剧
　烈反应，有燃烧爆炸的危险。特别注意：可能引起复燃
灭火注意事项及防护措施　消防人员必须佩戴防毒面具、
　穿全身消防服，在上风向灭火。尽可能将容器从火场
　移至空旷处。不要使用强实水流，这样会造成火势蔓
　延。禁止用砂土压盖

第六部分　泄漏应急处理

作业人员防护措施、防护装备和应急处置程序　隔离泄漏
　污染区，限制出入。消除所有点火源。建议应急处理
　人员戴防尘口罩，穿一般作业工作服。勿使泄漏物与
　可燃物质（如木材、纸、油等）接触。用雾状水保持
　泄漏物湿润。尽可能切断泄漏源
环境保护措施　防止泄漏物进入水体、下水道、地下室或
　有限空间
泄漏化学品的收容、清除方法及所使用的处置材料　小量
　泄漏：用惰性、湿润的不燃材料吸收泄漏物，用洁净
　的非火花工具收集于一盖子较松的塑料容器中，待处
　理。大量泄漏：用水润湿，并筑堤收容。在专家指导
　下清除

第七部分　操作处置与储存

操作注意事项　密闭操作，提供充分的局部排风。防止粉
　尘释放到车间空气中。操作人员必须经过专门培训，
　严格遵守操作规程。建议操作人员佩戴防尘面具（全
　面罩），穿连体式防毒衣，戴橡胶手套。远离火种、
　热源，工作场所严禁吸烟。使用防爆型的通风系统和
　设备。避免产生粉尘。避免与还原剂、催化剂、酸
　类、碱类、铁锈、重金属离子及化合物接触。配备相
　应品种和数量的消防器材及泄漏应急处理设备。倒空
　的容器可能残留有害物
储存注意事项　储存于阴凉、通风的库房。远离火种、热
　源。防止阳光直射。库温不超过30℃，相对湿度不
　超过80%。包装密封。应与还原剂、催化剂、酸类、
　碱类、铁锈、重金属离子及化合物分开存放，切忌混
　储。配备相应品种和数量的消防器材。储区应备有合
　适的材料收容泄漏物。禁止震动、撞击和摩擦

第八部分　接触控制/个体防护

职业接触限值
　　中国　未制定标准
　　美国（ACGIH）　未制定标准
生物接触限值　未制定标准
监测方法　空气中有毒物质测定方法：未制定标准。生物
　　监测检验方法：未制定标准
工程控制　严加密闭，提供充分的局部排风
个体防护装备
　　呼吸系统防护　可能接触其粉尘时，必须佩戴防尘面
　　　具（全面罩）。紧急事态抢救或撤离时，应该佩
　　　戴空气呼吸器
　　眼睛防护　呼吸系统防护中已作防护
　　皮肤和身体防护　穿连体式防毒衣
　　手防护　戴橡胶手套

第九部分　理化特性

外观与性状　白色结晶粉末或片状，稍有异臭
pH 值　无意义　　　　**熔点(℃)**　55～57
沸点(℃)　不适用(沸腾前分解)
相对密度(水＝1)　1.03(20℃)
相对蒸气密度(空气＝1)　无资料
饱和蒸气压(kPa)　无资料　**临界压力(MPa)**　无资料
辛醇/水分配系数　$\lg K_{ow} > 6.5$
闪点(℃)　无意义　　　**自燃温度(℃)**　无资料
爆炸下限(%)　无资料　　**爆炸上限(%)**　无资料
分解温度(℃)　60(SADT)　**黏度(mPa·s)**　无资料
燃烧热(kJ/mol)　无资料　**临界温度(℃)**　无资料
溶解性　不溶于水，微溶于醇，溶于油类、多数有机溶剂

第十部分　稳定性和反应性

稳定性　不稳定
危险反应　加热时可能发生爆炸。与还原剂、催化剂、酸
　　类、碱类、铁锈、重金属离子及化合物等接触会发生
　　剧烈反应，有燃烧爆炸的危险
避免接触的条件　受热
禁配物　还原剂、催化剂、酸类、碱类、铁锈、重金属离
　　子及化合物
危险的分解产物　无资料

第十一部分　毒理学信息

急性毒性　LD_{50}：10000mg/kg（大鼠经口）
皮肤刺激或腐蚀　无资料
眼睛刺激或腐蚀　家兔经眼：500mg（24h），轻度刺激
呼吸或皮肤过敏　无资料　**生殖细胞突变性**　无资料
致癌性　IARC 致癌性评论：组 3，现有的证据不能对人
　　类致癌性进行分类
生殖毒性　无资料
特异性靶器官系统毒性-一次接触　无资料
特异性靶器官系统毒性-反复接触　无资料
吸入危害　无资料

第十二部分　生态学信息

生态毒性　无资料
持久性和降解性
　　生物降解性　无资料
　　非生物降解性　无资料
潜在的生物累积性　无资料
土壤中的迁移性　无资料

第十三部分　废弃处置

废弃化学品　建议用控制焚烧法或安全掩埋法处置。破损
　　容器禁止重新使用，要在规定场所掩埋
污染包装物　将容器返还生产商或按照国家和地方法规
　　处置
废弃注意事项　处置前应参阅国家和地方有关法规

第十四部分　运输信息

联合国危险货物编号（UN 号）　3106（含量≤100%）
联合国运输名称　固态 D 型有机过氧化物（过氧化二月
　　桂酰）（含量≤100%）
联合国危险性类别　5.2

包装类别　—　　　　　　**包装标志**　

海洋污染物　否
运输注意事项　运输时单独装运，运输过程中要确保容器
　　不泄漏、不倒塌、不坠落、不损坏。运输时运输车辆
　　应配备相应品种和数量的消防器材。严禁与还原剂、
　　催化剂、酸类、碱类、铁锈、重金属离子及化合物、
　　自燃物品、遇湿易燃物品等并车混运。车速要加以控
　　制，避免颠簸、震荡。夏季应早晚运输，防止日光暴
　　晒。公路运输时要按规定路线行驶，禁止在居民区和
　　人口稠密区停留。运输车辆装卸前后，均应彻底清
　　扫、洗净，严禁混入还原剂、催化剂、酸类、碱类、
　　铁锈、重金属离子及化合物等杂质

第十五部分　法规信息

　　下列法律、法规、规章和标准，对该化学品的管理作
了相应的规定。
中华人民共和国职业病防治法　职业病分类和目录：未
　　列入
危险化学品安全管理条例　危险化学品目录：列入。易制
　　爆危险化学品名录：未列入。重点监管的危险化学品
　　名录：未列入。GB 18218—2009《危险化学品重大
　　危险源辨识》（表1）：未列入
使用有毒物品作业场所劳动保护条例　高毒物品目录：未
　　列入
易制毒化学品管理条例　易制毒化学品的分类和品种目
　　录：未列入
国际公约　斯德哥尔摩公约：未列入。鹿特丹公约：未列
　　入。蒙特利尔议定书：未列入

第十六部分 其他信息

编写和修订信息 缩略语和首字母缩写
培训建议 参考文献
免责声明

过氧化甲乙酮

第一部分 化学品标识

化学品中文名 过氧化甲乙酮；过氧化丁酮

化学品英文名 methyl ethyl ketone peroxide；2-butanone peroxide

分子式 $C_8H_{18}O_6$ **分子量** 210.22

结构式 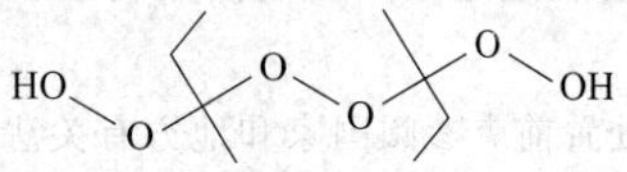

化学品的推荐及限制用途 用作不饱和聚酯的交联剂和引发剂，硅橡胶硫化剂

第二部分 危险性概述

紧急情况概述 加热可引起燃烧或爆炸，造成严重的皮肤灼伤和眼损伤

GHS 危险性类别 有机过氧化物，B型；皮肤腐蚀/刺激，类别1；严重眼损伤/眼刺激，类别1；危害水生环境-急性危害，类别2

标签要素

象形图 

警示词 危险

危险性说明 加热可引起燃烧或爆炸，造成严重的皮肤灼伤和眼损伤，对水生生物有毒

防范说明

预防措施 远离热源、火花、明火、热表面。禁止吸烟。远离衣物、可燃物保存。仅在原容器中保存。避免吸入烟雾。避免接触眼睛、皮肤，操作后彻底清洗。戴防护手套，穿防护服，戴防护眼镜、防护面罩。禁止排入环境

事故响应 如吸入：将患者转移到空气新鲜处，休息，保持利于呼吸的体位，立即呼叫中毒控制中心或就医。皮肤（或头发）接触：立即脱掉所有被污染的衣服，用水冲洗皮肤，淋浴。污染的衣服必须洗净后方可重新使用。眼睛接触：用水细心地冲洗数分钟。如戴隐形眼镜并可方便地取出，则取出隐形眼镜，继续冲洗。食入：漱口，不要催吐

安全储存 保持阴凉。避免日照。远离其他物质储存。上锁保管

废弃处置 本品及内装物、容器依据国家和地方法规处置

物理和化学危险 易燃。受撞击、摩擦，遇明火或其他点火源极易爆炸

健康危害 蒸气有强烈刺激性，吸入引起咽痛、咳嗽、呼吸困难，严重者引起肺水肿。肺水肿为迟发性，口服灼伤消化道，可有肝肾损伤，可致死。可致眼和皮肤灼伤

环境危害 对水生生物有毒

第三部分 成分/组成信息

√ 物质		混合物
组分	浓度	CAS No.
过氧化甲乙酮		1338-23-4

第四部分 急救措施

吸入 迅速脱离现场至空气新鲜处。保持呼吸道通畅。如呼吸困难，给输氧。如呼吸、心跳停止，立即进行心肺复苏术。就医

皮肤接触 立即脱去污染的衣着，用大量流动清水彻底冲洗至少 15min。就医

眼睛接触 立即分开眼睑，用流动清水或生理盐水彻底冲洗 5～10min。就医

食入 用水漱口，禁止催吐。给饮牛奶或蛋清。就医

对保护施救者的忠告 根据需要使用个人防护设备

对医生的特别提示 对症处理

第五部分 消防措施

灭火剂 用雾状水、泡沫、干粉、二氧化碳灭火

特别危险性 遇明火、高热、摩擦、震动、撞击，有引起燃烧爆炸的危险。与还原剂、催化剂、有机物、可燃物等接触会发生剧烈反应，有燃烧爆炸的危险。特别注意：可能发生复燃

灭火注意事项及防护措施 消防人员必须佩戴空气呼吸器、穿全身防火防毒服，在上风向灭火。尽可能将容器从火场移至空旷处。喷水保持火场容器冷却，直至灭火结束。处在火场中的容器若已变色或从安全泄压装置中发出声音，必须马上撤离。禁止用砂土压盖。单独收集被污染的消防用水，禁止排入下水道。按照当地规定处理火灾后的残留物和污染的消防用水

第六部分 泄漏应急处理

作业人员防护措施、防护装备和应急处置程序 根据液体流动和蒸气扩散的影响区域划定警戒区，无关人员从侧风向、上风向撤离至安全区。消除所有点火源。建议应急处理人员戴正压自给式呼吸器，穿防毒服。勿使泄漏物与可燃物质（如木材、纸、油等）接触。穿上适当的防护服前严禁接触破裂的容器和泄漏物。尽可能切断泄漏源

环境保护措施 防止泄漏物进入水体、下水道、地下室或有限空间

泄漏化学品的收容、清除方法及所使用的处置材料 小量泄漏：用惰性、湿润的不燃材料吸收泄漏物，用洁净的非火花工具收集于一盖子较松的塑料容器中，待处理。大量泄漏：构筑围堤或挖坑收容。用粉煤灰或石灰粉吸收大量液体。在专家指导下清除

第七部分 操作处置与储存

操作注意事项 密闭操作，提供充分的局部排风。防止蒸气泄漏到工作场所空气中。操作人员必须经过专门培训，严格遵守操作规程。建议操作人员佩戴自吸过滤式防毒面具（全面罩）、穿连体式防毒衣，戴橡胶手套。远离火种、热源，工作场所严禁吸烟。使用防爆型的通风系统和设备。在清除液体和蒸气前不能进行焊接、切割等作业。远离易燃、可燃物。避免产生烟雾。避免与还原剂、酸类、碱类接触。配备相应品种和数量的消防器材及泄漏应急处理设备。倒空的容器可能残留有害物

储存注意事项 商品通常稀释后储装。储存于阴凉、通风的库房。最高储存温度为25℃。远离火种、热源。防止阳光直射。保持容器密封。应与还原剂、酸类、碱类、铁锈、重金属离子或化合物、食用化学品分开存放，切忌混储。配备相应品种和数量的消防器材。储区应备有泄漏应急处理设备和合适的收容材料。禁止震动、撞击和摩擦

第八部分 接触控制/个体防护

职业接触限值

中国 MAC：$1.5 mg/m^3$

美国（ACGIH） 未制定标准

生物接触限值 未制定标准

监测方法 空气中有毒物质测定方法：未制定标准。生物监测检验方法：未制定标准

工程控制 严加密闭，提供充分的局部排风

个体防护装备

呼吸系统防护 空气中浓度超标时，必须佩戴过滤式防毒面具（全面罩）。紧急事态抢救或撤离时，应该佩戴空气呼吸器

眼睛防护 呼吸系统防护中已作防护

皮肤和身体防护 穿连体式防毒衣

手防护 戴橡胶手套

第九部分 理化特性

外观与性状 无色油状液体，有特征的气味

pH 值 弱酸性　　　**熔点(℃)** 无资料

沸点(℃) 无资料

相对密度(水＝1) 1.180(20℃)

相对蒸气密度(空气＝1) 无资料

饱和蒸气压(kPa) 无资料

临界压力(MPa) 无资料　**辛醇/水分配系数** 无资料

闪点(℃) 高于SADT　　**自燃温度(℃)** 无资料

爆炸下限(%) 无资料　　**爆炸上限(%)** 无资料

分解温度(℃) 60(SADT)　**黏度(mPa·s)** 24(20℃)

燃烧热(kJ/mol) 无资料　**临界温度(℃)** 无资料

溶解性 部分溶于水，溶于醇、醚、苯

第十部分 稳定性和反应性

稳定性 不稳定

危险反应 遇明火、高热、摩擦、震动、撞击，有引起燃烧爆炸的危险。与还原剂、催化剂、酸类、碱类、重金属离子等混合或接触会发生剧烈反应，有燃烧爆炸的危险

避免接触的条件 摩擦、震动、撞击

禁配物 还原剂、酸类、碱类、易燃或可燃物。仅使用不锈钢316、PP、聚乙烯或玻璃衬设备。如果对其他的材料的适用性有疑问，请联系供应商

危险的分解产物 无资料

第十一部分 毒理学信息

急性毒性 LD_{50}：470mg/kg（大鼠经口）；250mg/kg（小鼠经口）。LC_{50}：200ppm（大鼠吸入，4h）

皮肤刺激或腐蚀 家兔经皮：500mg，引起刺激

眼睛刺激或腐蚀 家兔经眼：3mg，引起刺激

呼吸或皮肤过敏 无资料　**生殖细胞突变性** 无资料

致癌性 小鼠最低中毒剂量（TDLo）：282mg/kg，按RTECS标准为可疑致肿瘤物，呼吸系统肿瘤和淋巴瘤（包括何杰金氏病）

生殖毒性 无资料

特异性靶器官系统毒性-一次接触 无资料

特异性靶器官系统毒性-反复接触 无资料

吸入危害 无资料

第十二部分 生态学信息

生态毒性 LC_{50}：44.2mg/L（96h）（孔雀鱼）。EC_{50}：39mg/L（48h）（大型溞）。ErC_{50}：5.6mg/L（72h）（羊角月牙藻）

持久性和降解性

生物降解性 易快速生物降解

非生物降解性 无资料

潜在的生物累积性 无资料

土壤中的迁移性 无资料

第十三部分 废弃处置

废弃化学品 建议用控制焚烧法或安全掩埋法处置。慢慢加入约10倍重量的20%氢氧化钠溶液破坏。反应放热，可能需要几个小时。破损容器禁止重新使用，要在规定场所掩埋

污染包装物 将容器返还生产商或按照国家和地方法规处置

废弃注意事项 处置前应参阅国家和地方有关法规

第十四部分 运输信息

联合国危险货物编号 （UN 号） 3101（10%＜有效氧含量≤10.7%，含A型稀释剂≥48%）

联合国运输名称 液态C型有机过氧化物［过氧化甲乙酮（10%＜有效氧含量≤10.7%，含A型稀释剂≥48%）］

联合国危险性类别 5.2

包装类别 —

包装标志

海洋污染物　否

运输注意事项　铁路运输时所用的包装方法应保证不引起该物质发生爆炸危险。运输时单独装运，运输过程中要确保容器不泄漏、不倒塌、不坠落、不损坏。运输时运输车辆应配备相应品种和数量的消防器材。严禁与碱类、酸类、还原剂、自燃物品、遇湿易燃物品、铁锈、重金属离子及化合物等混运。车速要加以控制，避免颠簸、震荡。夏季应早晚运输，防止日光暴晒。公路运输时要按规定路线行驶，禁止在居民区和人口稠密区停留。运输车辆装卸前后，均应彻底清扫、洗净，严禁混入铁锈、重金属离子及化合物等杂质

第十五部分　法规信息

下列法律、法规、规章和标准，对该化学品的管理作了相应的规定。

中华人民共和国职业病防治法　职业病分类和目录：未列入

危险化学品安全管理条例　危险化学品目录：列入。易制爆危险化学品名录：未列入。重点监管的危险化学品名录：列入。GB 18218—2009《危险化学品重大危险源辨识》（表1）：列入。类别：有机过氧化物，临界量（t）：10

使用有毒物品作业场所劳动保护条例　高毒物品目录：未列入

易制毒化学品管理条例　易制毒化学品的分类和品种目录：未列入

国际公约　斯德哥尔摩公约：未列入。鹿特丹公约：未列入。蒙特利尔议定书：未列入

第十六部分　其他信息

编写和修订信息　**缩略语和首字母缩写**
培训建议　**参考文献**
免责声明

过氧化锂

第一部分　化学品标识

化学品中文名　过氧化锂
化学品英文名　lithium peroxide
分子式　Li_2O_2　**分子量**　45.881
结构式

$$\begin{array}{l} O-Li \\ Li-O \end{array}$$

化学品的推荐及限制用途　用作氧化剂，制造热电偶、含氧化碲光学玻璃的原料，用于合成有机过氧化锂，也用于制造发泡剂

第二部分　危险性概述

紧急情况概述　可加剧燃烧：氧化剂
GHS危险性类别　氧化性固体，类别2
标签要素

象形图　

警示词　危险

危险性说明　可加剧燃烧：氧化剂

防范说明

　　预防措施　远离热源。远离衣物、可燃物保存。采取一切预防措施，避免与可燃物混合。戴防护手套、防护眼镜、防护面罩

　　事故响应　—

　　安全储存　—

　　废弃处置　本品及内装物、容器依据国家和地方法规处置

物理和化学危险　与可燃物混合或急剧加热会发生爆炸

健康危害　本品粉尘刺激眼睛、皮肤和呼吸系统。水溶液为碱性腐蚀液体

环境危害　对环境可能有害

第三部分　成分/组成信息

√ 物质　　　　　　　　　混合物

组分	浓度	CAS No.
过氧化锂		12031-80-0

第四部分　急救措施

吸入　迅速脱离现场至空气新鲜处。保持呼吸道通畅。如呼吸困难，给输氧。如呼吸、心跳停止，立即进行心肺复苏术。就医

皮肤接触　立即脱去污染的衣着，用流动清水彻底冲洗。就医

眼睛接触　立即分开眼睑，用流动清水或生理盐水彻底冲洗。就医

食入　漱口，饮水。就医

对保护施救者的忠告　根据需要使用个人防护设备

对医生的特别提示　对症处理

第五部分　消防措施

灭火剂　本品不燃，根据着火原因选择适当灭火剂灭火

特别危险性　强氧化剂。与可燃物混合，受轻微碰撞或摩擦可引起燃烧。遇水发热，能引起有机物燃烧。与还原剂能发生强烈反应

灭火注意事项及防护措施　消防人员必须穿全身防火防毒服，在上风向灭火。灭火时尽可能将容器从火场移至空旷处

第六部分　泄漏应急处理

作业人员防护措施、防护装备和应急处置程序　隔离泄漏污染区，限制出入。建议应急处理人员戴防尘口罩，穿防毒服。勿使泄漏物与可燃物质（如木材、纸、油等）接触。穿上适当的防护服前严禁接触破裂的容器和泄漏物

环境保护措施　用塑料布覆盖泄漏物，减少飞散

泄漏化学品的收容、清除方法及所使用的处置材料　小量泄漏：用大量水冲洗，洗水稀释后放入废水系统。大量泄漏：在专家指导下清除

第七部分　操作处置与储存

操作注意事项　密闭操作，局部排风。防止粉尘释放到车

间空气中。操作人员必须经过专门培训，严格遵守操作规程。建议操作人员佩戴自吸过滤式防尘口罩，戴化学安全防护眼镜，穿胶布防毒衣，戴橡胶手套。远离火种、热源，工作场所严禁吸烟。远离易燃、可燃物。避免产生粉尘。避免与还原剂、酸类、活性金属粉末接触。配备相应品种和数量的消防器材及泄漏应急处理设备。倒空的容器可能残留有害物

储存注意事项 储存于阴凉、干燥、通风良好的库房。库温不超过 30℃，相对湿度不超过 80%。远离火种、热源。防止阳光直射。包装密封。应与还原剂、酸类、活性金属粉末、易（可）燃物、食用化学品等分开存放，切忌混储。储区应备有合适的材料收容泄漏物

第八部分　接触控制/个体防护

职业接触限值

中国　未制定标准

美国（ACGIH）　未制定标准

生物接触限值　未制定标准

监测方法　空气中有毒物质测定方法：未制定标准。生物监测检验方法：未制定标准

工程控制　密闭操作，局部排风

个体防护装备

呼吸系统防护　空气中粉尘浓度超标时，必须佩戴过滤式防尘呼吸器。紧急事态抢救或撤离时，应该佩戴空气呼吸器

眼睛防护　戴化学安全防护眼镜

皮肤和身体防护　穿密闭型防毒服

手防护　戴橡胶手套

第九部分　理化特性

外观与性状　白色细粉末或黄色颗粒

pH 值　无意义　　　　**熔点（℃）**　（分解）

沸点（℃）　无资料

相对密度（水＝1）　2.14（20℃）

相对蒸气密度（空气＝1）　无资料

饱和蒸气压（kPa）　无资料

临界压力（MPa）　无意义　**辛醇/水分配系数**　无资料

闪点（℃）　无意义　　　**自燃温度（℃）**　无意义

爆炸下限（%）　无意义　　**爆炸上限（%）**　无意义

分解温度（℃）　无资料　　**黏度（mPa·s）**　无资料

燃烧热（kJ/mol）　无资料　**临界温度（℃）**　无资料

溶解性　溶于水、甲醇，不溶于乙醇

第十部分　稳定性和反应性

稳定性　稳定

危险反应　与可燃物混合，受轻微碰撞或摩擦可引起燃烧。遇水发热，能引起有机物燃烧。与还原剂能发生强烈反应

避免接触的条件　轻微碰撞、摩擦、潮湿空气

禁配物　强还原剂、酸类、活性金属粉末、易燃或可燃物、水

危险的分解产物　氧化锂

第十一部分　毒理学信息

急性毒性　无资料

皮肤刺激或腐蚀　无资料　　**眼睛刺激或腐蚀**　无资料

呼吸或皮肤过敏　无资料　　**生殖细胞突变性**　无资料

致癌性　无资料

生殖毒性　可能引起出生缺陷，孕妇应避免接触

特异性靶器官系统毒性-一次接触　无资料

特异性靶器官系统毒性-反复接触　无资料

吸入危害　无资料

第十二部分　生态学信息

生态毒性　无资料

持久性和降解性

生物降解性　无资料

非生物降解性　无资料

潜在的生物累积性　无资料

土壤中的迁移性　无资料

第十三部分　废弃处置

废弃化学品　在规定的处理厂处理和中和。破损容器禁止重新使用，要在规定场所掩埋。量小时，中和本品的水溶液，滤出固体做掩埋处置，溶液冲入下水道。反应产生热和烟雾，通过控制加入速度予以控制

污染包装物　将容器返还生产商或按照国家和地方法规处置

废弃注意事项　处置前应参阅国家和地方有关法规

第十四部分　运输信息

联合国危险货物编号（UN 号）　1472

联合国运输名称　过氧化锂

联合国危险性类别　5.1

包装类别　Ⅱ　　　　　**包装标志**

海洋污染物　否

运输注意事项　运输时单独装运，运输过程中要确保容器不泄漏、不倒塌、不坠落、不损坏。运输时运输车辆应配备相应品种和数量的消防器材。严禁与酸类、易燃物、有机物、还原剂、自燃物品、遇湿易燃物品等并车混运。运输时车速不宜过快，不得强行超车。公路运输时要按规定路线行驶。运输车辆装卸前后，均应彻底清扫、洗净，严禁混入有机物、易燃物等杂质

第十五部分　法规信息

下列法律、法规、规章和标准，对该化学品的管理作了相应的规定。

中华人民共和国职业病防治法　职业病分类和目录：未列入

危险化学品安全管理条例　危险化学品目录：列入。易制爆危险化学品名录：列入。重点监管的危险化学品名录：未列入。GB 18218—2009《危险化学品重大危

险源辨识》（表1）：未列入
使用有毒物品作业场所劳动保护条例 高毒物品目录：未列入
易制毒化学品管理条例 易制毒化学品的分类和品种目录：未列入
国际公约 斯德哥尔摩公约：未列入。鹿特丹公约：未列入。蒙特利尔议定书：未列入

第十六部分 其他信息

编写和修订信息 缩略语和首字母缩写
培训建议 参考文献
免责声明

过氧化镁

第一部分 化学品标识

化学品中文名 过氧化镁；二氧化镁
化学品英文名 magnesium peroxide；magnesium dioxide
分子式 MgO_2 分子量 56.3038
结构式
化学品的推荐及限制用途 用作漂白剂、氧化剂、医药、防腐剂、防酵剂，也用于饮水消毒和废水处理

第二部分 危险性概述

紧急情况概述 可加剧燃烧：氧化剂
GHS危险性类别 氧化性液体，类别2
标签要素

象形图

警示词 危险
危险性说明 可加剧燃烧：氧化剂
防范说明
　　预防措施 远离热源。远离衣物、可燃物保存。采取一切预防措施，避免与可燃物混合。戴防护手套、防护眼镜、防护面罩
　　事故响应 —
　　安全储存 —
　　废弃处置 本品及内装物、容器依据国家和地方法规处置
物理和化学危险 与可燃物混合会发生爆炸
健康危害 本品对眼睛、皮肤和呼吸道有刺激作用
环境危害 对环境可能有害

第三部分 成分/组成信息

√ 物质　　　　　　　　　　混合物

组分	浓度	CAS No.
过氧化镁		14452-57-4

第四部分 急救措施

吸入 迅速脱离现场至空气新鲜处。保持呼吸道通畅。如

呼吸困难，给输氧。呼吸、心跳停止，立即进行心肺复苏术。就医
皮肤接触 立即脱去污染的衣着，用流动清水彻底冲洗。就医
眼睛接触 立即分开眼睑，用流动清水或生理盐水彻底冲洗。就医
食入 漱口，饮水。就医
对保护施救者的忠告 根据需要使用个人防护设备
对医生的特别提示 对症处理

第五部分 消防措施

灭火剂 本品不燃，根据着火原因选择适当灭火剂灭火
特别危险性 强氧化剂。特别是在少量水的润湿下，与可燃物的混合物在轻微的碰撞或摩擦下会燃烧。卷入火内时或与水、酸类接触会分解放出氧气，助长火势
灭火注意事项及防护措施 消防人员必须佩戴空气呼吸器、穿全身防火防毒服，在上风向灭火。尽可能将容器从火场移至空旷处。喷水保持火场容器冷却，直至灭火结束

第六部分 泄漏应急处理

作业人员防护措施、防护装备和应急处置程序 隔离泄漏污染区，限制出入。建议应急处理人员戴防尘口罩，穿防毒服。勿使泄漏物与可燃物质（如木材、纸、油等）接触。穿上适当的防护服前严禁接触破裂的容器和泄漏物。尽可能切断泄漏源
环境保护措施 用塑料布覆盖泄漏物，减少飞散
泄漏化学品的收容、清除方法及所使用的处置材料 勿使水进入包装容器内。小量泄漏：用洁净的铲子收集泄漏物，置于干净、干燥、盖子较松的容器中，将容器移离泄漏区。大量泄漏：泄漏物回收后，用水冲洗泄漏区

第七部分 操作处置与储存

操作注意事项 密闭操作，加强通风。操作人员必须经过专门培训，严格遵守操作规程。建议操作人员佩戴自吸过滤式防尘口罩，戴化学安全防护眼镜，穿胶布防毒衣，戴橡胶手套。远离火种、热源，工作场所严禁吸烟。远离易燃、可燃物。避免产生粉尘。避免与还原剂接触。搬运时要轻装轻卸，防止包装及容器损坏。禁止震动、撞击和摩擦。配备相应品种和数量的消防器材及泄漏应急处理设备。倒空的容器可能残留有害物
储存注意事项 储存于阴凉、干燥、通风良好的库房。库温不超过30℃，相对湿度不超过75%。远离火种、热源。保持容器密封。应与易（可）燃物、还原剂分开存放，切忌混储。储区应备有合适的材料收容泄漏物

第八部分 接触控制/个体防护

职业接触限值
中国 未制定标准
美国（ACGIH） 未制定标准

生物接触限值　未制定标准

监测方法　空气中有毒物质测定方法：未制定标准。生物监测检验方法：未制定标准

工程控制　生产过程密闭，加强通风

个体防护装备

呼吸系统防护　空气中粉尘浓度超标时，必须佩戴过滤式防尘呼吸器。紧急事态抢救或撤离时，应该佩戴空气呼吸器

眼睛防护　戴化学安全防护眼镜

皮肤和身体防护　穿密闭型防毒服

手防护　戴橡胶手套

第九部分　理化特性

外观与性状　白色粉末，无臭、无味。可潮解

pH 值　无意义　　　熔点(℃)　无资料

沸点(℃)　无资料　　相对密度(水＝1)　3.3

相对蒸气密度(空气＝1)　无资料

饱和蒸气压(kPa)　无资料

临界压力(MPa)　无意义　辛醇/水分配系数　无资料

闪点(℃)　无意义　　自燃温度(℃)　无意义

爆炸下限(%)　无意义　爆炸上限(%)　无意义

分解温度(℃)　100　　黏度(mPa·s)　无资料

燃烧热(kJ/mol)　无资料　临界温度(℃)　无资料

溶解性　不溶于水，易溶于稀酸

第十部分　稳定性和反应性

稳定性　稳定

危险反应　与还原剂、易燃或可燃物等禁配物发生反应。在少量水的润湿下，与可燃物的混合物在轻微的碰撞或摩擦下会燃烧。卷入火内时或与水、酸类接触会分解放出氧气

避免接触的条件　轻微碰撞、摩擦、潮湿空气

禁配物　还原剂、易燃或可燃物

危险的分解产物　无资料

第十一部分　毒理学信息

急性毒性　无资料

皮肤刺激或腐蚀　无资料　眼睛刺激或腐蚀　无资料

呼吸或皮肤过敏　无资料　生殖细胞突变性　无资料

致癌性　无资料　　　　生殖毒性　无资料

特异性靶器官系统毒性-一次接触　无资料

特异性靶器官系统毒性-反复接触　无资料

吸入危害　无资料

第十二部分　生态学信息

生态毒性　无资料

持久性和降解性

生物降解性　无资料

非生物降解性　无资料

潜在的生物累积性　无资料

土壤中的迁移性　无资料

第十三部分　废弃处置

废弃化学品　根据国家和地方有关法规的要求处置。或与

厂商或制造商联系，确定处置方法

污染包装物　将容器返还生产商或按照国家和地方法规处置

废弃注意事项　处置前应参阅国家和地方有关法规

第十四部分　运输信息

联合国危险货物编号（UN 号）　1476

联合国运输名称　过氧化镁

联合国危险性类别　5.1

包装类别　Ⅱ　　　　　包装标志　

海洋污染物　否

运输注意事项　运输时单独装运，运输过程中要确保容器不泄漏、不倒塌、不坠落、不损坏。运输时运输车辆应配备相应品种和数量的消防器材。严禁与酸类、易燃物、有机物、还原剂、自燃物品、遇湿易燃物品等并车混运。运输时车速不宜过快，不得强行超车。运输车辆装卸前后，均应彻底清扫、洗净，严禁混入有机物、易燃物等杂质

第十五部分　法规信息

下列法律、法规、规章和标准，对该化学品的管理作了相应的规定。

中华人民共和国职业病防治法　职业病分类和目录：未列入

危险化学品安全管理条例　危险化学品目录：列入。易制爆危险化学品名录：列入

重点监管的危险化学品名录：未列入。GB 18218—2009《危险化学品重大危险源辨识》（表 1）：未列入

使用有毒物品作业场所劳动保护条例　高毒物品目录：未列入

易制毒化学品管理条例　易制毒化学品的分类和品种目录：未列入

国际公约　斯德哥尔摩公约：未列入。鹿特丹公约：未列入。蒙特利尔议定书：未列入

第十六部分　其他信息

编写和修订信息　缩略语和首字母缩写

培训建议　　　　参考文献

免责声明

过氧化尿素

第一部分　化学品标识

化学品中文名　过氧化尿素；过氧化氢尿素；过氧化氢脲

化学品英文名　urea peroxide；urea hydrogen peroxide

分子式　$CH_4N_2O \cdot H_2O_2$　分子量　94.0694

结构式

$$H_2N-\overset{\overset{O}{\|}}{C}-NH_2 \cdot HO-OH$$

化学品的推荐及限制用途　用作漂白剂、杀菌剂，也用于制药、化妆品等

第二部分　危险性概述

紧急情况概述　可加剧燃烧：氧化剂，造成严重的皮肤灼伤和眼睛损伤，可能引起呼吸道刺激

GHS危险性类别　氧化性固体，类别3；皮肤腐蚀/刺激，类别1；严重眼损伤/眼刺激，类别1；特异性靶器官毒性——次接触，类别3（呼吸道刺激）

标签要素

象形图　

警示词　危险

危险性说明　可加剧燃烧：氧化剂，造成严重的皮肤灼伤和眼损伤，可能引起呼吸道刺激

防范说明

预防措施　远离热源。远离衣物、可燃物保存。采取一切预防措施，避免与可燃物混合。避免吸入粉尘。避免接触眼睛、皮肤，操作后彻底清洗。戴防护手套，穿防护服，戴防护眼镜、防护面罩

事故响应　如吸入：将患者转移到空气新鲜处，休息，保持利于呼吸的体位，立即呼叫中毒控制中心或就医。皮肤（或头发）接触：立即脱掉所有被污染的衣服，用水冲洗皮肤，淋浴。污染的衣服必须洗净后方可重新使用。眼睛接触：用水细心地冲洗数分钟。如戴隐形眼镜并可方便地取出，则取出隐形眼镜，继续冲洗。食入：漱口，不要催吐

安全储存　上锁保管

废弃处置　本品及内装物、容器依据国家和地方法规处置

物理和化学危险　助燃。与可燃物混合能形成爆炸性混合物

健康危害　对眼睛、皮肤、黏膜有中等刺激作用。吸入可引起喉炎、化学性肺炎、肺水肿等。眼和皮肤接触可引起灼伤。受热分解释出有毒的氮氧化物烟雾

环境危害　对环境可能有害

第三部分　成分/组成信息

√ 物质　　　　　　　混合物

组分	浓度	CAS No.
过氧化尿素		124-43-6

第四部分　急救措施

吸入　迅速脱离现场至空气新鲜处。保持呼吸道通畅。如呼吸困难，给输氧。如呼吸、心跳停止，立即进行心肺复苏术。就医

皮肤接触　立即脱去污染的衣着，用大量流动清水彻底冲洗至少15min。就医

眼睛接触　立即分开眼睑，用流动清水或生理盐水彻底冲洗5~10min。就医

食入　用水漱口，禁止催吐。给饮牛奶或蛋清。就医

对保护施救者的忠告　根据需要使用个人防护设备

对医生的特别提示　对症处理

第五部分　消防措施

灭火剂　本品不燃，根据着火原因选择适当灭火剂灭火

特别危险性　强氧化剂。与易燃物、可燃物接触能引起剧烈燃烧。遇潮气、酸类会分解并放出氧气而助燃

灭火注意事项及防护措施　消防人员必须穿全身防火防毒服，在上风向灭火。灭火时尽可能将容器从火场移至空旷处。禁止用砂土压盖

第六部分　泄漏应急处理

作业人员防护措施、防护装备和应急处置程序　隔离泄漏污染区，限制出入。消除所有点火源。建议应急处理人员戴防尘口罩，穿防腐、防毒服。勿使泄漏物与可燃物质（如木材、纸、油等）接触。穿上适当的防护服前严禁接触破裂的容器和泄漏物。尽可能切断泄漏源。勿使水进入包装容器内

环境保护措施　用塑料布覆盖泄漏物，减少飞散

泄漏化学品的收容、清除方法及所使用的处置材料　小量泄漏：用洁净的铲子收集泄漏物，置于干净、干燥、盖子较松的容器中，将容器移离泄漏区。大量泄漏：泄漏物回收后，用水冲洗泄漏区

第七部分　操作处置与储存

操作注意事项　密闭操作，局部排风。防止粉尘释放到车间空气中。操作人员必须经过专门培训，严格遵守操作规程。建议操作人员佩戴自吸过滤式防尘口罩，戴化学安全防护眼镜，穿胶布防毒衣，戴橡胶手套。远离火种、热源，工作场所严禁吸烟。远离易燃、可燃物。避免产生粉尘。避免与还原剂接触。配备相应品种和数量的消防器材及泄漏应急处理设备。倒空的容器可能残留有害物

储存注意事项　储存于阴凉、通风的库房。库温不超过30℃，相对湿度不超过80%。远离火种、热源。防止阳光直射。包装密封。应与还原剂、易（可）燃物、食用化学品分开存放，切忌混储。配备相应品种和数量的消防器材。储区应备有合适的材料收容泄漏物

第八部分　接触控制/个体防护

职业接触限值

中国　未制定标准

美国（ACGIH）　未制定标准

生物接触限值　未制定标准

监测方法　空气中有毒物质测定方法：未制定标准。生物监测检验方法：未制定标准

工程控制　密闭操作，局部排风

个体防护装备

呼吸系统防护　空气中粉尘浓度超标时，必须佩戴过滤式防尘呼吸器。紧急事态抢救或撤离时，应该佩戴空气呼吸器

眼睛防护　戴化学安全防护眼镜

皮肤和身体防护　穿密闭型防毒服
手防护　戴橡胶手套

第九部分　理化特性

外观与性状　白色结晶
pH值　无意义　　　　熔点(℃)　75～85(分解)
沸点(℃)　无资料
相对密度(水＝1)　0.8(20℃)
相对蒸气密度(空气＝1)　无资料
饱和蒸气压(kPa)　无资料
临界压力(MPa)　无资料　辛醇/水分配系数　无资料
闪点(℃)　无意义　　　自燃温度(℃)　＞360
爆炸下限(%)　无意义　　爆炸上限(%)　无意义
分解温度(℃)　无资料　黏度(mPa·s)　无资料
燃烧热(kJ/mol)　无资料　临界温度(℃)　无资料
溶解性　溶于水、乙醇、乙二醇

第十部分　稳定性和反应性

稳定性　不稳定
危险反应　与易燃物、可燃物接触能引起剧烈燃烧。遇潮
　　　气、酸类会分解并放出氧气而助燃
避免接触的条件　受热
禁配物　强还原剂、易燃或可燃物
危险的分解产物　氮氧化物、氧气

第十一部分　毒理学信息

急性毒性　无资料
皮肤刺激或腐蚀　无资料　眼睛刺激或腐蚀　无资料
呼吸或皮肤过敏　无资料　生殖细胞突变性　无资料
致癌性　无资料　　　　生殖毒性　无资料
特异性靶器官系统毒性-一次接触　无资料
特异性靶器官系统毒性-反复接触　无资料
吸入危害　无资料

第十二部分　生态学信息

生态毒性　无资料
持久性和降解性
　　生物降解性　无资料
　　非生物降解性　无资料
潜在的生物累积性　无资料
土壤中的迁移性　无资料

第十三部分　废弃处置

废弃化学品　用5%氢氧化钠水溶液或苏打灰中和，接着
　　加水。建议用控制焚烧法或安全掩埋法处置。破损容
　　器禁止重新使用，要在规定场所掩埋
污染包装物　将容器返还生产商或按照国家和地方法规
　　处置
废弃注意事项　处置前应参阅国家和地方有关法规

第十四部分　运输信息

联合国危险货物编号（UN号）　1511
联合国运输名称　过氧化氢脲

联合国危险性类别　5.1，8

包装类别　Ⅲ　　　包装标志
海洋污染物　否
运输注意事项　运输时单独装运，运输过程中要确保容
　　器不泄漏、不倒塌、不坠落、不损坏。运输时运输
　　车辆应配备相应品种和数量的消防器材。严禁与酸
　　类、易燃物、有机物、还原剂、自燃物品、遇湿易
　　燃物品等并车混运。运输时车速不宜过快，不得强
　　行超车。公路运输时要按规定路线行驶。运输车辆
　　装卸前后，均应彻底清扫、洗净，严禁混入有机物、
　　易燃物等杂质

第十五部分　法规信息

　　下列法律、法规、规章和标准，对该化学品的管理作
了相应的规定。
中华人民共和国职业病防治法　职业病分类和目录：未
　　列入
危险化学品安全管理条例　危险化学品目录：列入。易制
　　爆危险化学品名录：列入。重点监管的危险化学品名
　　录：未列入。GB 18218—2009《危险化学品重大危
　　险源辨识》(表1)：未列入
使用有毒物品作业场所劳动保护条例　高毒物品目录：未
　　列入
易制毒化学品管理条例　易制毒化学品的分类和品种目
　　录：未列入
国际公约　斯德哥尔摩公约：未列入。鹿特丹公约：未列
　　入。蒙特利尔议定书：未列入

第十六部分　其他信息

编写和修订信息　　缩略语和首字母缩写
培训建议　　　　　参考文献
免责声明

过氧化氢二异丙苯

第一部分　化学品标识

化学品中文名　过氧化氢二异丙苯；过氧化羟基二异丙
　　苯；二异丙基苯基过氧化氢
化学品英文名　diisopropylbenzene hydroperoxide
分子式　$C_{12}H_{18}O_2$　分子量　194.27
结构式
化学品的推荐及限制用途　用作引发剂、氧化剂、催化剂

第二部分　危险性概述

紧急情况概述　加热可引起燃烧，造成严重的皮肤灼伤和
　　眼损伤
GHS危险性类别　有机过氧化物，F型；皮肤腐蚀/刺激，
　　类别1；严重眼损伤/眼刺激，类别1

标签要素

象形图　

警示词　危险

危险性说明　加热可引起燃烧，造成严重的皮肤灼伤和眼损伤

防范说明

预防措施　远离热源、火花、明火、热表面。禁止吸烟。远离衣物、可燃物保存。仅在原容器中保存。避免吸入烟雾。避免接触眼睛、皮肤，操作后彻底清洗。戴防护手套，穿防护服，戴防护眼镜、防护面罩

事故响应　如吸入：将患者转移到空气新鲜处，休息，保持利于呼吸的体位，立即呼叫中毒控制中心或就医。皮肤（或头发）接触：立即脱掉所有被污染的衣服，用水冲洗皮肤，淋浴。污染的衣服须洗净后方可重新使用。眼睛接触：用水细心地冲洗数分钟，立即呼叫中毒控制中心或就医。如戴隐形眼镜并可方便地取出，则取出隐形眼镜，继续冲洗。食入：漱口，不要催吐

安全储存　避免日照。远离其他物质储存。上锁保管

废弃处置　本品及内装物、容器依据国家和地方法规处置

物理和化学危险　易燃。受撞击、摩擦，遇明火或其他点火源极易爆炸

健康危害　皮肤和皮肤接触可引起灼伤，对黏膜有强烈刺激作用

环境危害　对环境可能有害

第三部分　成分/组成信息

√ 物质　　　　　　　　　混合物

组分	浓度	CAS No.
过氧化氢二异丙苯		26762-93-6

第四部分　急救措施

吸入　迅速脱离现场至空气新鲜处。保持呼吸道通畅。如呼吸困难，给输氧。呼吸、心跳停止，立即进行心肺复苏术。就医

皮肤接触　立即脱去污染的衣着，用大量流动清水彻底冲洗至少 15min。就医

眼睛接触　立即分开眼睑，用流动清水或生理盐水彻底冲洗 5～10min。就医

食入　用水漱口，禁止催吐。给饮牛奶或蛋清。就医

对保护施救者的忠告　根据需要使用个人防护设备

对医生的特别提示　对症处理

第五部分　消防措施

灭火剂　用雾状水、泡沫、干粉、二氧化碳灭火

不合适的灭火剂　大量水喷射

特别危险性　易燃。遇热、明火或与酸、碱接触剧烈反应会造成燃烧。与还原剂、催化剂、酸类、碱类、铁锈、重金属离子及化合物等接触会发生剧烈反应，有燃烧爆炸的危险。特别注意：可能引起复燃

灭火注意事项及防护措施　消防人员必须佩戴空气呼吸器、穿全身防火防毒服，在上风向灭火。尽可能将容器从火场移至空旷处。不要使用强实水流，因为它可能使火势蔓延扩散。处在火场中的容器若已变色或从安全泄压装置中发出声音，必须马上撤离。禁止用砂土压盖。不要让消防水流入下水道和河道

第六部分　泄漏应急处理

作业人员防护措施、防护装备和应急处置程序　根据液体流动和蒸气扩散的影响区域划定警戒区，无关人员从侧风向、上风向撤离至安全区。消除所有点火源。建议应急处理人员戴正压自给式呼吸器，穿一般作业工作服。勿使泄漏物与可燃物质（如木材、纸、油等）接触。尽可能切断泄漏源

环境保护措施　防止泄漏物进入水体、下水道、地下室或有限空间

泄漏化学品的收容、清除方法及所使用的处置材料　小量泄漏：用惰性、湿润的不燃材料吸收泄漏物，用洁净的非火花工具收集于一盖子较松的塑料容器中，待处理。大量泄漏：构筑围堤或挖坑收容。在专家指导下清除

第七部分　操作处置与储存

操作注意事项　密闭操作，全面通风。操作人员必须经过专门培训，严格遵守操作规程。建议操作人员佩戴自吸过滤式防毒面具（全面罩），穿连体式防毒衣，戴橡胶耐油手套。远离火种、热源，工作场所严禁吸烟。使用防爆型的通风系统和设备。远离易燃、可燃物。防止蒸气泄漏到工作场所空气中。避免与还原剂、酸类、碱类接触。搬运时要轻装轻卸，避免碰撞、翻倒，防止包装破损洒漏。配备相应品种和数量的消防器材及泄漏应急处理设备。倒空的容器可能残留有害物

储存注意事项　商品通常稀释后储装。储存于阴凉、通风的库房。库温不超过 30℃，相对湿度不超过 80%。远离火种、热源。保持容器密封。应与还原剂、酸类、碱类、铁锈、重金属离子化合物等分开存放，切忌混储。采用防爆型照明、通风设施。禁止使用易产生火花的机械设备和工具。储区应备有泄漏应急处理设备和合适的收容材料。禁止震动、撞击和摩擦

第八部分　接触控制/个体防护

职业接触限值

中国　未制定标准

美国（ACGIH）　未制定标准

生物接触限值　未制定标准

监测方法　空气中有毒物质测定方法：未制定标准。生物监测检验方法：未制定标准

工程控制　生产过程密闭，全面通风

个体防护装备

呼吸系统防护　空气中浓度超标时，必须佩戴过滤式防毒面具（全面罩）。紧急事态抢救或撤离时，应该佩戴空气呼吸器

眼睛防护　呼吸系统防护中已作防护

皮肤和身体防护　穿连体式防毒衣

手防护　戴橡胶耐油手套

第九部分　理化特性

外观与性状　无色至淡黄色液体

pH 值　无资料　　　　熔点(℃)　−15

沸点(℃)　不适用(沸腾前分解)

相对密度(水＝1)　0.98(20℃)

相对蒸气密度(空气＝1)　无资料

饱和蒸气压(kPa)　无资料

临界压力(MPa)　无资料　辛醇/水分配系数　无资料

闪点(℃)　高于 SADT　自燃温度(℃)　无资料

爆炸下限(%)　无资料　爆炸上限(%)　无资料

分解温度(℃)　70(SADT)　黏度(mPa·s)　无资料

燃烧热(kJ/mol)　无资料　临界温度(℃)　无资料

溶解性　无资料

第十部分　稳定性和反应性

稳定性　不稳定

危险反应　与酸、碱接触剧烈反应会造成燃烧爆炸。与还原剂、催化剂、酸类、碱类、铁锈、重金属离子及化合物等接触会发生剧烈反应，有燃烧危险

避免接触的条件　受热、光照

禁配物　强还原剂、催化剂、酸类、碱类、铁锈、重金属离子及化合物、硫、磷等

危险的分解产物　无资料

第十一部分　毒理学信息

急性毒性　无资料

皮肤刺激或腐蚀　无资料　眼睛刺激或腐蚀　无资料

呼吸或皮肤过敏　无资料　生殖细胞突变性　无资料

致癌性　无资料　　　生殖毒性　无资料

特异性靶器官系统毒性-一次接触　无资料

特异性靶器官系统毒性-反复接触　无资料

吸入危害　无资料

第十二部分　生态学信息

生态毒性　无资料

持久性和降解性

生物降解性　无资料

非生物降解性　无资料

潜在的生物累积性　无资料

土壤中的迁移性　无资料

第十三部分　废弃处置

废弃化学品　建议用控制焚烧法处置。与不燃性物料混合后，再焚烧

污染包装物　将容器返还生产商或按照国家和地方法规

处置

废弃注意事项　处置前应参阅国家和地方有关法规

第十四部分　运输信息

联合国危险货物编号（UN 号）　3109（含量≤72%，含 A 型稀释剂≥28%）

联合国运输名称　液态 F 型有机过氧化物［过氧化氢二异丙苯（含量≤72%，含 A 型稀释剂≥28%）］

联合国危险性类别　5.2

包装类别　—　　　　包装标志　

海洋污染物　否

运输注意事项　运输时单独装运，运输过程中要确保容器不泄漏、不倒塌、不坠落、不损坏。运输时运输车辆应配备相应品种和数量的消防器材。严禁与催化剂、酸类、碱类、铁锈、重金属离子及化合物、还原剂、自燃物品、遇湿易燃物品等并车混运。车速要加以控制，避免颠簸、震荡。夏季应早晚运输，防止日光暴晒。公路运输时要按规定路线行驶，勿在居民区和人口稠密区停留。运输车辆装卸前后，均应彻底清扫、洗净，严禁混入还原剂、催化剂、酸类、碱类、铁锈、重金属离子及化合物等杂质

第十五部分　法规信息

下列法律、法规、规章和标准，对该化学品的管理作了相应的规定。

中华人民共和国职业病防治法　职业病分类和目录：未列入

危险化学品安全管理条例　危险化学品目录：列入。易制爆危险化学品名录：未列入。重点监管的危险化学品名录：未列入。GB 18218—2009《危险化学品重大危险源辨识》(表1)：未列入

使用有毒物品作业场所劳动保护条例　高毒物品目录：未列入

易制毒化学品管理条例　易制毒化学品的分类和品种目录：未列入

国际公约　斯德哥尔摩公约：未列入。鹿特丹公约：未列入。蒙特利尔议定书：未列入

第十六部分　其他信息

编写和修订信息　　缩略语和首字母缩写

培训建议　　　　　参考文献

免责声明

过氧化氢异丙苯

第一部分　化学品标识

化学品中文名　过氧化氢异丙苯；过氧化羟基异丙苯；过氧化羟基苗香素；枯烯基过氧化氢

化学品英文名　cumene hydroperoxide；isopropylbenzene hydroperoxide

分子式　$C_9H_{12}O_2$　分子量　152.19

结构式　

化学品的推荐及限制用途　用作聚合催化剂、交联剂

第二部分　危险性概述

紧急情况概述　加热可引起燃烧，吞咽有害，皮肤接触有
害，吸入会中毒，造成严重的皮肤灼伤和眼损伤

GHS危险性类别　有机过氧化物，E型；急性毒性-经口，
类别4；急性毒性-经皮，类别4；急性毒性-吸入，类
别3；皮肤腐蚀/刺激，类别1B；严重眼损伤/眼刺
激，类别1；特异性靶器官毒性-反复接触，类别2；
危害水生环境-急性危害，类别2；危害水生环境-长
期危害，类别2

标签要素

象形图

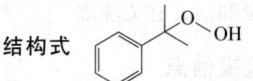

警示词　危险

危险性说明　加热可引起燃烧，吞咽有害，皮肤接触有
害，吸入会中毒，造成严重的皮肤灼伤和眼损伤，
长时间或反复接触可能对器官造成损伤，对水生生
物有毒并具有长期持续影响

防范说明

预防措施　远离热源、火花、明火、热表面。远离
衣物、可燃物保存。仅在原容器中保存。避免
接触眼睛、皮肤，操作后彻底清洗。作业场所
不得进食、饮水或吸烟。避免吸入蒸气、雾。
仅在室外或通风良好处操作。穿防护服，戴防
护眼镜、防护手套、防护面罩。禁止排入环境

事故响应　如吸入：将患者转移到空气新鲜处，休
息，保持利于呼吸的体位。皮肤（或头发）接
触：立即脱掉所有被污染的衣服，用水冲洗皮
肤，淋浴。被污染的衣服必须经洗净后方可重
新使用。眼睛接触：用水细心地冲洗数分钟。
如戴隐形眼镜并可方便地取出，则取出隐形眼
镜，继续冲洗。食入：漱口，不要催吐。收集
泄漏物

安全储存　保持阴凉。避免日照。远离其他物质储
存。在通风良好处储存。保持容器密闭。上锁
保管

废弃处置　本品及内装物、容器依据国家和地方法
规处置

物理和化学危险　易燃。受撞击、摩擦，遇明火或其他点
火源极易爆炸

健康危害　吸入、摄入或经皮吸收后对身体有害。高浓度
时，对眼睛、皮肤、黏膜和上呼吸道有强烈刺激作
用。接触后可引起烧灼感、咳嗽、喉炎、头痛、恶心
和呕吐。眼睛和皮肤接触引起灼伤

环境危害　对水生生物有毒并具有长期持续影响

第三部分　成分/组成信息

√ 物质　　　　　　　混合物

组分	浓度	CAS No.
过氧化氢异丙苯		80-15-9

第四部分　急救措施

吸入　迅速脱离现场至空气新鲜处。保持呼吸道通畅。如
呼吸困难，给输氧。呼吸、心跳停止，立即进行心肺
复苏术。就医

皮肤接触　立即脱去污染的衣着，用大量流动清水彻底冲
洗至少15min。就医

眼睛接触　立即分开眼睑，用流动清水或生理盐水彻底冲
洗5～10min。就医

食入　用水漱口，禁止催吐。给饮牛奶或蛋清。就医

对保护施救者的忠告　根据需要使用个人防护设备

对医生的特别提示　对症处理

第五部分　消防措施

灭火剂　用雾状水、泡沫、干粉、二氧化碳灭火

特别危险性　易燃，具有强氧化性。遇热、明火或与酸、
碱接触剧烈反应会造成燃烧爆炸。与还原剂、催化
剂、碱类、铁锈、重金属离子及化合物等接触会发生
剧烈反应，有燃烧爆炸的危险。特别注意：可能发生
复燃

灭火注意事项及防护措施　消防人员须佩戴防毒面具、穿
全身消防服，在上风向灭火。尽可能将容器从火场移
至空旷处。喷淋水除非是消防员使用，否则灭火效果
不佳。喷水保持火场容器冷却，直至灭火结束。不要
让消防水流入下水道和河道。处在火场中的容器若已
变色或从安全泄压装置中发出声音，必须马上撤离。
遇大火须远离以防炸伤。禁止用砂土压盖

第六部分　泄漏应急处理

作业人员防护措施、防护装备和应急处置程序　根据液体
流动和蒸气扩散的影响区域划定警戒区，无关人员从
侧风、上风向撤离至安全区。消除所有点火源。建议
应急处理人员戴正压自给式呼吸器，穿防静电、防
腐、防毒服。勿使泄漏物与可燃物质（如木材、纸、
油等）接触。穿上适当的防护服前严禁接触破裂的容
器和泄漏物。尽可能切断泄漏源

环境保护措施　防止泄漏物进入水体、下水道、地下室或
有限空间

泄漏化学品的收容、清除方法及所使用的处置材料　小量
泄漏：用惰性、湿润的不燃材料吸收泄漏物，用洁净
的非火花工具收集于一盖子较松的塑料容器中，待处
理。大量泄漏：构筑围堤或挖坑收容。用泡沫覆盖，
减少蒸发。在专家指导下清除

第七部分　操作处置与储存

操作注意事项　严加密闭，提供充分的局部排风和全面通
风。操作人员必须经过专门培训，严格遵守操作规
程。建议操作人员佩戴自吸过滤式防毒面具（全面

罩），穿连体式防毒衣，戴橡胶耐油手套。远离火种、热源，工作场所严禁吸烟。使用防爆型的通风系统和设备。远离易燃、可燃物。防止蒸气泄漏到工作场所空气中。避免与还原剂、酸类接触。搬运时要轻装轻卸，防止包装及容器损坏。禁止震动、撞击和摩擦。配备相应品种和数量的消防器材及泄漏应急处理设备。倒空的容器可能残留有害物

储存注意事项　储存于阴凉、通风的库房。远离火种、热源。库温不超过 30℃，相对湿度不超过 80%。保持容器密封。应与易（可）燃物、还原剂、酸类、食用化学品分开存放，切忌混储。采用防爆型照明、通风设施。禁止使用易产生火花的机械设备和工具。储区应备有泄漏应急处理设备和合适的收容材料。禁止震动、撞击和摩擦。储存于原装容器中，使容器保持密闭，储存在干燥通风处。打开了的容器必须仔细重新封口并保持竖放位置，以防止泄漏。储存在阴凉处。避免温度低于 −30℃，以防止冻结或分层。若产品产生冻结或分层，禁止自行加热，应联系供应商或在有经验的有机过氧化物安全专家指导下进行操作

第八部分　接触控制/个体防护

职业接触限值

中国　未制定标准

美国（ACGIH）　未制定标准

生物接触限值　未制定标准

监测方法　空气中有毒物质测定方法：未制定标准。生物监测检验方法：未制定标准

工程控制　严加密闭，提供充分的局部排风和全面通风

个体防护装备

呼吸系统防护　空气中浓度超标时，必须佩戴过滤式防毒面具（全面罩）。紧急事态抢救或撤离时，应该佩戴空气呼吸器

眼睛防护　呼吸系统防护中已作防护

皮肤和身体防护　穿连体式防毒衣

手防护　戴橡胶耐油手套

第九部分　理化特性

外观与性状　无色至淡黄色液体

pH 值　4　　　　　　　　**熔点(℃)**　−30

沸点(℃)　不适用（沸腾前分解）

相对密度(水=1)　1.05

相对蒸气密度(空气=1)　5.4

饱和蒸气压(kPa)　2（20℃）

临界压力(MPa)　无资料　　**辛醇/水分配系数**　无资料

闪点(℃)　高于 SADT　　**自燃温度(℃)**　无资料

爆炸下限(%)　0.9　　　　**爆炸上限(%)**　6.5

分解温度(℃)　70（SADT）　**黏度(mPa·s)**　37.3(20℃)

燃烧热(kJ/mol)　−4717.89　**临界温度(℃)**　331.85

溶解性　微溶于水，易溶于乙醇、丙酮

第十部分　稳定性和反应性

稳定性　正常条件下稳定。在建议的储存条件下是稳定的

危险反应　遇热、明火或与酸、碱、铁锈、重金属离子或

化合物接触剧烈反应会造成燃烧

避免接触的条件　受热、火花。暴露温度不得高于 40℃

禁配物　还原剂、易燃或可燃物、酸类、重金属离子或化合物。如果对其他材料的适用性有疑问，请联系供应商。请勿与无机过氧化物催化剂混合，除非经过特殊的控制处理。仅使用不锈钢 316、PP、聚乙烯或玻璃内衬设备

危险的分解产物　无资料

第十一部分　毒理学信息

急性毒性　LD$_{50}$：380mg/kg（大鼠经口）；500mg/kg（大鼠经皮）；342mg/kg（小鼠经口）。LC$_{50}$：220ppm（大鼠吸入，4h）

皮肤刺激或腐蚀　无资料　**眼睛刺激或腐蚀**　无资料

呼吸或皮肤过敏　无资料　**生殖细胞突变性**　无资料

致癌性　无资料　　　　　　**生殖毒性**　无资料

特异性靶器官系统毒性-一次接触　无资料

特异性靶器官系统毒性-反复接触　无资料

吸入危害　无资料

第十二部分　生态学信息

生态毒性　LC$_{50}$：3.9mg/L（96h）（虹鳟）；EC$_{50}$：18mg/L（48h）（大型溞）；ErC$_{50}$：3.1mg/L（72h）（羊角月牙藻）

持久性和降解性

生物降解性　不易快速生物降解（OECD 301B）

非生物降解性　无资料

潜在的生物累积性　根据 K_{ow} 值预测，该物质的生物累积性可能较弱

土壤中的迁移性　根据 K_{oc} 值预测，该物质可能易发生迁移

第十三部分　废弃处置

废弃化学品　建议用控制焚烧法处置。与不燃性物料混合后，再焚烧

污染包装物　将容器返还生产商或按照国家和地方法规处置

废弃注意事项　处置前应参阅国家和地方有关法规

第十四部分　运输信息

联合国危险货物编号（UN 号）　3107

联合国运输名称　液态 E 型有机过氧化物〔过氧化氢异丙苯（90%＜含量≤98%，含 A 型稀释剂≤10%）〕

联合国危险性类别　5.2

包装类别　—

包装标志　

海洋污染物　是

运输注意事项　运输时单独装运，运输过程中要确保容器不泄漏、不倒塌、不坠落、不损坏。运输时运输车辆应配备相应品种和数量的消防器材。严禁与酸类、易

燃物、有机物、还原剂、自燃物品、遇湿易燃物品等并车混运。车速要加以控制，避免颠簸、震荡。夏季应早晚运输，防止暴晒。公路运输时要按规定路线行驶，勿在居民区和人口稠密区停留。运输车辆装卸前后，均应彻底清扫、洗净，严禁混入有机物、易燃物等杂质

第十五部分　法规信息

下列法律、法规、规章和标准，对该化学品的管理作了相应的规定。

中华人民共和国职业病防治法　职业病分类和目录：未列入

危险化学品安全管理条例　危险化学品目录：列入。易制爆危险化学品名录：未列入。重点监管的危险化学品名录：未列入。GB 18218—2009《危险化学品重大危险源辨识》（表1）：未列入

使用有毒物品作业场所劳动保护条例　高毒物品目录：未列入

易制毒化学品管理条例　易制毒化学品的分类和品种目录：未列入

国际公约　斯德哥尔摩公约：未列入。鹿特丹公约：未列入。蒙特利尔议定书：未列入

第十六部分　其他信息

编写和修订信息　　　　　缩略语和首字母缩写
培训建议　　　　　　　　参考文献
免责声明

过氧化叔丁基新戊酸酯

第一部分　化学品标识

化学品中文名　过氧化新戊酸叔丁酯；叔丁基过氧新戊酸酯

化学品英文名　*tert*-butyl peroxypivalate；*tert*-butyl per-pivalate

分子式　$C_9H_{18}O_3$　**分子量**　174.238

结构式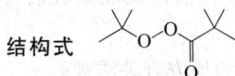

化学品的推荐及限制用途　用作聚合引发剂、催化剂等

第二部分　危险性概述

紧急情况概述　加热可引起燃烧

GHS危险性类别　有机过氧化物，D型；急性毒性-经口，类别5

标签要素

象形图

警示词　危险

危险性说明　加热可引起燃烧，吞咽可能有害

防范说明

预防措施　远离热源、火花、明火、热表面。禁止

吸烟。远离衣物、可燃物保存。仅在原容器中保存。戴防护手套、防护眼镜、防护面罩

事故响应　如果感觉不适，呼叫中毒控制中心或就医

安全储存　保持阴凉。避免日照。远离其他物质储存

废弃处置　本品及内装物、容器依据国家和地方法规处置

物理和化学危险　易燃。受撞击、摩擦，遇明火或其他点火源极易爆炸

健康危害　吸入蒸气或误服有毒。对皮肤、眼睛和黏膜有刺激性

环境危害　对环境可能有害

第三部分　成分/组成信息

√ 物质　　　　　　　　　混合物

组分	浓度	CAS No.
过氧化叔丁基新戊酸酯		927-07-1

第四部分　急救措施

吸入　迅速脱离现场至空气新鲜处。保持呼吸道通畅。如呼吸困难，给输氧。呼吸、心跳停止，立即进行心肺复苏术。就医

皮肤接触　立即脱去被污染的衣着，用流动清水彻底冲洗。就医

眼睛接触　立即分开眼睑，用流动清水或生理盐水彻底冲洗。就医

食入　漱口；饮水。就医

对保护施救者的忠告　根据需要使用个人防护设备

对医生的特别提示　对症处理

第五部分　消防措施

灭火剂　用雾状水、泡沫、干粉、二氧化碳灭火

特别危险性　其蒸气与空气可形成爆炸性混合物，遇明火、高热能引起燃烧爆炸。与还原剂、催化剂、有机物、可燃物等接触会发生剧烈反应，有燃烧爆炸的危险。特别注意：可能引起复燃

灭火注意事项及防护措施　消防人员必须佩戴防毒面具、穿全身消防服，在上风向灭火。不要使用强实水流，因为它可能使火势蔓延扩散。喷淋水除非是消防员使用，否则灭火效果不佳。不要让消防水流入下水道和河道。尽可能将容器从火场移至空旷处。必须马上撤离。遇大火必须远离以防炸伤。禁止用砂土压盖

第六部分　泄漏应急处理

作业人员防护措施、防护装备和应急处置程序　根据液体流动和蒸气扩散的影响区域划定警戒区，无关人员从侧风、上风向撤离至安全区。消除所有点火源。建议应急处理人员戴正压自给式呼吸器，穿一般作业工作服。禁止接触或跨越泄漏物。勿使泄漏物与可燃物质（如木材、纸、油等）接触。尽可能切断泄漏源

环境保护措施　防止泄漏物进入水体、下水道、地下室或有限空间

泄漏化学品的收容、清除方法及所使用的处置材料　小量泄漏：用惰性、湿润的不燃材料吸收泄漏物，用洁净的非火花工具收集于一盖子较松的塑料容器中，待处理。大量泄漏：构筑围堤或挖坑收容。在专家指导下清除

第七部分　操作处置与储存

操作注意事项　密闭操作，局部排风。防止蒸气泄漏到工作场所空气中。操作人员必须经过专门培训，严格遵守操作规程。建议操作人员佩戴自吸过滤式防毒面具（半面罩），戴化学安全防护眼镜，穿胶布防毒衣，戴橡胶手套。远离火种、热源，工作场所严禁吸烟。使用防爆型的通风系统和设备。在清除液体和蒸气前不能进行焊接、切割等作业。远离易燃、可燃物。避免产生烟雾。避免与还原剂、酸类接触。配备相应品种和数量的消防器材及泄漏应急处理设备。倒空的容器可能残留有害物

储存注意事项　本品须存储在0℃以下，但需要在−15℃以上以防止冻结或分层。若产品产生冻结或分层，禁止自行加热，应联系供商或在有经验的有机过氧化物安全专家指导下进行操作。不同稀释剂配方产品的控制温度和危急温度请查看 GB 28644.3《有机过氧化物分类及品名表》。防止阳光直射。保持容器密封。应与还原剂、酸类、碱类和重金属离子或化合物分开存放，切忌混储。配备相应品种和数量的消防器材。储区应备有泄漏应急处理设备和合适的收容材料。禁止震动、撞击和摩擦

第八部分　接触控制/个体防护

职业接触限值
　中国　未制定标准
　美国（ACGIH）　未制定标准
生物接触限值　未制定标准
监测方法　空气中有毒物质测定方法：未制定标准。生物监测检验方法：未制定标准
工程控制　密闭操作，局部排风
个体防护装备
　呼吸系统防护　空气中浓度超标时，必须佩戴过滤式防毒面具（半面罩）。紧急事态抢救或撤离时，应该佩戴空气呼吸器
　眼睛防护　戴化学安全防护眼镜
　皮肤和身体防护　穿密闭型防毒服
　手防护　戴橡胶手套

第九部分　理化特性

外观与性状　无色液体　　**pH值**　无资料
熔点（℃）　<−15
沸点（℃）　不适用（沸腾前分解）
相对密度（水＝1）　0.875（0℃）
相对蒸气密度（空气＝1）　无资料
饱和蒸气压（kPa）　无资料　**临界压力（MPa）**　无资料
辛醇/水分配系数　$\lg K_{ow}=3.17$
闪点（℃）　高于SADT　**自燃温度（℃）**　无资料

爆炸下限（%）　无资料　　**爆炸上限（%）**　无资料
分解温度（℃）　20（SADT）　**黏度（mPa·s）**　无资料
燃烧热（kJ/mol）　无资料　**临界温度（℃）**　无资料
溶解性　不溶于水、乙二醇，溶于多数有机溶剂

第十部分　稳定性和反应性

稳定性　推荐的储存温度和储存条件下稳定。严格控制储存温度为0℃及以下
危险反应　与酸或碱、还原剂、催化剂、重金属离子或化合物、铁锈等接触会发生剧烈反应，有燃烧爆炸的危险
避免接触的条件　避免封闭，热、火焰和火花
禁配物　酸或碱、还原剂、催化剂、重金属离子或化合物、铁锈
危险的分解产物　无资料

第十一部分　毒理学信息

急性毒性　LD$_{50}$：4300mg/kg（大鼠经口）
皮肤刺激或腐蚀　无资料　　**眼睛刺激或腐蚀**　无资料
呼吸或皮肤过敏　无资料　　**生殖细胞突变性**　无资料
致癌性　无资料　　　　　　**生殖毒性**　无资料
特异性靶器官系统毒性-一次接触　无资料
特异性靶器官系统毒性-反复接触　无资料
吸入危害　无资料

第十二部分　生态学信息

生态毒性　无资料
持久性和降解性
　生物降解性　无资料
　非生物降解性　无资料
潜在的生物累积性　无资料
土壤中的迁移性　无资料

第十三部分　废弃处置

废弃化学品　用5%氢氧化钠水溶液或苏打水中和，接着加水。建议用控制焚烧法或安全掩埋法处置
污染包装物　将容器返还生产商或按照国家和地方法规处置
废弃注意事项　破损容器禁止重新使用，要在规定场所掩埋

第十四部分　运输信息

联合国危险货物编号（UN号）　3113（67%＜含量≤77%，含A型稀释剂≥23%）
联合国运输名称　固态C型有机过氧化物，控制温度的〔过氧化新戊酸叔丁酯（67%＜含量≤77%，含A型稀释剂≥23%）〕
联合国危险性类别　5.2

包装类别　—　　　　　　　**包装标志**

海洋污染物　否

运输注意事项 运输时保持制冷系统工作正常;实时监测温度,严格控制温度。运输时单独装运,运输过程中要确保容器不泄漏、不倒塌、不坠落、不损坏。运输时运输车辆应配备相应品种和数量的消防器材。严禁与酸类、碱类、还原剂、催化剂、重金属离子或化合物、铁锈、自燃物品、遇湿易燃物品混运。车速要加以控制,避免颠簸、震荡。夏季应早晚运输,防止暴晒。公路运输时要按规定路线行驶,禁止在居民区和人口稠密区停留。运输车辆装卸前后,均应彻底清扫、洗净,严禁混入酸类、碱类、还原剂、催化剂、重金属离子或化合物、铁锈等杂质

其他运输信息 控制温度:0℃;紧急温度:+10℃

第十五部分 法规信息

下列法律、法规、规章和标准,对该化学品的管理作了相应的规定。

中华人民共和国职业病防治法 职业病分类和目录:未列入

危险化学品安全管理条例 危险化学品目录:列入。易制爆危险化学品名录:未列入。重点监管的危险化学品名录:未列入。GB 18218—2009《危险化学品重大危险源辨识》(表1):未列入

使用有毒物品作业场所劳动保护条例 高毒物品目录:未列入

易制毒化学品管理条例 易制毒化学品的分类和品种目录:未列入

国际公约 斯德哥尔摩公约:未列入。鹿特丹公约:未列入。蒙特利尔议定书:未列入

第十六部分 其他信息

编写和修订信息　　　　缩略语和首字母缩写
培训建议　　　　　　　参考文献
免责声明

过氧化双(3,5,5-三甲基己酰)

第一部分 化学品标识

化学品中文名 过氧化双(3,5,5-三甲基己酰);双(3,5,5-三甲基己酰)过氧化物

化学品英文名 3,5,5-trimethylcaproyl peroxide

分子式 $C_{18}H_{34}O_4$ **分子量** 314.463

结构式

化学品的推荐及限制用途 用作乙烯基单体自由基聚合反应的引发剂

第二部分 危险性概述

紧急情况概述 加热可引起燃烧

GHS危险性类别 有机过氧化物,C型

标签要素

象形图

警示词 危险

危险性说明 加热可引起燃烧

防范说明

预防措施 远离热源、火花、明火、热表面。禁止吸烟。远离衣物、可燃物保存。仅在原容器中保存。戴防护手套、防护眼镜、防护面罩

事故响应 —

安全储存 保持阴凉。避免日照。远离其他物质储存

废弃处置 本品及内装物、容器依据国家和地方法规处置

物理和化学危险 易燃。受撞击、摩擦,遇明火或其他点火源极易爆炸

健康危害 未见毒性资料及人体危害资料

环境危害 对环境可能有害

第三部分 成分/组成信息

✓ 物质　　　　　　　混合物

组分	浓度	CAS No.
过氧化双(3,5,5-三甲基己酰)		3851-87-4

第四部分 急救措施

吸入 脱离现场至空气新鲜处。如有不适感,就医

皮肤接触 脱去污染的衣着,用流动清水冲洗。如有不适感,就医

眼睛接触 分开眼睑,用流动清水或生理盐水冲洗。如有不适感,就医

食入 漱口,饮水。就医

对保护施救者的忠告 根据需要使用个人防护设备

对医生的特别提示 对症处理

第五部分 消防措施

灭火剂 用雾状水、泡沫、干粉、二氧化碳灭火

特别危险性 易燃,在常温下剧烈分解。受冲击、摩擦有发生爆炸的危险。与还原剂、催化剂、有机物、易燃物、酸类铁锈、重金属离子及化合物或胺类物品接触会发生剧烈反应,有燃烧爆炸的危险。特别注意:可能发生复燃

灭火注意事项及防护措施 消防人员须佩戴防毒面具、穿全身消防服,在上风向灭火。尽可能将容器从火场移至空旷处。不要使用强实水流,因为它可能使火势蔓延扩散。喷淋水除非是消防员使用,否则灭火效果不佳。处在火场中的容器若已变色或从安全泄压装置中发出声音,必须马上撤离。遇大火须远离以防炸伤。禁止用砂土压盖。不要让消防水流入下水道和河道

第六部分 泄漏应急处理

作业人员防护措施、防护装备和应急处置程序 根据液体流动和蒸气扩散的影响区域划定警戒区,无关人员从侧风、上风向撤离至安全区。消除所有点火源。建议应急处理人员戴正压自给式呼吸器,穿一般作业工作服。禁止接触或跨越泄漏物。勿使泄漏物与可燃物质(如木材、纸、油等)接触。尽可能切断泄漏源

环境保护措施 防止泄漏物进入水体、下水道、地下室或有限空间

泄漏化学品的收容、清除方法及所使用的处置材料 小量泄漏：用惰性、湿润的不燃材料吸收泄漏物，用洁净的非火花工具收集于一盖子较松的塑料容器中，待处理。大量泄漏：构筑围堤或挖坑收容。在专家指导下清除

第七部分 操作处置与储存

操作注意事项 密闭操作，加强通风。操作人员必须经过专门培训，严格遵守操作规程。建议操作人员佩戴过滤式防毒面具（半面罩），戴化学安全防护眼镜，穿胶布防毒衣，戴乳胶手套。远离火种、热源，工作场所严禁吸烟。使用防爆型的通风系统和设备。远离易燃、可燃物。防止蒸气泄漏到工作场所空气中。避免与还原剂、酸类、碱类接触。搬运时要轻装轻卸，防止包装及容器损坏。禁止震动、撞击和摩擦。配备相应品种和数量的消防器材及泄漏应急处理设备。倒空的容器可能残留有害物

储存注意事项 远离火种、热源。仓库或存放设施应具有温控措施。库温控制在0℃及以下，但避免温度低于−10℃，防止冻结和分层。若产品产生冻结或分层，禁止自行加热，应联系供应商或在有经验的有机过氧化物安全专家指导下进行操作。不同稀释剂配方产品的控制温度和危急温度请查看GB 28644.3《有机过氧化物分类及品名表》。应与还原剂、酸类、碱类、铁锈、重金属离子及化合物、食用化学品分开存放，切忌混储。采用防爆型照明、通风设施。禁止使用易产生火花的机械设备和工具。储区应备有泄漏应急处理设备和合适的收容材料。禁止震动、撞击和摩擦

第八部分 接触控制/个体防护

职业接触限值
中国　未制定标准
美国（ACGIH）　未制定标准
生物接触限值　未制定标准
监测方法　空气中有毒物质测定方法：未制定标准。生物监测检验方法：未制定标准
工程控制　生产过程密闭，加强通风
个体防护装备
呼吸系统防护　空气中浓度较高时，应该佩戴过滤式防毒面具（半面罩）。紧急事态抢救或逃生时，建议佩戴空气呼吸器
眼睛防护　戴化学安全防护眼镜
皮肤和身体防护　穿密闭型防毒服
手防护　戴橡胶手套

第九部分 理化特性

外观与性状　纯品为白色固体，具有刺激性气味。使用A类稀释剂的为液体

pH值　中性的　　　　**熔点(℃)**　≤−10
沸点(℃)　不适用（沸腾前分解）
相对密度(水＝1)　0.89～0.91（0℃）

相对蒸气密度(空气=1)　无资料
饱和蒸气压(kPa)　无资料
临界压力(MPa)　无资料　**辛醇/水分配系数**　无资料
闪点(℃)　高于SADT　**自燃温度(℃)**　无资料
爆炸下限(%)　无资料　**爆炸上限(%)**　无资料
分解温度(℃)　20（SADT）　**黏度(mPa·s)**　13（0℃）
燃烧热(kJ/mol)　无资料　**临界温度(℃)**　无资料
溶解性　不溶于水，易溶于丙酮、氯仿等

第十部分 稳定性和反应性

稳定性　不稳定

危险反应　在常温下剧烈分解。受冲击、摩擦有发生爆炸的危险。与还原剂、催化剂、酸类或锈、重金属离子及化合物接触会发生剧烈反应，有燃烧爆炸的危险

避免接触的条件　撞击、摩擦、受热

禁配物　酸类、碱类、还原剂、铁锈、重金属离子及化合物

危险的分解产物　无资料

第十一部分 毒理学信息

急性毒性　无资料
皮肤刺激或腐蚀　无资料　**眼睛刺激或腐蚀**　无资料
呼吸或皮肤过敏　无资料　**生殖细胞突变性**　无资料
致癌性　无资料　　　　**生殖毒性**　无资料
特异性靶器官系统毒性-一次接触　无资料
特异性靶器官系统毒性-反复接触　无资料
吸入危害　无资料

第十二部分 生态学信息

生态毒性　无资料
持久性和降解性
生物降解性　无资料
非生物降解性　无资料
潜在的生物累积性　无资料
土壤中的迁移性　无资料

第十三部分 废弃处置

废弃化学品　建议用控制焚烧法处置。与不燃性物料混合后，再焚烧

污染包装物　将容器返还生产商或按照国家和地方法规处置

废弃注意事项　在规定场所掩埋空容器

第十四部分 运输信息

联合国危险货物编号（UN号）　3115（含量52%～82%，A型稀释剂≥82%）

联合国运输名称　固态C型有机过氧化物，控制温度的〔过氧化双(3,5,5-三甲基己酰)〕（含量≤100%）

联合国危险性类别　5.2

包装类别　—　　　　**包装标志**

海洋污染物　否

运输注意事项　保持制冷系统工作正常，实时监测温度，严格控制温度。运输时单独装运，运输过程中要确保容器不泄漏、不倒塌、不坠落、不损坏。运输时运输车辆应配备相应品种和数量的消防器材。严禁与酸类、还原剂、自燃物品、遇湿易燃物品、铁锈、重金属离子及化合物等混运。车速要加以控制，避免颠簸、震荡。夏季应早晚运输，防止暴晒。公路运输时要按规定路线行驶，勿在居民区和人口稠密区停留。运输车辆装卸前后，均应彻底清扫、洗净，严禁混入酸类、还原剂、自燃物品、遇湿易燃物品、铁锈、重金属离子及化合物等杂质

其他运输信息　控制温度：0℃；紧急温度：＋10℃

第十五部分　法规信息

下列法律、法规、规章和标准，对该化学品的管理作了相应的规定。

中华人民共和国职业病防治法　职业病分类和目录：未列入

危险化学品安全管理条例　危险化学品目录：列入。易制爆危险化学品名录：未列入。重点监管的危险化学品名录：未列入。GB 18218—2009《危险化学品重大危险源辨识》（表1）：未列入

使用有毒物品作业场所劳动保护条例　高毒物品目录：未列入

易制毒化学品管理条例　易制毒化学品的分类和品种目录：未列入

国际公约　斯德哥尔摩公约：未列入。鹿特丹公约：未列入。蒙特利尔议定书：未列入

第十六部分　其他信息

编写和修订信息　　　缩略语和首字母缩写
培训建议　　　　　　参考文献
免责声明

过氧化乙酸叔丁酯

第一部分　化学品标识

化学品中文名　过氧化乙酸叔丁酯；过乙酸叔丁酯；过氧化叔丁基乙酸酯

化学品英文名　*tert*-butyl peroxyacetate；*tert*-butyl perac-etate

分子式　$C_6H_{12}O_3$　分子量　132.16

结构式　

化学品的推荐及限制用途　用作不饱和聚酯的交联剂和聚合用催化剂

第二部分　危险性概述

紧急情况概述　加热可引起燃烧，吸入会中毒

GHS危险性类别　有机过氧化物，C型；急性毒性-吸入，类别3；严重眼损伤/眼刺激，类别2；特异性靶器官毒性--次接触，类别3（呼吸道刺激）

标签要素

象形图　

警示词　危险

危险性说明　加热可引起燃烧，吸入会中毒，造成严重眼刺激，可能引起呼吸道刺激

防范说明

预防措施　远离热源、火花、明火、热表面。禁止吸烟。远离衣物、可燃物保存。仅在原容器中保存。戴防护手套、防护眼镜、防护面罩。避免吸入蒸气、雾。仅在室外或通风良好处操作。避免接触眼睛、皮肤，操作后彻底清洗

事故响应　如吸入：将患者转移到空气新鲜处，休息，保持利于呼吸的体位，呼叫中毒控制中心或就医。如接触眼睛：用水细心冲洗数分钟。如戴隐形眼镜并可方便地取出，取出隐形眼镜，继续冲洗。如果眼睛刺激持续：就医

安全储存　避免日照。远离其他物质储存。在通风良好处储存。保持容器密闭。上锁保管

废弃处置　本品及内装物、容器依据国家和地方法规处置

物理和化学危险　易燃。受撞击、摩擦，遇明火或其他点火源极易爆炸

健康危害　本品有毒。对眼睛、皮肤、黏膜有强烈刺激作用，可引起皮炎。受热分解释出有腐蚀性的烟雾

环境危害　对环境可能有害

第三部分　成分/组成信息

✓ 物质　　　　　　　混合物

组分	浓度	CAS No.
过氧化乙酸叔丁酯		107-71-1

第四部分　急救措施

吸入　迅速脱离现场至空气新鲜处。保持呼吸道通畅。如呼吸困难，给输氧。如呼吸、心跳停止，立即进行心肺复苏术。就医

皮肤接触　立即脱去污染的衣着，用流动清水彻底冲洗。就医

眼睛接触　立即分开眼睑，用流动清水或生理盐水彻底冲洗。就医

食入　漱口，饮水。就医

对保护施救者的忠告　根据需要使用个人防护设备

对医生的特别提示　对症处理

第五部分　消防措施

灭火剂　用雾状水、泡沫、干粉、二氧化碳灭火

不适用的灭火剂　大量水喷射

特别危险性　其蒸气与空气可形成爆炸性混合物，受热、接触明火或受到摩擦、震动、撞击时可发生爆炸。与还原剂、催化剂、酸类、碱类、铁锈、重金属离子及

化合物等接触会发生剧烈反应，有燃烧爆炸的危险。特别注意：可能产生复燃

灭火注意事项及防护措施 消防人员必须佩戴空气呼吸器、穿全身防火防毒服，在上风向灭火。尽可能将容器从火场移至空旷处。喷水保持火场容器冷却，直至灭火结束。处在火场中的容器若已变色或从安全泄压装置中发出声音，必须马上撤离。禁止用砂土压盖

第六部分 泄漏应急处理

作业人员防护措施、防护装备和应急处置程序 根据液体流动和蒸气扩散的影响区域划定警戒区，无关人员从侧风向、上风向撤离至安全区。消除所有点火源。建议应急处理人员戴正压自给式呼吸器，穿防毒服。勿使泄漏物与可燃物质（如木材、纸、油等）接触。穿上适当的防护服前严禁接触破裂的容器和泄漏物。尽可能切断泄漏源

环境保护措施 防止泄漏物进入水体、下水道、地下室或有限空间

泄漏化学品的收容、清除方法及所使用的处置材料 小量泄漏：用惰性、湿润的不燃材料吸收泄漏物，用洁净的非火花工具收集于一盖子较松的塑料容器中，待处理。大量泄漏：构筑围堤或挖坑收容。在专家指导下清除

第七部分 操作处置与储存

操作注意事项 密闭操作，提供充分的局部排风。防止蒸气泄漏到工作场所空气中。操作人员必须经过专门培训，严格遵守操作规程。建议操作人员佩戴自吸过滤式防毒面具（全面罩），穿连体式防毒衣，戴橡胶手套。远离火种、热源，工作场所严禁吸烟。使用防爆型的通风系统和设备。在清除液体和蒸气前不能进行焊接、切割等作业。远离易燃、可燃物。避免产生烟雾。避免与还原剂、酸类接触。配备相应品种和数量的消防器材及泄漏应急处理设备。倒空的容器可能残留有害物

储存注意事项 储存于阴凉、通风的库房。远离火种、热源。防止阳光直射。库温不超过30℃，相对湿度不超过80%。保持容器密封。应与还原剂、酸类、催化剂、重金属离子及化合物、铁锈以及食用化学品分开存放，切忌混储。采用防爆型照明、通风设施。禁止使用易产生火花的机械设备和工具。储区应备有泄漏应急处理设备和合适的收容材料。禁止震动、撞击和摩擦

第八部分 接触控制/个体防护

职业接触限值
中国 未制定标准
美国（ACGIH） 未制定标准
生物接触限值 未制定标准
监测方法 空气中有毒物质测定方法：未制定标准。生物监测检验方法：未制定标准
工程控制 严加密闭，提供充分的局部排风
个体防护装备

呼吸系统防护 空气中浓度超标时，必须佩戴过滤式防毒面具（全面罩）。紧急事态抢救或撤离时，应该佩戴空气呼吸器
眼睛防护 呼吸系统防护中已作防护
皮肤和身体防护 穿连体式防毒衣
手防护 戴橡胶手套

第九部分 理化特性

外观与性状 无色透明苯或矿油溶液，有刺激性气味
pH值 无资料　　　　　　**熔点（℃）** -26
沸点（℃） 不适用（沸腾前已分解）
相对密度（水=1） 0.923
相对蒸气密度（空气=1） 无资料
饱和蒸气压（kPa） 6.65(26℃)
临界压力（MPa） 无资料　**辛醇/水分配系数** 无资料
闪点（℃） 38　　　　　　**自燃温度（℃）** 无资料
爆炸下限（%） 无资料　　**爆炸上限（%）** 无资料
分解温度（℃） 70(SADT)　**黏度（mPa·s）** 无资料
燃烧热（kJ/mol） 无资料　**临界温度（℃）** 无资料
溶解性 不溶于水，溶于多数有机溶剂

第十部分 稳定性和反应性

稳定性 在推荐的条件下稳定
危险反应 与还原剂、催化剂、酸类、碱类、重金属离子以及铁锈等禁配物接触发生剧烈反应，有燃烧爆炸的危险
避免接触的条件 受热、摩擦、震动、撞击
禁配物 还原剂、强酸、强碱、重金属离子或化合物
危险的分解产物 无资料

第十一部分 毒理学信息

急性毒性 LD_{50}：675mg/kg（大鼠经口），632mg/kg（小鼠经口）
皮肤刺激或腐蚀 无资料
眼睛刺激或腐蚀 家兔经眼：100mg（1min），中度刺激
呼吸或皮肤过敏 无资料　**生殖细胞突变性** 无资料
致癌性 无资料
生殖毒性 大鼠吸入最低中毒浓度（TCLo）：1mg/m³（4h）（雄性交配前17周），对精子生成（包括遗传物质、精子形态学、运动能力、计数）有影响
特异性靶器官系统毒性--一次接触 无资料
特异性靶器官系统毒性-反复接触 无资料
吸入危害 无资料

第十二部分 生态学信息

生态毒性 无资料
持久性和降解性
生物降解性 无资料
非生物降解性 无资料
潜在的生物累积性 无资料
土壤中的迁移性 无资料

第十三部分 废弃处置

废弃化学品 在污水处理厂处理和中和。建议用焚烧法

处置

污染包装物　将容器返还生产商或按照国家和地方法规
　　处置

废弃注意事项　处置前应参阅国家和地方有关法规

第十四部分　运输信息

联合国危险货物编号（UN号）　3101（52%＜含量≤77%，
　　含A型稀释剂≥23%）

联合国运输名称　液态B型有机过氧化物［过氧化乙酸叔丁
　　酯（52%＜含量≤77%，含A型稀释剂≥23%）］

联合国危险性类别　5.2

包装类别　—

包装标志　

海洋污染物　否

运输注意事项　运输时单独装运，运输过程中要确保容
　　器不泄漏、不倒塌、不坠落、不损坏。运输时运输
　　车辆应配备相应品种和数量的消防器材。严禁与酸
　　类、碱类、还原剂、重金属离子及化合物、铁锈、
　　自燃物品、遇湿易燃物品等并车混运。车速要加以
　　控制，避免颠簸、震荡。夏季应早晚运输，防止日
　　光暴晒。公路运输时要按规定路线行驶，禁止在居
　　民区和人口稠密区停留。运输车辆装卸前后，均应
　　彻底清扫、洗净，严禁混入酸类、碱类、重金属等
　　杂质

第十五部分　法规信息

　　下列法律、法规、规章和标准，对该化学品的管理作
了相应的规定。

中华人民共和国职业病防治法　职业病分类和目录：未
　　列入

危险化学品安全管理条例　危险化学品目录：列入。易制
　　爆危险化学品名录：未列入。重点监管的危险化学品
　　名录：未列入。GB 18218—2009《危险化学品重大
　　危险源辨识》（表1）：未列入

使用有毒物品作业场所劳动保护条例　高毒物品目录：未
　　列入

易制毒化学品管理条例　易制毒化学品的分类和品种目
　　录：未列入

国际公约　斯德哥尔摩公约：未列入。鹿特丹公约：未列
　　入。蒙特利尔议定书：未列入

第十六部分　其他信息

编写和修订信息　缩略语和首字母缩写
培训建议　参考文献
免责声明

过氧化乙酰苯甲酰

第一部分　化学品标识

化学品中文名　过氧化乙酰苯甲酰；乙酰过氧苯甲酰

化学品英文名　acetyl benzoyl peroxide

分子式　$C_9H_8O_4$　**分子量**　180.16

结构式　

化学品的推荐及限制用途　用作聚合催化剂、交联剂等

第二部分　危险性概述

紧急情况概述　造成严重的皮肤灼伤和眼损伤

GHS危险性类别　皮肤腐蚀/刺激，类别1；严重眼损伤/
　眼刺激，类别1

标签要素

象形图　

警示词　危险

危险性说明　造成严重的皮肤灼伤和眼损伤

防范说明

　　预防措施　避免吸入粉尘。避免接触眼睛、皮肤，
　　　操作后彻底清洗。戴防护手套，穿防护服，戴
　　　防护眼镜、防护面罩

　　事故响应　如吸入：将患者转移到空气新鲜处，休
　　　息，保持利于呼吸的体位，立即呼叫中毒控制
　　　中心或就医。皮肤（或头发）接触：立即脱掉
　　　所有被污染的衣服，用水冲洗皮肤，淋浴。污
　　　染的衣服须洗净后方可重新使用。眼睛接触：
　　　用水细心地冲洗数分钟，如戴隐形眼镜并可方
　　　便地取出，则取出隐形眼镜，继续冲洗，立即
　　　呼叫中毒控制中心或就医。食入：漱口，不要
　　　催吐

　　安全储存　上锁保管

　　废弃处置　本品及内装物、容器依据国家和地方法
　　　规处置

物理和化学危险　易燃。受撞击、摩擦，遇明火或其他点
　火源极易爆炸

健康危害　误服和吸入本品有毒。眼和皮肤接触引起灼
　伤。受热分解放出有腐蚀性的烟雾

环境危害　对环境可能有害

第三部分　成分/组成信息

√ 物质		混合物
组分	浓度	CAS No.
过氧化乙酰苯甲酰		644-31-5

第四部分　急救措施

吸入　迅速脱离现场至空气新鲜处。保持呼吸道通畅。如
　呼吸困难，给输氧。如呼吸、心跳停止，立即进行心
　肺复苏术。就医

皮肤接触　立即脱去污染的衣着，用大量流动清水彻底冲
　洗至少15min。就医

眼睛接触　立即分开眼睑，用流动清水或生理盐水彻底冲
　洗5～10min。就医

食入　用水漱口，禁止催吐。给饮牛奶或蛋清。就医
对保护施救者的忠告　根据需要使用个人防护设备
对医生的特别提示　对症处理

第五部分　消防措施

灭火剂　用泡沫、干粉、二氧化碳灭火。禁止使用柱状水
特别危险性　强氧化剂。与还原剂、催化剂、有机物、可燃物等接触会发生剧烈反应，有燃烧爆炸的危险。遇水或水蒸气反应并放热
灭火注意事项及防护措施　消防人员须戴好防毒面具，在安全距离以外，在上风向灭火。尽可能将容器从火场移至空旷处。喷水保持火场容器冷却，直至灭火结束。遇大火，消防人员须在有防护掩蔽处操作。禁止用砂土压盖

第六部分　泄漏应急处理

作业人员防护措施、防护装备和应急处置程序　隔离泄漏污染区，限制出入。消除所有点火源。建议应急处理人员戴防尘口罩，穿一般作业工作服。勿使泄漏物与可燃物质（如木材、纸、油等）接触。用雾状水保持泄漏物湿润。尽可能切断泄漏源
环境保护措施　防止泄漏物进入水体、下水道、地下室或有限空间
泄漏化学品的收容、清除方法及所使用的处置材料　小量泄漏：用惰性、湿润的不燃材料吸收泄漏物，用洁净的非火花工具收集于一盖子较松的塑料容器中，待处理。大量泄漏：用水润湿，并筑堤收容。在专家指导下清除

第七部分　操作处置与储存

操作注意事项　密闭操作，提供充分的局部排风。防止粉尘释放到车间空气中。操作人员必须经过专门培训，严格遵守操作规程。建议操作人员佩戴防尘面具（全面罩），穿连体式防毒衣，戴橡胶手套。远离火种、热源，工作场所严禁吸烟。使用防爆型的通风系统和设备。避免产生粉尘。避免与还原剂、酸类、碱类、醇类接触。尤其要注意避免与水接触。配备相应品种和数量的消防器材及泄漏应急处理设备。倒空的容器可能残留有害物
储存注意事项　通常商品加有稳定剂。储存于阴凉、干燥、通风良好的库房。远离火种、热源。防止阳光直射。库温不超过30℃，相对湿度不超过80%。包装密封。应与还原剂、酸类、碱类、醇类等分开存放，切忌混储。不宜久存，以免变质。配备相应品种和数量的消防器材。储区应备有合适的材料收容泄漏物。禁止震动、撞击和摩擦

第八部分　接触控制/个体防护

职业接触限值
　中国　未制定标准
　美国（ACGIH）　未制定标准
生物接触限值　未制定标准
监测方法　空气中有毒物质测定方法：未制定标准。生物

监测检验方法：未制定标准
工程控制　严加密闭，提供充分的局部排风
个体防护装备
　呼吸系统防护　可能接触其粉尘时，必须佩戴防尘面具（全面罩）。紧急事态抢救或撤离时，应该佩戴空气呼吸器
　眼睛防护　呼吸系统防护中已作防护
　皮肤和身体防护　穿连体式防毒衣
　手防护　戴橡胶手套

第九部分　理化特性

外观与性状　白色结晶，带有刺激性气味
pH值　无意义　　　　**熔点（℃）**　36～37
沸点（℃）　130(2.5kPa)　**相对密度（水＝1）**　无资料
相对蒸气密度（空气＝1）　无资料
饱和蒸气压（kPa）　无资料
临界压力（MPa）　无资料　**辛醇/水分配系数**　无资料
闪点（℃）　无意义　　　**自燃温度（℃）**　无资料
爆炸下限（%）　无资料　**爆炸上限（%）**　无资料
分解温度（℃）　40　　　**黏度（mPa·s）**　无资料
燃烧热（kJ/mol）　无资料　**临界温度（℃）**　无资料
溶解性　溶于油类、醇、醚、氯仿

第十部分　稳定性和反应性

稳定性　不稳定
危险反应　与还原剂、有机物、可燃物等禁配物接触发生剧烈反应，有燃烧爆炸的危险。遇水或水蒸气发生反应
避免接触的条件　受热、潮湿空气
禁配物　强还原剂、酸类、碱类、醇类、水
危险的分解产物　无资料

第十一部分　毒理学信息

急性毒性　无资料
皮肤刺激或腐蚀　无资料　**眼睛刺激或腐蚀**　无资料
呼吸或皮肤过敏　无资料　**生殖细胞突变性**　无资料
致癌性　无资料　　　　**生殖毒性**　无资料
特异性靶器官系统毒性-一次接触　无资料
特异性靶器官系统毒性-反复接触　无资料
吸入危害　无资料

第十二部分　生态学信息

生态毒性　无资料
持久性和降解性
　生物降解性　无资料
　非生物降解性　无资料
潜在的生物累积性　无资料
土壤中的迁移性　无资料

第十三部分　废弃处置

废弃化学品　建议用控制焚烧法或安全掩埋法处置。破损容器禁止重新使用，要在规定场所掩埋
污染包装物　将容器返还生产商或按照国家和地方法规

处置

废弃注意事项　处置前应参阅国家和地方有关法规

第十四部分　运输信息

联合国危险货物编号（UN号）　1760〔过氧化乙酰苯甲
　　酰（在溶液中含量≤45%）〕

联合国运输名称　腐蚀性液体，未另做规定的〔过氧化乙
　　酰苯甲酰（在溶液中含量≤45%）〕

联合国危险性类别　8

包装类别　—　　　　　**包装标志**

海洋污染物　否

运输注意事项　运输时单独装运，运输过程中要确保容器
　　不泄漏、不倒塌、不坠落、不损坏。运输时运输车辆
　　应配备相应品种和数量的消防器材。严禁与酸类、易
　　燃物、有机物、还原剂、自燃物品、遇湿易燃物品等
　　并车混运。车速要加以控制，避免颠簸、震荡。夏季
　　应早晚运输，防止日光暴晒。公路运输时要按规定路
　　线行驶，禁止在居民区和人口稠密区停留。运输车辆
　　装卸前后，均应彻底清扫、洗净，严禁混入有机物、
　　易燃物等杂质

第十五部分　法规信息

　　下列法律、法规、规章和标准，对该化学品的管理作
了相应的规定。

中华人民共和国职业病防治法　职业病分类和目录：未
　　列入

危险化学品安全管理条例　危险化学品目录：列入。易制
　　爆危险化学品名录：未列入。重点监管的危险化学品
　　名录：未列入。GB 18218—2009《危险化学品重大
　　危险源辨识》（表1）：未列入

使用有毒物品作业场所劳动保护条例　高毒物品目录：未
　　列入

易制毒化学品管理条例　易制毒化学品的分类和品种目
　　录：未列入

国际公约　斯德哥尔摩公约：未列入。鹿特丹公约：未列
　　入。蒙特利尔议定书：未列入

第十六部分　其他信息

编写和修订信息　　**缩略语和首字母缩写**
培训建议　　　　　**参考文献**
免责声明

铪

第一部分　化学品标识

化学品中文名　铪；铪粉（含水≥25%）
化学品英文名　hafnium（with not less than 25% water）
分子式　Hf　**分子量**　178.49
化学品的推荐及限制用途　主要用于制作原子反应堆的控
　　制棒，也用作消气剂及硬质合金的添加剂

第二部分　危险性概述

紧急情况概述　自热：可能燃烧

GHS危险性类别　自热物质和混合物，类别1；特异性靶
　　器官毒性-反复接触，类别2

标签要素

象形图　　

警示词　危险

危险性说明　自热：可能燃烧，长时间或反复接触可能
　　对器官造成损伤

防范说明

　　预防措施　保持阴凉，避免日照。戴防护手套和防
　　　护眼镜、防护面罩。避免吸入粉尘、烟气

　　事故响应　如感觉不适，就医

　　安全储存　跺、货架之间留有空隙。远离其他物质
　　　储存

　　废弃处置　本品及内装物、容器依据国家和地方法
　　　规处置

物理和化学危险　自燃物品

健康危害　对眼和皮肤有刺激性，长时间或反复接触可能
　　对器官造成损伤

环境危害　对环境可能有害

第三部分　成分/组成信息

√　物质　　　　　　　　　　混合物

组分	浓度	CAS No.
铪		7440-58-6

第四部分　急救措施

吸入　迅速脱离现场至空气新鲜处。保持呼吸道通畅。如
　　呼吸困难，给输氧。如呼吸、心跳停止，立即进行心
　　肺复苏术。就医

皮肤接触　立即脱去污染的衣着，用流动清水彻底冲洗。
　　就医

眼睛接触　立即分开眼睑，用流动清水或生理盐水彻底冲
　　洗。就医

食入　漱口，饮水。就医

对保护施救者的忠告　根据需要使用个人防护设备

对医生的特别提示　对症处理

第五部分　消防措施

灭火剂　用干粉、砂土灭火

特别危险性　粉末在空气、氮或二氧化碳中燃烧。与空气
　　混合能形成爆炸性混合物。如加以搅拌即会自燃。与
　　大多数氧化剂如氯酸盐、硝酸盐、高氯酸盐或高锰酸
　　盐等组成敏感度极高的爆炸性混合物

灭火注意事项及防护措施　消防人员必须佩戴防毒面具、
　　穿全身消防服，在上风向灭火。尽可能将容器从火
　　场移至空旷处。喷水保持火场容器冷却，直至灭火
　　结束

第六部分 泄漏应急处理

作业人员防护措施、防护装备和应急处置程序 消除所有点火源。隔离泄漏污染区，限制出入。建议应急处理人员戴防尘口罩，穿防毒、防静电服。禁止接触或跨越泄漏物。尽可能切断泄漏源。

环境保护措施 用干燥的砂土或其他不燃材料覆盖泄漏物，然后用塑料布覆盖，减少飞散、避免雨淋

泄漏化学品的收容、清除方法及所使用的处置材料 用洁净的无火花工具收集泄漏物，置于一盖子较松的塑料容器中，待处置

第七部分 操作处置与储存

操作注意事项 密闭操作，局部排风。操作人员必须经过专门培训，严格遵守操作规程。建议操作人员佩戴自吸过滤式防尘口罩，戴化学安全防护眼镜，穿防毒物渗透工作服，戴橡胶手套。远离火种、热源，工作场所严禁吸烟。使用防爆型的通风系统和设备。避免产生粉尘。避免与氧化剂、酸类、卤素接触。搬运时要轻装轻卸，防止包装及容器损坏。配备相应品种和数量的消防器材及泄漏应急处理设备。倒空的容器可能残留有害物

储存注意事项 储存于阴凉、通风的库房。远离火种、热源。应与氧化剂、酸类、卤素等分开存放，切忌混储。采用防爆型照明、通风设施。禁止使用易产生火花的机械设备和工具。储区应备有合适的材料收容泄漏物

第八部分 接触控制/个体防护

职业接触限值
中国 未制定标准
美国（ACGIH） TLV-TWA：0.5mg/cm³

生物接触限值 未制定标准

监测方法 空气中有毒物质测定方法：未制定标准。生物监测检验方法：未制定标准

工程控制 密闭操作，局部排风

个体防护装备
呼吸系统防护 空气中粉尘浓度超标时，必须佩戴过滤式防尘呼吸器。紧急事态抢救或撤离时，应该佩戴空气呼吸器
眼睛防护 戴化学安全防护眼镜
皮肤和身体防护 穿防毒物渗透工作服
手防护 戴橡胶手套

第九部分 理化特性

外观与性状 有光泽的六角形灰色结晶

pH 值 无意义 　　**熔点（℃）** 2150
沸点（℃） 5400 　　**相对密度（水＝1）** 13.1
相对蒸气密度（空气＝1） 无资料
饱和蒸气压（kPa） 无资料
临界压力（MPa） 无意义 　**辛醇/水分配系数** 无资料
闪点（℃） 无资料 　　**自燃温度（℃）** 无资料
爆炸下限（%） 无资料 　**爆炸上限（%）** 无资料

分解温度（℃） 无资料 　**黏度（mPa·s）** 无资料
燃烧热（kJ/mol） 无资料 　**临界温度（℃）** 无资料
溶解性 溶于氢氟酸、王水及浓硫酸

第十部分 稳定性和反应性

稳定性 稳定

危险反应 粉末在空气、氮或二氧化碳中燃烧。如加以搅拌即会自燃。与大多数氧化剂如氯酸盐、硝酸盐、高氯酸盐或高锰酸盐等组成敏感度极高的爆炸性混合物

避免接触的条件 空气

禁配物 强酸、强氧化剂如氯酸盐、硝酸盐、高氯酸盐或高锰酸盐等、氧、卤素、硫、磷、氮或二氧化碳

危险的分解产物 无资料

第十一部分 毒理学信息

急性毒性 无资料

皮肤刺激或腐蚀 无资料 　**眼睛刺激或腐蚀** 无资料
呼吸或皮肤过敏 无资料 　**生殖细胞突变性** 无资料
致癌性 无资料 　　　**生殖毒性** 无资料
特异性靶器官系统毒性-一次接触 无资料
特异性靶器官系统毒性-反复接触 无资料
吸入危害 无资料

第十二部分 生态学信息

生态毒性 无资料

持久性和降解性
生物降解性 无资料
非生物降解性 无资料

潜在的生物累积性 无资料

土壤中的迁移性 无资料

第十三部分 废弃处置

废弃化学品 若可能，回收使用

污染包装物 将容器返还生产商或按照国家和地方法规处置

废弃注意事项 处置前应参阅国家和地方有关法规

第十四部分 运输信息

联合国危险货物编号（UN号） 2545（干的）；1326（湿的）

联合国运输名称 铪粉，干的；铪粉，湿的

联合国危险性类别 4.2（干的），4.1（湿的）

包装类别 Ⅱ（干的）；Ⅱ（湿的）

包装标志  （干的）  （湿的）

海洋污染物 否

运输注意事项 运输时运输车辆应配备相应品种和数量的消防器材及泄漏应急处理设备。装运本品的车辆排气管须有阻火装置。运输过程中要确保容器不泄漏、不倒塌、不坠落、不损坏。严禁与氧化剂、酸类、卤素、食用化学品等混装混运。运输途中应防暴晒、雨淋，防高温。中途停留时应远离火种、热

源。车辆运输完毕应进行彻底清扫。铁路运输时要禁止溜放

第十五部分 法规信息

下列法律、法规、规章和标准，对该化学品的管理作了相应的规定。

中华人民共和国职业病防治法 职业病分类和目录：未列入

危险化学品安全管理条例 危险化学品目录：列入。易制爆危险化学品名录：未列入。重点监管的危险化学品名录：未列入。GB 18218—2009《危险化学品重大危险源辨识》（表1）：未列入

使用有毒物品作业场所劳动保护条例 高毒物品目录：未列入

易制毒化学品管理条例 易制毒化学品的分类和品种目录：未列入

国际公约 斯德哥尔摩公约：未列入。鹿特丹公约：未列入。蒙特利尔议定书：未列入

第十六部分 其他信息

编写和修订信息 缩略语和首字母缩写
培训建议 参考文献
免责声明

环丙基甲醇

第一部分 化学品标识

化学品中文名 环丙基甲醇；羟甲基环丙烷
化学品英文名 cyclopropyl carbinol；cyclopropanemethanol；(hydroxymethyl) cyclopropane
分子式 C_4H_8O **分子量** 72.1057
结构式
化学品的推荐及限制用途 用作分析试剂

第二部分 危险性概述

紧急情况概述 易燃液体和蒸气
GHS 危险性类别 易燃液体，类别3
标签要素

象形图

警示词 警告
危险性说明 易燃液体和蒸气
防范说明

预防措施 远离热源、火花、明火、热表面。禁止吸烟。保持容器密闭。容器和接收设备接地连接。使用防爆型电器、通风、照明设备。只能使用不产生火花的工具。采取防止静电措施。戴防护手套、防护眼镜、防护面罩

事故响应 火灾时，使用雾状水、泡沫、干粉、二氧化碳、砂土灭火如皮肤（或头发）接触：立即脱掉所有被污染的衣服，用水冲洗皮肤，

淋浴

安全储存 存放在通风良好的地方。保持低温

废弃处置 本品及内装物、容器依据国家和地方法规处置

物理和化学危险 易燃，其蒸气与空气混合，能形成爆炸性混合物

健康危害 吸入、摄入或经皮肤吸收后对身体有害。对眼睛和皮肤有刺激作用

环境危害 对环境可能有害

第三部分 成分/组成信息

√ 物质 　　　　混合物

组分	浓度	CAS No.
环丙基甲醇		2516-33-8

第四部分 急救措施

吸入 迅速脱离现场至空气新鲜处。保持呼吸道通畅。如呼吸困难，给输氧。如呼吸、心跳停止，立即进行心肺复苏术。就医

皮肤接触 立即脱去污染的衣着，用流动清水彻底冲洗。就医

眼睛接触 立即分开眼睑，用流动清水或生理盐水彻底冲洗。就医

食入 漱口，饮水。就医

对保护施救者的忠告 根据需要使用个人防护设备

对医生的特别提示 对症处理

第五部分 消防措施

灭火剂 用雾状水、泡沫、干粉、二氧化碳、砂土灭火

特别危险性 其蒸气与空气可形成爆炸性混合物，遇明火、高热能引起燃烧爆炸。与氧化剂可发生反应。若遇高热，容器内压增大，有开裂和爆炸的危险

灭火注意事项及防护措施 消防人员必须佩戴防毒面具、穿全身消防服，在上风向灭火。尽可能将容器从火场移至空旷处。喷水保持火场容器冷却，直至灭火结束。处在火场中的容器若已变色或从安全泄压装置中发出声音，必须马上撤离

第六部分 泄漏应急处理

作业人员防护措施、防护装备和应急处置程序 消除所有点火源。根据液体流动和蒸气扩散的影响区域划定警戒区，无关人员从侧风向、上风向撤离至安全区。建议应急处理人员戴正压自给式呼吸器，穿防静电服。作业时使用的所有设备应接地。禁止接触或跨越泄漏物。尽可能切断泄漏源

环境保护措施 防止泄漏物进入水体、下水道、地下室或有限空间

泄漏化学品的收容、清除方法及所使用的处置材料 小量泄漏：用砂土或其他不燃材料吸收。使用洁净的无火花工具收集吸收材料。大量泄漏：构筑围堤或挖坑收容。用泡沫覆盖，减少蒸发。喷水雾能减少蒸发，但不能降低泄漏物在有限空间内的易燃性。用防爆泵转移至槽车或专用收集器内

第七部分　操作处置与储存

操作注意事项　密闭操作，局部排风。防止蒸气泄漏到工作场所空气中。操作人员必须经过专门培训，严格遵守操作规程。建议操作人员佩戴自吸过滤式防毒面具（半面罩），戴化学安全防护眼镜，穿防静电工作服，戴橡胶手套。远离火种、热源，工作场所严禁吸烟。使用防爆型的通风系统和设备。在清除液体和蒸气前不能进行焊接、切割等作业。避免产生烟雾。避免与氧化剂接触。容器与传送设备要接地，防止产生的静电。灌装时应控制流速，且有接地装置，防止静电积聚。配备相应品种和数量的消防器材及泄漏应急处理设备。倒空的容器可能残留有害物

储存注意事项　储存于阴凉、通风的库房。远离火种、热源。防止阳光直射。库温不宜超过37℃，保持容器密封。应与氧化剂、食用化学品分开存放，切忌混储。采用防爆型照明、通风设施。禁止使用易产生火花的机械设备和工具。储区应备有泄漏应急处理设备和合适的收容材料

第八部分　接触控制/个体防护

职业接触限值
　中国　未制定标准
　美国（ACGIH）　未制定标准
生物接触限值　未制定标准
监测方法　空气中有毒物质测定方法：未制定标准。生物监测检验方法：未制定标准
工程控制　密闭操作，局部排风
个体防护装备
　呼吸系统防护　空气中浓度超标时，必须佩戴过滤式防毒面具（半面罩）。紧急事态抢救或撤离时，应该佩戴空气呼吸器
　眼睛防护　戴化学安全防护眼镜
　皮肤和身体防护　穿防静电工作服
　手防护　戴橡胶手套

第九部分　理化特性

外观与性状　无色液体
pH 值　无资料　　　　**熔点(℃)**　−60
沸点(℃)　123～124(98.4kPa)
相对密度(水＝1)　0.89
相对蒸气密度(空气＝1)　无资料
饱和蒸气压(kPa)　无资料
临界压力(MPa)　无资料　**辛醇/水分配系数**　无资料
闪点(℃)　35.0　　　**自燃温度(℃)**　无资料
爆炸下限(%)　无资料　**爆炸上限(%)**　无资料
分解温度(℃)　无资料　**黏度(mPa·s)**　无资料
燃烧热(kJ/mol)　无资料　**临界温度(℃)**　无资料
溶解性　不溶于水，可混溶于醇、醚

第十部分　稳定性和反应性

稳定性　稳定
危险反应　与强氧化剂等禁配物接触，有发生火灾和爆炸

的危险
避免接触的条件　无资料
禁配物　强氧化剂
危险的分解产物　无资料

第十一部分　毒理学信息

急性毒性　无资料
皮肤刺激或腐蚀　无资料　**眼睛刺激或腐蚀**　无资料
呼吸或皮肤过敏　无资料　**生殖细胞突变性**　无资料
致癌性　无资料　　　　**生殖毒性**　无资料
特异性靶器官系统毒性-一次接触　无资料
特异性靶器官系统毒性-反复接触　无资料
吸入危害　无资料

第十二部分　生态学信息

生态毒性　无资料
持久性和降解性
　生物降解性　无资料
　非生物降解性　无资料
潜在的生物累积性　无资料
土壤中的迁移性　无资料

第十三部分　废弃处置

废弃化学品　建议用焚烧法处置。在能利用的地方重复使用容器或在规定场所掩埋
污染包装物　将容器返还生产商或按照国家和地方法规处置
废弃注意事项　处置前应参阅国家和地方有关法规

第十四部分　运输信息

联合国危险货物编号（UN 号）　1987
联合国运输名称　醇类，未另作规定的（环丙基甲醇）
联合国危险性类别　3

包装类别　Ⅲ　　　　　　**包装标志**　

海洋污染物　否
运输注意事项　运输时运输车辆应配备相应品种和数量的消防器材及泄漏应急处理设备。夏季最好早晚运输。运输时所用的槽（罐）车应有接地链，槽内可设孔隔板以减少震荡产生的静电。严禁与氧化剂、食用化学品等混装混运。运输途中应防暴晒、雨淋，防高温。中途停留时应远离火种、热源、高温区。装运该物品的车辆排气管必须配备阻火装置，禁止使用易产生火花的机械设备和工具装卸。公路运输时要按规定路线行驶，勿在居民区和人口稠密区停留。铁路运输时要禁止溜放。严禁用木船、水泥船散装运输

第十五部分　法规信息

　　下列法律、法规、规章和标准，对该化学品的管理作了相应的规定。
中华人民共和国职业病防治法　职业病分类和目录；未

列入

危险化学品安全管理条例　危险化学品目录：列入。易制
　　爆危险化学品名录：未列入。重点监管的危险化学品
　　名录：未列入。GB 18218—2009《危险化学品重大
　　危险源辨识》（表1）：未列入

使用有毒物品作业场所劳动保护条例　高毒物品目录：未
　　列入

易制毒化学品管理条例　易制毒化学品的分类和品种目
　　录：未列入

国际公约　斯德哥尔摩公约：未列入。鹿特丹公约：未列
　　入。蒙特利尔议定书：未列入

第十六部分　其他信息

编写和修订信息　　　**缩略语和首字母缩写**
培训建议　　　　　　　**参考文献**
免责声明

环丁砜

第一部分　化学品标识

化学品中文名　环丁砜；四亚甲基砜
化学品英文名　sulfolane；tetramethylene sulfone
分子式　$C_4H_8O_2S$　**分子量**　120.17

结构式　

化学品的推荐及限制用途　主要用作液-气萃取的选择性
　　溶剂，在石化工业上用作萃取芳烃的溶剂，在合成
　　氨工业上用于脱除原料气中硫化氢、有机硫和二氧
　　化碳

第二部分　危险性概述

紧急情况概述　吞咽有害
GHS危险性类别　急性毒性-经口，类别4
标签要素

象形图

警示词　警告
危险性说明　吞咽有害
防范说明
　　预防措施　避免接触眼睛、皮肤，操作后彻底清
　　　　洗。作业场所不得进食、饮水或吸烟
　　事故响应　食入：漱口。如果感觉不适，立即呼叫
　　　　中毒控制中心或就医
　　安全储存　—
　　废弃处置　本品及内装物、容器依据国家和地方法
　　　　规处置
物理和化学危险　可燃，其蒸气与空气混合，能形成爆炸
　　性混合物
健康危害　对皮肤和黏膜有一定刺激作用
环境危害　对环境可能有害

第三部分　成分/组成信息

√　物质　　　　　　　　　　　　　混合物

组分	浓度	CAS No.
环丁砜		126-33-0

第四部分　急救措施

吸入　脱离现场至空气新鲜处。就医
皮肤接触　立即脱去污染的衣着，用肥皂水和清水彻底冲
　　洗皮肤。如有不适感，就医
眼睛接触　提起眼睑，用流动清水或生理盐水冲洗。如有
　　不适感，就医
食入　饮足量温水，催吐。就医
对保护施救者的忠告　根据需要使用个人防护设备
对医生的特别提示　对症处理

第五部分　消防措施

灭火剂　用水、雾状水、抗溶性泡沫、干粉、二氧化碳、
　　砂土灭火
特别危险性　遇明火、高热可燃
灭火注意事项及防护措施　消防人员必须穿全身耐酸碱消
　　防服。尽可能将容器从火场移至空旷处。喷水保持火
　　场容器冷却，直至灭火结束。处在火场中的容器若已
　　变色或从安全泄压装置中发出声音，必须马上撤离

第六部分　泄漏应急处理

作业人员防护措施、防护装备和应急处置程序　根据液体
　　流动和蒸气扩散的影响区域划定警戒区，无关人员从
　　侧风、上风向撤离至安全区。消除所有点火源。建议
　　应急处理人员戴防毒面具，穿防毒服。尽可能切断泄
　　漏源
环境保护措施　防止泄漏物进入水体、下水道、地下室或
　　密闭性空间
泄漏化学品的收容、清除方法及所使用的处置材料　小量
　　泄漏：用大量水冲洗，冲洗水稀释后放入废水系统。
　　大量泄漏：构筑围堤或挖坑收容。用泵转移至槽车或
　　专用收集器内

第七部分　操作处置与储存

操作注意事项　密闭操作，全面排风。操作人员必须经过
　　专门培训，严格遵守操作规程。建议操作人员佩戴自
　　吸过滤式防毒面具（半面罩），戴化学安全防护眼镜，
　　穿防毒物渗透工作服，戴橡胶耐油手套。远离火种、
　　热源，工作场所严禁吸烟。使用防爆型的通风系统和
　　设备。防止蒸气泄漏到工作场所空气中。避免与氧化
　　剂接触。搬运时要轻装轻卸，防止包装及容器损坏。
　　配备相应品种和数量的消防器材及泄漏应急处理设
　　备。倒空的容器可能残留有害物
储存注意事项　储存于阴凉、通风的库房。远离火种、热
　　源。应与氧化剂分开存放，切忌混储。配备相应品种
　　和数量的消防器材。储区应备有泄漏应急处理设备和
　　合适的收容材料

第八部分 接触控制/个体防护

职业接触限值
中国 未制定标准
美国（ACGIH） 未制定标准
生物接触限值 未制定标准
监测方法 空气中有毒物质测定方法：未制定标准。生物监测检验方法：未制定标准
工程控制 密闭操作，局部排风
个体防护装备
呼吸系统防护 空气中浓度超标时，必须佩戴过滤式防毒面具（半面罩）。紧急事态抢救或撤离时，应该佩戴空气呼吸器
眼睛防护 戴化学安全防护眼镜
皮肤和身体防护 穿防毒物渗透工作服
手防护 戴橡胶耐油手套

第九部分 理化特性

外观与性状 无色液体 **pH 值** 无资料
熔点(℃) 27.4～27.8
沸点(℃) 285 **相对密度(水=1)** 1.26
相对蒸气密度(空气=1) 4.2
燃烧热(kJ/mol) 无资料
临界压力(MPa) 无资料 **辛醇/水分配系数** －0.77
闪点(℃) 165.6 **自燃温度(℃)** 无资料
爆炸下限(%) 无资料 **爆炸上限(%)** 无资料
分解温度(℃) 无资料 **黏度(mPa·s)** 无资料
燃烧热(kJ/mol) 无资料 **临界温度(℃)** 无资料
溶解性 与水混溶，可混溶于丙酮、苯等

第十部分 稳定性和反应性

稳定性 稳定
危险反应 与强氧化剂等禁配物发生反应
避免接触的条件 无资料
禁配物 强氧化剂
危险的分解产物 硫化氢、氧化硫

第十一部分 毒理学信息

急性毒性 小鼠经口给本品，24h 内可因缺氧而死。大鼠暴露在 1.1g/m³ 浓度中，平均存活时间为 19.4h，所有动物出现震颤。LD_{50}：1940mg/kg（大鼠经口），1900mg/kg（小鼠经口），4007mg/kg（兔经皮）
皮肤刺激或腐蚀 对皮肤有短暂的轻的刺激作用
眼睛刺激或腐蚀 对眼睛有短暂的轻的刺激作用
呼吸或皮肤过敏 无资料 **生殖细胞突变性** 无资料
致癌性 无资料 **生殖毒性** 无资料
特异性靶器官系统毒性-一次接触 无资料
特异性靶器官系统毒性-反复接触 无资料
吸入危害 无资料

第十二部分 生态学信息

生态毒性 无资料
持久性和降解性
生物降解性 无资料
非生物降解性 无资料
潜在的生物累积性 无资料
土壤中的迁移性 无资料

第十三部分 废弃处置

废弃化学品 建议用焚烧法处置。焚烧炉排出的硫氧化物通过洗涤器除去
污染包装物 将容器返还生产商或按照国家和地方法规处置
废弃注意事项 处置前应参阅国家和地方有关法规

第十四部分 运输信息

联合国危险货物编号（UN 号） —
联合国运输名称 — **联合国危险性类别** —
包装类别 — **包装标志** —
海洋污染物 否
运输注意事项 运输前应先检查包装容器是否完整、密封，运输过程中要确保容器不泄漏、不倒塌、不坠落、不损坏。严禁与氧化剂、食用化学品等混装混运。运输车船必须彻底清洗、消毒，否则不得装运其他物品。船运时，配装位置应远离卧室、厨房，并与机舱、电源、火源等部位隔离。公路运输时要按规定路线行驶

第十五部分 法规信息

下列法律、法规、规章和标准，对该化学品的管理作了相应的规定。
中华人民共和国职业病防治法 职业病分类和目录：未列入
危险化学品安全管理条例 危险化学品目录：未列入。易制爆危险化学品名录：未列入。重点监管的危险化学品名录：未列入。GB 18218—2009《危险化学品重大危险源辨识》（表 1）：未列入
使用有毒物品作业场所劳动保护条例 高毒物品目录：未列入
易制毒化学品管理条例 易制毒化学品的分类和品种目录：未列入
国际公约 斯德哥尔摩公约：未列入。鹿特丹公约：未列入。蒙特利尔议定书：未列入

第十六部分 其他信息

编写和修订信息 **缩略语和首字母缩写**
培训建议 **参考文献**
免责声明

1,3,5-环庚三烯

第一部分 化学品标识

化学品中文名 1,3,5-环庚三烯；环庚三烯；芳庚
化学品英文名 1,3,5-cycloheptatriene；tropilidene
分子式 C_7H_8 **分子量** 92.1402

结构式

化学品的推荐及限制用途　用于有机合成

第二部分　危险性概述

紧急情况概述　高度易燃液体和蒸气，吞咽会中毒，皮肤
　　接触会中毒

GHS危险性类别　易燃液体，类别2；急性毒性-经口，
　　类别3；急性毒性-经皮，类别3；危害水生环境-急
　　性危害，类别3；危害水生环境-长期危害，类别3

标签要素

象形图　

警示词　危险

危险性说明　高度易燃液体和蒸气，吞咽会中毒，皮肤
　　接触会中毒，对水生生物有害并具有长期持续影响

防范说明

　　预防措施　远离热源、火花、明火、热表面。保持
　　　　容器密闭。容器和接收设备接地连接。使用防
　　　　爆型电器、通风、照明设备。只能使用不产生
　　　　火花的工具。采取防止静电措施。戴防护手
　　　　套、防护眼镜、防护面罩，穿防护服。避免接
　　　　触眼睛、皮肤，操作后彻底清洗。作业场所不
　　　　得进食、饮水或吸烟。避免吸入蒸气、雾。禁
　　　　止排入环境

　　事故响应　火灾时，使用泡沫、干粉、二氧化碳、
　　　　砂土灭火。如皮肤（或头发）接触：立即脱掉
　　　　所有被污染的衣服，用水冲洗皮肤，淋浴。如
　　　　感觉不适，呼叫中毒控制中心或就医。被污染
　　　　的衣服必须经洗净后方可重新使用。食入：立
　　　　即呼叫中毒控制中心或就医，漱口

　　安全储存　存放在通风良好的地方。保持低温。上
　　　　锁保管

　　废弃处置　本品及内装物、容器依据国家和地方法
　　　　规处置

物理和化学危险　高度易燃，其蒸气与空气混合，能形成
　　爆炸性混合物

健康危害　对眼睛、皮肤和呼吸道有刺激作用。引起头
　　痛、咳嗽、咽痛、恶心、腹痛，使皮肤脱脂等

环境危害　对水生生物有毒并具有长期持续影响

第三部分　成分/组成信息

√ 物质　　　　　　　　　　　混合物

组分	浓度	CAS No.
1,3,5-环庚三烯		544-25-2

第四部分　急救措施

吸入　迅速脱离现场至空气新鲜处。保持呼吸道通畅。如
　　呼吸困难，给输氧。呼吸、心跳停止，立即进行心肺
　　复苏术。就医

皮肤接触　立即脱去污染的衣着，用流动清水彻底冲洗。
　　就医

眼睛接触　立即分开眼睑，用流动清水或生理盐水彻底冲

洗。就医

食入　漱口，饮水。就医

对保护施救者的忠告　根据需要使用个人防护设备

对医生的特别提示　对症处理

第五部分　消防措施

灭火剂　用泡沫、干粉、二氧化碳、砂土灭火

特别危险性　其蒸气与空气可形成爆炸性混合物，遇明
　　火、高热极易燃烧爆炸。与氧化剂接触猛烈反应。容
　　易自聚，聚合反应随着温度的上升而急骤加剧。流速
　　过快，容易产生和积聚静电。若遇高热，容器内压增
　　大，有开裂和爆炸的危险

灭火注意事项及防护措施　消防人员必须佩戴防毒面具、
　　穿全身消防服，在上风向灭火。尽可能将容器从火场
　　移至空旷处。喷水保持火场容器冷却，直至灭火结
　　束。处在火场中的容器若已变色或从安全泄压装置中
　　发出声音，必须马上撤离。用水灭火无效

第六部分　泄漏应急处理

作业人员防护措施、防护装备和应急处置程序　消除所有
　　点火源。根据液体流动和蒸气扩散的影响区域划定警
　　戒区，无关人员从侧风、上风向撤离至安全区。建议
　　应急处理人员戴正压自给式呼吸器，穿防毒、防静电
　　服。作业时使用的所有设备应接地。禁止接触或跨越
　　泄漏物。尽可能切断泄漏源

环境保护措施　防止泄漏物进入水体、下水道、地下室或
　　有限空间

泄漏化学品的收容、清除方法及所使用的处置材料　小量
　　泄漏：用砂土或其他不燃材料吸收。使用洁净的无火
　　花工具收集、吸收材料。大量泄漏：构筑围堤或挖坑
　　收容。用粉煤灰或石灰粉吸收大量液体。用泡沫覆
　　盖，减少蒸发。喷水雾能减少蒸发，但不能降低泄漏
　　物在有限空间内的易燃性。用防爆泵转移至槽车或专
　　用收集器内

第七部分　操作处置与储存

操作注意事项　密闭操作，局部排风。防止蒸气泄漏到工
　　作场所空气中。操作人员必须经过专门培训，严格遵
　　守操作规程。建议操作人员佩戴自吸过滤式防毒面具
　　（半面罩），戴化学安全防护眼镜，穿防静电工作服，
　　戴橡胶手套。远离火种、热源，工作场所严禁吸烟。
　　使用防爆型的通风系统和设备。在清除液体和蒸气前
　　不能进行焊接、切割等作业。避免产生烟雾。避免与
　　氧化剂接触。容器与传送设备要接地，防止产生静
　　电。灌装时应控制流速，且有接地装置，防止静电积
　　聚。配备相应品种和数量的消防器材及泄漏应急处理
　　设备。倒空的容器可能残留有害物

储存注意事项　储存于阴凉、通风的库房。远离火种、热
　　源。防止阳光直射。库温不宜超过37℃，保持容器
　　密封，严禁与空气接触。应与氧化剂、食用化学品分
　　开存放，切忌混储。不宜久存，以免变质。采用防爆
　　型照明、通风设施。禁止使用易产生火花的机械设备
　　和工具。储区应备有泄漏应急处理设备和合适的收容

材料

第八部分　接触控制/个体防护

职业接触限值
中国　未制定标准
美国（ACGIH）　未制定标准
生物接触限值　未制定标准
监测方法　空气中有毒物质测定方法：未制定标准。生物监测检验方法：未制定标准
工程控制　密闭操作，局部排风
个体防护装备
呼吸系统防护　空气中浓度超标时，必须佩戴自吸过滤式防毒面具（半面罩）。紧急事态抢救或撤离时，应该佩戴空气呼吸器
眼睛防护　戴化学安全防护眼镜
皮肤和身体防护　穿防静电工作服
手防护　戴橡胶手套

第九部分　理化特性

外观与性状　无色至暗黄色液体，在空气中久置能成树脂样物质
pH 值　无资料　　　　　**熔点（℃）**　−75.3
沸点（℃）　117（99.86kPa）　**相对密度（水＝1）**　0.8875
相对蒸气密度（空气＝1）　无资料
饱和蒸气压（kPa）　无资料
临界压力（MPa）　无资料　**辛醇/水分配系数**　无资料
闪点（℃）　26.67　　　**自燃温度（℃）**　无资料
爆炸下限（%）　无资料　**爆炸上限（%）**　无资料
分解温度（℃）　无资料　**黏度（mPa·s）**　无资料
燃烧热（kJ/mol）　无资料　**临界温度（℃）**　无资料
溶解性　溶于乙醇、乙醚，易溶于苯、氯仿

第十部分　稳定性和反应性

稳定性　稳定
危险反应　与强氧化剂、酸类、卤代烃、卤素等禁配物接触，有发生火灾和爆炸的危险。容易发生自聚反应
避免接触的条件　遇空气可形成爆炸性混合物
禁配物　强氧化剂、酸类、卤代烃、卤素等
危险的分解产物　无资料

第十一部分　毒理学信息

急性毒性　LD$_{50}$：57mg/kg（大鼠经口），422mg/kg（大鼠经皮），171mg/kg（小鼠经口）
皮肤刺激或腐蚀　无资料　**眼睛刺激或腐蚀**　无资料
呼吸或皮肤过敏　无资料
生殖细胞突变性　细胞遗传学分析：大鼠肝 100mg/L
致癌性　无资料　　**生殖毒性**　无资料
特异性靶器官系统毒性-一次接触　无资料
特异性靶器官系统毒性-反复接触　无资料
吸入危害　无资料

第十二部分　生态学信息

生态毒性　LC$_{50}$：15mg/L（96h）（鱼类）

持久性和降解性
生物降解性　无资料
非生物降解性　无资料
潜在的生物累积性　根据 K_{ow} 值预测，该物质的生物累积性可能较弱
土壤中的迁移性　根据 K_{oc} 值预测，该物质可能有一定的迁移性

第十三部分　废弃处置

废弃化学品　建议用焚烧法处置。在能利用的地方重复使用容器或在规定场所掩埋
污染包装物　将容器返还生产商或按照国家和地方法规处置
废弃注意事项　处置前应参阅国家和地方有关法规

第十四部分　运输信息

联合国危险货物编号（UN 号）　2603
联合国运输名称　环庚三烯
联合国危险性类别　3，6.1
包装类别　Ⅱ

包装标志　

海洋污染物　否
运输注意事项　运输时运输车辆应配备相应品种和数量的消防器材及泄漏应急处理设备。夏季最好早晚运输。运输时所用的槽（罐）车应有接地链，槽内可设孔隔板以减少震荡产生的静电。严禁与氧化剂、食用化学品等混装混运。运输途中应防暴晒、雨淋，防高温。中途停留时应远离火种、热源、高温区。装运该物品的车辆排气管必须配备阻火装置，禁止使用易产生火花的机械设备和工具装卸。公路运输时要按规定路线行驶，勿在居民区和人口稠密区停留。铁路运输时要禁止溜放。严禁用木船、水泥船散装运输

第十五部分　法规信息

下列法律、法规、规章和标准，对该化学品的管理作了相应的规定。

中华人民共和国职业病防治法　职业病分类和目录：未列入
危险化学品安全管理条例　危险化学品目录：列入。易制爆危险化学品名录：未列入。重点监管的危险化学品名录：未列入。GB 18218—2009《危险化学品重大危险源辨识》（表1）：未列入
使用有毒物品作业场所劳动保护条例　高毒物品目录：未列入
易制毒化学品管理条例　易制毒化学品的分类和品种目录：未列入
国际公约　斯德哥尔摩公约：未列入。鹿特丹公约：未列入。蒙特利尔议定书：未列入

第十六部分　其他信息

编写和修订信息　　　缩略语和首字母缩写
培训建议　　　　　　参考文献
免责声明

环庚烯

第一部分　化学品标识

化学品中文名　环庚烯
化学品英文名　cycloheptene；suberene
分子式　C_7H_{12}　分子量　96.1702
结构式　
化学品的推荐及限制用途　用作溶剂、实验室试剂

第二部分　危险性概述

紧急情况概述
高度易燃液体和蒸气
GHS 危险性类别　易燃液体，类别 2；危害水生环境-急
　　性危害，类别 3；危害水生环境-长期危害，类别 3
标签要素

　　象形图

　　警示词　危险
危险性说明　高度易燃液体和蒸气，对水生生物有害并
　　具有长期持续影响
防范说明
　　预防措施　远离热源、火花、明火、热表面。禁止吸
　　　　烟。保持容器密闭。容器和接收设备接地连接。
　　　　使用防爆型电器、通风、照明设备。只能使用不
　　　　产生火花的工具。采取防止静电措施。戴防护手
　　　　套、防护眼镜、防护面罩。禁止排入环境
　　事故响应　火灾时，使用泡沫、干粉、二氧化碳、
　　　　砂土灭火。如皮肤（或头发）接触：立即脱掉
　　　　所有被污染的衣服，用水冲洗皮肤，淋浴
　　安全储存　存放在通风良好的地方。保持低温
　　废弃处置　本品及内装物、容器依据国家和地方法
　　　　规处置
物理和化学危险　高度易燃，其蒸气与空气混合，能形成
　　爆炸性混合物
健康危害　根据已知的信息，该产品目前未发现明确的健
　　康危害
环境危害　对水生生物有害并具有长期持续影响

第三部分　成分/组成信息

　　　　　√ 物质　　　　　　　　　混合物

组分	浓度	CAS No.
环庚烯		628-92-2

第四部分　急救措施

吸入　迅速脱离现场至空气新鲜处。保持呼吸道通畅。如
呼吸困难，给输氧。如呼吸、心跳停止，立即进行心
肺复苏术。就医
皮肤接触　立即脱去污染的衣着，用流动清水彻底冲洗。
就医
眼睛接触　立即分开眼睑，用流动清水或生理盐水彻底冲
洗。就医
食入　漱口，饮水。就医
对保护施救者的忠告　根据需要使用个人防护设备
对医生的特别提示　对症处理

第五部分　消防措施

灭火剂　用泡沫、干粉、二氧化碳、砂土灭火
特别危险性　易燃，遇明火、高热或与氧化剂接触，有引
　　起燃烧爆炸的危险。若遇高热，可发生聚合反应，放
　　出大量热量而引起容器破裂和爆炸事故
灭火注意事项及防护措施　消防人员必须佩戴空气呼吸
　　器、穿全身防火防毒服，在上风向灭火。喷水冷却容
　　器，尽可能将容器从火场移至空旷处。处在火场中的
　　容器若已变色或从安全泄压装置中发出声音，必须马
　　上撤离。用水灭火无效

第六部分　泄漏应急处理

作业人员防护措施、防护装备和应急处置程序　消除所有
　　点火源。根据液体流动和蒸气扩散的影响区域划定警
　　戒区，无关人员从侧风向、上风向撤离至安全区。建
　　议应急处理人员戴正压自给式呼吸器，穿防静电服。
　　作业时使用的所有设备应接地。禁止接触或跨越泄漏
　　物。尽可能切断泄漏源
环境保护措施　防止泄漏物进入水体、下水道、地下室或
　　有限空间
泄漏化学品的收容、清除方法及所使用的处置材料　小量
　　泄漏：用砂土或其他不燃材料吸收。使用洁净的无火
　　花工具收集吸收材料。大量泄漏：构筑围堤或挖坑收
　　容。用粉煤灰或石灰粉吸收大量液体。用泡沫覆盖，
　　减少蒸发。喷水雾能减少蒸发，但不能降低泄漏物在
　　有限空间内的易燃性。用防爆泵转移至槽车或专用收
　　集器内

第七部分　操作处置与储存

操作注意事项　密闭操作，全面通风。操作人员必须经过
　　专门培训，严格遵守操作规程。建议操作人员佩戴自
　　吸过滤式防毒面具（半面罩），戴化学安全防护眼镜，
　　穿防静电工作服，戴橡胶耐油手套。远离火种、热
　　源，工作场所严禁吸烟。使用防爆型的通风系统和设
　　备。防止蒸气泄漏到工作场所空气中。避免与氧化剂
　　接触。搬运时要轻装轻卸，防止包装及容器损坏。配
　　备相应品种和数量的消防器材及泄漏应急处理设备。
　　倒空的容器可能残留有害物
储存注意事项　通常商品加有阻聚剂。储存于阴凉、通风
　　的库房。远离火种、热源。库温不宜超过 37℃，包
　　装要求密封，不可与空气接触。应与氧化剂分开存
　　放，切忌混储。不宜大量储存或久存。采用防爆型照
　　明、通风设施。禁止使用易产生火花的机械设备和工

具。储区应备有泄漏应急处理设备和合适的收容材料

第八部分　接触控制/个体防护

职业接触限值

中国　未制定标准

美国（ACGIH）　未制定标准

生物接触限值　未制定标准

监测方法　空气中有毒物质测定方法：未制定标准。生物监测检验方法：未制定标准

工程控制　生产过程密闭，全面通风

个体防护装备

呼吸系统防护　空气中浓度较高时，应该佩戴过滤式防毒面具（半面罩）

眼睛防护　戴化学安全防护眼镜

皮肤和身体防护　穿防静电工作服

手防护　戴橡胶耐油手套

第九部分　理化特性

外观与性状　无色油状液体

pH 值　无资料	**熔点(℃)**　−56	
沸点(℃)　112~114.7	**相对密度(水＝1)**　0.824	
相对蒸气密度(空气＝1)　无资料		
燃烧热(kJ/mol)　4594.2		
临界压力(MPa)　无资料	**辛醇/水分配系数**　无资料	
闪点(℃)　−6.67	**自燃温度(℃)**　无资料	
爆炸下限(%)　无资料	**爆炸上限(%)**　无资料	
分解温度(℃)　无资料	**黏度(mPa·s)**　无资料	
燃烧热(kJ/mol)　无资料	**临界温度(℃)**　无资料	

溶解性　不溶于水，溶于乙醇、乙醚

第十部分　稳定性和反应性

稳定性　稳定

危险反应：与强氧化剂、酸类、卤代烃、卤素等禁配物接触，有发生火灾和爆炸的危险。容易发生聚合反应

避免接触的条件　受热

禁配物　强氧化剂、酸类、卤代烃、卤素等

危险的分解产物　无资料

第十一部分　毒理学信息

急性毒性　无资料

皮肤刺激或腐蚀　无资料	**眼睛刺激或腐蚀**　无资料
呼吸或皮肤过敏　无资料	**生殖细胞突变性**　无资料
致癌性　无资料	**生殖毒性**　无资料

特异性靶器官系统毒性-一次接触　无资料

特异性靶器官系统毒性-反复接触　无资料

吸入危害　无资料

第十二部分　生态学信息

生态毒性　根据结构类似物质预测，该物质对水生生物有害

持久性和降解性

生物降解性　无资料

非生物降解性　无资料

潜在的生物累积性　无资料

土壤中的迁移性　无资料

第十三部分　废弃处置

废弃化学品　建议用焚烧法处置

污染包装物　将容器返还生产商或按照国家和地方法规处置

废弃注意事项　处置前应参阅国家和地方有关法规

第十四部分　运输信息

联合国危险货物编号（UN 号）　2242

联合国运输名称　环庚烯

联合国危险性类别　3

包装类别　Ⅱ　　　　　　**包装标志**

海洋污染物　否

运输注意事项　运输时运输车辆应配备相应品种和数量的消防器材及泄漏应急处理设备。夏季最好早晚运输。运输时所用的槽（罐）车应有接地链，槽内可设孔隔板以减少震荡产生的静电。严禁与氧化剂、食用化学品等混装混运。运输途中应防暴晒、雨淋，防高温。中途停留时应远离火种、热源、高温区。装运该物品的车辆排气管必须配备阻火装置，禁止使用易产生火花的机械设备和工具装卸。公路运输时要按规定路线行驶，勿在居民区和人口稠密区停留。铁路运输时要禁止溜放。严禁用木船、水泥船散装运输

第十五部分　法规信息

下列法律、法规、规章和标准，对该化学品的管理作了相应的规定。

中华人民共和国职业病防治法　职业病分类和目录：未列入

危险化学品安全管理条例　危险化学品目录：列入。易制爆危险化学品名录：未列入。重点监管的危险化学品名录：未列入。GB 18218—2009《危险化学品重大危险源辨识》(表1)：未列入

使用有毒物品作业场所劳动保护条例　高毒物品目录：未列入

易制毒化学品管理条例　易制毒化学品的分类和品种目录：未列入

国际公约　斯德哥尔摩公约：未列入。鹿特丹公约：未列入。蒙特利尔议定书：未列入

第十六部分　其他信息

编写和修订信息	缩略语和首字母缩写
培训建议	参考文献
免责声明	

环己醇

第一部分　化学品标识

化学品中文名　环己醇；六氢苯酚

化学品英文名　cyclohexanol；hexahydrophenol

分子式　$C_6H_{12}O$　分子量　100.16

结构式　

化学品的推荐及限制用途　用于制己二酸、增塑剂和洗涤剂等，也用于溶剂和乳化剂

第二部分　危险性概述

紧急情况概述　可燃液体，吞咽有害，皮肤接触有害，吸入有害，造成皮肤刺激，造成严重眼损伤

GHS危险性类别　易燃液体，类别4；急性毒性-经口，类别4；急性毒性-经皮，类别4；急性毒性-吸入，类别4；皮肤腐蚀/刺激，类别2；严重眼损伤/眼刺激，类别2；特异性靶器官毒性-一次接触，类别3（呼吸道刺激）；危害水生环境-急性危害，类别3

标签要素

象形图　

　　警示词　警告

危险性说明　可燃液体，吞咽有害，皮肤接触有害，吸入有害，造成皮肤刺激，造成严重眼损伤，可能引起呼吸道刺激，对水生生物有害

防范说明

　　预防措施　远离火焰和热表面。禁止吸烟。避免接触眼睛、皮肤，操作后彻底清洗。作业场所不得进食、饮水或吸烟。穿防护服，戴防护眼镜、防护手套、防护面罩。避免吸入粉尘蒸气、雾。仅在室外或通风良好处操作。禁止排入环境

　　事故响应　火灾时，使用雾状水、泡沫、干粉、二氧化碳、砂土灭火。如吸入：将患者转移到空气新鲜处，休息，保持利于呼吸的体位。皮肤接触：用大量肥皂水和水清洗。如发生皮肤刺激，就医。脱去被污染的衣服，衣服洗净后方可重新使用。如接触眼睛：用水细心冲洗数分钟。如戴隐形眼镜并可方便地取出，取出隐形眼镜，继续冲洗。如果眼睛刺激持续：就医。食入：如果感觉不适，立即呼叫中毒控制中心或就医。漱口

　　安全储存　存放在通风良好的地方。保持低温

　　废弃处置　本品及内装物、容器依据国家和地方法规处理

物理和化学危险　可燃，其蒸气与空气混合，能形成爆炸性混合物

健康危害　在正常生产条件下，由蒸气吸入引起急性中毒的可能性小。本品在空气中浓度达40mg/m³时，对人的眼、鼻、咽喉有刺激作用。液态的本品对皮肤有刺激作用，接触可引起皮炎，但经皮肤吸收很慢。经口摄入毒性小

环境危害　对水生生物有害

第三部分　成分/组成信息

√物质　　　　　　　　混合物

组分	浓度	CAS No.
环己醇		108-93-0

第四部分　急救措施

吸入　迅速脱离现场至空气新鲜处。保持呼吸道通畅。如呼吸困难，给输氧。呼吸、心跳停止，立即进行心肺复苏术。就医

皮肤接触　立即脱去污染的衣着，用流动清水彻底冲洗。就医

眼睛接触　立即分开眼睑，用流动清水或生理盐水彻底冲洗。就医

食入　漱口，饮水。就医

对保护施救者的忠告　根据需要使用个人防护设备

对医生的特别提示　对症处理

第五部分　消防措施

灭火剂　用雾状水、泡沫、干粉、二氧化碳、砂土灭火

特别危险性　遇明火、高热可燃。与氧化剂可发生反应。若遇高热，容器内压增大，有开裂和爆炸的危险

灭火注意事项及防护措施　消防人员必须佩戴防毒面具、穿全身消防服，在上风向灭火。尽可能将容器从火场移至空旷处。喷水保持火场容器冷却，直至灭火结束。处在火场中的容器若已变色或从安全泄压装置中发出声音，必须马上撤离

第六部分　泄漏应急处理

作业人员防护措施、防护装备和应急处置程序　根据液体流动和蒸气扩散的影响区域划定警戒区，无关人员从侧风、上风向撤离至安全区。消除所有点火源。建议应急处理人员戴防毒面具，穿防毒服。穿上适当的防护服前严禁接触破裂的容器和泄漏物。尽可能切断泄漏源

环境保护措施　防止泄漏物进入水体、下水道、地下室或有限空间

泄漏化学品的收容、清除方法及所使用的处置材料　小量泄漏：用干燥的砂土或其他不燃材料吸收或覆盖，收集于容器中。大量泄漏：构筑围堤或挖坑收容。用粉煤灰或石灰粉吸收大量液体。用泵转移至槽车或专用收集器内

第七部分　操作处置与储存

操作注意事项　密闭操作，提供良好的自然通风条件。操作人员必须经过专门培训，严格遵守操作规程。建议操作人员佩戴自吸过滤式防尘口罩，戴化学安全防护眼镜，穿防毒物渗透工作服，戴橡胶手套。远离火种、热源，工作场所严禁吸烟。使用防爆型的通风系统和设备。防止烟雾或粉尘泄漏到工作场所空气中。避免与氧化剂、酸类接触。搬运时要轻装轻卸，防止包装及容器损坏。配备相应品种和数量的消防器材及泄漏应急处理设备。倒空的容器可能残留有害物

储存注意事项 储存于阴凉、通风的库房。远离火种、热源。应与氧化剂、酸类分开存放，切忌混储。配备相应品种和数量的消防器材。储区应备有泄漏应急处理设备和合适的收容材料

第八部分　接触控制/个体防护

职业接触限值

　　中国　PC-TWA：100mg/m³［皮］

　　美国（ACGIH）　TLV-TWA：50ppm［皮］

生物接触限值 未制定标准

监测方法 空气中有毒物质测定方法：未制定标准。生物监测检验方法：未制定标准

工程控制 密闭操作。提供良好的自然通风条件

个体防护装备

　　呼吸系统防护 空气中粉尘浓度超标时，必须佩戴过滤式防尘呼吸器；可能接触其蒸气时，应该佩戴过滤式防毒面具（半面罩）

　　眼睛防护 戴化学安全防护眼镜

　　皮肤和身体防护 穿防毒物渗透工作服

　　手防护 戴橡胶手套

第九部分　理化特性

外观与性状 无色、有樟脑气味的晶体或液体

pH 值 无资料　　**熔点(℃)** 23～25

沸点(℃) 160.9　　**相对密度(水＝1)** 0.96

相对蒸气密度(空气＝1) 3.45

饱和蒸气压(kPa) 0.13（21℃）

临界压力(MPa) 无资料　**辛醇/水分配系数** 1.23

闪点(℃) 67　　**自燃温度(℃)** 300

爆炸下限(%) 1.25　　**爆炸上限(%)** 12.25

分解温度(℃) 无资料　**黏度(mPa·s)** 4.6（25℃）

燃烧热(kJ/mol) －3722　**临界温度(℃)** 376.95

溶解性 微溶于水，可混溶于乙醇、乙醚、苯、乙酸乙酯、二硫化碳、油类等

第十部分　稳定性和反应性

稳定性 稳定

危险反应 与强氧化剂、强酸等禁配物发生反应

避免接触的条件 无资料

禁配物 强氧化剂、强酸

危险的分解产物 无资料

第十一部分　毒理学信息

急性毒性 属低毒类。抑制中枢神经系统，高浓度时刺激皮肤、黏膜。LD_{50}：2060mg/kg（大鼠经口）；2200mg/kg（兔经口）

皮肤刺激或腐蚀 家兔经皮 146μg（24h），轻度刺激（开放性刺激试验）

眼睛刺激或腐蚀 人经眼 100ppm，引起刺激

呼吸或皮肤过敏 无资料

生殖细胞突变性 细胞遗传学分析：人白细胞 100μmol/L。DNA 损伤：哺乳动物淋巴细胞

致癌性 无资料

生殖毒性 大鼠皮下最低中毒剂量（TDLo）：315mg/kg（21d，雄性）；影响精子生成；影响睾丸、附睾、输精管、前列腺、精囊等

特异性靶器官系统毒性-一次接触 无资料

特异性靶器官系统毒性-反复接触 给兔 2.6g/kg 或更高剂量，引起严重血管损害及心肌、肺、肝、肾及脑的严重毒性作用

吸入危害 无资料

第十二部分　生态学信息

生态毒性 LC_{50}：704mg/L（96h）（黑头呆鱼）；EC_{50}：17mg/L（48h）（大型溞）；EC_{50}：29.2mg/L（72h）（*Scenedesmus subspicatus*）

持久性和降解性

　　生物降解性 28d 降解 94%～99%，易快速生物降解（OECD 301C）

　　非生物降解性 无资料

潜在的生物累积性 根据 K_{ow} 值预测，该物质的生物累积性可能较弱

土壤中的迁移性 根据 K_{oc} 值预测，该物质可能易发生迁移

第十三部分　废弃处置

废弃化学品 用焚烧法处置

污染包装物 将容器返还生产商或按照国家和地方法规处置

废弃注意事项 处置前应参阅国家和地方有关法规

第十四部分　运输信息

联合国危险货物编号（UN号） —

联合国运输名称 —　　**联合国危险性类别** —

包装类别 —　　　　　**包装标志** —

海洋污染物 否

运输注意事项 运输前应先检查包装容器是否完整、密封，运输过程中要确保容器不泄漏、不倒塌、不坠落、不损坏。严禁与氧化剂、酸类、食用化学品等混装混运。运输车船必须彻底清洗、消毒，否则不得装运其他物品。船运时，配装位置应远离卧室、厨房，并与机舱、电源、火源等部位隔离。公路运输时要按规定路线行驶

第十五部分　法规信息

　　下列法律、法规、规章和标准，对该化学品的管理作了相应的规定。

中华人民共和国职业病防治法 职业病分类和目录：未列入

危险化学品安全管理条例 危险化学品目录：未列入。易制爆危险化学品名录：未列入。重点监管的危险化学品名录：未列入。GB 18218—2009《危险化学品重大危险源辨识》（表1）：未列入

使用有毒物品作业场所劳动保护条例 高毒物品目录：未列入

易制毒化学品管理条例 易制毒化学品的分类和品种目

录：未列入

国际公约　斯德哥尔摩公约：未列入。鹿特丹公约：未列入。蒙特利尔议定书：未列入

第十六部分　其他信息

1,2-环己二胺

第一部分　化学品标识

化学品中文名　1,2-环己二胺；1,2-二氨基环己烷；环己二胺

化学品英文名　1,2-diaminocyclohexane；1,2-cyclohexanediamine

分子式　$C_6H_{14}N_2$　分子量　114.19

结构式
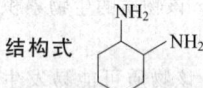

化学品的推荐及限制用途　用于有机合成

第二部分　危险性概述

紧急情况概述　可燃液体，吞咽有害，皮肤接触有害，吸入有害，造成严重的皮肤灼伤和眼损伤，可能引起呼吸道刺激

GHS危险性类别　易燃液体，类别4；急性毒性-经口，类别4；急性毒性-经皮，类别4；急性毒性-吸入，类别4；皮肤腐蚀/刺激，类别1；严重眼损伤/眼刺激，类别1；特异性靶器官毒性-一次接触，类别3（呼吸道刺激）

标签要素

象形图

警示词　危险

危险性说明　可燃液体，吞咽有害，皮肤接触有害，吸入有害，造成严重的皮肤灼伤和眼损伤，可能引起呼吸道刺激

防范说明

预防措施　远离火焰和热表面。戴防护手套、防护眼镜、防护面罩，穿防护服。避免接触眼睛、皮肤，操作后彻底清洗。作业场所不得进食、饮水或吸烟。避免吸入蒸气、雾。仅在室外或通风良好处操作

事故响应　火灾时，使用雾状水、抗溶性泡沫、干粉、二氧化碳、砂土灭火。如吸入：将患者转移到空气新鲜处，休息，保持利于呼吸的体位。皮肤（或头发）接触：立即脱掉所有被污染的衣服，用水冲洗皮肤，淋浴。污染的衣服必须洗净后方可重新使用。眼睛接触：用水细心地冲洗数分钟。如戴隐形眼镜并可方便地取

出，则取出隐形眼镜，继续冲洗。食入：漱口。不要催吐，如果感觉不适，立即呼叫中毒控制中心或就医

安全储存　存放在通风良好的地方。保持低温。上锁保管

废弃处置　本品及内装物、容器依据国家和地方法规处置

物理和化学危险　可燃，其蒸气与空气混合，能形成爆炸性混合物

健康危害　对人体有毒性和腐蚀性。吸入、摄入或经皮肤吸收后对身体有害。吸入后可引起喉和支气管的炎症、水肿，化学性肺炎、肺水肿等

环境危害　对环境可能有害

第三部分　成分/组成信息

√　物质　　　　　　　　　混合物

组分	浓度	CAS No.
1,2-环己二胺		694-83-7

第四部分　急救措施

吸入　迅速脱离现场至空气新鲜处。保持呼吸道通畅。如呼吸困难，给输氧。呼吸、心跳停止，立即进行心肺复苏术。就医

皮肤接触　立即脱去污染的衣着，用大量流动清水彻底冲洗至少15min。就医

眼睛接触　立即分开眼睑，用流动清水或生理盐水彻底冲洗5～10min。就医

食入　用水漱口，禁止催吐。给饮牛奶或蛋清。就医

对保护施救者的忠告　根据需要使用个人防护设备

对医生的特别提示　对症处理

第五部分　消防措施

灭火剂　用雾状水、抗溶性泡沫、干粉、二氧化碳、砂土灭火

特别危险性　遇高热、明火或与氧化剂接触，有引起燃烧的危险。受高热分解放出有毒的气体。具有腐蚀性

灭火注意事项及防护措施　消防人员必须穿全身耐酸碱消防服。尽可能将容器从火场移至空旷处。喷水保持火场容器冷却，直至灭火结束。处在火场中的容器若已变色或从安全泄压装置中发出声音，必须马上撤离

第六部分　泄漏应急处理

作业人员防护措施、防护装备和应急处置程序　根据液体流动和蒸气扩散的影响区域划定警戒区，无关人员从侧风、上风向撤离至安全区。消除所有点火源。建议应急处理人员戴正压自给式呼吸器，穿防毒服。穿上适当的防护服前严禁接触破裂的容器和泄漏物。尽可能切断泄漏源

环境保护措施　防止泄漏物进入水体、下水道、地下室或有限空间

泄漏化学品的收容、清除方法及所使用的处置材料　小量泄漏：用干燥的砂土或其他不燃材料吸收或覆盖，收集于容器中。大量泄漏：构筑围堤或挖坑收容。用粉

煤灰或石灰粉吸收大量液体。用泵转移至槽车或专用收集器内

第七部分 操作处置与储存

操作注意事项 密闭操作,局部排风。防止蒸气泄漏到工作场所空气中。操作人员必须经过专门培训,严格遵守操作规程。建议操作人员佩戴自吸过滤式防毒面具(半面罩),戴化学安全防护眼镜,穿橡胶防腐工作服,戴橡胶手套。远离火种、热源,工作场所严禁吸烟。使用防爆型的通风系统和设备。在清除液体和蒸气前不能进行焊接、切割等作业。避免产生烟雾。避免与氧化剂、酸类、酸酐、酰氯接触。配备相应品种和数量的消防器材及泄漏应急处理设备。倒空的容器可能残留有害物

储存注意事项 储存于阴凉、通风的库房。远离火种、热源。防止阳光直射。保持容器密封。应与氧化剂、酸类、酸酐、酰氯分开存放,切忌混储。配备相应品种和数量的消防器材。储区应备有泄漏应急处理设备和合适的收容材料

第八部分 接触控制/个体防护

职业接触限值
中国 未制定标准
美国(ACGIH) 未制定标准
生物接触限值 未制定标准
监测方法 空气中有毒物质测定方法:未制定标准。生物监测检验方法:未制定标准
工程控制 密闭操作,局部排风
个体防护装备
呼吸系统防护 空气中浓度超标时,必须佩戴自吸过滤式防毒面具(半面罩)。紧急事态抢救或撤离时,应该佩戴空气呼吸器
眼睛防护 戴化学安全防护眼镜
皮肤和身体防护 穿橡胶防腐工作服
手防护 戴橡胶手套

第九部分 理化特性

外观与性状 无色液体　**pH值** 无资料
熔点(℃) 2~10　**沸点(℃)** 183
相对密度(水=1) 0.931
相对蒸气密度(空气=1) 无资料
饱和蒸气压(kPa) 无资料
临界压力(MPa) 无资料　**辛醇/水分配系数** 无资料
闪点(℃) 75　**自燃温度(℃)** 无资料
爆炸下限(%) 无资料　**爆炸上限(%)** 无资料
分解温度(℃) 无资料　**黏度(mPa·s)** 无资料
燃烧热(kJ/mol) 无资料　**临界温度(℃)** 无资料
溶解性 与水混溶

第十部分 稳定性和反应性

稳定性 稳定
危险反应 与强氧化剂、强酸、酸酐、酰氯等禁配物接触,有发生火灾和爆炸的危险

避免接触的条件 光照
禁配物 强氧化剂、强酸、酸酐、酰氯
危险的分解产物 氮氧化物

第十一部分 毒理学信息

急性毒性 LD$_{50}$:4556mg/kg(大鼠经口)
皮肤刺激或腐蚀 家兔经皮 500mg(24h),中度刺激
眼睛刺激或腐蚀 无资料　**呼吸或皮肤过敏** 无资料
生殖细胞突变性 无资料　**致癌性** 无资料
生殖毒性 无资料
特异性靶器官系统毒性--一次接触 无资料
特异性靶器官系统毒性-反复接触 无资料
吸入危害 无资料

第十二部分 生态学信息

生态毒性 无资料
持久性和降解性
生物降解性 易快速生物降解(OECD 301D)
非生物降解性 无资料
潜在的生物累积性 根据 K_{ow} 值预测,该物质的生物累积性可能较弱
土壤中的迁移性 根据 K_{oc} 值预测,该物质可能易发生迁移

第十三部分 废弃处置

废弃化学品 建议用焚烧法处置。在能利用的地方重复使用容器或在规定场所掩埋
污染包装物 将容器返还生产商或按照国家和地方法规处置
废弃注意事项 处置前应参阅国家和地方有关法规

第十四部分 运输信息

联合国危险货物编号(UN号) 2735
联合国运输名称 液态胺,腐蚀性,未另作规定的(1,2-环己二胺)
联合国危险性类别 8

包装类别 —　　**包装标志**

海洋污染物 否
运输注意事项 运输前应先检查包装容器是否完整、密封,运输过程中要确保容器不泄漏、不倒塌、不坠落、不损坏。严禁与酸类、氧化剂、食品及食品添加剂混运。运输时运输车辆应配备相应品种和数量的消防器材及泄漏应急处理设备。运输途中应防暴晒、雨淋,防高温。公路运输时要按规定路线行驶,勿在居民区和人口稠密区停留

第十五部分 法规信息

下列法律、法规、规章和标准,对该化学品的管理作了相应的规定。
中华人民共和国职业病防治法 职业病分类和目录:未

列入

危险化学品安全管理条例 危险化学品目录：列入。易制爆危险化学品名录：未列入。重点监管的危险化学品名录：未列入。GB 18218—2009《危险化学品重大危险源辨识》（表1）：未列入

使用有毒物品作业场所劳动保护条例 高毒物品目录：未列入

易制毒化学品管理条例 易制毒化学品的分类和品种目录：未列入

国际公约 斯德哥尔摩公约：未列入。鹿特丹公约：未列入。蒙特利尔议定书：未列入

第十六部分 其他信息

编写和修订信息　　　缩略语和首字母缩写
培训建议　　　　　　参考文献
免责声明

2-环己烯-1-酮

第一部分 化学品标识

化学品中文名 2-环己烯-1-酮；环己烯酮
化学品英文名 2-cyclohexen-1-one；cyclohexenone
分子式 C_6H_8O **分子量** 96.1271

结构式

化学品的推荐及限制用途 用于有机合成

第二部分 危险性概述

紧急情况概述 吞咽会中毒，皮肤接触会致命，吸入致命
GHS危险性类别 急性毒性-经口，类别3；急性毒性-经皮，类别2；急性毒性-吸入，类别2
标签要素

象形图

警示词 危险
危险性说明 吞咽会中毒，皮肤接触会致命，吸入致命
防范说明
　　预防措施 作业场所不得进食、饮水或吸烟。避免接触眼睛、皮肤或衣服，操作后彻底清洗。戴防护手套、穿防护服。避免吸入蒸气、雾。仅在室外或通风良好处操作。戴呼吸防护器具
　　事故响应 如吸入：将患者转移到空气新鲜处，休息，保持利于呼吸的体位，立即呼叫中毒控制中心或就医。皮肤接触：用大量肥皂水和水轻轻地清洗，立即呼叫中毒控制中心或就医。食入：立即呼叫中毒控制中心或就医，漱口
　　安全储存 在通风良好处储存。保持容器密闭。上锁保管
　　废弃处置 本品及内装物、容器依据国家和地方法规处置
物理和化学危险 易燃，其蒸气与空气混合，能形成爆炸性混合物
健康危害 本品对眼睛、皮肤、黏膜和上呼吸道具有刺激作用。动物实验经皮吸收可致死亡
环境危害 对环境可能有害

第三部分 成分/组成信息

√物质　　　　　　　　　混合物

组分	浓度	CAS No.
2-环己烯-1-酮		930-68-7

第四部分 急救措施

吸入 迅速脱离现场至空气新鲜处。保持呼吸道通畅。如呼吸困难，给输氧。呼吸、心跳停止，立即进行心肺复苏术。就医
皮肤接触 立即脱去污染的衣着，用流动清水彻底冲洗。就医
眼睛接触 立即分开眼睑，用流动清水或生理盐水彻底冲洗。就医
食入 漱口，饮水。就医
对保护施救者的忠告 根据需要使用个人防护设备
对医生的特别提示 对症处理

第五部分 消防措施

灭火剂 用雾状水、泡沫、干粉、二氧化碳、砂土灭火
特别危险性 遇明火、高热或与氧化剂接触，有引起燃烧爆炸的危险。若遇高热，容器内压增大，有开裂和爆炸的危险
灭火注意事项及防护措施 消防人员必须佩戴防毒面具、穿全身消防服，在上风向灭火。尽可能将容器从火场移至空旷处。喷水保持火场容器冷却，直至灭火结束。处在火场中的容器若已变色或从安全泄压装置中发出声音，必须马上撤离

第六部分 泄漏应急处理

作业人员防护措施、防护装备和应急处置程序 根据液体流动和蒸气扩散的影响区域划定警戒区，无关人员从侧风、上风向撤离至安全区。消除所有点火源。建议应急处理人员戴防毒面具，穿防毒、防静电服。作业时使用的所有设备应接地。禁止接触或跨越泄漏物。尽可能切断泄漏源
环境保护措施 防止泄漏物进入水体、下水道、地下室或有限空间
泄漏化学品的收容、清除方法及所使用的处置材料 小量泄漏：用砂土或其他不燃材料吸收。使用洁净的无火花工具收集吸收材料。大量泄漏：构筑围堤或挖坑收容。用抗溶性泡沫覆盖，减少蒸发。喷水雾能减少蒸发，但不能降低泄漏物在有限空间内的易燃性。用防爆泵转移至槽车或专用收集器内

第七部分 操作处置与储存

操作注意事项 密闭操作，注意通风。操作人员必须经过专门培训，严格遵守操作规程。建议操作人员佩戴自吸过滤式防毒面具（半面罩），戴化学安全防护眼镜，

穿防毒物渗透工作服，戴橡胶耐油手套。远离火种、热源，工作场所严禁吸烟。使用防爆型的通风系统和设备。防止蒸气泄漏到工作场所空气中。避免与氧化剂、还原剂、碱类接触。搬运时要轻装轻卸，防止包装及容器损坏。配备相应品种和数量的消防器材及泄漏应急处理设备。倒空的容器可能残留有害物

储存注意事项 储存于阴凉、通风的库房。远离火种、热源。库温不宜超过30℃。应与氧化剂、还原剂、碱类、食用化学品分开存放，切忌混储。采用防爆型照明、通风设施。禁止使用易产生火花的机械设备和工具。储区应备有泄漏应急处理设备和合适的收容材料

第八部分 接触控制/个体防护

职业接触限值
中国 未制定标准
美国（ACGIH） 未制定标准
生物接触限值 未制定标准
监测方法 空气中有毒物质测定方法：未制定标准。生物监测检验方法：未制定标准
工程控制 密闭操作，注意通风
个体防护装备
呼吸系统防护 空气中浓度超标时，必须佩戴过滤式防毒面具（半面罩）。紧急事态抢救或撤离时，应该佩戴空气呼吸器
眼睛防护 戴化学安全防护眼镜
皮肤和身体防护 穿防毒物渗透工作服
手防护 戴橡胶耐油手套

第九部分 理化特性

外观与性状 无色液体，略有酮样甜味
pH值 无资料　　**熔点（℃）** −53
沸点（℃） 168　　**相对密度（水=1）** 0.993
相对蒸气密度（空气=1） 3.3
饱和蒸气压（kPa） 0.24（3.5℃）
临界压力（MPa） 无资料　　**辛醇/水分配系数** 无资料
闪点（℃） 56.11　　**自燃温度（℃）** 无资料
爆炸下限（%） 无资料　　**爆炸上限（%）** 无资料
分解温度（℃） 无资料　　**黏度（mPa·s）** 无资料
燃烧热（kJ/mol） 无资料　　**临界温度（℃）** 无资料
溶解性 溶于水，溶于乙醇、苯

第十部分 稳定性和反应性

稳定性 稳定
危险反应 与强氧化剂、强碱、强还原剂等禁配物发生反应
避免接触的条件 无资料
禁配物 强氧化剂、强碱、强还原剂
危险的分解产物 无资料

第十一部分 毒理学信息

急性毒性 易经皮肤吸收，局部刺激性强，皮肤涂敷可致中枢神经系统损害而死亡。小鼠100mg/kg腹腔注射，出现痉挛、腹泻、角弓反张、缩瞳；300mg/kg，

在15min内死亡。LD₅₀：220mg/kg（大鼠经口），70mg/kg（兔经皮）。LC₅₀：250ppm（大鼠吸入，4h）

皮肤刺激或腐蚀 无资料　　**眼睛刺激或腐蚀** 无资料
呼吸或皮肤过敏 无资料　　**生殖细胞突变性** 无资料
致癌性 无资料　　**生殖毒性** 无资料
特异性靶器官系统毒性-一次接触 无资料
特异性靶器官系统毒性-反复接触 无资料
吸入危害 无资料

第十二部分 生态学信息

生态毒性 无资料
持久性和降解性
生物降解性 无资料
非生物降解性 无资料
潜在的生物累积性 无资料
土壤中的迁移性 无资料

第十三部分 废弃处置

废弃化学品 用焚烧法处置
污染包装物 将容器返还生产商或按照国家和地方法规处置
废弃注意事项 处置前应参阅国家和地方有关法规

第十四部分 运输信息

联合国危险货物编号（UN号） 2810
联合国运输名称 有机毒性液体，未另作规定的（2-环己烯-1-酮）
联合国危险性类别 6.1

包装类别 Ⅱ　　**包装标志**
海洋污染物 否
运输注意事项 运输前应先检查包装容器是否完整、密封，运输过程中要确保容器不泄漏、不倒塌、不坠落、不损坏。运输时运输车辆应配备相应品种和数量的消防器材及泄漏应急处理设备。夏季最好早晚运输。运输时所用的槽（罐）车应有接地链，槽内可设孔隔板以减少震荡产生的静电。严禁与氧化剂、还原剂、碱类、食用化学品等混装混运。运输途中应防暴晒、雨淋，防高温。中途停留时应远离火种、热源、高温区。装运该物品的车辆排气管必须配备阻火装置，禁止使用易产生火花的机械设备和工具装卸。运输车船必须彻底清洗、消毒，否则不得装运其他物品。船运时，配装位置应远离卧室、厨房，并与机舱、电源、火源等部位隔离。公路运输时要按规定路线行驶

第十五部分 法规信息

下列法律、法规、规章和标准，对该化学品的管理作了相应的规定。
中华人民共和国职业病防治法 职业病分类和目录：未

列入

危险化学品安全管理条例　危险化学品目录：列入。易制
爆危险化学品名录：未列入。重点监管的危险化学品
名录：未列入。GB 18218—2009《危险化学品重大
危险源辨识》（表1）：未列入

使用有毒物品作业场所劳动保护条例　高毒物品目录：未
列入

易制毒化学品管理条例　易制毒化学品的分类和品种目
录：未列入

国际公约　斯德哥尔摩公约：未列入。鹿特丹公约：未列
入。蒙特利尔议定书：未列入

第十六部分　其他信息

编写和修订信息　缩略语和首字母缩写
培训建议　　　　参考文献
免责声明

环烷酸钴

第一部分　化学品标识

化学品中文名　环烷酸钴；石油酸钴；萘酸钴
化学品英文名　cobaltous naphthenate；naphthenic acid，
cobalt salt
分子式　$C_{22}H_{14}O_4Co$　**分子量**　401.28
结构式

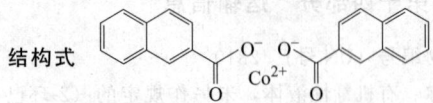

化学品的推荐及限制用途　用于油漆、油墨中作催干剂

第二部分　危险性概述

紧急情况概述　易燃固体，吞咽可能有害
GHS危险性类别　易燃固体，类别2；急性毒性-经口，
类别5；致癌性，类别2
标签要素

象形图　

警示词　危险
危险性说明　易燃固体，吞咽可能有害，怀疑致癌
防范说明

预防措施　远离热源、火花、明火、热表面。禁止
吸烟。容器和接收设备接地连接。使用防爆型
电器、通风、照明设备。戴防护手套、防护眼
镜、防护面罩。得到专门指导后操作。在阅读
并了解所有安全预防措施之前，切勿操作。按
要求使用个体防护装备

事故响应　火灾时，使用雾状水、泡沫、干粉、
二氧化碳、砂土灭火。如果感觉不适，呼叫
中毒控制中心或就医。如果接触或有担心，
就医

安全储存　上锁保管
废弃处置　本品及内装物、容器依据国家和地方法

规处置

物理和化学危险　易燃，其粉体与空气混合，能形成爆炸
性混合物
健康危害　具刺激作用。吞咽可能有害
环境危害　对环境可能有害

第三部分　成分/组成信息

√ 物质　　　　　　　　　　　混合物

组分	浓度	CAS No.
环烷酸钴		61789-51-3

第四部分　急救措施

吸入　迅速脱离现场至空气新鲜处。保持呼吸道通畅。如
呼吸困难，给输氧。如呼吸、心跳停止，立即进行心
肺复苏术。就医
皮肤接触　立即脱去污染的衣着，用流动清水彻底冲洗。
就医
眼睛接触　立即分开眼睑，用流动清水或生理盐水彻底冲
洗。就医
食入　漱口，饮水。就医
对保护施救者的忠告　根据需要使用个人防护设备
对医生的特别提示　对症处理

第五部分　消防措施

灭火剂　用雾状水、泡沫、干粉、二氧化碳、砂土灭火
特别危险性　遇高热、明火及强氧化剂易引起燃烧。受高
热分解放出有毒的气体
灭火注意事项及防护措施　消防人员必须佩戴空气呼吸
器、穿全身防火防毒服，在上风向灭火。尽可能将容
器从火场移至空旷处。喷水保持火场容器冷却，直至
灭火结束

第六部分　泄漏应急处理

作业人员防护措施、防护装备和应急处置程序　消除所有
点火源。隔离泄漏污染区，限制出入。建议应急处理
人员戴防尘口罩，穿防静电服。禁止接触或跨越泄
漏物
环境保护措施　防止泄漏物进入水体、下水道、地下室或
有限空间
泄漏化学品的收容、清除方法及所使用的处置材料　小量
泄漏：用洁净的铲子收集泄漏物，置于干净、干燥、
盖子较松的容器中，将容器移离泄漏区。大量泄漏：
用水润湿，并筑堤收容

第七部分　操作处置与储存

操作注意事项　密闭操作，局部排风。防止粉尘释放到车
间空气中。操作人员必须经过专门培训，严格遵守操
作规程。建议操作人员佩戴过滤式防尘口罩，戴化学
安全防护眼镜，穿防毒物渗透工作服，戴橡胶手套。
远离火种、热源，工作场所严禁吸烟。使用防爆型的
通风系统和设备。避免产生粉尘。避免与氧化剂接
触。配备相应品种和数量的消防器材及泄漏应急处理
设备。倒空的容器可能残留有害物

储存注意事项　储存于阴凉、通风的库房。库温不宜超过35℃。远离火种、热源。防止阳光直射。包装密封。应与氧化剂分开存放，切忌混储。采用防爆型照明、通风设施。禁止使用易产生火花的机械设备和工具。储区应备有合适的材料收容泄漏物

第八部分　接触控制/个体防护

职业接触限值

　　中国　未制定标准

　　美国（ACGIH）　未制定标准

生物接触限值　未制定标准

监测方法　空气中有毒物质测定方法：未制定标准。生物监测检验方法：未制定标准

工程控制　密闭操作，局部排风

个体防护装备

　　呼吸系统防护　空气中粉尘浓度超标时，必须佩戴过滤式防尘口罩。紧急事态抢救或撤离时，应该佩戴空气呼吸器

　　眼睛防护　戴化学安全防护眼镜

　　皮肤和身体防护　穿防毒物渗透工作服

　　手防护　戴橡胶手套

第九部分　理化特性

外观与性状　紫色至深棕色非结晶粉末

pH 值　无意义　　　**熔点（℃）**　40～80

沸点（℃）　无资料　　**相对密度（水=1）**　0.9

相对蒸气密度（空气=1）　无资料

饱和蒸气压（kPa）　无资料

临界压力（MPa）　无资料　　**辛醇/水分配系数**　无资料

闪点（℃）　48.9　　　**自燃温度（℃）**　276.1

爆炸下限（%）　无资料　　**爆炸上限（%）**　无资料

分解温度（℃）　无资料　　**黏度（mPa·s）**　无资料

燃烧热（kJ/mol）　无资料　　**临界温度（℃）**　无资料

溶解性　不溶于水，微溶于乙醇，溶于苯、甲苯、油类、石油溶剂、汽油

第十部分　稳定性和反应性

稳定性　稳定

危险反应　与强氧化剂等禁配物接触，有发生火灾和爆炸的危险

避免接触的条件　无资料

禁配物　强氧化剂

危险的分解产物　氧化钴

第十一部分　毒理学信息

急性毒性　用本品石油溶液给大鼠灌胃，3～4d 死亡，大鼠出现肺出血和水肿、局灶性肺炎和堵塞性支气管炎。LD_{50}：3900mg/kg（大鼠经口）

皮肤刺激或腐蚀　无资料

眼睛刺激或腐蚀　家兔经眼 10mg（24h），轻度刺激

呼吸或皮肤过敏　无资料

生殖细胞突变性　无资料

致癌性　IARC 致癌性评价：组 2B，对人类是可能致癌物

生殖毒性　无资料

特异性靶器官系统毒性-一次接触　无资料

特异性靶器官系统毒性-反复接触　无资料

吸入危害　无资料

第十二部分　生态学信息

生态毒性　无资料

持久性和降解性

　　生物降解性　无资料

　　非生物降解性　无资料

潜在的生物累积性　无资料

土壤中的迁移性　无资料

第十三部分　废弃处置

废弃化学品　建议用控制焚烧法或安全掩埋法处置

污染包装物　将容器返还生产商或按照国家和地方法规处置

废弃注意事项　若可能，重复使用容器或在规定场所掩埋

第十四部分　运输信息

联合国危险货物编号（UN 号）　2001

联合国运输名称　环烷酸钴粉

联合国危险性类别　4.1

包装类别　Ⅲ　　　　　**包装标志**

海洋污染物　否

运输注意事项　运输时运输车辆应配备相应品种和数量的消防器材及泄漏应急处理设备。装运本品的车辆排气管必须有阻火装置。运输过程中要确保容器不泄漏、不倒塌、不坠落、不损坏。严禁与氧化剂、食用化学品等混装混运。运输途中应防暴晒、雨淋，防高温。中途停留时应远离火种、热源。车辆运输完毕应进行彻底清扫。铁路运输时要禁止溜放

第十五部分　法规信息

　　下列法律、法规、规章和标准，对该化学品的管理作了相应的规定。

中华人民共和国职业病防治法　职业病分类和目录：未列入

危险化学品安全管理条例　危险化学品目录：列入。易制爆危险化学品名录：未列入。重点监管的危险化学品名录：未列入。GB 18218—2009《危险化学品重大危险源辨识》（表 1）：未列入

使用有毒物品作业场所劳动保护条例　高毒物品目录：未列入

易制毒化学品管理条例　易制毒化学品的分类和品种目录：未列入

国际公约　斯德哥尔摩公约：未列入。鹿特丹公约：未列

入。蒙特利尔议定书：未列入

第十六部分　其他信息

编写和修订信息　　　缩略语和首字母缩写
培训建议　　　　　　参考文献
免责声明

环烷酸锌

第一部分　化学品标识

化学品中文名　环烷酸锌；萘酸锌
化学品英文名　zinc naphthenate；naphthenicacid，zincsalt
分子式　 —　　　分子量　 —
结构式　无
化学品的推荐及限制用途　用作涂料、油墨催干剂、木材
　　防腐剂、织物防水剂、杀虫剂、杀菌剂等

第二部分　危险性概述

紧急情况概述　易燃固体
GHS危险性类别　易燃固体，类别2；危害水生环境-急
　　性危害，类别2；危害水生环境-长期危害，类别2
标签要素

象形图　

警示词　危险
危险性说明　易燃固体，对水生生物有毒并具有长期持
　　续影响
防范说明
　　预防措施　远离热源、火花、明火、热表面。禁止
　　　　吸烟。容器和接收设备接地连接。使用防爆型
　　　　电器、通风、照明设备。戴防护手套、防护眼
　　　　镜、防护面罩。禁止排入环境
　　事故响应　火灾时，使用雾状水、泡沫、干粉、二
　　　　氧化碳、砂土灭火。收集泄漏物
　　安全储存　 —
　　废弃处置　本品及内装物、容器依据国家和地方法
　　　　规处置
物理和化学危险　易燃，其粉体与空气混合，能形成爆炸
　　性混合物
健康危害　具刺激作用
环境危害　对水生生物有毒并具有长期持续影响

第三部分　成分/组成信息

✓ 物质　　　　　　　　　混合物

组分	浓度	CAS No.
环烷酸锌		12001-85-3

第四部分　急救措施

吸入　迅速脱离现场至空气新鲜处。保持呼吸道通畅。如
　　呼吸困难，给输氧。呼吸、心跳停止，立即进行心肺
　　复苏术。就医

皮肤接触　立即脱去污染的衣着，用流动清水彻底冲洗。
　　就医
眼睛接触　立即分开眼睑，用流动清水或生理盐水彻底冲
　　洗。就医
食入　漱口，饮水。就医
对保护施救者的忠告　根据需要使用个人防护设备
对医生的特别提示　对症处理

第五部分　消防措施

灭火剂　用雾状水、泡沫、干粉、二氧化碳、砂土灭火
特别危险性　遇高热、明火及强氧化剂易引起燃烧。受高
　　热分解放出有毒的气体
灭火注意事项及防护措施　消防人员必须佩戴防毒面具、
　　穿全身消防服，在上风向灭火。尽可能将容器从火场
　　移至空旷处。喷水保持火场容器冷却，直至灭火结束

第六部分　泄漏应急处理

作业人员防护措施、防护装备和应急处置程序　隔离泄漏
　　污染区，限制出入。消除所有点火源。建议应急处理
　　人员戴防尘口罩，穿一般作业工作服。禁止接触或跨
　　越泄漏物
环境保护措施　防止泄漏物进入水体、下水道、地下室或
　　有限空间
泄漏化学品的收容、清除方法及所使用的处置材料　小量
　　泄漏：用洁净的铲子收集泄漏物，置于干净、干燥、
　　盖子较松的容器中，将容器移离泄漏区。大量泄漏：
　　用水润湿，并筑堤收容

第七部分　操作处置与储存

操作注意事项　操作人员必须经过专门培训，严格遵守操
　　作规程。建议操作人员佩戴自吸过滤式防毒面具（半
　　面罩），戴化学安全防护眼镜，穿防静电工作服，戴
　　橡胶手套。远离火种、热源，工作场所严禁吸烟。使
　　用防爆型的通风系统和设备。避免与氧化剂接触。配
　　备相应品种和数量的消防器材及泄漏应急处理设备。
　　倒空的容器可能残留有害物
储存注意事项　储存于阴凉、通风的库房。库温不宜超过
　　35℃。远离火种、热源。防止阳光直射。保持容器密
　　封。应与氧化剂分开存放，切忌混储。配备相应品种
　　和数量的消防器材

第八部分　接触控制/个体防护

职业接触限值
　　中国　未制定标准
　　美国（ACGIH）　未制定标准
生物接触限值　未制定标准
监测方法　空气中有毒物质测定方法：未制定标准。生物
　　监测检验方法：未制定标准
工程控制　密闭操作，局部排风
个体防护装备
　　呼吸系统防护　空气中浓度超标时，必须佩戴过滤式
　　　　防毒面具（半面罩）。紧急事态抢救或撤离时，
　　　　应该佩戴空气呼吸器

眼睛防护　戴化学安全防护眼镜
皮肤和身体防护　穿防静电工作服
手防护　戴橡胶手套

第九部分　理化特性

外观与性状　琥珀色半固体膏状物或固体

pH 值　无意义　　　　　熔点(℃)　无资料

沸点(℃)　无资料　　　相对密度(水＝1)　无资料

相对蒸气密度(空气＝1)　无资料

饱和蒸气压(kPa)　无资料

临界压力(MPa)　无资料　辛醇/水分配系数　无资料

闪点(℃)　无资料　　　自燃温度(℃)　无资料

爆炸下限(%)　无资料　爆炸上限(%)　无资料

分解温度(℃)　无资料　黏度(mPa·s)　无资料

燃烧热(kJ/mol)　无资料　临界温度(℃)　无资料

溶解性　不溶于水，微溶于乙醇，溶于苯、甲苯、丙酮、
　　　松节油、松香水

第十部分　稳定性和反应性

稳定性　稳定

危险反应　与强氧化剂等禁配物发生反应

避免接触的条件　无资料

禁配物　强氧化剂

危险的分解产物　氧化锌

第十一部分　毒理学信息

急性毒性　LD$_{50}$：4920mg/kg（大鼠经口）；2800mg/kg
　　　（小鼠经口）。LC$_{50}$：>1170mg/m³（大鼠吸入，8h）

皮肤刺激或腐蚀　家兔经皮 500mg（24h），轻度刺激

眼睛刺激或腐蚀　家兔经眼 100mg，轻度刺激

呼吸或皮肤过敏　无资料

生殖细胞突变性　细胞遗传学分析：仓鼠卵巢 70mg/L

致癌性　无资料

生殖毒性　大鼠经口最低中毒剂量（TDLo）：9380mg/kg
　　　（孕 6～15d），植入后死亡率增加，有胚胎毒性

特异性靶器官系统毒性-一次接触　无资料

特异性靶器官系统毒性-反复接触　无资料

吸入危害　无资料

第十二部分　生态学信息

生态毒性　LC$_{50}$：1.53mg/L（96h）（蓝鳃太阳鱼）；
　　　EC$_{50}$：4.6mg/L（48h）（大型溞）

持久性和降解性
　　生物降解性　无资料
　　非生物降解性　无资料

潜在的生物累积性　无资料

土壤中的迁移性　无资料

第十三部分　废弃处置

废弃化学品　建议用控制焚烧法或安全掩埋法处置

污染包装物　将容器返还生产商或按照国家和地方法规
　　　处置

废弃注意事项　使用活性淤泥生物降解废物或被污染的废

水。在能利用的地方重复使用容器或在规定场所掩埋

第十四部分　运输信息

联合国危险货物编号（UN 号）　1325

联合国运输名称　有机易燃固体，未另作规定的（环烷
　　　酸锌）

联合国危险性类别　4.1

包装类别　Ⅲ　　　　包装标志

海洋污染物　是

运输注意事项　运输时运输车辆应配备相应品种和数量的
　　　消防器材及泄漏应急处理设备。装运本品的车辆排气
　　　管必须有阻火装置。运输过程中要确保容器不泄漏、
　　　不倒塌、不坠落、不损坏。严禁与氧化剂、食用化学
　　　品等混装混运。运输途中应防暴晒、雨淋，防高温。
　　　中途停留时应远离火种、热源。车辆运输完毕应进行
　　　彻底清扫。铁路运输时要禁止溜放

第十五部分　法规信息

下列法律、法规、规章和标准，对该化学品的管理作
了相应的规定。

中华人民共和国职业病防治法　职业病分类和目录：未
　　　列入

危险化学品安全管理条例　危险化学品目录：列入。易制
　　　爆危险化学品名录：未列入。重点监管的危险化学品
　　　名录：未列入。GB 18218—2009《危险化学品重大
　　　危险源辨识》（表 1）：未列入

使用有毒物品作业场所劳动保护条例　高毒物品目录：未
　　　列入

易制毒化学品管理条例　易制毒化学品的分类和品种目
　　　录：未列入

国际公约　斯德哥尔摩公约：未列入。鹿特丹公约：未列
　　　入。蒙特利尔议定书：未列入

第十六部分　其他信息

编写和修订信息　　　缩略语和首字母缩写

培训建议　　　　　参考文献

免责声明

环戊胺

第一部分　化学品标识

化学品中文名　环戊胺；氨基环戊烷

化学品英文名　cyclopentylamine；aminocyclopentane

分子式　C$_5$H$_{11}$N　分子量　85.1475

结构式　<chem>环戊烷环-NH$_2$</chem>

化学品的推荐及限制用途　用作制药的中间体

第二部分　危险性概述

紧急情况概述　高度易燃液体和蒸气

GHS 危险性类别　易燃液体，类别 2

标签要素

象形图　

警示词　危险

危险性说明　高度易燃液体和蒸气

防范说明

预防措施　远离热源、火花、明火、热表面。禁止吸烟。保持容器密闭。容器和接收设备接地连接。使用防爆型电器、通风、照明设备。只能使用不产生火花的工具。采取防止静电措施。戴防护手套、防护眼镜、防护面罩

事故响应　火灾时，使用雾状水、泡沫、干粉、二氧化碳、砂土灭火。如皮肤（或头发）接触：立即脱掉所有被污染的衣服，用水冲洗皮肤，淋浴

安全储存　存放在通风良好的地方。保持低温

废弃处置　本品及内装物、容器依据国家和地方法规处置

物理和化学危险　易燃，其蒸气与空气混合，能形成爆炸性混合物

健康危害　吸入、摄入或经皮肤吸收对身体有害。其蒸气或雾对眼睛、黏膜和呼吸道有刺激作用

环境危害　对环境可能有害

第三部分　成分/组成信息

√ 物质　　　　　　　　　混合物

组分	浓度	CAS No.
环戊胺		1003-03-8

第四部分　急救措施

吸入　迅速脱离现场至空气新鲜处。保持呼吸道通畅。如呼吸困难，给输氧。如呼吸、心跳停止，立即进行心肺复苏术。就医

皮肤接触　立即脱去污染的衣着，用流动清水彻底冲洗。就医

眼睛接触　立即分开眼睑，用流动清水或生理盐水彻底冲洗。就医

食入　漱口，饮水。就医

对保护施救者的忠告　根据需要使用个人防护设备

对医生的特别提示　对症处理

第五部分　消防措施

灭火剂　用雾状水、泡沫、干粉、二氧化碳、砂土灭火

特别危险性　其蒸气与空气可形成爆炸性混合物，遇明火、高热极易燃烧爆炸。与氧化剂接触猛烈反应。若遇高热，容器内压增大，有开裂和爆炸的危险

灭火注意事项及防护措施　消防人员必须佩戴防毒面具、穿全身消防服，在上风向灭火。尽可能将容器从火场移至空旷处。喷水保持火场容器冷却，直至灭火结束。处在火场中的容器若已变色或从安全泄压装置中发出声音，必须马上撤离

第六部分　泄漏应急处理

作业人员防护措施、防护装备和应急处置程序　消除所有点火源。根据液体流动和蒸气扩散的影响区域划定警戒区，无关人员从侧风向、上风向撤离至安全区。建议应急处理人员戴正压自给式呼吸器，穿防静电、防腐、防毒服。作业时使用的所有设备应接地。禁止接触或跨越泄漏物。尽可能切断泄漏源

环境保护措施　防止泄漏物进入水体、下水道、地下室或有限空间

泄漏化学品的收容、清除方法及所使用的处置材料　小量泄漏：用砂土或其他不燃材料吸收。使用洁净的无火花工具收集吸收材料。大量泄漏：构筑围堤或挖坑收容。用抗溶性泡沫覆盖，减少蒸发。喷水雾能减少蒸发，但不能降低泄漏物在有限空间内的易燃性。用防爆、耐腐蚀泵转移至槽车或专用收集器内

第七部分　操作处置与储存

操作注意事项　密闭操作，加强通风。操作人员必须经过专门培训，严格遵守操作规程。建议操作人员佩戴自吸过滤式防毒面具（半面罩），戴化学安全防护眼镜，穿防静电工作服，戴橡胶耐油手套。远离火种、热源，工作场所严禁吸烟。使用防爆型的通风系统和设备。防止蒸气泄漏到工作场所空气中。避免与氧化剂、酸类接触。充装要控制流速，防止静电积聚。搬运时要轻装轻卸，防止包装及容器损坏。配备相应品种和数量的消防器材及泄漏应急处理设备。倒空的容器可能残留有害物

储存注意事项　储存于阴凉、通风的库房。远离火种、热源。库温不宜超过37℃，应与氧化剂、酸类等分开存放，切忌混储。采用防爆型照明、通风设施。禁止使用易产生火花的机械设备和工具。储区应备有泄漏应急处理设备和合适的收容材料

第八部分　接触控制/个体防护

职业接触限值

中国　未制定标准

美国（ACGIH）　未制定标准

生物接触限值　未制定标准

监测方法　空气中有毒物质测定方法：未制定标准。生物监测检验方法：未制定标准

工程控制　生产过程密闭，加强通风。提供安全淋浴和洗眼设备

个体防护装备

呼吸系统防护　空气中浓度超标时，必须佩戴过滤式防毒面具（半面罩）。紧急事态抢救或撤离时，应该佩戴空气呼吸器

眼睛防护　戴化学安全防护眼镜

皮肤和身体防护　穿防静电工作服

手防护　戴橡胶耐油手套

第九部分　理化特性

外观与性状　无色液体，有强烈的氨气味

pH 值　无资料	熔点(℃)　－85.6

沸点(℃)　107.8　　　相对密度(水＝1)　0.86
相对蒸气密度(空气＝1)　无资料
饱和蒸气压(kPa)　无资料
临界压力(MPa)　4.64　　辛醇/水分配系数　无资料
闪点(℃)　17.22　　　自燃温度(℃)　无资料
爆炸下限(%)　无资料　　爆炸上限(%)　无资料
分解温度(℃)　无资料　　黏度(mPa·s)　无资料
燃烧热(kJ/mol)　－3444.5　临界温度(℃)　310.3
溶解性　溶于水、多数有机溶剂

第十部分　稳定性和反应性

稳定性　稳定
危险反应　与强氧化剂等禁配物接触，有发生火灾和爆炸
　　　　的危险。与酸类、酸酐、二氧化碳等发生反应
避免接触的条件　无资料
禁配物　酸类、酸酐、强氧化剂、二氧化碳
危险的分解产物　氮氧化物

第十一部分　毒理学信息

急性毒性　LDLo：100mg/kg（大鼠腹腔）
皮肤刺激或腐蚀　无资料　　眼睛刺激或腐蚀　无资料
呼吸或皮肤过敏　无资料　　生殖细胞突变性　无资料
致癌性　无资料　　　　　　生殖毒性　无资料
特异性靶器官系统毒性--一次接触　无资料
特异性靶器官系统毒性-反复接触　无资料
吸入危害　无资料

第十二部分　生态学信息

生态毒性　无资料
持久性和降解性
　　生物降解性　无资料
　　非生物降解性　无资料
潜在的生物累积性　无资料
土壤中的迁移性　无资料

第十三部分　废弃处置

废弃化学品　建议用焚烧法处置。焚烧炉排出的氮氧化物
　　　　通过洗涤器除去
污染包装物　将容器返还生产商或按照国家和地方法规
　　　　处置
废弃注意事项　处置前应参阅国家和地方有关法规

第十四部分　运输信息

联合国危险货物编号（UN号）　1993
联合国运输名称　易燃液体，未另作规定的（环戊胺）
联合国危险性类别　3

包装类别　Ⅱ　　　　　包装标志　

海洋污染物　否
运输注意事项　运输时运输车辆应配备相应品种和数量

的消防器材及泄漏应急处理设备。夏季最好早晚运
输。运输时所用的槽（罐）车应有接地链，槽内可
设孔隔板以减少震荡产生的静电。严禁与氧化剂、
酸类、食用化学品等混装混运。运输途中应防暴晒、
雨淋、防高温。中途停留时应远离火种、热源、高
温区。装运该物品的车辆排气管必须配备阻火装置，
禁止使用易产生火花的机械设备和工具装卸。公路
运输时要按规定路线行驶，勿在居民区和人口稠密
区停留。铁路运输时要禁止溜放。严禁用木船、水
泥船散装运输

第十五部分　法规信息

　　下列法律、法规、规章和标准，对该化学品的管理作
了相应的规定。
中华人民共和国职业病防治法　职业病分类和目录：未
　　　　列入
危险化学品安全管理条例　危险化学品目录：列入。易制
　　　　爆危险化学品名录：未列入。重点监管的危险化学品
　　　　名录：未列入。GB 18218—2009《危险化学品重大
　　　　危险源辨识》（表1）：未列入
使用有毒物品作业场所劳动保护条例　高毒物品目录：未
　　　　列入
易制毒化学品管理条例　易制毒化学品的分类和品种目
　　　　录：未列入
国际公约　斯德哥尔摩公约：未列入。鹿特丹公约：未列
　　　　入。蒙特利尔议定书：未列入

第十六部分　其他信息

编写和修订信息　　缩略语和首字母缩写
培训建议　　　　　参考文献
免责声明

1,5-环辛二烯

第一部分　化学品标识

化学品中文名　1,5-环辛二烯
化学品英文名　1,5-cyclooctadiene
分子式　C_8H_{12}　分子量　108.19

结构式　

化学品的推荐及限制用途　用于溶剂、有机合成及生产合
成油、塑料，并用于制取溴代衍生物

第二部分　危险性概述

紧急情况概述　易燃液体和蒸气，吸入有害，造成皮肤刺
　　　　激，造成严重眼刺激，可能导致皮肤过敏反应，可能
　　　　引起昏昏欲睡或眩晕
GHS危险性类别　易燃液体，类别3；急性毒性-吸入，
　　　　类别4；皮肤腐蚀/刺激，类别2；严重眼损伤/眼刺
　　　　激，类别2；皮肤致敏物，类别1；特异性靶器官毒
　　　　性--一次接触，类别3（麻醉效应）；特异性靶器官毒
　　　　性-反复接触，类别2；危害水生环境-急性危害，类
　　　　别1；危害水生环境-长期危害，类别1

标签要素

象形图　

警示词　警告

危险性说明　易燃液体和蒸气，吸入有害，造成皮肤刺激，造成严重眼刺激，可能导致皮肤过敏反应，可能引起昏昏欲睡或眩晕，长时间或反复接触可能对器官造成损伤，对水生生物毒性非常大并具有长期持续影响

防范说明

预防措施　远离热源、火花、明火、热表面。禁止吸烟。保持容器密闭。容器和接收设备接地连接。使用防爆型电器、通风、照明设备。只能使用不产生火花的工具。采取防止静电措施。戴防护手套、防护眼镜、防护面罩。避免吸入蒸气、雾。仅在室外或通风良好处操作。避免接触眼睛、皮肤，操作后彻底清洗。污染的工作服不得带出工作场所。禁止排入环境

事故响应　火灾时，使用雾状水、泡沫、干粉、二氧化碳、砂土灭火。如吸入：将患者转移到空气新鲜处，休息，保持利于呼吸的体位。如感觉不适，呼叫中毒控制中心或就医。如皮肤（或头发）接触：立即脱掉所有被污染的衣服。用水冲洗皮肤，淋浴。被污染的衣服经洗净后方可重新使用。如出现皮肤刺激或皮疹：就医。如接触眼睛：用水细心冲洗数分钟。如戴隐形眼镜并可方便地取出，则取出隐形眼镜，继续冲洗。如果眼睛刺激持续：就医。收集泄漏物

安全储存　存放在通风良好的地方。保持低温

废弃处置　本品及内装物、容器依据国家和地方法规处置

物理和化学危险　易燃，其蒸气与空气混合，能形成爆炸性混合物

健康危害　本品对皮肤和黏膜有强烈的刺激作用，并使皮肤过敏

环境危害　对水生生物毒性非常大并具有长期持续影响

第三部分　成分/组成信息

√ 物质　　　　　　　　混合物

组分	浓度	CAS No.
1,5-环辛二烯		111-78-4

第四部分　急救措施

吸入　迅速脱离现场至空气新鲜处。保持呼吸道通畅。如呼吸困难，给输氧。呼吸、心跳停止，立即进行心肺复苏术。就医

皮肤接触　立即脱去污染的衣着，用流动清水彻底冲洗。就医

眼睛接触　立即分开眼睑，用流动清水或生理盐水彻底冲洗。就医

食入　漱口，饮水。就医

对保护施救者的忠告　根据需要使用个人防护设备

对医生的特别提示　对症处理

第五部分　消防措施

灭火剂　用雾状水、泡沫、干粉、二氧化碳、砂土灭火

特别危险性　其蒸气与空气可形成爆炸性混合物，遇明火、高热能引起燃烧爆炸。与氧化剂可发生反应。流速过快，容易产生和积聚静电。容易自聚，聚合反应随着温度的上升而急骤加剧。若遇高热，容器内压增大，有开裂和爆炸的危险

灭火注意事项及防护措施　消防人员必须佩戴空气呼吸器、穿全身防火防毒服，在上风向灭火。尽可能将容器从火场移至空旷处。喷水保持火场容器冷却，直至灭火结束。处在火场中的容器若已变色或从安全泄压装置中发出声音，必须马上撤离

第六部分　泄漏应急处理

作业人员防护措施、防护装备和应急处置程序　消除所有点火源。根据液体流动和蒸气扩散的影响区域划定警戒区，无关人员从侧风、上风向撤离至安全区。建议应急处理人员戴正压自给式呼吸器，穿防静电服。作业时使用的所有设备应接地。禁止接触或跨越泄漏物。尽可能切断泄漏源

环境保护措施　防止泄漏物进入水体、下水道、地下室或有限空间

泄漏化学品的收容、清除方法及所使用的处置材料　小量泄漏：用砂土或其他不燃材料吸收。使用洁净的无火花工具收集吸收材料。大量泄漏：构筑围堤或挖坑收容。用泡沫覆盖，减少蒸发。喷水雾能减少蒸发，但不能降低泄漏物在有限空间内的易燃性。用防爆泵转移至槽车或专用收集器内

第七部分　操作处置与储存

操作注意事项　密闭操作，局部排风。操作人员必须经过专门培训，严格遵守操作规程。建议操作人员佩戴自吸过滤式防毒面具（全面罩），穿胶布防毒衣，戴橡胶耐油手套。远离火种、热源，工作场所严禁吸烟。使用防爆型的通风系统和设备。防止蒸气泄漏到工作场所空气中。避免与氧化剂接触。充装要控制流速，防止静电积聚。搬运时要轻装轻卸，防止包装及容器损坏。配备相应品种和数量的消防器材及泄漏应急处理设备。倒空的容器可能残留有害物

储存注意事项　储存于阴凉、通风的库房。远离火种、热源。库温不宜超过37℃，应与氧化剂分开存放，切忌混储。不宜久存，以免变质。采用防爆型照明、通风设施。禁止使用易产生火花的机械设备和工具。储区应备有泄漏应急处理设备和合适的收容材料

第八部分　接触控制/个体防护

职业接触限值

中国　未制定标准

美国（ACGIH）　未制定标准

生物接触限值　未制定标准

监测方法　空气中有毒物质测定方法：未制定标准。生物监测检验方法：未制定标准

工程控制　密闭操作，局部排风

个体防护装备

呼吸系统防护　空气中浓度超标时，必须佩戴自吸过滤式防毒面具（全面罩）。紧急事态抢救或撤离时，应该佩戴空气呼吸器

眼睛防护　呼吸系统防护中已作防护

皮肤和身体防护　穿密闭型防毒服

手防护　戴橡胶耐油手套

第九部分　理化特性

外观与性状　无色液体　　pH值　无资料

熔点(℃)　−69　　沸点(℃)　149～150

相对密度(水＝1)　0.882

相对蒸气密度(空气＝1)　无资料

饱和蒸气压(kPa)　0.88（25℃）

临界压力(MPa)　无资料　辛醇/水分配系数　3.384

闪点(℃)　31.67　　自燃温度(℃)　221.67

爆炸下限(%)　无资料　爆炸上限(%)　无资料

分解温度(℃)　无资料

黏度(mPa·s)　1.38（20℃）；0.87（50℃）；0.51（100℃）

燃烧热(kJ/mol)　无资料　临界温度(℃)　无资料

溶解性　不溶于水，不溶于四氯化碳

第十部分　稳定性和反应性

稳定性　稳定

危险反应　与强氧化剂、强酸、卤代烃、卤素等禁配物接触，有发生火灾和爆炸的危险。容易发生自聚反应

避免接触的条件　无资料

禁配物　强氧化剂、强酸、卤代烃、卤素

危险的分解产物　无资料

第十一部分　毒理学信息

急性毒性　无资料

皮肤刺激或腐蚀　无资料　眼睛刺激或腐蚀　无资料

呼吸或皮肤过敏　无资料　生殖细胞突变性　无资料

致癌性　无资料　　生殖毒性　无资料

特异性靶器官系统毒性-一次接触　无资料

特异性靶器官系统毒性-反复接触　无资料

吸入危害　无资料

第十二部分　生态学信息

生态毒性　LC_{50}：13mg/L（96h）（青鳉）；EC_{50}：0.87mg/L（48h）（大型溞）；ErC_{50}：8.2mg/L（72h）（羊角月牙藻）

持久性和降解性

生物降解性　不易快速生物降解（EU Method C.4-C）

非生物降解性　无资料

潜在的生物累积性　根据 K_{ow} 值预测，该物质可能有一定的生物累积性

土壤中的迁移性　根据 K_{oc} 值预测，该物质可能有一定的迁移性

第十三部分　废弃处置

废弃化学品　建议用焚烧法处置

污染包装物　将容器返还生产商或按照国家和地方法规处置

废弃注意事项　处置前应参阅国家和地方有关法规

第十四部分　运输信息

联合国危险货物编号（UN号）　2520

联合国运输名称　环辛二烯

联合国危险性类别　3

包装类别　Ⅲ　　　包装标志

海洋污染物　是

运输注意事项　运输时运输车辆应配备相应品种和数量的消防器材及泄漏应急处理设备。夏季最好早晚运输。运输时所用的槽（罐）车应有接地链，槽内可设孔隔板以减少振荡产生的静电。严禁与氧化剂、食用化学品等混装混运。运输途中应防暴晒、雨淋，防高温。中途停留时应远离火种、热源、高温区。装运该物品的车辆排气管必须配备阻火装置，禁止使用易产生火花的机械设备和工具装卸。公路运输时要按规定路线行驶，勿在居民区和人口稠密区停留。铁路运输时要禁止溜放。严禁用木船、水泥船散装运输

第十五部分　法规信息

下列法律、法规、规章和标准，对该化学品的管理作了相应的规定。

中华人民共和国职业病防治法　职业病分类和目录：未列入

危险化学品安全管理条例　危险化学品目录：列入。易制爆危险化学品名录：未列入。重点监管的危险化学品名录：未列入。GB 18218—2009《危险化学品重大危险源辨识》（表1）：未列入

使用有毒物品作业场所劳动保护条例　高毒物品目录：未列入

易制毒化学品管理条例　易制毒化学品的分类和品种目录：未列入

国际公约　斯德哥尔摩公约：未列入。鹿特丹公约：未列入。蒙特利尔议定书：未列入

第十六部分　其他信息

编写和修订信息　　　缩略语和首字母缩写

培训建议　　　　　　参考文献

免责声明

环氧丙基苯基醚

第一部分　化学品标识

化学品中文名　环氧丙基苯基醚；1,2-环氧-3-苯氧基丙

烷；缩水甘油苯醚；苯缩水甘油醚

化学品英文名 phenyl glycidyl ether；1，2-epoxy-3-phe-noxypropane

分子式 C$_9$H$_{10}$O$_2$ **分子量** 150.1745

结构式

化学品的推荐及限制用途 用作卤素化合物的稳定剂，也用作化学中间体

第二部分 危险性概述

紧急情况概述 吸入有害，可能导致皮肤过敏反应，可能引起呼吸道刺激

GHS 危险性类别 急性毒性-吸入，类别 4；皮肤腐蚀/刺激，类别 2；皮肤致敏物，类别 1；生殖细胞致突变性，类别 2；致癌性，类别 2；特异性靶器官毒性——次接触，类别 3（呼吸道刺激）；危害水生环境-急性危害，类别 3；危害水生环境-长期危害，类别 3

标签要素

象形图

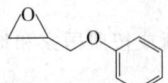

警示词 危险

危险性说明 吸入有害，造成皮肤刺激，可能导致皮肤过敏反应，怀疑可造成遗传性缺陷，怀疑致癌，可能引起呼吸道刺激，对水生生物有害并具有长期持续影响

防范说明

预防措施 避免吸入粉尘、烟气、气体、烟雾、蒸气、喷雾。仅在室外或通风良好处操作。避免接触眼睛、皮肤，操作后彻底清洗。穿防护服，戴防护手套、防护眼镜、防护面罩。污染的工作服不得带出工作场所。得到专门指导后操作。在阅读并了解所有安全预防措施之前，切勿操作。按要求使用个体防护装备。禁止排入环境

事故响应 如吸入：将患者转移到空气新鲜处，休息，保持利于呼吸的体位，如感觉不适，呼叫中毒控制中心或就医。食入：漱口，不要催吐。皮肤（或头发）接触：立即脱掉所有被污染的衣服，用水冲洗皮肤，淋浴。眼睛接触：用水细心地冲洗数分钟。如戴隐形眼镜并可方便地取出，则取出隐形眼镜，继续冲洗。如出现皮肤刺激或皮疹：就医。如果接触或有担心，就医

安全储存 上锁保管

废弃处置 本品及内装物、容器依据国家和地方法规处置

物理和化学危险 可燃，其蒸气与空气混合，能形成爆炸性混合物

健康危害 对眼和皮肤有刺激性。长期反复接触可致皮

炎，对皮肤有致敏作用。本品蒸气压低，现场蒸气危害性不大。未见中毒病例的报道

环境危害 对水生生物有害并具有长期持续影响

第三部分 成分/组成信息

√ 物质 混合物

组分	浓度	CAS No.
环氧丙基苯基醚		122-60-1

第四部分 急救措施

吸入 脱离现场至空气新鲜处。就医

皮肤接触 立即脱去污染的衣着，用肥皂水和清水彻底冲洗皮肤。如有不适感，就医

眼睛接触 提起眼睑，用流动清水或生理盐水冲洗。如有不适感，就医

食入 饮足量温水，催吐。就医

对保护施救者的忠告 根据需要使用个人防护设备

对医生的特别提示 对症处理

第五部分 消防措施

灭火剂 用雾状水、泡沫、干粉、二氧化碳、砂土灭火

特别危险性 遇明火、高热可燃。受高热发生剧烈分解，甚至发生爆炸。若遇高热可发生剧烈分解，引起容器破裂或爆炸事故

灭火注意事项及防护措施 消防人员必须佩戴防毒面具、穿全身消防服，在上风向灭火。尽可能将容器从火场移至空旷处。喷水保持火场容器冷却，直至灭火结束。处在火场中的容器若已变色或从安全泄压装置中发出声音，必须马上撤离

第六部分 泄漏应急处理

作业人员防护措施、防护装备和应急处置程序 根据液体流动和蒸气扩散的影响区域划定警戒区，无关人员从侧风、上风向撤离至安全区。消除所有点火源。建议应急处理人员戴防毒面具，穿防毒服。穿上适当的防护服前严禁接触破裂的容器和泄漏物。尽可能切断泄漏源

环境保护措施 防止泄漏物进入水体、下水道、地下室或有限空间

泄漏化学品的收容、清除方法及所使用的处置材料 小量泄漏：用干燥的砂土或其他不燃材料吸收或覆盖，收集于容器中。大量泄漏：构筑围堤或挖坑收容。用泵转移至槽车或专用收集器内

第七部分 操作处置与储存

操作注意事项 密闭操作，全面通风。操作人员必须经过专门培训，严格遵守操作规程。建议操作人员佩戴自吸过滤式防毒面具（半面罩），戴化学安全防护眼镜，穿防毒物渗透工作服，戴橡胶耐油手套。远离火种、热源，工作场所严禁吸烟。使用防爆型的通风系统和设备。防止蒸气泄漏到工作场所空气中。避免与氧化剂、酸类接触。搬运时要轻装轻卸，防止包装及容器损坏。配备相应品种和数量的消防器材及泄漏应急处理设备。倒空的容器可能残留有害物

储存注意事项 储存于阴凉、通风的库房。远离火种、热源。应与氧化剂、酸类分开存放，切忌混储。配备相应品种和数量的消防器材。储区应备有泄漏应急处理设备和合适的收容材料

第八部分　接触控制/个体防护

职业接触限值

中国　未制定标准

美国（ACGIH）　TLV-TWA：0.1ppm［皮］

生物接触限值　未制定标准

监测方法　空气中有毒物质测定方法：未制定标准。生物监测检验方法：未制定标准

工程控制　生产过程密闭，全面通风

个体防护装备

呼吸系统防护　空气中浓度超标时，必须佩戴过滤式防毒面具（半面罩）。紧急事态抢救或撤离时，应该佩戴空气呼吸器

眼睛防护　戴化学安全防护眼镜

皮肤和身体防护　穿防毒物渗透工作服

手防护　戴橡胶耐油手套

第九部分　理化特性

外观与性状　无色液体

pH 值　无资料	**熔点（℃）**　3.5
沸点（℃）　245	**相对密度(水＝1)**　1.11
相对蒸气密度(空气＝1)　4.37	
饱和蒸气压(kPa)　0.0013（20℃）	
临界压力（MPa）　无资料	**辛醇/水分配系数**　无资料
闪点（℃）　120	**自燃温度(℃)**　无资料
爆炸下限(%)　无资料	**爆炸上限(%)**　无资料
分解温度(℃)　无资料	**黏度(mPa·s)**　无资料
燃烧热(kJ/mol)　无资料	**临界温度(℃)**　无资料

溶解性　不溶于水，可混溶于甲苯、丙酮

第十部分　稳定性和反应性

稳定性　稳定

危险反应　与强氧化剂、强酸等禁配物发生反应

避免接触的条件　无资料

禁配物　强氧化剂、强酸

危险的分解产物　过氧化物

第十一部分　毒理学信息

急性毒性　小鼠吸入室温饱和蒸气 4h 或大鼠吸入 8h 未死亡。LD$_{50}$：3850mg/kg（大鼠经口），1400mg/kg（小鼠经口），1665mg/kg（兔经皮）

皮肤刺激或腐蚀　无资料　　**眼睛刺激或腐蚀**　无资料

呼吸或皮肤过敏　无资料

生殖细胞突变性　微生物致突变：鼠伤寒沙门氏菌 33μg/皿。DNA损伤：大肠杆菌 1μmol/L。姐妹染色单体交换：仓鼠肺 400μmol/L

致癌性　IARC 致癌性评论：组 2B，对人类是可能致癌物。大鼠吸入 0.74g/m³，20 个月，200 只中有 2 只发生恶性鼻腔肿瘤

生殖毒性　无资料

特异性靶器官系统毒性-一次接触　无资料

特异性靶器官系统毒性-反复接触　大鼠吸入约 0.92g/m³的过饱和蒸气 7h/d，50d，未见毒性反应

吸入危害　无资料

第十二部分　生态学信息

生态毒性　LC$_{50}$：43mg/L（96h）（*Carassius auratus*，静态）

持久性和降解性

生物降解性　不易快速生物降解

非生物降解性　无资料

潜在的生物累积性　根据 K_{ow} 值预测，该物质的生物累积性可能较弱

土壤中的迁移性　根据 K_{oc} 值预测，该物质可能易发生迁移

第十三部分　废弃处置

废弃化学品　建议用焚烧法处置

污染包装物　将容器返还生产商或按照国家和地方法规处置

废弃注意事项　处置前应参阅国家和地方有关法规

第十四部分　运输信息

联合国危险货物编号（UN 号）　—

联合国运输名称　—　　**联合国危险性类别**　—

包装类别　—　　**包装标志**　—

海洋污染物　否

运输注意事项　运输前应先检查包装容器是否完整、密封，运输过程中要确保容器不泄漏、不倒塌、不坠落、不损坏。严禁与氧化剂、酸类、食用化学品等混装混运。运输车船必须彻底清洗、消毒，否则不得装运其他物品。船运时，配装位置应远离卧室、厨房，并与机舱、电源、火源等部位隔离。公路运输时要按规定路线行驶

第十五部分　法规信息

下列法律、法规、规章和标准，对该化学品的管理作了相应的规定。

中华人民共和国职业病防治法　职业病分类和目录：未列入

危险化学品安全管理条例　危险化学品目录：列入。易制爆危险化学品名录：未列入。重点监管的危险化学品名录：未列入。GB 18218—2009《危险化学品重大危险源辨识》（表1）：未列入

使用有毒物品作业场所劳动保护条例　高毒物品目录：未列入

易制毒化学品管理条例　易制毒化学品的分类和品种目录：未列入

国际公约　斯德哥尔摩公约：未列入。鹿特丹公约：未列入。蒙特利尔议定书：未列入

第十六部分　其他信息

编写和修订信息　　**缩略语和首字母缩写**

培训建议　　**参考文献**

免责声明

2,3-环氧丙醛

第一部分　化学品标识

化学品中文名　2,3-环氧丙醛；缩水甘油醛；环氧丙醛
化学品英文名　2,3-epoxypropionaldehyde；glycidaldehyde
分子式　$C_3H_4O_2$　分子量　72.0627
结构式　
化学品的推荐及限制用途　用作在棉织品处理、皮革、鞣革和蛋白凝固中双官能的化学中间体和交联剂

第二部分　危险性概述

紧急情况概述　易燃液体和蒸气，吞咽会中毒，皮肤接触会中毒，吸入致命，造成皮肤刺激，造成严重眼刺激，可能引起昏昏欲睡或眩晕

GHS危险性类别　易燃液体，类别3；急性毒性-经口，类别3；急性毒性-经皮，类别3；急性毒性-吸入，类别2；皮肤腐蚀/刺激，类别2；严重眼损伤/眼刺激，类别2A；生殖细胞致突变性，类别2；致癌性，类别2；特异性靶器官毒性——次接触，类别3（呼吸道刺激）；特异性靶器官毒性-反复接触，类别1

标签要素

象形图

警示词　危险

危险性说明　易燃液体和蒸气，吞咽会中毒，皮肤接触会中毒，吸入致命，造成皮肤刺激，造成严重眼刺激，怀疑可造成遗传性缺陷，怀疑致癌，可能引起昏昏欲睡或眩晕，长时间或反复接触对器官造成损伤

防范说明

　　预防措施　远离热源、火花、明火、热表面。保持容器密闭。容器和接收设备接地连接。使用防爆型电器、通风、照明设备。只能使用不产生火花的工具。采取防止静电措施。戴防护手套、防护眼镜、防护面罩，穿防护服。避免接触眼睛、皮肤，操作后彻底清洗。作业场所不得进食、饮水或吸烟。避免吸入蒸气、雾。仅在室外或通风良好处操作。戴呼吸防护器具。得到专门指导后操作。在阅读并了解所有安全预防措施之前，切勿操作。按要求使用个体防护装备

　　事故响应　火灾时，使用雾状水、泡沫、干粉、二氧化碳、砂土灭火。如吸入：将患者转移到空气新鲜处，休息，保持利于呼吸的体位。皮肤接触：用大量肥皂水和水清洗。立即脱去所有被污染的衣服。被污染的衣服必须经洗净后方可重新使用。如感觉不适，呼叫中毒控制中心或就医。如发生皮肤刺激，就医。如接触眼睛：用水细心冲洗数分钟。如戴隐形眼镜并可

方便地取出，取出隐形眼镜，继续冲洗。如果眼睛刺激持续：就医。食入：立即呼叫中毒控制中心或就医，漱口。如果接触或有担心，就医

　　安全储存　存放在通风良好的地方。保持低温。保持容器密闭。上锁保管

　　废弃处置　本品及内装物、容器依据国家和地方法规处置

物理和化学危险　易燃，其蒸气与空气混合，能形成爆炸性混合物

健康危害　蒸气对眼及呼吸道有刺激性。对皮肤有明显刺激作用。少数病例有过敏反应

环境危害　对环境可能有害

第三部分　成分/组成信息

√ 物质　　　　　　　　　　混合物

组分	浓度	CAS No.
2,3-环氧丙醛		765-34-4

第四部分　急救措施

吸入　迅速脱离现场至空气新鲜处。保持呼吸道通畅。如呼吸困难，给输氧。呼吸、心跳停止，立即进行心肺复苏术。就医

皮肤接触　立即脱去污染的衣着，用流动清水彻底冲洗。就医

眼睛接触　立即分开眼睑，用流动清水或生理盐水彻底冲洗。就医

食入　漱口，饮水。就医

对保护施救者的忠告　根据需要使用个人防护设备

对医生的特别提示　对症处理

第五部分　消防措施

灭火剂　用雾状水、泡沫、干粉、二氧化碳、砂土灭火

特别危险性　其蒸气与空气可形成爆炸性混合物，遇明火、高热能引起燃烧爆炸。与氧化剂可发生反应。蒸气比空气重，沿地面扩散并易积存于低洼处，遇火源会着火回燃。若遇高热，容器内压增大，有开裂和爆炸的危险

灭火注意事项及防护措施　消防人员必须佩戴防毒面具、穿全身消防服，在上风向灭火。尽可能将容器从火场移至空旷处。喷水保持火场容器冷却，直至灭火结束。处在火场中的容器若已变色或从安全泄压装置中发出声音，必须马上撤离

第六部分　泄漏应急处理

作业人员防护措施、防护装备和应急处置程序　消除所有点火源。根据液体流动和蒸气扩散的影响区域划定警戒区，无关人员从侧风、上风向撤离至安全区。建议应急处理人员戴正压自给式呼吸器，穿防毒、防静电服。作业时使用的所有设备应接地。禁止接触或跨越泄漏物。尽可能切断泄漏源

环境保护措施　防止泄漏物进入水体、下水道、地下室或有限空间

泄漏化学品的收容、清除方法及所使用的处置材料　小量泄漏：用砂土或其他不燃材料吸收。使用洁净的无火花工具收集吸收材料。大量泄漏：构筑围堤或挖坑收容。用泡沫覆盖，减少蒸发。喷水雾能减少蒸发，但不能降低泄漏物在有限空间内的易燃性。用防爆泵转移至槽车或专用收集器内

第七部分　操作处置与储存

操作注意事项　密闭操作，全面排风。操作人员必须经过专门培训，严格遵守操作规程。建议操作人员佩戴自吸过滤式防毒面具（半面罩），戴化学安全防护眼镜，穿防毒物渗透工作服，戴橡胶手套。远离火种、热源，工作场所严禁吸烟。使用防爆型的通风系统和设备。防止蒸气泄漏到工作场所空气中。避免与氧化剂、酸类接触。搬运时要轻装轻卸，防止包装及容器损坏。配备相应品种和数量的消防器材及泄漏应急处理设备。倒空的容器可能残留有害物

储存注意事项　储存于阴凉、通风的库房。远离火种、热源。库温不宜超过 37℃，应与氧化剂、酸类、食用化学品分开存放，切忌混储。采用防爆型照明、通风设施。禁止使用易产生火花的机械设备和工具。储区应备有泄漏应急处理设备和合适的收容材料

第八部分　接触控制/个体防护

职业接触限值
　　中国　未制定标准
　　美国（ACGIH）　未制定标准
生物接触限值　未制定标准
监测方法　空气中有毒物质测定方法：未制定标准。生物监测检验方法：未制定标准
工程控制　密闭操作，全面排风
个体防护装备
　　呼吸系统防护　空气中浓度超标时，必须佩戴过滤式防毒面具（半面罩）。紧急事态抢救或撤离时，应该佩戴空气呼吸器
　　眼睛防护　戴化学安全防护眼镜
　　皮肤和身体防护　穿防毒物渗透工作服
　　手防护　戴橡胶手套

第九部分　理化特性

外观与性状　无色不稳定液体，有刺鼻气味

pH 值　无资料　　　　　　**熔点(℃)**　−61.8
沸点(℃)　112～113
相对密度(水＝1)　1.14（20℃）
相对蒸气密度(空气＝1)　2.58
饱和蒸气压(kPa)　10.13（57～58℃）
临界压力(MPa)　无资料　　**辛醇/水分配系数**　无资料
闪点(℃)　31　　　　　　　**自燃温度(℃)**　无资料
爆炸下限(%)　无资料　　　**爆炸上限(%)**　无资料
分解温度(℃)　无资料　　　**黏度(mPa·s)**　无资料
燃烧热(kJ/mol)　无资料　　**临界温度(℃)**　无资料
溶解性　不溶于石油醚，易溶于多数有机溶剂

第十部分　稳定性和反应性

稳定性　稳定
危险反应　与强氧化剂、强碱等禁配物接触，有发生火灾和爆炸的危险
避免接触的条件　无资料
禁配物　强氧化剂、强酸
危险的分解产物　无资料

第十一部分　毒理学信息

急性毒性　LD_{50}：230mg/kg（大鼠经口）；249mg/kg（兔经皮）。LC_{50}：740mg/m³（大鼠吸入，4h）；251ppm（大鼠吸入，4h）
皮肤刺激或腐蚀　无资料　　**眼睛刺激或腐蚀**　无资料
呼吸或皮肤过敏　无资料
生殖细胞突变性　微生物致突变：鼠伤寒沙门氏菌 $10\mu g$/皿。DNA 修复：大肠杆菌 $1\mu L$/皿。DNA 加合物：小鼠皮肤染毒 80mg/kg
致癌性　IARC 致癌性评论：组 2B，对人类是可能致癌物
生殖毒性　无资料
特异性靶器官系统毒性--一次接触　无资料
特异性靶器官系统毒性-反复接触　无资料
吸入危害　无资料

第十二部分　生态学信息

生态毒性　无资料
持久性和降解性
　　生物降解性　无资料
　　非生物降解性　无资料
潜在的生物累积性　无资料
土壤中的迁移性　无资料

第十三部分　废弃处置

废弃化学品　建议用焚烧法处置
污染包装物　将容器返还生产商或按照国家和地方法规处置
废弃注意事项　处置前应参阅国家和地方有关法规

第十四部分　运输信息

联合国危险货物编号（UN 号）　2622
联合国运输名称　缩水甘油醛
联合国危险性类别　3，6.1
包装类别　Ⅱ

包装标志　

海洋污染物　否
运输注意事项　运输时运输车辆应配备相应品种和数量的消防器材及泄漏应急处理设备。夏季最好早晚运输。运输时所用的槽（罐）车应有接地链，槽内可设孔隔板以减少震荡产生的静电。严禁与氧化剂、酸类、食用化学品等混装混运。运输途中应防暴晒、

雨淋，防高温。中途停留时应远离火种、热源、高温区。装运该物品的车辆排气管必须配备阻火装置，禁止使用易产生火花的机械设备和工具装卸。公路运输时要按规定路线行驶，勿在居民区和人口稠密区停留。铁路运输时要禁止溜放。严禁用木船、水泥船散装运输

第十五部分 法规信息

下列法律、法规、规章和标准，对该化学品的管理作了相应的规定。

中华人民共和国职业病防治法 职业病分类和目录：未列入

危险化学品安全管理条例 危险化学品目录：列入。易制爆危险化学品名录：未列入。重点监管的危险化学品名录：未列入。GB 18218—2009《危险化学品重大危险源辨识》（表1）：未列入

使用有毒物品作业场所劳动保护条例 高毒物品目录：未列入

易制毒化学品管理条例 易制毒化学品的分类和品种目录：未列入

国际公约 斯德哥尔摩公约：未列入。鹿特丹公约：未列入。蒙特利尔议定书：未列入

第十六部分 其他信息

编写和修订信息	缩略语和首字母缩写
培训建议	参考文献
免责声明	

环氧环己烷

第一部分 化学品标识

化学品中文名 环氧环己烷；氧化环己烯

化学品英文名 cyclohexene oxide；7-oxabicyclo[4.1.0] heptane

分子式 $C_6H_{10}O$ **分子量** 98.16

结构式

化学品的推荐及限制用途 用作合成农药、医药、香料、染料的原料

第二部分 危险性概述

紧急情况概述 易燃液体和蒸气，吞咽有害，皮肤接触会中毒

GHS 危险性类别 易燃液体，类别3；急性毒性-经口，类别4；急性毒性-经皮，类别3

标签要素

象形图

警示词 危险

危险性说明 易燃液体和蒸气，吞咽有害，皮肤接触会中毒

防范说明

预防措施 远离热源、火花、明火、热表面。禁止吸烟。保持容器密闭。容器和接收设备接地连接。使用防爆型电器、通风、照明设备。只能使用不产生火花的工具。采取防止静电措施。戴防护手套、防护眼镜、防护面罩，穿防护服。避免接触眼睛、皮肤，操作后彻底清洗。作业场所不得进食、饮水或吸烟

事故响应 火灾时，使用雾状水、泡沫、干粉、二氧化碳、砂土灭火。如皮肤（或头发）接触：立即脱掉所有被污染的衣服，用水冲洗皮肤，淋浴。被污染的衣服必须经洗净后方可重新使用。食入：如果感觉不适，立即呼叫中毒控制中心或就医。漱口

安全储存 存放在通风良好的地方。保持低温。上锁保管

废弃处置 本品及内装物、容器依据国家和地方法规处置

物理和化学危险 易燃，其蒸气与空气混合，能形成爆炸性混合物

健康危害 吸入、摄入或经皮肤吸收后会中毒。对眼睛和皮肤有刺激作用

环境危害 对环境可能有害

第三部分 成分/组成信息

√ 物质   混合物

组分	浓度	CAS No.
环氧环己烷		286-20-4

第四部分 急救措施

吸入 迅速脱离现场至空气新鲜处。保持呼吸道通畅。如呼吸困难，给输氧。呼吸、心跳停止，立即进行心肺复苏术。就医

皮肤接触 立即脱去污染的衣着，用流动清水彻底冲洗。就医

眼睛接触 立即分开眼睑，用流动清水或生理盐水彻底冲洗。就医

食入 漱口，饮水。就医

对保护施救者的忠告 根据需要使用个人防护设备

对医生的特别提示 对症处理

第五部分 消防措施

灭火剂 用雾状水、泡沫、干粉、二氧化碳、砂土灭火

特别危险性 其蒸气与空气可形成爆炸性混合物，遇明火、高热能引起燃烧爆炸。与氧化剂可发生反应。容易自聚，聚合反应随着温度的上升而急骤加剧。蒸气比空气重，沿地面扩散并易积存于低洼处，遇火源会着火回燃。若遇高热，容器内压增大，有开裂和爆炸的危险

灭火注意事项及防护措施 消防人员必须佩戴空气呼吸器、穿全身防火防毒服，在上风向灭火。尽可能将容器从火场移至空旷处。喷水保持火场容器冷却，直至灭火结束。处在火场中的容器若已变色或从安全泄压

装置中发出声音，必须马上撤离

第六部分　泄漏应急处理

作业人员防护措施、防护装备和应急处置程序　消除所有点火源。根据液体流动和蒸气扩散的影响区域划定警戒区，无关人员从侧风、上风向撤离至安全区。建议应急处理人员戴正压自给式呼吸器，穿防静电服。作业时使用的所有设备应接地。禁止接触或跨越泄漏物。尽可能切断泄漏源

环境保护措施　防止泄漏物进入水体、下水道、地下室或有限空间

泄漏化学品的收容、清除方法及所使用的处置材料　小量泄漏：用砂土或其他不燃材料吸收。使用洁净的无火花工具收集吸收材料。大量泄漏：构筑围堤或挖坑收容。用泡沫覆盖，减少蒸发。喷水雾能减少蒸发，但不能降低泄漏物在有限空间内的易燃性。用防爆泵转移至槽车或专用收集器内

第七部分　操作处置与储存

操作注意事项　密闭操作，提供充分的局部排风。防止蒸气泄漏到工作场所空气中。操作人员必须经过专门培训，严格遵守操作规程。建议操作人员佩戴自吸过滤式防毒面具（全面罩），穿胶布防毒衣，戴橡胶手套。远离火种、热源，工作场所严禁吸烟。使用防爆型的通风系统和设备。在清除液体和蒸气前不能进行焊接、切割等作业。避免产生烟雾。避免与氧化剂、酸类、碱类接触。容器与传送设备要接地，防止产生静电。灌装时应控制流速，且有接地装置，防止静电积聚。配备相应品种和数量的消防器材及泄漏应急处理设备。倒空的容器可能残留有害物

储存注意事项　储存于阴凉、通风的库房。库温不宜超过37℃，远离火种、热源。防止阳光直射。保持容器密封，严禁与空气接触。应与氧化剂、酸类、碱类分开存放，切忌混储。采用防爆型照明、通风设施。禁止使用易产生火花的机械设备和工具。储区应备有泄漏应急处理设备和合适的收容材料

第八部分　接触控制/个体防护

职业接触限值
中国　未制定标准
美国（ACGIH）　未制定标准
生物接触限值　未制定标准
监测方法　空气中有毒物质测定方法：未制定标准。生物监测检验方法：未制定标准
工程控制　严加密闭，提供充分的局部排风
个体防护装备
呼吸系统防护　空气中浓度超标时，必须佩戴过滤式防毒面具（全面罩）。紧急事态抢救或撤离时，应该佩戴空气呼吸器
眼睛防护　呼吸系统防护中已作防护
皮肤和身体防护　穿密闭型防毒服
手防护　戴橡胶手套

第九部分　理化特性

外观与性状　无色透明液体，具有强烈气味
pH值　无资料　　　**熔点（℃）**　−40
沸点（℃）　129~130　　**相对密度（水=1）**　0.97
相对蒸气密度（空气=1）　3.5
饱和蒸气压（kPa）　无资料
临界压力（MPa）　无资料　**辛醇/水分配系数**　无资料
闪点（℃）　27.2　　**自燃温度（℃）**　373
爆炸下限（%）　1.15　**爆炸上限（%）**　12.36
分解温度（℃）　无资料　**黏度（mPa·s）**　无资料
燃烧热（kJ/mol）　无资料　**临界温度（℃）**　无资料
溶解性　不溶于水，溶于乙醇、丙酮、乙醚

第十部分　稳定性和反应性

稳定性　稳定
危险反应　与氧化剂、酸类、碱类等禁配物接触，有发生火灾和爆炸的危险。容易发生自聚反应
避免接触的条件　无资料
禁配物　氧化剂、酸类、碱类
危险的分解产物　无资料

第十一部分　毒理学信息

急性毒性　LD_{50}：1090mg/kg（大鼠经口）；630mg/kg（兔经皮）
皮肤刺激或腐蚀　无资料　**眼睛刺激或腐蚀**　无资料
呼吸或皮肤过敏　无资料
生殖细胞突变性　微生物致突变：鼠伤寒沙门氏菌10μmol/皿。姐妹染色单体互换：仓鼠肺5mmol/L。哺乳动物体细胞突变：仓鼠肺5mmol/L
致癌性　小鼠（途径未报告）最低中毒剂量（TDLo）：79mg/kg，按RTECS标准为可疑致肿瘤物，呼吸系统肿瘤
生殖毒性　无资料
特异性靶器官系统毒性-一次接触　无资料
特异性靶器官系统毒性-反复接触　无资料
吸入危害　无资料

第十二部分　生态学信息

生态毒性　无资料
持久性和降解性
生物降解性　无资料
非生物降解性　无资料
潜在的生物累积性　根据K_{ow}值预测，该物质的生物累积性可能较弱
土壤中的迁移性　根据K_{oc}值预测，该物质可能易发生迁移

第十三部分　废弃处置

废弃化学品　建议用焚烧法处置。在能利用的地方重复使用容器或在规定场所掩埋
污染包装物　将容器返还生产商或按照国家和地方法规处置

废弃注意事项 处置前应参阅国家和地方有关法规

第十四部分 运输信息

联合国危险货物编号（UN 号） 1992
联合国运输名称 易燃液体，毒性，未另作规定的（环氧环己烷）
联合国危险性类别 3，6.1
包装类别 Ⅲ

包装标志

海洋污染物 否
运输注意事项 运输时运输车辆应配备相应品种和数量的消防器材及泄漏应急处理设备。夏季最好早晚运输。运输时所用的槽（罐）车应有接地链，槽内可设孔隔板以减少震荡产生的静电。严禁与氧化剂、酸类、碱类、食用化学品等混装混运。运输途中应防暴晒、雨淋，防高温。中途停留时应远离火种、热源、高温区。装运该物品的车辆排气管必须配备阻火装置，禁止使用易产生火花的机械设备和工具装卸。公路运输时要按规定路线行驶，禁止在居民区和人口稠密区停留。铁路运输时要禁止溜放。严禁用木船、水泥船散装运输

第十五部分 法规信息

下列法律、法规、规章和标准，对该化学品的管理作了相应的规定。
中华人民共和国职业病防治法 职业病分类和目录：未列入
危险化学品安全管理条例 危险化学品目录：列入。易制爆危险化学品名录：未列入。重点监管的危险化学品名录：未列入。GB 18218—2009《危险化学品重大危险源辨识》（表1）：未列入
使用有毒物品作业场所劳动保护条例 高毒物品目录：未列入
易制毒化学品管理条例 易制毒化学品的分类和品种目录：未列入
国际公约 斯德哥尔摩公约：未列入。鹿特丹公约：未列入。蒙特利尔议定书：未列入

第十六部分 其他信息

编写和修订信息 **缩写语和首字母缩写**
培训建议 **参考文献**
免责声明

环氧氯丙烷

第一部分 化学品标识

化学品中文名 环氧氯丙烷；3-氯-1,2-环氧丙烷；表氯醇
化学品英文名 3-chloro-1,2-epoxypropane；epichlorohydrin
分子式 C_3H_5ClO **分子量** 92.52

结构式

化学品的推荐及限制用途 用于制环氧树脂，也是一种含氧物质的稳定剂和化学中间体

第二部分 危险性概述

紧急情况概述 易燃液体和蒸气，吞咽会中毒，皮肤接触会中毒，吸入会中毒，造成严重的皮肤灼伤和眼损伤，可能导致皮肤过敏反应，可能致癌
GHS危险性类别 易燃液体，类别 3；急性毒性-经口，类别 3；急性毒性-经皮，类别 3；急性毒性-吸入，类别 3；皮肤腐蚀/刺激，类别 1B；严重眼损伤/眼刺激，类别 1；皮肤致敏物，类别 1；致癌性，类别 1B；危害水生环境-急性危害，类别 3
标签要素

象形图

警示词 危险
危险性说明 易燃液体和蒸气，吞咽会中毒，皮肤接触会中毒，吸入会中毒，造成严重的皮肤灼伤和眼损伤，可能导致皮肤过敏反应，可能致癌，对水生生物有害
防范说明
预防措施 远离热源、火花、明火、热表面。禁止吸烟。保持容器密闭。容器和接收设备接地连接。使用防爆型电器、通风、照明设备。只能使用不产生火花的工具。采取防止静电措施。避免接触眼睛、皮肤，操作后彻底清洗。作业场所不得进食、饮水或吸烟。避免吸入蒸气、雾。仅在室外或通风良好处操作。穿防护服、戴防护眼镜、防护手套、防护面罩。污染的工作服不得带出工作场所。得到专门指导后操作。在阅读并了解所有安全预防措施之前，切勿操作。按要求使用个体防护装备。禁止排入环境
事故响应 火灾时，使用雾状水、泡沫、干粉、二氧化碳、砂土灭火。如吸入：将患者转移到空气新鲜处，休息，保持利于呼吸的体位。如皮肤（或头发）接触：立即脱掉所有被污染的衣服，用水冲洗皮肤，淋浴。如感觉不适，呼叫中毒控制中心或就医。被污染的衣服必须经洗净后方可重新使用。如出现皮肤刺激或皮疹：就医。眼睛接触：用水细心地冲洗数分钟。如戴隐形眼镜并可方便地取出，则取出隐形眼镜，继续冲洗。食入：漱口，不要催吐。如果接触或有担心，就医
安全储存 存放在通风良好的地方。保持低温。保持容器密闭。上锁保管
废弃处置 本品及内装物、容器依据国家和地方法规处置

物理和化学危险 易燃，其蒸气与空气混合，能形成爆炸性混合物

健康危害 蒸气对呼吸道有强烈刺激性。反复和长时间吸入能引起肺、肝和肾损害。高浓度吸入致中枢神经系统抑制，可致死。蒸气对眼有强烈刺激性，液体可致眼灼伤。皮肤直接接触液体可致灼伤。口服引起肝、肾损害，可致死。慢性中毒：长期少量吸入可出现神经衰弱综合征和周围神经病变

环境危害 对水生生物有害

第三部分　成分/组成信息

√ 物质　　　　　　　　混合物

组分	浓度	CAS No.
环氧氯丙烷		106-89-8

第四部分　急救措施

吸入 迅速脱离现场至空气新鲜处。保持呼吸道通畅。如呼吸困难，给输氧。呼吸、心跳停止，立即进行心肺复苏术。就医

皮肤接触 立即脱去污染的衣着，用大量流动清水彻底冲洗至少15min。就医

眼睛接触 立即分开眼睑，用流动清水或生理盐水彻底冲洗5～10min。就医

食入 用水漱口，禁止催吐。给饮牛奶或蛋清。就医

对保护施救者的忠告 根据需要使用个人防护设备

对医生的特别提示 对症处理

第五部分　消防措施

灭火剂 用雾状水、泡沫、干粉、二氧化碳、砂土灭火

特别危险性 其蒸气与空气可形成爆炸性混合物。遇明火、高温能引起分解爆炸和燃烧。若遇高热可发生剧烈分解，引起容器破裂或爆炸事故

灭火注意事项及防护措施 消防人员必须佩戴防毒面具、穿全身消防服，在上风向灭火。尽可能将容器从火场移至空旷处。喷水保持火场容器冷却，直至灭火结束。处在火场中的容器若已变色或从安全泄压装置中发出声音，必须马上撤离

第六部分　泄漏应急处理

作业人员防护措施、防护装备和应急处置程序 消除所有点火源。根据液体流动和蒸气扩散的影响区域划定警戒区，无关人员从侧风、上风向撤至安全区。建议应急处理人员戴防毒面具，穿防静电、防腐、防毒服。作业时使用的所有设备应接地。禁止接触或跨越泄漏物。尽可能切断泄漏源

环境保护措施 防止泄漏物进入水体、下水道、地下室或有限空间

泄漏化学品的收容、清除方法及所使用的处置材料 小量泄漏：用砂土或其他不燃材料吸收。使用洁净的无火花工具收集、吸收材料。大量泄漏：构筑围堤或挖坑收容。用粉煤灰或石灰粉吸收大量液体。用泡沫覆盖，减少蒸发。喷水雾能减少蒸发，但不能降低泄漏物在有限空间内的易燃性。用防爆、耐腐蚀泵转移至槽车或专用收集器内。喷雾状水驱散蒸气、稀释液体泄漏物

第七部分　操作处置与储存

操作注意事项 密闭操作，全面排风。操作人员必须经过专门培训，严格遵守操作规程。建议操作人员佩戴自吸过滤式防毒面具（全面罩），穿连体式防毒衣，戴橡胶耐油手套。远离火种、热源，工作场所严禁吸烟。使用防爆型的通风系统和设备。防止蒸气泄漏到工作场所空气中。避免与酸类、碱类接触。搬运时要轻装轻卸，防止包装及容器损坏。配备相应品种和数量的消防器材及泄漏应急处理设备。倒空的容器可能残留有害物

储存注意事项 储存于阴凉、通风的库房。远离火种、热源。库温不宜超过30℃。应与酸类、碱类、食用化学品分开存放，切忌混储。采用防爆型照明、通风设施。禁止使用易产生火花的机械设备和工具。储区应备有泄漏应急处理设备和合适的收容材料

第八部分　接触控制/个体防护

职业接触限值

中国　PC-TWA：$1mg/m^3$；PC-STEL：$2mg/m^3$［皮］［G2A］

美国（ACGIH）　TLV-TWA：0.5ppm［皮］

生物接触限值 未制定标准

监测方法 空气中有毒物质测定方法：直接进样-气相色谱法。生物监测检验方法：未制定标准

工程控制 密闭操作，全面排风

个体防护装备

呼吸系统防护　空气中浓度超标时，必须佩戴过滤式防毒面具（全面罩）。紧急事态抢救或撤离时，应该佩戴空气呼吸器

眼睛防护　呼吸系统防护中已作防护

皮肤和身体防护　穿连体式防毒衣

手防护　戴橡胶耐油手套

第九部分　理化特性

外观与性状 无色油状液体，有氯仿样刺激气味

pH值	无资料	**熔点(℃)**	－57
沸点(℃)	116		
相对密度(水=1)	1.18（20℃）		
相对蒸气密度(空气=1)	3.29		
饱和蒸气压(kPa)	1.8（20℃）		
临界压力(MPa)	无资料	**辛醇/水分配系数**	0.3
闪点(℃)	33	**自燃温度(℃)**	411
爆炸下限(%)	3.8	**爆炸上限(%)**	21
分解温度(℃)	105	**黏度(mPa·s)**	无资料
燃烧热(kJ/mol)	无资料	**临界温度(℃)**	无资料

溶解性 微溶于水，可混溶于醇、醚、四氯化碳、苯

第十部分　稳定性和反应性

稳定性 稳定

危险反应 与酸类、碱类、氨、胺类、铜、镁、铝及其合金等禁配物发生反应，有发生火灾和爆炸的危险

避免接触的条件 高温

禁配物　酸类、碱类、氨、胺类、铜、镁、铝及其合金
危险的分解产物　氯化氢

第十一部分　毒理学信息

急性毒性　LD_{50}：40mg/kg（大鼠经口）；195mg/kg（小鼠经口）；300mg/kg（兔经皮）。LC_{50}：500ppm（大鼠吸入，4h）

皮肤刺激或腐蚀　无资料　　眼睛刺激或腐蚀　无资料
呼吸或皮肤过敏　无资料
生殖细胞突变性　微生物致突变：鼠伤寒沙门氏菌 $33\mu g/$皿。DNA损伤：大肠杆菌 $1\mu mol/L$。性染色体缺失和不分离：黑腹果蝇胃肠外给药 $5100\mu mol/L$。程序外DNA合成：人成纤维细胞 $32\mu g/L$
致癌性　IARC致癌性评论：组2A，对人类很可能是致癌物
生殖毒性　无资料
特异性靶器官系统毒性-一次接触　无资料
特异性靶器官系统毒性-反复接触　大鼠昼夜吸入 $200mg/m^3$，共98d，见体重增长可减慢，运动防御反射潜伏期延长，中枢神经系统和肺、心、肾形态学改变等。小鼠灌胃后出现活动减少、行动缓慢、食欲减退；继而共济失调，瘫痪，呼吸减弱，部分小鼠出现紫绀，最后角弓反张而死亡。尸检发现脑组织内毛细血管、小动脉、小静脉和血流瘀滞现象
吸入危害　无资料

第十二部分　生态学信息

生态毒性　LC_{50}：10.6mg/L（96h）（黑头呆鱼）；EC_{50}：23.9mg/L（48h）（大型溞）；ErC_{50}：15mg/L（72h）（羊角月牙藻）
持久性和降解性
　　生物降解性　易快速生物降解
　　非生物降解性　无资料
潜在的生物累积性　根据 K_{ow} 值预测，该物质的生物累积性可能较弱
土壤中的迁移性　根据 K_{oc} 值预测，该物质可能易发生迁移

第十三部分　废弃处置

废弃化学品　用焚烧法处置。与燃料混合后，再焚烧。焚烧炉排出的卤化氢通过酸洗涤器除去
污染包装物　将容器返还生产商或按照国家和地方法规处置
废弃注意事项　把倒空的容器归还厂商或在规定场所掩埋

第十四部分　运输信息

联合国危险货物编号（UN号）　2023
联合国运输名称　3-氯-1,2-环氧丙烷（表氯醇）
联合国危险性类别　6.1，3
包装类别　Ⅱ
包装标志　

海洋污染物　否
运输注意事项　运输前应先检查包装容器是否完整、密封，运输过程中要确保容器不泄漏、不倒塌、不坠落、不损坏。运输时运输车辆应配备相应品种和数量的消防器材及泄漏应急处理设备。夏季最好早晚运输。运输时所用的槽（罐）车应有接地链，槽内可设孔隔板以减少震荡产生的静电。严禁与酸类、碱类、食用化学品等混装混运。运输途中应防暴晒、雨淋、防高温。中途停留时应远离火种、热源、高温区。装运该物品的车辆排气管必须配备阻火装置，禁止使用易产生火花的机械设备和工具装卸。运输车船必须彻底清洗、消毒，否则不得装运其他物品。船运时，配装位置应远离卧室、厨房，并与机舱、电源、火源等部位隔离。公路运输时要按规定路线行驶，勿在居民区和人口稠密区停留

第十五部分　法规信息

下列法律、法规、规章和标准，对该化学品的管理作了相应的规定。
中华人民共和国职业病防治法　职业病分类和目录：未列入
危险化学品安全管理条例　危险化学品目录：列入。易制爆危险化学品名录：未列入。重点监管的危险化学品名录：列入。GB 18218—2009《危险化学品重大危险源辨识》（表1）：列入。类别：毒性物质，临界量（t）：20
使用有毒物品作业场所劳动保护条例　高毒物品目录：未列入
易制毒化学品管理条例　易制毒化学品的分类和品种目录：未列入
国际公约　斯德哥尔摩公约：未列入。鹿特丹公约：未列入。蒙特利尔议定书：未列入

第十六部分　其他信息

编写和修订信息　　　缩略语和首字母缩写
培训建议　　　　　　参考文献
免责声明

3-己醇

第一部分　化学品标识

化学品中文名　3-己醇；1-乙基丁醇
化学品英文名　1-ethylbutanol；3-hexanol
分子式　$C_6H_{14}O$　分子量　102.1748
结构式
化学品的推荐及限制用途　用于有机合成，并用作溶剂

第二部分　危险性概述

紧急情况概述　易燃液体和蒸气
GHS危险性类别　易燃液体，类别3

标签要素

象形图

警示词　警告

危险性说明　易燃液体和蒸气

防范说明

　　预防措施　远离热源、火花、明火、热表面。禁止吸烟。保持容器密闭。容器和接收设备接地连接。使用防爆型电器、通风、照明设备。只能使用不产生火花的工具。采取防止静电措施。戴防护手套、防护眼镜、防护面罩

　　事故响应　火灾时，使用雾状水、泡沫、干粉、二氧化碳、砂土灭火。如皮肤（或头发）接触：立即脱掉所有被污染的衣服。用水冲洗皮肤，淋浴

　　安全储存　存放在通风良好的地方。保持低温

　　废弃处置　本品及内装物、容器依据国家和地方法规处置

物理和化学危险　易燃，其蒸气与空气混合，能形成爆炸性混合物

健康危害　长时间吸入高浓度本品有麻醉作用

环境危害　对环境可能有害

第三部分　成分/组成信息

　√ 物质　　　　　　　　　　混合物

组分	浓度	CAS No.
3-己醇		623-37-0

第四部分　急救措施

吸入　迅速脱离现场至空气新鲜处。保持呼吸道通畅。如呼吸困难，给输氧。呼吸、心跳停止，立即进行心肺复苏术。就医

皮肤接触　立即脱去污染的衣着，用流动清水彻底冲洗。就医

眼睛接触　立即分开眼睑，用流动清水或生理盐水彻底冲洗。就医

食入　漱口，饮水。就医

对保护施救者的忠告　根据需要使用个人防护设备

对医生的特别提示　对症处理

第五部分　消防措施

灭火剂　用雾状水、泡沫、干粉、二氧化碳、砂土灭火

特别危险性　其蒸气与空气可形成爆炸性混合物，遇明火、高热能引起燃烧爆炸。与氧化剂可发生反应。若遇高热，容器内压增大，有开裂和爆炸的危险

灭火注意事项及防护措施　消防人员必须佩戴防毒面具、穿全身消防服，在上风向灭火。尽可能将容器从火场移至空旷处。喷水保持火场容器冷却，直至灭火结束。处在火场中的容器若已变色或从安全泄压装置中产生声音，必须马上撤离

第六部分　泄漏应急处理

作业人员防护措施、防护装备和应急处置程序　消除所有点火源。根据液体流动和蒸气扩散的影响区域划定警戒区，无关人员从侧风、上风向撤离至安全区。建议应急处理人员戴正压自给式呼吸器，穿防静电服。作业时使用的所有设备应接地。禁止接触或跨越泄漏物。尽可能切断泄漏源

环境保护措施　防止泄漏物进入水体、下水道、地下室或有限空间

泄漏化学品的收容、清除方法及所使用的处置材料　小量泄漏：用砂土或其他不燃材料吸收。使用洁净的无火花工具收集吸收材料。大量泄漏：构筑围堤或挖坑收容。用泡沫覆盖，减少蒸发。喷水雾能减少蒸发，但不能降低泄漏物在有限空间内的易燃性。用防爆泵转移至槽车或专用收集器内

第七部分　操作处置与储存

操作注意事项　密闭操作，局部排风。防止蒸气泄漏到工作场所空气中。操作人员必须经过专门培训，严格遵守操作规程。建议操作人员佩戴过滤式防毒面具（半面罩），戴化学安全防护眼镜，穿防静电工作服，戴防化学品手套。远离火种、热源，工作场所严禁吸烟。使用防爆型的通风系统和设备。在清洗液体和蒸气前不能进行焊接、切割等作业。避免产生烟雾。避免与氧化剂、酸类、酸酐、酰基氯接触。容器与传送设备要接地，防止产生静电。灌装时应控制流速，且有接地装置，防止静电积聚。配备相应品种和数量的消防器材及泄漏应急处理设备。倒空的容器可能残留有害物

储存注意事项　储存于阴凉、通风的库房。远离火种、热源。防止阳光直射。库温不宜超过37℃，保持容器密封。应与氧化剂、酸类、酸酐、酰基氯分开存放，切忌混储。采用防爆型照明、通风设施。禁止使用易产生火花的机械设备和工具。储区应备有泄漏应急处理设备和合适的收容材料

第八部分　接触控制/个体防护

职业接触限值

　中国　未制定标准

　美国（ACGIH）　未制定标准

生物接触限值　未制定标准

监测方法　空气中有毒物质测定方法：未制定标准。生物监测检验方法：未制定标准

工程控制　密闭操作，局部排风

个体防护装备

　呼吸系统防护　空气中浓度较高时，应该佩戴过滤式防毒面具（半面罩）。紧急事态抢救或逃生时，建议佩戴空气呼吸器

　眼睛防护　空气中浓度较高时，佩戴化学安全防护眼镜

　皮肤和身体防护　穿防静电工作服

　手防护　戴防化学品手套

第九部分　理化特性

外观与性状　无色透明液体

pH 值　无资料　　　　　　熔点（℃）　无资料

沸点（℃）　134.4～135.4

相对密度（水＝1）　0.8193（20℃）

相对蒸气密度（空气＝1）　无资料

饱和蒸气压（kPa）　无资料

临界压力（MPa）　无资料　　辛醇/水分配系数　无资料

闪点（℃）　41　　　　　　自燃温度（℃）　无资料

爆炸下限（%）　无资料　　爆炸上限（%）　无资料

分解温度（℃）　无资料　　黏度（mPa·s）　无资料

燃烧热（kJ/mol）　无资料　临界温度（℃）　309.25

溶解性　微溶于水，易溶于乙醇、乙醚

第十部分　稳定性和反应性

稳定性　稳定

危险反应　与强氧化剂、酸类、酸酐、酰基氯等禁配物接
　　触，有发生火灾和爆炸的危险

避免接触的条件　无资料

禁配物　强氧化剂、酸类、酸酐、酰基氯

危险的分解产物　无资料

第十一部分　毒理学信息

急性毒性　无资料

皮肤刺激或腐蚀　无资料　眼睛刺激或腐蚀　无资料

呼吸或皮肤过敏　无资料　生殖细胞突变性　无资料

致癌性　无资料　　　　　生殖毒性　无资料

特异性靶器官系统毒性-一次接触　无资料

特异性靶器官系统毒性-反复接触　无资料

吸入危害　无资料

第十二部分　生态学信息

生态毒性　无资料

持久性和降解性

　　生物降解性　无资料

　　非生物降解性　无资料

潜在的生物累积性　无资料

土壤中的迁移性　无资料

第十三部分　废弃处置

废弃化学品　建议用焚烧法处置。在能利用的地方重复使
　　用容器或在规定场所掩埋

污染包装物　将容器返还生产商或按照国家和地方法规处置

废弃注意事项　处置前应参阅国家和地方有关法规

第十四部分　运输信息

联合国危险货物编号（UN 号）　2688

联合国运输名称　己醇

联合国危险性类别　3

包装类别　Ⅲ　　　　　　包装标志

海洋污染物　否

运输注意事项　运输时运输车辆应配备相应品种和数量的
　　消防器材和泄漏应急处理设备。夏季最好早晚运输。
　　运输时所用的槽（罐）车应有接地链，槽内可设孔隔
　　板以减少震荡产生的静电。严禁与氧化剂、酸类等混
　　装混运。运输途中应防暴晒、雨淋，防高温。中途停
　　留时应远离火种、热源、高温区。装运该物品的车辆
　　排气管必须配备阻火装置，禁止使用易产生火花的机
　　械设备和工具装卸。公路运输时要按规定路线行驶，
　　勿在居民区和人口稠密区停留。铁路运输时要禁止溜
　　放。严禁用木船、水泥船散装运输

第十五部分　法规信息

下列法律、法规、规章和标准，对该化学品的管理作
了相应的规定。

中华人民共和国职业病防治法　职业病分类和目录：未
　　列入

危险化学品安全管理条例　危险化学品目录：列入。易制
　　爆危险化学品名录：未列入。重点监管的危险化学品
　　名录：未列入。GB 18218—2009《危险化学品重大
　　危险源辨识》（表 1）：未列入

使用有毒物品作业场所劳动保护条例　高毒物品目录：未
　　列入

易制毒化学品管理条例　易制毒化学品的分类和品种目
　　录：未列入

国际公约　斯德哥尔摩公约：未列入。鹿特丹公约：未列
　　入。蒙特利尔议定书：未列入

第十六部分　其他信息

编写和修订信息　　　　　缩略语和首字母缩写

培训建议　　　　　　　　参考文献

免责声明

1,3-己二烯

第一部分　化学品标识

化学品中文名　1,3-己二烯；1-乙基-1,3-丁二烯

化学品英文名　1,3-hexadiene；1-ethyl-1,3-butadiene

分子式　C_6H_{10}　分子量　82.1436

结构式　

化学品的推荐及限制用途　用于有机合成

第二部分　危险性概述

紧急情况概述　高度易燃液体和蒸气

GHS 危险性类别　易燃液体，类别 2

标签要素

象形图　

警示词　危险

危险性说明　高度易燃液体和蒸气

防范说明

　　预防措施　远离热源、火花、明火、热表面。禁止

吸烟。保持容器密闭。容器和接收设备接地连接。使用防爆型电器、通风、照明设备。只能使用不产生火花的工具。采取防止静电措施。戴防护手套、防护眼镜、防护面罩

事故响应　火灾时，使用泡沫、干粉、二氧化碳、砂土灭火。如皮肤（或头发）接触：立即脱掉所有被污染的衣服，用水冲洗皮肤，淋浴

安全储存　存放在通风良好的地方。保持低温

废弃处置　本品及内装物、容器依据国家和地方法规处置

物理和化学危险　高度易燃，其蒸气与空气混合，能形成爆炸性混合物

健康危害　对眼和皮肤有刺激性

环境危害　对环境可能有害

第三部分　成分/组成信息

√ 物质　　　　　　　　混合物

组分	浓度	CAS No.
1,3-己二烯		592-48-3

第四部分　急救措施

吸入　迅速脱离现场至空气新鲜处。保持呼吸道通畅。如呼吸困难，给输氧。呼吸、心跳停止，立即进行心肺复苏术。就医

皮肤接触　立即脱去污染的衣着，用流动清水彻底冲洗。就医

眼睛接触　立即开眼睑，用流动清水或生理盐水彻底冲洗。就医

食入　漱口，饮水。就医

对保护施救者的忠告　根据需要使用个人防护设备

对医生的特别提示　对症处理

第五部分　消防措施

灭火剂　用泡沫、干粉、二氧化碳、砂土灭火

特别危险性　其蒸气与空气可形成爆炸性混合物，遇明火、高热极易燃烧爆炸。与氧化剂接触猛烈反应。容易自聚，聚合反应随着温度的上升而急骤加剧。流速过快，容易产生和积聚静电。若遇高热，容器内压增大，有开裂和爆炸的危险

灭火注意事项及防护措施　消防人员必须佩戴防毒面具、穿全身消防服，在上风向灭火。尽可能将容器从火场移至空旷处。喷水保持火场容器冷却，直至灭火结束。处在火场中的容器若已变色或从安全泄压装置中发出声音，必须马上撤离。用水灭火无效

第六部分　泄漏应急处理

作业人员防护措施、防护装备和应急处置程序　消除所有点火源。根据液体流动和蒸气扩散的影响区域划定警戒区，无关人员从侧风、上风向撤离至安全区。建议应急处理人员戴正压自给式呼吸器，穿防静电服。作业时使用的所有设备应接地。禁止接触或跨越泄漏物。尽可能切断泄漏源

环境保护措施　防止泄漏物进入水体、下水道、地下室或有限空间

泄漏化学品的收容、清除方法及所使用的处置材料　小量泄漏：用砂土或其他不燃材料吸收。使用洁净的无火花工具收集吸收材料。大量泄漏：构筑围堤或挖坑收容。用泡沫覆盖，减少蒸发。喷水雾能减少蒸发，但不能降低泄漏物在有限空间内的易燃性。用防爆泵转移至槽车或专用收集器内

第七部分　操作处置与储存

操作注意事项　密闭操作，局部排风。防止蒸气泄漏到工作场所空气中。操作人员必须经过专门培训，严格遵守操作规程。建议操作人员佩戴自吸过滤式防毒面具（半面罩），戴化学安全防护眼镜，穿防静电工作服，戴橡胶手套。远离火种、热源，工作场所严禁吸烟。使用防爆型的通风系统和设备。在清除液体和蒸气前不能进行焊接、切割等作业。避免产生烟雾。避免与氧化剂接触。容器与传送设备要接地，防止产生静电。灌装时应控制流速，且有接地装置，防止静电积聚。配备相应品种和数量的消防器材及泄漏应急处理设备。倒空的容器可能残留有害物

储存注意事项　通常商品加有阻聚剂。储存于阴凉、通风的库房。远离火种、热源。防止阳光直射。库温不宜超过29℃，保持容器密封，严禁与空气接触。应与氧化剂、食用化学品分开存放，切忌混储。采用防爆型照明、通风设施。禁止使用易产生火花的机械设备和工具。储区应备有泄漏应急处理设备和合适的收容材料

第八部分　接触控制/个体防护

职业接触限值

中国　未制定标准

美国（ACGIH）　未制定标准

生物接触限值　未制定标准

监测方法　空气中有毒物质测定方法：未制定标准。生物监测检验方法：未制定标准

工程控制　密闭操作，局部排风

个体防护装备

呼吸系统防护　空气中浓度超标时，必须佩戴自吸过滤式防毒面具（半面罩）。紧急事态抢救或撤离时，应该佩戴空气呼吸器

眼睛防护　戴化学安全防护眼镜

皮肤和身体防护　穿防静电工作服

手防护　戴橡胶手套

第九部分　理化特性

外观与性状	无色液体	**pH 值**	无资料
熔点（℃）	无资料	**沸点（℃）**	72～75
相对密度（水=1）	0.7149		
相对蒸气密度（空气=1）	无资料		
饱和蒸气压（kPa）	无资料		
临界压力（MPa）	无资料	**辛醇/水分配系数**	无资料
闪点（℃）	−3.89	**自燃温度（℃）**	无资料
爆炸下限（%）	无资料	**爆炸上限（%）**	无资料

分解温度(℃)　无资料　　　黏度(mPa·s)　无资料

燃烧热(kJ/mol)　无资料　临界温度(℃)　无资料

溶解性　不溶于水，溶于乙醚

第十部分　稳定性和反应性

稳定性　稳定

危险反应　与强氧化剂、酸类、卤代烃、卤素等禁配物接触，有发生火灾和爆炸的危险。容易发生自聚反应

避免接触的条件　无资料

禁配物　氧化剂、酸类、卤代烃、卤素等

危险的分解产物　无资料

第十一部分　毒理学信息

急性毒性　属微毒类

皮肤刺激或腐蚀　无资料　**眼睛刺激或腐蚀**　无资料

呼吸或皮肤过敏　无资料　**生殖细胞突变性**　无资料

致癌性　无资料　　　　**生殖毒性**　无资料

特异性靶器官系统毒性-一次接触　无资料

特异性靶器官系统毒性-反复接触　无资料

吸入危害　无资料

第十二部分　生态学信息

生态毒性　无资料

持久性和降解性

　　生物降解性　无资料

　　非生物降解性　无资料

潜在的生物累积性　无资料

土壤中的迁移性　无资料

第十三部分　废弃处置

废弃化学品　建议用焚烧法处置。在能利用的地方重复使用容器或在规定场所掩埋

污染包装物　将容器返还生产商或按照国家和地方法规处置

废弃注意事项　处置前应参阅国家和地方有关法规

第十四部分　运输信息

联合国危险货物编号（UN号）　2458

联合国运输名称　己二烯

联合国危险性类别　3

包装类别　Ⅱ　　　　　　　**包装标志**

海洋污染物　否

运输注意事项　运输时运输车辆应配备相应品种和数量的消防器材及泄漏应急处理设备。夏季最好早晚运输。运输时所用的槽（罐）车应有接地链，槽内可设孔隔板以减少震荡产生的静电。严禁与氧化剂、食用化学品等混装混运。运输途中应防暴晒、雨淋，防高温。中途停留时应远离火种、热源、高温区。装运该物品的车辆排气管必须配备阻火装置，禁止使用易产生火花的机械设备和工具装卸。公路运输要按规定路线

行驶，勿在居民区和人口稠密区停留。铁路运输时要禁止溜放。严禁用木船、水泥船散装运输

第十五部分　法规信息

下列法律、法规、规章和标准，对该化学品的管理作了相应的规定。

中华人民共和国职业病防治法　职业病分类和目录：未列入

危险化学品安全管理条例　危险化学品目录：列入。易制爆危险化学品名录：未列入。重点监管的危险化学品名录：未列入。GB 18218—2009《危险化学品重大危险源辨识》（表1）：未列入

使用有毒物品作业场所劳动保护条例　高毒物品目录：未列入

易制毒化学品管理条例　易制毒化学品的分类和品种目录：未列入

国际公约　斯德哥尔摩公约：未列入。鹿特丹公约：未列入。蒙特利尔议定书：未列入

第十六部分　其他信息

编写和修订信息　　　**缩略语和首字母缩写**

培训建议　　　　　　**参考文献**

免责声明

2,4-己二烯

第一部分　化学品标识

化学品中文名　2,4-己二烯

化学品英文名　2,4-hexadiene；1,4-dimethylbuta-1,3-diene

分子式　C$_6$H$_{10}$　**分子量**　82.1436

结构式 ⌇⌇⌇

化学品的推荐及限制用途　用于有机合成

第二部分　危险性概述

紧急情况概述　高度易燃液体和蒸气

GHS危险性类别　易燃液体，类别2

标签要素

象形图

警示词　危险

危险性说明　高度易燃液体和蒸气

防范说明

　　预防措施　远离热源、火花、明火、热表面。禁止吸烟。保持容器密闭。容器和接收设备接地连接。使用防爆型电器、通风、照明设备。只能使用不产生火花的工具。采取防止静电措施。戴防护手套、防护眼镜、防护面罩

　　事故响应　火灾时，使用泡沫、干粉、二氧化碳、砂土灭火。如皮肤（或头发）接触：立即脱掉所有被污染的衣服，用水冲洗皮肤，淋浴

　　安全储存　存放在通风良好的地方。保持低温

废弃处置　本品及内装物、容器依据国家和地方法规处置

物理和化学危险　极易燃，其蒸气与空气混合，能形成爆炸性混合物

健康危害　无资料

环境危害　对环境可能有害

第三部分　成分/组成信息

√ 物质　　　　　　　混合物

组分　　　　浓度　　　　CAS No.

2,4-己二烯　　　　　　　592-46-1

第四部分　急救措施

吸入　脱离现场至空气新鲜处。如有不适感，就医

皮肤接触　脱去污染的衣着，用流动清水冲洗。如有不适感，就医

眼睛接触　分开眼睑，用流动清水或生理盐水冲洗。如有不适感，就医

食入　漱口，饮水。就医

对保护施救者的忠告　根据需要使用个人防护设备

对医生的特别提示　对症处理

第五部分　消防措施

灭火剂　用泡沫、干粉、二氧化碳、砂土灭火

特别危险性　其蒸气与空气可形成爆炸性混合物，遇明火、高热极易燃烧爆炸。与氧化剂接触猛烈反应。容易自聚，聚合反应随着温度的上升而急骤加剧。流速过快，容易产生和积聚静电。若遇高热，容器内压增大，有开裂和爆炸的危险

灭火注意事项及防护措施　消防人员必须佩戴防毒面具、穿全身消防服，在上风向灭火。尽可能将容器从火场移至空旷处。喷水保持火场容器冷却，直至灭火结束。处在火场中的容器若已变色或从安全泄压装置中发出声音，必须马上撤离。用水灭火无效

第六部分　泄漏应急处理

作业人员防护措施、防护装备和应急处置程序　消除所有点火源。根据液体流动和蒸气扩散的影响区域划定警戒区，无关人员从侧风、上风向撤离至安全区。建议应急处理人员戴正压自给式呼吸器，穿防静电服。作业时使用的所有设备应接地。禁止接触或跨越泄漏物。尽可能切断泄漏源

环境保护措施　防止泄漏物进入水体、下水道、地下室或有限空间

泄漏化学品的收容、清除方法及所使用的处置材料　小量泄漏：用砂土或其他不燃材料吸收。使用洁净的无火花工具收集吸收材料。大量泄漏：构筑围堤或挖坑收容。用泡沫覆盖，减少蒸发。喷水雾能减少蒸发，但不能降低泄漏物在有限空间内的易燃性。用防爆泵转移至槽车或专用收集器内

第七部分　操作处置与储存

操作注意事项　密闭操作，局部排风。防止蒸气泄漏到工作场所空气中。操作人员必须经过专门培训，严格遵守操作规程。建议操作人员佩戴自吸过滤式防毒面具（半面罩），戴化学安全防护眼镜，穿防静电工作服，戴橡胶手套。远离火种、热源，工作场所严禁吸烟。使用防爆型的通风系统和设备。在清除液体和蒸气前不能进行焊接、切割等作业。避免产生烟雾。避免与氧化剂接触。容器与传送设备要接地，防止产生静电。灌装时应控制流速，且有接地装置，防止静电积聚。配备相应品种和数量的消防器材及泄漏应急处理设备。倒空的容器可能残留有害物

储存注意事项　通常商品加有阻聚剂。储存于阴凉、通风的库房。远离火种、热源。防止阳光直射。库温不宜超过 29℃，保持容器密封，严禁与空气接触。应与氧化剂、食用化学品分开存放，切忌混储。采用防爆型照明、通风设施。禁止使用易产生火花的机械设备和工具。储区应备有泄漏应急处理设备和合适的收容材料

第八部分　接触控制/个体防护

职业接触限值

中国　未制定标准

美国（ACGIH）　未制定标准

生物接触限值　未制定标准

监测方法　空气中有毒物质测定方法：未制定标准。生物监测检验方法：未制定标准

工程控制　密闭操作，局部排风

个体防护装备

呼吸系统防护　空气中浓度超标时，必须佩戴过滤式防毒面具（半面罩）。紧急事态抢救或撤离时，应该佩戴空气呼吸器

眼睛防护　戴化学安全防护眼镜

皮肤和身体防护　穿防静电工作服

手防护　戴橡胶手套

第九部分　理化特性

外观与性状　无色液体　　**pH 值**　无资料

熔点(℃)　无资料　　　**沸点(℃)**　77.8～81.2

相对密度(水=1)　0.720

相对蒸气密度(空气=1)　无资料

饱和蒸气压(kPa)　无资料

临界压力(MPa)　无资料　　**辛醇/水分配系数**　无资料

闪点(℃)　−7.78　　　　**自燃温度(℃)**　无资料

爆炸下限(%)　2.0　　　　**爆炸上限(%)**　6.1

分解温度(℃)　无资料　　**黏度(mPa·s)**　无资料

燃烧热(kJ/mol)　无资料　　**临界温度(℃)**　无资料

溶解性　不溶于水

第十部分　稳定性和反应性

稳定性　稳定

危险反应　与氧化剂、强酸、卤代烃、卤素等禁配物接触，有引起燃烧爆炸的危险。容易发生自聚反应

避免接触的条件　无资料

禁配物　氧化剂、强酸、卤代烃、卤素

危险的分解产物 无资料

第十一部分 毒理学信息

急性毒性 无资料

皮肤刺激或腐蚀 无资料 **眼睛刺激或腐蚀** 无资料

呼吸或皮肤过敏 无资料 **生殖细胞突变性** 无资料

致癌性 无资料 **生殖毒性** 无资料

特异性靶器官系统毒性-一次接触 无资料

特异性靶器官系统毒性-反复接触 无资料

吸入危害 无资料

第十二部分 生态学信息

生态毒性 无资料

持久性和降解性

生物降解性 无资料

非生物降解性 无资料

潜在的生物累积性 无资料

土壤中的迁移性 无资料

第十三部分 废弃处置

废弃化学品 建议用焚烧法处置。在能利用的地方重复使用容器或在规定场所掩埋

污染包装物 将容器返还生产商或按照国家和地方法规处置

废弃注意事项 处置前应参阅国家和地方有关法规

第十四部分 运输信息

联合国危险货物编号（UN号） 2458

联合国运输名称 己二烯

联合国危险性类别 3

包装类别 Ⅱ **包装标志**

海洋污染物 否

运输注意事项 运输时运输车辆应配备相应品种和数量的消防器材及泄漏应急处理设备。夏季最好早晚运输。运输时所用的槽（罐）车应有接地链，槽内可设孔隔板以减少震荡产生的静电。严禁与氧化剂、食用化学品等混装混运。运输途中应防暴晒、雨淋，防高温。中途停留时应远离火种、热源、高温区。装运该物品的车辆排气管必须配备阻火装置，禁止使用易产生火花的机械设备和工具装卸。公路运输时要按规定路线行驶，勿在居民区和人口稠密区停留。铁路运输时要禁止溜放。严禁用木船、水泥船散装运输

第十五部分 法规信息

下列法律、法规、规章和标准，对该化学品的管理作了相应的规定。

中华人民共和国职业病防治法 职业病分类和目录：未列入

危险化学品安全管理条例 危险化学品目录：列入。易制爆危险化学品名录：未列入。重点监管的危险化学品

名录：未列入。GB 18218—2009《危险化学品重大危险源辨识》（表1）：未列入

使用有毒物品作业场所劳动保护条例 高毒物品目录：未列入

易制毒化学品管理条例 易制毒化学品的分类和品种目录：未列入

国际公约 斯德哥尔摩公约：未列入。鹿特丹公约：未列入。蒙特利尔议定书：未列入

第十六部分 其他信息

编写和修订信息 **缩略语和首字母缩写**

培训建议 **参考文献**

免责声明

己二酰二氯

第一部分 化学品标识

化学品中文名 己二酰二氯；己二酰氯；氯化己酰；氯化己二酰

化学品英文名 adipoyl chloride；hexanedioyl chloride

分子式 $C_6H_8Cl_2O_2$ **分子量** 183.033

结构式

化学品的推荐及限制用途 用于树脂、医药、塑料制备及有机合成，也用作分析试剂

第二部分 危险性概述

紧急情况概述 造成严重的皮肤灼伤和眼损伤

GHS危险性类别 皮肤腐蚀/刺激，类别1；严重眼损伤/眼刺激，类别1

标签要素

象形图

警示词 危险

危险性说明 造成严重的皮肤灼伤和眼损伤

防范说明

预防措施 避免吸入烟雾。避免接触眼睛、皮肤，操作后彻底清洗。戴防护手套，穿防护服，戴防护眼镜、防护面罩

事故响应 如吸入：将患者转移到空气新鲜处，休息，保持利于呼吸的体位，立即呼叫中毒控制中心或就医。皮肤（或头发）接触：立即脱掉所有被污染的衣服，用水冲洗皮肤，淋浴。污染的衣服须洗净后方可重新使用。眼睛接触：用水细心地冲洗数分钟。如戴隐形眼镜并可方便地取出，则取出隐形眼镜，继续冲洗。立即呼叫中毒控制中心或就医。食入：漱口，不要催吐

安全储存 上锁保管

废弃处置 本品及内装物、容器依据国家和地方法

规处置

物理和化学危险 可燃。遇水产生刺激性气体

健康危害 具腐蚀性。蒸气能刺激眼睛、皮肤和黏膜，可引起灼伤。吸入，可引起喉、支气管痉挛、炎症，化学性肺炎、肺水肿等

环境危害 对环境可能有害

第三部分　成分/组成信息

√ 物质　　　　　　混合物

组分	浓度	CAS No.
己二酰二氯		111-50-2

第四部分　急救措施

吸入 迅速脱离现场至空气新鲜处。保持呼吸道通畅。如呼吸困难，给输氧。呼吸、心跳停止，立即进行心肺复苏术。就医

皮肤接触 立即脱去污染的衣着，用大量流动清水彻底冲洗至少 15min。就医

眼睛接触 立即分开眼睑，用流动清水或生理盐水彻底冲洗 5～10min。就医

食入 用水漱口，禁止催吐。给饮牛奶或蛋清。就医

对保护施救者的忠告 根据需要使用个人防护设备

对医生的特别提示 对症处理

第五部分　消防措施

灭火剂 用干粉、二氧化碳、砂土灭火

特别危险性 遇明火、高热可燃。与氧化剂可发生反应。遇水或水蒸气反应放热并产生有毒的腐蚀性气体。遇高热分解释出高毒烟气。遇潮时对大多数金属有腐蚀性。若遇高热，容器内压增大，有开裂和爆炸的危险

灭火注意事项及防护措施 消防人员必须穿全身耐酸碱消防服、佩戴空气呼吸器灭火。尽可能将容器从火场移至空旷处。喷水保持火场容器冷却，直至灭火结束。处在火场中的容器若已变色或从安全泄压装置中发出声音，必须马上撤离。禁止用水、泡沫和酸碱灭火剂灭火

第六部分　泄漏应急处理

作业人员防护措施、防护装备和应急处置程序 根据液体流动和蒸气扩散的影响区域划定警戒区，无关人员从侧风向、上风向撤离至安全区。消除所有点火源。建议应急处理人员戴正压自给式呼吸器，穿防酸碱服。穿上适当的防护服前严禁接触破裂的容器和泄漏物。尽可能切断泄漏源

环境保护措施 防止泄漏物进入水体、下水道、地下室或有限空间

泄漏化学品的收容、清除方法及所使用的处置材料 小量泄漏：用干燥的砂土或其他不燃材料吸收或覆盖，收集于容器中。大量泄漏：构筑围堤或挖坑收容。用耐腐蚀泵转移至槽车或专用收集器内

第七部分　操作处置与储存

操作注意事项 密闭操作，局部排风。防止蒸气泄漏到工

作场所空气中。操作人员必须经过专门培训，严格遵守操作规程。建议操作人员佩戴自吸过滤式防毒面具（半面罩），戴化学安全防护眼镜，穿橡胶耐酸碱服，戴橡胶耐酸碱手套。远离火种、热源，工作场所严禁吸烟。使用防爆型的通风系统和设备。在清除液体和蒸气前不能进行焊接、切割等作业。避免产生烟雾。避免与碱类、氧化剂、醇类接触。尤其要注意避免与水接触。配备相应品种和数量的消防器材及泄漏应急处理设备。倒空的容器可能残留有害物

储存注意事项 储存于阴凉、干燥、通风良好的库房。远离火种、热源。防止阳光直射。保持容器密封。应与碱类、氧化剂、醇类等分开存放，切忌混储。配备相应品种和数量的消防器材。储区应备有泄漏应急处理设备和合适的收容材料

第八部分　接触控制/个体防护

职业接触限值

中国　未制定标准

美国（ACGIH）　未制定标准

生物接触限值 未制定标准

监测方法 空气中有毒物质测定方法：未制定标准。生物监测检验方法：未制定标准

工程控制 密闭操作，局部排风

个体防护装备

呼吸系统防护　空气中浓度超标时，必须佩戴过滤式防毒面具（半面罩）。紧急事态抢救或撤离时，应该佩戴空气呼吸器

眼睛防护　戴化学安全防护眼镜

皮肤和身体防护　穿橡胶耐酸碱服

手防护　戴橡胶耐酸碱手套

第九部分　理化特性

外观与性状 无色或淡黄色液体，久存或见光变成蓝黑色

pH 值 无资料　　　　**熔点(℃)** 无资料

沸点(℃) 105～107(0.266kPa)

相对密度(水=1) 1.2590

相对蒸气密度(空气=1) 无资料

饱和蒸气压(kPa) 无资料

临界压力(MPa) 无资料　**辛醇/水分配系数** 无资料

闪点(℃) ＞112　　　**自燃温度(℃)** 无资料

爆炸下限(%) 无资料　　**爆炸上限(%)** 无资料

分解温度(℃) 无资料　　**黏度(mPa·s)** 无资料

燃烧热(kJ/mol) 无资料　**临界温度(℃)** 无资料

溶解性 可混溶于乙醚、苯

第十部分　稳定性和反应性

稳定性 稳定

危险反应：与强碱、氧化剂、水、醇类等禁配物接触发生反应。遇水或水蒸气反应放热并产生有毒的腐蚀性气体

避免接触的条件 潮湿空气

禁配物 强碱、氧化剂、水、醇类

危险的分解产物 氯化氢、光气

第十一部分　毒理学信息

急性毒性　无资料

皮肤刺激或腐蚀　无资料　　眼睛刺激或腐蚀　无资料

呼吸或皮肤过敏　无资料　　生殖细胞突变性　无资料

致癌性　无资料　　　　　　生殖毒性　无资料

特异性靶器官系统毒性--次接触　无资料

特异性靶器官系统毒性-反复接触　无资料

吸入危害　无资料

第十二部分　生态学信息

生态毒性　无资料

持久性和降解性

　　生物降解性　无资料

　　非生物降解性　无资料

潜在的生物累积性　无资料

土壤中的迁移性　无资料

第十三部分　废弃处置

废弃化学品　用熟石灰中和。重复使用容器或在规定场所掩埋

污染包装物　将容器返还生产商或按照国家和地方法规处置

废弃注意事项　处置前应参阅国家和地方有关法规

第十四部分　运输信息

联合国危险货物编号（UN号）　3265

联合国运输名称　有机酸性腐蚀性液体，未另作规定的（己二酰二氯）

联合国危险性类别　8

包装类别　—　　　　包装标志

海洋污染物　否

运输注意事项　铁路运输时，禁止使用金属制容器包装。起运时包装要完整，装载应稳妥。运输过程中要确保容器不泄漏、不倒塌、不坠落、不损坏。严禁与碱类、氧化剂、醇类、食用化学品等混装混运。运输时运输车辆应配备相应品种和数量的消防器材及泄漏应急处理设备。运输途中应防暴晒、雨淋，防高温。公路运输时要按规定路线行驶，勿在居民区和人口稠密区停留

第十五部分　法规信息

　　下列法律、法规、规章和标准，对该化学品的管理作了相应的规定。

中华人民共和国职业病防治法　职业病分类和目录：未列入

危险化学品安全管理条例　危险化学品目录：列入。易制爆危险化学品名录：未列入。重点监管的危险化学品名录：未列入。GB 18218—2009《危险化学品重大危险源辨识》（表1）：未列入

使用有毒物品作业场所劳动保护条例　高毒物品目录：未列入

易制毒化学品管理条例　易制毒化学品的分类和品种目录：未列入

国际公约　斯德哥尔摩公约：未列入。鹿特丹公约：未列入。蒙特利尔议定书：未列入

第十六部分　其他信息

编写和修订信息　　缩略语和首字母缩写

培训建议　　　　　参考文献

免责声明

己基三氯硅烷

第一部分　化学品标识

化学品中文名　己基三氯硅烷；三氯己基硅烷

化学品英文名　hexyl trichlorosilane；trichlorohexyl silane

分子式　$C_6H_{13}Cl_3Si$　分子量　219.612

结构式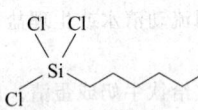

化学品的推荐及限制用途　用于有机合成

第二部分　危险性概述

紧急情况概述　造成严重的皮肤灼伤和眼损伤

GHS危险性类别　皮肤腐蚀/刺激，类别1；严重眼损伤/眼刺激，类别1

标签要素

象形图

警示词　危险

危险性说明　造成严重的皮肤灼伤和眼损伤

防范说明

　　预防措施　避免吸入烟雾。避免接触眼睛、皮肤，操作后彻底清洗。戴防护手套，穿防护服，戴防护眼镜、防护面罩

　　事故响应　如吸入：将患者转移到空气新鲜处，休息，保持利于呼吸的体位，立即呼叫中毒控制中心或就医。皮肤（或头发）接触：立即脱掉所有被污染的衣服，用水冲洗皮肤，淋浴。污染的衣服须洗净后方可重新使用。眼睛接触：用水细心地冲洗数分钟。如戴隐形眼镜并可方便地取出，则取出隐形眼镜，继续冲洗。立即呼叫中毒控制中心或就医。食入：漱口，不要催吐

　　安全储存　上锁保管

　　废弃处置　本品及内装物、容器依据国家和地方法规处置

物理和化学危险　可燃。遇水剧烈反应，产生有毒气体

健康危害　本品为具腐蚀性的毒物。对眼睛、皮肤、黏膜有强烈刺激作用，可引起灼伤。遇热、遇水或水蒸气

剧烈反应，放出有毒的、有腐蚀性的氯和氯化氢气体

环境危害 对环境可能有害

第三部分 成分/组成信息

√ 物质 混合物

组分	浓度	CAS No.
己基三氯硅烷		928-65-4

第四部分 急救措施

吸入 迅速脱离现场至空气新鲜处。保持呼吸道通畅。如呼吸困难，给输氧。呼吸、心跳停止，立即进行心肺复苏术。就医

皮肤接触 立即脱去污染的衣着，用大量流动清水彻底冲洗至少15min。就医

眼睛接触 立即分开眼睑，用流动清水或生理盐水彻底冲洗5～10min。就医

食入 用水漱口，禁止催吐。给饮牛奶或蛋清。就医

对保护施救者的忠告 根据需要使用个人防护设备

对医生的特别提示 对症处理

第五部分 消防措施

灭火剂 用干粉、二氧化碳、砂土灭火

特别危险性 遇明火、高热可燃。与氧化剂可发生反应。遇水发生剧烈反应，散发出具有刺激性和腐蚀性的氯化氢气体。受高热分解产生有毒的腐蚀性烟气。遇潮时对大多数金属有腐蚀性。若遇高热，容器内压增大，有开裂和爆炸的危险

灭火注意事项及防护措施 消防人员必须佩戴空气呼吸器、穿全身防火防毒服，在上风向灭火。尽可能将容器从火场移至空旷处。喷水保持火场容器冷却，直至灭火结束。处在火场中的容器若已变色或从安全泄压装置中发出声音，必须马上撤离。禁止用水和泡沫灭火

第六部分 泄漏应急处理

作业人员防护措施、防护装备和应急处置程序 根据液体流动和蒸气扩散的影响区域划定警戒区，无关人员从侧风向、上风向撤离至安全区。建议应急处理人员戴正压自给式呼吸器，穿防腐、防毒服。作业时使用的所有设备应接地。穿上适当的防护服前严禁接触破裂的容器和泄漏物。尽可能切断泄漏源

环境保护措施 防止泄漏物进入水体、下水道、地下室或有限空间

泄漏化学品的收容、清除方法及所使用的处置材料 严禁用水处理。小量泄漏：用干燥的砂土或其他不燃材料覆盖泄漏物。大量泄漏：构筑围堤或挖坑收容。用碎石灰石（CaCO₃）、苏打灰（Na₂CO₃）或石灰（CaO）中和。用耐腐蚀泵转移至槽车或专用收集器内

第七部分 操作处置与储存

操作注意事项 密闭操作，提供充分的局部排风。防止蒸气泄漏到工作场所空气中。操作人员必须经过专门培训，严格遵守操作规程。建议操作人员佩戴自吸过滤式防毒面具（全面罩），穿橡胶耐酸碱服，戴橡胶耐酸碱手套。远离火种、热源，工作场所严禁吸烟。使用防爆型的通风系统和设备。在清除液体和蒸气前不能进行焊接、切割等作业。避免产生烟雾。避免与氧化剂、碱类接触。尤其要注意避免与水接触。配备相应品种和数量的消防器材及泄漏应急处理设备。倒空的容器可能残留有害物

储存注意事项 储存于阴凉、干燥、通风良好的库房。远离火种、热源。防止阳光直射。保持容器密封。应与氧化剂、碱类、食用化学品分开存放，切忌混储。配备相应品种和数量的消防器材。储区应备有泄漏应急处理设备和合适的收容材料

第八部分 接触控制/个体防护

职业接触限值

中国 未制定标准

美国（ACGIH） 未制定标准

生物接触限值 未制定标准

监测方法 空气中有毒物质测定方法：未制定标准。生物监测检验方法：未制定标准

工程控制 严加密闭，提供充分的局部排风

个体防护装备

呼吸系统防护 空气中浓度超标时，必须佩戴过滤式防毒面具（全面罩）。紧急事态抢救或撤离时，应该佩戴空气呼吸器

眼睛防护 呼吸系统防护中已作防护

皮肤和身体防护 穿橡胶耐酸碱服

手防护 戴橡胶耐酸碱手套

第九部分 理化特性

外观与性状 无色带有刺鼻气味的液体

pH值 无资料	**熔点(℃)** 无资料	
沸点(℃) 191～192	**相对密度(水=1)** 1.107	
相对蒸气密度(空气=1) 无资料		
饱和蒸气压(kPa) 无资料		
临界压力(MPa) 无资料	**辛醇/水分配系数** 无资料	
闪点(℃) 无资料	**自燃温度(℃)** 无资料	
爆炸下限(%) 无资料	**爆炸上限(%)** 无资料	
分解温度(℃) 无资料	**黏度(mPa·s)** 无资料	
燃烧热(kJ/mol) 无资料	**临界温度(℃)** 无资料	

溶解性 溶于部分有机溶剂

第十部分 稳定性和反应性

稳定性 稳定

危险反应 与强氧化剂、碱类等禁配物接触发生反应。遇水发生剧烈反应，散发出具有刺激性和腐蚀性的氯化氢气体

避免接触的条件 潮湿空气

禁配物 强氧化剂、碱类

危险的分解产物 氯化氢、氧化硅、氯化物

第十一部分 毒理学信息

急性毒性 无资料

皮肤刺激或腐蚀　无资料　　眼睛刺激或腐蚀　无资料
呼吸或皮肤过敏　无资料　　生殖细胞突变性　无资料
致癌性　无资料　　　　　　生殖毒性　无资料
特异性靶器官系统毒性-一次接触　无资料
特异性靶器官系统毒性-反复接触　无资料
吸入危害　无资料

第十二部分　生态学信息

生态毒性　无资料
持久性和降解性
    生物降解性　无资料
    非生物降解性　无资料
潜在的生物累积性　无资料
土壤中的迁移性　无资料

第十三部分　废弃处置

废弃化学品　建议用焚烧法处置。在能利用的地方重复使
    用容器或在规定场所掩埋
污染包装物　将容器返还生产商或按照国家和地方法规
    处置
废弃注意事项　处置前应参阅国家和地方有关法规

第十四部分　运输信息

联合国危险货物编号（UN号）　1784
联合国运输名称　己基三氯硅烷
联合国危险性类别　8

包装类别　Ⅱ　　　　　　包装标志　

海洋污染物　否
运输注意事项　起运时包装要完整，装载应稳妥。运输过
    程中要确保容器不泄漏、不倒塌、不坠落、不损坏。
    严禁与氧化剂、碱类、食用化学品等混装混运。运输
    时运输车辆应配备相应品种和数量的消防器材及泄漏
    应急处理设备。运输途中应防暴晒、雨淋，防高温。
    公路运输时要按规定路线行驶，勿在居民区和人口稠
    密区停留

第十五部分　法规信息

    下列法律、法规、规章和标准，对该化学品的管理作
了相应的规定。
中华人民共和国职业病防治法　职业病分类和目录：未
    列入
危险化学品安全管理条例　危险化学品目录：列入。易制
    爆危险化学品名录：未列入。重点监管的危险化学品
    名录：未列入。GB 18218—2009《危险化学品重大
    危险源辨识》（表1）：未列入
使用有毒物品作业场所劳动保护条例　高毒物品目录：未
    列入
易制毒化学品管理条例　易制毒化学品的分类和品种目
    录：未列入
国际公约　斯德哥尔摩公约：未列入。鹿特丹公约：未列

入。蒙特利尔议定书：未列入

第十六部分　其他信息

编写和修订信息　　缩略语和首字母缩写
培训建议　　　　　参考文献
免责声明

1-己硫醇

第一部分　化学品标识

化学品中文名　1-己硫醇；己硫醇；巯基己烷
化学品英文名　hexyl mercaptan；1-hexanethiol
分子式　$C_6H_{14}S$　分子量　118.24
结构式　
化学品的推荐及限制用途　掺入有害气体中作为报警臭味
    剂，用于生产燃料添加剂、催化剂、农药、香料、溶
    剂和合成橡胶

第二部分　危险性概述

紧急情况概述　高度易燃液体和蒸气，吞咽有害，吸入会
    中毒
GHS危险性类别　易燃液体，类别2；急性毒性-经口，
    类别4；急性毒性-吸入，类别3；特异性靶器官毒
    性-一次接触，类别1
标签要素

象形图　　　　　　　（图形）

警示词　危险
危险性说明　高度易燃液体和蒸气，吞咽有害，吸入会
    中毒，对器官造成损害
防范说明
    预防措施　远离热源、火花、明火、热表面。保持
        容器密闭。容器和接收设备接地连接。使用防
        爆型电器、通风、照明设备。只能使用不产生
        火花的工具。采取防止静电措施。戴防护手
        套、防护眼镜、防护面罩。避免接触眼睛、皮
        肤，操作后彻底清洗。作业场所不得进食、饮
        水或吸烟。避免吸入蒸气、雾。仅在室外或通
        风良好处操作
    事故响应　火灾时，使用雾状水、泡沫、干粉、二
        氧化碳、砂土灭火。如吸入：将患者转移到空
        气新鲜处，休息，保持利于呼吸的体位，呼叫
        中毒控制中心或就医。如皮肤（或头发）接
        触：立即脱掉所有被污染的衣服，用水冲洗皮
        肤，淋浴。食入：如果感觉不适，立即呼叫中
        毒控制中心或就医，漱口
    安全储存　存放在通风良好的地方。保持低温。保
        持容器密闭。上锁保管
    废弃处置　本品及内装物、容器依据国家和地方法
        规处置
物理和化学危险　高度易燃，其蒸气与空气混合，能形成

爆炸性混合物

健康危害　对皮肤和黏膜有强刺激性，并有腐蚀性。主要作用于中枢神经系统。吸入低浓度硫醇蒸气引起头痛、恶心；高浓度时具有麻醉作用，可因呼吸麻痹致死

环境危害　对环境可能有害

第三部分　成分/组成信息

√ 物质　　　　　　　　混合物

组分	浓度	CAS No.
1-己硫醇		111-31-9

第四部分　急救措施

吸入　迅速脱离现场至空气新鲜处。保持呼吸道通畅。如呼吸困难，给输氧。呼吸、心跳停止，立即进行心肺复苏术。就医

皮肤接触　立即脱去污染的衣着，用流动清水彻底冲洗。就医

眼睛接触　立即分开眼睑，用流动清水或生理盐水彻底冲洗。就医

食入　漱口，饮水。就医

对保护施救者的忠告　根据需要使用个人防护设备

对医生的特别提示　对症处理

第五部分　消防措施

灭火剂　用雾状水、泡沫、干粉、二氧化碳、砂土灭火

特别危险性　其蒸气与空气可形成爆炸性混合物，遇明火、高热极易燃烧爆炸。与氧化剂接触猛烈反应。接触酸或酸气能产生有毒气体。受高热分解放出有毒的气体。具有腐蚀性。若遇高热，容器内压增大，有开裂和爆炸的危险

灭火注意事项及防护措施　消防人员必须佩戴空气呼吸器、穿全身防火防毒服，在上风向灭火。尽可能将容器从火场移至空旷处。喷水保持火场容器冷却，直至灭火结束。处在火场中的容器若已变色或从安全泄压装置中发出声音，必须马上撤离

第六部分　泄漏应急处理

作业人员防护措施、防护装备和应急处置程序　根据液体流动和蒸气扩散的影响区域划定警戒区，无关人员从侧风向、上风向撤离至安全区。消除所有点火源。建议应急处理人员戴正压自给式呼吸器，穿防毒、防静电服。作业时使用的所有设备应接地。禁止接触或跨越泄漏物。尽可能切断泄漏源

环境保护措施　防止泄漏物进入水体、下水道、地下室或有限空间

泄漏化学品的收容、清除方法及所使用的处置材料　小量泄漏：用砂土或其他不燃材料吸收。使用洁净的无火花工具收集吸收材料。大量泄漏：构筑围堤或挖坑收容。用泡沫覆盖，减少蒸发。喷水雾能减少蒸发，但不能降低泄漏物在有限空间内的易燃性。用防爆泵转移至槽车或专用收集器内

第七部分　操作处置与储存

操作注意事项　密闭操作，提供充分的局部排风。防止蒸气泄漏到工作场所空气中。操作人员必须经过专门培训，严格遵守操作规程。建议操作人员佩戴自吸过滤式防毒面具（全面罩），穿胶布防毒衣，戴橡胶手套。远离火种、热源，工作场所严禁吸烟。使用防爆型的通风系统和设备。在清除液体和蒸气前不能进行焊接、切割等作业。避免产生烟雾。避免与氧化剂、还原剂、碱类、碱金属接触。配备相应品种和数量的消防器材及泄漏应急处理设备。倒空的容器可能残留有害物

储存注意事项　储存于阴凉、通风的库房。远离火种、热源。防止阳光直射。库温不宜超过30℃。保持容器密封。应与氧化剂、还原剂、碱类、碱金属分开存放，切忌混储。采用防爆型照明、通风设施。禁止使用易产生火花的机械设备和工具。储区应备有泄漏应急处理设备和合适的收容材料

第八部分　接触控制/个体防护

职业接触限值

中国　未制定标准

美国（ACGIH）　未制定标准

生物接触限值　未制定标准

监测方法　空气中有毒物质测定方法：未制定标准。生物监测检验方法：未制定标准

工程控制　严加密闭，提供充分的局部排风

个体防护装备

呼吸系统防护　空气中浓度超标时，必须佩戴过滤式防毒面具（全面罩）。紧急事态抢救或撤离时，应该佩戴空气呼吸器

眼睛防护　呼吸系统防护中已作防护

皮肤和身体防护　穿密闭型防毒服

手防护　戴橡胶手套

第九部分　理化特性

外观与性状　无色液体，有恶臭

pH值　无资料		**熔点(℃)**　−81～−80	
沸点(℃)　150～154		**相对密度(水=1)**　0.8424	
相对蒸气密度(空气=1)　无资料			
饱和蒸气压(kPa)　无资料			
临界压力(MPa)　无资料		**辛醇/水分配系数**　无资料	
闪点(℃)　20.56		**自燃温度(℃)**　无资料	
爆炸下限(%)　无资料		**爆炸上限(%)**　无资料	
分解温度(℃)　无资料		**黏度(mPa·s)**　无资料	
燃烧热(kJ/mol)　无资料		**临界温度(℃)**　无资料	

溶解性　不溶于水，易溶于醇、醚

第十部分　稳定性和反应性

稳定性　稳定

危险反应　与氧化剂、还原剂、碱类、碱金属等禁配物接触发生反应。接触酸或酸气能产生有毒气体

避免接触的条件　无资料

禁配物　氧化剂、还原剂、碱类、碱金属
危险的分解产物　氧化硫、硫化氢

第十一部分　毒理学信息

急性毒性　LD_{50}：1254mg/kg（大鼠经口）。LC_{50}：1080ppm（大鼠吸入，4h）

皮肤刺激或腐蚀　无资料　　眼睛刺激或腐蚀　无资料
呼吸或皮肤过敏　无资料　　生殖细胞突变性　无资料
致癌性　无资料　　　　　　生殖毒性　无资料
特异性靶器官系统毒性-一次接触　无资料
特异性靶器官系统毒性-反复接触　无资料
吸入危害　无资料

第十二部分　生态学信息

生态毒性　无资料
持久性和降解性
　生物降解性　无资料
　非生物降解性　无资料
潜在的生物累积性　无资料
土壤中的迁移性　无资料

第十三部分　废弃处置

废弃化学品　建议用控制焚烧法或安全掩埋法处置。在能利用的地方重复使用容器或在规定场所掩埋
污染包装物　将容器返还生产商或按照国家和地方法规处置
废弃注意事项　处置前应参阅国家和地方有关法规

第十四部分　运输信息

联合国危险货物编号（UN号）　1228
联合国运输名称　液态硫醇，易燃，毒性，未另作规定的（1-己硫醇）
联合国危险性类别　3，6.1
包装类别　Ⅱ

包装标志　

海洋污染物　否
运输注意事项　运输前应先检查包装容器是否完整、密封，运输过程中要确保容器不泄漏、不倒塌、不坠落、不损坏。严禁与酸类、氧化剂、食品及食品添加剂混运。运输时运输车辆应配备相应品种和数量的消防器材及泄漏应急处理设备。运输途中应防暴晒、雨淋，防高温。运输时所用的槽（罐）车应有接地链，槽内可设孔隔板以减少震荡产生的静电。中途停留时应远离火种、热源。公路运输时要按规定路线行驶，勿在居民区和人口稠密区停留

第十五部分　法规信息

下列法律、法规、规章和标准，对该化学品的管理作了相应的规定。
中华人民共和国职业病防治法　职业病分类和目录：未列入

危险化学品安全管理条例　危险化学品目录：列入。易制爆危险化学品名录：未列入。重点监管的危险化学品名录：未列入。GB 18218—2009《危险化学品重大危险源辨识》（表1）：未列入
使用有毒物品作业场所劳动保护条例　高毒物品目录：未列入
易制毒化学品管理条例　易制毒化学品的分类和品种目录：未列入
国际公约　斯德哥尔摩公约：未列入。鹿特丹公约：未列入。蒙特利尔议定书：未列入

第十六部分　其他信息

编写和修订信息　　缩略语和首字母缩写
培训建议　　　　　参考文献
免责声明

己内酰胺

第一部分　化学品标识

化学品中文名　己内酰胺
化学品英文名　caprolactam；γ-caprolactam
分子式　$C_6H_{11}NO$　分子量　113.16
结构式　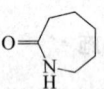
化学品的推荐及限制用途　用以制取己内酰胺树脂、己内酰胺纤维和人造革等，也用作医药原料

第二部分　危险性概述

紧急情况概述　吞咽有害，吸入有害，造成严重眼刺激，可能引起呼吸道刺激
GHS危险性类别　急性毒性-经口，类别4；急性毒性-吸入，类别4；急性毒性-经皮，类别5；皮肤腐蚀/刺激，类别2；严重眼损伤/眼刺激，类别2A；特异性靶器官毒性—一次接触，类别3（呼吸道刺激）
标签要素

象形图　

警示词　警告
危险性说明　吞咽有害，吸入有害，皮肤接触可能有害，造成皮肤刺激，造成严重眼刺激，可能引起呼吸道刺激
防范说明
　预防措施　避免接触眼睛皮肤，操作后彻底清洗。作业场所不得进食、饮水或吸烟。避免吸入粉尘、烟气、气体、烟雾。仅在室外或通风良好处操作。戴防护手套、防护眼镜、防护面罩
　事故响应　食入：漱口。如果感觉不适，立即呼叫中毒控制中心或就医。如吸入：将患者移至空气新鲜处，休息，保持利于呼吸的体位。皮肤

接触：用大量肥皂水和水清洗。如发生皮肤刺激，就医。脱去被污染的衣服，衣服经洗净后方可重新使用。如接触眼睛：用水细心冲洗数分钟。如戴隐形眼镜并可方便地取出，取出隐形眼镜，继续冲洗。如果眼睛刺激持续：就医

安全储存 —

废弃处置 本品及内装物、容器依据国家和地方法规处置

物理和化学危险 可燃，其粉体与空气混合，能形成爆炸性混合物

健康危害 经常接触本品可致神经衰弱综合征。此外，尚可引起鼻出血、鼻干、上呼吸道炎症及胃灼热感等。本品能引起皮肤损害，接触者出现皮肤干燥，角质层增厚，皮肤皲裂、脱屑等，可发生全身性皮炎。易经皮肤吸收

环境危害 对环境可能有害

第三部分 成分/组成信息

√ 物质   混合物

组分	浓度	CAS No.
己内酰胺		105-60-2

第四部分 急救措施

吸入 脱离现场至空气新鲜处。如呼吸困难，给输氧。就医

皮肤接触 立即脱去污染的衣着，用肥皂水和清水彻底冲洗皮肤。如有不适感，就医

眼睛接触 提起眼睑，用流动清水或生理盐水冲洗。如有不适感，就医

食入 饮足量温水，催吐。就医

对保护施救者的忠告 根据需要使用个人防护设备

对医生的特别提示 对症处理

第五部分 消防措施

灭火剂 用雾状水、泡沫、干粉、二氧化碳、砂土灭火

特别危险性 遇明火、高热可燃。受高热分解，产生有毒的氮氧化物。粉体与空气可形成爆炸性混合物，当达到一定浓度时，遇火星会发生爆炸

灭火注意事项及防护措施 消防人员必须佩戴防毒面具、穿全身消防服，在上风向灭火。尽可能将容器从火场移至空旷处。喷水保持火场容器冷却，直至灭火结束

第六部分 泄漏应急处理

作业人员防护措施、防护装备和应急处置程序 隔离泄漏污染区，限制出入。消除所有点火源。建议应急处理人员戴防尘口罩，穿防毒服。穿上适当的防护服前严禁接触破裂的容器和泄漏物。尽可能切断泄漏源。用塑料布覆盖泄漏物，减少飞散。勿使水进入包装容器内

环境保护措施 防止泄漏物进入水体、下水道、地下室或密闭性空间

泄漏化学品的收容、清除方法及所使用的处置材料 用洁净的铲子收集泄漏物，置于干净、干燥、盖子较松的容器中，将容器移离泄漏区

第七部分 操作处置与储存

操作注意事项 密闭操作。操作人员必须经过专门培训，严格遵守操作规程。建议操作人员佩戴自吸过滤式防尘口罩，戴化学安全防护眼镜，穿防毒物渗透工作服，戴橡胶手套。远离火种、热源，工作场所严禁吸烟。使用防爆型的通风系统和设备。避免产生粉尘。避免与氧化剂、酸类、碱类接触。搬运时要轻装轻卸，防止包装及容器损坏。配备相应品种和数量的消防器材及泄漏应急处理设备。倒空的容器可能残留有害物

储存注意事项 储存于阴凉、通风的库房。远离火种、热源。应与氧化剂、酸类、碱类分开存放，切忌混储。配备相应品种和数量的消防器材。储区应备有合适的材料收容泄漏物

第八部分 接触控制/个体防护

职业接触限值

中国 PC-TWA：5mg/m³

美国（ACGIH） TLA-TWA：5mg/m³

生物接触限值 未制定标准

监测方法 空气中有毒物质测定方法：未制定标准。生物监测检验方法：未制定标准

工程控制 密闭操作，局部排风

个体防护装备

呼吸系统防护 空气中粉尘浓度超标时，建议佩戴过滤式防尘呼吸器。紧急事态抢救或撤离时，应该佩戴空气呼吸器

眼睛防护 戴化学安全防护眼镜

皮肤和身体防护 穿防毒物渗透工作服

手防护 戴橡胶手套

第九部分 理化特性

外观与性状 白色吸湿性晶体

pH值 无意义   **熔点（℃）** 68～70

沸点（℃） 269

相对密度（水＝1） 1.05（70%水溶液）

相对蒸气密度（空气＝1） 3.91

饱和蒸气压（kPa） 0.67（122℃）

临界压力（MPa） 无资料 **辛醇/水分配系数** －0.19

闪点（℃） 110   **自燃温度（℃）** 375

爆炸下限（%） 1.4   **爆炸上限（%）** 8.0

分解温度（℃） 无资料   **黏度（mPa·s）** 无资料

燃烧热（kJ/mol） 无资料 **临界温度（℃）** 无资料

溶解性 溶于水，溶于乙醇、乙醚、氯仿等多数有机溶剂

第十部分 稳定性和反应性

稳定性 稳定

危险反应 与强氧化剂、强碱等禁配物发生反应

避免接触的条件 无资料

禁配物 强氧化剂、强碱

危险的分解产物 氮氧化物

第十一部分　毒理学信息

急性毒性　属低毒类。大鼠腹腔注射，多数动物于300～400mg/kg时出现痉挛等中毒表现；1000mg/kg时，经数分钟因呼吸麻痹而死亡。死前出现抽搐、流涎、鼻出血等。LD_{50}：1210mg/kg（大鼠经口），＞2000mg/kg（大鼠经皮），930mg/kg（小鼠经口），1.41mL/kg（兔经皮）

皮肤刺激或腐蚀　无资料　　**眼睛刺激或腐蚀**　无资料

呼吸或皮肤过敏　无资料　　**生殖细胞突变性**　无资料

致癌性　IARC致癌性评论：组4，对人类可能是非致癌物

生殖毒性　无资料

特异性靶器官系统毒性-一次接触　无资料

特异性靶器官系统毒性-反复接触　大鼠和兔经口500mg/（kg·d），共6个月出现体重增长缓慢、红细胞数下降、大脑皮质充血、血管和神经细胞周围水肿

吸入危害　无资料

第十二部分　生态学信息

生态毒性　LC_{50}：5000mg/L（96h，鱼）

持久性和降解性
　　生物降解性　无资料
　　非生物降解性　无资料

潜在的生物累积性　无资料

土壤中的迁移性　无资料

第十三部分　废弃处置

废弃化学品　用控制焚烧法处置。焚烧炉排出的氮氧化物通过洗涤器除去

污染包装物　将容器返还生产商或按照国家和地方法规处置

废弃注意事项　处置前应参阅国家和地方有关法规

第十四部分　运输信息

联合国危险货物编号（UN号）　—

联合国运输名称　—　　**联合国危险性类别**　—

包装类别　—　　　　**包装标志**　—

海洋污染物　否

运输注意事项　起运时包装要完整，装载应稳妥。运输过程中要确保容器不泄漏、不倒塌、不坠落、不损坏。严禁与氧化剂、碱类、食用化学品等混装混运。运输途中应防暴晒、雨淋，防高温。车辆运输完毕应进行彻底清扫

第十五部分　法规信息

　　下列法律、法规、规章和标准，对该化学品的管理作了相应的规定。

中华人民共和国职业病防治法　职业病分类和目录：未列入

危险化学品安全管理条例　危险化学品目录：未列入。易制爆危险化学品名录：未列入。重点监管的危险化学品名录：未列入。GB 18218—2009《危险化学品重大危险源辨识》（表1）：未列入

使用有毒物品作业场所劳动保护条例　高毒物品目录：未列入

易制毒化学品管理条例　易制毒化学品的分类和品种目录：未列入

国际公约　斯德哥尔摩公约：未列入。鹿特丹公约：未列入。蒙特利尔议定书：未列入

第十六部分　其他信息

编写和修订信息　　　　**缩略语和首字母缩写**

培训建议　　　　　　　**参考文献**

免责声明

2-己炔

第一部分　化学品标识

化学品中文名　2-己炔

化学品英文名　2-hexyne；methyl propyl acetylene

分子式　C_6H_{10}　**分子量**　82.1436

结构式　

化学品的推荐及限制用途　用作中间体

第二部分　危险性概述

紧急情况概述　高度易燃液体和蒸气

GHS危险性类别　易燃液体，类别2

标签要素

象形图　

警示词　危险

危险性说明　高度易燃液体和蒸气

防范说明

　　预防措施　远离热源、火花、明火、热表面。禁止吸烟。保持容器密闭。容器和接收设备接地连接。使用防爆型电器、通风、照明设备。只能使用不产生火花的工具。采取防止静电措施。戴防护手套、防护眼镜、防护面罩

　　事故响应　火灾时，使用泡沫、干粉、二氧化碳、砂土灭火。如皮肤（或头发）接触：立即脱掉所有被污染的衣服，用水冲洗皮肤，淋浴

　　安全储存　存放在通风良好的地方。保持低温

　　废弃处置　本品及内装物、容器依据国家和地方法规处置

物理和化学危险　易燃，其蒸气与空气混合，能形成爆炸性混合物

健康危害　吸入、摄入或经皮肤吸收后对身体可能有害。蒸气和液体有轻度刺激性

环境危害　对环境可能有害

第三部分　成分/组成信息

　　√ 物质　　　　　　　　　混合物

组分	浓度	CAS No.
2-己炔		764-35-2

第四部分 急救措施

吸入 迅速脱离现场至空气新鲜处。保持呼吸道通畅。如呼吸困难，给输氧。呼吸、心跳停止，立即进行心肺复苏术。就医

皮肤接触 立即脱去污染的衣着，用流动清水彻底冲洗。就医

眼睛接触 立即分开眼睑，用流动清水或生理盐水彻底冲洗。就医

食入 漱口，饮水。就医

对保护施救者的忠告 根据需要使用个人防护设备

对医生的特别提示 对症处理

第五部分 消防措施

灭火剂 用泡沫、干粉、二氧化碳、砂土灭火

特别危险性 其蒸气与空气可形成爆炸性混合物，遇明火、高热极易燃烧爆炸。与氧化剂接触猛烈反应。流速过快，容易产生和积聚静电。容易自聚，聚合反应随着温度的上升而急骤加剧。蒸气比空气重，沿地面扩散并易积存于低洼处，遇火源会着火回燃。若遇高热，容器内压增大，有开裂和爆炸的危险

灭火注意事项及防护措施 消防人员必须佩戴防毒面具、穿全身消防服，在上风向灭火。尽可能将容器从火场移至空旷处。喷水保持火场容器冷却，直至灭火结束。处在火场中的容器若已变色或从安全泄压装置中产生声音，必须马上撤离。用水灭火无效

第六部分 泄漏应急处理

作业人员防护措施、防护装备和应急处置程序 消除所有点火源。根据液体流动和蒸气扩散的影响区域划定警戒区，无关人员从侧风、上风向撤离至安全区。建议应急处理人员戴正压自给式呼吸器，穿防静电服。作业时使用的所有设备应接地。禁止接触或跨越泄漏物。尽可能切断泄漏源

环境保护措施 防止泄漏物进入水体、下水道、地下室或有限空间

泄漏化学品的收容、清除方法及所使用的处置材料 小量泄漏：用砂土或其他不燃材料吸收。使用洁净的无火花工具收集吸收材料。大量泄漏：构筑围堤或挖坑收容。用泡沫覆盖，减少蒸发。喷水雾能减少蒸发，但不能降低泄漏物在有限空间内的易燃性。用防爆泵转移至槽车或专用收集器内

第七部分 操作处置与储存

操作注意事项 密闭操作，全面通风。操作人员必须经过专门培训，严格遵守操作规程。建议操作人员佩戴自吸过滤式防毒面具（半面罩），戴化学安全防护眼镜，穿防静电工作服，戴橡胶耐油手套。远离火种、热源，工作场所严禁吸烟。使用防爆型的通风系统和设备。防止蒸气泄漏到工作场所空气中。避免与氧化剂、酸类、金属粉末接触。充装要控制流速，防止静电积聚。搬运时要轻装轻卸，防止包装及容器损坏。配备相应品种和数量的消防器材及泄漏应急处理设

备。倒空的容器可能残留有害物

储存注意事项 储存于阴凉、通风的库房。远离火种、热源。库温不宜超过 37℃，应与氧化剂、酸类、金属粉末等分开存放，切忌混储。采用防爆型照明、通风设施。禁止使用易产生火花的机械设备和工具。储区应备有泄漏应急处理设备和合适的收容材料

第八部分 接触控制/个体防护

职业接触限值

中国 未制定标准

美国（ACGIH） 未制定标准

生物接触限值 未制定标准

监测方法 空气中有毒物质测定方法：未制定标准。生物监测检验方法：未制定标准

工程控制 生产过程密闭，全面通风

个体防护装备

呼吸系统防护 空气中浓度超标时，必须佩戴过滤式防毒面具（半面罩）。紧急事态抢救或撤离时，应该佩戴空气呼吸器

眼睛防护 戴化学安全防护眼镜

皮肤和身体防护 穿防静电工作服

手防护 戴橡胶耐油手套

第九部分 理化特性

外观与性状	无色液体	**pH 值**	无资料
熔点（℃）	−89.6	沸点（℃）	84～85
相对密度（水=1）	0.73		
相对蒸气密度（空气=1）	2.83		
饱和蒸气压（kPa）	无资料		
临界压力（MPa）	无资料	辛醇/水分配系数	无资料
闪点（℃）	−11.11	自燃温度（℃）	无资料
爆炸下限（%）	无资料	爆炸上限（%）	无资料
分解温度（℃）	无资料	黏度（mPa·s）	无资料
燃烧热（kJ/mol）	无资料	临界温度（℃）	无资料

溶解性 不溶于水，溶于苯，可混溶于乙醇、乙醚

第十部分 稳定性和反应性

稳定性 稳定

危险反应 与强氧化剂、碱金属、碱土金属、重金属及重金属盐、卤素等禁配物接触，有引起燃烧爆炸的危险。容易发生自聚反应

避免接触的条件 受热

禁配物 强氧化剂、碱金属、碱土金属、重金属及重金属盐、卤素

危险的分解产物 无资料

第十一部分 毒理学信息

急性毒性 无资料

皮肤刺激或腐蚀 无资料   **眼睛刺激或腐蚀** 无资料

呼吸或皮肤过敏 无资料   **生殖细胞突变性** 无资料

致癌性 无资料   **生殖毒性** 无资料

特异性靶器官系统毒性--一次接触 无资料

特异性靶器官系统毒性-反复接触　无资料

吸入危害　无资料

第十二部分　生态学信息

生态毒性　无资料

持久性和降解性

　　生物降解性　无资料

　　非生物降解性　无资料

潜在的生物累积性　无资料

土壤中的迁移性　无资料

第十三部分　废弃处置

废弃化学品　建议用焚烧法处置

污染包装物　将容器返还生产商或按照国家和地方法规处置

废弃注意事项　处置前应参阅国家和地方有关法规

第十四部分　运输信息

联合国危险货物编号（UN号）　3295

联合国运输名称　液态烃类，未另作规定的（2-己炔）

联合国危险性类别　3

包装类别　Ⅱ　　　　　　　包装标志

海洋污染物　否

运输注意事项　运输时运输车辆应配备相应品种和数量的消防器材及泄漏应急处理设备。夏季最好早晚运输。运输时所用的槽（罐）车应有接地链，槽内可设孔隔板以减少震荡产生的静电。严禁与氧化剂、酸类、金属粉末、食用化学品等混装混运。运输途中应防暴晒、雨淋，防高温。中途停留时应远离火种、热源、高温区。装运该物品的车辆排气管必须配备阻火装置，禁止使用易产生火花的机械设备和工具装卸。公路运输时要按规定路线行驶。铁路运输时要禁止溜放。严禁用木船、水泥船散装运输

第十五部分　法规信息

　　下列法律、法规、规章和标准，对该化学品的管理作了相应的规定。

中华人民共和国职业病防治法　职业病分类和目录：未列入

危险化学品安全管理条例　危险化学品目录：列入。易制爆危险化学品名录：未列入。重点监管的危险化学品名录：未列入。GB 18218—2009《危险化学品重大危险源辨识》（表1）：未列入

使用有毒物品作业场所劳动保护条例　高毒物品目录：未列入

易制毒化学品管理条例　易制毒化学品的分类和品种目录：未列入

国际公约　斯德哥尔摩公约：未列入。鹿特丹公约：未列入。蒙特利尔议定书：未列入

第十六部分　其他信息

编写和修订信息　　　缩略语和首字母缩写

培训建议　　　　　　参考文献

免责声明

己酸

第一部分　化学品标识

化学品中文名　己酸；羊油酸

化学品英文名　hexanoic acid；caproic acid

分子式　$C_6H_{12}O_2$　分子量　116.1583

结构式

化学品的推荐及限制用途　用作试剂、调味品、干燥剂及生产树脂等

第二部分　危险性概述

紧急情况概述　皮肤接触会中毒，吸入有害，造成严重的皮肤灼伤和眼损伤

GHS危险性类别　急性毒性-经皮，类别3；急性毒性-吸入，类别4；皮肤腐蚀/刺激，类别1；严重眼损伤/眼刺激，类别1；危害水生环境-急性危害，类别3

标签要素

象形图

警示词　危险

危险性说明　皮肤接触会中毒，吸入有害，造成严重的皮肤灼伤和眼损伤，对水生生物有害

防范说明

　　预防措施　戴防护手套、穿防护服。避免吸入蒸气、雾。仅在室外或通风良好处操作。避免接触眼睛、皮肤，操作后彻底清洗。戴防护眼镜、防护面罩。禁止排入环境

　　事故响应　皮肤接触：用大量肥皂水和水清洗，立即脱去所有被污染的衣服。如感觉不适，呼叫中毒控制中心或就医。被污染的衣服必须经洗净后方可重新使用。如吸入：将患者转移到空气新鲜处，休息，保持利于呼吸的体位，如感觉不适，呼叫中毒控制中心或就医。食入：漱口，不要催吐

　　安全储存　上锁保管

　　废弃处置　本品及内装物、容器依据国家和地方法规处置

物理和化学危险　可燃，其蒸气与空气混合，能形成爆炸性混合物

健康危害　摄入、吸入或经皮肤吸收对身体有害。本品对眼睛、皮肤、黏膜和上呼吸道有强烈的刺激作用。吸入后可引起喉、支气管的炎症、水肿、痉挛，化学性肺炎或肺水肿。接触后可引起烧灼感、咳嗽、喘息、喉炎、气短、头痛、恶心和呕吐

环境危害　对水生生物有害

第三部分　成分/组成信息

✓ 物质　　　　　　　混合物

组分	浓度	CAS No.
己酸		142-62-1

第四部分　急救措施

吸入　迅速脱离现场至空气新鲜处。保持呼吸道通畅。如呼吸困难，给输氧。呼吸、心跳停止，立即进行心肺复苏术。就医

皮肤接触　立即脱去污染的衣着，用大量流动清水彻底冲洗至少15min。就医

眼睛接触　立即分开眼睑，用流动清水或生理盐水彻底冲洗5～10min。就医

食入　用水漱口，禁止催吐。给饮牛奶或蛋清。就医

对保护施救者的忠告　根据需要使用个人防护设备

对医生的特别提示　对症处理

第五部分　消防措施

灭火剂　用雾状水、泡沫、干粉、二氧化碳、砂土灭火

特别危险性　遇明火、高热可燃。与氧化剂可发生反应

灭火注意事项及防护措施　消防人员必须穿全身耐酸碱消防服、佩戴空气呼吸器灭火。尽可能将容器从火场移至空旷处。喷水保持火场容器冷却，直至灭火结束。处在火场中的容器若已变色或从安全泄压装置中发出声音，必须马上撤离

第六部分　泄漏应急处理

作业人员防护措施、防护装备和应急处置程序　根据液体流动和蒸气扩散的影响区域划定警戒区，无关人员从侧风向、上风向撤离至安全区。消除所有点火源。建议应急处理人员戴正压自给式呼吸器，穿防酸碱服。穿上适当的防护服前严禁接触破裂的容器和泄漏物。尽可能切断泄漏源

环境保护措施　防止泄漏物进入水体、下水道、地下室或有限空间

泄漏化学品的收容、清除方法及所使用的处置材料　小量泄漏：用干燥的砂土或其他不燃材料吸收或覆盖，收集于容器中。大量泄漏：构筑围堤或挖坑收容。用粉煤灰或石灰粉吸收大量液体。用农用石灰（CaO）、碎石灰石（$CaCO_3$）或碳酸氢钠（$NaHCO_3$）中和。用耐腐蚀泵转移至槽车或专用收集器内

第七部分　操作处置与储存

操作注意事项　密闭操作，全面通风。操作人员必须经过专门培训，严格遵守操作规程。建议操作人员佩戴自吸过滤式防毒面具（半面罩），戴化学安全防护眼镜，穿橡胶耐酸碱服，戴橡胶耐酸碱手套。远离火种、热源，工作场所严禁吸烟。使用防爆型的通风系统和设备。防止蒸气泄漏到工作场所空气中。避免与氧化剂、还原剂、碱类接触。搬运时要轻装轻卸，防止包装及容器损坏。配备相应品种和数量的消防器材及泄漏应急处理设备。倒空的容器可能残留有害物

储存注意事项　储存于阴凉、通风的库房。远离火种、热源。应与氧化剂、还原剂、碱类分开存放，切忌混储。配备相应品种和数量的消防器材。储区应备有泄漏应急处理设备和合适的收容材料

第八部分　接触控制/个体防护

职业接触限值

　中国　未制定标准

　美国（ACGIH）　未制定标准

生物接触限值　未制定标准

监测方法　空气中有毒物质测定方法：未制定标准。生物监测检验方法：未制定标准

工程控制　生产过程密闭，全面通风

个体防护装备

　呼吸系统防护　空气中浓度超标时，必须佩戴过滤式防毒面具（半面罩）。紧急事态抢救或撤离时，应该佩戴空气呼吸器

　眼睛防护　戴化学安全防护眼镜

　皮肤和身体防护　穿橡胶耐酸碱服

　手防护　戴橡胶耐酸碱手套

第九部分　理化特性

外观与性状　无色透明油状液体

pH 值　无资料		**熔点（℃）**　−3	
沸点（℃）　205.4		**相对密度（水＝1）**　0.93	
相对蒸气密度（空气＝1）　4.0			
饱和蒸气压（kPa）　0.0239（20℃）			
临界压力（MPa）　无资料			
辛醇/水分配系数　1.88～1.91			
闪点（℃）　104		**自燃温度（℃）**　300	
爆炸下限（%）　无资料		**爆炸上限（%）**　无资料	
分解温度（℃）　无资料		**黏度（mPa·s）**　3.23（20℃）	
燃烧热（kJ/mol）　−3492.4（液体）			
临界温度（℃）　381.85			

溶解性　微溶于水，溶于乙醇

第十部分　稳定性和反应性

稳定性　稳定

危险反应　与氧碱、氧化剂、还原剂等禁配物接触发生反应

避免接触的条件　无资料

禁配物　碱、氧化剂、还原剂

危险的分解产物　无资料

第十一部分　毒理学信息

急性毒性　LD_{50}：3000mg/kg（大鼠经口），5000mg/kg（小鼠经口），630mg/kg（兔经口）。LC_{50}：4100mg/m^3（小鼠吸入，2h）

皮肤刺激或腐蚀　无资料　　**眼睛刺激或腐蚀**　无资料

呼吸或皮肤过敏　无资料　　**生殖细胞突变性**　无资料

致癌性　无资料　　　　　　**生殖毒性**　无资料

特异性靶器官系统毒性--一次接触　无资料

特异性靶器官系统毒性-反复接触　无料
吸入危害　无资料

第十二部分　生态学信息

生态毒性　无资料
持久性和降解性
　　生物降解性　无资料
　　非生物降解性　无资料
潜在的生物累积性　无资料
土壤中的迁移性　无资料

第十三部分　废弃处置

废弃化学品　建议用焚烧法处置
污染包装物　将容器返还生产商或按照国家和地方法规
　　处置
废弃注意事项　处置前应参阅国家和地方有关法规

第十四部分　运输信息

联合国危险货物编号（UN 号）　2829
联合国运输名称　己酸
联合国危险性类别　8

包装类别　Ⅲ　　　　　　包装标志

海洋污染物　否
运输注意事项　起运时包装要完整，装载应稳妥。运输过
　　程中要确保容器不泄漏、不倒塌、不坠落、不损坏。
　　严禁与氧化剂、还原剂、碱类、食用化学品等混装混
　　运。运输时运输车辆应配备相应品种和数量的消防器
　　材及泄漏应急处理设备。运输途中应防暴晒、雨淋、
　　防高温。公路运输时要按规定路线行驶，勿在居民区
　　和人口稠密区停留

第十五部分　法规信息

　　下列法律、法规、规章和标准，对该化学品的管理作
了相应的规定。
中华人民共和国职业病防治法　职业病分类和目录：未
　　列入
危险化学品安全管理条例　危险化学品目录：列入。易制
　　爆危险化学品名录：未列入。重点监管的危险化学品
　　名录：未列入。GB 18218—2009《危险化学品重大
　　危险源辨识》（表 1）：未列入
使用有毒物品作业场所劳动保护条例　高毒物品目录：未
　　列入
易制毒化学品管理条例　易制毒化学品的分类和品种目
　　录：未列入
国际公约　斯德哥尔摩公约：未列入。鹿特丹公约：未列
　　入。蒙特利尔议定书：未列入

第十六部分　其他信息

编写和修订信息　　缩略语和首字母缩写
培训建议　　　　　参考文献
免责声明

2-己酮

第一部分　化学品标识

化学品中文名　2-己酮；甲基丁基甲酮；甲基丁基（甲）酮
化学品英文名　2-hexanone；methyl buthyl ketone
分子式　$C_6H_{12}O$　分子量　100.1589
结构式

化学品的推荐及限制用途　用作溶剂

第二部分　危险性概述

紧急情况概述　易燃液体和蒸气，可能引起昏昏欲睡或
　　眩晕
GHS 危险性类别　易燃液体，类别 3；生殖毒性，类别 2；
　　特异性靶器官毒性-一次接触，类别 3（麻醉效应）；
　　特异性靶器官毒性-反复接触，类别 1
标签要素
象形图

警示词　危险
危险性说明　易燃液体和蒸气，怀疑对生育力或胎儿造
　　成伤害，可能引起昏昏欲睡或眩晕，长时间或反复
　　接触对器官造成损伤
防范说明
　　预防措施　远离热源、火花、明火、热表面。保持
　　　　容器密闭。容器和接收设备接地连接。使用防
　　　　爆型电器、通风、照明设备。只能使用不产生
　　　　火花的工具。采取防止静电措施。戴防护手
　　　　套、防护眼镜、防护面罩。得到专门指导后操
　　　　作。在阅读并了解所有安全预防措施之前，切
　　　　勿操作。按要求使用个体防护装备。避免吸入
　　　　蒸气、雾。操作后彻底清洗。操作现场不得进
　　　　食、饮水或吸烟
　　事故响应　火灾时，使用雾状水、泡沫、干粉、二
　　　　氧化碳、砂土灭火。如皮肤（或头发）接触：
　　　　立即脱掉所有被污染的衣服，用水冲洗皮肤、
　　　　淋浴。如果接触或有担心，就医。如感觉不
　　　　适，就医
　　安全储存　存放在通风良好的地方。保持低温。上
　　　　锁保管
　　废弃处置　本品及内装物、容器依据国家和地方法
　　　　规处置
物理和化学危险　易燃，其蒸气与空气混合，能形成爆炸
　　性混合物
健康危害　急性中毒时，具有黏膜刺激和麻醉作用，引起
　　眼和上呼吸道的刺激症状。慢性作用：出现肢端麻
　　木、刺痛、足根烧灼感、寒冷感、上下肢无力等周围
　　神经炎表现
环境危害　对环境可能有害

第三部分　成分/组成信息

√ 物质　　　　　　　混合物

组分	浓度	CAS No.
2-己酮		591-78-6

第四部分　急救措施

吸入　迅速脱离现场至空气新鲜处。保持呼吸道通畅。如呼吸困难，给输氧。呼吸、心跳停止，立即进行心肺复苏术。就医

皮肤接触　立即脱去污染的衣着，用流动清水彻底冲洗。就医

眼睛接触　立即分开眼睑，用流动清水或生理盐水彻底冲洗。就医

食入　漱口，饮水。就医

对保护施救者的忠告　根据需要使用个人防护设备

对医生的特别提示　对症处理

第五部分　消防措施

灭火剂　用雾状水、泡沫、干粉、二氧化碳、砂土灭火

特别危险性　其蒸气与空气可形成爆炸性混合物，遇明火、高热能引起燃烧爆炸。与氧化剂可发生反应。流速过快，容易产生和积聚静电。蒸气比空气重，沿地面扩散并易积存于低洼处，遇火源会着火回燃。若遇高热，容器内压增大，有开裂和爆炸的危险

灭火注意事项及防护措施　消防人员必须佩戴防毒面具、穿全身消防服，在上风向灭火。尽可能将容器从火场移至空旷处。喷水保持火场容器冷却，直至灭火结束。处在火场中的容器若已变色或从安全泄压装置中发出声音，必须马上撤离

第六部分　泄漏应急处理

作业人员防护措施、防护装备和应急处置程序　消除所有点火源。根据液体流动和蒸气扩散的影响区域划定警戒区，无关人员从侧风、上风向撤离至安全区。建议应急处理人员戴正压自给式呼吸器，穿防静电服。作业时使用的所有设备应接地。禁止接触或跨越泄漏物。尽可能切断泄漏源

环境保护措施　防止泄漏物进入水体、下水道、地下室或有限空间

泄漏化学品的收容、清除方法及所使用的处置材料　小量泄漏：用砂土或其他不燃材料吸收。使用洁净的无火花工具收集吸收材料。大量泄漏：构筑围堤或挖坑收容。用粉煤灰或石灰粉吸收大量液体。用泡沫覆盖，减少蒸发。喷水雾能减少蒸发，但不能降低泄漏物在有限空间内的易燃性。用防爆泵转移至槽车或专用收集器内。喷雾状水驱散蒸气、稀释液体泄漏物

第七部分　操作处置与储存

操作注意事项　密闭操作，注意通风。操作人员必须经过专门培训，严格遵守操作规程。建议操作人员佩戴自吸过滤式防毒面具（半面罩），戴化学安全防护眼镜，穿防静电工作服，戴橡胶耐油手套。远离火种、热源，工作场所严禁吸烟。使用防爆型的通风系统和设备。防止蒸气泄漏到工作场所空气中。避免与氧化剂、还原剂、碱类接触。充装要控制流速，防止静电积聚。搬运时要轻装轻卸，防止包装及容器损坏。配备相应品种和数量的消防器材及泄漏应急处理设备。倒空的容器可能残留有害物

储存注意事项　储存于阴凉、通风的库房。远离火种、热源。库温不宜超过37℃，应与氧化剂、还原剂、碱类分开存放，切忌混储。采用防爆型照明、通风设施。禁止使用易产生火花的机械设备和工具。储区应备有泄漏应急处理设备和合适的收容材料

第八部分　接触控制/个体防护

职业接触限值

中国　PC-TWA：20mg/m³；PC-STEL：40mg/m³〔皮〕

美国（ACGIH）　TLV-TWA：5ppm；TLV-STEL：10ppm〔皮〕

生物接触限值　未制定标准

监测方法　空气中有毒物质测定方法：溶剂解析-气相色谱法。生物监测检验方法：未制定标准

工程控制　密闭操作，注意通风

个体防护装备

呼吸系统防护　空气中浓度超标时，必须佩戴过滤式防毒面具（半面罩）。紧急事态抢救或撤离时，应该佩戴空气呼吸器

眼睛防护　戴化学安全防护眼镜

皮肤和身体防护　穿防静电工作服

手防护　戴橡胶耐油手套

第九部分　理化特性

外观与性状　无色液体，有丙酮的气味

pH值　无资料		**熔点(℃)**　−59.9	
沸点(℃)　127.2		**相对密度(水=1)**　0.81	
相对蒸气密度(空气=1)　3.45			
饱和蒸气压(kPa)　1.33（38.8℃）			
临界压力(MPa)　无资料		**辛醇/水分配系数**　1.38	
闪点(℃)　31		**自燃温度(℃)**　532.8	
爆炸下限(%)　1.2		**爆炸上限(%)**　8.0	
分解温度(℃)　无资料			
黏度(mPa·s)　0.62（20℃）			
燃烧热(kJ/mol)　−3746.8		**临界温度(℃)**　313.95	

溶解性　微溶于水，可混溶于乙醇、甲醇、苯

第十部分　稳定性和反应性

稳定性　稳定

危险反应　与强氧化剂、强还原剂、强碱等禁配物接触，有引起燃烧爆炸的危险

避免接触的条件　无资料

禁配物　强氧化剂、强还原剂、强碱

危险的分解产物　无资料

第十一部分　毒理学信息

急性毒性　属低毒类。LD_{50}：2590mg/kg（大鼠经口）；2430mg/kg（小鼠经口）；4800mg/kg（兔经皮）。LC_{50}：8000ppm（大鼠吸入，4h）

皮肤刺激或腐蚀　无资料　**眼睛刺激或腐蚀**　无资料

呼吸或皮肤过敏　无资料　**生殖细胞突变性**　无资料

致癌性　无资料　**生殖毒性**　无资料

特异性靶器官系统毒性-一次接触　无资料

特异性靶器官系统毒性-反复接触　鸡、大鼠、猫暴露于200～600ppm，每天24h，每周7d，于4～12周可引起外周神经病

吸入危害　无资料

第十二部分　生态学信息

生态毒性　LC_{50}：428mg/L（96h）（黑头呆鱼）

持久性和降解性

　生物降解性　无资料

　非生物降解性　无资料

潜在的生物累积性　无资料

土壤中的迁移性　无资料

第十三部分　废弃处置

废弃化学品　用焚烧法处置

污染包装物　将容器返还生产商或按照国家和地方法规处置

废弃注意事项　把倒空的容器归还厂商或在规定场所掩埋

第十四部分　运输信息

联合国危险货物编号（UN号）　1224

联合国运输名称　液态酮类，未另作规定的（2-己酮）

联合国危险性类别　3

包装类别　Ⅲ　　　　**包装标志**

海洋污染物　否

运输注意事项　运输时运输车辆应配备相应品种和数量的消防器材及泄漏应急处理设备。夏季最好早晚运输。运输时所用的槽（罐）车应有接地链，槽内可设孔隔板以减少震荡产生的静电。严禁与氧化剂、还原剂、碱类、食用化学品等混装混运。运输途中应防暴晒、雨淋，防高温。中途停留时应远离火种、热源、高温区。装运该物品的车辆排气管必须配备阻火装置，禁止使用易产生火花的机械设备和工具装卸。公路运输时要按规定路线行驶。铁路运输时要禁止溜放。严禁用木船、水泥船散装运输

第十五部分　法规信息

　　下列法律、法规、规章和标准，对该化学品的管理作了相应的规定。

中华人民共和国职业病防治法　职业病分类和目录：未列入

危险化学品安全管理条例　危险化学品目录：列入。易制爆危险化学品名录：未列入。重点监管的危险化学品名录：未列入。GB 18218—2009《危险化学品重大危险源辨识》（表1）：未列入

使用有毒物品作业场所劳动保护条例　高毒物品目录：未列入

易制毒化学品管理条例　易制毒化学品的分类和品种目录：未列入

国际公约　斯德哥尔摩公约：未列入。鹿特丹公约：未列入。蒙特利尔议定书：未列入

第十六部分　其他信息

编写和修订信息　　　**缩略语和首字母缩写**

培训建议　　　　　　**参考文献**

免责声明

2-己烯

第一部分　化学品标识

化学品中文名　2-己烯

化学品英文名　2-hexene

分子式　C_6H_{12}　**分子量**　84.1595

结构式　〰〰

化学品的推荐及限制用途　用作有机合成的中间体

第二部分　危险性概述

紧急情况概述　高度易燃液体和蒸气

GHS危险性类别　易燃液体，类别2

标签要素

象形图

警示词　危险

危险性说明　高度易燃液体和蒸气

防范说明

　预防措施　远离热源、火花、明火、热表面。禁止吸烟。保持容器密闭。容器和接收设备接地连接。使用防爆型电器、通风、照明设备。只能使用不产生火花的工具。采取防止静电措施。戴防护手套、防护眼镜、防护面罩

　事故响应　火灾时，使用泡沫、干粉、二氧化碳、砂土灭火。如皮肤（或头发）接触：立即脱掉所有被污染的衣服，用水冲洗皮肤，淋浴

　安全储存　存放在通风良好的地方。保持低温

　废弃处置　本品及内装物、容器依据国家和地方法规处置

物理和化学危险　极易燃，其蒸气与空气混合，能形成爆炸性混合物

健康危害　蒸气或雾对眼和上呼吸道有刺激性，接触后出现烧灼感、咳嗽、喘息、喉炎、气短、头痛、恶心和呕吐

环境危害　对环境可能有害

第三部分　成分/组成信息

√ 物质　　　　　　混合物

组分	浓度	CAS No.
2-己烯		592-43-8

第四部分　急救措施

吸入　迅速脱离现场至空气新鲜处。保持呼吸道通畅。如呼吸困难，给输氧。呼吸、心跳停止，立即进行心肺复苏术。就医

皮肤接触　立即脱去污染的衣着，用流动清水彻底冲洗。就医

眼睛接触　立即分开眼睑，用流动清水或生理盐水彻底冲洗。就医

食入　漱口，饮水。就医

对保护施救者的忠告　根据需要使用个人防护设备

对医生的特别提示　对症处理

第五部分　消防措施

灭火剂　用泡沫、干粉、二氧化碳、砂土灭火

特别危险性　其蒸气与空气可形成爆炸性混合物，遇明火、高热极易燃烧爆炸。与氧化剂接触猛烈反应。流速过快，容易产生和积聚静电。容易自聚，聚合反应随着温度的上升而急骤加剧。蒸气比空气重，沿地面扩散并易积存于低洼处，遇火源会着火回燃。若遇高热，容器内压增大，有开裂和爆炸的危险

灭火注意事项及防护措施　消防人员必须佩戴防毒面具、穿全身消防服，在上风向灭火。尽可能将容器从火场移至空旷处。喷水保持火场容器冷却，直至灭火结束。处在火场中的容器若已变色或从安全泄压装置中发出声音，必须马上撤离。用水灭火无效

第六部分　泄漏应急处理

作业人员防护措施、防护装备和应急处置程序　消除所有点火源。根据液体流动和蒸气扩散的影响区域划定警戒区，无关人员从侧风、上风向撤离至安全区。建议应急处理人员戴正压自给式呼吸器，穿防静电服。作业时使用的所有设备应接地。禁止接触或跨越泄漏物。尽可能切断泄漏源

环境保护措施　防止泄漏物进入水体、下水道、地下室或有限空间

泄漏化学品的收容、清除方法及所使用的处置材料　小量泄漏：用砂土或其他不燃材料吸收。使用洁净的无火花工具收集吸收材料。大量泄漏：构筑围堤或挖坑收容。用泡沫覆盖，减少蒸发。喷水雾能减少蒸发，但不能降低泄漏物在有限空间内的易燃性。用防爆泵转移至槽车或专用收集器内

第七部分　操作处置与储存

操作注意事项　密闭操作，全面通风。操作人员必须经过专门培训，严格遵守操作规程。建议操作人员佩戴自吸过滤式防毒面具（半面罩），戴化学安全防护眼镜，穿防静电工作服，戴橡胶耐油手套。远离火种、热源，工作场所严禁吸烟。使用防爆型的通风系统和设备。防止蒸气泄漏到工作场所空气中。避免与氧化剂、酸类接触。灌装时应控制流速，且有接地装置，防止静电积聚。搬运时要轻装轻卸，防止包装及容器损坏。配备相应品种和数量的消防器材及泄漏应急处理设备。倒空的容器可能残留有害物

储存注意事项　储存于阴凉、通风的库房。远离火种、热源。库温不宜超过 29℃，保持容器密封。应与氧化剂、酸类分开存放，切忌混储。不宜大量储存或久存。采用防爆型照明、通风设施。禁止使用易产生火花的机械设备和工具。储区应备有泄漏应急处理设备和合适的收容材料

第八部分　接触控制/个体防护

职业接触限值

中国　未制定标准

美国（ACGIH）　未制定标准

生物接触限值　未制定标准

监测方法　空气中有毒物质测定方法：未制定标准。生物监测检验方法：未制定标准

工程控制　生产过程密闭，全面通风。提供安全淋浴和洗眼设备

个体防护装备

呼吸系统防护　空气中浓度超标时，必须佩戴过滤式防毒面具（半面罩）。紧急事态抢救或撤离时，应该佩戴空气呼吸器

眼睛防护　戴化学安全防护眼镜

皮肤和身体防护　穿防静电工作服

手防护　戴橡胶耐油手套

第九部分　理化特性

外观与性状　无色易挥发液体

pH 值　无资料		**熔点(℃)**　−98	
沸点(℃)　68.5		**相对密度(水=1)**　0.678	
相对蒸气密度(空气=1)　2.92			
临界压力(MPa)　无资料		**辛醇/水分配系数**　无资料	
闪点(℃)　−20.58		**自燃温度(℃)**　245	
爆炸下限(%)　无资料		**爆炸上限(%)**　无资料	
分解温度(℃)　无资料		**黏度(mPa·s)**　无资料	
燃烧热(kJ/mol)　−3981.9		**临界温度(℃)**　无资料	

溶解性　不溶于水，溶于乙醇、乙醚等

第十部分　稳定性和反应性

稳定性　稳定

危险反应　与强氧化剂、碱金属、碱土金属、重金属及重金属盐、卤素等禁配物接触，有引起燃烧爆炸的危险。容易发生自聚反应

避免接触的条件　受热、光照

禁配物　强氧化剂、酸类、卤代烃、卤素等

危险的分解产物　无资料

第十一部分　毒理学信息

急性毒性　无资料

皮肤刺激或腐蚀　无资料　　眼睛刺激或腐蚀　无资料
呼吸或皮肤过敏　无资料　　生殖细胞突变性　无资料
致癌性　无资料　　　　　　生殖毒性　无资料
特异性靶器官系统毒性-一次接触　无资料
特异性靶器官系统毒性-反复接触　无资料
吸入危害　无资料

第十二部分　生态学信息

生态毒性　无资料
持久性和降解性
　　生物降解性　无资料
　　非生物降解性　无资料
潜在的生物累积性　无资料
土壤中的迁移性　无资料

第十三部分　废弃处置

废弃化学品　建议用焚烧法处置
污染包装物　将容器返还生产商或按照国家和地方法规
　　处置
废弃注意事项　处置前应参阅国家和地方有关法规

第十四部分　运输信息

联合国危险货物编号（UN 号）　3295
联合国运输名称　液态烃类，未另作规定的（2-己烯）
联合国危险性类别　3

包装类别　Ⅱ　　　　　**包装标志**　

海洋污染物　否
运输注意事项　运输时运输车辆应配备相应品种和数量
　　的消防器材及泄漏应急处理设备。夏季最好早晚运
　　输。运输时所用的槽（罐）车应有接地链，槽内可
　　设孔隔板以减少震荡产生的静电。严禁与氧化剂、
　　酸类、食用化学品等混装混运。运输途中应防暴晒、
　　雨淋，防高温。中途停留时应远离火种、热源、高
　　温区。装运该物品的车辆排气管必须配备阻火装置，
　　禁止使用易产生火花的机械设备和工具装卸。公路
　　运输时要按规定路线行驶，勿在居民区和人口稠密
　　区停留。铁路运输时要禁止溜放。严禁用木船、水
　　泥船散装运输

第十五部分　法规信息

　　下列法律、法规、规章和标准，对该化学品的管理作
了相应的规定。
中华人民共和国职业病防治法　职业病分类和目录：未
　　列入
危险化学品安全管理条例　危险化学品目录：列入。易制
　　爆危险化学品名录：未列入。重点监管的危险化学品
　　名录：未列入。GB 18218—2009《危险化学品重大
　　危险源辨识》（表 1）：未列入
使用有毒物品作业场所劳动保护条例　高毒物品目录：未
　　列入

易制毒化学品管理条例　易制毒化学品的分类和品种目
　　录：未列入
国际公约　斯德哥尔摩公约：未列入。鹿特丹公约：未列
　　入。蒙特利尔议定书：未列入

第十六部分　其他信息

编写和修订信息　　　　缩略语和首字母缩写
培训建议　　　　　　　参考文献
免责声明

5-己烯-2-酮

第一部分　化学品标识

化学品中文名　5-己烯-2-酮；烯丙基丙酮
化学品英文名　5-hexen-2-one；allylacetone
分子式　$C_6H_{10}O$　**分子量**　98.143

结构式　

化学品的推荐及限制用途　用于合成香料、杀虫剂和药
　　品等

第二部分　危险性概述

紧急情况概述　易燃液体和蒸气
GHS 危险性类别　易燃液体，类别 3
标签要素

象形图　　

警示词　警告
危险性说明　易燃液体和蒸气
防范说明
　　预防措施　远离热源、火花、明火、热表面。禁止
　　　　吸烟。保持容器密闭。容器和接收设备接地连
　　　　接。使用防爆型电器、通风、照明设备。只能
　　　　使用不产生火花的工具。采取防止静电措施。
　　　　戴防护手套、防护眼镜、防护面罩
　　事故响应　火灾时，使用雾状水、泡沫、干粉、二
　　　　氧化碳、砂土灭火。如皮肤（或头发）接触：
　　　　立即脱掉所有被污染的衣服，用水冲洗皮肤，
　　　　淋浴
　　安全储存　存放在通风良好的地方。保持低温
　　废弃处置　本品及内装物、容器依据国家和地方法
　　　　规处置
物理和化学危险　易燃，其蒸气与空气混合，能形成爆炸
　　性混合物。容易自聚
健康危害　吸入、摄入或经皮肤吸收对身体有害。具有刺
　　激性
环境危害　对环境可能有害

第三部分　成分/组成信息

　　√ 物质　　　　　　　　　混合物

组分	浓度	CAS No.
5-己烯-2-酮		109-49-9

第四部分　急救措施

吸入　迅速脱离现场至空气新鲜处。保持呼吸道通畅。如呼吸困难，给输氧。如呼吸、心跳停止，立即进行心肺复苏术。就医

皮肤接触　立即脱去污染的衣着，用流动清水彻底冲洗。就医

眼睛接触　立即分开眼睑，用流动清水或生理盐水彻底冲洗。就医

食入　漱口，饮水。就医

对保护施救者的忠告　根据需要使用个人防护设备

对医生的特别提示　对症处理

第五部分　消防措施

灭火剂　用雾状水、泡沫、干粉、二氧化碳、砂土灭火

特别危险性　其蒸气与空气可形成爆炸性混合物，遇明火、高热能引起燃烧爆炸。与氧化剂可发生反应。流速过快，容易产生和积聚静电。容易自聚，聚合反应随着温度的上升而急骤加剧。蒸气比空气重，沿地面扩散并易积存于低洼处，遇火源会着火回燃。若遇高热，容器内压增大，有开裂和爆炸的危险

灭火注意事项及防护措施　消防人员必须佩戴防毒面具、穿全身消防服，在上风向灭火。尽可能将容器从火场移至空旷处。喷水保持火场容器冷却，直至灭火结束。处在火场中的容器若已变色或从安全泄压装置中发出声音，必须马上撤离

第六部分　泄漏应急处理

作业人员防护措施、防护装备和应急处置程序　消除所有点火源。根据液体流动和蒸气扩散的影响区域划定警戒区，无关人员从侧风向、上风向撤离至安全区。建议应急处理人员戴正压自给式呼吸器，穿防静电服。作业时使用的所有设备应接地。禁止接触或跨越泄漏物。尽可能切断泄漏源

环境保护措施　防止泄漏物进入水体、下水道、地下室或有限空间

泄漏化学品的收容、清除方法及所使用的处置材料　小量泄漏：用砂土或其他不燃材料吸收。使用洁净的无火花工具收集吸收材料。大量泄漏：构筑围堤或挖坑收容。用泡沫覆盖，减少蒸发。喷水雾能减少蒸发，但不能降低泄漏物在有限空间内的易燃性。用防爆泵转移至槽车或专用收集器内

第七部分　操作处置与储存

操作注意事项　密闭操作，注意通风。操作人员必须经过专门培训，严格遵守操作规程。建议操作人员佩戴自吸过滤式防毒面具（半面罩），戴化学安全防护眼镜，穿防毒物渗透工作服，戴橡胶耐油手套。远离火种、热源，工作场所严禁吸烟。使用防爆型的通风系统和设备。防止蒸气泄漏到工作场所空气中。避免与氧化剂、还原剂、酸类接触。充装要控制流速，防止静电积聚。搬运时要轻装轻卸，防止包装及容器损坏。配备相应品种和数量的消防器材及泄漏应急处理设备。倒空的容器可能残留有害物

储存注意事项　储存于阴凉、通风的库房。远离火种、热源。库温不宜超过37℃，应与氧化剂、还原剂、酸类分开存放，切忌混储。采用防爆型照明、通风设施。禁止使用易产生火花的机械设备和工具。储区应备有泄漏应急处理设备和合适的收容材料

第八部分　接触控制/个体防护

职业接触限值

　中国　未制定标准

　美国（ACGIH）　未制定标准

生物接触限值　未制定标准

监测方法　空气中有毒物质测定方法：未制定标准。生物监测检验方法：未制定标准

工程控制　密闭操作，注意通风

个体防护装备

　呼吸系统防护　空气中浓度超标时，必须佩戴过滤式防毒面具（半面罩）。紧急事态抢救或撤离时，应该佩戴空气呼吸器

　眼睛防护　戴化学安全防护眼镜

　皮肤和身体防护　穿防毒物渗透工作服

　手防护　戴橡胶耐油手套

第九部分　理化特性

外观与性状　无色液体

pH值　无资料	**熔点（℃）**　无资料
沸点（℃）　129.5	**相对密度（水=1）**　0.84
相对蒸气密度（空气=1）　3.39	
饱和蒸气压（kPa）　无资料	
临界压力（MPa）　无资料	**辛醇/水分配系数**　无资料
闪点（℃）　23.89	**自燃温度（℃）**　无资料
爆炸下限（%）　无资料	**爆炸上限（%）**　无资料
分解温度（℃）　无资料	**黏度（mPa·s）**　无资料
燃烧热（kJ/mol）　无资料	**临界温度（℃）**　无资料

溶解性　不溶于水，易溶于醇、醚等

第十部分　稳定性和反应性

稳定性　稳定

危险反应　与强氧化剂、强还原剂、强酸等禁配物接触，有发生火灾和爆炸的危险。容易发生自聚反应

避免接触的条件　无资料

禁配物　强氧化剂、强还原剂、强酸

危险的分解产物　无资料

第十一部分　毒理学信息

急性毒性　无资料

皮肤刺激或腐蚀　无资料	**眼睛刺激或腐蚀**　无资料
呼吸或皮肤过敏　无资料	**生殖细胞突变性**　无资料
致癌性　无资料	**生殖毒性**　无资料

特异性靶器官系统毒性--一次接触　无资料

特异性靶器官系统毒性-反复接触　无资料

吸入危害　无资料

第十二部分　生态学信息

生态毒性　无资料
持久性和降解性
　生物降解性　无资料
　非生物降解性　无资料
潜在的生物累积性　无资料
土壤中的迁移性　无资料

第十三部分　废弃处置

废弃化学品　建议用焚烧法处置
污染包装物　将容器返还生产商或按照国家和地方法规处置
废弃注意事项　处置前应参阅国家和地方有关法规

第十四部分　运输信息

联合国危险货物编号（UN号）　1224
联合国运输名称　液态酮类，未另作规定的（5-己烯-2-酮）
联合国危险性类别　3

包装类别　Ⅲ　　　　　**包装标志**

海洋污染物　否
运输注意事项　运输时运输车辆应配备相应品种和数量的消防器材及泄漏应急处理设备。夏季最好早晚运输。运输时所用的槽（罐）车应有接地链，槽内可设孔隔板以减少震荡产生的静电。严禁与氧化剂、还原剂、酸类、食用化学品等混装混运。运输途中应防暴晒、雨淋、防高温。中途停留时应远离火种、热源、高温区。装运该物品的车辆排气管必须配备阻火装置，禁止使用易产生火花的机械设备和工具装卸。公路运输时要按规定路线行驶，勿在居民区和人口稠密区停留。铁路运输时要禁止溜放。严禁用木船、水泥船散装运输

第十五部分　法规信息

下列法律、法规、规章和标准，对该化学品的管理作了相应的规定。
中华人民共和国职业病防治法　职业病分类和目录：未列入
危险化学品安全管理条例　危险化学品目录：列入。易制爆危险化学品名录：未列入。重点监管的危险化学品名录：未列入。GB 18218—2009《危险化学品重大危险源辨识》（表1）：未列入
使用有毒物品作业场所劳动保护条例　高毒物品目录：未列入
易制毒化学品管理条例　易制毒化学品的分类和品种目录：未列入
国际公约　斯德哥尔摩公约：未列入。鹿特丹公约：未列入。蒙特利尔议定书：未列入

第十六部分　其他信息

编写和修订信息　　缩略语和首字母缩写
培训建议　　　　　参考文献
免责声明

己酰氯

第一部分　化学品标识

化学品中文名　己酰氯；氯化己酰
化学品英文名　hexanoyl chloride；caproyl chloride
分子式　$C_6H_{11}ClO$　**分子量**　134.604
结构式

化学品的推荐及限制用途　用于有机合成

第二部分　危险性概述

紧急情况概述　易燃液体和蒸气，造成严重的皮肤灼伤和眼损伤
GHS危险性类别　易燃液体，类别3；皮肤腐蚀/刺激，类别1；严重眼损伤/眼刺激，类别1
标签要素

象形图　

警示词　危险
危险性说明　易燃液体和蒸气，造成严重的皮肤灼伤和眼损伤
防范说明
　预防措施　远离热源、火花、明火、热表面。禁止吸烟。保持容器密闭。容器和接收设备接地连接。使用防爆型电器、通风、照明设备。只能使用不产生火花的工具。采取防止静电措施。避免吸入烟雾。避免接触眼睛、皮肤，操作后彻底清洗。戴防护手套，穿防护服，戴防护眼镜、防护面罩
　事故响应　火灾时，使用干粉、二氧化碳、砂土灭火。如吸入：将患者转移到空气新鲜处，休息，保持利于呼吸的体位，立即呼叫中毒控制中心或就医。如皮肤（或头发）接触：立即脱掉所有被污染的衣服，用水冲洗皮肤，淋浴。污染的衣服须洗净后方可重新使用。眼睛接触：用水细心地冲洗数分钟，立即呼叫中毒控制中心或就医。如戴隐形眼镜并可方便地取出，则取出隐形眼镜，继续冲洗。食入：漱口，不要催吐
　安全储存　存放在通风良好的地方。保持低温。上锁保管
　废弃处置　本品及内装物、容器依据国家和地方法规处置
物理和化学危险　易燃，其蒸气与空气混合，能形成爆炸性混合物。遇水产生刺激性气体

健康危害 对眼睛、皮肤、黏膜和呼吸道有强烈的刺激作用。吸入、摄入或经皮肤吸收对身体有害。吸入可能由于喉、支气管的痉挛、水肿、炎症、化学性肺炎或肺水肿而致死。中毒表现有烧灼感、咳嗽、喘息、喉炎、气短、头痛、恶心和呕吐。眼和皮肤接触引起灼伤

环境危害 对环境可能有害

第三部分　成分/组成信息

√ 物质　　　　　　　混合物

组分	浓度	CAS No.
己酰氯		142-61-0

第四部分　急救措施

吸入 迅速脱离现场至空气新鲜处。保持呼吸道通畅。如呼吸困难，给输氧。呼吸、心跳停止，立即进行心肺复苏术。就医

皮肤接触 立即脱去污染的衣着，用大量流动清水彻底冲洗至少15min。就医

眼睛接触 立即分开眼睑，用流动清水或生理盐水彻底冲洗5～10min。就医

食入 用水漱口，禁止催吐。给饮牛奶或蛋清。就医

对保护施救者的忠告 根据需要使用个人防护设备

对医生的特别提示 对症处理

第五部分　消防措施

灭火剂 用干粉、二氧化碳、砂土灭火

特别危险性 易燃，与水或潮气发生反应，散发出刺激性和腐蚀性的氯化氢气体。对大多数金属有腐蚀性

灭火注意事项及防护措施 消防人员必须穿全身耐酸碱消防服、佩戴空气呼吸器灭火。尽可能将容器从火场移至空旷处。处在火场中的容器若已变色或从安全泄压装置中发出声音，必须马上撤离。禁止用水、泡沫和酸碱灭火剂灭火

第六部分　泄漏应急处理

作业人员防护措施、防护装备和应急处置程序 根据液体流动和蒸气扩散的影响区域划定警戒区，无关人员从侧风向、上风向撤离至安全区。消除所有点火源。建议应急处理人员戴正压自给式呼吸器，穿防酸碱服。穿上适当的防护服前严禁接触破裂的容器和泄漏物。尽可能切断泄漏源

环境保护措施 防止泄漏物进入水体、下水道、地下室或有限空间

泄漏化学品的收容、清除方法及所使用的处置材料 小量泄漏：用干燥的砂土或其他不燃材料吸收或覆盖，收集于容器中。大量泄漏：构筑围堤或挖坑收容。用耐腐蚀泵转移至槽车或专用收集器内

第七部分　操作处置与储存

操作注意事项 密闭操作，局部排风。操作人员必须经过专门培训，严格遵守操作规程。建议操作人员佩戴自吸过滤式防毒面具（全面罩），穿橡胶耐酸碱服，戴橡胶耐酸碱手套。远离火种、热源，工作场所严禁吸烟。使用防爆型的通风系统和设备。防止蒸气泄漏到工作场所空气中。避免与氧化剂、碱类、醇类接触。搬运时要轻装轻卸，防止包装及容器损坏。配备相应品种和数量的消防器材及泄漏应急处理设备。倒空的容器可能残留有害物

储存注意事项 储存于阴凉、干燥、通风良好的库房。远离火种、热源。保持容器密封。应与氧化剂、碱类、醇类等分开存放，切忌混储。采用防爆型照明、通风设施。禁止使用易产生火花的机械设备和工具。储区应备有泄漏应急处理设备和合适的收容材料

第八部分　接触控制/个体防护

职业接触限值

中国　未制定标准

美国（ACGIH）　未制定标准

生物接触限值 未制定标准

监测方法 空气中有毒物质测定方法：未制定标准。生物监测检验方法：未制定标准

工程控制 密闭操作，局部排风。提供安全淋浴和洗眼设备

个体防护装备

呼吸系统防护　空气中浓度超标时，必须佩戴过滤式防毒面具（全面罩）。紧急事态抢救或撤离时，应该佩戴空气呼吸器

眼睛防护　呼吸系统防护中已作防护

皮肤和身体防护　穿橡胶耐酸碱服

手防护　戴橡胶耐酸碱手套

第九部分　理化特性

外观与性状 无色透明液体

pH 值 无资料	**熔点(℃)** −87.3
沸点(℃) 150～153	**相对密度(水＝1)** 0.97
相对蒸气密度(空气＝1) 无资料	
饱和蒸气压(kPa) 无资料	
临界压力(MPa) 无资料	**辛醇/水分配系数** 无资料
闪点(℃) 50	**自燃温度(℃)** 无资料
爆炸下限(%) 无资料	**爆炸上限(%)** 无资料
分解温度(℃) 无资料	**黏度(mPa·s)** 无资料
燃烧热(kJ/mol) 无资料	**临界温度(℃)** 无资料

溶解性 溶于乙醚、氯仿等多数有机溶剂

第十部分　稳定性和反应性

稳定性 稳定

危险反应 与水、醇类、强氧化剂、强碱等禁配物接触发生反应。与水或潮气发生反应，散发出刺激性和腐蚀性的氯化氢气体

避免接触的条件 潮湿空气

禁配物 水、醇类、强氧化剂、强碱

危险的分解产物 光气、氯化氢

第十一部分　毒理学信息

急性毒性 无资料

皮肤刺激或腐蚀　无资料　眼睛刺激或腐蚀　无资料

呼吸或皮肤过敏　无资料　生殖细胞突变性　无资料

致癌性　无资料　　　　生殖毒性　无资料

特异性靶器官系统毒性-一次接触　无资料

特异性靶器官系统毒性-反复接触　无资料

吸入危害　无资料

第十二部分　生态学信息

生态毒性　无资料

持久性和降解性

　　生物降解性　无资料

　　非生物降解性　无资料

潜在的生物累积性　无资料

土壤中的迁移性　无资料

第十三部分　废弃处置

废弃化学品　建议用焚烧法处置。与燃料混合后，再焚

　　烧。焚烧炉排出的卤化氢通过酸洗涤器除去

污染包装物　将容器返还生产商或按照国家和地方法规

　　处置

废弃注意事项　处置前应参阅国家和地方有关法规

第十四部分　运输信息

联合国危险货物编号（UN号）　2920

联合国运输名称　腐蚀性液体，易燃，未另作规定的（己

　　酰氯）

联合国危险性类别　8，3

包装类别　Ⅰ/Ⅱ　包装标志

海洋污染物　否

运输注意事项　起运时包装要完整，装载应稳妥。运输过

　　程中要确保容器不泄漏、不倒塌、不坠落、不损坏。

　　运输时所用的槽（罐）车应有接地链，槽内可设孔隔

　　板以减少震荡产生的静电。严禁与氧化剂、碱类、醇

　　类、食用化学品等混装混运。公路运输时要按规定路

　　线行驶，勿在居民区和人口稠密区停留

第十五部分　法规信息

　　下列法律、法规、规章和标准，对该化学品的管理作

了相应的规定。

中华人民共和国职业病防治法　职业病分类和目录：未

　　列入

危险化学品安全管理条例　危险化学品目录：列入。易制

　　爆危险化学品名录：未列入。重点监管的危险化学品

　　名录：未列入。GB 18218—2009《危险化学品重大

　　危险源辨识》（表1）：未列入

使用有毒物品作业场所劳动保护条例　高毒物品目录：未

　　列入

易制毒化学品管理条例　易制毒化学品的分类和品种目

　　录：未列入

国际公约　斯德哥尔摩公约：未列入。鹿特丹公约：未列

入。蒙特利尔议定书：未列入

第十六部分　其他信息

编写和修订信息　　缩略语和首字母缩写

培训建议　　　　　参考文献

免责声明

甲苯二胺硫酸盐

第一部分　化学品标识

化学品中文名　甲苯二胺硫酸盐；硫酸-2,5-二氨基甲苯；

　　2,5-二氨基甲苯硫酸

化学品英文名　toluene-2,5-diamine, sulfate；2,5-diami-

　　notoluene sulphate

分子式　$C_7H_{10}N_2 \cdot H_2SO_4$　分子量　220.25

结构式

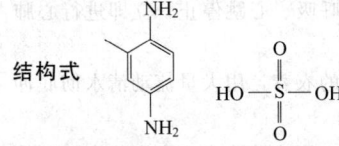

化学品的推荐及限制用途　用作化学试剂，也用于有机

　　合成

第二部分　危险性概述

紧急情况概述　吞咽会中毒，可能会导致皮肤过敏反应

GHS危险性类别　急性毒性-经口，类别3；急性毒性-经

　　皮，类别4；急性毒性-吸入，类别4；皮肤致敏物，

　　类别1；危害水生环境-急性危害，类别2；危害水生

　　环境-长期危害，类别2

标签要素

象形图

警示词　危险

危险性说明　吞咽会中毒，皮肤接触有害，吸入有害，

　　可能导致皮肤过敏反应，对水生生物有毒并具有长

　　期持续影响

防范说明

　　预防措施　避免接触眼睛、皮肤，操作后彻底清

　　　　洗。作业场所不得进食、饮水或吸烟。戴防护

　　　　手套、穿防护服。避免吸入粉尘。仅在室外或

　　　　通风良好处操作。污染的工作服不得带出工作

　　　　场所。禁止排入环境

　　事故响应　如吸入：将患者转移到空气新鲜处，休

　　　　息，保持利于呼吸的体位，如感觉不适，呼叫

　　　　中毒控制中心或就医。皮肤接触：用大量肥皂

　　　　水和水清洗，如感觉不适，呼叫中毒控制中心

　　　　或就医。被污染的衣服必须经洗净后方可重新

　　　　使用。如出现皮肤刺激或皮疹：就医。食入：

　　　　立即呼叫中毒控制中心或就医，漱口。收集泄

　　　　漏物

　　安全储存　上锁保管

　　废弃处置　本品及内装物、容器依据国家和地方法

规处置

物理和化学危险 可燃，其粉体与空气混合，能形成爆炸性混合物

健康危害 有毒。对眼睛、皮肤、黏膜和上呼吸道有刺激作用。本品为高铁血红蛋白形成剂，可引起紫绀。受热分解放出有毒气体

环境危害 对水生生物有毒并具有长期持续影响

第三部分 成分/组成信息

√ 物质　　　　　　　　　混合物

组分	浓度	CAS No.
甲苯二胺硫酸盐		615-50-9

第四部分 急救措施

吸入 迅速脱离现场至空气新鲜处。保持呼吸道通畅。如呼吸困难，给吸氧。如呼吸、心跳停止，立即行心肺复苏术。就医

皮肤接触 立即脱去污染衣着，用肥皂水或清水彻底冲洗。就医

眼睛接触 分开眼睑，用清水或生理盐水冲洗。就医

食入 漱口，饮水。就医

对保护施救者的忠告 根据需要使用个人防护设备

对医生的特别提示 高铁血红蛋白血症，可用亚甲蓝和维生素 C 治疗

第五部分 消防措施

灭火剂 用雾状水、泡沫、干粉、二氧化碳、砂土灭火

特别危险性 遇明火、高热可燃。其粉体与空气可形成爆炸性混合物，当达到一定浓度时，遇火星会发生爆炸。受高热分解放出有毒的气体

灭火注意事项及防护措施 消防人员必须佩戴防毒面具、穿全身消防服，在上风向灭火。尽可能将容器从火场移至空旷处。喷水保持火场容器冷却，直至灭火结束。切勿将水流直接射至熔融物，以免引起严重的流淌火灾或引起剧烈的沸溅

第六部分 泄漏应急处理

作业人员防护措施、防护装备和应急处置程序 隔离泄漏污染区，限制出入。消除所有点火源。建议应急处理人员戴防尘口罩，穿防毒服。穿上适当的防护服前严禁接触破裂的容器和泄漏物。尽可能切断泄漏源

环境保护措施 用塑料布覆盖泄漏物，减少飞散。勿使水进入包装容器内

泄漏化学品的收容、清除方法及所使用的处置材料 用洁净的铲子收集泄漏物，置于干净、干燥、盖子较松的容器中，将容器移离泄漏区

第七部分 操作处置与储存

操作注意事项 密闭操作，局部排风。防止粉尘释放到车间空气中。操作人员必须经过专门培训，严格遵守操作规程。建议操作人员佩戴自吸过滤式防尘口罩，戴化学安全防护眼镜，穿防毒物渗透工作服，戴橡胶手套。远离火种、热源，工作场所严禁吸烟。使用防爆

型的通风系统和设备。避免产生粉尘。避免与氧化剂、碱类接触。配备相应品种和数量的消防器材及泄漏应急处理设备。倒空的容器可能残留有害物

储存注意事项 储存于阴凉、通风的库房。远离火种、热源。防止阳光直射。包装密封。应与氧化剂、碱类、食用化学品分开存放，切忌混储。配备相应品种和数量的消防器材。储区应备有合适的材料收容泄漏物

第八部分 接触控制/个体防护

职业接触限值

中国　未制定标准

美国（ACGIH）　未制定标准

生物接触限值 未制定标准

监测方法 空气中有毒物质测定方法：未制定标准。生物监测检验方法：未制定标准

工程控制 密闭操作，局部排风

个体防护装备

呼吸系统防护　空气中粉尘浓度超标时，必须佩戴过滤式防尘呼吸器。紧急事态抢救或撤离时，应该佩戴空气呼吸器

眼睛防护　戴化学安全防护眼镜

皮肤和身体防护　穿防毒物渗透工作服

手防护　戴橡胶手套

第九部分 理化特性

外观与性状 淡红紫色结晶

pH 值 无意义		**熔点（℃）** >300	
沸点（℃） 无资料		**相对密度（水＝1）** 无资料	
相对蒸气密度（空气＝1） 无资料			
饱和蒸气压（kPa） 无资料			
临界压力（MPa） 无资料		**辛醇/水分配系数** 无资料	
闪点（℃） 无意义		**自燃温度（℃）** 无资料	
爆炸下限（%） 无资料		**爆炸上限（%）** 无资料	
分解温度（℃） 无资料		**黏度（mPa·s）** 无资料	
燃烧热（kJ/mol） 无资料		**临界温度（℃）** 无资料	

溶解性 微溶于水、乙醇

第十部分 稳定性和反应性

稳定性 稳定

危险反应 与强氧化剂、强碱等禁配物发生反应

避免接触的条件 无资料

禁配物 强氧化剂、强碱

危险的分解产物 氮氧化物、氧化硫

第十一部分 毒理学信息

急性毒性 LD_{50}：98mg/kg（大鼠经口）

皮肤刺激或腐蚀 无资料　　**眼睛刺激或腐蚀** 无资料

呼吸或皮肤过敏 无资料

生殖细胞突变性 微生物致突变：鼠伤寒沙门氏菌 $250\mu g/皿$

致癌性 无资料　　　　**生殖毒性** 无资料

特异性靶器官系统毒性--一次接触 无资料

特异性靶器官系统毒性-反复接触 无资料

吸入危害　无资料

第十二部分　生态学信息

生态毒性　LC_{50}：1.08mg/L（96h）（斑马鱼，OECD
　　203）。ErC_{50}：0.653mg/L（72h）（*Scenedesmus sub-
　　spicatus*，OECD 201）。NOEC：0.276mg/L（21d）
　　（大型溞，OECD 211）
持久性和降解性
　　生物降解性　OECD 301D，不易快速生物降解
　　非生物降解性　无资料
潜在的生物累积性　无资料
土壤中的迁移性　无资料

第十三部分　废弃处置

废弃化学品　建议用焚烧法处置。在能利用的地方重复使
　　用容器或在规定场所掩埋
污染包装物　将容器返还生产商或按照国家和地方法规
　　处置
废弃注意事项　处置前应参阅国家和地方有关法规

第十四部分　运输信息

联合国危险货物编号（UN号）　2811
联合国运输名称　有机毒性固体，未另作规定的（甲苯二
　　胺硫酸盐）
联合国危险性类别　6.1

包装类别　Ⅲ　　　　　**包装标志**　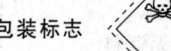

海洋污染物　是
运输注意事项　运输前应先检查包装容器是否完整、密
　　封，运输过程中要确保容器不泄漏、不倒塌、不坠
　　落、不损坏。严禁与酸类、氧化剂、食品及食品添加
　　剂混运。运输时运输车辆应配备相应品种和数量的消
　　防器材及泄漏应急处理设备。运输途中应防暴晒、雨
　　淋、防高温。公路运输时要按规定路线行驶，勿在居
　　民区和人口稠密区停留

第十五部分　法规信息

　　下列法律、法规、规章和标准，对该化学品的管理作
了相应的规定。
中华人民共和国职业病防治法　职业病分类和目录：苯的
　　氨基及硝基化合物中毒
危险化学品安全管理条例　危险化学品目录：列入。易制
　　爆危险化学品名录：未列入。重点监管的危险化学品
　　名录：未列入。GB 18218—2009《危险化学品重大
　　危险源辨识》（表1）：未列入
使用有毒物品作业场所劳动保护条例　高毒物品目录：未
　　列入
易制毒化学品管理条例　易制毒化学品的分类和品种目
　　录：未列入
国际公约　斯德哥尔摩公约：未列入。鹿特丹公约：未列
　　入。蒙特利尔议定书：未列入

第十六部分　其他信息

编写和修订信息　　　缩略语和首字母缩写
培训建议　　　　　　参考文献
免责声明

甲苯-3,4-二硫酚

第一部分　化学品标识

化学品中文名　甲苯-3,4-二硫酚；3,4-二巯基甲苯
化学品英文名　toluene-3,4-dithiol；dithiol；3,4-dimer-
　　captotoluene
分子式　$C_7H_8S_2$　　**分子量**　156.268
结构式　
化学品的推荐及限制用途　用于有机合成及用作分析试剂

第二部分　危险性概述

紧急情况概述　造成皮肤刺激，造成严重眼损伤
GHS危险性类别　皮肤腐蚀/刺激，类别2；严重眼损伤/
　　眼刺激，类别1
标签要素

　　象形图

　　警示词　危险
　　危险性说明　造成皮肤刺激，造成严重眼损伤
　　防范说明
　　　预防措施　避免接触眼睛、皮肤，操作后彻底清
　　　　洗。戴防护手套、防护眼镜、防护面罩
　　　事故响应　皮肤接触：用大量肥皂水和水清洗，脱
　　　　去被污染的衣服，如发生皮肤刺激，就医。被
　　　　污染的衣服经洗净后方可重新使用。接触眼
　　　　睛：用水细心冲洗数分钟。如戴隐形眼镜并可
　　　　方便地取出，取出隐形眼镜，继续冲洗
　　　安全储存　—
　　　废弃处置　物理和化学危险：可燃，其粉体与空气
　　　　混合，能形成爆炸性混合物
健康危害　有腐蚀性。对眼睛、皮肤、黏膜和上呼吸道有
　　强烈刺激作用。接触后，可引起烧灼感、咳嗽、气
　　短、喉炎、头痛、恶心和呕吐等
环境危害　对环境可能有害

第三部分　成分/组成信息

　　√　物质　　　　　　　　　　　　混合物
　　　　组分　　　　　浓度　　　　CAS No.
　　甲苯-3,4-二硫酚　　　　　　　496-74-2

第四部分　急救措施

吸入　迅速脱离现场至空气新鲜处。保持呼吸道通畅。如
　　呼吸困难，给输氧。呼吸、心跳停止，立即进行心肺
　　复苏术。就医

皮肤接触　立即脱去污染的衣着，用流动清水彻底冲洗。就医

眼睛接触　立即分开眼睑，用流动清水或生理盐水彻底冲洗5～10min。就医

食入　漱口，饮水。就医

对保护施救者的忠告　根据需要使用个人防护设备

对医生的特别提示　对症处理

第五部分　消防措施

灭火剂　用雾状水、泡沫、干粉、二氧化碳、砂土灭火

特别危险性　遇明火、高热可燃。其粉体与空气可形成爆炸性混合物，当达到一定浓度时，遇火星会发生爆炸。受高热分解放出有毒的气体。具有腐蚀性

灭火注意事项及防护措施　消防人员必须佩戴防毒面具、穿全身消防服，在上风向灭火。尽可能将容器从火场移至空旷处。喷水保持火场容器冷却，直至灭火结束

第六部分　泄漏应急处理

作业人员防护措施、防护装备和应急处置程序　隔离泄漏污染区，限制出入。消除所有点火源。建议应急处理人员戴防尘口罩，穿防酸碱服。穿上适当的防护服前严禁接触破裂的容器和泄漏物。尽可能切断泄漏源

环境保护措施　用塑料布覆盖泄漏物，减少飞散。勿使水进入包装容器内

泄漏化学品的收容、清除方法及所使用的处置材料　用洁净的铲子收集泄漏物，置于干净、干燥、盖子较松的容器中，将容器移离泄漏区

第七部分　操作处置与储存

操作注意事项　密闭操作，提供充分的局部排风。防止粉尘释放到车间空气中。操作人员必须经过专门培训，严格遵守操作规程。建议操作人员佩戴防尘面具（全面罩），穿橡胶耐酸碱服，戴橡胶耐酸碱手套。远离火种、热源，工作场所严禁吸烟。使用防爆型的通风系统和设备。避免产生粉尘。避免与氧化剂、碱类接触。配备相应品种和数量的消防器材及泄漏应急处理设备。倒空的容器可能残留有害物

储存注意事项　储存于阴凉、通风的库房。远离火种、热源。防止阳光直射。包装密封。应与氧化剂、碱类、食用化学品分开存放，切忌混储。配备相应品种和数量的消防器材。储区应备有合适的材料收容泄漏物

第八部分　接触控制/个体防护

职业接触限值
　　中国　未制定标准
　　美国（ACGIH）　未制定标准

生物接触限值　未制定标准

监测方法　空气中有毒物质测定方法：未制定标准。生物监测检验方法：未制定标准

工程控制　严加密闭，提供充分的局部排风

个体防护装备
　　呼吸系统防护　可能接触其粉尘时，必须佩戴防尘面具（全面罩）。紧急事态抢救或撤离时，应该佩

戴空气呼吸器
　　眼睛防护　呼吸系统防护中已作防护
　　皮肤和身体防护　穿橡胶耐酸碱服
　　手防护　戴橡胶耐酸碱手套

第九部分　理化特性

外观与性状　白色结晶

pH值　无意义　　　　熔点（℃）　30～33

沸点（℃）　185～187(11.2kPa)

相对密度（水=1）　1.179

相对蒸气密度（空气=1）　无资料

饱和蒸气压（kPa）　无资料

临界压力（MPa）　无资料　辛醇/水分配系数　无资料

闪点（℃）　>110　　　自燃温度（℃）　无资料

爆炸下限（%）　无资料　爆炸上限（%）　无资料

分解温度（℃）　无资料　黏度（mPa·s）　无资料

燃烧热（kJ/mol）　无资料　临界温度（℃）　无资料

溶解性　溶于苯、碱液

第十部分　稳定性和反应性

稳定性　稳定

危险反应　与强氧化剂、强碱等禁配物发生反应

避免接触的条件　无资料

禁配物　强氧化剂、强碱

危险的分解产物　氧化硫

第十一部分　毒理学信息

急性毒性　LD_{50}：50mg/kg（小鼠腹腔）

皮肤刺激或腐蚀　无资料　眼睛刺激或腐蚀　无资料

呼吸或皮肤过敏　无资料　生殖细胞突变性　无资料

致癌性　无资料　　　　生殖毒性　无资料

特异性靶器官系统毒性-一次接触　无资料

特异性靶器官系统毒性-反复接触　无资料

吸入危害　无资料

第十二部分　生态学信息

生态毒性　无资料

持久性和降解性
　　生物降解性　无资料
　　非生物降解性　无资料

潜在的生物累积性　无资料

土壤中的迁移性　无资料

第十三部分　废弃处置

废弃化学品　建议用焚烧法处置。在能利用的地方重复使用容器或在规定场所掩埋

污染包装物　将容器返还生产商或按照国家和地方法规处置

废弃注意事项　处置前应参阅国家和地方有关法规

第十四部分　运输信息

联合国危险货物编号（UN号）　—

联合国运输名称　—

联合国危险性类别 —

包装类别 —   包装标志 —

海洋污染物 否

运输注意事项 起运时包装要完整，装载应稳妥。运输过程中要确保容器不泄漏、不倒塌、不坠落、不损坏。严禁与氧化剂、碱类、食用化学品等混装混运。运输时运输车辆应配备相应品种和数量的消防器材及泄漏应急处理设备。运输途中应防暴晒、雨淋，防高温。公路运输时要按规定路线行驶，勿在居民区和人口稠密区停留

第十五部分　法规信息

下列法律、法规、规章和标准，对该化学品的管理作了相应的规定。

中华人民共和国职业病防治法 职业病分类和目录：未列入

危险化学品安全管理条例 危险化学品目录：列入。易制爆危险化学品名录：未列入。重点监管的危险化学品名录：未列入。GB 18218—2009《危险化学品重大危险源辨识》（表1）：未列入

使用有毒物品作业场所劳动保护条例 高毒物品目录：未列入

易制毒化学品管理条例 易制毒化学品的分类和品种目录：未列入

国际公约 斯德哥尔摩公约：未列入。鹿特丹公约：未列入。蒙特利尔议定书：未列入

第十六部分　其他信息

编写和修订信息   缩略语和首字母缩写

培训建议   参考文献

免责声明

2,4-甲苯二异氰酸酯

第一部分　化学品标识

化学品中文名 2,4-甲苯二异氰酸酯；甲苯-2,4-二异氰酸酯；2,4-二异氰酸甲苯酯

化学品英文名 toluene-2,4-diisocyanate；2,4-tolylene di-isocyanate

分子式 $C_9H_6N_2O_2$ 分子量 174.1561

结构式

化学品的推荐及限制用途 用于有机合成，生产泡沫塑料、涂料和用作化学试剂

第二部分　危险性概述

紧急情况概述 吸入致命，吸入可能导致过敏或哮喘症状或呼吸困难，可能导致皮肤过敏反应

GHS危险性类别 急性毒性-吸入，类别2；皮肤腐蚀/刺激，类别2；严重眼损伤/眼刺激，类别2；呼吸道致敏物，类别1；皮肤致敏物，类别1；致癌性，类别

2；特异性靶器官毒性--一次接触，类别3（呼吸道刺激）；危害水生环境-急性危害，类别3；危害水生环境-长期危害，类别3

标签要素

象形图

警示词 危险

危险性说明 吸入致命，造成皮肤刺激，造成严重眼刺激，吸入可能导致过敏或哮喘症状或呼吸困难，可能导致皮肤过敏反应，怀疑致癌，可能引起呼吸道刺激，对水生生物有害并具有长期持续影响

防范说明

预防措施 避免吸入蒸气、雾。仅在室外或通风良好处操作。戴呼吸防护器具。避免接触眼睛、皮肤，操作后彻底清洗。戴防护手套、防护眼镜、防护面罩。污染的工作服不得带出工作场所。得到专门指导后操作。在阅读并了解所有安全预防措施之前，切勿操作。按要求使用个体防护装备。禁止排入环境

事故响应 如吸入：将患者转移到空气新鲜处，休息，保持利于呼吸的体位，立即呼叫中毒控制中心或就医。皮肤接触：用大量肥皂水和水清洗，脱去被污染的衣服，衣服经洗净后方可重新使用。如出现皮肤刺激或皮疹：就医。如接触眼睛：用水细心冲洗数分钟。如戴隐形眼镜并可方便地取出，取出隐形眼镜，继续冲洗。如果眼睛刺激持续：就医。如果接触或有担心，就医

安全储存 在通风良好处储存。保持容器密闭。上锁保管

废弃处置 本品及内装物、容器依据国家和地方法规处置

物理和化学危险 可燃，其蒸气与空气混合，能形成爆炸性混合物

健康危害 本品具有明显的刺激和致敏作用。高浓度接触直接损害呼吸道黏膜，发生喘息性支气管炎，表现有咽喉干燥、剧咳、胸痛、呼吸困难等。重者缺氧、紫绀、昏迷。可引起肺炎和肺水肿。蒸气或雾对眼睛有刺激性；液体溅入眼内，可能引起角膜损伤。液体对皮肤有刺激作用，引起皮炎。口服能引起消化道的刺激和腐蚀。慢性影响：反复接触本品，能引起过敏性哮喘。长期低浓度接触，呼吸功能可受到影响

环境危害 对水生生物有害并具有长期持续影响

第三部分　成分/组成信息

√ 物质   混合物

组分	浓度	CAS No.
2,4-甲苯二异氰酸酯		584-84-9

第四部分　急救措施

吸入 迅速脱离现场至空气新鲜处。保持呼吸道通畅。如

呼吸困难，给输氧。呼吸、心跳停止，立即进行心肺复苏术。就医

皮肤接触 立即脱去污染的衣着，用流动清水彻底冲洗。就医

眼睛接触 立即分开眼睑，用流动清水或生理盐水彻底冲洗。就医

食入 漱口，饮水。就医

对保护施救者的忠告 根据需要使用个人防护设备

对医生的特别提示 对症处理

第五部分　消防措施

灭火剂 用干粉、二氧化碳、砂土灭火

特别危险性 遇明火、高热可燃。与氧化剂可发生反应。与胺类、醇类、碱类和温水反应剧烈，能引起燃烧或爆炸。加热或燃烧时可分解生成有毒气体。蒸气比空气重，沿地面扩散并易积存于低洼处，遇火源会着火回燃。若遇高热，容器内压增大，有开裂和爆炸的危险

灭火注意事项及防护措施 消防人员必须佩戴防毒面具、穿全身消防服，在上风向灭火。尽可能将容器从火场移至空旷处。喷水保持火场容器冷却，直至灭火结束。处在火场中的容器若已变色或从安全泄压装置中发出声音，必须马上撤离。禁止用水、泡沫和酸碱灭火剂灭火

第六部分　泄漏应急处理

作业人员防护措施、防护装备和应急处置程序 根据液体流动和蒸气扩散的影响区域划定警戒区，无关人员从侧风向、上风向撤离至安全区。建议应急处理人员戴正压自给式呼吸器，穿防毒服。作业时使用的所有设备应接地。穿上适当的防护服前严禁接触破裂的容器和泄漏物。尽可能切断泄漏源

环境保护措施 防止泄漏物进入水体、下水道、地下室或有限空间

泄漏化学品的收容、清除方法及所使用的处置材料 严禁用水处理。小量泄漏：用干燥的砂土或其他不燃材料覆盖泄漏物。大量泄漏：构筑围堤或挖坑收容。用泵转移至槽车或专用收集器内

第七部分　操作处置与储存

操作注意事项 密闭操作，提供充分的局部排风。操作人员必须经过专门培训，严格遵守操作规程。建议操作人员佩戴自吸过滤式防毒面具（半面罩），戴化学安全防护眼镜，穿防毒物渗透工作服，戴橡胶耐油手套。远离火种、热源，工作场所严禁吸烟。使用防爆型的通风系统和设备。防止蒸气泄漏到工作场所空气中。避免与氧化剂、酸类、碱类、醇类接触。尤其要注意避免与水接触。搬运时要轻装轻卸，防止包装及容器损坏。配备相应品种和数量的消防器材及泄漏应急处理设备。倒空的容器可能残留有害物

储存注意事项 储存于阴凉、干燥、通风良好的库房内。远离火种、热源。库温不超过35℃，相对湿度不超过85%。保持容器密封。应与氧化剂、酸类、碱类、醇类等分开存放，切忌混储。配备相应品种和数量的消防器材。储区应备有泄漏应急处理设备和合适的收容材料

第八部分　接触控制/个体防护

职业接触限值

中国　PC-TWA：0.1mg/m³；PC-STEL：0.2mg/m³ ［敏］［G2B］

美国（ACGIH）　TLV-TWA：0.005ppm；TLV-STEL：0.02ppm［敏］

生物接触限值 尿中甲苯二胺：1µmol/mol 肌酐（采样时间：工作班末）

监测方法 空气中有毒物质测定方法：溶液采集-气相色谱法。生物监测检验方法：未制定标准

工程控制 严加密闭，提供充分的局部排风。提供安全淋浴和洗眼设备

个体防护装备

呼吸系统防护 空气中浓度超标时，必须佩戴过滤式防毒面具（半面罩）。紧急事态抢救或撤离时，应该佩戴空气呼吸器

眼睛防护 戴化学安全防护眼镜

皮肤和身体防护 穿防毒物渗透工作服

手防护 戴橡胶耐油手套

第九部分　理化特性

外观与性状 无色到淡黄色透明液体

pH 值 无资料　　**熔点(℃)** 19.5～21.5

沸点(℃) 251　　**相对密度(水=1)** 1.22

相对蒸气密度(空气=1) 6.0

饱和蒸气压(kPa) 1.33(118℃)

临界压力(MPa) 无资料　**辛醇/水分配系数** 0.21

闪点(℃) 121～132　　**自燃温度(℃)** 无资料

爆炸下限(%) 0.9　　**爆炸上限(%)** 9.5

分解温度(℃) 无资料　**黏度(mPa·s)** 无资料

燃烧热(kJ/mol) −4162.33

临界温度(℃) 无资料

溶解性 溶于丙酮、醚

第十部分　稳定性和反应性

稳定性 稳定

危险反应 与强氧化剂、水、醇类、胺类、酸类、强碱等禁配物接触，有发生火灾和爆炸的危险

避免接触的条件 受热、潮湿空气

禁配物 强氧化剂、水、醇类、胺类、酸类、强碱

危险的分解产物 氮氧化物、氰化氢

第十一部分　毒理学信息

急性毒性 LD$_{50}$：5800mg/kg（大鼠经口），19500mg/kg（兔经皮）。LC$_{50}$：14ppm（大鼠吸入，4h）

皮肤刺激或腐蚀 家兔经皮：开放性刺激试验，500mg（24h），重度刺激

眼睛刺激或腐蚀 无资料

呼吸或皮肤过敏 有致敏作用

生殖细胞突变性 微生物致突变：鼠伤寒沙门氏菌，

100μg/皿。姐妹染色单体交换：仓鼠卵巢 300mg/L。
微核试验：大鼠吸入 0.05ppm（6h，4周）

致癌性　IARC 致癌性评论：组 2B，对人类是可能致癌物

生殖毒性　无资料

特异性靶器官系统毒性-一次接触　无资料

特异性靶器官系统毒性-反复接触　大鼠吸入染毒 10mg/m³，
每天 6h，共 2.5 个月，可耐受

吸入危害　无资料

第十二部分　生态学信息

生态毒性　根据结构类似物质预测，该物质对水生生物
有害

持久性和降解性
生物降解性　无资料
非生物降解性　无资料

潜在的生物累积性　无资料

土壤中的迁移性　无资料

第十三部分　废弃处置

废弃化学品　建议用焚烧法处置。焚烧炉排出的氮氧化物
通过洗涤器除去

污染包装物　将容器返还生产商或按照国家和地方法规
处置

废弃注意事项　在规定场所掩埋空容器

第十四部分　运输信息

联合国危险货物编号（UN 号）　2078

联合国运输名称　甲苯二异氰酸酯

联合国危险性类别　6.1

包装类别　Ⅱ　　　　　**包装标志**

海洋污染物　否

运输注意事项　运输前应先检查包装容器是否完整、密
封，运输过程中要确保容器不泄漏、不倒塌、不坠
落、不损坏。严禁与酸类、氧化剂、食品及食品添加
剂混运。运输时运输车辆应配备相应品种和数量的消
防器材及泄漏应急处理设备。运输途中应防暴晒、雨
淋，防高温。公路运输时要按规定路线行驶，勿在居
民区和人口稠密区停留

第十五部分　法规信息

下列法律、法规、规章和标准，对该化学品的管理作
了相应的规定。

中华人民共和国职业病防治法　职业病分类和目录：未
列入

危险化学品安全管理条例　危险化学品目录：列入。易制
爆危险化学品名录：未列入。重点监管的危险化学品
名录：列入。GB 18218—2009《危险化学品重大危
险源辨识》（表 1）：列入。类别：毒性物质，临界量
（t）：100

使用有毒物品作业场所劳动保护条例　高毒物品目录：

列入

易制毒化学品管理条例　易制毒化学品的分类和品种目
录：未列入

国际公约　斯德哥尔摩公约：未列入。鹿特丹公约：未列
入。蒙特利尔议定书：未列入

第十六部分　其他信息

编写和修订信息　　缩略语和首字母缩写
培训建议　　　　　　参考文献
免责声明

甲草胺

第一部分　化学品标识

化学品中文名　甲草胺；2-氯-2′,6′-二乙基-N-(甲氧甲
基)乙酰苯胺；草不绿；杂草锁；N-(2,6-二乙基苯
基)-N-甲氧基甲基-氯乙酰胺

化学品英文名　alachlor；2-chloro-2′,6′-diethyl-N-(me-
thoxymethy)acetanilide

分子式　C₁₄H₂₀ClNO₂　　**分子量**　269.77

结构式

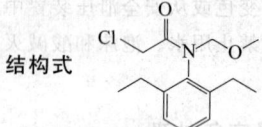

化学品的推荐及限制用途　用作农用除草剂

第二部分　危险性概述

紧急情况概述　吞咽有害，可能导致皮肤过敏反应

GHS 危险性类别　急性毒性-经口，类别 4；皮肤致敏物，
类别 1；危害水生环境-急性危害，类别 1；危害水生
环境-长期危害，类别 1

标签要素

象形图

警示词　警告

危险性说明　吞咽有害，可能导致皮肤过敏反应，对水
生生物毒性非常大并具有长期持续影响

防范说明

预防措施　避免接触眼睛、皮肤，操作后彻底清
洗。作业场所不得进食、饮水或吸烟。避免吸
入粉尘。污染的工作服不得带出工作场所。戴
防护手套。禁止排入环境

事故响应　如皮肤接触：用大量肥皂水和水清洗。
污染的衣服清洗后方可重新使用。如出现皮肤
刺激或皮疹：就医。食入：如果感觉不适，立
即呼叫中毒控制中心或就医，漱口。收集泄
漏物

安全储存　—

废弃处置　本品及内装物、容器依据国家和地方法
规处置

物理和化学危险　可燃，其粉体与空气混合，能形成爆炸

性混合物

健康危害 本品为低毒除草剂。吸入、摄入或经皮肤吸收后会中毒。有刺激作用。受热分解释放出有毒的氯气和氮氧化物

环境危害 对水生生物毒性非常大并具有长期持续影响

第三部分 成分/组成信息

√ 物质　　　　　　　混合物

组分	浓度	CAS No.
甲草胺		15972-60-8

第四部分 急救措施

吸入 迅速脱离现场至空气新鲜处。保持呼吸道通畅。如呼吸困难，给输氧。呼吸、心跳停止，立即进行心肺复苏术。就医

皮肤接触 立即脱去污染的衣着，用流动清水彻底冲洗。就医

眼睛接触 立即分开眼睑，用流动清水或生理盐水彻底冲洗。就医

食入 漱口，饮水。就医

对保护施救者的忠告 根据需要使用个人防护设备

对医生的特别提示 对症处理

第五部分 消防措施

灭火剂 用雾状水、泡沫、干粉、二氧化碳、砂土灭火

特别危险性 遇明火、高热可燃。其粉体与空气可形成爆炸性混合物，当达到一定浓度时，遇火星会发生爆炸。受高热分解放出有毒的气体

灭火注意事项及防护措施 消防人员必须佩戴防毒面具、穿全身消防服，在上风向灭火。尽可能将容器从火场移至空旷处。喷水保持火场容器冷却，直至灭火结束

第六部分 泄漏应急处理

作业人员防护措施、防护装备和应急处置程序 隔离泄漏污染区，限制出入。建议应急处理人员戴防尘口罩，穿一般作业工作服。尽可能切断泄漏源

环境保护措施 用塑料布覆盖泄漏物，减少飞散。勿使水进入包装容器内

泄漏化学品的收容、清除方法及所使用的处置材料 用洁净的铲子收集泄漏物，置于干净、干燥、盖子较松的容器中，将容器移离泄漏区

第七部分 操作处置与储存

操作注意事项 密闭操作，提供充分的局部排风。防止粉尘释放到车间空气中。操作人员必须经过专门培训，严格遵守操作规程。建议操作人员佩戴防尘面具（全面罩），穿防毒物渗透工作服，戴橡胶手套。远离火种、热源，工作场所严禁吸烟。使用防爆型的通风系统和设备。避免产生粉尘。避免与氧化剂、酸类、碱类接触。配备相应品种和数量的消防器材及泄漏应急处理设备。倒空的容器可能残留有害物

储存注意事项 储存于阴凉、通风的库房。远离火种、热源。防止阳光直射。包装密封。应与氧化剂、酸类、碱

类分开存放，切忌混储。配备相应品种和数量的消防器材。储区应备有合适的材料收容泄漏物

第八部分 接触控制/个体防护

职业接触限值

　中国　未制定标准

　美国（ACGIH）　TLV-TWA：$1mg/m^3$（可吸入性颗粒物和蒸气）〔敏〕

生物接触限值 未制定标准

监测方法 空气中有毒物质测定方法：未制定标准。生物监测检验方法：未制定标准

工程控制 严加密闭，提供充分的局部排风

个体防护装备

　呼吸系统防护 可能接触其粉尘时，必须佩戴防尘面具（全面罩）。紧急事态抢救或撤离时，应该佩戴空气呼吸器

　眼睛防护 呼吸系统防护中已作防护

　皮肤和身体防护 穿防毒物渗透工作服

　手防护 戴橡胶手套

第九部分 理化特性

外观与性状 原药为乳白色无味非挥发性结晶

pH 值 无意义　　**熔点(℃)** 40～41

沸点(℃) 100（$2.66×10^{-3}$kPa）

相对密度(水=1) 1.133

相对蒸气密度(空气=1) 无资料

饱和蒸气压(kPa) $0.29×10^{-5}$（24℃）

临界压力(MPa) 无资料　**辛醇/水分配系数** 无资料

闪点(℃) 无意义　　**自燃温度(℃)** 无资料

爆炸下限(%) 无资料　　**爆炸上限(%)** 无资料

分解温度(℃) 105　　**黏度(mPa·s)** 无资料

燃烧热(kJ/mol) 无资料　**临界温度(℃)** 无资料

溶解性 难溶于水，溶于乙醚、丙酮、苯、氯仿、乙醇

第十部分 稳定性和反应性

稳定性 稳定

危险反应 与强氧化剂、强酸、强碱等禁配物发生反应

避免接触的条件 无资料

禁配物 强氧化剂、强酸、强碱

危险的分解产物 氮氧化物、氯化氢

第十一部分 毒理学信息

急性毒性 LD_{50}：930mg/kg（大鼠经口）；1200mg/kg（大鼠经皮）；462mg/kg（小鼠经口）；1740mg/kg（兔经口）；3500mg/kg（兔经皮）。LC_{50}：＞23400/m^3（大鼠吸入，6h）

皮肤刺激或腐蚀 无资料　**眼睛刺激或腐蚀** 无资料

呼吸或皮肤过敏 无资料

生殖细胞突变性 微生物致突变：鼠伤寒沙门氏菌 $8μg$/皿。细胞遗传学分析：小鼠经口：72mg/kg（30d，连续）。DNA损伤：人淋巴细胞 5mg/L。细胞遗传学分析：人淋巴细胞 1mg/L

致癌性 小鼠经口最低中毒剂量（TDLo）：142g/kg（78

周，连续），按 RTECS 标准为致癌物，呼吸系统
　肿瘤

生殖毒性　无资料

特异性靶器官系统毒性-一次接触　无资料

特异性靶器官系统毒性-反复接触　无资料

吸入危害　无资料

第十二部分　生态学信息

生态毒性　LC_{50}：1.8mg/L（96h）（虹鳟）；EC_{50}：7.7mg/L（48h）（大型溞）；EC_{50}：0.00164mg/L（120h）（羊角月牙藻）

持久性和降解性
　生物降解性　不易快速生物降解
　非生物降解性　无资料

潜在的生物累积性　根据 K_{ow} 值预测，该物质可能有一定的生物累积性

土壤中的迁移性　根据 K_{oc} 值预测，该物质的迁移性可能较弱

第十三部分　废弃处置

废弃化学品　用安全掩埋法处置。在规定场所掩埋空容器

污染包装物　将容器返还生产商或按照国家和地方法规处置

废弃注意事项　处置前应参阅国家和地方有关法规

第十四部分　运输信息

联合国危险货物编号（UN 号）　3077

联合国运输名称　对环境有害的固态物质，未另作规定的（甲草胺）

联合国危险性类别　9

包装类别　Ⅲ　　　　　**包装标志**

海洋污染物　是

运输注意事项　运输前应先检查包装容器是否完整、密封，运输过程中要确保容器不泄漏、不倒塌、不坠落、不损坏。严禁与酸类、氧化剂、食品及食品添加剂混运。运输时运输车辆应配备相应品种和数量的消防器材及泄漏应急处理设备。运输途中应防曝晒、雨淋，防高温。公路运输时要按规定路线行驶，勿在居民区和人口稠密区停留

第十五部分　法规信息

下列法律、法规、规章和标准，对该化学品的管理作了相应的规定。

中华人民共和国职业病防治法　职业病分类和目录：未列入

危险化学品安全管理条例　危险化学品目录：列入。易制爆危险化学品名录：未列入。重点监管的危险化学品名录：未列入。GB 18218—2009《危险化学品重大危险源辨识》（表1）：未列入

使用有毒物品作业场所劳动保护条例　高毒物品目录：未

列入

易制毒化学品管理条例　易制毒化学品的分类和品种目录：未列入

国际公约　斯德哥尔摩公约：未列入。鹿特丹公约：列入。蒙特利尔议定书：未列入

第十六部分　其他信息

编写和修订信息　　　　缩略语和首字母缩写

培训建议　　　　　　　参考文献

免责声明

甲醇钠

第一部分　化学品标识

化学品中文名　甲醇钠；甲氧基钠

化学品英文名　sodium methoxide；sodium methylate

分子式　CH_3NaO　　**分子量**　54.0237

结构式　H_3C-ONa

化学品的推荐及限制用途　主要用于医药工业，有机合成中用作缩合剂、化学试剂、食用油脂处理的催化剂等

第二部分　危险性概述

紧急情况概述　暴露在空气中自燃，造成严重的皮肤灼伤和眼损伤

GHS 危险性类别　自热物质和混合物，类别 1；皮肤腐蚀/刺激，类别 1B；严重眼损伤/眼刺激，类别 1

标签要素

象形图　

警示词　危险

危险性说明　暴露在空气中自燃，造成严重的皮肤灼伤和眼损伤

防范说明
　预防措施　远离热源、火花、明火、热表面。禁止吸烟。不得与空气接触。避免吸入粉尘。避免接触眼睛、皮肤，操作后彻底清洗。戴防护手套、穿防护服、戴防护眼镜、防护面罩
　事故响应　火灾时，使用干粉、二氧化碳、砂土灭火。如吸入：将患者转移到空气新鲜处，休息，保持利于呼吸的体位，立即呼叫中毒控制中心或就医。皮肤（或头发）接触：立即脱掉所有被污染的衣服，用水冲洗皮肤，淋浴。污染的衣服须洗净后方可重新使用。眼睛接触：用水细心地冲洗数分钟，立即呼叫中毒控制中心或就医。如戴隐形眼镜并可方便地取出，则取出隐形眼镜，继续冲洗。食入：漱口，不要催吐
　安全储存　上锁保管
　废弃处置　本品及内装物、容器依据国家和地方法规处置

物理和化学危险　易燃。遇水剧烈反应

健康危害 本品蒸气、雾或粉尘对呼吸道有强烈刺激和腐蚀性。吸入后，可引起昏睡、中枢抑制和麻醉。对眼有强烈刺激和腐蚀性，可致失明。皮肤接触可致灼伤。口服腐蚀消化道，引起腹痛、恶心、呕吐；大量口服可致失明和死亡。慢性影响：对中枢神经系统有抑制作用

环境危害 对环境可能有害

第三部分 成分/组成信息

√ 物质　　　　　混合物

组分	浓度	CAS No.
甲醇钠		124-41-4

第四部分 急救措施

吸入 迅速脱离现场至空气新鲜处。保持呼吸道通畅。如呼吸困难，给输氧。呼吸、心跳停止，立即进行心肺复苏术。就医

皮肤接触 立即脱去污染的衣着，用大量流动清水彻底冲洗至少15min。就医

眼睛接触 立即分开眼睑，用流动清水或生理盐水彻底冲洗5～10min。就医

食入 用水漱口，禁止催吐。给饮牛奶或蛋清。就医

对保护施救者的忠告 根据需要使用个人防护设备

对医生的特别提示 对症处理

第五部分 消防措施

灭火剂 用干粉、二氧化碳、砂土灭火

特别危险性 遇明火、高热易燃。加热可能引起猛烈燃烧或爆炸。与氧化剂接触猛烈反应。与水激烈反应，生成易燃的甲醇和腐蚀性的氢氧化钠。在潮湿空气中着火。受热分解释出高毒烟雾。遇潮时对部分金属如铝、锌等有腐蚀性

灭火注意事项及防护措施 消防人员必须穿全身耐酸碱消防服、佩戴空气呼吸器灭火。尽可能将容器从火场移至空旷处。喷水保持火场容器冷却，直至灭火结束。禁止用水、泡沫和酸碱灭火剂灭火

第六部分 泄漏应急处理

作业人员防护措施、防护装备和应急处置程序 严禁用水处理。隔离泄漏污染区，限制出入。消除所有点火源。建议应急处理人员戴正压自给式呼吸器，穿防静电、防腐服。穿上适当的防护服前严禁接触破裂的容器和泄漏物。尽可能切断泄漏源

环境保护措施 用塑料布覆盖泄漏物，减少飞散

泄漏化学品的收容、清除方法及所使用的处置材料 保持泄漏物干燥。勿使水进入包装容器内。用洁净的铲子收集泄漏物，置于干净、干燥、盖子较松的容器中，将容器移离泄漏区

第七部分 操作处置与储存

操作注意事项 密闭操作，局部排风。操作人员必须经过专门培训，严格遵守操作规程。建议操作人员佩戴防尘面具（全面罩），穿橡胶耐酸碱服，戴橡胶耐酸碱手套。远离火种、热源，工作场所严禁吸烟。使用防爆型的通风系统和设备。避免产生粉尘。避免与酸类、氯代烃接触。搬运时要轻装轻卸，防止包装及容器损坏。配备相应品种和数量的消防器材及泄漏应急处理设备。倒空的容器可能残留有害物

储存注意事项 储存于阴凉、干燥、通风良好的专用库房内，远离火种、热源。保持容器密封。应与酸类、氯代烃等分开存放，切忌混储。采用防爆型照明、通风设施。禁止使用易产生火花的机械设备和工具。储区应备有合适的材料收容泄漏物

第八部分 接触控制/个体防护

职业接触限值

中国 未制定标准

美国（ACGIH） 未制定标准

生物接触限值 未制定标准

监测方法 空气中有毒物质测定方法：未制定标准。生物监测检验方法：未制定标准

工程控制 密闭操作，局部排风。提供安全淋浴和洗眼设备

个体防护装备

呼吸系统防护 可能接触其粉尘时，必须佩戴防尘面具（全面罩）。紧急事态抢救或撤离时，应该佩戴空气呼吸器

眼睛防护 呼吸系统防护中已作防护

皮肤和身体防护 穿橡胶耐酸碱服

手防护 戴橡胶耐酸碱手套

第九部分 理化特性

外观与性状 白色无定形易流动粉末，无臭

pH值	无意义	熔点(℃)	无资料
沸点(℃)	>300	相对密度(水=1)	1.3
相对蒸气密度(空气=1)	1.1		
饱和蒸气压(kPa)	6.65(20℃)		
临界压力(MPa)	无资料	辛醇/水分配系数	无资料
闪点(℃)	无资料	自燃温度(℃)	455
爆炸下限(%)	7.3	爆炸上限(%)	36
分解温度(℃)	127	黏度(mPa·s)	无资料
燃烧热(kJ/mol)	无资料	临界温度(℃)	无资料

溶解性 溶于甲醇、乙醇

第十部分 稳定性和反应性

稳定性 稳定

危险反应 与强氧化剂、水、酸类、氯代烃等禁配物接触，有发生火灾和爆炸的危险。与水激烈反应，生成易燃的甲醇和腐蚀性的氢氧化钠。在潮湿空气中着火。受热分解释出高毒烟雾

避免接触的条件 受热、潮湿空气

禁配物 水、酸类、氯代烃

危险的分解产物 氧化钠

第十一部分 毒理学信息

急性毒性 LD$_{50}$：2037mg/kg（大鼠经口）

皮肤刺激或腐蚀　无资料　　眼睛刺激或腐蚀　无资料
呼吸或皮肤过敏　无资料　　生殖细胞突变性　　无资料
致癌性　无资料　　　　　　生殖毒性　无资料
特异性靶器官系统毒性-一次接触　无资料
特异性靶器官系统毒性-反复接触　无资料
吸入危害　无资料

第十二部分　生态学信息

生态毒性　无资料
持久性和降解性
　　生物降解性　无资料
　　非生物降解性　无资料
潜在的生物累积性　无资料
土壤中的迁移性　无资料

第十三部分　废弃处置

废弃化学品　建议用焚烧法处置
污染包装物　将容器返还生产商或按照国家和地方法规
　　处置
废弃注意事项　处置前应参阅国家和地方有关法规

第十四部分　运输信息

联合国危险货物编号（UN号）　1431
联合国运输名称　甲醇钠
联合国危险性类别　4.2，8
包装类别　Ⅱ
包装标志　

海洋污染物　否
运输注意事项　起运时包装要完整，装载应稳妥。运输过
　　程中要确保容器不泄漏、不倒塌、不坠落、不损坏。
　　严禁与酸类、氯代烃、食用化学品等混装混运。运输
　　时运输车辆应配备相应品种和数量的消防器材及泄漏
　　应急处理设备

第十五部分　法规信息

　　下列法律、法规、规章和标准，对该化学品的管理作
了相应的规定。
中华人民共和国职业病防治法　职业病分类和目录：未
　　列入
危险化学品安全管理条例　危险化学品目录：列入。易制
　　爆危险化学品名录：未列入。重点监管的危险化学品
　　名录：未列入。GB 18218—2009《危险化学品重大
　　危险源辨识》（表1）：未列入
使用有毒物品作业场所劳动保护条例　高毒物品目录：未
　　列入
易制毒化学品管理条例　易制毒化学品的分类和品种目
　　录：未列入
国际公约　斯德哥尔摩公约：未列入。鹿特丹公约：未列
　　入。蒙特利尔议定书：未列入

第十六部分　其他信息

编写和修订信息　　　缩略语和首字母缩写
培训建议　　　　　　参考文献
免责声明

甲氟磷

第一部分　化学品标识

化学品中文名　甲氟磷；四甲氟；双（二甲氨基）氟代
　　磷酰
化学品英文名　dimefox；bis（dimethylamido）phosphoryl
　　fluoride
分子式　$C_4H_{12}FN_2OP$　分子量　154.12
结构式　
化学品的推荐及限制用途　用作农用杀虫剂

第二部分　危险性概述

紧急情况概述　吞咽致命，皮肤接触会致命
GHS危险性类别　急性毒性-经口，类别2；急性毒性-经
　　皮，类别1
标签要素

象形图　

警示词　危险
危险性说明　吞咽致命，皮肤接触会致命
防范说明
　　预防措施　避免接触眼睛、皮肤和衣服，操作后彻
　　　底清洗。作业场所不得进食、饮水或吸烟。戴
　　　防护手套、穿防护服
　　事故响应　皮肤接触：用大量肥皂水和水轻轻地清
　　　洗，立即脱去所有被污染的衣服，立即呼叫中
　　　毒控制中心或就医。被污染的衣服必须经洗净
　　　后方可重新使用。食入：立即呼叫中毒控制中
　　　心或就医，漱口
　　安全储存　上锁保管
　　废弃处置　本品及内装物、容器依据国家和地方法
　　　规处置
物理和化学危险　可燃，其蒸气与空气混合，能形成爆炸
　　性混合物
健康危害　抑制体内胆碱酯酶活性，造成神经生理功能紊
　　乱。急性中毒症状有头痛、头昏、乏力、食欲不振、
　　恶心、呕吐、腹痛、腹泻、流涎、瞳孔缩小、呼吸道
　　分泌物增多、多汗、肌束震颤等。重度中毒者出现肺
　　水肿、昏迷、呼吸麻痹、脑水肿。血胆碱酯酶活性
　　降低
环境危害　对环境可能有害

第三部分　成分/组成信息

√ 物质　　　　　　混合物

组分	浓度	CAS No.
甲氟磷		115-26-4

第四部分　急救措施

吸入 迅速脱离现场至空气新鲜处。保持呼吸道通畅。如呼吸困难，给输氧。呼吸、心跳停止，立即进行心肺复苏术。就医

皮肤接触 立即脱去污染的衣着，用肥皂水及流动清水彻底冲洗污染的皮肤、头发、指甲等。就医

眼睛接触 分开眼睑，用流动清水或生理盐水冲洗。就医

食入 饮足量温水，催吐（仅限于清醒者）。口服活性炭。就医

对保护施救者的忠告 根据需要使用个人防护设备

对医生的特别提示 解毒剂：阿托品、胆碱酯酶复能剂

第五部分　消防措施

灭火剂 用雾状水、抗溶性泡沫、干粉、二氧化碳、砂土灭火

特别危险性 遇明火、高热可燃。受高热分解，放出有毒的氮、磷氧化物和氟化物气体

灭火注意事项及防护措施 消防人员必须佩戴空气呼吸器、穿全身防火防毒服，在上风向灭火。尽可能将容器从火场移至空旷处。喷水保持火场容器冷却，直至灭火结束。处在火场中的容器若已变色或从安全泄压装置中发出声音，必须马上撤离

第六部分　泄漏应急处理

作业人员防护措施、防护装备和应急处置程序 根据液体流动和蒸气扩散的影响区域划定警戒区，无关人员从侧风向、上风向撤离至安全区。建议应急处理人员戴正压自给式呼吸器，穿防毒服。穿上适当的防护服前严禁接触破裂的容器和泄漏物。尽可能切断泄漏源

环境保护措施 防止泄漏物进入水体、下水道、地下室或有限空间

泄漏化学品的收容、清除方法及所使用的处置材料 小量泄漏：用干燥的砂土或其他不燃材料吸收或覆盖，收集于容器中。大量泄漏：构筑围堤或挖坑收容。用泵转移至槽车或专用收集器内

第七部分　操作处置与储存

操作注意事项 密闭操作，提供充分的局部排风。操作人员必须经过专门培训，严格遵守操作规程。建议操作人员佩戴自吸过滤式防毒面具（全面罩），穿胶布防毒衣，戴橡胶手套。远离火种、热源，工作场所严禁吸烟。使用防爆型的通风系统和设备。防止蒸气泄漏到工作场所空气中。避免与氧化剂、酸类、卤素接触。搬运时要轻装轻卸，防止包装及容器损坏。配备相应品种和数量的消防器材及泄漏应急处理设备。倒空的容器可能残留有害物

储存注意事项 储存于阴凉、通风良好的专用库房内，实行"双人收发、双人保管"制度。远离火种、热源。寒冷季节要注意保持库温在结晶点以上，防止冻裂容器及变质。应与氧化剂、酸类、卤素、食用化学品分开存放，切忌混储。配备相应品种和数量的消防器材。储区应备有泄漏应急处理设备和合适的收容材料

第八部分　接触控制/个体防护

职业接触限值

中国　未制定标准

美国（ACGIH）　未制定标准

生物接触限值 全血胆碱酯酶活性（校正值）：原基础值或参考值的 70%（采样时间：开始接触后的 3 个月内），原基础值或参考值的 50%（采样时间：持续接触 3 个月后，任意时间）

监测方法 空气中有毒物质测定方法：未制定标准。生物监测检验方法：血中胆碱酯酶活性的分光光度测定方法——羟胺三氯化铁法；血中胆碱酯酶活性的分光光度测定方法——硫代乙酰胆碱-联硫代双硝基苯甲酸法

工程控制 严加密闭，提供充分的局部排风

个体防护装备

呼吸系统防护　空气中浓度超标时，必须佩戴过滤式防毒面具（全面罩）。紧急事态抢救或撤离时，应该佩戴空气呼吸器

眼睛防护　呼吸系统防护中已作防护

皮肤和身体防护　穿密闭型防毒服

手防护　戴橡胶手套

第九部分　理化特性

外观与性状 无色液体

pH 值 无资料		**熔点（℃）** 无资料	
沸点（℃） 67（0.53kPa）		**相对密度（水＝1）** 1.115	
相对蒸气密度（空气＝1） 无资料			
饱和蒸气压（kPa） 0.048（25℃）			
临界压力（MPa） 无资料		**辛醇/水分配系数** 无资料	
闪点（℃） 无资料		**自燃温度（℃）** 无资料	
爆炸下限（%） 无资料		**爆炸上限（%）** 无资料	
分解温度（℃） 无资料		**黏度（mPa·s）** 无资料	
燃烧热（kJ/mol） 无资料		**临界温度（℃）** 无资料	

溶解性 与水混溶，可混溶于多数有机溶剂

第十部分　稳定性和反应性

稳定性 稳定

危险反应 与强氧化剂、强酸、卤素等禁配物发生反应

避免接触的条件 无资料

禁配物 强氧化剂、强酸、卤素

危险的分解产物 氮氧化物、氧化磷、氟化氢

第十一部分　毒理学信息

急性毒性 LD$_{50}$：1mg/kg（大鼠经口），2mg/kg（大鼠经皮），2mg/kg（小鼠经口），3mg/kg（兔经口）

皮肤刺激或腐蚀 无资料　**眼睛刺激或腐蚀** 无资料

呼吸或皮肤过敏　无资料　　生殖细胞突变性　无资料
致癌性　无资料　　　　　　生殖毒性　无资料
特异性靶器官系统毒性-一次接触　无资料
特异性靶器官系统毒性-反复接触　无资料
吸入危害　无资料

第十二部分　生态学信息

生态毒性　无资料
持久性和降解性
　生物降解性　无资料
　非生物降解性　无资料
潜在的生物累积性　无资料
土壤中的迁移性　无资料

第十三部分　废弃处置

废弃化学品　根据国家和地方有关法规的要求处置。或与
　厂商或制造商联系，确定处置方法
污染包装物　将容器返还生产商或按照国家和地方法规
　处置
废弃注意事项　处置前应参阅国家和地方有关法规

第十四部分　运输信息

联合国危险货物编号（UN号）　3018
联合国运输名称　液态有机磷农药，毒性（甲氟磷）
联合国危险性类别　6.1

包装类别　Ⅰ　　　　　　包装标志　

海洋污染物　否
运输注意事项　运输前应先检查包装容器是否完整、密
　封，运输过程中要确保容器不泄漏、不倒塌、不坠
　落、不损坏。严禁与酸类、氧化剂、食品及食品添加
　剂混运。运输时运输车辆应配备相应品种和数量的消
　防器材及泄漏应急处理设备。运输途中应防暴晒、雨
　淋、防高温。公路运输时要按规定路线行驶，勿在居
　民区和人口稠密区停留

第十五部分　法规信息

　下列法律、法规、规章和标准，对该化学品的管理作
了相应的规定。
中华人民共和国职业病防治法　职业病分类和目录：有机
　磷中毒
危险化学品安全管理条例　危险化学品目录：列入。作为
　剧毒化学品进行管理。
　易制爆危险化学品名录：未列入。重点监管的危险化学品
　名录：未列入。GB 18218—2009《危险化学品重大
　危险源辨识》（表1）：未列入
使用有毒物品作业场所劳动保护条例　高毒物品目录：未
　列入
易制毒化学品管理条例　易制毒化学品的分类和品种目
　录：未列入
国际公约　斯德哥尔摩公约：未列入。鹿特丹公约：未列

入。蒙特利尔议定书：未列入

第十六部分　其他信息

编写和修订信息　　　缩略语和首字母缩写
培训建议　　　　　　参考文献
免责声明

甲磺酸

第一部分　化学品标识

化学品中文名　甲磺酸；甲基磺酸；甲烷磺酸
化学品英文名　methanesulfonic acid；methyl sulfonic acid
分子式　CH_4O_3S　分子量　96.106

结构式　

化学品的推荐及限制用途　用作酯化催化剂、烷化剂，以
　及用于氧化反应

第二部分　危险性概述

紧急情况概述　造成严重的皮肤灼伤和眼损伤
GHS危险性类别　皮肤腐蚀/刺激，类别1B；严重眼损
　伤/眼刺激，类别1；危害水生环境-急性危害，类
　别3
标签要素

象形图　

警示词　危险
危险性说明　造成严重的皮肤灼伤和眼损伤，对水生生
　物有害
防范说明
　预防措施　避免吸入粉尘或烟雾。避免接触眼睛、
　　皮肤，操作后彻底清洗。戴防护手套，穿防护
　　服，戴防护眼镜、防护面罩。禁止排入环境
　事故响应　如吸入：将患者转移到空气新鲜处，休
　　息，保持利于呼吸的体位，立即呼叫中毒控制
　　中心或就医。皮肤（或头发）接触：立即脱掉
　　所有被污染的衣服，用水冲洗皮肤，淋浴。污
　　染的衣服洗净后方可重新使用。眼睛接触：用
　　水细心地冲洗数分钟，立即呼叫中毒控制中心
　　或就医。如戴隐形眼镜并可方便地取出，则取
　　出隐形眼镜，继续冲洗。食入：漱口，不要
　　催吐
　安全储存　上锁保管
　废弃处置　本品及内装物、容器依据国家和地方法
　　规处置
物理和化学危险　可燃，其粉体或蒸气与空气混合，能形
　成爆炸性混合物
健康危害　本品对黏膜、上呼吸道、眼睛和皮肤有强烈的
　刺激性。吸入后，可因喉及支气管的痉挛、炎症、水
　肿，化学性肺炎或肺水肿而致死。接触后出现烧灼

感、咳嗽、喘息、喉炎、气短、头痛、恶心和呕吐。可致灼伤

环境危害 对水生生物有害

第三部分 成分/组成信息

√物质　　　　　　　　混合物

组分	浓度	CAS No.
甲磺酸		75-75-2

第四部分 急救措施

吸入 迅速脱离现场至空气新鲜处。保持呼吸道通畅。如呼吸困难，给输氧。呼吸、心跳停止，立即进行心肺复苏术。就医

皮肤接触 立即脱去污染的衣着，用大量流动清水彻底冲洗至少 15min。就医

眼睛接触 立即分开眼睑，用流动清水或生理盐水彻底冲洗 5～10min。就医

食入 用水漱口，禁止催吐。给饮牛奶或蛋清。就医

对保护施救者的忠告 根据需要使用个人防护设备

对医生的特别提示 对症处理

第五部分 消防措施

灭火剂 用雾状水、泡沫、干粉、二氧化碳、砂土灭火

特别危险性 遇明火、高热可燃。受热分解为有毒的甲醛和二氧化硫。与氧化剂接触猛烈反应

灭火注意事项及防护措施 消防人员必须穿全身耐酸碱消防服、佩戴空气呼吸器灭火。尽可能将容器从火场移至空旷处。喷水保持火场容器冷却，直至灭火结束

第六部分 泄漏应急处理

作业人员防护措施、防护装备和应急处置程序 隔离泄漏污染区，限制出入。消除所有点火源。建议应急处理人员戴防尘口罩，穿防腐、防毒服。穿上适当的防护服前严禁接触破裂的容器和泄漏物。尽可能切断泄漏源

环境保护措施 用塑料布覆盖泄漏物，减少飞散

泄漏化学品的收容、清除方法及所使用的处置材料 勿使水进入包装容器内。用洁净的铲子收集泄漏物，置于干净、干燥、盖子较松的容器中，将容器移离泄漏区

第七部分 操作处置与储存

操作注意事项 密闭操作，局部排风。操作人员必须经过专门培训，严格遵守操作规程。建议操作人员佩戴防尘面具（全面罩），穿橡胶耐酸碱服，戴橡胶耐酸碱手套。远离火种、热源，工作场所严禁吸烟。使用防爆型的通风系统和设备。避免与还原剂、碱类、胺类接触。搬运时要轻装轻卸，防止包装及容器损坏。配备相应品种和数量的消防器材及泄漏应急处理设备。倒空的容器可能残留有害物

储存注意事项 储存于阴凉、通风的库房。远离火种、热源。应与还原剂、碱类、胺类分开存放，切忌混储。配备相应品种和数量的消防器材。储区应备有泄漏应急处理设备和合适的收容材料

第八部分 接触控制/个体防护

职业接触限值

中国 未制定标准

美国（ACGIH） 未制定标准

生物接触限值 未制定标准

监测方法 空气中有毒物质测定方法：未制定标准。生物监测检验方法：未制定标准

工程控制 密闭操作，局部排风。提供安全淋浴和洗眼设备

个体防护装备

呼吸系统防护 可能接触其粉尘时，必须佩戴防尘面具（全面罩）；可能接触其蒸气时，应该佩戴过滤式防毒面具（全面罩）

眼睛防护 呼吸系统防护中已作防护

皮肤和身体防护 穿橡胶耐酸碱服

手防护 戴橡胶耐酸碱手套

第九部分 理化特性

外观与性状 无色液体或固体

pH 值 无资料　　　　**熔点(℃)** 20

沸点(℃) 167（1.33kPa）　**相对密度(水＝1)** 1.48

相对蒸气密度(空气＝1) 3.3

饱和蒸气压(kPa) 0.133（20℃）

临界压力(MPa) 无资料　**辛醇/水分配系数** 无资料

闪点(℃) ＞110　　　**自燃温度(℃)** 无资料

爆炸下限(%) 无资料　**爆炸上限(%)** 无资料

分解温度(℃) 无资料　**黏度(mPa·s)** 无资料

燃烧热(kJ/mol) 无资料　**临界温度(℃)** 无资料

溶解性 溶于水、乙醇、乙醚，微溶于苯、甲苯

第十部分 稳定性和反应性

稳定性 稳定

危险反应 与强氧化剂、碱类、胺类、强还原剂等禁配物发生反应

避免接触的条件 受热

禁配物 强氧化剂、碱类、胺类、强还原剂

危险的分解产物 甲醛、二氧化硫

第十一部分 毒理学信息

急性毒性 LD$_{50}$：200mg/kg（大鼠经口），＞2000mg/kg（豚鼠经皮）

皮肤刺激或腐蚀 无资料　**眼睛刺激或腐蚀** 无资料

呼吸或皮肤过敏 无资料　**生殖细胞突变性** 无资料

致癌性 无资料　　　　**生殖毒性** 无资料

特异性靶器官系统毒性-一次接触 无资料

特异性靶器官系统毒性-反复接触 大鼠，喂饲 10～2000mg/kg 本品，未见死亡。实验 7d 内未见明显影响

吸入危害 无资料

第十二部分 生态学信息

生态毒性 LC$_{50}$：73mg/L（96h）（黑头呆鱼，静态，

OECD 203）。EC$_{50}$：50mg/L（48h）（大型溞，静态，OECD 202）。ErC$_{50}$：12～24mg/L（72h）（羊角月牙藻，静态，OECD 201）

持久性和降解性
　生物降解性　OECD 301A，易快速生物降解
　非生物降解性　无资料
潜在的生物累积性　无资料
土壤中的迁移性　无资料

第十三部分　废弃处置

废弃化学品　建议用焚烧法处置。焚烧炉排出的硫氧化物通过洗涤器除去
污染包装物　将容器返还生产商或按照国家和地方法规处置
废弃注意事项　处置前应参阅国家和地方有关法规

第十四部分　运输信息

联合国危险货物编号（UN号）　3265
联合国运输名称　有机酸性腐蚀性液体，未另作规定的（甲磺酸）
联合国危险性类别　8

包装类别　Ⅱ　　　　　　**包装标志**

海洋污染物　否
运输注意事项　起运时包装要完整，装载应稳妥。运输过程中要确保容器不泄漏、不倒塌、不坠落、不损坏。严禁与还原剂、碱类、胺类、食用化学品等混装混运。运输时运输车辆应配备相应品种和数量的消防器材及泄漏应急处理设备。运输途中应防暴晒、雨淋、防高温。公路运输时要按规定路线行驶，勿在居民区和人口稠密区停留

第十五部分　法规信息

　下列法律、法规、规章和标准，对该化学品的管理作了相应的规定。
中华人民共和国职业病防治法　职业病分类和目录：未列入
危险化学品安全管理条例　危险化学品目录：列入。易制爆危险化学品名录：未列入。重点监管的危险化学品名录：未列入。GB 18218—2009《危险化学品重大危险源辨识》（表1）：未列入
使用有毒物品作业场所劳动保护条例　高毒物品目录：未列入
易制毒化学品管理条例　易制毒化学品的分类和品种目录：未列入
国际公约　斯德哥尔摩公约：未列入。鹿特丹公约：未列入。蒙特利尔议定书：未列入

第十六部分　其他信息

编写和修订信息　缩略语和首字母缩写
培训建议　　　　参考文献
免责声明

α-甲基苯基甲醇

第一部分　化学品标识

化学品中文名　α-甲基苯基甲醇；α-甲基苄醇
化学品英文名　alpha-methylbenzyl alcohol；alpha-phenethyl alcohol；styralyl alcohol
分子式　C$_8$H$_{10}$O　**分子量**　122.1644

结构式

化学品的推荐及限制用途　用于有机合成，用作香料的原料

第二部分　危险性概述

紧急情况概述　可燃液体，吞咽会中毒
GHS危险性类别　易燃液体，类别4；急性毒性-经口，类别3
标签要素

象形图　

警示词　危险
危险性说明　可燃液体，吞咽会中毒
防范说明
　预防措施　远离火焰和热表面。戴防护手套、防护眼镜、防护面罩。避免接触眼睛、皮肤，操作后彻底清洗。作业场所不得进食、饮水或吸烟
　事故响应　火灾时，使用雾状水、泡沫、干粉、二氧化碳、砂土灭火。食入：立即呼叫中毒控制中心或就医，漱口
　安全储存　存放在通风良好的地方。保持低温。上锁保管
　废弃处置　本品及内装物、容器依据国家和地方法规处置
物理和化学危险　可燃，其蒸气与空气混合，能形成爆炸性混合物
健康危害　吸入、摄入或经皮肤吸收后对身体有害。对眼睛、皮肤、黏膜和呼吸道有强烈刺激作用。接触后可引起头痛、头晕、恶心、呕吐、咳嗽、气短等
环境危害　对环境可能有害

第三部分　成分/组成信息

　√物质　　　　　　　　　　　混合物

组分	浓度	CAS No.
α-甲基苯基甲醇		98-85-1

第四部分　急救措施

吸入　迅速脱离现场至空气新鲜处。保持呼吸道通畅。如呼吸困难，给输氧。如呼吸、心跳停止，立即进行心肺复苏术。就医
皮肤接触　立即脱去污染的衣着，用流动清水彻底冲洗

就医

眼睛接触 立即分开眼睑，用流动清水或生理盐水彻底冲洗。就医

食入 漱口，饮水。就医

对保护施救者的忠告 根据需要使用个人防护设备

对医生的特别提示 对症处理

第五部分 消防措施

灭火剂 用雾状水、泡沫、干粉、二氧化碳、砂土灭火

特别危险性 遇明火、高热可燃。与氧化剂能发生强烈反应。蒸气比空气重，沿地面扩散并易积存于低洼处，遇火源会着火回燃。若遇高热，容器内压增大，有开裂和爆炸的危险

灭火注意事项及防护措施 消防人员必须佩戴空气呼吸器、穿全身防火防毒服，在上风向灭火。尽可能将容器从火场移至空旷处。喷水保持火场容器冷却，直至灭火结束。处在火场中的容器若已变色或从安全泄压装置中发出声音，必须马上撤离

第六部分 泄漏应急处理

作业人员防护措施、防护装备和应急处置程序 根据液体流动和蒸气扩散的影响区域划定警戒区，无关人员从侧风向、上风向撤离至安全区。消除所有点火源。建议应急处理人员戴正压自给式呼吸器，穿防毒服。穿上适当的防护服前严禁接触破裂的容器和泄漏物。尽可能切断泄漏源

环境保护措施 防止泄漏物进入水体、下水道、地下室或有限空间

泄漏化学品的收容、清除方法及所使用的处置材料 小量泄漏：用干燥的砂土或其他不燃材料吸收或覆盖，收集于容器中。大量泄漏：构筑围堤或挖坑收容。用粉煤灰或石灰粉吸收大量液体。用泵转移至槽车或专用收集器内

第七部分 操作处置与储存

操作注意事项 密闭操作，提供充分的局部排风。防止蒸气泄漏到工作场所空气中。操作人员必须经过专门培训，严格遵守操作规程。建议操作人员佩戴自吸过滤式防毒面具（半面罩），穿防毒物渗透工作服，戴橡胶手套。远离火种、热源，工作场所严禁吸烟。使用防爆型的通风系统和设备。在清除液体和蒸气前不能进行焊接、切割等作业。避免产生烟雾。避免与氧化剂、酸类接触。配备相应品种和数量的消防器材及泄漏应急处理设备。倒空的容器可能残留有害物

储存注意事项 储存于阴凉、通风的库房。远离火种、热源。防止阳光直射。保持容器密封。应与氧化剂、酸类、食用化学品分开存放，切忌混储。配备相应品种和数量的消防器材。储区应备有泄漏应急处理设备和合适的收容材料

第八部分 接触控制/个体防护

职业接触限值

中国 未制定标准

美国（ACGIH） 未制定标准

生物接触限值 未制定标准

监测方法 空气中有毒物质测定方法：未制定标准。生物监测检验方法：未制定标准

工程控制 严加密闭，提供充分的局部排风

个体防护装备

呼吸系统防护 空气中浓度超标时，必须佩戴过滤式防毒面具（半面罩）。紧急事态抢救或撤离时，应该佩戴空气呼吸器

眼睛防护 呼吸系统防护中已作防护

皮肤和身体防护 穿防毒物渗透工作服

手防护 戴橡胶手套

第九部分 理化特性

外观与性状 无色液体，有花香味

pH 值 无资料　　**熔点（℃）** 20

沸点（℃） 204（99.085kPa）**相对密度（水＝1）** 1.013

相对蒸气密度（空气＝1） 4.21

饱和蒸气压（kPa） 0.0133（20℃）

临界压力（MPa） 无资料　**辛醇/水分配系数** 无资料

闪点（℃） 85.0　　　**自燃温度（℃）** 无资料

爆炸下限（%） 无资料　**爆炸上限（%）** 无资料

分解温度（℃） 无资料　**黏度（mPa·s）** 无资料

燃烧热（kJ/mol） 无资料　**临界温度（℃）** 426.85

溶解性 不溶于水，溶于丙二醇、醇、醚、氯仿、易溶于甘油

第十部分 稳定性和反应性

稳定性 稳定

危险反应 与强氧化剂、强酸等禁配物发生反应

避免接触的条件 无资料

禁配物 强氧化剂、强酸

危险的分解产物 无资料

第十一部分 毒理学信息

急性毒性 LD_{50}：400mg/kg（大鼠经口）；2500mg/kg（兔经皮）

皮肤刺激或腐蚀 家兔经皮开放性刺激试验，10mg（24h），引起刺激

眼睛刺激或腐蚀 家兔经眼2mg，重度刺激

呼吸或皮肤过敏 无资料

生殖细胞突变性 哺乳动物体细胞突变：小鼠淋巴细胞250mg/kg。细胞遗传学分析：仓鼠卵巢1g/L

致癌性 大鼠经口最低中毒剂量（TDLo）：386g/kg，2年（连续），按 RTECS 标准为致肿瘤物，肾肿瘤

生殖毒性 无资料

特异性靶器官系统毒性-一次接触 无资料

特异性靶器官系统毒性-反复接触 无资料

吸入危害 无资料

第十二部分 生态学信息

生态毒性 无资料

持久性和降解性

生物降解性 无资料

非生物降解性　无资料
潜在的生物累积性　无资料
土壤中的迁移性　无资料

第十三部分　废弃处置

废弃化学品　建议用焚烧法处置。在能利用的地方重复使用容器或在规定场所掩埋
污染包装物　将容器返还生产商或按照国家和地方法规处置
废弃注意事项　处置前应参阅国家和地方有关法规

第十四部分　运输信息

联合国危险货物编号（UN号）　2937
联合国运输名称　α-甲基苄基醇，液态
联合国危险性类别　6.1

包装类别　Ⅱ　　　　　**包装标志**　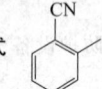

海洋污染物　否
运输注意事项　运输前应先检查包装容器是否完整、密封，运输过程中要确保容器不泄漏、不倒塌、不坠落、不损坏。严禁与酸类、氧化剂、食品及食品添加剂混运。运输时运输车辆应配备相应品种和数量的消防器材及泄漏应急处理设备。运输途中应防暴晒、雨淋，防高温。公路运输时要按规定路线行驶，勿在居民区和人口稠密区停留

第十五部分　法规信息

下列法律、法规、规章和标准，对该化学品的管理作了相应的规定。
中华人民共和国职业病防治法　职业病分类和目录：未列入
危险化学品安全管理条例　危险化学品目录：列入。易制爆危险化学品名录：未列入。重点监管的危险化学品名录：未列入。GB 18218—2009《危险化学品重大危险源辨识》（表1）：未列入
使用有毒物品作业场所劳动保护条例　高毒物品目录：未列入
易制毒化学品管理条例　易制毒化学品的分类和品种目录：未列入
国际公约　斯德哥尔摩公约：未列入。鹿特丹公约：未列入。蒙特利尔议定书：未列入

第十六部分　其他信息

编写和修订信息　缩略语和首字母缩写
培训建议　参考文献
免责声明

2-甲基苯甲腈

第一部分　化学品标识

化学品中文名　2-甲基苯甲腈；邻甲基苯甲腈；邻甲苯基氰

化学品英文名　o-tolunitrile；o-cyanotoluene
分子式　C_8H_7N　**分子量**　117.1479
结构式　

化学品的推荐及限制用途　用于有机合成

第二部分　危险性概述

紧急情况概述　造成皮肤刺激，造成严重眼刺激，可能引起昏昏欲睡或眩晕
GHS危险性类别　皮肤腐蚀/刺激，类别2；严重眼损伤/眼刺激，类别2；特异性靶器官毒性--一次接触，类别3（呼吸道刺激）
标签要素
　　象形图　

　　警示词　警告
　　危险性说明　造成皮肤刺激，造成严重眼刺激，可能引起昏昏欲睡或眩晕
　　防范说明
　　　预防措施　避免接触眼睛、皮肤，操作后彻底清洗。戴防护手套、防护眼镜、防护面罩
　　　事故响应　皮肤接触：脱去被污染的衣服，洗净后方可重新使用。用大量肥皂水和水清洗。如发生皮肤刺激，就医。如接触眼睛：用水细心冲洗数分钟。如戴隐形眼镜并可方便地取出，取出隐形眼镜，继续冲洗。如果眼睛刺激持续：就医
　　　安全储存　—
　　　废弃处置　—
物理和化学危险　可燃，其蒸气与空气混合，能形成爆炸性混合物
健康危害　本品对皮肤有刺激作用，其蒸气或雾对眼睛、黏膜和上呼吸道有刺激作用。兔皮下注射出现痉挛性麻痹和惊厥
环境危害　对环境可能有害

第三部分　成分/组成信息

√ 物质　　　　　　　　混合物

组分	浓度	CAS No.
2-甲基苯甲腈		529-19-1

第四部分　急救措施

吸入　迅速脱离现场至空气新鲜处。保持呼吸道通畅。如呼吸困难，给输氧。呼吸、心跳停止，立即进行心肺复苏术。就医
皮肤接触　立即脱去污染的衣着，用肥皂水和流动清水彻底冲洗。就医
眼睛接触　立即分开眼睑，用流动清水或生理盐水彻底冲洗。就医

食入 催吐（仅限于清醒者），给服活性炭悬液。就医

对保护施救者的忠告 根据需要使用个人防护设备

对医生的特别提示 使用亚硝酸钠、硫代硫酸钠、4-二甲基氨基苯酚等解毒剂

第五部分 消防措施

灭火剂 用雾状水、泡沫、干粉、二氧化碳、砂土灭火

特别危险性 遇明火能燃烧。与强氧化剂接触可发生化学反应。受高热分解放出有毒的气体

灭火注意事项及防护措施 消防人员必须佩戴防毒面具、穿全身消防服，在上风向灭火。尽可能将容器从火场移至空旷处。喷水保持火场容器冷却，直至灭火结束。处在火场中的容器若已变色或从安全泄压装置中发出声音，必须马上撤离

第六部分 泄漏应急处理

作业人员防护措施、防护装备和应急处置程序 根据液体流动和蒸气扩散的影响区域划定警戒区，无关人员从侧风、上风向撤离至安全区。消除所有点火源。建议应急处理人员戴正压自给式呼吸器，穿防毒服。穿上适当的防护服前严禁接触破裂的容器和泄漏物。尽可能切断泄漏源

环境保护措施 防止泄漏物进入水体、下水道、地下室或有限空间

泄漏化学品的收容、清除方法及所使用的处置材料 小量泄漏：用干燥的砂土或其他不燃材料吸收或覆盖，收集于容器中。大量泄漏：构筑围堤或挖坑收容。用泵转移至槽车或专用收集器内

第七部分 操作处置与储存

操作注意事项 密闭操作，局部排风。操作人员必须经过专门培训，严格遵守操作规程。建议操作人员佩戴自吸过滤式防毒面具（半面罩），戴化学安全防护眼镜，穿防毒物渗透工作服，戴橡胶耐油手套。远离火种、热源，工作场所严禁吸烟。使用防爆型的通风系统和设备。防止蒸气泄漏到工作场所空气中。避免与氧化剂、碱类接触。搬运时要轻装轻卸，防止包装及容器损坏。配备相应品种和数量的消防器材及泄漏应急处理设备。倒空的容器可能残留有害物

储存注意事项 储存于阴凉、通风的库房。远离火种、热源。应与氧化剂、碱类、食用化学品分开存放，切忌混储。配备相应品种和数量的消防器材。储区应备有泄漏应急处理设备和合适的收容材料

第八部分 接触控制/个体防护

职业接触限值

中国 未制定标准

美国（ACGIH） 未制定标准

生物接触限值 未制定标准

监测方法 空气中有毒物质测定方法：未制定标准。生物监测检验方法：未制定标准

工程控制 密闭操作，局部排风

个体防护装备

呼吸系统防护 空气中浓度超标时，必须佩戴过滤式防毒面具（半面罩）。紧急事态抢救或撤离时，应该佩戴空气呼吸器

眼睛防护 戴化学安全防护眼镜

皮肤和身体防护 穿防毒物渗透工作服

手防护 戴橡胶耐油手套

第九部分 理化特性

外观与性状 无色液体		**pH值** 无资料	
熔点（℃） −13		**沸点（℃）** 205.2	
相对密度（水＝1） 0.996			
相对蒸气密度（空气＝1） 无资料			
临界压力（MPa） 无资料		**辛醇/水分配系数** 无资料	
闪点（℃） 84.44		**自燃温度（℃）** 无资料	
爆炸下限（%） 无资料		**爆炸上限（%）** 无资料	
分解温度（℃） 无资料		**黏度（mPa·s）** 无资料	
燃烧热（kJ/mol） −4306.7		**临界温度（℃）** 无资料	

溶解性 不溶于水，可混溶于醇、醚

第十部分 稳定性和反应性

稳定性 稳定

危险反应 与强氧化剂、强碱等禁配物发生反应

避免接触的条件 无资料

禁配物 强氧化剂、强碱

危险的分解产物 氮氧化物、氰化物

第十一部分 毒理学信息

急性毒性 LD$_{50}$：3200mg/kg（大鼠经口）；700mg/kg（小鼠腹腔内）

皮肤刺激或腐蚀 无资料		**眼睛刺激或腐蚀** 无资料	
呼吸或皮肤过敏 无资料		**生殖细胞突变性** 无资料	
致癌性 无资料		**生殖毒性** 无资料	

特异性靶器官系统毒性-一次接触 无资料

特异性靶器官系统毒性-反复接触 无资料

吸入危害 无资料

第十二部分 生态学信息

生态毒性 无资料

持久性和降解性

生物降解性 无资料

非生物降解性 无资料

潜在的生物累积性 无资料

土壤中的迁移性 无资料

第十三部分 废弃处置

废弃化学品 建议用焚烧法处置。焚烧炉排出的氮氧化物通过洗涤器除去

污染包装物 将容器返还生产商或按照国家和地方法规处置

废弃注意事项 处置前应参阅国家和地方有关法规

第十四部分 运输信息

联合国危险货物编号（UN号） —

联合国运输名称 — **联合国危险性类别** —

包装类别　—　　　　　包装标志　—

海洋污染物　否

运输注意事项　运输前应先检查包装容器是否完整、密封，运输过程中要确保容器不泄漏、不倒塌、不坠落、不损坏。严禁与酸类、氧化剂、食品及食品添加剂混运。运输时运输车辆应配备相应品种和数量的消防器材及泄漏应急处理设备。运输途中应防暴晒、雨淋、防高温。公路运输时要按规定路线行驶

第十五部分　法规信息

下列法律、法规、规章和标准，对该化学品的管理作了相应的规定。

中华人民共和国职业病防治法　职业病分类和目录：氰及腈类化合物中毒

危险化学品安全管理条例　危险化学品目录：列入。易制爆危险化学品名录：未列入。重点监管的危险化学品名录：未列入。GB 18218—2009《危险化学品重大危险源辨识》（表1）：未列入

使用有毒物品作业场所劳动保护条例　高毒物品目录：未列入

易制毒化学品管理条例　易制毒化学品的分类和品种目录：未列入

国际公约　斯德哥尔摩公约：未列入。鹿特丹公约：未列入。蒙特利尔议定书：未列入

第十六部分　其他信息

编写和修订信息　　　　缩略语和首字母缩写

培训建议　　　　　　　参考文献

免责声明

4-甲基苯甲腈

第一部分　化学品标识

化学品中文名　4-甲基苯甲腈；对甲苯基氰；对甲基苯甲腈

化学品英文名　4-methyl benzonitrile；*p*-tolunitrile

分子式　C₈H₇N　**分子量**　117.1479

结构式　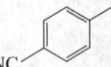

化学品的推荐及限制用途　用于有机合成

第二部分　危险性概述

紧急情况概述　造成皮肤刺激，造成严重眼刺激，可能引起呼吸道刺激

GHS危险性类别　皮肤腐蚀/刺激，类别2；严重眼损伤/眼刺激，类别2；特异性靶器官毒性——次接触，类别3（呼吸道刺激）

标签要素

象形图　

警示词　警告

危险性说明　造成皮肤刺激，造成严重眼刺激，可能引起呼吸道刺激

防范说明

预防措施　避免接触眼睛、皮肤，操作后彻底清洗。戴防护手套、防护眼镜、防护面罩

事故响应　皮肤接触：用大量肥皂水和水清洗，脱去被污染的衣服，衣服经洗净后方可重新使用。如发生皮肤刺激：就医。如接触眼睛：用水细心冲洗数分钟。如戴隐形眼镜并可方便地取出，取出隐形眼镜，继续冲洗。如果眼睛刺激持续：就医

安全储存　—

废弃处置　—

物理和化学危险　可燃，其粉体与空气混合，能形成爆炸性混合物

健康危害　有毒。吸入、摄入或经皮肤吸收后会中毒。对眼睛、皮肤、黏膜和上呼吸道有刺激作用。腈类物质可抑制细胞呼吸，造成组织缺氧。腈类中毒轻者出现恶心、呕吐、腹痛、腹泻、胸闷、乏力等症状，重者出现呼吸抑制、血压下降、昏迷、抽搐等

环境危害　对环境可能有害

第三部分　成分/组成信息

√　物质　　　　　　　　混合物

组分	浓度	CAS No.
4-甲基苯甲腈		104-85-8

第四部分　急救措施

吸入　迅速脱离现场至空气新鲜处。保持呼吸道通畅。如呼吸困难，给输氧。如呼吸、心跳停止，立即进行心肺复苏术。就医

皮肤接触　立即脱去污染的衣着，用肥皂水和流动清水彻底冲洗。就医

眼睛接触　立即分开眼睑，用流动清水或生理盐水彻底冲洗。就医

食入　催吐（仅限于清醒者），给服活性炭悬液。就医

对保护施救者的忠告　根据需要使用个人防护设备

对医生的特别提示　使用亚硝酸钠、硫代硫酸钠、4-二甲基氨基苯酚等解毒剂

第五部分　消防措施

灭火剂　用雾状水、泡沫、干粉、二氧化碳、砂土灭火

特别危险性　遇明火、高热可燃。其粉体与空气可形成爆炸性混合物，当达到一定浓度时，遇火星会发生爆炸。受高热分解放出有毒的气体

灭火注意事项及防护措施　消防人员必须佩戴防毒面具、穿全身消防服，在上风向灭火。尽可能将容器从火场移至空旷处。喷水保持火场容器冷却，直至灭火结束

第六部分　泄漏应急处理

作业人员防护措施、防护装备和应急处置程序　隔离泄漏污染区，限制出入。消除所有点火源。建议应急处理人员戴防尘口罩，穿防毒服。穿上适当的防护服前严

禁接触破裂的容器和泄漏物。尽可能切断泄漏源

环境保护措施 用塑料布覆盖泄漏物，减少飞散

泄漏化学品的收容、清除方法及所使用的处置材料 勿使水进入包装容器内。用洁净的铲子收集泄漏物，置于干净、干燥、盖子较松的容器中，将容器移离泄漏区

第七部分 操作处置与储存

操作注意事项 密闭操作，局部排风。防止粉尘释放到车间空气中。操作人员必须经过专门培训，严格遵守操作规程。建议操作人员佩戴自吸过滤式防尘口罩，戴化学安全防护眼镜，穿防毒物渗透工作服，戴橡胶手套。远离火种、热源，工作场所严禁吸烟。使用防爆型的通风系统和设备。避免产生粉尘。避免与氧化剂、碱类接触。配备相应品种和数量的消防器材及泄漏应急处理设备。倒空的容器可能残留有害物

储存注意事项 储存于阴凉、通风的库房。远离火种、热源。防止阳光直射。包装密封。应与氧化剂、碱类分开存放，切忌混储。配备相应品种和数量的消防器材。储区应备有合适的材料收容泄漏物

第八部分 接触控制/个体防护

职业接触限值

中国 未制定标准

美国（ACGIH） 未制定标准

生物接触限值 未制定标准

监测方法 空气中有毒物质测定方法：未制定标准。生物监测检验方法：未制定标准

工程控制 密闭操作，局部排风

个体防护装备

呼吸系统防护 空气中粉尘浓度超标时，必须佩戴过滤式防尘呼吸器。紧急事态抢救或撤离时，应该佩戴空气呼吸器

眼睛防护 戴化学安全防护眼镜

皮肤和身体防护 穿防毒物渗透工作服

手防护 戴橡胶手套

第九部分 理化特性

外观与性状 白色至黄色针状结晶

pH 值 无意义 **熔点（℃）** 29.5

沸点（℃） 217.6 **相对密度（水＝1）** 0.981

相对蒸气密度（空气＝1） 无资料

饱和蒸气压（kPa） 无资料 **临界压力（MPa）** 无资料

辛醇/水分配系数 2.02～2.32

闪点（℃） 85.0 **自燃温度（℃）** 无资料

爆炸下限（%） 无资料 **爆炸上限（%）** 无资料

分解温度（℃） 无资料 **黏度（mPa·s）** 无资料

燃烧热（kJ/mol） 无资料 **临界温度（℃）** 无资料

溶解性 不溶于水，易溶于醇、醚

第十部分 稳定性和反应性

稳定性 稳定

危险反应 与强氧化剂、强酸等禁配物发生反应

避免接触的条件 无资料

禁配物 强氧化剂、强碱

危险的分解产物 氮氧化物、氰化物

第十一部分 毒理学信息

急性毒性 LD_{50}：3800mg/kg（大鼠经口）

皮肤刺激或腐蚀 家兔经皮 500mg（24h），轻度刺激

眼睛刺激或腐蚀 家兔经眼 500mg（24h），轻度刺激

呼吸或皮肤过敏 无资料 **生殖细胞突变性** 无资料

致癌性 无资料 **生殖毒性** 无资料

特异性靶器官系统毒性-一次接触 无资料

特异性靶器官系统毒性-反复接触 无资料

吸入危害 无资料

第十二部分 生态学信息

生态毒性 无资料

持久性和降解性

生物降解性 无资料

非生物降解性 无资料

潜在的生物累积性 无资料

土壤中的迁移性 无资料

第十三部分 废弃处置

废弃化学品 建议用焚烧法处置。在能利用的地方重复使用容器或在规定场所掩埋

污染包装物 将容器返还生产商或按照国家和地方法规处置

废弃注意事项 处置前应参阅国家和地方有关法规

第十四部分 运输信息

联合国危险货物编号（UN号） —

联合国运输名称 — **联合国危险性类别** —

包装类别 — **包装标志** —

海洋污染物 否

运输注意事项 运输前应先检查包装容器是否完整、密封，运输过程中要确保容器不泄漏、不倒塌、不坠落、不损坏。严禁与酸类、氧化剂、食品及食品添加剂混运。运输时运输车辆应配备相应品种和数量的消防器材及泄漏应急处理设备。运输途中应防暴晒、雨淋，防高温。公路运输时要按规定路线行驶，勿在居民区和人口稠密区停留

第十五部分 法规信息

下列法律、法规、规章和标准，对该化学品的管理作了相应的规定。

中华人民共和国职业病防治法 职业病分类和目录：氰及腈类化合物中毒

危险化学品安全管理条例 危险化学品目录：列入。易制爆危险化学品名录：未列入。重点监管的危险化学品名录：未列入。GB 18218—2009《危险化学品重大危险源辨识》（表1）：未列入

使用有毒物品作业场所劳动保护条例 高毒物品目录：未列入

易制毒化学品管理条例 易制毒化学品的分类和品种目

录：未列入

国际公约　斯德哥尔摩公约：未列入。鹿特丹公约：未列入。蒙特利尔议定书：未列入

第十六部分　其他信息

编写和修订信息　　　　缩略语和首字母缩写

培训建议　　　　　　　参考文献

免责声明

2-甲基苯硫酚

第一部分　化学品标识

化学品中文名　2-甲基苯硫酚；2-巯基甲苯；邻甲苯硫酚

化学品英文名　*o*-thiocresol；2-tolyl mercaptan

分子式　C_7H_8S　分子量　124.203

结构式　

化学品的推荐及限制用途　用于医药、有机合成

第二部分　危险性概述

紧急情况概述　造成严重眼刺激

GHS 危险性类别　严重眼损伤/眼刺激，类别 2

标签要素

象形图　(!)

警示词　警告

危险性说明　造成严重眼刺激

防范说明

　　预防措施　避免接触眼睛、皮肤，操作后彻底清洗。戴防护眼镜、防护面罩

　　事故响应　如接触眼睛：用水细心冲洗数分钟。如戴隐形眼镜并可方便地取出，取出隐形眼镜，继续冲洗。如果眼睛刺激持续：就医

　　安全储存　—

　　废弃处置　—

物理和化学危险　可燃，其粉体或蒸气与空气混合，能形成爆炸性混合物

健康危害　蒸气或雾对眼、黏膜、上呼吸道和皮肤有刺激性。接触后引起头痛、恶心、呕吐

环境危害　对环境可能有害

第三部分　成分/组成信息

　　　　√ 物质　　　　　　混合物

组分	浓度	CAS No.
2-甲基苯硫酚		137-06-4

第四部分　急救措施

吸入　迅速脱离现场至空气新鲜处。保持呼吸道通畅。如呼吸困难，给输氧。呼吸、心跳停止，立即进行心肺复苏术。就医

皮肤接触　立即脱去污染的衣着，用流动清水彻底冲洗。就医

眼睛接触　立即分开眼睑，用流动清水或生理盐水彻底冲洗。就医

食入　漱口，饮水。就医

对保护施救者的忠告　根据需要使用个人防护设备

对医生的特别提示　对症处理

第五部分　消防措施

灭火剂　用雾状水、泡沫、干粉、二氧化碳、砂土灭火

特别危险性　遇明火、高热可燃。与氧化剂可发生反应。具有腐蚀性

灭火注意事项及防护措施　消防人员必须穿全身耐酸碱消防服。尽可能将容器从火场移至空旷处。喷水保持火场容器冷却，直至灭火结束。处在火场中的容器若已变色或从安全泄压装置中发出声音，必须马上撤离

第六部分　泄漏应急处理

作业人员防护措施、防护装备和应急处置程序　根据液体流动和蒸气扩散的影响区域划定警戒区，无关人员从侧风、上风向撤离至安全区。消除所有点火源。建议应急处理人员戴正压自给式呼吸器，穿防酸碱服。穿上适当的防护服前严禁接触破裂的容器和泄漏物。尽可能切断泄漏源

环境保护措施　防止泄漏物进入水体、下水道、地下室或有限空间

泄漏化学品的收容、清除方法及所使用的处置材料　小量泄漏：用干燥的砂土或其他不燃材料吸收或覆盖，收集于容器中。大量泄漏：构筑围堤或挖坑收容。用耐腐蚀泵转移至槽车或专用收集器内

第七部分　操作处置与储存

操作注意事项　密闭操作，注意通风。操作人员必须经过专门培训，严格遵守操作规程。建议操作人员佩戴防尘面具（全面罩），穿橡胶耐酸碱服，戴橡胶耐酸碱手套。远离火种、热源，工作场所严禁吸烟。使用防爆型的通风系统和设备。防止烟雾或粉尘泄漏到工作场所空气中。避免与氧化剂、碱类接触。搬运时要轻装轻卸，防止包装及容器损坏。配备相应品种和数量的消防器材及泄漏应急处理设备。倒空的容器可能残留有害物

储存注意事项　储存于阴凉、通风的库房。远离火种、热源。应与氧化剂、碱类、食用化学品分开存放，切忌混储。配备相应品种和数量的消防器材。储区应备有泄漏应急处理设备和合适的收容材料

第八部分　接触控制/个体防护

职业接触限值

　中国　未制定标准

　美国（ACGIH）　未制定标准

生物接触限值　未制定标准

监测方法　空气中有毒物质测定方法：未制定标准。生物

监测检验方法：未制定标准

工程控制 密闭操作，注意通风。提供安全淋浴和洗眼设备

个体防护装备

呼吸系统防护 可能接触其粉尘时，必须佩戴防尘面具（全面罩）；可能接触其蒸气时，应该佩戴过滤式防毒面具（全面罩）

眼睛防护 呼吸系统防护中已作防护

皮肤和身体防护 穿橡胶耐酸碱服

手防护 戴橡胶耐酸碱手套

第九部分 理化特性

外观与性状 无色液体或片状结晶

pH 值 无资料		**熔点(℃)** 10～12	
沸点(℃) 195		**相对密度(水=1)** 1.054	

相对蒸气密度(空气=1) 无资料

饱和蒸气压(kPa) 无资料

临界压力(MPa) 无资料 　**辛醇/水分配系数** 无资料

闪点(℃) 63.89 　**自燃温度(℃)** 无资料

爆炸下限(%) 无资料 　**爆炸上限(%)** 无资料

分解温度(℃) 无资料 　**黏度(mPa·s)** 无资料

燃烧热(kJ/mol) 无资料 　**临界温度(℃)** 无资料

溶解性 不溶于水，溶于乙醇、乙醚

第十部分 稳定性和反应性

稳定性 稳定

危险反应 与强氧化剂、强碱等禁配物发生反应

避免接触的条件 无资料

禁配物 强氧化剂、强碱

危险的分解产物 氧化硫

第十一部分 毒理学信息

急性毒性 LD_{50}：100mg/kg（小鼠腹腔内）

皮肤刺激或腐蚀 无资料 　**眼睛刺激或腐蚀** 无资料

呼吸或皮肤过敏 无资料 　**生殖细胞突变性** 无资料

致癌性 无资料 　**生殖毒性** 无资料

特异性靶器官系统毒性-一次接触 无资料

特异性靶器官系统毒性-反复接触 无资料

吸入危害 无资料

第十二部分 生态学信息

生态毒性 无资料

持久性和降解性

生物降解性 无资料

非生物降解性 无资料

潜在的生物累积性 无资料

土壤中的迁移性 无资料

第十三部分 废弃处置

废弃化学品 建议用焚烧法处置。焚烧炉排出的硫氧化物通过洗涤器除去

污染包装物 将容器返还生产商或按照国家和地方法规处置

废弃注意事项 处置前应参阅国家和地方有关法规

第十四部分 运输信息

联合国危险货物编号（UN 号） 3334

联合国运输名称 空运受管制的液体，未另作规定的（2-甲基苯硫酚）

联合国危险性类别 9

包装类别 — 　**包装标志**

海洋污染物 否

运输注意事项 起运时包装要完整，装载应稳妥。运输过程中要确保容器不泄漏、不倒塌、不坠落、不损坏。严禁与氧化剂、碱类、食用化学品等混装混运。运输时运输车辆应配备相应品种和数量的消防器材及泄漏应急处理设备。运输途中应防暴晒、雨淋，防高温。公路运输时要按规定路线行驶，勿在居民区和人口稠密区停留

第十五部分 法规信息

下列法律、法规、规章和标准，对该化学品的管理作了相应的规定。

中华人民共和国职业病防治法 职业病分类和目录：未列入

危险化学品安全管理条例 危险化学品目录：列入。易制爆危险化学品名录：未列入。重点监管的危险化学品名录：未列入。GB 18218—2009《危险化学品重大危险源辨识》（表1）：未列入

使用有毒物品作业场所劳动保护条例 高毒物品目录：未列入

易制毒化学品管理条例 易制毒化学品的分类和品种目录：未列入

国际公约 斯德哥尔摩公约：未列入。鹿特丹公约：未列入。蒙特利尔议定书：未列入

第十六部分 其他信息

编写和修订信息 　缩略语和首字母缩写

培训建议 　参考文献

免责声明

α-甲基苯乙烯

第一部分 化学品标识

化学品中文名 α-甲基苯乙烯；2-苯基丙烯；异丙烯基苯

化学品英文名 isopropenyl benzene；α-methyl styrene

分子式 C_9H_{10} 　**分子量** 118.18

结构式

化学品的推荐及限制用途 用于 ABS 树脂、聚酯树脂、醇酸树脂改性

第二部分 危险性概述

紧急情况概述 易燃液体和蒸气，造成严重眼刺激，可能

引起呼吸道刺激

GHS 危险性类别   易燃液体，类别 3；严重眼损伤/眼刺激，类别 2；特异性靶器官毒性——次接触，类别 3（呼吸道刺激）；危害水生环境-急性危害，类别 2；危害水生环境-长期危害，类别 2

标签要素

象形图

警示词   警告

危险性说明   易燃液体和蒸气，造成严重眼刺激，可能引起呼吸道刺激，对水生生物有毒并具有长期持续影响

防范说明

预防措施   远离热源、火花、明火、热表面。禁止吸烟。保持容器密闭。容器和接收设备接地连接。使用防爆型电器、通风、照明设备。只能使用不产生火花的工具。采取防止静电措施。戴防护手套、防护眼镜、防护面罩。避免接触眼睛、皮肤，操作后彻底清洗。禁止排入环境

事故响应   火灾时，使用雾状水、泡沫、干粉、二氧化碳、砂土灭火。如皮肤（或头发）接触：立即脱掉所有被污染的衣服，用水冲洗皮肤，淋浴。如接触眼睛：用水细心冲洗数分钟。如戴隐形眼镜并可方便地取出，取出隐形眼镜，继续冲洗。如果眼睛刺激持续：就医。收集泄漏物

安全储存   存放在通风良好的地方。保持低温

废弃处置   本品及内装物、容器依据国家和地方法规处置

物理和化学危险   易燃，其蒸气与空气混合，能形成爆炸性混合物。容易自聚

健康危害   对皮肤、眼睛、黏膜和上呼吸道有刺激作用。接触后可引起烧灼感、咳嗽、眩晕、喉炎、气短、头痛、恶心和呕吐。严重时引起肝、肾损害

环境危害   对水生生物有毒并具有长期持续影响

第三部分   成分/组成信息

√ 物质   混合物

组分	浓度	CAS No.
α-甲基苯乙烯		98-83-9

第四部分   急救措施

吸入   迅速脱离现场至空气新鲜处。保持呼吸道通畅。如呼吸困难，给输氧。呼吸、心跳停止，立即进行心肺复苏术。就医

皮肤接触   立即脱去污染的衣着，用流动清水彻底冲洗。就医

眼睛接触   立即分开眼睑，用流动清水或生理盐水彻底冲洗。就医

食入   漱口，饮水。就医

对保护施救者的忠告   根据需要使用个人防护设备

对医生的特别提示   对症处理

第五部分   消防措施

灭火剂   用雾状水、泡沫、干粉、二氧化碳、砂土灭火

特别危险性   其蒸气与空气可形成爆炸性混合物，遇明火、高热能引起燃烧爆炸。与氧化剂可发生反应。受热或储存过久能聚合，并放热。流速过快，容易产生和积聚静电。容易自聚，聚合反应随着温度的上升而急剧加剧。蒸气比空气重，沿地面扩散并易积存于低洼处，遇火源会着火回燃。若遇高热，容器内压增大，有开裂和爆炸的危险

灭火注意事项及防护措施   消防人员必须佩戴防毒面具、穿全身消防服，在上风向灭火。尽可能将容器从火场移至空旷处。喷水保持火场容器冷却，直至灭火结束。处在火场中的容器若已变色或从安全泄压装置中发出声音，必须马上撤离

第六部分   泄漏应急处理

作业人员防护措施、防护装备和应急处置程序   消除所有点火源。根据液体流动和蒸气扩散的影响区域划定警戒区，无关人员从侧风、上风向撤离至安全区。建议应急处理人员戴正压自给式呼吸器，穿防静电服。作业时使用的所有设备应接地。禁止接触或跨越泄漏物。尽可能切断泄漏源

环境保护措施   防止泄漏物进入水体、下水道、地下室或有限空间

泄漏化学品的收容、清除方法及所使用的处置材料   小量泄漏：用砂土或其他不燃材料吸收。使用洁净的无火花工具收集吸收材料。大量泄漏：构筑围堤或挖坑收容。用泡沫覆盖，减少蒸发。喷水雾能减少蒸发，但不能降低泄漏物在有限空间内的易燃性。用防爆泵转移至槽车或专用收集器内

第七部分   操作处置与储存

操作注意事项   密闭操作，注意通风。操作人员必须经过专门培训，严格遵守操作规程。建议操作人员佩戴自吸过滤式防毒面具（半面罩），戴化学安全防护眼镜，穿防毒物渗透工作服，戴橡胶耐油手套。远离火种、热源，工作场所严禁吸烟。使用防爆型的通风系统和设备。防止蒸气泄漏到工作场所空气中。避免与氧化剂接触。充装要控制流速，防止静电积聚。搬运时要轻装轻卸，防止包装及容器损坏。配备相应品种和数量的消防器材及泄漏应急处理设备。倒空的容器可能残留有害物

储存注意事项   通常商品加有阻聚剂。储存于阴凉、通风的库房。库温不宜超过 37℃，远离火种、热源。包装要求密封，不可与空气接触。应与氧化剂分开存放，切忌混储。不宜大量储存或久存。采用防爆型照明、通风设施。禁止使用易产生火花的机械设备和工具。储区应备有泄漏应急处理设备和合适的收容材料

第八部分   接触控制/个体防护

职业接触限值

中国   未制定标准

美国（ACGIH） TLV-TWA：50ppm；TLV-STEL：100ppm

生物接触限值 未制定标准

监测方法 空气中有毒物质测定方法：未制定标准。生物监测检验方法：未制定标准

工程控制 密闭操作，注意通风

个体防护装备

呼吸系统防护 空气中浓度超标时，必须佩戴过滤式防毒面具（半面罩）。紧急事态抢救或撤离时，应该佩戴空气呼吸器

眼睛防护 戴化学安全防护眼镜

皮肤和身体防护 穿防毒物渗透工作服

手防护 戴橡胶耐油手套

第九部分 理化特性

外观与性状 无色透明液体，具有刺激性臭味

pH 值 无资料　　　　　熔点（℃） −23

沸点（℃） 165～169

相对密度（水＝1） 0.90（25℃）

相对蒸气密度（空气＝1） 4.1

饱和蒸气压（kPa） 0.28（20℃）

临界压力（MPa） 无资料　　辛醇/水分配系数 无资料

闪点（℃） 45.56　　　　自燃温度（℃） 573.89

爆炸下限（%） 0.9　　　　爆炸上限（%） 6.1

分解温度（℃） 无资料　　黏度（mPa·s） 0.94（20℃）

燃烧热（kJ/mol） −4863.73（25℃，气体，常压下）

临界温度（℃） 384

溶解性 不溶于水

第十部分 稳定性和反应性

稳定性 稳定

危险反应 与强氧化剂、酸类、卤代烃、卤素等禁配物接触，有发生火灾和爆炸的危险。容易发生自聚反应

避免接触的条件 无资料

禁配物 强氧化剂、酸类、卤代烃、卤素

危险的分解产物 无资料

第十一部分 毒理学信息

急性毒性 LD$_{50}$：4900mg/kg（大鼠经口）；4500mg/kg（小鼠经口）

皮肤刺激或腐蚀 无资料　眼睛刺激或腐蚀 无资料

呼吸或皮肤过敏 无资料　生殖细胞突变性 无资料

致癌性 无资料　　　　生殖毒性 无资料

特异性靶器官系统毒性-一次接触 无资料

特异性靶器官系统毒性-反复接触 无资料

吸入危害 无资料

第十二部分 生态学信息

生态毒性 LC$_{50}$：2.97mg/L（96h）（斑马鱼）；EC$_{50}$：1.654 mg/L（48h）（大型溞）；EC$_{50}$：4.347mg/L（72h）（Desmodesmus subspicatus）；NOEC：0.401mg/L（21d）（大型溞）

持久性和降解性

生物降解性 不易快速生物降解（OECD 301C）

非生物降解性 无资料

潜在的生物累积性 根据 K_{ow} 值预测，该物质可能有一定的生物累积性；BCF：12～140（OECD 305C）

土壤中的迁移性 根据 K_{oc} 值预测，该物质的迁移性可能较弱

第十三部分 废弃处置

废弃化学品 根据国家和地方有关法规的要求处置。或与厂商、制造商联系，确定处置方法

污染包装物 将容器返还生产商或按照国家和地方法规处置

废弃注意事项 把倒空的容器归还厂商、在规定场所掩埋

第十四部分 运输信息

联合国危险货物编号（UN号） 2303

联合国运输名称 异丙烯基苯

联合国危险性类别 3

包装类别 Ⅲ　　　　　包装标志

海洋污染物 是

运输注意事项 运输时运输车辆应配备相应品种和数量的消防器材及泄漏应急处理设备。夏季最好早晚运输。运输时所用的槽（罐）车应有接地链，槽内可设孔隔板以减少震荡产生的静电。严禁与氧化剂、食用化学品等混装混运。运输途中应防暴晒、雨淋，防高温。中途停留时应远离火种、热源、高温区。装运该物品的车辆排气管必须配备阻火装置，禁止使用易产生火花的机械设备和工具装卸。公路运输时要按规定路线行驶。铁路运输时要禁止溜放。严禁用木船、水泥船散装运输

第十五部分 法规信息

下列法律、法规、规章和标准，对该化学品的管理作了相应的规定。

中华人民共和国职业病防治法 职业病分类和目录：未列入

危险化学品安全管理条例 危险化学品目录：列入。易制爆危险化学品名录：未列入。重点监管的危险化学品名录：未列入。GB 18218—2009《危险化学品重大危险源辨识》（表1）：未列入

使用有毒物品作业场所劳动保护条例 高毒物品目录：未列入

易制毒化学品管理条例 易制毒化学品的分类和品种目录：未列入

国际公约 斯德哥尔摩公约：未列入。鹿特丹公约：未列入。蒙特利尔议定书：未列入

第十六部分 其他信息

编写和修订信息　　　缩略语和首字母缩写

培训建议　　　　　　参考文献

免责声明

甲基苄基溴

第一部分　化学品标识

化学品中文名　甲基苄基溴；邻甲基溴化苄
化学品英文名　*o*-xylyl bromide；2-methylbenzyl bromide
分子式　C_8H_9Br　分子量　185.061

结构式

化学品的推荐及限制用途　用于有机合成

第二部分　危险性概述

紧急情况概述　可燃液体，吞咽有害，吸入致命，造成皮肤刺激，造成严重眼刺激
GHS危险性类别　易燃液体，类别4；急性毒性-经口，类别4；急性毒性-吸入，类别2；皮肤腐蚀/刺激，类别2；严重眼损伤/眼刺激，类别2
标签要素

象形图

警示词　危险
危险性说明　可燃液体，吞咽有害，吸入致命，造成皮肤刺激，造成严重眼刺激
防范说明
　　预防措施　远离火焰和热表面。戴防护手套、防护眼镜、防护面罩。避免接触眼睛、皮肤，操作后彻底清洗。作业场所不得进食、饮水或吸烟。避免吸入蒸气、雾。仅在室外或通风良好处操作。戴呼吸防护器具
　　事故响应　火灾时，使用雾状水、泡沫、干粉、二氧化碳、砂土灭火。如吸入：将患者转移到空气新鲜处，休息，保持利于呼吸的体位，立即呼叫中毒控制中心或就医。皮肤接触：用大量肥皂水和水清洗，如发生皮肤刺激，就医。脱去被污染的衣服，衣服经洗净后方可重新使用。如接触眼睛：用水细心冲洗数分钟。如戴隐形眼镜并可方便地取出，取出隐形眼镜，继续冲洗。如果眼睛刺激持续：就医。食入：如果感觉不适，立即呼叫中毒控制中心或就医，漱口
　　安全储存　存放在通风良好的地方。保持低温。保持容器密闭。上锁保管
　　废弃处置　本品及内装物、容器依据国家和地方法规处置
物理和化学危险　可燃，其蒸气与空气混合，能形成爆炸性混合物
健康危害　有毒。对眼睛、黏膜有强烈而持久的刺激作用，当浓度高时可引起肺水肿，严重者可致死。受热分解放出有毒的溴气体
环境危害　对环境可能有害

第三部分　成分/组成信息

√物质　　　　　　　　　混合物

组分	浓度	CAS No.
甲基苄基溴		89-92-9

第四部分　急救措施

吸入　迅速脱离现场至空气新鲜处。保持呼吸道通畅。如呼吸困难，给输氧。呼吸、心跳停止，立即进行心肺复苏术。就医
皮肤接触　立即脱去污染的衣着，用流动清水彻底冲洗。就医
眼睛接触　立即分开眼睑，用流动清水或生理盐水彻底冲洗。就医
食入　漱口，饮水。就医
对保护施救者的忠告　根据需要使用个人防护设备
对医生的特别提示　对症处理

第五部分　消防措施

灭火剂　用雾状水、泡沫、干粉、二氧化碳、砂土灭火
特别危险性　遇明火、高热可燃。与氧化剂可发生反应。受高热分解放出有毒的气体。若遇高热，容器内压增大，有开裂和爆炸的危险
灭火注意事项及防护措施　消防人员必须佩戴空气呼吸器、穿全身防火防毒服，在上风向灭火。尽可能将容器从火场移至空旷处。喷水保持火场容器冷却，直至灭火结束。处在火场中的容器若已变色或从安全泄压装置中发出声音，必须马上撤离

第六部分　泄漏应急处理

作业人员防护措施、防护装备和应急处置程序　根据液体流动和蒸气扩散的影响区域划定警戒区，无关人员从侧风、上风向撤离至安全区。建议应急处理人员戴正压自给式呼吸器，穿防毒服。穿上适当的防护服前严禁接触破裂的容器和泄漏物。尽可能切断泄漏源
环境保护措施　防止泄漏物进入水体、下水道、地下室或有限空间
泄漏化学品的收容、清除方法及所使用的处置材料　小量泄漏：用干燥的砂土或其他不燃材料吸收或覆盖，收集于容器中。大量泄漏：构筑围堤或挖坑收容。用泵转移至槽车或专用收集器内

第七部分　操作处置与储存

操作注意事项　密闭操作，提供充分的局部排风。防止蒸气泄漏到工作场所空气中。操作人员必须经过专门培训，严格遵守操作规程。建议操作人员佩戴自吸过滤式防毒面具（全面罩），穿胶布防毒衣，戴橡胶手套。远离火种、热源，工作场所严禁吸烟。使用防爆型的通风系统和设备。在清除液体和蒸气前不能进行焊接、切割等作业。避免产生烟雾。避免与氧化剂接触。配备相应品种和数量的消防器材及泄漏应急处理设备。倒空的容器可能残留有害物
储存注意事项　储存于阴凉、通风的库房。远离火种、热

源。防止阳光直射。保持容器密封。应与氧化剂、食用化学品分开存放，切忌混储。配备相应品种和数量的消防器材。储区应备有泄漏应急处理设备和合适的收容材料

第八部分　接触控制/个体防护

职业接触限值
中国　未制定标准
美国（ACGIH）　未制定标准
生物接触限值　未制定标准
监测方法　空气中有毒物质测定方法：未制定标准。生物监测检验方法：未制定标准
工程控制　严加密闭，提供充分的局部排风
个体防护装备
呼吸系统防护　空气中浓度超标时，必须佩戴过滤式防毒面具（全面罩）。紧急事态抢救或撤离时，应该佩戴空气呼吸器
眼睛防护　呼吸系统防护中已作防护
皮肤和身体防护　穿密闭型防毒服
手防护　戴橡胶手套

第九部分　理化特性

外观与性状　无色液体
pH 值　无资料   **熔点(℃)**　18~20
沸点(℃)　216~217（98.7kPa）
相对密度(水＝1)　1.381（23℃）
相对蒸气密度(空气＝1)　无资料
饱和蒸气压(kPa)　无资料
临界压力(MPa)　无资料   **辛醇/水分配系数**　无资料
闪点(℃)　82.22   **自燃温度(℃)**　无资料
爆炸下限(%)　无资料   **爆炸上限(%)**　无资料
分解温度(℃)　无资料   **黏度(mPa·s)**　无资料
燃烧热(kJ/mol)　无资料   **临界温度(℃)**　无资料
溶解性　不溶于水，溶于醇、醚

第十部分　稳定性和反应性

稳定性　稳定
危险反应　与强氧化剂等禁配物发生反应
避免接触的条件　无资料
禁配物　强氧化剂
危险的分解产物　溴化氢

第十一部分　毒理学信息

急性毒性　无资料

皮肤刺激或腐蚀　无资料		眼睛刺激或腐蚀　无资料	
呼吸或皮肤过敏　无资料		生殖细胞突变性　无资料	
致癌性　无资料		生殖毒性　无资料	

特异性靶器官系统毒性-一次接触　无资料
特异性靶器官系统毒性-反复接触　无资料
吸入危害　无资料

第十二部分　生态学信息

生态毒性　无资料

持久性和降解性
生物降解性　无资料
非生物降解性　无资料
潜在的生物累积性　无资料
土壤中的迁移性　无资料

第十三部分　废弃处置

废弃化学品　建议用控制焚烧法或安全掩埋法处置。若可能，重复使用容器或在规定场所掩埋
污染包装物　将容器返还生产商或按照国家和地方法规处置
废弃注意事项　处置前应参阅国家和地方有关法规

第十四部分　运输信息

联合国危险货物编号（UN 号）　1701
联合国运输名称　甲苄基溴（二甲苯基溴），液态
联合国危险性类别　6.1

包装类别　Ⅱ　　　　　　**包装标志**　

海洋污染物　否
运输注意事项　运输前应先检查包装容器是否完整、密封，运输过程中要确保容器不泄漏、不倒塌、不坠落、不损坏。严禁与酸类、氧化剂、食品及食品添加剂混运。运输时运输车辆应配备相应品种和数量的消防器材及泄漏应急处理设备。运输途中应防暴晒、雨淋，防高温。公路运输时要按规定路线行驶，勿在居民区和人口稠密区停留

第十五部分　法规信息

下列法律、法规、规章和标准，对该化学品的管理作了相应的规定。
中华人民共和国职业病防治法　职业病分类和目录：未列入
危险化学品安全管理条例　危险化学品目录：列入。易制爆危险化学品名录：未列入。重点监管的危险化学品名录：未列入。GB 18218—2009《危险化学品重大危险源辨识》（表1）：未列入
使用有毒物品作业场所劳动保护条例　高毒物品目录：未列入
易制毒化学品管理条例　易制毒化学品的分类和品种目录：未列入
国际公约　斯德哥尔摩公约：未列入。鹿特丹公约：未列入。蒙特利尔议定书：未列入

第十六部分　其他信息

编写和修订信息　缩略语和首字母缩写
培训建议　参考文献
免责声明

甲基丙基醚

第一部分　化学品标识

化学品中文名　甲基丙基醚；1-甲氧丙烷；甲丙醚

化学品英文名　methyl propyl ether；1-methoxypropane

分子式　$C_4H_{10}O$　分子量　74.1216

结构式　

化学品的推荐及限制用途　用作溶剂和用于麻醉剂的制备

第二部分　危险性概述

紧急情况概述　高度易燃液体和蒸气

GHS危险性类别　易燃液体，类别2

标签要素

象形图

警示词　危险

危险性说明　高度易燃液体和蒸气

防范说明

预防措施　远离热源、火花、明火、热表面。禁止吸烟。保持容器密闭。容器和接收设备接地连接。使用防爆型电器、通风、照明设备。只能使用不产生火花的工具。采取防止静电措施。戴防护手套、防护眼镜、防护面罩

事故响应　火灾时，使用泡沫、二氧化碳、干粉、砂土灭火。如皮肤（或头发）接触：立即脱掉所有被污染的衣服，用水冲洗皮肤，淋浴

安全储存　存放在通风良好的地方。保持低温

废弃处置　本品及内装物、容器依据国家和地方法规处置

物理和化学危险　高度易燃，其蒸气与空气混合，能形成爆炸性混合物

健康危害　本品为麻醉剂

环境危害　对环境可能有害

第三部分　成分/组成信息

√　物质　　　　　　　　　混合物

组分	浓度	CAS No.
甲基丙基醚		557-17-5

第四部分　急救措施

吸入　迅速脱离现场至空气新鲜处。保持呼吸道通畅。如呼吸困难，给输氧。呼吸、心跳停止，立即进行心肺复苏术。就医

皮肤接触　立即脱去污染的衣着，用流动清水彻底冲洗。就医

眼睛接触　立即分开眼睑，用流动清水或生理盐水彻底冲洗。就医

食入　漱口，饮水。就医

对保护施救者的忠告　根据需要使用个人防护设备

对医生的特别提示　对症处理

第五部分　消防措施

灭火剂　用泡沫、二氧化碳、干粉、砂土灭火

特别危险性　其蒸气与空气可形成爆炸性混合物，遇明火、高热极易燃烧爆炸。与氧化剂接触猛烈反应。长

期储存，可生成具有潜在爆炸危险性的过氧化物。流速过快，容易产生和积聚静电。蒸气比空气重，沿地面扩散并易积存于低洼处，遇火源会着火回燃。若遇高热，容器内压增大，有开裂和爆炸的危险

灭火注意事项及防护措施　消防人员必须佩戴防毒面具、穿全身消防服，在上风向灭火。尽可能将容器从火场移至空旷处。喷水保持火场容器冷却，直至灭火结束。用水灭火无效

第六部分　泄漏应急处理

作业人员防护措施、防护装备和应急处置程序　消除所有点火源。根据液体流动和蒸气扩散的影响区域划定警戒区，无关人员从侧风向、上风向撤离至安全区。建议应急处理人员戴正压自给式呼吸器，穿防静电服。作业时使用的所有设备应接地。禁止接触或跨越泄漏物。尽可能切断泄漏源

环境保护措施　防止泄漏物进入水体、下水道、地下室或有限空间

泄漏化学品的收容、清除方法及所使用的处置材料　小量泄漏：用砂土或其他不燃材料吸收。使用洁净的无火花工具收集吸收材料。大量泄漏：构筑围堤或挖坑收容。用泡沫覆盖，减少蒸发。喷水雾能减少蒸发，但不能降低泄漏物在有限空间内的易燃性。用防爆泵转移至槽车或专用收集器内

第七部分　操作处置与储存

操作注意事项　密闭操作，全面通风。操作人员必须经过专门培训，严格遵守操作规程。建议操作人员穿防静电工作服，戴橡胶耐油手套。远离火种、热源，工作场所严禁吸烟。使用防爆型的通风系统和设备。防止蒸气泄漏到工作场所空气中。避免与氧化剂、卤素接触。充装要控制流速，防止静电积聚。灌装适量，应留有5%的空容积。配备相应品种和数量的消防器材及泄漏应急处理设备。倒空的容器可能残留有害物

储存注意事项　储存于阴凉、通风的库房。远离火种、热源。库温不宜超过29℃，包装要求密封，不可与空气接触。应与氧化剂、卤素等分开存放，切忌混储。不宜大量储存或久存。采用防爆型照明、通风设施。禁止使用易产生火花的机械设备和工具。储区应备有泄漏应急处理设备和合适的收容材料

第八部分　接触控制/个体防护

职业接触限值

中国　未制定标准

美国（ACGIH）　未制定标准

生物接触限值　未制定标准

监测方法　空气中有毒物质测定方法：未制定标准。生物监测检验方法：未制定标准

工程控制　生产过程密闭，全面通风。提供安全淋浴和洗眼设备

个体防护装备

呼吸系统防护　一般不需要特殊防护，高浓度接触时可佩戴过滤式防毒面具（半面罩）。紧急事态抢

救或逃生时，建议佩戴空气呼吸器

眼睛防护　一般不需特殊防护

皮肤和身体防护　穿防静电工作服

手防护　戴橡胶耐油手套

第九部分　理化特性

外观与性状　无色液体

pH 值　无资料	熔点(℃)　无资料	
沸点(℃)　39.1	相对密度(水＝1)　0.74	

相对蒸气密度(空气＝1)　2.56

饱和蒸气压(kPa)　53.32(22.5℃)

临界压力(MPa)　无资料　　辛醇/水分配系数　无资料

闪点(℃)　<−20　　自燃温度(℃)　无资料

爆炸下限(%)　2.0　　爆炸上限(%)　无资料

分解温度(℃)　无资料

黏度(mPa·s)　0.3064(0.3℃)

燃烧热(kJ/mol)　无资料　　临界温度(℃)　203.05

溶解性　微溶于水，可混溶于乙醇、乙醚等多数有机溶剂

第十部分　稳定性和反应性

稳定性　稳定

危险反应　与强氧化剂、氧、卤素、过氯酸、硫、硫化物等禁配物接触，有发生火灾和爆炸的危险。长期储存，可生成具有潜在爆炸危险性的过氧化物

避免接触的条件　受热

禁配物　强氧化剂、氧、卤素、过氯酸、硫、硫化物

危险的分解产物　过氧化物

第十一部分　毒理学信息

急性毒性　LC$_{50}$：259000mg/m³（小鼠吸入，15min）

皮肤刺激或腐蚀　无资料	眼睛刺激或腐蚀　无资料
呼吸或皮肤过敏　无资料	生殖细胞突变性　无资料
致癌性　无资料	生殖毒性　无资料

特异性靶器官系统毒性-一次接触　无资料

特异性靶器官系统毒性-反复接触　无资料

吸入危害　无资料

第十二部分　生态学信息

生态毒性　无资料

持久性和降解性

　生物降解性　无资料

　非生物降解性　无资料

潜在的生物累积性　无资料

土壤中的迁移性　无资料

第十三部分　废弃处置

废弃化学品　建议用焚烧法处置

污染包装物　将容器返还生产商或按照国家和地方法规处置

废弃注意事项　处置前应参阅国家和地方有关法规

第十四部分　运输信息

联合国危险货物编号（UN 号）　2612

联合国运输名称　甲基丙基醚（甲丙醚）

联合国危险性类别　3

包装类别　Ⅱ　　　　　　包装标志　

海洋污染物　否

运输注意事项　运输时运输车辆应配备相应品种和数量的消防器材及泄漏应急处理设备。夏季最好早晚运输。运输时所用的槽（罐）车应有接地链，槽内可设孔隔板以减少震荡产生的静电。严禁与氧化剂、卤素等混装混运。运输途中应防暴晒、雨淋，防高温。中途停留时应远离火种、热源、高温区。装运该物品的车辆排气管必须配备阻火装置，禁止使用易产生火花的机械设备和工具装卸。公路运输时要按规定路线行驶，勿在居民区和人口稠密区停留。铁路运输时要禁止溜放。严禁用木船、水泥船散装运输

第十五部分　法规信息

　下列法律、法规、规章和标准，对该化学品的管理作了相应的规定。

中华人民共和国职业病防治法　职业病分类和目录：未列入

危险化学品安全管理条例　危险化学品目录：列入。易制爆危险化学品名录：未列入。重点监管的危险化学品名录：未列入。GB 18218—2009《危险化学品重大危险源辨识》（表 1）：未列入

使用有毒物品作业场所劳动保护条例　高毒物品目录：未列入

易制毒化学品管理条例　易制毒化学品的分类和品种目录：未列入

国际公约　斯德哥尔摩公约：未列入。鹿特丹公约：未列入。蒙特利尔议定书：未列入

第十六部分　其他信息

编写和修订信息	缩略语和首字母缩写
培训建议	参考文献
免责声明	

2-甲基丙烯腈

第一部分　化学品标识

化学品中文名　2-甲基丙烯腈；甲基丙烯腈；异丁烯腈

化学品英文名　2-methacrylonitrile

分子式　C$_4$H$_5$N　分子量　67.0892

结构式　

化学品的推荐及限制用途　用于合成橡胶、弹性塑料和涂料等

第二部分　危险性概述

紧急情况概述　高度易燃液体和蒸气，吞咽会中毒，皮肤接触会中毒，吸入会中毒，可能导致皮肤过敏反应

GHS 危险性类别　易燃液体，类别 2；急性毒性-经口，

类别 3；急性毒性-经皮，类别 3；急性毒性-吸入，类别 3；皮肤致敏物，类别 1；危害水生环境-急性危害，类别 3

标签要素

象形图　

警示词　危险

危险性说明　高度易燃液体和蒸气，吞咽会中毒，皮肤接触会中毒，吸入会中毒，可能导致皮肤过敏反应，对水生生物有害

防范说明

　预防措施　远离热源、火花、明火、热表面。保持容器密闭。容器和接收设备接地连接。使用防爆型电器、通风、照明设备。只能使用不产生火花的工具。采取防止静电措施。戴防护手套、防护眼镜、防护面罩，穿防护服。避免接触眼睛、皮肤，操作后彻底清洗。作业场所不得进食、饮水或吸烟。避免吸入蒸气、雾。仅在室外或通风良好处操作。污染的工作服不得带出工作场所。禁止排入环境

　事故响应　火灾时，使用雾状水、泡沫、干粉、二氧化碳、砂土灭火。如吸入：将患者转移到空气新鲜处，休息，保持利于呼吸的体位。皮肤接触：用大量肥皂水和水清洗，立即脱去所有被污染的衣服。如感觉不适，呼叫中毒控制中心或就医。被污染的衣服必须经洗净后方可重新使用。如出现皮肤刺激或皮疹：就医。食入：立即呼叫中毒控制中心或就医，漱口

　安全储存　存放在通风良好的地方。保持低温。保持容器密闭。上锁保管

　废弃处置　本品及内装物、容器依据国家和地方法规处置

物理和化学危险　易燃，其蒸气与空气混合，能形成爆炸性混合物。容易自聚

健康危害　不良反应似丙烯腈。动物急性中毒开始表现短时间兴奋，然后出现无力、气喘、紫绀、阵发性强直性抽搐、昏迷、死亡。实验表明，本品易通过兔和豚鼠皮肤吸收，局部无明显刺激反应，只有轻度充血

环境危害　对水生生物有害

第三部分　成分/组成信息

√ 物质		混合物
组分	浓度	CAS No.
2-甲基丙烯腈		126-98-7

第四部分　急救措施

吸入　迅速脱离现场至空气新鲜处。保持呼吸道通畅。如呼吸困难，给输氧。呼吸、心跳停止，立即进行心肺复苏术。就医

皮肤接触　立即脱去污染的衣着，用肥皂水和流动清水彻底冲洗。就医

眼睛接触　立即分开眼睑，用流动清水或生理盐水彻底冲洗。就医

食入　催吐（仅限于清醒者），给服活性炭悬液。就医

对保护施救者的忠告　根据需要使用个人防护设备

对医生的特别提示　使用亚硝酸钠、硫代硫酸钠、4-二甲基氨基苯酚等解毒剂

第五部分　消防措施

灭火剂　用雾状水、泡沫、干粉、二氧化碳、砂土灭火

特别危险性　其蒸气与空气可形成爆炸性混合物，遇明火、高热极易燃烧爆炸。与氧化剂接触猛烈反应。流速过快，容易产生和积聚静电。容易自聚，聚合反应随着温度的上升而急骤加剧。若遇高热，容器内压增大，有开裂和爆炸的危险

灭火注意事项及防护措施　消防人员必须佩戴空气呼吸器、穿全身防火防毒服，在上风向灭火。尽可能将容器从火场移至空旷处。喷水保持火场容器冷却，直至灭火结束。处在火场中的容器若已变色或从安全泄压装置中发出声音，必须马上撤离

第六部分　泄漏应急处理

作业人员防护措施、防护装备和应急处置程序　消除所有点火源。根据液体流动和蒸气扩散的影响区域划定警戒区，无关人员从侧风、上风向撤离至安全区。建议应急处理人员戴正压自给式呼吸器，穿防毒、防静电服。作业时使用的所有设备应接地。禁止接触或跨越泄漏物。尽可能切断泄漏源

环境保护措施　防止泄漏物进入水体、下水道、地下室或有限空间

泄漏化学品的收容、清除方法及所使用的处置材料　小量泄漏：用砂土或其他不燃材料吸收。使用洁净的无火花工具收集吸收材料。大量泄漏：构筑围堤或挖坑收容。用泡沫覆盖，减少蒸发。喷水雾能减少蒸发，但不能降低泄漏物在有限空间内的易燃性。用防爆泵转移至槽车或专用收集器内

第七部分　操作处置与储存

操作注意事项　严加密闭，提供充分的局部排风和全面通风。操作尽可能机械化、自动化。操作人员必须经过专门培训，严格遵守操作规程。建议操作人员佩戴自吸过滤式防毒面具（全面罩），穿胶布防毒衣，戴橡胶耐油手套。远离火种、热源，工作场所严禁吸烟。使用防爆型的通风系统和设备。防止蒸气泄漏到工作场所空气中。避免与氧化剂、还原剂、酸类、碱类接触。充装要控制流速，防止静电积累。搬运时要轻装轻卸，防止包装及容器损坏。配备相应品种和数量的消防器材及泄漏应急处理设备。倒空的容器可能残留有害物

储存注意事项　储存于阴凉、通风的库房。远离火种、热源。库温不宜超过 37℃，包装要求密封，不可与空气接触。应与氧化剂、还原剂、酸类、碱类、食用化学品分开存放，切忌混储。不宜大量储存或久存。采

用防爆型照明、通风设施。禁止使用易产生火花的机械设备和工具。储区应备有泄漏应急处理设备和合适的收容材料

第八部分　接触控制/个体防护

职业接触限值

中国　PC-TWA：$3mg/m^3$［皮］

美国（ACGIH）　TLV-TWA：1ppm［皮］

生物接触限值　未制定标准

监测方法　空气中有毒物质测定方法：溶剂解析-气相色谱法。生物监测检验方法：未制定标准

工程控制　严加密闭，提供充分的局部排风和全面通风。提供安全淋浴和洗眼设备

个体防护装备

呼吸系统防护　空气中浓度超标时，必须佩戴过滤式防毒面具（全面罩）。紧急事态抢救或撤离时，应该佩戴空气呼吸器

眼睛防护　呼吸系统防护中已作防护

皮肤和身体防护　穿密闭型防毒服

手防护　戴橡胶耐油手套

第九部分　理化特性

外观与性状　无色透明液体，有轻微杏仁气味

pH 值　无资料　　　**熔点（℃）**　−104.8

沸点（℃）　42.3　　　**相对密度（水=1）**　0.86

相对蒸气密度（空气=1）　无资料

饱和蒸气压（kPa）　44.5（20℃）

临界压力（MPa）　无资料　**辛醇/水分配系数**　0.68

闪点（℃）　−32　　　**自燃温度（℃）**　无资料

爆炸下限（%）　2.2　　　**爆炸上限（%）**　13.8

分解温度（℃）　无资料

黏度（mPa·s）　0.392（20℃）

燃烧热（kJ/mol）　无资料　**临界温度（℃）**　无资料

溶解性　不溶于水，溶于苯、乙醇、乙醚

第十部分　稳定性和反应性

稳定性　稳定

危险反应　与强氧化剂、强还原剂、强酸、强碱等禁配物接触，有引起燃烧爆炸的危险。容易发生自聚反应

避免接触的条件　受热

禁配物　强氧化剂、强还原剂、强酸、强碱

危险的分解产物　氮氧化物

第十一部分　毒理学信息

急性毒性　属高毒类。LD_{50}：25mg/kg（大鼠经口）；20mg/kg（小鼠经口）；16mg/kg（兔经口）。LC_{50}：328ppm（大鼠吸入，4h）

皮肤刺激或腐蚀　无资料　**眼睛刺激或腐蚀**　无资料

呼吸或皮肤过敏　无资料　**生殖细胞突变性**　无资料

致癌性　无资料　　**生殖毒性**　无资料

特异性靶器官系统毒性-一次接触　无资料

特异性靶器官系统毒性-反复接触　无资料

吸入危害　无资料

第十二部分　生态学信息

生态毒性　EC_{50}：250mg/L（48h）（大型溞）；ErC_{50}：25.3mg/L（72h）（羊角月牙藻）（OECD 201）；NOEC：2.2mg/L（21d）（大型溞）（OECD 211）

持久性和降解性

生物降解性　易快速生物降解（OECD 301C）

非生物降解性　无资料

潜在的生物累积性　根据 K_{ow} 值预测，该物质的生物累积性可能较弱

土壤中的迁移性　根据 K_{oc} 值预测，该物质可能易发生迁移

第十三部分　废弃处置

废弃化学品　建议用焚烧法处置。焚烧炉排出的氮氧化物通过洗涤器除去

污染包装物　将容器返还生产商或按照国家和地方法规处置

废弃注意事项　处置前应参阅国家和地方有关法规

第十四部分　运输信息

联合国危险货物编号（UN 号）　3079

联合国运输名称　甲基丙烯腈，稳定的

联合国危险性类别　6.1，3

包装类别　Ⅰ

包装标志　

海洋污染物　否

运输注意事项　运输时运输车辆应配备相应品种和数量的消防器材及泄漏应急处理设备。夏季最好早晚运输。运输时所用的槽（罐）车应有接地链，槽内可设孔隔板以减少震荡产生的静电。严禁与氧化剂、还原剂、酸类、碱类、食用化工品等混装混运。运输途中应防暴晒、雨淋，防高温。中途停留时应远离火种、热源、高温区。装运该物品的车辆排气管必须配备阻火装置，禁止使用易产生火花的机械设备和工具装卸。公路运输时要按规定路线行驶，勿在居民区和人口稠密区停留。铁路运输时禁止溜放。严禁用木船、水泥船散装运输

第十五部分　法规信息

下列法律、法规、规章和标准，对该化学品的管理作了相应的规定。

中华人民共和国职业病防治法　职业病分类和目录：氰及腈类化合物中毒

危险化学品安全管理条例　危险化学品目录：列入。易制爆危险化学品名录：未列入。重点监管的危险化学品名录：未列入。GB 18218—2009《危险化学品重大危险源辨识》（表1）：未列入

使用有毒物品作业场所劳动保护条例　高毒物品目录：未列入

易制毒化学品管理条例　易制毒化学品的分类和品种目录：未列入

国际公约　斯德哥尔摩公约：未列入。鹿特丹公约：未列入。蒙特利尔议定书：未列入

第十六部分　其他信息

编写和修订信息　　　　缩略语和首字母缩写
培训建议　　　　　　　参考文献
免责声明

2-甲基丙烯醛

第一部分　化学品标识

化学品中文名　2-甲基丙烯醛；异丁烯醛
化学品英文名　2-methylacrolein；methacrolein
分子式　C_4H_6O　**分子量**　70.0898
结构式　
化学品的推荐及限制用途　用于共聚物和树脂制造，是甲基丙烯酸的生产原料和热塑性塑料单体原料

第二部分　危险性概述

紧急情况概述　高度易燃液体和蒸气，吞咽会中毒，皮肤接触会中毒，吸入致命，造成严重的皮肤灼伤和眼损伤

GHS危险性类别　易燃液体，类别2；急性毒性-经口，类别3；急性毒性-经皮，类别3；急性毒性-吸入，类别2；皮肤腐蚀/刺激，类别1；严重眼损伤/眼刺激，类别1；特异性靶器官毒性-一次接触，类别3（呼吸道刺激）

标签要素

象形图

警示词　危险

危险性说明　高度易燃液体和蒸气，吞咽会中毒，皮肤接触会中毒，吸入致命，造成严重的皮肤灼伤和眼损伤

防范说明

　　预防措施　远离热源、火花、明火、热表面。保持容器密闭。容器和接收设备接地连接。使用防爆型电器、通风、照明设备。只能使用不产生火花的工具。采取防止静电措施。避免接触眼睛、皮肤，操作后彻底清洗。作业场所不得进食、饮水或吸烟。避免吸入蒸气、雾。仅在室外或通风良好处操作。戴呼吸防护器具。穿防护服、戴防护眼镜、防护手套、防护面罩

　　事故响应　火灾时，使用泡沫、干粉、二氧化碳、砂土灭火。如吸入：将患者转移到空气新鲜处，休息，保持利于呼吸的体位。皮肤接触：用大量肥皂水和水清洗，立即脱去所有被污染的衣服。如感觉不适，呼叫中毒控制中心或就

医。被污染的衣服必须经洗净后方可重新使用。眼睛接触：用水细心地冲洗数分钟。如戴隐形眼镜并可方便地取出，则取出隐形眼镜，继续冲洗。食入：漱口，不要催吐，立即呼叫中毒控制中心或就医

　　安全储存　存放在通风良好的地方。保持低温。保持容器密闭。上锁保管

　　废弃处置　本品及内装物、容器依据国家和地方法规处置

物理和化学危险　易燃，其蒸气与空气混合，能形成爆炸性混合物。容易自聚。在空气中久置后能形成有爆炸性的过氧化物

健康危害　对眼、呼吸道黏膜及皮肤有强烈刺激作用。吸入可引起喉、支气管的炎症、水肿和痉挛，化学性肺炎或肺水肿。眼和皮肤接触引起灼伤

环境危害　对环境可能有害

第三部分　成分/组成信息

√　物质　　　　　　　　　混合物

组分	浓度	CAS No.
2-甲基丙烯醛		78-85-3

第四部分　急救措施

吸入　迅速脱离现场至空气新鲜处。保持呼吸道通畅。如呼吸困难，给输氧。呼吸、心跳停止，立即进行心肺复苏术。就医

皮肤接触　立即脱去污染的衣着，用大量流动清水彻底冲洗至少15min。就医

眼睛接触　立即分开眼睑，用流动清水或生理盐水彻底冲洗5～10min。就医

食入　用水漱口，禁止催吐。给饮牛奶或蛋清。就医
对保护施救者的忠告　根据需要使用个人防护设备
对医生的特别提示　对症处理

第五部分　消防措施

灭火剂　用泡沫、干粉、二氧化碳、砂土灭火
特别危险性　其蒸气与空气可形成爆炸性混合物，遇明火、高热极易燃烧爆炸。与氧化剂接触猛烈反应。受热分解产生有毒的烟气。容易自聚，聚合反应随着温度的上升而急骤加剧。蒸气比空气重，沿地面扩散并易积存于低洼处，遇火源会着火回燃。若遇高热，容器内压增大，有开裂和爆炸的危险

灭火注意事项及防护措施　消防人员必须佩戴防毒面具、穿全身消防服，在上风向灭火。尽可能将容器从火场移至空旷处。喷水保持火场容器冷却，直至灭火结束。处在火场中的容器若已变色或从安全泄压装置中发出声音，必须马上撤离。用水灭火无效

第六部分　泄漏应急处理

作业人员防护措施、防护装备和应急处置程序　消除所有点火源。根据液体流动和蒸气扩散的影响区域划定警戒区，无关人员从侧风、上风向撤离至安全区。建议应急处理人员戴正压自给式呼吸器，穿防毒、防静电

服。作业时使用的所有设备应接地。禁止接触或跨越泄漏物。尽可能切断泄漏源

环境保护措施 防止泄漏物进入水体、下水道、地下室或有限空间

泄漏化学品的收容、清除方法及所使用的处置材料 小量泄漏：用砂土或其他不燃材料吸收。使用洁净的无火花工具收集吸收材料。大量泄漏：构筑围堤或挖坑收容。用泡沫覆盖，减少蒸发。喷水雾能减少蒸发，但不能降低泄漏物在有限空间内的易燃性。用防爆泵转移至槽车或专用收集器内

第七部分　操作处置与储存

操作注意事项 密闭操作，提供充分的局部排风。操作人员必须经过专门培训，严格遵守操作规程。建议操作人员佩戴自吸过滤式防毒面具（全面罩），穿胶布防毒衣，戴橡胶手套。远离火种、热源，工作场所严禁吸烟。使用防爆型的通风系统和设备。防止蒸气泄漏到工作场所空气中。避免与氧化剂、还原剂、碱类接触。灌装时应控制流速，且有接地装置，防止静电积聚。配备相应品种和数量的消防器材及泄漏应急处理设备。倒空的容器可能残留有害物

储存注意事项 储存于阴凉、通风的库房。远离火种、热源。库温不宜超过37℃，包装要求密封，不可与空气接触。应与氧化剂、还原剂、碱类、食用化学品分开存放，切忌混储。采用防爆型照明、通风设施。禁止使用易产生火花的机械设备和工具。储区应备有泄漏应急处理设备和合适的收容材料

第八部分　接触控制/个体防护

职业接触限值

中国　未制定标准

美国（ACGIH）　未制定标准

生物接触限值 未制定标准

监测方法 空气中有毒物质测定方法：未制定标准。生物监测检验方法：未制定标准

工程控制 严加密闭，提供充分的局部排风。提供安全淋浴和洗眼设备

个体防护装备

呼吸系统防护　空气中浓度超标时，必须佩戴过滤式防毒面具（全面罩）。紧急事态抢救或撤离时，应该佩戴空气呼吸器

眼睛防护　呼吸系统防护中已作防护

皮肤和身体防护　穿密闭型防毒服

手防护　戴橡胶手套

第九部分　理化特性

外观与性状 无色至黄色液体，有强烈刺激性臭味

pH值 无资料   **熔点(℃)** －81

沸点(℃) 68   **相对密度(水=1)** 0.847

相对蒸气密度(空气=1) 2.42

饱和蒸气压(kPa) 16.13（20℃）

临界压力(MPa) 无资料   **辛醇/水分配系数** 无资料

闪点(℃) －15   **自燃温度(℃)** 无资料

爆炸下限(%) 2.1   **爆炸上限(%)** 15.5

分解温度(℃) 无资料

黏度(mPa·s) 0.49（20℃）

燃烧热(kJ/mol) －2299（25℃）

临界温度(℃) 257

溶解性 微溶于水，易溶于乙醇、乙醚

第十部分　稳定性和反应性

稳定性 稳定

危险反应 与强氧化剂、碱类、强还原剂等禁配物接触，有引起燃烧爆炸的危险。容易发生自聚反应

避免接触的条件 受热

禁配物 强氧化剂、碱类、强还原剂

危险的分解产物 无资料

第十一部分　毒理学信息

急性毒性 LD_{50}：140mg/kg（大鼠经口）；430mg/kg（兔经皮）

皮肤刺激或腐蚀 无资料   **眼睛刺激或腐蚀** 无资料

呼吸或皮肤过敏 无资料   **生殖细胞突变性** 无资料

致癌性 无资料   **生殖毒性** 无资料

特异性靶器官系统毒性-一次接触 无资料

特异性靶器官系统毒性-反复接触 无资料

吸入危害 无资料

第十二部分　生态学信息

生态毒性 无资料

持久性和降解性

生物降解性　无资料

非生物降解性　无资料

潜在的生物累积性 无资料

土壤中的迁移性 无资料

第十三部分　废弃处置

废弃化学品 建议用焚烧法处置

污染包装物 将容器返还生产商或按照国家和地方法规处置

废弃注意事项 处置前应参阅国家和地方有关法规

第十四部分　运输信息

联合国危险货物编号（UN号） 2396

联合国运输名称 甲基丙烯醛，稳定的

联合国危险性类别 3，6.1

包装类别 Ⅱ

包装标志

海洋污染物 否

运输注意事项 运输时运输车辆应配备相应品种和数量的消防器材及泄漏应急处理设备。夏季最好早晚运输。运输时所用的槽（罐）车应有接地链，槽内可设孔隔板以减少震荡产生的静电。严禁与氧化剂、还原剂、

碱类、食用化学品等混装混运。运输途中应防暴晒、雨淋，防高温。中途停留时应远离火种、热源、高温区。装运该物品的车辆排气管必须配备阻火装置，禁止使用易产生火花的机械设备和工具装卸。公路运输时要按规定路线行驶，勿在居民区和人口稠密区停留。铁路运输时要禁止溜放。严禁用木船、水泥船散装运输

第十五部分　法规信息

　　下列法律、法规、规章和标准，对该化学品的管理作了相应的规定。

中华人民共和国职业病防治法　职业病分类和目录：未列入

危险化学品安全管理条例　危险化学品目录：列入。易制爆危险化学品名录：未列入。重点监管的危险化学品名录：未列入。GB 18218—2009《危险化学品重大危险源辨识》（表1）：未列入

使用有毒物品作业场所劳动保护条例　高毒物品目录：未列入

易制毒化学品管理条例　易制毒化学品的分类和品种目录：未列入

国际公约　斯德哥尔摩公约：未列入。鹿特丹公约：未列入。蒙特利尔议定书：未列入

第十六部分　其他信息

编写和修订信息　　　　缩略语和首字母缩写
培训建议　　　　　　　参考文献
免责声明

甲基丙烯酸二甲基氨基乙酯

第一部分　化学品标识

化学品中文名　甲基丙烯酸二甲基氨基乙酯；甲基丙烯酸二甲氨乙酯；N,N-二甲氨基甲基丙烯酸乙酯；二甲氨基乙基异丁烯酸酯；2-二甲氨基甲基丙烯酸乙酯

化学品英文名　dimethylaminoethyl methacrylate；N,N-dimethylaminoethyl methacrylate

分子式　$C_8H_{15}NO_2$　**分子量**　157.21

结构式　

化学品的推荐及限制用途　用于制造涂料、纤维处理剂、橡胶增强剂、稳定剂、润滑油添加剂、黏结剂、纸加工剂及离子交换树脂

第二部分　危险性概述

紧急情况概述　可燃液体。吞咽有害，皮肤接触有害，造成皮肤刺激，造成严重眼刺激，可能导致皮肤过敏反应

GHS危险性类别　易燃液体，类别4；急性毒性-经口，类别4；急性毒性-经皮，类别4；皮肤腐蚀/刺激，类别2；严重眼损伤/眼刺激，类别2；皮肤致敏物，类别1；危害水生环境-急性危害，类别2

标签要素

象形图　

警示词　警告

危险性说明　可燃液体。吞咽有害，皮肤接触有害，造成皮肤刺激，造成严重眼刺激，可能导致皮肤过敏反应，对水生生物有毒

防范说明

　　预防措施　远离明火和热源。避免接触眼睛、皮肤，操作后彻底清洗。作业场所不得进食、饮水或吸烟。穿防护服，戴防护眼镜、防护手套、防护面罩。避免吸入蒸气、雾。污染的工作服不得带出工作场所。禁止排入环境

　　事故响应　皮肤接触：用大量肥皂水和水清洗。如感觉不适，呼叫中毒控制中心或就医。被污染的衣服必须经洗净后方可重新使用。如出现皮肤刺激或皮疹：就医。如接触眼睛：用水细心冲洗数分钟。如戴隐形眼镜并可方便地取出，取出隐形眼镜，继续冲洗。如果眼睛刺激持续：就医。食入：如果感觉不适，立即呼叫中毒控制中心或就医，漱口

　　安全储存　—

　　废弃处置　本品及内装物、容器依据国家和地方法规处置

物理和化学危险　可燃，其蒸气与空气混合，能形成爆炸性混合物

健康危害　本品为催泪性毒物。对皮肤、眼睛和黏膜有刺激性。误服会刺激胃肠道，引起恶心、呕吐、腹痛；吸入，可引起喉痉挛、炎症及化学性肺炎、肺水肿等

环境危害　对水生生物有毒

第三部分　成分/组成信息

√物质　　　　　　　　　　混合物

组分	浓度	CAS No.
甲基丙烯酸二甲基氨基乙酯		2867-47-2

第四部分　急救措施

吸入　迅速脱离现场至空气新鲜处。保持呼吸道通畅。如呼吸困难，给输氧。呼吸、心跳停止，立即进行心肺复苏术。就医

皮肤接触　立即脱去污染的衣着，用流动清水彻底冲洗。就医

眼睛接触　立即分开眼睑，用流动清水或生理盐水彻底冲洗。就医

食入　漱口，饮水。就医

对保护施救者的忠告　根据需要使用个人防护设备

对医生的特别提示　对症处理

第五部分　消防措施

灭火剂　用雾状水、泡沫、干粉、二氧化碳、砂土灭火

特别危险性　遇明火、高热可燃。与氧化剂可发生反应。

蒸气比空气重，沿地面扩散并易积存于低洼处，遇火源会着火回燃。容易自聚，聚合反应随着温度的上升而急骤加剧。若遇高热，容器内压增大，有开裂和爆炸的危险

灭火注意事项及防护措施 消防人员必须佩戴防毒面具、穿全身消防服，在上风向灭火。尽可能将容器从火场移至空旷处。喷水保持火场容器冷却，直至灭火结束。处在火场中的容器若已变色或从安全泄压装置中发出声音，必须马上撤离

第六部分 泄漏应急处理

作业人员防护措施、防护装备和应急处置程序 根据液体流动和蒸气扩散的影响区域划定警戒区，无关人员从侧风、上风向撤离至安全区。消除所有点火源。建议应急处理人员戴正压自给式呼吸器，穿防毒服。穿上适当的防护服前严禁接触破裂的容器和泄漏物。尽可能切断泄漏源

环境保护措施 防止泄漏物进入水体、下水道、地下室或有限空间

泄漏化学品的收容、清除方法及所使用的处置材料 小量泄漏：用干燥的砂土或其他不燃材料吸收或覆盖，收集于容器中。大量泄漏：构筑围堤或挖坑收容。用粉煤灰或石灰粉吸收大量液体。用泡沫覆盖，减少蒸发。用泵转移至槽车或专用收集器内

第七部分 操作处置与储存

操作注意事项 密闭操作，局部排风。防止蒸气泄漏到工作场所空气中。操作人员必须经过专门培训，严格遵守操作规程。建议操作人员佩戴自吸过滤式防毒面具（半面罩），戴化学安全防护眼镜，穿防毒物渗透工作服，戴橡胶手套。远离火种、热源，工作场所严禁吸烟。使用防爆型的通风系统和设备。在清除液体和蒸气前不能进行焊接、切割等作业。避免产生烟雾。避免与氧化剂、还原剂、酸类、碱类接触。配备相应品种和数量的消防器材及泄漏应急处理设备。倒空的容器可能残留有害物

储存注意事项 通常商品加有阻聚剂。储存于阴凉、干燥、通风良好的库房。远离火种、热源。避光保存。保持容器密封，严禁与空气接触。应与氧化剂、还原剂、酸类、碱类等分开存放，切忌混储。不宜大量储存或久存。配备相应品种和数量的消防器材。储区应备有泄漏应急处理设备和合适的收容材料

第八部分 接触控制/个体防护

职业接触限值
中国 未制定标准
美国（ACGIH） 未制定标准
生物接触限值 未制定标准
监测方法 空气中有毒物质测定方法：未制定标准。生物监测检验方法：未制定标准
工程控制 密闭操作，局部排风
个体防护装备
呼吸系统防护 空气中浓度超标时，必须佩戴过滤式

防毒面具（半面罩）。紧急事态抢救或撤离时，应该佩戴空气呼吸器
眼睛防护 戴化学安全防护眼镜
皮肤和身体防护 穿防毒物渗透工作服
手防护 戴橡胶手套

第九部分 理化特性

外观与性状 无色液体，具有催泪性气味
pH值 无资料　　　　　　**熔点(℃)** <-60
沸点(℃) 182~190
相对密度(水=1) 0.933（25℃）
相对蒸气密度(空气=1) 5.4
饱和蒸气压(kPa) 无资料
临界压力(MPa) 无资料　**辛醇/水分配系数** 无资料
闪点(℃) 70.56　　　　　**自燃温度(℃)** 无资料
爆炸下限(%) 1.2　　　　　**爆炸上限(%)** 无资料
分解温度(℃) 无资料　　　**黏度(mPa·s)** 1.1
燃烧热(kJ/mol) 无资料　　**临界温度(℃)** 无资料
溶解性 溶于水、多数有机溶剂

第十部分 稳定性和反应性

稳定性 稳定
危险反应 与强氧化剂、强还原剂、强酸、强碱等禁配物发生反应。容易发生自聚反应
避免接触的条件 光照
禁配物 强氧化剂、强还原剂、强酸、强碱
危险的分解产物 氮氧化物

第十一部分 毒理学信息

急性毒性 LD_{50}：1751mg/kg（大鼠经口）；LC_{50}：620mg/m³（大鼠吸入，4h）
皮肤刺激或腐蚀 无资料　**眼睛刺激或腐蚀** 无资料
呼吸或皮肤过敏 无资料　**生殖细胞突变性** 无资料
致癌性 无资料　　　　　**生殖毒性** 无资料
特异性靶器官系统毒性-一次接触 无资料
特异性靶器官系统毒性-反复接触 无资料
吸入危害 无资料

第十二部分 生态学信息

生态毒性 LC_{50}：19mg/L（96h）（青鳉）（OECD 203）；EC_{50}：33mg/L（48h）（大型溞）（OECD 202）；ErC_{50}：9mg/L（72h）（羊角月牙藻）；NOEC：7.86mg/L（21d）（大型溞）（OECD 211）；NOEC：5.26mg/L（14d）（青鳉）（OECD 204）
持久性和降解性
生物降解性 28d降解95.3%，易快速生物降解（OECD 301E）
非生物降解性 pH为7、9时，水解半衰期分别为4.54d、3.31h
潜在的生物累积性 无资料
土壤中的迁移性 无资料

第十三部分 废弃处置

废弃化学品 建议用焚烧法处置。在能利用的地方重复使

用容器或在规定场所掩埋

污染包装物　将容器返还生产商或按照国家和地方法规处置

废弃注意事项　处置前应参阅国家和地方有关法规

第十四部分　运输信息

联合国危险货物编号（UN号）　2522

联合国运输名称　2-二甲氨基甲基丙烯酸乙酯

联合国危险性类别　6.1

包装类别　Ⅱ　　　　　　　**包装标志**

海洋污染物　否

运输注意事项　运输前应先检查包装容器是否完整、密封，运输过程中要确保容器不泄漏、不倒塌、不坠落、不损坏。严禁与酸类、氧化剂、食品及食品添加剂混运。运输时运输车辆应配备相应品种和数量的消防器材及泄漏应急处理设备。运输途中应防暴晒、雨淋、防高温。公路运输时要按规定路线行驶，勿在居民区和人口稠密区停留

第十五部分　法规信息

下列法律、法规、规章和标准，对该化学品的管理作了相应的规定。

中华人民共和国职业病防治法　职业病分类和目录：未列入

危险化学品安全管理条例　危险化学品目录：列入。易制爆危险化学品名录：未列入。重点监管的危险化学品名录：未列入。GB 18218—2009《危险化学品重大危险源辨识》（表1）：未列入

使用有毒物品作业场所劳动保护条例　高毒物品目录：未列入

易制毒化学品管理条例　易制毒化学品的分类和品种目录：未列入

国际公约　斯德哥尔摩公约：未列入。鹿特丹公约：未列入。蒙特利尔议定书：未列入

第十六部分　其他信息

编写和修订信息　　　　**缩略语和首字母缩写**

培训建议　　　　　　　**参考文献**

免责声明

3-甲基-2-丁醇

第一部分　化学品标识

化学品中文名　3-甲基-2-丁醇；异丙基甲基甲醇

化学品英文名　3-methyl-2-butanol；isopropylmethylcarbinol

分子式　$C_5H_{12}O$　**分子量**　88.1482

结构式

化学品的推荐及限制用途　用作溶剂

第二部分　危险性概述

紧急情况概述　高度易燃液体和蒸气

GHS危险性类别　易燃液体，类别2

标签要素

象形图

警示词　危险

危险性说明　高度易燃液体和蒸气

防范说明

预防措施　远离热源、火花、明火、热表面。禁止吸烟。保持容器密闭。容器和接收设备接地连接。使用防爆型电器、通风、照明设备。只能使用不产生火花的工具。采取防止静电措施。戴防护手套、防护眼镜、防护面罩

事故响应　火灾时，使用雾状水、泡沫、干粉、二氧化碳、砂土灭火。如皮肤（或头发）接触：立即脱掉所有被污染的衣服，用水冲洗皮肤，淋浴

安全储存　存放在通风良好的地方。保持低温

废弃处置　本品及内装物、容器依据国家和地方法规处置

物理和化学危险　易燃，其蒸气与空气混合，能形成爆炸性混合物

健康危害　误服或吸入有害。对眼睛、皮肤、黏膜和上呼吸道有刺激作用。长时间接触可引起头痛、恶心和呕吐

环境危害　对环境可能有害

第三部分　成分/组成信息

√ 物质　　　　　　　　　　　混合物

组分	浓度	CAS No.
3-甲基-2-丁醇		598-75-4

第四部分　急救措施

吸入　迅速脱离现场至空气新鲜处。保持呼吸道通畅。如呼吸困难，给输氧。呼吸、心跳停止，立即进行心肺复苏术。就医

皮肤接触　立即脱去污染的衣着，用流动清水彻底冲洗。就医

眼睛接触　立即分开眼睑，用流动清水或生理盐水彻底冲洗。就医

食入　漱口，饮水。就医

对保护施救者的忠告　根据需要使用个人防护设备

对医生的特别提示　对症处理

第五部分　消防措施

灭火剂　用雾状水、泡沫、干粉、二氧化碳、砂土灭火

特别危险性　其蒸气与空气可形成爆炸性混合物，遇明火、高热能引起燃烧爆炸。与氧化剂可发生反应。若遇高热，容器内压增大，有开裂和爆炸的危险

灭火注意事项及防护措施 消防人员必须佩戴防毒面具、穿全身消防服，在上风向灭火。尽可能将容器从火场移至空旷处。喷水保持火场容器冷却，直至灭火结束。处在火场中的容器若已变色或从安全泄压装置中发出声音，必须马上撤离

第六部分 泄漏应急处理

作业人员防护措施、防护装备和应急处置程序 消除所有点火源。根据液体流动和蒸气扩散的影响区域划定警戒区，无关人员从侧风向、上风向撤离至安全区。建议应急处理人员戴正压自给式呼吸器，穿防静电服。作业时使用的所有设备应接地。禁止接触或跨越泄漏物。尽可能切断泄漏源

环境保护措施 防止泄漏物进入水体、下水道、地下室或有限空间

泄漏化学品的收容、清除方法及所使用的处置材料 小量泄漏：用砂土或其他不燃材料吸收。使用洁净的无火花工具收集吸收材料。大量泄漏：构筑围堤或挖坑收容。用抗溶性泡沫覆盖，减少蒸发。喷水雾能减少蒸发，但不能降低泄漏物在有限空间内的易燃性。用防爆泵转移至槽车或专用收集器内

第七部分 操作处置与储存

操作注意事项 密闭操作，局部排风。防止蒸气泄漏到工作场所空气中。操作人员必须经过专门培训，严格遵守操作规程。建议操作人员佩戴自吸过滤式防毒面具（半面罩），戴化学安全防护眼镜，穿防静电工作服，戴橡胶手套。远离火种、热源，工作场所严禁吸烟。使用防爆型的通风系统和设备。在清除液体和蒸气前不能进行焊接、切割等作业。避免产生烟雾。避免与氧化剂、还原剂接触。容器与传送设备要接地，防止产生静电。灌装时应控制流速，且有接地装置，防止静电积聚。配备相应品种和数量的消防器材及泄漏应急处理设备。倒空的容器可能残留有害物

储存注意事项 储存于阴凉、通风的库房。远离火种、热源。防止阳光直射。库温不宜超过37℃，保持容器密封。应与氧化剂、还原剂、食用化学品分开存放，切忌混储。采用防爆型照明、通风设施。禁止使用易产生火花的机械设备和工具。储区应备有泄漏应急处理设备和合适的收容材料

第八部分 接触控制/个体防护

职业接触限值
　中国 未制定标准
　美国（ACGIH） 未制定标准
生物接触限值 未制定标准
监测方法 空气中有毒物质测定方法：未制定标准。生物监测检验方法：未制定标准
工程控制 密闭操作，局部排风
个体防护装备
　呼吸系统防护 空气中浓度超标时，必须佩戴过滤式防毒面具（半面罩）。紧急事态抢救或撤离时，应该佩戴空气呼吸器
　眼睛防护 戴化学安全防护眼镜
　皮肤和身体防护 穿防静电工作服
　手防护 戴橡胶手套

第九部分 理化特性

外观与性状 无色液体，有果香味
pH值 无资料 　　　　**熔点（℃）** 无资料
沸点（℃） 113～114
相对密度（水＝1） 0.8179（20℃）
相对蒸气密度（空气＝1） 无资料
饱和蒸气压（kPa） 无资料
临界压力（MPa） 无资料 　**辛醇/水分配系数** 无资料
闪点（℃） 26 　　　　**自燃温度（℃）** 347.2
爆炸下限（%） 1.2 　　　　**爆炸上限（%）** 9.0
分解温度（℃） 无资料 　**黏度（mPa·s）** 3.51(20℃)
燃烧热（kJ/mol） 无资料 **临界温度（℃）** 300.85
溶解性 溶于水，可混溶于醇、醚

第十部分 稳定性和反应性

稳定性 稳定
危险反应 与强氧化剂、强还原剂等禁配物接触，有发生火灾和爆炸的危险
避免接触的条件 无资料
禁配物 强氧化剂、强还原剂
危险的分解产物 无资料

第十一部分 毒理学信息

急性毒性 无资料
皮肤刺激或腐蚀 无资料 **眼睛刺激或腐蚀** 无资料
呼吸或皮肤过敏 无资料 **生殖细胞突变性** 无资料
致癌性 无资料 　　　　**生殖毒性** 无资料
特异性靶器官系统毒性-一次接触 无资料
特异性靶器官系统毒性-反复接触 无资料
吸入危害 无资料

第十二部分 生态学信息

生态毒性 无资料
持久性和降解性
　生物降解性 无资料
　非生物降解性 无资料
潜在的生物累积性 无资料
土壤中的迁移性 无资料

第十三部分 废弃处置

废弃化学品 建议用控制焚烧法或安全掩埋法处置。在能利用的地方重复使用容器或在规定场所掩埋
污染包装物 将容器返还生产商或按照国家和地方法规处置
废弃注意事项 处置前应参阅国家和地方有关法规

第十四部分 运输信息

联合国危险货物编号（UN号） 1105

联合国运输名称 戊醇

联合国危险性类别 3

包装类别 Ⅱ   **包装标志**

海洋污染物 否

运输注意事项 运输时运输车辆应配备相应品种和数量的消防器材及泄漏应急处理设备。夏季最好早晚运输。运输时所用的槽（罐）车应有接地链，槽内可设孔隔板以减少震荡产生的静电。严禁与氧化剂、还原剂、食用化学品等混装混运。运输途中应防暴晒、雨淋、防高温。中途停留时应远离火种、热源、高温区。装运该物品的车辆排气管必须配备阻火装置，禁止使用易产生火花的机械设备和工具装卸。公路运输时要按规定路线行驶，勿在居民区和人口稠密区停留。铁路运输时要禁止溜放。严禁用木船、水泥船散装运输

第十五部分 　法规信息

下列法律、法规、规章和标准，对该化学品的管理作了相应的规定。

中华人民共和国职业病防治法 职业病分类和目录：未列入

危险化学品安全管理条例 危险化学品目录：列入。易制爆危险化学品名录：未列入。重点监管的危险化学品名录：未列入。GB 18218—2009《危险化学品重大危险源辨识》（表1）：未列入

使用有毒物品作业场所劳动保护条例 高毒物品目录：未列入

易制毒化学品管理条例 易制毒化学品的分类和品种目录：未列入

国际公约 斯德哥尔摩公约：未列入。鹿特丹公约：未列入。蒙特利尔议定书：未列入

第十六部分 　其他信息

编写和修订信息   **缩略语和首字母缩写**

培训建议   **参考文献**

免责声明

2-甲基-2-丁硫醇

第一部分 　化学品标识

化学品中文名 2-甲基-2-丁硫醇；叔戊硫醇

化学品英文名 2-methyl-2-butanethiol；*tert*-amyl mercaptan

分子式 $C_5H_{12}S$ **分子量** 104.214

结构式

化学品的推荐及限制用途 用作硫化合物

第二部分 　危险性概述

紧急情况概述 高度易燃液体和蒸气，可能引起呼吸道刺激

GHS 危险性类别 易燃液体，类别 2；皮肤腐蚀/刺激，类别 3；严重眼损伤/眼刺激，类别 2A；特异性靶器官毒性——次接触，类别 3（呼吸道刺激）

标签要素

象形图

警示词 危险

危险性说明 高度易燃液体和蒸气，造成轻微皮肤刺激，造成严重眼刺激，可能引起呼吸道刺激

防范说明

预防措施 远离热源、火花、明火、热表面。禁止吸烟。保持容器密闭。容器和接收设备接地连接。使用防爆型电器、通风、照明设备。只能使用不产生火花的工具。采取防止静电措施。戴防护手套、防护眼镜、防护面罩。避免接触眼睛、皮肤，操作后彻底清洗

事故响应 火灾时，使用泡沫、干粉、二氧化碳、砂土灭火。如皮肤（或头发）接触：立即脱掉所有被污染的衣服，用水冲洗皮肤，淋浴。如发生皮肤刺激，就医。如接触眼睛：用水细心冲洗数分钟。如戴隐形眼镜并可方便地取出，取出隐形眼镜，继续冲洗。如果眼睛刺激持续：就医

安全储存 存放在通风良好的地方。保持低温

废弃处置 本品及内装物、容器依据国家和地方法规处置

物理和化学危险 高度易燃，其蒸气与空气混合，能形成爆炸性混合物

健康危害 液体及其蒸气对眼睛、皮肤和呼吸道有刺激作用，吸入后影响神经系统

环境危害 对环境可能有害

第三部分 　成分/组成信息

√ 物质   混合物

组分	浓度	CAS No.
2-甲基-2-丁硫醇		1679-09-0

第四部分 　急救措施

吸入 迅速脱离现场至空气新鲜处。保持呼吸道通畅。如呼吸困难，给输氧。呼吸、心跳停止，立即进行心肺复苏术。就医

皮肤接触 立即脱去污染的衣着，用流动清水彻底冲洗。就医

眼睛接触 立即分开眼睑，用流动清水或生理盐水彻底冲洗。就医

食入 漱口，饮水。就医

对保护施救者的忠告 根据需要使用个人防护设备

对医生的特别提示 对症处理

第五部分 　消防措施

灭火剂 用泡沫、干粉、二氧化碳、砂土灭火

特别危险性 其蒸气与空气可形成爆炸性混合物，遇明

火、高热极易燃烧爆炸。与氧化剂接触猛烈反应。受热或遇酸易产生有毒的硫氧化物气体。若遇高热，容器内压增大，有开裂和爆炸的危险

灭火注意事项及防护措施 消防人员必须佩戴防毒面具、穿全身消防服，在上风向灭火。尽可能将容器从火场移至空旷处。喷水保持火场容器冷却，直至灭火结束。处在火场中的容器若已变色或从安全泄压装置中发出声音，必须马上撤离。用水灭火无效

第六部分 泄漏应急处理

作业人员防护措施、防护装备和应急处置程序 消除所有点火源。根据液体流动和蒸气扩散的影响区域划定警戒区，无关人员从侧风、上风向撤离至安全区。建议应急处理人员戴正压自给式呼吸器，穿防静电服。作业时使用的所有设备应接地。禁止接触或跨越泄漏物。尽可能切断泄漏源

环境保护措施 防止泄漏物进入水体、下水道、地下室或有限空间

泄漏化学品的收容、清除方法及所使用的处置材料 小量泄漏：用砂土或其他不燃材料吸收。使用洁净的无火花工具收集吸收材料。大量泄漏：构筑围堤或挖坑收容。用泡沫覆盖，减少蒸发。喷水雾能减少蒸发，但不能降低泄漏物在有限空间内的易燃性。用防爆泵转移至槽车或专用收集器内

第七部分 操作处置与储存

操作注意事项 密闭操作，提供充分的局部排风。操作人员必须经过专门培训，严格遵守操作规程。建议操作人员佩戴自吸过滤式防毒面具（半面罩），戴化学安全防护眼镜，穿防静电工作服，戴橡胶耐油手套。远离火种、热源，工作场所严禁吸烟。使用防爆型的通风系统和设备。防止蒸气泄漏到工作场所空气中。避免与氧化剂、还原剂、碱类、碱金属接触。搬运时要轻装轻卸，防止包装及容器损坏。配备相应品种和数量的消防器材及泄漏应急处理设备。倒空的容器可能残留有害物

储存注意事项 储存于阴凉、通风的库房。远离火种、热源。库温不宜超过37℃，应与氧化剂、还原剂、碱类、碱金属分开存放，切忌混储。采用防爆型照明、通风设施。禁止使用易产生火花的机械设备和工具。储区应备有泄漏应急处理设备和合适的收容材料

第八部分 接触控制/个体防护

职业接触限值
中国 未制定标准
美国（ACGIH） 未制定标准

生物接触限值 未制定标准

监测方法 空气中有毒物质测定方法：未制定标准。生物监测检验方法：未制定标准

工程控制 严加密闭，提供充分的局部排风

个体防护装备
呼吸系统防护 空气中浓度超标时，必须佩戴过滤式防毒面具（半面罩）。紧急事态抢救或撤离时，应该佩戴空气呼吸器
眼睛防护 戴化学安全防护眼镜
皮肤和身体防护 穿防静电工作服
手防护 戴橡胶耐油手套

第九部分 理化特性

外观与性状 无色液体，有强烈刺激性气味
pH值 无资料　　　　**熔点(℃)** 无资料
沸点(℃) 99～105　　**相对密度(水＝1)** 0.842
相对蒸气密度(空气＝1) 无资料
饱和蒸气压(kPa) 无资料
临界压力(MPa) 无资料　**辛醇/水分配系数** 无资料
闪点(℃) －1.11　　　**自燃温度(℃)** 无资料
爆炸下限(%) 无资料　**爆炸上限(%)** 无资料
分解温度(℃) 无资料　**黏度(mPa·s)** 无资料
燃烧热(kJ/mol) 无资料　**临界温度(℃)** 无资料
溶解性 不溶于水

第十部分 稳定性和反应性

稳定性 稳定
危险反应 与氧化剂、还原剂、碱类、碱金属等禁配物接触，有引起燃烧爆炸的危险。受热或遇酸易产生有毒的硫氧化物气体
避免接触的条件 无资料
禁配物 氧化剂、还原剂、碱类、碱金属
危险的分解产物 硫化氢

第十一部分 毒理学信息

急性毒性 LDLo：5000mg/kg（大鼠经口）。LC：＞20000mg/m³（大鼠吸入，1h）
皮肤刺激或腐蚀 无资料　**眼睛刺激或腐蚀** 无资料
呼吸或皮肤过敏 无资料　**生殖细胞突变性** 无资料
致癌性 无资料　　　**生殖毒性** 无资料
特异性靶器官系统毒性-一次接触 无资料
特异性靶器官系统毒性-反复接触 无资料
吸入危害 无资料

第十二部分 生态学信息

生态毒性 无资料
持久性和降解性
生物降解性 无资料
非生物降解性 无资料
潜在的生物累积性 无资料
土壤中的迁移性 无资料

第十三部分 废弃处置

废弃化学品 建议用焚烧法处置。焚烧炉排出的硫氧化物通过洗涤器除去
污染包装物 将容器返还生产商或按照国家和地方法规处置
废弃注意事项 处置前应参阅国家和地方有关法规

第十四部分 运输信息

联合国危险货物编号（UN号） 3336

联合国运输名称 液态硫醇，易燃，未另作规定的（2-甲基-2-丁硫醇）

联合国危险性类别 3

包装类别 Ⅱ   **包装标志**

海洋污染物 否

运输注意事项 运输时运输车辆应配备相应品种和数量的消防器材及泄漏应急处理设备。夏季最好早晚运输。运输时所用的槽（罐）车应有接地链，槽内可设孔隔板以减少震荡产生的静电。严禁与氧化剂、还原剂、碱类、碱金属、食用化学品等混装混运。运输途中应防暴晒、雨淋，防高温。中途停留时应远离火种、热源、高温区。装运该物品的车辆排气管必须配备阻火装置，禁止使用易产生火花的机械设备和工具装卸。公路运输时要按规定路线行驶。铁路运输时要禁止溜放。严禁用木船、水泥船散装运输

第十五部分　法规信息

下列法律、法规、规章和标准，对该化学品的管理作了相应的规定。

中华人民共和国职业病防治法 职业病分类和目录：未列入

危险化学品安全管理条例 危险化学品目录：列入。易制爆危险化学品名录：未列入。重点监管的危险化学品名录：未列入。GB 18218—2009《危险化学品重大危险源辨识》（表1）：未列入

使用有毒物品作业场所劳动保护条例 高毒物品目录：未列入

易制毒化学品管理条例 易制毒化学品的分类和品种目录：未列入

国际公约 斯德哥尔摩公约：未列入。鹿特丹公约：未列入。蒙特利尔议定书：未列入

第十六部分　其他信息

编写和修订信息　　　缩略语和首字母缩写
培训建议　　　　　　参考文献
免责声明

2-甲基-3-丁炔-2-醇

第一部分　化学品标识

化学品中文名 2-甲基-3-丁炔-2-醇；2,2-二甲基乙炔甲醇

化学品英文名 2-methyl-3-butyn-2-ol；2,2-dimethylethynyl carbinol

分子式 C_5H_8O **分子量** 84.1164

结构式 ⌇OH

化学品的推荐及限制用途 用作溶剂、中间体、含氯溶剂的稳定剂

第二部分　危险性概述

紧急情况概述 易燃液体和蒸气，吞咽有害，造成严重眼损伤

GHS危险性类别 易燃液体，类别3；急性毒性-经口，类别4；严重眼损伤/眼刺激，类别1

标签要素

象形图

警示词 危险

危险性说明 易燃液体和蒸气，吞咽有害，造成严重眼损伤

防范说明

预防措施　远离热源、火花、明火、热表面。保持容器密闭。容器和接收设备接地连接。使用防爆型电器、通风、照明设备。只能使用不产生火花的工具。采取防止静电措施。戴防护手套、防护眼镜、防护面罩。避免接触眼睛、皮肤，操作后彻底清洗。作业场所不得进食、饮水或吸烟

事故响应　火灾时，使用水、雾状水、抗溶性泡沫、干粉、二氧化碳、砂土灭火。如皮肤（或头发）接触：立即脱掉所有被污染的衣服，用水冲洗皮肤，淋浴。接触眼睛：用水细心冲洗数分钟。如戴隐形眼镜并可方便地取出，取出隐形眼镜，继续冲洗。食入：如果感觉不适，立即呼叫中毒控制中心或就医，漱口

安全储存　存放在通风良好的地方。保持低温

废弃处置　本品及内装物、容器依据国家和地方法规处置

物理和化学危险 易燃，其蒸气与空气混合，能形成爆炸性混合物。容易自聚

健康危害 食入有害。眼接触引起灼伤

环境危害 对环境可能有害

第三部分　成分/组成信息

√ 物质　　　　　　　　　混合物

组分	浓度	CAS No.
2-甲基-3-丁炔-2-醇		115-19-5

第四部分　急救措施

吸入 迅速脱离现场至空气新鲜处。保持呼吸道通畅。如呼吸困难，给输氧。呼吸、心跳停止，立即进行心肺复苏术。就医

皮肤接触 立即脱去污染的衣着，用流动清水彻底冲洗。就医

眼睛接触 立即分开眼睑，用流动清水或生理盐水彻底冲洗5～10min。就医

食入 漱口，饮水。就医

对保护施救者的忠告 根据需要使用个人防护设备

对医生的特别提示 对症处理

第五部分　消防措施

灭火剂 用水、雾状水、抗溶性泡沫、干粉、二氧化碳、

砂土灭火

特别危险性 其蒸气与空气可形成爆炸性混合物，遇明火、高热能引起燃烧爆炸。与氧化剂可发生反应。容易自聚，聚合反应随着温度的上升而急骤加剧。蒸气比空气重，沿地面扩散并易积存于低洼处，遇火源会着火回燃。若遇高热，容器内压增大，有开裂和爆炸的危险

灭火注意事项及防护措施 消防人员必须佩戴防毒面具、穿全身消防服，在上风向灭火。尽可能将容器从火场移至空旷处。喷水保持火场容器冷却，直至灭火结束。处在火场中的容器若已变色或从安全泄压装置中发出声音，必须马上撤离

第六部分　泄漏应急处理

作业人员防护措施、防护装备和应急处置程序 消除所有点火源。根据液体流动和蒸气扩散的影响区域划定警戒区，无关人员从侧风、上风向撤离至安全区。建议应急处理人员戴正压自给式呼吸器，穿防静电服。作业时使用的所有设备应接地。禁止接触或跨越泄漏物。尽可能切断泄漏源

环境保护措施 防止泄漏物进入水体、下水道、地下室或有限空间

泄漏化学品的收容、清除方法及所使用的处置材料 小量泄漏：用砂土或其他不燃材料吸收。使用洁净的无火花工具收集吸收材料。大量泄漏：构筑围堤或挖坑收容。用抗溶性泡沫覆盖，减少蒸发。喷水雾能减少蒸发，但不能降低泄漏物在有限空间内的易燃性。用防爆泵转移至槽车或专用收集器内

第七部分　操作处置与储存

操作注意事项 密闭操作，全面通风。操作人员必须经过专门培训，严格遵守操作规程。建议操作人员佩戴过滤式防毒面具（半面罩），戴化学安全防护眼镜，穿防静电工作服，戴橡胶耐油手套。远离火种、热源，工作场所严禁吸烟。使用防爆型的通风系统和设备。防止蒸气泄漏到工作场所空气中。避免与氧化剂、还原剂、酸类接触。搬运时要轻装轻卸，防止包装及容器损坏。配备相应品种和数量的消防器材及泄漏应急处理设备。倒空的容器可能残留有害物

储存注意事项 通常商品加有阻聚剂。储存于阴凉、通风的库房。远离火种、热源。库温不宜超过37℃，包装要求密封，不可与空气接触。应与氧化剂、还原剂、酸类、食用化学品分开存放，切忌混储。采用防爆型照明、通风设施。禁止使用易产生火花的机械设备和工具。储区应备有泄漏应急处理设备和合适的收容材料

第八部分　接触控制/个体防护

职业接触限值

中国　未制定标准

美国（ACGIH）　未制定标准

生物接触限值　未制定标准

监测方法　空气中有毒物质测定方法：未制定标准。生物

监测检验方法：未制定标准

工程控制　生产过程密闭，全面通风

个体防护装备

呼吸系统防护　空气中浓度较高时，应该佩戴过滤式防毒面具（半面罩）。紧急事态抢救或逃生时，建议佩戴空气呼吸器

眼睛防护　戴化学安全防护眼镜

皮肤和身体防护　穿防静电工作服

手防护　戴橡胶耐油手套

第九部分　理化特性

外观与性状　无色、有芳香气味的液体

pH 值　无资料 　　　　**熔点(℃)**　2.6

沸点(℃)　104

相对密度（水＝1）　0.868（20℃）

相对蒸气密度（空气＝1）　2.49

饱和蒸气压(kPa)　1.6（20℃）

临界压力（MPa）　无资料 　**辛醇/水分配系数**　无资料

闪点(℃)　25 　　　　**自燃温度(℃)**　无资料

爆炸下限(%)　1.8 　　　**爆炸上限(%)**　16.6

分解温度(℃)　无资料 　　**黏度(mPa·s)**　无资料

燃烧热(kJ/mol)　无资料 　**临界温度(℃)**　无资料

溶解性　与水混溶，可混溶于丙酮、苯、四氯化碳、石油醚

第十部分　稳定性和反应性

稳定性　稳定

危险反应　与强氧化剂、强酸、强还原剂、酰基氯、酸酐等禁配物接触，有引起燃烧爆炸的危险。容易发生自聚反应

避免接触的条件　受热

禁配物　强氧化剂、强酸、强还原剂、酰基氯、酸酐

危险的分解产物　无资料

第十一部分　毒理学信息

急性毒性　LD$_{50}$：1950mg/kg（大鼠经口）；500mg/kg（小鼠经口）

皮肤刺激或腐蚀　无资料 　**眼睛刺激或腐蚀**　无资料

呼吸或皮肤过敏　无资料 　**生殖细胞突变性**　无资料

致癌性　无资料 　　　　**生殖毒性**　无资料

特异性靶器官系统毒性-一次接触　无资料

特异性靶器官系统毒性-反复接触　无资料

吸入危害　无资料

第十二部分　生态学信息

生态毒性　无资料

持久性和降解性

生物降解性　无资料

非生物降解性　无资料

潜在的生物累积性　无资料

土壤中的迁移性　无资料

第十三部分　废弃处置

废弃化学品　建议用焚烧法处置

污染包装物　将容器返还生产商或按照国家和地方法规处置

废弃注意事项　处置前应参阅国家和地方有关法规

第十四部分　运输信息

联合国危险货物编号（UN号）　1987

联合国运输名称　醇类，未另作规定的（2-甲基-3-丁炔-2-醇）

联合国危险性类别　3

包装类别　Ⅲ　　　　**包装标志**

海洋污染物　否

运输注意事项　运输时运输车辆应配备相应品种和数量的消防器材及泄漏应急处理设备。夏季最好早晚运输。运输时所用的槽（罐）车应有接地链，槽内可设孔隔板以减少震荡产生的静电。严禁与氧化剂、还原剂、酸类、食用化学品等混装混运。运输途中应防暴晒、雨淋，防高温。中途停留时应远离火种、热源、高温区。装运该物品的车辆排气管必须配备阻火装置，禁止使用易产生火花的机械设备和工具装卸。公路运输时要按规定路线行驶。铁路运输时要禁止溜放。严禁用木船、水泥船散装运输

第十五部分　法规信息

下列法律、法规、规章和标准，对该化学品的管理作了相应的规定。

中华人民共和国职业病防治法　职业病分类和目录：未列入

危险化学品安全管理条例　危险化学品目录：列入。易制爆危险化学品名录：未列入。重点监管的危险化学品名录：未列入。GB 18218—2009《危险化学品重大危险源辨识》（表1）：未列入

使用有毒物品作业场所劳动保护条例　高毒物品目录：未列入

易制毒化学品管理条例　易制毒化学品的分类和品种目录：未列入

国际公约　斯德哥尔摩公约：未列入。鹿特丹公约：未列入。蒙特利尔议定书：未列入

第十六部分　其他信息

编写和修订信息　　　缩略语和首字母缩写
培训建议　　　　　　参考文献
免责声明

3-甲基-1-丁烯

第一部分　化学品标识

化学品中文名　3-甲基-1-丁烯；异丙基乙烯
化学品英文名　3-methyl-1-butene；*iso*-propylethylene
分子式　C_5H_{10}　**分子量**　70.1329
结构式

化学品的推荐及限制用途　用于有机合成和高辛燃料制造

第二部分　危险性概述

紧急情况概述　极易燃液体和蒸气

GHS危险性类别　易燃液体，类别1；危害水生环境-急性危害，类别3；危害水生环境-长期危害，类别3

标签要素

象形图　

警示词　危险

危险性说明　极易燃液体和蒸气，对水生生物有害并具有长期持续影响

防范说明

预防措施　远离热源、火花、明火、热表面。禁止吸烟。保持容器密闭。容器和接收设备接地连接。使用防爆型电器、通风、照明设备。只能使用不产生火花的工具。采取防止静电措施。戴防护手套、防护眼镜、防护面罩。禁止排入环境

事故响应　火灾时，使用泡沫、干粉、二氧化碳、砂土灭火。如皮肤（或头发）接触：立即脱掉所有被污染的衣服，用水冲洗皮肤，淋浴

安全储存　存放在通风良好的地方。保持低温

废弃处置　本品及内装物、容器依据国家和地方法规处置

物理和化学危险　极易燃，其蒸气与空气混合，能形成爆炸性混合物

健康危害　吸入或摄入对身体有害。其蒸气或烟雾对眼睛、黏膜和呼吸道有刺激作用。中毒表现可有烧灼感、咳嗽、喘息、喉炎、气短、头痛、恶心和呕吐

环境危害　对水生生物有害并具有长期持续影响

第三部分　成分/组成信息

√　物质　　　　　　　　　混合物

组分	浓度	CAS No.
3-甲基-1-丁烯		563-45-1

第四部分　急救措施

吸入　迅速脱离现场至空气新鲜处。保持呼吸道通畅。如呼吸困难，给输氧。呼吸、心跳停止，立即进行心肺复苏术。就医

皮肤接触　立即脱去污染的衣着，用流动清水彻底冲洗。就医

眼睛接触　立即分开眼睑，用流动清水或生理盐水彻底冲洗。就医

食入　漱口，饮水。就医

对保护施救者的忠告　根据需要使用个人防护设备

对医生的特别提示　对症处理

第五部分　消防措施

灭火剂　用泡沫、干粉、二氧化碳、砂土灭火

特别危险性　其蒸气与空气可形成爆炸性混合物，遇明火、高热极易燃烧爆炸。与氧化剂接触猛烈反应。流速过快，容易产生和积聚静电。容易自聚，聚合反应随着温度的上升而急骤加剧。蒸气比空气重，沿地面扩散并易积存于低洼处，遇火源会着火回燃。若遇高热，容器内压增大，有开裂和爆炸的危险

灭火注意事项及防护措施　消防人员必须佩戴防毒面具、穿全身消防服，在上风向灭火。尽可能将容器从火场移至空旷处。喷水保持火场容器冷却，直至灭火结束。处在火场中的容器若已变色或从安全泄压装置中发出声音，必须马上撤离。用水灭火无效

第六部分　泄漏应急处理

作业人员防护措施、防护装备和应急处置程序　消除所有点火源。根据液体流动和蒸气扩散的影响区域划定警戒区，无关人员从侧风向、上风向撤离至安全区。建议应急处理人员戴正压自给式呼吸器，穿防静电服。作业时使用的所有设备应接地。禁止接触或跨越泄漏物。尽可能切断泄漏源

环境保护措施　防止泄漏物进入水体、下水道、地下室或有限空间

泄漏化学品的收容、清除方法及所使用的处置材料　小量泄漏：用砂土或其他不燃材料吸收。使用洁净的无火花工具收集吸收材料。大量泄漏：构筑围堤或挖坑收容。用粉煤灰或石灰粉吸收大量液体。用泡沫覆盖，减少蒸发。喷水雾能减少蒸发，但不能降低泄漏物在有限空间内的易燃性。用防爆泵转移至槽车或专用收集器内

第七部分　操作处置与储存

操作注意事项　密闭操作，全面通风。操作人员必须经过专门培训，严格遵守操作规程。建议操作人员佩戴自吸过滤式防毒面具（半面罩），戴化学安全防护眼镜，穿防静电工作服，戴橡胶耐油手套。远离火种、热源，工作场所严禁吸烟。使用防爆型的通风系统和设备。防止蒸气泄漏到工作场所空气中。避免与氧化剂接触。灌装时应控制流速，且有接地装置，防止静电积聚。搬运时要轻装轻卸，防止包装及容器损坏。配备相应品种和数量的消防器材及泄漏应急处理设备。倒空的容器可能残留有害物

储存注意事项　储存于阴凉、通风的库房。远离火种、热源。库温不宜超过37℃，保持容器密封。应与氧化剂分开存放，切忌混储。不宜大量储存或久存。采用防爆型照明、通风设施。禁止使用易产生火花的机械设备和工具。储区应备有泄漏应急处理设备和合适的收容材料

第八部分　接触控制/个体防护

职业接触限值
　　中国　未制定标准
　　美国（ACGIH）　未制定标准
生物接触限值　未制定标准
监测方法　空气中有毒物质测定方法：未制定标准。生物

监测检验方法：未制定标准

工程控制　生产过程密闭，全面通风。提供安全淋浴和洗眼设备

个体防护装备
　　呼吸系统防护　空气中浓度超标时，必须佩戴过滤式防毒面具（半面罩）。紧急事态抢救或撤离时，应该佩戴空气呼吸器
　　眼睛防护　戴化学安全防护眼镜
　　皮肤和身体防护　穿防静电工作服
　　手防护　戴橡胶耐油手套

第九部分　理化特性

外观与性状　无色透明易挥发液体，有不愉快气味

pH值　无资料		**熔点（℃）**　−168.5	
沸点（℃）　20		**相对密度（水＝1）**　0.627	

相对蒸气密度（空气＝1）　2.4

饱和蒸气压（kPa）　103.14（20℃）

临界压力（MPa）　3.43	**辛醇/水分配系数**　无资料
闪点（℃）　−56	**自燃温度（℃）**　365
爆炸下限（%）　1.5	**爆炸上限（%）**　9.1
分解温度（℃）　无资料	**黏度（mPa·s）**　无资料
燃烧热（kJ/mol）　无资料	**临界温度（℃）**　179.55

溶解性　不溶于水，易溶于醇、醚

第十部分　稳定性和反应性

稳定性　稳定

危险反应　与强氧化剂、酸类、卤代烃、卤素等禁配物接触，有发生火灾和爆炸的危险。容易发生自聚反应

避免接触的条件　受热、光照

禁配物　强氧化剂、酸类、卤代烃、卤素等

危险的分解产物　无资料

第十一部分　毒理学信息

急性毒性　无资料

皮肤刺激或腐蚀　无资料	**眼睛刺激或腐蚀**　无资料
呼吸或皮肤过敏　无资料	**生殖细胞突变性**　无资料
致癌性　无资料	**生殖毒性**　无资料

特异性靶器官系统毒性-一次接触　无资料

特异性靶器官系统毒性-反复接触　无资料

吸入危害　无资料

第十二部分　生态学信息

生态毒性　根据结构类似物质预测，该物质对水生生物有害；通过QSAR预测鱼类。LC_{50}：14.499mg/L（Ecosar v0.99g），35.6mg/L（Topkat v6.1），37.82mg/L（Oasis Forecast M v1.10），13.24mg/L（PNN），11.192026mg/L（Aster）

持久性和降解性
　　生物降解性　无资料
　　非生物降解性　无资料
潜在的生物累积性　无资料
土壤中的迁移性　无资料

第十三部分　废弃处置

废弃化学品　建议用焚烧法处置
污染包装物　将容器返还生产商或按照国家和地方法规处置
废弃注意事项　处置前应参阅国家和地方有关法规

第十四部分　运输信息

联合国危险货物编号（UN 号）　2561
联合国运输名称　3-甲基-1-丁烯
联合国危险性类别　3

包装类别　Ⅰ　　　　**包装标志**

海洋污染物　否
运输注意事项　运输时运输车辆应配备相应品种和数量的消防器材及泄漏应急处理设备。夏季最好早晚运输。运输时所用的槽（罐）车应有接地链，槽内可设孔隔板以减少震荡产生的静电。严禁与氧化剂、食用化学品等混装混运。运输途中应防暴晒、雨淋，防高温。中途停留时应远离火种、热源、高温区。装运该物品的车辆排气管必须配备阻火装置，禁止使用易产生火花的机械设备和工具装卸。公路运输时要按规定路线行驶。铁路运输时要禁止溜放。严禁用木船、水泥船散装运输

第十五部分　法规信息

下列法律、法规、规章和标准，对该化学品的管理作了相应的规定。
中华人民共和国职业病防治法　职业病分类和目录：未列入
危险化学品安全管理条例　危险化学品目录：列入。易制爆危险化学品名录：未列入。重点监管的危险化学品名录：未列入。GB 18218—2009《危险化学品重大危险源辨识》（表 1）：未列入
使用有毒物品作业场所劳动保护条例　高毒物品目录：未列入
易制毒化学品管理条例　易制毒化学品的分类和品种目录：未列入
国际公约　斯德哥尔摩公约：未列入。鹿特丹公约：未列入。蒙特利尔议定书：未列入

第十六部分　其他信息

编写和修订信息　　　**缩略语和首字母缩写**
培训建议　　　　　　**参考文献**
免责声明

2-甲基-1-丁烯-3-炔

第一部分　化学品标识

化学品中文名　2-甲基-1-丁烯-3-炔；异丙烯基乙炔
化学品英文名　isopropenylacetylene；2-methyl-1-butene-3-yne
分子式　C_5H_6　**分子量**　66.1011

结构式　

化学品的推荐及限制用途　用作化学中间体、特殊燃料

第二部分　危险性概述

紧急情况概述　极易燃液体和蒸气
GHS 危险性类别　易燃液体，类别 1
标签要素

象形图

警示词　危险
危险性说明　极易燃液体和蒸气
防范说明
　预防措施　远离热源、火花、明火、热表面。禁止吸烟。保持容器密闭。容器和接收设备接地连接。使用防爆型电器、通风、照明设备。只能使用不产生火花的工具。采取防止静电措施。戴防护手套、防护眼镜、防护面罩
　事故响应　火灾时，使用泡沫、干粉、二氧化碳、砂土灭火。如皮肤（或头发）接触：立即脱掉所有被污染的衣服，用水冲洗皮肤，淋浴
　安全储存　存放在通风良好的地方。保持低温
　废弃处置　本品及内装物、容器依据国家和地方法规处置
物理和化学危险　易燃，其蒸气与空气混合，能形成爆炸性混合物。容易自聚
健康危害　吸入、摄入或经皮肤吸收后对身体有害。其蒸气或雾对眼睛、黏膜和上呼吸道及皮肤有刺激作用。中毒表现有烧灼感、咳嗽、喘息、喉炎、气短、头痛、恶心和呕吐
环境危害　对环境可能有害

第三部分　成分/组成信息

√ 物质　　　　　　　　　混合物

组分	浓度	CAS No.
2-甲基-1-丁烯-3-炔		78-80-8

第四部分　急救措施

吸入　迅速脱离现场至空气新鲜处。保持呼吸道通畅。如呼吸困难，给输氧。呼吸、心跳停止，立即进行心肺复苏术。就医
皮肤接触　立即脱去污染的衣着，用流动清水彻底冲洗。就医
眼睛接触　立即分开眼睑，用流动清水或生理盐水彻底冲洗。就医
食入　漱口，饮水。就医
对保护施救者的忠告　根据需要使用个人防护设备
对医生的特别提示　对症处理

第五部分　消防措施

灭火剂　用泡沫、干粉、二氧化碳、砂土灭火

特别危险性 其蒸气与空气可形成爆炸性混合物，遇明火、高热极易燃烧爆炸。与氧化剂接触猛烈反应。流速过快，容易产生和积聚静电。容易自聚，聚合反应随着温度的上升而急骤加剧。蒸气比空气重，沿地面扩散并易积存于低洼处，遇火源会着火回燃。若遇高热，容器内压增大，有开裂和爆炸的危险

灭火注意事项及防护措施 消防人员必须佩戴防毒面具、穿全身消防服，在上风向灭火。尽可能将容器从火场移至空旷处。喷水保持火场容器冷却，直至灭火结束。处在火场中的容器若已变色或从安全泄压装置中发出声音，必须马上撤离。用水灭火无效

第六部分 泄漏应急处理

作业人员防护措施、防护装备和应急处置程序 消除所有点火源。根据液体流动和蒸气扩散的影响区域划定警戒区，无关人员从侧风、上风向撤离至安全区。建议应急处理人员戴正压自给式呼吸器，穿防静电服。作业时使用的所有设备应接地。禁止接触或跨越泄漏物。尽可能切断泄漏源

环境保护措施 防止泄漏物进入水体、下水道、地下室或有限空间

泄漏化学品的收容、清除方法及所使用的处置材料 小量泄漏：用砂土或其他不燃材料吸收。使用洁净的无火花工具收集吸收材料。大量泄漏：构筑围堤或挖坑收容。用泡沫覆盖，减少蒸发。喷水雾能减少蒸发，但不能降低泄漏物在有限空间内的易燃性。用防爆泵转移至槽车或专用收集器内

第七部分 操作处置与储存

操作注意事项 密闭操作，全面通风。操作人员必须经过专门培训，严格遵守操作规程。建议操作人员佩戴自吸过滤式防毒面具（半面罩），戴化学安全防护眼镜，穿防静电工作服，戴橡胶耐油手套。远离火种、热源，工作场所严禁吸烟。使用防爆型的通风系统和设备。防止蒸气泄漏到工作场所空气中。避免与氧化剂接触。灌装时应控制流速，且有接地装置，防止静电积聚。搬运时要轻装轻卸，防止包装及容器损坏。配备相应品种和数量的消防器材及泄漏应急处理设备。倒空的容器可能残留有害物

储存注意事项 储存于阴凉、通风的库房。远离火种、热源。库温不宜超过37℃，保持容器密封。应与氧化剂、食用化学品分开存放，切忌混储。不宜久存，以免变质。采用防爆型照明、通风设施。禁止使用易产生火花的机械设备和工具。储区应备有泄漏应急处理设备和合适的收容材料

第八部分 接触控制/个体防护

职业接触限值
中国 未制定标准
美国（ACGIH） 未制定标准
生物接触限值 未制定标准
监测方法 空气中有毒物质测定方法：未制定标准。生物监测检验方法：未制定标准

工程控制 生产过程密闭，全面通风。提供安全淋浴和洗眼设备
个体防护装备
呼吸系统防护 空气中浓度超标时，必须佩戴过滤式防毒面具（半面罩）。紧急事态抢救或撤离时，应该佩戴空气呼吸器
眼睛防护 戴化学安全防护眼镜
皮肤和身体防护 穿防静电工作服
手防护 戴橡胶耐油手套

第九部分 理化特性

外观与性状 无色至浅黄色液体，有催泪性
pH值 无资料　　**熔点(℃)** －113
沸点(℃) 32　　**相对密度(水＝1)** 0.695
相对蒸气密度(空气＝1) 2.3
饱和蒸气压(kPa) 61.73（20℃）
临界压力(MPa) 无资料　**辛醇/水分配系数** 无资料
闪点(℃) －6.67　**自燃温度(℃)** 无资料
爆炸下限(%) 无资料　**爆炸上限(%)** 无资料
分解温度(℃) 无资料　**黏度(mPa·s)** 无资料
燃烧热(kJ/mol) 无资料　**临界温度(℃)** 无资料
溶解性 微溶于水，可混溶于丙酮、乙醇、苯、四氯化碳

第十部分 稳定性和反应性

稳定性 稳定
危险反应 与强氧化剂、强酸等禁配物接触，有引起燃烧爆炸的危险。高热下容易发生聚合反应
避免接触的条件 受热、光照
禁配物 强氧化剂、碱金属、碱土金属、重金属及重金属盐、卤素
危险的分解产物 无资料

第十一部分 毒理学信息

急性毒性 LD$_{50}$：350mg/kg（小鼠经口）
皮肤刺激或腐蚀 无资料　**眼睛刺激或腐蚀** 无资料
呼吸或皮肤过敏 无资料　**生殖细胞突变性** 无资料
致癌性 无资料　　**生殖毒性** 无资料
特异性靶器官系统毒性-一次接触 无资料
特异性靶器官系统毒性-反复接触 无资料
吸入危害 无资料

第十二部分 生态学信息

生态毒性 无资料
持久性和降解性
生物降解性 无资料
非生物降解性 无资料
潜在的生物累积性 无资料
土壤中的迁移性 无资料

第十三部分 废弃处置

废弃化学品 建议用焚烧法处置
污染包装物 将容器返还生产商或按照国家和地方法规处置

废弃注意事项　处置前应参阅国家和地方有关法规

第十四部分　运输信息

联合国危险货物编号（UN号）　3295
联合国运输名称　液态烃类，未另作规定的（2-甲基-1-丁烯-3-炔）
联合国危险性类别　3

包装类别　Ⅰ　　　　　**包装标志**

海洋污染物　否
运输注意事项　运输时运输车辆应配备相应品种和数量的消防器材及泄漏应急处理设备。夏季最好早晚运输。运输时所用的槽（罐）车应有接地链，槽内可设孔隔板以减少震荡产生的静电。严禁与氧化剂、食用化学品等混装混运。运输途中应防暴晒、雨淋、防高温。中途停留时应远离火种、热源、高温区。装运该物品的车辆排气管必须配备阻火装置，禁止使用易产生火花的机械设备和工具装卸。公路运输时要按规定路线行驶，勿在居民区和人口稠密区停留。铁路运输时要禁止溜放。严禁用木船、水泥船散装运输

第十五部分　法规信息

下列法律、法规、规章和标准，对该化学品的管理作了相应的规定。
中华人民共和国职业病防治法　职业病分类和目录：未列入
危险化学品安全管理条例　危险化学品目录：列入。易制爆危险化学品名录：未列入。重点监管的危险化学品名录：未列入。GB 18218—2009《危险化学品重大危险源辨识》（表1）：未列入
使用有毒物品作业场所劳动保护条例　高毒物品目录：未列入
易制毒化学品管理条例　易制毒化学品的分类和品种目录：未列入
国际公约　斯德哥尔摩公约：未列入。鹿特丹公约：未列入。蒙特利尔议定书：未列入

第十六部分　其他信息

编写和修订信息　　　**缩略语和首字母缩写**
培训建议　　　　　　**参考文献**
免责声明

3-甲基-3-丁烯-2-酮

第一部分　化学品标识

化学品中文名　3-甲基-3-丁烯-2-酮；2-甲基-1-丁烯-3-酮；甲基异丙烯基甲酮；甲基异丙烯（甲）酮
化学品英文名　2-methyl-1-butene-3-one; methyl isopropenyl ketone
分子式　C_5H_8O　**分子量**　84.1164
结构式

化学品的推荐及限制用途　用作溶剂，也用作一些聚合物的单体

第二部分　危险性概述

紧急情况概述　高度易燃液体和蒸气，吞咽会中毒，皮肤接触会中毒，吸入致命，造成皮肤刺激，造成严重眼损伤
GHS危险性类别　易燃液体，类别2；急性毒性-经口，类别3；急性毒性-经皮，类别3；急性毒性-吸入，类别1；皮肤腐蚀/刺激，类别2；严重眼损伤/眼刺激，类别1；特异性靶器官毒性-一次接触，类别1；特异性靶器官毒性-反复接触，类别1
标签要素
象形图

警示词　危险
危险性说明　高度易燃液体和蒸气，吞咽会中毒，皮肤接触会中毒，吸入致命，造成皮肤刺激，造成严重眼损伤，对器官造成损害，长时间或反复接触对器官造成损害
防范说明
预防措施　远离热源、火花、明火、热表面。保持容器密闭。容器和接收设备接地连接。使用防爆型电器、通风、照明设备。只能使用不产生火花的工具。采取防止静电措施。避免接触眼睛、皮肤，操作后彻底清洗。作业场所不得进食、饮水或吸烟。穿防护服，戴防护眼镜、防护手套、防护面罩。避免吸入蒸气、雾。仅在室外或通风良好处操作。戴呼吸防护器具。操作后彻底清洗
事故响应　火灾时，使用雾状水、泡沫、干粉、二氧化碳、砂土灭火。如吸入：将患者转移到空气新鲜处，休息，保持利于呼吸的体位。皮肤接触：用大量肥皂水和水清洗，立即脱去所有被污染的衣服。如感觉不适，呼叫中毒控制中心或就医。被污染的衣服必须经洗净后方可重新使用。如发生皮肤刺激，就医。接触眼睛：用水细心冲洗数分钟。如戴隐形眼镜并可方便地取出，取出隐形眼镜，继续冲洗。食入：立即呼叫中毒控制中心或就医，漱口。如果接触：立即呼叫中毒控制中心或就医
安全储存　存放在通风良好的地方。保持低温。保持容器密闭。上锁保管
废弃处置　本品及内装物、容器依据国家和地方法规处置
物理和化学危险　易燃，其蒸气与空气混合，能形成爆炸性混合物
健康危害　本品对眼睛、皮肤、呼吸道有刺激作用。人皮肤接触可发生水疱
环境危害　对环境可能有害

第三部分　成分/组成信息

√ 物质　　　　　　　　　混合物

组分	浓度	CAS No.
3-甲基-3-丁烯-2-酮		814-78-8

第四部分　急救措施

吸入　迅速脱离现场至空气新鲜处。保持呼吸道通畅。如呼吸困难，给输氧。呼吸、心跳停止，立即进行心肺复苏术。就医

皮肤接触　立即脱去污染的衣着，用流动清水彻底冲洗。就医

眼睛接触　立即分开眼睑，用流动清水或生理盐水彻底冲洗5～10min。就医

食入　漱口，饮水。就医

对保护施救者的忠告　根据需要使用个人防护设备

对医生的特别提示　对症处理

第五部分　消防措施

灭火剂　用雾状水、泡沫、干粉、二氧化碳、砂土灭火

特别危险性　其蒸气与空气可形成爆炸性混合物，遇明火、高热能引起燃烧爆炸。与氧化剂能发生强烈反应。若遇高热，可发生聚合反应，放出大量热量而引起容器破裂和爆炸事故。蒸气比空气重，沿地面扩散并易积存于低洼处，遇火源会着火回燃

灭火注意事项及防护措施　消防人员必须佩戴防毒面具、穿全身消防服，在上风向灭火。尽可能将容器从火场移至空旷处。喷水保持火场容器冷却，直至灭火结束。处在火场中的容器若已变色或从安全泄压装置中发出声音，必须马上撤离

第六部分　泄漏应急处理

作业人员防护措施、防护装备和应急处置程序　消除所有点火源。根据液体流动和蒸气扩散的影响区域划定警戒区，无关人员从侧风、上风向撤离至安全区。建议应急处理人员戴防毒面具，穿防毒、防静电服。作业时使用的所有设备应接地。禁止接触或跨越泄漏物。尽可能切断泄漏源

环境保护措施　防止泄漏物进入水体、下水道、地下室或有限空间

泄漏化学品的收容、清除方法及所使用的处置材料　小量泄漏：用砂土或其他不燃材料吸收。使用洁净的无火花工具收集吸收材料。大量泄漏：构筑围堤或挖坑收容。用泡沫覆盖，减少蒸发。喷水雾能减少蒸发，但不能降低泄漏物在有限空间内的易燃性。用防爆泵转移至槽车或专用收集器内

第七部分　操作处置与储存

操作注意事项　密闭操作，全面排风。操作人员必须经过专门培训，严格遵守操作规程。建议操作人员佩戴自吸过滤式防毒面具（半面罩），戴化学安全防护眼镜，穿防毒物渗透工作服，戴橡胶耐油手套。远离火种、热源，工作场所严禁吸烟。使用防爆的通风系统和

设备。防止蒸气泄漏到工作场所空气中。避免与氧化剂、酸类接触。搬运时要轻装轻卸，防止包装及容器损坏。配备相应品种和数量的消防器材及泄漏应急处理设备。倒空的容器可能残留有害物

储存注意事项　通常商品加有阻聚剂。储存于阴凉、通风的库房。远离火种、热源。库温不宜超过37℃，应与氧化剂、酸类、食用化学品分开存放，切忌混储。不宜大量储存或久存。采用防爆型照明、通风设施。禁止使用易产生火花的机械设备和工具。储区应备有泄漏应急处理设备和合适的收容材料

第八部分　接触控制/个体防护

职业接触限值

中国　未制定标准

美国（ACGIH）　未制定标准

生物接触限值　未制定标准

监测方法　空气中有毒物质测定方法：未制定标准。生物监测检验方法：未制定标准

工程控制　密闭操作，全面排风

个体防护装备

呼吸系统防护　空气中浓度超标时，必须佩戴过滤式防毒面具（半面罩）。紧急事态抢救或撤离时，应该佩戴空气呼吸器

眼睛防护　戴化学安全防护眼镜

皮肤和身体防护　穿防毒物渗透工作服

手防护　戴橡胶耐油手套

第九部分　理化特性

外观与性状　无色、透明液体，有辛辣气味

pH 值　无资料	**熔点(℃)**　−53.7
沸点(℃)　97.7	**相对密度(水＝1)**　0.86
相对蒸气密度(空气＝1)　2.9	
饱和蒸气压(kPa)　5.6（25℃）	
临界压力(MPa)　无资料	**辛醇/水分配系数**　无资料
闪点(℃)　11	**自燃温度(℃)**　无资料
爆炸下限(%)　1.8	**爆炸上限(%)**　9.0
分解温度(℃)　无资料	**黏度(mPa·s)**　无资料
燃烧热(kJ/mol)　无资料	**临界温度(℃)**　无资料

溶解性　微溶于水，易溶于多数有机溶剂

第十部分　稳定性和反应性

稳定性　稳定

危险反应　与氧化剂、酸类、酰基氯等禁配物接触，有引起燃烧爆炸的危险

避免接触的条件　无资料

禁配物　强氧化剂、强酸

危险的分解产物　无资料

第十一部分　毒理学信息

急性毒性　　LD_{50}：180mg/kg（大鼠经口）；230mg/kg（兔经皮）

皮肤刺激或腐蚀　无资料		**眼睛刺激或腐蚀**　无资料	
呼吸或皮肤过敏　无资料		**生殖细胞突变性**　无资料	

致癌性　无资料　　　　　　**生殖毒性**　无资料
特异性靶器官系统毒性-一次接触　无资料
特异性靶器官系统毒性-反复接触　大鼠吸入 51.6mg/m³，
　　每天 7h，历时 100～140d，大鼠发生死亡，白细胞增
　　多和轻度肾损害；低于 51.6mg/m³ 时，动物无异常
　　表现
吸入危害　无资料

第十二部分　生态学信息

生态毒性　无资料
持久性和降解性
　　生物降解性　无资料
　　非生物降解性　无资料
潜在的生物累积性　无资料
土壤中的迁移性　无资料

第十三部分　废弃处置

废弃化学品　建议用焚烧法处置
污染包装物　将容器返还生产商或按照国家和地方法规
　　处置
废弃注意事项　处置前应参阅国家和地方有关法规

第十四部分　运输信息

联合国危险货物编号（UN 号）　1246
联合国运输名称　甲基异丙烯基酮，稳定的
联合国危险性类别　3

包装类别　Ⅱ　　　　　　　**包装标志**

海洋污染物　否
运输注意事项　运输前应先检查包装容器是否完整、密
　　封，运输过程中要确保容器不泄漏、不倒塌、不坠
　　落、不损坏。运输时运输车辆应配备相应品种和数量
　　的消防器材及泄漏应急处理设备。夏季最好早晚运
　　输。运输时所用的槽（罐）车应有接地链，槽内可设
　　孔隔板以减少震荡产生的静电。严禁与氧化剂、酸
　　类、食用化学品等混装混运。运输途中应防暴晒、雨
　　淋，防高温。中途停留时应远离火种、热源、高温
　　区。装运该物品的车辆排气管必须配备阻火装置，禁
　　止使用易产生火花的机械设备和工具装卸。运输车船
　　必须彻底清洗、消毒，否则不得装运其他物品。船运
　　时，配装位置应远离卧室、厨房，并与机舱、电源、
　　火源等部位隔离。公路运输时要按规定路线行驶

第十五部分　法规信息

　　下列法律、法规、规章和标准，对该化学品的管理作
了相应的规定。
中华人民共和国职业病防治法　职业病分类和目录：未
　　列入
危险化学品安全管理条例　危险化学品目录：列入。易制
　　爆危险化学品名录：未列入。重点监管的危险化学品
　　名录：未列入。GB 18218—2009《危险化学品重大

危险源辨识》（表 1）：未列入
使用有毒物品作业场所劳动保护条例　高毒物品目录：未
　　列入
易制毒化学品管理条例　易制毒化学品的分类和品种目
　　录：未列入
国际公约　斯德哥尔摩公约：未列入。鹿特丹公约：未列
　　入。蒙特利尔议定书：未列入

第十六部分　其他信息

编写和修订信息　　　　**缩略语和首字母缩写**
培训建议　　　　　　　　**参考文献**
免责声明

2-甲基呋喃

第一部分　化学品标识

化学品中文名　2-甲基呋喃；斯尔烷；α-甲基呋喃
化学品英文名　2-methylfuran；sylvan
分子式　C₅H₆O　**分子量**　82.1005

结构式

化学品的推荐及限制用途　用作溶剂、医药中间体

第二部分　危险性概述

紧急情况概述　高度易燃液体和蒸气，吸入致命
GHS 危险性类别　易燃液体，类别 2；急性毒性-吸入，
　　类别 2
标签要素

象形图

警示词　危险
危险性说明　高度易燃液体和蒸气，吸入致命
防范说明
　　预防措施　远离热源、火花、明火、热表面。禁止
　　　　吸烟。保持容器密闭。容器和接收设备接地连
　　　　接。使用防爆型电器、通风、照明设备。只能
　　　　使用不产生火花的工具。采取防止静电措施。
　　　　戴防护手套、防护眼镜、防护面罩。避免吸入
　　　　蒸气、雾。仅在室外或通风良好处操作。戴呼
　　　　吸防护器具
　　事故响应　火灾时，使用泡沫、干粉、二氧化碳、
　　　　砂土灭火。如吸入：将患者转移到空气新鲜
　　　　处，休息，保持利于呼吸的体位，立即呼叫中
　　　　毒控制中心或就医。如皮肤（或头发）接触：
　　　　立即脱掉所有被污染的衣服，用水冲洗皮肤，
　　　　淋浴
　　安全储存　存放在通风良好的地方。保持低温。保
　　　　持容器密闭。上锁保管
　　废弃处置　本品及内装物、容器依据国家和地方法
　　　　规处置
物理和化学危险　极易燃，其蒸气与空气混合，能形成爆

炸性混合物

健康危害 本品具麻醉作用，能使血液循环、肠、胃、肝脏功能出现异常。对眼睛有刺激作用。受热分解放出具腐蚀性的烟雾

环境危害 对环境可能有害

第三部分 成分/组成信息

√ 物质 　　　　　　□ 混合物

组分	浓度	CAS No.
2-甲基呋喃		534-22-5

第四部分 急救措施

吸入 迅速脱离现场至空气新鲜处。保持呼吸道通畅。如呼吸困难，给输氧。呼吸、心跳停止，立即进行心肺复苏术。就医

皮肤接触 立即脱去污染的衣着，用流动清水彻底冲洗。就医

眼睛接触 立即分开眼睑，用流动清水或生理盐水彻底冲洗。就医

食入 饮适量温水，催吐（仅限于清醒者）。就医

对保护施救者的忠告 根据需要使用个人防护设备

对医生的特别提示 对症处理

第五部分 消防措施

灭火剂 用泡沫、干粉、二氧化碳、砂土灭火

特别危险性 其蒸气与空气可形成爆炸性混合物，遇明火、高热极易燃烧爆炸。与氧化剂接触猛烈反应。接触空气或在光照条件下可生成具有潜在爆炸危险性的过氧化物。蒸气比空气重，沿地面扩散并易积存于低洼处，遇火源会着火回燃。若遇高热，容器内压增大，有开裂和爆炸的危险

灭火注意事项及防护措施 消防人员必须佩戴防毒面具、穿全身消防服，在上风向灭火。尽可能将容器从火场移至空旷处。喷水保持火场容器冷却，直至灭火结束。处在火场中的容器若已变色或从安全泄压装置中产生声音，必须马上撤离。用水灭火无效

第六部分 泄漏应急处理

作业人员防护措施、防护装备和应急处置程序 消除所有点火源。根据液体流动和蒸气扩散的影响区域划定警戒区，无关人员从侧风、上风向撤离至安全区。建议应急处理人员戴正压自给式呼吸器，穿防毒、防静电服。作业时使用的所有设备应接地。禁止接触或跨越泄漏物。尽可能切断泄漏源

环境保护措施 防止泄漏物进入水体、下水道、地下室或有限空间

泄漏化学品的收容、清除方法及所使用的处置材料 小量泄漏：用砂土或其他不燃材料吸收。使用洁净的无火花工具收集吸收材料。大量泄漏：构筑围堤或挖坑收容。用抗溶性泡沫覆盖，减少蒸发。喷水雾能减少蒸发，但不能降低泄漏物在有限空间内的易燃性。用防爆泵转移至槽车或专用收集器内

第七部分 操作处置与储存

操作注意事项 密闭操作，局部排风。防止蒸气泄漏到工作场所空气中。操作人员必须经过专门培训，严格遵守操作规程。建议操作人员佩戴自吸过滤式防毒面具（半面罩），戴化学安全防护眼镜，穿防静电工作服，戴橡胶手套。远离火种、热源，工作场所严禁吸烟。使用防爆型的通风系统和设备。在清除液体和蒸气前不能进行焊接、切割等作业。避免产生烟雾。避免与氧化剂、酸类、碱类接触。容器与传送设备要接地，防止产生静电。灌装时应控制流速，且有接地装置，防止静电积累。配备相应品种和数量的消防器材及泄漏应急处理设备。倒空的容器可能残留有害物

储存注意事项 储存于阴凉、通风的库房。远离火种、热源。防止阳光直射。库温不宜超过29℃，保持容器密封。应与氧化剂、酸类、碱类、食用化学品分开存放，切忌混储。采用防爆型照明、通风设施。禁止使用易产生火花的机械设备和工具。储区应备有泄漏应急处理设备和合适的收容材料

第八部分 接触控制/个体防护

职业接触限值
　中国 未制定标准
　美国（ACGIH） 未制定标准

生物接触限值 未制定标准

监测方法 空气中有毒物质测定方法：未制定标准。生物监测检验方法：未制定标准

工程控制 密闭操作，局部排风

个体防护装备
　呼吸系统防护 空气中浓度超标时，必须佩戴过滤式防毒面具（半面罩）。紧急事态抢救或撤离时，应该佩戴空气呼吸器
　眼睛防护 戴化学安全防护眼镜
　皮肤和身体防护 穿防静电工作服
　手防护 戴橡胶手套

第九部分 理化特性

外观与性状 无色液体，有醚样气味，在空气中或阳光照射下变黄至黑色

pH 值 无资料		**熔点(℃)** −88.7	
沸点(℃) 63.7~66		**相对密度(水＝1)** 0.91	
相对蒸气密度(空气＝1) 2.8			
饱和蒸气压(kPa) 18.5(20℃)			
临界压力(MPa) 无资料		**辛醇/水分配系数** 无资料	
闪点(℃) −22.22		**自燃温度(℃)** 无资料	
爆炸下限(%) 无资料		**爆炸上限(%)** 无资料	
分解温度(℃) 无资料		**黏度(mPa·s)** 无资料	
燃烧热(kJ/mol) 无资料		**临界温度(℃)** 254.85	

溶解性 微溶于水，可混溶于乙醇、乙醚、丙酮等

第十部分 稳定性和反应性

稳定性 稳定

危险反应 与氧化剂、强酸、强碱等禁配物接触，有引起

燃烧爆炸的危险。接触空气或在光照条件下可生成具有潜在爆炸危险性的过氧化物

避免接触的条件　光照

禁配物　氧化剂、强酸、强碱

危险的分解产物　无资料

第十一部分　毒理学信息

急性毒性　LD_{50}：167mg/kg（大鼠经口）。LC_{50}：500ppm（大鼠吸入，4h）

皮肤刺激或腐蚀　无资料

眼睛刺激或腐蚀　家兔经眼 500mg（24h），轻度刺激

呼吸或皮肤过敏　无资料

生殖细胞突变性　DNA 修复：枯草杆菌 160ng/盘。细胞遗传学分析：仓鼠卵巢 75300μmol/L

致癌性　无资料　　　　**生殖毒性**　无资料

特异性靶器官系统毒性-一次接触　无资料

特异性靶器官系统毒性-反复接触　无资料

吸入危害　无资料

第十二部分　生态学信息

生态毒性　无资料

持久性和降解性

　　生物降解性　无资料

　　非生物降解性　无资料

潜在的生物累积性　无资料

土壤中的迁移性　无资料

第十三部分　废弃处置

废弃化学品　建议用焚烧法处置。在能利用的地方重复使用容器或在规定场所掩埋

污染包装物　将容器返还生产商或按照国家和地方法规处置

废弃注意事项　处置前应参阅国家和地方有关法规

第十四部分　运输信息

联合国危险货物编号（UN 号）　2301

联合国运输名称　2-甲基呋喃

联合国危险性类别　3

包装类别　Ⅱ　　　　　　**包装标志**　

海洋污染物　否

运输注意事项　运输时运输车辆应配备相应品种和数量的消防器材及泄漏应急处理设备。夏季最好早晚运输。运输时所用的槽（罐）车应有接地链，槽内可设孔隔板以减少震荡产生的静电。严禁与氧化剂、酸类、碱类、食用化学品等混装混运。运输途中应防暴晒、雨淋、防高温。中途停留时应远离火种、热源、高温区。装运该物品的车辆排气管必须配备阻火装置，禁止使用易产生火花的机械设备和工具装卸。公路运输时要按规定路线行驶，勿在居民区和人口稠密区停留。铁路运输时要禁止溜放。严禁用木船、水泥船散装运输

第十五部分　法规信息

下列法律、法规、规章和标准，对该化学品的管理作了相应的规定。

中华人民共和国职业病防治法　职业病分类和目录：未列入

危险化学品安全管理条例　危险化学品目录：列入。易制爆危险化学品名录：未列入。重点监管的危险化学品名录：未列入。GB 18218—2009《危险化学品重大危险源辨识》（表 1）：未列入

使用有毒物品作业场所劳动保护条例　高毒物品目录：未列入

易制毒化学品管理条例　易制毒化学品的分类和品种目录：未列入

国际公约　斯德哥尔摩公约：未列入。鹿特丹公约：未列入。蒙特利尔议定书：未列入

第十六部分　其他信息

编写和修订信息　　　　**缩略语和首字母缩写**

培训建议　　　　　　　**参考文献**

免责声明

2-甲基庚烷

第一部分　化学品标识

化学品中文名　2-甲基庚烷；异辛烷

化学品英文名　2-methylheptane；isooctane

分子式　C_8H_{18}　　**分子量**　114.2285

结构式

化学品的推荐及限制用途　用作分析试剂，也用于有机合成

第二部分　危险性概述

紧急情况概述　高度易燃液体和蒸气，造成皮肤刺激，可能引起昏昏欲睡或眩晕，吞咽及进入呼吸道可能致命

GHS 危险性类别　易燃液体，类别 2；皮肤腐蚀/刺激，类别 2；特异性靶器官毒性-一次接触，类别 3（麻醉效应）；吸入危害，类别 1；危害水生环境-急性危害，类别 1；危害水生环境-长期危害，类别 1

标签要素

象形图　

警示词　危险

危险性说明　高度易燃液体和蒸气，造成皮肤刺激，可能引起昏昏欲睡或眩晕，吞咽及进入呼吸道可能致命，对水生生物毒性非常大并具有长期持续影响

防范说明

　　预防措施　远离热源、火花、明火、热表面。禁止吸烟。保持容器密闭。容器和接收设备接地连

接。使用防爆型电器、通风、照明设备。只能使用不产生火花的工具。采取防止静电措施。戴防护手套、防护眼镜、防护面罩。避免接触眼睛、皮肤，操作后彻底清洗。禁止排入环境

事故响应 火灾时，使用雾状水、泡沫、干粉、二氧化碳、砂土灭火。皮肤接触：用大量肥皂水和水清洗。脱去被污染的衣服，衣服经洗净后方可重新使用。如发生皮肤刺激，就医。如果食入：立即呼叫中毒控制中心或就医，不要催吐。收集泄漏物

安全储存 存放在通风良好的地方。保持低温。上锁保管

废弃处置 本品及内装物、容器依据国家和地方法规处置

物理和化学危险 易燃，其蒸气与空气混合，能形成爆炸性混合物

健康危害 吸入引起呼吸道轻度刺激、头痛、头昏以及中枢神经系统影响的症状。对眼有刺激性。口服引起腹泻、中枢神经系统轻度抑制。液态本品吸入呼吸道可引起吸入性肺炎。长期反复接触可引起皮炎

环境危害 对水生生物毒性非常大并具有长期持续影响

第三部分 成分/组成信息

√ 物质 混合物

组分	浓度	CAS No.
2-甲基庚烷		592-27-8

第四部分 急救措施

吸入 迅速脱离现场至空气新鲜处。保持呼吸道通畅。如呼吸困难，给输氧。呼吸、心跳停止，立即进行心肺复苏术。就医

皮肤接触 立即脱去污染的衣着，用流动清水彻底冲洗。就医

眼睛接触 立即分开眼睑，用流动清水或生理盐水彻底冲洗。就医

食入 漱口，饮水。禁止催吐。就医

对保护施救者的忠告 根据需要使用个人防护设备

对医生的特别提示 对症处理

第五部分 消防措施

灭火剂 用雾状水、泡沫、干粉、二氧化碳、砂土灭火

特别危险性 其蒸气与空气可形成爆炸性混合物，遇明火、高热极易燃烧爆炸。与氧化剂接触猛烈反应。流速过快，容易产生和积聚静电。若遇高热，容器内压增大，有开裂和爆炸的危险

灭火注意事项及防护措施 消防人员必须佩戴防毒面具、穿全身消防服，在上风向灭火。尽可能将容器从火场移至空旷处。喷水保持火场容器冷却，直至灭火结束。处在火场中的容器若已变色或从安全泄压装置中发出声音，必须马上撤离

第六部分 泄漏应急处理

作业人员防护措施、防护装备和应急处置程序 消除所有

点火源。根据液体流动和蒸气扩散的影响区域划定警戒区，无关人员从侧风、上风向撤离至安全区。建议应急处理人员戴正压自给式呼吸器，穿防静电服。作业时使用的所有设备应接地。禁止接触或跨越泄漏物。尽可能切断泄漏源

环境保护措施 防止泄漏物进入水体、下水道、地下室或有限空间

泄漏化学品的收容、清除方法及所使用的处置材料 小量泄漏：用砂土或其他不燃材料吸收。使用洁净的无火花工具收集吸收材料。大量泄漏：构筑围堤或挖坑收容。用泡沫覆盖，减少蒸发。喷水雾可减少蒸发，但不能降低泄漏物在有限空间内的易燃性。用防爆泵转移至槽车或专用收集器内

第七部分 操作处置与储存

操作注意事项 密闭操作，局部排风。防止蒸气泄漏到工作场所空气中。操作人员必须经过专门培训，严格遵守操作规程。建议操作人员佩戴自吸过滤式防毒面具（半面罩），戴化学安全防护眼镜，穿防静电工作服，戴橡胶手套。远离火种、热源，工作场所严禁吸烟。使用防爆型的通风系统和设备。在清除液体和蒸气前不能进行焊接、切割等作业。避免产生烟雾。避免与氧化剂接触。容器与传送设备要接地，防止产生静电。灌装时应控制流速，且有接地装置，防止静电积聚。配备相应品种和数量的消防器材及泄漏应急处理设备。倒空的容器可能残留有害物

储存注意事项 储存于阴凉、通风的库房。远离火种、热源。防止阳光直射。库温不宜超过37℃，保持容器密封。应与氧化剂、食用化学品分开存放，切忌混储。采用防爆型照明、通风设施。禁止使用易产生火花的机械设备和工具。储区应备有泄漏应急处理设备和合适的收容材料

第八部分 接触控制/个体防护

职业接触限值

中国 未制定标准

美国（ACGIH） 未制定标准

生物接触限值 未制定标准

监测方法 空气中有毒物质测定方法：未制定标准。生物监测检验方法：未制定标准

工程控制 密闭操作，局部排风

个体防护装备

呼吸系统防护 空气中浓度超标时，必须佩戴过滤式防毒面具（半面罩）。紧急事态抢救或撤离时，应该佩戴空气呼吸器

眼睛防护 戴化学安全防护眼镜

皮肤和身体防护 穿防静电工作服

手防护 戴橡胶手套

第九部分 理化特性

外观与性状 无色液体，有汽油味

pH值	无资料	**熔点(℃)**	−109
沸点(℃)	117.6	**相对密度(水=1)**	0.698

相对蒸气密度(空气＝1) 无资料

饱和蒸气压(kPa) 无资料

临界压力(MPa) 无资料   辛醇/水分配系数 无资料

闪点(℃) 4.44   自燃温度(℃) 无资料

爆炸下限(%) 0.98   爆炸上限(%) 无资料

分解温度(℃) 无资料   黏度(mPa·s) 无资料

燃烧热(kJ/mol) 无资料   临界温度(℃) 286.55

溶解性 不溶于水，可混溶于醇、酮、醚、氯仿

第十部分 稳定性和反应性

稳定性 稳定

危险反应 与强氧化剂、强酸、强碱、卤素等禁配物接触，有引起燃烧爆炸的危险

避免接触的条件 无资料

禁配物 强氧化剂、强酸、强碱、卤素

危险的分解产物 无资料

第十一部分 毒理学信息

急性毒性 无资料

皮肤刺激或腐蚀 无资料   眼睛刺激或腐蚀 无资料

呼吸或皮肤过敏 无资料   生殖细胞突变性 无资料

致癌性 无资料   生殖毒性 无资料

特异性靶器官系统毒性-一次接触 无资料

特异性靶器官系统毒性-反复接触 无资料

吸入危害 无资料

第十二部分 生态学信息

生态毒性 根据结构类似物质预测，该物质对水生生物有极高毒性

持久性和降解性

    生物降解性 无资料

    非生物降解性 无资料

潜在的生物累积性 无资料

土壤中的迁移性 无资料

第十三部分 废弃处置

废弃化学品 建议用焚烧法处置。在能利用的地方重复使用容器或在规定场所掩埋

污染包装物 将容器返还生产商或按照国家和地方法规处置

废弃注意事项 处置前应参阅国家和地方有关法规

第十四部分 运输信息

联合国危险货物编号（UN号） 1262

联合国运输名称 辛烷

联合国危险性类别 3

包装类别 Ⅱ   包装标志

海洋污染物 是

运输注意事项 运输时运输车辆应配备相应品种和数量的消防器材及泄漏应急处理设备。夏季最好早晚运输。

运输时所用的槽（罐）车应有接地链，槽内可设孔隔板以减少震荡产生的静电。严禁与氧化剂、食用化学品等混装混运。运输途中应防暴晒、雨淋，防高温。中途停留时应远离火种、热源、高温区。装运该物品的车辆排气管必须配备阻火装置，禁止使用易产生火花的机械设备和工具装卸。公路运输时要按规定路线行驶，勿在居民区和人口稠密区停留。铁路运输时要禁止溜放。严禁用木船、水泥船散装运输

第十五部分 法规信息

下列法律、法规、规章和标准，对该化学品的管理作了相应的规定。

中华人民共和国职业病防治法 职业病分类和目录：未列入

危险化学品安全管理条例 危险化学品目录：列入。易制爆危险化学品名录：未列入。重点监管的危险化学品名录：未列入。GB 18218—2009《危险化学品重大危险源辨识》(表1)：未列入

使用有毒物品作业场所劳动保护条例 高毒物品目录：未列入

易制毒化学品管理条例 易制毒化学品的分类和品种目录：未列入

国际公约 斯德哥尔摩公约：未列入。鹿特丹公约：未列入。蒙特利尔议定书：未列入

第十六部分 其他信息

编写和修订信息   缩略语和首字母缩写

培训建议   参考文献

免责声明

4-甲基庚烷

第一部分 化学品标识

化学品中文名 4-甲基庚烷；甲基二丙基甲烷

化学品英文名 4-methyl heptane；methyl dipropyl methane

分子式 C_8H_{18} 分子量 114.2285

结构式

化学品的推荐及限制用途 用作分析试剂，也用于有机合成

第二部分 危险性概述

紧急情况概述 高度易燃液体和蒸气，造成皮肤刺激，可能引起昏昏欲睡或眩晕，吞咽及进入呼吸道可能致命

GHS危险性类别 易燃液体，类别2；皮肤腐蚀/刺激，类别2；特异性靶器官毒性-一次接触，类别3（麻醉效应）；吸入危害，类别1；危害水生环境-急性危害，类别1；危害水生环境-长期危害，类别1

标签要素

象形图

警示词 危险

危险性说明 高度易燃液体和蒸气，造成皮肤刺激，可能引起昏昏欲睡或眩晕，吞咽及进入呼吸道可能致命，对水生生物毒性非常大并具有长期持续影响

防范说明

预防措施 远离热源、火花、明火、热表面。禁止吸烟。保持容器密闭。容器和接收设备接地连接。使用防爆型电器、通风、照明设备。只能使用不产生火花的工具。采取防止静电措施。戴防护手套、防护眼镜、防护面罩。避免接触眼睛、皮肤，操作后彻底清洗。禁止排入环境

事故响应 火灾时，使用雾状水、泡沫、干粉、二氧化碳、砂土灭火。皮肤接触：用大量肥皂水和水清洗，脱去被污染的衣服，衣服经洗净后方可重新使用。如发生皮肤刺激，就医。如果食入：立即呼叫中毒控制中心或就医，不要催吐。收集泄漏物

安全储存 存放在通风良好的地方。保持低温。上锁保管

废弃处置 本品及内装物、容器依据国家和地方法规处置

物理和化学危险 易燃，其蒸气与空气混合，能形成爆炸性混合物

健康危害 有麻醉作用。对眼睛、皮肤、黏膜有刺激作用。急性吸入后可由于心跳停止、呼吸麻痹、窒息而迅速死亡

环境危害 对水生生物毒性非常大并具有长期持续影响

第三部分 成分/组成信息

√ 物质 混合物

组分	浓度	CAS No.
4-甲基庚烷		589-53-7

第四部分 急救措施

吸入 迅速脱离现场至空气新鲜处。保持呼吸道通畅。如呼吸困难，给输氧。如呼吸、心跳停止，立即进行心肺复苏术。就医

皮肤接触 立即脱去被污染的衣着，用流动清水彻底冲洗。就医

眼睛接触 立即分开眼睑，用流动清水或生理盐水彻底冲洗。就医

食入 漱口，饮水。禁止催吐。就医

对保护施救者的忠告 根据需要使用个人防护设备

对医生的特别提示 对症处理

第五部分 消防措施

灭火剂 用雾状水、泡沫、干粉、二氧化碳、砂土灭火

特别危险性 其蒸气与空气可形成爆炸性混合物，遇明火、高热极易燃烧爆炸。与氧化剂接触猛烈反应。流速过快，容易产生和积聚静电。若遇高热，容器内压增大，有开裂和爆炸的危险

灭火注意事项及防护措施 消防人员必须佩戴防毒面具、穿全身消防服，在上风向灭火。尽可能将容器从火场移至空旷处。喷水保持火场容器冷却，直至灭火结束。处在火场中的容器若已变色或从安全泄压装置中发出声音，必须马上撤离

第六部分 泄漏应急处理

作业人员防护措施、防护装备和应急处置程序 消除所有点火源。根据液体流动和蒸气扩散的影响区域划定警戒区，无关人员从侧风向、上风向撤离至安全区。建议应急处理人员戴正压自给式呼吸器，穿防静电服。作业时使用的所有设备应接地。禁止接触或跨越泄漏物。尽可能切断泄漏源

环境保护措施 防止泄漏物进入水体、下水道、地下室或有限空间

泄漏化学品的收容、清除方法及所使用的处置材料 小量泄漏：用砂土或其他不燃材料吸收。使用洁净的无火花工具收集吸收材料。大量泄漏：构筑围堤或挖坑收容。用泡沫覆盖，减少蒸发。喷水雾能减少蒸发，但不能降低泄漏物在有限空间内的易燃性。用防爆泵转移至槽车或专用收集器内

第七部分 操作处置与储存

操作注意事项 密闭操作，局部排风。防止蒸气泄漏到工作场所空气中。操作人员必须经过专门培训，严格遵守操作规程。建议操作人员佩戴自吸过滤式防毒面具（半面罩），戴化学安全防护眼镜，穿防静电工作服，戴橡胶手套。远离火种、热源，工作场所严禁吸烟。使用防爆型的通风系统和设备。在清除液体和蒸气前不能进行焊接、切割等作业。避免产生烟雾。避免与氧化剂接触。容器与传送设备要接地，防止产生静电。灌装时应控制流速，且有接地装置，防止静电积聚。配备相应品种和数量的消防器材及泄漏应急处理设备。倒空的容器可能残留有害物

储存注意事项 储存于阴凉、通风的库房。远离火种、热源。防止阳光直射。库温不宜超过 37℃，保持容器密封。应与氧化剂、食用化学品分开存放，切忌混储。采用防爆型照明、通风设施。禁止使用易产生火花的机械设备和工具。储区应备有泄漏应急处理设备和合适的收容材料

第八部分 接触控制/个体防护

职业接触限值

中国 未制定标准

美国（ACGIH） 未制定标准

生物接触限值 未制定标准

监测方法 空气中有毒物质测定方法：未制定标准。生物监测检验方法：未制定标准

工程控制 密闭操作，局部排风

个体防护装备

呼吸系统防护 空气中浓度超标时，必须佩戴过滤式防毒面具（半面罩）。紧急事态抢救或撤离时，应该佩戴空气呼吸器

眼睛防护 戴化学安全防护眼镜

皮肤和身体防护 穿防静电工作服

手防护 戴橡胶手套

第九部分 理化特性

外观与性状 无色液体，有汽油味

pH值 无资料　　　　熔点(℃) −121

沸点(℃) 122.2　　　相对密度(水＝1) 0.7046

相对蒸气密度(空气＝1) 无资料

饱和蒸气压(kPa) 无资料

临界压力(MPa) 无资料　辛醇/水分配系数 无资料

闪点(℃) 6.67　　　自燃温度(℃) 无资料

爆炸下限(%) 0.98　　爆炸上限(%) 无资料

分解温度(℃) 无资料　黏度(mPa·s) 无资料

燃烧热(kJ/mol) 无资料　临界温度(℃) 15.4

溶解性 不溶于水，可混溶于醇、酮、醚、氯仿

第十部分 稳定性和反应性

稳定性 稳定

危险反应 与强氧化剂、强酸、强碱、卤素等禁配物接触，有发生火灾和爆炸的危险

避免接触的条件 无资料

禁配物 强氧化剂、强酸、强碱、卤素

危险的分解产物 无资料

第十一部分 毒理学信息

急性毒性 无资料

皮肤刺激或腐蚀 无资料　眼睛刺激或腐蚀 无资料

呼吸或皮肤过敏 无资料　生殖细胞突变性 无资料

致癌性 无资料　　　　生殖毒性 无资料

特异性靶器官系统毒性--一次接触 无资料

特异性靶器官系统毒性-反复接触 无资料

吸入危害 无资料

第十二部分 生态学信息

生态毒性 根据结构类似物质预测，该物质对水生生物有极高毒性

持久性和降解性
　生物降解性 无资料
　非生物降解性 无资料

潜在的生物累积性 无资料

土壤中的迁移性 无资料

第十三部分 废弃处置

废弃化学品 建议用焚烧法处置。在能利用的地方重复使用容器或在规定场所掩埋

污染包装物 将容器返还生产商或按照国家和地方法规处置

废弃注意事项 处置前应参阅国家和地方有关法规

第十四部分 运输信息

联合国危险货物编号（UN号） 1262

联合国运输名称 辛烷

联合国危险性类别 3

包装类别 II　　　　包装标志

海洋污染物 是

运输注意事项 运输时运输车辆应配备相应品种和数量的消防器材及泄漏应急处理设备。夏季最好早晚运输。运输时所用的槽（罐）车应有接地链，槽内可设孔隔板以减少震荡产生的静电。严禁与氧化剂、食用化学品等混装混运。运输途中应防暴晒、雨淋、防高温。中途停留时应远离火种、热源、高温区。装运该物品的车辆排气管必须配备阻火装置，禁止使用易产生火花的机械设备和工具装卸。公路运输时要按规定路线行驶，勿在居民区和人口稠密区停留。铁路运输时要禁止溜放。严禁用木船、水泥船散装运输

第十五部分 法规信息

下列法律、法规、规章和标准，对该化学品的管理作了相应的规定。

中华人民共和国职业病防治法 职业病分类和目录：未列入

危险化学品安全管理条例 危险化学品目录：列入。易制爆危险化学品名录：未列入。重点监管的危险化学品名录：未列入。GB 18218—2009《危险化学品重大危险源辨识》（表1）：未列入

使用有毒物品作业场所劳动保护条例 高毒物品目录：未列入

易制毒化学品管理条例 易制毒化学品的分类和品种目录：未列入

国际公约 斯德哥尔摩公约：未列入。鹿特丹公约：未列入。蒙特利尔议定书：未列入

第十六部分 其他信息

编写和修订信息　　　缩略语和首字母缩写

培训建议　　　　　　参考文献

免责声明

4-甲基环己烯

第一部分 化学品标识

化学品中文名 4-甲基环己烯；4-甲基-1-环己烯；甲基环己烯

化学品英文名 4-methyl-1-cyclohexene；4-methylcyclohexene

分子式 C7H12　分子量 96.1702

结构式

化学品的推荐及限制用途 用作溶剂，用于有机合成

第二部分 危险性概述

紧急情况概述 高度易燃液体和蒸气

GHS危险性类别 易燃液体，类别2

标签要素

象形图

警示词 危险

危险性说明 高度易燃液体和蒸气

防范说明

预防措施 远离热源、火花、明火、热表面。禁止吸烟。保持容器密闭。容器和接收设备接地连接。使用防爆型电器、通风、照明设备。只能使用不产生火花的工具。采取防止静电措施。戴防护手套、防护眼镜、防护面罩

事故响应 火灾时，使用泡沫、干粉、二氧化碳、砂土灭火。如皮肤（或头发）接触：立即脱掉所有被污染的衣服，用水冲洗皮肤，淋浴

安全储存 存放在通风良好的地方。保持低温

废弃处置 本品及内装物、容器依据国家和地方法规处置

物理和化学危险 易燃，其蒸气与空气混合，能形成爆炸性混合物

健康危害 本品的高浓度蒸气对眼睛、皮肤、黏膜有刺激性，具有麻醉作用

环境危害 对环境可能有害

第三部分 成分/组成信息

√ 物质　　　　　　　混合物

组分	浓度	CAS No.
4-甲基环己烯		591-47-9

第四部分 急救措施

吸入 迅速脱离现场至空气新鲜处。保持呼吸道通畅。如呼吸困难，给输氧。如呼吸、心跳停止，立即进行心肺复苏术。就医

皮肤接触 立即脱去污染的衣着，用流动清水彻底冲洗。就医

眼睛接触 立即分开眼睑，用流动清水或生理盐水彻底冲洗。就医

食入 漱口，饮水。就医

对保护施救者的忠告 根据需要使用个人防护设备

对医生的特别提示 对症处理

第五部分 消防措施

灭火剂 用泡沫、干粉、二氧化碳、砂土灭火

特别危险性 其蒸气与空气可形成爆炸性混合物，遇明火、高热极易燃烧爆炸。与氧化剂接触猛烈反应。流速过快，容易产生和积聚静电。蒸气比空气重，沿地面扩散并易积存于低洼处，遇火源会着火回燃。容易自聚，聚合反应随着温度的上升而急骤加剧。若遇高热，容器内压增大，有开裂和爆炸的危险

灭火注意事项及防护措施 消防人员必须佩戴防毒面具、穿全身消防服，在上风向灭火。尽可能将容器从火场移至空旷处。喷水保持火场容器冷却，直至灭火结

束。处在火场中的容器若已变色或从安全泄压装置中发出声音，必须马上撤离。用水灭火无效

第六部分 泄漏应急处理

作业人员防护措施、防护装备和应急处置程序 根据液体流动和蒸气扩散的影响区域划定警戒区，无关人员从侧风向、上风向撤离至安全区。消除所有点火源。建议应急处理人员戴防毒面具，穿防毒、防静电服。作业时使用的所有设备应接地。禁止接触或跨越泄漏物。尽可能切断泄漏源

环境保护措施 防止泄漏物进入水体、下水道、地下室或有限空间

泄漏化学品的收容、清除方法及所使用的处置材料 小量泄漏：用砂土或其他不燃材料吸收。使用洁净的无火花工具收集吸收材料。大量泄漏：构筑围堤或挖坑收容。用泡沫覆盖，减少蒸发。喷水雾能减少蒸发，但不能降低泄漏物在有限空间内的易燃性。用防爆泵转移至槽车或专用收集器内

第七部分 操作处置与储存

操作注意事项 密闭操作，局部排风。防止蒸气泄漏到工作场所空气中。操作人员必须经过专门培训，严格遵守操作规程。建议操作人员佩戴自吸过滤式防毒面具（半面罩），戴化学安全防护眼镜，穿防静电工作服，戴橡胶手套。远离火种、热源，工作场所严禁吸烟。使用防爆型的通风系统和设备。在清除液体和蒸气前不能进行焊接、切割等作业。避免产生烟雾。避免与氧化剂接触。容器与传送设备要接地，防止产生静电。灌装时应控制流速，且有接地装置，防止静电积聚。配备相应品种和数量的消防器材及泄漏应急处理设备。倒空的容器可能残留有害物

储存注意事项 储存于阴凉、通风的库房。远离火种、热源。防止阳光直射。库温不宜超过 37℃，保持容器密封，严禁与空气接触。应与氧化剂、食用化学品分开存放，切忌混储。采用防爆型照明、通风设施。禁止使用易产生火花的机械设备和工具。储区应备有泄漏应急处理设备和合适的收容材料

第八部分 接触控制/个体防护

职业接触限值

中国 未制定标准

美国（ACGIH） 未制定标准

生物接触限值 未制定标准

监测方法 空气中有毒物质测定方法：未制定标准。生物监测检验方法：未制定标准

工程控制 密闭操作，局部排风

个体防护装备

呼吸系统防护 空气中浓度超标时，必须佩戴过滤式防毒面具（半面罩）。紧急事态抢救或撤离时，应该佩戴空气呼吸器

眼睛防护 戴化学安全防护眼镜

皮肤和身体防护 穿防静电工作服

手防护 戴橡胶手套

第九部分　理化特性

外观与性状　无色透明液体

pH 值　无资料　　　熔点（℃）　－115.5

沸点（℃）　102.5　　　相对密度（水＝1）　0.799

相对蒸气密度（空气＝1）　3.34

饱和蒸气压（kPa）　1.37（38℃）

临界压力（MPa）　无资料　辛醇/水分配系数　无资料

闪点（℃）　－1.11　　自燃温度（℃）　无资料

爆炸下限（%）　无资料　爆炸上限（%）　无资料

分解温度（℃）　无资料　黏度（mPa·s）　无资料

燃烧热（kJ/mol）　无资料　临界温度（℃）　无资料

溶解性　不溶于水，溶于乙醇、丙酮、苯、石油醚、氯
　　　　仿、乙醚

第十部分　稳定性和反应性

稳定性　稳定

危险反应　与强氧化剂、强酸、卤代烃、卤素等禁配物接
　　　　触，有发生火灾和爆炸的危险

避免接触的条件　无资料

禁配物　强氧化剂、强酸、卤代烃、卤素

危险的分解产物　无资料

第十一部分　毒理学信息

急性毒性　无资料

皮肤刺激或腐蚀　无资料　眼睛刺激或腐蚀　无资料

呼吸或皮肤过敏　无资料　生殖细胞突变性　无资料

致癌性　无资料　　　生殖毒性　无资料

特异性靶器官系统毒性-一次接触　无资料

特异性靶器官系统毒性-反复接触　无资料

吸入危害　无资料

第十二部分　生态学信息

生态毒性　无资料

持久性和降解性

　　生物降解性　无资料

　　非生物降解性　无资料

潜在的生物累积性　无资料

土壤中的迁移性　无资料

第十三部分　废弃处置

废弃化学品　建议用焚烧法处置。在能利用的地方重复使
　　　　用容器或在规定场所掩埋

污染包装物　将容器返还生产商或按照国家和地方法规
　　　　处置

废弃注意事项　处置前应参阅国家和地方有关法规

第十四部分　运输信息

联合国危险货物编号（UN 号）　3295

联合国运输名称　液态烃类，未另作规定的（4-甲基环
　　　　己烯）

联合国危险性类别　3

包装类别　Ⅱ　　　　包装标志

海洋污染物　否

运输注意事项　运输前应先检查包装容器是否完整、密
　　　　封，运输过程中要确保容器不泄漏、不倒塌、不坠
　　　　落、不损坏。运输时运输车辆应配备相应品种和数量
　　　　的消防器材及泄漏应急处理设备。夏季最好早晚运
　　　　输。运输时所用的槽（罐）车应有接地链，槽内可设
　　　　孔隔板以减少震荡产生的静电。严禁与氧化剂、食用
　　　　化学品等混装混运。运输途中应防暴晒、雨淋，防高
　　　　温。中途停留时应远离火种、热源、高温区。装运该
　　　　物品的车辆排气管必须配备阻火装置，禁止使用易产
　　　　生火花的机械设备和工具装卸。运输车船必须彻底清
　　　　洗、消毒，否则不得装运其他物品。船运时，配装位
　　　　置应远离卧室、厨房，并与机舱、电源、火源等部位
　　　　隔离。公路运输时要按规定路线行驶

第十五部分　法规信息

　　下列法律、法规、规章和标准，对该化学品的管理作
了相应的规定。

中华人民共和国职业病防治法　职业病分类和目录：未
　　　　列入

危险化学品安全管理条例　危险化学品目录：列入。易制
　　　　爆危险化学品名录：未列入。重点监管的危险化学品
　　　　名录：未列入。GB 18218—2009《危险化学品重大
　　　　危险源辨识》（表1）：未列入

使用有毒物品作业场所劳动保护条例　高毒物品目录：未
　　　　列入

易制毒化学品管理条例　易制毒化学品的分类和品种目
　　　　录：未列入

国际公约　斯德哥尔摩公约：未列入。鹿特丹公约：未列
　　　　入。蒙特利尔议定书：未列入

第十六部分　其他信息

编写和修订信息　　　　缩略语和首字母缩写

培训建议　　　　　　　参考文献

免责声明

1-甲基环戊烯

第一部分　化学品标识

化学品中文名　1-甲基环戊烯；1-甲基-1-环戊烯

化学品英文名　1-methyl-1-cyclopentene；1-methylcyclop-
　　　　entene

分子式　C_6H_{10}　分子量　82.1436

结构式　

化学品的推荐及限制用途　用于有机合成、溶剂等

第二部分　危险性概述

紧急情况概述　高度易燃液体和蒸气

GHS 危险性类别　易燃液体，类别2

标签要素

象形图

警示词　危险

危险性说明　高度易燃液体和蒸气

防范说明

预防措施　远离热源、火花、明火、热表面。禁止吸烟。保持容器密闭。容器和接收设备接地连接。使用防爆型电器、通风、照明设备。只能使用不产生火花的工具。采取防止静电措施。戴防护手套、防护眼镜、防护面罩

事故响应　火灾时，使用泡沫、干粉、二氧化碳、砂土灭火。如皮肤（或头发）接触：立即脱掉所有被污染的衣服。用水冲洗皮肤，淋浴

安全储存　存放在通风良好的地方。保持低温

废弃处置　本品及内装物、容器依据国家和地方法规处置

物理和化学危险　易燃，其蒸气与空气混合，能形成爆炸性混合物

健康危害　本品具有刺激作用。吸入、摄入或经皮肤吸收后可能对身体有害

环境危害　对环境可能有害

第三部分　成分/组成信息

√ 物质　　　　　　　混合物

组分	浓度	CAS No.
1-甲基环戊烯		693-89-0

第四部分　急救措施

吸入　迅速脱离现场至空气新鲜处。保持呼吸道通畅。如呼吸困难，给输氧。呼吸、心跳停止，立即进行心肺复苏术。就医

皮肤接触　立即脱去污染的衣着，用流动清水彻底冲洗。就医

眼睛接触　立即分开眼睑，用流动清水或生理盐水彻底冲洗。就医

食入　漱口，饮水。就医

对保护施救者的忠告　根据需要使用个人防护设备

对医生的特别提示　对症处理

第五部分　消防措施

灭火剂　用泡沫、干粉、二氧化碳、砂土灭火

特别危险性　其蒸气与空气可形成爆炸性混合物，遇明火、高热极易燃烧爆炸。与氧化剂接触猛烈反应。容易自聚，聚合反应随着温度的上升而急骤加剧。流速过快，容易产生和积聚静电。若遇高热，容器内压增大，有开裂和爆炸的危险

灭火注意事项及防护措施　消防人员必须佩戴防毒面具、穿全身消防服，在上风向灭火。尽可能将容器从火场移至空旷处。喷水保持火场容器冷却，直至灭火结束。处在火场中的容器若已变色或从安全泄压装置中发出声音，必须马上撤离。用水灭火无效

第六部分　泄漏应急处理

作业人员防护措施、防护装备和应急处置程序　消除所有点火源。根据液体流动和蒸气扩散的影响区域划定警戒区，无关人员从侧风、上风向撤离至安全区。建议应急处理人员戴正压自给式呼吸器，穿防静电服。作业时使用的所有设备应接地。禁止接触或跨越泄漏物。尽可能切断泄漏源

环境保护措施　防止泄漏物进入水体、下水道、地下室或有限空间

泄漏化学品的收容、清除方法及所使用的处置材料　小量泄漏：用砂土或其他不燃材料吸收。使用洁净的无火花工具收集吸收材料。大量泄漏：构筑围堤或挖坑收容。用泡沫覆盖，减少蒸发。喷水雾能减少蒸发，但不能降低泄漏物在有限空间内的易燃性。用防爆泵转移至槽车或专用收集器内

第七部分　操作处置与储存

操作注意事项　密闭操作，局部排风。防止蒸气泄漏到工作场所空气中。操作人员必须经过专门培训，严格遵守操作规程。建议操作人员佩戴自吸过滤式防毒面具（半面罩），戴化学安全防护眼镜，穿防静电工作服，戴橡胶手套。远离火种、热源，工作场所严禁吸烟。使用防爆型的通风系统和设备。在清除液体和蒸气前不能进行焊接、切割等作业。避免产生烟雾。避免与氧化剂接触。容器与传送设备要接地，防止产生静电。灌装时应控制流速，且有接地装置，防止静电积聚。配备相应品种和数量的消防器材及泄漏应急处理设备。倒空的容器可能残留有害物

储存注意事项　储存于阴凉、通风的库房。远离火种、热源。防止阳光直射。库温不宜超过37℃，保持容器密封，严禁与空气接触。应与氧化剂、食用化学品分开存放，切忌混储。采用防爆型照明、通风设施。禁止使用易产生火花的机械设备和工具。储区应备有泄漏应急处理设备和合适的收容材料

第八部分　接触控制/个体防护

职业接触限值

中国　未制定标准

美国（ACGIH）　未制定标准

生物接触限值　未制定标准

监测方法　空气中有毒物质测定方法：未制定标准。生物监测检验方法：未制定标准

工程控制　密闭操作，局部排风

个体防护装备

呼吸系统防护　空气中浓度超标时，必须佩戴自吸过滤式防毒面具（半面罩）。紧急事态抢救或撤离时，应该佩戴空气呼吸器

眼睛防护　戴化学安全防护眼镜

皮肤和身体防护　穿防静电工作服

手防护　戴橡胶手套

第九部分　理化特性

外观与性状　无色液体　　**pH 值**　无资料
熔点(℃)　−127　　　沸点(℃)　76
相对密度(水＝1)　0.78
相对蒸气密度(空气＝1)　无资料
饱和蒸气压(kPa)　无资料
临界压力(MPa)　无资料　辛醇/水分配系数　无资料
闪点(℃)　−17.22　　自燃温度(℃)　无资料
爆炸下限(%)　无资料　爆炸上限(%)　无资料
分解温度(℃)　无资料　黏度(mPa·s)　无资料
燃烧热(kJ/mol)　无资料　临界温度(℃)　无资料
溶解性　不溶于水，溶于乙醇、乙醚

第十部分　稳定性和反应性

稳定性　稳定
危险反应　与氧化剂、强酸、卤代烃、卤素等禁配物接
　　触，有发生火灾和爆炸的危险。容易发生自聚反应
避免接触的条件　无资料
禁配物　氧化剂、强酸、卤代烃、卤素
危险的分解产物　无资料

第十一部分　毒理学信息

急性毒性　无资料
皮肤刺激或腐蚀　无资料　眼睛刺激或腐蚀　无资料
呼吸或皮肤过敏　无资料　生殖细胞突变性　无资料
致癌性　无资料　　　生殖毒性　无资料
特异性靶器官系统毒性-一次接触　无资料
特异性靶器官系统毒性-反复接触　无资料
吸入危害　无资料

第十二部分　生态学信息

生态毒性　无资料
持久性和降解性
　　生物降解性　无资料
　　非生物降解性　无资料
潜在的生物累积性　无资料
土壤中的迁移性　无资料

第十三部分　废弃处置

废弃化学品　建议用焚烧法处置。在能利用的地方重复使
　　用容器或在规定场所掩埋
污染包装物　将容器返还生产商或按照国家和地方法规
　　处置
废弃注意事项　处置前应参阅国家和地方有关法规

第十四部分　运输信息

联合国危险货物编号（UN 号）　3295
联合国运输名称　液态烃类，未另作规定的（1-甲基环戊烯）
联合国危险性类别　3

包装类别　Ⅱ　　　　包装标志　

海洋污染物　否
运输注意事项　运输时运输车辆应配备相应品种和数量的
　　消防器材及泄漏应急处理设备。夏季最好早晚运输。
　　运输时所用的槽（罐）车应有接地链，槽内可设孔隔
　　板以减少震荡产生的静电。严禁与氧化剂、食用化学
　　品等混装混运。运输途中应防暴晒、雨淋，防高温。
　　中途停留时应远离火种、热源、高温区。装运该物品
　　的车辆排气管必须配备阻火装置，禁止使用易产生火
　　花的机械设备和工具装卸。公路运输时要按规定路线
　　行驶，勿在居民区和人口稠密区停留。铁路运输时要
　　禁止溜放。严禁用木船、水泥船散装运输

第十五部分　法规信息

　　下列法律、法规、规章和标准，对该化学品的管理作
了相应的规定。
中华人民共和国职业病防治法　职业病分类和目录：未
　　列入
危险化学品安全管理条例　危险化学品目录：列入。易制
　　爆危险化学品名录：未列入。重点监管的危险化学品
　　名录：未列入。GB 18218—2009《危险化学品重大
　　危险源辨识》（表 1）：未列入
使用有毒物品作业场所劳动保护条例　高毒物品目录：未
　　列入
易制毒化学品管理条例　易制毒化学品的分类和品种目
　　录：未列入
国际公约　斯德哥尔摩公约：未列入。鹿特丹公约：未列
　　入。蒙特利尔议定书：未列入

第十六部分　其他信息

编写和修订信息　　　缩略语和首字母缩写
培训建议　　　　　　参考文献
免责声明

5-甲基-2-己酮

第一部分　化学品标识

化学品中文名　5-甲基-2-己酮；甲基异戊基甲酮；异庚酮
化学品英文名　methyl isoamyl ketone; isobutylacetone
分子式　$C_7H_{14}O$　分子量　114.1855
结构式
化学品的推荐及限制用途　用于有机合成、溶剂等

第二部分　危险性概述

紧急情况概述　易燃液体和蒸气，吸入有害
GHS 危险性类别　易燃液体，类别 3；急性毒性-吸入，
　　类别 4
标签要素

象形图　

警示词　警告

危险性说明   易燃液体和蒸气，吸入有害

防范说明

   预防措施   远离热源、火花、明火、热表面。禁止吸烟。保持容器密闭。容器和接收设备接地连接。使用防爆型电器、通风、照明设备。只能使用不产生火花的工具。采取防止静电措施。戴防护手套、防护眼镜、防护面罩。避免吸入蒸气、雾。仅在室外或通风良好处操作

   事故响应   火灾时，使用雾状水、泡沫、干粉、二氧化碳、砂土灭火。如皮肤（或头发）接触：立即脱掉所有被污染的衣服，用水冲洗皮肤，淋浴。如吸入：将患者转移到空气新鲜处，休息，保持利于呼吸的体位。如感觉不适，呼叫中毒控制中心或就医

   安全储存   存放在通风良好的地方。保持低温

   废弃处置   本品及内装物、容器依据国家和地方法规处置

物理和化学危险   易燃，其蒸气与空气混合，能形成爆炸性混合物

健康危害   本品对眼睛和皮肤有刺激作用

环境危害   对环境可能有害

第三部分   成分/组成信息

   √ 物质   混合物

组分	浓度	CAS No.
5-甲基-2-己酮		110-12-3

第四部分   急救措施

吸入   迅速脱离现场至空气新鲜处。保持呼吸道通畅。如呼吸困难，给输氧。如呼吸、心跳停止，立即进行心肺复苏术。就医

皮肤接触   立即脱去污染的衣着，用流动清水彻底冲洗。就医

眼睛接触   立即分开眼睑，用流动清水或生理盐水彻底冲洗。就医

食入   漱口，饮水。就医

对保护施救者的忠告   根据需要使用个人防护设备

对医生的特别提示   对症处理

第五部分   消防措施

灭火剂   用雾状水、泡沫、干粉、二氧化碳、砂土灭火

特别危险性   其蒸气与空气可形成爆炸性混合物，遇明火、高热能引起燃烧爆炸。与氧化剂可发生反应。流速过快，容易产生和积聚静电。若遇高热，容器内压增大，有开裂和爆炸的危险

灭火注意事项及防护措施   消防人员必须佩戴防毒面具、穿全身消防服，在上风向灭火。尽可能将容器从火场移至空旷处。喷水保持火场容器冷却，直至灭火结束。处在火场中的容器若已变色或从安全泄压装置中发出声音，必须马上撤离

第六部分   泄漏应急处理

作业人员防护措施、防护装备和应急处置程序   消除所有点火源。根据液体流动和蒸气扩散的影响区域划定警戒区，无关人员从侧风向、上风向撤离至安全区。建议应急处理人员戴正压自给式呼吸器，穿防静电服。作业时使用的所有设备应接地。禁止接触或跨越泄漏物。尽可能切断泄漏源

环境保护措施   防止泄漏物进入水体、下水道、地下室或有限空间

泄漏化学品的收容、清除方法及所使用的处置材料   小量泄漏：用砂土或其他不燃材料吸收。使用洁净的无火花工具收集吸收材料。大量泄漏：构筑围堤或挖坑收容。用粉煤灰或石灰粉吸收大量液体。用泡沫覆盖，减少蒸发。喷水雾能减少蒸发，但不能降低泄漏物在有限空间内的易燃性。用防爆泵转移至槽车或专用收集器内

第七部分   操作处置与储存

操作注意事项   密闭操作，注意通风。操作人员必须经过专门培训，严格遵守操作规程。建议操作人员佩戴自吸过滤式防毒面具（半面罩），戴化学安全防护眼镜，穿防静电工作服，戴橡胶耐油手套。远离火种、热源，工作场所严禁吸烟。使用防爆型的通风系统和设备。防止蒸气泄漏到工作场所空气中。避免与氧化剂、还原剂、碱类接触。充装要控制流速，防止静电积聚。搬运时要轻装轻卸，防止包装及容器损坏。配备相应品种和数量的消防器材及泄漏应急处理设备。倒空的容器可能残留有害物

储存注意事项   储存于阴凉、通风的库房。远离火种、热源。库温不宜超过37℃，应与氧化剂、还原剂、碱类分开存放，切忌混储。采用防爆型照明、通风设施。禁止使用易产生火花的机械设备和工具。储区应备有泄漏应急处理设备和合适的收容材料

第八部分   接触控制/个体防护

职业接触限值

中国   未制定标准

   美国（ACGIH）   TLV-TWA：20ppm；TLV-STEL：50ppm

生物接触限值   未制定标准

监测方法   空气中有毒物质测定方法：未制定标准。生物监测检验方法：未制定标准

工程控制   密闭操作，注意通风

个体防护装备

   呼吸系统防护   空气中浓度超标时，必须佩戴过滤式防毒面具（半面罩）。紧急事态抢救或撤离时，应该佩戴空气呼吸器

   眼睛防护   戴化学安全防护眼镜

   皮肤和身体防护   穿防静电工作服

   手防护   戴橡胶耐油手套

第九部分   理化特性

外观与性状   无色、透明液体，具有令人有愉快感的气味

pH值	无资料	**熔点（℃）**	−73.9
沸点（℃）	145	**相对密度（水＝1）**	0.81(20℃)

相对蒸气密度(空气＝1)　3.9

饱和蒸气压(kPa)　0.6(20℃)

临界压力(MPa)　无资料　辛醇/水分配系数　无资料

闪点(℃)　39　自燃温度(℃)　191

爆炸下限(%)　1.0　爆炸上限(%)　8.2

分解温度(℃)　无资料　黏度(mPa·s)　0.77(20℃)

燃烧热(kJ/mol)　无资料　临界温度(℃)　330.95

溶解性　微溶于水，易溶于多数有机溶剂

第十部分　稳定性和反应性

稳定性　稳定

危险反应　与强氧化剂、强还原剂、强碱等禁配物接触，有发生火灾和爆炸的危险

避免接触的条件　无资料

禁配物　强氧化剂、强还原剂、强碱

危险的分解产物　无资料

第十一部分　毒理学信息

急性毒性　属低毒类，大鼠暴露于802ppm 6h，未引起中毒效应；3207ppm 引起眼刺激、呼吸率减慢、中枢神经系统抑制，4 只动物死亡一只；5687ppm 时，在24h 内 4 只动物全部死亡。LD_{50}：3200mg/kg(大鼠经口)；2542mg/kg(小鼠经口)；8100mg/kg(兔经皮)

皮肤刺激或腐蚀　对皮肤有轻度刺激作用

眼睛刺激或腐蚀　对眼有轻度刺激作用

呼吸或皮肤过敏　无资料　生殖细胞突变性　无资料

致癌性　无资料　　　生殖毒性　无资料

特异性靶器官系统毒性-一次接触　无资料

特异性靶器官系统毒性-反复接触　无资料

吸入危害　无资料

第十二部分　生态学信息

生态毒性　无资料

持久性和降解性

　生物降解性　无资料

　非生物降解性　无资料

潜在的生物累积性　无资料

土壤中的迁移性　无资料

第十三部分　废弃处置

废弃化学品　建议用焚烧法处置

污染包装物　将容器返还生产商或按照国家和地方法规处置

废弃注意事项　处置前应参阅国家和地方有关法规

第十四部分　运输信息

联合国危险货物编号(UN号)　2302

联合国运输名称　5-甲基-2-己酮

联合国危险性类别　3

包装类别　Ⅲ　　　　包装标志

海洋污染物　否

运输注意事项　运输时运输车辆应配备相应品种和数量的消防器材及泄漏应急处理设备。夏季最好早晚运输。运输时所用的槽(罐)车应有接地链，槽内可设孔隔板以减少震荡产生的静电。严禁与氧化剂、还原剂、碱类、食用化学品等混装混运。运输途中应防暴晒、雨淋，防高温。中途停留时应远离火种、热源、高温区。装运该物品的车辆排气管必须配备阻火装置，禁止使用易产生火花的机械设备和工具装卸。公路运输时要按规定路线行驶。铁路运输时要禁止溜放。严禁用木船、水泥船散装运输

第十五部分　法规信息

下列法律、法规、规章和标准，对该化学品的管理作了相应的规定。

中华人民共和国职业病防治法　职业病分类和目录：未列入

危险化学品安全管理条例　危险化学品目录：列入。易制爆危险化学品名录：未列入。重点监管的危险化学品名录：未列入。GB 18218—2009《危险化学品重大危险源辨识》(表1)：未列入

使用有毒物品作业场所劳动保护条例　高毒物品目录：未列入

易制毒化学品管理条例　易制毒化学品的分类和品种目录：未列入

国际公约　斯德哥尔摩公约：未列入。鹿特丹公约：未列入。蒙特利尔议定书：未列入

第十六部分　其他信息

编写和修订信息　缩略语和首字母缩写

培训建议　　　　参考文献

免责声明

3-甲基己烷

第一部分　化学品标识

化学品中文名　3-甲基己烷

化学品英文名　3-methyl hexane

分子式　C_7H_{16}　分子量　100.2019

结构式

化学品的推荐及限制用途　用于有机合成，用作溶剂、气相色谱对比样品

第二部分　危险性概述

紧急情况概述　高度易燃液体和蒸气，造成皮肤刺激，可能引起昏昏欲睡或眩晕，吞咽及进入呼吸道可能致命

GHS危险性类别　易燃液体，类别2；皮肤腐蚀/刺激，类别2；特异性靶器官毒性-一次接触，类别3(麻醉效应)；吸入危害，类别1；危害水生环境-急性危害，类别1；危害水生环境-长期危害，类别1

标签要素

象形图

警示词　危险

危险性说明　高度易燃液体和蒸气，造成皮肤刺激，可能引起昏昏欲睡或眩晕，吞咽及进入呼吸道可能致命，对水生生物毒性非常大并具有长期持续影响

防范说明

预防措施　远离热源、火花、明火、热表面。禁止吸烟。保持容器密闭。容器和接收设备接地连接。使用防爆型电器、通风、照明设备。只能使用不产生火花的工具。采取防止静电措施。戴防护手套、防护眼镜、防护面罩。避免接触眼睛、皮肤，操作后彻底清洗。禁止排入环境

事故响应　火灾时，使用泡沫、干粉、二氧化碳、砂土灭火。皮肤接触：用大量肥皂水和水清洗，脱去被污染的衣服，衣服经洗净后方可重新使用。如发生皮肤刺激，就医。如果食入：立即呼叫中毒控制中心或就医，不要催吐。收集泄漏物

安全储存　存放在通风良好的地方。保持低温。上锁保管

废弃处置　本品及内装物、容器依据国家和地方法规处置

物理和化学危险　易燃，其蒸气与空气混合，能形成爆炸性混合物

健康危害　本品蒸气能刺激皮肤、眼睛和黏膜，高浓度蒸气具有麻醉作用，对血象有轻度影响

环境危害　对水生生物毒性非常大并具有长期持续影响

第三部分　成分/组成信息

√ 物质　　　　　　　　　　混合物

组分	浓度	CAS No.
3-甲基己烷		589-34-4

第四部分　急救措施

吸入　迅速脱离现场至空气新鲜处。保持呼吸道通畅。如呼吸困难，给输氧。呼吸、心跳停止，立即进行心肺复苏术。就医

皮肤接触　立即脱去污染的衣着，用流动清水彻底冲洗。就医

眼睛接触　立即分开眼睑，用流动清水或生理盐水彻底冲洗。就医

食入　漱口，饮水。禁止催吐。就医

对保护施救者的忠告　根据需要使用个人防护设备

对医生的特别提示　对症处理

第五部分　消防措施

灭火剂　用泡沫、干粉、二氧化碳、砂土灭火

特别危险性　其蒸气与空气可形成爆炸性混合物，遇明火、高热极易燃烧爆炸。与氧化剂接触猛烈反应。流速过快，容易产生和积聚静电。蒸气比空气重，沿地面扩散并易积存于低洼处，遇火源会着火回燃。若遇高热，容器内压增大，有开裂和爆炸的危险

灭火注意事项及防护措施　消防人员必须佩戴防毒面具、穿全身消防服，在上风向灭火。尽可能将容器从火场移至空旷处。喷水保持火场容器冷却，直至灭火结束。处在火场中的容器若已变色或从安全泄压装置中发出声音，必须马上撤离。用水灭火无效

第六部分　泄漏应急处理

作业人员防护措施、防护装备和应急处置程序　消除所有点火源。根据液体流动和蒸气扩散的影响区域划定警戒区，无关人员从侧风向、上风向撤离至安全区。建议应急处理人员戴正压自给式呼吸器，穿防静电服。作业时使用的所有设备应接地。禁止接触或跨越泄漏物。尽可能切断泄漏源

环境保护措施　防止泄漏物进入水体、下水道、地下室或有限空间

泄漏化学品的收容、清除方法及所使用的处置材料　小量泄漏：用砂土或其他不燃材料吸收。使用洁净的无火花工具收集吸收材料。大量泄漏：构筑围堤或挖坑收容。用泡沫覆盖，减少蒸发。喷水雾能减少蒸发，但不能降低泄漏物在有限空间内的易燃性。用防爆泵转移至槽车或专用收集器内

第七部分　操作处置与储存

操作注意事项　密闭操作，全面通风。操作人员必须经过专门培训，严格遵守操作规程。建议操作人员佩戴自吸过滤式防毒面具（半面罩），戴化学安全防护眼镜，穿防静电工作服，戴橡胶胶耐油手套。远离火种、热源，工作场所严禁吸烟。使用防爆型的通风系统和设备。防止蒸气泄漏到工作场所空气中。避免与氧化剂接触。灌装时应控制流速，且有接地装置，防止静电积聚。搬运时要轻装轻卸，防止包装及容器损坏。配备相应品种和数量的消防器材及泄漏应急处理设备。倒空的容器可能残留有害物

储存注意事项　储存于阴凉、通风的库房。远离火种、热源。库温不宜超过37℃，应与氧化剂分开存放，切忌混储。采用防爆型照明、通风设施。禁止使用易产生火花的机械设备和工具。储区应备有泄漏应急处理设备和合适的收容材料

第八部分　接触控制/个体防护

职业接触限值

中国　未制定标准

美国（ACGIH）　TLV-TWA：400ppm；TLV-STEL：500ppm

生物接触限值　未制定标准

监测方法　空气中有毒物质测定方法：未制定标准。生物监测检验方法：未制定标准

工程控制　生产过程密闭，全面通风

个体防护装备

呼吸系统防护　空气中浓度超标时，必须佩戴过滤式

防毒面具（半面罩）。紧急事态抢救或撤离时，
应该佩戴空气呼吸器

眼睛防护　戴化学安全防护眼镜

皮肤和身体防护　穿防静电工作服

手防护　戴橡胶耐油手套

第九部分　理化特性

外观与性状　无色、有刺激性的液体

pH 值　无资料　　　　　熔点(℃)　−119

沸点(℃)　92　　　　　相对密度(水＝1)　0.69

相对蒸气密度(空气＝1)　3.46

饱和蒸气压(kPa)　无资料

临界压力(MPa)　无资料　辛醇/水分配系数　无资料

闪点(℃)　−4　　　　　自燃温度(℃)　280

爆炸下限(%)　1　　　　爆炸上限(%)　7

分解温度(℃)　无资料　黏度(mPa·s)　无资料

燃烧热(kJ/mol)　无资料　临界温度(℃)　262.05

溶解性　不溶于水，可混溶于醇、醚、酮、苯等

第十部分　稳定性和反应性

稳定性　稳定

危险反应　与强氧化剂、强酸、强碱、卤素等禁配物接
触，有发生火灾和爆炸的危险

避免接触的条件　无资料

禁配物　强氧化剂、强酸、强碱、卤素

危险的分解产物　无资料

第十一部分　毒理学信息

急性毒性　无资料

皮肤刺激或腐蚀　无资料　眼睛刺激或腐蚀　无资料

呼吸或皮肤过敏　无资料　生殖细胞突变性　无资料

致癌性　无资料　　　　生殖毒性　无资料

特异性靶器官系统毒性-一次接触　无资料

特异性靶器官系统毒性-反复接触　无资料

吸入危害　无资料

第十二部分　生态学信息

生态毒性　根据结构类似物质预测，该物质对水生生物有
极高毒性

持久性和降解性

生物降解性　无资料

非生物降解性　无资料

潜在的生物累积性　根据 K_{ow} 值预测，该物质可能有一定
的生物累积性

土壤中的迁移性　根据 K_{oc} 值预测，该物质可能有一定的
迁移性

第十三部分　废弃处置

废弃化学品　建议用焚烧法处置

污染包装物　将容器返还生产商或按照国家和地方法规
处置

废弃注意事项　处置前应参阅国家和地方有关法规

第十四部分　运输信息

联合国危险货物编号（UN 号）　1206

联合国运输名称　庚烷

联合国危险性类别　3

包装类别　Ⅱ　　　　　包装标志

海洋污染物　是

运输注意事项　运输时运输车辆应配备相应品种和数量的
消防器材及泄漏应急处理设备。夏季最好早晚运输。
运输时所用的槽（罐）车应有接地链，槽内可设孔隔
板以减少震荡产生的静电。严禁与氧化剂、食用化学
品等混装混运。运输途中应防暴晒、雨淋，防高温。
中途停留时应远离火种、热源、高温区。装运该物品
的车辆排气管必须配备阻火装置，禁止使用易产生火
花的机械设备和工具装卸。公路运输时要按规定路线
行驶。铁路运输时要禁止溜放。严禁用木船、水泥船
散装运输

第十五部分　法规信息

下列法律、法规、规章和标准，对该化学品的管理作
了相应的规定。

中华人民共和国职业病防治法　职业病分类和目录：未
列入

危险化学品安全管理条例　危险化学品目录：列入。易制
爆危险化学品名录：未列入。重点监管的危险化学品
名录：未列入。GB 18218—2009《危险化学品重大
危险源辨识》(表 1)：未列入

使用有毒物品作业场所劳动保护条例　高毒物品目录：未
列入

易制毒化学品管理条例　易制毒化学品的分类和品种目
录：未列入

国际公约　斯德哥尔摩公约：未列入。鹿特丹公约：未列
入。蒙特利尔议定书：未列入

第十六部分　其他信息

编写和修订信息　　　　缩略语和首字母缩写

培训建议　　　　　　　参考文献

免责声明

N-甲基甲酰胺

第一部分　化学品标识

化学品中文名　N-甲基甲酰胺；甲基替甲酰胺

化学品英文名　N-methylformamide；formylmethylamine

分子式　C_2H_5NO　分子量　59.07

结构式　O⌒NH⌒

化学品的推荐及限制用途　用作溶剂及用于有机合成

第二部分　危险性概述

紧急情况概述　皮肤接触有害

GHS危险性类别 急性毒性-经口，类别5；急性毒性-经皮，类别4；生殖毒性，类别1B

标签要素

象形图

警示词 危险

危险性说明 吞咽可能有害，皮肤接触有害，可能对生育力或胎儿造成伤害

防范说明

预防措施 戴防护手套、穿防护服。得到专门指导后操作。在阅读并了解所有安全预防措施之前，切勿操作。按要求使用个体防护装备

事故响应 如果感觉不适，呼叫中毒控制中心或就医。皮肤接触：用大量肥皂水和水清洗。被污染的衣服必须经洗净后方可重新使用。如果接触或有担心，就医

安全储存 上锁保管

废弃处置 本品及内装物、容器依据国家和地方法规处置

物理和化学危险 易燃，其蒸气与空气混合，能形成爆炸性混合物

健康危害 吸入、摄入或经皮肤吸收对身体有害。其蒸气或雾对眼睛、皮肤、黏膜和呼吸道有刺激作用

环境危害 对环境可能有害

第三部分 成分/组成信息

√ 物质　　　　　　　　混合物

组分	浓度	CAS No.
N-甲基甲酰胺		123-39-7

第四部分 急救措施

吸入 迅速脱离现场至空气新鲜处。保持呼吸道通畅。如呼吸困难，给输氧。呼吸、心跳停止，立即进行心肺复苏术。就医

皮肤接触 立即脱去污染的衣着，用流动清水彻底冲洗。就医

眼睛接触 立即分开眼睑，用流动清水或生理盐水彻底冲洗。就医

食入 漱口，饮水。就医

对保护施救者的忠告 根据需要使用个人防护设备

对医生的特别提示 对症处理

第五部分 消防措施

灭火剂 用水、雾状水、抗溶性泡沫、干粉、二氧化碳、砂土灭火

特别危险性 遇明火、高热易燃。与氧化剂能发生强烈反应。若遇高热，容器内压增大，有开裂和爆炸的危险

灭火注意事项及防护措施 消防人员必须佩戴防毒面具、穿全身消防服，在上风向灭火。尽可能将容器从火场移至空旷处。喷水保持火场容器冷却，直至灭火结束。处在火场中的容器若已变色或从安全泄压装置中发出声音，必须马上撤离

第六部分 泄漏应急处理

作业人员防护措施、防护装备和应急处置程序 根据液体流动和蒸气扩散的影响区域划定警戒区，无关人员从侧风、上风向撤离至安全区。消除所有点火源。建议应急处理人员戴防毒面具，穿防毒服。作业时使用的所有设备应接地。禁止接触或跨越泄漏物。尽可能切断泄漏源

环境保护措施 防止泄漏物进入水体、下水道、地下室或有限空间

泄漏化学品的收容、清除方法及所使用的处置材料 小量泄漏：用砂土或其他不燃材料吸收。使用洁净的无火花工具收集吸收材料。大量泄漏：构筑围堤或挖坑收容。用抗溶性泡沫覆盖，减少蒸发。喷水雾能减少蒸发，但不能降低泄漏物在有限空间内的易燃性。用防爆泵转移至槽车或专用收集器内

第七部分 操作处置与储存

操作注意事项 密闭操作，全面通风。操作人员必须经过专门培训，严格遵守操作规程。建议操作人员佩戴自吸过滤式防毒面具（半面罩），戴化学安全防护眼镜，穿防毒物渗透工作服，戴橡胶手套。远离火种、热源，工作场所严禁吸烟。使用防爆型的通风系统和设备。防止蒸气泄漏到工作场所空气中。避免与氧化剂、酸类、碱类接触。充装要控制流速，防止静电积聚。搬运时要轻装轻卸，防止包装及容器损坏。配备相应品种和数量的消防器材及泄漏应急处理设备。倒空的容器可能残留有害物

储存注意事项 储存于阴凉、通风的库房。远离火种、热源。库温不宜超过30℃。应与氧化剂、酸类、碱类分开存放，切忌混储。采用防爆型照明、通风设施。禁止使用易产生火花的机械设备和工具。储区应备有泄漏应急处理设备和合适的收容材料

第八部分 接触控制/个体防护

职业接触限值

中国 未制定标准

美国（ACGIH） 未制定标准

生物接触限值 未制定标准

监测方法 空气中有毒物质测定方法：未制定标准。生物监测检验方法：未制定标准

工程控制 生产过程密闭，全面通风。提供安全淋浴和洗眼设备

个体防护装备

呼吸系统防护 空气中浓度超标时，必须佩戴过滤式防毒面具（半面罩）。紧急事态抢救或撤离时，应该佩戴空气呼吸器

眼睛防护 戴化学安全防护眼镜

皮肤和身体防护 穿防毒物渗透工作服

手防护 戴橡胶手套

第九部分 理化特性

外观与性状 无色透明液体，有吸湿性，有氨味

pH 值　无资料　　　　熔点(℃)　−3.8
沸点(℃)　197　　　　相对密度(水＝1)　0.997
相对蒸气密度(空气＝1)　2.04
饱和蒸气压(kPa)　无资料
临界压力(MPa)　无资料　辛醇/水分配系数　无资料
闪点(℃)　98　　　　自燃温度(℃)　无资料
爆炸下限(%)　无资料　爆炸上限(%)　无资料
分解温度(℃)　无资料
黏度（mPa·s）　1.732（25℃）；1.468（35℃）；1.261（45℃）
燃烧热(kJ/mol)　无资料　临界温度(℃)　无资料
溶解性　与水混溶，可混溶于乙醇

第十部分　稳定性和反应性

稳定性　稳定
危险反应　与强氧化剂、酸类、碱类等禁配物发生反应
避免接触的条件　无资料
禁配物　强氧化剂、酸类、碱类
危险的分解产物　氮氧化物

第十一部分　毒理学信息

急性毒性　LD₅₀：2700mg/kg（大鼠经口）；2600mg/kg（小鼠经口）
皮肤刺激或腐蚀　无资料　眼睛刺激或腐蚀　无资料
呼吸或皮肤过敏　无资料　生殖细胞突变性　无资料
致癌性　无资料　　　　生殖毒性　无资料
特异性靶器官系统毒性-一次接触　无资料
特异性靶器官系统毒性-反复接触　无资料
吸入危害　无资料

第十二部分　生态学信息

生态毒性　无资料
持久性和降解性
　　生物降解性　无资料
　　非生物降解性　无资料
潜在的生物累积性　无资料
土壤中的迁移性　无资料

第十三部分　废弃处置

废弃化学品　建议用焚烧法处置。焚烧炉排出的氮氧化物通过洗涤器除去
污染包装物　将容器返还生产商或按照国家和地方法规处置
废弃注意事项　处置前应参阅国家和地方有关法规

第十四部分　运输信息

联合国危险货物编号（UN 号）　—
联合国运输名称　—　　联合国危险性类别　—
包装类别　—　　　　包装标志　—
海洋污染物　否
运输注意事项　运输前应先检查包装容器是否完整、密封，运输过程中要确保容器不泄漏、不倒塌、不坠落、不损坏。夏季应早晚运输，防止日光暴晒。运输时运输车辆应配备相应品种和数量的消防器材及泄漏应急处理设备。夏季最好早晚运输。运输时所用的槽（罐）车应有接地链，槽内可设孔隔板以减少震荡产生的静电。严禁与氧化剂、酸类、碱类、食用化学品等混装混运。运输途中应防暴晒、雨淋，防高温。中途停留时应远离火种、热源、高温区。装运该物品的车辆排气管必须配备阻火装置，禁止使用易产生火花的机械设备和工具装卸。运输车船必须彻底清洗、消毒，否则不得装运其他物品。船运时，配装位置应远离卧室、厨房，并与机舱、电源、火源等部位隔离。公路运输时要按规定路线行驶

第十五部分　法规信息

下列法律、法规、规章和标准，对该化学品的管理作了相应的规定。
中华人民共和国职业病防治法　职业病分类和目录：未列入
危险化学品安全管理条例　危险化学品目录：未列入。易制爆危险化学品名录：未列入。重点监管的危险化学品名录：未列入。GB 18218—2009《危险化学品重大危险源辨识》(表 1)：未列入
使用有毒物品作业场所劳动保护条例　高毒物品目录：未列入
易制毒化学品管理条例　易制毒化学品的分类和品种目录：未列入
国际公约　斯德哥尔摩公约：未列入。鹿特丹公约：未列入。蒙特利尔议定书：未列入

第十六部分　其他信息

编写和修订信息　　　缩略语和首字母缩写
培训建议　　　　　　参考文献
免责声明

2-甲基喹啉

第一部分　化学品标识

化学品中文名　2-甲基喹啉；喹那啶
化学品英文名　2-methyl quinoline；quinaldine
分子式　C₁₀H₉N　分子量　143.1852
结构式　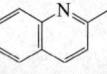
化学品的推荐及限制用途　用于有机合成，也作测定溶剂

第二部分　危险性概述

紧急情况概述　造成皮肤刺激，造成严重眼刺激，可能引起呼吸道刺激
GHS 危险性类别　皮肤腐蚀/刺激，类别 2；严重眼损伤/眼刺激，类别 2；特异性靶器官毒性-一次接触，类别 3（呼吸道刺激）
标签要素

象形图　

警示词　警告

危险性说明　造成皮肤刺激，造成严重眼刺激，可能引起呼吸道刺激

防范说明

预防措施　避免接触眼睛、皮肤，操作后彻底清洗。戴防护手套、防护眼镜、防护面罩

事故响应　皮肤接触：用大量肥皂水和水清洗。如发生皮肤刺激，就医。脱去被污染的衣服，衣服经洗净后方可重新使用。如接触眼睛：用水细心冲洗数分钟。如戴隐形眼镜并可方便地取出，取出隐形眼镜，继续冲洗。如果眼睛刺激持续：就医

安全储存　—

废弃处置　—

物理和化学危险　可燃，其蒸气与空气混合，能形成爆炸性混合物

健康危害　对皮肤、眼、黏膜、上呼吸道有刺激性

环境危害　对环境可能有害

第三部分　成分/组成信息

√ 物质　　　　　　　　混合物

组分	浓度	CAS No.
2-甲基喹啉		91-63-4

第四部分　急救措施

吸入　迅速脱离现场至空气新鲜处。保持呼吸道通畅。如呼吸困难，给输氧。呼吸、心跳停止，立即进行心肺复苏术。就医

皮肤接触　立即脱去污染的衣着，用流动清水彻底冲洗。就医

眼睛接触　立即分开眼睑，用流动清水或生理盐水彻底冲洗。就医

食入　漱口，饮水。就医

对保护施救者的忠告　根据需要使用个人防护设备

第五部分　消防措施

灭火剂　用雾状水、泡沫、干粉、二氧化碳、砂土灭火

特别危险性　可燃。受热分解放出有毒气体

灭火注意事项及防护措施　消防人员必须佩戴防毒面具、穿全身消防服，在上风向灭火。尽可能将容器从火场移至空旷处。喷水保持火场容器冷却，直至灭火结束。处在火场中的容器若已变色或从安全泄压装置中发出声音，必须马上撤离

第六部分　泄漏应急处理

作业人员防护措施、防护装备和应急处置程序　根据液体流动和蒸气扩散的影响区域划定警戒区，无关人员从侧风、上风向撤离至安全区。消除所有点火源。建议应急处理人员戴正压自给式呼吸器，穿防毒服。穿上适当的防护服前严禁接触破裂的容器和泄漏物。尽可能切断泄漏源

环境保护措施　防止泄漏物进入水体、下水道、地下室或有限空间

泄漏化学品的收容、清除方法及所使用的处置材料　小量泄漏：用干燥的砂土或其他不燃材料吸收或覆盖，收集于容器中。大量泄漏：构筑围堤或挖坑收容。用粉煤灰或石灰粉吸收大量液体。用泵转移至槽车或专用收集器内。喷雾状水驱散蒸气、稀释液体泄漏物

第七部分　操作处置与储存

操作注意事项　密闭操作，提供充分的局部排风。操作人员必须经过专门培训，严格遵守操作规程。建议操作人员佩戴自吸过滤式防毒面具（半面罩），戴化学安全防护眼镜，穿防毒物渗透工作服，戴橡胶耐油手套。远离火种、热源，工作场所严禁吸烟。使用防爆型的通风系统和设备。防止蒸气泄漏到工作场所空气中。避免与氧化剂、酸类接触。搬运时要轻装轻卸，防止包装及容器损坏。配备相应品种和数量的消防器材及泄漏应急处理设备。倒空的容器可能残留有害物

储存注意事项　储存于阴凉、通风的库房。远离火种、热源。包装要求密封，不可与空气接触。应与氧化剂、酸类、食用化学品分开存放，切忌混储。配备相应品种和数量的消防器材。储区应备有泄漏应急处理设备和合适的收容材料

第八部分　接触控制/个体防护

职业接触限值

中国　未制定标准

美国（ACGIH）　未制定标准

生物接触限值　未制定标准

监测方法　空气中有毒物质测定方法：未制定标准。生物监测检验方法：未制定标准

工程控制　严加密闭，提供充分的局部排风。提供安全淋浴和洗眼设备

个体防护装备

呼吸系统防护　空气中浓度超标时，必须佩戴过滤式防毒面具（半面罩）。紧急事态抢救或撤离时，应该佩戴空气呼吸器

眼睛防护　戴化学安全防护眼镜

皮肤和身体防护　穿防毒物渗透工作服

手防护　戴橡胶耐油手套

第九部分　理化特性

外观与性状　无色有喹啉气味的油状液体，露于空气中易变成红棕色

pH 值　无资料		熔点(℃)　−2	
沸点(℃)　247		相对密度(水＝1)　1.06	
相对蒸气密度(空气＝1)　4.9			
饱和蒸气压(kPa)　1.33（118℃）			
临界压力(MPa)　无资料		辛醇/水分配系数　2.23	
闪点(℃)　84		自燃温度(℃)　无资料	
爆炸下限(%)　无资料		爆炸上限(%)　无资料	
分解温度(℃)　无资料		黏度(mPa·s)　无资料	
燃烧热(kJ/mol)　无资料		临界温度(℃)　无资料	

溶解性　微溶于水，溶于乙醇、乙醚、丙酮、氯仿等多数有机溶剂

第十部分　稳定性和反应性

稳定性　稳定

危险反应　与强氧化剂、强酸、酰基氯等禁配物发生反应

避免接触的条件　受热、光照

禁配物　强氧化剂、强酸、酰基氯

危险的分解产物　氮氧化物

第十一部分　毒理学信息

急性毒性　LD_{50}：1230mg/kg（大鼠经口）；1870mg/kg（兔经皮）

皮肤刺激或腐蚀　无资料　　**眼睛刺激或腐蚀**　无资料

呼吸或皮肤过敏　无资料　　**生殖细胞突变性**　无资料

致癌性　无资料　　　　　　**生殖毒性**　无资料

特异性靶器官系统毒性-一次接触　无资料

特异性靶器官系统毒性-反复接触　无资料

吸入危害　无资料

第十二部分　生态学信息

生态毒性　无资料

持久性和降解性

　　生物降解性　无资料

　　非生物降解性　无资料

潜在的生物累积性　无资料

土壤中的迁移性　无资料

第十三部分　废弃处置

废弃化学品　建议用焚烧法处置。焚烧炉排出的氮氧化物通过洗涤器除去

污染包装物　将容器返还生产商或按照国家和地方法规处置

废弃注意事项　处置前应参阅国家和地方有关法规

第十四部分　运输信息

联合国危险货物编号（UN号）　—

联合国运输名称　—　　**联合国危险性类别**　—

包装类别　—　　　　　　**包装标志**　—

海洋污染物　否

运输注意事项　运输前应先检查包装容器是否完整、密封，运输过程中要确保容器不泄漏、不倒塌、不坠落、不损坏。严禁与酸类、氧化剂、食品及食品添加剂混运。运输时运输车辆应配备相应品种和数量的消防器材及泄漏应急处理设备。运输途中应防暴晒、雨淋，防高温。公路运输时要按规定路线行驶

第十五部分　法规信息

　　下列法律、法规、规章和标准，对该化学品的管理作了相应的规定。

中华人民共和国职业病防治法　职业病分类和目录：未列入

危险化学品安全管理条例　危险化学品目录：列入。易制爆危险化学品名录：未列入。重点监管的危险化学品名录：未列入。GB 18218—2009《危险化学品重大

危险源辨识》（表1）：未列入

使用有毒物品作业场所劳动保护条例　高毒物品目录：未列入

易制毒化学品管理条例　易制毒化学品的分类和品种目录：未列入

国际公约　斯德哥尔摩公约：未列入。鹿特丹公约：未列入。蒙特利尔议定书：未列入

第十六部分　其他信息

编写和修订信息　　　　**缩略语和首字母缩写**

培训建议　　　　　　　**参考文献**

免责声明

4-甲基喹啉

第一部分　化学品标识

化学品中文名　4-甲基喹啉；4-甲基氮杂萘

化学品英文名　4-methyl quinoline；lepidine

分子式　$C_{10}H_9N$　　**分子量**　143.1852

结构式　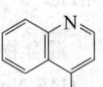

化学品的推荐及限制用途　用于制备药物、染料等，也用作彩色电影胶片的增感剂

第二部分　危险性概述

紧急情况概述　造成皮肤刺激，造成严重眼刺激，可能引起呼吸道刺激

GHS 危险性类别　皮肤腐蚀/刺激，类别2；严重眼损伤/眼刺激，类别2；特异性靶器官毒性-一次接触，类别3（呼吸道刺激）

标签要素

象形图　

警示词　警告

危险性说明　造成皮肤刺激，造成严重眼刺激，可能引起呼吸道刺激

防范说明

　　预防措施　避免接触眼睛、皮肤，操作后彻底清洗。戴防护手套、防护眼镜、防护面罩

　　事故响应　皮肤接触：用大量肥皂水和水清洗，脱去被污染的衣服，衣服经洗净后方可重新使用，如发生皮肤刺激，就医。如接触眼睛：用水细心冲洗数分钟。如戴隐形眼镜并可方便地取出，取出隐形眼镜，继续冲洗。如果眼睛刺激持续：就医

　　安全储存　—

　　废弃处置　—

物理和化学危险　可燃，其蒸气与空气混合，能形成爆炸性混合物

健康危害　有毒。对皮肤和眼睛有明显的刺激作用，并引

起严重的持久性的损害。受热分解放出氮氧化物的
烟雾

环境危害 对环境可能有害

第三部分　成分/组成信息

√ 物质　　　　　　　　　　混合物
组分　　　　**浓度**　　　**CAS No.**
4-甲基喹啉　　　　　　　　491-35-0

第四部分　急救措施

吸入 迅速脱离现场至空气新鲜处。保持呼吸道通畅。如
　　呼吸困难，给输氧。如呼吸、心跳停止，立即进行心
　　肺复苏术。就医
皮肤接触 立即脱去污染的衣着，用流动清水彻底冲洗。
　　就医
眼睛接触 立即分开眼睑，用流动清水或生理盐水彻底冲
　　洗。就医
食入 漱口，饮水。就医
对保护施救者的忠告 根据需要使用个人防护设备
对医生的特别提示 对症处理

第五部分　消防措施

灭火剂 用雾状水、泡沫、干粉、二氧化碳、砂土灭火
特别危险性 遇明火、高热可燃。与氧化剂可发生反应。
　　受高热分解放出有毒的气体。若遇高热，容器内压增
　　大，有开裂和爆炸的危险
灭火注意事项及防护措施 消防人员必须佩戴防毒面具、
　　穿全身消防服，在上风向灭火。尽可能将容器从火场
　　移至空旷处。喷水保持火场容器冷却，直至灭火结
　　束。处在火场中的容器若已变色或从安全泄压装置中
　　发出声音，必须马上撤离

第六部分　泄漏应急处理

作业人员防护措施、防护装备和应急处置程序 根据液体
　　流动和蒸气扩散的影响区域划定警戒区，无关人员从
　　侧风向、上风向撤离至安全区。消除所有点火源。建
　　议应急处理人员戴正压自给式呼吸器，穿防毒服。穿
　　上适当的防护服前严禁接触破裂的容器和泄漏物。尽
　　可能切断泄漏源
环境保护措施 防止泄漏物进入水体、下水道、地下室或
　　有限空间
泄漏化学品的收容、清除方法及所使用的处置材料 小量
　　泄漏：用干燥的砂土或其他不燃材料吸收或覆盖，收
　　集于容器中。大量泄漏：构筑围堤或挖坑收容。用泵
　　转移至槽车或专用收集器内

第七部分　操作处置与储存

操作注意事项 密闭操作，局部排风。防止蒸气泄漏到
　　工作场所空气中。操作人员必须经过专门培训，严
　　格遵守操作规程。建议操作人员佩戴自吸过滤式防
　　毒面具（半面罩），戴化学安全防护眼镜，穿防毒物
　　渗透工作服，戴橡胶手套。远离火种、热源，工作
　　场所严禁吸烟。使用防爆型的通风系统和设备。在

清除液体和蒸气前不能进行焊接、切割等作业。避
免产生烟雾。避免与氧化剂接触。配备相应品种和
数量的消防器材及泄漏应急处理设备。倒空的容器
可能残留有害物

储存注意事项 储存于阴凉、通风的库房。远离火种、热
源。防止阳光直射。保持容器密封。应与氧化剂、食
用化学品分开存放，切忌混储。配备相应品种和数量
的消防器材。储区应备有泄漏应急处理设备和合适的
收容材料

第八部分　接触控制/个体防护

职业接触限值
　中国　未制定标准
　美国（ACGIH）　未制定标准
生物接触限值 未制定标准
监测方法 空气中有毒物质测定方法：未制定标准。生物
　监测检验方法：未制定标准
工程控制 密闭操作，局部排风
个体防护装备
　　呼吸系统防护 空气中浓度超标时，必须佩戴过滤式
　　　防毒面具（半面罩）。紧急事态抢救或撤离时，
　　　应该佩戴空气呼吸器
　　眼睛防护 戴化学安全防护眼镜
　　皮肤和身体防护 穿防毒物渗透工作服
　　手防护 戴橡胶手套

第九部分　理化特性

外观与性状 无色油状液体，遇光变成红棕色
pH 值 无资料　　　　　　**熔点（℃）** 9～10
沸点（℃） 261～263　　**相对密度（水＝1）** 1.086
相对蒸气密度（空气＝1） 无资料
饱和蒸气压（kPa） 无资料
临界压力（MPa） 无资料　**辛醇/水分配系数** 无资料
闪点（℃） ＞112　　　　**自燃温度（℃）** 无资料
爆炸下限（%） 无资料　　**爆炸上限（%）** 无资料
分解温度（℃） 无资料　　**黏度（mPa·s）** 无资料
燃烧热（kJ/mol） 无资料　**临界温度（℃）** 无资料
溶解性 微溶于水，溶于乙醇、苯、乙醚

第十部分　稳定性和反应性

稳定性 稳定
危险反应 与氧化剂等禁配物发生反应
避免接触的条件 光照
禁配物 强氧化剂
危险的分解产物 氮氧化物

第十一部分　毒理学信息

急性毒性 无资料
皮肤刺激或腐蚀 无资料　　**眼睛刺激或腐蚀** 无资料
呼吸或皮肤过敏 无资料
生殖细胞突变性 微生物致突变：鼠伤寒沙门氏菌
　1μmol/皿。程序外 DNA 合成：大鼠肝 1mmol/L
致癌性 无资料　　　　　　**生殖毒性** 无资料

特异性靶器官系统毒性-一次接触　无资料
特异性靶器官系统毒性-反复接触　无资料
吸入危害　无资料

第十二部分　生态学信息

生态毒性　无资料
持久性和降解性
　生物降解性　无资料
　非生物降解性　无资料
潜在的生物累积性　无资料
土壤中的迁移性　无资料

第十三部分　废弃处置

废弃化学品　建议用焚烧法处置。在能利用的地方重复使用容器或在规定场所掩埋
污染包装物　将容器返还生产商或按照国家和地方法规处置
废弃注意事项　处置前应参阅国家和地方有关法规

第十四部分　运输信息

联合国危险货物编号（UN 号）　—
联合国运输名称　—　　**联合国危险性类别**　—
包装类别　—　　**包装标志**　—
海洋污染物　否
运输注意事项　运输前应先检查包装容器是否完整、密封，运输过程中要确保容器不泄漏、不倒塌、不坠落、不损坏。严禁与酸类、氧化剂、食品及食品添加剂混运。运输时运输车辆应配备相应品种和数量的消防器材及泄漏应急处理设备。运输途中应防暴晒、雨淋，防高温。公路运输时要按规定路线行驶，勿在居民区和人口稠密区停留

第十五部分　法规信息

　下列法律、法规、规章和标准，对该化学品的管理作了相应的规定。
中华人民共和国职业病防治法　职业病分类和目录：未列入
危险化学品安全管理条例　危险化学品目录：列入。易制爆危险化学品名录：未列入。重点监管的危险化学品名录：未列入。GB 18218—2009《危险化学品重大危险源辨识》（表1）：未列入
使用有毒物品作业场所劳动保护条例　高毒物品目录：未列入
易制毒化学品管理条例　易制毒化学品的分类和品种目录：未列入
国际公约　斯德哥尔摩公约：未列入。鹿特丹公约：未列入。蒙特利尔议定书：未列入

第十六部分　其他信息

编写和修订信息　　**缩略语和首字母缩写**
培训建议　　**参考文献**
免责声明

6-甲基喹啉

第一部分　化学品标识

化学品中文名　6-甲基喹啉；6-甲基氮杂萘
化学品英文名　6-methyl quinoline；*p*-toluquinoline
分子式　$C_{10}H_9N$　**分子量**　143.1852
结构式

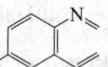

化学品的推荐及限制用途　用于有机合成

第二部分　危险性概述

紧急情况概述　造成皮肤刺激，造成严重眼刺激，可能引起呼吸道刺激
GHS 危险性类别　皮肤腐蚀/刺激，类别2；严重眼损伤/眼刺激，类别2；特异性靶器官毒性-一次接触，类别3（呼吸道刺激）
标签要素

象形图

警示词　警告
危险性说明　造成皮肤刺激，造成严重眼刺激，可能引起呼吸道刺激
防范说明
　预防措施　避免接触眼睛、皮肤，操作后彻底清洗。戴防护手套、防护眼镜、防护面罩
　事故响应　皮肤接触：用大量肥皂水和水清洗，脱去被污染的衣服，衣服经洗净后方可重新使用。如发生皮肤刺激，就医。如接触眼睛：用水细心冲洗数分钟。如戴隐形眼镜并可方便地取出，取出隐形眼镜，继续冲洗。如果眼睛刺激持续，就医
　安全储存　—
　废弃处置　—
物理和化学危险　可燃，其蒸气与空气混合，能形成爆炸性混合物
健康危害　有毒。对皮肤和眼睛有明显的刺激作用，并可引起较严重的持久性的损害。受热分解放出氮氧化物烟雾
环境危害　对环境可能有害

第三部分　成分/组成信息

√ 物质　　　　　　　　　　　混合物

组分	浓度	CAS No.
6-甲基喹啉		91-62-3

第四部分　急救措施

吸入　迅速脱离现场至空气新鲜处。保持呼吸道通畅。如呼吸困难，给输氧。如呼吸、心跳停止，立即进行心肺复苏术。就医
皮肤接触　立即脱去污染的衣着，用流动清水彻底冲洗。

就医

眼睛接触 立即分开眼睑，用流动清水或生理盐水彻底冲洗。就医

食入 漱口，饮水。就医

对保护施救者的忠告 根据需要使用个人防护设备

对医生的特别提示 对症处理

第五部分 消防措施

灭火剂 用雾状水、泡沫、干粉、二氧化碳、砂土灭火

特别危险性 遇明火、高热可燃。与氧化剂可发生反应。受高热分解放出有毒的气体。若遇高热，容器内压增大，有开裂和爆炸的危险

灭火注意事项及防护措施 消防人员必须佩戴防毒面具、穿全身消防服，在上风向灭火。尽可能将容器从火场移至空旷处。喷水保持火场容器冷却，直至灭火结束。处在火场中的容器若已变色或从安全泄压装置中发出声音，必须马上撤离

第六部分 泄漏应急处理

作业人员防护措施、防护装备和应急处置程序 根据液体流动和蒸气扩散的影响区域划定警戒区，无关人员从侧风向、上风向撤离至安全区。消除所有点火源。建议应急处理人员戴正压自给式呼吸器，穿防毒服。穿上适当的防护服前严禁接触破裂的容器和泄漏物。尽可能切断泄漏源

环境保护措施 防止泄漏物进入水体、下水道、地下室或有限空间

泄漏化学品的收容、清除方法及所使用的处置材料 小量泄漏：用干燥的砂土或其他不燃材料吸收或覆盖，收集于容器中。大量泄漏：构筑围堤或挖坑收容。用泵转移至槽车或专用收集器内

第七部分 操作处置与储存

操作注意事项 密闭操作，局部排风。防止蒸气泄漏到工作场所空气中。操作人员必须经过专门培训，严格遵守操作规程。建议操作人员佩戴自吸过滤式防毒面具（半面罩），戴化学安全防护眼镜，穿防毒物渗透工作服，戴橡胶手套。远离火种、热源，工作场所严禁吸烟。使用防爆型的通风系统和设备。在清除液体和蒸气前不能进行焊接、切割等作业。避免产生烟雾。避免与氧化剂、酸类接触。配备相应品种和数量的消防器材及泄漏应急处理设备。倒空的容器可能残留有害物

储存注意事项 储存于阴凉、通风的库房。远离火种、热源。防止阳光直射。保持容器密封。应与氧化剂、酸类、食用化学品分开存放，切忌混储。配备相应品种和数量的消防器材。储区应备有泄漏应急处理设备和合适的收容材料

第八部分 接触控制/个体防护

职业接触限值

中国 未制定标准

美国（ACGIH） 未制定标准

生物接触限值 未制定标准

监测方法 空气中有毒物质测定方法：未制定标准。生物监测检验方法：未制定标准

工程控制 密闭操作，局部排风

个体防护装备

呼吸系统防护 空气中浓度超标时，必须佩戴过滤式防毒面具（半面罩）。紧急事态抢救或撤离时，应该佩戴空气呼吸器

眼睛防护 戴化学安全防护眼镜

皮肤和身体防护 穿防毒物渗透工作服

手防护 戴橡胶手套

第九部分 理化特性

外观与性状 淡黄色油状液体

pH 值 无资料　　　　**熔点(℃)** −22

沸点(℃) 257.4～258.6(99.32kPa)

相对密度(水=1) 1.0654

相对蒸气密度(空气=1) 无资料

饱和蒸气压(kPa) 无资料

临界压力(MPa) 无资料　**辛醇/水分配系数** 2.57

闪点(℃) >110　　　**自燃温度(℃)** 无资料

爆炸下限(%) 无资料　**爆炸上限(%)** 无资料

分解温度(℃) 无资料　**黏度(mPa·s)** 无资料

燃烧热(kJ/mol) 无资料　**临界温度(℃)** 无资料

溶解性 微溶于水，溶于乙醇、乙醚

第十部分 稳定性和反应性

稳定性 稳定

危险反应 与强氧化剂、强酸等禁配物发生反应

避免接触的条件 光照

禁配物 强氧化剂、强酸

危险的分解产物 氮氧化物

第十一部分 毒理学信息

急性毒性 LD$_{50}$：1260mg/kg（大鼠经口）；5000mg/kg（兔经皮）

皮肤刺激或腐蚀 无资料　**眼睛刺激或腐蚀** 无资料

呼吸或皮肤过敏 无资料　**生殖细胞突变性** 无资料

致癌性 无资料　　　**生殖毒性** 无资料

特异性靶器官系统毒性-一次接触 无资料

特异性靶器官系统毒性-反复接触 无资料

吸入危害 无资料

第十二部分 生态学信息

生态毒性 无资料

持久性和降解性

生物降解性 无资料

非生物降解性 无资料

潜在的生物累积性 无资料

土壤中的迁移性 无资料

第十三部分 废弃处置

废弃化学品 建议用焚烧法处置。在能利用的地方重复使用容器或在规定场所掩埋

污染包装物　将容器返还生产商或按照国家和地方法规处置

废弃注意事项　处置前应参阅国家和地方有关法规

第十四部分　运输信息

联合国危险货物编号（UN号）　—

联合国运输名称　—　联合国危险性类别　—

包装类别　—　包装标志　—

海洋污染物　否

运输注意事项　运输前应先检查包装容器是否完整、密封，运输过程中要确保容器不泄漏、不倒塌、不坠落、不损坏。严禁与酸类、氧化剂、食品及食品添加剂混运。运输时运输车辆应配备相应品种和数量的消防器材及泄漏应急处理设备。运输途中应防暴晒、雨淋，防高温。公路运输时要按规定路线行驶，勿在居民区和人口稠密区停留

第十五部分　法规信息

下列法律、法规、规章和标准，对该化学品的管理作了相应的规定。

中华人民共和国职业病防治法　职业病分类和目录：未列入

危险化学品安全管理条例　危险化学品目录：列入。易制爆危险化学品名录：未列入。重点监管的危险化学品名录：未列入。GB 18218—2009《危险化学品重大危险源辨识》（表1）：未列入

使用有毒物品作业场所劳动保护条例　高毒物品目录：未列入

易制毒化学品管理条例　易制毒化学品的分类和品种目录：未列入

国际公约　斯德哥尔摩公约：未列入。鹿特丹公约：未列入。蒙特利尔议定书：未列入

第十六部分　其他信息

编写和修订信息　缩略语和首字母缩写

培训建议　参考文献

免责声明

7-甲基喹啉

第一部分　化学品标识

化学品中文名　7-甲基喹啉；7-甲基氮杂萘

化学品英文名　7-methyl quinoline；*m*-toluquinoline

分子式　$C_{10}H_9N$　分子量　143.1852

结构式　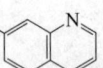

化学品的推荐及限制用途　用于有机合成

第二部分　危险性概述

紧急情况概述　造成皮肤刺激，造成严重眼刺激，可能引起呼吸道刺激

GHS危险性类别　皮肤腐蚀/刺激，类别2；严重眼损伤/眼刺激，类别2；特异性靶器官毒性--次接触，类别

3（呼吸道刺激）

标签要素

象形图　

警示词　警告

危险性说明　造成皮肤刺激，造成严重眼刺激，可能引起呼吸道刺激

防范说明

预防措施　避免接触眼睛、皮肤，操作后彻底清洗。戴防护手套、防护眼镜、防护面罩

事故响应　皮肤接触：用大量肥皂水和水清洗，脱去被污染的衣服，衣服经洗净后方可重新使用。如发生皮肤刺激，就医。如接触眼睛：用水细心冲洗数分钟。如戴隐形眼镜并可方便地取出，取出隐形眼镜，继续冲洗。如果眼睛刺激持续，就医

安全储存　—

废弃处置　—

物理和化学危险　可燃，其蒸气与空气混合，能形成爆炸性混合物

健康危害　有毒。对皮肤和眼睛有明显的刺激作用，并引起严重的持久性的损害。受热分解放出氮氧化物的烟雾

环境危害　对环境可能有害

第三部分　成分/组成信息

√　物质　　　　　混合物

组分	浓度	CAS No.
7-甲基喹啉		612-60-2

第四部分　急救措施

吸入　迅速脱离现场至空气新鲜处。保持呼吸道通畅。如呼吸困难，给输氧。如呼吸、心跳停止，立即进行心肺复苏术。就医

皮肤接触　立即脱去污染的衣着，用流动清水彻底冲洗。就医

眼睛接触　立即分开眼睑，用流动清水或生理盐水彻底冲洗。就医

食入　漱口，饮水。就医

对保护施救者的忠告　根据需要使用个人防护设备

对医生的特别提示　对症处理

第五部分　消防措施

灭火剂　用雾状水、泡沫、干粉、二氧化碳、砂土灭火

特别危险性　遇明火、高热可燃。与氧化剂可发生反应。受高热分解放出有毒的气体。若遇高热，容器内压增大，有开裂和爆炸的危险

灭火注意事项及防护措施　消防人员必须佩戴防毒面具、穿全身消防服，在上风向灭火。尽可能将容器从火场移至空旷处。喷水保持火场容器冷却，直至灭火结束。处在火场中的容器若已变色或从安全泄压装置中

发出声音,必须马上撤离

第六部分 泄漏应急处理

作业人员防护措施、防护装备和应急处置程序 根据液体流动和蒸气扩散的影响区域划定警戒区,无关人员从侧风向、上风向撤离至安全区。消除所有点火源。建议应急处理人员戴正压自给式呼吸器,穿防毒服。穿上适当的防护服前严禁接触破裂的容器和泄漏物。尽可能切断泄漏源

环境保护措施 防止泄漏物进入水体、下水道、地下室或有限空间

泄漏化学品的收容、清除方法及所使用的处置材料 小量泄漏:用干燥的砂土或其他不燃材料吸收或覆盖,收集于容器中。大量泄漏:构筑围堤或挖坑收容。用泵转移至槽车或专用收集器内

第七部分 操作处置与储存

操作注意事项 密闭操作,局部排风。防止蒸气泄漏到工作场所空气中。操作人员必须经过专门培训,严格遵守操作规程。建议操作人员佩戴自吸过滤式防毒面具(半面罩),戴化学安全防护眼镜,穿防毒物渗透工作服,戴橡胶手套。远离火种、热源,工作场所严禁吸烟。使用防爆型的通风系统和设备。在清除液体和蒸气前不能进行焊接、切割等作业。避免产生烟雾。避免与氧化剂、酸类接触。配备相应品种和数量的消防器材及泄漏应急处理设备。倒空的容器可能残留有害物

储存注意事项 储存于阴凉、通风的库房。远离火种、热源。防止阳光直射。保持容器密封。应与氧化剂、酸类、食用化学品分开存放,切忌混储。配备相应品种和数量的消防器材。储区应备有泄漏应急处理设备和合适的收容材料

第八部分 接触控制/个体防护

职业接触限值
中国 未制定标准
美国(ACGIH) 未制定标准
生物接触限值 未制定标准
监测方法 空气中有毒物质测定方法:未制定标准。生物监测检验方法:未制定标准
工程控制 密闭操作,局部排风
个体防护装备
呼吸系统防护 空气中浓度超标时,必须佩戴过滤式防毒面具(半面罩)。紧急事态抢救或撤离时,应该佩戴空气呼吸器
眼睛防护 戴化学安全防护眼镜
皮肤和身体防护 穿防毒物渗透工作服
手防护 戴橡胶手套

第九部分 理化特性

外观与性状 黄色油状液体
pH值 无意义　　　　**熔点(℃)** 35～38
沸点(℃) 258　　　　**相对密度(水=1)** 1.061

相对蒸气密度(空气=1) 无资料
饱和蒸气压(kPa) 无资料
辛醇/水分配系数 无资料　**辛醇/水分配系数** 无资料
闪点(℃) 110　　　　**自燃温度(℃)** 无资料
爆炸下限(%) 无资料　　**爆炸上限(%)** 无资料
分解温度(℃) 无资料　　**黏度(mPa·s)** 无资料
燃烧热(kJ/mol) 无资料　**临界温度(℃)** 无资料
溶解性 微溶于水,溶于乙醇、乙醚

第十部分 稳定性和反应性

稳定性 稳定
危险反应 与强氧化剂、强酸等禁配物发生反应
避免接触的条件 光照
禁配物 强氧化剂、强酸
危险的分解产物 氮氧化物

第十一部分 毒理学信息

急性毒性 无资料
皮肤刺激或腐蚀 无资料　**眼睛刺激或腐蚀** 无资料
呼吸或皮肤过敏 无资料　**生殖细胞突变性** 无资料
致癌性 无资料　　　　　**生殖毒性** 无资料
特异性靶器官系统毒性-一次接触 无资料
特异性靶器官系统毒性-反复接触 无资料
吸入危害 无资料

第十二部分 生态学信息

生态毒性 无资料
持久性和降解性
生物降解性 无资料
非生物降解性 无资料
潜在的生物累积性 无资料
土壤中的迁移性 无资料

第十三部分 废弃处置

废弃化学品 建议用焚烧法处置。在能利用的地方重复使用容器或在规定场所掩埋
污染包装物 将容器返还生产商或按照国家和地方法规处置
废弃注意事项 处置前应参阅国家和地方有关法规

第十四部分 运输信息

联合国危险货物编号(UN号) —
联合国运输名称 —　**联合国危险性类别** —
包装类别 —　　　　**包装标志** —
海洋污染物 否
运输注意事项 运输前应先检查包装容器是否完整、密闭,运输过程中要确保容器不泄漏、不倒塌、不坠落、不损坏。严禁与酸类、氧化剂、食品及食品添加剂混运。运输时运输车辆应配备相应品种和数量的消防器材及泄漏应急处理设备。运输途中应防暴晒、雨淋,防高温。公路运输时要按规定路线行驶,勿在居民区和人口稠密区停留

第十五部分　法规信息

下列法律、法规、规章和标准，对该化学品的管理作了相应的规定。

中华人民共和国职业病防治法　职业病分类和目录：未列入

危险化学品安全管理条例　危险化学品目录：列入。易制爆危险化学品名录：未列入。重点监管的危险化学品名录：未列入。GB 18218—2009《危险化学品重大危险源辨识》（表1）：未列入

使用有毒物品作业场所劳动保护条例　高毒物品目录：未列入

易制毒化学品管理条例　易制毒化学品的分类和品种目录：未列入

国际公约　斯德哥尔摩公约：未列入。鹿特丹公约：未列入。蒙特利尔议定书：未列入

第十六部分　其他信息

编写和修订信息　　缩略语和首字母缩写
培训建议　　　　　参考文献
免责声明

8-甲基喹啉

第一部分　化学品标识

化学品中文名　8-甲基喹啉；8-甲基氮杂萘

化学品英文名　8-methyl quinoline；*o*-toluquinoline

分子式　$C_{10}H_9N$　**分子量**　143.1852

结构式

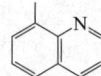

化学品的推荐及限制用途　用于有机合成

第二部分　危险性概述

紧急情况概述　造成皮肤刺激，造成严重眼刺激，可能引起呼吸道刺激

GHS 危险性类别　皮肤腐蚀/刺激，类别2；严重眼损伤/眼刺激，类别2；特异性靶器官毒性--一次接触，类别3（呼吸道刺激）

标签要素

象形图　　

警示词　警告

危险性说明　造成皮肤刺激，造成严重眼刺激，可能引起呼吸道刺激

防范说明

　　预防措施　避免接触眼睛、皮肤，操作后彻底清洗。戴防护手套、防护眼镜、防护面罩

　　事故响应　皮肤接触：用大量肥皂水和水清洗，脱去被污染的衣服，衣服经洗净后方可重新使用。如发生皮肤刺激，就医。如接触眼睛：用水细心冲洗数分钟。如戴隐形眼镜并可方便地

取出，取出隐形眼镜，继续冲洗。如果眼睛刺激持续，就医

　　安全储存　—

　　废弃处置　—

物理和化学危险　可燃，其蒸气与空气混合，能形成爆炸性混合物

健康危害　有毒。对皮肤和眼睛有明显的刺激作用，并引起严重的持久性的损害。受热分解放出氮氧化物的烟雾

环境危害　对环境可能有害

第三部分　成分/组成信息

✓ 物质　　　　　　　　　　混合物

组分	浓度	CAS No.
8-甲基喹啉		611-32-5

第四部分　急救措施

吸入　迅速脱离现场至空气新鲜处。保持呼吸道通畅。如呼吸困难，给输氧。如呼吸、心跳停止，立即进行心肺复苏术。就医

皮肤接触　立即脱去污染的衣着，用流动清水彻底冲洗。就医

眼睛接触　立即分开眼睑，用流动清水或生理盐水彻底冲洗。就医

食入　漱口，饮水。就医

对保护施救者的忠告　根据需要使用个人防护设备

对医生的特别提示　对症处理

第五部分　消防措施

灭火剂　用雾状水、泡沫、干粉、二氧化碳、砂土灭火

特别危险性　遇明火、高热可燃。与氧化剂可发生反应。受高热分解放出有毒的气体。若遇高热，容器内压增大，有开裂和爆炸的危险

灭火注意事项及防护措施　消防人员必须佩戴防毒面具、穿全身消防服，在上风向灭火。尽可能将容器从火场移至空旷处。喷水保持火场容器冷却，直至灭火结束。处在火场中的容器若已变色或从安全泄压装置中发出声音，必须马上撤离

第六部分　泄漏应急处理

作业人员防护措施、防护装备和应急处置程序　根据液体流动和蒸气扩散的影响区域划定警戒区，无关人员从侧风向、上风向撤离至安全区。消除所有点火源。建议应急处理人员戴正压自给式呼吸器，穿防毒服。穿上适当的防护服前严禁接触破裂的容器和泄漏物。尽可能切断泄漏源

环境保护措施　防止泄漏物进入水体、下水道、地下室或有限空间

泄漏化学品的收容、清除方法及所使用的处置材料　小量泄漏：用干燥的砂土或其他不燃材料吸收或覆盖；收集于容器中。大量泄漏：构筑围堤或挖坑收容。用泵转移至槽车或专用收集器内

第七部分　操作处置与储存

操作注意事项　密闭操作，局部排风。防止蒸气泄漏到工作场所空气中。操作人员必须经过专门培训，严格遵守操作规程。建议操作人员佩戴自吸过滤式防毒面具（半面罩），戴化学安全防护眼镜，穿防毒物渗透工作服，戴橡胶手套。远离火种、热源，工作场所严禁吸烟。使用防爆型的通风系统和设备。在清除液体和蒸气前不能进行焊接、切割等作业。避免产生烟雾。避免与氧化剂、酸类接触。配备相应品种和数量的消防器材及泄漏应急处理设备。倒空的容器可能残留有害物

储存注意事项　储存于阴凉、通风的库房。远离火种、热源。防止阳光直射。保持容器密封。应与氧化剂、酸类、食用化学品分开存放，切忌混储。配备相应品种和数量的消防器材。储区应备有泄漏应急处理设备和合适的收容材料

第八部分　接触控制/个体防护

职业接触限值
　　中国　未制定标准
　　美国（ACGIH）　未制定标准
生物接触限值　未制定标准
监测方法　空气中有毒物质测定方法：未制定标准。生物监测检验方法：未制定标准
工程控制　密闭操作，局部排风
个体防护装备
　　呼吸系统防护　空气中浓度超标时，必须佩戴过滤式防毒面具（半面罩）。紧急事态抢救或撤离时，应该佩戴空气呼吸器
　　眼睛防护　戴化学安全防护眼镜
　　皮肤和身体防护　穿防毒物渗透工作服
　　手防护　戴橡胶手套

第九部分　理化特性

外观与性状　浅黄色油状液体
pH 值　无资料　　　　**熔点（℃）**　−80
沸点（℃） 143　　　**相对密度（水＝1）**　1.052
相对蒸气密度（空气＝1）　无资料
饱和蒸气压（kPa）　无资料
临界压力（MPa）　无资料　**辛醇/水分配系数**　2.6
闪点（℃） 105.0　　　**自燃温度（℃）**　无资料
爆炸下限（%）　无资料　**爆炸上限（%）**　无资料
分解温度（℃）　无资料　**黏度（mPa·s）**　无资料
燃烧热（kJ/mol）　无资料　**临界温度（℃）**　无资料
溶解性　微溶于水，溶于乙醇、乙醚

第十部分　稳定性和反应性

稳定性　稳定
危险反应　与强氧化剂、强酸等禁配物发生反应
避免接触的条件　光照
禁配物　强氧化剂、强酸
危险的分解产物　氮氧化物

第十一部分　毒理学信息

急性毒性　无资料
皮肤刺激或腐蚀　无资料　　**眼睛刺激或腐蚀**　无资料
呼吸或皮肤过敏　无资料　　**生殖细胞突变性**　无资料
致癌性　无资料　　　　　　　**生殖毒性**　无资料
特异性靶器官系统毒性-一次接触　无资料
特异性靶器官系统毒性-反复接触　无资料
吸入危害　无资料

第十二部分　生态学信息

生态毒性　无资料
持久性和降解性
　　生物降解性　无资料
　　非生物降解性　无资料
潜在的生物累积性　无资料
土壤中的迁移性　无资料

第十三部分　废弃处置

废弃化学品　建议用焚烧法处置。在能利用的地方重复使用容器或在规定场所掩埋
污染包装物　将容器返还生产商或按照国家和地方法规处置
废弃注意事项　处置前应参阅国家和地方有关法规

第十四部分　运输信息

联合国危险货物编号（UN 号）　—
联合国运输名称　—　**联合国危险性类别**　—
包装类别　—　　　　　**包装标志**　—
海洋污染物　否
运输注意事项　运输前应先检查包装容器是否完整、密封，运输过程中要确保容器不泄漏、不倒塌、不坠落、不损坏。严禁与酸类、氧化剂、食品及食品添加剂混运。运输时运输车辆应配备相应品种和数量的消防器材及泄漏应急处理设备。运输途中应防暴晒、雨淋，防高温。公路运输时要按规定路线行驶，勿在居民区和人口稠密区停留

第十五部分　法规信息

　　下列法律、法规、规章和标准，对该化学品的管理作了相应的规定。
中华人民共和国职业病防治法　职业病分类和目录：未列入
危险化学品安全管理条例　危险化学品目录：列入。易制爆危险化学品名录：未列入。重点监管的危险化学品名录：未列入。GB 18218—2009《危险化学品重大危险源辨识》（表1）：未列入
使用有毒物品作业场所劳动保护条例　高毒物品目录：未列入
易制毒化学品管理条例　易制毒化学品的分类和品种目录：未列入
国际公约　斯德哥尔摩公约：未列入。鹿特丹公约：未列入。蒙特利尔议定书：未列入

第十六部分　其他信息

编写和修订信息　　缩略语和首字母缩写
培训建议　　　　　参考文献
免责声明

1-甲基哌啶

第一部分　化学品标识

化学品中文名　1-甲基哌啶；N-甲基哌啶；N-甲基六氢
　　吡啶
化学品英文名　1-methyl piperidine；N-methyl piperidine
分子式　$C_6H_{13}N$　**分子量**　99.1741
结构式　

化学品的推荐及限制用途　用于有机合成

第二部分　危险性概述

紧急情况概述　高度易燃液体和蒸气，造成严重的皮肤灼
　　伤和眼损伤
GHS危险性类别　易燃液体，类别2；皮肤腐蚀/刺激，
　　类别1；严重眼损伤/眼刺激，类别1；危害水生环
　　境-急性危害，类别3；危害水生环境-长期危害，类
　　别3
标签要素

象形图　

警示词　危险
危险性说明　高度易燃液体和蒸气，造成严重的皮肤灼
　　伤和眼损伤，对水生生物有害并具有长期持续影响
防范说明
　　预防措施　远离热源、火花、明火、热表面。禁止
　　　吸烟。保持容器密闭。容器和接收设备接地连
　　　接。使用防爆型电器、通风、照明设备。只能
　　　使用不产生火花的工具。采取防止静电措施。
　　　避免接触眼睛、皮肤，操作后彻底清洗。穿防
　　　护服，戴防护眼镜、防护手套、防护面罩。禁
　　　止排入环境
　　事故响应　火灾时，使用水、雾状水、抗溶性泡
　　　沫、干粉、二氧化碳、砂土灭火。如吸入：将
　　　患者转移到空气新鲜处，休息，保持利于呼吸
　　　的体位，立即呼叫中毒控制中心或就医。如皮
　　　肤（或头发）接触：立即脱掉所有被污染的衣
　　　服。用水冲洗皮肤，淋浴。被污染的衣服必须
　　　洗净后方可重新使用。眼睛接触：用水细心地
　　　冲洗数分钟。如戴隐形眼镜并可方便地取出，
　　　则取出隐形眼镜，继续冲洗。食入：漱口。不
　　　要催吐
　　安全储存　存放在通风良好的地方。保持低温。上
　　　锁保管
　　废弃处置　本品及内装物、容器依据国家和地方方法

规处置
物理和化学危险　易燃，其蒸气与空气混合，能形成爆炸
　　性混合物
健康危害　误服、吸入或与皮肤接触对身体有害。本品对
　　眼睛、皮肤和黏膜有刺激性。眼和皮肤接触引起灼伤
环境危害　对水生生物有害并具有长期持续影响

第三部分　成分/组成信息

√　物质　　　　　　　　　　混合物

组分	浓度	CAS No.
1-甲基哌啶		626-67-5

第四部分　急救措施

吸入　迅速脱离现场至空气新鲜处。保持呼吸道通畅。如
　　呼吸困难，给输氧。呼吸、心跳停止，立即进行心肺
　　复苏术。就医
皮肤接触　立即脱去污染的衣着，用大量流动清水彻底冲
　　洗至少15min。就医
眼睛接触　立即分开眼睑，用流动清水或生理盐水彻底冲
　　洗5～10min。就医
食入　用水漱口，禁止催吐。给饮牛奶或蛋清。就医
对保护施救者的忠告　根据需要使用个人防护设备
对医生的特别提示　对症处理

第五部分　消防措施

灭火剂　用水、雾状水、抗溶性泡沫、干粉、二氧化碳、
　　砂土灭火
特别危险性　其蒸气与空气可形成爆炸性混合物，遇明
　　火、高热极易燃烧爆炸。与氧化剂接触猛烈反应。高
　　温时分解，释放出剧毒的氮氧化物气体。流速过快，
　　容易产生和积聚静电。若遇高热，容器内压增大，有
　　开裂和爆炸的危险
灭火注意事项及防护措施　消防人员必须佩戴防毒面具、
　　穿全身消防服，在上风向灭火。尽可能将容器从火场
　　移至空旷处。喷水保持火场容器冷却，直至灭火结
　　束。处在火场中的容器若已变色或从安全泄压装置中
　　发出声音，必须马上撤离

第六部分　泄漏应急处理

作业人员防护措施、防护装备和应急处置程序　消除所有
　　点火源。根据液体流动和蒸气扩散的影响区域划定警
　　戒区，无关人员从侧风、上风向撤离至安全区。建议
　　应急处理人员戴正压自给式呼吸器，穿防静电、防
　　腐、防毒服。作业时使用的所有设备应接地。禁止接
　　触或跨越泄漏物。尽可能切断泄漏源
环境保护措施　防止泄漏物进入水体、下水道、地下室或
　　有限空间
泄漏化学品的收容、清除方法及所使用的处置材料　小量
　　泄漏：用砂土或其他不燃材料吸收。使用洁净的无火
　　花工具收集吸收材料。大量泄漏：构筑围堤或挖坑收
　　容。用粉煤灰或石灰粉吸收大量液体。用抗溶性泡沫
　　覆盖，减少蒸发。喷水雾能减少蒸发，但不能降低泄
　　漏物在有限空间内的易燃性。用防爆、耐腐蚀泵转移

至槽车或专用收集器内

第七部分　操作处置与储存

操作注意事项　密闭操作，注意通风。操作人员必须经过专门培训，严格遵守操作规程。建议操作人员佩戴自吸过滤式防毒面具（半面罩），戴化学安全防护眼镜，穿防静电工作服，戴橡胶耐油手套。远离火种、热源，工作场所严禁吸烟。使用防爆型的通风系统和设备。防止蒸气泄漏到工作场所空气中。避免与氧化剂、酸类接触。充装要控制流速，防止静电积聚。搬运时要轻装轻卸，防止包装及容器损坏。配备相应品种和数量的消防器材及泄漏应急处理设备。倒空的容器可能残留有害物

储存注意事项　储存于阴凉、通风的库房。远离火种、热源。库温不宜超过37℃，应与氧化剂、酸类等分开存放，切忌混储。采用防爆型照明、通风设施。禁止使用易产生火花的机械设备和工具。储区应备有泄漏应急处理设备和合适的收容材料

第八部分　接触控制/个体防护

职业接触限值
　　中国　未制定标准
　　美国（ACGIH）　未制定标准
生物接触限值　未制定标准
监测方法　空气中有毒物质测定方法：未制定标准。生物监测检验方法：未制定标准
工程控制　密闭操作，注意通风
个体防护装备
　　呼吸系统防护　空气中浓度超标时，必须佩戴自吸过滤式防毒面具（半面罩）。紧急事态抢救或撤离时，应该佩戴空气呼吸器
　　眼睛防护　戴化学安全防护眼镜
　　皮肤和身体防护　穿防静电工作服
　　手防护　戴橡胶耐油手套

第九部分　理化特性

外观与性状　无色液体　**pH 值**　无资料
熔点（℃）　−50　　**沸点（℃）**　106～107
相对密度（水＝1）　0.82
相对蒸气密度（空气＝1）　无资料
饱和蒸气压（kPa）　无资料
临界压力（MPa）　无资料　**辛醇/水分配系数**　无资料
闪点（℃）　3.33　　**自燃温度（℃）**　无资料
爆炸下限（%）　无资料　**爆炸上限（%）**　无资料
分解温度（℃）　无资料　**黏度（mPa·s）**　无资料
燃烧热（kJ/mol）　无资料　**临界温度（℃）**　无资料
溶解性　与水混溶，可混溶于醇、醚

第十部分　稳定性和反应性

稳定性　稳定
危险反应　与强氧化剂、酸类、酰氯、酸酐等禁配物接触，有发生火灾及爆炸的危险
避免接触的条件　无资料

禁配物　酸类、酰氯、酸酐、强氧化剂、二氧化碳
危险的分解产物　氮氧化物

第十一部分　毒理学信息

急性毒性　LDLo：25mg/kg（大鼠经口）
皮肤刺激或腐蚀　无资料　**眼睛刺激或腐蚀**　无资料
呼吸或皮肤过敏　无资料　**生殖细胞突变性**　无资料
致癌性　无资料　　**生殖毒性**　无资料
特异性靶器官系统毒性-一次接触　无资料
特异性靶器官系统毒性-反复接触　无资料
吸入危害　无资料

第十二部分　生态学信息

生态毒性　LC$_{50}$：46.4 ～ 100mg/L（96h）（斑马鱼）（OECD 203）；EC$_{50}$：＞100mg/L（48h）（大型溞）（EU Method C.2）；ErC$_{50}$：24.6mg/L（72h）（*Desmodesmus subspicatus*）（OECD 201）；NOEC：2.2mg/L（21d）（大型溞）（OECD 211）

持久性和降解性
　　生物降解性　不易快速生物降解
　　非生物降解性　无资料
潜在的生物累积性　根据 K_{ow} 值预测，该物质的生物累积性可能较弱
土壤中的迁移性　根据 K_{oc} 值预测，该物质可能易发生迁移

第十三部分　废弃处置

废弃化学品　建议用焚烧法处置。焚烧炉排出的氮氧化物通过洗涤器除去
污染包装物　将容器返还生产商或按照国家和地方法规处置
废弃注意事项　处置前应参阅国家和地方有关法规

第十四部分　运输信息

联合国危险货物编号（UN 号）　2399
联合国运输名称　1-甲基哌啶
联合国危险性类别　3，8
包装类别　Ⅱ

包装标志　

海洋污染物　否
运输注意事项　运输时运输车辆应配备相应品种和数量的消防器材及泄漏应急处理设备。夏季最好早晚运输。运输时所用的槽（罐）车应有接地链，槽内可设孔隔板以减少震荡产生的静电。严禁与氧化剂、酸类、食用化学品等混装混运。运输途中应防曝晒、雨淋，防高温。中途停留时应远离火种、热源、高温区。装运该物品的车辆排气管必须配备阻火装置，禁止使用易产生火花的机械设备和工具装卸。公路运输时要按规定路线行驶。铁路运输时要禁止溜放。严禁用木船、水泥船散装运输

第十五部分　法规信息

下列法律、法规、规章和标准，对该化学品的管理作了相应的规定。

中华人民共和国职业病防治法　职业病分类和目录：未列入

危险化学品安全管理条例　危险化学品目录：列入。易制爆危险化学品名录：未列入。重点监管的危险化学品名录：未列入。GB 18218—2009《危险化学品重大危险源辨识》（表1）：未列入

使用有毒物品作业场所劳动保护条例　高毒物品目录：未列入

易制毒化学品管理条例　易制毒化学品的分类和品种目录：未列入

国际公约　斯德哥尔摩公约：未列入。鹿特丹公约：未列入。蒙特利尔议定书：未列入

第十六部分　其他信息

编写和修订信息　　缩略语和首字母缩写
培训建议　　　　　参考文献
免责声明

3-甲基哌啶

第一部分　化学品标识

化学品中文名　3-甲基哌啶；3-甲基六氢吡啶
化学品英文名　3-methylpiperidine；3-pipecoline
分子式　$C_6H_{13}N$　**分子量**　99.1741
结构式　
化学品的推荐及限制用途　用于有机合成

第二部分　危险性概述

紧急情况概述　高度易燃液体和蒸气，造成严重的皮肤灼伤和眼损伤
GHS 危险性类别　易燃液体，类别2；皮肤腐蚀/刺激，类别1；严重眼损伤/眼刺激，类别1
标签要素

象形图

警示词　危险
危险性说明　高度易燃液体和蒸气，造成严重的皮肤灼伤和眼损伤
防范说明

　　预防措施　远离热源、火花、明火、热表面。禁止吸烟。保持容器密闭。容器和接收设备接地连接。使用防爆型电器、通风、照明设备。只能使用不产生火花的工具。采取防止静电措施。避免吸入烟雾。避免接触眼睛、皮肤，操作后彻底清洗。戴防护手套，穿防护服，戴防护眼镜、防护面罩

　　事故响应　火灾时，使用雾状水、泡沫、干粉、二氧化碳、砂土灭火。如吸入：将患者转移到空气新鲜处，休息，保持利于呼吸的体位，立即呼叫中毒控制中心或就医。如皮肤（或头发）接触：立即脱掉所有被污染的衣服，用水冲洗皮肤，淋浴。污染的衣服必须洗净后方可重新使用。眼睛接触：用水细心地冲洗数分钟。如戴隐形眼镜并可方便地取出，则取出隐形眼镜，继续冲洗。食入：漱口，不要催吐

　　安全储存　存放在通风良好的地方。保持低温。上锁保管

　　废弃处置　本品及内装物、容器依据国家和地方法规处置

物理和化学危险　易燃，其蒸气与空气混合，能形成爆炸性混合物

健康危害　吸入、摄入或经皮肤吸收对身体有害。蒸气或雾对眼、黏膜和上呼吸道有刺激性。眼和皮肤接触引起灼伤

环境危害　对环境可能有害

第三部分　成分/组成信息

√ 物质　　　　　　　　　　　混合物

组分	浓度	CAS No.
3-甲基哌啶		626-56-2

第四部分　急救措施

吸入　迅速脱离现场至空气新鲜处。保持呼吸道通畅。如呼吸困难，给输氧。呼吸、心跳停止，立即进行心肺复苏术。就医

皮肤接触　立即脱去污染的衣着，用大量流动清水彻底冲洗至少15min。就医

眼睛接触　立即分开眼睑，用流动清水或生理盐水彻底冲洗5～10min。就医

食入　用水漱口，禁止催吐。给饮牛奶或蛋清。就医
对保护施救者的忠告　根据需要使用个人防护设备
对医生的特别提示　对症处理

第五部分　消防措施

灭火剂　用雾状水、泡沫、干粉、二氧化碳、砂土灭火
特别危险性　其蒸气与空气可形成爆炸性混合物，遇明火、高热极易燃烧爆炸。与氧化剂接触猛烈反应。高温时分解，释放剧毒的氮氧化物气体。流速过快，容易产生和积聚静电。若遇高热，容器内压增大，有开裂和爆炸的危险

灭火注意事项及防护措施　消防人员必须佩戴防毒面具，穿全身消防服，在上风向灭火。尽可能将容器从火场移至空旷处。喷水保持火场容器冷却，直至灭火结束。处在火场中的容器若已变色或从安全泄压装置中发出声音，必须马上撤离

第六部分　泄漏应急处理

作业人员防护措施、防护装备和应急处置程序　消除所有

点火源。根据液体流动和蒸气扩散的影响区域划定警戒区，无关人员从侧风向、上风向撤离至安全区。建议应急处理人员戴正压自给式呼吸器，穿防毒、防静电服。作业时使用的所有设备应接地。禁止接触或跨越泄漏物。尽可能切断泄漏源

环境保护措施 防止泄漏物进入水体、下水道、地下室或有限空间

泄漏化学品的收容、清除方法及所使用的处置材料 小量泄漏：用砂土或其他不燃材料吸收。使用洁净的无火花工具收集吸收材料。大量泄漏：构筑围堤或挖坑收容。用抗溶性泡沫覆盖，减少蒸发。喷水雾能减少蒸发，但不能降低泄漏物在有限空间内的易燃性。用防爆泵转移至槽车或专用收集器内

第七部分 操作处置与储存

操作注意事项 密闭操作，注意通风。操作人员必须经过专门培训，严格遵守操作规程。建议操作人员佩戴自吸过滤式防毒面具（半面罩），戴化学安全防护眼镜，穿防静电工作服，戴橡胶耐油手套。远离火种、热源，工作场所严禁吸烟。使用防爆型的通风系统和设备。防止蒸气泄漏到工作场所空气中。避免与氧化剂、酸类接触。充装要控制流速，防止静电积聚。搬运时要轻装轻卸，防止包装及容器损坏。配备相应品种和数量的消防器材及泄漏应急处理设备。倒空的容器可能残留有害物

储存注意事项 储存于阴凉、通风的库房。远离火种、热源。库温不宜超过37℃，应与氧化剂、酸类分开存放，切忌混储。采用防爆型照明、通风设施。禁止使用易产生火花的机械设备和工具。储区应备有泄漏应急处理设备和合适的收容材料

第八部分 接触控制/个体防护

职业接触限值
中国 未制定标准
美国（ACGIH） 未制定标准
生物接触限值 未制定标准
监测方法 空气中有毒物质测定方法：未制定标准。生物监测检验方法：未制定标准
工程控制 密闭操作，注意通风
个体防护装备
呼吸系统防护 空气中浓度超标时，必须佩戴过滤式防毒面具（半面罩）。紧急事态抢救或撤离时，应该佩戴空气呼吸器
眼睛防护 戴化学安全防护眼镜
皮肤和身体防护 穿防静电工作服
手防护 戴橡胶耐油手套

第九部分 理化特性

外观与性状 无色至浅黄色液体
pH值 无资料　　　　　　**熔点（℃）** −24
沸点（℃） 125～126（108.3kPa）
相对密度（水=1） 0.845
相对蒸气密度（空气=1） 无资料

饱和蒸气压（kPa） 无资料
临界压力（MPa） 无资料　**辛醇/水分配系数** 无资料
闪点（℃） 17.22　　　　**自燃温度（℃）** 无资料
爆炸下限（%） 无资料　　**爆炸上限（%）** 无资料
分解温度（℃） 无资料　　**黏度（mPa·s）** 无资料
燃烧热（kJ/mol） 无资料　**临界温度（℃）** 无资料
溶解性 溶于水

第十部分 稳定性和反应性

稳定性 稳定
危险反应 与强氧化剂、强酸等禁配物接触，有发生火灾和爆炸的危险
避免接触的条件 无资料
禁配物 强氧化剂、强酸
危险的分解产物 氮氧化物

第十一部分 毒理学信息

急性毒性 无资料
皮肤刺激或腐蚀 无资料　**眼睛刺激或腐蚀** 无资料
呼吸或皮肤过敏 无资料　**生殖细胞突变性** 无资料
致癌性 无资料　　　　　　**生殖毒性** 无资料
特异性靶器官系统毒性-一次接触 无资料
特异性靶器官系统毒性-反复接触 无资料
吸入危害 无资料

第十二部分 生态学信息

生态毒性 无资料
持久性和降解性
生物降解性 无资料
非生物降解性 无资料
潜在的生物累积性 无资料
土壤中的迁移性 无资料

第十三部分 废弃处置

废弃化学品 建议用焚烧法处置。焚烧炉排出的氮氧化物通过洗涤器除去
污染包装物 将容器返还生产商或按照国家和地方法规处置
废弃注意事项 处置前应参阅国家和地方有关法规

第十四部分 运输信息

联合国危险货物编号（UN号） 2924
联合国运输名称 易燃液体，腐蚀性，未另作规定的（3-甲基哌啶）
联合国危险性类别 3，8

包装类别 Ⅱ　　**包装标志**

海洋污染物 否
运输注意事项 运输时运输车辆应配备相应品种和数量的消防器材及泄漏应急处理设备。夏季最好早晚运输。运输时所用的槽（罐）车应有接地链，槽内可设孔隔

板以减少震荡产生的静电。严禁与氧化剂、酸类、食用化学品等混装混运。运输途中应防暴晒、雨淋、防高温。中途停留时应远离火种、热源、高温区。装运该物品的车辆排气管必须配备阻火装置，禁止使用易产生火花的机械设备和工具装卸。公路运输时要按规定路线行驶。铁路运输时要禁止溜放。严禁用木船、水泥船散装运输

第十五部分　法规信息

下列法律、法规、规章和标准，对该化学品的管理作了相应的规定。

中华人民共和国职业病防治法　职业病分类和目录：未列入

危险化学品安全管理条例　危险化学品目录：列入。易制爆危险化学品名录：未列入。重点监管的危险化学品名录：未列入。GB 18218—2009《危险化学品重大危险源辨识》（表1）：未列入

使用有毒物品作业场所劳动保护条例　高毒物品目录：未列入

易制毒化学品管理条例　易制毒化学品的分类和品种目录：未列入

国际公约　斯德哥尔摩公约：未列入。鹿特丹公约：未列入。蒙特利尔议定书：未列入

第十六部分　其他信息

编写和修订信息　　　　缩略语和首字母缩写

培训建议　　　　　　　参考文献

免责声明

4-甲基哌啶

第一部分　化学品标识

化学品中文名　4-甲基哌啶；4-甲基六氢吡啶

化学品英文名　4-methylpiperidine；4-pipecoline

分子式　$C_6H_{13}N$　**分子量**　99.1741

结构式　

化学品的推荐及限制用途　用作有机合成中间体

第二部分　危险性概述

紧急情况概述　高度易燃液体和蒸气，造成严重的皮肤灼伤和眼损伤

GHS危险性类别　易燃液体，类别2；皮肤腐蚀/刺激，类别1；严重眼损伤/眼刺激，类别1

标签要素

象形图　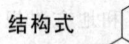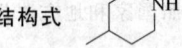

警示词　危险

危险性说明　高度易燃液体和蒸气，造成严重的皮肤灼伤和眼损伤

防范说明

预防措施　远离热源、火花、明火、热表面。禁止吸烟。保持容器密闭。容器和接收设备接地连接。使用防爆型电器、通风、照明设备。只能使用不产生火花的工具。采取防止静电措施。避免接触眼睛、皮肤，操作后彻底清洗。戴防护手套，穿防护服，戴防护眼镜、防护面罩。避免吸入烟雾

事故响应　火灾时，使用雾状水、泡沫、干粉、二氧化碳、砂土灭火。如吸入：将患者转移到空气新鲜处，休息，保持利于呼吸的体位，立即呼叫中毒控制中心或就医。如皮肤（或头发）接触：立即脱掉所有被污染的衣服，用水冲洗皮肤，淋浴。污染的衣服必须洗净后方可重新使用。眼睛接触：用水细心地冲洗数分钟。如戴隐形眼镜并可方便地取出，则取出隐形眼镜，继续冲洗。食入：漱口，不要催吐

安全储存　存放在通风良好的地方。保持低温。上锁保管

废弃处置　本品及内装物、容器依据国家和地方法规处置

物理和化学危险　易燃，其蒸气与空气混合，能形成爆炸性混合物

健康危害　吸入、摄入或经皮肤吸收对身体有害。蒸气或雾对眼、黏膜和上呼吸道有刺激性。眼和皮肤接触引起灼伤

环境危害　对环境可能有害

第三部分　成分/组成信息

√ 物质　　　　　　　　　混合物

组分	浓度	CAS No.
4-甲基哌啶		626-58-4

第四部分　急救措施

吸入　迅速脱离现场至空气新鲜处。保持呼吸道通畅。如呼吸困难，给输氧。如呼吸、心跳停止，立即进行心肺复苏术。就医

皮肤接触　立即脱去污染的衣着，用大量流动清水彻底冲洗至少15min。就医

眼睛接触　立即分开眼睑，用流动清水或生理盐水彻底冲洗5~10min。就医

食入　用水漱口，禁止催吐。给饮牛奶或蛋清。就医

对保护施救者的忠告　根据需要使用个人防护设备

对医生的特别提示　对症处理

第五部分　消防措施

灭火剂　用雾状水、泡沫、干粉、二氧化碳、砂土灭火

特别危险性　其蒸气与空气可形成爆炸性混合物，遇明火、高热极易燃烧爆炸。与氧化剂接触猛烈反应。高温时分解，释出剧毒的氮氧化物气体。流速过快，容易产生和积聚静电。若遇高热，容器内压增大，有开裂和爆炸的危险

灭火注意事项及防护措施　消防人员必须佩戴防毒面具、

穿全身消防服，在上风向灭火。尽可能将容器从火场移至空旷处。喷水保持火场容器冷却，直至灭火结束。处在火场中的容器若已变色或从安全泄压装置中发出声音，必须马上撤离

第六部分　泄漏应急处理

作业人员防护措施、防护装备和应急处置程序　消除所有点火源。根据液体流动和蒸气扩散的影响区域划定警戒区，无关人员从侧风向、上风向撤离至安全区。建议应急处理人员戴正压自给式呼吸器，穿防毒、防静电服。作业时使用的所有设备应接地。禁止接触或跨越泄漏物。尽可能切断泄漏源

环境保护措施　防止泄漏物进入水体、下水道、地下室或有限空间

泄漏化学品的收容、清除方法及所使用的处置材料　小量泄漏：用砂土或其他不燃材料吸收。使用洁净的无火花工具收集吸收材料。大量泄漏：构筑围堤或挖坑收容。用泡沫覆盖，减少蒸发。喷水雾能减少蒸发，但不能降低泄漏物在有限空间内的易燃性。用防爆泵转移至槽车或专用收集器内

第七部分　操作处置与储存

操作注意事项　密闭操作，注意通风。操作人员必须经过专门培训，严格遵守操作规程。建议操作人员佩戴自吸过滤式防毒面具（半面罩），戴化学安全防护眼镜，穿防静电工作服，戴橡胶耐油手套。远离火种、热源，工作场所严禁吸烟。使用防爆型的通风系统和设备。防止蒸气泄漏到工作场所空气中。避免与氧化剂、酸类接触。充装要控制流速，防止静电积聚。搬运时要轻装轻卸，防止包装及容器损坏。配备相应品种和数量的消防器材及泄漏应急处理设备。倒空的容器可能残留有害物

储存注意事项　储存于阴凉、通风的库房。远离火种、热源。库温不宜超过37℃，应与氧化剂、酸类分开存放，切忌混储。采用防爆型照明、通风设施。禁止使用易产生火花的机械设备和工具。储区应备有泄漏应急处理设备和合适的收容材料

第八部分　接触控制/个体防护

职业接触限值
　　中国　未制定标准
　　美国（ACGIH）　未制定标准
生物接触限值　未制定标准
监测方法　空气中有毒物质测定方法：未制定标准。生物监测检验方法：未制定标准
工程控制　密闭操作，注意通风
个体防护装备
　　呼吸系统防护　空气中浓度超标时，必须佩戴过滤式防毒面具（半面罩）。紧急事态抢救或撤离时，应该佩戴空气呼吸器
　　眼睛防护　戴化学安全防护眼镜
　　皮肤和身体防护　穿防静电工作服
　　手防护　戴橡胶耐油手套

第九部分　理化特性

外观与性状　无色至浅黄色液体
pH 值　无资料　　　　**熔点(℃)**　－4
沸点(℃)　124　　　**相对密度(水＝1)**　0.84
相对蒸气密度(空气＝1)　无资料
饱和蒸气压(kPa)　无资料
临界压力(MPa)　无资料　**辛醇/水分配系数**　无资料
闪点(℃)　7.22　　　**自燃温度(℃)**　无资料
爆炸下限(%)　无资料　**爆炸上限(%)**　无资料
分解温度(℃)　无资料　**黏度(mPa·s)**　无资料
燃烧热(kJ/mol)　无资料　**临界温度(℃)**　无资料
溶解性　溶于水

第十部分　稳定性和反应性

稳定性　稳定
危险反应　与强氧化剂、强酸等禁配物接触，有发生火灾和爆炸的危险
避免接触的条件　无资料
禁配物　强氧化剂、强酸
危险的分解产物　氮氧化物

第十一部分　毒理学信息

急性毒性　无资料
皮肤刺激或腐蚀　无资料　**眼睛刺激或腐蚀**　无资料
呼吸或皮肤过敏　无资料　**生殖细胞突变性**　无资料
致癌性　无资料　　　**生殖毒性**　无资料
特异性靶器官系统毒性-一次接触　无资料
特异性靶器官系统毒性-反复接触　无资料
吸入危害　无资料

第十二部分　生态学信息

生态毒性　无资料
持久性和降解性
　　生物降解性　无资料
　　非生物降解性　无资料
潜在的生物累积性　无资料
土壤中的迁移性　无资料

第十三部分　废弃处置

废弃化学品　建议用焚烧法处置。焚烧炉排出的氮氧化物通过洗涤器除去
污染包装物　将容器返还生产商或按照国家和地方法规处置
废弃注意事项　处置前应参阅国家和地方有关法规

第十四部分　运输信息

联合国危险货物编号（UN号）　1993
联合国运输名称　易燃液体，未另作规定的（4-甲基哌啶）
联合国危险性类别　3

包装类别　Ⅱ　　　　　　**包装标志**　

海洋污染物　否

运输注意事项　运输时运输车辆应配备相应品种和数量的消防器材及泄漏应急处理设备。夏季最好早晚运输。运输时所用的槽（罐）车应有接地链，槽内可设孔隔板以减少震荡产生的静电。严禁与氧化剂、酸类、食用化学品等混装混运。运输途中应防暴晒、雨淋，防高温。中途停留时应远离火种、热源、高温区。装运该物品的车辆排气管必须配备阻火装置，禁止使用易产生火花的机械设备和工具装卸。公路运输时要按规定路线行驶。铁路运输时要禁止溜放。严禁用木船、水泥船散装运输

第十五部分　法规信息

下列法律、法规、规章和标准，对该化学品的管理作了相应的规定。

中华人民共和国职业病防治法　职业病分类和目录：未列入

危险化学品安全管理条例　危险化学品目录：列入。易制爆危险化学品名录：未列入。重点监管的危险化学品名录：未列入。GB 18218—2009《危险化学品重大危险源辨识》（表 1）：未列入

使用有毒物品作业场所劳动保护条例　高毒物品目录：未列入

易制毒化学品管理条例　易制毒化学品的分类和品种目录：未列入

国际公约　斯德哥尔摩公约：未列入。鹿特丹公约：未列入。蒙特利尔议定书：未列入

第十六部分　其他信息

编写和修订信息　　　　缩略语和首字母缩写
培训建议　　　　　　　参考文献
免责声明

3-甲基噻吩

第一部分　化学品标识

化学品中文名　3-甲基噻吩；甲基硫茂
化学品英文名　3-methylthiophene
分子式　C_5H_6S　分子量　98.166
结构式　
化学品的推荐及限制用途　用于有机合成

第二部分　危险性概述

紧急情况概述　高度易燃液体和蒸气，对水生生物有害并具有长期持续影响

GHS 危险性类别　易燃液体，类别 2；危害水生环境-急性危害，类别 3；危害水生环境-长期危害，类别 3

标签要素

象形图

警示词　危险

危险性说明　高度易燃液体和蒸气，对水生生物有害并具有长期持续影响

防范说明

　预防措施　远离热源、火花、明火、热表面。禁止吸烟。保持容器密闭。容器和接收设备接地连接。使用防爆型电器、通风、照明设备。只能使用不产生火花的工具。采取防止静电措施。戴防护手套、防护眼镜、防护面罩。禁止排入环境

　事故响应　火灾时，使用雾状水、泡沫、干粉、二氧化碳、砂土灭火。如皮肤（或头发）接触：立即脱掉所有被污染的衣服，用水冲洗皮肤，淋浴

　安全储存　存放在通风良好的地方。保持低温

　废弃处置　本品及内装物、容器依据国家和地方法规处置

物理和化学危险　易燃，其蒸气与空气混合，能形成爆炸性混合物

健康危害　本品具有刺激性。接触后能引起头痛、恶心、呕吐

环境危害　对水生生物有害并具有长期持续影响

第三部分　成分/组成信息

　√ 物质　　　　　　　　混合物

组分	浓度	CAS No.
3-甲基噻吩		616-44-4

第四部分　急救措施

吸入　迅速脱离现场至空气新鲜处。保持呼吸道通畅。如呼吸困难，给输氧。呼吸、心跳停止，立即进行心肺复苏术。就医

皮肤接触　立即脱去污染的衣着，用流动清水彻底冲洗。就医

眼睛接触　立即分开眼睑，用流动清水或生理盐水彻底冲洗。就医

食入　漱口，饮水。就医

对保护施救者的忠告　根据需要使用个人防护设备

对医生的特别提示　对症处理

第五部分　消防措施

灭火剂　用雾状水、泡沫、干粉、二氧化碳、砂土灭火

特别危险性　其蒸气与空气可形成爆炸性混合物，遇明火、高热极易燃烧爆炸。与氧化剂接触猛烈反应。受高热分解产生有毒的硫化物烟气。流速过快，容易产生和积聚静电。若遇高热，容器内压增大，有开裂和爆炸的危险

灭火注意事项及防护措施　消防人员必须佩戴防毒面具、穿全身消防服，在上风向灭火。尽可能将容器从火场移至空旷处。喷水保持火场容器冷却，直至灭火结束。处在火场中的容器若已变色或从安全泄压装置中发出声音，必须马上撤离

第六部分　泄漏应急处理

作业人员防护措施、防护装备和应急处置程序　消除所有点火源。根据液体流动和蒸气扩散的影响区域划定警戒区，无关人员从侧风向、上风向撤离至安全区。建议应急处理人员戴正压自给式呼吸器，穿防静电服。作业时使用的所有设备应接地。禁止接触或跨越泄漏物。尽可能切断泄漏源

环境保护措施　防止泄漏物进入水体、下水道、地下室或有限空间

泄漏化学品的收容、清除方法及所使用的处置材料　小量泄漏：用砂土或其他不燃材料吸收。使用洁净的无火花工具收集吸收材料。大量泄漏：构筑围堤或挖坑收容。用泡沫覆盖，减少蒸发。喷水雾能减少蒸发，但不能降低泄漏物在有限空间内的易燃性。用防爆泵转移至槽车或专用收集器内

第七部分　操作处置与储存

操作注意事项　密闭操作，局部排风。操作人员必须经过专门培训，严格遵守操作规程。建议操作人员佩戴自吸过滤式防毒面具（半面罩），戴化学安全防护眼镜，穿防静电工作服，戴橡胶耐油手套。远离火种、热源，工作场所严禁吸烟。使用防爆型的通风系统和设备。防止蒸气泄漏到工作场所空气中。避免与氧化剂、碱类接触。灌装时应控制流速，且有接地装置，防止静电积聚。搬运时要轻装轻卸，防止包装及容器损坏。配备相应品种和数量的消防器材及泄漏应急处理设备。倒空的容器可能残留有害物

储存注意事项　储存于阴凉、通风的库房。远离火种、热源。库温不宜超过37℃，应与氧化剂、碱类、食用化学品分开存放，切忌混储。采用防爆型照明、通风设施。禁止使用易产生火花的机械设备和工具。储区应备有泄漏应急处理设备和合适的收容材料

第八部分　接触控制/个体防护

职业接触限值
中国　未制定标准
美国（ACGIH）　未制定标准
生物接触限值　未制定标准
监测方法　空气中有毒物质测定方法：未制定标准。生物监测检验方法：未制定标准
工程控制　密闭操作，局部排风。提供安全淋浴和洗眼设备
个体防护装备
呼吸系统防护　空气中浓度超标时，必须佩戴过滤式防毒面具（半面罩）。紧急事态抢救或撤离时，应该佩戴空气呼吸器
眼睛防护　戴化学安全防护眼镜
皮肤和身体防护　穿防静电工作服
手防护　戴橡胶耐油手套

第九部分　理化特性

外观与性状　无色油状液体

pH 值　无资料　　　　　　**熔点(℃)**　－69
沸点(℃)　115.4　　　　　**相对密度(水＝1)**　1.02
相对蒸气密度(空气＝1)　无资料
饱和蒸气压(kPa)　5.64（37.7℃）
临界压力(MPa)　无资料　**辛醇/水分配系数**　无资料
闪点(℃)　11.11　　　　　**自燃温度(℃)**　无资料
爆炸下限(%)　无资料　　**爆炸上限(%)**　无资料
分解温度(℃)　无资料　　**黏度(mPa·s)**　无资料
燃烧热(kJ/mol)　无资料　**临界温度(℃)**　无资料
溶解性　不溶于水，可混溶于乙醇、乙醚、苯、丙酮、氯仿

第十部分　稳定性和反应性

稳定性　稳定
危险反应　与强氧化剂、强碱等禁配物接触，有发生火灾和爆炸的危险
避免接触的条件　无资料
禁配物　强氧化剂、强碱
危险的分解产物　硫化氢、氧化硫

第十一部分　毒理学信息

急性毒性　LD_{50}：1800mg/kg（小鼠经口）；LC_{50}：18000mg/m³（小鼠吸入，2h）

皮肤刺激或腐蚀　无资料　**眼睛刺激或腐蚀**　无资料
呼吸或皮肤过敏　无资料　**生殖细胞突变性**　无资料
致癌性　无资料　　　　　**生殖毒性**　无资料
特异性靶器官系统毒性-一次接触　无资料
特异性靶器官系统毒性-反复接触　无资料
吸入危害　无资料

第十二部分　生态学信息

生态毒性　LC_{50}：20mg/L（48h）(青鳉)
持久性和降解性
生物降解性　不易生物降解
非生物降解性　无资料
潜在的生物累积性　根据 K_{ow} 值预测，该物质的生物累积性可能较弱
土壤中的迁移性　根据 K_{oc} 值预测，该物质可能有一定的迁移性

第十三部分　废弃处置

废弃化学品　建议用焚烧法处置。焚烧炉排出的硫氧化物通过洗涤器除去
污染包装物　将容器返还生产商或按照国家和地方法规处置
废弃注意事项　处置前应参阅国家和地方有关法规

第十四部分　运输信息

联合国危险货物编号（UN号）　1993
联合国运输名称　易燃液体，未另作规定的（3-甲基噻吩）
联合国危险性类别　3

包装类别　Ⅱ　　　　包装标志

海洋污染物　否

运输注意事项　运输时运输车辆应配备相应品种和数量的消防器材及泄漏应急处理设备。夏季最好早晚运输。运输时所用的槽（罐）车应有接地链，槽内可设孔隔板以减少震荡产生的静电。严禁与氧化剂、碱类、食用化学品等混装混运。运输途中应防暴晒、雨淋，防高温。中途停留时应远离火种、热源、高温区。装运该物品的车辆排气管必须配备阻火装置，禁止使用易产生火花的机械设备和工具装卸。公路运输时要按规定路线行驶。铁路运输时要禁止溜放。严禁用木船、水泥船散装运输

第十五部分　法规信息

下列法律、法规、规章和标准，对该化学品的管理作了相应的规定。

中华人民共和国职业病防治法　职业病分类和目录：未列入

危险化学品安全管理条例　危险化学品目录：列入。易制爆危险化学品名录：未列入。重点监管的危险化学品名录：未列入。GB 18218—2009《危险化学品重大危险源辨识》（表1）：未列入

使用有毒物品作业场所劳动保护条例　高毒物品目录：未列入

易制毒化学品管理条例　易制毒化学品的分类和品种目录：未列入

国际公约　斯德哥尔摩公约：未列入。鹿特丹公约：未列入。蒙特利尔议定书：未列入

第十六部分　其他信息

编写和修订信息　　　缩略语和首字母缩写
培训建议　　　　　　参考文献
免责声明

2-甲基四氢呋喃

第一部分　化学品标识

化学品中文名　2-甲基四氢呋喃；四氢-2-甲基呋喃

化学品英文名　2-methyltetrahydrofuran；tetrahydro-2-methylfuran

分子式　$C_5H_{10}O$　**分子量**　86.1323

结构式

化学品的推荐及限制用途　用作合成药物磷酸氯喹、磷酸伯氨喹等的原料，也可用作溶剂

第二部分　危险性概述

紧急情况概述　高度易燃液体和蒸气，皮肤接触可能有害，吸入可能有害，造成眼刺激

GHS危险性类别　易燃液体，类别2；急性毒性-经皮，类别5；急性毒性-吸入，类别5；严重眼损伤/眼刺激，类别2B

标签要素

象形图

警示词　危险

危险性说明　高度易燃液体和蒸气，皮肤接触可能有害，吸入可能有害，造成眼刺激

防范说明

　预防措施　远离热源、火花、明火、热表面。禁止吸烟。保持容器密闭。容器和接收设备接地连接。使用防爆型电器、通风、照明设备。只能使用不产生火花的工具。采取防止静电措施。戴防护手套、防护眼镜、防护面罩。避免接触眼睛、皮肤，操作后彻底清洗

　事故响应　火灾时，使用泡沫、干粉、二氧化碳、砂土灭火。如皮肤（或头发）接触：立即脱掉所有被污染的衣服，用水冲洗皮肤，淋浴。如接触眼睛：用水细心冲洗数分钟。如戴隐形眼镜并可方便地取出，取出隐形眼镜，继续冲洗。如果眼睛刺激持续：就医。如感觉不适，呼叫中毒控制中心或就医

　安全储存　存放在通风良好的地方。保持低温

　废弃处置　本品及内装物、容器依据国家和地方法规处置

物理和化学危险　易燃，其蒸气与空气混合，能形成爆炸性混合物

健康危害　吸入、摄入或经皮肤吸收后对身体有害。蒸气和雾对眼睛、黏膜和上呼吸道有刺激作用

环境危害　对环境可能有害

第三部分　成分/组成信息

√ 物质　　　　　　　混合物

组分	浓度	CAS No.
2-甲基四氢呋喃		96-47-9

第四部分　急救措施

吸入　迅速脱离现场至空气新鲜处。保持呼吸道通畅。如呼吸困难，给输氧。呼吸、心跳停止，立即进行心肺复苏术。就医

皮肤接触　立即脱去污染的衣着，用流动清水彻底冲洗。就医

眼睛接触　立即分开眼睑，用流动清水或生理盐水彻底冲洗。就医

食入　漱口，饮水。就医

对保护施救者的忠告　根据需要使用个人防护设备

第五部分　消防措施

灭火剂　用泡沫、干粉、二氧化碳、砂土灭火

特别危险性　其蒸气与空气可形成爆炸性混合物，遇明火、高热极易燃烧爆炸。与氧化剂接触猛烈反应。流

速过快，容易产生和积聚静电。蒸气比空气重，沿地面扩散并易积存于低洼处，遇火源会着火回燃。若遇高热，容器内压增大，有开裂和爆炸的危险

灭火注意事项及防护措施 消防人员必须佩戴防毒面具、穿全身消防服，在上风向灭火。尽可能将容器从火场移至空旷处。喷水保持火场容器冷却，直至灭火结束。处在火场中的容器若已变色或从安全泄压装置中产生声音，必须马上撤离。用水灭火无效

第六部分　泄漏应急处理

作业人员防护措施、防护装备和应急处置程序 消除所有点火源。根据液体流动和蒸气扩散的影响区域划定警戒区，无关人员从侧风、上风向撤离至安全区。建议应急处理人员戴正压自给式呼吸器，穿防静电服。作业时使用的所有设备应接地。禁止接触或跨越泄漏物。尽可能切断泄漏源

环境保护措施 防止泄漏物进入水体、下水道、地下室或有限空间

泄漏化学品的收容、清除方法及所使用的处置材料 小量泄漏：用砂土或其他不燃材料吸收。使用洁净的无火花工具收集吸收材料。大量泄漏：构筑围堤或挖坑收容。用泡沫覆盖，减少蒸发。喷水雾能减少蒸发，但不能降低泄漏物在有限空间内的易燃性。用防爆泵转移至槽车或专用收集器内

第七部分　操作处置与储存

操作注意事项 密闭操作，加强通风。操作人员必须经过专门培训，严格遵守操作规程。建议操作人员佩戴自吸过滤式防毒面具（半面罩），戴化学安全防护眼镜，穿防静电工作服，戴橡胶耐油手套。远离火种、热源，工作场所严禁吸烟。使用防爆型的通风系统和设备。防止蒸气泄漏到工作场所空气中。避免与氧化剂接触。充装要控制流速，防止静电积聚。搬运时要轻装轻卸，防止包装及容器损坏。配备相应品种和数量的消防器材及泄漏应急处理设备。倒空的容器可能残留有害物

储存注意事项 储存于阴凉、通风的库房。远离火种、热源。库温不宜超过37℃，包装要求密封，不可与空气接触。应与氧化剂等分开存放，切忌混储。采用防爆型照明、通风设施。禁止使用易产生火花的机械设备和工具。储区应备有泄漏应急处理设备和合适的收容材料

第八部分　接触控制/个体防护

职业接触限值
中国　未制定标准
美国（ACGIH）　未制定标准
生物接触限值　未制定标准
监测方法 空气中有毒物质测定方法：未制定标准。生物监测检验方法：未制定标准
工程控制 生产过程密闭，加强通风
个体防护装备
呼吸系统防护 空气中浓度超标时，必须佩戴过滤式防毒面具（半面罩）。紧急事态抢救或撤离时，应该佩戴空气呼吸器
眼睛防护 戴化学安全防护眼镜
皮肤和身体防护 穿防静电工作服
手防护 戴橡胶耐油手套

第九部分　理化特性

外观与性状 无色挥发性液体，有类似醚的气味
pH值 无资料 　　　　**熔点(℃)** −136（凝）
沸点(℃) 78~80
相对密度(水=1) 0.85（20℃）
相对蒸气密度(空气=1) 2.97
饱和蒸气压(kPa) 无资料
临界压力(MPa) 无资料 **辛醇/水分配系数** 无资料
闪点(℃) −11.11 **自燃温度(℃)** 无资料
爆炸下限(%) 无资料 **爆炸上限(%)** 无资料
分解温度(℃) 无资料 **黏度(mPa·s)** 无资料
燃烧热(kJ/mol) 无资料 **临界温度(℃)** 263.85
溶解性 微溶于水，可混溶于多数有机溶剂

第十部分　稳定性和反应性

稳定性 稳定
危险反应 与强氧化剂、水蒸气等禁配物接触，有发生火灾和爆炸的危险
避免接触的条件 无资料
禁配物 强氧化剂、水蒸气
危险的分解产物 无资料

第十一部分　毒理学信息

急性毒性 LD$_{50}$：5720mg/kg（大鼠经口）；4500mg/kg（兔经皮）。LC$_{50}$：6000ppm（大鼠吸入，4h）
皮肤刺激或腐蚀 无资料 **眼睛刺激或腐蚀** 无资料
呼吸或皮肤过敏 无资料 **生殖细胞突变性** 无资料
致癌性 无资料 **生殖毒性** 无资料
特异性靶器官系统毒性-一次接触 无资料
特异性靶器官系统毒性-反复接触 无资料
吸入危害 无资料

第十二部分　生态学信息

生态毒性 LC$_{50}$：>100mg/L（96h）（虹鳟）（OECD 203）；EC$_{50}$：>139mg/L（48h）（大型溞）（OECD 202）；ErC$_{50}$：>104mg/L（72h）（*Desmodesmus subspicatus*）（OECD 201）；NOEC：≥120mg/L（21d）（大型溞）（OECD 211）
持久性和降解性
生物降解性 不易快速生物降解（OECD 301D）
非生物降解性 无资料
潜在的生物累积性 根据K_{ow}值预测，该物质的生物累积性可能较弱
土壤中的迁移性 根据K_{oc}值预测，该物质可能易发生迁移

第十三部分　废弃处置

废弃化学品 建议用焚烧法处置

污染包装物 将容器返还生产商或按照国家和地方法规处置

废弃注意事项 处置前应参阅国家和地方有关法规

第十四部分 运输信息

联合国危险货物编号（UN 号） 2536

联合国运输名称 甲基四氢呋喃

联合国危险性类别 3

包装类别 Ⅱ **包装标志**

海洋污染物 否

运输注意事项 运输时运输车辆应配备相应品种和数量的消防器材及泄漏应急处理设备。夏季最好早晚运输。运输时所用的槽（罐）车应有接地链，槽内可设孔隔板以减少震荡产生的静电。严禁与氧化剂、食用化学品等混装混运。运输途中应防暴晒、雨淋，防高温。中途停留时应远离火种、热源、高温区。装运该物品的车辆排气管必须配备阻火装置，禁止使用易产生火花的机械设备和工具装卸。公路运输时要按规定路线行驶。铁路运输时要禁止溜放。严禁用木船、水泥船散装运输

第十五部分 法规信息

下列法律、法规、规章和标准，对该化学品的管理作了相应的规定。

中华人民共和国职业病防治法 职业病分类和目录：未列入

危险化学品安全管理条例 危险化学品目录：列入。易制爆危险化学品名录：未列入。重点监管的危险化学品名录：未列入。GB 18218—2009《危险化学品重大危险源辨识》（表 1）：未列入

使用有毒物品作业场所劳动保护条例 高毒物品目录：未列入

易制毒化学品管理条例 易制毒化学品的分类和品种目录：未列入

国际公约 斯德哥尔摩公约：未列入。鹿特丹公约：未列入。蒙特利尔议定书：未列入

第十六部分 其他信息

编写和修订信息 **缩略语和首字母缩写**

培训建议 **参考文献**

免责声明

2-甲基-1-戊醇

第一部分 化学品标识

化学品中文名 2-甲基-1-戊醇；2-甲基-2-丙基乙醇

化学品英文名 2-methyl-1-pentanol；2-methyl-2-propyle-thanol

分子式 $C_6H_{14}O$ **分子量** 102.1748

结构式 HO⌒⌒⌒

化学品的推荐及限制用途 用作溶剂及有机合成中间体

第二部分 危险性概述

紧急情况概述 易燃液体和蒸气，吞咽有害

GHS 危险性类别 易燃液体，类别 3；急性毒性-经口，类别 4

标签要素

象形图

警示词 警告

危险性说明 易燃液体和蒸气，吞咽有害

防范说明

预防措施 远离热源、火花、明火、热表面。保持容器密闭。容器和接收设备接地连接。使用防爆型电器、通风、照明设备。只能使用不产生火花的工具。采取防止静电措施。戴防护手套、防护眼镜、防护面罩。避免接触眼睛、皮肤，操作后彻底清洗。作业场所不得进食、饮水或吸烟

事故响应 火灾时，使用雾状水、泡沫、干粉、二氧化碳、砂土灭火。如皮肤（或头发）接触：立即脱掉所有被污染的衣服，用水冲洗皮肤，淋浴。食入：如果感觉不适，立即呼叫中毒控制中心或就医，漱口

安全储存 存放在通风良好的地方。保持低温

废弃处置 本品及内装物、容器依据国家和地方法规处置

物理和化学危险 易燃，其蒸气与空气混合，能形成爆炸性混合物

健康危害 对眼睛、皮肤、黏膜有刺激性。吸入、摄入或经皮肤吸收后对身体有害

环境危害 对环境可能有害

第三部分 成分/组成信息

√ 物质 混合物

组分	浓度	CAS No.
2-甲基-1-戊醇		105-30-6

第四部分 急救措施

吸入 迅速脱离现场至空气新鲜处。保持呼吸道通畅。如呼吸困难，给输氧。呼吸、心跳停止，立即进行心肺复苏术。就医

皮肤接触 立即脱去污染的衣着，用流动清水彻底冲洗。就医

眼睛接触 立即分开眼睑，用流动清水或生理盐水彻底冲洗。就医

食入 漱口，饮水。就医

对保护施救者的忠告 根据需要使用个人防护设备

对医生的特别提示 对症处理

第五部分 消防措施

灭火剂 用雾状水、泡沫、干粉、二氧化碳、砂土灭火

特别危险性 其蒸气与空气可形成爆炸性混合物，遇明火、高热能引起燃烧爆炸。与氧化剂可发生反应。蒸气比空气重，沿地面扩散并易积存于低洼处，遇火源会着火回燃。若遇高热，容器内压增大，有开裂和爆炸的危险

灭火注意事项及防护措施 消防人员必须佩戴防毒面具、穿全身消防服，在上风向灭火。尽可能将容器从火场移至空旷处。喷水保持火场容器冷却，直至灭火结束。处在火场中的容器若已变色或从安全泄压装置中发出声音，必须马上撤离

第六部分 泄漏应急处理

作业人员防护措施、防护装备和应急处置程序 消除所有点火源。根据液体流动和蒸气扩散的影响区域划定警戒区，无关人员从侧风、上风向撤离至安全区。建议应急处理人员戴正压自给式呼吸器，穿防静电服。作业时使用的所有设备应接地。禁止接触或跨越泄漏物。尽可能切断泄漏源

环境保护措施 防止泄漏物进入水体、下水道、地下室或有限空间

泄漏化学品的收容、清除方法及所使用的处置材料 小量泄漏：用砂土或其他不燃材料吸收。使用洁净的无火花工具收集吸收材料。大量泄漏：构筑围堤或挖坑收容。用泡沫覆盖，减少蒸发。喷水雾能减少蒸发，但不能降低泄漏物在有限空间内的易燃性。用防爆泵转移至槽车或专用收集器内

第七部分 操作处置与储存

操作注意事项 密闭操作，局部排风。防止蒸气泄漏到工作场所空气中。操作人员必须经过专门培训，严格遵守操作规程。建议操作人员佩戴自吸过滤式防毒面具（半面罩），戴化学安全防护眼镜，穿防静电工作服，戴橡胶手套。远离火种、热源，工作场所严禁吸烟。使用防爆型的通风系统和设备。在清除液体和蒸气前不能进行焊接、切割等作业。避免产生烟雾。避免与氧化剂、酸类、酰基氯接触。容器与传送设备要接地，防止产生静电。灌装时应控制流速，且有接地装置，防止静电积聚。配备相应品种和数量的消防器材及泄漏应急处理设备。倒空的容器可能残留有害物

储存注意事项 储存于阴凉、通风的库房。远离火种、热源。防止阳光直射。库温不宜超过37℃，保持容器密封。应与氧化剂、酸类、酰基氯分开存放，切忌混储。采用防爆型照明、通风设施。禁止使用易产生火花的机械设备和工具。储区应备有泄漏应急处理设备和合适的收容材料

第八部分 接触控制/个体防护

职业接触限值
中国 未制定标准
美国（ACGIH） 未制定标准
生物接触限值 未制定标准
监测方法 空气中有毒物质测定方法：未制定标准。生物监测检验方法：未制定标准

工程控制 密闭操作，局部排风
个体防护装备
呼吸系统防护 空气中浓度超标时，必须佩戴过滤式防毒面具（半面罩）。紧急事态抢救或撤离时，应该佩戴空气呼吸器
眼睛防护 戴化学安全防护眼镜
皮肤和身体防护 穿防静电工作服
手防护 戴橡胶手套

第九部分 理化特性

外观与性状 无色液体		**pH值** 无资料	
熔点(℃) 无资料		**沸点(℃)** 148	

相对密度（水＝1） 0.826
相对蒸气密度（空气＝1） 3.52
饱和蒸气压(kPa) 0.20（20℃）
临界压力(MPa) 无资料 **辛醇/水分配系数** 1.82
闪点(℃) 50.56 **自燃温度(℃)** 310
爆炸下限(%) 1.1 **爆炸上限(%)** 9.6
分解温度(℃) 无资料 **黏度(mPa·s)** 6.6（20℃）
燃烧热(kJ/mol) 无资料 **临界温度(℃)** 331.25
溶解性 微溶于水，可混溶于醇、醚、酮

第十部分 稳定性和反应性

稳定性 稳定
危险反应 与强氧化剂、酸类、卤代烃、卤素等禁配物接触，有引起燃烧爆炸的危险。容易发生自聚反应
避免接触的条件 无资料
禁配物 氧化剂、酸类、酰基氯
危险的分解产物 无资料

第十一部分 毒理学信息

急性毒性 LD$_{50}$：1410mg/kg（大鼠经口）；＞3200mg/kg（小鼠经口）；3560mg/kg（兔经皮）
皮肤刺激或腐蚀 家兔经皮：开放性刺激试验，10mg（24h），轻度刺激；500mg（24h），轻度刺激
眼睛刺激或腐蚀 家兔经眼：750μg（24h），重度刺激
呼吸或皮肤过敏 无资料 **生殖细胞突变性** 无资料
致癌性 无资料 **生殖毒性** 无资料
特异性靶器官系统毒性-一次接触 无资料
特异性靶器官系统毒性-反复接触 无资料
吸入危害 无资料

第十二部分 生态学信息

生态毒性 无资料
持久性和降解性
生物降解性 无资料
非生物降解性 无资料
潜在的生物累积性 无资料
土壤中的迁移性 无资料

第十三部分 废弃处置

废弃化学品 建议用控制焚烧法或安全掩埋法处置。在能利用的地方重复使用容器或在规定场所掩埋

污染包装物　将容器返还生产商或按照国家和地方法规
　　处置
废弃注意事项　处置前应参阅国家和地方有关法规

第十四部分　运输信息

联合国危险货物编号（UN号）　2282
联合国运输名称　己醇
联合国危险性类别　3

包装类别　Ⅲ　　　　　　包装标志

海洋污染物　否
运输注意事项　运输时运输车辆应配备相应品种和数量
　　的消防器材及泄漏应急处理设备。夏季最好早晚运
　　输。运输时所用的槽（罐）车应有接地链，槽内可
　　设孔隔板以减少震荡产生的静电。严禁与氧化剂、
　　酸类、食用化学品等混装混运。运输途中应防暴晒、
　　雨淋，防高温。中途停留时应远离火种、热源、高
　　温区。装运该物品的车辆排气管必须配备阻火装置，
　　禁止使用易产生火花的机械设备和工具装卸。公路
　　运输时要按规定路线行驶，勿在居民区和人口稠密
　　区停留。铁路运输时要禁止溜放。严禁用木船、水
　　泥船散装运输

第十五部分　法规信息

下列法律、法规、规章和标准，对该化学品的管理作
了相应的规定。
中华人民共和国职业病防治法　职业病分类和目录：未
　　列入
危险化学品安全管理条例　危险化学品目录：列入。易制
　　爆危险化学品名录：未列入。重点监管的危险化学品
　　名录：未列入。GB 18218—2009《危险化学品重大
　　危险源辨识》（表1）：未列入
使用有毒物品作业场所劳动保护条例　高毒物品目录：未
　　列入
易制毒化学品管理条例　易制毒化学品的分类和品种目
　　录：未列入
国际公约　斯德哥尔摩公约：未列入。鹿特丹公约：未列
　　入。蒙特利尔议定书：未列入

第十六部分　其他信息

编写和修订信息　　　　缩略语和首字母缩写
培训建议　　　　　　　参考文献
免责声明

2-甲基-2-戊醇

第一部分　化学品标识

化学品中文名　2-甲基-2-戊醇；2-羟基-2-甲基戊烷
化学品英文名　2-methyl-2-pentanol；2-hydroxy-2-methyl
　　pentane
分子式　$C_6H_{14}O$　分子量　102.1748

结构式
化学品的推荐及限制用途　用作溶剂，并用于有机合成

第二部分　危险性概述

紧急情况概述　易燃液体和蒸气
GHS危险性类别　易燃液体，类别3
标签要素

象形图

警示词　警告
危险性说明　易燃液体和蒸气
防范说明
　　预防措施　远离热源、火花、明火、热表面。禁止
　　　　吸烟。保持容器密闭。容器和接收设备接地连
　　　　接。使用防爆型电器、通风、照明设备。只能
　　　　使用不产生火花的工具。采取防止静电措施。
　　　　戴防护手套、防护眼镜、防护面罩
　　事故响应　火灾时，使用雾状水、泡沫、干粉、二
　　　　氧化碳、砂土灭火。如皮肤（或头发）接触：
　　　　立即脱掉所有被污染的衣服，用水冲洗皮肤，
　　　　淋浴
　　安全储存　存放在通风良好的地方。保持低温
　　废弃处置　本品及内装物、容器依据国家和地方法
　　　　规处置
物理和化学危险　易燃，其蒸气与空气混合，能形成爆炸
　　性混合物
健康危害　本品蒸气或雾对眼睛、皮肤、黏膜和上呼吸道
　　有刺激作用
环境危害　对环境可能有害

第三部分　成分/组成信息

✓　物质　　　　　　　　　　混合物

组分	浓度	CAS No.
2-甲基-2-戊醇		590-36-3

第四部分　急救措施

吸入　迅速脱离现场至空气新鲜处。保持呼吸道通畅。如
　　呼吸困难，给输氧。呼吸、心跳停止，立即进行心肺
　　复苏术。就医
皮肤接触　立即脱去污染的衣着，用流动清水彻底冲洗。
　　就医
眼睛接触　立即分开眼睑，用流动清水或生理盐水彻底冲
　　洗。就医
食入　漱口，饮水。就医
对保护施救者的忠告　根据需要使用个人防护设备
对医生的特别提示　对症处理

第五部分　消防措施

灭火剂　用雾状水、泡沫、干粉、二氧化碳、砂土灭火
特别危险性　其蒸气与空气可形成爆炸性混合物，遇明

火、高热能引起燃烧爆炸。与氧化剂可发生反应。若遇高热，容器内压增大，有开裂和爆炸的危险

灭火注意事项及防护措施 消防人员必须佩戴防毒面具、穿全身消防服，在上风向灭火。尽可能将容器从火场移至空旷处。喷水保持火场容器冷却，直至灭火结束。处在火场中的容器若已变色或从安全泄压装置中产生声音，必须马上撤离

第六部分 泄漏应急处理

作业人员防护措施、防护装备和应急处置程序 消除所有点火源。根据液体流动和蒸气扩散的影响区域划定警戒区，无关人员从侧风、上风向撤离至安全区。建议应急处理人员戴正压自给式呼吸器，穿防毒、防静电服。作业时使用的所有设备应接地。禁止接触或跨越泄漏物。尽可能切断泄漏源

环境保护措施 防止泄漏物进入水体、下水道、地下室或有限空间

泄漏化学品的收容、清除方法及所使用的处置材料 小量泄漏：用砂土或其他不燃材料吸收。使用洁净的无火花工具收集吸收材料。大量泄漏：构筑围堤或挖坑收容。用抗溶性泡沫覆盖，减少蒸发。喷水雾能减少蒸发，但不能降低泄漏物在有限空间内的易燃性。用防爆泵转移至槽车或专用收集器内

第七部分 操作处置与储存

操作注意事项 密闭操作，局部排风。防止蒸气泄漏到工作场所空气中。操作人员必须经过专门培训，严格遵守操作规程。建议操作人员佩戴自吸过滤式防毒面具（半面罩），戴化学安全防护眼镜，穿防静电工作服，戴橡胶手套。远离火种、热源，工作场所严禁吸烟。使用防爆型的通风系统和设备。在清除液体和蒸气前不能进行焊接、切割等作业。避免产生烟雾。避免与氧化剂、酸类、酸酐、酰基氯接触。容器与传送设备要接地，防止产生静电。灌装时应控制流速，且有接地装置，防止静电积聚。配备相应品种和数量的消防器材及泄漏应急处理设备。倒空的容器可能残留有害物

储存注意事项 储存于阴凉、通风的库房。远离火种、热源。防止阳光直射。库温不宜超过37℃，保持容器密封。应与氧化剂、酸类、酸酐、酰基氯、食用化学品分开存放，切忌混储。采用防爆型照明、通风设施。禁止使用易产生火花的机械设备和工具。储区应备有泄漏应急处理设备和合适的收容材料

第八部分 接触控制/个体防护

职业接触限值
中国 未制定标准
美国（ACGIH） 未制定标准
生物接触限值 未制定标准
监测方法 空气中有毒物质测定方法：未制定标准。生物监测检验方法：未制定标准
工程控制 密闭操作，局部排风
个体防护装备
呼吸系统防护 空气中浓度超标时，必须佩戴过滤式

防毒面具（半面罩）。紧急事态抢救或撤离时，应该佩戴空气呼吸器
眼睛防护 戴化学安全防护眼镜
皮肤和身体防护 穿防静电工作服
手防护 戴橡胶手套

第九部分 理化特性

外观与性状 无色液体 **pH值** 无资料
熔点（℃） －103 沸点（℃） 120～122
相对密度（水＝1） 0.8350
相对蒸气密度（空气＝1） 无资料
饱和蒸气压（kPa） 无资料
临界压力（MPa） 无资料 辛醇/水分配系数 无资料
闪点（℃） 21.11 自燃温度（℃） 无资料
爆炸下限（%） 无资料 爆炸上限（%） 无资料
分解温度（℃） 无资料 黏度（mPa·s） 无资料
燃烧热（kJ/mol） 无资料 临界温度（℃） 286.35
溶解性 微溶于水，可混溶于醇、醚

第十部分 稳定性和反应性

稳定性 稳定
危险反应 与氧化剂、酸类、酸酐、酰基氯等禁配物接触，有引起燃烧爆炸的危险
避免接触的条件 无资料
禁配物 氧化剂、酸类、酸酐、酰基氯
危险的分解产物 无资料

第十一部分 毒理学信息

急性毒性 无资料
皮肤刺激或腐蚀 无资料 眼睛刺激或腐蚀 无资料
呼吸或皮肤过敏 无资料 生殖细胞突变性 无资料
致癌性 无资料 生殖毒性 无资料
特异性靶器官系统毒性-一次接触 无资料
特异性靶器官系统毒性-反复接触 无资料
吸入危害 无资料

第十二部分 生态学信息

生态毒性 无资料
持久性和降解性
生物降解性 无资料
非生物降解性 无资料
潜在的生物累积性 无资料
土壤中的迁移性 无资料

第十三部分 废弃处置

废弃化学品 建议用焚烧法处置。在能利用的地方重复使用容器或在规定场所掩埋
污染包装物 将容器返还生产商或按照国家和地方法规处置
废弃注意事项 处置前应参阅国家和地方有关法规

第十四部分 运输信息

联合国危险货物编号（UN号） 2560

联合国运输名称　2-甲基-2-戊醇
联合国危险性类别　3

包装类别　Ⅲ　　　　　包装标志

海洋污染物　否
运输注意事项　运输时运输车辆应配备相应品种和数量的消防器材及泄漏应急处理设备。夏季最好早晚运输。运输时所用的槽（罐）车应有接地链，槽内可设孔隔板以减少震荡产生的静电。严禁与氧化剂、酸类、食用化学品等混装混运。运输途中应防暴晒、雨淋，防高温。中途停留时应远离火种、热源、高温区。装运该物品的车辆排气管必须配备阻火装置，禁止使用易产生火花的机械设备和工具装卸。公路运输时要按规定路线行驶，勿在居民区和人口稠密区停留。铁路运输时要禁止溜放。严禁用木船、水泥船散装运输

第十五部分　法规信息

下列法律、法规、规章和标准，对该化学品的管理作了相应的规定。
中华人民共和国职业病防治法　职业病分类和目录：未列入
危险化学品安全管理条例　危险化学品目录：列入。易制爆危险化学品名录：未列入。重点监管的危险化学品名录：未列入。GB 18218—2009《危险化学品重大危险源辨识》（表1）：未列入
使用有毒物品作业场所劳动保护条例　高毒物品目录：未列入
易制毒化学品管理条例　易制毒化学品的分类和品种目录：未列入
国际公约　斯德哥尔摩公约：未列入。鹿特丹公约：未列入。蒙特利尔议定书：未列入

第十六部分　其他信息

编写和修订信息　　　缩略语和首字母缩写
培训建议　　　　　　参考文献
免责声明

2-甲基-3-戊醇

第一部分　化学品标识

化学品中文名　2-甲基-3-戊醇；3-羟基异己烷
化学品英文名　2-methyl-3-pentanol；3-hydroxy-isohexane
分子式　$C_6H_{14}O$　分子量　102.1748
结构式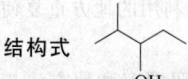
化学品的推荐及限制用途　用作溶剂，并用于有机合成

第二部分　危险性概述

紧急情况概述　易燃液体和蒸气
GHS 危险性类别　易燃液体，类别3

标签要素
象形图
警示词　警告
危险性说明　易燃液体和蒸气
防范说明
预防措施　远离热源、火花、明火、热表面。禁止吸烟。保持容器密闭。容器和接收设备接地连接。使用防爆型电器、通风、照明设备。只能使用不产生火花的工具。采取防止静电措施。戴防护手套、防护眼镜、防护面罩
事故响应　火灾时，使用雾状水、泡沫、干粉、二氧化碳、砂土灭火。如皮肤（或头发）接触：立即脱掉所有被污染的衣服，用水冲洗皮肤，淋浴
安全储存　存放在通风良好的地方。保持低温
废弃处置　本品及内装物、容器依据国家和地方法规处置
物理和化学危险　易燃，其蒸气与空气混合，能形成爆炸性混合物
健康危害　本品对眼睛、皮肤有刺激作用
环境危害　对环境可能有害

第三部分　成分/组成信息

√ 物质　　　　　　　混合物

组分	浓度	CAS No.
2-甲基-3-戊醇		565-67-3

第四部分　急救措施

吸入　迅速脱离现场至空气新鲜处。保持呼吸道通畅。如呼吸困难，给输氧。呼吸、心跳停止，立即进行心肺复苏术。就医
皮肤接触　立即脱去污染的衣着，用流动清水彻底冲洗。就医
眼睛接触　立即分开眼睑，用流动清水或生理盐水彻底冲洗。就医
食入　漱口，饮水。就医
对保护施救者的忠告　根据需要使用个人防护设备
对医生的特别提示　对症处理

第五部分　消防措施

灭火剂　用雾状水、泡沫、干粉、二氧化碳、砂土灭火
特别危险性　其蒸气与空气可形成爆炸性混合物，遇明火、高热能引起燃烧爆炸。与氧化剂可发生反应。若遇高热，容器内压增大，有开裂和爆炸的危险
灭火注意事项及防护措施　消防人员必须佩戴防毒面具、穿全身消防服，在上风向灭火。尽可能将容器从火场移至空旷处。喷水保持火场容器冷却，直至灭火结束。处在火场中的容器若已变色或从安全泄压装置发出声音，必须马上撤离

第六部分 泄漏应急处理

作业人员防护措施、防护装备和应急处置程序 消除所有点火源。根据液体流动和蒸气扩散的影响区域划定警戒区，无关人员从侧风向、上风向撤离至安全区。建议应急处理人员戴正压自给式呼吸器，穿防静电服。作业时使用的所有设备应接地。禁止接触或跨越泄漏物。尽可能切断泄漏源

环境保护措施 防止泄漏物进入水体、下水道、地下室或有限空间

泄漏化学品的收容、清除方法及所使用的处置材料 小量泄漏：用砂土或其他不燃材料吸收。使用洁净的无火花工具收集吸收材料。大量泄漏：构筑围堤或挖坑收容。用泡沫覆盖，减少蒸发。喷水雾能减少蒸发，但不能降低泄漏物在有限空间内的易燃性。用防爆泵转移至槽车或专用收集器内

第七部分 操作处置与储存

操作注意事项 密闭操作，局部排风。防止蒸气泄漏到工作场所空气中。操作人员必须经过专门培训，严格遵守操作规程。建议操作人员佩戴自吸过滤式防毒面具（半面罩），戴化学安全防护眼镜，穿防静电工作服，戴橡胶手套。远离火种、热源，工作场所严禁吸烟。使用防爆型的通风系统和设备。在清除液体和蒸气前不能进行焊接、切割等作业。避免产生烟雾。避免与氧化剂、酸类、酸酐、酰基氯接触。容器与传送设备要接地，防止产生静电。灌装时应控制流速，且有接地装置，防止静电积聚。配备相应品种和数量的消防器材及泄漏应急处理设备。倒空的容器可能残留有害物

储存注意事项 储存于阴凉、通风的库房。远离火种、热源。防止阳光直射。库温不宜超过 37℃，保持容器密封。应与氧化剂、酸类、酸酐、酰基氯、食用化学品分开存放，切忌混储。采用防爆型照明、通风设施。禁止使用易产生火花的机械设备和工具。储区应备有泄漏应急处理设备和合适的收容材料

第八部分 接触控制/个体防护

职业接触限值
　中国 未制定标准
　美国（ACGIH） 未制定标准
生物接触限值 未制定标准
监测方法 空气中有毒物质测定方法：未制定标准。生物监测检验方法：未制定标准
工程控制 密闭操作，局部排风
个体防护装备
　呼吸系统防护 空气中浓度超标时，必须佩戴过滤式防毒面具（半面罩）。紧急事态抢救或撤离时，应该佩戴空气呼吸器
　眼睛防护 戴化学安全防护眼镜
　皮肤和身体防护 穿防静电工作服
　手防护 戴橡胶手套

第九部分 理化特性

外观与性状 无色液体
pH 值 无资料　　　　**熔点（℃）** 无资料
沸点（℃） 129～130　**相对密度（水＝1）** 0.8243
相对蒸气密度（空气＝1） 无资料
饱和蒸气压（kPa） 无资料
临界压力（MPa） 无资料　**辛醇/水分配系数** 无资料
闪点（℃） 46.11　　　**自燃温度（℃）** 无资料
爆炸下限（%） 无资料　**爆炸上限（%）** 无资料
分解温度（℃） 无资料　**黏度（mPa·s）** 无资料
燃烧热（kJ/mol） 无资料　**临界温度（℃）** 302.85
溶解性 不溶于水，可混溶于醇、醚等

第十部分 稳定性和反应性

稳定性 稳定
危险反应 与氧化剂、酸类、酸酐、酰基氯等禁配物接触，有发生火灾和爆炸的危险
避免接触的条件 无资料
禁配物 氧化剂、酸类、酸酐、酰基氯
危险的分解产物 无资料

第十一部分 毒理学信息

急性毒性 LD$_{50}$：320mg/kg（小鼠静脉）
皮肤刺激或腐蚀 无资料　**眼睛刺激或腐蚀** 无资料
呼吸或皮肤过敏 无资料　**生殖细胞突变性** 无资料
致癌性 无资料　　　　**生殖毒性** 无资料
特异性靶器官系统毒性-一次接触 无资料
特异性靶器官系统毒性-反复接触 无资料
吸入危害 无资料

第十二部分 生态学信息

生态毒性 无资料
持久性和降解性
　生物降解性 无资料
　非生物降解性 无资料
潜在的生物累积性 无资料
土壤中的迁移性 无资料

第十三部分 废弃处置

废弃化学品 建议用焚烧法处置。在能利用的地方重复使用容器或在规定场所掩埋
污染包装物 将容器返还生产商或按照国家和地方方法规处置
废弃注意事项 处置前应参阅国家和地方有关法规

第十四部分 运输信息

联合国危险货物编号（UN 号） 1987
联合国运输名称 醇类，未另作规定的（2-甲基-3-戊醇）
联合国危险性类别 3

包装类别 Ⅲ　　　　**包装标志**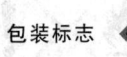

海洋污染物　否

运输注意事项　运输时运输车辆应配备相应品种和数量的消防器材及泄漏应急处理设备。夏季最好早晚运输。运输时所用的槽（罐）车应有接地链，槽内可设孔隔板以减少震荡产生的静电。严禁与氧化剂、酸类、食用化学品等混装混运。运输途中应防暴晒、雨淋，防高温。中途停留时应远离火种、热源、高温区。装运该物品的车辆排气管必须配备阻火装置，禁止使用易产生火花的机械设备和工具装卸。公路运输时要按规定路线行驶，勿在居民区和人口稠密区停留。铁路运输时要禁止溜放。严禁用木船、水泥船散装运输

第十五部分　法规信息

　　下列法律、法规、规章和标准，对该化学品的管理作了相应的规定。

中华人民共和国职业病防治法　职业病分类和目录：未列入

危险化学品安全管理条例　危险化学品目录：列入。易制爆危险化学品名录：未列入。重点监管的危险化学品名录：未列入。GB 18218—2009《危险化学品重大危险源辨识》（表1）：未列入

使用有毒物品作业场所劳动保护条例　高毒物品目录：未列入

易制毒化学品管理条例　易制毒化学品的分类和品种目录：未列入

国际公约　斯德哥尔摩公约：未列入。鹿特丹公约：未列入。蒙特利尔议定书：未列入

第十六部分　其他信息

编写和修订信息　　缩略语和首字母缩写
培训建议　　　　　参考文献
免责声明

3-甲基-3-戊醇

第一部分　化学品标识

化学品中文名　3-甲基-3-戊醇；二乙基甲基甲醇
化学品英文名　3-methyl-3-pentanol；3-hydroxy-3-methyl-pentane

分子式　$C_6H_{14}O$　**分子量**　102.1748
结构式

OH

化学品的推荐及限制用途　用作溶剂，也用于有机合成

第二部分　危险性概述

紧急情况概述　易燃液体和蒸气，吞咽有害
GHS 危险性类别　易燃液体，类别 3；急性毒性-经口，类别 4
标签要素

象形图　

警示词　警告
危险性说明　易燃液体和蒸气，吞咽有害
防范说明

　　预防措施　远离热源、火花、明火、热表面。保持容器密闭。容器和接收设备接地连接。使用防爆型电器、通风、照明设备。只能使用不产生火花的工具。采取防止静电措施。戴防护手套、防护眼镜、防护面罩。避免接触眼睛、皮肤，操作后彻底清洗。作业场所不得进食、饮水或吸烟

　　事故响应　火灾时，使用雾状水、泡沫、干粉、二氧化碳、砂土灭火。如皮肤（或头发）接触：立即脱掉所有被污染的衣服，用水冲洗皮肤，淋浴。食入：如果感觉不适，立即呼叫中毒控制中心或就医，漱口

　　安全储存　存放在通风良好的地方。保持低温
　　废弃处置　本品及内装物、容器依据国家和地方法规处置

物理和化学危险　易燃，其蒸气与空气混合，能形成爆炸性混合物

健康危害　本品对眼睛、皮肤有刺激作用
环境危害　对环境可能有害

第三部分　成分/组成信息

√ 物质　　　　　　　　　　　混合物

组分	浓度	CAS No.
3-甲基-3-戊醇		77-74-7

第四部分　急救措施

吸入　迅速脱离现场至空气新鲜处。保持呼吸道通畅。如呼吸困难，给输氧。呼吸、心跳停止，立即进行心肺复苏术。就医

皮肤接触　立即脱去污染的衣着，用流动清水彻底冲洗。就医

眼睛接触　立即分开眼睑，用流动清水或生理盐水彻底冲洗。就医

食入　漱口，饮水。就医
对保护施救者的忠告　根据需要使用个人防护设备
对医生的特别提示　对症处理

第五部分　消防措施

灭火剂　用雾状水、泡沫、干粉、二氧化碳、砂土灭火
特别危险性　其蒸气与空气可形成爆炸性混合物，遇明火、高热能引起燃烧爆炸。与氧化剂可发生反应。蒸气比空气重，沿地面扩散并易积存于低洼处，遇火源会着火回燃。若遇高热，容器内压增大，有开裂和爆炸的危险

灭火注意事项及防护措施　消防人员必须佩戴防毒面具、穿全身消防服，在上风向灭火。尽可能将容器从火场移至空旷处。喷水保持火场容器冷却，直至灭火结束。处在火场中的容器若已变色或从安全泄压装置中发出声音，必须马上撤离

第六部分　泄漏应急处理

作业人员防护措施、防护装备和应急处置程序　消除所有点火源。根据液体流动和蒸气扩散的影响区域划定警戒区，无关人员从侧风向、上风向撤离至安全区。建议应急处理人员戴正压自给式呼吸器，穿防静电服。作业时使用的所有设备应接地。禁止接触或跨越泄漏物。尽可能切断泄漏源

环境保护措施　防止泄漏物进入水体、下水道、地下室或有限空间

泄漏化学品的收容、清除方法及所使用的处置材料　小量泄漏：用砂土或其他不燃材料吸收。使用洁净的无火花工具收集吸收材料。大量泄漏：构筑围堤或挖坑收容。用泡沫覆盖，减少蒸发。喷水雾能减少蒸发，但不能降低泄漏物在有限空间内的易燃性。用防爆泵转移至槽车或专用收集器内

第七部分　操作处置与储存

操作注意事项　密闭操作，局部排风。防止蒸气泄漏到工作场所空气中。操作人员必须经过专门培训，严格遵守操作规程。建议操作人员佩戴自吸过滤式防毒面具（半面罩），戴化学安全防护眼镜，穿防静电工作服，戴橡胶手套。远离火种、热源，工作场所严禁吸烟。使用防爆型的通风系统和设备。在清除液体和蒸气前不能进行焊接、切割等作业。避免产生烟雾。避免与氧化剂、酸类、酸酐、酰基氯接触。容器与传送设备要接地，防止产生静电。灌装时应控制流速，且有接地装置，防止静电积聚。配备相应品种和数量的消防器材及泄漏应急处理设备。倒空的容器可能残留有害物

储存注意事项　储存于阴凉、通风的库房。远离火种、热源。防止阳光直射。库温不宜超过37℃，保持容器密封。应与氧化剂、酸类、酸酐、酰基氯分开存放，切忌混储。采用防爆型照明、通风设施。禁止使用易产生火花的机械设备和工具。储区应备有泄漏应急处理设备和合适的收容材料

第八部分　接触控制/个体防护

职业接触限值

　　中国　未制定标准

　　美国（ACGIH）　未制定标准

生物接触限值　未制定标准

监测方法　空气中有毒物质测定方法：未制定标准。生物监测检验方法：未制定标准

工程控制　密闭操作，局部排风

个体防护装备

　　呼吸系统防护　空气中浓度超标时，必须佩戴过滤式防毒面具（半面罩）。紧急事态抢救或撤离时，应该佩戴空气呼吸器

　　眼睛防护　戴化学安全防护眼镜

　　皮肤和身体防护　穿防静电工作服

　　手防护　戴橡胶手套

第九部分　理化特性

外观与性状	无色液体	pH 值	无资料
熔点（℃）	38	沸点（℃）	123
相对密度（水＝1）	0.8286		
相对蒸气密度（空气＝1）	3.53		
饱和蒸气压（kPa）	无资料		
临界压力（MPa）	无资料	辛醇/水分配系数	无资料
闪点（℃）	46.11	自燃温度（℃）	无资料
爆炸下限（%）	无资料	爆炸上限（%）	无资料
分解温度（℃）	无资料	黏度（mPa·s）	无资料
燃烧热（kJ/mol）	无资料	临界温度（℃）	无资料

溶解性　不溶于水，可混溶于醇、醚等

第十部分　稳定性和反应性

稳定性　稳定

危险反应　与氧化剂、酸类、酸酐、酰基氯等禁配物接触，有发生火灾和爆炸的危险

避免接触的条件　无资料

禁配物　氧化剂、酸类、酸酐、酰基氯

危险的分解产物　无资料

第十一部分　毒理学信息

急性毒性　LD_{50}：710mg/kg（大鼠经口）；1100mg/kg（小鼠皮下）

皮肤刺激或腐蚀	无资料	眼睛刺激或腐蚀	无资料
呼吸或皮肤过敏	无资料	生殖细胞突变性	无资料
致癌性	无资料	生殖毒性	无资料

特异性靶器官系统毒性-一次接触　无资料

特异性靶器官系统毒性-反复接触　无资料

吸入危害　无资料

第十二部分　生态学信息

生态毒性　无资料

持久性和降解性

　　生物降解性　无资料

　　非生物降解性　无资料

潜在的生物累积性　无资料

土壤中的迁移性　无资料

第十三部分　废弃处置

废弃化学品　建议用焚烧法处置。在能利用的地方重复使用容器或在规定场所掩埋

污染包装物　将容器返还生产商或按照国家和地方法规处置

废弃注意事项　处置前应参阅国家和地方有关法规

第十四部分　运输信息

联合国危险货物编号（UN号）　1987

联合国运输名称　醇类，未另作规定的（3-甲基-3-戊醇）

联合国危险性类别　3

包装类别　Ⅲ　　　　　　　　　**包装标志**　

海洋污染物 否

运输注意事项 运输时运输车辆应配备相应品种和数量的消防器材及泄漏应急处理设备。夏季最好早晚运输。运输时所用的槽（罐）车应有接地链，槽内可设孔隔板以减少震荡产生的静电。严禁与氧化剂、酸类、食用化学品等混装混运。运输途中应防暴晒、雨淋、防高温。中途停留时应远离火种、热源、高温区。装运该物品的车辆排气管必须配备阻火装置，禁止使用易产生火花的机械设备和工具装卸。公路运输时要按规定路线行驶，勿在居民区和人口稠密区停留。铁路运输时要禁止溜放。严禁用木船、水泥船散装运输

第十五部分 法规信息

下列法律、法规、规章和标准，对该化学品的管理作了相应的规定。

中华人民共和国职业病防治法 职业病分类和目录：未列入

危险化学品安全管理条例 危险化学品目录：列入。易制爆危险化学品名录：未列入。重点监管的危险化学品名录：未列入。GB 18218—2009《危险化学品重大危险源辨识》（表1）：未列入

使用有毒物品作业场所劳动保护条例 高毒物品目录：未列入

易制毒化学品管理条例 易制毒化学品的分类和品种目录：未列入

国际公约 斯德哥尔摩公约：未列入。鹿特丹公约：未列入。蒙特利尔议定书：未列入

第十六部分 其他信息

编写和修订信息　　　　缩略语和首字母缩写
培训建议　　　　　　　参考文献
免责声明

4-甲基-2-戊醇

第一部分 化学品标识

化学品中文名 4-甲基-2-戊醇；甲基异丁基甲醇；1,3-二甲基丁醇

化学品英文名 methyl isobutylcarbinol；1,3-dimethylbutanol

分子式 $C_6H_{14}O$ 分子量 102.1748

结构式

化学品的推荐及限制用途 用于制造泡沫剂、浮选剂以及添加剂、润滑剂、溶剂、稳定剂、喷漆和用于有机合成

第二部分 危险性概述

紧急情况概述 易燃液体和蒸气，可能引起呼吸道刺激

GHS危险性类别 易燃液体，类别3；特异性靶器官毒性——次接触，类别3（呼吸道刺激）

标签要素

象形图

警示词 警告

危险性说明 易燃液体和蒸气，可能引起呼吸道刺激

防范说明

预防措施 远离热源、火花、明火、热表面。禁止吸烟。保持容器密闭。容器和接收设备接地连接。使用防爆型电器、通风、照明设备。只能使用不产生火花的工具。采取防止静电措施。戴防护手套、防护眼镜、防护面罩

事故响应 火灾时，使用雾状水、抗溶性泡沫、干粉、二氧化碳、砂土灭火。如皮肤（或头发）接触：立即脱掉所有被污染的衣服，用水冲洗皮肤，淋浴

安全储存 存放在通风良好的地方。保持低温

废弃处置 本品及内装物、容器依据国家和地方法规处置

物理和化学危险 易燃，其蒸气与空气混合，能形成爆炸性混合物

健康危害 高浓度蒸气对眼、鼻、喉和肺有刺激性，并抑制中枢神经系统而呈现麻醉作用，如长时间麻醉可因呼吸衰竭而致死。对眼有强烈刺激性，可导致永久性失明。液体对皮肤有轻度刺激性，可经皮肤吸收引起中毒。摄入有轻度毒性

环境危害 对环境可能有害

第三部分 成分/组成信息

√ 物质　　　　　　　　混合物

组分	浓度	CAS No.
4-甲基-2-戊醇		108-11-2

第四部分 急救措施

吸入 迅速脱离现场至空气新鲜处。保持呼吸道通畅。如呼吸困难，给输氧。呼吸、心跳停止，立即进行心肺复苏术。就医

皮肤接触 立即脱去污染的衣着，用流动清水彻底冲洗。就医

眼睛接触 立即分开眼睑，用流动清水或生理盐水彻底冲洗。就医

食入 漱口，饮水。就医

对保护施救者的忠告 根据需要使用个人防护设备

对医生的特别提示 对症处理

第五部分 消防措施

灭火剂 用雾状水、抗溶性泡沫、干粉、二氧化碳、砂土灭火

特别危险性 其蒸气与空气可形成爆炸性混合物，遇明火、高热能引起燃烧爆炸。与氧化剂可发生反应。受热放出辛辣的烟气。蒸气比空气重，沿地面扩散并易积存于低洼处，遇火源会着火回燃。若遇高热，容器

内压增大，有开裂和爆炸的危险

灭火注意事项及防护措施 消防人员必须佩戴防毒面具、穿全身消防服，在上风向灭火。尽可能将容器从火场移至空旷处。喷水保持火场容器冷却，直至灭火结束。处在火场中的容器若已变色或从安全泄压装置中发出声音，必须马上撤离

第六部分 泄漏应急处理

作业人员防护措施、防护装备和应急处置程序 消除所有点火源。根据液体流动和蒸气扩散的影响区域划定警戒区，无关人员从侧风向、上风向撤离至安全区。建议应急处理人员戴正压自给式呼吸器，穿防静电服。作业时使用的所有设备应接地。禁止接触或跨越泄漏物。尽可能切断泄漏源

环境保护措施 防止泄漏物进入水体、下水道、地下室或有限空间

泄漏化学品的收容、清除方法及所使用的处置材料 小量泄漏：用砂土或其他不燃材料吸收。使用洁净的无火花工具收集吸收材料。大量泄漏：构筑围堤或挖坑收容。用抗溶性泡沫覆盖，减少蒸发。喷水雾能减少蒸发，但不能降低泄漏物在有限空间内的易燃性。用防爆泵转移至槽车或专用收集器内。喷雾状水驱散蒸气、稀释液体泄漏物

第七部分 操作处置与储存

操作注意事项 密闭操作，全面通风。操作人员必须经过专门培训，严格遵守操作规程。建议操作人员佩戴自吸过滤式防毒面具（半面罩），戴化学安全防护眼镜，穿防静电工作服，戴橡胶手套。远离火种、热源，工作场所严禁吸烟。使用防爆型的通风系统和设备。防止蒸气泄漏到工作场所空气中。避免与氧化剂接触。搬运时要轻装轻卸，防止包装及容器损坏。配备相应品种和数量的消防器材及泄漏应急处理设备。倒空的容器可能残留有害物

储存注意事项 储存于阴凉、通风的库房。远离火种、热源。库温不宜超过37℃，应与氧化剂分开存放，切忌混储。采用防爆型照明、通风设施。禁止使用易产生火花的机械设备和工具。储区应备有泄漏应急处理设备和合适的收容材料

第八部分 接触控制/个体防护

职业接触限值
中国 未制定标准
美国（ACGIH） TLV-TWA：25ppm；TLV-STEL：40ppm［皮］
生物接触限值 未制定标准
监测方法 空气中有毒物质测定方法：未制定标准。生物监测检验方法：未制定标准
工程控制 生产过程密闭，全面通风
个体防护装备
呼吸系统防护 空气中浓度超标时，必须佩戴过滤式防毒面具（半面罩）。紧急事态抢救或撤离时，应该佩戴空气呼吸器

眼睛防护 戴化学安全防护眼镜
皮肤和身体防护 穿防静电工作服
手防护 戴橡胶手套

第九部分 理化特性

外观与性状 无色液体
pH 值 无资料　　　　**熔点（℃）** −90
沸点（℃） 131.8
相对密度（水＝1） 0.81(20℃)
相对蒸气密度（空气＝1） 3.52
饱和蒸气压（kPa） 0.29(20℃)
临界压力（MPa） 无资料
辛醇/水分配系数 1.43～1.6
闪点（℃） 39.4　　　　**自燃温度（℃）** 338
爆炸下限（％） 1.0　　　**爆炸上限（％）** 5.5
分解温度（℃） 无资料　**黏度（mPa·s）** 4.59(20℃)
燃烧热（kJ/mol） 无资料　**临界温度（℃）** 312
溶解性 溶于水，溶于乙醇、烃类等多数有机溶剂

第十部分 稳定性和反应性

稳定性 稳定
危险反应 与强氧化剂等禁配物发生反应
避免接触的条件 无资料
禁配物 强氧化剂
危险的分解产物 无资料

第十一部分 毒理学信息

急性毒性 LD_{50}：2590mg/kg（大鼠经口），2883mg/kg（兔经皮）
皮肤刺激或腐蚀 无资料　**眼睛刺激或腐蚀** 无资料
呼吸或皮肤过敏 无资料　**生殖细胞突变性** 无资料
致癌性 无资料　　　　**生殖毒性** 无资料
特异性靶器官系统毒性-一次接触 无资料
特异性靶器官系统毒性-反复接触 无资料
吸入危害 无资料

第十二部分 生态学信息

生态毒性 无资料
持久性和降解性
生物降解性 无资料
非生物降解性 无资料
潜在的生物累积性 无资料
土壤中的迁移性 无资料

第十三部分 废弃处置

废弃化学品 建议用焚烧法处置
污染包装物 将容器返还生产商或按照国家和地方法规处置
废弃注意事项 处置前应参阅国家和地方有关法规

第十四部分 运输信息

联合国危险货物编号（UN号） 2053
联合国运输名称 甲基异丁基甲醇

联合国危险性类别　3

包装类别　Ⅲ　　　　包装标志

海洋污染物　否

运输注意事项　运输时运输车辆应配备相应品种和数量的消防器材及泄漏应急处理设备。夏季最好早晚运输。运输时所用的槽（罐）车应有接地链，槽内可设孔隔板以减少震荡产生的静电。严禁与氧化剂、食用化学品等混装混运。运输途中应防暴晒、雨淋，防高温。中途停留时应远离火种、热源、高温区。装运该物品的车辆排气管必须配备阻火装置，禁止使用易产生火花的机械设备和工具装卸。公路运输时要按规定路线行驶。铁路运输时要禁止溜放。严禁用木船、水泥船散装运输

第十五部分　法规信息

下列法律、法规、规章和标准，对该化学品的管理作了相应的规定。

中华人民共和国职业病防治法　职业病分类和目录：未列入

危险化学品安全管理条例　危险化学品目录：列入。易制爆危险化学品名录：未列入。重点监管的危险化学品名录：未列入。GB 18218—2009《危险化学品重大危险源辨识》（表1）：未列入

使用有毒物品作业场所劳动保护条例　高毒物品目录：未列入

易制毒化学品管理条例　易制毒化学品的分类和品种目录：未列入

国际公约　斯德哥尔摩公约：未列入。鹿特丹公约：未列入。蒙特利尔议定书：未列入

第十六部分　其他信息

编写和修订信息　缩略语和首字母缩写
培训建议　参考文献
免责声明

4-甲基戊腈

第一部分　化学品标识

化学品中文名　4-甲基戊腈；异戊基氰；异己腈
化学品英文名　4-methyl pentanenitrile；isocapronitrile
分子式　$C_6H_{11}N$　分子量　97.1582
结构式　化学品的推荐及限制用途　用于有机合成

第二部分　危险性概述

紧急情况概述　易燃液体和蒸气，吞咽会中毒，皮肤接触会中毒，吸入致命

GHS危险性类别　易燃液体，类别3；急性毒性-经口，类别3；急性毒性-经皮，类别3；急性毒性-吸入，类别2

标签要素

象形图

警示词　危险

危险性说明　易燃液体和蒸气，吞咽会中毒，皮肤接触会中毒，吸入致命

防范说明

预防措施　远离热源、火花、明火、热表面。保持容器密闭。容器和接收设备接地连接。使用防爆型电器、通风、照明设备。只能使用不产生火花的工具。采取防止静电措施。戴防护手套、防护眼镜、防护面罩。避免接触眼睛、皮肤，操作后彻底清洗。作业场所不得进食、饮水或吸烟。穿防护服。避免吸入蒸气、雾。仅在室外或通风良好处操作。戴呼吸防护器具

事故响应　火灾时，使用雾状水、泡沫、干粉、二氧化碳、砂土灭火。如吸入：将患者转移到空气新鲜处，休息，保持利于呼吸的体位，立即呼叫中毒控制中心或就医。皮肤接触：用大量肥皂水和水清洗，如感觉不适，呼叫中毒控制中心或就医，立即脱去所有被污染的衣服，被污染的衣服必须经洗净后方可重新使用。食入：立即呼叫中毒控制中心或就医，漱口

安全储存　存放在通风良好的地方。保持低温。保持容器密闭。上锁保管

废弃处置　本品及内装物、容器依据国家和地方法规处置

物理和化学危险　易燃，其蒸气与空气混合，能形成爆炸性混合物

健康危害　腈类物质可抑制细胞呼吸，造成组织缺氧。腈类中毒轻者出现恶心、呕吐、腹痛、腹泻、胸闷、乏力等症状，重者出现呼吸抑制、血压下降、昏迷、抽搐等。兔皮下注射最低致死量为89mg/kg，出现震颤和呼吸困难

环境危害　对环境可能有害

第三部分　成分/组成信息

✓ 物质　　　　　　混合物

组分	浓度	CAS No.
4-甲基戊腈		542-54-1

第四部分　急救措施

吸入　迅速脱离现场至空气新鲜处。保持呼吸道通畅。如呼吸困难，给输氧。如呼吸、心跳停止，立即进行心肺复苏术。就医

皮肤接触　立即脱去污染的衣着，用肥皂水和流动清水彻底冲洗。就医

眼睛接触　立即分开眼睑，用流动清水或生理盐水彻底冲洗。就医

食入　催吐（仅限于清醒者），给服活性炭悬液。就医

对保护施救者的忠告　根据需要使用个人防护设备

对医生的特别提示 使用亚硝酸钠、硫代硫酸钠、4-二甲基氨基苯酚等解毒剂

第五部分 消防措施

灭火剂 用雾状水、泡沫、干粉、二氧化碳、砂土灭火

特别危险性 遇明火易燃。受高热分解放出有毒的气体。在火场中，受热的容器有爆炸危险

灭火注意事项及防护措施 消防人员必须佩戴防毒面具、穿全身消防服，在上风向灭火。尽可能将容器从火场移至空旷处。喷水保持火场容器冷却，直至灭火结束。处在火场中的容器若已变色或从安全泄压装置中发出声音，必须马上撤离。禁止使用酸碱灭火剂

第六部分 泄漏应急处理

作业人员防护措施、防护装备和应急处置程序 根据液体流动和蒸气扩散的影响区域划定警戒区，无关人员从侧风向、上风向撤离至安全区。消除所有点火源。建议应急处理人员戴正压自给式呼吸器，穿防毒、防静电服。作业时使用的所有设备应接地。禁止接触或跨越泄漏物。尽可能切断泄漏源

环境保护措施 防止泄漏物进入水体、下水道、地下室或有限空间

泄漏化学品的收容、清除方法及所使用的处置材料 小量泄漏：用砂土或其他不燃材料吸收。使用洁净的无火花工具收集吸收材料。大量泄漏：构筑围堤或挖坑收容。用泡沫覆盖，减少蒸发。喷水雾能减少蒸发，但不能降低泄漏物在有限空间内的易燃性。用防爆泵转移至槽车或专用收集器内

第七部分 操作处置与储存

操作注意事项 密闭操作，提供充分的局部排风。操作尽可能机械化、自动化。操作人员必须经过专门培训，严格遵守操作规程。建议操作人员佩戴过滤式防毒面具（半面罩），戴化学安全防护眼镜，穿防毒物渗透工作服，戴橡胶耐油手套。远离火种、热源，工作场所严禁吸烟。使用防爆型的通风系统和设备。防止蒸气泄漏到工作场所空气中。避免与氧化剂、还原剂、酸类、碱类接触。充装要控制流速，防止静电积聚。搬运时要轻装轻卸，防止包装及容器损坏。配备相应品种和数量的消防器材及泄漏应急处理设备。倒空的容器可能残留有害物

储存注意事项 储存于阴凉、通风的库房。远离火种、热源。应与氧化剂、还原剂、酸类、碱类、食用化学品分开存放，切忌混储。采用防爆型照明、通风设施。禁止使用易产生火花的机械设备和工具。储区应备有泄漏应急处理设备和合适的收容材料

第八部分 接触控制/个体防护

职业接触限值

中国 未制定标准

美国（ACGIH） 未制定标准

生物接触限值 未制定标准

监测方法 空气中有毒物质测定方法：未制定标准。生物

监测检验方法：未制定标准

工程控制 严加密闭，提供充分的局部排风。提供安全淋浴和洗眼设备

个体防护装备

呼吸系统防护 空气中浓度较高时，应该佩戴过滤式防毒面具（半面罩）。紧急事态抢救或逃生时，建议佩戴空气呼吸器

眼睛防护 戴化学安全防护眼镜

皮肤和身体防护 穿防毒物渗透工作服

手防护 戴橡胶耐油手套

第九部分 理化特性

外观与性状 无色液体

pH 值 无资料 **熔点（℃）** －51

沸点（℃） 155 **相对密度（水＝1）** 0.80

相对蒸气密度（空气＝1） 无资料

饱和蒸气压（kPa） 101.44（156℃）

临界压力（MPa） 无资料 **辛醇/水分配系数** 无资料

闪点（℃） 45.56 **自燃温度（℃）** 无资料

爆炸下限（%） 无资料 **爆炸上限（%）** 无资料

分解温度（℃） 无资料 **黏度（mPa·s）** 无资料

燃烧热（kJ/mol） 无资料 **临界温度（℃）** 无资料

溶解性 不溶于水，可混溶于乙醇、乙醚

第十部分 稳定性和反应性

稳定性 稳定

危险反应 与强氧化剂、强还原剂、强酸、强碱等禁配物接触，有发生火灾和爆炸的危险

避免接触的条件 受热

禁配物 强氧化剂、强还原剂、强酸、强碱

危险的分解产物 氮氧化物、氰化物

第十一部分 毒理学信息

急性毒性 LD$_{50}$：488mg/kg（小鼠经口）

皮肤刺激或腐蚀 无资料 **眼睛刺激或腐蚀** 无资料

呼吸或皮肤过敏 无资料 **生殖细胞突变性** 无资料

致癌性 无资料 **生殖毒性** 无资料

特异性靶器官系统毒性--一次接触 无资料

特异性靶器官系统毒性-反复接触 无资料

吸入危害 无资料

第十二部分 生态学信息

生态毒性 无资料

持久性和降解性

生物降解性 无资料

非生物降解性 无资料

潜在的生物累积性 无资料

土壤中的迁移性 无资料

第十三部分 废弃处置

废弃化学品 建议用焚烧法处置。焚烧炉排出的氮氧化物通过洗涤器除去

污染包装物 将容器返还生产商或按照国家和地方法规

处置

废弃注意事项　处置前应参阅国家和地方有关法规

第十四部分　运输信息

联合国危险货物编号（UN号）　3275

联合国运输名称　腈类，毒性，易燃，未另作规定的（4-甲基戊腈）

联合国危险性类别　6.1，3

包装类别　Ⅱ

包装标志　

海洋污染物　否

运输注意事项　运输前应先检查包装容器是否完整、密封，运输过程中要确保容器不泄漏、不倒塌、不坠落、不损坏。严禁与酸类、氧化剂、食品及食品添加剂混运。运输时运输车辆应配备相应品种和数量的消防器材及泄漏应急处理设备。运输途中应防暴晒、雨淋，防高温。公路运输时要按规定路线行驶

第十五部分　法规信息

下列法律、法规、规章和标准，对该化学品的管理作了相应的规定。

中华人民共和国职业病防治法　职业病分类和目录：氰及腈类化合物中毒

危险化学品安全管理条例　危险化学品目录：列入。易制爆危险化学品名录：未列入。重点监管的危险化学品名录：未列入。GB 18218—2009《危险化学品重大危险源辨识》（表1）：未列入

使用有毒物品作业场所劳动保护条例　高毒物品目录：未列入

易制毒化学品管理条例　易制毒化学品的分类和品种目录：未列入

国际公约　斯德哥尔摩公约：未列入。鹿特丹公约：未列入。蒙特利尔议定书：未列入

第十六部分　其他信息

编写和修订信息　　**缩略语和首字母缩写**

培训建议　　　　　　**参考文献**

免责声明

2-甲基戊醛

第一部分　化学品标识

化学品中文名　2-甲基戊醛；2-甲基-1-戊醛；α-甲基戊醛

化学品英文名　α-methylvaleraldehyde；2-methylpentanal

分子式　$C_6H_{12}O$　**分子量**　100.1589

结构式　

化学品的推荐及限制用途　用于合成镇定药物、增塑剂、颜料、树脂和杀虫剂

第二部分　危险性概述

紧急情况概述　高度易燃液体和蒸气

GHS危险性类别　易燃液体，类别2；危害水生环境-急性危害，类别3；危害水生环境-长期危害，类别3

标签要素

象形图　

警示词　危险

危险性说明　高度易燃液体和蒸气，对水生生物有害并具有长期持续影响

防范说明

　预防措施　远离热源、火花、明火、热表面。禁止吸烟。保持容器密闭。容器和接收设备接地连接。使用防爆型电器、通风、照明设备。只能使用不产生火花的工具。采取防止静电措施。戴防护手套、防护眼镜、防护面罩。禁止排入环境

　事故响应　火灾时，使用雾状水、泡沫、干粉、二氧化碳、砂土灭火。如皮肤（或头发）接触：立即脱掉所有被污染的衣服，用水冲洗皮肤，淋浴

　安全储存　存放在通风良好的地方。保持低温

　废弃处置　本品及内装物、容器依据国家和地方法规处置

物理和化学危险　易燃，其蒸气与空气混合，能形成爆炸性混合物。容易自聚

健康危害　本品对眼睛、皮肤、黏膜和呼吸道有刺激作用。吸入、摄入或经皮肤吸收后对身体有害

环境危害　对水生生物有害并具有长期持续影响

第三部分　成分/组成信息

✓ 物质		混合物
组分	浓度	CAS No.
2-甲基戊醛		123-15-9

第四部分　急救措施

吸入　迅速脱离现场至空气新鲜处。保持呼吸道通畅。如呼吸困难，给输氧。呼吸、心跳停止，立即进行心肺复苏术。就医

皮肤接触　立即脱去污染的衣着，用流动清水彻底冲洗。就医

眼睛接触　立即分开眼睑，用流动清水或生理盐水彻底冲洗。就医

食入　漱口，饮水。就医

对保护施救者的忠告　根据需要使用个人防护设备

对医生的特别提示　对症处理

第五部分　消防措施

灭火剂　用雾状水、泡沫、干粉、二氧化碳、砂土灭火

特别危险性　其蒸气与空气可形成爆炸性混合物，遇明火、高热能引起燃烧爆炸。与氧化剂可发生反应。容易自聚，聚合反应随着温度的上升而急骤加剧。蒸气比空气重，沿地面扩散并易积存于低洼处，遇火源会

着火回燃。若遇高热，容器内压增大，有开裂和爆炸的危险

灭火注意事项及防护措施 消防人员必须佩戴防毒面具、穿全身消防服，在上风向灭火。尽可能将容器从火场移至空旷处。喷水保持火场容器冷却，直至灭火结束。处在火场中的容器若已变色或从安全泄压装置中发出声音，必须马上撤离

第六部分 泄漏应急处理

作业人员防护措施、防护装备和应急处置程序 消除所有点火源。根据液体流动和蒸气扩散的影响区域划定警戒区，无关人员从侧风、上风向撤离至安全区。建议应急处理人员戴正压自给式呼吸器，穿防静电服。作业时使用的所有设备应接地。禁止接触或跨越泄漏物。尽可能切断泄漏源

环境保护措施 防止泄漏物进入水体、下水道、地下室或有限空间

泄漏化学品的收容、清除方法及所使用的处置材料 小量泄漏：用砂土或其他不燃材料吸收。使用洁净的无火花工具收集吸收材料。大量泄漏：构筑围堤或挖坑收容。用泡沫覆盖，减少蒸发。喷水雾能减少蒸发，但不能降低泄漏物在有限空间内的易燃性。用防爆泵转移至槽车或专用收集器内

第七部分 操作处置与储存

操作注意事项 密闭操作，局部排风。防止蒸气泄漏到工作场所空气中。操作人员必须经过专门培训，严格遵守操作规程。建议操作人员佩戴自吸过滤式防毒面具（半面罩），戴化学安全防护眼镜，穿防静电工作服，戴橡胶手套。远离火种、热源，工作场所严禁吸烟。使用防爆型的通风系统和设备。在清除液体和蒸气前不能进行焊接、切割等作业。避免产生烟雾。避免与氧化剂、还原剂、碱类接触。容器与传送设备要接地，防止产生静电。灌装时应控制流速，且有接地装置，防止静电积聚。配备相应品种和数量的消防器材及泄漏应急处理设备。倒空的容器可能残留有害物

储存注意事项 储存于阴凉、通风的库房。远离火种、热源。防止阳光直射。库温不宜超过 37℃，保持容器密封，严禁与空气接触。应与氧化剂、还原剂、碱类、食用化学品分开存放，切忌混储。采用防爆型照明、通风设施。禁止使用易产生火花的机械设备和工具。储区应备有泄漏应急处理设备和合适的收容材料

第八部分 接触控制/个体防护

职业接触限值
中国 未制定标准
美国（ACGIH） 未制定标准
生物接触限值 未制定标准
监测方法 空气中有毒物质测定方法：未制定标准。生物监测检验方法：未制定标准
工程控制 密闭操作，局部排风
个体防护装备
呼吸系统防护 空气中浓度超标时，必须佩戴过滤式防毒面具（半面罩）。紧急事态抢救或撤离时，应该佩戴空气呼吸器
眼睛防护 戴化学安全防护眼镜
皮肤和身体防护 穿防静电工作服
手防护 戴橡胶手套

第九部分 理化特性

外观与性状 无色液体。有果香味
pH 值 无资料　　　　**熔点(℃)** −100
沸点(℃) 118.3
相对密度(水＝1) 0.8102（20℃）
相对蒸气密度(空气＝1) 3.45
饱和蒸气压(kPa) 无资料
临界压力(MPa) 无资料　**辛醇/水分配系数** 无资料
闪点(℃) 16.67　　　**自燃温度(℃)** 199
爆炸下限(%) 无资料　**爆炸上限(%)** 无资料
分解温度(℃) 无资料
黏度(mPa·s) 0.56（20℃）
燃烧热(kJ/mol) 无资料　**临界温度(℃)** 无资料
溶解性 微溶于水，可混溶于乙醇、丙酮等有机溶剂

第十部分 稳定性和反应性

稳定性 稳定
危险反应 与强氧化剂、强还原剂、强碱等禁配物接触，有发生火灾和爆炸的危险。容易发生自聚反应
避免接触的条件 无资料
禁配物 强氧化剂、强还原剂、强碱
危险的分解产物 无资料

第十一部分 毒理学信息

急性毒性 LD_{50}：＞3200mg/kg（大鼠经口）；＞3200mg/kg（小鼠经口）
皮肤刺激或腐蚀 无资料　**眼睛刺激或腐蚀** 无资料
呼吸或皮肤过敏 无资料　**生殖细胞突变性** 无资料
致癌性 无资料　　　　**生殖毒性** 无资料
特异性靶器官系统毒性-一次接触 无资料
特异性靶器官系统毒性-反复接触 无资料
吸入危害 无资料

第十二部分 生态学信息

生态毒性 EC_{50}：27.7mg/L（48h）（大型溞）（OECD 202）。ErC_{50}：61mg/L（72h）（羊角月牙藻）（OECD 201）
持久性和降解性
生物降解性 不易快速生物降解（OECD 301F）
非生物降解性 无资料
潜在的生物累积性 无资料
土壤中的迁移性 无资料

第十三部分 废弃处置

废弃化学品 建议用焚烧法处置。在能利用的地方重复使用容器或在规定场所掩埋
污染包装物 将容器返还生产商或按照国家和地方法规

处置

废弃注意事项　处置前应参阅国家和地方有关法规

第十四部分　运输信息

联合国危险货物编号（UN 号）　2367
联合国运输名称　α-甲基戊醛
联合国危险性类别　3

包装类别　Ⅱ　　　　　**包装标志**

海洋污染物　否

运输注意事项　运输时运输车辆应配备相应品种和数量的消防器材及泄漏应急处理设备。夏季最好早晚运输。运输时所用的槽（罐）车应有接地链，槽内可设孔隔板以减少震荡产生的静电。严禁与氧化剂、还原剂、碱类、食用化学品等混装混运。运输途中应防暴晒、雨淋，防高温。中途停留时应远离火种、热源、高温区。装运该物品的车辆排气管必须配备阻火装置，禁止使用易产生火花的机械设备和工具装卸。公路运输时要按规定路线行驶，勿在居民区和人口稠密区停留。铁路运输时要禁止溜放。严禁用木船、水泥船散装运输

第十五部分　法规信息

下列法律、法规、规章和标准，对该化学品的管理作了相应的规定。

中华人民共和国职业病防治法　职业病分类和目录：未列入

危险化学品安全管理条例　危险化学品目录：列入。易制爆危险化学品名录：未列入。重点监管的危险化学品名录：未列入。GB 18218—2009《危险化学品重大危险源辨识》（表 1）：未列入

使用有毒物品作业场所劳动保护条例　高毒物品目录：未列入

易制毒化学品管理条例　易制毒化学品的分类和品种目录：未列入

国际公约　斯德哥尔摩公约：未列入。鹿特丹公约：未列入。蒙特利尔议定书：未列入

第十六部分　其他信息

编写和修订信息　　　**缩略语和首字母缩写**
培训建议　　　　　　**参考文献**
免责声明

3-甲基-1-戊炔-3-醇

第一部分　化学品标识

化学品中文名　3-甲基-1-戊炔-3-醇；2-乙炔-2-丁醇
化学品英文名　3-methyl-1-pentyn-3-ol; ethylethynyl methyl carbinol

分子式　$C_6H_{10}O$　**分子量**　98.143

结构式　

化学品的推荐及限制用途　用作氯化溶剂的稳定剂、电镀光亮剂、有机合成中间体、溶剂

第二部分　危险性概述

紧急情况概述　易燃液体和蒸气，吞咽有害，造成严重眼损伤

GHS 危险性类别　易燃液体，类别 3；急性毒性-经口，类别 4；严重眼损伤/眼刺激，类别 1

标签要素

象形图

警示词　危险

危险性说明　易燃液体和蒸气，吞咽有害，造成严重眼损伤

防范说明

预防措施　远离热源、火花、明火、热表面。保持容器密闭。容器和接收设备接地连接。使用防爆型电器、通风、照明设备。只能使用不产生火花的工具。采取防止静电措施。戴防护手套、防护眼镜、防护面罩。避免接触眼睛、皮肤，操作后彻底清洗。作业场所不得进食、饮水或吸烟

事故响应　火灾时，使用雾状水、泡沫、干粉、二氧化碳、砂土灭火。如皮肤（或头发）接触：立即脱掉所有被污染的衣服，用水冲洗皮肤、淋浴。接触眼睛：用水细心冲洗数分钟。如戴隐形眼镜并可方便地取出，取出隐形眼镜，继续冲洗。食入：如果感觉不适，立即呼叫中毒控制中心或就医，漱口

安全储存　存放在通风良好的地方。保持低温

废弃处置　本品及内装物、容器依据国家和地方法规处置

物理和化学危险　易燃，其蒸气与空气混合，能形成爆炸性混合物。容易自聚

健康危害　吸入、摄入或经皮肤吸收后对身体有害。对皮肤、眼睛具有刺激作用。眼接触引起严重损害

环境危害　对环境可能有害

第三部分　成分/组成信息

√ 物质　　　　　　　混合物

组分	浓度	CAS No.
3-甲基-1-戊炔-3-醇		77-75-8

第四部分　急救措施

吸入　迅速脱离现场至空气新鲜处。保持呼吸道通畅。如呼吸困难，给输氧。呼吸、心跳停止，立即进行心肺复苏术。就医

皮肤接触　立即脱去污染的衣着，用流动清水彻底冲洗。就医

眼睛接触　立即分开眼睑，用流动清水或生理盐水彻底冲洗 5～10min。就医

食入 漱口，饮水。就医
对保护施救者的忠告 根据需要使用个人防护设备
对医生的特别提示 对症处理

第五部分 消防措施

灭火剂 用雾状水、泡沫、干粉、二氧化碳、砂土灭火
特别危险性 其蒸气与空气可形成爆炸性混合物，遇明火、高热能引起燃烧爆炸。与氧化剂可发生反应。容易自聚，聚合反应随着温度的上升而急骤加剧。蒸气比空气重，沿地面扩散并易积存于低洼处，遇火源会着火回燃。若遇高热，容器内压增大，有开裂和爆炸的危险
灭火注意事项及防护措施 消防人员必须佩戴防毒面具、穿全身消防服，在上风向灭火。尽可能将容器从火场移至空旷处。喷水保持火场容器冷却，直至灭火结束。处在火场中的容器若已变色或从安全泄压装置中发出声音，必须马上撤离

第六部分 泄漏应急处理

作业人员防护措施、防护装备和应急处置程序 消除所有点火源。根据液体流动和蒸气扩散的影响区域划定警戒区，无关人员从侧风向、上风向撤离至安全区。建议应急处理人员戴正压自给式呼吸器，穿防静电服。作业时使用的所有设备应接地。禁止接触或跨越泄漏物。尽可能切断泄漏源
环境保护措施 防止泄漏物进入水体、下水道、地下室或有限空间
泄漏化学品的收容、清除方法及所使用的处置材料 小量泄漏：用砂土或其他不燃材料吸收。使用洁净的无火花工具收集吸收材料。大量泄漏：构筑围堤或挖坑收容。用抗溶性泡沫覆盖，减少蒸发。喷水雾能减少蒸发，但不能降低泄漏物在有限空间内的易燃性。用防爆泵转移至槽车或专用收集器内

第七部分 操作处置与储存

操作注意事项 密闭操作，全面通风。操作人员必须经过专门培训，严格遵守操作规程。建议操作人员佩戴自吸过滤式防毒面具（半面罩），戴化学安全防护眼镜，穿防毒物渗透工作服，戴橡胶手套。远离火种、热源，工作场所严禁吸烟。使用防爆型的通风系统和设备。防止蒸气泄漏到工作场所空气中。避免与氧化剂、还原剂、酸类接触。搬运时要轻装轻卸，防止包装及容器损坏。配备相应品种和数量的消防器材及泄漏应急处理设备。倒空的容器可能残留有害物
储存注意事项 通常商品加有阻聚剂。储存于阴凉、通风的库房。远离火种、热源。库温不宜超过37℃，包装要求密封，不可与空气接触。应与氧化剂、还原剂、酸类、食用化学品分开存放，切忌混储。采用防爆型照明、通风设施。禁止使用易产生火花的机械设备和工具。储区应备有泄漏应急处理设备和合适的收容材料

第八部分 接触控制/个体防护

职业接触限值
中国 未制定标准

美国（ACGIH） 未制定标准
生物接触限值 未制定标准
监测方法 空气中有毒物质测定方法：未制定标准。生物监测检验方法：未制定标准
工程控制 生产过程密闭，全面通风
个体防护装备
呼吸系统防护 空气中浓度超标时，必须佩戴过滤式防毒面具（半面罩）。紧急事态抢救或撤离时，应该佩戴空气呼吸器
眼睛防护 戴化学安全防护眼镜
皮肤和身体防护 穿防毒物渗透工作服
手防护 戴橡胶手套

第九部分 理化特性

外观与性状 无色液体，有酸的气味和焦灼味

pH值 无资料		熔点（℃） −30.6	
沸点（℃） 122		相对密度（水=1） 0.87	

相对蒸气密度（空气=1） 3.38
饱和蒸气压（kPa） 无资料
临界压力（MPa） 无资料　辛醇/水分配系数 无资料
闪点（℃） 26　　　　自燃温度（℃） 无资料
爆炸下限（%） 无资料　爆炸上限（%） 无资料
分解温度（℃） 无资料　黏度（mPa·s） 无资料
燃烧热（kJ/mol） 无资料　临界温度（℃） 无资料
溶解性 溶于水，溶于乙醇

第十部分 稳定性和反应性

稳定性 稳定
危险反应 与强酸、强氧化剂、强还原剂、酰基氯、酸酐等禁配物接触，有发生火灾和爆炸的危险。容易发生自聚反应
避免接触的条件 受热
禁配物 强酸、强氧化剂、强还原剂、酰基氯、酸酐
危险的分解产物 无资料

第十一部分 毒理学信息

急性毒性 LD_{50}：300mg/kg（大鼠经口）；537mg/kg（大鼠腹腔）；525mg/kg（小鼠经口）
皮肤刺激或腐蚀 无资料　眼睛刺激或腐蚀 无资料
呼吸或皮肤过敏 无资料　生殖细胞突变性 无资料
致癌性 无资料　　　生殖毒性 无资料
特异性靶器官系统毒性-一次接触 无资料
特异性靶器官系统毒性-反复接触 无资料
吸入危害 无资料

第十二部分 生态学信息

生态毒性 LC_{100}：2200mg/L（96h）（圆腹雅罗鱼）；EC_{50}：>500mg/L（48h）（大型溞）
持久性和降解性
生物降解性 OECD 301E，不易快速生物降解
非生物降解性 无资料
潜在的生物累积性 根据K_{ow}值预测，该物质的生物累积性可能较弱

土壤中的迁移性　根据 K_{oc} 值预测，该物质可能易发生迁移

第十三部分　废弃处置

废弃化学品　建议用焚烧法处置

污染包装物　将容器返还生产商或按照国家和地方法规处置

废弃注意事项　处置前应参阅国家和地方有关法规

第十四部分　运输信息

联合国危险货物编号（UN号）　1987

联合国运输名称　醇类，未另作规定的（3-甲基-1-戊炔-3-醇）

联合国危险性类别　3

包装类别　Ⅲ　　　　　　包装标志

海洋污染物　否

运输注意事项　运输时运输车辆应配备相应品种和数量的消防器材及泄漏应急处理设备。夏季最好早晚运输。运输时所用的槽（罐）车应有接地链，槽内可设孔隔板以减少震荡产生的静电。严禁与氧化剂、还原剂、酸类、食用化学品等混装混运。运输途中应防暴晒、雨淋，防高温。中途停留时应远离火种、热源、高温区。装运该物品的车辆排气管必须配备阻火装置，禁止使用易产生火花的机械设备和工具装卸。公路运输时要按规定路线行驶。铁路运输时要禁止溜放。严禁用木船、水泥船散装运输

第十五部分　法规信息

下列法律、法规、规章和标准，对该化学品的管理作了相应的规定。

中华人民共和国职业病防治法　职业病分类和目录：未列入

危险化学品安全管理条例　危险化学品目录：列入。易制爆危险化学品名录：未列入。重点监管的危险化学品名录：未列入。GB 18218—2009《危险化学品重大危险源辨识》（表1）：未列入

使用有毒物品作业场所劳动保护条例　高毒物品目录：未列入

易制毒化学品管理条例　易制毒化学品的分类和品种目录：未列入

国际公约　斯德哥尔摩公约：未列入。鹿特丹公约：未列入。蒙特利尔议定书：未列入

第十六部分　其他信息

编写和修订信息　　　缩略语和首字母缩写

培训建议　　　　　　参考文献

免责声明

2-甲基-3-戊酮

第一部分　化学品标识

化学品中文名　2-甲基-3-戊酮；乙基异丙基甲酮；乙基异丙基（甲）酮

化学品英文名　ethyl isopropyl ketone；2-methyl-3-pentanone

分子式　$C_6H_{12}O$　分子量　100.1589

结构式

化学品的推荐及限制用途　用作溶剂

第二部分　危险性概述

紧急情况概述　高度易燃液体和蒸气

GHS危险性类别　易燃液体，类别2

标签要素

象形图　　　

警示词　危险

危险性说明　高度易燃液体和蒸气

防范说明

预防措施　远离热源、火花、明火、热表面。禁止吸烟。保持容器密闭。容器和接收设备接地连接。使用防爆型电器、通风、照明设备。只能使用不产生火花的工具。采取防止静电措施。戴防护手套、防护眼镜、防护面罩

事故响应　火灾时，使用雾状水、泡沫、干粉、二氧化碳、砂土灭火。如皮肤（或头发）接触：立即脱掉所有被污染的衣服，用水冲洗皮肤，淋浴

安全储存　存放在通风良好的地方。保持低温

废弃处置　本品及内装物、容器依据国家和地方法规处置

物理和化学危险　易燃，其蒸气与空气混合，能形成爆炸性混合物

健康危害　吸入、摄入或经皮肤吸收后对身体有害。有刺激作用

环境危害　对环境可能有害

第三部分　成分/组成信息

√　物质　　　　　　　　混合物

组分	浓度	CAS No.
2-甲基-3-戊酮		565-69-5

第四部分　急救措施

吸入　迅速脱离现场至空气新鲜处。保持呼吸道通畅。如呼吸困难，给输氧。呼吸、心跳停止，立即进行心肺复苏术。就医

皮肤接触　立即脱去污染的衣着，用流动清水彻底冲洗。就医

眼睛接触　立即分开眼睑，用流动清水或生理盐水彻底冲洗。就医

食入　漱口，饮水。就医

对保护施救者的忠告　根据需要使用个人防护设备

对医生的特别提示　对症处理

第五部分　消防措施

灭火剂　用雾状水、泡沫、干粉、二氧化碳、砂土灭火

特别危险性　其蒸气与空气可形成爆炸性混合物，遇明火、高热极易燃烧爆炸。与氧化剂接触猛烈反应。流速过快，容易产生和积聚静电。若遇高热，容器内压增大，有开裂和爆炸的危险

灭火注意事项及防护措施　消防人员必须佩戴防毒面具、穿全身消防服，在上风向灭火。尽可能将容器从火场移至空旷处。喷水保持火场容器冷却，直至灭火结束。处在火场中的容器若已变色或从安全泄压装置中发出声音，必须马上撤离

第六部分　泄漏应急处理

作业人员防护措施、防护装备和应急处置程序　消除所有点火源。根据液体流动和蒸气扩散的影响区域划定警戒区，无关人员从侧风、上风向撤离至安全区。建议应急处理人员戴正压自给式呼吸器，穿防静电服。作业时使用的所有设备应接地。禁止接触或跨越泄漏物。尽可能切断泄漏源

环境保护措施　防止泄漏物进入水体、下水道、地下室或有限空间

泄漏化学品的收容、清除方法及所使用的处置材料　小量泄漏：用砂土或其他不燃材料吸收。使用洁净的无火花工具收集吸收材料。大量泄漏：构筑围堤或挖坑收容。用泡沫覆盖，减少蒸发。喷水雾能减少蒸发，但不能降低泄漏物在有限空间内的易燃性。用防爆泵转移至槽车或专用收集器内

第七部分　操作处置与储存

操作注意事项　密闭操作，注意通风。操作人员必须经过专门培训，严格遵守操作规程。建议操作人员佩戴自吸过滤式防毒面具（半面罩），戴化学安全防护眼镜，穿防静电工作服，戴橡胶耐油手套。远离火种、热源，工作场所严禁吸烟。使用防爆型的通风系统和设备。防止蒸气泄漏到工作场所空气中。避免与氧化剂接触。充装要控制流速，防止静电积聚。搬运时要轻装轻卸，防止包装及容器损坏。配备相应品种和数量的消防器材及泄漏应急处理设备。倒空的容器可能残留有害物

储存注意事项　储存于阴凉、通风的库房。远离火种、热源。库温不宜超过37℃，应与氧化剂分开存放，切忌混储。采用防爆型照明、通风设施。禁止使用易产生火花的机械设备和工具。储区应备有泄漏应急处理设备和合适的收容材料

第八部分　接触控制/个体防护

职业接触限值

中国　未制定标准

美国（ACGIH）　未制定标准

生物接触限值　未制定标准

监测方法　空气中有毒物质测定方法：未制定标准。生物监测检验方法：未制定标准

工程控制　密闭操作，注意通风

个体防护装备

呼吸系统防护　空气中浓度超标时，必须佩戴过滤式防毒面具（半面罩）。紧急事态抢救或撤离时，应该佩戴空气呼吸器

眼睛防护　戴化学安全防护眼镜

皮肤和身体防护　穿防静电工作服

手防护　戴橡胶耐油手套

第九部分　理化特性

外观与性状　无色液体　　**pH值**　无资料

熔点（℃）　无资料

沸点（℃）　114.5～115（99.31kPa）

相对密度（水＝1）　0.811

相对蒸气密度（空气＝1）　无资料

饱和蒸气压（kPa）　99.31（114.5℃）

临界压力（MPa）　无资料　　**辛醇/水分配系数**　无资料

闪点（℃）　13.89　　**自燃温度（℃）**　无资料

爆炸下限（%）　无资料　　**爆炸上限（%）**　无资料

分解温度（℃）　无资料　　**黏度（mPa·s）**　无资料

燃烧热（kJ/mol）　无资料　　**临界温度（℃）**　无资料

溶解性　微溶于水，易溶于乙醇、苯，可混溶于丙酮

第十部分　稳定性和反应性

稳定性　稳定

危险反应　与强氧化剂等禁配物接触，有引起燃烧爆炸的危险

避免接触的条件　无资料

禁配物　强氧化剂

危险的分解产物　无资料

第十一部分　毒理学信息

急性毒性　无资料

皮肤刺激或腐蚀　无资料　　**眼睛刺激或腐蚀**　无资料

呼吸或皮肤过敏　无资料　　**生殖细胞突变性**　无资料

致癌性　无资料　　　　**生殖毒性**　无资料

特异性靶器官系统毒性-一次接触　无资料

特异性靶器官系统毒性-反复接触　无资料

吸入危害　无资料

第十二部分　生态学信息

生态毒性　无资料

持久性和降解性

生物降解性　无资料

非生物降解性　无资料

潜在的生物累积性　无资料

土壤中的迁移性　无资料

第十三部分　废弃处置

废弃化学品　建议用焚烧法处置

污染包装物　将容器返还生产商或按照国家和地方法规处置

废弃注意事项　处置前应参阅国家和地方有关法规

第十四部分 运输信息

联合国危险货物编号（UN 号） 1224

联合国运输名称 液态酮类，未另作规定的（2-甲基-3-戊酮）

联合国危险性类别 3

包装类别 Ⅱ   **包装标志**

海洋污染物 否

运输注意事项 运输时运输车辆应配备相应品种和数量的消防器材及泄漏应急处理设备。夏季最好早晚运输。运输时所用的槽（罐）车应有接地链，槽内可设孔隔板以减少震荡产生的静电。严禁与氧化剂、食用化学品等混装混运。运输途中应防暴晒、雨淋，防高温。中途停留时应远离火种、热源、高温区。装运该物品的车辆排气管必须配备阻火装置，禁止使用易产生火花的机械设备和工具装卸。公路运输时要按规定路线行驶。铁路运输时要禁止溜放。严禁用木船、水泥船散装混运

第十五部分 法规信息

下列法律、法规、规章和标准，对该化学品的管理作了相应的规定。

中华人民共和国职业病防治法 职业病分类和目录：未列入

危险化学品安全管理条例 危险化学品目录：列入。易制爆危险化学品名录：未列入。重点监管的危险化学品名录：未列入。GB 18218—2009《危险化学品重大危险源辨识》（表 1）：未列入

使用有毒物品作业场所劳动保护条例 高毒物品目录：未列入

易制毒化学品管理条例 易制毒化学品的分类和品种目录：未列入

国际公约 斯德哥尔摩公约：未列入。鹿特丹公约：未列入。蒙特利尔议定书：未列入

第十六部分 其他信息

编写和修订信息   缩略语和首字母缩写
培训建议   参考文献
免责声明

3-甲基-2-戊酮

第一部分 化学品标识

化学品中文名 3-甲基-2-戊酮；甲基仲丁基酮；甲基仲丁基（甲）酮

化学品英文名 3-methyl-2-pentanone；*sec*-butyl methyl ketone

分子式 $C_6H_{12}O$ **分子量** 100.1589

结构式

化学品的推荐及限制用途 用作溶剂

第二部分 危险性概述

紧急情况概述 高度易燃液体和蒸气

GHS 危险性类别 易燃液体，类别 2

标签要素

象形图

警示词 危险

危险性说明 高度易燃液体和蒸气

防范说明

预防措施 远离热源、火花、明火、热表面。禁止吸烟。保持容器密闭。容器和接收设备接地连接。使用防爆型电器、通风、照明设备。只能使用不产生火花的工具。采取防止静电措施。戴防护手套、防护眼镜、防护面罩

事故响应 火灾时，使用雾状水、泡沫、干粉、二氧化碳、砂土灭火。如皮肤（或头发）接触：立即脱掉所有被污染的衣服，用水冲洗皮肤，淋浴

安全储存 存放在通风良好的地方。保持低温

废弃处置 本品及内装物、容器依据国家和地方法规处置

物理和化学危险 易燃，其蒸气与空气混合，能形成爆炸性混合物

健康危害 本品具有刺激性

环境危害 对环境可能有害

第三部分 成分/组成信息

√ 物质   混合物

组分	浓度	CAS No.
3-甲基-2-戊酮		565-61-7

第四部分 急救措施

吸入 迅速脱离现场至空气新鲜处。保持呼吸道通畅。如呼吸困难，给输氧。呼吸、心跳停止，立即进行心肺复苏术。就医

皮肤接触 立即脱去污染的衣着，用流动清水彻底冲洗。就医

眼睛接触 立即分开眼睑，用流动清水或生理盐水彻底冲洗。就医

食入 漱口，饮水。就医

对保护施救者的忠告 根据需要使用个人防护设备

对医生的特别提示 对症处理

第五部分 消防措施

灭火剂 用雾状水、泡沫、干粉、二氧化碳、砂土灭火

特别危险性 其蒸气与空气可形成爆炸性混合物，遇明火、高热极易燃烧爆炸。与氧化剂接触猛烈反应。流速过快，容易产生和积聚静电。若遇高热，容器内压增大，有开裂和爆炸的危险

灭火注意事项及防护措施 消防人员必须佩戴防毒面具、穿全身消防服，在上风向灭火。尽可能将容器从火场移至空旷处。喷水保持火场容器冷却，直至灭火结束。处在火场中的容器若已变色或从安全泄压装置中发出声音，必须马上撤离

第六部分 泄漏应急处理

作业人员防护措施、防护装备和应急处置程序 消除所有点火源。根据液体流动和蒸气扩散的影响区域划定警戒区，无关人员从侧风向、上风向撤离至安全区。建议应急处理人员戴正压自给式呼吸器，穿防静电服。作业时使用的所有设备应接地。禁止接触或跨越泄漏物。尽可能切断泄漏源

环境保护措施 防止泄漏物进入水体、下水道、地下室或有限空间

泄漏化学品的收容、清除方法及所使用的处置材料 小量泄漏：用砂土或其他不燃材料吸收。使用洁净的无火花工具收集吸收材料。大量泄漏：构筑围堤或挖坑收容。用泡沫覆盖，减少蒸发。喷水雾能减少蒸发，但不能降低泄漏物在有限空间内的易燃性。用防爆泵转移至槽车或专用收集器内

第七部分 操作处置与储存

操作注意事项 密闭操作，注意通风。操作人员必须经过专门培训，严格遵守操作规程。建议操作人员佩戴自吸过滤式防毒面具（半面罩），戴化学安全防护眼镜，穿防静电工作服，戴橡胶耐油手套。远离火种、热源，工作场所严禁吸烟。使用防爆型的通风系统和设备。防止蒸气泄漏到工作场所空气中。避免与氧化剂、还原剂、碱类接触。灌装时应控制流速，且有接地装置，防止静电积聚。搬运时要轻装轻卸，防止包装及容器损坏。配备相应品种和数量的消防器材及泄漏应急处理设备。倒空的容器可能残留有害物

储存注意事项 储存于阴凉、通风的库房。远离火种、热源。库温不宜超过37℃，应与氧化剂、还原剂、碱类分开存放，切忌混储。采用防爆型照明、通风设施。禁止使用易产生火花的机械设备和工具。储区应备有泄漏应急处理设备和合适的收容材料

第八部分 接触控制/个体防护

职业接触限值
    中国 未制定标准
    美国（ACGIH） 未制定标准
生物接触限值 未制定标准
监测方法 空气中有毒物质测定方法：未制定标准。生物监测检验方法：未制定标准
工程控制 密闭操作，注意通风
个体防护装备
    呼吸系统防护 空气中浓度超标时，必须佩戴过滤式防毒面具（半面罩）。紧急事态抢救或撤离时，应该佩戴空气呼吸器
    眼睛防护 戴化学安全防护眼镜
    皮肤和身体防护 穿防静电工作服

    手防护 戴橡胶耐油手套

第九部分 理化特性

外观与性状 无色液体   **pH 值** 无资料
熔点（℃） 无资料   **沸点（℃）** 118
相对密度（水＝1） 0.815
相对蒸气密度（空气＝1） 无资料
饱和蒸气压（kPa） 101.04（118℃）
临界压力（MPa） 无资料   **辛醇/水分配系数** 无资料
闪点（℃） 12.22   **自燃温度（℃）** 无资料
爆炸下限（%） 无资料   **爆炸上限（%）** 无资料
分解温度（℃） 无资料   **黏度（mPa·s）** 无资料
燃烧热（kJ/mol） 无资料   **临界温度（℃）** 无资料
溶解性 微溶于水，可混溶于乙醇、乙醚

第十部分 稳定性和反应性

稳定性 稳定
危险反应 与强氧化剂、强还原剂、强碱等禁配物接触，有发生火灾和爆炸的危险
避免接触的条件 无资料
禁配物 强氧化剂、强还原剂、强碱
危险的分解产物 无资料

第十一部分 毒理学信息

急性毒性 无资料
皮肤刺激或腐蚀 无资料   **眼睛刺激或腐蚀** 无资料
呼吸或皮肤过敏 无资料   **生殖细胞突变性** 无资料
致癌性 无资料   **生殖毒性** 无资料
特异性靶器官系统毒性--次接触 无资料
特异性靶器官系统毒性-反复接触 无资料
吸入危害 无资料

第十二部分 生态学信息

生态毒性 无资料
持久性和降解性
    生物降解性 无资料
    非生物降解性 无资料
潜在的生物累积性 无资料
土壤中的迁移性 无资料

第十三部分 废弃处置

废弃化学品 用焚烧法处置
污染包装物 将容器返还生产商或按照国家和地方法规处置
废弃注意事项 处置前应参阅国家和地方有关法规

第十四部分 运输信息

联合国危险货物编号（UN号） 1224
联合国运输名称 液态酮类，未另作规定的（3-甲基-2-戊酮）
联合国危险性类别 3

包装类别 Ⅱ   **包装标志**

海洋污染物　否

运输注意事项　运输时运输车辆应配备相应品种和数量的消防器材及泄漏应急处理设备。夏季最好早晚运输。运输时所用的槽（罐）车应有接地链，槽内可设孔隔板以减少震荡产生的静电。严禁与氧化剂、还原剂、碱类、食用化学品等混装混运。运输途中应防暴晒、雨淋，防高温。中途停留时应远离火种、热源、高温区。装运该物品的车辆排气管必须配备阻火装置，禁止使用易产生火花的机械设备和工具装卸。公路运输时要按规定路线行驶。铁路运输时要禁止溜放。严禁用木船、水泥船散装运输

第十五部分　法规信息

下列法律、法规、规章和标准，对该化学品的管理作了相应的规定。

中华人民共和国职业病防治法　职业病分类和目录：未列入

危险化学品安全管理条例　危险化学品目录：列入。易制爆危险化学品名录：未列入。重点监管的危险化学品名录：未列入。GB 18218—2009《危险化学品重大危险源辨识》（表1）：未列入

使用有毒物品作业场所劳动保护条例　高毒物品目录：未列入

易制毒化学品管理条例　易制毒化学品的分类和品种目录：未列入

国际公约　斯德哥尔摩公约：未列入。鹿特丹公约：未列入。蒙特利尔议定书：未列入

第十六部分　其他信息

编写和修订信息　　　缩略语和首字母缩写
培训建议　　　　　　参考文献
免责声明

2-甲基-1-戊烯

第一部分　化学品标识

化学品中文名　2-甲基-1-戊烯
化学品英文名　2-methyl-1-pentene
分子式　C_6H_{12}　**分子量**　84.1595
结构式
化学品的推荐及限制用途　用于有机合成

第二部分　危险性概述

紧急情况概述　高度易燃液体和蒸气
GHS危险性类别　易燃液体，类别2
标签要素

象形图

警示词　危险
危险性说明　高度易燃液体和蒸气

防范说明

预防措施　远离热源、火花、明火、热表面。禁止吸烟。保持容器密闭。容器和接收设备接地连接。使用防爆型电器、通风、照明设备。只能使用不产生火花的工具。采取防止静电措施。戴防护手套、防护眼镜、防护面罩

事故响应　火灾时，使用泡沫、干粉、二氧化碳、砂土灭火。如皮肤（或头发）接触：立即脱掉所有被污染的衣服，用水冲洗皮肤，淋浴

安全储存　存放在通风良好的地方。保持低温

废弃处置　本品及内装物、容器依据国家和地方法规处置

物理和化学危险　极易燃，其蒸气与空气混合，能形成爆炸性混合物

健康危害　蒸气或雾对眼、黏膜和上呼吸道有刺激性，接触后出现烧灼感、咳嗽、喘息、喉炎、气短、头痛、恶心和呕吐

环境危害　对环境可能有害

第三部分　成分/组成信息

√ 物质　　　　　　　　　混合物

组分	浓度	CAS No.
2-甲基-1-戊烯		763-29-1

第四部分　急救措施

吸入　迅速脱离现场至空气新鲜处。保持呼吸道通畅。如呼吸困难，给输氧。呼吸、心跳停止，立即进行心肺复苏术。就医

皮肤接触　立即脱去污染的衣着，用流动清水彻底冲洗。就医

眼睛接触　立即分开眼睑，用流动清水或生理盐水彻底冲洗。就医

食入　漱口，饮水。就医

对保护施救者的忠告　根据需要使用个人防护设备
对医生的特别提示　对症处理

第五部分　消防措施

灭火剂　用泡沫、干粉、二氧化碳、砂土灭火

特别危险性　其蒸气与空气可形成爆炸性混合物，遇明火、高热极易燃烧爆炸。与氧化剂接触猛烈反应。流速过快，容易产生和积聚静电。容易自聚，聚合反应随着温度的上升而急骤加剧。蒸气比空气重，沿地面扩散并易积存于低洼处，遇火源会着火回燃。若遇高热，容器内压增大，有开裂和爆炸的危险

灭火注意事项及防护措施　消防人员必须佩戴防毒面具、穿全身消防服，在上风向灭火。尽可能将容器从火场移至空旷处。喷水保持火场容器冷却，直至灭火结束。处在火场中的容器若已变色或从安全泄压装置中发出声音，必须马上撤离。用水灭火无效

第六部分　泄漏应急处理

作业人员防护措施、防护装备和应急处置程序　消除所有点火源。根据液体流动和蒸气扩散的影响区域划定警

戒区，无关人员从侧风、上风向撤离至安全区。建议应急处理人员戴正压自给式呼吸器，穿防静电服。作业时使用的所有设备应接地。禁止接触或跨越泄漏物。尽可能切断泄漏源

环境保护措施　防止泄漏物进入水体、下水道、地下室或有限空间

泄漏化学品的收容、清除方法及所使用的处置材料　小量泄漏：用砂土或其他不燃材料吸收。使用洁净的无火花工具收集吸收材料。大量泄漏：构筑围堤或挖坑收容。用泡沫覆盖，减少蒸发。喷水雾能减少蒸发，但不能降低泄漏物在有限空间内的易燃性。用防爆泵转移至槽车或专用收集器内

第七部分　操作处置与储存

操作注意事项　密闭操作，全面通风。操作人员必须经过专门培训，严格遵守操作规程。建议操作人员佩戴自吸过滤式防毒面具（半面罩），戴化学安全防护眼镜，穿防静电工作服，戴橡胶耐油手套。远离火种、热源，工作场所严禁吸烟。使用防爆型的通风系统和设备。防止蒸气泄漏到工作场所空气中。避免与氧化剂、酸类接触。灌装时应控制流速，且有接地装置，防止静电积聚。搬运时要轻装轻卸，防止包装及容器损坏。配备相应品种和数量的消防器材及泄漏应急处理设备。倒空的容器可能残留有害物

储存注意事项　储存于阴凉、通风的库房。远离火种、热源。库温不宜超过29℃，保持容器密封。应与氧化剂、酸类分开存放，切忌混储。不宜大量储存或久存。采用防爆型照明、通风设施。禁止使用易产生火花的机械设备和工具。储区应备有泄漏应急处理设备和合适的收容材料

第八部分　接触控制/个体防护

职业接触限值

中国　未制定标准

美国（ACGIH）　未制定标准

生物接触限值　未制定标准

监测方法　空气中有毒物质测定方法：未制定标准。生物监测检验方法：未制定标准

工程控制　生产过程密闭，全面通风。提供安全淋浴和洗眼设备

个体防护装备

呼吸系统防护　空气中浓度超标时，必须佩戴过滤式防毒面具（半面罩）。紧急事态抢救或撤离时，应该佩戴空气呼吸器

眼睛防护　戴化学安全防护眼镜

皮肤和身体防护　穿防静电工作服

手防护　戴橡胶耐油手套

第九部分　理化特性

外观与性状　无色易挥发液体，有不愉快的气味

pH 值　无资料　　　　**熔点(℃)**　−136

沸点(℃)　62.2　　　　**相对密度(水＝1)**　0.682

相对蒸气密度(空气＝1)　2.9

饱和蒸气压(kPa)　43.46（37.3℃）

临界压力(MPa)　无资料　　**辛醇/水分配系数**　无资料

闪点(℃)　−26.11　　　**自燃温度(℃)**　300

爆炸下限(%)　1.2　　　**爆炸上限(%)**　无资料

分解温度(℃)　无资料　　**黏度(mPa·s)**　无资料

燃烧热(kJ/mol)　无资料　**临界温度(℃)**　无资料

溶解性　不溶于水，溶于醇

第十部分　稳定性和反应性

稳定性　稳定

危险反应　与强氧化剂、酸类、卤代烃、卤素等禁配物接触，有引起燃烧爆炸的危险。容易发生自聚反应

避免接触的条件　受热、光照

禁配物　强氧化剂、酸类、卤代烃、卤素等

危险的分解产物　无资料

第十一部分　毒理学信息

急性毒性　LC₅₀：$93000mg/m^3$（大鼠吸入，4h）

皮肤刺激或腐蚀　无资料　**眼睛刺激或腐蚀**　无资料

呼吸或皮肤过敏　无资料　**生殖细胞突变性**　无资料

致癌性　无资料　　　　**生殖毒性**　无资料

特异性靶器官系统毒性-一次接触　无资料

特异性靶器官系统毒性-反复接触　无资料

吸入危害　无资料

第十二部分　生态学信息

生态毒性　无资料

持久性和降解性

生物降解性　无资料

非生物降解性　无资料

潜在的生物累积性　无资料

土壤中的迁移性　无资料

第十三部分　废弃处置

废弃化学品　建议用焚烧法处置

污染包装物　将容器返还生产商或按照国家和地方法规处置

废弃注意事项　处置前应参阅国家和地方有关法规

第十四部分　运输信息

联合国危险货物编号（UN 号）　2288

联合国运输名称　异己烯

联合国危险性类别　3

包装类别　Ⅱ　　　　　　**包装标志**　

海洋污染物　否

运输注意事项　运输时运输车辆应配备相应品种和数量的消防器材及泄漏应急处理设备。夏季最好早晚运输。运输时所用的槽（罐）车应有接地链，槽内可设孔隔板以减少震荡产生的静电。严禁与氧化剂、酸类、食用化学品等混装混运。运输途中应防暴晒、雨淋、防

高温。中途停留时应远离火种、热源、高温区。装运该物品的车辆排气管必须配备阻火装置，禁止使用易产生火花的机械设备和工具装卸。公路运输时要按规定路线行驶，勿在居民区和人口稠密区停留。铁路运输时要禁止溜放。严禁用木船、水泥船散装运输

第十五部分　法规信息

下列法律、法规、规章和标准，对该化学品的管理作了相应的规定。

中华人民共和国职业病防治法　职业病分类和目录：未列入

危险化学品安全管理条例　危险化学品目录：列入。易制爆危险化学品名录：未列入。重点监管的危险化学品名录：未列入。GB 18218—2009《危险化学品重大危险源辨识》（表1）：未列入

使用有毒物品作业场所劳动保护条例　高毒物品目录：未列入

易制毒化学品管理条例　易制毒化学品的分类和品种目录：未列入

国际公约　斯德哥尔摩公约：未列入。鹿特丹公约：未列入。蒙特利尔议定书：未列入

第十六部分　其他信息

编写和修订信息　　　　缩略语和首字母缩写
培训建议　　　　　　　参考文献
免责声明

2-甲基-2-戊烯

第一部分　化学品标识

化学品中文名　2-甲基-2-戊烯
化学品英文名　2-methyl-2-pentene
分子式　C_6H_{12}　**分子量**　84.1595
结构式　
化学品的推荐及限制用途　用于有机合成

第二部分　危险性概述

紧急情况概述　高度易燃液体和蒸气
GHS危险性类别　易燃液体，类别2
标签要素

象形图　

警示词　危险
危险性说明　高度易燃液体和蒸气
防范说明

预防措施　远离热源、火花、明火、热表面。禁止吸烟。保持容器密闭。容器和接收设备接地连接。使用防爆型电器、通风、照明设备。只能使用不产生火花的工具。采取防止静电措施。戴防护手套、防护眼镜、防护面罩

事故响应　火灾时，使用泡沫、干粉、二氧化碳、

砂土灭火。如皮肤（或头发）接触：立即脱掉所有被污染的衣服，用水冲洗皮肤，淋浴

安全储存　存放在通风良好的地方。保持低温

废弃处置　本品及内装物、容器依据国家和地方法规处置

物理和化学危险　极易燃，其蒸气与空气混合，能形成爆炸性混合物

健康危害　吸入或摄入对身体有害。蒸气或雾对眼、黏膜和上呼吸道有刺激性。对皮肤有刺激性。接触后出现烧灼感、咳嗽、喘息、喉炎、气短、头痛、恶心和呕吐

环境危害　对环境可能有害

第三部分　成分/组成信息

√ 物质　　　　　　　　　混合物

组分	浓度	CAS No.
2-甲基-2-戊烯		625-27-4

第四部分　急救措施

吸入　迅速脱离现场至空气新鲜处。保持呼吸道通畅。如呼吸困难，给输氧。呼吸、心跳停止，立即进行心肺复苏术。就医

皮肤接触　立即脱去污染的衣着，用流动清水彻底冲洗。就医

眼睛接触　立即分开眼睑，用流动清水或生理盐水彻底冲洗。就医

食入　漱口；饮水。就医

对保护施救者的忠告　根据需要使用个人防护设备

对医生的特别提示　对症处理

第五部分　消防措施

灭火剂　用泡沫、干粉、二氧化碳、砂土灭火

特别危险性　其蒸气与空气可形成爆炸性混合物，遇明火、高热极易燃烧爆炸。与氧化剂接触猛烈反应。流速过快，容易产生和积聚静电。容易自聚，聚合反应随着温度的上升而急骤加剧。蒸气比空气重，沿地面扩散并易积存于低洼处，遇火源会着火回燃。若遇高热，容器内压增大，有开裂和爆炸的危险

灭火注意事项及防护措施　消防人员必须佩戴防毒面具、穿全身消防服，在上风向灭火。尽可能将容器从火场移至空旷处。喷水保持火场容器冷却，直至灭火结束。处在火场中的容器若已变色或从安全泄压装置中发出声音，必须马上撤离。用水灭火无效

第六部分　泄漏应急处理

作业人员防护措施、防护装备和应急处置程序　消除所有点火源。根据液体流动和蒸气扩散的影响区域划定警戒区，无关人员从侧风、上风向撤离至安全区。建议应急处理人员戴正压自给式呼吸器，穿防静电服。作业时使用的所有设备应接地。禁止接触或跨越泄漏物。尽可能切断泄漏源

环境保护措施　防止泄漏物进入水体、下水道、地下室或有限空间

泄漏化学品的收容、清除方法及所使用的处置材料　小量泄漏：用砂土或其他不燃材料吸收。使用洁净的无火花工具收集吸收材料。大量泄漏：构筑围堤或挖坑收容。用泡沫覆盖，减少蒸发。喷水雾能减少蒸发，但不能降低泄漏物在有限空间内的易燃性。用防爆泵转移至槽车或专用收集器内

第七部分　操作处置与储存

操作注意事项　密闭操作，全面通风。操作人员必须经过专门培训，严格遵守操作规程。建议操作人员佩戴自吸过滤式防毒面具（半面罩），戴化学安全防护眼镜，穿防静电工作服，戴橡胶耐油手套。远离火种、热源，工作场所严禁吸烟。使用防爆型的通风系统和设备。防止蒸气泄漏到工作场所空气中。避免与氧化剂、酸类接触。充装要控制流速，防止静电积聚。搬运时要轻装轻卸，防止包装及容器损坏。配备相应品种和数量的消防器材及泄漏应急处理设备。倒空的容器可能残留有害物

储存注意事项　储存于阴凉、通风的库房。远离火种、热源。库温不宜超过29℃，应与氧化剂、酸类分开存放，切忌混储。不宜大量储存或久存。采用防爆型照明、通风设施。禁止使用易产生火花的机械设备和工具。储区应备有泄漏应急处理设备和合适的收容材料

第八部分　接触控制/个体防护

职业接触限值
　中国　未制定标准
　美国（ACGIH）　未制定标准

生物接触限值　未制定标准

监测方法　空气中有毒物质测定方法：未制定标准。生物监测检验方法：未制定标准

工程控制　生产过程密闭，全面通风

个体防护装备
　呼吸系统防护　空气中浓度超标时，必须佩戴过滤式防毒面具（半面罩）。紧急事态抢救或撤离时，应该佩戴空气呼吸器
　眼睛防护　戴化学安全防护眼镜
　皮肤和身体防护　穿防静电工作服
　手防护　戴橡胶耐油手套

第九部分　理化特性

外观与性状　无色透明液体

pH 值　无资料	**熔点（℃）**　−135
沸点（℃）　66.9	
相对密度（水＝1）　0.69（15℃）	
相对蒸气密度（空气＝1）　2.9	
饱和蒸气压（kPa）　43.46（38℃）	
临界压力（MPa）　无资料	**辛醇/水分配系数**　无资料
闪点（℃）　−23.33	**自燃温度（℃）**　无资料
爆炸下限（%）　1.2	**爆炸上限（%）**　无资料
分解温度（℃）　无资料	**黏度（mPa·s）**　无资料
燃烧热（kJ/mol）　无资料	**临界温度（℃）**　无资料

溶解性　不溶于水，溶于乙醇、乙醚

第十部分　稳定性和反应性

稳定性　稳定

危险反应　与氧化剂、酸类、卤代烃、卤素等禁配物接触，有引起燃烧爆炸的危险。容易发生自聚反应

避免接触的条件　受热、光照

禁配物　氧化剂、酸类、卤代烃、卤素等

危险的分解产物　无资料

第十一部分　毒理学信息

急性毒性　LC$_{50}$：87000mg/m³（大鼠吸入，4h）

皮肤刺激或腐蚀　无资料　　**眼睛刺激或腐蚀**　无资料

呼吸或皮肤过敏　无资料　　**生殖细胞突变性**　无资料

致癌性　无资料　　　　　　　**生殖毒性**　无资料

特异性靶器官系统毒性-一次接触　无资料

特异性靶器官系统毒性-反复接触　无资料

吸入危害　无资料

第十二部分　生态学信息

生态毒性　无资料

持久性和降解性
　生物降解性　无资料
　非生物降解性　无资料

潜在的生物累积性　无资料

土壤中的迁移性　无资料

第十三部分　废弃处置

废弃化学品　建议用焚烧法处置

污染包装物　将容器返还生产商或按照国家和地方法规处置

废弃注意事项　处置前应参阅国家和地方有关法规

第十四部分　运输信息

联合国危险货物编号（UN 号）　2288

联合国运输名称　异己烯

联合国危险性类别　3

包装类别　Ⅱ　　　　　　　　**包装标志**　

海洋污染物　否

运输注意事项　运输时运输车辆应配备相应品种和数量的消防器材及泄漏应急处理设备。夏季最好早晚运输。运输时所用的槽（罐）车应有接地链，槽内可设孔隔板以减少震荡产生的静电。严禁与氧化剂、酸类、食用化学品等混装混运。运输途中应防暴晒、雨淋，防高温。中途停留时应远离火种、热源、高温区。装运该物品的车辆排气管必须配备阻火装置，禁止使用易产生火花的机械设备和工具装卸。公路运输时要按规定路线行驶，勿在居民区和人口稠密区停留。铁路运输时要禁止溜放。严禁用木船、水泥船散装运输

第十五部分　法规信息

下列法律、法规、规章和标准，对该化学品的管理作

了相应的规定。

中华人民共和国职业病防治法　职业病分类和目录：未
　　列入

危险化学品安全管理条例　危险化学品目录：列入。易制
　　爆危险化学品名录：未列入。重点监管的危险化学品
　　名录：未列入。GB 18218—2009《危险化学品重大
　　危险源辨识》（表1）：未列入

使用有毒物品作业场所劳动保护条例　高毒物品目录：未
　　列入

易制毒化学品管理条例　易制毒化学品的分类和品种目
　　录：未列入

国际公约　斯德哥尔摩公约：未列入。鹿特丹公约：未列
　　入。蒙特利尔议定书：未列入

第十六部分　其他信息

编写和修订信息　　　　　缩略语和首字母缩写
培训建议　　　　　　　　参考文献
免责声明

3-甲基-1-戊烯

第一部分　化学品标识

化学品中文名　3-甲基-1-戊烯；仲丁基乙烯
化学品英文名　3-methyl-1-pentene；*sec*-butylethylene
分子式　C_6H_{12}　**分子量**　84.1595
结构式　
化学品的推荐及限制用途　用于有机合成及用作气相色谱
　　对比样品

第二部分　危险性概述

紧急情况概述　高度易燃液体和蒸气
GHS 危险性类别　易燃液体，类别2
标签要素

象形图　

　　警示词　危险
　　危险性说明　高度易燃液体和蒸气
　　防范说明
　　　　预防措施　远离热源、火花、明火、热表面。禁止
　　　　　　吸烟。保持容器密闭。容器和接收设备接地连
　　　　　　接。使用防爆型电器、通风、照明设备。只能
　　　　　　使用不产生火花的工具。采取防止静电措施。
　　　　　　戴防护手套、防护眼镜、防护面罩
　　　　事故响应　火灾时，使用泡沫、干粉、二氧化碳、
　　　　　　砂土灭火。如皮肤（或头发）接触：立即脱掉
　　　　　　所有被污染的衣服，用水冲洗皮肤，淋浴
　　　　安全储存　存放在通风良好的地方。保持低温
　　　　废弃处置　本品及内装物、容器依据国家和地方法
　　　　　　规处置
　　物理和化学危险　极易燃，其蒸气与空气混合，能形成爆
　　　　炸性混合物

健康危害　吸入或误服本品有害。对眼睛、皮肤和黏膜有
　　刺激性。接触后可引起咳嗽、喉炎、头痛、恶心、呕
　　吐和气短等

环境危害　对环境可能有害

第三部分　成分/组成信息

√　物质　　　　　　　　　　　　混合物
　　组分　　　　浓度　　　　CAS No.
3-甲基-1-戊烯　　　　　　　　　　760-20-3

第四部分　急救措施

吸入　迅速脱离现场至空气新鲜处。保持呼吸道通畅。如
　　呼吸困难，给输氧。呼吸、心跳停止，立即进行心肺
　　复苏术。就医

皮肤接触　立即脱去污染的衣着，用流动清水彻底冲洗。
　　就医

眼睛接触　立即分开眼睑，用流动清水或生理盐水彻底冲
　　洗。就医

食入　漱口，饮水。就医

对保护施救者的忠告　根据需要使用个人防护设备

对医生的特别提示　对症处理

第五部分　消防措施

灭火剂　用泡沫、干粉、二氧化碳、砂土灭火

特别危险性　其蒸气与空气可形成爆炸性混合物，遇明
　　火、高热极易燃烧爆炸。与氧化剂接触猛烈反应。容
　　易自聚，聚合反应随着温度的上升而急骤加剧。流速
　　过快，容易产生和积聚静电。若遇高热，容器内压增
　　大，有开裂和爆炸的危险

灭火注意事项及防护措施　消防人员必须佩戴防毒面具、
　　穿全身消防服，在上风向灭火。尽可能将容器从火场
　　移至空旷处。喷水保持火场容器冷却，直至灭火结
　　束。处在火场中的容器若已变色或从安全泄压装置中
　　发出声音，必须马上撤离。用水灭火无效

第六部分　泄漏应急处理

作业人员防护措施、防护装备和应急处置程序　消除所有
　　点火源。根据液体流动和蒸气扩散的影响区域划定警
　　戒区，无关人员从侧风向、上风向撤离至安全区。建
　　议应急处理人员戴正压自给式呼吸器，穿防静电服。
　　作业时使用的所有设备应接地。禁止接触或跨越泄漏
　　物。尽可能切断泄漏源

环境保护措施　防止泄漏物进入水体、下水道、地下室或
　　有限空间

泄漏化学品的收容、清除方法及所使用的处置材料　小量
　　泄漏：用砂土或其他不燃材料吸收。使用洁净的无火
　　花工具收集吸收材料。大量泄漏：构筑围堤或挖坑收
　　容。用泡沫覆盖，减少蒸发。喷水雾能减少蒸发，但
　　不能降低泄漏物在有限空间内的易燃性。用防爆泵转
　　移至槽车或专用收集器内

第七部分　操作处置与储存

操作注意事项　密闭操作，局部排风。防止烟雾或蒸气释

放到工作场所空气中。操作人员必须经过专门培训，严格遵守操作规程。建议操作人员佩戴自吸过滤式防毒面具（半面罩），戴化学安全防护眼镜，穿防静电工作服，戴橡胶手套。远离火种、热源，工作场所严禁吸烟。使用防爆型的通风系统和设备。在清除液体和蒸气前不能进行焊接、切割等作业。避免产生烟雾或蒸气。避免与氧化剂、酸类接触。容器与传送设备要接地，防止产生静电。灌装时应控制流速，且有接地装置，防止静电积聚。配备相应品种和数量的消防器材及泄漏应急处理设备。倒空的容器可能残留有害物

储存注意事项　通常商品加有阻聚剂。储存于阴凉、通风的库房。远离火种、热源。防止阳光直射。库温不宜超过 29℃，保持容器密封，严禁与空气接触。应与氧化剂、酸类、食用化学品分开存放，切忌混储。不宜大量储存或久存。采用防爆型照明、通风设施。禁止使用易产生火花的机械设备和工具。储区应备有泄漏应急处理设备和合适的收容材料

第八部分　接触控制/个体防护

职业接触限值
中国　未制定标准
美国（ACGIH）　未制定标准
生物接触限值　未制定标准
监测方法　空气中有毒物质测定方法：未制定标准。生物监测检验方法：未制定标准
工程控制　密闭操作，局部排风
个体防护装备
呼吸系统防护　空气中浓度超标时，必须佩戴过滤式防毒面具（半面罩）。紧急事态抢救或撤离时，应该佩戴空气呼吸器
眼睛防护　戴化学安全防护眼镜
皮肤和身体防护　穿防静电工作服
手防护　戴橡胶手套

第九部分　理化特性

外观与性状　无色透明液体
pH 值　无资料　　　　**熔点（℃）**　−154
沸点（℃）　54　　　**相对密度（水＝1）**　0.6675
相对蒸气密度（空气＝1）　无资料
饱和蒸气压（kPa）　58.0（37.7℃）
临界压力（MPa）　无资料　**辛醇/水分配系数**　无资料
闪点（℃）　−28.89　　**自燃温度（℃）**　无资料
爆炸下限（%）　1.2　　**爆炸上限（%）**　无资料
分解温度（℃）　无资料　**黏度（mPa·s）**　无资料
燃烧热（kJ/mol）　无资料　**临界温度（℃）**　无资料
溶解性　不溶于水，溶于乙醇

第十部分　稳定性和反应性

稳定性　稳定
危险反应　与氧化剂、酸类、卤代烃、卤素等禁配物接触，有发生火灾和爆炸的危险。容易发生自聚反应
避免接触的条件　无资料

禁配物　氧化剂、酸类、卤代烃、卤素等
危险的分解产物　无资料

第十一部分　毒理学信息

急性毒性　无资料
皮肤刺激或腐蚀　无资料　**眼睛刺激或腐蚀**　无资料
呼吸或皮肤过敏　无资料　**生殖细胞突变性**　无资料
致癌性　无资料　　　　**生殖毒性**　无资料
特异性靶器官系统毒性-一次接触　无资料
特异性靶器官系统毒性-反复接触　无资料
吸入危害　无资料

第十二部分　生态学信息

生态毒性　无资料
持久性和降解性
生物降解性　无资料
非生物降解性　无资料
潜在的生物累积性　无资料
土壤中的迁移性　无资料

第十三部分　废弃处置

废弃化学品　建议用焚烧法处置。在能利用的地方重复使用容器或在规定场所掩埋
污染包装物　将容器返还生产商或按照国家和地方法规处置
废弃注意事项　处置前应参阅国家和地方有关法规

第十四部分　运输信息

联合国危险货物编号（UN 号）　2288
联合国运输名称　异己烯
联合国危险性类别　3

包装类别　Ⅱ　　　　　　**包装标志**

海洋污染物　否
运输注意事项　运输时运输车辆应配备相应品种和数量的消防器材及泄漏应急处理设备。夏季最好早晚运输。运输时所用的槽（罐）车应有接地链，槽内可设孔隔板以减少震荡产生的静电。严禁与氧化剂、酸类、食用化学品等混装混运。运输途中应防暴晒、雨淋，防高温。中途停留时应远离火种、热源、高温区。装运该物品的车辆排气管必须配备阻火装置，禁止使用易产生火花的机械设备和工具装卸。公路运输时要按规定路线行驶，勿在居民区和人口稠密区停留。铁路运输时要禁止溜放。严禁用木船、水泥船散装运输

第十五部分　法规信息

下列法律、法规、规章和标准，对该化学品的管理作了相应的规定。
中华人民共和国职业病防治法　职业病分类和目录：未列入
危险化学品安全管理条例　危险化学品目录：列入。易制

爆危险化学品名录：未列入。重点监管的危险化学品名录：未列入。GB 18218—2009《危险化学品重大危险源辨识》(表1)：未列入

使用有毒物品作业场所劳动保护条例 高毒物品目录：未列入

易制毒化学品管理条例 易制毒化学品的分类和品种目录：未列入

国际公约 斯德哥尔摩公约：未列入。鹿特丹公约：未列入。蒙特利尔议定书：未列入

第十六部分 其他信息

编写和修订信息　　　　缩略语和首字母缩写
培训建议　　　　　　　参考文献
免责声明

3-甲基-2-戊烯

第一部分 化学品标识

化学品中文名 3-甲基-2-戊烯
化学品英文名 3-methyl-2-pentene
分子式 C_6H_{12}　**分子量** 84.1595
结构式
化学品的推荐及限制用途 用于有机合成

第二部分 危险性概述

紧急情况概述 高度易燃液体和蒸气
GHS危险性类别 易燃液体，类别2
标签要素

象形图

警示词 危险
危险性说明 高度易燃液体和蒸气
防范说明

预防措施 远离热源、火花、明火、热表面。禁止吸烟。保持容器密闭。容器和接收设备接地连接。使用防爆型电器、通风、照明设备。只能使用不产生火花的工具。采取防止静电措施。戴防护手套、防护眼镜、防护面罩

事故响应 火灾时，使用泡沫、干粉、二氧化碳、砂土灭火。如皮肤（或头发）接触：立即脱掉所有被污染的衣服，用水冲洗皮肤，淋浴

安全储存 存放在通风良好的地方。保持低温

废弃处置 本品及内装物、容器依据国家和地方法规处置

物理和化学危险 极易燃，其蒸气与空气混合，能形成爆炸性混合物

健康危害 吸入、摄入或经皮肤吸收对身体有害。蒸气或雾对眼、黏膜和上呼吸道有刺激性。对皮肤有刺激性

环境危害 对环境可能有害

第三部分 成分/组成信息

√ 物质　　　　　　混合物

组分	浓度	CAS No.
3-甲基-2-戊烯		922-61-2

第四部分 急救措施

吸入 迅速脱离现场至空气新鲜处。保持呼吸道通畅。如呼吸困难，给输氧。呼吸、心跳停止，立即进行心肺复苏术。就医

皮肤接触 立即脱去污染的衣着，用流动清水彻底冲洗。就医

眼睛接触 立即分开眼睑，用流动清水或生理盐水彻底冲洗。就医

食入 漱口，饮水。就医

对保护施救者的忠告 根据需要使用个人防护设备
对医生的特别提示 对症处理

第五部分 消防措施

灭火剂 用泡沫、干粉、二氧化碳、砂土灭火

特别危险性 其蒸气与空气可形成爆炸性混合物，遇明火、高热极易燃烧爆炸。与氧化剂接触猛烈反应。流速过快，容易产生和积聚静电。容易自聚，聚合反应随着温度的上升而急骤加剧。若遇高热，容器内压增大，有开裂和爆炸的危险

灭火注意事项及防护措施 消防人员必须佩戴防毒面具、穿全身消防服，在上风向灭火。尽可能将容器从火场移至空旷处。喷水保持火场容器冷却，直至灭火结束。处在火场中的容器若已变色或从安全泄压装置中发出声音，必须马上撤离。用水灭火无效

第六部分 泄漏应急处理

作业人员防护措施、防护装备和应急处置程序 消除所有点火源。根据液体流动和蒸气扩散的影响区域划定警戒区，无关人员从侧风向、上风向撤离至安全区。建议应急处理人员戴正压自给式呼吸器，穿防静电服。作业时使用的所有设备应接地。禁止接触或跨越泄漏物。尽可能切断泄漏源

环境保护措施 防止泄漏物进入水体、下水道、地下室或有限空间

泄漏化学品的收容、清除方法及所使用的处置材料 小量泄漏：用砂土或其他不燃材料吸收。使用洁净的无火花工具收集吸收材料。大量泄漏：构筑围堤或挖坑收容。用泡沫覆盖，减少蒸发。喷水雾能减少蒸发，但不能降低泄漏物在有限空间内的易燃性。用防爆泵转移至槽车或专用收集器内

第七部分 操作处置与储存

操作注意事项 密闭操作，全面通风。操作人员必须经过专门培训，严格遵守操作规程。建议操作人员佩戴自吸过滤式防毒面具（半面罩），戴化学安全防护眼镜，穿防静电工作服，戴橡胶耐油手套。远离火种、热源，工作场所严禁吸烟。使用防爆型的通风系统和设

备。防止蒸气泄漏到工作场所空气中。避免与氧化剂、酸类接触。充装要控制流速，防止静电积聚。搬运时要轻装轻卸，防止包装及容器损坏。配备相应品种和数量的消防器材及泄漏应急处理设备。倒空的容器可能残留有害物

储存注意事项 储存于阴凉、通风的库房。远离火种、热源。库温不宜超过 29℃，应与氧化剂、酸类分开存放，切忌混储。不宜大量储存或久存。采用防爆型照明、通风设施。禁止使用易产生火花的机械设备和工具。储区应备有泄漏应急处理设备和合适的收容材料

第八部分 接触控制/个体防护

职业接触限值

中国 未制定标准

美国(ACGIH) 未制定标准

生物接触限值 未制定标准

监测方法 空气中有毒物质测定方法：未制定标准。生物监测检验方法：未制定标准

工程控制 生产过程密闭，全面通风

个体防护装备

呼吸系统防护 空气中浓度超标时，必须佩戴过滤式防毒面具（半面罩）。紧急事态抢救或撤离时，应该佩戴空气呼吸器

眼睛防护 戴化学安全防护眼镜

皮肤和身体防护 穿防静电工作服

手防护 戴橡胶耐油手套

第九部分 理化特性

外观与性状 无色透明液体

pH 值 无资料 　　　**熔点(℃)** －138.4～－138.8

沸点(℃) 70.5（顺）；67.6（反）

相对密度(水=1) 0.698

相对蒸气密度(空气=1) 无资料

饱和蒸气压(kPa) 无资料

临界压力(MPa) 无资料 　　**辛醇/水分配系数** 无资料

闪点(℃) －6.67 　　　**自燃温度(℃)** 无资料

爆炸下限(%) 无资料 　　**爆炸上限(%)** 无资料

分解温度(℃) 无资料 　　**黏度(mPa·s)** 无资料

燃烧热(kJ/mol) 无资料 　　**临界温度(℃)** 无资料

溶解性 不溶于水，溶于乙醇、苯、氯仿

第十部分 稳定性和反应性

稳定性 稳定

危险反应 与强氧化剂、强酸、酸类、卤代烃、卤素等禁配物接触，有发生火灾和爆炸的危险。容易发生自聚反应

避免接触的条件 受热、光照

禁配物 强氧化剂、强酸、酸类、卤代烃、卤素等

危险的分解产物 无资料

第十一部分 毒理学信息

急性毒性 无资料

皮肤刺激或腐蚀 无资料 　　**眼睛刺激或腐蚀** 无资料

呼吸或皮肤过敏 无资料 　　**生殖细胞突变性** 无资料

致癌性 无资料 　　　　　　**生殖毒性** 无资料

特异性靶器官系统毒性-一次接触 无资料

特异性靶器官系统毒性-反复接触 无资料

吸入危害 无资料

第十二部分 生态学信息

生态毒性 无资料

持久性和降解性

生物降解性 无资料

非生物降解性 无资料

潜在的生物累积性 无资料

土壤中的迁移性 无资料

第十三部分 废弃处置

废弃化学品 建议用焚烧法处置

污染包装物 将容器返还生产商或按照国家和地方法规处置

废弃注意事项 处置前应参阅国家和地方有关法规

第十四部分 运输信息

联合国危险货物编号（UN 号） 2288

联合国运输名称 异己烯

联合国危险性类别 3

包装类别 Ⅱ 　　　　　**包装标志**

海洋污染物 否

运输注意事项 运输时运输车辆应配备相应品种和数量的消防器材及泄漏应急处理设备。夏季最好早晚运输。运输时所用的槽（罐）车应有接地链，槽内可设孔隔板以减少震荡产生的静电。严禁与氧化剂、酸类、食用化学品等混装混运。运输途中应防暴晒、雨淋，防高温。中途停留时应远离火种、热源、高温区。装运该物品的车辆排气管必须配备阻火装置，禁止使用易产生火花的机械设备和工具装卸。公路运输时要按规定路线行驶，勿在居民区和人口稠密区停留。铁路运输时要禁止溜放。严禁用木船、水泥船散装运输

第十五部分 法规信息

下列法律、法规、规章和标准，对该化学品的管理作了相应的规定。

中华人民共和国职业病防治法 职业病分类和目录：未列入

危险化学品安全管理条例 危险化学品目录：列入。易制爆危险化学品名录：未列入。重点监管的危险化学品名录：未列入。GB 18218—2009《危险化学品重大危险源辨识》(表1)：未列入

使用有毒物品作业场所劳动保护条例 高毒物品目录：未列入

易制毒化学品管理条例 易制毒化学品的分类和品种目

录：未列入

国际公约　斯德哥尔摩公约：未列入。鹿特丹公约：未列入。蒙特利尔议定书：未列入

第十六部分　其他信息

编写和修订信息　　　缩略语和首字母缩写
培训建议　　　　　　参考文献
免责声明

4-甲基-1-戊烯

第一部分　化学品标识

化学品中文名　4-甲基-1-戊烯
化学品英文名　4-methyl-1-pentene
分子式　C_6H_{12}　分子量　84.1595
结构式　
化学品的推荐及限制用途　用于有机合成，用作塑料单体

第二部分　危险性概述

紧急情况概述　高度易燃液体和蒸气，吞咽可能有害
GHS危险性类别　易燃液体，类别2；急性毒性-经口，类别5
标签要素

象形图

警示词　危险
危险性说明　高度易燃液体和蒸气，吞咽可能有害
防范说明
　　预防措施　远离热源、火花、明火、热表面。禁止吸烟。保持容器密闭。容器和接收设备接地连接。使用防爆型电器、通风、照明设备。只能使用不产生火花的工具。采取防止静电措施。戴防护手套、防护眼镜、防护面罩
　　事故响应　火灾时，使用泡沫、干粉、二氧化碳、砂土灭火。如皮肤（或头发）接触：立即脱掉所有被污染的衣服，用水冲洗皮肤，淋浴。如果感觉不适，呼叫中毒控制中心或就医
　　安全储存　存放在通风良好的地方。保持低温
　　废弃处置　本品及内装物、容器依据国家和地方法规处置
物理和化学危险　极易燃，其蒸气与空气混合，能形成爆炸性混合物
健康危害　吸入或摄入对身体有害。蒸气或雾对眼、黏膜和上呼吸道有刺激性。对皮肤有刺激性。接触后引起烧灼感、咳嗽、喘息、喉炎、气短、头痛、恶心和呕吐
环境危害　对环境可能有害

第三部分　成分/组成信息

√　物质　　　　　　　　混合物

组分	浓度	CAS No.
4-甲基-1-戊烯		691-37-2

第四部分　急救措施

吸入　迅速脱离现场至空气新鲜处。保持呼吸道通畅。如呼吸困难，给输氧。如呼吸、心跳停止，立即进行心肺复苏术。就医
皮肤接触　立即脱去污染的衣着，用流动清水彻底冲洗。就医
眼睛接触　立即分开眼睑，用流动清水或生理盐水彻底冲洗。就医
食入　漱口，饮水。就医
对保护施救者的忠告　根据需要使用个人防护设备
对医生的特别提示　对症处理

第五部分　消防措施

灭火剂　用泡沫、干粉、二氧化碳、砂土灭火
特别危险性　其蒸气与空气可形成爆炸性混合物，遇明火、高热极易燃烧爆炸。与氧化剂接触猛烈反应。流速过快，容易产生和积聚静电。容易自聚，聚合反应随着温度的上升而急骤加剧。蒸气比空气重，沿地面扩散并易积存于低洼处，遇火源会着火回燃。若遇高热，容器内压增大，有开裂和爆炸的危险
灭火注意事项及防护措施　消防人员必须佩戴防毒面具、穿全身消防服，在上风向灭火。尽可能将容器从火场移至空旷处。喷水保持火场容器冷却，直至灭火结束。处在火场中的容器若已变色或从安全泄压装置中发出声音，必须马上撤离。用水灭火无效

第六部分　泄漏应急处理

作业人员防护措施、防护装备和应急处置程序　消除所有点火源。根据液体流动和蒸气扩散的影响区域划定警戒区，无关人员从侧风向、上风向撤离至安全区。建议应急处理人员戴正压自给式呼吸器，穿防静电服。作业时使用的所有设备应接地。禁止接触或跨越泄漏物。尽可能切断泄漏源
环境保护措施　防止泄漏物进入水体、下水道、地下室或有限空间
泄漏化学品的收容、清除方法及所使用的处置材料　小量泄漏：用砂土或其他不燃材料吸收。使用洁净的无火花工具收集吸收材料。大量泄漏：构筑围堤或挖坑收容。用泡沫覆盖，减少蒸发。喷水雾能减少蒸发，但不能降低泄漏物在有限空间内的易燃性。用防爆泵转移至槽车或专用收集器内

第七部分　操作处置与储存

操作注意事项　密闭操作，全面通风。操作人员必须经过专门培训，严格遵守操作规程。建议操作人员佩戴自吸过滤式防毒面具（半面罩），戴化学安全防护眼镜，穿防静电工作服，戴橡胶耐油手套。远离火种、热源，工作场所严禁吸烟。使用防爆型的通风系统和设备。防止蒸气泄漏到工作场所空气中。避免与氧化剂、酸类接触。充装要控制流速，防止静电积聚。搬运时要轻装轻卸，防止包装及容器损坏。配备相应品种和数量的消防器材及泄漏应急处理设备。倒空的容

器可能残留有害物

储存注意事项 通常商品加有阻聚剂。储存于阴凉、通风的库房。远离火种、热源。库温不宜超过 29℃，应与氧化剂、酸类分开存放，切忌混储。不宜大量储存或久存。采用防爆型照明、通风设施。禁止使用易产生火花的机械设备和工具。储区应备有泄漏应急处理设备和合适的收容材料

第八部分　接触控制/个体防护

职业接触限值

中国　未制定标准

美国（ACGIH）　未制定标准

生物接触限值　未制定标准

监测方法　空气中有毒物质测定方法：未制定标准。生物监测检验方法：未制定标准

工程控制　生产过程密闭，全面通风

个体防护装备

呼吸系统防护　空气中浓度超标时，必须佩戴过滤式防毒面具（半面罩）。紧急事态抢救或撤离时，应该佩戴空气呼吸器

眼睛防护　戴化学安全防护眼镜

皮肤和身体防护　穿防静电工作服

手防护　戴橡胶耐油手套

第九部分　理化特性

外观与性状　无色透明液体

pH 值　无资料	**熔点(℃)**　−53.6
沸点(℃)　54	**相对密度(水＝1)**　0.665
相对蒸气密度(空气＝1)　2.90	
饱和蒸气压(kPa)　30.7（20℃）	
临界压力(MPa)　无资料	**辛醇/水分配系数**　无资料
闪点(℃)　−31.67	**自燃温度(℃)**　300
爆炸下限(%)　1.2	**爆炸上限(%)**　无资料
分解温度(℃)　无资料	**黏度(mPa·s)**　无资料
燃烧热(kJ/mol)　无资料	**临界温度(℃)**　−51.3

溶解性　不溶于水，溶于乙醇、乙醚

第十部分　稳定性和反应性

稳定性　稳定

危险反应　与氧化剂、酸类、卤代烃、卤素等禁配物接触，有发生火灾和爆炸的危险。容易发生自聚反应

避免接触的条件　受热、光照

禁配物　氧化剂、酸类、卤代烃、卤素等

危险的分解产物　无资料

第十一部分　毒理学信息

急性毒性　无资料

皮肤刺激或腐蚀　无资料	**眼睛刺激或腐蚀**　无资料
呼吸或皮肤过敏　无资料	**生殖细胞突变性**　无资料
致癌性　无资料	**生殖毒性**　无资料

特异性靶器官系统毒性-一次接触　无资料

特异性靶器官系统毒性-反复接触　无资料

吸入危害　无资料

第十二部分　生态学信息

生态毒性　无资料

持久性和降解性

生物降解性　无资料

非生物降解性　无资料

潜在的生物累积性　无资料

土壤中的迁移性　无资料

第十三部分　废弃处置

废弃化学品　建议用焚烧法处置

污染包装物　将容器返还生产商或按照国家和地方法规处置

废弃注意事项　处置前应参阅国家和地方有关法规

第十四部分　运输信息

联合国危险货物编号（UN 号）　2288

联合国运输名称　异己烯

联合国危险性类别　3

包装类别　Ⅱ　　　　　　**包装标志**

海洋污染物　否

运输注意事项　运输时运输车辆应配备相应品种和数量的消防器材及泄漏应急处理设备。夏季最好早晚运输。运输时所用的槽（罐）车应有接地链，槽内可设孔隔板以减少震荡产生的静电。严禁与氧化剂、酸类、食用化学品等混装混运。运输途中应防暴晒、雨淋，防高温。中途停留时应远离火种、热源、高温区。装运该物品的车辆排气管必须配备阻火装置，禁止使用易产生火花的机械设备和工具装卸。公路运输时要按规定路线行驶，勿在居民区和人口稠密区停留。铁路运输时要禁止溜放。严禁用木船、水泥船散装运输

第十五部分　法规信息

下列法律、法规、规章和标准，对该化学品的管理作了相应的规定。

中华人民共和国职业病防治法　职业病分类和目录：未列入

危险化学品安全管理条例　危险化学品目录：列入。易制爆危险化学品名录：未列入。重点监管的危险化学品名录：未列入。GB 18218—2009《危险化学品重大危险源辨识》（表1）：未列入

使用有毒物品作业场所劳动保护条例　高毒物品目录：未列入

易制毒化学品管理条例　易制毒化学品的分类和品种目录：未列入

国际公约　斯德哥尔摩公约：未列入。鹿特丹公约：未列

人。蒙特利尔议定书：未列入

第十六部分　其他信息

编写和修订信息　　　　缩略语和首字母缩写
培训建议　　　　　　　参考文献
免责声明

4-甲基-2-戊烯

第一部分　化学品标识

化学品中文名　4-甲基-2-戊烯
化学品英文名　4-methyl-2-pentene；1-isopropyl-2-methyl
　　ethylene
分子式　C_6H_{12}　分子量　84.1595
结构式　
化学品的推荐及限制用途　用于有机合成

第二部分　危险性概述

紧急情况概述　高度易燃液体和蒸气
GHS危险性类别　易燃液体，类别2
标签要素

象形图　

警示词　危险
危险性说明　高度易燃液体和蒸气
防范说明
　预防措施　远离热源、火花、明火、热表面。禁止
　　吸烟。保持容器密闭。容器和接收设备接地连
　　接。使用防爆型电器、通风、照明设备。只能
　　使用不产生火花的工具。采取防止静电措施。
　　戴防护手套、防护眼镜、防护面罩
　事故响应　火灾时，使用泡沫、干粉、二氧化碳、
　　砂土灭火。如皮肤（或头发）接触：立即脱掉
　　所有被污染的衣服，用水冲洗皮肤，淋浴
　安全储存　存放在通风良好的地方。保持低温
　废弃处置　本品及内装物、容器依据国家和地方法
　　规处置
物理和化学危险　极易燃，其蒸气与空气混合，能形成爆
　炸性混合物
健康危害　吸入或摄入对身体有害。蒸气或雾对眼、黏膜
　和上呼吸道有刺激性。对皮肤有刺激性。接触后引起
　烧灼感、咳嗽、喘息、喉炎、气短、头痛、恶心和
　呕吐
环境危害　对环境可能有害

第三部分　成分/组成信息

√物质　　　　　　　　混合物
　　　组分　　　浓度　　　CAS No.
4-甲基-2-戊烯　　　　　　4461-48-7

第四部分　急救措施

吸入　迅速脱离现场至空气新鲜处。保持呼吸道通畅。如

呼吸困难，给输氧。如呼吸、心跳停止，立即进行心
肺复苏术。就医
皮肤接触　立即脱去污染的衣着，用流动清水彻底冲洗。
　就医
眼睛接触　立即分开眼睑，用流动清水或生理盐水彻底冲
　洗。就医
食入　漱口，饮水。就医
对保护施救者的忠告　根据需要使用个人防护设备
对医生的特别提示　对症处理

第五部分　消防措施

灭火剂　用泡沫、干粉、二氧化碳、砂土灭火
特别危险性　其蒸气与空气可形成爆炸性混合物，遇明
　火、高热极易燃烧爆炸。与氧化剂接触猛烈反应。流
　速过快，容易产生和积聚静电。容易自聚，聚合反应
　随着温度的上升而急骤加剧。蒸气比空气重，沿地面
　扩散并易积存于低洼处，遇火源会着火回燃。若遇高
　热，容器内压增大，有开裂和爆炸的危险
灭火注意事项及防护措施　消防人员必须佩戴防毒面具、
　穿全身消防服，在上风向灭火。尽可能将容器从火场
　移至空旷处。喷水保持火场容器冷却，直至灭火结
　束。处在火场中的容器若已变色或从安全泄压装置中
　发出声音，必须马上撤离。用水灭火无效

第六部分　泄漏应急处理

作业人员防护措施、防护装备和应急处置程序　消除所有
　点火源。根据液体流动和蒸气扩散的影响区域划定警
　戒区，无关人员从侧风向、上风向撤离至安全区。建
　议应急处理人员戴正压自给式呼吸器，穿防静电服。
　作业时使用的所有设备应接地。禁止接触或跨越泄漏
　物。尽可能切断泄漏源
环境保护措施　防止泄漏物进入水体、下水道、地下室或
　有限空间
泄漏化学品的收容、清除方法及所使用的处置材料　小量
　泄漏：用砂土或其他不燃材料吸收。使用洁净的无火
　花工具收集吸收材料。大量泄漏：构筑围堤或挖坑收
　容。用泡沫覆盖，减少蒸发。喷水雾能减少蒸发，但
　不能降低泄漏物在有限空间内的易燃性。用防爆泵转
　移至槽车或专用收集器内

第七部分　操作处置与储存

操作注意事项　密闭操作，全面通风。操作人员必须经过
　专门培训，严格遵守操作规程。建议操作人员佩戴自
　吸过滤式防毒面具（半面罩），戴化学安全防护眼镜，
　穿防静电工作服，戴橡胶耐油手套。远离火种、热
　源，工作场所严禁吸烟。使用防爆型的通风系统和设
　备。防止蒸气泄漏到工作场所空气中。避免与氧化
　剂、酸类接触。充装要控制流速，防止静电积聚。搬
　运时要轻装轻卸，防止包装及容器损坏。配备相应品
　种和数量的消防器材及泄漏应急处理设备。倒空的容
　器可能残留有害物
储存注意事项　储存于阴凉、通风的库房。远离火种、
　热源。库温不宜超过29℃，应与氧化剂、酸类分开

存放，切忌混储。不宜大量储存或久存。采用防爆型照明、通风设施。禁止使用易产生火花的机械设备和工具。储区应备有泄漏应急处理设备和合适的收容材料

第八部分　接触控制/个体防护

职业接触限值

中国　未制定标准

美国（ACGIH）　未制定标准

生物接触限值　未制定标准

监测方法　空气中有毒物质测定方法：未制定标准。生物监测检验方法：未制定标准

工程控制　生产过程密闭，全面通风

个体防护装备

呼吸系统防护　空气中浓度超标时，必须佩戴过滤式防毒面具（半面罩）。紧急事态抢救或撤离时，应该佩戴空气呼吸器

眼睛防护　戴化学安全防护眼镜

皮肤和身体防护　穿防静电工作服

手防护　戴橡胶耐油手套

第九部分　理化特性

外观与性状　无色透明液体

pH 值　无资料		**熔点(℃)**　−134.4	

沸点(℃)　58　　　　　**相对密度(水＝1)**　0.671

相对蒸气密度(空气＝1)　2.90

饱和蒸气压(kPa)　53.1（37.7℃）

临界压力(MPa)　无资料　**辛醇/水分配系数**　无资料

闪点(℃)　−33.33　　　**自燃温度(℃)**　无资料

爆炸下限(%)　1.2　　　**爆炸上限(%)**　无资料

分解温度(℃)　无资料　**黏度(mPa·s)**　无资料

燃烧热(kJ/mol)　无资料　**临界温度(℃)**　无资料

溶解性　不溶于水，溶于乙醇、丙酮、乙醚等

第十部分　稳定性和反应性

稳定性　稳定

危险反应　与氧化剂、酸类、卤代烃、卤素等禁配物接触，有发生火灾和爆炸的危险。容易发生自聚反应

避免接触的条件　受热、光照

禁配物　氧化剂、强酸、卤代烃、卤素等

危险的分解产物　无资料

第十一部分　毒理学信息

急性毒性　无资料

皮肤刺激或腐蚀　无资料　**眼睛刺激或腐蚀**　无资料

呼吸或皮肤过敏　无资料　**生殖细胞突变性**　无资料

致癌性　无资料　　　　**生殖毒性**　无资料

特异性靶器官系统毒性--一次接触　无资料

特异性靶器官系统毒性-反复接触　无资料

吸入危害　无资料

第十二部分　生态学信息

生态毒性　无资料

持久性和降解性

生物降解性　无资料

非生物降解性　无资料

潜在的生物累积性　无资料

土壤中的迁移性　无资料

第十三部分　废弃处置

废弃化学品　建议用焚烧法处置

污染包装物　将容器返还生产商或按照国家和地方法规处置

废弃注意事项　处置前应参阅国家和地方有关法规

第十四部分　运输信息

联合国危险货物编号（UN 号）　2288

联合国运输名称　异己烯

联合国危险性类别　3

包装类别　Ⅱ　　　　　　　　**包装标志**　

海洋污染物　否

运输注意事项　运输时运输车辆应配备相应品种和数量的消防器材及泄漏应急处理设备。夏季最好早晚运输。运输时所用的槽（罐）车应有接地链，槽内可设孔隔板以减少震荡产生的静电。严禁与氧化剂、酸类、食用化学品等混装混运。运输途中应防暴晒、雨淋，防高温。中途停留时应远离火种、热源、高温区。装运该物品的车辆排气管必须配备阻火装置，禁止使用易产生火花的机械设备和工具装卸。公路运输时要按规定路线行驶，勿在居民区和人口稠密区停留。铁路运输时要禁止溜放。严禁用木船、水泥船散装运输

第十五部分　法规信息

下列法律、法规、规章和标准，对该化学品的管理作了相应的规定。

中华人民共和国职业病防治法　职业病分类和目录：未列入

危险化学品安全管理条例　危险化学品目录：列入。易制爆危险化学品名录：未列入。重点监管的危险化学品名录：未列入。GB 18218—2009《危险化学品重大危险源辨识》（表1）：未列入

使用有毒物品作业场所劳动保护条例　高毒物品目录：未列入

易制毒化学品管理条例　易制毒化学品的分类和品种目录：未列入

国际公约　斯德哥尔摩公约：未列入。鹿特丹公约：未列入。蒙特利尔议定书：未列入

第十六部分　其他信息

编写和修订信息　　　缩略语和首字母缩写

培训建议　　　　　　参考文献

免责声明

3-甲基-2-戊烯-4-炔醇

第一部分　化学品标识

化学品中文名　3-甲基-2-戊烯-4-炔醇；1-羟基-3-甲基-2-戊烯-4-炔

化学品英文名　1-pentol；3-methyl-2-penten-4-yn-1-ol

分子式　C_6H_8O　**分子量**　96.1271

结构式　

化学品的推荐及限制用途　用于合成维生素 A

第二部分　危险性概述

紧急情况概述　造成严重的皮肤灼伤和眼损伤

GHS 危险性类别　皮肤腐蚀/刺激，类别 1A；严重眼损伤/眼刺激，类别 1

标签要素

象形图

警示词　危险

危险性说明　造成严重的皮肤灼伤和眼损伤

防范说明

　　预防措施　避免吸入烟雾。避免接触眼睛、皮肤，操作后彻底清洗。戴防护手套，穿防护服，戴防护眼镜、防护面罩

　　事故响应　如吸入：将患者转移到空气新鲜处，休息，保持利于呼吸的体位，立即呼叫中毒控制中心或就医。皮肤（或头发）接触：立即脱掉所有被污染的衣服，用水冲洗皮肤，淋浴。污染的衣服必须洗净后方可重新使用。眼睛接触：用水细心地冲洗数分钟。如戴隐形眼镜并可方便地取出，则取出隐形眼镜，继续冲洗。食入：漱口。不要催吐

　　安全储存　上锁保管

　　废弃处置　本品及内装物、容器依据国家和地方法规处置

物理和化学危险　可燃。容易自聚

健康危害　有毒。有强腐蚀性，皮肤、眼睛和黏膜接触会引起严重烧伤

环境危害　对环境可能有害

第三部分　成分/组成信息

√ 物质		混合物
组分	浓度	CAS No.
3-甲基-2-戊烯-4-炔醇		105-29-3

第四部分　急救措施

吸入　迅速脱离现场至空气新鲜处。保持呼吸道通畅。如呼吸困难，给输氧。呼吸、心跳停止，立即进行心肺复苏术。就医

皮肤接触　立即脱去污染的衣着，用大量流动清水彻底冲洗至少 15min。就医

眼睛接触　立即分开眼睑，用流动清水或生理盐水彻底冲洗 5～10min。就医

食入　用水漱口，禁止催吐。给饮牛奶或蛋清。就医

对保护施救者的忠告　根据需要使用个人防护设备

对医生的特别提示　对症处理

第五部分　消防措施

灭火剂　用雾状水、泡沫、干粉、二氧化碳、砂土灭火

特别危险性　遇明火、高热可燃。与氧化剂能发生强烈反应。容易自聚，聚合反应随着温度的上升而急骤加剧。具有强腐蚀性。若遇高热，容器内压增大，有开裂和爆炸的危险

灭火注意事项及防护措施　消防人员必须穿全身耐酸碱消防服。尽可能将容器从火场移至空旷处。喷水保持火场容器冷却，直至灭火结束。处在火场中的容器若已变色或从安全泄压装置中发出声音，必须马上撤离

第六部分　泄漏应急处理

作业人员防护措施、防护装备和应急处置程序　根据液体流动和蒸气扩散的影响区域划定警戒区，无关人员从侧风向、上风向撤离至安全区。消除所有点火源。建议应急处理人员戴正压自给式呼吸器，穿防酸碱服。穿上适当的防护服前严禁接触破裂的容器和泄漏物。尽可能切断泄漏源

环境保护措施　防止泄漏物进入水体、下水道、地下室或有限空间

泄漏化学品的收容、清除方法及所使用的处置材料　小量泄漏：用干燥的砂土或其他不燃材料吸收或覆盖，收集于容器中。大量泄漏：构筑围堤或挖坑收容。用耐腐蚀泵转移至槽车或专用收集器内

第七部分　操作处置与储存

操作注意事项　密闭操作，提供充分的局部排风。防止蒸气泄漏到工作场所空气中。操作人员必须经过专门培训，严格遵守操作规程。建议操作人员佩戴自吸过滤式防毒面具（全面罩），穿橡胶耐酸碱服，戴橡胶耐酸碱手套。远离火种、热源，工作场所严禁吸烟。使用防爆型的通风系统和设备。在清除液体和蒸气前不能进行焊接、切割等作业。避免产生烟雾。避免与氧化剂、酸类、碱类接触。配备相应品种和数量的消防器材及泄漏应急处理设备。倒空的容器可能残留有害物

储存注意事项　通常商品加有阻聚剂。储存于阴凉、通风的库房。远离火种、热源。防止阳光直射。库温不宜超过 30℃。保持容器密封，严禁与空气接触。应与氧化剂、酸类、碱类、食用化学品分开存放，切忌混储。不宜久存，以免变质。配备相应品种和数量的消防器材。储区应备有泄漏应急处理设备和合适的收容材料

第八部分　接触控制/个体防护

职业接触限值

　　中国　未制定标准

美国（ACGIH）　未制定标准

生物接触限值　未制定标准

监测方法　空气中有毒物质测定方法：未制定标准。生物监测检验方法：未制定标准

工程控制　严加密闭，提供充分的局部排风

个体防护装备

呼吸系统防护　空气中浓度超标时，必须佩戴过滤式防毒面具（全面罩）。紧急事态抢救或撤离时，应该佩戴空气呼吸器

眼睛防护　呼吸系统防护中已作防护

皮肤和身体防护　穿橡胶耐酸碱服

手防护　戴橡胶耐酸碱手套

第九部分　理化特性

外观与性状　无色带有轻微油漆气味的液体

pH 值　无资料　　　　　熔点（℃）　无资料

沸点（℃）　65（顺式）；73（反式）

相对密度（水＝1）　无资料

相对蒸气密度（空气＝1）　无资料

饱和蒸气压（kPa）　无资料

临界压力（MPa）　无资料　　辛醇/水分配系数　无资料

闪点（℃）　无资料　　　自燃温度（℃）　无资料

爆炸下限（%）　无资料　　爆炸上限（%）　无资料

分解温度（℃）　无资料　　黏度（mPa·s）　无资料

燃烧热（kJ/mol）　无资料　临界温度（℃）　无资料

溶解性　溶于部分有机溶剂

第十部分　稳定性和反应性

稳定性　稳定

危险反应　与强氧化剂、酸类、碱类等禁配物发生反应。容易发生自聚反应

避免接触的条件　无资料

禁配物　强氧化剂、酸类、碱类

危险的分解产物　无资料

第十一部分　毒理学信息

急性毒性　无资料

皮肤刺激或腐蚀　无资料　眼睛刺激或腐蚀　无资料

呼吸或皮肤过敏　无资料　生殖细胞突变性　无资料

致癌性　无资料　　　　生殖毒性　无资料

特异性靶器官系统毒性——次接触　无资料

特异性靶器官系统毒性-反复接触　无资料

吸入危害　无资料

第十二部分　生态学信息

生态毒性　无资料

持久性和降解性

生物降解性　无资料

非生物降解性　无资料

潜在的生物累积性　无资料

土壤中的迁移性　无资料

第十三部分　废弃处置

废弃化学品　建议用控制焚烧法或安全掩埋法处置。若可

能，重复使用容器或在规定场所掩埋

污染包装物　将容器返还生产商或按照国家和地方法规处置

废弃注意事项　处置前应参阅国家和地方有关法规

第十四部分　运输信息

联合国危险货物编号（UN 号）　3265

联合国运输名称　有机酸性腐蚀性液体，未另作规定的（3-甲基-2-戊烯-4-炔醇）

联合国危险性类别　8

包装类别　Ⅰ　　　　　　包装标志　

海洋污染物　否

运输注意事项　起运时包装要完整，装载应稳妥。运输过程中要确保容器不泄漏、不倒塌、不坠落、不损坏。严禁与氧化剂、酸类、碱类、食用化学品等混装混运。运输时运输车辆应配备相应品种和数量的消防器材及泄漏应急处理设备。运输途中应防暴晒、雨淋，防高温。公路运输时要按规定路线行驶，勿在居民区和人口稠密区停留

第十五部分　法规信息

下列法律、法规、规章和标准，对该化学品的管理作了相应的规定。

中华人民共和国职业病防治法　职业病分类和目录：未列入

危险化学品安全管理条例　危险化学品目录：列入。易制爆危险化学品名录：未列入。重点监管的危险化学品名录：未列入。GB 18218—2009《危险化学品重大危险源辨识》（表 1）：未列入

使用有毒物品作业场所劳动保护条例　高毒物品目录：未列入

易制毒化学品管理条例　易制毒化学品的分类和品种目录：未列入

国际公约　斯德哥尔摩公约：未列入。鹿特丹公约：未列入。蒙特利尔议定书：未列入

第十六部分　其他信息

编写和修订信息　　　缩略语和首字母缩写

培训建议　　　　　　参考文献

免责声明

4-甲基-3-戊烯-2-酮

第一部分　化学品标识

化学品中文名　4-甲基-3-戊烯-2-酮；甲基异丁烯甲酮；异亚丙基丙酮

化学品英文名　methyl isobutenyl ketone；4-methyl-3-pentene-2-one

分子式　$C_6H_{10}O$　分子量　98.1430

结构式

化学品的推荐及限制用途　用于制造聚氯乙烯、高分子聚合树脂、染料、油墨时的溶剂和矿物浮选，也用作有机化学产品的中间体和防虫剂

第二部分　危险性概述

紧急情况概述　易燃液体和蒸气，吞咽有害，皮肤接触有害，吸入有害

GHS危险性类别　易燃液体，类别3；急性毒性-经口，类别4；急性毒性-经皮，类别4；急性毒性-吸入，类别4；危害水生环境-急性危害，类别3

标签要素

象形图　

警示词　警告

危险性说明　易燃液体和蒸气，吞咽有害，皮肤接触有害，吸入有害，对水生生物有害

防范说明

　　预防措施　远离热源、火花、明火、热表面。保持容器密闭。容器和接收设备接地连接。使用防爆型电器、通风、照明设备。只能使用不产生火花的工具。采取防止静电措施。戴防护手套、防护眼镜、防护面罩，穿防护服。避免接触眼睛、皮肤，操作后彻底清洗。作业场所不得进食、饮水或吸烟。避免吸入蒸气、雾。仅在室外或通风良好处操作。禁止排入环境

　　事故响应　火灾时，使用雾状水、泡沫、干粉、二氧化碳、砂土灭火。如吸入：将患者转移到空气新鲜处，休息，保持利于呼吸的体位。皮肤接触：用大量肥皂水和水清洗，如感觉不适，呼叫中毒控制中心或就医。被污染的衣服必须经洗净后方可重新使用。食入：如果感觉不适，立即呼叫中毒控制中心或就医，漱口

　　安全储存　存放在通风良好的地方。保持低温

　　废弃处置　本品及内装物、容器依据国家和地方法规处置

物理和化学危险　易燃，其蒸气与空气混合，能形成爆炸性混合物。容易自聚

健康危害　本品对眼睛、皮肤、呼吸道黏膜有刺激作用。当空气中本品达到48mg/m³时即可嗅到气味，当105mg/m³时，即可引起鼻刺激，胸部不适，对眼有刺激。液体可造成角膜损害。高浓度有麻醉性，并可造成肺、肝、肾损害

环境危害　对水生生物有害

第三部分　成分/组成信息

√物质　　　　　　　　　　混合物

组分	浓度	CAS No.
4-甲基-3-戊烯-2-酮		141-79-7

第四部分　急救措施

吸入　迅速脱离现场至空气新鲜处。保持呼吸道通畅。如呼吸困难，给输氧。如呼吸、心跳停止，立即进行心肺复苏术。就医

皮肤接触　立即脱去污染的衣着，用流动清水彻底冲洗。就医

眼睛接触　立即分开眼睑，用流动清水或生理盐水彻底冲洗。就医

食入　漱口，饮水。就医

对保护施救者的忠告　根据需要使用个人防护设备

对医生的特别提示　对症处理

第五部分　消防措施

灭火剂　用雾状水、泡沫、干粉、二氧化碳、砂土灭火

特别危险性　其蒸气与空气可形成爆炸性混合物，遇明火、高热能引起燃烧爆炸。与氧化剂可发生反应。与氯磺酸、发烟硫酸、硫酸剧烈反应。流速过快，容易产生和积聚静电。容易自聚，聚合反应随着温度的上升而急骤加剧。蒸气比空气重，沿地面扩散并易积存于低洼处，遇火源会着火回燃。若遇高热，容器内压增大，有开裂和爆炸的危险

灭火注意事项及防护措施　消防人员必须佩戴防毒面具、穿全身消防服，在上风向灭火。尽可能将容器从火场移至空旷处。喷水保持火场容器冷却，直至灭火结束。处在火场中的容器若已变色或从安全泄压装置中发出声音，必须马上撤离

第六部分　泄漏应急处理

作业人员防护措施、防护装备和应急处置程序　消除所有点火源。根据液体流动和蒸气扩散的影响区域划定警戒区，无关人员从侧风向、上风向撤离至安全区。建议应急处理人员戴正压自给式呼吸器，穿防毒、防静电服。作业时使用的所有设备应接地。禁止接触或跨越泄漏物。尽可能切断泄漏源

环境保护措施　防止泄漏物进入水体、下水道、地下室或有限空间

泄漏化学品的收容、清除方法及所使用的处置材料　小量泄漏：用砂土或其他不燃材料吸收。使用洁净的无火花工具收集吸收材料。大量泄漏：构筑围堤或挖坑收容。用泡沫覆盖，减少蒸发。喷水雾能减少蒸发，但不能降低泄漏物在有限空间内的易燃性。用防爆泵转移至槽车或专用收集器内。喷雾状水驱散蒸气、稀释液体泄漏物

第七部分　操作处置与储存

操作注意事项　密闭操作，注意通风。操作人员必须经过专门培训，严格遵守操作规程。建议操作人员佩戴自吸过滤式防毒面具（半面罩），戴化学安全防护眼镜，穿防静电工作服，戴橡胶耐油手套。远离火种、热源，工作场所严禁吸烟。使用防爆型的通风系统和设备。防止蒸气泄漏到工作场所空气中。避免与氧化剂、酸类接触。充装要控制流速，防止静电积聚。搬运时要轻装轻卸，防止包装及容器损坏。配备相应品种和数量的消防器材及泄漏应急处理设备。倒空的容器可能残留有害物

储存注意事项　储存于阴凉、通风的库房。远离火种、热源。库温不宜超过 37℃，应与氧化剂、酸类、食用化学品分开存放，切忌混储。采用防爆型照明、通风设施。禁止使用易产生火花的机械设备和工具。储区应备有泄漏应急处理设备和合适的收容材料

第八部分　接触控制/个体防护

职业接触限值
　　中国　PC-TWA：60mg/m³；PC-STEL：100mg/m³
　　美国（ACGIH）　TLV-TWA：15ppm；TLV-STEL：50ppm
生物接触限值　未制定标准
监测方法　空气中有毒物质测定方法：未制定标准。生物监测检验方法：未制定标准
工程控制　密闭操作，注意通风
个体防护装备
　　呼吸系统防护　空气中浓度超标时，必须佩戴过滤式防毒面具（半面罩）。紧急事态抢救或撤离时，应该佩戴空气呼吸器
　　眼睛防护　戴化学安全防护眼镜
　　皮肤和身体防护　穿防静电工作服
　　手防护　戴橡胶耐油手套

第九部分　理化特性

外观与性状　无色、透明、有强烈气味的油状液体
pH 值　无资料　　　　熔点(℃)　−53
沸点(℃)　130.0
相对密度(水＝1)　0.85（20℃）
相对蒸气密度(空气＝1)　3.38
饱和蒸气压(kPa)　1.16（20℃）
临界压力(MPa)　无资料　辛醇/水分配系数　无资料
闪点(℃)　30.6　　　自燃温度(℃)　344
爆炸下限(%)　无资料　爆炸上限(%)　无资料
分解温度(℃)　无资料
黏度(mPa·s)　0.0060（20℃）
燃烧热(kJ/mol)　−3238.72
临界温度(℃)　330
溶解性　微溶于水，易溶于多数有机溶剂

第十部分　稳定性和反应性

稳定性　稳定
危险反应　与强氧化剂等禁配物接触，有发生火灾和爆炸的危险。与氯磺酸、发烟硫酸、硫酸剧烈反应。容易发生自聚反应
避免接触的条件　无资料
禁配物　强氧化剂、强酸
危险的分解产物　无资料

第十一部分　毒理学信息

急性毒性　LD$_{50}$：1120mg/kg（大鼠经口）；710mg/kg（小鼠经口）；1000mg/kg（兔经口）；5150mg/kg（兔经皮）。LC：2500ppm（大鼠吸入）
皮肤刺激或腐蚀　无资料　眼睛刺激或腐蚀　无资料

呼吸或皮肤过敏　无资料　生殖细胞突变性　无资料
致癌性　无资料　　　　生殖毒性　无资料
特异性靶器官系统毒性-一次接触　无资料
特异性靶器官系统毒性-反复接触　无资料
吸入危害　无资料

第十二部分　生态学信息

生态毒性　无资料
持久性和降解性
　　生物降解性　无资料
　　非生物降解性　无资料
潜在的生物累积性　无资料
土壤中的迁移性　无资料

第十三部分　废弃处置

废弃化学品　建议用焚烧法处置
污染包装物　将容器返还生产商或按照国家和地方法规处置
废弃注意事项　处置前应参阅国家和地方有关法规

第十四部分　运输信息

联合国危险货物编号（UN 号）　1229
联合国运输名称　亚异丙基丙酮
联合国危险性类别　3

包装类别　Ⅲ　　　　　包装标志　

海洋污染物　否
运输注意事项　运输时运输车辆应配备相应品种和数量的消防器材及泄漏应急处理设备。夏季最好早晚运输。运输时所用的槽（罐）车应有接地链，槽内可设孔隔板以减少震荡产生的静电。严禁与氧化剂、酸类、食用化学品等混装混运。运输途中应防暴晒、雨淋，防高温。中途停留时应远离火种、热源、高温区。装运该物品的车辆排气管必须配备阻火装置，禁止使用易产生火花的机械设备和工具装卸。公路运输时要按规定路线行驶。铁路运输时要禁止溜放。严禁用木船、水泥船散装运输

第十五部分　法规信息

　　下列法律、法规、规章和标准，对该化学品的管理作了相应的规定。
中华人民共和国职业病防治法　职业病分类和目录：未列入
危险化学品安全管理条例　危险化学品目录：列入。易制爆危险化学品名录：未列入。重点监管的危险化学品名录：未列入。GB 18218—2009《危险化学品重大危险源辨识》（表1）：未列入
使用有毒物品作业场所劳动保护条例　高毒物品目录：未列入
易制毒化学品管理条例　易制毒化学品的分类和品种目录：未列入

国际公约　斯德哥尔摩公约：未列入。鹿特丹公约：未列入。蒙特利尔议定书：未列入

第十六部分　其他信息

编写和修订信息　　　　缩略语和首字母缩写
培训建议　　　　　　　参考文献
免责声明

2-甲基烯丙醇

第一部分　化学品标识

化学品中文名　2-甲基烯丙醇；异丁烯醇；甲代烯丙醇
化学品英文名　methallyl alcohol；2-methyl-2-propen-1-ol
分子式　C_4H_8O　分子量　72.1057
结构式　
化学品的推荐及限制用途　用作有机合成中间体

第二部分　危险性概述

紧急情况概述　易燃液体和蒸气
GHS危险性类别　易燃液体，类别3
标签要素

象形图

警示词　警告
危险性说明　易燃液体和蒸气
防范说明

　　预防措施　远离热源、火花、明火、热表面。禁止吸烟。保持容器密闭。容器和接收设备接地连接。使用防爆型电器、通风、照明设备。只能使用不产生火花的工具。采取防止静电措施。戴防护手套、防护眼镜、防护面罩
　　事故响应　火灾时，使用水、雾状水、抗溶性泡沫、干粉、二氧化碳、砂土灭火。如皮肤（或头发）接触：立即脱掉所有被污染的衣服，用水冲洗皮肤，淋浴
　　安全储存　存放在通风良好的地方。保持低温
　　废弃处置　本品及内装物、容器依据国家和地方法规处置
物理和化学危险　易燃，其蒸气与空气混合，能形成爆炸性混合物。容易自聚
健康危害　吸入、摄入或经皮肤吸收后对身体有害，对眼睛、皮肤、黏膜和上呼吸道有刺激作用
环境危害　对环境可能有害

第三部分　成分/组成信息

√ 物质　　　　　　　　　混合物

组分	浓度	CAS No.
2-甲基烯丙醇		513-42-8

第四部分　急救措施

吸入　迅速脱离现场至空气新鲜处。保持呼吸道通畅。如呼吸困难，给输氧。呼吸、心跳停止，立即进行心肺复苏术。就医
皮肤接触　立即脱去污染的衣着，用流动清水彻底冲洗。就医
眼睛接触　立即分开眼睑，用流动清水或生理盐水彻底冲洗。就医
食入　漱口，饮水。就医
对保护施救者的忠告　根据需要使用个人防护设备
对医生的特别提示　对症处理

第五部分　消防措施

灭火剂　用水、雾状水、抗溶性泡沫、干粉、二氧化碳、砂土灭火
特别危险性　其蒸气与空气可形成爆炸性混合物，遇明火、高热能引起燃烧爆炸。与氧化剂可发生反应。容易自聚，聚合反应随着温度的上升而急骤加剧。蒸气比空气重，沿地面扩散并易积存于低洼处，遇火源会着火回燃。若遇高热，容器内压增大，有开裂和爆炸的危险
灭火注意事项及防护措施　消防人员必须佩戴防毒面具、穿全身消防服，在上风向灭火。尽可能将容器从火场移至空旷处。喷水保持火场容器冷却，直至灭火结束。处在火场中的容器若已变色或从安全泄压装置中发出声音，必须马上撤离

第六部分　泄漏应急处理

作业人员防护措施、防护装备和应急处置程序　消除所有点火源。根据液体流动和蒸气扩散的影响区域划定警戒区，无关人员从侧风、上风向撤离至安全区。建议应急处理人员戴正压自给式呼吸器，穿防静电服。作业时使用的所有设备应接地。禁止接触或跨越泄漏物。尽可能切断泄漏源
环境保护措施　防止泄漏物进入水体、下水道、地下室或有限空间
泄漏化学品的收容、清除方法及所使用的处置材料　小量泄漏：用砂土或其他不燃材料吸收。使用洁净的无火花工具收集吸收材料。大量泄漏：构筑围堤或挖坑收容。用抗溶性泡沫覆盖，减少蒸发。喷水雾能减少蒸发，但不能降低泄漏物在有限空间内的易燃性。用防爆泵转移至槽车或专用收集器内

第七部分　操作处置与储存

操作注意事项　密闭操作，局部排风。防止蒸气泄漏到工作场所空气中。操作人员必须经过专门培训，严格遵守操作规程。建议操作人员佩戴自吸过滤式防毒面具（半面罩），戴化学安全防护眼镜，穿防静电工作服，戴橡胶手套。远离火种、热源，工作场所严禁吸烟。使用防爆型的通风系统和设备。在清除液体和蒸气前不能进行焊接、切割等作业。避免产生烟雾。避免与氧化剂、酸类、酸酐、酰基氯接触。容器与传送设备要接地，防止产生静电。灌装时应控制流速，且有接地装置，防止静电积聚。配备相应品种和数量的消防器材及泄漏应急处理设备。倒空的容器可能残留有

害物

储存注意事项 储存于阴凉、通风的库房。远离火种、热源。防止阳光直射。库温不宜超过 37℃，保持容器密封，严禁与空气接触。应与氧化剂、酸类、酸酐、酰基氯、食用化学品分开存放，切忌混储。不宜大量储存或久存。采用防爆型照明、通风设施。禁止使用易产生火花的机械设备和工具。储区应备有泄漏应急处理设备和合适的收容材料

第八部分 接触控制/个体防护

职业接触限值
中国 未制定标准
美国（ACGIH） 未制定标准
生物接触限值 未制定标准
监测方法 空气中有毒物质测定方法：未制定标准。生物监测检验方法：未制定标准
工程控制 密闭操作，局部排风
个体防护装备
呼吸系统防护 空气中浓度超标时，必须佩戴过滤式防毒面具（半面罩）。紧急事态抢救或撤离时，应该佩戴空气呼吸器
眼睛防护 戴化学安全防护眼镜
皮肤和身体防护 穿防静电工作服
手防护 戴橡胶手套

第九部分 理化特性

外观与性状 无色液体　　**pH 值** 无资料
熔点(℃) −50　　　**沸点(℃)** 113~115
相对密度(水=1) 0.852
相对蒸气密度(空气=1) 2.5
饱和蒸气压(kPa) 无资料
临界压力(MPa) 无资料　**辛醇/水分配系数** 无资料
闪点(℃) 33　　**自燃温度(℃)** 无资料
爆炸下限(%) 无资料　**爆炸上限(%)** 无资料
分解温度(℃) 无资料　**黏度(mPa·s)** 无资料
燃烧热(kJ/mol) 无资料　**临界温度(℃)** 无资料
溶解性 易溶于水，可混溶于乙醇、乙醚

第十部分 稳定性和反应性

稳定性 稳定
危险反应 与氧化剂、酸类、酸酐、酰基氯等禁配物接触，有发生火灾和爆炸的危险。容易发生自聚反应
避免接触的条件 无资料
禁配物 氧化剂、酸类、酸酐、酰基氯
危险的分解产物 无资料

第十一部分 毒理学信息

急性毒性 LDLo：500mg/kg（小鼠经口）；200mg/kg（兔经口）
皮肤刺激或腐蚀 家兔经皮 500mg，中度刺激
眼睛刺激或腐蚀 无资料
呼吸或皮肤过敏 无资料　**生殖细胞突变性** 无资料
致癌性 无资料　　**生殖毒性** 无资料

特异性靶器官系统毒性-一次接触 无资料
特异性靶器官系统毒性-反复接触 无资料
吸入危害 无资料

第十二部分 生态学信息

生态毒性 无资料
持久性和降解性
生物降解性 无资料
非生物降解性 无资料
潜在的生物累积性 无资料
土壤中的迁移性 无资料

第十三部分 废弃处置

废弃化学品 建议用焚烧法处置。在能利用的地方重复使用容器或在规定场所掩埋
污染包装物 将容器返还生产商或按照国家和地方法规处置
废弃注意事项 处置前应参阅国家和地方有关法规

第十四部分 运输信息

联合国危险货物编号（UN 号） 2614
联合国运输名称 甲代烯丙醇
联合国危险性类别 3

包装类别 Ⅲ　　　　**包装标志**

海洋污染物 否
运输注意事项 运输时运输车辆应配备相应品种和数量的消防器材及泄漏应急处理设备。夏季最好早晚运输。运输时所用的槽（罐）车应有接地链，槽内可设孔隔板以减少震荡产生的静电。严禁与氧化剂、酸类、食用化学品等混装混运。运输途中应防暴晒、雨淋，防高温。中途停留时应远离火种、热源、高温区。装运该物品的车辆排气管必须配备阻火装置，禁止使用易产生火花的机械设备和工具装卸。公路运输时要按规定路线行驶，勿在居民区和人口稠密区停留。铁路运输时要禁止溜放。严禁用木船、水泥船散装运输

第十五部分 法规信息

下列法律、法规、规章和标准，对该化学品的管理作了相应的规定。
中华人民共和国职业病防治法 职业病分类和目录：未列入
危险化学品安全管理条例 危险化学品目录：列入。易制爆危险化学品名录：未列入。重点监管的危险化学品名录：未列入。GB 18218—2009《危险化学品重大危险源辨识》（表1）：未列入
使用有毒物品作业场所劳动保护条例 高毒物品目录：未列入
易制毒化学品管理条例 易制毒化学品的分类和品种目录：未列入

国际公约　斯德哥尔摩公约：未列入。鹿特丹公约：未列入。蒙特利尔议定书：未列入

第十六部分　其他信息

编写和修订信息　　　　　缩略语和首字母缩写
培训建议　　　　　　　　参考文献
免责声明

甲基溴化镁［在乙醚中］

第一部分　化学品标识

化学品中文名　甲基溴化镁［在乙醚中］；格利雅溶液；
　　溴化甲基镁的乙醚溶液；甲基溴化镁的乙醚溶液
化学品英文名　methyl magnesium bromide（in ethyl ether）
分子式　CH_3BrMg　分子量　119.244
结构式　　　Mg—Br
化学品的推荐及限制用途　用于有机合成

第二部分　危险性概述

紧急情况概述　极易燃液体和蒸气，遇水放出可自燃的易
　　燃气体
GHS 危险性类别　易燃液体，类别 1；遇水放出易燃气体
　　的物质和混合物，类别 1
标签要素

象形图　

警示词　危险
危险性说明　极易燃液体和蒸气，遇水放出可自燃的易
　　燃气体
防范说明
　　预防措施　远离热源、火花、明火、热表面。禁止
　　　　吸烟。保持容器密闭。容器和接收设备接地连
　　　　接。使用防爆电器、通风、照明设备。只能使
　　　　用不产生火花的工具。采取防止静电措施。戴
　　　　防护手套、防护眼镜、防护面罩。因与水发生
　　　　剧烈反应和可能发生爆燃，应避免与水接触。
　　　　在惰性气体中操作。防潮
　　事故响应　火灾时，使用干粉、二氧化碳、砂土灭
　　　　火。如皮肤（或头发）接触：立即脱掉所有被
　　　　污染的衣服，用水冲洗皮肤，淋浴
　　安全储存　存放在通风良好的地方。保持低温。
　　　　在干燥处和密闭的容器中储存
　　废弃处置　本品及内装物、容器依据国家和地方法
　　　　规处置
物理和化学危险　遇湿易燃
健康危害　吸入、摄入或经皮肤吸收后对身体有害。对眼
　　睛、皮肤、黏膜和上呼吸道有强烈的刺激作用。接触
　　后可引起咳嗽、肺炎、肺水肿等。具有麻醉作用
环境危害　对环境可能有害

第三部分　成分/组成信息

物质　　　　　　　√混合物

组分	浓度	CAS No.
甲基溴化镁（在乙醚中）		75-16-1

第四部分　急救措施

吸入　迅速脱离现场至空气新鲜处。保持呼吸道通畅。如
　　呼吸困难，给输氧。呼吸、心跳停止，立即进行心肺
　　复苏术。就医
皮肤接触　立即脱去污染的衣着，用流动清水彻底冲洗。
　　就医
眼睛接触　立即分开眼睑，用流动清水或生理盐水彻底冲
　　洗。就医
食入　漱口，饮水。就医
对保护施救者的忠告　根据需要使用个人防护设备
对医生的特别提示　对症处理

第五部分　消防措施

灭火剂　用干粉、二氧化碳、砂土灭火
特别危险性　遇水或酸能发生化学反应，放出易燃气体。
　　与氧化剂能发生强烈反应。接触空气或在光照条件下
　　可生成具有潜在爆炸危险性的过氧化物
灭火注意事项及防护措施　消防人员必须佩戴空气呼吸
　　器、穿全身防火防毒服，在上风向灭火。尽可能将容
　　器从火场移至空旷处。喷水保持火场容器冷却，直至
　　灭火结束。处在火场中的容器若已变色或从安全泄压
　　装置中发出声音，必须马上撤离。禁止用水和泡沫
　　灭火

第六部分　泄漏应急处理

作业人员防护措施、防护装备和应急处置程序　消除所有
　　点火源。根据液体流动和蒸气扩散的影响区域划定警
　　戒区，无关人员从侧风、上风向撤离至安全区。建议
　　应急处理人员戴正压自给式呼吸器，穿防毒、防静电
　　服。禁止接触或跨越泄漏物。尽可能切断泄漏源
环境保护措施　防止泄漏物进入水体、下水道、地下室或
　　有限空间
泄漏化学品的收容、清除方法及所使用的处置材料　小量
　　泄漏：用干燥的砂土或其他不燃材料覆盖泄漏物，用
　　洁净的无火花工具收集泄漏物，置于一盖子较松的塑
　　料容器中，待处置。大量泄漏：构筑围堤或挖坑收
　　容。用防爆泵转移至槽车或专用收集器内

第七部分　操作处置与储存

操作注意事项　密闭操作，提供充分的局部排风。防止蒸
　　气泄漏到工作场所空气中。操作人员必须经过专门培
　　训，严格遵守操作规程。建议操作人员佩戴自吸过滤
　　式防毒面具（全面罩），穿防静电工作服，戴橡胶手
　　套。远离火种、热源，工作场所严禁吸烟。使用防爆
　　型的通风系统和设备。在清除液体和蒸气前不能进行
　　焊接、切割等作业。避免产生烟雾。避免与氧化剂、
　　还原剂、醇类接触，尤其要注意避免与水接触。配备

相应品种和数量的消防器材及泄漏应急处理设备。倒空的容器可能残留有害物

储存注意事项　储存于阴凉、干燥、通风良好的专用库房内，远离火种、热源。防止阳光直射。库温不超过32℃，相对湿度不超过75％。包装必须密封，切勿受潮。应与氧化剂、还原剂、醇类等分开存放，切忌混储。不宜大量储存或久存。采用防爆型照明、通风设施。禁止使用易产生火花的机械设备和工具。储区应备有泄漏应急处理设备和合适的收容材料

第八部分　接触控制/个体防护

职业接触限值

中国　未制定标准

美国（ACGIH）　未制定标准

生物接触限值　未制定标准

监测方法　空气中有毒物质测定方法：未制定标准。生物监测检验方法：未制定标准

工程控制　严加密闭，提供充分的局部排风

个体防护装备

呼吸系统防护　空气中浓度超标时，必须佩戴过滤式防毒面具（全面罩）。紧急事态抢救或撤离时，应该佩戴空气呼吸器

眼睛防护　呼吸系统防护中已作防护

皮肤和身体防护　穿防静电工作服

手防护　戴橡胶手套

第九部分　理化特性

外观与性状　灰褐色液体

pH 值　无资料	**熔点（℃）**　无资料
沸点（℃）　无资料	**相对密度（水＝1）**　1.035

相对蒸气密度（空气＝1）　无资料

饱和蒸气压（kPa）　无资料

临界压力（MPa）　无资料	**辛醇/水分配系数**　无资料
闪点（℃）　无资料	**自燃温度（℃）**　无资料
爆炸下限（％）　无资料	**爆炸上限（％）**　无资料
分解温度（℃）　无资料	**黏度（mPa·s）**　无资料
燃烧热（kJ/mol）　无资料	**临界温度（℃）**　无资料

溶解性　无资料

第十部分　稳定性和反应性

稳定性　稳定

危险反应　与氧化剂、还原剂、氧、醇类、水等禁配物发生反应。遇水或酸能发生化学反应，放出易燃气体。接触空气或在光照条件下可生成具有潜在爆炸危险性的过氧化物

避免接触的条件　潮湿空气、光照

禁配物　氧化剂、还原剂、氧、醇类、水

危险的分解产物　溴化氢

第十一部分　毒理学信息

急性毒性　无资料

皮肤刺激或腐蚀　无资料	**眼睛刺激或腐蚀**　无资料
呼吸或皮肤过敏　无资料	**生殖细胞突变性**　无资料
致癌性　无资料	**生殖毒性**　无资料

特异性靶器官系统毒性-一次接触　无资料

特异性靶器官系统毒性-反复接触　无资料

吸入危害　无资料

第十二部分　生态学信息

生态毒性　无资料

持久性和降解性

生物降解性　无资料

非生物降解性　无资料

潜在的生物累积性　无资料

土壤中的迁移性　无资料

第十三部分　废弃处置

废弃化学品　建议用焚烧法处置。在能利用的地方重复使用容器或在规定场所掩埋

污染包装物　将容器返还生产商或按照国家和地方法规处置

废弃注意事项　处置前应参阅国家和地方有关法规

第十四部分　运输信息

联合国危险货物编号（UN号）　1928

联合国运输名称　溴化甲基镁的乙醚溶液

联合国危险性类别　4.3，3

包装类别　Ⅰ

包装标志　

海洋污染物　否

运输注意事项　运输时运输车辆应配备相应品种和数量的消防器材及泄漏应急处理设备。装运本品的车辆排气管须有阻火装置。运输过程中要确保容器不泄漏、不倒塌、不坠落、不损坏。严禁与氧化剂、还原剂、活泼非金属、醇类、食用化学品等混装混运。运输途中应防暴晒、雨淋，防高温。中途停留时应远离火种、热源。运输用车、船必须干燥，并有良好的防雨设施。车辆运输完毕应进行彻底清扫。铁路运输时要禁止溜放

第十五部分　法规信息

下列法律、法规、规章和标准，对该化学品的管理作了相应的规定。

中华人民共和国职业病防治法　职业病分类和目录：未列入

危险化学品安全管理条例　危险化学品目录：列入。易制爆危险化学品名录：未列入。重点监管的危险化学品名录：未列入。GB 18218—2009《危险化学品重大危险源辨识》（表1）：未列入

使用有毒物品作业场所劳动保护条例　高毒物品目录：未列入

易制毒化学品管理条例　易制毒化学品的分类和品种目录：未列入

国际公约　斯德哥尔摩公约：未列入。鹿特丹公约：未列入。蒙特利尔议定书：未列入

第十六部分　其他信息

编写和修订信息　　缩略语和首字母缩写
培训建议　　参考文献
免责声明

甲基乙拌磷

第一部分　化学品标识

化学品中文名　甲基乙拌磷；S-2-乙基硫代乙基-O,O-二甲基二硫代磷酸酯；二甲硫吸磷
化学品英文名　thiometon；O, O-dimethyl-S-（2-ethyl-thioethyl）dithiophosphate
分子式　$C_6H_{15}O_2PS_3$　分子量　246.351

结构式　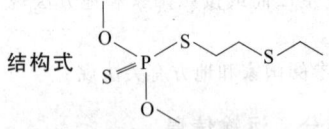

化学品的推荐及限制用途　用作农用杀虫剂

第二部分　危险性概述

紧急情况概述　吞咽会中毒
GHS危险性类别　急性毒性-经口，类别3；急性毒性-经皮，类别4；危害水生环境-急性危害，类别2
标签要素

象形图　

警示词　危险
危险性说明　吞咽会中毒，皮肤接触有害，对水生生物有毒
防范说明
　预防措施　避免接触眼睛、皮肤，操作后彻底清洗。作业场所不得进食、饮水或吸烟。戴防护手套、穿防护服。禁止排入环境
　事故响应　皮肤接触：用大量肥皂水和水清洗，如感觉不适，呼叫中毒控制中心或就医。被污染的衣服必须经洗净后方可重新使用。食入：立即呼叫中毒控制中心或就医，漱口
　安全储存　上锁保管
　废弃处置　本品及内装物、容器依据国家和地方法规处置
物理和化学危险　可燃，其蒸气与空气混合，能形成爆炸性混合物
健康危害　抑制胆碱酯酶活性。轻者出现头痛、恶心、多汗、胸闷等症状，瞳孔缩小；中度中毒者出现肌束震颤、呼吸困难；重者出现肺水肿、脑水肿、呼吸麻痹
环境危害　对水生生物有毒

第三部分　成分/组成信息

√ 物质　　　混合物

组分	浓度	CAS No.
甲基乙拌磷		640-15-3

第四部分　急救措施

吸入　迅速脱离现场至空气新鲜处。保持呼吸道通畅。如呼吸困难，给输氧。呼吸、心跳停止，立即进行心肺复苏术。就医
皮肤接触　立即脱去污染的衣着，用肥皂水及流动清水彻底冲洗污染的皮肤、头发、指甲等。就医
眼睛接触　分开眼睑，用流动清水或生理盐水冲洗。就医
食入　饮足量温水，催吐（仅限于清醒者）。口服活性炭。就医
对保护施救者的忠告　根据需要使用个人防护设备
对医生的特别提示　解毒剂：阿托品、胆碱酯酶复能剂

第五部分　消防措施

灭火剂　用雾状水、泡沫、干粉、二氧化碳、砂土灭火
特别危险性　遇明火、高热可燃。与氧化剂可发生反应。受高热分解产生有毒的腐蚀性烟气。若遇高热，容器内压增大，有开裂和爆炸的危险
灭火注意事项及防护措施　消防人员必须佩戴防毒面具、穿全身消防服，在上风向灭火。尽可能将容器从火场移至空旷处。喷水保持火场容器冷却，直至灭火结束。处在火场中的容器若已变色或从安全泄压装置中发出声音，必须马上撤离

第六部分　泄漏应急处理

作业人员防护措施、防护装备和应急处置程序　根据液体流动和蒸气扩散的影响区域划定警戒区，无关人员从侧风向、上风向撤离至安全区。建议应急处理人员戴正压自给式呼吸器，穿防毒服。穿上适当的防护服前严禁接触破裂的容器和泄漏物。尽可能切断泄漏源
环境保护措施　防止泄漏物进入水体、下水道、地下室或有限空间
泄漏化学品的收容、清除方法及所使用的处置材料　小量泄漏：用干燥的砂土或其他不燃材料吸收或覆盖，收集于容器中。大量泄漏：构筑围堤或挖坑收容。用泵转移至槽车或专用收集器内

第七部分　操作处置与储存

操作注意事项　密闭操作，局部排风。防止蒸气泄漏到工作场所空气中。操作人员必须经过专门培训，严格遵守操作规程。建议操作人员佩戴过滤式防毒面具（半面罩），戴化学安全防护眼镜，穿防毒物渗透工作服，戴乳胶手套。远离火种、热源，工作场所严禁吸烟。使用防爆型的通风系统和设备。在清除液体和蒸气前不能进行焊接、切割等作业。避免产生烟雾。避免与氧化剂接触。配备相应品种和数量的消防器材及泄漏应急处理设备。倒空的容器可能残留有害物

储存注意事项 储存于阴凉、通风的库房。远离火种、热源。防止阳光直射。保持容器密封。应与氧化剂、食用化学品分开存放，切忌混储。配备相应品种和数量的消防器材。储区应备有泄漏应急处理设备和合适的收容材料

第八部分 接触控制/个体防护

职业接触限值

中国 未制定标准

美国（ACGIH） 未制定标准

生物接触限值

全血胆碱酯酶活性（校正值）：原基础值或参考值的70%（采样时间：开始接触后的3个月内），原基础值或参考值的50%（采样时间：持续接触3个月后，任意时间）

监测方法 空气中有毒物质测定方法：未制定标准。生物监测检验方法：血中胆碱酯酶活性的分光光度测定方法——羟胺三氯化铁法；血中胆碱酯酶活性的分光光度测定方法——硫代乙酰胆碱-联硫代双硝基苯甲酸法

工程控制 密闭操作，局部排风

个体防护装备

呼吸系统防护 空气中浓度较高时，应该佩戴过滤式防毒面具（半面罩）。紧急事态抢救或逃生时，建议佩戴空气呼吸器

眼睛防护 戴化学安全防护眼镜

皮肤和身体防护 穿防毒物渗透工作服

手防护 戴橡胶手套

第九部分 理化特性

外观与性状 无色油状液体，有特殊气味

pH 值 无资料 　　　**熔点（℃）** 无资料

沸点（℃） 111～120(0.0133kPa)

相对密度（水=1） 1.209

相对蒸气密度（空气=1） 无资料

饱和蒸气压（kPa） 0.399×10^{-4}(20℃)

临界压力（MPa） 无资料 **辛醇/水分配系数** 无资料

闪点（℃） 无资料 　　**自燃温度（℃）** 无资料

爆炸下限（%） 无资料 　**爆炸上限（%）** 无资料

分解温度（℃） 无资料 　**黏度（mPa·s）** 无资料

燃烧热（kJ/mol） 无资料 **临界温度（℃）** 无资料

溶解性 微溶于水，溶于多数有机溶剂

第十部分 稳定性和反应性

稳定性 稳定

危险反应 与强氧化剂等禁配物发生反应

避免接触的条件 无资料

禁配物 强氧化剂

危险的分解产物 氧化硫、氧化磷

第十一部分 毒理学信息

急性毒性 LD_{50}：40mg/kg（大鼠经口），179mg/kg（大鼠经皮），37mg/kg（小鼠经口）

皮肤刺激或腐蚀 家兔经皮：500mg（24h），轻度刺激

眼睛刺激或腐蚀 家兔经眼：750μg（24h），重度刺激

呼吸或皮肤过敏 无资料

生殖细胞突变性 微生物致突变：鼠伤寒沙门氏菌1mg/皿。微核试验：大鼠腹腔内75mg/kg（5d，连续）。微核试验：小鼠腹腔内100mg/kg

致癌性 无资料 　　**生殖毒性** 无资料

特异性靶器官系统毒性-一次接触 无资料

特异性靶器官系统毒性-反复接触 无资料

吸入危害 无资料

第十二部分 生态学信息

生态毒性 LC_{50}：8mg/L（96h）（虹鳟）。LC_{50}：3.2mg/L（96h）（小丑鱼）

持久性和降解性

生物降解性 无资料

非生物降解性 无资料

潜在的生物累积性 根据 K_{ow} 值预测，该物质的生物累积性可能较弱

土壤中的迁移性 根据 K_{oc} 值预测，该物质可能有一定的迁移性

第十三部分 废弃处置

废弃化学品 建议用焚烧法处置。在能利用的地方重复使用容器或在规定场所掩埋

污染包装物 将容器返还生产商或按照国家和地方法规处置

废弃注意事项 处置前应参阅国家和地方有关法规

第十四部分 运输信息

联合国危险货物编号（UN号） 3018

联合国运输名称 液态有机磷农药，毒性（甲基乙拌磷）

联合国危险性类别 6.1

包装类别 Ⅲ 　　　　**包装标志**

海洋污染物 否

运输注意事项 运输前应先检查包装容器是否完整、密封，运输过程中要确保容器不泄漏、不倒塌、不坠落、不损坏。严禁与酸类、氧化剂、食品及食品添加剂混运。运输时运输车辆应配备相应品种和数量的消防器材及泄漏应急处理设备。运输途中应防暴晒、雨淋，防高温。公路运输时要按规定路线行驶，勿在居民区和人口稠密区停留

第十五部分 法规信息

下列法律、法规、规章和标准，对该化学品的管理作了相应的规定。

中华人民共和国职业病防治法 职业病分类和目录：有机磷中毒

危险化学品安全管理条例 危险化学品目录：列入。易制爆危险化学品名录：未列入。重点监管的危险化学品

名录：未列入。GB 18218—2009《危险化学品重大危险源辨识》（表1）：未列入

使用有毒物品作业场所劳动保护条例 高毒物品目录：未列入

易制毒化学品管理条例 易制毒化学品的分类和品种目录：未列入

国际公约 斯德哥尔摩公约：未列入。鹿特丹公约：未列入。蒙特利尔议定书：未列入

第十六部分 其他信息

编写和修订信息　　缩略语和首字母缩写
培训建议　　参考文献
免责声明

1-甲基异喹啉

第一部分 化学品标识

化学品中文名 1-甲基异喹啉
化学品英文名 1-methyl isoquinoline
分子式 $C_{10}H_9N$　**分子量** 143.1852

结构式

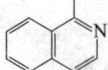

化学品的推荐及限制用途 用于有机合成

第二部分 危险性概述

紧急情况概述 造成皮肤刺激，造成严重眼刺激，可能引起呼吸道刺激

GHS危险性类别 皮肤腐蚀/刺激，类别2；严重眼损伤/眼刺激，类别2A；特异性靶器官毒性--一次接触，类别3（呼吸道刺激）

标签要素

象形图

警示词 警告

危险性说明 造成皮肤刺激，造成严重眼刺激，可能引起呼吸道刺激

防范说明

预防措施 避免接触眼睛、皮肤，操作后彻底清洗。戴防护手套、防护眼镜、防护面罩

事故响应 皮肤接触：用大量肥皂水和水清洗。脱去被污染的衣服，衣服经洗净后方可重新使用。如发生皮肤刺激，就医。如接触眼睛：用水细心冲洗数分钟。如戴隐形眼镜并可方便地取出，则取出隐形眼镜，继续冲洗。如果眼睛刺激持续：就医

安全储存 —
废弃处置 —

物理和化学危险 可燃，其粉体与空气混合，能形成爆炸性混合物

健康危害 本品有毒。对皮肤、眼睛、黏膜和上呼吸道有刺激作用

环境危害 对环境可能有害

第三部分 成分/组成信息

√ 物质　　　　　混合物

组分	浓度	CAS No.
1-甲基异喹啉		1721-93-3

第四部分 急救措施

吸入 迅速脱离现场至空气新鲜处。保持呼吸道通畅。如呼吸困难，给输氧。呼吸、心跳停止，立即进行心肺复苏术。就医

皮肤接触 立即脱去污染的衣着，用流动清水彻底冲洗。就医

眼睛接触 立即分开眼睑，用流动清水或生理盐水彻底冲洗。就医

食入 漱口，饮水。就医

对保护施救者的忠告 根据需要使用个人防护设备

对医生的特别提示 对症处理

第五部分 消防措施

灭火剂 用雾状水、泡沫、干粉、二氧化碳、砂土灭火

特别危险性 遇明火、高热可燃。与氧化剂可发生反应。受高热分解放出有毒的气体。若遇高热，容器内压增大，有开裂和爆炸的危险

灭火注意事项及防护措施 消防人员必须佩戴防毒面具、穿全身消防服，在上风向灭火。尽可能将容器从火场移至空旷处。喷水保持火场容器冷却，直至灭火结束。处在火场中的容器若已变色或从安全泄压装置中发出声音，必须马上撤离

第六部分 泄漏应急处理

作业人员防护措施、防护装备和应急处置程序 根据液体流动和蒸气扩散的影响区域划定警戒区，无关人员从侧风、上风向撤离至安全区。消除所有点火源。建议应急处理人员戴防毒面具，穿一般作业工作服。尽可能切断泄漏源。防止泄漏物进入水体、下水道、地下室或有限空间

环境保护措施 用塑料布覆盖泄漏物，减少飞散

泄漏化学品的收容、清除方法及所使用的处置材料 小量泄漏：用干燥的砂土或其他不燃材料吸收或覆盖，收集于容器中。大量泄漏：构筑围堤或挖坑收容。用泵转移至槽车或专用收集器内

第七部分 操作处置与储存

操作注意事项 密闭操作，局部排风。防止烟雾或粉尘泄漏到工作场所空气中。操作人员必须经过专门培训，严格遵守操作规程。建议操作人员佩戴自吸过滤式防毒面具（半面罩），戴化学安全防护眼镜，穿防毒物渗透工作服，戴橡胶手套。远离火种、热源，工作场所严禁吸烟。使用防爆型的通风系统和设备。在清除液体和蒸气前不能进行焊接、切割等作业。避免产生蒸气或粉尘。避免与氧化剂、酸类接触。配备相应品种和数量的消防器材及泄漏应急处理设备。倒空的容

器可能残留有害物

储存注意事项 储存于阴凉、通风的库房。远离火种、热源。防止阳光直射。保持容器密封。应与氧化剂、酸类分开存放，切忌混储。配备相应品种和数量的消防器材。储区应备有泄漏应急处理设备和合适的收容材料

第八部分 接触控制/个体防护

职业接触限值

中国 未制定标准

美国（ACGIH） 未制定标准

生物接触限值 未制定标准

监测方法 空气中有毒物质测定方法：未制定标准。生物监测检验方法：未制定标准

工程控制 密闭操作，局部排风

个体防护装备

呼吸系统防护 空气中浓度超标时，必须佩戴自吸过滤式防毒面具（半面罩）。紧急事态抢救或撤离时，应该佩戴空气呼吸器

眼睛防护 戴化学安全防护眼镜

皮肤和身体防护 穿防毒物渗透工作服

手防护 戴橡胶手套

第九部分 理化特性

外观与性状 黄色液体或结晶

pH 值 无意义   **熔点（℃）** 10～12

沸点（℃） 248   **相对密度（水＝1）** 1.0777

相对蒸气密度（空气＝1） 无资料

饱和蒸气压（kPa） 无资料

临界压力（MPa） 无资料   **辛醇/水分配系数** 无资料

闪点（℃） ＞110   **自燃温度（℃）** 无资料

爆炸下限（%） 无资料   **爆炸上限（%）** 无资料

分解温度（℃） 无资料   **黏度（mPa·s）** 无资料

燃烧热（kJ/mol） 无资料   **临界温度（℃）** 无资料

溶解性 难溶于水，溶于乙醇、丙酮、苯

第十部分 稳定性和反应性

稳定性 稳定

危险反应 与强氧化剂、强酸等禁配物发生反应

避免接触的条件 无资料

禁配物 强氧化剂、强酸

危险的分解产物 氮氧化物

第十一部分 毒理学信息

急性毒性 无资料

皮肤刺激或腐蚀 无资料   **眼睛刺激或腐蚀** 无资料

呼吸或皮肤过敏 无资料   **生殖细胞突变性** 无资料

致癌性 无资料   **生殖毒性** 无资料

特异性靶器官系统毒性-一次接触 无资料

特异性靶器官系统毒性-反复接触 无资料

吸入危害 无资料

第十二部分 生态学信息

生态毒性 无资料

持久性和降解性

生物降解性 无资料

非生物降解性 无资料

潜在的生物累积性 无资料

土壤中的迁移性 无资料

第十三部分 废弃处置

废弃化学品 建议用焚烧法处置。与易燃溶剂混合后，再焚烧

污染包装物 将容器返还生产商或按照国家和地方法规处置

废弃注意事项 处置前应参阅国家和地方有关法规

第十四部分 运输信息

联合国危险货物编号（UN 号） —

联合国运输名称 —   **联合国危险性类别** —

包装类别 —   **包装标志** —

海洋污染物 否

运输注意事项 运输前应先检查包装容器是否完整、密封，运输过程中要确保容器不泄漏、不倒塌、不坠落、不损坏。严禁与氧化剂、酸类、食用化学品等混装混运。运输车船必须彻底清洗、消毒，否则不得装运其他物品。船运时，配装位置应远离卧室、厨房，并与机舱、电源、火源等部位隔离。公路运输时要按规定路线行驶

第十五部分 法规信息

下列法律、法规、规章和标准，对该化学品的管理作了相应的规定。

中华人民共和国职业病防治法 职业病分类和目录：未列入

危险化学品安全管理条例 危险化学品目录：列入。易制爆危险化学品名录：未列入。重点监管的危险化学品名录：未列入。GB 18218—2009《危险化学品重大危险源辨识》（表 1）：未列入

使用有毒物品作业场所劳动保护条例 高毒物品目录：未列入

易制毒化学品管理条例 易制毒化学品的分类和品种目录：未列入

国际公约 斯德哥尔摩公约：未列入。鹿特丹公约：未列入。蒙特利尔议定书：未列入

第十六部分 其他信息

编写和修订信息   缩略语和首字母缩写

培训建议   参考文献

免责声明

甲酸环己酯

第一部分 化学品标识

化学品中文名 甲酸环己酯

化学品英文名 cyclohexyl formate；cyclohexanol formate

分子式 $C_7H_{12}O_2$ **分子量** 128.169

结构式　

化学品的推荐及限制用途　用作有机溶剂

第二部分　危险性概述

紧急情况概述　易燃液体和蒸气
GHS危险性类别　易燃液体，类别3
标签要素

象形图　

警示词　警告
危险性说明　易燃液体和蒸气
防范说明
　　预防措施　远离热源、火花、明火、热表面。禁止
　　　　吸烟。保持容器密闭。容器和接收设备接地连
　　　　接。使用防爆型电器、通风、照明设备。只能
　　　　使用不产生火花的工具。采取防止静电措施。
　　　　戴防护手套、防护眼镜、防护面罩
　　事故响应　火灾时，使用雾状水、泡沫、干粉、二氧
　　　　化碳、砂土灭火。如皮肤（或头发）接触：立即
　　　　脱掉所有被污染的衣服，用水冲洗皮肤，淋浴
　　安全储存　存放在通风良好的地方。保持低温
　　废弃处置　本品及内装物、容器依据国家和地方法
　　　　规处置
物理和化学危险　易燃，其蒸气与空气混合，能形成爆炸
　　　性混合物
健康危害　高浓度时有显著刺激作用
环境危害　对环境可能有害

第三部分　成分/组成信息

　　√　物质　　　　　　　　　　混合物

组分	浓度	CAS No.
甲酸环己酯		4351-54-6

第四部分　急救措施

吸入　迅速脱离现场至空气新鲜处。保持呼吸道通畅。如
　　呼吸困难，给输氧。呼吸、心跳停止，立即进行心肺
　　复苏术。就医
皮肤接触　立即脱去污染的衣着，用流动清水彻底冲洗。
　　就医
眼睛接触　立即分开眼睑，用流动清水或生理盐水彻底冲
　　洗。就医
食入　漱口，饮水。就医
对保护施救者的忠告　根据需要使用个人防护设备
对医生的特别提示　对症处理

第五部分　消防措施

灭火剂　用雾状水、泡沫、干粉、二氧化碳、砂土灭火
特别危险性　其蒸气与空气可形成爆炸性混合物，遇明
　　火、高热能引起燃烧爆炸。与氧化剂可发生反应。
　　流速过快，容易产生和积聚静电。蒸气比空气重，

沿地面扩散并易积存于低洼处，遇火源会着火回燃。
　　若遇高热，容器内压增大，有开裂和爆炸的危险
灭火注意事项及防护措施　消防人员必须佩戴防毒面具、
　　穿全身消防服，在上风向灭火。尽可能将容器从火场
　　移至空旷处。喷水保持火场容器冷却，直至灭火结
　　束。处在火场中的容器若已变色或从安全泄压装置中
　　发出声音，必须马上撤离

第六部分　泄漏应急处理

作业人员防护措施、防护装备和应急处置程序　消除所有
　　点火源。根据液体流动和蒸气扩散的影响区域划定警
　　戒区，无关人员从侧风向、上风向撤离至安全区。建
　　议应急处理人员戴正压自给式呼吸器，穿防静电服。
　　作业时使用的所有设备应接地。禁止接触或跨越泄漏
　　物。尽可能切断泄漏源
环境保护措施　防止泄漏物进入水体、下水道、地下室或
　　有限空间
泄漏化学品的收容、清除方法及所使用的处置材料　小量
　　泄漏：用砂土或其他不燃材料吸收。使用洁净的无火
　　花工具收集吸收材料。大量泄漏：构筑围堤或挖坑收
　　容。用泡沫覆盖，减少蒸发。喷水雾能减少蒸发，但
　　不能降低泄漏物在有限空间内的易燃性。用防爆泵转
　　移至槽车或专用收集器内

第七部分　操作处置与储存

操作注意事项　密闭操作，加强通风。操作人员必须经过
　　专门培训，严格遵守操作规程。建议操作人员佩戴自
　　吸过滤式防毒面具（半面罩），戴化学安全防护眼镜，
　　穿防毒物渗透工作服，戴橡胶耐油手套。远离火种、
　　热源，工作场所严禁吸烟。使用防爆型的通风系统和
　　设备。防止蒸气泄漏到工作场所空气中。避免与氧化
　　剂、酸类、碱类接触。充装要控制流速，防止静电积
　　聚。搬运时要轻装轻卸，防止包装及容器损坏。配备
　　相应品种和数量的消防器材及泄漏应急处理设备。倒
　　空的容器可能残留有害物
储存注意事项　储存于阴凉、通风的库房。远离火种、热
　　源。库温不宜超过37℃，应与氧化剂、酸类、碱类
　　分开存放，切忌混储。采用防爆型照明、通风设施。
　　禁止使用易产生火花的机械设备和工具。储区应备有
　　泄漏应急处理设备和合适的收容材料

第八部分　接触控制/个体防护

职业接触限值
　中国　未制定标准
　美国（ACGIH）　未制定标准
生物接触限值　未制定标准
监测方法　空气中有毒物质测定方法：未制定标准。生物
　　监测检验方法：未制定标准
工程控制　生产过程密闭，加强通风
个体防护装备
　呼吸系统防护　空气中浓度超标时，必须佩戴过滤式
　　　防毒面具（半面罩）。紧急事态抢救或撤离时，
　　　应该佩戴空气呼吸器

眼睛防护　戴化学安全防护眼镜

皮肤和身体防护　穿防毒物渗透工作服

手防护　戴橡胶耐油手套

第九部分　理化特性

外观与性状　无色液体

pH 值　无资料　　　　熔点(℃)　无资料

沸点(℃)　162.5

相对密度(水＝1)　1.006(0℃)

相对蒸气密度(空气＝1)　4.4

饱和蒸气压(kPa)　无资料

临界压力(MPa)　无资料　辛醇/水分配系数　无资料

闪点(℃)　51　　　自燃温度(℃)　无资料

爆炸下限(%)　无资料　爆炸上限(%)　无资料

分解温度(℃)　无资料　黏度(mPa·s)　无资料

燃烧热(kJ/mol)　无资料　临界温度(℃)　无资料

溶解性　不溶于水

第十部分　稳定性和反应性

稳定性　稳定

危险反应　与强氧化剂、强酸、强碱等禁配物接触，有发
生火灾和爆炸的危险

避免接触的条件　无资料

禁配物　强氧化剂、强酸、强碱

危险的分解产物　无资料

第十一部分　毒理学信息

急性毒性　无资料

皮肤刺激或腐蚀　无资料　眼睛刺激或腐蚀　无资料

呼吸或皮肤过敏　无资料　生殖细胞突变性　无资料

致癌性　无资料　　　生殖毒性　无资料

特异性靶器官系统毒性-一次接触　无资料

特异性靶器官系统毒性-反复接触　无资料

吸入危害　无资料

第十二部分　生态学信息

生态毒性　无资料

持久性和降解性

　生物降解性　无资料

　非生物降解性　无资料

潜在的生物累积性　无资料

土壤中的迁移性　无资料

第十三部分　废弃处置

废弃化学品　建议用焚烧法处置

污染包装物　将容器返还生产商或按照国家和地方法规
处置

废弃注意事项　处置前应参阅国家和地方有关法规

第十四部分　运输信息

联合国危险货物编号（UN 号）　3272

联合国运输名称　酯类，未另作规定的（甲酸环己酯）

联合国危险性类别　3

包装类别　Ⅲ　　　　包装标志

海洋污染物　否

运输注意事项　运输时运输车辆应配备相应品种和数量的
消防器材及泄漏应急处理设备。夏季最好早晚运输。
运输时所用的槽（罐）车应有接地链，槽内可设孔隔
板以减少震荡产生的静电。严禁与氧化剂、酸类、碱
类、食用化学品等混装混运。运输途中应防暴晒、雨
淋，防高温。中途停留时应远离火种、热源、高温
区。装运该物品的车辆排气管必须配备阻火装置，禁
止使用易产生火花的机械设备和工具装卸。公路运输
时要按规定路线行驶。铁路运输时应禁止溜放。严禁
用木船、水泥船散装运输

第十五部分　法规信息

下列法律、法规、规章和标准，对该化学品的管理作
了相应的规定。

中华人民共和国职业病防治法　职业病分类和目录：未
列入

危险化学品安全管理条例　危险化学品目录：列入。易制
爆危险化学品名录：未列入。重点监管的危险化学品
名录：未列入。GB 18218—2009《危险化学品重大
危险源辨识》（表 1）：未列入

使用有毒物品作业场所劳动保护条例　高毒物品目录：未
列入

易制毒化学品管理条例　易制毒化学品的分类和品种目
录：未列入

国际公约　斯德哥尔摩公约：未列入。鹿特丹公约：未列
入。蒙特利尔议定书：未列入

第十六部分　其他信息

编写和修订信息　　缩略语和首字母缩写

培训建议　　　　　参考文献

免责声明

甲酸烯丙酯

第一部分　化学品标识

化学品中文名　甲酸烯丙酯

化学品英文名　allyl formate

分子式　$C_4H_6O_2$　分子量　86.0892

结构式

化学品的推荐及限制用途　用于有机合成

第二部分　危险性概述

紧急情况概述　高度易燃液体和蒸气，吞咽会中毒

GHS 危险性类别　易燃液体，类别 2；急性毒性-经口，
类别 3

标签要素

象形图

警示词 危险

危险性说明 高度易燃液体和蒸气，吞咽会中毒

防范说明

预防措施 远离热源、火花、明火、热表面。保持容器密闭。容器和接收设备接地连接。使用防爆型电器、通风、照明设备。只能使用不产生火花的工具。采取防止静电措施。戴防护手套、防护眼镜、防护面罩。避免接触眼睛、皮肤，操作后彻底清洗。作业场所不得进食、饮水或吸烟

事故响应 火灾时，使用雾状水、泡沫、干粉、二氧化碳、砂土灭火。如皮肤（或头发）接触：立即脱掉所有被污染的衣服，用水冲洗皮肤，淋浴。食入：立即呼叫中毒控制中心或就医，漱口

安全储存 存放在通风良好的地方。保持低温。上锁保管

废弃处置 本品及内装物、容器依据国家和地方法规处置

物理和化学危险 高度易燃，其蒸气与空气混合，能形成爆炸性混合物。容易自聚

健康危害 蒸气具有强烈的刺激黏膜作用。以各种途径进入机体均可引起严重肝损害

环境危害 对环境可能有害

第三部分　成分/组成信息

√ 物质　　　　　　　混合物

组分	浓度	CAS No.
甲酸烯丙酯		1838-59-1

第四部分　急救措施

吸入 迅速脱离现场至空气新鲜处。保持呼吸道通畅。如呼吸困难，给输氧。呼吸、心跳停止，立即进行心肺复苏术。就医

皮肤接触 立即脱去污染的衣着，用流动清水彻底冲洗。就医

眼睛接触 立即分开眼睑，用流动清水或生理盐水彻底冲洗。就医

食入 饮适量温水，催吐（仅限于清醒者）。就医

对保护施救者的忠告 根据需要使用个人防护设备

对医生的特别提示 对症处理

第五部分　消防措施

灭火剂 用雾状水、泡沫、干粉、二氧化碳、砂土灭火

特别危险性 其蒸气与空气可形成爆炸性混合物，遇明火、高热极易燃烧爆炸。与氧化剂接触猛烈反应。流速过快，容易产生和积聚静电。若遇高热，容器内压增大，有开裂和爆炸的危险。容易自聚，聚合反应随着温度的上升而急骤加剧

灭火注意事项及防护措施 消防人员必须佩戴空气呼吸器、穿全身防火防毒服，在上风向灭火。尽可能将容器从火场移至空旷处。喷水保持火场容器冷却，直至灭火结束。处在火场中的容器若已变色或从安全泄压装置中发出声音，必须马上撤离

第六部分　泄漏应急处理

作业人员防护措施、防护装备和应急处置程序 消除所有点火源。根据液体流动和蒸气扩散的影响区域划定警戒区，无关人员从侧风向、上风向撤离至安全区。建议应急处理人员戴正压自给式呼吸器，穿防毒、防静电服。作业时使用的所有设备应接地。禁止接触或跨越泄漏物。尽可能切断泄漏源

环境保护措施 防止泄漏物进入水体、下水道、地下室或有限空间

泄漏化学品的收容、清除方法及所使用的处置材料 小量泄漏：用砂土或其他不燃材料吸收。使用洁净的无火花工具收集吸收材料。大量泄漏：构筑围堤或挖坑收容。用粉煤灰或石灰粉吸收大量液体。用泡沫覆盖，减少蒸发。喷水雾能减少蒸发，但不能降低泄漏物在有限空间内的易燃性。用防爆泵转移至槽车或专用收集器内

第七部分　操作处置与储存

操作注意事项 密闭操作，全面通风。操作人员必须经过专门培训，严格遵守操作规程。建议操作人员佩戴自吸过滤式防毒面具（全面罩），穿胶布防毒衣，戴橡胶耐油手套。远离火种、热源，工作场所严禁吸烟。使用防爆型的通风系统和设备。防止蒸气泄漏到工作场所空气中。避免与氧化剂、酸类、碱类接触。灌装时应控制流速，且有接地装置，防止静电积聚。配备相应品种和数量的消防器材及泄漏应急处理设备。倒空的容器可能残留有害物

储存注意事项 通常商品加有稳定剂。储存于阴凉、通风的库房。远离火种、热源。库温不宜超过37℃，包装要求密封，不可与空气接触。应与氧化剂、酸类、碱类、食用化学品分开存放，切忌混储。不宜久存，以免变质。采用防爆型照明、通风设施。禁止使用易产生火花的机械设备和工具。储区应备有泄漏应急处理设备和合适的收容材料

第八部分　接触控制/个体防护

职业接触限值

中国 未制定标准

美国（ACGIH） 未制定标准

生物接触限值 未制定标准

监测方法 空气中有毒物质测定方法：未制定标准。生物监测检验方法：未制定标准

工程控制 生产过程密闭，全面通风。提供安全淋浴和洗眼设备

个体防护装备

呼吸系统防护 空气中浓度超标时，必须佩戴过滤式防毒面具（全面罩）。紧急事态抢救或撤离时，应该佩戴空气呼吸器

眼睛防护 呼吸系统防护中已作防护

皮肤和身体防护 穿密闭型防毒服

手防护 戴橡胶耐油手套

第九部分　理化特性

外观与性状　无色液体

pH 值　无资料	**熔点(℃)**　无资料
沸点(℃)　83.0	**相对密度(水＝1)**　0.95

相对蒸气密度(空气=1)　3

饱和蒸气压(kPa)　无资料

临界压力(MPa)　无资料	**辛醇/水分配系数**　无资料
闪点(℃)　无资料	**自燃温度(℃)**　无资料
爆炸下限(%)　无资料	**爆炸上限(%)**　无资料
分解温度(℃)　无资料	**黏度(mPa·s)**　无资料
燃烧热(kJ/mol)　无资料	**临界温度(℃)**　无资料

溶解性　不溶于水，溶于乙醇

第十部分　稳定性和反应性

稳定性　稳定

危险反应　与强氧化剂、强酸、强碱等禁配物接触，有发生火灾和爆炸的危险

避免接触的条件　受热、光照、潮湿空气

禁配物　强氧化剂、强酸、强碱

危险的分解产物　无资料

第十一部分　毒理学信息

急性毒性　LD$_{50}$：124mg/kg（大鼠经口），96mg/kg（小鼠经口）。LC$_{50}$：14000mg/m^3（小鼠吸入，2h）

皮肤刺激或腐蚀　无资料	**眼睛刺激或腐蚀**　无资料
呼吸或皮肤过敏　无资料	**生殖细胞突变性**　无资料
致癌性　无资料	**生殖毒性**　无资料

特异性靶器官系统毒性-—次接触　无资料

特异性靶器官系统毒性-反复接触　无资料

吸入危害　无资料

第十二部分　生态学信息

生态毒性　无资料

持久性和降解性

　　生物降解性　无资料

　　非生物降解性　无资料

潜在的生物累积性　无资料

土壤中的迁移性　无资料

第十三部分　废弃处置

废弃化学品　建议用焚烧法处置

污染包装物　将容器返还生产商或按照国家和地方法规处置

废弃注意事项　处置前应参阅国家和地方有关法规

第十四部分　运输信息

联合国危险货物编号（UN号）　2336

联合国运输名称　甲酸烯丙酯

联合国危险性类别　3，6.1

包装类别　Ⅰ

包装标志　

海洋污染物　否

运输注意事项　运输时运输车辆应配备相应品种和数量的消防器材及泄漏应急处理设备。夏季最好早晚运输。运输时所用的槽（罐）车应有接地链，槽内可设孔隔板以减少震荡产生的静电。严禁与氧化剂、酸类、碱类、食用化学品等混装混运。运输途中应防暴晒、雨淋、防高温。中途停留时应远离火种、热源、高温区。装运该物品的车辆排气管必须配备阻火装置，禁止使用易产生火花的机械设备和工具装卸。公路运输时要按规定路线行驶，勿在居民区和人口稠密区停留。铁路运输时要禁止溜放。严禁用木船、水泥船散装运输

第十五部分　法规信息

　　下列法律、法规、规章和标准，对该化学品的管理作了相应的规定。

中华人民共和国职业病防治法　职业病分类和目录：未列入

危险化学品安全管理条例　危险化学品目录：列入。易制爆危险化学品名录：未列入。重点监管的危险化学品名录：未列入。GB 18218—2009《危险化学品重大危险源辨识》（表1）：未列入

使用有毒物品作业场所劳动保护条例　高毒物品目录：未列入

易制毒化学品管理条例　易制毒化学品的分类和品种目录：未列入

国际公约　斯德哥尔摩公约：未列入。鹿特丹公约：未列入。蒙特利尔议定书：未列入

第十六部分　其他信息

编写和修订信息	**缩略语和首字母缩写**
培训建议	**参考文献**
免责声明	

甲酸异丙酯

第一部分　化学品标识

化学品中文名　甲酸异丙酯；蚁酸异丙酯

化学品英文名　isopropyl formate；isopropyl methanoate

分子式　C$_4$H$_8$O$_2$　　**分子量**　88.1051

结构式　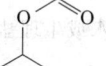

化学品的推荐及限制用途　用作调味品、溶剂、色谱分析标准物

第二部分　危险性概述

紧急情况概述　高度易燃液体和蒸气，可能引起昏昏欲睡或眩晕

GHS 危险性类别　易燃液体，类别2；严重眼损伤/眼刺激，类别2；特异性靶器官毒性-—次接触，类别3（呼吸道刺激、麻醉效应）

标签要素

象形图

警示词 危险

危险性说明 高度易燃液体和蒸气，造成严重眼刺激，可能引起呼吸道刺激，可能引起昏昏欲睡或眩晕

防范说明

预防措施 远离热源、火花、明火、热表面。禁止吸烟。保持容器密闭。容器和接收设备接地连接。使用防爆型电器、通风、照明设备。只能使用不产生火花的工具。采取防止静电措施。戴防护手套、防护眼镜、防护面罩。避免接触眼睛、皮肤，操作后彻底清洗

事故响应 火灾时，使用泡沫、干粉、二氧化碳、砂土灭火。如皮肤（或头发）接触：立即脱掉所有被污染的衣服，用水冲洗皮肤，淋浴。如接触眼睛：用水细心冲洗数分钟。如戴隐形眼镜并可方便地取出，取出隐形眼镜，继续冲洗。如果眼睛刺激持续：就医

安全储存 存放在通风良好的地方。保持低温

废弃处置 本品及内装物、容器依据国家和地方法规处置

物理和化学危险 高度易燃，其蒸气与空气混合，能形成爆炸性混合物

健康危害 其蒸气与液体能严重刺激眼、鼻和呼吸系统，高浓度蒸气对神经系统有损害作用，受热分解放出具腐蚀性的烟雾

环境危害 对环境可能有害

第三部分 成分/组成信息

√ 物质   混合物

组分	浓度	CAS No.
甲酸异丙酯		625-55-8

第四部分 急救措施

吸入 迅速脱离现场至空气新鲜处。保持呼吸道通畅。如呼吸困难，给输氧。呼吸、心跳停止，立即进行心肺复苏术。就医

皮肤接触 立即脱去污染的衣着，用流动清水彻底冲洗。就医

眼睛接触 立即分开眼睑，用流动清水或生理盐水彻底冲洗。就医

食入 饮适量温水，催吐（仅限于清醒者）。就医

对保护施救者的忠告 根据需要使用个人防护设备

对医生的特别提示 对症处理

第五部分 消防措施

灭火剂 用泡沫、干粉、二氧化碳、砂土灭火

特别危险性 其蒸气与空气可形成爆炸性混合物，遇明火、高热极易燃烧爆炸。与氧化剂接触猛烈反应。蒸气比空气重，沿地面扩散并易积存于低洼处，遇火源会着火回燃。若遇高热，容器内压增大，有开裂和爆炸的危险

灭火注意事项及防护措施 消防人员必须佩戴空气呼吸器、穿全身防火防毒服，在上风向灭火。尽可能将容器从火场移至空旷处。喷水保持火场容器冷却，直至灭火结束。处在火场中的容器若已变色或从安全泄压装置中发出声音，必须马上撤离。用水灭火无效

第六部分 泄漏应急处理

作业人员防护措施、防护装备和应急处置程序 消除所有点火源。根据液体流动和蒸气扩散的影响区域划定警戒区，无关人员从侧风向、上风向撤离至安全区。建议应急处理人员戴正压自给式呼吸器，穿防静电服。作业时使用的所有设备应接地。禁止接触或跨越泄漏物。尽可能切断泄漏源

环境保护措施 防止泄漏物进入水体、下水道、地下室或有限空间

泄漏化学品的收容、清除方法及所使用的处置材料 小量泄漏：用砂土或其他不燃材料吸收。使用洁净的无火花工具收集吸收材料。大量泄漏：构筑围堤或挖坑收容。用泡沫覆盖，减少蒸发。喷水雾能减少蒸发，但不能降低泄漏物在有限空间内的易燃性。用防爆泵转移至槽车或专用收集器内

第七部分 操作处置与储存

操作注意事项 密闭操作，提供充分的局部排风。防止蒸气泄漏到工作场所空气中。操作人员必须经过专门培训，严格遵守操作规程。建议操作人员佩戴自吸过滤式防毒面具（全面罩），穿胶布防毒衣，戴橡胶手套。远离火种、热源，工作场所严禁吸烟。使用防爆型的通风系统和设备。在清除液体和蒸气前不能进行焊接、切割等作业。避免产生烟雾。避免与氧化剂接触。容器与传送设备要接地，防止产生静电。灌装时应控制流速，且有接地装置，防止静电积聚。配备相应品种和数量的消防器材及泄漏应急处理设备。倒空的容器可能残留有害物

储存注意事项 储存于阴凉、通风的库房。远离火种、热源。防止阳光直射。库温不宜超过 37℃，保持容器密封。应与氧化剂、食用化学品分开存放，切忌混储。采用防爆型照明、通风设施。禁止使用易产生火花的机械设备和工具。储区应备有泄漏应急处理设备和合适的收容材料

第八部分 接触控制/个体防护

职业接触限值

中国 未制定标准

美国（ACGIH） 未制定标准

生物接触限值 未制定标准

监测方法 空气中有毒物质测定方法：未制定标准。生物监测检验方法：未制定标准

工程控制 严加密闭，提供充分的局部排风

个体防护装备

呼吸系统防护 空气中浓度超标时，必须佩戴过滤式

防毒面具（全面罩）。紧急事态抢救或撤离时，应该佩戴空气呼吸器

眼睛防护　呼吸系统防护中已作防护
皮肤和身体防护　穿密闭型防毒服
手防护　戴橡胶手套

第九部分　理化特性

外观与性状　无色透明挥发性液体，有芳香气味
pH 值　无资料　　　　熔点（℃）　≤80
沸点（℃）　68～71　　相对密度（水＝1）　0.8728
相对蒸气密度（空气＝1）　3.03
饱和蒸气压(kPa)　13.3(17.8℃)
临界压力(MPa)　无资料　辛醇/水分配系数　无资料
闪点（℃）　－6　　　自燃温度（℃）　485
爆炸下限（%）　3.6　　爆炸上限（%）　10.7
分解温度（℃）　无资料　黏度(mPa·s)　0.522(20℃)
燃烧热(kJ/mol)　无资料　临界温度（℃）　261.85
溶解性　微溶于水，可混溶于醇、醚

第十部分　稳定性和反应性

稳定性　稳定
危险反应　与强氧化剂、强酸、强碱等禁配物接触，有发生火灾和爆炸的危险
避免接触的条件　无资料
禁配物　强氧化剂、强酸、强碱
危险的分解产物　无资料

第十一部分　毒理学信息

急性毒性　LD_{50}：1.4mg/kg（豚鼠经口）
皮肤刺激或腐蚀　无资料　眼睛刺激或腐蚀　无资料
呼吸或皮肤过敏　无资料　生殖细胞突变性　无资料
致癌性　无资料　　　　生殖毒性　无资料
特异性靶器官系统毒性-一次接触　无资料
特异性靶器官系统毒性-反复接触　无资料
吸入危害　无资料

第十二部分　生态学信息

生态毒性　无资料
持久性和降解性
　生物降解性　无资料
　非生物降解性　无资料
潜在的生物累积性　无资料
土壤中的迁移性　无资料

第十三部分　废弃处置

废弃化学品　建议用焚烧法处置。在能利用的地方重复使用容器或在规定场所掩埋
污染包装物　将容器返还生产商或按照国家和地方法规处置
废弃注意事项　处置前应参阅国家和地方有关法规

第十四部分　运输信息

联合国危险货物编号（UN号）　1281

联合国运输名称　甲酸丙酯
联合国危险性类别　3

包装类别　Ⅱ　　　　包装标志　

海洋污染物　否
运输注意事项　运输时运输车辆应配备相应品种和数量的消防器材及泄漏应急处理设备。夏季最好早晚运输。运输时所用的槽（罐）车应有接地链，槽内可设孔隔板以减少震荡产生的静电。严禁与氧化剂、食用化学品等混装混运。运输途中应防暴晒、雨淋、防高温。中途停留时应远离火种、热源、高温区。装运该物品的车辆排气管必须配备阻火装置，禁止使用易产生火花的机械设备和工具装卸。公路运输时要按规定路线行驶，勿在居民区和人口稠密区停留。铁路运输时要禁止溜放。严禁用木船、水泥船散装运输

第十五部分　法规信息

下列法律、法规、规章和标准，对该化学品的管理作了相应的规定。
中华人民共和国职业病防治法　职业病分类和目录：未列入
危险化学品安全管理条例　危险化学品目录：列入。易制爆危险化学品名录：未列入。重点监管的危险化学品名录：未列入。GB 18218—2009《危险化学品重大危险源辨识》（表1）：未列入
使用有毒物品作业场所劳动保护条例　高毒物品目录：未列入
易制毒化学品管理条例　易制毒化学品的分类和品种目录：未列入
国际公约　斯德哥尔摩公约：未列入。鹿特丹公约：未列入。蒙特利尔议定书：未列入

第十六部分　其他信息

编写和修订信息　缩略语和首字母缩写
培训建议　　　　参考文献
免责声明

2-甲氧基苯胺

第一部分　化学品标识

化学品中文名　2-甲氧基苯胺；邻茴香胺；邻甲氧基苯胺；邻氨基苯甲醚
化学品英文名　2-methoxyaniline；o-anisidine
分子式　C_7H_9NO　分子量　123.1525
结构式
化学品的推荐及限制用途　作为医药和染料的中间体，也用于食品工业制取香兰素等

第二部分　危险性概述

紧急情况概述　吞咽有害，造成眼刺激

GHS危险性类别　急性毒性-经口，类别4；严重眼损伤/眼刺激，类别2B；生殖细胞致突变性，类别2；致癌性，类别2；特异性靶器官毒性—一次接触，类别2；特异性靶器官毒性-反复接触，类别2；危害水生环境-急性危害，类别2

标签要素

象形图　

警示词　警告

危险性说明　吞咽有害，造成眼刺激，怀疑可造成遗传性缺陷，怀疑致癌，可能对器官造成损害，长时间或反复接触可能对器官造成损伤，对水生生物有毒

防范说明

预防措施　避免接触眼睛、皮肤，操作后彻底清洗。作业场所不得进食、饮水或吸烟。得到专门指导后操作。在阅读并了解所有安全预防措施之前，切勿操作。按要求使用个体防护装备。避免吸入蒸气、雾。禁止排入环境

事故响应　如接触眼睛：用水细心冲洗数分钟。如戴隐形眼镜并可方便地取出，取出隐形眼镜，继续冲洗。如果眼睛刺激持续：就医。食入：如果感觉不适，立即呼叫中毒控制中心或就医。漱口。如果接触或感觉不适：呼叫中毒控制中心或就医

安全储存　上锁保管

废弃处置　本品及内装物、容器依据国家和地方法规处置

物理和化学危险　可燃，其蒸气与空气混合，能形成爆炸性混合物

健康危害　对眼睛、黏膜、呼吸道及皮肤有刺激作用。唇及皮肤可能因缺氧而出现紫绀。吸入、摄入或经皮肤吸收均对身体有害。慢性影响：可引起呼吸系统和皮肤的过敏反应

环境危害　对水生生物有毒

第三部分　成分/组成信息

√ 物质		混合物
组分	浓度	CAS No.
2-甲氧基苯胺		90-04-0

第四部分　急救措施

吸入　迅速脱离现场至空气新鲜处。保持呼吸道通畅。如呼吸困难，给输氧。如呼吸、心跳停止，立即行心肺复苏术。就医

皮肤接触　立即脱去污染衣着，用肥皂水或清水彻底冲洗。就医

眼睛接触　分开眼睑，用清水或生理盐水冲洗。就医

食入　漱口，饮水。就医

对保护施救者的忠告　根据需要使用个人防护设备

对医生的特别提示　高铁血红蛋白血症，可用亚甲蓝和维生素C治疗

第五部分　消防措施

灭火剂　用雾状水、泡沫、干粉、二氧化碳、砂土灭火

特别危险性　遇明火、高热可燃。与强氧化剂接触可发生化学反应。受高热分解放出有毒的气体

灭火注意事项及防护措施　消防人员必须佩戴防毒面具、穿全身消防服，在上风向灭火。尽可能将容器从火场移至空旷处。喷水保持火场容器冷却，直至灭火结束。处在火场中的容器若已变色或从安全泄压装置中发出声音，必须马上撤离

第六部分　泄漏应急处理

作业人员防护措施、防护装备和应急处置程序　根据液体流动和蒸气扩散的影响区域划定警戒区，无关人员从侧风、上风向撤离至安全区。消除所有点火源。建议应急处理人员戴正压自给式呼吸器，穿防毒服。穿上适当的防护服前严禁接触破裂的容器和泄漏物。尽可能切断泄漏源

环境保护措施　防止泄漏物进入水体、下水道、地下室或有限空间

泄漏化学品的收容、清除方法及所使用的处置材料　小量泄漏：用干燥的砂土或其他不燃材料吸收或覆盖，收集于容器中。大量泄漏：构筑围堤或挖坑收容。用泵转移至槽车或专用收集器内

第七部分　操作处置与储存

操作注意事项　密闭操作，提供充分的局部排风。操作人员必须经过专门培训，严格遵守操作规程。建议操作人员佩戴自吸过滤式防毒面具（半面罩），戴化学安全防护眼镜，穿防毒物渗透工作服，戴橡胶耐油手套。远离火种、热源，工作场所严禁吸烟。使用防爆型的通风系统和设备。防止蒸气泄漏到工作场所空气中。避免与氧化剂、酸类接触。搬运时要轻装轻卸，防止包装及容器损坏。配备相应品种和数量的消防器材及泄漏应急处理设备。倒空的容器可能残留有害物

储存注意事项　储存于阴凉、通风的库房。远离火种、热源。应与氧化剂、酸类、食用化学品分开存放，切忌混储。配备相应品种和数量的消防器材。储区应备有泄漏应急处理设备和合适的收容材料

第八部分　接触控制/个体防护

职业接触限值

中国　PC-TWA：0.5mg/m³［皮］［G2B］

美国（ACGIH）　TLV-TWA：0.5mg/m³［皮］

生物接触限值　未制定标准

监测方法　空气中有毒物质测定方法：溶剂解析-气相色谱法。生物监测检验方法：未制定标准

工程控制　严加密闭，提供充分的局部排风。提供安全淋浴和洗眼设备

个体防护装备

呼吸系统防护　空气中浓度超标时，必须佩戴过滤式防毒面具（半面罩）。紧急事态抢救或撤离时，

应该佩戴空气呼吸器
眼睛防护　戴化学安全防护眼镜
皮肤和身体防护　穿防毒物渗透工作服
手防护　戴橡胶耐油手套

第九部分　理化特性

外观与性状　浅黄色油状液体

pH 值　无资料　　　　　**熔点(℃)**　5

沸点(℃)　225　　　　相对密度(水＝1)　1.10

相对蒸气密度(空气＝1)　无资料

饱和蒸气压(kPa)　0.53(90℃)

临界压力(MPa)　无资料　辛醇/水分配系数　1.18

闪点(℃)　99　　　　自燃温度(℃)　无资料

爆炸下限(%)　无资料　爆炸上限(%)　无资料

分解温度(℃)　无资料

黏度(mPa·s)　2.211(55℃)

燃烧热(kJ/mol)　无资料　临界温度(℃)　无资料

溶解性　微溶于水，溶于乙醇、乙醚、稀酸

第十部分　稳定性和反应性

稳定性　稳定

危险反应　与酰基氯、酸酐、氯仿、强酸、强氧化剂等禁配物发生反应

避免接触的条件　无资料

禁配物　酰基氯、酸酐、氯仿、强酸、强氧化剂

危险的分解产物　氮氧化物

第十一部分　毒理学信息

急性毒性　LD_{50}：1150mg/kg（大鼠经口）；1400mg/kg（小鼠经口）；870mg/kg（兔经口）

皮肤刺激或腐蚀　无资料　眼睛刺激或腐蚀　无资料

呼吸或皮肤过敏　对皮肤、呼吸系统有致敏性

生殖细胞突变性　微生物致突变：鼠伤寒沙门氏菌333μg/皿。DNA 损伤：小鼠经口 690mg/kg。DNA 抑制：小鼠经口 200mg/kg。哺乳动物体细胞突变：小鼠淋巴细胞 2mmol/L

致癌性　IARC 致癌性评论：组 2B，对人类是可能致癌物

生殖毒性　无资料

特异性靶器官系统毒性-一次接触　无资料

特异性靶器官系统毒性-反复接触　无资料

吸入危害　无资料

第十二部分　生态学信息

生态毒性　LC_{50}：196mg/L（96h）（青鳉）（OECD 203）；EC_{50}：22.5mg/L（48h）（大型溞）（OECD 202）；ErC_{50}：7.5mg/L（72h）（藻类）；NOEC：25mg/L（14d）（青鳉）（OECD 204）

持久性和降解性

生物降解性　无资料

非生物降解性　无资料

潜在的生物累积性　根据 K_{ow} 值预测，该物质的生物累积性可能较弱

土壤中的迁移性　根据 K_{oc} 值预测，该物质可能易发生迁移

第十三部分　废弃处置

废弃化学品　建议用焚烧法处置。焚烧炉排出的氮氧化物通过洗涤器除去

污染包装物　将容器返还生产商或按照国家和地方法规处置

废弃注意事项　处置前应参阅国家和地方有关法规

第十四部分　运输信息

联合国危险货物编号（UN 号）　2431

联合国运输名称　茴香胺

联合国危险性类别　6.1

包装类别　Ⅲ　　　　包装标志

海洋污染物　是

运输注意事项　运输前应先检查包装容器是否完整、密封，运输过程中要确保容器不泄漏、不倒塌、不坠落、不损坏。严禁与酸类、氧化剂、食品及食品添加剂混运。运输时运输车辆应配备相应品种和数量的消防器材及泄漏应急处理设备。运输途中应防暴晒、雨淋，防高温。公路运输时要按规定路线行驶

第十五部分　法规信息

下列法律、法规、规章和标准，对该化学品的管理作了相应的规定。

中华人民共和国职业病防治法　职业病分类和目录：苯的氨基及硝基化合物中毒

危险化学品安全管理条例　危险化学品目录：列入。易制爆危险化学品名录：未列入。重点监管的危险化学品名录：未列入。GB 18218—2009《危险化学品重大危险源辨识》（表1）：未列入

使用有毒物品作业场所劳动保护条例　高毒物品目录：未列入

易制毒化学品管理条例　易制毒化学品的分类和品种目录：未列入

国际公约　斯德哥尔摩公约：未列入。鹿特丹公约：未列入。蒙特利尔议定书：未列入

第十六部分　其他信息

编写和修订信息　　　缩略语和首字母缩写

培训建议　　　　　　参考文献

免责声明

4-甲氧基苯胺

第一部分　化学品标识

化学品中文名　4-甲氧基苯胺；对茴香胺；对甲氧基苯胺；对氨基苯甲醚

化学品英文名　4-methoxyaniline；p-anisidine

分子式　C_7H_9NO　分子量　123.1525

结构式　

化学品的推荐及限制用途　主要用于制取冰染染料，也作为医药中间体

第二部分　危险性概述

紧急情况概述　吞咽有害，皮肤接触可能有害
GHS 危险性类别　急性毒性-经口，类别 4；急性毒性-经皮，类别 5；特异性靶器官毒性--一次接触，类别 1；特异性靶器官毒性-反复接触，类别 1；危害水生环境-急性危害，类别 1
标签要素

象形图　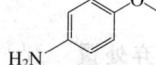

警示词　危险
危险性说明　吞咽有害，皮肤接触可能有害，对器官造成损害，长时间或反复接触对器官造成损伤，对水生生物毒性非常大
防范说明
　　预防措施　避免接触眼睛、皮肤，操作后彻底清洗。作业场所不得进食、饮水或吸烟。避免吸入粉尘。操作后彻底清洗。禁止排入环境
　　事故响应　食入：如果感觉不适，立即呼叫中毒控制中心或就医，漱口。如感觉不适，呼叫中毒控制中心或就医。如果接触：立即呼叫中毒控制中心或就医。收集泄漏物
　　安全储存　上锁保管
　　废弃处置　本品及内装物、容器依据国家和地方法规处置
物理和化学危险　可燃，其粉体与空气混合，能形成爆炸性混合物
健康危害　吸入、摄入或经皮肤吸收对身体有害。对皮肤有刺激作用。其蒸气或气溶胶对眼睛、黏膜、呼吸道有刺激作用。进入体内导致形成高铁血红蛋白而引起紫绀。
　　慢性影响：可引起呼吸系统、皮肤的过敏反应
环境危害　对水生生物毒性非常大

第三部分　成分/组成信息

√物质　　　　　　　　　　混合物

组分	浓度	CAS No.
4-甲氧基苯胺		104-94-9

第四部分　急救措施

吸入　迅速脱离现场至空气新鲜处。保持呼吸道通畅。如呼吸困难，给输氧。如呼吸、心跳停止，立即进行心肺复苏术。就医
皮肤接触　立即脱去污染衣着，用肥皂水或清水彻底冲洗。就医
眼睛接触　分开眼睑，用清水或生理盐水冲洗。就医

食入　漱口，饮水。就医
对保护施救者的忠告　根据需要使用个人防护设备
对医生的特别提示　高铁血红蛋白血症，可用亚甲蓝和维生素 C 治疗

第五部分　消防措施

灭火剂　用雾状水、泡沫、干粉、二氧化碳、砂土灭火
特别危险性　遇明火、高热可燃。与强氧化剂接触可发生化学反应。受高热分解放出有毒的气体
灭火注意事项及防护措施　消防人员必须佩戴空气呼吸器、穿全身防火防毒服，在上风向灭火。尽可能将容器从火场移至空旷处。喷水保持火场容器冷却，直至灭火结束

第六部分　泄漏应急处理

作业人员防护措施、防护装备和应急处置程序　隔离泄漏污染区，限制出入。消除所有点火源。建议应急处理人员戴防尘口罩，穿防毒服。穿上适当的防护服前严禁接触破裂的容器和泄漏物。尽可能切断泄漏源
环境保护措施　用塑料布覆盖泄漏物，减少飞散
泄漏化学品的收容、清除方法及所使用的处置材料　勿使水进入包装容器内。用洁净的铲子收集泄漏物，置于干净、干燥、盖子较松的容器中，将容器移离泄漏区

第七部分　操作处置与储存

操作注意事项　密闭操作，提供充分的局部排风。操作人员必须经过专门培训，严格遵守操作规程。建议操作人员佩戴自吸过滤式防尘口罩，戴化学安全防护眼镜，穿防毒物渗透工作服，戴橡胶手套。远离火种、热源，工作场所严禁吸烟。使用防爆型的通风系统和设备。避免与氧化剂、酸类接触。搬运时要轻装轻卸，防止包装及容器损坏。配备相应品种和数量的消防器材及泄漏应急处理设备。倒空的容器可能残留有害物
储存注意事项　储存于阴凉、通风的库房。远离火种、热源。保持容器密封。应与氧化剂、酸类等分开存放，切忌混储。配备相应品种和数量的消防器材。储区应备有合适的材料收容泄漏物

第八部分　接触控制/个体防护

职业接触限值
　　中国　PC-TWA：0.5mg/m³ ［皮］
　　美国（ACGIH）　TLV-TWA：0.5mg/m³ ［皮］
生物接触限值　未制定标准
监测方法　空气中有毒物质测定方法：溶剂解吸-气相色谱法。生物监测检验方法：未制定标准
工程控制　严加密闭，提供充分的局部排风。提供安全淋浴和洗眼设备
个体防护装备
　　呼吸系统防护　空气中粉尘浓度超标时，必须佩戴过滤式防尘呼吸器。紧急事态抢救或撤离时，应该佩戴空气呼吸器
　　眼睛防护　戴化学安全防护眼镜

皮肤和身体防护　穿防毒物渗透工作服
手防护　戴橡胶手套

第九部分　理化特性

外观与性状　熔融状的固体

pH 值　无意义　　　　　熔点(℃)　57～60

沸点(℃)　242　　　　相对密度(水=1)　1.09

相对蒸气密度(空气=1)　无资料

饱和蒸气压(kPa)　1.73

临界压力(MPa)　无资料　辛醇/水分配系数　0.95

闪点(℃)　无资料　　　自燃温度(℃)　515

爆炸下限(%)　无资料　爆炸上限(%)　无资料

分解温度(℃)　无资料　黏度(mPa·s)　无资料

燃烧热(kJ/mol)　无资料　临界温度(℃)　无资料

溶解性　微溶于水，溶于乙醇、乙醚、丙酮、苯等多数有机溶剂

第十部分　稳定性和反应性

稳定性　稳定

危险反应　与强氧化剂、强酸、酸酐、酰基氯等禁配物发生反应

避免接触的条件　光照

禁配物　强氧化剂、强酸、酸酐、酰基氯

危险的分解产物　氮氧化物

第十一部分　毒理学信息

急性毒性　LD$_{50}$：1320mg/kg（大鼠经口），3200mg/kg（大鼠经皮），1300mg/kg（小鼠经口），2900mg/kg（兔经皮）

皮肤刺激或腐蚀　无资料　　眼睛刺激或腐蚀　无资料

呼吸或皮肤过敏　对皮肤、呼吸系统有致敏性

生殖细胞突变性　无资料

致癌性　无资料　　　　　生殖毒性　无资料

特异性靶器官系统毒性-一次接触　无资料

特异性靶器官系统毒性-反复接触　无资料

吸入危害　无资料

第十二部分　生态学信息

生态毒性　LC$_{50}$：＞100mg/L（96h）（青鳉，半静态，OECD 203）。EC$_{50}$：0.18mg/L（48h）（大型溞，静态）。ErC$_{50}$：13mg/L（72h）（藻类）。NOEC：0.125mg/L（21d）（大型溞，OECD 211）

持久性和降解性
　生物降解性　无资料
　非生物降解性　无资料

潜在的生物累积性　根据 K_{ow} 值预测，该物质的生物累积性可能较弱

土壤中的迁移性　根据 K_{oc} 值预测，该物质可能易发生迁移

第十三部分　废弃处置

废弃化学品　用焚烧法处置。焚烧炉排出的氮氧化物通过洗涤器除去

污染包装物　将容器返还生产商或按照国家和地方法规处置

废弃注意事项　把倒空的容器归还厂商或在规定场所掩埋

第十四部分　运输信息

联合国危险货物编号（UN号）　2431

联合国运输名称　茴香胺

联合国危险性类别　6.1

包装类别　Ⅲ　　　　包装标志　

海洋污染物　是

运输注意事项　运输前应先检查包装容器是否完整、密封，运输过程中要确保容器不泄漏、不倒塌、不坠落、不损坏。严禁与酸类、氧化剂、食品及食品添加剂混运。运输途中应防暴晒、雨淋，防高温

第十五部分　法规信息

　下列法律、法规、规章和标准，对该化学品的管理作了相应的规定。

中华人民共和国职业病防治法　职业病分类和目录：苯的氨基及硝基化合物中毒

危险化学品安全管理条例　危险化学品目录：列入。易制爆危险化学品名录：未列入。重点监管的危险化学品名录：未列入。GB 18218—2009《危险化学品重大危险源辨识》（表1）：未列入

使用有毒物品作业场所劳动保护条例　高毒物品目录：未列入

易制毒化学品管理条例　易制毒化学品的分类和品种目录：未列入

国际公约　斯德哥尔摩公约：未列入。鹿特丹公约：未列入。蒙特利尔议定书：未列入

第十六部分　其他信息

编写和修订信息　缩略语和首字母缩写

培训建议　　　　参考文献

免责声明

4-甲氧基苯酚

第一部分　化学品标识

化学品中文名　4-甲氧基苯酚；对甲氧基苯酚；氢醌-甲基醚

化学品英文名　*p*-methoxyphenol；4-methoxyphenol；hydroquinone monomethyl ether

分子式　$C_7H_8O_2$　分子量　124.14

结构式　O—〈　〉—OH

化学品的推荐及限制用途　用作纺织润滑油的稳定剂和化工中间体

第二部分　危险性概述

紧急情况概述　吞咽有害，造成严重眼刺激，可能导致皮

肤过敏反应

GHS 危险性类别　急性毒性-经口，类别 4；严重眼损伤/眼刺激，类别 2A；皮肤致敏物，类别 1；生殖毒性，类别 2；危害水生环境-急性危害，类别 2；危害水生环境-长期危害，类别 3

标签要素

象形图

警示词　警告

危险性说明　吞咽有害，造成严重眼刺激，可能导致皮肤过敏反应，怀疑对生育力或胎儿造成伤害，对水生生物有毒，对水生生物有害并具有长期持续影响

防范说明

预防措施　避免接触眼睛皮肤，操作后彻底清洗。作业场所不得进食、饮水或吸烟。戴防护手套、防护眼镜、防护面罩。避免吸入粉尘、烟气、气体、烟雾。污染的工作服不得带出工作场所。得到专门指导后操作

事故响应　食入：漱口。如果感觉不适，立即呼叫中毒控制中心或就医。如接触眼睛：用水细心冲洗数分钟。如戴隐形眼镜并可方便地取出，取出隐形眼镜，继续冲洗。如果眼睛持续刺激：就医。皮肤接触：用大量肥皂水和水清洗。如出现皮肤刺激或疹子：就医。污染的衣服清洗后方可重新使用。如果接触或有担心：就医

安全储存　上锁保管

废弃处置　本品及内装物、容器依据国家和地方法规处置

物理和化学危险　可燃，其粉体与空气混合，能形成爆炸性混合物

健康危害　本品对眼睛、皮肤、黏膜和上呼吸道有刺激作用。长时间的接触对眼有损害，有强烈的刺激作用或可引起灼伤

环境危害　对水生生物有毒，对水生生物有害并具有长期持续影响

第三部分　成分/组成信息

√ 物质　　　　　　　　　混合物

组分	浓度	CAS No.
4-甲氧基苯酚		150-76-5

第四部分　急救措施

吸入　脱离现场至空气新鲜处。如呼吸困难，给输氧。就医

皮肤接触　立即脱去污染的衣着，用大量流动清水冲洗 20～30min。如有不适感，就医

眼睛接触　立即提起眼睑，用大量流动清水或生理盐水彻底冲洗至少 15min。如有不适感，就医

食入　用水漱口，给饮牛奶或蛋清。就医

对保护施救者的忠告　根据需要使用个人防护设备

对医生的特别提示　对症处理

第五部分　消防措施

灭火剂　用雾状水、泡沫、干粉、二氧化碳、砂土灭火

特别危险性　遇明火、高热可燃

灭火注意事项及防护措施　消防人员必须佩戴防毒面具、穿全身消防服，在上风向灭火。尽可能将容器从火场移至空旷处。喷水保持火场容器冷却，直至灭火结束

第六部分　泄漏应急处理

作业人员防护措施、防护装备和应急处置程序　隔离泄漏污染区，限制出入。消除所有点火源。建议应急处理人员戴防尘口罩，穿防毒服。穿上适当的防护服前严禁接触破裂的容器和泄漏物。尽可能切断泄漏源。用塑料布覆盖泄漏物，减少飞散

环境保护措施　防止泄漏物进入水体、下水道、地下室或密闭性空间

泄漏化学品的收容、清除方法及所使用的处置材料　用洁净的铲子收集泄漏物，置于干净、干燥、盖子较松的容器中，将容器移离泄漏区

第七部分　操作处置与储存

操作注意事项　密闭操作，局部排风。操作人员必须经过专门培训，严格遵守操作规程。建议操作人员佩戴防尘面具（全面罩），穿连体式防毒衣，戴橡胶手套。远离火种、热源，工作场所严禁吸烟。使用防爆型的通风系统和设备。避免与氧化剂、碱类接触。搬运时要轻装轻卸，防止包装及容器损坏。配备相应品种和数量的消防器材及泄漏应急处理设备。倒空的容器可能残留有害物

储存注意事项　储存于阴凉、通风的库房。远离火种、热源。应与氧化剂、碱类等分开存放，切忌混储。配备相应品种和数量的消防器材。储区应备有合适的材料收容泄漏物

第八部分　接触控制/个体防护

职业接触限值

中国　未制定标准

美国（ACGIH）　TLV-TWA：5mg/m³

生物接触限值　未制定标准

监测方法　空气中有毒物质测定方法：未制定标准。生物监测检验方法：未制定标准

工程控制　密闭操作，局部排风

个体防护装备

呼吸系统防护　可能接触其粉尘时，必须佩戴防尘面具（全面罩）。紧急事态抢救或撤离时，应该佩戴空气呼吸器

眼睛防护　呼吸系统防护中已作防护

皮肤和身体防护　穿连体式防毒衣

手防护　戴橡胶手套

第九部分　理化特性

外观与性状　淡色固体，有焦饴糖和酚的气味

pH值　无意义　　　　熔点(℃)　52.5
沸点(℃)　246～247
相对密度(水＝1)　1.55（20℃）
相对蒸气密度(空气＝1)　4.3
饱和蒸气压(kPa)　＜0.0013（20℃）
临界压力(MPa)　无资料　辛醇/水分配系数　无资料
闪点(℃)　133（开杯）　自燃温度(℃)　412
爆炸下限(%)　无资料　爆炸上限(%)　无资料
分解温度(℃)　无资料　黏度(mPa·s)　无资料
燃烧热(kJ/mol)　无资料　临界温度(℃)　无资料
溶解性　微溶于水

第十部分　稳定性和反应性

稳定性　稳定
危险反应　与碱类、酰基氯、酸酐、氧化剂等禁配物发生
　　反应
避免接触的条件　无资料
禁配物　碱类、酰基氯、酸酐、氧化剂
危险的分解产物　无资料

第十一部分　毒理学信息

急性毒性　LD_{50}：1600mg/kg（大鼠经口）
皮肤刺激或腐蚀　无资料
眼睛刺激或腐蚀　用原液滴兔眼，有中等刺激，表现为结
　　膜刺激症状，轻度到中度角膜损伤以及轻度虹膜炎
呼吸或皮肤过敏　无资料　生殖细胞突变性　无资料
致癌性　无资料　　　生殖毒性　无资料
特异性靶器官系统毒性-一次接触　低剂量的中毒症状为
　　麻痹和缺氧，大剂量则出现麻醉
特异性靶器官系统毒性-反复接触　大鼠喂饲含0.1%的
　　饲料，连续7周，雄鼠轻度生长抑制，含量为5%
　　时，生长显著抑制
吸入危害　无资料

第十二部分　生态学信息

生态毒性　LC_{50}：200mg/L（48h，鱼）
持久性和降解性
　　生物降解性　无资料
　　非生物降解性　无资料
潜在的生物累积性　无资料
土壤中的迁移性　无资料

第十三部分　废弃处置

废弃化学品　建议用焚烧法处置
污染包装物　将容器返还生产商或按照国家和地方法规
　　处置
废弃注意事项　处置前应参阅国家和地方有关法规

第十四部分　运输信息

联合国危险货物编号（UN号）
联合国运输名称　—　联合国危险性类别　—
包装类别　—　　　包装标志　—
海洋污染物　否

运输注意事项　起运时包装要完整，装载应稳妥。运输过
　　程中要确保容器不泄漏、不倒塌、不坠落、不损坏。
　　严禁与氧化剂、碱类、食用化学品等混装混运。运输
　　途中应防暴晒、雨淋，防高温。运输车船必须彻底清
　　洗、消毒，否则不得装运其他物品

第十五部分　法规信息

　　下列法律、法规、规章和标准，对该化学品的管理作
了相应的规定。
中华人民共和国职业病防治法　职业病分类和目录：未
　　列入
危险化学品安全管理条例　危险化学品目录：未列入。易
　　制爆危险化学品名录：未列入。重点监管的危险化学
　　品名录：未列入。GB 18218—2009《危险化学品重
　　大危险源辨识》（表1）：未列入
使用有毒物品作业场所劳动保护条例　高毒物品目录：未
　　列入
易制毒化学品管理条例　易制毒化学品的分类和品种目
　　录：未列入
国际公约　斯德哥尔摩公约：未列入。鹿特丹公约：未列
　　入。蒙特利尔议定书：未列入

第十六部分　其他信息

编写和修订信息　　　缩略语和首字母缩写
培训建议　　　　　　参考文献
免责声明

4-甲氧基-4-甲基-2-戊酮

第一部分　化学品标识

化学品中文名　4-甲氧基-4-甲基-2-戊酮
化学品英文名　4-methoxy-4-methyl pentan-2-one；4-me-
　　thoxy-4-methyl-2-pentanone
分子式　$C_7H_{14}O_2$　分子量　130.1849
结构式　
化学品的推荐及限制用途　用作溶剂

第二部分　危险性概述

紧急情况概述　易燃液体和蒸气，吸入有害
GHS危险性类别　易燃液体，类别3；急性毒性-吸入，
　　类别4
标签要素

象形图　

警示词　警告
危险性说明　易燃液体和蒸气，吸入有害
防范说明
　　预防措施　远离热源、火花、明火、热表面。禁止
　　吸烟。保持容器密闭。容器和接收设备接地连
　　接。使用防爆型电器、通风、照明设备。只能

使用不产生火花的工具。采取防止静电措施。
戴防护手套、防护眼镜、防护面罩。避免吸入
蒸气、雾。仅在室外或通风良好处操作

事故响应　火灾时，使用雾状水、泡沫、干粉、二
氧化碳、砂土灭火。如吸入：将患者转移到空
气新鲜处，休息，保持利于呼吸的体位，如感
觉不适，呼叫中毒控制中心或就医。如皮肤
（或头发）接触：立即脱掉所有被污染的衣服，
用水冲洗皮肤，淋浴

安全储存　存放在通风良好的地方。保持低温

废弃处置　本品及内装物、容器依据国家和地方法
规处置

物理和化学危险　易燃，其蒸气与空气混合，能形成爆炸
性混合物

健康危害　本品对眼睛、皮肤和黏膜有刺激作用，高浓度
时有麻醉作用

环境危害　对环境可能有害

第三部分　成分/组成信息

√ 物质　　　　　　　　　混合物

组分	浓度	CAS No.
4-甲氧基-4-甲基-2-戊酮		107-70-0

第四部分　急救措施

吸入　迅速脱离现场至空气新鲜处。保持呼吸道通畅。如
呼吸困难，给输氧。如呼吸、心跳停止，立即进行心
肺复苏术。就医

皮肤接触　立即脱去污染的衣着，用流动清水彻底冲洗。
就医

眼睛接触　立即分开眼睑，用流动清水或生理盐水彻底冲
洗。就医

食入　漱口，饮水。就医

对保护施救者的忠告　根据需要使用个人防护设备

对医生的特别提示　对症处理

第五部分　消防措施

灭火剂　用雾状水、泡沫、干粉、二氧化碳、砂土灭火

特别危险性　其蒸气与空气可形成爆炸性混合物，遇明
火、高热能引起燃烧爆炸。与氧化剂可发生反应。流
速过快，容易产生和积聚静电。若遇高热，容器内压
增大，有开裂和爆炸的危险

灭火注意事项及防护措施　消防人员必须佩戴防毒面具、
穿全身消防服，在上风向灭火。尽可能将容器从火场
移至空旷处。喷水保持火场容器冷却，直至灭火结
束。处在火场中的容器若已变色或从安全泄压装置中
发出声音，必须马上撤离

第六部分　泄漏应急处理

作业人员防护措施、防护装备和应急处置程序　消除所有
点火源。根据液体流动和蒸气扩散的影响区域划定警
戒区，无关人员从侧风向、上风向撤离至安全区。建
议应急处理人员戴正压自给式呼吸器，穿防静电服。
作业时使用的所有设备应接地。禁止接触或跨越泄漏

物。尽可能切断泄漏源。

环境保护措施　防止泄漏物进入水体、下水道、地下室或
有限空间

泄漏化学品的收容、清除方法及所使用的处置材料　小量
泄漏：用砂土或其他不燃材料吸收。使用洁净的无火
花工具收集吸收材料。大量泄漏：构筑围堤或挖坑收
容。用粉煤灰或石灰粉吸收大量液体。用抗溶性泡沫
覆盖，减少蒸发。喷水雾能减少蒸发，但不能降低泄
漏物在有限空间内的易燃性。用防爆泵转移至槽车或
专用收集器内

第七部分　操作处置与储存

操作注意事项　密闭操作，注意通风。操作人员必须经过
专门培训，严格遵守操作规程。建议操作人员佩戴自
吸过滤式防毒面具（半面罩），戴化学安全防护眼镜，
穿防静电工作服，戴橡胶耐油手套。远离火种、热
源，工作场所严禁吸烟。使用防爆型的通风系统和设
备。防止蒸气泄漏到工作场所空气中。避免与氧化剂
接触。充装要控制流速，防止静电积聚。搬运时要轻
装轻卸，防止包装及容器损坏。配备相应品种和数量
的消防器材及泄漏应急处理设备。倒空的容器可能残
留有害物

储存注意事项　储存于阴凉、通风的库房。远离火种、热
源。库温不宜超过37℃，应与氧化剂分开存放，切
忌混储。采用防爆型照明、通风设施。禁止使用易产
生火花的机械设备和工具。储区应备有泄漏应急处理
设备和合适的收容材料

第八部分　接触控制/个体防护

职业接触限值
　中国　未制定标准
　美国（ACGIH）　未制定标准

生物接触限值　未制定标准

监测方法　空气中有毒物质测定方法：未制定标准。生物
监测检验方法：未制定标准

工程控制　密闭操作，注意通风

个体防护装备
　呼吸系统防护　空气中浓度超标时，必须佩戴过滤式
　　防毒面具（半面罩）。紧急事态抢救或撤离时，
　　应该佩戴空气呼吸器
　眼睛防护　戴化学安全防护眼镜
　皮肤和身体防护　穿防静电工作服
　手防护　戴橡胶耐油手套

第九部分　理化特性

外观与性状　无色透明液体

pH 值　无资料		**熔点（℃）**　无资料	
沸点（℃）　147~163		**相对密度（水=1）**　无资料	
相对蒸气密度(空气=1)　无资料			
饱和蒸气压（kPa）　无资料			
临界压力（MPa）　无资料	**辛醇/水分配系数**　无资料		
闪点（℃）　60.5	**自燃温度（℃）**　无资料		
爆炸下限（%）　无资料	**爆炸上限（%）**　无资料		

分解温度(℃)　无资料　　**黏度(mPa·s)**　无资料
燃烧热(kJ/mol)　无资料　**临界温度(℃)**　无资料
溶解性　无资料

第十部分　稳定性和反应性

稳定性　稳定
危险反应　与强氧化剂等禁配物接触，有发生火灾和爆炸的危险
避免接触的条件　无资料
禁配物　强氧化剂
危险的分解产物　无资料

第十一部分　毒理学信息

急性毒性　LDLo：3000mg/kg（大鼠经口）；3000mg/kg（兔经皮）
皮肤刺激或腐蚀　无资料　**眼睛刺激或腐蚀**　无资料
呼吸或皮肤过敏　无资料　**生殖细胞突变性**　无资料
致癌性　无资料　　　　　**生殖毒性**　无资料
特异性靶器官系统毒性-一次接触　无资料
特异性靶器官系统毒性-反复接触　无资料
吸入危害　无资料

第十二部分　生态学信息

生态毒性　无资料
持久性和降解性
　　生物降解性　易快速生物降解
　　非生物降解性　无资料
潜在的生物累积性　根据 K_{ow} 值预测，该物质的生物累积性可能较弱
土壤中的迁移性　根据 K_{oc} 值预测，该物质可能易发生迁移

第十三部分　废弃处置

废弃化学品　建议用焚烧法处置
污染包装物　将容器返还生产商或按照国家和地方法规处置
废弃注意事项　处置前应参阅国家和地方有关法规

第十四部分　运输信息

联合国危险货物编号（UN号）　2293
联合国运输名称　4-甲氧基-4-甲基-2-戊酮
联合国危险性类别　3

包装类别　Ⅲ　　　　　**包装标志**

海洋污染物　否
运输注意事项　运输时运输车辆应配备相应品种和数量的消防器材及泄漏应急处理设备。夏季最好早晚运输。运输时所用的槽（罐）车应有接地链，槽内可设孔隔板以减少震荡产生的静电。严禁与氧化剂、食用化学品等混装混运。运输途中应防暴晒、雨淋，防高温。中途停留时应远离火种、热源、高温区。装运该物品

的车辆排气管必须配备阻火装置，禁止使用易产生火花的机械设备和工具装卸。公路运输时要按规定路线行驶，勿在居民区和人口稠密区停留。铁路运输时要禁止溜放。严禁用木船、水泥船散装运输

第十五部分　法规信息

　　下列法律、法规、规章和标准，对该化学品的管理作了相应的规定。
中华人民共和国职业病防治法　职业病分类和目录：未列入
危险化学品安全管理条例　危险化学品目录：列入。易制爆危险化学品名录：未列入。重点监管的危险化学品名录：未列入。GB 18218—2009《危险化学品重大危险源辨识》（表1）：未列入
使用有毒物品作业场所劳动保护条例　高毒物品目录：未列入
易制毒化学品管理条例　易制毒化学品的分类和品种目录：未列入
国际公约　斯德哥尔摩公约：未列入。鹿特丹公约：未列入。蒙特利尔议定书：未列入

第十六部分　其他信息

编写和修订信息　　**缩略语和首字母缩写**
培训建议　　　　　　**参考文献**
免责声明

2-甲氧基-4-硝基苯胺

第一部分　化学品标识

化学品中文名　2-甲氧基-4-硝基苯胺；4-硝基-2-甲氧基苯胺；3-硝基-6-氨基苯甲醚；对硝基邻甲氧基苯胺
化学品英文名　4-nitro-2-methoxy aniline；2-amino-5-nitroanisole
分子式　$C_7H_8N_2O_3$　**分子量**　168.15

结构式

化学品的推荐及限制用途　用于染料制造

第二部分　危险性概述

紧急情况概述　吞咽有害
GHS危险性类别　急性毒性-经口，类别4；致癌性，类别2；特异性靶器官毒性-一次接触，类别2；特异性靶器官毒性-反复接触，类别2；危害水生环境-急性危害，类别2；危害水生环境-长期危害，类别2
标签要素
象形图

警示词　警告
危险性说明　吞咽有害，怀疑致癌，可能对器官造成损

害，长时间或反复接触可能对器官造成损伤，对水生生物有毒并具有长期持续影响

防范说明

　　预防措施　避免接触眼睛、皮肤，操作后彻底清洗。作业场所不得进食、饮水或吸烟。得到专门指导后操作。在阅读并了解所有安全预防措施之前，切勿操作。按要求使用个体防护装备。避免吸入粉尘。禁止排入环境

　　事故响应　食入：如果感觉不适，立即呼叫中毒控制中心或就医。漱口。如果接触或有担心，就医。收集泄漏物

　　安全储存　上锁保管

　　废弃处置　本品及内装物、容器依据国家和地方法规处置

物理和化学危险　可燃，其粉体与空气混合，能形成爆炸性混合物

健康危害　本品有毒。对眼睛、皮肤、黏膜和上呼吸道有刺激作用。进入体内，可形成高铁血红蛋白而致紫绀

环境危害　对水生生物有毒并具有长期持续影响

第三部分　成分/组成信息

√ 物质　　　　　　　　　　混合物

组分	浓度	CAS No.
2-甲氧基-4-硝基苯胺		97-52-9

第四部分　急救措施

吸入　迅速脱离现场至空气新鲜处。保持呼吸道通畅。如呼吸困难，给输氧。如呼吸、心跳停止，立即行心肺复苏术。就医

皮肤接触　立即脱去污染衣着，用肥皂水或清水彻底冲洗。就医

眼睛接触　分开眼睑，用清水或生理盐水冲洗。就医

食入　漱口，饮水。就医

对保护施救者的忠告　根据需要使用个人防护设备

对医生的特别提示　高铁血红蛋白血症，可用亚甲蓝和维生素 C 治疗

第五部分　消防措施

灭火剂　用雾状水、泡沫、干粉、二氧化碳、砂土灭火

特别危险性　遇明火、高热可燃。其粉体与空气可形成爆炸性混合物，当达到一定浓度时，遇火星会发生爆炸。受高热分解放出有毒的气体

灭火注意事项及防护措施　消防人员必须佩戴防毒面具、穿全身消防服，在上风向灭火。尽可能将容器从火场移至空旷处。喷水保持火场容器冷却，直至灭火结束

第六部分　泄漏应急处理

作业人员防护措施、防护装备和应急处置程序　隔离泄漏污染区，限制出入。消除所有点火源。建议应急处理人员戴防尘口罩，穿防毒服。穿上适当的防护服前严禁接触破裂的容器和泄漏物。尽可能切断泄漏源

环境保护措施　用塑料布覆盖泄漏物，减少飞散

泄漏化学品的收容、清除方法及所使用的处置材料　勿使水进入包装容器内。用洁净的铲子收集泄漏物，置于干净、干燥、盖子较松的容器中，将容器移离泄漏区

第七部分　操作处置与储存

操作注意事项　密闭操作，局部排风。防止粉尘释放到车间空气中。操作人员必须经过专门培训，严格遵守操作规程。建议操作人员佩戴自吸过滤式防尘口罩，戴化学安全防护眼镜，穿防毒物渗透工作服，戴橡胶手套。远离火种、热源，工作场所严禁吸烟。使用防爆型的通风系统和设备。避免产生粉尘。避免与氧化剂、酸类、酸酐、酰基氯接触。配备相应品种和数量的消防器材及泄漏应急处理设备。倒空的容器可能残留有害物

储存注意事项　储存于阴凉、通风的库房。远离火种、热源。防止阳光直射。包装密封。应与氧化剂、酸类、酸酐、酰基氯分开存放，切忌混储。配备相应品种和数量的消防器材。储区应备有合适的材料收容泄漏物

第八部分　接触控制/个体防护

职业接触限值

　　中国　未制定标准

　　美国（ACGIH）　未制定标准

生物接触限值　未制定标准

监测方法　空气中有毒物质测定方法：未制定标准。生物监测检验方法：未制定标准

工程控制　密闭操作，局部排风

个体防护装备

　　呼吸系统防护　空气中粉尘浓度超标时，必须佩戴过滤式防尘呼吸器。紧急事态抢救或撤离时，应该佩戴空气呼吸器

　　眼睛防护　戴化学安全防护眼镜

　　皮肤和身体防护　穿防毒物渗透工作服

　　手防护　戴橡胶手套

第九部分　理化特性

外观与性状　橙红色针状结晶

pH 值　无意义		**熔点（℃）**　140～142	
沸点（℃）　无资料		**相对密度（水=1）**　1.211	
相对蒸气密度（空气=1）　无资料			
饱和蒸气压（kPa）　无资料			
临界压力（MPa）　无资料	**辛醇/水分配系数**　无资料		
闪点（℃）　无意义	**自燃温度（℃）**　无资料		
爆炸下限（%）　无资料	**爆炸上限（%）**　无资料		
分解温度（℃）　无资料	**黏度（mPa·s）**　无资料		
燃烧热（kJ/mol）　无资料	**临界温度（℃）**　无资料		

溶解性　溶于乙醇、乙酸乙酯、乙酸、苯，易溶于丙酮

第十部分　稳定性和反应性

稳定性　稳定

危险反应　与强氧化剂、酸类、酸酐、酰基氯等禁配物接触，有发生火灾和爆炸的危险

避免接触的条件　无资料

禁配物 强氧化剂、酸类、酸酐、酰基氯

危险的分解产物 氮氧化物

第十一部分 毒理学信息

急性毒性 LD_{50}：997mg/kg（大鼠经口）

皮肤刺激或腐蚀	无资料	眼睛刺激或腐蚀	无资料
呼吸或皮肤过敏	无资料	生殖细胞突变性	无资料
致癌性	无资料	生殖毒性	无资料

特异性靶器官系统毒性-一次接触 无资料

特异性靶器官系统毒性-反复接触 无资料

吸入危害 无资料

第十二部分 生态学信息

生态毒性 无资料

持久性和降解性

　　生物降解性 无资料

　　非生物降解性 无资料

潜在的生物累积性 无资料

土壤中的迁移性 无资料

第十三部分 废弃处置

废弃化学品 建议用焚烧法处置。在能利用的地方重复使用容器或在规定场所掩埋

污染包装物 将容器返还生产商或按照国家和地方法规处置

废弃注意事项 处置前应参阅国家和地方有关法规

第十四部分 运输信息

联合国危险货物编号（UN号） 3077

联合国运输名称 对环境有害的固态物质，未另作规定的（2-甲氧基-4-硝基苯胺）

联合国危险性类别 9

包装类别 Ⅲ　　　　**包装标志**

海洋污染物 是

运输注意事项 运输前应先检查包装容器是否完整、密封，运输过程中要确保容器不泄漏、不倒塌、不坠落、不损坏。严禁与酸类、氧化剂、食品及食品添加剂混运。运输时运输车辆应配备相应品种和数量的消防器材及泄漏应急处理设备。运输途中应防暴晒、雨淋，防高温。公路运输时要按规定路线行驶，勿在居民区和人口稠密区停留

第十五部分 法规信息

　　下列法律、法规、规章和标准，对该化学品的管理作了相应的规定。

中华人民共和国职业病防治法 职业病分类和目录：苯的氨基及硝基化合物中毒

危险化学品安全管理条例 危险化学品目录：列入。易制爆危险化学品名录：未列入。重点监管的危险化学品名录：未列入。GB 18218—2009《危险化学品重大

危险源辨识》（表1）：未列入

使用有毒物品作业场所劳动保护条例 高毒物品目录：未列入

易制毒化学品管理条例 易制毒化学品的分类和品种目录：未列入

国际公约 斯德哥尔摩公约：未列入。鹿特丹公约：未列入。蒙特利尔议定书：未列入

第十六部分 其他信息

编写和修订信息	缩略语和首字母缩写
培训建议	参考文献
免责声明	

3-甲氧基乙酸丁酯

第一部分 化学品标识

化学品中文名 3-甲氧基乙酸丁酯；3-甲氧基丁基乙酸酯；乙酸-3-甲氧基丁酯

化学品英文名 3-methoxybutyl acetate；butoxyl

分子式 $C_7H_{14}O_3$　　**分子量** 146.1843

结构式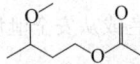

化学品的推荐及限制用途 用作树脂及涂料的溶剂

第二部分 危险性概述

紧急情况概述 可燃液体，吞咽可能有害

GHS危险性类别 易燃液体，类别4；急性毒性-经口，类别5；危害水生环境-急性危害，类别2

标签要素

　　象形图 —

　　警示词 警告

　　危险性说明 可燃液体，吞咽可能有害，对水生生物有毒

　　防范说明

　　　　预防措施 远离火焰和热表面。禁止吸烟。戴防护手套、防护眼镜、防护面罩。禁止排入环境

　　　　事故响应 火灾时，使用雾状水、泡沫、干粉、二氧化碳、砂土灭火。如果感觉不适，呼叫中毒控制中心或就医

　　　　安全储存 存放在通风良好的地方。保持低温

　　　　废弃处置 本品及内装物、容器依据国家和地方法规处置

物理和化学危险 易燃，其蒸气与空气混合，能形成爆炸性混合物

健康危害 本品对眼睛、黏膜有刺激作用

环境危害 对水生生物有毒

第三部分 成分/组成信息

√物质　　　　　　　　　　混合物

组分	浓度	CAS No.
3-甲氧基乙酸丁酯		4435-53-4

第四部分 急救措施

吸入 迅速脱离现场至空气新鲜处。保持呼吸道通畅。如

呼吸困难，给输氧。呼吸、心跳停止，立即进行心肺复苏术。就医

皮肤接触　立即脱去污染的衣着，用流动清水彻底冲洗。就医

眼睛接触　立即分开眼睑，用流动清水或生理盐水彻底冲洗。就医

食入　漱口，饮水。就医

对保护施救者的忠告　根据需要使用个人防护设备

对医生的特别提示　对症处理

第五部分　消防措施

灭火剂　用雾状水、泡沫、干粉、二氧化碳、砂土灭火

特别危险性　其蒸气与空气可形成爆炸性混合物，遇明火、高热能引起燃烧爆炸。与氧化剂可发生反应。蒸气比空气重，沿地面扩散并易积存于低洼处，遇火源会着火回燃。若遇高热，容器内压增大，有开裂和爆炸的危险

灭火注意事项及防护措施　消防人员必须佩戴防毒面具、穿全身消防服，在上风向灭火。尽可能将容器从火场移至空旷处。喷水保持火场容器冷却，直至灭火结束。处在火场中的容器若已变色或从安全泄压装置中发出声音，必须马上撤离

第六部分　泄漏应急处理

作业人员防护措施、防护装备和应急处置程序　消除所有点火源。根据液体流动和蒸气扩散的影响区域划定警戒区，无关人员从侧风、上风向撤离至安全区。建议应急处理人员戴正压自给式呼吸器，穿防静电服。作业时使用的所有设备应接地。禁止接触或跨越泄漏物。尽可能切断泄漏源

环境保护措施　防止泄漏物进入水体、下水道、地下室或有限空间

泄漏化学品的收容、清除方法及所使用的处置材料　小量泄漏：用砂土或其他不燃材料吸收。使用洁净的无火花工具收集吸收材料。大量泄漏：构筑围堤或挖坑收容。用粉煤灰或石灰粉吸收大量液体。用抗溶性泡沫覆盖，减少蒸发。喷水雾能减少蒸发，但不能降低泄漏物在有限空间内的易燃性。用防爆泵转移至槽车或专用收集器内

第七部分　操作处置与储存

操作注意事项　密闭操作，加强通风。操作人员必须经过专门培训，严格遵守操作规程。建议操作人员佩戴自吸过滤式防毒面具（半面罩），戴化学安全防护眼镜，穿防毒物渗透工作服，戴橡胶耐油手套。远离火种、热源，工作场所严禁吸烟。使用防爆型的通风系统和设备。防止蒸气泄漏到工作场所空气中。避免与氧化剂接触。搬运时要轻装轻卸，防止包装及容器损坏。配备相应品种和数量的消防器材及泄漏应急处理设备。倒空的容器可能残留有害物

储存注意事项　储存于阴凉、通风的库房。远离火种、热源。库温不宜超过 37℃，应与氧化剂分开存放，切忌混储。采用防爆型照明、通风设施。禁止使用易产生火花的机械设备和工具。储区应备有泄漏应急处理设备和合适的收容材料

第八部分　接触控制/个体防护

职业接触限值

中国　未制定标准

美国（ACGIH）　未制定标准

生物接触限值　未制定标准

监测方法　空气中有毒物质测定方法：未制定标准。生物监测检验方法：未制定标准

工程控制　生产过程密闭，加强通风

个体防护装备

呼吸系统防护　空气中浓度超标时，必须佩戴过滤式防毒面具（半面罩）。紧急事态抢救或撤离时，应该佩戴空气呼吸器

眼睛防护　戴化学安全防护眼镜

皮肤和身体防护　穿防毒物渗透工作服

手防护　戴橡胶耐油手套

第九部分　理化特性

外观与性状　无色液体，味苦，略有气味

pH 值　无资料　　　　　**熔点（℃）**　无资料

沸点（℃）　135～173

相对密度（水＝1）　0.95～0.96（20℃）

相对蒸气密度（空气＝1）　5.05

饱和蒸气压（kPa）　0.40（30℃）

临界压力（MPa）　无资料　　**辛醇/水分配系数**　无资料

闪点（℃）　63～67　　　　**自燃温度（℃）**　无资料

爆炸下限（%）　2.3　　　**爆炸上限（%）**　15

分解温度（℃）　无资料

黏度（mPa·s）　1.28（20℃）

燃烧热（kJ/mol）　无资料　**临界温度（℃）**　无资料

溶解性　溶于水，溶于多数有机溶剂

第十部分　稳定性和反应性

稳定性　稳定

危险反应　与强氧化剂等禁配物发生反应

避免接触的条件　无资料

禁配物　强氧化剂

危险的分解产物　无资料

第十一部分　毒理学信息

急性毒性　LD_{50}：4210mg/kg（大鼠经口）

皮肤刺激或腐蚀　无资料　　**眼睛刺激或腐蚀**　无资料

呼吸或皮肤过敏　无资料　　**生殖细胞突变性**　无资料

致癌性　无资料　　　　　　**生殖毒性**　无资料

特异性靶器官系统毒性-一次接触　无资料

特异性靶器官系统毒性-反复接触　无资料

吸入危害　无资料

第十二部分　生态学信息

生态毒性　LC_{50}：7.1mg/L（96h）（斑马鱼，半静态，OECD 203）。EC_{50}：360mg/L（24h）（大型溞，静态）

持久性和降解性
 生物降解性 OECD 301E，易快速生物降解
 非生物降解性 无资料
潜在的生物累积性 无资料
土壤中的迁移性 无资料

第十三部分 废弃处置

废弃化学品 建议用焚烧法处置
污染包装物 将容器返还生产商或按照国家和地方法规
 处置
废弃注意事项 处置前应参阅国家和地方有关法规

第十四部分 运输信息

联合国危险货物编号（UN 号） —
联合国运输名称 — 联合国危险性类别 —
包装类别 — 包装标志 —
海洋污染物 否
运输注意事项 运输时运输车辆应配备相应品种和数量的
 消防器材及泄漏应急处理设备。夏季最好早晚运输。
 运输时所用的槽（罐）车应有接地链，槽内可设孔隔
 板以减少震荡产生的静电。严禁与氧化剂、食用化学
 品等混装混运。运输途中应防暴晒、雨淋，防高温。
 中途停留时应远离火种、热源、高温区。装运该物品
 的车辆排气管必须配备阻火装置，禁止使用易产生火
 花的机械设备和工具装卸。公路运输时要按规定路线
 行驶。铁路运输时要禁止溜放。严禁用木船、水泥船
 散装运输

第十五部分 法规信息

 下列法律、法规、规章和标准，对该化学品的管理作
了相应的规定。
中华人民共和国职业病防治法 职业病分类和目录：未
 列入
危险化学品安全管理条例 危险化学品目录：列入。易制
 爆危险化学品名录：未列入。重点监管的危险化学品
 名录：未列入。GB 18218—2009《危险化学品重大
 危险源辨识》（表 1）：未列入
使用有毒物品作业场所劳动保护条例 高毒物品目录：未
 列入
易制毒化学品管理条例 易制毒化学品的分类和品种目
 录：未列入
国际公约 斯德哥尔摩公约：未列入。鹿特丹公约：未列
 入。蒙特利尔议定书：未列入

第十六部分 其他信息

编写和修订信息 缩略语和首字母缩写
培训建议 参考文献
免责声明

间苯二甲酰氯

第一部分 化学品标识

化学品中文名 间苯二甲酰氯；二氯化间苯二甲酰；二氯
化（间）苯二甲酰
化学品英文名 *m*-phthaloyl chloride; isophthaloyl chlo-
ride
分子式 $C_8H_4Cl_2O_2$ 分子量 203.022
结构式 
化学品的推荐及限制用途 用于有机合成

第二部分 危险性概述

紧急情况概述 吸入会中毒，造成严重的皮肤灼伤和眼
损伤
GHS 危险性类别 急性毒性-经口，类别 5；急性毒性-经
皮，类别 4；急性毒性-吸入，类别 3；皮肤腐蚀/刺
激，类别 1A；严重眼损伤/眼刺激，类别 1
标签要素

象形图

警示词 危险
危险性说明 吞咽可能有害，皮肤接触有害，吸入会中
毒，造成严重的皮肤灼伤和眼损伤
防范说明
 预防措施 避免吸入粉尘。仅在室外或通风良好处
 操作。避免接触眼睛、皮肤，操作后彻底清
 洗。戴防护手套，穿防护服，戴防护眼镜、防
 护面罩
 事故响应 如吸入：将患者转移到空气新鲜处，休
 息，保持利于呼吸的体位，立即呼叫中毒控制
 中心或就医。皮肤（或头发）接触：立即脱掉
 所有被污染的衣服，用水冲洗皮肤，淋浴，如
 感觉不适，呼叫中毒控制中心或就医。污染的
 衣服须洗净后方可重新使用。眼睛接触：用水
 细心地冲洗数分钟。如戴隐形眼镜并可方便地
 取出，则取出隐形眼镜，继续冲洗。食入：漱
 口，不要催吐，如果感觉不适，呼叫中毒控制
 中心或就医
 安全储存 在通风良好处储存。保持容器密闭。上
 锁保管
 废弃处置 本品及内装物、容器依据国家和地方法
 规处置
物理和化学危险 可燃。遇水产生刺激性气体
健康危害 对眼睛、皮肤、黏膜和呼吸道有强烈刺激作
用。吸入引起喉、支气管痉挛、炎症，化学性肺炎、
肺水肿等。接触后有头痛、恶心、咳嗽、气短、呼吸
困难等。眼睛和皮肤接触引起灼伤
环境危害 对环境可能有害

第三部分 成分/组成信息

√ 物质   混合物

组分	浓度	CAS No.
间苯二甲酰氯		99-63-8

第四部分 急救措施

吸入 迅速脱离现场至空气新鲜处。保持呼吸道通畅。如呼吸困难，给输氧。呼吸、心跳停止，立即进行心肺复苏术。就医

皮肤接触 立即脱去污染的衣着，用大量流动清水彻底冲洗至少 15min。就医

眼睛接触 立即分开眼睑，用流动清水或生理盐水彻底冲洗 5～10min。就医

食入 用水漱口，禁止催吐。给饮牛奶或蛋清。就医

对保护施救者的忠告 根据需要使用个人防护设备

对医生的特别提示 对症处理

第五部分 消防措施

灭火剂 用干粉、二氧化碳、砂土灭火

特别危险性 遇明火、高热可燃。其粉体与空气可形成爆炸性混合物，当达到一定浓度时，遇火星会发生爆炸。与强氧化剂接触可发生化学反应。受热分解释出高毒烟雾。具有腐蚀性

灭火注意事项及防护措施 消防人员必须穿全身耐酸碱消防服、佩戴空气呼吸器灭火。尽可能将容器从火场移至空旷处。喷水保持火场容器冷却，直至灭火结束。禁止用水、泡沫和酸碱灭火剂灭火

第六部分 泄漏应急处理

作业人员防护措施、防护装备和应急处置程序 隔离泄漏污染区，限制出入。消除所有点火源。建议应急处理人员戴防尘口罩，穿防酸碱服。穿上适当的防护服前严禁接触破裂的容器和泄漏物。尽可能切断泄漏源

环境保护措施 用塑料布覆盖泄漏物，减少飞散

泄漏化学品的收容、清除方法及所使用的处置材料 勿使水进入包装容器内。用洁净的铲子收集泄漏物，置于干净、干燥、盖子较松的容器中，将容器移离泄漏区

第七部分 操作处置与储存

操作注意事项 密闭操作，提供充分的局部排风。防止粉尘释放到车间空气中。操作人员必须经过专门培训，严格遵守操作规程。建议操作人员佩戴防尘面具（全面罩），穿橡胶耐酸碱服，戴橡胶耐酸碱手套。远离火种、热源，工作场所严禁吸烟。使用防爆型的通风系统和设备。避免产生粉尘。避免与碱类、氧化剂、醇类接触。配备相应品种和数量的消防器材及泄漏应急处理设备。倒空的容器可能残留有害物

储存注意事项 储存于阴凉、干燥、通风良好的库房。远离火种、热源。防止阳光直射。包装密封。应与碱类、氧化剂、醇类等分开存放，切忌混储。配备相应品种和数量的消防器材。储区应备有合适的材料收容泄漏物

第八部分 接触控制/个体防护

职业接触限值

中国 未制定标准

美国（ACGIH） 未制定标准

生物接触限值 未制定标准

监测方法 空气中有毒物质测定方法：未制定标准。生物监测检验方法：未制定标准

工程控制 严加密闭，提供充分的局部排风

个体防护装备

呼吸系统防护 可能接触其粉尘时，必须佩戴防尘面具（全面罩）。紧急事态抢救或撤离时，应该佩戴空气呼吸器

眼睛防护 呼吸系统防护中已作防护

皮肤和身体防护 穿橡胶耐酸碱服

手防护 戴橡胶耐酸碱手套

第九部分 理化特性

外观与性状 白色或浅黄色结晶固体

pH 值 无意义　　**熔点（℃）** 43～44

沸点（℃） 276

相对密度（水＝1） 1.387(46.9℃)

相对蒸气密度（空气＝1） 6.9

饱和蒸气压（kPa） 3.9×10^{-3}(25℃)

临界压力（MPa） 无资料　　**辛醇/水分配系数** 无资料

闪点（℃） 180　　　　　**自燃温度（℃）** 无资料

爆炸下限（%） 1.5　　　　**爆炸上限（%）** 8.9

分解温度（℃） 无资料　　**黏度（mPa·s）** 无资料

燃烧热（kJ/mol） 无资料　　**临界温度（℃）** 无资料

溶解性 溶于苯、四氯化碳

第十部分 稳定性和反应性

稳定性 稳定

危险反应 与强碱、氧化剂、水、醇类等禁配物发生反应

避免接触的条件 潮湿空气

禁配物 强碱、氧化剂、水、醇类

危险的分解产物 氯化氢、光气

第十一部分 毒理学信息

急性毒性 LD$_{50}$：2200mg/kg（大鼠经口），2221mg/kg（小鼠经口），1175mg/kg（兔经口），1410mg/kg（兔经皮）

皮肤刺激或腐蚀 家兔经皮：开放性刺激试验，200mg，中度刺激

眼睛刺激或腐蚀 家兔经眼：40mg，轻度刺激

呼吸或皮肤过敏 无资料　　**生殖细胞突变性** 无资料

致癌性 无资料　　　　　　**生殖毒性** 无资料

特异性靶器官系统毒性-一次接触 无资料

特异性靶器官系统毒性-反复接触 无资料

吸入危害 无资料

第十二部分 生态学信息

生态毒性 无资料

持久性和降解性

生物降解性 无资料

非生物降解性 无资料

潜在的生物累积性 无资料

土壤中的迁移性　无资料

第十三部分　废弃处置

废弃化学品　在污水处理厂处理和中和。用安全掩埋法处置。用石灰浆清洗倒空的容器。把倒空的容器归还厂商或在规定场所掩埋

污染包装物　将容器返还生产商或按照国家和地方法规处置

废弃注意事项　处置前应参阅国家和地方有关法规

第十四部分　运输信息

联合国危险货物编号（UN 号）　2923

联合国运输名称　腐蚀性固体，毒性，未另作规定的（间苯二甲酰氯）

联合国危险性类别　8，6.1

包装类别　一

包装标志　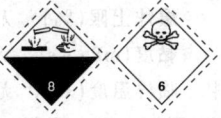

海洋污染物　否

运输注意事项　起运时包装要完整，装载应稳妥。运输过程中要确保容器不泄漏、不倒塌、不坠落、不损坏。严禁与碱类、氧化剂、醇类、食用化学品等混装混运。运输时运输车辆应配备相应品种和数量的消防器材及泄漏应急处理设备。运输途中应防暴晒、雨淋、防高温。公路运输时要按规定路线行驶，勿在居民区和人口稠密区停留

第十五部分　法规信息

下列法律、法规、规章和标准，对该化学品的管理作了相应的规定。

中华人民共和国职业病防治法　职业病分类和目录：未列入

危险化学品安全管理条例　危险化学品目录：列入。易制爆危险化学品名录：未列入。重点监管的危险化学品名录：未列入。GB 18218—2009《危险化学品重大危险源辨识》（表1）：未列入

使用有毒物品作业场所劳动保护条例　高毒物品目录：未列入

易制毒化学品管理条例　易制毒化学品的分类和品种目录：未列入

国际公约　斯德哥尔摩公约：未列入。鹿特丹公约：未列入。蒙特利尔议定书：未列入

第十六部分　其他信息

编写和修订信息　缩略语和首字母缩写

培训建议　参考文献

免责声明

间甲氧基苯胺

第一部分　化学品标识

化学品中文名　间甲氧基苯胺；间茴香胺；3-甲氧基苯胺；间氨基苯甲醚

化学品英文名　*m*-methoxyaniline；*m*-anisidine

分子式　C_7H_9NO　分子量　123.1525

结构式　

化学品的推荐及限制用途　用于有机合成及作为染料中间体

第二部分　危险性概述

紧急情况概述　吞咽有害

GHS 危险性类别　急性毒性-经口，类别 4；生殖细胞致突变性，类别 2；危害水生环境-急性危害，类别 2；危害水生环境-长期危害，类别 2

标签要素

象形图　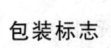

警示词　警告

危险性说明　吞咽有害，怀疑可造成遗传性缺陷，对水生生物有毒并具有长期持续影响

防范说明

预防措施　避免接触眼睛、皮肤，操作后彻底清洗。作业场所不得进食、饮水或吸烟。得到专门指导后操作。在阅读并了解所有安全预防措施之前，切勿操作。按要求使用个体防护装备。禁止排入环境

事故响应　食入：如果感觉不适，立即呼叫中毒控制中心或就医，漱口。如果接触或有担心，就医。收集泄漏物

安全储存　上锁保管

废弃处置　本品及内装物、容器依据国家和地方法规处置

物理和化学危险　可燃，其蒸气与空气混合，能形成爆炸性混合物

健康危害　吸入、摄入或经皮肤吸收对身体有害。对皮肤有刺激作用。其蒸气或气溶胶对眼睛、黏膜、呼吸道有刺激作用。进入体内导致形成高铁血红蛋白而引起紫绀。慢性影响：可引起呼吸系统、皮肤的过敏反应

环境危害　对水生生物有毒并具有长期持续影响

第三部分　成分/组成信息

✓ 物质		混合物
组分	浓度	CAS No.
间甲氧基苯胺		536-90-3

第四部分　急救措施

吸入　迅速脱离现场至空气新鲜处。保持呼吸道通畅。如呼吸困难，给输氧。如呼吸、心跳停止，立即行心肺复苏术。就医

皮肤接触　立即脱去污染衣着，用肥皂水或清水彻底冲洗。就医

眼睛接触　分开眼睑，用清水或生理盐水冲洗。就医

食入　漱口，饮水。就医
对保护施救者的忠告　根据需要使用个人防护设备
对医生的特别提示　高铁血红蛋白血症，可用亚甲蓝和维生素 C 治疗

第五部分　消防措施

灭火剂　用雾状水、泡沫、干粉、二氧化碳、砂土灭火
特别危险性　遇明火、高热可燃。与强氧化剂接触可发生化学反应。受高热分解放出有毒的气体
灭火注意事项及防护措施　消防人员必须佩戴防毒面具、穿全身消防服，在上风向灭火。尽可能将容器从火场移至空旷处。喷水保持火场容器冷却，直至灭火结束。处在火场中的容器若已变色或从安全泄压装置中发出声音，必须马上撤离

第六部分　泄漏应急处理

作业人员防护措施、防护装备和应急处置程序　根据液体流动和蒸气扩散的影响区域划定警戒区，无关人员从侧风向、上风向撤离至安全区。消除所有点火源。建议应急处理人员戴正压自给式呼吸器，穿防毒服。穿上适当的防护服前严禁接触破裂的容器和泄漏物。尽可能切断泄漏源
环境保护措施　防止泄漏物进入水体、下水道、地下室或有限空间
泄漏化学品的收容、清除方法及所使用的处置材料　小量泄漏：用干燥的砂土或其他不燃材料吸收或覆盖，收集于容器中。大量泄漏：构筑围堤或挖坑收容。用泵转移至槽车或专用收集器内

第七部分　操作处置与储存

操作注意事项　密闭操作，提供充分的局部排风。操作人员必须经过专门培训，严格遵守操作规程。建议操作人员佩戴自吸过滤式防毒面具（半面罩），戴化学安全防护眼镜，穿防毒物渗透工作服，戴橡胶耐油手套。远离火种、热源，工作场所严禁吸烟。使用防爆型的通风系统和设备。防止蒸气泄漏到工作场所空气中。避免与氧化剂、酸类接触。搬运时要轻装轻卸，防止包装及容器损坏。配备相应品种和数量的消防器材及泄漏应急处理设备。倒空的容器可能残留有害物
储存注意事项　储存于阴凉、通风的库房。远离火种、热源。应与氧化剂、酸类等分开存放，切忌混储。配备相应品种和数量的消防器材。储区应备有泄漏应急处理设备和合适的收容材料

第八部分　接触控制/个体防护

职业接触限值
　中国　未制定标准
　美国（ACGIH）　未制定标准
生物接触限值　未制定标准
监测方法　空气中有毒物质测定方法：未制定标准。生物监测检验方法：未制定标准
工程控制　严加密闭，提供充分的局部排风。提供安全淋浴和洗眼设备

个体防护装备
　呼吸系统防护　空气中浓度超标时，必须佩戴过滤式防毒面具（半面罩）。紧急事态抢救或撤离时，应该佩戴空气呼吸器
　眼睛防护　戴化学安全防护眼镜
　皮肤和身体防护　穿防毒物渗透工作服
　手防护　戴橡胶耐油手套

第九部分　理化特性

外观与性状　无色或浅黄色油状液体
pH 值　无资料　　　　　　**熔点（℃）**　-1~1
沸点（℃）　251　　　　　　**相对密度（水＝1）**　1.10
相对蒸气密度（空气＝1）　无资料
饱和蒸气压（kPa）　无资料
临界压力（MPa）　无资料　**辛醇/水分配系数**　0.93
闪点（℃）　>112　　　　　**自燃温度（℃）**　无资料
爆炸下限（%）　无资料　　**爆炸上限（%）**　无资料
分解温度（℃）　无资料　　**黏度（mPa·s）**　无资料
燃烧热（kJ/mol）　无资料　**临界温度（℃）**　无资料
溶解性　微溶于水，溶于乙醇、乙醚、丙酮、苯等多数有机溶剂

第十部分　稳定性和反应性

稳定性　稳定
危险反应　与酰基氯、酸酐、氯仿、强氧化剂、强酸等禁配物发生反应
避免接触的条件　无资料
禁配物　酰基氯、酸酐、氯仿、强氧化剂、强酸
危险的分解产物　氮氧化物

第十一部分　毒理学信息

急性毒性　LD_{50}：562mg/kg（鹌鹑经口）
皮肤刺激或腐蚀　无资料　　**眼睛刺激或腐蚀**　无资料
呼吸或皮肤过敏　对皮肤、呼吸系统有致敏性
生殖细胞突变性　无资料
致癌性　无资料　　　　　　**生殖毒性**　无资料
特异性靶器官系统毒性-一次接触　无资料
特异性靶器官系统毒性-反复接触　无资料
吸入危害　无资料

第十二部分　生态学信息

生态毒性　LC_{50}：240mg/L（96h）（青鳉）。EC_{50}：100mg/L（24h）（大型溞）。ErC_{50}：10mg/L（72h）（羊角月牙藻）。NOEC：0.028mg/L（21d）（大型溞）
持久性和降解性
　生物降解性　OECD 301C，不易快速生物降解
　非生物降解性　无资料
潜在的生物累积性　无资料
土壤中的迁移性　无资料

第十三部分　废弃处置

废弃化学品　建议用焚烧法处置。焚烧炉排出的氮氧化物通过洗涤器除去

污染包装物 将容器返还生产商或按照国家和地方法规处置

废弃注意事项 处置前应参阅国家和地方有关法规

第十四部分　运输信息

联合国危险货物编号（UN 号） 2431

联合国运输名称 茴香胺

联合国危险性类别 6.1

包装类别 Ⅲ　　　　　　　　**包装标志**

海洋污染物 是

运输注意事项 运输前应先检查包装容器是否完整、密封，运输过程中要确保容器不泄漏、不倒塌、不坠落、不损坏。严禁与酸类、氧化剂、食品及食品添加剂混运。运输时运输车辆应配备相应品种和数量的消防器材及泄漏应急处理设备。运输途中应防暴晒、雨淋，防高温。公路运输时要按规定路线行驶

第十五部分　法规信息

下列法律、法规、规章和标准，对该化学品的管理作了相应的规定。

中华人民共和国职业病防治法 职业病分类和目录：苯的氨基及硝基化合物中毒

危险化学品安全管理条例 危险化学品目录：列入。易制爆危险化学品名录：未列入。重点监管的危险化学品名录：未列入。GB 18218—2009《危险化学品重大危险源辨识》（表 1）：未列入

使用有毒物品作业场所劳动保护条例 高毒物品目录：未列入

易制毒化学品管理条例 易制毒化学品的分类和品种目录：未列入

国际公约 斯德哥尔摩公约：未列入。鹿特丹公约：未列入。蒙特利尔议定书：未列入

第十六部分　其他信息

编写和修订信息　　缩略语和首字母缩写
培训建议　　　　　　参考文献
免责声明

间溴苯胺

第一部分　化学品标识

化学品中文名 间溴苯胺；3-溴苯胺

化学品英文名 1-amino-3-bromobenzene；3-bromoaniline

分子式 C_6H_6BrN　**分子量** 172.023

结构式

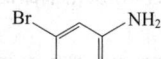

化学品的推荐及限制用途 用于有机合成

第二部分　危险性概述

紧急情况概述 —

GHS 危险性类别 危害水生环境-急性危害，类别 3；危害水生环境-长期危害，类别 3

标签要素

　象形图 —

　警示词 —

　危险性说明 对水生生物有害并具有长期持续影响

　防范说明 预防措施　禁止排入环境

　　事故响应 —

　　安全储存： —

　　废弃处置 本品及内装物、容器依据国家和地方法规处置

物理和化学危险 可燃，其粉体或蒸气与空气混合，能形成爆炸性混合物

健康危害 有毒。具刺激作用。吸收后，可形成高铁血红蛋白致紫绀。对肝、肾有损害

环境危害 对水生生物有害并具有长期持续影响

第三部分　成分/组成信息

√　物质　　　　　　　　　　　混合物

　　组分　　　　**浓度**　　　**CAS No.**
　　间溴苯胺　　　　　　　　　591-19-5

第四部分　急救措施

吸入 迅速脱离现场至空气新鲜处。保持呼吸道通畅。如呼吸困难，给吸氧。如呼吸、心跳停止，立即行心肺复苏术。就医

皮肤接触 立即脱去污染衣着，用肥皂水或清水彻底冲洗。就医

眼睛接触 分开眼睑，用清水或生理盐水冲洗。就医

食入 漱口，饮水。就医

对保护施救者的忠告 根据需要使用个人防护设备

对医生的特别提示 高铁血红蛋白血症，可用亚甲蓝和维生素 C 治疗

第五部分　消防措施

灭火剂 用雾状水、泡沫、干粉、二氧化碳、砂土灭火

特别危险性 遇明火、高热可燃。与氧化剂可发生反应。受高热分解放出有毒的气体。若遇高热，容器内压增大，有开裂和爆炸的危险

灭火注意事项及防护措施 消防人员必须佩戴防毒面具、穿全身消防服，在上风向灭火。尽可能将容器从火场移至空旷处。喷水保持火场容器冷却，直至灭火结束。处在火场中的容器若已变色或从安全泄压装置中发出声音，必须马上撤离

第六部分　泄漏应急处理

作业人员防护措施、防护装备和应急处置程序 根据液体流动和蒸气扩散的影响区域划定警戒区，无关人员从侧风向、上风向撤离至安全区。消除所有点火源。建议应急处理人员戴正压自给式呼吸器，穿防毒服。穿上适当的防护服前严禁接触破裂的容器和泄漏物。尽可能切断泄漏源

环境保护措施 防止泄漏物进入水体、下水道、地下室或

有限空间

泄漏化学品的收容、清除方法及所使用的处置材料　小量泄漏：用干燥的砂土或其他不燃材料吸收或覆盖，收集于容器中。大量泄漏：构筑围堤或挖坑收容。用泵转移至槽车或专用收集器内

第七部分　操作处置与储存

操作注意事项　密闭操作，局部排风。防止烟雾或粉尘泄漏到工作场所空气中。操作人员必须经过专门培训，严格遵守操作规程。建议操作人员佩戴自吸过滤式防毒面具（半面罩），戴化学安全防护眼镜，穿防毒物渗透工作服，戴橡胶手套。远离火种、热源，工作场所严禁吸烟。使用防爆型的通风系统和设备。在清除液体和蒸气前不能进行焊接、切割等作业。避免产生蒸气或粉尘。避免与氧化剂、酸类、酸酐、酰基氯接触。配备相应品种和数量的消防器材及泄漏应急处理设备。倒空的容器可能残留有害物

储存注意事项　储存于阴凉、通风的库房。远离火种、热源。防止阳光直射。保持容器密封。应与氧化剂、酸类、酸酐、酰基氯、食用化学品分开存放，切忌混储。配备相应品种和数量的消防器材。储区应备有泄漏应急处理设备和合适的收容材料

第八部分　接触控制/个体防护

职业接触限值

中国　未制定标准

美国（ACGIH）　未制定标准

生物接触限值　未制定标准

监测方法　空气中有毒物质测定方法：未制定标准。生物监测检验方法：未制定标准

工程控制　密闭操作，局部排风

个体防护装备

呼吸系统防护　空气中浓度超标时，必须佩戴过滤式防毒面具（半面罩）。紧急事态抢救或撤离时，应该佩戴空气呼吸器

眼睛防护　戴化学安全防护眼镜

皮肤和身体防护　穿防毒物渗透工作服

手防护　戴橡胶手套

第九部分　理化特性

外观与性状　淡黄色液体或结晶

pH值　无意义	**熔点(℃)**　16.8
沸点(℃)　251	**相对密度(水=1)**　1.58

相对蒸气密度(空气=1)　无资料

饱和蒸气压(kPa)　无资料

临界压力(MPa)　无资料　　**辛醇/水分配系数**　无资料

闪点(℃)　>112　　　　　　**自燃温度(℃)**　无资料

爆炸下限(%)　无资料　　　**爆炸上限(%)**　无资料

分解温度(℃)　无资料　　　**黏度(mPa·s)**　无资料

燃烧热(kJ/mol)　无资料　　**临界温度(℃)**　无资料

溶解性　微溶于水，溶于乙醇、乙醚

第十部分　稳定性和反应性

稳定性　稳定

危险反应　与强氧化剂、酸类、酸酐、酰基氯等禁配物发生反应

避免接触的条件　光照

禁配物　强氧化剂、酸类、酸酐、酰基氯

危险的分解产物　氮氧化物、溴化氢

第十一部分　毒理学信息

急性毒性　LD_{50}：140mg/kg（大鼠腹腔）

皮肤刺激或腐蚀　无资料　　**眼睛刺激或腐蚀**　无资料

呼吸或皮肤过敏　无资料　　**生殖细胞突变性**　无资料

致癌性　无资料　　　　　　　**生殖毒性**　无资料

特异性靶器官系统毒性-一次接触　无资料

特异性靶器官系统毒性-反复接触　无资料

吸入危害　无资料

第十二部分　生态学信息

生态毒性　根据结构类似物质预测，该物质对水生生物有害

持久性和降解性

生物降解性　无资料

非生物降解性　无资料

潜在的生物累积性　无资料

土壤中的迁移性　无资料

第十三部分　废弃处置

废弃化学品　建议用控制焚烧法或安全掩埋法处置。若可能，重复使用容器或在规定场所掩埋

污染包装物　将容器返还生产商或按照国家和地方法规处置

废弃注意事项　处置前应参阅国家和地方有关法规

第十四部分　运输信息

联合国危险货物编号（UN号）　—

联合国运输名称　—

联合国危险性类别　—

包装类别　—　　　　　**包装标志**　—

海洋污染物　否

运输注意事项　运输前应先检查包装容器是否完整、密封，运输过程中要确保容器不泄漏、不倒塌、不坠落、不损坏。严禁与酸类、氧化剂、食品及食品添加剂混运。运输时运输车辆应配备相应品种和数量的消防器材及泄漏应急处理设备。运输途中应防暴晒、雨淋，防高温。公路运输时要按规定路线行驶，勿在居民区和人口稠密区停留

第十五部分　法规信息

下列法律、法规、规章和标准，对该化学品的管理作了相应的规定。

中华人民共和国职业病防治法　职业病分类和目录：苯的氨基及硝基化合物中毒

危险化学品安全管理条例　危险化学品目录：列入。易制爆危险化学品名录：未列入。重点监管的危险化学品名录：未列入。GB 18218—2009《危险化学品重大

危险源辨识》（表1）：未列入

使用有毒物品作业场所劳动保护条例 高毒物品目录：未列入

易制毒化学品管理条例 易制毒化学品的分类和品种目录：未列入

国际公约 斯德哥尔摩公约：未列入。鹿特丹公约：未列入。蒙特利尔议定书：未列入

第十六部分 其他信息

编写和修订信息 缩略语和首字母缩写

培训建议 参考文献

免责声明

均苯四甲酸二酐

第一部分 化学品标识

化学品中文名 均苯四甲酸酐；均苯四甲酸二酐；1,2,4,5-苯四酸酐

化学品英文名 pyromellitic dianhydride；1,2,4,5-benzenetetracarboxylic anhydride

分子式 $C_{10}H_2O_6$ **分子量** 218.1193

结构式

化学品的推荐及限制用途 用作环氧树脂的熟化剂、交联剂、中间体

第二部分 危险性概述

紧急情况概述 造成严重眼损伤，吸入可能导致过敏或哮喘症状或呼吸困难，可能导致皮肤过敏反应

GHS危险性类别 严重眼损伤/眼刺激，类别1；呼吸道致敏物，类别1；皮肤致敏物，类别1

标签要素

象形图

警示词 危险

危险性说明 造成严重眼损伤，吸入可能导致过敏或哮喘症状或呼吸困难，可能导致皮肤过敏反应

防范说明

预防措施 戴防护眼镜、防护面罩、防护手套。避免吸入粉尘。通风不良时，戴呼吸防护器具。污染的工作服不得带出工作场所

事故响应 如吸入：如果呼吸困难，将患者转移到空气新鲜处，休息，保持利于呼吸的体位。如有呼吸系统症状，呼叫中毒控制中心或就医。如皮肤接触：用大量肥皂水和水清洗。如出现皮肤刺激或皮疹：就医。污染的衣服清洗后方可重新使用。接触眼睛：用水细心冲洗数分钟，立即呼叫中毒控制中心或就医。如戴隐形眼镜并可方便地取出，取出隐形眼镜，继续

冲洗

安全储存 —

废弃处置 本品及内装物、容器依据国家和地方法规处置

物理和化学危险 可燃，其粉体与空气混合，能形成爆炸性混合物

健康危害 本品对黏膜、上呼吸道、眼睛和皮肤有刺激性。过量接触可引起眼睛和上呼吸道刺激症状，支气管炎、肺炎等。部分人接触可出现速发型支气管哮喘

环境危害 对环境可能有害

第三部分 成分/组成信息

√ 物质　　　　　　　　混合物

组分	浓度	CAS No.
均苯四甲酸酐		89-32-7

第四部分 急救措施

吸入 迅速脱离现场至空气新鲜处。保持呼吸道通畅。如呼吸困难，给输氧。呼吸、心跳停止，立即进行心肺复苏术。就医

皮肤接触 立即脱去污染的衣着，用流动清水彻底冲洗。就医

眼睛接触 立即分开眼睑，用流动清水或生理盐水彻底冲洗5～10min。就医

食入 漱口，饮水。就医

对保护施救者的忠告 根据需要使用个人防护设备

对医生的特别提示 对症处理

第五部分 消防措施

灭火剂 用雾状水、泡沫、干粉、二氧化碳、砂土灭火

特别危险性 遇明火能燃烧。受高热分解放出有毒的气体。在潮湿空气中水解为均苯四甲酸

灭火注意事项及防护措施 消防人员必须穿全身耐酸碱消防服、佩戴空气呼吸器灭火。尽可能将容器从火场移至空旷处。喷水保持火场容器冷却，直至灭火结束

第六部分 泄漏应急处理

作业人员防护措施、防护装备和应急处置程序 隔离泄漏污染区，限制出入。消除所有点火源。建议应急处理人员戴防尘口罩，穿防毒服。穿上适当的防护服前严禁接触破裂的容器和泄漏物。尽可能切断泄漏源

环境保护措施 用塑料布覆盖泄漏物，减少飞散

泄漏化学品的收容、清除方法及所使用的处置材料 勿使水进入包装容器内。用洁净的铲子收集泄漏物，置于干净、干燥、盖子较松的容器中，将容器移离泄漏区

第七部分 操作处置与储存

操作注意事项 密闭操作，局部排风。操作人员必须经过专门培训，严格遵守操作规程。建议操作人员佩戴自吸过滤式防尘口罩，戴化学安全防护眼镜，穿防毒物渗透工作服，戴橡胶手套。远离火种、热源，工作场

所严禁吸烟。使用防爆型的通风系统和设备。避免产生粉尘。避免与氧化剂、酸类、碱类、醇类接触。搬运时要轻装轻卸，防止包装及容器损坏。配备相应品种和数量的消防器材及泄漏应急处理设备。倒空的容器可能残留有害物

储存注意事项　储存于阴凉、通风的库房。远离火种、热源。应与氧化剂、酸类、碱类、醇类等分开存放，切忌混储。配备相应品种和数量的消防器材。储区应备有合适的材料收容泄漏物

第八部分　接触控制/个体防护

职业接触限值
中国　未制定标准
美国（ACGIH）　未制定标准
生物接触限值　未制定标准
监测方法　空气中有毒物质测定方法：未制定标准。生物监测检验方法：未制定标准
工程控制　密闭操作，局部排风。提供安全淋浴和洗眼设备
个体防护装备
呼吸系统防护　空气中粉尘浓度超标时，必须佩戴过滤式防尘呼吸器。紧急事态抢救或撤离时，应该佩戴空气呼吸器
眼睛防护　戴化学安全防护眼镜
皮肤和身体防护　穿防毒物渗透工作服
手防护　戴橡胶手套

第九部分　理化特性

外观与性状　白色粉末

pH值　无意义	**熔点（℃）**　283~286	
沸点（℃）　387~400	**相对密度（水＝1）**　1.68	

相对蒸气密度（空气＝1）　无资料
饱和蒸气压（kPa）　4.00(305℃)
临界压力（MPa）　无资料　**辛醇/水分配系数**　无资料
闪点（℃）　无资料　**自燃温度（℃）**　无资料
爆炸下限（%）　无资料　**爆炸上限（%）**　无资料
分解温度（℃）　无资料　**黏度（mPa·s）**　无资料
燃烧热（kJ/mol）　无资料　**临界温度（℃）**　无资料
溶解性　微溶于水，不溶于乙醚、氯仿，溶于乙醇、丙酮、乙酸乙酯

第十部分　稳定性和反应性

稳定性　稳定
危险反应　与酸类、碱类、醇类、水、强氧化剂等禁配物发生反应。在潮湿空气中水解为均苯四甲酸
避免接触的条件　潮湿空气
禁配物　酸类、碱类、醇类、水、强氧化剂
危险的分解产物　无资料

第十一部分　毒理学信息

急性毒性　低毒类。LD$_{50}$：2250mg/kg（大鼠经口），2400mg/kg（小鼠经口）
皮肤刺激或腐蚀　无资料　**眼睛刺激或腐蚀**　无资料

呼吸或皮肤过敏　具致敏作用
生殖细胞突变性　无资料
致癌性　无资料　　　**生殖毒性**　无资料
特异性靶器官系统毒性-一次接触　无资料
特异性靶器官系统毒性-反复接触　无资料
吸入危害　无资料

第十二部分　生态学信息

生态毒性　无资料
持久性和降解性
生物降解性　无资料
非生物降解性　无资料
潜在的生物累积性　无资料
土壤中的迁移性　无资料

第十三部分　废弃处置

废弃化学品　建议用焚烧法处置
污染包装物　将容器返还生产商或按照国家和地方法规处置
废弃注意事项　处置前应参阅国家和地方有关法规

第十四部分　运输信息

联合国危险货物编号（UN号）　—
联合国运输名称　—　**联合国危险性类别**　—
包装类别　—　　　　**包装标志**　—
海洋污染物　否
运输注意事项　运输前应先检查包装容器是否完整、密封，运输过程中要确保容器不泄漏、不倒塌、不坠落、不损坏。严禁与酸类、氧化剂、食品及食品添加剂混运。运输途中应防暴晒、雨淋，防高温

第十五部分　法规信息

下列法律、法规、规章和标准，对该化学品的管理作了相应的规定。
中华人民共和国职业病防治法　职业病分类和目录：未列入
危险化学品安全管理条例　危险化学品目录：列入。易制爆危险化学品名录：未列入。重点监管的危险化学品名录：未列入。GB 18218—2009《危险化学品重大危险源辨识》（表1）：未列入
使用有毒物品作业场所劳动保护条例　高毒物品目录：未列入
易制毒化学品管理条例　易制毒化学品的分类和品种目录：未列入
国际公约　斯德哥尔摩公约：未列入。鹿特丹公约：未列入。蒙特利尔议定书：未列入

第十六部分　其他信息

编写和修订信息　**缩略语和首字母缩写**
培训建议　　　　**参考文献**
免责声明

咔唑

第一部分 化学品标识

化学品中文名 咔唑；9-氮（杂）芴；亚氨基二亚苯
化学品英文名 carbazole；dibenzopyrrole
分子式 $C_{12}H_9N$ 分子量 167.2066
结构式

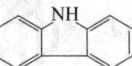

化学品的推荐及限制用途 用于染料、化学试剂、炸药、
杀虫剂、润滑剂、橡胶抗氧剂等的制造

第二部分 危险性概述

紧急情况概述 易燃固体
GHS危险性类别 易燃固体，类别2；危害水生环境-急
性危害，类别2；危害水生环境-长期危害，类别2
标签要素

象形图

警示词 危险
危险性说明 易燃固体，对水生生物有毒并具有长期持
续影响
防范说明
预防措施 远离热源、火花、明火、热表面。禁止
吸烟。保持容器密闭。容器和接收设备接地连
接。使用防爆型电器、通风、照明设备。只能
使用不产生火花的工具。采取防止静电措施。
戴防护手套、防护眼镜、防护面罩。禁止排入
环境
事故响应 火灾时，使用雾状水、泡沫、干粉、二
氧化碳、砂土灭火。如皮肤（或头发）接触：
立即脱掉所有被污染的衣服，用水冲洗皮肤，
淋浴。收集泄漏物
安全储存 存放在通风良好的地方。保持低温
废弃处置 本品及内装物、容器依据国家和地方法
规处置
物理和化学危险 易燃，其粉体与空气混合，能形成爆炸
性混合物
健康危害 对皮肤有强烈刺激性，使皮肤对光敏感。本品
本身并未列入具有致癌作用的化合物，但其某些衍生
物在动物实验中表现出致癌作用
环境危害 对水生生物有毒并具有长期持续影响

第三部分 成分/组成信息

√ 物质　　　　　　　混合物

组分	浓度	CAS No.
咔唑		86-74-8

第四部分 急救措施

吸入 迅速脱离现场至空气新鲜处。保持呼吸道通畅。如
呼吸困难，给输氧。呼吸、心跳停止，立即进行心肺

复苏术。就医
皮肤接触 立即脱去污染的衣着，用流动清水彻底冲洗。
就医
眼睛接触 立即分开眼睑，用流动清水或生理盐水彻底冲
洗。就医
食入 漱口，饮水。就医
对保护施救者的忠告 根据需要使用个人防护设备
对医生的特别提示 对症处理

第五部分 消防措施

灭火剂 用雾状水、泡沫、干粉、二氧化碳、砂土灭火
特别危险性 遇高热、明火或与氧化剂接触，有引起燃烧
的危险。燃烧时，放出有毒气体
灭火注意事项及防护措施 消防人员必须佩戴防毒面具、
穿全身消防服，在上风向灭火。尽可能将容器从火场
移至空旷处。喷水保持火场容器冷却，直至灭火结束

第六部分 泄漏应急处理

作业人员防护措施、防护装备和应急处置程序 隔离泄漏
污染区，限制出入。消除所有点火源。建议应急处理
人员戴防尘口罩，穿一般作业工作服。禁止接触或跨
越泄漏物
环境保护措施 用塑料布覆盖泄漏物，减少飞散
泄漏化学品的收容、清除方法及所使用的处置材料 小量
泄漏：用洁净的铲子收集泄漏物，置于干净、干燥、
盖子较松的容器中，将容器移离泄漏区。大量泄漏：
用水润湿，并筑堤收容。防止泄漏物进入水体、下水
道、地下室或有限空间

第七部分 操作处置与储存

操作注意事项 密闭操作，局部排风。操作人员必须经过
专门培训，严格遵守操作规程。建议操作人员佩戴防
尘面具（全面罩），穿胶布防毒衣，戴橡胶手套。远
离火种、热源，工作场所严禁吸烟。使用防爆型的通
风系统和设备。避免产生粉尘。避免与氧化剂接触。
搬运时要轻装轻卸，防止包装及容器损坏。配备相应
品种和数量的消防器材及泄漏应急处理设备。倒空的
容器可能残留有害物
储存注意事项 储存于阴凉、通风的库房。远离火种、热
源。库温不宜超过35℃。应与氧化剂、食用化学品
分开存放，切忌混储。采用防爆型照明、通风设施。
禁止使用易产生火花的机械设备和工具。储区应备有
合适的材料收容泄漏物

第八部分 接触控制/个体防护

职业接触限值
中国 未制定标准
美国（ACGIH） TLV-TWA：0.2mg/m³
生物接触限值 未制定标准
监测方法 空气中有毒物质测定方法：未制定标准。生物
监测检验方法：未制定标准

工程控制　密闭操作，局部排风
个体防护装备
　　呼吸系统防护　可能接触其粉尘时，必须佩戴防尘面具（全面罩）。紧急事态抢救或撤离时，应该佩戴空气呼吸器
　　眼睛防护　呼吸系统防护中已作防护
　　皮肤和身体防护　穿密闭型防毒服
　　手防护　戴橡胶手套

第九部分　理化特性

外观与性状　无色单斜片状结晶，有特殊气味
pH 值　无意义　　　　　**熔点(℃)**　244.8
沸点(℃)　354.8　　　　　**相对密度(水＝1)**　1.10
相对蒸气密度(空气＝1)　无资料
饱和蒸气压(kPa)　53.33(323℃)
临界压力(MPa)　无资料　**辛醇/水分配系数**　3.29
闪点(℃)　无资料　　　**自燃温度(℃)**　无资料
爆炸下限(%)　无资料　　**爆炸上限(%)**　无资料
分解温度(℃)　无资料　　**黏度(mPa·s)**　无资料
燃烧热(kJ/mol)　无资料　**临界温度(℃)**　无资料
溶解性　微溶于水，溶于乙醇、乙醚等多数有机溶剂

第十部分　稳定性和反应性

稳定性　稳定
危险反应　与强氧化剂等禁配物接触，有发生火灾和爆炸的危险
避免接触的条件　无资料
禁配物　强氧化剂
危险的分解产物　氮氧化物

第十一部分　毒理学信息

急性毒性　LD_{50}：500mg/kg（大鼠经口），200mg/kg（小鼠腹腔）
皮肤刺激或腐蚀　无资料　**眼睛刺激或腐蚀**　无资料
呼吸或皮肤过敏　无资料　**生殖细胞突变性**　无资料
致癌性　无资料　　　　　**生殖毒性**　无资料
特异性靶器官系统毒性-一次接触　无资料
特异性靶器官系统毒性-反复接触　无资料
吸入危害　无资料

第十二部分　生态学信息

生态毒性　LC_{50}：2.45mg/L（48h）（青鳉）
持久性和降解性
　　生物降解性　OECD 301C，不易快速生物降解
　　非生物降解性　无资料
潜在的生物累积性　无资料
土壤中的迁移性　无资料

第十三部分　废弃处置

废弃化学品　建议用焚烧法处置。焚烧炉排出的氮氧化物通过洗涤器除去
污染包装物　将容器返还生产商或按照国家和地方法规处置

废弃注意事项　处置前应参阅国家和地方有关法规

第十四部分　运输信息

联合国危险货物编号（UN 号）　1325
联合国运输名称　有机易燃固体，未另作规定的（咔唑）
联合国危险性类别　4.1

包装类别　Ⅲ　　　　　**包装标志**　

海洋污染物　是
运输注意事项　运输时运输车辆应配备相应品种和数量的消防器材及泄漏应急处理设备。装运本品的车辆排气管须有阻火装置。运输过程中要确保容器不泄漏、不倒塌、不坠落、不损坏。严禁与氧化剂、食用化学品等混装混运。运输途中应防暴晒、雨淋，防高温。中途停留时应远离火种、热源。车辆运输完毕应进行彻底清扫。铁路运输时要禁止溜放

第十五部分　法规信息

　　下列法律、法规、规章和标准，对该化学品的管理作了相应的规定。
中华人民共和国职业病防治法　职业病分类和目录：未列入
危险化学品安全管理条例　危险化学品目录：列入。易制爆危险化学品名录：未列入。重点监管的危险化学品名录：未列入。GB 18218—2009《危险化学品重大危险源辨识》（表1）：未列入
使用有毒物品作业场所劳动保护条例　高毒物品目录：未列入
易制毒化学品管理条例　易制毒化学品的分类和品种目录：未列入
国际公约　斯德哥尔摩公约：未列入。鹿特丹公约：未列入。蒙特利尔议定书：未列入

第十六部分　其他信息

编写和修订信息　　缩略语和首字母缩写
培训建议　　　　　参考文献
免责声明

糠胺

第一部分　化学品标识

化学品中文名　糠胺；2-呋喃甲胺；麸胺
化学品英文名　2-furfurylamine；2-furylmethylamine
分子式　C_5H_7NO　**分子量**　97.1152
结构式　
化学品的推荐及限制用途　用作腐蚀抑制剂、助焊剂

第二部分　危险性概述

紧急情况概述　易燃液体和蒸气，造成严重的皮肤灼伤和眼损伤

GHS 危险性类别 易燃液体，类别 3；皮肤腐蚀/刺激，类别 1；严重眼损伤/眼刺激，类别 1

标签要素

象形图

警示词 危险

危险性说明 易燃液体和蒸气，造成严重的皮肤灼伤和眼损伤

防范说明

预防措施 远离热源、火花、明火、热表面。禁止吸烟。保持容器密闭。容器和接收设备接地连接。使用防爆型电器、通风、照明设备。只能使用不产生火花的工具。采取防止静电措施。戴防护手套、防护眼镜、防护面罩，穿防护服。避免吸入烟雾。避免接触眼睛、皮肤，操作后彻底清洗

事故响应 火灾时，使用雾状水、泡沫、干粉、二氧化碳、砂土灭火。如吸入：将患者转移到空气新鲜处，休息，保持利于呼吸的体位，立即呼叫中毒控制中心或就医。皮肤（或头发）接触：立即脱掉所有被污染的衣服，用水冲洗皮肤，淋浴。污染的衣服须洗净后方可重新使用。眼睛接触：用水细心地冲洗数分钟，立即呼叫中毒控制中心或就医。如戴隐形眼镜并可方便地取出，则取出隐形眼镜，继续冲洗。食入：漱口，不要催吐

安全储存 存放在通风良好的地方。保持低温。上锁保管

废弃处置 本品及内装物、容器依据国家和地方法规处置

物理和化学危险 易燃，其蒸气与空气混合，能形成爆炸性混合物

健康危害 吸入、摄入或经皮肤吸收对身体有害。蒸气或雾对眼、黏膜和上呼吸道有刺激性。眼和皮肤接触引起灼伤

环境危害 对环境可能有害

第三部分 成分/组成信息

√ 物质   混合物

组分	浓度	CAS No.
糠胺		617-89-0

第四部分 急救措施

吸入 迅速脱离现场至空气新鲜处。保持呼吸道通畅。如呼吸困难，给输氧。呼吸、心跳停止，立即进行心肺复苏术。就医

皮肤接触 立即脱去污染的衣着，用大量流动清水彻底冲洗至少 15min。就医

眼睛接触 立即分开眼睑，用流动清水或生理盐水彻底冲洗 5～10min。就医

食入 用水漱口，禁止催吐。给饮牛奶或蛋清。就医

对保护施救者的忠告 根据需要使用个人防护设备

对医生的特别提示 对症处理

第五部分 消防措施

灭火剂 用雾状水、泡沫、干粉、二氧化碳、砂土灭火

特别危险性 其蒸气与空气可形成爆炸性混合物，遇明火、高热能引起燃烧爆炸。与氧化剂可发生反应。蒸气比空气重，沿地面扩散并易积存于低洼处，遇火源会着火回燃。若遇高热，容器内压增大，有开裂和爆炸的危险

灭火注意事项及防护措施 消防人员必须佩戴防毒面具、穿全身消防服，在上风向灭火。尽可能将容器从火场移至空旷处。喷水保持火场容器冷却，直至灭火结束。处在火场中的容器若已变色或从安全泄压装置中发出声音，必须马上撤离

第六部分 泄漏应急处理

作业人员防护措施、防护装备和应急处置程序 消除所有点火源。根据液体流动和蒸气扩散的影响区域划定警戒区，无关人员从侧风向、上风向撤离至安全区。建议应急处理人员戴正压自给式呼吸器，穿防静电、防腐、防毒服。作业时使用的所有设备应接地。禁止接触或跨越泄漏物。尽可能切断泄漏源

环境保护措施 防止泄漏物进入水体、下水道、地下室或有限空间

泄漏化学品的收容、清除方法及所使用的处置材料 小量泄漏：用砂土或其他不燃材料吸收。使用洁净的无火花工具收集吸收材料。大量泄漏：构筑围堤或挖坑收容。用泡沫覆盖，减少蒸发。喷水雾能减少蒸发，但不能降低泄漏物在有限空间内的易燃性。用防爆、耐腐蚀泵转移至槽车或专用收集器内

第七部分 操作处置与储存

操作注意事项 密闭操作，注意通风。操作人员必须经过专门培训，严格遵守操作规程。建议操作人员佩戴自吸过滤式防毒面具（半面罩），戴化学安全防护眼镜，穿防静电工作服，戴橡胶耐油手套。远离火种、热源，工作场所严禁吸烟。使用防爆型的通风系统和设备。防止蒸气泄漏到工作场所空气中。避免与氧化剂、酸类接触。搬运时要轻装轻卸，防止包装及容器损坏。配备相应品种和数量的消防器材及泄漏应急处理设备。倒空的容器可能残留有害物

储存注意事项 储存于阴凉、通风的库房。库温不宜超过 37℃，远离火种、热源。应与氧化剂、酸类等分开存放，切忌混储。采用防爆型照明、通风设施。禁止使用易产生火花的机械设备和工具。储区应备有泄漏应急处理设备和合适的收容材料

第八部分 接触控制/个体防护

职业接触限值

中国 未制定标准

美国（ACGIH） 未制定标准

生物接触限值 未制定标准

监测方法　空气中有毒物质测定方法：未制定标准。生物
　　　监测检验方法：未制定标准
工程控制　密闭操作，注意通风
个体防护装备
　　呼吸系统防护　空气中浓度超标时，必须佩戴过滤式
　　　防毒面具（半面罩）。紧急事态抢救或撤离时，
　　　应该佩戴空气呼吸器
　　眼睛防护　戴化学安全防护眼镜
　　皮肤和身体防护　穿防静电工作服
　　手防护　戴橡胶耐油手套

第九部分　理化特性

外观与性状　无色至淡黄色液体
pH值　无资料　　　　　　**熔点(℃)**　－70
沸点(℃)　146
相对密度(水＝1)　1.05(25℃)
相对蒸气密度(空气＝1)　3.35
饱和蒸气压(kPa)　无资料
临界压力(MPa)　无资料　**辛醇/水分配系数**　无资料
闪点(℃)　46　　　　　　**自燃温度(℃)**　490.5
爆炸下限(%)　无资料　　**爆炸上限(%)**　无资料
分解温度(℃)　无资料　　**黏度(mPa·s)**　无资料
燃烧热(kJ/mol)　无资料　**临界温度(℃)**　无资料
溶解性　溶于水，溶于乙醇、乙醚

第十部分　稳定性和反应性

稳定性　稳定
危险反应　与强氧化剂等禁配物接触，有发生火灾和爆炸
　　的危险。与酸类、酸酐、酰基氯、二氧化碳等发生
　　反应
避免接触的条件　无资料
禁配物　酸类、酸酐、酰基氯、二氧化碳、强氧化剂
危险的分解产物　氮氧化物

第十一部分　毒理学信息

急性毒性　LD$_{50}$：200mg/kg（小鼠腹腔）
皮肤刺激或腐蚀　无资料　**眼睛刺激或腐蚀**　无资料
呼吸或皮肤过敏　无资料　**生殖细胞突变性**　无资料
致癌性　无资料　　　　　**生殖毒性**　无资料
特异性靶器官系统毒性-一次接触　无资料
特异性靶器官系统毒性-反复接触　无资料
吸入危害　无资料

第十二部分　生态学信息

生态毒性　无资料
持久性和降解性
　　生物降解性　无资料
　　非生物降解性　无资料
潜在的生物累积性　无资料
土壤中的迁移性　无资料

第十三部分　废弃处置

废弃化学品　建议用焚烧法处置。焚烧炉排出的氮氧化物
通过洗涤器除去
污染包装物　将容器返还生产商或按照国家和地方法规
　　处置
废弃注意事项　处置前应参阅国家和地方有关法规

第十四部分　运输信息

联合国危险货物编号（UN号）　2526
联合国运输名称　糠胺
联合国危险性类别　3，8
包装类别　Ⅲ

包装标志　

海洋污染物　否
运输注意事项　运输时运输车辆应配备相应品种和数量的
　　消防器材及泄漏应急处理设备。夏季最好早晚运输。
　　运输时所用的槽（罐）车应有接地链，槽内可设孔隔
　　板以减少震荡产生的静电。严禁与氧化剂、酸类、食
　　用化学品等混装混运。运输途中应防暴晒、雨淋，防
　　高温。中途停留时应远离火种、热源、高温区。装运
　　该物品的车辆排气管必须配备阻火装置，禁止使用易
　　产生火花的机械设备和工具装卸。公路运输时要按规
　　定路线行驶，勿在居民区和人口稠密区停留。铁路运
　　输时要禁止溜放。严禁用木船、水泥船散装运输

第十五部分　法规信息

　下列法律、法规、规章和标准，对该化学品的管理作
了相应的规定。
中华人民共和国职业病防治法　职业病分类和目录：未
　　列入
危险化学品安全管理条例　危险化学品目录：列入。易制
　　爆危险化学品名录：未列入。重点监管的危险化学品
　　名录：未列入。GB 18218—2009《危险化学品重大
　　危险源辨识》（表1）：未列入
使用有毒物品作业场所劳动保护条例　高毒物品目录：未
　　列入
易制毒化学品管理条例　易制毒化学品的分类和品种目
　　录：未列入
国际公约　斯德哥尔摩公约：未列入。鹿特丹公约：未列
　　入。蒙特利尔议定书：未列入

第十六部分　其他信息

编写和修订信息　　**缩略语和首字母缩写**
培训建议　　　　　**参考文献**
免责声明

糠醇

第一部分　化学品标识

化学品中文名　糠醇；2-呋喃甲醇；呋喃甲醇
化学品英文名　furfuryl alcohol；2-furylmethanol
分子式　$C_5H_6O_2$　**分子量**　98.1

结构式

化学品的推荐及限制用途　用于溶剂、合成树脂和加工染料等

第二部分　危险性概述

紧急情况概述　吞咽有害，皮肤接触有害，吸入会中毒，造成严重眼刺激，可能引起呼吸道刺激，长时间或反复接触可能对器官造成损伤

GHS 危险性类别　急性毒性-经口，类别 4；急性毒性-经皮，类别 4；急性毒性-吸入，类别 3；严重眼损伤/眼刺激，类别 2；特异性靶器官毒性-一次接触，类别 3（呼吸道刺激）；特异性靶器官毒性-反复接触，类别 2

标签要素

象形图

警示词　危险

危险性说明　吞咽有害，皮肤接触有害，吸入会中毒，造成严重眼刺激，可能引起呼吸道刺激，长时间或反复接触可能对器官造成损伤

防范说明

预防措施　避免接触眼睛、皮肤，操作后彻底清洗。作业场所不得进食、饮水或吸烟。穿防护服，戴防护眼镜、防护手套、防护面罩。避免吸入蒸气、雾。仅在室外或通风良好处操作

事故响应　如吸入：将患者转移到空气新鲜处，休息，保持利于呼吸的体位。皮肤接触：用大量肥皂水和水清洗，如感觉不适，呼叫中毒控制中心或就医。被污染的衣服必须经洗净后方可重新使用。如接触眼睛：用水细心冲洗数分钟。如戴隐形眼镜并可方便地取出，取出隐形眼镜，继续冲洗。如果眼睛刺激持续：就医。食入：如果感觉不适，立即呼叫中毒控制中心或就医，漱口

安全储存　在通风良好处储存。保持容器密闭。上锁保管

废弃处置　本品及内装物、容器依据国家和地方法规处置

物理和化学危险　可燃，其蒸气与空气混合，能形成爆炸性混合物

健康危害　本品系刺激剂。高浓度持续吸入引起咳嗽、气短和胸部紧束感。极高浓度可引起死亡。蒸气对眼有刺激性，液体可引起眼部炎症和角膜混浊。皮肤接触其液体，引起皮肤干燥和刺激。口服出现头痛、恶心、口腔和胃刺激

环境危害　对环境可能有害

第三部分　成分/组成信息

√ 物质　　　　　　　混合物

组分	浓度	CAS No.
糠醇		98-00-0

第四部分　急救措施

吸入　迅速脱离现场至空气新鲜处。保持呼吸道通畅。如呼吸困难，给输氧。呼吸、心跳停止，立即进行心肺复苏术。就医

皮肤接触　立即脱去污染的衣着，用流动清水彻底冲洗。就医

眼睛接触　立即提起眼睑，用流动清水或生理盐水彻底冲洗 5~10min。就医

食入　漱口，饮水。就医

对保护施救者的忠告　根据需要使用个人防护设备

对医生的特别提示　对症处理

第五部分　消防措施

灭火剂　用雾状水、泡沫、干粉、二氧化碳、砂土灭火

特别危险性　遇明火、高热可燃。与氧化剂可发生反应。与强酸接触能发生强烈反应，引起燃烧或爆炸。蒸气比空气重，沿地面扩散并易积存于低洼处，遇火源会着火回燃。若遇高热，容器内压增大，有开裂和爆炸的危险

灭火注意事项及防护措施　消防人员必须佩戴防毒面具、穿全身消防服，在上风向灭火。尽可能将容器从火场移至空旷处。喷水保持火场容器冷却，直至灭火结束。处在火场中的容器若已变色或从安全泄压装置中发出声音，必须马上撤离

第六部分　泄漏应急处理

作业人员防护措施、防护装备和应急处置程序　根据液体流动和蒸气扩散的影响区域划定警戒区，无关人员从侧风、上风向撤离至安全区。消除所有点火源。建议应急处理人员戴正压自给式呼吸器，穿防毒服。穿上适当的防护服前严禁接触破裂的容器和泄漏物。尽可能切断泄漏源

环境保护措施　防止泄漏物进入水体、下水道、地下室或有限空间

泄漏化学品的收容、清除方法及所使用的处置材料　小量泄漏：用干燥的砂土或其他不燃材料吸收或覆盖，收集于容器中。大量泄漏：构筑围堤或挖坑收容。用泵转移至槽车或专用收集器内

第七部分　操作处置与储存

操作注意事项　密闭操作，提供充分的局部排风。操作人员必须经过专门培训，严格遵守操作规程。建议操作人员佩戴自吸过滤式防毒面具（半面罩），戴化学安全防护眼镜，穿防毒物渗透工作服，戴橡胶手套。远离火种、热源，工作场所严禁吸烟。使用防爆型的通风系统和设备。防止蒸气泄漏到工作场所空气中。避免与酸类接触。搬运时要轻装轻卸，防止包装及容器损坏。配备相应品种和数量的消防器材及泄漏应急处理设备。倒空的容器可能残留有害物

储存注意事项　储存于阴凉、通风的库房。远离火种、热源。包装要求密封，不可与空气接触。应与酸类、食用化学品分开存放，切忌混储。不宜大量储存或久

存。配备相应品种和数量的消防器材。储区应备有泄漏应急处理设备和合适的收容材料

第八部分 接触控制/个体防护

职业接触限值
中国 未制定标准
美国（ACGIH） 未制定标准
生物接触限值 未制定标准
监测方法 空气中有毒物质测定方法：未制定标准。生物监测检验方法：未制定标准
工程控制 严加密闭，提供充分的局部排风。提供安全淋浴和洗眼设备
个体防护装备
呼吸系统防护 空气中浓度超标时，必须佩戴过滤式防毒面具（半面罩）。紧急事态抢救或撤离时，应该佩戴空气呼吸器
眼睛防护 戴化学安全防护眼镜
皮肤和身体防护 穿防毒物渗透工作服
手防护 戴橡胶手套

第九部分 理化特性

外观与性状 无色易流动液体，具有特殊的苦辣气味
pH 值 无资料 　　**熔点(℃)** −14.63
沸点(℃) 170 　　**相对密度(水＝1)** 1.13
相对蒸气密度(空气＝1) 3.37
饱和蒸气压(kPa) 0.13（31.8℃）
临界压力(MPa) 无资料 　　**辛醇/水分配系数** 0.28
闪点(℃) 65 　　**自燃温度(℃)** 390
爆炸下限(%) 1.8 　　**爆炸上限(%)** 16.3
分解温度(℃) 无资料
黏度(mPa·s) 4.62（25℃）
燃烧热(kJ/mol) −2548 　　**临界温度(℃)** 无资料
溶解性 溶于水，可混溶于乙醇、乙醚、苯、氯仿

第十部分 稳定性和反应性

稳定性 稳定
危险反应 与氧化剂、酸类等禁配物接触，有发生火灾和爆炸的危险
避免接触的条件 无资料
禁配物 酰基氯、氧、酸类
危险的分解产物 无资料

第十一部分 毒理学信息

急性毒性 LD$_{50}$：177mg/kg（大鼠经口）；160mg/kg（小鼠经口）；400mg/kg（兔经皮）；LC$_{50}$：233ppm（大鼠吸入，4h）
皮肤刺激或腐蚀 无资料 　　**眼睛刺激或腐蚀** 无资料
呼吸或皮肤过敏 无资料 　　**生殖细胞突变性** 无资料
致癌性 无资料 　　**生殖毒性** 无资料
特异性靶器官系统毒性-一次接触 无资料
特异性靶器官系统毒性-反复接触 无资料
吸入危害 无资料

第十二部分 生态学信息

生态毒性 无资料
持久性和降解性
生物降解性 无资料
非生物降解性 无资料
潜在的生物累积性 无资料
土壤中的迁移性 无资料

第十三部分 废弃处置

废弃化学品 建议用焚烧法处置
污染包装物 将容器返还生产商或按照国家和地方法规处置
废弃注意事项 处置前应参阅国家和地方有关法规

第十四部分 运输信息

联合国危险货物编号（UN 号） 2874
联合国运输名称 糠醇
联合国危险性类别 6.1

包装类别 Ⅲ 　　**包装标志**

海洋污染物 否
运输注意事项 运输前应先检查包装容器是否完整、密封，运输过程中要确保容器不泄漏、不倒塌、不坠落、不损坏。严禁与酸类、氧化剂、食品及食品添加剂混运。运输时运输车辆应配备相应品种和数量的消防器材及泄漏应急处理设备。运输途中应防暴晒、雨淋，防高温。公路运输时要按规定路线行驶

第十五部分 法规信息

下列法律、法规、规章和标准，对该化学品的管理作了相应的规定。
中华人民共和国职业病防治法 职业病分类和目录：未列入
危险化学品安全管理条例 危险化学品目录：列入。易制爆危险化学品名录：未列入。重点监管的危险化学品名录：未列入。GB 18218—2009《危险化学品重大危险源辨识》（表1）：未列入
使用有毒物品作业场所劳动保护条例 高毒物品目录：未列入
易制毒化学品管理条例 易制毒化学品的分类和品种目录：未列入
国际公约 斯德哥尔摩公约：未列入。鹿特丹公约：未列入。蒙特利尔议定书：未列入

第十六部分 其他信息

编写和修订信息 　　缩略语和首字母缩写
培训建议 　　参考文献
免责声明

克百威

第一部分 化学品标识

化学品中文名 克百威；呋喃丹；虫螨威；卡巴呋喃；2，3-二氢-2,2-二甲基苯并呋喃-7-基 N-甲基氨基甲酸酯

化学品英文名 carbofuran；furadan；2，3-dihydro-2,2-dimethylbenzofuran-7-yl methylcarbamate

分子式 $C_{12}H_{15}NO_3$ **分子量** 221.2524

结构式

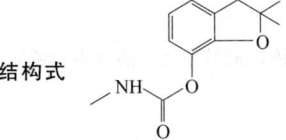

化学品的推荐及限制用途 作农药杀虫剂

第二部分 危险性概述

紧急情况概述 吞咽致命，吸入致命

GHS 危险性类别 急性毒性-经口，类别 2；急性毒性-吸入，类别 2；危害水生环境-急性危害，类别 1；危害水生环境-长期危害，类别 1

标签要素

象形图

警示词 危险

危险性说明 吞咽致命，吸入致命，对水生生物毒性非常大并具有长期持续影响

防范说明

预防措施 避免接触眼睛、皮肤，操作后彻底清洗。作业场所不得进食、饮水或吸烟。避免吸入粉尘。仅在室外或通风良好处操作。戴呼吸防护器具。禁止排入环境

事故响应 如吸入：将患者转移到空气新鲜处，休息，保持利于呼吸的体位。食入：立即呼叫中毒控制中心或就医，漱口。收集泄漏物

安全储存 在通风良好处储存。保持容器密闭。上锁保管

废弃处置 本品及内装物、容器依据国家和地方法规处置

物理和化学危险 可燃，其粉体与空气混合，能形成爆炸性混合物

健康危害 主要抑制体内胆碱酯酶活性，使乙酰胆碱在组织中蓄积而引起中毒。作用机制和有机磷农药中毒相似。中毒表现有流涎、流泪、瞳孔缩小及肌束震颤等。但与有机磷农药相比，抑制胆碱酯酶的作用持续的时间较短。停止接触后，胆碱酯酶恢复较快

环境危害 对水生生物毒性非常大并具有长期持续影响

第三部分 成分/组成信息

√ 物质　　　　　　混合物

组分	浓度	CAS No.
克百威		1563-66-2

第四部分 急救措施

吸入 迅速脱离现场至空气新鲜处。保持呼吸道通畅。如呼吸困难，给输氧。如呼吸、心跳停止，立即进行心肺复苏术。就医

皮肤接触 立即脱去污染的衣着，用流动清水彻底冲洗。就医

眼睛接触 立即分开眼睑，用流动清水或生理盐水彻底冲洗。就医

食入 饮适量温水，催吐（仅限于清醒者）。就医

对保护施救者的忠告 根据需要使用个人防护设备

对医生的特别提示 解毒剂：阿托品

第五部分 消防措施

灭火剂 用雾状水、泡沫、干粉、二氧化碳、砂土灭火

特别危险性 遇明火、高热可燃。受热分解放出有毒的氧化氮烟气

灭火注意事项及防护措施 消防人员必须佩戴空气呼吸器、穿全身防火防毒服，在上风向灭火。尽可能将容器从火场移至空旷处。喷水保持火场容器冷却，直至灭火结束

第六部分 泄漏应急处理

作业人员防护措施、防护装备和应急处置程序 隔离泄漏污染区，限制出入。消除所有点火源。建议应急处理人员戴防尘口罩，穿防毒服。穿上适当的防护服前严禁接触破裂的容器和泄漏物。尽可能切断泄漏源

环境保护措施 用塑料布覆盖泄漏物，减少飞散

泄漏化学品的收容、清除方法及所使用的处置材料 勿使水进入包装容器内。用洁净的铲子收集泄漏物，置于干净、干燥、盖子较松的容器中，将容器移离泄漏区

第七部分 操作处置与储存

操作注意事项 密闭操作，局部排风。操作人员必须经过专门培训，严格遵守操作规程。建议操作人员佩戴防尘面具（全面罩），穿胶布防毒衣，戴橡胶手套。远离火种、热源，工作场所严禁吸烟。使用防爆型的通风系统和设备。避免产生粉尘。避免与氧化剂、碱类接触。搬运时要轻装轻卸，防止包装及容器损坏。配备相应品种和数量的消防器材及泄漏应急处理设备。倒空的容器可能残留有害物

储存注意事项 储存于阴凉、通风良好的专用库房内，实行"双人收发、双人保管"制度。远离火种、热源。应与氧化剂、碱类、食用化学品分开存放，切忌混储。配备相应品种和数量的消防器材。储区应备有合适的材料收容泄漏物

第八部分 接触控制/个体防护

职业接触限值

中国 未制定标准

美国（ACGIH） TLV-TWA：0.1mg/m³（可吸入性颗粒物和蒸气）

生物接触限值　未制定标准

监测方法　空气中有毒物质测定方法：未制定标准。生物监测检验方法：未制定标准

工程控制　密闭操作，局部排风

个体防护装备

呼吸系统防护　可能接触其粉尘时，必须佩戴防尘面具（全面罩）。紧急事态抢救或撤离时，应该佩戴空气呼吸器

眼睛防护　呼吸系统防护中已作防护

皮肤和身体防护　穿密闭型防毒服

手防护　戴橡胶手套

第九部分　理化特性

外观与性状　纯品为白色无臭结晶，工业品稍有苯酚气味

pH 值　无意义　　　熔点（℃）　150～153

沸点（℃）　无资料　　相对密度（水＝1）　1.18

相对蒸气密度（空气＝1）　无资料

饱和蒸气压（kPa）　无资料

临界压力（MPa）　无资料　辛醇/水分配系数　2.32

闪点（℃）　无资料　　自燃温度（℃）　无资料

爆炸下限（%）　无资料　爆炸上限（%）　无资料

分解温度（℃）　150　　黏度（mPa·s）　无资料

燃烧热（kJ/mol）　无资料　临界温度（℃）　无资料

溶解性　微溶于水，溶于多数有机溶剂

第十部分　稳定性和反应性

稳定性　稳定

危险反应　与强氧化剂、碱类等禁配物发生反应

避免接触的条件　受热

禁配物　强氧化剂、碱类

危险的分解产物　氮氧化物

第十一部分　毒理学信息

急性毒性　LD_{50}：5mg/kg（大鼠经口）；120mg/kg（大鼠经皮）；2mg/kg（小鼠经口）；885mg/kg（兔经皮）

皮肤刺激或腐蚀　无资料　眼睛刺激或腐蚀　无资料

呼吸或皮肤过敏　无资料　生殖细胞突变性　无资料

致癌性　无资料　　　　生殖毒性　无资料

特异性靶器官系统毒性-一次接触　无资料

特异性靶器官系统毒性-反复接触　无资料

吸入危害　无资料

第十二部分　生态学信息

生态毒性　LC_{50}：0.088mg/L（96h）（蓝鳃太阳鱼）。LC_{50}：0.362mg/L（96h）（虹鳟）。EC_{50}：0.029mg/L（48h）（大型溞）。NOAEC：0.0248mg/L（虹鳟）。NOAEC：0.0098mg/L（大型溞）

持久性和降解性

生物降解性　无资料

非生物降解性　无资料

潜在的生物累积性　无资料

土壤中的迁移性　无资料

第十三部分　废弃处置

废弃化学品　建议用焚烧法处置。焚烧炉排出的氮氧化物通过洗涤器除去

污染包装物　将容器返还生产商或按照国家和地方法规处置

废弃注意事项　处置前应参阅国家和地方有关法规

第十四部分　运输信息

联合国危险货物编号（UN 号）　2811

联合国运输名称　有机毒性固体，未另作规定的（克百威）

联合国危险性类别　6

包装类别　Ⅱ　　　　　包装标志　

海洋污染物　是

运输注意事项　运输前应先检查包装容器是否完整、密封，运输过程中要确保容器不泄漏、不倒塌、不坠落、不损坏。严禁与酸类、氧化剂、食品及食品添加剂混运。运输途中应防暴晒、雨淋，防高温

第十五部分　法规信息

下列法律、法规、规章和标准，对该化学品的管理作了相应的规定。

中华人民共和国职业病防治法　职业病分类和目录：氨基甲酸酯类中毒

危险化学品安全管理条例　危险化学品目录：列入。作为剧毒化学品进行管理。易制爆危险化学品名录：未列入。重点监管的危险化学品名录：未列入。GB 18218—2009《危险化学品重大危险源辨识》（表1）：未列入

使用有毒物品作业场所劳动保护条例　高毒物品目录：未列入

易制毒化学品管理条例　易制毒化学品的分类和品种目录：未列入

国际公约　斯德哥尔摩公约：未列入。鹿特丹公约：列入。蒙特利尔议定书：未列入

第十六部分　其他信息

编写和修订信息　　缩略语和首字母缩写

培训建议　　　　　参考文献

免责声明

乐杀螨

第一部分　化学品标识

化学品中文名　乐杀螨；2-仲丁基-4,6-二硝基苯基-3-甲基丁烯酸酯

化学品英文名　binapacryl；2-*sec*-butyl-4,6-dinitrophenyl-3-methyl-2-butenoate

分子式　$C_{15}H_{18}N_2O_6$　分子量　322.3132

结构式　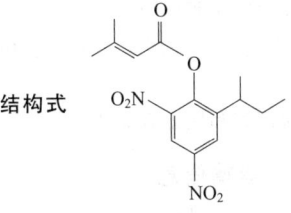

化学品的推荐及限制用途　用作农用杀虫剂、杀螨剂

第二部分　危险性概述

紧急情况概述　吞咽有害，皮肤接触有害

GHS危险性类别　急性毒性-经口，类别4；急性毒性-经皮，类别4；生殖毒性，类别1B；危害水生环境-急性危害，类别1；危害水生环境-长期危害，类别1

标签要素

象形图　![pictogram]

警示词　危险

危险性说明　吞咽有害，皮肤接触有害，可能对生育力或胎儿造成伤害，对水生生物毒性非常大并具有长期持续影响

防范说明

　　预防措施　避免接触眼睛、皮肤，操作后彻底清洗。作业场所不得进食、饮水或吸烟。戴防护手套、穿防护服。得到专门指导后操作。在阅读并了解所有安全预防措施之前，切勿操作。按要求使用个体防护装备。禁止排入环境

　　事故响应　皮肤接触：用大量肥皂水和水清洗，如感觉不适，呼叫中毒控制中心或就医。被污染的衣服必须经洗净后方可重新使用。食入：如果感觉不适，立即呼叫中毒控制中心或就医，漱口。如果接触或有担心，就医。收集泄漏物

　　安全储存　上锁保管

　　废弃处置　本品及内装物、容器依据国家和地方法规处置

物理和化学危险　可燃，其粉体与空气混合，能形成爆炸性混合物

健康危害　本品为中等毒杀虫剂。吸入、摄入或皮肤吸收均可中毒。对眼睛有轻微刺激性

环境危害　对水生生物毒性非常大并具有长期持续影响

第三部分　成分/组成信息

 物质　　　　　　　混合物

组分	浓度	CAS No.
乐杀螨		485-31-4

第四部分　急救措施

吸入　迅速脱离现场至空气新鲜处。保持呼吸道通畅。如呼吸困难，给输氧。呼吸、心跳停止，立即进行心肺复苏术。就医

皮肤接触　立即脱去污染的衣着，用流动清水彻底冲洗。就医

眼睛接触　立即分开眼睑，用流动清水或生理盐水彻底冲洗。就医

食入　饮适量温水，催吐（仅限于清醒者）。就医

对保护施救者的忠告　根据需要使用个人防护设备

对医生的特别提示　对症处理

第五部分　消防措施

灭火剂　用雾状水、泡沫、干粉、二氧化碳、砂土灭火

特别危险性　遇明火、高热可燃。其粉体与空气可形成爆炸性混合物，当达到一定浓度时，遇火星会发生爆炸。受高热分解放出有毒的气体

灭火注意事项及防护措施　消防人员必须佩戴防毒面具、穿全身消防服，在上风向灭火。尽可能将容器从火场移至空旷处。喷水保持火场容器冷却，直至灭火结束

第六部分　泄漏应急处理

作业人员防护措施、防护装备和应急处置程序　隔离泄漏污染区，限制出入。消除所有点火源。建议应急处理人员戴防尘口罩，穿防毒服。穿上适当的防护服前严禁接触破裂的容器和泄漏物。尽可能切断泄漏源

环境保护措施　用塑料布覆盖泄漏物，减少飞散

泄漏化学品的收容、清除方法及所使用的处置材料　勿使水进入包装容器内。用洁净的铲子收集泄漏物，置于干净、干燥、盖子较松的容器中，将容器移离泄漏区

第七部分　操作处置与储存

操作注意事项　密闭操作，局部排风。防止粉尘释放到车间空气中。操作人员必须经过专门培训，严格遵守操作规程。建议操作人员佩戴自吸过滤式防尘口罩，戴化学安全防护眼镜，穿防毒物渗透工作服，戴乳胶手套。远离火种、热源，工作场所严禁吸烟。使用防爆型的通风系统和设备。避免产生粉尘。避免与氧化剂、碱类、酸类接触。配备相应品种和数量的消防器材及泄漏应急处理设备。倒空的容器可能残留有害物

储存注意事项　储存于阴凉、通风的库房。远离火种、热源。避免光照。包装密封。应与氧化剂、碱类、酸类、食用化学品分开存放，切忌混储。配备相应品种和数量的消防器材。储区应备有合适的材料收容泄漏物

第八部分　接触控制/个体防护

职业接触限值

　　中国　未制定标准

　　美国（ACGIH）　未制定标准

生物接触限值　未制定标准

监测方法　空气中有毒物质测定方法：未制定标准。生物监测检验方法：未制定标准

工程控制　密闭操作，局部排风

个体防护装备

　　呼吸系统防护　空气中粉尘浓度超标时，建议佩戴过

滤式防尘呼吸器。紧急事态抢救或撤离时，应该佩戴空气呼吸器

眼睛防护 戴化学安全防护眼镜

皮肤和身体防护 穿防毒物渗透工作服

手防护 戴橡胶手套

第九部分 理化特性

外观与性状 褐色、有轻微芳香气味的固体

pH 值 无意义 **熔点(℃)** 66～67

沸点(℃) 无资料 相对密度(水＝1) 1.2307

相对蒸气密度(空气＝1) 无资料

饱和蒸气压(kPa) 0.133×10^{-4}(60℃)

临界压力(MPa) 无资料 辛醇/水分配系数 无资料

闪点(℃) 无意义 自燃温度(℃) 无资料

爆炸下限(%) 无资料 爆炸上限(%) 无资料

分解温度(℃) 无资料 黏度(mPa·s) 无资料

燃烧热(kJ/mol) 无资料 临界温度(℃) 无资料

溶解性 不溶于水，溶于多数有机溶剂

第十部分 稳定性和反应性

稳定性 稳定

危险反应 与强氧化剂、强碱、强酸等禁配物发生反应

避免接触的条件 光照

禁配物 强氧化剂、强碱、强酸

危险的分解产物 氮氧化物

第十一部分 毒理学信息

急性毒性 LD$_{50}$：58mg/kg（大鼠经口），720mg/kg（大鼠经皮），1600mg/kg（小鼠经口），750mg/kg（小鼠经皮），750mg/kg（兔经皮）

皮肤刺激或腐蚀 无资料 眼睛刺激或腐蚀 无资料

呼吸或皮肤过敏 无资料

生殖细胞突变性 微生物致突变：鼠伤寒沙门氏菌 5mg/皿

致癌性 无资料 生殖毒性 无资料

特异性靶器官系统毒性-一次接触 无资料

特异性靶器官系统毒性-反复接触 无资料

吸入危害 无资料

第十二部分 生态学信息

生态毒性 LC$_{50}$：0.015mg/L（96h）（斑点叉尾鲴）。LC$_{50}$：0.040mg/L（96h）（蓝鳃太阳鱼）。LC$_{50}$：0.050mg/L（96h）（虹鳟）

持久性和降解性

生物降解性 无资料

非生物降解性 无资料

潜在的生物累积性 根据 K_{ow} 值预测，该物质可能有较高的生物累积性

土壤中的迁移性 根据 K_{oc} 值预测，该物质的迁移性可能较弱

第十三部分 废弃处置

废弃化学品 建议用控制焚烧法或安全掩埋法处置。破损

容器禁止重新使用，要在规定场所掩埋

污染包装物 将容器返还生产商或按照国家和地方法规处置

废弃注意事项 处置前应参阅国家和地方有关法规

第十四部分 运输信息

联合国危险货物编号（UN 号） 2588

联合国运输名称 固态农药，毒性，未另作规定的（乐杀螨）

联合国危险性类别 6.1

包装类别 Ⅲ 包装标志

海洋污染物 是

运输注意事项 运输前应先检查包装容器是否完整、密封，运输过程中要确保容器不泄漏、不倒塌、不坠落、不损坏。严禁与酸类、氧化剂、食品及食品添加剂混运。运输时运输车辆应配备相应品种和数量的消防器材及泄漏应急处理设备。运输途中应防暴晒、雨淋，防高温。公路运输时要按规定路线行驶，勿在居民区和人口稠密区停留

第十五部分 法规信息

下列法律、法规、规章和标准，对该化学品的管理作了相应的规定。

中华人民共和国职业病防治法 职业病分类和目录：未列入

危险化学品安全管理条例 危险化学品目录：列入。易制爆危险化学品名录：未列入。重点监管的危险化学品名录：未列入。GB 18218—2009《危险化学品重大危险源辨识》（表1）：未列入

使用有毒物品作业场所劳动保护条例 高毒物品目录：未列入

易制毒化学品管理条例 易制毒化学品的分类和品种目录：未列入

国际公约 斯德哥尔摩公约：未列入。鹿特丹公约：列入。蒙特利尔议定书：未列入

第十六部分 其他信息

编写和修订信息 缩略语和首字母缩写

培训建议 参考文献

免责声明

联苯

第一部分 化学品标识

化学品中文名 联苯；苯基苯

化学品英文名 diphenyl；biphenyl

分子式 C$_{12}$H$_{10}$ 分子量 154.21

结构式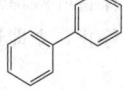

化学品的推荐及限制用途 用作热交换剂，并用于有机合成

第二部分 危险性概述

紧急情况概述 造成皮肤刺激，造成严重眼刺激，可能引起呼吸道刺激

GHS危险性类别 皮肤腐蚀/刺激，类别2；严重眼损伤/眼刺激，类别2；特异性靶器官毒性-一次接触，类别3（呼吸道刺激）；危害水生环境-急性危害，类别1；危害水生环境-长期危害，类别1

标签要素

象形图

警示词 警告

危险性说明 造成皮肤刺激，造成严重眼刺激，可能引起呼吸道刺激，对水生生物毒性非常大并具有长期持续影响

防范说明

　　预防措施 避免接触眼睛、皮肤，操作后彻底清洗。戴防护手套，戴防护眼镜、防护面罩。禁止排入环境

　　事故响应 皮肤接触：用大量肥皂水和水清洗。如发生皮肤刺激，就医。脱去被污染的衣服，衣服经洗净后方可重新使用。如接触眼睛：用水细心冲洗数分钟。如戴隐形眼镜并可方便地取出，取出隐形眼镜，继续冲洗。如果眼睛刺激持续：就医。收集泄漏物

　　安全储存 —

　　废弃处置 本品及内装物、容器依据国家和地方法规处置

物理和化学危险 可燃，其粉尘与空气混合，能形成爆炸性混合物

健康危害 急性中毒：主要表现为神经系统和消化系统症状，有头痛、头晕、嗜睡、恶心、呕吐等，可有肝功能损害。高浓度对呼吸道和眼有明显的刺激作用。慢性中毒：长期接触可引起头痛、乏力、腹痛恶心、消化不良及肝功能障碍，可出现多发性神经病症状

环境危害 对水生生物毒性非常大并具有长期持续影响

第三部分 成分/组成信息

√ 物质　　　　　　混合物

组分	浓度	CAS No.
联苯		92-52-4

第四部分 急救措施

吸入 迅速脱离现场至空气新鲜处。保持呼吸道通畅。如呼吸困难，给输氧。呼吸、心跳停止，立即进行心肺复苏术。就医

皮肤接触 立即脱去污染的衣着，用流动清水彻底冲洗。就医

眼睛接触 立即分开眼睑，用流动清水或生理盐水彻底冲洗。就医

食入 漱口，饮水。就医

对保护施救者的忠告 根据需要使用个人防护设备

对医生的特别提示 对症处理

第五部分 消防措施

灭火剂 用雾状水、泡沫、干粉、二氧化碳、砂土灭火

特别危险性 遇明火、高热或与氧化剂接触，有引起燃烧爆炸的危险

灭火注意事项及防护措施 消防人员必须佩戴空气呼吸器、穿全身防火防毒服，在上风向灭火。尽可能将容器从火场移至空旷处。喷水保持火场容器冷却，直至灭火结束

第六部分 泄漏应急处理

作业人员防护措施、防护装备和应急处置程序 隔离泄漏污染区，限制出入。消除所有点火源。建议应急处理人员戴防尘口罩，穿防毒服。穿上适当的防护服前严禁接触破裂的容器和泄漏物。尽可能切断泄漏源

环境保护措施 用塑料布覆盖泄漏物，减少飞散

泄漏化学品的收容、清除方法及所使用的处置材料 勿使水进入包装容器内。用洁净的铲子收集泄漏物，置于干净、干燥、盖子较松的容器中，将容器移离泄漏区

第七部分 操作处置与储存

操作注意事项 密闭操作，提供良好的自然通风条件。操作人员必须经过专门培训，严格遵守操作规程。建议操作人员佩戴自吸过滤式防尘口罩，戴化学安全防护眼镜，穿防毒物渗透工作服，戴防化学品手套。远离火种、热源，工作场所严禁吸烟。使用防爆型的通风系统和设备。避免产生粉尘。避免与氧化剂接触。搬运时要轻装轻卸，防止包装及容器损坏。配备相应品种和数量的消防器材及泄漏应急处理设备。倒空的容器可能残留有害物

储存注意事项 储存于阴凉、通风的库房。远离火种、热源。应与氧化剂分开存放，切忌混储。采用防爆型照明、通风设施。禁止使用易产生火花的机械设备和工具。储区应备有合适的材料收容泄漏物

第八部分 接触控制/个体防护

职业接触限值

　　中国 PC-TWA：$1.5mg/m^3$

　　美国（ACGIH） TLV-TWA：0.2ppm

生物接触限值 未制定标准

监测方法 空气中有毒物质测定方法：溶剂解吸-气相色谱法。生物监测检验方法：未制定标准

工程控制 提供良好的自然通风条件

个体防护装备

　　呼吸系统防护 空气中粉尘浓度超标时，建议佩戴过滤式防尘呼吸器

　　眼睛防护 戴化学安全防护眼镜

　　皮肤和身体防护 穿防毒物渗透工作服

　　手防护 戴防化学品手套

第九部分 理化特性

外观与性状 无色或淡黄色、片状晶体，略带甜嗅味

pH 值 无意义　　**熔点(℃)** 69～72

沸点(℃) 254.25　　**相对密度(水=1)** 0.992

相对蒸气密度(空气=1) 5.31

饱和蒸气压(kPa) 0.66（101.8℃）

临界压力(MPa) 无资料

辛醇/水分配系数 3.16～4.09

闪点(℃) 110　　**自燃温度(℃)** 540

爆炸下限(%) 0.6（111℃）

爆炸上限(%) 5.8（155℃）

分解温度(℃) 无资料

黏度(mPa·s) 1.02（100℃）

燃烧热(kJ/mol) −624.3　**临界温度(℃)** 515.7

溶解性 不溶于水，溶于乙醇、乙醚等

第十部分 稳定性和反应性

稳定性 稳定

危险反应 与强氧化剂、酸类、卤素等禁配物发生反应

避免接触的条件 无资料

禁配物 强氧化剂、酸类、卤素等

危险的分解产物 成分未知的黑色烟雾

第十一部分 毒理学信息

急性毒性 属低毒类。LD_{50}：3280mg/kg（大鼠经口）；1900mg/kg（小鼠经口）；2400mg/kg（兔经口）；2500mg/kg（兔经皮）

皮肤刺激或腐蚀 无资料　**眼睛刺激或腐蚀** 无资料

呼吸或皮肤过敏 无资料　**生殖细胞突变性** 无资料

致癌性 无资料　　**生殖毒性** 无资料

特异性靶器官系统毒性-一次接触 无资料

特异性靶器官系统毒性-反复接触 大鼠吸入本品粉尘40～300mg/m³，每天 7h，连续 64d，出现呼吸道刺激症状，呼吸困难和部分动物死亡

吸入危害 无资料

第十二部分 生态学信息

生态毒性 LC_{50}：1.5mg/L（96h）（虹鳟）；LC_{50}：0.36mg/L（48h）（大型溞）；ErC_{50}：0.78mg/L（72h）（羊角月牙藻）（OECD 201）；NOEC：0.17mg/L（21d）（大型溞）；NOEC：0.229mg/L（87d）（虹鳟）

持久性和降解性

生物降解性　14d 降解 66%，易快速生物降解（OECD 301C）

非生物降解性　无资料

潜在的生物累积性 根据 K_{ow} 值预测，该物质可能有较高的生物累积性

土壤中的迁移性 根据 K_{oc} 值预测，该物质的迁移性可能较弱

第十三部分 废弃处置

废弃化学品 用焚烧法处置

污染包装物 将容器返还生产商或按照国家和地方法规处置

废弃注意事项 处置前应参阅国家和地方有关法规

第十四部分 运输信息

联合国危险货物编号（UN 号） 3077

联合国运输名称 对环境有害的固态物质，未另作规定的（联苯）

联合国危险性类别 9

包装类别 Ⅲ　　　　**包装标志**

海洋污染物 是

运输注意事项 起运时包装要完整，装载应稳妥。运输过程中要确保容器不泄漏、不倒塌、不坠落、不损坏。严禁与氧化剂等混装混运。运输途中应防暴晒、雨淋、防高温。运输时运输车辆应配备相应品种和数量的消防器材及泄漏应急处理设备。装运本品的车辆排气管必须有阻火装置。中途停留时应远离火种、热源。铁路运输时要禁止溜放

第十五部分 法规信息

下列法律、法规、规章和标准，对该化学品的管理作了相应的规定。

中华人民共和国职业病防治法 职业病分类和目录：未列入

危险化学品安全管理条例 危险化学品目录：列入。易制爆危险化学品名录：未列入。重点监管的危险化学品名录：未列入。GB 18218—2009《危险化学品重大危险源辨识》（表1）：未列入

使用有毒物品作业场所劳动保护条例 高毒物品目录：未列入

易制毒化学品管理条例 易制毒化学品的分类和品种目录：未列入

国际公约 斯德哥尔摩公约：未列入。鹿特丹公约：未列入。蒙特利尔议定书：未列入

第十六部分 其他信息

编写和修订信息　　　缩略语和首字母缩写

培训建议　　　　　　参考文献

免责声明

联苯-联苯醚

第一部分 化学品标识

化学品中文名 联苯-联苯醚；导生 A；二苯醚-联苯共晶

化学品英文名 diphenyl and diphenyl ether；dowtherm A

分子式 $C_{24}H_{20}O$　**分子量** 324.42

结构式

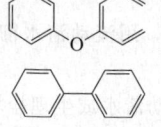

化学品的推荐及限制用途　用于低压高温的热载体

第二部分　危险性概述

紧急情况概述　造成皮肤刺激，造成严重眼刺激，可能引起呼吸道刺激

GHS危险性类别　急性毒性-经口，类别5；皮肤腐蚀/刺激，类别2；严重眼损伤/眼刺激，类别2；特异性靶器官毒性--一次接触，类别3（呼吸道刺激）；危害水生环境-急性危害，类别1；危害水生环境-长期危害，类别2

标签要素

象形图　

警示词　警告

危险性说明　吞咽可能有害，造成皮肤刺激，造成严重眼刺激，可能引起呼吸道刺激，对水生生物毒性非常大并具有长期持续影响

防范说明

预防措施　避免接触眼睛、皮肤，操作后彻底清洗。戴防护手套、防护眼镜、防护面罩。禁止排入环境

事故响应　如果感觉不适，呼叫中毒控制中心或就医。皮肤接触：用大量肥皂水和水清洗。如发生皮肤刺激，就医。脱去被污染的衣服，洗净后方可重新使用。如接触眼睛：用水细心冲洗数分钟。如戴隐形眼镜并可方便地取出，取出隐形眼镜，继续冲洗。如果眼睛刺激持续：就医。收集泄漏物

安全储存　—

废弃处置　本品及内装物、容器依据国家和地方法规处置

物理和化学危险　可燃，其蒸气与空气混合，能形成爆炸性混合物

健康危害　急性中毒常无潜伏期，一般在数分钟到半小时内发病。主要症状有眼和上呼吸道刺激、头痛、头晕、恶心、呕吐、嗜睡等，甚至有短暂的意识丧失。对皮肤有轻度刺激性，有致敏性

环境危害　对水生生物毒性非常大并具有长期持续影响

第三部分　成分/组成信息

√　物质　　　　　　　　混合物

组分	浓度	CAS No.
联苯-联苯醚		8004-13-5

第四部分　急救措施

吸入　迅速脱离现场至空气新鲜处。保持呼吸道通畅。如呼吸困难，给输氧。呼吸、心跳停止，立即进行心肺复苏术。就医

皮肤接触　立即脱去污染的衣着，用流动清水彻底冲洗。就医

眼睛接触　立即分开眼睑，用流动清水或生理盐水彻底冲洗。就医

食入　漱口，饮水。就医

对保护施救者的忠告　根据需要使用个人防护设备

对医生的特别提示　对症处理

第五部分　消防措施

灭火剂　用雾状水、泡沫、干粉、二氧化碳、砂土灭火

特别危险性　遇明火、高热可燃

灭火注意事项及防护措施　消防人员必须佩戴空气呼吸器、穿全身防火防毒服，在上风向灭火。尽可能将容器从火场移至空旷处。喷水保持火场容器冷却，直至灭火结束。处在火场中的容器若已变色或从安全泄压装置中产生声音，必须马上撤离

第六部分　泄漏应急处理

作业人员防护措施、防护装备和应急处置程序　根据液体流动和蒸气扩散的影响区域划定警戒区，无关人员从侧风、上风向撤离至安全区。消除所有点火源。建议应急处理人员戴防毒面具，穿一般作业工作服。尽可能切断泄漏源

环境保护措施　防止泄漏物进入水体、下水道、地下室或有限空间

泄漏化学品的收容、清除方法及所使用的处置材料　小量泄漏：用干燥的砂土或其他不燃材料吸收或覆盖，收集于容器中。大量泄漏：构筑围堤或挖坑收容。用泵转移至槽车或专用收集器内

第七部分　操作处置与储存

操作注意事项　密闭操作，全面通风。操作人员必须经过专门培训，严格遵守操作规程。建议操作人员佩戴自吸过滤式防毒面具（半面罩），穿防毒物渗透工作服，戴安全防护眼镜，戴橡胶耐油手套。远离火种、热源，工作场所严禁吸烟。使用防爆型的通风系统和设备。防止蒸气泄漏到工作场所空气中。避免与氧化剂接触。搬运时要轻装轻卸，防止包装及容器损坏。配备相应品种和数量的消防器材及泄漏应急处理设备。倒空的容器可能残留有害物

储存注意事项　储存于阴凉、通风的库房。远离火种、热源。应与氧化剂分开存放，切忌混储。配备相应品种和数量的消防器材。储区应备有泄漏应急处理设备和合适的收容材料

第八部分　接触控制/个体防护

职业接触限值

中国　未制定标准

美国（ACGIH）　未制定标准

生物接触限值　未制定标准

监测方法　空气中有毒物质测定方法：未制定标准。生物监测检验方法：未制定标准

工程控制　生产过程密闭，全面通风

个体防护装备

呼吸系统防护　空气中浓度超标时，建议佩戴过滤式防毒面具（半面罩）

眼睛防护　戴化学安全防护眼镜

皮肤和身体防护　穿防毒物渗透工作服

手防护　戴橡胶耐油手套

第九部分　理化特性

外观与性状　无色液体，有特殊的刺激性气味

pH 值　无资料　　　　熔点(℃)　12.3

沸点(℃)　258　　　相对密度(水=1)　无资料

相对蒸气密度(空气=1)　无资料

饱和蒸气压(kPa)　无资料

临界压力(MPa)　无资料　辛醇/水分配系数　无资料

闪点(℃)　123.9　　自燃温度(℃)　无资料

爆炸下限(%)　0.6(121℃)　爆炸上限(%)　6.2(160℃)

分解温度(℃)　无资料　黏度(mPa·s)　无资料

燃烧热(kJ/mol)　无资料　临界温度(℃)　无资料

溶解性　不溶于水，易溶于乙醚、乙醇等

第十部分　稳定性和反应性

稳定性　稳定

危险反应　与氧化剂等禁配物发生反应

避免接触的条件　无资料

禁配物　强氧化剂

危险的分解产物　成分未知的黑色烟雾

第十一部分　毒理学信息

急性毒性　无资料

皮肤刺激或腐蚀　家兔经皮 500mg（24h），轻度刺激

眼睛刺激或腐蚀　家兔经眼 500mg（24h），轻度刺激

呼吸或皮肤过敏　无资料　生殖细胞突变性　无资料

致癌性　无资料　　　生殖毒性　无资料

特异性靶器官系统毒性-一次接触　无资料

特异性靶器官系统毒性-反复接触　无资料

吸入危害　无资料

第十二部分　生态学信息

生态毒性　无资料

持久性和降解性

　生物降解性　无资料

　非生物降解性　无资料

潜在的生物累积性　根据 K_{ow} 值预测，该物质可能有较高的生物累积性

土壤中的迁移性　根据 K_{oc} 值预测，该物质的迁移性可能较弱

第十三部分　废弃处置

废弃化学品　建议用焚烧法处置

污染包装物　将容器返还生产商或按照国家和地方法规处置

废弃注意事项　处置前应参阅国家和地方有关法规

第十四部分　运输信息

联合国危险货物编号（UN 号）　3082

联合国运输名称　对环境有害的液态物质，未另作规定的

（联苯-联苯醚）

联合国危险性类别　9

包装类别　Ⅲ　　　　包装标志　

海洋污染物　是

运输注意事项　运输前应先检查包装容器是否完整、密封，运输过程中要确保容器不泄漏、不倒塌、不坠落、不损坏。严禁与氧化剂、食用化学品等混装混运。运输车船必须彻底清洗、消毒，否则不得装运其他物品。船运时，配装位置应远离卧室、厨房，并与机舱、电源、火源等部位隔离。公路运输时要按规定路线行驶，勿在居民区和人口稠密区停留

第十五部分　法规信息

下列法律、法规、规章和标准，对该化学品的管理作了相应的规定。

中华人民共和国职业病防治法　职业病分类和目录：未列入

危险化学品安全管理条例　危险化学品目录：未列入。易制爆危险化学品名录：未列入。重点监管的危险化学品名录：未列入。GB 18218—2009《危险化学品重大危险源辨识》（表 1）：未列入

使用有毒物品作业场所劳动保护条例　高毒物品目录：未列入

易制毒化学品管理条例　易制毒化学品的分类和品种目录：未列入

国际公约　斯德哥尔摩公约：未列入。鹿特丹公约：未列入。蒙特利尔议定书：未列入

第十六部分　其他信息

编写和修订信息　　　缩略语和首字母缩写

培训建议　　　　　　参考文献

免责声明

邻氨基对甲苯甲醚

第一部分　化学品标识

化学品中文名　邻氨基对甲苯甲醚；3-甲基-6-甲氧基苯胺

化学品英文名　3-methyl-6-methoxyaniline；5-methyl-*o*-anisidine

分子式　$C_8H_{11}NO$　分子量　137.179

结构式　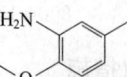

化学品的推荐及限制用途　用作染料中间体

第二部分　危险性概述

紧急情况概述　吞咽有害

GHS 危险性类别　急性毒性-经口，类别 4；致癌性，类别 2

标签要素

象形图

警示词　警告

危险性说明　吞咽有害，怀疑致癌

防范说明

预防措施　避免接触眼睛、皮肤，操作后彻底清洗。作业场所不得进食、饮水或吸烟。得到专门指导后操作。在阅读并了解所有安全预防措施之前，切勿操作。按要求使用个体防护装备

事故响应　食入：如果感觉不适，立即呼叫中毒控制中心或就医，漱口。如果接触或有担心，就医

安全储存　上锁保管

废弃处置　本品及内装物、容器依据国家和地方法规处置

物理和化学危险　可燃，其粉体与空气混合，能形成爆炸性混合物

健康危害　有毒。对眼睛、皮肤、黏膜和上呼吸道有刺激作用。吸收进体内，可形成高铁血红蛋白而致紫绀

环境危害　对环境可能有害

第三部分　成分/组成信息

√　物质　　　　　　混合物

组分	浓度	CAS No.
邻氨基对甲苯甲醚		120-71-8

第四部分　急救措施

吸入　迅速脱离现场至空气新鲜处。保持呼吸道通畅。如呼吸困难，给吸氧。如呼吸、心跳停止，立即行心肺复苏术。就医

皮肤接触　立即脱去污染衣着，用肥皂水或清水彻底冲洗。就医

眼睛接触　分开眼睑，用清水或生理盐水冲洗。就医

食入　漱口，饮水。就医

对保护施救者的忠告　根据需要使用个人防护设备

对医生的特别提示　高铁血红蛋白血症，可用亚甲蓝和维生素C治疗

第五部分　消防措施

灭火剂　用雾状水、泡沫、干粉、二氧化碳、砂土灭火

特别危险性　遇明火、高热可燃。其粉体与空气可形成爆炸性混合物，当达到一定浓度时，遇火星会发生爆炸。受高热分解放出有毒的气体

灭火注意事项及防护措施　消防人员必须佩戴防毒面具、穿全身消防服，在上风向灭火。尽可能将容器从火场移至空旷处。喷水保持火场容器冷却，直至灭火结束

第六部分　泄漏应急处理

作业人员防护措施、防护装备和应急处置程序　隔离泄漏污染区，限制出入。消除所有点火源。建议应急处理人员戴防尘口罩，穿防毒服。穿上适当的防护服前严禁接触破裂的容器和泄漏物。尽可能切断泄漏源

环境保护措施　用塑料布覆盖泄漏物，减少飞散

泄漏化学品的收容、清除方法及所使用的处置材料　勿使水进入包装容器内。用洁净的铲子收集泄漏物，置于干净、干燥、盖子较松的容器中，将容器移离泄漏区

第七部分　操作处置与储存

操作注意事项　密闭操作，提供充分的局部排风。防止粉尘释放到车间空气中。操作人员必须经过专门培训，严格遵守操作规程。建议操作人员佩戴防尘面具（全面罩），穿防毒物渗透工作服，戴橡胶手套。远离火种、热源，工作场所严禁吸烟。使用防爆型的通风系统和设备。避免产生粉尘。避免与氧化剂接触。配备相应品种和数量的消防器材及泄漏应急处理设备。倒空的容器可能残留有害物

储存注意事项　储存于阴凉、通风的库房。远离火种、热源。防止阳光直射。包装密封。应与氧化剂分开存放，切忌混储。配备相应品种和数量的消防器材。储区应备有合适的材料收容泄漏物

第八部分　接触控制/个体防护

职业接触限值

中国　未制定标准

美国（ACGIH）　未制定标准

生物接触限值　未制定标准

监测方法　空气中有毒物质测定方法：未制定标准。生物监测检验方法：未制定标准

工程控制　严加密闭，提供充分的局部排风

个体防护装备

呼吸系统防护　可能接触其粉尘时，必须佩戴防尘面具（全面罩）。紧急事态抢救或撤离时，应该佩戴空气呼吸器

眼睛防护　呼吸系统防护中已作防护

皮肤和身体防护　穿防毒物渗透工作服

手防护　戴橡胶手套

第九部分　理化特性

外观与性状　白色针状或片状结晶

pH值　无意义		熔点(℃)　52～54	
沸点(℃)　235		相对密度(水=1)　无资料	
相对蒸气密度(空气=1)　4.7			
饱和蒸气压(kPa)　无资料			
临界压力(MPa)　无资料		辛醇/水分配系数　无资料	
闪点(℃)　>110		自燃温度(℃)　无资料	
爆炸下限(%)　无资料		爆炸上限(%)　无资料	
分解温度(℃)　无资料		黏度(mPa·s)　无资料	
燃烧热(kJ/mol)　无资料		临界温度(℃)　无资料	

溶解性　微溶于热水，溶于乙醚、乙醇、苯、稀酸

第十部分　稳定性和反应性

稳定性　稳定

危险反应　与强氧化剂等禁配物发生反应

避免接触的条件　无资料

禁配物　强氧化剂

危险的分解产物　氮氧化物

第十一部分　毒理学信息

急性毒性　LD_{50}：1450mg/kg（大鼠经口）

皮肤刺激或腐蚀　家兔经皮：500mg（24h），轻度刺激

眼睛刺激或腐蚀　家兔经眼：100mg（24h），中度刺激

呼吸或皮肤过敏　无资料

生殖细胞突变性　微生物致突变：鼠伤寒沙门氏菌62500mg。微生物致突变：大肠杆菌2mg/皿。肿瘤性转化：大鼠胚胎31μg/皿。DNA损伤：小鼠经口595mg/kg

致癌性　IARC致癌性评论：组2B，对人类是可能的致癌物

生殖毒性　无资料

特异性靶器官系统毒性-一次接触　无资料

特异性靶器官系统毒性-反复接触　无资料

吸入危害　无资料

第十二部分　生态学信息

生态毒性　无资料

持久性和降解性

　　生物降解性　无资料

　　非生物降解性　无资料

潜在的生物累积性　无资料

土壤中的迁移性　无资料

第十三部分　废弃处置

废弃化学品　建议用焚烧法处置。在能利用的地方重复使用容器或在规定场所掩埋

污染包装物　将容器返还生产商或按照国家和地方法规处置

废弃注意事项　处置前应参阅国家和地方有关法规

第十四部分　运输信息

联合国危险货物编号（UN号）　—

联合国运输名称　—　　联合国危险性类别　—

包装类别　—　　　　　包装标志　—

海洋污染物　否

运输注意事项　运输前应先检查包装容器是否完整、密封，运输过程中要确保容器不泄漏、不倒塌、不坠落、不损坏。严禁与酸类、氧化剂、食品及食品添加剂混运。运输时运输车辆应配备相应品种和数量的消防器材及泄漏应急处理设备。运输途中应防暴晒、雨淋，防高温。公路运输时要按规定路线行驶，勿在居民区和人口稠密区停留

第十五部分　法规信息

　　下列法律、法规、规章和标准，对该化学品的管理作了相应的规定。

中华人民共和国职业病防治法　职业病分类和目录：苯的氨基及硝基化合物中毒

危险化学品安全管理条例　危险化学品目录：列入。易制爆危险化学品名录：未列入。重点监管的危险化学品名录：未列入。GB 18218—2009《危险化学品重大危险源辨识》（表1）：未列入

使用有毒物品作业场所劳动保护条例　高毒物品目录：未列入

易制毒化学品管理条例　易制毒化学品的分类和品种目录：未列入

国际公约　斯德哥尔摩公约：未列入。鹿特丹公约：未列入。蒙特利尔议定书：未列入

第十六部分　其他信息

编写和修订信息　　缩略语和首字母缩写

培训建议　　　　　参考文献

免责声明

邻苯二甲酸二辛酯

第一部分　化学品标识

化学品中文名　邻苯二甲酸二辛酯；邻苯二甲酸二正辛酯

化学品英文名　dioctyl phthalate；di-*n*-octyl phthalate

分子式　$C_{24}H_{38}O_4$　　分子量　390.56

结构式

化学品的推荐及限制用途　用作增塑剂、溶剂、气相色谱固定液

第二部分　危险性概述

紧急情况概述　造成眼刺激

GHS危险性类别　皮肤腐蚀/刺激，类别3；严重眼损伤/眼刺激，类别2B；危害水生环境-长期危害，类别4

标签要素

　　象形图　—　　　警示词　警告

　　危险性说明　造成轻微皮肤刺激，造成眼刺激，可能对水生生物造成长期持续有害影响

　　防范说明

　　　　预防措施　避免接触眼睛皮肤，操作后彻底清洗。禁止排入环境

　　　　事故响应　如发生皮肤刺激：就医。如接触眼睛：用水细心冲洗数分钟。如戴隐形眼镜并可方便地取出，取出隐形眼镜，继续冲洗。如果眼睛刺激持续：就医

　　　　安全储存　—

　　　　废弃处置　本品及内装物、容器依据国家和地方法规处置

物理和化学危险　可燃，其蒸气与空气混合，能形成爆炸性混合物

健康危害　摄入有毒。对眼睛和皮肤有刺激作用。受热分解释放出腐蚀性、刺激性的烟雾

环境危害　可能对水生生物造成长期持续有害影响

第三部分　成分/组成信息

√ 物质　　　　　　　　混合物

组分	浓度	CAS No.
邻苯二甲酸二辛酯		117-81-7

第四部分　急救措施

吸入　迅速脱离现场至空气新鲜处。保持呼吸道通畅。如呼吸困难，给输氧。呼吸、心跳停止，立即进行心肺复苏术。就医

皮肤接触　脱去污染的衣着，用大量流动清水冲洗。如有不适感，就医

眼睛接触　提起眼睑，用流动清水或生理盐水冲洗。如有不适感，就医

食入　饮足量温水，催吐。就医

对保护施救者的忠告　根据需要使用个人防护设备

对医生的特别提示　对症处理

第五部分　消防措施

灭火剂　用雾状水、泡沫、干粉、二氧化碳、砂土灭火

特别危险性　遇明火、高热可燃。与氧化剂可发生反应。流速过快，容易产生和积聚静电。若遇高热，容器内压增大，有开裂和爆炸的危险

灭火注意事项及防护措施　消防人员必须佩戴防毒面具、穿全身消防服，在上风向灭火。尽可能将容器从火场移至空旷处。喷水保持火场容器冷却，直至灭火结束。处在火场中的容器若已变色或从安全泄压装置中发出声音，必须马上撤离

第六部分　泄漏应急处理

作业人员防护措施、防护装备和应急处置程序　根据液体流动和蒸气扩散的影响区域划定警戒区，无关人员从侧风、上风向撤离至安全区。消除所有点火源。建议应急处理人员戴防毒面具，穿防毒服。穿上适当的防护服前严禁接触破裂的容器和泄漏物。尽可能切断泄漏源

环境保护措施　防止泄漏物进入水体、下水道、地下室或密闭性空间

泄漏化学品的收容、清除方法及所使用的处置材料　小量泄漏：用干燥的砂土或其他不燃材料吸收或覆盖，收集于容器中。大量泄漏：构筑围堤或挖坑收容。用粉煤灰或石灰粉吸收大量液体。用泵转移至槽车或专用收集器内

第七部分　操作处置与储存

操作注意事项　密闭操作，局部排风。防止蒸气泄漏到工作场所空气中。操作人员必须经过专门培训，严格遵守操作规程。建议操作人员佩戴自吸过滤式防毒面具（半面罩），戴化学安全防护眼镜，穿防毒物渗透工作服，戴橡胶手套。远离火种、热源，工作场所严禁吸烟。使用防爆型的通风系统和设备。在清除液体和蒸气前不能进行焊接、切割等作业。避免产生烟雾。避免与氧化剂接触。配备相应品种和数量的消防器材及泄漏应急处理设备。倒空的容器可能残留有害物

储存注意事项　储存于阴凉、通风的库房。远离火种、热源。防止阳光直射。保持容器密封。应与氧化剂分开存放，切忌混储。配备相应品种和数量的消防器材。储区应备有泄漏应急处理设备和合适的收容材料

第八部分　接触控制/个体防护

职业接触限值

中国　未制定标准

美国（ACGIH）　TLV-TWA：5mg/m³

生物接触限值　未制定标准

监测方法　空气中有毒物质测定方法：溶剂解吸-高效液相色谱法。生物监测检验方法：未制定标准

工程控制　密闭操作，局部排风

个体防护装备

呼吸系统防护　空气中浓度超标时，必须佩戴过滤式防毒面具（半面罩）。紧急事态抢救或撤离时，应该佩戴空气呼吸器

眼睛防护　戴化学安全防护眼镜

皮肤和身体防护　穿防毒物渗透工作服

手防护　戴橡胶手套

第九部分　理化特性

外观与性状　淡黄色油状液体，稍有气味

pH 值　无资料	**熔点（℃）**　−46

沸点（℃）　385

相对密度（水=1）　0.99（20℃）

相对蒸气密度（空气=1）　13.45

饱和蒸气压（kPa）　<0.027（150℃）

临界压力（MPa）　无资料	**辛醇/水分配系数**　5.11
闪点（℃）　218（OC）	**自燃温度（℃）**　390
爆炸下限（%）　0.3	**爆炸上限（%）**　4.0
分解温度（℃）　无资料	**黏度（mPa·s）**　无资料
燃烧热（kJ/mol）　无资料	**临界温度（℃）**　无资料

溶解性　不溶于水，可混溶于多数有机溶剂

第十部分　稳定性和反应性

稳定性　稳定

危险反应　与强氧化剂等禁配物发生反应

避免接触的条件　无资料

禁配物　强氧化剂

危险的分解产物　无资料

第十一部分　毒理学信息

急性毒性　LD$_{50}$：30000mg/kg（大鼠经口）；6500mg/kg（小鼠经口）

皮肤刺激或腐蚀　轻度刺激：500mg/24h（家兔经皮）

眼睛刺激或腐蚀　轻度刺激：500mg/24h（家兔经眼）

呼吸或皮肤过敏　无资料　**生殖细胞突变性**　无资料

致癌性　无资料

生殖毒性　大鼠腹腔内最低中毒剂量（TDLo）：5g/kg（孕5~15d），有胚胎毒性，引起眼、耳等发育异常。小鼠经口最低中毒剂量（TDLo）：78g/kg（孕7~

14d），对新生鼠存活指数及生长统计指数有影响

特异性靶器官系统毒性--一次接触　无资料

特异性靶器官系统毒性-反复接触　无资料

吸入危害　无资料

第十二部分　生态学信息

生态毒性　LC_{50}：26.53～469mg/L（96h，鱼）；EC_{50}：18.26～1551mg/L（48h，水蚤）

持久性和降解性

　　生物降解性　可快速生物降解

　　非生物降解性　无资料

潜在的生物累积性　BCF 113，无生物蓄积性

土壤中的迁移性　无资料

第十三部分　废弃处置

废弃化学品　建议用焚烧法处置。在能利用的地方重复使用容器或在规定场所掩埋

污染包装物　将容器返还生产商或按照国家和地方法规处置

废弃注意事项　处置前应参阅国家和地方有关法规

第十四部分　运输信息

联合国危险货物编号（UN号）　—

联合国运输名称　—　　**联合国危险性类别**　—

包装类别　—　　　　　**包装标志**　—

海洋污染物　否

运输注意事项　运输前应先检查包装容器是否完整、密封，运输过程中要确保容器不泄漏、不倒塌、不坠落、不损坏。严禁与氧化剂、食用化学品等混装混运。运输车船必须彻底清洗、消毒，否则不得装运其他物品。船运时，配装位置应远离卧室、厨房，并与机舱、电源、火源等部位隔离。公路运输时要按规定路线行驶

第十五部分　法规信息

　　下列法律、法规、规章和标准，对该化学品的管理作了相应的规定。

中华人民共和国职业病防治法　职业病分类和目录：未列入

危险化学品安全管理条例　危险化学品目录：未列入。易制爆危险化学品名录：未列入。重点监管的危险化学品名录：未列入。GB 18218—2009《危险化学品重大危险源辨识》（表1）：未列入

使用有毒物品作业场所劳动保护条例　高毒物品目录：未列入

易制毒化学品管理条例　易制毒化学品的分类和品种目录：未列入

国际公约　斯德哥尔摩公约：未列入。鹿特丹公约：未列入。蒙特利尔议定书：未列入

第十六部分　其他信息

编写和修订信息　　**缩略语和首字母缩写**

培训建议　　　　　**参考文献**

免责声明

邻苯二甲酸二异丁酯

第一部分　化学品标识

化学品中文名　邻苯二甲酸二异丁酯

化学品英文名　diisobutyl phthalate；1,2-benzenedicarboxylic acid, bis（2-methylpropyl）ester

分子式　$C_{16}H_{22}O_4$　　**分子量**　278.3435

结构式　

化学品的推荐及限制用途　用作纤维素树脂、乙烯基树脂、丁腈橡胶和氯化橡胶等的增塑剂

第二部分　危险性概述

紧急情况概述　—

GHS危险性类别　生殖毒性，类别1B；危害水生环境-急性危害，类别1

标签要素

象形图　

警示词　危险

危险性说明　可能对生育力或胎儿造成伤害，对水生生物毒性非常大

防范说明

　　预防措施　得到专门指导后操作。在阅读并了解所有安全预防措施之前，切勿操作。按要求使用个体防护装备。禁止排入环境

　　事故响应　如果接触或有担心，就医。收集泄漏物

　　安全储存　上锁保管

　　废弃处置　本品及内装物、容器依据国家和地方法规处置

物理和化学危险　可燃，其蒸气与空气混合，能形成爆炸性混合物

健康危害　误服可引起头昏、恶心、呕吐；眼睛接触引起流泪、畏光及结膜炎。热解能放出有腐蚀性的烟和雾

环境危害　对水生生物毒性非常大

第三部分　成分/组成信息

√物质　　　　　　　　　混合物

组分	浓度	CAS No.
邻苯二甲酸二异丁酯		84-69-5

第四部分　急救措施

吸入　迅速脱离现场至空气新鲜处。保持呼吸道通畅。如呼吸困难，给输氧。呼吸、心跳停止，立即进行心肺复苏术。就医

皮肤接触　立即脱去污染的衣着，用流动清水彻底冲洗。就医

眼睛接触　立即分开眼睑，用流动清水或生理盐水彻底冲

洗。就医

食入 漱口，饮水。就医

对保护施救者的忠告 根据需要使用个人防护设备

对医生的特别提示 对症处理

第五部分 消防措施

灭火剂 用雾状水、泡沫、干粉、二氧化碳、砂土灭火

特别危险性 遇明火、高热可燃

灭火注意事项及防护措施 消防人员必须佩戴防毒面具、穿全身消防服，在上风向灭火。尽可能将容器从火场移至空旷处。喷水保持火场容器冷却，直至灭火结束。处在火场中的容器若已变色或从安全泄压装置中发出声音，必须马上撤离

第六部分 泄漏应急处理

作业人员防护措施、防护装备和应急处置程序 根据液体流动和蒸气扩散的影响区域划定警戒区，无关人员从侧风、上风向撤离至安全区。消除所有点火源。建议应急处理人员戴防毒面具，穿防毒服。穿上适当的防护服前严禁接触破裂的容器和泄漏物。尽可能切断泄漏源

环境保护措施 防止泄漏物进入水体、下水道、地下室或有限空间

泄漏化学品的收容、清除方法及所使用的处置材料 小量泄漏：用干燥的砂土或其他不燃材料吸收或覆盖，收集于容器中。大量泄漏：构筑围堤或挖坑收容。用泵转移至槽车或专用收集器内

第七部分 操作处置与储存

操作注意事项 密闭操作，全面通风。操作人员必须经过专门培训，严格遵守操作规程。建议操作人员佩戴自吸过滤式防毒面具（半面罩），戴化学安全防护眼镜，穿防毒物渗透工作服，戴防化学品手套。远离火种、热源，工作场所严禁吸烟。使用防爆型的通风系统和设备。防止蒸气泄漏到工作场所空气中。避免与氧化剂接触。搬运时要轻装轻卸，防止包装及容器损坏。配备相应品种和数量的消防器材及泄漏应急处理设备。倒空的容器可能残留有害物

储存注意事项 储存于阴凉、通风的库房。远离火种、热源。应与氧化剂分开存放，切忌混储。配备相应品种和数量的消防器材。储区应备有泄漏应急处理设备和合适的收容材料

第八部分 接触控制/个体防护

职业接触限值

中国 未制定标准

美国（ACGIH） 未制定标准

生物接触限值 未制定标准

监测方法 空气中有毒物质测定方法：未制定标准。生物监测检验方法：未制定标准

工程控制 生产过程密闭，全面通风

个体防护装备

呼吸系统防护 一般不需要特殊防护，高浓度接触时可佩戴过滤式防毒面具（半面罩）

眼睛防护 空气中浓度较高时，佩戴化学安全防护眼镜

皮肤和身体防护 穿防毒物渗透工作服

手防护 戴防化学品手套

第九部分 理化特性

外观与性状 无色透明油状液体

pH 值 无资料　　　　**熔点（℃）** －64

沸点（℃） 327

相对密度（水＝1） 1.04（20℃）

相对蒸气密度（空气＝1） 9.59

饱和蒸气压（kPa） 无资料

临界压力（MPa） 无资料　　**辛醇/水分配系数** 无资料

闪点（℃） 196　　　　**自燃温度（℃）** 无资料

爆炸下限（%） 无资料　　**爆炸上限（%）** 无资料

分解温度（℃） 无资料

黏度（mPa·s） 41（20℃）；36.4（25℃）

燃烧热（kJ/mol） 无资料　　**临界温度（℃）** 无资料

溶解性 微溶于水

第十部分 稳定性和反应性

稳定性 稳定

危险反应 与强氧化剂等禁配物发生反应

避免接触的条件 无资料

禁配物 强氧化剂

危险的分解产物 无资料

第十一部分 毒理学信息

急性毒性 LD$_{50}$：15000mg/kg（大鼠经口），10000mg/kg（小鼠经口）

皮肤刺激或腐蚀 无资料　　**眼睛刺激或腐蚀** 无资料

呼吸或皮肤过敏 无资料　　**生殖细胞突变性** 无资料

致癌性 无资料　　　　**生殖毒性** 无资料

特异性靶器官系统毒性-一次接触 无资料

特异性靶器官系统毒性-反复接触 无资料

吸入危害 无资料

第十二部分 生态学信息

生态毒性 LC$_{50}$：0.91mg/L（96h）（黑头呆鱼，流水式）。EC$_{50}$：4.8mg/L（48h）（大型溞，OECD 202）。ErC$_{50}$：1.7mg/L（72h）（*Desmodesmus subspicatus*，静态，OECD 201）

持久性和降解性

生物降解性 OECD 301D，易快速生物降解

非生物降解性 无资料

潜在的生物累积性 无资料

土壤中的迁移性 无资料

第十三部分 废弃处置

废弃化学品 建议用焚烧法处置

污染包装物 将容器返还生产商或按照国家和地方法规处置

废弃注意事项　处置前应参阅国家和地方有关法规

第十四部分　运输信息

联合国危险货物编号（UN 号）　3082
联合国运输名称　对环境有害的液态物质，未另作规定的
　　（邻苯二甲酸二异丁酯）
联合国危险性类别　9

包装类别　Ⅲ　　　　　　　　**包装标志**

海洋污染物　是
运输注意事项　运输前应先检查包装容器是否完整、密
　　封，运输过程中要确保容器不泄漏、不倒塌、不坠
　　落、不损坏。严禁与氧化剂、等混装混运。船运时，
　　应与机舱、电源、火源等部位隔离。公路运输时要按
　　规定路线行驶

第十五部分　法规信息

　　下列法律、法规、规章和标准，对该化学品的管理作
了相应的规定。
中华人民共和国职业病防治法　职业病分类和目录：未
　　列入
危险化学品安全管理条例　危险化学品目录：列入。易制
　　爆危险化学品名录：未列入。重点监管的危险化学品
　　名录：未列入。GB 18218—2009《危险化学品重大
　　危险源辨识》（表 1）：未列入
使用有毒物品作业场所劳动保护条例　高毒物品目录：未
　　列入
易制毒化学品管理条例　易制毒化学品的分类和品种目
　　录：未列入
国际公约　斯德哥尔摩公约：未列入。鹿特丹公约：未列
　　入。蒙特利尔议定书：未列入

第十六部分　其他信息

编写和修订信息　　缩略语和首字母缩写
培训建议　　　　　参考文献
免责声明

邻苯二甲酸二异癸酯

第一部分　化学品标识

化学品中文名　邻苯二甲酸二异癸酯
化学品英文名　diisodecyl-*o*-phthalate；bis-（8-methylnonyl）
　　phthalate
分子式　$C_{28}H_{46}O_4$　**分子量**　446.6624
结构式

化学品的推荐及限制用途　用作增塑剂

第二部分　危险性概述

紧急情况概述　皮肤接触可能有害

GHS 危险性类别　急性毒性-经皮，类别 5；危害水生环
　　境-长期危害，类别 4
标签要素
　象形图　—　　**警示词**　警告
　危险性说明　皮肤接触可能有害，可能对水生生物造成
　　　长期持续有害影响
　防范说明
　　预防措施　禁止排入环境
　　事故响应　如感觉不适，呼叫中毒控制中心或就医
　　安全储存　—
　　废弃处置　本品及内装物、容器依据国家和地方法
　　　规处置
物理和化学危险　可燃，其蒸气与空气混合，能形成爆炸
　　性混合物
健康危害　目前，未见职业中毒的报道资料
环境危害　可能对水生生物造成长期持续有害影响

第三部分　成分/组成信息

√　物质　　　　　　　　混合物
　　　组分　　　　　　浓度　　　　CAS No.
邻苯二甲酸二异癸酯　　　　　　　26761-40-0

第四部分　急救措施

吸入　脱离现场至空气新鲜处。就医
皮肤接触　脱去污染的衣着，用流动清水冲洗。如有不适
　　感，就医
眼睛接触　提起眼睑，用流动清水或生理盐水冲洗。如有
　　不适感，就医
食入　饮足量温水，催吐。就医
对保护施救者的忠告　根据需要使用个人防护设备
对医生的特别提示　对症处理

第五部分　消防措施

灭火剂　用雾状水、泡沫、干粉、二氧化碳、砂土灭火
特别危险性　遇明火、高热可燃
灭火注意事项及防护措施　消防人员必须佩戴防毒面具、
　　穿全身消防服，在上风向灭火。尽可能将容器从火场
　　移至空旷处。喷水保持火场容器冷却，直至灭火结
　　束。处在火场中的容器若已变色或从安全泄压装置中
　　发出声音，必须马上撤离

第六部分　泄漏应急处理

作业人员防护措施、防护装备和应急处置程序　根据液体
　　流动和蒸气扩散的影响区域划定警戒区，无关人员从
　　侧风、上风向撤离至安全区。消除所有点火源。建议
　　应急处理人员戴防毒面具，穿防毒服。穿上适当的防
　　护服前严禁接触破裂的容器和泄漏物。尽可能切断泄
　　漏源
环境保护措施　防止泄漏物进入水体、下水道、地下室或
　　密闭性空间
泄漏化学品的收容、清除方法及所使用的处置材料　小量
　　泄漏：用干燥的砂土或其他不燃材料吸收或覆盖，收
　　集于容器中。大量泄漏：构筑围堤或挖坑收容。用泵

转移至槽车或专用收集器内

第七部分　操作处置与储存

操作注意事项　密闭操作，注意通风。操作人员必须经过专门培训，严格遵守操作规程。建议操作人员佩戴自吸过滤式防毒面具（半面罩），戴化学安全防护眼镜，穿防毒物渗透工作服，戴防化学品手套。远离火种、热源，工作场所严禁吸烟。使用防爆型的通风系统和设备。防止蒸气泄漏到工作场所空气中。避免与氧化剂接触。搬运时要轻装轻卸，防止包装及容器损坏。配备相应品种和数量的消防器材及泄漏应急处理设备。倒空的容器可能残留有害物

储存注意事项　储存于阴凉、通风的库房。远离火种、热源。应与氧化剂分开存放，切忌混储。配备相应品种和数量的消防器材。储区应备有泄漏应急处理设备和合适的收容材料

第八部分　接触控制/个体防护

职业接触限值
　　中国　未制定标准
　　美国（ACGIH）　未制定标准
生物接触限值　未制定标准
监测方法　空气中有毒物质测定方法：未制定标准。生物监测检验方法：未制定标准
工程控制　密闭操作，注意通风
个体防护装备
　　呼吸系统防护　一般不需要特殊防护，高浓度接触时可佩戴过滤式防毒面具（半面罩）
　　眼睛防护　空气中浓度较高时，佩戴化学安全防护眼镜
　　皮肤和身体防护　穿防毒物渗透工作服
　　手防护　戴防化学品手套

第九部分　理化特性

外观与性状　无色、透明油状液体，有特殊刺激性的气味
pH 值　无资料　　　　**熔点(℃)**　−48
沸点(℃)　420
相对密度(水=1)　0.97 (20℃)
相对蒸气密度(空气=1)　15.4
饱和蒸气压(kPa)　0.53 (250～257℃)
临界压力(MPa)　无资料　　**辛醇/水分配系数**　无资料
闪点(℃)　224　　　　**自燃温度(℃)**　无资料
爆炸下限(%)　0.3　　　**爆炸上限(%)**　4.0
分解温度(℃)　无资料　　**黏度(mPa·s)**　无资料
燃烧热(kJ/mol)　无资料　**临界温度(℃)**　无资料
溶解性　不溶于水，可混溶于多数有机溶剂

第十部分　稳定性和反应性

稳定性　稳定
危险反应　与强氧化剂等禁配物发生反应
避免接触的条件　无资料
禁配物　强氧化剂

危险的分解产物　无资料

第十一部分　毒理学信息

急性毒性　LD_{50}：64000mg/kg（大鼠经口）；>3160mg/kg（兔经皮）
皮肤刺激或腐蚀　无资料　　**眼睛刺激或腐蚀**　无资料
呼吸或皮肤过敏　无资料　　**生殖细胞突变性**　无资料
致癌性　无资料　　　　　　**生殖毒性**　无资料
特异性靶器官系统毒性-一次接触　无资料
特异性靶器官系统毒性-反复接触　无资料
吸入危害　无资料

第十二部分　生态学信息

生态毒性　无资料
持久性和降解性
　　生物降解性　无资料
　　非生物降解性　无资料
潜在的生物累积性　无资料
土壤中的迁移性　无资料

第十三部分　废弃处置

废弃化学品　建议用焚烧法处置
污染包装物　将容器返还生产商或按照国家和地方法规处置
废弃注意事项　处置前应参阅国家和地方有关法规

第十四部分　运输信息

联合国危险货物编号（UN 号）　—
联合国运输名称　—　　**联合国危险性类别**　—
包装类别　—　　　　　　**包装标志**　—
海洋污染物　否
运输注意事项　运输前应先检查包装容器是否完整、密封，运输过程中要确保容器不泄漏、不倒塌、不坠落、不损坏。严禁与氧化剂等混装混运。船运时，应与机舱、电源、火源等部位隔离。公路运输时要按规定路线行驶

第十五部分　法规信息

下列法律、法规、规章和标准，对该化学品的管理作了相应的规定。
中华人民共和国职业病防治法　职业病分类和目录：未列入
危险化学品安全管理条例　危险化学品目录：未列入。易制爆危险化学品名录：未列入。重点监管的危险化学品名录：未列入。GB 18218—2009《危险化学品重大危险源辨识》（表1）：未列入
使用有毒物品作业场所劳动保护条例　高毒物品目录：未列入
易制毒化学品管理条例　易制毒化学品的分类和品种目录：未列入
国际公约　斯德哥尔摩公约：未列入。鹿特丹公约：未列入。蒙特利尔议定书：未列入

第十六部分　其他信息

编写和修订信息　　　　缩略语和首字母缩写
培训建议　　　　　　　参考文献
免责声明

邻苯二甲酰氯

第一部分　化学品标识

化学品中文名　邻苯二甲酰氯；二氯化（邻）苯二甲酰
化学品英文名　1,2-benzenedicarbonyl dichloride; phthaloyl dichloride

分子式　$C_8H_4Cl_2O_2$　分子量　203.022

结构式

化学品的推荐及限制用途　用于有机合成

第二部分　危险性概述

紧急情况概述　造成严重的皮肤灼伤和眼损伤
GHS危险性类别　皮肤腐蚀/刺激，类别1；严重眼损伤/眼刺激，类别1
标签要素

象形图

警示词　危险
危险性说明　造成严重的皮肤灼伤和眼损伤
防范说明
　　预防措施　避免吸入烟雾。避免接触眼睛、皮肤，操作后彻底清洗。戴防护手套，穿防护服，戴防护眼镜、防护面罩
　　事故响应　如吸入：将患者转移到空气新鲜处，休息，保持利于呼吸的体位，立即呼叫中毒控制中心或就医。皮肤（或头发）接触：立即脱掉所有被污染的衣服，用水冲洗皮肤，淋浴。污染的衣服须洗净后方可重新使用。眼睛接触：用水细心地冲洗数分钟，立即呼叫中毒控制中心或就医。如戴隐形眼镜并可方便地取出，则取出隐形眼镜，继续冲洗。食入：漱口，不要催吐
　　安全储存　上锁保管
　　废弃处置　本品及内装物、容器依据国家和地方法规处置
物理和化学危险　可燃。遇水产生刺激性气体
健康危害　本品对黏膜、上呼吸道、眼和皮肤有强烈的刺激性。吸入后，可因喉和支气管的痉挛、炎症、水肿，化学性肺炎或肺水肿而致死。接触后出现烧灼感、咳嗽、喘息、喉炎、气短、头痛、恶心和呕吐。能引起灼伤
环境危害　对环境可能有害

第三部分　成分/组成信息

√ 物质　　　　　　　　　混合物

组分	浓度	CAS No.
邻苯二甲酰氯		88-95-9

第四部分　急救措施

吸入　迅速脱离现场至空气新鲜处。保持呼吸道通畅。如呼吸困难，给输氧。呼吸、心跳停止，立即进行心肺复苏术。就医
皮肤接触　立即脱去污染的衣着，用大量流动清水彻底冲洗至少15min。就医
眼睛接触　立即分开眼睑，用流动清水或生理盐水彻底冲洗5～10min。就医
食入　用水漱口，禁止催吐。给饮牛奶或蛋清。就医
对保护施救者的忠告　根据需要使用个人防护设备
对医生的特别提示　对症处理

第五部分　消防措施

灭火剂　用干粉、二氧化碳、砂土灭火
特别危险性　遇明火、高热可燃。与强氧化剂接触可发生化学反应。受高热分解产生有毒的腐蚀性烟气。具有腐蚀性
灭火注意事项及防护措施　消防人员必须穿全身耐酸碱消防服、佩戴空气呼吸器灭火。尽可能将容器从火场移至空旷处。处在火场中的容器若已变色或从安全泄压装置中发出声音，必须马上撤离。禁止用水、泡沫和酸碱灭火剂灭火

第六部分　泄漏应急处理

作业人员防护措施、防护装备和应急处置程序　根据液体流动和蒸气扩散的影响区域划定警戒区，无关人员从侧风向、上风向撤离至安全区。消除所有点火源。建议应急处理人员戴正压自给式呼吸器，穿防酸碱服。穿上适当的防护服前严禁接触破裂的容器和泄漏物。尽可能切断泄漏源
环境保护措施　防止泄漏物进入水体、下水道、地下室或有限空间
泄漏化学品的收容、清除方法及所使用的处置材料　小量泄漏：用干燥的砂土或其他不燃材料吸收或覆盖，收集于容器中。大量泄漏：构筑围堤或挖坑收容。用耐腐蚀泵转移至槽车或专用收集器内

第七部分　操作处置与储存

操作注意事项　密闭操作，局部排风。操作人员必须经过专门培训，严格遵守操作规程。建议操作人员佩戴自吸过滤式防毒面具（全面罩），穿橡胶耐酸碱服，戴橡胶耐酸碱手套。远离火种、热源，工作场所严禁吸烟。使用防爆型的通风系统和设备。防止蒸气泄漏到工作场所空气中。避免与氧化剂、碱类、醇类接触。搬运时要轻装轻卸，防止包装及容器损坏。配备相应品种和数量的消防器材及泄漏应急处理设备。倒空的容器可能残留有害物

储存注意事项 储存于阴凉、干燥、通风良好的库房。远离火种、热源。保持容器密封。应与氧化剂、碱类、醇类等分开存放，切忌混储。配备相应品种和数量的消防器材。储区应备有泄漏应急处理设备和合适的收容材料

第八部分 接触控制/个体防护

职业接触限值

中国 未制定标准

美国（ACGIH） 未制定标准

生物接触限值 未制定标准

监测方法 空气中有毒物质测定方法：未制定标准。生物监测检验方法：未制定标准

工程控制 密闭操作，局部排风。提供安全淋浴和洗眼设备

个体防护装备

呼吸系统防护 空气中浓度超标时，必须佩戴过滤式防毒面具（全面罩）。紧急事态抢救或撤离时，应该佩戴空气呼吸器

眼睛防护 呼吸系统防护中已作防护

皮肤和身体防护 穿橡胶耐酸碱服

手防护 戴橡胶耐酸碱手套

第九部分 理化特性

外观与性状 无色至浅黄色液体

pH 值 无资料		**熔点（℃）** 12	
沸点（℃） 269～271		**相对密度（水＝1）** 1.41	

相对蒸气密度（空气＝1） 无资料

饱和蒸气压（kPa） 4.0(47℃)

临界压力（MPa） 无资料 **辛醇/水分配系数** 无资料

闪点（℃） ＞110 **自燃温度（℃）** 无资料

爆炸下限（%） 无资料 **爆炸上限（%）** 无资料

分解温度（℃） 无资料 **黏度（mPa·s）** 无资料

燃烧热（kJ/mol） 无资料 **临界温度（℃）** 无资料

溶解性 溶于乙醇、乙醚、苯等

第十部分 稳定性和反应性

稳定性 稳定

危险反应 与水、醇类、强氧化剂、强碱等禁配物发生反应

避免接触的条件 潮湿空气

禁配物 水、醇类、强氧化剂、强碱

危险的分解产物 光气、氯化氢

第十一部分 毒理学信息

急性毒性 无资料

皮肤刺激或腐蚀 无资料 **眼睛刺激或腐蚀** 无资料

呼吸或皮肤过敏 无资料 **生殖细胞突变性** 无资料

致癌性 无资料 **生殖毒性** 无资料

特异性靶器官系统毒性-一次接触 无资料

特异性靶器官系统毒性-反复接触 无资料

吸入危害 无资料

第十二部分 生态学信息

生态毒性 无资料

持久性和降解性

生物降解性 无资料

非生物降解性 无资料

潜在的生物累积性 无资料

土壤中的迁移性 无资料

第十三部分 废弃处置

废弃化学品 建议用焚烧法处置。与燃料混合后，再焚烧。焚烧炉排出的卤化氢通过酸洗涤器除去

污染包装物 将容器返还生产商或按照国家和地方法规处置

废弃注意事项 处置前应参阅国家和地方有关法规

第十四部分 运输信息

联合国危险货物编号（UN 号） 3265

联合国运输名称 有机酸性腐蚀性液体，未另作规定的（邻苯二甲酰氯）

联合国危险性类别 8

包装类别 — **包装标志**

海洋污染物 否

运输注意事项 起运时包装要完整，装载应稳妥。运输过程中要确保容器不泄漏、不倒塌、不坠落、不损坏。严禁与氧化剂、碱类、醇类、食用化学品等混装混运。运输时运输车辆应配备相应品种和数量的消防器材及泄漏应急处理设备。运输途中应防暴晒、雨淋，防高温。公路运输时要按规定路线行驶，勿在居民区和人口稠密区停留

第十五部分 法规信息

下列法律、法规、规章和标准，对该化学品的管理作了相应的规定。

中华人民共和国职业病防治法 职业病分类和目录：未列入

危险化学品安全管理条例 危险化学品目录：列入。易制爆危险化学品名录：未列入。重点监管的危险化学品名录：未列入。GB 18218—2009《危险化学品重大危险源辨识》（表1）：未列入

使用有毒物品作业场所劳动保护条例 高毒物品目录：未列入

易制毒化学品管理条例 易制毒化学品的分类和品种目录：未列入

国际公约 斯德哥尔摩公约：未列入。鹿特丹公约：未列入。蒙特利尔议定书：未列入

第十六部分 其他信息

编写和修订信息 缩略语和首字母缩写

培训建议 参考文献

免责声明

邻苯二甲酰亚胺

第一部分　化学品标识

化学品中文名　邻苯二甲酰亚胺；酞酰亚胺；异吲哚-1,3-二酮；苯二甲酰亚胺

化学品英文名　o-phthalimide；isoindole-1,3-dione

分子式　$C_8H_5NO_2$　**分子量**　147.14

结构式

化学品的推荐及限制用途　用于有机合成，制造靛、杀虫剂

第二部分　危险性概述

紧急情况概述　造成皮肤刺激，可能引起呼吸道刺激

GHS危险性类别　皮肤腐蚀/刺激，类别2；严重眼损伤/眼刺激，类别2；特异性靶器官毒性--一次接触，类别3（呼吸道刺激）

标签要素

象形图　

警示词　警告

危险性说明　造成皮肤刺激，造成严重眼刺激，可能引起呼吸道刺激

防范说明

预防措施　避免接触眼睛、皮肤，操作后彻底清洗。戴防护手套、防护眼镜、防护面罩

事故响应　皮肤接触：用大量肥皂水和水清洗。如发生皮肤刺激，就医。脱去被污染的衣服，衣服经洗净后方可重新使用。如接触眼睛：用水细心冲洗数分钟。如戴隐形眼镜并可方便地取出，取出隐形眼镜，继续冲洗。如果眼睛刺激持续：就医

安全储存　—

废弃处置　—

物理和化学危险　可燃，其粉体与空气混合，能形成爆炸性混合物

健康危害　吸入、摄入或经皮肤吸收后对身体有害。对皮肤有轻微刺激作用，对眼睛、黏膜有刺激作用

环境危害　对环境可能有害

第三部分　成分/组成信息

√ 物质		混合物
组分	浓度	CAS No.
邻苯二甲酰亚胺		85-41-6

第四部分　急救措施

吸入　迅速脱离现场至空气新鲜处。保持呼吸道通畅。如呼吸困难，给输氧。呼吸、心跳停止，立即进行心肺复苏术。就医

皮肤接触　立即脱去污染的衣着，用流动清水彻底冲洗。就医

眼睛接触　立即分开眼睑，用流动清水或生理盐水彻底冲洗。就医

食入　漱口，饮水。就医

对保护施救者的忠告　根据需要使用个人防护设备

对医生的特别提示　对症处理

第五部分　消防措施

灭火剂　用雾状水、泡沫、干粉、二氧化碳、砂土灭火

特别危险性　遇明火、高热可燃。其粉体与空气可形成爆炸性混合物，当达到一定浓度时，遇火星会发生爆炸。受高热分解放出有毒的气体

灭火注意事项及防护措施　消防人员必须佩戴防毒面具、穿全身消防服，在上风向灭火。尽可能将容器从火场移至空旷处。喷水保持火场容器冷却，直至灭火结束。切勿将水流直接射至熔融物，以免引起严重的流淌火灾或引起剧烈的沸溅

第六部分　泄漏应急处理

作业人员防护措施、防护装备和应急处置程序　隔离泄漏污染区，限制出入。消除所有点火源。建议应急处理人员戴防尘口罩，穿一般作业工作服。尽可能切断泄漏源

环境保护措施　用塑料布覆盖泄漏物，减少飞散

泄漏化学品的收容、清除方法及所使用的处置材料　勿使水进入包装容器内。用洁净的铲子收集泄漏物，置于干净、干燥、盖子较松的容器中，将容器移离泄漏区

第七部分　操作处置与储存

操作注意事项　密闭操作，局部排风。防止粉尘释放到车间空气中。操作人员必须经过专门培训，严格遵守操作规程。建议操作人员佩戴自吸过滤式防尘口罩，戴化学安全防护眼镜，穿防毒物渗透工作服，戴橡胶手套。远离火种、热源，工作场所严禁吸烟。使用防爆型的通风系统和设备。避免产生粉尘。避免与氧化剂接触。配备相应品种和数量的消防器材及泄漏应急处理设备。倒空的容器可能残留有害物

储存注意事项　储存于阴凉、通风的库房。远离火种、热源。防止阳光直射。包装密封。应与氧化剂分开存放，切忌混储。配备相应品种和数量的消防器材。储区应备有合适的材料收容泄漏物

第八部分　接触控制/个体防护

职业接触限值

中国　未制定标准

美国（ACGIH）　未制定标准

生物接触限值　未制定标准

监测方法　空气中有毒物质测定方法：未制定标准。生物监测检验方法：未制定标准

工程控制　密闭操作，局部排风

个体防护装备

呼吸系统防护　空气中粉尘浓度超标时，必须佩戴过

滤式防尘呼吸器。紧急事态抢救或撤离时，应该佩戴空气呼吸器

眼睛防护 戴化学安全防护眼镜

皮肤和身体防护 穿防毒物渗透工作服

手防护 戴橡胶手套

第九部分 理化特性

外观与性状 白色至浅褐色粉末

pH 值 无意义   **熔点(℃)** 238

沸点(℃) 366   **相对密度(水＝1)** 无资料

相对蒸气密度(空气＝1) 无资料

饱和蒸气压(kPa) 无资料

临界压力(MPa) 无资料   **辛醇/水分配系数** 1.15

闪点(℃) 无意义   **自燃温度(℃)** 无资料

爆炸下限(%) 无资料   **爆炸上限(%)** 无资料

分解温度(℃) 无资料   **黏度(mPa·s)** 无资料

燃烧热(kJ/mol) 无资料   **临界温度(℃)** 无资料

溶解性 溶于水、醇、碱、热醚，不溶于苯、C_4 溶剂

第十部分 稳定性和反应性

稳定性 稳定

危险反应 与强氧化剂等禁配物发生反应

避免接触的条件 无资料

禁配物：强氧化剂

危险的分解产物 氮氧化物

第十一部分 毒理学信息

急性毒性 LD_{50}：5000mg/kg（小鼠经口）

皮肤刺激或腐蚀 无资料   **眼睛刺激或腐蚀** 无资料

呼吸或皮肤过敏 无资料   **生殖细胞突变性** 无资料

致癌性 无资料

生殖毒性 小鼠腹腔内最低中毒剂量（TDLo）：6200μg/kg（孕9d），流产，植入后死亡率增加

特异性靶器官系统毒性-一次接触 无资料

特异性靶器官系统毒性-反复接触 无资料

吸入危害 无资料

第十二部分 生态学信息

生态毒性 无资料

持久性和降解性

　　生物降解性　无资料

　　非生物降解性　无资料

潜在的生物累积性 无资料

土壤中的迁移性 无资料

第十三部分 废弃处置

废弃化学品 建议用焚烧法处置。在能利用的地方重复使用容器或在规定场所掩埋

污染包装物 将容器返还生产商或按照国家和地方法规处置

废弃注意事项 处置前应参阅国家和地方有关法规

第十四部分 运输信息

联合国危险货物编号（UN号） —

联合国运输名称 —   **联合国危险性类别** —

包装类别 —   **包装标志** —

海洋污染物 否

运输注意事项 运输前应先检查包装容器是否完整、密封，运输过程中要确保容器不泄漏、不倒塌、不坠落、不损坏。严禁与酸类、氧化剂、食品及食品添加剂混运。运输时运输车辆应配备相应品种和数量的消防器材及泄漏应急处理设备。运输途中应防暴晒、雨淋，防高温。公路运输时要按规定路线行驶，勿在居民区和人口稠密区停留

第十五部分 法规信息

下列法律、法规、规章和标准，对该化学品的管理作了相应的规定。

中华人民共和国职业病防治法 职业病分类和目录：未列入

危险化学品安全管理条例 危险化学品目录：列入。易制爆危险化学品名录：未列入。重点监管的危险化学品名录：未列入。GB 18218—2009《危险化学品重大危险源辨识》（表1）：未列入

使用有毒物品作业场所劳动保护条例 高毒物品目录：未列入

易制毒化学品管理条例 易制毒化学品的分类和品种目录：未列入

国际公约 斯德哥尔摩公约：未列入。鹿特丹公约：未列入。蒙特利尔议定书：未列入

第十六部分 其他信息

编写和修订信息   **缩略语和首字母缩写**

培训建议   **参考文献**

免责声明

邻苯基苯酚

第一部分 化学品标识

化学品中文名 邻苯基苯酚；2-羟基联苯

化学品英文名 *o*-phenylphenol；2-biphenylol

分子式 $C_{12}H_{10}O$ **分子量** 170.2072

结构式

化学品的推荐及限制用途 用于消毒与储存蔬菜和水果，工业上用作杀菌剂、消毒剂、防腐剂及染料中间体

第二部分 危险性概述

紧急情况概述 造成皮肤刺激，造成严重眼刺激，可能引起呼吸道刺激

GHS危险性类别 皮肤腐蚀/刺激，类别2；严重眼损伤/眼刺激，类别2；特异性靶器官毒性-一次接触，类别3（呼吸道刺激）；危害水生环境-急性危害，类别1

标签要素

象形图　

警示词　警告

危险性说明　造成皮肤刺激，造成严重眼刺激，可能引起呼吸道刺激，对水生生物毒性非常大

防范说明

预防措施　避免接触眼睛、皮肤，操作后彻底清洗。戴防护手套、防护眼镜、防护面罩。禁止排入环境

事故响应　皮肤接触：用大量肥皂水和水清洗，脱去被污染的衣服，如发生皮肤刺激，就医。被污染的衣服必须经洗净后方可重新使用。如接触眼睛：用水细心冲洗数分钟。如戴隐形眼镜并可方便地取出，取出隐形眼镜，继续冲洗。如果眼睛刺激持续：就医。收集泄漏物

安全储存　—

废弃处置　本品及内装物、容器依据国家和地方法规处置

物理和化学危险　可燃，其粉体与空气混合，能形成爆炸性混合物

健康危害　溅入眼内可产生刺激作用。对皮肤有刺激性，直接接触后，局部红肿，出疹及脱屑；炎症消退后可出现白斑

环境危害　对水生生物毒性非常大

第三部分　成分/组成信息

√ 物质　　　　　　　混合物

组分	浓度	CAS No.
邻苯基苯酚		90-43-7

第四部分　急救措施

吸入　迅速脱离现场至空气新鲜处。保持呼吸道通畅。如呼吸困难，给输氧。呼吸、心跳停止，立即进行心肺复苏术。就医

皮肤接触　立即脱去污染的衣着，用流动清水彻底冲洗。就医

眼睛接触　立即分开眼睑，用流动清水或生理盐水彻底冲洗。就医

食入　漱口，饮水。就医

对保护施救者的忠告　根据需要使用个人防护设备

对医生的特别提示　对症处理

第五部分　消防措施

灭火剂　用雾状水、泡沫、干粉、二氧化碳、砂土灭火

特别危险性　遇明火、高热可燃

灭火注意事项及防护措施　消防人员必须佩戴防毒面具、穿全身消防服，在上风向灭火。尽可能将容器从火场移至空旷处。喷水保持火场容器冷却，直至灭火结束

第六部分　泄漏应急处理

作业人员防护措施、防护装备和应急处置程序　隔离泄漏污染区，限制出入。消除所有点火源。建议应急处理人员戴防尘口罩，穿防毒服。穿上适当的防护服前严禁接触破裂的容器和泄漏物。尽可能切断泄漏源

环境保护措施　用塑料布覆盖泄漏物，减少飞散

泄漏化学品的收容、清除方法及所使用的处置材料　勿使水进入包装容器内。用洁净的铲子收集泄漏物，置于干净、干燥、盖子较松的容器中，将容器移离泄漏区

第七部分　操作处置与储存

操作注意事项　密闭操作，注意通风。操作人员必须经过专门培训，严格遵守操作规程。建议操作人员佩戴自吸过滤式防尘口罩，戴化学安全防护眼镜，穿防毒物渗透工作服，戴橡胶手套。远离火种、热源，工作场所严禁吸烟。使用防爆型的通风系统和设备。避免产生粉尘。避免与氧化剂、碱类接触。搬运时轻装轻卸，防止包装破损。配备相应品种和数量的消防器材及泄漏应急处理设备。倒空的容器可能残留有害物

储存注意事项　储存于阴凉、通风的库房。远离火种、热源。保持容器密封。应与氧化剂、碱类分开存放，切忌混储。配备相应品种和数量的消防器材。储区应备有合适的材料收容泄漏物

第八部分　接触控制/个体防护

职业接触限值

中国　未制定标准

美国（ACGIH）　未制定标准

生物接触限值　未制定标准

监测方法　空气中有毒物质测定方法：未制定标准

生物监测检验方法：未制定标准

工程控制　密闭操作，注意通风

个体防护装备

呼吸系统防护　空气中粉尘浓度超标时，必须佩戴过滤式防尘呼吸器。紧急事态抢救或撤离时，应该佩戴空气呼吸器

眼睛防护　戴化学安全防护眼镜

皮肤和身体防护　穿防毒物渗透工作服

手防护　戴橡胶手套

第九部分　理化特性

外观与性状　白色或褐色的絮状物，具有特殊气味

pH值　无意义		**熔点(℃)**　58～60	
沸点(℃)　286		**相对密度(水=1)**　1.213	
相对蒸气密度(空气=1)　5.9			
饱和蒸气压(kPa)　0.93(140℃)			
临界压力(MPa)　无资料		**辛醇/水分配系数**　3.36	
闪点(℃)　123～124		**自燃温度(℃)**　530	
爆炸下限(%)　无资料		**爆炸上限(%)**　无资料	
分解温度(℃)　无资料		**黏度(mPa·s)**　无资料	
燃烧热(kJ/mol)　无资料		**临界温度(℃)**　无资料	
溶解性　微溶于水			

第十部分　稳定性和反应性

稳定性　稳定

危险反应　与强氧化剂、强碱等禁配物发生反应

避免接触的条件　光照

禁配物　强氧化剂、强碱

危险的分解产物　无资料

第十一部分　毒理学信息

急性毒性　LD_{50}：2000mg/kg（大鼠经口），1050mg/kg（小鼠经口），＞5000mg/kg（兔经皮）

皮肤刺激或腐蚀　无资料　　**眼睛刺激或腐蚀**　无资料

呼吸或皮肤过敏　无资料　　**生殖细胞突变性**　无资料

致癌性　无资料　　　　　　　**生殖毒性**　无资料

特异性靶器官系统毒性-一次接触　无资料

特异性靶器官系统毒性-反复接触　大鼠，喂饲含本品0.2％饲料，对生长、血象、脏器无影响；饲料中含2％本品时，则生长速度略减，肾小管扩张，肾中含少量本品

吸入危害　无资料

第十二部分　生态学信息

生态毒性　LC_{50}：4mg/L（96h）（虹鳟）。LC_{50}：5.99mg/L（96h）（黑头呆鱼）。EC_{50}：0.71mg/L（48h）（大型溞）

持久性和降解性
生物降解性　易快速生物降解
非生物降解性　无资料

潜在的生物累积性　根据 K_{ow} 值预测，该物质的生物累积性可能较弱

土壤中的迁移性　根据 K_{oc} 值预测，该物质可能有一定的迁移性

第十三部分　废弃处置

废弃化学品　建议用焚烧法处置

污染包装物　将容器返还生产商或按照国家和地方法规处置

废弃注意事项　处置前应参阅国家和地方有关法规

第十四部分　运输信息

联合国危险货物编号（UN号）　3077

联合国运输名称　对环境有害的固态物质，未另作规定的（邻苯基苯酚）

联合国危险性类别　9

包装类别　Ⅲ　　　　　　**包装标志**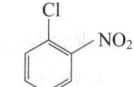

海洋污染物　是

运输注意事项　起运时包装要完整，装载应稳妥。运输过程中要确保容器不泄漏、不倒塌、不坠落、不损坏。严禁与氧化剂、碱类、食用化学品等混装混运。运输途中应防暴晒、雨淋，防高温。车辆运输完毕应进行彻底清扫

第十五部分　法规信息

下列法律、法规、规章和标准，对该化学品的管理作了相应的规定。

中华人民共和国职业病防治法　职业病分类和目录：未列入

危险化学品安全管理条例　危险化学品目录：列入。易制爆危险化学品名录：未列入。重点监管的危险化学品名录：未列入。GB 18218—2009《危险化学品重大危险源辨识》（表1）：未列入

使用有毒物品作业场所劳动保护条例　高毒物品目录：未列入

易制毒化学品管理条例　易制毒化学品的分类和品种目录：未列入

国际公约　斯德哥尔摩公约：未列入。鹿特丹公约：未列入。蒙特利尔议定书：未列入

第十六部分　其他信息

编写和修订信息　　**缩略语和首字母缩写**

培训建议　　　　　**参考文献**

免责声明

邻硝基氯苯

第一部分　化学品标识

化学品中文名　邻硝基氯苯；2-硝基氯苯；邻氯硝基苯；2-氯硝基苯；1-氯-2-硝基

化学品英文名　2-nitrochlorobenzene；*o*-chloronitrobenzene

分子式　$C_6H_4ClNO_2$　**分子量**　157.55

结构式

化学品的推荐及限制用途　用作有机合成中间体

第二部分　危险性概述

紧急情况概述　吞咽会中毒，皮肤接触会中毒，吸入会中毒

GHS危险性类别　急性毒性-经口，类别3；急性毒性-经皮，类别3；急性毒性-吸入，类别3；严重眼损伤/眼刺激，类别2B；特异性靶器官毒性-反复接触，类别1；危害水生环境-急性危害，类别3；危害水生环境-长期危害，类别3

标签要素

象形图

警示词　危险

危险性说明　吞咽会中毒，皮肤接触会中毒，吸入会中毒，造成眼刺激，长时间或反复接触对器官造成损伤，对水生生物有害并具有长期持续影响

防范说明
预防措施　避免接触眼睛、皮肤，操作后彻底清洗。作业场所不得进食、饮水或吸烟。戴防护手套、穿防护服。避免吸入粉尘。仅在室外或通风良好处操作。禁止排入环境

事故响应 如吸入：将患者转移到空气新鲜处，休息，保持利于呼吸的体位。皮肤接触：用大量肥皂水和水清洗，立即脱去所有被污染的衣服。如感觉不适，呼叫中毒控制中心或就医。被污染的衣服必须洗净后方可重新使用。如接触眼睛：用水细心冲洗数分钟。如戴隐形眼镜并可方便地取出，取出隐形眼镜，继续冲洗。如果眼睛刺激持续：就医。食入：立即呼叫中毒控制中心或就医，漱口。收集泄漏物

安全储存 在通风良好处储存。保持容器密闭。上锁保管

废弃处置 本品及内装物、容器依据国家和地方法规处置

物理和化学危险 可燃，其粉体与空气混合，能形成爆炸性混合物

健康危害 对黏膜和皮肤有刺激作用。中毒主要由于吸入其粉尘或蒸气而引起，吸收后，产生高铁血红蛋白血症。急性中毒病人可有头痛、头昏、乏力、皮肤黏膜紫绀、手指麻木等症状。重者可出现胸闷、呼吸困难、心悸，甚至发生心律失常、昏迷、抽搐、呼吸麻痹。有时可引起溶血性贫血，肝损害。慢性中毒有头痛、乏力、失眠、记忆力减退等神经衰弱综合征表现；有慢性溶血时，可出现黄疸、贫血；还可引起中毒性肝炎

环境危害 对水生生物有害并具有长期持续影响

第三部分 成分/组成信息

√ 物质　　　　　混合物

有害物成分	浓度	CAS No.
邻硝基氯苯		88-73-3

第四部分 急救措施

吸入 迅速脱离现场至空气新鲜处。保持呼吸道通畅。如呼吸困难，给输氧。如呼吸心跳停止，立即进行心肺复苏术。就医

皮肤接触 立即脱去污染衣着，用肥皂水或清水彻底冲洗。就医

眼睛接触 分开眼睑，用清水或生理盐水冲洗。就医

食入 漱口，饮水。就医

对保护施救者的忠告 根据需要使用个人防护设备

对医生的特别提示 高铁血红蛋白血症，可用亚甲蓝和维生素C治疗

第五部分 消防措施

灭火剂 用雾状水、泡沫、干粉、二氧化碳、砂土灭火

特别危险性 遇到火能燃烧。受高热分解放出有毒的气体

灭火注意事项及防护措施 消防人员必须佩戴空气呼吸器、穿全身防火防毒服，在上风向灭火。尽可能将容器从火场移至空旷处。喷水保持火场容器冷却，直至灭火结束

第六部分 泄漏应急处理

作业人员防护措施、防护装备和应急处置程序 隔离泄漏污染区，限制出入。建议应急处理人员戴防尘口罩，穿防毒服。穿上适当的防护服前严禁接触破裂的容器和泄漏物。尽可能切断泄漏源

环境保护措施 用塑料布覆盖泄漏物，减少飞散

泄漏化学品的收容、清除方法及所使用的处置材料 勿使水进入包装容器内。用洁净的铲子收集泄漏物，置于干净、干燥、盖子较松的容器中，将容器移离泄漏区

第七部分 操作处置与储存

操作注意事项 密闭操作，提供充分的局部排风。操作人员必须经过专门培训，严格遵守操作规程。建议操作人员佩戴自吸过滤式防尘口罩，戴化学安全防护眼镜，穿防毒物渗透工作服，戴橡胶手套。远离火种、热源，工作场所严禁吸烟。使用防爆型的通风系统和设备。避免产生粉尘。避免与氧化剂、还原剂、碱类接触。搬运时要轻装轻卸，防止包装及容器损坏。配备相应品种和数量的消防器材及泄漏应急处理设备。倒空的容器可能残留有害物

储存注意事项 储存于阴凉、通风的库房。远离火种、热源。应与氧化剂、还原剂、碱类、食用化学品分开存放，切忌混储。配备相应品种和数量的消防器材。储区应备有合适的材料收容泄漏物

第八部分 接触控制/个体防护

职业接触限值
中国 未制定标准
美国（ACGIH） 未制定标准

生物接触限值 未制定标准

监测方法 空气中有毒物质测定方法：未制定标准。生物监测检验方法：未制定标准

工程控制 严加密闭，提供充分的局部排风。提供安全淋浴和洗眼设备

个体防护装备
呼吸系统防护 空气中粉尘浓度超标时，必须佩戴过滤式防尘呼吸器。紧急事态抢救或撤离时，应该佩戴空气呼吸器
眼睛防护 戴化学安全防护眼镜
皮肤和身体防护 穿防毒物渗透工作服
手防护 戴橡胶手套

第九部分 理化特性

外观与性状	黄色结晶	**pH值**	无意义
熔点（℃）	33～36	**沸点（℃）**	245.5
相对密度（水=1）	1.348	**相对蒸气密度（空气=1）**	5.4
饱和蒸气压（kPa）	1.07（119℃）		
临界压力（MPa）	无资料	**辛醇/水分配系数**	2.24
闪点（℃）	123.89	**自燃温度（℃）**	126.67
爆炸下限（%）	1.4	**爆炸上限（%）**	8.7
分解温度（℃）	无资料		
黏度（mPa·s）	2.09（44.5℃）		
燃烧热（kJ/mol）	无资料	**临界温度（℃）**	483.85
溶解性	不溶于水，溶于乙醇、苯		

第十部分　稳定性和反应性

稳定性　稳定

危险反应　与强氧化剂、强碱、强还原剂等禁配物发生反应

避免接触的条件　无资料

禁配物　强氧化剂、强碱、强还原剂

危险的分解产物　氮氧化物、氯化氢

第十一部分　毒理学信息

急性毒性　LD_{50}：268mg/kg（大鼠经口）；135mg/kg（小鼠经口）；280mg/kg（兔经口）；400mg/kg（兔经皮）

皮肤刺激或腐蚀　无资料　**眼睛刺激或腐蚀**　无资料

呼吸或皮肤过敏　无资料

生殖细胞突变性　微生物致突变：鼠伤寒沙门氏菌205μg/皿

致癌性　IARC致癌性评论：组3，现有的证据不能对人类致癌性进行分类

生殖毒性　无资料

特异性靶器官系统毒性-一次接触　无资料

特异性靶器官系统毒性-反复接触　无资料

吸入危害　无资料

第十二部分　生态学信息

生态毒性　LC_{50}：25.5mg/L（96h）（鲤鱼）；EC_{50}：23.9mg/L（48h）（大型溞）；ErC_{50}：75mg/L（48h）（*Scenedesmus subspicatus*）；NOEC：3mg/L（21d）（大型溞）；NOEC：0.264mg/L（33d）（黑头呆鱼）

持久性和降解性

　生物降解性　14d降解8.2%，不易快速生物降解（OECD 301C）

　非生物降解性　无资料

潜在的生物累积性　根据K_{ow}值预测，该物质的生物累积性可能较弱；BCF：7.4～22.3（鲤鱼）

土壤中的迁移性　根据K_{oc}值预测，该物质可能易发生迁移

第十三部分　废弃处置

废弃化学品　用焚烧法处置。焚烧炉排出的气体要通过洗涤器除去

污染包装物　将容器返还生产商或按照国家和地方法规处置

废弃注意事项　把倒空的容器归还厂商或在规定场所掩埋

第十四部分　运输信息

联合国危险货物编号（UN号）　1578（固态）；3409（液态）

联合国运输名称　硝基氯苯，固态；硝基氯苯，液态

联合国危险性类别　6.1

包装类别　Ⅱ　　　　**包装标志**

海洋污染物　否

运输注意事项　运输前应先检查包装容器是否完整、密封，运输过程中要确保容器不泄漏、不倒塌、不坠落、不损坏。严禁与酸类、氧化剂、食品及食品添加剂混运。运输途中应防暴晒、雨淋，防高温

第十五部分　法规信息

下列法律、法规、规章和标准，对该化学品的管理作了相应的规定。

中华人民共和国职业病防治法　职业病分类和目录：苯的氨基及硝基化合物中毒

危险化学品安全管理条例　危险化学品目录：列入。易制爆危险化学品名录：未列入。重点监管的危险化学品名录：未列入。GB 18218—2009《危险化学品重大危险源辨识》（表1）：未列入

使用有毒物品作业场所劳动保护条例　高毒物品目录：未列入

易制毒化学品管理条例　易制毒化学品的分类和品种目录：未列入

国际公约　斯德哥尔摩公约：未列入。鹿特丹公约：未列入。蒙特利尔议定书：未列入

第十六部分　其他信息

编写和修订信息　　　**缩略语和首字母缩写**

培训建议　　　　　　**参考文献**

免责声明

邻硝基氯化苄

第一部分　化学品标识

化学品中文名　邻硝基氯化苄；2-硝基氯化苄；2-硝基氯（化）苄；邻硝基氯（化）苄；邻硝基苯氯甲烷；α-氯-2-硝基甲苯

化学品英文名　2-nitrobenzyl chloride；*o*-nitrobenzyl chloride

分子式　$C_7H_6ClNO_2$　**分子量**　171.581

结构式

化学品的推荐及限制用途　用于有机合成

第二部分　危险性概述

紧急情况概述　造成严重的皮肤灼伤和眼损伤

GHS危险性类别　皮肤腐蚀/刺激，类别1；严重眼损伤/眼刺激，类别1；危害水生环境-急性危害，类别1；危害水生环境-长期危害，类别1

标签要素

象形图

警示词　危险

危险性说明　造成严重的皮肤灼伤和眼损伤，对水生生

物毒性非常大并具有长期持续影响

防范说明

预防措施 避免吸入粉尘或烟雾。避免接触眼睛、皮肤,操作后彻底清洗。穿防护服,戴防护眼镜、防护手套、防护面罩。禁止排入环境

事故响应 如吸入:将患者转移到空气新鲜处,休息,保持利于呼吸的体位,立即呼叫中毒控制中心或就医。皮肤(或头发)接触:立即脱掉所有被污染的衣服,用水冲洗皮肤,淋浴。污染的衣服须洗净后方可重新使用。眼睛接触:用水细心地冲洗数分钟。如戴隐形眼镜并可方便地取出,则取出隐形眼镜,继续冲洗。食入:漱口。不要催吐。收集泄漏物

安全储存 上锁保管

废弃处置 本品及内装物、容器依据国家和地方法规处置

物理和化学危险 可燃,其粉体与空气混合,能形成爆炸性混合物

健康危害 吸入、摄入对身体有害。对眼睛、皮肤、黏膜及呼吸道有刺激作用。中毒表现有烧灼感、咳嗽、喘息、喉炎、气短、头痛、恶心和呕吐。吸入后可能由于喉、支气管的痉挛、炎症和水肿,化学性肺炎或肺水肿而致死。眼和皮肤接触引起灼伤

环境危害 对水生生物毒性非常大并具有长期持续影响

第三部分 成分/组成信息

√ 物质   混合物

组分	浓度	CAS No.
邻硝基氯化苄		612-23-7

第四部分 急救措施

吸入 迅速脱离现场至空气新鲜处。保持呼吸道通畅。如呼吸困难,给输氧。呼吸、心跳停止,立即进行心肺复苏术。就医

皮肤接触 立即脱去污染的衣着,用大量流动清水彻底冲洗至少 15min。就医

眼睛接触 立即分开眼睑,用流动清水或生理盐水彻底冲洗 5~10min。就医

食入 用水漱口,禁止催吐。给饮牛奶或蛋清。就医

对保护施救者的忠告 根据需要使用个人防护设备

对医生的特别提示 对症处理

第五部分 消防措施

灭火剂 用雾状水、泡沫、干粉、二氧化碳、砂土灭火

特别危险性 遇明火能燃烧。与强氧化剂接触可发生化学反应。受热分解释放出有毒的氮氧化物和氯化物气体

灭火注意事项及防护措施 消防人员必须佩戴防毒面具、穿全身消防服,在上风向灭火。尽可能将容器从火场移至空旷处。喷水保持火场容器冷却,直至灭火结束

第六部分 泄漏应急处理

作业人员防护措施、防护装备和应急处置程序 隔离泄漏污染区,限制出入。消除所有点火源。建议应急处理人员戴防尘口罩,穿防毒服。穿上适当的防护服前严禁接触破裂的容器和泄漏物。尽可能切断泄漏源

环境保护措施 用塑料布覆盖泄漏物,减少飞散

泄漏化学品的收容、清除方法及所使用的处置材料 勿使水进入包装容器内。用洁净的铲子收集泄漏物,置于干净、干燥、盖子较松的容器中,将容器移离泄漏区

第七部分 操作处置与储存

操作注意事项 密闭操作,提供充分的局部排风。操作人员必须经过专门培训,严格遵守操作规程。建议操作人员佩戴自吸过滤式防尘口罩,戴化学安全防护眼镜,穿防毒物渗透工作服,戴橡胶手套。远离火种、热源,工作场所严禁吸烟。使用防爆型的通风系统和设备。避免产生粉尘。避免与氧化剂、还原剂、碱类接触。搬运时要轻装轻卸,防止包装及容器损坏。配备相应品种和数量的消防器材及泄漏应急处理设备。倒空的容器可能残留有害物

储存注意事项 储存于阴凉、干燥、通风良好的库房。远离火种、热源。保持容器密封。应与氧化剂、还原剂、碱类分开存放,切忌混储。配备相应品种和数量的消防器材。储区应备有合适的材料收容泄漏物

第八部分 接触控制/个体防护

职业接触限值

中国 未制定标准

美国(ACGIH) 未制定标准

生物接触限值 未制定标准

监测方法 空气中有毒物质测定方法:未制定标准。生物监测检验方法:未制定标准

工程控制 严加密闭,提供充分的局部排风。提供安全淋浴和洗眼设备

个体防护装备

呼吸系统防护 空气中粉尘浓度超标时,必须佩戴过滤式防尘呼吸器。紧急事态抢救或撤离时,应该佩戴空气呼吸器

眼睛防护 戴化学安全防护眼镜

皮肤和身体防护 穿防毒物渗透工作服

手防护 戴橡胶手套

第九部分 理化特性

外观与性状 浅黄色、有催泪性和恶臭的晶状固体

pH 值 无意义		**熔点(℃)** 46~48	
沸点(℃) 127~133		**相对密度(水=1)** 无资料	
相对蒸气密度(空气=1) 无资料			
饱和蒸气压(kPa) 无资料			
临界压力(MPa) 无资料		**辛醇/水分配系数** 无资料	
闪点(℃) 无资料		**自燃温度(℃)** 无资料	
爆炸下限(%) 无资料		**爆炸上限(%)** 无资料	
分解温度(℃) 无资料		**黏度(mPa·s)** 无资料	
燃烧热(kJ/mol) 无资料		**临界温度(℃)** 无资料	

溶解性 不溶于水,溶于乙醇、乙醚、乙酸,易溶于丙酮、苯

第十部分 稳定性和反应性

稳定性 稳定

危险反应 与强氧化剂、强还原剂、强碱等禁配物发生反应

避免接触的条件 受热、潮湿空气

禁配物 强氧化剂、强还原剂、强碱

危险的分解产物 氯化氢、氮氧化物

第十一部分 毒理学信息

急性毒性 无资料

皮肤刺激或腐蚀 无资料　　**眼睛刺激或腐蚀** 无资料

呼吸或皮肤过敏 无资料

生殖细胞突变性 微生物致突变：鼠伤寒沙门氏菌 $250\mu g/\mathrm{III}$。DNA修复：枯草杆菌 $50\mu g/\mathrm{III}$

致癌性 无资料　　　　**生殖毒性** 无资料

特异性靶器官系统毒性-一次接触 无资料

特异性靶器官系统毒性-反复接触 无资料

吸入危害 无资料

第十二部分 生态学信息

生态毒性 根据结构类似物质预测，该物质对水生生物有极高毒性

持久性和降解性

　　生物降解性　无资料

　　非生物降解性　无资料

潜在的生物累积性 无资料

土壤中的迁移性 无资料

第十三部分 废弃处置

废弃化学品 建议用焚烧法处置。与燃料混合后，再焚烧。焚烧炉排出的气体要通过洗涤器除去

污染包装物 将容器返还生产商或按照国家和地方法规处置

废弃注意事项 处置前应参阅国家和地方有关法规

第十四部分 运输信息

联合国危险货物编号（UN号） 3457

联合国运输名称 固态硝基氯甲苯

联合国危险性类别 6.1

包装类别 Ⅲ　　　　**包装标志**

海洋污染物 是

运输注意事项 运输前应先检查包装容器是否完整、密封，运输过程中要确保容器不泄漏、不倒塌、不坠落、不损坏。严禁与酸类、氧化剂、食品及食品添加剂混运。运输途中应防暴晒、雨淋，防高温

第十五部分 法规信息

　　下列法律、法规、规章和标准，对该化学品的管理作了相应的规定。

中华人民共和国职业病防治法 职业病分类和目录：未列入

危险化学品安全管理条例 危险化学品目录：列入。易制爆危险化学品名录：未列入。重点监管的危险化学品名录：未列入。GB 18218—2009《危险化学品重大危险源辨识》（表1）：未列入

使用有毒物品作业场所劳动保护条例 高毒物品目录：未列入

易制毒化学品管理条例 易制毒化学品的分类和品种目录：未列入

国际公约 斯德哥尔摩公约：未列入。鹿特丹公约：未列入。蒙特利尔议定书：未列入

第十六部分 其他信息

编写和修订信息　　**缩略语和首字母缩写**

培训建议　　　　　**参考文献**

免责声明

林丹

第一部分 化学品标识

化学品中文名 林丹；高丙体六六六；灵丹；γ-(1,2,3,4,5,6)-六氯环己烷

化学品英文名 lindane；$(1\alpha,2\alpha,3\beta,4\alpha,5\alpha,6\beta)$-1,2,3,4,5,6-hexachlorocyclohexane

分子式 $C_6H_6Cl_6$　　**分子量** 290.83

结构式

化学品的推荐及限制用途 用作农用杀虫剂

第二部分 危险性概述

紧急情况概述 吞咽会中毒

GHS危险性类别 急性毒性-经口，类别3；急性毒性-经皮，类别4；急性毒性-吸入，类别4；生殖毒性，附加类别；特异性靶器官毒性-反复接触，类别2；危害水生环境-急性危害，类别1；危害水生环境-长期危害，类别1

标签要素

象形图

警示词 危险

危险性说明 吞咽会中毒，皮肤接触有害，吸入有害，可能对母乳喂养的儿童造成伤害，长时间或反复接触可能对器官造成损伤，对水生生物毒性非常大并具有长期持续影响

防范说明

　　预防措施　避免接触眼睛、皮肤，操作后彻底清洗。作业场所不得进食、饮水或吸烟。戴防护手套、穿防护服。仅在室外或通风良好处

操作。得到专门指导后操作。避免吸入粉尘。妊娠、哺乳期间避免接触。禁止排入环境

事故响应　如吸入：将患者转移到空气新鲜处，休息，保持利于呼吸的体位，如感觉不适，呼叫中毒控制中心或就医。皮肤接触：用大量肥皂水和水清洗，如感觉不适，呼叫中毒控制中心或就医。被污染的衣服必须经洗净后方可重新使用。食入：立即呼叫中毒控制中心或就医，漱口。如果接触或有担心，就医。收集泄漏物

安全储存　上锁保管

废弃处置　本品及内装物、容器依据国家和地方法规处置

物理和化学危险　可燃，其粉体与空气混合，能形成爆炸性混合物

健康危害　误服本品的急性中毒症状主要是恶心、呕吐、胃痛等胃肠症状，以及兴奋、抽搐。危重病例1～2h即可死亡。长期接触引起胃肠不适、皮炎、喉干、胸闷、虚弱、眩晕和周围神经病等

环境危害　对水生生物毒性非常大并具有长期持续影响

第三部分　成分/组成信息

√　物质　　　　　　混合物

组分	浓度	CAS No.
林丹		58-89-9

第四部分　急救措施

吸入　迅速脱离现场至空气新鲜处。保持呼吸道通畅。如呼吸困难，给输氧。呼吸、心跳停止，立即进行心肺复苏术。就医

皮肤接触　立即脱去污染的衣着，用流动清水彻底冲洗。就医

眼睛接触　立即分开眼睑，用流动清水或生理盐水彻底冲洗。就医

食入　饮适量温水，催吐（仅限于清醒者）。就医

对保护施救者的忠告　根据需要使用个人防护设备

对医生的特别提示　对症处理

第五部分　消防措施

灭火剂　用雾状水、泡沫、干粉、二氧化碳、砂土灭火

特别危险性　遇明火、高热可燃。其粉体与空气可形成爆炸性混合物，当达到一定浓度时，遇火星会发生爆炸。遇高热分解释出高毒烟气

灭火注意事项及防护措施　消防人员必须佩戴防毒面具、穿全身消防服，在上风向灭火。尽可能将容器从火场移至空旷处。喷水保持火场容器冷却，直至灭火结束

第六部分　泄漏应急处理

作业人员防护措施、防护装备和应急处置程序　隔离泄漏污染区，限制出入。建议应急处理人员戴防尘口罩，穿防毒服。穿上适当的防护服前严禁接触破裂的容器和泄漏物。尽可能切断泄漏源

环境保护措施　用塑料布覆盖泄漏物，减少飞散

泄漏化学品的收容、清除方法及所使用的处置材料　勿使水进入包装容器内。用洁净的铲子收集泄漏物，置于干净、干燥、盖子较松的容器中，将容器移离泄漏区

第七部分　操作处置与储存

操作注意事项　密闭操作，局部排风。防止粉尘释放到车间空气中。操作人员必须经过专门培训，严格遵守操作规程。建议操作人员佩戴自吸过滤式防尘口罩，戴化学安全防护眼镜，穿防毒物渗透工作服，戴乳胶手套。远离火种、热源，工作场所严禁吸烟。使用防爆型的通风系统和设备。避免产生粉尘。避免与氧化剂、碱类接触。配备相应品种和数量的消防器材及泄漏应急处理设备。倒空的容器可能残留有害物

储存注意事项　储存于阴凉、通风的库房。远离火种、热源。防止阳光直射。包装密封。应与氧化剂、碱类、食用化学品分开存放，切忌混储。配备相应品种和数量的消防器材。储区应备有合适的材料收容泄漏物

第八部分　接触控制/个体防护

职业接触限值

中国　　PC-TWA：0.05mg/m^3；PC-STEL：0.1mg/m^3〔皮〕〔G2B〕

美国（ACGIH）　TLV-TWA：0.5mg/m^3〔皮〕

生物接触限值　未制定标准

监测方法　空气中有毒物质测定方法：未制定标准。生物监测检验方法：未制定标准

工程控制　密闭操作，局部排风

个体防护装备

呼吸系统防护　空气中粉尘浓度超标时，建议佩戴过滤式防尘呼吸器。紧急事态抢救或撤离时，应该佩戴空气呼吸器

眼睛防护　戴化学安全防护眼镜

皮肤和身体防护　穿防毒物渗透工作服

手防护　戴橡胶手套

第九部分　理化特性

外观与性状　白色结晶粉末

pH值　无意义　　　　**熔点（℃）**　112.5

沸点（℃）　323.4

相对密度（水=1）　1.891(19℃)

相对蒸气密度（空气=1）　9.9

饱和蒸气压（kPa）　1.25×10^{-6}(20℃)

临界压力（MPa）　无资料　　**辛醇/水分配系数**　无资料

闪点（℃）　无意义　　　　**自燃温度（℃）**　无资料

爆炸下限（%）　无资料　　**爆炸上限（%）**　无资料

分解温度（℃）　无资料　　**黏度（mPa·s）**　无资料

燃烧热（kJ/mol）　无资料　　**临界温度（℃）**　无资料

溶解性　微溶于水，溶于乙醇、苯、甲苯、丙酮等

第十部分　稳定性和反应性

稳定性　稳定

危险反应　与强氧化剂、强碱等禁配物发生反应

避免接触的条件　无资料
禁配物　强氧化剂、强碱
危险的分解产物　氯化氢、光气

第十一部分　毒理学信息

急性毒性　LD_{50}：76mg/kg（大鼠经口），414mg/kg（大鼠经皮），44mg/kg（小鼠经口），60mg/kg（兔经口），50mg/kg（兔经皮）

皮肤刺激或腐蚀　无资料　　眼睛刺激或腐蚀　无资料
呼吸或皮肤过敏　无资料
生殖细胞突变性　DNA损伤：大鼠经口 60μmol/L。细胞遗传学分析：小鼠经口 12600μg/kg（7d，连续）。显性致死试验：小鼠经口 6720mg/kg。精子形态学分析：大鼠肠胃外 10mg/kg（10d，连续）。细胞遗传学分析：人淋巴细胞 5mg/L。DNA抑制：人淋巴细胞 500mg/L

致癌性　IARC致癌性评论：动物致癌性证据有限
生殖毒性　大鼠孕后 6～15d 经口给予最低中毒剂量（TDLo）200mg/kg，致肌肉骨骼系统发育畸形。小鼠孕后 9～16d 经口给予最低中毒剂量（TDLo）120mg/kg，致内分泌系统、泌尿生殖系统发育畸形

特异性靶器官系统毒性-一次接触　无资料
特异性靶器官系统毒性-反复接触　无资料
吸入危害　无资料

第十二部分　生态学信息

生态毒性　LC_{50}：0.0017mg/L（96h）（褐鳟），0.018mg/L（96h）（虹鳟），0.025mg/L（96h）（蓝鳃太阳鱼），0.067mg/L（96h）（黑头呆鱼）。EC_{50}：0.46mg/L（48h）（蚤状溞）。NOAEC：0.0029mg/L（虹鳟），0.054mg/L（21d）（大型溞）

持久性和降解性
　生物降解性　不易快速生物降解
　非生物降解性　无资料
潜在的生物累积性　根据 K_{ow} 值预测，该物质可能有一定的生物累积性
土壤中的迁移性　根据 K_{oc} 值预测，该物质可能有一定的迁移性

第十三部分　废弃处置

废弃化学品　建议用控制焚烧法或安全掩埋法处置。用石灰浆清洗倒空的容器。若可能，重复使用容器或在规定场所掩埋
污染包装物　将容器返还生产商或按照国家和地方法规处置
废弃注意事项　处置前应参阅国家和地方有关法规

第十四部分　运输信息

联合国危险货物编号（UN号）　2588
联合国运输名称　固态农药，毒性，未另作规定的（林丹）
联合国危险性类别　6.1

包装类别　Ⅲ　　　　　　包装标志

海洋污染物　是
运输注意事项　铁路运输时包装所用的麻袋、塑料编织袋、复合塑料编织袋的强度应符合国家标准要求。铁路运输时，可以使用钙塑瓦楞箱作外包装。运输前应先检查包装容器是否完整、密封，运输过程中要确保容器不泄漏、不倒塌、不坠落、不损坏。严禁与酸类、氧化剂、食品及食品添加剂混运。运输时运输车辆应配备相应品种和数量的消防器材及泄漏应急处理设备。运输途中应防暴晒、雨淋，防高温。公路运输时要按规定路线行驶，勿在居民区和人口稠密区停留

第十五部分　法规信息

下列法律、法规、规章和标准，对该化学品的管理作了相应的规定。
中华人民共和国职业病防治法　职业病分类和目录：未列入
危险化学品安全管理条例　危险化学品目录：列入。易制爆危险化学品名录：未列入。重点监管的危险化学品名录：未列入。GB 18218—2009《危险化学品重大危险源辨识》（表1）：未列入
使用有毒物品作业场所劳动保护条例　高毒物品目录：未列入
易制毒化学品管理条例　易制毒化学品的分类和品种目录：未列入
国际公约　斯德哥尔摩公约：列入
　鹿特丹公约：列入
　蒙特利尔议定书：未列入

第十六部分　其他信息

编写和修订信息　　缩略语和首字母缩写
培训建议　　　　　参考文献
免责声明

磷胺

第一部分　化学品标识

化学品中文名　磷胺；大灭虫；2-氯-3-(二乙氨基)-1-甲基-3-氧代-1-丙烯二甲基磷酸酯
化学品英文名　phosphamidon；dimecron；(E, Z)-2-chloro-2-diethylcarbamoyl-1-methylvinyl dimethyl phosphate
分子式　$C_{10}H_{19}ClNO_5P$　分子量　299.688

结构式

化学品的推荐及限制用途　用作杀虫剂

第二部分　危险性概述

紧急情况概述　吞咽致命，皮肤接触会中毒
GHS危险性类别　急性毒性-经口，类别2；急性毒性-经皮，类别3；生殖细胞致突变性，类别2；危害水生环境-急性危害，类别1；危害水生环境-长期危害，

类别 1
标签要素

象形图

警示词　危险
危险性说明　吞咽致命，皮肤接触会中毒，怀疑可造成
　　遗传性缺陷，对水生生物毒性非常大并具有长期持
　　续影响
防范说明
　　预防措施　避免接触眼睛、皮肤，操作后彻底清
　　　洗。作业场所不得进食、饮水或吸烟。戴防护
　　　手套、穿防护服。得到专门指导后操作。在阅
　　　读并了解所有安全预防措施之前，切勿操作。
　　　按要求使用个体防护装备。禁止排入环境
　　事故响应　皮肤接触：用大量肥皂水和水清洗，立
　　　即脱去所有被污染的衣服。如感觉不适，呼叫
　　　中毒控制中心或就医。被污染的衣服必须经洗
　　　净后方可重新使用。食入：立即呼叫中毒控制
　　　中心或就医，漱口。如果接触或有担心，就
　　　医。收集泄漏物
　　安全储存　上锁保管
　　废弃处置　本品及内装物、容器依据国家和地方法
　　　规处置
物理和化学危险　可燃，其蒸气与空气混合，能形成爆炸
　　性混合物
健康危害　抑制胆碱酯酶活性，引起神经功能紊乱，发生
　　与胆碱能神经过度兴奋相似的症状。急性中毒：轻度
　　中毒有头痛、头晕、恶心、呕吐、多汗、胸闷、视力
　　模糊、无力等症状，全血胆碱酯酶活性在 50%～
　　70%；中度中毒除上述症状外，有肌束震颤、瞳孔缩
　　小、轻度呼吸困难、流涎、腹痛、腹泻等症状，全血
　　胆碱酯酶活性在 30%～50%；重度中毒上述症状加
　　重，有肺水肿、昏迷、呼吸麻痹或脑水肿症状，全血
　　胆碱酯酶活性在 30% 以下。可引起迟发性神经病。
　　慢性影响：可有神经衰弱综合征、腹胀、多汗、肌纤
　　维震颤等，全血胆碱酯酶活性降至 50%以下
环境危害　对水生生物毒性非常大并具有长期持续影响

第三部分　成分/组成信息

√ 物质　　　　　　　　　混合物

组分	浓度	CAS No.
磷胺		13171-21-6

第四部分　急救措施

吸入　迅速脱离现场至空气新鲜处。保持呼吸道通畅。如
　　呼吸困难，给输氧。呼吸、心跳停止，立即进行心肺
　　复苏术。就医
皮肤接触　立即脱去污染的衣着，用肥皂水及流动清水彻
　　底冲洗污染的皮肤、头发、指甲等。就医
眼睛接触　分开眼睑，用流动清水或生理盐水冲洗。就医
食入　饮足量温水，催吐（仅限于清醒者）。口服活性炭。

就医
对保护施救者的忠告　根据需要使用个人防护设备
对医生的特别提示　解毒剂：阿托品、胆碱酯酶复能剂

第五部分　消防措施

灭火剂　用雾状水、抗溶性泡沫、干粉、二氧化碳、砂土
　　灭火
特别危险性　遇明火、高热可燃。受热分解，放出氮、磷
　　的氧化物等毒性气体。在碱液中能迅速分解
灭火注意事项及防护措施　消防人员必须佩戴空气呼吸
　　器、穿全身防火防毒服，在上风向灭火。尽可能将容
　　器从火场移至空旷处。喷水保持火场容器冷却，直至
　　灭火结束。处在火场中的容器若已变色或从安全泄压
　　装置中发出声音，必须马上撤离

第六部分　泄漏应急处理

作业人员防护措施、防护装备和应急处置程序　根据液体
　　流动和蒸气扩散的影响区域划定警戒区，无关人员从
　　侧风向、上风向撤离至安全区。建议应急处理人员戴
　　正压自给式呼吸器，穿防毒服。穿上适当的防护服前
　　严禁接触破裂的容器和泄漏物。尽可能切断泄漏源
环境保护措施　防止泄漏物进入水体、下水道、地下室或
　　有限空间
泄漏化学品的收容、清除方法及所使用的处置材料　小量
　　泄漏：用干燥的砂土或其他不燃材料吸收或覆盖，收
　　集于容器中。大量泄漏：构筑围堤或挖坑收容。用泵
　　转移至槽车或专用收集器内

第七部分　操作处置与储存

操作注意事项　密闭操作，提供充分的局部排风。操作尽
　　可能机械化、自动化。操作人员必须经过专门培训，
　　严格遵守操作规程。建议操作人员佩戴自吸过滤式防
　　毒面具（全面罩），穿胶布防毒衣，戴橡胶手套。远
　　离火种、热源，工作场所严禁吸烟。使用防爆型的通
　　风系统和设备。防止蒸气泄漏到工作场所空气中。避
　　免与氧化剂、碱类接触。搬运时要轻装轻卸，防止包
　　装及容器损坏。配备相应品种和数量的消防器材及泄
　　漏应急处理设备。倒空的容器可能残留有害物
储存注意事项　储存于阴凉、通风良好的库房内。远离火
　　种、热源。应与氧化剂、碱类、食用化学品分开存
　　放，切忌混储。配备相应品种和数量的消防器材。储
　　区应备有泄漏应急处理设备和合适的收容材料

第八部分　接触控制/个体防护

职业接触限值
　　中国　PC-TWA：0.02mg/m³［皮］
　　美国（ACGIH）　未制定标准
生物接触限值　全血胆碱酯酶活性（校正值）：原基础值
　　或参考值的 70%（采样时间：开始接触后的 3 个月
　　内），原基础值或参考值的 50%（采样时间：持续接
　　触 3 个月后，任意时间）
监测方法　空气中有毒物质测定方法：酶化学法。生物监
　　测检验方法：血中胆碱酯酶活性的分光光度测定方

法——羟胺三氯化铁法；血中胆碱酯酶活性的分光光
度测定方法——硫代乙酰胆碱-联硫代双硝基苯甲
酸法

工程控制 严加密闭，提供充分的局部排风。提供安全淋
浴和洗眼设备

个体防护装备

呼吸系统防护 空气中浓度超标时，必须佩戴过滤式
防毒面具（全面罩）。紧急事态抢救或撤离时，
应该佩戴空气呼吸器

眼睛防护 呼吸系统防护中已作防护

皮肤和身体防护 穿密闭型防毒服

手防护 戴橡胶手套

第九部分　理化特性

外观与性状 纯品为无色油状液体，工业品为棕色油状
液体

pH 值 无资料		**熔点(℃)** −45	

沸点(℃) 160～162　　**相对密度(水=1)** 1.21

相对蒸气密度(空气=1) 无资料

饱和蒸气压(kPa) 无资料

临界压力(MPa) 无资料　　**辛醇/水分配系数** 无资料

闪点(℃) 150　　**自燃温度(℃)** 255

爆炸下限(%) 无资料　　**爆炸上限(%)** 无资料

分解温度(℃) 无资料　　**黏度(mPa·s)** 70（25℃）

燃烧热(kJ/mol) 无资料　　**临界温度(℃)** 无资料

溶解性 与水混溶，易溶于乙醇、乙醚、丙酮等多数有机
溶剂

第十部分　稳定性和反应性

稳定性 稳定

危险反应 与强氧化剂、碱类等禁配物发生反应。在碱液
中能迅速分解

避免接触的条件 受热

禁配物 强氧化剂、碱类

危险的分解产物 一氧化磷、氯化氢、氮氧化物

第十一部分　毒理学信息

急性毒性 LD_{50}：8mg/kg（大鼠经口），125mg/kg（大
鼠经皮），6mg/kg（小鼠经口），70mg/kg（兔经
口），80mg/kg（兔经皮）。LC_{50}：135mg/m³（大鼠
吸入，4h）

皮肤刺激或腐蚀 无资料　　**眼睛刺激或腐蚀** 无资料

呼吸或皮肤过敏 无资料

生殖细胞突变性 微生物致突变：鼠伤寒沙门氏菌 5μg/
皿。细胞遗传学分析：人淋巴细胞 1900μg/L。DNA
损伤：小鼠成纤维细胞 80mg/L/24h

致癌性 大鼠经口最低中毒剂量（TDLo）：5400mg/kg，
80 周（连续），疑致肿瘤剂，致血管和甲状腺肿瘤

生殖毒性 小鼠经口最低中毒剂量（TDLo）：5mg/kg
（孕 7d），致植入前的死亡率升高，影响每窝胎数，
致胚胎毒性（如胚胎发育迟缓）

特异性靶器官系统毒性-一次接触 无资料

特异性靶器官系统毒性-反复接触 无资料

吸入危害 无资料

第十二部分　生态学信息

生态毒性 LC_{50}：7.8mg/L（96h）（虹鳟），3.4mg/L（96h）
（蓝鳃太阳鱼）。EC_{50}：0.01mg/L（48h）（蚤状溞）

持久性和降解性

生物降解性 无资料

非生物降解性 无资料

潜在的生物累积性 根据 K_{ow} 值预测，该物质的生物累积
性可能较弱

土壤中的迁移性 根据 K_{oc} 值预测，该物质可能易发生
迁移

第十三部分　废弃处置

废弃化学品 建议用焚烧法处置。与燃料混合后，再焚
烧。焚烧炉排出的气体要通过洗涤器除去

污染包装物 将容器返还生产商或按照国家和地方法规
处置

废弃注意事项 处置前应参阅国家和地方有关法规

第十四部分　运输信息

联合国危险货物编号（UN 号） 2902

联合国运输名称 有机磷化合物，毒性，液态，未另作规
定的（磷胺）

联合国危险性类别 6.1

包装类别 Ⅱ　　　　　　　**包装标志**

海洋污染物 是

运输注意事项 运输前应先检查包装容器是否完整、密
封，运输过程中要确保容器不泄漏、不倒塌、不坠
落、不损坏。严禁与酸类、氧化剂、食品及食品添加
剂混运。运输时运输车辆应配备相应品种和数量的消
防器材及泄漏应急处理设备。运输途中应防暴晒、雨
淋，防高温。公路运输时要按规定路线行驶，勿在居
民区和人口稠密区停留

第十五部分　法规信息

下列法律、法规、规章和标准，对该化学品的管理作
了相应的规定。

中华人民共和国职业病防治法 职业病分类和目录：有机
磷中毒

危险化学品安全管理条例 危险化学品目录：列入。易制
爆危险化学品名录：未列入。重点监管的危险化学品
名录：未列入。GB 18218—2009《危险化学品重大
危险源辨识》（表1）：未列入

使用有毒物品作业场所劳动保护条例 高毒物品目录：未
列入

易制毒化学品管理条例 易制毒化学品的分类和品种目
录：未列入

国际公约 斯德哥尔摩公约：未列入。鹿特丹公约：列
入。蒙特利尔议定书：未列入

第十六部分　其他信息

编写和修订信息　　缩略语和首字母缩写
培训建议　　　　　参考文献
免责声明

磷化钾

第一部分　化学品标识

化学品中文名　磷化钾
化学品英文名　potassium phosphide
分子式　K_3P　分子量　148.27
化学品的推荐及限制用途　用作熏剂、杀鼠剂等

第二部分　危险性概述

紧急情况概述　遇水放出可自燃的易燃气体，吞咽会中毒，皮肤接触会中毒，吸入会中毒
GHS危险性类别　遇水放出易燃气体的物质和混合物，类别1；急性毒性-经口，类别3；急性毒性-经皮，类别3；急性毒性-吸入，类别3；危害水生环境-急性危害，类别1
标签要素

象形图　

警示词　危险
危险性说明　遇水放出可自燃的易燃气体，吞咽会中毒，皮肤接触会中毒，吸入会中毒，对水生生物毒性非常大
防范说明
　　预防措施　因与水发生剧烈反应和可能发生爆燃，应避免与水接触。在惰性气体中操作。防潮。戴防护手套、防护眼镜、防护面罩，穿防护服。避免接触眼睛、皮肤，操作后彻底清洗。作业场所不得进食、饮水或吸烟。避免吸入粉尘。仅在室外或通风良好处操作。禁止排入环境
　　事故响应　火灾时，使用干粉、二氧化碳、砂土灭火。如吸入：将患者转移到空气新鲜处，休息，保持利于呼吸的体位，呼叫中毒控制中心或就医。皮肤接触：用大量肥皂水和水清洗，立即脱去所有被污染的衣服，如感觉不适，呼叫中毒控制中心或就医。被污染的衣服必须经洗净后方可重新使用。食入：立即呼叫中毒控制中心或就医，漱口。收集泄漏物
　　安全储存　在干燥处和密闭的容器中储存。在通风良好处储存。保持容器密闭。上锁保管
　　废弃处置　本品及内装物、容器依据国家和地方法规处置
物理和化学危险　遇湿易燃
健康危害　吸入或误服在胃及肺中可与胃酸和水反应成剧毒的磷化氢。中毒表现为口渴、恶心、腹泻、呼吸困

难、昏迷等。出现窒息和呼吸循环障碍之后 7～60h 死亡
环境危害　对水生生物毒性非常大

第三部分　成分/组成信息

✓物质　　　　　　　　混合物

组分	浓度	CAS No.
磷化钾		20770-41-6

第四部分　急救措施

吸入　迅速脱离现场至空气新鲜处。保持呼吸道通畅。如呼吸困难，给输氧。呼吸、心跳停止，立即进行心肺复苏术。就医
皮肤接触　立即脱去污染的衣着，用流动清水彻底冲洗。就医
眼睛接触　立即分开眼睑，用流动清水或生理盐水彻底冲洗。就医
食入　漱口，饮水。就医
对保护施救者的忠告　根据需要使用个人防护设备
对医生的特别提示　对症处理

第五部分　消防措施

灭火剂　用干粉、二氧化碳、砂土灭火
特别危险性　本品遇湿易燃。与氧化剂能发生强烈反应。遇水、潮湿空气或酸分解释出剧毒和自燃的磷化氢气体。遇高热分解释出高毒烟气
灭火注意事项及防护措施　消防人员必须佩戴防毒面具、穿全身消防服，在上风向灭火。尽可能将容器从火场移至空旷处。喷水保持火场容器冷却，直至灭火结束。禁止用水和泡沫灭火

第六部分　泄漏应急处理

作业人员防护措施、防护装备和应急处置程序　严禁用水处理。隔离泄漏污染区，限制出入。消除所有点火源。建议应急处理人员戴防尘口罩，穿防静电服。禁止接触或跨越泄漏物。尽可能切断泄漏源
环境保护措施　用塑料布覆盖，减少飞散、避免雨淋。粉末泄漏：用塑料布或帆布覆盖泄漏物，减少飞散，保持干燥
泄漏化学品的收容、清除方法及所使用的处置材料　保持泄漏物干燥。小量泄漏：用干燥的砂土或其他不燃材料覆盖泄漏物，在专家指导下清除

第七部分　操作处置与储存

操作注意事项　密闭操作，提供充分的局部排风。防止粉尘释放到车间空气中。操作人员必须经过专门培训，严格遵守操作规程。建议操作人员佩戴防尘面具（全面罩），穿胶布防毒衣，戴橡胶手套。远离火种、热源，工作场所严禁吸烟。使用防爆型的通风系统和设备。避免产生粉尘。避免与氧化剂接触。尤其要注意避免与水接触。配备相应品种和数量的消防器材及泄漏应急处理设备。倒空的容器可能残留有害物
储存注意事项　储存于阴凉、干燥、通风良好的专用库房

内，库温不超过 32℃，相对湿度不超过 75%。远离
火种、热源。防止阳光直射。包装必须密封，切勿受
潮。应与氧化剂、食用化学品等分开存放，切忌混
储。配备相应品种和数量的消防器材。储区应备有合
适的材料收容泄漏物

第八部分　接触控制/个体防护

职业接触限值
　　中国　未制定标准
　　美国（ACGIH）　未制定标准
生物接触限值　未制定标准
监测方法　空气中有毒物质测定方法：未制定标准。生物
　　监测检验方法：未制定标准
工程控制　严加密闭，提供充分的局部排风
个体防护装备
　　呼吸系统防护　可能接触其粉尘时，必须佩戴防尘面
　　　具（全面罩）。紧急事态抢救或撤离时，应该佩
　　　戴空气呼吸器
　　眼睛防护　呼吸系统防护中已作防护
　　皮肤和身体防护　穿密闭型防毒服
　　手防护　戴橡胶手套

第九部分　理化特性

外观与性状　结晶，遇水分解
pH 值　无意义　　　　　**熔点（℃）**　无资料
沸点（℃）　无资料　　　**相对密度（水＝1）**　无资料
相对蒸气密度（空气＝1）　无资料
饱和蒸气压（kPa）　无资料
临界压力（MPa）　无意义　**辛醇/水分配系数**　无资料
闪点（℃）　无意义　　　**自燃温度（℃）**　无资料
爆炸下限（%）　无资料　　**爆炸上限（%）**　无资料
分解温度（℃）　无资料　　**黏度（mPa·s）**　无资料
燃烧热（kJ/mol）　无资料　**临界温度（℃）**　无资料
溶解性　无资料

第十部分　稳定性和反应性

稳定性　稳定
危险反应　与强氧化剂、水及水蒸气等禁配物发生反应。
　　遇水、潮湿空气或酸分解释出剧毒和自燃的磷化氢
　　气体
避免接触的条件　潮湿空气
禁配物　强氧化剂、水及水蒸气
危险的分解产物　氧化磷、磷化氢、氧化钾

第十一部分　毒理学信息

急性毒性　LCLo：580ppm（大鼠吸入，1h）
皮肤刺激或腐蚀　无资料　**眼睛刺激或腐蚀**　无资料
呼吸或皮肤过敏　无资料　**生殖细胞突变性**　无资料
致癌性　无资料　　　　　**生殖毒性**　无资料
特异性靶器官系统毒性-一次接触　无资料
特异性靶器官系统毒性-反复接触　无资料

吸入危害　无资料

第十二部分　生态学信息

生态毒性　磷化物遇水反应，释放出磷化氢（膦），对水
　　生生物有极高毒性
持久性和降解性
　　生物降解性　无资料
　　非生物降解性　无资料
潜在的生物累积性　无资料
土壤中的迁移性　无资料

第十三部分　废弃处置

废弃化学品　建议用控制焚烧法处置。若可能，重复使用
　　容器或在规定场所掩埋
污染包装物　将容器返还生产商或按照国家和地方法规
　　处置
废弃注意事项　处置前应参阅国家和地方有关法规

第十四部分　运输信息

联合国危险货物编号（UN 号）　2012
联合国运输名称　磷化钾
联合国危险性类别　4.3，6.1
包装类别　Ⅰ
包装标志

海洋污染物　是
运输注意事项　运输时运输车辆应配备相应品种和数量的
　　消防器材及泄漏应急处理设备。装运本品的车辆排气
　　管须有阻火装置。运输过程中要确保容器不泄漏、不
　　倒塌、不坠落、不损坏。严禁与氧化剂等混装混运。
　　运输途中应防暴晒、雨淋，防高温。中途停留时应远
　　离火种、热源。运输用车、船必须干燥，并有良好的
　　防雨设施。车辆运输完毕应进行彻底清扫。铁路运输
　　时要禁止溜放

第十五部分　法规信息

　　下列法律、法规、规章和标准，对该化学品的管理作
了相应的规定。
中华人民共和国职业病防治法　职业病分类和目录：未列入
危险化学品安全管理条例　危险化学品目录：列入。易制
　　爆危险化学品名录：未列入。重点监管的危险化学品
　　名录：未列入。GB 18218—2009《危险化学品重大
　　危险源辨识》（表 1）：未列入
使用有毒物品作业场所劳动保护条例　高毒物品目录：未
　　列入
易制毒化学品管理条例　易制毒化学品的分类和品种目
　　录：未列入
国际公约　斯德哥尔摩公约：未列入。鹿特丹公约：未列
　　入。蒙特利尔议定书：未列入

第十六部分 其他信息

编写和修订信息　　缩略语和首字母缩写
培训建议　　　　　参考文献
免责声明

磷化镁

第一部分 化学品标识

化学品中文名　磷化镁；二磷化三镁
化学品英文名　magnesium phosphide
分子式　Mg_3P_2　分子量　134.9
化学品的推荐及限制用途　用作熏剂

第二部分 危险性概述

紧急情况概述　遇水放出可自燃的易燃气体，吞咽致命，皮肤接触会中毒，吸入致命
GHS危险性类别　遇水放出易燃气体的物质和混合物，类别1；急性毒性-经口，类别2；急性毒性-经皮，类别3；急性毒性-吸入，类别1；危害水生环境-急性危害，类别1
标签要素

象形图　

警示词　危险
危险性说明　遇水放出可自燃的易燃气体，吞咽致命，皮肤接触会中毒，吸入致命，对水生生物毒性非常大
防范说明
　　预防措施　因与水发生剧烈反应和可能发生爆燃，应避免与水接触。在惰性气体中操作。防潮。戴防护手套、防护眼镜、防护面罩，穿防护服。避免接触眼睛、皮肤，操作后彻底清洗。作业场所不得进食、饮水或吸烟。避免吸入粉尘。仅在室外或通风良好处操作。戴呼吸防护器具。禁止排入环境
　　事故响应　火灾时，使用干粉、二氧化碳、砂土灭火。如吸入：将患者转移到空气新鲜处，休息，保持利于呼吸的体位，立即呼叫中毒控制中心或就医。皮肤接触：用大量肥皂水和水清洗，立即脱去所有被污染的衣服，如感觉不适，呼叫中毒控制中心或就医。被污染的衣服必须经洗净后方可重新使用。食入：立即呼叫中毒控制中心或就医，漱口。收集泄漏物
　　安全储存　在干燥处和密闭的容器中储存。在通风良好处储存。保持容器密闭。上锁保管
　　废弃处置　本品及内装物、容器依据国家和地方法规处置
物理和化学危险　遇湿易燃
健康危害　吸入或误服在胃及肺中可与胃酸和水反应成剧毒的磷化氢。中毒表现为口渴、恶心、腹泻、呼吸困难、昏迷等。出现窒息和呼吸循环障碍之后7～60h死亡
环境危害　对水生生物毒性非常大

第三部分 成分/组成信息

✓ 物质　　　　　　　　　混合物

组分	浓度	CAS No.
磷化镁		12057-74-8

第四部分 急救措施

吸入　迅速脱离现场至空气新鲜处。保持呼吸道通畅。如呼吸困难，给输氧。呼吸、心跳停止，立即进行心肺复苏术。就医
皮肤接触　立即脱去污染的衣着，用流动清水彻底冲洗。就医
眼睛接触　立即分开眼睑，用流动清水或生理盐水彻底冲洗。就医
食入　漱口，饮水。就医
对保护施救者的忠告　根据需要使用个人防护设备
对医生的特别提示　对症处理

第五部分 消防措施

灭火剂　用干粉、二氧化碳、砂土灭火
特别危险性　本品遇湿易燃。与氧化剂能发生强烈反应。遇水、潮湿空气或酸分解释出剧毒和自燃的磷化氢气体。与氟、氯、溴等卤素会剧烈反应。遇高热分解释出高毒烟气
灭火注意事项及防护措施　消防人员必须佩戴防毒面具、穿全身消防服，在上风向灭火。尽可能将容器从火场移至空旷处。喷水保持火场容器冷却，直至灭火结束。禁止用水和泡沫灭火

第六部分 泄漏应急处理

作业人员防护措施、防护装备和应急处置程序　严禁用水处理。隔离泄漏污染区，限制出入。消除所有点火源。建议应急处理人员戴防尘口罩，穿防静电服。禁止接触或跨越泄漏物。尽可能切断泄漏源
环境保护措施　用塑料布覆盖，减少飞散、避免雨淋。粉末泄漏：用塑料布或帆布覆盖泄漏物，减少飞散，保持干燥
泄漏化学品的收容、清除方法及所使用的处置材料　保持泄漏物干燥。小量泄漏：用干燥的砂土或其他不燃材料覆盖泄漏物在专家指导下清除

第七部分 操作处置与储存

操作注意事项　密闭操作，提供充分的局部排风。防止粉尘释放到车间空气中。操作人员必须经过专门培训，严格遵守操作规程。建议操作人员佩戴防尘面具（全面罩），穿胶布防毒衣，戴橡胶手套。远离火种、热源，工作场所严禁吸烟。使用防爆型的通风系统和设备。避免产生粉尘。避免与氧化剂、酸类接触。尤其要注意避免与水接触。配备相应品种和数量的消防器材及泄漏应急处理设备。倒空的容器可能残留有害物

储存注意事项　储存于阴凉、干燥、通风良好的专用库房内，库温不超过 32℃，相对湿度不超过 75%。远离火种、热源。防止阳光直射。包装必须密封，切勿受潮。应与氧化剂、酸类、食用化学品等分开存放，切忌混储。配备相应品种和数量的消防器材。储区应备有合适的材料收容泄漏物

第八部分　接触控制/个体防护

职业接触限值
　　中国　未制定标准
　　美国（ACGIH）　未制定标准
生物接触限值　未制定标准
监测方法　空气中有毒物质测定方法：未制定标准。生物监测检验方法：未制定标准
工程控制　严加密闭，提供充分的局部排风
个体防护装备
　　呼吸系统防护　可能接触其粉尘时，必须佩戴防尘面具（全面罩）。紧急事态抢救或撤离时，应该佩戴空气呼吸器
　　眼睛防护　呼吸系统防护中已作防护
　　皮肤和身体防护　穿密闭型防毒服
　　手防护　戴橡胶手套

第九部分　理化特性

外观与性状　硬而脆的浅黄色至黄绿色结晶

pH 值　无意义	**熔点（℃）**　无资料	
沸点（℃）　无资料	**相对密度（水＝1）**　2.055	

相对蒸气密度（空气＝1）　无资料
饱和蒸气压（kPa）　无资料
临界压力（MPa）　无意义　　**辛醇/水分配系数**　无资料
闪点（℃）　无意义　　**自燃温度（℃）**　无资料
爆炸下限（%）　无资料　　**爆炸上限（%）**　无资料
分解温度（℃）　无资料　　**黏度（mPa·s）**　无资料
燃烧热（kJ/mol）　无资料　　**临界温度（℃）**　无资料
溶解性　溶于酸

第十部分　稳定性和反应性

稳定性　稳定
危险反应　与强氧化剂、水及水蒸气、强酸等禁配物发生反应。遇水、潮湿空气或酸分解释出剧毒和自燃的磷化氢气体。与氟、氯、溴等卤素会剧烈反应
避免接触的条件　潮湿空气
禁配物　强氧化剂，水及水蒸气，强酸，氟、氯、溴等卤素
危险的分解产物　氧化磷、磷化氢、氧化镁

第十一部分　毒理学信息

急性毒性　LCLo：580ppm（大鼠吸入，1h）
皮肤刺激或腐蚀　无资料　　**眼睛刺激或腐蚀**　无资料
呼吸或皮肤过敏　无资料　　**生殖细胞突变性**　无资料
致癌性　无资料　　**生殖毒性**　无资料
特异性靶器官系统毒性-一次接触　无资料
特异性靶器官系统毒性-反复接触　无资料
吸入危害　无资料

第十二部分　生态学信息

生态毒性　磷化物遇水反应，释放出磷化氢（膦），对水生生物有极高毒性
持久性和降解性
　　生物降解性　无资料
　　非生物降解性　无资料
潜在的生物累积性　无资料
土壤中的迁移性　无资料

第十三部分　废弃处置

废弃化学品　建议用控制焚烧法处置。若可能，重复使用容器或在规定场所掩埋
污染包装物　将容器返还生产商或按照国家和地方法规处置
废弃注意事项　处置前应参阅国家和地方有关法规

第十四部分　运输信息

联合国危险货物编号（UN 号）　2011
联合国运输名称　二磷化三镁
联合国危险性类别　4.3, 6.1
包装类别　Ⅰ

包装标志

海洋污染物　是
运输注意事项　运输时运输车辆应配备相应品种和数量的消防器材及泄漏应急处理设备。装运本品的车辆排气管须有阻火装置。运输过程中要确保容器不泄漏、不倒塌、不坠落、不损坏。严禁与氧化剂、酸类等混装混运。运输途中应防暴晒、雨淋，防高温。中途停留时应远离火种、热源。运输用车、船必须干燥，并有良好的防雨设施。车辆运输完毕应进行彻底清扫。铁路运输时要禁止溜放

第十五部分　法规信息

　　下列法律、法规、规章和标准，对该化学品的管理作了相应的规定。
中华人民共和国职业病防治法　职业病分类和目录：未列入
危险化学品安全管理条例　危险化学品目录：列入。易制爆危险化学品名录：未列入。重点监管的危险化学品名录：未列入。GB 18218—2009《危险化学品重大危险源辨识》（表1）：未列入
使用有毒物品作业场所劳动保护条例　高毒物品目录：未列入
易制毒化学品管理条例　易制毒化学品的分类和品种目录：未列入
国际公约　斯德哥尔摩公约：未列入。鹿特丹公约：未列入。蒙特利尔议定书：未列入

第十六部分　其他信息

编写和修订信息　缩略语和首字母缩写
培训建议　　　　参考文献
免责声明

磷化钠

第一部分　化学品标识

化学品中文名　磷化钠

化学品英文名　sodium phosphide

分子式　Na_3P　分子量　99.94

化学品的推荐及限制用途　用作熏剂、杀鼠剂等

第二部分　危险性概述

紧急情况概述　遇水放出可自燃的易燃气体，吞咽会中毒，皮肤接触会中毒，吸入会中毒

GHS危险性类别　遇水放出易燃气体的物质和混合物，类别1；急性毒性-经口，类别3；急性毒性-经皮，类别3；急性毒性-吸入，类别3；危害水生环境-急性危害，类别1

标签要素

象形图

警示词　危险

危险性说明　遇水放出可自燃的易燃气体，吞咽会中毒，皮肤接触会中毒，吸入会中毒，对水生生物毒性非常大

防范说明

预防措施　因与水发生剧烈反应和可能发生爆燃，应避免与水接触。在惰性气体中操作。防潮。戴防护手套、防护眼镜、防护面罩，穿防护服。避免接触眼睛、皮肤，操作后彻底清洗。作业场所不得进食、饮水或吸烟。避免吸入粉尘。仅在室外或通风良好处操作。禁止排入环境

事故响应　火灾时，使用干粉、二氧化碳、砂土灭火。如吸入：将患者转移到空气新鲜处，休息，保持利于呼吸的体位，呼叫中毒控制中心或就医。皮肤接触：用大量肥皂水和水清洗，立即脱去所有被污染的衣服，如感觉不适，呼叫中毒控制中心或就医。被污染的衣服必须经洗净后方可重新使用。食入：立即呼叫中毒控制中心或就医，漱口。收集泄漏物

安全储存　在干燥处和密闭的容器中储存。在通风良好处储存。保持容器密闭。上锁保管

废弃处置　本品及内装物、容器依据国家和地方法规处置

物理和化学危险　遇湿易燃

健康危害　吸入或误服在胃及肺中可与胃酸和水反应成剧毒的磷化氢。中毒表现为口渴、恶心、腹泻、呼吸困难、昏迷等。出现窒息和呼吸循环障碍之后7～60h死亡

环境危害　对水生生物毒性非常大

第三部分　成分/组成信息

✓ 物质　　　　　　　　混合物

组分	浓度	CAS No.
磷化钠		12058-85-4

第四部分　急救措施

吸入　迅速脱离现场至空气新鲜处。保持呼吸道通畅。如呼吸困难，给输氧。呼吸、心跳停止，立即进行心肺复苏术。就医

皮肤接触　立即脱去污染的衣着，用流动清水彻底冲洗。就医

眼睛接触　立即分开眼睑，用流动清水或生理盐水彻底冲洗。就医

食入　漱口，饮水。就医

对保护施救者的忠告　根据需要使用个人防护设备

对医生的特别提示　对症处理

第五部分　消防措施

灭火剂　用干粉、二氧化碳、砂土灭火

特别危险性　本品遇湿易燃。与氧化剂能发生强烈反应。遇水、潮湿空气或酸分解释出剧毒和自燃的磷化氢气体。遇高热分解释出高毒烟气

灭火注意事项及防护措施　消防人员必须佩戴防毒面具、穿全身消防服，在上风向灭火。尽可能将容器从火场移至空旷处。喷水保持火场容器冷却，直至灭火结束。禁止用水和泡沫灭火

第六部分　泄漏应急处理

作业人员防护措施、防护装备和应急处置程序　隔离泄漏污染区，限制出入。消除所有点火源。建议应急处理人员戴防尘口罩，穿防静电服。禁止接触或跨越泄漏物。尽可能切断泄漏源

环境保护措施　用塑料布覆盖，减少飞散，避免雨淋。粉末泄漏：用塑料布或帆布覆盖泄漏物，减少飞散，保持干燥

泄漏化学品的收容、清除方法及所使用的处置材料　严禁用水处理。小量泄漏：用干燥的砂土或其他不燃材料覆盖泄漏物，在专家指导下清除

第七部分　操作处置与储存

操作注意事项　密闭操作，提供充分的局部排风。防止粉尘释放到车间空气中。操作人员必须经过专门培训，严格遵守操作规程。建议操作人员佩戴防尘面具（全面罩），穿胶布防毒衣，戴橡胶手套。远离火种、热源，工作场所严禁吸烟。使用防爆型的通风系统和设备。避免产生粉尘。避免与氧化剂接触。尤其要注意避免与水接触。配备相应品种和数量的消防器材及泄漏应急处理设备。倒空的容器可能残留有害物

储存注意事项　储存于阴凉、干燥、通风良好的专用库房内，库温不超过32℃，相对湿度不超过75%。远离火种、热源。防止阳光直射。包装必须密封，切勿受潮。应与氧化剂、食用化学品等分开存放，切忌混

储。配备相应品种和数量的消防器材。储区应备有合适的材料收容泄漏物

第八部分　接触控制/个体防护

职业接触限值
中国　未制定标准
美国（ACGIH）　未制定标准
生物接触限值　未制定标准
监测方法　空气中有毒物质测定方法：未制定标准。生物监测检验方法：未制定标准
工程控制　严加密闭，提供充分的局部排风
个体防护装备
呼吸系统防护　可能接触其粉尘时，必须佩戴防尘面具（全面罩）。紧急事态抢救或撤离时，应该佩戴空气呼吸器
眼睛防护　呼吸系统防护中已作防护
皮肤和身体防护　穿密闭型防毒服
手防护　戴橡胶手套

第九部分　理化特性

外观与性状　红色结晶

pH 值　无意义	**熔点(℃)**　无资料
沸点(℃)　无资料	**相对密度(水=1)**　无资料
相对蒸气密度(空气=1)　无资料	
饱和蒸气压(kPa)　无资料	
临界压力(MPa)　无意义	**辛醇/水分配系数**　无资料
闪点(℃)　无意义	**自燃温度(℃)**　无资料
爆炸下限(%)　无资料	**爆炸上限(%)**　无资料
分解温度(℃)　无资料	**黏度(mPa·s)**　无资料
燃烧热(kJ/mol)　无资料	**临界温度(℃)**　无资料
溶解性　无资料	

第十部分　稳定性和反应性

稳定性　稳定
危险反应　与强氧化剂、水及水蒸气等禁配物发生反应。遇水、潮湿空气或酸分解释出剧毒和自燃的磷化氢气体
避免接触的条件　潮湿空气
禁配物　强氧化剂、水及水蒸气
危险的分解产物　磷化氢、氧化磷、氧化钠

第十一部分　毒理学信息

急性毒性　LCLo：580ppm（大鼠吸入，1h）

皮肤刺激或腐蚀　无资料	**眼睛刺激或腐蚀**　无资料
呼吸或皮肤过敏　无资料	**生殖细胞突变性**　无资料
致癌性　无资料	**生殖毒性**　无资料
特异性靶器官系统毒性-一次接触　无资料	
特异性靶器官系统毒性-反复接触　无资料	
吸入危害　无资料	

第十二部分　生态学信息

生态毒性　磷化物遇水反应，释放出磷化氢（膦），对水生生物有极高毒性

持久性和降解性
生物降解性　无资料
非生物降解性　无资料
潜在的生物累积性　无资料
土壤中的迁移性　无资料

第十三部分　废弃处置

废弃化学品　建议用控制焚烧法处置。若可能，重复使用容器或在规定场所掩埋
污染包装物　将容器返还生产商或按照国家和地方法规处置
废弃注意事项　处置前应参阅国家和地方有关法规

第十四部分　运输信息

联合国危险货物编号（UN 号）　1432
联合国运输名称　磷化钠
联合国危险性类别　4.3，6.1
包装类别　Ⅰ

包装标志　

海洋污染物　是
运输注意事项　运输时运输车辆应配备相应品种和数量的消防器材及泄漏应急处理设备。装运本品的车辆排气管须有阻火装置。运输过程中要确保容器不泄漏、不倒塌、不坠落、不损坏。严禁与氧化剂等混装混运。运输途中应防暴晒、雨淋，防高温。中途停留时应远离火种、热源。运输用车、船必须干燥，并有良好的防雨设施。车辆运输完毕应进行彻底清扫。铁路运输时要禁止溜放

第十五部分　法规信息

下列法律、法规、规章和标准，对该化学品的管理作了相应的规定。
中华人民共和国职业病防治法　职业病分类和目录：未列入
危险化学品安全管理条例　危险化学品目录：列入。易制爆危险化学品名录：未列入。重点监管的危险化学品名录：未列入。GB 18218—2009《危险化学品重大危险源辨识》（表1）：未列入
使用有毒物品作业场所劳动保护条例　高毒物品目录：未列入
易制毒化学品管理条例　易制毒化学品的分类和品种目录：未列入
国际公约　斯德哥尔摩公约：未列入。鹿特丹公约：未列入。蒙特利尔议定书：未列入

第十六部分　其他信息

编写和修订信息　　**缩略语和首字母缩写**
培训建议　　**参考文献**
免责声明

磷化锶

第一部分　化学品标识

化学品中文名　磷化锶

化学品英文名　strontium phosphide

分子式　SrP　分子量　118.59

化学品的推荐及限制用途　用作熏剂、杀鼠剂等

第二部分　危险性概述

紧急情况概述　遇水放出可自燃的易燃气体，吞咽会中毒，皮肤接触会中毒，吸入会中毒

GHS 危险性类别　遇水放出易燃气体的物质和混合物，类别 1；急性毒性-经口，类别 3；急性毒性-经皮，类别 3；急性毒性-吸入，类别 3；危害水生环境-急性危害，类别 1

标签要素

警示词　危险

危险性说明　遇水放出可自燃的易燃气体，吞咽会中毒，皮肤接触会中毒，吸入会中毒，对水生生物毒性非常大

防范说明

预防措施　因与水发生剧烈反应和可能发生爆燃，应避免与水接触。在惰性气体中操作。防潮。戴防护手套、防护眼镜、防护面罩，穿防护服。避免接触眼睛、皮肤，操作后彻底清洗。作业场所不得进食、饮水或吸烟。避免吸入粉尘。仅在室外或通风良好处操作。禁止排入环境

事故响应　火灾时，使用干粉、二氧化碳、砂土灭火。如吸入：将患者转移到空气新鲜处，休息，保持利于呼吸的体位，呼叫中毒控制中心或就医。皮肤接触：用大量肥皂水和水清洗，如感觉不适，呼叫中毒控制中心或就医。被污染的衣服必须经洗净后方可重新使用。食入：立即呼叫中毒控制中心或就医，漱口。收集泄漏物

安全储存　在干燥处和密闭的容器中储存。在通风良好处储存。上锁保管

废弃处置　本品及内装物、容器依据国家和地方法规处置

物理和化学危险　遇湿易燃

健康危害　吸入或误服在胃及肺中可与胃酸和水反应成剧毒的磷化氢。中毒表现为口渴、恶心、腹泻、呼吸困难、昏迷等。出现窒息和呼吸循环障碍之后 7～60h 死亡

环境危害　对水生生物毒性非常大

第三部分　成分/组成信息

√ 物质　　　　　　　　　混合物

组分	浓度	CAS No.
磷化锶		12504-13-1

第四部分　急救措施

吸入　迅速脱离现场至空气新鲜处。保持呼吸道通畅。如呼吸困难，给输氧。呼吸、心跳停止，立即进行心肺复苏术。就医

皮肤接触　立即脱去污染的衣着，用流动清水彻底冲洗。就医

眼睛接触　立即分开眼睑，用流动清水或生理盐水彻底冲洗。就医

食入　漱口，饮水。就医

对保护施救者的忠告　根据需要使用个人防护设备

对医生的特别提示　对症处理

第五部分　消防措施

灭火剂　用干粉、二氧化碳、砂土灭火

特别危险性　本品遇湿易燃。与氧化剂能发生强烈反应。遇水、潮湿空气或酸分解释出剧毒和自燃的磷化氢气体。与氟、氯、溴等卤素会剧烈反应。遇高热分解释出高毒烟气

灭火注意事项及防护措施　消防人员必须佩戴防毒面具、穿全身消防服，在上风向灭火。尽可能将容器从火场移至空旷处。喷水保持火场容器冷却，直至灭火结束。禁止用水和泡沫灭火

第六部分　泄漏应急处理

作业人员防护措施、防护装备和应急处置程序　消除所有点火源。隔离泄漏污染区，限制出入。建议应急处理人员戴防尘口罩，穿防静电服。禁止接触或跨越泄漏物。尽可能切断泄漏源

环境保护措施　用塑料布覆盖，减少飞散、避免雨淋。粉末泄漏：用塑料布或帆布覆盖泄漏物，减少飞散，保持干燥

泄漏化学品的收容、清除方法及所使用的处置材料　严禁用水处理。小量泄漏：用干燥的砂土或其他不燃材料覆盖泄漏物，然后在专家指导下清除

第七部分　操作处置与储存

操作注意事项　密闭操作，提供充分的局部排风。防止粉尘释放到车间空气中。操作人员必须经过专门培训，严格遵守操作规程。建议操作人员佩戴防尘面具（全面罩），穿胶布防毒衣，戴橡胶手套。远离火种、热源，工作场所严禁吸烟。使用防爆型的通风系统和设备。避免产生粉尘。避免与氧化剂、酸类接触。尤其要注意避免与水接触。配备相应品种和数量的消防器材及泄漏应急处理设备。倒空的容器可能残留有害物

储存注意事项　储存于阴凉、干燥、通风良好的专用库房内，库温不超过 32℃，相对湿度不超过 75%。远离火种、热源。防止阳光直射。包装必须密封，切勿受

潮。应与氧化剂、酸类、食用化学品等分开存放，切忌混储。配备相应品种和数量的消防器材。储区应备有合适的材料收容泄漏物

第八部分 接触控制/个体防护

职业接触限值
　　中国　未制定标准
　　美国（ACGIH）　未制定标准
生物接触限值　未制定标准
监测方法　空气中有毒物质测定方法：未制定标准。生物监测检验方法：未制定标准
工程控制　严加密闭，提供充分的局部排风
个体防护装备
　　呼吸系统防护　可能接触其粉尘时，必须佩戴防尘面具（全面罩）。紧急事态抢救或撤离时，应该佩戴空气呼吸器
　　眼睛防护　呼吸系统防护中已作防护
　　皮肤和身体防护　穿密闭型防毒服
　　手防护　戴橡胶手套

第九部分 理化特性

外观与性状　棕色结晶

pH值 无意义		**熔点(℃)** 无资料	
沸点(℃) 无资料		**相对密度(水＝1)** 2.68	

相对蒸气密度(空气＝1)　无资料
饱和蒸气压(kPa)　无资料
临界压力(MPa)　无意义　　**辛醇/水分配系数**　无资料
闪点(℃)　无意义　　　　　**自燃温度(℃)**　无资料
爆炸下限(%)　无资料　　　**爆炸上限(%)**　无资料
分解温度(℃)　无资料　　　**黏度(mPa·s)**　无资料
燃烧热(kJ/mol)　无资料　　**临界温度(℃)**　无资料
溶解性　无资料

第十部分 稳定性和反应性

稳定性　稳定
危险反应　与强氧化剂、强酸、水及水蒸气等禁配物发生反应。遇水、潮湿空气或酸分解释出剧毒和自燃的磷化氢气体。与氟、氯、溴等卤素会剧烈反应
避免接触的条件　潮湿空气
禁配物　强氧化剂、强酸、水及水蒸气
危险的分解产物　氧化磷、磷化氢、氧化锶

第十一部分 毒理学信息

急性毒性　LCLo：580ppm（大鼠吸入，1h）

皮肤刺激或腐蚀 无资料		**眼睛刺激或腐蚀** 无资料	
呼吸或皮肤过敏 无资料		**生殖细胞突变性** 无资料	
致癌性 无资料		**生殖毒性** 无资料	

特异性靶器官系统毒性-一次接触　无资料
特异性靶器官系统毒性-反复接触　无资料
吸入危害　无资料

第十二部分 生态学信息

生态毒性　磷化物遇水反应，释放出磷化氢（膦），对水生生物有极高毒性
持久性和降解性
　　生物降解性　无资料
　　非生物降解性　无资料
潜在的生物累积性　无资料
土壤中的迁移性　无资料

第十三部分 废弃处置

废弃化学品　建议用控制焚烧法处置。若可能，重复使用容器或在规定场所掩埋
污染包装物　将容器返还生产商或按照国家和地方法规处置
废弃注意事项　处置前应参阅国家和地方有关法规

第十四部分 运输信息

联合国危险货物编号（UN号）　2013
联合国运输名称　磷化锶
联合国危险性类别　4.3，6.1
包装类别　Ⅰ

包装标志　

海洋污染物　是
运输注意事项　运输时运输车辆应配备相应品种和数量的消防器材及泄漏应急处理设备。装运本品的车辆排气管须有阻火装置。运输过程中要确保容器不泄漏、不倒塌、不坠落、不损坏。严禁与氧化剂、酸类等混装混运。运输途中应防暴晒、雨淋，防高温。中途停留时应远离火种、热源。运输用车、船必须干燥，并有良好的防雨设施。车辆运输完毕应进行彻底清扫。铁路运输时要禁止溜放

第十五部分 法规信息

　　下列法律、法规、规章和标准，对该化学品的管理作了相应的规定。
中华人民共和国职业病防治法　职业病分类和目录：磷及其化合物中毒
危险化学品安全管理条例　危险化学品目录：列入。易制爆危险化学品名录：未列入。重点监管的危险化学品名录：未列入。GB 18218—2009《危险化学品重大危险源辨识》（表1）：未列入
使用有毒物品作业场所劳动保护条例　高毒物品目录：未列入
易制毒化学品管理条例　易制毒化学品的分类和品种目录：未列入
国际公约　斯德哥尔摩公约：未列入。鹿特丹公约：未列入。蒙特利尔议定书：未列入

第十六部分 其他信息

编写和修订信息　　　**缩略语和首字母缩写**
培训建议　　　　　　**参考文献**
免责声明

磷化锡

第一部分　化学品标识

化学品中文名　磷化锡
化学品英文名　tin phosphide；stannic phosphide
分子式　SnP　**分子量**　150.6919
化学品的推荐及限制用途　用作熏剂，还用于制造磷青铜

第二部分　危险性概述

紧急情况概述　遇水放出可自燃的易燃气体，吞咽会中毒，皮肤接触会中毒，吸入会中毒
GHS危险性类别　遇水放出易燃气体的物质和混合物，类别1；急性毒性-经口，类别3；急性毒性-经皮，类别3；急性毒性-吸入，类别3；危害水生环境-急性危害，类别1；危害水生环境-长期危害，类别1
标签要素

象形图　

警示词　危险
危险性说明　遇水放出可自燃的易燃气体，吞咽会中毒，皮肤接触会中毒，吸入会中毒，对水生生物毒性非常大并具有长期持续影响
防范说明
　预防措施　因与水发生剧烈反应和可能发生爆燃，应避免与水接触。在惰性气体中操作。防潮。戴防护手套、防护眼镜、防护面罩，穿防护服。避免接触眼睛、皮肤，操作后彻底清洗。作业场所不得进食、饮水或吸烟。避免吸入粉尘。仅在室外或通风良好处操作。禁止排入环境
　事故响应　火灾时，使用干粉、二氧化碳、砂土灭火。如吸入：将患者转移到空气新鲜处，休息，保持利于呼吸的体位，呼叫中毒控制中心或就医。皮肤接触：用大量肥皂水和水清洗，立即脱去所有被污染的衣服，如感觉不适，呼叫中毒控制中心或就医。被污染的衣服必须经洗净后方可重新使用。食入：立即呼叫中毒控制中心或就医，漱口。收集泄漏物
　安全储存　在干燥处和密闭的容器中储存。在通风良好处储存。上锁保管
　废弃处置　本品及内装物、容器依据国家和地方法规处置
物理和化学危险　遇湿易燃
健康危害　吸入或误服在胃及肺中可与胃酸和水反应成剧毒的磷化氢。中毒表现为口渴、恶心、腹泻、呼吸困难、昏迷等。出现窒息和呼吸循环障碍之后 7~60h 死亡
环境危害　对水生生物毒性非常大并具有长期持续影响

第三部分　成分/组成信息

√　物质　　　　　　　　　混合物

组分	浓度	CAS No.
磷化锡		25324-56-5

第四部分　急救措施

吸入　迅速脱离现场至空气新鲜处。保持呼吸道通畅。如呼吸困难，给输氧。呼吸、心跳停止，立即进行心肺复苏术。就医
皮肤接触　立即脱去污染的衣着，用流动清水彻底冲洗。就医
眼睛接触　立即分开眼睑，用流动清水或生理盐水彻底冲洗。就医
食入　漱口，饮水。就医
对保护施救者的忠告　根据需要使用个人防护设备
对医生的特别提示　对症处理

第五部分　消防措施

灭火剂　用干粉、二氧化碳、砂土灭火
特别危险性　本品遇湿易燃。与氧化剂能发生强烈反应。遇水、潮湿空气或酸分解释出剧毒和自燃的磷化氢气体。遇高热分解释出高毒烟气
灭火注意事项及防护措施　消防人员必须佩戴防毒面具、穿全身消防服，在上风向灭火。尽可能将容器从火场移至空旷处。喷水保持火场容器冷却，直至灭火结束。禁止用水和泡沫灭火

第六部分　泄漏应急处理

作业人员防护措施、防护装备和应急处置程序　严禁用水处理。隔离泄漏污染区，限制出入。消除所有点火源。建议应急处理人员戴防尘口罩，穿防静电服。禁止接触或跨越泄漏物。尽可能切断泄漏源
环境保护措施　用塑料布覆盖，减少飞散、避免雨淋。粉末泄漏：用塑料布或帆布覆盖泄漏物，减少飞散，保持干燥
泄漏化学品的收容、清除方法及所使用的处置材料　保持泄漏物干燥。小量泄漏：用干燥的砂土或其他不燃材料覆盖泄漏物。在专家指导下清除

第七部分　操作处置与储存

操作注意事项　密闭操作，提供充分的局部排风。防止粉尘释放到车间空气中。操作人员必须经过专门培训，严格遵守操作规程。建议操作人员佩戴防尘面具（全面罩），穿胶布防毒衣，戴橡胶手套。远离火种、热源，工作场所严禁吸烟。使用防爆型的通风系统和设备。避免产生粉尘。避免与氧化剂、酸类接触。尤其要注意避免与水接触。配备相应品种和数量的消防器材及泄漏应急处理设备。倒空的容器可能残留有害物
储存注意事项　储存于阴凉、干燥、通风良好的专用库房内，库温不超过 32℃，相对湿度不超过 75%。远离火种、热源。防止阳光直射。包装必须密封，切勿受潮。应与氧化剂、酸类、食用化学品等分开存放，切

忌混储。配备相应品种和数量的消防器材。储区应备
有合适的材料收容泄漏物

第八部分　接触控制/个体防护

职业接触限值
中国　未制定标准
美国（ACGIH）　未制定标准
生物接触限值　未制定标准
监测方法　空气中有毒物质测定方法：未制定标准。生物
监测检验方法：未制定标准
工程控制　严加密闭，提供充分的局部排风
个体防护装备
呼吸系统防护　可能接触其粉尘时，必须佩戴防尘面
具（全面罩）。紧急事态抢救或撤离时，应该佩
戴空气呼吸器
眼睛防护　呼吸系统防护中已作防护
皮肤和身体防护　穿密闭型防毒服
手防护　戴橡胶手套

第九部分　理化特性

外观与性状　灰色硬质固体，有金属光泽
pH 值　无意义　　　　**熔点(℃)**　无资料
沸点(℃)　无资料　　　**相对密度(水＝1)**　6.56
相对蒸气密度(空气＝1)　无资料
饱和蒸气压(kPa)　无资料
临界压力(MPa)　无意义　**辛醇/水分配系数**　无资料
闪点(℃)　无意义　　　**自燃温度(℃)**　无资料
爆炸下限(%)　无资料　　**爆炸上限(%)**　无资料
分解温度(℃)　无资料　　**黏度(mPa·s)**　无资料
燃烧热(kJ/mol)　无资料　**临界温度(℃)**　无资料
溶解性　溶于酸

第十部分　稳定性和反应性

稳定性　稳定
危险反应　与强氧化剂、强酸、水及水蒸气等禁配物发生
反应。遇水、潮湿空气或酸分解释出剧毒和自燃的磷
化氢气体
避免接触的条件　潮湿空气
禁配物　强氧化剂、强酸、水及水蒸气
危险的分解产物　氧化磷、磷化氢、氧化锡

第十一部分　毒理学信息

急性毒性　无资料
皮肤刺激或腐蚀　无资料　**眼睛刺激或腐蚀**　无资料
呼吸或皮肤过敏　无资料　**生殖细胞突变性**　无资料
致癌性　无资料　　　　　**生殖毒性**　无资料
特异性靶器官系统毒性-一次接触　无资料
特异性靶器官系统毒性-反复接触　无资料
吸入危害　无资料

第十二部分　生态学信息

生态毒性　磷化物遇水反应，释放出磷化氢（膦），对水
生生物有极高毒性

持久性和降解性
生物降解性　无资料
非生物降解性　无资料
潜在的生物累积性　锡元素有富集性
土壤中的迁移性　无资料

第十三部分　废弃处置

废弃化学品　建议用控制焚烧法处置。若可能，重复使用
容器或在规定场所掩埋
污染包装物　将容器返还生产商或按照国家和地方法规
处置
废弃注意事项　处置前应参阅国家和地方有关法规

第十四部分　运输信息

联合国危险货物编号（UN 号）　1433
联合国运输名称　磷化锡
联合国危险性类别　4.3，6.1
包装类别　Ⅰ

包装标志

海洋污染物　是
运输注意事项　运输时运输车辆应配备相应品种和数量的
消防器材及泄漏应急处理设备。装运本品的车辆排气
管须有阻火装置。运输过程中要确保容器不泄漏、不
倒塌、不坠落、不损坏。严禁与氧化剂、酸类等混装
混运。运输途中应防暴晒、雨淋，防高温。中途停留
时应远离火种、热源。运输用车、船必须干燥，并有
良好的防雨设施。车辆运输完毕应进行彻底清扫。铁
路运输时要禁止溜放

第十五部分　法规信息

下列法律、法规、规章和标准，对该化学品的管理作
了相应的规定。
中华人民共和国职业病防治法　职业病分类和目录：磷及
其化合物中毒
危险化学品安全管理条例　危险化学品目录：列入。易制
爆危险化学品名录：未列入。重点监管的危险化学品
名录：未列入。GB 18218—2009《危险化学品重大
危险源辨识》（表1）：未列入
使用有毒物品作业场所劳动保护条例　高毒物品目录：未
列入
易制毒化学品管理条例　易制毒化学品的分类和品种目
录：未列入
国际公约　斯德哥尔摩公约：未列入。鹿特丹公约：未列
入。蒙特利尔议定书：未列入

第十六部分　其他信息

编写和修订信息　缩略语和首字母缩写
培训建议　　　　　参考文献
免责声明

磷化锌

第一部分　化学品标识

化学品中文名　磷化锌

化学品英文名　zinc phosphide

分子式　Zn_3P_2　**分子量**　258.12

化学品的推荐及限制用途　用作杀鼠剂和粮食仓库的熏蒸剂

第二部分　危险性概述

紧急情况概述　遇水放出可自燃的易燃气体，吞咽致命

GHS危险性类别　遇水放出易燃气体的物质和混合物，类别1；急性毒性-经口，类别2；危害水生环境-急性危害，类别1；危害水生环境-长期危害，类别1

标签要素

象形图　

警示词　危险

危险性说明　遇水放出可自燃的易燃气体，吞咽致命，对水生生物毒性非常大并具有长期持续影响

防范说明

　　预防措施　因与水发生剧烈反应和可能发生爆燃，应避免与水接触。在惰性气体中操作。防潮。戴防护手套、防护眼镜、防护面罩。避免接触眼睛、皮肤，操作后彻底清洗。作业场所不得进食、饮水或吸烟。禁止排入环境

　　事故响应　火灾时，使用干粉、二氧化碳、砂土灭火。食入：立即呼叫中毒控制中心或就医，漱口。收集泄漏物

　　安全储存　在干燥处和密闭的容器中储存。上锁保管

　　废弃处置　本品及内装物、容器依据国家和地方法规处置

物理和化学危险　遇湿易燃

健康危害　吸入、误服磷化锌可致磷化氢中毒，表现有不同程度的胃肠症状，以及发热、畏寒、头晕、兴奋及心律紊乱等。严重者有气急、少尿、抽搐、休克及昏迷等

环境危害　对水生生物毒性非常大并具有长期持续影响

第三部分　成分/组成信息

√ 物质　　　　　　　　　　混合物

组分	浓度	CAS No.
磷化锌		1314-84-7

第四部分　急救措施

吸入　迅速脱离现场至空气新鲜处。保持呼吸道通畅。如呼吸困难，给输氧。呼吸、心跳停止，立即进行心肺复苏术。就医

皮肤接触　立即脱去污染的衣着，用流动清水彻底冲洗。就医

眼睛接触　立即分开眼睑，用流动清水或生理盐水彻底冲洗。就医

食入　饮适量温水，催吐（仅限于清醒者）。就医

对保护施救者的忠告　根据需要使用个人防护设备

对医生的特别提示　对症处理

第五部分　消防措施

灭火剂　用干粉、二氧化碳、砂土灭火

特别危险性　本品遇湿易燃。与氧化剂能发生强烈反应。遇水、潮湿空气或酸分解释出剧毒和自燃的磷化氢气体。遇浓硫酸和王水发生爆炸。遇高热分解释出高毒烟气

灭火注意事项及防护措施　消防人员必须佩戴防毒面具、穿全身消防服，在上风向灭火。尽可能将容器从火场移至空旷处。喷水保持火场容器冷却，直至灭火结束。禁止用水和泡沫灭火

第六部分　泄漏应急处理

作业人员防护措施、防护装备和应急处置程序　严禁用水处理。隔离泄漏污染区，限制出入。消除所有点火源。建议应急处理人员戴防尘口罩，穿防静电服。禁止接触或跨越泄漏物。尽可能切断泄漏源

环境保护措施　用塑料布覆盖，减少飞散、避免雨淋。粉末泄漏：用塑料布或帆布覆盖泄漏物，减少飞散，保持干燥

泄漏化学品的收容、清除方法及所使用的处置材料　保持泄漏物干燥。小量泄漏：用干燥的砂土或其他不燃材料覆盖泄漏物，然后在专家指导下清除

第七部分　操作处置与储存

操作注意事项　密闭操作，提供充分的局部排风。防止粉尘释放到车间空气中。操作人员必须经过专门培训，严格遵守操作规程。建议操作人员佩戴防尘面具（全面罩），穿胶布防毒衣，戴橡胶手套。远离火种、热源，工作场所严禁吸烟。使用防爆型的通风系统和设备。避免产生粉尘。避免与氧化剂、酸类接触。尤其要注意避免与水接触。配备相应品种和数量的消防器材及泄漏应急处理设备。倒空的容器可能残留有害物

储存注意事项　储存于阴凉、干燥、通风良好的库房内。库温不超过32℃，相对湿度不超过75％。远离火种、热源。防止阳光直射。包装必须密封，切勿受潮。应与氧化剂、酸类、食用化学品等分开存放，切忌混储。配备相应品种和数量的消防器材。储区应备有合适的材料收容泄漏物

第八部分　接触控制/个体防护

职业接触限值

　　中国　未制定标准

　　美国（ACGIH）　未制定标准

生物接触限值　未制定标准

监测方法　空气中有毒物质测定方法：未制定标准。生物

监测检验方法：未制定标准

工程控制　严加密闭，提供充分的局部排风

个体防护装备

　　呼吸系统防护　可能接触其粉尘时，必须佩戴防尘面具（全面罩）。紧急事态抢救或撤离时，应该佩戴空气呼吸器

　　眼睛防护　呼吸系统防护中已作防护

　　皮肤和身体防护　穿密闭型防毒服

　　手防护　戴橡胶手套

第九部分　理化特性

外观与性状　灰黑色立方结晶或粉末，有蒜臭

pH 值　无意义　　　**熔点(℃)**　420

沸点(℃)　1100

相对密度(水=1)　4.55(13℃)

相对蒸气密度(空气=1)　无资料

临界压力(MPa)　无意义　**辛醇/水分配系数**　无资料

闪点(℃)　无意义　　**自燃温度(℃)**　无资料

爆炸下限(%)　无资料　**爆炸上限(%)**　无资料

分解温度(℃)　无资料　**黏度(mPa·s)**　无资料

燃烧热(kJ/mol)　−2451.95

临界温度(℃)　无资料

溶解性　不溶于水、醇，溶于苯、二硫化碳

第十部分　稳定性和反应性

稳定性　稳定

危险反应　与强氧化剂、强酸、水及水蒸气等禁配物发生反应。遇水、潮湿空气或酸分解释出剧毒和自燃的磷化氢气体。遇浓硫酸和王水发生爆炸

避免接触的条件　潮湿空气

禁配物　强氧化剂、强酸、水及水蒸气

危险的分解产物　氧化硒、磷化氢、氧化锌

第十一部分　毒理学信息

急性毒性　LD$_{50}$：12mg/kg（大鼠经口），40mg/kg（小鼠经口），2000mg/kg（兔经皮）。LC$_{50}$：234mg/m^3（大鼠吸入）

皮肤刺激或腐蚀　无资料　**眼睛刺激或腐蚀**　无资料

呼吸或皮肤过敏　无资料　**生殖细胞突变性**　无资料

致癌性　无资料　　**生殖毒性**　无资料

特异性靶器官系统毒性-一次接触　无资料

特异性靶器官系统毒性-反复接触　无资料

吸入危害　无资料

第十二部分　生态学信息

生态毒性　锌化合物对水生生物有极高毒性

持久性和降解性

　　生物降解性　无资料

　　非生物降解性　无资料

潜在的生物累积性　无资料

土壤中的迁移性　无资料

第十三部分　废弃处置

废弃化学品　建议用控制焚烧法处置。若可能，重复使用

容器或在规定场所掩埋

污染包装物　将容器返还生产商或按照国家和地方法规处置

废弃注意事项　处置前应参阅国家和地方有关法规

第十四部分　运输信息

联合国危险货物编号（UN 号）　1714

联合国运输名称　磷化锌

联合国危险性类别　4.3，6.1

包装类别　Ⅰ

包装标志　

海洋污染物　是

运输注意事项　运输时运输车辆应配备相应品种和数量的消防器材及泄漏应急处理设备。装运本品的车辆排气管须有阻火装置。运输过程中要确保容器不泄漏、不倒塌、不坠落、不损坏。严禁与氧化剂、酸类等混装混运。运输途中应防暴晒、雨淋，防高温。中途停留时应远离火种、热源。运输用车、船必须干燥，并有良好的防雨设施。车辆运输完毕应进行彻底清扫。铁路运输时要禁止溜放

第十五部分　法规信息

　　下列法律、法规、规章和标准，对该化学品的管理作了相应的规定。

中华人民共和国职业病防治法　职业病分类和目录：磷化锌中毒

危险化学品安全管理条例　危险化学品目录：列入。易制爆危险化学品名录：未列入。重点监管的危险化学品名录：未列入。GB 18218—2009《危险化学品重大危险源辨识》（表1）：未列入

使用有毒物品作业场所劳动保护条例　高毒物品目录：未列入

易制毒化学品管理条例　易制毒化学品的分类和品种目录：未列入

国际公约　斯德哥尔摩公约：未列入。鹿特丹公约：未列入。蒙特利尔议定书：未列入

第十六部分　其他信息

编写和修订信息　　缩略语和首字母缩写

培训建议　　　　　参考文献

免责声明

磷酸-2,3-二溴-1-丙酯

第一部分　化学品标识

化学品中文名　磷酸-2,3-二溴-1-丙酯；磷酸三（2,3-二溴丙基）酯

化学品英文名　2,3-dibromo-1-propanol phosphate；tris(2,3-dibromopropyl) phosphate

分子式　$C_9H_{15}Br_6O_4P$　**分子量**　697.611

结构式

化学品的推荐及限制用途 用作合成纤维、塑料的阻燃添加剂

第二部分　危险性概述

紧急情况概述 吞咽有害，怀疑可造成遗传性缺陷，可能致癌，怀疑对生育力或胎儿造成伤害，长时间或反复接触可能对器官造成损伤

GHS 危险性类别 急性毒性-经口，类别 4；生殖细胞致突变性，类别 2；致癌性，类别 1B；生殖毒性，类别 2；特异性靶器官毒性-反复接触，类别 2；危害水生环境-急性危害，类别 2；危害水生环境-长期危害，类别 2

标签要素

象形图

警示词 危险

危险性说明 吞咽有害，怀疑可造成遗传性缺陷，可能致癌，怀疑对生育力或胎儿造成伤害，长时间或反复接触可能对器官造成损伤，对水生生物有毒并具有长期持续影响

防范说明

　预防措施　避免接触眼睛、皮肤，操作后彻底清洗。作业场所不得进食、饮水或吸烟。得到专门指导后操作。在阅读并了解所有安全预防措施之前，切勿操作。按要求使用个体防护装备。避免吸入蒸气、雾。禁止排入环境

　事故响应　食入：如果感觉不适，立即呼叫中毒控制中心或就医，漱口。如果接触或有担心，就医。如感觉不适，就医。收集泄漏物

　安全储存　上锁保管

　废弃处置　本品及内装物、容器依据国家和地方法规处置

物理和化学危险 可燃

健康危害 对眼睛、皮肤和黏膜有刺激性。可引起睾丸萎缩和不育

环境危害 对水生生物有毒并具有长期持续影响

第三部分　成分/组成信息

√ 物质　　　　　　　　　混合物

组分	浓度	CAS No.
磷酸-2,3-二溴-1-丙酯		126-72-7

第四部分　急救措施

吸入 迅速脱离现场至空气新鲜处。保持呼吸道通畅。如呼吸困难，给输氧。呼吸、心跳停止，立即进行心肺复苏术。就医

皮肤接触 立即脱去污染的衣着，用流动清水彻底冲洗。就医

眼睛接触 立即分开眼睑，用流动清水或生理盐水彻底冲洗。就医

食入 漱口，饮水。就医

对保护施救者的忠告 根据需要使用个人防护设备

对医生的特别提示 对症处理

第五部分　消防措施

灭火剂 用雾状水、泡沫、干粉、二氧化碳、砂土灭火

特别危险性 遇明火、高热可燃。与氧化剂可发生反应。遇高热分解释出高毒烟气。若遇高热，容器内压增大，有开裂和爆炸的危险

灭火注意事项及防护措施 消防人员必须佩戴空气呼吸器、穿全身防火防毒服，在上风向灭火。尽可能将容器从火场移至空旷处。喷水保持火场容器冷却，直至灭火结束。处在火场中的容器若已变色或从安全泄压装置中发出声音，必须马上撤离

第六部分　泄漏应急处理

作业人员防护措施、防护装备和应急处置程序 根据液体流动和蒸气扩散的影响区域划定警戒区，无关人员从侧风向、上风向撤离至安全区。消除所有点火源。建议应急处理人员戴防毒面具，穿防毒服。穿上适当的防护服前严禁接触破裂的容器和泄漏物。尽可能切断泄漏源

环境保护措施 防止泄漏物进入水体、下水道、地下室或有限空间

泄漏化学品的收容、清除方法及所使用的处置材料 小量泄漏：用干燥的砂土或其他不燃材料吸收或覆盖，收集于容器中。大量泄漏：构筑围堤或挖坑收容。用泵转移至槽车或专用收集器内

第七部分　操作处置与储存

操作注意事项 密闭操作，提供充分的局部排风。防止蒸气泄漏到工作场所空气中。操作人员必须经过专门培训，严格遵守操作规程。建议操作人员佩戴自吸过滤式防毒面具（全面罩），穿防静电工作服，戴橡胶手套。远离火种、热源，工作场所严禁吸烟。使用防爆型的通风系统和设备。在清除液体和蒸气前不能进行焊接、切割等作业。避免产生烟雾。避免与氧化剂接触。配备相应品种和数量的消防器材及泄漏应急处理设备。倒空的容器可能残留有害物

储存注意事项 储存于阴凉、通风的库房。远离火种、热源。防止阳光直射。保持容器密封。应与氧化剂分开存放，切忌混储。配备相应品种和数量的消防器材。储区应备有泄漏应急处理设备和合适的收容材料

第八部分　接触控制/个体防护

职业接触限值

中国　未制定标准

美国（ACGIH）　未制定标准

生物接触限值　未制定标准
监测方法　空气中有毒物质测定方法：未制定标准。生物监测检验方法：未制定标准
工程控制　严加密闭，提供充分的局部排风
个体防护装备
　　呼吸系统防护　空气中浓度超标时，必须佩戴过滤式防毒面具（全面罩）。紧急事态抢救或撤离时，应该佩戴空气呼吸器
　　眼睛防护　呼吸系统防护中已作防护
　　皮肤和身体防护　穿防静电工作服
　　手防护　戴橡胶手套

第九部分　理化特性

外观与性状　淡黄色透明黏稠液体
pH 值　无资料　　　　　熔点(℃)　−8～−3
沸点(℃)　110～130(0.133kPa)
相对密度(水=1)　2.25
相对蒸气密度(空气=1)　无资料
饱和蒸气压(kPa)　无资料
临界压力(MPa)　无资料　辛醇/水分配系数　无资料
闪点(℃)　>112　　　　自燃温度(℃)　无资料
爆炸下限(%)　无资料　爆炸上限(%)　无资料
分解温度(℃)　无资料
黏度(mPa·s)　8853～9534(高纯产品，25℃)；3178～3859(低纯产品，25℃)
燃烧热(kJ/mol)　无资料　临界温度(℃)　无资料
溶解性　不溶于水、烃类，溶于醇、酮、芳烃、卤代烃

第十部分　稳定性和反应性

稳定性　稳定
危险反应　与强氧化剂等禁配物发生反应
避免接触的条件　受热
禁配物　强氧化剂
危险的分解产物　溴化氢、氧化磷

第十一部分　毒理学信息

急性毒性　LD_{50}：810mg/kg（大鼠经口），6800mg/kg（小鼠经口），>8000mg/kg（兔经皮）
皮肤刺激或腐蚀　家兔经皮：2mg（24h），重度刺激
眼睛刺激或腐蚀　家兔经眼：500mg（24h），轻度刺激
呼吸或皮肤过敏　无资料
生殖细胞突变性　微生物致突变：鼠伤寒沙门氏菌2270μg/皿。微核试验：小鼠腹腔内1020mg/kg。程序外DNA合成：大鼠肝50μmol/L。DNA损伤：人细胞2mg/L。姐妹染色单体互换：人胚胎69700μg/L
致癌性　IARC致癌性评论：组2A，对人类很可能是致癌物
生殖毒性　大鼠经口最低中毒剂量（TDLo）：250mg/kg（孕6～15d），肌肉骨骼系统发育异常。大鼠经口最低中毒剂量（TDLo）：450mg/kg（孕7～15d），对存活力指数有影响。大鼠经口最低中毒剂量（TDLo）：1800mg/kg（孕7～15d），对母体子宫、宫颈及阴道有影响。大鼠腹腔内最低中毒剂量（TDLo）：

8510mg/kg（雄性交配前72d），对精子生成（包括遗传物质、形态学、运动能力、计数）有影响，对睾丸、附睾、输精管有影响
特异性靶器官系统毒性-一次接触　无资料
特异性靶器官系统毒性-反复接触　无资料
吸入危害　无资料

第十二部分　生态学信息

生态毒性　LC_{50}：1.9mg/L（96h）（鱼类，OECD 203）。EC_{50}：4.2mg/L（48h）（大型溞，OECD 202）。NOEC：0.83mg/L（21d）（大型溞，OECD 211）
持久性和降解性
　　生物降解性　不易快速生物降解
　　非生物降解性　无资料
潜在的生物累积性　无资料
土壤中的迁移性　无资料

第十三部分　废弃处置

废弃化学品　建议用焚烧法处置。在能利用的地方重复使用容器或在规定场所掩埋
污染包装物　将容器返还生产商或按照国家和地方法规处置
废弃注意事项　处置前应参阅国家和地方有关法规

第十四部分　运输信息

联合国危险货物编号（UN号）　3082
联合国运输名称　对环境有害的液态物质，未另作规定的（磷酸-2,3-二溴-1-丙酯）
联合国危险性类别　9

包装类别　Ⅲ　　　　　　包装标志　

海洋污染物　是
运输注意事项　运输前应先检查包装容器是否完整、密封，运输过程中要确保容器不泄漏、不倒塌、不坠落、不损坏。严禁与氧化剂、食用化学品等混装混运。运输车船必须彻底清洗、消毒，否则不得装运其他物品。船运时，配装位置应远离卧室、厨房，并与机舱、电源、火源等部位隔离。公路运输时要按规定路线行驶

第十五部分　法规信息

　　下列法律、法规、规章和标准，对该化学品的管理作了相应的规定。
中华人民共和国职业病防治法　职业病分类和目录：未列入
危险化学品安全管理条例　危险化学品目录：列入。易制爆危险化学品名录：未列入。重点监管的危险化学品名录：未列入。GB 18218—2009《危险化学品重大危险源辨识》（表1）：未列入
使用有毒物品作业场所劳动保护条例　高毒物品目录：未列入

易制毒化学品管理条例　易制毒化学品的分类和品种目录：未列入

国际公约　斯德哥尔摩公约：未列入。鹿特丹公约：列入。蒙特利尔议定书：未列入

第十六部分　其他信息

编写和修订信息　　　缩略语和首字母缩写

培训建议　　　　　　参考文献

免责声明

磷酸二异辛酯

第一部分　化学品标识

化学品中文名　磷酸二异辛酯；酸式磷酸二异辛酯；二异辛基磷酸

化学品英文名　diisooctyl acid phosphate；diisooctyl phosphate

分子式　$C_{16}H_{35}O_4P$　**分子量**　322.48

结构式

化学品的推荐及限制用途　用作萃取剂、表面活性剂、清洗剂的中间体、有机溶剂、气相色谱固定液，也用于金属分离、提取

第二部分　危险性概述

紧急情况概述　造成严重的皮肤灼伤和眼损伤

GHS危险性类别　皮肤腐蚀/刺激，类别1；严重眼损伤/眼刺激，类别1

标签要素

象形图　

警示词　危险

危险性说明　造成严重的皮肤灼伤和眼损伤

防范说明

　　预防措施　避免吸入烟雾。避免接触眼睛、皮肤，操作后彻底清洗。戴防护手套，穿防护服，戴防护眼镜、防护面罩

　　事故响应　如吸入：将患者转移到空气新鲜处，休息，保持利于呼吸的体位，立即呼叫中毒控制中心或就医。皮肤（或头发）接触：立即脱掉所有被污染的衣服，用水冲洗皮肤，淋浴。污染的衣服须洗净后方可重新使用。眼睛接触：用水细心地冲洗数分钟，立即呼叫中毒控制中心或就医。如戴隐形眼镜并可方便地取出，则取出隐形眼镜，继续冲洗。食入：漱口，不要催吐

　　安全储存　上锁保管

　　废弃处置　本品及内装物、容器依据国家和地方法规处置

物理和化学危险　可燃，无特殊燃爆特性

健康危害　对眼睛、皮肤、黏膜有刺激性和腐蚀性。对口腔、咽喉和食道有腐蚀作用，致疼痛、吞咽困难、上腹痛、循环衰竭，可因声门水肿致窒息死亡

环境危害　对环境可能有害

第三部分　成分/组成信息

√　物质　　　　　　　　　　　混合物

组分	浓度	CAS No.
磷酸二异辛酯		27215-10-7

第四部分　急救措施

吸入　迅速脱离现场至空气新鲜处。保持呼吸道通畅。如呼吸困难，给输氧。呼吸、心跳停止，立即进行心肺复苏术。就医

皮肤接触　立即脱去污染的衣着，用大量流动清水彻底冲洗至少15min。就医

眼睛接触　立即分开眼睑，用流动清水或生理盐水彻底冲洗5～10min。就医

食入　用水漱口，禁止催吐。给饮牛奶或蛋清。就医

对保护施救者的忠告　根据需要使用个人防护设备

对医生的特别提示　对症处理

第五部分　消防措施

灭火剂　用雾状水、泡沫、干粉、二氧化碳、砂土灭火

特别危险性　遇明火、高热可燃。与氧化剂可发生反应。受高热分解放出有毒的气体。具有腐蚀性。若遇高热，容器内压增大，有开裂和爆炸的危险

灭火注意事项及防护措施　消防人员必须佩戴防毒面具，穿全身消防服，在上风向灭火。尽可能将容器从火场移至空旷处。喷水保持火场容器冷却，直至灭火结束。处在火场中的容器若已变色或从安全泄压装置中发出声音，必须马上撤离

第六部分　泄漏应急处理

作业人员防护措施、防护装备和应急处置程序　根据液体流动和蒸气扩散的影响区域划定警戒区，无关人员从侧风向、上风向撤离至安全区。消除所有点火源。建议应急处理人员戴正压自给式呼吸器，穿防酸碱服。穿上适当的防护服前严禁接触破裂的容器和泄漏物。尽可能切断泄漏源

环境保护措施　防止泄漏物进入水体、下水道、地下室或有限空间

泄漏化学品的收容、清除方法及所使用的处置材料　小量泄漏：用干燥的砂土或其他不燃材料吸收或覆盖，收集于容器中。大量泄漏：构筑围堤或挖坑收容。用碎石灰石（$CaCO_3$）、苏打灰（Na_2CO_3）或石灰（CaO）中和。用耐腐蚀泵转移至槽车或专用收集器内

第七部分　操作处置与储存

操作注意事项　密闭操作，局部排风。防止蒸气泄漏到工作场所空气中。操作人员必须经过专门培训，严格遵守操作规程。建议操作人员佩戴自吸过滤式防毒面具

（半面罩），戴化学安全防护眼镜，穿橡胶耐酸碱服，戴橡胶耐酸碱手套。远离火种、热源，工作场所严禁吸烟。使用防爆型的通风系统和设备。在清除液体和蒸气前不能进行焊接、切割等作业。避免产生烟雾。避免与氧化剂、碱类接触。配备相应品种和数量的消防器材及泄漏应急处理设备。倒空的容器可能残留有害物

储存注意事项　储存于阴凉、通风的库房。远离火种、热源。防止阳光直射。保持容器密封。应与氧化剂、碱类、食用化学品分开存放，切忌混储。配备相应品种和数量的消防器材。储区应备有泄漏应急处理设备和合适的收容材料

第八部分　接触控制/个体防护

职业接触限值

中国　未制定标准

美国（ACGIH）　未制定标准

生物接触限值　未制定标准

监测方法　空气中有毒物质测定方法：未制定标准。生物监测检验方法：未制定标准

工程控制　密闭操作，局部排风

个体防护装备

呼吸系统防护　空气中浓度超标时，必须佩戴过滤式防毒面具（半面罩）。紧急事态抢救或撤离时，应该佩戴空气呼吸器

眼睛防护　戴化学安全防护眼镜

皮肤和身体防护　穿橡胶耐酸碱服

手防护　戴橡胶耐酸碱手套

第九部分　理化特性

外观与性状　无色透明油状液体

pH 值　无资料　　　　　**熔点（℃）**　−60

沸点（℃）　无资料

相对密度（水＝1）　0.973(25℃)

相对蒸气密度（空气＝1）　无资料

饱和蒸气压(kPa)　无资料

临界压力(MPa)　无资料　　**辛醇/水分配系数**　无资料

闪点（℃）　196　　　　**自燃温度（℃）**　无资料

爆炸下限(%)　无资料　　**爆炸上限(%)**　无资料

分解温度（℃）　无资料　　**黏度(mPa·s)**　无资料

燃烧热(kJ/mol)　无资料　　**临界温度（℃）**　无资料

溶解性　不溶于水，不溶于苯、醇、己烷

第十部分　稳定性和反应性

稳定性　稳定

危险反应　与强氧化剂、碱类等禁配物发生反应

避免接触的条件　无资料

禁配物　强氧化剂、碱类

危险的分解产物　氧化磷

第十一部分　毒理学信息

急性毒性　无资料

皮肤刺激或腐蚀　无资料　　**眼睛刺激或腐蚀**　无资料

呼吸或皮肤过敏　无资料　　**生殖细胞突变性**　无资料

致癌性　无资料　　　　　　**生殖毒性**　无资料

特异性靶器官系统毒性-一次接触　无资料

特异性靶器官系统毒性-反复接触　无资料

吸入危害　无资料

第十二部分　生态学信息

生态毒性　无资料

持久性和降解性

生物降解性　无资料

非生物降解性　无资料

潜在的生物累积性　无资料

土壤中的迁移性　无资料

第十三部分　废弃处置

废弃化学品　若可能，重复使用容器或在规定场所掩埋

污染包装物　将容器返还生产商或按照国家和地方法规处置

废弃注意事项　处置前应参阅国家和地方有关法规

第十四部分　运输信息

联合国危险货物编号（UN 号）　1902

联合国运输名称　酸式磷酸二异辛酯

联合国危险性类别　8

包装类别　Ⅲ　　　　　　**包装标志**

海洋污染物　否

运输注意事项　起运时包装要完整，装载应稳妥。运输过程中要确保容器不泄漏、不倒塌、不坠落、不损坏。严禁与氧化剂、碱类、食用化学品等混装混运。运输时运输车辆应配备相应品种和数量的消防器材及泄漏应急处理设备。运输途中应防暴晒、雨淋，防高温。公路运输时要按规定路线行驶，勿在居民区和人口稠密区停留

第十五部分　法规信息

下列法律、法规、规章和标准，对该化学品的管理作了相应的规定。

中华人民共和国职业病防治法　职业病分类和目录：未列入

危险化学品安全管理条例　危险化学品目录：列入。易制爆危险化学品名录：未列入。重点监管的危险化学品名录：未列入。GB 18218—2009《危险化学品重大危险源辨识》（表1）：未列入

使用有毒物品作业场所劳动保护条例　高毒物品目录：未列入

易制毒化学品管理条例　易制毒化学品的分类和品种目录：未列入

国际公约　斯德哥尔摩公约：未列入。鹿特丹公约：未列入。蒙特利尔议定书：未列入

第十六部分　其他信息

编写和修订信息　　缩略语和首字母缩写
培训建议　　　　　参考文献
免责声明

磷酸三丁酯

第一部分　化学品标识

化学品中文名　磷酸三丁酯
化学品英文名　tributyl phosphate
分子式　$C_{12}H_{27}PO_4$　**分子量**　266.31

结构式
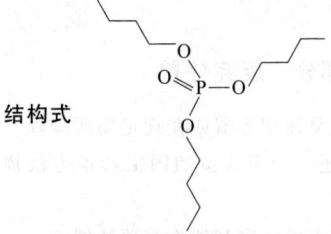

化学品的推荐及限制用途　用作溶剂，还常作为硝基纤维素、醋酸纤维素、氯化橡胶和聚氯乙烯的增塑剂，稀有金属的萃取剂等，也用作热交换介质

第二部分　危险性概述

紧急情况概述　吞咽有害，造成皮肤刺激
GHS危险性类别　急性毒性-经口，类别4；皮肤腐蚀/刺激，类别2；致癌性，类别2；危害水生环境-急性危害，类别3；危害水生环境-长期危害，类别3
标签要素

象形图

警示词　警告
危险性说明　吞咽有害，造成皮肤刺激，怀疑致癌，对水生生物有害并具有长期持续影响
防范说明
　　预防措施　避免接触眼睛皮肤，操作后彻底清洗。作业场所不得进食、饮水或吸烟。按要求使用个体防护装备。戴防护手套。得到专门指导后操作。在阅读并了解所有安全预防措施之前，切勿操作。禁止排入环境
　　事故响应　食入：漱口。如果感觉不适，立即呼叫中毒控制中心或就医。皮肤接触：用大量肥皂水和水清洗。如发生皮肤刺激：就医。脱去被污染的衣服，衣服经洗净后方可重新使用。如果接触或有担心，就医
　　安全储存　上锁保管
　　废弃处置　本品及内装物、容器依据国家和地方法规处置
物理和化学危险　可燃
健康危害　本品体外对人红细胞、血浆中胆碱酯酶有轻度抑制作用。人经口约100mL，可引起呼吸困难、抽搐、麻痹、昏睡等症状。对皮肤有刺激作用
环境危害　对水生生物有害并具有长期持续影响

第三部分　成分/组成信息

√ 物质　　　　　　　　混合物

组分	浓度	CAS No.
磷酸三丁酯		126-73-8

第四部分　急救措施

吸入　脱离现场至空气新鲜处。如呼吸困难，给输氧。就医
皮肤接触　立即脱去污染的衣着，用肥皂水和清水彻底冲洗皮肤。如有不适感，就医
眼睛接触　提起眼睑，用流动清水或生理盐水冲洗。如有不适感，就医
食入　漱口。如有不适感，就医
对保护施救者的忠告　根据需要使用个人防护设备
对医生的特别提示　对症处理

第五部分　消防措施

灭火剂　用雾状水、泡沫、干粉、二氧化碳、砂土灭火
特别危险性　遇明火、高热可燃。受热分解产生有毒的氧化磷烟气
灭火注意事项及防护措施　消防人员必须佩戴空气呼吸器、穿全身防火防毒服，在上风向灭火。尽可能将容器从火场移至空旷处。喷水保持火场容器冷却，直至灭火结束。处在火场中的容器若已变色或从安全泄压装置中发出声音，必须马上撤离

第六部分　泄漏应急处理

作业人员防护措施、防护装备和应急处置程序　根据液体流动和蒸气扩散的影响区域划定警戒区，无关人员从侧风、上风向撤离至安全区。消除所有点火源。建议应急处理人员戴正压自给式呼吸器，穿防毒服。穿上适当的防护服前严禁接触破裂的容器和泄漏物。尽可能切断泄漏源
环境保护措施　防止泄漏物进入水体、下水道、地下室或密闭性空间
泄漏化学品的收容、清除方法及所使用的处置材料　小量泄漏：用干燥的砂土或其他不燃材料吸收或覆盖，收集于容器中。大量泄漏：构筑围堤或挖坑收容。用干石灰（CaO）或苏打灰（Na_2CO_3）中和。用泵转移至槽车或专用收集器内

第七部分　操作处置与储存

操作注意事项　密闭操作，加强通风。操作人员必须经过专门培训，严格遵守操作规程。建议操作人员佩戴自吸过滤式防毒面具（全面罩），穿连体式防毒衣，戴橡胶耐油手套。远离火种、热源，工作场所严禁吸烟。使用防爆型的通风系统和设备。防止蒸气泄漏到工作场所空气中。避免与氧化剂、酸类、碱类接触。搬运时要轻装轻卸，防止包装及容器损坏。配备相应品种和数量的消防器材及泄漏应急处理设备。倒空的

容器可能残留有害物

储存注意事项　储存于阴凉、通风的库房。远离火种、热源。应与氧化剂、酸类、碱类分开存放，切忌混储。配备相应品种和数量的消防器材。储区应备有泄漏应急处理设备和合适的收容材料

第八部分　接触控制/个体防护

职业接触限值

中国　未制定标准

美国(ACGIH)　TLV-TWA：5mg/m³

生物接触限值　未制定标准

监测方法　空气中有毒物质测定方法：未制定标准。生物监测检验方法：未制定标准

工程控制　生产过程密闭，加强通风

个体防护装备

呼吸系统防护　空气中浓度超标时，必须佩戴过滤防毒面罩（全面罩）。紧急事态抢救或撤离时，应该佩戴空气呼吸器

眼睛防护　戴化学安全防护眼镜

皮肤和身体防护　穿防毒物渗透工作服

手防护　戴橡胶耐油手套

第九部分　理化特性

外观与性状　无色、无味黏稠液体

pH值　无资料	**熔点(℃)**　−80
沸点(℃)　289	**相对密度(水=1)**　0.98

相对蒸气密度(空气=1)　9.2

饱和蒸气压(kPa)　2.67（20℃）

临界压力(MPa)　无资料	**辛醇/水分配系数**　2.5~4.0
闪点(℃)　146	**自燃温度(℃)**　410
爆炸下限(%)　无资料	**爆炸上限(%)**　无资料
分解温度(℃)　无资料	**黏度(mPa·s)**　无资料
燃烧热(kJ/mol)　无资料	**临界温度(℃)**　无资料

溶解性　溶于水，溶于多数有机溶剂

第十部分　稳定性和反应性

稳定性　稳定

危险反应　与强氧化剂、强酸、强碱等禁配物发生反应

避免接触的条件　受热

禁配物　强氧化剂、强酸、强碱

危险的分解产物　氧化磷

第十一部分　毒理学信息

急性毒性　LD₅₀：3000mg/kg（大鼠经口）；1189mg/kg（小鼠经口）；>3100mg/kg（兔经皮）

皮肤刺激或腐蚀　无资料	**眼睛刺激或腐蚀**　无资料
呼吸或皮肤过敏　无资料	**生殖细胞突变性**　无资料
致癌性　无资料	**生殖毒性**　无资料

特异性靶器官系统毒性-一次接触　大鼠，大剂量经口或腹腔内注射，引起衰弱、肺水肿、颤搐等

特异性靶器官系统毒性-反复接触　无资料

吸入危害　无资料

第十二部分　生态学信息

生态毒性　LC₅₀：5~9mg/L（96h，鱼）

持久性和降解性

生物降解性　无资料

非生物降解性　无资料

潜在的生物累积性　无资料

土壤中的迁移性　无资料

第十三部分　废弃处置

废弃化学品　根据国家和地方有关法规的要求处置。或与厂商或制造商联系，确定处置方法

污染包装物　将容器返还生产商或按照国家和地方法规处置

废弃注意事项　处置前应参阅国家和地方有关法规

第十四部分　运输信息

联合国危险货物编号（UN号）　—

联合国运输名称　—　　**联合国危险性类别**　—

包装类别　—　　　　　**包装标志**　—

海洋污染物　否

运输注意事项　运输前应先检查包装容器是否完整、密封，运输过程中要确保容器不泄漏、不倒塌、不坠落、不损坏。严禁与氧化剂、酸类、碱类、食用化学品等混装混运。运输车船必须彻底清洗、消毒，否则不得装运其他物品。船运时，配装位置应远离卧室、厨房，并与机舱、电源、火源等部位隔离。公路运输时要按规定路线行驶，勿在居民区和人口稠密区停留

第十五部分　法规信息

下列法律、法规、规章和标准，对该化学品的管理作了相应的规定。

中华人民共和国职业病防治法　职业病分类和目录：未列入

危险化学品安全管理条例　危险化学品目录：未列入。易制爆危险化学品名录：未列入。重点监管的危险化学品名录：未列入。GB 18218—2009《危险化学品重大危险源辨识》（表1）：未列入

使用有毒物品作业场所劳动保护条例　高毒物品目录：未列入

易制毒化学品管理条例　易制毒化学品的分类和品种目录：未列入

国际公约　斯德哥尔摩公约：未列入。鹿特丹公约：未列入。蒙特利尔议定书：未列入

第十六部分　其他信息

编写和修订信息	**缩略语和首字母缩写**
培训建议	**参考文献**
免责声明	

磷酸三辛酯

第一部分　化学品标识

化学品中文名　磷酸三辛酯；磷酸三(-2-乙基己基)酯；

磷酸三异辛酯

化学品英文名　tri(2-ethylhexyl)phosphate

分子式　$C_{24}H_{51}O_4P$　　**分子量**　434.63

结构式

化学品的推荐及限制用途　用作阻燃剂、增塑剂、萃取剂

第二部分　危险性概述

紧急情况概述　造成轻微皮肤刺激

GHS 危险性类别　皮肤腐蚀/刺激，类别 3

标签要素

　象形图　—　　　**警示词**　警告

　危险性说明　造成轻微皮肤刺激

　防范说明

　　预防措施　—

　　事故响应　如发生皮肤刺激：就医

　　安全储存　—

　　废弃处置　本品及内装物、容器依据国家和地方法规处置

物理和化学危险　可燃

健康危害　目前未见职业中毒资料

环境危害　对环境可能有害

第三部分　成分/组成信息

√　物质　　　　　　　混合物

组分　　　　**浓度**　　　**CAS No.**

磷酸三（-2-乙基己基）酯　　　78-42-2

第四部分　急救措施

吸入　脱离现场至空气新鲜处。如有不适感，就医

皮肤接触　立即脱去污染的衣着，用肥皂水和清水彻底冲洗皮肤。如有不适感，就医

眼睛接触　提起眼睑，用流动清水或生理盐水冲洗。如有不适感，就医

食入　漱口。如有不适感，就医

对保护施救者的忠告　根据需要使用个人防护设备

对医生的特别提示　对症处理

第五部分　消防措施

灭火剂　用雾状水、泡沫、干粉、二氧化碳、砂土灭火

特别危险性　遇明火、高热可燃。受热分解产生有毒的氧化磷烟气

灭火注意事项及防护措施　消防人员必须佩戴防毒面具、穿全身消防服，在上风向灭火。尽可能将容器从火场移至空旷处。喷水保持火场容器冷却，直至灭火结束。处在火场中的容器若已变色或从安全泄压装置中发出声音，必须马上撤离

第六部分　泄漏应急处理

作业人员防护措施、防护装备和应急处置程序　根据液体流动和蒸气扩散的影响区域划定警戒区，无关人员从侧风、上风向撤离至安全区。消除所有点火源。建议应急处理人员戴防毒面具，穿防毒服。穿上适当的防护服前严禁接触破裂的容器和泄漏物。尽可能切断泄漏源

环境保护措施　防止泄漏物进入水体、下水道、地下室或密闭性空间

泄漏化学品的收容、清除方法及所使用的处置材料　小量泄漏：用干燥的砂土或其他不燃材料吸收或覆盖，收集于容器中。大量泄漏：构筑围堤或挖坑收容。用泵转移至槽车或专用收集器内

第七部分　操作处置与储存

操作注意事项　密闭操作，注意通风。操作人员必须经过专门培训，严格遵守操作规程。建议操作人员佩戴自吸过滤式防毒面具（半面罩），戴化学安全防护眼镜，穿防毒物渗透工作服，戴防化学品手套。远离火种、热源，工作场所严禁吸烟。使用防爆型的通风系统和设备。防止蒸气泄漏到工作场所空气中。避免与氧化剂、酸类、碱类接触。搬运时要轻装轻卸，防止包装及容器损坏。配备相应品种和数量的消防器材及泄漏应急处理设备。倒空的容器可能残留有害物

储存注意事项　储存于阴凉、通风的库房。远离火种、热源。应与氧化剂、酸类、碱类分开存放，切忌混储。配备相应品种和数量的消防器材。储区应备有泄漏应急处理设备和合适的收容材料

第八部分　接触控制/个体防护

职业接触限值

　中国　未制定标准

　美国（ACGIH）　未制定标准

生物接触限值　未制定标准

监测方法　无资料

工程控制　密闭操作，注意通风

个体防护装备

　呼吸系统防护　空气中浓度较高时，佩戴过滤式防毒面具（半面罩）

　眼睛防护　必要时，戴化学安全防护眼镜

　皮肤和身体防护　穿防毒物渗透工作服

　手防护　戴防化学品手套

第九部分　理化特性

外观与性状　无色黏稠液体

pH 值　无资料　　　　**熔点（℃）**　-70

沸点（℃）　200～220　　**相对密度（水=1）**　0.924

相对蒸气密度（空气=1）　无资料

饱和蒸气压（kPa）　0.28（20℃）

临界压力（MPa）　无资料　**辛醇/水分配系数**　无资料

闪点（℃）　215.5　　　**自燃温度（℃）**　无资料

爆炸下限（%）　无资料　**爆炸上限（%）**　无资料

分解温度（℃）　无资料　**黏度（mPa·s）**　无资料

燃烧热（kJ/mol）　无资料　**临界温度（℃）**　无资料

溶解性　不溶于水，溶于醇、苯等

第十部分 稳定性和反应性

稳定性 稳定

危险反应 与强氧化剂、强酸、强碱等禁配物发生反应

避免接触的条件 无资料

禁配物 强氧化剂、强酸、强碱

危险的分解产物 氧化磷

第十一部分 毒理学信息

急性毒性 LD_{50}：37000mg/kg（大鼠经口）；12800mg/kg（小鼠经口）；46000mg/kg（兔经口）；20000mg/kg（兔经皮）

皮肤刺激或腐蚀 无资料 　**眼睛刺激或腐蚀** 无资料

呼吸或皮肤过敏 无资料 　**生殖细胞突变性** 无资料

致癌性 无资料 　**生殖毒性** 无资料

特异性靶器官系统毒性-一次接触 无资料

特异性靶器官系统毒性-反复接触 无资料

吸入危害 无资料

第十二部分 生态学信息

生态毒性 无资料

持久性和降解性

　生物降解性 无资料

　非生物降解性 无资料

潜在的生物累积性 无资料

土壤中的迁移性 无资料

第十三部分 废弃处置

废弃化学品 建议用焚烧法处置。焚烧炉排出的气体要通过洗涤器除去

污染包装物 将容器返还生产商或按照国家和地方法规处置

废弃注意事项 处置前应参阅国家和地方有关法规

第十四部分 运输信息

联合国危险货物编号（UN号） —

联合国运输名称 — 　　**联合国危险性类别** —

包装类别 — 　　　　　**包装标志** —

海洋污染物 否

运输注意事项 运输前应先检查包装容器是否完整、密封，运输过程中要确保容器不泄漏、不倒塌、不坠落、不损坏。严禁与氧化剂、酸类、碱类等混装混运。船运时，应与机舱、电源、火源等部位隔离。公路运输时要按规定路线行驶

第十五部分 法规信息

下列法律、法规、规章和标准，对该化学品的管理作了相应的规定。

中华人民共和国职业病防治法 职业病分类和目录：未列入

危险化学品安全管理条例 危险化学品目录：未列入。易制爆危险化学品名录：未列入。重点监管的危险化学品名录：未列入。GB 18218—2009《危险化学品重大危险源辨识》（表1）：未列入

使用有毒物品作业场所劳动保护条例 高毒物品目录：未列入

易制毒化学品管理条例 易制毒化学品的分类和品种目录：未列入

国际公约 斯德哥尔摩公约：未列入。鹿特丹公约：未列入。蒙特利尔议定书：未列入

第十六部分 其他信息

编写和修订信息 　　**缩略语和首字母缩写**

培训建议 　　　　　**参考文献**

免责声明

2-硫代呋喃甲醇

第一部分 化学品标识

化学品中文名 2-硫代呋喃甲醇；糠硫醇

化学品英文名 2-furanmethanethiol；furfuryl mercaptan

分子式 C_5H_6OS 　**分子量** 114.166

结构式

化学品的推荐及限制用途 用于有机合成，用作硝酸腐蚀的抑制剂

第二部分 危险性概述

紧急情况概述 易燃液体和蒸气

GHS危险性类别 易燃液体，类别3

标签要素

象形图

警示词 警告

危险性说明 易燃液体和蒸气

防范说明

　预防措施 远离热源、火花、明火、热表面。禁止吸烟。保持容器密闭。容器和接收设备接地连接。使用防爆型电器、通风、照明设备。只能使用不产生火花的工具。采取防止静电措施。戴防护手套、防护眼镜、防护面罩

　事故响应 火灾时，使用雾状水、泡沫、干粉、二氧化碳、砂土灭火。如皮肤（或头发）接触：立即脱掉所有被污染的衣服，用水冲洗皮肤，淋浴

　安全储存 存放在通风良好的地方。保持低温

　废弃处置 本品及内装物、容器依据国家和地方法规处置

物理和化学危险 易燃，其蒸气与空气混合，能形成爆炸性混合物

健康危害 本品有刺激作用。接触后可引起恶心、头痛、呕吐

环境危害 对环境可能有害

第三部分　成分/组成信息

√　物质　　　　　　　　　混合物

组分	浓度	CAS No.
2-硫代呋喃甲醇		98-02-2

第四部分　急救措施

吸入　迅速脱离现场至空气新鲜处。保持呼吸道通畅。如呼吸困难，给输氧。呼吸、心跳停止，立即进行心肺复苏术。就医

皮肤接触　立即脱去污染的衣着，用流动清水彻底冲洗。就医

眼睛接触　立即分开眼睑，用流动清水或生理盐水彻底冲洗。就医

食入　漱口，饮水。就医

对保护施救者的忠告　根据需要使用个人防护设备

对医生的特别提示　对症处理

第五部分　消防措施

灭火剂　用雾状水、泡沫、干粉、二氧化碳、砂土灭火

特别危险性　遇高热、明火或与氧化剂接触，有引起燃烧的危险。受高热分解产生有毒的硫化物烟气

灭火注意事项及防护措施　消防人员必须佩戴防毒面具、穿全身消防服，在上风向灭火。尽可能将容器从火场移至空旷处。喷水保持火场容器冷却，直至灭火结束。处在火场中的容器若已变色或从安全泄压装置中发出声音，必须马上撤离

第六部分　泄漏应急处理

作业人员防护措施、防护装备和应急处置程序　根据液体流动和蒸气扩散的影响区域划定警戒区，无关人员从侧风、上风向撤离至安全区。消除所有点火源。建议应急处理人员戴正压自给式呼吸器，穿防毒、防静电服。作业时使用的所有设备应接地。禁止接触或跨越泄漏物。尽可能切断泄漏源

环境保护措施　防止泄漏物进入水体、下水道、地下室或有限空间

泄漏化学品的收容、清除方法及所使用的处置材料　小量泄漏：用砂土或其他不燃材料吸收。使用洁净的无火花工具收集吸收材料。大量泄漏：构筑围堤或挖坑收容。用泡沫覆盖，减少蒸发。喷水雾能减少蒸发，但不能降低泄漏物在有限空间内的易燃性。用防爆泵转移至槽车或专用收集器内

第七部分　操作处置与储存

操作注意事项　密闭操作，提供充分的局部排风。操作人员必须经过专门培训，严格遵守操作规程。建议操作人员佩戴自吸过滤式防毒面具（半面罩），戴化学安全防护眼镜，穿防毒物渗透工作服，戴橡胶手套。远离火种、热源，工作场所严禁吸烟。使用防爆型的通风系统和设备。防止蒸气泄漏到工作场所空气中。避免与氧化剂、还原剂、碱类接触。搬运时要轻装轻卸，防止包装及容器损坏。配备相应品种和数量的消

防器材及泄漏应急处理设备。倒空的容器可能残留有害物

储存注意事项　储存于阴凉、通风的库房。远离火种、热源。应与氧化剂、还原剂、碱类、食用化学品分开存放，切忌混储。不宜久存，以免变质。采用防爆型照明、通风设施。禁止使用易产生火花的机械设备和工具。储区应备有泄漏应急处理设备和合适的收容材料

第八部分　接触控制/个体防护

职业接触限值

　中国　未制定标准

　美国（ACGIH）　未制定标准

生物接触限值　未制定标准

监测方法　空气中有毒物质测定方法：未制定标准。生物监测检验方法：未制定标准

工程控制　严加密闭，提供充分的局部排风

个体防护装备

　呼吸系统防护　空气中浓度超标时，必须佩戴过滤式防毒面具（半面罩）。紧急事态抢救或撤离时，应该佩戴空气呼吸器

　眼睛防护　戴化学安全防护眼镜

　皮肤和身体防护　穿防毒物渗透工作服

　手防护　戴橡胶手套

第九部分　理化特性

外观与性状　无色油状液体，有恶臭

pH值　无资料		**熔点（℃）**　无资料	
沸点（℃）　155		**相对密度（水＝1）**　1.132	
相对蒸气密度（空气＝1）　无资料			
饱和蒸气压（kPa）　无资料			
临界压力（MPa）　无资料		**辛醇/水分配系数**　无资料	
闪点（℃）　45		**自燃温度（℃）**　无资料	
爆炸下限（%）　无资料		**爆炸上限（%）**　无资料	
分解温度（℃）　无资料		**黏度（mPa·s）**　无资料	
燃烧热（kJ/mol）　无资料		**临界温度（℃）**　无资料	

溶解性　不溶于水

第十部分　稳定性和反应性

稳定性　稳定

危险反应　与氧化剂、还原剂、碱类、碱金属等禁配物接触，有发生火灾和爆炸的危险

避免接触的条件　无资料

禁配物　氧化剂、还原剂、碱类、碱金属

危险的分解产物　硫化氢、氧化硫

第十一部分　毒理学信息

急性毒性　LD$_{50}$：220mg/kg（小鼠经口），100mg/kg（小鼠腹腔内）

皮肤刺激或腐蚀　无资料	**眼睛刺激或腐蚀**　无资料	
呼吸或皮肤过敏　无资料	**生殖细胞突变性**　无资料	
致癌性　无资料	**生殖毒性**　无资料	

特异性靶器官系统毒性-一次接触　无资料

特异性靶器官系统毒性-反复接触　无资料

吸入危害　无资料

第十二部分　生态学信息

生态毒性　无资料
持久性和降解性
　　生物降解性　无资料
　　非生物降解性　无资料
潜在的生物累积性　无资料
土壤中的迁移性　无资料

第十三部分　废弃处置

废弃化学品　建议用焚烧法处置。焚烧炉排出的硫氧化物
　　通过洗涤器除去
污染包装物　将容器返还生产商或按照国家和地方法规
　　处置
废弃注意事项　处置前应参阅国家和地方有关法规

第十四部分　运输信息

联合国危险货物编号（UN号）　3336
联合国运输名称　液态硫醇，易燃，未另作规定的；或液
　　态硫醇混合物，易燃，未另作规定的（2-硫代呋喃
　　甲醇）
联合国危险性类别　3

包装类别　Ⅲ　　　　　包装标志

海洋污染物　否
运输注意事项　运输前应先检查包装容器是否完整、密
　　封，运输过程中要确保容器不泄漏、不倒塌、不坠
　　落、不损坏。严禁与酸类、氧化剂、食品及食品添
　　加剂混运。运输时运输车辆应配备相应品种和数量
　　的消防器材及泄漏应急处理设备。运输途中应防暴
　　晒、雨淋，防高温。运输时所用的槽（罐）车应有
　　接地链，槽内可设孔隔板以减少震荡产生的静电。
　　中途停留时应远离火种、热源。公路运输时要按规
　　定路线行驶

第十五部分　法规信息

　　下列法律、法规、规章和标准，对该化学品的管理作
了相应的规定。
中华人民共和国职业病防治法　职业病分类和目录：未
　　列入
危险化学品安全管理条例　危险化学品目录：列入。易制
　　爆危险化学品名录：未列入。重点监管的危险化学品
　　名录：未列入。GB 18218—2009《危险化学品重大
　　危险源辨识》（表1）：未列入
使用有毒物品作业场所劳动保护条例　高毒物品目录：未
　　列入
易制毒化学品管理条例　易制毒化学品的分类和品种目
　　录：未列入
国际公约　斯德哥尔摩公约：未列入。鹿特丹公约：未列
　　入。蒙特利尔议定书：未列入

第十六部分　其他信息

编写和修订信息　　　　缩略语和首字母缩写
培训建议　　　　　　　参考文献
免责声明

硫代氯甲酸乙酯

第一部分　化学品标识

化学品中文名　硫代氯甲酸乙酯；氯硫代甲酸乙酯
化学品英文名　ethyl chlorothioformate；chlorothioformic
　　acid, ethyl ester
分子式　C₃H₅ClOS　分子量　124.59
结构式
化学品的推荐及限制用途　用作中间体

第二部分　危险性概述

紧急情况概述　易燃液体和蒸气，吸入致命，造成严重的
　　皮肤灼伤和眼损伤
GHS危险性类别　易燃液体，类别3；急性毒性-吸入，
　　类别2；皮肤腐蚀/刺激，类别1；严重眼损伤/眼刺
　　激，类别1
标签要素

象形图　

警示词　危险
危险性说明　易燃液体和蒸气，吸入致命，造成严重的
　　皮肤灼伤和眼损伤
防范说明
　　预防措施　远离热源、火花、明火、热表面。禁止
　　　　吸烟。保持容器密闭。容器和接收设备接地连
　　　　接。使用防爆型电器、通风、照明设备。只能
　　　　使用不产生火花的工具。采取防止静电措施。
　　　　戴防护手套、防护眼镜、防护面罩，穿防护服。
　　　　避免吸入蒸气、雾。仅在室外或通风良好处操
　　　　作。避免接触眼睛、皮肤，操作后彻底清洗
　　事故响应　火灾时，使用雾状水、泡沫、干粉、二
　　　　氧化碳、砂土灭火。如吸入：将患者转移到空
　　　　气新鲜处，休息，保持利于呼吸的体位，立即
　　　　呼叫中毒控制中心或就医。皮肤（或头发）接
　　　　触：立即脱掉所有被污染的衣服，用水冲洗皮
　　　　肤，淋浴。污染的衣服须洗净后方可重新使
　　　　用。眼睛接触：用水细心地冲洗数分钟，立即
　　　　呼叫中毒控制中心或就医。如戴隐形眼镜并可
　　　　方便地取出，则取出隐形眼镜，继续冲洗。食
　　　　入：漱口，不要催吐
　　安全储存　存放在通风良好的地方。保持低温。保
　　　　持容器密闭。上锁保管
　　废弃处置　本品及内装物、容器依据国家和地方法
　　　　规处置

物理和化学危险 易燃，其蒸气与空气混合，能形成爆炸性混合物

健康危害 吸入、摄入或经皮肤吸收会中毒。对眼睛、皮肤和黏膜有刺激性、腐蚀性

环境危害 对环境可能有害

第三部分 成分/组成信息

√ 物质   混合物
组分   浓度   CAS No.
硫代氯甲酸乙酯   2941-64-2

第四部分 急救措施

吸入 迅速脱离现场至空气新鲜处。保持呼吸道通畅。如呼吸困难，给输氧。呼吸、心跳停止，立即进行心肺复苏术。就医

皮肤接触 立即脱去污染的衣着，用大量流动清水彻底冲洗至少15min。就医

眼睛接触 立即分开眼睑，用流动清水或生理盐水彻底冲洗5～10min。就医

食入 用水漱口，禁止催吐。给饮牛奶或蛋清。就医

对保护施救者的忠告 根据需要使用个人防护设备

对医生的特别提示 对症处理

第五部分 消防措施

灭火剂 用雾状水、泡沫、干粉、二氧化碳、砂土灭火

特别危险性 其蒸气与空气可形成爆炸性混合物，遇明火、高热能引起燃烧爆炸。与氧化剂能发生强烈反应。受高热分解放出有毒的气体。具有腐蚀性。若遇高热，容器内压增大，有开裂和爆炸的危险

灭火注意事项及防护措施 消防人员必须佩戴防毒面具、穿全身消防服，在上风向灭火。尽可能将容器从火场移至空旷处。喷水保持火场容器冷却，直至灭火结束。处在火场中的容器若已变色或从安全泄压装置中发出声音，必须马上撤离

第六部分 泄漏应急处理

作业人员防护措施、防护装备和应急处置程序 根据液体流动和蒸气扩散的影响区域划定警戒区，无关人员从侧风向、上风向撤离至安全区。消除所有点火源。建议应急处理人员戴正压自给式呼吸器，穿防静电、防腐服。作业时使用的所有设备应接地。穿上适当的防护服前严禁接触破裂的容器和泄漏物。尽可能切断泄漏源

环境保护措施 防止泄漏物进入水体、下水道、地下室或有限空间

泄漏化学品的收容、清除方法及所使用的处置材料 严禁用水处理。小量泄漏：用干燥的砂土或其他不燃材料覆盖泄漏物。大量泄漏：构筑围堤或挖坑收容。用防爆、耐腐蚀泵转移至槽车或专用收集器内

第七部分 操作处置与储存

操作注意事项 密闭操作，局部排风。防止蒸气泄漏到工作场所空气中。操作人员必须经过专门培训，严格遵守操作规程。建议操作人员佩戴自吸过滤式防毒面具（半面罩），戴化学安全防护眼镜，穿橡胶耐酸碱服，戴橡胶耐酸碱手套。远离火种、热源，工作场所严禁吸烟。使用防爆型的通风系统和设备。在清除液体和蒸气前不能进行焊接、切割等作业。避免产生烟雾。避免与氧化剂、碱类接触。配备相应品种和数量的消防器材及泄漏应急处理设备。倒空的容器可能残留有害物

储存注意事项 储存于阴凉、通风的库房。远离火种、热源。防止阳光直射。库温不宜超过30℃。保持容器密封。应与氧化剂、碱类分开存放，切忌混储。采用防爆型照明、通风设施。禁止使用易产生火花的机械设备和工具。储区应备有泄漏应急处理设备和合适的收容材料

第八部分 接触控制/个体防护

职业接触限值
　中国 未制定标准
　美国（ACGIH） 未制定标准

生物接触限值 未制定标准

监测方法 空气中有毒物质测定方法：未制定标准。生物监测检验方法：未制定标准

工程控制 密闭操作，局部排风

个体防护装备
　呼吸系统防护 空气中浓度超标时，必须佩戴过滤式防毒面具（半面罩）。紧急事态抢救或撤离时，应该佩戴空气呼吸器
　眼睛防护 戴化学安全防护眼镜
　皮肤和身体防护 穿橡胶耐酸碱服
　手防护 戴橡胶耐酸碱手套

第九部分 理化特性

外观与性状 无色液体，带有刺激性气味

pH值 无资料		**熔点(℃)** 无资料	
沸点(℃) 132		**相对密度(水=1)** 1.195	
相对蒸气密度(空气=1) 无资料			
饱和蒸气压(kPa) 无资料			
临界压力(MPa) 无资料		**辛醇/水分配系数** 无资料	
闪点(℃) 30.56		**自燃温度(℃)** 无资料	
爆炸下限(%) 无资料		**爆炸上限(%)** 无资料	
分解温度(℃) 无资料		**黏度(mPa·s)** 无资料	
燃烧热(kJ/mol) 无资料		**临界温度(℃)** 无资料	

溶解性 不溶于水

第十部分 稳定性和反应性

稳定性 稳定

危险反应 与强氧化剂等禁配物接触，有发生火灾和爆炸的危险

避免接触的条件 无资料

禁配物 强氧化剂、强碱

危险的分解产物 氯化氢、氧化硫

第十一部分 毒理学信息

急性毒性 LC$_{50}$：210mg/m^3（大鼠吸入，4h）

皮肤刺激或腐蚀 无资料　**眼睛刺激或腐蚀** 无资料

呼吸或皮肤过敏　无资料　　生殖细胞突变性　无资料

致癌性　无资料　　　　　生殖毒性　无资料

特异性靶器官系统毒性-一次接触　无资料

特异性靶器官系统毒性-反复接触　无资料

吸入危害　无资料

第十二部分　生态学信息

生态毒性　无资料

持久性和降解性

　生物降解性　无资料

　非生物降解性　无资料

潜在的生物累积性　无资料

土壤中的迁移性　无资料

第十三部分　废弃处置

废弃化学品　建议用焚烧法处置。在能利用的地方重复使用容器或在规定场所掩埋

污染包装物　将容器返还生产商或按照国家和地方法规处置

废弃注意事项　处置前应参阅国家和地方有关法规

第十四部分　运输信息

联合国危险货物编号（UN号）　2826

联合国运输名称　氯硫代甲酸乙酯

联合国危险性类别　8，3

包装类别　Ⅱ

包装标志　

海洋污染物　否

运输注意事项　起运时包装要完整，装载应稳妥。运输过程中要确保容器不泄漏、不倒塌、不坠落、不损坏。运输时所用的槽（罐）车应有接地链，槽内可设孔隔板以减少震荡产生的静电。严禁与氧化剂、碱类、食用化学品等混装混运。公路运输时要按规定路线行驶，勿在居民区和人口稠密区停留

第十五部分　法规信息

　下列法律、法规、规章和标准，对该化学品的管理作了相应的规定。

中华人民共和国职业病防治法　职业病分类和目录：未列入

危险化学品安全管理条例　危险化学品目录：列入。易制爆危险化学品名录：未列入。重点监管的危险化学品名录：未列入。GB 18218—2009《危险化学品重大危险源辨识》（表1）：未列入

使用有毒物品作业场所劳动保护条例　高毒物品目录：未列入

易制毒化学品管理条例　易制毒化学品的分类和品种目录：未列入

国际公约　斯德哥尔摩公约：未列入。鹿特丹公约：未列入。蒙特利尔议定书：未列入

第十六部分　其他信息

编写和修订信息　　缩略语和首字母缩写

培训建议　　　　　参考文献

免责声明

硫丹

第一部分　化学品标识

化学品中文名　硫丹；(1,2,3,4,7,7-六氯-8,9,10-三降冰片-5-烯-2,3-亚基双亚甲基)-5,6-亚硫酸酯

化学品英文名　endosulfan；benzoepin

分子式　$C_9H_6Cl_6O_3S$　分子量　406.925

结构式　

化学品的推荐及限制用途　用作农用杀虫剂

第二部分　危险性概述

紧急情况概述　吞咽致命，吸入致命

GHS危险性类别　急性毒性-经口，类别2；急性毒性-经皮，类别4；急性毒性-吸入，类别2；危害水生环境-急性危害，类别1；危害水生环境-长期危害，类别1

标签要素

象形图　

警示词　危险

危险性说明　吞咽致命，皮肤接触有害，吸入致命，对水生生物毒性非常大并具有长期持续影响

防范说明

　预防措施　避免接触眼睛、皮肤，操作后彻底清洗。作业场所不得进食、饮水或吸烟。戴防护手套、穿防护服。避免吸入粉尘。仅在室外或通风良好处操作。戴呼吸防护器具。禁止排入环境

　事故响应　如吸入：将患者转移到空气新鲜处，休息，保持利于呼吸的体位，立即呼叫中毒控制中心或就医。皮肤接触：用大量肥皂水和水清洗，如感觉不适，呼叫中毒控制中心或就医。被污染的衣服必须经洗净后方可重新使用。食入：立即呼叫中毒控制中心或就医，漱口。收集泄漏物

　安全储存　在通风良好处储存。保持容器密闭。上锁保管

　废弃处置　本品及内装物、容器依据国家和地方法规处置

物理和化学危险　可燃，其粉体与空气混合，能形成爆炸性混合物

健康危害　吸入、摄入或经皮吸收会中毒。对眼和上呼吸

道有一过性刺激作用。对中枢神经系统有损害。一般
　　表现为头痛、头晕、瞳孔收缩、恶心、痉挛、口吐泡
　　沫。对肝、肾有损害作用。人吸入硫丹粉尘可引起恶
　　心、兴奋、颜面潮红和口干

环境危害　对水生生物毒性非常大并具有长期持续影响

第三部分　成分/组成信息

√ 物质　　　　　　　　　混合物

组分	浓度	CAS No.
硫丹		115-29-7

第四部分　急救措施

吸入　迅速脱离现场至空气新鲜处。保持呼吸道通畅。如
　　呼吸困难，给输氧。呼吸、心跳停止，立即进行心肺
　　复苏术。就医

皮肤接触　立即脱去污染的衣着，用流动清水彻底冲洗。
　　就医

眼睛接触　立即分开眼睑，用流动清水或生理盐水彻底冲
　　洗。就医

食入　漱口，饮水。就医

对保护施救者的忠告　根据需要使用个人防护设备

对医生的特别提示　对症处理

第五部分　消防措施

灭火剂　用雾状水、泡沫、干粉、二氧化碳、砂土灭火

特别危险性　遇明火、高热可燃。其粉体与空气可形成爆
　　炸性混合物，当达到一定浓度时，遇火星会发生爆
　　炸。受高热分解放出有毒的气体

灭火注意事项及防护措施　消防人员必须佩戴空气呼吸
　　器、穿全身防火防毒服，在上风向灭火。尽可能将容
　　器从火场移至空旷处。喷水保持火场容器冷却，直至
　　灭火结束

第六部分　泄漏应急处理

作业人员防护措施、防护装备和应急处置程序　隔离泄漏
　　污染区，限制出入。建议应急处理人员戴防尘口罩，
　　穿防毒服。穿上适当的防护服前严禁接触破裂的容器
　　和泄漏物。尽可能切断泄漏源

环境保护措施　用塑料布覆盖泄漏物，减少飞散

泄漏化学品的收容、清除方法及所使用的处置材料　勿
　　使水进入包装容器内。用洁净的铲子收集泄漏物，
　　置于干净、干燥、盖子较松的容器中，将容器移离
　　泄漏区

第七部分　操作处置与储存

操作注意事项　密闭操作，提供充分的局部排风。防止粉
　　尘释放到车间空气中。操作人员必须经过专门培训，
　　严格遵守操作规程。建议操作人员佩戴防尘面具（全
　　面罩），穿胶布防毒衣，戴橡胶手套。远离火种、热
　　源，工作场所严禁吸烟。使用防爆型的通风系统和设
　　备。避免产生粉尘。避免与氧化剂、酸类、碱类接
　　触。配备相应品种和数量的消防器材及泄漏应急处理
　　设备。倒空的容器可能残留有害物

储存注意事项　储存于阴凉、通风良好的库房内。远离火
　　种、热源。防止阳光直射。包装必须密封，切勿受
　　潮。应与氧化剂、酸类、碱类、食用化品等分开存
　　放，切忌混储。配备相应品种和数量的消防器材。储
　　区应备有合适的材料收容泄漏物

第八部分　接触控制/个体防护

职业接触限值

　中国　未制定标准

　美国（ACGIH）　TLV-TWA：$0.1mg/m^3$（可吸入性
　　　颗粒物和蒸气）［皮］

生物接触限值　未制定标准

监测方法　空气中有毒物质测定方法：未制定标准。生物
　　监测检验方法：未制定标准

工程控制　严加密闭，提供充分的局部排风

个体防护装备

　呼吸系统防护　可能接触其粉尘时，必须佩戴防尘面
　　　具（全面罩）。紧急事态抢救或撤离时，应该佩
　　　戴空气呼吸器

　眼睛防护　呼吸系统防护中已作防护

　皮肤和身体防护　穿密闭型防毒服

　手防护　戴橡胶手套

第九部分　理化特性

外观与性状　两种异构体的混合物，是棕色结晶

pH 值　无意义　　　　　**熔点（℃）**　70～100

沸点（℃）　无资料

相对密度（水=1）　1.745(20℃)

相对蒸气密度（空气=1）　14.0

饱和蒸气压（kPa）　$0.133×10^{-5}$(25℃)

临界压力（MPa）　无资料　　**辛醇/水分配系数**　无资料

闪点（℃）　无意义　　　　　**自燃温度（℃）**　无资料

爆炸下限（%）　无资料　　　**爆炸上限（%）**　无资料

分解温度（℃）　沸点分解　**黏度（mPa·s）**　无资料

燃烧热（kJ/mol）　无资料　**临界温度（℃）**　无资料

溶解性　不溶于水，溶于多数有机溶剂

第十部分　稳定性和反应性

稳定性　稳定

危险反应　与强氧化剂、强酸、强碱、水蒸气等禁配物发
　　生反应

避免接触的条件　潮湿空气

禁配物　强氧化剂、强酸、强碱、水蒸气

危险的分解产物　氯化氢、氧化硫

第十一部分　毒理学信息

急性毒性　属高毒类杀虫剂。主要损害中枢神经系统的运
　　动中枢、小脑、脑干和肝、肾、生殖系统。LD_{50}：
　　18mg/kg（大鼠经口），34mg/kg（大鼠经皮），
　　7.4mg/kg（小鼠经口），28mg/kg（兔经口），90mg/kg
　　（兔经皮）。LC_{50}：80mg/m^3（大鼠吸入，4h）

皮肤刺激或腐蚀　无资料　　**眼睛刺激或腐蚀**　无资料

呼吸或皮肤过敏　无资料

生殖细胞突变性 性染色体缺失和不分离：黑腹果蝇经口200ppm/24h。细胞遗传学分析：小鼠经口 32mg/kg。显性致死试验：小鼠腹腔内 83mg/kg（5d，连续）。精子形态学分析：小鼠腹腔内 83mg/kg（5d，连续）。姐妹染色单体互换；人淋巴细胞 1μmol/L

致癌性 美国政府工业卫生学家会议（ACGIH）：非人类致癌物。小鼠经口最低中毒剂量（TDLo）：330mg/kg（78周，间歇），按 RTECS 标准为致肿瘤物，呼吸系统肿瘤。小鼠皮下最低中毒剂量（TDLo）：2mg/kg，按 RTECS 标准为可疑致肿瘤物，呼吸系统和肝肿瘤

生殖毒性 大鼠孕后 6～14d 经口给予最低中毒剂量（TDLo）45mg/kg，致肌肉骨骼系统发育畸形。大鼠孕后 12～22d 经口给予最低中毒剂量（TDLo）10mg/kg，致泌尿生殖系统发育畸形

特异性靶器官系统毒性-一次接触 无资料

特异性靶器官系统毒性-反复接触 无资料

吸入危害 无资料

第十二部分 生态学信息

生态毒性 LC_{50}：0.0001mg/L（96h）（鲤鱼），0.00086mg/L（96h）（黑头呆鱼）。$E（L）C_{50}$：0.0004～0.0018mg/L（水生无脊椎动物）。NOAEC：0.0002mg/L（黑头呆鱼）

持久性和降解性

生物降解性 不易快速生物降解

非生物降解性 无资料

潜在的生物累积性 根据 K_{ow} 值预测，该物质可能有一定的生物累积性

土壤中的迁移性 根据 K_{oc} 值预测，该物质可能有一定的迁移性

第十三部分 废弃处置

废弃化学品 建议用焚烧法处置

污染包装物 将容器返还生产商或按照国家和地方法规处置

废弃注意事项 破损容器禁止重新使用，要在规定场所掩埋

第十四部分 运输信息

联合国危险货物编号（UN号） 2588

联合国运输名称 固态农药，毒性，未另作规定的（硫丹）

联合国危险性类别 6.1

包装类别 Ⅱ   **包装标志**

海洋污染物 是

运输注意事项 运输前应先检查包装容器是否完整、密封，运输过程中要确保容器不泄漏、不倒塌、不坠落、不损坏。严禁与酸类、氧化剂、食品及食品添加剂混运。运输时运输车辆应配备相应品种和数量的消防器材及泄漏应急处理设备。运输途中应防暴晒、雨淋，防高温。公路运输时要按规定路线行驶，勿在居民区和人口稠密区停留

第十五部分 法规信息

下列法律、法规、规章和标准，对该化学品的管理作了相应的规定。

中华人民共和国职业病防治法 职业病分类和目录：未列入

危险化学品安全管理条例 危险化学品目录：列入。易制爆危险化学品名录：未列入。重点监管的危险化学品名录：未列入。GB 18218—2009《危险化学品重大危险源辨识》（表1）：未列入

使用有毒物品作业场所劳动保护条例 高毒物品目录：未列入

易制毒化学品管理条例 易制毒化学品的分类和品种目录：未列入

国际公约 斯德哥尔摩公约：列入。鹿特丹公约：列入。蒙特利尔议定书：未列入

第十六部分 其他信息

编写和修订信息 缩略语和首字母缩写

培训建议 参考文献

免责声明

硫化镉

第一部分 化学品标识

化学品中文名 硫化镉

化学品英文名 cadmium sulfide；cadmium monosulfide

分子式 CdS   **分子量** 144.5

化学品的推荐及限制用途 用于制焰火、玻璃釉、瓷釉、发光材料，并用作油漆、纸、橡胶和玻璃等的颜料（镉黄和镉红）

第二部分 危险性概述

紧急情况概述 吞咽有害，可能致癌

GHS危险性类别 急性毒性-经口，类别 4；生殖细胞致突变性，类别 2；致癌性，类别 1A；生殖毒性，类别 2；特异性靶器官毒性-反复接触，类别 1；危害水生环境-长期危害，类别 4

标签要素

象形图

警示词 危险

危险性说明 吞咽有害，怀疑可造成遗传性缺陷，可能致癌，怀疑对生育力或胎儿造成伤害，长时间或反复接触对器官造成损伤，可能对水生生物造成长期持续有害影响

防范说明

预防措施 避免接触眼睛、皮肤，操作后彻底清洗。作业场所不得进食、饮水或吸烟。得到专门指导后操作。在阅读并了解所有安全预防措

施之前，切勿操作。按要求使用个体防护装备。避免吸入粉尘。禁止排入环境

事故响应　食入：如果感觉不适，立即呼叫中毒控制中心或就医，漱口。如果接触或有担心，就医。如感觉不适，就医

安全储存　上锁保管

废弃处置　本品及内装物、容器依据国家和地方法规处置

物理和化学危险　不燃，无特殊燃爆特性

健康危害　急性中毒：吸入后引起呼吸道刺激症状，可发生化学性肺炎、肺水肿；误服后可引起急剧的胃肠刺激症状，有恶心、呕吐、腹泻、腹痛、里急后重、全身乏力、肌肉疼痛和虚脱等。慢性中毒：慢性中毒以肺气肿、肾功能损害（蛋白尿）为主要表现；其次还有缺铁性贫血、嗅觉减退或丧失等

环境危害　可能对水生生物造成长期持续有害影响

第三部分　成分/组成信息

√　物质　　　　　　　　混合物

组分	浓度	CAS No.
硫化镉		1306-23-6

第四部分　急救措施

吸入　迅速脱离现场至空气新鲜处。保持呼吸道通畅。如呼吸困难，给输氧。呼吸、心跳停止，立即进行心肺复苏术。就医

皮肤接触　立即脱去污染的衣着，用流动清水彻底冲洗。就医

眼睛接触　立即分开眼睑，用流动清水或生理盐水彻底冲洗。就医

食入　漱口，饮水。就医

对保护施救者的忠告　根据需要使用个人防护设备

对医生的特别提示　对症处理

第五部分　消防措施

灭火剂　本品不燃，根据着火原因选择适当灭火剂灭火

特别危险性　无特殊的燃烧爆炸特性

灭火注意事项及防护措施　消防人员必须穿全身防火防毒服，在上风向灭火。灭火时尽可能将容器从火场移至空旷处

第六部分　泄漏应急处理

作业人员防护措施、防护装备和应急处置程序　隔离泄漏污染区，限制出入。建议应急处理人员戴防尘口罩，穿防毒服。穿上适当的防护服前严禁接触破裂的容器和泄漏物。尽可能切断泄漏源

环境保护措施　用塑料布覆盖泄漏物，减少飞散

泄漏化学品的收容、清除方法及所使用的处置材料　勿使水进入包装容器内。用洁净的铲子收集泄漏物，置于干净、干燥、盖子较松的容器中，将容器移离泄漏区

第七部分　操作处置与储存

操作注意事项　密闭操作，注意通风。操作人员必须经过专门培训，严格遵守操作规程。建议操作人员佩戴自吸过滤式防尘口罩，戴化学安全防护眼镜，穿防毒物渗透工作服，戴橡胶手套。避免产生粉尘。避免与氧化剂、酸类接触。搬运时要轻装轻卸，防止包装及容器损坏。配备泄漏应急处理设备。倒空的容器可能残留有害物

储存注意事项　储存于阴凉、通风的库房。远离火种、热源。应与氧化剂、酸类等分开存放，切忌混储。储区应备有合适的材料收容泄漏物

第八部分　接触控制/个体防护

职业接触限值

中国　PC-TWA：0.01mg/m³；PC-STEL：0.02mg/m³［按 Cd 计］［G1］

美国（ACGIH）　TLV-TWA：0.01mg/m³，0.002mg/m³（呼吸性颗粒物）［按 Cd 计］

生物接触限值　尿镉：5μmol/g 肌酐（5μg/g 肌酐）（采样时间：不做严格规定）；血镉 45nmol/L（5μg/L）（采样时间：不做严格规定）

监测方法　空气中有毒物质测定方法：火焰原子吸收光谱法。生物监测检验方法：尿中镉的火焰原子吸收光谱法；尿中镉的石墨炉原子吸收光谱测定方法；尿中镉的微分电位溶出测定方法；血中镉的石墨炉原子吸收光谱测定方法

工程控制　密闭操作，注意通风

个体防护装备

呼吸系统防护　空气中粉尘浓度超标时，必须佩戴过滤式防尘呼吸器。紧急事态抢救或撤离时，应该佩戴空气呼吸器

眼睛防护　戴化学安全防护眼镜

皮肤和身体防护　穿防毒物渗透工作服

手防护　戴橡胶手套

第九部分　理化特性

外观与性状　橘红色晶体或无定形物

pH 值　无意义　　　　**熔点（℃）**　1750

沸点（℃）　无资料　　　**相对密度（水＝1）**　4.82

相对蒸气密度（空气＝1）　无资料

饱和蒸气压（kPa）　无资料

临界压力（MPa）　无资料　　**辛醇/水分配系数**　无资料

闪点（℃）　无意义　　　**自燃温度（℃）**　无意义

爆炸下限（%）　无意义　　**爆炸上限（%）**　无意义

分解温度（℃）　无资料　　**黏度（mPa·s）**　无资料

燃烧热（kJ/mol）　无资料　**临界温度（℃）**　无资料

溶解性　微溶于水，微溶于乙醇，溶于酸，易溶于氨水

第十部分　稳定性和反应性

稳定性　稳定

危险反应　与强氧化剂、酸类等禁配物发生反应

避免接触的条件　无资料

禁配物　强氧化剂、酸类

危险的分解产物　氧化硫、硫化氢

第十一部分　毒理学信息

急性毒性　LD_{50}：7080mg/kg（大鼠经口），1166mg/kg（小鼠经口）

皮肤刺激或腐蚀　无资料　**眼睛刺激或腐蚀**　无资料

呼吸或皮肤过敏　无资料

生殖细胞突变性　细胞遗传学分析：人淋巴细胞62μg/L。DNA损伤：仓鼠卵巢10mg/L。形态学转化：仓鼠胚胎1mg/L

致癌性　IARC致癌性评论：组1，对人类是致癌物

生殖毒性　无资料

特异性靶器官系统毒性-一次接触　无资料

特异性靶器官系统毒性-反复接触　无资料

吸入危害　无资料

第十二部分　生态学信息

生态毒性　镉化合物对水生生物有极高毒性

持久性和降解性

　生物降解性　无资料

　非生物降解性　无资料

潜在的生物累积性　无资料

土壤中的迁移性　无资料

第十三部分　废弃处置

废弃化学品　用安全掩埋法处置

污染包装物　将容器返还生产商或按照国家和地方法规处置

废弃注意事项　处置前应参阅国家和地方有关法规

第十四部分　运输信息

联合国危险货物编号（UN号）　—

联合国运输名称　—　**联合国危险性类别**　—

包装类别　—　　　　　**包装标志**　—

海洋污染物　否

运输注意事项　起运时包装要完整，装载应稳妥。运输过程中要确保容器不泄漏、不倒塌、不坠落、不损坏。严禁与氧化剂、酸类、食用化学品等混装混运。运输途中应防暴晒、雨淋，防高温。车辆运输完毕应进行彻底清扫

第十五部分　法规信息

　下列法律、法规、规章和标准，对该化学品的管理作了相应的规定。

中华人民共和国职业病防治法　职业病分类和目录：镉及其化合物中毒

危险化学品安全管理条例　危险化学品目录：列入。易制爆危险化学品名录：未列入。重点监管的危险化学品名录：未列入。GB 18218—2009《危险化学品重大危险源辨识》（表1）：未列入

使用有毒物品作业场所劳动保护条例　高毒物品目录：列入

易制毒化学品管理条例　易制毒化学品的分类和品种目录：未列入

国际公约　斯德哥尔摩公约：未列入。鹿特丹公约：未列入。蒙特利尔议定书：未列入

第十六部分　其他信息

编写和修订信息　　**缩略语和首字母缩写**

培训建议　　　　　**参考文献**

免责声明

硫氢化钠

第一部分　化学品标识

化学品中文名　硫氢化钠；酸性硫化钠；氢硫化钠

化学品英文名　sodium hydrosulfide; sodium sulfhydrate

分子式　NaHS　**分子量**　56.1

化学品的推荐及限制用途　供分析化学及制造无机物用

第二部分　危险性概述

紧急情况概述　数量大时自热：可能燃烧，吞咽会中毒，造成严重的皮肤灼伤和眼损伤

GHS危险性类别　自热物质和混合物，类别2；急性毒性-经口，类别3；皮肤腐蚀/刺激，类别1；严重眼损伤/眼刺激，类别1；特异性靶器官毒性-一次接触，类别2；特异性靶器官毒性-一次接触，类别3（呼吸道刺激）；危害水生环境-急性危害，类别1

标签要素

象形图

警示词　危险

危险性说明　数量大时自热：可能燃烧，吞咽会中毒，造成严重的皮肤灼伤和眼损伤，可能对器官造成损害，可能引起呼吸道刺激，对水生生物毒性非常大

防范说明

　预防措施　保持阴凉，避免日照。避免接触眼睛、皮肤，操作后彻底清洗。作业场所不得进食、饮水或吸烟。戴防护手套，穿防护服，戴防护眼镜、防护面罩。避免吸入粉尘、蒸气、雾。禁止排入环境

　事故响应　如吸入：将患者转移到空气新鲜处，休息，保持利于呼吸的体位，立即呼叫中毒控制中心或就医。皮肤（或头发）接触：立即脱掉所有被污染的衣服，用水冲洗皮肤，淋浴。污染的衣服须洗净后方可重新使用。眼睛接触：用水细心地冲洗数分钟。如戴隐形眼镜并可方便地取出，则取出隐形眼镜，继续冲洗。食入：立即呼叫中毒控制中心或就医，漱口，不要催吐。如果接触或感觉不适：呼叫中毒控制中心或就医。收集泄漏物

　安全储存　跺、货架之间留有空隙。远离其他物质储存。上锁保管

　废弃处置　本品及内装物、容器依据国家和地方法

规处置

物理和化学危险　自燃物品

健康危害　对眼睛、皮肤、黏膜和上呼吸道有强烈刺激作用。吸入后，可引起喉、支气管的痉挛、炎症和水肿，化学性肺炎或肺水肿。中毒的症状可有烧灼感、喘息、喉炎、气短、头痛、恶心和呕吐。与眼睛直接接触可引起不可逆的损害，甚至失明。皮肤接触引起灼伤

环境危害　对水生生物毒性非常大

第三部分　成分/组成信息

√ 物质　　　　　　　　　　混合物

组分	浓度	CAS No.
硫氢化钠		16721-80-5

第四部分　急救措施

吸入　迅速脱离现场至空气新鲜处。保持呼吸道通畅。如呼吸困难，给输氧。呼吸、心跳停止，立即进行心肺复苏术。就医

皮肤接触　立即脱去污染的衣着，用大量流动清水彻底冲洗至少 15min。就医

眼睛接触　立即分开眼睑，用流动清水或生理盐水彻底冲洗 5～10min。就医

食入　用水漱口，禁止催吐。给饮牛奶或蛋清。就医

对保护施救者的忠告　根据需要使用个人防护设备

对医生的特别提示　对症处理

第五部分　消防措施

灭火剂　用雾状水、泡沫、干粉、二氧化碳、砂土灭火

特别危险性　在潮湿空气中迅速分解成氢氧化钠和硫化钠，并放热，易自燃

灭火注意事项及防护措施　消防人员必须佩戴防毒面具、穿全身消防服，在上风向灭火。尽可能将容器从火场移至空旷处。喷水保持火场容器冷却，直至灭火结束

第六部分　泄漏应急处理

作业人员防护措施、防护装备和应急处置程序　隔离泄漏污染区，限制出入。消除所有点火源。建议应急处理人员戴防尘口罩，穿防毒、防静电服。禁止接触或跨越泄漏物。尽可能切断泄漏源

环境保护措施　用干燥的砂土或其他不燃材料覆盖泄漏物，然后用塑料布覆盖，减少飞散、避免雨淋

泄漏化学品的收容、清除方法及所使用的处置材料　用洁净的无火花工具收集泄漏物，置于一盖子较松的塑料容器中，待处置

第七部分　操作处置与储存

操作注意事项　密闭操作，局部排风。操作人员必须经过专门培训，严格遵守操作规程。建议操作人员佩戴防尘面具（全面罩），穿胶布防毒衣，戴橡胶手套。远离火种、热源，工作场所严禁吸烟。使用防爆型的通风系统和设备。防止烟雾或粉尘泄漏到工作场所空气中。避免与氧化剂、酸类接触。搬运时轻装轻卸，防止包装破损。配备相应品种和数量的消防器材及泄漏应急处理设备。倒空的容器可能残留有害物

储存注意事项　储存于阴凉、通风的库房。远离火种、热源。应与氧化剂、酸类、食用化学品分开存放，切忌混储。采用防爆型照明、通风设施。禁止使用易产生火花的机械设备和工具。储区应备有泄漏应急处理设备和合适的收容材料

第八部分　接触控制/个体防护

职业接触限值

中国　未制定标准

美国（ACGIH）　未制定标准

生物接触限值　未制定标准

监测方法　空气中有毒物质测定方法：未制定标准。生物监测检验方法：未制定标准

工程控制　密闭操作，局部排风

个体防护装备

呼吸系统防护　可能接触其粉尘时，必须佩戴防尘面具（全面罩）；可能接触其蒸气时，应该佩戴过滤式防毒面具（全面罩）

眼睛防护　呼吸系统防护中已作防护

皮肤和身体防护　穿密闭型防毒服

手防护　戴橡胶手套

第九部分　理化特性

外观与性状　白色至无色、有硫化氢气味的立方晶体，工业品一般为溶液，呈橙色或黄色

pH 值　无意义		熔点（℃）　52.54	
沸点（℃）　无资料		相对密度（水＝1）　1.79	
相对蒸气密度（空气＝1）　无资料			
饱和蒸气压（kPa）　无资料			
临界压力（MPa）　无资料	辛醇/水分配系数　无资料		
闪点（℃）　90	自燃温度（℃）　无资料		
爆炸下限（%）　无资料	爆炸上限（%）　无资料		
分解温度（℃）　350	黏度（mPa・s）　无资料		
燃烧热（kJ/mol）　无资料	临界温度（℃）　无资料		

溶解性　溶于水，溶于乙醇、乙醚等

第十部分　稳定性和反应性

稳定性　稳定

危险反应　与强氧化剂、酸类、锌、铝、铜及其合金等禁配物发生反应。在潮湿空气中迅速分解成氢氧化钠和硫化钠，并放热，易自燃

避免接触的条件　潮湿空气

禁配物　强氧化剂、酸类、锌、铝、铜及其合金

危险的分解产物　硫化氢

第十一部分　毒理学信息

急性毒性　LD_{50}：14.6mg/kg（大鼠腹腔）

皮肤刺激或腐蚀　无资料　　**眼睛刺激或腐蚀**　无资料

呼吸或皮肤过敏　无资料　　**生殖细胞突变性**　无资料

致癌性　无资料　　　　生殖毒性　无资料

特异性靶器官系统毒性-一次接触　无资料

特异性靶器官系统毒性-反复接触　无资料

吸入危害　无资料

第十二部分　生态学信息

生态毒性　TLm：0.0071～0.55mg/L（96h）（黑头呆鱼）。TLm：0.009～0.014mg/L（96h）（蓝鳃太阳鱼）

持久性和降解性

　　生物降解性　无资料

　　非生物降解性　无资料

潜在的生物累积性　无资料

土壤中的迁移性　无资料

第十三部分　废弃处置

废弃化学品　根据国家和地方有关法规的要求处置。或与厂商或制造商联系，确定处置方法

污染包装物　将容器返还生产商或按照国家和地方法规处置

废弃注意事项　把倒空的容器归还厂商或在规定场所掩埋

第十四部分　运输信息

联合国危险货物编号（UN号）　2318（含结晶水低于25%）；2949（含结晶水不低于25%）

联合国运输名称　氢硫化钠，含结晶水低于25%；氢硫化钠，含结晶水不低于25%

联合国危险性类别　4.2（含结晶水低于25%）；8（含结晶水不低于25%）

包装类别　Ⅱ

包装标志　

（含结晶水低于25%）

（含结晶水不低于25%）

海洋污染物　是

运输注意事项　运输时运输车辆应配备相应品种和数量的消防器材及泄漏应急处理设备。装运本品的车辆排气管须有阻火装置。运输过程中要确保容器不泄漏、不倒塌、不坠落、不损坏。严禁与氧化剂、酸类、食用化学品等混装混运。运输途中应防暴晒、雨淋，防高温。中途停留时应远离火种、热源。车辆运输完毕应进行彻底清扫。铁路运输时要禁止溜放

第十五部分　法规信息

　　下列法律、法规、规章和标准，对该化学品的管理作了相应的规定。

中华人民共和国职业病防治法　职业病分类和目录：未列入

危险化学品安全管理条例　危险化学品目录：列入。易制爆危险化学品名录：未列入。重点监管的危险化学品名录：未列入。GB 18218—2009《危险化学品重大

危险源辨识》（表1）：未列入

使用有毒物品作业场所劳动保护条例　高毒物品目录：未列入

易制毒化学品管理条例　易制毒化学品的分类和品种目录：未列入

国际公约　斯德哥尔摩公约：未列入。鹿特丹公约：未列入。蒙特利尔议定书：未列入

第十六部分　其他信息

编写和修订信息　缩略语和首字母缩写

培训建议　参考文献

免责声明

硫氰酸苄酯

第一部分　化学品标识

化学品中文名　硫氰酸苄酯；硫氰化苄；硫氰酸苄

化学品英文名　benzyl thiocyanate；alpha-thiocyanatotoluene

分子式　C_8H_7NS　分子量　149.213

结构式　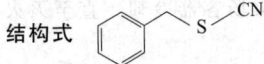

化学品的推荐及限制用途　用作杀虫剂

第二部分　危险性概述

紧急情况概述　造成眼刺激，可能引起呼吸道刺激

GHS危险性类别　严重眼损伤/眼刺激，类别2B；特异性靶器官毒性-一次接触，类别3（呼吸道刺激）

标签要素

象形图　

警示词　警告

危险性说明　造成眼刺激，可能引起呼吸道刺激

防范说明

　预防措施　避免接触眼睛、皮肤，操作后彻底清洗

　事故响应　如接触眼睛：用水细心冲洗数分钟。如戴隐形眼镜并可方便地取出，取出隐形眼镜，继续冲洗。如果眼睛刺激持续：就医

　安全储存　—

　废弃处置　—

物理和化学危险　可燃，其粉体与空气混合，能形成爆炸性混合物

健康危害　吸入、摄入或经皮肤吸收后会中毒。对眼睛、皮肤和黏膜有强刺激性。受热分解释出氮氧化物、氧化硫和氰烟雾

环境危害　对环境可能有害

第三部分　成分/组成信息

√ 物质　　　　　　　　　混合物

组分	浓度	CAS No.
硫氰酸苄酯		3012-37-1

第四部分　急救措施

吸入　迅速脱离现场至空气新鲜处。保持呼吸道通畅。如呼吸困难，给输氧。呼吸、心跳停止，立即进行心肺复苏术。就医

皮肤接触　立即脱去污染的衣着，用流动清水彻底冲洗。就医

眼睛接触　立即分开眼睑，用流动清水或生理盐水彻底冲洗。就医

食入　漱口，饮水。就医

对保护施救者的忠告　根据需要使用个人防护设备

对医生的特别提示　对症处理

第五部分　消防措施

灭火剂　用雾状水、泡沫、干粉、二氧化碳、砂土灭火

特别危险性　遇明火、高热可燃。其粉体与空气可形成爆炸性混合物，当达到一定浓度时，遇火星会发生爆炸。遇高热分解释出高毒烟气

灭火注意事项及防护措施　消防人员必须佩戴防毒面具、穿全身消防服，在上风向灭火。尽可能将容器从火场移至空旷处。喷水保持火场容器冷却，直至灭火结束

第六部分　泄漏应急处理

作业人员防护措施、防护装备和应急处置程序　隔离泄漏污染区，限制出入。消除所有点火源。建议应急处理人员戴防尘口罩，穿防毒服。穿上适当的防护服前严禁接触破裂的容器和泄漏物。尽可能切断泄漏源

环境保护措施　用塑料布覆盖泄漏物，减少飞散

泄漏化学品的收容、清除方法及所使用的处置材料　勿使水进入包装容器内。用洁净的铲子收集泄漏物，置于干净、干燥、盖子较松的容器中，将容器移离泄漏区

第七部分　操作处置与储存

操作注意事项　密闭操作，提供充分的局部排风。防止粉尘释放到车间空气中。操作人员必须经过专门培训，严格遵守操作规程。建议操作人员佩戴防尘面具（全面罩），穿胶布防毒衣，戴橡胶手套。远离火种、热源，工作场所严禁吸烟。使用防爆型的通风系统和设备。避免产生粉尘。避免与氧化剂、酸类、碱类、醇类、胺类接触。配备相应品种和数量的消防器材及泄漏应急处理设备。倒空的容器可能残留有害物

储存注意事项　储存于阴凉、干燥、通风良好的库房。远离火种、热源。防止阳光直射。包装密封。应与氧化剂、酸类、碱类、醇类、胺类、食用化学品等分开存放，切忌混储。配备相应品种和数量的消防器材。储区应备有合适的材料收容泄漏物

第八部分　接触控制/个体防护

职业接触限值

中国　未制定标准

美国（ACGIH）　未制定标准

生物接触限值　未制定标准

监测方法　空气中有毒物质测定方法：未制定标准。生物监测检验方法：未制定标准

工程控制　严加密闭，提供充分的局部排风

个体防护装备

呼吸系统防护　可能接触其粉尘时，必须佩戴防尘面具（全面罩）。紧急事态抢救或撤离时，应该佩戴空气呼吸器

眼睛防护　呼吸系统防护中已作防护

皮肤和身体防护　穿密闭型防毒服

手防护　戴橡胶手套

第九部分　理化特性

外观与性状　橙红色结晶固体，有特殊刺激性气味

pH 值　无意义	**熔点（℃）**　41.5～43
沸点（℃）　230～235	**相对密度（水＝1）**　1.125

相对蒸气密度（空气＝1）　无资料

饱和蒸气压（kPa）　无资料

临界压力（MPa）　无资料	**辛醇/水分配系数**　无资料
闪点（℃）　＞110	**自燃温度（℃）**　无资料
爆炸下限（%）　无资料	**爆炸上限（%）**　无资料
分解温度（℃）　无资料	**黏度（mPa·s）**　无资料
燃烧热（kJ/mol）　无资料	**临界温度（℃）**　无资料

溶解性　不溶于水，溶于乙醇、乙醚

第十部分　稳定性和反应性

稳定性　稳定

危险反应　与强氧化剂、强酸、强碱等禁配物发生反应

避免接触的条件　无资料

禁配物　强氧化剂、强酸、强碱、醇类、胺类

危险的分解产物　氮氧化物、氧化硫、硫化物

第十一部分　毒理学信息

急性毒性　LD_{50}：100mg/kg（小鼠皮下），17mg/kg（小鼠腹腔）

皮肤刺激或腐蚀　无资料	**眼睛刺激或腐蚀**　无资料
呼吸或皮肤过敏　无资料	**生殖细胞突变性**　无资料
致癌性　无资料	**生殖毒性**　无资料

特异性靶器官系统毒性--一次接触　无资料

特异性靶器官系统毒性-反复接触　无资料

吸入危害　无资料

第十二部分　生态学信息

生态毒性　无资料

持久性和降解性

生物降解性　无资料

非生物降解性　无资料

潜在的生物累积性　无资料

土壤中的迁移性　无资料

第十三部分　废弃处置

废弃化学品　根据国家和地方有关法规的要求处置，或与

厂商或制造商联系，确定处置方法

污染包装物　将容器返还生产商或按照国家和地方法规处置

废弃注意事项　处置前应参阅国家和地方有关法规

第十四部分　运输信息

联合国危险货物编号（UN号）　—

联合国运输名称　—　**联合国危险性类别**　—

包装类别　—　　　　　**包装标志**　—

海洋污染物　否

运输注意事项　运输前应先检查包装容器是否完整、密封，运输过程中要确保容器不泄漏、不倒塌、不坠落、不损坏。严禁与酸类、氧化剂、食品及食品添加剂混运。运输时运输车辆应配备相应品种和数量的消防器材及泄漏应急处理设备。运输途中应防暴晒、雨淋，防高温。公路运输时要按规定路线行驶，勿在居民区和人口稠密区停留

第十五部分　法规信息

下列法律、法规、规章和标准，对该化学品的管理作了相应的规定。

中华人民共和国职业病防治法　职业病分类和目录：未列入

危险化学品安全管理条例　危险化学品目录：列入。易制爆危险化学品名录：未列入。重点监管的危险化学品名录：未列入。GB 18218—2009《危险化学品重大危险源辨识》（表1）：未列入

使用有毒物品作业场所劳动保护条例　高毒物品目录：未列入

易制毒化学品管理条例　易制毒化学品的分类和品种目录：未列入

国际公约　斯德哥尔摩公约：未列入。鹿特丹公约：未列入。蒙特利尔议定书：未列入

第十六部分　其他信息

编写和修订信息　　**缩略语和首字母缩写**

培训建议　　　　　　**参考文献**

免责声明

硫氰酸钙

第一部分　化学品标识

化学品中文名　硫氰酸钙；硫氰化钙

化学品英文名　calcium thiocyanate；calcium sulfocyanide

分子式　$Ca(SCN)_2$　**分子量**　156.246

结构式　N≡C—S—Ca—S—C≡N

化学品的推荐及限制用途　主要用于印染工业，化学分析

第二部分　危险性概述

紧急情况概述　吞咽有害，皮肤接触有害，吸入有害

GHS危险性类别　急性毒性-经口，类别4；急性毒性-经皮，类别4；急性毒性-吸入，类别4；危害水生环境-急性危害，类别3；危害水生环境-长期危害，类别3

标签要素

象形图　

警示词　警告

危险性说明　吞咽有害，皮肤接触有害，吸入有害，对水生生物有害并具有长期持续影响

防范说明

预防措施　避免接触眼睛、皮肤，操作后彻底清洗。作业场所不得进食、饮水或吸烟。戴防护手套、穿防护服。避免吸入粉尘。仅在室外或通风良好处操作。禁止排入环境

事故响应　如吸入：将患者转移到空气新鲜处，休息，保持利于呼吸的体位，如感觉不适，呼叫中毒控制中心或就医。皮肤接触：用大量肥皂水和水清洗，如感觉不适，呼叫中毒控制中心或就医。被污染的衣服必须经洗净后方可重新使用。食入：如果感觉不适，立即呼叫中毒控制中心或就医，漱口

安全储存　—

废弃处置　—

物理和化学危险　不燃，无特殊燃爆特性

健康危害　急性中毒：动物出现呼吸困难、痉挛、腹泻、血压降低，然后出现血压升高、心脏活动障碍，可在一昼夜内死亡

环境危害　对水生生物有害并具有长期持续影响

第三部分　成分/组成信息

√　物质　　　　　　　　　混合物

组分	浓度	CAS No.
硫氰酸钙		2092-16-2

第四部分　急救措施

吸入　迅速脱离现场至空气新鲜处。保持呼吸道通畅。如呼吸困难，给输氧。呼吸、心跳停止，立即进行心肺复苏术。就医

皮肤接触　立即脱去污染的衣着，用流动清水彻底冲洗。就医

眼睛接触　立即分开眼睑，用流动清水或生理盐水彻底冲洗。就医

食入　漱口，饮水。就医

对保护施救者的忠告　根据需要使用个人防护设备

对医生的特别提示　对症处理

第五部分　消防措施

灭火剂　本品不燃，根据着火原因选择适当灭火剂灭火

特别危险性　受高热分解放出有毒的气体

灭火注意事项及防护措施　消防人员必须穿全身防火防毒服，在上风向灭火。灭火时尽可能将容器从火场移至空旷处

第六部分　泄漏应急处理

作业人员防护措施、防护装备和应急处置程序　隔离泄漏污染区，限制出入。建议应急处理人员穿防毒服。穿防毒服。穿上适当的防护服前严禁接触破裂的容器和泄漏物。尽可能切断泄漏源

环境保护措施　用塑料布覆盖泄漏物，减少飞散

泄漏化学品的收容、清除方法及所使用的处置材料　勿使水进入包装容器内。用洁净的铲子收集泄漏物，置于干净、干燥、盖子较松的容器中，将容器移离泄漏区

第七部分　操作处置与储存

操作注意事项　密闭操作，局部排风。操作人员必须经过专门培训，严格遵守操作规程。建议操作人员佩戴自吸过滤式防尘口罩，戴化学安全防护眼镜，穿防毒物渗透工作服，戴乳胶手套。避免产生粉尘。避免与酸类接触。搬运时要轻装轻卸，防止包装及容器损坏。配备泄漏应急处理设备。倒空的容器可能残留有害物

储存注意事项　储存于阴凉、通风的库房。远离火种、热源。应与酸类、食用化学品分开存放，切忌混储。储区应备有合适的材料收容泄漏物

第八部分　接触控制/个体防护

职业接触限值
　　中国　未制定标准
　　美国（ACGIH）　未制定标准
生物接触限值　未制定标准
监测方法　空气中有毒物质测定方法：未制定标准。生物监测检验方法：未制定标准
工程控制　密闭操作，局部排风。提供安全淋浴和洗眼设备
个体防护装备
　　呼吸系统防护　空气中粉尘浓度超标时，建议佩戴过滤式防尘呼吸器。紧急事态抢救或撤离时，应该佩戴空气呼吸器
　　眼睛防护　戴化学安全防护眼镜
　　皮肤和身体防护　穿防毒物渗透工作服
　　手防护　戴橡胶手套

第九部分　理化特性

外观与性状　无色晶体
pH 值　无意义　　　　**熔点（℃）**　无资料
沸点（℃）　无资料　　　**相对密度（水＝1）**　无资料
相对蒸气密度（空气＝1）　无资料
饱和蒸气压（kPa）　无资料
临界压力（MPa）　无资料　　**辛醇/水分配系数**　无资料
闪点（℃）　无意义　　　**自燃温度（℃）**　无意义
爆炸下限（%）　无意义　　**爆炸上限（%）**　无意义
分解温度（℃）　无资料　　**黏度（mPa·s）**　无资料
燃烧热（kJ/mol）　无资料　　**临界温度（℃）**　无资料
溶解性　溶于水、乙醇

第十部分　稳定性和反应性

稳定性　稳定

危险反应　与强酸等禁配物发生反应
避免接触的条件　无资料
禁配物　强酸
危险的分解产物　硫化物、氰化氢

第十一部分　毒理学信息

急性毒性　LDLo：120mg/kg（小鼠经口）
皮肤刺激或腐蚀　无资料　**眼睛刺激或腐蚀**　无资料
呼吸或皮肤过敏　无资料　**生殖细胞突变性**　无资料
致癌性　无资料　　　　　**生殖毒性**　无资料
特异性靶器官系统毒性-一次接触　无资料
特异性靶器官系统毒性-反复接触　无资料
吸入危害　无资料

第十二部分　生态学信息

生态毒性　硫氰酸盐对水生生物有害
持久性和降解性
　　生物降解性　无资料
　　非生物降解性　无资料
潜在的生物累积性　无资料
土壤中的迁移性　无资料

第十三部分　废弃处置

废弃化学品　根据国家和地方有关法规的要求处置。或与厂商或制造商联系，确定处置方法
污染包装物　将容器返还生产商或按照国家和地方法规处置
废弃注意事项　处置前应参阅国家和地方有关法规

第十四部分　运输信息

联合国危险货物编号（UN 号）　—
联合国运输名称　—　**联合国危险性类别**　—
包装类别　—　　　　　**包装标志**　—
海洋污染物　否
运输注意事项　运输前应先检查包装容器是否完整、密封，运输过程中要确保容器不泄漏、不倒塌、不坠落、不损坏。严禁与酸类、氧化剂、食品及食品添加剂混运。运输时运输车辆应配备泄漏应急处理设备。运输途中应防暴晒、雨淋，防高温

第十五部分　法规信息

　　下列法律、法规、规章和标准，对该化学品的管理作了相应的规定。
中华人民共和国职业病防治法　职业病分类和目录：未列入
危险化学品安全管理条例　危险化学品目录：列入。易制爆危险化学品名录：未列入。重点监管的危险化学品名录：未列入。GB 18218—2009《危险化学品重大危险源辨识》（表1）：未列入
使用有毒物品作业场所劳动保护条例　高毒物品目录：列入
易制毒化学品管理条例　易制毒化学品的分类和品种目录：未列入

国际公约 斯德哥尔摩公约：未列入。鹿特丹公约：未列入。蒙特利尔议定书：未列入

第十六部分 其他信息

编写和修订信息 缩略语和首字母缩写
培训建议 参考文献
免责声明

硫氰酸汞

第一部分 化学品标识

化学品中文名 硫氰酸汞；硫氰化汞
化学品英文名 mercuric thiocyanate; mercuric sulfocyanate

分子式 $C_2HgN_2S_2$ 分子量 316.75

结构式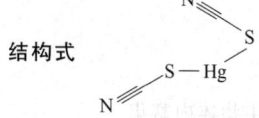

化学品的推荐及限制用途 用于烟火和照相显影剂

第二部分 危险性概述

紧急情况概述 吞咽致命，皮肤接触会中毒，可能导致皮肤过敏反应
GHS危险性类别 急性毒性-经口，类别2；急性毒性-经皮，类别3；皮肤腐蚀/刺激，类别3；严重眼损伤/眼刺激，类别2B；皮肤致敏物，类别1；生殖细胞致突变性，类别2；生殖毒性，类别2；特异性靶器官毒性-一次接触，类别1；特异性靶器官毒性-反复接触，类别1；危害水生环境-急性危害，类别1；危害水生环境-长期危害，类别1
标签要素

象形图

警示词 危险
危险性说明 吞咽致命，皮肤接触会中毒，造成轻微皮肤刺激，造成眼刺激，可能导致皮肤过敏反应，怀疑可造成遗传性缺陷，怀疑对生育力或胎儿造成伤害，对器官造成损害，长时间或反复接触对器官造成损伤，对水生生物毒性非常大并具有长期持续影响
防范说明
预防措施 避免接触眼睛、皮肤，操作后彻底清洗。作业场所不得进食、饮水或吸烟。戴防护手套、穿防护服。避免吸入粉尘。污染的工作服不得带出工作场所。得到专门指导后操作。在阅读并了解所有安全预防措施之前，切勿操作。按要求使用个体防护装备。禁止排入环境
事故响应 皮肤接触：用大量肥皂水和水清洗，立即脱去所有被污染的衣服。如感觉不适，呼叫中毒控制中心或就医。被污染的衣服必须经洗

净后方可重新使用。如出现皮肤刺激或皮疹：就医。如接触眼睛：用水细心冲洗数分钟。如戴隐形眼镜并可方便地取出，取出隐形眼镜，继续冲洗。如果眼睛刺激持续：就医。食入：立即呼叫中毒控制中心或就医，漱口。如果接触：如感觉不适，立即呼叫中毒控制中心或就医。收集泄漏物
安全储存 上锁保管
废弃处置 本品及内装物、容器依据国家和地方法规处置
物理和化学危险 不燃，无特殊燃爆特性
健康危害 对呼吸道、眼和皮肤有刺激性。可经呼吸道、皮肤吸收引起中毒。长期接触引起中枢神经系统损害。对肾和皮肤有损害，出现口腔炎及牙齿松动等
环境危害 对水生生物毒性非常大并具有长期持续影响

第三部分 成分/组成信息

√ 物质 混合物

组分	浓度	CAS No.
硫氰酸汞		592-85-8

第四部分 急救措施

吸入 迅速脱离现场至空气新鲜处。保持呼吸道通畅。如呼吸困难，给输氧。呼吸、心跳停止，立即进行心肺复苏术。就医
皮肤接触 立即脱去污染的衣着，用流动清水彻底冲洗。就医
眼睛接触 立即分开眼睑，用流动清水或生理盐水彻底冲洗。就医
食入 口服蛋清、牛奶或豆浆。就医
对保护施救者的忠告 根据需要使用个人防护设备
对医生的特别提示 解毒剂：二巯基丙磺酸钠、二巯基丁二酸钠、青霉胺

第五部分 消防措施

灭火剂 本品不燃，根据着火原因选择适当灭火剂灭火
特别危险性 接触酸或酸气能产生有毒气体。遇高热分解释出高毒烟气
灭火注意事项及防护措施 消防人员必须穿全身耐酸碱消防服、佩戴空气呼吸器灭火。尽可能将容器从火场移至空旷处。喷水保持火场容器冷却，直至灭火结束

第六部分 泄漏应急处理

作业人员防护措施、防护装备和应急处置程序 隔离泄漏污染区，限制出入。建议应急处理人员戴尘口罩，穿防毒服。穿上适当的防护服前严禁接触破裂的容器和泄漏物。尽可能切断泄漏源
环境保护措施 用塑料布覆盖泄漏物，减少飞散
泄漏化学品的收容、清除方法及所使用的处置材料 勿使水进入包装容器内。用洁净的铲子收集泄漏物，置于干净、干燥、盖子较松的容器中，将容器移离泄漏区

第七部分 操作处置与储存

操作注意事项 密闭操作，提供充分的局部排风。防止粉

尘释放到车间空气中。操作人员必须经过专门培训，严格遵守操作规程。建议操作人员佩戴防尘面具（全面罩），穿胶布防毒衣，戴橡胶手套。避免产生粉尘。避免与酸类接触。配备泄漏应急处理设备。倒空的容器可能残留有害物

储存注意事项　储存于阴凉、通风良好的库房内。远离火种、热源。防止阳光直射。包装必须密封，切勿受潮。应与酸类、食用化学品等分开存放，切忌混储。储区应备有合适的材料收容泄漏物

第八部分　接触控制/个体防护

职业接触限值

中国　未制定标准

美国（ACGIH）　TLV-TWA：$0.025mg/m^3$ ［皮］［按Hg计］

生物接触限值　尿总汞：$20\mu mol/mol$ 肌酐（$35\mu g/g$ 肌酐）（采样时间：接触6个月后工作班前）

监测方法　空气中有毒物质测定方法：原子荧光光谱法；双硫腙分光光度法；冷原子吸收光谱法。生物监测检验方法：尿中汞的双硫腙萃取分光光度测定方法；尿中汞的冷原子吸收光谱测定方法（一）碱性氯化亚锡还原法；尿中有机（甲基）汞、无机汞和总汞的分别测定方法；选择性还原-冷原子吸收光谱法

工程控制　严加密闭，提供充分的局部排风

个体防护装备

呼吸系统防护　可能接触其粉尘时，必须佩戴防尘面具（全面罩）。紧急事态抢救或撤离时，应该佩戴空气呼吸器

眼睛防护　呼吸系统防护中已作防护

皮肤和身体防护　穿密闭型防毒服

手防护　戴橡胶手套

第九部分　理化特性

外观与性状　白色无臭味的粉末或针状结晶

pH值　无意义　　　　**熔点（℃）**　165（分解）

沸点（℃）　无资料　　**相对密度（水＝1）**　4

相对蒸气密度（空气＝1）　10.9

饱和蒸气压（kPa）　无资料

临界压力（MPa）　无意义　**辛醇/水分配系数**　无资料

闪点（℃）　无意义　　**自燃温度（℃）**　无意义

爆炸下限（%）　无意义　**爆炸上限（%）**　无意义

分解温度（℃）　165　　**黏度（mPa·s）**　无资料

燃烧热（kJ/mol）　无资料　**临界温度（℃）**　无资料

溶解性　微溶于水、醇、醚，溶于铵盐、氨水、氰化钾溶液

第十部分　稳定性和反应性

稳定性　稳定

危险反应　接触酸或酸气能产生有毒气体

避免接触的条件　光照

禁配物　强酸

危险的分解产物　氮氧化物、汞、氧化硫、氰化物、氧化汞

第十一部分　毒理学信息

急性毒性　LD_{50}：46mg/kg（大鼠经口），685mg/kg（大鼠经皮），24.5mg/kg（小鼠经口）

皮肤刺激或腐蚀　无资料　**眼睛刺激或腐蚀**　无资料

呼吸或皮肤过敏　无资料　**生殖细胞突变性**　无资料

致癌性　美国政府工业卫生学家会议（ACGIH）：未分类为人类致癌物

生殖毒性　无资料

特异性靶器官系统毒性-一次接触　无资料

特异性靶器官系统毒性-反复接触　无资料

吸入危害　无资料

第十二部分　生态学信息

生态毒性　LC_{50}：0.015mg/L（96h）（黑头呆鱼）

持久性和降解性

生物降解性　无资料

非生物降解性　无资料

潜在的生物累积性　元素汞易在生物体内富集

土壤中的迁移性　无资料

第十三部分　废弃处置

废弃化学品　用安全掩埋法处置

污染包装物　将容器返还生产商或按照国家和地方法规处置

废弃注意事项　在能利用的地方重复使用容器或在规定场所掩埋

第十四部分　运输信息

联合国危险货物编号（UN号）　1646

联合国运输名称　硫氰酸汞

联合国危险性类别　6.1

包装类别　Ⅱ　　　　**包装标志**　

海洋污染物　是

运输注意事项　运输前应先检查包装容器是否完整、密封，运输过程中要确保容器不泄漏、不倒塌、不坠落、不损坏。严禁与酸类、氧化剂、食品及食品添加剂混运。运输时运输车辆应配备泄漏应急处理设备。运输途中应防暴晒、雨淋，防高温。公路运输时要按规定路线行驶，勿在居民区和人口稠密区停留

第十五部分　法规信息

下列法律、法规、规章和标准，对该化学品的管理作了相应的规定。

中华人民共和国职业病防治法　职业病分类和目录：汞及其化合物中毒

危险化学品安全管理条例　危险化学品目录：列入。易制爆危险化学品名录：未列入。重点监管的危险化学品名录：未列入。GB 18218—2009《危险化学品重大

危险源辨识》（表1）：未列入

使用有毒物品作业场所劳动保护条例 高毒物品目录：列入

易制毒化学品管理条例 易制毒化学品的分类和品种目录：未列入

国际公约 斯德哥尔摩公约：未列入。鹿特丹公约：未列入。蒙特利尔议定书：未列入

第十六部分 其他信息

编写和修订信息 缩略语和首字母缩写
培训建议 参考文献
免责声明

硫酸镉

第一部分 化学品标识

化学品中文名 硫酸镉
化学品英文名 cadmium sulfate
分子式 $CdSO_4$ **分子量** 208.5

结构式  O⁻—S—O⁻ Cd²⁺

化学品的推荐及限制用途 供制镉电池和镉肥，并用作消毒剂和收敛剂

第二部分 危险性概述

紧急情况概述 吞咽会中毒，吸入致命，可能致癌
GHS 危险性类别 急性毒性-经口，类别3；急性毒性-吸入，类别2；生殖细胞致突变性，类别1B；致癌性，类别1A；生殖毒性，类别1B；特异性靶器官毒性-反复接触，类别1；危害水生环境-急性危害，类别1；危害水生环境-长期危害，类别1

标签要素

象形图

警示词 危险
危险性说明 吞咽会中毒，吸入致命，可造成遗传性缺陷，可能致癌，可能对生育力或胎儿造成伤害，长时间或反复接触对器官造成损伤，对水生生物毒性非常大并具有长期持续影响

防范说明

预防措施 避免接触眼睛、皮肤，操作后彻底清洗。作业场所不得进食、饮水或吸烟。避免吸入粉尘。仅在室外或通风良好处操作。戴呼吸防护器具。得到专门指导后操作。在阅读并了解所有安全预防措施之前，切勿操作。按要求使用个体防护装备。禁止排入环境

事故响应 如吸入：将患者转移到空气新鲜处，休息，保持利于呼吸的体位，立即呼叫中毒控制中心或就医。食入：立即呼叫中毒控制中心或就医，漱口。如果接触或有担心，就医。如感

觉不适，就医。收集泄漏物

安全储存 在通风良好处储存。保持容器密闭。上锁保管

废弃处置 本品及内装物、容器依据国家和地方法规处置

物理和化学危险 不燃，无特殊燃爆特性
健康危害 急性中毒：吸入可引起呼吸道刺激症状，可发生化学性肺炎，肺水肿；误食后可引起急剧的胃肠道刺激症状，有恶心、呕吐、腹泻、腹痛、里急后重、全身乏力、肌肉疼痛和虚脱等。慢性中毒：慢性中毒以肺气肿、肾功能损害（蛋白尿）为主要表现，其次还有缺铁性贫血、嗅觉减退或丧失等

环境危害 对水生生物毒性非常大并具有长期持续影响

第三部分 成分/组成信息

√物质　　　　　混合物

组分	浓度	CAS No.
硫酸镉		10124-36-4

第四部分 急救措施

吸入 迅速脱离现场至空气新鲜处。保持呼吸道通畅。如呼吸困难，给输氧。呼吸、心跳停止，立即进行心肺复苏术。就医
皮肤接触 立即脱去污染的衣着，用流动清水彻底冲洗。就医
眼睛接触 立即分开眼睑，用流动清水或生理盐水彻底冲洗。就医
食入 漱口，饮水。就医
对保护施救者的忠告 根据需要使用个人防护设备
对医生的特别提示 对症处理

第五部分 消防措施

灭火剂 本品不燃，根据着火原因选择适当灭火剂灭火
特别危险性 受高热分解产生有毒的硫化物烟气
灭火注意事项及防护措施 消防人员必须穿全身防火防毒服，在上风向灭火。灭火时尽可能将容器从火场移至空旷处

第六部分 泄漏应急处理

作业人员防护措施、防护装备和应急处置程序 隔离泄漏污染区，限制出入。建议应急处理人员戴防尘口罩，穿防毒服。穿上适当的防护服前严禁接触破裂的容器和泄漏物。尽可能切断泄漏源
环境保护措施 用塑料布覆盖泄漏物，减少飞散
泄漏化学品的收容、清除方法及所使用的处置材料 勿使水进入包装容器内。用洁净的铲子收集泄漏物，置于干净、干燥、盖子较松的容器中，将容器移离泄漏区

第七部分 操作处置与储存

操作注意事项 密闭操作，加强通风。操作人员必须经过专门培训，严格遵守操作规程。建议操作人员佩戴自吸过滤式防尘口罩，戴化学安全防护眼镜，穿防毒物渗透工作服，戴橡胶手套。避免产生粉尘。避免与氧

化剂接触。搬运时要轻装轻卸，防止包装及容器损坏。配备泄漏应急处理设备。倒空的容器可能残留有害物

储存注意事项　储存于阴凉、通风的库房。远离火种、热源。应与氧化剂、食用化学品分开存放，切忌混储。储区应备有合适的材料收容泄漏物

第八部分　接触控制/个体防护

职业接触限值
　　中国　PC-TWA：0.01mg/m³；PC-STEL：0.02mg/m³
　　〔按 Cd 计〕〔G1〕
　　美国（ACGIH）　TLV-TWA：0.01mg/m³，0.002mg/m³
　　（呼吸性颗粒物）〔按 Cd 计〕

生物接触限值　尿镉：5 μmol/g 肌酐（5μg/g 肌酐）（采样时间：不做严格规定）；血镉 45nmol/L（5μg/L）（采样时间：不做严格规定）

监测方法　空气中有毒物质测定方法：火焰原子吸收光谱法。生物监测检验方法：尿中镉的火焰原子吸收光谱法；尿中镉的石墨炉原子吸收光谱测定方法；尿中镉的微分电位溶出测定方法；血中镉的石墨炉原子吸收光谱测定方法

工程控制　生产过程密闭，加强通风

个体防护装备
　　呼吸系统防护　空气中粉尘浓度超标时，必须佩戴过滤式防尘呼吸器。紧急事态抢救或撤离时，应该佩戴空气呼吸器
　　眼睛防护　戴化学安全防护眼镜
　　皮肤和身体防护　穿防毒物渗透工作服
　　手防护　戴橡胶手套

第九部分　理化特性

外观与性状　白色单斜晶体

pH 值　无意义		**熔点(℃)**　1000	
沸点(℃)　无资料		**相对密度(水＝1)**　4.69	
相对蒸气密度(空气＝1)　无资料			
饱和蒸气压(kPa)　无资料			
临界压力(MPa)　无意义		**辛醇/水分配系数**　无资料	
闪点(℃)　无意义		**自燃温度(℃)**　无意义	
爆炸下限(%)　无意义		**爆炸上限(%)**　无意义	
分解温度(℃)　沸点分解		**黏度(mPa·s)**　无资料	
燃烧热(kJ/mol)　无资料		**临界温度(℃)**　无资料	

溶解性　溶于水，不溶于乙醇

第十部分　稳定性和反应性

稳定性　稳定
危险反应　与强氧化剂等禁配物发生反应
避免接触的条件　无资料
禁配物　强氧化剂
危险的分解产物　硫化物

第十一部分　毒理学信息

急性毒性　LD₅₀：280mg/kg（大鼠经口），47mg/kg（小鼠经口）

皮肤刺激或腐蚀　无资料　　　**眼睛刺激或腐蚀**　无资料
呼吸或皮肤过敏　无资料
生殖细胞突变性　人成纤维细胞微核试验和 DNA 损伤：0.033μmol/L(24h)。性染色体缺失和不分离：人肺细胞 67nmol/L。人淋巴细胞 DNA 损伤：500μmol/L
致癌性　IARC 致癌性评论：组 1，对人类是致癌物
生殖毒性　小鼠腹腔内染毒最低中毒剂量（TDLo）3mg/kg（孕 9d），致中枢神经系统发育异常。小鼠腹腔内染毒最低中毒剂量（TDLo）2570μg/kg（孕 9d），致肌肉骨骼发育异常。仓鼠静脉内给药最低中毒剂量（TDLo）2mg/kg（8d），致中枢神经系统、颅面部（包括鼻、舌）和眼、耳发育异常
特异性靶器官系统毒性-一次接触　无资料
特异性靶器官系统毒性-反复接触　无资料
吸入危害　无资料

第十二部分　生态学信息

生态毒性　镉化合物对水生生物有极高毒性
持久性和降解性
　　生物降解性　无资料
　　非生物降解性　无资料
潜在的生物累积性　无资料
土壤中的迁移性　无资料

第十三部分　废弃处置

废弃化学品　根据国家和地方有关法规的要求处置。或与厂商或制造商联系，确定处置方法
污染包装物　将容器返还生产商或按照国家和地方法规处置
废弃注意事项　处置前应参阅国家和地方有关法规

第十四部分　运输信息

联合国危险货物编号（UN 号）　2570
联合国运输名称　镉化合物（硫酸镉）
联合国危险性类别　6.1

包装类别　Ⅱ　　　　　　　　　　**包装标志**　

海洋污染物　是
运输注意事项　运输前应先检查包装容器是否完整、密封，运输过程中要确保容器不泄漏、不倒塌、不坠落、不损坏。严禁与酸类、氧化剂、食品及食品添加剂混运。运输时运输车辆应配备泄漏应急处理设备。运输途中应防暴晒、雨淋，防高温

第十五部分　法规信息

　　下列法律、法规、规章和标准，对该化学品的管理作了相应的规定。

中华人民共和国职业病防治法　职业病分类和目录：镉及其化合物中毒

危险化学品安全管理条例　危险化学品目录：列入。易制爆危险化学品名录：未列入。重点监管的危险化学品

名录：未列入。GB 18218—2009《危险化学品重大危险源辨识》（表1）：未列入

使用有毒物品作业场所劳动保护条例 高毒物品目录：列入

易制毒化学品管理条例 易制毒化学品的分类和品种目录：未列入

国际公约 斯德哥尔摩公约：未列入。鹿特丹公约：未列入。蒙特利尔议定书：未列入

第十六部分 其他信息

编写和修订信息 缩略语和首字母缩写
培训建议 参考文献
免责声明

硫酸汞

第一部分 化学品标识

化学品中文名 硫酸汞；硫酸高汞

化学品英文名 mercury（Ⅱ）sulfate；mercuric sulfate

分子式 $HgSO_4$ **分子量** 296.7

结构式
$$O^- \!\!-\!\! \overset{\displaystyle O}{\underset{\displaystyle O}{S}} \!\!-\!\! O^- \ Hg^{2+}$$

化学品的推荐及限制用途 用于制甘汞、升汞和蓄电池组，并用作乙烯水合制乙醛的催化剂

第二部分 危险性概述

紧急情况概述 吞咽会中毒，皮肤接触会中毒，可能导致皮肤过敏反应

GHS危险性类别 急性毒性-经口，类别3；急性毒性-经皮，类别3；皮肤致敏物，类别1；特异性靶器官毒性--次接触，类别1；特异性靶器官毒性-反复接触，类别1；危害水生环境-急性危害，类别1；危害水生环境-长期危害，类别1

标签要素

象形图

警示词 危险

危险性说明 吞咽会中毒，皮肤接触会中毒，可能导致皮肤过敏反应，对器官造成损害，长时间或反复接触对器官造成损伤，对水生生物毒性非常大并具有长期持续影响

防范说明

预防措施 避免接触眼睛、皮肤，操作后彻底清洗。作业场所不得进食、饮水或吸烟。戴防护手套、穿防护服。避免吸入粉尘。污染的工作服不得带出工作场所。禁止排入环境

事故响应 皮肤接触：用大量肥皂水和水清洗，立即脱去所有被污染的衣服，如感觉不适，呼叫中毒控制中心或就医。被污染的衣服必须经洗净后方可重新使用。如出现皮肤刺激或皮疹：就医。食入：立即呼叫中毒控制中心或就医，漱口。如果接触：立即呼叫中毒控制中心或就医。如感觉不适，就医。收集泄漏物

安全储存 上锁保管

废弃处置 本品及内装物、容器依据国家和地方法规处置

物理和化学危险 不燃，无特殊燃爆特性

健康危害 急性中毒一般起病急，有头痛、头晕、低热、口腔炎、皮疹、呼吸道刺激症状、肺炎、肾损害。
慢性汞中毒表现有：神经衰弱，震颤，口腔炎，齿龈有汞线等

环境危害 对水生生物毒性非常大并具有长期持续影响

第三部分 成分/组成信息

√ 物质 混合物

组分	浓度	CAS No.
硫酸汞		7783-35-9

第四部分 急救措施

吸入 迅速脱离现场至空气新鲜处。保持呼吸道通畅。如呼吸困难，给输氧。呼吸、心跳停止，立即进行心肺复苏术。就医

皮肤接触 立即脱去污染的衣着，用流动清水彻底冲洗。就医

眼睛接触 立即分开眼睑，用流动清水或生理盐水彻底冲洗。就医

食入 口服蛋清、牛奶或豆浆。就医

对保护施救者的忠告 根据需要使用个人防护设备

对医生的特别提示 解毒剂：二巯基丙磺酸钠、二巯基丁二酸钠、青霉胺

第五部分 消防措施

灭火剂 本品不燃，根据着火原因选择适当灭火剂灭火

特别危险性 本身不能燃烧。无特殊的燃烧爆炸特性

灭火注意事项及防护措施 消防人员必须佩戴空气呼吸器、穿全身防火防毒服，在上风向灭火。尽可能将容器从火场移至空旷处。喷水保持火场容器冷却，直至灭火结束

第六部分 泄漏应急处理

作业人员防护措施、防护装备和应急处置程序 隔离泄漏污染区，限制出入。建议应急处理人员戴防尘口罩，穿防毒服。穿上适当的防护服前严禁接触破裂的容器和泄漏物。尽可能切断泄漏源

环境保护措施 用塑料布覆盖泄漏物，减少飞散

泄漏化学品的收容、清除方法及所使用的处置材料 勿使水进入包装容器内。用洁净的铲子收集泄漏物，置于干净、干燥、盖子较松的容器中，将容器移离泄漏区

第七部分 操作处置与储存

操作注意事项 密闭操作，局部排风。防止粉尘释放到车间空气中。操作人员必须经过专门培训，严格遵守操作规程。建议操作人员佩戴自吸过滤式防尘口罩，戴

化学安全防护眼镜，穿防毒物渗透工作服，戴乳胶手套。避免产生粉尘。避免与氧化剂接触。配备泄漏应急处理设备。倒空的容器可能残留有害物

储存注意事项　储存于阴凉、通风的库房。远离火种、热源。防止阳光直射。包装必须密封，切勿受潮。应与氧化剂、食用化学品等分开存放，切忌混储。储区应备有合适的材料收容泄漏物

第八部分　接触控制/个体防护

职业接触限值

　中国　未制定标准

　美国（ACGIH）　TLV-TWA：0.025mg/m³ ［皮］［按 Hg 计］

生物接触限值　尿总汞：20μmol/mol 肌酐（35μg/g 肌酐）（采样时间：接触 6 个月后工作班前）

监测方法　空气中有毒物质测定方法：原子荧光光谱法；双硫腙分光光度法；冷原子吸收光谱法。生物监测检验方法：尿中汞的双硫腙萃取分光光度测定方法；尿中汞的冷原子吸收光谱测定方法（一）碱性氯化亚锡还原法；尿中有机（甲基）汞、无机汞和总汞的分别测定方法；选择性还原-冷原子吸收光谱法

工程控制　密闭操作，局部排风

个体防护装备

　呼吸系统防护　空气中粉尘浓度超标时，建议佩戴过滤式防尘呼吸器。紧急事态抢救或撤离时，应该佩戴空气呼吸器

　眼睛防护　戴化学安全防护眼镜

　皮肤和身体防护　穿防毒物渗透工作服

　手防护　戴橡胶手套

第九部分　理化特性

外观与性状　白色结晶粉末，无气味

pH 值　无意义　　**熔点（℃）**　无资料

沸点（℃）　无资料　**相对密度（水＝1）**　6.47

相对蒸气密度（空气＝1）　无资料

饱和蒸气压（kPa）　无资料

临界压力（MPa）　无意义　**辛醇/水分配系数**　无资料

闪点（℃）　无意义　　**自燃温度（℃）**　无意义

爆炸下限（%）　无意义　**爆炸上限（%）**　无意义

分解温度（℃）　450　　**黏度（mPa·s）**　无资料

燃烧热（kJ/mol）　无资料　**临界温度（℃）**　无资料

溶解性　溶于盐酸、热硫酸、浓氯化钠溶液，不溶于丙酮、氨水

第十部分　稳定性和反应性

稳定性　稳定

危险反应　与强氧化剂等禁配物发生反应

避免接触的条件　光照

禁配物　强氧化剂

危险的分解产物　氧化硫、汞

第十一部分　毒理学信息

急性毒性　LD₅₀：57mg/kg（大鼠经口），625mg/kg（大

鼠经皮），25mg/kg（小鼠经口）

皮肤刺激或腐蚀　无资料　**眼睛刺激或腐蚀**　无资料

呼吸或皮肤过敏　无资料　**生殖细胞突变性**　无资料

致癌性　美国政府工业卫生学家会议（ACGIH）：未分类为人类致癌物

生殖毒性　无资料

特异性靶器官系统毒性-一次接触　无资料

特异性靶器官系统毒性-反复接触　无资料

吸入危害　无资料

第十二部分　生态学信息

生态毒性　汞化合物对水生生物有极高毒性

持久性和降解性

　生物降解性　无资料

　非生物降解性　无资料

潜在的生物累积性　元素汞易在生物体内富集

土壤中的迁移性　无资料

第十三部分　废弃处置

废弃化学品　用安全掩埋法处置。量小时，溶解在水或适当的酸溶液中，或用适当氧化剂将其转变成水溶液。用硫化物沉淀，调节 pH 值至 7 完成沉淀。滤出固体硫化物回收或做掩埋处置。用次氯酸钠中和过量的硫化物，然后冲入下水道

污染包装物　将容器返还生产商或按照国家和地方法规处置

废弃注意事项　在能利用的地方重复使用容器或在规定场所掩埋

第十四部分　运输信息

联合国危险货物编号（UN 号）　1645

联合国运输名称　硫酸汞

联合国危险性类别　6.1

包装类别　Ⅱ　　　　　**包装标志**　

海洋污染物　是

运输注意事项　运输前应先检查包装容器是否完整、密封，运输过程中要确保容器不泄漏、不倒塌、不坠落、不损坏。严禁与酸类、氧化剂、食品及食品添加剂混运。运输时运输车辆应配备泄漏应急处理设备。运输途中应防暴晒、雨淋，防高温。公路运输时要按规定路线行驶，勿在居民区和人口稠密区停留

第十五部分　法规信息

　下列法律、法规、规章和标准，对该化学品的管理作了相应的规定。

中华人民共和国职业病防治法　职业病分类和目录：汞及其化合物中毒

危险化学品安全管理条例　危险化学品目录：列入。易制爆危险化学品名录：未列入。重点监管的危险化学品名录：未列入。GB 18218—2009《危险化学品重大

危险源辨识》（表1）：未列入

使用有毒物品作业场所劳动保护条例 高毒物品目录：未列入

易制毒化学品管理条例 易制毒化学品的分类和品种目录：未列入

国际公约 斯德哥尔摩公约：未列入。鹿特丹公约：未列入。蒙特利尔议定书：未列入

第十六部分 其他信息

编写和修订信息 缩略语和首字母缩写

培训建议 参考文献

免责声明

硫酸钴

第一部分 化学品标识

化学品中文名 硫酸钴；赤矾

化学品英文名 cobalt sulfate; cobaltous sulfate

分子式 $CoSO_4$ **分子量** 154.996

结构式

化学品的推荐及限制用途 用于制陶瓷釉料、油漆催干剂和镀钴等

第二部分 危险性概述

紧急情况概述 吞咽有害，吸入可能导致过敏或哮喘症状或呼吸困难，可能导致皮肤过敏反应

GHS危险性类别 急性毒性-经口，类别4；呼吸道致敏物，类别1；皮肤致敏物，类别1；生殖细胞致突变性，类别2；致癌性，类别2；生殖毒性，类别1B；危害水生环境-急性危害，类别1；危害水生环境-长期危害，类别1

标签要素

象形图

警示词 危险

危险性说明 吞咽有害，吸入可能导致过敏或哮喘症状或呼吸困难，可能导致皮肤过敏反应，怀疑可造成遗传性缺陷，怀疑致癌，可能对生育力或胎儿造成伤害，对水生生物毒性非常大并具有长期持续影响

防范说明

预防措施 避免接触眼睛、皮肤，操作后彻底清洗。作业场所不得进食、饮水或吸烟。避免吸入粉尘。通风不良时，戴呼吸防护器具。污染的工作服不得带出工作场所。戴防护手套。得到专门指导后操作。在阅读并了解所有安全预防措施之前，切勿操作。按要求使用个体防护装备。禁止排入环境

事故响应 如吸入：如果呼吸困难，将患者转移到空气新鲜处，休息，保持利于呼吸的体位。如

有呼吸系统症状，呼叫中毒控制中心或就医。如皮肤接触：用大量肥皂水和水清洗。如出现皮肤刺激或皮疹：就医。污染的衣服清洗后方可重新使用。食入：如果感觉不适，立即呼叫中毒控制中心或就医，漱口。如果接触或有担心，就医。收集泄漏物

安全储存 上锁保管

废弃处置 本品及内装物、容器依据国家和地方法规处置

物理和化学危险 不燃，无特殊燃爆特性

健康危害 本品粉尘对眼、鼻、呼吸道及胃肠道黏膜有刺激作用。引起咳嗽、呕吐、腹绞痛、体温上升、小腿无力等。皮肤接触可引起过敏性皮炎、接触性皮炎

环境危害 对水生生物毒性非常大并具有长期持续影响

第三部分 成分/组成信息

√ 物质   混合物

组分	浓度	CAS No.
硫酸钴		10124-43-3

第四部分 急救措施

吸入 迅速脱离现场至空气新鲜处。保持呼吸道通畅。如呼吸困难，给输氧。呼吸、心跳停止，立即进行心肺复苏术。就医

皮肤接触 立即脱去污染的衣着，用流动清水彻底冲洗。就医

眼睛接触 立即分开眼睑，用流动清水或生理盐水彻底冲洗。就医

食入 漱口，饮水。就医

对保护施救者的忠告 根据需要使用个人防护设备

对医生的特别提示 对症处理

第五部分 消防措施

灭火剂 本品不燃，根据着火原因选择适当灭火剂灭火

特别危险性 本身不能燃烧。无特殊的燃烧爆炸特性

灭火注意事项及防护措施 消防人员必须穿全身防火防毒服，在上风向灭火。灭火时尽可能将容器从火场移至空旷处

第六部分 泄漏应急处理

作业人员防护措施、防护装备和应急处置程序 隔离泄漏污染区，限制出入。建议应急处理人员戴防尘口罩，穿防毒服。穿上适当的防护服前严禁接触破裂的容器和泄漏物。尽可能切断泄漏源

环境保护措施 用塑料布覆盖泄漏物，减少飞散

泄漏化学品的收容、清除方法及所使用的处置材料 勿使水进入包装容器内。用洁净的铲子收集泄漏物，置于干净、干燥、盖子较松的容器中，将容器移离泄漏区

第七部分 操作处置与储存

操作注意事项 密闭操作，局部排风。防止粉尘释放到车

间空气中。操作人员必须经过专门培训，严格遵守操作规程。建议操作人员佩戴自吸过滤式防尘口罩，戴化学安全防护眼镜，穿橡胶耐酸碱服，戴橡胶耐酸碱手套。避免产生粉尘。配备泄漏应急处理设备。倒空的容器可能残留有害物

储存注意事项　储存于阴凉、通风的库房。远离火种、热源。防止阳光直射。包装必须密封，切勿受潮。应与食用化学品等分开存放，切忌混储。储区应备有合适的材料收容泄漏物

第八部分　接触控制/个体防护

职业接触限值

中国　未制定标准

美国（ACGIH）　TLV-TWA：0.02mg/m³〔按 Co 计〕〔敏〕

生物接触限值　未制定标准

监测方法　空气中有毒物质测定方法：未制定标准。生物监测检验方法：未制定标准

工程控制　密闭操作，局部排风

个体防护装备

呼吸系统防护　空气中粉尘浓度超标时，必须佩戴过滤式防尘呼吸器。紧急事态抢救或撤离时，应该佩戴空气呼吸器

眼睛防护　戴化学安全防护眼镜

皮肤和身体防护　穿橡胶耐酸碱服

手防护　戴橡胶耐酸碱手套

第九部分　理化特性

外观与性状　玫瑰红色单斜晶体

pH 值　无意义　　　　**熔点（℃）**　735（分解）

沸点（℃）　无资料　　　**相对密度（水=1）**　3.47

相对蒸气密度（空气=1）　无资料

饱和蒸气压（kPa）　无资料

临界压力（MPa）　无意义　**辛醇/水分配系数**　无资料

闪点（℃）　无意义　　　**自燃温度（℃）**　无意义

爆炸下限（%）　无意义　**爆炸上限（%）**　无意义

分解温度（℃）　735　　　**黏度（mPa·s）**　无资料

燃烧热（kJ/mol）　无资料　**临界温度（℃）**　无资料

溶解性　溶于水、甲醇，微溶于乙醇

第十部分　稳定性和反应性

稳定性　稳定

危险反应　无特殊反应发生

避免接触的条件　无资料

禁配物　无资料

危险的分解产物　氧化硫

第十一部分　毒理学信息

急性毒性　LD₅₀：424mg/kg（大鼠经口），584mg/kg（小鼠经口），1800mg/kg（兔经口）

皮肤刺激或腐蚀　无资料　**眼睛刺激或腐蚀**　无资料

呼吸或皮肤过敏　可引起接触过敏性皮炎

生殖细胞突变性　无资料

致癌性　IARC 致癌性评论：组 2B，对人类是可能的致癌物

生殖毒性　无资料

特异性靶器官系统毒性-一次接触　无资料

特异性靶器官系统毒性-反复接触　无资料

吸入危害　无资料

第十二部分　生态学信息

生态毒性　钴化合物对水生生物有极高毒性

持久性和降解性

生物降解性　无资料

非生物降解性　无资料

潜在的生物累积性　无资料

土壤中的迁移性　无资料

第十三部分　废弃处置

废弃化学品　用安全掩埋法处置。在能利用的地方重复使用容器或在规定场所掩埋

污染包装物　将容器返还生产商或按照国家和地方法规处置

废弃注意事项　处置前应参阅国家和地方有关法规

第十四部分　运输信息

联合国危险货物编号（UN 号）　3077

联合国运输名称　对环境有害的固态物质，未另作规定的（硫酸钴）

联合国危险性类别　9

包装类别　Ⅲ　　　　　　包装标志

海洋污染物　是

运输注意事项　起运时包装要完整，装载应稳妥。运输过程中要确保容器不泄漏、不倒塌、不坠落、不损坏。严禁与食用化学品等混装混运。运输途中应防暴晒、雨淋，防高温。车辆运输完毕应进行彻底清扫。公路运输时要按规定路线行驶

第十五部分　法规信息

下列法律、法规、规章和标准，对该化学品的管理作了相应的规定。

中华人民共和国职业病防治法　职业病分类和目录：未列入

危险化学品安全管理条例　危险化学品目录：列入。易制爆危险化学品名录：未列入。重点监管的危险化学品名录：未列入。GB 18218—2009《危险化学品重大危险源辨识》（表1）：未列入

使用有毒物品作业场所劳动保护条例　高毒物品目录：未列入

易制毒化学品管理条例　易制毒化学品的分类和品种目录：未列入

国际公约　斯德哥尔摩公约：未列入。鹿特丹公约：未列入。蒙特利尔议定书：未列入

第十六部分 其他信息

编写和修订信息　缩略语和首字母缩写
培训建议　　　　参考文献
免责声明

硫酸化烟碱

第一部分 化学品标识

化学品中文名　硫酸化烟碱；硫酸烟碱；1-甲基-2-（3-吡啶）吡咯烷硫酸盐
化学品英文名　nicotine sulfate；1-methyl-2-（3-pyridyl）pyrrolidine sulfate
分子式　$C_{10}H_{14}N_2 \cdot H_2SO_4$　**分子量**　422.55
结构式

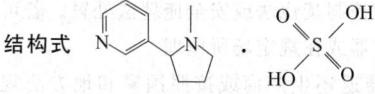

化学品的推荐及限制用途　用于医药工业

第二部分 危险性概述

紧急情况概述　吞咽致命，皮肤接触会致命，造成皮肤刺激，造成严重眼刺激，可能引起呼吸道刺激
GHS危险性类别　急性毒性-经口，类别2；急性毒性-经皮，类别1；皮肤腐蚀/刺激，类别2；严重眼损伤/眼刺激，类别2；生殖毒性，类别2；特异性靶器官毒性——次接触，类别2；特异性靶器官毒性——次接触，类别3（呼吸道刺激）；危害水生环境-急性危害，类别2；危害水生环境-长期危害，类别2
标签要素

象形图

警示词　危险
危险性说明　吞咽致命，皮肤接触会致命，造成皮肤刺激，造成严重眼刺激，怀疑对生育力或胎儿造成伤害，可能对器官造成损害，可能引起呼吸道刺激，对水生生物有毒并具有长期持续影响
防范说明
　　预防措施　避免接触眼睛、皮肤或衣服，操作后彻底清洗。作业场所不得进食、饮水或吸烟。戴防护手套、穿防护服。得到专门指导后操作。在阅读并了解所有安全预防措施之前，切勿操作。按要求使用个体防护装备。避免吸入蒸气、雾。禁止排入环境
　　事故响应　皮肤接触：用大量肥皂水和水轻轻地清洗，立即脱去所有被污染的衣服，立即呼叫中毒控制中心或就医。被污染的衣服必须经洗净后方可重新使用。如接触眼睛：用水细心冲洗数分钟。如戴隐形眼镜并可方便地取出，取出隐形眼镜，继续冲洗。如果眼睛刺激持续：就医。食入：立即呼叫中毒控制中心或就医，漱口。如果接触或担心，就医。如果接触或感

觉不适：呼叫中毒控制中心或就医。收集泄漏物
　　安全储存　上锁保管
　　废弃处置　本品及内装物、容器依据国家和地方法规处置
物理和化学危险　不燃，无特殊燃爆特性
健康危害　本品属高毒。对眼睛、皮肤和黏膜有刺激作用。进入体内，可引起紫绀。接触后可致头痛、恶心、呕吐、腹泻、眩晕、惊厥等
环境危害　对水生生物有毒并具有长期持续影响

第三部分 成分/组成信息

√ 物质		混合物
组分	浓度	CAS No.
硫酸化烟碱		65-30-5

第四部分 急救措施

吸入　迅速脱离现场至空气新鲜处。保持呼吸道通畅。如呼吸困难，给输氧。呼吸、心跳停止，立即进行心肺复苏术。就医
皮肤接触　立即脱去污染的衣着，用流动清水彻底冲洗。就医
眼睛接触　立即分开眼睑，用流动清水或生理盐水彻底冲洗。就医
食入　饮适量温水，催吐（仅限于清醒者）。就医
对保护施救者的忠告　根据需要使用个人防护设备
对医生的特别提示　对症处理

第五部分 消防措施

灭火剂　本品不燃，根据着火原因选择适当灭火剂灭火
特别危险性　本身不能燃烧。遇高热分解释出高毒烟气
灭火注意事项及防护措施　消防人员必须穿全身防火防毒服，在上风向灭火。灭火时尽可能将容器从火场移至空旷处

第六部分 泄漏应急处理

作业人员防护措施、防护装备和应急处置程序　隔离泄漏污染区，限制出入。建议应急处理人员戴防尘口罩，穿防毒服。穿上适当的防护服前严禁接触破裂的容器和泄漏物。尽可能切断泄漏源
环境保护措施　用塑料布覆盖泄漏物，减少飞散
泄漏化学品的收容、清除方法及所使用的处置材料　勿使水进入包装容器内。用洁净的铲子收集泄漏物，置于干净、干燥、盖子较松的容器中，将容器移离泄漏区

第七部分 操作处置与储存

操作注意事项　密闭操作，提供充分的局部排风。防止粉尘释放到车间空气中。操作人员必须经过专门培训，严格遵守操作规程。建议操作人员佩戴防尘面具（全面罩），穿胶布防毒衣，戴橡胶手套。避免产生粉尘。避免与氧化剂、碱类接触。配备泄漏应急处理设备。倒空的容器可能残留有害物
储存注意事项　储存于阴凉、通风良好的专用库房内，

实行"双人收发、双人保管"制度。远离火种、热源。防止阳光直射。包装密封。应与氧化剂、碱类、食用化学品分开存放，切忌混储。配备相应品种和数量的消防器材。储区应备有合适的材料收容泄漏物

第八部分　接触控制/个体防护

职业接触限值
　中国　未制定标准
　美国（ACGIH）　TLV-TWA：0.5mg/m³［皮］
生物接触限值　未制定标准
监测方法　空气中有毒物质测定方法：未制定标准。生物监测检验方法：未制定标准
工程控制　严加密闭，提供充分的局部排风
个体防护装备
　呼吸系统防护　可能接触其粉尘时，必须佩戴防尘面具（全面罩）。紧急事态抢救或撤离时，应该佩戴空气呼吸器
　眼睛防护　呼吸系统防护中已作防护
　皮肤和身体防护　穿密闭型防毒服
　手防护　戴橡胶手套

第九部分　理化特性

外观与性状　无色晶体

pH 值　无资料	**熔点(℃)**　无资料	

沸点(℃)　无资料
相对密度(水＝1)　1.15(20℃)
相对蒸气密度(空气＝1)　无资料
饱和蒸气压(kPa)　无资料

临界压力(MPa)　无资料　　**辛醇/水分配系数**　无资料
闪点(℃)　无意义　　　　　**自燃温度(℃)**　无意义
爆炸下限(%)　无意义　　　 **爆炸上限(%)**　无意义
分解温度(℃)　熔点分解　　 **黏度(mPa·s)**　无资料
燃烧热(kJ/mol)　无资料　　 **临界温度(℃)**　无资料
溶解性　溶于水、乙醇

第十部分　稳定性和反应性

稳定性　稳定
危险反应　与强氧化剂、酸类等禁配物发生反应
避免接触的条件　无资料
禁配物　强氧化剂、强碱
危险的分解产物　氮氧化物、氧化硫

第十一部分　毒理学信息

急性毒性　LD₅₀：50mg/kg（大鼠经口），285mg/kg（大鼠经皮），8.6mg/kg（小鼠经口），50mg/kg（兔经皮）
皮肤刺激或腐蚀　无资料　　**眼睛刺激或腐蚀**　无资料
呼吸或皮肤过敏　无资料　　**生殖细胞突变性**　无资料
致癌性　无资料
生殖毒性　小鼠孕后 6～15d 腹腔内给予最低中毒剂量（TDLo）1670mg/kg，致颅面部（包括鼻、舌）发育畸形

特异性靶器官系统毒性--一次接触　无资料
特异性靶器官系统毒性-反复接触　无资料
吸入危害　无资料

第十二部分　生态学信息

生态毒性　LC₅₀：7.31mg/L（96h）　　（虹鳟）。EC₅₀：3.25mg/L（48h）（大型溞）
持久性和降解性
　生物降解性　无资料
　非生物降解性　无资料
潜在的生物累积性　无资料
土壤中的迁移性　无资料

第十三部分　废弃处置

废弃化学品　建议用控制焚烧法或安全掩埋法处置。若可能，重复使用容器或在规定场所掩埋
污染包装物　将容器返还生产商或按照国家和地方法规处置
废弃注意事项　处置前应参阅国家和地方有关法规

第十四部分　运输信息

联合国危险货物编号（UN号）　3445
联合国运输名称　固态硫酸烟碱
联合国危险性类别　6.1

包装类别　Ⅱ　　　　　　　　**包装标志**

海洋污染物　是
运输注意事项　运输前应先检查包装容器是否完整、密封，运输过程中要确保容器不泄漏、不倒塌、不坠落、不损坏。严禁与酸类、氧化剂、食品及食品添加剂混运。运输时运输车辆应配备泄漏应急处理设备。运输途中应防暴晒、雨淋，防高温。公路运输时要按规定路线行驶，勿在居民区和人口稠密区停留

第十五部分　法规信息

　下列法律、法规、规章和标准，对该化学品的管理作了相应的规定。
中华人民共和国职业病防治法　职业病分类和目录：未列入
危险化学品安全管理条例　危险化学品目录：列入。作为剧毒化学品进行管理。易制爆危险化学品名录：未列入。重点监管的危险化学品名录：未列入。GB 18218—2009《危险化学品重大危险源辨识》（表1）：未列入
使用有毒物品作业场所劳动保护条例　高毒物品目录：未列入
易制毒化学品管理条例　易制毒化学品的分类和品种目录：未列入
国际公约　斯德哥尔摩公约：未列入。鹿特丹公约：未列入。蒙特利尔议定书：未列入

第十六部分　其他信息

编写和修订信息　缩略语和首字母缩写
培训建议　　　　参考文献
免责声明

硫酸镍

第一部分　化学品标识

化学品中文名　硫酸镍
化学品英文名　nickel sulfate
分子式　$NiSO_4$　分子量　154.76
结构式　$O^- - S - O^- \ Ni^{2+}$

化学品的推荐及限制用途　主要用于电镀工业及制镍镉电
　　池和其他镍盐，也用于有机合成和生产硬化油作为油
　　漆的催化剂

第二部分　危险性概述

紧急情况概述　吞咽有害，吸入有害，造成皮肤刺激，吸
　　入可能导致过敏或哮喘症状或呼吸困难，可能导致皮
　　肤过敏反应，可能致癌
GHS危险性类别　急性毒性-经口，类别4；急性毒性-吸
　　入，类别4；皮肤腐蚀/刺激，类别2；呼吸道致敏
　　物，类别1；皮肤致敏物，类别1；生殖细胞致突变
　　性，类别2；致癌性，类别1A；生殖毒性，类别1B；
　　特异性靶器官毒性-反复接触，类别1；危害水生环
　　境-急性危害，类别1；危害水生环境-长期危害，类
　　别1
标签要素

警示词　危险
危险性说明　吞咽有害，吸入有害，造成皮肤刺激，吸
　　入可能导致过敏或哮喘症状或呼吸困难，可能导致
　　皮肤过敏反应，怀疑可造成遗传性缺陷，可能致
　　癌，可能对生育力或胎儿造成伤害，长时间或反复
　　接触对器官造成损伤，对水生生物毒性非常大并具
　　有长期持续影响
防范说明
　　预防措施　避免接触眼睛、皮肤或衣服，操作后彻
　　　　底清洗。作业场所不得进食、饮水或吸烟。避
　　　　免吸入粉尘。仅在室外或通风良好处操作。戴
　　　　防护手套。通风不良时，戴呼吸防护器具。污
　　　　染的工作服不得带出工作场所。得到专门指导
　　　　后操作。在阅读并了解所有安全预防措施之
　　　　前，切勿操作。按要求使用个体防护装备。禁
　　　　止排入环境
　　事故响应　如吸入：将患者转移到空气新鲜处，休
　　　　息，保持利于呼吸的体位。如感觉不适，呼叫

中毒控制中心或就医。如有呼吸系统症状，呼
　　　　叫中毒控制中心或就医。皮肤接触：用大量肥
　　　　皂水和水清洗。如出现皮肤刺激或皮疹：就
　　　　医，脱去被污染的衣服，衣服经洗净后方可重
　　　　新使用。食入：如果感觉不适，立即呼叫中毒
　　　　控制中心或就医，漱口。如果接触或有担心，
　　　　就医。收集泄漏物
　　安全储存　上锁保管
　　废弃处置　本品及内装物、容器依据国家和地方法
　　　　规处置
物理和化学危险　不燃，无特殊燃爆特性
健康危害　吸入后对呼吸道有刺激性。可引起哮喘和肺嗜
　　酸细胞增多症，可致支气管炎。对眼睛有刺激性。皮
　　肤接触可引起皮炎和湿疹，常伴有剧烈瘙痒，称为
　　"镍痒症"。大量口服引起恶心、呕吐和眩晕
环境危害　对水生生物毒性非常大并具有长期持续影响

第三部分　成分/组成信息

√ 物质　　　　　　　　　混合物

组分	浓度	CAS No.
硫酸镍		7786-81-4

第四部分　急救措施

吸入　迅速脱离现场至空气新鲜处。保持呼吸道通畅。如
　　呼吸困难，给输氧。呼吸、心跳停止，立即进行心肺
　　复苏术。就医
皮肤接触　立即脱去污染的衣着，用流动清水彻底冲洗。
　　就医
眼睛接触　立即分开眼睑，用流动清水或生理盐水彻底冲
　　洗。就医
食入　漱口，饮水。就医
对保护施救者的忠告　根据需要使用个人防护设备
对医生的特别提示　解毒剂：依地酸二钠钙

第五部分　消防措施

灭火剂　本品不燃，根据着火原因选择适当灭火剂灭火
特别危险性　无特殊的燃烧爆炸特性
灭火注意事项及防护措施　消防人员必须穿全身防火防毒
　　服，在上风向灭火。灭火时尽可能将容器从火场移至
　　空旷处

第六部分　泄漏应急处理

作业人员防护措施、防护装备和应急处置程序　隔离泄漏
　　污染区，限制出入。建议应急处理人员戴防尘口罩，
　　穿防毒服。穿上适当的防护服前严禁接触破裂的容器
　　和泄漏物。尽可能切断泄漏源
环境保护措施　用塑料布覆盖泄漏物，减少飞散
泄漏化学品的收容、清除方法及所使用的处置材料　勿使
　　水进入包装容器内。用洁净的铲子收集泄漏物，置于
　　干净、干燥、盖子较松的容器中，将容器移离泄漏区

第七部分　操作处置与储存

操作注意事项　密闭操作，加强通风。操作人员必须经过

专门培训，严格遵守操作规程。建议操作人员佩戴自吸过滤式防尘口罩，戴化学安全防护眼镜，穿防毒物渗透工作服，戴橡胶手套。避免产生粉尘。避免与氧化剂接触。搬运时要轻装轻卸，防止包装及容器损坏。配备泄漏应急处理设备。倒空的容器可能残留有害物

储存注意事项　储存于阴凉、通风的库房。远离火种、热源。应与氧化剂分开存放，切忌混储。储区应备有合适的材料收容泄漏物

第八部分　接触控制/个体防护

职业接触限值
　　中国　PC-TWA：0.5mg/m³［按 Ni 计］［G1］
　　美国（ACGIH）　TLV-TWA：0.1mg/m³（可吸入性颗粒物）［按 Ni 计］
生物接触限值　未制定标准
监测方法　空气中有毒物质测定方法：火焰原子吸收光谱法。生物监测检验方法：未制定标准
工程控制　生产过程密闭，加强通风
个体防护装备
　　呼吸系统防护　可能接触其粉尘时，必须佩戴过滤式防尘呼吸器。紧急事态抢救或撤离时，应该佩戴空气呼吸器
　　眼睛防护　戴化学安全防护眼镜
　　皮肤和身体防护　穿防毒物渗透工作服
　　手防护　戴橡胶手套

第九部分　理化特性

外观与性状　绿色结晶，正方晶系
pH 值　无意义
熔点(℃)　100(失去结晶水)
沸点(℃)　840(分解)　　**相对密度(水＝1)**　2.03
相对蒸气密度(空气＝1)　无资料
饱和蒸气压(kPa)　无资料
临界压力(MPa)　无资料　**辛醇/水分配系数**　无资料
闪点(℃)　无意义　　**自燃温度(℃)**　无意义
爆炸下限(%)　无意义　**爆炸上限(%)**　无意义
分解温度(℃)　840　　**黏度(mPa·s)**　无资料
燃烧热(kJ/mol)　无资料　**临界温度(℃)**　无资料
溶解性　易溶于水，溶于乙醇，微溶于酸、氨水

第十部分　稳定性和反应性

稳定性　稳定
危险反应　与强氧化剂等禁配物发生反应
避免接触的条件　无资料
禁配物　强氧化剂
危险的分解产物　氧化硫、硫化物

第十一部分　毒理学信息

急性毒性　LD₅₀：264mg/kg（大鼠经口）
皮肤刺激或腐蚀　无资料　**眼睛刺激或腐蚀**　无资料
呼吸或皮肤过敏　无资料
生殖细胞突变性　微生物致突变：酿酒酵母菌100mmol/L；

姐妹染色单体交换：人淋巴细胞2500μg/L。细胞遗传学分析：人淋巴细胞5mg/L。哺乳动物体细胞突变：小鼠淋巴细胞500mg/L
致癌性　IARC致癌性评论：人类致癌证据充分；动物致癌资料有限。大鼠腹腔注射最低中毒剂量（LDLo）：95mg/kg，78周，可致应用部位肿瘤
生殖毒性　无资料
特异性靶器官系统毒性-一次接触　无资料
特异性靶器官系统毒性-反复接触　给兔饮用含硫酸镍的水（相当于0.54mg/kg）160d，出现心、肝、肾严重损害
吸入危害　无资料

第十二部分　生态学信息

生态毒性　镍化合物对水生生物有极高毒性
持久性和降解性
　　生物降解性　无资料
　　非生物降解性　无资料
潜在的生物累积性　无资料
土壤中的迁移性　无资料

第十三部分　废弃处置

废弃化学品　根据国家和地方有关法规的要求处置。或与厂商或制造商联系，确定处置方法
污染包装物　将容器返还生产商或按照国家和地方法规处置
废弃注意事项　处置前应参阅国家和地方有关法规

第十四部分　运输信息

联合国危险货物编号（UN 号）　3077
联合国运输名称　对环境有害的固态物质，未另作规定的（硫酸镍）
联合国危险性类别　9

包装类别　Ⅲ　　　　　**包装标志**　
海洋污染物　是
运输注意事项　起运时包装要完整，装载应稳妥。运输过程中要确保容器不泄漏、不倒塌、不坠落、不损坏。严禁与氧化剂、食用化学品等混装混运。运输途中应防暴晒、雨淋，防高温。车辆运输完毕应进行彻底清扫

第十五部分　法规信息

下列法律、法规、规章和标准，对该化学品的管理作了相应的规定。
中华人民共和国职业病防治法　职业病分类和目录：未列入
危险化学品安全管理条例　危险化学品目录：列入。易制爆危险化学品名录：未列入。重点监管的危险化学品名录：未列入。GB 18218—2009《危险化学品重大危险源辨识》（表1）：未列入

使用有毒物品作业场所劳动保护条例　高毒物品目录：列入

易制毒化学品管理条例　易制毒化学品的分类和品种目录：未列入

国际公约　斯德哥尔摩公约：未列入。鹿特丹公约：未列入。蒙特利尔议定书：未列入

第十六部分　其他信息

编写和修订信息　缩略语和首字母缩写
培训建议　参考文献
免责声明

硫酸铍

第一部分　化学品标识

化学品中文名　硫酸铍；四水合硫酸铍
化学品英文名　beryllium sulfate; glucinum sulfate
分子式　$BeSO_4$　分子量　105.075
结构式　
化学品的推荐及限制用途　用于制铍盐、陶瓷，并用作化学试剂

第二部分　危险性概述

紧急情况概述　吞咽会中毒，吸入致命，可能导致皮肤过敏反应

GHS 危险性类别　急性毒性-经口，类别 3；急性毒性-吸入，类别 1；皮肤致敏物，类别 1；致癌性，类别 1A；生殖毒性，类别 2；特异性靶器官毒性-反复接触，类别 1；特异性靶器官毒性--次接触，类别 1；危害水生环境-急性危害，类别 2；危害水生环境-长期危害，类别 2

标签要素

象形图

警示词　危险

危险性说明　吞咽会中毒，吸入致命，可能导致皮肤过敏反应，可能致癌，怀疑对生育力或胎儿造成伤害，对器官造成损害，长时间或反复接触对器官造成损伤，对水生生物有毒并具有长期持续影响

防范说明

预防措施　避免接触眼睛、皮肤，操作后彻底清洗。作业场所不得进食、饮水或吸烟。避免吸入粉尘。仅在室外或通风良好处操作。戴呼吸防护器具。污染的工作服不得带出工作场所。戴防护手套。得到专门指导后操作。在阅读并了解所有安全预防措施之前，切勿操作。按要求使用个体防护装备。禁止排入环境

事故响应　如吸入：将患者转移到空气新鲜处，休息，保持利于呼吸的体位，立即呼叫中毒控制

中心或就医。如皮肤接触：用大量肥皂水和水清洗。如出现皮肤刺激或皮疹：就医。污染的衣服清洗后方可重新使用。食入：立即呼叫中毒控制中心或就医，漱口。如果接触：立即呼叫中毒控制中心或就医。如感觉不适，就医。收集泄漏物

安全储存　在通风良好处储存。保持容器密闭。上锁保管

废弃处置　本品及内装物、容器依据国家和地方法规处置

物理和化学危险　不燃，无特殊燃爆特性

健康危害　吸入可引起化学性支气管炎、化学性肺炎。皮肤接触可引起接触性皮炎、铍溃疡和皮肤肉芽肿。铍及其化合物属致癌物

环境危害　对水生生物有毒并具有长期持续影响

第三部分　成分/组成信息

√ 物质　　混合物

组分	浓度	CAS No.
硫酸铍		13510-49-1

第四部分　急救措施

吸入　迅速脱离现场至空气新鲜处。保持呼吸道通畅。如呼吸困难，给输氧。呼吸、心跳停止，立即进行心肺复苏术。就医

皮肤接触　立即脱去污染的衣着，用流动清水彻底冲洗。就医

眼睛接触　立即分开眼睑，用流动清水或生理盐水彻底冲洗。就医

食入　漱口，饮水。就医

对保护施救者的忠告　根据需要使用个人防护设备

对医生的特别提示　对症处理

第五部分　消防措施

灭火剂　本品不燃，根据着火原因选择适当灭火剂灭火

特别危险性　本身不能燃烧。无特殊的燃烧爆炸特性

灭火注意事项及防护措施　消防人员必须穿全身防火防毒服，在上风向灭火。灭火时尽可能将容器从火场移至空旷处

第六部分　泄漏应急处理

作业人员防护措施、防护装备和应急处置程序　隔离泄漏污染区，限制出入。建议应急处理人员戴防尘口罩，穿防毒服。穿上适当的防护服前严禁接触破裂的容器和泄漏物。尽可能切断泄漏源

环境保护措施　用塑料布覆盖泄漏物，减少飞散

泄漏化学品的收容、清除方法及所使用的处置材料　勿使水进入包装容器内。用洁净的铲子收集泄漏物，置于干净、干燥、盖子较松的容器中，将容器移离泄漏区

第七部分　操作处置与储存

操作注意事项　密闭操作，提供充分的局部排风。防止粉尘释放到车间空气中。操作人员必须经过专门培训，

严格遵守操作规程。建议操作人员佩戴防尘面具（全面罩），穿胶布防毒衣，戴橡胶手套。避免产生粉尘。避免与氧化剂接触。配备泄漏应急处理设备。倒空的容器可能残留有害物

储存注意事项　储存于阴凉、通风的库房。远离火种、热源。防止阳光直射。包装密封。应与氧化剂、食用化学品分开存放，切忌混储。储区应备有合适的材料收容泄漏物

第八部分　接触控制/个体防护

职业接触限值

中国　PC-TWA：0.0005mg/m³；PC-STEL：0.001mg/m³［按 Be 计］［G1］

美国（ACGIH）　TLV-TWA：0.00005mg/m³（可吸入性颗粒物）［按 Be 计］［皮］［敏］

生物接触限值　未制定标准

监测方法　空气中有毒物质测定方法：桑色素荧光分光光度法。生物监测检验方法：未制定标准

工程控制　严加密闭，提供充分的局部排风

个体防护装备

呼吸系统防护　可能接触其粉尘时，必须佩戴防尘面具（全面罩）。紧急事态抢救或撤离时，应该佩戴空气呼吸器

眼睛防护　呼吸系统防护中已作防护

皮肤和身体防护　穿密闭型防毒服

手防护　戴橡胶手套

第九部分　理化特性

外观与性状　白色粉末或正方晶系结晶

pH 值　无意义　　　　　　**熔点(℃)**　100(−2H₂O)

沸点(℃)　580(分解)

相对密度(水=1)　1.713(10.5℃)

相对蒸气密度(空气=1)　无资料

饱和蒸气压(kPa)　无资料

临界压力(MPa)　无意义　　**辛醇/水分配系数**　无资料

闪点(℃)　无意义　　　　　**自燃温度(℃)**　无意义

爆炸下限(%)　无意义　　　**爆炸上限(%)**　无资料

分解温度(℃)　550　　　　**黏度(mPa·s)**　无资料

燃烧热(kJ/mol)　无资料　　**临界温度(℃)**　无资料

溶解性　易溶于水，不溶于醇

第十部分　稳定性和反应性

稳定性　稳定

危险反应　无特殊反应发生

避免接触的条件　无资料

禁配物　无资料

危险的分解产物　氧化硫、氧化铍

第十一部分　毒理学信息

急性毒性　LD₅₀：4.97mg/kg（小鼠静脉）

皮肤刺激或腐蚀　无资料　　**眼睛刺激或腐蚀**　无资料

呼吸或皮肤过敏　无资料

生殖细胞突变性　微生物致突变：鼠伤寒沙门氏菌

3300ng/皿。细胞遗传学分析：人淋巴细胞 5mg/L。姐妹染色单体互换：人淋巴细胞 1mg/L。程序外DNA 合成：小鼠淋巴细胞 5μmol/L

致癌性　IARC 致癌性评论：组 1，对人类是致癌物

生殖毒性　无资料

特异性靶器官系统毒性-一次接触　无资料

特异性靶器官系统毒性-反复接触　无资料

吸入危害　无资料

第十二部分　生态学信息

生态毒性　铍化合物对水生生物有毒

持久性和降解性

生物降解性　无资料

非生物降解性　无资料

潜在的生物累积性　无资料

土壤中的迁移性　无资料

第十三部分　废弃处置

废弃化学品　根据国家和地方有关法规的要求处置。或与厂商或制造商联系，确定处置方法

污染包装物　将容器返还生产商或按照国家和地方法规处置

废弃注意事项　处置前应参阅国家和地方有关法规

第十四部分　运输信息

联合国危险货物编号（UN 号）　1566

联合国运输名称　铍化合物，未另作规定的（硫酸铍）

联合国危险性类别　6.1

包装类别　Ⅲ　　　　　　**包装标志**

海洋污染物　是

运输注意事项　运输前应先检查包装容器是否完整、密封，运输过程中要确保容器不泄漏、不倒塌、不坠落、不损坏。严禁与酸类、氧化剂、食品及食品添加剂混运。运输时运输车辆应备有泄漏应急处理设备。运输途中应防暴晒、雨淋，防高温。公路运输时要按规定路线行驶，勿在居民区和人口稠密区停留

第十五部分　法规信息

下列法律、法规、规章和标准，对该化学品的管理作了相应的规定。

中华人民共和国职业病防治法　职业病分类和目录：铍病

危险化学品安全管理条例　危险化学品目录：列入。易制爆危险化学品名录：未列入。重点监管的危险化学品名录：未列入。GB 18218—2009《危险化学品重大危险源辨识》（表1）：未列入

使用有毒物品作业场所劳动保护条例　高毒物品目录：列入

易制毒化学品管理条例　易制毒化学品的分类和品种目录：未列入

国际公约　斯德哥尔摩公约：未列入。鹿特丹公约：未列

入。蒙特利尔议定书：未列入

第十六部分　其他信息

编写和修订信息　缩略语和首字母缩写
培训建议　　　　参考文献
免责声明

硫酸铅

第一部分　化学品标识

化学品中文名　硫酸铅
化学品英文名　lead sulfate；sulfuric acid，lead salt
分子式　$PbSO_4$　分子量　303.3
结构式　
化学品的推荐及限制用途　用作草酸的催化剂，用于制白色颜料、电池及快干漆等

第二部分　危险性概述

紧急情况概述　吞咽有害，吸入有害，造成严重的皮肤灼伤和眼损伤
GHS 危险性类别　急性毒性-经口，类别 4；急性毒性-吸入，类别 4；皮肤腐蚀/刺激，类别 1；严重眼损伤/眼刺激，类别 1；致癌性，类别 1B；生殖毒性，类别 1A；特异性靶器官毒性-反复接触，类别 2；危害水生环境-急性危害，类别 1；危害水生环境-长期危害，类别 1
标签要素
象形图

警示词　危险
危险性说明　吞咽有害，吸入有害，造成严重的皮肤灼伤和眼损伤，可能致癌，可能对生育力或胎儿造成伤害，长时间或反复接触可能对器官造成损伤，对水生生物毒性非常大并具有长期持续影响
防范说明
　　预防措施　避免接触眼睛、皮肤，操作后彻底清洗。作业场所不得进食、饮水或吸烟。避免吸入粉尘、烟气。仅在室外或通风良好处操作。戴防护手套，穿防护服，戴防护眼镜、防护面罩。得到专门指导后操作。在阅读并了解所有安全预防措施之前，切勿操作。按要求使用个体防护装备。禁止排入环境
　　事故响应　如吸入：将患者转移到空气新鲜处，休息，保持利于呼吸的体位，如感觉不适，呼叫中毒控制中心或就医。皮肤（或头发）接触：立即脱掉所有被污染的衣服，用水冲洗皮肤，淋浴。污染的衣服须洗净后方可重新使用。眼睛接触：用水细心地冲洗数分钟。如戴隐形镜并可方便地取出，则取出隐形眼镜，

继续冲洗。食入：漱口，不要催吐，如果感觉不适，立即呼叫中毒控制中心或就医。如果接触或有担心，就医；如感觉不适，就医。收集泄漏物
　　安全储存　上锁保管
　　废弃处置　本品及内装物、容器依据国家和地方法规处置
物理和化学危险　不燃，无特殊燃爆特性
健康危害　损害造血、神经、消化系统及肾脏。职业中毒主要为慢性。神经系统主要表现为神经衰弱综合征，周围神经病（以运动功能受累较明显），重者出现铅中毒性脑病。消化系统表现有齿龈铅线、食欲不振、恶心、腹胀、腹泻或便秘；腹绞痛见于中等及较重病例。造血系统损害出现卟啉代谢障碍、贫血等。短时大量接触可发生急性或亚急性铅中毒，表现类似重症慢性铅中毒
环境危害　对水生生物毒性非常大并具有长期持续影响

第三部分　成分/组成信息

√ 物质　　　　　　　　　　　　　混合物

组分	浓度	CAS No.
硫酸铅		7446-14-2

第四部分　急救措施

吸入　迅速脱离现场至空气新鲜处。保持呼吸道通畅。如呼吸困难，给输氧。呼吸、心跳停止，立即进行心肺复苏术。就医
皮肤接触　立即脱去污染的衣着，用大量流动清水彻底冲洗至少 15min。就医
眼睛接触　立即分开眼睑，用流动清水或生理盐水彻底冲洗 5～10min。就医
食入　用水漱口，禁止催吐。给饮牛奶或蛋清。就医
对保护施救者的忠告　根据需要使用个人防护设备
对医生的特别提示　解毒剂：依地酸二钠钙、二巯基丁二酸钠、二巯基丁二酸等

第五部分　消防措施

灭火剂　本品不燃，根据着火原因选择适当灭火剂灭火
特别危险性　不燃。无特殊的燃烧爆炸特性
灭火注意事项及防护措施　消防人员必须穿全身防火防毒服，在上风向灭火。灭火时尽可能将容器从火场移至空旷处

第六部分　泄漏应急处理

作业人员防护措施、防护装备和应急处置程序　隔离泄漏污染区，限制出入。建议应急处理人员戴防尘口罩，穿防酸碱服。穿上适当的防护服前严禁接触破裂的容器和泄漏物。尽可能切断泄漏源
环境保护措施　用塑料布覆盖泄漏物，减少飞散
泄漏化学品的收容、清除方法及所使用的处置材料　勿使水进入包装容器内。用洁净的铲子收集泄漏物，置于干净、干燥、盖子较松的容器中，将容器移离泄漏区

第七部分 操作处置与储存

操作注意事项 密闭操作,局部排风。操作人员必须经过专门培训,严格遵守操作规程。建议操作人员佩戴防尘面具(全面罩),穿橡胶耐酸碱服,戴橡胶耐酸碱手套。避免产生粉尘。避免与碱类接触。搬运时轻装轻卸,保持包装完整,防止洒漏。配备泄漏应急处理设备。倒空的容器可能残留有害物

储存注意事项 储存于阴凉、通风的库房。远离火种、热源。应与碱类、食用化学品分开存放,切忌混储。储区应备有合适的材料收容泄漏物

第八部分 接触控制/个体防护

职业接触限值

中国 PC-TWA:$0.05mg/m^3$(铅尘),$0.03\ mg/m^3$(铅烟)[按 Pb 计][G2A]

美国(ACGIH) TLV-TWA:$0.05mg/m^3$[按 Pb 计]

生物接触限值 血铅:$2.0\mu mol/L$($400\mu g/L$)(采样时间:接触三周后的任意时间)

监测方法 空气中有毒物质测定方法:火焰原子吸收光谱法;双硫腙分光光度法;氢化物-原子吸收光谱法;微分电位溶出法。生物监测检验方法:血中铅的石墨炉原子吸收光谱测定方法;血中铅的微分电位溶出测定方法

工程控制 密闭操作,局部排风

个体防护装备

呼吸系统防护 可能接触其粉尘时,必须佩戴防尘面具(全面罩)。紧急事态抢救或撤离时,应该佩戴空气呼吸器

眼睛防护 呼吸系统防护中已作防护

皮肤和身体防护 穿橡胶耐酸碱服

手防护 戴橡胶耐酸碱手套

第九部分 理化特性

外观与性状 白色单斜方晶体,味甜

pH 值 无意义   **熔点(℃)** 1170

沸点(℃) 无资料   **相对密度(水=1)** 6.2

相对蒸气密度(空气=1) 无资料

饱和蒸气压(kPa) 无资料

临界压力(MPa) 无意义   **辛醇/水分配系数** 无资料

闪点(℃) 无意义   **自燃温度(℃)** 无意义

爆炸下限(%) 无意义   **爆炸上限(%)** 无意义

分解温度(℃) 无资料   **黏度(mPa·s)** 无资料

燃烧热(kJ/mol) 无资料   **临界温度(℃)** 无资料

溶解性 微溶于热水、浓硫酸,溶于浓盐酸、浓碱,不溶于醇

第十部分 稳定性和反应性

稳定性 稳定

危险反应 无特殊发生反应

避免接触的条件 无资料

禁配物 无资料

危险的分解产物 氧化铅、氧化硫

第十一部分 毒理学信息

急性毒性 LD_{50}:282mg/kg(大鼠腹腔),600mg/kg(小鼠腹腔)

皮肤刺激或腐蚀 无资料   **眼睛刺激或腐蚀** 无资料

呼吸或皮肤过敏 无资料

生殖细胞突变性 姐妹染色单体交换:人类白细胞 $23\mu mol/L$。姐妹染色单体交换:仓鼠卵巢 $5\mu mol/L$

致癌性 IARC 致癌性评论:组 2A,可能人类致癌物

生殖毒性 无资料

特异性靶器官系统毒性-一次接触 无资料

特异性靶器官系统毒性-反复接触 无资料

吸入危害 无资料

第十二部分 生态学信息

生态毒性 铅化合物对水生生物有极高毒性

持久性和降解性

生物降解性 无资料

非生物降解性 无资料

潜在的生物累积性 无资料

土壤中的迁移性 无资料

第十三部分 废弃处置

废弃化学品 用安全掩埋法处置

污染包装物 将容器返还生产商或按照国家和地方法规处置

废弃注意事项 处置前应参阅国家和地方有关法规

第十四部分 运输信息

联合国危险货物编号(UN 号) 1794

联合国运输名称 硫酸铅,含游离酸>3%

联合国危险性类别 8

包装类别 Ⅱ   **包装标志**

海洋污染物 是

运输注意事项 起运时包装要完整,装载应稳妥。运输过程中要确保容器不泄漏、不倒塌、不坠落、不损坏。严禁与碱类、食用化学品等混装混运。运输时运输车辆应配备泄漏应急处理设备。运输途中应防暴晒、雨淋,防高温

第十五部分 法规信息

下列法律、法规、规章和标准,对该化学品的管理作了相应的规定。

中华人民共和国职业病防治法 职业病分类和目录:铅及其化合物中毒

危险化学品安全管理条例 危险化学品目录:列入。易制爆危险化学品名录:未列入。重点监管的危险化学品名录:未列入。GB 18218—2009《危险化学品重大危险源辨识》(表1):未列入

使用有毒物品作业场所劳动保护条例 高毒物品目录:未

列入

易制毒化学品管理条例　易制毒化学品的分类和品种目录：未列入

国际公约　斯德哥尔摩公约：未列入。鹿特丹公约：未列入。蒙特利尔议定书：未列入

第十六部分　其他信息

编写和修订信息　　**缩略语和首字母缩写**
培训建议　　　　　　**参考文献**
免责声明

硫酸羟胺

第一部分　化学品标识

化学品中文名　硫酸羟胺；硫酸胲
化学品英文名　hydroxylamine sulfate; oxammonium sulfate
分子式　$(NH_2OH)_2 \cdot H_2SO_4$　**分子量**　164.1
结构式

$$
\begin{array}{ll}
HO-NH_2 & \\
 & HO-\overset{\displaystyle O}{\underset{\displaystyle OH}{S}}=O \\
HO-NH_2 &
\end{array}
$$

化学品的推荐及限制用途　用作分析试剂，还原剂，影片、照相洗印药，也用于有机合成

第二部分　危险性概述

紧急情况概述　可能腐蚀金属，吞咽有害，皮肤接触有害，造成皮肤刺激，造成眼刺激，可能导致皮肤过敏反应

GHS 危险性类别　金属腐蚀物，类别1；急性毒性-经口，类别4；急性毒性-经皮，类别4；皮肤腐蚀/刺激，类别2；严重眼损伤/眼刺激，类别2；皮肤致敏物，类别1；特异性靶器官毒性-反复接触，类别2；危害水生环境-急性危害，类别1

标签要素

象形图

警示词　警告

危险性说明　可能腐蚀金属，吞咽有害，皮肤接触有害，造成皮肤刺激，造成眼刺激，可能导致皮肤过敏反应，长时间或反复接触可能对器官造成损伤，对水生生物毒性非常大

防范说明

　　预防措施　仅在原容器中保存。避免接触眼睛、皮肤，操作后彻底清洗。作业场所不得进食、饮水或吸烟。戴防护手套、穿防护服。避免吸入粉尘。污染的工作服不得带出工作场所。禁止排入环境

　　事故响应　吸收泄漏物，防止材料损坏。皮肤接触：用大量肥皂水和水清洗，如感觉不适，呼叫中毒控制中心或就医。如出现皮肤刺激或皮疹：就医。被污染的衣服必须经洗净后方可重

新使用。如接触眼睛：用水细心冲洗数分钟。如戴隐形眼镜并可方便地取出，取出隐形眼镜，继续冲洗。如果眼睛刺激持续：就医。食入：如果感觉不适，立即呼叫中毒控制中心或就医，漱口。收集泄漏物

　　安全储存　储存于抗腐蚀，有抗腐蚀内衬的容器中
　　废弃处置　本品及内装物、容器依据国家和地方法规处置

物理和化学危险　不燃，无特殊燃爆特性。急剧加热可能导致爆炸

健康危害　本品是高铁血红蛋白形成剂。吸入或口服后，可出现紫绀、惊厥和昏迷。对眼和皮肤有刺激性

环境危害　对水生生物毒性非常大

第三部分　成分/组成信息

√ 物质　　　　　　　　　混合物

组分	浓度	CAS No.
硫酸羟胺		10039-54-0

第四部分　急救措施

吸入　迅速脱离现场至空气新鲜处。保持呼吸道通畅。如呼吸困难，给吸氧。如呼吸、心跳停止，立即行心肺复苏术。就医

皮肤接触　立即脱去污染衣着，用肥皂水或清水彻底冲洗。就医

眼睛接触　分开眼睑，用清水或生理盐水冲洗。就医
食入　漱口，饮水。就医

对保护施救者的忠告　根据需要使用个人防护设备

对医生的特别提示　高铁血红蛋白血症，可用亚甲蓝和维生素 C 治疗

第五部分　消防措施

灭火剂　本品不燃，根据着火原因选择适当灭火剂灭火

特别危险性　强还原剂。遇热能分解形成有腐蚀性并易爆炸的烟雾。与氧化剂接触猛烈反应。8%的硫酸羟胺水溶液加热至 90℃ 时即发生爆炸性分解。具有腐蚀性

灭火注意事项及防护措施　消防人员必须穿全身防火防毒服，在上风向灭火。遇大火须远离以防炸伤。灭火时尽可能将容器从火场移至空旷处

第六部分　泄漏应急处理

作业人员防护措施、防护装备和应急处置程序　隔离泄漏污染区，限制出入。建议应急处理人员戴防尘口罩，穿防酸碱服。穿上适当的防护服前严禁接触破裂的容器和泄漏物。尽可能切断泄漏源

环境保护措施　用塑料布覆盖泄漏物，减少飞散

泄漏化学品的收容、清除方法及所使用的处置材料　勿使水进入包装容器内。用洁净的铲子收集泄漏物，置于干净、干燥、盖子较松的容器中，将容器移离泄漏区

第七部分　操作处置与储存

操作注意事项　密闭操作，局部排风。操作人员必须经过

专门培训，严格遵守操作规程。建议操作人员佩戴自吸过滤式防尘口罩，戴化学安全防护眼镜，穿橡胶耐酸碱服，戴橡胶耐酸碱手套。避免产生粉尘。避免与还原剂接触。搬运时要轻装轻卸，防止包装及容器损坏。配备泄漏应急处理设备。倒空的容器可能残留有害物

储存注意事项 储存于阴凉、通风的库房。远离火种、热源。应与还原剂分开存放，切忌混储。储区应备有合适的材料收容泄漏物

第八部分 接触控制/个体防护

职业接触限值

中国 未制定标准

美国（ACGIH） 未制定标准

生物接触限值 未制定标准

监测方法 空气中有毒物质测定方法：未制定标准。生物监测检验方法：未制定标准

工程控制 密闭操作，局部排风。提供安全淋浴和洗眼设备

个体防护装备

呼吸系统防护 空气中粉尘浓度超标时，必须佩戴过滤式防尘呼吸器。紧急事态抢救或撤离时，应该佩戴空气呼吸器

眼睛防护 戴化学安全防护眼镜

皮肤和身体防护 穿橡胶耐酸碱服

手防护 戴橡胶耐酸碱手套

第九部分 理化特性

外观与性状 无色结晶，有吸湿性

pH 值 无意义		**熔点(℃)** 170(分解)	

沸点(℃) 无资料　　　**相对密度(水=1)** 1.7～1.9

相对蒸气密度(空气=1) 无资料

饱和蒸气压(kPa) 无资料

临界压力(MPa) 无资料　　**辛醇/水分配系数** 无资料

闪点(℃) 无意义　　　**自燃温度(℃)** 无意义

爆炸下限(%) 无意义　　**爆炸上限(%)** 无意义

分解温度(℃) 120　　　**黏度(mPa·s)** 无资料

燃烧热(kJ/mol) 无资料　**临界温度(℃)** 无资料

溶解性 易溶于水，微溶于乙醇

第十部分 稳定性和反应性

稳定性 稳定

危险反应 与氧化剂接触猛烈反应。遇热能分解形成有腐蚀性并易爆炸的烟雾。8%的硫酸羟胺水溶液加热至90℃时即发生爆炸性分解

避免接触的条件 受热

禁配物 强还原剂

危险的分解产物 氧化硫、氮氧化物

第十一部分 毒理学信息

急性毒性 LD$_{50}$：842mg/kg（大鼠经口），980mg/kg（小鼠经口），910mg/kg（豚鼠经口）

皮肤刺激或腐蚀 无资料　**眼睛刺激或腐蚀** 无资料

呼吸或皮肤过敏 无资料　**生殖细胞突变性** 无资料

致癌性 无资料　　　　　**生殖毒性** 无资料

特异性靶器官系统毒性-一次接触 无资料

特异性靶器官系统毒性-反复接触 无资料

吸入危害 无资料

第十二部分 生态学信息

生态毒性 LC$_{50}$：7.2mg/L（96h）（黑头呆鱼）。EC$_{50}$：1.25mg/L（48h）（大型溞）。EC$_{50}$：0.72mg/L（72h）（*Scenedesmus subspicatus*）

持久性和降解性

生物降解性 无资料

非生物降解性 无资料

潜在的生物累积性 无资料

土壤中的迁移性 无资料

第十三部分 废弃处置

废弃化学品 根据国家和地方有关法规的要求处置。或与厂商或制造商联系，确定处置方法

污染包装物 将容器返还生产商或按照国家和地方法规处置

废弃注意事项 处置前应参阅国家和地方有关法规

第十四部分 运输信息

联合国危险货物编号（UN 号） 2865

联合国运输名称 硫酸胲

联合国危险性类别 8

包装类别 Ⅲ　　　　　　**包装标志**

海洋污染物 是

运输注意事项 起运时包装要完整，装载应稳妥。运输过程中要确保容器不泄漏、不倒塌、不坠落、不损坏。严禁与还原剂、食用化学品等混装混运。运输时运输车辆应配备泄漏应急处理设备。运输途中应防暴晒、雨淋，防高温

第十五部分 法规信息

下列法律、法规、规章和标准，对该化学品的管理作了相应的规定。

中华人民共和国职业病防治法 职业病分类和目录：未列入

危险化学品安全管理条例 危险化学品目录：列入。易制爆危险化学品名录：未列入。重点监管的危险化学品名录：未列入。GB 18218—2009《危险化学品重大危险源辨识》（表1）：未列入

使用有毒物品作业场所劳动保护条例 高毒物品目录：未列入

易制毒化学品管理条例 易制毒化学品的分类和品种目录：未列入

国际公约 斯德哥尔摩公约：未列入。鹿特丹公约：未列入。蒙特利尔议定书：未列入

第十六部分　其他信息

编写和修订信息　　缩略语和首字母缩写
培训建议　　　　　参考文献
免责声明

硫酸氢钠

第一部分　化学品标识

化学品中文名　硫酸氢钠；酸式硫酸钠
化学品英文名　sodium bisulfate；sodium acid sulfate
分子式　$NaHSO_4$　**分子量**　120.06
结构式

$$HO—\overset{\displaystyle O}{\underset{\displaystyle O}{\overset{|}{\underset{|}{S}}}}—O—Na^+$$

化学品的推荐及限制用途　用作助熔剂、印染助剂、分析
　试剂、土地改良剂和消毒剂，并用于制硫酸盐和钠
　矾等

第二部分　危险性概述

紧急情况概述　造成严重眼损伤
GHS危险性类别　严重眼损伤/眼刺激，类别1
标签要素

象形图　

警示词　危险
危险性说明　造成严重眼损伤
防范说明
　预防措施　戴防护眼镜、防护面罩
　事故响应　接触眼睛：用水细心冲洗数分钟。如戴
　　隐形眼镜并可方便地取出，取出隐形眼镜，继
　　续冲洗。如感不适，立即呼叫中毒控制中心或
　　就医
　安全储存　—
　废弃处置　—
物理和化学危险　不燃，无特殊燃爆特性
健康危害　本品对眼睛、皮肤、黏膜和上呼吸道具强烈刺
　激作用。眼接触引起灼伤
环境危害　对环境可能有害

第三部分　成分/组成信息

√ 物质		混合物
组分	浓度	CAS No.
硫酸氢钠		7681-38-1

第四部分　急救措施

吸入　迅速脱离现场至空气新鲜处。保持呼吸道通畅。如
　呼吸困难，给输氧。呼吸、心跳停止，立即进行心肺
　复苏术。就医
皮肤接触　立即脱去污染的衣着，用流动清水彻底冲洗。
　就医
眼睛接触　立即分开眼睑，用流动清水或生理盐水彻底冲
　洗5～10min。就医
食入　漱口，饮水。就医
对保护施救者的忠告　根据需要使用个人防护设备
对医生的特别提示　对症处理

第五部分　消防措施

灭火剂　本品不燃，根据着火原因选择适当灭火剂灭火
特别危险性　本身不能燃烧。具有腐蚀性
灭火注意事项及防护措施　消防人员必须穿全身防火防毒
　服，在上风向灭火。灭火时尽可能将容器从火场移至
　空旷处

第六部分　泄漏应急处理

作业人员防护措施、防护装备和应急处置程序　隔离泄漏
　污染区，限制出入。建议应急处理人员戴防尘口罩，
　穿防酸碱服。穿上适当的防护服前严禁接触破裂的容
　器和泄漏物。尽可能切断泄漏源
环境保护措施　用塑料布覆盖泄漏物，减少飞散
泄漏化学品的收容、清除方法及所使用的处置材料　勿使
　水进入包装容器内。用洁净的铲子收集泄漏物，置于
　干净、干燥、盖子较松的容器中，将容器移离泄漏区

第七部分　操作处置与储存

操作注意事项　密闭操作，提供充分的局部排风。防止粉
　尘释放到车间空气中。操作人员必须经过专门培训，
　严格遵守操作规程。建议操作人员佩戴防尘面具（全
　面罩），穿橡胶耐酸碱服，戴橡胶耐酸碱手套。避免
　产生粉尘。避免与次氯酸钠接触。配备泄漏应急处理
　设备。倒空的容器可能残留有害物
储存注意事项　储存于阴凉、干燥、通风良好的库房。远
　离火种、热源。防止阳光直射。包装密封。应与次氯
　酸钠等分开存放，切忌混储。储区应备有合适的材料
　收容泄漏物

第八部分　接触控制/个体防护

职业接触限值
　中国　未制定标准
　美国（ACGIH）　未制定标准
生物接触限值　未制定标准
监测方法　空气中有毒物质测定方法：未制定标准。生物
　监测检验方法：未制定标准
工程控制　严加密闭，提供充分的局部排风
个体防护装备
　呼吸系统防护　可能接触其粉尘时，必须佩戴防尘面
　　具（全面罩）。紧急事态抢救或撤离时，应该佩
　　戴空气呼吸器
　眼睛防护　呼吸系统防护中已作防护
　皮肤和身体防护　穿橡胶耐酸碱服
　手防护　戴橡胶耐酸碱手套

第九部分　理化特性

外观与性状　白色结晶或颗粒，无气味

pH 值 无意义   **熔点(℃)** ＞315(分解)

沸点(℃) 无资料

相对密度(水＝1) 2.435(13℃)

相对蒸气密度(空气＝1) 无资料

饱和蒸气压(kPa) 无资料

临界压力(MPa) 无意义   **辛醇/水分配系数** 无资料

闪点(℃) 无意义   **自燃温度(℃)** 无意义

爆炸下限(%) 无意义   **爆炸上限(%)** 无意义

分解温度(℃) 沸点分解   **黏度(mPa·s)** 无资料

燃烧热(kJ/mol) 无资料   **临界温度(℃)** 无资料

溶解性 溶于水,不溶于液氨

第十部分 稳定性和反应性

稳定性 稳定

危险反应 与强次氯酸盐等禁配物发生反应

避免接触的条件 无资料

禁配物 次氯酸盐

危险的分解产物 氧化硫、氧化钠

第十一部分 毒理学信息

急性毒性 无资料

皮肤刺激或腐蚀 无资料   **眼睛刺激或腐蚀** 无资料

呼吸或皮肤过敏 无资料

生殖细胞突变性 微生物致突变:1000ppm(未指明微生物种类)

致癌性 无资料   **生殖毒性** 无资料

特异性靶器官系统毒性-一次接触 无资料

特异性靶器官系统毒性-反复接触 无资料

吸入危害 无资料

第十二部分 生态学信息

生态毒性 无资料

持久性和降解性

    生物降解性 无资料

    非生物降解性 无资料

潜在的生物累积性 无资料

土壤中的迁移性 无资料

第十三部分 废弃处置

废弃化学品 用苏打灰中和。重复使用容器或在规定场所掩埋

污染包装物 将容器返还生产商或按照国家和地方法规处置

废弃注意事项 处置前应参阅国家和地方有关法规

第十四部分 运输信息

联合国危险货物编号(UN号) —

联合国运输名称 — **联合国危险性类别** —

包装类别 —   **包装标志** —

海洋污染物 否

运输注意事项 起运时包装要完整,装载应稳妥。运输过程中要确保容器不泄漏、不倒塌、不坠落、不损坏。严禁与氧化剂、食用化学品等混装混运。运输时运输

车辆应配备泄漏应急处理设备。运输途中应防暴晒、雨淋,防高温。公路运输时要按规定路线行驶,勿在居民区和人口稠密区停留

第十五部分 法规信息

下列法律、法规、规章和标准,对该化学品的管理作了相应的规定。

中华人民共和国职业病防治法 职业病分类和目录:未列入

危险化学品安全管理条例 危险化学品目录;列入。易制爆危险化学品名录:未列入。重点监管的危险化学品名录:未列入。GB 18218—2009《危险化学品重大危险源辨识》(表1):未列入

使用有毒物品作业场所劳动保护条例 高毒物品目录:未列入

易制毒化学品管理条例 易制毒化学品的分类和品种目录:未列入

国际公约 斯德哥尔摩公约:未列入。鹿特丹公约:未列入。蒙特利尔议定书:未列入

第十六部分 其他信息

编写和修订信息   **缩略语和首字母缩写**

培训建议   **参考文献**

免责声明

硫酸三乙基锡

第一部分 化学品标识

化学品中文名 硫酸三乙基锡

化学品英文名 triethyl tin sulfate

分子式 $C_{12}H_{30}O_4SSn_2$ **分子量** 507.851

结构式

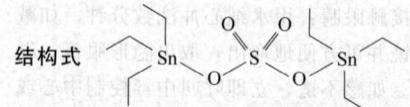

化学品的推荐及限制用途 用作农药,防治麦赤霉病、水稻稻瘟病

第二部分 危险性概述

紧急情况概述 吞咽致命,皮肤接触会致命,吸入致命

GHS危险性类别 急性毒性-经口,类别2;急性毒性-经皮,类别1;急性毒性-吸入,类别2;危害水生环境-急性危害,类别1;危害水生环境-长期危害,类别1

标签要素

象形图

警示词 危险

危险性说明 吞咽致命,皮肤接触会致命,吸入致命,对水生生物毒性非常大并具有长期持续影响

防范说明

    预防措施 避免接触眼睛、皮肤或衣服,操作后彻底清洗。作业场所不得进食、饮水或吸烟。避

免吸入粉尘。仅在室外或通风良好处操作。戴呼吸防护器具、防护手套，穿防护服。禁止排入环境

事故响应 如吸入：将患者转移到空气新鲜处，休息，保持利于呼吸的体位，立即呼叫中毒控制中心或就医。皮肤接触：用大量肥皂水和水轻轻地清洗，立即呼叫中毒控制中心或就医，立即脱去所有被污染的衣服。被污染的衣服必须经洗净后方可重新使用。食入：立即呼叫中毒控制中心或就医，漱口。收集泄漏物

安全储存 在通风良好处储存。保持容器密闭。上锁保管

废弃处置 本品及内装物、容器依据国家和地方法规处置

物理和化学危险 可燃，其粉体与空气混合，能形成爆炸性混合物

健康危害 本品属有机锡。工业性有机锡中毒的主要临床表现有：眼睛和鼻黏膜的刺激症状；中毒性神经衰弱综合征；重症出现中毒性脑病。溅入眼内引起结膜炎。可致变应性皮炎。摄入有机锡化合物可致中毒性脑水肿，可产生后遗症，如瘫痪、精神失常和智力障碍。慢性影响：神经衰弱综合征

环境危害 对水生生物毒性非常大并具有长期持续影响

第三部分 成分/组成信息

√ 物质　　　　　混合物

组分	浓度	CAS No.
硫酸三乙基锡		57-52-3

第四部分 急救措施

吸入 迅速脱离现场至空气新鲜处。保持呼吸道通畅。如呼吸困难，给输氧。呼吸、心跳停止，立即进行心肺复苏术。就医

皮肤接触 立即脱去污染的衣着，用流动清水彻底冲洗。就医

眼睛接触 立即分开眼睑，用流动清水或生理盐水彻底冲洗。就医

食入 饮适量温水，催吐（仅限于清醒者）。就医

对保护施救者的忠告 根据需要使用个人防护设备

对医生的特别提示 对症处理

第五部分 消防措施

灭火剂 用雾状水、泡沫、干粉、二氧化碳、砂土灭火

特别危险性 遇明火、高热可燃。加热分解产生毒性气体

灭火注意事项及防护措施 消防人员必须佩戴防毒面具、穿全身消防服，在上风向灭火。尽可能将容器从火场移至空旷处。喷水保持火场容器冷却，直至灭火结束

第六部分 泄漏应急处理

作业人员防护措施、防护装备和应急处置程序 隔离泄漏污染区，限制出入。消除所有点火源。建议应急处理人员戴防尘口罩，穿防毒服。穿上适当的防护服前严禁接触破裂的容器和泄漏物。尽可能切断泄漏源

环境保护措施 用塑料布覆盖泄漏物，减少飞散

泄漏化学品的收容、清除方法及所使用的处置材料 勿使水进入包装容器内。用洁净的铲子收集泄漏物，置于干净、干燥、盖子较松的容器中，将容器移离泄漏区

第七部分 操作处置与储存

操作注意事项 严加密闭，提供充分的局部排风和全面通风。操作人员必须经过专门培训，严格遵守操作规程。建议操作人员佩戴防尘面具（全面罩），穿胶布防毒衣，戴橡胶手套。远离火种、热源，工作场所严禁吸烟。使用防爆型的通风系统和设备。避免与氧化剂、碱类接触。搬运时要轻装轻卸，防止包装及容器损坏。配备相应品种和数量的消防器材及泄漏应急处理设备。倒空的容器可能残留有害物

储存注意事项 储存于阴凉、通风良好的专用库房内，实行"双人收发、双人保管"制度。远离火种、热源。应与氧化剂、碱类、食用化学品分开存放，切忌混储。配备相应品种和数量的消防器材。储区应备有合适的材料收容泄漏物

第八部分 接触控制/个体防护

职业接触限值
中国 未制定标准
美国（ACGIH） 未制定标准

生物接触限值 未制定标准

监测方法 空气中有毒物质测定方法：未制定标准。生物监测检验方法：未制定标准

工程控制 严加密闭，提供充分的局部排风和全面通风

个体防护装备
呼吸系统防护 可能接触其粉尘时，必须佩戴防尘面具（全面罩）。紧急事态抢救或撤离时，应该佩戴空气呼吸器
眼睛防护 呼吸系统防护中已作防护
皮肤和身体防护 穿密闭型防毒服
手防护 戴橡胶手套

第九部分 理化特性

外观与性状 白色固体，有刺激性臭味

pH 值 无意义		**熔点(℃)** 无资料	
沸点(℃) 无资料		**相对密度(水＝1)** 无资料	
相对蒸气密度(空气＝1) 无资料			
饱和蒸气压(kPa) 无资料			
临界压力(MPa) 无资料		**辛醇/水分配系数** 无资料	
闪点(℃) 无资料		**自燃温度(℃)** 无资料	
爆炸下限(%) 无资料		**爆炸上限(%)** 无资料	
分解温度(℃) 无资料		**黏度(mPa·s)** 无资料	
燃烧热(kJ/mol) 无资料		**临界温度(℃)** 无资料	
溶解性 无资料			

第十部分 稳定性和反应性

稳定性 稳定

危险反应 与强氧化剂、强碱等禁配物发生反应

避免接触的条件 无资料

禁配物　强氧化剂、强碱

危险的分解产物　硫化物、氧化锡

第十一部分　毒理学信息

急性毒性　LD_{50}：10mg/kg（大鼠经口），9.1mg/kg（大鼠静脉）

皮肤刺激或腐蚀　无资料　　眼睛刺激或腐蚀　无资料

呼吸或皮肤过敏　无资料　　生殖细胞突变性　无资料

致癌性　无资料　　　　　　生殖毒性　无资料

特异性靶器官系统毒性-一次接触　无资料

特异性靶器官系统毒性-反复接触　无资料

吸入危害　无资料

第十二部分　生态学信息

生态毒性　有机锡对水生无脊椎动物有极高的毒性

持久性和降解性

　　生物降解性　无资料

　　非生物降解性　无资料

潜在的生物累积性　无资料

土壤中的迁移性　无资料

第十三部分　废弃处置

废弃化学品　建议用焚烧法处置。焚烧炉排出的氮氧化物通过洗涤器除去

污染包装物　将容器返还生产商或按照国家和地方法规处置

废弃注意事项　处置前应参阅国家和地方有关法规

第十四部分　运输信息

联合国危险货物编号（UN号）　3467

联合国运输名称　固态有机金属化合物，毒性，未另作规定的（硫酸三乙基锡）

联合国危险性类别　6.1

包装类别　I　　　　　包装标志

海洋污染物　是

运输注意事项　运输前应先检查包装容器是否完整、密封，运输过程中要确保容器不泄漏、不倒塌、不坠落、不损坏。严禁与酸类、氧化剂、食品及食品添加剂混运。运输途中应防暴晒、雨淋、防高温

第十五部分　法规信息

　　下列法律、法规、规章和标准，对该化学品的管理作了相应的规定。

中华人民共和国职业病防治法　职业病分类和目录：有机锡中毒

危险化学品安全管理条例　危险化学品目录：列入。作为剧毒化学品进行管理。易制爆危险化学品名录：未列入。重点监管的危险化学品名录：未列入。GB 18218—2009《危险化学品重大危险源辨识》（表1）：

未列入

使用有毒物品作业场所劳动保护条例　高毒物品目录：未列入

易制毒化学品管理条例　易制毒化学品的分类和品种目录：未列入

国际公约　斯德哥尔摩公约：未列入。鹿特丹公约：未列入。蒙特利尔议定书：未列入

第十六部分　其他信息

编写和修订信息　缩略语和首字母缩写

培训建议　　　　参考文献

免责声明

硫酸亚铊

第一部分　化学品标识

化学品中文名　硫酸亚铊；硫酸铊

化学品英文名　thallum sulfate；dithallium sulfate

分子式　Tl_2SO_4　分子量　504.83

结构式　$\begin{matrix} & O & \\ O-S-O^- \\ & O \end{matrix} \cdot 2Tl^+$

化学品的推荐及限制用途　用作杀鼠剂、分析试剂

第二部分　危险性概述

紧急情况概述　吞咽致命，造成皮肤刺激

GHS危险性类别　急性毒性-经口，类别2；皮肤腐蚀/刺激，类别2；特异性靶器官毒性-反复接触，类别1；危害水生环境-急性危害，类别2；危害水生环境-长期危害，类别2

标签要素

象形图　

警示词　危险

危险性说明　吞咽致命，造成皮肤刺激，长时间或反复接触对器官造成损伤，对水生生物有毒并具有长期持续影响

防范说明

　　预防措施　避免接触眼睛、皮肤，操作后彻底清洗。作业场所不得进食、饮水或吸烟。戴防护手套。避免吸入粉尘。禁止排入环境

　　事故响应　皮肤接触：用大量肥皂水和水清洗，脱去被污染的衣服，如发生皮肤刺激，就医。被污染的衣服经洗净后方可重新使用。食入：立即呼叫中毒控制中心或就医，漱口。如感觉不适，就医。收集泄漏物

　　安全储存　上锁保管

　　废弃处置　本品及内装物、容器依据国家和地方法规处置

物理和化学危险　不燃，无特殊燃爆特性

健康危害　粉尘对眼睛、黏膜有刺激作用。吸入、摄入或

经皮吸收后均可引起中毒。为强烈的神经毒物，并引起严重的心、肝、肾损害。中毒时主要产生神经和消化系统损伤的表现，进而出现局限的肢体麻痹、震颤、呼吸困难、呕吐及出血性腹泻，少尿或无尿，最后死于呼吸和循环衰竭。脱发是其中毒的特征表现，可累及全身毛发，但眉毛内侧 1/3 不受累

环境危害 对水生生物有毒并具有长期持续影响

第三部分 成分/组成信息

√ 物质   混合物

组分	浓度	CAS No.
硫酸亚铊		7446-18-6

第四部分 急救措施

吸入 迅速脱离现场至空气新鲜处。保持呼吸道通畅。如呼吸困难，给输氧。呼吸、心跳停止，立即进行心肺复苏术。就医

皮肤接触 立即脱去污染的衣着，用流动清水彻底冲洗。就医

眼睛接触 立即分开眼睑，用流动清水或生理盐水彻底冲洗。就医

食入 如中毒者神志清醒，催吐，洗胃。用 1% 碘化钠或 1% 碘化钾溶液洗胃效果更佳。口服牛奶、淀粉膏、氢氧化铝凝胶、次碳酸铋。口服活性炭悬液。用硫酸钠、硫酸镁或蓖麻油导泻。就医

对保护施救者的忠告 根据需要使用个人防护设备

对医生的特别提示 解毒剂：普鲁士蓝

第五部分 消防措施

灭火剂 本品不燃，根据着火原因选择适当灭火剂灭火

特别危险性 本身不能燃烧。无特殊的燃烧爆炸特性

灭火注意事项及防护措施 消防人员必须穿全身防火防毒服，在上风向灭火。灭火时尽可能将容器从火场移至空旷处

第六部分 泄漏应急处理

作业人员防护措施、防护装备和应急处置程序 隔离泄漏污染区，限制出入。建议应急处理人员戴防尘口罩，穿防毒服。穿上适当的防护服前严禁接触破裂的容器和泄漏物。尽可能切断泄漏源

环境保护措施 用塑料布覆盖泄漏物，减少飞散

泄漏化学品的收容、清除方法及所使用的处置材料 勿使水进入包装容器内。用洁净的铲子收集泄漏物，置于干净、干燥、盖子较松的容器中，将容器移离泄漏区

第七部分 操作处置与储存

操作注意事项 密闭操作，提供充分的局部排风。防止粉尘释放到车间空气中。操作人员必须经过专门培训，严格遵守操作规程。建议操作人员佩戴防尘面具（全面罩），穿胶布防毒衣，戴橡胶手套。避免产生粉尘。避免与氧化剂接触。配备泄漏应急处理设备。倒空的容器可能残留有害物

储存注意事项 储存于阴凉、通风良好的专用库房内，实

行"双人收发、双人保管"制度。远离火种、热源。防止阳光直射。包装密封。应与氧化剂、食用化学品分开存放，切忌混储。储区应备有合适的材料收容泄漏物

第八部分 接触控制/个体防护

职业接触限值

中国 PC-TWA：0.05mg/m³；PC-STEL：0.1mg/m³ ［按 Tl 计］［皮］

美国（ACGIH） TLV-TWA：0.02mg/m³（可吸入性颗粒物）［按 Tl 计］［皮］

生物接触限值 未制定标准

监测方法 空气中有毒物质测定方法：石墨炉原子吸收光谱法。生物监测检验方法：未制定标准

工程控制 严加密闭，提供充分的局部排风

个体防护装备

呼吸系统防护 可能接触其粉尘时，必须佩戴防尘面具（全面罩）。紧急事态抢救或撤离时，应该佩戴空气呼吸器

眼睛防护 呼吸系统防护中已作防护

皮肤和身体防护 穿密闭型防毒服

手防护 戴橡胶手套

第九部分 理化特性

外观与性状 无色或白色斜方晶系结晶

pH 值 无意义		**熔点（℃）** 632	
沸点（℃） 无资料		**相对密度（水＝1）** 6.77	
相对蒸气密度（空气＝1） 无资料			
饱和蒸气压（kPa） 无资料			
临界压力（MPa） 无意义	**辛醇/水分配系数** 无资料		
闪点（℃） 无意义	**自燃温度（℃）** 无意义		
爆炸下限（%） 无意义	**爆炸上限（%）** 无意义		
分解温度（℃） 无资料	**黏度（mPa·s）** 无资料		
燃烧热（kJ/mol） 无资料	**临界温度（℃）** 无资料		

溶解性 溶于水，易溶于硫酸

第十部分 稳定性和反应性

稳定性 稳定

危险反应 无特殊危险反应

避免接触的条件 无资料

禁配物 无资料

危险的分解产物 氧化硫、铊

第十一部分 毒理学信息

急性毒性 LD₅₀：16mg/kg（大鼠经口）；550mg/kg（大鼠经皮）；23.5mg/kg（小鼠经口）

皮肤刺激或腐蚀 无资料   **眼睛刺激或腐蚀** 无资料

呼吸或皮肤过敏 无资料   **生殖细胞突变性** 无资料

致癌性 无资料

生殖毒性 大鼠经口最低中毒剂量（TDLo）：57mg/kg（雄性交配前 60d），对精子生成（包括遗传物质、形态、运动能力、计数）有影响

特异性靶器官系统毒性-一次接触 无资料

特异性靶器官系统毒性-反复接触　无资料
吸入危害　无资料

第十二部分　生态学信息

生态毒性　含铊化合物对水生生物有毒
持久性和降解性
　　生物降解性　无资料
　　非生物降解性　无资料
潜在的生物累积性　无资料
土壤中的迁移性　无资料

第十三部分　废弃处置

废弃化学品　建议用控制焚烧法或安全掩埋法处置。破损
　　容器禁止重新使用，要在规定场所掩埋
污染包装物　将容器返还生产商或按照国家和地方法规
　　处置
废弃注意事项　处置前应参阅国家和地方有关法规

第十四部分　运输信息

联合国危险货物编号（UN号）　1707
联合国运输名称　铊化合物，未另作规定的（硫酸亚铊）
联合国危险性类别　6.1

包装类别　Ⅱ　　　　　　包装标志

海洋污染物　是
运输注意事项　运输前应先检查包装容器是否完整、密
　　封，运输过程中要确保容器不泄漏、不倒塌、不坠
　　落、不损坏。严禁与酸类、氧化剂、食品及食品添加
　　剂混运。运输时运输车辆应配备泄漏应急处理设备。
　　运输途中应防暴晒、雨淋，防高温。公路运输时要按
　　规定路线行驶，勿在居民区和人口稠密区停留

第十五部分　法规信息

　　下列法律、法规、规章和标准，对该化学品的管理作
了相应的规定。
中华人民共和国职业病防治法　职业病分类和目录：铊及
　　其化合物中毒
危险化学品安全管理条例　危险化学品目录：列入。作为
　　剧毒化学品管理。易制爆危险化学品名录：未列入。
　　重点监管的危险化学品名录：未列入。GB 18218—
　　2009《危险化学品重大危险源辨识》（表1）：未列入
使用有毒物品作业场所劳动保护条例　高毒物品目录：
　　列入
易制毒化学品管理条例　易制毒化学品的分类和品种目
　　录：未列入
国际公约　斯德哥尔摩公约：未列入。鹿特丹公约：未列
　　入。蒙特利尔议定书：未列入

第十六部分　其他信息

编写和修订信息　　　　缩略语和首字母缩写
培训建议　　　　　　　参考文献
免责声明

硫酰氟

第一部分　化学品标识

化学品中文名　硫酰氟；氟氧化硫；氟化磺酰
化学品英文名　sulfuryl fluoride；sulfuric oxyfluoride
分子式　F_2O_2S　分子量　102.061

结构式　
$$F-\overset{\overset{O}{\|}}{\underset{\underset{O}{\|}}{S}}-F$$

化学品的推荐及限制用途　用作分析试剂、药品、染料、
　　杀虫剂及熏蒸剂的成分

第二部分　危险性概述

紧急情况概述　内装加压气体：遇热可能爆炸，吸入会
　　中毒
GHS危险性类别　加压气体；急性毒性-吸入，类别3；
　　特异性靶器官毒性-反复接触，类别2；危害水生环
　　境-急性危害，类别1
标签要素

象形图　

警示词　危险
危险性说明　内装加压气体：遇热可能爆炸，吸入会中
　　毒，长时间或反复接触可能对器官造成损伤，对水
　　生生物毒性非常大
防范说明
　　预防措施　避免吸入气体。仅在室外或通风良好处
　　　　操作。禁止排入环境
　　事故响应　如吸入：将患者转移到空气新鲜处，休
　　　　息，保持利于呼吸的体位，呼叫中毒控制中心
　　　　或就医。如感觉不适，就医。收集泄漏物
　　安全储存　防日晒。存放在通风良好的地方。保持
　　　　容器密闭。上锁保管
　　废弃处置　本品及内装物、容器依据国家和地方法
　　　　规处置
物理和化学危险　不燃，无特殊燃爆特性。遇水产生有毒
　　气体
健康危害　本品的急性毒作用主要损害中枢神经系统，引
　　起惊厥
环境危害　对水生生物毒性非常大

第三部分　成分/组成信息

√　物质　　　　　　　　　　　混合物

组分	浓度	CAS No.
硫酰氟		2699-79-8

第四部分　急救措施

吸入　迅速脱离现场至空气新鲜处。保持呼吸道通畅。如
　　呼吸困难，给输氧。呼吸、心跳停止，立即进行心肺
　　复苏术。就医

对保护施救者的忠告　根据需要使用个人防护设备

对医生的特别提示　对症处理

第五部分　消防措施

灭火剂　迅速切断气源，用水喷淋，保护切断气源的人员，然后根据着火原因选择适当灭火剂灭火

特别危险性　遇水或水蒸气反应放热并产生有毒的腐蚀性气体。若遇高热，容器内压增大，有开裂和爆炸的危险

灭火注意事项及防护措施　消防人员必须佩戴空气呼吸器、穿全身防火防毒服，在上风向灭火。迅速切断气源，用水喷淋，保护切断气源的人员，然后根据着火原因选择适当灭火剂灭火。尽可能将容器从火场移至空旷处。喷水保持火场容器冷却，直至灭火结束

第六部分　泄漏应急处理

作业人员防护措施、防护装备和应急处置程序　根据气体的影响区域划定警戒区，无关人员从侧风向、上风向撤离至安全区。建议应急处理人员穿内置正压自给式呼吸器的全封闭防化服。如果是液化气体泄漏，还应注意防冻伤。禁止接触或跨越泄漏物。尽可能切断泄漏源

环境保护措施　若可能翻转容器，使之逸出气体而非液体。防止气体通过下水道、通风系统和有限空间扩散

泄漏化学品的收容、清除方法及所使用的处置材料　喷雾状水抑制蒸气或改变蒸气云流向，避免水流接触泄漏物。禁止用水直接冲击泄漏物或泄漏源。隔离泄漏区直至气体散尽

第七部分　操作处置与储存

操作注意事项　严加密闭，提供充分的局部排风和全面通风。操作人员必须经过专门培训，严格遵守操作规程。建议操作人员佩戴自吸过滤式防毒面具（全面罩），穿密闭型防毒服，戴橡胶手套。防止气体泄漏到工作场所空气中。避免与碱类接触。尤其要注意避免与水接触。搬运时戴好钢瓶安全帽和防震橡皮圈，防止钢瓶碰撞、损坏。配备泄漏应急处理设备

储存注意事项　储存于阴凉、通风的有毒气体专用库房。库温不宜超过 30℃。远离火种、热源。保持容器密封。应与碱类、食用化学品分开存放，切忌混储。储区应备有泄漏应急处理设备

第八部分　接触控制/个体防护

职业接触限值

　　中国　PC-TWA：20mg/m³；PC-STEL：40mg/m³

　　美国（ACGIH）　TLV-TWA：5ppm；TLV-STEL：10ppm

生物接触限值　未制定标准

监测方法　空气中有毒物质测定方法：直接进样-气相色谱法。生物监测检验方法：未制定标准

工程控制　严加密闭，提供充分的局部排风和全面通风

个体防护装备

　　呼吸系统防护　空气中浓度超标时，必须佩戴过滤式

防毒面具（全面罩）。紧急事态抢救或撤离时，应该佩戴空气呼吸器

眼睛防护　呼吸系统防护中已作防护

皮肤和身体防护　穿密闭型防毒服

手防护　戴橡胶手套

第九部分　理化特性

外观与性状　无色、无臭气体

pH 值　无意义　　　　　熔点（℃）　−135.8

沸点（℃）　−55.4　　　相对密度（水=1）　1.349

相对蒸气密度（空气=1）　3.7

饱和蒸气压（kPa）　无资料

临界压力（MPa）　无资料　辛醇/水分配系数　无资料

闪点（℃）　无意义　　　自燃温度（℃）　无意义

爆炸下限（%）　无意义　爆炸上限（%）　无意义

分解温度（℃）　无资料　黏度（mPa·s）　无资料

燃烧热（kJ/mol）　无资料　临界温度（℃）　91.8

溶解性　溶于乙醇、苯、四氯化碳

第十部分　稳定性和反应性

稳定性　稳定

危险反应　与强碱、水等禁配物发生反应。遇水或水蒸气反应放热并产生有毒的腐蚀性气体

避免接触的条件　潮湿空气

禁配物　强碱、水

危险的分解产物　氧化硫、氟化氢

第十一部分　毒理学信息

急性毒性　LD$_{50}$：100mg/kg（大鼠经口），100mg/kg（豚鼠经口）。LC$_{50}$：991ppm（大鼠吸入，4h）

皮肤刺激或腐蚀　无资料　眼睛刺激或腐蚀　无资料

呼吸或皮肤过敏　无资料　生殖细胞突变性　无资料

致癌性　无资料　　　　生殖毒性　无资料

特异性靶器官系统毒性-一次接触　无资料

特异性靶器官系统毒性-反复接触　大鼠吸入，每天 4h，每周 6d，共 7 周，796mg/m³ 组出现中枢神经系统症状，肝、肾脏器系数增加，但无明显器质性损害

吸入危害　无资料

第十二部分　生态学信息

生态毒性　LC$_{50}$：＞0.89mg/L（96h）（斑马鱼）。EbC$_{50}$：＞0.58mg/L（96h）（羊角月牙藻）

持久性和降解性

　　生物降解性　无资料

　　非生物降解性　无资料

潜在的生物累积性　无资料

土壤中的迁移性　无资料

第十三部分　废弃处置

废弃化学品　根据国家和地方有关法规的要求处置。或与厂商或制造商联系，确定处置方法

污染包装物　将容器返还生产商或按照国家和地方法规

处置

废弃注意事项　处置前应参阅国家和地方有关法规

第十四部分　运输信息

联合国危险货物编号（UN 号）　2191

联合国运输名称　硫酰氟

联合国危险性类别　2.3

包装类别　—　　　包装标志

海洋污染物　是

运输注意事项　采用钢瓶运输时必须戴好钢瓶上的安全帽。钢瓶一般平放，并应将瓶口朝同一方向，不可交叉；高度不得超过车辆的防护栏板，并用三角木垫卡牢，防止滚动。严禁与碱类、食用化学品等混装混运。夏季应早晚运输，防止日光暴晒。公路运输时要按规定路线行驶，禁止在居民区和人口稠密区停留。铁路运输时要禁止溜放

第十五部分　法规信息

下列法律、法规、规章和标准，对该化学品的管理作了相应的规定。

中华人民共和国职业病防治法　职业病分类和目录：未列入

危险化学品安全管理条例　危险化学品目录：列入。易制爆危险化学品名录：未列入。重点监管的危险化学品名录：未列入。GB 18218—2009《危险化学品重大危险源辨识》（表 1）：未列入

使用有毒物品作业场所劳动保护条例　高毒物品目录：列入

易制毒化学品管理条例　易制毒化学品的分类和品种目录：未列入

国际公约　斯德哥尔摩公约：未列入。鹿特丹公约：未列入。蒙特利尔议定书：未列入

第十六部分　其他信息

编写和修订信息　　缩略语和首字母缩写

培训建议　　　　　参考文献

免责声明

六氟丙酮

第一部分　化学品标识

化学品中文名　六氟丙酮；全氟丙酮

化学品英文名　hexafluoroacetone；perfluoroacetone

分子式　C_3F_6O　分子量　166.0219

结构式

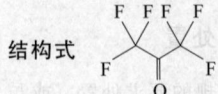

化学品的推荐及限制用途　用作溶剂，用于医药、农药和一些化学品的合成

第二部分　危险性概述

紧急情况概述　内装加压气体：遇热可能爆炸，吸入致命

GHS 危险性类别　加压气体；急性毒性-吸入，类别 2；皮肤腐蚀/刺激，类别 2；严重眼损伤/眼刺激，类别 2；生殖毒性，类别 2；特异性靶器官毒性-一次接触，类别 1；特异性靶器官毒性-反复接触，类别 1

标签要素

象形图

警示词　危险

危险性说明　内装加压气体：遇热可能爆炸，吸入致命，造成皮肤刺激，造成严重眼刺激，怀疑对生育力或胎儿造成伤害，对器官造成损害，长时间或反复接触对器官造成损伤

防范说明

预防措施　避免吸入气体。仅在室外或通风良好处操作。避免接触眼睛、皮肤，操作后彻底清洗。戴防护手套、防护眼镜、防护面罩。得到专门指导后操作。在阅读并了解所有安全预防措施之前，切勿操作。按要求使用个体防护装备。作业场所不得进食、饮水或吸烟

事故响应　如吸入：将患者转移到空气新鲜处，休息，保持利于呼吸的体位，立即呼叫中毒控制中心或就医。皮肤接触：用大量肥皂水和水清洗，如发生皮肤刺激，就医。脱去被污染的衣服，衣服经洗净后方可重新使用。如接触眼睛：用水细心冲洗数分钟。如戴隐形眼镜并可方便地取出，取出隐形眼镜，继续冲洗。如果眼睛刺激持续，就医。如果接触：立即呼叫中毒控制中心或就医。如感觉不适，就医

安全储存　防日晒。存放在通风良好的地方。保持容器密闭。上锁保管

废弃处置　本品及内装物、容器依据国家和地方法规处置

物理和化学危险　不燃，无特殊燃爆特性。遇水剧烈反应

健康危害　对眼睛、皮肤、黏膜和呼吸道有强烈的刺激作用。吸入后可因咽喉、支气管的痉挛、水肿、化学性肺炎或肺水肿而致死。症状有烧灼感、咳嗽、喘息、喉炎、气短、头痛、恶心和呕吐。环境危害：对环境可能有害

第三部分　成分/组成信息

√　物质　　　　　　　混合物

组分	浓度	CAS No.
六氟丙酮		684-16-2

第四部分　急救措施

吸入　迅速脱离现场至空气新鲜处。保持呼吸道通畅。如呼吸困难，给输氧。呼吸、心跳停止，立即进行心肺复苏术。就医

皮肤接触　立即脱去污染的衣着，用流动清水彻底冲洗。就医

眼睛接触　立即分开眼睑，用流动清水或生理盐水彻底冲洗。就医

对保护施救者的忠告　根据需要使用个人防护设备

对医生的特别提示　对症处理

第五部分　消防措施

灭火剂　迅速切断气源，用水喷淋，保护切断气源的人员，然后根据着火原因选择适当灭火剂灭火

特别危险性　遇水发生剧烈反应并放热。若遇高热，容器内压增大，有开裂和爆炸的危险

灭火注意事项及防护措施　消防人员必须佩戴空气呼吸器、穿全身防火防毒服，在上风向灭火。迅速切断气源，用水喷淋，保护切断气源的人员，然后根据着火原因选择适当灭火剂灭火。尽可能将容器从火场移至空旷处。喷水保持火场容器冷却，直至灭火结束

第六部分　泄漏应急处理

作业人员防护措施、防护装备和应急处置程序　根据气体的影响区域划定警戒区，无关人员从侧风向、上风向撤离至安全区。建议应急处理人员穿内置正压自给式呼吸器的全封闭防化服。禁止接触或跨越泄漏物。尽可能切断泄漏源

环境保护措施　防止气体通过下水道、通风系统和有限空间扩散

泄漏化学品的收容、清除方法及所使用的处置材料　喷雾状水抑制蒸气或改变蒸气云流向，避免水流接触泄漏物。禁止用水直接冲击泄漏物或泄漏源。隔离泄漏区直至气体散尽

第七部分　操作处置与储存

操作注意事项　密闭操作，提供充分的局部排风。操作人员必须经过专门培训，严格遵守操作规程。建议操作人员佩戴自吸过滤式防毒面具（全面罩），穿密闭型防毒服，戴橡胶手套。防止气体泄漏到工作场所空气中。避免与氧化剂、醇类接触。尤其要注意避免与水接触。搬运时轻装轻卸，防止钢瓶及附件破损。配备泄漏应急处理设备

储存注意事项　储存于阴凉、通风的有毒气体专用库房。远离火种、热源。库温不宜超过30℃。应与氧化剂、醇类、食用化学品分开存放，切忌混储。储区应备有泄漏应急处理设备

第八部分　接触控制/个体防护

职业接触限值

中国　PC-TWA：0.5mg/m³〔皮〕

美国（ACGIH）　TLV-TWA：0.1ppm〔皮〕

生物接触限值　未制定标准

监测方法　空气中有毒物质测定方法：未制定标准。生物监测检验方法：未制定标准

工程控制　严加密闭，提供充分的局部排风。提供安全淋浴和洗眼设备

个体防护装备

呼吸系统防护　空气中浓度超标时，必须佩戴过滤式防毒面具（全面罩）。紧急事态抢救或撤离时，应该佩戴空气呼吸器

眼睛防护　呼吸系统防护中已作防护

皮肤和身体防护　穿密闭型防毒服

手防护　戴橡胶手套

第九部分　理化特性

外观与性状　无色刺激性气体

pH值　无意义　　　熔点（℃）　−129

沸点（℃）　−26　　相对密度（水＝1）　1.32

相对蒸气密度（空气＝1）　1.65

饱和蒸气压（kPa）　601.8(21.1℃)

临界压力（MPa）　2.84　辛醇/水分配系数　无资料

闪点（℃）　无意义　自燃温度（℃）　无意义

爆炸下限（%）　无意义　爆炸上限（%）　无意义

分解温度（℃）　无资料　黏度（mPa·s）　无资料

燃烧热（kJ/mol）　无资料　临界温度（℃）　83.95

溶解性　溶于卤代烃

第十部分　稳定性和反应性

稳定性　稳定

危险反应　与水、醇类、强氧化剂等禁配物发生反应。遇水发生剧烈反应并放热

避免接触的条件　无资料

禁配物　水、醇类、强氧化剂

危险的分解产物　氟化氢

第十一部分　毒理学信息

急性毒性　LD_{50}：191mg/kg（大鼠经口）。LC_{50}：275ppm（大鼠吸入，3h）

皮肤刺激或腐蚀　无资料　眼睛刺激或腐蚀　无资料

呼吸或皮肤过敏　无资料　生殖细胞突变性　无资料

致癌性　无资料　　　生殖毒性　无资料

特异性靶器官系统毒性-一次接触　大鼠吸入200ppm 4h，损伤肝、肾、睾丸和胸腺

特异性靶器官系统毒性-反复接触　无资料

吸入危害　无资料

第十二部分　生态学信息

生态毒性　无资料

持久性和降解性

生物降解性　无资料

非生物降解性　无资料

潜在的生物累积性　无资料

土壤中的迁移性　无资料

第十三部分　废弃处置

废弃化学品　建议用焚烧法处置

污染包装物　将容器返还生产商或按照国家和地方法规处置

废弃注意事项　处置前应参阅国家和地方有关法规

第十四部分　运输信息

联合国危险货物编号（UN 号）　2420

联合国运输名称　六氟丙酮

联合国危险性类别　2.3，8

包装类别　—

包装标志　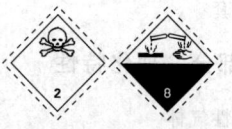

海洋污染物　否

运输注意事项　采用钢瓶运输时必须戴好钢瓶上的安全帽。钢瓶一般平放，并应将瓶口朝同一方向，不可交叉；高度不得超过车辆的防护栏板，并用三角木垫卡牢，防止滚动。严禁与氧化剂、醇类、食用化学品等混装混运。夏季应早晚运输，防止日光暴晒。公路运输时要按规定路线行驶，禁止在居民区和人口稠密区停留。铁路运输时要禁止溜放

第十五部分　法规信息

下列法律、法规、规章和标准，对该化学品的管理作了相应的规定。

中华人民共和国职业病防治法　职业病分类和目录：未列入

危险化学品安全管理条例　危险化学品目录：列入。易制爆危险化学品名录：未列入。重点监管的危险化学品名录：未列入。GB 18218—2009《危险化学品重大危险源辨识》（表 1）：未列入

使用有毒物品作业场所劳动保护条例　高毒物品目录：未列入

易制毒化学品管理条例　易制毒化学品的分类和品种目录：未列入

国际公约　斯德哥尔摩公约：未列入。鹿特丹公约：未列入。蒙特利尔议定书：未列入

第十六部分　其他信息

编写和修订信息　　缩略语和首字母缩写

培训建议　　　　　参考文献

免责声明

六氟-2,3-二氯-2-丁烯

第一部分　化学品标识

化学品中文名　六氟-2,3-二氯-2-丁烯；2,3-二氯六氟-2-丁烯

化学品英文名　hexafluoro-2,3-dichloro-2-butylene；2,3-dichlorohexafluoro-2-butylene

分子式　$C_4Cl_2F_6$　分子量　232.939

结构式　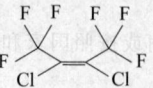

化学品的推荐及限制用途　用于有机合成中间体

第二部分　危险性概述

紧急情况概述　吸入致命

GHS 危险性类别　急性毒性-吸入，类别 1

标签要素

象形图　

警示词　危险

危险性说明　吸入致命

防范说明

预防措施　避免吸入蒸气、雾。仅在室外或通风良好处操作。戴呼吸防护器具

事故响应　如吸入：将患者转移到空气新鲜处，休息，保持利于呼吸的体位，立即呼叫中毒控制中心或就医

安全储存　在通风良好处储存。保持容器密闭。上锁保管

废弃处置　本品及内装物、容器依据国家和地方法规处置

物理和化学危险　可燃，其蒸气与空气混合，能形成爆炸性混合物

健康危害　本品对肺部有强烈刺激性，引起肺部组织广泛迟发性坏死，间质纤维化；对肝、肾及神经系统亦有毒作用。急性中毒患者在吸入本品后出现明显的窒息性呼吸功能障碍，伴消化系统功能紊乱及腰骶部神经根疼痛。治愈者可残留肺部纤维化病变

环境危害　对环境可能有害

第三部分　成分/组成信息

√ 物质　　　　　　　　　混合物

组分	浓度	CAS No.
六氟-2,3-二氯-2-丁烯		303-04-8

第四部分　急救措施

吸入　迅速脱离现场至空气新鲜处。保持呼吸道通畅。如呼吸困难，给输氧。呼吸、心跳停止，立即进行心肺复苏术。就医

皮肤接触　立即脱去污染的衣着，用流动清水彻底冲洗。就医

眼睛接触　立即分开眼睑，用流动清水或生理盐水彻底冲洗。就医

食入　漱口，饮水。就医

对保护施救者的忠告　根据需要使用个人防护设备

对医生的特别提示　对症处理

第五部分　消防措施

灭火剂　用泡沫、二氧化碳、干粉、砂土灭火

特别危险性　可燃。受高热分解，放出有毒的氟化物和氯化物气体

灭火注意事项及防护措施　消防人员必须佩戴空气呼吸器、穿全身防火防毒服，在上风向灭火。尽可能将容

器从火场移至空旷处。喷水保持火场容器冷却，直至灭火结束。处在火场中的容器若已变色或从安全泄压装置中发出声音，必须马上撤离

第六部分　泄漏应急处理

作业人员防护措施、防护装备和应急处置程序　根据液体流动和蒸气扩散的影响区域划定警戒区，无关人员从侧风向、上风向撤离至安全区。建议应急处理人员戴正压自给式呼吸器，穿防腐、防毒服。穿上适当的防护服前严禁接触破裂的容器和泄漏物。尽可能切断泄漏源

环境保护措施　防止泄漏物进入水体、下水道、地下室或有限空间

泄漏化学品的收容、清除方法及所使用的处置材料　小量泄漏：用干燥的砂土或其他不燃材料吸收或覆盖，收集于容器中。大量泄漏：构筑围堤或挖坑收容。用耐腐蚀泵转移至槽车或专用收集器内

第七部分　操作处置与储存

操作注意事项　密闭操作，全面通风。操作人员必须经过专门培训，严格遵守操作规程。建议操作人员佩戴自吸过滤式防毒面具（全面罩），穿连体式防毒衣，戴橡胶耐油手套。防止蒸气泄漏到工作场所空气中。避免与氧化剂接触。搬运时要轻装轻卸，防止包装及容器损坏。配备泄漏应急处理设备。倒空的容器可能残留有害物

储存注意事项　储存于阴凉、干燥、通风良好的专用库房内，实行"双人收发、双人保管"制度。远离火种、热源。库温不宜超过30℃。保持容器密封。应与氧化剂、食用化学品分开存放，切忌混储。储区应备有泄漏应急处理设备和合适的收容材料

第八部分　接触控制/个体防护

职业接触限值
　中国　未制定标准
　美国（ACGIH）　未制定标准
生物接触限值　未制定标准
监测方法　空气中有毒物质测定方法：未制定标准。生物监测检验方法：未制定标准
工程控制　生产过程密闭，全面通风
个体防护装备
　呼吸系统防护　空气中浓度超标时，必须佩戴过滤式防毒面具（全面罩）。紧急事态抢救或撤离时，应该佩戴空气呼吸器
　眼睛防护　呼吸系统防护中已作防护
　皮肤和身体防护　穿连体式防毒衣
　手防护　戴橡胶耐油手套

第九部分　理化特性

外观与性状　无色液体
pH值　无资料　　　　　**熔点（℃）**　无资料
沸点（℃）　66～68　　　**相对密度（水=1）**　1.61
相对蒸气密度（空气=1）　8.0

饱和蒸气压（kPa）　30.45(20℃)
临界压力（MPa）　无资料　　**辛醇/水分配系数**　无资料
闪点（℃）　无意义　　　**自燃温度（℃）**　无意义
爆炸下限（%）　无意义　　**爆炸上限（%）**　无意义
分解温度（℃）　无资料　　**黏度（mPa·s）**　无资料
燃烧热（kJ/mol）　无资料　**临界温度（℃）**　无资料
溶解性　无资料

第十部分　稳定性和反应性

稳定性　稳定
危险反应　与强氧化剂等禁配物发生反应
避免接触的条件　光照
禁配物　强氧化剂
危险的分解产物　氯化氢、氟化氢

第十一部分　毒理学信息

急性毒性　LC_{50}：949mg/m³（大鼠吸入，1h）；16ppm（大鼠吸入，4h）
皮肤刺激或腐蚀　无资料　　**眼睛刺激或腐蚀**　无资料
呼吸或皮肤过敏　无资料　　**生殖细胞突变性**　无资料
致癌性　无资料　　　　　**生殖毒性**　无资料
特异性靶器官系统毒性-一次接触　无资料
特异性靶器官系统毒性-反复接触　无资料
吸入危害　无资料

第十二部分　生态学信息

生态毒性　无资料
持久性和降解性
　生物降解性　无资料
　非生物降解性　无资料
潜在的生物累积性　无资料
土壤中的迁移性　无资料

第十三部分　废弃处置

废弃化学品　根据国家和地方有关法规的要求处置。或与厂商或制造商联系，确定处置方法
污染包装物　将容器返还生产商或按照国家和地方法规处置
废弃注意事项　处置前应参阅国家和地方有关法规

第十四部分　运输信息

联合国危险货物编号（UN号）　2810
联合国运输名称　有机毒性液体，未另作规定的（六氟-2,3-二氯-2-丁烯）
联合国危险性类别　6.1

包装类别　I　　　　　　　**包装标志**　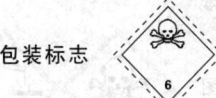

海洋污染物　否
运输注意事项　运输前应先检查包装容器是否完整、密封，运输过程中要确保容器不泄漏、不倒塌、不坠落、不损坏。严禁与氧化剂、食用化学品等混装混

运。运输车船必须彻底清洗、消毒，否则不得装运其
他物品。公路运输时要按规定路线行驶，勿在居民区
和人口稠密区停留

第十五部分　法规信息

下列法律、法规、规章和标准，对该化学品的管理作
了相应的规定。

中华人民共和国职业病防治法　职业病分类和目录：未
列入

危险化学品安全管理条例　危险化学品目录：列入。作为
剧毒化学品进行管理。易制爆危险化学品名录：未列
入。重点监管的危险化学品名录：未列入。GB
18218—2009《危险化学品重大危险源辨识》（表1）：
未列入

使用有毒物品作业场所劳动保护条例　高毒物品目录：未
列入

易制毒化学品管理条例　易制毒化学品的分类和品种目
录：未列入

国际公约　斯德哥尔摩公约：未列入。鹿特丹公约：未列
入。蒙特利尔议定书：未列入

第十六部分　其他信息

编写和修订信息　　　缩略语和首字母缩写
培训建议　　　　　　参考文献
免责声明

六氟锆酸钾

第一部分　化学品标识

化学品中文名　六氟锆酸钾；氟锆酸钾；氟化锆钾
化学品英文名　potassium fluorozirconate; zirconium po-
tassium fluoride
分子式　K_2ZrF_6　**分子量**　283.41

结构式　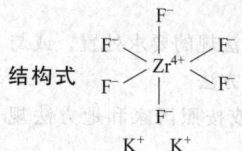

化学品的推荐及限制用途　用于制金属锆、锆化合物、高
级电器材料、耐火材料、烟火、陶瓷、搪瓷、玻璃等

第二部分　危险性概述

紧急情况概述　吞咽会中毒，造成严重眼损伤
GHS危险性类别　急性毒性-经口，类别3；严重眼损伤/
眼刺激，类别1
标签要素

象形图　

警示词　危险
危险性说明　吞咽会中毒，造成严重眼损伤
防范说明

预防措施　避免接触眼睛、皮肤，操作后彻底清
洗。作业场所不得进食、饮水或吸烟。戴防护
眼镜、防护面罩

事故响应　食入：立即呼叫中毒控制中心或就医。
漱口。接触眼睛：用水细心冲洗数分钟。如戴
隐形眼镜并可方便地取出，取出隐形眼镜，继
续冲洗

安全储存　上锁保管

废弃处置　本品及内装物、容器依据国家和地方法
规处置

物理和化学危险　不燃，无特殊燃爆特性

健康危害　误服或吸入粉尘会中毒。氟化物对皮肤及黏膜
有刺激及腐蚀作用。在人体内能干扰多种酶的活性，
影响糖代谢，引起钙、磷代谢的紊乱及氟骨症

环境危害　对环境可能有害

第三部分　成分/组成信息

√ 物质　　　　　　　　　混合物

组分	浓度	CAS No.
六氟锆酸钾		16923-95-8

第四部分　急救措施

吸入　迅速脱离现场至空气新鲜处。保持呼吸道通畅。如
呼吸困难，给输氧。如呼吸、心跳停止，立即进行心
肺复苏术。就医

皮肤接触　立即脱去污染的衣着，用流动清水彻底冲洗。
就医

眼睛接触　立即分开眼睑，用流动清水或生理盐水彻底冲
洗5～10min。就医

食入　漱口，饮水。就医

对保护施救者的忠告　根据需要使用个人防护设备

对医生的特别提示　对症处理

第五部分　消防措施

灭火剂　本品不燃，根据着火原因选择适当灭火剂灭火

特别危险性　本身不能燃烧。受高热分解放出有毒的气
体。具有腐蚀性

灭火注意事项及防护措施　消防人员必须穿全身防火防毒
服，在上风向灭火。灭火时尽可能将容器从火场移至
空旷处

第六部分　泄漏应急处理

作业人员防护措施、防护装备和应急处置程序　隔离泄漏
污染区，限制出入。建议应急处理人员戴防尘口罩，
穿防毒服。穿上适当的防护服前严禁接触破裂的容器
和泄漏物。尽可能切断泄漏源

环境保护措施　用塑料布覆盖泄漏物，减少飞散

泄漏化学品的收容、清除方法及所使用的处置材料　勿使
水进入包装容器内。用洁净的铲子收集泄漏物，置于
干净、干燥、盖子较松的容器中，将容器移离泄漏区

第七部分　操作处置与储存

操作注意事项　密闭操作，局部排风。防止粉尘释放到

车间空气中。操作人员必须经过专门培训，严格遵守操作规程。建议操作人员佩戴自吸过滤式防尘口罩，戴化学安全防护眼镜，穿防毒物渗透工作服，戴橡胶手套。避免产生粉尘。避免与碱类、氨接触。配备泄漏应急处理设备。倒空的容器可能残留有害物

储存注意事项 储存于阴凉、通风的库房。远离火种、热源。防止阳光直射。包装密封。应与碱类、氨、食用化学品分开存放，切忌混储。储区应备有合适的材料收容泄漏物

第八部分 接触控制/个体防护

职业接触限值
中国 PC-TWA：5mg/m³〔按 Zr 计〕，2mg/m³〔按 F 计〕；PC-STEL：10mg/m³〔按 Zr 计〕
美国（ACGIH）TLV-TWA：5mg/m³〔按 Zr 计〕，2.5mg/m³〔按 F 计〕

生物接触限值 尿氟：42mmol/mol 肌酐（7mg/g 肌酐）（采样时间：工作班后）

监测方法 空气中有毒物质测定方法：离子选择电极法。生物监测检验方法：尿中氟的离子选择电极测定方法

工程控制 密闭操作，局部排风

个体防护装备
呼吸系统防护 空气中粉尘浓度超标时，必须佩戴过滤式防尘呼吸器。紧急事态抢救或撤离时，应该佩戴空气呼吸器

眼睛防护 戴化学安全防护眼镜

皮肤和身体防护 穿防毒物渗透工作服

手防护 戴橡胶手套

第九部分 理化特性

外观与性状 无色或白色单斜晶系结晶

pH 值 无意义   **熔点(℃)** 840

沸点(℃) 无资料   **相对密度(水＝1)** 3.48

相对蒸气密度(空气＝1) 无资料

饱和蒸气压(kPa) 无资料

临界压力(MPa) 无意义   **辛醇/水分配系数** 无资料

闪点(℃) 无意义   **自燃温度(℃)** 无意义

爆炸下限(%) 无意义   **爆炸上限(%)** 无意义

分解温度(℃) 无资料   **黏度(mPa·s)** 无资料

燃烧热(kJ/mol) 无资料   **临界温度(℃)** 无资料

溶解性 微溶于冷水，溶于热水

第十部分 稳定性和反应性

稳定性 稳定

危险反应 与碱类、氨等禁配物发生反应

避免接触的条件 无资料

禁配物 碱类、氨

危险的分解产物 氟化氢、氧化钾

第十一部分 毒理学信息

急性毒性 LD$_{50}$：2500mg/kg（大鼠经口）；98mg/kg（小鼠经口）

皮肤刺激或腐蚀 无资料   眼睛刺激或腐蚀 无资料

呼吸或皮肤过敏 无资料   生殖细胞突变性 无资料

致癌性 无资料   生殖毒性 无资料

特异性靶器官系统毒性-一次接触 无资料

特异性靶器官系统毒性-反复接触 无资料

吸入危害 无资料

第十二部分 生态学信息

生态毒性 无资料

持久性和降解性
生物降解性 无资料
非生物降解性 无资料

潜在的生物累积性 无资料

土壤中的迁移性 无资料

第十三部分 废弃处置

废弃化学品 用安全掩埋法处置。在能利用的地方重复使用容器或在规定场所掩埋。量小时，溶解在水或适当的酸溶液中，或用适当氧化剂将其转变成水溶液。用硫化物沉淀，调节 pH 值至 7 完成沉淀。滤出固体硫化物回收或做掩埋处置。用次氯酸钠中和过量的硫化物，然后冲入下水道

污染包装物 将容器返还生产商或按照国家和地方法规处置

废弃注意事项 处置前应参阅国家和地方有关法规

第十四部分 运输信息

联合国危险货物编号（UN 号） 3288

联合国运输名称 无机毒性固体，未另作规定的（六氟锆酸钾）

联合国危险性类别 6.1

包装类别 Ⅲ   **包装标志**

海洋污染物 否

运输注意事项 运输前应先检查包装容器是否完整、密封，运输过程中要确保容器不泄漏、不倒塌、不坠落、不损坏。严禁与酸类、氧化剂、食品及食品添加剂混运。运输时运输车辆应配备泄漏应急处理设备。运输途中应防暴晒、雨淋，防高温。公路运输时要按规定路线行驶，勿在居民区和人口稠密区停留

第十五部分 法规信息

下列法律、法规、规章和标准，对该化学品的管理作了相应的规定。

中华人民共和国职业病防治法 职业病分类和目录：氟及其无机化合物中毒

危险化学品安全管理条例 危险化学品目录：列入。易制爆危险化学品名录：未列入。重点监管的危险化学品名录：未列入。GB 18218—2009《危险化学品重大危险源辨识》（表1）：未列入

使用有毒物品作业场所劳动保护条例 高毒物品目录：

列入

易制毒化学品管理条例 易制毒化学品的分类和品种目录：未列入

国际公约 斯德哥尔摩公约：未列入。鹿特丹公约：未列入。蒙特利尔议定书：未列入

第十六部分 其他信息

编写和修订信息　缩略语和首字母缩写
培训建议　　　　　参考文献
免责声明

六氟硅酸钡

第一部分 化学品标识

化学品中文名 六氟硅酸钡；氟硅酸钡
化学品英文名 barium fluosilicate; barium hexafluosilicate
分子式 BaSiF$_6$　**分子量** 279.404

结构式

化学品的推荐及限制用途 用作杀虫剂、陶瓷制品等

第二部分 危险性概述

紧急情况概述 吞咽会中毒，造成严重眼刺激，可能引起呼吸道刺激，长时间或反复接触对器官造成损伤

GHS危险性类别 急性毒性-经口，类别3；严重眼损伤/眼刺激，类别2；特异性靶器官毒性--次接触，类别3（呼吸道刺激）；特异性靶器官毒性-反复接触，类别1

标签要素

象形图

警示词 危险

危险性说明 吞咽会中毒，造成严重眼刺激，可能引起呼吸道刺激，长时间或反复接触对器官造成损伤

防范说明

预防措施 避免接触眼睛、皮肤，操作后彻底清洗。作业场所不得进食、饮水或吸烟。戴防护眼镜、防护面罩。避免吸入粉尘

事故响应 如接触眼睛：用水细心冲洗数分钟。如戴隐形眼镜并可方便地取出，取出隐形眼镜，继续冲洗。如果眼睛刺激持续，就医。食入：立即呼叫中毒控制中心或就医，漱口。如感觉不适，就医

安全储存 上锁保管

废弃处置 本品及内装物、容器依据国家和地方法规处置

物理和化学危险 不燃，无特殊燃爆特性

健康危害 对眼有刺激性。食入有毒
环境危害 对环境可能有害

第三部分 成分/组成信息

√ 物质　　　　　　　混合物

组分	浓度	CAS No.
六氟硅酸钡		17125-80-3

第四部分 急救措施

吸入 迅速脱离现场至空气新鲜处。保持呼吸道通畅。如呼吸困难，给输氧。如呼吸、心跳停止，立即进行心肺复苏术。就医

皮肤接触 立即脱去污染的衣着，用流动清水彻底冲洗。就医

眼睛接触 立即分开眼睑，用流动清水或生理盐水彻底冲洗。就医

食入 饮适量温水，催吐（仅限于清醒者）。就医

对保护施救者的忠告 根据需要使用个人防护设备
对医生的特别提示 对症处理

第五部分 消防措施

灭火剂 本品不燃，根据着火原因选择适当灭火剂灭火

特别危险性 不燃。与酸类反应，散发出腐蚀性和刺激性的氟化氢和四氟化硅气体

灭火注意事项及防护措施 消防人员必须穿全身防火防毒服，在上风向灭火。灭火时尽可能将容器从火场移至空旷处

第六部分 泄漏应急处理

作业人员防护措施、防护装备和应急处置程序 隔离泄漏污染区，限制出入。建议应急处理人员戴防尘口罩，穿防毒服。穿上适当的防护服前严禁接触破裂的容器和泄漏物。尽可能切断泄漏源

环境保护措施 用塑料布覆盖泄漏物，减少飞散

泄漏化学品的收容、清除方法及所使用的处置材料 勿使水进入包装容器内。用洁净的铲子收集泄漏物，置于干净、干燥、盖子较松的容器中，将容器移离泄漏区

第七部分 操作处置与储存

操作注意事项 密闭操作，加强通风。操作人员必须经过专门培训，严格遵守操作规程。建议操作人员佩戴自吸过滤式防尘口罩，戴化学安全防护眼镜，穿防毒物渗透工作服，戴乳胶手套。避免产生粉尘。避免与酸类、碱类接触。搬运时要轻装轻卸，防止包装及容器损坏。配备泄漏应急处理设备。倒空的容器可能残留有害物

储存注意事项 储存于阴凉、通风的库房。远离火种、热源。应与酸类、碱类、食用化学品分开存放，切忌混储。储区应备有合适的材料收容泄漏物

第八部分 接触控制/个体防护

职业接触限值

中国　PC-TWA：2mg/m³［按F计］

美国（ACGIH）　TLV-TWA：2.5mg/m³［按 F 计］

生物接触限值　尿氟：42mmol/mol 肌酐（7mg/g 肌酐）

　　（采样时间：工作班后）

监测方法　空气中有毒物质测定方法：离子选择电极法。

　　生物监测检验方法：尿中氟的离子选择电极测定方法

工程控制　生产过程密闭，加强通风

个体防护装备

　　呼吸系统防护　空气中粉尘浓度超标时，建议佩戴过滤式防尘呼吸器。紧急事态抢救或撤离时，应该佩戴空气呼吸器

　　眼睛防护　戴化学安全防护眼镜

　　皮肤和身体防护　穿防毒物渗透工作服

　　手防护　戴橡胶手套

第九部分　理化特性

外观与性状　白色斜方晶系针状结晶

pH 值　无意义　　　　　**熔点（℃）**　300（分解）

沸点（℃）　无资料

相对密度（水＝1）　4.29（21℃）

相对蒸气密度（空气＝1）　无资料

饱和蒸气压（kPa）　无资料

临界压力（MPa）　无意义　**辛醇/水分配系数**　无资料

闪点（℃）　无意义　　　**自燃温度（℃）**　无意义

爆炸下限（%）　无意义　**爆炸上限（%）**　无意义

分解温度（℃）　无资料　**黏度（mPa·s）**　无资料

燃烧热（kJ/mol）　无资料　**临界温度（℃）**　无资料

溶解性　不溶于水，微溶于稀酸，溶于氰化钾，不溶于醇

第十部分　稳定性和反应性

稳定性　稳定

危险反应　与强酸等禁配物发生反应。与酸类反应，散发出腐蚀性和刺激性的氟化氢和四氟化硅气体

避免接触的条件　潮湿空气

禁配物　强酸

危险的分解产物　氟化氢、四氟化硅

第十一部分　毒理学信息

急性毒性　LD₅₀：175mg/kg（大鼠经口）

皮肤刺激或腐蚀　无资料　**眼睛刺激或腐蚀**　无资料

呼吸或皮肤过敏　无资料　**生殖细胞突变性**　无资料

致癌性　无资料　　　　**生殖毒性**　无资料

特异性靶器官系统毒性-一次接触　无资料

特异性靶器官系统毒性-反复接触　无资料

吸入危害　无资料

第十二部分　生态学信息

生态毒性　无资料

持久性和降解性

　　生物降解性　无资料

　　非生物降解性　无资料

潜在的生物累积性　无资料

土壤中的迁移性　无资料

第十三部分　废弃处置

废弃化学品　根据国家和地方有关法规的要求处置。或与厂商或制造商联系，确定处置方法

污染包装物　将容器返还生产商或按照国家和地方法规处置

废弃注意事项　处置前应参阅国家和地方有关法规

第十四部分　运输信息

联合国危险货物编号（UN 号）　3288

联合国运输名称　无机毒性固体，未另作规定的（六氟硅酸钡）

联合国危险性类别　6.1

包装类别　Ⅲ　　　　　　　**包装标志**　

海洋污染物　否

运输注意事项　运输前应先检查包装容器是否完整、密封，运输过程中要确保容器不泄漏、不倒塌、不坠落、不损坏。严禁与酸类、氧化剂、食品及食品添加剂混运。运输时运输车辆应配备泄漏应急处理设备。运输途中应防暴晒、雨淋，防高温

第十五部分　法规信息

下列法律、法规、规章和标准，对该化学品的管理作了相应的规定。

中华人民共和国职业病防治法　职业病分类和目录：氟及其无机化合物中毒

危险化学品安全管理条例　危险化学品目录：列入。易制爆危险化学品名录：未列入。重点监管的危险化学品名录：未列入。GB 18218—2009《危险化学品重大危险源辨识》（表1）：未列入

使用有毒物品作业场所劳动保护条例　高毒物品目录：列入

易制毒化学品管理条例　易制毒化学品的分类和品种目录：未列入

国际公约　斯德哥尔摩公约：未列入。鹿特丹公约：未列入。蒙特利尔议定书：未列入

第十六部分　其他信息

编写和修订信息　缩略语和首字母缩写

培训建议　　　　　参考文献

免责声明

六氟硅酸钾

第一部分　化学品标识

化学品中文名　六氟硅酸钾；氟硅酸钾

化学品英文名　potassium fluorosilicate；potassium silicofluoride；potassium hexafluorosilicate

分子式　K₂SiF₆　**分子量**　220.3

结构式　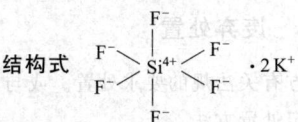

化学品的推荐及限制用途　用于制造乳白玻璃、瓷器瓷釉、农药、木材防腐剂及冶炼铅

第二部分　危险性概述

紧急情况概述　吞咽会中毒，皮肤接触会中毒，吸入会中毒

GHS危险性类别　急性毒性-经口，类别3；急性毒性-经皮，类别3；急性毒性-吸入，类别3

标签要素

象形图　

警示词　危险

危险性说明　吞咽会中毒，皮肤接触会中毒，吸入会中毒

防范说明

预防措施　避免接触眼睛、皮肤，操作后彻底清洗。作业场所不得进食、饮水或吸烟。戴防护手套、穿防护服。避免吸入粉尘。仅在室外或通风良好处操作

事故响应　如吸入：将患者转移到空气新鲜处，休息，保持利于呼吸的体位，呼叫中毒控制中心或就医。皮肤接触：用大量肥皂水和水清洗，立即脱去所有被污染的衣服，如感觉不适，呼叫中毒控制中心或就医。被污染的衣服必须经洗净后方可重新使用。食入：立即呼叫中毒控制中心或就医。漱口

安全储存　在通风良好处储存。保持容器密闭。上锁保管

废弃处置　本品及内装物、容器依据国家和地方法规处置

物理和化学危险　不燃，无特殊燃爆特性

健康危害　误服或吸入粉尘会中毒。粉尘能强烈刺激眼睛和呼吸系统。与酸反应，散发出刺激性和腐蚀性的氟化氢和四氟化硅气体

环境危害　对环境可能有害

第三部分　成分/组成信息

√ 物质　　　　　　　　混合物

组分	浓度	CAS No.
六氟硅酸钾		16871-90-2

第四部分　急救措施

吸入　迅速脱离现场至空气新鲜处。保持呼吸道通畅。如呼吸困难，给输氧。呼吸、心跳停止，立即进行心肺复苏术。就医

皮肤接触　立即脱去污染的衣着，用流动清水彻底冲洗。就医

眼睛接触　立即分开眼睑，用流动清水或生理盐水彻底冲洗。就医

食入　饮适量温水，催吐（仅限于清醒者）。就医

对保护施救者的忠告　根据需要使用个人防护设备

对医生的特别提示　对症处理

第五部分　消防措施

灭火剂　本品不燃，根据着火原因选择适当灭火剂灭火

特别危险性　与酸反应，放出有毒的腐蚀性烟气。受高热分解放出有毒的气体

灭火注意事项及防护措施　消防人员必须佩戴空气呼吸器、穿全身防火防毒服，在上风向灭火。尽可能将容器从火场移至空旷处。喷水保持火场容器冷却，直至灭火结束

第六部分　泄漏应急处理

作业人员防护措施、防护装备和应急处置程序　隔离泄漏污染区，限制出入。建议应急处理人员戴防尘口罩，穿防毒服。穿上适当的防护服前严禁接触破裂的容器和泄漏物。尽可能切断泄漏源

环境保护措施　用塑料布覆盖泄漏物，减少飞散

泄漏化学品的收容、清除方法及所使用的处置材料　勿使水进入包装容器内。用洁净的铲子收集泄漏物，置于干净、干燥、盖子较松的容器中，将容器移离泄漏区

第七部分　操作处置与储存

操作注意事项　密闭操作，局部排风。防止粉尘释放到车间空气中。操作人员必须经过专门培训，严格遵守操作规程。建议操作人员佩戴自吸过滤式防尘口罩，戴化学安全防护眼镜，穿防毒物渗透工作服，戴乳胶手套。避免产生粉尘。避免与氧化剂、酸类接触。配备泄漏应急处理设备。倒空的容器可能残留有害物

储存注意事项　储存于阴凉、通风的库房。远离火种、热源。防止阳光直射。包装密封。应与氧化剂、酸类、食用化学品分开存放，切忌混储。储区应备有合适的材料收容泄漏物

第八部分　接触控制/个体防护

职业接触限值

中国　PC-TWA：2mg/m³〔按F计〕

美国（ACGIH）　TLV-TWA：2.5mg/m³〔按F计〕

生物接触限值　尿氟：42mmol/mol 肌酐（7mg/g 肌酐）（采样时间：工作班后）

监测方法　空气中有毒物质测定方法：离子选择电极法。生物监测检验方法：尿中氟的离子选择电极测定方法

工程控制　密闭操作，局部排风

个体防护装备

呼吸系统防护　空气中粉尘浓度超标时，建议佩戴过滤式防尘呼吸器。紧急事态抢救或撤离时，应该佩戴空气呼吸器

眼睛防护　戴化学安全防护眼镜

皮肤和身体防护　穿防毒物渗透工作服

手防护 戴橡胶手套

第九部分 理化特性

外观与性状 白色细粉末或结晶，无臭、无味
pH 值 无意义　　熔点(℃) 分解
沸点(℃) 无资料　　相对密度(水＝1) 2.27
相对蒸气密度(空气＝1) 无资料
饱和蒸气压(kPa) 无资料
临界压力(MPa) 无意义　辛醇/水分配系数 无资料
闪点(℃) 无意义　　自燃温度(℃) 无意义
爆炸下限(%) 无意义　　爆炸上限(%) 无意义
分解温度(℃) 熔点分解　黏度(mPa·s) 无资料
燃烧热(kJ/mol) 无资料　临界温度(℃) 无资料
溶解性 微溶于水，不溶于醇，溶于盐酸

第十部分 稳定性和反应性

稳定性 稳定
危险反应 与强氧化剂等禁配物发生反应。与酸反应，放出有毒的腐蚀性烟气
避免接触的条件 无资料
禁配物 强氧化剂、酸类
危险的分解产物 无资料

第十一部分 毒理学信息

急性毒性 LD_{50}：156mg/kg（大鼠经口），70mg/kg（小鼠经口），500mg/kg（豚鼠经口）
皮肤刺激或腐蚀 无资料　眼睛刺激或腐蚀 无资料
呼吸或皮肤过敏 无资料　生殖细胞突变性 无资料
致癌性 无资料　　　生殖毒性 无资料
特异性靶器官系统毒性--次接触 无资料
特异性靶器官系统毒性-反复接触 无资料
吸入危害 无资料

第十二部分 生态学信息

生态毒性 无资料
持久性和降解性
　生物降解性 无资料
　非生物降解性 无资料
潜在的生物累积性 无资料
土壤中的迁移性 无资料

第十三部分 废弃处置

废弃化学品 慢慢加入水中，然后先加入过量苏打灰再加入过量熟石灰，并不断搅拌。静置24h，按照地方法规处置氟化钙淤泥和液体
污染包装物 将容器返还生产商或按照国家和地方法规处置
废弃注意事项 处置前应参阅国家和地方有关法规

第十四部分 运输信息

联合国危险货物编号（UN号） 2655
联合国运输名称 氟硅酸钾
联合国危险性类别 6.1

包装类别 Ⅲ　　　包装标志

海洋污染物 否
运输注意事项 运输前应先检查包装容器是否完整、密封，运输过程中要确保容器不泄漏、不倒塌、不坠落、不损坏。严禁与酸类、氧化剂、食品及食品添加剂混运。运输时运输车辆应配备泄漏应急处理设备。运输途中应防暴晒、雨淋，防高温。公路运输时要按规定路线行驶，勿在居民区和人口稠密区停留

第十五部分 法规信息

下列法律、法规、规章和标准，对该化学品的管理作了相应的规定。
中华人民共和国职业病防治法 职业病分类和目录：氟及其无机化合物中毒
危险化学品安全管理条例 危险化学品目录：列入。易制爆危险化学品名录：未列入。重点监管的危险化学品名录：未列入。GB 18218—2009《危险化学品重大危险源辨识》(表1)：未列入
使用有毒物品作业场所劳动保护条例 高毒物品目录：列入
易制毒化学品管理条例 易制毒化学品的分类和品种目录：未列入
国际公约 斯德哥尔摩公约：未列入。鹿特丹公约：未列入。蒙特利尔议定书：未列入

第十六部分 其他信息

编写和修订信息　　缩略语和首字母缩写
培训建议　　　　　参考文献
免责声明

六氟硅酸镁

第一部分 化学品标识

化学品中文名 六氟硅酸镁；氟硅酸镁
化学品英文名 magnesium silicofluoride; magnesium fluorosilicate; magnesium hexafluorosilicate
分子式 $MgSiF_6$　分子量 166.379

结构式

化学品的推荐及限制用途 用作混凝土增强剂、混凝土缓硬剂、橡胶胶乳凝固剂、防腐剂和纺织品防蛀剂

第二部分 危险性概述

紧急情况概述 吞咽会中毒
GHS 危险性类别 急性毒性-经口，类别3
标签要素

象形图

警示词　危险

危险性说明　吞咽会中毒

防范说明

预防措施　避免接触眼睛、皮肤，操作后彻底清洗。作业场所不得进食、饮水或吸烟

事故响应　食入：立即呼叫中毒控制中心或就医，漱口

安全储存　上锁保管

废弃处置　本品及内装物、容器依据国家和地方法规处置

物理和化学危险　不燃，无特殊燃爆特性

健康危害　吸入或误服会中毒。与酸类反应，放出刺激性和腐蚀性氟化氢和四氟化硅气体

环境危害　对环境可能有害

第三部分　成分/组成信息

√ 物质　　　　　　混合物

组分	浓度	CAS No.
六氟硅酸镁		16949-65-8

第四部分　急救措施

吸入　迅速脱离现场至空气新鲜处。保持呼吸道通畅。如呼吸困难，给输氧。呼吸、心跳停止，立即进行心肺复苏术。就医

皮肤接触　立即脱去污染的衣着，用流动清水彻底冲洗。就医

眼睛接触　立即分开眼睑，用流动清水或生理盐水彻底冲洗。就医

食入　饮适量温水，催吐（仅限于清醒者）。就医

对保护施救者的忠告　根据需要使用个人防护设备

对医生的特别提示　对症处理

第五部分　消防措施

灭火剂　本品不燃，根据着火原因选择适当灭火剂灭火

特别危险性　与酸反应，放出有毒的腐蚀性烟气。受高热分解放出有毒的气体

灭火注意事项及防护措施　消防人员必须佩戴空气呼吸器、穿全身防火防毒服，在上风向灭火。尽可能将容器从火场移至空旷处。喷水保持火场容器冷却，直至灭火结束

第六部分　泄漏应急处理

作业人员防护措施、防护装备和应急处置程序　隔离泄漏污染区，限制出入。建议应急处理人员戴防尘口罩，穿防毒服。穿上适当的防护服前严禁接触破裂的容器和泄漏物。尽可能切断泄漏源

环境保护措施　用塑料布覆盖泄漏物，减少飞散

泄漏化学品的收容、清除方法及所使用的处置材料　勿使水进入包装容器内。用洁净的铲子收集泄漏物，置于干净、干燥、盖子较松的容器中，将容器移离泄漏区

第七部分　操作处置与储存

操作注意事项　密闭操作，局部排风。防止粉尘释放到车间空气中。操作人员必须经过专门培训，严格遵守操作规程。建议操作人员佩戴自吸过滤式防尘口罩，戴化学安全防护眼镜，穿防毒物渗透工作服，戴乳胶手套。避免产生粉尘。避免与酸类接触。配备泄漏应急处理设备。倒空的容器可能残留有害物

储存注意事项　储存于阴凉、通风的库房。远离火种、热源。防止阳光直射。包装密封。应与酸类、食用化学品分开存放，切忌混储。储区应备有合适的材料收容泄漏物

第八部分　接触控制/个体防护

职业接触限值

中国　PC-TWA：$2mg/m^3$〔按F计〕

美国（ACGIH）　TLV-TWA：$2.5mg/m^3$〔按F计〕

生物接触限值　尿氟：42mmol/mol 肌酐（7mg/g 肌酐）（采样时间：工作班后）

监测方法　空气中有毒物质测定方法：离子选择电极法。生物监测检验方法：尿中氟的离子选择电极测定方法

工程控制　密闭操作，局部排风

个体防护装备

呼吸系统防护　空气中粉尘浓度超标时，建议佩戴过滤式防尘呼吸器。紧急事态抢救或撤离时，应该佩戴空气呼吸器

眼睛防护　戴化学安全防护眼镜

皮肤和身体防护　穿防毒物渗透工作服

手防护　戴橡胶手套

第九部分　理化特性

外观与性状　白色易风化无臭结晶

pH值　无意义		**熔点(℃)**　100	
沸点(℃)　无资料		**相对密度(水=1)**　1.788	
相对蒸气密度(空气=1)　无资料			
饱和蒸气压(kPa)　无资料			
临界压力(MPa)　无意义		**辛醇/水分配系数**　无资料	
闪点(℃)　无意义		**自燃温度(℃)**　无意义	
爆炸下限(%)　无意义		**爆炸上限(%)**　无意义	
分解温度(℃)　无资料		**黏度(mPa·s)**　无资料	
燃烧热(kJ/mol)　无资料		**临界温度(℃)**　无资料	
溶解性　溶于水，不溶于醇			

第十部分　稳定性和反应性

稳定性　稳定

危险反应　与强氧化剂等禁配物发生反应。与酸反应，放出有毒的腐蚀性烟气

避免接触的条件　无资料

禁配物　强酸

危险的分解产物　氧化镁

第十一部分　毒理学信息

急性毒性　LD_{50}：200（豚鼠经口）

皮肤刺激或腐蚀　无资料		**眼睛刺激或腐蚀**　无资料
呼吸或皮肤过敏　无资料		**生殖细胞突变性**　无资料
致癌性　无资料		**生殖毒性**　无资料

特异性靶器官系统毒性-一次接触　无资料
特异性靶器官系统毒性-反复接触　无资料
吸入危害　无资料

第十二部分　生态学信息

生态毒性　无资料
持久性和降解性
　　生物降解性　无资料
　　非生物降解性　无资料
潜在的生物累积性　无资料
土壤中的迁移性　无资料

第十三部分　废弃处置

废弃化学品　慢慢加入水中，然后先加入过量苏打灰再加
　　入过量熟石灰，并不断搅拌。静置24h，按照地方法
　　规处置氟化钙淤泥和液体
污染包装物　将容器返还生产商或按照国家和地方法规
　　处置
废弃注意事项　处置前应参阅国家和地方有关法规

第十四部分　运输信息

联合国危险货物编号（UN号）　2853
联合国运输名称　氟硅酸镁
联合国危险性类别　6.1

包装类别　Ⅲ　　　　包装标志

海洋污染物　否
运输注意事项　运输前应先检查包装容器是否完整、密
　　封，运输过程中要确保容器不泄漏、不倒塌、不坠
　　落、不损坏。严禁与酸类、氧化剂、食品及食品添
　　加剂混运。运输时运输车辆应配备泄漏应急处理设
　　备。运输途中应防暴晒、雨淋，防高温。公路运输
　　时要按规定路线行驶，勿在居民区和人口稠密区
　　停留

第十五部分　法规信息

　　下列法律、法规、规章和标准，对该化学品的管理作
了相应的规定。
中华人民共和国职业病防治法　职业病分类和目录：氟及
　　其无机化合物中毒
危险化学品安全管理条例　危险化学品目录：列入。易制
　　爆危险化学品名录：未列入。重点监管的危险化学品
　　名录：未列入。GB 18218—2009《危险化学品重大
　　危险源辨识》（表1）：未列入
使用有毒物品作业场所劳动保护条例　高毒物品目录：
　　列入
易制毒化学品管理条例　易制毒化学品的分类和品种目
　　录：未列入
国际公约　斯德哥尔摩公约：未列入。鹿特丹公约：未列
　　入。蒙特利尔议定书：未列入

第十六部分　其他信息

编写和修订信息　　　缩略语和首字母缩写
培训建议　　　　　　参考文献
免责声明

六氟硅酸锌

第一部分　化学品标识

化学品中文名　六氟硅酸锌；氟硅酸锌
化学品英文名　zinc silicofluoride; zinc fluorosilicate; zinc
　　hexafluorosilicate
分子式　$ZnSiF_6$　　分子量　207.46

结构式　

化学品的推荐及限制用途　用作木材防腐剂、熟石膏增强
　　剂、锌电解浴、混凝土硬化剂及用于合成洗涤剂生产

第二部分　危险性概述

紧急情况概述　吞咽会中毒，可能引起呼吸道刺激
GHS危险性类别　急性毒性-经口，类别3；严重眼损伤/
　　眼刺激，类别2；特异性靶器官毒性-一次接触，类别
　　3（呼吸道刺激）；特异性靶器官毒性-反复接触，类
　　别1
标签要素

象形图

警示词　危险
危险性说明　吞咽会中毒，可能引起呼吸道刺激，长时
　　间或反复接触对器官造成损伤
防范说明
　　预防措施　避免接触眼睛、皮肤，操作后彻底清
　　　　洗。作业场所不得进食、饮水或吸烟。避免吸
　　　　入粉尘
　　事故响应　食入：立即呼叫中毒控制中心或就医，
　　　　漱口。如感觉不适，就医
　　安全储存　上锁保管
　　废弃处置　本品及内装物、容器依据国家和地方法
　　　　规处置
物理和化学危险　不燃，无特殊燃爆特性
健康危害　有毒。误服或吸入粉尘会中毒。遇热分解释出
　　有毒的氟和氧化锌烟雾
环境危害　对环境可能有害

第三部分　成分/组成信息

　√ 物质　　　　　　　　　　混合物
　　　组分　　　　浓度　　　　CAS No.
　六氟硅酸锌　　　　　　　　16871-71-9

第四部分　急救措施

吸入　迅速脱离现场至空气新鲜处。保持呼吸道通畅。如呼吸困难，给输氧。呼吸、心跳停止，立即进行心肺复苏术。就医

皮肤接触　立即脱去污染的衣着，用流动清水彻底冲洗。就医

眼睛接触　立即分开眼睑，用流动清水或生理盐水彻底冲洗。就医

食入　饮适量温水，催吐（仅限于清醒者）。就医

对保护施救者的忠告　根据需要使用个人防护设备

对医生的特别提示　对症处理

第五部分　消防措施

灭火剂　本品不燃，根据着火原因选择适当灭火剂灭火

特别危险性　与酸反应，放出有毒的腐蚀性烟气。受高热分解放出有毒的气体

灭火注意事项及防护措施　消防人员必须佩戴空气呼吸器、穿全身防火防毒服，在上风向灭火。尽可能将容器从火场移至空旷处。喷水保持火场容器冷却，直至灭火结束

第六部分　泄漏应急处理

作业人员防护措施、防护装备和应急处置程序　隔离泄漏污染区，限制出入。建议应急处理人员戴防尘口罩，穿防毒服。穿上适当的防护服前严禁接触破裂的容器和泄漏物。尽可能切断泄漏源

环境保护措施　用塑料布覆盖泄漏物，减少飞散

泄漏化学品的收容、清除方法及所使用的处置材料　勿使水进入包装容器内。用洁净的铲子收集泄漏物，置于干净、干燥、盖子较松的容器中，将容器移离泄漏区

第七部分　操作处置与储存

操作注意事项　密闭操作，局部排风。防止粉尘释放到车间空气中。操作人员必须经过专门培训，严格遵守操作规程。建议操作人员佩戴自吸过滤式防尘口罩，戴化学安全防护眼镜，穿防毒物渗透工作服，戴乳胶手套。避免产生粉尘。避免与酸类接触。配备泄漏应急处理设备。倒空的容器可能残留有害物

储存注意事项　储存于阴凉、通风的库房。远离火种、热源。防止阳光直射。包装密封。应与酸类、食用化学品分开存放，切忌混储。储区应备有合适的材料收容泄漏物

第八部分　接触控制/个体防护

职业接触限值
　中国　PC-TWA：2mg/m³［按 F 计］
　美国（ACGIH）　TLV-TWA：2.5mg/m³［按 F 计］

生物接触限值　尿氟：42mmol/mol 肌酐（7mg/g 肌酐）（采样时间：工作班后）

监测方法　空气中有毒物质测定方法：离子选择电极法。生物监测检验方法：尿中氟的离子选择电极测定方法

工程控制　密闭操作，局部排风

个体防护装备
　呼吸系统防护　空气中粉尘浓度超标时，建议佩戴过滤式防尘呼吸器。紧急事态抢救或撤离时，应该佩戴空气呼吸器
　眼睛防护　戴化学安全防护眼镜
　皮肤和身体防护　穿防毒物渗透工作服
　手防护　戴橡胶手套

第九部分　理化特性

外观与性状　白色结晶或粉末

pH 值　无意义　　　　　　**熔点(℃)**　50～70(分解)

沸点(℃)　无资料

相对密度(水＝1)　2.104(20℃)

相对蒸气密度(空气＝1)　无资料

饱和蒸气压(kPa)　无资料

临界压力(MPa)　无意义　　**辛醇/水分配系数**　无资料

闪点(℃)　无意义　　　　　**自燃温度(℃)**　无意义

爆炸下限(%)　无意义　　　**爆炸上限(%)**　无意义

分解温度(℃)　无资料　　　**黏度(mPa·s)**　无资料

燃烧热(kJ/mol)　无资料　　**临界温度(℃)**　无资料

溶解性　溶于水、无机酸，不溶于甲醇

第十部分　稳定性和反应性

稳定性　稳定

危险反应　与强氧化剂等禁配物发生反应。与酸反应，放出有毒的腐蚀性烟气

避免接触的条件　无资料

禁配物　强酸

危险的分解产物　氧化锌、氟化氢、氧化硅

第十一部分　毒理学信息

急性毒性　LD_{50}：100mg/kg（大鼠经口）

皮肤刺激或腐蚀　无资料　　**眼睛刺激或腐蚀**　无资料

呼吸或皮肤过敏　无资料　　**生殖细胞突变性**　无资料

致癌性　无资料　　　　　　**生殖毒性**　无资料

特异性靶器官系统毒性--一次接触　无资料

特异性靶器官系统毒性-反复接触　无资料

吸入危害　无资料

第十二部分　生态学信息

生态毒性　无资料

持久性和降解性
　生物降解性　无资料
　非生物降解性　无资料

潜在的生物累积性　无资料

土壤中的迁移性　无资料

第十三部分　废弃处置

废弃化学品　慢慢加入水中，然后先加入过量苏打灰再加入过量熟石灰，并不断搅拌。静置 24h，按照地方法规处置氟化钙淤泥和液体

污染包装物　将容器返还生产商或按照国家和地方法规处置

废弃注意事项　处置前应参阅国家和地方有关法规

第十四部分　运输信息

联合国危险货物编号（UN 号）　2855
联合国运输名称　氟硅酸锌
联合国危险性类别　6.1

包装类别　Ⅲ　　　**包装标志**

海洋污染物　否
运输注意事项　运输前应先检查包装容器是否完整、密封，运输过程中要确保容器不泄漏、不倒塌、不坠落、不损坏。严禁与酸类、氧化剂、食品及食品添加剂混运。运输时运输车辆应配备泄漏应急处理设备。运输途中应防暴晒、雨淋，防高温。公路运输时要按规定路线行驶，勿在居民区和人口稠密区停留

第十五部分　法规信息

下列法律、法规、规章和标准，对该化学品的管理作了相应的规定。
中华人民共和国职业病防治法　职业病分类和目录：氟及其无机化合物中毒
危险化学品安全管理条例　危险化学品目录：列入。易制爆危险化学品名录：未列入。重点监管的危险化学品名录：未列入。GB 18218—2009《危险化学品重大危险源辨识》（表1）：未列入
使用有毒物品作业场所劳动保护条例　高毒物品目录：列入
易制毒化学品管理条例　易制毒化学品的分类和品种目录：未列入
国际公约　斯德哥尔摩公约：未列入。鹿特丹公约：未列入。蒙特利尔议定书：未列入

第十六部分　其他信息

编写和修订信息　缩略语和首字母缩写
培训建议　　　参考文献
免责声明

六氟合磷氢酸[无水]

第一部分　化学品标识

化学品中文名　六氟合磷氢酸[无水]；六氟代磷酸；六氟合磷氢酸
化学品英文名　hexafluorophosphoric acid，anhydrous；hydrogen hexafluorophosphate
分子式　PHF_6　**分子量**　145.98
结构式
化学品的推荐及限制用途　用作金属清洗剂、催化剂等

第二部分　危险性概述

紧急情况概述　造成严重的皮肤灼伤和眼损伤
GHS 危险性类别　皮肤腐蚀/刺激，类别1；严重眼损伤/眼刺激，类别1
标签要素

象形图

警示词　危险
危险性说明　造成严重的皮肤灼伤和眼损伤
防范说明
预防措施　避免吸入烟雾。避免接触眼睛、皮肤，操作后彻底清洗。戴防护手套，穿防护服，戴防护眼镜、防护面罩
事故响应　如吸入：将患者转移到空气新鲜处，休息，保持利于呼吸的体位，立即呼叫中毒控制中心或就医。皮肤（或头发）接触：立即脱掉所有被污染的衣服，用水冲洗皮肤，淋浴。污染的衣服须洗净后方可重新使用。眼睛接触：用水细心地冲洗数分钟，立即呼叫中毒控制中心或就医。如戴隐形眼镜并可方便地取出，则取出隐形眼镜，继续冲洗。食入：漱口，不要催吐
安全储存　上锁保管
废弃处置　本品及内装物、容器依据国家和地方法规处置
物理和化学危险　不燃，无特殊燃爆特性
健康危害　有毒，误服会中毒。能引起皮肤、眼睛和黏膜严重灼伤。遇热分解释出高毒的氟化物和氧化磷烟雾
环境危害　对环境可能有害

第三部分　成分/组成信息

√ 物质　　　　　　　　混合物

组分	浓度	CAS No.
六氟合磷氢酸[无水]		16940-81-1

第四部分　急救措施

吸入　迅速脱离现场至空气新鲜处。保持呼吸道通畅。如呼吸困难，给输氧。呼吸、心跳停止，立即进行心肺复苏术。就医
皮肤接触　立即脱去污染的衣着，用大量流动清水彻底冲洗至少15min。就医
眼睛接触　立即分开眼睑，用流动清水或生理盐水彻底冲洗5～10min。就医
食入　用水漱口，禁止催吐。给饮牛奶或蛋清。就医
对保护施救者的忠告　根据需要使用个人防护设备
对医生的特别提示　对症处理

第五部分　消防措施

灭火剂　灭火时尽量切断泄漏源，然后根据着火原因选择

适当灭火剂灭火

特别危险性　遇潮时对玻璃、其他硅质材料及大多数金属有强腐蚀性。遇水或水蒸气反应放热并产生有毒的腐蚀性气体。受热分解散发出毒性和腐蚀性的气体

灭火注意事项及防护措施　消防人员必须穿全身耐酸碱消防服。尽可能将容器从火场移至空旷处。喷水保持火场容器冷却，直至灭火结束

第六部分　泄漏应急处理

作业人员防护措施、防护装备和应急处置程序　根据液体流动和蒸气扩散的影响区域划定警戒区，无关人员从侧风向、上风向撤离至安全区。建议应急处理人员戴正压自给式呼吸器，穿防腐、防毒服。穿上适当的防护服前严禁接触破裂的容器和泄漏物。尽可能切断泄漏源

环境保护措施　防止泄漏物进入水体、下水道、地下室或有限空间

泄漏化学品的收容、清除方法及所使用的处置材料　小量泄漏：用干燥的砂土或其他不燃材料吸收或覆盖，收集于容器中。大量泄漏：构筑围堤或挖坑收容。用碎石灰石（$CaCO_3$）、苏打灰（Na_2CO_3）或石灰（CaO）中和。用耐腐蚀泵转移至槽车或专用收集器内

第七部分　操作处置与储存

操作注意事项　密闭操作，提供充分的局部排风。防止蒸气泄漏到工作场所空气中。操作人员必须经过专门培训，严格遵守操作规程。建议操作人员佩戴自吸过滤式防毒面具（全面罩），穿橡胶耐酸碱服，戴橡胶耐酸碱手套。避免产生烟雾。避免与碱类接触。尤其要注意避免与水接触。配备泄漏应急处理设备。倒空的容器可能残留有害物

储存注意事项　储存于阴凉、干燥、通风良好的库房。远离火种、热源。防止阳光直射。保持容器密封。应与碱类、食用化学品分开存放，切忌混储。储区应备有泄漏应急处理设备和合适的收容材料

第八部分　接触控制/个体防护

职业接触限值
　　中国　PC-TWA：$2mg/m^3$［按 F 计］
　　美国（ACGIH）　TLV-TWA：$2.5mg/m^3$［按 F 计］
生物接触限值　尿氟：42mmol/mol 肌酐（7mg/g 肌酐）（采样时间：工作班后）
监测方法　空气中有毒物质测定方法：离子选择电极法。生物监测检验方法：尿中氟的离子选择电极测定方法
工程控制　严加密闭，提供充分的局部排风
个体防护装备
　　呼吸系统防护　空气中浓度超标时，必须佩戴过滤式防毒面具（全面罩）。紧急事态抢救或撤离时，应该佩戴空气呼吸器
　　眼睛防护　呼吸系统防护中已作防护
　　皮肤和身体防护　穿橡胶耐酸碱服
　　手防护　戴橡胶耐酸碱手套

第九部分　理化特性

外观与性状　无色透明腐蚀性液体
pH 值　无资料　　　　　**熔点（℃）**　无资料
沸点（℃）　无资料　　　**相对密度（水＝1）**　1.81
相对蒸气密度（空气＝1）　无资料
饱和蒸气压（kPa）　无资料
临界压力（MPa）　无资料　**辛醇/水分配系数**　无资料
闪点（℃）　无意义　　　　**自燃温度（℃）**　无意义
爆炸下限（%）　无意义　　**爆炸上限（%）**　无意义
分解温度（℃）　25　　　　**黏度（mPa·s）**　无资料
燃烧热（kJ/mol）　无资料　**临界温度（℃）**　无资料
溶解性　溶于水

第十部分　稳定性和反应性

稳定性　稳定
危险反应　与强碱等禁配物发生反应。遇水或水蒸气反应放热并产生有毒的腐蚀性气体
避免接触的条件　受热、潮湿空气
禁配物　强碱
危险的分解产物　氟化氢、氧化磷、磷化氢

第十一部分　毒理学信息

急性毒性　无资料
皮肤刺激或腐蚀　无资料　　**眼睛刺激或腐蚀**　无资料
呼吸或皮肤过敏　无资料　　**生殖细胞突变性**　无资料
致癌性　无资料　　　　　　**生殖毒性**　无资料
特异性靶器官系统毒性-一次接触　无资料
特异性靶器官系统毒性-反复接触　无资料
吸入危害　无资料

第十二部分　生态学信息

生态毒性　无资料
持久性和降解性
　　生物降解性　无资料
　　非生物降解性　无资料
潜在的生物累积性　无资料
土壤中的迁移性　无资料

第十三部分　废弃处置

废弃化学品　用熟石灰中和。重复使用容器或在规定场所掩埋。量小时，中和本品的水溶液，滤出固体做掩埋处置，溶液冲入下水道。反应产生热和烟雾，通过控制加入速度予以控制
污染包装物　将容器返还生产商或按照国家和地方法规处置
废弃注意事项　处置前应参阅国家和地方有关法规

第十四部分　运输信息

联合国危险货物编号（UN 号）　1782
联合国运输名称　氟磷酸（六氟磷酸）
联合国危险性类别　8

包装类别　Ⅱ　　　　　　包装标志

海洋污染物　否
运输注意事项　起运时包装要完整，装载应稳妥。运输过程中要确保容器不泄漏、不倒塌、不坠落、不损坏。严禁与碱类、食用化学品等混装混运。运输时运输车辆应配备泄漏应急处理设备。运输途中应防暴晒、雨淋，防高温。公路运输时要按规定路线行驶，勿在居民区和人口稠密区停留

第十五部分　法规信息

下列法律、法规、规章和标准，对该化学品的管理作了相应的规定。
中华人民共和国职业病防治法　职业病分类和目录：氟及其无机化合物中毒
危险化学品安全管理条例　危险化学品目录：列入。易制爆危险化学品名录：未列入。重点监管的危险化学品名录：未列入。GB 18218—2009《危险化学品重大危险源辨识》（表1）：未列入
使用有毒物品作业场所劳动保护条例　高毒物品目录：列入
易制毒化学品管理条例　易制毒化学品的分类和品种目录：未列入
国际公约　斯德哥尔摩公约：未列入。鹿特丹公约：未列入。蒙特利尔议定书：未列入

第十六部分　其他信息

编写和修订信息　　**缩略语和首字母缩写**
培训建议　　　　　**参考文献**
免责声明

六氟化碲

第一部分　化学品标识

化学品中文名　六氟化碲
化学品英文名　tellurium hexafluoride; tellurium fluoride
分子式　TeF$_6$　**分子量**　241.59

结构式

$$\begin{array}{c} F \\ F{-}Te{-}F \\ F \quad F \\ F \end{array}$$

化学品的推荐及限制用途　用作化学药品、气相电绝缘体

第二部分　危险性概述

紧急情况概述　吸入致命
GHS危险性类别　急性毒性-吸入，类别2
标签要素

象形图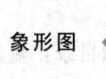

警示词　危险

危险性说明　吸入致命
防范说明
　　预防措施　避免吸入气体。仅在室外或通风良好处操作。戴呼吸防护器具
　　事故响应　如吸入：将患者转移到空气新鲜处，休息，保持利于呼吸的体位，立即呼叫中毒控制中心或就医
　　安全储存　在通风良好处储存。保持容器密闭。上锁保管
　　废弃处置　本品及内装物、容器依据国家和地方法规处置
物理和化学危险　不燃，无特殊燃爆特性。遇水产生有毒气体
健康危害　吸入高浓度可引起头痛、头晕、无力、恶心、呕吐、呼吸困难、呼气蒜臭味、口内金属味等症状，严重时，肝、肾受损。对皮肤、眼睛、黏膜有强烈刺激性
环境危害　对环境可能有害

第三部分　成分/组成信息

√ 物质　　　　　　　混合物

组分	浓度	CAS No.
六氟化碲		7783-80-4

第四部分　急救措施

吸入　迅速脱离现场至空气新鲜处。保持呼吸道通畅。如呼吸困难，给输氧。呼吸、心跳停止，立即进行心肺复苏术。就医
皮肤接触　立即脱去污染的衣着，用流动清水彻底冲洗。就医
眼睛接触　立即分开眼睑，用流动清水或生理盐水彻底冲洗。就医
对保护施救者的忠告　根据需要使用个人防护设备
对医生的特别提示　对症处理

第五部分　消防措施

灭火剂　迅速切断气源，然后根据着火原因选择适当灭火剂灭火
特别危险性　遇水分解产生有毒气体。具有腐蚀性
灭火注意事项及防护措施　消防人员必须佩戴空气呼吸器、穿全身防火防毒服，在上风向灭火。尽可能将容器从火场移至空旷处。喷水保持火场容器冷却，直至灭火结束。禁止用水、泡沫和酸碱灭火剂灭火

第六部分　泄漏应急处理

作业人员防护措施、防护装备和应急处置程序　根据气体的影响区域划定警戒区，无关人员从侧风向、上风向撤离至安全区。建议应急处理人员穿内置正压自给式呼吸器的全封闭防化服。禁止接触或跨越泄漏物。尽可能切断泄漏源
环境保护措施　防止气体通过下水道、通风系统和有限空间扩散
泄漏化学品的收容、清除方法及所使用的处置材料　喷雾

状水抑制蒸气或改变蒸气云流向，避免水流接触泄漏物。禁止用水直接冲击泄漏物或泄漏源。隔离泄漏区直至气体散尽

第七部分　操作处置与储存

操作注意事项　严加密闭，提供充分的局部排风和全面通风。操作人员必须经过专门培训，严格遵守操作规程。建议操作人员佩戴自吸过滤式防毒面具（全面罩），穿密闭型防毒服，戴橡胶手套。远离易燃、可燃物。防止气体泄漏到工作场所空气中。避免与碱类接触。尤其要注意避免与水接触。搬运时要轻装轻卸，防止包装及容器损坏。配备泄漏应急处理设备

储存注意事项　储存于阴凉、通风的有毒气体专用库房。库温不宜超过30℃。远离火种、热源。保持容器密封。应与易（可）燃物、碱类等分开存放，切忌混储。储区应备有泄漏应急处理设备

第八部分　接触控制/个体防护

职业接触限值
　　中国　PC-TWA：2mg/m³［按F计］；PC-TWA：0.1mg/m³［按Te计］
　　美国（ACGIH）　TLV-TWA：0.02ppm
生物接触限值　尿氟：42mmol/mol 肌酐（7mg/g 肌酐）（采样时间：工作班后）
监测方法　空气中有毒物质测定方法：离子选择电极法。
　　生物监测检验方法：尿中氟的离子选择电极测定方法
工程控制　严加密闭，提供充分的局部排风和全面通风
个体防护装备
　　呼吸系统防护　空气中浓度超标时，必须佩戴过滤式防毒面具（全面罩）。紧急事态抢救或撤离时，应该佩戴空气呼吸器
　　眼睛防护　呼吸系统防护中已作防护
　　皮肤和身体防护　穿密闭型防毒服
　　手防护　戴橡胶手套

第九部分　理化特性

外观与性状　无色、有蒜臭的气体
pH值　无意义　　　　**熔点(℃)**　−37.6
沸点(℃)　35.5
相对密度(水=1)　2.50(−10℃)
相对蒸气密度(空气=1)　8.3
饱和蒸气压(kPa)　无资料
临界压力(MPa)　无资料　**辛醇/水分配系数**　无资料
闪点(℃)　无意义　　　**自燃温度(℃)**　无意义
爆炸下限(%)　无意义　　**爆炸上限(%)**　无意义
分解温度(℃)　无资料　　**黏度(mPa·s)**　无资料
燃烧热(kJ/mol)　无资料　**临界温度(℃)**　83
溶解性　无资料

第十部分　稳定性和反应性

稳定性　稳定
危险反应　与水蒸气、强碱、易燃或可燃物等禁配物发生反应。遇水分解产生有毒气体

避免接触的条件　潮湿空气
禁配物　水蒸气、强碱、易燃或可燃物
危险的分解产物　氟化氢

第十一部分　毒理学信息

急性毒性　LCLo：5ppm（大鼠吸入，4h）
皮肤刺激或腐蚀　无资料　**眼睛刺激或腐蚀**　无资料
呼吸或皮肤过敏　无资料　**生殖细胞突变性**　无资料
致癌性　无资料　　　　　**生殖毒性**　无资料
特异性靶器官系统毒性--一次接触　无资料
特异性靶器官系统毒性-反复接触　家兔、豚鼠、大鼠及小鼠，每天吸入1h，浓度1ppm，共5d，未见明显的受损影响
吸入危害　无资料

第十二部分　生态学信息

生态毒性　无资料
持久性和降解性
　　生物降解性　无资料
　　非生物降解性　无资料
潜在的生物累积性　无资料
土壤中的迁移性　无资料

第十三部分　废弃处置

废弃化学品　根据国家和地方有关法规的要求处置。或与厂商或制造商联系，确定处置方法
污染包装物　将容器返还生产商或按照国家和地方法规处置
废弃注意事项　处置前应参阅国家和地方有关法规

第十四部分　运输信息

联合国危险货物编号（UN号）　2195
联合国运输名称　六氟化碲
联合国危险性类别　2.3，8
包装类别　—

包装标志　

海洋污染物　否
运输注意事项　采用钢瓶运输时必须戴好钢瓶上的安全帽。钢瓶一般平放，并应将瓶口朝同一方向，不可交叉；高度不得超过车辆的防护栏板，并用三角木垫卡牢，防止滚动。严禁与易燃物或可燃物、碱类、食用化学品等混装混运。夏季应早晚运输，防止日光暴晒。公路运输时要按规定路线行驶，禁止在居民区和人口稠密区停留。铁路运输时要禁止溜放

第十五部分　法规信息

下列法律、法规、规章和标准，对该化学品的管理作了相应的规定。
中华人民共和国职业病防治法　职业病分类和目录：氟及其无机化合物中毒
危险化学品安全管理条例　危险化学品目录：列入。易制

爆危险化学品名录：未列入。重点监管的危险化学品名录：未列入。GB 18218—2009《危险化学品重大危险源辨识》（表1）：未列入

使用有毒物品作业场所劳动保护条例　高毒物品目录：列入

易制毒化学品管理条例　易制毒化学品的分类和品种目录：未列入

国际公约　斯德哥尔摩公约：未列入。鹿特丹公约：未列入。蒙特利尔议定书：未列入

第十六部分　其他信息

编写和修订信息　　　**缩略语和首字母缩写**
培训建议　　　　　　**参考文献**
免责声明

六氟化钨

第一部分　化学品标识

化学品中文名　六氟化钨
化学品英文名　tungsten hexafluoride；tungstenfluoride
分子式　WF_6　**分子量**　297.83

结构式
$$\begin{array}{ccc} & F & \\ F & | & F \\ \diagdown & W & \diagup \\ \diagup & | & \diagdown \\ F & F & \\ & F & \end{array}$$

化学品的推荐及限制用途　用于钨的化学蒸镀，用作氟化剂

第二部分　危险性概述

紧急情况概述　内装加压气体：遇热可能爆炸，吸入致命
GHS危险性类别　加压气体；急性毒性-吸入，类别2
标签要素

象形图　

警示词　危险
危险性说明　内装加压气体：遇热可能爆炸，吸入致命
防范说明
　预防措施　避免吸入气体。仅在室外或通风良好处操作。戴呼吸防护器具
　事故响应　如吸入：将患者转移到空气新鲜处，休息，保持利于呼吸的体位，立即呼叫中毒控制中心或就医
　安全储存　防日晒。存放在通风良好的地方。在通风良好处储存。保持容器密闭。上锁保管
　废弃处置　本品及内装物、容器依据国家和地方法规处置
物理和化学危险　不燃，无特殊燃爆特性。遇水产生有毒气体
健康危害　遇潮湿、空气或水分解，散发出剧毒和有腐蚀性的氟化氢烟雾。本品可引起眼睛、皮肤和黏膜非常严重的灼伤

环境危害　对环境可能有害

第三部分　成分/组成信息

√ 物质　　　　　　　□ 混合物

组分	浓度	CAS No.
六氟化钨		7783-82-6

第四部分　急救措施

吸入　迅速脱离现场至空气新鲜处。保持呼吸道通畅。如呼吸困难，给输氧。呼吸、心跳停止，立即进行心肺复苏术。就医
皮肤接触　立即脱去污染的衣着，用大量流动清水彻底冲洗至少15min。就医
眼睛接触　立即分开眼睑，用流动清水或生理盐水彻底冲洗5～10min。就医
食入　用水漱口，禁止催吐。给饮牛奶或蛋清。就医
对保护施救者的忠告　根据需要使用个人防护设备
对医生的特别提示　对症处理

第五部分　消防措施

灭火剂　迅速切断气源，然后根据着火原因选择适当灭火剂灭火
特别危险性　能与许多物质发生化学反应。遇潮气、空气或水解，放出有毒的腐蚀性氟化氢气体。腐蚀性很强，能侵蚀几乎所有的金属，能迅速腐蚀湿的玻璃
灭火注意事项及防护措施　消防人员必须佩戴空气呼吸器、穿全身防火防毒服，在上风向灭火。尽可能将容器从火场移至空旷处。喷水保持火场容器冷却，直至灭火结束。禁止用水、泡沫和酸碱灭火剂灭火

第六部分　泄漏应急处理

作业人员防护措施、防护装备和应急处置程序　根据气体的影响区域划定警戒区，无关人员从侧风向、上风向撤离至安全区。建议应急处理人员穿内置正压自给式呼吸器的全封闭防化服。禁止接触或跨越泄漏物。尽可能切断泄漏源
环境保护措施　防止气体通过下水道、通风系统和有限空间扩散
泄漏化学品的收容、清除方法及所使用的处置材料　喷雾状水抑制蒸气或改变蒸气云流向，避免水流接触泄漏物。禁止用水直接冲击泄漏物或泄漏源。隔离泄漏区直至气体散尽

第七部分　操作处置与储存

操作注意事项　密闭操作，提供充分的局部排风。操作人员必须经过专门培训，严格遵守操作规程。建议操作人员佩戴自吸过滤式防毒面具（全面罩），穿密闭型防毒服，戴橡胶手套。防止气体或蒸气泄漏到工作场所空气中。避免与活性金属粉末接触。尤其要注意避免与水接触。搬运时戴好钢瓶安全帽和防震橡皮圈，防止钢瓶碰撞、损坏。配备泄漏应急处理设备
储存注意事项　储存于阴凉、通风的有毒气体专用库房。库温不宜超过30℃。远离火种、热源。保持容器密

封。应与活性金属粉末等分开存放，切忌混储。储区
应备有泄漏应急处理设备

第八部分　接触控制/个体防护

职业接触限值

中国　PC-TWA：2mg/m³［按 F 计］

美国（ACGIH）　TLV-TWA：0.05ppm［按 Se 计］，
2.5mg/m³［按 F 计］

生物接触限值　尿氟：42mmol/mol 肌酐（7mg/g 肌酐）
（采样时间：工作班后）

监测方法　空气中有毒物质测定方法：离子选择电极法。
生物监测检验方法：尿中氟的离子选择电极测定方法

工程控制　严加密闭，提供充分的局部排风

个体防护装备

呼吸系统防护　可能接触其蒸气时，必须佩戴过滤式
防毒面具（全面罩）。紧急事态抢救或撤离时，
应该佩戴空气呼吸器

眼睛防护　呼吸系统防护中已作防护

皮肤和身体防护　穿密闭型防毒服

手防护　戴橡胶手套

第九部分　理化特性

外观与性状　无色气体或浅黄色液体或固体，固体为易潮
解的白色结晶，接触潮湿空气冒烟

pH 值　无意义　　　　**熔点(℃)**　2.5

沸点(℃)　17.5

相对密度(水＝1)　3.44(15℃)

相对蒸气密度(空气＝1)　无资料

临界温度(℃)　171

临界压力(MPa)　0.45　　**辛醇/水分配系数**　无资料

闪点(℃)　无意义　　　　**自燃温度(℃)**　无意义

爆炸下限(%)　无意义　　**爆炸上限(%)**　无意义

分解温度(℃)　无资料　　**黏度(mPa·s)**　无资料

饱和蒸气压(kPa)　无资料　**饱和蒸气压(kPa)**　无资料

溶解性　溶于多数有机溶剂

第十部分　稳定性和反应性

稳定性　稳定

危险反应　与水、活性金属粉末等禁配物发生反应。遇水
分解产生有毒气体

避免接触的条件　潮湿空气

禁配物　水、活性金属粉末

危险的分解产物　氟化氢

第十一部分　毒理学信息

急性毒性　LC₅₀：1430mg/m³（大鼠吸入）

皮肤刺激或腐蚀　无资料　**眼睛刺激或腐蚀**　无资料

呼吸或皮肤过敏　无资料　**生殖细胞突变性**　无资料

致癌性　无资料　　　　**生殖毒性**　无资料

特异性靶器官系统毒性-一次接触　无资料

特异性靶器官系统毒性-反复接触　无资料

吸入危害　无资料

第十二部分　生态学信息

生态毒性　无资料

持久性和降解性

生物降解性　无资料

非生物降解性　无资料

潜在的生物累积性　无资料

土壤中的迁移性　无资料

第十三部分　废弃处置

废弃化学品　根据国家和地方有关法规的要求处置。或与
厂商或制造商联系，确定处置方法

污染包装物　将容器返还生产商或按照国家和地方法规
处置

废弃注意事项　处置前应参阅国家和地方有关法规

第十四部分　运输信息

联合国危险货物编号（UN 号）　2196

联合国运输名称　六氟化钨

联合国危险性类别　2.3，8

包装类别　—

包装标志　

海洋污染物　否

运输注意事项　采用钢瓶运输时必须戴好钢瓶上的安全
帽。钢瓶一般平放，并应将瓶口朝同一方向，不可交
叉；高度不得超过车辆的防护栏板，并用三角木垫卡
牢，防止滚动。严禁与活性金属粉末、食用化学品等
混装混运。夏季应早晚运输，防止日光暴晒。公路运
输时要按规定路线行驶，禁止在居民区和人口稠密区
停留。铁路运输时要禁止溜放

第十五部分　法规信息

下列法律、法规、规章和标准，对该化学品的管理作
了相应的规定。

中华人民共和国职业病防治法　职业病分类和目录：氟及
其无机化合物中毒

危险化学品安全管理条例　危险化学品目录：列入。易制
爆危险化学品名录：未列入。重点监管的危险化学品
名录：未列入。GB 18218—2009《危险化学品重大
危险源辨识》（表1）：未列入

使用有毒物品作业场所劳动保护条例　高毒物品目录：
列入

易制毒化学品管理条例　易制毒化学品的分类和品种目
录：未列入

国际公约　斯德哥尔摩公约：未列入。鹿特丹公约：未列
入。蒙特利尔议定书：未列入

第十六部分　其他信息

编写和修订信息　　**缩略语和首字母缩写**

培训建议　　　　　**参考文献**

免责声明

六氟化硒

第一部分　化学品标识

化学品中文名　六氟化硒
化学品英文名　selenium hexafluoride；selenium fluoride
分子式　SeF_6　分子量　192.95

结构式　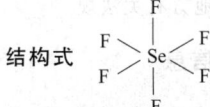

化学品的推荐及限制用途　用作氟化剂

第二部分　危险性概述

紧急情况概述　内装加压气体；遇热可能爆炸，吸入致命，造成皮肤刺激，造成严重眼损伤

GHS危险性类别　加压气体；急性毒性-吸入，类别1；皮肤腐蚀/刺激，类别2；严重眼损伤/眼刺激，类别1；特异性靶器官毒性-一次接触，类别1；特异性靶器官毒性-反复接触，类别1

标签要素

象形图　

警示词　危险

危险性说明　内装加压气体；遇热可能爆炸，吸入致命，造成皮肤刺激，造成严重眼损伤，长时间或反复接触对器官造成损伤

防范说明

预防措施　避免吸入气体。仅在室外或通风良好处操作。戴呼吸防护器具。避免接触眼睛、皮肤，操作后彻底清洗。戴防护手套、防护眼镜、防护面罩。作业场所不得进食、饮水或吸烟

事故响应　如吸入：将患者转移到空气新鲜处，休息，保持利于呼吸的体位，立即呼叫中毒控制中心或就医。皮肤接触：用大量肥皂水和水清洗，如发生皮肤刺激，就医。脱去被污染的衣服，衣服经洗净后方可重新使用。接触眼睛：用水细心冲洗数分钟，立即呼叫中毒控制中心或就医。如戴隐形眼镜并可方便地取出，取出隐形眼镜，继续冲洗。如果接触：立即呼叫中毒控制中心或就医，如感觉不适，就医

安全储存　防日晒。存放在通风良好的地方。保持容器密闭。上锁保管

废弃处置　本品及内装物、容器依据国家和地方法规处置

物理和化学危险　不燃，无特殊燃爆特性。遇水产生有毒气体

健康危害　对皮肤和黏膜有刺激作用。眼睛接触引起灼伤。动物吸入引起呼吸困难，可因肺水肿而致死

环境危害　对环境可能有害

第三部分　成分/组成信息

√　物质　　　　　　混合物

组分	浓度	CAS No.
六氟化硒		7783-79-1

第四部分　急救措施

吸入　迅速脱离现场至空气新鲜处。保持呼吸道通畅。如呼吸困难，给输氧。呼吸、心跳停止，立即进行心肺复苏术。就医

皮肤接触　立即脱去污染的衣着，用流动清水彻底冲洗。就医

眼睛接触　立即分开眼睑，用流动清水或生理盐水彻底冲洗5～10min。就医

对保护施救者的忠告　根据需要使用个人防护设备

对医生的特别提示　对症处理

第五部分　消防措施

灭火剂　迅速切断气源，然后根据着火原因选择适当灭火剂灭火

特别危险性　不燃。受热分解散发出毒性和腐蚀性的气体。遇水分解产生有毒气体

灭火注意事项及防护措施　消防人员必须佩戴空气呼吸器、穿全身防火防毒服，在上风向灭火。尽可能将容器从火场移至空旷处。喷水保持火场容器冷却，直至灭火结束

第六部分　泄漏应急处理

作业人员防护措施、防护装备和应急处置程序　根据气体的影响区域划定警戒区，无关人员从侧风向、上风向撤离至安全区。建议应急处理人员穿内置正压自给式呼吸器的全封闭防化服。禁止接触或跨越泄漏物。尽可能切断泄漏源

环境保护措施　防止气体通过下水道、通风系统和有限空间扩散

泄漏化学品的收容、清除方法及所使用的处置材料　喷雾状水抑制蒸气或改变蒸气云流向，避免水流接触泄漏物。禁止用水直接冲击泄漏物或泄漏源。隔离泄漏区直至气体散尽

第七部分　操作处置与储存

操作注意事项　密闭操作，全面通风。操作人员必须经过专门培训，严格遵守操作规程。建议操作人员佩戴自吸过滤式防毒面具（全面罩），穿密闭型防毒服，戴橡胶手套。防止气体泄漏到工作场所空气中。远离易燃、可燃物。搬运时要轻装轻卸，防止包装及容器损坏。配备泄漏应急处理设备

储存注意事项　储存于阴凉、通风的有毒气体专用库房。远离火种、热源。库温不宜超过30℃。应与易（可）燃物、食用化学品分开存放，切忌混储。储区应备有泄漏应急处理设备

第八部分　接触控制/个体防护

职业接触限值

中国　未制定标准

美国(ACGIH)　TLV-TWA：0.05ppm

生物接触限值　未制定标准

监测方法　空气中有毒物质测定方法：未制定标准。生物
　　监测检验方法：未制定标准

工程控制　生产过程密闭，全面通风

个体防护装备

　　呼吸系统防护　空气中浓度超标时，必须佩戴过滤式
　　　防毒面具（全面罩）。紧急事态抢救或撤离时，
　　　应该佩戴空气呼吸器

　　眼睛防护　呼吸系统防护中已作防护

　　皮肤和身体防护　穿密闭型防毒服

　　手防护　戴橡胶手套

第九部分　理化特性

外观与性状　无色、有气味的气体

pH 值　无意义　　　　**熔点(℃)**　−50.8

沸点(℃)　−63.8(升华)

相对密度(水＝1)　3.25(−25℃)

相对蒸气密度(空气＝1)　7.1

饱和蒸气压(kPa)　86.8(−48.7℃)

临界压力(MPa)　无资料　**辛醇/水分配系数**　无资料

闪点(℃)　无意义　　　**自燃温度(℃)**　无意义

爆炸下限(%)　无意义　**爆炸上限(%)**　无意义

分解温度(℃)　无资料　**黏度(mPa·s)**　无资料

燃烧热(kJ/mol)　无资料　**临界温度(℃)**　72.35

溶解性　不溶于水

第十部分　稳定性和反应性

稳定性　稳定

危险反应　遇水分解产生有毒气体

避免接触的条件　无资料

禁配物　无资料

危险的分解产物　氟化氢

第十一部分　毒理学信息

急性毒性　家兔、豚鼠、大鼠及小鼠吸入 10ppm，4h 致
　　死；5ppm，4h 不发生死亡，但引起肺水肿；而
　　1ppm 则无影响。LCLo：10ppm（大鼠吸入，1h）

皮肤刺激或腐蚀　无资料　**眼睛刺激或腐蚀**　无资料

呼吸或皮肤过敏　无资料　**生殖细胞突变性**　无资料

致癌性　无资料　　　　**生殖毒性**　无资料

特异性靶器官系统毒性-一次接触　无资料

特异性靶器官系统毒性-反复接触　家兔、豚鼠、大鼠及
　　小鼠吸入 5ppm，每天 1h 共 5d，发生肺损伤；而
　　1ppm 则无可见影响

吸入危害　无资料

第十二部分　生态学信息

生态毒性　无资料

持久性和降解性

　　生物降解性　无资料

　　非生物降解性　无资料

潜在的生物累积性　无资料

土壤中的迁移性　无资料

第十三部分　废弃处置

废弃化学品　根据国家和地方有关法规的要求处置。或与
　　厂商或制造商联系，确定处置方法

污染包装物　将容器返还生产商或按照国家和地方法规
　　处置

废弃注意事项　处置前应参阅国家和地方有关法规

第十四部分　运输信息

联合国危险货物编号（UN 号）　2194

联合国运输名称　六氟化硒

联合国危险性类别　2.3，8

包装类别　—

包装标志　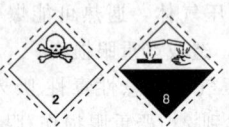

海洋污染物　否

运输注意事项　采用钢瓶运输时必须戴好钢瓶上的安全
　　帽。钢瓶一般平放，并应将瓶口朝同一方向，不可交
　　叉；高度不得超过车辆的防护栏板，并用三角木垫卡
　　牢，防止滚动。严禁与易燃物或可燃物、食用化学品
　　等混装混运。夏季应早晚运输，防止日光暴晒。公路
　　运输时要按规定路线行驶，禁止在居民区和人口稠密
　　区停留。铁路运输时要禁止溜放

第十五部分　法规信息

　　下列法律、法规、规章和标准，对该化学品的管理作
了相应的规定。

中华人民共和国职业病防治法　职业病分类和目录：氟及
　　其无机化合物中毒

危险化学品安全管理条例　危险化学品目录：列入。易制
　　爆危险化学品名录：未列入。重点监管的危险化学品
　　名录：未列入。GB 18218—2009《危险化学品重大
　　危险源辨识》（表1）：未列入

使用有毒物品作业场所劳动保护条例　高毒物品目录：
　　列入

易制毒化学品管理条例　易制毒化学品的分类和品种目
　　录：未列入

国际公约　斯德哥尔摩公约：未列入。鹿特丹公约：未列
　　入。蒙特利尔议定书：未列入

第十六部分　其他信息

编写和修订信息　　缩略语和首字母缩写

培训建议　　　　　参考文献

免责声明

六氟乙烷

第一部分　化学品标识

化学品中文名　六氟乙烷；全氟乙烷；制冷剂 R-116

化学品英文名　hexafluoroethane；freon 116；perfluoro-

ethane
分子式 C_2F_6 分子量 138.0118

结构式

化学品的推荐及限制用途 用作绝缘气、等离子蚀刻剂、高介电强度冷却剂

第二部分 危险性概述

紧急情况概述 内装加压气体：遇热可能爆炸
GHS危险性类别 加压气体
标签要素

象形图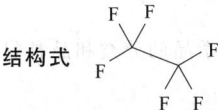

警示词 警告
危险性说明 内装加压气体：遇热可能爆炸
防范说明
　　预防措施 —
　　事故响应 —
　　安全储存 防日晒。存放在通风良好的地方
　　废弃处置 —
物理和化学危险 不燃，无特殊燃爆特性
健康危害 本品可引起快速窒息。接触后引起头痛、恶心和眩晕。接触液态本品可引起皮肤冻伤
环境危害 对环境可能有害

第三部分 成分/组成信息

√ 物质　　　　　　　混合物

组分	浓度	CAS No.
六氟乙烷		76-16-4

第四部分 急救措施

吸入 迅速脱离现场至空气新鲜处。保持呼吸道通畅。如呼吸困难，给输氧。呼吸、心跳停止，立即进行心肺复苏术。就医
皮肤接触 如发生冻伤，用温水（38～42℃）复温，忌用热水或辐射热，不要揉搓。就医
对保护施救者的忠告 根据需要使用个人防护设备
对医生的特别提示 对症处理

第五部分 消防措施

灭火剂 迅速切断气源，用水喷淋，保护切断气源的人员，然后根据着火原因选择适当灭火剂灭火
特别危险性 若遇高热，容器内压增大，有开裂和爆炸的危险
灭火注意事项及防护措施 尽可能将容器从火场移至空旷处。喷水保持火场容器冷却，直至灭火结束

第六部分 泄漏应急处理

作业人员防护措施、防护装备和应急处置程序 根据气体的影响区域划定警戒区，无关人员从侧风向、上风向撤离至安全区。建议应急处理人员戴正压自给式呼吸器，穿一般作业工作服。液化气体泄漏时穿防寒服。禁止接触或跨越泄漏物。尽可能切断泄漏源
环境保护措施 防止气体通过下水道、通风系统和有限空间扩散
泄漏化学品的收容、清除方法及所使用的处置材料 喷雾状水抑制蒸气或改变蒸气云流向，避免水流接触泄漏物。禁止用水直接冲击泄漏物或泄漏源。若可能翻转容器，使之逸出气体而非液体。漏出气允许排入大气中。泄漏场所保持通风

第七部分 操作处置与储存

操作注意事项 密闭操作，全面通风。操作人员必须经过专门培训，严格遵守操作规程。建议操作人员佩戴过滤式防毒面具（半面罩），防止气体泄漏到工作场所空气中。避免与氧化剂接触。搬运时戴好钢瓶安全帽和防震橡皮圈，防止钢瓶碰撞、损坏。配备泄漏应急处理设备
储存注意事项 储存于阴凉、通风的不燃气体专用库房。库温不宜超过30℃。远离火种、热源。应与氧化剂分开存放，切忌混储。储区应备有泄漏应急处理设备

第八部分 接触控制/个体防护

职业接触限值
　　中国 未制定标准
　　美国（ACGIH） 未制定标准
生物接触限值 未制定标准
监测方法 空气中有毒物质测定方法：未制定标准。生物监测检验方法：未制定标准
工程控制 生产过程密闭，全面通风
个体防护装备
　　呼吸系统防护 空气中浓度较高时，应视污染气体浓度的高低和作业环境中是否缺氧来选择过滤式防毒面具（半面罩）或空气呼吸器
　　眼睛防护 必要时，戴化学安全防护眼镜
　　皮肤和身体防护 一般不需特殊防护
　　手防护 戴一般作业防护手套

第九部分 理化特性

外观与性状 无色、无臭的气体

pH值	无意义	熔点（℃）	−94
沸点（℃）	−79	相对密度（水＝1）	1.59
相对蒸气密度（空气＝1）	4.8		
饱和蒸气压（kPa）	无资料		
临界压力（MPa）	无资料	辛醇/水分配系数	无资料
闪点（℃）	无意义	自燃温度（℃）	无意义
爆炸下限（%）	无意义	爆炸上限（%）	无意义
分解温度（℃）	无资料	黏度（mPa·s）	无资料
燃烧热（kJ/mol）	无资料	临界温度（℃）	无资料

溶解性 无资料

第十部分 稳定性和反应性

稳定性 稳定

危险反应　与强氧化剂、强碱、金属等禁配物发生反应
避免接触的条件　无资料
禁配物　强氧化剂、强碱、金属等
危险的分解产物　氟化氢

第十一部分　毒理学信息

急性毒性　LC：>20pph（大鼠吸入，2h）
皮肤刺激或腐蚀　无资料　　**眼睛刺激或腐蚀**　无资料
呼吸或皮肤过敏　无资料　　**生殖细胞突变性**　无资料
致癌性　无资料　　　　　　　**生殖毒性**　无资料
特异性靶器官系统毒性-一次接触　无资料
特异性靶器官系统毒性-反复接触　无资料
吸入危害　无资料

第十二部分　生态学信息

生态毒性　无资料
持久性和降解性
　　生物降解性　无资料
　　非生物降解性　无资料
潜在的生物累积性　无资料
土壤中的迁移性　无资料

第十三部分　废弃处置

废弃化学品　根据国家和地方有关法规的要求处置。或与
　　厂商或制造商联系，确定处置方法
污染包装物　将容器返还生产商或按照国家和地方法规
　　处置
废弃注意事项　把倒空的容器归还厂商或在规定场所掩埋

第十四部分　运输信息

联合国危险货物编号（UN号）　2193
联合国运输名称　六氟乙烷（制冷气体R116）
联合国危险性类别　2.2

包装类别　—　　　　　　**包装标志**

海洋污染物　否
运输注意事项　采用钢瓶运输时必须戴好钢瓶上的安全
　　帽。钢瓶一般平放，并应将瓶口朝同一方向，不可
　　交叉；高度不得超过车辆的防护栏板，并用三角木
　　垫卡牢，防止滚动。严禁与氧化剂等混装混运。夏
　　季应早晚运输，防止日光暴晒。铁路运输时要禁止
　　溜放

第十五部分　法规信息

　　下列法律、法规、规章和标准，对该化学品的管理作
了相应的规定。
中华人民共和国职业病防治法　职业病分类和目录：未
　　列入
危险化学品安全管理条例　危险化学品目录：列入。易制
　　爆危险化学品名录：未列入。重点监管的危险化学品
　　名录：未列入。GB 18218—2009《危险化学品重大

危险源辨识》（表1）：未列入
使用有毒物品作业场所劳动保护条例　高毒物品目录：未
　　列入
易制毒化学品管理条例　易制毒化学品的分类和品种目
　　录：未列入
国际公约　斯德哥尔摩公约：未列入。鹿特丹公约：未列
　　入。蒙特利尔议定书：未列入

第十六部分　其他信息

编写和修订信息　　　**缩略语和首字母缩写**
培训建议　　　　　　　**参考文献**
免责声明

六甲基二硅氮烷

第一部分　化学品标识

化学品中文名　六甲基二硅氮烷；六甲基二硅烷胺；六甲
　　基二硅亚胺
化学品英文名　1,1,1,3,3,3-hexamethyl disilazane；hexa-
　　methyl disilylamine
分子式　$C_6H_{19}NSi_2$　　**分子量**　161.3928

结构式
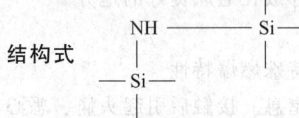

化学品的推荐及限制用途　用作分析试剂和作为有机合成
中间体

第二部分　危险性概述

紧急情况概述　易燃液体和蒸气，吞咽有害，皮肤接触会
中毒，吸入会中毒，造成严重的皮肤灼伤和眼损伤
GHS危险性类别　易燃液体，类别3；急性毒性-经口，
类别4；急性毒性-经皮，类别3；急性毒性-吸入，类
别3；皮肤腐蚀/刺激，类别1；严重眼损伤/眼刺激，
类别1；特异性靶器官毒性-一次接触，类别1；特异
性靶器官毒性-一次接触，类别3（呼吸道刺激）；危
害水生环境-急性危害，类别3；危害水生环境-长期
危害，类别3
标签要素

象形图

警示词　危险
危险性说明　易燃液体和蒸气，吞咽有害，皮肤接触会
中毒，吸入会中毒，造成严重的皮肤灼伤和眼损
伤，对器官造成损害，可能引起呼吸道刺激，对水
生生物有害并具有长期持续影响
防范说明
　　预防措施　远离热源、火花、明火、热表面。保
　　　持容器密闭。容器和接收设备接地连接。使
　　　用防爆型电器、通风、照明设备。只能使用
　　　不产生火花的工具。采取防止静电措施。戴

防护手套、防护眼镜、防护面罩，穿防护服。避免接触眼睛、皮肤，操作后彻底清洗。作业场所不得进食、饮水或吸烟。避免吸入蒸气、雾。仅在室外或通风良好处操作。禁止排入环境

事故响应　火灾时，使用雾状水、泡沫、干粉、二氧化碳、砂土灭火。如吸入：将患者转移到空气新鲜处，休息，保持利于呼吸的体位，呼叫中毒控制中心或就医。皮肤接触：用大量肥皂水和水清洗，立即脱去所有被污染的衣服。如感觉不适，呼叫中毒控制中心或就医。被污染的衣服必须经洗净后方可重新使用。眼睛接触：用水细心地冲洗数分钟。如戴隐形眼镜并可方便地取出，则取出隐形眼镜，继续冲洗。食入：漱口，不要催吐，如果感觉不适，立即呼叫中毒控制中心或就医。如果接触：立即呼叫中毒控制中心或就医

安全储存　存放在通风良好的地方。保持低温。保持容器密闭。上锁保管

废弃处置　本品及内装物、容器依据国家和地方法规处置

物理和化学危险　易燃，其蒸气与空气混合，能形成爆炸性混合物

健康危害　吸入、摄入或经皮肤吸收后对身体有害。吸入后可引起喉、支气管的炎症、水肿、痉挛、化学性肺炎或肺水肿等。眼和皮肤接触引起灼伤

环境危害　对水生生物有害并具有长期持续影响

第三部分　成分/组成信息

√ 物质　　　　　　　　混合物

组分	浓度	CAS No.
六甲基二硅氮烷		999-97-3

第四部分　急救措施

吸入　迅速脱离现场至空气新鲜处。保持呼吸道通畅。如呼吸困难，给输氧。呼吸、心跳停止，立即进行心肺复苏术。就医

皮肤接触　立即脱去污染的衣着，用大量流动清水彻底冲洗至少 15min。就医

眼睛接触　立即分开眼睑，用流动清水或生理盐水彻底冲洗 5～10min。就医

食入　用水漱口，禁止催吐。给饮牛奶或蛋清。就医

对保护施救者的忠告　根据需要使用个人防护设备

对医生的特别提示　对症处理

第五部分　消防措施

灭火剂　用雾状水、泡沫、干粉、二氧化碳、砂土灭火

特别危险性　其蒸气与空气可形成爆炸性混合物，遇明火、高热极易燃烧爆炸。与氧化剂接触猛烈反应。遇水和甲醇发生化学反应而分解。若遇高热，容器内压增大，有开裂和爆炸的危险

灭火注意事项及防护措施　消防人员必须佩戴防毒面具、穿全身消防服，在上风向灭火。尽可能将容器从火场移至空旷处。喷水保持火场容器冷却，直至灭火结束。处在火场中的容器若已变色或从安全泄压装置中发出声音，必须马上撤离

第六部分　泄漏应急处理

作业人员防护措施、防护装备和应急处置程序　消除所有点火源。根据液体流动和蒸气扩散的影响区域划定警戒区，无关人员从侧风向、上风向撤离至安全区。建议应急处理人员戴正压自给式呼吸器，穿防静电服。作业时使用的所有设备应接地。禁止接触或跨越泄漏物。尽可能切断泄漏源

环境保护措施　防止泄漏物进入水体、下水道、地下室或有限空间

泄漏化学品的收容、清除方法及所使用的处置材料　小量泄漏：用砂土或其他不燃材料吸收。使用洁净的无火花工具收集吸收材料。大量泄漏：构筑围堤或挖坑收容。用泡沫覆盖，减少蒸发。喷水雾能减少蒸发，但不能降低泄漏物在有限空间内的易燃性。用防爆泵转移至槽车或专用收集器内

第七部分　操作处置与储存

操作注意事项　密闭操作，全面排风。操作人员必须经过专门培训，严格遵守操作规程。建议操作人员佩戴自吸过滤式防毒面具（半面罩），戴化学安全防护眼镜，穿防毒物渗透工作服，戴橡胶耐油手套。远离火种、热源，工作场所严禁吸烟。使用防爆型的通风系统和设备。防止蒸气泄漏到工作场所空气中。避免与氧化剂、酸类、醇类接触。尤其要注意避免与水接触。搬运时要轻装轻卸，防止包装及容器损坏。配备相应品种和数量的消防器材及泄漏应急处理设备。倒空的容器可能残留有害物

储存注意事项　储存于阴凉、干燥、通风良好的库房。远离火种、热源。库温不宜超过 37℃，保持容器密封。应与氧化剂、酸类、醇类等分开存放，切忌混储。采用防爆型照明、通风设施。禁止使用易产生火花的机械设备和工具。储区应备有泄漏应急处理设备和合适的收容材料

第八部分　接触控制/个体防护

职业接触限值

中国　未制定标准

美国（ACGIH）　未制定标准

生物接触限值　未制定标准

监测方法　空气中有毒物质测定方法：未制定标准。生物监测检验方法：未制定标准

工程控制　密闭操作，全面排风

个体防护装备

呼吸系统防护　空气中浓度超标时，必须佩戴过滤式防毒面具（半面罩）。紧急事态抢救或撤离时，应该佩戴空气呼吸器

眼睛防护　戴化学安全防护眼镜

皮肤和身体防护　穿防毒物渗透工作服

手防护　戴橡胶耐油手套

第九部分　理化特性

外观与性状　无色、透明、易流动液体

pH 值　无资料　　　　　熔点（℃）　无资料

沸点（℃）　126　　　　相对密度（水＝1）　0.77

相对蒸气密度（空气＝1）　4.6

饱和蒸气压（kPa）　2.6（20℃）

临界压力（MPa）　无资料　辛醇/水分配系数　无资料

闪点（℃）　25　　　　　自燃温度（℃）　无资料

爆炸下限（%）　0.8　　　爆炸上限（%）　16.3

分解温度（℃）　无资料　黏度（mPa·s）　0.697（25℃）

燃烧热（kJ/mol）：无资料　临界温度（℃）　无资料

溶解性　溶于多数有机溶剂

第十部分　稳定性和反应性

稳定性　稳定

危险反应　与强氧化剂、强酸等禁配物接触，有发生火灾
　　和爆炸的危险。遇水、水蒸气和甲醇发生化学反应而
　　分解

避免接触的条件　潮湿空气

禁配物　强氧化剂、强酸、水蒸气、水、醇类

危险的分解产物　氮氧化物、氧化硅

第十一部分　毒理学信息

急性毒性　LD_{50}：847mg/kg（大鼠经口），850mg/kg
　　（小鼠经口），1100mg/kg（兔经口），546.7mg/kg
　　（兔经皮）。LC_{50}：8700mg/m³（大鼠吸入，4h）

皮肤刺激或腐蚀　无资料　眼睛刺激或腐蚀　无资料

呼吸或皮肤过敏　无资料　生殖细胞突变性　无资料

致癌性　无资料　　　　　生殖毒性　无资料

特异性靶器官系统毒性-一次接触　无资料

特异性靶器官系统毒性-反复接触　无资料

吸入危害　无资料

第十二部分　生态学信息

生态毒性　LC_{50}：88mg/L（96h）（斑马鱼）。EC_{50}：80mg/L
　　（48h）（大型溞）。ErC_{50}：50mg/L（72h）（*Scenedesmus
　　subspicatus*）

持久性和降解性

　　生物降解性　易水解，不易生物降解

　　非生物降解性　无资料

潜在的生物累积性　无资料

土壤中的迁移性　无资料

第十三部分　废弃处置

废弃化学品　建议用焚烧法处置。焚烧炉排出的氮氧化物
　　通过洗涤器除去

污染包装物　将容器返还生产商或按照国家和地方法规
　　处置

废弃注意事项　处置前应参阅国家和地方有关法规

第十四部分　运输信息

联合国危险货物编号（UN 号）　1992

联合国运输名称　易燃液体，毒性，未另作规定的（六甲
　　基二硅氮烷）

联合国危险性类别　3，6.1

包装类别　Ⅲ

包装标志　

海洋污染物　否

运输注意事项　运输时运输车辆应配备相应品种和数量的
　　消防器材及泄漏应急处理设备。夏季最好早晚运输。
　　运输时所用的槽（罐）车应有接地链，槽内可设孔隔
　　板以减少震荡产生的静电。严禁与氧化剂、酸类、醇
　　类、食用化学品等混装混运。运输途中应防暴晒、雨
　　淋、防高温。中途停留时应远离火种、热源、高温
　　区。装运该物品的车辆排气管必须配备阻火装置，禁
　　止使用易产生火花的机械设备和工具装卸。公路运输
　　时要按规定路线行驶。铁路运输时要禁止溜放。严禁
　　用木船、水泥船散装运输

第十五部分　法规信息

下列法律、法规、规章和标准，对该化学品的管理作
了相应的规定。

中华人民共和国职业病防治法　职业病分类和目录：未
　　列入

危险化学品安全管理条例　危险化学品目录：列入。易制
　　爆危险化学品名录：未列入。重点监管的危险化学品
　　名录：未列入。GB 18218—2009《危险化学品重大
　　危险源辨识》（表1）：未列入

使用有毒物品作业场所劳动保护条例　高毒物品目录：未
　　列入

易制毒化学品管理条例　易制毒化学品的分类和品种目
　　录：未列入

国际公约　斯德哥尔摩公约：未列入。鹿特丹公约：未列
　　入。蒙特利尔议定书：未列入

第十六部分　其他信息

编写和修订信息　　缩略语和首字母缩写

培训建议　　　　　参考文献

免责声明

六甲基二硅烷

第一部分　化学品标识

化学品中文名　六甲基二硅烷

化学品英文名　hexamethyl disilane

分子式　$C_6H_{18}Si_2$　分子量　146.3781

结构式　—Si—Si—

化学品的推荐及限制用途　用作分析试剂、化学中间体

第二部分　危险性概述

紧急情况概述　高度易燃液体和蒸气

GHS 危险性类别　易燃液体，类别 2
标签要素

象形图　

　警示词　危险
　危险性说明　高度易燃液体和蒸气
　防范说明
　　　预防措施　远离热源、火花、明火、热表面。禁止
　　　　吸烟。保持容器密闭。容器和接收设备接地连
　　　　接。使用防爆型电器、通风、照明设备。只能
　　　　使用不产生火花的工具。采取防止静电措施。
　　　　戴防护手套、防护眼镜、防护面罩
　　　事故响应　火灾时，使用泡沫、干粉、二氧化碳、
　　　　砂土灭火。如皮肤（或头发）接触：立即脱掉
　　　　所有被污染的衣服，用水冲洗皮肤，淋浴
　　　安全储存　存放在通风良好的地方。保持低温
　　　废弃处置　本品及内装物、容器依据国家和地方法
　　　　规处置
物理和化学危险　易燃，其蒸气与空气混合，能形成爆炸
　　性混合物
健康危害　吸入、摄入或经皮肤吸收后对身体有害，对眼
　　睛、皮肤、黏膜和上呼吸道有刺激作用
环境危害　对环境可能有害

第三部分　成分/组成信息

√ 物质　　　　　　　　　　　　　混合物

组分	浓度	CAS No.
六甲基二硅烷		1450-14-2

第四部分　急救措施

吸入　迅速脱离现场至空气新鲜处。保持呼吸道通畅。如
　　呼吸困难，给输氧。呼吸、心跳停止，立即进行心肺
　　复苏术。就医
皮肤接触　立即脱去污染的衣着，用流动清水彻底冲洗。
　　就医
眼睛接触　立即分开眼睑，用流动清水或生理盐水彻底冲
　　洗。就医
食入　漱口，饮水。就医
对保护施救者的忠告　根据需要使用个人防护设备
对医生的特别提示　对症处理

第五部分　消防措施

灭火剂　用泡沫、干粉、二氧化碳、砂土灭火
特别危险性　其蒸气与空气可形成爆炸性混合物，遇明
　　火、高热极易燃烧爆炸。与氧化剂接触猛烈反应。受
　　高热分解放出有毒的气体。若遇高热，容器内压增
　　大，有开裂和爆炸的危险
灭火注意事项及防护措施　消防人员必须佩戴防毒面具、
　　穿全身消防服，在上风向灭火。尽可能将容器从火场
　　移至空旷处。喷水保持火场容器冷却，直至灭火结
　　束。处在火场中的容器若已变色或从安全泄压装置中
发出声音，必须马上撤离。用水灭火无效

第六部分　泄漏应急处理

作业人员防护措施、防护装备和应急处置程序　消除所有
　　点火源。根据液体流动和蒸气扩散的影响区域划定警
　　戒区，无关人员从侧风向、上风向撤离至安全区。建
　　议应急处理人员戴正压自给式呼吸器，穿防静电服。
　　作业时使用的所有设备应接地。禁止接触或跨越泄漏
　　物。尽可能切断泄漏源
环境保护措施　防止泄漏物进入水体、下水道、地下室或
　　有限空间
泄漏化学品的收容、清除方法及所使用的处置材料　小量
　　泄漏：用砂土或其他不燃材料吸收。使用洁净的无火
　　花工具收集吸收材料。大量泄漏：构筑围堤或挖坑收
　　容。用泡沫覆盖，减少蒸发。喷水雾能减少蒸发，但
　　不能降低泄漏物在有限空间内的易燃性。用防爆泵转
　　移至槽车或专用收集器内

第七部分　操作处置与储存

操作注意事项　密闭操作，局部排风。防止蒸气泄漏到工
　　作场所空气中。操作人员必须经过专门培训，严格遵
　　守操作规程。建议操作人员佩戴自吸过滤式防毒面具
　　（半面罩），戴化学安全防护眼镜，穿防静电工作服，
　　戴橡胶手套。远离火种、热源，工作场所严禁吸烟。
　　使用防爆型的通风系统和设备。在清除液体和蒸气前
　　不能进行焊接、切割等作业。避免产生烟雾。避免与
　　氧化剂、酸类、碱类接触。容器与传送设备要接地，
　　防止产生的静电。灌装时应控制流速，且有接地装
　　置，防止静电积聚。配备相应品种和数量的消防器材
　　及泄漏应急处理设备。倒空的容器可能残留有害物
储存注意事项　储存于阴凉、通风的库房。远离火种、热
　　源。防止阳光直射。库温不宜超过 37℃，保持容器
　　密封。应与氧化剂、酸类、碱类分开存放，切忌混
　　储。不宜久存。采用防爆型照明、通风设施。禁止使
　　用易产生火花的机械设备和工具。储区应备有泄漏应
　　急处理设备和合适的收容材料

第八部分　接触控制/个体防护

职业接触限值
　　中国　未制定标准
　　美国（ACGIH）　未制定标准
生物接触限值　未制定标准
监测方法　空气中有毒物质测定方法：未制定标准。生物
　　监测检验方法：未制定标准
工程控制　密闭操作，局部排风
个体防护装备
　　呼吸系统防护　空气中浓度超标时，必须佩戴过滤式
　　　　防毒面具（半面罩）。紧急事态抢救或撤离时，
　　　　应该佩戴空气呼吸器
　　眼睛防护　戴化学安全防护眼镜
　　皮肤和身体防护　穿防静电工作服
　　手防护　戴橡胶手套

第九部分　理化特性

外观与性状　无色液体

pH 值　无资料　　　　　　　**熔点(℃)**　9～12

沸点(℃)　111～113　　　　**相对密度(水=1)**　0.726

相对蒸气密度(空气=1)　无资料

饱和蒸气压(kPa)　无资料

临界压力(MPa)　无资料　　**辛醇/水分配系数**　无资料

闪点(℃)　－1.67　　　　　**自燃温度(℃)**　无资料

爆炸下限(%)　无资料　　　**爆炸上限(%)**　无资料

分解温度(℃)　无资料　　　**黏度(mPa·s)**　无资料

燃烧热(kJ/mol)　无资料　　**临界温度(℃)**　无资料

溶解性　不溶于水，溶于丙酮、苯、乙醚、庚烷

第十部分　稳定性和反应性

稳定性　稳定

危险反应　与强氧化剂、强酸、强碱等禁配物接触，有发生火灾和爆炸的危险

避免接触的条件　无资料

禁配物　强氧化剂、强酸、强碱

危险的分解产物　氧化硅

第十一部分　毒理学信息

急性毒性　LD$_{50}$：＞20000mg/kg(大鼠经口)，＞20000mg/kg(小鼠经口)

皮肤刺激或腐蚀　无资料　**眼睛刺激或腐蚀**　无资料

呼吸或皮肤过敏　无资料　**生殖细胞突变性**　无资料

致癌性　无资料　　　　　　**生殖毒性**　无资料

特异性靶器官系统毒性-一次接触　无资料

特异性靶器官系统毒性-反复接触　无资料

吸入危害　无资料

第十二部分　生态学信息

生态毒性　无资料

持久性和降解性

　　生物降解性　无资料

　　非生物降解性　无资料

潜在的生物累积性　无资料

土壤中的迁移性　无资料

第十三部分　废弃处置

废弃化学品　建议用焚烧法处置。在能利用的地方重复使用容器或在规定场所掩埋

污染包装物　将容器返还生产商或按照国家和地方法规处置

废弃注意事项　处置前应参阅国家和地方有关法规

第十四部分　运输信息

联合国危险货物编号（UN 号）　1993

联合国运输名称　易燃液体，未另作规定的（六甲基二硅烷）

联合国危险性类别　3

包装类别　Ⅱ　　　　　**包装标志**

海洋污染物　否

运输注意事项　运输时运输车辆应配备相应品种和数量的消防器材及泄漏应急处理设备。夏季最好早晚运输。运输时所用的槽（罐）车应有接地链，槽内可设孔隔板以减少震荡产生的静电。严禁与氧化剂、酸类、碱类、食用化学品等混装混运。运输途中应防曝晒、雨淋、防高温。中途停留时应远离火种、热源、高温区。装运该物品的车辆排气管必须配备阻火装置，禁止使用易产生火花的机械设备和工具装卸。公路运输时要按规定路线行驶，勿在居民区和人口稠密区停留。铁路运输时要禁止溜放。严禁用木船、水泥船散装运输

第十五部分　法规信息

　　下列法律、法规、规章和标准，对该化学品的管理作了相应的规定。

中华人民共和国职业病防治法　职业病分类和目录：未列入

危险化学品安全管理条例　危险化学品目录：列入。易制爆危险化学品名录：未列入。重点监管的危险化学品名录：未列入。GB 18218—2009《危险化学品重大危险源辨识》（表 1）：未列入

使用有毒物品作业场所劳动保护条例　高毒物品目录：未列入

易制毒化学品管理条例　易制毒化学品的分类和品种目录：未列入

国际公约　斯德哥尔摩公约：未列入。鹿特丹公约：未列入。蒙特利尔议定书：未列入

第十六部分　其他信息

编写和修订信息　　**缩略语和首字母缩写**

培训建议　　　　　　**参考文献**

免责声明

六氯丙酮

第一部分　化学品标识

化学品中文名　六氯丙酮

化学品英文名　hexachloroacetone；hexachloro-2-propanone

分子式　C$_3$Cl$_6$O　**分子量**　264.75

结构式

$$\begin{array}{c} \text{Cl} \quad \text{Cl} \\ \text{Cl—C—C—C—Cl} \\ \text{Cl} \quad \underset{\text{O}}{\|} \quad \text{Cl} \end{array}$$

化学品的推荐及限制用途　用作除草剂、干燥剂

第二部分　危险性概述

紧急情况概述　吞咽有害

GHS 危险性类别　急性毒性-经口，类别 4；危害水生环境-急性危害，类别 2；危害水生环境-长期危害，类别 2

标签要素

象形图

警示词 警告

危险性说明 吞咽有害，对水生生物有毒并具有长期持续影响

防范说明

预防措施 避免接触眼睛、皮肤，操作后彻底清洗。作业场所不得进食、饮水或吸烟。禁止排入环境

事故响应 食入：如果感觉不适，立即呼叫中毒控制中心或就医，漱口。收集泄漏物

安全储存 —

废弃处置 本品及内装物、容器依据国家和地方法规处置

物理和化学危险 可燃，其蒸气与空气混合，能形成爆炸性混合物

健康危害 吸入、摄入或经皮肤吸收后对身体有害，对眼睛、皮肤、黏膜和上呼吸道有刺激作用

环境危害 对水生生物有毒并具有长期持续影响

第三部分 成分/组成信息

√ 物质 混合物

组分	浓度	CAS No.
六氯丙酮		116-16-5

第四部分 急救措施

吸入 迅速脱离现场至空气新鲜处。保持呼吸道通畅。如呼吸困难，给输氧。呼吸、心跳停止，立即进行心肺复苏术。就医

皮肤接触 立即脱去污染的衣着，用流动清水彻底冲洗。就医

眼睛接触 立即分开眼睑，用流动清水或生理盐水彻底冲洗。就医

食入 漱口，饮水。就医

对保护施救者的忠告 根据需要使用个人防护设备

对医生的特别提示 对症处理

第五部分 消防措施

灭火剂 用雾状水、泡沫、干粉、二氧化碳、砂土灭火

特别危险性 遇明火、高热可燃。与氧化剂可发生反应。受高热分解放出有毒的气体。蒸气比空气重，沿地面扩散并易积存于低洼处，遇火源会着火回燃。若遇高热，容器内压增大，有开裂和爆炸的危险

灭火注意事项及防护措施 消防人员必须佩戴防毒面具、穿全身消防服，在上风向灭火。尽可能将容器从火场移至空旷处。喷水保持火场容器冷却，直至灭火结束。处在火场中的容器若已变色或从安全泄压装置中发出声音，必须马上撤离

第六部分 泄漏应急处理

作业人员防护措施、防护装备和应急处置程序 根据液体流动和蒸气扩散的影响区域划定警戒区，无关人员从侧风向、上风向撤离至安全区。消除所有点火源。建议应急处理人员戴正压自给式呼吸器，穿防毒服。穿上适当的防护服前严禁接触破裂的容器和泄漏物。尽可能切断泄漏源

环境保护措施 防止泄漏物进入水体、下水道、地下室或有限空间

泄漏化学品的收容、清除方法及所使用的处置材料 小量泄漏：用干燥的砂土或其他不燃材料吸收或覆盖，收集于容器中。大量泄漏：构筑围堤或挖坑收容。用泵转移至槽车或专用收集器内

第七部分 操作处置与储存

操作注意事项 密闭操作，局部排风。防止蒸气泄漏到工作场所空气中。操作人员必须经过专门培训，严格遵守操作规程。建议操作人员佩戴自吸过滤式防毒面具（半面罩），戴化学安全防护眼镜，穿防毒物渗透工作服，戴橡胶手套。远离火种、热源，工作场所严禁吸烟。使用防爆型的通风系统和设备。在清除液体和蒸气前不能进行焊接、切割等作业。避免产生烟雾。避免与氧化剂、碱类接触。配备相应品种和数量的消防器材及泄漏应急处理设备。倒空的容器可能残留有害物

储存注意事项 储存于阴凉、通风的库房。远离火种、热源。防止阳光直射。保持容器密封。应与氧化剂、碱类分开存放，切忌混储。配备相应品种和数量的消防器材。储区应备有泄漏应急处理设备和合适的收容材料

第八部分 接触控制/个体防护

职业接触限值

中国 未制定标准

美国（ACGIH） 未制定标准

生物接触限值 未制定标准

监测方法 空气中有毒物质测定方法：未制定标准。生物监测检验方法：未制定标准

工程控制 密闭操作，局部排风

个体防护装备

呼吸系统防护 空气中浓度超标时，必须佩戴过滤式防毒面具（半面罩）。紧急事态抢救或撤离时，应该佩戴空气呼吸器

眼睛防护 戴化学安全防护眼镜

皮肤和身体防护 穿防毒物渗透工作服

手防护 戴橡胶手套

第九部分 理化特性

外观与性状 无色液体

pH值 无资料		熔点(℃) －30
沸点(℃) 203		相对密度(水＝1) 1.743
相对蒸气密度(空气＝1) 9.2		
饱和蒸气压(kPa) 无资料		
临界压力(MPa) 无资料		辛醇/水分配系数 无资料
闪点(℃) ＞100		自燃温度(℃) 无资料

爆炸下限(%)	无资料	爆炸上限(%)	无资料
分解温度(℃)	无资料	黏度(mPa·s)	无资料
燃烧热(kJ/mol)	无资料	临界温度(℃)	无资料

溶解性　微溶于水，溶于酮

第十部分　稳定性和反应性

稳定性　稳定

危险反应　与强氧化剂、强碱等禁配物发生反应

避免接触的条件　无资料

禁配物　强氧化剂、强碱

危险的分解产物　氯化氢

第十一部分　毒理学信息

急性毒性　LD_{50}：1300mg/kg（大鼠经口），2980mg/kg（兔经皮）。LC_{50}：360ppm（大鼠吸入，6h）

皮肤刺激或腐蚀　无资料　　**眼睛刺激或腐蚀**　无资料

呼吸或皮肤过敏　无资料

生殖细胞突变性　微生物致突变：鼠伤寒沙门氏菌100ng/皿。DNA修复：大肠杆菌700μg/皿。基因转换和有丝分裂重组：酿酒酵母10mg/L

致癌性　无资料　　**生殖毒性**　无资料

特异性靶器官系统毒性-一次接触　无资料

特异性靶器官系统毒性-反复接触　无资料

吸入危害　无资料

第十二部分　生态学信息

生态毒性　根据结构类似物质预测，该物质对水生生物有毒

持久性和降解性

　　生物降解性　无资料

　　非生物降解性　无资料

潜在的生物累积性　无资料

土壤中的迁移性　无资料

第十三部分　废弃处置

废弃化学品　建议用焚烧法处置。在能利用的地方重复使用容器或在规定场所掩埋

污染包装物　将容器返还生产商或按照国家和地方法规处置

废弃注意事项　处置前应参阅国家和地方有关法规

第十四部分　运输信息

联合国危险货物编号（UN号）　2661

联合国运输名称　六氯丙酮

联合国危险性类别　6.1

包装类别　Ⅲ　　　　　　　　**包装标志**　

海洋污染物　是

运输注意事项　运输前应先检查包装容器是否完整、密封，运输过程中要确保容器不泄漏、不倒塌、不坠落、不损坏。严禁与酸类、氧化剂、食品及食品添加

剂混运。运输时运输车辆应配备相应品种和数量的消防器材及泄漏应急处理设备。运输途中应防暴晒、雨淋，防高温。公路运输时要按规定路线行驶，勿在居民区和人口稠密区停留

第十五部分　法规信息

下列法律、法规、规章和标准，对该化学品的管理作了相应的规定。

中华人民共和国职业病防治法　职业病分类和目录：未列入

危险化学品安全管理条例　危险化学品目录：列入。易制爆危险化学品名录：未列入。重点监管的危险化学品名录：未列入。GB 18218—2009《危险化学品重大危险源辨识》（表1）：未列入

使用有毒物品作业场所劳动保护条例　高毒物品目录：未列入

易制毒化学品管理条例　易制毒化学品的分类和品种目录：未列入

国际公约　斯德哥尔摩公约：未列入。鹿特丹公约：未列入。蒙特利尔议定书：未列入

第十六部分　其他信息

编写和修订信息　　**缩略语和首字母缩写**

培训建议　　　　　　**参考文献**

免责声明

六氯-1,3-丁二烯

第一部分　化学品标识

化学品中文名　六氯-1,3-丁二烯；全氯丁二烯；全氯-1,3-丁二烯

化学品英文名　hexachloro-1,3-butadiene；1,1,2,3,4,4-hexachloro-1,3-butadiene；perchlorobutadiene

分子式　C_4Cl_6　**分子量**　260.761

结构式　

化学品的推荐及限制用途　用作溶剂、热载体、热交换剂、水力系统用流体、洗液，也用于合成橡胶工业

第二部分　危险性概述

紧急情况概述　可燃液体，吞咽会中毒，皮肤接触有害，吸入致命，可能导致皮肤过敏反应

GHS危险性类别　易燃液体，类别4；急性毒性-经口，类别3；急性毒性-经皮，类别4；急性毒性-吸入，类别1；皮肤致敏性，类别1；生殖细胞致突变性，类别2；生殖毒性，类别2；特异性靶器官毒性-一次接触，类别1；特异性靶器官毒性-反复接触，类别1；危害水生环境-急性危害，类别1；危害水生环境-长期危害，类别1

标签要素

象形图　

警示词 危险

危险性说明 可燃液体，吞咽会中毒，皮肤接触有害，吸入致命，可能导致皮肤过敏反应，怀疑可造成遗传性缺陷，怀疑对生育力或胎儿造成伤害，对器官造成损害，长时间或反复接触对器官造成损伤，对水生生物毒性非常大并具有长期持续影响

防范说明

预防措施 远离火焰和热表面。戴防护手套、防护眼镜、防护面罩，穿防护服。避免接触眼睛、皮肤，操作后彻底清洗。作业场所不得进食、饮水或吸烟。避免吸入蒸气、雾。仅在室外或通风良好处操作。戴呼吸防护器具。污染的工作服不得带出工作场所。得到专门指导后操作。在阅读并了解所有安全预防措施之前，切勿操作。按要求使用个体防护装备。禁止排入环境

事故响应 火灾时，使用雾状水、泡沫、干粉、二氧化碳、砂土灭火。如吸入：将患者转移到空气新鲜处，休息，保持利于呼吸的体位，立即呼叫中毒控制中心或就医。皮肤接触：用大量肥皂水和水清洗，如感觉不适，呼叫中毒控制中心或就医。被污染的衣服必须经洗净后方可重新使用。如出现皮肤刺激或皮疹：就医。食入：立即呼叫中毒控制中心或就医，漱口。如果接触：立即呼叫中毒控制中心或就医。如感觉不适，就医。收集泄漏物

安全储存 存放在通风良好的地方。保持低温。保持容器密闭。上锁保管

废弃处置 本品及内装物、容器依据国家和地方法规处置

物理和化学危险 可燃，其蒸气与空气混合，能形成爆炸性混合物

健康危害 吸入、摄入或经皮肤吸收后会中毒。对眼睛、皮肤、黏膜和上呼吸道有强烈刺激作用。吸入，可引起喉、支气管炎症、痉挛，化学性肺炎、肺水肿等

环境危害 对水生生物毒性非常大并具有长期持续影响

第三部分　成分/组成信息

√ 物质　　　　　　混合物

组分	浓度	CAS No.
六氯-1,3-丁二烯		87-68-3

第四部分　急救措施

吸入 迅速脱离现场至空气新鲜处。保持呼吸道通畅。如呼吸困难，给输氧。呼吸、心跳停止，立即进行心肺复苏术。就医

皮肤接触 立即脱去污染的衣着，用流动清水彻底冲洗。就医

眼睛接触 立即分开眼睑，用流动清水或生理盐水彻底冲洗。就医

食入 漱口，饮水。就医

对保护施救者的忠告 根据需要使用个人防护设备

对医生的特别提示 对症处理

第五部分　消防措施

灭火剂 用雾状水、泡沫、干粉、二氧化碳、砂土灭火

特别危险性 遇明火、高热可燃。与氧化剂能发生强烈反应。受高热分解，放出剧毒的光气和有腐蚀性的氯化氢烟气

灭火注意事项及防护措施 消防人员必须佩戴空气呼吸器、穿全身防火防毒服，在上风向灭火。尽可能将容器从火场移至空旷处。喷水保持火场容器冷却，直至灭火结束。处在火场中的容器若已变色或从安全泄压装置中发出声音，必须马上撤离

第六部分　泄漏应急处理

作业人员防护措施、防护装备和应急处置程序 根据液体流动和蒸气扩散的影响区域划定警戒区，无关人员从侧风向、上风向撤离至安全区。建议应急处理人员戴正压自给式呼吸器，穿防毒服。穿上适当的防护服前严禁接触破裂的容器和泄漏物。尽可能切断泄漏源

环境保护措施 防止泄漏物进入水体、下水道、地下室或有限空间

泄漏化学品的收容、清除方法及所使用的处置材料 小量泄漏：用干燥的砂土或其他不燃材料吸收或覆盖，收集于容器中。大量泄漏：构筑围堤或挖坑收容。用泵转移至槽车或专用收集器内

第七部分　操作处置与储存

操作注意事项 密闭操作，提供充分的局部排风。防止蒸气泄漏到工作场所空气中。操作人员必须经过专门培训，严格遵守操作规程。建议操作人员佩戴自吸过滤式防毒面具（全面罩），穿胶布防毒衣，戴橡胶手套。远离火种、热源，工作场所严禁吸烟。使用防爆型的通风系统和设备。在清除液体和蒸气前不能进行焊接、切割等作业。避免产生烟雾。避免与氧化剂接触。配备相应品种和数量的消防器材及泄漏应急处理设备。倒空的容器可能残留有害物

储存注意事项 储存于阴凉、通风的库房。远离火种、热源。防止阳光直射。保持容器密封，严禁与空气接触。应与氧化剂、食用化学品分开存放，切忌混储。配备相应品种和数量的消防器材。储区应备有泄漏应急处理设备和合适的收容材料

第八部分　接触控制/个体防护

职业接触限值

中国 PC-TWA：0.2mg/m³ ［皮］

美国（ACGIH） TLV-TWA：0.02ppm ［皮］

生物接触限值 未制定标准

监测方法 空气中有毒物质测定方法：未制定标准。生物监测检验方法：未制定标准

工程控制 严加密闭，提供充分的局部排风

个体防护装备

呼吸系统防护 空气中浓度超标时，必须佩戴过滤式防毒面具（全面罩）。紧急事态抢救或撤离时，应该佩戴空气呼吸器

眼睛防护　呼吸系统防护中已作防护
皮肤和身体防护　穿密闭型防毒服
手防护　戴橡胶手套

第九部分　理化特性

外观与性状　无色至淡黄色液体，稍有特殊气味

pH 值　无资料　　　　熔点(℃)　−19

沸点(℃)　210～220　　相对密度(水＝1)　1.5542

相对蒸气密度(空气＝1)　8.99

饱和蒸气压(kPa)　$3.99×10^{-2}$(25℃)

临界压力(MPa)　无资料　辛醇/水分配系数　4.78

闪点(℃)　无资料　　　自燃温度(℃)　610

爆炸下限(%)　无资料　爆炸上限(%)　无资料

分解温度(℃)　无资料

黏度(mPa·s)　2.447(37.7℃)

燃烧热(kJ/mol)　无资料　临界温度(℃)　无资料

溶解性　不溶于水，溶于醇、醚

第十部分　稳定性和反应性

稳定性　稳定

危险反应　与强氧化剂等禁配物发生反应。受高热分解，
放出剧毒的光气和有腐蚀性的氯化氢烟气

避免接触的条件　无资料

禁配物　强氧化剂

危险的分解产物　氯化氢

第十一部分　毒理学信息

急性毒性　属中等毒类，在高浓度或高剂量时，动物首先
表现为运动性兴奋，然后转为抑制、侧倒、强直性痉
挛，特点为肌紧张、腹泻、轻瘫及麻痹。尸解可见内
脏充血，肺水肿及肺炎。肝灶性坏死 LD_{50}：82mg/kg
（大鼠经口），4500mg/kg（大鼠经皮），51mg/kg（小鼠
经口），1211mg/kg（兔经皮）。LC_{50}：630mg/m³（大
鼠吸入，4h）

皮肤刺激或腐蚀　家兔经皮：500mg（24h），轻度刺激

眼睛刺激或腐蚀　家兔经眼：500mg（24h），轻度刺激

呼吸或皮肤过敏　无资料

生殖细胞突变性　微生物致突变：鼠伤寒沙门氏菌
320μg/皿。细胞遗传学分析：小鼠经口 2mg/kg。细
胞遗传学分析：人淋巴细胞 1mg/L

致癌性　IARC 致癌性评论：组 3，现有的证据不能对人
类致癌性进行分类

生殖毒性　大鼠孕后 1～22d 经口给予最低中毒剂量
（TDLo）178mg/kg，致中枢神经系统发育畸形。大
鼠多代经口给予最低中毒剂量（TDLo）75mg/kg，
致泌尿生殖系统发育畸形

特异性靶器官系统毒性-一次接触　无资料

特异性靶器官系统毒性-反复接触　大鼠吸入 26mg/m³，
每天 2h，历时 1 个月，动物 WBC 增多、体重减轻、
血中残余氮增多、发生酸中毒，50%动物死亡。大鼠
每日经口给予 2.7mg/kg 本品，共 7 个月，可见内脏

充血，肝、心肌轻微出血，肾及肝细胞出现营养障碍
性改变

吸入危害　无资料

第十二部分　生态学信息

生态毒性　无资料

持久性和降解性

　生物降解性　无资料

　非生物降解性　无资料

潜在的生物累积性　无资料

土壤中的迁移性　无资料

第十三部分　废弃处置

废弃化学品　建议用焚烧法处置。若可能，重复使用容器
或在规定场所掩埋

污染包装物　将容器返还生产商或按照国家和地方法规
处置

废弃注意事项　处置前应参阅国家和地方有关法规

第十四部分　运输信息

联合国危险货物编号（UN 号）　2279

联合国运输名称　六氯丁二烯

联合国危险性类别　6.1

包装类别　Ⅲ　　　　　包装标志

海洋污染物　是

运输注意事项　运输前应先检查包装容器是否完整、密
封，运输过程中要确保容器不泄漏、不倒塌、不坠
落、不损坏。严禁与酸类、氧化剂、食品及食品添加
剂混运。运输时运输车辆应配备相应品种和数量的消
防器材及泄漏应急处理设备。运输途中应防暴晒、雨
淋，防高温。公路运输时要按规定路线行驶，勿在居
民区和人口稠密区停留

第十五部分　法规信息

　下列法律、法规、规章和标准，对该化学品的管理作
了相应的规定。

中华人民共和国职业病防治法　职业病分类和目录：未
列入

危险化学品安全管理条例　危险化学品目录：列入。易制
爆危险化学品名录：未列入。重点监管的危险化学品
名录：未列入。GB 18218—2009《危险化学品重大
危险源辨识》（表 1）：未列入

使用有毒物品作业场所劳动保护条例　高毒物品目录：未
列入

易制毒化学品管理条例　易制毒化学品的分类和品种目
录：未列入

国际公约　斯德哥尔摩公约：列入

鹿特丹公约：未列入

蒙特利尔议定书：未列入

第十六部分　其他信息

编写和修订信息　　缩略语和首字母缩写
培训建议　　　　　参考文献
免责声明

六氯环己烷

第一部分　化学品标识

化学品中文名　六氯环己烷；六六六
化学品英文名　hexachlorocyclohexane；benzene hexachloride；compound-666
分子式　$C_6H_6Cl_6$　**分子量**　290.83

结构式

化学品的推荐及限制用途　用作杀虫剂

第二部分　危险性概述

紧急情况概述　吞咽会中毒，皮肤接触会中毒，吸入会中毒
GHS 危险性类别　急性毒性-经口，类别3；急性毒性-经皮，类别3；急性毒性-吸入，类别3；致癌性，类别2；生殖毒性，类别2；特异性靶器官毒性——次接触，类别1；特异性靶器官毒性-反复接触，类别1；危害水生环境-急性危害，类别1；危害水生环境-长期危害，类别1

标签要素

象形图

警示词　危险
危险性说明　吞咽会中毒，皮肤接触会中毒，吸入会中毒，怀疑致癌，怀疑对生育力或胎儿造成伤害，长时间或反复接触对器官造成损伤，对水生生物毒性非常大并具有长期持续影响

防范说明

预防措施　避免接触眼睛、皮肤，操作后彻底清洗。作业场所不得进食、饮水或吸烟。戴防护手套、穿防护服。避免吸入粉尘。仅在室外或通风良好处操作。得到专门指导后操作。在阅读并了解所有安全预防措施之前，切勿操作。按要求使用个体防护装备。禁止排入环境

事故响应　如吸入：将患者转移到空气新鲜处，休息，保持利于呼吸的体位，呼叫中毒控制中心或就医。皮肤接触：用大量肥皂水和水清洗，立即脱去所有被污染的衣服，如感觉不适，呼叫中毒控制中心或就医。被污染的衣服必须经洗净后方可重新使用。食入：立即呼叫中毒控制中心或就医，漱口。如果接触：立即呼叫中

毒控制中心或就医。如感觉不适，就医。收集泄漏物
安全储存　在通风良好处储存。保持容器密闭。上锁保管
废弃处置　本品及内装物、容器依据国家和地方法规处置
物理和化学危险　可燃，其粉体与空气混合，能形成爆炸性混合物
健康危害　急性中毒表现有头痛、恶心、呕吐、面赤、流泪、鼻衄、嗜睡。严重者发生心力衰竭及昏迷。重症可发生脑病及脊髓神经炎。口服中毒表现有恶心、呕吐、头痛、无力、抽搐、昏迷，可致死。可引起接触性皮炎。慢性影响：神经衰弱综合征、末梢神经病及肝肾损害
环境危害　对水生生物毒性非常大并具有长期持续影响

第三部分　成分/组成信息

√ 物质　　　　　　　　　　混合物

组分	浓度	CAS No.
六氯环己烷		608-73-1

第四部分　急救措施

吸入　迅速脱离现场至空气新鲜处。保持呼吸道通畅。如呼吸困难，给输氧。呼吸、心跳停止，立即进行心肺复苏术。就医
皮肤接触　立即脱去污染的衣着，用流动清水彻底冲洗。就医
眼睛接触　立即分开眼睑，用流动清水或生理盐水彻底冲洗。就医
食入　漱口，饮水。就医
对保护施救者的忠告　根据需要使用个人防护设备
对医生的特别提示　对症处理

第五部分　消防措施

灭火剂　用雾状水、泡沫、干粉、二氧化碳、砂土灭火
特别危险性　受高热分解，放出腐蚀性、刺激性的烟雾
灭火注意事项及防护措施　消防人员必须佩戴空气呼吸器、穿全身防火防毒服，在上风向灭火。尽可能将容器从火场移至空旷处。喷水保持火场容器冷却，直至灭火结束

第六部分　泄漏应急处理

作业人员防护措施、防护装备和应急处置程序　隔离泄漏污染区，限制出入。消除所有点火源。建议应急处理人员戴防尘口罩，穿防毒服。穿上适当的防护服前严禁接触破裂的容器和泄漏物。尽可能切断泄漏源
环境保护措施　用塑料布覆盖泄漏物，减少飞散
泄漏化学品的收容、清除方法及所使用的处置材料　勿使水进入包装容器内。用洁净的铲子收集泄漏物，置于干净、干燥、盖子较松的容器中，将容器移离泄漏区

第七部分　操作处置与储存

操作注意事项　密闭操作，局部排风。操作人员必须经过

专门培训，严格遵守操作规程。建议操作人员佩戴自吸过滤式防尘口罩，戴化学安全防护眼镜，穿透气型防毒服，戴防化学品手套。远离火种、热源，工作场所严禁吸烟。使用防爆型的通风系统和设备。避免产生粉尘。避免与氧化剂接触。搬运时要轻装轻卸，防止包装及容器损坏。配备相应品种和数量的消防器材及泄漏应急处理设备。倒空的容器可能残留有害物

储存注意事项 储存于阴凉、通风的库房。远离火种、热源。应与氧化剂分开存放，切忌混储。配备相应品种和数量的消防器材。储区应备有合适的材料收容泄漏物

第八部分 接触控制/个体防护

职业接触限值
中国 PC-TWA：0.3mg/m³；PC-STEL：0.5mg/m³ ［G2B］
美国（ACGIH） 未制定标准

生物接触限值 未制定标准

监测方法 空气中有毒物质测定方法：溶剂洗脱-气相色谱法。生物监测检验方法：未制定标准

工程控制 密闭操作，局部排风

个体防护装备
呼吸系统防护 空气中粉尘浓度较高时，建议佩戴过滤式防尘呼吸器
眼睛防护 戴化学安全防护眼镜
皮肤和身体防护 穿透气型防毒服
手防护 戴防化学品手套

第九部分 理化特性

外观与性状 白色晶体，纯品无臭，工业品有酸霉味

pH 值 无意义 **熔点（℃）** 112.5

沸点（℃） 323.4 **相对密度（水＝1）** 1.85

相对蒸气密度（空气＝1） 9.9

饱和蒸气压（kPa） 0.004（20℃）

临界压力（MPa） 无资料

辛醇/水分配系数 3.61～3.72

闪点（℃） 无资料 **自燃温度（℃）** 无资料

爆炸下限（%） 无资料 **爆炸上限（%）** 无资料

分解温度（℃） 无资料 **黏度（mPa·s）** 无资料

燃烧热（kJ/mol） 无资料 **临界温度（℃）** 无资料

溶解性 不溶于水，溶于苯、丙酮、乙醚、煤油等

第十部分 稳定性和反应性

稳定性 稳定

危险反应 与强氧化剂、金属等禁配物发生反应

避免接触的条件 无资料

禁配物 强氧化剂、金属等

危险的分解产物 氯化氢、碳

第十一部分 毒理学信息

急性毒性 中毒症状有：呼吸加快、间歇性肌痉挛、流涎、惊厥、昏迷，常在一天内死亡。LD₅₀：76mg/kg（大鼠经口），414mg/kg（大鼠经皮），44mg/kg（小鼠经口），60mg/kg（兔经口），50mg/kg（兔经皮）

皮肤刺激或腐蚀 无资料 **眼睛刺激或腐蚀** 无资料

呼吸或皮肤过敏 无资料 **生殖细胞突变性** 无资料

致癌性 IARC 致癌性评论：组 2B，对人类是可能致癌物

生殖毒性 无资料

特异性靶器官系统毒性-一次接触 无资料

特异性靶器官系统毒性-反复接触 无资料

吸入危害 无资料

第十二部分 生态学信息

生态毒性 LC₅₀：0.018mg/L（96h）（虹鳟）。LC₅₀：0.067mg/L（96h）（蓝鳃太阳鱼）。LC₅₀：0.125mg/L（96h）（黑头呆鱼）。LC₅₀：0.10mg/L（96h）（斑点叉尾鮰）

持久性和降解性
生物降解性 不易快速生物降解
非生物降解性 无资料

潜在的生物累积性 该物质有较高的生物累积性

土壤中的迁移性 无资料

第十三部分 废弃处置

废弃化学品 根据国家和地方有关法规的要求处置。或与厂商或制造商联系，确定处置方法

污染包装物 将容器返还生产商或按照国家和地方法规处置

废弃注意事项 处置前应参阅国家和地方有关法规

第十四部分 运输信息

联合国危险货物编号（UN 号） 2761

联合国运输名称 固态有机氯农药，毒性（六氯环己烷）

联合国危险性类别 6.1

包装类别 Ⅲ **包装标志**

海洋污染物 是

运输注意事项 运输前应先检查包装容器是否完整、密封，运输过程中要确保容器不泄漏、不倒塌、不坠落、不损坏。严禁与酸类、氧化剂、食品及食品添加剂混运。运输途中应防暴晒、雨淋，防高温

第十五部分 法规信息

下列法律、法规、规章和标准，对该化学品的管理作了相应的规定。

中华人民共和国职业病防治法 职业病分类和目录：未列入

危险化学品安全管理条例 危险化学品目录：列入。易制爆危险化学品名录：未列入。重点监管的危险化学品名录：未列入。GB 18218—2009《危险化学品重大危险源辨识》（表 1）：未列入

使用有毒物品作业场所劳动保护条例 高毒物品目录：未列入

易制毒化学品管理条例 易制毒化学品的分类和品种目录：未列入

国际公约   斯德哥尔摩公约：列入

鹿特丹公约：列入

蒙特利尔议定书：未列入

第十六部分　其他信息

编写和修订信息　　缩略语和首字母缩写

培训建议　　　　　参考文献

免责声明

六氯环戊二烯

第一部分　化学品标识

化学品中文名　六氯环戊二烯；全氯环戊二烯

化学品英文名　hexachlorocyclopentadiene；perchlorocyclo-
pentadiene

分子式　C_5Cl_6　**分子量**　272.772

结构式

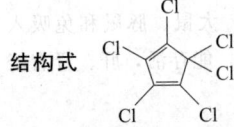

化学品的推荐及限制用途　用于制农药如灭蚁灵，也用作
聚酯树脂和聚氨酯泡沫塑料的阻燃剂

第二部分　危险性概述

紧急情况概述　吞咽有害，皮肤接触会中毒，吸入致命，
造成严重的皮肤灼伤和眼损伤

GHS危险性类别　急性毒性-经口，类别4；急性毒性-经
皮，类别3；急性毒性-吸入，类别2；皮肤腐蚀/刺
激，类别1B；严重眼损伤/眼刺激，类别1；危害水
生环境-急性危害，类别1；危害水生环境-长期危害，
类别1

标签要素

象形图　

警示词　危险

危险性说明　吞咽有害，皮肤接触会中毒，吸入致命，
造成严重的皮肤灼伤和眼损伤，对水生生物毒性非
常大并具有长期持续影响

防范说明

预防措施　避免接触眼睛、皮肤，操作后彻底清
洗。作业场所不得进食、饮水或吸烟。避免吸
入蒸气、雾。仅在室外或通风良好处操作。戴
呼吸防护器具。戴防护手套，穿防护服，戴防
护眼镜、防护面罩。禁止排入环境

事故响应　如吸入：将患者转移到空气新鲜处，休
息，保持利于呼吸的体位，立即呼叫中毒控制
中心或就医。皮肤（或头发）接触：立即脱掉
所有被污染的衣服，用水冲洗皮肤，淋浴。如
感觉不适，呼叫中毒控制中心或就医。污染的
衣服须洗净后方可重新使用。眼睛接触：用水
细心地冲洗数分钟，立即呼叫中毒控制中心或

就医。如戴隐形眼镜并可方便地取出，则取出
隐形眼镜，继续冲洗。食入：漱口，不要催
吐，如果感觉不适，立即呼叫中毒控制中心或
就医。收集泄漏物

安全储存　在通风良好处储存。保持容器密闭。上
锁保管

废弃处置　本品及内装物、容器依据国家和地方法
规处置

物理和化学危险　可燃，其蒸气与空气混合，能形成爆炸
性混合物

健康危害　吸入高浓度本品蒸气可致化学性肺炎、肺水
肿。眼和皮肤接触引起灼伤。长期吸入可能引起肝、
肾损害

环境危害　对水生生物毒性非常大并具有长期持续影响

第三部分　成分/组成信息

√　物质　　　　　　　　　混合物

组分	浓度	CAS No.
六氯环戊二烯		77-47-4

第四部分　急救措施

吸入　迅速脱离现场至空气新鲜处。保持呼吸道通畅。如
呼吸困难，给输氧。呼吸、心跳停止，立即进行心肺
复苏术。就医

皮肤接触　立即脱去污染的衣着，用大量流动清水彻底冲
洗至少15min。就医

眼睛接触　立即分开眼睑，用流动清水或生理盐水彻底冲
洗5~10min。就医

食入　用水漱口，禁止催吐。给饮牛奶或蛋清。就医

对保护施救者的忠告　根据需要使用个人防护设备

对医生的特别提示　对症处理

第五部分　消防措施

灭火剂　用雾状水、泡沫、干粉、二氧化碳、砂土灭火

特别危险性　可燃。受高热分解，放出腐蚀性、刺激性的
烟雾

灭火注意事项及防护措施　消防人员必须佩戴防毒面具、
穿全身消防服，在上风向灭火。尽可能将容器从火场
移至空旷处。喷水保持火场容器冷却，直至灭火结
束。处在火场中的容器若已变色或从安全泄压装置中
发出声音，必须马上撤离

第六部分　泄漏应急处理

作业人员防护措施、防护装备和应急处置程序　根据液体
流动和蒸气扩散的影响区域划定警戒区，无关人员从
侧风向、上风向撤离至安全区。建议应急处理人员戴
正压自给式呼吸器，穿防毒服。穿上适当的防护服前
严禁接触破裂的容器和泄漏物。尽可能切断泄漏源

环境保护措施　防止泄漏物进入水体、下水道、地下室或
有限空间

泄漏化学品的收容、清除方法及所使用的处置材料　小量
泄漏：用干燥的砂土或其他不燃材料吸收或覆盖，收
集于容器中。大量泄漏：构筑围堤或挖坑收容。用粉

煤灰或石灰粉吸收大量液体。用泵转移至槽车或专用收集器内

第七部分 操作处置与储存

操作注意事项 密闭操作，局部排风。操作人员必须经过专门培训，严格遵守操作规程。建议操作人员佩戴自吸过滤式防毒面具（半面罩），戴化学安全防护眼镜，穿防毒物渗透工作服，戴橡胶耐油手套。远离火种、热源，工作场所严禁吸烟。使用防爆型的通风系统和设备。防止蒸气泄漏到工作场所空气中。避免与氧化剂接触。搬运时要轻装轻卸，防止包装及容器损坏。配备相应品种和数量的消防器材及泄漏应急处理设备。倒空的容器可能残留有害物

储存注意事项 储存于阴凉、通风良好的专用库房内，实行"双人收发、双人保管"制度。远离火种、热源。保持容器密封。应与氧化剂、食用化学品分开存放，切忌混储。配备相应品种和数量的消防器材。储区应备有泄漏应急处理设备和合适的收容材料

第八部分 接触控制/个体防护

职业接触限值

中国 PC-TWA：$0.1mg/m^3$

美国（ACGIH） TLV-TWA：0.01ppm

生物接触限值 未制定标准

监测方法 空气中有毒物质测定方法：未制定标准。生物监测检验方法：未制定标准

工程控制 密闭操作，局部排风

个体防护装备

呼吸系统防护 空气中浓度超标时，必须佩戴过滤式防毒面具（半面罩）。紧急事态抢救或撤离时，应该佩戴空气呼吸器

眼睛防护 戴化学安全防护眼镜

皮肤和身体防护 穿防毒物渗透工作服

手防护 戴橡胶耐油手套

第九部分 理化特性

外观与性状 黄色至琥珀色油状液体，有刺激性气味

pH 值 无资料	**熔点(℃)** −9
沸点(℃) 238	**相对密度（水=1）** 1.70

相对蒸气密度（空气=1） 9.42

饱和蒸气压(kPa) 0.012(25℃)

临界压力(MPa) 无资料	**辛醇/水分配系数** 无资料
闪点(℃) 无资料	**自燃温度(℃)** 无资料
爆炸下限(%) 无资料	**爆炸上限(%)** 无资料
分解温度(℃) 无资料	**黏度(mPa·s)** 无资料
燃烧热(kJ/mol) 无资料	**临界温度(℃)** 无资料

溶解性 不溶于水，溶于乙醚、四氯化碳等多数有机溶剂

第十部分 稳定性和反应性

稳定性 稳定

危险反应 与强氧化剂、水蒸气、水等禁配物发生反应

避免接触的条件 潮湿空气

禁配物 强氧化剂、水蒸气、水

危险的分解产物 氯化氢、碳

第十一部分 毒理学信息

急性毒性 大鼠吸入本品 $250mg/m^3$ 存活 0.25h，$40mg/m^3$ 为 1h。对黏膜有强刺激性，引起流泪、流涎、喷嚏、咳嗽、呼吸困难。LD$_{50}$：200mg/kg（大鼠经口），505mg/kg（小鼠经口），430mg/kg（兔经皮）。LC$_{50}$：$18.1mg/m^3$（大鼠吸入，4h）

皮肤刺激或腐蚀 家兔经皮：500mg（24h），重度刺激

眼睛刺激或腐蚀 家兔经眼：100mg（5min），重度刺激

呼吸或皮肤过敏 无资料 **生殖细胞突变性** 无资料

致癌性 美国政府工业卫生学家会议（ACGIH）：未分类为人类致癌物

生殖毒性 兔孕后 6～18d 经口给予最低中毒剂量（TDLo）975mg/kg，致骨骼肌肉系统发育畸形

特异性靶器官系统毒性-一次接触 无资料

特异性靶器官系统毒性-反复接触 大鼠、豚鼠和兔吸入 $1.8mg/m^3$，每天 7h，共 150d，能存活，肝、肾有轻微损害

吸入危害 无资料

第十二部分 生态学信息

生态毒性 LC$_{50}$：0.007mg/L（96h）（黑头呆鱼）

持久性和降解性

生物降解性 无资料

非生物降解性 无资料

潜在的生物累积性 根据 K_{ow} 值预测，该物质可能有较高的生物累积性；BCF＝323（金鱼）；1230（食蚊鱼）

土壤中的迁移性 根据 K_{oc} 值预测，该物质的迁移性可能较弱

第十三部分 废弃处置

废弃化学品 用焚烧法处置。与燃料混合后，再焚烧

污染包装物 将容器返还生产商或按照国家和地方法规处置

废弃注意事项 处置前应参阅国家和地方有关法规

第十四部分 运输信息

联合国危险货物编号（UN号） 2646

联合国运输名称 六氯环戊二烯

联合国危险性类别 6.1

包装类别 Ⅰ **包装标志**

海洋污染物 是

运输注意事项 运输前应先检查包装容器是否完整、密封，运输过程中要确保容器不泄漏、不倒塌、不坠落、不损坏。严禁与酸类、氧化剂、食品及食品添加剂混运。运输时运输车辆应配备相应品种和数量的消防器材及泄漏应急处理设备。运输途中应防暴晒、雨淋，防高温。公路运输时要按规定路线行驶

第十五部分　法规信息

下列法律、法规、规章和标准，对该化学品的管理作了相应的规定。

中华人民共和国职业病防治法　职业病分类和目录：未列入

危险化学品安全管理条例　危险化学品目录：列入。作为剧毒化学品进行管理。易制爆危险化学品名录：未列入。重点监管的危险化学品名录：列入。GB 18218—2009《危险化学品重大危险源辨识》（表1）：未列入

使用有毒物品作业场所劳动保护条例　高毒物品目录：未列入

易制毒化学品管理条例　易制毒化学品的分类和品种目录：未列入

国际公约　斯德哥尔摩公约：未列入。鹿特丹公约：未列入。蒙特利尔议定书：未列入

第十六部分　其他信息

编写和修订信息　　缩略语和首字母缩写
培训建议　　　　　　参考文献
免责声明

六硝基二苯硫［干的或含水＜10％］

第一部分　化学品标识

化学品中文名　六硝基二苯硫［干的或含水＜10％］；二苦基硫

化学品英文名　hexanitrodiphenyl sulfide（dry or with less than 10％ water）；dipicryl sulfide

分子式　$C_{12}H_4N_6O_{12}S$　**分子量**　456.26

结构式

化学品的推荐及限制用途　用作炸药

第二部分　危险性概述

紧急情况概述　爆炸物、整体爆炸危险

GHS 危险性类别　爆炸物，1.1项

标签要素

象形图　

警示词　危险

危险性说明　爆炸物、整体爆炸危险

防范说明

预防措施　远离热源、火花、明火、热表面。禁止吸烟。容器和接收设备接地连接。避免研磨、撞击、摩擦。戴防护面罩

事故响应　火灾时可能爆炸。火势蔓延到爆炸物时，切勿灭火，撤离现场

安全储存　—

废弃处置　本品及内装物、容器依据国家和地方法规处置

物理和化学危险　受撞击、摩擦，遇明火或其他点火源极易爆炸

健康危害　吸入或误服会中毒

环境危害　对环境可能有害

第三部分　成分/组成信息

√ 物质　　　　　　　　混合物

组分	浓度	CAS No.
六硝基二苯硫（干的或含水＜10％）		28930-30-5

第四部分　急救措施

吸入　迅速脱离现场至空气新鲜处。保持呼吸道通畅。如呼吸困难，给输氧。呼吸、心跳停止，立即进行心肺复苏术。就医

皮肤接触　立即脱去污染的衣着，用流动清水彻底冲洗。就医

眼睛接触　立即分开眼睑，用流动清水或生理盐水彻底冲洗。就医

食入　漱口，饮水。就医

对保护施救者的忠告　根据需要使用个人防护设备

对医生的特别提示　对症处理

第五部分　消防措施

灭火剂　用大量水灭火

特别危险性　干燥状态下，受摩擦、震动、撞击可引起爆炸。受高热分解放出有毒的气体

灭火注意事项及防护措施　消防人员须在有防爆掩蔽处操作。遇大火切勿轻易接近。禁止用砂土压盖

第六部分　泄漏应急处理

作业人员防护措施、防护装备和应急处置程序　消除所有点火源。隔离泄漏污染区，限制出入。建议应急处理人员戴防尘口罩，穿一般作业工作服。作业时使用的所有设备应接地。禁止接触或跨越泄漏物

环境保护措施　用塑料布覆盖泄漏物，减少飞散

泄漏化学品的收容、清除方法及所使用的处置材料　润湿泄漏物。严禁设法扫除干的泄漏物。在专家指导下清除

第七部分　操作处置与储存

操作注意事项　密闭操作，全面通风。防止粉尘释放到车间空气中。操作人员必须经过专门培训，严格遵守操作规程。建议操作人员佩戴自吸过滤式防尘口罩，戴化学安全防护眼镜，穿紧袖工作服，长筒胶鞋，戴防化学品手套。远离火种、热源，工作场所严禁吸烟。使用防爆型的通风系统和设备。避免产生粉尘。避免与氧化剂接触。配备相应品种和数量的消防器材及泄漏应急处理设备

储存注意事项　储存时用水作稳定剂。储存于阴凉、干

燥、通风的爆炸品专用库房。远离火种、热源。防止阳光直射。库温不宜超过30℃。包装密封。应与氧化剂分开存放，切忌混储。配备相应品种和数量的消防器材。储区应备有合适的材料收容泄漏物。禁止震动、撞击和摩擦

第八部分　接触控制/个体防护

职业接触限值
　中国　未制定标准
　美国（ACGIH）　未制定标准
生物接触限值　未制定标准
监测方法　空气中有毒物质测定方法：未制定标准。生物监测检验方法：未制定标准
工程控制　生产过程密闭，全面通风
个体防护装备
　呼吸系统防护　空气中粉尘浓度较高时，建议佩戴过滤式防尘呼吸器
　眼睛防护　戴化学安全防护眼镜
　皮肤和身体防护　穿紧袖工作服，长筒胶鞋
　手防护　戴防化学品手套

第九部分　理化特性

外观与性状　金黄色片状结晶

pH 值　无意义	**熔点（℃）**　243
沸点（℃）　无资料	**相对密度（水＝1）**　无资料
相对蒸气密度（空气＝1）　无资料	
饱和蒸气压（kPa）　无资料	
临界压力（MPa）　无资料	**辛醇/水分配系数**　无资料
闪点（℃）　无意义	**自燃温度（℃）**　无资料
爆炸下限（％）　无资料	**爆炸上限（％）**　无资料
分解温度（℃）　无资料	**黏度（mPa·s）**　无资料
燃烧热（kJ/mol）　无资料	**临界温度（℃）**　无资料

溶解性　不溶于水

第十部分　稳定性和反应性

稳定性　稳定
危险反应　干燥状态下，受摩擦、震动、撞击或与强氧化剂等禁配物接触可引起爆炸
避免接触的条件　受热、摩擦、震动、撞击
禁配物　强氧化剂
危险的分解产物　氮氧化物、氧化硫

第十一部分　毒理学信息

急性毒性　LD$_{50}$：1200mg/kg（大鼠经口），470mg/kg（小鼠经口）

皮肤刺激或腐蚀　无资料	**眼睛刺激或腐蚀**　无资料
呼吸或皮肤过敏　无资料	**生殖细胞突变性**　无资料
致癌性　无资料	**生殖毒性**　无资料

特异性靶器官系统毒性-一次接触　无资料
特异性靶器官系统毒性-反复接触　无资料
吸入危害　无资料

第十二部分　生态学信息

生态毒性　无资料

持久性和降解性
　生物降解性　无资料
　非生物降解性　无资料
潜在的生物累积性　无资料
土壤中的迁移性　无资料

第十三部分　废弃处置

废弃化学品　在公安部门指定地点引爆
污染包装物　将容器返还生产商或按照国家和地方法规处置
废弃注意事项　处置前应参阅国家和地方有关法规。废弃处置人员必须接受过专门的爆炸性物质废弃处置培训

第十四部分　运输信息

联合国危险货物编号（UN号）　0473
联合国运输名称　爆炸性物质，未另作规定的（六硝基二苯硫［干的或含水＜10％]）
联合国危险性类别　1.1A

包装类别　—　　　　　**包装标志**　

海洋污染物　否
运输注意事项　起运时包装要完整，装载应稳妥。运输过程中要确保容器不泄漏、不倒塌、不坠落、不损坏。车速要加以控制，避免颠簸、震荡。不得与酸、碱、盐类、氧化剂、易燃可燃物、自燃物品、金属粉末等危险物品及钢铁材料器具混装。运输途中应防暴晒、雨淋，防高温。公路运输时要按规定路线行驶，中途停留时应严格选择停放地点，远离高压电源、火源和高温场所，要与其他车辆隔离并留有专人看管，禁止在居民区和人口稠密区停留。铁路运输时要禁止溜放

第十五部分　法规信息

下列法律、法规、规章和标准，对该化学品的管理作了相应的规定。
中华人民共和国职业病防治法　职业病分类和目录：未列入
危险化学品安全管理条例　危险化学品目录：列入。易制爆危险化学品名录：未列入。重点监管的危险化学品名录：未列入。GB 18218—2009《危险化学品重大危险源辨识》（表1）：未列入
使用有毒物品作业场所劳动保护条例　高毒物品目录：未列入
易制毒化学品管理条例　易制毒化学品的分类和品种目录：未列入
国际公约　斯德哥尔摩公约：未列入。鹿特丹公约：未列入。蒙特利尔议定书：未列入

第十六部分　其他信息

编写和修订信息　　**缩略语和首字母缩写**
培训建议　　**参考文献**
免责声明

六溴联苯

第一部分　化学品标识

化学品中文名　六溴联苯
化学品英文名　hexabromobiphenyl；polybrominated biphenyl
分子式　$C_{12}H_4Br_6$　**分子量**　627.62
结构式

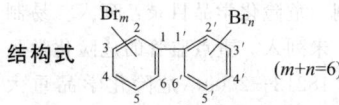

($m+n=6$)

化学品的推荐及限制用途　用作塑料和合成纤维的阻燃剂

第二部分　危险性概述

紧急情况概述　可能致癌
GHS危险性类别　致癌性，类别1B；生殖毒性，类别2；危害水生环境-长期危害，类别4
标签要素

象形图

警示词　危险
危险性说明　可能致癌，怀疑对生育力或胎儿造成伤害，可能对水生生物造成长期持续有害影响
防范说明
　预防措施　得到专门指导后操作。在阅读并了解所有安全预防措施之前，切勿操作。按要求使用个体防护装备。禁止排入环境
　事故响应　如果接触或有担心，就医
　安全储存　上锁保管
　废弃处置　本品及内装物、容器依据国家和地方法规处置
物理和化学危险　可燃，其粉体与空气混合，能形成爆炸性混合物
健康危害　吸入、摄入或经皮肤吸收后对身体有害。遇热分解释出有毒的溴烟雾
环境危害　可能对水生生物造成长期持续有害影响

第三部分　成分/组成信息

√ 物质　　　混合物

组分	浓度	CAS No.
六溴联苯		36355-01-8

第四部分　急救措施

吸入　迅速脱离现场至空气新鲜处。保持呼吸道通畅。如呼吸困难，给输氧。呼吸、心跳停止，立即进行心肺复苏术。就医
皮肤接触　立即脱去污染的衣着，用流动清水彻底冲洗。就医
眼睛接触　立即分开眼睑，用流动清水或生理盐水彻底冲洗。就医
食入　漱口，饮水。就医

对保护施救者的忠告　根据需要使用个人防护设备
对医生的特别提示　对症处理

第五部分　消防措施

灭火剂　用雾状水、泡沫、干粉、二氧化碳、砂土灭火
特别危险性　遇明火、高热可燃。其粉体与空气可形成爆炸性混合物，当达到一定浓度时，遇火星会发生爆炸。受高热分解放出有毒的气体
灭火注意事项及防护措施　消防人员必须佩戴空气呼吸器、穿全身防火防毒服，在上风向灭火。尽可能将容器从火场移至空旷处。喷水保持火场容器冷却，直至灭火结束

第六部分　泄漏应急处理

作业人员防护措施、防护装备和应急处置程序　隔离泄漏污染区，限制出入。建议应急处理人员戴防尘口罩，穿一般作业工作服。尽可能切断泄漏源
环境保护措施　用塑料布覆盖泄漏物，减少飞散
泄漏化学品的收容、清除方法及所使用的处置材料　勿使水进入包装容器内。用洁净的铲子收集泄漏物，置于干净、干燥、盖子较松的容器中，将容器移离泄漏区

第七部分　操作处置与储存

操作注意事项　生产过程密闭化。防止粉尘释放到车间空气中。操作人员必须经过专门培训，严格遵守操作规程。建议操作人员佩戴自吸过滤式防尘口罩，戴化学安全防护眼镜，戴乳胶手套。远离火种、热源，工作场所严禁吸烟。使用防爆型的通风系统和设备。避免产生粉尘。避免与氧化剂接触。配备相应品种和数量的消防器材及泄漏应急处理设备。倒空的容器可能残留有害物
储存注意事项　储存于阴凉、通风的库房。远离火种、热源。防止阳光直射。包装密封。应与氧化剂分开存放，切忌混储。配备相应品种和数量的消防器材。储区应备有合适的材料收容泄漏物

第八部分　接触控制/个体防护

职业接触限值
　中国　未制定标准
　美国（ACGIH）　未制定标准
生物接触限值　未制定标准
监测方法　空气中有毒物质测定方法：未制定标准。生物监测检验方法：未制定标准
工程控制　生产过程密闭化。保证良好的自然通风
个体防护装备
　呼吸系统防护　空气中粉尘浓度超标时，建议佩戴过滤式防尘呼吸器。紧急事态抢救或撤离时，应该佩戴空气呼吸器
　眼睛防护　戴化学安全防护眼镜
　皮肤和身体防护　一般不需特殊防护
　手防护　戴橡胶手套

第九部分　理化特性

外观与性状　鳞片状物

pH 值　无意义　　　熔点(℃)　无资料
沸点(℃)　无资料　　相对密度(水＝1)　2.75
相对蒸气密度(空气＝1)　无资料
饱和蒸气压(kPa)　无资料
临界压力(MPa)　无资料　辛醇/水分配系数　无资料
闪点(℃)　无意义　　　自燃温度(℃)　无资料
爆炸下限(%)　无资料　爆炸上限(%)　无资料
分解温度(℃)　无资料　黏度(mPa·s)　无资料
燃烧热(kJ/mol)　无资料　临界温度(℃)　无资料
溶解性　无资料

第十部分　稳定性和反应性

稳定性　稳定
危险反应　与强氧化剂等禁配物发生反应
避免接触的条件　无资料
禁配物　强氧化剂
危险的分解产物　溴化氢

第十一部分　毒理学信息

急性毒性　LD_{50}：21500mg/kg（大鼠经口），＞15000mg/kg（小鼠经口）
皮肤刺激或腐蚀　无资料　眼睛刺激或腐蚀　无资料
呼吸或皮肤过敏　无资料　生殖细胞突变性　无资料
致癌性　IARC 致癌性评论：组 2B，对人类是可能致癌物
生殖毒性　无资料
特异性靶器官系统毒性-一次接触　无资料
特异性靶器官系统毒性-反复接触　无资料
吸入危害　无资料

第十二部分　生态学信息

生态毒性　无资料
持久性和降解性
　生物降解性　无资料
　非生物降解性　无资料
潜在的生物累积性　无资料
土壤中的迁移性　无资料

第十三部分　废弃处置

废弃化学品　建议用焚烧法处置。在能利用的地方重复使用容器或在规定场所掩埋
污染包装物　将容器返还生产商或按照国家和地方法规处置
废弃注意事项　处置前应参阅国家和地方有关法规

第十四部分　运输信息

联合国危险货物编号（UN号）　—
联合国运输名称　—　联合国危险性类别　—
包装类别　—　　　包装标志　—
海洋污染物　否
运输注意事项　起运时包装要完整，装载应稳妥。运输过程中要确保容器不泄漏、不倒塌、不坠落、不损坏。严禁与氧化剂、等混装混运。运输途中应防暴晒、雨淋，防高温。运输时运输车辆应配备相应品种和数量

的消防器材及泄漏应急处理设备。装运本品的车辆排气管须有阻火装置。中途停留时应远离火种、热源

第十五部分　法规信息

下列法律、法规、规章和标准，对该化学品的管理作了相应的规定。
中华人民共和国职业病防治法　职业病分类和目录：未列入
危险化学品安全管理条例　危险化学品目录：列入。易制爆危险化学品名录：未列入。重点监管的危险化学品名录：未列入。GB 18218—2009《危险化学品重大危险源辨识》（表1）：未列入
使用有毒物品作业场所劳动保护条例　高毒物品目录：未列入
易制毒化学品管理条例　易制毒化学品的分类和品种目录：未列入
国际公约　斯德哥尔摩公约：列入。鹿特丹公约：列入。蒙特利尔议定书：未列入

第十六部分　其他信息

编写和修订信息　缩略语和首字母缩写
培训建议　　　参考文献
免责声明

氯苯基三氯硅烷

第一部分　化学品标识

化学品中文名　氯苯基三氯硅烷
化学品英文名　chlorophenyl trichlorosilane
分子式　$C_6H_4Cl_4Si$　分子量　245.99
结构式

化学品的推荐及限制用途　用于制有机硅聚合物等

第二部分　危险性概述

紧急情况概述　造成严重的皮肤灼伤和眼损伤
GHS 危险性类别　皮肤腐蚀/刺激，类别 1；严重眼损伤/眼刺激，类别 1
标签要素

象形图

警示词　危险
危险性说明　造成严重的皮肤灼伤和眼损伤
防范说明
　预防措施　避免吸入烟雾。避免接触眼睛、皮肤，操作后彻底清洗。戴防护手套，穿防护服，戴防护眼镜、防护面罩
　事故响应　如吸入：将患者转移到空气新鲜处，休息，保持利于呼吸的体位，立即呼叫中毒控制中心或就医。皮肤（或头发）接触：立即脱掉

所有被污染的衣服，用水冲洗皮肤，淋浴。污染的衣服须洗净后方可重新使用。眼睛接触：用水细心地冲洗数分钟，立即呼叫中毒控制中心或就医。如戴隐形眼镜并可方便地取出，则取出隐形眼镜，继续冲洗。食入：漱口，不要催吐

安全储存　上锁保管

废弃处置　本品及内装物、容器依据国家和地方法规处置

物理和化学危险　可燃。遇水剧烈反应，产生有毒气体

健康危害　具强刺激性的毒物。对眼睛、皮肤和黏膜有腐蚀性。受热分解放出氯烟雾

环境危害　对环境可能有害

第三部分　成分/组成信息

√ 物质　　　　　　　混合物

组分	浓度	CAS No.
氯苯基三氯硅烷		26571-79-9

第四部分　急救措施

吸入　迅速脱离现场至空气新鲜处。保持呼吸道通畅。如呼吸困难，给输氧。呼吸、心跳停止，立即进行心肺复苏术。就医

皮肤接触　立即脱去污染的衣着，用大量流动清水彻底冲洗至少15min。就医

眼睛接触　立即分开眼睑，用流动清水或生理盐水彻底冲洗5～10min。就医

食入　用水漱口，禁止催吐。给饮牛奶或蛋清。就医

对保护施救者的忠告　根据需要使用个人防护设备

对医生的特别提示　对症处理

第五部分　消防措施

灭火剂　用干粉、二氧化碳、砂土灭火

特别危险性　遇明火、高热可燃。与氧化剂可发生反应。遇水发生剧烈反应，散发出具有刺激性和腐蚀性的氯化氢气体。受高热分解放出有毒的气体。遇潮时对大多数金属有腐蚀性。若遇高热，容器内压增大，有开裂和爆炸的危险

灭火注意事项及防护措施　消防人员必须佩戴空气呼吸器、穿全身防火防毒服，在上风向灭火。尽可能将容器从火场移至空旷处。喷水保持火场容器冷却，直至灭火结束。处在火场中的容器若已变色或从安全泄压装置中发出声音，必须马上撤离。禁止用水和泡沫灭火

第六部分　泄漏应急处理

作业人员防护措施、防护装备和应急处置程序　根据液体流动和蒸气扩散的影响区域划定警戒区，无关人员从侧风向、上风向撤离至安全区。建议应急处理人员戴正压自给式呼吸器，穿防腐、防毒服。作业时使用的所有设备应接地。穿上适当的防护服前严禁接触破裂的容器和泄漏物。尽可能切断泄漏源

环境保护措施　防止泄漏物进入水体、下水道、地下室或有限空间

泄漏化学品的收容、清除方法及所使用的处置材料　严禁用水处理。小量泄漏：用干燥的砂土或其他不燃材料覆盖泄漏物。大量泄漏：构筑围堤或挖坑收容。用碎石灰石（$CaCO_3$）、苏打灰（Na_2CO_3）或石灰（CaO）中和。用耐腐蚀泵转移至槽车或专用收集器内

第七部分　操作处置与储存

操作注意事项　密闭操作，提供充分的局部排风。防止蒸气泄漏到工作场所空气中。操作人员必须经过专门培训，严格遵守操作规程。建议操作人员佩戴自吸过滤式防毒面具（全面罩），穿橡胶耐酸碱服，戴橡胶耐酸碱手套。远离火种、热源，工作场所严禁吸烟。使用防爆型的通风系统和设备。在清除液体和蒸气前不能进行焊接、切割等作业。避免产生烟雾。避免与氧化剂接触。尤其要注意避免与水接触。配备相应品种和数量的消防器材及泄漏应急处理设备。倒空的容器可能残留有害物

储存注意事项　储存于阴凉、干燥、通风良好的库房。远离火种、热源。防止阳光直射。保持容器密封。应与氧化剂、食用化学品等分开存放，切忌混储。配备相应品种和数量的消防器材。储区应备有泄漏应急处理设备和合适的收容材料

第八部分　接触控制/个体防护

职业接触限值

中国　未制定标准

美国（ACGIH）　未制定标准

生物接触限值　未制定标准

监测方法　空气中有毒物质测定方法：未制定标准。生物监测检验方法：未制定标准

工程控制　严加密闭，提供充分的局部排风

个体防护装备

呼吸系统防护　空气中浓度超标时，必须佩戴过滤式防毒面具（全面罩）。紧急事态抢救或撤离时，应该佩戴空气呼吸器

眼睛防护　呼吸系统防护中已作防护

皮肤和身体防护　穿橡胶耐酸碱服

手防护　戴橡胶耐酸碱手套

第九部分　理化特性

外观与性状　无色至浅黄色液体，易水解，有刺激性气味

pH值　无资料　　　　　　**熔点(℃)**　无资料

沸点(℃)　230

相对密度(水=1)　1.439(25℃)

相对蒸气密度(空气=1)　无资料

饱和蒸气压(kPa)　无资料

临界压力(MPa)　无资料　　**辛醇/水分配系数**　无资料

闪点(℃)　125（OC）　　**自燃温度(℃)**　无资料

爆炸下限(%)　无资料　　**爆炸上限(%)**　无资料

分解温度(℃)　无资料　　**黏度(mPa·s)**　无资料

燃烧热(kJ/mol)　无资料　　**临界温度(℃)**　无资料

溶解性　溶于部分有机溶剂

第十部分　稳定性和反应性

稳定性　稳定

危险反应　与强氧化剂等禁配物发生反应。遇水发生剧烈反应，散发出具有刺激性和腐蚀性的氯化氢气体

避免接触的条件　潮湿空气

禁配物　强氧化剂、水

危险的分解产物　氯化氢、氧化硅

第十一部分　毒理学信息

急性毒性　无资料

皮肤刺激或腐蚀　无资料　**眼睛刺激或腐蚀**　无资料

呼吸或皮肤过敏　无资料　**生殖细胞突变性**　无资料

致癌性　无资料　　　　　**生殖毒性**　无资料

特异性靶器官系统毒性-一次接触　无资料

特异性靶器官系统毒性-反复接触　无资料

吸入危害　无资料

第十二部分　生态学信息

生态毒性　无资料

持久性和降解性

　　生物降解性　无资料

　　非生物降解性　无资料

潜在的生物累积性　无资料

土壤中的迁移性　无资料

第十三部分　废弃处置

废弃化学品　建议用焚烧法处置。在能利用的地方重复使用容器或在规定场所掩埋

污染包装物　将容器返还生产商或按照国家和地方法规处置

废弃注意事项　处置前应参阅国家和地方有关法规

第十四部分　运输信息

联合国危险货物编号（UN 号）　1753

联合国运输名称　氯苯基三氯硅烷

联合国危险性类别　8

包装类别　Ⅱ　　　　　　**包装标志**

海洋污染物　否

运输注意事项　起运时包装要完整，装载应稳妥。运输过程中要确保容器不泄漏、不倒塌、不坠落、不损坏。严禁与氧化剂、食用化学品等混装混运。运输时运输车辆应配备相应品种和数量的消防器材及泄漏应急处理设备。运输途中应防暴晒、雨淋，防高温。公路运输时要按规定路线行驶，勿在居民区和人口稠密区停留

第十五部分　法规信息

　　下列法律、法规、规章和标准，对该化学品的管理作了相应的规定。

中华人民共和国职业病防治法　职业病分类和目录：未列入

危险化学品安全管理条例　危险化学品目录：列入。易制爆危险化学品名录：未列入。重点监管的危险化学品名录：未列入。GB 18218—2009《危险化学品重大危险源辨识》（表 1）：未列入

使用有毒物品作业场所劳动保护条例　高毒物品目录：未列入

易制毒化学品管理条例　易制毒化学品的分类和品种目录：未列入

国际公约　斯德哥尔摩公约：未列入。鹿特丹公约：未列入。蒙特利尔议定书：未列入

第十六部分　其他信息

编写和修订信息　　缩略语和首字母缩写

培训建议　　　　　　参考文献

免责声明

4-氯苯甲酰氯

第一部分　化学品标识

化学品中文名　4-氯苯甲酰氯；对氯苯甲酰氯；氯化对氯苯甲酰

化学品英文名　*p*-chlorobenzoyl chloride；4-chlorobenzoyl chloride

分子式　$C_7H_4Cl_2O$　**分子量**　175.012

结构式
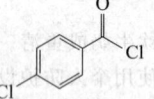

化学品的推荐及限制用途　用作农药和医药中间体

第二部分　危险性概述

紧急情况概述　吸入可能有害，造成严重的皮肤灼伤和眼损伤

GHS 危险性类别　急性毒性-吸入，类别 5；皮肤腐蚀/刺激，类别 1；严重眼损伤/眼刺激，类别 1

标签要素

　　象形图

　　警示词　危险

　　危险性说明　吸入可能有害，造成严重的皮肤灼伤和眼损伤

　　防范说明

　　　　预防措施　避免吸入粉尘或烟雾。避免接触眼睛、皮肤，操作后彻底清洗。戴防护手套，穿防护服，戴防护眼镜、防护面罩

　　　　事故响应　如吸入：将患者转移到空气新鲜处，休息，保持利于呼吸的体位，立即呼叫中毒控制中心或就医。皮肤（或头发）接触：立即脱掉所有被污染的衣服，用水冲洗皮肤，淋浴。污染的衣服须洗净后方可重新使用。眼睛接触：

用水细心地冲洗数分钟。如戴隐形眼镜并可方便地取出，则取出隐形眼镜，继续冲洗。食入：漱口，不要催吐

安全储存　上锁保管

废弃处置　本品及内装物、容器依据国家和地方法规处置

物理和化学危险　可燃。遇水产生刺激性气体

健康危害　本品有腐蚀性，眼和皮肤接触可引起灼伤。其蒸气对皮肤、眼睛和黏膜有腐蚀性。遇水会释出有毒和腐蚀性的氯化物气体

环境危害　对环境可能有害

第三部分　成分/组成信息

√ 物质　　　　　　混合物

组分	浓度	CAS No.
4-氯苯甲酰氯		122-01-0

第四部分　急救措施

吸入　迅速脱离现场至空气新鲜处。保持呼吸道通畅。如呼吸困难，给输氧。如呼吸、心跳停止，立即进行心肺复苏术。就医

皮肤接触　立即脱去污染的衣着，用大量流动清水彻底冲洗至少 15min。就医

眼睛接触　立即分开眼睑，用流动清水或生理盐水彻底冲洗 5～10min。就医

食入　用水漱口，禁止催吐。给饮牛奶或蛋清。就医

对保护施救者的忠告　根据需要使用个人防护设备

对医生的特别提示　对症处理

第五部分　消防措施

灭火剂　用干粉、二氧化碳、砂土灭火

特别危险性　遇明火、高热可燃。与强氧化剂接触可发生化学反应。吸潮或遇水会产生大量的腐蚀性烟雾。受高热分解产生有毒的腐蚀性烟气。具有腐蚀性。若遇高热，容器内压增大，有开裂和爆炸的危险

灭火注意事项及防护措施　消防人员必须穿全身耐酸碱消防服、佩戴空气呼吸器灭火。尽可能将容器从火场移至空旷处。喷水保持火场容器冷却，直至灭火结束。处在火场中的容器若已变色或从安全泄压装置中发出声音，必须马上撤离。禁止用水、泡沫和酸碱灭火剂灭火

第六部分　泄漏应急处理

作业人员防护措施、防护装备和应急处置程序　根据液体流动和蒸气扩散的影响区域划定警戒区，无关人员从侧风向、上风向撤离至安全区。消除所有点火源。建议应急处理人员戴正压自给式呼吸器，穿防酸碱服。作业时使用的所有设备应接地。穿上适当的防护服前严禁接触破裂的容器和泄漏物。尽可能切断泄漏源

环境保护措施　防止泄漏物进入水体、下水道、地下室或有限空间

泄漏化学品的收容、清除方法及所使用的处置材料　严禁用水处理。小量泄漏：用干燥的砂土或其他不燃材料

覆盖泄漏物。大量泄漏：构筑围堤或挖坑收容。用耐腐蚀泵转移至槽车或专用收集器内

第七部分　操作处置与储存

操作注意事项　密闭操作，局部排风。防止烟雾或粉尘泄漏到工作场所空气中。操作人员必须经过专门培训，严格遵守操作规程。建议操作人员佩戴自吸过滤式防毒面具（半面罩），戴化学安全防护眼镜，穿橡胶耐酸碱服，戴橡胶耐酸碱手套。远离火种、热源，工作场所严禁吸烟。使用防爆型的通风系统和设备。在清除液体和蒸气前不能进行焊接、切割等作业。避免产生蒸气或粉尘。避免与碱类、氧化剂、醇类接触。尤其要注意避免与水接触。配备相应品种和数量的消防器材及泄漏应急处理设备。倒空的容器可能残留有害物

储存注意事项　储存于阴凉、干燥、通风良好的库房。远离火种、热源。防止阳光直射。包装必须密封，切勿受潮。应与碱类、氧化剂、醇类、食用化学品等分开存放，切忌混储。配备相应品种和数量的消防器材。储区应备有泄漏应急处理设备和合适的收容材料

第八部分　接触控制/个体防护

职业接触限值

中国　未制定标准

美国（ACGIH）　未制定标准

生物接触限值　未制定标准

监测方法　空气中有毒物质测定方法：未制定标准。生物监测检验方法：未制定标准

工程控制　密闭操作，局部排风

个体防护装备

呼吸系统防护　空气中浓度超标时，必须佩戴过滤式防毒面具（半面罩）。紧急事态抢救或撤离时，应该佩戴空气呼吸器

眼睛防护　戴化学安全防护眼镜

皮肤和身体防护　穿橡胶耐酸碱服

手防护　戴橡胶耐酸碱手套

第九部分　理化特性

外观与性状　无色或微黄色透明液体或结晶

pH值　无资料	**熔点(℃)**　12～14
沸点(℃)　220～222	**相对密度(水=1)**　1.3770
相对蒸气密度(空气=1)　无资料	
饱和蒸气压(kPa)　无资料	
临界压力(MPa)　无资料	**辛醇/水分配系数**　无资料
闪点(℃)　105.0	**自燃温度(℃)**　无资料
爆炸下限(%)　无资料	**爆炸上限(%)**　无资料
分解温度(℃)　无资料	**黏度(mPa·s)**　无资料
燃烧热(kJ/mol)　无资料	**临界温度(℃)**　无资料

溶解性　不溶于水，溶于乙醇、乙醚、丙酮

第十部分　稳定性和反应性

稳定性　稳定

危险反应　与强碱、氧化剂、水及水蒸气、醇类等禁配物发生反应。吸潮或遇水会产生大量的腐蚀性烟雾

避免接触的条件　潮湿空气

禁配物　强碱、氧化剂、水及水蒸气、醇类

危险的分解产物　氯化氢、光气

第十一部分　毒理学信息

急性毒性　无资料

皮肤刺激或腐蚀　无资料　**眼睛刺激或腐蚀**　无资料

呼吸或皮肤过敏　无资料　**生殖细胞突变性**　无资料

致癌性　无资料　　　　**生殖毒性**　无资料

特异性靶器官系统毒性-一次接触　无资料

特异性靶器官系统毒性-反复接触　无资料

吸入危害　无资料

第十二部分　生态学信息

生态毒性　无资料

持久性和降解性

　　生物降解性　无资料

　　非生物降解性　无资料

潜在的生物累积性　无资料

土壤中的迁移性　无资料

第十三部分　废弃处置

废弃化学品　建议用焚烧法处置。焚烧炉排出的气体要通过洗涤器除去

污染包装物　将容器返还生产商或按照国家和地方法规处置

废弃注意事项　处置前应参阅国家和地方有关法规

第十四部分　运输信息

联合国危险货物编号（UN 号）　3265

联合国运输名称　有机酸性腐蚀性液体，未另作规定的（4-氯苯甲酰氯）

联合国危险性类别　8

包装类别　Ⅱ　　　　**包装标志**　

海洋污染物　否

运输注意事项　运输过程中要确保容器不泄漏、不倒塌、不坠落、不损坏。严禁与碱类、氧化剂、醇类、食用化学品等混装混运。运输时运输车辆应配备相应品种和数量的消防器材及泄漏应急处理设备。运输途中应防暴晒、雨淋，防高温。公路运输时要按规定路线行驶，勿在居民区和人口稠密区停留

第十五部分　法规信息

　　下列法律、法规、规章和标准，对该化学品的管理作了相应的规定。

中华人民共和国职业病防治法　职业病分类和目录：未列入

危险化学品安全管理条例　危险化学品目录：列入。易制爆危险化学品名录：未列入。重点监管的危险化学品名录：未列入。GB 18218—2009《危险化学品重大危险源辨识》（表 1）：未列入

使用有毒物品作业场所劳动保护条例　高毒物品目录：未列入

易制毒化学品管理条例　易制毒化学品的分类和品种目录：未列入

国际公约　斯德哥尔摩公约：未列入。鹿特丹公约：未列入。蒙特利尔议定书：未列入

第十六部分　其他信息

编写和修订信息　　缩略语和首字母缩写

培训建议　　　　　参考文献

免责声明

2-氯吡啶

第一部分　化学品标识

化学品中文名　2-氯吡啶

化学品英文名　2-chloropyridine；*o*-chloropyridine

分子式　C_5H_4ClN　**分子量**　113.545

结构式　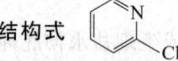

化学品的推荐及限制用途　用于有机合成

第二部分　危险性概述

紧急情况概述　可燃液体，吞咽会中毒，皮肤接触会致命

GHS 危险性类别　易燃液体，类别 4；急性毒性-经口，类别 3；急性毒性-经皮，类别 2

标签要素

象形图　

警示词　危险

危险性说明　可燃液体，吞咽会中毒，皮肤接触会致命

防范说明

　　预防措施　远离火焰和热表面。戴防护手套、防护眼镜、防护面罩，穿护服。作业场所不得进食、饮水或吸烟。避免接触眼睛、皮肤或衣服，操作后彻底清洗

　　事故响应　火灾时，使用雾状水、泡沫、干粉、二氧化碳、砂土灭火。食入：立即呼叫中毒控制中心或就医。漱口。皮肤接触：用大量肥皂水和水轻轻地清洗，立即呼叫中毒控制中心或就医

　　安全储存　存放在通风良好的地方。保持低温。上锁保管

　　废弃处置　本品及内装物、容器依据国家和地方法规处置

物理和化学危险　可燃，其蒸气与空气混合，能形成爆炸性混合物

健康危害 生产工人可发生湿疹。其蒸气和气溶胶对眼睛、黏膜、呼吸道和皮肤有刺激作用。吸入、摄入或经皮肤吸收后有致死危险

环境危害 对环境可能有害

第三部分 成分/组成信息

√ 物质　　　　　　　　混合物

组分　　　　浓度　　　CAS No.

2-氯吡啶　　　　　　　109-09-1

第四部分 急救措施

吸入 迅速脱离现场至空气新鲜处。保持呼吸道通畅。如呼吸困难，给输氧。呼吸、心跳停止，立即进行心肺复苏术。就医

皮肤接触 立即脱去污染的衣着，用流动清水彻底冲洗。就医

眼睛接触 立即分开眼睑，用流动清水或生理盐水彻底冲洗。就医

食入 饮适量温水，催吐（仅限于清醒者）。就医

对保护施救者的忠告 根据需要使用个人防护设备

对医生的特别提示 对症处理

第五部分 消防措施

灭火剂 用雾状水、泡沫、干粉、二氧化碳、砂土灭火

特别危险性 遇明火、高热可燃。与氧化剂可发生反应。受高热分解，产生有毒的氮氧化物和氯化物气体。流速过快，容易产生和积聚静电。若遇高热，容器内压增大，有开裂和爆炸的危险

灭火注意事项及防护措施 消防人员必须佩戴防毒面具、穿全身消防服，在上风向灭火。尽可能将容器从火场移至空旷处。喷水保持火场容器冷却，直至灭火结束。处在火场中的容器若已变色或从安全泄压装置中发出声音，必须马上撤离

第六部分 泄漏应急处理

作业人员防护措施、防护装备和应急处置程序 根据液体流动和蒸气扩散的影响区域划定警戒区，无关人员从侧风、上风向撤离至安全区。消除所有点火源。建议应急处理人员戴正压自给式呼吸器，穿防毒服。穿上适当的防护服前严禁接触破裂的容器和泄漏物。尽可能切断泄漏源

环境保护措施 防止泄漏物进入水体、下水道、地下室或有限空间

泄漏化学品的收容、清除方法及所使用的处置材料 小量泄漏：用干燥的砂土或其他不燃材料吸收或覆盖，收集于容器中。大量泄漏：构筑围堤或挖坑收容。用泵转移至槽车或专用收集器内

第七部分 操作处置与储存

操作注意事项 密闭操作，提供充分的局部排风。操作人员必须经过专门培训，严格遵守操作规程。建议操作人员佩戴自吸过滤式防毒面具（半面罩），戴化学安全防护眼镜，穿防毒物渗透工作服，戴橡胶手套。远离火种、热源，工作场所严禁吸烟。使用防爆型的通风系统和设备。防止蒸气泄漏到工作场所空气中。避免与氧化剂、酸类接触。充装要控制流速，防止静电积聚。搬运时要轻装轻卸，防止包装及容器损坏。配备相应品种和数量的消防器材及泄漏应急处理设备。倒空的容器可能会残留有害物

储存注意事项 储存于阴凉、通风良好的专用库房内，实行"双人收发、双人保管"制度。远离火种、热源。应与氧化剂、酸类、食用化学品分开存放，切忌混储。配备相应品种和数量的消防器材。储区应备有泄漏应急处理设备和合适的收容材料

第八部分 接触控制/个体防护

职业接触限值

中国　未制定标准

美国（ACGIH）　未制定标准

生物接触限值 未制定标准

监测方法 空气中有毒物质测定方法：未制定标准。生物监测检验方法：未制定标准

工程控制 严加密闭，提供充分的局部排风。提供安全淋浴和洗眼设备

个体防护装备

呼吸系统防护　空气中浓度超标时，必须佩戴过滤式防毒面具（半面罩）。紧急事态抢救或撤离时，应该佩戴空气呼吸器

眼睛防护　戴化学安全防护眼镜

皮肤和身体防护　穿防毒物渗透工作服

手防护　戴橡胶手套

第九部分 理化特性

外观与性状 无色透明油状液体

pH 值 无资料　　　　　**熔点（℃）** 无资料

沸点（℃） 170　　　　　**相对密度（水＝1）** 1.21

相对蒸气密度（空气＝1） 无资料

饱和蒸气压（kPa） 0.226（20℃）

临界压力（MPa） 无资料　　**辛醇/水分配系数** 无资料

闪点（℃） 65.0　　　　**自燃温度（℃）** 无资料

爆炸下限（%） 无资料　　**爆炸上限（%）** 无资料

分解温度（℃） 无资料　　**黏度（mPa·s）** 无资料

燃烧热（kJ/mol） 无资料　**临界温度（℃）** 无资料

溶解性 溶于芳烃、卤代烃

第十部分 稳定性和反应性

稳定性 稳定

危险反应 与强氧化剂、强碱等禁配物发生反应

避免接触的条件 无资料

禁配物 强氧化剂、强酸

危险的分解产物 氮氧化物、氯化氢

第十一部分 毒理学信息

急性毒性 LD$_{50}$：110mg/kg（小鼠经口）；64mg/kg（兔经皮）

皮肤刺激或腐蚀 无资料　**眼睛刺激或腐蚀** 无资料

呼吸或皮肤过敏　无资料

生殖细胞突变性　性染色体缺失和不分离：酿酒酵母4000ppm。微核试验和细胞遗传学分析：小鼠淋巴细胞1920mg/L。哺乳动物体细胞突变：小鼠淋巴细胞1980mg/L

致癌性　无资料　　　　生殖毒性　无资料

特异性靶器官系统毒性-一次接触　无资料

特异性靶器官系统毒性-反复接触　无资料

吸入危害　无资料

第十二部分　生态学信息

生态毒性　无资料

持久性和降解性

　　生物降解性　无资料

　　非生物降解性　无资料

潜在的生物累积性　无资料

土壤中的迁移性　无资料

第十三部分　废弃处置

废弃化学品　建议用焚烧法处置。与燃料混合后，再焚烧。焚烧炉排出的气体要通过洗涤器除去

污染包装物　将容器返还生产商或按照国家和地方法规处置

废弃注意事项　处置前应参阅国家和地方有关法规

第十四部分　运输信息

联合国危险货物编号（UN号）　2822

联合国运输名称　2-氯吡啶

联合国危险性类别　6.1

包装类别　Ⅱ　　　　　包装标志

海洋污染物　否

运输注意事项　运输前应先检查包装容器是否完整、密封，运输过程中要确保容器不泄漏、不倒塌、不坠落、不损坏。严禁与酸类、氧化剂、食品及食品添加剂混运。运输时运输车辆应配备相应品种和数量的消防器材及泄漏应急处理设备。运输途中应防暴晒、雨淋，防高温。公路运输时要按规定路线行驶

第十五部分　法规信息

　　下列法律、法规、规章和标准，对该化学品的管理作了相应的规定。

中华人民共和国职业病防治法　职业病分类和目录：未列入

危险化学品安全管理条例　危险化学品目录：列入。易制爆危险化学品名录：未列入。重点监管的危险化学品名录：未列入。GB 18218—2009《危险化学品重大危险源辨识》（表1）：未列入

使用有毒物品作业场所劳动保护条例　高毒物品目录：未列入

易制毒化学品管理条例　易制毒化学品的分类和品种目录：未列入

国际公约　斯德哥尔摩公约：未列入。鹿特丹公约：未列入。蒙特利尔议定书：未列入

第十六部分　其他信息

编写和修订信息　　　　缩略语和首字母缩写

培训建议　　　　　　　参考文献

免责声明

4-氯苄基氯

第一部分　化学品标识

化学品中文名　4-氯苄基氯；4-氯苯甲基氯；对氯苄基氯；对氯苯甲基氯；1-氯-4-氯甲苯

化学品英文名　4-chlorobenzyl chloride；1-chloro-4-chloromethylbenzene

分子式　$C_7H_6Cl_2$　分子量　161.029

结构式　

化学品的推荐及限制用途　用于有机合成

第二部分　危险性概述

紧急情况概述　吞咽有害，皮肤接触有害，可能导致皮肤过敏反应，可能引起昏昏欲睡或眩晕

GHS危险性类别　急性毒性-经口，类别4；急性毒性-经皮，类别4；皮肤致敏物，类别1；特异性靶器官毒性——次接触，类别3（麻醉效应）；危害水生环境-急性危害，类别2；危害水生环境-长期危害，类别2

标签要素

象形图

警示词　警告

危险性说明　吞咽有害，皮肤接触有害，可能导致皮肤过敏反应，可能引起昏昏欲睡或眩晕，对水生生物有毒并具有长期持续影响

防范说明

预防措施　避免接触眼睛、皮肤，操作后彻底清洗。作业场所不得进食、饮水或吸烟。戴防护手套，穿防护服。避免吸入粉尘。污染的工作服不得带出工作场所。禁止排入环境

事故响应　皮肤接触：用大量肥皂水和水清洗，如感觉不适，呼叫中毒控制中心或就医。被污染的衣服必须经洗净后方可重新使用。如出现皮肤刺激或皮疹：就医。食入：如果感觉不适，立即呼叫中毒控制中心或就医。漱口。收集泄漏物

安全储存　—

废弃处置　本品及内装物、容器依据国家和地方法规处置

物理和化学危险　可燃，其粉体与空气混合，能形成爆炸性混合物

健康危害 对眼睛和皮肤有刺激作用。对皮肤有致敏性

环境危害 对水生生物有毒并具有长期持续影响

第三部分　成分/组成信息

√ 物质　　　　　　　混合物

组分	浓度	CAS No.
4-氯苄基氯		104-83-6

第四部分　急救措施

吸入 迅速脱离现场至空气新鲜处。保持呼吸道通畅。如呼吸困难，给输氧。呼吸、心跳停止，立即进行心肺复苏术。就医

皮肤接触 立即脱去污染的衣着，用流动清水彻底冲洗。就医

眼睛接触 立即分开眼睑，用流动清水或生理盐水彻底冲洗。就医

食入 漱口，饮水。就医

对保护施救者的忠告 根据需要使用个人防护设备

对医生的特别提示 对症处理

第五部分　消防措施

灭火剂 用雾状水、泡沫、干粉、二氧化碳、砂土灭火

特别危险性 遇明火能燃烧。受高热分解放出有毒的气体。遇水或水蒸气反应放热并产生有毒的腐蚀性气体

灭火注意事项及防护措施 消防人员必须佩戴防毒面具、穿全身消防服，在上风向灭火。尽可能将容器从火场移至空旷处。喷水保持火场容器冷却，直至灭火结束

第六部分　泄漏应急处理

作业人员防护措施、防护装备和应急处置程序 隔离泄漏污染区，限制出入。消除所有点火源。建议应急处理人员戴防尘口罩，穿防毒服。穿上适当的防护服前严禁接触破裂的容器和泄漏物。尽可能切断泄漏源

环境保护措施 用塑料布覆盖泄漏物，减少飞散

泄漏化学品的收容、清除方法及所使用的处置材料 勿使水进入包装容器内。用洁净的铲子收集泄漏物，置于干净、干燥、盖子较松的容器中，将容器移离泄漏区

第七部分　操作处置与储存

操作注意事项 密闭操作，局部排风。操作人员必须经过专门培训，严格遵守操作规程。建议操作人员佩戴自吸过滤式防尘口罩，戴化学安全防护眼镜，穿防毒物渗透工作服，戴乳胶手套。远离火种、热源、工作场所严禁吸烟。使用防爆型的通风系统和设备。避免与氧化剂、碱类接触。搬运时要轻装轻卸，防止包装及容器损坏。配备相应品种和数量的消防器材及泄漏应急处理设备。倒空的容器可能残留有害物

储存注意事项 储存于阴凉、干燥、通风良好的库房。远离火种、热源。保持容器密封。应与氧化剂、碱类、食用化学品分开存放，切忌混储。配备相应品种和数量的消防器材。储区应备有合适的材料收容泄漏物

第八部分　接触控制/个体防护

职业接触限值

中国　未制定标准

美国（ACGIH）　未制定标准

生物接触限值 未制定标准

监测方法 空气中有毒物质测定方法：未制定标准。生物监测检验方法：未制定标准

工程控制 密闭操作，局部排风。提供安全淋浴和洗眼设备

个体防护装备

呼吸系统防护　空气中粉尘浓度超标时，建议佩戴过滤式防尘呼吸器。紧急事态抢救或撤离时，应该佩戴空气呼吸器

眼睛防护　戴化学安全防护眼镜

皮肤和身体防护　穿防毒物渗透工作服

手防护　戴橡胶手套

第九部分　理化特性

外观与性状 白色固体		**pH 值** 无意义	
熔点（℃） 28～30		**沸点（℃）** 216～222	
相对密度（水＝1） 无资料			
相对蒸气密度（空气＝1） 无资料			
饱和蒸气压（kPa） 无资料			
临界压力（MPa） 无资料		**辛醇/水分配系数** 无资料	
闪点（℃） 97.78		**自燃温度（℃）** 无资料	
爆炸下限（%） 无资料		**爆炸上限（%）** 无资料	
分解温度（℃） 无资料		**黏度（mPa·s）** 无资料	
燃烧热（kJ/mol） 无资料		**临界温度（℃）** 无资料	
溶解性 微溶于苯等多数有机溶剂			

第十部分　稳定性和反应性

稳定性 稳定

危险反应 与强氧化剂、碱类、胺类等禁配物发生反应。遇水或水蒸气反应放热并产生有毒的腐蚀性气体

避免接触的条件 潮湿空气

禁配物 强氧化剂、碱类、胺类、水、醇类

危险的分解产物 氯化氢

第十一部分　毒理学信息

急性毒性 LD_{50}：1075mg/kg（大鼠，途径不详）

皮肤刺激或腐蚀 无资料　**眼睛刺激或腐蚀** 无资料

呼吸或皮肤过敏 无资料　**生殖细胞突变性** 无资料

致癌性 无资料　　**生殖毒性** 无资料

特异性靶器官系统毒性--次接触 无资料

特异性靶器官系统毒性-反复接触 无资料

吸入危害 无资料

第十二部分　生态学信息

生态毒性 LC_{50}：2.24～2.5mg/L（96h）（高体雅罗鱼）

持久性和降解性

生物降解性　不易快速生物降解

非生物降解性　无资料

潜在的生物累积性 根据 K_{ow} 值预测，该物质可能有一定的生物累积性

土壤中的迁移性 根据 K_{oc} 值预测，该物质可能有一定的迁移性

第十三部分　废弃处置

废弃化学品　建议用焚烧法处置。与燃料混合后，再焚烧。焚烧炉排出的卤化氢通过酸洗涤器除去

污染包装物　将容器返还生产商或按照国家和地方法规处置

废弃注意事项　处置前应参阅国家和地方有关法规

第十四部分　运输信息

联合国危险货物编号（UN 号）　2235（液态）；3427（固态）

联合国运输名称　氯苯甲基氯（液态）；固态氯苯甲基氯（固态）

联合国危险性类别　6.1

包装类别　Ⅲ　　　　**包装标志**

海洋污染物　是

运输注意事项　运输前应先检查包装容器是否完整、密封，运输过程中要确保容器不泄漏、不倒塌、不坠落、不损坏。严禁与酸类、氧化剂、食品及食品添加剂混运。运输途中应防暴晒、雨淋，防高温

第十五部分　法规信息

下列法律、法规、规章和标准，对该化学品的管理作了相应的规定。

中华人民共和国职业病防治法　职业病分类和目录：未列入

危险化学品安全管理条例　危险化学品目录：列入。易制爆危险化学品名录：未列入。重点监管的危险化学品名录：未列入。GB 18218—2009《危险化学品重大危险源辨识》（表 1）：未列入

使用有毒物品作业场所劳动保护条例　高毒物品目录：未列入

易制毒化学品管理条例　易制毒化学品的分类和品种目录：未列入

国际公约　斯德哥尔摩公约：未列入。鹿特丹公约：未列入。蒙特利尔议定书：未列入

第十六部分　其他信息

编写和修订信息　　　**缩略语和首字母缩写**

培训建议　　　　　　**参考文献**

免责声明

1-氯-2-丙醇

第一部分　化学品标识

化学品中文名　1-氯-2-丙醇；氯异丙醇

化学品英文名　1-chloro-2-propanol；*sec*-propylene chlorohydrin

分子式　C_3H_7ClO　**分子量**　94.54

结构式　
OH
|
　／＼／Cl

化学品的推荐及限制用途　用于有机合成

第二部分　危险性概述

紧急情况概述　易燃液体和蒸气，吞咽会中毒，皮肤接触会中毒，吸入致命

GHS 危险性类别　易燃液体，类别 3；急性毒性-经口，类别 3；急性毒性-经皮，类别 3；急性毒性-吸入，类别 2

标签要素

象形图　

警示词　危险

危险性说明　易燃液体和蒸气，吞咽会中毒，皮肤接触会中毒，吸入致命

防范说明

　　预防措施　远离热源、火花、明火、热表面。保持容器密闭。容器和接收设备接地连接。使用防爆型电器、通风、照明设备。只能使用不产生火花的工具。采取防止静电措施。穿防护服、戴防护手套、防护眼镜、防护面罩。避免接触眼睛、皮肤，操作后彻底清洗。作业场所不得进食、饮水或吸烟。避免吸入蒸气、雾。仅在室外或通风良好处操作。戴呼吸防护器具

　　事故响应　火灾时，使用雾状水、泡沫、干粉、二氧化碳、砂土灭火。如吸入：将患者转移到空气新鲜处，休息，保持利于呼吸的体位，立即呼叫中毒控制中心或就医。皮肤接触：用大量肥皂水和水清洗。如感觉不适，呼叫中毒控制中心或就医。立即脱去所有被污染的衣服，被污染的衣服必须经洗净后方可重新使用。食入：立即呼叫中毒控制中心或就医。漱口

　　安全储存　存放在通风良好的地方。保持低温。保持容器密闭。上锁保管

　　废弃处置　本品及内装物、容器依据国家和地方法规处置

物理和化学危险　易燃，其蒸气与空气混合，能形成爆炸性混合物

健康危害　蒸气或雾对眼、黏膜和上呼吸道有刺激性。对皮肤有刺激性

环境危害　对环境可能有害

第三部分　成分/组成信息

√　物质　　　　　　　　　　混合物

组分	浓度	CAS No.
1-氯-2-丙醇		127-00-4

第四部分　急救措施

吸入　迅速脱离现场至空气新鲜处。保持呼吸道通畅。如呼吸困难，给输氧。呼吸、心跳停止，立即进行心肺复苏术。就医

皮肤接触　立即脱去污染的衣着，用流动清水彻底冲洗。就医

眼睛接触 立即分开眼睑，用流动清水或生理盐水彻底冲洗。就医

食入 漱口，饮水。就医

对保护施救者的忠告 根据需要使用个人防护设备

对医生的特别提示 对症处理

第五部分 消防措施

灭火剂 用雾状水、泡沫、干粉、二氧化碳、砂土灭火

特别危险性 遇明火、高热易燃。与氧化剂可发生反应。受热分解产生有毒的氯化物气体。若遇高热，容器内压增大，有开裂和爆炸的危险

灭火注意事项及防护措施 消防人员必须佩戴防毒面具、穿全身消防服，在上风向灭火。尽可能将容器从火场移至空旷处。喷水保持火场容器冷却，直至灭火结束。处在火场中的容器若已变色或从安全泄压装置中发出声音，必须马上撤离

第六部分 泄漏应急处理

作业人员防护措施、防护装备和应急处置程序 根据液体流动和蒸气扩散的影响区域划定警戒区，无关人员从侧风、上风向撤离至安全区。消除所有点火源。建议应急处理人员戴正压自给式呼吸器，穿防毒、防静电服。穿上适当的防护服前严禁接触破裂的容器和泄漏物。尽可能切断泄漏源

环境保护措施 防止泄漏物进入水体、下水道、地下室或有限空间

泄漏化学品的收容、清除方法及所使用的处置材料 小量泄漏：用干燥的砂土或其他不燃材料吸收或覆盖，收集于容器中。大量泄漏：构筑围堤或挖坑收容。用防爆泵转移至槽车或专用收集器内

第七部分 操作处置与储存

操作注意事项 密闭操作，提供充分的局部排风。操作人员必须经过专门培训，严格遵守操作规程。建议操作人员佩戴自吸过滤式防毒面具（半面罩），戴化学安全防护眼镜，穿防毒物渗透工作服，戴橡胶手套。远离火种、热源，工作场所严禁吸烟。使用防爆型的通风系统和设备。防止蒸气泄漏到工作场所空气中。避免与氧化剂、酸类、碱类接触。搬运时要轻装轻卸，防止包装及容器损坏。配备相应品种和数量的消防器材及泄漏应急处理设备。倒空的容器可能残留有害物

储存注意事项 储存于阴凉、通风的库房。远离火种、热源。应与氧化剂、酸类、碱类、食用化学品分开存放，切忌混储。采用防爆型照明、通风设施。禁止使用易产生火花的机械设备和工具。储区应备有泄漏应急处理设备和合适的收容材料

第八部分 接触控制/个体防护

职业接触限值

中国 未制定标准

美国（ACGIH） TLV-TWA：1ppm［皮］

生物接触限值 未制定标准

监测方法 空气中有毒物质测定方法：未制定标准。生物

监测检验方法：未制定标准

工程控制 严加密闭，提供充分的局部排风。提供安全淋浴和洗眼设备

个体防护装备

呼吸系统防护 空气中浓度超标时，必须佩戴自吸过滤式防毒面具（半面罩）。紧急事态抢救或撤离时，应该佩戴空气呼吸器

眼睛防护 戴化学安全防护眼镜

皮肤和身体防护 穿防毒物渗透工作服

手防护 戴橡胶手套

第九部分 理化特性

外观与性状 无色透明液体，略有气味

pH 值 无资料		**熔点(℃)** 无资料	
沸点(℃) 127		**相对密度(水=1)** 1.11	
相对蒸气密度(空气=1) 3.26			
饱和蒸气压(kPa) 0.65（20℃）			
临界压力(MPa) 无资料		**辛醇/水分配系数** 无资料	
闪点(℃) 51.7		**自燃温度(℃)** 无资料	
爆炸下限(%) 无资料		**爆炸上限(%)** 无资料	
分解温度(℃) 无资料		**黏度(mPa·s)** 4.67（20℃）	
燃烧热(kJ/mol) 无资料		**临界温度(℃)** 无资料	

溶解性 溶于水

第十部分 稳定性和反应性

稳定性 稳定

危险反应 与强氧化剂、强酸、强碱、酸酐、酰氯等禁配物接触，有发生火灾和爆炸的危险

避免接触的条件 受热、潮湿空气

禁配物 强氧化剂、强酸、强碱、酸酐、酰氯

危险的分解产物 氯化氢

第十一部分 毒理学信息

急性毒性 属低毒类，对眼有强烈刺激作用。LD$_{50}$：100mg/kg（大鼠经口）；300mg/kg（小鼠经口）；430mg/kg（兔经皮）。LC$_{50}$：1000ppm（大鼠吸入，4h）

皮肤刺激或腐蚀 无资料 **眼睛刺激或腐蚀** 无资料

呼吸或皮肤过敏 无资料

生殖细胞突变性 微生物致突变：鼠伤寒沙门氏菌1100μg/皿

致癌性 美国工业卫生学家会议（ACGIH）：未分类为人类致癌物

生殖毒性 无资料

特异性靶器官系统毒性--一次接触 无资料

特异性靶器官系统毒性-反复接触 大鼠吸入 0.39g/m³，每天 6h，连续 15d，未见毒性反应，尸检可见肺充血和血管周围水肿

吸入危害 无资料

第十二部分 生态学信息

生态毒性 无资料

持久性和降解性

生物降解性 无资料

非生物降解性　无资料

潜在的生物累积性　无资料

土壤中的迁移性　无资料

第十三部分　废弃处置

废弃化学品　建议用焚烧法处置。与燃料混合后，再焚烧。焚烧炉排出的卤化氢通过酸洗涤器除去

污染包装物　将容器返还生产商或按照国家和地方法规处置

废弃注意事项　处置前应参阅国家和地方有关法规

第十四部分　运输信息

联合国危险货物编号（UN号）　2611

联合国运输名称　丙氯醇

联合国危险性类别　6.1，3

包装类别　Ⅱ

包装标志

海洋污染物　否

运输注意事项　运输前应先检查包装容器是否完整、密封，运输过程中要确保容器不泄漏、不倒塌、不坠落、不损坏。严禁与酸类、氧化剂、食品及食品添加剂混装。运输时运输车辆应配备相应品种和数量的消防器材及泄漏应急处理设备。运输途中应防暴晒、雨淋，防高温。运输时所用的槽（罐）车应有接地链，槽内可设孔隔板以减少震荡产生的静电。中途停留时应远离火种、热源。公路运输时要按规定路线行驶

第十五部分　法规信息

下列法律、法规、规章和标准，对该化学品的管理作了相应的规定。

中华人民共和国职业病防治法　职业病分类和目录：未列入

危险化学品安全管理条例　危险化学品目录：列入。易制爆危险化学品名录：未列入。重点监管的危险化学品名录：未列入。GB 18218—2009《危险化学品重大危险源辨识》（表1）：未列入

使用有毒物品作业场所劳动保护条例　高毒物品目录：未列入

易制毒化学品管理条例　易制毒化学品的分类和品种目录：未列入

国际公约　斯德哥尔摩公约：未列入。鹿特丹公约：未列入。蒙特利尔议定书：未列入

第十六部分　其他信息

编写和修订信息　　　**缩略语和首字母缩写**

培训建议　　　　　　**参考文献**

免责声明

2-氯-1-丙醇

第一部分　化学品标识

化学品中文名　2-氯-1-丙醇；2-氯-1-羟基丙烷

化学品英文名　2-chloro-1-propanol；propylene chlorohydrin

分子式　C_3H_7ClO　**分子量**　94.5

结构式

化学品的推荐及限制用途　是制造环氧丙烷的重要中间体，也广泛用于聚酯树脂生产

第二部分　危险性概述

紧急情况概述　易燃液体和蒸气，吞咽会中毒，皮肤接触会中毒，吸入致命

GHS危险性类别　易燃液体，类别3；急性毒性-经口，类别3；急性毒性-经皮，类别3；急性毒性-吸入，类别2

标签要素

象形图

警示词　危险

危险性说明　易燃液体和蒸气，吞咽会中毒，皮肤接触会中毒，吸入致命

防范说明

预防措施　远离热源、火花、明火、热表面。保持容器密闭。容器和接收设备接地连接。使用防爆型电器、通风、照明设备。只能使用不产生火花的工具。采取防止静电措施。戴防护手套、防护眼镜、防护面罩，穿防护服。避免接触眼睛、皮肤，操作后彻底清洗。作业场所不得进食、饮水或吸烟。避免吸入蒸气、雾。仅在室外或通风良好处操作。戴呼吸防护器具

事故响应　火灾时，使用雾状水、泡沫、干粉、二氧化碳、砂土灭火。如吸入：将患者转移到空气新鲜处，休息，保持利于呼吸的体位。皮肤接触：用大量肥皂水和水清洗，立即脱去所有被污染的衣服。如感觉不适，呼叫中毒控制中心或就医。被污染的衣服必须经洗净后方可重新使用。食入：立即呼叫中毒控制中心或就医，漱口

安全储存　存放在通风良好的地方。保持低温。保持容器密闭。上锁保管

废弃处置　本品及内装物、容器依据国家和地方法规处置

物理和化学危险　易燃，其蒸气与空气混合，能形成爆炸性混合物

健康危害　对眼有刺激性。可引起皮肤刺激

环境危害　对环境可能有害

第三部分　成分/组成信息

√ 物质　　　　　　　　　　混合物

组分	浓度	CAS No.
2-氯-1-丙醇		78-89-7

第四部分　急救措施

吸入　迅速脱离现场至空气新鲜处。保持呼吸道通畅。如呼吸困难，给输氧。呼吸、心跳停止，立即进行心肺复苏术。就医

皮肤接触　立即脱去污染的衣着，用流动清水彻底冲洗。就医

眼睛接触　立即分开眼睑，用流动清水或生理盐水彻底冲洗。就医

食入　漱口，饮水。就医

对保护施救者的忠告　根据需要使用个人防护设备

对医生的特别提示　对症处理

第五部分　消防措施

灭火剂　用雾状水、泡沫、干粉、二氧化碳、砂土灭火

特别危险性　遇高热、明火有引起燃烧的危险。受高热分解放出有毒的气体。若遇高热，容器内压增大，有开裂和爆炸的危险

灭火注意事项及防护措施　消防人员必须佩戴防毒面具、穿全身消防服，在上风向灭火。尽可能将容器从火场移至空旷处。喷水保持火场容器冷却，直至灭火结束。处在火场中的容器若已变色或从安全泄压装置中发出声音，必须马上撤离

第六部分　泄漏应急处理

作业人员防护措施、防护装备和应急处置程序　根据液体流动和蒸气扩散的影响区域划定警戒区，无关人员从侧风、上风向撤至安全区。消除所有点火源。建议应急处理人员戴正压自给式呼吸器，穿防毒、防静电服。作业时使用的所有设备应接地。禁止接触或跨越泄漏物。尽可能切断泄漏源

环境保护措施　防止泄漏物进入水体、下水道、地下室或有限空间

泄漏化学品的收容、清除方法及所使用的处置材料　小量泄漏：用砂土或其他不燃材料吸收。使用洁净的无火花工具收集吸收材料。大量泄漏：构筑围堤或挖坑收容。用泡沫覆盖，减少蒸发。喷水雾能减少蒸发，但不能降低泄漏物在有限空间内的易燃性。用防爆泵转移至槽车或专用收集器内

第七部分　操作处置与储存

操作注意事项　密闭操作，提供充分的局部排风。操作人员必须经过专门培训，严格遵守操作规程。建议操作人员佩戴自吸过滤式防毒面具（半面罩），戴化学安全防护眼镜，穿防毒物渗透工作服，戴橡胶手套。远离火种、热源，工作场所严禁吸烟。使用防爆型的通风系统和设备。防止蒸气泄漏到工作场所空气中。避免与氧化剂、碱类接触。搬运时要轻装轻卸，防止包装及容器损坏。配备相应品种和数量的消防器材及泄漏应急处理设备。倒空的容器可能残留有害物

储存注意事项　储存于阴凉、干燥、通风良好的库房。远离火种、热源。保持容器密封。应与氧化剂、碱类、食用化学品分开存放，切忌混储。采用防爆型照明、通风设施。禁止使用易产生火花的机械设备和工具。储区应备有泄漏应急处理设备和合适的收容材料

第八部分　接触控制/个体防护

职业接触限值
中国　未制定标准
美国（ACGIH）　TLV-TWA：1ppm［皮］

生物接触限值　未制定标准

监测方法　空气中有毒物质测定方法：未制定标准。生物监测检验方法：未制定标准

工程控制　严加密闭，提供充分的局部排风。提供安全淋浴和洗眼设备

个体防护装备
呼吸系统防护　空气中浓度超标时，必须佩戴过滤式防毒面具（半面罩）。紧急事态抢救或撤离时，应该佩戴空气呼吸器
眼睛防护　戴化学安全防护眼镜
皮肤和身体防护　穿防毒物渗透工作服
手防护　戴橡胶手套

第九部分　理化特性

外观与性状　稍带醚臭的无色液体

pH 值　无资料	**熔点（℃）**　无资料
沸点（℃）　133	**相对密度（水=1）**　1.11
相对蒸气密度（空气=1）　无资料	
饱和蒸气压（kPa）　无资料	
临界压力（MPa）　无资料	**辛醇/水分配系数**　无资料
闪点（℃）　44	**自燃温度（℃）**　无资料
爆炸下限（%）　无资料	**爆炸上限（%）**　无资料
分解温度（℃）　无资料	**黏度（mPa·s）**　无资料
燃烧热（kJ/mol）　无资料	**临界温度（℃）**　无资料

溶解性　可混溶于多数有机溶剂

第十部分　稳定性和反应性

稳定性　稳定

危险反应　与强氧化剂、酰基氯、酸酐、强碱等禁配物发生反应

避免接触的条件　潮湿空气

禁配物　强氧化剂、酰基氯、酸酐、强碱

危险的分解产物　氯化氢

第十一部分　毒理学信息

急性毒性　LD$_{50}$：218mg/kg（大鼠经口）；300mg/kg（小鼠经口）；430mg/kg（兔经皮）。LC$_{50}$：1550mg/m³（大鼠吸入，4h）

皮肤刺激或腐蚀　无资料

眼睛刺激或腐蚀　对眼有强烈刺激作用

呼吸或皮肤过敏　无资料　　**生殖细胞突变性**　无资料

致癌性　美国工业卫生会议（ACGIH）：未分类为人类致癌物

生殖毒性　无资料

特异性靶器官系统毒性-一次接触　无资料

特异性靶器官系统毒性-反复接触　大鼠吸入 0.39g/m³，

每天 6h，连续 15d，未见毒性反应，尸检可见肺充血和血管周围水肿

吸入危害　无资料

第十二部分　生态学信息

生态毒性　无资料

持久性和降解性

　　生物降解性　无资料

　　非生物降解性　无资料

潜在的生物累积性　根据 K_{ow} 值预测，该物质的生物累积性可能较弱

土壤中的迁移性　根据 K_{oc} 值预测，该物质可能易发生迁移

第十三部分　废弃处置

废弃化学品　建议用焚烧法处置。与燃料混合后，再焚烧。焚烧炉排出的卤化氢通过酸洗涤器除去

污染包装物　将容器返还生产商或按照国家和地方法规处置

废弃注意事项　处置前应参阅国家和地方有关法规

第十四部分　运输信息

联合国危险货物编号（UN 号）　2611

联合国运输名称　丙氯醇

联合国危险性类别　6.1，3

包装类别　Ⅱ

包装标志　

海洋污染物　否

运输注意事项　运输前应先检查包装容器是否完整、密封，运输过程中要确保容器不泄漏、不倒塌、不坠落、不损坏。严禁与酸类、氧化剂、食品及食品添加剂混运。运输时运输车辆应配备相应品种和数量的消防器材及泄漏应急处理设备。运输途中应防暴晒、雨淋，防高温。运输时所用的槽（罐）车应有接地链，槽内可设孔隔板以减少震荡产生的静电。中途停留时应远离火种、热源。公路运输时要按规定路线行驶

第十五部分　法规信息

　　下列法律、法规、规章和标准，对该化学品的管理作了相应的规定。

中华人民共和国职业病防治法　职业病分类和目录：未列入

危险化学品安全管理条例　危险化学品目录：列入。易制爆危险化学品名录：未列入。重点监管的危险化学品名录：未列入。GB 18218—2009《危险化学品重大危险源辨识》（表1）：未列入

使用有毒物品作业场所劳动保护条例　高毒物品目录：未列入

易制毒化学品管理条例　易制毒化学品的分类和品种目录：未列入

国际公约　斯德哥尔摩公约：未列入。鹿特丹公约：未列入。蒙特利尔议定书：未列入

第十六部分　其他信息

编写和修订信息　　**缩略语和首字母缩写**

培训建议　　**参考文献**

免责声明

3-氯-1-丙醇

第一部分　化学品标识

化学品中文名　3-氯-1-丙醇；三亚甲基氯醇

化学品英文名　3-chloro-1-propanol；trimethylene chlorohydrin

分子式　C_3H_7ClO　**分子量**　94.54

结构式　

化学品的推荐及限制用途　用于有机合成

第二部分　危险性概述

紧急情况概述　可燃液体，吞咽会中毒，造成皮肤刺激，造成严重眼刺激，可能引起呼吸道刺激

GHS 危险性类别　易燃液体，类别 4；急性毒性-经口，类别 3；皮肤腐蚀/刺激，类别 2；严重眼损伤/眼刺激，类别 2；特异性靶器官毒性——次接触，类别 3（呼吸道刺激）

标签要素

象形图　

警示词　危险

危险性说明　可燃液体，吞咽会中毒，造成皮肤刺激，造成严重眼刺激，可能引起呼吸道刺激

防范说明

　　预防措施　远离火焰和热表面。戴防护手套、防护眼镜、防护面罩。避免接触眼睛、皮肤，操作后彻底清洗。作业场所不得进食、饮水或吸烟

　　事故响应　火灾时，使用雾状水、泡沫、干粉、二氧化碳、砂土灭火。皮肤接触：用大量肥皂水和水清洗，脱去被污染的衣服，衣服经洗净后方可重新使用。如发生皮肤刺激，就医。如接触眼睛：用水细心冲洗数分钟。如戴隐形眼镜并可方便地取出，取出隐形眼镜，继续冲洗。如果眼睛刺激持续，就医。食入：立即呼叫中毒控制中心或就医，漱口

　　安全储存　存放在通风良好的地方。保持低温。上锁保管

　　废弃处置　本品及内装物、容器依据国家和地方法规处置

物理和化学危险　可燃，其蒸气与空气混合，能形成爆炸性混合物

健康危害　蒸气或雾对眼、黏膜和上呼吸道有刺激性。对皮肤有刺激性

环境危害 对环境可能有害

第三部分 成分/组成信息

√ 物质   混合物
组分   浓度   CAS No.
3-氯-1-丙醇   627-30-5

第四部分 急救措施

吸入 迅速脱离现场至空气新鲜处。保持呼吸道通畅。如呼吸困难，给输氧。呼吸、心跳停止，立即进行心肺复苏术。就医

皮肤接触 立即脱去污染的衣着，用流动清水彻底冲洗。就医

眼睛接触 立即分开眼睑，用流动清水或生理盐水彻底冲洗。就医

食入 漱口，饮水。就医

对保护施救者的忠告 根据需要使用个人防护设备
对医生的特别提示 对症处理

第五部分 消防措施

灭火剂 用雾状水、泡沫、干粉、二氧化碳、砂土灭火

特别危险性 遇高热、明火有引起燃烧的危险。受高热分解放出有毒的气体。若遇高热，容器内压增大，有开裂和爆炸的危险

灭火注意事项及防护措施 消防人员必须佩戴防毒面具、穿全身消防服，在上风向灭火。尽可能将容器从火场移至空旷处。喷水保持火场容器冷却，直至灭火结束。处在火场中的容器若已变色或从安全泄压装置中发出声音，必须马上撤离

第六部分 泄漏应急处理

作业人员防护措施、防护装备和应急处置程序 根据液体流动和蒸气扩散的影响区域划定警戒区，无关人员从侧风向、上风向撤离至安全区。消除所有点火源。建议应急处理人员戴正压自给式呼吸器，穿防毒服。穿上适当的防护服前严禁接触破裂的容器和泄漏物。尽可能切断泄漏源

环境保护措施 防止泄漏物进入水体、下水道、地下室或有限空间

泄漏化学品的收容、清除方法及所使用的处置材料 小量泄漏：用干燥的砂土或其他不燃材料吸收或覆盖，收集于容器中。大量泄漏：构筑围堤或挖坑收容。用泵转移至槽车或专用收集器内

第七部分 操作处置与储存

操作注意事项 密闭操作，提供充分的局部排风。操作人员必须经过专门培训，严格遵守操作规程。建议操作人员佩戴自吸过滤式防毒面具（半面罩），戴化学安全防护眼镜，穿防毒物渗透工作服，戴橡胶手套。远离火种、热源，工作场所严禁吸烟。使用防爆型的通风系统和设备。防止蒸气泄漏到工作场所空气中。避免与氧化剂、酸类、碱类接触。搬运时要轻装轻卸，防止包装及容器损坏。配备相应品种

和数量的消防器材及泄漏应急处理设备。倒空的容器可能残留有害物

储存注意事项 储存于阴凉、干燥、通风良好的库房。远离火种、热源。保持容器密封。应与氧化剂、酸类、碱类分开存放，切忌混储。配备相应品种和数量的消防器材。储区应备有泄漏应急处理设备和合适的收容材料

第八部分 接触控制/个体防护

职业接触限值
中国   未制定标准
美国（ACGIH） 未制定标准
生物接触限值 未制定标准
监测方法 空气中有毒物质测定方法：未制定标准。生物监测检验方法：未制定标准
工程控制 严加密闭，提供充分的局部排风。提供安全淋浴和洗眼设备
个体防护装备
呼吸系统防护 空气中浓度超标时，必须佩戴过滤式防毒面具（半面罩）。紧急事态抢救或撤离时，应该佩戴空气呼吸器
眼睛防护 戴化学安全防护眼镜
皮肤和身体防护 穿防毒物渗透工作服
手防护 戴橡胶手套

第九部分 理化特性

外观与性状 无色液体		**pH 值** 无资料	
熔点（℃） 无资料		**沸点（℃）** 160～162	
相对密度（水=1） 1.13			
相对蒸气密度（空气=1） 无资料			
饱和蒸气压（kPa） 无资料			
临界压力（MPa） 无资料			
辛醇/水分配系数 无资料			
闪点（℃） 73.33		**自燃温度（℃）** 无资料	
爆炸下限（%） 无资料		**爆炸上限（%）** 无资料	
分解温度（℃） 无资料		**黏度（mPa·s）** 无资料	
燃烧热（kJ/mol） 无资料		**临界温度（℃）** 无资料	
溶解性 溶于水			

第十部分 稳定性和反应性

稳定性 稳定
危险反应 与强氧化剂、强酸、强碱等禁配物发生反应
避免接触的条件 潮湿空气
禁配物 强氧化剂、强酸、强碱
危险的分解产物 氯化氢

第十一部分 毒理学信息

急性毒性 LD_{50}：2300mg/kg（大鼠经口）；2300mg/kg（小鼠经口）
皮肤刺激或腐蚀 无资料
眼睛刺激或腐蚀 对眼有强烈刺激作用
呼吸或皮肤过敏 无资料
生殖细胞突变性 微生物致突变：鼠伤寒沙门氏菌

33μg/皿

致癌性　无资料　　　　生殖毒性　无资料
特异性靶器官系统毒性-一次接触　无资料
特异性靶器官系统毒性-反复接触　大鼠吸入 0.39g/m³，
　每天 6h，连续 15d，未见毒性反应，尸检可见肺充血
　和血管周围水肿
吸入危害　无资料

第十二部分　生态学信息

生态毒性　无资料
持久性和降解性
　生物降解性　无资料
　非生物降解性　无资料
潜在的生物累积性　无资料
土壤中的迁移性　无资料

第十三部分　废弃处置

废弃化学品　建议用焚烧法处置。与燃料混合后，再焚
　烧。焚烧炉排出的卤化氢通过酸洗涤器除去
污染包装物　将容器返还生产商或按照国家和地方法规
　处置
废弃注意事项　处置前应参阅国家和地方有关法规

第十四部分　运输信息

联合国危险货物编号（UN 号）　2849
联合国运输名称　3-氯-1-丙醇
联合国危险性类别　6.1

包装类别　Ⅲ　　　　　包装标志

海洋污染物　否
运输注意事项　运输前应先检查包装容器是否完整、密
　封，运输过程中要确保容器不泄漏、不倒塌、不坠
　落、不损坏。严禁与酸类、氧化剂、食品及食品添加
　剂混运。运输时运输车辆应配备相应品种和数量的消
　防器材及泄漏应急处理设备。运输途中应防暴晒、雨
　淋，防高温。公路运输时要按规定路线行驶

第十五部分　法规信息

下列法律、法规、规章和标准，对该化学品的管理作
了相应的规定。
中华人民共和国职业病防治法　职业病分类和目录：未
　列入
危险化学品安全管理条例　危险化学品目录：列入。易制
　爆危险化学品名录：未列入。重点监管的危险化学品
　名录：未列入。GB 18218—2009《危险化学品重大
　危险源辨识》（表 1）：未列入
使用有毒物品作业场所劳动保护条例　高毒物品目录：未
　列入
易制毒化学品管理条例　易制毒化学品的分类和品种目
　录：未列入
国际公约　斯德哥尔摩公约：未列入。鹿特丹公约：未列

入。蒙特利尔议定书：未列入

第十六部分　其他信息

编写和修订信息　　　缩略语和首字母缩写
培训建议　　　　　　参考文献
免责声明

3-氯-1,2-丙二醇

第一部分　化学品标识

化学品中文名　3-氯-1,2-丙二醇；3-氯-1,2-二羟基丙烷；
　α-氯甘油
化学品英文名　3-chloro-1,2-propanediol；α-chlorhydrin
分子式　$C_3H_7ClO_2$　分子量　110.539
结构式　HO——Cl OH

化学品的推荐及限制用途　用作乙酸纤维素的溶剂，并用
　于制增塑剂、表面活性剂、染料、药物、甘油衍生
　物等

第二部分　危险性概述

紧急情况概述　可燃液体，吞咽会中毒，皮肤接触有害，
　吸入致命，造成严重眼刺激，可能引起呼吸道刺激
GHS 危险性类别　易燃液体，类别 4；急性毒性-经口，
　类别 3；急性毒性-经皮，类别 4；急性毒性-吸入、类
　别 2；严重眼损伤/眼刺激，类别 2A；致癌性，类别
　2；生殖毒性，类别 1B；特异性靶器官毒性-一次接
　触，类别 1；特异性靶器官毒性-一次接触，类别 3
　（呼吸道刺激）；特异性靶器官毒性-反复接触，类别 1
标签要素

象形图

警示词　危险
危险性说明　可燃液体，吞咽会中毒，皮肤接触有害，
　吸入致命，造成严重眼刺激，怀疑致癌，可能对生
　育力或胎儿造成伤害，对器官造成损害，可能引起
　呼吸道刺激
防范说明
　预防措施　远离火焰和热表面。戴防护手套、防护
　　眼镜、防护面罩，穿防护服。避免接触眼睛、
　　皮肤，操作后彻底清洗。作业场所不得进食、
　　饮水或吸烟。避免吸入蒸气、雾。仅在室外或
　　通风良好处操作。戴呼吸防护器具。得到专门
　　指导后操作。在阅读并了解所有安全预防措施
　　之前，切勿操作。按要求使用个体防护装备
　事故响应　火灾时，使用雾状水、泡沫、干粉、二
　　氧化碳、砂土灭火。如吸入：将患者转移到空
　　气新鲜处，休息，保持利于呼吸的体位。皮肤
　　接触：用大量肥皂水和水清洗，如感觉不适，
　　呼叫中毒控制中心或就医。被污染的衣服必须
　　经洗净后方可重新使用。如接触眼睛：用水细

心冲洗数分钟。如戴隐形眼镜并可方便地取出，取出隐形眼镜，继续冲洗。如果眼睛刺激持续：就医。食入：立即呼叫中毒控制中心或就医，漱口。如果接触：立即呼叫中毒控制中心或就医

安全储存 存放在通风良好的地方。保持低温。保持容器密闭。上锁保管

废弃处置 本品及内装物、容器依据国家和地方法规处置

物理和化学危险 易燃，其蒸气与空气混合，能形成爆炸性混合物

健康危害 吸入、摄入或经皮肤吸收后会中毒。对肺、肝、肾和脑都有影响。吸入蒸气能产生恶心、头痛、眩晕、昏迷等症状。吸入蒸气可致肺水肿，严重者可致死

环境危害 对环境可能有害

第三部分 成分/组成信息

√ 物质 混合物

组分 浓度 CAS No.

3-氯-1,2-丙二醇 96-24-2

第四部分 急救措施

吸入 迅速脱离现场至空气新鲜处。保持呼吸道通畅。如呼吸困难，给输氧。呼吸、心跳停止，立即进行心肺复苏术。就医

皮肤接触 立即脱去污染的衣着，用流动清水彻底冲洗。就医

眼睛接触 立即分开眼睑，用流动清水或生理盐水彻底冲洗。就医

食入 饮适量温水，催吐（仅限于清醒者）。就医

对保护施救者的忠告 根据需要使用个人防护设备

对医生的特别提示 对症处理

第五部分 消防措施

灭火剂 用雾状水、泡沫、干粉、二氧化碳、砂土灭火

特别危险性 其蒸气与空气可形成爆炸性混合物，遇明火、高热能引起燃烧爆炸。与氧化剂可发生反应。受高热分解放出有毒的气体。若遇高热，容器内压增大，有开裂和爆炸的危险

灭火注意事项及防护措施 消防人员必须佩戴空气呼吸器、穿全身防火防毒服，在上风向灭火。尽可能将容器从火场移至空旷处。喷水保持火场容器冷却，直至灭火结束。处在火场中的容器若已变色或从安全泄压装置中发出声音，必须马上撤离

第六部分 泄漏应急处理

作业人员防护措施、防护装备和应急处置程序 根据液体流动和蒸气扩散的影响区域划定警戒区，无关人员从侧风向、上风向撤离至安全区。消除所有点火源。建议应急处理人员戴正压自给式呼吸器，穿防毒服。穿上适当的防护服前严禁接触破裂的容器和泄漏物。尽可能切断泄漏源

环境保护措施 防止泄漏物进入水体、下水道、地下室或有限空间

泄漏化学品的收容、清除方法及所使用的处置材料 小量泄漏：用干燥的砂土或其他不燃材料吸收或覆盖，收集于容器中。大量泄漏：构筑围堤或挖坑收容。用泵转移至槽车或专用收集器内

第七部分 操作处置与储存

操作注意事项 密闭操作，提供充分的局部排风。防止蒸气泄漏到工作场所空气中。操作人员必须经过专门培训，严格遵守操作规程。建议操作人员佩戴自吸过滤式防毒面具（全面罩），穿胶布防毒衣，戴橡胶手套。远离火种、热源，工作场所严禁吸烟。使用防爆型的通风系统和设备。在清除液体和蒸气前不能进行焊接、切割等作业。避免产生烟雾。避免与氧化剂、碱类接触。配备相应品种和数量的消防器材及泄漏应急处理设备。倒空的容器可能残留有害物

储存注意事项 储存于阴凉、通风的库房。远离火种、热源。防止阳光直射。保持容器密封。应与氧化剂、碱类、食用化学品分开存放，切忌混储。配备相应品种和数量的消防器材。储区应备有泄漏应急处理设备和合适的收容材料

第八部分 接触控制/个体防护

职业接触限值

中国 未制定标准

美国（ACGIH） 未制定标准

生物接触限值 未制定标准

监测方法 空气中有毒物质测定方法：未制定标准。生物监测检验方法：未制定标准

工程控制 严加密闭，提供充分的局部排风

个体防护装备

呼吸系统防护 空气中浓度超标时，必须佩戴过滤式防毒面具（全面罩）。紧急事态抢救或撤离时，应该佩戴空气呼吸器

眼睛防护 呼吸系统防护中已作防护

皮肤和身体防护 穿密闭型防毒服

手防护 戴橡胶手套

第九部分 理化特性

外观与性状 无色黏稠液体，有吸湿性

pH 值 无资料	**熔点（℃）** −40

沸点（℃） 139（2.39kPa）

相对密度（水＝1） 1.3218

相对蒸气密度（空气＝1） 无资料

饱和蒸气压（kPa） 0.133（83℃）

临界压力（MPa） 无资料	**辛醇/水分配系数** 无资料
闪点（℃） 无资料	**自燃温度（℃）** 无资料
爆炸下限（%） 无资料	**爆炸上限（%）** 无资料
分解温度（℃） 无资料	**黏度（mPa·s）** 无资料

燃烧热（kJ/mol） −1680.6（20℃）

临界温度（℃） 无资料

溶解性 溶于水、甲醇、甘油、乙醚、丙酮、乙酸乙

酯、等

第十部分　稳定性和反应性

稳定性　稳定

危险反应　与强氧化剂、强碱等禁配物发生反应

避免接触的条件　光照、潮湿空气

禁配物　强氧化剂、强碱

危险的分解产物　氯化氢

第十一部分　毒理学信息

急性毒性　LD_{50}：26mg/kg（大鼠经口）；1057mg/kg（大鼠经皮）；160mg/kg（小鼠经口）；800mg/kg（兔经皮）

皮肤刺激或腐蚀　无资料

眼睛刺激或腐蚀　家兔经眼100mg，重度刺激

呼吸或皮肤过敏　无资料

生殖细胞突变性　微生物致突变：鼠伤寒沙门氏菌200μmol/皿。精子形态学分析：大鼠经口600mg/kg，24d（连续）。哺乳动物体细胞突变：小鼠淋巴细胞10mmol/L

致癌性　大鼠经口最低中毒剂量（TDLo）：34580mg/kg，72周（连续），按RTECS标准为可疑致肿瘤剂，甲状腺肿瘤

生殖毒性　大鼠经口最低中毒剂量（TDLo）：2500μg/kg（雄性交配前1天），对精子生成（包括遗传物质、形态、运动能力、计数）有影响。大鼠经口最低中毒剂量（TDLo）：2mg/kg（雄性交配前1天），对雄性生育指数有影响。大鼠经口最低中毒剂量（TDLo）：100mg/kg（雄性交配前5天），对其睾丸、附睾、输精管有影响

特异性靶器官系统毒性-一次接触　无资料

特异性靶器官系统毒性-反复接触　无资料

吸入危害　无资料

第十二部分　生态学信息

生态毒性　EC_{50}：>100mg/L（48h）（大型溞，OECD 202）。ErC_{50}：>100mg/L（72h）（羊角月牙藻，OECD 201）

持久性和降解性

生物降解性　OECD 301B，易快速生物降解

非生物降解性　无资料

潜在的生物累积性　根据K_{ow}值预测，该物质的生物累积性可能较弱

土壤中的迁移性　根据K_{oc}值预测，该物质可能易发生迁移

第十三部分　废弃处置

废弃化学品　建议用控制焚烧法或安全掩埋法处置。若可能，重复使用容器或在规定场所掩埋

污染包装物　将容器返还生产商或按照国家和地方方法规处置

废弃注意事项　处置前应参阅国家和地方有关法规

第十四部分　运输信息

联合国危险货物编号（UN号）　2689

联合国运输名称　3-氯-1,2-丙三醇

联合国危险性类别　6.1

包装类别　Ⅲ　　　　**包装标志**　

海洋污染物　否

运输注意事项　运输前应先检查包装容器是否完整、密封，运输过程中要确保容器不泄漏、不倒塌、不坠落、不损坏。严禁与酸类、氧化剂、食品及食品添加剂混运。运输时运输车辆应配备相应品种和数量的消防器材及泄漏应急处理设备。运输途中应防暴晒、雨淋，防高温。运输时所用的槽（罐）车应有接地链，槽内可设孔隔板以减少震荡产生的静电。中途停留时应远离火种、热源。公路运输时要按规定路线行驶，勿在居民区和人口稠密区停留

第十五部分　法规信息

下列法律、法规、规章和标准，对该化学品的管理作了相应的规定。

中华人民共和国职业病防治法　职业病分类和目录：未列入

危险化学品安全管理条例　危险化学品目录：列入。易制爆危险化学品名录：未列入。重点监管的危险化学品名录：未列入。GB 18218—2009《危险化学品重大危险源辨识》（表1）：未列入

使用有毒物品作业场所劳动保护条例　高毒物品目录：未列入

易制毒化学品管理条例　易制毒化学品的分类和品种目录：未列入

国际公约　斯德哥尔摩公约：未列入。鹿特丹公约：未列入。蒙特利尔议定书：未列入

第十六部分　其他信息

编写和修订信息　　　　**缩略语和首字母缩写**

培训建议　　　　**参考文献**

免责声明

2-氯丙酸甲酯

第一部分　化学品标识

化学品中文名　2-氯丙酸甲酯；氯丙酸甲酯

化学品英文名　methyl 2-chloropropionate；2-chloropropionic acid，methyl ester

分子式　$C_4H_7ClO_2$　　**分子量**　122.55

结构式

化学品的推荐及限制用途　用作溶剂，并用于有机合成

第二部分　危险性概述

紧急情况概述　易燃液体和蒸气

GHS危险性类别　易燃液体，类别3

标签要素

象形图　

警示词　警告

危险性说明　易燃液体和蒸气

防范说明

预防措施　远离热源、火花、明火、热表面。禁止吸烟。保持容器密闭。容器和接收设备接地连接。使用防爆型电器、通风、照明设备。只能使用不产生火花的工具。采取防止静电措施。戴防护手套、防护眼镜、防护面罩

事故响应　火灾时，使用雾状水、泡沫、干粉、二氧化碳、砂土灭火。如皮肤（或头发）接触：立即脱掉所有被污染的衣服，用水冲洗皮肤，淋浴

安全储存　存放在通风良好的地方。保持低温

废弃处置　本品及内装物、容器依据国家和地方法规处置

物理和化学危险　易燃，其蒸气与空气混合，能形成爆炸性混合物

健康危害　吸入、摄入或经皮吸收后会中毒。对肺、肝、肾和脑都有影响。吸入蒸气能产生恶心、头痛、眩晕、昏迷等症状。吸入蒸气可致肺水肿，严重者可致死

环境危害　对环境可能有害

第三部分　成分/组成信息

√ 物质　　　　　　　　混合物

组分	浓度	CAS No.
2-氯丙酸甲酯		17639-93-9

第四部分　急救措施

吸入　迅速脱离现场至空气新鲜处。保持呼吸道通畅。如呼吸困难，给输氧。呼吸、心跳停止，立即进行心肺复苏术。就医

皮肤接触　立即脱去污染的衣着，用流动清水彻底冲洗。就医

眼睛接触　立即分开眼睑，用流动清水或生理盐水彻底冲洗。就医

食入　漱口，饮水。就医

对保护施救者的忠告　根据需要使用个人防护设备

对医生的特别提示　对症处理

第五部分　消防措施

灭火剂　用雾状水、泡沫、干粉、二氧化碳、砂土灭火

特别危险性　其蒸气与空气可形成爆炸性混合物，遇明火、高热能引起燃烧爆炸。与氧化剂可发生反应。受高热分解放出有毒的气体。若遇高热，容器内压增大，有开裂和爆炸的危险

灭火注意事项及防护措施　消防人员必须佩戴空气呼吸器、穿全身防火防毒服，在上风向灭火。尽可能将容器从火场移至空旷处。喷水保持火场容器冷却，直至灭火结束。处在火场中的容器若已变色或从安全泄压装置中发出声音，必须马上撤离

第六部分　泄漏应急处理

作业人员防护措施、防护装备和应急处置程序　消除所有点火源。根据液体流动和蒸气扩散的影响区域划定警戒区，无关人员从侧风、上风向撤离至安全区。建议应急处理人员戴正压自给式呼吸器，穿防毒、防静电服。作业时使用的所有设备应接地。禁止接触或跨越泄漏物。尽可能切断泄漏源

环境保护措施　防止泄漏物进入水体、下水道、地下室或有限空间

泄漏化学品的收容、清除方法及所使用的处置材料　小量泄漏：用砂土或其他不燃材料吸收。使用洁净的无火花工具收集吸收材料。大量泄漏：构筑围堤或挖坑收容。用泡沫覆盖，减少蒸发。喷水雾能减少蒸发，但不能降低泄漏物在有限空间内的易燃性。用防爆泵转移至槽车或专用收集器内

第七部分　操作处置与储存

操作注意事项　密闭操作，提供充分的局部排风。防止蒸气泄漏到工作场所空气中。操作人员必须经过专门培训，严格遵守操作规程。建议操作人员佩戴自吸过滤式防毒面具（全面罩），穿胶布防毒衣，戴橡胶手套。远离火种、热源，工作场所严禁吸烟。使用防爆型的通风系统和设备。在清除液体和蒸气前不能进行焊接、切割等作业。避免产生烟雾。避免与氧化剂、还原剂、酸类、碱类接触。容器与传送设备要接地，防止产生静电。灌装时应控制流速，且有接地装置，防止静电积累。配备相应品种和数量的消防器材及泄漏应急处理设备。倒空的容器可能残留有害物

储存注意事项　储存于阴凉、通风的库房。远离火种、热源。防止阳光直射。库温不宜超过37℃，保持容器密封。应与氧化剂、还原剂、酸类、碱类、食用化学品分开存放，切忌混储。采用防爆型照明、通风设施。禁止使用易产生火花的机械设备和工具。储区应备有泄漏应急处理设备和合适的收容材料

第八部分　接触控制/个体防护

职业接触限值

中国　未制定标准

美国（ACGIH）　未制定标准

生物接触限值　未制定标准

监测方法　空气中有毒物质测定方法：未制定标准。生物监测检验方法：未制定标准

工程控制　严加密闭，提供充分的局部排风

个体防护装备

呼吸系统防护　空气中浓度超标时，必须佩戴过滤式

防毒面具（全面罩）。紧急事态抢救或撤离时，
　　应该佩戴空气呼吸器
眼睛防护　呼吸系统防护中已作防护
皮肤和身体防护　穿密闭型防毒服
手防护　戴橡胶手套

第九部分　理化特性

外观与性状　无色液体，有类似醚的气味
pH 值　无资料　　　　　　**熔点(℃)**　无资料
沸点(℃)　132～133　　**相对密度(水＝1)**　1.075
相对蒸气密度(空气＝1)　4.22
饱和蒸气压(kPa)　无资料
临界压力(MPa)　无资料　**辛醇/水分配系数**　无资料
闪点(℃)　38.33　　　　**自燃温度(℃)**　无资料
爆炸下限(%)　2.5　　　　**爆炸上限(%)**　19
分解温度(℃)　无资料　　**黏度(mPa·s)**　无资料
燃烧热(kJ/mol)　无资料　**临界温度(℃)**　无资料
溶解性　微溶于水，溶于乙醇

第十部分　稳定性和反应性

稳定性　稳定
危险反应　与强氧化剂、强还原剂、强酸、强碱等禁配物
　　接触，有发生火灾和爆炸的危险
避免接触的条件　无资料
禁配物　强氧化剂、强还原剂、强酸、强碱
危险的分解产物　氯化氢

第十一部分　毒理学信息

急性毒性　LD_{50}：250mg/kg（小鼠腹腔）
皮肤刺激或腐蚀　无资料　**眼睛刺激或腐蚀**　无资料
呼吸或皮肤过敏　无资料　**生殖细胞突变性**　无资料
致癌性　无资料　　　　　**生殖毒性**　无资料
特异性靶器官系统毒性--一次接触　无资料
特异性靶器官系统毒性-反复接触　无资料
吸入危害　无资料

第十二部分　生态学信息

生态毒性　无资料
持久性和降解性
　　生物降解性　无资料
　　非生物降解性　无资料
潜在的生物累积性　无资料
土壤中的迁移性　无资料

第十三部分　废弃处置

废弃化学品　建议用焚烧法处置。在能利用的地方重复使
　　用容器或在规定场所掩埋
污染包装物　将容器返还生产商或按照国家和地方法规
　　处置
废弃注意事项　处置前应参阅国家和地方有关法规

第十四部分　运输信息

联合国危险货物编号（UN 号）　2933

联合国运输名称　2-氯丙酸甲酯
联合国危险性类别　3

包装类别　Ⅲ　　　　　　**包装标志**　

海洋污染物　否
运输注意事项　运输时运输车辆应配备相应品种和数量的
　　消防器材及泄漏应急处理设备。夏季最好早晚运输。
　　运输时所用的槽（罐）车应有接地链，槽内可设孔隔
　　板以减少震荡产生的静电。严禁与氧化剂、还原剂、
　　酸类、碱类、食用化学品等混装混运。运输途中应防
　　暴晒、雨淋，防高温。中途停留时应远离火种、热
　　源、高温区。装运该物品的车辆排气管必须配备阻火
　　装置，禁止使用易产生火花的机械设备和工具装卸。
　　公路运输时要按规定路线行驶，勿在居民区和人口稠
　　密区停留。铁路运输时要禁止溜放。严禁用木船、水
　　泥船散装运输

第十五部分　法规信息

　　下列法律、法规、规章和标准，对该化学品的管理作
了相应的规定。
中华人民共和国职业病防治法　职业病分类和目录：未
　　列入
危险化学品安全管理条例　危险化学品目录：列入。易制
　　爆危险化学品名录：未列入。重点监管的危险化学品
　　名录：未列入。GB 18218—2009《危险化学品重大
　　危险源辨识》（表 1）：未列入
使用有毒物品作业场所劳动保护条例　高毒物品目录：未
　　列入
易制毒化学品管理条例　易制毒化学品的分类和品种目
　　录：未列入
国际公约　斯德哥尔摩公约：未列入。鹿特丹公约：未列
　　入。蒙特利尔议定书：未列入

第十六部分　其他信息

编写和修订信息　　　　　**缩略语和首字母缩写**
培训建议　　　　　　　　**参考文献**
免责声明

2-氯丙酸乙酯

第一部分　化学品标识

化学品中文名　2-氯丙酸乙酯
化学品英文名　ethyl-2-chloropropionate；2-chloropropionic
　　acid ethyl ester
分子式　$C_5H_9ClO_2$　**分子量**　136.577
结构式

化学品的推荐及限制用途　用作溶剂及用于有机合成

第二部分　危险性概述

紧急情况概述　易燃液体和蒸气

GHS 危险性类别　易燃液体，类别 3

标签要素

象形图

警示词　警告

危险性说明　易燃液体和蒸气

防范说明

　　预防措施　远离热源、火花、明火、热表面。禁止吸烟。保持容器密闭。容器和接收设备接地连接。使用防爆型电器、通风、照明设备。只能使用不产生火花的工具。采取防止静电措施。戴防护手套、防护眼镜、防护面罩

　　事故响应　火灾时，使用雾状水、泡沫、干粉、二氧化碳、砂土灭火。如皮肤（或头发）接触：立即脱掉所有被污染的衣服，用水冲洗皮肤，淋浴

　　安全储存　存放在通风良好的地方。保持低温

　　废弃处置　本品及内装物、容器依据国家和地方法规处置

物理和化学危险　易燃，其蒸气与空气混合，能形成爆炸性混合物

健康危害　吸入、摄入或经皮肤吸收对身体有害。对眼睛、皮肤、黏膜和呼吸道有强烈刺激作用。吸入后，可能因咽喉、支气管的痉挛、水肿、化学性肺炎或肺水肿而致死。中毒表现有烧灼感、咳嗽、喘息、喉炎、气短、头痛、恶心和呕吐

环境危害　对环境可能有害

第三部分　成分/组成信息

　　√ 物质　　　　　　　　混合物

组分	浓度	CAS No.
2-氯丙酸乙酯		535-13-7

第四部分　急救措施

吸入　迅速脱离现场至空气新鲜处。保持呼吸道通畅。如呼吸困难，给输氧。呼吸、心跳停止，立即进行心肺复苏术。就医

皮肤接触　立即脱去污染的衣着，用流动清水彻底冲洗。就医

眼睛接触　立即分开眼睑，用流动清水或生理盐水彻底冲洗。就医

食入　漱口，饮水。就医

对保护施救者的忠告　根据需要使用个人防护设备

对医生的特别提示　对症处理

第五部分　消防措施

灭火剂　用雾状水、泡沫、干粉、二氧化碳、砂土灭火

特别危险性　其蒸气与空气可形成爆炸性混合物，遇明火、高热能引起燃烧爆炸。与氧化剂可发生反应。受热分解放出有毒气体。若遇高热，容器内压增大，有开裂和爆炸的危险

灭火注意事项及防护措施　消防人员必须佩戴空气呼吸器、穿全身防火防毒服，在上风向灭火。尽可能将容器从火场移至空旷处。喷水保持火场容器冷却，直至灭火结束。处在火场中的容器若已变色或从安全泄压装置中发出声音，必须马上撤离

第六部分　泄漏应急处理

作业人员防护措施、防护装备和应急处置程序　消除所有点火源。根据液体流动和蒸气扩散的影响区域划定警戒区，无关人员从侧风、上风向撤离至安全区。建议应急处理人员戴正压自给式呼吸器，穿防毒、防静电服。作业时使用的所有设备应接地。禁止接触或跨越泄漏物。尽可能切断泄漏源

环境保护措施　防止泄漏物进入水体、下水道、地下室或有限空间

泄漏化学品的收容、清除方法及所使用的处置材料　小量泄漏：用砂土或其他不燃材料吸收。使用洁净的无火花工具收集吸收材料。大量泄漏：构筑围堤或挖坑收容。用泡沫覆盖，减少蒸发。喷水雾能减少蒸发，但不能降低泄漏物在有限空间内的易燃性。用防爆泵转移至槽车或专用收集器内

第七部分　操作处置与储存

操作注意事项　密闭操作，加强通风。操作人员必须经过专门培训，严格遵守操作规程。建议操作人员佩戴自吸过滤式防毒面具（全面罩），穿胶布防毒衣，戴橡胶耐油手套。远离火种、热源，工作场所严禁吸烟。使用防爆型的通风系统和设备。防止蒸气泄漏到工作场所空气中。避免与氧化剂、还原剂、酸类、碱类接触。充装要控制流速，防止静电积聚。搬运时要轻装轻卸，防止包装及容器损坏。配备相应品种和数量的消防器材及泄漏应急处理设备。倒空的容器可能残留有害物

储存注意事项　储存于阴凉、通风的库房。远离火种、热源。库温不宜超过 37℃，应与氧化剂、还原剂、酸类、碱类分开存放，切忌混储。采用防爆型照明、通风设施。禁止使用易产生火花的机械设备和工具。储区应备有泄漏应急处理设备和合适的收容材料

第八部分　接触控制/个体防护

职业接触限值

　　中国　未制定标准

　　美国（ACGIH）　未制定标准

生物接触限值　未制定标准

监测方法　空气中有毒物质测定方法：未制定标准。生物监测检验方法：未制定标准

工程控制　生产过程密闭，加强通风。提供安全淋浴和洗眼设备

个体防护装备

　　呼吸系统防护　空气中浓度超标时，必须佩戴过滤式防毒面具（全面罩）。紧急事态抢救或撤离时，应该佩戴空气呼吸器

眼睛防护　呼吸系统防护中已作防护

皮肤和身体防护　穿密闭型防毒服

手防护　戴橡胶耐油手套

第九部分　理化特性

外观与性状　无色液体，有香味

pH 值　无资料　　　　　　熔点(℃)　无资料

沸点(℃)　147　　　　　相对密度(水＝1)　1.08

相对蒸气密度(空气＝1)　无资料

饱和蒸气压(kPa)　0.13（6.6℃）

临界压力(MPa)　无资料　辛醇/水分配系数　无资料

闪点(℃)　38　　　　　　自燃温度(℃)　无资料

爆炸下限(%)　无资料　　爆炸上限(%)　无资料

分解温度(℃)　无资料　　黏度(mPa·s)　无资料

燃烧热(kJ/mol)　无资料　临界温度(℃)　无资料

溶解性　不溶于水，溶于乙醇、乙醚

第十部分　稳定性和反应性

稳定性　稳定

危险反应　与酸类、碱类、强氧化剂、强还原剂等禁配物
接触，有发生火灾或爆炸的危险

避免接触的条件　无资料

禁配物　酸类、碱类、强氧化剂、强还原剂

危险的分解产物　氯化氢

第十一部分　毒理学信息

急性毒性　无资料

皮肤刺激或腐蚀　无资料　眼睛刺激或腐蚀　无资料

呼吸或皮肤过敏　无资料　生殖细胞突变性　无资料

致癌性　无资料　　　　　生殖毒性　无资料

特异性靶器官系统毒性-一次接触　无资料

特异性靶器官系统毒性-反复接触　无资料

吸入危害　无资料

第十二部分　生态学信息

生态毒性　无资料

持久性和降解性

　　生物降解性　无资料

　　非生物降解性　无资料

潜在的生物累积性　无资料

土壤中的迁移性　无资料

第十三部分　废弃处置

废弃化学品　建议用焚烧法处置。与燃料混合后，再焚
烧。焚烧炉排出的卤化氢通过酸洗涤器除去

污染包装物　将容器返还生产商或按照国家和地方法规
处置

废弃注意事项　处置前应参阅国家和地方有关法规

第十四部分　运输信息

联合国危险货物编号（UN号）　2935

联合国运输名称　2-氯丙酸乙酯

联合国危险性类别　3

包装类别　Ⅲ　　　　　　包装标志　

海洋污染物　否

运输注意事项　运输时运输车辆应配备相应品种和数量的
消防器材及泄漏应急处理设备。夏季最好早晚运输。
运输时所用的槽（罐）车应有接地链，槽内可设孔隔
板以减少震荡产生的静电。严禁与氧化剂、还原剂、
酸类、碱类、食用化学品等混装混运。运输途中应防
暴晒、雨淋，防高温。中途停留时应远离火种、热
源、高温区。装运该物品的车辆排气管必须配备阻火
装置，禁止使用易产生火花的机械设备和工具装卸。
公路运输时要按规定路线行驶。铁路运输时要禁止溜
放。严禁用木船、水泥船散装运输

第十五部分　法规信息

下列法律、法规、规章和标准，对该化学品的管理作
了相应的规定。

中华人民共和国职业病防治法　职业病分类和目录：未
列入

危险化学品安全管理条例　危险化学品目录：列入。易制
爆危险化学品名录：未列入。重点监管的危险化学品
名录：未列入。GB 18218—2009《危险化学品重大
危险源辨识》（表 1）：未列入

使用有毒物品作业场所劳动保护条例　高毒物品目录：未
列入

易制毒化学品管理条例　易制毒化学品的分类和品种目
录：未列入

国际公约　斯德哥尔摩公约：未列入。鹿特丹公约：未列
入。蒙特利尔议定书：未列入

第十六部分　其他信息

编写和修订信息　　　　缩略语和首字母缩写

培训建议　　　　　　　参考文献

免责声明

3-氯丙酸乙酯

第一部分　化学品标识

化学品中文名　3-氯丙酸乙酯；β-氯丙酸乙酯

化学品英文名　ethyl 3-chloropropionate；3-chloropropionic
acid，ethyl ester

分子式　$C_5H_9ClO_2$　分子量　136.577

结构式

化学品的推荐及限制用途　用作溶剂，用于有机合成

第二部分　危险性概述

紧急情况概述　易燃液体和蒸气

GHS 危险性类别　易燃液体，类别 3

标签要素

象形图　

警示词 警告

危险性说明 易燃液体和蒸气

防范说明

预防措施 远离热源、火花、明火、热表面。禁止吸烟。保持容器密闭。容器和接收设备接地连接。使用防爆型电器、通风、照明设备。只能使用不产生火花的工具。采取防止静电措施。戴防护手套、防护眼镜、防护面罩。

事故响应 火灾时，使用雾状水、泡沫、干粉、二氧化碳、砂土灭火。如皮肤（或头发）接触：立即脱掉所有被污染的衣服，用水冲洗皮肤，淋浴

安全储存 存放在通风良好的地方。保持低温

废弃处置 本品及内装物、容器依据国家和地方法规处置

物理和化学危险 易燃，其蒸气与空气混合，能形成爆炸性混合物

健康危害 本品有腐蚀性和催泪性。受热分解出有毒气体。对皮肤、黏膜、眼睛和上呼吸道有强烈刺激作用

环境危害 对环境可能有害

第三部分 成分/组成信息

√ 物质 混合物

组分	浓度	CAS No.
3-氯丙酸乙酯		623-71-2

第四部分 急救措施

吸入 迅速脱离现场至空气新鲜处。保持呼吸道通畅。如呼吸困难，给输氧。呼吸、心跳停止，立即进行心肺复苏术。就医

皮肤接触 立即脱去污染的衣着，用流动清水彻底冲洗。就医

眼睛接触 立即分开眼睑，用流动清水或生理盐水彻底冲洗。就医

食入 漱口，饮水。就医

对保护施救者的忠告 根据需要使用个人防护设备

对医生的特别提示 对症处理

第五部分 消防措施

灭火剂 用雾状水、泡沫、干粉、二氧化碳、砂土灭火

特别危险性 其蒸气与空气可形成爆炸性混合物，遇明火、高热能引起燃烧爆炸。与氧化剂可发生反应。受热分解放出有毒气体。若遇高热，容器内压增大，有开裂和爆炸的危险

灭火注意事项及防护措施 消防人员必须佩戴空气呼吸器、穿全身防火防毒服，在上风向灭火。尽可能将容器从火场移至空旷处。喷水保持火场容器冷却，直至灭火结束。处在火场中的容器若已变色或从安全泄压装置中发出声音，必须马上撤离

第六部分 泄漏应急处理

作业人员防护措施、防护装备和应急处置程序 消除所有点火源。根据液体流动和蒸气扩散的影响区域划定警戒区，无关人员从侧风向、上风向撤离至安全区。建议应急处理人员戴正压自给式呼吸器，穿防毒、防静电服。作业时使用的所有设备应接地。禁止接触或跨越泄漏物。尽可能切断泄漏源

环境保护措施 防止泄漏物进入水体、下水道、地下室或有限空间

泄漏化学品的收容、清除方法及所使用的处置材料 小量泄漏：用砂土或其他不燃材料吸收。使用洁净的无火花工具收集吸收材料。大量泄漏：构筑围堤或挖坑收容。用泡沫覆盖，减少蒸发。喷水雾能减少蒸发，但不能降低泄漏物在有限空间内的易燃性。用防爆泵转移至槽车或专用收集器内

第七部分 操作处置与储存

操作注意事项 严加密闭，提供充分的局部排风和全面通风。操作人员必须经过专门培训，严格遵守操作规程。建议操作人员佩戴自吸过滤式防毒面具（全面罩），穿胶布防毒衣，戴橡胶耐油手套。远离火种、热源，工作场所严禁吸烟。使用防爆型的通风系统和设备。防止蒸气泄漏到工作场所空气中。避免与氧化剂、还原剂、酸类、碱类接触。搬运时要轻装轻卸，防止包装及容器损坏。配备相应品种和数量的消防器材及泄漏应急处理设备。倒空的容器可能残留有害物

储存注意事项 储存于阴凉、通风的库房。库温不宜超过37℃，远离火种、热源。应与氧化剂、还原剂、酸类、碱类分开存放，切忌混储。采用防爆型照明、通风设施。禁止使用易产生火花的机械设备和工具。储区应备有泄漏应急处理设备和合适的收容材料

第八部分 接触控制/个体防护

职业接触限值

中国 未制定标准

美国（ACGIH） 未制定标准

生物接触限值 未制定标准

监测方法 空气中有毒物质测定方法：未制定标准。生物监测检验方法：未制定标准

工程控制 严加密闭，提供充分的局部排风和全面通风

个体防护装备

呼吸系统防护 空气中浓度超标时，必须佩戴过滤式防毒面具（全面罩）。紧急事态抢救或撤离时，应该佩戴空气呼吸器

眼睛防护 呼吸系统防护中已作防护

皮肤和身体防护 穿密闭型防毒服

手防护 戴橡胶耐油手套

第九部分 理化特性

外观与性状 无色液体，有香味

pH值	无资料	熔点（℃）	无资料
沸点（℃）	162～163	相对密度（水＝1）	1.11

相对蒸气密度（空气＝1） 无资料

饱和蒸气压（kPa） 无资料

临界压力（MPa） 无资料 辛醇/水分配系数 无资料

闪点(℃)	54.44	自燃温度(℃)	无资料
爆炸下限(%)	无资料	爆炸上限(%)	无资料
分解温度(℃)	无资料	黏度(mPa·s)	无资料
燃烧热(kJ/mol)	无资料	临界温度(℃)	无资料

溶解性　不溶于水，可混溶于乙醇、乙醚

第十部分　稳定性和反应性

稳定性　稳定

危险反应　与氧化剂、还原剂等禁配物接触，有发生火灾和爆炸的危险

避免接触的条件　无资料

禁配物　氧化剂、还原剂、酸类、碱类

危险的分解产物　氯化氢

第十一部分　毒理学信息

急性毒性　无资料

皮肤刺激或腐蚀　无资料　　**眼睛刺激或腐蚀**　无资料

呼吸或皮肤过敏　无资料　　**生殖细胞突变性**　无资料

致癌性　无资料　　　　　　**生殖毒性**　无资料

特异性靶器官系统毒性——次接触　无资料

特异性靶器官系统毒性-反复接触　无资料

吸入危害　无资料

第十二部分　生态学信息

生态毒性　无资料

持久性和降解性

　　生物降解性　无资料

　　非生物降解性　无资料

潜在的生物累积性　无资料

土壤中的迁移性　无资料

第十三部分　废弃处置

废弃化学品　建议用焚烧法处置。与燃料混合后，再焚烧。焚烧炉排出的卤化氢通过酸洗涤器除去

污染包装物　将容器返还生产商或按照国家和地方法规处置

废弃注意事项　处置前应参阅国家和地方有关法规

第十四部分　运输信息

联合国危险货物编号（UN号）　3272

联合国运输名称　酯类，未另作规定的（3-氯丙酸乙酯）

联合国危险性类别　3

包装类别　Ⅲ　　　　　　**包装标志**

海洋污染物　否

运输注意事项　运输时运输车辆应配备相应品种和数量的消防器材及泄漏应急处理设备。夏季最好早晚运输。运输时所用的槽（罐）车应有接地链，槽内可设孔隔板以减少震荡产生的静电。严禁与氧化剂、还原剂、酸类、碱类、食用化学品等混装混运。运输途中应防暴晒、雨淋，防高温。中途停留时应远离火种、热

源、高温区。装运该物品的车辆排气管必须配备阻火装置，禁止使用易产生火花的机械设备和工具装卸。公路运输时要按规定路线行驶。铁路运输时要禁止溜放。严禁用木船、水泥船散装运输

第十五部分　法规信息

下列法律、法规、规章和标准，对该化学品的管理作了相应的规定。

中华人民共和国职业病防治法　职业病分类和目录：未列入

危险化学品安全管理条例　危险化学品目录：列入。易制爆危险化学品名录：未列入。重点监管的危险化学品名录：未列入。GB 18218—2009《危险化学品重大危险源辨识》（表1）：未列入

使用有毒物品作业场所劳动保护条例　高毒物品目录：未列入

易制毒化学品管理条例　易制毒化学品的分类和品种目录：未列入

国际公约　斯德哥尔摩公约：未列入。鹿特丹公约：未列入。蒙特利尔议定书：未列入

第十六部分　其他信息

编写和修订信息　　　　　**缩略语和首字母缩写**

培训建议　　　　　　　　　**参考文献**

免责声明

氯丙酮

第一部分　化学品标识

化学品中文名　氯丙酮；一氯丙酮；1-氯-2-丙酮

化学品英文名　chloroacetone; acetonyl chloride

分子式　C_3H_5ClO　**分子量**　92.524

结构式

化学品的推荐及限制用途　用作杀虫剂、催泪剂，也用于制药物等

第二部分　危险性概述

紧急情况概述　高度易燃液体和蒸气，吞咽会中毒，皮肤接触会致命，吸入致命，造成严重的皮肤灼伤和眼损伤

GHS危险性类别　易燃液体，类别2；急性毒性-经口，类别3；急性毒性-经皮，类别2；急性毒性-吸入，类别2；皮肤腐蚀/刺激，类别1；严重眼损伤/眼刺激，类别1；特异性靶器官毒性——次接触，类别1；危害水生环境-急性危害，类别1；危害水生环境-长期危害，类别1

标签要素

　象形图

警示词 危险

危险性说明 高度易燃液体和蒸气，吞咽会中毒，皮肤接触会致命，吸入致命，造成严重的皮肤灼伤和眼损伤，对器官造成损害，对水生生物毒性非常大并具有长期持续影响

防范说明

预防措施 远离热源、火花、明火、热表面。保持容器密闭。容器和接收设备接地连接。使用防爆的电器、通风、照明设备。只能使用不产生火花的工具。采取防止静电措施。避免接触眼睛、皮肤或衣服。操作后彻底清洗。作业场所不得进食、饮水或吸烟。避免吸入蒸气、雾。仅在室外或通风良好处操作。戴防护手套，穿防护服，戴防护眼镜、防护面罩。禁止排入环境

事故响应 火灾时，使用雾状水、泡沫、干粉、二氧化碳、砂土灭火。如吸入：将患者转移到空气新鲜处，休息，保持利于呼吸的体位，立即呼叫中毒控制中心或就医。如皮肤（或头发）接触：立即脱掉所有被污染的衣服，用水冲洗皮肤，淋浴，立即呼叫中毒控制中心或就医。污染的衣服洗净后方可重新使用。眼睛接触：用水细心地冲洗数分钟，立即呼叫中毒控制中心或就医。如戴隐形眼镜并可方便地取出，则取出隐形眼镜，继续冲洗。食入：漱口，不要催吐，立即呼叫中毒控制中心或就医。如果接触：立即呼叫中毒控制中心或就医。收集泄漏物

安全储存 存放在通风良好的地方。保持低温。保持容器密闭。上锁保管

废弃处置 本品及内装物、容器依据国家和地方法规处置

物理和化学危险 易燃，其蒸气与空气混合，能形成爆炸性混合物

健康危害 本品在日光的作用下分解而生成催泪性极强的气体，是一种催泪性毒剂。误服与皮肤接触、吸入会中毒。眼睛和皮肤接触引起灼伤

环境危害 对水生生物毒性非常大并具有长期持续影响

第三部分 成分/组成信息

√物质 混合物

组分	浓度	CAS No.
氯丙酮		78-95-5

第四部分 急救措施

吸入 迅速脱离现场至空气新鲜处。保持呼吸道通畅。如呼吸困难，给输氧。呼吸、心跳停止，立即进行心肺复苏术。就医

皮肤接触 立即脱去污染的衣着，用大量流动清水彻底冲洗至少 15min。就医

眼睛接触 立即分开眼睑，用流动清水或生理盐水彻底冲洗 5～10min。就医

食入 用水漱口，禁止催吐。给饮牛奶或蛋清。就医

对保护施救者的忠告 根据需要使用个人防护设备

对医生的特别提示 对症处理

第五部分 消防措施

灭火剂 用雾状水、泡沫、干粉、二氧化碳、砂土灭火

特别危险性 遇明火、高热易燃。与氧化剂接触猛烈反应。受热分解能放出剧毒的光气。若遇高热，容器内压增大，有开裂和爆炸的危险

灭火注意事项及防护措施 消防人员必须佩戴防毒面具、穿全身消防服，在上风向灭火。尽可能将容器从火场移至空旷处。喷水保持火场容器冷却，直至灭火结束。处在火场中的容器若已变色或从安全泄压装置中发出声音，必须马上撤离

第六部分 泄漏应急处理

作业人员防护措施、防护装备和应急处置程序 消除所有点火源。根据液体流动和蒸气扩散的影响区域划定警戒区，无关人员从侧风、上风向撤离至安全区。建议应急处理人员戴正压自给式呼吸器，穿防毒、防静电服。作业时使用的所有设备应接地。禁止接触或跨越泄漏物。尽可能切断泄漏源

环境保护措施 防止泄漏物进入水体、下水道、地下室或有限空间

泄漏化学品的收容、清除方法及所使用的处置材料 小量泄漏：用砂土或其他不燃材料吸收。使用洁净的无火花工具收集吸收材料。大量泄漏：构筑围堤或挖坑收容。用粉煤灰或石灰粉吸收大量液体。用泡沫覆盖，减少蒸发。喷水雾能减少蒸发，但不能降低泄漏物在有限空间内的易燃性。用防爆泵转移至槽车或专用收集器内

第七部分 操作处置与储存

操作注意事项 严加密闭，提供充分的局部排风和全面通风。操作人员必须经过专门培训，严格遵守操作规程。建议操作人员佩戴过滤式防毒面具（半面罩），戴化学安全防护眼镜，穿防毒物渗透工作服，戴橡胶耐油手套。远离火种、热源，工作场所严禁吸烟。使用防爆型的通风系统和设备。防止蒸气泄漏到工作场所空气中。避免与氧化剂、碱类接触。搬运时要轻装轻卸，防止包装及容器损坏。配备相应品种和数量的消防器材及泄漏应急处理设备。倒空的容器可能残留有害物

储存注意事项 储存于阴凉、通风良好的库房内。远离火种、热源。库温不宜超过 30℃。保持容器密封。应与氧化剂、碱类、食用化学品分开存放，切忌混储。采用防爆型照明、通风设施。禁止使用易产生火花的机械设备和工具。储区应备有泄漏应急处理设备和合适的收容材料

第八部分 接触控制/个体防护

职业接触限值

中国 MAC：4mg/m³ ［皮］

美国（ACGIH） TLV-C：1ppm ［皮］

生物接触限值　未制定标准

监测方法　空气中有毒物质测定方法：未制定标准。生物
　　监测检验方法：未制定标准

工程控制　严加密闭，提供充分的局部排风和全面通风

个体防护装备

　　呼吸系统防护　空气中浓度较高时，应该佩戴过滤式
　　　防毒面具（半面罩）。紧急事态抢救或逃生时，
　　　建议佩戴空气呼吸器

　　眼睛防护　戴化学安全防护眼镜

　　皮肤和身体防护　穿防毒物渗透工作服

　　手防护　戴橡胶耐油手套

第九部分　理化特性

外观与性状　无色液体，有刺激性气味

pH 值　无资料	**熔点(℃)**　−44.5
沸点(℃)　120	**相对密度(水＝1)**　1.16
相对蒸气密度(空气＝1)　3.2	
饱和蒸气压(kPa)　1.33（20℃）	
临界压力(MPa)　无资料	**辛醇/水分配系数**　无资料
闪点(℃)　27.78	**自燃温度(℃)**　无资料
爆炸下限(%)　无资料	**爆炸上限(%)**　无资料
分解温度(℃)　无资料	**黏度(mPa·s)**　无资料
燃烧热(kJ/mol)　无资料	**临界温度(℃)**　无资料

溶解性　溶于水，溶于乙醇、乙醚、氯仿

第十部分　稳定性和反应性

稳定性　稳定

危险反应　与强氧化剂、强碱等禁配物接触，有发生火灾
　　和爆炸的危险。受热分解能放出剧毒的光气

避免接触的条件　受热、光照

禁配物　强氧化剂、强碱

危险的分解产物　氯化氢、光气

第十一部分　毒理学信息

急性毒性　LD$_{50}$：100mg/kg（大鼠经口），141mg/kg
　　（兔经皮）。LC$_{50}$：262ppm（大鼠吸入，1h）

皮肤刺激或腐蚀　无资料	**眼睛刺激或腐蚀**　无资料
呼吸或皮肤过敏　无资料	**生殖细胞突变性**　微生物

　　致突变：鼠伤寒沙门氏菌 6 mg/L。性染色体缺失和
　　不分离：黑腹果蝇吸入 100 pph（6min）

致癌性　无资料	**生殖毒性**　无资料

特异性靶器官系统毒性-一次接触　无资料

特异性靶器官系统毒性-反复接触　无资料

吸入危害　无资料

第十二部分　生态学信息

生态毒性　LC$_{50}$：0.6mg/L（48h）（圆腹雅罗鱼，半静态）

持久性和降解性

　　生物降解性　OECD 301D，不易快速生物降解

　　非生物降解性　无资料

潜在的生物累积性　无资料

土壤中的迁移性　无资料

第十三部分　废弃处置

废弃化学品　建议用焚烧法处置，与燃料混合后再焚烧。
　　焚烧炉排出的卤化氢通过酸洗涤器除去

污染包装物　将容器返还生产商或按照国家和地方法规
　　处置

废弃注意事项　处置前应参阅国家和地方有关法规

第十四部分　运输信息

联合国危险货物编号（UN 号）　1695

联合国运输名称　氯丙酮，稳定的

联合国危险性类别　6.1，3（8）

包装类别　Ⅰ

包装标志

海洋污染物　是

运输注意事项　运输前应先检查包装容器是否完整、密
　　封，运输过程中要确保容器不泄漏、不倒塌、不坠
　　落、不损坏。严禁与酸类、氧化剂、食品及食品添加
　　剂混运。运输时运输车辆应配备相应品种和数量的消
　　防器材及泄漏应急处理设备。运输途中应防暴晒、雨
　　淋，防高温。运输时所用的槽（罐）车应有接地链，
　　槽内可设孔隔板以减少震荡产生的静电。中途停留时
　　应远离火种、热源。公路运输时要按规定路线行驶，
　　勿在居民区和人口稠密区停留

第十五部分　法规信息

　　下列法律、法规、规章和标准，对该化学品的管理作
了相应的规定。

中华人民共和国职业病防治法　职业病分类和目录：未
　　列入

危险化学品安全管理条例　危险化学品目录：列入。易制
　　爆危险化学品名录：未列入。重点监管的危险化学品
　　名录：未列入。GB 18218—2009《危险化学品重大
　　危险源辨识》（表1）：未列入

使用有毒物品作业场所劳动保护条例　高毒物品目录：未
　　列入

易制毒化学品管理条例　易制毒化学品的分类和品种目
　　录：未列入

国际公约　斯德哥尔摩公约：未列入。鹿特丹公约：未列
　　入。蒙特利尔议定书：未列入

第十六部分　其他信息

编写和修订信息	缩略语和首字母缩写
培训建议	参考文献
免责声明	

氯丙锡

第一部分　化学品标识

化学品中文名　氯丙锡；氯化三丙锡；三丙锡氯；氯化三

丙基锡

化学品英文名 tripropyltin chloride；chlorotripropylstannane

分子式 $C_9H_{21}ClSn$ 分子量 283.428

结构式

化学品的推荐及限制用途 用作除草剂

第二部分 危险性概述

紧急情况概述 吞咽会中毒，对器官造成损害，可能引起呼吸道刺激

GHS危险性类别 急性毒性-经口，类别3；特异性靶器官毒性-一次接触，类别1；特异性靶器官毒性-一次接触，类别3（呼吸道刺激）；特异性靶器官毒性-反复接触，类别1；危害水生环境-急性危害，类别1；危害水生环境-长期危害，类别1

标签要素

象形图

警示词 危险

危险性说明 吞咽会中毒，对器官造成损害，可能引起呼吸道刺激，长时间或反复接触对器官造成损伤，对水生生物毒性非常大并具有长期持续影响

防范说明

预防措施 避免接触眼睛、皮肤，操作后彻底清洗。作业场所不得进食、饮水或吸烟。避免吸入蒸气、雾。禁止排入环境

事故响应 食入：立即呼叫中毒控制中心或就医，漱口。如果接触：立即呼叫中毒控制中心或就医。如感觉不适，就医。收集泄漏物

安全储存 上锁保管

废弃处置 本品及内装物、容器依据国家和地方法规处置

物理和化学危险 可燃，其蒸气与空气混合，能形成爆炸性混合物

健康危害 有机锡中毒的主要临床表现有：眼和鼻黏膜的刺激症状；中毒性神经衰弱综合征；重症出现中毒性脑病。溅入眼内引起结膜炎。可致变应性皮炎。摄入有机锡化合物可致中毒性脑水肿，可产生后遗症，如瘫痪、精神失常和智力障碍

环境危害 对水生生物毒性非常大并具有长期持续影响

第三部分 成分/组成信息

✓ 物质 混合物

组分	浓度	CAS No.
氯丙锡		2279-76-7

第四部分 急救措施

吸入 迅速脱离现场至空气新鲜处。保持呼吸道通畅。如呼吸困难，给输氧。呼吸、心跳停止，立即进行心肺复苏术。就医

皮肤接触 立即脱去污染的衣着，用流动清水彻底冲洗。就医

眼睛接触 立即分开眼睑，用流动清水或生理盐水彻底冲洗。就医

食入 饮适量温水，催吐（仅限于清醒者）。就医

对保护施救者的忠告 根据需要使用个人防护设备

对医生的特别提示 对症处理

第五部分 消防措施

灭火剂 用雾状水、泡沫、干粉、二氧化碳、砂土灭火

特别危险性 遇明火、高热可燃。与氧化剂可发生反应。受高热分解放出有毒的气体。若遇高热，容器内压增大，有开裂和爆炸的危险

灭火注意事项及防护措施 消防人员必须佩戴防毒面具、穿全身消防服，在上风向灭火。尽可能将容器从火场移至空旷处。喷水保持火场容器冷却，直至灭火结束。处在火场中的容器若已变色或从安全泄压装置中发出声音，必须马上撤离

第六部分 泄漏应急处理

作业人员防护措施、防护装备和应急处置程序 根据液体流动和蒸气扩散的影响区域划定警戒区，无关人员从侧风向、上风向撤离至安全区。消除所有点火源。建议应急处理人员戴正压自给式呼吸器，穿防毒服。穿上适当的防护服前严禁接触破裂的容器和泄漏物。尽可能切断泄漏源

环境保护措施 防止泄漏物进入水体、下水道、地下室或有限空间

泄漏化学品的收容、清除方法及所使用的处置材料 小量泄漏：用干燥的砂土或其他不燃材料吸收或覆盖，收集于容器中。大量泄漏：构筑围堤或挖坑收容。用泵转移至槽车或专用收集器内

第七部分 操作处置与储存

操作注意事项 密闭操作，局部排风。防止蒸气泄漏到工作场所空气中。操作人员必须经过专门培训，严格遵守操作规程。建议操作人员佩戴过滤式防毒面具（半面罩），戴化学安全防护眼镜，穿防毒物渗透工作服，戴乳胶手套。远离火种、热源，工作场所严禁吸烟。使用防爆型的通风系统和设备。在清除液体和蒸气前不能进行焊接、切割等作业。避免产生烟雾。避免与氧化剂接触。配备相应品种和数量的消防器材及泄漏应急处理设备。倒空的容器可能残留有害物

储存注意事项 储存于阴凉、通风的库房。远离火种、热源。防止阳光直射。保持容器密封。应与氧化剂、食用化学品分开存放，切忌混储。配备相应品种和数量的消防器材。储区应备有泄漏应急处理设备和合适的收容材料

第八部分 接触控制/个体防护

职业接触限值

中国 未制定标准

美国（ACGIH） 未制定标准

生物接触限值 未制定标准

监测方法 空气中有毒物质测定方法：未制定标准。生物监测检验方法：未制定标准

工程控制 密闭操作，局部排风

个体防护装备

呼吸系统防护 空气中浓度较高时，应该佩戴过滤式防毒面具（半面罩）。紧急事态抢救或逃生时，建议佩戴空气呼吸器

眼睛防护 戴化学安全防护眼镜

皮肤和身体防护 穿防毒物渗透工作服

手防护 戴橡胶手套

第九部分　理化特性

外观与性状 无色液体

pH值 无资料　　　　　熔点(℃) −23.5

沸点(℃) 123(1.73kPa)

相对密度(水=1) 1.2678(28℃)

相对蒸气密度(空气=1) 无资料

饱和蒸气压(kPa) 无资料

临界压力(MPa) 无资料　辛醇/水分配系数 无资料

闪点(℃) 无资料　　　自燃温度(℃) 无资料

爆炸下限(%) 无资料　爆炸上限(%) 无资料

分解温度(℃) 无资料　黏度(mPa·s) 无资料

燃烧热(kJ/mol) 无资料　临界温度(℃) 无资料

溶解性 溶于多数有机溶剂

第十部分　稳定性和反应性

稳定性 稳定

危险反应 与强氧化剂等禁配物发生反应

避免接触的条件 无资料

禁配物 强氧化剂

危险的分解产物 氯化氢

第十一部分　毒理学信息

急性毒性 LD_{50}：109mg/kg（小鼠经口）

皮肤刺激或腐蚀 无资料　眼睛刺激或腐蚀 无资料

呼吸或皮肤过敏 无资料　生殖细胞突变性 无资料

致癌性 美国政府工业卫生学家会议（ACGIH）：未分类为人类致癌物

生殖毒性 无资料

特异性靶器官系统毒性-一次接触 无资料

特异性靶器官系统毒性-反复接触 无资料

吸入危害 无资料

第十二部分　生态学信息

生态毒性 有机锡对水生无脊椎动物有极高的毒性

持久性和降解性

生物降解性 无资料

非生物降解性 无资料

潜在的生物累积性 无资料

土壤中的迁移性 无资料

第十三部分　废弃处置

废弃化学品 根据国家和地方有关法规的要求处置。或与厂商或制造商联系，确定处置方法

污染包装物 将容器返还生产商或按照国家和地方法规处置

废弃注意事项 处置前应参阅国家和地方有关法规

第十四部分　运输信息

联合国危险货物编号（UN号） 2788

联合国运输名称 液态有机锡化合物，未另作规定的（氯丙锡）

联合国危险性类别 6.1

包装类别 Ⅲ　　　　　包装标志

海洋污染物 是

运输注意事项 运输前应先检查包装容器是否完整、密封，运输过程中要确保容器不泄漏、不倒塌、不坠落、不损坏。严禁与酸类、氧化剂、食品及食品添加剂混运。运输时运输车辆应配备相应品种和数量的消防器材及泄漏应急处理设备。运输途中应防暴晒、雨淋，防高温。公路运输时要按规定路线行驶，勿在居民区和人口稠密区停留

第十五部分　法规信息

　　下列法律、法规、规章和标准，对该化学品的管理作了相应的规定。

中华人民共和国职业病防治法 职业病分类和目录：有机锡中毒

危险化学品安全管理条例 危险化学品目录：列入。易制爆危险化学品名录：未列入。重点监管的危险化学品名录：未列入。GB 18218—2009《危险化学品重大危险源辨识》（表1）：未列入

使用有毒物品作业场所劳动保护条例 高毒物品目录：未列入

易制毒化学品管理条例 易制毒化学品的分类和品种目录：未列入

国际公约 斯德哥尔摩公约：未列入。鹿特丹公约：未列入。蒙特利尔议定书：未列入

第十六部分　其他信息

编写和修订信息　　缩略语和首字母缩写

培训建议　　　　　参考文献

免责声明

氯丹

第一部分　化学品标识

化学品中文名 氯丹；1,2,4,5,6,7,8,8-八氯-2,3,3a,4,7,7a-六氢-4,7-亚甲桥茚；八氯化茚

化学品英文名 chlordane; octachlor; 1,2,4,5,6,7,8,8-octachloro-2,3,3a,4,7,7a-hexahydro-4,7-methanoindene

分子式 $C_{10}H_6Cl_8$　分子量 409.779

结构式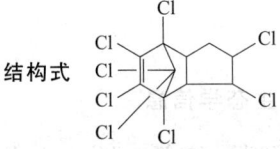

化学品的推荐及限制用途 用作残留性杀虫剂

第二部分 危险性概述

紧急情况概述 吞咽有害，皮肤接触有害

GHS危险性类别 急性毒性-经口，类别4；急性毒性-经皮，类别4；致癌性，类别2；危害水生环境-急性危害，类别1；危害水生环境-长期危害，类别1

标签要素

象形图

警示词 警告

危险性说明 吞咽有害，皮肤接触有害，怀疑致癌，对水生生物毒性非常大并具有长期持续影响

防范说明

预防措施 避免接触眼睛、皮肤，操作后彻底清洗。作业场所不得进食、饮水或吸烟。戴防护手套、穿防护服。得到专门指导后操作。在阅读并了解所有安全预防措施之前，切勿操作。按要求使用个体防护装备。禁止排入环境

事故响应 皮肤接触：用大量肥皂水和水清洗，如感觉不适，呼叫中毒控制中心或就医。被污染的衣服必须经洗净后方可重新使用。食入：如果感觉不适，立即呼叫中毒控制中心或就医，漱口。如果接触或有担心，就医。收集泄漏物

安全储存 上锁保管

废弃处置 本品及内装物、容器依据国家和地方法规处置

物理和化学危险 不燃，无特殊燃爆特性

健康危害 急性中毒：中毒症状发生较快，几小时内即可能死亡。主要症状为中枢神经系统兴奋症状，如激动、震颤、全身抽搐；摄入中毒的症状出现更快，有恶心、呕吐、全身抽搐。严重中毒在抽搐剧烈和反复发作后陷于木僵、昏迷和呼吸衰竭。慢性中毒：主要症状为神经系统的功能性紊乱，肝、肾退行性改变。有头痛、眼球痛、全身乏力、失眠、噩梦、头晕、心前区不适、四肢麻木和酸痛等

环境危害 对水生生物毒性非常大并具有长期持续影响

第三部分 成分/组成信息

√ 物质　　　　　　　　　混合物

组分	浓度	CAS No.
氯丹		57-74-9

第四部分 急救措施

吸入 迅速脱离现场至空气新鲜处。保持呼吸道通畅。如呼吸困难，给输氧。呼吸、心跳停止，立即进行心肺复苏术。就医

皮肤接触 立即脱去污染的衣着，用流动清水彻底冲洗。就医

眼睛接触 立即分开眼睑，用流动清水或生理盐水彻底冲洗。就医

食入 饮适量温水，催吐（仅限于清醒者）。就医

对保护施救者的忠告 根据需要使用个人防护设备

对医生的特别提示 对症处理

第五部分 消防措施

灭火剂 用雾状水、泡沫、干粉、二氧化碳、砂土灭火

特别危险性 一般不会燃烧，但长时间暴露在明火及高温下仍能燃烧。受高热分解产生有毒的腐蚀性烟气

灭火注意事项及防护措施 消防人员必须佩戴防毒面具、穿全身消防服，在上风向灭火。尽可能将容器从火场移至空旷处。喷水保持火场容器冷却，直至灭火结束

第六部分 泄漏应急处理

作业人员防护措施、防护装备和应急处置程序 根据液体流动和蒸气扩散的影响区域划定警戒区，无关人员从侧风向、上风向撤离至安全区。建议应急处理人员戴正压自给式呼吸器，穿防毒、防静电服。作业时使用的所有设备应接地。禁止接触或跨越泄漏物。尽可能切断泄漏源

环境保护措施 防止泄漏物进入水体、下水道、地下室或有限空间

泄漏化学品的收容、清除方法及所使用的处置材料 小量泄漏：用砂土或其他不燃材料吸收。使用洁净的无火花工具收集吸收材料。大量泄漏：构筑围堤或挖坑收容。用粉煤灰或石灰粉吸收大量液体。用泡沫覆盖，减少蒸发。喷水雾能减少蒸发，但不能降低泄漏物在有限空间内的易燃性。用防爆泵转移至槽车或专用收集器内

第七部分 操作处置与储存

操作注意事项 密闭操作，提供充分的局部排风。操作尽可能机械化、自动化。操作人员必须经过专门培训，严格遵守操作规程。建议操作人员佩戴过滤式防毒面具（半面罩），戴化学安全防护眼镜，穿防毒物渗透工作服，戴乳胶手套。防止蒸气泄漏到工作场所空气中。避免与氧化剂接触。搬运时要轻装轻卸，防止包装及容器损坏。配备泄漏应急处理设备。倒空的容器可能残留有害物

储存注意事项 储存于阴凉、通风的库房。远离火种、热源。应与氧化剂、食用化学品分开存放，切忌混储。储区应备有泄漏应急处理设备和合适的收容材料

第八部分 接触控制/个体防护

职业接触限值

中国 未制定标准

美国（ACGIH） TLV-TWA：0.5mg/m³ ［皮］

生物接触限值 未制定标准

监测方法 空气中有毒物质测定方法：未制定标准。生物监测检验方法：未制定标准

工程控制　严加密闭，提供充分的局部排风。提供安全淋浴和洗眼设备

个体防护装备

呼吸系统防护　空气中浓度较高时，应该佩戴过滤式防毒面具（半面罩）。紧急事态抢救或逃生时，建议佩戴空气呼吸器

眼睛防护　戴化学安全防护眼镜

皮肤和身体防护　穿防毒物渗透工作服

手防护　戴橡胶手套

第九部分　理化特性

外观与性状　无色或淡黄色液体，工业品为有杉木气味的琥珀色液体

pH 值　无资料　　　　**熔点(℃)**　无资料

沸点(℃)　175(0.27kPa)

相对密度(水＝1)　1.59～1.63

相对蒸气密度(空气＝1)　无资料

饱和蒸气压(kPa)　0.27(175℃)

临界压力(MPa)　无资料　**辛醇/水分配系数**　无资料

闪点(℃)　56　　　　**自燃温度(℃)**　无意义

爆炸下限(%)　2.8　　**爆炸上限(%)**　30.5

分解温度(℃)　沸点分解　**黏度(mPa·s)**　无资料

燃烧热(kJ/mol)　−3810.95　**临界温度(℃)**　无资料

溶解性　不溶于水，溶于多数有机溶剂

第十部分　稳定性和反应性

稳定性　稳定

危险反应　与强氧化剂等禁配物发生反应

避免接触的条件　无资料

禁配物　强氧化剂

危险的分解产物　氯化氢

第十一部分　毒理学信息

急性毒性　属中等毒类。中毒表现主要是抽搐。LD_{50}：200mg/kg（大鼠经口），690mg/kg（大鼠经皮），145mg/kg（小鼠经口），100mg/kg（兔经口），780mg/kg（兔经皮）。LC_{50}：100mg/m³（猫吸入，4h)

皮肤刺激或腐蚀　无资料　**眼睛刺激或腐蚀**　无资料

呼吸或皮肤过敏　无资料

生殖细胞突变性　程序外 DNA 合成：人成纤维细胞 1μmol/L。姐妹染色单体交换：人淋巴细胞 10μmol/L。细胞遗传学分析：小鼠经口 10mg/kg。体细胞突变：仓鼠肺 10μmol/L

致癌性　IARC 致癌性评论：组 2B，对人类是可能致癌物

生殖毒性　小鼠孕后 1～21d 经口给予最低中毒剂量（TDLo）3360μg/kg，致内分泌系统发育畸形。小鼠孕后 1～19d 经口给予最低中毒剂量（TDLo）152mg/kg，致免疫和网状内皮系统发育畸形

特异性靶器官系统毒性-一次接触　无资料

特异性靶器官系统毒性-反复接触　大鼠经口摄入 100mg/kg(d)，共 15d，全部死亡。三年实验内饲料中含 300ppm 组，生长缓慢，肝脏见到明显的损害，对神经系统亦

有不良影响

吸入危害　无资料

第十二部分　生态学信息

生态毒性　LC_{50}：0.042mg/L（96h）（虹鳟）。LC_{50}：0.115mg/L（96h）（黑头呆鱼）。LC_{50}：0.024mg/L（24h）（蚤状溞）

持久性和降解性

生物降解性　不易快速生物降解

非生物降解性　无资料

潜在的生物累积性　有较高的生物累积性

土壤中的迁移性　无资料

第十三部分　废弃处置

废弃化学品　根据国家和地方有关法规的要求处置。或与厂商或制造商联系，确定处置方法

污染包装物　将容器返还生产商或按照国家和地方法规处置

废弃注意事项　处置前应参阅国家和地方有关法规

第十四部分　运输信息

联合国危险货物编号（UN 号）　2996

联合国运输名称　液态有机氯农药，毒性（氯丹）

联合国危险性类别　6.1

包装类别　Ⅱ　　　　　　**包装标志**　

海洋污染物　是

运输注意事项　运输前应先检查包装容器是否完整、密封，运输过程中要确保容器不泄漏、不倒塌、不坠落、不损坏。严禁与酸类、氧化剂、食品及食品添加剂混运。运输时运输车辆应配备泄漏应急处理设备。运输途中应防暴晒、雨淋，防高温。公路运输时要按规定路线行驶，勿在居民区和人口稠密区停留

第十五部分　法规信息

下列法律、法规、规章和标准，对该化学品的管理作了相应的规定。

中华人民共和国职业病防治法　职业病分类和目录：未列入

危险化学品安全管理条例　危险化学品目录：列入。易制爆危险化学品名录：未列入。重点监管的危险化学品名录：未列入。GB 18218—2009《危险化学品重大危险源辨识》（表1）：未列入

使用有毒物品作业场所劳动保护条例　高毒物品目录：未列入

易制毒化学品管理条例　易制毒化学品的分类和品种目录：未列入

国际公约　斯德哥尔摩公约：列入

鹿特丹公约：列入

蒙特利尔议定书：未列入

第十六部分　其他信息

编写和修订信息　　缩略语和首字母缩写
培训建议　　　　　参考文献
免责声明

1-氯-2-丁烯

第一部分　化学品标识

化学品中文名　1-氯-2-丁烯；巴豆基氯
化学品英文名　1-chloro-2-butene；crotyl chloride
分子式　C_4H_7Cl　**分子量**　90.5523
结构式　Cl
化学品的推荐及限制用途　用于有机合成

第二部分　危险性概述

紧急情况概述　高度易燃液体和蒸气
GHS 危险性类别　易燃液体，类别 2
标签要素

象形图

警示词　危险
危险性说明　高度易燃液体和蒸气
防范说明

　预防措施　远离热源、火花、明火、热表面。禁止吸烟。保持容器密闭。容器和接收设备接地连接。使用防爆型电器、通风、照明设备。只能使用不产生火花的工具。采取防止静电措施。戴防护手套、防护眼镜、防护面罩

　事故响应　火灾时，使用泡沫、干粉、二氧化碳、砂土灭火。如皮肤（或头发）接触：立即脱掉所有被污染的衣服，用水冲洗皮肤，淋浴

　安全储存　存放在通风良好的地方。保持低温

　废弃处置　本品及内装物、容器依据国家和地方法规处置

物理和化学危险　易燃，其蒸气与空气混合，能形成爆炸性混合物

健康危害　其蒸气具有催泪性。对眼睛、皮肤、黏膜和上呼吸道具有强烈的刺激作用。受热分解释放出氯烟雾

环境危害　对环境可能有害

第三部分　成分/组成信息

　　　　√ 物质　　　　　　　　　混合物

组分	浓度	CAS No.
1-氯-2-丁烯		591-97-9

第四部分　急救措施

吸入　迅速脱离现场至空气新鲜处。保持呼吸道通畅。如呼吸困难，给输氧。呼吸、心跳停止，立即进行心肺复苏术。就医

皮肤接触　立即脱去污染的衣着，用流动清水彻底冲洗。就医

眼睛接触　立即分开眼睑，用流动清水或生理盐水彻底冲洗。就医

食入　漱口，饮水。就医

对保护施救者的忠告　根据需要使用个人防护设备

对医生的特别提示　对症处理

第五部分　消防措施

灭火剂　用泡沫、干粉、二氧化碳、砂土灭火

特别危险性　其蒸气与空气可形成爆炸性混合物，遇明火、高热极易燃烧爆炸。与氧化剂接触猛烈反应。受高热分解产生有毒的腐蚀性烟气。容易自聚，聚合反应随着温度的上升而急骤加剧。蒸气比空气重，沿地面扩散并易积存于低洼处，遇火源会着火回燃。若遇高热，容器内压增大，有开裂和爆炸的危险

灭火注意事项及防护措施　消防人员必须佩戴空气呼吸器、穿全身防火防毒服，在上风向灭火。尽可能将容器从火场移至空旷处。喷水保持火场容器冷却，直至灭火结束。处在火场中的容器若已变色或从安全泄压装置中发出声音，必须马上撤离。用水灭火无效

第六部分　泄漏应急处理

作业人员防护措施、防护装备和应急处置程序　消除所有点火源。根据液体流动和蒸气扩散的影响区域划定警戒区，无关人员从侧风、上风向撤离至安全区。建议应急处理人员戴正压自给式呼吸器，穿防静电服。作业时使用的所有设备应接地。禁止接触或跨越泄漏物。尽可能切断泄漏源

环境保护措施　防止泄漏物进入水体、下水道、地下室或有限空间

泄漏化学品的收容、清除方法及所使用的处置材料　小量泄漏：用砂土或其他不燃材料吸收。使用洁净的无火花工具收集吸收材料。大量泄漏：构筑围堤或挖坑收容。用泡沫覆盖，减少蒸发。喷水雾能减少蒸发，但不能降低泄漏物在有限空间内的易燃性。用防爆泵转移至槽车或专用收集器内

第七部分　操作处置与储存

操作注意事项　密闭操作，提供充分的局部排风。防止蒸气泄漏到工作场所空气中。操作人员必须经过专门培训，严格遵守操作规程。建议操作人员佩戴自吸过滤式防毒面具（全面罩），穿胶布防毒衣，戴橡胶手套。远离火种、热源，工作场所严禁吸烟。使用防爆型的通风系统和设备。在清除液体和蒸气前不能进行焊接、切割等作业。避免产生烟雾。避免与氧化剂、碱类接触。容器与传送设备要接地，防止产生静电。灌装时应控制流速，且有接地装置，防止静电积聚。配备相应品种和数量的消防器材及泄漏应急处理设备。倒空的容器可能残留有害物

储存注意事项　储存于阴凉、通风的库房。远离火种、热源。防止阳光直射。库温不宜超过 37℃，保持容器密封，严禁与空气接触。应与氧化剂、碱类分开存放，切忌混储。采用防爆型照明、通风设施。禁止使

用易产生火花的机械设备和工具。储区应备有泄漏应急处理设备和合适的收容材料

第八部分　接触控制/个体防护

职业接触限值

中国　未制定标准

美国（ACGIH）　未制定标准

生物接触限值　未制定标准

监测方法　空气中有毒物质测定方法：未制定标准。生物监测检验方法：未制定标准

工程控制　严加密闭，提供充分的局部排风

个体防护装备

呼吸系统防护　空气中浓度超标时，必须佩戴过滤式防毒面具（全面罩）。紧急事态抢救或撤离时，应该佩戴空气呼吸器

眼睛防护　呼吸系统防护中已作防护

皮肤和身体防护　穿密闭型防毒服

手防护　戴橡胶手套

第九部分　理化特性

外观与性状　无色透明液体，为异构体的混合物，有催泪性

pH 值　无资料　　　　　　**熔点(℃)**　−65

沸点(℃)　62～85　　　**相对密度(水=1)**　0.929

相对蒸气密度(空气=1)　3.13

饱和蒸气压(kPa)　无资料

临界压力(MPa)　无资料　　**辛醇/水分配系数**　无资料

闪点(℃)　−5.0　　　　　　**自燃温度(℃)**　无资料

爆炸下限(%)　4.2　　　　　**爆炸上限(%)**　19

分解温度(℃)　无资料　　　**黏度(mPa·s)**　无资料

燃烧热(kJ/mol)　无资料　　**临界温度(℃)**　无资料

溶解性　不溶于水，溶于乙醇、丙酮、乙醚

第十部分　稳定性和反应性

稳定性　稳定

危险反应　与强氧化剂等禁配物接触，有发生火灾和爆炸的危险。容易发生自聚反应

避免接触的条件　无资料

禁配物　强氧化剂、强碱

危险的分解产物　氯化氢

第十一部分　毒理学信息

急性毒性　无资料

皮肤刺激或腐蚀　无资料　　**眼睛刺激或腐蚀**　无资料

呼吸或皮肤过敏　无资料

生殖细胞突变性　微生物致突变：鼠伤寒沙门氏菌5μmol/皿。程序外 DNA 合成：人 Hela 细胞100μmol/L

致癌性　无资料　　　　　　**生殖毒性**　无资料

特异性靶器官系统毒性-一次接触　无资料

特异性靶器官系统毒性-反复接触　无资料

吸入危害　无资料

第十二部分　生态学信息

生态毒性　无资料

持久性和降解性

生物降解性　无资料

非生物降解性　无资料

潜在的生物累积性　无资料

土壤中的迁移性　无资料

第十三部分　废弃处置

废弃化学品　根据国家和地方有关法规的要求处置。或与厂商或制造商联系，确定处置方法

污染包装物　将容器返还生产商或按照国家和地方法规处置

废弃注意事项　处置前应参阅国家和地方有关法规

第十四部分　运输信息

联合国危险货物编号（UN 号）　1993

联合国运输名称　易燃液体，未另作规定的（1-氯-2-丁烯）

联合国危险性类别　3

包装类别　Ⅱ　　　　　　**包装标志**　

海洋污染物　否

运输注意事项　运输时运输车辆应配备相应品种和数量的消防器材及泄漏应急处理设备。夏季最好早晚运输。运输时所用的槽（罐）车应有接地链，槽内可设孔隔板以减少震荡产生的静电。严禁与氧化剂、碱类、食用化学品等混装混运。运输途中应防暴晒、雨淋，防高温。中途停留时应远离火种、热源、高温区。装运该物品的车辆排气管必须配备阻火装置，禁止使用易产生火花的机械设备和工具装卸。公路运输时要按规定路线行驶，勿在居民区和人口稠密区停留。铁路运输时要禁止溜放。严禁用木船、水泥船散装运输

第十五部分　法规信息

下列法律、法规、规章和标准，对该化学品的管理作了相应的规定。

中华人民共和国职业病防治法　职业病分类和目录：未列入

危险化学品安全管理条例　危险化学品目录：列入。易制爆危险化学品名录：未列入。重点监管的危险化学品名录：未列入。GB 18218—2009《危险化学品重大危险源辨识》（表1）：未列入

使用有毒物品作业场所劳动保护条例　高毒物品目录：未列入

易制毒化学品管理条例　易制毒化学品的分类和品种目录：未列入

国际公约　斯德哥尔摩公约：未列入。鹿特丹公约：未列入。蒙特利尔议定书：未列入

第十六部分 其他信息

编写和修订信息   缩略语和首字母缩写
培训建议   参考文献
免责声明

3-氯-1-丁烯

第一部分 化学品标识

化学品中文名 3-氯-1-丁烯
化学品英文名 3-chloro-1-butene
分子式 C_4H_7Cl 分子量 90.551

结构式

化学品的推荐及限制用途 用于有机合成

第二部分 危险性概述

紧急情况概述 高度易燃液体和蒸气
GHS危险性类别 易燃液体，类别2
标签要素

象形图

警示词 危险
危险性说明 高度易燃液体和蒸气
防范说明

预防措施 远离热源、火花、明火、热表面。禁止吸烟。保持容器密闭。容器和接收设备接地连接。使用防爆型电器、通风、照明设备。只能使用不产生火花的工具。采取防止静电措施。戴防护手套、防护眼镜、防护面罩。

事故响应 火灾时，使用泡沫、干粉、二氧化碳、砂土灭火。如皮肤（或头发）接触：立即脱掉所有被污染的衣服，用水冲洗皮肤，淋浴

安全储存 存放在通风良好的地方。保持低温

废弃处置 本品及内装物、容器依据国家和地方法规处置

物理和化学危险 极易燃，其蒸气与空气混合，能形成爆炸性混合物

健康危害 吸入、摄入或经皮肤吸收后对身体有害。对皮肤有刺激作用。其蒸气和雾对眼睛、黏膜和呼吸道有刺激作用。中毒表现可有烧灼感、咳嗽、喘息、喉炎、气短、头痛、恶心和呕吐

环境危害 对环境可能有害

第三部分 成分/组成信息

√ 物质   混合物
组分   浓度   CAS No.
3-氯-1-丁烯   563-52-0

第四部分 急救措施

吸入 迅速脱离现场至空气新鲜处。保持呼吸道通畅。如呼吸困难，给输氧。呼吸、心跳停止，立即进行心肺复苏术。就医

皮肤接触 立即脱去污染的衣着，用流动清水彻底冲洗。就医

眼睛接触 立即分开眼睑，用流动清水或生理盐水彻底冲洗。就医

食入 漱口，饮水。就医

对保护施救者的忠告 根据需要使用个人防护设备

对医生的特别提示 对症处理

第五部分 消防措施

灭火剂 用泡沫、干粉、二氧化碳、砂土灭火

特别危险性 其蒸气与空气可形成爆炸性混合物，遇明火、高热极易燃烧爆炸。与氧化剂接触猛烈反应。受高热分解产生有毒的氯化物气体。流速过快，容易产生和积聚静电。容易自聚，聚合反应随着温度的上升而急剧加剧。若遇高热，容器内压增大，有开裂和爆炸的危险

灭火注意事项及防护措施 消防人员必须佩戴防毒面具、穿全身消防服，在上风向灭火。尽可能将容器从火场移至空旷处。喷水保持火场容器冷却，直至灭火结束。处在火场中的容器若已变色或从安全泄压装置中发出声音，必须马上撤离。用水灭火无效

第六部分 泄漏应急处理

作业人员防护措施、防护装备和应急处置程序 消除所有点火源。根据液体流动和蒸气扩散的影响区域划定警戒区，无关人员从侧风向、上风向撤离至安全区。建议应急处理人员戴正压自给式呼吸器，穿防静电服。作业时使用的所有设备应接地。禁止接触或跨越泄漏物。尽可能切断泄漏源

环境保护措施 防止泄漏物进入水体、下水道、地下室或有限空间

泄漏化学品的收容、清除方法及所使用的处置材料 小量泄漏：用砂土或其他不燃材料吸收。使用洁净的无火花工具收集吸收材料。大量泄漏：构筑围堤或挖坑收容。用泡沫覆盖，减少蒸发。喷水雾能减少蒸发，但不能降低泄漏物在有限空间内的易燃性。用防爆泵转移至槽车或专用收集器内

第七部分 操作处置与储存

操作注意事项 密闭操作，加强通风。操作人员必须经过专门培训，严格遵守操作规程。建议操作人员佩戴自吸过滤式防毒面具（半面罩），戴化学安全防护眼镜，穿防静电工作服，戴橡胶耐油手套。远离火种、热源，工作场所严禁吸烟。使用防爆型的通风系统和设备。防止蒸气泄漏到工作场所空气中。避免与氧化剂、碱类接触。灌装时应控制流速，且有接地装置，防止静电积聚。搬运时要轻装轻卸，防止包装及容器损坏。配备相应品种和数量的消防器材及泄漏应急处理设备。倒空的容器可能残留有害物

储存注意事项 储存于阴凉、通风的库房。远离火种、热

源。库温不宜超过 37℃，保持容器密封。应与氧化剂、碱类分开存放，切忌混储。不宜大量储存或久存。采用防爆型照明、通风设施。禁止使用易产生火花的机械设备和工具。储区应备有泄漏应急处理设备和合适的收容材料

第八部分　接触控制/个体防护

职业接触限值
　　中国　未制定标准
　　美国（ACGIH）　未制定标准
生物接触限值　未制定标准
监测方法　空气中有毒物质测定方法：未制定标准。生物监测检验方法：未制定标准
工程控制　生产过程密闭，加强通风。提供安全淋浴和洗眼设备
个体防护装备
　　呼吸系统防护　空气中浓度超标时，必须佩戴过滤式防毒面具（半面罩）。紧急事态抢救或撤离时，应该佩戴空气呼吸器
　　眼睛防护　戴化学安全防护眼镜
　　皮肤和身体防护　穿防静电工作服
　　手防护　戴橡胶耐油手套

第九部分　理化特性

外观与性状　无色透明液体

pH 值　无资料		**熔点（℃）**　无资料	
沸点（℃）　64		相对密度（水＝1）　0.90	
相对蒸气密度(空气＝1)　无资料			
饱和蒸气压(kPa)　无资料			
临界压力(MPa)　无资料		辛醇/水分配系数　无资料	
闪点（℃）　－20		自燃温度（℃）　无资料	
爆炸下限（%）　无资料		爆炸上限（%）　无资料	
分解温度（℃）　无资料		黏度(mPa·s)　无资料	
燃烧热(kJ/mol)　无资料		临界温度（℃）　无资料	

溶解性　溶于氯仿，易溶于乙醚、丙酮

第十部分　稳定性和反应性

稳定性　稳定
危险反应　与强氧化剂、强碱等禁配物接触，有发生火灾和爆炸的危险。与锂、钠、钾、镁、锌、镉、铝、汞等金属发生反应。容易发生自聚反应
避免接触的条件　受热
禁配物　强氧化剂、强碱、锂、钠、钾、镁、锌、镉、铝、汞等金属
危险的分解产物　氯化氢

第十一部分　毒理学信息

急性毒性　无资料
皮肤刺激或腐蚀　无资料　　**眼睛刺激或腐蚀**　无资料
呼吸或皮肤过敏　无资料
生殖细胞突变性　微生物致突变：鼠伤寒沙门氏菌 10μmol/皿。程序外 DNA 合成：人 HeLa 细胞 500μmol/L

致癌性　无资料　　　　　　**生殖毒性**　无资料
特异性靶器官系统毒性--一次接触　无资料
特异性靶器官系统毒性-反复接触　无资料
吸入危害　无资料

第十二部分　生态学信息

生态毒性　无资料
持久性和降解性
　　生物降解性　无资料
　　非生物降解性　无资料
潜在的生物累积性　无资料
土壤中的迁移性　无资料

第十三部分　废弃处置

废弃化学品　建议用焚烧法处置。与燃料混合后，再焚烧。焚烧炉排出的卤化氢通过酸洗涤器除去
污染包装物　将容器返还生产商或按照国家和地方法规处置
废弃注意事项　处置前应参阅国家和地方有关法规

第十四部分　运输信息

联合国危险货物编号（UN号）　1993
联合国运输名称　易燃液体，未另作规定的（3-氯-1-丁烯）
联合国危险性类别　3

包装类别　Ⅱ　　　　　　　　**包装标志**　

海洋污染物　否
运输注意事项　运输时运输车辆应配备相应品种和数量的消防器材及泄漏应急处理设备。夏季最好早晚运输。运输时所用的槽（罐）车应有接地链，槽内可设孔隔板以减少震荡产生的静电。严禁与氧化剂、碱类、食用化学品等混装混运。运输途中应防曝晒、雨淋，防高温。中途停留时应远离火种、热源、高温区。装运该物品的车辆排气管必须配备阻火装置，禁止使用易产生火花的机械设备和工具装卸。公路运输时要按规定路线行驶，勿在居民区和人口稠密区停留。铁路运输时要禁止溜放。严禁用木船、水泥船散装运输

第十五部分　法规信息

　　下列法律、法规、规章和标准，对该化学品的管理作了相应的规定。
中华人民共和国职业病防治法　职业病分类和目录：未列入
危险化学品安全管理条例　危险化学品目录：列入。易制爆危险化学品名录：未列入。重点监管的危险化学品名录：未列入。GB 18218—2009《危险化学品重大危险源辨识》（表1）：未列入
使用有毒物品作业场所劳动保护条例　高毒物品目录：未列入

易制毒化学品管理条例　易制毒化学品的分类和品种目录：未列入

国际公约　斯德哥尔摩公约：未列入。鹿特丹公约：未列入。蒙特利尔议定书：未列入

第十六部分　其他信息

编写和修订信息　　　　缩略语和首字母缩写
培训建议　　　　　　　参考文献
免责声明

氯锇酸铵

第一部分　化学品标识

化学品中文名　氯锇酸铵；氯化锇铵
化学品英文名　ammonium chloroosmate；osmium ammonium chloride

分子式　$(NH_4)_2OsCl_6$　分子量　439.025

结构式

化学品的推荐及限制用途　用作分析试剂、催化剂

第二部分　危险性概述

紧急情况概述　造成皮肤刺激，造成严重眼刺激，可能引起呼吸道刺激

GHS危险性类别　皮肤腐蚀/刺激，类别2；严重眼损伤/眼刺激，类别2；特异性靶器官毒性--一次接触，类别3（呼吸道刺激）

标签要素

象形图

警示词　警告

危险性说明　造成皮肤刺激，造成严重眼刺激，可能引起呼吸道刺激

防范说明

预防措施　避免接触眼睛、皮肤，操作后彻底清洗。戴防护手套、防护眼镜、防护面罩

事故响应　皮肤接触：用大量肥皂水和水清洗，如发生皮肤刺激，就医。脱去被污染的衣服，衣服经洗净后方可重新使用。如接触眼睛：用水细心冲洗数分钟。如戴隐形眼镜并可方便地取出，取出隐形眼镜，继续冲洗。如果眼睛刺激持续：就医

安全储存　—

废弃处置　—

物理和化学危险　不燃，无特殊燃爆特性

健康危害　剧毒。与皮肤接触后可使皮肤呈黑色；受高热后放出有毒气体

环境危害　对环境可能有害

第三部分　成分/组成信息

√　物质　　　　　　　　混合物

组分	浓度	CAS No.
氯锇酸铵		12125-08-5

第四部分　急救措施

吸入　迅速脱离现场至空气新鲜处。保持呼吸道通畅。如呼吸困难，给输氧。呼吸、心跳停止，立即进行心肺复苏术。就医

皮肤接触　立即脱去污染的衣着，用流动清水彻底冲洗。就医

眼睛接触　立即分开眼睑，用流动清水或生理盐水彻底冲洗。就医

食入　漱口，饮水。就医

对保护施救者的忠告　根据需要使用个人防护设备

对医生的特别提示　对症处理

第五部分　消防措施

灭火剂　本品不燃，根据着火原因选择适当灭火剂灭火

特别危险性　强氧化剂。蒸气在灼烧时与氢接触会引起爆炸。与有机物接触剧烈反应

灭火注意事项及防护措施　消防人员必须穿全身防火防毒服，在上风向灭火。灭火时尽可能将容器从火场移至空旷处

第六部分　泄漏应急处理

作业人员防护措施、防护装备和应急处置程序　隔离泄漏污染区，限制出入。建议应急处理人员戴防尘口罩，穿防毒服。穿上适当的防护服前严禁接触破裂的容器和泄漏物。尽可能切断泄漏源

环境保护措施　用塑料布覆盖泄漏物，减少飞散

泄漏化学品的收容、清除方法及所使用的处置材料　勿使水进入包装容器内。用洁净的铲子收集泄漏物，置于干净、干燥、盖子较松的容器中，将容器移离泄漏区

第七部分　操作处置与储存

操作注意事项　严加密闭，提供充分的局部排风和全面通风。尽可能采取隔离操作。操作人员必须经过专门培训，严格遵守操作规程。建议操作人员佩戴防尘面具（全面罩），穿胶布防毒衣，戴橡胶手套。避免产生粉尘。避免与酸类、碱类接触。搬运时要轻装轻卸，防止包装及容器损坏。配备泄漏应急处理设备。倒空的容器可能残留有害物

储存注意事项　储存于阴凉、通风的库房。远离火种、热源。应与酸类、碱类、食用化学品分开存放，切忌混储。储区应备有合适的材料收容泄漏物

第八部分　接触控制/个体防护

职业接触限值

中国　未制定标准

美国（ACGIH）　未制定标准

生物接触限值　未制定标准

监测方法　空气中有毒物质测定方法：未制定标准。生物
　　监测检验方法：未制定标准
工程控制　严加密闭，提供充分的局部排风和全面通风。
　　尽可能采取隔离操作
个体防护装备
　　呼吸系统防护　可能接触其粉尘时，必须佩戴防尘面
　　　具（全面罩）。紧急事态抢救或撤离时，应该佩
　　　戴空气呼吸器
　　眼睛防护　呼吸系统防护中已作防护
　　皮肤和身体防护　穿密闭型防毒服
　　手防护　戴橡胶手套

第九部分　理化特性

外观与性状　红色粉末或深红色八面形结晶，有吸湿性
pH 值　无意义　　　　**熔点(℃)**　170(升华)
沸点(℃)　无资料　　　**相对密度(水＝1)**　2.92
相对蒸气密度(空气＝1)　无资料
饱和蒸气压(kPa)　无资料
临界压力(MPa)　无资料　**辛醇/水分配系数**　无资料
闪点(℃)　无意义　　　**自燃温度(℃)**　无意义
爆炸下限(%)　无意义　　**爆炸上限(%)**　无意义
分解温度(℃)　无资料　　**黏度(mPa·s)**　无资料
燃烧热(kJ/mol)　无资料　**临界温度(℃)**　无资料
溶解性　溶于水，溶于醇

第十部分　稳定性和反应性

稳定性　稳定
危险反应　与强酸、强碱、有机物等禁配物发生反应。蒸
　　气在灼烧时与氢接触会引起爆炸
避免接触的条件　潮湿空气
禁配物　强酸、强碱
危险的分解产物　氮氧化物、氯化物

第十一部分　毒理学信息

急性毒性　无资料
皮肤刺激或腐蚀　无资料　**眼睛刺激或腐蚀**　无资料
呼吸或皮肤过敏　无资料　**生殖细胞突变性**　无资料
致癌性　无资料　　　　**生殖毒性**　无资料
特异性靶器官系统毒性-一次接触　无资料
特异性靶器官系统毒性-反复接触　无资料
吸入危害　无资料

第十二部分　生态学信息

生态毒性　无资料
持久性和降解性
　　生物降解性　无资料
　　非生物降解性　无资料
潜在的生物累积性　无资料
土壤中的迁移性　无资料

第十三部分　废弃处置

废弃化学品　用安全掩埋法处置
污染包装物　将容器返还生产商或按照国家和地方法规
处置
废弃注意事项　处置前应参阅国家和地方有关法规

第十四部分　运输信息

联合国危险货物编号（UN号）　—
联合国运输名称　—　**联合国危险性类别**　—
包装类别　—　　　　**包装标志**　—
海洋污染物　否
运输注意事项　运输前应先检查包装容器是否完整、密
　　封，运输过程中要确保容器不泄漏、不倒塌、不坠
　　落、不损坏。严禁与酸类、氧化剂、食品及食品添加
　　剂混运。运输时运输车辆应配备泄漏应急处理设备

第十五部分　法规信息

　　下列法律、法规、规章和标准，对该化学品的管理作
了相应的规定。
中华人民共和国职业病防治法　职业病分类和目录：未
　　列入
危险化学品安全管理条例　危险化学品目录：列入。易制
　　爆危险化学品名录：未列入。重点监管的危险化学品
　　名录：未列入。GB 18218—2009《危险化学品重大
　　危险源辨识》（表1）：未列入
使用有毒物品作业场所劳动保护条例　高毒物品目录：未
　　列入
易制毒化学品管理条例　易制毒化学品的分类和品种目
　　录：未列入
国际公约　斯德哥尔摩公约：未列入。鹿特丹公约：未列
　　入。蒙特利尔议定书：未列入

第十六部分　其他信息

编写和修订信息　　　**缩略语和首字母缩写**
培训建议　　　　　　**参考文献**
免责声明

2-氯-1,1-二甲氧基乙烷

第一部分　化学品标识

化学品中文名　2-氯-1,1-二甲氧基乙烷；二甲基氯乙缩醛
化学品英文名　dimethyl chloroacetal；chloroacetaldehyde
　　dimethyl acetal
分子式　C₄H₉ClO₂　**分子量**　124.566
结构式　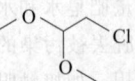
化学品的推荐及限制用途　用于有机合成

第二部分　危险性概述

紧急情况概述　易燃液体和蒸气
GHS危险性类别　易燃液体，类别3
标签要素
象形图　

警示词　警告

危险性说明　易燃液体和蒸气

防范说明

预防措施　远离热源、火花、明火、热表面。禁止吸烟。保持容器密闭。容器和接收设备接地连接。使用防爆型电器、通风、照明设备。只能使用不产生火花的工具。采取防止静电措施。戴防护手套、防护眼镜、防护面罩

事故响应　火灾时，使用雾状水、泡沫、干粉、二氧化碳、砂土灭火。如皮肤（或头发）接触：立即脱掉所有被污染的衣服，用水冲洗皮肤，淋浴

安全储存　存放在通风良好的地方。保持低温

废弃处置　本品及内装物、容器依据国家和地方法规处置

物理和化学危险　易燃，其蒸气与空气混合，能形成爆炸性混合物

健康危害　吸入、摄入或经皮肤吸收对身体有害。对眼、黏膜和上呼吸道有刺激性，对皮肤有刺激性

环境危害　对环境可能有害

第三部分　成分/组成信息

√物质　　　　　　　　混合物

组分	浓度	CAS No.
2-氯-1,1-二甲氧基乙烷		97-97-2

第四部分　急救措施

吸入　迅速脱离现场至空气新鲜处。保持呼吸道通畅。如呼吸困难，给输氧。如呼吸、心跳停止，立即进行心肺复苏术。就医

皮肤接触　立即脱去污染的衣着，用流动清水彻底冲洗。就医

眼睛接触　立即分开眼睑，用流动清水或生理盐水彻底冲洗。就医

食入　漱口，饮水。就医

对保护施救者的忠告　根据需要使用个人防护设备

对医生的特别提示　对症处理

第五部分　消防措施

灭火剂　用雾状水、泡沫、干粉、二氧化碳、砂土灭火

特别危险性　其蒸气与空气可形成爆炸性混合物，遇明火、高热能引起燃烧爆炸。与氧化剂可发生反应。蒸气比空气重，沿地面扩散并易积存于低洼处，遇火源会着火回燃。若遇高热，容器内压增大，有开裂和爆炸的危险

灭火注意事项及防护措施　消防人员必须佩戴防毒面具、穿全身消防服，在上风向灭火。尽可能将容器从火场移至空旷处。喷水保持火场容器冷却，直至灭火结束。处在火场中的容器若已变色或从安全泄压装置中发出声音，必须马上撤离

第六部分　泄漏应急处理

作业人员防护措施、防护装备和应急处置程序　消除所有点火源。根据液体流动和蒸气扩散的影响区域划定警戒区，无关人员从侧风向、上风向撤离至安全区。建议应急处理人员戴正压自给式呼吸器，穿防静电服。作业时使用的所有设备应接地。禁止接触或跨越泄漏物。尽可能切断泄漏源

环境保护措施　防止泄漏物进入水体、下水道、地下室或有限空间

泄漏化学品的收容、清除方法及所使用的处置材料　小量泄漏：用砂土或其他不燃材料吸收。使用洁净的无火花工具收集吸收材料。大量泄漏：构筑围堤或挖坑收容。用泡沫覆盖，减少蒸发。喷水雾能减少蒸发，但不能降低泄漏物在有限空间内的易燃性。用防爆泵转移至槽车或专用收集器内

第七部分　操作处置与储存

操作注意事项　密闭操作，全面排风。操作人员必须经过专门培训，严格遵守操作规程。建议操作人员佩戴自吸过滤式防毒面具（半面罩），戴化学安全防护眼镜，穿防毒物渗透工作服，戴橡胶手套。远离火种、热源，工作场所严禁吸烟。使用防爆型的通风系统和设备。防止蒸气泄漏到工作场所空气中。避免与氧化剂、酸类接触。搬运时要轻装轻卸，防止包装及容器损坏。配备相应品种和数量的消防器材及泄漏应急处理设备。倒空的容器可能残留有害物

储存注意事项　储存于阴凉、通风的库房。远离火种、热源。库温不宜超过37℃，包装要求密封，不可与空气接触。应与氧化剂、酸类分开存放，切忌混储。采用防爆型照明、通风设施。禁止使用易产生火花的机械设备和工具。储区应备有泄漏应急处理设备和合适的收容材料

第八部分　接触控制/个体防护

职业接触限值

中国　未制定标准

美国（ACGIH）　未制定标准

生物接触限值　未制定标准

监测方法　空气中有毒物质测定方法：未制定标准。生物监测检验方法：未制定标准

工程控制　密闭操作，全面排风

个体防护装备

呼吸系统防护　空气中浓度超标时，必须佩戴过滤式防毒面具（半面罩）。紧急事态抢救或撤离时，应该佩戴空气呼吸器

眼睛防护　戴化学安全防护眼镜

皮肤和身体防护　穿防毒物渗透工作服

手防护　戴橡胶手套

第九部分　理化特性

外观与性状　无色透明液体，有刺激性臭味

pH值　无资料　　　　　　熔点（℃）　无资料

沸点（℃）　128～130

相对密度（水=1）　1.08～1.09（25℃）

相对蒸气密度（空气=1）　4.3

饱和蒸气压(kPa)	无资料		
临界压力(MPa)	无资料	辛醇/水分配系数	无资料
闪点(℃) 28		自燃温度(℃)	232.2
爆炸下限(%)	无资料	爆炸上限(%)	无资料
分解温度(℃)	无资料	黏度(mPa·s)	无资料
燃烧热(kJ/mol)	无资料	临界温度(℃)	无资料
溶解性	溶于乙醇、乙醚、苯		

第十部分 稳定性和反应性

稳定性 稳定

危险反应 与强氧化剂、强酸等禁配物接触，有发生火灾和爆炸的危险

避免接触的条件 光照

禁配物 强氧化剂、强酸

危险的分解产物 无资料

第十一部分 毒理学信息

急性毒性 无资料

皮肤刺激或腐蚀	无资料	**眼睛刺激或腐蚀**	无资料
呼吸或皮肤过敏	无资料	**生殖细胞突变性**	无资料
致癌性	无资料	**生殖毒性**	无资料

特异性靶器官系统毒性-一次接触 无资料

特异性靶器官系统毒性-反复接触 无资料

吸入危害 无资料

第十二部分 生态学信息

生态毒性 无资料

持久性和降解性

    生物降解性 无资料

    非生物降解性 无资料

潜在的生物累积性 无资料

土壤中的迁移性 无资料

第十三部分 废弃处置

废弃化学品 建议用焚烧法处置。与燃料混合后，再焚烧。焚烧炉排出的卤化氢通过酸洗涤器除去

污染包装物 将容器返还生产商或按照国家和地方法规处置

废弃注意事项 处置前应参阅国家和地方有关法规

第十四部分 运输信息

联合国危险货物编号（UN号） 1993

联合国运输名称 易燃液体，未另做规定的（2-氯-1,1-二甲氧基乙烷）

联合国危险性类别 3

包装类别 Ⅲ   **包装标志**

海洋污染物 否

运输注意事项 运输时运输车辆应配备相应品种和数量的消防器材及泄漏应急处理设备。夏季最好早晚运输。运输时所用的槽（罐）车应有接地链，槽内可

设孔隔板以减少震荡产生的静电。严禁与氧化剂、酸类、食用化学品等混装混运。运输途中应防暴晒、雨淋，防高温。中途停留时应远离火种、热源、高温区。装运该物品的车辆排气管必须配备阻火装置，禁止使用易产生火花的机械设备和工具装卸。公路运输时要按规定路线行驶，勿在居民区和人口稠密区停留。铁路运输时要禁止溜放。严禁用木船、水泥船散装运输

第十五部分 法规信息

下列法律、法规、规章和标准，对该化学品的管理作了相应的规定。

中华人民共和国职业病防治法 职业病分类和目录：未列入

危险化学品安全管理条例 危险化学品目录：列入。易制爆危险化学品名录：未列入。重点监管的危险化学品名录：未列入。GB 18218—2009《危险化学品重大危险源辨识》（表1）：未列入

使用有毒物品作业场所劳动保护条例 高毒物品目录：未列入

易制毒化学品管理条例 易制毒化学品的分类和品种目录：未列入

国际公约 斯德哥尔摩公约：未列入。鹿特丹公约：未列入。蒙特利尔议定书：未列入

第十六部分 其他信息

编写和修订信息	缩略语和首字母缩写
培训建议	参考文献
免责声明	

α-氯-2,4-二硝基甲苯

第一部分 化学品标识

化学品中文名 α-氯-2,4-二硝基氯苯；2,4-二硝基氯化苄；2,4-二硝基氯化苯甲基

化学品英文名 2,4-dinitrobenzyl chloride；α-chloro-2,4-dinitrotoluene

分子式 $C_7H_5O_4N_2Cl$ **分子量** 216.58

结构式

化学品的推荐及限制用途 用作中间体

第二部分 危险性概述

紧急情况概述 易燃固体

GHS危险性类别 易燃固体，类别2

标签要素

象形图

警示词 危险

危险性说明 易燃固体

防范说明

预防措施　远离热源、火花、明火、热表面。禁止吸烟。容器和接收设备接地连接。使用防爆型电器、通风、照明设备。戴防护手套、防护眼镜、防护面罩

事故响应　火灾时，使用雾状水、泡沫、干粉、二氧化碳灭火

安全储存　—

废弃处置　—

物理和化学危险　易燃。急剧加热可能导致爆炸

健康危害　吸入本品蒸气或经皮肤吸收后会产生发绀症状以及损害肝脏。本品对眼睛、皮肤、黏膜和上呼吸道有剧烈刺激作用。吸入后可引起喉、支气管的痉挛、水肿和炎症，化学性肺炎或肺水肿等

环境危害　对环境可能有害

第三部分　成分/组成信息

　　✓ 物质　　　　　　　　混合物

组分	浓度	CAS No.
α-氯-2,4-二硝基甲苯		610-57-1

第四部分　急救措施

吸入　迅速脱离现场至空气新鲜处。保持呼吸道通畅。如呼吸困难，给输氧。如呼吸心跳停止，立即行心肺复苏术。就医

皮肤接触　立即脱去污染衣着，用肥皂水或清水彻底冲洗。就医

眼睛接触　分开眼睑，用清水或生理盐水冲洗。就医

食入　漱口，饮水。就医

对保护施救者的忠告　根据需要使用个人防护设备

对医生的特别提示　高铁血红蛋白血症，可用亚甲蓝和维生素 C 治疗

第五部分　消防措施

灭火剂　用雾状水、泡沫、干粉、二氧化碳灭火

特别危险性　易燃，在密闭容器中，已知在 150℃下受震动或撞击能引起爆炸

灭火注意事项及防护措施　消防人员必须戴好防毒面具，在安全距离以外，在上风向灭火。尽可能将容器从火场移至空旷处。喷水保持火场容器冷却，直至灭火结束。遇大火，消防人员必须在有防护掩蔽处操作

第六部分　泄漏应急处理

作业人员防护措施、防护装备和应急处置程序　隔离泄漏污染区，限制出入。消除所有点火源。建议应急处理人员戴防尘口罩，穿防酸碱服。禁止接触或跨越泄漏物

环境保护措施　防止泄漏物进入水体、下水道、地下室或有限空间

泄漏化学品的收容、清除方法及所使用的处置材料　小量泄漏：用洁净的铲子收集泄漏物，置于干净、干燥、盖子较松的容器中，将容器移离泄漏区。大量泄漏：用水润湿，并筑堤收容

第七部分　操作处置与储存

操作注意事项　密闭操作，提供充分的局部排风。操作尽可能机械化、自动化。操作人员必须经过专门培训，严格遵守操作规程。建议操作人员佩戴防尘面具（全面罩），穿胶布防毒衣，戴橡胶手套。远离火种、热源，工作场所严禁吸烟。使用防爆型的通风系统和设备。避免产生粉尘。避免与氧化剂、还原剂接触。搬运时要轻装轻卸，防止包装及容器损坏。禁止震动、撞击和摩擦。配备相应品种和数量的消防器材及泄漏应急处理设备。倒空的容器可能残留有害物

储存注意事项　储存于阴凉、通风的库房。远离火种、热源。库温不宜超过 35℃。应与氧化剂、还原剂分开存放，切忌混储。采用防爆型照明、通风设施。禁止使用易产生火花的机械设备和工具。储区应备有合适的材料收容泄漏物

第八部分　接触控制/个体防护

职业接触限值

中国　未制定标准

美国（ACGIH）　未制定标准

生物接触限值　未制定标准

监测方法　空气中有毒物质测定方法：未制定标准。生物监测检验方法：未制定标准

工程控制　严加密闭，提供充分的局部排风

个体防护装备

呼吸系统防护　可能接触其粉尘时，必须佩戴防尘面具（全面罩）。紧急事态抢救或撤离时，应该佩戴空气呼吸器

眼睛防护　呼吸系统防护中已作防护

皮肤和身体防护　穿密闭型防毒服

手防护　戴橡胶手套

第九部分　理化特性

外观与性状　黄色柱状结晶

pH 值　无意义	**熔点(℃)**　34～36	
沸点(℃)　无资料	**相对密度(水＝1)**　无资料	
相对蒸气密度(空气＝1)　无资料		
饱和蒸气压(kPa)　无资料		
临界压力(MPa)　无资料	**辛醇/水分配系数**　无资料	
闪点(℃)　110	**自燃温度(℃)**　无资料	
爆炸下限(%)　无资料	**爆炸上限(%)**　无资料	
分解温度(℃)　无资料	**黏度(mPa·s)**　无资料	
燃烧热(kJ/mol)　无资料	**临界温度(℃)**　无资料	

溶解性　不溶于水，溶于多数有机溶剂

第十部分　稳定性和反应性

稳定性　稳定

危险反应　与强氧化剂、强还原剂等禁配物接触，有引起燃烧爆炸的危险。在 150℃下受震动或撞击能引起爆炸

避免接触的条件　震动、撞击

禁配物　强氧化剂、强还原剂

危险的分解产物　氯化氢、氮氧化物

第十一部分　毒理学信息

急性毒性　无资料

皮肤刺激或腐蚀　无资料　　**眼睛刺激或腐蚀**　无资料

呼吸或皮肤过敏　无资料　　**生殖细胞突变性**　无资料

致癌性　无资料　　　　　　**生殖毒性**　无资料

特异性靶器官系统毒性-一次接触　无资料

特异性靶器官系统毒性-反复接触　无资料

吸入危害　无资料

第十二部分　生态学信息

生态毒性　无资料

持久性和降解性

　　生物降解性　无资料

　　非生物降解性　无资料

潜在的生物累积性　无资料

土壤中的迁移性　无资料

第十三部分　废弃处置

废弃化学品　建议用焚烧法处置。与燃料混合后，再焚烧。焚烧炉排出的气体要通过洗涤器除去

污染包装物　将容器返还生产商或按照国家和地方法规处置

废弃注意事项　处置前应参阅国家和地方有关法规

第十四部分　运输信息

联合国危险货物编号（UN 号）　1325

联合国运输名称　有机易燃固体，未另作规定的（α-氯-2,4-二硝基甲苯）

联合国危险性类别　4.1

包装类别　Ⅲ　　　　　　**包装标志**　

海洋污染物　否

运输注意事项　运输时运输车辆应配备相应品种和数量的消防器材及泄漏应急处理设备。装运本品的车辆排气管必须有阻火装置。运输过程中要确保容器不泄漏、不倒塌、不坠落、不损坏。严禁与氧化剂、还原剂、食用化学品等混装混运。运输途中应防暴晒、雨淋、防高温。中途停留时应远离火种、热源。车辆运输完毕应进行彻底清扫。铁路运输时要禁止溜放

第十五部分　法规信息

　　下列法律、法规、规章和标准，对该化学品的管理作了相应的规定。

中华人民共和国职业病防治法　职业病分类和目录：苯的氨基及硝基化合物中毒

危险化学品安全管理条例　危险化学品目录：列入。易制爆危险化学品名录：未列入。重点监管的危险化学品名录：未列入。GB 18218—2009《危险化学品重大危险源辨识》（表1）：未列入

使用有毒物品作业场所劳动保护条例　高毒物品目录：未列入

易制毒化学品管理条例　易制毒化学品的分类和品种目录：未列入

国际公约　斯德哥尔摩公约：未列入。鹿特丹公约：未列入。蒙特利尔议定书：未列入

第十六部分　其他信息

编写和修订信息　　　**缩略语和首字母缩写**

培训建议　　　　　　**参考文献**

免责声明

1-氯-3-氟苯

第一部分　化学品标识

化学品中文名　1-氯-3-氟苯；3-氯氟苯；间氯氟苯；3-氟氯苯；间氟氯苯

化学品英文名　*m*-chlorofluorobenzene；1-chloro-3-fluoro-benzene

分子式　C_6H_4ClF　**分子量**　130.547

结构式　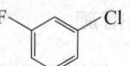

化学品的推荐及限制用途　用于有机合成

第二部分　危险性概述

紧急情况概述　高度易燃液体和蒸气

GHS 危险性类别　易燃液体，类别 2

标签要素

象形图　

警示词　危险

危险性说明　高度易燃液体和蒸气

防范说明

　　预防措施　远离热源、火花、明火、热表面。禁止吸烟。保持容器密闭。容器和接收设备接地连接。使用防爆型电器、通风、照明设备。只能使用不产生火花的工具。采取防止静电措施。戴防护手套、防护眼镜、防护面罩

　　事故响应　火灾时，使用雾状水、泡沫、干粉、二氧化碳、砂土灭火。如皮肤（或头发）接触：立即脱掉所有被污染的衣服。用水冲洗皮肤，淋浴

　　安全储存　存放在通风良好的地方。保持低温

　　废弃处置　本品及内装物、容器依据国家和地方法规处置

物理和化学危险　易燃，其蒸气与空气混合，能形成爆炸性混合物

健康危害　本品有毒。对眼睛、皮肤、黏膜和上呼吸道有刺激作用

环境危害　对环境可能有害

第三部分 成分/组成信息

√ 物质　　　　　　　　混合物

组分	浓度	CAS No.
1-氯-3-氟苯		625-98-9

第四部分 急救措施

吸入 迅速脱离现场至空气新鲜处。保持呼吸道通畅。如呼吸困难，给输氧。呼吸、心跳停止，立即进行心肺复苏术。就医

皮肤接触 立即脱去污染的衣着，用流动清水彻底冲洗。就医

眼睛接触 立即分开眼睑，用流动清水或生理盐水彻底冲洗。就医

食入 漱口，饮水。就医

对保护施救者的忠告 根据需要使用个人防护设备

对医生的特别提示 对症处理

第五部分 消防措施

灭火剂 用雾状水、泡沫、干粉、二氧化碳、砂土灭火

特别危险性 其蒸气与空气可形成爆炸性混合物，遇明火、高热极易燃烧爆炸。与氧化剂接触猛烈反应。受高热分解放出有毒的气体。若遇高热，容器内压增大，有开裂和爆炸的危险

灭火注意事项及防护措施 消防人员必须佩戴防毒面具、穿全身消防服，在上风向灭火。尽可能将容器从火场移至空旷处。喷水保持火场容器冷却，直至灭火结束。处在火场中的容器若已变色或从安全泄压装置中发出声音，必须马上撤离

第六部分 泄漏应急处理

作业人员防护措施、防护装备和应急处置程序 根据液体流动和蒸气扩散的影响区域划定警戒区，无关人员从侧风、上风向撤离至安全区。消除所有点火源。建议应急处理人员戴正压自给式呼吸器，穿防毒、防静电服。穿上适当的防护服前严禁接触破裂的容器和泄漏物。尽可能切断泄漏源

环境保护措施 防止泄漏物进入水体、下水道、地下室或有限空间

泄漏化学品的收容、清除方法及所使用的处置材料 小量泄漏：用干燥的砂土或其他不燃材料吸收或覆盖，收集于容器中。大量泄漏：构筑围堤或挖坑收容。用防爆泵转移至槽车或专用收集器内

第七部分 操作处置与储存

操作注意事项 密闭操作，局部排风。防止蒸气泄漏到工作场所空气中。操作人员必须经过专门培训，严格遵守操作规程。建议操作人员佩戴自吸过滤式防毒面具（半面罩），戴化学安全防护眼镜，穿防毒物渗透工作服，戴橡胶手套。远离火种、热源，工作场所严禁吸烟。使用防爆型的通风系统和设备。在清除液体和蒸气前不能进行焊接、切割等作业。避免产生烟雾。避免与氧化剂接触。配备相应品种和数量的消防器材及泄漏应急处理设备。倒空的容器可能残留有害物

储存注意事项 储存于阴凉、通风的库房。远离火种、热源。防止阳光直射。保持容器密封。应与氧化剂分开存放，切忌混储。采用防爆型照明、通风设施。禁止使用易产生火花的机械设备和工具。储区应备有泄漏应急处理设备和合适的收容材料

第八部分 接触控制/个体防护

职业接触限值

中国 未制定标准

美国（ACGIH） 未制定标准

生物接触限值 未制定标准

监测方法 空气中有毒物质测定方法：未制定标准。生物监测检验方法：未制定标准

工程控制 密闭操作，局部排风

个体防护装备

呼吸系统防护 空气中浓度超标时，必须佩戴过滤式防毒面具（半面罩）。紧急事态抢救或撤离时，应该佩戴空气呼吸器

眼睛防护 戴化学安全防护眼镜

皮肤和身体防护 穿防毒物渗透工作服

手防护 戴橡胶手套

第九部分 理化特性

外观与性状	无色液体	**pH值**	无资料
熔点(℃)	无资料	**沸点(℃)**	127.6
相对密度(水=1)	1.219		
相对蒸气密度(空气=1)	无资料		
饱和蒸气压(kPa)	无资料		
临界压力(MPa)	无资料	**辛醇/水分配系数**	无资料
闪点(℃)	20.0	**自燃温度(℃)**	无资料
爆炸下限(%)	无资料	**爆炸上限(%)**	无资料
分解温度(℃)	无资料	**黏度(mPa·s)**	无资料
燃烧热(kJ/mol)	无资料	**临界温度(℃)**	无资料

溶解性 不溶于水，溶于醇、醚、苯等

第十部分 稳定性和反应性

稳定性 稳定

危险反应 与强氧化剂等禁配物接触，有发生火灾和爆炸的危险

避免接触的条件 无资料

禁配物 强氧化剂

危险的分解产物 氯化氢、氟化氢

第十一部分 毒理学信息

急性毒性 无资料

皮肤刺激或腐蚀	无资料	**眼睛刺激或腐蚀**	无资料
呼吸或皮肤过敏	无资料	**生殖细胞突变性**	无资料
致癌性	无资料	**生殖毒性**	无资料

特异性靶器官系统毒性-一次接触 无资料

特异性靶器官系统毒性-反复接触 无资料

吸入危害 无资料

第十二部分　生态学信息

生态毒性　无资料

持久性和降解性

　　生物降解性　无资料

　　非生物降解性　无资料

潜在的生物累积性　无资料

土壤中的迁移性　无资料

第十三部分　废弃处置

废弃化学品　建议用焚烧法处置。在能利用的地方重复使用容器或在规定场所掩埋

污染包装物　将容器返还生产商或按照国家和地方法规处置

废弃注意事项　处置前应参阅国家和地方有关法规

第十四部分　运输信息

联合国危险货物编号（UN号）　1993

联合国运输名称　易燃液体，未另作规定的（1-氯-3-氟苯）

联合国危险性类别　3

包装类别　Ⅱ　　　　　**包装标志**　

海洋污染物　否

运输注意事项　运输前应先检查包装容器是否完整、密封，运输过程中要确保容器不泄漏、不倒塌、不坠落、不损坏。严禁与酸类、氧化剂、食品及食品添加剂混运。运输时运输车辆应配备相应品种和数量的消防器材及泄漏应急处理设备。运输途中应防暴晒、雨淋，防高温。运输时所用的槽（罐）车应有接地链，槽内可设孔隔板以减少震荡产生的静电。中途停留时应远离火种、热源。公路运输时要按规定路线行驶，勿在居民区和人口稠密区停留

第十五部分　法规信息

　　下列法律、法规、规章和标准，对该化学品的管理作了相应的规定。

中华人民共和国职业病防治法　职业病分类和目录：未列入

危险化学品安全管理条例　危险化学品目录：列入。易制爆危险化学品名录：未列入。重点监管的危险化学品名录：未列入。GB 18218—2009《危险化学品重大危险源辨识》（表1）：未列入

使用有毒物品作业场所劳动保护条例　高毒物品目录：未列入

易制毒化学品管理条例　易制毒化学品的分类和品种目录：未列入

国际公约　斯德哥尔摩公约：未列入。鹿特丹公约：未列入。蒙特利尔议定书：未列入

第十六部分　其他信息

编写和修订信息　　　　**缩略语和首字母缩写**

培训建议　　　　　　　**参考文献**

免责声明

1-氯-4-氟苯

第一部分　化学品标识

化学品中文名　1-氯-4-氟苯；4-氯氟苯；对氯氟苯；4-氟氯苯；对氟氯苯

化学品英文名　1-chloro-4-fluorobenzene；*p*-chlorofluorobenzene

分子式　C_6H_4ClF　**分子量**　130.547

结构式　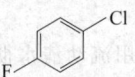

化学品的推荐及限制用途　用于有机合成

第二部分　危险性概述

紧急情况概述　易燃液体和蒸气

GHS危险性类别　易燃液体，类别3

标签要素

象形图　

警示词　警告

危险性说明　易燃液体和蒸气

防范说明

　　预防措施　远离热源、火花、明火、热表面。禁止吸烟。保持容器密闭。容器和接收设备接地连接。使用防爆型电器、通风、照明设备。只能使用不产生火花的工具。采取防止静电措施。戴防护手套、防护眼镜、防护面罩

　　事故响应　火灾时，使用雾状水、泡沫、干粉、二氧化碳、砂土灭火。如皮肤（或头发）接触：立即脱掉所有被污染的衣服。用水冲洗皮肤、淋浴

　　安全储存　存放在通风良好的地方。保持低温

　　废弃处置　本品及内装物、容器依据国家和地方法规处置

物理和化学危险　易燃，其蒸气与空气混合，能形成爆炸性混合物

健康危害　本品有毒。对眼睛、皮肤、黏膜和上呼吸道有刺激性。受热放出有毒气体

环境危害　对环境可能有害

第三部分　成分/组成信息

　√　物质　　　　　　　　　混合物

组分	浓度	CAS No.
1-氯-4-氟苯		352-33-0

第四部分　急救措施

吸入　迅速脱离现场至空气新鲜处。保持呼吸道通畅。如呼吸困难，给输氧。呼吸、心跳停止，立即进行心肺复苏术。就医

皮肤接触　立即脱去污染的衣着，用流动清水彻底冲洗。就医

眼睛接触 立即分开眼睑,用流动清水或生理盐水彻底冲洗。就医

食入 漱口,饮水。就医

对保护施救者的忠告 根据需要使用个人防护设备

对医生的特别提示 对症处理

第五部分 消防措施

灭火剂 用雾状水、泡沫、干粉、二氧化碳、砂土灭火

特别危险性 其蒸气与空气可形成爆炸性混合物,遇明火、高热极易燃烧爆炸。与氧化剂接触猛烈反应。受高热分解放出有毒的气体。若遇高热,容器内压增大,有开裂和爆炸的危险

灭火注意事项及防护措施 消防人员必须佩戴防毒面具、穿全身消防服,在上风向灭火。尽可能将容器从火场移至空旷处。喷水保持火场容器冷却,直至灭火结束。处在火场中的容器若已变色或从安全泄压装置中发出声音,必须马上撤离

第六部分 泄漏应急处理

作业人员防护措施、防护装备和应急处置程序 根据液体流动和蒸气扩散的影响区域划定警戒区,无关人员从侧风、上风向撤离至安全区。消除所有点火源。建议应急处理人员戴正压自给式呼吸器,穿防毒、防静电服。穿上适当的防护服前严禁接触破裂的容器和泄漏物。尽可能切断泄漏源

环境保护措施 防止泄漏物进入水体、下水道、地下室或有限空间

泄漏化学品的收容、清除方法及所使用的处置材料 小量泄漏:用干燥的砂土或其他不燃材料吸收或覆盖,收集于容器中。大量泄漏:构筑围堤或挖坑收容。用防爆泵转移至槽车或专用收集器内

第七部分 操作处置与储存

操作注意事项 密闭操作,局部排风。防止蒸气泄漏到工作场所空气中。操作人员必须经过专门培训,严格遵守操作规程。建议操作人员佩戴自吸过滤式防毒面具(半面罩),戴化学安全防护眼镜,穿防毒物渗透工作服,戴橡胶手套。远离火种、热源,工作场所严禁吸烟。使用防爆型的通风系统和设备。在清除液体和蒸气前不能进行焊接、切割等作业。避免产生烟雾。避免与氧化剂接触。配备相应品种和数量的消防器材及泄漏应急处理设备。倒空的容器可能残留有害物

储存注意事项 储存于阴凉、通风的库房。远离火种、热源。防止阳光直射。保持容器密封。应与氧化剂分开存放,切忌混储。采用防爆型照明、通风设施。禁止使用易产生火花的机械设备和工具。储区应备有泄漏应急处理设备和合适的收容材料

第八部分 接触控制/个体防护

职业接触限值

中国 未制定标准

美国(ACGIH) 未制定标准

生物接触限值 未制定标准

监测方法 空气中有毒物质测定方法:未制定标准。生物监测检验方法:未制定标准

工程控制 密闭操作,局部排风

个体防护装备

呼吸系统防护 空气中浓度超标时,必须佩戴过滤式防毒面具(半面罩)。紧急事态抢救或撤离时,应该佩戴空气呼吸器

眼睛防护 戴化学安全防护眼镜

皮肤和身体防护 穿防毒物渗透工作服

手防护 戴橡胶手套

第九部分 理化特性

外观与性状 无色或浅黄色液体

pH 值 无资料   **熔点(℃)** −27～−26

沸点(℃) 130～131   **相对密度(水=1)** 1.226

相对蒸气密度(空气=1) 无资料

饱和蒸气压(kPa) 无资料

临界压力(MPa) 无资料   **辛醇/水分配系数** 无资料

闪点(℃) 29.44   **自燃温度(℃)** 无资料

爆炸下限(%) 无资料   **爆炸上限(%)** 无资料

分解温度(℃) 无资料   **黏度(mPa·s)** 无资料

燃烧热(kJ/mol) 无资料   **临界温度(℃)** 无资料

溶解性 不溶于水,溶于醇、醚、苯

第十部分 稳定性和反应性

稳定性 稳定

危险反应 与强氧化剂等禁配物接触,有发生火灾和爆炸的危险

避免接触的条件 无资料

禁配物 强氧化剂

危险的分解产物 氯化氢、氟化氢

第十一部分 毒理学信息

急性毒性 无资料

皮肤刺激或腐蚀 无资料   **眼睛刺激或腐蚀** 无资料

呼吸或皮肤过敏 无资料   **生殖细胞突变性** 无资料

致癌性 无资料   **生殖毒性** 无资料

特异性靶器官系统毒性--一次接触 无资料

特异性靶器官系统毒性-反复接触 无资料

吸入危害 无资料

第十二部分 生态学信息

生态毒性 无资料

持久性和降解性

生物降解性 无资料

非生物降解性 无资料

潜在的生物累积性 无资料

土壤中的迁移性 无资料

第十三部分 废弃处置

废弃化学品 建议用焚烧法处置。在能利用的地方重复使用容器或在规定场所掩埋

污染包装物 将容器返还生产商或按照国家和地方法规

处置

废弃注意事项　处置前应参阅国家和地方有关法规

第十四部分　运输信息

联合国危险货物编号（UN 号）　1993

联合国运输名称　易燃液体，未另作规定的（1-氯-4-氟苯）

联合国危险性类别　3

包装类别　Ⅲ　　　　　**包装标志**

海洋污染物　否

运输注意事项　运输前应先检查包装容器是否完整、密封，运输过程中要确保容器不泄漏、不倒塌、不坠落、不损坏。严禁与酸类、氧化剂、食品及食品添加剂混运。运输时运输车辆应配备相应品种和数量的消防器材及泄漏应急处理设备。运输途中应防暴晒、雨淋、防高温。运输时所用的槽（罐）车应有接地链，槽内可设孔隔板以减少震荡产生的静电。中途停留时应远离火种、热源。公路运输时要按规定路线行驶，勿在居民区和人口稠密区停留

第十五部分　法规信息

下列法律、法规、规章和标准，对该化学品的管理作了相应的规定。

中华人民共和国职业病防治法　职业病分类和目录：未列入

危险化学品安全管理条例　危险化学品目录：列入。易制爆危险化学品名录：未列入。重点监管的危险化学品名录：未列入。GB 18218—2009《危险化学品重大危险源辨识》（表 1）：未列入

使用有毒物品作业场所劳动保护条例　高毒物品目录：未列入

易制毒化学品管理条例　易制毒化学品的分类和品种目录：未列入

国际公约　斯德哥尔摩公约：未列入。鹿特丹公约：未列入。蒙特利尔议定书：未列入

第十六部分　其他信息

编写和修订信息　　　　　**缩略语和首字母缩写**
培训建议　　　　　　　　　**参考文献**
免责声明

2-氯汞苯酚

第一部分　化学品标识

化学品中文名　2-氯汞苯酚；氯化邻羟基苯汞

化学品英文名　2-(chloromercuri) phenol；*o*-hydroxyphenylmercury chloride；chloro(*o*-hydroxyphenyl)mercury

分子式　C_6H_5ClHgO　**分子量**　329.149

结构式

化学品的推荐及限制用途　用于防腐消毒

第二部分　危险性概述

紧急情况概述　吞咽致命，皮肤接触会致命，吸入致命

GHS 危险性类别　急性毒性-经口，类别 2；急性毒性-经皮，类别 1；急性毒性-吸入，类别 2；特异性靶器官毒性-反复接触，类别 2；危害水生环境-急性危害，类别 1；危害水生环境-长期危害，类别 1

标签要素

象形图

警示词　危险

危险性说明　吞咽致命，皮肤接触会致命，吸入致命，长时间或反复接触可能对器官造成损伤。如果已经知道，对医生说明所受损害的器官，对水生生物毒性非常大并具有长期持续影响

防范说明

　　预防措施　避免接触眼睛、皮肤或衣服，操作后彻底清洗。作业场所不得进食、饮水或吸烟。戴防护手套、穿防护服。避免吸入粉尘。仅在室外或通风良好处操作。戴呼吸防护器具。禁止排入环境

　　事故响应　如吸入：将患者转移到空气新鲜处，休息，保持利于呼吸的体位。皮肤接触：用大量肥皂水和水轻轻地清洗，立即脱去所有被污染的衣服。被污染的衣服必须经洗净后方可重新使用。食入：立即呼叫中毒控制中心或就医。漱口。如感觉不适，就医。收集泄漏物

　　安全储存　在通风良好处储存。保持容器密闭。上锁保管

　　废弃处置　本品及内装物、容器依据国家和地方法规处置

物理和化学危险　可燃，其粉体与空气混合，能形成爆炸性混合物

健康危害　人体吸收易引起中毒。吸入时，神经系统最早受损；误服，则先出现消化道症状；对肝、肾、心脏有损害；对皮肤可引起接触性皮炎

环境危害　对水生生物毒性非常大并具有长期持续影响

第三部分　成分/组成信息

√ 物质　　　　　　　　　　　混合物

组分	浓度	CAS No.
2-氯汞苯酚		90-03-9

第四部分　急救措施

吸入　迅速脱离现场至空气新鲜处。保持呼吸道通畅。如呼吸困难，给输氧。呼吸、心跳停止，立即进行心肺复苏术。就医

皮肤接触 立即脱去污染的衣着，用流动清水彻底冲洗。就医

眼睛接触 立即分开眼睑，用流动清水或生理盐水彻底冲洗。就医

食入 饮适量温水，催吐（仅限于清醒者）。就医

对保护施救者的忠告 根据需要使用个人防护设备

对医生的特别提示 解毒剂：二巯基丙磺酸钠、二巯基丁二酸钠、青霉胺

第五部分 消防措施

灭火剂 用雾状水、泡沫、干粉、二氧化碳、砂土灭火

特别危险性 遇明火、高热可燃。其粉体与空气可形成爆炸性混合物，当达到一定浓度时，遇火星会发生爆炸。遇高热分解释出高毒烟气

灭火注意事项及防护措施 消防人员必须佩戴防毒面具、穿全身消防服，在上风向灭火。尽可能将容器从火场移至空旷处。喷水保持火场容器冷却，直至灭火结束

第六部分 泄漏应急处理

作业人员防护措施、防护装备和应急处置程序 隔离泄漏污染区，限制出入。消除所有点火源。建议应急处理人员戴防尘口罩，穿防毒服。穿上适当的防护服前严禁接触破裂的容器和泄漏物。尽可能切断泄漏源

环境保护措施 用塑料布覆盖泄漏物，减少飞散

泄漏化学品的收容、清除方法及所使用的处置材料 勿使水进入包装容器内。用洁净的铲子收集泄漏物，置于干净、干燥、盖子较松的容器中，将容器移离泄漏区

第七部分 操作处置与储存

操作注意事项 密闭操作，提供充分的局部排风。防止粉尘释放到车间空气中。操作人员必须经过专门培训，严格遵守操作规程。建议操作人员佩戴防尘面具（全面罩），穿胶布防毒衣，戴橡胶手套。远离火种、热源，工作场所严禁吸烟。使用防爆型的通风系统和设备。避免产生粉尘。避免与氧化剂接触。配备相应品种和数量的消防器材及泄漏应急处理设备。倒空的容器可能残留有害物

储存注意事项 储存于阴凉、通风的库房。远离火种、热源。防止阳光直射。包装密封。应与氧化剂、食用化学品分开存放，切忌混储。配备相应品种和数量的消防器材。储区应备有合适的材料收容泄漏物

第八部分 接触控制/个体防护

职业接触限值

中国 PC-TWA：0.01mg/m³；PC-STEL：0.03mg/m³ ［按 Hg 计］［皮］

美国（ACGIH） TLV-TWA：0.1mg/m³ ［按 Hg 计］［皮］

生物接触限值 未制定标准

监测方法 空气中有毒物质测定方法：原子荧光光谱法、冷原子吸收光谱法。生物监测检验方法：未制定标准

工程控制 严加密闭，提供充分的局部排风

个体防护装备

呼吸系统防护 可能接触其粉尘时，必须佩戴防尘面具（全面罩）。紧急事态抢救或撤离时，应该佩戴空气呼吸器

眼睛防护 呼吸系统防护中已作防护

皮肤和身体防护 穿密闭型防毒服

手防护 戴橡胶手套

第九部分 理化特性

外观与性状 白色或粉红色羽毛状结晶

pH 值 无意义 **熔点（℃）** 150～152

沸点（℃） 无资料 **相对密度（水＝1）** 无资料

相对蒸气密度（空气＝1） 无资料

饱和蒸气压（kPa） 无资料

临界压力（MPa） 无资料 **辛醇/水分配系数** 无资料

闪点（℃） 无意义 **自燃温度（℃）** 无资料

爆炸下限（％） 无资料 **爆炸上限（％）** 无资料

分解温度（℃） 无资料 **黏度（mPa·s）** 无资料

燃烧热（kJ/mol） 无资料 **临界温度（℃）** 无资料

溶解性 微溶于水，易溶于乙醇、热苯

第十部分 稳定性和反应性

稳定性 稳定

危险反应 与强氧化剂等禁配物发生反应

避免接触的条件 无资料

禁配物 强氧化剂

危险的分解产物 氯化氢、汞

第十一部分 毒理学信息

急性毒性 LD$_{50}$：36mg/kg（小鼠皮下）；23mg/kg（小鼠静脉）

皮肤刺激或腐蚀 无资料 **眼睛刺激或腐蚀** 无资料

呼吸或皮肤过敏 无资料 **生殖细胞突变性** 无资料

致癌性 无资料 **生殖毒性** 无资料

特异性靶器官系统毒性-一次接触 无资料

特异性靶器官系统毒性-反复接触 无资料

吸入危害 无资料

第十二部分 生态学信息

生态毒性 含汞化合物对水生生物有极高毒性

持久性和降解性

生物降解性 无资料

非生物降解性 无资料

潜在的生物累积性 元素汞易在生物体内富集

土壤中的迁移性 无资料

第十三部分 废弃处置

废弃化学品 建议用焚烧法处置。在能利用的地方重复使用容器或在规定场所掩埋

污染包装物 将容器返还生产商或按照国家和地方法规处置

废弃注意事项 处置前应参阅国家和地方有关法规

第十四部分　运输信息

联合国危险货物编号（UN 号）　2025

联合国运输名称　固态汞化合物，未另作规定的（2-氯汞苯酚）

联合国危险性类别　6.1

包装类别　Ⅰ　　　　　　　**包装标志**

海洋污染物　是

运输注意事项　运输前应先检查包装容器是否完整、密封，运输过程中要确保容器不泄漏、不倒塌、不坠落、不损坏。严禁与酸类、氧化剂、食品及食品添加剂混运。运输时运输车辆应配备相应品种和数量的消防器材及泄漏应急处理设备。运输途中应防暴晒、雨淋，防高温。公路运输时要按规定路线行驶，勿在居民区和人口稠密区停留

第十五部分　法规信息

下列法律、法规、规章和标准，对该化学品的管理作了相应的规定。

中华人民共和国职业病防治法　职业病分类和目录：汞及其化合物中毒

危险化学品安全管理条例　危险化学品目录：列入。易制爆危险化学品名录：未列入。重点监管的危险化学品名录：未列入。GB 18218—2009《危险化学品重大危险源辨识》（表1）：未列入

使用有毒物品作业场所劳动保护条例　高毒物品目录：未列入

易制毒化学品管理条例　易制毒化学品的分类和品种目录：未列入

国际公约　斯德哥尔摩公约：未列入。鹿特丹公约：未列入。蒙特利尔议定书：未列入

第十六部分　其他信息

编写和修订信息　　　　**缩略语和首字母缩写**

培训建议　　　　　　　**参考文献**

免责声明

4-氯汞苯甲酸

第一部分　化学品标识

化学品中文名　4-氯汞苯甲酸；对氯化汞苯甲酸

化学品英文名　4-(chloromercuric) benzoic acid；(*p*-carboxyphenyl) chloromercury

分子式　$C_7H_5ClHgO_2$　**分子量**　357.16

结构式

化学品的推荐及限制用途　用于碘苯甲酸制造，用作生化研究中测定巯基的试剂

第二部分　危险性概述

紧急情况概述　吞咽致命，皮肤接触会致命，吸入致命

GHS 危险性类别　急性毒性-经口，类别 2；急性毒性-经皮，类别 1；急性毒性-吸入，类别 2；特异性靶器官毒性-反复接触，类别 2；危害水生环境-急性危害，类别 1；危害水生环境-长期危害，类别 1

标签要素

象形图　

警示词　危险

危险性说明　吞咽致命，皮肤接触会致命，吸入致命，长时间或反复接触可能对器官造成损伤，对水生生物毒性非常大并具有长期持续影响

防范说明

预防措施　避免接触眼睛、皮肤或衣服，操作后彻底清洗。作业场所不得进食、饮水或吸烟。戴防护手套、穿防护服。避免吸入粉尘。仅在室外或通风良好处操作。戴呼吸防护器具。禁止排入环境

事故响应　如吸入：将患者转移到空气新鲜处，休息，保持利于呼吸的体位。皮肤接触：用大量肥皂水和水轻轻地清洗，立即脱去所有被污染的衣服。被污染的衣服必须经洗净后方可重新使用。食入：立即呼叫中毒控制中心或就医。漱口。如感觉不适，就医。收集泄漏物

安全储存　在通风良好处储存。保持容器密闭。上锁保管

废弃处置　本品及内装物、容器依据国家和地方法规处置

物理和化学危险　可燃，其粉体与空气混合，能形成爆炸性混合物

健康危害　有机汞主要侵犯神经系统，表现为进行性神经麻痹、共济失调、神经衰弱综合征，重者可出现神志障碍、谵妄、昏迷。可引起接触性皮炎

环境危害　对水生生物毒性非常大并具有长期持续影响

第三部分　成分/组成信息

√ 物质　　　　　　　　　混合物

组分	浓度	CAS No.
4-氯汞苯甲酸		59-85-8

第四部分　急救措施

吸入　迅速脱离现场至空气新鲜处。保持呼吸道通畅。如呼吸困难，给输氧。呼吸、心跳停止，立即进行心肺复苏术。就医

皮肤接触　立即脱去污染的衣着，用流动清水彻底冲洗。就医

眼睛接触　立即分开眼睑，用流动清水或生理盐水彻底冲洗。就医

食入　饮适量温水，催吐（仅限于清醒者）。就医

对保护施救者的忠告 根据需要使用个人防护设备

对医生的特别提示 解毒剂：二巯基丙磺酸钠、二巯基丁二酸钠、青霉胺

第五部分 消防措施

灭火剂 用雾状水、泡沫、干粉、二氧化碳、砂土灭火

特别危险性 遇明火、高热可燃。其粉体与空气可形成爆炸性混合物，当达到一定浓度时，遇火星会发生爆炸。受高热分解放出有毒的气体

灭火注意事项及防护措施 消防人员必须穿全身耐酸碱消防服、佩戴空气呼吸器灭火。尽可能将容器从火场移至空旷处。喷水保持火场容器冷却，直至灭火结束。切勿将水流直接射至熔融物，以免引起严重的流淌火灾或引起剧烈的沸溅

第六部分 泄漏应急处理

作业人员防护措施、防护装备和应急处置程序 隔离泄漏污染区，限制出入。消除所有点火源。建议应急处理人员戴防尘口罩，穿防毒服。穿上适当的防护服前严禁接触破裂的容器和泄漏物。尽可能切断泄漏源

环境保护措施 用塑料布覆盖泄漏物，减少飞散

泄漏化学品的收容、清除方法及所使用的处置材料 勿使水进入包装容器内。用洁净的铲子收集泄漏物，置于干净、干燥、盖子较松的容器中，将容器移离泄漏区

第七部分 操作处置与储存

操作注意事项 密闭操作，提供充分的局部排风。防止粉尘释放到车间空气中。操作人员必须经过专门培训，严格遵守操作规程。建议操作人员佩戴防尘具（全面罩），穿胶布防毒衣，戴橡胶手套。远离火种、热源，工作场所严禁吸烟。使用防爆型的通风系统和设备。避免产生粉尘。避免与氧化剂、酸类接触。配备相应品种和数量的消防器材及泄漏应急处理设备。倒空的容器可能残留有害物

储存注意事项 储存于阴凉、通风的库房。远离火种、热源。防止阳光直射。包装密封。应与氧化剂、酸类、食用化学品分开存放，切忌混储。配备相应品种和数量的消防器材。储区应备有合适的材料收容泄漏物

第八部分 接触控制/个体防护

职业接触限值

中国 PC-TWA：0.01mg/m³；PC-STEL：0.03mg/m³［按 Hg 计］［皮］

美国（ACGIH） TLV-TWA：0.1mg/m³［按 Hg 计］［皮］

生物接触限值 未制定标准

监测方法 空气中有毒物质测定方法：原子荧光光谱法；冷原子吸收光谱法。生物监测检验方法：未制定标准

工程控制 严加密闭，提供充分的局部排风

个体防护装备

呼吸系统防护 可能接触其粉尘时，必须佩戴防尘面具（全面罩）。紧急事态抢救或撤离时，应该佩戴空气呼吸器

眼睛防护 呼吸系统防护中已作防护

皮肤和身体防护 穿密闭型防毒服

手防护 戴橡胶手套

第九部分 理化特性

外观与性状 白色结晶粉末

pH 值 无意义	熔点（℃） 287（分解）
沸点（℃） 无资料	相对密度（水＝1） 无资料
相对蒸气密度（空气＝1） 无资料	
饱和蒸气压（kPa） 无资料	
临界压力（MPa） 无资料	辛醇/水分配系数 无资料
闪点（℃） 无意义	自燃温度（℃） 无资料
爆炸下限（%） 无资料	爆炸上限（%） 无资料
分解温度（℃） 无资料	黏度（mPa·s） 无资料
燃烧热（kJ/mol） 无资料	临界温度（℃） 无资料

溶解性 不溶于水，溶于乙醇

第十部分 稳定性和反应性

稳定性 稳定

危险反应 与强氧化剂、酸类等禁配物发生反应

避免接触的条件 光照

禁配物 强氧化剂、酸类

危险的分解产物 氯化氢、氧化汞、汞

第十一部分 毒理学信息

急性毒性 LD$_{50}$：25mg/kg（小鼠腹腔）

皮肤刺激或腐蚀 无资料	眼睛刺激或腐蚀 无资料
呼吸或皮肤过敏 无资料	生殖细胞突变性 无资料
致癌性 无资料	生殖毒性 无资料

特异性靶器官系统毒性—一次接触 无资料

特异性靶器官系统毒性-反复接触 无资料

吸入危害 无资料

第十二部分 生态学信息

生态毒性 含汞化合物对水生生物有极高毒性

持久性和降解性

生物降解性 无资料

非生物降解性 无资料

潜在的生物累积性 元素汞易在生物体内富集

土壤中的迁移性 无资料

第十三部分 废弃处置

废弃化学品 建议用焚烧法处置。在能利用的地方重复使用容器或在规定场所掩埋。量小时，溶解在水或适当的酸溶液中，或用适当氧化剂将其转变成水溶液。用硫化物沉淀，调节 pH 值至 7 完成沉淀。滤出固体硫化物回收或做掩埋处置。用次氯酸钠中和过量的硫化物，然后冲入下水道

污染包装物 将容器返还生产商或按照国家和地方法规处置

废弃注意事项 处置前应参阅国家和地方有关法规

第十四部分　运输信息

联合国危险货物编号（UN 号）　2025

联合国运输名称　固态汞化合物，未另作规定的（4-氯汞苯甲酸）

联合国危险性类别　6.1

包装类别　Ⅰ　　　　　　**包装标志**

海洋污染物　是

运输注意事项　运输前应先检查包装容器是否完整、密封，运输过程中要确保容器不泄漏、不倒塌、不坠落、不损坏。严禁与酸类、氧化剂、食品及食品添加剂混运。运输时运输车辆应配备相应品种和数量的消防器材及泄漏应急处理设备。运输途中应防暴晒、雨淋，防高温。公路运输时要按规定路线行驶，勿在居民区和人口稠密区停留

第十五部分　法规信息

下列法律、法规、规章和标准，对该化学品的管理作了相应的规定。

中华人民共和国职业病防治法　职业病分类和目录：汞及其化合物中毒

危险化学品安全管理条例　危险化学品目录：列入。易制爆危险化学品名录：未列入。重点监管的危险化学品名录：未列入。GB 18218—2009《危险化学品重大危险源辨识》（表 1）：未列入

使用有毒物品作业场所劳动保护条例　高毒物品目录：未列入

易制毒化学品管理条例　易制毒化学品的分类和品种目录：未列入

国际公约　斯德哥尔摩公约：未列入。鹿特丹公约：未列入。蒙特利尔议定书：未列入

第十六部分　其他信息

编写和修订信息　　　缩略语和首字母缩写
培训建议　　　　　　参考文献
免责声明

氯化氨基汞

第一部分　化学品标识

化学品中文名　氯化氨基汞；氯化铵汞；白降汞

化学品英文名　mercuric ammonium chloride; mercury amide chloride

分子式　$HgNH_2Cl$　**分子量**　252.09

结构式　$H_2N—Hg^+Cl^-$

化学品的推荐及限制用途　用于制药

第二部分　危险性概述

紧急情况概述　吞咽致命，皮肤接触会致命，吸入致命

GHS 危险性类别　急性毒性-经口，类别 2；急性毒性-经

皮，类别 1；急性毒性-吸入，类别 2；特异性靶器官毒性-反复接触，类别 2；危害水生环境-急性危害，类别 1；危害水生环境-长期危害，类别 1

标签要素

象形图

警示词　危险

危险性说明　吞咽致命，皮肤接触会致命，吸入致命，长时间或反复接触可能对器官造成损伤，对水生生物毒性非常大并具有长期持续影响

防范说明

预防措施　避免接触眼睛、皮肤，操作后彻底清洗。作业场所不得进食、饮水或吸烟。避免接触衣服。戴防护手套、穿防护服。避免吸入粉尘。仅在室外或通风良好处操作。戴呼吸防护器具。禁止排入环境

事故响应　如吸入：将患者转移到空气新鲜处，休息，保持利于呼吸的体位，立即呼叫中毒控制中心或就医。皮肤接触：用大量肥皂水和水轻轻地清洗，立即脱去所有被污染的衣服，立即呼叫中毒控制中心或就医。被污染的衣服必须经洗净后方可重新使用。食入：立即呼叫中毒控制中心或就医，漱口。如感觉不适，就医。收集泄漏物

安全储存　在通风良好处储存。保持容器密闭。上锁保管

废弃处置　本品及内装物、容器依据国家和地方法规处置

物理和化学危险　不燃，无特殊燃爆特性

健康危害　急性中毒一般起病急，表现有头痛、头晕、乏力、低热、口腔炎、呼吸道刺激症状、肺炎。对肾有损害。慢性中毒表现有神经衰弱、震颤、口腔炎、齿龈有汞线等

环境危害　对水生生物毒性非常大并具有长期持续影响

第三部分　成分/组成信息

√ 物质　　　　　　　　　　混合物

组分	浓度	CAS No.
氯化氨基汞		10124-48-8

第四部分　急救措施

吸入　迅速脱离现场至空气新鲜处。保持呼吸道通畅。如呼吸困难，给输氧。呼吸、心跳停止，立即进行心肺复苏术。就医

皮肤接触　立即脱去污染的衣着，用流动清水彻底冲洗。就医

眼睛接触　立即分开眼睑，用流动清水或生理盐水彻底冲洗。就医

食入　口服蛋清、牛奶或豆浆。就医

对保护施救者的忠告　根据需要使用个人防护设备

对医生的特别提示　解毒剂：二巯基丙磺酸钠、二巯基丁

二酸钠、青霉胺

第五部分　消防措施

灭火剂　本品不燃，根据着火原因选择适当灭火剂灭火

特别危险性　与氟、氯、溴等卤素会剧烈反应。遇高热分解释出高毒烟气

灭火注意事项及防护措施　消防人员必须穿全身防火防毒服，在上风向灭火。灭火时尽可能将容器从火场移至空旷处

第六部分　泄漏应急处理

作业人员防护措施、防护装备和应急处置程序　隔离泄漏污染区，限制出入。建议应急处理人员戴防尘口罩，穿防毒服。穿上适当的防护服前严禁接触破裂的容器和泄漏物。尽可能切断泄漏源

环境保护措施　用塑料布覆盖泄漏物，减少飞散

泄漏化学品的收容、清除方法及所使用的处置材料　勿使水进入包装容器内。用洁净的铲子收集泄漏物，置于干净、干燥、盖子较松的容器中，将容器移离泄漏区

第七部分　操作处置与储存

操作注意事项　密闭操作，提供充分的局部排风。防止粉尘释放到车间空气中。操作人员必须经过专门培训，严格遵守操作规程。建议操作人员佩戴防尘面具（全面罩），穿胶布防毒衣，戴橡胶手套。避免产生粉尘。避免与卤素接触。配备泄漏应急处理设备。倒空的容器可能残留有害物

储存注意事项　储存于阴凉、通风的库房。远离火种、热源。防止阳光直射。包装密封。应与卤素、食用化学品分开存放，切忌混储。储区应备有合适的材料收容泄漏物

第八部分　接触控制/个体防护

职业接触限值

中国　未制定标准

美国（ACGIH）　TLV-TWA：0.025mg/m³　［皮］［按 Hg 计］

生物接触限值　尿总汞：20μmol/mol 肌酐（35μg/g 肌酐）（采样时间：接触 6 个月后工作班前）

监测方法　空气中有毒物质测定方法：原子荧光光谱法；双硫腙分光光度法；冷原子吸收光谱法。生物监测检验方法：尿中汞的双硫腙萃取分光光度测定方法；尿中汞的冷原子吸收光谱测定方法（一）碱性氯化亚锡还原法；尿中有机（甲基）汞、无机汞和总汞的分别测定方法；选择性还原-冷原子吸收光谱法

工程控制　严加密闭，提供充分的局部排风

个体防护装备

呼吸系统防护　可能接触其粉尘时，必须佩戴防尘面具（全面罩）。紧急事态抢救或撤离时，应该佩戴空气呼吸器

眼睛防护　呼吸系统防护中已作防护

皮肤和身体防护　穿密闭型防毒服

手防护　戴橡胶手套

第九部分　理化特性

外观与性状　白色无定形粉末或易碎的块状物，无气味

pH 值　无意义　　　　**熔点（℃）**　无资料

沸点（℃）　无资料

相对密度（水＝1）　5.7(20℃)

相对蒸气密度（空气＝1）　无资料

饱和蒸气压（kPa）　无资料

临界压力（MPa）　无意义　**辛醇/水分配系数**　无资料

闪点（℃）　无意义　　**自燃温度（℃）**　无意义

爆炸下限（%）　无意义　**爆炸上限（%）**　无意义

分解温度（℃）　无资料　**黏度（mPa·s）**　无资料

燃烧热（kJ/mol）　无资料　**临界温度（℃）**　无资料

溶解性　不溶于水、醇，溶于热盐酸、硝酸、乙酸

第十部分　稳定性和反应性

稳定性　稳定

危险反应　与氟、氯、溴等卤素会剧烈反应

避免接触的条件　光照

禁配物　卤素（氟、氯、溴等）

危险的分解产物　氮氧化物、氯化氢、汞

第十一部分　毒理学信息

急性毒性　LD$_{50}$：86mg/kg（大鼠经口），1325mg/kg（大鼠经皮），68mg/kg（小鼠经口）

皮肤刺激或腐蚀　无资料　**眼睛刺激或腐蚀**　无资料

呼吸或皮肤过敏　无资料　**生殖细胞突变性**　无资料

致癌性　美国政府工业卫生学家会议（ACGIH）：未分类为人类致癌物

生殖毒性　无资料

特异性靶器官系统毒性-一次接触　无资料

特异性靶器官系统毒性-反复接触　无资料

吸入危害　无资料

第十二部分　生态学信息

生态毒性　含汞化合物对水生生物有极高毒性

持久性和降解性

生物降解性　无资料

非生物降解性　无资料

潜在的生物累积性　元素汞易在生物体内富集

土壤中的迁移性　无资料

第十三部分　废弃处置

废弃化学品　用安全掩埋法处置。在能利用的地方重复使用容器或在规定场所掩埋

污染包装物　将容器返还生产商或按照国家和地方法规处置

废弃注意事项　处置前应参阅国家和地方有关法规

第十四部分　运输信息

联合国危险货物编号（UN 号）　1630

联合国运输名称　氯化汞铵

联合国危险性类别 6.1

包装类别 Ⅱ **包装标志**

海洋污染物 是

运输注意事项 运输前应先检查包装容器是否完整、密封，运输过程中要确保容器不泄漏、不倒塌、不坠落、不损坏。严禁与酸类、氧化剂、食品及食品添加剂混运。运输时运输车辆应配备泄漏应急处理设备。运输途中应防暴晒、雨淋，防高温。公路运输时要按规定路线行驶，勿在居民区和人口稠密区停留

第十五部分　法规信息

下列法律、法规、规章和标准，对该化学品的管理作了相应的规定。

中华人民共和国职业病防治法 职业病分类和目录：汞及其化合物中毒

危险化学品安全管理条例 危险化学品目录：列入。易制爆危险化学品名录：未列入。重点监管的危险化学品名录：未列入。GB 18218—2009《危险化学品重大危险源辨识》（表1）：未列入

使用有毒物品作业场所劳动保护条例 高毒物品目录：未列入

易制毒化学品管理条例 易制毒化学品的分类和品种目录：未列入

国际公约 斯德哥尔摩公约：未列入。鹿特丹公约：未列入。蒙特利尔议定书：未列入

第十六部分　其他信息

编写和修订信息　**缩略语和首字母缩写**
培训建议　**参考文献**
免责声明

氯化苯汞

第一部分　化学品标识

化学品中文名 氯化苯汞

化学品英文名 chlorophenylmercury；（chloromercuri）benzene；PMC

分子式 C_6H_5ClHg　**分子量** 313.15

结构式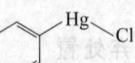

化学品的推荐及限制用途 用作农用杀菌剂、杀虫剂、除草剂

第二部分　危险性概述

紧急情况概述 吞咽会中毒，皮肤接触会致命，吸入致命

GHS危险性类别 急性毒性-经口，类别3；急性毒性-经皮，类别1；急性毒性-吸入，类别2；特异性靶器官毒性-反复接触，类别2；危害水生环境-急性危害，类别1；危害水生环境-长期危害，类别1

标签要素

象形图

警示词 危险

危险性说明 吞咽会中毒，皮肤接触会致命，吸入致命，长时间或反复接触可能对器官造成损伤，对水生生物毒性非常大并具有长期持续影响

防范说明

预防措施 避免接触眼睛、皮肤或衣服，操作后彻底清洗。作业场所不得进食、饮水或吸烟。戴防护手套、穿防护服。避免吸入粉尘。仅在室外或通风良好处操作。戴呼吸防护器具。禁止排入环境

事故响应 如吸入：将患者转移到空气新鲜处，休息，保持利于呼吸的体位，立即呼叫中毒控制中心或就医。皮肤接触：用大量肥皂水和水轻轻地清洗，立即脱去所有被污染的衣服，立即呼叫中毒控制中心或就医。被污染的衣服必须经洗净后方可重新使用。食入：立即呼叫中毒控制中心或就医，漱口。如感觉不适，就医。收集泄漏物

安全储存 在通风良好处储存。保持容器密闭。上锁保管

废弃处置 本品及内装物、容器依据国家和地方法规处置

物理和化学危险 可燃，其粉体与空气混合，能形成爆炸性混合物

健康危害 吸入、摄入或经皮肤吸收后会中毒。吸入时，神经系统最早受损；误服，首先出现消化道症状。对肝、肾、心脏有损害。皮肤接触可引起接触性皮炎

环境危害 对水生生物毒性非常大并具有长期持续影响

第三部分　成分/组成信息

√ 物质　　　　　混合物

组分	浓度	CAS No.
氯化苯汞		100-56-1

第四部分　急救措施

吸入 迅速脱离现场至空气新鲜处。保持呼吸道通畅。如呼吸困难，给输氧。呼吸、心跳停止，立即进行心肺复苏术。就医

皮肤接触 立即脱去污染的衣着，用流动清水彻底冲洗。就医

眼睛接触 立即分开眼睑，用流动清水或生理盐水彻底冲洗。就医

食入 饮适量温水，催吐（仅限于清醒者）。就医

对保护施救者的忠告 根据需要使用个人防护设备

对医生的特别提示 解毒剂：二巯基丙磺酸钠、二巯基丁二酸钠、青霉胺

第五部分　消防措施

灭火剂 用雾状水、泡沫、干粉、二氧化碳、砂土灭火

特别危险性 遇明火、高热可燃。其粉体与空气可形成爆炸性混合物，当达到一定浓度时，遇火星会发生爆炸。遇高热分解释出高毒烟气

灭火注意事项及防护措施 消防人员必须佩戴防毒面具、穿全身消防服，在上风向灭火。尽可能将容器从火场移至空旷处。喷水保持火场容器冷却，直至灭火结束。切勿将水流直接射至熔融物，以免引起严重的流淌火灾或引起剧烈的沸溅

第六部分 泄漏应急处理

作业人员防护措施、防护装备和应急处置程序 隔离泄漏污染区，限制出入。建议应急处理人员戴防尘口罩，穿防毒服。穿上适当的防护服前严禁接触破裂的容器和泄漏物。尽可能切断泄漏源

环境保护措施 用塑料布覆盖泄漏物，减少飞散

泄漏化学品的收容、清除方法及所使用的处置材料 勿使水进入包装容器内。用洁净的铲子收集泄漏物，置于干净、干燥、盖子较松的容器中，将容器移离泄漏区

第七部分 操作处置与储存

操作注意事项 密闭操作，局部排风。防止粉尘释放到车间空气中。操作人员必须经过专门培训，严格遵守操作规程。建议操作人员佩戴自吸过滤式防尘口罩，戴化学安全防护眼镜，穿防毒物渗透工作服，戴乳胶手套。远离火种、热源，工作场所严禁吸烟。使用防爆型的通风系统和设备。避免产生粉尘。避免与氧化剂、还原剂、酸类接触。配备相应品种和数量的消防器材及泄漏应急处理设备。倒空的容器可能残留有害物

储存注意事项 储存于阴凉、通风的库房。远离火种、热源。防止阳光直射。包装密封。应与氧化剂、还原剂、酸类、食用化学品分开存放，切忌混储。配备相应品种和数量的消防器材。储区应备有合适的材料收容泄漏物

第八部分 接触控制/个体防护

职业接触限值

中国 PC-TWA：$0.01mg/m^3$；PC-STEL：$0.03mg/m^3$ ［按 Hg 计］［皮］

美国（ACGIH） TLV-TWA：$0.1mg/m^3$ ［按 Hg 计］［皮］

生物接触限值 未制定标准

监测方法 空气中有毒物质测定方法：原子荧光光谱法；冷原子吸收光谱法。生物监测检验方法：未制定标准

工程控制 密闭操作，局部排风

个体防护装备

呼吸系统防护 空气中粉尘浓度超标时，建议佩戴过滤式防尘呼吸器。紧急事态抢救或撤离时，应该佩戴空气呼吸器

眼睛防护 戴化学安全防护眼镜

皮肤和身体防护 穿防毒物渗透工作服

手防护 戴橡胶手套

第九部分 理化特性

外观与性状 无色叶片状结晶

pH 值 无意义 　　　**熔点（℃）** 248～250（分解）

沸点（℃） 无资料 　　　**相对密度（水＝1）** 无资料

相对蒸气密度（空气＝1） 无资料

饱和蒸气压（kPa） 无资料

临界压力（MPa） 无资料 　**辛醇/水分配系数** 无资料

闪点（℃） 无意义 　　　**自燃温度（℃）** 无资料

爆炸下限（%） 无资料 　　**爆炸上限（%）** 无资料

分解温度（℃） 无资料 　　**黏度（mPa·s）** 无资料

燃烧热（kJ/mol） 无资料 　**临界温度（℃）** 无资料

溶解性 不溶于水，微溶于热醇，溶于吡啶、醚、苯等多数有机溶剂

第十部分 稳定性和反应性

稳定性 稳定

危险反应 与强氧化剂、强还原剂、强酸等禁配物发生反应

避免接触的条件 光照

禁配物 强氧化剂、强还原剂、强酸

危险的分解产物 氯化氢、汞、氧化汞

第十一部分 毒理学信息

急性毒性 LD_{50}：60mg/kg（大鼠经口），47mg/kg（大鼠皮下）

皮肤刺激或腐蚀 无资料 　**眼睛刺激或腐蚀** 无资料

呼吸或皮肤过敏 无资料

生殖细胞突变性 细胞遗传学分析：人宫颈癌细胞 1mg/L

致癌性 无资料 　　　　　**生殖毒性** 无资料

特异性靶器官系统毒性--一次接触 无资料

特异性靶器官系统毒性-反复接触 无资料

吸入危害 无资料

第十二部分 生态学信息

生态毒性 含砷化合物对水生生物有极高毒性

持久性和降解性

生物降解性 无资料

非生物降解性 无资料

潜在的生物累积性 元素汞易在生物体内富集

土壤中的迁移性 无资料

第十三部分 废弃处置

废弃化学品 建议用焚烧法处置。在能利用的地方重复使用容器或在规定场所掩埋

污染包装物 将容器返还生产商或按照国家和地方法规处置

废弃注意事项 处置前应参阅国家和地方有关法规

第十四部分 运输信息

联合国危险货物编号（UN号） 2025

联合国运输名称 固态汞化合物，未另作规定的（氯化

苯汞）

联合国危险性类别　6.1

包装类别　I　　　　　**包装标志**　

海洋污染物　是

运输注意事项　铁路运输时包装所用的麻袋、塑料编织袋、复合塑料编织袋的强度应符合国家标准要求。运输前应先检查包装容器是否完整、密封，运输过程中要确保容器不泄漏、不倒塌、不坠落、不损坏。严禁与酸类、氧化剂、食品及食品添加剂混运。运输时运输车辆应配备相应品种和数量的消防器材及泄漏应急处理设备。运输途中应防暴晒、雨淋，防高温。公路运输时要按规定路线行驶，勿在居民区和人口稠密区停留

第十五部分　法规信息

下列法律、法规、规章和标准，对该化学品的管理作了相应的规定。

中华人民共和国职业病防治法　职业病分类和目录：汞及其化合物中毒

危险化学品安全管理条例　危险化学品目录：列入。易制爆危险化学品名录：未列入。重点监管的危险化学品名录：未列入。GB 18218—2009《危险化学品重大危险源辨识》（表1）：未列入

使用有毒物品作业场所劳动保护条例　高毒物品目录：未列入

易制毒化学品管理条例　易制毒化学品的分类和品种目录：未列入

国际公约　斯德哥尔摩公约：未列入
鹿特丹公约：列入
蒙特利尔议定书：未列入

第十六部分　其他信息

编写和修订信息　　缩略语和首字母缩写
培训建议　　　　　参考文献
免责声明

氯化碘

第一部分　化学品标识

化学品中文名　氯化碘；一氯化碘
化学品英文名　iodine chloride；iodine monochloride
分子式　ICl　**分子量**　162.357
化学品的推荐及限制用途　用于有机合成及测定油、脂中的碘值

第二部分　危险性概述

紧急情况概述　吞咽致命，皮肤接触会中毒，造成严重的皮肤灼伤和眼损伤，可能引起呼吸道刺激

GHS危险性类别　急性毒性-经口，类别2；急性毒性-经皮，类别3；皮肤腐蚀/刺激，类别1A；严重眼损伤/眼刺激，类别1；特异性靶器官毒性——次接触，类别3（呼吸道刺激）

标签要素

象形图　

警示词　危险

危险性说明　吞咽致命，皮肤接触会中毒，造成严重的皮肤灼伤和眼损伤，可能引起呼吸道刺激

防范说明

预防措施　避免接触眼睛、皮肤，操作后彻底清洗。作业场所不得进食、饮水或吸烟。避免吸入粉尘或烟雾。戴防护手套，穿防护服，戴防护眼镜、防护面罩

事故响应　如吸入：将患者转移到空气新鲜处，休息，保持利于呼吸的体位，立即呼叫中毒控制中心或就医。皮肤接触：用大量肥皂水和水清洗，立即脱去所有被污染的衣服，如感觉不适，呼叫中毒控制中心或就医。被污染的衣服必须经洗净后方可重新使用。眼睛接触：用水细心地冲洗数分钟，立即呼叫中毒控制中心或就医。如戴隐形眼镜并可方便地取出，则取出隐形眼镜，继续冲洗。食入：漱口，不要催吐，立即呼叫中毒控制中心或就医

安全储存　上锁保管

废弃处置　本品及内装物、容器依据国家和地方法规处置

物理和化学危险　助燃。与可燃物接触易着火燃烧。遇水产生刺激性气体

健康危害　本品对眼睛、皮肤、黏膜和上呼吸道有强烈刺激作用和腐蚀性。受热分解放出氯和碘烟雾

环境危害　对环境可能有害

第三部分　成分/组成信息

√　物质　　　　　　　　混合物

组分	浓度	CAS No.
氯化碘		7790-99-0

第四部分　急救措施

吸入　迅速脱离现场至空气新鲜处。保持呼吸道通畅。如呼吸困难，给输氧。呼吸、心跳停止，立即进行心肺复苏术。就医

皮肤接触　立即脱去污染的衣着，用大量流动清水彻底冲洗至少15min。就医

眼睛接触　立即分开眼睑，用流动清水或生理盐水彻底冲洗5~10min。就医

食入　用水漱口，禁止催吐。给饮牛奶或蛋清。就医
对保护施救者的忠告　根据需要使用个人防护设备
对医生的特别提示　对症处理

第五部分　消防措施

灭火剂　灭火时尽量切断泄漏源，然后根据着火原因选择

适当灭火剂灭火

特别危险性 强氧化剂。接触有机物有引起燃烧的危险。遇水或水蒸气反应放热并产生有毒的腐蚀性气体。遇钾、钠剧烈反应。遇高热分解释出高毒烟气

灭火注意事项及防护措施 消防人员必须佩戴空气呼吸器、穿全身防火防毒服，在上风向灭火。尽可能将容器从火场移至空旷处。喷水保持火场容器冷却，直至灭火结束

第六部分 泄漏应急处理

作业人员防护措施、防护装备和应急处置程序 根据液体流动和蒸气扩散的影响区域划定警戒区，无关人员从侧风向、上风向撤离至安全区。建议应急处理人员戴正压自给式呼吸器，穿防酸碱服。作业时使用的所有设备应接地。穿上适当的防护服前严禁接触破裂的容器和泄漏物。勿使水进入包装容器内。尽可能切断泄漏源

环境保护措施 防止泄漏物进入水体、下水道、地下室或有限空间

泄漏化学品的收容、清除方法及所使用的处置材料 小量泄漏：用干燥的砂土或其他不燃材料覆盖泄漏物。大量泄漏：构筑围堤或挖坑收容。用碎石灰石（CaCO₃）、苏打灰（Na₂CO₃）或石灰（CaO）中和。用耐腐蚀泵转移至槽车或专用收集器内

第七部分 操作处置与储存

操作注意事项 密闭操作，提供充分的局部排风。防止烟雾或粉尘泄漏到工作场所空气中。操作人员必须经过专门培训，严格遵守操作规程。建议操作人员佩戴自吸过滤式防毒面具（全面罩），穿橡胶耐酸碱服，戴橡胶耐酸碱手套。避免产生蒸气或粉尘。避免与碱类接触。尤其要注意避免与水接触。配备泄漏应急处理设备。倒空的容器可能残留有害物

储存注意事项 储存于阴凉、干燥、通风良好的库房。远离火种、热源。防止阳光直射。包装必须密封，切勿受潮。应与碱类、食用化学品等分开存放，切忌混储。储区应备有泄漏应急处理设备和合适的收容材料

第八部分 接触控制/个体防护

职业接触限值

中国 未制定标准

美国（ACGIH） 未制定标准

生物接触限值 未制定标准

监测方法 空气中有毒物质测定方法：未制定标准。生物监测检验方法：碳酸氢钠溶液解吸-离子色谱法

工程控制 严加密闭，提供充分的局部排风

个体防护装备

呼吸系统防护 空气中浓度超标时，必须佩戴过滤式防毒面具（全面罩）。紧急事态抢救或撤离时，应该佩戴空气呼吸器

眼睛防护 呼吸系统防护中已作防护

皮肤和身体防护 穿橡胶耐酸碱服

手防护 戴橡胶耐酸碱手套

第九部分 理化特性

外观与性状 黑色结晶或红棕色液体。存在 α，β 两种结晶形式

pH 值 无资料 **熔点（℃）** 27

沸点（℃） 97.4（分解）

相对密度（水＝1） 3.1822（0℃）

相对蒸气密度（空气＝1） 无资料

饱和蒸气压（kPa） 无资料

临界压力（MPa） 无资料 **辛醇/水分配系数** 无资料

闪点（℃） 无意义 **自燃温度（℃）** 无意义

爆炸下限（%） 无意义 **爆炸上限（%）** 无意义

分解温度（℃） 无资料 **黏度（mPa·s）** 无资料

燃烧热（kJ/mol） 无资料 **临界温度（℃）** 无资料

溶解性 溶于乙醇、醚、乙酸、二硫化碳

第十部分 稳定性和反应性

稳定性 稳定

危险反应 与强碱、水蒸气等禁配物发生反应。接触有机物有引起燃烧的危险。遇水或水蒸气反应放热并产生有毒的腐蚀性气体。遇钾、钠剧烈反应

避免接触的条件 光照、潮湿空气

禁配物 强碱、水蒸气

危险的分解产物 氯化氢、碘化氢

第十一部分 毒理学信息

急性毒性 LDLo：50mg/kg（大鼠经口），500mg/kg（大鼠经皮）

皮肤刺激或腐蚀 无资料 **眼睛刺激或腐蚀** 无资料

呼吸或皮肤过敏 无资料 **生殖细胞突变性** 无资料

致癌性 无资料

生殖毒性 频繁使用碘化物可致胎儿死亡，严重的甲状腺肿和甲状腺机能衰退，新生儿呈现克汀病样体征

特异性靶器官系统毒性-一次接触 无资料

特异性靶器官系统毒性-反复接触 无资料

吸入危害 无资料

第十二部分 生态学信息

生态毒性 无资料

持久性和降解性

生物降解性 无资料

非生物降解性 无资料

潜在的生物累积性 无资料

土壤中的迁移性 无资料

第十三部分 废弃处置

废弃化学品 在污水处理厂处理和中和

污染包装物 将容器返还生产商或按照国家和地方法规处置

废弃注意事项 处置前应参阅国家和地方有关法规

第十四部分 运输信息

联合国危险货物编号（UN 号） 1792

联合国运输名称 一氯化碘

联合国危险性类别 8

包装类别 Ⅱ **包装标志**

海洋污染物 否

运输注意事项 起运时包装要完整，装载应稳妥。运输过程中要确保容器不泄漏、不倒塌、不坠落、不损坏。严禁与碱类、食用化学品等混装混运。运输时运输车辆应配备泄漏应急处理设备。运输途中应防暴晒、雨淋，防高温。公路运输时要按规定路线行驶，勿在居民区和人口稠密区停留

第十五部分 法规信息

下列法律、法规、规章和标准，对该化学品的管理作了相应的规定。

中华人民共和国职业病防治法 职业病分类和目录：未列入

危险化学品安全管理条例 危险化学品目录：列入。易制爆危险化学品名录：未列入。重点监管的危险化学品名录：未列入。GB 18218—2009《危险化学品重大危险源辨识》（表1）：未列入

使用有毒物品作业场所劳动保护条例 高毒物品目录：未列入

易制毒化学品管理条例 易制毒化学品的分类和品种目录：未列入

国际公约 斯德哥尔摩公约：未列入。鹿特丹公约：未列入。蒙特利尔议定书：未列入

第十六部分 其他信息

编写和修订信息 缩略语和首字母缩写

培训建议 参考文献

免责声明

氯化钴

第一部分 化学品标识

化学品中文名 氯化钴；二氯化钴

化学品英文名 cobalt dichloride；cobalt（Ⅱ）chloride

分子式 $CoCl_2$ **分子量** 129.839

化学品的推荐及限制用途 用作干湿指示剂、陶瓷着色剂、毒气吸收剂及制造催化剂等

第二部分 危险性概述

紧急情况概述 吞咽有害，吸入可能导致过敏或哮喘症状或呼吸困难，可能导致皮肤过敏反应

GHS危险性类别 急性毒性-经口，类别4；呼吸道致敏物，类别1；皮肤致敏物，类别1；生殖细胞致突变性，类别2；致癌性，类别2；生殖毒性，类别1B；危害水生环境-急性危害，类别1；危害水生环境-长期危害，类别1

标签要素

象形图

警示词 危险

危险性说明 吞咽有害，吸入可能导致过敏或哮喘症状或呼吸困难，可能导致皮肤过敏反应，怀疑可造成遗传性缺陷，怀疑致癌，可能对生育力或胎儿造成伤害，对水生生物毒性非常大并具有长期持续影响

防范说明

预防措施 避免接触眼睛、皮肤，操作后彻底清洗。作业场所不得进食、饮水或吸烟。避免吸入粉尘。通风不良时，戴呼吸防护器具。污染的工作服不得带出工作场所。戴防护手套。得到专门指导后操作。在阅读并了解所有安全预防措施之前，切勿操作。按要求使用个体防护装备。禁止排入环境

事故响应 如吸入：如果呼吸困难，将患者转移到空气新鲜处，休息，保持利于呼吸的体位，如有呼吸系统症状，呼叫中毒控制中心或就医。如皮肤接触：用大量肥皂水和水清洗。如出现皮肤刺激或皮疹：就医。污染的衣服清洗后方可重新使用。食入：如果感觉不适，立即呼叫中毒控制中心或就医，漱口。如果接触或有担心，就医。收集泄漏物

安全储存 上锁保管

废弃处置 本品及内装物、容器依据国家和地方法规处置

物理和化学危险 不燃，无特殊燃爆特性

健康危害 对眼睛、皮肤和黏膜有刺激作用，长时间或反复接触可引起过敏反应

环境危害 对水生生物毒性非常大并具有长期持续影响

第三部分 成分/组成信息

√ 物质 混合物

组分	浓度	CAS No.
氯化钴		7646-79-9

第四部分 急救措施

吸入 迅速脱离现场至空气新鲜处。保持呼吸道通畅。如呼吸困难，给输氧。呼吸、心跳停止，立即进行心肺复苏术。就医

皮肤接触 立即脱去污染的衣着，用流动清水彻底冲洗。就医

眼睛接触 立即分开眼睑，用流动清水或生理盐水彻底冲洗。就医

食入 饮适量温水，催吐（仅限于清醒者）。就医

对保护施救者的忠告 根据需要使用个人防护设备

对医生的特别提示 对症处理

第五部分 消防措施

灭火剂 本品不燃，根据着火原因选择适当灭火剂灭火

特别危险性 本身不能燃烧。与钠、钾的混合物对震动敏感。受高热分解，放出腐蚀性、刺激性的烟雾

灭火注意事项及防护措施 消防人员必须穿全身防火防毒服，在上风向灭火。灭火时尽可能将容器从火场移至空旷处

第六部分 泄漏应急处理

作业人员防护措施、防护装备和应急处置程序 隔离泄漏污染区，限制出入。建议应急处理人员戴防尘口罩，穿防毒服。穿上适当的防护服前严禁接触破裂的容器和泄漏物。尽可能切断泄漏源

环境保护措施 用塑料布覆盖泄漏物，减少飞散

泄漏化学品的收容、清除方法及所使用的处置材料 勿使水进入包装容器内。用洁净的铲子收集泄漏物，置于干净、干燥、盖子较松的容器中，将容器移离泄漏区

第七部分 操作处置与储存

操作注意事项 密闭操作，局部排风。防止粉尘释放到车间空气中。操作人员必须经过专门培训，严格遵守操作规程。建议操作人员佩戴自吸过滤式防尘口罩，戴化学安全防护眼镜，穿防毒物渗透工作服，戴橡胶手套。避免产生粉尘。避免与氧化剂、碱金属接触。配备泄漏应急处理设备。倒空的容器可能残留有害物

储存注意事项 储存于阴凉、通风的库房。远离火种、热源。防止阳光直射。包装密封。应与氧化剂、碱金属、食用化学品分开存放，切忌混储。储区应备有合适的材料收容泄漏物

第八部分 接触控制/个体防护

职业接触限值

中国 未制定标准

美国（ACGIH） TLV-TWA：0.02mg/m³ ［按 Co 计］［敏］

生物接触限值 未制定标准

监测方法 空气中有毒物质测定方法：未制定标准。生物监测检验方法：未制定标准

工程控制 密闭操作，局部排风

个体防护装备

呼吸系统防护 空气中粉尘浓度超标时，必须佩戴过滤式防尘呼吸器。紧急事态抢救或撤离时，应该佩戴空气呼吸器

眼睛防护 戴化学安全防护眼镜

皮肤和身体防护 穿防毒物渗透工作服

手防护 戴橡胶手套

第九部分 理化特性

外观与性状 蓝色叶片状结晶粉末，具有吸湿性

pH 值 无意义 **熔点（℃）** 735

沸点（℃） 1049 **相对密度（水＝1）** 3.367

相对蒸气密度（空气＝1） 无资料

饱和蒸气压（kPa） 无资料

临界压力（MPa） 无意义 **辛醇/水分配系数** 无资料

闪点（℃） 无意义 **自燃温度（℃）** 无意义

爆炸下限（%） 无意义 **爆炸上限（%）** 无意义

分解温度（℃） 400（在空气中长期加热）

黏度（mPa·s） 无资料

燃烧热（kJ/mol） 无资料 **临界温度（℃）** 无资料

溶解性 溶于水、醇、醚、丙酮、吡啶、甘油

第十部分 稳定性和反应性

稳定性 稳定

危险反应 与强氧化剂、碱金属等禁配物发生反应。与钠、钾的混合物对震动敏感

避免接触的条件 潮湿空气

禁配物 强氧化剂、碱金属（如钾、钠）

危险的分解产物 氯化氢、氧化钴

第十一部分 毒理学信息

急性毒性 LD_{50}：80mg/kg（大鼠经口），80mg/kg（小鼠经口）

皮肤刺激或腐蚀 无资料 **眼睛刺激或腐蚀** 无资料

呼吸或皮肤过敏 具致敏作用

生殖细胞突变性 微生物致突变：鼠伤寒沙门氏菌 1mg/L。哺乳动物体细胞突变：仓鼠肺 200μmol/L。程序外 DNA 合成：人 Hela 细胞 1mmol/L

致癌性 IARC 致癌性评论：组 2B，对人类是可能致癌物

生殖毒性 小鼠孕后 10d 腹膜腔内给予最低中毒剂量（TDLo）25mg/kg，致颅面部（包括鼻和舌）发育畸形

特异性靶器官系统毒性-一次接触 无资料

特异性靶器官系统毒性-反复接触 无资料

吸入危害 无资料

第十二部分 生态学信息

生态毒性 钴化合物对水生生物有极高毒性

持久性和降解性

生物降解性 无资料

非生物降解性 无资料

潜在的生物累积性 无资料

土壤中的迁移性 无资料

第十三部分 废弃处置

废弃化学品 用安全掩埋法处置。在能利用的地方重复使用容器或在规定场所掩埋。量小时，溶解在水或适当的酸溶液中，或用适当氧化剂将其转变成水溶液。用硫化物沉淀，调节 pH 值至 7 完成沉淀

污染包装物 将容器返还生产商或按照国家和地方法规处置

废弃注意事项 处置前应参阅国家和地方有关法规

第十四部分 运输信息

联合国危险货物编号（UN 号） 3077

联合国运输名称 对环境有害的固态物质，未另作规定的（氯化钴）

联合国危险性类别 9

包装类别　Ⅲ　　　　　包装标志

海洋污染物　是

运输注意事项　起运时包装要完整，装载应稳妥。运输过程中要确保容器不泄漏、不倒塌、不坠落、不损坏。严禁与氧化剂、活性金属、食用化学品等混装混运。运输途中应防暴晒、雨淋，防高温。车辆运输完毕应进行彻底清扫。公路运输时要按规定路线行驶

第十五部分　法规信息

下列法律、法规、规章和标准，对该化学品的管理作了相应的规定。

中华人民共和国职业病防治法　职业病分类和目录：未列入

危险化学品安全管理条例　危险化学品目录：列入。易制爆危险化学品名录：未列入。重点监管的危险化学品名录：未列入。GB 18218—2009《危险化学品重大危险源辨识》（表1）：未列入

使用有毒物品作业场所劳动保护条例　高毒物品目录：未列入

易制毒化学品管理条例　易制毒化学品的分类和品种目录：未列入

国际公约　斯德哥尔摩公约：未列入。鹿特丹公约：未列入。蒙特利尔议定书：未列入

第十六部分　其他信息

编写和修订信息　　缩略语和首字母缩写
培训建议　　　　　参考文献
免责声明

氯化环戊烷

第一部分　化学品标识

化学品中文名　氯化环戊烷；环戊基氯
化学品英文名　cyclopentylchloride；chloro cyclopentane
分子式　C_5H_9Cl　**分子量**　104.578
结构式
化学品的推荐及限制用途　作为有机合成的原料

第二部分　危险性概述

紧急情况概述　高度易燃液体和蒸气
GHS危险性类别　易燃液体，类别2
标签要素

象形图

警示词　危险
危险性说明　高度易燃液体和蒸气
防范说明
　　预防措施　远离热源、火花、明火、热表面。禁止吸烟。保持容器密闭。容器和接收设备接地连接。使用防爆电器、通风、照明设备。只能使用不产生火花的工具。采取防止静电措施。戴防护手套、防护眼镜、防护面罩

　　事故响应　火灾时，使用雾状水、泡沫、干粉、二氧化碳、砂土灭火。如皮肤（或头发）接触：立即脱掉所有被污染的衣服，用水冲洗皮肤，淋浴

　　安全储存　存放在通风良好的地方。保持低温

　　废弃处置　本品及内装物、容器依据国家和地方法规处置

物理和化学危险　易燃，其蒸气与空气混合，能形成爆炸性混合物

健康危害　本品蒸气有毒。本品经受热分解出有毒气体。对眼睛和皮肤有刺激作用

环境危害　对环境可能有害

第三部分　成分/组成信息

√ 物质		混合物
组分	浓度	CAS No.
氯化环戊烷		930-28-9

第四部分　急救措施

吸入　迅速脱离现场至空气新鲜处。保持呼吸道通畅。如呼吸困难，给输氧。呼吸、心跳停止，立即进行心肺复苏术。就医

皮肤接触　立即脱去污染的衣着，用流动清水彻底冲洗。就医

眼睛接触　立即分开眼睑，用流动清水或生理盐水彻底冲洗。就医

食入　漱口，饮水。就医

对保护施救者的忠告　根据需要使用个人防护设备
对医生的特别提示　对症处理

第五部分　消防措施

灭火剂　用雾状水、泡沫、干粉、二氧化碳、砂土灭火

特别危险性　其蒸气与空气可形成爆炸性混合物，遇明火、高热极易燃烧爆炸。与氧化剂接触猛烈反应。受高热分解产生有毒的氯化物气体。流速过快，容易产生和积聚静电。蒸气比空气重，沿地面扩散并易积存于低洼处，遇火源会着火回燃。若遇高热，容器内压增大，有开裂和爆炸的危险

灭火注意事项及防护措施　消防人员必须佩戴防毒面具、穿全身消防服，在上风向灭火。尽可能将容器从火场移至空旷处。喷水保持火场容器冷却，直至灭火结束。处在火场中的容器若已变色或从安全泄压装置中发出声音，必须马上撤离

第六部分　泄漏应急处理

作业人员防护措施、防护装备和应急处置程序　消除所有点火源。根据液体流动和蒸气扩散的影响区域划定警戒区，无关人员从侧风向、上风向撤离至安全区。建议应急处理人员戴正压自给式呼吸器，穿防静电服。

作业时使用的所有设备应接地。禁止接触或跨越泄漏物。尽可能切断泄漏源

环境保护措施 防止泄漏物进入水体、下水道、地下室或有限空间

泄漏化学品的收容、清除方法及所使用的处置材料 小量泄漏：用砂土或其他不燃材料吸收。使用洁净的无火花工具收集吸收材料。大量泄漏：构筑围堤或挖坑收容。用泡沫覆盖，减少蒸发。喷水雾能减少蒸发，但不能降低泄漏物在有限空间内的易燃性。用防爆泵转移至槽车或专用收集器内

第七部分 操作处置与储存

操作注意事项 密闭操作。加强局部排风。操作人员必须经过专门培训，严格遵守操作规程。建议操作人员佩戴自吸过滤式防毒面具（半面罩），戴化学安全防护眼镜，穿防静电工作服，戴橡胶耐油手套。远离火种、热源，工作场所严禁吸烟。使用防爆型的通风系统和设备。防止蒸气泄漏到工作场所空气中。避免与氧化剂接触。充装时要控制流速，防止静电积聚。搬运时要轻装轻卸，防止包装及容器损坏。配备相应品种和数量的消防器材及泄漏应急处理设备。倒空的容器可能残留有害物

储存注意事项 储存于阴凉、通风的库房。远离火种、热源。库温不宜超过37℃，应与氧化剂分开存放，切忌混储。采用防爆型照明、通风设施。禁止使用易产生火花的机械设备和工具。储区应备有泄漏应急处理设备和合适的收容材料

第八部分 接触控制/个体防护

职业接触限值

中国 未制定标准

美国（ACGIH） 未制定标准

生物接触限值 未制定标准

监测方法 空气中有毒物质测定方法：未制定标准。生物监测检验方法：未制定标准

工程控制 密闭操作。加强局部排风

个体防护装备

呼吸系统防护 空气中浓度超标时，必须佩戴过滤式防毒面具（半面罩）。紧急事态抢救或撤离时，应该佩戴空气呼吸器

眼睛防护 戴化学安全防护眼镜

皮肤和身体防护 穿防静电工作服

手防护 戴橡胶耐油手套

第九部分 理化特性

外观与性状 无色液体

pH值 无资料　　　**熔点（℃）** 无资料

沸点（℃） 113.5　　**相对密度（水＝1）** 1.01

相对蒸气密度（空气＝1） 3.5

饱和蒸气压（kPa） 无资料

临界压力（MPa） 无资料　**辛醇/水分配系数** 无资料

闪点（℃） 15　　　　**自燃温度（℃）** 无资料

爆炸下限（％） 无资料　**爆炸上限（％）** 无资料

分解温度（℃） 无资料　**黏度（mPa·s）** 无资料

燃烧热（kJ/mol） 无资料　**临界温度（℃）** 无资料

溶解性 不溶于水，溶于乙醇等

第十部分 稳定性和反应性

稳定性 稳定

危险反应 与强氧化剂、活性金属等禁配物接触，有发生火灾和爆炸的危险

避免接触的条件 受热

禁配物 强氧化剂、锂、钠、钾、镁、锌、镉、铝、汞等金属

危险的分解产物 氯化氢

第十一部分 毒理学信息

急性毒性 无资料

皮肤刺激或腐蚀 无资料　**眼睛刺激或腐蚀** 无资料

呼吸或皮肤过敏 无资料　**生殖细胞突变性** 无资料

致癌性 无资料　　　　**生殖毒性** 无资料

特异性靶器官系统毒性-一次接触 无资料

特异性靶器官系统毒性-反复接触 无资料

吸入危害 无资料

第十二部分 生态学信息

生态毒性 无资料

持久性和降解性

生物降解性 无资料

非生物降解性 无资料

潜在的生物累积性 无资料

土壤中的迁移性 无资料

第十三部分 废弃处置

废弃化学品 建议用焚烧法处置。与燃料混合后，再焚烧。焚烧炉排出的卤化氢通过酸洗涤器除去

污染包装物 将容器返还生产商或按照国家和地方法规处置

废弃注意事项 处置前应参阅国家和地方有关法规

第十四部分 运输信息

联合国危险货物编号（UN号） 1993

联合国运输名称 易燃液体，未另作规定的（氯化环戊烷）

联合国危险性类别 3

包装类别 Ⅱ　　　　　　　　**包装标志**

海洋污染物 否

运输注意事项 运输时运输车辆应配备相应品种和数量的消防器材及泄漏应急处理设备。夏季最好早晚运输。运输时所用的槽（罐）车应有接地链，槽内可设孔隔板以减少震荡产生的静电。严禁与氧化剂、食用化学品等混装混运。运输途中应防暴晒、雨淋，防高温。中途停留时应远离火种、热源、高温区。装运该物品

的车辆排气管必须配备阻火装置，禁止使用易产生火花的机械设备和工具装卸。公路运输时要按规定路线行驶，勿在居民区和人口稠密区停留。铁路运输时要禁止溜放。严禁用木船、水泥船散装运输

第十五部分　法规信息

下列法律、法规、规章和标准，对该化学品的管理作了相应的规定。

中华人民共和国职业病防治法　职业病分类和目录：未列入

危险化学品安全管理条例　危险化学品目录：列入。易制爆危险化学品名录：未列入。重点监管的危险化学品名录：未列入。GB 18218—2009《危险化学品重大危险源辨识》（表1）：未列入

使用有毒物品作业场所劳动保护条例　高毒物品目录：未列入

易制毒化学品管理条例　易制毒化学品的分类和品种目录：未列入

国际公约　斯德哥尔摩公约：未列入。鹿特丹公约：未列入。蒙特利尔议定书：未列入

第十六部分　其他信息

编写和修订信息　　　缩略语和首字母缩写
培训建议　　　　　　参考文献
免责声明

氯化甲基汞

第一部分　化学品标识

化学品中文名　氯化甲基汞；甲基氯化汞
化学品英文名　chloromethyl mercury；monomethyl mercurychloride
分子式　CH_3ClHg　**分子量**　251.08
结构式　
化学品的推荐及限制用途　用于种子消毒

第二部分　危险性概述

紧急情况概述　吞咽致命，皮肤接触会致命，吸入致命
GHS危险性类别　急性毒性-经口，类别2；急性毒性-经皮，类别1；急性毒性-吸入，类别2；致癌性，类别2；特异性靶器官毒性-反复接触，类别2；危害水生环境-急性危害，类别1；危害水生环境-长期危害，类别1
标签要素

象形图

警示词　危险
危险性说明　吞咽致命，皮肤接触会致命，吸入致命，怀疑致癌，长时间或反复接触可能对器官造成损伤，对水生生物毒性非常大并具有长期持续影响

防范说明

预防措施　避免接触眼睛、皮肤，操作后彻底清洗。作业场所不得进食、饮水或吸烟。避免接触衣服。戴防护手套、穿防护服。避免吸入粉尘。仅在室外或通风良好处操作。戴呼吸防护器具。得到专门指导后操作。在阅读并了解所有安全预防措施之前，切勿操作。按要求使用个体防护装备。禁止排入环境

事故响应　如吸入：将患者转移到空气新鲜处，休息，保持利于呼吸的体位，立即呼叫中毒控制中心或就医。皮肤接触：用大量肥皂水和水轻轻地清洗，立即脱去所有被污染的衣服，立即呼叫中毒控制中心或就医。被污染的衣服必须经洗净后方可重新使用。食入：立即呼叫中毒控制中心或就医，漱口。如果接触或有担心，就医。如感觉不适，就医。收集泄漏物

安全储存　在通风良好处储存。保持容器密闭。上锁保管

废弃处置　本品及内装物、容器依据国家和地方法规处置

物理和化学危险　可燃，其粉体与空气混合，能形成爆炸性混合物

健康危害　本品属有机汞。有机汞是亲脂性毒物，主要侵害神经系统。有机汞中毒的主要表现有：无论任何途径侵入，均可发生口腔炎，口服引起急性胃肠炎；神经精神症状有神经衰弱综合征、精神障碍、昏迷、瘫痪、震颤、共济失调、向心性视野缩小等；可发生肾脏损害；可致皮肤损害

环境危害　对水生生物毒性非常大并具有长期持续影响

第三部分　成分/组成信息

√ 物质　　　　　　　　　混合物

组分	浓度	CAS No.
氯化甲基汞		115-09-3

第四部分　急救措施

吸入　迅速脱离现场至空气新鲜处。保持呼吸道通畅。如呼吸困难，给输氧。呼吸、心跳停止，立即进行心肺复苏术。就医
皮肤接触　立即脱去污染的衣着，用流动清水彻底冲洗。就医
眼睛接触　立即分开眼睑，用流动清水或生理盐水彻底冲洗。就医
食入　饮适量温水，催吐（仅限于清醒者）。就医
对保护施救者的忠告　根据需要使用个人防护设备
对医生的特别提示　解毒剂：二巯基丙磺酸钠、二巯基丁二酸钠、青霉胺

第五部分　消防措施

灭火剂　用雾状水、泡沫、干粉、二氧化碳、砂土灭火
特别危险性　遇明火、高热可燃。受高热分解产生有毒的腐蚀性烟气
灭火注意事项及防护措施　消防人员必须佩戴防毒面具、

穿全身消防服，在上风向灭火。尽可能将容器从火场
移至空旷处。喷水保持火场容器冷却，直至灭火结束

第六部分　泄漏应急处理

作业人员防护措施、防护装备和应急处置程序　隔离泄漏
污染区，限制出入。消除所有点火源。建议应急处理
人员戴防尘口罩，穿防毒服。穿上适当的防护服前严
禁接触破裂的容器和泄漏物。尽可能切断泄漏源

环境保护措施　用塑料布覆盖泄漏物，减少飞散

泄漏化学品的收容、清除方法及所使用的处置材料　勿使
水进入包装容器内。用洁净的铲子收集泄漏物，置于
干净、干燥、盖子较松的容器中，将容器移离泄漏区

第七部分　操作处置与储存

操作注意事项　严加密闭，提供充分的局部排风和全面通
风。操作人员必须经过专门培训，严格遵守操作规
程。建议操作人员佩戴防毒面具（全面罩），穿胶布
防毒衣，戴橡胶手套。远离火种、热源，工作场所严
禁吸烟。使用防爆型的通风系统和设备。避免产生粉
尘。避免与氧化剂、酸类接触。搬运时要轻装轻卸，
防止包装及容器损坏。配备相应品种和数量的消防器
材及泄漏应急处理设备。倒空的容器可能残留有害物

储存注意事项　储存于阴凉、通风的库房。远离火种、热
源。应与氧化剂、酸类、食用化学品分开存放，切忌
混储。配备相应品种和数量的消防器材。储区应备有
合适的材料收容泄漏物

第八部分　接触控制/个体防护

职业接触限值
　中国　PC-TWA：0.01mg/m³；PC-STEL：0.03mg/m³
　　［按 Hg 计］［皮］
　美国（ACGIH）　TLV-TWA：0.01 mg/m³；TLV-
　　STEL：0.03mg/m³［按 Hg 计］［皮］

生物接触限值　未制定标准

监测方法　空气中有毒物质测定方法：原子荧光光谱法；
冷原子吸收光谱法。生物监测检验方法：未制定标准

工程控制　严加密闭，提供充分的局部排风和全面通风

个体防护装备
　　呼吸系统防护　可能接触其粉尘时，必须佩戴防尘面
　　　具（全面罩）。紧急事态抢救或撤离时，应该佩
　　　戴空气呼吸器
　　眼睛防护　呼吸系统防护中已作防护
　　皮肤和身体防护　穿密闭型防毒服
　　手防护　戴橡胶手套

第九部分　理化特性

外观与性状　红色结晶，具有特殊臭味

pH 值　无意义　　　　　**熔点（℃）**　170

沸点（℃）　无资料　　　**相对密度（水＝1）**　4.06

相对蒸气密度（空气＝1）　无资料

饱和蒸气压（kPa）　无资料

临界压力（MPa）　无资料　**辛醇/水分配系数**　无资料

闪点（℃）　无资料　　　**自燃温度（℃）**　无资料

爆炸下限（%）　无资料　　**爆炸上限（%）**　无资料

分解温度（℃）　无资料　　**黏度（mPa·s）**　无资料

燃烧热（kJ/mol）　无资料　**临界温度（℃）**　无资料

溶解性　无资料

第十部分　稳定性和反应性

稳定性　稳定

危险反应　与强氧化剂、强酸等禁配物发生反应

避免接触的条件　无资料

禁配物　强氧化剂、强酸

危险的分解产物　氯化氢、氧化汞

第十一部分　毒理学信息

急性毒性　LD$_{50}$：29.9mg/kg（大鼠经口），57.6mg/kg
（小鼠经口）

皮肤刺激或腐蚀　无资料　　**眼睛刺激或腐蚀**　无资料

呼吸或皮肤过敏　无资料

生殖细胞突变性　DNA 修复：大肠杆菌 2mmol/L。微核
试验：人淋巴细胞 20μmol/L。DNA 损伤：人淋巴细
胞 1mg/L。细胞遗传学分析：人白细胞 200μmol/L。
姐妹染色单体交换：人淋巴细胞 5μmol/L。程序外
DNA 合成：猫经口 14784μg/kg（12 周，连续）

致癌性　IARC 致癌性评论：组 2B，对人类是可能致癌物

生殖毒性　雌性大鼠孕后 6～9d，6～14d，12d 经口染毒
最低中毒剂量（TDLo）40mg/kg，225μg/kg、
35mg/kg 分别导致中枢神经系统、泌尿生殖系统、
颅面部（包括鼻、舌）发育畸形。雌性大鼠孕后 1d
腹腔内给药 5mg/kg，致骨骼肌肉系统发育畸形。雌
性大鼠孕后 9d 皮下给药 5mg/kg，致肝胆管发育畸形。
雌性小鼠孕后 11d 经口染毒最低中毒剂量 10mg/kg，
致皮肤及其附属物发育畸形。仓鼠孕后 8d 腹腔内给药
8mg/kg，致中枢神经系统、体壁、肌肉骨骼系统发
育畸形

特异性靶器官系统毒性-一次接触　无资料

特异性靶器官系统毒性-反复接触　无资料

吸入危害　无资料

第十二部分　生态学信息

生态毒性　含砷化合物对水生生物有极高毒性

持久性和降解性
　生物降解性　无资料
　非生物降解性　无资料

潜在的生物累积性　元素汞易在生物体内富集

土壤中的迁移性　无资料

第十三部分　废弃处置

废弃化学品　建议用焚烧法处置。与燃料混合后，再焚
烧。焚烧炉排出的卤化氢通过酸洗涤器除去

污染包装物　将容器返还生产商或按照国家和地方法规
处置

废弃注意事项　处置前应参阅国家和地方有关法规

第十四部分　运输信息

联合国危险货物编号（UN 号）　2025

联合国运输名称 固态汞化合物，未另作规定的（氯化甲基汞）

联合国危险性类别 6.1

包装类别 I   **包装标志**

海洋污染物 是

运输注意事项 运输前应先检查包装容器是否完整、密封，运输过程中要确保容器不泄漏、不倒塌、不坠落、不损坏。严禁与酸类、氧化剂、食品及食品添加剂混运。运输途中应防暴晒、雨淋，防高温

第十五部分 法规信息

下列法律、法规、规章和标准，对该化学品的管理作了相应的规定。

中华人民共和国职业病防治法 职业病分类和目录：汞及其化合物中毒

危险化学品安全管理条例 危险化学品目录：列入。易制爆危险化学品名录：未列入。重点监管的危险化学品名录：未列入。GB 18218—2009《危险化学品重大危险源辨识》（表1）：未列入

使用有毒物品作业场所劳动保护条例 高毒物品目录：未列入

易制毒化学品管理条例 易制毒化学品的分类和品种目录：未列入

国际公约 斯德哥尔摩公约：未列入。鹿特丹公约：未列入。蒙特利尔议定书：未列入

第十六部分 其他信息

编写和修订信息   缩略语和首字母缩写

培训建议   参考文献

免责声明

1-氯化萘

第一部分 化学品标识

化学品中文名 1-氯化萘；α-氯化萘；1-氯萘

化学品英文名 1-chloronaphthalene；α-chloronaphthalene

分子式 $C_{10}H_7Cl$ **分子量** 162.616

结构式

化学品的推荐及限制用途 用作溶剂及合成染料的原料

第二部分 危险性概述

紧急情况概述 吞咽有害，造成皮肤刺激，造成严重眼刺激

GHS 危险性类别 急性毒性-经口，类别4；皮肤腐蚀/刺激，类别2；严重眼损伤/眼刺激，类别2；特异性靶器官毒性-一次接触，类别2；特异性靶器官毒性-反复接触，类别2；危害水生环境-急性危害，类别1；危害水生环境-长期危害，类别1

标签要素

象形图

警示词 警告

危险性说明 吞咽有害，造成皮肤刺激，造成严重眼刺激，可能对器官造成损害，长时间或反复接触可能对器官造成损伤，对水生生物毒性非常大并具有长期持续影响

防范说明

  预防措施 避免接触眼睛、皮肤，操作后彻底清洗。作业场所不得进食、饮水或吸烟。戴防护手套、防护眼镜、防护面罩。避免吸入蒸气、雾。禁止排入环境

  事故响应 皮肤接触：脱去被污染的衣服，衣服经洗净后方可重新使用。用大量肥皂水和水清洗。如发生皮肤刺激，就医。如接触眼睛：用水细心冲洗数分钟。如戴隐形眼镜并可方便地取出，取出隐形眼镜，继续冲洗。如果眼睛刺激持续：就医。食入：如果感觉不适，立即呼叫中毒控制中心或就医。漱口。收集泄漏物

  安全储存 上锁保管

  废弃处置 本品及内装物、容器依据国家和地方法规处置

物理和化学危险 可燃，其蒸气与空气混合，能形成爆炸性混合物

健康危害 由于本品极不易挥发，工业急性中毒的可能性极小。在接触氯化萘工人中，常发生氯痤疮。本品有光敏作用。大量吸收可引起中毒性肝炎。易经皮肤吸收

环境危害 对水生生物毒性非常大并具有长期持续影响

第三部分 成分/组成信息

✓ 物质   混合物

组分	浓度	CAS No.
1-氯化萘		90-13-1

第四部分 急救措施

吸入 迅速脱离现场至空气新鲜处。保持呼吸道通畅。如呼吸困难，给输氧。呼吸、心跳停止，立即进行心肺复苏术。就医

皮肤接触 立即脱去污染的衣着，用流动清水彻底冲洗。就医

眼睛接触 立即分开眼睑，用流动清水或生理盐水彻底冲洗。就医

食入 漱口，饮水。就医

对保护施救者的忠告 根据需要使用个人防护设备

对医生的特别提示 对症处理

第五部分 消防措施

灭火剂 用雾状水、泡沫、干粉、二氧化碳、砂土灭火

特别危险性 遇明火、高热能燃烧。受热分解产生有毒的烟气

灭火注意事项及防护措施 消防人员必须佩戴防毒面具、穿全身消防服，在上风向灭火。尽可能将容器从火场移至空旷处。喷水保持火场容器冷却，直至灭火结束。处在火场中的容器若已变色或从安全泄压装置中产生声音，必须马上撤离

第六部分 泄漏应急处理

作业人员防护措施、防护装备和应急处置程序 根据液体流动和蒸气扩散的影响区域划定警戒区，无关人员从侧风、上风向撤离至安全区。消除所有点火源。建议应急处理人员戴正压自给式呼吸器，穿防毒服。穿上适当的防护服前严禁接触破裂的容器和泄漏物。尽可能切断泄漏源

环境保护措施 防止泄漏物进入水体、下水道、地下室或有限空间

泄漏化学品的收容、清除方法及所使用的处置材料 小量泄漏：用干燥的砂土或其他不燃材料吸收或覆盖，收集于容器中。大量泄漏：构筑围堤或挖坑收容。用泵转移至槽车或专用收集器内

第七部分 操作处置与储存

操作注意事项 密闭操作，加强通风。操作人员必须经过专门培训，严格遵守操作规程。建议操作人员佩戴自吸过滤式防毒面具（半面罩），戴化学安全防护眼镜，穿防毒物渗透工作服，戴橡胶耐油手套。远离火种、热源，工作场所严禁吸烟。使用防爆型的通风系统和设备。防止蒸气泄漏到工作场所空气中。避免与氧化剂接触。搬运时要轻装轻卸，防止包装及容器损坏。配备相应品种和数量的消防器材及泄漏应急处理设备。倒空的容器可能残留有害物

储存注意事项 储存于阴凉、通风的库房。远离火种、热源。应与氧化剂、食用化学品分开存放，切忌混储。配备相应品种和数量的消防器材。储区应备有泄漏应急处理设备和合适的收容材料

第八部分 接触控制/个体防护

职业接触限值
　　中国　PC-TWA：0.5mg/m³ ［皮］
　　美国（ACGIH）未制定标准

生物接触限值 未制定标准

监测方法 空气中有毒物质测定方法：未制定标准。生物监测检验方法：未制定标准

工程控制 生产过程密闭，加强通风。提供安全淋浴和洗眼设备

个体防护装备
　　呼吸系统防护　空气中浓度超标时，必须佩戴过滤式防毒面具（半面罩）。紧急事态抢救或撤离时，应该佩戴空气呼吸器
　　眼睛防护　戴化学安全防护眼镜
　　皮肤和身体防护　穿防毒物渗透工作服
　　手防护　戴橡胶耐油手套

第九部分 理化特性

外观与性状 无色或浅黄色油状液体

pH值 无资料		**熔点（℃）** −2.5	
沸点（℃） 259.3		**相对密度（水＝1）** 1.194	

相对蒸气密度（空气＝1） 5.6

饱和蒸气压（kPa） 0.13（80.6℃）

临界压力（MPa） 无资料

辛醇/水分配系数 3.9～4.01

闪点（℃） 121.11	**自燃温度（℃）** 557
爆炸下限（%） 无资料	**爆炸上限（%）** 无资料
分解温度（℃） 无资料	**黏度（mPa·s）** 2.94（25℃）
燃烧热（kJ/mol） 无资料	**临界温度（℃）** 无资料

溶解性 不溶于水，溶于苯、醇、石油醚

第十部分 稳定性和反应性

稳定性 稳定

危险反应 与强氧化剂等禁配物发生反应

避免接触的条件 受热

禁配物 强氧化剂

危险的分解产物 氯化氢

第十一部分 毒理学信息

急性毒性 LD$_{50}$：1540mg/kg（大鼠经口）；1091mg/kg（小鼠经口）；2000mg/kg（豚鼠经口）

皮肤刺激或腐蚀 无资料　**眼睛刺激或腐蚀** 无资料

呼吸或皮肤过敏 无资料

生殖细胞突变性 微生物致突变：鼠伤寒沙门氏菌200μg/皿

致癌性 无资料　**生殖毒性** 无资料

特异性靶器官系统毒性-一次接触 较大剂量的氯化萘可以引起肝脏损害，严重时引起急性肝萎缩

特异性靶器官系统毒性-反复接触 无资料

吸入危害 无资料

第十二部分 生态学信息

生态毒性 LC$_{50}$：1.67mg/L（96h）（青鳉）；EC$_{50}$：0.734mg/L（48h）（大型溞）；ErC$_{50}$：＞2.2mg/L（72h）（羊角月牙藻）；NOEC：0.0941mg/L（21d）（大型溞）

持久性和降解性
　　生物降解性　不易快速生物降解
　　非生物降解性　无资料

潜在的生物累积性 根据K_{ow}值预测，该物质可能有较高的生物累积性。BCF：142～442（鲤鱼，初始浓度0.05ppm），142～403（鲤鱼，初始浓度0.005ppm）

土壤中的迁移性 根据K_{oc}值预测，该物质的迁移性可能较弱

第十三部分 废弃处置

废弃化学品 用焚烧法处置。与燃料混合后，再焚烧。焚烧炉排出的卤化氢通过酸洗涤器除去

污染包装物 将容器返还生产商或按照国家和地方法规

处置

废弃注意事项　处置前应参阅国家和地方有关法规

第十四部分　运输信息

联合国危险货物编号（UN号）　3082

联合国运输名称　对环境有害的液态物质，未另作规定的（1-氯化萘）

联合国危险性类别　9

包装类别　Ⅲ　　　　　　**包装标志**

海洋污染物　是

运输注意事项　运输前应先检查包装容器是否完整、密封，运输过程中要确保容器不泄漏、不倒塌、不坠落、不损坏。严禁与酸类、氧化剂、食品及食品添加剂混运。运输时运输车辆应配备相应品种和数量的消防器材及泄漏应急处理设备。运输途中应防暴晒、雨淋、防高温。公路运输时要按规定路线行驶

第十五部分　法规信息

下列法律、法规、规章和标准，对该化学品的管理作了相应的规定。

中华人民共和国职业病防治法　职业病分类和目录：未列入

危险化学品安全管理条例　危险化学品目录：列入。易制爆危险化学品名录：未列入。重点监管的危险化学品名录：未列入。GB 18218—2009《危险化学品重大危险源辨识》（表1）：未列入

使用有毒物品作业场所劳动保护条例　高毒物品目录：列入

易制毒化学品管理条例　易制毒化学品的分类和品种目录：未列入

国际公约　斯德哥尔摩公约：列入。鹿特丹公约：未列入。蒙特利尔议定书：未列入

第十六部分　其他信息

编写和修订信息　　　**缩略语和首字母缩写**
培训建议　　　　　　**参考文献**
免责声明

氯化镍

第一部分　化学品标识

化学品中文名　氯化镍；氯化亚镍

化学品英文名　nickel chloride；nickel dichloride

分子式　NiCl₂　**分子量**　129.599

结构式
$$Cl-Ni\begin{array}{c}Cl\\ \end{array}$$

化学品的推荐及限制用途　用于镀镍和作氨吸收剂、催化剂等

第二部分　危险性概述

紧急情况概述　吞咽会中毒，吸入会中毒，吸入可能导致

过敏、哮喘症状或呼吸困难，可能导致皮肤过敏反应，可能致癌

GHS危险性类别　急性毒性-经口，类别3；急性毒性-吸入，类别3；皮肤腐蚀/刺激，类别2；呼吸道致敏物，类别1；皮肤致敏物，类别1；生殖细胞致突变性，类别2；致癌性，类别1A；生殖毒性，类别1B；特异性靶器官毒性-反复接触，类别1；危害水生环境-急性危害，类别1；危害水生环境-长期危害，类别1

标签要素

象形图

警示词　危险

危险性说明　吞咽会中毒，吸入会中毒，造成皮肤刺激，吸入可能导致过敏、哮喘症状或呼吸困难，可能导致皮肤过敏反应，怀疑可造成遗传性缺陷，可能致癌，可能对生育力或胎儿造成伤害，长时间或反复接触对器官造成损伤，对水生生物毒性非常大并具有长期持续影响

防范说明

预防措施　避免接触眼睛、皮肤，操作后彻底清洗。作业场所不得进食、饮水或吸烟。避免吸入粉尘。仅在室外或通风良好处操作。戴防护手套。通风不良时，戴呼吸防护器具。污染的工作服不得带出工作场所。得到专门指导后操作。在阅读并了解所有安全预防措施之前，切勿操作。按要求使用个体防护装备。得到专门指导后操作。禁止排入环境

事故响应　如吸入：如果呼吸困难，将患者转移到空气新鲜处，休息，保持利于呼吸的体位。如有呼吸系统症状，呼叫中毒控制中心或就医。皮肤接触：用大量肥皂水和水清洗。如出现皮肤刺激或皮疹：就医。脱去被污染的衣服，衣服经洗净后方可重新使用。食入：立即呼叫中毒控制中心或就医，漱口。如果接触或有担心，就医。如感觉不适，就医。收集泄漏物

安全储存　在通风良好处储存。保持容器密闭。上锁保管

废弃处置　本品及内装物、容器依据国家和地方法规处置

物理和化学危险　不燃，无特殊燃爆特性

健康危害　接触者可发生接触性皮炎或过敏性湿疹。吸入本品粉尘，可发生支气管炎或支气管肺炎、过敏性肺炎，并可发生肾上腺皮质功能不全。镍化合物属致癌物

环境危害　对水生生物毒性非常大并具有长期持续影响

第三部分　成分/组成信息

√ 物质　　　　　　　　　　　　混合物

组分	浓度	CAS No.
氯化镍		7718-54-9

第四部分　急救措施

吸入　迅速脱离现场至空气新鲜处。保持呼吸道通畅。如呼吸困难，给输氧。呼吸、心跳停止，立即进行心肺复苏术。就医

皮肤接触　立即脱去污染的衣着，用流动清水彻底冲洗。就医

眼睛接触　立即分开眼睑，用流动清水或生理盐水彻底冲洗。就医

食入　饮适量温水，催吐（仅限于清醒者）。就医

对保护施救者的忠告　根据需要使用个人防护设备

对医生的特别提示　对症处理

第五部分　消防措施

灭火剂　本品不燃，根据着火原因选择适当灭火剂灭火

特别危险性　本身不能燃烧。遇钾、钠剧烈反应

灭火注意事项及防护措施　消防人员必须佩戴空气呼吸器、穿全身防火防毒服，在上风向灭火。尽可能将容器从火场移至空旷处。喷水保持火场容器冷却，直至灭火结束

第六部分　泄漏应急处理

作业人员防护措施、防护装备和应急处置程序　隔离泄漏污染区，限制出入。建议应急处理人员戴防尘口罩，穿防毒服。穿上适当的防护服前严禁接触破裂的容器和泄漏物。尽可能切断泄漏源

环境保护措施　用塑料布覆盖泄漏物，减少飞散

泄漏化学品的收容、清除方法及所使用的处置材料　勿使水进入包装容器内。用洁净的铲子收集泄漏物，置于干净、干燥、盖子较松的容器中，将容器移离泄漏区

第七部分　操作处置与储存

操作注意事项　密闭操作，局部排风。防止粉尘释放到车间空气中。操作人员必须经过专门培训，严格遵守操作规程。建议操作人员佩戴自吸过滤式防尘口罩，戴化学安全防护眼镜，穿橡胶耐酸碱服，戴乳胶手套。避免产生粉尘。避免与过氧化物、钾接触。配备泄漏应急处理设备。倒空的容器可能残留有害物

储存注意事项　储存于阴凉、通风的库房。远离火种、热源。防止阳光直射。包装密封。应与过氧化物、钾、食用化学品分开存放，切忌混储。储区应备有合适的材料收容泄漏物

第八部分　接触控制/个体防护

职业接触限值

中国　PC-TWA：0.5mg/m³［按 Ni 计］［G1］

美国（ACGIH）　TLV-TWA：0.1mg/m³（可吸入性颗粒物）［按 Ni 计］

生物接触限值　未制定标准

监测方法　空气中有毒物质测定方法：火焰原子吸收光谱法。生物监测检验方法：未制定标准

工程控制　密闭操作，局部排风

个体防护装备

呼吸系统防护　空气中粉尘浓度超标时，建议佩戴过滤式防尘呼吸器。紧急事态抢救或撤离时，应该佩戴空气呼吸器

眼睛防护　戴化学安全防护眼镜

皮肤和身体防护　穿橡胶耐酸碱服

手防护　戴橡胶手套

第九部分　理化特性

外观与性状　绿色片状结晶，有潮解性

pH 值　无意义	**熔点(℃)**　973（升华）
沸点(℃)　无资料	**相对密度(水＝1)**　3.55
相对蒸气密度(空气＝1)　无资料	
饱和蒸气压(kPa)　无资料	
临界压力(MPa)　无意义	**辛醇/水分配系数**　无资料
闪点(℃)　无意义	**自燃温度(℃)**　无资料
爆炸下限(%)　无意义	**爆炸上限(%)**　无意义
分解温度(℃)　无资料	**黏度(mPa·s)**　无资料
燃烧热(kJ/mol)　无资料	**临界温度(℃)**　无资料

溶解性　易溶于水、醇

第十部分　稳定性和反应性

稳定性　稳定

危险反应　与过氧化物、钾、钠等禁配物发生剧烈反应

避免接触的条件　无资料

禁配物　过氧化物、钾

危险的分解产物　氯化氢

第十一部分　毒理学信息

急性毒性　LD$_{50}$：105mg/kg（大鼠经口）

皮肤刺激或腐蚀　无资料　　**眼睛刺激或腐蚀**　无资料

呼吸或皮肤过敏　无资料

生殖细胞突变性　细胞遗传学分析：小鼠乳腺 800μmol/L。姐妹染色单体互换：仓鼠成纤维细胞 32mg/L。DNA 损伤：人 HeLa 细胞 250μmol/L

致癌性　IARC 致癌性评论：组 1，确认人类致癌物

生殖毒性　大鼠经口最低中毒剂量（TDLo）：1670mg/kg（孕 11d～产后 1d），对新生胎存活力指数有影响

特异性靶器官系统毒性-一次接触　无资料

特异性靶器官系统毒性-反复接触　无资料

吸入危害　无资料

第十二部分　生态学信息

生态毒性　LC$_{50}$：15.3mg Ni/L（96h）（虹鳟）；EC$_{50}$：0.1051mg Ni/L（48h）（模糊网纹溞）；ErC$_{50}$：0.018～0.327mg Ni/L（72h）（羊角月牙藻）（OECD 201）；NOEC：0.057mg Ni/L（32d）（黑头呆鱼）；NOEC：0.0053～0.0153mg Ni/L（7d）（模糊网纹溞）

持久性和降解性

生物降解性　无资料

非生物降解性　无资料

潜在的生物累积性　无资料

土壤中的迁移性　无资料

第十三部分　废弃处置

废弃化学品　量小时，溶解在水或适当的酸溶液中，或用适当氧化剂将其转变成水溶液。用硫化物沉淀，调节pH 值至 7 沉淀完成。滤出固体硫化物回收或做掩埋处置。用次氯酸钠中和过量的硫化物，然后置于回收桶

污染包装物　将容器返还生产商或按照国家和地方法规处置

废弃注意事项　处置前应参阅国家和地方有关法规

第十四部分　运输信息

联合国危险货物编号（UN 号）　3288

联合国运输名称　无机毒性固体，未另作规定的（氯化镍）

联合国危险性类别　6.1

包装类别　Ⅲ　　　　　**包装标志**

海洋污染物　是

运输注意事项　起运时包装要完整，装载应稳妥。运输过程中要确保容器不泄漏、不倒塌、不坠落、不损坏。严禁与氧化剂、活性金属等混装混运。运输途中应防暴晒、雨淋，防高温

第十五部分　法规信息

　　下列法律、法规、规章和标准，对该化学品的管理作了相应的规定。

中华人民共和国职业病防治法　职业病分类和目录：未列入

危险化学品安全管理条例　危险化学品目录：列入。易制爆危险化学品名录：未列入。重点监管的危险化学品名录：未列入。GB 18218—2009《危险化学品重大危险源辨识》(表 1)：未列入

使用有毒物品作业场所劳动保护条例　高毒物品目录：列入

易制毒化学品管理条例　易制毒化学品的分类和品种目录：未列入

国际公约　斯德哥尔摩公约：未列入。鹿特丹公约：未列入。蒙特利尔议定书：未列入

第十六部分　其他信息

编写和修订信息　　　　**缩略语和首字母缩写**

培训建议　　　　　　　**参考文献**

免责声明

氯化铍

第一部分　化学品标识

化学品中文名　氯化铍

化学品英文名　beryllium chloride; beryllium dichloride

分子式　$BeCl_2$　**分子量**　79.918

化学品的推荐及限制用途　用于制造铍，并用作有机反应的催化剂

第二部分　危险性概述

紧急情况概述　吞咽会中毒，吸入致命，造成严重的皮肤灼伤和眼损伤，可能导致皮肤过敏反应，可能致癌

GHS 危险性类别　急性毒性-经口，类别 3；急性毒性-吸入，类别 2；皮肤腐蚀/刺激，类别 1；严重眼损伤/眼刺激，类别 1；皮肤致敏物，类别 1；致癌性，类别 1A；特异性靶器官毒性——次接触，类别 3（呼吸道刺激）；特异性靶器官毒性-反复接触，类别 1；危害水生环境-急性危害，类别 2；危害水生环境-长期危害，类别 2

标签要素

象形图　

警示词　危险

危险性说明　吞咽会中毒，吸入致命，造成严重的皮肤灼伤和眼损伤，可能导致皮肤过敏反应，可能致癌，可能引起呼吸道刺激，长时间或反复接触对器官造成损伤，对水生生物有毒并具有长期持续影响

防范说明

　　预防措施　避免接触眼睛、皮肤，操作后彻底清洗。作业场所不得进食、饮水或吸烟。避免吸入粉尘。仅在室外或通风良好处操作。戴防护手套、穿防护服、戴防护眼镜、防护面罩。污染的工作服不得带出工作场所。得到专门指导后操作。在阅读并了解所有安全预防措施之前，切勿操作。按要求使用个体防护装备。禁止排入环境

　　事故响应　如吸入：将患者转移到空气新鲜处，休息，保持利于呼吸的体位，立即呼叫中毒控制中心或就医。皮肤（或头发）接触：立即脱掉所有被污染的衣服，用水冲洗皮肤，淋浴。污染的衣服须洗净后方可重新使用。如出现皮肤刺激或皮疹：就医。眼睛接触：用水细心地冲洗数分钟。如戴隐形眼镜并可方便地取出，则取出隐形眼镜，继续冲洗。食入：立即呼叫中毒控制中心或就医，漱口，不要催吐。如果接触或有担心，就医。如感觉不适，就医。收集泄漏物

　　安全储存　在通风良好处储存。保持容器密闭。上锁保管

　　废弃处置　本品及内装物、容器依据国家和地方法规处置

物理和化学危险　不燃，无特殊燃爆特性

健康危害　短期、大量的接触，可引起急性铍病，主要表现为急性化学性肺炎。粉尘可经伤口进入，使伤口久不愈合。皮肤接触可引起皮炎。铍及其化合物属致癌物

环境危害 对水生生物有毒并具有长期持续影响

第三部分 成分/组成信息

√ 物质 □ 混合物

组分	浓度	CAS No.
氯化铍		7787-47-5

第四部分 急救措施

吸入 迅速脱离现场至空气新鲜处。保持呼吸道通畅。如呼吸困难，给输氧。呼吸、心跳停止，立即进行心肺复苏术。就医

皮肤接触 立即脱去污染的衣着，用大量流动清水彻底冲洗至少15min。就医

眼睛接触 立即分开眼睑，用流动清水或生理盐水彻底冲洗5～10min。就医

食入 用水漱口，禁止催吐。给饮牛奶或蛋清。就医

对保护施救者的忠告 根据需要使用个人防护设备

对医生的特别提示 对症处理

第五部分 消防措施

灭火剂 本品不燃，根据着火原因选择适当灭火剂灭火

特别危险性 本身不能燃烧。遇水发生剧烈反应，散发出具有刺激性和腐蚀性的氯化氢气体

灭火注意事项及防护措施 消防人员必须穿全身防火防毒服，在上风向灭火。灭火时尽可能将容器从火场移至空旷处

第六部分 泄漏应急处理

作业人员防护措施、防护装备和应急处置程序 隔离泄漏污染区，限制出入。建议应急处理人员戴防尘口罩，穿防毒服。穿上适当的防护服前严禁接触破裂的容器和泄漏物。尽可能切断泄漏源

环境保护措施 用塑料布覆盖泄漏物，减少飞散

泄漏化学品的收容、清除方法及所使用的处置材料 勿使水进入包装容器内。用洁净的铲子收集泄漏物，置于干净、干燥、盖子较松的容器中，将容器移离泄漏区。也可以用大量水、稀碳酸氢钠溶液或苏打灰冲洗

第七部分 操作处置与储存

操作注意事项 密闭操作，提供充分的局部排风。防止粉尘释放到车间空气中。操作人员必须经过专门培训，严格遵守操作规程。建议操作人员佩戴防尘面具（全面罩），穿胶布防毒衣，戴橡胶手套。避免产生粉尘。避免与水接触。配备泄漏应急处理设备。倒空的容器可能残留有害物

储存注意事项 储存于阴凉、干燥、通风良好的库房。远离火种、热源。防止阳光直射。包装必须密封，切勿受潮。应与食用化学品等分开存放，切忌混储。储区应备有合适的材料收容泄漏物

第八部分 接触控制/个体防护

职业接触限值

中国 PC-TWA：0.0005mg/m³；PC-STEL：0.001mg/m³

［按 Be 计］［G1］

美国（ACGIH） TLV-TWA：0.00005mg/m³（可吸入性颗粒物）［按 Be 计］［皮］［敏］

生物接触限值 未制定标准

监测方法 空气中有毒物质测定方法：桑色素荧光分光光度法。生物监测检验方法：未制定标准

工程控制 严加密闭，提供充分的局部排风

个体防护装备

呼吸系统防护 可能接触其粉尘时，必须佩戴防尘面具（全面罩）。紧急事态抢救或撤离时，应该佩戴空气呼吸器

眼睛防护 呼吸系统防护中已作防护

皮肤和身体防护 穿密闭型防毒服

手防护 戴橡胶手套

第九部分 理化特性

外观与性状 白色至微黄色易潮解的结晶或块状物

pH 值 无意义 　　**熔点（℃）** 399.2

沸点（℃） 482.3

相对密度（水＝1） 1.899(25℃)

相对蒸气密度（空气＝1） 无资料

饱和蒸气压（kPa） 0.133(291℃)

临界压力（MPa） 无意义 　**辛醇/水分配系数** 无资料

闪点（℃） 无意义 　　**自燃温度（℃）** 无意义

爆炸下限（%） 无意义 　**爆炸上限（%）** 无意义

分解温度（℃） 无资料 　**黏度（mPa·s）** 无资料

燃烧热（kJ/mol） 无资料 　**临界温度（℃）** 无资料

溶解性 易溶于水，溶于醇、醚、吡啶、二硫化碳

第十部分 稳定性和反应性

稳定性 稳定

危险反应 遇水发生剧烈反应，散发出具有刺激性和腐蚀性的氯化氢气体

避免接触的条件 潮湿空气

禁配物 水

危险的分解产物 氯化氢、氧化铍

第十一部分 毒理学信息

急性毒性 LD$_{50}$：86mg/kg（大鼠经口），92mg/kg（小鼠经口）

皮肤刺激或腐蚀 无资料 　**眼睛刺激或腐蚀** 无资料

呼吸或皮肤过敏 无资料

生殖细胞突变性 微生物致突变：大肠杆菌10μmol/L。DNA 修复：枯草杆菌750μg/盘。姐妹染色单体互换：仓鼠肺31mg/L

致癌性 IARC 致癌性评论：组1，对人类是致癌物

生殖毒性 大鼠气管内最低中毒剂量(TDLo)：1685μg/kg（孕3d），有胚胎毒性，其他发育异常。大鼠气管内最低中毒剂量（TDLo）：1685μg/kg（孕5d），植入前死亡率增加，其他发育异常

特异性靶器官系统毒性-一次接触 无资料

特异性靶器官系统毒性-反复接触 无资料

吸入危害 无资料

第十二部分　生态学信息

生态毒性　铍化合物对水生生物有毒

持久性和降解性

　　生物降解性　无资料

　　非生物降解性　无资料

潜在的生物累积性　无资料

土壤中的迁移性　无资料

第十三部分　废弃处置

废弃化学品　用安全掩埋法处置。在能利用的地方重复使用容器或在规定场所掩埋

污染包装物　将容器返还生产商或按照国家和地方法规处置

废弃注意事项　处置前应参阅国家和地方有关法规

第十四部分　运输信息

联合国危险货物编号（UN号）　1566

联合国运输名称　铍化合物，未另作规定的（氯化铍）

联合国危险性类别　6.1

包装类别　Ⅱ　　　　　**包装标志**　

海洋污染物　是

运输注意事项　运输前应先检查包装容器是否完整、密封，运输过程中要确保容器不泄漏、不倒塌、不坠落、不损坏。严禁与酸类、氧化剂、食品及食品添加剂混运。运输时运输车辆应配备泄漏应急处理设备。运输途中应防暴晒、雨淋，防高温。公路运输时要按规定路线行驶，勿在居民区和人口稠密区停留

第十五部分　法规信息

下列法律、法规、规章和标准，对该化学品的管理作了相应的规定。

中华人民共和国职业病防治法　职业病分类和目录：铍病

危险化学品安全管理条例　危险化学品目录：列入。易制爆危险化学品名录：未列入。重点监管的危险化学品名录：未列入。GB 18218—2009《危险化学品重大危险源辨识》（表1）：未列入

使用有毒物品作业场所劳动保护条例　高毒物品目录：列入

易制毒化学品管理条例　易制毒化学品的分类和品种目录：未列入

国际公约　斯德哥尔摩公约：未列入。鹿特丹公约：未列入。蒙特利尔议定书：未列入

第十六部分　其他信息

编写和修订信息　缩略语和首字母缩写

培训建议　　　　　参考文献

免责声明

氯化铜

第一部分　化学品标识

化学品中文名　氯化铜；二氯化铜

化学品英文名　copper chloride；cupric chloride

分子式　$CuCl_2$　**分子量**　134.45

结构式　无

化学品的推荐及限制用途　用作电镀添加剂，玻璃、陶瓷着色剂，催化剂，照相制版及饲料添加剂等

第二部分　危险性概述

紧急情况概述　吞咽有毒，可能导致皮肤过敏反应

GHS危险性类别　急性毒性-经口，类别3；皮肤腐蚀/刺激，类别2；严重眼损伤/眼刺激，类别2；皮肤致敏物，类别1；生殖毒性，类别2；危害水生环境-急性危害，类别1；危害水生环境-长期危害，类别1

标签要素

象形图　

警示词　危险

危险性说明　吞咽会中毒，造成皮肤刺激，造成严重眼刺激，可能导致皮肤过敏反应，怀疑对生育力或胎儿造成伤害，对水生生物毒性非常大并具有长期持续影响

防范说明

　预防措施　避免接触眼睛皮肤，操作后彻底清洗。作业场所不得进食、饮水或吸烟。戴防护手套，戴防护眼镜、防护面罩。避免吸入粉尘。污染的工作服不得带出工作场所。得到专门指导后操作。在阅读并了解所有安全预防措施之前，切勿操作。按要求使用个体防护装备。禁止排入环境

　事故响应　食入：立即呼叫中毒控制中心或就医。漱口。皮肤接触：用大量肥皂水和水清洗。如发生皮肤刺激，就医。脱去被污染的衣服，衣服经洗净后方可重新使用。如接触眼睛：用水细心冲洗数分钟。如戴隐形眼镜并可方便地取出，取出隐形眼镜，继续冲洗。如果眼睛刺激持续：就医。如出现皮肤刺激或皮疹：就医。如果接触或有担心，就医。收集泄漏物

　安全储存　上锁保管

　废弃处置　本品及内装物、容器依据国家和地方法规处置

物理和化学危险　不燃，无特殊燃爆特性

健康危害　对眼、皮肤和呼吸道有刺激性。遇热产生铜烟尘，吸入可引起金属烟雾热。口服引起出血性胃炎及肝、肾、中枢神经系统损害及溶血等，重者死于休克或肾衰

环境危害　对水生生物有害并具有长期持续影响

第三部分　成分/组成信息

√ 物质　　　　　　　　　　混合物

组分	浓度	CAS No.
氯化铜		7447-39-4

第四部分 急救措施

吸入 迅速脱离现场至空气新鲜处。保持呼吸道通畅。如呼吸困难，给输氧。呼吸、心跳停止，立即进行心肺复苏术。就医

皮肤接触 脱去污染的衣着，用大量流动清水冲洗。如有不适感，就医

眼睛接触 分开眼睑，用流动清水或生理盐水冲洗。如有不适感，就医

食入 用 0.1%亚铁氰化钾洗胃。给饮牛奶或蛋清。就医

对保护施救者的忠告 根据需要使用个人防护设备

对医生的特别提示 对症处理

第五部分 消防措施

灭火剂 本品不燃，根据着火原因选择适当灭火剂灭火

特别危险性 本身不能燃烧。遇钾、钠剧烈反应。具有腐蚀性

灭火注意事项及防护措施 消防人员必须穿全身耐酸碱消防服、佩戴空气呼吸器灭火。尽可能将容器从火场移至空旷处。喷水保持火场容器冷却，直至灭火结束

第六部分 泄漏应急处理

作业人员防护措施、防护装备和应急处置程序 隔离泄漏污染区，限制出入。建议应急处理人员戴防尘口罩，穿防腐、防毒服。穿上适当的防护服前严禁接触破裂的容器和泄漏物。尽可能切断泄漏源

环境保护措施 用塑料布覆盖泄漏物，减少飞散

泄漏化学品的收容、清除方法及所使用的处置材料 勿使水进入包装容器内。用洁净的铲子收集泄漏物，置于干净、干燥、盖子较松的容器中，将容器移离泄漏区

第七部分 操作处置与储存

操作注意事项 密闭操作，局部排风。防止粉尘释放到车间空气中。操作人员必须经过专门培训，严格遵守操作规程。建议操作人员佩戴自吸过滤式防尘口罩，戴化学安全防护眼镜，穿橡胶耐酸碱服，戴橡胶耐酸碱手套。避免产生粉尘。避免与钠、钾接触。配备泄漏应急处理设备。倒空的容器可能残留有害物

储存注意事项 储存于阴凉、通风的库房。远离火种、热源。防止阳光直射。包装必须密封，切勿受潮。应与钠、钾、食用化学品等分开存放，切忌混储。储区应备有合适的材料收容泄漏物

第八部分 接触控制/个体防护

职业接触限值

中国 未制定标准

美国（ACGIH） 未制定标准

生物接触限值 未制定标准

监测方法 空气中有毒物质测定方法：未制定标准。生物监测检验方法：未制定标准

工程控制 密闭操作，局部排风

个体防护装备

呼吸系统防护 空气中粉尘浓度超标时，必须佩戴过滤式防尘呼吸器。紧急事态抢救或撤离时，应该佩戴空气呼吸器

眼睛防护 戴化学安全防护眼镜

皮肤和身体防护 穿橡胶耐酸碱服

手防护 戴橡胶耐酸碱手套

第九部分 理化特性

外观与性状 黄棕色吸湿性粉末

pH 值 无意义 **熔点（℃）** 498（分解）

沸点（℃） 993（转变为氯化亚铜）

相对密度（水=1） 3.386

相对蒸气密度（空气=1） 无资料

饱和蒸气压（kPa） 无资料

临界压力（MPa） 无意义 **辛醇/水分配系数** 无资料

闪点（℃） 无意义 **自燃温度（℃）** 无资料

爆炸下限（%） 无意义 **爆炸上限（%）** 无意义

分解温度（℃） 无资料 **黏度（mPa·s）** 无资料

燃烧热（kJ/mol） 无资料 **临界温度（℃）** 无资料

溶解性 易溶于水，溶于丙酮、醇、醚、氯化铵

第十部分 稳定性和反应性

稳定性 稳定

危险反应 与钾、钠等禁配物发生剧烈反应

避免接触的条件 潮湿空气

禁配物 钠、钾

危险的分解产物 氯化氢、氧化铜

第十一部分 毒理学信息

急性毒性 LD_{50}：140mg/kg（大鼠经口）

皮肤刺激或腐蚀 无资料 **眼睛刺激或腐蚀** 无资料

呼吸或皮肤过敏 无资料

生殖细胞突变性 微生物致突变：酿酒酵母 $100\mu mol/L$。DNA 损伤：大肠杆菌 $50\mu mol/L$（2d）

致癌性 无资料 **生殖毒性** 无资料

特异性靶器官系统毒性--一次接触 无资料

特异性靶器官系统毒性-反复接触 无资料

吸入危害 无资料

第十二部分 生态学信息

生态毒性 LC_{50}：0.0028～9.15mg/L（96h）（鱼类）；EC_{50}：0.0338～1.213mg/L（48h）(无脊椎动物)

持久性和降解性

生物降解性 无资料

非生物降解性 无资料

潜在的生物累积性 无资料

土壤中的迁移性 无资料

第十三部分 废弃处置

废弃化学品 在污水处理厂处理和中和。重复使用容器或在规定场所掩埋

污染包装物 将容器返还生产商或按照国家和地方法规处置

废弃注意事项 处置前应参阅国家和地方有关法规

第十四部分　运输信息

联合国危险货物编号（UN号）　2802

联合国运输名称　氯化铜

联合国危险性类别　8

包装类别　Ⅲ　　　　　　　　**包装标志**　

海洋污染物　是

运输注意事项　起运时包装要完整，装载应稳妥。运输过程中要确保容器不泄漏、不倒塌、不坠落、不损坏。严禁与活性金属、食用化学品等混装混运。运输时运输车辆应配备泄漏应急处理设备。运输途中应防暴晒、雨淋，防高温。公路运输时要按规定路线行驶，勿在居民区和人口稠密区停留

第十五部分　法规信息

下列法律、法规、规章和标准，对该化学品的管理作了相应的规定。

中华人民共和国职业病防治法　职业病分类和目录：未列入

危险化学品安全管理条例　危险化学品目录：列入。易制爆危险化学品名录：未列入。重点监管的危险化学品名录：未列入。GB 18218—2009《危险化学品重大危险源辨识》（表1）：未列入

使用有毒物品作业场所劳动保护条例　高毒物品目录：未列入

易制毒化学品管理条例　易制毒化学品的分类和品种目录：未列入

国际公约　斯德哥尔摩公约：未列入。鹿特丹公约：未列入。蒙特利尔议定书：未列入

第十六部分　其他信息

编写和修订信息　　　　　**缩略语和首字母缩写**

培训建议　　　　　　　　　**参考文献**

免责声明

氯化筒箭毒碱

第一部分　化学品标识

化学品中文名　氯化筒箭毒碱；α-氯化筒箭毒碱；氯化南美防己碱

化学品英文名　alpha-tubocurarine chloride；tubocurarine hydrochloride

分子式　$C_{37}H_{42}Cl_2N_2O_6$　**分子量**　681.65

结构式

化学品的推荐及限制用途　用作骨骼肌肉放松剂，帮助诊

断重症肌无力

第二部分　危险性概述

紧急情况概述　吞咽致命

GHS危险性类别　急性毒性-经口，类别2

标签要素

象形图　　　☠

警示词　危险

危险性说明　吞咽致命

防范说明

预防措施　避免接触眼睛、皮肤，操作后彻底清洗。作业场所不得进食、饮水或吸烟

事故响应　食入：立即呼叫中毒控制中心或就医。漱口

安全储存　上锁保管

废弃处置　本品及内装物、容器依据国家和地方法规处置

物理和化学危险　可燃，其粉体与空气混合，能形成爆炸性混合物

健康危害　有毒。大剂量或过量使用，可引起心率减慢、血压下降、呼吸麻痹

环境危害　对环境可能有害

第三部分　成分/组成信息

√ 物质　　　　　　　　　混合物

组分	浓度	CAS No.
氯化筒箭毒碱		57-94-3

第四部分　急救措施

吸入　迅速脱离现场至空气新鲜处。保持呼吸道通畅。如呼吸困难，给输氧。如呼吸、心跳停止，立即进行心肺复苏术。就医

皮肤接触　立即脱去污染的衣着，用流动清水彻底冲洗。就医

眼睛接触　立即分开眼睑，用流动清水或生理盐水彻底冲洗。就医

食入　饮适量温水，催吐（仅限于清醒者）。就医

对保护施救者的忠告　根据需要使用个人防护设备

对医生的特别提示　对症处理

第五部分　消防措施

灭火剂　用雾状水、泡沫、干粉、二氧化碳、砂土灭火

特别危险性　遇明火、高热可燃。其粉体与空气可形成爆炸性混合物，当达到一定浓度时，遇火星会发生爆炸。受高热分解放出有毒的气体

灭火注意事项及防护措施　消防人员必须佩戴防毒面具、穿全身消防服，在上风向灭火。尽可能将容器从火场移至空旷处。喷水保持火场容器冷却，直至灭火结束

第六部分　泄漏应急处理

作业人员防护措施、防护装备和应急处置程序　隔离泄漏

污染区，限制出入。消除所有点火源。建议应急处理人员戴防尘罩，穿防毒服。穿上适当的防护服前严禁接触破裂的容器和泄漏物。尽可能切断泄漏源

环境保护措施 用塑料布覆盖泄漏物，减少飞散

泄漏化学品的收容、清除方法及所使用的处置材料 勿使水进入包装容器内。用洁净的铲子收集泄漏物，置于干净、干燥、盖子较松的容器中，将容器移离泄漏区

第七部分 操作处置与储存

操作注意事项 密闭操作，提供充分的局部排风。防止粉尘释放到车间空气中。操作人员必须经过专门培训，严格遵守操作规程。建议操作人员佩戴过滤式防尘口罩，穿胶布防毒衣，戴橡胶手套。远离火种、热源，工作场所严禁吸烟。使用防爆型的通风系统和设备。避免产生粉尘。避免与氧化剂接触。配备相应品种和数量的消防器材及泄漏应急处理设备。倒空的容器可能残留有害物

储存注意事项 储存于阴凉、通风的库房。远离火种、热源。防止阳光直射。包装密封。应与氧化剂、食用化学品分开存放，切忌混储。配备相应品种和数量的消防器材。储区应备有合适的材料收容泄漏物

第八部分 接触控制/个体防护

职业接触限值
中国 未制定标准
美国（ACGIH） 未制定标准

生物接触限值 未制定标准

监测方法 空气中有毒物质测定方法：未制定标准。生物监测检验方法：未制定标准

工程控制 严加密闭，提供充分的局部排风

个体防护装备
呼吸系统防护 可能接触其粉尘时，必须佩戴过滤式防尘口罩。紧急事态抢救或撤离时，应该佩戴空气呼吸器
眼睛防护 呼吸系统防护中已作防护
皮肤和身体防护 穿密闭型防毒服
手防护 戴橡胶手套

第九部分 理化特性

外观与性状 白色或微带黄色的六角形或五角形小片状结晶

pH 值 无意义		**熔点（℃）** 268（分解）	
沸点（℃） 无资料		**相对密度（水=1）** 无资料	

相对蒸气密度（空气=1） 无资料
饱和蒸气压（kPa） 无资料
临界压力（MPa） 无资料 **辛醇/水分配系数** 无资料
闪点（℃） 无意义 **自燃温度（℃）** 无资料
爆炸下限（%） 无资料 **爆炸上限（%）** 无资料
分解温度（℃） 无资料 **黏度（mPa·s）** 无资料
燃烧热（kJ/mol） 无资料 **临界温度（℃）** 无资料
溶解性 溶于水

第十部分 稳定性和反应性

稳定性 稳定

危险反应 与强氧化剂等禁配物发生反应
避免接触的条件 无资料
禁配物 强氧化剂
危险的分解产物 氮氧化物、氯化氢

第十一部分 毒理学信息

急性毒性 LD$_{50}$：28mg/kg（大鼠经口）；33mg/kg（小鼠经口）

皮肤刺激或腐蚀 无资料 **眼睛刺激或腐蚀** 无资料
呼吸或皮肤过敏 无资料 **生殖细胞突变性** 无资料
致癌性 无资料 **生殖毒性** 无资料
特异性靶器官系统毒性-一次接触 无资料
特异性靶器官系统毒性-反复接触 无资料
吸入危害 无资料

第十二部分 生态学信息

生态毒性 无资料
持久性和降解性
生物降解性 无资料
非生物降解性 无资料
潜在的生物累积性 无资料
土壤中的迁移性 无资料

第十三部分 废弃处置

废弃化学品 建议用焚烧法处置。在能利用的地方重复使用容器或在规定场所掩埋
污染包装物 将容器返还生产商或按照国家和地方法规处置
废弃注意事项 处置前应参阅国家和地方有关法规

第十四部分 运输信息

联合国危险货物编号（UN 号） 1544
联合国运输名称 固态生物碱盐类，未另作规定的（氯化筒箭毒碱）
联合国危险性类别 6.1

包装类别 Ⅱ **包装标志**

海洋污染物 否
运输注意事项 运输前应先检查包装容器是否完整、密封，运输过程中要确保容器不泄漏、不倒塌、不坠落、不损坏。严禁与酸类、氧化剂、食品及食品添加剂混运。运输时运输车辆应配备相应品种和数量的消防器材及泄漏应急处理设备。运输途中应防暴晒、雨淋，防高温。公路运输时要按规定路线行驶，勿在居民区和人口稠密区停留

第十五部分 法规信息

下列法律、法规、规章和标准，对该化学品的管理作了相应的规定。

中华人民共和国职业病防治法 职业病分类和目录：未列入

危险化学品安全管理条例　危险化学品目录：列入。易制爆危险化学品名录：未列入。重点监管的危险化学品名录：未列入。GB 18218—2009《危险化学品重大危险源辨识》（表1）：未列入

使用有毒物品作业场所劳动保护条例　高毒物品目录：未列入

易制毒化学品管理条例　易制毒化学品的分类和品种目录：未列入

国际公约　斯德哥尔摩公约：未列入。鹿特丹公约：未列入。蒙特利尔议定书：未列入

第十六部分　其他信息

编写和修订信息　　缩略语和首字母缩写
培训建议　　　　　参考文献
免责声明

氯化锌

第一部分　化学品标识

化学品中文名　氯化锌；无水氯化锌
化学品英文名　zinc chloride
分子式　ZnCl₂　分子量　136.3
结构式　Cl＼Zn／Cl
化学品的推荐及限制用途　用作脱水剂、缩合剂、媒染剂、石油净化剂，还用于电池、电镀、医药等行业

第二部分　危险性概述

紧急情况概述　吞咽有害，造成严重的皮肤灼伤和眼损伤，可能引起呼吸道刺激

GHS 危险性类别　急性毒性-经口，类别4；皮肤腐蚀/刺激，类别1B；严重眼损伤/眼刺激，类别1；特异性靶器官毒性——次接触，类别3（呼吸道刺激）；危害水生环境-急性危害，类别1；危害水生环境-长期危害，类别1

标签要素

象形图　

警示词　危险

危险性说明　吞咽有害，造成严重的皮肤灼伤和眼损伤，可能引起呼吸道刺激，对水生生物毒性非常大并具有长期持续影响

防范说明

预防措施　避免接触眼睛、皮肤，操作后彻底清洗。作业场所不得进食、饮水或吸烟。避免吸入粉尘或烟雾。穿防护服，戴防护眼镜、防护手套、防护面罩。禁止排入环境

事故响应　如吸入：将患者转移到空气新鲜处，休息，保持利于呼吸的体位。皮肤（或头发）接触：立即脱掉所有被污染的衣服，用水冲洗皮肤，淋浴。污染的衣服必须洗净后方可重新使用。眼睛接触：用水细心地冲洗数分钟。如戴

隐形眼镜并可方便地取出，则取出隐形眼镜，继续冲洗。食入：漱口，不要催吐。如果感觉不适，立即呼叫中毒控制中心或就医。收集泄漏物

安全储存　上锁保管

废弃处置　本品及内装物、容器依据国家和地方法规处置

物理和化学危险　不燃，无特殊燃爆特性

健康危害　本品有刺激和腐蚀作用。吸入氯化锌烟雾可引起支气管肺炎。高浓度吸入可致死。患者表现有呼吸困难、胸部紧束感、胸骨后疼痛、咳嗽等。眼接触可致结膜炎或灼伤。可引起皮肤刺激和烧灼，皮肤上出现"鸟眼"形溃疡。口服腐蚀口腔和消化道，严重者可致死

环境危害　对水生生物毒性非常大并具有长期持续影响

第三部分　成分/组成信息

√　物质　　　　　　　　　混合物

组分	浓度	CAS No.
氯化锌		7646-85-7

第四部分　急救措施

吸入　迅速脱离现场至空气新鲜处。保持呼吸道通畅。如呼吸困难，给输氧。呼吸、心跳停止，立即进行心肺复苏术。就医

皮肤接触　立即脱去污染的衣着，用大量流动清水彻底冲洗至少15min。就医

眼睛接触　立即分开眼睑，用流动清水或生理盐水彻底冲洗5～10min。就医

食入　用水漱口，禁止催吐。给饮牛奶或蛋清。就医

对保护施救者的忠告　根据需要使用个人防护设备

对医生的特别提示　对症处理

第五部分　消防措施

灭火剂　本品不燃，根据着火原因选择适当灭火剂灭火

特别危险性　受高热分解产生有毒的腐蚀性烟气。遇水迅速分解，放出白色烟雾

灭火注意事项及防护措施　消防人员必须佩戴防毒面具、穿全身消防服，在上风向灭火。尽可能将容器从火场移至空旷处。喷水保持火场容器冷却，直至灭火结束

第六部分　泄漏应急处理

作业人员防护措施、防护装备和应急处置程序　隔离泄漏污染区，限制出入。建议应急处理人员戴防尘口罩，穿防酸碱服。穿上适当的防护服前严禁接触破裂的容器和泄漏物。尽可能切断泄漏源

环境保护措施　用塑料布覆盖泄漏物，减少飞散

泄漏化学品的收容、清除方法及所使用的处置材料　勿使水进入包装容器内。用洁净的铲子收集泄漏物，置于干净、干燥、盖子较松的容器中，将容器移离泄漏区

第七部分　操作处置与储存

操作注意事项　密闭操作，局部排风。操作人员必须经过

专门培训，严格遵守操作规程。建议操作人员佩戴自吸过滤式防尘口罩，戴化学安全防护眼镜，穿橡胶耐酸碱服，戴橡胶耐酸碱手套。避免产生粉尘。避免与氧化剂接触。尤其要注意避免与水接触。搬运时要轻装轻卸，防止包装及容器损坏。配备泄漏应急处理设备。倒空的容器可能残留有害物

储存注意事项 储存于阴凉、通风的库房。远离火种、热源。应与氧化剂、食用化学品分开存放，切忌混储。储区应备有合适的材料收容泄漏物

第八部分　接触控制/个体防护

职业接触限值
中国　PC-TWA：$1mg/m^3$；PC-STEL：$2mg/m^3$
美国（ACGIH）　TLV-TWA：$1mg/m^3$；TLV-STEL：$2mg/m^3$

生物接触限值 未制定标准

监测方法 空气中有毒物质测定方法：火焰原子吸收光谱法；双硫腙分光光度法。生物监测检验方法：未制定标准

工程控制 密闭操作，局部排风。提供安全淋浴和洗眼设备

个体防护装备
呼吸系统防护　空气中粉尘浓度超标时，必须佩戴过滤式防尘呼吸器。紧急事态抢救或撤离时，应该佩戴空气呼吸器
眼睛防护　戴化学安全防护眼镜
身体防护　穿橡胶耐酸碱服
手防护　戴橡胶耐酸碱手套

第九部分　理化特性

外观与性状 白色粉末，无臭，易潮解

pH 值 无意义		**熔点(℃)** 290	
沸点(℃) 732		**相对密度(水＝1)** 2.91	

相对蒸气密度(空气＝1) 无资料

饱和蒸气压(kPa) 0.13（428℃）

临界压力(MPa) 无资料　　**辛醇/水分配系数** 无资料

闪点(℃) 无意义　　**自燃温度(℃)** 无意义

爆炸下限(%) 无意义　　**爆炸上限(%)** 无意义

分解温度(℃) 无资料　　**黏度(mPa·s)** 无资料

燃烧热(kJ/mol) 无资料　　**临界温度(℃)** 无资料

溶解性 溶于水、乙醇、乙醚、甘油，不溶于液氨

第十部分　稳定性和反应性

稳定性 稳定

危险反应 与强氧化剂等禁配物发生反应。遇水迅速分解，放出白色烟雾

避免接触的条件 无资料

禁配物 强氧化剂

危险的分解产物 氯化氢

第十一部分　毒理学信息

急性毒性 LD_{50}：350mg/kg（大鼠经口）

皮肤刺激或腐蚀 无资料　　**眼睛刺激或腐蚀** 无资料

呼吸或皮肤过敏 无资料

生殖细胞突变性 DNA 损伤：人成纤维细胞 2mmol/L。程序外 DNA 合成：人淋巴细胞 $180\mu mol/L$。DNA 抑制：人淋巴细胞 $360\mu mol/L$。细胞遗传学分析：人淋巴细胞 $300\mu mol/L$

致癌性 仓鼠胃肠外给予最低中毒剂量（TDLo）17mg/kg，按照 RTECS 标准可致胃肠肿瘤。鸡胃肠外给予最低中毒剂量（TDLo）15mg/kg，按照 RTECS 标准可致睾丸肿瘤

生殖毒性 小鼠孕后 11d 腹腔内给予最低中毒剂量（TDLo）$12500\mu g/kg$，致肌肉骨骼系统发育畸形。雄性、雌性大鼠交配前 98d 到出生后 3 周，经口给予不同的剂量致眼、耳、颜面部（包括鼻、舌）、血液和淋巴系统（包括脾和骨髓）、泌尿生殖系统发育畸形

特异性靶器官系统毒性-一次接触 无资料

特异性靶器官系统毒性-反复接触 无资料

吸入危害 无资料

第十二部分　生态学信息

生态毒性 LC_{50}：$0.112 \sim 2.92mg/L$（96h）（鱼类）；EC_{50}：$0.155 \sim 2.91mg/L$（48h）（无脊椎动物）；IC_{50}：$0.136\sim0.15mg/L$（72h）（藻类）

持久性和降解性
生物降解性　无资料
非生物降解性　无资料

潜在的生物累积性 无资料

土壤中的迁移性 无资料

第十三部分　废弃处置

废弃化学品 倒入水中，再加纯碱中和，稀释后排入废水系统。或用安全掩埋法处置

污染包装物 将容器返还生产商或按照国家和地方法规处置

废弃注意事项 处置前应参阅国家和地方有关法规

第十四部分　运输信息

联合国危险货物编号（UN 号） 2331

联合国运输名称 无水氯化锌

联合国危险性类别 8

包装类别 Ⅲ　　　　**包装标志**

海洋污染物 是

运输注意事项 起运时包装要完整，装载应稳妥。运输过程中要确保容器不泄漏、不倒塌、不坠落、不损坏。严禁与氧化剂、食用化学品等混装混运。运输时运输车辆应配备泄漏应急处理设备。运输途中应防暴晒、雨淋，防高温

第十五部分　法规信息

下列法律、法规、规章和标准，对该化学品的管理作

了相应的规定。

中华人民共和国职业病防治法　职业病分类和目录：未列入

危险化学品安全管理条例　危险化学品目录：列入。易制爆危险化学品名录：未列入。重点监管的危险化学品名录：未列入。GB 18218—2009《危险化学品重大危险源辨识》（表1）：未列入

使用有毒物品作业场所劳动保护条例　高毒物品目录：未列入

易制毒化学品管理条例　易制毒化学品的分类和品种目录：未列入

国际公约　斯德哥尔摩公约：未列入。鹿特丹公约：未列入。蒙特利尔议定书：未列入

第十六部分　其他信息

编写和修订信息　缩略语和首字母缩写
培训建议　参考文献
免责声明

氯化亚汞

第一部分　化学品标识

化学品中文名　氯化亚汞；甘汞
化学品英文名　mercurous chloride；calomel
分子式　Hg_2Cl_2　**分子量**　472.09
化学品的推荐及限制用途　用作泻剂和制甘汞电极等

第二部分　危险性概述

紧急情况概述　吞咽有害，造成皮肤刺激，造成严重眼刺激，可能引起呼吸道刺激

GHS 危险性类别　急性毒性-经口，类别 4；皮肤腐蚀/刺激，类别 2；严重眼损伤/眼刺激，类别 2；特异性靶器官毒性--次接触，类别 3（呼吸道刺激）；危害水生环境-急性危害，类别 1；危害水生环境-长期危害，类别 1

标签要素

象形图　

警示词　危险

危险性说明　吞咽有害，造成皮肤刺激，造成严重眼刺激，可能引起呼吸道刺激，对水生生物毒性非常大并具有长期持续影响

防范说明

预防措施　避免接触眼睛、皮肤，操作后彻底清洗。作业场所不得进食、饮水或吸烟。戴防护手套、防护眼镜、防护面罩。禁止排入环境

事故响应　皮肤接触：用大量肥皂水和水清洗，脱去被污染的衣服，如发生皮肤刺激，就医。被污染的衣服必须经洗净后方可重新使用。如接触眼睛：用水细心冲洗数分钟。如戴隐形眼镜并可方便地取出，取出隐形眼镜，继续冲洗。如果眼睛刺激持续：就医。食入：如果感觉不

适，立即呼叫中毒控制中心或就医，漱口。收集泄漏物

安全储存　—

废弃处置　本品及内装物、容器依据国家和地方法规处置

物理和化学危险　不燃，无特殊燃爆特性

健康危害　吸入后引起胸痛、胸部紧束感、咳嗽、呼吸困难、蛋白尿等，可致死。对眼睛和皮肤有刺激性。摄入可致急性胃肠炎、中枢神经系统抑制、肾损害，可致死。慢性中毒：长期接触可在脑、肝和肾中蓄积。中毒后出现头痛、记忆力下降、震颤、牙齿脱落、食欲不振等。可引起皮肤损害

环境危害　对水生生物毒性非常大并具有长期持续影响

第三部分　成分/组成信息

√ 物质　　　　　　　　　　混合物

组分	浓度	CAS No.
氯化亚汞		10112-91-1

第四部分　急救措施

吸入　迅速脱离现场至空气新鲜处。保持呼吸道通畅。如呼吸困难，给输氧。呼吸、心跳停止，立即进行心肺复苏术。就医

皮肤接触　立即脱去污染的衣着，用流动清水彻底冲洗。就医

眼睛接触　立即分开眼睑，用流动清水或生理盐水彻底冲洗。就医

食入　口服蛋清、牛奶或豆浆。就医

对保护施救者的忠告　根据需要使用个人防护设备

对医生的特别提示　解毒剂：二巯基丙磺酸钠、二巯基丁二酸钠、青霉胺

第五部分　消防措施

灭火剂　本品不燃，根据着火原因选择适当灭火剂灭火

特别危险性　受高热分解，放出腐蚀性、刺激性的烟雾

灭火注意事项及防护措施　消防人员必须穿全身防火防毒服，在上风向灭火。灭火时尽可能将容器从火场移至空旷处

第六部分　泄漏应急处理

作业人员防护措施、防护装备和应急处置程序　隔离泄漏污染区，限制出入。建议应急处理人员戴防尘口罩，穿防毒服。穿上适当的防护服前严禁接触破裂的容器和泄漏物。尽可能切断泄漏源

环境保护措施　用塑料布覆盖泄漏物，减少飞散

泄漏化学品的收容、清除方法及所使用的处置材料　勿使水进入包装容器内。用洁净的铲子收集泄漏物，置于干净、干燥、盖子较松的容器中，将容器移离泄漏区

第七部分　操作处置与储存

操作注意事项　密闭操作，局部排风。操作人员必须经过专门培训，严格遵守操作规程。建议操作人员佩戴自吸过滤式防尘口罩，戴化学安全防护眼镜，穿防毒物

渗透工作服，戴橡胶手套。避免产生粉尘。避免与碱类接触。搬运时要轻装轻卸，防止包装及容器损坏。配备泄漏应急处理设备。倒空的容器可能残留有害物

储存注意事项 储存于阴凉、干燥、通风良好的库房。远离火种、热源。保持容器密封。应与碱类、食用化学品分开存放，切忌混储。储区应备有合适的材料收容泄漏物

第八部分 接触控制/个体防护

职业接触限值

中国 未制定标准

美国（ACGIH） TLV-TWA：0.025mg/m³ ［皮］［按Hg计］

生物接触限值 尿总汞：20μmol/mol 肌酐（35μg/g 肌酐）（采样时间：接触6个月后工作班前）

监测方法 空气中有毒物质测定方法：原子荧光光谱法；双硫腙分光光度法；冷原子吸收光谱法。生物监测检验方法：尿中汞的双硫腙萃取分光光度测定方法；尿中汞的冷原子吸收光谱测定方法（一）碱性氯化亚锡还原法；尿中有机（甲基）汞、无机汞和总汞的分别测定方法 选择性还原-冷原子吸收光谱法

工程控制 密闭操作，局部排风

个体防护装备

呼吸系统防护 空气中粉尘浓度超标时，必须佩戴过滤式防尘呼吸器。紧急事态抢救或撤离时，应该佩戴空气呼吸器

眼睛防护 戴化学安全防护眼镜

皮肤和身体防护 穿防毒物渗透工作服

手防护 戴橡胶手套

第九部分 理化特性

外观与性状 白色四角晶体

pH值 无意义　　　**熔点（℃）** 400（升华）

沸点（℃） 无资料　　**相对密度（水＝1）** 7.15

相对蒸气密度（空气＝1） 无资料

饱和蒸气压（kPa） 无资料

临界压力（MPa） 无资料　**辛醇/水分配系数** 无资料

闪点（℃） 无意义　　**自燃温度（℃）** 无意义

爆炸下限（%） 无意义　**爆炸上限（%）** 无意义

分解温度（℃） 无资料　**黏度（mPa·s）** 无资料

燃烧热（kJ/mol） 无资料　**临界温度（℃）** 无资料

溶解性 不溶于水，不溶于乙醇、乙醚、稀酸，溶于浓硝酸、硫酸

第十部分 稳定性和反应性

稳定性 稳定

危险反应 与强碱、水蒸气等禁配物发生反应

避免接触的条件 光照、潮湿空气

禁配物 强碱、水蒸气

危险的分解产物 氯化氢、氧化汞

第十一部分 毒理学信息

急性毒性 LD$_{50}$：210mg/kg（大鼠经口），1500mg/kg（大鼠经皮），180mg/kg（小鼠经口）

皮肤刺激或腐蚀 无资料　**眼睛刺激或腐蚀** 无资料

呼吸或皮肤过敏 无资料

生殖细胞突变性 DNA修复：枯草菌 50mmol/L。姐妹染色单体交换：仓鼠卵巢细胞 3200nmol/L。细胞遗传学分析：仓鼠胚胎 30μmol/孔（6h）

致癌性 无资料　　　**生殖毒性** 无资料

特异性靶器官系统毒性-一次接触 无资料

特异性靶器官系统毒性-反复接触 无资料

吸入危害 无资料

第十二部分 生态学信息

生态毒性 汞化合物对水生生物有极高毒性

持久性和降解性

生物降解性 无资料

非生物降解性 无资料

潜在的生物累积性 汞元素易在生物体内富集

土壤中的迁移性 无资料

第十三部分 废弃处置

废弃化学品 用安全掩埋法处置

污染包装物 将容器返还生产商或按照国家和地方法规处置

废弃注意事项 处置前应参阅国家和地方有关法规

第十四部分 运输信息

联合国危险货物编号（UN号） 2025

联合国运输名称 固态汞化合物，未另作规定的（氯化亚汞）

联合国危险性类别 6.1

包装类别 Ⅲ　　　　　　　**包装标志**

海洋污染物 是

运输注意事项 起运时包装要完整，装载应稳妥。运输过程中要确保容器不泄漏、不倒塌、不坠落、不损坏。严禁与碱类、食用化学品等混装混运。运输途中应防暴晒、雨淋，防高温。车辆运输完毕应进行彻底清扫

第十五部分 法规信息

下列法律、法规、规章和标准，对该化学品的管理作了相应的规定。

中华人民共和国职业病防治法 职业病分类和目录：汞及其化合物中毒

危险化学品安全管理条例 危险化学品目录：列入。易制爆危险化学品名录：未列入。重点监管的危险化学品名录：未列入。GB 18218—2009《危险化学品重大危险源辨识》（表1）：未列入

使用有毒物品作业场所劳动保护条例 高毒物品目录：未列入

易制毒化学品管理条例 易制毒化学品的分类和品种目录：未列入

国际公约　斯德哥尔摩公约：未列入
　　鹿特丹公约：列入
　　蒙特利尔议定书：未列入

第十六部分　其他信息

编写和修订信息　　缩略语和首字母缩写
培训建议　　　　　参考文献
免责声明

氯化亚铊

第一部分　化学品标识

化学品中文名　氯化亚铊；氯化铊；一氯化铊
化学品英文名　thallium（Ⅰ）chloride；thallium mono-
　　chloride；thallous chloride
分子式　TlCl　**分子量**　239.836
化学品的推荐及限制用途　用作氯化反应催化剂，也用于
　　极谱分析及制药等

第二部分　危险性概述

紧急情况概述　吞咽致命，吸入致命
GHS危险性类别　急性毒性-经口，类别2；急性毒性-吸
　　入，类别2；特异性靶器官毒性-反复接触，类别2；
　　危害水生环境-急性危害，类别1；危害水生环境-长
　　期危害，类别1
标签要素

象形图　

警示词　危险
危险性说明　吞咽致命，吸入致命，长时间或反复接触
　　可能对器官造成损伤，对水生生物毒性非常大并具
　　有长期持续影响
防范说明
　　预防措施　避免接触眼睛、皮肤，操作后彻底清
　　　　洗。作业场所不得进食、饮水或吸烟。避免吸
　　　　入粉尘。仅在室外或通风良好处操作。戴呼吸
　　　　防护器具。禁止排入环境
　　事故响应　如吸入：将患者转移到空气新鲜处，休
　　　　息，保持利于呼吸的体位，立即呼叫中毒控制
　　　　中心或就医。食入：立即呼叫中毒控制中心或
　　　　就医，漱口。如感觉不适，就医。收集泄漏物
　　安全储存　在通风良好处储存。保持容器密闭。上
　　　　锁保管
　　废弃处置　本品及内装物、容器依据国家和地方法
　　　　规处置
物理和化学危险　不燃，无特殊燃爆特性
健康危害　粉尘对眼睛、黏膜有刺激作用。吸入、摄入或
　　经皮吸收后均可引起中毒。为强烈的神经毒物，并引
　　起严重的心、肝、肾损害。中毒时主要产生神经和消
　　化系统损伤的表现，进而出现局限的肢体麻痹、震

颤、呼吸困难、呕吐及出血性腹泻，少尿或无尿，最
后死于呼吸和循环衰竭。脱发是其中毒的特征表现，
可累及全身毛发，但眉毛内侧1/3不受累
环境危害　对水生生物毒性非常大并具有长期持续影响

第三部分　成分/组成信息

　　√　物质　　　　　　　　　　混合物
　　　　组分　　　　浓度　　　　CAS No.
　　氯化亚铊　　　　　　　　　　7791-12-0

第四部分　急救措施

吸入　迅速脱离现场至空气新鲜处。保持呼吸道通畅。如
　　呼吸困难，给输氧。呼吸、心跳停止，立即进行心肺
　　复苏术。就医
皮肤接触　立即脱去污染的衣着，用流动清水彻底冲洗。
　　就医
眼睛接触　立即分开眼睑，用流动清水或生理盐水彻底冲
　　洗。就医
食入　如中毒者神志清醒，催吐，洗胃。用1%碘化钠或
　　1%碘化钾溶液洗胃效果更佳。口服牛奶、淀粉膏、
　　氢氧化铝凝胶、次碳酸铋。口服活性炭悬液。用硫酸
　　钠、硫酸镁或蓖麻油导泻。就医
对保护施救者的忠告　根据需要使用个人防护设备
对医生的特别提示　解毒剂：普鲁士蓝

第五部分　消防措施

灭火剂　本品不燃，根据着火原因选择适当灭火剂灭火
特别危险性　本身不能燃烧。能与氟或钾发生剧烈反应
灭火注意事项及防护措施　消防人员必须穿全身防火防毒
　　服，在上风向灭火。灭火时尽可能将容器从火场移至
　　空旷处

第六部分　泄漏应急处理

作业人员防护措施、防护装备和应急处置程序　隔离泄漏
　　污染区，限制出入。建议应急处理人员戴防尘口罩，
　　穿防毒服。穿上适当的防护服前严禁接触破裂的容器
　　和泄漏物。尽可能切断泄漏源
环境保护措施　用塑料布覆盖泄漏物，减少飞散
泄漏化学品的收容、清除方法及所使用的处置材料　勿使
　　水进入包装容器内。用洁净的铲子收集泄漏物，置于
　　干净、干燥、盖子较松的容器中，将容器移离泄漏区

第七部分　操作处置与储存

操作注意事项　密闭操作，提供充分的局部排风。防止粉
　　尘释放到车间空气中。操作人员必须经过专门培训，
　　严格遵守操作规程。建议操作人员佩戴防尘面具（全
　　面罩），穿胶布防毒衣，戴橡胶手套。避免产生粉尘。
　　避免与氧化剂、氟接触。配备泄漏应急处理设备。倒
　　空的容器可能残留有害物
储存注意事项　储存于阴凉、通风的库房。远离火种、热
　　源。防止阳光直射。包装密封。应与氧化剂、氟、食
　　用化学品分开存放，切忌混储。储区应备有合适的材
　　料收容泄漏物

第八部分　接触控制/个体防护

职业接触限值
中国　PC-TWA：0.05mg/m³；PC-STEL：0.1mg/m³
［按 Tl 计］［皮］
美国（ACGIH）　TLV-TWA：0.02mg/m³（可吸入性颗粒物）［按 Tl 计］［皮］
生物接触限值　未制定标准
监测方法　空气中有毒物质测定方法：石墨炉原子吸收光谱法。生物监测检验方法：未制定标准
工程控制　严加密闭，提供充分的局部排风
个体防护装备
呼吸系统防护　可能接触其粉尘时，必须佩戴防尘面具（全面罩）。紧急事态抢救或撤离时，应该佩戴空气呼吸器
眼睛防护　呼吸系统防护中已作防护
皮肤和身体防护　穿密闭型防毒服
手防护　戴橡胶手套

第九部分　理化特性

外观与性状　无色或白色粉末或结晶，在空气及光线中变成紫色

pH 值　无意义		**熔点(℃)**　430	
沸点(℃)　720		**相对密度(水＝1)**　7.004	

相对蒸气密度(空气＝1)　无资料
饱和蒸气压(kPa)　0.133(517℃)
临界压力(MPa)　无意义　　**辛醇/水分配系数**　无资料
闪点(℃)　无意义　　**自燃温度(℃)**　无意义
爆炸下限(%)　无意义　　**爆炸上限(%)**　无意义
分解温度(℃)　720　　**黏度(mPa·s)**　无资料
燃烧热(kJ/mol)　无资料　　**临界温度(℃)**　无资料
溶解性　微溶于水，不溶于醇、丙酮

第十部分　稳定性和反应性

稳定性　稳定
危险反应　与强氧化剂、氟、钾等禁配物发生反应
避免接触的条件　光照
禁配物　强氧化剂、氟
危险的分解产物　氯化氢、铊、氧化铊

第十一部分　毒理学信息

急性毒性　LD₅₀：24mg/kg（小鼠经口）
皮肤刺激或腐蚀　无资料　　**眼睛刺激或腐蚀**　无资料
呼吸或皮肤过敏　无资料
生殖细胞突变性　肿瘤性转化仓鼠胚胎 100μmol/L
致癌性　无资料
生殖毒性　大鼠孕后 6～15d 经口给予最低中毒剂量（TDLo）30mg/kg，致肌肉骨骼系统发育畸形
特异性靶器官系统毒性--一次接触　无资料
特异性靶器官系统毒性-反复接触　无资料
吸入危害　无资料

第十二部分　生态学信息

生态毒性　铊化合物对水生生物有极高毒性

持久性和降解性
生物降解性　无资料
非生物降解性　无资料
潜在的生物累积性　无资料
土壤中的迁移性　无资料

第十三部分　废弃处置

废弃化学品　建议用控制焚烧法或安全掩埋法处置。破损容器禁止重新使用，要在规定场所掩埋。量小时，溶解在水或适当的酸溶液中，或用适当氧化剂将其转变成水溶液。用硫化物沉淀，调节 pH 值至 7 完成沉淀。滤出固体硫化物回收或做掩埋处置。用次氯酸钠中和过量的硫化物，然后冲入下水道
污染包装物　将容器返还生产商或按照国家和地方法规处置
废弃注意事项　处置前应参阅国家和地方有关法规

第十四部分　运输信息

联合国危险货物编号（UN 号）　1707
联合国运输名称　铊化合物，未另作规定的（氯化亚铊）
联合国危险性类别　6.1

包装类别　Ⅱ　　　　**包装标志**　

海洋污染物　是
运输注意事项　运输前应先检查包装容器是否完整、密封，运输过程中要确保容器不泄漏、不倒塌、不坠落、不损坏。严禁与酸类、氧化剂、食品及食品添加剂混运。运输时运输车辆应配备泄漏应急处理设备。运输途中应防暴晒、雨淋，防高温。公路运输时要按规定路线行驶，勿在居民区和人口稠密区停留

第十五部分　法规信息

下列法律、法规、规章和标准，对该化学品的管理作了相应的规定。
中华人民共和国职业病防治法　职业病分类和目录：铊及其化合物中毒
危险化学品安全管理条例　危险化学品目录：列入。易制爆危险化学品名录：未列入。重点监管的危险化学品名录：未列入。GB 18218—2009《危险化学品重大危险源辨识》（表1）：未列入
使用有毒物品作业场所劳动保护条例　高毒物品目录：列入
易制毒化学品管理条例　易制毒化学品的分类和品种目录：未列入
国际公约　斯德哥尔摩公约：未列入。鹿特丹公约：未列入。蒙特利尔议定书：未列入

第十六部分　其他信息

编写和修订信息　缩略语和首字母缩写
培训建议　　参考文献
免责声明

2-氯甲苯

第一部分　化学品标识

化学品中文名　2-氯甲苯；邻氯甲苯
化学品英文名　2-chlorotoluene；o-chlorotoluene
分子式　C_7H_7Cl　**分子量**　126.583
结构式

化学品的推荐及限制用途　制造农药、医药、染料及过氧
化物的中间体和溶剂

第二部分　危险性概述

紧急情况概述　易燃液体和蒸气，吸入有害
GHS 危险性类别　易燃液体，类别 3；急性毒性-吸入，
类别 4；危害水生环境-急性危害，类别 2；危害水生
环境-长期危害，类别 2
标签要素

象形图

警示词　警告
危险性说明　易燃液体和蒸气，吸入有害，对水生生物
有毒并具有长期持续影响
防范说明

预防措施　远离热源、火花、明火、热表面。禁止
吸烟。保持容器密闭。容器和接收设备接地连
接。使用防爆型电器、通风、照明设备。只能
使用不产生火花的工具。采取防止静电措施。
戴防护手套、防护眼镜、防护面罩。避免吸入
蒸气、雾。仅在室外或通风良好处操作。禁止
排入环境

事故响应　火灾时，使用雾状水、泡沫、干粉、二
氧化碳、砂土灭火。如皮肤（或头发）接触：
立即脱掉所有被污染的衣服，用水冲洗皮肤，
淋浴。如吸入：将患者转移到空气新鲜处，休
息，保持利于呼吸的体位。如感觉不适，呼叫
中毒控制中心或就医。收集泄漏物

安全储存　存放在通风良好的地方。保持低温

废弃处置　本品及内装物、容器依据国家和地方法
规处置

物理和化学危险　易燃，其蒸气与空气混合，能形成爆炸
性混合物
健康危害　吸入、摄入或经皮肤吸收对身体有害，可引起
刺激症状
环境危害　对水生生物有毒并具有长期持续影响

第三部分　成分/组成信息

√ 物质　　　　　　　　　　　混合物

组分	浓度	CAS No.
2-氯甲苯		95-49-8

第四部分　急救措施

吸入　迅速脱离现场至空气新鲜处。保持呼吸道通畅。如
呼吸困难，给输氧。呼吸、心跳停止，立即进行心肺
复苏术。就医
皮肤接触　立即脱去污染的衣着，用流动清水彻底冲洗。
就医
眼睛接触　立即分开眼睑，用流动清水或生理盐水彻底冲
洗。就医
食入　漱口，饮水。就医
对保护施救者的忠告　根据需要使用个人防护设备
对医生的特别提示　对症处理

第五部分　消防措施

灭火剂　用雾状水、泡沫、干粉、二氧化碳、砂土灭火
特别危险性　其蒸气与空气可形成爆炸性混合物，遇明
火、高热能引起燃烧爆炸。与氧化剂可发生反应。本
品在加热和水分影响下，逐渐分解释放出腐蚀性强的
氯化氢气体。流速过快，容易产生和积聚静电。蒸气
比空气重，沿地面扩散并易积存于低洼处，遇火源会
着火回燃。若遇高热，容器内压增大，有开裂和爆炸
的危险
灭火注意事项及防护措施　消防人员必须佩戴防毒面具、
穿全身消防服，在上风向灭火。尽可能将容器从火场
移至空旷处。喷水保持火场容器冷却，直至灭火结
束。处在火场中的容器若已变色或从安全泄压装置中
发出声音，必须马上撤离

第六部分　泄漏应急处理

作业人员防护措施、防护装备和应急处置程序　消除所有
点火源。根据液体流动和蒸气扩散的影响区域划定警
戒区，无关人员从侧风、上风向撤离至安全区。建议
应急处理人员戴正压自给式呼吸器，穿防静电服。作
业时使用的所有设备应接地。禁止接触或跨越泄漏
物。尽可能切断泄漏源
环境保护措施　防止泄漏物进入水体、下水道、地下室或
有限空间
泄漏化学品的收容、清除方法及所使用的处置材料　小量
泄漏：用砂土或其他不燃材料吸收。使用洁净的无火
花工具收集吸收材料。大量泄漏：构筑围堤或挖坑收
容。用泡沫覆盖，减少蒸发。喷水雾能减少蒸发，但
不能降低泄漏物在有限空间内的易燃性。用防爆泵转
移至槽车或专用收集器内

第七部分　操作处置与储存

操作注意事项　密闭操作，局部排风。操作人员必须经过
专门培训，严格遵守操作规程。建议操作人员佩戴自
吸过滤式防毒面具（半面罩），戴化学安全防护眼镜，
穿防静电工作服，戴橡胶耐油手套。远离火种、热
源，工作场所严禁吸烟。使用防爆型的通风系统和设
备。防止蒸气泄漏到工作场所空气中。避免与氧化剂
接触。灌装时应控制流速，且有接地装置，防止静电
积聚。搬运时要轻装轻卸，防止包装及容器损坏。配

备相应品种和数量的消防器材及泄漏应急处理设备。倒空的容器可能残留有害物

储存注意事项　储存于阴凉、通风的库房。远离火种、热源。库温不宜超过37℃，应与氧化剂分开存放，切忌混储。采用防爆型照明、通风设施。禁止使用易产生火花的机械设备和工具。储区应备有泄漏应急处理设备和合适的收容材料

第八部分　接触控制/个体防护

职业接触限值

中国　未制定标准

美国（ACGIH）　TLV-TWA：50ppm

生物接触限值　未制定标准

监测方法　空气中有毒物质测定方法：未制定标准。生物监测检验方法：未制定标准

工程控制　密闭操作，局部排风。提供安全淋浴和洗眼设备

个体防护装备

呼吸系统防护　空气中浓度超标时，必须佩戴过滤式防毒面具（半面罩）。紧急事态抢救或撤离时，应该佩戴空气呼吸器

眼睛防护　戴化学安全防护眼镜

皮肤和身体防护　穿防静电工作服

手防护　戴橡胶耐油手套

第九部分　理化特性

外观与性状　无色液体　　**pH值**　无资料

熔点（℃）　−35.5　　**沸点（℃）**　158.5

相对密度（水=1）　1.08

相对蒸气密度（空气=1）　4.37

饱和蒸气压（kPa）　0.4（20℃）

临界压力（MPa）　无资料　**辛醇/水分配系数**　3.42

闪点（℃）　48　　**自燃温度（℃）**　无资料

爆炸下限（%）　1.0　　**爆炸上限（%）**　12.6

分解温度（℃）　无资料

黏度（mPa·s）　1.022（20℃）

燃烧热（kJ/mol）　−3747（18.8℃）

临界温度（℃）　381.1

溶解性　不溶于水，可混溶于多数有机溶剂

第十部分　稳定性和反应性

稳定性　稳定

危险反应　与强氧化剂等禁配物接触，有发生火灾和爆炸的危险。在加热和水分影响下，逐渐分解释放出腐蚀性强的氯化氢气体

避免接触的条件　无资料

禁配物　强氧化剂

危险的分解产物　氯化氢

第十一部分　毒理学信息

急性毒性　LD_{50}：3900mg/kg（大鼠经口）；2500mg/kg（小鼠经口）

皮肤刺激或腐蚀　无资料　**眼睛刺激或腐蚀**　无资料

呼吸或皮肤过敏　无资料　**生殖细胞突变性**　无资料

致癌性　无资料　　　　**生殖毒性**　无资料

特异性靶器官系统毒性--一次接触　无资料

特异性靶器官系统毒性-反复接触　无资料

吸入危害　无资料

第十二部分　生态学信息

生态毒性　LC_{50}：2.3mg/L（96h）（虹鳟）；EC_{50}：20mg/L（24h）（大型溞）（DIN 38 412 Part 11）；ErC_{50}：≥100mg/L（72h）（*Scenedesmus subspicatus*）（DIN 38 412 Part 9）；NOEC：1.4～2.9mg/L（30d）（黑头呆鱼）；NOEC：0.14mg/L（21d）（大型溞）

持久性和降解性

生物降解性　28d 0% 降解，不易快速生物降解（OECD 301F）

非生物降解性　无资料

潜在的生物累积性　根据 K_{ow} 值预测，该物质可能有一定的生物累积性

土壤中的迁移性　根据 K_{oc} 值预测，该物质可能有一定的迁移性

第十三部分　废弃处置

废弃化学品　用焚烧法处置。燃烧过程中要喷入蒸汽或甲烷，以免生成氯气。焚烧炉排出的卤化氢通过酸洗涤器除去

污染包装物　将容器返还生产商或按照国家和地方法规处置

废弃注意事项　处置前应参阅国家和地方有关法规

第十四部分　运输信息

联合国危险货物编号（UN号）　2238

联合国运输名称　氯甲苯

联合国危险性类别　3

包装类别　Ⅲ　　　　　　　**包装标志**　

海洋污染物　是

运输注意事项　运输时运输车辆应配备相应品种和数量的消防器材及泄漏应急处理设备。夏季最好早晚运输。运输时所用的槽（罐）车应有接地链，槽内可设孔隔板以减少震荡产生的静电。严禁与氧化剂、食用化学品等混装混运。运输途中应防暴晒、雨淋，防高温。中途停留时应远离火种、热源、高温区。装运该物品的车辆排气管必须配备阻火装置，禁止使用易产生火花的机械设备和工具装卸。公路运输时要按规定路线行驶，勿在居民区和人口稠密区停留。铁路运输时要禁止溜放。严禁用木船、水泥船散装运输

第十五部分　法规信息

下列法律、法规、规章和标准，对该化学品的管理作了相应的规定。

中华人民共和国职业病防治法 职业病分类和目录：未列入

危险化学品安全管理条例 危险化学品目录：列入。易制爆危险化学品名录：未列入。重点监管的危险化学品名录：未列入。GB 18218—2009《危险化学品重大危险源辨识》（表1）：未列入

使用有毒物品作业场所劳动保护条例 高毒物品目录：未列入

易制毒化学品管理条例 易制毒化学品的分类和品种目录：未列入

国际公约 斯德哥尔摩公约：未列入。鹿特丹公约：未列入。蒙特利尔议定书：未列入

第十六部分 其他信息

编写和修订信息　　　缩略语和首字母缩写
培训建议　　　　　　参考文献
免责声明

3-氯甲苯

第一部分 化学品标识

化学品中文名 3-氯甲苯；间氯甲苯
化学品英文名 3-chlorotoluene；*m*-chlorotoluene
分子式 C₇H₇Cl 分子量 126.583
结构式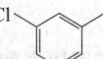
化学品的推荐及限制用途 制造农药、医药、染料及过氧化物的中间体和溶剂

第二部分 危险性概述

紧急情况概述 易燃液体和蒸气，吸入有害
GHS危险性类别 易燃液体，类别3；急性毒性-吸入，类别4；危害水生环境-急性危害，类别2；危害水生环境-长期危害，类别2
标签要素

象形图

警示词 警告
危险性说明 易燃液体和蒸气，吸入有害，对水生生物有毒并具有长期持续影响
防范说明
　　预防措施 远离热源、火花、明火、热表面。禁止吸烟。保持容器密闭。容器和接收设备接地连接。使用防爆型电器、通风、照明设备。只能使用不产生火花的工具。采取防止静电措施。戴防护手套、防护眼镜、防护面罩。避免吸入蒸气、雾。仅在室外或通风良好处操作。禁止排入环境
　　事故响应 火灾时，使用雾状水、泡沫、干粉、二氧化碳、砂土灭火。如吸入：将患者转移到空气新鲜处，休息，保持利于呼吸的体位。如感

觉不适，呼叫中毒控制中心或就医。如皮肤（或头发）接触：立即脱掉所有被污染的衣服，用水冲洗皮肤，淋浴。收集泄漏物
　　安全储存 存放在通风良好的地方。保持低温
　　废弃处置 本品及内装物、容器依据国家和地方法规处置
物理和化学危险 易燃，其蒸气与空气混合，能形成爆炸性混合物
健康危害 吸入、摄入或经皮肤吸收对身体有害，可引起刺激症状
环境危害 对水生生物有毒并具有长期持续影响

第三部分 成分/组成信息

√ 物质　　　　　　　混合物

组分	浓度	CAS No.
3-氯甲苯		108-41-8

第四部分 急救措施

吸入 迅速脱离现场至空气新鲜处。保持呼吸道通畅。如呼吸困难，给输氧。呼吸、心跳停止，立即进行心肺复苏术。就医
皮肤接触 立即脱去污染的衣着，用流动清水彻底冲洗。就医
眼睛接触 立即分开眼睑，用流动清水或生理盐水彻底冲洗。就医
食入 漱口，饮水。就医
对保护施救者的忠告 根据需要使用个人防护设备
对医生的特别提示 对症处理

第五部分 消防措施

灭火剂 用雾状水、泡沫、干粉、二氧化碳、砂土灭火
特别危险性 其蒸气与空气可形成爆炸性混合物，遇明火、高热能引起燃烧爆炸。与氧化剂可发生反应。本品在加热和水分影响下，逐渐分解释出腐蚀性强的氯化氢气体。流速过快，容易产生和积聚静电。若遇高热，容器内压增大，有开裂和爆炸的危险
灭火注意事项及防护措施 消防人员必须佩戴防毒面具、穿全身消防服，在上风向灭火。尽可能将容器从火场移至空旷处。喷水保持火场容器冷却，直至灭火结束。处在火场中的容器若已变色或从安全泄压装置中发出声音，必须马上撤离

第六部分 泄漏应急处理

作业人员防护措施、防护装备和应急处置程序 消除所有点火源。根据液体流动和蒸气扩散的影响区域划定警戒区，无关人员从侧风向、上风向撤离至安全区。建议应急处理人员戴正压自给式呼吸器，穿防静电服。作业时使用的所有设备应接地。禁止接触或跨越泄漏物。尽可能切断泄漏源
环境保护措施 防止泄漏物进入水体、下水道、地下室或有限空间
泄漏化学品的收容、清除方法及所使用的处置材料 小量泄漏：用砂土或其他不燃材料吸收。使用洁净的无火

花工具收集吸收材料。大量泄漏：构筑围堤或挖坑收容。用泡沫覆盖，减少蒸发。喷水雾能减少蒸发，但不能降低泄漏物在有限空间内的易燃性。用防爆泵转移至槽车或专用收集器内

第七部分　操作处置与储存

操作注意事项　密闭操作，局部排风。操作人员必须经过专门培训，严格遵守操作规程。建议操作人员佩戴自吸过滤式防毒面具（半面罩），戴化学安全防护眼镜，穿防静电工作服，戴橡胶耐油手套。远离火种、热源，工作场所严禁吸烟。使用防爆型的通风系统和设备。防止蒸气泄漏到工作场所空气中。避免与氧化剂接触。灌装时应控制流速，且有接地装置，防止静电积聚。搬运时要轻装轻卸，防止包装及容器损坏。配备相应品种和数量的消防器材及泄漏应急处理设备。倒空的容器可能残留有害物

储存注意事项　储存于阴凉、通风的库房。远离火种、热源。库温不宜超过 37℃，应与氧化剂分开存放，切忌混储。采用防爆型照明、通风设施。禁止使用易产生火花的机械设备和工具。储区应备有泄漏应急处理设备和合适的收容材料

第八部分　接触控制/个体防护

职业接触限值
　　中国　未制定标准
　　美国（ACGIH）　未制定标准
生物接触限值　未制定标准
监测方法　空气中有毒物质测定方法：未制定标准。生物监测检验方法：未制定标准
工程控制　密闭操作，局部排风。提供安全淋浴和洗眼设备
个体防护装备
　　呼吸系统防护　空气中浓度超标时，必须佩戴过滤式防毒面具（半面罩）。紧急事态抢救或撤离时，应该佩戴空气呼吸器
　　眼睛防护　戴化学安全防护眼镜
　　皮肤和身体防护　穿防静电工作服
　　手防护　戴橡胶耐油手套

第九部分　理化特性

外观与性状　无色液体　　　**pH值**　无资料
熔点（℃）　−48.7　　　**沸点（℃）**　161.2
相对密度（水＝1）　1.07
相对蒸气密度（空气＝1）　无资料
饱和蒸气压（kPa）　0.4（20℃）
临界压力（MPa）　无资料　　**辛醇/水分配系数**　3.28
闪点（℃）　51　　　**自燃温度（℃）**　无资料
爆炸下限（％）　无资料　　**爆炸上限（％）**　无资料
分解温度（℃）　无资料
黏度（mPa·s）　0.552（60℃）；0.877（20℃）
燃烧热（kJ/mol）　−3749（18.8℃）
临界温度（℃）　无资料
溶解性　不溶于水，溶于乙醇、苯、氯仿，易溶于乙醚等

第十部分　稳定性和反应性

稳定性　稳定
危险反应　与强氧化剂等禁配物接触，有发生火灾和爆炸的危险。在加热和水分影响下，逐渐分解释出腐蚀性强的氯化氢气体
避免接触的条件　无资料
禁配物　强氧化剂
危险的分解产物　氯化氢

第十一部分　毒理学信息

急性毒性　无资料
皮肤刺激或腐蚀　无资料　　**眼睛刺激或腐蚀**　无资料
呼吸或皮肤过敏　无资料　　**生殖细胞突变性**　无资料
致癌性　无资料　　　　　　**生殖毒性**　无资料
特异性靶器官系统毒性-一次接触　无资料
特异性靶器官系统毒性-反复接触　无资料
吸入危害　无资料

第十二部分　生态学信息

生态毒性　根据结构类似物质预测，该物质对水生生物有毒
持久性和降解性
　　生物降解性　无资料
　　非生物降解性　无资料
潜在的生物累积性　根据 K_{ow} 值预测，该物质的生物累积性可能较弱
土壤中的迁移性　根据 K_{oc} 值预测，该物质可能有一定的迁移性

第十三部分　废弃处置

废弃化学品　用焚烧法处置。燃烧过程中要喷入蒸汽或甲烷，以免生成氯气。焚烧炉排出的卤化氢通过酸洗涤器除去
污染包装物　将容器返还生产商或按照国家和地方法规处置
废弃注意事项　处置前应参阅国家和地方有关法规

第十四部分　运输信息

联合国危险货物编号（UN号）　2238
联合国运输名称　氯甲苯
联合国危险性类别　3

包装类别　Ⅲ　　　　　　　**包装标志**　

海洋污染物　否
运输注意事项　运输时运输车辆应配备相应品种和数量的消防器材及泄漏应急处理设备。夏季最好早晚运输。运输时所用的槽（罐）车应有接地链，槽内可设孔隔板以减少震荡产生的静电。严禁与氧化剂、食用化学品等混装混运。运输途中应防暴晒、雨淋，防高温。中途停留时应远离火种、热源、高温区。装运该物品

的车辆排气管必须配备阻火装置，禁止使用易产生火花的机械设备和工具装卸。公路运输时要按规定路线行驶，勿在居民区和人口稠密区停留。铁路运输时要禁止溜放。严禁用木船、水泥船散装运输

第十五部分　法规信息

下列法律、法规、规章和标准，对该化学品的管理作了相应的规定。

中华人民共和国职业病防治法　职业病分类和目录：未列入

危险化学品安全管理条例　危险化学品目录：列入。易制爆危险化学品名录：未列入。重点监管的危险化学品名录：未列入。GB 18218—2009《危险化学品重大危险源辨识》（表1）：未列入

使用有毒物品作业场所劳动保护条例　高毒物品目录：未列入

易制毒化学品管理条例　易制毒化学品的分类和品种目录：未列入

国际公约　斯德哥尔摩公约：未列入。鹿特丹公约：未列入。蒙特利尔议定书：未列入

第十六部分　其他信息

编写和修订信息　　　　缩略语和首字母缩写
培训建议　　　　　　　参考文献
免责声明

2-氯-5-甲酚

第一部分　化学品标识

化学品中文名　2-氯-5-甲酚；6-氯-3-甲酚；6-氯间甲酚；4-氯-3-羟基甲苯；6-氯(代)-3-甲基(苯)酚；3-甲基-6-氯苯酚

化学品英文名　2-chloro-5-cresol；6-chloro-*m*-cresol

分子式　C_7H_7ClO　**分子量**　142.583

结构式

化学品的推荐及限制用途　用作防腐剂、消毒剂

第二部分　危险性概述

紧急情况概述　吞咽有害，皮肤接触有害，造成皮肤刺激，可能导致皮肤过敏反应

GHS危险性类别　急性毒性-经口，类别4；急性毒性-经皮，类别4；皮肤腐蚀/刺激，类别2；皮肤致敏物，类别1；危害水生环境-急性危害，类别2；危害水生环境-长期危害，类别2

标签要素

象形图　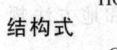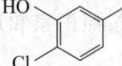

警示词　警告

危险性说明　吞咽有害，皮肤接触有害，造成皮肤刺激，可能导致皮肤过敏反应，对水生生物有毒并具有长期持续影响

防范说明

预防措施　避免接触眼睛、皮肤，操作后彻底清洗。作业场所不得进食、饮水或吸烟。戴防护手套，穿防护服。避免吸入粉尘。污染的工作服不得带出工作场所。禁止排入环境

事故响应　皮肤接触：用大量肥皂水和水清洗。脱去被污染的衣服，洗净后方可重新使用。如出现皮肤刺激或皮疹：就医。食入：如果感觉不适，立即呼叫中毒控制中心或就医。漱口。收集泄漏物

安全储存　—

废弃处置　本品及内装物、容器依据国家和地方法规处置

物理和化学危险　可燃，其粉体与空气混合，能形成爆炸性混合物

健康危害　对眼睛、皮肤和黏膜有强烈刺激性，可致灼伤。吸入引起喉、支气管炎症、痉挛，化学性肺炎、肺水肿等。接触可有头痛、恶心、呕吐、喉炎、咳嗽等症状

环境危害　对水生生物有毒并具有长期持续影响

第三部分　成分/组成信息

√ 物质　　　　　　　　　混合物

组分	浓度	CAS No.
2-氯-5-甲酚		615-74-7

第四部分　急救措施

吸入　迅速脱离现场至空气新鲜处。保持呼吸道通畅。如呼吸困难，给输氧。呼吸、心跳停止，立即进行心肺复苏术。就医

皮肤接触　立即脱去污染的衣着，用流动清水彻底冲洗。就医

眼睛接触　立即分开眼睑，用流动清水或生理盐水彻底冲洗。就医

食入　漱口，饮水。就医

对保护施救者的忠告　根据需要使用个人防护设备

对医生的特别提示　对症处理

第五部分　消防措施

灭火剂　用雾状水、泡沫、干粉、二氧化碳、砂土灭火

特别危险性　遇明火、高热可燃。其粉体与空气可形成爆炸性混合物，当达到一定浓度时，遇火星会发生爆炸。遇高热分解释出高毒烟气

灭火注意事项及防护措施　消防人员必须佩戴防毒面具，穿全身消防服，在上风向灭火。尽可能将容器从火场移至空旷处。喷水保持火场容器冷却，直至灭火结束

第六部分　泄漏应急处理

作业人员防护措施、防护装备和应急处置程序　隔离泄漏污染区，限制出入。建议应急处理人员戴防尘口罩，穿防毒服。穿上适当的防护服前严禁接触破裂的容器和泄漏物。尽可能切断泄漏源

环境保护措施 用塑料布覆盖泄漏物，减少飞散

泄漏化学品的收容、清除方法及所使用的处置材料 勿使水进入包装容器内。用洁净的铲子收集泄漏物，置于干净、干燥、盖子较松的容器中，将容器移离泄漏区

第七部分 操作处置与储存

操作注意事项 密闭操作，提供充分的局部排风。防止粉尘释放到车间空气中。操作人员必须经过专门培训，严格遵守操作规程。建议操作人员佩戴防尘面具（全面罩），穿胶布防毒衣，戴橡胶手套。远离火种、热源，工作场所严禁吸烟。使用防爆型的通风系统和设备。避免产生粉尘。避免与氧化剂、碱类、酸酐、酰基氯接触。配备相应品种和数量的消防器材及泄漏应急处理设备。倒空的容器可能残留有害物

储存注意事项 储存于阴凉、通风的库房。远离火种、热源。防止阳光直射。包装密封。应与氧化剂、碱类、酸酐、酰基氯、食用化学品分开存放，切忌混储。配备相应品种和数量的消防器材。储区应备有合适的材料收容泄漏物

第八部分 接触控制/个体防护

职业接触限值

中国 未制定标准

美国（ACGIH） 未制定标准

生物接触限值 未制定标准

监测方法 空气中有毒物质测定方法：未制定标准。生物监测检验方法：未制定标准

工程控制 严加密闭，提供充分的局部排风

个体防护装备

呼吸系统防护 可能接触其粉尘时，必须佩戴防尘面具（全面罩）。紧急事态抢救或撤离时，应该佩戴空气呼吸器

眼睛防护 呼吸系统防护中已作防护

皮肤和身体防护 穿密闭型防毒服

手防护 戴橡胶手套

第九部分 理化特性

外观与性状 无色结晶，具有苯酚气味

pH 值 无意义　　**熔点（℃）** 46～48

沸点（℃） 196　　**相对密度（水＝1）** 1.215

相对蒸气密度（空气＝1） 无资料

饱和蒸气压（kPa） 无资料

临界压力（MPa） 无资料　　**辛醇/水分配系数** 无资料

闪点（℃） 81　　**自燃温度（℃）** 无资料

爆炸下限（%） 无资料　　**爆炸上限（%）** 无资料

分解温度（℃） 无资料　　**黏度（mPa·s）** 无资料

燃烧热（kJ/mol） 无资料　　**临界温度（℃）** 无资料

溶解性 不溶于水，溶于丙酮、苯、乙醚

第十部分 稳定性和反应性

稳定性 稳定

危险反应 与强氧化剂、强碱、酸酐、酰基氯等禁配物发生反应

避免接触的条件 无资料

禁配物 强氧化剂、强碱、酸酐、酰基氯

危险的分解产物 氯化氢、光气

第十一部分 毒理学信息

急性毒性 LD$_{50}$：400mg/kg（大鼠皮下）；562mg/kg（鹌鹑经口）

皮肤刺激或腐蚀 无资料　　**眼睛刺激或腐蚀** 无资料

呼吸或皮肤过敏 无资料　　**生殖细胞突变性** 无资料

致癌性 无资料　　　　　　**生殖毒性** 无资料

特异性靶器官系统毒性--一次接触 无资料

特异性靶器官系统毒性-反复接触 无资料

吸入危害 无资料

第十二部分 生态学信息

生态毒性 根据结构类似物质预测，该物质对水生生物有毒

持久性和降解性

生物降解性 不易快速生物降解

非生物降解性 无资料

潜在的生物累积性 无资料

土壤中的迁移性 无资料

第十三部分 废弃处置

废弃化学品 用安全掩埋法处置。在能利用的地方重复使用容器或在规定场所掩埋

污染包装物 将容器返还生产商或按照国家和地方法规处置

废弃注意事项 处置前应参阅国家和地方有关法规

第十四部分 运输信息

联合国危险货物编号（UN 号） 3437

联合国运输名称 固态氯甲酚

联合国危险性类别 6.1

包装类别 Ⅱ　　　　　　**包装标志**

海洋污染物 是

运输注意事项 运输前应先检查包装容器是否完整、密封，运输过程中要确保容器不泄漏、不倒塌、不坠落、不损坏。严禁与酸类、氧化剂、食品及食品添加剂混运。运输时运输车辆应配备相应品种和数量的消防器材及泄漏应急处理设备。运输途中应防暴晒、雨淋，防高温。公路运输时要按规定路线行驶，勿在居民区和人口稠密区停留

第十五部分 法规信息

下列法律、法规、规章和标准，对该化学品的管理作了相应的规定。

中华人民共和国职业病防治法 职业病分类和目录：未列入

危险化学品安全管理条例 危险化学品目录：列入。易制爆危险化学品名录：未列入。重点监管的危险化学品名录：未列入。GB 18218—2009《危险化学品重大危险源辨识》（表1）：未列入

使用有毒物品作业场所劳动保护条例 高毒物品目录：未列入

易制毒化学品管理条例 易制毒化学品的分类和品种目录：未列入

国际公约 斯德哥尔摩公约：未列入。鹿特丹公约：未列入。蒙特利尔议定书：未列入

第十六部分 其他信息

编写和修订信息　　　　缩略语和首字母缩写
培训建议　　　　　　　参考文献
免责声明

4-氯-3-甲酚

第一部分 化学品标识

化学品中文名 4-氯-3-甲酚；对氯间甲酚；4-氯间甲酚；2-氯-5-羟基甲苯；4-氯(代)-3-甲基(苯)酚；3-甲基-4-氯苯酚；6-氯-3-羟基甲苯

化学品英文名 4-chloro-3-cresol；p-chloro-m-cresol

分子式 C_7H_7ClO **分子量** 142.583

结构式

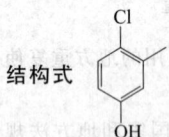

化学品的推荐及限制用途 用作防腐剂、消毒剂

第二部分 危险性概述

紧急情况概述 吞咽有害，皮肤接触有害，造成严重眼损伤，可能导致皮肤过敏反应

GHS危险性类别 急性毒性-经口，类别4；急性毒性-经皮，类别4；严重眼损伤/眼刺激，类别1；皮肤致敏物，类别1；危害水生环境-急性危害，类别1

标签要素

象形图

警示词 危险

危险性说明 吞咽有害，皮肤接触有害，造成严重眼损伤，可能导致皮肤过敏反应，对水生生物毒性非常大

防范说明

预防措施 避免接触眼睛、皮肤，操作后彻底清洗。作业场所不得进食、饮水或吸烟。穿防护服、戴防护眼镜、防护手套、防护面罩。避免吸入粉尘。污染的工作服不得带出工作场所。禁止排入环境

事故响应 皮肤接触：用大量肥皂水和水清洗，如感觉不适，呼叫中毒控制中心或就医。被污染

的衣服必须经洗净后方可重新使用。如出现皮肤刺激或皮疹：就医。接触眼睛：用水细心冲洗数分钟。如戴隐形眼镜并可方便地取出，取出隐形眼镜，继续冲洗。食入：如果感觉不适，立即呼叫中毒控制中心或就医。漱口。收集泄漏物

安全储存 —

废弃处置 本品及内装物、容器依据国家和地方法规处置

物理和化学危险 可燃，其粉体与空气混合，能形成爆炸性混合物

健康危害 对眼睛、皮肤和黏膜有强烈刺激作用。长时间接触可引起灼伤。有致敏作用。受热分解出氯气和光气

环境危害 对水生生物毒性非常大

第三部分 成分/组成信息

√ 物质 　　　　　　　　　 混合物

组分	浓度	CAS No.
4-氯-3-甲酚		59-50-7

第四部分 急救措施

吸入 迅速脱离现场至空气新鲜处。保持呼吸道通畅。如呼吸困难，给输氧。呼吸、心跳停止，立即进行心肺复苏术。就医

皮肤接触 立即脱去污染的衣着，用流动清水彻底冲洗。就医

眼睛接触 立即分开眼睑，用流动清水或生理盐水彻底冲洗5～10min。就医

食入 漱口，饮水。就医

对保护施救者的忠告 根据需要使用个人防护设备

对医生的特别提示 对症处理

第五部分 消防措施

灭火剂 用雾状水、泡沫、干粉、二氧化碳、砂土灭火

特别危险性 遇明火、高热可燃。其粉体与空气可形成爆炸性混合物，当达到一定浓度时，遇火星会发生爆炸。遇高热分解释放出高毒烟气

灭火注意事项及防护措施 消防人员必须佩戴防毒面具、穿全身消防服，在上风向灭火。尽可能将容器从火场移至空旷处。喷水保持火场容器冷却，直至灭火结束

第六部分 泄漏应急处理

作业人员防护措施、防护装备和应急处置程序 隔离泄漏污染区，限制出入。建议应急处理人员戴防尘口罩，穿防毒服。穿上适当的防护服前严禁接触破裂的容器和泄漏物。尽可能切断泄漏源

环境保护措施 用塑料布覆盖泄漏物，减少飞散

泄漏化学品的收容、清除方法及所使用的处置材料 勿使水进入包装容器内。用洁净的铲子收集泄漏物，置于干净、干燥、盖子较松的容器中，将容器移离泄漏区

第七部分 操作处置与储存

操作注意事项 密闭操作，提供充分的局部排风。防止粉

尘释放到车间空气中。操作人员必须经过专门培训，严格遵守操作规程。建议操作人员佩戴防尘面具（全面罩），穿胶布防毒衣，戴橡胶手套。远离火种、热源，工作场所严禁吸烟。使用防爆型的通风系统和设备。避免产生粉尘。避免与氧化剂、碱类、酸酐、酰基氯接触。配备相应品种和数量的消防器材及泄漏应急处理设备。倒空的容器可能残留有害物

储存注意事项 储存于阴凉、通风的库房。远离火种、热源。防止阳光直射。包装密封。应与氧化剂、碱类、酸酐、酰基氯分开存放，切忌混储。配备相应品种和数量的消防器材。储区应备有合适的材料收容泄漏物

第八部分 接触控制/个体防护

职业接触限值
中国 未制定标准
美国（ACGIH） 未制定标准
生物接触限值 未制定标准
监测方法 空气中有毒物质测定方法：未制定标准。生物监测检验方法：未制定标准
工程控制 严加密闭，提供充分的局部排风
个体防护装备
呼吸系统防护 可能接触其粉尘时，必须佩戴防尘面具（全面罩）。紧急事态抢救或撤离时，应该佩戴空气呼吸器
眼睛防护 呼吸系统防护中已作防护
皮肤和身体防护 穿密闭型防毒服
手防护 戴橡胶手套

第九部分 理化特性

外观与性状 无色结晶，带有苯酚气味

pH 值 无意义		**熔点（℃）** 45	
沸点（℃） 196		**相对密度（水=1）** 1.215	

相对蒸气密度（空气=1） 无资料
饱和蒸气压（kPa） 无资料 **临界压力（MPa）** 无资料
辛醇/水分配系数 2.78~3.1
闪点（℃） 81 **自燃温度（℃）** 无资料
爆炸下限（%） 无资料 **爆炸上限（%）** 无资料
分解温度（℃） 无资料 **黏度（mPa·s）** 无资料
燃烧热（kJ/mol） 无资料 **临界温度（℃）** 无资料
溶解性 不溶于水，易溶于多数有机溶剂

第十部分 稳定性和反应性

稳定性 稳定
危险反应 与强氧化剂、强碱、酸酐、酰基氯等禁配物发生反应
避免接触的条件 无资料
禁配物 强氧化剂、强碱、酸酐、酰基氯
危险的分解产物 氯化氢、光气

第十一部分 毒理学信息

急性毒性 LD_{50}：1830mg/kg（大鼠经口）；>5000mg/kg（大鼠经皮）；600mg/kg（小鼠经口）
皮肤刺激或腐蚀 无资料 **眼睛刺激或腐蚀** 无资料

呼吸或皮肤过敏 无资料
生殖细胞突变性 微生物致突变：鼠伤寒沙门氏菌 $25\mu g/$ 皿
致癌性 无资料 **生殖毒性** 无资料
特异性靶器官系统毒性-一次接触 无资料
特异性靶器官系统毒性-反复接触 无资料
吸入危害 无资料

第十二部分 生态学信息

生态毒性 LC_{50}：0.917mg/L（96h）（虹鳟鱼）
持久性和降解性
生物降解性 无资料
非生物降解性 无资料
潜在的生物累积性 根据 K_{ow} 值预测，该物质的生物累积性可能较弱
土壤中的迁移性 根据 K_{oc} 值预测，该物质可能有一定的迁移性

第十三部分 废弃处置

废弃化学品 用安全掩埋法处置。在能利用的地方重复使用容器或在规定场所掩埋
污染包装物 将容器返还生产商或按照国家和地方方法规处置
废弃注意事项 处置前应参阅国家和地方有关法规

第十四部分 运输信息

联合国危险货物编号（UN号） 3437
联合国运输名称 固态氯甲酚
联合国危险性类别 6.1

包装类别 Ⅱ **包装标志**

海洋污染物 是
运输注意事项 运输前应先检查包装容器是否完整、密封，运输过程中要确保容器不泄漏、不倒塌、不坠落、不损坏。严禁与酸类、氧化剂、食品及食品添加剂混运。运输时运输车辆应配备相应品种和数量的消防器材及泄漏应急处理设备。运输途中应防暴晒、雨淋，防高温。公路运输时要按规定路线行驶，勿在居民区和人口稠密区停留

第十五部分 法规信息

下列法律、法规、规章和标准，对该化学品的管理作了相应的规定。
中华人民共和国职业病防治法 职业病分类和目录：未列入
危险化学品安全管理条例 危险化学品目录：列入。易制爆危险化学品名录：未列入。重点监管的危险化学品名录：未列入。GB 18218—2009《危险化学品重大危险源辨识》（表1）：未列入
使用有毒物品作业场所劳动保护条例 高毒物品目录：未列入

易制毒化学品管理条例　易制毒化学品的分类和品种目录：未列入

国际公约　斯德哥尔摩公约：未列入。鹿特丹公约：未列入。蒙特利尔议定书：未列入

第十六部分　其他信息

编写和修订信息　缩略语和首字母缩写
培训建议　参考文献
免责声明

5-氯-2-甲基苯胺

第一部分　化学品标识

化学品中文名　5-氯-2-甲基苯胺；4-氯-2-氨基甲苯；5-氯邻甲苯胺；2-氨基-4-氯甲苯

化学品英文名　5-chloro-2-methylaniline；4-chloro-2-aminotoluene

分子式　C_7H_8ClN　分子量　141.598

结构式　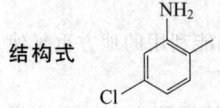

化学品的推荐及限制用途　用于有机合成

第二部分　危险性概述

紧急情况概述　吞咽有害

GHS危险性类别　急性毒性-经口，类别4；危害水生环境-急性危害，类别1；危害水生环境-长期危害，类别1

标签要素

象形图　

警示词　警告

危险性说明　吞咽有害，对水生生物毒性非常大并具有长期持续影响。

防范说明
　预防措施　避免接触眼睛、皮肤，操作后彻底清洗。作业场所不得进食、饮水或吸烟。禁止排入环境
　事故响应　食入：如果感觉不适，立即呼叫中毒控制中心或就医，漱口。收集泄漏物
　安全储存　—
　废弃处置　本品及内装物、容器依据国家和地方法规处置

物理和化学危险　可燃，其粉体与空气混合，能形成爆炸性混合物

健康危害　吸入、摄入或经皮肤吸收可致死。对眼睛、皮肤有刺激作用。进入体内可导致形成高铁血红蛋白血症。高浓度时可引起紫绀，这种症状可持续2～4h或更长时间

环境危害　对水生生物毒性非常大并具有长期持续影响

第三部分　成分/组成信息

√　物质　　　　　　混合物

组分	浓度	CAS No.
5-氯-2-甲基苯胺		95-79-4

第四部分　急救措施

吸入　迅速脱离现场至空气新鲜处。保持呼吸道通畅。如呼吸困难，给输氧。如呼吸、心跳停止，立即进行心肺复苏术。就医

皮肤接触　立即脱去污染衣着，用肥皂水或清水彻底冲洗。就医

眼睛接触　分开眼睑，用清水或生理盐水冲洗。就医

食入　漱口，饮水。就医

对保护施救者的忠告　根据需要使用个人防护设备

对医生的特别提示　高铁血红蛋白血症，可用亚甲蓝和维生素C治疗

第五部分　消防措施

灭火剂　用雾状水、泡沫、干粉、二氧化碳、砂土灭火

特别危险性　遇明火能燃烧。受高热分解放出有毒的气体

灭火注意事项及防护措施　消防人员必须佩戴防毒面具、穿全身消防服，在上风向灭火。尽可能将容器从火场移至空旷处。喷水保持火场容器冷却，直至灭火结束

第六部分　泄漏应急处理

作业人员防护措施、防护装备和应急处置程序　隔离泄漏污染区，限制出入。消除所有点火源。建议应急处理人员戴防尘口罩，穿防毒、防静电服。穿上适当的防护服前严禁接触破裂的容器和泄漏物。尽可能切断泄漏源

环境保护措施　用塑料布覆盖泄漏物，减少飞散

泄漏化学品的收容、清除方法及所使用的处置材料　勿使水进入包装容器内。用洁净的铲子收集泄漏物，置于干净、干燥、盖子较松的容器中，将容器移离泄漏区

第七部分　操作处置与储存

操作注意事项　密闭操作，提供充分的局部排风。操作人员必须经过专门培训，严格遵守操作规程。建议操作人员佩戴自吸过滤式防尘口罩，戴化学安全防护眼镜，穿防毒物渗透工作服，戴橡胶手套。远离火种、热源，工作场所严禁吸烟。使用防爆型的通风系统和设备。避免产生粉尘。避免与氧化剂、酸类接触。搬运时要轻装轻卸，防止包装及容器损坏。配备相应品种和数量的消防器材及泄漏应急处理设备。倒空的容器可能残留有害物

储存注意事项　储存于阴凉、通风的库房。远离火种、热源。应与氧化剂、酸类、食用化学品分开存放，切忌混储。配备相应品种和数量的消防器材。储区应备有合适的材料收容泄漏物

第八部分　接触控制/个体防护

职业接触限值

中国　未制定标准

美国（ACGIH） 未制定标准

生物接触限值 未制定标准

监测方法 空气中有毒物质测定方法：未制定标准。生物监测检验方法：未制定标准

工程控制 严加密闭，提供充分的局部排风。提供安全淋浴和洗眼设备

个体防护装备

呼吸系统防护 空气中粉尘浓度超标时，必须佩戴过滤式防尘呼吸器。紧急事态抢救或撤离时，应该佩戴空气呼吸器

眼睛防护 戴化学安全防护眼镜

皮肤和身体防护 穿防毒物渗透工作服

手防护 戴橡胶手套

第九部分 理化特性

外观与性状 棕褐色片状结晶，有刺激性气味

pH 值 无意义   熔点（℃） 20～22

沸点（℃） 237（96.2kPa） 相对密度（水＝1） 无资料

相对蒸气密度（空气＝1） 无资料

饱和蒸气压（kPa） 96.2（237℃）

临界压力（MPa） 无资料   辛醇/水分配系数 无资料

闪点（℃） 160   自燃温度（℃） 无资料

爆炸下限（%） 无资料   爆炸上限（%） 无资料

分解温度（℃） 无资料   黏度（mPa·s） 无资料

燃烧热（kJ/mol） 无资料 临界温度（℃） 无资料

溶解性 溶于热乙醇

第十部分 稳定性和反应性

稳定性 稳定

危险反应 与酸类、酰基氯、酸酐、氯仿、强氧化剂等禁配物发生反应

避免接触的条件 无资料

禁配物 酸类、酰基氯、酸酐、氯仿、强氧化剂

危险的分解产物 氮氧化物、氯化氢

第十一部分 毒理学信息

急性毒性 LD_{50}：464mg/kg（大鼠经口）

皮肤刺激或腐蚀 无资料 眼睛刺激或腐蚀 无资料

呼吸或皮肤过敏 无资料 生殖细胞突变性 无资料

致癌性 无资料   生殖毒性 无资料

特异性靶器官系统毒性-一次接触 无资料

特异性靶器官系统毒性-反复接触 无资料

吸入危害 无资料

第十二部分 生态学信息

生态毒性 LC_{50}：10～22mg/L（96h）（斑马鱼，OECD 203）。EC_{50}：5.6～10mg/L（48h）（大型溞，OECD 202）

持久性和降解性

生物降解性 不易快速生物降解；但根据 OECD 302B，具有固有生物降解性

非生物降解性 无资料

潜在的生物累积性 无资料

土壤中的迁移性 无资料

第十三部分 废弃处置

废弃化学品 建议用焚烧法处置。与燃料混合后，再焚烧。焚烧炉排出的卤化氢通过酸洗涤器除去

污染包装物 将容器返还生产商或按照国家和地方法规处置

废弃注意事项 处置前应参阅国家和地方有关法规

第十四部分 运输信息

联合国危险货物编号（UN 号） 2239

联合国运输名称 甲基氯苯胺，固态

联合国危险性类别 6.1

包装类别 Ⅲ   包装标志

海洋污染物 是

运输注意事项 运输前应先检查包装容器是否完整、密封，运输过程中要确保容器不泄漏、不倒塌、不坠落、不损坏。严禁与酸类、氧化剂、食品及食品添加剂混运。运输途中应防暴晒、雨淋，防高温

第十五部分 法规信息

下列法律、法规、规章和标准，对该化学品的管理作了相应的规定。

中华人民共和国职业病防治法 职业病分类和目录：苯的氨基及硝基化合物中毒

危险化学品安全管理条例 危险化学品目录：列入。易制爆危险化学品名录：未列入。重点监管的危险化学品名录：未列入。GB 18218—2009《危险化学品重大危险源辨识》（表1）：未列入

使用有毒物品作业场所劳动保护条例 高毒物品目录：未列入

易制毒化学品管理条例 易制毒化学品的分类和品种目录：未列入

国际公约 斯德哥尔摩公约：未列入。鹿特丹公约：未列入。蒙特利尔议定书：未列入

第十六部分 其他信息

编写和修订信息   缩略语和首字母缩写

培训建议   参考文献

免责声明

1-氯-2-甲基丙烷

第一部分 化学品标识

化学品中文名 1-氯-2-甲基丙烷；氯代异丁烷；异丁基氯；氯异丁烷

化学品英文名 1-chloroisobutane；1-chloro-2-methylpropane

分子式 C_4H_9Cl 分子量 92.567

结构式

化学品的推荐及限制用途　用于有机合成及用作溶剂

第二部分　危险性概述

紧急情况概述　高度易燃液体和蒸气
GHS 危险性类别　易燃液体，类别 2
标签要素

象形图　

警示词　危险
危险性说明　高度易燃液体和蒸气
防范说明
预防措施　远离热源、火花、明火、热表面。禁止吸烟。保持容器密闭。容器和接收设备接地连接。使用防爆电器、通风、照明设备。只能使用不产生火花的工具。采取防止静电措施。戴防护手套、防护眼镜、防护面罩
事故响应　火灾时，使用泡沫、干粉、二氧化碳、砂土灭火。如皮肤（或头发）接触：立即脱掉所有被污染的衣服，用水冲洗皮肤，淋浴
安全储存　存放在通风良好的地方。保持低温
废弃处置　本品及内装物、容器依据国家和地方法规处置

物理和化学危险　易燃，其蒸气与空气混合，能形成爆炸性混合物
健康危害　吸入、摄入或经皮肤吸收后对身体有害，有刺激作用
环境危害　对环境可能有害

第三部分　成分/组成信息

　　✓　物质　　　　　　　　　混合物

组分	浓度	CAS No.
1-氯-2-甲基丙烷		513-36-0

第四部分　急救措施

吸入　迅速脱离现场至空气新鲜处。保持呼吸道通畅。如呼吸困难，给输氧。呼吸、心跳停止，立即进行心肺复苏术。就医
皮肤接触　立即脱去污染的衣着，用流动清水彻底冲洗。就医
眼睛接触　立即分开眼睑，用流动清水或生理盐水彻底冲洗。就医
食入　漱口，饮水。就医
对保护施救者的忠告　根据需要使用个人防护设备
对医生的特别提示　对症处理

第五部分　消防措施

灭火剂　用泡沫、干粉、二氧化碳、砂土灭火
特别危险性　其蒸气与空气可形成爆炸性混合物，遇明火、高热极易燃烧爆炸。与氧化剂接触猛烈反应。受高热分解产生有毒的氯化物气体。流速过快，容易产生和积聚静电。蒸气比空气重，沿地面扩散并易积存于低洼处，遇火源会着火回燃。若遇高热，容器内压增大，有开裂和爆炸的危险

灭火注意事项及防护措施　消防人员必须佩戴防毒面具、穿全身消防服，在上风向灭火。尽可能将容器从火场移至空旷处。喷水保持火场容器冷却，直至灭火结束。处在火场中的容器若已变色或从安全泄压装置中发出声音，必须马上撤离。用水灭火无效

第六部分　泄漏应急处理

作业人员防护措施、防护装备和应急处置程序　消除所有点火源。根据液体流动和蒸气扩散的影响区域划定警戒区，无关人员从侧风向、上风向撤离至安全区。建议应急处理人员戴正压自给式呼吸器，穿防静电服。作业时使用的所有设备应接地。禁止接触或跨越泄漏物。尽可能切断泄漏源
环境保护措施　防止泄漏物进入水体、下水道、地下室或有限空间
泄漏化学品的收容、清除方法及所使用的处置材料　小量泄漏：用砂土或其他不燃材料吸收。使用洁净的无火花工具收集吸收材料。大量泄漏：构筑围堤或挖坑收容。用泡沫覆盖，减少蒸发。喷水雾能减少蒸发，但不能降低泄漏物在有限空间内的易燃性。用防爆泵转移至槽车或专用收集器内

第七部分　操作处置与储存

操作注意事项　密闭操作，加强通风。操作人员必须经过专门培训，严格遵守操作规程。建议操作人员佩戴自吸过滤式防毒面具（半面罩），戴化学安全防护眼镜，穿防静电工作服，戴橡胶耐油手套。远离火种、热源，工作场所严禁吸烟。使用防爆型的通风系统和设备。防止蒸气泄漏到工作场所空气中。避免与氧化剂接触。灌装时应控制流速，且有接地装置，防止静电积聚。搬运时要轻装轻卸，防止包装及容器损坏。配备相应品种和数量的消防器材及泄漏应急处理设备。倒空的容器可能残留有害物
储存注意事项　储存于阴凉、通风的库房。远离火种、热源。库温不宜超过 37℃，应与氧化剂分开存放，切忌混储。采用防爆型照明、通风设施。禁止使用易产生火花的机械设备和工具。储区应备有泄漏应急处理设备和合适的收容材料

第八部分　接触控制/个体防护

职业接触限值
中国　未制定标准
美国（ACGIH）　未制定标准
生物接触限值　未制定标准
监测方法　空气中有毒物质测定方法：未制定标准。生物监测检验方法：未制定标准
工程控制　生产过程密闭，加强通风。提供安全淋浴和洗眼设备
个体防护装备
呼吸系统防护　空气中浓度超标时，必须佩戴过滤式防毒面具（半面罩）。紧急事态抢救或撤离时，

应该佩戴空气呼吸器

眼睛防护　戴化学安全防护眼镜

皮肤和身体防护　穿防静电工作服

手防护　戴橡胶耐油手套

第九部分　理化特性

外观与性状　无色透明液体

pH值　无资料　　　　熔点(℃)　−131

沸点(℃)　69　　　　相对密度(水＝1)　0.883

相对蒸气密度(空气＝1)　3.2

饱和蒸气压(kPa)　13.33(16℃)

临界压力(MPa)　无资料　辛醇/水分配系数　无资料

闪点(℃)　21.11　　　自燃温度(℃)　无资料

爆炸下限(%)　2.0　　　爆炸上限(%)　8.8

分解温度(℃)　无资料　黏度(mPa·s)　0.457(20℃)

燃烧热(kJ/mol)　−2660.7（25℃，液体）

临界温度(℃)　无资料

溶解性　不溶于水，溶于乙醇、乙醚

第十部分　稳定性和反应性

稳定性　稳定

危险反应　与强氧化剂、活性金属等禁配物接触，有发生火灾和爆炸的危险

避免接触的条件　受热

禁配物　强氧化剂、锂、钠、钾、镁、锌、镉、铝、汞等金属

危险的分解产物　氯化氢

第十一部分　毒理学信息

急性毒性　无资料

皮肤刺激或腐蚀　无资料　眼睛刺激或腐蚀　无资料

呼吸或皮肤过敏　无资料　生殖细胞突变性　无资料

致癌性　无资料　　　　生殖毒性　无资料

特异性靶器官系统毒性-一次接触　无资料

特异性靶器官系统毒性-反复接触　无资料

吸入危害　无资料

第十二部分　生态学信息

生态毒性　无资料

持久性和降解性

　　生物降解性　无资料

　　非生物降解性　无资料

潜在的生物累积性　无资料

土壤中的迁移性　无资料

第十三部分　废弃处置

废弃化学品　建议用焚烧法处置。与燃料混合后，再焚烧。焚烧炉排出的卤化氢通过酸洗涤器除去

污染包装物　将容器返还生产商或按照国家和地方法规处置

废弃注意事项　处置前应参阅国家和地方有关法规

第十四部分　运输信息

联合国危险货物编号（UN号）　1993

联合国运输名称　易燃液体，未另作规定的（1-氯-2-甲基丙烷）

联合国危险性类别　3

包装类别　Ⅱ　　　　　包装标志

海洋污染物　否

运输注意事项　运输时运输车辆应配备相应品种和数量的消防器材及泄漏应急处理设备。夏季最好早晚运输。运输时所用的槽（罐）车应有接地链，槽内可设孔隔板以减少震荡产生的静电。严禁与氧化剂、食用化学品等混装混运。运输途中应防暴晒、雨淋，防高温。中途停留时应远离火种、热源、高温区。装运该物品的车辆排气管必须配备阻火装置，禁止使用易产生火花的机械设备和工具装卸。公路运输时要按规定路线行驶。铁路运输时要禁止溜放。严禁用木船、水泥船散装运输

第十五部分　法规信息

下列法律、法规、规章和标准，对该化学品的管理作了相应的规定。

中华人民共和国职业病防治法　职业病分类和目录：未列入

危险化学品安全管理条例　危险化学品目录：列入。易制爆危险化学品名录：未列入。重点监管的危险化学品名录：未列入。GB 18218—2009《危险化学品重大危险源辨识》（表1）：未列入

使用有毒物品作业场所劳动保护条例　高毒物品目录：未列入

易制毒化学品管理条例　易制毒化学品的分类和品种目录：未列入

国际公约　斯德哥尔摩公约：未列入。鹿特丹公约：未列入。蒙特利尔议定书：未列入

第十六部分　其他信息

编写和修订信息　　缩略语和首字母缩写

培训建议　　　　　参考文献

免责声明

2-氯-2-甲基丙烷

第一部分　化学品标识

化学品中文名　2-氯-2-甲基丙烷；氯代叔丁烷；叔丁基氯

化学品英文名　*tert*-butyl chloride；2-chloro-2-methylpropane

分子式　C_4H_9Cl　分子量　92.567

结构式

化学品的推荐及限制用途　用于有机合成及用作溶剂

第二部分　危险性概述

紧急情况概述　高度易燃液体和蒸气，吞咽及进入呼吸道

可能有害

GHS危险性类别　易燃液体，类别2；吸入危害，类别2

标签要素

象形图　

警示词　危险

危险性说明　高度易燃液体和蒸气，吞咽及进入呼吸道可能有害

防范说明

　　预防措施　远离热源、火花、明火、热表面。禁止吸烟。保持容器密闭。容器和接收设备接地连接。使用防爆电器、通风、照明设备。只能使用不产生火花的工具。采取防止静电措施。戴防护手套、防护眼镜、防护面罩

　　事故响应　火灾时，使用泡沫、干粉、二氧化碳、砂土灭火。如皮肤（或头发）接触：立即脱掉所有被污染的衣服，用水冲洗皮肤，淋浴。如果食入：立即呼叫中毒控制中心或就医，不要催吐

　　安全储存　存放在通风良好的地方。保持低温。上锁保管

　　废弃处置　本品及内装物、容器依据国家和地方法规处置

物理和化学危险　极易燃，其蒸气与空气混合，能形成爆炸性混合物

健康危害　吸入、摄入或经皮肤吸收后对身体有害，对眼睛、皮肤有刺激作用。液态本品吸入呼吸道可引起吸入性肺炎

环境危害　对环境可能有害

第三部分　成分/组成信息

✓ 物质　　　　　　　　　　混合物

组分	浓度	CAS No.
2-氯-2-甲基丙烷		507-20-0

第四部分　急救措施

吸入　迅速脱离现场至空气新鲜处。保持呼吸道通畅。如呼吸困难，给输氧。呼吸、心跳停止，立即进行心肺复苏术。就医

皮肤接触　立即脱去污染的衣着，用流动清水彻底冲洗。就医

眼睛接触　立即分开眼睑，用流动清水或生理盐水彻底冲洗。就医

食入　漱口，饮水。禁止催吐。就医

对保护施救者的忠告　根据需要使用个人防护设备

对医生的特别提示　对症处理

第五部分　消防措施

灭火剂　用泡沫、干粉、二氧化碳、砂土灭火

特别危险性　其蒸气与空气可形成爆炸性混合物，遇明火、高热极易燃烧爆炸。与氧化剂接触猛烈反应。受

高热分解产生有毒的氯化物气体。流速过快，容易产生和积聚静电。蒸气比空气重，沿地面扩散并易积存于低洼处，遇火源会着火回燃。若遇高热，容器内压增大，有开裂和爆炸的危险

灭火注意事项及防护措施　消防人员必须佩戴防毒面具、穿全身消防服，在上风向灭火。尽可能将容器从火场移至空旷处。喷水保持火场容器冷却，直至灭火结束。处在火场中的容器若已变色或从安全泄压装置中发出声音，必须马上撤离。用水灭火无效

第六部分　泄漏应急处理

作业人员防护措施、防护装备和应急处置程序　消除所有点火源。根据液体流动和蒸气扩散的影响区域划定警戒区，无关人员从侧风向、上风向撤离至安全区。建议应急处理人员戴正压自给式呼吸器，穿防静电服。作业时使用的所有设备应接地。禁止接触或跨越泄漏物。尽可能切断泄漏源

环境保护措施　防止泄漏物进入水体、下水道、地下室或有限空间

泄漏化学品的收容、清除方法及所使用的处置材料　小量泄漏：用砂土或其他不燃材料吸收。使用洁净的无火花工具收集吸收材料。大量泄漏：构筑围堤或挖坑收容。用泡沫覆盖，减少蒸发。喷水雾能减少蒸发，但不能降低泄漏物在有限空间内的易燃性。用防爆泵转移至槽车或专用收集器内

第七部分　操作处置与储存

操作注意事项　密闭操作，加强通风。操作人员必须经过专门培训，严格遵守操作规程。建议操作人员佩戴自吸过滤式防毒面具（半面罩），戴化学安全防护眼镜，穿防静电工作服，戴橡胶耐油手套。远离火种、热源，工作场所严禁吸烟。使用防爆型的通风系统和设备。防止蒸气泄漏到工作场所空气中。避免与氧化剂、碱类接触。灌装时应控制流速，且有接地装置，防止静电积聚。搬运时要轻装轻卸，防止包装及容器损坏。配备相应品种和数量的消防器材及泄漏应急处理设备。倒空的容器可能残留有害物

储存注意事项　储存于阴凉、通风的库房。远离火种、热源。库温不宜超过37℃，应与氧化剂、碱类分开存放，切忌混储。采用防爆型照明、通风设施。禁止使用易产生火花的机械设备和工具。储区应备有泄漏应急处理设备和合适的收容材料

第八部分　接触控制/个体防护

职业接触限值

　　中国　未制定标准

　　美国（ACGIH）　未制定标准

生物接触限值　未制定标准

监测方法　空气中有毒物质测定方法：未制定标准。生物监测检验方法：未制定标准

工程控制　生产过程密闭，加强通风。提供安全淋浴和洗眼设备

个体防护装备
    呼吸系统防护　空气中浓度超标时，必须佩戴过滤式防毒面具（半面罩）。紧急事态抢救或撤离时，应该佩戴空气呼吸器
    眼睛防护　戴化学安全防护眼镜
    皮肤和身体防护　穿防静电工作服
    手防护　戴橡胶耐油手套

第九部分　理化特性

外观与性状　无色透明液体

pH 值　无资料	熔点(℃)　−26.5
沸点(℃)　51	相对密度(水＝1)　0.847

相对蒸气密度(空气＝1)　3.2
饱和蒸气压(kPa)　53.32(32.6℃)

临界压力(MPa)　无资料	辛醇/水分配系数　无资料
闪点(℃)　−18	自燃温度(℃)　540
爆炸下限(%)　1.8	爆炸上限(%)　10.1
分解温度(℃)　无资料	黏度(mPa·s)　0.543(15℃)

燃烧热(kJ/mol)　2682.1 (25℃，气体)
临界温度(℃)　无资料
溶解性　微溶于水，溶于乙醇、乙醚等多数有机溶剂

第十部分　稳定性和反应性

稳定性　稳定
危险反应　与强氧化剂、强碱、活性金属等禁配物接触，有发生火灾和爆炸的危险
避免接触的条件　受热
禁配物　强氧化剂，强碱，锂、钠、钾、镁、锌、镉、铝、汞等金属
危险的分解产物　氯化氢

第十一部分　毒理学信息

急性毒性　无资料

皮肤刺激或腐蚀　无资料	眼睛刺激或腐蚀　无资料
呼吸或皮肤过敏　无资料	生殖细胞突变性　无资料

致癌性　小鼠腹腔内给予最低中毒剂量（TDLo）：3000mg/kg（8 周，间断），按照 RTECS 标准可致肺、胸部或呼吸系统肿瘤
生殖毒性　无资料
特异性靶器官系统毒性-一次接触　无资料
特异性靶器官系统毒性-反复接触　无资料
吸入危害　无资料

第十二部分　生态学信息

生态毒性　无资料
持久性和降解性
    生物降解性　无资料
    非生物降解性　无资料
潜在的生物累积性　无资料
土壤中的迁移性　无资料

第十三部分　废弃处置

废弃化学品　建议用焚烧法处置。与燃料混合后，再焚

烧。焚烧炉排出的卤化氢通过酸洗涤器除去
污染包装物　将容器返还生产商或按照国家和地方法规处置
废弃注意事项　处置前应参阅国家和地方有关法规

第十四部分　运输信息

联合国危险货物编号（UN 号）　1993
联合国运输名称　易燃液体，未另作规定的（2-氯-2-甲基丙烷）
联合国危险性类别　3

包装类别　Ⅱ　　　　　包装标志

海洋污染物　否
运输注意事项　运输时运输车辆应配备相应品种和数量的消防器材及泄漏应急处理设备。夏季最好早晚运输。运输时所用的槽（罐）车应有接地链，槽内可设孔隔板以减少震荡产生的静电。严禁与氧化剂、碱类、食用化学品等混装混运。运输途中应防暴晒、雨淋、防高温。中途停留时应远离火种、热源、高温区。装运该物品的车辆排气管必须配备阻火装置，禁止使用易产生火花的机械设备和工具装卸。公路运输时要按规定路线行驶，勿在居民区和人口稠密区停留。铁路运输时要禁止溜放。严禁用木船、水泥船散装运输

第十五部分　法规信息

下列法律、法规、规章和标准，对该化学品的管理作了相应的规定。
中华人民共和国职业病防治法　职业病分类和目录：未列入
危险化学品安全管理条例　危险化学品目录：列入。易制爆危险化学品名录：未列入。重点监管的危险化学品名录：未列入。GB 18218—2009《危险化学品重大危险源辨识》（表1）：未列入
使用有毒物品作业场所劳动保护条例　高毒物品目录：未列入
易制毒化学品管理条例　易制毒化学品的分类和品种目录：未列入
国际公约　斯德哥尔摩公约：未列入。鹿特丹公约：未列入。蒙特利尔议定书：未列入

第十六部分　其他信息

编写和修订信息	缩略语和首字母缩写
培训建议	参考文献
免责声明	

3-氯-2-甲基-1-丙烯

第一部分　化学品标识

化学品中文名　3-氯-2-甲基-1-丙烯；1-氯-2-甲基-2-丙烯；2-甲基-3-氯丙烯；甲代烯丙基氯；氯化异丁烯
化学品英文名　methylallyl chloride；3-chloro-2-methyl-

propene

分子式　C_4H_7Cl　分子量　90.55

结构式　

化学品的推荐及限制用途　用作杀虫剂、塑料、药品等的中间体

第二部分　危险性概述

紧急情况概述　高度易燃液体和蒸气，吞咽有害，吸入有害，造成严重的皮肤灼伤和眼损伤，可能导致皮肤过敏反应

GHS 危险性类别　易燃液体，类别 2；急性毒性-经口，类别 4；急性毒性-吸入，类别 4；皮肤腐蚀/刺激，类别 1B；严重眼损伤/眼刺激，类别 1；皮肤致敏物，类别 1；危害水生环境-急性危害，类别 2；危害水生环境-长期危害，类别 2

标签要素

象形图

警示词　危险

危险性说明　高度易燃液体和蒸气，吞咽有害，吸入有害，造成严重的皮肤灼伤和眼损伤，可能导致皮肤过敏反应，对水生生物有毒并具有长期持续影响

防范说明

预防措施　远离热源、火花、明火、热表面。保持容器密闭。容器和接收设备接地连接。使用防爆型电器、通风、照明设备。只能使用不产生火花的工具。采取防止静电措施。避免接触眼睛、皮肤，操作后彻底清洗。作业场所不得进食、饮水或吸烟。避免吸入蒸气、雾。仅在室外或通风良好处操作。穿防护服，戴防护眼镜、防护手套、防护面罩。污染的工作服不得带出工作场所。禁止排入环境

事故响应　火灾时，使用泡沫、干粉、二氧化碳、砂土灭火。如吸入：将患者转移到空气新鲜处，休息，保持利于呼吸的体位。皮肤（或头发）接触：立即脱掉所有被污染的衣服，用水冲洗皮肤，淋浴。污染的衣服必须洗净后方可重新使用。眼睛接触：用水细心地冲洗数分钟。如戴隐形眼镜并可方便地取出，则取出隐形眼镜，继续冲洗。食入：漱口，不要催吐。如果感觉不适，立即呼叫中毒控制中心或就医。收集泄漏物

安全储存　上锁保管。存放在通风良好的地方。保持低温

废弃处置　本品及内装物、容器依据国家和地方法规处置

物理和化学危险　易燃，其蒸气与空气混合，能形成爆炸性混合物

健康危害　本品受高热分解释放出高毒的氯化物气体。误服、吸入或与皮肤接触会引起中毒。蒸气的刺激性很强，能对眼睛、皮肤、黏膜造成危害

环境危害　对水生生物有毒并具有长期持续影响

第三部分　成分/组成信息

√　物质　　　　　　　　　　混合物

组分	浓度	CAS No.
3-氯-2-甲基-1-丙烯		563-47-3

第四部分　急救措施

吸入　迅速脱离现场至空气新鲜处。保持呼吸道通畅。如呼吸困难，给输氧。呼吸、心跳停止，立即进行心肺复苏术。就医

皮肤接触　立即脱去污染的衣着，用大量流动清水彻底冲洗至少 15min。就医

眼睛接触　立即分开眼睑，用流动清水或生理盐水彻底冲洗 5～10min。就医

食入　用水漱口，禁止催吐。给饮牛奶或蛋清。就医

对保护施救者的忠告　根据需要使用个人防护设备

对医生的特别提示　对症处理

第五部分　消防措施

灭火剂　用泡沫、干粉、二氧化碳、砂土灭火

特别危险性　其蒸气与空气可形成爆炸性混合物，遇明火、高热极易燃烧爆炸。与氧化剂接触猛烈反应。受高热分解产生有毒的氯化物气体。流速过快，容易产生和积聚静电。容易自聚，聚合反应随着温度的上升而急骤加剧。蒸气比空气重，沿地面扩散并易积存于低洼处，遇火源会着火回燃。若遇高热，容器内压增大，有开裂和爆炸的危险

灭火注意事项及防护措施　消防人员必须佩戴空气呼吸器、穿全身防火防毒服，在上风向灭火。尽可能将容器从火场移至空旷处。喷水保持火场容器冷却，直至灭火结束。处在火场中的容器若已变色或从安全泄压装置中发出声音，必须马上撤离。用水灭火无效

第六部分　泄漏应急处理

作业人员防护措施、防护装备和应急处置程序　消除所有点火源。根据液体流动和蒸气扩散的影响区域划定警戒区，无关人员从侧风、上风向撤离至安全区。建议应急处理人员戴正压自给式呼吸器，穿防毒、防静电服。作业时使用的所有设备应接地。禁止接触或跨越泄漏物。尽可能切断泄漏源

环境保护措施　防止泄漏物进入水体、下水道、地下室或有限空间

泄漏化学品的收容、清除方法及所使用的处置材料　小量泄漏：用砂土或其他不燃材料吸收。使用洁净的无火花工具收集吸收材料。大量泄漏：构筑围堤或挖坑收容。用泡沫覆盖，减少蒸发。喷水雾能减少蒸发，但不能降低泄漏物在有限空间内的易燃性。用防爆泵转移至槽车或专用收集器内

第七部分　操作处置与储存

操作注意事项　密闭操作，全面通风。操作人员必须经过专门培训，严格遵守操作规程。建议操作人员佩戴自

吸过滤式防毒面具（全面罩），穿胶布防毒衣，戴橡胶耐油手套。远离火种、热源，工作场所严禁吸烟。使用防爆型的通风系统和设备。防止蒸气泄漏到工作场所空气中。避免与氧化剂、酸类接触。充装要控制流速，防止静电积聚。搬运时要轻装轻卸，防止包装及容器损坏。配备相应品种和数量的消防器材及泄漏应急处理设备。倒空的容器可能残留有害物

储存注意事项　储存于阴凉、通风的库房。远离火种、热源。库温不宜超过 37℃，应与氧化剂、酸类分开存放，切忌混储。采用防爆型照明、通风设施。禁止使用易产生火花的机械设备和工具。储区应备有泄漏应急处理设备和合适的收容材料

第八部分　接触控制/个体防护

职业接触限值
　中国　未制定标准
　美国（ACGIH）　未制定标准
生物接触限值　未制定标准
监测方法　空气中有毒物质测定方法：未制定标准。生物监测检验方法：未制定标准
工程控制　生产过程密闭，全面通风
个体防护装备
　呼吸系统防护　空气中浓度超标时，必须佩戴过滤式防毒面具（全面罩）。紧急事态抢救或撤离时，应该佩戴空气呼吸器
　眼睛防护　呼吸系统防护中已作防护
　皮肤和身体防护　穿密闭型防毒服
　手防护　戴橡胶耐油手套

第九部分　理化特性

外观与性状　无色或淡黄色易挥发的液体，有刺激性气味
pH 值　无资料　　　　**熔点（℃）**　-80
沸点（℃）　71～72　　**相对密度（水=1）**　0.917
相对蒸气密度（空气=1）　3.12
饱和蒸气压（kPa）　13.56（20℃）
临界压力（MPa）　无资料　**辛醇/水分配系数**　1.849
闪点（℃）　-12.78　　**自燃温度（℃）**　481.67
爆炸下限（%）　2.3　　**爆炸上限（%）**　9.3
分解温度（℃）　无资料　**黏度（mPa·s）**　0.42
燃烧热（kJ/mol）　无资料　**临界温度（℃）**　无资料
溶解性　微溶于水

第十部分　稳定性和反应性

稳定性　稳定
危险反应　与强氧化剂等禁配物接触，有发生火灾和爆炸的危险。容易发生自聚反应
避免接触的条件　受热、光照
禁配物　强氧化剂，酸类，锂、钠、钾、镁、锌、镉、铝、汞等金属
危险的分解产物　氯化氢

第十一部分　毒理学信息

急性毒性　LD$_{50}$：580mg/kg（大鼠经口）；1037mg/kg（小鼠经口）

皮肤刺激或腐蚀　无资料　**眼睛刺激或腐蚀**　无资料
呼吸或皮肤过敏　无资料
生殖细胞突变性　微生物致突变：鼠伤寒沙门氏菌 6μmol/Ⅲ。性染色体缺失和不分离：黑腹果蝇 4500ppm。程序外 DNA 合成：人 HeLa 细胞 1mmol/L。哺乳动物体细胞突变：小鼠淋巴细胞 23200μg/L。细胞遗传学分析：仓鼠卵巢 200mg/L。姐妹染色单体交换：仓鼠卵巢 16mg/L
致癌性　IARC 致癌性评论：组 3，现有的证据不能对人类致癌性进行分类
生殖毒性　无资料
特异性靶器官系统毒性-一次接触　无资料
特异性靶器官系统毒性-反复接触　无资料
吸入危害　无资料

第十二部分　生态学信息

生态毒性　根据结构类似物质预测，该物质对水生生物有毒
持久性和降解性
　生物降解性　无资料
　非生物降解性　无资料
潜在的生物累积性　根据 K_{ow} 值预测，该物质的生物累积性可能较弱
土壤中的迁移性　根据 K_{oc} 值预测，该物质可能易发生迁移

第十三部分　废弃处置

废弃化学品　建议用焚烧法处置。与燃料混合后，再焚烧。焚烧炉排出的卤化氢通过酸洗涤器除去
污染包装物　将容器返还生产商或按照国家和地方法规处置
废弃注意事项　处置前应参阅国家和地方有关法规

第十四部分　运输信息

联合国危险货物编号（UN 号）　2554
联合国运输名称　甲基烯丙基氯
联合国危险性类别　3

包装类别　Ⅱ　　　　　　**包装标志**　

海洋污染物　是
运输注意事项　运输时运输车辆应配备相应品种和数量的消防器材及泄漏应急处理设备。夏季最好早晚运输。运输时所用的槽（罐）车应有接地链，槽内可设孔隔板以减少震荡产生的静电。严禁与氧化剂、酸类、食用化学品等混装混运。运输途中应防暴晒、雨淋，防高温。中途停留时应远离火种、热源、高温区。装运该物品的车辆排气管必须配备阻火装置，禁止使用易产生火花的机械设备和工具装卸。公路运输时要按规定路线行驶。铁路运输时要禁止溜放。严禁用木船、水泥船散装运输

第十五部分 法规信息

下列法律、法规、规章和标准，对该化学品的管理作了相应的规定。

中华人民共和国职业病防治法 职业病分类和目录：未列入

危险化学品安全管理条例 危险化学品目录：列入。易制爆危险化学品名录：未列入。重点监管的危险化学品名录：未列入。GB 18218—2009《危险化学品重大危险源辨识》（表1）：未列入

使用有毒物品作业场所劳动保护条例 高毒物品目录：未列入

易制毒化学品管理条例 易制毒化学品的分类和品种目录：未列入

国际公约 斯德哥尔摩公约：未列入。鹿特丹公约：未列入。蒙特利尔议定书：未列入

第十六部分 其他信息

编写和修订信息　　　　缩略语和首字母缩写
培训建议　　　　　　　参考文献
免责声明

2-氯-2-甲基丁烷

第一部分 化学品标识

化学品中文名 2-氯-2-甲基丁烷；叔戊基氯；氯代叔戊烷

化学品英文名 *tert*-amyl chloride；2-chloro-2-methyl butane

分子式 $C_5H_{11}Cl$　**分子量** 106.595

结构式

化学品的推荐及限制用途 用作溶剂和用于合成其他戊烷化合物

第二部分 危险性概述

紧急情况概述 高度易燃液体和蒸气

GHS危险性类别 易燃液体，类别2

标签要素

象形图

警示词 危险

危险性说明 高度易燃液体和蒸气

防范说明

预防措施　远离热源、火花、明火、热表面。禁止吸烟。保持容器密闭。容器和接收设备接地连接。使用防爆型电器、通风、照明设备。只能使用不产生火花的工具。采取防止静电措施。戴防护手套、防护眼镜、防护面罩

事故响应　火灾时，使用干粉、二氧化碳、砂土灭火。如皮肤（或头发）接触：立即脱掉所有被污染的衣服，用水冲洗皮肤，淋浴

安全储存　存放在通风良好的地方。保持低温

废弃处置　本品及内装物、容器依据国家和地方法规处置

物理和化学危险 易燃，其蒸气与空气混合，能形成爆炸性混合物

健康危害 吸入、摄入或经皮肤吸收后会中毒。对眼睛、皮肤、黏膜有刺激作用。受热放出有毒的氯气

环境危害 对环境可能有害

第三部分 成分/组成信息

√ 物质　　　　　　　混合物

组分	浓度	CAS No.
2-氯-2-甲基丁烷		594-36-5

第四部分 急救措施

吸入 迅速脱离现场至空气新鲜处。保持呼吸道通畅。如呼吸困难，给输氧。呼吸、心跳停止，立即进行心肺复苏术。就医

皮肤接触 立即脱去污染的衣着，用流动清水彻底冲洗。就医

眼睛接触 立即分开眼睑，用流动清水或生理盐水彻底冲洗。就医

食入 漱口，饮水。就医

对保护施救者的忠告 根据需要使用个人防护设备

对医生的特别提示 对症处理

第五部分 消防措施

灭火剂 用干粉、二氧化碳、砂土灭火

特别危险性 其蒸气与空气可形成爆炸性混合物，遇明火、高热极易燃烧爆炸。与氧化剂接触猛烈反应。接触酸或酸气能产生有毒气体。受高热分解放出有毒的气体。若遇高热，容器内压增大，有开裂和爆炸的危险

灭火注意事项及防护措施 消防人员必须穿全身耐酸碱消防服、佩戴空气呼吸器灭火。尽可能将容器从火场移至空旷处。喷水保持火场容器冷却，直至灭火结束。处在火场中的容器若已变色或从安全泄压装置中发出声音，必须马上撤离。禁止用水、泡沫和酸碱灭火剂灭火

第六部分 泄漏应急处理

作业人员防护措施、防护装备和应急处置程序 根据液体流动和蒸气扩散的影响区域划定警戒区，无关人员从侧风、上风向撤离至安全区。消除所有点火源。建议应急处理人员戴正压自给式呼吸器，穿防毒、防静电服。穿上适当的防护服前严禁接触破裂的容器和泄漏物。尽可能切断泄漏源

环境保护措施 防止泄漏物进入水体、下水道、地下室或有限空间

泄漏化学品的收容、清除方法及所使用的处置材料 小量泄漏：用干燥的砂土或其他不燃材料吸收或覆盖，收集于容器中。大量泄漏：构筑围堤或挖坑收容。用防爆泵转移至槽车或专用收集器内

第七部分　操作处置与储存

操作注意事项　密闭操作，局部排风。防止蒸气泄漏到工作场所空气中。操作人员必须经过专门培训，严格遵守操作规程。建议操作人员佩戴自吸过滤式防毒面具（半面罩），戴化学安全防护眼镜，穿防毒物渗透工作服，戴橡胶手套。远离火种、热源，工作场所严禁吸烟。使用防爆型的通风系统和设备。在清除液体和蒸气前不能进行焊接、切割等作业。避免产生烟雾。避免与氧化剂、碱类接触。配备相应品种和数量的消防器材及泄漏应急处理设备。倒空的容器可能残留有害物

储存注意事项　储存于阴凉、通风的库房。远离火种、热源。防止阳光直射。库温不宜超过30℃。保持容器密封。应与氧化剂、碱类、食用化学品分开存放，切忌混储。采用防爆型照明、通风设施。禁止使用易产生火花的机械设备和工具。储区应备有泄漏应急处理设备和合适的收容材料

第八部分　接触控制/个体防护

职业接触限值
　　中国　未制定标准
　　美国（ACGIH）　未制定标准
生物接触限值　未制定标准
监测方法　空气中有毒物质测定方法：未制定标准。生物监测检验方法：未制定标准
工程控制　密闭操作，局部排风
个体防护装备
　　呼吸系统防护　空气中浓度超标时，必须佩戴过滤式防毒面具（半面罩）。紧急事态抢救或撤离时，应该佩戴空气呼吸器
　　眼睛防护　戴化学安全防护眼镜
　　皮肤和身体防护　穿防毒物渗透工作服
　　手防护　戴橡胶手套

第九部分　理化特性

外观与性状　无色液体	**pH值**　无资料
熔点(℃)　−73.7	**沸点(℃)**　87
相对密度(水＝1)　0.866	
相对蒸气密度(空气＝1)　无资料	
饱和蒸气压(kPa)　无资料	
临界压力(MPa)　无资料	**辛醇/水分配系数**　无资料
闪点(℃)　−9.44	**自燃温度(℃)**　345
爆炸下限(%)　1.5	**爆炸上限(%)**　7.4
分解温度(℃)　无资料	**黏度(mPa·s)**　无资料
燃烧热(kJ/mol)　无资料	**临界温度(℃)**　无资料
溶解性　不溶于水，溶于乙醇、乙醚	

第十部分　稳定性和反应性

稳定性　稳定
危险反应　与强氧化剂、活泼金属、强碱等禁配物发生剧烈反应。接触酸或酸气能产生有毒气体
避免接触的条件　无资料

禁配物　强氧化剂、强碱、钾、钠、镁、锌等
危险的分解产物　氯化氢

第十一部分　毒理学信息

急性毒性　无资料
皮肤刺激或腐蚀　无资料　　**眼睛刺激或腐蚀**　无资料
呼吸或皮肤过敏　无资料　　**生殖细胞突变性**　无资料
致癌性　无资料　　　　　　**生殖毒性**　无资料
特异性靶器官系统毒性-一次接触　无资料
特异性靶器官系统毒性-反复接触　无资料
吸入危害　无资料

第十二部分　生态学信息

生态毒性　无资料
持久性和降解性
　　生物降解性　无资料
　　非生物降解性　无资料
潜在的生物累积性　无资料
土壤中的迁移性　无资料

第十三部分　废弃处置

废弃化学品　建议用焚烧法处置。在能利用的地方重复使用容器或在规定场所掩埋
污染包装物　将容器返还生产商或按照国家和地方法规处置
废弃注意事项　处置前应参阅国家和地方有关法规

第十四部分　运输信息

联合国危险货物编号（UN号）　1107
联合国运输名称　戊基氯
联合国危险性类别　3

包装类别　Ⅱ　　　　　　　　**包装标志**

海洋污染物　否
运输注意事项　运输前应先检查包装容器是否完整、密封，运输过程中要确保容器不泄漏、不倒塌、不坠落、不损坏。严禁与酸类、氧化剂、食品及食品添加剂混运。运输时运输车辆应配备相应品种和数量的消防器材及泄漏应急处理设备。运输途中应防暴晒、雨淋，防高温。运输时所用的槽（罐）车应有接地链，槽内可设孔隔板以减少震荡产生的静电。中途停留时应远离火种、热源。公路运输要按规定路线行驶，勿在居民区和人口稠密区停留

第十五部分　法规信息

下列法律、法规、规章和标准，对该化学品的管理作了相应的规定。
中华人民共和国职业病防治法　职业病分类和目录：未列入
危险化学品安全管理条例　危险化学品目录：列入。易制爆危险化学品名录：未列入。重点监管的危险化学品

名录：未列入。GB 18218—2009《危险化学品重大危险源辨识》（表1）：未列入

使用有毒物品作业场所劳动保护条例　高毒物品目录：未列入

易制毒化学品管理条例　易制毒化学品的分类和品种目录：未列入

国际公约　斯德哥尔摩公约：未列入。鹿特丹公约：未列入。蒙特利尔议定书：未列入

第十六部分　其他信息

编写和修订信息　　　　　　缩略语和首字母缩写
培训建议　　　　　　　　　参考文献
免责声明

氯甲基三甲硅烷

第一部分　化学品标识

化学品中文名　氯甲基三甲硅烷；三甲基氯甲基硅烷

化学品英文名　chloromethyl trimethylsilane; trimethyl (chloromethyl) silane

分子式　$C_4H_{11}ClSi$　**分子量**　122.669

结构式　

化学品的推荐及限制用途　用于有机合成、甲硅烷基化剂等

第二部分　危险性概述

紧急情况概述　高度易燃液体和蒸气，造成皮肤刺激，造成严重眼刺激，可能引起呼吸道刺激

GHS危险性类别　易燃液体，类别2；皮肤腐蚀/刺激，类别2；严重眼损伤/眼刺激，类别2；特异性靶器官毒性——一次接触，类别3（呼吸道刺激）

标签要素

象形图　

警示词　危险

危险性说明　高度易燃液体和蒸气，造成皮肤刺激，造成严重眼刺激，可能引起呼吸道刺激

防范说明

预防措施　远离热源、火花、明火、热表面。禁止吸烟。保持容器密闭。容器和接收设备接地连接。使用防爆型电器、通风、照明设备。只能使用不产生火花的工具。采取防止静电措施。戴防护手套、防护眼镜、防护面罩。避免接触眼睛、皮肤，操作后彻底清洗

事故响应　火灾时，使用干粉、二氧化碳、砂土灭火。皮肤接触：用大量肥皂水和水清洗，脱去被污染的衣服，如发生皮肤刺激，就医。被污染的衣服必须经洗净后方可重新使用。如接触眼睛：用水细心冲洗数分钟。如戴隐形眼镜并可方便地取出，取出隐形眼镜，继续冲洗。如

果眼睛刺激持续：就医

安全储存　存放在通风良好的地方。保持低温

废弃处置　本品及内装物、容器依据国家和地方法规处置

物理和化学危险　易燃，其蒸气与空气混合，能形成爆炸性混合物。遇水剧烈反应，产生有毒气体

健康危害　对眼睛、皮肤和黏膜有强烈刺激性。吸入引起喉、支气管炎症、痉挛，化学性肺炎、肺水肿等。接触可有头痛、恶心、呕吐、喉炎、咳嗽等症状

环境危害　对环境可能有害

第三部分　成分/组成信息

√ 物质　　　　　　　　□ 混合物

组分	浓度	CAS No.
氯甲基三甲硅烷		2344-80-1

第四部分　急救措施

吸入　迅速脱离现场至空气新鲜处。保持呼吸道通畅。如呼吸困难，给输氧。呼吸、心跳停止，立即进行心肺复苏术。就医

皮肤接触　立即脱去污染的衣着，用流动清水彻底冲洗。就医

眼睛接触　立即分开眼睑，用流动清水或生理盐水彻底冲洗。就医

食入　漱口，饮水。就医

对保护施救者的忠告　根据需要使用个人防护设备

对医生的特别提示　对症处理

第五部分　消防措施

灭火剂　用干粉、二氧化碳、砂土灭火

特别危险性　其蒸气与空气可形成爆炸性混合物，遇明火、高热极易燃烧爆炸。与氧化剂接触猛烈反应。遇水发生剧烈反应，散发出具有刺激性和腐蚀性的氯化氢气体。受高热分解放出有毒的气体。遇潮时对大多数金属有腐蚀性。若遇高热，容器内压增大，有开裂和爆炸的危险

灭火注意事项及防护措施　消防人员必须佩戴空气呼吸器、穿全身防火防毒服，在上风向灭火。尽可能将容器从火场移至空旷处。喷水保持火场容器冷却，直至灭火结束。处在火场中的容器若已变色或从安全泄压装置中发出声音，必须马上撤离。禁止用水和泡沫灭火

第六部分　泄漏应急处理

作业人员防护措施、防护装备和应急处置程序　根据液体流动和蒸气扩散的影响区域划定警戒区，无关人员从侧风向、上风向撤离至安全区。消除所有点火源。建议应急处理人员戴正压自给式呼吸器，穿防静电、防腐服。作业时使用的所有设备应接地。穿上适当的防护服前严禁接触破裂的容器和泄漏物。尽可能切断泄漏源

环境保护措施　防止泄漏物进入水体、下水道、地下室或有限空间

泄漏化学品的收容、清除方法及所使用的处置材料　严禁

用水处理。小量泄漏：用干燥的砂土或其他不燃材料覆盖泄漏物。大量泄漏：构筑围堤或挖坑收容。用防爆、耐腐蚀泵转移至槽车或专用收集器内

第七部分 操作处置与储存

操作注意事项 密闭操作，提供充分的局部排风。防止蒸气泄漏到工作场所空气中。操作人员必须经过专门培训，严格遵守操作规程。建议操作人员佩戴自吸过滤式防毒面具（全面罩），穿橡胶耐酸碱服，戴橡胶耐酸碱手套。远离火种、热源，工作场所严禁吸烟。使用防爆型的通风系统和设备。在清除液体和蒸气前不能进行焊接、切割等作业。避免产生烟雾。避免与氧化剂、酸类、碱类接触。尤其要注意避免与水接触。配备相应品种和数量的消防器材及泄漏应急处理设备。倒空的容器可能残留有害物

储存注意事项 储存于阴凉、干燥、通风良好的库房。远离火种、热源。防止阳光直射。包装必须密封，切勿受潮。应与氧化剂、酸类、碱类等分开存放，切忌混储。采用防爆型照明、通风设施。禁止使用易产生火花的机械设备和工具。储区应备有泄漏应急处理设备和合适的收容材料

第八部分 接触控制/个体防护

职业接触限值
中国 未制定标准
美国（ACGIH） 未制定标准
生物接触限值 未制定标准
监测方法 空气中有毒物质测定方法：未制定标准。生物监测检验方法：未制定标准
工程控制 严加密闭，提供充分的局部排风
个体防护装备
呼吸系统防护 空气中浓度超标时，必须佩戴过滤式防毒面具（全面罩）。紧急事态抢救或撤离时，应该佩戴空气呼吸器
眼睛防护 呼吸系统防护中已作防护
皮肤和身体防护 穿橡胶耐酸碱服
手防护 戴橡胶耐酸碱手套

第九部分 理化特性

外观与性状 无色液体

pH值 无资料		**熔点(℃)** 无资料	
沸点(℃) 98～99		**相对密度(水＝1)** 0.879	
相对蒸气密度(空气＝1) 无资料			
饱和蒸气压(kPa) 3.325(20℃)			
临界压力(MPa) 无资料	**辛醇/水分配系数** 无资料		
闪点(℃) －2.78	**自燃温度(℃)** 无资料		
爆炸下限(%) 无资料	**爆炸上限(%)** 无资料		
分解温度(℃) 无资料	**黏度(mPa·s)** 无资料		
燃烧热(kJ/mol) 无资料	**临界温度(℃)** 无资料		

溶解性 溶于部分有机溶剂

第十部分 稳定性和反应性

稳定性 稳定

危险反应 与强氧化剂、强酸、强碱等禁配物接触，有发生火灾和爆炸的危险。遇水发生剧烈反应，散发出具有刺激性和腐蚀性的氯化氢气体

避免接触的条件 潮湿空气

禁配物 强氧化剂、强酸、强碱、水蒸气

危险的分解产物 氯化氢、氧化硅

第十一部分 毒理学信息

急性毒性 无资料

皮肤刺激或腐蚀 无资料 **眼睛刺激或腐蚀** 无资料

呼吸或皮肤过敏 无资料 **生殖细胞突变性** 无资料

致癌性 无资料 **生殖毒性** 无资料

特异性靶器官系统毒性-一次接触 无资料

特异性靶器官系统毒性-反复接触 无资料

吸入危害 无资料

第十二部分 生态学信息

生态毒性 无资料

持久性和降解性
生物降解性 无资料
非生物降解性 无资料

潜在的生物累积性 无资料

土壤中的迁移性 无资料

第十三部分 废弃处置

废弃化学品 建议用焚烧法处置。在能利用的地方重复使用容器或在规定场所掩埋

污染包装物 将容器返还生产商或按照国家和地方法规处置

废弃注意事项 处置前应参阅国家和地方有关法规

第十四部分 运输信息

联合国危险货物编号（UN号） 1993

联合国运输名称 易燃液体，未另作规定的（氯甲基三甲硅烷）

联合国危险性类别 3

包装类别 Ⅱ **包装标志**

海洋污染物 否

运输注意事项 起运时包装要完整，装载应稳妥。运输过程中要确保容器不泄漏、不倒塌、不坠落、不损坏。运输时所用的槽（罐）车应有接地链，槽内可设孔隔板以减少震荡产生的静电。严禁与氧化剂、酸类、碱类、食用化学品等混装混运。公路运输时要按规定路线行驶，勿在居民区和人口稠密区停留

第十五部分 法规信息

下列法律、法规、规章和标准，对该化学品的管理作了相应的规定。

中华人民共和国职业病防治法 职业病分类和目录：未列入

危险化学品安全管理条例 危险化学品目录：列入。易制爆危险化学品名录：未列入。重点监管的危险化学品名录：未列入。GB 18218—2009《危险化学品重大危险源辨识》（表1）：未列入

使用有毒品作业场所劳动保护条例 高毒物品目录：未列入

易制毒化学品管理条例 易制毒化学品的分类和品种目录：未列入

国际公约 斯德哥尔摩公约：未列入。鹿特丹公约：未列入。蒙特利尔议定书：未列入

第十六部分 其他信息

编写和修订信息 缩略语和首字母缩写

培训建议 参考文献

免责声明

氯甲硫磷

第一部分 化学品标识

化学品中文名 氯甲硫磷；S-氯甲基-O,O-二乙基二硫代磷酸酯；灭尔磷；氯甲磷

化学品英文名 chlormephos；S-chloromethyl-O,O-diethylphosphorodithioate

分子式 $C_5H_{12}ClO_2PS_2$ 分子量 234.704

结构式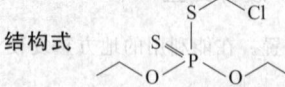

化学品的推荐及限制用途 用作农用杀虫剂

第二部分 危险性概述

紧急情况概述 吞咽致命，皮肤接触会致命

GHS 危险性类别 急性毒性-经口，类别2；急性毒性-经皮，类别1；危害水生环境-急性危害，类别1；危害水生环境-长期危害，类别1

标签要素

象形图

警示词 危险

危险性说明 吞咽致命，皮肤接触会致命，对水生生物毒性非常大并具有长期持续影响

防范说明

预防措施 避免接触眼睛、皮肤或衣服，操作后彻底清洗。作业场所不得进食、饮水或吸烟。戴防护手套、穿防护服。禁止排入环境

事故响应 皮肤接触：用大量肥皂水和水轻轻地清洗，立即脱去所有被污染的衣服，立即呼叫中毒控制中心或就医。被污染的衣服必须经洗净后方可重新使用。食入：立即呼叫中毒控制中心或就医，漱口。收集泄漏物

安全储存 上锁保管

废弃处置 本品及内装物、容器依据国家和地方法规处置

物理和化学危险 可燃，其蒸气与空气混合，能形成爆炸性混合物

健康危害 抑制胆碱酯酶活性。可引起头痛、头晕、无力、烦躁、恶心、呕吐、流涎、瞳孔缩小、肌肉震颤、呼吸困难、紫绀、肺水肿、脑水肿，可死于呼吸衰竭

环境危害 对水生生物毒性非常大并具有长期持续影响

第三部分 成分/组成信息

√ 物质 混合物

组分	浓度	CAS No.
氯甲硫磷		24934-91-6

第四部分 急救措施

皮肤接触 立即脱去污染的衣着，用肥皂水及流动清水彻底冲洗污染的皮肤、头发、指甲等。就医

眼睛接触 分开眼睑，用流动清水或生理盐水冲洗。就医

食入 饮足量温水，催吐（仅限于清醒者）。口服活性炭。就医

对保护施救者的忠告 根据需要使用个人防护设备

对医生的特别提示 解毒剂：阿托品、胆碱酯酶复能剂

第五部分 消防措施

灭火剂 用雾状水、泡沫、干粉、二氧化碳、砂土灭火

特别危险性 遇明火、高热可燃。与氧化剂可发生反应。遇高热分解释出高毒烟气。若遇高热，容器内压增大，有开裂和爆炸的危险

灭火注意事项及防护措施 消防人员必须佩戴空气呼吸器、穿全身防火防毒服，在上风向灭火。尽可能将容器从火场移至空旷处。喷水保持火场容器冷却，直至灭火结束。处在火场中的容器若已变色或从安全泄压装置中发出声音，必须马上撤离

第六部分 泄漏应急处理

作业人员防护措施、防护装备和应急处置程序 根据液体流动和蒸气扩散的影响区域划定警戒区，无关人员从侧风向、上风向撤离至安全区。建议应急处理人员戴正压自给式呼吸器，穿防毒服。穿上适当的防护服前严禁接触破裂的容器和泄漏物。尽可能切断泄漏源

环境保护措施 防止泄漏物进入水体、下水道、地下室或有限空间

泄漏化学品的收容、清除方法及所使用的处置材料 小量泄漏：用干燥的砂土或其他不燃材料吸收或覆盖，收集于容器中。大量泄漏：构筑围堤或挖坑收容。用泵转移至槽车或专用收集器内

第七部分 操作处置与储存

操作注意事项 密闭操作，提供充分的局部排风。防止蒸气泄漏到工作场所空气中。操作人员必须经过专门培训，严格遵守操作规程。建议操作人员佩戴自吸过滤式防毒面具（全面罩），穿胶布防毒衣，戴橡胶手套。

远离火种、热源，工作场所严禁吸烟。使用防爆型的通风系统和设备。在清除液体和蒸气前不能进行焊接、切割等作业。避免产生烟雾。避免与氧化剂接触。配备相应品种和数量的消防器材及泄漏应急处理设备。倒空的容器可能残留有害物

储存注意事项　储存于阴凉、通风良好的专用库房内，实行"双人收发、双人保管"制度。远离火种、热源。防止阳光直射。保持容器密封。应与氧化剂、食用化学品分开存放，切忌混储。配备相应品种和数量的消防器材。储区应备有泄漏应急处理设备和合适的收容材料

第八部分　接触控制/个体防护

职业接触限值

　　中国　未制定标准

　　美国（ACGIH）　未制定标准

生物接触限值

　　全血胆碱酯酶活性（校正值）：原基础值或参考值的70%（采样时间：开始接触后的3个月内），原基础值或参考值的50%（采样时间：持续接触3个月后，任意时间）

监测方法　空气中有毒物质测定方法：未制定标准。生物监测检验方法：血中胆碱酯酶活性的分光光度测定方法——羟胺三氯化铁法；血中胆碱酯酶活性的分光光度测定方法——硫代乙酰胆碱-联硫代双硝基苯甲酸法

工程控制　严加密闭，提供充分的局部排风

个体防护装备

　　呼吸系统防护　空气中浓度超标时，必须佩戴过滤式防毒面具（全面罩）。紧急事态抢救或撤离时，应该佩戴空气呼吸器

　　眼睛防护　呼吸系统防护中已作防护

　　皮肤和身体防护　穿密闭型防毒服

　　手防护　戴橡胶手套

第九部分　理化特性

外观与性状　无色液体

pH值　无资料　　　　　　**熔点（℃）**　无资料

沸点（℃）　81~85(0.0133kPa)

相对密度（水=1）　1.26

相对蒸气密度（空气=1）　无资料

饱和蒸气压（kPa）　7.45×10⁻⁴(30℃)

临界压力（MPa）　无资料　　**辛醇/水分配系数**　无资料

闪点（℃）　无资料　　　　**自燃温度（℃）**　无资料

爆炸下限（%）　无资料　　**爆炸上限（%）**　无资料

分解温度（℃）　无资料　　**黏度（mPa·s）**　无资料

燃烧热（kJ/mol）　无资料　**临界温度（℃）**　无资料

溶解性　微溶于水，易溶于多数有机溶剂

第十部分　稳定性和反应性

稳定性　稳定

危险反应　与强氧化剂等禁配物发生反应

避免接触的条件　无资料

禁配物　强氧化剂

危险的分解产物　氯化氢、氧化硫、氧化磷

第十一部分　毒理学信息

急性毒性　LD₅₀：7mg/kg（大鼠经口），27mg/kg（大鼠经皮），>1600mg/kg（兔经皮）。LC₅₀：88mg/m³（大鼠吸入，4h）

皮肤刺激或腐蚀　无资料　　**眼睛刺激或腐蚀**　无资料

呼吸或皮肤过敏　无资料　　**生殖细胞突变性**　无资料

致癌性　无资料　　　　　　**生殖毒性**　无资料

特异性靶器官系统毒性-一次接触　无资料

特异性靶器官系统毒性-反复接触　无资料

吸入危害　无资料

第十二部分　生态学信息

生态毒性　对水生生物有极高毒性，可能在水生环境中造成长期不利影响

持久性和降解性

　　生物降解性　无资料

　　非生物降解性　无资料

潜在的生物累积性　无资料

土壤中的迁移性　无资料

第十三部分　废弃处置

废弃化学品　建议用焚烧法处置。在能利用的地方重复使用容器或在规定场所掩埋

污染包装物　将容器返还生产商或按照国家和地方法规处置

废弃注意事项　处置前应参阅国家和地方有关法规

第十四部分　运输信息

联合国危险货物编号（UN号）　3018

联合国运输名称　液态有机磷农药，毒性（氯甲硫磷）

联合国危险性类别　6.1

包装类别　Ⅰ　　　　　　　　**包装标志**　

海洋污染物　是

运输注意事项　运输前应先检查包装容器是否完整、密封，运输过程中要确保容器不泄漏、不倒塌、不坠落、不损坏。严禁与酸类、氧化剂、食品及食品添加剂混运。运输时运输车辆应配备相应品种和数量的消防器材及泄漏应急处理设备。运输途中应防暴晒、雨淋，防高温。公路运输时要按规定路线行驶，勿在居民区和人口稠密区停留

第十五部分　法规信息

　　下列法律、法规、规章和标准，对该化学品的管理作了相应的规定。

中华人民共和国职业病防治法　职业病分类和目录：有机磷中毒

危险化学品安全管理条例　危险化学品目录：列入。作为

剧毒化学品进行管理。易制爆危险化学品名录：未列入。重点监管的危险化学品名录：未列入。GB 18218—2009《危险化学品重大危险源辨识》（表1）：未列入

使用有毒物品作业场所劳动保护条例　高毒物品目录：未列入

易制毒化学品管理条例　易制毒化学品的分类和品种目录：未列入

国际公约　斯德哥尔摩公约：未列入。鹿特丹公约：未列入。蒙特利尔议定书：未列入

第十六部分　其他信息

编写和修订信息　　缩略语和首字母缩写
培训建议　　　　　参考文献
免责声明

氯甲酸苯酯

第一部分　化学品标识

化学品中文名　氯甲酸苯酯

化学品英文名　phenyl chloroformate；chloroformic acid phenyl ester

分子式　$C_7H_5ClO_2$　**分子量**　156.566

结构式　

化学品的推荐及限制用途　用于有机合成

第二部分　危险性概述

紧急情况概述　可燃液体，吞咽有害，吸入致命，造成严重的皮肤灼伤和眼损伤

GHS危险性类别　易燃液体，类别4；急性毒性-经口，类别4；急性毒性-吸入，类别1；皮肤腐蚀/刺激，类别1；严重眼损伤/眼刺激，类别1

标签要素

象形图

警示词　危险

危险性说明　可燃液体，吞咽有害，吸入致命，造成严重的皮肤灼伤和眼损伤

防范说明

　　预防措施　远离火焰和热表面。禁止吸烟。戴防护手套、防护眼镜、防护面罩，穿防护服。避免接触眼睛、皮肤，操作后彻底清洗。作业场所不得进食、饮水或吸烟。避免吸入蒸气、雾。仅在室外或通风良好处操作。戴呼吸防护器具

　　事故响应　火灾时，使用干粉、二氧化碳、砂土灭火。如吸入：将患者转移到空气新鲜处，休息，保持利于呼吸的体位，立即呼叫中毒控制中心或就医。皮肤（或头发）接触：立即脱掉所有被污染的衣服，用水冲洗皮肤，淋浴。污

染的衣服须洗净后方可重新使用。眼睛接触：用水细心地冲洗数分钟，立即呼叫中毒控制中心或就医。如戴隐形眼镜并可方便地取出，则取出隐形眼镜，继续冲洗。食入：漱口，不要催吐。如果感觉不适，立即呼叫中毒控制中心或就医

　　安全储存　存放在通风良好的地方。保持低温。保持容器密闭。上锁保管

　　废弃处置　本品及内装物、容器依据国家和地方法规处置

物理和化学危险　可燃，其蒸气与空气混合，能形成爆炸性混合物

健康危害　对眼睛、黏膜、呼吸道及皮肤有强烈的刺激作用。吸入、摄入或经皮肤吸收能致死。吸入后可能因喉、支气管的痉挛、水肿而致死。其症状有烧灼感、恶心、呕吐、咳嗽、喘息、喉炎、气短。眼睛和皮肤接触引起灼伤

环境危害　对环境可能有害

第三部分　成分/组成信息

√　物质　　　　　　　　　混合物

组分	浓度	CAS No.
氯甲酸苯酯		1885-14-9

第四部分　急救措施

吸入　迅速脱离现场至空气新鲜处。保持呼吸道通畅。如呼吸困难，给输氧。呼吸、心跳停止，立即进行心肺复苏术。就医

皮肤接触　立即脱去污染的衣着，用大量流动清水彻底冲洗至少15min。就医

眼睛接触　立即分开眼睑，用流动清水或生理盐水彻底冲洗5～10min。就医

食入　用水漱口，禁止催吐。给饮牛奶或蛋清。就医

对保护施救者的忠告　根据需要使用个人防护设备

对医生的特别提示　对症处理

第五部分　消防措施

灭火剂　用干粉、二氧化碳、砂土灭火

特别危险性　可燃。遇明火能燃烧。遇水或受热会反应放出具有刺激性和腐蚀性的白色氯化氢烟雾

灭火注意事项及防护措施　消防人员必须佩戴空气呼吸器、穿全身防火防毒服，在上风向灭火。尽可能将容器从火场移至空旷处。处在火场中的容器若已变色或从安全泄压装置中产生声音，必须马上撤离。禁止用水和泡沫灭火

第六部分　泄漏应急处理

作业人员防护措施、防护装备和应急处置程序　根据液体流动和蒸气扩散的影响区域划定警戒区，无关人员从侧风向、上风向撤离至安全区。建议应急处理人员戴正压自给式呼吸器，穿防腐、防毒服。作业时使用的所有设备应接地。穿上适当的防护服前严禁接触破裂的容器和泄漏物。尽可能切断泄漏源

环境保护措施 防止泄漏物进入水体、下水道、地下室或有限空间

泄漏化学品的收容、清除方法及所使用的处置材料 严禁用水处理。小量泄漏：用干燥的砂土或其他不燃材料覆盖泄漏物。大量泄漏：构筑围堤或挖坑收容。用防爆、耐腐蚀泵转移至槽车或专用收集器内

第七部分 操作处置与储存

操作注意事项 密闭操作，提供充分的局部排风。操作尽可能机械化、自动化。操作人员必须经过专门培训，严格遵守操作规程。建议操作人员佩戴自吸过滤式防毒面具（全面罩），穿胶布防毒衣，戴橡胶耐油手套。远离火种、热源，工作场所严禁吸烟。使用防爆型的通风系统和设备。防止蒸气泄漏到工作场所空气中。避免与碱类、醇类接触。在氮气中操作处置。搬运时要轻装轻卸，防止包装及容器损坏。配备相应品种和数量的消防器材及泄漏应急处理设备。倒空的容器可能残留有害物

储存注意事项 储存于阴凉、干燥、通风良好的库房。远离火种、热源。保持容器密封。应与碱类、醇类、食用化学品分开存放，切忌混储。配备相应品种和数量的消防器材。储区应备有泄漏应急处理设备和合适的收容材料

第八部分 接触控制/个体防护

职业接触限值

中国 未制定标准

美国（ACGIH） 未制定标准

生物接触限值 未制定标准

监测方法 空气中有毒物质测定方法：未制定标准。生物监测检验方法：未制定标准

工程控制 严加密闭，提供充分的局部排风。提供安全淋浴和洗眼设备

个体防护装备

呼吸系统防护 空气中浓度超标时，必须佩戴过滤式防毒面具（全面罩）。紧急事态抢救或撤离时，应该佩戴空气呼吸器

眼睛防护 呼吸系统防护中已作防护

皮肤和身体防护 穿密闭型防毒服

手防护 戴橡胶耐油手套

第九部分 理化特性

外观与性状 无色油状液体

pH 值 无资料　　**熔点（℃）** 无资料

沸点（℃） 95(2.67kPa)

相对密度（水=1） 1.25

相对蒸气密度（空气=1） 1.0

饱和蒸气压（kPa） 8.4(20℃)

临界压力（MPa） 无资料　　**辛醇/水分配系数** 无资料

闪点（℃） 75　　**自燃温度（℃）** 无资料

爆炸下限（%） 无资料　　**爆炸上限（%）** 无资料

分解温度（℃） 无资料　　**黏度（mPa·s）** 无资料

燃烧热（kJ/mol） 无资料　　**临界温度（℃）** 无资料

溶解性 不溶于水，溶于乙醇、乙醚，易溶于石油醚

第十部分 稳定性和反应性

稳定性 稳定

危险反应 与碱类、醇类、胺类、水等禁配物发生反应。遇水或受热会反应放出具有刺激性和腐蚀性的白色氯化氢烟雾

避免接触的条件 受热、潮湿空气

禁配物 碱类、醇类、胺类、水

危险的分解产物 氯化氢

第十一部分 毒理学信息

急性毒性 LD$_{50}$：1410μL/kg（大鼠经口），3970μL/kg（兔经皮）

皮肤刺激或腐蚀 无资料　　**眼睛刺激或腐蚀** 无资料

呼吸或皮肤过敏 无资料　　**生殖细胞突变性** 无资料

致癌性 无资料　　　　　**生殖毒性** 无资料

特异性靶器官系统毒性-一次接触 无资料

特异性靶器官系统毒性-反复接触 无资料

吸入危害 无资料

第十二部分 生态学信息

生态毒性 无资料

持久性和降解性

生物降解性 无资料

非生物降解性 无资料

潜在的生物累积性 无资料

土壤中的迁移性 无资料

第十三部分 废弃处置

废弃化学品 建议用焚烧法处置。与燃料混合后，再焚烧。焚烧炉排出的卤化氢通过酸洗涤器除去

污染包装物 将容器返还生产商或按照国家和地方法规处置

废弃注意事项 处置前应参阅国家和地方有关法规

第十四部分 运输信息

联合国危险货物编号（UN 号） 2746

联合国运输名称 氯甲酸苯酯

联合国危险性类别 6.1，8

包装类别 Ⅱ

包装标志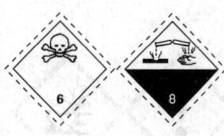

海洋污染物 否

运输注意事项 运输前应先检查包装容器是否完整、密封，运输过程中要确保容器不泄漏、不倒塌、不坠落、不损坏。严禁与酸类、氧化剂、食品及食品添加剂混运。运输时运输车辆应配备相应品种和数量的消防器材及泄漏应急处理设备。运输途中应防暴晒、雨淋，防高温。公路运输时要按规定路线行驶

第十五部分　法规信息

下列法律、法规、规章和标准,对该化学品的管理作了相应的规定。

中华人民共和国职业病防治法　职业病分类和目录:未列入

危险化学品安全管理条例　危险化学品目录:列入。易制爆危险化学品名录:未列入。重点监管的危险化学品名录:未列入。GB 18218—2009《危险化学品重大危险源辨识》(表1):未列入

使用有毒物品作业场所劳动保护条例　高毒物品目录:未列入

易制毒化学品管理条例　易制毒化学品的分类和品种目录:未列入

国际公约　斯德哥尔摩公约:未列入。鹿特丹公约:未列入。蒙特利尔议定书:未列入

第十六部分　其他信息

编写和修订信息　**缩略语和首字母缩写**
培训建议　**参考文献**
免责声明

氯甲酸苄酯

第一部分　化学品标识

化学品中文名　氯甲酸苄酯;苯甲氧基碳酰氯
化学品英文名　benzyl chloroformate; benzyloxycarbonyl chloride
分子式　$C_8H_7ClO_2$　**分子量**　170.593

结构式

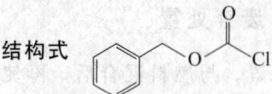

化学品的推荐及限制用途　用于生化研究及肽合成的保护基

第二部分　危险性概述

紧急情况概述　造成严重的皮肤灼伤和眼损伤,可能引起呼吸道刺激

GHS危险性类别　皮肤腐蚀/刺激,类别1B;严重眼损伤/眼刺激,类别1;特异性靶器官毒性——次接触,类别3(呼吸道刺激);危害水生环境-急性危害,类别1;危害水生环境-长期危害,类别1

标签要素

象形图

警示词　危险

危险性说明　造成严重的皮肤灼伤和眼损伤,可能引起呼吸道刺激,对水生生物毒性非常大并具有长期持续影响

防范说明

预防措施　避免吸入烟雾。避免接触眼睛、皮肤,

操作后彻底清洗。戴防护手套,穿防护服,戴防护眼镜、防护面罩。禁止排入环境

事故响应　如吸入:将患者转移到空气新鲜处,休息,保持利于呼吸的体位,立即呼叫中毒控制中心或就医。皮肤(或头发)接触:立即脱掉所有被污染的衣服,用水冲洗皮肤,淋浴。污染的衣服须洗净后方可重新使用。眼睛接触:用水细心地冲洗数分钟,立即呼叫中毒控制中心或就医。如戴隐形眼镜并可方便地取出,则取出隐形眼镜,继续冲洗。食入:漱口,不要催吐。收集泄漏物

安全储存　上锁保管

废弃处置　本品及内装物、容器依据国家和地方法规处置

物理和化学危险　可燃,其蒸气与空气混合,能形成爆炸性混合物

健康危害　吸入、摄入或经皮肤吸收后会中毒。对眼睛、皮肤和黏膜有强烈刺激作用,可引起灼伤。吸入,会引起喉、支气管炎症、痉挛、化学性肺炎、肺水肿

环境危害　对水生生物毒性非常大并具有长期持续影响

第三部分　成分/组成信息

√ 物质　　　　　　　　　混合物

组分	浓度	CAS No.
氯甲酸苄酯		501-53-1

第四部分　急救措施

吸入　迅速脱离现场至空气新鲜处。保持呼吸道通畅。如呼吸困难,给输氧。呼吸、心跳停止,立即进行心肺复苏术。就医

皮肤接触　立即脱去污染的衣着,用大量流动清水彻底冲洗至少15min。就医

眼睛接触　立即分开眼睑,用流动清水或生理盐水彻底冲洗5~10min。就医

食入　用水漱口,禁止催吐。给饮牛奶或蛋清。就医

对保护施救者的忠告　根据需要使用个人防护设备

对医生的特别提示　对症处理

第五部分　消防措施

灭火剂　用干粉、二氧化碳、砂土灭火

特别危险性　遇明火、高热可燃。与氧化剂可发生反应。遇水或水蒸气反应放热并产生有毒的腐蚀性气体。受高热分解放出有毒的气体。若遇高热,容器内压增大,有开裂和爆炸的危险

灭火注意事项及防护措施　消防人员必须佩戴空气呼吸器、穿全身防火防毒服,在上风向灭火。尽可能将容器从火场移至空旷处。喷水保持火场容器冷却,直至灭火结束。处在火场中的容器若已变色或从安全泄压装置中发出声音,必须马上撤离。不宜用水

第六部分　泄漏应急处理

作业人员防护措施、防护装备和应急处置程序　根据液体流动和蒸气扩散的影响区域划定警戒区,无关人员从

侧风向、上风向撤离至安全区。消除所有点火源。建议应急处理人员戴正压自给式呼吸器，穿防酸碱服。穿上适当的防护服前严禁接触破裂的容器和泄漏物。尽可能切断泄漏源

环境保护措施 防止泄漏物进入水体、下水道、地下室或有限空间

泄漏化学品的收容、清除方法及所使用的处置材料 勿使泄漏物与可燃物质（如木材、纸、油等）接触。小量泄漏：用干燥的砂土或其他不燃材料覆盖泄漏物，用洁净的无火花工具收集泄漏物，置于一盖子较松的塑料容器中，待处置。大量泄漏：构筑围堤或挖坑收容。用碎石灰石（$CaCO_3$）、苏打灰（Na_2CO_3）或石灰（CaO）中和。用耐腐蚀泵转移至槽车或专用收集器内

第七部分 操作处置与储存

操作注意事项 密闭操作，提供充分的局部排风。防止蒸气泄漏到工作场所空气中。操作人员必须经过专门培训，严格遵守操作规程。建议操作人员佩戴自吸过滤式防毒面具（全面罩），穿橡胶耐酸碱服，戴橡胶耐酸碱手套。远离火种、热源，工作场所严禁吸烟。使用防爆型的通风系统和设备。在清除液体和蒸气前不能进行焊接、切割等作业。避免产生烟雾。避免与氧化剂、酸类接触。尤其要注意避免与水接触。配备相应品种和数量的消防器材及泄漏应急处理设备。倒空的容器可能残留有害物

储存注意事项 储存于阴凉、干燥、通风良好的库房。远离火种、热源。防止阳光直射。包装必须密封，切勿受潮。应与氧化剂、酸类、食用化学品等分开存放，切忌混储。配备相应品种和数量的消防器材。储区应备有泄漏应急处理设备和合适的收容材料

第八部分 接触控制/个体防护

职业接触限值
中国 未制定标准
美国（ACGIH） 未制定标准
生物接触限值 未制定标准
监测方法 空气中有毒物质测定方法：未制定标准。生物监测检验方法：未制定标准
工程控制 严加密闭，提供充分的局部排风
个体防护装备
呼吸系统防护 空气中浓度超标时，必须佩戴过滤式防毒面具（全面罩）。紧急事态抢救或撤离时，应该佩戴空气呼吸器
眼睛防护 呼吸系统防护中已作防护
皮肤和身体防护 穿橡胶耐酸碱服
手防护 戴橡胶耐酸碱手套

第九部分 理化特性

外观与性状 无色至浅黄色液体，有刺激性气味，具有催泪性
pH 值 无资料　　　　**熔点（℃）** 无资料
沸点（℃） 152　　　　**相对密度（水＝1）** 1.195
相对蒸气密度（空气＝1） 1.0

饱和蒸气压（kPa） 9.58(20℃)
临界压力（MPa） 无资料　　**辛醇/水分配系数** 无资料
闪点（℃） 91.67　　　　**自燃温度（℃）** 无资料
爆炸下限（%） 无资料　　**爆炸上限（%）** 无资料
分解温度（℃） ＞100　　**黏度（mPa·s）** 2.57(20℃)
燃烧热（kJ/mol） －4094.23 **临界温度（℃）** 无资料
溶解性 溶于醚、苯、氯仿

第十部分 稳定性和反应性

稳定性 稳定
危险反应 与强氧化剂、强酸、水蒸气等禁配物发生反应。遇水或水蒸气反应放热并产生有毒的腐蚀性气体
避免接触的条件 潮湿空气
禁配物 强氧化剂、强酸、水蒸气
危险的分解产物 氯化氢、光气

第十一部分 毒理学信息

急性毒性 LD_{50}：3000mg/kg(大鼠经口)。LC_{50}：590mg/m³（大鼠吸入，4h）
皮肤刺激或腐蚀 无资料　　**眼睛刺激或腐蚀** 无资料
呼吸或皮肤过敏 无资料　　**生殖细胞突变性** 无资料
致癌性 无资料　　　　**生殖毒性** 无资料
特异性靶器官系统毒性-一次接触 无资料
特异性靶器官系统毒性-反复接触 无资料
吸入危害 无资料

第十二部分 生态学信息

生态毒性 无资料
持久性和降解性
生物降解性 无资料
非生物降解性 无资料
潜在的生物累积性 无资料
土壤中的迁移性 无资料

第十三部分 废弃处置

废弃化学品 建议用焚烧法处置。在能利用的地方重复使用容器或在规定场所掩埋
污染包装物 将容器返还生产商或按照国家和地方法规处置
废弃注意事项 处置前应参阅国家和地方有关法规

第十四部分 运输信息

联合国危险货物编号（UN 号） 1739
联合国运输名称 氯甲酸苄酯
联合国危险性类别 8

包装类别 Ⅰ　　　　　**包装标志**

海洋污染物 是
运输注意事项 起运时包装要完整，装载应稳妥。运输过程中要确保容器不泄漏、不倒塌、不坠落、不损坏。严禁与氧化剂、酸类、食用化学品等混装混运。运输

时运输车辆应配备相应品种和数量的消防器材及泄漏应急处理设备。运输途中应防暴晒、雨淋，防高温。公路运输时要按规定路线行驶，勿在居民区和人口稠密区停留

第十五部分　法规信息

下列法律、法规、规章和标准，对该化学品的管理作了相应的规定。

中华人民共和国职业病防治法　职业病分类和目录：未列入

危险化学品安全管理条例　危险化学品目录：列入。易制爆危险化学品名录：未列入。重点监管的危险化学品名录：未列入。GB 18218—2009《危险化学品重大危险源辨识》（表1）：未列入

使用有毒物品作业场所劳动保护条例　高毒物品目录：未列入

易制毒化学品管理条例　易制毒化学品的分类和品种目录：未列入

国际公约　斯德哥尔摩公约：未列入。鹿特丹公约：未列入。蒙特利尔议定书：未列入

第十六部分　其他信息

编写和修订信息　　缩略语和首字母缩写
培训建议　　　　　参考文献
免责声明

氯甲酸氯甲酯

第一部分　化学品标识

化学品中文名　氯甲酸氯甲酯
化学品英文名　chloromethyl chloroformate
分子式　$C_2H_2Cl_2O_2$　**分子量**　128.94
结构式

化学品的推荐及限制用途　用于合成反应，也用作催泪性毒气

第二部分　危险性概述

紧急情况概述　吞咽有害，吸入致命，造成严重的皮肤灼伤和眼损伤

GHS危险性类别　急性毒性-经口，类别4；急性毒性-吸入，类别2；皮肤腐蚀/刺激，类别1；严重眼损伤/眼刺激，类别1

标签要素

象形图

警示词　危险

危险性说明　吞咽有害，吸入致命，造成严重的皮肤灼伤和眼损伤

防范说明

预防措施　避免接触眼睛、皮肤，操作后彻底清

洗。作业场所不得进食、饮水或吸烟。避免吸入蒸气、雾。仅在室外或通风良好处操作。戴呼吸防护器具。戴防护手套，穿防护服，戴防护眼镜、防护面罩

事故响应　如吸入：将患者转移到空气新鲜处，休息，保持利于呼吸的体位，立即呼叫中毒控制中心或就医。皮肤（或头发）接触：立即脱掉所有被污染的衣服，用水冲洗皮肤，淋浴。污染的衣服须洗净后方可重新使用。眼睛接触：用水细心地冲洗数分钟，立即呼叫中毒控制中心或就医。如戴隐形眼镜并可方便地取出，则取出隐形眼镜，继续冲洗。食入：漱口，不要催吐。如果感觉不适，立即呼叫中毒控制中心或就医

安全储存　在通风良好处储存。保持容器密闭。上锁保管

废弃处置　本品及内装物、容器依据国家和地方法规处置

物理和化学危险　可燃，其蒸气与空气混合，能形成爆炸性混合物

健康危害　本品对眼睛、皮肤、呼吸道有剧烈刺激作用。可引起眼和皮肤灼伤，较高的浓度可引起肺水肿

环境危害　对环境可能有害

第三部分　成分/组成信息

√　物质　　　　　　　　　　　混合物

组分	浓度	CAS No.
氯甲酸氯甲酯		22128-62-7

第四部分　急救措施

吸入　迅速脱离现场至空气新鲜处。保持呼吸道通畅。如呼吸困难，给输氧。呼吸、心跳停止，立即进行心肺复苏术。就医

皮肤接触　立即脱去污染的衣着，用大量流动清水彻底冲洗至少15min。就医

眼睛接触　立即分开眼睑，用流动清水或生理盐水彻底冲洗5～10min。就医

食入　用水漱口，禁止催吐。给饮牛奶或蛋清。就医

对保护施救者的忠告　根据需要使用个人防护设备

对医生的特别提示　对症处理

第五部分　消防措施

灭火剂　用干粉、二氧化碳、砂土灭火

特别危险性　可燃。遇水或水蒸气反应放热并产生有毒的腐蚀性气体

灭火注意事项及防护措施　消防人员必须佩戴空气呼吸器、穿全身防火防毒服，在上风向灭火。尽可能将容器从火场移至空旷处。处在火场中的容器若已变色或从安全泄压装置中发出声音，必须马上撤离。禁止用水和泡沫灭火

第六部分　泄漏应急处理

作业人员防护措施、防护装备和应急处置程序　根据液体

流动和蒸气扩散的影响区域划定警戒区，无关人员从侧风向、上风向撤离至安全区。建议应急处理人员戴正压自给式呼吸器，穿防毒服。作业时使用的所有设备应接地。穿上适当的防护服前严禁接触破裂的容器和泄漏物。勿使水进入包装容器内。尽可能切断泄漏源

环境保护措施 防止泄漏物进入水体、下水道、地下室或有限空间

泄漏化学品的收容、清除方法及所使用的处置材料 小量泄漏：用干燥的砂土或其他不燃材料覆盖泄漏物。大量泄漏：构筑围堤或挖坑收容。用泵转移至槽车或专用收集器内

第七部分 操作处置与储存

操作注意事项 严加密闭，提供充分的局部排风和全面通风。操作人员必须经过专门培训，严格遵守操作规程。建议操作人员佩戴自吸过滤式防毒面具（全面罩），穿胶布防毒衣，戴橡胶耐油手套。远离火种、热源，工作场所严禁吸烟。使用防爆型的通风系统和设备。防止蒸气泄漏到工作场所空气中。避免与氧化剂、酸类接触。搬运时要轻装轻卸，防止包装及容器损坏。配备相应品种和数量的消防器材及泄漏应急处理设备。倒空的容器可能残留有害物

储存注意事项 储存于阴凉、通风良好的库房内。远离火种、热源。库温不宜超过30℃。应与氧化剂、酸类、食用化学品分开存放，切忌混储。配备相应品种和数量的消防器材。储区应备有泄漏应急处理设备和合适的收容材料

第八部分 接触控制/个体防护

职业接触限值
中国 未制定标准
美国（ACGIH） 未制定标准
生物接触限值 未制定标准
监测方法 空气中有毒物质测定方法：未制定标准。生物监测检验方法：未制定标准
工程控制 严加密闭，提供充分的局部排风和全面通风
个体防护装备
呼吸系统防护 空气中浓度超标时，必须佩戴过滤式防毒面具（全面罩）。紧急事态抢救或撤离时，应该佩戴空气呼吸器
眼睛防护 呼吸系统防护中已作防护
皮肤和身体防护 穿密闭型防毒服
手防护 戴橡胶耐油手套

第九部分 理化特性

外观与性状 有渗透性、刺激性的无色液体，易分解
pH 值 无资料　　　　**熔点（℃）** 无资料
沸点（℃） 107　　　**相对密度（水＝1）** 1.47
相对蒸气密度（空气＝1） 4.5
饱和蒸气压（kPa） 无资料
临界压力（MPa） 无资料　**辛醇/水分配系数** 无资料
闪点（℃） 95　　　　**自燃温度（℃）** 无资料

爆炸下限（%） 无资料　　**爆炸上限（%）** 无资料
分解温度（℃） 无资料　　**黏度（mPa·s）** 无资料
燃烧热（kJ/mol） 无资料　**临界温度（℃）** 无资料
溶解性 无资料

第十部分 稳定性和反应性

稳定性 稳定
危险反应 与强氧化剂、水、强酸等禁配物发生反应。遇水或水蒸气反应放热并产生有毒的腐蚀性气体
避免接触的条件 潮湿空气
禁配物 强氧化剂、水、强酸
危险的分解产物 氯化氢

第十一部分 毒理学信息

急性毒性 LD_{50}：<50mg/kg(大鼠经口)。MLC：344mg/m³（小鼠吸入）
皮肤刺激或腐蚀 无资料　**眼睛刺激或腐蚀** 无资料
呼吸或皮肤过敏 无资料　**生殖细胞突变性** 无资料
致癌性 无资料　　　　　**生殖毒性** 无资料
特异性靶器官系统毒性-一次接触 无资料
特异性靶器官系统毒性-反复接触 无资料
吸入危害 无资料

第十二部分 生态学信息

生态毒性 无资料
持久性和降解性
生物降解性 无资料
非生物降解性 无资料
潜在的生物累积性 无资料
土壤中的迁移性 无资料

第十三部分 废弃处置

废弃化学品 建议用焚烧法处置。与燃料混合后，再焚烧。焚烧炉排出的卤化氢通过酸洗涤器除去
污染包装物 将容器返还生产商或按照国家和地方法规处置
废弃注意事项 处置前应参阅国家和地方有关法规

第十四部分 运输信息

联合国危险货物编号（UN号） 2745
联合国运输名称 氯甲酸氯甲酯
联合国危险性类别 6.1，8
包装类别 Ⅱ
包装标志
海洋污染物 否
运输注意事项 运输前应先检查包装容器是否完整、密封，运输过程中要确保容器不泄漏、不倒塌、不坠落、不损坏。严禁与酸类、氧化剂、食品及食品添加剂混运。运输时运输车辆应配备相应品种和数量的消防器材及泄漏应急处理设备。运输途中应防暴晒、雨

淋，防高温。公路运输时要按规定路线行驶，勿在居民区和人口稠密区停留

第十五部分　法规信息

下列法律、法规、规章和标准，对该化学品的管理作了相应的规定。

中华人民共和国职业病防治法　职业病分类和目录：未列入

危险化学品安全管理条例　危险化学品目录：列入。易制爆危险化学品名录：未列入。重点监管的危险化学品名录：未列入。GB 18218—2009《危险化学品重大危险源辨识》（表1）：未列入

使用有毒物品作业场所劳动保护条例　高毒物品目录：未列入

易制毒化学品管理条例　易制毒化学品的分类和品种目录：未列入

国际公约　斯德哥尔摩公约：未列入。鹿特丹公约：未列入。蒙特利尔议定书：未列入

第十六部分　其他信息

编写和修订信息　缩略语和首字母缩写
培训建议　　　　参考文献
免责声明

氯甲酸三氯甲酯

第一部分　化学品标识

化学品中文名　氯甲酸三氯甲酯；双光气；氯代甲酸三氯甲酯

化学品英文名　trichloromethyl chloroformate; diphosgene

分子式　$C_2Cl_4O_2$　**分子量**　197.832

结构式　

化学品的推荐及限制用途　用于有机合成

第二部分　危险性概述

紧急情况概述　吞咽致命，吸入致命，造成严重的皮肤灼伤和眼损伤

GHS危险性类别　急性毒性-经口，类别2；急性毒性-吸入，类别2；皮肤腐蚀/刺激，类别1；严重眼损伤/眼刺激，类别1

标签要素

象形图　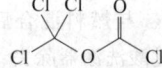

警示词　危险

危险性说明　吞咽致命，吸入致命，造成严重的皮肤灼伤和眼损伤

防范说明

预防措施　避免接触眼睛、皮肤，操作后彻底清洗。作业场所不得进食、饮水或吸烟。避免吸入蒸气、雾。仅在室外或通风良好处操作。戴呼吸防护器具。戴防护手套，穿防护服，戴防护眼镜、防护面罩

事故响应　如吸入：将患者转移到空气新鲜处，休息，保持利于呼吸的体位，立即呼叫中毒控制中心或就医。皮肤（或头发）接触：立即脱掉所有被污染的衣服，用水冲洗皮肤，淋浴。污染的衣服须洗净后方可重新使用。眼睛接触：用水细心地冲洗数分钟，立即呼叫中毒控制中心或就医。如戴隐形眼镜并可方便地取出，则取出隐形眼镜，继续冲洗。食入：漱口，不要催吐，立即呼叫中毒控制中心或就医

安全储存　在通风良好处储存。保持容器密闭。上锁保管

废弃处置　本品及内装物、容器依据国家和地方法规处置

物理和化学危险　不燃，无特殊燃爆特性

健康危害　主要作用于呼吸器官，引起急性中毒性肺水肿，严重者窒息死亡。眼和皮肤接触引起灼伤

环境危害　对环境可能有害

第三部分　成分/组成信息

√　物质　　　　　　　　　混合物

组分	浓度	CAS No.
氯甲酸三氯甲酯		503-38-8

第四部分　急救措施

吸入　迅速脱离现场至空气新鲜处。保持呼吸道通畅。如呼吸困难，给输氧。呼吸、心跳停止，立即进行心肺复苏术。就医

皮肤接触　立即脱去污染的衣着，用大量流动清水彻底冲洗至少15min。就医

眼睛接触　立即分开眼睑，用流动清水或生理盐水彻底冲洗5～10min。就医

食入　用水漱口，禁止催吐。给饮牛奶或蛋清。就医

对保护施救者的忠告　根据需要使用个人防护设备

对医生的特别提示　对症处理

第五部分　消防措施

灭火剂　本品不燃，根据着火原因选择适当灭火剂灭火

特别危险性　遇高热、碱类、活性炭能产生剧毒的光气。遇水或水蒸气反应放热并产生有毒的腐蚀性气体

灭火注意事项及防护措施　消防人员必须佩戴空气呼吸器、穿全身防火防毒服，在上风向灭火。尽可能将容器从火场移至空旷处。喷水保持火场容器冷却，直至灭火结束。处在火场中的容器若已变色或从安全泄压装置中发出声音，必须马上撤离

第六部分　泄漏应急处理

作业人员防护措施、防护装备和应急处置程序　根据液体流动和蒸气扩散的影响区域划定警戒区，无关人员从侧风向、上风向撤离至安全区。建议应急处理人员戴正压自给式呼吸器，穿防毒、防静电服。作业时使用

的所有设备应接地。穿上适当的防护服前严禁接触破裂的容器和泄漏物。尽可能切断泄漏源

环境保护措施 防止泄漏物进入水体、下水道、地下室或有限空间

泄漏化学品的收容、清除方法及所使用的处置材料 严禁用水处理。小量泄漏：用干燥的砂土或其他不燃材料覆盖泄漏物。大量泄漏：构筑围堤或挖坑收容。用防爆、耐腐蚀泵转移至槽车或专用收集器内

第七部分 操作处置与储存

操作注意事项 密闭操作，提供充分的局部排风。操作尽可能机械化、自动化。操作人员必须经过专门培训，严格遵守操作规程。建议操作人员佩戴自吸过滤式防毒面具（全面罩），穿胶布防毒衣，戴橡胶耐油手套。避免产生烟雾。防止烟雾和蒸气释放到工作场所空气中。避免与氧化剂、碱类接触。尤其要注意避免与水接触。搬运时要轻装轻卸，防止包装及容器损坏。配备泄漏应急处理设备。倒空的容器可能残留有害物

储存注意事项 储存于阴凉、干燥、通风良好的库房。远离火种、热源。包装必须密封，切勿受潮。应与氧化剂、碱类、食用化学品分开存放，切忌混储。储区应备有泄漏应急处理设备和合适的收容材料

第八部分 接触控制/个体防护

职业接触限值
中国 未制定标准
美国（ACGIH） 未制定标准
生物接触限值 未制定标准
监测方法 空气中有毒物质测定方法：未制定标准。生物监测检验方法：未制定标准
工程控制 严加密闭，提供充分的局部排风。提供安全淋浴和洗眼设备
个体防护装备
呼吸系统防护 空气中浓度超标时，必须佩戴过滤式防毒面具（全面罩）。紧急事态抢救或撤离时，应该佩戴空气呼吸器
眼睛防护 呼吸系统防护中已作防护
皮肤和身体防护 穿密闭型防毒服
手防护 戴橡胶耐油手套

第九部分 理化特性

外观与性状 无色液体，有窒息性
pH值 无资料　　　　　熔点(℃) −57
沸点(℃) 128　　　相对密度(水＝1) 1.65
相对蒸气密度(空气＝1) 6.9
饱和蒸气压(kPa) 1.37(20℃)
临界压力(MPa) 无资料　辛醇/水分配系数 无资料
闪点(℃) 无意义　　自燃温度(℃) 无意义
爆炸下限(%) 无意义　　爆炸上限(%) 无意义
分解温度(℃) 无资料　　黏度(mPa·s) 无资料
燃烧热(kJ/mol) 无资料　临界温度(℃) 无资料
溶解性 不溶于水，溶于醇、乙醚等多数有机溶剂

第十部分 稳定性和反应性

稳定性 稳定
危险反应 与强氧化剂、碱类、水等禁配物发生反应。遇高热、碱类、活性炭能产生剧毒的光气。遇水或水蒸气反应放热并产生有毒的腐蚀性气体
避免接触的条件 潮湿空气
禁配物 强氧化剂、碱类、水
危险的分解产物 氯化氢、光气

第十一部分 毒理学信息

急性毒性 LCLo：900mg/m³（大鼠吸入，15min）
皮肤刺激或腐蚀 无资料　眼睛刺激或腐蚀 无资料
呼吸或皮肤过敏 无资料　生殖细胞突变性 无资料
致癌性 无资料　　　　　生殖毒性 无资料
特异性靶器官系统毒性-一次接触 无资料
特异性靶器官系统毒性-反复接触 无资料
吸入危害 无资料

第十二部分 生态学信息

生态毒性 无资料
持久性和降解性
生物降解性 无资料
非生物降解性 无资料
潜在的生物累积性 无资料
土壤中的迁移性 无资料

第十三部分 废弃处置

废弃化学品 根据国家和地方有关法规的要求处置。或与厂商或制造商联系，确定处置方法
污染包装物 将容器返还生产商或按照国家和地方法规处置
废弃注意事项 处置前应参阅国家和地方有关法规

第十四部分 运输信息

联合国危险货物编号（UN号） 2742
联合国运输名称 氯甲酸酯，毒性，腐蚀性，未另作规定的（氯甲酸三氯甲酯）
联合国危险性类别 6.1，8
包装类别 Ⅱ
包装标志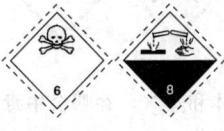
海洋污染物 否
运输注意事项 运输前应先检查包装容器是否完整、密封，运输过程中要确保容器不泄漏、不倒塌、不坠落、不损坏。严禁与酸类、氧化剂、食品及食品添加剂混运。运输时运输车辆应配备泄漏应急处理设备。运输途中应防暴晒、雨淋，防高温。公路运输时要按规定路线行驶，勿在居民区和人口稠密区停留

第十五部分 法规信息

下列法律、法规、规章和标准，对该化学品的管理作

了相应的规定。

中华人民共和国职业病防治法　职业病分类和目录：未列入

危险化学品安全管理条例　危险化学品目录：列入。易制爆危险化学品名录：未列入。重点监管的危险化学品名录：列入

GB 18218—2009《危险化学品重大危险源辨识》（表1）：未列入

使用有毒物品作业场所劳动保护条例　高毒物品目录：未列入

易制毒化学品管理条例　易制毒化学品的分类和品种目录：未列入

国际公约　斯德哥尔摩公约：未列入。鹿特丹公约：未列入。蒙特利尔议定书：未列入

第十六部分　其他信息

编写和修订信息　　缩略语和首字母缩写
培训建议　　　　　　参考文献
免责声明

氯甲酸烯丙酯

第一部分　化学品标识

化学品中文名　氯甲酸烯丙酯
化学品英文名　allyl chloroformate
分子式　$C_4H_5ClO_2$　**分子量**　120.54
结构式
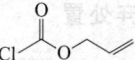
化学品的推荐及限制用途　用于有机合成

第二部分　危险性概述

紧急情况概述　易燃液体和蒸气，吞咽会中毒，造成严重的皮肤灼伤和眼损伤
GHS危险性类别　易燃液体，类别3；急性毒性-经口，类别3；皮肤腐蚀/刺激，类别1；严重眼损伤/眼刺激，类别1
标签要素

象形图　

警示词　危险
危险性说明　易燃液体和蒸气，吞咽会中毒，造成严重的皮肤灼伤和眼损伤
防范说明

预防措施　远离热源、火花、明火、热表面。保持容器密闭。容器和接收设备接地连接。使用防爆型电器、通风、照明设备。只能使用不产生火花的工具。采取防止静电措施。避免接触眼睛、皮肤，操作后彻底清洗。作业场所不得进食、饮水或吸烟。避免吸入蒸气、雾。穿防护服、戴防护眼镜、防护手套、防护面罩

事故响应　火灾时，使用干粉、二氧化碳、砂土灭火。如吸入：将患者转移到空气新鲜处，休息，保持利于呼吸的体位。如皮肤（或头发）接触：立即脱掉所有被污染的衣服，用水冲洗皮肤，淋浴。污染的衣服必须洗净后方可重新使用。眼睛接触：用水细心地冲洗数分钟。如戴隐形眼镜并可方便地取出，则取出隐形眼镜，继续冲洗。食入：漱口，不要催吐，立即呼叫中毒控制中心或就医

安全储存　存放在通风良好的地方。保持低温。上锁保管

废弃处置　本品及内装物、容器依据国家和地方法规处置

物理和化学危险　易燃，其蒸气与空气混合，能形成爆炸性混合物。容易自聚

健康危害　对眼睛、皮肤和黏膜有强烈刺激性，有腐蚀性。吸入，可引起喉与支气管炎症、痉挛、化学性肺炎，肺水肿等。接触有头痛、恶心、呕吐、喉炎、咳嗽等症状

环境危害　对环境可能有害

第三部分　成分/组成信息

√ 物质　　　　　　　　　混合物

组分	浓度	CAS No.
氯甲酸烯丙酯		2937-50-0

第四部分　急救措施

吸入　迅速脱离现场至空气新鲜处。保持呼吸道通畅。如呼吸困难，给输氧。呼吸、心跳停止，立即进行心肺复苏术。就医
皮肤接触　立即脱去污染的衣着，用大量流动清水彻底冲洗至少15min。就医
眼睛接触　立即分开眼睑，用流动清水或生理盐水彻底冲洗5～10min。就医
食入　用水漱口，禁止催吐。给饮牛奶或蛋清。就医
对保护施救者的忠告　根据需要使用个人防护设备
对医生的特别提示　对症处理

第五部分　消防措施

灭火剂　用干粉、二氧化碳、砂土灭火
特别危险性　其蒸气与空气可形成爆炸性混合物，遇明火、高热能引起燃烧爆炸。与氧化剂可发生反应。遇高热分解释放出高毒烟气。蒸气比空气重，沿地面扩散并易积存于低洼处，遇火源会着火回燃。容易自聚，聚合反应随着温度的上升而急骤加剧。遇潮时对大多数金属有腐蚀性。若遇高热，容器内压增大，有开裂和爆炸的危险
灭火注意事项及防护措施　消防人员必须佩戴空气呼吸器、穿全身防火防毒服，在上风向灭火。尽可能将容器从火场移至空旷处。喷水保持火场容器冷却，直至灭火结束。处在火场中的容器若已变色或从安全泄压装置中发出声音，必须马上撤离。不宜用水

第六部分　泄漏应急处理

作业人员防护措施、防护装备和应急处置程序　消除所有

点火源。根据液体流动和蒸气扩散的影响区域划定警戒区，无关人员从侧风、上风向撤离至安全区。建议应急处理人员戴正压自给式呼吸器，穿防静电、防腐、防毒服。作业时使用的所有设备应接地。穿上适当的防护服前严禁接触破裂的容器和泄漏物。尽可能切断泄漏源。

环境保护措施 防止泄漏物进入水体、下水道、地下室或有限空间

泄漏化学品的收容、清除方法及所使用的处置材料 严禁用水处理。小量泄漏：用干燥的砂土或其他不燃材料覆盖泄漏物。大量泄漏：构筑围堤或挖坑收容。用防爆、耐腐蚀泵转移至槽车或专用收集器内

第七部分 操作处置与储存

操作注意事项 密闭操作，提供充分的局部排风。防止蒸气泄漏到工作场所空气中。操作人员必须经过专门培训，严格遵守操作规程。建议操作人员佩戴自吸过滤式防毒面具（全面罩），穿橡胶耐酸碱服，戴橡胶耐酸碱手套。远离火种、热源，工作场所严禁吸烟。使用防爆型的通风系统和设备。在清除液体和蒸气前不能进行焊接、切割等作业。避免产生烟雾。避免与氧化剂、酸类、碱类、醇类、胺类接触。配备相应品种和数量的消防器材及泄漏应急处理设备。倒空的容器可能残留有害物

储存注意事项 通常商品加有阻聚剂。储存于阴凉、干燥、通风良好的库房。远离火种、热源。防止阳光直射。保持容器密封，严禁与空气接触。应与氧化剂、酸类、碱类、醇类、胺类、食用化学品等分开存放，切忌混储。采用防爆型照明、通风设施。禁止使用易产生火花的机械设备和工具。储区应备有泄漏应急处理设备和合适的收容材料

第八部分 接触控制/个体防护

职业接触限值

中国 未制定标准

美国（ACGIH） 未制定标准

生物接触限值 未制定标准

监测方法 空气中有毒物质测定方法：未制定标准。生物监测检验方法：未制定标准

工程控制 严加密闭，提供充分的局部排风

个体防护装备

呼吸系统防护 空气中浓度超标时，必须佩戴过滤式防毒面具（全面罩）。紧急事态抢救或撤离时，应该佩戴空气呼吸器

眼睛防护 呼吸系统防护中已作防护

皮肤和身体防护 穿橡胶耐酸碱服

手防护 戴橡胶耐酸碱手套

第九部分 理化特性

外观与性状 无色液体，有强刺激性

pH 值 无资料 　　**熔点（℃）** −80

沸点（℃） 109～110 　　**相对密度（水＝1）** 1.136

相对蒸气密度（空气＝1） 4.2

饱和蒸气压（kPa） 25.3（20℃）

临界压力（MPa） 无资料 　**辛醇/水分配系数** 无资料

闪点（℃） 31.11 　　**自燃温度（℃）** 无资料

爆炸下限（%） 无资料 　**爆炸上限（%）** 无资料

分解温度（℃） 无资料

黏度（mPa·s） 0.71（20℃）

燃烧热（kJ/mol） −2169.72

临界温度（℃） 无资料

溶解性 不溶于水，溶于醚、苯、氯仿

第十部分 稳定性和反应性

稳定性 稳定

危险反应 与强氧化剂、强酸、强碱、水及水蒸气等禁配物接触，有发生火灾和爆炸的危险。容易发生自聚反应

避免接触的条件 潮湿空气

禁配物 强氧化剂、强酸、强碱、水及水蒸气、醇类、胺类

危险的分解产物 氯化氢、光气

第十一部分 毒理学信息

急性毒性 LD_{50}：244mg/kg（大鼠经口）；210mg/kg（小鼠经口）。LC_{50}：32.4mg/m^3（大鼠吸入）

皮肤刺激或腐蚀 无资料 　**眼睛刺激或腐蚀** 无资料

呼吸或皮肤过敏 无资料 　**生殖细胞突变性** 无资料

致癌性 无资料 　　　　**生殖毒性** 无资料

特异性靶器官系统毒性-一次接触 无资料

特异性靶器官系统毒性-反复接触 无资料

吸入危害 无资料

第十二部分 生态学信息

生态毒性 无资料

持久性和降解性

生物降解性 无资料

非生物降解性 无资料

潜在的生物累积性 根据 K_{ow} 值预测，该物质的生物累积性可能较弱

土壤中的迁移性 根据 K_{oc} 值预测，该物质可能易发生迁移

第十三部分 废弃处置

废弃化学品 建议用焚烧法处置。在能利用的地方重复使用容器或在规定场所掩埋

污染包装物 将容器返还生产商或按照国家和地方法规处置

废弃注意事项 处置前应参阅国家和地方有关法规

第十四部分 运输信息

联合国危险货物编号（UN 号） 1722

联合国运输名称 氯甲酸烯丙酯

联合国危险性类别 6.1，3（8）

包装类别 I

包装标志

海洋污染物 否

运输注意事项 起运时包装要完整，装载应稳妥。运输过程中要确保容器不泄漏、不倒塌、不坠落、不损坏。运输时所用的槽（罐）车应有接地链，槽内可设孔隔板以减少振荡产生的静电。严禁与氧化剂、酸类、碱类、醇类、胺类、食用化品等混装混运。公路运输时要按规定路线行驶，勿在居民区和人口稠密区停留

第十五部分　法规信息

下列法律、法规、规章和标准，对该化学品的管理作了相应的规定。

中华人民共和国职业病防治法 职业病分类和目录：未列入

危险化学品安全管理条例 危险化学品目录：列入。易制爆危险化学品名录：未列入。重点监管的危险化学品名录：未列入。GB 18218—2009《危险化学品重大危险源辨识》（表1）：未列入

使用有毒物品作业场所劳动保护条例 高毒物品目录：未列入

易制毒化学品管理条例 易制毒化学品的分类和品种目录：未列入

国际公约 斯德哥尔摩公约：未列入。鹿特丹公约：未列入。蒙特利尔议定书：未列入

第十六部分　其他信息

编写和修订信息　　　　**缩略语和首字母缩写**
培训建议　　　　　　　**参考文献**
免责声明

氯甲酸-2-乙基己酯

第一部分　化学品标识

化学品中文名 氯甲酸-2-乙基己酯
化学品英文名 2-ethyl hexyl chloroformate
分子式 C$_9$H$_{17}$ClO$_2$　**分子量** 192.69

结构式

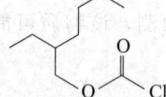

化学品的推荐及限制用途 用于有机合成

第二部分　危险性概述

紧急情况概述 吸入致命，造成皮肤刺激，可能导致皮肤过敏反应

GHS危险性类别 急性毒性-吸入，类别1；皮肤腐蚀/刺激，类别2；皮肤致敏物，类别1；危害水生环境-急性危害，类别2

标签要素

象形图

警示词 危险

危险性说明 吸入致命，造成皮肤刺激，可能导致皮肤过敏反应，对水生生物有毒

防范说明

预防措施 避免吸入蒸气、雾。仅在室外或通风良好处操作。戴呼吸防护器具。避免接触眼睛、皮肤，操作后彻底清洗。戴防护手套。污染的工作服不得带出工作场所。禁止排入环境

事故响应 如吸入：将患者转移到空气新鲜处，休息，保持利于呼吸的体位。立即呼叫中毒控制中心或就医。如皮肤接触：用大量肥皂水和水清洗。如出现皮肤刺激或皮疹：就医。污染的衣服清洗后方可重新使用

安全储存 在通风良好处储存。保持容器密闭。上锁保管

废弃处置 本品及内装物、容器依据国家和地方法规处置

物理和化学危险 可燃，其蒸气与空气混合，能形成爆炸性混合物

健康危害 误服、皮肤接触或吸入蒸气会中毒。对皮肤、眼睛及黏膜有强烈刺激性和腐蚀性。吸入，可引起喉、支气管的炎症、痉挛，化学性肺炎、肺水肿等

环境危害 对水生生物有毒

第三部分　成分/组成信息

　　√ 物质　　　　　　　　　混合物

组分	浓度	CAS No.
氯甲酸-2-乙基己酯		24468-13-1

第四部分　急救措施

吸入 迅速脱离现场至空气新鲜处。保持呼吸道通畅。如呼吸困难，给输氧。呼吸、心跳停止，立即进行心肺复苏术。就医

皮肤接触 立即脱去污染的衣着，用流动清水彻底冲洗。就医

眼睛接触 立即分开眼睑，用流动清水或生理盐水彻底冲洗。就医

食入 漱口，饮水。就医

对保护施救者的忠告 根据需要使用个人防护设备

对医生的特别提示 对症处理

第五部分　消防措施

灭火剂 用干粉、二氧化碳、砂土灭火

特别危险性 遇明火、高热可燃。与氧化剂可发生反应。遇水或水蒸气反应放热并产生有毒的腐蚀性气体。受高热分解放出有毒的气体。具有腐蚀性。若遇高热，容器内压增大，有开裂和爆炸的危险

灭火注意事项及防护措施 消防人员必须佩戴空气呼吸器、穿全身防火防毒服，在上风向灭火。尽可能将容器从火场移至空旷处。喷水保持火场容器冷却，直至灭火结束。处在火场中的容器若已变色或从安全泄压装置中发出声音，必须马上撤离。不宜用水

第六部分　泄漏应急处理

作业人员防护措施、防护装备和应急处置程序　根据液体流动和蒸气扩散的影响区域划定警戒区，无关人员从侧风向、上风向撤离至安全区。建议应急处理人员戴正压自给式呼吸器，穿防毒服。作业时使用的所有设备应接地。穿上适当的防护服前严禁接触破裂的容器和泄漏物。尽可能切断泄漏源。

环境保护措施　防止泄漏物进入水体、下水道、地下室或有限空间

泄漏化学品的收容、清除方法及所使用的处置材料　严禁用水处理。小量泄漏：用干燥的砂土或其他不燃材料覆盖泄漏物。大量泄漏：构筑围堤或挖坑收容。用泵转移至槽车或专用收集器内

第七部分　操作处置与储存

操作注意事项　密闭操作，提供充分的局部排风。防止蒸气泄漏到工作场所空气中。操作人员必须经过专门培训，严格遵守操作规程。建议操作人员佩戴自吸过滤式防毒面具（全面罩），穿胶布防毒衣，戴橡胶手套。远离火种、热源，工作场所严禁吸烟。使用防爆型的通风系统和设备。在清除液体和蒸气前不能进行焊接、切割等作业。避免产生烟雾。避免与氧化剂、酸类、碱类、醇类、胺类接触。尤其要注意避免与水接触。配备相应品种和数量的消防器材及泄漏应急处理设备。倒空的容器可能残留有害物

储存注意事项　储存于阴凉、干燥、通风良好的库房。远离火种、热源。防止阳光直射。包装必须密封，切勿受潮。应与氧化剂、酸类、碱类、醇类、胺类、食用化学品等分开存放，切忌混储。配备相应品种和数量的消防器材。储区应备有泄漏应急处理设备和合适的收容材料

第八部分　接触控制/个体防护

职业接触限值
　中国　未制定标准
　美国（ACGIH）　未制定标准

生物接触限值　未制定标准

监测方法　空气中有毒物质测定方法：未制定标准。生物监测检验方法：未制定标准

工程控制　严加密闭，提供充分的局部排风

个体防护装备
　呼吸系统防护　空气中浓度超标时，必须佩戴过滤式防毒面具（全面罩）。紧急事态抢救或撤离时，应该佩戴空气呼吸器
　眼睛防护　呼吸系统防护中已作防护
　皮肤和身体防护　穿密闭型防毒服
　手防护　戴橡胶手套

第九部分　理化特性

外观与性状　无色液体

pH 值　无资料　　　　**熔点（℃）**　无资料

沸点（℃）　106～107(4kPa)

相对密度（水＝1）　0.981

相对蒸气密度（空气＝1）　无资料

饱和蒸气压（kPa）　0.69(20℃)

临界压力（MPa）　无资料　　**辛醇/水分配系数**　无资料

闪点（℃）　81.67　　　　　**自燃温度（℃）**　无资料

爆炸下限（%）　无资料　　　**爆炸上限（%）**　无资料

分解温度（℃）　无资料　　　**黏度（mPa·s）**　无资料

燃烧热（kJ/mol）　无资料　　**临界温度（℃）**　无资料

溶解性　溶于乙醚

第十部分　稳定性和反应性

稳定性　稳定

危险反应　与强氧化剂、强酸、强碱、醇类、胺类等禁配物发生反应。遇水或水蒸气反应放热并产生有毒的腐蚀性气体

避免接触的条件　潮湿空气

禁配物　强氧化剂、强酸、强碱、醇类、胺类、水及水蒸气

危险的分解产物　氯化氢

第十一部分　毒理学信息

急性毒性　LD_{50}：5420mg/kg(大鼠经口)。LC_{50}：270mg/m³（大鼠吸入，4h）

皮肤刺激或腐蚀　无资料　　**眼睛刺激或腐蚀**　无资料

呼吸或皮肤过敏　无资料　　**生殖细胞突变性**　无资料

致癌性　无资料　　　　　　**生殖毒性**　无资料

特异性靶器官系统毒性-一次接触　无资料

特异性靶器官系统毒性-反复接触　无资料

吸入危害　无资料

第十二部分　生态学信息

生态毒性　LC_{50}：3.16mg/L（96h）（圆腹雅罗鱼）

持久性和降解性
　生物降解性　无资料
　非生物降解性　易水解，水解半衰期约30min

潜在的生物累积性　无资料

土壤中的迁移性　无资料

第十三部分　废弃处置

废弃化学品　建议用焚烧法处置。在能利用的地方重复使用容器或在规定场所掩埋

污染包装物　将容器返还生产商或按照国家和地方法规处置

废弃注意事项　处置前应参阅国家和地方有关法规

第十四部分　运输信息

联合国危险货物编号（UN号）　2748

联合国运输名称　氯甲酸-2-乙基己酯

联合国危险性类别　6.1，8

包装类别　Ⅱ

包装标志　

海洋污染物　否

运输注意事项　运输前应先检查包装容器是否完整、密封，运输过程中要确保容器不泄漏、不倒塌、不坠落、不损坏。严禁与酸类、氧化剂、食品及食品添加剂混运。运输时运输车辆应配备相应品种和数量的消防器材及泄漏应急处理设备。运输途中应防暴晒、雨淋，防高温。公路运输时要按规定路线行驶，勿在居民区和人口稠密区停留

第十五部分　法规信息

下列法律、法规、规章和标准，对该化学品的管理作了相应的规定。

中华人民共和国职业病防治法　职业病分类和目录：未列入

危险化学品安全管理条例　危险化学品目录：列入。易制爆危险化学品名录：未列入。重点监管的危险化学品名录：未列入。GB 18218—2009《危险化学品重大危险源辨识》（表1）：未列入

使用有毒物品作业场所劳动保护条例　高毒物品目录：未列入

易制毒化学品管理条例　易制毒化学品的分类和品种目录：未列入

国际公约　斯德哥尔摩公约：未列入。鹿特丹公约：未列入。蒙特利尔议定书：未列入

第十六部分　其他信息

编写和修订信息　　缩略语和首字母缩写
培训建议　　参考文献
免责声明

3-氯-4-甲氧基苯胺

第一部分　化学品标识

化学品中文名　3-氯-4-甲氧基苯胺；邻氯对氨基苯甲醚；2-氯-4-氨基苯甲醚

化学品英文名　3-chloro-4-anisidine；3-chloro-4-methoxy-benzenamine

分子式　C_7H_8ClNO　**分子量**　157.61

结构式

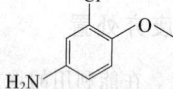

化学品的推荐及限制用途　用于有机合成

第二部分　危险性概述

紧急情况概述　吞咽有害，皮肤接触有害，吸入有害，造成严重眼刺激，可能引起呼吸道刺激

GHS危险性类别　急性毒性-经口，类别4；急性毒性-经皮，类别4；急性毒性-吸入，类别4；皮肤腐蚀/刺激，类别2；严重眼损伤/眼刺激，类别2；特异性靶器官毒性-一次接触，类别3（呼吸道刺激）

标签要素

象形图

警示词　警告

危险性说明　吞咽有害，皮肤接触有害，吸入有害，造成严重眼刺激，可能引起呼吸道刺激

防范说明

　预防措施　避免接触眼睛、皮肤，操作后彻底清洗。作业场所不得进食、饮水或吸烟。戴防护手套、穿防护服、戴防护眼镜、防护面罩。避免吸入粉尘。仅在室外或通风良好处操作

　事故响应　如吸入：将患者转移到空气新鲜处，休息，保持利于呼吸的体位。皮肤接触：用大量肥皂水和水清洗，如感觉不适，呼叫中毒控制中心或就医。被污染的衣服必须经洗净后方可重新使用。如接触眼睛：用水细心冲洗数分钟。如戴隐形眼镜并可方便地取出，取出隐形眼镜，继续冲洗。如果眼睛刺激持续：就医。食入：如果感觉不适，立即呼叫中毒控制中心或就医，漱口

　安全储存　—

　废弃处置　本品及内装物、容器依据国家和地方法规处置

物理和化学危险　可燃，其粉体与空气混合，能形成爆炸性混合物

健康危害　吸入、摄入或经皮肤吸收后会中毒。对眼睛、皮肤有刺激作用。受热分解释出氮氧化物和氯烟雾。本品进入体内能形成高铁血红蛋白，可致紫绀

环境危害　对环境可能有害

第三部分　成分/组成信息

√　物质　　　　　　　　混合物

组分	浓度	CAS No.
3-氯-4-甲氧基苯胺		5345-54-0

第四部分　急救措施

吸入　迅速脱离现场至空气新鲜处。保持呼吸道通畅。如呼吸困难，给输氧。如呼吸、心跳停止，立即进行心肺复苏术。就医

皮肤接触　立即脱去污染衣着，用肥皂水或清水彻底冲洗。就医

眼睛接触　分开眼睑，用清水或生理盐水冲洗。就医

食入　漱口，饮水。就医

对保护施救者的忠告　根据需要使用个人防护设备

对医生的特别提示　高铁血红蛋白血症，可用亚甲蓝和维生素C治疗

第五部分　消防措施

灭火剂　用雾状水、泡沫、干粉、二氧化碳、砂土灭火

特别危险性　遇明火、高热可燃。其粉体与空气可形成爆炸性混合物，当达到一定浓度时，遇火星会发生爆炸。受高热分解放出有毒的气体

灭火注意事项及防护措施　消防人员必须佩戴防毒面具、穿全身消防服，在上风向灭火。尽可能将容器从火场移至空旷处。喷水保持火场容器冷却，直至灭火结束

第六部分 泄漏应急处理

作业人员防护措施、防护装备和应急处置程序 隔离泄漏污染区，限制出入。建议应急处理人员戴防尘口罩，穿防毒服。穿上适当的防护服前严禁接触破裂的容器和泄漏物。尽可能切断泄漏源

环境保护措施 用塑料布覆盖泄漏物，减少飞散

泄漏化学品的收容、清除方法及所使用的处置材料 勿使水进入包装容器内。用洁净的铲子收集泄漏物，置于干净、干燥、盖子较松的容器中，将容器移离泄漏区

第七部分 操作处置与储存

操作注意事项 密闭操作，局部排风。防止粉尘释放到车间空气中。操作人员必须经过专门培训，严格遵守操作规程。建议操作人员佩戴自吸过滤式防尘口罩，戴化学安全防护眼镜，穿防毒物渗透工作服，戴橡胶手套。远离火种、热源，工作场所严禁吸烟。使用防爆型的通风系统和设备。避免产生粉尘。避免与氧化剂接触。配备相应品种和数量的消防器材及泄漏应急处理设备。倒空的容器可能残留有害物

储存注意事项 储存于阴凉、通风的库房。远离火种、热源。防止阳光直射。包装密封。应与氧化剂分开存放，切忌混储。配备相应品种和数量的消防器材。储区应备有合适的材料收容泄漏物

第八部分 接触控制/个体防护

职业接触限值
中国 未制定标准
美国（ACGIH） 未制定标准
生物接触限值 未制定标准
监测方法 空气中有毒物质测定方法：未制定标准。生物监测检验方法：未制定标准
工程控制 密闭操作，局部排风
个体防护装备
呼吸系统防护 空气中粉尘浓度超标时，必须佩戴过滤式防尘呼吸器。紧急事态抢救或撤离时，应该佩戴空气呼吸器
眼睛防护 戴化学安全防护眼镜
皮肤和身体防护 穿防毒物渗透工作服
手防护 戴橡胶手套

第九部分 理化特性

外观与性状 针状结晶 **pH值** 无意义
熔点（℃） 50～55 **沸点（℃）** 无资料
相对密度（水=1） 无资料
相对蒸气密度（空气=1） 无资料
饱和蒸气压（kPa） 无资料
临界压力（MPa） 无资料 **辛醇/水分配系数** 无资料
闪点（℃） ＞110 **自燃温度（℃）** 无资料
爆炸下限（%） 无资料 **爆炸上限（%）** 无资料
分解温度（℃） 无资料 **黏度（mPa·s）** 无资料
燃烧热（kJ/mol） 无资料 **临界温度（℃）** 无资料
溶解性 溶于水

第十部分 稳定性和反应性

稳定性 稳定
危险反应 与强氧化剂等禁配物发生反应
避免接触的条件 无资料
禁配物 强氧化剂
危险的分解产物 氮氧化物、氯化氢

第十一部分 毒理学信息

急性毒性 LD$_{50}$：550mg/kg（大鼠经口）；650mg/kg（小鼠经口）
皮肤刺激或腐蚀 家兔经皮 500mg（24h），轻度刺激
眼睛刺激或腐蚀 家兔经眼 100mg，轻度刺激
呼吸或皮肤过敏 无资料 **生殖细胞突变性** 无资料
致癌性 无资料 **生殖毒性** 无资料
特异性靶器官系统毒性-一次接触 无资料
特异性靶器官系统毒性-反复接触 无资料
吸入危害 无资料

第十二部分 生态学信息

生态毒性 无资料
持久性和降解性
生物降解性 无资料
非生物降解性 无资料
潜在的生物累积性 无资料
土壤中的迁移性 无资料

第十三部分 废弃处置

废弃化学品 建议用焚烧法处置。在能利用的地方重复使用容器或在规定场所掩埋
污染包装物 将容器返还生产商或按照国家和地方法规处置
废弃注意事项 处置前应参阅国家和地方有关法规

第十四部分 运输信息

联合国危险货物编号（UN号） 2233
联合国运输名称 氯代茴香胺
联合国危险性类别 6.1

包装类别 Ⅲ **包装标志**

海洋污染物 否
运输注意事项 运输前应先检查包装容器是否完整、密封，运输过程中要确保容器不泄漏、不倒塌、不坠落、不损坏。严禁与酸类、氧化剂、食品及食品添加剂混运。运输时运输车辆应配备相应品种和数量的消防器材及泄漏应急处理设备。运输途中应防暴晒、雨淋，防高温。公路运输时要按规定路线行驶，勿在居民区和人口稠密区停留

第十五部分 法规信息

下列法律、法规、规章和标准，对该化学品的管理作

了相应的规定。

中华人民共和国职业病防治法　职业病分类和目录：苯的氨基及硝基化合物中毒

危险化学品安全管理条例　危险化学品目录：列入。易制爆危险化学品名录：未列入。重点监管的危险化学品名录：未列入。GB 18218—2009《危险化学品重大危险源辨识》（表1）：未列入

使用有毒物品作业场所劳动保护条例　高毒物品目录：未列入

易制毒化学品管理条例　易制毒化学品的分类和品种目录：未列入

国际公约　斯德哥尔摩公约：未列入。鹿特丹公约：未列入。蒙特利尔议定书：未列入

第十六部分　其他信息

编写和修订信息　　　　　缩略语和首字母缩写
培训建议　　　　　　　　参考文献
免责声明

5-氯-2-甲氧基苯胺

第一部分　化学品标识

化学品中文名　5-氯-2-甲氧基苯胺；2-氨基-4-氯苯甲醚；4-氯-2-氨基苯甲醚

化学品英文名　5-chloro-2-anisidine；5-chloro-2-methoxy-aniline

分子式　C_7H_8ClNO　**分子量**　157.6

结构式

化学品的推荐及限制用途　用于有机合成

第二部分　危险性概述

紧急情况概述　吞咽有害，皮肤接触有害，吸入有害，造成皮肤刺激，造成严重眼刺激，可能引起呼吸道刺激

GHS危险性类别　急性毒性-经口，类别4；急性毒性-经皮，类别4；急性毒性-吸入，类别4；皮肤腐蚀/刺激，类别2；严重眼损伤/眼刺激，类别2；特异性靶器官毒性--一次接触，类别3（呼吸道刺激）

标签要素

象形图

警示词　警告

危险性说明　吞咽有害，皮肤接触有害，吸入有害，造成皮肤刺激，造成严重眼刺激，可能引起呼吸道刺激

防范说明

预防措施　避免接触眼睛、皮肤，操作后彻底清洗。作业场所不得进食、饮水或吸烟。戴防护手套，穿防护服，戴防护眼镜、防护面罩。

避免吸入粉尘。仅在室外或通风良好处操作

事故响应　如吸入：将患者转移到空气新鲜处，休息，保持利于呼吸的体位。皮肤接触：用大量肥皂水和水清洗，如感觉不适，呼叫中毒控制中心或就医。被污染的衣服必须经洗净后方可重新使用。如发生皮肤刺激，就医。如接触眼睛：用水细心冲洗数分钟。如戴隐形眼镜并可方便地取出，取出隐形眼镜，继续冲洗。如果眼睛刺激持续，就医。食入：如果感觉不适，立即呼叫中毒控制中心或就医，漱口

安全储存　—

废弃处置　本品及内装物、容器依据国家和地方法规处置

物理和化学危险　可燃，其粉体与空气混合，能形成爆炸性混合物

健康危害　吸入、摄入或经皮肤吸收后会中毒。对眼睛、皮肤和黏膜有强烈刺激作用。进入体内能形成高铁血红蛋白，可致紫绀。受热分解释出氮氧化物和氯烟雾

环境危害　对环境可能有害

第三部分　成分/组成信息

√	物质		混合物
组分		浓度	CAS No.
5-氯-2-甲氧基苯胺			95-03-4

第四部分　急救措施

吸入　迅速脱离现场至空气新鲜处。保持呼吸道通畅。如呼吸困难，给输氧。如呼吸、心跳停止，立即进行心肺复苏术。就医

皮肤接触　立即脱去污染衣着，用肥皂水或清水彻底冲洗。就医

眼睛接触　分开眼睑，用清水或生理盐水冲洗。就医

食入　漱口，饮水。就医

对保护施救者的忠告　根据需要使用个人防护设备

对医生的特别提示　高铁血红蛋白血症，可用亚甲蓝和维生素C治疗

第五部分　消防措施

灭火剂　用雾状水、泡沫、干粉、二氧化碳、砂土灭火

特别危险性　遇明火、高热可燃。其粉体与空气可形成爆炸性混合物，当达到一定浓度时，遇火星会发生爆炸。受高热分解放出有毒的气体

灭火注意事项及防护措施　消防人员必须佩戴防毒面具、穿全身消防服，在上风向灭火。尽可能将容器从火场移至空旷处。喷水保持火场容器冷却，直至灭火结束

第六部分　泄漏应急处理

作业人员防护措施、防护装备和应急处置程序　隔离泄漏污染区，限制出入。建议应急处理人员戴防尘口罩，穿防毒服。穿上适当的防护服前严禁接触破裂的容器和泄漏物。尽可能切断泄漏源

环境保护措施　用塑料布覆盖泄漏物，减少飞散

泄漏化学品的收容、清除方法及所使用的处置材料 勿使水进入包装容器内。用洁净的铲子收集泄漏物，置于干净、干燥、盖子较松的容器中，将容器移离泄漏区

第七部分 操作处置与储存

操作注意事项 密闭操作，局部排风。防止粉尘释放到车间空气中。操作人员必须经过专门培训，严格遵守操作规程。建议操作人员佩戴自吸过滤式防尘口罩，戴化学安全防护眼镜，穿防毒物渗透工作服，戴橡胶手套。远离火种、热源，工作场所严禁吸烟。使用防爆型的通风系统和设备。避免产生粉尘。避免与氧化剂接触。配备相应品种和数量的消防器材及泄漏应急处理设备。倒空的容器可能残留有害物

储存注意事项 储存于阴凉、通风的库房。远离火种、热源。防止阳光直射。包装密封。应与氧化剂、食用化学品分开存放，切忌混储。配备相应品种和数量的消防器材。储区应备有合适的材料收容泄漏物

第八部分 接触控制/个体防护

职业接触限值
  中国 未制定标准
  美国（ACGIH） 未制定标准
生物接触限值 未制定标准
监测方法 空气中有毒物质测定方法：未制定标准。生物监测检验方法：未制定标准
工程控制 密闭操作，局部排风
个体防护装备
  呼吸系统防护 空气中粉尘浓度超标时，必须佩戴过滤式防尘呼吸器。紧急事态抢救或撤离时，应该佩戴空气呼吸器
  眼睛防护 戴化学安全防护眼镜
  皮肤和身体防护 穿防毒物渗透工作服
  手防护 戴橡胶手套

第九部分 理化特性

外观与性状 针状结晶
pH值 无意义　　　　**熔点（℃）** 83~85
沸点（℃） 260　　　**相对密度（水=1）** 无资料
相对蒸气密度（空气=1） 无资料
饱和蒸气压（kPa） 无资料
临界压力（MPa） 无资料　**辛醇/水分配系数** 无资料
闪点（℃） 136　　　　**自燃温度（℃）** 无资料
爆炸下限（%） 无资料　　**爆炸上限（%）** 无资料
分解温度（℃） 无资料　　**黏度（mPa·s）** 无资料
燃烧热（kJ/mol） 无资料　**临界温度（℃）** 无资料
溶解性 溶于乙醇、乙醚、苯

第十部分 稳定性和反应性

稳定性 稳定
危险反应 与强氧化剂等禁配物发生反应
避免接触的条件 无资料
禁配物 强氧化剂
危险的分解产物 氮氧化物、氯化氢

第十一部分 毒理学信息

急性毒性 无资料
皮肤刺激或腐蚀 无资料　**眼睛刺激或腐蚀** 无资料
呼吸或皮肤过敏 无资料　**生殖细胞突变性** 无资料
致癌性 无资料　　　　　**生殖毒性** 无资料
特异性靶器官系统毒性-一次接触 无资料
特异性靶器官系统毒性-反复接触 无资料
吸入危害 无资料

第十二部分 生态学信息

生态毒性 无资料
持久性和降解性
  生物降解性 无资料
  非生物降解性 无资料
潜在的生物累积性 无资料
土壤中的迁移性 无资料

第十三部分 废弃处置

废弃化学品 建议用焚烧法处置。在能利用的地方重复使用容器或在规定场所掩埋
污染包装物 将容器返还生产商或按照国家和地方法规处置
废弃注意事项 处置前应参阅国家和地方有关法规

第十四部分 运输信息

联合国危险货物编号（UN号） 2233
联合国运输名称 氯代茴香胺
联合国危险性类别 6.1

包装类别 Ⅲ　　　　　　**包装标志**

海洋污染物 否
运输注意事项 运输前应先检查包装容器是否完整、密封，运输过程中要确保容器不泄漏、不倒塌、不坠落、不损坏。严禁与酸类、氧化剂、食品及食品添加剂混运。运输时运输车辆应配备相应品种和数量的消防器材及泄漏应急处理设备。运输途中应防暴晒、雨淋，防高温。公路运输时要按规定路线行驶，勿在居民区和人口稠密区停留

第十五部分 法规信息

下列法律、法规、规章和标准，对该化学品的管理作了相应的规定。
中华人民共和国职业病防治法 职业病分类和目录：苯的氨基及硝基化合物中毒
危险化学品安全管理条例 危险化学品目录：列入。易制爆危险化学品名录：未列入。重点监管的危险化学品名录：未列入。GB 18218—2009《危险化学品重大危险源辨识》（表1）：未列入
使用有毒物品作业场所劳动保护条例 高毒物品目录：未列入

易制毒化学品管理条例　易制毒化学品的分类和品种目录：未列入

国际公约　斯德哥尔摩公约：未列入。鹿特丹公约：未列入。蒙特利尔议定书：未列入

第十六部分　其他信息

编写和修订信息　　　缩略语和首字母缩写

培训建议　　　　　　参考文献

免责声明

4-氯邻甲苯胺盐酸盐

第一部分　化学品标识

化学品中文名　4-氯邻甲苯胺盐酸盐；盐酸-4-氯-2-甲苯胺

化学品英文名　4-chloro-*o*-toluidine，hydrochloride

分子式　$C_7H_9Cl_2N$　分子量　178.059

结构式

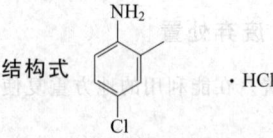

·HCl

化学品的推荐及限制用途　用作显色剂，并用于染料制造

第二部分　危险性概述

紧急情况概述　吞咽会中毒，皮肤接触会中毒，吸入会中毒，可能致癌

GHS危险性类别　急性毒性-经口，类别3；急性毒性-经皮，类别3；急性毒性-吸入，类别3；生殖细胞致突变性，类别2；致癌性，类别1B；危害水生环境-急性危害，类别1；危害水生环境-长期危害，类别1

标签要素

象形图

警示词　危险

危险性说明　吞咽会中毒，皮肤接触会中毒，吸入会中毒，怀疑可造成遗传性缺陷，可能致癌，对水生生物毒性非常大并具有长期持续影响

防范说明

预防措施　避免接触眼睛、皮肤，操作后彻底清洗。作业场所不得进食、饮水或吸烟。戴防护手套、穿防护服。避免吸入粉尘。仅在室外或通风良好处操作。得到专门指导后操作。在阅读并了解所有安全预防措施之前，切勿操作。按要求使用个体防护装备。禁止排入环境

事故响应　如吸入：将患者转移到空气新鲜处，休息，保持利于呼吸的体位，呼叫中毒控制中心或就医。皮肤接触：用大量肥皂水和水清洗，如感觉不适，呼叫中毒控制中心或就医。立即脱去所有被污染的衣服。被污染的衣服必须经洗净后方可重新使用。食入：立即呼叫中毒控

制中心或就医。漱口。如果接触或有担心，就医。收集泄漏物

安全储存　在通风良好处储存。保持容器密闭。上锁保管

废弃处置　本品及内装物、容器依据国家和地方法规处置

物理和化学危险　可燃，其粉体与空气混合，能形成爆炸性混合物

健康危害　吸入、摄入或经皮肤吸收后会中毒。对眼睛、皮肤有刺激作用。受热分解释放出氮氧化物和氯烟雾。本品进入体内能形成高铁血红蛋白，可致紫绀

环境危害　对水生生物毒性非常大并具有长期持续影响

第三部分　成分/组成信息

√ 物质　　　　　混合物

组分	浓度	CAS No.
4-氯-邻甲苯胺盐酸盐		3165-93-3

第四部分　急救措施

吸入　迅速脱离现场至空气新鲜处。保持呼吸道通畅。如呼吸困难，给输氧。如呼吸、心跳停止，立即进行心肺复苏术。就医

皮肤接触　立即脱去污染衣着，用肥皂水或清水彻底冲洗。就医

眼睛接触　分开眼睑，用清水或生理盐水冲洗。就医

食入　漱口，饮水。就医

对保护施救者的忠告　根据需要使用个人防护设备

对医生的特别提示　高铁血红蛋白血症，可用亚甲蓝和维生素C治疗

第五部分　消防措施

灭火剂　用雾状水、泡沫、干粉、二氧化碳、砂土灭火

特别危险性　遇明火、高热可燃。其粉体与空气可形成爆炸性混合物，当达到一定浓度时，遇火星会发生爆炸。受高热分解放出有毒的气体

灭火注意事项及防护措施　消防人员必须佩戴防毒面具、穿全身消防服，在上风向灭火。尽可能将容器从火场移至空旷处。喷水保持火场容器冷却，直至灭火结束。切勿将水流直接射至熔融物，以免引起严重的流淌火灾或引起剧烈的沸溅

第六部分　泄漏应急处理

作业人员防护措施、防护装备和应急处置程序　隔离泄漏污染区，限制出入。消除所有点火源。建议应急处理人员戴防尘口罩，穿防毒服。穿上适当的防护服前严禁接触破裂的容器和泄漏物。尽可能切断泄漏源

环境保护措施　用塑料布覆盖泄漏物，减少飞散

泄漏化学品的收容、清除方法及所使用的处置材料　勿使水进入包装容器内。用洁净的铲子收集泄漏物，置于干净、干燥、盖子较松的容器中，将容器移离泄漏区

第七部分　操作处置与储存

操作注意事项　密闭操作，提供充分的局部排风。防止粉

尘释放到车间空气中。操作人员必须经过专门培训，严格遵守操作规程。建议操作人员佩戴防尘面具（全面罩），穿透气型防毒服，戴橡胶手套。远离火种、热源，工作场所严禁吸烟。使用防爆型的通风系统和设备。避免产生粉尘。避免与氧化剂接触。配备相应品种和数量的消防器材及泄漏应急处理设备。倒空的容器可能残留有害物

储存注意事项 储存于阴凉、通风的库房。远离火种、热源。防止阳光直射。包装密封。应与氧化剂、食用化学品分开存放，切忌混储。配备相应品种和数量的消防器材。储区应备有合适的材料收容泄漏物

第八部分 接触控制/个体防护

职业接触限值

中国 未制定标准

美国（ACGIH） 未制定标准

生物接触限值 未制定标准

监测方法 空气中有毒物质测定方法：未制定标准。生物监测检验方法：未制定标准

工程控制 严加密闭，提供充分的局部排风

个体防护装备

呼吸系统防护 可能接触其粉尘时，必须佩戴防尘面具（全面罩）。紧急事态抢救或撤离时，应该佩戴空气呼吸器

眼睛防护 呼吸系统防护中已作防护

皮肤和身体防护 穿透气型防毒服

手防护 戴橡胶手套

第九部分 理化特性

外观与性状 白色或灰白色粉末

pH 值 无意义	**熔点（℃）** 265～267
沸点（℃） 无资料	**相对密度（水＝1）** 无资料
相对蒸气密度（空气＝1） 无资料	
饱和蒸气压（kPa） 无资料	
临界压力（MPa） 无资料	**辛醇/水分配系数** 无资料
闪点（℃） 无意义	**自燃温度（℃）** 无资料
爆炸下限（%） 无资料	**爆炸上限（%）** 无资料
分解温度（℃） 无资料	**黏度（mPa·s）** 无资料
燃烧热（kJ/mol） 无资料	**临界温度（℃）** 无资料

溶解性 溶于水

第十部分 稳定性和反应性

稳定性 稳定

危险反应 与强氧化剂等禁配物发生反应

避免接触的条件 无资料

禁配物 强氧化剂

危险的分解产物 氮氧化物、氯化氢

第十一部分 毒理学信息

急性毒性 LD$_{50}$：560mg/kg（大鼠腹腔）；680mg/kg（小鼠腹腔）

皮肤刺激或腐蚀 无资料 **眼睛刺激或腐蚀** 无资料

呼吸或皮肤过敏 无资料

生殖细胞突变性 微生物致突变：鼠伤寒沙门氏菌1μmol/皿。特异位点试验：小鼠经口300mg/kg，3d（连续）。细胞遗传学分析：仓鼠卵巢400mg/L。姐妹染色单体互换：仓鼠卵巢50mg/L

致癌性 IARC致癌性评论：组2A，对人类很可能是致癌物

生殖毒性 无资料

特异性靶器官系统毒性-一次接触 无资料

特异性靶器官系统毒性-反复接触 无资料

吸入危害 无资料

第十二部分 生态学信息

生态毒性 根据结构类似物质预测，该物质对水生生物有极高毒性

持久性和降解性

生物降解性 无资料

非生物降解性 无资料

潜在的生物累积性 无资料

土壤中的迁移性 无资料

第十三部分 废弃处置

废弃化学品 建议用焚烧法处置。在能利用的地方重复使用容器或在规定场所掩埋

污染包装物 将容器返还生产商或按照国家和地方法规处置

废弃注意事项 处置前应参阅国家和地方有关法规

第十四部分 运输信息

联合国危险货物编号（UN号） 2811

联合国运输名称 有机毒性固体，未另作规定的（4-氯邻甲苯胺盐酸盐）

联合国危险性类别 6.1

包装类别 Ⅲ **包装标志**

海洋污染物 是

运输注意事项 运输前应先检查包装容器是否完整、密封，运输过程中要确保容器不泄漏、不倒塌、不坠落、不损坏。严禁与酸类、氧化剂、食品及食品添加剂混运。运输时运输车辆应配备相应品种和数量的消防器材及泄漏应急处理设备。运输途中应防暴晒、雨淋，防高温。公路运输时要按规定路线行驶，勿在居民区和人口稠密区停留

第十五部分 法规信息

下列法律、法规、规章和标准，对该化学品的管理作了相应的规定。

中华人民共和国职业病防治法 职业病分类和目录：苯的氨基及硝基化合物中毒

危险化学品安全管理条例 危险化学品目录：列入。易制爆危险化学品名录：未列入。重点监管的危险化学品名录：未列入。GB 18218—2009《危险化学品重大

危险源辨识》（表1）：未列入

使用有毒物品作业场所劳动保护条例　高毒物品目录：未
　　列入

易制毒化学品管理条例　易制毒化学品的分类和品种目
　　录：未列入

国际公约　斯德哥尔摩公约：未列入。鹿特丹公约：未列
　　入。蒙特利尔议定书：未列入

第十六部分　其他信息

编写和修订信息　　　　　缩略语和首字母缩写
培训建议　　　　　　　　参考文献
免责声明

氯氰菊酯

第一部分　化学品标识

化学品中文名　氯氰菊酯；兴棉宝；（*RS*)-α-氰基-3-苯氧
　　基苄基(*SR*)-3-(2,2-二氯乙烯基)-2,2-二甲基环丙烷
　　羧酸酯

化学品英文名　cypermethrin；cyano（3-phenoxyphenyl）
　　methyl -（2,2-dichloroethenyl)-2,2-dimethylcyclopro-
　　panecarboxylate

分子式　$C_{22}H_{19}Cl_2NO_3$　**分子量**　416.3

结构式

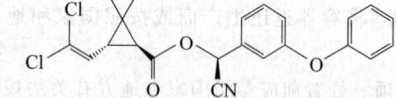

化学品的推荐及限制用途　用作农用杀虫剂

第二部分　危险性概述

紧急情况概述　吞咽有害，吸入有害，可能引起呼吸道
　　刺激

GHS 危险性类别　急性毒性-经口，类别 4；急性毒性-吸
　　入，类别 4；特异性靶器官毒性--次接触，类别 3
　　（呼吸道刺激）；危害水生环境-急性危害，类别 1；危
　　害水生环境-长期危害，类别 1

标签要素

象形图

警示词　警告

危险性说明　吞咽有害，吸入有害，可能引起呼吸道刺
　　激，对水生生物毒性非常大并具有长期持续影响

防范说明

　　预防措施　避免接触眼睛、皮肤，操作后彻底清
　　　　洗。作业场所不得进食、饮水或吸烟。避免吸
　　　　入蒸气、雾。仅在室外或通风良好处操作。禁
　　　　止排入环境

　　事故响应　如吸入：将患者转移到空气新鲜处，休
　　　　息，保持利于呼吸的体位，如感觉不适，呼叫
　　　　中毒控制中心或就医。食入：如果感觉不适，
　　　　立即呼叫中毒控制中心或就医，漱口。收集泄
　　　　漏物

　　安全储存　—

　　废弃处置　本品及内装物、容器依据国家和地方法
　　　　规处置

物理和化学危险　可燃

健康危害　本品对皮肤、黏膜有刺激作用。口服中毒的症
　　状有：头痛、头晕、恶心、呕吐、腹痛、胸闷，重者
　　可出现意识模糊和肺水肿

环境危害　对水生生物毒性非常大并具有长期持续影响

第三部分　成分/组成信息

√ 物质　　　　　　　　　　　　混合物

组分	浓度	CAS No.
氯氰菊酯		52315-07-8

第四部分　急救措施

吸入　迅速脱离现场至空气新鲜处。保持呼吸道通畅。如
　　呼吸困难，给输氧。呼吸、心跳停止，立即进行心肺
　　复苏术。就医

皮肤接触　立即脱去污染的衣着，用流动清水彻底冲洗。
　　就医

眼睛接触　立即分开眼睑，用流动清水或生理盐水彻底冲
　　洗。就医

食入　漱口，饮水。就医

对保护施救者的忠告　根据需要使用个人防护设备

对医生的特别提示　对症处理

第五部分　消防措施

灭火剂　用雾状水、泡沫、干粉、二氧化碳、砂土灭火

特别危险性　遇明火、高热可燃。与氧化剂可发生反应。
　　遇高热分解释出高毒烟气。若遇高热，容器内压增
　　大，有开裂和爆炸的危险

灭火注意事项及防护措施　消防人员必须佩戴防毒面具、
　　穿全身消防服，在上风向灭火。尽可能将容器从火场
　　移至空旷处。喷水保持火场容器冷却，直至灭火结
　　束。处在火场中的容器若已变色或从安全泄压装置中
　　发出声音，必须马上撤离

第六部分　泄漏应急处理

作业人员防护措施、防护装备和应急处置程序　根据液体
　　流动和蒸气扩散的影响区域划定警戒区，无关人员从
　　侧风向、上风向撤离至安全区。建议应急处理人员戴
　　正压自给式呼吸器，穿防毒服。穿上适当的防护服前
　　严禁接触破裂的容器和泄漏物。尽可能切断泄漏源

环境保护措施　防止泄漏物进入水体、下水道、地下室或
　　有限空间

泄漏化学品的收容、清除方法及所使用的处置材料　小量
　　泄漏：用干燥的砂土或其他不燃材料吸收或覆盖，收
　　集于容器中。大量泄漏：构筑围堤或挖坑收容。用泵
　　转移至槽车或专用收集器内

第七部分　操作处置与储存

操作注意事项　密闭操作，局部排风。防止蒸气泄漏到工
　　作场所空气中。操作人员必须经过专门培训，严格遵

守操作规程。建议操作人员佩戴自吸过滤式防毒面具（半面罩），戴化学安全防护眼镜，穿防毒物渗透工作服，戴橡胶手套。远离火种、热源，工作场所严禁吸烟。使用防爆型的通风系统和设备。在清除液体和蒸气前不能进行焊接、切割等作业。避免产生烟雾。避免与氧化剂、碱类接触。配备相应品种和数量的消防器材及泄漏应急处理设备。倒空的容器可能残留有害物

储存注意事项 储存于阴凉、通风的库房。远离火种、热源。防止阳光直射。保持容器密封。应与氧化剂、碱类、食用化学品分开存放，切忌混储。配备相应品种和数量的消防器材。储区应备有泄漏应急处理设备和合适的收容材料

第八部分 接触控制/个体防护

职业接触限值

中国 未制定标准

美国（ACGIH） 未制定标准

生物接触限值 未制定标准

监测方法 空气中有毒物质测定方法：未制定标准。生物监测检验方法：未制定标准

工程控制 密闭操作，局部排风

个体防护装备

呼吸系统防护 空气中浓度超标时，必须佩戴过滤式防毒面具（半面罩）。紧急事态抢救或撤离时，应该佩戴空气呼吸器

眼睛防护 戴化学安全防护眼镜

皮肤和身体防护 穿防毒物渗透工作服

手防护 戴橡胶手套

第九部分 理化特性

外观与性状 原药为黄棕色至深红褐色黏稠液体

pH 值 无资料 **熔点(℃)** 60～80

沸点(℃) 170～195

相对密度(水=1) 1.249(20℃)

相对蒸气密度(空气=1) 无资料

饱和蒸气压(kPa) 0.226×10^{-9}

临界压力(MPa) 无资料 **辛醇/水分配系数** 4.47

闪点(℃) 80 **自燃温度(℃)** 无资料

爆炸下限(%) 无资料 **爆炸上限(%)** 无资料

分解温度(℃) 220 **黏度(mPa·s)** 无资料

燃烧热(kJ/mol) 无资料 **临界温度(℃)** 无资料

溶解性 难溶于水，易溶于酮、醇、芳烃等

第十部分 稳定性和反应性

稳定性 稳定

危险反应 与强氧化剂、强碱等禁配物发生反应

避免接触的条件 光照

禁配物 强氧化剂、强碱

危险的分解产物 氮氧化物、氯化氢、氰化物

第十一部分 毒理学信息

急性毒性 LD_{50}：57.5mg/kg（大鼠经口），1600mg/kg（大鼠经皮），24.5mg/kg（小鼠经口），1500mg/kg（兔经口），>2400mg/kg（兔经皮）

皮肤刺激或腐蚀 无资料 **眼睛刺激或腐蚀** 无资料

呼吸或皮肤过敏 无资料

生殖细胞突变性 性染色体缺失和不分离：黑腹果蝇经口25ppm。细胞遗传学分析，小鼠经口 50mg/kg。精子形态学分析：小鼠腹腔内 30mg/kg（4d，连续）。微核试验：人淋巴细胞 200mg/L。DNA 抑制：人淋巴细胞 $67\mu mol/L$

致癌性 无资料

生殖毒性 小鼠孕后 7～16d 经口给予最低中毒剂量（TDLo）500mg/kg，致血液和淋巴系统（包括脾和骨髓）、免疫和网状内皮系统发育畸形。小鼠最低中毒剂量（TDLo）：400mg/kg（孕 6～15d），有胚胎毒性。小鼠腹腔内最低中毒剂量（TDLo）：30mg/kg（雄性交配前 1～4d），对精子生成（包括遗传物质、形态、运动能力、计数）有影响

特异性靶器官系统毒性-一次接触 无资料

特异性靶器官系统毒性-反复接触 以含本品 1600ppm 的饲料喂大鼠 3 个月，在头 5 周有步态异常等中毒症状出现，自第 6 周起逐渐恢复。病理检查少数动物坐骨神经轴突变性

吸入危害 无资料

第十二部分 生态学信息

生态毒性 LC_{50}：0.0011mg/L（96h）（黑头呆鱼）。LC_{50}：0.0045mg/L（96h）（蓝鳃太阳鱼）。NOAEC：0.00014 mg/L（30d）（黑头呆鱼）

持久性和降解性

生物降解性 无资料

非生物降解性 无资料

潜在的生物累积性 无资料

土壤中的迁移性 无资料

第十三部分 废弃处置

废弃化学品 建议用控制焚烧法或安全掩埋法处置。在能利用的地方重复使用容器或在规定场所掩埋

污染包装物 将容器返还生产商或按照国家和地方方法规处置

废弃注意事项 处置前应参阅国家和地方有关法规

第十四部分 运输信息

联合国危险货物编号（UN 号） 3082

联合国运输名称 对环境有害的液态物质，未另作规定的（氯氰菊酯）

联合国危险性类别 9

包装类别 Ⅲ 　　　　**包装标志**

海洋污染物 是

运输注意事项 铁路运输时包装所用的麻袋、塑料编织袋、复合塑料编织袋的强度应符合国家标准要求。运

输前应先检查包装容器是否完整、密封，运输过程中要确保容器不泄漏、不倒塌、不坠落、不损坏。严禁与酸类、氧化剂、食品及食品添加剂混运。运输时运输车辆应配备相应品种和数量的消防器材及泄漏应急处理设备。运输途中应防暴晒、雨淋，防高温。公路运输时要按规定路线行驶，勿在居民区和人口稠密区停留

第十五部分 法规信息

下列法律、法规、规章和标准，对该化学品的管理作了相应的规定。

中华人民共和国职业病防治法 职业病分类和目录：未列入

危险化学品安全管理条例 危险化学品目录：列入。易制爆危险化学品名录：未列入。重点监管的危险化学品名录：未列入。GB 18218—2009《危险化学品重大危险源辨识》（表1）：未列入

使用有毒物品作业场所劳动保护条例 高毒物品目录：未列入

易制毒化学品管理条例 易制毒化学品的分类和品种目录：未列入

国际公约 斯德哥尔摩公约：未列入。鹿特丹公约：未列入。蒙特利尔议定书：未列入

第十六部分 其他信息

编写和修订信息　缩略语和首字母缩写
培训建议　参考文献
免责声明

α-氯醛糖

第一部分 化学品标识

化学品中文名 α-氯醛糖；1,2-O-2,2,2-三氯亚乙基-α-D-呋喃糖；灭雀灵；1,2-O-[(1R)-2,2,2-三氯亚乙基]-α-D-呋喃葡糖

化学品英文名 alpha-chloralose；glucochloralose；（R）-1,2-O-(2,2,2-trichloroethylidene)-α-D-glucofuranose

分子式 $C_8H_{11}Cl_3O_6$ **分子量** 309.5279

结构式

化学品的推荐及限制用途 用作驱鸟剂、杀鼠剂，也用于生化研究

第二部分 危险性概述

紧急情况概述 吞咽致命，吸入有害

GHS危险性类别 急性毒性-经口，类别2；急性毒性-吸入，类别4

标签要素

象形图 ☠

警示词 危险

危险性说明 吞咽致命，吸入有害

防范说明

预防措施　避免接触眼睛、皮肤，操作后彻底清洗。作业场所不得进食、饮水或吸烟。避免吸入粉尘。仅在室外或通风良好处操作

事故响应　如吸入：将患者转移到空气新鲜处，休息，保持利于呼吸的体位。如感觉不适，呼叫中毒控制中心或就医。食入：立即呼叫中毒控制中心或就医，漱口

安全储存　上锁保管

废弃处置　本品及内装物、容器依据国家和地方法规处置

物理和化学危险 可燃，其粉体与空气混合，能形成爆炸性混合物

健康危害 中等毒杀鼠剂。严重中毒也可致死。具刺激作用，受热分解释出氯烟雾

环境危害 对环境可能有害

第三部分 成分/组成信息

√ 物质　　　　　　　　　混合物

组分	浓度	CAS No.
α-氯醛糖		15879-93-3

第四部分 急救措施

吸入 迅速脱离现场至空气新鲜处。保持呼吸道通畅。如呼吸困难，给输氧。如呼吸、心跳停止，立即进行心肺复苏术。就医

皮肤接触 立即脱去污染的衣着，用流动清水彻底冲洗。就医

眼睛接触 立即分开眼睑，用流动清水或生理盐水彻底冲洗。就医

食入 饮适量温水，催吐（仅限于清醒者）。就医

对保护施救者的忠告 根据需要使用个人防护设备

对医生的特别提示 对症处理

第五部分 消防措施

灭火剂 用雾状水、泡沫、干粉、二氧化碳、砂土灭火

特别危险性 遇明火、高热可燃。其粉体与空气可形成爆炸性混合物，当达到一定浓度时，遇火星会发生爆炸。受高热分解放出有毒的气体

灭火注意事项及防护措施 消防人员必须佩戴防毒面具、穿全身消防服，在上风向灭火。尽可能将容器从火场移至空旷处。喷水保持火场容器冷却，直至灭火结束

第六部分 泄漏应急处理

作业人员防护措施、防护装备和应急处置程序 隔离泄漏污染区，限制出入。建议应急处理人员戴防尘口罩，穿防毒服。穿上适当的防护服前严禁接触破裂的容器和泄漏物。尽可能切断泄漏源

环境保护措施 用塑料布覆盖泄漏物，减少飞散

泄漏化学品的收容、清除方法及所使用的处置材料 勿使水进入包装容器内。用洁净的铲子收集泄漏物，置于

干净、干燥、盖子较松的容器中，将容器移离泄漏区

第七部分　操作处置与储存

操作注意事项　密闭操作，提供充分的局部排风。防止粉尘释放到车间空气中。操作人员必须经过专门培训，严格遵守操作规程。建议操作人员佩戴过滤式防尘口罩，穿胶布防毒衣，戴橡胶手套。远离火种、热源，工作场所严禁吸烟。使用防爆型的通风系统和设备。避免产生粉尘。避免与氧化剂、酸类、碱类接触。配备相应品种和数量的消防器材及泄漏应急处理设备。倒空的容器可能残留有害物

储存注意事项　储存于阴凉、通风的库房。远离火种、热源。防止阳光直射。保持容器密封，严禁与空气接触。应与氧化剂、酸类、碱类、食用化学品分开存放，切忌混储。配备相应品种和数量的消防器材。储区应备有合适的材料收容泄漏物

第八部分　接触控制/个体防护

职业接触限值

　　中国　未制定标准

　　美国（ACGIH）　未制定标准

生物接触限值　未制定标准

监测方法　空气中有毒物质测定方法：未制定标准。生物监测检验方法：未制定标准

工程控制　严加密闭，提供充分的局部排风

个体防护装备

　　呼吸系统防护　可能接触其粉尘时，必须佩戴过滤式防尘口罩。紧急事态抢救或撤离时，应该佩戴空气呼吸器

　　眼睛防护　呼吸系统防护中已作防护

　　皮肤和身体防护　穿密闭型防毒服

　　手防护　戴橡胶手套

第九部分　理化特性

外观与性状　白色结晶粉末

pH 值　无意义		**熔点(℃)**　178～187	
沸点(℃)　无资料		**相对密度(水＝1)**　无资料	

相对蒸气密度(空气＝1)　无资料

饱和蒸气压(kPa)　无资料

临界压力(MPa)　无资料　　**辛醇/水分配系数**　无资料

闪点(℃)　无意义　　**自燃温度(℃)**　无资料

爆炸下限(%)　无资料　　**爆炸上限(%)**　无资料

分解温度(℃)　无资料　　**黏度(mPa·s)**　无资料

燃烧热(kJ/mol)　无资料　　**临界温度(℃)**　无资料

溶解性　溶于热水、乙醚，微溶于冷水、乙醇、氯仿

第十部分　稳定性和反应性

稳定性　稳定

危险反应　与强氧化剂、强酸、强碱等禁配物发生反应

避免接触的条件　无资料

禁配物　强氧化剂、强酸、强碱

危险的分解产物　氯化氢

第十一部分　毒理学信息

急性毒性　LD$_{50}$：400mg/kg（大鼠经口）；200mg/kg（小鼠经口）

皮肤刺激或腐蚀　无资料　　**眼睛刺激或腐蚀**　无资料

呼吸或皮肤过敏　无资料　　**生殖细胞突变性**　无资料

致癌性　小鼠皮下最低中毒剂量（TDLo）：215mg/kg，按 RTECS 标准为可疑致肿瘤物，呼吸和血液系统肿瘤

生殖毒性　无资料

特异性靶器官系统毒性-一次接触　无资料

特异性靶器官系统毒性-反复接触　无资料

吸入危害　无资料

第十二部分　生态学信息

生态毒性　无资料

持久性和降解性

　　生物降解性　无资料

　　非生物降解性　无资料

潜在的生物累积性　无资料

土壤中的迁移性　无资料

第十三部分　废弃处置

废弃化学品　建议用焚烧法处置。在能利用的地方重复使用容器或在规定场所掩埋

污染包装物　将容器返还生产商或按照国家和地方法规处置

废弃注意事项　处置前应参阅国家和地方有关法规

第十四部分　运输信息

联合国危险货物编号（UN号）　2811

联合国运输名称　有机毒性固体，未另作规定的（α-氯醛糖）

联合国危险性类别　6.1

包装类别　Ⅱ　　　　　　**包装标志**　

海洋污染物　否

运输注意事项　铁路运输时，可以使用钙塑瓦楞箱作外包装。运输前应先检查包装容器是否完整、密封，运输过程中要确保容器不泄漏、不倒塌、不坠落、不损坏。严禁与酸类、氧化剂、食品及食品添加剂混运。运输时运输车辆应配备相应品种和数量的消防器材及泄漏应急处理设备。运输途中应防暴晒、雨淋，防高温。公路运输时要按规定路线行驶，勿在居民区和人口稠密区停留

第十五部分　法规信息

　　下列法律、法规、规章和标准，对该化学品的管理作了相应的规定。

中华人民共和国职业病防治法　职业病分类和目录：未列入

危险化学品安全管理条例 危险化学品目录：列入。易制爆危险化学品名录：未列入。重点监管的危险化学品名录：未列入。GB 18218—2009《危险化学品重大危险源辨识》（表1）：未列入

使用有毒物品作业场所劳动保护条例 高毒物品目录：未列入

易制毒化学品管理条例 易制毒化学品的分类和品种目录：未列入

国际公约 斯德哥尔摩公约：未列入。鹿特丹公约：未列入。蒙特利尔议定书：未列入

第十六部分 其他信息

编写和修订信息　缩略语和首字母缩写
培训建议　　　　参考文献
免责声明

2-氯三氟甲苯

第一部分 化学品标识

化学品中文名 2-氯三氟甲苯；邻氯三氟苄；邻氯三氟甲苯；1-氯-2-(三氟甲基)苯

化学品英文名 2-chloro benzotrifluoride；o-chlorobenzotrifluoride

分子式 $C_7H_4ClF_3$　**分子量** 180.555

结构式

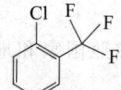

化学品的推荐及限制用途 用作药物、染料及化学品的中间体、溶剂及绝缘液

第二部分 危险性概述

紧急情况概述 吞咽有害

GHS危险性类别 急性毒性-经口，类别4；危害水生环境-急性危害，类别2；危害水生环境-长期危害，类别2

标签要素

象形图

警示词 警告

危险性说明 吞咽有害，对水生生物有毒并具有长期持续影响

防范说明

预防措施　避免接触眼睛、皮肤，操作后彻底清洗。作业场所不得进食、饮水或吸烟。禁止排入环境

事故响应　食入：如果感觉不适，立即呼叫中毒控制中心或就医。漱口。收集泄漏物

安全储存　—

废弃处置　本品及内装物、容器依据国家和地方法规处置

物理和化学危险 易燃，其蒸气与空气混合，能形成爆炸性混合物

健康危害 本品对皮肤有刺激作用。高浓度对眼睛、黏膜和上呼吸道有强烈损害作用，接触可引起烧灼感、咳嗽、喘息、喉炎、气短、头痛、恶心和呕吐，过长时间接触可引起肺部刺激症状、胸痛、肺水肿

环境危害 对水生生物有毒并具有长期持续影响

第三部分 成分/组成信息

√ 物质		混合物
组分	浓度	CAS No.
2-氯三氟甲苯		88-16-4

第四部分 急救措施

吸入 迅速脱离现场至空气新鲜处。保持呼吸道通畅。如呼吸困难，给输氧。呼吸、心跳停止，立即进行心肺复苏术。就医

皮肤接触 立即脱去污染的衣着，用流动清水彻底冲洗。就医

眼睛接触 立即分开眼睑，用流动清水或生理盐水彻底冲洗。就医

食入 漱口，饮水。就医

对保护施救者的忠告 根据需要使用个人防护设备

对医生的特别提示 对症处理

第五部分 消防措施

灭火剂 用雾状水、泡沫、干粉、二氧化碳、砂土灭火

特别危险性 遇明火、高热或与氧化剂接触能燃烧，并散发出有毒气体

灭火注意事项及防护措施 消防人员必须佩戴空气呼吸器、穿全身防火防毒服，在上风向灭火。尽可能将容器从火场移至空旷处。喷水保持火场容器冷却，直至灭火结束。处在火场中的容器若已变色或从安全泄压装置中发出声音，必须马上撤离

第六部分 泄漏应急处理

作业人员防护措施、防护装备和应急处置程序 根据液体流动和蒸气扩散的影响区域划定警戒区，无关人员从侧风、上风向撤离至安全区。消除所有点火源。建议应急处理人员戴正压自给式呼吸器，穿防毒、防静电服。穿上适当的防护服前严禁接触破裂的容器和泄漏物。尽可能切断泄漏源

环境保护措施 防止泄漏物进入水体、下水道、地下室或有限空间

泄漏化学品的收容、清除方法及所使用的处置材料 小量泄漏：用干燥的砂土或其他不燃材料吸收或覆盖，收集于容器中。大量泄漏：构筑围堤或挖坑收容。用防爆泵转移至槽车或专用收集器内

第七部分 操作处置与储存

操作注意事项 密闭操作，全面通风。操作人员必须经过专门培训，严格遵守操作规程。建议操作人员佩戴自吸过滤式防毒面具（全面罩），穿胶布防毒衣，戴橡胶耐油手套。远离火种、热源，工作场所严禁吸烟。

使用防爆型的通风系统和设备。防止蒸气泄漏到工作场所空气中。避免与氧化剂、碱类接触。搬运时要轻装轻卸,防止包装及容器损坏。配备相应品种和数量的消防器材及泄漏应急处理设备。倒空的容器可能残留有害物

储存注意事项 储存于阴凉、通风的库房。远离火种、热源。应与氧化剂、碱类分开存放,切忌混储。采用防爆型照明、通风设施。禁止使用易产生火花的机械设备和工具。储区应备有泄漏应急处理设备和合适的收容材料

第八部分 接触控制/个体防护

职业接触限值
中国 未制定标准
美国(ACGIH) 未制定标准

生物接触限值 未制定标准

监测方法 空气中有毒物质测定方法:未制定标准。生物监测检验方法:未制定标准

工程控制 生产过程密闭,全面通风

个体防护装备
呼吸系统防护 空气中浓度超标时,必须佩戴过滤式防毒面具(全面罩)。紧急事态抢救或撤离时,应该佩戴空气呼吸器
眼睛防护 呼吸系统防护中已作防护
皮肤和身体防护 穿密闭型防毒服
手防护 戴橡胶耐油手套

第九部分 理化特性

外观与性状 无色液体,有芳香气味

pH 值 无资料	**熔点(℃)** −7.4
沸点(℃) 152	**相对密度(水=1)** 1.379

相对蒸气密度(空气=1) 6.2

饱和蒸气压(kPa) 无资料

临界压力(MPa) 无资料	**辛醇/水分配系数** 无资料
闪点(℃) 58.89	**自燃温度(℃)** 无资料
爆炸下限(%) 无资料	**爆炸上限(%)** 无资料
分解温度(℃) 无资料	**黏度(mPa·s)** 无资料
燃烧热(kJ/mol) 无资料	**临界温度(℃)** 无资料

溶解性 不溶于水,溶于乙醚、丙酮

第十部分 稳定性和反应性

稳定性 稳定

危险反应 与强氧化剂、强碱等禁配物接触,有发生火灾和爆炸的危险

避免接触的条件 无资料

禁配物 强氧化剂、强碱

危险的分解产物 氯化氢、氟化氢

第十一部分 毒理学信息

急性毒性 LD_{50}:1600mg/kg(大鼠经口)。LC_{50}:22000 mg/m³(大鼠吸入)(对位)

皮肤刺激或腐蚀 无资料 **眼睛刺激或腐蚀** 无资料

呼吸或皮肤过敏 无资料 **生殖细胞突变性** 无资料

致癌性 无资料 **生殖毒性** 无资料

特异性靶器官系统毒性-一次接触 无资料

特异性靶器官系统毒性-反复接触 无资料

吸入危害 无资料

第十二部分 生态学信息

生态毒性 根据结构类似物质预测,该物质对水生生物有毒

持久性和降解性
生物降解性 无资料
非生物降解性 无资料

潜在的生物累积性 无资料

土壤中的迁移性 无资料

第十三部分 废弃处置

废弃化学品 建议用焚烧法处置。与燃料混合后,再焚烧。焚烧炉排出的卤化氢通过酸洗涤器除去

污染包装物 将容器返还生产商或按照国家和地方法规处置

废弃注意事项 处置前应参阅国家和地方有关法规

第十四部分 运输信息

联合国危险货物编号(UN 号) 2234

联合国运输名称 三氟甲基氯苯

联合国危险性类别 3

包装类别 Ⅲ **包装标志**

海洋污染物 是

运输注意事项 运输前应先检查包装容器是否完整、密封,运输过程中要确保容器不泄漏、不倒塌、不坠落、不损坏。严禁与酸类、氧化剂、食品及食品添加剂混运。运输时运输车辆应配备相应品种和数量的消防器材及泄漏应急处理设备。运输途中应防暴晒、雨淋,防高温。运输时所用的槽(罐)车应有接地链,槽内可设孔隔板以减少震荡产生的静电。中途停留时应远离火种、热源。公路运输时要按规定路线行驶,勿在居民区和人口稠密区停留

第十五部分 法规信息

下列法律、法规、规章和标准,对该化学品的管理作了相应的规定。

中华人民共和国职业病防治法 职业病分类和目录:未列入

危险化学品安全管理条例 危险化学品目录:列入。易制爆危险化学品名录:未列入。重点监管的危险化学品名录:未列入。GB 18218—2009《危险化学品重大危险源辨识》(表1):未列入

使用有毒物品作业场所劳动保护条例 高毒物品目录:未列入

易制毒化学品管理条例 易制毒化学品的分类和品种目录:未列入

国际公约 斯德哥尔摩公约：未列入。鹿特丹公约：未列入。蒙特利尔议定书：未列入

第十六部分 其他信息

编写和修订信息　　　缩略语和首字母缩写
培训建议　　　参考文献
免责声明

4-氯三氟甲苯

第一部分 化学品标识

化学品中文名 4-氯三氟甲苯；对氯三氟苄；对氯三氟甲苯；1-氯-4-(三氟甲基) 苯；三氟-4-氯甲苯

化学品英文名 4-chlorobenzotrifluoride；4-chloro-α, α, α-trifluorotoluene

分子式 $C_7H_4ClF_3$　分子量 180.555

结构式

化学品的推荐及限制用途 用于制造染料、颜料、药物、农药等

第二部分 危险性概述

紧急情况概述 易燃液体和蒸气
GHS危险性类别 易燃液体，类别3；危害水生环境-急性危害，类别2；危害水生环境-长期危害，类别2
标签要素

象形图

警示词 警告
危险性说明 易燃液体和蒸气，对水生生物有毒并具有长期持续影响
防范说明
　　预防措施 远离热源、火花、明火、热表面。禁止吸烟。保持容器密闭。容器和接收设备接地连接。使用防爆电器、通风、照明设备。只能使用不产生火花的工具。采取防止静电措施。戴防护手套、防护眼镜、防护面罩。禁止排入环境
　　事故响应 火灾时，使用泡沫、干粉、二氧化碳、砂土灭火。如皮肤（或头发）接触：立即脱掉所有被污染的衣服，用水冲洗皮肤，淋浴。收集泄漏物
　　安全储存 存放在通风良好的地方。保持低温
　　废弃处置 本品及内装物、容器依据国家和地方法规处置
物理和化学危险 易燃，其蒸气与空气混合，能形成爆炸性混合物
健康危害 吸入、摄入或经皮肤吸收后对身体有害。对眼睛、皮肤、黏膜和上呼吸道有刺激作用
环境危害 对水生生物有毒并具有长期持续影响

第三部分 成分/组成信息

√ 物质　　　　　　　　　混合物

组分	浓度	CAS No.
4-氯三氟甲苯		98-56-6

第四部分 急救措施

吸入 迅速脱离现场至空气新鲜处。保持呼吸道通畅。如呼吸困难，给输氧。呼吸、心跳停止，立即进行心肺复苏术。就医
皮肤接触 立即脱去污染的衣着，用流动清水彻底冲洗。就医
眼睛接触 立即分开眼睑，用流动清水或生理盐水彻底冲洗。就医
食入 漱口，饮水。就医
对保护施救者的忠告 根据需要使用个人防护设备
对医生的特别提示 对症处理

第五部分 消防措施

灭火剂 用泡沫、干粉、二氧化碳、砂土灭火
特别危险性 其蒸气与空气可形成爆炸性混合物，遇明火、高热能引起燃烧爆炸。与氧化剂可发生反应。受高热分解放出有毒的气体。蒸气比空气重，沿地面扩散并易积存于低洼处，遇火源会着火回燃。若遇高热，容器内压增大，有开裂和爆炸的危险
灭火注意事项及防护措施 消防人员须佩戴防毒面具、穿全身消防服，在上风向灭火。尽可能将容器从火场移至空旷处。喷水保持火场容器冷却，直至灭火结束。处在火场中的容器若已变色或从安全泄压装置中发出声音，必须马上撤离

第六部分 泄漏应急处理

作业人员防护措施、防护装备和应急处置程序 消除所有点火源。根据液体流动和蒸气扩散的影响区域划定警戒区，无关人员从侧风、上风向撤离至安全区。建议应急处理人员戴正压自给式呼吸器，穿防静电服。作业时使用的所有设备应接地。禁止接触或跨越泄漏物。尽可能切断泄漏源
环境保护措施 防止泄漏物进入水体、下水道、地下室或有限空间
泄漏化学品的收容、清除方法及所使用的处置材料 小量泄漏：用砂土或其他不燃材料吸收。使用洁净的无火花工具收集吸收材料。大量泄漏：构筑围堤或挖坑收容。用泡沫覆盖，减少蒸发。喷水雾能减少蒸发，但不能降低泄漏物在有限空间内的易燃性。用防爆泵转移至槽车或专用收集器内

第七部分 操作处置与储存

操作注意事项 密闭操作，局部排风。防止蒸气泄漏到工作场所空气中。操作人员必须经过专门培训，严格遵守操作规程。建议操作人员佩戴自吸过滤式防毒面具（半面罩），戴化学安全防护眼镜，穿防静电工作服，戴橡胶手套。远离火种、热源，工作场所严禁吸烟。

使用防爆型的通风系统和设备。在清除液体和蒸气前不能进行焊接、切割等作业。避免产生烟雾。避免与氧化剂、碱类接触。尤其要注意避免与水接触。容器与传送设备要接地，防止产生静电。灌装时应控制流速，且有接地装置，防止静电积聚。配备相应品种和数量的消防器材及泄漏应急处理设备。倒空的容器可能残留有害物

储存注意事项　储存于阴凉、通风的库房。远离火种、热源。防止阳光直射。库温不宜超过 37℃，保持容器密封。应与氧化剂、碱类、食用化学品分开存放，切忌混储。采用防爆型照明、通风设施。禁止使用易产生火花的机械设备和工具。储区应备有泄漏应急处理设备和合适的收容材料

第八部分　接触控制/个体防护

职业接触限值

中国　未制定标准

美国（ACGIH）　未制定标准

生物接触限值　未制定标准

监测方法　空气中有毒物质测定方法：未制定标准。生物监测检验方法：未制定标准

工程控制　密闭操作，局部排风

个体防护装备

呼吸系统防护　空气中浓度超标时，必须佩戴过滤式防毒面具（半面罩）。紧急事态抢救或撤离时，应该佩戴空气呼吸器

眼睛防护　戴化学安全防护眼镜

皮肤和身体防护　穿防静电工作服

手防护　戴橡胶手套

第九部分　理化特性

外观与性状　无色透明液体

pH 值　无资料　　　**熔点（℃）**　−36

沸点（℃）　136～138　　**相对密度（水＝1）**　1.353

相对蒸气密度（空气＝1）　6.24

饱和蒸气压（kPa）　无资料

临界压力（MPa）　无资料　　**辛醇/水分配系数**　无资料

闪点（℃）　46.7　　　**自燃温度（℃）**　无资料

爆炸下限（%）　无资料　　**爆炸上限（%）**　无资料

分解温度（℃）　无资料　　**黏度（mPa·s）**　无资料

燃烧热（kJ/mol）　无资料　　**临界温度（℃）**　无资料

溶解性　溶于部分有机溶剂

第十部分　稳定性和反应性

稳定性　稳定

危险反应　与强氧化剂等禁配物接触，有发生火灾和爆炸的危险

避免接触的条件　无资料

禁配物　强氧化剂、强碱

危险的分解产物　氯化氢、氟化氢

第十一部分　毒理学信息

急性毒性　LD_{50}：13000mg/kg（大鼠经口），11500mg/kg（小鼠经口）。LC_{50}：22000mg/m³（大鼠吸入）

皮肤刺激或腐蚀　无资料　　**眼睛刺激或腐蚀**　无资料

呼吸或皮肤过敏　无资料

生殖细胞突变性　程序外 DNA 合成：人胚胎 1g/L

致癌性　无资料　　　**生殖毒性**　无资料

特异性靶器官系统毒性-一次接触　无资料

特异性靶器官系统毒性-反复接触　无资料

吸入危害　无资料

第十二部分　生态学信息

生态毒性　LC_{50}：3mg/L（96h）（斑马鱼，OECD 203）。EC_{50}：2mg/L（48h）（大型溞，OECD 202）

持久性和降解性

生物降解性　OECD 301D，不易快速生物降解

非生物降解性　无资料

潜在的生物累积性　根据 K_{ow} 值预测，该物质可能有一定的生物累积性

土壤中的迁移性　根据 K_{oc} 值预测，该物质可能有一定的迁移性

第十三部分　废弃处置

废弃化学品　建议用焚烧法处置。在能利用的地方重复使用容器或在规定场所掩埋

污染包装物　将容器返还生产商或按照国家和地方法规处置

废弃注意事项　处置前应参阅国家和地方有关法规

第十四部分　运输信息

联合国危险货物编号（UN 号）　1993

联合国运输名称　易燃液体，未另作规定的（4-氯三氟甲苯）

联合国危险性类别　3

包装类别　Ⅲ　　　　　**包装标志**　

海洋污染物　是

运输注意事项　运输时运输车辆应配备相应品种和数量的消防器材及泄漏应急处理设备。夏季最好早晚运输。运输时所用的槽（罐）车应有接地链，槽内可设孔隔板以减少震荡产生的静电。严禁与氧化剂、碱类、食用化学品等混装混运。运输途中应防暴晒、雨淋，防高温。中途停留时应远离火种、热源、高温区。装运该物品的车辆排气管必须配备阻火装置，禁止使用易产生火花的机械设备和工具装卸。公路运输时要按规定路线行驶，勿在居民区和人口稠密区停留。铁路运输时要禁止溜放。严禁用木船、水泥船散装运输

第十五部分　法规信息

下列法律、法规、规章和标准，对该化学品的管理作了相应的规定。

中华人民共和国职业病防治法　职业病分类和目录：未列入

危险化学品安全管理条例 危险化学品目录：列入。易制爆危险化学品名录：未列入。重点监管的危险化学品名录：未列入。GB 18218—2009《危险化学品重大危险源辨识》(表1)：未列入

使用有毒物品作业场所劳动保护条例 高毒物品目录：未列入

易制毒化学品管理条例 易制毒化学品的分类和品种目录：未列入

国际公约 斯德哥尔摩公约：未列入。鹿特丹公约：未列入。蒙特利尔议定书：未列入

第十六部分 其他信息

编写和修订信息　　**缩略语和首字母缩写**
培训建议　　**参考文献**
免责声明

氯鼠酮

第一部分 化学品标识

化学品中文名 氯鼠酮；鼠顿停；氯敌鼠；2-[2-(4-氯苯基)-2-苯基乙酰基]-2,3-二氢-1,3-茚二酮

化学品英文名 chlorophacinone；liphadione；2-[2-(4-chlorophenyl)-2-phenylacetyl]indan-1,3-dione

分子式 $C_{23}H_{15}ClO_3$ **分子量** 374.816

结构式

化学品的推荐及限制用途 用作杀鼠剂

第二部分 危险性概述

紧急情况概述 吞咽致命，皮肤接触会致命，吸入会中毒

GHS危险性类别 急性毒性-经口，类别2；急性毒性-经皮，类别1；急性毒性-吸入，类别3；特异性靶器官毒性-反复接触，类别1；危害水生环境-急性危害，类别1；危害水生环境-长期危害，类别1

标签要素

象形图

警示词 危险

危险性说明 吞咽致命，皮肤接触会致命，吸入会中毒，长时间或反复接触对器官造成损伤，对水生生物毒性非常大并具有长期持续影响

防范说明

预防措施 避免接触眼睛、皮肤或衣服，操作后彻底清洗。作业场所不得进食、饮水或吸烟。戴防护手套、穿防护服。避免吸入粉尘。仅在室外或通风良好处操作。禁止排入环境

事故响应 如吸入：将患者转移到空气新鲜处，休息，保持利于呼吸的体位，呼叫中毒控制中心

或就医。皮肤接触：用大量肥皂水和水轻轻地清洗，立即脱去所有被污染的衣服，立即呼叫中毒控制中心或就医。被污染的衣服必须经洗净后方可重新使用。食入：立即呼叫中毒控制中心或就医，漱口。如感觉不适，就医。收集泄漏物

安全储存 在通风良好处储存。保持容器密闭。上锁保管

废弃处置 本品及内装物、容器依据国家和地方法规处置

物理和化学危险 可燃，其粉体与空气混合，能形成爆炸性混合物

健康危害 高毒杀鼠剂。本品有抗凝血作用，误服或皮肤接触会中毒，引起出血。受热分解释出氯烟雾

环境危害 对水生生物毒性非常大并具有长期持续影响

第三部分 成分/组成信息

√ 物质　　　　　　　　混合物

组分	浓度	CAS No.
氯鼠酮		3691-35-8

第四部分 急救措施

吸入 迅速脱离现场至空气新鲜处。保持呼吸道通畅。如呼吸困难，给输氧。呼吸、心跳停止，立即进行心肺复苏术。就医

皮肤接触 立即脱去污染的衣着，用流动清水彻底冲洗。就医

眼睛接触 立即分开眼睑，用流动清水或生理盐水彻底冲洗。就医

食入 饮适量温水，催吐（仅限于清醒者）。就医

对保护施救者的忠告 根据需要使用个人防护设备

对医生的特别提示 对症处理

第五部分 消防措施

灭火剂 用雾状水、泡沫、干粉、二氧化碳、砂土灭火

特别危险性 遇明火、高热可燃。其粉体与空气可形成爆炸性混合物，当达到一定浓度时，遇火星会发生爆炸。受高热分解放出有毒的气体

灭火注意事项及防护措施 消防人员必须佩戴防毒面具、穿全身消防服，在上风向灭火。尽可能将容器从火场移至空旷处。喷水保持火场容器冷却，直至灭火结束

第六部分 泄漏应急处理

作业人员防护措施、防护装备和应急处置程序 隔离泄漏污染区，限制出入。建议应急处理人员戴防尘口罩，穿防毒服。穿上适当的防护服前严禁接触破裂的容器和泄漏物。尽可能切断泄漏源

环境保护措施 用塑料布覆盖泄漏物，减少飞散

泄漏化学品的收容、清除方法及所使用的处置材料 勿使水进入包装容器内。用洁净的铲子收集泄漏物，置于干净、干燥、盖子较松的容器中，将容器移离泄漏区

第七部分 操作处置与储存

操作注意事项 密闭操作，提供充分的局部排风。防止粉

尘释放到车间空气中。操作人员必须经过专门培训，严格遵守操作规程。建议操作人员佩戴防尘面具（全面罩），穿胶布防毒衣，戴橡胶手套。远离火种、热源，工作场所严禁吸烟。使用防爆型的通风系统和设备。避免产生粉尘。避免与氧化剂、酸类接触。配备相应品种和数量的消防器材及泄漏应急处理设备。倒空的容器可能残留有害物

储存注意事项　储存于阴凉、通风良好的专用库房内，实行"双人收发、双人保管"制度。远离火种、热源。防止阳光直射。包装密封。应与氧化剂、酸类、食用化学品分开存放，切忌混储。配备相应品种和数量的消防器材。储区应备有合适的材料收容泄漏物

第八部分　接触控制/个体防护

职业接触限值
　中国　未制定标准
　美国（ACGIH）　未制定标准
生物接触限值　未制定标准
监测方法　空气中有毒物质测定方法：未制定标准。生物监测检验方法：未制定标准
工程控制　严加密闭，提供充分的局部排风
个体防护装备
　呼吸系统防护　可能接触其粉尘时，必须佩戴防尘面具（全面罩）。紧急事态抢救或撤离时，应该佩戴空气呼吸器
　眼睛防护　呼吸系统防护中已作防护
　皮肤和身体防护　穿密闭型防毒服
　手防护　戴橡胶手套

第九部分　理化特性

外观与性状　原药为黄色无臭结晶
pH 值　无意义　　　　**熔点（℃）**　140
沸点（℃）　无资料　　**相对密度（水＝1）**　无资料
相对蒸气密度（空气＝1）　无资料
饱和蒸气压（kPa）　无资料
临界压力（MPa）　无资料　**辛醇/水分配系数**　无资料
闪点（℃）　无意义　　**自燃温度（℃）**　无资料
爆炸下限（%）　无资料　**爆炸上限（%）**　无资料
分解温度（℃）　无资料　**黏度（mPa·s）**　无资料
燃烧热（kJ/mol）　无资料　**临界温度（℃）**　无资料
溶解性　不溶于水，溶于丙酮、乙醇、乙酸乙酯

第十部分　稳定性和反应性

稳定性　稳定
危险反应　与氧化剂、硝酸盐、氧化性酸类等禁配物发生反应
避免接触的条件　无资料
禁配物　氧化剂、硝酸盐、氧化性酸类
危险的分解产物　氯化氢

第十一部分　毒理学信息

急性毒性　LD_{50}：2.1mg/kg（大鼠经口），1.1mg/kg

（小鼠经口），200mg/kg（兔经皮）

皮肤刺激或腐蚀　无资料　**眼睛刺激或腐蚀**　无资料
呼吸或皮肤过敏　无资料　**生殖细胞突变性**　无资料
致癌性　无资料　　　　　**生殖毒性**　无资料
特异性靶器官系统毒性--一次接触　无资料
特异性靶器官系统毒性-反复接触　无资料
吸入危害　无资料

第十二部分　生态学信息

生态毒性　LC_{50}：0.71mg/L（96h）（蓝鳃太阳鱼，流水式）。LC_{50}：0.45mg/L（96h）（虹鳟，流水式）。EC_{50}：0.64mg/L（48h）（大型溞，流水式）
持久性和降解性
　生物降解性　OECD 301F，不易快速生物降解
　非生物降解性　无资料
潜在的生物累积性　无资料
土壤中的迁移性　无资料

第十三部分　废弃处置

废弃化学品　用安全掩埋法处置。在规定场所掩埋空容器
污染包装物　将容器返还生产商或按照国家和地方法规处置
废弃注意事项　处置前应参阅国家和地方有关法规

第十四部分　运输信息

联合国危险货物编号（UN 号）　2811
联合国运输名称　有机毒性固体，未另作规定的（氯鼠酮）
联合国危险性类别　6.1

包装类别　Ⅰ　　　　　　**包装标志**　

海洋污染物　是
运输注意事项　运输前应先检查包装容器是否完整、密封，运输过程中要确保容器不泄漏、不倒塌、不坠落、不损坏。严禁与酸类、氧化剂、食品及食品添加剂混运。运输时运输车辆应配备相应品种和数量的消防器材及泄漏应急处理设备。运输途中应防暴晒、雨淋、防高温。公路运输时要按规定路线行驶，勿在居民区和人口稠密区停留

第十五部分　法规信息

　下列法律、法规、规章和标准，对该化学品的管理作了相应的规定。
中华人民共和国职业病防治法　职业病分类和目录：未列入
危险化学品安全管理条例　危险化学品目录：列入。作为剧毒化学品进行管理。易制爆危险化学品名录：未列入。重点监管的危险化学品名录：未列入。GB 18218—2009《危险化学品重大危险源辨识》（表1）：未列入
使用有毒物品作业场所劳动保护条例　高毒物品目录：未

列入

易制毒化学品管理条例 易制毒化学品的分类和品种目录：未列入

国际公约 斯德哥尔摩公约：未列入。鹿特丹公约：未列入。蒙特利尔议定书：未列入

第十六部分 其他信息

编写和修订信息　　缩略语和首字母缩写
培训建议　　　　　参考文献
免责声明

氯酸锶

第一部分 化学品标识

化学品中文名 氯酸锶

化学品英文名 strontium chlorate; chloric acid, strontium salt

分子式 $Sr(ClO_3)_2$ **分子量** 254.52

结构式

$$O=Cl-O^-\ Sr^{2+}\ O^--Cl=O$$

化学品的推荐及限制用途 用于制造红色烟火

第二部分 危险性概述

紧急情况概述 可加剧燃烧；氧化剂

GHS 危险性类别 氧化性固体，类别 2

标签要素

象形图

警示词 危险

危险性说明 可加剧燃烧；氧化剂

防范说明

预防措施 远离热源。远离衣物、可燃物保存。采取一切预防措施，避免与可燃物混合。戴防护手套、防护眼镜、防护面罩

事故响应 —

安全储存 —

废弃处置 本品及内装物、容器依据国家和地方法规处置

物理和化学危险 与可燃物混合或急剧加热会发生爆炸

健康危害 具刺激作用。摄入后引起恶心、呕吐、腹痛和腹泻。吸收后引起高铁血红蛋白血症，出现紫绀、呼吸困难，重者昏迷。可发生溶血。在急性氯酸盐中毒中，可能突然发生死亡，而没有明显的临床征候。可引起肾损害和迟发性中毒性神经炎

环境危害 对环境可能有害

第三部分 成分/组成信息

√ 物质　　　　　　　　混合物

组分	浓度	CAS No.
氯酸锶		7791-10-8

第四部分 急救措施

吸入 迅速脱离现场至空气新鲜处。保持呼吸道通畅。如呼吸困难，给吸氧。如呼吸、心跳停止，立即行心肺复苏术。就医

皮肤接触 立即脱去污染衣着，用肥皂水或清水彻底冲洗。就医

眼睛接触 分开眼睑，用清水或生理盐水冲洗。就医

食入 漱口，饮水。就医

对保护施救者的忠告 根据需要使用个人防护设备

对医生的特别提示 高铁血红蛋白血症，可用亚甲蓝和维生素 C 治疗

第五部分 消防措施

灭火剂 本品不燃，根据着火原因选择适当灭火剂灭火

特别危险性 强氧化剂。与铵盐、可燃物、还原剂、金属粉末能形成爆炸性混合物，经摩擦、震动或撞击可引起燃烧或爆炸。与硫酸接触容易发生爆炸。受高热分解放出有毒的气体

灭火注意事项及防护措施 消防人员必须穿全身防火防毒服，在上风向灭火。灭火时尽可能将容器从火场移至空旷处

第六部分 泄漏应急处理

作业人员防护措施、防护装备和应急处置程序 隔离泄漏污染区，限制出入。建议应急处理人员戴防尘口罩，穿防毒服。穿上适当的防护服前严禁接触破裂的容器和泄漏物

环境保护措施 用塑料布覆盖泄漏物，减少飞散

泄漏化学品的收容、清除方法及所使用的处置材料 勿使泄漏物与可燃物质（如木材、纸、油等）接触。小量泄漏：用大量水冲洗，洗水稀释后放入废水系统。大量泄漏：在专家指导下清除

第七部分 操作处置与储存

操作注意事项 密闭操作，局部排风。防止粉尘释放到车间空气中。操作人员必须经过专门培训，严格遵守操作规程。建议操作人员佩戴自吸过滤式防尘口罩，戴化学安全防护眼镜，穿胶布防毒衣，戴橡胶手套。远离火种、热源，工作场所严禁吸烟。远离易燃、可燃物。避免产生粉尘。避免与还原剂、酸类、铵盐、活性金属粉末、硫、磷接触。配备相应品种和数量的消防器材及泄漏应急处理设备。倒空的容器可能残留有害物

储存注意事项 储存于阴凉、干燥、通风良好的专用库房内，库温不超过 30℃，相对湿度不超过 80%。远离火种、热源。防止阳光直射。包装密封。应与还原剂、酸类、易（可）燃物、铵盐、活性金属粉末、硫、磷、食用化学品分开存放，切忌混储。储区应备有合适的材料收容泄漏物

第八部分 接触控制/个体防护

职业接触限值

中国 未制定标准

美国(ACGIH) 未制定标准

生物接触限值 未制定标准

监测方法 空气中有毒物质测定方法：未制定标准。生物监测检验方法：未制定标准

工程控制 密闭操作，局部排风

个体防护装备

呼吸系统防护 空气中粉尘浓度超标时，必须佩戴过滤式防尘呼吸器。紧急事态抢救或撤离时，应该佩戴空气呼吸器

眼睛防护 戴化学安全防护眼镜

皮肤和身体防护 穿密闭型防毒服

手防护 戴橡胶手套

第九部分 理化特性

外观与性状 白色结晶性粉末

pH 值 无意义　　　　熔点(℃) 120(分解)

沸点(℃) 无资料

相对密度(水＝1) 3.152(20℃)

相对蒸气密度(空气＝1) 无资料

饱和蒸气压(kPa) 无资料

临界压力(MPa) 无意义　辛醇/水分配系数 无资料

闪点(℃) 无意义　　　自燃温度(℃) 无意义

爆炸下限(%) 无意义　　爆炸上限(%) 无意义

分解温度(℃) 120　　　黏度(mPa·s) 无资料

燃烧热(kJ/mol) 无资料　临界温度(℃) 无资料

溶解性 溶于水，微溶于乙醇

第十部分 稳定性和反应性

稳定性 稳定

危险反应 与强还原剂、强酸、易燃或可燃物、铵盐、活性金属粉末、硫、磷等禁配物发生反应。与铵盐、可燃物、还原剂、金属粉末能形成爆炸性混合物，经摩擦、震动或撞击可引起燃烧或爆炸。与硫酸接触容易发生爆炸

避免接触的条件 受热、摩擦、震动、撞击

禁配物 强还原剂、强酸、易燃或可燃物、铵盐、活性金属粉末、硫、磷

危险的分解产物 氯化氢

第十一部分 毒理学信息

急性毒性 无资料

皮肤刺激或腐蚀 无资料　眼睛刺激或腐蚀 无资料

呼吸或皮肤过敏 无资料　生殖细胞突变性 无资料

致癌性 无资料　　　　生殖毒性 无资料

特异性靶器官系统毒性-一次接触 无资料

特异性靶器官系统毒性-反复接触 无资料

吸入危害 无资料

第十二部分 生态学信息

生态毒性 无资料

持久性和降解性

生物降解性 无资料

非生物降解性 无资料

潜在的生物累积性 无资料

土壤中的迁移性 无资料

第十三部分 废弃处置

废弃化学品 量小时，小心用硫酸把3%溶液或悬浮液酸化到 pH＝2。室温下逐渐加入过量50%的亚硫酸氢钠水溶液，并不断搅拌（其他还原剂如硫代硫酸盐或亚铁盐也可用；不能使用碳、硫或其他强还原剂）。温度升高表明反应正进行。如果加入大约10%的亚硫酸氢钠溶液仍观察不到反应，通过小心加入更多酸使反应开始

污染包装物 将容器返还生产商或按照国家和地方法规处置

废弃注意事项 处置前应参阅国家和地方有关法规

第十四部分 运输信息

联合国危险货物编号（UN 号） 1506

联合国运输名称 氯酸锶

联合国危险性类别 5.1

包装类别 Ⅱ　　　　　　包装标志

海洋污染物 否

运输注意事项 运输时单独装运，运输过程中要确保容器不泄漏、不倒塌、不坠落、不损坏。运输时运输车辆应配备相应品种和数量的消防器材。严禁与酸类、易燃物、有机物、还原剂、自燃物品、遇湿易燃物品等并车混运。运输时车速不宜过快，不得强行超车。公路运输时要按规定路线行驶。运输车辆装卸前后，均应彻底清扫、洗净，严禁混入有机物、易燃物等杂质

第十五部分 法规信息

下列法律、法规、规章和标准，对该化学品的管理作了相应的规定。

中华人民共和国职业病防治法 职业病分类和目录：未列入

危险化学品安全管理条例 危险化学品目录：列入。易制爆危险化学品名录：未列入。重点监管的危险化学品名录：未列入。GB 18218—2009《危险化学品重大危险源辨识》（表1）：未列入

使用有毒物品作业场所劳动保护条例 高毒物品目录：未列入

易制毒化学品管理条例 易制毒化学品的分类和品种目录：未列入

国际公约 斯德哥尔摩公约：未列入。鹿特丹公约：未列入。蒙特利尔议定书：未列入

第十六部分 其他信息

编写和修订信息　　　缩略语和首字母缩写

培训建议　　　　　　参考文献

免责声明

氯酸铊

第一部分　化学品标识

化学品中文名　氯酸铊；氯酸亚铊
化学品英文名　thallium chlorate；thallous chlorate
分子式　TlClO₃　分子量　287.83
结构式

$$O—Cl—O^-\ Tl^+$$
（上方 O）

化学品的推荐及限制用途　用作烟火物质、爆炸品等

第二部分　危险性概述

紧急情况概述　可加剧燃烧：氧化剂，吞咽致命，吸入致命
GHS危险性类别　氧化性固体，类别2；急性毒性-经口，类别2；急性毒性-吸入，类别2；特异性靶器官毒性-反复接触，类别2；危害水生环境-急性危害，类别2；危害水生环境-长期危害，类别2
标签要素

象形图

警示词　危险
危险性说明　可加剧燃烧：氧化剂，吞咽致命，吸入致命，长时间或反复接触可能对器官造成损伤，对水生生物有毒并具有长期持续影响
防范说明
　预防措施　远离热源。远离衣物、可燃物保存。采取一切预防措施，避免与可燃物混合。戴防护手套、防护眼镜、防护面罩。避免接触眼睛、皮肤。操作后彻底清洗。作业场所不得进食、饮水或吸烟。避免吸入粉尘。仅在室外或通风良好处操作。戴呼吸防护器具。禁止排入环境
　事故响应　如吸入：将患者转移到空气新鲜处，休息，保持利于呼吸的体位，立即呼叫中毒控制中心或就医。食入：立即呼叫中毒控制中心或就医，漱口。如感觉不适，就医。收集泄漏物
　安全储存　在通风良好处储存。保持容器密闭。上锁保管
　废弃处置　本品及内装物、容器依据国家和地方法规处置
物理和化学危险　与可燃物混合或急剧加热会发生爆炸
健康危害　粉尘对眼睛、黏膜有刺激作用。吸入、摄入或经皮吸收后均可引起中毒。为强烈的神经毒物，并引起严重的心、肝、肾损害。中毒时主要产生神经和消化系统损伤的表现，进而出现局限的肢体麻痹、震颤、呼吸困难、呕吐及出血性腹泻，少尿或无尿，最后死于呼吸和循环衰竭。脱发是其中毒的特征表现，可累及全身毛发，但眉毛内侧1/3不受累
环境危害　对水生生物有毒并具有长期持续影响

第三部分　成分/组成信息

√　物质　　　　　　　　　　混合物

组分	浓度	CAS No.
氯酸铊		13453-30-0

第四部分　急救措施

吸入　迅速脱离现场至空气新鲜处。保持呼吸道通畅。如呼吸困难，给输氧。呼吸、心跳停止，立即进行心肺复苏术。就医
皮肤接触　立即脱去污染的衣着，用流动清水彻底冲洗。就医
眼睛接触　立即分开眼睑，用流动清水或生理盐水彻底冲洗。就医
食入　如中毒者神志清醒，催吐，洗胃。用1%碘化钠或1%碘化钾溶液洗胃效果更佳。口服牛奶、淀粉膏、氢氧化铝凝胶、次碳酸铋。口服活性炭悬液。用硫酸钠、硫酸镁或蓖麻油导泻。就医
对保护施救者的忠告　根据需要使用个人防护设备
对医生的特别提示　解毒剂：普鲁士蓝

第五部分　消防措施

灭火剂　本品不燃，根据着火原因选择适当灭火剂灭火
特别危险性　强氧化剂。与铵盐、可燃物、还原剂、金属粉末能形成爆炸性混合物，经摩擦、震动或撞击可引起燃烧或爆炸。与硫酸接触容易发生爆炸。受高热分解放出有毒的气体
灭火注意事项及防护措施　消防人员必须穿全身防火防毒服，在上风向灭火。灭火时尽可能将容器从火场移至空旷处

第六部分　泄漏应急处理

作业人员防护措施、防护装备和应急处置程序　消除所有点火源。隔离泄漏污染区，限制出入。建议应急处理人员戴防尘口罩，穿防毒服。勿使泄漏物与可燃物质（如木材、纸、油等）接触。穿上适当的防护服前严禁接触破裂的容器和泄漏物。尽可能切断泄漏源
环境保护措施　用塑料布覆盖泄漏物，减少飞散
泄漏化学品的收容、清除方法及所使用的处置材料　用洁净的铲子收集泄漏物，置于干净、干燥、盖子较松的容器中，将容器移离泄漏区

第七部分　操作处置与储存

操作注意事项　密闭操作，提供充分的局部排风。防止粉尘释放到车间空气中。操作人员必须经过专门培训，严格遵守操作规程。建议操作人员佩戴防尘面具（全面罩），穿连体式防毒衣，戴橡胶手套。远离火种、热源，工作场所严禁吸烟。远离易燃、可燃物。避免产生粉尘。避免与还原剂、酸类、铵盐、活性金属粉末、硫、磷接触。配备相应品种和数量的消防器材及泄漏应急处理设备。倒空的容器可能残留有害物
储存注意事项　储存于阴凉、干燥、通风良好的专用库房

内，库温不超过 30℃，相对湿度不超过 80％。远离火种、热源。防止阳光直射。包装密封。应与还原剂、酸类、易（可）燃物、铵盐、活性金属粉末、硫、磷、食用化学品等分开存放，切忌混储。配备相应品种和数量的消防器材。储区应备有合适的材料收容泄漏物

第八部分　接触控制/个体防护

职业接触限值

中国　PC-TWA：0.05mg/m³；PC-STEL：0.1mg/m³ ［按 Tl 计］［皮］

美国（ACGIH）　TLV-TWA：0.02mg/m³（可吸入性颗粒物）［按 Tl 计］［皮］

生物接触限值　未制定标准

监测方法　空气中有毒物质测定方法：石墨炉原子吸收光谱法。生物监测检验方法：未制定标准

工程控制　严加密闭，提供充分的局部排风

个体防护装备

呼吸系统防护　可能接触其粉尘时，必须佩戴防尘面具（全面罩）。紧急事态抢救或撤离时，应该佩戴空气呼吸器

眼睛防护　呼吸系统防护中已作防护

皮肤和身体防护　穿连体式防毒衣

手防护　戴橡胶手套

第九部分　理化特性

外观与性状　白色针状结晶或粉末

pH 值　无意义　　　　**熔点（℃）**　无资料

沸点（℃）　无资料　　**相对密度（水=1）**　5.047

相对蒸气密度（空气=1）　无资料

饱和蒸气压（kPa）　无资料

临界压力（MPa）　无意义　**辛醇/水分配系数**　无资料

闪点（℃）　无意义　　　**自燃温度（℃）**　无意义

爆炸下限（%）　无意义　**爆炸上限（%）**　无意义

分解温度（℃）　无资料　**黏度（mPa·s）**　无资料

燃烧热（kJ/mol）　无资料　**临界温度（℃）**　无资料

溶解性　微溶于水，易溶于热水

第十部分　稳定性和反应性

稳定性　稳定

危险反应　与强还原剂、强酸、易燃或可燃物、铵盐、活性金属粉末、硫、磷等禁配物发生反应。与铵盐、可燃物、还原剂、金属粉末能形成爆炸性混合物，经摩擦、震动或撞击可引起燃烧或爆炸。与硫酸接触容易发生爆炸

避免接触的条件　受热、摩擦、震动、撞击

禁配物　强还原剂、强酸、易燃或可燃物、铵盐、活性金属粉末、硫、磷

危险的分解产物　氯化氢、铊

第十一部分　毒理学信息

急性毒性　无资料

皮肤刺激或腐蚀　无资料　**眼睛刺激或腐蚀**　无资料

呼吸或皮肤过敏　无资料　**生殖细胞突变性**　无资料

致癌性　无资料　　　　**生殖毒性**　无资料

特异性靶器官系统毒性-一次接触　无资料

特异性靶器官系统毒性-反复接触　无资料

吸入危害　无资料

第十二部分　生态学信息

生态毒性　铊化合物对水生生物有毒

持久性和降解性

生物降解性　无资料

非生物降解性　无资料

潜在的生物累积性　无资料

土壤中的迁移性　无资料

第十三部分　废弃处置

废弃化学品　建议用控制焚烧法或安全掩埋法处置。破损容器禁止重新使用，要在规定场所掩埋。量小时，小心用硫酸把 3％溶液或悬浮液酸化到 pH=2。室温下逐渐加入过量 50％的亚硫酸氢钠水溶液，并不断搅拌。（其他还原剂如硫代硫酸盐或亚铁盐也可用；不能使用碳、硫或其他强还原剂）。温度升高表明反应正进行。如果加入大约 10％的亚硫酸氢钠溶液仍观察不到反应，通过小心加入更多酸使反应开始

污染包装物　将容器返还生产商或按照国家和地方法规处置

废弃注意事项　处置前应参阅国家和地方有关法规

第十四部分　运输信息

联合国危险货物编号（UN 号）　2573

联合国运输名称　氯酸铊

联合国危险性类别　5.1，6.1

包装类别　Ⅱ

包装标志　

海洋污染物　是

运输注意事项　运输时单独装运，运输过程中要确保容器不泄漏、不倒塌、不坠落、不损坏。运输时运输车辆应配备相应品种和数量的消防器材。严禁与酸类、易燃物、有机物、还原剂、自燃物品、遇湿易燃物品等并车混运。运输时车速不宜过快，不得强行超车。公路运输时要按规定路线行驶。运输车辆装卸前后，均应彻底清扫、洗净，严禁混入有机物、易燃物等杂质

第十五部分　法规信息

下列法律、法规、规章和标准，对该化学品的管理作了相应的规定。

中华人民共和国职业病防治法　职业病分类和目录：铊及其化合物中毒

危险化学品安全管理条例　危险化学品目录：列入。易制爆危险化学品名录：未列入。重点监管的危险化学品名录：未列入。GB 18218—2009《危险化学品重大

危险源辨识》（表 1）：未列入

使用有毒物品作业场所劳动保护条例　高毒物品目录：
　　列入

易制毒化学品管理条例　易制毒化学品的分类和品种目
　　录：未列入

国际公约　斯德哥尔摩公约：未列入。鹿特丹公约：未列
　　入。蒙特利尔议定书：未列入

第十六部分　其他信息

编写和修订信息　　缩略语和首字母缩写
培训建议　　　　　参考文献
免责声明

氯酸铜

第一部分　化学品标识

化学品中文名　氯酸铜
化学品英文名　cupric chlorate；copper（Ⅱ）chlorate
分子式　$Cu(ClO_3)_2$　**分子量**　529.24
结构式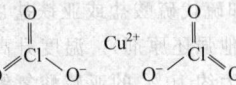
化学品的推荐及限制用途　用于染色、印花

第二部分　危险性概述

紧急情况概述　可加剧燃烧：氧化剂
GHS 危险性类别　氧化性固体，类别 2
标签要素

　　警示词　危险
　　危险性说明　可加剧燃烧：氧化剂
　　防范说明
　　　　预防措施　远离热源。远离衣物、可燃物保存。采
　　　　　取一切预防措施，避免与可燃物混合。戴防护
　　　　　手套、防护眼镜、防护面罩
　　　　事故响应　—
　　　　安全储存　—
　　　　废弃处置　本品及内装物、容器依据国家和地方法
　　　　　规处置
物理和化学危险　与可燃物混合或急剧加热会发生爆炸
健康危害　对眼睛、黏膜有刺激作用。溅入眼内可引起结
　　膜炎、角膜溃疡和角膜混浊。可发生接触性皮炎；误
　　服可致急性胃肠炎；长期吸入可引起肺部纤维组织
　　增生
环境危害　对环境可能有害

第三部分　成分/组成信息

　　　　√ 物质　　　　　　　　混合物

组分	浓度	CAS No.
氯酸铜		26506-47-8

第四部分　急救措施

吸入　迅速脱离现场至空气新鲜处。保持呼吸道通畅。如
　　呼吸困难，给输氧。呼吸、心跳停止，立即进行心肺
　　复苏术。就医
皮肤接触　立即脱去污染的衣着，用流动清水彻底冲洗。
　　就医
眼睛接触　立即分开眼睑，用流动清水或生理盐水彻底冲
　　洗。就医
食入　漱口，饮水。就医
对保护施救者的忠告　根据需要使用个人防护设备
对医生的特别提示　对症处理

第五部分　消防措施

灭火剂　本品不燃，根据着火原因选择适当灭火剂灭火
特别危险性　强氧化剂。与铵盐、可燃物、还原剂、金属
　　粉末能形成爆炸性混合物，经摩擦、震动或撞击可引
　　起燃烧或爆炸。与硫酸接触容易发生爆炸。受高热分
　　解放出有毒的气体
灭火注意事项及防护措施　消防人员必须穿全身防火防毒
　　服，在上风向灭火。灭火时尽可能将容器从火场移至
　　空旷处

第六部分　泄漏应急处理

作业人员防护措施、防护装备和应急处置程序　隔离泄漏
　　污染区，限制出入。建议应急处理人员戴防尘口罩，
　　穿防毒服。勿使泄漏物与可燃物质（如木材、纸、油
　　等）接触。穿上适当的防护服前严禁接触破裂的容器
　　和泄漏物。尽可能切断泄漏源
环境保护措施　用塑料布覆盖泄漏物，减少飞散
泄漏化学品的收容、清除方法及所使用的处置材料　用洁
　　净的铲子收集泄漏物，置于干净、干燥、盖子较松的
　　容器中，将容器移离泄漏区

第七部分　操作处置与储存

操作注意事项　密闭操作，局部排风。防止粉尘释放到车
　　间空气中。操作人员必须经过专门培训，严格遵守操
　　作规程。建议操作人员佩戴自吸过滤式防尘口罩，戴
　　化学安全防护眼镜，穿胶布防毒衣，戴橡胶手套。远
　　离火种、热源，工作场所严禁吸烟。远离易燃、可燃
　　物。避免产生粉尘。避免与还原剂、酸类、铵盐、活
　　性金属粉末、硫、磷接触。配备相应品种和数量的消
　　防器材及泄漏应急处理设备。倒空的容器可能残留有
　　害物
储存注意事项　储存于阴凉、干燥、通风良好的专用库房
　　内，库温不超过 30℃，相对湿度不超过 80％。远离
　　火种、热源。防止阳光直射。包装密封。应与还原
　　剂、酸类、易（可）燃物、铵盐、活性金属粉末、
　　硫、磷、食用化学品等分开存放，切忌混储。储区应
　　备有合适的材料收容泄漏物

第八部分　接触控制/个体防护

职业接触限值
　　中国　未制定标准

美国（ACGIH） 未制定标准

生物接触限值 未制定标准

监测方法 空气中有毒物质测定方法：未制定标准。生物监测检验方法：未制定标准

工程控制 密闭操作，局部排风

个体防护装备

呼吸系统防护 空气中粉尘浓度超标时，必须佩戴过滤式防尘呼吸器。紧急事态抢救或撤离时，应该佩戴空气呼吸器

眼睛防护 戴化学安全防护眼镜

皮肤和身体防护 穿密闭型防毒服

手防护 戴橡胶手套

第九部分 理化特性

外观与性状 蓝色至绿色易潮解的结晶

pH 值	无意义	熔点（℃）	65
沸点（℃）	100（分解）	相对密度（水=1）	无资料
相对蒸气密度（空气=1）			无资料
饱和蒸气压（kPa）			无资料
临界压力（MPa）	无意义	辛醇/水分配系数	无资料
闪点（℃）	无意义	自燃温度（℃）	无意义
爆炸下限（%）	无意义	爆炸上限（%）	无意义
分解温度（℃）	100	黏度（mPa·s）	无资料
燃烧热（kJ/mol）	无资料	临界温度（℃）	无资料

溶解性 易溶于水，溶于乙醇、丙酮

第十部分 稳定性和反应性

稳定性 稳定

危险反应 与强还原剂、强酸、易燃或可燃物、铵盐、活性金属粉末、硫、磷等禁配物发生反应。与铵盐、可燃物、还原剂、金属粉末能形成爆炸性混合物，经摩擦、震动或撞击可引起燃烧或爆炸。与硫酸接触容易发生爆炸

避免接触的条件 摩擦、震动、撞击

禁配物 强还原剂、强酸、易燃或可燃物、铵盐、活性金属粉末、硫、磷

危险的分解产物 氯化氢、氧化铜

第十一部分 毒理学信息

急性毒性 无资料

皮肤刺激或腐蚀	无资料	眼睛刺激或腐蚀	无资料
呼吸或皮肤过敏	无资料	生殖细胞突变性	无资料
致癌性	无资料	生殖毒性	无资料

特异性靶器官系统毒性——次接触 无资料

特异性靶器官系统毒性-反复接触 无资料

吸入危害 无资料

第十二部分 生态学信息

生态毒性 无资料

持久性和降解性

生物降解性 无资料

非生物降解性 无资料

潜在的生物累积性 无资料

土壤中的迁移性 无资料

第十三部分 废弃处置

废弃化学品 量小时，小心用硫酸把3%溶液或悬浮液酸化到pH=2。室温下逐渐加入过量50%的亚硫酸氢钠水溶液，并不断搅拌（其他还原剂如硫代硫酸盐或亚铁盐也可用；不能使用碳、硫或其他强还原剂）。温度升高表明反应正进行。如果加入大约10%的亚硫酸氢钠溶液仍观察不到反应，通过小心加入更多酸使反应开始

污染包装物 将容器返还生产商或按照国家和地方法规处置

废弃注意事项 处置前应参阅国家和地方有关法规

第十四部分 运输信息

联合国危险货物编号（UN号） 2721

联合国运输名称 氯酸铜

联合国危险性类别 5.1

包装类别 Ⅱ 包装标志

海洋污染物 否

运输注意事项 运输时单独装运，运输过程中要确保容器不泄漏、不倒塌、不坠落、不损坏。运输时运输车辆应配备相应品种和数量的消防器材。严禁与酸类、易燃物、有机物、还原剂、自燃物品、遇湿易燃物品等并车混运。运输时车速不宜过快，不得强行超车。公路运输时要按规定路线行驶。运输车辆装卸前后，均应彻底清扫、洗净，严禁混入有机物、易燃物等杂质

第十五部分 法规信息

下列法律、法规、规章和标准，对该化学品的管理作了相应的规定。

中华人民共和国职业病防治法 职业病分类和目录：未列入

危险化学品安全管理条例 危险化学品目录：列入。易制爆危险化学品名录：未列入。重点监管的危险化学品名录：未列入。GB 18218—2009《危险化学品重大危险源辨识》（表1）：未列入

使用有毒物品作业场所劳动保护条例 高毒物品目录：未列入

易制毒化学品管理条例 易制毒化学品的分类和品种目录：未列入

国际公约 斯德哥尔摩公约：未列入。鹿特丹公约：未列入。蒙特利尔议定书：未列入

第十六部分 其他信息

编写和修订信息 缩略语和首字母缩写

培训建议 参考文献

免责声明

氯酸锌

第一部分　化学品标识

化学品中文名　氯酸锌
化学品英文名　zinc chlorate；chloric acid，zinc salt
分子式　$Zn(ClO_3)_2$　分子量　232.29
结构式

化学品的推荐及限制用途　用作氧化剂、烟花物质和爆炸品

第二部分　危险性概述

紧急情况概述　可加剧燃烧：氧化剂
GHS危险性类别　氧化性固体，类别2；危害水生环境-急性危害，类别1；危害水生环境-长期危害，类别1
标签要素

象形图

警示词　危险
危险性说明　可加剧燃烧：氧化剂，对水生生物毒性非常大并具有长期持续影响
防范说明
　　预防措施　远离热源。远离衣物、可燃物保存。采取一切预防措施，避免与可燃物混合。戴防护手套、防护眼镜、防护面罩。禁止排入环境
　　事故响应　收集泄漏物
　　安全储存　—
　　废弃处置　本品及内装物、容器依据国家和地方法规处置
物理和化学危险　与可燃物混合或急剧加热会发生爆炸
健康危害　对眼睛、皮肤和黏膜有刺激作用。吸入可引起支气管肺炎。误服可引起恶心、呕吐、腹痛、腹泻等急性胃肠炎的症状
环境危害　对水生生物毒性非常大并具有长期持续影响

第三部分　成分/组成信息

√　物质　　　　　　　　　　混合物

组分	浓度	CAS No.
氯酸锌		10361-95-2

第四部分　急救措施

吸入　迅速脱离现场至空气新鲜处。保持呼吸道通畅。如呼吸困难，给输氧。呼吸、心跳停止，立即进行心肺复苏术。就医
皮肤接触　立即脱去污染的衣着，用流动清水彻底冲洗。就医
眼睛接触　立即分开眼睑，用流动清水或生理盐水彻底冲洗。就医
食入　漱口，饮水。就医

对保护施救者的忠告　根据需要使用个人防护设备
对医生的特别提示　对症处理

第五部分　消防措施

灭火剂　本品不燃，根据着火原因选择适当灭火剂灭火
特别危险性　强氧化剂。加热至60℃以上发生分解爆炸。与铵盐、可燃物、还原剂、金属粉末能形成爆炸性混合物，经摩擦、震动或撞击可引起燃烧或爆炸。与硫酸接触容易发生爆炸。受高热分解放出有毒的气体
灭火注意事项及防护措施　消防人员必须穿全身防火防毒服，在上风向灭火。灭火时尽可能将容器从火场移至空旷处

第六部分　泄漏应急处理

作业人员防护措施、防护装备和应急处置程序　隔离泄漏污染区，限制出入。建议应急处理人员戴防尘口罩，穿防毒服。勿使泄漏物与可燃物质（如木材、纸、油等）接触。穿上适当的防护服前严禁接触破裂的容器和泄漏物。尽可能切断泄漏源
环境保护措施　用塑料布覆盖泄漏物，减少飞散
泄漏化学品的收容、清除方法及所使用的处置材料　勿使水进入包装容器内。小量泄漏：用洁净的铲子收集泄漏物，置于干净、干燥、盖子较松的容器中，将容器移离泄漏区。大量泄漏：泄漏物回收后，用水冲洗泄漏区

第七部分　操作处置与储存

操作注意事项　密闭操作，局部排风。防止粉尘释放到车间空气中。操作人员必须经过专门培训，严格遵守操作规程。建议操作人员佩戴自吸过滤式防尘口罩，戴化学安全防护眼镜，穿胶布防毒衣，戴橡胶手套。远离火种、热源，工作场所严禁吸烟。远离易燃、可燃物。避免产生粉尘。避免与还原剂、酸类、铵盐、活性金属粉末、硫、磷接触。配备相应品种和数量的消防器材及泄漏应急处理设备。倒空的容器可能残留有害物
储存注意事项　储存于阴凉、干燥、通风良好的专用库房内，库温不超过30℃，相对湿度不超过80％。远离火种、热源。防止阳光直射。包装密封。应与还原剂、酸类、易（可）燃物、铵盐、活性金属粉末、硫、磷、食用化学品等分开存放，切忌混储。储区应备有合适的材料收容泄漏物

第八部分　接触控制/个体防护

职业接触限值
　中国　未制定标准
　美国（ACGIH）　未制定标准
生物接触限值　未制定标准
监测方法　空气中有毒物质测定方法：未制定标准。生物监测检验方法：未制定标准
工程控制　密闭操作，局部排风
个体防护装备
　呼吸系统防护　空气中粉尘浓度超标时，必须佩戴过

滤式防尘呼吸器。紧急事态抢救或撤离时，应该佩戴空气呼吸器

眼睛防护　戴化学安全防护眼镜

皮肤和身体防护　穿密闭型防毒服

手防护　戴橡胶手套

第九部分　理化特性

外观与性状　无色至黄色易潮解的结晶

pH 值　无意义　　**熔点(℃)**　60(分解)

沸点(℃)　无资料　　**相对密度(水＝1)**　2.15

相对蒸气密度(空气＝1)　无资料

饱和蒸气压(kPa)　无资料

临界压力(MPa)　无意义　**辛醇/水分配系数**　无资料

闪点(℃)　无意义　　**自燃温度(℃)**　无意义

爆炸下限(%)　无意义　**爆炸上限(%)**　无意义

分解温度(℃)　60　　**黏度(mPa·s)**　无资料

燃烧热(kJ/mol)　无资料　**临界温度(℃)**　无资料

溶解性　溶于水、乙醇、甘油、乙醚

第十部分　稳定性和反应性

稳定性　稳定

危险反应　与强还原剂、强酸、易燃或可燃物、铵盐、活性金属粉末、硫、磷等禁配物发生反应。加热至60℃以上发生分解爆炸。与铵盐、可燃物、还原剂、金属粉末能形成爆炸性混合物，经摩擦、震动或撞击可引起燃烧或爆炸。与硫酸接触容易发生爆炸

避免接触的条件　受热、摩擦、震动、撞击

禁配物　强还原剂、强酸、易燃或可燃物、铵盐、活性金属粉末、硫、磷

危险的分解产物　氯化氢、氧化锌

第十一部分　毒理学信息

急性毒性　无资料

皮肤刺激或腐蚀　无资料　**眼睛刺激或腐蚀**　无资料

呼吸或皮肤过敏　无资料　**生殖细胞突变性**　无资料

致癌性　无资料　　**生殖毒性**　无资料

特异性靶器官系统毒性-一次接触　无资料

特异性靶器官系统毒性-反复接触　无资料

吸入危害　无资料

第十二部分　生态学信息

生态毒性　锌化合物对水生生物有极高毒性

持久性和降解性

　生物降解性　无资料

　非生物降解性　无资料

潜在的生物累积性　无资料

土壤中的迁移性　无资料

第十三部分　废弃处置

废弃化学品　量小时，小心用硫酸把 3% 溶液或悬浮液酸化到 pH＝2。室温下逐渐加入过量 50% 的亚硫酸氢钠水溶液，并不断搅拌（其他还原剂如硫代硫酸盐或亚铁盐也可用；不能使用碳、硫或其他强还原剂）。

温度升高表明反应正进行。如果加入大约 10% 的亚硫酸氢钠溶液仍观察不到反应，通过小心加入更多酸使反应开始

污染包装物　将容器返还生产商或按照国家和地方法规处置

废弃注意事项　处置前应参阅国家和地方有关法规

第十四部分　运输信息

联合国危险货物编号（UN 号）　1513

联合国运输名称　氯酸锌

联合国危险性类别　5.1

包装类别　Ⅱ　　　　　　　　包装标志

海洋污染物　是

运输注意事项　运输时单独装运，运输过程中要确保容器不泄漏、不倒塌、不坠落、不损坏。运输时运输车辆应配备相应品种和数量的消防器材。严禁与酸类、易燃物、有机物、还原剂、自燃物品、遇湿易燃物品等并车混运。运输时车速不宜过快，不得强行超车。公路运输时要按规定路线行驶。运输车辆装卸前后，均应彻底清扫、洗净，严禁混入有机物、易燃物等杂质

第十五部分　法规信息

下列法律、法规、规章和标准，对该化学品的管理作了相应的规定。

中华人民共和国职业病防治法　职业病分类和目录：未列入

危险化学品安全管理条例　危险化学品目录：列入。易制爆危险化学品名录：未列入。重点监管的危险化学品名录：未列入。GB 18218—2009《危险化学品重大危险源辨识》（表1）：未列入

使用有毒物品作业场所劳动保护条例　高毒物品目录：未列入

易制毒化学品管理条例　易制毒化学品的分类和品种目录：未列入

国际公约　斯德哥尔摩公约：未列入。鹿特丹公约：未列入。蒙特利尔议定书：未列入

第十六部分　其他信息

编写和修订信息　缩略语和首字母缩写

培训建议　　　　参考文献

免责声明

氯酸银

第一部分　化学品标识

化学品中文名　氯酸银

化学品英文名　silver chlorate；argentous chlorate

分子式　$AgClO_3$　**分子量**　191.32

结构式　$O{=}Cl{-}O^- Ag^+$（上方有 O）

化学品的推荐及限制用途　用作氧化剂，并用于有机合成

第二部分　危险性概述

紧急情况概述　可加剧燃烧：氧化剂
GHS 危险性类别　氧化性固体，类别 2
标签要素

象形图　　

警示词　危险
危险性说明　可加剧燃烧：氧化剂
防范说明
　　　　预防措施　远离热源。远离衣物、可燃物保存。采
　　　　　　　取一切预防措施，避免与可燃物混合。戴防护
　　　　　　　手套、防护眼镜、防护面罩
　　　　事故响应　——
　　　　安全储存　——
　　　　废弃处置　本品及内装物、容器依据国家和地方法
　　　　　　　规处置
物理和化学危险　与可燃物混合或急剧加热会发生爆炸
健康危害　对皮肤和黏膜刺激性强。高温下，能释出有毒
　　　的烟雾，吸入会中毒。长期接触可能引起全身银质沉
　　　着症：皮肤及眼结膜（或角膜）色素沉着，慢性支气
　　　管炎等
环境危害　对环境可能有害

第三部分　成分/组成信息

　　　　√ 物质　　　　　　　　混合物

　　　组分　　　　浓度　　　CAS No.

　　氯酸银　　　　　　　　7783-92-8

第四部分　急救措施

吸入　迅速脱离现场至空气新鲜处。保持呼吸道通畅。如
　　　呼吸困难，给输氧。呼吸、心跳停止，立即进行心肺
　　　复苏术。就医
皮肤接触　立即脱去污染的衣着，用流动清水彻底冲洗。
　　　就医
眼睛接触　立即分开眼睑，用流动清水或生理盐水彻底冲
　　　洗。就医
食入　漱口，饮水。就医
对保护施救者的忠告　根据需要使用个人防护设备
对医生的特别提示　对症处理

第五部分　消防措施

灭火剂　本品不燃，根据着火原因选择适当灭火剂灭火
特别危险性　强氧化剂。与铵盐、可燃物、还原剂、金属
　　　粉末能形成爆炸性混合物，经摩擦、震动或撞击可引
　　　起燃烧或爆炸。与硫酸接触容易发生爆炸。受高热分
　　　解放出有毒的气体
灭火注意事项及防护措施　消防人员必须穿全身防火防毒
　　　服，在上风向灭火。灭火时尽可能将容器从火场移至
　　　空旷处

第六部分　泄漏应急处理

作业人员防护措施、防护装备和应急处置程序　隔离泄漏
　　　污染区，限制出入。建议应急处理人员戴防尘口罩，
　　　穿防毒服。勿使泄漏物与可燃物质（如木材、纸、油
　　　等）接触。穿上适当的防护服前严禁接触破裂的容器
　　　和泄漏物。尽可能切断泄漏源
环境保护措施　用塑料布覆盖泄漏物，减少飞散
泄漏化学品的收容、清除方法及所使用的处置材料　勿使
　　　水进入包装容器内。小量泄漏：用洁净的铲子收集泄
　　　漏物，置于干净、干燥、盖子较松的容器中，将容器
　　　移离泄漏区。大量泄漏：泄漏物回收后，用水冲洗泄
　　　漏区

第七部分　操作处置与储存

操作注意事项　密闭操作，局部排风。防止粉尘释放到车
　　　间空气中。操作人员必须经过专门培训，严格遵守操
　　　作规程。建议操作人员佩戴自吸过滤式防尘口罩，戴
　　　化学安全防护眼镜，穿胶布防毒衣，戴橡胶手套。远
　　　离火种、热源，工作场所严禁吸烟。远离易燃、可燃
　　　物。避免产生粉尘。避免与还原剂、酸类、铵盐、活
　　　性金属粉末、硫、磷接触。配备相应品种和数量的消
　　　防器材及泄漏应急处理设备。倒空的容器可能残留有
　　　害物
储存注意事项　储存于阴凉、干燥、通风良好的专用库房
　　　内，库温不超过 30℃，相对湿度不超过 80％。远离
　　　火种、热源。防止阳光直射。包装密封。应与还原
　　　剂、酸类、易（可）燃物、铵盐、活性金属粉末、
　　　硫、磷、食用化学品分开存放，切忌混储。储区应备
　　　有合适的材料收容泄漏物

第八部分　接触控制/个体防护

职业接触限值
　　中国　未制定标准
　　美国（ACGIH）　TLV-TWA：0.01mg/m³［按 Ag 计］
生物接触限值　未制定标准
监测方法　空气中有毒物质测定方法：未制定标准。生物
　　　监测检验方法：未制定标准
工程控制　密闭操作，局部排风
个体防护装备
　　　呼吸系统防护　空气中粉尘浓度超标时，必须佩戴过
　　　　　滤式防尘呼吸器。紧急事态抢救或撤离时，应该
　　　　　佩戴空气呼吸器
　　　眼睛防护　戴化学安全防护眼镜
　　　皮肤和身体防护　穿密闭型防毒服
　　　手防护　戴橡胶手套

第九部分　理化特性

外观与性状　白色四角形结晶，在阳光下分解变黑
pH 值　无意义　　　　　　**熔点（℃）**　230
沸点（℃）　270（分解）　　**相对密度（水＝1）**　4.43
相对蒸气密度（空气＝1）　无资料
饱和蒸气压（kPa）　无资料

| 临界压力(MPa) | 无意义 | 辛醇/水分配系数 | 无资料 |

临界压力(MPa) 无意义   辛醇/水分配系数 无资料
闪点(℃) 无意义   自燃温度(℃) 无意义
爆炸下限(%) 无意义   爆炸上限(%) 无意义
分解温度(℃) 250   黏度(mPa·s) 无资料
燃烧热(kJ/mol) 无资料   临界温度(℃) 无资料
溶解性 溶于水，微溶于醇

第十部分　稳定性和反应性

稳定性　稳定

危险反应　与强还原剂、强酸、易燃或可燃物、铵盐、活性金属粉末、硫、磷等禁配物发生反应。与铵盐、可燃物、还原剂、金属粉末能形成爆炸性混合物，经摩擦、震动或撞击可引起燃烧或爆炸。与硫酸接触容易发生爆炸

避免接触的条件　受热、摩擦、震动、撞击

禁配物　强还原剂、强酸、易燃或可燃物、铵盐、活性金属粉末、硫、磷

危险的分解产物　氧化银、氯化氢

第十一部分　毒理学信息

急性毒性　无资料

| 皮肤刺激或腐蚀 | 无资料 | 眼睛刺激或腐蚀 | 无资料 |

皮肤刺激或腐蚀　无资料　　**眼睛刺激或腐蚀**　无资料
呼吸或皮肤过敏　无资料　　**生殖细胞突变性**　无资料
致癌性　无资料　　　　　　**生殖毒性**　无资料
特异性靶器官系统毒性-一次接触　无资料
特异性靶器官系统毒性-反复接触　无资料
吸入危害　无资料

第十二部分　生态学信息

生态毒性　无资料

持久性和降解性
　　生物降解性　无资料
　　非生物降解性　无资料

潜在的生物累积性　无资料

土壤中的迁移性　无资料

第十三部分　废弃处置

废弃化学品　建议用控制焚烧法或安全掩埋法处置。破损容器禁止重新使用，要在规定场所掩埋。量小时，小心用硫酸把 3% 溶液或悬浮液酸化到 pH＝2。室温下逐渐加入过量 50% 的亚硫酸氢钠水溶液，并不断搅拌（其他还原剂如硫代硫酸盐或亚铁盐也可用；不能使用碳、硫或其他强还原剂）。温度升高表明反应正进行。如果加入大约 10% 的亚硫酸氢钠溶液仍观察不到反应，通过小心加入更多酸使反应开始

污染包装物　将容器返还生产商或按照国家和地方法规处置

废弃注意事项　处置前应参阅国家和地方有关法规

第十四部分　运输信息

联合国危险货物编号（UN号）　1479

联合国运输名称　氧化性固体，未另作规定的（氯酸银）

联合国危险性类别　5.1

包装类别　Ⅱ　　　　　　**包装标志**

海洋污染物　否

运输注意事项　运输时单独装运，运输过程中要确保容器不泄漏、不倒塌、不坠落、不损坏。运输时运输车辆应配备相应品种和数量的消防器材。严禁与酸类、易燃物、有机物、还原剂、自燃物品、遇湿易燃物品等并车混运。运输时车速不宜过快，不得强行超车。公路运输时要按规定路线行驶。运输车辆装卸前后，均应彻底清扫、洗净，严禁混入有机物、易燃物等杂质

第十五部分　法规信息

　　下列法律、法规、规章和标准，对该化学品的管理作了相应的规定。

中华人民共和国职业病防治法　职业病分类和目录：未列入

危险化学品安全管理条例　危险化学品目录：列入。易制爆危险化学品名录：未列入。重点监管的危险化学品名录：未列入。GB 18218—2009《危险化学品重大危险源辨识》（表1）：未列入

使用有毒物品作业场所劳动保护条例　高毒物品目录：未列入

易制毒化学品管理条例　易制毒化学品的分类和品种目录：未列入

国际公约　斯德哥尔摩公约：未列入。鹿特丹公约：未列入。蒙特利尔议定书：未列入

第十六部分　其他信息

编写和修订信息　　缩略语和首字母缩写
培训建议　　　　　参考文献
免责声明

1-氯戊烷

第一部分　化学品标识

化学品中文名　1-氯戊烷；氯代正戊烷；氯戊烷；正戊基氯；戊基氯

化学品英文名　1-chloropentane

分子式　$C_5H_{11}Cl$　**分子量**　106.594

结构式　～～～～Cl

化学品的推荐及限制用途　用作化学中间体

第二部分　危险性概述

紧急情况概述　高度易燃液体和蒸气，吞咽有害，皮肤接触有害，吸入有害

GHS 危险性类别　易燃液体，类别 2；急性毒性-经口，类别 4；急性毒性-经皮，类别 4；急性毒性-吸入，类别 4

标签要素

象形图　

警示词　危险

危险性说明　高度易燃液体和蒸气，吞咽有害，皮肤接触有害，吸入有害

防范说明

　　预防措施　远离热源、火花、明火、热表面。保持容器密闭。容器和接收设备接地连接。使用防爆的电器、通风、照明设备。只能使用不产生火花的工具。采取防止静电措施。戴防护手套、防护眼镜、防护面罩，穿防护服。避免接触眼睛、皮肤，操作后彻底清洗。作业场所不得进食、饮水或吸烟。避免吸入蒸气、雾。仅在室外或通风良好处操作

　　事故响应　火灾时，使用雾状水、泡沫、干粉、二氧化碳、砂土灭火。如吸入：将患者转移到空气新鲜处，休息，保持利于呼吸的体位。皮肤接触：用大量肥皂水和水清洗，如感觉不适，呼叫中毒控制中心或就医。被污染的衣服必须经洗净后方可重新使用。食入：如果感觉不适，立即呼叫中毒控制中心或就医，漱口

　　安全储存　存放在通风良好的地方。保持低温

　　废弃处置　本品及内装物、容器依据国家和地方法规处置

物理和化学危险　易燃，其蒸气与空气混合，能形成爆炸性混合物

健康危害　蒸气刺激眼睛、鼻及喉；液体刺激眼睛和皮肤。急性中毒表现为恶心、呕吐、咳嗽、咳血性痰、支气管肺炎和肺水肿。过量吸入或摄入，均可引起慢而浅的呼吸，意识不清、抽搐、室性纤颤。长期吸入，出现头昏眼花、虚弱、体重减轻、贫血、神经过敏、肢体疼痛、麻木、感觉异常

环境危害　对环境可能有害

第三部分　成分/组成信息

√　物质　　　　　　　　　　　混合物

组分	浓度	CAS No.
1-氯戊烷		543-59-9

第四部分　急救措施

吸入　迅速脱离现场至空气新鲜处。保持呼吸道通畅。如呼吸困难，给输氧。呼吸、心跳停止，立即进行心肺复苏术。就医

皮肤接触　立即脱去污染的衣着，用流动清水彻底冲洗。就医

眼睛接触　立即分开眼睑，用流动清水或生理盐水彻底冲洗。就医

食入　漱口，饮水。就医

对保护施救者的忠告　根据需要使用个人防护设备

对医生的特别提示　对症处理

第五部分　消防措施

灭火剂　用雾状水、泡沫、干粉、二氧化碳、砂土灭火

特别危险性　其蒸气与空气可形成爆炸性混合物，遇明火、高热极易燃烧爆炸。与氧化剂接触猛烈反应。受

高热分解产生有毒的氯化物气体。流速过快，容易产生和积聚静电。蒸气比空气重，沿地面扩散并易积存于低洼处，遇火源会着火回燃。若遇高热，容器内压增大，有开裂和爆炸的危险

灭火注意事项及防护措施　消防人员必须佩戴防毒面具、穿全身消防服，在上风向灭火。尽可能将容器从火场移至空旷处。喷水保持火场容器冷却，直至灭火结束。处在火场中的容器若已变色或从安全泄压装置中发出声音，必须马上撤离

第六部分　泄漏应急处理

作业人员防护措施、防护装备和应急处置程序　消除所有点火源。根据液体流动和蒸气扩散的影响区域划定警戒区，无关人员从侧风向、上风向撤离至安全区。建议应急处理人员戴正压自给式呼吸器，穿防静电服。作业时使用的所有设备应接地。禁止接触或跨越泄漏物。尽可能切断泄漏源

环境保护措施　防止泄漏物进入水体、下水道、地下室或有限空间

泄漏化学品的收容、清除方法及所使用的处置材料　小量泄漏：用砂土或其他不燃材料吸收。使用洁净的无火花工具收集吸收材料。大量泄漏：构筑围堤或挖坑收容。用泡沫覆盖，减少蒸发。喷水雾能减少蒸发，但不能降低泄漏物在有限空间内的易燃性。用防爆泵转移至槽车或专用收集器内

第七部分　操作处置与储存

操作注意事项　密闭操作，加强通风。操作人员必须经过专门培训，严格遵守操作规程。建议操作人员佩戴自吸过滤式防毒面具（半面罩），戴化学安全防护眼镜，穿防静电工作服，戴橡胶耐油手套。远离火种、热源，工作场所严禁吸烟。使用防爆型的通风系统和设备。防止蒸气泄漏到工作场所空气中。避免与氧化剂、碱类接触。充装时要控制流速，防止静电积聚。搬运时要轻装轻卸，防止包装及容器损坏。配备相应品种和数量的消防器材及泄漏应急处理设备。倒空的容器可能残留有害物

储存注意事项　储存于阴凉、通风的库房。远离火种、热源。库温不宜超过 37℃，应与氧化剂、碱类分开存放，切忌混储。采用防爆型照明、通风设施。禁止使用易产生火花的机械设备和工具。储区应备有泄漏应急处理设备和合适的收容材料

第八部分　接触控制/个体防护

职业接触限值

　　中国　未制定标准

　　美国（ACGIH）　未制定标准

生物接触限值　未制定标准

监测方法　空气中有毒物质测定方法：未制定标准。生物监测检验方法：未制定标准

工程控制　生产过程密闭，加强通风

个体防护装备

　　呼吸系统防护　空气中浓度超标时，必须佩戴过滤式

防毒面具（半面罩）。紧急事态抢救或撤离时，应该佩戴空气呼吸器

眼睛防护　戴化学安全防护眼镜

皮肤和身体防护　穿防静电工作服

手防护　戴橡胶耐油手套

第九部分　理化特性

外观与性状　有甜味的无色液体

pH 值　无资料　　熔点(℃)　−99

沸点(℃)　107.8　　相对密度(水＝1)　0.883

相对蒸气密度(空气＝1)　3.67

饱和蒸气压(kPa)　4.14(25℃)

临界压力(MPa)　无资料　辛醇/水分配系数　无资料

闪点(℃)　12.2（开杯）　自燃温度(℃)　260

爆炸下限(%)　1.4　　爆炸上限(%)　8.6

分解温度(℃)　无资料　黏度(mPa·s)　0.58(20℃)

燃烧热(kJ/mol)　−3064.3　临界温度(℃)　289

溶解性　不溶于水，可混溶于乙醇、乙醚

第十部分　稳定性和反应性

稳定性　稳定

危险反应　与强氧化剂、强碱、活性金属等禁配物接触，有发生火灾和爆炸的危险

避免接触的条件　受热

禁配物　强氧化剂，强碱，锂、钠、钾、镁、锌、镉、铝、汞等金属

危险的分解产物　氯化氢、光气

第十一部分　毒理学信息

急性毒性　无资料

皮肤刺激或腐蚀　无资料　眼睛刺激或腐蚀　无资料

呼吸或皮肤过敏　无资料　生殖细胞突变性　无资料

致癌性　无资料　　生殖毒性　无资料

特异性靶器官系统毒性-一次接触　无资料

特异性靶器官系统毒性-反复接触　无资料

吸入危害　无资料

第十二部分　生态学信息

生态毒性　无资料

持久性和降解性

　　生物降解性　无资料

　　非生物降解性　无资料

潜在的生物累积性　无资料

土壤中的迁移性　无资料

第十三部分　废弃处置

废弃化学品　建议用焚烧法处置。与燃料混合后，再焚烧。焚烧炉排出的卤化氢通过酸洗涤器除去

污染包装物　将容器返还生产商或按照国家和地方法规处置

废弃注意事项　处置前应参阅国家和地方有关法规

第十四部分　运输信息

联合国危险货物编号（UN 号）　1107

联合国运输名称　戊基氯

联合国危险性类别　3

包装类别　Ⅱ　　　　包装标志　

海洋污染物　否

运输注意事项　运输时运输车辆应配备相应品种和数量的消防器材及泄漏应急处理设备。夏季最好早晚运输。运输时所用的槽（罐）车应有接地链，槽内可设孔隔板以减少震荡产生的静电。严禁与氧化剂、碱类、食用化学品等混装混运。运输途中应防暴晒、雨淋，防高温。中途停留时应远离火种、热源、高温区。装运该物品的车辆排气管必须配备阻火装置，禁止使用易产生火花的机械设备和工具装卸。公路运输时要按规定路线行驶，勿在居民区和人口稠密区停留。铁路运输时要禁止溜放。严禁用木船、水泥船散装运输

第十五部分　法规信息

下列法律、法规、规章和标准，对该化学品的管理作了相应的规定。

中华人民共和国职业病防治法　职业病分类和目录：未列入

危险化学品安全管理条例　危险化学品目录：列入。易制爆危险化学品名录：未列入。重点监管的危险化学品名录：未列入。GB 18218—2009《危险化学品重大危险源辨识》（表1）：未列入

使用有毒物品作业场所劳动保护条例　高毒物品目录：未列入

易制毒化学品管理条例　易制毒化学品的分类和品种目录：未列入

国际公约　斯德哥尔摩公约：未列入。鹿特丹公约：未列入。蒙特利尔议定书：未列入

第十六部分　其他信息

编写和修订信息　缩略语和首字母缩写

培训建议　　　　参考文献

免责声明

2-氯-4-硝基苯胺

第一部分　化学品标识

化学品中文名　2-氯-4-硝基苯胺；邻氯对硝基苯胺

化学品英文名　2-chloro-4-nitroaniline；o-chloro-p-nitroaniline

分子式　$C_6H_5ClN_2O_2$　分子量　172.57

结构式

化学品的推荐及限制用途　用于染料制造中间体

第二部分　危险性概述

紧急情况概述　吞咽有害

GHS 危险性类别　急性毒性-经口，类别 4；危害水生环境-急性危害，类别 2；危害水生环境-长期危害，类别 2

标签要素

象形图　

警示词　警告

危险性说明　吞咽有害，对水生生物有毒并具有长期持续影响

防范说明

预防措施　避免接触眼睛、皮肤，操作后彻底清洗。作业场所不得进食、饮水或吸烟。禁止排入环境

事故响应　食入：如果感觉不适，立即呼叫中毒控制中心或就医。漱口。收集泄漏物

安全储存　—

废弃处置　本品及内装物、容器依据国家和地方法规处置

物理和化学危险　可燃，其粉体与空气混合，能形成爆炸性混合物

健康危害　对眼睛、皮肤、黏膜、上呼吸道有刺激性。进入体内可导致形成高铁血红蛋白血症。高浓度时可引起紫绀，这种症状可持续 2～4h 或更长时间

环境危害　对水生生物有毒并具有长期持续影响

第三部分　成分/组成信息

√ 物质　　　　　　　混合物

组分	浓度	CAS No.
2-氯-4-硝基苯胺		121-87-9

第四部分　急救措施

吸入　迅速脱离现场至空气新鲜处。保持呼吸道通畅。如呼吸困难，给输氧。如呼吸、心跳停止，立即进行心肺复苏术。就医

皮肤接触　立即脱去污染衣着，用肥皂水或清水彻底冲洗。就医

眼睛接触　分开眼睑，用清水或生理盐水冲洗。就医

食入　漱口，饮水。就医

对保护施救者的忠告　根据需要使用个人防护设备

对医生的特别提示　高铁血红蛋白血症，可用亚甲蓝和维生素 C 治疗

第五部分　消防措施

灭火剂　用雾状水、泡沫、干粉、二氧化碳、砂土灭火

特别危险性　遇明火能燃烧。受热分解放出有毒气体

灭火注意事项及防护措施　消防人员必须佩戴防毒面具、穿全身消防服，在上风向灭火。尽可能将容器从火场移至空旷处。喷水保持火场容器冷却，直至灭火结束

第六部分　泄漏应急处理

作业人员防护措施、防护装备和应急处置程序　隔离泄漏污染区，限制出入。消除所有点火源。建议应急处理人员戴防尘口罩，穿防毒服。穿上适当的防护服前严禁接触破裂的容器和泄漏物。尽可能切断泄漏源

环境保护措施　用塑料布覆盖泄漏物，减少飞散

泄漏化学品的收容、清除方法及所使用的处置材料　勿使水进入包装容器内。用洁净的铲子收集泄漏物，置于干净、干燥、盖子较松的容器中，将容器移离泄漏区

第七部分　操作处置与储存

操作注意事项　密闭操作，提供充分的局部排风。操作人员必须经过专门培训，严格遵守操作规程。建议操作人员佩戴自吸过滤式防尘口罩，戴化学安全防护眼镜，穿防毒物渗透工作服，戴橡胶手套。远离火种、热源，工作场所严禁吸烟。使用防爆型的通风系统和设备。避免产生粉尘。避免与氧化剂、碱类接触。搬运时要轻装轻卸，防止包装及容器损坏。配备相应品种和数量的消防器材及泄漏应急处理设备。倒空的容器可能残留有害物

储存注意事项　储存于阴凉、通风的库房。远离火种、热源。保持容器密封。应与氧化剂、碱类分开存放，切忌混储。配备相应品种和数量的消防器材。储区应备有合适的材料收容泄漏物

第八部分　接触控制/个体防护

职业接触限值

中国　未制定标准

美国（ACGIH）　未制定标准

生物接触限值　未制定标准

监测方法　空气中有毒物质测定方法：未制定标准。生物监测检验方法：未制定标准

工程控制　严加密闭，提供充分的局部排风。提供安全淋浴和洗眼设备

个体防护装备

呼吸系统防护　空气中粉尘浓度超标时，必须佩戴过滤式防尘呼吸器。紧急事态抢救或撤离时，应该佩戴空气呼吸器

眼睛防护　戴化学安全防护眼镜

皮肤和身体防护　穿防毒物渗透工作服

手防护　戴橡胶手套

第九部分　理化特性

外观与性状　黄色结晶粉末

pH 值　无意义		**熔点（℃）**　108.4	
沸点（℃）　无资料		**相对密度（水=1）**　无资料	
相对蒸气密度（空气=1）　无资料			
饱和蒸气压（kPa）　无资料			
临界压力（MPa）　无资料		**辛醇/水分配系数**　无资料	
闪点（℃）　无资料		**自燃温度（℃）**　521.67	
爆炸下限（%）　无资料		**爆炸上限（%）**　无资料	
分解温度（℃）　无资料		**黏度（mPa·s）**　无资料	
燃烧热（kJ/mol）　无资料		**临界温度（℃）**　无资料	

溶解性　微溶于水、酸，溶于乙醇、苯、乙醚

第十部分　稳定性和反应性

稳定性　稳定

危险反应　与强氧化剂、强碱等禁配物发生反应

避免接触的条件　受热、光照

禁配物　强氧化剂、强碱

危险的分解产物　氯化物、氮氧化物

第十一部分　毒理学信息

急性毒性　属低毒类。LD_{50}：6340mg/kg（大鼠经口）；
　　1250mg/kg（小鼠经口）

皮肤刺激或腐蚀　无资料　**眼睛刺激或腐蚀**　无资料

呼吸或皮肤过敏　无资料

生殖细胞突变性　微生物致突变：鼠伤寒沙门氏菌
　　1mg/皿

致癌性　无资料　　　　**生殖毒性**　无资料

特异性靶器官系统毒性-一次接触　无资料

特异性靶器官系统毒性-反复接触　无资料

吸入危害　无资料

第十二部分　生态学信息

生态毒性　根据结构类似物质预测，该物质对水生生物
　　有毒

持久性和降解性

　　生物降解性　无资料

　　非生物降解性　无资料

潜在的生物累积性　无资料

土壤中的迁移性　无资料

第十三部分　废弃处置

废弃化学品　建议用焚烧法处置。与燃料混合后，再焚
　　烧。焚烧炉排出的气体要通过洗涤器除去

污染包装物　将容器返还生产商或按照国家和地方法规
　　处置

废弃注意事项　处置前应参阅国家和地方有关法规

第十四部分　运输信息

联合国危险货物编号（UN号）　2237

联合国运输名称　硝基氯苯胺

联合国危险性类别　6.1

包装类别　Ⅲ　　　　　　**包装标志**

海洋污染物　是

运输注意事项　运输前应先检查包装容器是否完整、密
　　封，运输过程中要确保容器不泄漏、不倒塌、不坠
　　落、不损坏。严禁与酸类、氧化剂、食品及食品添加
　　剂混运。运输途中应防暴晒、雨淋，防高温

第十五部分　法规信息

　　下列法律、法规、规章和标准，对该化学品的管理作
了相应的规定。

中华人民共和国职业病防治法　职业病分类和目录：苯的
　　氨基及硝基化合物中毒

危险化学品安全管理条例　危险化学品目录：列入。易制
　　爆危险化学品名录：未列入。重点监管的危险化学品
　　名录：未列入。GB 18218—2009《危险化学品重大
　　危险源辨识》（表1）：未列入

使用有毒物品作业场所劳动保护条例　高毒物品目录：未
　　列入

易制毒化学品管理条例　易制毒化学品的分类和品种目
　　录：未列入

国际公约　斯德哥尔摩公约：未列入。鹿特丹公约：未列
　　入。蒙特利尔议定书：未列入

第十六部分　其他信息

编写和修订信息　　　　**缩略语和首字母缩写**

培训建议　　　　　　　**参考文献**

免责声明

4-氯-2-硝基苯胺

第一部分　化学品标识

化学品中文名　4-氯-2-硝基苯胺；对氯邻硝基苯胺

化学品英文名　4-chloro-2-nitroaniline；*p*-chloro-*o*-nitro-
　　aniline

分子式　$C_6H_5ClN_2O_2$　**分子量**　172.569

结构式
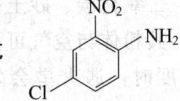

化学品的推荐及限制用途　用作染料中间体，也用于有机
　　合成

第二部分　危险性概述

紧急情况概述　吞咽有害

GHS危险性类别　急性毒性-经口，类别4；特异性靶器
　　官毒性-反复接触，类别2；危害水生环境-急性危害，
　　类别2；危害水生环境-长期危害，类别2

标签要素

象形图	

警示词　警告

危险性说明　吞咽有害，长时间或反复接触可能对器官
　　造成损伤，对水生生物有毒并具有长期持续影响

防范说明

　　预防措施　避免接触眼睛、皮肤，操作后彻底清
　　　　洗。作业场所不得进食、饮水或吸烟。避免吸
　　　　入粉尘。禁止排入环境

　　事故响应　食入：如果感觉不适，立即呼叫中毒控
　　　　制中心或就医，漱口。收集泄漏物

　　安全储存　—

　　废弃处置　本品及内装物、容器依据国家和地方法
　　　　规处置

物理和化学危险 可燃，其粉体与空气混合，能形成爆炸性混合物

健康危害 对眼睛、皮肤、黏膜和上呼吸道有刺激作用。可引起皮炎。进入体内形成高铁血红蛋白，致发生紫绀。对肝、肾有损害作用

环境危害 对水生生物有毒并具有长期持续影响

第三部分 成分/组成信息

√ 物质　　　　　　混合物

组分	浓度	CAS No.
4-氯-2-硝基苯胺		89-63-4

第四部分 急救措施

吸入 迅速脱离现场至空气新鲜处。保持呼吸道通畅。如呼吸困难，给输氧。如呼吸、心跳停止，立即进行心肺复苏术。就医

皮肤接触 立即脱去污染衣着，用肥皂水或清水彻底冲洗。就医

眼睛接触 分开眼睑，用清水或生理盐水冲洗。就医

食入 漱口，饮水。就医

对保护施救者的忠告 根据需要使用个人防护设备

对医生的特别提示 高铁血红蛋白血症，可用亚甲蓝和维生素C治疗

第五部分 消防措施

灭火剂 用雾状水、泡沫、干粉、二氧化碳、砂土灭火

特别危险性 遇明火、高热可燃。其粉体与空气可形成爆炸性混合物，当达到一定浓度时，遇火星会发生爆炸。接触酸或酸气能产生有毒气体。与强氧化剂接触可发生化学反应。受热分解产生有毒的烟气

灭火注意事项及防护措施 消防人员必须佩戴防毒面具、穿全身消防服，在上风向灭火。尽可能将容器从火场移至空旷处。喷水保持火场容器冷却，直至灭火结束

第六部分 泄漏应急处理

作业人员防护措施、防护装备和应急处置程序 隔离泄漏污染区，限制出入。消除所有点火源。建议应急处理人员戴防尘口罩，穿防毒服。穿上适当的防护服前严禁接触破裂的容器和泄漏物。尽可能切断泄漏源

环境保护措施 用塑料布覆盖泄漏物，减少飞散

泄漏化学品的收容、清除方法及所使用的处置材料 勿使水进入包装容器内。用洁净的铲子收集泄漏物，置于干净、干燥、盖子较松的容器中，将容器移离泄漏区

第七部分 操作处置与储存

操作注意事项 密闭操作，局部排风。防止粉尘释放到车间空气中。操作人员必须经过专门培训，严格遵守操作规程。建议操作人员佩戴过滤式防尘口罩，戴化学安全防护眼镜，穿防毒物渗透工作服，戴橡胶手套。远离火种、热源，工作场所严禁吸烟。使用防爆型的通风系统和设备。避免产生粉尘。避免与氧化剂、碱类接触。配备相应品种和数量的消防器材及泄漏应急处理设备。倒空的容器可能残留有害物

储存注意事项 储存于阴凉、通风的库房。远离火种、热源。防止阳光直射。包装密封。应与氧化剂、碱类、食用化学品分开存放，切忌混储。配备相应品种和数量的消防器材。储区应备有合适的材料收容泄漏物

第八部分 接触控制/个体防护

职业接触限值

中国 未制定标准

美国（ACGIH） 未制定标准

生物接触限值 未制定标准

监测方法 空气中有毒物质测定方法：未制定标准。生物监测检验方法：未制定标准

工程控制 密闭操作，局部排风

个体防护装备

呼吸系统防护 空气中粉尘浓度超标时，必须佩戴过滤式防尘口罩。紧急事态抢救或撤离时，应该佩戴空气呼吸器

眼睛防护 戴化学安全防护眼镜

皮肤和身体防护 穿防毒物渗透工作服

手防护 戴橡胶手套

第九部分 理化特性

外观与性状 橙黄色或橙红色针状结晶

pH值 无意义　　　　**熔点（℃）** 117～119

沸点（℃） 无资料　　　**相对密度（水＝1）** 无资料

相对蒸气密度（空气＝1） 无资料

饱和蒸气压（kPa） 无资料

临界压力（MPa） 无资料　**辛醇/水分配系数** 无资料

闪点（℃） 无意义　　　　**自燃温度（℃）** 517.78

爆炸下限（%） 无资料　　**爆炸上限（%）** 无资料

分解温度（℃） 无资料　　**黏度（mPa·s）** 无资料

燃烧热（kJ/mol） 无资料　**临界温度（℃）** 无资料

溶解性 微溶于水、油类，溶于乙醇、乙醚、乙酸

第十部分 稳定性和反应性

稳定性 稳定

危险反应 与强氧化剂、强碱等禁配物发生反应。接触酸或酸气能产生有毒气体

避免接触的条件 受热

禁配物 强氧化剂、强碱

危险的分解产物 氮氧化物、氯化氢

第十一部分 毒理学信息

急性毒性 LD$_{50}$：400mg/kg（大鼠经口）；800mg/kg（小鼠经口）

皮肤刺激或腐蚀 无资料　　**眼睛刺激或腐蚀** 无资料

呼吸或皮肤过敏 无资料　　**生殖细胞突变性** 微生物致突变：鼠伤寒沙门氏菌33μg/皿。细胞遗传学分析：仓鼠卵巢302mg/L。姐妹染色单体互换：仓鼠卵巢20mg/L

致癌性 无资料　　　　　　**生殖毒性** 无资料

特异性靶器官系统毒性--一次接触　无资料

特异性靶器官系统毒性-反复接触　无资料

吸入危害　无资料

第十二部分　生态学信息

生态毒性　LC_{50}：17mg/L（96h）（青鳉）。EC_{50}：3.2mg/L（48h）（大型溞）。ErC_{50}：8.5mg/L（72h）（藻类）

持久性和降解性

　　生物降解性　OECD 301C，不易快速生物降解

　　非生物降解性　无资料

潜在的生物累积性　根据 K_{ow} 值预测，该物质的生物累积性可能较弱

土壤中的迁移性　根据 K_{oc} 值预测，该物质可能有一定的迁移性

第十三部分　废弃处置

废弃化学品　建议用焚烧法处置。在能利用的地方重复使用容器或在规定场所掩埋

污染包装物　将容器返还生产商或按照国家和地方法规处置

废弃注意事项　处置前应参阅国家和地方有关法规

第十四部分　运输信息

联合国危险货物编号（UN号）　2237

联合国运输名称　硝基氯苯胺

联合国危险性类别　6.1

包装类别　Ⅲ　　　　包装标志

海洋污染物　是

运输注意事项　运输前应先检查包装容器是否完整、密封，运输过程中要确保容器不泄漏、不倒塌、不坠落、不损坏。严禁与酸类、氧化剂、食品及食品添加剂混运。运输时运输车辆应配备相应品种和数量的消防器材及泄漏应急处理设备。运输途中应防暴晒、雨淋、防高温。公路运输时要按规定路线行驶，勿在居民区和人口稠密区停留

第十五部分　法规信息

　　下列法律、法规、规章和标准，对该化学品的管理作了相应的规定。

中华人民共和国职业病防治法　职业病分类和目录：苯的氨基及硝基化合物中毒

危险化学品安全管理条例　危险化学品目录：列入。易制爆危险化学品名录：未列入。重点监管的危险化学品名录：未列入。GB 18218—2009《危险化学品重大危险源辨识》（表1）：未列入

使用有毒物品作业场所劳动保护条例　高毒物品目录：未列入

易制毒化学品管理条例　易制毒化学品的分类和品种目录：未列入

国际公约　斯德哥尔摩公约：未列入。鹿特丹公约：未列入。蒙特利尔议定书：未列入

第十六部分　其他信息

编写和修订信息　　　缩略语和首字母缩写

培训建议　　　　　　参考文献

免责声明

4-氯-2-硝基苯酚

第一部分　化学品标识

化学品中文名　4-氯-2-硝基苯酚；4-氯-2-硝基酚

化学品英文名　4-chloro-2-nitrophenol

分子式　$C_6H_4ClNO_3$　分子量　173.555

结构式

化学品的推荐及限制用途　用作染料中间体

第二部分　危险性概述

紧急情况概述　造成皮肤刺激，造成严重眼刺激，可能引起呼吸道刺激

GHS危险性类别　皮肤腐蚀/刺激，类别2；严重眼损伤/眼刺激，类别2；特异性靶器官毒性--一次接触，类别3（呼吸道刺激）

标签要素

象形图

警示词　警告

危险性说明　造成皮肤刺激，造成严重眼刺激，可能引起呼吸道刺激

防范说明

　　预防措施　避免接触眼睛、皮肤，操作后彻底清洗。戴防护手套、防护眼镜、防护面罩

　　事故响应　皮肤接触：用大量肥皂水和水清洗，如发生皮肤刺激，就医。脱去被污染的衣服，衣服经洗净后方可重新使用。如接触眼睛：用水小心冲洗数分钟。如戴隐形眼镜并可方便地取出，取出隐形眼镜，继续冲洗。如果眼睛刺激持续：就医

　　安全储存　—

　　废弃处置　本品及内装物、容器依据国家和地方法规处置

物理和化学危险　可燃，其粉体与空气混合，能形成爆炸性混合物

健康危害　吸入、摄入或经皮肤吸收对身体有害。对眼睛、黏膜、呼吸道及皮肤有刺激作用

环境危害　对环境可能有害

第三部分　成分/组成信息

√物质　　　　　　　　　混合物

组分	浓度	CAS No.
4-氯-2-硝基苯酚		89-64-5

第四部分　急救措施

吸入　迅速脱离现场至空气新鲜处。保持呼吸道通畅。如呼吸困难，给输氧。呼吸、心跳停止，立即进行心肺复苏术。就医

皮肤接触　立即脱去污染的衣着，用流动清水彻底冲洗。就医

眼睛接触　立即分开眼睑，用流动清水或生理盐水彻底冲洗。就医

食入　漱口，饮水。就医

对保护施救者的忠告　根据需要使用个人防护设备

对医生的特别提示　对症处理

第五部分　消防措施

灭火剂　用雾状水、泡沫、干粉、二氧化碳、砂土灭火

特别危险性　遇明火能燃烧。与氧化剂可发生反应。受高热分解放出有毒的气体

灭火注意事项及防护措施　消防人员必须佩戴防毒面具、穿全身消防服，在上风向灭火。尽可能将容器从火场移至空旷处。喷水保持火场容器冷却，直至灭火结束

第六部分　泄漏应急处理

作业人员防护措施、防护装备和应急处置程序　隔离泄漏污染区，限制出入。消除所有点火源。建议应急处理人员戴防尘口罩，穿防毒服。穿上适当的防护服前严禁接触破裂的容器和泄漏物。尽可能切断泄漏源

环境保护措施　用塑料布覆盖泄漏物，减少飞散

泄漏化学品的收容、清除方法及所使用的处置材料　勿使水进入包装容器内。用洁净的铲子收集泄漏物，置于干净、干燥、盖子较松的容器中，将容器移离泄漏区

第七部分　操作处置与储存

操作注意事项　密闭操作，提供充分的局部排风。操作人员必须经过专门培训，严格遵守操作规程。建议操作人员佩戴自吸过滤式防尘口罩，戴化学安全防护眼镜，穿防毒物渗透工作服，戴橡胶手套。远离火种、热源，工作场所严禁吸烟。使用防爆型的通风系统和设备。避免产生粉尘。避免与氧化剂、还原剂、碱类接触。搬运时要轻装轻卸，防止包装及容器损坏。配备相应品种和数量的消防器材及泄漏应急处理设备。倒空的容器可能残留有害物

储存注意事项　储存于阴凉、通风的库房。远离火种、热源。应与氧化剂、还原剂、碱类分开存放，切忌混储。配备相应品种和数量的消防器材。储区应备有合适的材料收容泄漏物

第八部分　接触控制/个体防护

职业接触限值

中国　未制定标准

美国（ACGIH）　未制定标准

生物接触限值　未制定标准

监测方法　空气中有毒物质测定方法：未制定标准。生物监测检验方法：未制定标准

工程控制　严加密闭，提供充分的局部排风。提供安全淋浴和洗眼设备

个体防护装备

呼吸系统防护　空气中粉尘浓度超标时，必须佩戴过滤式防尘呼吸器。紧急事态抢救或撤离时，应该佩戴空气呼吸器

眼睛防护　戴化学安全防护眼镜

皮肤和身体防护　穿防毒物渗透工作服

手防护　戴橡胶手套

第九部分　理化特性

外观与性状　黄色结晶

pH 值　无意义	**熔点（℃）**　85～87
沸点（℃）　无资料	**相对密度（水=1）**　无资料
相对蒸气密度（空气=1）　无资料	
饱和蒸气压（kPa）　无资料	
临界压力（MPa）　无资料	**辛醇/水分配系数**　无资料
闪点（℃）　无资料	**自燃温度（℃）**　无资料
爆炸下限（%）　无资料	**爆炸上限（%）**　无资料
分解温度（℃）　无资料	**黏度（mPa·s）**　无资料
燃烧热（kJ/mol）　无资料	**临界温度（℃）**　无资料

溶解性　微溶于水，溶于乙醇，易溶于乙醚

第十部分　稳定性和反应性

稳定性　稳定

危险反应　与强氧化剂、强碱、强还原剂等禁配物发生反应

避免接触的条件　无资料

禁配物　强氧化剂、强碱、强还原剂

危险的分解产物　氮氧化物、氯化氢

第十一部分　毒理学信息

急性毒性　无资料

皮肤刺激或腐蚀　无资料	**眼睛刺激或腐蚀**　无资料
呼吸或皮肤过敏　无资料	**生殖细胞突变性**　无资料
致癌性　无资料	**生殖毒性**　无资料

特异性靶器官系统毒性-一次接触　无资料

特异性靶器官系统毒性-反复接触　无资料

吸入危害　无资料

第十二部分　生态学信息

生态毒性　无资料

持久性和降解性

生物降解性　无资料

非生物降解性　无资料

潜在的生物累积性　无资料

土壤中的迁移性　无资料

第十三部分　废弃处置

废弃化学品　建议用焚烧法处置，与燃料混合后再焚烧。焚烧炉排出的气体要通过洗涤器除去

污染包装物　将容器返还生产商或按照国家和地方法规处置

废弃注意事项 处置前应参阅国家和地方有关法规

第十四部分 运输信息

联合国危险货物编号（UN 号） —

联合国运输名称 —   **联合国危险性类别** —

包装类别 —   **包装标志** —

海洋污染物 否

运输注意事项 运输前应先检查包装容器是否完整、密封，运输过程中要确保容器不泄漏、不倒塌、不坠落、不损坏。严禁与酸类、氧化剂、食品及食品添加剂混运。运输途中应防暴晒、雨淋，防高温

第十五部分 法规信息

下列法律、法规、规章和标准，对该化学品的管理作了相应的规定。

中华人民共和国职业病防治法 职业病分类和目录：未列入

危险化学品安全管理条例 危险化学品目录：列入。易制爆危险化学品名录：未列入。重点监管的危险化学品名录：未列入。GB 18218—2009《危险化学品重大危险源辨识》（表1）：未列入

使用有毒物品作业场所劳动保护条例 高毒物品目录：未列入

易制毒化学品管理条例 易制毒化学品的分类和品种目录：未列入

国际公约 斯德哥尔摩公约：未列入。鹿特丹公约：未列入。蒙特利尔议定书：未列入

第十六部分 其他信息

编写和修订信息   **缩略语和首字母缩写**

培训建议   **参考文献**

免责声明

1-氯-1-硝基丙烷

第一部分 化学品标识

化学品中文名 1-氯-1-硝基丙烷；1-硝基-1-氯丙烷

化学品英文名 1-chloro-1-nitropropane；1-nitro-1-chloro-propane

分子式 $C_3H_6ClNO_2$ **分子量** 123.54

结构式

化学品的推荐及限制用途 用作杀虫剂、碳氢化合物的溶剂

第二部分 危险性概述

紧急情况概述 可燃液体，吞咽有害，造成轻微皮肤刺激，造成严重眼刺激

GHS 危险性类别 易燃液体，类别 4；急性毒性-经口，类别 4；皮肤腐蚀/刺激，类别 3；严重眼损伤/眼刺激，类别 2A；特异性靶器官毒性-一次接触，类别 2

标签要素

象形图

警示词 警告

危险性说明 可燃液体，吞咽有害，造成轻微皮肤刺激，造成严重眼刺激，可能对器官造成损害

防范说明

预防措施 远离火焰和热表面。戴防护手套、防护眼镜、防护面罩。避免接触眼睛、皮肤，操作后彻底清洗。作业场所不得进食、饮水或吸烟。避免吸入蒸气、雾

事故响应 火灾时，使用雾状水、泡沫、干粉、二氧化碳、砂土灭火。如发生皮肤刺激，就医。如接触眼睛：用水细心冲洗数分钟。如戴隐形眼镜并可方便地取出，取出隐形眼镜，继续冲洗。如果眼睛刺激持续：就医。食入：如果感觉不适，立即呼叫中毒控制中心或就医。漱口。如果接触或感觉不适，呼叫中毒控制中心或就医

安全储存 存放在通风良好的地方。保持低温。上锁保管

废弃处置 本品及内装物、容器依据国家和地方法规处置

物理和化学危险 可燃，其蒸气与空气混合，能形成爆炸性混合物

健康危害 本品对眼睛、皮肤和呼吸道有刺激作用。吸入蒸气或误服液体，出现严重肺水肿

环境危害 对环境可能有害

第三部分 成分/组成信息

√ 物质   混合物

组分	浓度	CAS No.
1-氯-1-硝基丙烷		600-25-9

第四部分 急救措施

吸入 迅速脱离现场至空气新鲜处。保持呼吸道通畅。如呼吸困难，给输氧。呼吸、心跳停止，立即进行心肺复苏术。就医

皮肤接触 立即脱去污染的衣着，用流动清水彻底冲洗。就医

眼睛接触 立即分开眼睑，用流动清水或生理盐水彻底冲洗。就医

食入 漱口，饮水。就医

对保护施救者的忠告 根据需要使用个人防护设备

对医生的特别提示 对症处理

第五部分 消防措施

灭火剂 用雾状水、泡沫、干粉、二氧化碳、砂土灭火

特别危险性 遇明火、高热能燃烧。急剧加热时可发生爆炸。与氧化剂可发生反应。接触酸或酸气能产生有毒气体

灭火注意事项及防护措施　消防人员必须佩戴防毒面具、穿全身消防服，在上风向灭火。由于火场中可能发生容器爆破的情况，消防人员必须在有防爆掩蔽处操作。尽可能将容器从火场移至空旷处。喷水保持火场容器冷却，直至灭火结束。处在火场中的容器若已变色或从安全泄压装置中发出声音，必须马上撤离。禁止用砂土压盖

第六部分　泄漏应急处理

作业人员防护措施、防护装备和应急处置程序　根据液体流动和蒸气扩散的影响区域划定警戒区，无关人员从侧风、上风向撤离至安全区。消除所有点火源。建议应急处理人员戴正压自给式呼吸器，穿防毒服。穿上适当的防护服前严禁接触破裂的容器和泄漏物。尽可能切断泄漏源

环境保护措施　防止泄漏物进入水体、下水道、地下室或有限空间

泄漏化学品的收容、清除方法及所使用的处置材料　小量泄漏：用干燥的砂土或其他不燃材料吸收或覆盖，收集于容器中。大量泄漏：构筑围堤或挖坑收容。用泵转移至槽车或专用收集器内

第七部分　操作处置与储存

操作注意事项　密闭操作，全面通风。操作人员必须经过专门培训，严格遵守操作规程。建议操作人员佩戴自吸过滤式防毒面具（半面罩），戴化学安全防护眼镜，穿防毒物渗透工作服，戴橡胶耐油手套。远离火种、热源，工作场所严禁吸烟。使用防爆型的通风系统和设备。防止蒸气泄漏到工作场所空气中。避免与氧化剂、酸类接触。搬运时要轻装轻卸，防止包装及容器损坏。配备相应品种和数量的消防器材及泄漏应急处理设备。倒空的容器可能残留有害物

储存注意事项　储存于阴凉、通风的库房。远离火种、热源。应与氧化剂、酸类、食用化学品分开存放，切忌混储。配备相应品种和数量的消防器材。储区应备有泄漏应急处理设备和合适的收容材料

第八部分　接触控制/个体防护

职业接触限值

中国　未制定标准

美国（ACGIH）　TLV-TWA：2ppm

生物接触限值　未制定标准

监测方法　空气中有毒物质测定方法：未制定标准。生物监测检验方法：未制定标准

工程控制　生产过程密闭，全面通风

个体防护装备

呼吸系统防护　空气中浓度超标时，必须佩戴过滤式防毒面具（半面罩）。紧急事态抢救或撤离时，应该佩戴空气呼吸器

眼睛防护　戴化学安全防护眼镜

皮肤和身体防护　穿防毒物渗透工作服

手防护　戴橡胶耐油手套

第九部分　理化特性

外观与性状　无色至淡黄色液体，有不愉快气味

pH 值　无资料　　　　**熔点（℃）**　无资料

沸点（℃）　139.5

相对密度（水＝1）　1.21（20℃）

相对蒸气密度（空气＝1）　4.26

饱和蒸气压（kPa）　0.78（25℃）

临界压力（MPa）　无资料　**辛醇/水分配系数**　无资料

闪点（℃）　62.22（OC）　**自燃温度（℃）**　无资料

爆炸下限（%）　无资料　**爆炸上限（%）**　无资料

分解温度（℃）　无资料　**黏度（mPa·s）**　无资料

燃烧热（kJ/mol）　无资料　**临界温度（℃）**　无资料

溶解性　微溶于水，可混溶于多数有机溶剂

第十部分　稳定性和反应性

稳定性　稳定

危险反应　与强还原剂、无机碱、碱金属、卤代烃、金属氢化物、金属烷氧化物、氨、胺等禁配物接触，有发生火灾和爆炸的危险。接触酸或酸气能产生有毒气体

避免接触的条件　无资料

禁配物　强还原剂、无机碱、碱金属、卤代烃、金属氢化物、金属烷氧化物、氨、胺等

危险的分解产物　氮氧化物、氯化氢

第十一部分　毒理学信息

急性毒性　LD$_{50}$：510mg/kg（大鼠经口）；LC$_{50}$：66000mg/m^3（小鼠吸入，3h）

皮肤刺激或腐蚀　无资料　**眼睛刺激或腐蚀**　无资料

呼吸或皮肤过敏　无资料

生殖细胞突变性　微生物致突变：鼠伤寒沙门氏菌333μg/皿

致癌性　无资料　　　**生殖毒性**　无资料

特异性靶器官系统毒性-一次接触　无资料

特异性靶器官系统毒性-反复接触　无资料

吸入危害　无资料

第十二部分　生态学信息

生态毒性　无资料

持久性和降解性

生物降解性　无资料

非生物降解性　无资料

潜在的生物累积性　无资料

土壤中的迁移性　无资料

第十三部分　废弃处置

废弃化学品　用焚烧法处置。燃烧过程中要喷入蒸汽或甲烷，以免生成氯气。焚烧炉排出的气体要通过洗涤器除去

污染包装物　将容器返还生产商或按照国家和地方法规处置

废弃注意事项　处置前应参阅国家和地方有关法规

第十四部分　运输信息

联合国危险货物编号（UN 号）　—
联合国运输名称　—　**联合国危险性类别**　—
包装类别　—　**包装标志**　—
海洋污染物　否
运输注意事项　运输前应先检查包装容器是否完整、密封，运输过程中要确保容器不泄漏、不倒塌、不坠落、不损坏。严禁与酸类、氧化剂、食品及食品添加剂混运。运输时运输车辆应配备相应品种和数量的消防器材及泄漏应急处理设备。运输途中应防暴晒、雨淋，防高温。公路运输时要按规定路线行驶，勿在居民区和人口稠密区停留

第十五部分　法规信息

下列法律、法规、规章和标准，对该化学品的管理作了相应的规定。
中华人民共和国职业病防治法　职业病分类和目录：未列入
危险化学品安全管理条例　危险化学品目录：列入。易制爆危险化学品名录：未列入。重点监管的危险化学品名录：未列入。GB 18218—2009《危险化学品重大危险源辨识》（表1）：未列入
使用有毒物品作业场所劳动保护条例　高毒物品目录：未列入
易制毒化学品管理条例　易制毒化学品的分类和品种目录：未列入
国际公约　斯德哥尔摩公约：未列入。鹿特丹公约：未列入。蒙特利尔议定书：未列入

第十六部分　其他信息

编写和修订信息　　　　缩略语和首字母缩写
培训建议　　　　　　　参考文献
免责声明

4-氯-2-硝基甲苯

第一部分　化学品标识

化学品中文名　4-氯-2-硝基甲苯；2-硝基-4-氯甲苯；对氯邻硝基甲苯
化学品英文名　2-nitro-4-chlorotoluene；4-chloro-2-nitrotoluene
分子式　$C_7H_6ClNO_2$　**分子量**　171.581

结构式

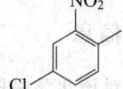

化学品的推荐及限制用途　用于有机合成

第二部分　危险性概述

紧急情况概述　—
GHS 危险性类别　危害水生环境-急性危害，类别2；危害水生环境-长期危害，类别2

标签要素

象形图　

警示词　—
危险性说明　对水生生物有毒并具有长期持续影响
防范说明
　　预防措施　禁止排入环境
　　事故响应　收集泄漏物
　　安全储存　—
　　废弃处置　本品及内装物、容器依据国家和地方法规处置
物理和化学危险　可燃，其粉体与空气混合，能形成爆炸性混合物
健康危害　吸入、摄入或经皮肤吸收后对身体有害。具刺激作用。进入人体内，可形成高铁血红蛋白致发生紫绀
环境危害　对水生生物有毒并具有长期持续影响

第三部分　成分/组成信息

√物质　　　　　　　　　混合物

组分	浓度	CAS No.
4-氯-2-硝基甲苯		89-59-8

第四部分　急救措施

吸入　迅速脱离现场至空气新鲜处。保持呼吸道通畅。如呼吸困难，给输氧。如呼吸心跳停止，立即行心肺复苏术。就医
皮肤接触　立即脱去污染衣着，用肥皂水或清水彻底冲洗。就医
眼睛接触　分开眼睑，用清水或生理盐水冲洗。就医
食入　漱口，饮水。就医
对保护施救者的忠告　根据需要使用个人防护设备
对医生的特别提示　高铁血红蛋白血症，可用亚甲蓝和维生素 C 治疗

第五部分　消防措施

灭火剂　用雾状水、泡沫、干粉、二氧化碳、砂土灭火
特别危险性　遇明火、高热可燃。其粉体与空气可形成爆炸性混合物，当达到一定浓度时，遇火星会发生爆炸。受高热分解放出有毒的气体
灭火注意事项及防护措施　消防人员必须佩戴防毒面具，穿全身消防服，在上风向灭火。尽可能将容器从火场移至空旷处。喷水保持火场容器冷却，直至灭火结束

第六部分　泄漏应急处理

作业人员防护措施、防护装备和应急处置程序　隔离泄漏污染区，限制出入。消除所有点火源。建议应急处理人员戴防尘口罩，穿防毒服。穿上适当的防护服前严禁接触破裂的容器和泄漏物。尽可能切断泄漏源
环境保护措施　用塑料布覆盖泄漏物，减少飞散
泄漏化学品的收容、清除方法及所使用的处置材料　勿使

水进入包装容器内。用洁净的铲子收集泄漏物，置于干净、干燥、盖子较松的容器中，将容器移离泄漏区

第七部分　操作处置与储存

操作注意事项　密闭操作，局部排风。防止粉尘释放到车间空气中。操作人员必须经过专门培训，严格遵守操作规程。建议操作人员佩戴自吸过滤式防尘口罩，戴化学安全防护眼镜，穿防毒物渗透工作服，戴橡胶手套。远离火种、热源，工作场所严禁吸烟。使用防爆型的通风系统和设备。避免产生粉尘。避免与氧化剂、碱类接触。配备相应品种和数量的消防器材及泄漏应急处理设备。倒空的容器可能残留有害物

储存注意事项　储存于阴凉、通风的库房。远离火种、热源。防止阳光直射。包装密封。应与氧化剂、碱类、食用化学品分开存放，切忌混储。配备相应品种和数量的消防器材。储区应备有合适的材料收容泄漏物

第八部分　接触控制/个体防护

职业接触限值
　　中国　未制定标准
　　美国（ACGIH）　未制定标准
生物接触限值　未制定标准
监测方法　空气中有毒物质测定方法：未制定标准。生物监测检验方法：未制定标准
工程控制　密闭操作，局部排风
个体防护装备
　　呼吸系统防护　空气中粉尘浓度超标时，必须佩戴过滤式防尘呼吸器。紧急事态抢救或撤离时，应该佩戴空气呼吸器
　　眼睛防护　戴化学安全防护眼镜
　　皮肤和身体防护　穿防毒物渗透工作服
　　手防护　戴橡胶手套

第九部分　理化特性

外观与性状　黄色至浅褐色针状结晶
pH 值　无意义　　　　　　**熔点（℃）**　38～39
沸点（℃）　239～240（95.5kPa）
相对密度（水＝1）　无资料
相对蒸气密度（空气＝1）　无资料
饱和蒸气压（kPa）　无资料
临界压力（MPa）　无资料　**辛醇/水分配系数**　无资料
闪点（℃）　110　　　　**自燃温度（℃）**　无资料
爆炸下限（%）　无资料　**爆炸上限（%）**　无资料
分解温度（℃）　无资料　**黏度（mPa·s）**　无资料
燃烧热（kJ/mol）　无资料　**临界温度（℃）**　无资料
溶解性　不溶于水，溶于多数有机溶剂

第十部分　稳定性和反应性

稳定性　稳定
危险反应　与强氧化剂、强碱等禁配物发生反应
避免接触的条件　无资料
禁配物　强氧化剂、强碱
危险的分解产物　氮氧化物、氯化氢

第十一部分　毒理学信息

急性毒性　无资料
皮肤刺激或腐蚀　无资料　**眼睛刺激或腐蚀**　无资料
呼吸或皮肤过敏　无资料　**生殖细胞突变性**　无资料
致癌性　无资料　　　　　　　**生殖毒性**　无资料
特异性靶器官系统毒性-一次接触　无资料
特异性靶器官系统毒性-反复接触　无资料
吸入危害　无资料

第十二部分　生态学信息

生态毒性　无资料
持久性和降解性
　　生物降解性　无资料
　　非生物降解性　无资料
潜在的生物累积性　无资料
土壤中的迁移性　无资料

第十三部分　废弃处置

废弃化学品　建议用控制焚烧法或安全掩埋法处置。若可能，重复使用容器或在规定场所掩埋
污染包装物　将容器返还生产商或按照国家和地方法规处置
废弃注意事项　处置前应参阅国家和地方有关法规

第十四部分　运输信息

联合国危险货物编号（UN 号）　2433（液态）；3457（固态）
联合国运输名称　液态硝基氯甲苯（液态）；固态硝基氯甲苯（固态）
联合国危险性类别　6.1

包装类别　Ⅲ　　　　　**包装标志**　

海洋污染物　是
运输注意事项　起运时包装要完整，装载应稳妥。运输过程中要确保容器不泄漏、不倒塌、不坠落、不损坏。严禁与氧化剂、碱类、食用化学品等混装混运。运输途中应防暴晒、雨淋，防高温。运输时运输车辆应配备相应品种和数量的消防器材及泄漏应急处理设备。装运本品的车辆排气管必须有阻火装置。中途停留时应远离火种、热源。车辆运输完毕应进行彻底清扫。公路运输时要按规定路线行驶

第十五部分　法规信息

下列法律、法规、规章和标准，对该化学品的管理作了相应的规定。
中华人民共和国职业病防治法　职业病分类和目录：苯的氨基及硝基化合物中毒
危险化学品安全管理条例　危险化学品目录：列入。易制爆危险化学品名录：未列入。重点监管的危险化学品名录：未列入。GB 18218—2009《危险化学品重大

危险源辨识》（表1）：未列入

使用有毒物品作业场所劳动保护条例 高毒物品目录：未列入

易制毒化学品管理条例 易制毒化学品的分类和品种目录：未列入

国际公约 斯德哥尔摩公约：未列入。鹿特丹公约：未列入。蒙特利尔议定书：未列入

第十六部分 其他信息

编写和修订信息 　　　　缩略语和首字母缩写
培训建议 　　　　　　　参考文献
免责声明

氯亚胺硫磷

第一部分 化学品标识

化学品中文名 氯亚胺硫磷；氯亚磷；氯甲亚胺硫磷；S-[2-氯-1-(1,3-二氢-1,3-二氧代-2H-异吲哚-2-基)乙基]-O,O-二乙基二硫代磷酸酯

化学品英文名 dialifos；torak；（RS）-S-2-chloro-1-phthalimidoethyl O,O-diethyl phosphorodithioate

分子式 $C_{14}H_{17}ClNO_4PS_2$　　**分子量** 393.846

结构式

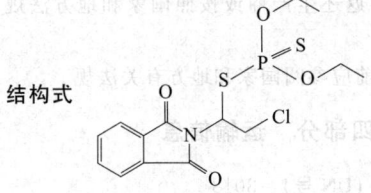

化学品的推荐及限制用途 用作农用杀螨剂

第二部分 危险性概述

紧急情况概述 吞咽致命，皮肤接触会中毒

GHS 危险性类别 急性毒性-经口，类别2；急性毒性-经皮，类别3；危害水生环境-急性危害，类别1；危害水生环境-长期危害，类别1

标签要素

象形图

警示词 危险

危险性说明 吞咽致命，皮肤接触会中毒，对水生生物毒性非常大并具有长期持续影响

防范说明

预防措施 避免接触眼睛、皮肤，操作后彻底清洗。作业场所不得进食、饮水或吸烟。戴防护手套、穿防护服。禁止排入环境

事故响应 皮肤接触：用大量肥皂水和水清洗，立即脱去所有被污染的衣服，如感觉不适，呼叫中毒控制中心或就医。被污染的衣服必须经洗净后方可重新使用。食入：立即呼叫中毒控制中心或就医，漱口。收集泄漏物

安全储存 上锁保管

废弃处置 本品及内装物、容器依据国家和地方法规处置

物理和化学危险 可燃，其粉体与空气混合，能形成爆炸性混合物

健康危害 抑制胆碱酯酶活性。可引起头痛、头晕、无力、烦躁、恶心、呕吐、流涎、瞳孔缩小、肌肉震颤、呼吸困难、紫绀、肺水肿、脑水肿，可死于呼吸衰竭

环境危害 对水生生物毒性非常大并具有长期持续影响

第三部分 成分/组成信息

　　　　√ 物质　　　　　　　混合物

组分	浓度	CAS No.
氯亚胺硫磷		10311-84-9

第四部分 急救措施

吸入 迅速脱离现场至空气新鲜处。保持呼吸道通畅。如呼吸困难，给输氧。呼吸、心跳停止，立即进行心肺复苏术。就医

皮肤接触 立即脱去污染的衣着，用肥皂水及流动清水彻底冲洗污染的皮肤、头发、指甲等。就医

眼睛接触 分开眼睑，用流动清水或生理盐水冲洗。就医

食入 饮足量温水，催吐（仅限于清醒者）。口服活性炭。就医

对保护施救者的忠告 根据需要使用个人防护设备

对医生的特别提示 解毒剂：阿托品、胆碱酯酶复能剂

第五部分 消防措施

灭火剂 用雾状水、泡沫、干粉、二氧化碳、砂土灭火

特别危险性 遇明火、高热可燃。其粉体与空气可形成爆炸性混合物，当达到一定浓度时，遇火星会发生爆炸。遇高热分解释出高毒烟气

灭火注意事项及防护措施 消防人员必须佩戴防毒面具、穿全身消防服，在上风向灭火。尽可能将容器从火场移至空旷处。喷水保持火场容器冷却，直至灭火结束

第六部分 泄漏应急处理

作业人员防护措施、防护装备和应急处置程序 隔离泄漏污染区，限制出入。建议应急处理人员戴防尘口罩，穿防毒服。穿上适当的防护服前严禁接触破裂的容器和泄漏物。尽可能切断泄漏源

环境保护措施 用塑料布覆盖泄漏物，减少飞散

泄漏化学品的收容、清除方法及所使用的处置材料 勿使水进入包装容器内。用洁净的铲子收集泄漏物，置于干净、干燥、盖子较松的容器中，将容器移离泄漏区

第七部分 操作处置与储存

操作注意事项 密闭操作，提供充分的局部排风。防止粉尘释放到车间空气中。操作人员必须经过专门培训，严格遵守操作规程。建议操作人员佩戴防尘面具（全面罩），穿胶布防毒衣，戴橡胶手套。远离火种、热源，工作场所严禁吸烟。使用防爆型的通风系统和设备。避免产生粉尘。避免与氧化剂接触。配备相应品

种和数量的消防器材及泄漏应急处理设备。倒空的容器可能残留有害物

储存注意事项　储存于阴凉、通风良好的库房内。远离火种、热源。防止阳光直射。包装密封。应与氧化剂、食用化学品分开存放，切忌混储。配备相应品种和数量的消防器材。储区应备有合适的材料收容泄漏物

第八部分　接触控制/个体防护

职业接触限值

中国　未制定标准

美国（ACGIH）　未制定标准

生物接触限值　全血胆碱酯酶活性（校正值）：原基础值或参考值的 70%（采样时间：开始接触后的 3 个月内），原基础值或参考值的 50%（采样时间：持续接触 3 个月后，任意时间）

监测方法　空气中有毒物质测定方法：未制定标准。生物监测检验方法：血中胆碱酯酶活性的分光光度测定方法——羟胺三氯化铁法；血中胆碱酯酶活性的分光光度测定方法——硫代乙酰胆碱-联硫代双硝基苯甲酸法

工程控制　严加密闭，提供充分的局部排风

个体防护装备

呼吸系统防护　可能接触其粉尘时，必须佩戴防尘面具（全面罩）。紧急事态抢救或撤离时，应该佩戴空气呼吸器

眼睛防护　呼吸系统防护中已作防护

皮肤和身体防护　穿密闭型防毒服

手防护　戴橡胶手套

第九部分　理化特性

外观与性状　白色结晶

pH 值　无意义　　　　　**熔点（℃）**　67

沸点（℃）　无资料　　　**相对密度（水＝1）**　无资料

相对蒸气密度（空气＝1）　无资料

饱和蒸气压（kPa）　无资料

临界压力（MPa）　无资料　**辛醇/水分配系数**　无资料

闪点（℃）　无意义　　　**自燃温度（℃）**　无资料

爆炸下限（%）　无资料　　**爆炸上限（%）**　无资料

分解温度（℃）　无资料　　**黏度（mPa·s）**　无资料

燃烧热（kJ/mol）　无资料　**临界温度（℃）**　无资料

溶解性　不溶于水，溶于丙酮、环己烷

第十部分　稳定性和反应性

稳定性　稳定

危险反应　与强氧化剂等禁配物发生反应

避免接触的条件　无资料

禁配物　强氧化剂

危险的分解产物　氮氧化物、氧化硫、氧化磷

第十一部分　毒理学信息

急性毒性　LD_{50}：5mg/kg（大鼠经口），28mg/kg（大鼠经皮），39mg/kg（小鼠经口）

皮肤刺激或腐蚀　无资料　**眼睛刺激或腐蚀**　无资料

呼吸或皮肤过敏　无资料　**生殖细胞突变性**　无资料

致癌性　无资料

生殖毒性　仓鼠孕后 7d 经口给予最低中毒剂量（TDLo）200mg/kg，致肌肉骨骼系统发育畸形。仓鼠经口最低中毒剂量（TDLo）：100mg/kg（孕 8d），引起死胎

特异性靶器官系统毒性-一次接触　无资料

特异性靶器官系统毒性-反复接触　无资料

吸入危害　无资料

第十二部分　生态学信息

生态毒性　LC_{50}：0.55～1.08mg/L（24h）（虹鳟）。LC_{50}：1.80～8.3mg/L（96h）（金鱼）

持久性和降解性

生物降解性　无资料

非生物降解性　无资料

潜在的生物累积性　根据 K_{ow} 值预测，该物质可能有较高的生物累积性

土壤中的迁移性　根据 K_{oc} 值预测，该物质的迁移性可能较弱

第十三部分　废弃处置

废弃化学品　建议用控制焚烧法或安全掩埋法处置

污染包装物　将容器返还生产商或按照国家和地方法规处置

废弃注意事项　处置前应参阅国家和地方有关法规

第十四部分　运输信息

联合国危险货物编号（UN 号）　3018

联合国运输名称　固态有机磷农药，毒性（氯亚胺硫磷）

联合国危险性类别　6.1

包装类别　Ⅱ　　　　　　**包装标志**　

海洋污染物　是

运输注意事项　运输前应先检查包装容器是否完整、密封，运输过程中要确保容器不泄漏、不倒塌、不坠落、不损坏。严禁与酸类、氧化剂、食品及食品添加剂混运。运输时运输车辆应配备相应品种和数量的消防器材及泄漏应急处理设备。运输途中应防暴晒、雨淋，防高温。公路运输时要按规定路线行驶，勿在居民区和人口稠密区停留

第十五部分　法规信息

下列法律、法规、规章和标准，对该化学品的管理作了相应的规定。

中华人民共和国职业病防治法　职业病分类和目录：有机磷中毒

危险化学品安全管理条例　危险化学品目录：列入。易制爆危险化学品名录：未列入。重点监管的危险化学品名录：未列入。GB 18218—2009《危险化学品重大危险源辨识》（表1）：未列入

使用有毒物品作业场所劳动保护条例　高毒物品目录：未

列入

易制毒化学品管理条例 易制毒化学品的分类和品种目录：未列入

国际公约 斯德哥尔摩公约：未列入。鹿特丹公约：未列入。蒙特利尔议定书：未列入

第十六部分 其他信息

编写和修订信息　　缩略语和首字母缩写
培训建议　　　　　参考文献
免责声明

氯乙醇

第一部分 化学品标识

化学品中文名 氯乙醇；2-氯乙醇
化学品英文名 2-chloroethanol；ethylene chlorohydrin
分子式 C_2H_5ClO　**分子量** 80.51
结构式
化学品的推荐及限制用途 用于制造乙二醇、环氧乙烷及医药、染料、农药的合成等

第二部分 危险性概述

紧急情况概述 吞咽致命，皮肤接触会致命，吸入致命
GHS 危险性类别 急性毒性-经口，类别 2；急性毒性-经皮，类别 1；急性毒性-吸入，类别 2；危害水生环境-急性危害，类别 2
标签要素

象形图

警示词 危险
危险性说明 吞咽致命，皮肤接触会致命，吸入致命，对水生生物有毒
防范说明

预防措施　避免接触眼睛、皮肤，操作后彻底清洗。作业场所不得进食、饮水或吸烟。戴防护手套，穿防护服。避免吸入蒸气、雾。仅在室外或通风良好处操作。戴呼吸防护器具。禁止排入环境

事故响应　如吸入：将患者转移到空气新鲜处，休息，保持利于呼吸的体位。皮肤接触：用大量肥皂水和水轻轻地清洗，立即脱去所有被污染的衣服。被污染的衣服必须经洗净后方可重新使用。食入：立即呼叫中毒控制中心或就医，漱口

安全储存　在通风良好处储存。保持容器密闭。上锁保管

废弃处置　本品及内装物、容器依据国家和地方法规处置

物理和化学危险 易燃，其蒸气与空气混合，能形成爆炸性混合物
健康危害 高浓度蒸气对眼、上呼吸道有刺激性。高浓度

吸入出现头痛、头晕、嗜睡、恶心、呕吐，继而乏力、呼吸困难、紫绀、共济失调、抽搐、昏迷。重者发生脑和肺水肿。可因循环和呼吸衰竭而死亡。皮肤接触，可出现皮肤红斑；可经皮吸收引起中毒。口服可致死。慢性影响有头痛、乏力、胃纳减退、血压降低和消瘦等

环境危害 对水生生物有毒

第三部分 成分/组成信息

√ 物质　　　　　　　　混合物

组分	浓度	CAS No.
氯乙醇		107-07-3

第四部分 急救措施

吸入 迅速脱离现场至空气新鲜处。保持呼吸道通畅。如呼吸困难，给输氧。呼吸、心跳停止，立即进行心肺复苏术。就医
皮肤接触 立即脱去污染的衣着，用流动清水彻底冲洗。就医
眼睛接触 立即分开眼睑，用流动清水或生理盐水彻底冲洗。就医
食入 饮适量温水，催吐（仅限于清醒者）。就医
对保护施救者的忠告 根据需要使用个人防护设备
对医生的特别提示 对症处理

第五部分 消防措施

灭火剂 用泡沫、干粉、二氧化碳、砂土灭火
特别危险性 其蒸气与空气可形成爆炸性混合物，遇明火、高热能引起燃烧爆炸。与氧化剂可发生反应。高热时能分解出剧毒的光气。遇水或水蒸气反应放热并产生有毒的腐蚀性气体。蒸气比空气重，沿地面扩散并易积存于低洼处，遇火源会着火回燃。若遇高热，容器内压增大，有开裂和爆炸的危险
灭火注意事项及防护措施 消防人员必须佩戴防毒面具、穿全身消防服，在上风向灭火。尽可能将容器从火场移至空旷处。喷水保持火场容器冷却，直至灭火结束。处在火场中的容器若已变色或从安全泄压装置中发出声音，必须马上撤离

第六部分 泄漏应急处理

作业人员防护措施、防护装备和应急处置程序 消除所有点火源。根据液体流动和蒸气扩散的影响区域划定警戒区，无关人员从侧风、上风向撤离至安全区。建议应急处理人员戴正压自给式呼吸器，穿防毒、防静电服。作业时使用的所有设备应接地。禁止接触或跨越泄漏物。尽可能切断泄漏源
环境保护措施 防止泄漏物进入水体、下水道、地下室或有限空间
泄漏化学品的收容、清除方法及所使用的处置材料 小量泄漏：用砂土或其他不燃材料吸收。使用洁净的无火花工具收集、吸收材料。大量泄漏：构筑围堤或挖坑收容。用泡沫覆盖，减少蒸发。喷水雾能减少蒸发，但不能降低泄漏物在有限空间内的易燃性。用防爆泵

转移至槽车或专用收集器内。喷雾状水驱散蒸气、稀释液体泄漏物

第七部分　操作处置与储存

操作注意事项　密闭操作，提供充分的局部排风。操作人员必须经过专门培训，严格遵守操作规程。建议操作人员佩戴自吸过滤式防毒面具（半面罩），戴化学安全防护眼镜，穿防毒物渗透工作服，戴橡胶手套。远离火种、热源，工作场所严禁吸烟。使用防爆型的通风系统和设备。防止蒸气泄漏到工作场所空气中。避免与氧化剂、碱类接触。搬运时要轻装轻卸，防止包装及容器损坏。配备相应品种和数量的消防器材及泄漏应急处理设备。倒空的容器可能残留有害物

储存注意事项　储存于阴凉、干燥、通风良好的专用库房内，实行"双人收发、双人保管"制度。远离火种、热源。保持容器密封。应与氧化剂、碱类、食用化学品分开存放，切忌混储。采用防爆型照明、通风设施。禁止使用易产生火花的机械设备和工具。储区应备有泄漏应急处理设备和合适的收容材料

第八部分　接触控制/个体防护

职业接触限值
　　中国　MAC：2mg/m³［皮］
　　美国（ACGIH）　TLV-C：1ppm［皮］
生物接触限值　未制定标准
监测方法　空气中有毒物质测定方法：溶剂解吸-气相色谱法。生物监测检验方法：未制定标准
工程控制　严加密闭，提供充分的局部排风。提供安全淋浴和洗眼设备
个体防护装备
　　呼吸系统防护　空气中浓度超标时，必须佩戴过滤式防毒面具（半面罩）。紧急事态抢救或撤离时，应该佩戴空气呼吸器
　　眼睛防护　戴化学安全防护眼镜
　　皮肤和身体防护　穿防毒物渗透工作服
　　手防护　戴橡胶手套

第九部分　理化特性

外观与性状　无色液体，微具醚香味
pH 值　5～8（50%溶液）　　**熔点（℃）**　−67.5
沸点（℃）　127～136　　**相对密度（水＝1）**　1.21
相对蒸气密度（空气＝1）　2.78
饱和蒸气压（kPa）　0.64（20℃）
临界压力（MPa）　无资料
辛醇/水分配系数　无资料
闪点（℃）　60（OC）　　**自燃温度（℃）**　425
爆炸下限（%）　5　　**爆炸上限（%）**　16
分解温度（℃）　无资料
黏度（mPa・s）　3.43（20℃）
燃烧热（kJ/mol）　−1193.7　　**临界温度（℃）**　无资料
溶解性　溶于水、酸、乙醚

第十部分　稳定性和反应性

稳定性　稳定

危险反应　与强氧化剂等禁配物接触，有发生火灾和爆炸的危险。遇水或水蒸气反应放热并产生有毒的腐蚀性气体
避免接触的条件　潮湿空气
禁配物　碱、强氧化剂
危险的分解产物　光气、氯化氢

第十一部分　毒理学信息

急性毒性　LD$_{50}$：71mg/kg（大鼠经口）；293mg/kg（大鼠经皮）；81mg/kg（小鼠经口），100mg/kg（兔经口）；700mg/kg（兔经皮）。LC$_{50}$：290mg/m³（大鼠吸入）
皮肤刺激或腐蚀　无资料　　**眼睛刺激或腐蚀**　无资料
呼吸或皮肤过敏　无资料
生殖细胞突变性　微生物致突变：鼠伤寒沙门氏菌 20μmol/皿。DNA 修复：大肠杆菌 10μmol/皿。性染色体缺失和不分离：构巢曲霉 74500μmol/L。细胞遗传学分析：仓鼠卵巢 980mg/L。姐妹染色单体交换：仓鼠卵巢 1200mg/L
致癌性　美国工业卫生学家会议（ACGIH）：未分类为人类致癌物
生殖毒性　小鼠孕后 6～16d 经口给予最低中毒剂量（TDLo）1100mg/kg，致肝胆管系统发育畸形
特异性靶器官系统毒性-一次接触　无资料
特异性靶器官系统毒性-反复接触　无资料
吸入危害　无资料

第十二部分　生态学信息

生态毒性　LC$_{50}$：15.2mg/L（96h）（食蚊鱼）；EC$_{50}$：212mg/L（48h）（大型溞）；ErC$_{50}$：5.6mg/L（72h）（*Scenedesmus subspicatus*）
持久性和降解性
　　生物降解性　易快速生物降解（OECD 301F）
　　非生物降解性　无资料
潜在的生物累积性　根据 K_{ow} 值预测，该物质的生物累积性可能较弱
土壤中的迁移性　根据 K_{oc} 值预测，该物质可能易发生迁移

第十三部分　废弃处置

废弃化学品　用焚烧法处置。与燃料混合后，再焚烧。焚烧炉排出的卤化氢通过酸洗涤器除去
污染包装物　将容器返还生产商或按照国家和地方方法规处置
废弃注意事项　把倒空的容器归还厂商或在规定场所掩埋

第十四部分　运输信息

联合国危险货物编号（UN 号）　1135
联合国运输名称　2-氯乙醇
联合国危险性类别　6.1，3
包装类别　Ⅰ
包装标志　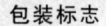

海洋污染物 否

运输注意事项 运输前应先检查包装容器是否完整、密封，运输过程中要确保容器不泄漏、不倒塌、不坠落、不损坏。严禁与酸类、氧化剂、食品及食品添加剂混运。运输时运输车辆应配备相应品种和数量的消防器材及泄漏应急处理设备。运输途中应防暴晒、雨淋，防高温。运输时所用的槽（罐）车应有接地链，槽内可设孔隔板以减少震荡产生静电。中途停留时应远离火种、热源。公路运输时要按规定路线行驶

第十五部分　法规信息

下列法律、法规、规章和标准，对该化学品的管理作了相应的规定。

中华人民共和国职业病防治法 职业病分类和目录：未列入

危险化学品安全管理条例 危险化学品目录：列入。作为剧毒化学品进行管理。易制爆危险化学品名录：未列入。重点监管的危险化学品名录：未列入。GB 18218—2009《危险化学品重大危险源辨识》（表1）：未列入

使用有毒物品作业场所劳动保护条例 高毒物品目录：未列入

易制毒化学品管理条例 易制毒化学品的分类和品种目录：未列入

国际公约 斯德哥尔摩公约：未列入。鹿特丹公约：未列入。蒙特利尔议定书：未列入

第十六部分　其他信息

编写和修订信息　缩略语和首字母缩写
培训建议　　　　参考文献
免责声明

2-氯乙基二乙胺

第一部分　化学品标识

化学品中文名 2-氯乙基二乙胺；N-二乙氨基乙基氯

化学品英文名 2-chloroethyl diethylamine；N-(2-chloroethyl) diethylamine

分子式 $C_6H_{14}ClN$　**分子量** 135.637

结构式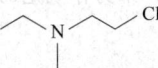

化学品的推荐及限制用途 用作抗癌药物、杀菌剂和有机合成中间体

第二部分　危险性概述

紧急情况概述 吞咽致命，皮肤接触会致命

GHS危险性类别 急性毒性-经口，类别2；急性毒性-经皮，类别1

标签要素

象形图

警示词 危险

危险性说明 吞咽致命，皮肤接触会致命

防范说明

预防措施 避免接触眼睛、皮肤或衣服，操作后彻底清洗。作业场所不得进食、饮水或吸烟。戴防护手套、穿防护服

事故响应 皮肤接触：用大量肥皂水和水轻轻地清洗，立即脱去所有被污染的衣服，立即呼叫中毒控制中心或就医。被污染的衣服经洗净后方可重新使用。食入：立即呼叫中毒控制中心或就医，漱口

安全储存 上锁保管

废弃处置 本品及内装物、容器依据国家和地方法规处置

物理和化学危险 可燃，其蒸气与空气混合，能形成爆炸性混合物

健康危害 吸入其蒸气可引起眼、呼吸道刺激，恶心、呕吐，甚至出现肺水肿；误服可产生恶心、呕吐、腹泻。对皮肤、黏膜有强烈刺激和糜烂作用。可引起眼睛和皮肤灼伤

环境危害 对环境可能有害

第三部分　成分/组成信息

　√ 物质　　　　　　　　　　混合物

组分	浓度	CAS No.
2-氯乙基二乙胺		100-35-6

第四部分　急救措施

吸入 迅速脱离现场至空气新鲜处。保持呼吸道通畅。如呼吸困难，给输氧。呼吸、心跳停止，立即进行心肺复苏术。就医

皮肤接触 立即脱去污染的衣着，用大量流动清水彻底冲洗至少15min。就医

眼睛接触 立即分开眼睑，用流动清水或生理盐水彻底冲洗5～10min。就医

食入 用水漱口，禁止催吐。给饮牛奶或蛋清。就医

对保护施救者的忠告 根据需要使用个人防护设备

对医生的特别提示 对症处理

第五部分　消防措施

灭火剂 用雾状水、泡沫、干粉、二氧化碳、砂土灭火

特别危险性 遇明火、高热可燃。与氧化剂可发生反应。受高热分解放出有毒的气体。蒸气比空气重，沿地面扩散并易积存于低洼处，遇火源会着火回燃。若遇高热，容器内压增大，有开裂和爆炸的危险

灭火注意事项及防护措施 消防人员必须佩戴空气呼吸器、穿全身防火防毒服，在上风向灭火。尽可能将容器从火场移至空旷处。喷水保持火场容器冷却，直至灭火结束。处在火场中的容器若已变色或从安全泄压装置中发出声音，必须马上撤离

第六部分　泄漏应急处理

作业人员防护措施、防护装备和应急处置程序 根据液体

流动和蒸气扩散的影响区域划定警戒区，无关人员从侧风、上风向撤离至安全区。消除所有点火源。建议应急处理人员戴正压自给式呼吸器，穿防毒服。穿上适当的防护服前严禁接触破裂的容器和泄漏物。尽可能切断泄漏源

环境保护措施　防止泄漏物进入水体、下水道、地下室或有限空间

泄漏化学品的收容、清除方法及所使用的处置材料　小量泄漏：用干燥的砂土或其他不燃材料吸收或覆盖，收集于容器中。大量泄漏：构筑围堤或挖坑收容。用泵转移至槽车或专用收集器内

第七部分　操作处置与储存

操作注意事项　密闭操作，提供充分的局部排风。防止烟雾或蒸气释放到工作场所空气中。操作人员必须经过专门培训，严格遵守操作规程。建议操作人员佩戴自吸过滤式防毒面具（全面罩），穿胶布防毒衣，戴橡胶手套。远离火种、热源，工作场所严禁吸烟。使用防爆型的通风系统和设备。在清除液体和蒸气前不能进行焊接、切割等作业。避免产生烟雾或蒸气。避免与氧化剂接触。配备相应品种和数量的消防器材及泄漏应急处理设备。倒空的容器可能残留有害物

储存注意事项　储存于阴凉、通风的库房。远离火种、热源。防止阳光直射。保持容器密封。应与氧化剂、食用化学品分开存放，切忌混储。配备相应品种和数量的消防器材。储区应备有泄漏应急处理设备和合适的收容材料

第八部分　接触控制/个体防护

职业接触限值

中国　未制定标准

美国（ACGIH）　未制定标准

生物接触限值　未制定标准

监测方法　空气中有毒物质测定方法：未制定标准。生物监测检验方法：未制定标准

工程控制　严加密闭，提供充分的局部排风

个体防护装备

呼吸系统防护　空气中浓度超标时，必须佩戴过滤式防毒面具（全面罩）。紧急事态抢救或撤离时，应该佩戴空气呼吸器

眼睛防护　呼吸系统防护中已作防护

皮肤和身体防护　穿密闭型防毒服

手防护　戴橡胶手套

第九部分　理化特性

外观与性状　液体

pH 值　无资料　　　　**熔点（℃）**　无资料

沸点（℃）　51～52　　　**相对密度（水＝1）**　无资料

相对蒸气密度（空气＝1）　4.69

饱和蒸气压（kPa）　无资料

临界压力（MPa）　无资料　**辛醇/水分配系数**　无资料

闪点（℃）　无资料　　　**自燃温度（℃）**　无资料

爆炸下限（%）　无资料　**爆炸上限（%）**　无资料

分解温度（℃）　无资料　　**黏度（mPa·s）**　无资料

燃烧热（kJ/mol）　无资料　**临界温度（℃）**　无资料

溶解性　无资料

第十部分　稳定性和反应性

稳定性　稳定

危险反应　与强氧化剂等禁配物发生反应

避免接触的条件　无资料

禁配物　强氧化剂

危险的分解产物　氮氧化物、氯化氢

第十一部分　毒理学信息

急性毒性　LD$_{50}$：17mg/kg（大鼠经口），300mg/kg（兔经皮）

皮肤刺激或腐蚀　无资料　　**眼睛刺激或腐蚀**　无资料

呼吸或皮肤过敏　无资料

生殖细胞突变性　DNA 抑制：小鼠阴道内 5000ppm

致癌性　无资料　　　　**生殖毒性**　无资料

特异性靶器官系统毒性-一次接触　无资料

特异性靶器官系统毒性-反复接触　无资料

吸入危害　无资料

第十二部分　生态学信息

生态毒性　无资料

持久性和降解性

生物降解性　无资料

非生物降解性　无资料

潜在的生物累积性　无资料

土壤中的迁移性　无资料

第十三部分　废弃处置

废弃化学品　根据国家和地方有关法规的要求处置。或与厂商或制造商联系，确定处置方法

污染包装物　将容器返还生产商或按照国家和地方法规处置

废弃注意事项　处置前应参阅国家和地方有关法规

第十四部分　运输信息

联合国危险货物编号（UN 号）　2810

联合国运输名称　有机毒性液体，未另作规定的（2-氯乙基二乙胺）

联合国危险性类别　6.1

包装类别　Ⅰ　　　　　　**包装标志**　

海洋污染物　否

运输注意事项　运输前应先检查包装容器是否完整、密封，运输过程中要确保容器不泄漏、不倒塌、不坠落、不损坏。严禁与氧化剂、食用化学品等混装混运。运输车船必须彻底清洗、消毒，否则不得装运其他物品。船运时，配装位置应远离卧室、厨房，并与机舱、电源、火源等部位隔离。公路运输时要按规定路线行驶，勿在居民区和人口稠

密区停留

第十五部分 法规信息

下列法律、法规、规章和标准，对该化学品的管理作了相应的规定。

中华人民共和国职业病防治法 职业病分类和目录：未列入

危险化学品安全管理条例 危险化学品目录：列入。作为剧毒化学品进行管理。易制爆危险化学品名录：未列入。重点监管的危险化学品名录：未列入。GB 18218—2009《危险化学品重大危险源辨识》（表1）：未列入

使用有毒物品作业场所劳动保护条例 高毒物品目录：未列入

易制毒化学品管理条例 易制毒化学品的分类和品种目录：未列入

国际公约 斯德哥尔摩公约：未列入。鹿特丹公约：未列入。蒙特利尔议定书：未列入

第十六部分 其他信息

编写和修订信息 **缩略语和首字母缩写**
培训建议 **参考文献**
免责声明

氯乙酸叔丁酯

第一部分 化学品标识

化学品中文名 氯乙酸叔丁酯；氯醋酸叔丁酯

化学品英文名 *tert*-butyl chloroacetate；chloroacetic acid, *tert*-butyl ester

分子式 $C_6H_{11}ClO_2$ **分子量** 150.603

结构式

化学品的推荐及限制用途 用于缩水甘油酯的缩合

第二部分 危险性概述

紧急情况概述 易燃液体和蒸气，吞咽有害，皮肤接触有害，吸入会中毒，造成严重的皮肤灼伤和眼损伤

GHS危险性类别 易燃液体，类别3；急性毒性-经口，类别4；急性毒性-经皮，类别4；急性毒性-吸入，类别3；皮肤腐蚀/刺激，类别1；严重眼损伤/眼刺激，类别1

标签要素

象形图

警示词 危险

危险性说明 易燃液体和蒸气，吞咽有害，皮肤接触有害，吸入会中毒，造成严重的皮肤灼伤和眼损伤

防范说明

预防措施 远离热源、火花、明火、热表面。保持容器密闭。容器和接收设备接地连接。使用防爆电器、通风、照明设备。只能使用不产生火花的工具。采取防止静电措施。戴防护手套，穿防护服，戴防护眼镜、防护面罩。避免接触眼睛、皮肤，操作后彻底清洗。作业场所不得进食、饮水或吸烟。避免吸入蒸气、雾。仅在室外或通风良好处操作

事故响应 灭火灾时，使用雾状水、泡沫、干粉、二氧化碳、砂土灭火。如吸入：将患者转移到空气新鲜处，休息，保持利于呼吸的体位，呼叫中毒控制中心或就医。皮肤（或头发）接触：立即脱掉所有被污染的衣服，用水冲洗皮肤，淋浴，如感觉不适，呼叫中毒控制中心或就医。被污染的衣服必须经洗净后方可重新使用。眼睛接触：用水细心地冲洗数分钟，立即呼叫中毒控制中心或就医。如戴隐形眼镜并可方便地取出，则取出隐形眼镜，继续冲洗。食入：漱口，不要催吐，如果感觉不适，立即呼叫中毒控制中心或就医

安全储存 存放在通风良好的地方。保持低温。保持容器密闭。上锁保管

废弃处置 本品及内装物、容器依据国家和地方法规处置

物理和化学危险 易燃，其蒸气与空气混合，能形成爆炸性混合物

健康危害 吸入、摄入或经皮肤吸收后对身体有害。其蒸气或烟雾对眼睛、黏膜和上呼吸道有刺激作用。接触后可引起烧灼感、咳嗽、喉炎、头痛、恶心和呕吐等。眼和皮肤接触引起灼伤

环境危害 对环境可能有害

第三部分 成分/组成信息

✓ 物质　　　　　　　　　混合物

组分	浓度	CAS No.
氯乙酸叔丁酯		107-59-5

第四部分 急救措施

吸入 迅速脱离现场至空气新鲜处。保持呼吸道通畅。如呼吸困难，给输氧。呼吸、心跳停止，立即进行心肺复苏术。就医

皮肤接触 立即脱去污染的衣着，用大量流动清水彻底冲洗至少15min。就医

眼睛接触 立即分开眼睑，用流动清水或生理盐水彻底冲洗5～10min。就医

食入 用水漱口，禁止催吐。给饮牛奶或蛋清。就医

对保护施救者的忠告 根据需要使用个人防护设备

对医生的特别提示 对症处理

第五部分 消防措施

灭火剂 用雾状水、泡沫、干粉、二氧化碳、砂土灭火

特别危险性 其蒸气与空气可形成爆炸性混合物，遇明火、高热能引起燃烧爆炸。与氧化剂可发生反应。受高热分解放出有毒的气体。若遇高热，容器内压增大，有开裂和爆炸的危险

灭火注意事项及防护措施 消防人员必须佩戴防毒面具、穿全身消防服,在上风向灭火。尽可能将容器从火场移至空旷处。喷水保持火场容器冷却,直至灭火结束。处在火场中的容器若已变色或从安全泄压装置中发出声音,必须马上撤离

第六部分 泄漏应急处理

作业人员防护措施、防护装备和应急处置程序 根据液体流动和蒸气扩散的影响区域划定警戒区,无关人员从侧风向、上风向撤离至安全区。消除所有点火源。建议应急处理人员戴正压自给式呼吸器,穿防毒、防静电服。作业时使用的所有设备应接地。禁止接触或跨越泄漏物。尽可能切断泄漏源

环境保护措施 防止泄漏物进入水体、下水道、地下室或有限空间

泄漏化学品的收容、清除方法及所使用的处置材料 小量泄漏:用砂土或其他不燃材料吸收。使用洁净的无火花工具收集吸收材料。大量泄漏:构筑围堤或挖坑收容。用泡沫覆盖,减少蒸发。喷水雾能减少蒸发,但不能降低泄漏物在有限空间内的易燃性。用防爆泵转移至槽车或专用收集器内

第七部分 操作处置与储存

操作注意事项 密闭操作,局部排风。防止蒸气泄漏到工作场所空气中。操作人员必须经过专门培训,严格遵守操作规程。建议操作人员佩戴自吸过滤式防毒面具(半面罩),戴化学安全防护眼镜,穿防毒物渗透工作服,戴橡胶手套。远离火种、热源,工作场所严禁吸烟。使用防爆型的通风系统和设备。在清除液体和蒸气前不能进行焊接、切割等作业。避免产生烟雾。避免与氧化剂、碱类接触。配备相应品种和数量的消防器材及泄漏应急处理设备。倒空的容器可能残留有害物

储存注意事项 储存于阴凉、干燥、通风良好的库房。远离火种、热源。防止阳光直射。保持容器密封。应与氧化剂、碱类、食用化学品等分开存放,切忌混储。采用防爆型照明、通风设施。禁止使用易产生火花的机械设备和工具。储区应备有泄漏应急处理设备和合适的收容材料

第八部分 接触控制/个体防护

职业接触限值
  中国 未制定标准
  美国(ACGIH) 未制定标准
生物接触限值 未制定标准
监测方法 空气中有毒物质测定方法:未制定标准。生物监测检验方法:未制定标准
工程控制 密闭操作,局部排风
个体防护装备
  呼吸系统防护 空气中浓度超标时,必须佩戴过滤式防毒面具(半面罩)。紧急事态抢救或撤离时,应该佩戴空气呼吸器
  眼睛防护 戴化学安全防护眼镜

皮肤和身体防护 穿防毒物渗透工作服
手防护 戴橡胶手套

第九部分 理化特性

外观与性状 无色液体
pH值 无资料 　　**熔点(℃)** 无资料
沸点(℃) 48~49(1.47kPa)
相对密度(水=1) 1.053
相对蒸气密度(空气=1) 无资料
饱和蒸气压(kPa) 无资料
临界压力(MPa) 无资料　**辛醇/水分配系数** 无资料
闪点(℃) 46.67　　**自燃温度(℃)** 无资料
爆炸下限(%) 无资料　**爆炸上限(%)** 无资料
分解温度(℃) 无资料　**黏度(mPa·s)** 无资料
燃烧热(kJ/mol) 无资料　**临界温度(℃)** 无资料
溶解性 溶于乙醚

第十部分 稳定性和反应性

稳定性 稳定
危险反应 与强氧化剂、强碱等禁配物接触,有发生火灾和爆炸的危险
避免接触的条件 潮湿空气
禁配物 强氧化剂、强碱、水
危险的分解产物 氯化氢

第十一部分 毒理学信息

急性毒性 LD$_{50}$:380mg/kg(大鼠经口),1414mg/kg(大鼠经皮)。LC$_{50}$:4738mg/m^3(大鼠吸入,4h)
皮肤刺激或腐蚀 无资料　**眼睛刺激或腐蚀** 无资料
呼吸或皮肤过敏 无资料　**生殖细胞突变性** 无资料
致癌性 无资料　　　　**生殖毒性** 无资料
特异性靶器官系统毒性--一次接触 无资料
特异性靶器官系统毒性-反复接触 无资料
吸入危害 无资料

第十二部分 生态学信息

生态毒性 无资料
持久性和降解性
  生物降解性 无资料
  非生物降解性 无资料
潜在的生物累积性 无资料
土壤中的迁移性 无资料

第十三部分 废弃处置

废弃化学品 建议用焚烧法处置。在能利用的地方重复使用容器或在规定场所掩埋
污染包装物 将容器返还生产商或按照国家和地方法规处置
废弃注意事项 处置前应参阅国家和地方有关法规

第十四部分 运输信息

联合国危险货物编号(UN号) 2920
联合国运输名称 腐蚀性液体,易燃,未另作规定的(氯

乙酸叔丁酯）

联合国危险性类别 8，3

包装类别 Ⅱ

包装标志

海洋污染物 否

运输注意事项 运输前应先检查包装容器是否完整、密封，运输过程中要确保容器不泄漏、不倒塌、不坠落、不损坏。严禁与酸类、氧化剂、食品及食品添加剂混运。运输时运输车辆应配备相应品种和数量的消防器材及泄漏应急处理设备。运输途中应防暴晒、雨淋，防高温。运输时所用的槽（罐）车应有接地链，槽内可设孔隔板以减少震荡产生的静电。中途停留时应远离火种、热源。公路运输时要按规定路线行驶，勿在居民区和人口稠密区停留

第十五部分　法规信息

下列法律、法规、规章和标准，对该化学品的管理作了相应的规定。

中华人民共和国职业病防治法 职业病分类和目录：未列入

危险化学品安全管理条例 危险化学品目录：列入。易制爆危险化学品名录：未列入。重点监管的危险化学品名录：未列入。GB 18218—2009《危险化学品重大危险源辨识》（表1）：未列入

使用有毒物品作业场所劳动保护条例 高毒物品目录：未列入

易制毒化学品管理条例 易制毒化学品的分类和品种目录：未列入

国际公约 斯德哥尔摩公约：未列入。鹿特丹公约：未列入。蒙特利尔议定书：未列入

第十六部分　其他信息

编写和修订信息 　**缩略语和首字母缩写**

培训建议 　　　　**参考文献**

免责声明

马钱子碱

第一部分　化学品标识

化学品中文名 马钱子碱；二甲氧基马钱子碱；士的宁；番木鳖碱

化学品英文名 strychnidin-10-one；strychnine

分子式 $C_{21}H_{22}N_2O_2$ 　**分子量** 334.41

结构式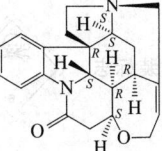

化学品的推荐及限制用途 用于有机合成

第二部分　危险性概述

紧急情况概述 吞咽致命，皮肤接触会致命

GHS危险性类别 急性毒性-经口，类别2；急性毒性-经皮，类别1；危害水生环境-急性危害，类别1；危害水生环境-长期危害，类别1

标签要素

象形图

警示词 危险

危险性说明 吞咽致命，皮肤接触会致命，对水生生物毒性非常大并具有长期持续影响

防范说明

预防措施　避免接触眼睛、皮肤，操作后彻底清洗。作业场所不得进食、饮水或吸烟。避免接触眼睛、皮肤或衣服。作业场所不得进食、饮水或吸烟。戴防护手套、穿防护服。禁止排入环境

事故响应　皮肤接触：用大量肥皂水和水轻轻地清洗，立即脱去所有被污染的衣服。被污染的衣服必须经洗净后方可重新使用。食入：立即呼叫中毒控制中心或就医，漱口。收集泄漏物

安全储存　上锁保管

废弃处置　本品及内装物、容器依据国家和地方法规处置

物理和化学危险 可燃，其粉体与空气混合，能形成爆炸性混合物

健康危害 对眼睛、皮肤有刺激作用。吸入、摄入或经皮肤吸收后可能致死

环境危害 对水生生物毒性非常大并具有长期持续影响

第三部分　成分/组成信息

√ 物质　　　　　　　　　　混合物

组分	浓度	CAS No.
马钱子碱		57-24-9

第四部分　急救措施

吸入 迅速脱离现场至空气新鲜处。保持呼吸道通畅。如呼吸困难，给输氧。呼吸、心跳停止，立即进行心肺复苏术。就医

皮肤接触 立即脱去污染的衣着，用流动清水彻底冲洗。就医

眼睛接触 立即分开眼睑，用流动清水或生理盐水彻底冲洗。就医

食入 饮适量温水，催吐（仅限于清醒者）。就医

对保护施救者的忠告 根据需要使用个人防护设备

对医生的特别提示 对症处理

第五部分　消防措施

灭火剂 用雾状水、泡沫、干粉、二氧化碳、砂土灭火

特别危险性 遇明火、高热可燃。受高热分解放出有毒的

气体

灭火注意事项及防护措施　消防人员必须佩戴空气呼吸器、穿全身防火防毒服，在上风向灭火。尽可能将容器从火场移至空旷处。喷水保持火场容器冷却，直至灭火结束

第六部分　泄漏应急处理

作业人员防护措施、防护装备和应急处置程序　隔离泄漏污染区，限制出入。建议应急处理人员戴防尘口罩，穿防毒服。穿上适当的防护服前严禁接触破裂的容器和泄漏物。尽可能切断泄漏源

环境保护措施　用塑料布覆盖泄漏物，减少飞散

泄漏化学品的收容、清除方法及所使用的处置材料　勿使水进入包装容器内。用洁净的铲子收集泄漏物，置于干净、干燥、盖子较松的容器中，将容器移离泄漏区

第七部分　操作处置与储存

操作注意事项　密闭操作，提供充分的局部排风。操作人员必须经过专门培训，严格遵守操作规程。建议操作人员佩戴自吸过滤式防尘口罩，戴化学安全防护眼镜，穿防毒物渗透工作服，戴橡胶手套。远离火种、热源，工作场所严禁吸烟。使用防爆型的通风系统和设备。避免产生粉尘。避免与氧化剂、还原剂接触。搬运时要轻装轻卸，防止包装及容器损坏。配备相应品种和数量的消防器材及泄漏应急处理设备。倒空的容器可能残留有害物

储存注意事项　储存于阴凉、通风良好的专用库房内，实行"双人收发、双人保管"制度。远离火种、热源。应与氧化剂、还原剂分开存放，切忌混储。配备相应品种和数量的消防器材。储区应备有合适的材料收容泄漏物

第八部分　接触控制/个体防护

职业接触限值

　　中国　未制定标准

　　美国（ACGIH）　TLV-TWA：0.15mg/m³

生物接触限值　未制定标准

监测方法　空气中有毒物质测定方法：未制定标准。生物监测检验方法：未制定标准

工程控制　严加密闭，提供充分的局部排风。提供安全淋浴和洗眼设备

个体防护装备

　　呼吸系统防护　空气中粉尘浓度超标时，必须佩戴过滤式防尘呼吸器。紧急事态抢救或撤离时，应该佩戴空气呼吸器

　　眼睛防护　戴化学安全防护眼镜

　　皮肤和身体防护　穿防毒物渗透工作服

　　手防护　戴橡胶手套

第九部分　理化特性

外观与性状　无色粉末　　**pH值**　9.5（1%溶液）

熔点（℃）　268～290　　**沸点（℃）**　无资料

相对密度（水=1）　无资料

相对蒸气密度（空气=1）　无资料

饱和蒸气压（kPa）　无资料　　**临界压力（MPa）**　无资料

辛醇/水分配系数　1.68　　**闪点（℃）**　无资料

自燃温度（℃）　无资料　　**爆炸下限（%）**　无资料

爆炸上限（%）　无资料

分解温度（℃）　分解温度<沸点

黏度（mPa·s）　无资料　　**燃烧热（kJ/mol）**　无资料

临界温度（℃）　无资料　　**溶解性**　无资料

第十部分　稳定性和反应性

稳定性　稳定

危险反应　与强氧化剂、强还原剂等禁配物发生反应

避免接触的条件　无资料

禁配物　强氧化剂、强还原剂

危险的分解产物　氮氧化物

第十一部分　毒理学信息

急性毒性　LD$_{50}$：2.35mg/kg（大鼠经口）；2g/kg（小鼠经口）；>2000mg/kg（兔经皮）

皮肤刺激或腐蚀　无资料　　**眼睛刺激或腐蚀**　无资料

呼吸或皮肤过敏　无资料　　**生殖细胞突变性**　无资料

致癌性　无资料　　　　　　**生殖毒性**　无资料

特异性靶器官系统毒性-一次接触　无资料

特异性靶器官系统毒性-反复接触　无资料

吸入危害　无资料

第十二部分　生态学信息

生态毒性　LC$_{50}$：0.87mg/L（96h）（蓝鳃太阳鱼）

持久性和降解性

　　生物降解性　无资料

　　非生物降解性　无资料

潜在的生物累积性　根据 K_{ow} 值预测，该物质的生物累积性可能较弱

土壤中的迁移性　根据 K_{oc} 值预测，该物质可能易发生迁移

第十三部分　废弃处置

废弃化学品　根据国家和地方有关法规的要求处置。或与厂商或制造商联系，确定处置方法

污染包装物　将容器返还生产商或按照国家和地方法规处置

废弃注意事项　把倒空的容器归还厂商或在规定场所掩埋

第十四部分　运输信息

联合国危险货物编号（UN号）　1692

联合国运输名称　马钱子碱

联合国危险性类别　6.1

包装类别　Ⅰ　　　　　　**包装标志**

海洋污染物　是

运输注意事项　运输前应先检查包装容器是否完整、密

封，运输过程中要确保容器不泄漏、不倒塌、不坠落、不损坏。严禁与酸类、氧化剂、食品及食品添加剂混运。运输途中应防暴晒、雨淋，防高温

第十五部分 法规信息

下列法律、法规、规章和标准，对该化学品的管理作了相应的规定。

中华人民共和国职业病防治法 职业病分类和目录：未列入

危险化学品安全管理条例 危险化学品目录：列入。作为剧毒化学品进行管理。易制爆危险化学品名录：未列入。重点监管的危险化学品名录：未列入。GB 18218—2009《危险化学品重大危险源辨识》（表1）：未列入

使用有毒物品作业场所劳动保护条例 高毒物品目录：未列入

易制毒化学品管理条例 易制毒化学品的分类和品种目录：未列入

国际公约 斯德哥尔摩公约：未列入。鹿特丹公约：未列入。蒙特利尔议定书：未列入

第十六部分 其他信息

编写和修订信息　　　　缩略语和首字母缩写
培训建议　　　　　　　参考文献
免责声明

煤焦油

第一部分 化学品标识

化学品中文名 煤焦油；煤膏
化学品英文名 coal tar
化学品的推荐及限制用途 可分馏出各种芳香烃、烷烃、酚类等，也可制取油毡、燃料和炭黑

第二部分 危险性概述

紧急情况概述 高度易燃液体和蒸气，可能致癌
GHS危险性类别 易燃液体，类别2；致癌性，类别1A；危害水生环境-急性危害，类别2；危害水生环境-长期危害，类别2
标签要素

象形图

警示词 危险
危险性说明 高度易燃液体和蒸气，可能致癌，对水生生物有毒并具有长期持续影响
防范说明
　预防措施 远离热源、火花、明火、热表面。禁止吸烟。保持容器密闭。容器和接收设备接地连接。使用防爆的电器、通风、照明设备。只能使用不产生火花的工具。采取防止静电措施。戴防护手套、防护眼镜、防护面罩。得到专门

指导后操作。在阅读并了解所有安全预防措施之前，切勿操作。按要求使用个体防护装备。禁止排入环境
　事故响应 火灾时，使用雾状水、泡沫、干粉、二氧化碳、砂土灭火。如皮肤（或头发）接触：立即脱掉所有被污染的衣服，用水冲洗皮肤，淋浴。如果接触或有担心，就医。收集泄漏物
　安全储存 存放在通风良好的地方。保持低温。上锁保管
　废弃处置 本品及内装物、容器依据国家和地方法规处置
物理和化学危险 易燃，其蒸气与空气混合，能形成爆炸性混合物
健康危害 作用于皮肤，引起皮炎、痤疮、毛囊炎、光毒性皮炎、中毒性黑皮病、疣赘及癌肿。可引起鼻中隔损伤
环境危害 对水生生物有毒并具有长期持续影响

第三部分 成分/组成信息

物质　　　　　　　　　　√混合物

组分	浓度	CAS No.
煤焦油		8007-45-2

第四部分 急救措施

吸入 迅速脱离现场至空气新鲜处。保持呼吸道通畅。如呼吸困难，给输氧。呼吸、心跳停止，立即进行心肺复苏术。就医
皮肤接触 立即脱去污染的衣着，用流动清水彻底冲洗。就医
眼睛接触 立即分开眼睑，用流动清水或生理盐水彻底冲洗。就医
食入 漱口，饮水。就医
对保护施救者的忠告 根据需要使用个人防护设备
对医生的特别提示 对症处理

第五部分 消防措施

灭火剂 用雾状水、泡沫、干粉、二氧化碳、砂土灭火
特别危险性 其蒸气与空气可形成爆炸性混合物，遇明火、高热极易燃烧爆炸。与氧化剂接触猛烈反应。若遇高热，容器内压增大，有开裂和爆炸的危险
灭火注意事项及防护措施 消防人员必须佩戴空气呼吸器、穿全身防火防毒服，在上风向灭火。尽可能将容器从火场移至空旷处。喷水保持火场容器冷却，直至灭火结束。处在火场中的容器若已变色或从安全泄压装置中发出声音，必须马上撤离

第六部分 泄漏应急处理

作业人员防护措施、防护装备和应急处置程序 消除所有点火源。根据液体流动和蒸气扩散的影响区域划定警戒区，无关人员从侧风、上风向撤离至安全区。建议应急处理人员戴正压自给式呼吸器，穿防毒、防静电服。作业时使用的所有设备应接地。禁止接触或跨越泄漏物。尽可能切断泄漏源

环境保护措施　防止泄漏物进入水体、下水道、地下室或有限空间

泄漏化学品的收容、清除方法及所使用的处置材料　小量泄漏：用砂土或其他不燃材料吸收。使用洁净的无火花工具收集吸收材料。大量泄漏：构筑围堤或挖坑收容。用泡沫覆盖，减少蒸发。喷水雾能减少蒸发，但不能降低泄漏物在有限空间内的易燃性。用防爆泵转移至槽车或专用收集器内

第七部分　操作处置与储存

操作注意事项　密闭操作，全面通风。操作人员必须经过专门培训，严格遵守操作规程。建议操作人员佩戴自吸过滤式防毒面具（全面罩），穿胶布防毒衣，戴橡胶耐油手套。远离火种、热源，工作场所严禁吸烟。使用防爆型的通风系统和设备。防止蒸气泄漏到工作场所空气中。避免与氧化剂接触。搬运时要轻装轻卸，防止包装及容器损坏。配备相应品种和数量的消防器材及泄漏应急处理设备。倒空的容器可能残留有害物

储存注意事项　储存于阴凉、通风的库房。库温不宜超过37℃，远离火种、热源。应与氧化剂分开存放，切忌混储。采用防爆型照明、通风设施。禁止使用易产生火花的机械设备和工具。储区应备有泄漏应急处理设备和合适的收容材料

第八部分　接触控制/个体防护

职业接触限值

中国　未制定标准

美国（ACGIH）　未制定标准

生物接触限值　未制定标准

监测方法　空气中有毒物质测定方法：未制定标准。生物监测检验方法：未制定标准

工程控制　生产过程密闭，全面通风。提供安全淋浴和洗眼设备

个体防护装备

呼吸系统防护　空气中浓度超标时，必须佩戴过滤式防毒面具（全面罩）。紧急事态抢救或撤离时，应该佩戴空气呼吸器

眼睛防护　呼吸系统防护中已作防护

皮肤和身体防护　穿密闭型防毒服

手防护　戴橡胶耐油手套

第九部分　理化特性

外观与性状　黑色黏稠液体，具有特殊臭味

pH 值　无资料　　　　**熔点(℃)**　无资料

沸点(℃)　无资料

相对密度(水＝1)　1.18～1.23

相对蒸气密度(空气＝1)　无资料

饱和蒸气压(kPa)　无资料

临界压力(MPa)　无资料　**辛醇/水分配系数**　无资料

闪点(℃)　＜23　　　　**自燃温度(℃)**　无资料

爆炸下限(%)　无资料　**爆炸上限(%)**　无资料

分解温度(℃)　无资料　**黏度(mPa·s)**　无资料

燃烧热(kJ/mol)　－405.7×10⁵ J/kg

临界温度(℃)　无资料

溶解性　微溶于水，溶于苯、乙醇、乙醚、氯仿、丙酮等多数有机溶剂

第十部分　稳定性和反应性

稳定性　稳定

危险反应　与强氧化剂、酸类、碱类、卤素等禁配物发生反应

避免接触的条件　无资料

禁配物　强氧化剂、酸类、碱类、卤素等

危险的分解产物　无资料

第十一部分　毒理学信息

急性毒性　无资料

皮肤刺激或腐蚀　无资料　　　**眼睛刺激或腐蚀**　无资料

呼吸或皮肤过敏　无资料　　　**生殖细胞突变性**　无资料

致癌性　IARC 致癌性评论：组 1，对人类是致癌物

生殖毒性　无资料

特异性靶器官系统毒性-一次接触　无资料

特异性靶器官系统毒性-反复接触　无资料

吸入危害　无资料

第十二部分　生态学信息

生态毒性　该物质对水生生物有毒

持久性和降解性

生物降解性　无资料

非生物降解性　无资料

潜在的生物累积性　无资料

土壤中的迁移性　无资料

第十三部分　废弃处置

废弃化学品　用焚烧法处置

污染包装物　将容器返还生产商或按照国家和地方法规处置

废弃注意事项　处置前应参阅国家和地方有关法规

第十四部分　运输信息

联合国危险货物编号（UN 号）　1993

联合国运输名称　易燃液体，未另作规定的（煤焦油）

联合国危险性类别　3

包装类别　Ⅱ　　　　　　**包装标志**

海洋污染物　是

运输注意事项　本品铁路运输时限使用钢制企业自备罐车装运，装运前需报有关部门批准。运输时运输车辆应配备相应品种和数量的消防器材及泄漏应急处理设备。夏季最好早晚运输。运输时所用的槽（罐）车应有接地链，槽内可设孔隔板以减少震荡产生的静电。严禁与氧化剂、食用化学品等混装混运。运输途中应防暴晒、雨淋，防高温。中途停留时应远离火种、热

源、高温区。装运该物品的车辆排气管必须配备阻火装置，禁止使用易产生火花的机械设备和工具装卸。公路运输时要按规定路线行驶，勿在居民区和人口稠密区停留。铁路运输时要禁止溜放。严禁用木船、水泥船散装运输

第十五部分　法规信息

下列法律、法规、规章和标准，对该化学品的管理作了相应的规定。

中华人民共和国职业病防治法　职业病分类和目录：煤焦油所致皮肤癌，光敏性皮炎，黑变病

危险化学品安全管理条例　危险化学品目录：列入。易制爆危险化学品名录：未列入。重点监管的危险化学品名录：未列入。GB 18218—2009《危险化学品重大危险源辨识》（表1）：未列入

使用有毒物品作业场所劳动保护条例　高毒物品目录：未列入

易制毒化学品管理条例　易制毒化学品的分类和品种目录：未列入

国际公约　斯德哥尔摩公约：未列入。鹿特丹公约：未列入。蒙特利尔议定书：未列入

第十六部分　其他信息

编写和修订信息　　缩略语和首字母缩写
培训建议　　　　　参考文献
免责声明

煤油

第一部分　化学品标识

化学品中文名　煤油；火油
化学品英文名　kerosene; coal oil
化学品的推荐及限制用途　用作燃料、溶剂、杀虫喷雾剂

第二部分　危险性概述

紧急情况概述　易燃液体和蒸气，吞咽及进入呼吸道可能致命

GHS 危险性类别　易燃液体，类别3；吸入危害，类别1；危害水生环境-急性危害，类别2；危害水生环境-长期危害，类别2

标签要素

象形图　

警示词　危险

危险性说明　易燃液体和蒸气，吞咽及进入呼吸道可能致命，对水生生物有毒并具有长期持续影响

防范说明

预防措施　远离热源、火花、明火、热表面。禁止吸烟。保持容器密闭。容器和接收设备接地连接。使用防爆型电器、通风、照明设备。只能使用不产生火花的工具。采取防止静电措施。

戴防护手套、防护眼镜、防护面罩。禁止排入环境

事故响应　火灾时，使用雾状水、泡沫、干粉、二氧化碳、砂土灭火。如皮肤（或头发）接触：立即脱掉所有被污染的衣服，用水冲洗皮肤，淋浴。如果食入：立即呼叫中毒控制中心或就医，不要催吐。收集泄漏物

安全储存　存放在通风良好的地方。保持低温。上锁保管

废弃处置　本品及内装物、容器依据国家和地方法规处置

物理和化学危险　易燃，其蒸气与空气混合，能形成爆炸性混合物

健康危害　急性中毒：吸入高浓度煤油蒸气，常先有兴奋，后转入抑制，表现为乏力、头痛、酩酊感、神志恍惚、肌肉震颤、共济运动失调；严重者出现定向力障碍、谵妄、意识模糊等；蒸气可引起眼及呼吸道刺激症状，重者出现化学性肺炎。吸入液态煤油可引起吸入性肺炎，严重时可发生肺水肿。摄入引起口腔、咽喉和胃肠道刺激症状，可出现与吸入中毒相同的中枢神经系统症状。慢性影响：神经衰弱综合征为主要表现，还有眼及呼吸道刺激症状，接触性皮炎，皮肤干燥等

环境危害　对水生生物有毒并具有长期持续影响

第三部分　成分/组成信息

√ 物质　　　　　　　　　混合物

组分	浓度	CAS No.
C$_9$～C$_{16}$的烃类		8008-20-6

第四部分　急救措施

吸入　迅速脱离现场至空气新鲜处。保持呼吸道通畅。如呼吸困难，给输氧。呼吸、心跳停止，立即进行心肺复苏术。就医

皮肤接触　立即脱去污染的衣着，用流动清水彻底冲洗。就医

眼睛接触　立即分开眼睑，用流动清水或生理盐水彻底冲洗。就医

食入　漱口，饮水。禁止催吐。就医

对保护施救者的忠告　根据需要使用个人防护设备

对医生的特别提示　对症处理

第五部分　消防措施

灭火剂　用雾状水、泡沫、干粉、二氧化碳、砂土灭火

特别危险性　其蒸气与空气可形成爆炸性混合物，遇明火、高热能引起燃烧爆炸。与氧化剂可发生反应。流速过快，容易产生和积聚静电。蒸气比空气重，沿地面扩散并易积存于低洼处，遇火源会着火回燃。若遇高热，容器内压增大，有开裂和爆炸的危险

灭火注意事项及防护措施　消防人员必须佩戴防毒面具、穿全身消防服，在上风向灭火。尽可能将容器从火场移至空旷处。喷水保持火场容器冷却，直至灭火结束。处在火场中的容器若已变色或从安全泄压装置中

发出声音，必须马上撤离

第六部分　泄漏应急处理

作业人员防护措施、防护装备和应急处置程序　消除所有点火源。根据液体流动和蒸气扩散的影响区域划定警戒区，无关人员从侧风、上风向撤离至安全区。建议应急处理人员戴正压自给式呼吸器，穿防静电服。作业时使用的所有设备应接地。禁止接触或跨越泄漏物。尽可能切断泄漏源

环境保护措施　防止泄漏物进入水体、下水道、地下室或有限空间

泄漏化学品的收容、清除方法及所使用的处置材料　小量泄漏：用砂土或其他不燃材料吸收。使用洁净的无火花工具收集、吸收材料。大量泄漏：构筑围堤或挖坑收容。用泡沫覆盖，减少蒸发。喷水雾能减少蒸发，但不能降低泄漏物在有限空间内的易燃性。用防爆泵转移至槽车或专用收集器内

第七部分　操作处置与储存

操作注意事项　密闭操作，全面通风。操作人员必须经过专门培训，严格遵守操作规程。建议操作人员佩戴自吸过滤式防毒面具（半面罩），戴化学安全防护眼镜，穿防静电工作服，戴橡胶耐油手套。远离火种、热源，工作场所严禁吸烟。使用防爆型的通风系统和设备。防止蒸气泄漏到工作场所空气中。避免与氧化剂接触。灌装时应控制流速，且有接地装置，防止静电积聚。搬运时要轻装轻卸，防止包装及容器损坏。配备相应品种和数量的消防器材及泄漏应急处理设备

储存注意事项　储存于阴凉、通风的库房。远离火种、热源。库温不宜超过37℃，应与氧化剂、食用化学品分开存放，切忌混储。采用防爆型照明、通风设施。禁止使用易产生火花的机械设备和工具。储区应备有泄漏应急处理设备和合适的收容材料

第八部分　接触控制/个体防护

职业接触限值

中国　未制定标准

美国（ACGIH）　TLV-TWA：200mg/m³〔皮〕

生物接触限值　未制定标准

监测方法　空气中有毒物质测定方法：未制定标准。生物监测检验方法：未制定标准

工程控制　生产过程密闭，全面通风。提供安全淋浴和洗眼设备

个体防护装备

呼吸系统防护　空气中浓度超标时，建议佩戴过滤式防毒面具（半面罩）。紧急事态抢救或撤离时，应该佩戴空气呼吸器

眼睛防护　戴化学安全防护眼镜

皮肤和身体防护　穿防静电工作服

手防护　戴橡胶耐油手套

第九部分　理化特性

外观与性状　无色透明液体，含有杂质时呈淡黄色

pH值　无资料		**熔点(℃)**　无资料	
沸点(℃)　175～325			
相对密度(水＝1)　0.79～0.85			
相对蒸气密度(空气＝1)　4.5		**饱和蒸气压(kPa)**　无资料	
临界压力(MPa)　无资料		**辛醇/水分配系数**　无资料	
闪点(℃)　36～48		**自燃温度(℃)**　280～456	
爆炸下限(%)　1.1～1.3		**爆炸上限(%)**　6.0～7.6	
分解温度(℃)　无资料		**黏度(mPa·s)**　无资料	

燃烧热　−18540Btu/lb（−10300cal/g，−431.24×10⁵J/kg）

临界温度(℃)　无资料

溶解性　不溶于水，溶于醇等多数有机溶剂

第十部分　稳定性和反应性

稳定性　稳定

危险反应　与强氧化剂、酸类、碱类、卤素等禁配物接触，有发生火灾和爆炸的危险

避免接触的条件　无资料

禁配物　强氧化剂、酸类、碱类、卤素等

危险的分解产物　无资料

第十一部分　毒理学信息

急性毒性　属低毒类和微毒类。LD$_{50}$：15000mg/kg（大鼠经口）；2835mg/kg（小鼠经口）；7072mg/kg（兔经皮）

皮肤刺激或腐蚀　无资料　　　**眼睛刺激或腐蚀**　无资料

呼吸或皮肤过敏　无资料　　　**生殖细胞突变性**　无资料

致癌性　无资料　　　　　　　**生殖毒性**　无资料

特异性靶器官系统毒性-一次接触　无资料

特异性靶器官系统毒性-反复接触　无资料

吸入危害　无资料

第十二部分　生态学信息

生态毒性　主要由 C$_{11}$～C$_{16}$ 的烷烃、芳烃和环烷烃构成，通常液态烃都具有急/慢性水环境危害

持久性和降解性

生物降解性　无资料

非生物降解性　无资料

潜在的生物累积性　无资料

土壤中的迁移性　无资料

第十三部分　废弃处置

废弃化学品　建议用焚烧法处置

污染包装物　将容器返还生产商或按照国家和地方方法规处置

废弃注意事项　处置前应参阅国家和地方有关法规

第十四部分　运输信息

联合国危险货物编号（UN号）　1223

联合国运输名称　煤油

联合国危险性类别　3

包装类别　Ⅲ　　　　　　**包装标志**

海洋污染物 是

运输注意事项 运输时运输车辆应配备相应品种和数量的消防器材及泄漏应急处理设备。夏季最好早晚运输。运输时所用的槽（罐）车应有接地链，槽内可设孔隔板以减少震荡产生的静电。严禁与氧化剂、食用化学品等混装混运。运输途中应防暴晒、雨淋、防高温。中途停留时应远离火种、热源、高温区。装运该物品的车辆排气管必须配备阻火装置，禁止使用易产生火花的机械设备和工具装卸。公路运输时要按规定路线行驶，勿在居民区和人口稠密区停留。铁路运输时要禁止溜放。严禁用木船、水泥船散装运输

第十五部分 法规信息

下列法律、法规、规章和标准，对该化学品的管理作了相应的规定。

中华人民共和国职业病防治法 职业病分类和目录：职业性皮肤病，痤疮

危险化学品安全管理条例 危险化学品目录：列入。易制爆危险化学品名录：未列入。重点监管的危险化学品名录：未列入。GB 18218—2009《危险化学品重大危险源辨识》（表1）：未列入

使用有毒物品作业场所劳动保护条例 高毒物品目录：未列入

易制毒化学品管理条例 易制毒化学品的分类和品种目录：未列入

国际公约 斯德哥尔摩公约：未列入。鹿特丹公约：未列入。蒙特利尔议定书：未列入

第十六部分 其他信息

编写和修订信息　　　缩略语和首字母缩写
培训建议　　　　　　参考文献
免责声明

猛杀威

第一部分 化学品标识

化学品中文名 猛杀威；甲丙威；3-异丙基-5-甲基苯基-N-甲基氨基甲酸酯

化学品英文名 promecarb；3-isopropyl-5-methylphenyl methylcarbamate

分子式 $C_{12}H_{17}NO_2$ 分子量 207.28

结构式

化学品的推荐及限制用途 用作农用杀虫剂

第二部分 危险性概述

紧急情况概述 吞咽会中毒

GHS 危险性类别 急性毒性-经口，类别3；危害水生环境-急性危害，类别1；危害水生环境-长期危害，类别1

标签要素

象形图

警示词 危险

危险性说明 吞咽会中毒，对水生生物毒性非常大并具有长期持续影响

防范说明

　预防措施 避免接触眼睛、皮肤，操作后彻底清洗。作业场所不得进食、饮水或吸烟。禁止排入环境

　事故响应 食入：立即呼叫中毒控制中心或就医，漱口。收集泄漏物

　安全储存 上锁保管

　废弃处置 本品及内装物、容器依据国家和地方法规处置

物理和化学危险 可燃，其粉体与空气混合，能形成爆炸性混合物

健康危害 本品为中等毒杀虫剂。中毒症状有头痛、恶心、呕吐、腹痛、流涎、出汗、瞳孔缩小、步行困难、语言障碍，重者可发生全身痉挛、昏迷

环境危害 对水生生物毒性非常大并具有长期持续影响

第三部分 成分/组成信息

√物质　　　　　　　　　混合物

组分	浓度	CAS No.
猛杀威		2631-37-0

第四部分 急救措施

吸入 迅速脱离现场至空气新鲜处。保持呼吸道通畅。如呼吸困难，给输氧。呼吸、心跳停止，立即进行心肺复苏术。就医

皮肤接触 立即脱去污染的衣着，用流动清水彻底冲洗。就医

眼睛接触 立即分开眼睑，用流动清水或生理盐水彻底冲洗。就医

食入 饮适量温水，催吐（仅限于清醒者）。就医

对保护施救者的忠告 根据需要使用个人防护设备

对医生的特别提示 解毒剂：阿托品

第五部分 消防措施

灭火剂 用雾状水、泡沫、干粉、二氧化碳、砂土灭火

特别危险性 遇明火、高热可燃。其粉体与空气可形成爆炸性混合物，当达到一定浓度时，遇火星会发生爆炸。受高热分解放出有毒的气体

灭火注意事项及防护措施 消防人员必须佩戴防毒面具、穿全身消防服，在上风向灭火。尽可能将容器从火场移至空旷处。喷水保持火场容器冷却，直至灭火结束

第六部分 泄漏应急处理

作业人员防护措施、防护装备和应急处置程序 隔离泄漏污染区，限制出入。建议应急处理人员戴防尘口罩，

穿防毒服。穿上适当的防护服前严禁接触破裂的容器和泄漏物。尽可能切断泄漏源

环境保护措施 用塑料布覆盖泄漏物，减少飞散

泄漏化学品的收容、清除方法及所使用的处置材料 勿使水进入包装容器内。用洁净的铲子收集泄漏物，置于干净、干燥、盖子较松的容器中，将容器移离泄漏区

第七部分 操作处置与储存

操作注意事项 密闭操作，局部排风。防止粉尘释放到车间空气中。操作人员必须经过专门培训，严格遵守操作规程。建议操作人员佩戴自吸过滤式防尘口罩，戴化学安全防护眼镜，穿防毒物渗透工作服，戴乳胶手套。远离火种、热源，工作场所严禁吸烟。使用防爆型的通风系统和设备。避免产生粉尘。避免与氧化剂、碱类接触。配备相应品种和数量的消防器材及泄漏应急处理设备。倒空的容器可能残留有害物

储存注意事项 储存于阴凉、通风的库房。远离火种、热源。防止阳光直射。包装密封。应与氧化剂、碱类、食用化学品分开存放，切忌混储。配备相应品种和数量的消防器材。储区应备有合适的材料收容泄漏物

第八部分 接触控制/个体防护

职业接触限值
　　中国　未制定标准
　　美国（ACGIH）　未制定标准
生物接触限值 未制定标准
监测方法 空气中有毒物质测定方法：未制定标准。生物监测检验方法：未制定标准
工程控制 密闭操作，局部排风
个体防护装备
　　呼吸系统防护　空气中粉尘浓度超标时，建议佩戴过滤式防尘呼吸器。紧急事态抢救或撤离时，应该佩戴空气呼吸器
　　眼睛防护　戴化学安全防护眼镜
　　皮肤和身体防护　穿防毒物渗透工作服
　　手防护　戴橡胶手套

第九部分 理化特性

外观与性状 无色无味的白色结晶
pH 值 无意义　　　　**熔点(℃)** 87~88
沸点(℃) 117（$1.33×10^{-3}$kPa）
相对密度（水＝1） 无资料
相对蒸气密度（空气＝1） 无资料
饱和蒸气压(kPa) 无资料
临界压力(MPa) 无资料　　**辛醇/水分配系数** 无资料
闪点(℃) 无意义　　**自燃温度(℃)** 无资料
爆炸下限(%) 无资料　　**爆炸上限(%)** 无资料
分解温度(℃) 无资料　　**黏度(mPa·s)** 无资料
燃烧热(kJ/mol) 无资料　　**临界温度(℃)** 无资料
溶解性 难溶于水，易溶于多数有机溶剂

第十部分 稳定性和反应性

稳定性 稳定

危险反应 与强氧化剂、强碱等禁配物发生反应
避免接触的条件 无资料
禁配物 强氧化剂、强碱
危险的分解产物 氮氧化物

第十一部分 毒理学信息

急性毒性 LD$_{50}$：35mg/kg（大鼠经口），450mg/kg（大鼠经皮），16mg/kg（小鼠经口）。LC$_{50}$：＞160mg/m^3（大鼠吸入，4h）
皮肤刺激或腐蚀 无资料　　**眼睛刺激或腐蚀** 无资料
呼吸或皮肤过敏 无资料　　**生殖细胞突变性** 无资料
致癌性 无资料　　　　　　**生殖毒性** 无资料
特异性靶器官系统毒性--一次接触 无资料
特异性靶器官系统毒性-反复接触 无资料
吸入危害 无资料

第十二部分 生态学信息

生态毒性 LC$_{50}$：0.3mg/L（96h）（虹鳟）
持久性和降解性
　　生物降解性　无资料
　　非生物降解性　无资料
潜在的生物累积性 无资料
土壤中的迁移性 无资料

第十三部分 废弃处置

废弃化学品 建议用控制焚烧法或安全掩埋法处置。破损容器禁止重新使用，要在规定场所掩埋
污染包装物 将容器返还生产商或按照国家和地方法规处置
废弃注意事项 处置前应参阅国家和地方有关法规

第十四部分 运输信息

联合国危险货物编号（UN 号） 2588
联合国运输名称 固态农药，毒性，未另作规定的（猛杀威）
联合国危险性类别 6.1

包装类别 Ⅲ　　　　　　**包装标志**

海洋污染物 是
运输注意事项 铁路运输时包装所用的麻袋、塑料编织袋、复合塑料编织袋的强度应符合国家标准要求。铁路运输时，可以使用钙塑瓦楞箱作外包装。运输前应先检查包装容器是否完整、密封，运输过程中要确保容器不泄漏、不倒塌、不坠落、不损坏。严禁与酸类、氧化剂、食品及食品添加剂混运。运输时运输车辆应配备相应品种和数量的消防器材及泄漏应急处理设备。运输途中应防暴晒、雨淋，防高温。公路运输时要按规定路线行驶，勿在居民区和人口稠密区停留

第十五部分 法规信息

下列法律、法规、规章和标准，对该化学品的管理作

了相应的规定。

中华人民共和国职业病防治法 职业病分类和目录：氨基甲酸酯类中毒

危险化学品安全管理条例 危险化学品目录：列入。易制爆危险化学品名录：未列入。重点监管的危险化学品名录：未列入。GB 18218—2009《危险化学品重大危险源辨识》（表1）：未列入

使用有毒物品作业场所劳动保护条例 高毒物品目录：未列入

易制毒化学品管理条例 易制毒化学品的分类和品种目录：未列入

国际公约 斯德哥尔摩公约：未列入。鹿特丹公约：未列入。蒙特利尔议定书：未列入

第十六部分　其他信息

编写和修订信息　　　**缩略语和首字母缩写**
培训建议　　　　　　　**参考文献**
免责声明

锰粉

第一部分　化学品标识

化学品中文名　锰粉
化学品英文名　manganese powder
分子式　Mn　**分子量**　54.938045
化学品的推荐及限制用途　用作锰的标准液制备，用作合金、锰盐的制备，在引燃剂中作可燃物

第二部分　危险性概述

紧急情况概述　易燃固体，造成轻微皮肤刺激，造成眼刺激

GHS危险性类别　易燃固体，类别2；皮肤腐蚀/刺激，类别3；严重眼损伤/眼刺激，类别2B；生殖毒性，类别1B；特异性靶器官毒性--一次接触，类别1；特异性靶器官毒性-反复接触，类别1；危害水生环境-长期危害，类别4

标签要素

象形图　

警示词　危险

危险性说明　易燃固体，造成轻微皮肤刺激，造成眼刺激，对器官造成损害，长时间或反复接触对器官造成损伤，可能对水生生物造成长期持续有害影响

防范说明

预防措施　远离热源、火花、明火、热表面。容器和接收设备接地连接。使用防爆电器、通风、照明设备。戴防护手套、防护眼镜、防护面罩。避免接触眼睛、皮肤，操作后彻底清洗。避免吸入粉尘。作业场所不得进食、饮水或吸烟。操作后彻底清洗。禁止排入环境

事故响应　火灾时，使用干粉、二氧化碳、砂土灭火。如发生皮肤刺激，就医。如接触眼睛：用水细心冲洗数分钟。如戴隐形眼镜并可方便地取出，取出隐形眼镜，继续冲洗。如果眼睛刺激持续：就医。如果接触：立即呼叫中毒控制中心或就医。如感觉不适，就医

安全储存　上锁保管

废弃处置　本品及内装物、容器依据国家和地方法规处置

物理和化学危险　易燃，其粉体与空气混合，能形成爆炸性混合物

健康危害　主要为慢性中毒，损害中枢神经系统尤以锥体外系统突出。主要表现为头痛、头晕、记忆减退、嗜睡、心动过速、多汗、两腿沉重、走路速度减慢、口吃、易激动等。重者出现"锰性帕金森氏综合征"，特点为面部呆板、无力、情绪冷淡、语言含糊不清、四肢僵直、肌颤、走路前冲、后退极易跌倒、书写困难等

环境危害　可能对水生生物造成长期持续有害影响

第三部分　成分/组成信息

√物质　　　　　　　　　混合物

组分	浓度	CAS No.
锰粉		7439-96-5

第四部分　急救措施

吸入　迅速脱离现场至空气新鲜处。保持呼吸道通畅。如呼吸困难，给输氧。呼吸、心跳停止，立即进行心肺复苏术。就医

皮肤接触　立即脱去污染的衣着，用流动清水彻底冲洗。就医

眼睛接触　立即分开眼睑，用流动清水或生理盐水彻底冲洗。就医

食入　漱口，饮水。就医

对保护施救者的忠告　根据需要使用个人防护设备

对医生的特别提示　对症处理

第五部分　消防措施

灭火剂　用干粉、二氧化碳、砂土灭火

特别危险性　粉尘遇明火能引起燃烧爆炸。遇水或酸能发生化学反应，放出易燃气体。与氯、氟、过氧化氢、硝酸、二氧化氮、磷、二氧化硫和氧化剂接触剧烈反应

灭火注意事项及防护措施　消防人员必须佩戴空气呼吸器、穿全身防火防毒服，在上风向灭火。尽可能将容器从火场移至空旷处。喷水保持火场容器冷却，直至灭火结束

第六部分　泄漏应急处理

作业人员防护措施、防护装备和应急处置程序　隔离泄漏污染区，限制出入。建议应急处理人员戴防尘口罩，穿一般作业工作服。禁止接触或跨越泄漏物

环境保护措施　防止泄漏物进入水体、下水道、地下室或

有限空间

泄漏化学品的收容、清除方法及所使用的处置材料　小量泄漏：用洁净的铲子收集泄漏物，置于干净、干燥、盖子较松的容器中，将容器移离泄漏区。大量泄漏：用水润湿，并筑堤收容

第七部分　操作处置与储存

操作注意事项　密闭操作，局部排风。操作人员必须经过专门培训，严格遵守操作规程。建议操作人员佩戴自吸过滤式防尘口罩，戴化学安全防护眼镜，穿防毒物渗透工作服，戴乳胶手套。远离火种、热源，工作场所严禁吸烟。使用防爆型的通风系统和设备。避免产生粉尘。避免与酸类、碱类、卤素接触。尤其要注意避免与水接触。在氮气中操作处置。搬运时要轻装轻卸，防止包装及容器损坏。配备相应品种和数量的消防器材及泄漏应急处理设备。倒空的容器可能残留有害物

储存注意事项　储存于阴凉、干燥、通风良好的库房。远离火种、热源。库温不宜超过35℃。保持容器密封。应与酸类、碱类、卤素等分开存放，切忌混储。采用防爆型照明、通风设施。禁止使用易产生火花的机械设备和工具。储区应备有合适的材料收容泄漏物

第八部分　接触控制/个体防护

职业接触限值

中国　PC-TWA：0.15mg/m³［按 MnO_2 计］

美国（ACGIH）　TLV-TWA：0.02mg/m³（呼吸性颗粒物），0.1mg/m³（可吸入性颗粒物）［按 Mn 计］

生物接触限值　未制定标准

监测方法　空气中有毒物质测定方法：磷酸-高碘酸钾分光光度法；火焰原子吸收光谱法。生物监测检验方法：未制定标准

工程控制　密闭操作，局部排风

个体防护装备

呼吸系统防护　空气中粉尘浓度超标时，建议佩戴过滤式防尘呼吸器。紧急事态抢救或撤离时，应该佩戴空气呼吸器

眼睛防护　戴化学安全防护眼镜

皮肤和身体防护　穿防毒物渗透工作服

手防护　戴橡胶手套

第九部分　理化特性

外观与性状　银灰色粉末

pH值	无意义	熔点(℃)	1242～1248
沸点(℃)	1962	相对密度(水=1)	7.2
相对蒸气密度(空气＝1)	无资料		
饱和蒸气压(kPa)	0.13 (1292℃)		
临界压力(MPa)	无意义	辛醇/水分配系数	无资料
闪点(℃)	无资料	自燃温度(℃)	无资料
爆炸下限(%)	无资料	爆炸上限(%)	无资料
分解温度(℃)	无资料	黏度(mPa·s)	无资料
燃烧热(kJ/mol)	无资料	临界温度(℃)	无资料

溶解性　易溶于酸

第十部分　稳定性和反应性

稳定性　稳定

危险反应　遇水或酸能发生化学反应，放出易燃气体。与氯、氟、过氧化氢、硝酸、二氧化氮、磷、二氧化硫和氧化剂接触剧烈反应

避免接触的条件　潮湿空气

禁配物　酸类、碱、卤素（如氯、氟）、磷、水、过氧化氢、硝酸、二氧化氮、二氧化硫和氧化剂

危险的分解产物　无资料

第十一部分　毒理学信息

急性毒性　LD₅₀：9000mg/kg（大鼠经口）

皮肤刺激或腐蚀　无资料　　眼睛刺激或腐蚀　无资料

呼吸或皮肤过敏　无资料

生殖细胞突变性　显性致死试验：大鼠腹腔内给药 25mg/kg

致癌性　无资料　　　　　生殖毒性　无资料

特异性靶器官系统毒性-一次接触　无资料

特异性靶器官系统毒性-反复接触　无资料

吸入危害　无资料

第十二部分　生态学信息

生态毒性　无资料

持久性和降解性

生物降解性　无资料

非生物降解性　无资料

潜在的生物累积性　无资料

土壤中的迁移性　无资料

第十三部分　废弃处置

废弃化学品　用安全掩埋法处置

污染包装物　将容器返还生产商或按照国家和地方法规处置

废弃注意事项　处置前应参阅国家和地方有关法规

第十四部分　运输信息

联合国危险货物编号（UN 号）　3089

联合国运输名称　金属粉，易燃，未另作规定的（锰粉）

联合国危险性类别　4.1

包装类别　Ⅲ　　　　　　包装标志　

海洋污染物　否

运输注意事项　运输时运输车辆应配备相应品种和数量的消防器材及泄漏应急处理设备。装运本品的车辆排气管须有阻火装置。运输过程中要确保容器不泄漏、不倒塌、不坠落、不损坏。严禁与酸类、碱类、卤素等混装混运。运输途中应防暴晒、雨淋，防高温。中途停留时应远离火种、热源。运输用车、船必须干燥，并有良好的防雨设施。车辆运输完毕应进行彻底清

扫。铁路运输时要禁止溜放

第十五部分　法规信息

下列法律、法规、规章和标准，对该化学品的管理作了相应的规定。

中华人民共和国职业病防治法　职业病分类和目录：锰及其化合物中毒

危险化学品安全管理条例　危险化学品目录：列入。易制爆危险化学品名录：未列入。重点监管的危险化学品名录：未列入。GB 18218—2009《危险化学品重大危险源辨识》（表1）：未列入

使用有毒物品作业场所劳动保护条例　高毒物品目录：列入

易制毒化学品管理条例　易制毒化学品的分类和品种目录：未列入

国际公约　斯德哥尔摩公约：未列入。鹿特丹公约：未列入。蒙特利尔议定书：未列入

第十六部分　其他信息

编写和修订信息　　缩略语和首字母缩写
培训建议　　参考文献
免责声明

锰酸钾

第一部分　化学品标识

化学品中文名　锰酸钾
化学品英文名　potassium manganate
分子式　K_2MnO_4　**分子量**　197.132
结构式　$O^- - Mn - O^-\ 2K^+$（上下各一个 O 双键）

化学品的推荐及限制用途　用于油脂、纤维、皮革的漂白，以及消毒剂、照相材料和氧化剂等

第二部分　危险性概述

紧急情况概述　可加剧燃烧；氧化剂
GHS危险性类别　氧化性固体，类别2
标签要素

象形图　

警示词　危险
危险性说明　可加剧燃烧；氧化剂
防范说明

　　预防措施　远离热源。远离衣物、可燃物保存。采取一切预防措施，避免与可燃物混合。戴防护手套、防护眼镜、防护面罩

　　事故响应　—
　　安全储存　—
　　废弃处置　本品及内装物、容器依据国家和地方法规处置

物理和化学危险　助燃。与可燃物混合能形成爆炸性混合物
健康危害　对眼、皮肤和呼吸道有刺激性
环境危害　对环境可能有害

第三部分　成分/组成信息

√物质　　　　　　　混合物

组分	浓度	CAS No.
锰酸钾		10294-64-1

第四部分　急救措施

吸入　迅速脱离现场至空气新鲜处。保持呼吸道通畅。如呼吸困难，给输氧。呼吸、心跳停止，立即进行心肺复苏术。就医

皮肤接触　立即脱去污染的衣着，用流动清水彻底冲洗。就医

眼睛接触　立即分开眼睑，用流动清水或生理盐水彻底冲洗。就医

食入　漱口，饮水。就医

对保护施救者的忠告　根据需要使用个人防护设备

对医生的特别提示　对症处理

第五部分　消防措施

灭火剂　本品不燃，根据着火原因选择适当灭火剂灭火

特别危险性　强氧化剂。与还原剂、有机物、易燃物如硫、磷或金属粉末等混合可形成爆炸性混合物

灭火注意事项及防护措施　消防人员必须穿全身防火防毒服，在上风向灭火。尽可能将容器从火场移至空旷处

第六部分　泄漏应急处理

作业人员防护措施、防护装备和应急处置程序　隔离泄漏污染区，限制出入。建议应急处理人员戴防尘口罩，穿防毒服。勿使泄漏物与可燃物质（如木材、纸、油等）接触。穿上适当的防护服前严禁接触破裂的容器和泄漏物。尽可能切断泄漏源

环境保护措施　用塑料布覆盖泄漏物，减少飞散

泄漏化学品的收容、清除方法及所使用的处置材料　勿使水进入包装容器内。小量泄漏：用洁净的铲子收集泄漏物，置于干净、干燥、盖子较松的容器中，将容器移离泄漏区。大量泄漏：泄漏物回收后，用水冲洗泄漏区

第七部分　操作处置与储存

操作注意事项　密闭操作，加强通风。操作人员必须经过专门培训，严格遵守操作规程。建议操作人员佩戴自吸过滤式防尘口罩，戴化学安全防护眼镜，穿胶布防毒衣，戴乳胶手套。远离火种、热源，工作场所严禁吸烟。远离易燃、可燃物。避免产生粉尘。避免与还原剂、酸类接触。搬运时要轻装轻卸，防止包装及容器损坏。配备相应品种和数量的消防器材及泄漏应急处理设备。倒空的容器可能残留有害物

储存注意事项　储存于阴凉、通风的库房。远离火种、热源。库温不超过30℃，相对湿度不超过80%。应与

易（可）燃物、还原剂、酸类、食用化学品分开存放，切忌混储。储区应备有合适的材料收容泄漏物

第八部分　接触控制/个体防护

职业接触限值

中国　PC-TWA：0.15mg/m³［按 MnO_2 计］

美国（ACGIH）　TLV-TWA：0.02mg/m³（呼吸性颗粒物），0.1mg/m³（可吸入性颗粒物）［按 Mn 计］

生物接触限值　未制定标准

监测方法　空气中有毒物质测定方法：磷酸-高碘酸钾分光光度法；火焰原子吸收光谱法。生物监测检验方法：未制定标准

工程控制　生产过程密闭，加强通风。提供安全淋浴和洗眼设备

个体防护装备

呼吸系统防护　空气中粉尘浓度超标时，建议佩戴过滤式防尘呼吸器。紧急事态抢救或撤离时，应该佩戴空气呼吸器

眼睛防护　戴化学安全防护眼镜

皮肤和身体防护　穿密闭型防毒服

手防护　戴橡胶手套

第九部分　理化特性

外观与性状　绿色结晶，其水溶液呈绿色

pH 值　无意义		**熔点(℃)**　无资料	
沸点(℃)　无资料		**相对密度(水＝1)**　无资料	
相对蒸气密度(空气＝1)　无资料			
饱和蒸气压(kPa)　无资料			
临界压力(MPa)　无意义		**辛醇/水分配系数**　无资料	
闪点(℃)　无意义		**自燃温度(℃)**　无意义	
爆炸下限(%)　无意义		**爆炸上限(%)**　无意义	
分解温度(℃)　190		**黏度(mPa·s)**　无资料	
燃烧热(kJ/mol)　无资料		**临界温度(℃)**　无资料	

溶解性　溶于水、氢氧化钠水溶液

第十部分　稳定性和反应性

稳定性　稳定

危险反应　与强氧化剂、酸类等配物发生反应。与还原剂、有机物、易燃物如硫、磷或金属粉末等混合可形成爆炸性混合物

避免接触的条件　无资料

禁配物　易燃或可燃物、强还原剂、硫、磷、活性金属粉末、强酸

危险的分解产物　氧化钾、氧化锰

第十一部分　毒理学信息

急性毒性　LD$_{50}$：750mg/kg（大鼠经口），750mg/kg（小鼠经口）

皮肤刺激或腐蚀　无资料	**眼睛刺激或腐蚀**　无资料
呼吸或皮肤过敏　无资料	**生殖细胞突变性**　无资料
致癌性　无资料	**生殖毒性**　无资料
特异性靶器官系统毒性--一次接触　无资料	
特异性靶器官系统毒性-反复接触　无资料	

吸入危害　无资料

第十二部分　生态学信息

生态毒性　无资料

持久性和降解性

生物降解性　无资料

非生物降解性　无资料

潜在的生物累积性　无资料

土壤中的迁移性　无资料

第十三部分　废弃处置

废弃化学品　根据国家和地方有关法规的要求处置。或与厂商或制造商联系，确定处置方法

污染包装物　将容器返还生产商或按照国家和地方法规处置

废弃注意事项　处置前应参阅国家和地方有关法规

第十四部分　运输信息

联合国危险货物编号（UN 号）　1479

联合国运输名称　氧化性固体，未另作规定的（锰酸钾）

联合国危险性类别　5.1

包装类别　Ⅱ　　　　　　　**包装标志**　

海洋污染物　否

运输注意事项　运输时单独装运，运输过程中要确保容器不泄漏、不倒塌、不坠落、不损坏。运输时运输车辆应配备相应品种和数量的消防器材。严禁与酸类、易燃物、有机物、还原剂、自燃物品、遇湿易燃物品等并车混运。运输时车速不宜过快，不得强行超车。运输车辆装卸前后，均应彻底清扫、洗净，严禁混入有机物、易燃物等杂质

第十五部分　法规信息

下列法律、法规、规章和标准，对该化学品的管理作了相应的规定。

中华人民共和国职业病防治法　职业病分类和目录：锰及其化合物中毒

危险化学品安全管理条例　危险化学品目录：列入。易制爆危险化学品名录：未列入。重点监管的危险化学品名录：未列入。GB 18218—2009《危险化学品重大危险源辨识》（表 1）：未列入

使用有毒物品作业场所劳动保护条例　高毒物品目录：列入

易制毒化学品管理条例　易制毒化学品的分类和品种目录：未列入

国际公约　斯德哥尔摩公约：未列入。鹿特丹公约：未列入。蒙特利尔议定书：未列入

第十六部分　其他信息

编写和修订信息　缩略语和首字母缩写

培训建议　　　　　参考文献

免责声明

迷迭香油

第一部分　化学品标识

化学品中文名　迷迭香油；迷迭香精油
化学品英文名　rosemary oil；rosemarie oil
化学品的推荐及限制用途　用于香精、香料和医药

第二部分　危险性概述

紧急情况概述　易燃液体和蒸气
GHS 危险性类别　易燃液体，类别 3
标签要素

象形图　

警示词　警告
危险性说明　易燃液体和蒸气
防范说明
　　预防措施　远离热源、火花、明火、热表面。禁止
　　　　吸烟。保持容器密闭。容器和接收设备接地连
　　　　接。使用防爆型电器、通风、照明设备。只能
　　　　使用不产生火花的工具。采取防止静电措施。
　　　　戴防护手套、防护眼镜、防护面罩
　　事故响应　火灾时，使用雾状水、泡沫、干粉、二
　　　　氧化碳、砂土灭火。如皮肤（或头发）接触：
　　　　立即脱掉所有被污染的衣服，用水冲洗皮肤，
　　　　淋浴
　　安全储存　存放在通风良好的地方。保持低温
　　废弃处置　本品及内装物、容器依据国家和地方法
　　　　规处置
物理和化学危险　易燃，其蒸气与空气混合，能形成爆炸
　　性混合物
健康危害　本品对皮肤具有刺激作用
环境危害　对环境可能有害

第三部分　成分/组成信息

√物质　　　　　　　　　混合物
　　组分　　　　浓度　　CAS No.
迷迭香油　　　　　　　　　8000-25-7

第四部分　急救措施

吸入　迅速脱离现场至空气新鲜处。保持呼吸道通畅。如
　　呼吸困难，给输氧。呼吸、心跳停止，立即进行心肺
　　复苏术。就医
皮肤接触　立即脱去污染的衣着，用流动清水彻底冲洗。
　　就医
眼睛接触　立即分开眼睑，用流动清水或生理盐水彻底冲
　　洗。就医
食入　漱口，饮水。就医
对保护施救者的忠告　根据需要使用个人防护设备
对医生的特别提示　对症处理

第五部分　消防措施

灭火剂　用雾状水、泡沫、干粉、二氧化碳、砂土灭火
特别危险性　其蒸气与空气可形成爆炸性混合物，遇明
　　火、高热能引起燃烧爆炸。与氧化剂可发生反应。若
　　遇高热，容器内压增大，有开裂和爆炸的危险
灭火注意事项及防护措施　消防人员必须佩戴防毒面具、
　　穿全身消防服，在上风向灭火。尽可能将容器从火场
　　移至空旷处。喷水保持火场容器冷却，直至灭火结
　　束。处在火场中的容器若已变色或从安全泄压装置中
　　发出声音，必须马上撤离

第六部分　泄漏应急处理

作业人员防护措施、防护装备和应急处置程序　消除所有
　　点火源。根据液体流动和蒸气扩散的影响区域划定警
　　戒区，无关人员从侧风、上风向撤离至安全区。建议
　　应急处理人员戴正压自给式呼吸器，穿防静电服。作
　　业时使用的所有设备应接地。禁止接触或跨越泄漏
　　物。尽可能切断泄漏源
环境保护措施　防止泄漏物进入水体、下水道、地下室或
　　有限空间
泄漏化学品的收容、清除方法及所使用的处置材料　小量
　　泄漏：用砂土或其他不燃材料吸收。使用洁净的无火
　　花工具收集吸收材料。大量泄漏：构筑围堤或挖坑收
　　容。用泡沫覆盖，减少蒸发。喷水雾能减少蒸发，但
　　不能降低泄漏物在有限空间内的易燃性。用防爆泵转
　　移至槽车或专用收集器内

第七部分　操作处置与储存

操作注意事项　密闭操作，全面通风。操作人员必须经过
　　专门培训，严格遵守操作规程。建议操作人员佩戴自
　　吸过滤式防毒面具（半面罩），戴化学安全防护眼镜，
　　穿防静电工作服，戴橡胶耐油手套。远离火种、热
　　源，工作场所严禁吸烟。使用防爆型的通风系统和设
　　备。防止蒸气泄漏到工作场所空气中。避免与氧化
　　剂、酸类接触。搬运时要轻装轻卸，防止包装及容器
　　损坏。配备相应品种和数量的消防器材及泄漏应急处
　　理设备。倒空的容器可能残留有害物
储存注意事项　储存于阴凉、通风的库房。远离火种、热
　　源。库温不宜超过 37℃，应与氧化剂、酸类分开存
　　放，切忌混储。采用防爆型照明、通风设施。禁止使
　　用易产生火花的机械设备和工具。储区应备有泄漏应
　　急处理设备和合适的收容材料

第八部分　接触控制/个体防护

职业接触限值
　　中国　未制定标准
　　美国（ACGIH）　未制定标准
生物接触限值　未制定标准
监测方法　空气中有毒物质测定方法：未制定标准。生物
　　监测检验方法：未制定标准
工程控制　生产过程密闭，全面通风
个体防护装备

呼吸系统防护 空气中浓度超标时，必须佩戴过滤式防毒面具（半面罩）。紧急事态抢救或撤离时，应该佩戴空气呼吸器

眼睛防护 戴化学安全防护眼镜

皮肤和身体防护 穿防静电工作服

手防护 戴橡胶耐油手套

第九部分 理化特性

外观与性状 无色至淡黄色精油，有类似樟脑气味和辛辣味

pH值 无资料　　　　　熔点(℃) 无资料

沸点(℃) 无资料

相对密度(水＝1) 0.893~0.91

相对蒸气密度(空气＝1) 无资料

饱和蒸气压(kPa) 无资料

临界压力(MPa) 无资料　　辛醇/水分配系数 无资料

闪点(℃) 无资料　　　　自燃温度(℃) 无资料

爆炸下限(%) 无资料　　　爆炸上限(%) 无资料

分解温度(℃) 无资料　　　黏度(mPa·s) 无资料

燃烧热(kJ/mol) 无资料　　临界温度(℃) 无资料

溶解性 溶于乙醇、乙醚、乙酸

第十部分 稳定性和反应性

稳定性 稳定

危险反应 与强氧化剂等禁配物接触，有发生火灾和爆炸的危险

避免接触的条件 无资料

禁配物 强氧化剂、酸类

危险的分解产物 无资料

第十一部分 毒理学信息

急性毒性 LD_{50}：5000mg/kg（大鼠经口）

皮肤刺激或腐蚀 无资料　　眼睛刺激或腐蚀 无资料

呼吸或皮肤过敏 无资料　　生殖细胞突变性 无资料

致癌性 无资料　　　　　生殖毒性 无资料

特异性靶器官系统毒性--一次接触 无资料

特异性靶器官系统毒性-反复接触 无资料

吸入危害 无资料

第十二部分 生态学信息

生态毒性 无资料

持久性和降解性

　生物降解性 无资料

　非生物降解性 无资料

潜在的生物累积性 无资料

土壤中的迁移性 无资料

第十三部分 废弃处置

废弃化学品 建议用焚烧法处置

污染包装物 将容器返还生产商或按照国家和地方法规处置

废弃注意事项 处置前应参阅国家和地方有关法规

第十四部分 运输信息

联合国危险货物编号（UN号） 1993

联合国运输名称 易燃液体，未另作规定的（迷迭香油）

联合国危险性类别 3

包装类别 Ⅲ　　　　　包装标志

海洋污染物 否

运输注意事项 运输时运输车辆应配备相应品种和数量的消防器材及泄漏应急处理设备。夏季最好早晚运输。运输时所用的槽（罐）车应有接地链，槽内可设孔隔板以减少震荡产生的静电。严禁与氧化剂、酸类、食用化学品等混装混运。运输途中应防暴晒、雨淋，防高温。中途停留时应远离火种、热源、高温区。装运该物品的车辆排气管必须配备阻火装置，禁止使用易产生火花的机械设备和工具装卸。公路运输时要按规定路线行驶。铁路运输时要禁止溜放。严禁用木船、水泥船散装运输

第十五部分 法规信息

下列法律、法规、规章和标准，对该化学品的管理作了相应的规定。

中华人民共和国职业病防治法 职业病分类和目录：未列入

危险化学品安全管理条例 危险化学品目录：列入。易制爆危险化学品名录：未列入。重点监管的危险化学品名录：未列入。GB 18218—2009《危险化学品重大危险源辨识》（表1）：未列入

使用有毒物品作业场所劳动保护条例 高毒物品目录：未列入

易制毒化学品管理条例 易制毒化学品的分类和品种目录：未列入

国际公约 斯德哥尔摩公约：未列入。鹿特丹公约：未列入。蒙特利尔议定书：未列入

第十六部分 其他信息

编写和修订信息 缩略语和首字母缩写

培训建议 参考文献

免责声明

灭多威

第一部分 化学品标识

化学品中文名 灭多威；灭多虫；万灵；灭索威；乙肟威；1-(甲硫基)亚乙基氨基甲基氨基甲酸酯；*S*-甲基-*N*-[(甲基氨基甲酰)氧]硫代乙酰胺

化学品英文名 methomyl；methyl *N*-[[(methylamino)carbonyl]oxy]ethanimidothioate

分子式 $C_5H_{10}N_2O_2S$　分子量 162.21

结构式

化学品的推荐及限制用途 作农药用

第二部分 危险性概述

紧急情况概述 吞咽致命

GHS危险性类别 急性毒性-经口，类别2；危害水生环境-急性危害，类别1；危害水生环境-长期危害，类别1

标签要素

象形图

警示词 危险

危险性说明 吞咽致命，对水生生物毒性非常大并具有长期持续影响

防范说明

预防措施 避免接触眼睛、皮肤，操作后彻底清洗。作业场所不得进食、饮水或吸烟。禁止排入环境

事故响应 食入：立即呼叫中毒控制中心或就医，漱口。收集泄漏物

安全储存 上锁保管

废弃处置 本品及内装物、容器依据国家和地方法规处置

物理和化学危险 可燃，其粉体与空气混合，能形成爆炸性混合物

健康危害 主要出现胆碱能的危象。主要症状包括流涎、流泪、视力模糊、震颤、惊厥、精神错乱、昏迷、恶心、呕吐、腹泻、腹痛，最后呼吸衰竭而死亡

环境危害 对水生生物毒性非常大并具有长期持续影响

第三部分 成分/组成信息

√物质　　　　　　　混合物

组分	浓度	CAS No.
灭多威		16752-77-5

第四部分 急救措施

吸入 迅速脱离现场至空气新鲜处。保持呼吸道通畅。如呼吸困难，给输氧。呼吸、心跳停止，立即进行心肺复苏术。就医

皮肤接触 立即脱去污染的衣着，用流动清水彻底冲洗。就医

眼睛接触 立即分开眼睑，用流动清水或生理盐水彻底冲洗。就医

食入 饮适量温水，催吐（仅限于清醒者）。就医

对保护施救者的忠告 根据需要使用个人防护设备

对医生的特别提示 解毒剂：阿托品

第五部分 消防措施

灭火剂 用雾状水、泡沫、干粉、二氧化碳、砂土灭火

特别危险性 遇明火、高热可燃。受热分解，放出氮、硫的氧化物等毒性气体

灭火注意事项及防护措施 消防人员必须佩戴防毒面具、穿全身消防服，在上风向灭火。尽可能将容器从火场移至空旷处。喷水保持火场容器冷却，直至灭火结束

第六部分 泄漏应急处理

作业人员防护措施、防护装备和应急处置程序 隔离泄漏污染区，限制出入。建议应急处理人员戴防尘口罩，穿防毒服。穿上适当的防护服前严禁接触破裂的容器和泄漏物。尽可能切断泄漏源

环境保护措施 用塑料布覆盖泄漏物，减少飞散

泄漏化学品的收容、清除方法及所使用的处置材料 勿使水进入包装容器内。用洁净的铲子收集泄漏物，置于干净、干燥、盖子较松的容器中，将容器移离泄漏区

第七部分 操作处置与储存

操作注意事项 密闭操作，局部排风。操作人员必须经过专门培训，严格遵守操作规程。建议操作人员佩戴防尘面具（全面罩），穿胶布防毒衣，戴橡胶手套。远离火种、热源，工作场所严禁吸烟。使用防爆型的通风系统和设备。避免产生粉尘。避免与氧化剂、碱类接触。搬运时要轻装轻卸，防止包装及容器损坏。配备相应品种和数量的消防器材及泄漏应急处理设备。倒空的容器可能残留有害物

储存注意事项 储存于阴凉、通风的库房。远离火种、热源。应与氧化剂、碱类、食用化学品分开存放，切忌混储。配备相应品种和数量的消防器材。储区应备有合适的材料收容泄漏物

第八部分 接触控制/个体防护

职业接触限值

中国 未制定标准

美国（ACGIH） TLV-TWA：$0.2mg/m^3$（可吸入性颗粒物和蒸气）［皮］

生物接触限值 未制定标准

监测方法 空气中有毒物质测定方法：未制定标准。生物监测检验方法：未制定标准

工程控制 密闭操作，局部排风

个体防护装备

呼吸系统防护 可能接触其粉尘时，必须佩戴防尘面具（全面罩）。紧急事态抢救或撤离时，应该佩戴空气呼吸器

眼睛防护 呼吸系统防护中已作防护

皮肤和身体防护 穿密闭型防毒服

手防护 戴橡胶手套

第九部分 理化特性

外观与性状 白色晶状固体，略具有硫黄的气味

pH值 无意义	**熔点(℃)** 78～79
沸点(℃) 无资料	**相对密度(水＝1)** 1.29
相对蒸气密度(空气＝1) 无资料	
饱和蒸气压(kPa) 无资料	
临界压力(MPa) 无资料	**辛醇/水分配系数** 0.6
闪点(℃) 无资料	**自燃温度(℃)** 无资料
爆炸下限(%) 无资料	**爆炸上限(%)** 无资料

分解温度（℃）　无资料　　　黏度（mPa·s）　无资料
燃烧热（kJ/mol）　无资料　　临界温度（℃）　无资料
溶解性　溶于水

第十部分　稳定性和反应性

稳定性　稳定
危险反应　与强氧化剂、碱类等禁配物发生反应
避免接触的条件　受热
禁配物　强氧化剂、碱类
危险的分解产物　氮氧化物、氧化硫

第十一部分　毒理学信息

急性毒性　　LD_{50}：12mg/kg（大鼠经口），1000mg/kg（大鼠经皮），10mg/kg（小鼠经口），556mg/kg（兔经皮）。LC_{50}：77ppm（大鼠吸入，4h）
皮肤刺激或腐蚀　无资料　　眼睛刺激或腐蚀　无资料
呼吸或皮肤过敏　无资料　　生殖细胞突变性　无资料
致癌性　无资料　　　　　　生殖毒性　无资料
特异性靶器官系统毒性-一次接触　无资料
特异性靶器官系统毒性-反复接触　无资料
吸入危害　无资料

第十二部分　生态学信息

生态毒性　　LC_{50}：0.53mg/L（96h）（斑点叉尾鮰）。LC_{50}：0.86mg/L（96h）（虹鳟）。LC_{50}：2.8mg/L（96h）（黑头呆鱼）。LC_{50}：0.48mg/L（96h）（蓝鳃太阳鱼）。EC_{50}：0.0088mg/L（48h）（大型溞）。NOAEC：0.012mg/L（斑点叉尾鮰）。NOAEC：0.0007mg/L（21d）（大型溞）
持久性和降解性
　生物降解性　无资料
　非生物降解性　无资料
潜在的生物累积性　无资料
土壤中的迁移性　无资料

第十三部分　废弃处置

废弃化学品　建议用焚烧法处置。焚烧炉排出的气体要通过洗涤器除去
污染包装物　将容器返还生产商或按照国家和地方法规处置
废弃注意事项　处置前应参阅国家和地方有关法规

第十四部分　运输信息

联合国危险货物编号（UN号）　2588
联合国运输名称　固态农药，毒性，未另作规定的（灭多威）
联合国危险性类别　6.1

包装类别　Ⅱ　　　　　包装标志

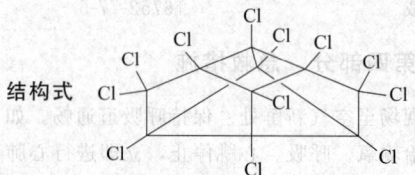

海洋污染物　是
运输注意事项　运输前应先检查包装容器是否完整、密封，运输过程中要确保容器不泄漏、不倒塌、不坠落、不损坏。严禁与酸类、氧化剂、食品及食品添加剂混运。运输途中应防暴晒、雨淋，防高温

第十五部分　法规信息

下列法律、法规、规章和标准，对该化学品的管理作了相应的规定。
中华人民共和国职业病防治法　职业病分类和目录：氨基甲酸酯类中毒
危险化学品安全管理条例　危险化学品目录：列入。易制爆危险化学品名录：未列入。重点监管的危险化学品名录：未列入。GB 18218—2009《危险化学品重大危险源辨识》（表1）：未列入
使用有毒物品作业场所劳动保护条例　高毒物品目录：未列入
易制毒化学品管理条例　易制毒化学品的分类和品种目录：未列入
国际公约　斯德哥尔摩公约：未列入。鹿特丹公约：未列入。蒙特利尔议定书：未列入

第十六部分　其他信息

编写和修订信息　　缩略语和首字母缩写
培训建议　　　　　参考文献
免责声明

灭蚁灵

第一部分　化学品标识

化学品中文名　灭蚁灵；十二氯代八氢-1,3,4-次甲基-1H-环丁并［c,d］双茂
化学品英文名　mirex；dechlorane；1,1a,2,2,3,3a,4,5,5a,5b,6-dodecachlorooctahydro-1,3,4-metheno-1H-cyclobuta［c,d］pentalene
分子式　$C_{10}Cl_{12}$　分子量　545.543

结构式

化学品的推荐及限制用途　用作杀蚁剂

第二部分　危险性概述

紧急情况概述　吞咽有害，皮肤接触有害
GHS危险性类别　急性毒性-经口，类别4；急性毒性-经皮，类别4；致癌性，类别2；生殖毒性，类别2；生殖毒性，附加类别；危害水生环境-急性危害，类别1；危害水生环境-长期危害，类别1
标签要素

象形图

警示词　警告

危险性说明 吞咽有害，皮肤接触有害，怀疑致癌，怀疑对生育力或胎儿造成伤害，可能对母乳喂养的儿童造成伤害，对水生生物毒性非常大并具有长期持续影响

防范说明

预防措施 避免接触眼睛、皮肤，操作后彻底清洗。作业场所不得进食、饮水或吸烟。戴防护手套、穿防护服。在阅读并了解所有安全预防措施之前，切勿操作。按要求使用个体防护装备。得到专门指导后操作。避免吸入粉尘。妊娠、哺乳期间避免接触。禁止排入环境

事故响应 皮肤接触：用大量肥皂水和水清洗，如感觉不适，呼叫中毒控制中心或就医。被污染的衣服经洗净后方可重新使用。食入：如果感觉不适，立即呼叫中毒控制中心或就医，漱口。如果接触或有担心，就医。收集泄漏物

安全储存 上锁保管

废弃处置 本品及内装物、容器依据国家和地方法规处置

物理和化学危险 可燃，其粉体与空气混合，能形成爆炸性混合物

健康危害 本品为中等毒杀蚁剂。吸入、摄入或经皮肤吸收后会中毒

环境危害 对水生生物毒性非常大并具有长期持续影响

第三部分 成分/组成信息

√ 物质　　　　　　　　混合物

组分	浓度	CAS No.
灭蚁灵		2385-85-5

第四部分 急救措施

吸入 迅速脱离现场至空气新鲜处。保持呼吸道通畅。如呼吸困难，给输氧。呼吸、心跳停止，立即进行心肺复苏术。就医

皮肤接触 立即脱去污染的衣着，用流动清水彻底冲洗。就医

眼睛接触 立即分开眼睑，用流动清水或生理盐水彻底冲洗。就医

食入 饮适量温水，催吐（仅限于清醒者）。就医

对保护施救者的忠告 根据需要使用个人防护设备

对医生的特别提示 对症处理

第五部分 消防措施

灭火剂 用雾状水、泡沫、干粉、二氧化碳、砂土灭火

特别危险性 遇明火、高热可燃。其粉体与空气可形成爆炸性混合物，当达到一定浓度时，遇火星会发生爆炸。受高热分解放出有毒的气体

灭火注意事项及防护措施 消防人员须佩戴防毒面具、穿全身消防服，在上风向灭火。尽可能将容器从火场移至空旷处。喷水保持火场容器冷却，直至灭火结束

第六部分 泄漏应急处理

作业人员防护措施、防护装备和应急处置程序 隔离泄漏污染区，限制出入。建议应急处理人员戴防尘口罩，穿防毒服。穿上适当的防护服前严禁接触破裂的容器和泄漏物。尽可能切断泄漏源

环境保护措施 用塑料布覆盖泄漏物，减少飞散

泄漏化学品的收容、清除方法及所使用的处置材料 勿使水进入包装容器内。用洁净的铲子收集泄漏物，置于干净、干燥、盖子较松的容器中，将容器移离泄漏区

第七部分 操作处置与储存

操作注意事项 密闭操作，提供充分的局部排风。防止粉尘释放到车间空气中。操作人员必须经过专门培训，严格遵守操作规程。建议操作人员佩戴防尘面具（全面罩），穿防毒物渗透工作服，戴橡胶手套。远离火种、热源，工作场所严禁吸烟。使用防爆型的通风系统和设备。避免产生粉尘。避免与氧化剂接触。配备相应品种和数量的消防器材及泄漏应急处理设备。倒空的容器可能残留有害物

储存注意事项 储存于阴凉、通风的库房。远离火种、热源。防止阳光直射。包装密封。应与氧化剂、食用化学品分开存放，切忌混储。配备相应品种和数量的消防器材。储区应备有合适的材料收容泄漏物

第八部分 接触控制/个体防护

职业接触限值

中国 未制定标准

美国（ACGIH） 未制定标准

生物接触限值 未制定标准

监测方法 空气中有毒物质测定方法：未制定标准。生物监测检验方法：未制定标准

工程控制 严加密闭，提供充分的局部排风

个体防护装备

呼吸系统防护 可能接触其粉尘时，必须佩戴防尘面具（全面罩）。紧急事态抢救或撤离时，应该佩戴空气呼吸器

眼睛防护 呼吸系统防护中已作防护

皮肤和身体防护 穿防毒物渗透工作服

手防护 戴橡胶手套

第九部分 理化特性

外观与性状 白色无味结晶

pH 值 无意义		**熔点(℃)** 无资料	
沸点(℃) 485（分解）		**相对密度(水＝1)** 无资料	
相对蒸气密度(空气＝1) 18.8			
饱和蒸气压(kPa) 无资料			
临界压力(MPa) 无资料		**辛醇/水分配系数** 5.28	
闪点(℃) 无意义		**自燃温度(℃)** 无资料	
爆炸下限(%) 无资料		**爆炸上限(%)** 无资料	
分解温度(℃) 485		**黏度(mPa·s)** 无资料	
燃烧热(kJ/mol) 无资料		**临界温度(℃)** 无资料	

溶解性 不溶于水，溶于苯、二噁烷、二甲苯、四氯化碳

第十部分 稳定性和反应性

稳定性 稳定

危险反应　与强氧化剂等禁配物发生反应
避免接触的条件　无资料
禁配物　强氧化剂
危险的分解产物　氯化氢

第十一部分　毒理学信息

急性毒性　LD_{50}：235mg/kg（大鼠经口），＞2000mg/kg（大鼠经皮），800mg/kg（兔经皮）

皮肤刺激或腐蚀　无资料　**眼睛刺激或腐蚀**　无资料

呼吸或皮肤过敏　无资料

生殖细胞突变性　致突变试验系统（未特别注明）：大鼠经口100mg/kg。小鼠经口60mg/kg

致癌性　IARC致癌性评论：组2B，对人类是可能致癌物

生殖毒性　大鼠孕后6～15d经口染毒最低中毒剂量（TDLo）60mg/kg，致肌肉骨骼系统发育畸形。大鼠孕后8～15d经口染毒最低中毒剂量（TDLo）56mg/kg，致心血管系统发育畸形。大鼠孕后8～15d经口染毒最低中毒剂量（TDLo）48mg/kg，致血液和淋巴系统（包括脾和骨髓）发育畸形。大鼠孕后8～15d给予最低中毒剂量（TDLo）8mg/kg，致呼吸系统发育畸形

特异性靶器官系统毒性-一次接触　无资料

特异性靶器官系统毒性-反复接触　无资料

吸入危害　无资料

第十二部分　生态学信息

生态毒性　LC_{50}：0.023mg/L（96h）（虹鳟）

持久性和降解性

　　生物降解性　无资料

　　非生物降解性　无资料

潜在的生物累积性　无资料

土壤中的迁移性　无资料

第十三部分　废弃处置

废弃化学品　建议用焚烧法处置。在能利用的地方重复使用容器或在规定场所掩埋

污染包装物　将容器返还生产商或按照国家和地方法规处置

废弃注意事项　处置前应参阅国家和地方有关法规

第十四部分　运输信息

联合国危险货物编号（UN号）　2761

联合国运输名称　固态有机氯农药，毒性，未另作规定的（灭蚁灵）

联合国危险性类别　6.1

包装类别　Ⅲ　　　**包装标志**

海洋污染物　是

运输注意事项　铁路运输时包装所用的麻袋、塑料编织袋、复合塑料编织袋的强度应符合国家标准要求。铁路运输时，可以使用钙塑瓦楞箱作外包装。运输前应

先检查包装容器是否完整、密封，运输过程中要确保容器不泄漏、不倒塌、不坠落、不损坏。严禁与酸类、氧化剂、食品及食品添加剂混运。运输时运输车辆应配备相应品种和数量的消防器材及泄漏应急处理设备。运输途中应防暴晒、雨淋，防高温。公路运输时要按规定路线行驶，勿在居民区和人口稠密区停留

第十五部分　法规信息

下列法律、法规、规章和标准，对该化学品的管理作了相应的规定。

中华人民共和国职业病防治法　职业病分类和目录：未列入

危险化学品安全管理条例　危险化学品目录：列入。易制爆危险化学品名录：未列入。重点监管的危险化学品名录：未列入。GB 18218—2009《危险化学品重大危险源辨识》（表1）：未列入

使用有毒物品作业场所劳动保护条例　高毒物品目录：未列入

易制毒化学品管理条例　易制毒化学品的分类和品种目录：未列入

国际公约　斯德哥尔摩公约：未列入。鹿特丹公约：未列入。蒙特利尔议定书：未列入

第十六部分　其他信息

编写和修订信息　　**缩略语和首字母缩写**

培训建议　　**参考文献**

免责声明

1-萘胺盐酸盐

第一部分　化学品标识

化学品中文名　1-萘胺盐酸盐；α-萘胺盐酸盐；盐酸-1-萘胺

化学品英文名　alpha-naphthylamine hydrochloride；1-aminomaphthalene hydrochloride

分子式　$C_{10}H_9N·HCl$　**分子量**　179.649

结构式

化学品的推荐及限制用途　用于测定亚硝酸盐和硝酸盐

第二部分　危险性概述

紧急情况概述　吞咽有害，皮肤接触有害，吸入有害

GHS危险性类别　急性毒性-经口，类别4；急性毒性-经皮，类别4；急性毒性-吸入，类别4；危害水生环境-急性危害，类别2；危害水生环境-长期危害，类别2

标签要素

象形图

警示词　警告

危险性说明 吞咽有害，皮肤接触有害，吸入有害，对水生生物有毒并具有长期持续影响

防范说明

预防措施 避免接触眼睛、皮肤，操作后彻底清洗。作业场所不得进食、饮水或吸烟。戴防护手套、穿防护服。避免吸入粉尘。仅在室外或通风良好处操作。禁止排入环境

事故响应 如吸入：将患者转移到空气新鲜处，休息，保持利于呼吸的体位。皮肤接触：用大量肥皂水和水清洗。被污染的衣服必须经洗净后方可重新使用。食入：如果感觉不适，立即呼叫中毒控制中心或就医，漱口。收集泄漏物

安全储存 —

废弃处置 本品及内装物、容器依据国家和地方法规处置

物理和化学危险 可燃，其粉体与空气混合，能形成爆炸性混合物

健康危害 对人体有毒，受高热分解释出氮氧化物和氯化氢烟雾

环境危害 对水生生物有毒并具有长期持续影响

第三部分 成分/组成信息

√ 物质　　　　　　　混合物

组分	浓度	CAS No.
α-萘胺盐酸盐		552-46-5

第四部分 急救措施

吸入 迅速脱离现场至空气新鲜处。保持呼吸道通畅。如呼吸困难，给输氧。如呼吸、心跳停止，立即进行心肺复苏术。就医

皮肤接触 立即脱去污染的衣着，用流动清水彻底冲洗。就医

眼睛接触 立即分开眼睑，用流动清水或生理盐水彻底冲洗。就医

食入 漱口，饮水。就医

对保护施救者的忠告 根据需要使用个人防护设备

对医生的特别提示 对症处理

第五部分 消防措施

灭火剂 用雾状水、泡沫、干粉、二氧化碳、砂土灭火

特别危险性 遇明火、高热可燃。其粉体与空气可形成爆炸性混合物，当达到一定浓度时，遇火星会发生爆炸。受高热分解放出有毒的气体

灭火注意事项及防护措施 消防人员必须佩戴防毒面具、穿全身消防服，在上风向灭火。尽可能将容器从火场移至空旷处。喷水保持火场容器冷却，直至灭火结束。切勿将水流直接射至熔融物，以免引起严重的流淌火灾或引起剧烈的沸溅

第六部分 泄漏应急处理

作业人员防护措施、防护装备和应急处置程序 隔离泄漏污染区，限制出入。消除所有点火源。建议应急处理

人员戴防尘口罩，穿一般作业工作服。尽可能切断泄漏源

环境保护措施 用塑料布覆盖泄漏物，减少飞散

泄漏化学品的收容、清除方法及所使用的处置材料 勿使水进入包装容器内。用洁净的铲子收集泄漏物，置于干净、干燥、盖子较松的容器中，将容器移离泄漏区

第七部分 操作处置与储存

操作注意事项 密闭操作，提供充分的局部排风。防止粉尘释放到车间空气中。操作人员必须经过专门培训，严格遵守操作规程。建议操作人员佩戴防尘面具（全面罩），穿胶布防毒衣，戴橡胶手套。远离火种、热源，工作场所严禁吸烟。使用防爆型的通风系统和设备。避免产生粉尘。避免与氧化剂、碱类接触。配备相应品种和数量的消防器材及泄漏应急处理设备。倒空的容器可能残留有害物

储存注意事项 储存于阴凉、通风的库房。远离火种、热源。防止阳光直射。包装密封。应与氧化剂、碱类分开存放，切忌混储。配备相应品种和数量的消防器材。储区应备有合适的材料收容泄漏物

第八部分 接触控制/个体防护

职业接触限值

中国 未制定标准

美国（ACGIH） 未制定标准

生物接触限值 未制定标准

监测方法 空气中有毒物质测定方法：未制定标准。生物监测检验方法：未制定标准

工程控制 严加密闭，提供充分的局部排风

个体防护装备

呼吸系统防护 可能接触其粉尘时，必须佩戴防尘面具（全面罩）。紧急事态抢救或撤离时，应该佩戴空气呼吸器

眼睛防护 呼吸系统防护中已作防护

皮肤和身体防护 穿密闭型防毒服

手防护 戴橡胶手套

第九部分 理化特性

外观与性状 白色结晶粉末。露置空气中见光色变蓝

pH 值 无意义　　　　**熔点（℃）** 272～275

沸点（℃） 无资料　　　相对密度（水＝1） 无资料

相对蒸气密度（空气＝1） 无资料

饱和蒸气压（kPa） 无资料

临界压力（MPa） 无资料　辛醇/水分配系数 无资料

闪点（℃） 无意义　　　自燃温度（℃） 无资料

爆炸下限（%） 无资料　　爆炸上限（%） 无资料

分解温度（℃） 无资料　　黏度（mPa·s） 无资料

燃烧热（kJ/mol） 无资料　临界温度（℃） 无资料

溶解性 溶于水、乙醇、乙醚

第十部分 稳定性和反应性

稳定性 稳定

危险反应 与强氧化剂、强碱等禁配物发生反应

避免接触的条件　光照

禁配物　强氧化剂、强碱

危险的分解产物　氮氧化物、氯化氢

第十一部分　毒理学信息

急性毒性　LDLo：7000（大鼠经口）

皮肤刺激或腐蚀　无资料　　眼睛刺激或腐蚀　无资料

呼吸或皮肤过敏　无资料　　生殖细胞突变性　无资料

致癌性　大鼠经口最低中毒剂量（TDLo）：7g/kg，50 周
（连续），按 RTECS 标准为可疑致肿瘤物，肝肿瘤

生殖毒性　无资料

特异性靶器官系统毒性-一次接触　无资料

特异性靶器官系统毒性-反复接触　无资料

吸入危害　无资料

第十二部分　生态学信息

生态毒性　根据结构类似物质预测，该物质对水生生物
有毒

持久性和降解性

　　生物降解性　无资料

　　非生物降解性　无资料

潜在的生物累积性　无资料

土壤中的迁移性　无资料

第十三部分　废弃处置

废弃化学品　根据国家和地方有关法规的要求处置。或与
厂商或制造商联系，确定处置方法

污染包装物　将容器返还生产商或按照国家和地方法规
处置

废弃注意事项　处置前应参阅国家和地方有关法规

第十四部分　运输信息

联合国危险货物编号（UN 号）　—

联合国运输名称　—　联合国危险性类别　—

包装类别　—　　　　包装标志　—

海洋污染物　是

运输注意事项　运输前应先检查包装容器是否完整、密
封，运输过程中要确保容器不泄漏、不倒塌、不坠
落、不损坏。严禁与酸类、氧化剂、食品及食品添加
剂混运。运输时运输车辆应配备相应品种和数量的消
防器材及泄漏应急处理设备。运输途中应防暴晒、雨
淋，防高温。公路运输时要按规定路线行驶，勿在居
民区和人口稠密区停留

第十五部分　法规信息

下列法律、法规、规章和标准，对该化学品的管理作
了相应的规定。

中华人民共和国职业病防治法　职业病分类和目录：未
列入

危险化学品安全管理条例　危险化学品目录：列入。易制
爆危险化学品名录：未列入。重点监管的危险化学品
名录：未列入。GB 18218—2009《危险化学品重大
危险源辨识》（表1）：未列入

使用有毒物品作业场所劳动保护条例　高毒物品目录：未
列入

易制毒化学品管理条例　易制毒化学品的分类和品种目
录：未列入

国际公约　斯德哥尔摩公约：未列入。鹿特丹公约：未列
入。蒙特利尔议定书：未列入

第十六部分　其他信息

编写和修订信息　　　缩略语和首字母缩写

培训建议　　　　　　参考文献

免责声明

1,8-萘二甲酸酐

第一部分　化学品标识

化学品中文名　1,8-萘二甲酸酐；萘酐

化学品英文名　1,8-naphthalic anhydride

分子式　$C_{12}H_6O_3$　分子量　198.18

结构式
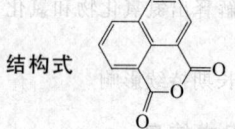

化学品的推荐及限制用途　用于染料工业，用于有机合成

第二部分　危险性概述

紧急情况概述　易燃固体

GHS 危险性类别　易燃固体，类别2

标签要素

象形图

警示词　危险

危险性说明　易燃固体

防范说明

　　预防措施　远离热源、火花、明火、热表面。禁止
吸烟。容器和接收设备接地连接。使用防爆型
电器、通风、照明设备。戴防护手套、防护眼
镜、防护面罩

　　事故响应　火灾时，使用雾状水、泡沫、干粉、二
氧化碳、砂土灭火

　　安全储存　—

　　废弃处置　—

物理和化学危险　易燃，其粉体与空气混合，能形成爆炸
性混合物

健康危害　对眼和皮肤有刺激作用。对上呼吸道有刺激
作用

环境危害　对环境可能有害

第三部分　成分/组成信息

　　√ 物质　　　　　　　　　　混合物

组分	浓度	CAS No.
1,8-萘二甲酸酐		81-84-5

第四部分　急救措施

吸入　迅速脱离现场至空气新鲜处。保持呼吸道通畅。如呼吸困难，给输氧。呼吸、心跳停止，立即进行心肺复苏术。就医

皮肤接触　立即脱去污染的衣着，用流动清水彻底冲洗。就医

眼睛接触　立即分开眼睑，用流动清水或生理盐水彻底冲洗。就医

食入　漱口，饮水。就医

对保护施救者的忠告　根据需要使用个人防护设备

对医生的特别提示　对症处理

第五部分　消防措施

灭火剂　用雾状水、泡沫、干粉、二氧化碳、砂土灭火

特别危险性　遇明火、高热易燃。与氧化剂混合能形成爆炸性混合物。粉体与空气可形成爆炸性混合物，当达到一定浓度时，遇火星会发生爆炸。在潮湿空气中缓慢分解

灭火注意事项及防护措施　消防人员必须穿全身耐酸碱消防服、佩戴空气呼吸器灭火。尽可能将容器从火场移至空旷处。喷水保持火场容器冷却，直至灭火结束

第六部分　泄漏应急处理

作业人员防护措施、防护装备和应急处置程序　消除所有点火源。隔离泄漏污染区，限制出入。建议应急处理人员戴防尘口罩，穿一般作业工作服。禁止接触或跨越泄漏物

环境保护措施　用塑料布覆盖泄漏物，减少飞散

泄漏化学品的收容、清除方法及所使用的处置材料　小量泄漏：用洁净的铲子收集泄漏物，置于干净、干燥、盖子较松的容器中，将容器移离泄漏区。大量泄漏：用水润湿，并筑堤收容。防止泄漏物进入水体、下水道、地下室或有限空间

第七部分　操作处置与储存

操作注意事项　密闭操作，局部排风。操作人员必须经过专门培训，严格遵守操作规程。建议操作人员佩戴自吸过滤式防尘口罩，戴化学安全防护眼镜，穿防毒物渗透工作服，戴橡胶手套。远离火种、热源，工作场所严禁吸烟。使用防爆型的通风系统和设备。避免产生粉尘。避免与氧化剂、酸类、碱类接触。搬运时要轻装轻卸，防止包装及容器损坏。禁止震动、撞击和摩擦。配备相应品种和数量的消防器材及泄漏应急处理设备。倒空的容器可能残留有害物

储存注意事项　储存于阴凉、干燥、通风良好的库房。远离火种、热源。库温不宜超过 35℃。包装必须密封，切勿受潮。应与氧化剂、酸类、碱类等分开存放，切忌混储。采用防爆型照明、通风设施。禁止使用易产生火花的机械设备和工具。储区应备有合适的材料收容泄漏物

第八部分　接触控制/个体防护

职业接触限值
　中国　未制定标准
　美国（ACGIH）　未制定标准

生物接触限值　未制定标准

监测方法　空气中有毒物质测定方法：未制定标准。生物监测检验方法：未制定标准

工程控制　密闭操作，局部排风

个体防护装备
　呼吸系统防护　空气中粉尘浓度超标时，必须佩戴过滤式防尘呼吸器。紧急事态抢救或撤离时，应该佩戴空气呼吸器
　眼睛防护　戴化学安全防护眼镜
　皮肤和身体防护　穿防毒物渗透工作服
　手防护　戴橡胶手套

第九部分　理化特性

外观与性状　淡黄褐色针状结晶

pH 值　无意义	**熔点(℃)**　267～269
沸点(℃)　无资料	**相对密度(水=1)**　无资料
相对蒸气密度(空气=1)　无资料	
饱和蒸气压(kPa)　无资料	
临界压力(MPa)　无资料	**辛醇/水分配系数**　无资料
闪点(℃)　无资料	**自燃温度(℃)**　无资料
爆炸下限(%)　无资料	**爆炸上限(%)**　无资料
分解温度(℃)　无资料	**黏度(mPa·s)**　无资料
燃烧热(kJ/mol)　无资料	**临界温度(℃)**　无资料

溶解性　不溶于水、乙醚，微溶于乙酸

第十部分　稳定性和反应性

稳定性　稳定

危险反应　与强氧化剂、强酸、强碱、水等禁配物接触，有发生火灾和爆炸的危险

避免接触的条件　潮湿空气

禁配物　强氧化剂、强酸、强碱、水

危险的分解产物　无资料

第十一部分　毒理学信息

急性毒性　LD_{50}：12340mg/kg（大鼠经口）；1600mg/kg（小鼠经口）；>2025mg/kg（兔经皮）

皮肤刺激或腐蚀　无资料	**眼睛刺激或腐蚀**　无资料
呼吸或皮肤过敏　无资料	**生殖细胞突变性**　无资料
致癌性　无资料	**生殖毒性**　无资料

特异性靶器官系统毒性-一次接触　无资料

特异性靶器官系统毒性-反复接触　无资料

吸入危害　无资料

第十二部分　生态学信息

生态毒性　无资料

持久性和降解性
　生物降解性　无资料
　非生物降解性　无资料

潜在的生物累积性　无资料
土壤中的迁移性　无资料

第十三部分　废弃处置

废弃化学品　建议用焚烧法处置
污染包装物　将容器返还生产商或按照国家和地方法规
　　处置
废弃注意事项　处置前应参阅国家和地方有关法规

第十四部分　运输信息

联合国危险货物编号（UN号）　1325
联合国运输名称　有机易燃固体，未另作规定的（1,8-萘
　　二甲酸酐）
联合国危险性类别　4.1

包装类别　Ⅲ　　　　　**包装标志**　

海洋污染物　否
运输注意事项　运输时运输车辆应配备相应品种和数量
　　的消防器材及泄漏应急处理设备。装运本品的车辆
　　排气管必须有阻火装置。运输过程中要确保容器不
　　泄漏、不倒塌、不坠落、不损坏。严禁与氧化剂、
　　酸类、碱类、食用化学品等混装混运。运输途中应
　　防暴晒、雨淋，防高温。中途停留时应远离火种、
　　热源。车辆运输完毕应进行彻底清扫。铁路运输时
　　要禁止溜放

第十五部分　法规信息

　　下列法律、法规、规章和标准，对该化学品的管理作
了相应的规定。
中华人民共和国职业病防治法　职业病分类和目录：未
　　列入
危险化学品安全管理条例　危险化学品目录：列入。易制
　　爆危险化学品名录：未列入。重点监管的危险化学品
　　名录：未列入。GB 18218—2009《危险化学品重大
　　危险源辨识》（表1）：未列入
使用有毒物品作业场所劳动保护条例　高毒物品目录：未
　　列入
易制毒化学品管理条例　易制毒化学品的分类和品种目
　　录：未列入
国际公约　斯德哥尔摩公约：未列入。鹿特丹公约：未列
　　入。蒙特利尔议定书：未列入

第十六部分　其他信息

编写和修订信息　　　　缩略语和首字母缩写
培训建议　　　　　　　参考文献
免责声明

萘磺汞

第一部分　化学品标识

化学品中文名　萘磺汞；双苯汞亚甲基二萘磺酸酯

化学品英文名　hydrargaphen；bis（phenyl mercuri）
　　methylenedinaphthalene sulfonate
分子式　$C_{33}H_{24}Hg_2O_6S_2$　**分子量**　981.8586

结构式　

化学品的推荐及限制用途　用于木材处理，用作生皮、皮
　　革、织物、涂料、黏合剂的防霉剂、防腐剂、杀菌剂
　　和杀真菌剂

第二部分　危险性概述

紧急情况概述　吞咽致命，皮肤接触会致命，吸入致命
GHS危险性类别　急性毒性-经口，类别2；急性毒性-经
　　皮，类别1；急性毒性-吸入，类别2；特异性靶器官
　　毒性-反复接触，类别2；危害水生环境-急性危害，
　　类别1；危害水生环境-长期危害，类别1
标签要素

象形图　　

警示词　危险
危险性说明　吞咽致命，皮肤接触会致命，吸入致命，
　　长时间或反复接触可能对器官造成损伤，对水生生
　　物毒性非常大并具有长期持续影响
防范说明
　　预防措施　避免接触眼睛、皮肤或衣服，操作后彻
　　　　底清洗。作业场所不得进食、饮水或吸烟。戴
　　　　防护手套、穿防护服。避免吸入粉尘。仅在室
　　　　外或通风良好处操作。戴呼吸防护器具。禁止
　　　　排入环境
　　事故响应　如吸入：将患者转移到空气新鲜处，休
　　　　息，保持利于呼吸的体位，立即呼叫中毒控制
　　　　中心或就医。皮肤接触：用大量肥皂水和水轻
　　　　轻地清洗，立即脱去所有被污染的衣服，立即
　　　　呼叫中毒控制中心或就医。被污染的衣服经洗
　　　　净后方可重新使用。食入：立即呼叫中毒控制
　　　　中心或就医，漱口。如感觉不适，就医。收集
　　　　泄漏物
　　安全储存　在通风良好处储存。保持容器密闭。上
　　　　锁保管
　　废弃处置　本品及内装物、容器依据国家和地方法
　　　　规处置
物理和化学危险　可燃，其粉体与空气混合，能形成爆炸
　　性混合物
健康危害　吸入、摄入或经皮肤吸收后会中毒。对眼睛有
　　强烈的刺激作用。受热分解释出汞和氧化硫烟雾
环境危害　对水生生物毒性非常大并具有长期持续影响

第三部分　成分/组成信息

√物质　　　　　　　　混合物

组分	浓度	CAS No.
萘磺汞		14235-86-0

第四部分　急救措施

吸入　迅速脱离现场至空气新鲜处。保持呼吸道通畅。如呼吸困难，给输氧。呼吸、心跳停止，立即进行心肺复苏术。就医

皮肤接触　立即脱去污染的衣着，用流动清水彻底冲洗。就医

眼睛接触　立即分开眼睑，用流动清水或生理盐水彻底冲洗。就医

食入　饮适量温水，催吐（仅限于清醒者）。就医

对保护施救者的忠告　根据需要使用个人防护设备

对医生的特别提示　解毒剂：二巯基丙磺酸钠、二巯基丁二酸钠、青霉胺

第五部分　消防措施

灭火剂　用雾状水、泡沫、干粉、二氧化碳、砂土灭火

特别危险性　遇明火、高热可燃。其粉体与空气可形成爆炸性混合物，当达到一定浓度时，遇火星会发生爆炸。遇高热分解释出高毒烟气

灭火注意事项及防护措施　消防人员须佩戴防毒面具、穿全身消防服，在上风向灭火。尽可能将容器从火场移至空旷处。喷水保持火场容器冷却，直至灭火结束

第六部分　泄漏应急处理

作业人员防护措施、防护装备和应急处置程序　隔离泄漏污染区，限制出入。消除所有点火源。建议应急处理人员戴防尘口罩，穿防毒服。穿上适当的防护服前严禁接触破裂的容器和泄漏物。尽可能切断泄漏源

环境保护措施　用塑料布覆盖泄漏物，减少飞散

泄漏化学品的收容、清除方法及所使用的处置材料　勿使水进入包装容器内。用洁净的铲子收集泄漏物，置于干净、干燥、盖子较松的容器中，将容器移离泄漏区

第七部分　操作处置与储存

操作注意事项　密闭操作，提供充分的局部排风。防止粉尘释放到车间空气中。操作人员必须经过专门培训，严格遵守操作规程。建议操作人员佩戴防尘面具（全面罩），穿胶布防毒衣，戴橡胶手套。远离火种、热源，工作场所严禁吸烟。使用防爆型的通风系统和设备。避免产生粉尘。避免与氧化剂接触。配备相应品种和数量的消防器材及泄漏应急处理设备。倒空的容器可能残留有害物

储存注意事项　储存于阴凉、通风的库房。远离火种、热源。防止阳光直射。包装密封。应与氧化剂、食用化学品分开存放，切忌混储。配备相应品种和数量的消防器材。储区应备有合适的材料收容泄漏物

第八部分　接触控制/个体防护

职业接触限值

中国　PC-TWA：0.01mg/m³；PC-STEL：0.03mg/m³[按 Hg 计]［皮］

美国(ACGIH) TLV-TWA：0.1mg/m³［按 Hg 计］［皮］

生物接触限值　未制定标准

监测方法　空气中有毒物质测定方法：原子荧光光谱法；冷原子吸收光谱法。生物监测检验方法：未制定标准

工程控制　严加密闭，提供充分的局部排风

个体防护装备

呼吸系统防护　可能接触其粉尘时，必须佩戴防尘面具（全面罩）。紧急事态抢救或撤离时，应该佩戴空气呼吸器

眼睛防护　呼吸系统防护中已作防护

皮肤和身体防护　穿密闭型防毒服

手防护　戴橡胶手套

第九部分　理化特性

外观与性状　无定形粉末

pH 值　无意义	**熔点(℃)**　无资料	
沸点(℃)　无资料	**相对密度(水=1)**　无资料	
相对蒸气密度(空气=1)　无资料		
饱和蒸气压(kPa)　无资料		
临界压力(MPa)　无资料	**辛醇/水分配系数**　无资料	
闪点(℃)　无意义	**自燃温度(℃)**　无资料	
爆炸下限(%)　无资料	**爆炸上限(%)**　无资料	
分解温度(℃)　无资料	**黏度(mPa·s)**　无资料	
燃烧热(kJ/mol)　无资料	**临界温度(℃)**　无资料	

溶解性　不溶于水

第十部分　稳定性和反应性

稳定性　稳定

危险反应　与强氧化剂等禁配物发生反应

避免接触的条件　无资料

禁配物　强氧化剂

危险的分解产物　氧化硫、汞

第十一部分　毒理学信息

急性毒性　LD$_{50}$：70mg/kg（大鼠经口），70mg/kg（小鼠经口）

皮肤刺激或腐蚀　无资料

眼睛刺激或腐蚀　豚鼠经眼：60μg/48h，重度刺激

呼吸或皮肤过敏　无资料　　**生殖细胞突变性**　无资料

致癌性　无资料　　　　　　**生殖毒性**　无资料

特异性靶器官系统毒性--一次接触　无资料

特异性靶器官系统毒性-反复接触　无资料

吸入危害　无资料

第十二部分　生态学信息

生态毒性　含汞化合物对水生生物有极高毒性

持久性和降解性

生物降解性　无资料

非生物降解性　无资料

潜在的生物累积性　汞元素易在生物体内富集

土壤中的迁移性　无资料

第十三部分　废弃处置

废弃化学品　根据国家和地方有关法规的要求处置。或与厂商或制造商联系，确定处置方法

污染包装物　将容器返还生产商或按照国家和地方法规处置

废弃注意事项　处置前应参阅国家和地方有关法规

第十四部分　运输信息

联合国危险货物编号（UN 号）　2025

联合国运输名称　固态汞化合物，未另作规定的（萘磺汞）

联合国危险性类别　6.1

包装类别　Ⅰ　　　　　**包装标志**　

海洋污染物　是

运输注意事项　运输前应先检查包装容器是否完整、密封，运输过程中要确保容器不泄漏、不倒塌、不坠落、不损坏。严禁与酸类、氧化剂、食品及食品添加剂混运。运输时运输车辆应配备相应品种和数量的消防器材及泄漏应急处理设备。运输途中应防暴晒、雨淋，防高温。公路运输时要按规定路线行驶，勿在居民区和人口稠密区停留

第十五部分　法规信息

下列法律、法规、规章和标准，对该化学品的管理作了相应的规定。

中华人民共和国职业病防治法　职业病分类和目录：汞及其化合物中毒

危险化学品安全管理条例　危险化学品目录：列入。易制爆危险化学品名录：未列入。重点监管的危险化学品名录：未列入。GB 18218—2009《危险化学品重大危险源辨识》（表 1）：未列入

使用有毒物品作业场所劳动保护条例　高毒物品目录：未列入

易制毒化学品管理条例　易制毒化学品的分类和品种目录：未列入

国际公约　斯德哥尔摩公约：未列入。鹿特丹公约：未列入。蒙特利尔议定书：未列入

第十六部分　其他信息

编写和修订信息　　　**缩略语和首字母缩写**

培训建议　　　　　　**参考文献**

免责声明

1-萘甲腈

第一部分　化学品标识

化学品中文名　1-萘甲腈；α-氰化萘；萘甲腈；α-萘甲腈；1-氰基萘

化学品英文名　1-naphthonitrile；α-naphthyl cyanide

分子式　$C_{11}H_7N$　**分子量**　153.18

结构式

化学品的推荐及限制用途　用于有机合成

第二部分　危险性概述

紧急情况概述　吞咽有害，皮肤接触有害，吸入有害，造成皮肤刺激，造成严重眼刺激，可能引起呼吸道刺激

GHS 危险性类别　急性毒性-经口，类别 4；急性毒性-经皮，类别 4；急性毒性-吸入，类别 4；皮肤腐蚀/刺激，类别 2；严重眼损伤/眼刺激，类别 2；特异性靶器官毒性-一次接触，类别 3（呼吸道刺激）

标签要素

象形图

警示词　警告

危险性说明　吞咽有害，皮肤接触有害，吸入有害，造成皮肤刺激，造成严重眼刺激，可能引起呼吸道刺激

防范说明

　　预防措施　避免接触眼睛、皮肤，操作后彻底清洗。作业场所不得进食、饮水或吸烟。穿防护服、戴防护眼镜、防护手套、防护面罩。避免吸入粉尘。仅在室外或通风良好处操作

　　事故响应　如吸入：将患者转移到空气新鲜处，休息，保持利于呼吸的体位。皮肤接触：用大量肥皂水和水清洗。被污染的衣服必须经洗净后方可重新使用。如发生皮肤刺激，就医。如接触眼睛：用水细心冲洗数分钟。如戴隐形眼镜并可方便地取出，取出隐形眼镜，继续冲洗。如果眼睛刺激持续：就医。食入：如果感觉不适，立即呼叫中毒控制中心或就医，漱口

　　安全储存　—

　　废弃处置　本品及内装物、容器依据国家和地方法规处置

物理和化学危险　可燃，其粉体与空气混合，能形成爆炸性混合物

健康危害　吸入、摄入或经皮肤吸收后对身体有害。对眼睛、皮肤和黏膜有刺激作用

环境危害　对环境可能有害

第三部分　成分/组成信息

√　物质　　　　　　　　　混合物

组分	浓度	CAS No.
1-萘甲腈		86-53-3

第四部分　急救措施

吸入　迅速脱离现场至空气新鲜处。保持呼吸道通畅。如呼吸困难，给输氧。呼吸、心跳停止，立即进行心肺复苏术。就医

皮肤接触　立即脱去污染的衣着，用肥皂水和流动清水彻底冲洗。就医

眼睛接触　立即分开眼睑，用流动清水或生理盐水彻底冲洗。就医

食入　催吐（仅限于清醒者），给服活性炭悬液。就医

对保护施救者的忠告　根据需要使用个人防护设备

对医生的特别提示　解毒剂：亚硝酸钠、硫代硫酸钠、4-二甲基氨基苯酚等

第五部分　消防措施

灭火剂　用雾状水、泡沫、干粉、二氧化碳、砂土灭火

特别危险性　遇明火、高热可燃。其粉体与空气可形成爆炸性混合物，当达到一定浓度时，遇火星会发生爆炸。受高热分解放出有毒的气体

灭火注意事项及防护措施　消防人员必须佩戴防毒面具、穿全身消防服，在上风向灭火。尽可能将容器从火场移至空旷处。喷水保持火场容器冷却，直至灭火结束

第六部分　泄漏应急处理

作业人员防护措施、防护装备和应急处置程序　隔离泄漏污染区，限制出入。消除所有点火源。建议应急处理人员戴防尘口罩，穿防毒服。穿上适当的防护服前严禁接触破裂的容器和泄漏物。尽可能切断泄漏源

环境保护措施　用塑料布覆盖泄漏物，减少飞散

泄漏化学品的收容、清除方法及所使用的处置材料　勿使水进入包装容器内。用洁净的铲子收集泄漏物，置于干净、干燥、盖子较松的容器中，将容器移离泄漏区

第七部分　操作处置与储存

操作注意事项　密闭操作，局部排风。防止粉尘释放到车间空气中。操作人员必须经过专门培训，严格遵守操作规程。建议操作人员佩戴自吸过滤式防尘口罩，戴化学安全防护眼镜，穿防毒物渗透工作服，戴橡胶手套。远离火种、热源，工作场所严禁吸烟。使用防爆型的通风系统和设备。避免产生粉尘。避免与氧化剂接触。配备相应品种和数量的消防器材及泄漏应急处理设备。倒空的容器可能残留有害物

储存注意事项　储存于阴凉、通风的库房。远离火种、热源。防止阳光直射。包装密封。应与氧化剂、食用化学品分开存放，切忌混储。配备相应品种和数量的消防器材。储区应备有合适的材料收容泄漏物

第八部分　接触控制/个体防护

职业接触限值

中国　未制定标准

美国（ACGIH）　未制定标准

生物接触限值　未制定标准

监测方法　空气中有毒物质测定方法：未制定标准。生物监测检验方法：未制定标准

工程控制　密闭操作，局部排风

个体防护装备

呼吸系统防护　空气中粉尘浓度超标时，必须佩戴过滤式防尘呼吸器。紧急事态抢救或撤离时，应该佩戴空气呼吸器

眼睛防护　戴化学安全防护眼镜

皮肤和身体防护　穿防毒物渗透工作服

手防护　戴橡胶手套

第九部分　理化特性

外观与性状　白色针状结晶

pH 值　无意义　　　　**熔点(℃)**　36～38

沸点(℃)　299

相对密度(水＝1)　1.1113（25℃）

相对蒸气密度(空气＝1)　无资料

饱和蒸气压(kPa)　无资料

临界压力(MPa)　无资料　　**辛醇/水分配系数**　无资料

闪点(℃)　无意义　　　　**自燃温度(℃)**　无资料

爆炸下限(%)　无资料　　**爆炸上限(%)**　无资料

分解温度(℃)　无资料　　**黏度(mPa·s)**　无资料

燃烧热(kJ/mol)　无资料　　**临界温度(℃)**　无资料

溶解性　不溶于水，易溶于乙醇、乙醚

第十部分　稳定性和反应性

稳定性　稳定

危险反应　与强氧化剂等禁配物发生反应

避免接触的条件　无资料

禁配物　强氧化剂

危险的分解产物　氮氧化物

第十一部分　毒理学信息

急性毒性　无资料

皮肤刺激或腐蚀　无资料　　**眼睛刺激或腐蚀**　无资料

呼吸或皮肤过敏　无资料

生殖细胞突变性　微生物致突变：鼠伤寒沙门氏菌10mg/L

致癌性　无资料　　　　**生殖毒性**　无资料

特异性靶器官系统毒性-一次接触　无资料

特异性靶器官系统毒性-反复接触　无资料

吸入危害　无资料

第十二部分　生态学信息

生态毒性　无资料

持久性和降解性

生物降解性　无资料

非生物降解性　无资料

潜在的生物累积性　无资料

土壤中的迁移性　无资料

第十三部分　废弃处置

废弃化学品　建议用焚烧法处置。在能利用的地方重复使用容器或在规定场所掩埋

污染包装物　将容器返还生产商或按照国家和地方法规处置

废弃注意事项　处置前应参阅国家和地方有关法规

第十四部分　运输信息

联合国危险货物编号（UN 号）　—

联合国运输名称　—　　联合国危险性类别　—
包装类别　—　　　　　包装标志　—
海洋污染物　否
运输注意事项　运输前应先检查包装容器是否完整、密封，运输过程中要确保容器不泄漏、不倒塌、不坠落、不损坏。严禁与酸类、氧化剂、食品及食品添加剂混运。运输时运输车辆应配备相应品种和数量的消防器材及泄漏应急处理设备。运输途中应防暴晒、雨淋，防高温。公路运输时要按规定路线行驶，勿在居民区和人口稠密区停留

第十五部分　法规信息

下列法律、法规、规章和标准，对该化学品的管理作了相应的规定。
中华人民共和国职业病防治法　职业病分类和目录：氰及腈类化合物中毒
危险化学品安全管理条例　危险化学品目录：列入。易制爆危险化学品名录：未列入。重点监管的危险化学品名录：未列入。GB 18218—2009《危险化学品重大危险源辨识》（表1）：未列入
使用有毒物品作业场所劳动保护条例　高毒物品目录：未列入
易制毒化学品管理条例　易制毒化学品的分类和品种目录：未列入
国际公约　斯德哥尔摩公约：未列入。鹿特丹公约：未列入。蒙特利尔议定书：未列入

第十六部分　其他信息

编写和修订信息　　缩略语和首字母缩写
培训建议　　　　　参考文献
免责声明

1-萘硫脲

第一部分　化学品标识

化学品中文名　1-萘硫脲；α-萘硫脲；安妥；1-萘基硫脲；萘硫脲；α-萘基硫脲
化学品英文名　α-naphthylthiourea；antu
分子式　$C_{11}H_{10}N_2S$　**分子量**　202.275
结构式

化学品的推荐及限制用途　用作杀鼠药，也用于有机合成

第二部分　危险性概述

紧急情况概述　吞咽致命
GHS危险性类别　急性毒性-经口，类别2
标签要素

象形图　💀

警示词　危险
危险性说明　吞咽致命
防范说明
　预防措施　避免接触眼睛、皮肤，操作后彻底清洗。作业场所不得进食、饮水或吸烟
　事故响应　食入：立即呼叫中毒控制中心或就医，漱口
　安全储存　上锁保管
　废弃处置　本品及内装物、容器依据国家和地方法规处置
物理和化学危险　可燃，其粉体与空气混合，能形成爆炸性混合物
健康危害　口服或吸入本品粉尘可引起轻度恶心、气急、体温下降。血糖明显升高。大剂量可引起肺水肿、胸膜渗液、中枢神经系统损害及呼吸衰竭。可有肝肾损害
环境危害　对环境可能有害

第三部分　成分/组成信息

✓　物质　　　　　　　　　　混合物

组分	浓度	CAS No.
α-萘硫脲		86-88-4

第四部分　急救措施

吸入　迅速脱离现场至空气新鲜处。保持呼吸道通畅。如呼吸困难，给输氧。如呼吸、心跳停止，立即进行心肺复苏术。就医
皮肤接触　立即脱去污染的衣着，用流动清水彻底冲洗。就医
眼睛接触　立即分开眼睑，用流动清水或生理盐水彻底冲洗。就医
食入　饮适量温水，催吐（仅限于清醒者）。就医
对保护施救者的忠告　根据需要使用个人防护设备
对医生的特别提示　对症处理

第五部分　消防措施

灭火剂　用雾状水、泡沫、干粉、二氧化碳、砂土灭火
特别危险性　遇明火、高热可燃。受高热分解放出有毒的气体
灭火注意事项及防护措施　消防人员必须佩戴防毒面具、穿全身消防服，在上风向灭火。尽可能将容器从火场移至空旷处。喷水保持火场容器冷却，直至灭火结束

第六部分　泄漏应急处理

作业人员防护措施、防护装备和应急处置程序　隔离泄漏污染区，限制出入。建议应急处理人员戴防尘口罩，穿防毒服。穿上适当的防护服前严禁接触破裂的容器和泄漏物。尽可能切断泄漏源
环境保护措施　用塑料布覆盖泄漏物，减少飞散
泄漏化学品的收容、清除方法及所使用的处置材料　勿使水进入包装容器内。用洁净的铲子收集泄漏物，置于干净、干燥、盖子较松的容器中，将容器移离泄漏区

第七部分　操作处置与储存

操作注意事项　密闭操作，局部排风。操作人员必须经过专门培训，严格遵守操作规程。建议操作人员佩戴防尘面具（全面罩），穿胶布防毒衣，戴橡胶手套。远离火种、热源，工作场所严禁吸烟。使用防爆型的通风系统和设备。避免产生粉尘。避免与氧化剂、碱类接触。搬运时要轻装轻卸，防止包装及容器损坏。配备相应品种和数量的消防器材及泄漏应急处理设备。倒空的容器可能残留有害物

储存注意事项　储存于阴凉、通风的库房。远离火种、热源。库温不超过35℃，相对湿度不超过80％。应与氧化剂、碱类、食用化学品分开存放，切忌混储。配备相应品种和数量的消防器材。储区应备有合适的材料收容泄漏物

第八部分　接触控制/个体防护

职业接触限值
　　中国　PC-TWA：0.3mg/m³
　　美国(ACGIH)　TLV-TWA：0.3mg/m³ ［皮］
生物接触限值　未制定标准
监测方法　空气中有毒物质测定方法：未制定标准。生物监测检验方法：未制定标准
工程控制　密闭操作，局部排风
个体防护装备
　　呼吸系统防护　可能接触其粉尘时，必须佩戴防尘面具（全面罩）。紧急事态抢救或撤离时，应该佩戴空气呼吸器
　　眼睛防护　呼吸系统防护中已作防护
　　皮肤和身体防护　穿密闭型防毒服
　　手防护　戴橡胶手套

第九部分　理化特性

外观与性状　白色或灰色、无臭粉末或粒状结晶，味苦
pH值　无意义　　**熔点(℃)**　198
沸点(℃)　无资料　　相对密度(水＝1)　无资料
相对蒸气密度(空气＝1)　无资料
饱和蒸气压(kPa)　无资料
临界压力(MPa)　无资料　辛醇/水分配系数　无资料
闪点(℃)　无资料　　自燃温度(℃)　无资料
爆炸下限(%)　无资料　爆炸上限(%)　无资料
分解温度(℃)　＜沸点　黏度(mPa·s)　无资料
燃烧热(kJ/mol)　无资料　临界温度(℃)　无资料
溶解性　不溶于水，微溶于乙醚，溶于热醇、碱液

第十部分　稳定性和反应性

稳定性　稳定
危险反应　与强氧化剂、碱类等禁配物发生反应
避免接触的条件　无资料
禁配物　强氧化剂、碱类
危险的分解产物　氮氧化物、氧化硫

第十一部分　毒理学信息

急性毒性　LD₅₀：3mg/kg（大鼠经口）；5mg/kg（小鼠经口）
皮肤刺激或腐蚀　无资料　眼睛刺激或腐蚀　无资料
呼吸或皮肤过敏　无资料
生殖细胞突变性　微生物致突变：鼠伤寒沙门氏菌500nmol/L；肿瘤转化：仓鼠胚胎1600μg/L
致癌性　IARC致癌性评论：组3，现有的证据不能对人类致癌性进行分类
生殖毒性　无资料
特异性靶器官系统毒性-一次接触　无资料
特异性靶器官系统毒性-反复接触　无资料
吸入危害　无资料

第十二部分　生态学信息

生态毒性　无资料
持久性和降解性
　　生物降解性　无资料
　　非生物降解性　无资料
潜在的生物累积性　无资料
土壤中的迁移性　无资料

第十三部分　废弃处置

废弃化学品　建议用焚烧法处置。焚烧炉排出的气体要通过洗涤器除去
污染包装物　将容器返还生产商或按照国家和地方法规处置
废弃注意事项　处置前应参阅国家和地方有关法规

第十四部分　运输信息

联合国危险货物编号（UN号）　1651
联合国运输名称　萘硫脲
联合国危险性类别　6.1

包装类别　Ⅱ　　　　　**包装标志**　

海洋污染物　否
运输注意事项　运输前应先检查包装容器是否完整、密封，运输过程中要确保容器不泄漏、不倒塌、不坠落、不损坏。严禁与酸类、氧化剂、食品及食品添加剂混运。运输途中应防暴晒、雨淋，防高温

第十五部分　法规信息

下列法律、法规、规章和标准，对该化学品的管理作了相应的规定。
中华人民共和国职业病防治法　职业病分类和目录：未列入
危险化学品安全管理条例　危险化学品目录：列入。易制爆危险化学品名录：未列入。重点监管的危险化学品名录：未列入。GB 18218—2009《危险化学品重大危险源辨识》（表1）：未列入
使用有毒物品作业场所劳动保护条例　高毒物品目录：未列入
易制毒化学品管理条例　易制毒化学品的分类和品种目

录：未列入

国际公约　斯德哥尔摩公约：未列入。鹿特丹公约：未列入。蒙特利尔议定书：未列入

第十六部分　其他信息

编写和修订信息　　缩略语和首字母缩写

培训建议　　　　　参考文献

免责声明

1-萘氧基二氯化膦

第一部分　化学品标识

化学品中文名　1-萘氧基二氯化膦；1-萘氧二氯化膦

化学品英文名　1-naphthoxyphosphorus dichloride；α-naphthyloxychlorophosphine

分子式　$C_{10}H_7Cl_2OP$　分子量　245.06

结构式

化学品的推荐及限制用途　用于有机分析中测定碳和氢

第二部分　危险性概述

紧急情况概述　造成皮肤刺激

GHS危险性类别　皮肤腐蚀/刺激，类别2

标签要素

象形图

警示词　警告

危险性说明　造成皮肤刺激

防范说明

预防措施　避免接触眼睛、皮肤，操作后彻底清洗。戴防护手套

事故响应　皮肤接触：用大量肥皂水和水清洗。如发生皮肤刺激，就医。脱去被污染的衣服，衣服经洗净后方可重新使用

安全储存　—

废弃处置　—

物理和化学危险　可燃。遇水产生有毒气体

健康危害　误服或吸入会中毒。对皮肤、眼睛和黏膜有刺激性和腐蚀性。与水或水蒸气发生反应释出有毒性和易燃的蒸气

环境危害　对环境可能有害

第三部分　成分/组成信息

√物质		混合物
组分	浓度	CAS No.
1-萘氧二氯化膦		91270-74-5

第四部分　急救措施

吸入　迅速脱离现场至空气新鲜处。保持呼吸道通畅。如呼吸困难，给输氧。呼吸、心跳停止，立即进行心肺复苏术。就医

皮肤接触　立即脱去污染的衣着，用流动清水彻底冲洗。就医

眼睛接触　立即分开眼睑，用流动清水或生理盐水彻底冲洗。就医

食入　漱口，饮水。就医

对保护施救者的忠告　根据需要使用个人防护设备

对医生的特别提示　对症处理

第五部分　消防措施

灭火剂　用干粉、二氧化碳、砂土灭火

特别危险性　可燃。遇水或水蒸气反应放出有毒和易燃的气体

灭火注意事项及防护措施　消防人员必须佩戴空气呼吸器、穿全身防火防毒服，在上风向灭火。尽可能将容器从火场移至空旷处。喷水保持火场容器冷却，直至灭火结束。处在火场中的容器若已变色或从安全泄压装置中发出声音，必须马上撤离。禁止用水、泡沫和酸碱灭火剂灭火

第六部分　泄漏应急处理

作业人员防护措施、防护装备和应急处置程序　根据液体流动和蒸气扩散的影响区域划定警戒区，无关人员从侧风、上风向撤离至安全区。消除所有点火源。建议应急处理人员戴正压自给式呼吸器，穿防酸碱服。穿上适当的防护服前严禁接触破裂的容器和泄漏物。尽可能切断泄漏源

环境保护措施　防止泄漏物进入水体、下水道、地下室或有限空间

泄漏化学品的收容、清除方法及所使用的处置材料　小量泄漏：用干燥的砂土或其他不燃材料吸收或覆盖，收集于容器中。大量泄漏：构筑围堤或挖坑收容。用耐腐蚀泵转移至槽车或专用收集器内

第七部分　操作处置与储存

操作注意事项　严加密闭，提供充分的局部排风和全面通风。操作人员必须经过专门培训，严格遵守操作规程。建议操作人员佩戴自吸过滤式防毒面具（全面罩），穿橡胶耐酸碱服，戴橡胶耐酸碱手套。远离火种、热源，工作场所严禁吸烟。使用防爆型的通风系统和设备。防止蒸气泄漏到工作场所空气中。避免与氧化剂、碱类接触。尤其要注意避免与水接触。搬运时要轻装轻卸，防止包装及容器损坏。配备相应品种和数量的消防器材及泄漏应急处理设备。倒空的容器可能残留有害物

储存注意事项　储存于阴凉、干燥、通风良好的库房。远离火种、热源。保持容器密封。应与氧化剂、碱类等分开存放，切忌混储。配备相应品种和数量的消防器材。储区应备有泄漏应急处理设备和合适的收容材料

第八部分　接触控制/个体防护

职业接触限值

中国　未制定标准

美国（ACGIH）　未制定标准

生物接触限值 未制定标准

监测方法 空气中有毒物质测定方法：未制定标准。生物监测检验方法：未制定标准

工程控制 严加密闭，提供充分的局部排风和全面通风

个体防护装备

呼吸系统防护 空气中浓度超标时，必须佩戴过滤式防毒面具（全面罩）。紧急事态抢救或撤离时，应该佩戴空气呼吸器

眼睛防护 呼吸系统防护中已作防护

皮肤和身体防护 穿橡胶耐酸碱服

手防护 戴橡胶耐酸碱手套

第九部分 理化特性

外观与性状 无色液体

pH 值 无资料 熔点($℃$) 无资料

沸点($℃$) 180（2.40kPa）

相对密度(水＝1) 1.08（15℃）

相对蒸气密度(空气＝1) 无资料

饱和蒸气压(kPa) 2.40（180℃）

临界压力(MPa) 无资料 辛醇/水分配系数 无资料

闪点($℃$) 无资料 自燃温度($℃$) 无资料

爆炸下限(%) 无资料 爆炸上限(%) 无资料

分解温度($℃$) 无资料 黏度(mPa·s) 无资料

燃烧热(kJ/mol) 无资料 临界温度($℃$) 无资料

溶解性 溶于无水乙醇、乙醚

第十部分 稳定性和反应性

稳定性 稳定

危险反应 与强氧化剂、强碱、水蒸气等禁配物发生反应。遇水或水蒸气反应放出有毒和易燃的气体

避免接触的条件 潮湿空气

禁配物 强氧化剂、强碱、水或水蒸气

危险的分解产物 氯化氢、氧化磷

第十一部分 毒理学信息

急性毒性 无资料

皮肤刺激或腐蚀 无资料 眼睛刺激或腐蚀 无资料

呼吸或皮肤过敏 无资料 生殖细胞突变性 无资料

致癌性 无资料 生殖毒性 无资料

特异性靶器官系统毒性-一次接触 无资料

特异性靶器官系统毒性-反复接触 无资料

吸入危害 无资料

第十二部分 生态学信息

生态毒性 无资料

持久性和降解性

生物降解性 无资料

非生物降解性 无资料

潜在的生物累积性 无资料

土壤中的迁移性 无资料

第十三部分 废弃处置

废弃化学品 建议用焚烧法处置。与燃料混合后，再焚烧。焚烧炉排出的气体要通过洗涤器除去

污染包装物 将容器返还生产商或按照国家和地方法规处置

废弃注意事项 处置前应参阅国家和地方有关法规

第十四部分 运输信息

联合国危险货物编号（UN 号） 一

联合国运输名称 一 联合国危险性类别 一

包装类别 一 包装标志 一

海洋污染物 否

运输注意事项 起运时包装要完整，装载应稳妥。运输过程中要确保容器不泄漏、不倒塌、不坠落、不损坏。严禁与氧化剂、碱类、食用化学品等混装混运。运输时运输车辆应配备相应品种和数量的消防器材及泄漏应急处理设备。运输途中应防暴晒、雨淋，防高温。公路运输时要按规定路线行驶，勿在居民区和人口稠密区停留

第十五部分 法规信息

下列法律、法规、规章和标准，对该化学品的管理作了相应的规定。

中华人民共和国职业病防治法 职业病分类和目录：未列入

危险化学品安全管理条例 危险化学品目录：列入。易制爆危险化学品名录：未列入。重点监管的危险化学品名录：未列入。GB 18218—2009《危险化学品重大危险源辨识》（表1）：未列入

使用有毒物品作业场所劳动保护条例 高毒物品目录：未列入

易制毒化学品管理条例 易制毒化学品的分类和品种目录：未列入

国际公约 斯德哥尔摩公约：未列入。鹿特丹公约：未列入。蒙特利尔议定书：未列入

第十六部分 其他信息

编写和修订信息 缩略语和首字母缩写

培训建议 参考文献

免责声明

1-萘乙酸

第一部分 化学品标识

化学品中文名 1-萘乙酸；α-萘乙酸；α-萘醋酸；1-萘基乙酸

化学品英文名 1-naphthaleneacetic acid；α-naphthylacetic acid

分子式 $C_{12}H_{10}O_2$ 分子量 186.21

结构式

化学品的推荐及限制用途 用于有机合成，用作植物生长刺激素

第二部分　危险性概述

紧急情况概述　吞咽有害，造成严重眼损伤，可能引起呼吸道刺激

GHS危险性类别　急性毒性-经口，类别4；皮肤腐蚀/刺激，类别2；严重眼损伤/眼刺激，类别1；特异性靶器官毒性——次接触，类别3（呼吸道刺激）；危害水生环境-急性危害，类别3；危害水生环境-长期危害，类别3

标签要素

象形图　

警示词　危险

危险性说明　吞咽有害，造成皮肤刺激，造成严重眼损伤，可能引起呼吸道刺激，对水生生物有害并具有长期持续影响

防范说明

预防措施　避免接触眼睛皮肤，操作后彻底清洗。作业场所不得进食、饮水或吸烟。戴防护手套、防护眼镜、防护面罩。禁止排入环境

事故响应　食入：漱口。如果感觉不适，立即呼叫中毒控制中心或就医。皮肤接触：用大量肥皂水和水清洗。如发生皮肤刺激，就医。脱去被污染的衣服，衣服经洗净后方可重新使用。接触眼睛：用水细心冲洗数分钟。如戴隐形眼镜并可方便地取出，取出隐形眼镜，继续冲洗

安全储存　—

废弃处置　本品及内装物、容器依据国家和地方法规处置

物理和化学危险　可燃，其粉体与空气混合，能形成爆炸性混合物。受热分解放出有毒气体

健康危害　该物质对黏膜、上呼吸道、眼、皮肤等组织有极强的损坏作用。吸入后可能因喉、支气管的炎症、水肿、痉挛，化学性肺炎或肺水肿而致死。中毒表现有烧灼感、咳嗽、喘息、喉炎、气短、头痛、恶心、呕吐

环境危害　对水生生物有害并具有长期持续影响

第三部分　成分/组成信息

√ 物质　　　　　　　　　混合物

组分	浓度	CAS No.
1-萘乙酸		86-87-3

第四部分　急救措施

吸入　迅速脱离现场至空气新鲜处。保持呼吸道通畅。如呼吸困难，给输氧。呼吸、心跳停止，立即进行心肺复苏术。就医

皮肤接触　立即脱去污染的衣着，用大量流动清水冲洗20～30min。如有不适感，就医

眼睛接触　立即提起眼睑，用大量流动清水或生理盐水彻底冲洗至少15min。如有不适感，就医

食入　用水漱口，给饮牛奶或蛋清。就医

对保护施救者的忠告　根据需要使用个人防护设备

对医生的特别提示　对症处理

第五部分　消防措施

灭火剂　用雾状水、泡沫、干粉、二氧化碳、砂土灭火

特别危险性　可燃。受热分解放出有毒气体

灭火注意事项及防护措施　消防人员必须佩戴防毒面具、穿全身消防服，在上风向灭火。尽可能将容器从火场移至空旷处。喷水保持火场容器冷却，直至灭火结束

第六部分　泄漏应急处理

作业人员防护措施、防护装备和应急处置程序　隔离泄漏污染区，限制出入。消除所有点火源。建议应急处理人员戴防尘口罩，穿防毒服。穿上适当的防护服前严禁接触破裂的容器和泄漏物。尽可能切断泄漏源。用塑料布覆盖泄漏物，减少飞散。勿使水进入包装容器内

环境保护措施　防止泄漏物进入水体、下水道、地下室或密闭性空间

泄漏化学品的收容、清除方法及所使用的处置材料　用洁净的铲子收集泄漏物，置于干净、干燥、盖子较松的容器中，将容器移离泄漏区

第七部分　操作处置与储存

操作注意事项　密闭操作，局部排风。操作人员必须经过专门培训，严格遵守操作规程。建议操作人员佩戴防尘面具（全面罩），穿橡胶防腐工作服，戴橡胶手套。远离火种、热源，工作场所严禁吸烟。使用防爆型的通风系统和设备。避免产生粉尘。避免与氧化剂、碱类接触。搬运时要轻装轻卸，防止包装及容器损坏。配备相应品种和数量的消防器材及泄漏应急处理设备。倒空的容器可能残留有害物

储存注意事项　储存于阴凉、通风的库房。远离火种、热源。应与氧化剂、碱类分开存放，切忌混储。配备相应品种和数量的消防器材。储区应备有合适的材料收容泄漏物

第八部分　接触控制/个体防护

职业接触限值

中国　未制定标准

美国（ACGIH）　未制定标准

生物接触限值　未制定标准

监测方法　空气中有毒物质测定方法：未制定标准。生物监测检验方法：未制定标准

工程控制　密闭操作，局部排风。提供安全淋浴和洗眼设备

个体防护装备

呼吸系统防护　可能接触其粉尘时，必须佩戴防尘面具（全面罩）。紧急事态抢救或撤离时，应该佩戴空气呼吸器

眼睛防护　呼吸系统防护中已作防护

皮肤和身体防护　穿橡胶防腐工作服

手防护 戴橡胶手套

第九部分 理化特性

外观与性状 白色至米黄色晶状粉末，无臭无味
pH 值 无意义 **熔点(℃)** 132～135
沸点(℃) 285（分解） **相对密度(水＝1)** 无资料
相对蒸气密度(空气＝1) 无资料
饱和蒸气压(kPa) 无资料
临界压力(MPa) 无资料 **辛醇/水分配系数** 无资料
闪点(℃) 无资料 **自燃温度(℃)** 无资料
爆炸下限(%) 无资料 **爆炸上限(%)** 无资料
分解温度(℃) 无资料 **黏度(mPa·s)** 无资料
燃烧热(kJ/mol) 无资料 **临界温度(℃)** 无资料
溶解性 微溶于冷水、乙醇，溶于苯、乙酸，易溶于碱液等

第十部分 稳定性和反应性

稳定性 稳定
危险反应 与强氧化剂、强碱等禁配物发生反应
避免接触的条件 受热
禁配物 强氧化剂、强碱
危险的分解产物 无资料

第十一部分 毒理学信息

急性毒性 LD$_{50}$：1000mg/kg（大鼠经口）；743mg/kg（小鼠经口）；＞5000mg/kg（兔经皮）
皮肤刺激或腐蚀 造成皮肤刺激
眼睛刺激或腐蚀 无资料 **呼吸或皮肤过敏** 无资料
生殖细胞突变性 无资料 **致癌性** 无资料
生殖毒性 无资料
特异性靶器官系统毒性-一次接触 无资料
特异性靶器官系统毒性-反复接触 无资料
吸入危害 无资料

第十二部分 生态学信息

生态毒性 无资料
持久性和降解性
　生物降解性 无资料
　非生物降解性 无资料
潜在的生物累积性 无资料
土壤中的迁移性 无资料

第十三部分 废弃处置

废弃化学品 建议用焚烧法处置
污染包装物 将容器返还生产商或按照国家和地方法规处置
废弃注意事项 处置前应参阅国家和地方有关法规

第十四部分 运输信息

联合国危险货物编号（UN 号） —
联合国运输名称 — **联合国危险性类别** —
包装类别 — **包装标志** —
海洋污染物 否
运输注意事项 运输前应先检查包装容器是否完整、密封，运输过程中要确保容器不泄漏、不倒塌、不坠落、不损坏。严禁与酸类、氧化剂、食品及食品添加剂混运。运输途中应防暴晒、雨淋，防高温

第十五部分 法规信息

下列法律、法规、规章和标准，对该化学品的管理作了相应的规定。
中华人民共和国职业病防治法 职业病分类和目录：未列入
危险化学品安全管理条例 危险化学品目录：未列入。易制爆危险化学品名录：未列入。重点监管的危险化学品名录：未列入。GB 18218—2009《危险化学品重大危险源辨识》（表1）：未列入
使用有毒物品作业场所劳动保护条例 高毒物品目录：未列入
易制毒化学品管理条例 易制毒化学品的分类和品种目录：未列入
国际公约 斯德哥尔摩公约：未列入。鹿特丹公约：未列入。蒙特利尔议定书：未列入

第十六部分 其他信息

编写和修订信息 **缩略语和首字母缩写**
培训建议 **参考文献**
免责声明

2-萘乙酸

第一部分 化学品标识

化学品中文名 2-萘乙酸；β-萘醋酸；β-萘乙酸
化学品英文名 2-naphthylacetic acid；β-naphthyleneacetic acid
分子式 C$_{12}$H$_{10}$O$_2$ **分子量** 186.21
结构式

化学品的推荐及限制用途 用作植物激素，植物生根剂

第二部分 危险性概述

紧急情况概述 造成严重眼刺激，可能引起呼吸道刺激
GHS 危险性类别 皮肤腐蚀/刺激，类别 2；严重眼损伤/眼刺激，类别 2A；特异性靶器官毒性-一次接触，类别 3（呼吸道刺激）
标签要素

象形图

警示词 警告
危险性说明 造成皮肤刺激，造成严重眼刺激，可能引起呼吸道刺激
防范说明
　预防措施 避免接触眼睛皮肤，操作后彻底清洗。戴防护眼镜、防护面罩、防护手套
　事故响应 皮肤接触：用大量肥皂水和水清洗。如

发生皮肤刺激，就医。脱去被污染的衣服，衣服经洗净后方可重新使用。如接触眼睛：用水细心冲洗数分钟。如戴隐形眼镜并可方便地取出，取出隐形眼镜，继续冲洗。如果眼睛刺激持续，就医

安全储存　—

废弃处置　本品及内装物、容器依据国家和地方法规处置

物理和化学危险　可燃，其粉体与空气混合，能形成爆炸性混合物

健康危害　吸入、摄入或经皮肤吸收后对身体有害。对眼睛、皮肤、黏膜和上呼吸道有刺激作用

环境危害　对环境可能有害

第三部分　成分/组成信息

√ 物质　　　　　　　混合物

组分	浓度	CAS No.
2-萘乙酸		581-96-4

第四部分　急救措施

吸入　迅速脱离现场至空气新鲜处。保持呼吸道通畅。如呼吸困难，给输氧。呼吸、心跳停止，立即进行心肺复苏术。就医

皮肤接触　立即脱去污染的衣着，用大量流动清水冲洗。如有不适感，就医

眼睛接触　提起眼睑，用流动清水或生理盐水冲洗。如有不适感，就医

食入　饮足量温水，催吐。就医

对保护施救者的忠告　根据需要使用个人防护设备

对医生的特别提示　对症处理

第五部分　消防措施

灭火剂　用雾状水、泡沫、干粉、二氧化碳、砂土灭火

特别危险性　遇明火、高热可燃。其粉体与空气可形成爆炸性混合物，当达到一定浓度时，遇火星会发生爆炸。受高热分解放出有毒的气体

灭火注意事项及防护措施　消防人员必须佩戴防毒面具、穿全身消防服，在上风向灭火。尽可能将容器从火场移至空旷处。喷水保持火场容器冷却，直至灭火结束

第六部分　泄漏应急处理

作业人员防护措施、防护装备和应急处置程序　隔离泄漏污染区，限制出入。消除所有点火源。建议应急处理人员戴防尘口罩，穿一般作业工作服。尽可能切断泄漏源。用塑料布覆盖泄漏物，减少飞散。勿使水进入包装容器内

环境保护措施　防止泄漏物进入水体、下水道、地下室或密闭性空间

泄漏化学品的收容、清除方法及所使用的处置材料　用洁净的铲子收集泄漏物，置于干净、干燥、盖子较松的容器中，将容器移离泄漏区

第七部分　操作处置与储存

操作注意事项　密闭操作，局部排风。防止粉尘释放到车间空气中。操作人员必须经过专门培训，严格遵守操作规程。建议操作人员佩戴自吸过滤式防尘口罩，戴化学安全防护眼镜，穿防毒物渗透工作服，戴橡胶手套。远离火种、热源，工作场所严禁吸烟。使用防爆型的通风系统和设备。避免产生粉尘。避免与氧化剂、碱类接触。配备相应品种和数量的消防器材及泄漏应急处理设备。倒空的容器可能残留有害物

储存注意事项　储存于阴凉、通风的库房。远离火种、热源。防止阳光直射。包装密封。应与氧化剂、碱类分开存放，切忌混储。配备相应品种和数量的消防器材。储区应备有合适的材料收容泄漏物

第八部分　接触控制/个体防护

职业接触限值

中国　未制定标准

美国（ACGIH）　未制定标准

生物接触限值　未制定标准

监测方法　空气中有毒物质测定方法：未制定标准。生物监测检验方法：未制定标准

工程控制　密闭操作，局部排风

个体防护装备

呼吸系统防护　空气中粉尘浓度超标时，必须佩戴过滤式防尘呼吸器。紧急事态抢救或撤离时，应该佩戴空气呼吸器

眼睛防护　戴化学安全防护眼镜

皮肤和身体防护　穿防毒物渗透工作服

手防护　戴防化学品手套

第九部分　理化特性

外观与性状　白色鳞片状结晶或粉末

pH 值　无意义　　　　**熔点(℃)**　141～143

沸点(℃)　无资料　　　**相对密度(水＝1)**　无资料

相对蒸气密度(空气＝1)　无资料

饱和蒸气压(kPa)　无资料

临界压力(MPa)　无资料　**辛醇/水分配系数**　无资料

闪点(℃)　无意义　　　**自燃温度(℃)**　无资料

爆炸下限(%)　无资料　　**爆炸上限(%)**　无资料

分解温度(℃)　无资料　　**黏度(mPa·s)**　无资料

燃烧热(kJ/mol)　无资料　**临界温度(℃)**　无资料

溶解性　微溶于水，溶于乙醇、乙醚、氯仿、乙酸乙酯、石油醚

第十部分　稳定性和反应性

稳定性　稳定

危险反应　与强氧化剂、强碱等禁配物发生反应

避免接触的条件　无资料

禁配物　强氧化剂、强碱

危险的分解产物　无资料

第十一部分　毒理学信息

急性毒性　LD_{50}：500mg/kg（小鼠皮下）

皮肤刺激或腐蚀　无资料　　**眼睛刺激或腐蚀**　无资料

呼吸或皮肤过敏　无资料　　**生殖细胞突变性**　无资料

致癌性　无资料　　　　　生殖毒性　无资料
特异性靶器官系统毒性-一次接触　无资料
特异性靶器官系统毒性-反复接触　无资料
吸入危害　无资料

第十二部分　生态学信息

生态毒性　无资料
持久性和降解性
　　生物降解性　无资料
　　非生物降解性　无资料
潜在的生物累积性　无资料
土壤中的迁移性　无资料

第十三部分　废弃处置

废弃化学品　危险废物
污染包装物　建议用焚烧法处置。在能利用的地方重复使用容器或在规定场所掩埋
废弃注意事项　处置前应参阅国家和地方有关法规

第十四部分　运输信息

联合国危险货物编号（UN 号）　—
联合国运输名称　—　　　　联合国危险性类别　—
包装类别　　　　　　　　　包装标志
海洋污染物　否
运输注意事项　运输前应先检查包装容器是否完整、密封，运输过程中要确保容器不泄漏、不倒塌、不坠落、不损坏。严禁与酸类、氧化剂、食品及食品添加剂混运。运输时运输车辆应配备相应品种和数量的消防器材及泄漏应急处理设备。运输途中应防暴晒、雨淋，防高温。公路运输时要按规定路线行驶，勿在居民区和人口稠密区停留

第十五部分　法规信息

　　下列法律、法规、规章和标准，对该化学品的管理作了相应的规定。
中华人民共和国职业病防治法　职业病分类和目录：未列入
危险化学品安全管理条例　危险化学品目录：未列入。易制爆危险化学品名录：未列入。重点监管的危险化学品名录：未列入。GB 18218—2009《危险化学品重大危险源辨识》（表 1）：未列入
使用有毒物品作业场所劳动保护条例　高毒物品目录：未列入
易制毒化学品管理条例　易制毒化学品的分类和品种目录：未列入
国际公约　斯德哥尔摩公约：未列入。鹿特丹公约：未列入。蒙特利尔议定书：未列入

第十六部分　其他信息

编写和修订信息　　　缩略语和首字母缩写
培训建议　　　　　　参考文献
免责声明

内吸磷

第一部分　化学品标识

化学品中文名　内吸磷；杀虫多；1059；O,O-二乙基-O-（S）［2-（乙硫基）乙基］硫代磷酸
化学品英文名　O,O-diethyl $O(S)$-2-（ethylthio）ethyl phosphorothioate mixture；Demeton；systox
分子式　$C_8H_{19}O_3PS_2$　分子量　258.34
结构式　无
化学品的推荐及限制用途　农业上用于防治蚜虫、红蜘蛛、线虫等

第二部分　危险性概述

紧急情况概述　吞咽致命，皮肤接触会致命
GHS 危险性类别　急性毒性-经口，类别 2；急性毒性-经皮，类别 1；危害水生环境-急性危害，类别 1
标签要素

象形图　

警示词　危险
危险性说明　吞咽致命，皮肤接触会致命，对水生生物毒性非常大
防范说明
　　预防措施　避免接触眼睛、皮肤或衣服，操作后彻底清洗。作业场所不得进食、饮水或吸烟。戴防护手套、穿防护服。禁止排入环境
　　事故响应　食入：立即呼叫中毒控制中心或就医。漱口。皮肤接触：用大量肥皂水和水轻轻地清洗，立即脱去所有被污染的衣服，立即呼叫中毒控制中心或就医。被污染的衣服经洗净后方可重新使用。收集泄漏物
　　安全储存　上锁保管
　　废弃处置　本品及内装物、容器依据国家和地方法规处置
物理和化学危险　可燃
健康危害　本品对机体的危害与一般的有机磷农药相同。中毒表现有头晕、无力、倦乏、恶心、腹痛、呕吐、出汗、肌束颤动、瞳孔缩小、血压升高，严重病例并发中毒性肺水肿、脑水肿。部分病例可有心肌、肝、肾损害以及精神病后遗症等。慢性接触可出现头痛、无力及消化不良，植物神经功能紊乱，部分工人血压偏低等
环境危害　对水生生物毒性非常大

第三部分　成分/组成信息

√ 物质　　　　　　　　　　混合物
　　组分　　　　浓度　　　CAS No.
　　内吸磷　　　　　　　　8065-48-3

第四部分　急救措施

吸入　迅速脱离现场至空气新鲜处。保持呼吸道通畅。如

呼吸困难，给输氧。呼吸、心跳停止，立即进行心肺复苏术。就医

皮肤接触 立即脱去污染的衣着，用肥皂水及流动清水彻底冲洗污染的皮肤、头发、指甲等。就医

眼睛接触 分开眼睑，用流动清水或生理盐水冲洗。就医

食入 饮足量温水，催吐（仅限于清醒者）。口服活性炭。就医

对保护施救者的忠告 根据需要使用个人防护设备

对医生的特别提示 解毒剂：阿托品、胆碱酯酶复能剂

第五部分 消防措施

灭火剂 用雾状水、泡沫、干粉、二氧化碳、砂土灭火

特别危险性 遇明火、高热可燃。受热分解，放出磷、硫的氧化物等毒性气体

灭火注意事项及防护措施 消防人员必须佩戴空气呼吸器、穿全身防火防毒服，在上风向灭火。尽可能将容器从火场移至空旷处。喷水保持火场容器冷却，直至灭火结束。处在火场中的容器若已变色或从安全泄压装置中发出声音，必须马上撤离

第六部分 泄漏应急处理

作业人员防护措施、防护装备和应急处置程序 根据液体流动和蒸气扩散的影响区域划定警戒区，无关人员从侧风、上风向撤离至安全区。建议应急处理人员戴正压自给式呼吸器，穿防毒服。穿上适当的防护服前严禁接触破裂的容器和泄漏物。尽可能切断泄漏源

环境保护措施 防止泄漏物进入水体、下水道、地下室或有限空间

泄漏化学品的收容、清除方法及所使用的处置材料 小量泄漏：用干燥的砂土或其他不燃材料吸收或覆盖，收集于容器中。大量泄漏：构筑围堤或挖坑收容。用泵转移至槽车或专用收集器内

第七部分 操作处置与储存

操作注意事项 密闭操作，提供充分的局部排风。操作尽可能机械化、自动化。操作人员必须经过专门培训，严格遵守操作规程。建议操作人员佩戴自吸过滤式防毒面具（全面罩），穿胶布防毒衣，戴橡胶手套。远离火种、热源，工作场所严禁吸烟。使用防爆型的通风系统和设备。防止蒸气泄漏到工作场所空气中。避免与氧化剂接触。搬运时要轻装轻卸，防止包装及容器损坏。配备相应品种和数量的消防器材及泄漏应急处理设备。倒空的容器可能残留有害物

储存注意事项 储存于阴凉、通风良好的专用库房内，实行"双人收发、双人保管"制度。远离火种、热源。库温不超过 32℃，相对湿度不超过 80%。应与氧化剂、食用化学品分开存放，切忌混储。配备相应品种和数量的消防器材。储区应备有泄漏应急处理设备和合适的收容材料

第八部分 接触控制/个体防护

职业接触限值

中国 PC-TWA：0.05mg/m³ [皮]

美国（ACGIH） TLV-TWA：0.05mg/m³（可吸入性颗粒物和蒸气）[皮]

生物接触限值 全血胆碱酯酶活性（校正值）：原基础值或参考值的 70%（采样时间：开始接触后的 3 个月内），原基础值或参考值的 50%（采样时间：持续接触 3 个月后，任意时间）

监测方法 空气中有毒物质测定方法：酶化学法。生物监测检验方法：血中胆碱酯酶活性的分光光度测定方法——羟胺三氯化铁法；血中胆碱酯酶活性的分光光度测定方法——硫代乙酰胆碱-联硫代双硝基苯甲酸法

工程控制 严加密闭，提供充分的局部排风

个体防护装备

呼吸系统防护 空气中浓度超标时，必须佩戴过滤式防毒面具（全面罩）。紧急事态抢救或撤离时，应该佩戴空气呼吸器

眼睛防护 呼吸系统防护中已作防护

皮肤和身体防护 穿密闭型防毒服

手防护 戴橡胶手套

第九部分 理化特性

外观与性状 无色黏稠液体，工业品为黄色液体，有硫醇样臭味

pH 值 无资料　　　　　　**熔点（℃）** 无资料

沸点（℃） 94（硫离）；110（硫联）

相对密度（水＝1） 1.12（硫离）；1.13（硫联）

相对蒸气密度（空气＝1） 无资料

饱和蒸气压（kPa） 无资料

临界压力（MPa） 无资料　　**辛醇/水分配系数** 无资料

闪点（℃） 无资料　　　　**自燃温度（℃）** 无资料

爆炸下限（%） 无资料　　**爆炸上限（%）** 无资料

分解温度（℃） 沸点分解　　**黏度（mPa·s）** 无资料

燃烧热（kJ/mol） 无资料　　**临界温度（℃）** 无资料

溶解性 易溶于甲苯、乙醇等

第十部分 稳定性和反应性

稳定性 稳定

危险反应 与强氧化剂、碱类等禁配物发生反应

避免接触的条件 受热

禁配物 强氧化剂、碱类

危险的分解产物 硫化氢、氧化硫、氧化磷

第十一部分 毒理学信息

急性毒性 LD₅₀：1.71720mg/kg（大鼠经口），8.2mg/kg（大鼠经皮），7.9mg/kg（小鼠经口），14mg/kg（小鼠腹膜腔），5mg/kg（兔经口），24mg/kg（兔经皮）

皮肤刺激或腐蚀 无资料　　**眼睛刺激或腐蚀** 无资料

呼吸或皮肤过敏 无资料

生殖细胞突变性 对微生物致突变：酿酒酵母菌 500ppm。姐妹染色单体互换：仓鼠卵巢 25ppm。哺乳动物体细胞突变：小鼠淋巴细胞 80mg/L

致癌性 无资料

生殖毒性 小鼠孕后 11d 腹腔内给予最低中毒剂量

（TDLo）10mg/kg，致肌肉骨骼系统、胃肠道系统发育畸形

特异性靶器官系统毒性-一次接触 无资料

特异性靶器官系统毒性-反复接触 实验动物出现全血胆碱酯酶抑制

吸入危害 无资料

第十二部分 生态学信息

生态毒性 LC_{50}：3.7mg/L（96h）（斑点叉尾鮰，静态）。LC_{50}：0.18mg/L（96h）（虹鳟，静态）。EC_{50}：0.014mg/L（48h）（大型溞，静态）

持久性和降解性

生物降解性 无资料

非生物降解性 无资料

潜在的生物累积性 无资料

土壤中的迁移性 无资料

第十三部分 废弃处置

废弃化学品 根据国家和地方有关法规的要求处置。或与厂商或制造商联系，确定处置方法

污染包装物 将容器返还生产商或按照国家和地方法规处置

废弃注意事项 处置前应参阅国家和地方有关法规

第十四部分 运输信息

联合国危险货物编号（UN号） 3018

联合国运输名称 液态有机磷农药，毒性（内吸磷）

联合国危险性类别 6.1

包装类别 Ⅰ　　　　　**包装标志**

海洋污染物 是

运输注意事项 运输前应先检查包装容器是否完整、密封，运输过程中要确保容器不泄漏、不倒塌、不坠落、不损坏。严禁与酸类、氧化剂、食品及食品添加剂混运。运输时运输车辆应配备相应品种和数量的消防器材及泄漏应急处理设备。运输途中应防暴晒、雨淋，防高温。公路运输时要按规定路线行驶，勿在居民区和人口稠密区停留

第十五部分 法规信息

下列法律、法规、规章和标准，对该化学品的管理作了相应的规定。

中华人民共和国职业病防治法 职业病分类和目录：有机磷中毒

危险化学品安全管理条例 危险化学品目录：列入。作为剧毒化学品进行管理。易制爆危险化学品名录：未列入。重点监管的危险化学品名录：未列入。GB 18218—2009《危险化学品重大危险源辨识》（表1）：未列入

使用有毒物品作业场所劳动保护条例 高毒物品目录：未列入

易制毒化学品管理条例 易制毒化学品的分类和品种目录：未列入

国际公约 斯德哥尔摩公约：未列入。鹿特丹公约：未列入。蒙特利尔议定书：未列入

第十六部分 其他信息

编写和修订信息　　**缩略语和首字母缩写**

培训建议　　　　　**参考文献**

免责声明

尼古丁

第一部分 化学品标识

化学品中文名 尼古丁；烟碱；1-甲基-2-（3-吡啶）吡咯烷

化学品英文名 Nicotine；1-methyl-2-（3-pyridyl）pyrrolidine

分子式 $C_{10}H_{14}N_2$　**分子量** 162.2316

结构式

化学品的推荐及限制用途 用于医药及杀虫剂等

第二部分 危险性概述

紧急情况概述 吞咽会中毒，皮肤接触会致命

GHS危险性类别 急性毒性-经口，类别3；急性毒性-经皮，类别1；危害水生环境-急性危害，类别2；危害水生环境-长期危害，类别2

标签要素

象形图

警示词 危险

危险性说明 吞咽会中毒，皮肤接触会致命，对水生生物有毒并具有长期持续影响

防范说明

预防措施 避免接触眼睛、皮肤或衣服，操作后彻底清洗。作业场所不得进食、饮水或吸烟。戴防护手套、穿防护服。禁止排入环境

事故响应 皮肤接触：用大量肥皂水和水轻轻地清洗，立即脱去所有被污染的衣服，立即呼叫中毒控制中心或就医。被污染的衣服经洗净后方可重新使用。食入：立即呼叫中毒控制中心或就医，漱口。收集泄漏物

安全储存 上锁保管

废弃处置 本品及内装物、容器依据国家和地方法规处置

物理和化学危险 可燃，其蒸气与空气混合，能形成爆炸性混合物

健康危害 本品属神经毒，作用于植物神经、中枢神经及运动神经末梢，先兴奋，后抑制。能经消化道、呼吸道和皮肤很快吸收，引起中毒。急性中毒表现有头痛、头晕、无力、恶心、呕吐、腹痛、腹泻、心律紊

乱、心前区痛、呼吸困难、大汗、流涎、瞳孔缩小等。口服胃肠道有烧灼感。重者尚有肌束震颤、进行性肌无力、血压降低、神志不清、谵妄、惊厥、高度呼吸困难。死于呼吸和心脏麻痹。对眼睛、皮肤有刺激性

环境危害　对水生生物有毒并具有长期持续影响

第三部分　成分/组成信息

√物质　　　　　　　　　　混合物

组分	浓度	CAS No.
尼古丁		54-11-5

第四部分　急救措施

吸入　迅速脱离现场至空气新鲜处。保持呼吸道通畅。如呼吸困难，给输氧。呼吸、心跳停止，立即进行心肺复苏术。就医

皮肤接触　立即脱去污染的衣着，用流动清水彻底冲洗。就医

眼睛接触　立即分开眼睑，用流动清水或生理盐水彻底冲洗。就医

食入　饮适量温水，催吐（仅限于清醒者）。就医

对保护施救者的忠告　根据需要使用个人防护设备

对医生的特别提示　对症处理

第五部分　消防措施

灭火剂　用雾状水、泡沫、干粉、二氧化碳、砂土灭火

特别危险性　遇明火能燃烧。与氧化剂可发生反应。受高热分解放出有毒的气体

灭火注意事项及防护措施　消防人员必须佩戴空气呼吸器、穿全身防火防毒服，在上风向灭火。尽可能将容器从火场移至空旷处。喷水保持火场容器冷却，直至灭火结束。处在火场中的容器若已变色或从安全泄压装置中发出声音，必须马上撤离

第六部分　泄漏应急处理

作业人员防护措施、防护装备和应急处置程序　根据液体流动和蒸气扩散的影响区域划定警戒区，无关人员从侧风、上风向撤离至安全区。建议应急处理人员戴正压自给式呼吸器，穿防毒服。穿上适当的防护服前严禁接触破裂的容器和泄漏物。尽可能切断泄漏源

环境保护措施　防止泄漏物进入水体、下水道、地下室或有限空间

泄漏化学品的收容、清除方法及所使用的处置材料　小量泄漏：用干燥的砂土或其他不燃材料吸收或覆盖，收集于容器中。大量泄漏：构筑围堤或挖坑收容。用粉煤灰或石灰粉吸收大量液体。用泵转移至槽车或专用收集器内

第七部分　操作处置与储存

操作注意事项　密闭操作，提供充分的局部排风。操作人员必须经过专门培训，严格遵守操作规程。建议操作人员佩戴自吸过滤式防毒面具（全面罩），穿胶布防毒衣，戴橡胶手套。远离火种、热源，工作场所严禁吸烟。使用防爆型的通风系统和设备。防止蒸气泄漏到工作场所空气中。避免与氧化剂接触。搬运时要轻装轻卸，防止包装及容器损坏。配备相应品种和数量的消防器材及泄漏应急处理设备。倒空的容器可能残留有害物

储存注意事项　储存于阴凉、通风良好的专用库房内，实行"双人收发、双人保管"制度。远离火种、热源。应与氧化剂、食用化学品分开存放，切忌混储。配备相应品种和数量的消防器材。储区应备有泄漏应急处理设备和合适的收容材料

第八部分　接触控制/个体防护

职业接触限值
中国　未制定标准
美国（ACGIH）　TLV-TWA：0.5mg/m³〔皮〕

生物接触限值　未制定标准

监测方法　空气中有毒物质测定方法：未制定标准。生物监测检验方法：未制定标准

工程控制　严加密闭，提供充分的局部排风。提供安全淋浴和洗眼设备

个体防护装备
呼吸系统防护　空气中浓度超标时，必须佩戴过滤式防毒面具（全面罩）。紧急事态抢救或撤离时，应该佩戴空气呼吸器
眼睛防护　呼吸系统防护中已作防护
皮肤和身体防护　穿密闭型防毒服
手防护　戴橡胶手套

第九部分　理化特性

外观与性状　纯品为无色油状液体，有焦灼味，工业品为棕色

pH值　无资料		**熔点（℃）**　−10	
沸点（℃）　247（分解）		**相对密度（水=1）**　1.01	
相对蒸气密度（空气=1）　5.61			
饱和蒸气压（kPa）　0.13（61.8℃）			
临界压力（MPa）　无资料		**辛醇/水分配系数**　1.17	
闪点（℃）　101.67		**自燃温度（℃）**　243	
爆炸下限（%）　0.7		**爆炸上限（%）**　4.0	
分解温度（℃）　247		**黏度（mPa·s）**　接触空气变黏	
燃烧热（kJ/mol）　−5971.7		**临界温度（℃）**　无资料	

溶解性　溶于水、乙醇、氯仿、乙醚、油类

第十部分　稳定性和反应性

稳定性　稳定

危险反应　与强氧化剂等禁配物发生反应

避免接触的条件　无资料

禁配物　强氧化剂

危险的分解产物　氮氧化物

第十一部分　毒理学信息

急性毒性　LD$_{50}$：50mg/kg（大鼠经口），140mg/kg（大鼠

经皮），24mg/kg（小鼠经口），50mg/kg（兔经皮）

皮肤刺激或腐蚀	无资料	眼睛刺激或腐蚀	无资料
呼吸或皮肤过敏	无资料	生殖细胞突变性	无资料
致癌性	无资料	生殖毒性	无资料

特异性靶器官系统毒性-一次接触　无资料

特异性靶器官系统毒性-反复接触　无资料

吸入危害　无资料

第十二部分　生态学信息

生态毒性　LC_{50}：4mg/L（96h）（虹鳟，静态）。EC_{50}：0.242mg/L（48h）（大型溞，静态）。ErC_{50}：37mg/L（48h）（*Desmodesmus subspicatus*，静态，OECD 201）

持久性和降解性

生物降解性　无资料

非生物降解性　无资料

潜在的生物累积性　无资料

土壤中的迁移性　无资料

第十三部分　废弃处置

废弃化学品　用焚烧法处置。焚烧炉排出的氮氧化物通过洗涤器除去

污染包装物　将容器返还生产商或按照国家和地方法规处置

废弃注意事项　处置前应参阅国家和地方有关法规

第十四部分　运输信息

联合国危险货物编号（UN号）　1654

联合国运输名称　烟碱

联合国危险性类别　6.1

包装类别　Ⅱ　　　　**包装标志**

海洋污染物　是

运输注意事项　运输前应先检查包装容器是否完整、密封，运输过程中要确保容器不泄漏、不倒塌、不坠落、不损坏。严禁与酸类、氧化剂、食品及食品添加剂混运。运输时运输车辆应配备相应品种和数量的消防器材及泄漏应急处理设备。运输途中应防暴晒、雨淋，防高温。公路运输时要按规定路线行驶，勿在居民区和人口稠密区停留

第十五部分　法规信息

下列法律、法规、规章和标准，对该化学品的管理作了相应的规定。

中华人民共和国职业病防治法　职业病分类和目录：未列入

危险化学品安全管理条例　危险化学品目录：列入。作为剧毒化学品进行管理。易制爆危险化学品名录：未列入。重点监管的危险化学品名录：未列入。GB 18218—2009《危险化学品重大危险源辨识》（表1）：未列入

使用有毒物品作业场所劳动保护条例　高毒物品目录：未列入

易制毒化学品管理条例　易制毒化学品的分类和品种目录：未列入

国际公约　斯德哥尔摩公约：未列入。鹿特丹公约：未列入。蒙特利尔议定书：未列入

第十六部分　其他信息

编写和修订信息	缩略语和首字母缩写
培训建议	参考文献
免责声明	

偶氮二甲酰胺

第一部分　化学品标识

化学品中文名　偶氮二甲酰胺；发泡剂 AC

化学品英文名　azobisformamide；azodicarbonamide；blowing agent AC

分子式　$C_2H_4N_4O_2$　　**分子量**　116.08

结构式

化学品的推荐及限制用途　广泛用作聚氯乙烯、聚乙烯、聚苯乙烯、聚丙烯、ABS树脂等的发孔剂

第二部分　危险性概述

紧急情况概述　易燃固体，吸入可能导致过敏、哮喘症状或呼吸困难，可能导致皮肤过敏反应

GHS危险性类别　易燃固体，类别1；呼吸道致敏物，类别1；皮肤致敏物，类别1；危害水生环境-急性危害，类别3；危害水生环境-长期危害，类别3

标签要素

象形图

警示词　危险

危险性说明　易燃固体，吸入可能导致过敏、哮喘症状或呼吸困难，可能导致皮肤过敏反应，对水生生物有害并具有长期持续影响

防范说明

预防措施　远离热源、火花、明火、热表面。禁止吸烟。容器和接收设备接地连接。使用防爆型电器、通风、照明设备。戴防护手套、防护眼镜、防护面罩。避免吸入粉尘。通风不良时，戴呼吸防护器具。污染的工作服不得带出工作场所。禁止排入环境

事故响应　火灾时，使用雾状水、泡沫、干粉、二氧化碳、砂土灭火。如吸入：如果呼吸困难，将患者转移到空气新鲜处，休息，保持利于呼吸的体位。如有呼吸系统症状，呼叫中毒控制中心或就医。如皮肤接触：用大量肥皂水和水清洗。如出现皮肤刺激或皮疹：就医。污染的衣服清洗后方可重新使用

安全储存 —

废弃处置 本品及内装物、容器依据国家和地方法规处置

物理和化学危险 易燃。在有限空间中加热有爆炸危险

健康危害 受热分解释放出氮氧化物和一氧化碳

环境危害 对水生生物有害并具有长期持续影响

第三部分 成分/组成信息

√ 物质 混合物

组分	浓度	CAS No.
偶氮二甲酰胺		123-77-3

第四部分 急救措施

吸入 迅速脱离现场至空气新鲜处。保持呼吸道通畅。如呼吸困难，给输氧。呼吸、心跳停止，立即进行心肺复苏术。就医

皮肤接触 立即脱去污染的衣着，用流动清水彻底冲洗。就医

眼睛接触 立即分开眼睑，用流动清水或生理盐水彻底冲洗。就医

食入 漱口，饮水。就医

对保护施救者的忠告 根据需要使用个人防护设备

对医生的特别提示 对症处理

第五部分 消防措施

灭火剂 用雾状水、泡沫、干粉、二氧化碳、砂土灭火

特别危险性 遇明火、高热易燃。受高热分解放出有毒的气体。若遇高热可发生剧烈分解，引起容器破裂或爆炸事故

灭火注意事项及防护措施 消防人员必须佩戴空气呼吸器、穿全身防火防毒服，在上风向灭火。尽可能将容器从火场移至空旷处。喷水保持火场容器冷却，直至灭火结束

第六部分 泄漏应急处理

作业人员防护措施、防护装备和应急处置程序 消除所有点火源。隔离泄漏污染区，限制出入。建议应急处理人员戴防尘口罩，穿防静电服。禁止接触或跨越泄漏物

环境保护措施 用塑料布覆盖泄漏物，减少飞散

泄漏化学品的收容、清除方法及所使用的处置材料 小量泄漏：用洁净的铲子收集泄漏物，置于干净、干燥、盖子较松的容器中，将容器移离泄漏区。大量泄漏：用水润湿，并筑堤收容。防止泄漏物进入水体、下水道、地下室或有限空间

第七部分 操作处置与储存

操作注意事项 密闭操作，局部排风。防止粉尘释放到车间空气中。操作人员必须经过专门培训，严格遵守操作规程。建议操作人员佩戴自吸过滤式防尘口罩，戴化学安全防护眼镜，戴防化学品手套。远离火种、热源，工作场所严禁吸烟。使用防爆型的通风系统和设备。避免产生粉尘。避免与氧化剂、酸类、碱类接

触。配备相应品种和数量的消防器材及泄漏应急处理设备。倒空的容器可能残留有害物

储存注意事项 储存于阴凉、通风的库房。库温不宜超过35℃。远离火种、热源。防止阳光直射。包装密封。应与氧化剂、酸类、碱类分开存放，切忌混储。采用防爆型照明、通风设施。禁止使用易产生火花的机械设备和工具。储区应备有合适的材料收容泄漏物

第八部分 接触控制/个体防护

职业接触限值

中国 未制定标准

美国（ACGIH） 未制定标准

生物接触限值 未制定标准

监测方法 空气中有毒物质测定方法：未制定标准。生物监测检验方法：未制定标准

工程控制 密闭操作，局部排风

个体防护装备

呼吸系统防护 空气中粉尘浓度较高时，建议佩戴过滤式防尘呼吸器

眼睛防护 戴化学安全防护眼镜

皮肤和身体防护 一般不需特殊防护

手防护 戴防化学品手套

第九部分 理化特性

外观与性状 无臭的黄色粉末

pH 值 无意义　　　　　　　　　**熔点（℃）** 180

沸点（℃） 205（分解）

相对密度（水＝1） 1.65（20℃）

相对蒸气密度（空气＝1） 无资料

燃烧热（kJ/mol） 1090

临界压力（MPa） 无资料　　**辛醇/水分配系数** 无资料

闪点（℃） 205（分解）　　**自燃温度（℃）** 205

爆炸下限（%） 600g/m³　　**爆炸上限（%）** 无资料

分解温度（℃） 无资料　　　**黏度（mPa·s）** 无资料

燃烧热（kJ/mol） 无资料　　**临界温度（℃）** 无资料

溶解性 不溶于水、醇、苯、丙酮等

第十部分 稳定性和反应性

稳定性 稳定

危险反应 与强氧化剂、强酸、强碱等禁配物接触，有发生火灾和爆炸的危险

避免接触的条件 无资料

禁配物 强氧化剂、强酸、强碱

危险的分解产物 氮氧化物、氮气

第十一部分 毒理学信息

急性毒性 LD_{50}：>6400mg/kg（大鼠经口）；>500mg/kg（大鼠经皮）；>2000mg/kg（兔经皮）。LC_{50}：>6100mg/m³（大鼠吸入，4h）

皮肤刺激或腐蚀 无资料　　**眼睛刺激或腐蚀** 无资料

呼吸或皮肤过敏 无资料

生殖细胞突变性 微生物致突变：鼠伤寒沙门氏菌100μg/皿

致癌性　无资料　　　　**生殖毒性**　无资料
特异性靶器官系统毒性-一次接触　无资料
特异性靶器官系统毒性-反复接触　无资料
吸入危害　无资料

第十二部分　生态学信息

生态毒性　EC_{50}：11mg/L（48h）（大型溞）；EbC_{50}：19.7mg/L（72h）（*Scenedesmus subspicatus*）；NOEC：2.89mg/L（21d）（大型溞）（OECD 211）

持久性和降解性
　生物降解性　易快速生物降解（OECD 301B）
　非生物降解性　无资料
潜在的生物累积性　根据 K_{ow} 值预测，该物质的生物累积性可能较弱
土壤中的迁移性　根据 K_{oc} 值预测，该物质可能易发生迁移

第十三部分　废弃处置

废弃化学品　建议用控制焚烧法或安全掩埋法处置
污染包装物　将容器返还生产商或按照国家和地方法规处置
废弃注意事项　若可能，重复使用容器或在规定场所掩埋

第十四部分　运输信息

联合国危险货物编号（UN号）　3242
联合国运输名称　偶氮甲酰胺
联合国危险性类别　4.1

包装类别　Ⅱ　　　　　　**包装标志**　

海洋污染物　否
运输注意事项　运输时运输车辆应配备相应品种和数量的消防器材及泄漏应急处理设备。装运本品的车辆排气管必须有阻火装置。运输过程中要确保容器不泄漏、不倒塌、不坠落、不损坏。严禁与氧化剂、酸类、碱类等混装混运。运输途中应防暴晒、雨淋，防高温。中途停留时应远离火种、热源。车辆运输完毕应进行彻底清扫。铁路运输时要禁止溜放

第十五部分　法规信息

　下列法律、法规、规章和标准，对该化学品的管理作了相应的规定。
中华人民共和国职业病防治法　职业病分类和目录：未列入
危险化学品安全管理条例　危险化学品目录：列入。易制爆危险化学品名录：未列入。重点监管的危险化学品名录：未列入。GB 18218—2009《危险化学品重大危险源辨识》（表1）：未列入
使用有毒物品作业场所劳动保护条例　高毒物品目录：未列入
易制毒化学品管理条例　易制毒化学品的分类和品种目录：未列入

国际公约　斯德哥尔摩公约：未列入。鹿特丹公约：未列入。蒙特利尔议定书：未列入

第十六部分　其他信息

编写和修订信息　　　　缩略语和首字母缩写
培训建议　　　　　　　参考文献
免责声明

哌嗪

第一部分　化学品标识

化学品中文名　哌嗪；对二氮己环
化学品英文名　piperazine；diethylenediamine
分子式　$C_4H_{10}N_2$　**分子量**　86.1356
结构式　
化学品的推荐及限制用途　用于制造树脂和聚合物及制药

第二部分　危险性概述

紧急情况概述　造成严重的皮肤灼伤和眼损伤，吸入可能导致过敏或哮喘症状或呼吸困难，可能导致皮肤过敏反应
GHS危险性类别　皮肤腐蚀/刺激，类别1B；严重眼损伤/眼刺激，类别1；呼吸道致敏物，类别1；皮肤致敏物，类别1；生殖毒性，类别2；危害水生环境-急性危害，类别3
标签要素

象形图　

警示词　危险
危险性说明　造成严重的皮肤灼伤和眼损伤，吸入可能导致过敏或哮喘症状或呼吸困难，可能导致皮肤过敏反应，怀疑对生育力或胎儿造成伤害，对水生生物有害
防范说明
　预防措施　避免接触眼睛、皮肤，操作后彻底清洗。戴防护手套、穿防护服，戴防护眼镜、防护面罩。避免吸入粉尘。污染的工作服不得带出工作场所。得到专门指导后操作。在阅读并了解所有安全预防措施之前，切勿操作。按要求使用个体防护装备。禁止排入环境
　事故响应　如吸入：将患者转移到空气新鲜处，休息，保持利于呼吸的体位，立即呼叫中毒控制中心或就医。皮肤（或头发）接触：立即脱掉所有被污染的衣服，用水冲洗皮肤，淋浴。污染的衣服洗净后方可重新使用。如出现皮肤刺激或皮疹：就医。眼睛接触：用水细心地冲洗数分钟，立即呼叫中毒控制中心或就医。如戴隐形眼镜并可方便地取出，则取出隐形眼镜，继续冲洗。食入：漱口，不要催吐。如果接触

或有担心，就医

安全储存　上锁保管

废弃处置　本品及内装物、容器依据国家和地方法规处置

物理和化学危险　可燃，其粉体与空气混合，能形成爆炸性混合物

健康危害　大量接触本品，吸入或经皮吸收，能引起虚弱、视力模糊、共济失调、震颤、癫痫样抽搐。眼睛接触引起严重刺激和灼伤。对皮肤有刺激性，可致灼伤。慢性影响：本品粉尘或液体，对皮肤和肺有致敏性，引起皮肤刺痒、皮疹和哮喘

环境危害　对水生生物有害

第三部分　成分/组成信息

√ 物质　　　　　混合物

组分	浓度	CAS No.
哌嗪		110-85-0

第四部分　急救措施

吸入　迅速脱离现场至空气新鲜处。保持呼吸道通畅。如呼吸困难，给输氧。呼吸、心跳停止，立即进行心肺复苏术。就医

皮肤接触　立即脱去污染的衣着，用大量流动清水彻底冲洗至少 15min。就医

眼睛接触　立即分开眼睑，用流动清水或生理盐水彻底冲洗 5～10min。就医

食入　用水漱口，禁止催吐。给饮牛奶或蛋清。就医

对保护施救者的忠告　根据需要使用个人防护设备

对医生的特别提示　对症处理

第五部分　消防措施

灭火剂　用雾状水、泡沫、干粉、二氧化碳、砂土灭火

特别危险性　遇明火、高热可燃。燃烧分解时，放出有毒的氮氧化物气体。受热分解放出有毒气体。具有腐蚀性

灭火注意事项及防护措施　消防人员必须佩戴空气呼吸器、穿全身防火防毒服，在上风向灭火。尽可能将容器从火场移至空旷处。喷水保持火场容器冷却，直至灭火结束

第六部分　泄漏应急处理

作业人员防护措施、防护装备和应急处置程序　隔离泄漏污染区，限制出入。消除所有点火源。建议应急处理人员穿防酸碱服。穿防酸碱服。穿上适当的防护服前严禁接触破裂的容器和泄漏物。尽可能切断泄漏源

环境保护措施　用塑料布覆盖泄漏物，减少飞散

泄漏化学品的收容、清除方法及所使用的处置材料　勿使水进入包装容器内。用洁净的铲子收集泄漏物，置于干净、干燥、盖子较松的容器中，将容器移离泄漏区

第七部分　操作处置与储存

操作注意事项　密闭操作，局部排风。操作人员必须经过专门培训，严格遵守操作规程。建议操作人员佩戴自吸过滤式防尘口罩，戴化学安全防护眼镜，穿橡胶耐酸碱服，戴橡胶耐酸碱手套。远离火种、热源，工作场所严禁吸烟。使用防爆型的通风系统和设备。避免产生粉尘。避免与氧化剂、酸类接触。搬运时要轻装轻卸，防止包装及容器损坏。配备相应品种和数量的消防器材及泄漏应急处理设备。倒空的容器可能残留有害物

储存注意事项　储存于阴凉、干燥、通风良好的库房。远离火种、热源。保持容器密封。应与氧化剂、酸类等分开存放，切忌混储。配备相应品种和数量的消防器材。储区应备有合适的材料收容泄漏物

第八部分　接触控制/个体防护

职业接触限值

中国　未制定标准

美国（ACGIH）　TLV-TWA：0.03mg/m³（可吸入性颗粒物和蒸气）［皮］

生物接触限值　未制定标准

监测方法　空气中有毒物质测定方法：未制定标准。生物监测检验方法：未制定标准

工程控制　密闭操作，局部排风。提供安全淋浴和洗眼设备

个体防护装备

呼吸系统防护　空气中粉尘浓度超标时，必须佩戴过滤式防尘呼吸器。紧急事态抢救或撤离时，应该佩戴空气呼吸器

眼睛防护　戴化学安全防护眼镜

皮肤和身体防护　穿橡胶耐酸碱服

手防护　戴橡胶耐酸碱手套

第九部分　理化特性

外观与性状　无色结晶，具有氨的气味，有强吸湿性

pH 值　无意义　　　　　**熔点（℃）**　104～107

沸点（℃）　145　　　　　**相对密度（水＝1）**　无资料

相对蒸气密度（空气＝1）　无资料

饱和蒸气压（kPa）　30.3（111℃）

临界压力（MPa）　无资料　　**辛醇/水分配系数**　无资料

闪点（℃）　109.4　　　　**自燃温度（℃）**　无资料

爆炸下限（%）　无资料　　**爆炸上限（%）**　无资料

分解温度（℃）　无资料　　**黏度（mPa·s）**　无资料

燃烧热（kJ/mol）　−2738　　**临界温度（℃）**　364.85

溶解性　溶于水、甲醇、乙醇，微溶于苯、乙醚

第十部分　稳定性和反应性

稳定性　稳定

危险反应　与强氧化剂、强酸、酰基氯、酸酐等禁配物发生反应

避免接触的条件　受热、光照、潮湿空气

禁配物　强氧化剂、强酸、酰基氯、酸酐

危险的分解产物　氮氧化物

第十一部分　毒理学信息

急性毒性　LD₅₀：1900mg/kg（大鼠经口），600mg/kg

（小鼠经口），4000mg/kg（兔经皮）。LC$_{50}$：5400mg/m³（大鼠吸入，2h）

皮肤刺激或腐蚀 无资料　　　**眼睛刺激或腐蚀** 无资料

呼吸或皮肤过敏 对皮肤、呼吸系统具致敏性

生殖细胞突变性 无资料

致癌性 无资料　　　　　**生殖毒性** 无资料

特异性靶器官系统毒性--一次接触 无资料

特异性靶器官系统毒性-反复接触 大鼠用含本品10%～30%的浓度喂饲，90d可引起肝肾损害，用0.1%的浓度喂饲，则无不良影响。高浓度本品严重刺激接触部位

吸入危害 无资料

第十二部分　生态学信息

生态毒性 EC$_{50}$：21mg/L（48h）（大型溞）

持久性和降解性

　　生物降解性　无资料

　　非生物降解性　无资料

潜在的生物累积性 无资料

土壤中的迁移性 无资料

第十三部分　废弃处置

废弃化学品 建议用焚烧法处置。焚烧炉排出的氮氧化物通过洗涤器除去

污染包装物 将容器返还生产商或按照国家和地方法规处置

废弃注意事项 处置前应参阅国家和地方有关法规

第十四部分　运输信息

联合国危险货物编号（UN号） 2579

联合国运输名称 哌嗪

联合国危险性类别 8

包装类别 Ⅲ　　　　　　**包装标志**

海洋污染物 否

运输注意事项 起运时包装要完整，装载应稳妥。运输过程中要确保容器不泄漏、不倒塌、不坠落、不损坏。严禁与氧化剂、酸类、食用化学品等混装混运。运输途中应防暴晒、雨淋，防高温

第十五部分　法规信息

　　下列法律、法规、规章和标准，对该化学品的管理作了相应的规定。

中华人民共和国职业病防治法 职业病分类和目录：未列入

危险化学品安全管理条例 危险化学品目录：列入。易制爆危险化学品名录：未列入。重点监管的危险化学品名录：未列入。GB 18218—2009《危险化学品重大危险源辨识》（表1）：未列入

使用有毒物品作业场所劳动保护条例 高毒物品目录：未列入

易制毒化学品管理条例 易制毒化学品的分类和品种目

录：未列入

国际公约 斯德哥尔摩公约：未列入。鹿特丹公约：未列入。蒙特利尔议定书：未列入

第十六部分　其他信息

编写和修订信息　　**缩略语和首字母缩写**

培训建议　　　　　**参考文献**

免责声明

硼氢化钾

第一部分　化学品标识

化学品中文名 硼氢化钾；氢硼化钾

化学品英文名 potassium borohydride；potassium tetrahydroborate

分子式 KBH$_4$　**分子量** 53.941

结构式
$$\left[\begin{array}{c} H^- \\ ^-H-B^{3+}-H^- \\ H^- \end{array} \right] K^+$$

化学品的推荐及限制用途 用于醛、酮、酰氯化物的还原剂，以及用于制氢和其他硼氢盐

第二部分　危险性概述

紧急情况概述 遇水放出可自燃的易燃气体，吞咽会中毒，皮肤接触会中毒

GHS危险性类别 遇水放出易燃气体的物质和混合物，类别1；急性毒性-经口，类别3；急性毒性-经皮，类别3

标签要素

象形图

警示词 危险

危险性说明 遇水放出可自燃的易燃气体，吞咽会中毒，皮肤接触会中毒

防范说明

　　预防措施　因与水发生剧烈反应和可能发生暴燃，应避免与水接触。在惰性气体中操作。防潮。戴防护手套、防护眼镜、防护面罩，穿防护服。避免接触眼睛、皮肤，操作后彻底清洗。作业场所不得进食、饮水或吸烟

　　事故响应　火灾时，使用干粉、二氧化碳、砂土灭火。皮肤接触：用大量肥皂水和水清洗，立即脱去所有被污染的衣服，如感觉不适，呼叫中毒控制中心或就医。被污染的衣服经洗净后方可重新使用。食入：立即呼叫中毒控制中心或就医，漱口

　　安全储存　在干燥处和密闭的容器中储存。上锁保管

　　废弃处置　本品及内装物、容器依据国家和地方法规处置

物理和化学危险 接触空气易自燃。遇水剧烈反应，产生

高度易燃气体

健康危害　本品对黏膜、上呼吸道、眼睛及皮肤有强烈刺激性。吸入后，可因喉和支气管的炎症、水肿、痉挛，化学性肺炎或肺水肿而致死。中毒表现有烧灼感、咳嗽、喘息、喉炎、气短、头痛、恶心和呕吐等

环境危害　对环境可能有害

第三部分　成分/组成信息

√ 物质　　　　　　　　　　　混合物

组分	浓度	CAS No.
硼氢化钾		13762-51-1

第四部分　急救措施

吸入　迅速脱离现场至空气新鲜处。保持呼吸道通畅。如呼吸困难，给输氧。呼吸、心跳停止，立即进行心肺复苏术。就医

皮肤接触　立即脱去污染的衣着，用流动清水彻底冲洗。就医

眼睛接触　立即分开眼睑，用流动清水或生理盐水彻底冲洗。就医

食入　饮适量温水，催吐（仅限于清醒者）。就医

对保护施救者的忠告　根据需要使用个人防护设备

对医生的特别提示　对症处理

第五部分　消防措施

灭火剂　用干粉、二氧化碳、砂土灭火

特别危险性　遇明火、高热或与氧化剂接触，有引起燃烧爆炸的危险。遇潮湿空气、水或酸能放出易燃的氢气而引起燃烧

灭火注意事项及防护措施　消防人员必须佩戴空气呼吸器、穿全身防火防毒服，在上风向灭火。尽可能将容器从火场移至空旷处。喷水保持火场容器冷却，直至灭火结束。禁止用水和泡沫灭火

第六部分　泄漏应急处理

作业人员防护措施、防护装备和应急处置程序　严禁用水处理。隔离泄漏污染区，限制出入。消除所有点火源。建议应急处理人员戴防尘口罩，穿防毒、防静电服。禁止接触或跨越泄漏物。尽可能切断泄漏源

环境保护措施　用塑料布或帆布覆盖泄漏物，减少飞散，保持干燥

泄漏化学品的收容、清除方法及所使用的处置材料　保持泄漏物干燥。小量泄漏：用干燥的砂土或其他不燃材料覆盖泄漏物，然后用塑料布覆盖，减少飞散、避免雨淋。在专家指导下清除

第七部分　操作处置与储存

操作注意事项　密闭操作，局部排风。操作人员必须经过专门培训，严格遵守操作规程。建议操作人员佩戴防尘面具（全面罩），穿胶布防毒衣，戴橡胶手套。远离火种、热源，工作场所严禁吸烟。使用防爆型的通风系统和设备。避免产生粉尘。避免与氧化剂、酸类、醇类接触。尤其要注意避免与水接触。搬运时要轻装轻卸，防止包装及容器损坏。配备相应品种和数量的消防器材及泄漏应急处理设备。倒空的容器可能残留有害物

储存注意事项　储存于阴凉、干燥、通风良好的专用库房内，远离火种、热源。库温不超过 32℃，相对湿度不超过 75%。保持容器密封。应与氧化剂、酸类、醇类等分开存放，切忌混储。采用防爆型照明、通风设施。禁止使用易产生火花的机械设备和工具。储区应备有合适的材料收容泄漏物

第八部分　接触控制/个体防护

职业接触限值

中国　未制定标准

美国（ACGIH）　未制定标准

生物接触限值　未制定标准

监测方法　空气中有毒物质测定方法：未制定标准。生物监测检验方法：未制定标准

工程控制　密闭操作，局部排风。提供安全淋浴和洗眼设备

个体防护装备

呼吸系统防护　可能接触其粉尘时，必须佩戴防尘面具（全面罩）。紧急事态抢救或撤离时，应该佩戴空气呼吸器

眼睛防护　呼吸系统防护中已作防护

皮肤和身体防护　穿密闭型防毒服

手防护　戴橡胶手套

第九部分　理化特性

外观与性状　白色结晶性粉末

pH 值　无意义		**熔点（℃）**　>400（分解）	
沸点（℃）　无资料		**相对密度（水＝1）**　1.18	
相对蒸气密度（空气＝1）　无资料			
饱和蒸气压（kPa）　无资料			
临界压力（MPa）　无资料		**辛醇/水分配系数**　无资料	
闪点（℃）　无资料		**自燃温度（℃）**　无资料	
爆炸下限（%）　无资料		**爆炸上限（%）**　无资料	
分解温度（℃）　无资料		**黏度（mPa·s）**　无资料	
燃烧热（kJ/mol）　无资料		**临界温度（℃）**　无资料	

溶解性　不溶于烃类、苯、乙醚，微溶于甲醇、乙醇，溶于液氨

第十部分　稳定性和反应性

稳定性　稳定

危险反应　与强氧化剂、酸类、水、醇类等禁配物接触，有发生火灾和爆炸的危险

避免接触的条件　潮湿空气

禁配物　强氧化剂、酸类、水、醇类

危险的分解产物　氧化硼、氢气

第十一部分　毒理学信息

急性毒性　LD$_{50}$：167mg/kg（大鼠经口），55mg/kg（小鼠经口），60mg/kg（兔经口），230mg/kg（兔经皮）

皮肤刺激或腐蚀　无资料　　**眼睛刺激或腐蚀**　无资料

呼吸或皮肤过敏　无资料　生殖细胞突变性　无资料

致癌性　无资料　生殖毒性　无资料

特异性靶器官系统毒性-一次接触　无资料

特异性靶器官系统毒性-反复接触　无资料

吸入危害　无资料

第十二部分　生态学信息

生态毒性　无资料

持久性和降解性

生物降解性　无资料

非生物降解性　无资料

潜在的生物累积性　无资料

土壤中的迁移性　无资料

第十三部分　废弃处置

废弃化学品　根据国家和地方有关法规的要求处置。或与厂商或制造商联系，确定处置方法

污染包装物　将容器返还生产商或按照国家和地方法规处置

废弃注意事项　把倒空的容器归还厂商或在规定场所掩埋

第十四部分　运输信息

联合国危险货物编号（UN 号）　1870

联合国运输名称　硼氢化钾

联合国危险性类别　4.3

包装类别　Ⅰ　　　　包装标志

海洋污染物　否

运输注意事项　运输时运输车辆应配备相应品种和数量的消防器材及泄漏应急处理设备。装运本品的车辆排气管须有阻火装置。运输过程中要确保容器不泄漏、不倒塌、不坠落、不损坏。严禁与氧化剂、酸类、醇类、食用化学品等混装混运。运输途中应防暴晒、雨淋，防高温。中途停留时应远离火种、热源。车辆运输完毕应进行彻底清扫。铁路运输时要禁止溜放

第十五部分　法规信息

下列法律、法规、规章和标准，对该化学品的管理作了相应的规定。

中华人民共和国职业病防治法　职业病分类和目录：未列入

危险化学品安全管理条例　危险化学品目录：列入。易制爆危险化学品名录：未列入。重点监管的危险化学品名录：未列入。GB 18218—2009《危险化学品重大危险源辨识》（表 1）：未列入

使用有毒物品作业场所劳动保护条例　高毒物品目录：未列入

易制毒化学品管理条例　易制毒化学品的分类和品种目录：未列入

国际公约　斯德哥尔摩公约：未列入。鹿特丹公约：未列入。蒙特利尔议定书：未列入

第十六部分　其他信息

编写和修订信息　缩略语和首字母缩写

培训建议　参考文献

免责声明

硼氢化锂

第一部分　化学品标识

化学品中文名　硼氢化锂；氢硼化锂

化学品英文名　lithium borohydride

分子式　LiBH$_4$　分子量　21.784

结构式

化学品的推荐及限制用途　用于制造其他硼氢盐

第二部分　危险性概述

紧急情况概述　遇水放出可自燃的易燃气体

GHS 危险性类别　遇水放出易燃气体的物质和混合物，类别 1

标签要素

象形图

警示词　危险

危险性说明　遇水放出可自燃的易燃气体

防范说明

预防措施　因与水发生剧烈反应和可能发生暴燃，应避免与水接触。在惰性气体中操作。防潮。戴防护手套、防护眼镜、防护面罩

事故响应　火灾时，使用干粉、二氧化碳、砂土灭火。擦掉皮肤上的微粒，将接触部位浸入冷水中或用湿绷带包扎

安全储存　在干燥处和密闭的容器中储存

废弃处置　本品及内装物、容器依据国家和地方法规处置

物理和化学危险　接触空气易自燃。遇水剧烈反应，产生高度易燃气体

健康危害　本品对黏膜、上呼吸道、眼睛及皮肤有强烈刺激性。吸入后，可因喉及支气管的痉挛、炎症、水肿，化学性肺炎或肺水肿而致死。中毒表现有烧灼感、咳嗽、喘息、喉炎、气短、头痛、恶心和呕吐等

环境危害　对环境可能有害

第三部分　成分/组成信息

√物质　　　　　　　　　混合物

组分	浓度	CAS No.
硼氢化锂		16949-15-8

第四部分　急救措施

吸入　迅速脱离现场至空气新鲜处。保持呼吸道通畅。如

呼吸困难，给输氧。呼吸、心跳停止，立即进行心肺
复苏术。就医

皮肤接触　立即脱去污染的衣着，用流动清水彻底冲洗。
就医

眼睛接触　立即分开眼睑，用流动清水或生理盐水彻底冲
洗。就医

食入　饮适量温水，催吐（仅限于清醒者）。就医

对保护施救者的忠告　根据需要使用个人防护设备

对医生的特别提示　对症处理

第五部分　消防措施

灭火剂　用干粉、二氧化碳、砂土灭火

特别危险性　遇明火、高热或与氧化剂接触，有引起燃烧
爆炸的危险。遇潮湿空气和水发生反应放出易燃的氢
气。与氯化氢反应生成氢气、乙硼烷等易燃气体，容
易引起燃烧

灭火注意事项及防护措施　消防人员须佩戴防毒面具、穿
全身消防服，在上风向灭火。尽可能将容器从火场移
至空旷处。喷水保持火场容器冷却，直至灭火结束。
禁止用水和泡沫灭火

第六部分　泄漏应急处理

作业人员防护措施、防护装备和应急处置程序　严禁用水
处理。隔离泄漏污染区，限制出入。消除所有点火
源。建议应急处理人员戴防尘口罩，穿防毒、防静电
服。禁止接触或跨越泄漏物。尽可能切断泄漏源

环境保护措施　用塑料布或帆布覆盖泄漏物，减少飞散，
保持干燥

泄漏化学品的收容、清除方法及所使用的处置材料　保持
泄漏物干燥。小量泄漏：用干燥的砂土或其他不燃材
料覆盖泄漏物，然后用塑料布覆盖，减少飞散、避免
雨淋。严禁设法扫除干的泄漏物。在专家指导下清除

第七部分　操作处置与储存

操作注意事项　密闭操作，局部排风。操作人员必须经过
专门培训，严格遵守操作规程。建议操作人员佩戴防
尘面具（全面罩），穿胶布防毒衣，戴橡胶手套。远
离火种、热源，工作场所严禁吸烟。使用防爆型的通
风系统和设备。避免产生粉尘。避免与氧化剂、酸
类、醇类接触。尤其要注意避免与水接触。搬运时要
轻装轻卸，防止包装及容器损坏。配备相应品种和数
量的消防器材及泄漏应急处理设备。倒空的容器可能
残留有害物

储存注意事项　储存于阴凉、干燥、通风良好的专用库房
内，远离火种、热源。库温不超过32℃，相对湿度
不超过75%。保持容器密封。应与氧化剂、酸类、
醇类等分开存放，切忌混储。采用防爆型照明、通风
设施。禁止使用易产生火花的机械设备和工具。储区
应备有合适的材料收容泄漏物

第八部分　接触控制/个体防护

职业接触限值

中国　未制定标准

美国（ACGIH）　未制定标准

生物接触限值　未制定标准

监测方法　空气中有毒物质测定方法：未制定标准。生物
监测检验方法：未制定标准

工程控制　密闭操作，局部排风。提供安全淋浴和洗眼
设备

个体防护装备

呼吸系统防护　可能接触其粉尘时，必须佩戴防尘面
具（全面罩）。紧急事态抢救或撤离时，应该佩
戴空气呼吸器

眼睛防护　呼吸系统防护中已作防护

皮肤和身体防护　穿密闭型防毒服

手防护　戴橡胶手套

第九部分　理化特性

外观与性状　无色粉末

pH值　无意义		**熔点(℃)**　268	
沸点(℃)　无资料		**相对密度(水=1)**　0.67	

相对蒸气密度(空气=1)　无资料

饱和蒸气压(kPa)　无资料

临界压力(MPa)　无资料	**辛醇/水分配系数**　无资料
闪点(℃)　−18	**自燃温度(℃)**　无资料
爆炸下限(%)　无资料	**爆炸上限(%)**　无资料
分解温度(℃)　380	**黏度(mPa·s)**　无资料
燃烧热(kJ/mol)　无资料	**临界温度(℃)**　无资料

溶解性　不溶于烃类、苯、乙醚，溶于液氨

第十部分　稳定性和反应性

稳定性　稳定

危险反应　与强氧化剂、酸类、水、醇类等禁配物接触，
有发生火灾和爆炸的危险。与氯化氢反应生成氢气、
乙硼烷等易燃气体，容易引起燃烧

避免接触的条件　潮湿空气

禁配物　强氧化剂、水、醇类、酸类、氯化氢

危险的分解产物　氧化硼、氢气

第十一部分　毒理学信息

急性毒性　LD_{50}：87.8mg/kg（小鼠经口）

皮肤刺激或腐蚀　无资料	**眼睛刺激或腐蚀**　无资料
呼吸或皮肤过敏　无资料	**生殖细胞突变性**　无资料
致癌性　无资料	**生殖毒性**　无资料

特异性靶器官系统毒性-一次接触　无资料

特异性靶器官系统毒性-反复接触　无资料

吸入危害　无资料

第十二部分　生态学信息

生态毒性　无资料

持久性和降解性

生物降解性　无资料

非生物降解性　无资料

潜在的生物累积性　无资料

土壤中的迁移性　无资料

第十三部分 废弃处置

废弃化学品 根据国家和地方有关法规的要求处置。或与厂商或制造商联系，确定处置方法

污染包装物 将容器返还生产商或按照国家和地方法规处置

废弃注意事项 处置前应参阅国家和地方有关法规

第十四部分 运输信息

联合国危险货物编号（UN号） 1413

联合国运输名称 硼氢化锂

联合国危险性类别 4.3

包装类别 I **包装标志**

海洋污染物 否

运输注意事项 运输时运输车辆应配备相应品种和数量的消防器材及泄漏应急处理设备。装运本品的车辆排气管须有阻火装置。运输过程中要确保容器不泄漏、不倒塌、不坠落、不损坏。严禁与氧化剂、酸类、醇类、食用化学品等混装混运。运输途中应防暴晒、雨淋，防高温。中途停留时应远离火种、热源。车辆运输完毕应进行彻底清扫。铁路运输时要禁止溜放

第十五部分 法规信息

下列法律、法规、规章和标准，对该化学品的管理作了相应的规定。

中华人民共和国职业病防治法 职业病分类和目录：未列入

危险化学品安全管理条例 危险化学品目录：列入。易制爆危险化学品名录：未列入。重点监管的危险化学品名录：未列入。GB 18218—2009《危险化学品重大危险源辨识》（表1）：未列入

使用有毒物品作业场所劳动保护条例 高毒物品目录：未列入

易制毒化学品管理条例 易制毒化学品的分类和品种目录：未列入

国际公约 斯德哥尔摩公约：未列入。鹿特丹公约：未列入。蒙特利尔议定书：未列入

第十六部分 其他信息

编写和修订信息　缩略语和首字母缩写

培训建议　参考文献

免责声明

硼氢化铝

第一部分 化学品标识

化学品中文名 硼氢化铝；氢硼化铝

化学品英文名 aluminum borohydride；aluminum tetrahydroborate

分子式 $Al(BH_4)_3$ **分子量** 71.5098

结构式

化学品的推荐及限制用途 用作还原剂、喷气发动机和火箭的燃料

第二部分 危险性概述

紧急情况概述 暴露在空气中自燃，遇水放出可自燃的易燃气体

GHS危险性类别 自燃液体，类别1；遇水放出易燃气体的物质和混合物，类别1

标签要素

象形图　![GHS火焰图标]

警示词 危险

危险性说明 暴露在空气中自燃，遇水放出可自燃的易燃气体

防范说明

预防措施　远离热源、火花、明火、热表面。禁止吸烟。不得与空气接触。戴防护手套、防护眼镜、防护面罩。因与水发生剧烈反应和可能发生暴燃，应避免与水接触。在惰性气体中操作。防潮

事故响应　火灾时，使用干粉、二氧化碳、砂土灭火

安全储存　在干燥处和密闭的容器中储存

废弃处置　本品及内装物、容器依据国家和地方法规处置

物理和化学危险 接触空气可自燃

健康危害 吸入会中毒。遇水、水蒸气或酸类反应放出热、有毒气体或氢气

环境危害 对环境可能有害

第三部分 成分/组成信息

√物质　　　　　混合物

组分	浓度	CAS No.
硼氢化铝		16962-07-5

第四部分 急救措施

吸入 迅速脱离现场至空气新鲜处。保持呼吸道通畅。如呼吸困难，给输氧。呼吸、心跳停止，立即进行心肺复苏术。就医

皮肤接触 立即脱去污染的衣着，用流动清水彻底冲洗。就医

眼睛接触 立即分开眼睑，用流动清水或生理盐水彻底冲洗。就医

食入 漱口，饮水。就医

对保护施救者的忠告 根据需要使用个人防护设备

对医生的特别提示 对症处理

第五部分 消防措施

灭火剂 用干粉、二氧化碳、砂土灭火

特别危险性　暴露在空气中能自燃。在潮湿空气中迅速燃烧。在氧气中，即使温度在 20℃ 也会爆炸。遇水或水蒸气、酸或酸气产生有毒的可燃性气体。与氧化剂能发生强烈反应

灭火注意事项及防护措施　消防人员须佩戴防毒面具、穿全身消防服，在上风向灭火。尽可能将容器从火场移至空旷处。喷水保持火场容器冷却，直至灭火结束。处在火场中的容器若已变色或从安全泄压装置中发出声音，必须马上撤离。禁止用水和泡沫灭火

第六部分　泄漏应急处理

作业人员防护措施、防护装备和应急处置程序　消除所有点火源。根据液体流动和蒸气扩散的影响区域划定警戒区，无关人员从侧风、上风向撤离至安全区。建议应急处理人员戴正压自给式呼吸器，穿防毒、防静电服。禁止接触或跨越泄漏物。尽可能切断泄漏源

环境保护措施　防止泄漏物进入水体、下水道、地下室或有限空间

泄漏化品的收容、清除方法及所使用的处置材料　小量泄漏：用干燥的砂土或其他不燃材料覆盖泄漏物，用洁净的无火花工具收集泄漏物，置于一盖子较松的塑料容器中，待处置。大量泄漏：构筑围堤或挖坑收容。用防爆泵转移至槽车或专用收集器内

第七部分　操作处置与储存

操作注意事项　密闭操作，全面通风。防止烟雾或蒸气释放到工作场所空气中。操作人员必须经过专门培训，严格遵守操作规程。建议操作人员佩戴自吸过滤式防毒面具（半面罩），戴化学安全防护眼镜，穿防静电工作服，戴防化学品手套。远离火种、热源，工作场所严禁吸烟。使用防爆型的通风系统和设备。在清除液体和蒸气前不能进行焊接、切割等作业。避免产生烟雾或蒸气。避免与氧化剂、酸类接触。尤其要注意避免与水接触。配备相应品种和数量的消防器材及泄漏应急处理设备。倒空的容器可能残留有害物

储存注意事项　储存于阴凉、干燥、通风良好的库房。库温不超过 30℃，相对湿度不超过 80％。远离火种、热源。防止阳光直射。保持容器密封，严禁与空气接触。应与氧化剂、酸类、食用化学品等分开存放，切忌混储。采用防爆型照明、通风设施。禁止使用易产生火花的机械设备和工具。储区应备有泄漏应急处理设备和合适的收容材料

第八部分　接触控制/个体防护

职业接触限值

　　中国　未制定标准

　　美国（ACGIH）　未制定标准

生物接触限值　未制定标准

监测方法　空气中有毒物质测定方法：未制定标准。生物监测检验方法：未制定标准

工程控制　生产过程密闭，全面通风

个体防护装备

　　呼吸系统防护　一般不需要特殊防护，高浓度接触时可佩戴过滤式防毒面具（半面罩）

　　眼睛防护　空气中浓度较高时，佩戴戴化学安全防护眼镜

　　皮肤和身体防护　穿防静电工作服

　　手防护　戴防化学品手套

第九部分　理化特性

外观与性状　挥发性液体，室温下缓慢分解，放出氢气

pH 值　无资料　　　　　**熔点（℃）**　−64.5

沸点（℃）　44.5　　　　**相对密度（水=1）**　0.549

相对蒸气密度（空气=1）　无资料

饱和蒸气压（kPa）　53.2（28.1℃）

临界压力（MPa）　无资料　　**辛醇/水分配系数**　无资料

闪点（℃）　无资料　　　　**自燃温度（℃）**　无资料

爆炸下限（%）　5　　　　　**爆炸上限（%）**　90

分解温度（℃）　无资料　　**黏度（mPa·s）**　无资料

燃烧热（kJ/mol）　无资料　　**临界温度（℃）**　无资料

溶解性　遇水放出易燃气体

第十部分　稳定性和反应性

稳定性　稳定

危险反应　与强氧化剂、酸类、水、醇类等禁配物接触，有发生火灾和爆炸的危险。暴露在空气中能自燃。在潮湿空气中迅速燃烧。在氧气中，即使温度在 20℃ 也会爆炸

避免接触的条件　空气、潮湿空气

禁配物　氧化剂、酸类、水及水蒸气

危险的分解产物　氧化铝、氧化硼

第十一部分　毒理学信息

急性毒性　无资料　　　　　**皮肤刺激或腐蚀**　无资料

眼睛刺激或腐蚀　无资料　　**呼吸或皮肤过敏**　无资料

生殖细胞突变性　无资料　　**致癌性**　无资料

生殖毒性　无资料

特异性靶器官系统毒性-一次接触　无资料

特异性靶器官系统毒性-反复接触　无资料

吸入危害　无资料

第十二部分　生态学信息

生态毒性　无资料

持久性和降解性

　　生物降解性　无资料

　　非生物降解性　无资料

潜在的生物累积性　无资料

土壤中的迁移性　无资料

第十三部分　废弃处置

废弃化学品　用安全掩埋法处置。若可能，重复使用容器或在规定场所掩埋

污染包装物　将容器返还生产商或按照国家和地方法规处置

废弃注意事项　处置前应参阅国家和地方有关法规

第十四部分　运输信息

联合国危险货物编号（UN 号）　2870
联合国运输名称　氢硼化铝
联合国危险性类别　4.2, 4.3
包装类别　I

包装标志　

海洋污染物　否
运输注意事项　运输时运输车辆应配备相应品种和数量的消防器材及泄漏应急处理设备。装运本品的车辆排气管须有阻火装置。运输过程中要确保容器不泄漏、不倒塌、不坠落、不损坏。严禁与氧化剂、酸类、等混装混运。运输途中应防暴晒、雨淋，防高温。中途停留时应远离火种、热源。运输用车、船必须干燥，并有良好的防雨设施。车辆运输完毕应进行彻底清扫。铁路运输时要禁止溜放

第十五部分　法规信息

下列法律、法规、规章和标准，对该化学品的管理作了相应的规定。
中华人民共和国职业病防治法　职业病分类和目录：未列入
危险化学品安全管理条例　危险化学品目录：列入。易制爆危险化学品名录：未列入。重点监管的危险化学品名录：未列入。GB 18218—2009《危险化学品重大危险源辨识》（表1）：未列入
使用有毒物品作业场所劳动保护条例　高毒物品目录：未列入
易制毒化学品管理条例　易制毒化学品的分类和品种目录：未列入
国际公约　斯德哥尔摩公约：未列入。鹿特丹公约：未列入。蒙特利尔议定书：未列入

第十六部分　其他信息

编写和修订信息　　缩略语和首字母缩写
培训建议　　　　　参考文献
免责声明

硼氢化钠

第一部分　化学品标识

化学品中文名　硼氢化钠；钠硼氢
化学品英文名　sodium borohydride；sodium tetrahydroborate
分子式　NaBH$_4$　**分子量**　37.833

结构式
$$\begin{array}{c} H^- \\ | \\ H^- - B^{3+} - H^- \ Na^+ \\ | \\ H^- \end{array}$$

化学品的推荐及限制用途　用于制造其他硼氢盐、还原剂、木材纸浆漂白剂、塑料发泡剂等

第二部分　危险性概述

紧急情况概述　遇水放出可自燃的易燃气体，吞咽会中毒，吸入有害，造成严重的皮肤灼伤和眼损伤
GHS 危险性类别　遇水放出易燃气体的物质和混合物，类别1；急性毒性-经口，类别3；急性毒性-吸入，类别4；皮肤腐蚀/刺激，类别1C；严重眼损伤/眼刺激，类别1
标签要素

象形图　

警示词　危险
危险性说明　遇水放出可自燃的易燃气体，吞咽会中毒，吸入有害，造成严重的皮肤灼伤和眼损伤
防范说明
　预防措施　因与水发生剧烈反应和可能发生暴燃，应避免与水接触。在惰性气体中操作。防潮。避免接触眼睛、皮肤，操作后彻底清洗。作业场所不得进食、饮水或吸烟。避免吸入粉尘。仅在室外或通风良好处操作。戴防护手套，穿防护服，戴防护眼镜、防护面罩
　事故响应　火灾时，使用干粉、二氧化碳、砂土灭火。如吸入：将患者转移到空气新鲜处，休息，保持利于呼吸的体位，如感觉不适，呼叫中毒控制中心或就医。皮肤（或头发）接触：立即脱掉所有被污染的衣服，用水冲洗皮肤，淋浴。污染的衣服洗净后方可重新使用。眼睛接触：用水细心地冲洗数分钟，立即呼叫中毒控制中心或就医。如戴隐形眼镜并可方便地取出，则取出隐形眼镜，继续冲洗。食入：漱口，不要催吐，立即呼叫中毒控制中心或就医
　安全储存　在干燥处和密闭的容器中储存。上锁保管
　废弃处置　本品及内装物、容器依据国家和地方法规处置
物理和化学危险　接触空气易自燃。遇水剧烈反应，产生高度易燃气体
健康危害　本品强烈刺激黏膜、上呼吸道、眼睛及皮肤。吸入后，可因喉和支气管的炎症、水肿、痉挛，化学性肺炎或肺水肿而致死。眼和皮肤接触引起灼伤，口服腐蚀消化道
环境危害　对环境可能有害

第三部分　成分/组成信息

√物质　　　　　　　　　　混合物

组分	浓度	CAS No.
硼氢化钠		16940-66-2

第四部分　急救措施

吸入　迅速脱离现场至空气新鲜处。保持呼吸道通畅。如呼吸困难，给输氧。呼吸、心跳停止，立即进行心肺

复苏术。就医

皮肤接触　立即脱去污染的衣着，用大量流动清水彻底冲洗至少15min。就医

眼睛接触　立即分开眼睑，用流动清水或生理盐水彻底冲洗5～10min。就医

食入　用水漱口，禁止催吐。给饮牛奶或蛋清。就医

对保护施救者的忠告　根据需要使用个人防护设备

对医生的特别提示　对症处理

第五部分　消防措施

灭火剂　用干粉、二氧化碳、砂土灭火

特别危险性　遇明火、高热或与氧化剂接触，有引起燃烧爆炸的危险。遇潮湿空气、水或酸能放出易燃的氢气而引起燃烧

灭火注意事项及防护措施　消防人员须佩戴防毒面具、穿全身消防服，在上风向灭火。尽可能将容器从火场移至空旷处。喷水保持火场容器冷却，直至灭火结束。禁止用水和泡沫灭火

第六部分　泄漏应急处理

作业人员防护措施、防护装备和应急处置程序　严禁用水处理。隔离泄漏污染区，限制出入。消除所有点火源。建议应急处理人员戴防尘口罩，穿防毒、防静电服。禁止接触或跨越泄漏物。尽可能切断泄漏源

环境保护措施　用塑料布或帆布覆盖泄漏物，减少飞散，保持干燥

泄漏化学品的收容、清除方法及所使用的处置材料　保持泄漏物干燥。小量泄漏：用干燥的砂土或其他不燃材料覆盖泄漏物，然后用塑料布覆盖，减少飞散、避免雨淋。严禁设法扫除干的泄漏物。在专家指导下清除

第七部分　操作处置与储存

操作注意事项　密闭操作，局部排风。操作人员必须经过专门培训，严格遵守操作规程。建议操作人员佩戴防尘面具（全面罩），穿胶布防毒衣，戴橡胶手套。远离火种、热源，工作场所严禁吸烟。使用防爆型的通风系统和设备。避免产生粉尘。避免与氧化剂、酸类、碱类、醇类接触。尤其要注意避免与水接触。搬运时要轻装轻卸，防止包装及容器损坏。配备相应品种和数量的消防器材及泄漏应急处理设备。倒空的容器可能残留有害物

储存注意事项　储存于阴凉、干燥、通风良好的专用库房内，远离火种、热源。库温不超过32℃，相对湿度不超过75％。保持容器密封。应与氧化剂、酸类、碱类、醇类、食用化学品分开存放，切忌混储。采用防爆型照明、通风设施。禁止使用易产生火花的机械设备和工具。储区应备有合适的材料收容泄漏物

第八部分　接触控制/个体防护

职业接触限值
　中国　未制定标准
　美国（ACGIH）　未制定标准
生物接触限值　未制定标准

监测方法　空气中有毒物质测定方法：未制定标准。生物监测检验方法：未制定标准

工程控制　密闭操作，局部排风。提供安全淋浴和洗眼设备

个体防护装备
　呼吸系统防护　可能接触其粉尘时，必须佩戴防尘面具（全面罩）。紧急事态抢救或撤离时，应该佩戴空气呼吸器
　眼睛防护　呼吸系统防护中已作防护
　皮肤和身体防护　穿密闭型防毒服
　手防护　戴橡胶手套

第九部分　理化特性

外观与性状　白色至灰白色晶状粉末或块状物，吸湿性强

pH值　无意义	**熔点（℃）**　36	
沸点（℃）　500（分解）	**相对密度（水＝1）**　1.07	

相对蒸气密度（空气＝1）　1.3

饱和蒸气压（kPa）　无资料	
临界压力（MPa）　无资料	**辛醇/水分配系数**　无资料
闪点（℃）　无资料	**自燃温度（℃）**　无资料
爆炸下限（％）　无资料	**爆炸上限（％）**　无资料

分解温度（℃）　＞250；＞400（真空）

黏度（mPa·s）　无资料

燃烧热（kJ/mol）　无资料	**临界温度（℃）**　无资料

溶解性　溶于水、液氨，不溶于乙醚、苯、烃类

第十部分　稳定性和反应性

稳定性　稳定

危险反应　与强氧化剂、酸类、水、醇类等禁配物接触，有发生火灾和爆炸的危险

避免接触的条件　潮湿空气

禁配物　强氧化剂、水、醇类、酸类、强碱

危险的分解产物　氧化硼、氢气

第十一部分　毒理学信息

急性毒性　LD$_{50}$：162mg/kg（大鼠经口），50mg/kg（小鼠经口），50mg/kg（兔经口），230mg/kg（兔经皮）

皮肤刺激或腐蚀　无资料	**眼睛刺激或腐蚀**　无资料
呼吸或皮肤过敏　无资料	**生殖细胞突变性**　无资料
致癌性　无资料	**生殖毒性**　无资料

特异性靶器官系统毒性-一次接触　无资料

特异性靶器官系统毒性-反复接触　无资料

吸入危害　无资料

第十二部分　生态学信息

生态毒性　无资料

持久性和降解性
　生物降解性　无资料
　非生物降解性　无资料

潜在的生物累积性　无资料

土壤中的迁移性　无资料

第十三部分　废弃处置

废弃化学品　根据国家和地方有关法规的要求处置。或与

厂商或制造商联系，确定处置方法

污染包装物 将容器返还生产商或按照国家和地方法规处置

废弃注意事项 处置前应参阅国家和地方有关法规

第十四部分 运输信息

联合国危险货物编号（UN号） 1426

联合国运输名称 硼氢化钠

联合国危险性类别 4.3

包装类别 Ⅰ

包装标志

海洋污染物 否

运输注意事项 运输时运输车辆应配备相应品种和数量的消防器材及泄漏应急处理设备。装运本品的车辆排气管须有阻火装置。运输过程中要确保容器不泄漏、不倒塌、不坠落、不损坏。严禁与氧化剂、酸类、碱类、醇类、食用化学品等混装混运。运输途中应防暴晒、雨淋，防高温。中途停留时应远离火种、热源。车辆运输完毕应进行彻底清扫。铁路运输时要禁止溜放

第十五部分 法规信息

下列法律、法规、规章和标准，对该化学品的管理作了相应的规定。

中华人民共和国职业病防治法 职业病分类和目录：未列入

危险化学品安全管理条例 危险化学品目录：列入。易制爆危险化学品名录：未列入。重点监管的危险化学品名录：未列入。GB 18218—2009《危险化学品重大危险源辨识》（表1）：未列入

使用有毒物品作业场所劳动保护条例 高毒物品目录：未列入

易制毒化学品管理条例 易制毒化学品的分类和品种目录：未列入

国际公约 斯德哥尔摩公约：未列入。鹿特丹公约：未列入。蒙特利尔议定书：未列入

第十六部分 其他信息

编写和修订信息 缩略语和首字母缩写

培训建议 参考文献

免责声明

硼酸

第一部分 化学品标识

化学品中文名 硼酸

化学品英文名 orthoboric acid；boracic acid

分子式 BH₃O₃ **分子量** 61.833

结构式 HO—B—OH （上方 OH）

化学品的推荐及限制用途 用于玻璃、搪瓷、医药、化妆

品等工业，以及制备硼和硼酸盐，并用作食物防腐剂和消毒剂等

第二部分 危险性概述

紧急情况概述 可能对生育力或胎儿造成伤害

GHS危险性类别 生殖毒性，类别1B

标签要素

象形图

警示词 危险

危险性说明 可能对生育力或胎儿造成伤害

防范说明

　　预防措施 得到专门指导后操作。在阅读并了解所有安全预防措施之前，切勿操作。按要求使用个体防护装备

　　事故响应 如果接触或有担心，就医

　　安全储存 上锁保管

　　废弃处置 本品及内装物、容器依据国家和地方法规处置

物理和化学危险 不燃，无特殊燃爆特性

健康危害 工业生产中，仅见引起皮肤刺激、结膜炎、支气管炎，一般无中毒发生。口服引起急性中毒，主要表现为胃肠道症状，有恶心、呕吐、腹痛、腹泻等，继之发生脱水、休克、昏迷或急性肾功能衰竭，可有高热、肝肾损害和惊厥，重者可致死。皮肤出现广泛鲜红色疹，重者成剥脱性皮炎。本品易被损伤皮肤吸收引起中毒。慢性中毒：长期由胃肠道或皮肤吸收小量该品，可发生轻度消化道症状、皮炎、秃发以及肝肾损害。成人的内服致死量为5～20g，婴儿则少于5g

环境危害 对环境可能有害

第三部分 成分/组成信息

√ 物质　　　　　　　　混合物

组分	浓度	CAS No.
硼酸		10043-35-3

第四部分 急救措施

吸入 迅速脱离现场至空气新鲜处。保持呼吸道通畅。如呼吸困难，给输氧。呼吸、心跳停止，立即进行心肺复苏术。就医

皮肤接触 立即脱去污染的衣着，用流动清水彻底冲洗。就医

眼睛接触 立即分开眼睑，用流动清水或生理盐水彻底冲洗。就医

食入 漱口，饮水。就医

对保护施救者的忠告 根据需要使用个人防护设备

对医生的特别提示 对症处理

第五部分 消防措施

灭火剂 本品不燃，根据着火原因选择适当灭火剂灭火

特别危险性 受高热分解放出有毒的气体

灭火注意事项及防护措施 消防人员必须穿全身耐酸碱消防服、佩戴空气呼吸器灭火。灭火时尽可能将容器从火场移至空旷处

第六部分 泄漏应急处理

作业人员防护措施、防护装备和应急处置程序 隔离泄漏污染区，限制出入。建议应急处理人员戴防尘口罩，穿防毒服。穿上适当的防护服前严禁接触破裂的容器和泄漏物。尽可能切断泄漏源

环境保护措施 用塑料布覆盖泄漏物，减少飞散

泄漏化学品的收容、清除方法及所使用的处置材料 勿使水进入包装容器内。用洁净的铲子收集泄漏物，置于干净、干燥、盖子较松的容器中，将容器移离泄漏区

第七部分 操作处置与储存

操作注意事项 密闭操作，加强通风。操作人员必须经过专门培训，严格遵守操作规程。建议操作人员佩戴自吸过滤式防尘口罩，戴化学安全防护眼镜，穿防毒物渗透工作服，戴橡胶手套。避免产生粉尘。避免与碱类、钾接触。搬运时轻装轻卸，保持包装完整，防止洒漏。配备泄漏应急处理设备。倒空的容器可能残留有害物

储存注意事项 储存于阴凉、通风的库房。远离火种、热源。应与碱类、钾分开存放，切忌混储。储区应备有合适的材料收容泄漏物

第八部分 接触控制/个体防护

职业接触限值

　中国 未制定标准

　美国（ACGIH） TLV-TWA：$2mg/m^3$（可吸入性颗粒物）

生物接触限值 未制定标准

监测方法 空气中有毒物质测定方法：未制定标准。生物监测检验方法：未制定标准

工程控制 生产过程密闭，加强通风

个体防护装备

　呼吸系统防护 空气中粉尘浓度超标时，必须佩戴过滤式防尘呼吸器。紧急事态抢救或撤离时，应该佩戴空气呼吸器

　眼睛防护 戴化学安全防护眼镜

　皮肤和身体防护 穿防毒物渗透工作服

　手防护 戴橡胶手套

第九部分 理化特性

外观与性状 无色微带珍珠光泽的三斜晶体或白色粉末，有滑腻手感，无臭味

pH 值 无意义 　　**熔点（℃）** 169（分解）

沸点（℃） 300

相对密度（水＝1） 1.44～1.51（15℃）

相对蒸气密度（空气＝1） 无资料

饱和蒸气压（kPa） 无资料

临界压力（MPa） 无资料 　**辛醇/水分配系数** 无资料

闪点（℃） 无意义 　　**自燃温度（℃）** 无意义

爆炸下限（%） 无意义 　**爆炸上限（%）** 无意义

分解温度（℃） 171 　　**黏度（mPa·s）** 无资料

燃烧热（kJ/mol） 无资料 　**临界温度（℃）** 无资料

溶解性 溶于水，溶于乙醇、乙醚、甘油

第十部分 稳定性和反应性

稳定性 稳定

危险反应 与碱类、钾等禁配物发生反应

避免接触的条件 无资料

禁配物 碱类、钾

危险的分解产物 氧化硼

第十一部分 毒理学信息

急性毒性 LD_{50}：2660mg/kg（大鼠经口），3450mg/kg（小鼠经口），＞2000mg/kg（兔经皮）

皮肤刺激或腐蚀 人经皮：15mg（3d，间歇染毒），中度刺激

眼睛刺激或腐蚀 无资料

呼吸或皮肤过敏 无资料

生殖细胞突变性 微生物致突变：大肠杆菌 17000ppm（24h）。细胞遗传学分析：小鼠经口 $2.4\mu g/kg$

致癌性 无资料

生殖毒性 大鼠孕后 6～9d 给予最低中毒剂量（TDLo）1600mg/kg，致肌肉骨骼系统发育畸形。兔孕后 6～19d 经口给予最低中毒剂量（TDLo）3500mg/kg，致心血管系统、颅面部（包括鼻、舌）发育畸形。小鼠多代经口给予最低中毒剂量（TDLo）152mg/kg，致泌尿生殖系统、内分泌系统发育畸形。大鼠孕后 1～20d 经口给予最低中毒剂量（TDLo）3260mg/kg，致中枢神经系统发育畸形

特异性靶器官系统毒性-一次接触 无资料

特异性靶器官系统毒性-反复接触 给大鼠喂饲含 2.5g/L 硼酸的饮水，出现生长受抑制；当饮水含硼酸 1.0g/L 时，则不影响生长。较大剂量喂饲可使雌性动物的性周期紊乱和不育症

吸入危害 无资料

第十二部分 生态学信息

生态毒性 无资料

持久性和降解性

　生物降解性 无资料

　非生物降解性 无资料

潜在的生物累积性 无资料

土壤中的迁移性 无资料

第十三部分 废弃处置

废弃化学品 根据国家和地方有关法规的要求处置。或与厂商或制造商联系，确定处置方法

污染包装物 将容器返还生产商或按照国家和地方法规处置

废弃注意事项 处置前应参阅国家和地方有关法规

第十四部分　运输信息

联合国危险货物编号（UN 号） —
联合国运输名称 —　　　**联合国危险性类别** —
包装类别 —　　　　　　　**包装标志** —
海洋污染物 否
运输注意事项 起运时包装要完整，装载应稳妥。运输过
程中要确保容器不泄漏、不倒塌、不坠落、不损坏。
严禁与碱类、钾、食用化学品等混装混运。运输途中
应防暴晒、雨淋，防高温。车辆运输完毕应进行彻底
清扫

第十五部分　法规信息

下列法律、法规、规章和标准，对该化学品的管理作
了相应的规定。
中华人民共和国职业病防治法 职业病分类和目录：未
列入
危险化学品安全管理条例 危险化学品目录：列入。易制
爆危险化学品名录：未列入。重点监管的危险化学品
名录：未列入。GB 18218—2009《危险化学品重大
危险源辨识》（表 1）：未列入
使用有毒物品作业场所劳动保护条例 高毒物品目录：未
列入
易制毒化学品管理条例 易制毒化学品的分类和品种目
录：未列入
国际公约 斯德哥尔摩公约：未列入。鹿特丹公约：未列
入。蒙特利尔议定书：未列入

第十六部分　其他信息

编写和修订信息　　**缩略语和首字母缩写**
培训建议　　　　　　**参考文献**
免责声明

硼酸钠

第一部分　化学品标识

化学品中文名 硼酸钠；四硼酸钠；硼砂
化学品英文名 sodium borate；sodium tetraborate
分子式 $Na_2B_4O_7$　**分子量** 201.2194

结构式

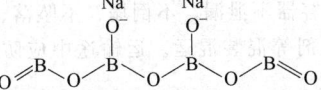

化学品的推荐及限制用途 供医药、冶金、鞣革、陶瓷、
纺织及制食物保存剂用

第二部分　危险性概述

紧急情况概述 造成严重眼刺激
GHS 危险性类别 急性毒性-经口，类别 5；急性毒性-经
皮，类别 5；严重眼损伤/眼刺激，类别 2A；生殖毒
性，类别 1B；危害水生环境-急性危害，类别 3
标签要素

象形图

警示词 危险
危险性说明 吞咽可能有害，皮肤接触可能有害，造成
严重眼刺激，可能对生育力或胎儿造成伤害，对水
生生物有害
防范说明
　　预防措施 避免接触眼睛、皮肤，操作后彻底清
洗。按要求使用个体防护装备。戴防护眼镜、
防护面罩。得到专门指导后操作。在阅读并了
解所有安全预防措施之前，切勿操作。禁止排
入环境
　　事故响应 如果感觉不适，呼叫中毒控制中心或就
医。如接触眼睛：用水细心冲洗数分钟。如戴
隐形眼镜并可方便地取出，取出隐形眼镜，继
续冲洗。如果眼睛刺激持续：就医。如果接触
或有担心，就医
　　安全储存 上锁保管
　　废弃处置 本品及内装物、容器依据国家和地方法
规处置
物理和化学危险 不燃，无特殊燃爆特性
健康危害 生产中可引起结膜炎、喉炎、气管炎及皮炎。
接触硼砂的工人有脱发的病例。误服后以胃肠道刺激
症状为主，恶心、呕吐、腹泻等，伴有头痛、烦躁不
安，继而可发生脱水、休克、昏迷或急性肾功能衰竭
环境危害 对水生生物有害

第三部分　成分/组成信息

✓ 物质		混合物
组分	**浓度**	**CAS No.**
硼酸钠		1330-43-4

第四部分　急救措施

吸入 脱离现场至空气新鲜处。如呼吸困难，给输氧。
就医
皮肤接触 脱去污染的衣着，用大量流动清水冲洗。如有
不适感，就医
眼睛接触 提起眼睑，用流动清水或生理盐水冲洗。如有
不适感，就医
食入 饮足量温水，催吐、洗胃、导泻。就医
对保护施救者的忠告 根据需要使用个人防护设备
对医生的特别提示 对症处理

第五部分　消防措施

灭火剂 本品不燃。根据着火原因选择适当灭火剂灭火
特别危险性 无特殊的燃烧爆炸特性
灭火注意事项及防护措施 消防人员必须佩戴空气呼吸
器、穿全身防火防毒服，在上风向灭火。尽可能将容
器从火场移至空旷处。喷水保持火场容器冷却，直至
灭火结束

第六部分　泄漏应急处理

作业人员防护措施、防护装备和应急处置程序 隔离泄漏
污染区，限制出入。建议应急处理人员戴防尘口罩，
穿防毒服。穿上适当的防护服前严禁接触破裂的容器

和泄漏物。尽可能切断泄漏源。用塑料布覆盖泄漏物，减少飞散。勿使水进入包装容器内

环境保护措施 防止泄漏物进入水体、下水道、地下室或密闭性空间

泄漏化学品的收容、清除方法及所使用的处置材料 用洁净的铲子收集泄漏物，置于干净、干燥、盖子较松的容器中，将容器移离泄漏区

第七部分 操作处置与储存

操作注意事项 密闭操作，加强通风。操作人员必须经过专门培训，严格遵守操作规程。建议操作人员佩戴自吸过滤式防尘口罩，戴化学安全防护眼镜，穿防毒物渗透工作服，戴防化学品手套。避免产生粉尘。避免与氧化剂接触。搬运时要轻装轻卸，防止包装及容器损坏。配备泄漏应急处理设备。倒空的容器可能残留有害物

储存注意事项 储存于阴凉、干燥、通风良好的库房。远离火种、热源。保持容器密封。应与氧化剂分开存放，切忌混储。储区应备有合适的材料收容泄漏物

第八部分 接触控制/个体防护

职业接触限值

中国 未制定标准

美国（ACGIH） TLV-TWA：$2mg/m^3$（吸入）；TLV-STEL：$6mg/m^3$（吸入）

生物接触限值 未制定标准

监测方法 空气中有毒物质测定方法：火焰原子吸收光谱法。生物监测检验方法：未制定标准

工程控制 生产过程密闭，加强通风

个体防护装备

呼吸系统防护 空气中粉尘浓度超标时，建议佩戴过滤式防尘呼吸器

眼睛防护 戴化学安全防护眼镜

皮肤和身体防护 穿防毒物渗透工作服

手防护 戴防化学手套

第九部分 理化特性

外观与性状 无臭、无色、半透明、味咸的晶体或白色晶状粉末

pH 值 无意义		**熔点（℃）** 741	
沸点（℃） 1575（分解）		**相对密度（水＝1）** 2.37	

相对蒸气密度（空气＝1） 无资料

饱和蒸气压（kPa） 无资料

临界压力（MPa） 无意义 　**辛醇/水分配系数** 无资料

闪点（℃） 无意义 　　**自燃温度（℃）** 无意义

爆炸下限（%） 无意义 　**爆炸上限（%）** 无意义

分解温度（℃） 无资料 　**黏度（mPa·s）** 无资料

燃烧热（kJ/mol） 无资料 　**临界温度（℃）** 无意义

溶解性 微溶于乙醇、冷水，易溶于热水

第十部分 稳定性和反应性

稳定性 稳定

危险反应 与强氧化剂等禁配物发生反应

避免接触的条件 潮湿空气

禁配物 强氧化剂

危险的分解产物 无资料

第十一部分 毒理学信息

急性毒性 LD_{50}：1200mg/kg（大鼠经口）；1060mg/kg（小鼠经口）；＞1055mg/kg（兔经皮）。LC_{50}：＞2mg/m^3（4h，大鼠吸入）

皮肤刺激或腐蚀 无资料 　**眼睛刺激或腐蚀** 无资料

呼吸或皮肤过敏 无资料 　**生殖细胞突变性** 无资料

致癌性 无资料 　　　　　**生殖毒性** 无资料

特异性靶器官系统毒性--一次接触 动物急性硼酸中毒，出现抑制、痉挛、共济失调，皮下黏膜紫绀、甚至死亡。病理可见肝脏充血与脂肪变性、肾脏水肿。此外，尚有脑水肿与肺水肿

特异性靶器官系统毒性-反复接触 无资料

吸入危害 无资料

第十二部分 生态学信息

生态毒性 无资料

持久性和降解性

生物降解性 无资料

非生物降解性 无资料

潜在的生物累积性 无资料

土壤中的迁移性 无资料

第十三部分 废弃处置

废弃化学品 中和后，用安全掩埋法处置

污染包装物 将容器返还生产商或按照国家和地方法规处置

废弃注意事项 处置前应参阅国家和地方有关法规

第十四部分 运输信息

联合国危险货物编号（UN 号） —

联合国运输名称 — 　**联合国危险性类别** —

包装类别 — 　　　　　**包装标志** —

海洋污染物 否

运输注意事项 起运时包装要完整，装载应稳妥。运输过程中要确保容器不泄漏、不倒塌、不坠落、不损坏。严禁与氧化剂等混装混运。运输途中应防暴晒、雨淋，防高温

第十五部分 法规信息

下列法律、法规、规章和标准，对该化学品的管理作了相应的规定。

中华人民共和国职业病防治法 职业病分类和目录：未列入

危险化学品安全管理条例 危险化学品目录：未列入。易制爆危险化学品名录：未列入。重点监管的危险化学品名录：未列入。GB 18218—2009《危险化学品重大危险源辨识》（表 1）：未列入

使用有毒物品作业场所劳动保护条例 高毒物品目录：未列入

易制毒化学品管理条例 易制毒化学品的分类和品种目录：未列入

国际公约 斯德哥尔摩公约：未列入。鹿特丹公约：未列入。蒙特利尔议定书：未列入

第十六部分 其他信息

编写和修订信息 缩略语和首字母缩写

培训建议 参考文献

免责声明

硼酸三甲酯

第一部分 化学品标识

化学品中文名 硼酸三甲酯；硼酸甲酯；三甲氧基硼烷

化学品英文名 trimethyl borate；methyl borate

分子式 $C_3H_9BO_3$ **分子量** 103.913

结构式

化学品的推荐及限制用途 用作溶剂、脱氢剂、杀虫剂及用于有机合成、半导体硼扩散原

第二部分 危险性概述

紧急情况概述 易燃液体和蒸气，皮肤接触有害

GHS 危险性类别 易燃液体，类别 3；急性毒性-经皮，类别 4

标签要素

象形图

警示词 警告

危险性说明 易燃液体和蒸气，皮肤接触有害

防范说明

预防措施 远离热源、火花、明火、热表面。禁止吸烟。保持容器密闭。容器和接收设备接地连接。使用防爆型电器、通风、照明设备。只能使用不产生火花的工具。采取防止静电措施。戴防护手套，穿防护服，防护眼镜、防护面罩

事故响应 火灾时，使用干粉、二氧化碳、砂土灭火。皮肤接触：用大量肥皂水和水清洗，如感觉不适，呼叫中毒控制中心或就医。被污染的衣服经洗净后方可重新使用

安全储存 存放在通风良好的地方。保持低温

废弃处置 本品及内装物、容器依据国家和地方法规处置

物理和化学危险 易燃，其蒸气与空气混合，能形成爆炸性混合物

健康危害 吸入、摄入或经皮肤吸收对身体有害。蒸气或雾对眼、黏膜和上呼吸道有刺激作用。对皮肤有刺激

环境危害 对环境可能有害

第三部分 成分/组成信息

√物质 混合物

组分	浓度	CAS No.
硼酸三甲酯		121-43-7

第四部分 急救措施

吸入 迅速脱离现场至空气新鲜处。保持呼吸道通畅。如呼吸困难，给输氧。呼吸、心跳停止，立即进行心肺复苏术。就医

皮肤接触 立即脱去污染的衣着，用流动清水彻底冲洗。就医

眼睛接触 立即分开眼睑，用流动清水或生理盐水彻底冲洗。就医

食入 漱口，饮水。就医

对保护施救者的忠告 根据需要使用个人防护设备

对医生的特别提示 对症处理

第五部分 消防措施

灭火剂 用干粉、二氧化碳、砂土灭火

特别危险性 其蒸气与空气可形成爆炸性混合物，遇明火、高热极易燃烧爆炸。与氧化剂接触猛烈反应。遇水或水蒸气反应放出有毒和易燃的气体。蒸气比空气重，沿地面扩散并易积存于低洼处，遇火源会着火回燃。若遇高热，容器内压增大，有开裂和爆炸的危险

灭火注意事项及防护措施 消防人员必须佩戴防毒面具、穿全身消防服，在上风向灭火。尽可能将容器从火场移至空旷处。处在火场中的容器若已变色或从安全泄压装置中发出声音，必须马上撤离。禁止用水和泡沫灭火

第六部分 泄漏应急处理

作业人员防护措施、防护装备和应急处置程序 消除所有点火源。根据液体流动和蒸气扩散的影响区域划定警戒区，无关人员从侧风、上风向撤离至安全区。建议应急处理人员戴正压自给式呼吸器，穿防静电服。作业时使用的所有设备应接地。禁止接触或跨越泄漏物。尽可能切断泄漏源

环境保护措施 防止泄漏物进入水体、下水道、地下室或有限空间

泄漏化学品的收容、清除方法及所使用的处置材料 小量泄漏：用砂土或其他不燃材料吸收。使用洁净的无火花工具收集吸收材料。大量泄漏：构筑围堤或挖坑收容。用抗溶性泡沫覆盖，减少蒸发。喷水雾能减少蒸发，但不能降低泄漏物在有限空间内的易燃性。用防爆泵转移至槽车或专用收集器内

第七部分 操作处置与储存

操作注意事项 密闭操作，注意通风。操作人员必须经过专门培训，严格遵守操作规程。建议操作人员佩戴自吸过滤式防毒面具（半面罩），戴化学安全防护眼镜，穿防毒物渗透工作服，戴橡胶耐油手套。远离火种、热源，工作场所严禁吸烟。使用防爆型的通风系统和

设备。防止蒸气泄漏到工作场所空气中。避免与氧化剂、酸类接触。尤其要注意避免与水接触。搬运时要轻装轻卸，防止包装及容器损坏。配备相应品种和数量的消防器材及泄漏应急处理设备。倒空的容器可能残留有害物

储存注意事项　储存于阴凉、干燥、通风良好的库房。远离火种、热源。库温不宜超过 37℃，保持容器密封。应与氧化剂、酸类等分开存放，切忌混储。采用防爆型照明、通风设施。禁止使用易产生火花的机械设备和工具。储区应备有泄漏应急处理设备和合适的收容材料

第八部分　接触控制/个体防护

职业接触限值

中国　未制定标准

美国（ACGIH）　未制定标准

生物接触限值　未制定标准

监测方法　空气中有毒物质测定方法：未制定标准。生物监测检验方法：未制定标准

工程控制　密闭操作，注意通风

个体防护装备

呼吸系统防护　空气中浓度超标时，必须佩戴过滤式防毒面具（半面罩）。紧急事态抢救或撤离时，应该佩戴空气呼吸器

眼睛防护　戴化学安全防护眼镜

皮肤和身体防护　穿防毒物渗透工作服

手防护　戴橡胶耐油手套

第九部分　理化特性

外观与性状　无色液体，遇水分解

pH 值　无资料		**熔点(℃)**　−29.3	
沸点(℃) 68		**相对密度(水＝1)** 0.92	
相对蒸气密度(空气＝1) 3.59			
饱和蒸气压(kPa)　无资料			
临界压力(MPa)　无资料		**辛醇/水分配系数**　无资料	
闪点(℃)　−8.33		**自燃温度(℃)**　无资料	
爆炸下限(%)　无资料		**爆炸上限(%)**　无资料	
分解温度(℃)　无资料		**黏度(mPa·s)**　无资料	
燃烧热(kJ/mol)　无资料		**临界温度(℃)**　无资料	

溶解性　可混溶于甲醇、乙醚等

第十部分　稳定性和反应性

稳定性　稳定

危险反应　与强氧化剂、强酸、水及水蒸气等禁配物发生反应。遇水或水蒸气反应放出有毒和易燃的气体

避免接触的条件　潮湿空气

禁配物　强氧化剂、强酸、水及水蒸气

危险的分解产物　氧化硼

第十一部分　毒理学信息

急性毒性　LD$_{50}$：6140mg/kg（大鼠经口），1290mg/kg（小鼠经口），1980mg/kg（兔经皮）

皮肤刺激或腐蚀　无资料　　　**眼睛刺激或腐蚀**　无资料

呼吸或皮肤过敏　无资料　　　**生殖细胞突变性**　无资料

致癌性　无资料　　　　　　　**生殖毒性**　无资料

特异性靶器官系统毒性-一次接触　无资料

特异性靶器官系统毒性-反复接触　无资料

吸入危害　无资料

第十二部分　生态学信息

生态毒性　无资料

持久性和降解性

生物降解性　无资料

非生物降解性　无资料

潜在的生物累积性　无资料

土壤中的迁移性　无资料

第十三部分　废弃处置

废弃化学品　建议用焚烧法处置

污染包装物　将容器返还生产商或按照国家和地方法规处置

废弃注意事项　处置前应参阅国家和地方有关法规

第十四部分　运输信息

联合国危险货物编号（UN 号）　2416

联合国运输名称　有机毒性液体，未另作规定的（硼酸三甲酯）

联合国危险性类别　3

包装类别　Ⅱ　　　　　　　**包装标志**

海洋污染物　否

运输注意事项　运输时运输车辆应配备相应品种和数量的消防器材及泄漏应急处理设备。夏季最好早晚运输。运输时所用的槽（罐）车应有接地链，槽内可设孔隔板以减少震荡产生的静电。严禁与氧化剂、酸类、食用化学品等混装混运。运输途中应防暴晒、雨淋，防高温。中途停留时应远离火种、热源、高温区。装运该物品的车辆排气管必须配备阻火装置，禁止使用易产生火花的机械设备和工具装卸。公路运输时要按规定路线行驶。铁路运输时要禁止溜放。严禁用木船、水泥船散装运输

第十五部分　法规信息

下列法律、法规、规章和标准，对该化学品的管理作了相应的规定。

中华人民共和国职业病防治法　职业病分类和目录：未列入

危险化学品安全管理条例　危险化学品目录：列入。易制爆危险化学品名录：未列入。重点监管的危险化学品名录：未列入。GB 18218—2009《危险化学品重大危险源辨识》（表 1）：未列入

使用有毒物品作业场所劳动保护条例　高毒物品目录：未列入

易制毒化学品管理条例　易制毒化学品的分类和品种目

录：未列入

国际公约　斯德哥尔摩公约：未列入。鹿特丹公约：未列入。蒙特利尔议定书：未列入

第十六部分　其他信息

编写和修订信息　　缩略语和首字母缩写
培训建议　　　　　参考文献
免责声明

硼酸三乙酯

第一部分　化学品标识

化学品中文名　硼酸三乙酯；硼酸乙酯；三乙氧基硼烷
化学品英文名　triethyl borate；ethyl borate
分子式　$C_6H_{15}BO_3$　分子量　145.993
结构式

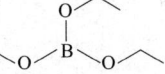

化学品的推荐及限制用途　用于有机合成，制备高纯硼的原料、增塑剂和焊接助溶剂

第二部分　危险性概述

紧急情况概述　高度易燃液体和蒸气
GHS危险性类别　易燃液体，类别2
标签要素

象形图　

警示词　危险
危险性说明　高度易燃液体和蒸气
防范说明
　　预防措施　远离热源、火花、明火、热表面。禁止吸烟。保持容器密闭。容器和接收设备接地连接。使用防爆型电器、通风、照明设备。只能使用不产生火花的工具。采取防止静电措施。戴防护手套、防护眼镜、防护面罩
　　事故响应　火灾时，使用干粉、二氧化碳、砂土灭火。如皮肤（或头发）接触：立即脱掉所有被污染的衣服，用水冲洗皮肤，淋浴
　　安全储存　存放在通风良好的地方。保持低温
　　废弃处置　本品及内装物、容器依据国家和地方法规处置
物理和化学危险　易燃，其蒸气与空气混合，能形成爆炸性混合物
健康危害　对眼和皮肤有刺激性
环境危害　对环境可能有害

第三部分　成分/组成信息

√物质　　　　　　　　　　混合物

组分	浓度	CAS No.
硼酸三乙酯		150-46-9

第四部分　急救措施

吸入　迅速脱离现场至空气新鲜处。保持呼吸道通畅。如呼吸困难，给输氧。呼吸、心跳停止，立即进行心肺复苏术。就医
皮肤接触　立即脱去污染的衣着，用流动清水彻底冲洗。就医
眼睛接触　立即分开眼睑，用流动清水或生理盐水彻底冲洗。就医
食入　漱口，饮水。就医
对保护施救者的忠告　根据需要使用个人防护设备
对医生的特别提示　对症处理

第五部分　消防措施

灭火剂　用干粉、二氧化碳、砂土灭火
特别危险性　其蒸气与空气可形成爆炸性混合物，遇明火、高热极易燃烧爆炸。与氧化剂接触猛烈反应。遇水分解生成乙醇和硼酸。蒸气比空气重，沿地面扩散并易积存于低洼处，遇火源会着火回燃。若遇高热，容器内压增大，有开裂和爆炸的危险
灭火注意事项及防护措施　消防人员必须佩戴防毒面具、穿全身消防服，在上风向灭火。尽可能将容器从火场移至空旷处。处在火场中的容器若已变色或从安全泄压装置中发出声音，必须马上撤离。禁止用水和泡沫灭火

第六部分　泄漏应急处理

作业人员防护措施、防护装备和应急处置程序　消除所有点火源。根据液体流动和蒸气扩散的影响区域划定警戒区，无关人员从侧风、上风向撤离至安全区。建议应急处理人员戴正压自给式呼吸器，穿防静电服。作业时使用的所有设备应接地。禁止接触或跨越泄漏物。尽可能切断泄漏源
环境保护措施　防止泄漏物进入水体、下水道、地下室或有限空间
泄漏化学品的收容、清除方法及所使用的处置材料　小量泄漏：用砂土或其他不燃材料吸收。使用洁净的无火花工具收集吸收材料。大量泄漏：构筑围堤或挖坑收容。用抗溶性泡沫覆盖，减少蒸发。喷水雾能减少蒸发，但不能降低泄漏物在有限空间内的易燃性。用防爆泵转移至槽车或专用收集器内

第七部分　操作处置与储存

操作注意事项　密闭操作，全面通风。操作人员必须经过专门培训，严格遵守操作规程。建议操作人员佩戴自吸过滤式防毒面具（半面罩），戴化学安全防护眼镜，穿防毒物渗透工作服，戴橡胶耐油手套。远离火种、热源，工作场所严禁吸烟。使用防爆型的通风系统和设备。防止蒸气泄漏到工作场所空气中。避免与氧化剂、酸类接触。尤其要注意避免与水接触。搬运时要轻装轻卸，防止包装及容器损坏。配备相应品种和数量的消防器材及泄漏应急处理设备。倒空的容器可能残留有害物
储存注意事项　储存于阴凉、干燥、通风良好的库房。远离火种、热源。库温不宜超过37℃，保持容器密封。应与氧化剂、酸类分开存放，切忌混储。采用防爆型

照明、通风设施。禁止使用易产生火花的机械设备和工具。储区应备有泄漏应急处理设备和合适的收容材料

第八部分　接触控制/个体防护

职业接触限值

中国　未制定标准

美国（ACGIH）　未制定标准

生物接触限值　未制定标准

监测方法　空气中有毒物质测定方法：未制定标准。生物监测检验方法：未制定标准

工程控制　生产过程密闭，全面通风。提供安全淋浴和洗眼设备

个体防护装备

呼吸系统防护　空气中浓度超标时，必须佩戴过滤式防毒面具（半面罩）。紧急事态抢救或撤离时，应该佩戴空气呼吸器

眼睛防护　戴化学安全防护眼镜

皮肤和身体防护　穿防毒物渗透工作服

手防护　戴橡胶耐油手套

第九部分　理化特性

外观与性状　无色透明液体

pH 值　无资料	**熔点(℃)**　无资料
沸点(℃)　117～118	**相对密度(水＝1)**　0.858
相对蒸气密度(空气＝1)　5.04	
饱和蒸气压(kPa)　无资料	
临界压力(MPa)　无资料	**辛醇/水分配系数**　无资料
闪点(℃)　11.11	**自燃温度(℃)**　无资料
爆炸下限(%)　无资料	**爆炸上限(%)**　无资料
分解温度(℃)　无资料	**黏度(mPa·s)**　无资料
燃烧热(kJ/mol)　无资料	**临界温度(℃)**　无资料

溶解性　可混溶于乙醇、乙醚

第十部分　稳定性和反应性

稳定性　稳定

危险反应　与强氧化剂等禁配物接触，有发生火灾和爆炸的危险。遇水分解生成乙醇和硼酸

避免接触的条件　潮湿空气

禁配物　强氧化剂、强酸

危险的分解产物　氧化硼

第十一部分　毒理学信息

急性毒性　LD$_{50}$：2100mg/kg（小鼠经口）

皮肤刺激或腐蚀　无资料	**眼睛刺激或腐蚀**　无资料
呼吸或皮肤过敏　无资料	**生殖细胞突变性**　无资料
致癌性　无资料	**生殖毒性**　无资料

特异性靶器官系统毒性-一次接触　无资料

特异性靶器官系统毒性-反复接触　无资料

吸入危害　无资料

第十二部分　生态学信息

生态毒性　无资料

持久性和降解性

生物降解性　无资料

非生物降解性　无资料

潜在的生物累积性　无资料

土壤中的迁移性　无资料

第十三部分　废弃处置

废弃化学品　建议用焚烧法处置

污染包装物　将容器返还生产商或按照国家和地方法规处置

废弃注意事项　处置前应参阅国家和地方有关法规

第十四部分　运输信息

联合国危险货物编号（UN 号）　2416

联合国运输名称　硼酸三乙酯

联合国危险性类别　3

包装类别　Ⅱ　　　　　　**包装标志**

海洋污染物　否

运输注意事项　运输时运输车辆应配备相应品种和数量的消防器材及泄漏应急处理设备。夏季最好早晚运输。运输时所用的槽（罐）车应有接地链，槽内可设孔隔板以减少震荡产生的静电。严禁与氧化剂、酸类、食用化学品等混装混运。运输途中应防暴晒、雨淋，防高温。中途停留时应远离火种、热源、高温区。装运该物品的车辆排气管必须配备阻火装置，禁止使用易产生火花的机械设备和工具装卸。公路运输时要按规定路线行驶。铁路运输时要禁止溜放。严禁用木船、水泥船散装运输

第十五部分　法规信息

下列法律、法规、规章和标准，对该化学品的管理作了相应的规定。

中华人民共和国职业病防治法　职业病分类和目录：未列入

危险化学品安全管理条例　危险化学品目录：列入。易制爆危险化学品名录：未列入。重点监管的危险化学品名录：未列入。GB 18218—2009《危险化学品重大危险源辨识》（表1）：未列入

使用有毒物品作业场所劳动保护条例　高毒物品目录：未列入

易制毒化学品管理条例　易制毒化学品的分类和品种目录：未列入

国际公约　斯德哥尔摩公约：未列入。鹿特丹公约：未列入。蒙特利尔议定书：未列入

第十六部分　其他信息

编写和修订信息　　缩略语和首字母缩写

培训建议　　　　　　参考文献

免责声明

硼酸三异丙酯

第一部分 化学品标识

化学品中文名 硼酸三异丙酯；硼酸（三）异丙酯；硼酸异丙酯

化学品英文名 triisopropyl borate；isopropyl borate

分子式 $C_9H_{21}BO_3$ **分子量** 188.072

结构式

化学品的推荐及限制用途 用作溶剂、半导体硼扩散源

第二部分 危险性概述

紧急情况概述 高度易燃液体和蒸气

GHS危险性类别 易燃液体，类别2

标签要素

象形图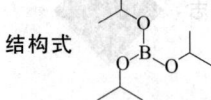

警示词 危险

危险性说明 高度易燃液体和蒸气

防范说明

预防措施 远离热源、火花、明火、热表面。禁止吸烟。保持容器密闭。容器和接收设备接地连接。使用防爆型电器、通风、照明设备。只能使用不产生火花的工具。采取防止静电措施。戴防护手套、防护眼镜、防护面罩

事故响应 火灾时，使用雾状水、泡沫、干粉、二氧化碳、砂土灭火。如皮肤（或头发）接触：立即脱掉所有被污染的衣服，用水冲洗皮肤，淋浴

安全储存 存放在通风良好的地方。保持低温

废弃处置 本品及内装物、容器依据国家和地方法规处置

物理和化学危险 易燃，其蒸气与空气混合，能形成爆炸性混合物

健康危害 对眼睛、皮肤有刺激作用。吸入、摄入或经皮肤吸收后对身体有害

环境危害 对环境可能有害

第三部分 成分/组成信息

√物质　　　　　　　　混合物

组分	浓度	CAS No.
硼酸三异丙酯		5419-55-6

第四部分 急救措施

吸入 迅速脱离现场至空气新鲜处。保持呼吸道通畅。如呼吸困难，给输氧。呼吸、心跳停止，立即进行心肺复苏术。就医

皮肤接触 立即脱去污染的衣着，用流动清水彻底冲洗。就医

眼睛接触 立即分开眼睑，用流动清水或生理盐水彻底冲洗。就医

食入 漱口，饮水。就医

对保护施救者的忠告 根据需要使用个人防护设备

对医生的特别提示 对症处理

第五部分 消防措施

灭火剂 用雾状水、泡沫、干粉、二氧化碳、砂土灭火

特别危险性 其蒸气与空气可形成爆炸性混合物，遇明火、高热能引起燃烧爆炸。与氧化剂可发生反应。若遇高热，容器内压增大，有开裂和爆炸的危险

灭火注意事项及防护措施 消防人员必须佩戴防毒面具、穿全身消防服，在上风向灭火。尽可能将容器从火场移至空旷处。喷水保持火场容器冷却，直至灭火结束。处在火场中的容器若已变色或从安全泄压装置中发出声音，必须马上撤离

第六部分 泄漏应急处理

作业人员防护措施、防护装备和应急处置程序 消除所有点火源。根据液体流动和蒸气扩散的影响区域划定警戒区，无关人员从侧风、上风向撤离至安全区。建议应急处理人员戴正压自给式呼吸器，穿防毒、防静电服。作业时使用的所有设备应接地。禁止接触或跨越泄漏物。尽可能切断泄漏源

环境保护措施 防止泄漏物进入水体、下水道、地下室或有限空间

泄漏化学品的收容、清除方法及所使用的处置材料 小量泄漏：用砂土或其他不燃材料吸收。使用洁净的无火花工具收集吸收材料。大量泄漏：构筑围堤或挖坑收容。用抗溶性泡沫覆盖，减少蒸发。喷水雾能减少蒸发，但不能降低泄漏物在有限空间内的易燃性。用防爆泵转移至槽车或专用收集器内

第七部分 操作处置与储存

操作注意事项 密闭操作，注意通风。操作人员必须经过专门培训，严格遵守操作规程。建议操作人员佩戴自吸过滤式防毒面具（半面罩），戴化学安全防护眼镜，穿防毒物渗透工作服，戴橡胶耐油手套。远离火种、热源，工作场所严禁吸烟。使用防爆型的通风系统和设备。防止蒸气泄漏到工作场所空气中。避免与氧化剂接触。在氮气中操作处置。搬运时要轻装轻卸，防止包装及容器损坏。配备相应品种和数量的消防器材及泄漏应急处理设备。倒空的容器可能残留有害物

储存注意事项 储存于阴凉、干燥、通风良好的库房。远离火种、热源。库温不宜超过37℃，保持容器密封。应与氧化剂等分开存放，切忌混储。采用防爆型照明、通风设施。禁止使用易产生火花的机械设备和工具。储区应备有泄漏应急处理设备和合适的收容材料

第八部分 接触控制/个体防护

职业接触限值

中国 未制定标准

美国(ACGIH) 未制定标准

生物接触限值　未制定标准

监测方法　空气中有毒物质测定方法：未制定标准。生物监测检验方法：未制定标准

工程控制　密闭操作，注意通风

个体防护装备

呼吸系统防护　空气中浓度超标时，必须佩戴过滤式防毒面具（半面罩）。紧急事态抢救或撤离时，应该佩戴空气呼吸器

眼睛防护　戴化学安全防护眼镜

皮肤和身体防护　穿防毒物渗透工作服

手防护　戴橡胶耐油手套

第九部分　理化特性

外观与性状　无色液体

pH 值　无资料　　　　　熔点(℃)　−59

沸点(℃)　139～141

相对密度(水＝1)　0.81（25℃）

相对蒸气密度(空气＝1)　无资料

饱和蒸气压(kPa)　无资料

临界压力(MPa)　无资料　　辛醇/水分配系数　无资料

闪点(℃)　17.22　　　　自燃温度(℃)　无资料

爆炸下限(%)　无资料　　爆炸上限(%)　无资料

分解温度(℃)　无资料　　黏度(mPa·s)　无资料

燃烧热(kJ/mol)　无资料　临界温度(℃)　无资料

溶解性　无资料

第十部分　稳定性和反应性

稳定性　稳定

危险反应　与强氧化剂、水及水蒸气等禁配物发生反应

避免接触的条件　潮湿空气

禁配物　强氧化剂、水及水蒸气

危险的分解产物　无资料

第十一部分　毒理学信息

急性毒性　LD_{50}：2500mg/kg（小鼠经口）

皮肤刺激或腐蚀　无资料　　眼睛刺激或腐蚀　无资料

呼吸或皮肤过敏　无资料　　生殖细胞突变性　无资料

致癌性　无资料　　　　　生殖毒性　无资料

特异性靶器官系统毒性-一次接触　无资料

特异性靶器官系统毒性-反复接触　无资料

吸入危害　无资料

第十二部分　生态学信息

生态毒性　无资料

持久性和降解性

生物降解性　无资料

非生物降解性　无资料

潜在的生物累积性　无资料

土壤中的迁移性　无资料

第十三部分　废弃处置

废弃化学品　建议用焚烧法处置

污染包装物　将容器返还生产商或按照国家和地方法规处置

废弃注意事项　处置前应参阅国家和地方有关法规

第十四部分　运输信息

联合国危险货物编号（UN 号）　2616

联合国运输名称　硼酸三异丙酯

联合国危险性类别　3

包装类别　Ⅱ　　　　　包装标志

海洋污染物　否

运输注意事项　运输时运输车辆应配备相应品种和数量的消防器材及泄漏应急处理设备。夏季最好早晚运输。运输时所用的槽（罐）车应有接地链，槽内可设孔隔板以减少震荡产生的静电。严禁与氧化剂、食用化学品等混装混运。运输途中应防暴晒、雨淋，防高温。中途停留时应远离火种、热源、高温区。装运该物品的车辆排气管必须配备阻火装置，禁止使用易产生火花的机械设备和工具装卸。公路运输时要按规定路线行驶。铁路运输时要禁止溜放。严禁用木船、水泥船散装运输

第十五部分　法规信息

下列法律、法规、规章和标准，对该化学品的管理作了相应的规定。

中华人民共和国职业病防治法　职业病分类和目录：未列入

危险化学品安全管理条例　危险化学品目录：列入。易制爆危险化学品名录：未列入。重点监管的危险化学品名录：未列入。GB 18218—2009《危险化学品重大危险源辨识》（表1）：未列入

使用有毒物品作业场所劳动保护条例　高毒物品目录：未列入

易制毒化学品管理条例　易制毒化学品的分类和品种目录：未列入

国际公约　斯德哥尔摩公约：未列入。鹿特丹公约：未列入。蒙特利尔议定书：未列入

第十六部分　其他信息

编写和修订信息　　缩略语和首字母缩写

培训建议　　　　　参考文献

免责声明

偏钒酸铵

第一部分　化学品标识

化学品中文名　偏钒酸铵；钒酸铵

化学品英文名　ammonium metavanadate; ammonium vanadate

分子式　NH_4VO_3　分子量　116.98

结构式　$O=\overset{\displaystyle O}{\underset{}{V}}{}^-=ONH_4^+$

化学品的推荐及限制用途　用作催化剂、染料、分析试剂，也用于油漆、油墨干燥、显微染色、瓷砖着色等

第二部分　危险性概述

紧急情况概述　吞咽会中毒，皮肤接触可能有害，吸入致命，造成皮肤刺激，造成严重眼刺激，可能引起呼吸道刺激

GHS危险性类别　急性毒性-经口，类别3；急性毒性-经皮，类别5；急性毒性-吸入，类别1；皮肤腐蚀/刺激，类别2；严重眼损伤/眼刺激，类别2；特异性靶器官毒性--一次接触，类别3（呼吸道刺激）；危害水生环境-急性危害，类别3；危害水生环境-长期危害，类别3

标签要素

象形图　

警示词　危险

危险性说明　吞咽会中毒，皮肤接触可能有害，吸入致命，造成皮肤刺激，造成严重眼刺激，可能引起呼吸道刺激，对水生生物有害并具有长期持续影响

防范说明

　　预防措施　避免接触眼睛、皮肤，操作后彻底清洗。作业场所不得进食、饮水或吸烟。避免吸入粉尘。仅在室外或通风良好处操作。佩戴呼吸防护器具。戴防护手套、防护眼镜、防护面罩。禁止排入环境

　　事故响应　如吸入：将患者转移到空气新鲜处，休息，保持利于呼吸的体位，立即呼叫中毒控制中心或就医。皮肤接触：用大量肥皂水和水清洗，脱去被污染的衣服，如发生皮肤刺激，就医。被污染的衣服必须经洗净后方可重新使用。如感觉不适，呼叫中毒控制中心或就医。如接触眼睛：用水细心冲洗数分钟。如戴隐形眼镜并可方便地取出，取出隐形眼镜，继续冲洗。如果眼睛刺激持续，就医。食入：立即呼叫中毒控制中心或就医，漱口

　　安全储存　在通风良好处储存。保持容器密闭。上锁保管

　　废弃处置　本品及内装物、容器依据国家和地方法规处置

物理和化学危险　不燃，无特殊燃爆特性

健康危害　粉尘能刺激眼睛、皮肤和呼吸道。吸入和口服可致死亡。吸入引起咳嗽、胸痛、口中金属味和精神症状。对肝、肾有损害。皮肤接触可引起荨麻疹

环境危害　对水生生物有害并具有长期持续影响

第三部分　成分/组成信息

√物质　　　　　　　　　　混合物

组分	浓度	CAS No.
偏钒酸铵		7803-55-6

第四部分　急救措施

吸入　迅速脱离现场至空气新鲜处。保持呼吸道通畅。如呼吸困难，给输氧。呼吸、心跳停止，立即进行心肺复苏术。就医

皮肤接触　立即脱去污染的衣着，用流动清水彻底冲洗。就医

眼睛接触　立即分开眼睑，用流动清水或生理盐水彻底冲洗。就医

食入　饮适量温水，催吐（仅限于清醒者）。就医

对保护施救者的忠告　根据需要使用个人防护设备

对医生的特别提示　对症处理

第五部分　消防措施

灭火剂　本品不燃，根据着火原因选择适当灭火剂灭火

特别危险性　有氧化性。接触有机物有引起燃烧的危险

灭火注意事项及防护措施　消防人员须佩戴防毒面具、穿全身消防服，在上风向灭火。尽可能将容器从火场移至空旷处。喷水保持火场容器冷却，直至灭火结束

第六部分　泄漏应急处理

作业人员防护措施、防护装备和应急处置程序　隔离泄漏污染区，限制出入。建议应急处理人员戴防尘口罩，穿防毒服。穿上适当的防护服前严禁接触破裂的容器和泄漏物。尽可能切断泄漏源

环境保护措施　用塑料布覆盖泄漏物，减少飞散

泄漏化学品的收容、清除方法及所使用的处置材料　勿使水进入包装容器内。用洁净的铲子收集泄漏物，置于干净、干燥、盖子较松的容器中，将容器移离泄漏区

第七部分　操作处置与储存

操作注意事项　密闭操作，局部排风。防止粉尘释放到车间空气中。操作人员必须经过专门培训，严格遵守操作规程。建议操作人员佩戴自吸过滤式防尘口罩，戴化学安全防护眼镜，穿防毒物渗透工作服，戴橡胶手套。远离易燃、可燃物。避免产生粉尘。避免与还原剂接触。配备泄漏应急处理设备。倒空的容器可能残留有害物

储存注意事项　储存于阴凉、通风的库房。远离火种、热源。防止阳光直射。包装密封。应与还原剂、易（可）燃物、食用化学品分开存放，切忌混储。储区应备有合适的材料收容泄漏物

第八部分　接触控制/个体防护

职业接触限值

　　中国　未制定标准

　　美国（ACGIH）　未制定标准

生物接触限值　未制定标准

监测方法　空气中有毒物质测定方法：未制定标准。生物监测检验方法：未制定标准

工程控制　密闭操作，局部排风

个体防护装备

　　呼吸系统防护　空气中粉尘浓度超标时，必须佩戴过

滤式防尘呼吸器。紧急事态抢救或撤离时，应该佩戴空气呼吸器

眼睛防护 戴化学安全防护眼镜

皮肤和身体防护 穿防毒物渗透工作服

手防护 戴橡胶手套

第九部分 理化特性

外观与性状 无色至黄色结晶粉末

pH 值 无意义 熔点（℃） 210（分解）

沸点（℃） 无资料 相对密度（水＝1） 2.326

相对蒸气密度（空气＝1） 无资料

饱和蒸气压（kPa） 无资料

临界压力（MPa） 无资料 辛醇/水分配系数 无资料

闪点（℃） 无意义 自燃温度（℃） 无意义

爆炸下限（%） 无意义 爆炸上限（%） 无意义

分解温度（℃） 200 黏度（mPa·s） 无资料

燃烧热（kJ/mol） 无资料 临界温度（℃） 无资料

溶解性 难溶于水，溶于热水、氨水，不溶于乙醇、醚、氯化铵

第十部分 稳定性和反应性

稳定性 稳定

危险反应 与还原剂、易燃或可燃物等禁配物接触，有发生火灾和爆炸的危险

避免接触的条件 潮湿空气

禁配物 还原剂、易燃或可燃物

危险的分解产物 氮氧化物、氨

第十一部分 毒理学信息

急性毒性 LD_{50}：58.1mg/kg（大鼠经口），2102mg/kg（大鼠经皮）。LC_{50}：7.8mg/m³（大鼠吸入，4h）

皮肤刺激或腐蚀 无资料 眼睛刺激或腐蚀 无资料

呼吸或皮肤过敏 无资料

生殖细胞突变性 微核试验：小鼠经口 50mg/kg。DNA损伤：人淋巴细胞 200μmol/L。姐妹染色单体互换：人淋巴细胞 40μmol/L。性染色体缺失和不分离：人淋巴细胞 40μmol/L。DNA损伤：人类卵巢 200μmol/L

致癌性 无资料

生殖毒性 仓鼠腹腔内最低中毒剂量（TDLo）：11280μg/kg（孕 5～10d），植入后死亡率增加，死胎。仓鼠腹腔内最低中毒剂量（TDLo）：2820μg/kg（孕 5～10d），肌肉骨骼系统发育异常

特异性靶器官系统毒性-一次接触 无资料

特异性靶器官系统毒性-反复接触 无资料

吸入危害 无资料

第十二部分 生态学信息

生态毒性 LC_{50}：13.5mg/L（96h）（底鳉）

持久性和降解性

生物降解性 无资料

非生物降解性 无资料

潜在的生物累积性 无资料

土壤中的迁移性 无资料

第十三部分 废弃处置

废弃化学品 若可能，重复使用容器或在规定场所掩埋

污染包装物 将容器返还生产商或按照国家和地方法规处置

废弃注意事项 处置前应参阅国家和地方有关法规。把倒空的容器归还厂商或在规定场所掩埋

第十四部分 运输信息

联合国危险货物编号（UN 号） 2859

联合国运输名称 偏钒酸铵

联合国危险性类别 6.1

包装类别 Ⅱ 包装标志

海洋污染物 否

运输注意事项 运输前应先检查包装容器是否完整、密封，运输过程中要确保容器不泄漏、不倒塌、不坠落、不损坏。严禁与酸类、氧化剂、食品及食品添加剂混运。运输时运输车辆应配备泄漏应急处理设备。运输途中应防暴晒、雨淋，防高温。公路运输时要按规定路线行驶，勿在居民区和人口稠密区停留

第十五部分 法规信息

下列法律、法规、规章和标准，对该化学品的管理作了相应的规定。

中华人民共和国职业病防治法 职业病分类和目录：钒及其化合物中毒

危险化学品安全管理条例 危险化学品目录：列入。易制爆危险化学品名录：未列入。重点监管的危险化学品名录：未列入。GB 18218—2009《危险化学品重大危险源辨识》（表1）：未列入

使用有毒物品作业场所劳动保护条例 高毒物品目录：未列入

易制毒化学品管理条例 易制毒化学品的分类和品种目录：未列入

国际公约 斯德哥尔摩公约：未列入。鹿特丹公约：未列入。蒙特利尔议定书：未列入

第十六部分 其他信息

编写和修订信息 缩略语和首字母缩写

培训建议 参考文献

免责声明

扑杀磷

第一部分 化学品标识

化学品中文名 扑杀磷；扑打杀；O,O-二乙基-O-(4-甲基香豆素基-7) 硫代磷酸酯；扑打散

化学品英文名 potasan；O,O-Diethyl-o(4 methylumbelliferone)phosphoro-thioate

分子式 $C_{14}H_{17}O_5PS$ 分子量 328.3233

结构式

化学品的推荐及限制用途 用作杀虫剂

第二部分 危险性概述

紧急情况概述 吞咽致命，皮肤接触会致命，吸入致命

GHS 危险性类别 急性毒性-经口，类别 2；急性毒性-经皮，类别 1；急性毒性-吸入，类别 2；危害水生环境-急性危害，类别 1；危害水生环境-长期危害，类别 1

标签要素

象形图 ☠ 🌳

警示词 危险

危险性说明 吞咽致命，皮肤接触会致命，吸入致命，对水生生物毒性非常大并具有长期持续影响

防范说明

预防措施 避免接触眼睛、皮肤，操作后彻底清洗。作业场所不得进食、饮水或吸烟。避免接触衣服。戴防护手套、穿防护服。避免吸入粉尘。仅在室外或通风良好处操作。戴呼吸防护器具。禁止排入环境

事故响应 如吸入：将患者转移到空气新鲜处，休息，保持利于呼吸的体位，立即呼叫中毒控制中心或就医。皮肤接触：用大量肥皂水和水轻轻地清洗，立即脱去所有被污染的衣服，立即呼叫中毒控制中心或就医。被污染的衣服经洗净后方可重新使用。食入：立即呼叫中毒控制中心或就医，漱口。收集泄漏物

安全储存 在通风良好处储存。保持容器密闭。上锁保管

废弃处置 本品及内装物、容器依据国家和地方法规处置

物理和化学危险 可燃，其粉体与空气混合，能形成爆炸性混合物

健康危害 抑制胆碱酯酶活性。轻者出现头晕、呕吐、胸闷、视力模糊、无力等；中度中毒出现肌束震颤、瞳孔缩小、呼吸困难；重者出现肺水肿、脑水肿、呼吸麻痹

环境危害 对水生生物毒性非常大并具有长期持续影响

第三部分 成分/组成信息

√物质　　　　　　混合物

组分	浓度	CAS No.
扑杀磷		299-45-6

第四部分 急救措施

吸入 迅速脱离现场至空气新鲜处。保持呼吸道通畅。如呼吸困难，给输氧。呼吸、心跳停止，立即进行心肺复苏术。就医

皮肤接触 立即脱去污染的衣着，用肥皂水及流动清水彻底冲洗污染的皮肤、头发、指甲等。就医

眼睛接触 分开眼睑，用流动清水或生理盐水冲洗。就医

食入 饮足量温水，催吐（仅限于清醒者）。口服活性炭。就医

对保护施救者的忠告 根据需要使用个人防护设备

对医生的特别提示 解毒剂：阿托品、胆碱酯酶复能剂

第五部分 消防措施

灭火剂 用雾状水、泡沫、干粉、二氧化碳、砂土灭火

特别危险性 遇明火、高热可燃。其粉体与空气可形成爆炸性混合物，当达到一定浓度时，遇火星会发生爆炸。受高热分解放出有毒的气体

灭火注意事项及防护措施 消防人员须佩戴防毒面具、穿全身消防服，在上风向灭火。尽可能将容器从火场移至空旷处。喷水保持火场容器冷却，直至灭火结束

第六部分 泄漏应急处理

作业人员防护措施、防护装备和应急处置程序 隔离泄漏污染区，限制出入。建议应急处理人员戴防尘口罩，穿防毒服。穿上适当的防护服前严禁接触破裂的容器和泄漏物。尽可能切断泄漏源

环境保护措施 用塑料布覆盖泄漏物，减少飞散

泄漏化学品的收容、清除方法及所使用的处置材料 勿使水进入包装容器内。用洁净的铲子收集泄漏物，置于干净、干燥、盖子较松的容器中，将容器移离泄漏区

第七部分 操作处置与储存

操作注意事项 密闭操作，提供充分的局部排风。防止粉尘释放到车间空气中。操作人员必须经过专门培训，严格遵守操作规程。建议操作人员佩戴防尘面具（全面罩），穿胶布防毒衣，戴橡胶手套。远离火种、热源，工作场所严禁吸烟。使用防爆型的通风系统和设备。避免产生粉尘。避免与氧化剂接触。配备相应品种和数量的消防器材及泄漏应急处理设备。倒空的容器可能残留有害物

储存注意事项 储存于阴凉、通风良好的专用库房内，实行"双人收发、双人保管"制度。远离火种、热源。防止阳光直射。包装密封。应与氧化剂、食用化学品分开存放，切忌混储。配备相应品种和数量的消防器材。储区应备有合适的材料收容泄漏物

第八部分 接触控制/个体防护

职业接触限值

中国 未制定标准

美国（ACGIH） 未制定标准

生物接触限值 全血胆碱酯酶活性（校正值）：原基础值或参考值的 70%（采样时间：开始接触后的 3 个月内），原基础值或参考值的 50%（采样时间：持续接触 3 个月后，任意时间）

监测方法 空气中有毒物质测定方法：未制定标准。生物监测检验方法：血中胆碱酯酶活性的分光光度测定方法——羟胺三氯化铁法；血中胆碱酯酶活性的分光光度测定方法——硫代乙酰胆碱-联硫代双硝基苯甲

酸法

工程控制　严加密闭，提供充分的局部排风

个体防护装备

呼吸系统防护　可能接触其粉尘时，必须佩戴防尘面具（全面罩）。紧急事态抢救或撤离时，应该佩戴空气呼吸器

眼睛防护　呼吸系统防护中已作防护

皮肤和身体防护　穿密闭型防毒服

手防护　戴橡胶手套

第九部分　理化特性

外观与性状　无色结晶，有轻微芳香味

pH 值　无意义　　　　　　**熔点(℃)**　38

沸点(℃)　210（0.133kPa）

相对密度(水＝1)　1.260（38℃）

相对蒸气密度(空气＝1)　无资料

饱和蒸气压(kPa)　无资料

临界压力(MPa)　无资料　　**辛醇/水分配系数**　无资料

闪点(℃)　无意义　　　　　**自燃温度(℃)**　无资料

爆炸下限(%)　无资料　　　**爆炸上限(%)**　无资料

分解温度(℃)　无资料　　　**黏度(mPa·s)**　无资料

燃烧热(kJ/mol)　无资料　　**临界温度(℃)**　无资料

溶解性　溶于部分有机溶剂

第十部分　稳定性和反应性

稳定性　稳定

危险反应　与强氧化剂等禁配物发生反应

避免接触的条件　无资料

禁配物　强氧化剂

危险的分解产物　氧化硫、氧化磷

第十一部分　毒理学信息

急性毒性　LD_{50}：14.7mg/kg（大鼠经口），99mg/kg（小鼠经口），300mg/kg（兔经皮）

皮肤刺激或腐蚀　无资料　　**眼睛刺激或腐蚀**　无资料

呼吸或皮肤过敏　无资料　　**生殖细胞突变性**　无资料

致癌性　无资料　　　　　　**生殖毒性**　无资料

特异性靶器官系统毒性-一次接触　无资料

特异性靶器官系统毒性-反复接触　无资料

吸入危害　无资料

第十二部分　生态学信息

生态毒性　根据结构类似物质预测，该物质对水生生物有极高毒性

持久性和降解性

生物降解性　无资料

非生物降解性　无资料

潜在的生物累积性　无资料

土壤中的迁移性　无资料

第十三部分　废弃处置

废弃化学品　根据国家和地方有关法规的要求处置。或与厂商或制造商联系，确定处置方法

污染包装物　将容器返还生产商或按照国家和地方法规处置

废弃注意事项　处置前应参阅国家和地方有关法规

第十四部分　运输信息

联合国危险货物编号（UN 号）　2783

联合国运输名称　固态有机磷农药，毒性（扑杀磷）

联合国危险性类别　6.1

包装类别　Ⅰ　　　　　**包装标志**　

海洋污染物　是

运输注意事项　运输前应先检查包装容器是否完整、密封，运输过程中要确保容器不泄漏、不倒塌、不坠落、不损坏。严禁与酸类、氧化剂、食品及食品添加剂混运。运输时运输车辆应配备相应品种和数量的消防器材及泄漏应急处理设备。运输途中应防暴晒、雨淋、防高温。公路运输时要按规定路线行驶，勿在居民区和人口稠密区停留

第十五部分　法规信息

下列法律、法规、规章和标准，对该化学品的管理作了相应的规定。

中华人民共和国职业病防治法　职业病分类和目录：有机磷中毒

危险化学品安全管理条例　危险化学品目录：列入。作为剧毒化学品进行管理。易制爆危险化学品名录：未列入。重点监管的危险化学品名录：未列入。GB 18218—2009《危险化学品重大危险源辨识》（表 1）：未列入

使用有毒物品作业场所劳动保护条例　高毒物品目录：未列入

易制毒化学品管理条例　易制毒化学品的分类和品种目录：未列入

国际公约　斯德哥尔摩公约：未列入。鹿特丹公约：未列入。蒙特利尔议定书：未列入

第十六部分　其他信息

编写和修订信息　缩略语和首字母缩写

培训建议　　　　　参考文献

免责声明

七氟丁酸

第一部分　化学品标识

化学品中文名　七氟丁酸；全氟丁酸

化学品英文名　heptafluorobutyric acid；perfluorobutyric acid

分子式　$C_4HF_7O_2$　　**分子量**　214.0384

结构式　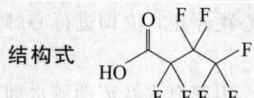

化学品的推荐及限制用途　用作除虫杀菌剂、酯的催化剂、活性剂、酸化剂、中间体，也用于合成橡胶

第二部分　危险性概述

紧急情况概述　造成严重的皮肤灼伤和眼损伤

GHS危险性类别　皮肤腐蚀/刺激，类别1；严重眼损伤/眼刺激，类别1

标签要素

象形图　

警示词　危险

危险性说明　造成严重的皮肤灼伤和眼损伤

防范说明

预防措施　避免吸入烟雾。避免接触眼睛、皮肤，操作后彻底清洗。戴防护手套，穿防护服，戴防护眼镜、防护面罩

事故响应　如吸入：将患者转移到空气新鲜处，休息，保持利于呼吸的体位，立即呼叫中毒控制中心或就医。皮肤（或头发）接触：立即脱掉所有被污染的衣服，用水冲洗皮肤，淋浴。污染的衣服洗净后方可重新使用。眼睛接触：用水细心地冲洗数分钟，立即呼叫中毒控制中心或就医。如戴隐形眼镜并可方便地取出，则取出隐形眼镜，继续冲洗。食入：漱口，不要催吐

安全储存　上锁保管

废弃处置　本品及内装物、容器依据国家和地方法规处置

物理和化学危险　不燃，无特殊燃爆特性

健康危害　具腐蚀性的毒物。对眼睛、皮肤、黏膜和上呼吸道有强烈的刺激作用。可引起皮肤溃疡和坏死，以及化脓性坏死性角膜结膜炎

环境危害　对环境可能有害

第三部分　成分/组成信息

√物质　　　　　　　混合物

组分	浓度	CAS No.
七氟丁酸		375-22-4

第四部分　急救措施

吸入　迅速脱离现场至空气新鲜处。保持呼吸道通畅。如呼吸困难，给输氧。呼吸、心跳停止，立即进行心肺复苏术。就医

皮肤接触　立即脱去污染的衣着，用大量流动清水彻底冲洗至少15min。就医

眼睛接触　立即分开眼睑，用流动清水或生理盐水彻底冲洗5～10min。就医

食入　用水漱口，禁止催吐。给饮牛奶或蛋清。就医

对保护施救者的忠告　根据需要使用个人防护设备

对医生的特别提示　对症处理

第五部分　消防措施

灭火剂　灭火时尽量切断泄漏源，然后根据着火原因选择适当灭火剂灭火

特别危险性　遇水或水蒸气反应放热并产生有毒的腐蚀性气体。受高热分解放出有毒的气体。具有腐蚀性

灭火注意事项及防护措施　消防人员必须穿全身耐酸碱消防服、佩戴空气呼吸器灭火。尽可能将容器从火场移至空旷处。喷水保持火场容器冷却，直至灭火结束

第六部分　泄漏应急处理

作业人员防护措施、防护装备和应急处置程序　根据液体流动和蒸气扩散的影响区域划定警戒区，无关人员从侧风、上风向撤离至安全区。建议应急处理人员戴正压自给式呼吸器，穿防毒服。禁止接触或跨越泄漏物。作业时使用的所有设备应接地。禁止接触或跨越泄漏物。尽可能切断泄漏源

环境保护措施　防止泄漏物进入水体、下水道、地下室或有限空间

泄漏化学品的收容、清除方法及所使用的处置材料　小量泄漏：用砂土或其他不燃材料吸收。使用洁净的无火花工具收集吸收材料。大量泄漏：构筑围堤或挖坑收容。用泡沫覆盖，减少蒸发。喷水雾能减少蒸发，但不能降低泄漏物在有限空间内的易燃性。用泵转移至槽车或专用收集器内

第七部分　操作处置与储存

操作注意事项　密闭操作，提供充分的局部排风。防止蒸气泄漏到工作场所空气中。操作人员必须经过专门培训，严格遵守操作规程。建议操作人员佩戴自吸过滤式防毒面具（全面罩），穿胶布防毒衣，戴橡胶手套。避免产生烟雾。避免与氧化剂、还原剂、碱类接触。尤其要注意避免与水接触。配备泄漏应急处理设备。倒空的容器可能残留有害物

储存注意事项　储存于阴凉、干燥、通风良好的库房。远离火种、热源。防止阳光直射。保持容器密封。应与氧化剂、还原剂、碱类、食用化学品分开存放，切忌混储。储区应备有泄漏应急处理设备和合适的收容材料

第八部分　接触控制/个体防护

职业接触限值

中国　未制定标准

美国（ACGIH）　未制定标准

生物接触限值　未制定标准

监测方法　空气中有毒物质测定方法：未制定标准。生物监测检验方法：未制定标准

工程控制　严加密闭，提供充分的局部排风

个体防护装备

呼吸系统防护　空气中浓度超标时，必须佩戴过滤式防毒面具（全面罩）。紧急事态抢救或撤离时，应该佩戴空气呼吸器

眼睛防护　呼吸系统防护中已作防护

皮肤和身体防护　穿密闭型防毒服
手防护　戴橡胶手套

第九部分　理化特性

外观与性状　无色油状液体，具有丁酸的刺鼻味，易吸湿
pH 值　无资料　　　　　　熔点(℃)　－17.5
沸点(℃)　120（100.6kPa）　相对密度(水＝1)　1.645
相对蒸气密度(空气＝1)　7.0
饱和蒸气压(kPa)　1.33（25℃）
临界压力(MPa)　无资料　　辛醇/水分配系数　无资料
闪点(℃)　无意义　　　　　自燃温度(℃)　无意义
爆炸下限(%)　无意义　　　爆炸上限(%)　无意义
分解温度(℃)　无资料　　　黏度(mPa·s)　无资料
燃烧热(kJ/mol)　无资料　　临界温度(℃)　无资料
溶解性　可混溶于水、丙酮、醚、石油醚，溶于苯、四氯
　　　　化碳，不溶于二硫化碳

第十部分　稳定性和反应性

稳定性　稳定
危险反应　与氧化剂、还原剂、碱类、水等禁配物发生反
　　　　应。遇水或水蒸气反应放热并产生有毒的腐蚀性气体
避免接触的条件　潮湿空气
禁配物　氧化剂、还原剂、碱类、水
危险的分解产物　氟化氢

第十一部分　毒理学信息

急性毒性　LD_{50}：68mg/kg（小鼠腹腔）
皮肤刺激或腐蚀　无资料　　眼睛刺激或腐蚀　无资料
呼吸或皮肤过敏　无资料　　生殖细胞突变性　无资料
致癌性　无资料　　　　　　生殖毒性　无资料
特异性靶器官系统毒性-一次接触　无资料
特异性靶器官系统毒性-反复接触　无资料
吸入危害　无资料

第十二部分　生态学信息

生态毒性　无资料
持久性和降解性
　　生物降解性　无资料
　　非生物降解性　无资料
潜在的生物累积性　无资料
土壤中的迁移性　无资料

第十三部分　废弃处置

废弃化学品　建议用焚烧法处置。在能利用的地方重复使
　　　　用容器或在规定场所掩埋
污染包装物　将容器返还生产商或按照国家和地方法规
　　　　处置
废弃注意事项　处置前应参阅国家和地方有关法规

第十四部分　运输信息

联合国危险货物编号（UN号）　3265
联合国运输名称　有机酸性腐蚀性液体，未另作规定的
　　　　（七氟丁酸）

联合国危险性类别　8

包装类别　—　　　　　　包装标志

海洋污染物　否
运输注意事项　运输前应先检查包装容器是否完整、密
　　　　封，运输过程中要确保容器不泄漏、不倒塌、不坠
　　　　落、不损坏。严禁与酸类、氧化剂、食品及食品添加
　　　　剂混运。运输时运输车辆应配备泄漏应急处理设备。
　　　　运输途中应防曝晒、雨淋，防高温。公路运输时要按
　　　　规定路线行驶，勿在居民区和人口稠密区停留

第十五部分　法规信息

　　下列法律、法规、规章和标准，对该化学品的管理作
了相应的规定。
中华人民共和国职业病防治法　职业病分类和目录：未
　　　　列入
危险化学品安全管理条例　危险化学品目录：列入。易制
　　　　爆危险化学品名录：未列入。重点监管的危险化学品
　　　　名录：未列入。GB 18218—2009《危险化学品重大
　　　　危险源辨识》（表1）：未列入
使用有毒物品作业场所劳动保护条例　高毒物品目录：未
　　　　列入
易制毒化学品管理条例　易制毒化学品的分类和品种目
　　　　录：未列入
国际公约　斯德哥尔摩公约：未列入。鹿特丹公约：未列
　　　　入。蒙特利尔议定书：未列入

第十六部分　其他信息

编写和修订信息　　　缩略语和首字母缩写
培训建议　　　　　　参考文献
免责声明

七氟钽酸钾

第一部分　化学品标识

化学品中文名　七氟钽酸钾；氟钽酸钾
化学品英文名　potassium fluorotantalate；potassium hep-
　　　　tafluorotantalate
分子式　K_2TaF_7　分子量　392.15

结构式 $2K^+$

化学品的推荐及限制用途　是生产纯钽的原料

第二部分　危险性概述

紧急情况概述　吞咽会中毒
GHS危险性类别　急性毒性-经口，类别3
标签要素

象形图

警示词 危险

危险性说明 吞咽会中毒

防范说明

预防措施 避免接触眼睛、皮肤，操作后彻底清洗。作业场所不得进食、饮水或吸烟

事故响应 食入：立即呼叫中毒控制中心或就医，漱口

安全储存 上锁保管

废弃处置 本品及内装物、容器依据国家和地方法规处置

物理和化学危险 不燃，无特殊燃爆特性

健康危害 七氟钽酸钾的粉末对呼吸道黏膜有刺激作用。长时间接触钽及其化合物可引起尘肺病

环境危害 对环境可能有害

第三部分 成分/组成信息

√ 物质　　　　　　　混合物

组分	浓度	CAS No.
七氟钽酸钾		16924-00-8

第四部分 急救措施

吸入 迅速脱离现场至空气新鲜处。保持呼吸道通畅。如呼吸困难，给输氧。呼吸、心跳停止，立即进行心肺复苏术。就医

皮肤接触 立即脱去污染的衣着，用流动清水彻底冲洗。就医

眼睛接触 立即分开眼睑，用流动清水或生理盐水彻底冲洗。就医

食入 漱口，饮水。就医

对保护施救者的忠告 根据需要使用个人防护设备

对医生的特别提示 对症处理

第五部分 消防措施

灭火剂 本品不燃，根据着火原因选择适当灭火剂灭火

特别危险性 本身不能燃烧。受热分解释出高毒烟雾

灭火注意事项及防护措施 消防人员必须穿全身防火防毒服，在上风向灭火。灭火时尽可能将容器从火场移至空旷处

第六部分 泄漏应急处理

作业人员防护措施、防护装备和应急处置程序 隔离泄漏污染区，限制出入。建议应急处理人员戴防尘口罩，穿防毒服。穿上适当的防护服前严禁接触破裂的容器和泄漏物。尽可能切断泄漏源

环境保护措施 用塑料布覆盖泄漏物，减少飞散

泄漏化学品的收容、清除方法及所使用的处置材料 勿使水进入包装容器内。用洁净的铲子收集泄漏物，置于干净、干燥、盖子较松的容器中，将容器移离泄漏区

第七部分 操作处置与储存

操作注意事项 密闭操作，局部排风。防止粉尘释放到车间空气中。操作人员必须经过专门培训，严格遵守操作规程。建议操作人员佩戴自吸过滤式防尘口罩，戴化学安全防护眼镜，穿防毒物渗透工作服，戴橡胶手套。避免产生粉尘。避免与氧化剂、酸类接触。配备泄漏应急处理设备。倒空的容器可能残留有害物

储存注意事项 储存于阴凉、通风的库房。远离火种、热源。防止阳光直射。包装密封。应与氧化剂、酸类分开存放，切忌混储。储区应备有合适的材料收容泄漏物

第八部分 接触控制/个体防护

职业接触限值

中国 PC-TWA：2mg/m³ ［按 F 计］

美国（ACGIH） TLV-TWA：2.5mg/m³ ［按 F 计］

生物接触限值 尿氟：42mmol/mol 肌酐（7mg/g 肌酐）（采样时间：工作班后）

监测方法 空气中有毒物质测定方法：离子选择电极法。生物监测检验方法：尿中氟的离子选择电极测定方法

工程控制 密闭操作，局部排风

个体防护装备

呼吸系统防护 空气中粉尘浓度超标时，必须佩戴过滤式防尘呼吸器。紧急事态抢救或撤离时，应该佩戴空气呼吸器

眼睛防护 戴化学安全防护眼镜

皮肤和身体防护 穿防毒物渗透工作服

手防护 戴橡胶手套

第九部分 理化特性

外观与性状 无色或白色有光泽的针状结晶

pH 值 无意义	**熔点(℃)** 730~775
沸点(℃) 无资料	**相对密度(水＝1)** 5.24
相对蒸气密度(空气＝1) 无资料	
饱和蒸气压(kPa) 无资料	
临界压力(MPa) 无资料	**辛醇/水分配系数** 无资料
闪点(℃) 无意义	**自燃温度(℃)** 无意义
爆炸下限(%) 无意义	**爆炸上限(%)** 无意义
分解温度(℃) 无资料	**黏度(mPa·s)** 无资料
燃烧热(kJ/mol) 无资料	**临界温度(℃)** 无资料

溶解性 微溶于冷水，易溶于热水

第十部分 稳定性和反应性

稳定性 稳定

危险反应 与强氧化剂、强酸等禁配物发生反应

避免接触的条件 受热

禁配物 强氧化剂、强酸

危险的分解产物 氧化钾、氟化物

第十一部分 毒理学信息

急性毒性 LD₅₀：2500mg/kg（大鼠经口），1100mg/kg（小鼠经口）

皮肤刺激或腐蚀 无资料		**眼睛刺激或腐蚀** 无资料	
呼吸或皮肤过敏 无资料		**生殖细胞突变性** 无资料	
致癌性 无资料		**生殖毒性** 无资料	

特异性靶器官系统毒性-一次接触 无资料

特异性靶器官系统毒性-反复接触 无资料

吸入危害　无资料

第十二部分　生态学信息

生态毒性　无资料

持久性和降解性

　　生物降解性　无资料

　　非生物降解性　无资料

潜在的生物累积性　无资料

土壤中的迁移性　无资料

第十三部分　废弃处置

废弃化学品　用安全掩埋法处置。在能利用的地方重复使
　　用容器或在规定场所掩埋

污染包装物　将容器返还生产商或按照国家和地方法规
　　处置

废弃注意事项　处置前应参阅国家和地方有关法规

第十四部分　运输信息

联合国危险货物编号（UN号）　3288

联合国运输名称　无机毒性固体，未另作规定的（七氟钽
　　酸钾）

联合国危险性类别　6.1

包装类别　Ⅲ　　　　　　包装标志

海洋污染物　否

运输注意事项　运输前应先检查包装容器是否完整、密
　　封，运输过程中要确保容器不泄漏、不倒塌、不坠
　　落、不损坏。严禁与酸类、氧化剂、食品及食品添加
　　剂混运。运输时运输车辆应配备泄漏应急处理设备。
　　运输途中应防暴晒、雨淋，防高温。公路运输时要按
　　规定路线行驶，勿在居民区和人口稠密区停留

第十五部分　法规信息

　　下列法律、法规、规章和标准，对该化学品的管理作
了相应的规定。

中华人民共和国职业病防治法　职业病分类和目录：未
　　列入

危险化学品安全管理条例　危险化学品目录：列入。易制
　　爆危险化学品名录：未列入。重点监管的危险化学品
　　名录：未列入。GB 18218—2009《危险化学品重大
　　危险源辨识》（表1）：未列入

使用有毒物品作业场所劳动保护条例　高毒物品目录：未
　　列入

易制毒化学品管理条例　易制毒化学品的分类和品种目
　　录：未列入

国际公约　斯德哥尔摩公约：未列入。鹿特丹公约：未列
　　入。蒙特利尔议定书：未列入

第十六部分　其他信息

编写和修订信息　　缩略语和首字母缩写

培训建议　　　　　参考文献

免责声明

七硫化四磷

第一部分　化学品标识

化学品中文名　七硫化四磷；七硫化亚磷

化学品英文名　phosphorus hepta sulfide

分子式　P_4S_7　分子量　348.35

化学品的推荐及限制用途　用于制造有机硫化物

第二部分　危险性概述

紧急情况概述　易燃固体

GHS危险性类别　易燃固体，类别1

标签要素

象形图　

警示词　危险

危险性说明　易燃固体

防范说明

　　预防措施　远离热源、火花、明火、热表面。禁止
　　吸烟。容器和接收设备接地连接。使用防爆型
　　电器、通风、照明设备。戴防护手套、防护眼
　　镜、防护面罩

　　事故响应　火灾时，使用干粉、二氧化碳、砂土
　　灭火

　　安全储存　—

　　废弃处置　本品及内装物、容器依据国家和地方法
　　规处置

物理和化学危险　易燃。与氧化剂混合能形成爆炸性混
　　合物

健康危害　误服或吸入本品会中毒。具有刺激性

环境危害　对环境可能有害

第三部分　成分/组成信息

√物质　　　　　　　　　　　混合物

组分	浓度	CAS No.
七硫化四磷		12037-82-0

第四部分　急救措施

吸入　迅速脱离现场至空气新鲜处。保持呼吸道通畅。如
　　呼吸困难，给输氧。呼吸、心跳停止，立即进行心肺
　　复苏术。就医

皮肤接触　立即脱去污染的衣着，用流动清水彻底冲洗。
　　就医

眼睛接触　立即分开眼睑，用流动清水或生理盐水彻底冲
　　洗。就医

食入　漱口，饮水。就医

对保护施救者的忠告　根据需要使用个人防护设备

对医生的特别提示　对症处理

第五部分　消防措施

灭火剂　用干粉、二氧化碳、砂土灭火

特别危险性 受热或摩擦极易燃烧。与潮湿空气接触会发热以致燃烧。与大多数氧化剂如氯酸盐、硝酸盐、高氯酸盐或高锰酸盐等组成敏感度极高的爆炸性混合物

灭火注意事项及防护措施 消防人员必须佩戴防毒面具、穿全身消防服，在上风向灭火。尽可能将容器从火场移至空旷处。喷水保持火场容器冷却，直至灭火结束。禁止用水和泡沫灭火

第六部分 泄漏应急处理

作业人员防护措施、防护装备和应急处置程序 严禁用水处理。隔离泄漏污染区，限制出入。消除所有点火源。建议应急处理人员戴防尘口罩，穿防毒、防静电服。禁止接触或跨越泄漏物。尽可能切断泄漏源

环境保护措施 用塑料布覆盖泄漏物，减少飞散

泄漏化学品的收容、清除方法及所使用的处置材料 保持泄漏物干燥。小量泄漏：用干燥的砂土或其他不燃材料覆盖泄漏物，然后用塑料布覆盖，减少飞散、避免雨淋。粉末泄漏：用塑料布或帆布覆盖泄漏物，减少飞散，保持干燥。在专家指导下清除

第七部分 操作处置与储存

操作注意事项 密闭操作，局部排风。操作人员必须经过专门培训，严格遵守操作规程。建议操作人员佩戴自吸过滤式防尘口罩，戴化学安全防护眼镜，穿防毒物渗透工作服，戴橡胶手套。远离火种、热源，工作场所严禁吸烟。使用防爆型的通风系统和设备。避免产生粉尘。避免与氧化剂接触。尤其要注意避免与水接触。搬运时要轻装轻卸，防止包装及容器损坏。配备相应品种和数量的消防器材及泄漏应急处理设备。倒空的容器可能残留有害物

储存注意事项 储存于阴凉、干燥、通风良好的库房。库温不宜超过35℃。远离火种、热源。保持容器密封。应与氧化剂分开存放，切忌混储。采用防爆型照明、通风设施。禁止使用易产生火花的机械设备和工具。储区应备有合适的材料收容泄漏物

第八部分 接触控制/个体防护

职业接触限值

中国 未制定标准

美国（ACGIH） 未制定标准

生物接触限值 未制定标准

监测方法 空气中有毒物质测定方法：未制定标准。生物监测检验方法：未制定标准

工程控制 密闭操作，局部排风

个体防护装备

呼吸系统防护 空气中粉尘浓度超标时，必须佩戴过滤式防尘呼吸器。紧急事态抢救或撤离时，应该佩戴空气呼吸器

眼睛防护 戴化学安全防护眼镜

皮肤和身体防护 穿防毒物渗透工作服

手防护 戴橡胶手套

第九部分 理化特性

外观与性状 浅黄色结晶或浅灰色粉末

pH值 无意义		**熔点(℃)** 310	
沸点(℃) 523			
相对密度(水＝1) 2.19（17℃）			
相对蒸气密度(空气＝1) 无资料			
饱和蒸气压(kPa) 无资料			
临界压力(MPa) 无资料		**辛醇/水分配系数** 无资料	
闪点(℃) 无资料		**自燃温度(℃)** 无资料	
爆炸下限(%) 无资料		**爆炸上限(%)** 无资料	
分解温度(℃) 无资料		**黏度(mPa·s)** 无资料	
燃烧热(kJ/mol) 无资料		**临界温度(℃)** 无资料	
溶解性 无资料			

第十部分 稳定性和反应性

稳定性 稳定

危险反应 受热或摩擦极易燃烧。与潮湿空气接触会发热以致燃烧。与大多数氧化剂如氯酸盐、硝酸盐、高氯酸盐或高锰酸盐等组成敏感度极高的爆炸性混合物

避免接触的条件 摩擦、受热、潮湿空气

禁配物 强氧化剂如氯酸盐、硝酸盐、高氯酸盐或高锰酸盐等

危险的分解产物 氧化硫、氧化磷、磷烷

第十一部分 毒理学信息

急性毒性 无资料

皮肤刺激或腐蚀 无资料	**眼睛刺激或腐蚀** 无资料
呼吸或皮肤过敏 无资料	**生殖细胞突变性** 无资料
致癌性 无资料	**生殖毒性** 无资料

特异性靶器官系统毒性—一次接触 无资料

特异性靶器官系统毒性-反复接触 无资料

吸入危害 无资料

第十二部分 生态学信息

生态毒性 无资料

持久性和降解性

生物降解性 无资料

非生物降解性 无资料

潜在的生物累积性 无资料

土壤中的迁移性 无资料

第十三部分 废弃处置

废弃化学品 根据国家和地方有关法规的要求处置。或与厂商或制造商联系，确定处置方法

污染包装物 将容器返还生产商或按照国家和地方法规处置

废弃注意事项 处置前应参阅国家和地方有关法规

第十四部分 运输信息

联合国危险货物编号（UN号） 1339

联合国运输名称 七硫化四磷，不含黄磷和白磷

联合国危险性类别 4.1

包装类别 Ⅱ　　　　　　　**包装标志**

海洋污染物　否

运输注意事项　运输时运输车辆应配备相应品种和数量的消防器材及泄漏应急处理设备。装运本品的车辆排气管须有阻火装置。运输过程中要确保容器不泄漏、不倒塌、不坠落、不损坏。严禁与氧化剂、食用化学品等混装混运。运输途中应防暴晒、雨淋、防高温。中途停留时应远离火种、热源。运输用车、船必须干燥，并有良好的防雨设施。车辆运输完毕应进行彻底清扫。铁路运输时要禁止溜放

第十五部分　法规信息

下列法律、法规、规章和标准，对该化学品的管理作了相应的规定。

中华人民共和国职业病防治法　职业病分类和目录：未列入

危险化学品安全管理条例　危险化学品目录：列入。易制爆危险化学品名录：未列入。重点监管的危险化学品名录：未列入。GB 18218—2009《危险化学品重大危险源辨识》（表1）：未列入

使用有毒物品作业场所劳动保护条例　高毒物品目录：未列入

易制毒化学品管理条例　易制毒化学品的分类和品种目录：未列入

国际公约　斯德哥尔摩公约：未列入。鹿特丹公约：未列入。蒙特利尔议定书：未列入

第十六部分　其他信息

编写和修订信息　　缩略语和首字母缩写
培训建议　　　　　参考文献
免责声明

七氯

第一部分　化学品标识

化学品中文名　七氯；七氯化茚；1,4,5,6,7,8,8-七氯-3a,4,7,7a-四氢-4,7-亚甲基桥-茚

化学品英文名　heptachlor；1,4,5,6,7,8,8-heptachloro-3a,4,7,7a-tetrahydro-4,7-methanoindene

分子式　$C_{10}H_5Cl_7$　**分子量**　373.318

结构式

化学品的推荐及限制用途　用作杀虫剂

第二部分　危险性概述

紧急情况概述　吞咽会中毒，皮肤接触会中毒

GHS危险性类别　急性毒性-经口，类别3；急性毒性-经皮，类别3；致癌性，类别2；特异性靶器官毒性-反复接触，类别2；危害水生环境-急性危害，类别1；危害水生环境-长期危害，类别1

标签要素

象形图　

警示词　危险

危险性说明　吞咽会中毒，皮肤接触会中毒，怀疑致癌，长时间或反复接触可能对器官造成损伤，对水生生物毒性非常大并具有长期持续影响

防范说明

预防措施　避免接触眼睛、皮肤，操作后彻底清洗。作业场所不得进食、饮水或吸烟。戴防护手套、穿防护服。得到专门指导后操作。在阅读并了解所有安全预防措施之前，切勿操作。按要求使用个体防护装备。避免吸入粉尘。禁止排入环境

事故响应　皮肤接触：用大量肥皂水和水清洗，立即脱去所有被污染的衣服，如感觉不适，呼叫中毒控制中心或就医。被污染的衣服经洗净后方可重新使用。食入：立即呼叫中毒控制中心或就医，漱口。如果接触或有担心，就医。如感觉不适，就医。收集泄漏物

安全储存　上锁保管

废弃处置　本品及内装物、容器依据国家和地方法规处置

物理和化学危险　可燃，其粉体与空气混合，能形成爆炸性混合物

健康危害　接触后引起头痛、头晕、乏力、恶心、呕吐、多汗、体温升高，严重者有谵妄、抽搐、昏迷。可出现肝脏损害、肺水肿、心肌损害及肾功能障碍

环境危害　对水生生物毒性非常大并具有长期持续影响

第三部分　成分/组成信息

√物质　　　　　混合物

组分	浓度	CAS No.
七氯		76-44-8

第四部分　急救措施

吸入　迅速脱离现场至空气新鲜处。保持呼吸道通畅。如呼吸困难，给输氧。呼吸、心跳停止，立即进行心肺复苏术。就医

皮肤接触　立即脱去污染的衣着，用流动清水彻底冲洗。就医

眼睛接触　立即分开眼睑，用流动清水或生理盐水彻底冲洗。就医

食入　饮适量温水，催吐（仅限于清醒者）。就医

对保护施救者的忠告　根据需要使用个人防护设备

对医生的特别提示　对症处理

第五部分　消防措施

灭火剂　用雾状水、泡沫、干粉、二氧化碳、砂土灭火

特别危险性　遇明火、高热可燃。与强氧化剂接触可发生化学反应。受高热分解产生有毒的腐蚀性烟气

灭火注意事项及防护措施　消防人员必须佩戴防毒面具、穿全身消防服，在上风向灭火。尽可能将容器从火场移至空旷处。喷水保持火场容器冷却，直至灭火结束

第六部分　泄漏应急处理

作业人员防护措施、防护装备和应急处置程序　隔离泄漏污染区，限制出入。建议应急处理人员戴防尘口罩，穿防毒服。穿上适当的防护服前严禁接触破裂的容器和泄漏物。尽可能切断泄漏源

环境保护措施　用塑料布覆盖泄漏物，减少飞散

泄漏化学品的收容、清除方法及所使用的处置材料　勿使水进入包装容器内。用洁净的铲子收集泄漏物，置于干净、干燥、盖子较松的容器中，将容器移离泄漏区

第七部分　操作处置与储存

操作注意事项　密闭操作，提供充分的局部排风。操作尽可能机械化、自动化。操作人员必须经过专门培训，严格遵守操作规程。建议操作人员佩戴防尘面具（全面罩），穿胶布防毒衣，戴橡胶手套。远离火种、热源，工作场所严禁吸烟。使用防爆型的通风系统和设备。避免产生粉尘。避免与氧化剂接触。搬运时要轻装轻卸，防止包装及容器损坏。配备相应品种和数量的消防器材及泄漏应急处理设备。倒空的容器可能残留有害物

储存注意事项　储存于阴凉、通风良好的库房内。远离火种、热源。应与氧化剂、食用化学品分开存放，切忌混储。配备相应品种和数量的消防器材。储区应备有合适的材料收容泄漏物

第八部分　接触控制/个体防护

职业接触限值

中国　未制定标准

美国（ACGIH）　未制定标准

生物接触限值　未制定标准

监测方法　空气中有毒物质测定方法：未制定标准。生物监测检验方法：未制定标准

工程控制　严加密闭，提供充分的局部排风。提供安全淋浴和洗眼设备

个体防护装备

呼吸系统防护　可能接触其粉尘时，必须佩戴防尘面具（全面罩）。紧急事态抢救或撤离时，应该佩戴空气呼吸器

眼睛防护　呼吸系统防护中已作防护

皮肤和身体防护　穿密闭型防毒服

手防护　戴橡胶手套

第九部分　理化特性

外观与性状　白色晶状固体，带有樟脑气味。工业品为白色蜡状固体

pH值　无意义　　　　　**熔点（℃）**　95～96

沸点（℃）　145（分解）　　**相对密度（水＝1）**　1.57

相对蒸气密度(空气＝1)　无资料

饱和蒸气压(kPa)　无资料

临界压力(MPa)　无资料　　**辛醇/水分配系数**　无资料

闪点(℃)　无资料　　**自燃温度(℃)**　无资料

爆炸下限(%)　无资料　　**爆炸上限(%)**　无资料

分解温度(℃)　145　　**黏度(mPa·s)**　无资料

燃烧热(kJ/mol)　无资料　　**临界温度(℃)**　无资料

溶解性　不溶于水，溶于乙醇、甲苯、丙酮等多数有机溶剂

第十部分　稳定性和反应性

稳定性　稳定

危险反应　与强氧化剂、强碱、金属等禁配物发生反应

避免接触的条件　无资料

禁配物　强氧化剂、强碱、金属等

危险的分解产物　氯化氢

第十一部分　毒理学信息

急性毒性　LD_{50}：40mg/kg（大鼠经口），119mg/kg（大鼠经皮），68mg/kg（小鼠经口），80mg/kg（兔经口），500mg/kg（兔经皮）

皮肤刺激或腐蚀　无资料　　**眼睛刺激或腐蚀**　无资料

呼吸或皮肤过敏　无资料

生殖细胞突变性　程序外DNA合成：人成纤维细胞100μmol/L。细胞遗传学分析：大鼠经口60μg/kg。显性致死试验：大鼠经口60μg/kg。哺乳动物体细胞突变：小鼠淋巴细胞25mg/L

致癌性　IARC致癌性评论：组2B，对人类是可能致癌物

生殖毒性　大鼠多代经口给予最低中毒剂量（TDLo）51mg/kg，致中枢神经系统和肝胆管系统发育畸形。大鼠多代经口给予最低中毒剂量（TDLo）510μg/kg，致免疫和网状内皮系统、泌尿生殖系统发育畸形

特异性靶器官系统毒性-一次接触　无资料

特异性靶器官系统毒性-反复接触　无资料

吸入危害　无资料

第十二部分　生态学信息

生态毒性　LC_{50}：0.0074mg/L（96h）（虹鳟，静态）。LC_{50}：0.025mg/L（96h）（斑点叉尾鮰，静态）。EC_{50}：0.042mg/L（48h）（蚤状溞，静态）

持久性和降解性

生物降解性　无资料

非生物降解性　无资料

潜在的生物累积性　无资料

土壤中的迁移性　无资料

第十三部分　废弃处置

废弃化学品　建议用焚烧法处置。与燃料混合后，再焚烧。焚烧炉排出的卤化氢通过酸洗涤器除去

污染包装物　将容器返还生产商或按照国家和地方法规处置

废弃注意事项　处置前应参阅国家和地方有关法规

第十四部分　运输信息

联合国危险货物编号（UN号）　2761

联合国运输名称 固态有机氯农药，毒性（七氯）
联合国危险性类别 6.1

包装类别 Ⅲ　　　　**包装标志**

海洋污染物 是
运输注意事项 运输前应先检查包装容器是否完整、密封，运输过程中要确保容器不泄漏、不倒塌、不坠落、不损坏。严禁与酸类、氧化剂、食品及食品添加剂混运。运输途中应防暴晒、雨淋、防高温

第十五部分　法规信息

下列法律、法规、规章和标准，对该化学品的管理作了相应的规定。
中华人民共和国职业病防治法 职业病分类和目录：未列入
危险化学品安全管理条例 危险化学品目录：列入。易制爆危险化学品名录：未列入。重点监管的危险化学品名录：未列入。GB 18218—2009《危险化学品重大危险源辨识》（表1）：未列入
使用有毒物品作业场所劳动保护条例 高毒物品目录：未列入
易制毒化学品管理条例 易制毒化学品的分类和品种目录：未列入
国际公约 斯德哥尔摩公约：列入。鹿特丹公约：列入。蒙特利尔议定书：未列入

第十六部分　其他信息

编写和修订信息　缩略语和首字母缩写
培训建议　　　　参考文献
免责声明

2-羟基丙腈

第一部分　化学品标识

化学品中文名 2-羟基丙腈；乳腈
化学品英文名 2-hydroxypropionitrile；acetaldehyde cyanohydrin
分子式 C_3H_5NO　**分子量** 71.0779

结构式

化学品的推荐及限制用途 主要用作溶剂及制备丙烯腈、丙烯酸酯和乳酸乙酯

第二部分　危险性概述

紧急情况概述 吞咽致命，皮肤接触会致命，吸入致命
GHS危险性类别 急性毒性-经口，类别2；急性毒性-经皮，类别1；急性毒性-吸入，类别1；危害水生环境-急性危害，类别1
标签要素

象形图

警示词 危险
危险性说明 吞咽致命，皮肤接触会致命，吸入致命，对水生生物毒性非常大
防范说明
　　预防措施　避免接触眼睛、皮肤或衣服，操作后彻底清洗。作业场所不得进食、饮水或吸烟。戴防护手套、穿防护服。避免吸入蒸气、雾。仅在室外或通风良好处操作。戴呼吸防护器具。禁止排入环境
　　事故响应　如吸入：将患者转移到空气新鲜处，休息，保持利于呼吸的体位，立即呼叫中毒控制中心或就医。皮肤接触：用大量肥皂水和水轻轻地清洗，立即脱去所有被污染的衣服，立即呼叫中毒控制中心或就医。被污染的衣服经洗净后方可重新使用。食入：立即呼叫中毒控制中心或就医，漱口。收集泄漏物
　　安全储存　在通风良好处储存。保持容器密闭。上锁保管
　　废弃处置　本品及内装物、容器依据国家和地方法规处置
物理和化学危险 可燃，其蒸气与空气混合，能形成爆炸性混合物
健康危害 如吸入、摄入和经皮肤吸收均可引起急性中毒。其毒作用是由本品本身毒性还是在体内释出CN作用所致，目前尚未探明。国外有病例报告，衣服被乳腈污染，未及时更衣及清洗体表，致中毒，抢救无效死亡。症状有：头晕、眼花、恶心、呕吐；神志不清，肝、肾损害，尿毒症
环境危害 对水生生物毒性非常大

第三部分　成分/组成信息

　√物质　　　　　　　　　　混合物
　组分　　　　　浓度　　　　CAS No.
　2-羟基丙腈　　　　　　　　78-97-7

第四部分　急救措施

吸入 迅速脱离现场至空气新鲜处。保持呼吸道通畅。如呼吸困难，给输氧。呼吸、心跳停止，立即进行心肺复苏术。就医
皮肤接触 立即脱去污染的衣着，用肥皂水和流动清水彻底冲洗。就医
眼睛接触 立即分开眼睑，用流动清水或生理盐水彻底冲洗。就医
食入 催吐（仅限于清醒着），给服活性炭悬液。就医
对保护施救者的忠告 根据需要使用个人防护设备
对医生的特别提示 使用亚硝酸钠、硫代硫酸钠、4-二甲基氨基苯酚等解毒剂

第五部分　消防措施

灭火剂 用水、雾状水、抗溶性泡沫、干粉、二氧化碳、砂土灭火
特别危险性 遇明火、高热可燃
灭火注意事项及防护措施 消防人员须佩戴防毒面具、穿

全身消防服，在上风向灭火。尽可能将容器从火场移至空旷处。喷水保持火场容器冷却，直至灭火结束。处在火场中的容器若已变色或从安全泄压装置中产生声音，必须马上撤离

第六部分　泄漏应急处理

作业人员防护措施、防护装备和应急处置程序　根据液体流动和蒸气扩散的影响区域划定警戒区，无关人员从侧风、上风向撤离至安全区。消除所有点火源。建议应急处理人员戴防毒面具，穿防毒服。穿上适当的防护服前严禁接触破裂的容器和泄漏物。尽可能切断泄漏源

环境保护措施　防止泄漏物进入水体、下水道、地下室或有限空间

泄漏化学品的收容、清除方法及所使用的处置材料　小量泄漏：用干燥的砂土或其他不燃材料吸收或覆盖，收集于容器中。大量泄漏：构筑围堤或挖坑收容。用泵转移至槽车或专用收集器内

第七部分　操作处置与储存

操作注意事项　严加密闭，提供充分的局部排风和全面通风。尽可能采取隔离操作。操作人员必须经过专门培训，严格遵守操作规程。建议操作人员佩戴自吸过滤式防毒面具（半面罩），戴化学安全防护眼镜，穿防毒物渗透工作服，戴橡胶耐油手套。远离火种、热源，工作场所严禁吸烟。使用防爆型的通风系统和设备。防止蒸气泄漏到工作场所空气中。避免与氧化剂、还原剂、酸类、碱类接触。搬运时要轻装轻卸，防止包装及容器损坏。配备相应品种和数量的消防器材及泄漏应急处理设备。倒空的容器可能残留有害物

储存注意事项　储存于阴凉、干燥、通风良好的专用库房内，实行"双人收发、双人保管"制度。远离火种、热源。应与氧化剂、还原剂、酸类、碱类、食用化学品分开存放，切忌混储。配备相应品种和数量的消防器材。储区应备有泄漏应急处理设备和合适的收容材料

第八部分　接触控制/个体防护

职业接触限值
中国　未制定标准
美国（ACGIH）　未制定标准
生物接触限值　未制定标准
监测方法　空气中有毒物质测定方法：未制定标准。生物监测检验方法：未制定标准
工程控制　严加密闭，提供充分的局部排风和全面通风。尽可能采取隔离操作
个体防护装备
呼吸系统防护　空气中浓度超标时，必须佩戴过滤式防毒面具（半面罩）。紧急事态抢救或撤离时，应该佩戴空气呼吸器
眼睛防护　戴化学安全防护眼镜
皮肤和身体防护　穿防毒物渗透工作服
手防护　戴橡胶耐油手套

第九部分　理化特性

外观与性状　无色至淡黄色液体
pH 值　无资料　　　　　　**熔点(℃)**　−40
沸点(℃)　103　　　　　**相对密度(水＝1)**　0.983
相对蒸气密度(空气＝1)　2.45
饱和蒸气压(kPa)　1.33（74℃）
临界压力(MPa)　无资料　　**辛醇/水分配系数**　无资料
闪点(℃)　76.67　　　　　**自燃温度(℃)**　无资料
爆炸下限(%)　无资料　　　**爆炸上限(%)**　无资料
分解温度(℃)　无资料　　　**黏度(mPa·s)**　无资料
燃烧热(kJ/mol)　无资料　　**临界温度(℃)**　无资料
溶解性　与水混溶，可混溶于丙酮、乙醇、多数有机溶剂

第十部分　稳定性和反应性

稳定性　稳定
危险反应　与强氧化剂、强还原剂、强酸、强碱等禁配物发生反应
避免接触的条件　无资料
禁配物　强氧化剂、强还原剂、强酸、强碱
危险的分解产物　氮氧化物、氰化氢

第十一部分　毒理学信息

急性毒性　属高毒类。LD_{50}：87mg/kg（大鼠经口），20mg/kg（兔经皮）
皮肤刺激或腐蚀　无资料　　**眼睛刺激或腐蚀**　无资料
呼吸或皮肤过敏　无资料　　**生殖细胞突变性**　无资料
致癌性　无资料　　　　　　**生殖毒性**　无资料
特异性靶器官系统毒性-一次接触　无资料
特异性靶器官系统毒性-反复接触　无资料
吸入危害　无资料

第十二部分　生态学信息

生态毒性　LC_{50}：0.9mg/L（96h）（青鳉，OECD 203）。EC_{50}：17mg/L（24h）（大型溞，OECD 202）。ErC_{50}：0.14mg/L（72h）（羊角月牙藻，OECD 201）
持久性和降解性
生物降解性　OECD 301C，易快速生物降解
非生物降解性　无资料
潜在的生物累积性　无资料
土壤中的迁移性　无资料

第十三部分　废弃处置

废弃化学品　建议用焚烧法处置。焚烧炉排出的氮氧化物通过洗涤器除去
污染包装物　将容器返还生产商或按照国家和地方法规处置
废弃注意事项　处置前应参阅国家和地方有关法规

第十四部分　运输信息

联合国危险货物编号（UN 号）　3288
联合国运输名称　腈类，毒性，液态，未另作规定的（2-羟基丙腈）

联合国危险性类别　6.1

包装类别　Ⅰ　　　　包装标志

海洋污染物　是

运输注意事项　运输前应先检查包装容器是否完整、密封，运输过程中要确保容器不泄漏、不倒塌、不坠落、不损坏。严禁与氧化剂、还原剂、酸类、碱类、食用化学品等混装混运。运输车船必须彻底清洗、消毒，否则不得装运其他物品。船运时，配装位置应远离卧室、厨房，并与机舱、电源、火源等部位隔离。公路运输时要按规定路线行驶

第十五部分　法规信息

下列法律、法规、规章和标准，对该化学品的管理作了相应的规定。

中华人民共和国职业病防治法　职业病分类和目录：氰及腈类化合物中毒

危险化学品安全管理条例　危险化学品目录：列入。作为剧毒化学品进行管理。易制爆危险化学品名录：未列入。重点监管的危险化学品名录：未列入。GB 18218—2009《危险化学品重大危险源辨识》（表1）：未列入

使用有毒物品作业场所劳动保护条例　高毒物品目录：未列入

易制毒化学品管理条例　易制毒化学品的分类和品种目录：未列入

国际公约　斯德哥尔摩公约：未列入。鹿特丹公约：未列入。蒙特利尔议定书：未列入

第十六部分　其他信息

编写和修订信息　　缩略语和首字母缩写
培训建议　　　　　参考文献
免责声明

3-羟基丁醛

第一部分　化学品标识

化学品中文名　3-羟基丁醛；3-丁醇醛；丁间醇醛
化学品英文名　3-hydroxybutyraldehyde；aldol
分子式　$C_4H_8O_2$　**分子量**　88.1051

结构式　
$$\text{OH}\quad\quad\quad\text{O}$$

化学品的推荐及限制用途　用作促进剂、防老剂、溶剂和矿石的浮选，以及制作香精等

第二部分　危险性概述

紧急情况概述　可燃液体，皮肤接触会致命，造成严重眼刺激

GHS危险性类别　易燃液体，类别4；急性毒性-经皮，类别2；严重眼损伤/眼刺激，类别2

标签要素

象形图

警示词　危险

危险性说明　可燃液体，皮肤接触会致命，造成严重眼刺激

防范说明

预防措施　远离火焰和热表面。戴防护手套、防护眼镜、防护面罩。避免接触眼睛、皮肤或衣服，操作后彻底清洗。作业场所不得进食、饮水或吸烟

事故响应　火灾时，使用雾状水、抗溶性泡沫、干粉、二氧化碳、砂土灭火。皮肤接触：用大量肥皂水和水轻轻地清洗，立即呼叫中毒控制中心或就医。如接触眼睛：用水细心冲洗数分钟。如戴隐形眼镜并可方便地取出，取出隐形眼镜，继续冲洗。如果眼睛刺激持续：就医

安全储存　存放在通风良好的地方。保持低温。上锁保管

废弃处置　本品及内装物、容器依据国家和地方法规处置

物理和化学危险　可燃

健康危害　对眼、呼吸道和皮肤有刺激性

环境危害　对环境可能有害

第三部分　成分/组成信息

√ 物质　　　　　　　混合物

组分	浓度	CAS No.
3-羟基丁醛		107-89-1

第四部分　急救措施

吸入　迅速脱离现场至空气新鲜处。保持呼吸道通畅。如呼吸困难，给输氧。呼吸、心跳停止，立即进行心肺复苏术。就医

皮肤接触　立即脱去污染的衣着，用流动清水彻底冲洗。就医

眼睛接触　立即分开眼睑，用流动清水或生理盐水彻底冲洗。就医

食入　漱口，饮水。就医

对保护施救者的忠告　根据需要使用个人防护设备

对医生的特别提示　对症处理

第五部分　消防措施

灭火剂　用雾状水、抗溶性泡沫、干粉、二氧化碳、砂土灭火

特别危险性　遇高热、明火或与氧化剂接触，有引起燃烧的危险。受热分解释出有毒的巴豆醛气体

灭火注意事项及防护措施　消防人员必须佩戴防毒面具、穿全身消防服，在上风向灭火。尽可能将容器从火场移至空旷处。喷水保持火场容器冷却，直至灭火结束。处在火场中的容器若已变色或从安全泄压装置中

发出声音，必须马上撤离

第六部分 泄漏应急处理

作业人员防护措施、防护装备和应急处置程序 根据液体流动和蒸气扩散的影响区域划定警戒区，无关人员从侧风向、上风向撤离至安全区。消除所有点火源。建议应急处理人员戴正压自给式呼吸器，穿防毒服。穿上适当的防护服前严禁接触破裂的容器和泄漏物。尽可能切断泄漏源

环境保护措施 防止泄漏物进入水体、下水道、地下室或有限空间

泄漏化学品的收容、清除方法及所使用的处置材料 小量泄漏：用干燥的砂土或其他不燃材料吸收或覆盖，收集于容器中。大量泄漏：构筑围堤或挖坑收容。用泵转移至槽车或专用收集器内

第七部分 操作处置与储存

操作注意事项 密闭操作，提供充分的局部排风。操作人员必须经过专门培训，严格遵守操作规程。建议操作人员佩戴自吸过滤式防毒面具（半面罩），戴化学安全防护眼镜，穿防毒物渗透工作服，戴橡胶手套。远离火种、热源，工作场所严禁吸烟。使用防爆型的通风系统和设备。防止蒸气泄漏到工作场所空气中。避免与氧化剂、酸类接触。搬运时要轻装轻卸，防止包装及容器损坏。配备相应品种和数量的消防器材及泄漏应急处理设备。倒空的容器可能残留有害物

储存注意事项 储存于阴凉、通风的库房。远离火种、热源。应与氧化剂、酸类等分开存放，切忌混储。不宜大量储存或久存。配备相应品种和数量的消防器材。储区应备有泄漏应急处理设备和合适的收容材料

第八部分 接触控制/个体防护

职业接触限值

    中国 未制定标准

    美国（ACGIH） 未制定标准

生物接触限值 未制定标准

监测方法 空气中有毒物质测定方法：未制定标准。生物监测检验方法：未制定标准

工程控制 严加密闭，提供充分的局部排风

个体防护装备

    呼吸系统防护 空气中浓度超标时，必须佩戴过滤式防毒面具（半面罩）。紧急事态抢救或撤离时，应该佩戴空气呼吸器

    眼睛防护 戴化学安全防护眼镜

    皮肤和身体防护 穿防毒物渗透工作服

    手防护 戴橡胶手套

第九部分 理化特性

外观与性状 无色稠厚液体

pH值 无资料   **熔点（℃）** −88

沸点（℃） 79   **相对密度（水＝1）** 1.11

相对蒸气密度（空气＝1） 3.04

临界压力（MPa） 无资料   **辛醇/水分配系数** 0.43

闪点（℃） 65.6（OC）   **自燃温度（℃）** 250

爆炸下限（%） 无资料   **爆炸上限（%）** 无资料

分解温度（℃） 约85   **黏度（mPa·s）** 无资料

燃烧热（kJ/mol） 2284.8   **临界温度（℃）** 无资料

溶解性 与水混溶，可混溶于乙醇、乙醚

第十部分 稳定性和反应性

稳定性 稳定

危险反应 与强氧化剂、强酸、酰基氯、酸酐等禁配物发生反应

避免接触的条件 受热

禁配物 强氧化剂、强酸、酰基氯、酸酐

危险的分解产物 巴豆醛气体

第十一部分 毒理学信息

急性毒性 LD$_{50}$：2180mg/kg（大鼠经口）；140mg/kg（兔经皮）

皮肤刺激或腐蚀 无资料   **眼睛刺激或腐蚀** 无资料

呼吸或皮肤过敏 无资料   **生殖细胞突变性** 无资料

致癌性 无资料   **生殖毒性** 无资料

特异性靶器官系统毒性-一次接触 无资料

特异性靶器官系统毒性-反复接触 无资料

吸入危害 无资料

第十二部分 生态学信息

生态毒性 无资料

持久性和降解性

    生物降解性 无资料

    非生物降解性 无资料

潜在的生物累积性 无资料

土壤中的迁移性 无资料

第十三部分 废弃处置

废弃化学品 建议用焚烧法处置

污染包装物 将容器返还生产商或按照国家和地方法规处置

废弃注意事项 处置前应参阅国家和地方有关法规

第十四部分 运输信息

联合国危险货物编号（UN号） 2839

联合国运输名称 丁间醇醛

联合国危险性类别 6.1

包装类别 Ⅱ   **包装标志**

海洋污染物 否

运输注意事项 运输前应先检查包装容器是否完整、密封，运输过程中要确保容器不泄漏、不倒塌、不坠落、不损坏。严禁与酸类、氧化剂、食品及食品添加剂混运。运输时运输车辆应配备相应品种和数量的消防器材及泄漏应急处理设备。运输途中应防暴晒、雨淋，防高温。公路运输时要按规

定路线行驶

第十五部分 法规信息

下列法律、法规、规章和标准,对该化学品的管理作了相应的规定。

中华人民共和国职业病防治法 职业病分类和目录:未列入

危险化学品安全管理条例 危险化学品目录:列入。易制爆危险化学品名录:未列入。重点监管的危险化学品名录:未列入。GB 18218—2009《危险化学品重大危险源辨识》(表 1):未列入

使用有毒物品作业场所劳动保护条例 高毒物品目录:未列入

易制毒化学品管理条例 易制毒化学品的分类和品种目录:未列入

国际公约 斯德哥尔摩公约:未列入。鹿特丹公约:未列入。蒙特利尔议定书:未列入

第十六部分 其他信息

编写和修订信息　　　缩略语和首字母缩写
培训建议　　　　　　参考文献
免责声明

3-羟基-2-丁酮

第一部分 化学品标识

化学品中文名 3-羟基-2-丁酮;乙酰基乙醇;乙酰甲基甲醇

化学品英文名 3-hydroxy-2-butanone;acetyl methyl carbinol

分子式 $C_4H_8O_2$　**分子量** 88.1051

结构式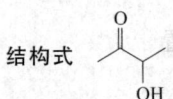

化学品的推荐及限制用途 用于制作香精和香料

第二部分 危险性概述

紧急情况概述 易燃液体和蒸气,造成皮肤刺激

GHS 危险性类别 易燃液体,类别 3;皮肤腐蚀/刺激,类别 2

标签要素

象形图

警示词 警告

危险性说明 易燃液体和蒸气,造成皮肤刺激

防范说明

预防措施 远离热源、火花、明火、热表面。禁止吸烟。保持容器密闭。容器和接收设备接地连接。使用防爆型电器、通风、照明设备。只能使用不产生火花的工具。采取防止静电措施。戴防护手套、防护眼镜、防护面罩。避免接触眼睛、皮肤,操作后彻底清洗

事故响应 火灾时,使用水、雾状水、抗溶性泡沫、干粉、二氧化碳、砂土灭火。皮肤接触:用大量肥皂水和水清洗,脱去被污染的衣服,衣服经洗净后方可重新使用。如发生皮肤刺激,就医

安全储存 存放在通风良好的地方。保持低温

废弃处置 本品及内装物、容器依据国家和地方法规处置

物理和化学危险 易燃,其蒸气与空气混合,能形成爆炸性混合物

健康危害 本品对皮肤有刺激作用,其蒸气或雾对眼睛、黏膜及上呼吸道有刺激作用

环境危害 对环境可能有害

第三部分 成分/组成信息

√ 物质　　　　　　　　　混合物

组分	浓度	CAS No.
3-羟基-2-丁酮		513-86-0

第四部分 急救措施

吸入 迅速脱离现场至空气新鲜处。保持呼吸道通畅。如呼吸困难,给输氧。呼吸、心跳停止,立即进行心肺复苏术。就医

皮肤接触 立即脱去污染的衣着,用流动清水彻底冲洗。就医

眼睛接触 立即分开眼睑,用流动清水或生理盐水彻底冲洗。就医

食入 漱口,饮水,就医

对保护施救者的忠告 根据需要使用个人防护设备

对医生的特别提示 对症处理

第五部分 消防措施

灭火剂 用水、雾状水、抗溶性泡沫、干粉、二氧化碳、砂土灭火

特别危险性 其蒸气与空气可形成爆炸性混合物,遇明火、高热能引起燃烧爆炸。与氧化剂可发生反应。若遇高热,容器内压增大,有开裂和爆炸的危险

灭火注意事项及防护措施 消防人员必须佩戴防毒面具、穿全身消防服,在上风向灭火。尽可能将容器从火场移至空旷处。喷水保持火场容器冷却,直至灭火结束。处在火场中的容器若已变色或从安全泄压装置中发出声音,必须马上撤离

第六部分 泄漏应急处理

作业人员防护措施、防护装备和应急处置程序 消除所有点火源。根据液体流动和蒸气扩散的影响区域划定警戒区,无关人员从侧风向、上风向撤离至安全区。建议应急处理人员戴正压自给式呼吸器,穿防静电服。作业时使用的所有设备应接地。禁止接触或跨越泄漏物。尽可能切断泄漏源

环境保护措施 防止泄漏物进入水体、下水道、地下室或有限空间

泄漏化学品的收容、清除方法及所使用的处置材料　小量泄漏：用砂土或其他不燃材料吸收。使用洁净的无火花工具收集吸收材料。大量泄漏：构筑围堤或挖坑收容。用粉煤灰或石灰粉吸收大量液体。用抗溶性泡沫覆盖，减少蒸发。喷水雾能减少蒸发，但不能降低泄漏物在有限空间内的易燃性。用防爆泵转移至槽车或专用收集器内

第七部分　操作处置与储存

操作注意事项　密闭操作，注意通风。操作人员必须经过专门培训，严格遵守操作规程。建议操作人员佩戴自吸过滤式防尘口罩，戴化学安全防护眼镜，穿防静电工作服，戴橡胶手套。远离火种、热源，工作场所严禁吸烟。使用防爆型的通风系统和设备。防止烟雾或粉尘泄漏到工作场所空气中。避免与氧化剂、酸类、碱类接触。搬运时要轻装轻卸，防止包装及容器损坏。配备相应品种和数量的消防器材及泄漏应急处理设备。倒空的容器可能残留有害物

储存注意事项　储存于阴凉、通风的库房。远离火种、热源。库温不宜超过 37℃，应与氧化剂、酸类、碱类分开存放，切忌混储。采用防爆型照明、通风设施。禁止使用易产生火花的机械设备和工具。储区应备有泄漏应急处理设备和合适的收容材料

第八部分　接触控制/个体防护

职业接触限值

中国　未制定标准

美国（ACGIH）　未制定标准

生物接触限值　未制定标准

监测方法　空气中有毒物质测定方法：未制定标准。生物监测检验方法：未制定标准

工程控制　密闭操作，注意通风

个体防护装备

呼吸系统防护　空气中粉尘浓度超标时，必须佩戴过滤式防尘呼吸器；可能接触其蒸气时，应该佩戴过滤式防毒面具（半面罩）

眼睛防护　戴化学安全防护眼镜

皮肤和身体防护　穿防静电工作服

手防护　戴橡胶手套

第九部分　理化特性

外观与性状　微黄色液体或结晶性固体，易挥发

pH 值　无资料　　　　**熔点（℃）**　15

沸点（℃）　148　　　**相对密度（水＝1）**　1.02

相对蒸气密度（空气＝1）　无资料

饱和蒸气压（kPa）　无资料

临界压力（MPa）　无资料　**辛醇/水分配系数**　无资料

闪点（℃）　50.56　　　**自燃温度（℃）**　无资料

爆炸下限（%）　无资料　**爆炸上限（%）**　无资料

分解温度（℃）　无资料　**黏度（mPa·s）**　无资料

燃烧热（kJ/mol）　无资料　**临界温度（℃）**　无资料

溶解性　与水混溶，可混溶于乙醇，微溶于醚、石油醚

第十部分　稳定性和反应性

稳定性　稳定

危险反应　与强氧化剂、强酸、强碱等禁配物接触，有发生火灾和爆炸的危险

避免接触的条件　无资料

禁配物　强氧化剂、强酸、强碱

危险的分解产物　无资料

第十一部分　毒理学信息

急性毒性　LD$_{50}$：＞5000mg/kg（大鼠经口）；＞5000mg/kg（兔经皮）

皮肤刺激或腐蚀　无资料　**眼睛刺激或腐蚀**　无资料

呼吸或皮肤过敏　无资料　**生殖细胞突变性**　无资料

致癌性　无资料　　　　**生殖毒性**　无资料

特异性靶器官系统毒性-一次接触　无资料

特异性靶器官系统毒性-反复接触　无资料

吸入危害　无资料

第十二部分　生态学信息

生态毒性　无资料

持久性和降解性

生物降解性　无资料

非生物降解性　无资料

潜在的生物累积性　无资料

土壤中的迁移性　无资料

第十三部分　废弃处置

废弃化学品　建议用焚烧法处置

污染包装物　将容器返还生产商或按照国家和地方法规处置

废弃注意事项　处置前应参阅国家和地方有关法规

第十四部分　运输信息

联合国危险货物编号（UN号）　2621

联合国运输名称　乙酰甲基甲醇

联合国危险性类别　3

包装类别　Ⅲ　　　　　　**包装标志**　

海洋污染物　否

运输注意事项　运输时运输车辆应配备相应品种和数量的消防器材及泄漏应急处理设备。夏季最好早晚运输。运输时所用的槽（罐）车应有接地链，槽内可设孔隔板以减少震荡产生的静电。严禁与氧化剂、酸类、碱类、食用化学品等混装混运。运输途中应防暴晒、雨淋，防高温。中途停留时应远离火种、热源、高温区。装运该物品的车辆排气管必须配备阻火装置，禁止使用易产生火花的机械设备和工具装卸。公路运输时要按规定路线行驶。铁路运输时应禁止溜放。严禁用木船、水泥船散装运输

第十五部分　法规信息

下列法律、法规、规章和标准，对该化学品的管理作了相应的规定。

中华人民共和国职业病防治法　职业病分类和目录：未列入

危险化学品安全管理条例　危险化学品目录：列入。易制爆危险化学品名录：未列入。重点监管的危险化学品名录：未列入。GB 18218—2009《危险化学品重大危险源辨识》（表1）：未列入

使用有毒物品作业场所劳动保护条例　高毒物品目录：未列入

易制毒化学品管理条例　易制毒化学品的分类和品种目录：未列入

国际公约　斯德哥尔摩公约：未列入。鹿特丹公约：未列入。蒙特利尔议定书：未列入

第十六部分　其他信息

编写和修订信息　　　　缩略语和首字母缩写
培训建议　　　　　　　参考文献
免责声明

2-羟基-2-甲基丙酸乙酯

第一部分　化学品标识

化学品中文名　2-羟基-2-甲基丙酸乙酯；羟基异丁酸乙酯；2-羟基异丁酸乙酯

化学品英文名　ethyl 2-hydroxy-2-methylpropionate；ethyl-2-hydroxy-isobutyrate

分子式　$C_6H_{12}O_3$　**分子量**　132.1577

结构式

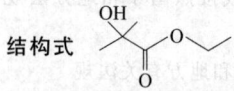

化学品的推荐及限制用途　用作溶剂和用于有机合成及药物制造

第二部分　危险性概述

紧急情况概述　易燃液体和蒸气

GHS危险性类别　易燃液体，类别3

标签要素

象形图

警示词　警告

危险性说明　易燃液体和蒸气

防范说明

　　预防措施　远离热源、火花、明火、热表面。禁止吸烟。保持容器密闭。容器和接收设备接地连接。使用防爆型电器、通风、照明设备。只能使用不产生火花的工具。采取防止静电措施。戴防护手套、防护眼镜、防护面罩

　　事故响应　火灾时，使用雾状水、泡沫、干粉、二氧化碳、砂土灭火。如皮肤（或头发）接触：立即脱掉所有被污染的衣服，用水冲洗皮肤，淋浴

　　安全储存　存放在通风良好的地方。保持低温

　　废弃处置　本品及内装物、容器依据国家和地方法规处置

物理和化学危险　易燃，其蒸气与空气混合，能形成爆炸性混合物

健康危害　吸入、摄入或经皮肤吸收对身体有害。具有刺激性

环境危害　对环境可能有害

第三部分　成分/组成信息

√　物质　　　　　　　　　　混合物

组分	浓度	CAS No.
2-羟基-2-甲基丙酸乙酯		80-55-7

第四部分　急救措施

吸入　迅速脱离现场至空气新鲜处。保持呼吸道通畅。如呼吸困难，给输氧。呼吸、心跳停止，立即进行心肺复苏术。就医

皮肤接触　立即脱去污染的衣着，用流动清水彻底冲洗。就医

眼睛接触　立即分开眼睑，用流动清水或生理盐水彻底冲洗。就医

食入　漱口，饮水。就医

对保护施救者的忠告　根据需要使用个人防护设备

对医生的特别提示　对症处理

第五部分　消防措施

灭火剂　用雾状水、泡沫、干粉、二氧化碳、砂土灭火

特别危险性　其蒸气与空气可形成爆炸性混合物，遇明火、高热能引起燃烧爆炸。与氧化剂可发生反应。流速过快，容易产生和积聚静电。若遇高热，容器内压增大，有开裂和爆炸的危险

灭火注意事项及防护措施　消防人员必须佩戴防毒面具、穿全身消防服，在上风向灭火。尽可能将容器从火场移至空旷处。喷水保持火场容器冷却，直至灭火结束。处在火场中的容器若已变色或从安全泄压装置中发出声音，必须马上撤离

第六部分　泄漏应急处理

作业人员防护措施、防护装备和应急处置程序　消除所有点火源。根据液体流动和蒸气扩散的影响区域划定警戒区，无关人员从侧风、上风向撤离至安全区。建议应急处理人员戴正压自给式呼吸器，穿防静电服。作业时使用的所有设备应接地。禁止接触或跨越泄漏物。尽可能切断泄漏源

环境保护措施　防止泄漏物进入水体、下水道、地下室或有限空间

泄漏化学品的收容、清除方法及所使用的处置材料　小量泄漏：用砂土或其他不燃材料吸收。使用洁净的无火花工具收集吸收材料。大量泄漏：构筑围堤或挖坑收

容。用抗溶性泡沫覆盖，减少蒸发。喷水雾能减少蒸发，但不能降低泄漏物在有限空间内的易燃性。用防爆泵转移至槽车或专用收集器内

第七部分 操作处置与储存

操作注意事项 密闭操作，注意通风。操作人员必须经过专门培训，严格遵守操作规程。建议操作人员佩戴自吸过滤式防毒面具（半面罩），戴化学安全防护眼镜，穿防静电工作服，戴橡胶耐油手套。远离火种、热源，工作场所严禁吸烟。使用防爆型的通风系统和设备。防止蒸气泄漏到工作场所空气中。避免与氧化剂、碱类接触。充装要控制流速，防止静电积聚。搬运时要轻装轻卸，防止包装及容器损坏。配备相应品种和数量的消防器材及泄漏应急处理设备。倒空的容器可能残留有害物

储存注意事项 储存于阴凉、通风的库房。库温不宜超过37℃，远离火种、热源。应与氧化剂、碱类分开存放，切忌混储。采用防爆型照明、通风设施。禁止使用易产生火花的机械设备和工具。储区应备有泄漏应急处理设备和合适的收容材料

第八部分 接触控制/个体防护

职业接触限值
　　中国　未制定标准
　　美国（ACGIH）　未制定标准
生物接触限值　未制定标准
监测方法　空气中有毒物质测定方法：未制定标准。生物监测检验方法：未制定标准
工程控制　密闭操作，注意通风
个体防护装备
　　呼吸系统防护　空气中浓度超标时，必须佩戴过滤式防毒面具（半面罩）。紧急事态抢救或撤离时，应该佩戴空气呼吸器
　　眼睛防护　戴化学安全防护眼镜
　　皮肤和身体防护　穿防静电工作服
　　手防护　戴橡胶耐油手套

第九部分 理化特性

外观与性状　无色液体　　**pH值**　无资料
熔点（℃）　无资料　　　**沸点（℃）**　150
相对密度（水=1）　0.965
相对蒸气密度（空气=1）　无资料
饱和蒸气压（kPa）　无资料
临界压力（MPa）　无资料　**辛醇/水分配系数**　无资料
闪点（℃）　44.44　　　**自燃温度（℃）**　无资料
爆炸下限（%）　无资料　**爆炸上限（%）**　无资料
分解温度（℃）　无资料　**黏度（mPa·s）**　无资料
燃烧热（kJ/mol）　无资料　**临界温度（℃）**　无资料
溶解性　溶于水，溶于醇、醚

第十部分 稳定性和反应性

稳定性　稳定
危险反应　与强氧化剂、强碱等禁配物接触，有发生火灾

和爆炸的危险
避免接触的条件　无资料
禁配物　强氧化剂、强碱
危险的分解产物　无资料

第十一部分 毒理学信息

急性毒性　LDLo：2200mg/kg（豚鼠肌肉）
皮肤刺激或腐蚀　无资料　**眼睛刺激或腐蚀**　无资料
呼吸或皮肤过敏　无资料　**生殖细胞突变性**　无资料
致癌性　无资料　　　　**生殖毒性**　无资料
特异性靶器官系统毒性--一次接触　无资料
特异性靶器官系统毒性-反复接触　无资料
吸入危害　无资料

第十二部分 生态学信息

生态毒性　无资料
持久性和降解性
　　生物降解性　无资料
　　非生物降解性　无资料
潜在的生物累积性　无资料
土壤中的迁移性　无资料

第十三部分 废弃处置

废弃化学品　建议用焚烧法处置
污染包装物　将容器返还生产商或按照国家和地方法规处置
废弃注意事项　处置前应参阅国家和地方有关法规

第十四部分 运输信息

联合国危险货物编号（UN号）　3272
联合国运输名称　酯类，未另作规定的（2-羟基-2-甲基丙酸乙酯）
联合国危险性类别　3

包装类别　Ⅲ　　　　**包装标志**　

海洋污染物　否
运输注意事项　运输时运输车辆应配备相应品种和数量的消防器材及泄漏应急处理设备。夏季最好早晚运输。运输时所用的槽（罐）车应有接地链，槽内可设孔隔板以减少震荡产生的静电。严禁与氧化剂、碱类、食用化学品等混装混运。运输途中应防暴晒、雨淋，防高温。中途停留时应远离火种、热源、高温区。装运该物品的车辆排气管必须配备阻火装置，禁止使用易产生火花的机械设备和工具装卸。公路运输时要按规定路线行驶，勿在居民区和人口稠密区停留。铁路运输时要禁止溜放。严禁用木船、水泥船散装运输

第十五部分 法规信息

　　下列法律、法规、规章和标准，对该化学品的管理作了相应的规定。

中华人民共和国职业病防治法 职业病分类和目录：未列入

危险化学品安全管理条例 危险化学品目录：列入。易制爆危险化学品名录：未列入。重点监管的危险化学品名录：未列入。GB 18218—2009《危险化学品重大危险源辨识》（表1）：未列入

使用有毒物品作业场所劳动保护条例 高毒物品目录：未列入

易制毒化学品管理条例 易制毒化学品的分类和品种目录：未列入

国际公约 斯德哥尔摩公约：未列入。鹿特丹公约：未列入。蒙特利尔议定书：未列入

第十六部分 其他信息

编写和修订信息 　　缩略语和首字母缩写
培训建议 　　　　　参考文献
免责声明

4-羟基-4-甲基-2-戊酮

第一部分 化学品标识

化学品中文名 4-羟基-4-甲基-2-戊酮；双丙酮醇

化学品英文名 4-hydroxy-4-methyl-2-pentanone；diacetone alcohol

分子式 $C_6H_{12}O_2$ 　**分子量** 116.1583

结构式

化学品的推荐及限制用途 用作溶剂，也用于制金属清洁剂、木材防腐剂、照相软片和药物的防腐剂、抗冻剂

第二部分 危险性概述

紧急情况概述 高度易燃液体和蒸气，造成严重眼刺激

GHS危险性类别 易燃液体，类别2；严重眼损伤/眼刺激，类别2

标签要素

象形图

警示词 危险

危险性说明 高度易燃液体和蒸气，造成严重眼刺激

防范说明

预防措施 远离热源、火花、明火、热表面。禁止吸烟。保持容器密闭。容器和接收设备接地连接。使用防爆型电器、通风、照明设备。只能使用不产生火花的工具。采取防止静电措施。戴防护手套、防护眼镜、防护面罩。避免接触眼睛、皮肤，操作后彻底清洗

事故响应 火灾时，使用雾状水、抗溶性泡沫、干粉、二氧化碳、砂土灭火。如皮肤（或头发）接触：立即脱掉所有被污染的衣服，用水冲洗皮肤，淋浴。如接触眼睛：用水细心冲洗数分钟。如戴隐形眼镜并可方便地取出，

取出隐形眼镜，继续冲洗。如果眼睛刺激持续：就医

安全储存 存放在通风良好的地方。保持低温

废弃处置 本品及内装物、容器依据国家和地方法规处置

物理和化学危险 易燃，其蒸气与空气混合，能形成爆炸性混合物

健康危害 对眼、鼻、喉黏膜有刺激性。吸入高浓度中毒时可见呼吸道黏膜刺激、胸闷，严重者可造成麻醉。由于血压下降可使肝肾受到损害，可因呼吸中枢抑制而死亡。长期反复接触可引起皮炎

环境危害 对环境可能有害

第三部分 成分/组成信息

√ 物质　　　　　　　混合物

组分	浓度	CAS No.
4-羟基-4-甲基-2-戊酮		123-42-2

第四部分 急救措施

吸入 迅速脱离现场至空气新鲜处。保持呼吸道通畅。如呼吸困难，给输氧。如呼吸、心跳停止，立即进行心肺复苏术。就医

皮肤接触 立即脱去污染的衣着，用流动清水彻底冲洗。就医

眼睛接触 立即分开眼睑，用流动清水或生理盐水彻底冲洗。就医

食入 漱口，饮水。就医

对保护施救者的忠告 根据需要使用个人防护设备

对医生的特别提示 对症处理

第五部分 消防措施

灭火剂 用雾状水、抗溶性泡沫、干粉、二氧化碳、砂土灭火

特别危险性 其蒸气与空气可形成爆炸性混合物，遇明火、高热极易燃烧爆炸。与氧化剂接触猛烈反应。蒸气比空气重，沿地面扩散并易积存于低洼处，遇火源会着火回燃。若遇高热，容器内压增大，有开裂和爆炸的危险

灭火注意事项及防护措施 消防人员必须佩戴防毒面具，穿全身消防服，在上风向灭火。尽可能将容器从火场移至空旷处。喷水保持火场容器冷却，直至灭火结束。处在火场中的容器若已变色或从安全泄压装置中发出声音，必须马上撤离

第六部分 泄漏应急处理

作业人员防护措施、防护装备和应急处置程序 消除所有点火源。根据液体流动和蒸气扩散的影响区域划定警戒区，无关人员从侧风向、上风向撤离至安全区。建议应急处理人员戴正压自给式呼吸器，穿防静电服。作业时使用的所有设备应接地。禁止接触或跨越泄漏物。尽可能切断泄漏源

环境保护措施 防止泄漏物进入水体、下水道、地下室或有限空间

泄漏化学品的收容、清除方法及所使用的处置材料　小量泄漏：用砂土或其他不燃材料吸收。使用洁净的无火花工具收集吸收材料。大量泄漏：构筑围堤或挖坑收容。用抗溶性泡沫覆盖，减少蒸发。喷水雾能减少蒸发，但不能降低泄漏物在有限空间内的易燃性。用防爆泵转移至槽车或专用收集器内。

第七部分　操作处置与储存

操作注意事项　密闭操作，注意通风。操作人员必须经过专门培训，严格遵守操作规程。建议操作人员佩戴自吸过滤式防毒面具（半面罩），戴化学安全防护眼镜，穿防静电工作服，戴橡胶手套。远离火种、热源，工作场所严禁吸烟。使用防爆型的通风系统和设备。防止蒸气泄漏到工作场所空气中。避免与氧化剂、还原剂、碱类接触。灌装时应控制流速，且有接地装置，防止静电积聚。搬运时要轻装轻卸，防止包装及容器损坏。配备相应品种和数量的消防器材及泄漏应急处理设备。倒空的容器可能残留有害物

储存注意事项　储存于阴凉、通风的库房。远离火种、热源。库温不宜超过 37℃，应与氧化剂、还原剂、碱类分开存放，切忌混储。采用防爆型照明、通风设施。禁止使用易产生火花的机械设备和工具。储区应备有泄漏应急处理设备和合适的收容材料

第八部分　接触控制/个体防护

职业接触限值

　中国　PC-TWA：240mg/m³

　美国（ACGIH）　TLV-TWA：50ppm

生物接触限值　未制定标准

监测方法　空气中有毒物质测定方法：未制定标准。生物监测检验方法：未制定标准

工程控制　密闭操作，注意通风

个体防护装备

　呼吸系统防护　空气中浓度超标时，必须佩戴过滤式防毒面具（半面罩）。紧急事态抢救或撤离时，应该佩戴空气呼吸器

　眼睛防护　戴化学安全防护眼镜

　皮肤和身体防护　穿防静电工作服

　手防护　戴橡胶手套

第九部分　理化特性

外观与性状　无色液体，有使人感觉愉快的气味

pH 值　无资料	熔点（℃）　−57～−43
沸点（℃）　164.4	相对密度（水=1）　0.94
相对蒸气密度（空气=1）　4.0	
饱和蒸气压（kPa）　0.13（20℃）	
临界压力（MPa）　无资料	辛醇/水分配系数　无资料
闪点（℃）　＜23	自燃温度（℃）　603
爆炸下限（%）　1.8	爆炸上限（%）　6.9
分解温度（℃）　无资料	黏度（mPa·s）　2.9（20℃）
燃烧热（kJ/mol）　−3519.6	临界温度（℃）　334

溶解性　与水混溶，可混溶于乙醇、醚、芳烃

第十部分　稳定性和反应性

稳定性　稳定

危险反应　与强氧化剂、强碱等禁配物接触，有发生火灾和爆炸的危险

避免接触的条件　无资料

禁配物　强氧化剂、强碱、强还原剂

危险的分解产物　无资料

第十一部分　毒理学信息

急性毒性　属低毒类，大鼠经口 2mL/kg 灌胃，可引起一过性肝脏损害；4mL/kg 则可引起动物死亡。LD$_{50}$：2520mg/kg（大鼠经口）；3950mg/kg（小鼠经口）；13500mg/kg（兔经皮）

皮肤刺激或腐蚀　无资料　　眼睛刺激或腐蚀　无资料

呼吸或皮肤过敏　无资料　　生殖细胞突变性　无资料

致癌性　无资料　　　　　　生殖毒性　无资料

特异性靶器官系统毒性-一次接触　无资料

特异性靶器官系统毒性-反复接触　兔经口 2mL/d，共 12d，引起麻醉和肾脏损伤

吸入危害　无资料

第十二部分　生态学信息

生态毒性　LC$_{50}$：＞100mg/L（96h）（青鳉，OECD 203）。EC$_{50}$：＞1000mg/L（48h）（大型溞，OECD 202）。NOEC：100mg/L（21d）（大型溞，OECD 211）

持久性和降解性

　生物降解性　OECD 301A，易快速生物降解

　非生物降解性　无资料

潜在的生物累积性　无资料

土壤中的迁移性　无资料

第十三部分　废弃处置

废弃化学品　用焚烧法处置

污染包装物　将容器返还生产商或按照国家和地方法规处置

废弃注意事项　处置前应参阅国家和地方有关法规

第十四部分　运输信息

联合国危险货物编号（UN 号）　1148

联合国运输名称　双丙酮醇

联合国危险性类别　3

包装类别　Ⅱ　　　　　　　包装标志　

海洋污染物　否

运输注意事项　运输时运输车辆应配备相应品种和数量的消防器材及泄漏应急处理设备。夏季最好早晚运输。运输时所用的槽（罐）车应有接地链，槽内可设孔隔板以减少震荡产生的静电。严禁与氧化剂、还原剂、碱类、食用化学品等混装混运。运输途中应防暴晒、雨淋，防高温。中途停留时应远离火种、热源、高温

区。装运该物品的车辆排气管必须配备阻火装置，禁止使用易产生火花的机械设备和工具装卸。公路运输时要按规定路线行驶，勿在居民区和人口稠密区停留。铁路运输时要禁止溜放。严禁用木船、水泥船散装运输

第十五部分　法规信息

下列法律、法规、规章和标准，对该化学品的管理作了相应的规定。

中华人民共和国职业病防治法　职业病分类和目录：未列入

危险化学品安全管理条例　危险化学品目录：列入。易制爆危险化学品名录：未列入。重点监管的危险化学品名录：未列入。GB 18218—2009《危险化学品重大危险源辨识》（表1）：未列入

使用有毒物品作业场所劳动保护条例　高毒物品目录：未列入

易制毒化学品管理条例　易制毒化学品的分类和品种目录：未列入

国际公约　斯德哥尔摩公约：未列入。鹿特丹公约：未列入。蒙特利尔议定书：未列入

第十六部分　其他信息

编写和修订信息　缩略语和首字母缩写
培训建议　　　　参考文献
免责声明

氢化钡

第一部分　化学品标识

化学品中文名　氢化钡
化学品英文名　barium hydride
分子式　BaH_2　**分子量**　139.3458
化学品的推荐及限制用途　用作强还原剂、氢化剂、真空管除气剂

第二部分　危险性概述

紧急情况概述　遇水放出易燃气体
GHS 危险性类别　遇水放出易燃气体的物质和混合物，类别2
标签要素

象形图　

警示词　危险
危险性说明　遇水放出易燃气体
防范说明

　　预防措施　因与水发生剧烈反应和可能发生暴燃，应避免与水接触。在惰性气体中操作。防潮。戴防护手套、防护眼镜、防护面罩
　　事故响应　火灾时，使用干粉、二氧化碳、砂土灭火

安全储存　在干燥处和密闭的容器中储存
废弃处置　本品及内装物、容器依据国家和地方法规处置
物理和化学危险　接触空气易自燃。遇水剧烈反应，可引起燃烧或爆炸
健康危害　本品有毒。粉尘能刺激眼睛和上呼吸道。误服或经皮肤吸收会中毒，出现低血钾综合征，可导致四肢软瘫、心肌受累及呼吸麻痹
环境危害　对环境可能有害

第三部分　成分/组成信息

√物质		混合物
组分	浓度	CAS No.
氢化钡		13477-09-3

第四部分　急救措施

吸入　迅速脱离现场至空气新鲜处。保持呼吸道通畅。如呼吸困难，给输氧。呼吸、心跳停止，立即进行心肺复苏术。就医
皮肤接触　立即脱去污染的衣着，用流动清水彻底冲洗。就医
眼睛接触　立即分开眼睑，用流动清水或生理盐水彻底冲洗。就医
食入　饮足量温水，催吐。给服硫酸钠。就医
对保护施救者的忠告　根据需要使用个人防护设备
对医生的特别提示　解毒剂：硫酸钠、硫代硫酸钠。有低血钾者应补充钾盐

第五部分　消防措施

灭火剂　用干粉、二氧化碳、砂土灭火
特别危险性　在潮湿空气中能自燃。遇水或酸发生反应放出氢气及热量，能引起燃烧。与氧化剂能发生强烈反应
灭火注意事项及防护措施　消防人员须佩戴防毒面具、穿全身消防服，在上风向灭火。尽可能将容器从火场移至空旷处。喷水保持火场容器冷却，直至灭火结束。禁止用水、泡沫和酸碱灭火剂灭火

第六部分　泄漏应急处理

作业人员防护措施、防护装备和应急处置程序　隔离泄漏污染区，限制出入。消除所有点火源。建议应急处理人员戴防尘口罩，穿防毒、防静电服。禁止接触或跨越泄漏物。尽可能切断泄漏源
环境保护措施　用干燥的砂土或其他不燃材料覆盖泄漏物，然后用塑料布覆盖，减少飞散、避免雨淋
泄漏化学品的收容、清除方法及所使用的处置材料　用洁净的无火花工具收集泄漏物，置于一盖子较松的塑料容器中，待处置

第七部分　操作处置与储存

操作注意事项　密闭操作，局部排风。防止粉尘释放到车间空气中。操作人员必须经过专门培训，严格遵守操作规程。建议操作人员佩戴自吸过滤式防尘口罩，戴

化学安全防护眼镜，穿防毒物渗透工作服，戴橡胶手套。远离火种、热源，工作场所严禁吸烟。使用防爆型的通风系统和设备。避免产生粉尘。避免与酸类、醇类接触。尤其要注意避免与水接触。配备相应品种和数量的消防器材及泄漏应急处理设备。倒空的容器可能残留有害物

储存注意事项 储存于阴凉、干燥、通风良好的专用库房内，库温不超过 32℃，相对湿度不超过 75%。远离火种、热源。防止阳光直射。包装必须密封，切勿受潮。应与酸类、醇类、食用化学品等分开存放，切忌混储。配备相应品种和数量的消防器材。储区应备有合适的材料收容泄漏物

第八部分 接触控制/个体防护

职业接触限值

中国 PC-TWA：0.5mg/m³；PC-STEL：1.5mg/m³〔按 Ba 计〕

美国(ACGIH) TLV-TWA：0.5mg/m³〔按 Ba 计〕

生物接触限值 未制定标准

监测方法 空气中有毒物质测定方法：二溴对甲基偶氮甲磺分光光度法；等离子体原子发射光谱法。生物监测检验方法：未制定标准

工程控制 密闭操作，局部排风

个体防护装备

呼吸系统防护 空气中粉尘浓度超标时，必须佩戴过滤式防尘呼吸器。紧急事态抢救或撤离时，应该佩戴空气呼吸器

眼睛防护 戴化学安全防护眼镜

皮肤和身体防护 穿防毒物渗透工作服

手防护 戴橡胶手套

第九部分 理化特性

外观与性状 灰色结晶块，遇水分解

pH 值 无意义　　　**熔点(℃)** 675（分解）

沸点(℃) 1400

相对密度(水＝1) 4.21（0℃）

相对蒸气密度(空气＝1) 无资料

饱和蒸气压(kPa) 无资料

临界压力(MPa) 无意义　　**辛醇/水分配系数** 无资料

闪点(℃) 无意义　　　**自燃温度(℃)** 无资料

爆炸下限(%) 无资料　　　**爆炸上限(%)** 无资料

分解温度(℃) 无资料　　　**黏度(mPa·s)** 无资料

燃烧热(kJ/mol) 无资料　　**临界温度(℃)** 无资料

溶解性 不溶于普通溶剂

第十部分 稳定性和反应性

稳定性 稳定

危险反应 与强氧化剂、酸类、水、醇类等禁配物接触，有发生火灾和爆炸的危险。在潮湿空气中能自燃

避免接触的条件 潮湿空气

禁配物 酸类、水、醇类

危险的分解产物 氧化钡、氢气、水

第十一部分 毒理学信息

急性毒性 无资料

皮肤刺激或腐蚀 无资料　　**眼睛刺激或腐蚀** 无资料

呼吸或皮肤过敏 无资料　　**生殖细胞突变性** 无资料

致癌性 无资料　　　　　**生殖毒性** 无资料

特异性靶器官系统毒性-一次接触 无资料

特异性靶器官系统毒性-反复接触 无资料

吸入危害 无资料

第十二部分 生态学信息

生态毒性 无资料

持久性和降解性

生物降解性 无资料

非生物降解性 无资料

潜在的生物累积性 无资料

土壤中的迁移性 无资料

第十三部分 废弃处置

废弃化学品 若可能，重复使用容器或在规定场所掩埋

污染包装物 将容器返还生产商或按照国家和地方法规处置

废弃注意事项 处置前应参阅国家和地方有关法规

第十四部分 运输信息

联合国危险货物编号（UN 号） 1409

联合国运输名称 金属氢化物，遇水反应，未另作规定的（氢化钡）

联合国危险性类别 4.3

包装类别 Ⅱ　　　　　**包装标志**

海洋污染物 否

运输注意事项 运输时运输车辆应配备相应品种和数量的消防器材及泄漏应急处理设备。装运本品的车辆排气管须有阻火装置。运输过程中要确保容器不泄漏、不倒塌、不坠落、不损坏。严禁与酸类、醇类、食用化学品等混装混运。运输途中应防暴晒、雨淋，防高温。中途停留时应远离火种、热源。运输用车、船必须干燥，并有良好的防雨设施。车辆运输完毕应进行彻底清扫。铁路运输时要禁止溜放

第十五部分 法规信息

下列法律、法规、规章和标准，对该化学品的管理作了相应的规定。

中华人民共和国职业病防治法 职业病分类和目录：钡及其化合物中毒

危险化学品安全管理条例 危险化学品目录：列入。易制爆危险化学品名录：未列入。重点监管的危险化学品名录：未列入。GB 18218—2009《危险化学品重大危险源辨识》（表 1）：未列入

使用有毒物品作业场所劳动保护条例 高毒物品目录：未

列入

易制毒化学品管理条例　易制毒化学品的分类和品种目录：未列入

国际公约　斯德哥尔摩公约：未列入。鹿特丹公约：未列入。蒙特利尔议定书：未列入

第十六部分　其他信息

编写和修订信息　缩略语和首字母缩写
培训建议　参考文献
免责声明

氢化锆

第一部分　化学品标识

化学品中文名　氢化锆
化学品英文名　zirconium hydride
分子式　ZrH_2　**分子量**　93.24
化学品的推荐及限制用途　用作强还原剂、氢化剂、高纯分析试剂，也用于冶金工业

第二部分　危险性概述

紧急情况概述　易燃固体
GHS 危险性类别　易燃固体，类别 1
标签要素

象形图　

警示词　危险
危险性说明　易燃固体
防范说明

　　预防措施　远离热源、火花、明火、热表面。禁止吸烟。容器和接收设备接地连接。使用防爆电器、通风、照明设备。戴防护手套、防护眼镜、防护面罩

　　事故响应　火灾时，使用干粉、二氧化碳、砂土灭火

　　安全储存：—

　　废弃处置：—

物理和化学危险　易燃。遇水剧烈反应，可引起燃烧或爆炸

健康危害　本品具有刺激作用

环境危害　对环境可能有害

第三部分　成分/组成信息

　　　　√物质　　　　　　　混合物

组分	浓度	CAS No.
氢化锆		7704-99-6

第四部分　急救措施

吸入　迅速脱离现场至空气新鲜处。保持呼吸道通畅。如呼吸困难，给输氧。呼吸、心跳停止，立即进行心肺复苏术。就医

皮肤接触　立即脱去污染的衣着，用流动清水彻底冲洗。就医

眼睛接触　立即分开眼睑，用流动清水或生理盐水彻底冲洗。就医

食入　漱口，饮水。就医

对保护施救者的忠告　根据需要使用个人防护设备

对医生的特别提示　对症处理

第五部分　消防措施

灭火剂　用干粉、二氧化碳、砂土灭火

特别危险性　具有强还原性。与氧化剂能发生强烈反应。受热或与潮气、酸类接触即放出热量与氢气而引起燃烧和爆炸

灭火注意事项及防护措施　消防人员须佩戴防毒面具、穿全身消防服，在上风向灭火。尽可能将容器从火场移至空旷处。喷水保持火场容器冷却，直至灭火结束。禁止用水、泡沫和酸碱灭火剂灭火

第六部分　泄漏应急处理

作业人员防护措施、防护装备和应急处置程序　严禁用水处理。隔离泄漏污染区，限制出入。消除所有点火源。建议应急处理人员戴防尘口罩，穿防毒、防静电服。禁止接触或跨越泄漏物。尽可能切断泄漏源

环境保护措施　用塑料布或帆布覆盖泄漏物，减少飞散，保持干燥

泄漏化学品的收容、清除方法及所使用的处置材料　保持泄漏物干燥。小量泄漏：用干燥的砂土或其他不燃材料覆盖泄漏物，然后用塑料布覆盖，减少飞散、避免雨淋。在专家指导下清除

第七部分　操作处置与储存

操作注意事项　密闭操作，局部排风。防止粉尘释放到车间空气中。操作人员必须经过专门培训，严格遵守操作规程。建议操作人员佩戴自吸过滤式防尘口罩，戴化学安全防护眼镜，穿防毒物渗透工作服，戴橡胶手套。远离火种、热源，工作场所严禁吸烟。使用防爆型的通风系统和设备。避免产生粉尘。避免与氧化剂、酸类接触。尤其要注意避免与水接触。配备相应品种和数量的消防器材及泄漏应急处理设备。倒空的容器可能残留有害物

储存注意事项　储存于阴凉、干燥、通风良好的库房。库温不宜超过 35℃。远离火种、热源。防止阳光直射。包装密封。应与氧化剂、酸类、食用化学品等分开存放，切忌混储。采用防爆型照明、通风设施。禁止使用易产生火花的机械设备和工具。储区应备有合适的材料收容泄漏物

第八部分　接触控制/个体防护

职业接触限值

　　中国　未制定标准

　　美国（ACGIH）　未制定标准

生物接触限值　未制定标准

监测方法　空气中有毒物质测定方法：未制定标准。生物

监测检验方法：未制定标准

工程控制 密闭操作，局部排风

个体防护装备

呼吸系统防护 空气中粉尘浓度超标时，必须佩戴过滤式防尘呼吸器。紧急事态抢救或撤离时，应该佩戴空气呼吸器

眼睛防护 戴化学安全防护眼镜

皮肤和身体防护 穿防毒物渗透工作服

手防护 戴橡胶手套

第九部分 理化特性

外观与性状 灰色至黑色粉末

pH 值 无意义		**熔点（℃）** 无资料	
沸点（℃） 无资料		**相对密度（水＝1）** 5.61	

相对蒸气密度（空气＝1） 无资料

饱和蒸气压（kPa） 无资料

临界压力（MPa） 无意义	**辛醇/水分配系数** 无资料
闪点（℃） 无资料	**自燃温度（℃）** 270
爆炸下限（%） 无资料	**爆炸上限（%）** 无资料
分解温度（℃） 无资料	**黏度（mPa·s）** 无资料
燃烧热（kJ/mol） 无资料	**临界温度（℃）** 无资料

溶解性 不溶于水，溶于氢氟酸

第十部分 稳定性和反应性

稳定性 稳定

危险反应 与强氧化剂、酸类、水、醇类等禁配物接触，有发生火灾和爆炸的危险

避免接触的条件 受热、潮湿空气

禁配物 强氧化剂、水、酸类

危险的分解产物 水、氢气、氧化锆

第十一部分 毒理学信息

急性毒性 无资料

皮肤刺激或腐蚀 无资料	**眼睛刺激或腐蚀** 无资料
呼吸或皮肤过敏 无资料	**生殖细胞突变性** 无资料
致癌性 无资料	**生殖毒性** 无资料

特异性靶器官系统毒性-一次接触 无资料

特异性靶器官系统毒性-反复接触 无资料

吸入危害 无资料

第十二部分 生态学信息

生态毒性 无资料

持久性和降解性

生物降解性 无资料

非生物降解性 无资料

潜在的生物累积性 无资料

土壤中的迁移性 无资料

第十三部分 废弃处置

废弃化学品 若可能，重复使用容器或在规定场所掩埋

污染包装物 将容器返还生产商或按照国家和地方法规处置

废弃注意事项 处置前应参阅国家和地方有关法规

第十四部分 运输信息

联合国危险货物编号（UN 号） 1437

联合国运输名称 氢化锆

联合国危险性类别 4.1

包装类别 Ⅱ 　　　　**包装标志**

海洋污染物 否

运输注意事项 运输时运输车辆应配备相应品种和数量的消防器材及泄漏应急处理设备。装运本品的车辆排气管须有阻火装置。运输过程中要确保容器不泄漏、不倒塌、不坠落、不损坏。严禁与氧化剂、酸类、食用化学品等混装混运。运输途中应防暴晒、雨淋，防高温。中途停留时应远离火种、热源。运输用车、船必须干燥，并有良好的防雨设施。车辆运输完毕应进行彻底清扫。铁路运输时要禁止溜放

第十五部分 法规信息

下列法律、法规、规章和标准，对该化学品的管理作了相应的规定。

中华人民共和国职业病防治法 职业病分类和目录：未列入

危险化学品安全管理条例 危险化学品目录：列入。易制爆危险化学品名录：未列入。重点监管的危险化学品名录：未列入。GB 18218—2009《危险化学品重大危险源辨识》（表 1）：未列入

使用有毒物品作业场所劳动保护条例 高毒物品目录：未列入

易制毒化学品管理条例 易制毒化学品的分类和品种目录：未列入

国际公约 斯德哥尔摩公约：未列入。鹿特丹公约：未列入。蒙特利尔议定书：未列入

第十六部分 其他信息

编写和修订信息 缩略语和首字母缩写

培训建议 参考文献

免责声明

氢化铝

第一部分 化学品标识

化学品中文名 氢化铝；三氢化铝

化学品英文名 aluminium hydride；aluminum trihydride

分子式 AlH_3 　**分子量** 30.00536

化学品的推荐及限制用途 用作还原剂、聚合催化剂等

第二部分 危险性概述

紧急情况概述 遇水放出可自燃的易燃气体

GHS 危险性类别 遇水放出易燃气体的物质和混合物，类别 1

标签要素

象形图

警示词 危险

危险性说明 遇水放出可自燃的易燃气体

防范说明

预防措施 因与水发生剧烈反应和可能发生暴燃，应避免与水接触。在惰性气体中操作。防潮。戴防护手套、防护眼镜、防护面罩

事故响应 火灾时，使用干粉、二氧化碳、砂土灭火

安全储存 在干燥处和密闭的容器中储存

废弃处置 本品及内装物、容器依据国家和地方法规处置

物理和化学危险 接触空气易自燃。遇水剧烈反应，可引起燃烧或爆炸

健康危害 本品粉尘对眼睛、鼻、皮肤和呼吸系统有刺激作用，长期吸入可引起尘肺

环境危害 对环境可能有害

第三部分 成分/组成信息

√物质　　　　　　　　混合物

组分	浓度	CAS No.
氢化铝		7784-21-6

第四部分 急救措施

吸入 迅速脱离现场至空气新鲜处。保持呼吸道通畅。如呼吸困难，给输氧。呼吸、心跳停止，立即进行心肺复苏术。就医

皮肤接触 立即脱去污染的衣着，用流动清水彻底冲洗。就医

眼睛接触 立即分开眼睑，用流动清水或生理盐水彻底冲洗。就医

食入 漱口，饮水。就医

对保护施救者的忠告 根据需要使用个人防护设备

对医生的特别提示 对症处理

第五部分 消防措施

灭火剂 用干粉、二氧化碳、砂土灭火

特别危险性 在潮湿空气中能自燃。遇水或酸发生反应放出氢气及热量，能引起燃烧。与氧化剂能发生强烈反应

灭火注意事项及防护措施 消防人员须佩戴防毒面具、穿全身消防服，在上风向灭火。尽可能将容器从火场移至空旷处。喷水保持火场容器冷却，直至灭火结束。禁止用水、泡沫和酸碱灭火剂灭火

第六部分 泄漏应急处理

作业人员防护措施、防护装备和应急处置程序 严禁用水处理。隔离泄漏污染区，限制出入。消除所有点火源。建议应急处理人员戴防尘口罩，穿防静电服。禁止接触或跨越泄漏物。尽可能切断泄漏源

环境保护措施 用塑料布或帆布覆盖泄漏物，减少飞散，保持干燥

泄漏化学品的收容、清除方法及所使用的处置材料 保持泄漏物干燥。小量泄漏：用干燥的砂土或其他不燃材料覆盖泄漏物，然后用塑料布覆盖，减少飞散、避免雨淋。在专家指导下清除

第七部分 操作处置与储存

操作注意事项 密闭操作，局部排风。防止粉尘释放到车间空气中。操作人员必须经过专门培训，严格遵守操作规程。建议操作人员佩戴自吸过滤式防尘口罩，戴化学安全防护眼镜，穿防毒物渗透工作服，戴橡胶手套。远离火种、热源、工作场所严禁吸烟。使用防爆型的通风系统和设备。避免产生粉尘。避免与酸类、醇类接触。尤其要注意避免与水接触。在氮气中操作处置。配备相应品种和数量的消防器材及泄漏应急处理设备。倒空的容器可能残留有害物

储存注意事项 储存于阴凉、干燥、通风良好的专用库房内，库温不超过32℃，相对湿度不超过75%。远离火种、热源。避光保存。包装必须密封，切勿受潮。应与酸类、醇类等分开存放，切忌混储。采用防爆型照明、通风设施。禁止使用易产生火花的机械设备和工具。储区应备有合适的材料收容泄漏物

第八部分 接触控制/个体防护

职业接触限值

中国 未制定标准

美国（ACGIH） 未制定标准

生物接触限值 未制定标准

监测方法 空气中有毒物质测定方法：未制定标准。生物监测检验方法：未制定标准

工程控制 密闭操作，局部排风

个体防护装备

呼吸系统防护 空气中粉尘浓度超标时，必须佩戴过滤式防尘呼吸器。紧急事态抢救或撤离时，应该佩戴空气呼吸器

眼睛防护 戴化学安全防护眼镜

皮肤和身体防护 穿防毒物渗透工作服

手防护 戴橡胶手套

第九部分 理化特性

外观与性状 无色至灰色粉末或固体

pH值 无意义		熔点（℃） 无资料	
沸点（℃） 无资料		相对密度（水＝1） 无资料	
相对蒸气密度（空气＝1） 无资料			
饱和蒸气压（kPa） 无资料			
临界压力（MPa） 无意义		辛醇/水分配系数 无资料	
闪点（℃） 无意义		自燃温度（℃） 无资料	
爆炸下限（%） 无资料		爆炸上限（%） 无资料	
分解温度（℃） 105（开始分解）			
黏度（mPa·s） 无资料			
燃烧热（kJ/mol） 无资料		临界温度（℃） 无资料	

溶解性　溶于乙醚

第十部分　稳定性和反应性

稳定性　稳定

危险反应　与强氧化剂、酸类、水、醇类等禁配物接触，有发生火灾和爆炸的危险。在潮湿空气中能自燃

避免接触的条件　光照、潮湿空气

禁配物　酸类、醇类、水

危险的分解产物　氢气、氧化铝、水

第十一部分　毒理学信息

急性毒性　LD：>10000mg/kg（大鼠经口）

皮肤刺激或腐蚀　无资料　　**眼睛刺激或腐蚀**　无资料

呼吸或皮肤过敏　无资料　　**生殖细胞突变性**　无资料

致癌性　无资料　　　　　　**生殖毒性**　无资料

特异性靶器官系统毒性-一次接触　无资料

特异性靶器官系统毒性-反复接触　无资料

吸入危害　无资料

第十二部分　生态学信息

生态毒性　无资料

持久性和降解性

　　生物降解性　无资料

　　非生物降解性　无资料

潜在的生物累积性　无资料

土壤中的迁移性　无资料

第十三部分　废弃处置

废弃化学品　建议用焚烧法处置。若可能，重复使用容器或在规定场所掩埋。量小时，小心加入含适当溶剂的干丁醇中。反应剧烈、放热，并产生大量易燃的氢气，必须提供防爆通风装置。用含水酸中和溶液，滤出固体做掩埋处置，液体部分烧掉

污染包装物　将容器返还生产商或按照国家和地方法规处置

废弃注意事项　处置前应参阅国家和地方有关法规

第十四部分　运输信息

联合国危险货物编号（UN号）　2463

联合国运输名称　氢化铝

联合国危险性类别　4.3

包装类别　I　　　　**包装标志**　

海洋污染物　否

运输注意事项　运输时运输车辆应配备相应品种和数量的消防器材及泄漏应急处理设备。装运本品的车辆排气管须有阻火装置。运输过程中要确保容器不泄漏、不倒塌、不坠落、不损坏。严禁与酸类、醇类、食用化学品等混装混运。运输途中应防暴晒、雨淋、防高温。中途停留时应远离火种、热源。运输用车、船必须干燥，并有良好的防雨设施。车辆运输完毕应进行彻底清扫。铁路运输时要禁止溜放

第十五部分　法规信息

下列法律、法规、规章和标准，对该化学品的管理作了相应的规定。

中华人民共和国职业病防治法　职业病分类和目录：未列入

危险化学品安全管理条例　危险化学品目录：列入。易制爆危险化学品名录：未列入。重点监管的危险化学品名录：未列入。GB 18218—2009《危险化学品重大危险源辨识》（表1）：未列入

使用有毒物品作业场所劳动保护条例　高毒物品目录：未列入

易制毒化学品管理条例　易制毒化学品的分类和品种目录：未列入

国际公约　斯德哥尔摩公约：未列入。鹿特丹公约：未列入。蒙特利尔议定书：未列入

第十六部分　其他信息

编写和修订信息　　**缩略语和首字母缩写**

培训建议　　　　　**参考文献**

免责声明

氢化钛

第一部分　化学品标识

化学品中文名　氢化钛

化学品英文名　titanium hydride; titanium dihydride

分子式　TiH_2　**分子量**　49.883

化学品的推荐及限制用途　用于冶金、制氢，用作陶瓷润湿剂

第二部分　危险性概述

紧急情况概述　易燃固体

GHS危险性类别　易燃固体，类别1

标签要素

象形图　

警示词　危险

危险性说明　易燃固体

防范说明

　　预防措施　远离热源、火花、明火、热表面。禁止吸烟。容器和接收设备接地连接。使用防爆电器，通风、照明设备。戴防护手套、防护眼镜、防护面罩

　　事故响应　火灾时，使用干粉、二氧化碳、砂土灭火

　　安全储存：一

　　废弃处置　本品及内装物、容器依据国家和地方法规处置

物理和化学危险　易燃。遇水剧烈反应，可引起燃烧或

爆炸

健康危害 吸入、摄入有害。动物实验表明，长期接触可能发生肺纤维化，影响肺功能

环境危害 对环境可能有害

第三部分　成分/组成信息

√物质　　　　　　　混合物

组分	浓度	CAS No.
氢化钛		7704-98-5

第四部分　急救措施

吸入 迅速脱离现场至空气新鲜处。保持呼吸道通畅。如呼吸困难，给输氧。呼吸、心跳停止，立即进行心肺复苏术。就医

皮肤接触 立即脱去污染的衣着，用流动清水彻底冲洗。就医

眼睛接触 立即分开眼睑，用流动清水或生理盐水彻底冲洗。就医

食入 漱口，饮水。就医

对保护施救者的忠告 根据需要使用个人防护设备

对医生的特别提示 对症处理

第五部分　消防措施

灭火剂 用干粉、二氧化碳、砂土灭火

特别危险性 遇明火、高热易燃。与氧化剂能发生强烈反应。粉体与空气可形成爆炸性混合物。受热或与潮气、酸类接触即放出热量与氢气而引起燃烧和爆炸

灭火注意事项及防护措施 消防人员须佩戴防毒面具、穿全身消防服，在上风向灭火。尽可能将容器从火场移至空旷处。喷水保持火场容器冷却，直至灭火结束。禁止用水、泡沫和酸碱灭火剂灭火

第六部分　泄漏应急处理

作业人员防护措施、防护装备和应急处置程序 消除所有点火源。隔离泄漏污染区，限制出入。建议应急处理人员戴防尘口罩，穿防静电服。禁止接触或跨越泄漏物。尽可能切断泄漏源

环境保护措施 防止泄漏物进入水体、下水道、地下室或有限空间

泄漏化学品的收容、清除方法及所使用的处置材料 用洁净的铲子收集泄漏物，置于干净、干燥、盖子较松的容器中，将容器移离泄漏区

第七部分　操作处置与储存

操作注意事项 密闭操作，局部排风。防止粉尘释放到车间空气中。操作人员必须经过专门培训，严格遵守操作规程。建议操作人员佩戴自吸过滤式防尘口罩，戴化学安全防护眼镜，穿防毒物渗透工作服，戴乳胶手套。远离火种、热源，工作场所严禁吸烟。使用防爆型的通风系统和设备。避免产生粉尘。避免与氧化剂、酸类接触。尤其要注意避免与水接触。配备相应品种和数量的消防器材及泄漏应急处理设备。倒空的容器可能残留有害物

储存注意事项 储存于阴凉、干燥、通风良好的库房。库温不宜超过 35℃。远离火种、热源。防止阳光直射。包装密封。应与氧化剂、酸类等分开存放，切忌混储。采用防爆型照明、通风设施。禁止使用易产生火花的机械设备和工具。储区应备有合适的材料收容泄漏物

第八部分　接触控制/个体防护

职业接触限值

中国　未制定标准

美国（ACGIH）　未制定标准

生物接触限值 未制定标准

监测方法 空气中有毒物质测定方法：未制定标准。生物监测检验方法：未制定标准

工程控制 密闭操作，局部排风

个体防护装备

呼吸系统防护　空气中粉尘浓度超标时，建议佩戴过滤式防尘呼吸器。紧急事态抢救或撤离时，应该佩戴空气呼吸器

眼睛防护　戴化学安全防护眼镜

皮肤和身体防护　穿防毒物渗透工作服

手防护　戴橡胶手套

第九部分　理化特性

外观与性状 暗灰色粉末或结晶

pH 值 无意义	**熔点(℃)** 400（分解）
沸点(℃) 无资料	**相对密度(水＝1)** 3.91
相对蒸气密度(空气＝1) 无资料	
饱和蒸气压(kPa) 无资料	
临界压力(MPa) 无意义	**辛醇/水分配系数** 无资料
闪点(℃) 无意义	**自燃温度(℃)** 无资料
爆炸下限(%) 无资料	**爆炸上限(%)** 无资料
分解温度(℃) 无资料	**黏度(mPa·s)** 无资料
燃烧热(kJ/mol) 无资料	**临界温度(℃)** 无资料
溶解性 无资料	

第十部分　稳定性和反应性

稳定性 稳定

危险反应 与强氧化剂、酸类、水、醇类等禁配物接触，有发生火灾和爆炸的危险

避免接触的条件 受热、潮湿空气

禁配物 强氧化剂、酸类、水

危险的分解产物 氧化钛、氢气、钛、水

第十一部分　毒理学信息

急性毒性 TDLo：200mg/kg（大鼠，气管内）

皮肤刺激或腐蚀 无资料	**眼睛刺激或腐蚀** 无资料
呼吸或皮肤过敏 无资料	**生殖细胞突变性** 无资料
致癌性 无资料	**生殖毒性** 无资料

特异性靶器官系统毒性--一次接触 无资料

特异性靶器官系统毒性-反复接触 无资料

吸入危害 无资料

第十二部分　生态学信息

生态毒性　无资料

持久性和降解性

　　生物降解性　无资料

　　非生物降解性　无资料

潜在的生物累积性　无资料

土壤中的迁移性　无资料

第十三部分　废弃处置

废弃化学品　用安全掩埋法处置。若可能，重复使用容器或在规定场所掩埋

污染包装物　将容器返还生产商或按照国家和地方法规处置

废弃注意事项　处置前应参阅国家和地方有关法规

第十四部分　运输信息

联合国危险货物编号（UN号）　1871

联合国运输名称　氢化钛

联合国危险性类别　4.1

包装类别　Ⅱ　　　　　　　**包装标志**

海洋污染物　否

运输注意事项　运输时运输车辆应配备相应品种和数量的消防器材及泄漏应急处理设备。装运本品的车辆排气管须有阻火装置。运输过程中要确保容器不泄漏、不倒塌、不坠落、不损坏。严禁与氧化剂、酸类等混装混运。运输途中应防暴晒、雨淋，防高温。中途停留时应远离火种、热源。运输用车、船必须干燥，并有良好的防雨设施。车辆运输完毕应进行彻底清扫。铁路运输时要禁止溜放

第十五部分　法规信息

　　下列法律、法规、规章和标准，对该化学品的管理作了相应的规定。

中华人民共和国职业病防治法　职业病分类和目录：未列入

危险化学品安全管理条例　危险化学品目录：列入。易制爆危险化学品名录：未列入。重点监管的危险化学品名录：未列入。GB 18218—2009《危险化学品重大危险源辨识》（表1）：未列入

使用有毒物品作业场所劳动保护条例　高毒物品目录：未列入

易制毒化学品管理条例　易制毒化学品的分类和品种目录：未列入

国际公约　斯德哥尔摩公约：未列入。鹿特丹公约：未列入。蒙特利尔议定书：未列入

第十六部分　其他信息

编写和修订信息　　　**缩略语和首字母缩写**

培训建议　　　　　　　**参考文献**

免责声明

氢氧化锂

第一部分　化学品标识

化学品中文名　氢氧化锂

化学品英文名　lithium hydroxide monohydrate；lithium hydrate

分子式　$LiOH \cdot H_2O$　**分子量**　41.9627

化学品的推荐及限制用途　用于制造锂肥皂、润滑脂、锂盐、碱性蓄电池、显影液等

第二部分　危险性概述

紧急情况概述　吸入会中毒，造成严重的皮肤灼伤和眼损伤

GHS危险性类别　急性毒性-吸入，类别3；皮肤腐蚀/刺激，类别1；严重眼损伤/眼刺激，类别1；生殖毒性，类别1A；特异性靶器官毒性-一次接触，类别1

标签要素

象形图　

警示词　危险

危险性说明　吸入会中毒，造成严重的皮肤灼伤和眼损伤，可能对生育力或胎儿造成伤害，对器官造成损害

防范说明

　　预防措施　避免吸入粉尘。仅在室外或通风良好处操作。避免接触眼睛、皮肤，操作后彻底清洗。戴防护手套，穿防护服，戴防护眼镜、防护面罩。得到专门指导后操作。在阅读并了解所有安全预防措施之前，切勿操作。按要求使用个体防护装备。作业场所不得进食、饮水或吸烟

　　事故响应　如吸入：将患者转移到空气新鲜处，休息，保持利于呼吸的体位，呼叫中毒控制中心或就医。皮肤（或头发）接触：立即脱掉所有被污染的衣服，用水冲洗皮肤，淋浴。污染的衣服洗净后方可重新使用。眼睛接触：用水细心地冲洗数分钟，立即呼叫中毒控制中心或就医。如戴隐形眼镜并可方便地取出，则取出隐形眼镜，继续冲洗。食入：漱口，不要催吐。如果接触或有担心，就医。如果接触：立即呼叫中毒控制中心或就医

　　安全储存　在通风良好处储存。保持容器密闭。上锁保管

　　废弃处置　本品及内装物、容器依据国家和地方法规处置

物理和化学危险　不燃，无特殊燃爆特性

健康危害　本品腐蚀性极强，能灼伤眼睛、皮肤和上呼吸道，口服腐蚀消化道，可引起死亡。吸入，可引起喉、支气管炎症、痉挛、化学性肺炎、肺水肿等

环境危害　对环境可能有害

第三部分 成分/组成信息

√ 物质 混合物

组分	浓度	CAS No.
氢氧化锂		1310-66-3

第四部分 急救措施

吸入 迅速脱离现场至空气新鲜处。保持呼吸道通畅。如呼吸困难，给输氧。呼吸、心跳停止，立即进行心肺复苏术。就医

皮肤接触 立即脱去污染的衣着，用大量流动清水彻底冲洗至少 15min。就医

眼睛接触 立即分开眼睑，用流动清水或生理盐水彻底冲洗 5～10min。就医

食入 用水漱口，禁止催吐。给饮牛奶或蛋清。就医

对保护施救者的忠告 根据需要使用个人防护设备

对医生的特别提示 对症处理

第五部分 消防措施

灭火剂 本品不燃，根据着火原因选择适当灭火剂灭火

特别危险性 腐蚀性极强。与酸发生中和反应并放热。在水中形成腐蚀性溶液

灭火注意事项及防护措施 消防人员必须穿全身耐酸碱消防服、佩戴空气呼吸器灭火。尽可能将容器从火场移至空旷处。喷水保持火场容器冷却，直至灭火结束

第六部分 泄漏应急处理

作业人员防护措施、防护装备和应急处置程序 隔离泄漏污染区，限制出入。建议应急处理人员戴防尘口罩，穿防酸碱服。穿上适当的防护服前严禁接触破裂的容器和泄漏物。尽可能切断泄漏源

环境保护措施 用塑料布覆盖泄漏物，减少飞散

泄漏化学品的收容、清除方法及所使用的处置材料 勿使水进入包装容器内。用洁净的铲子收集泄漏物，置于干净、干燥、盖子较松的容器中，将容器移离泄漏区

第七部分 操作处置与储存

操作注意事项 密闭操作，提供充分的局部排风。防止粉尘释放到车间空气中。操作人员必须经过专门培训，严格遵守操作规程。建议操作人员佩戴防尘面具（全面罩），穿橡胶耐酸碱服，戴橡胶耐酸碱手套。避免产生粉尘。避免与氧化剂、酸类、二氧化碳接触。配备泄漏应急处理设备。倒空的容器可能残留有害物

储存注意事项 储存于干燥清洁的仓间内。远离火种、热源。库温不超过 30℃，相对湿度不超过 80%。防止阳光直射。包装密封。应与氧化剂、酸类、二氧化碳、食用化学品分开存放，切忌混储。储区应备有合适的材料收容泄漏物

第八部分 接触控制/个体防护

职业接触限值

中国 未制定标准

美国（ACGIH） 未制定标准

生物接触限值 未制定标准

监测方法 空气中有毒物质测定方法：未制定标准。生物监测检验方法：未制定标准

工程控制 严加密闭，提供充分的局部排风

个体防护装备

呼吸系统防护 可能接触其粉尘时，必须佩戴防尘面具（全面罩）。紧急事态抢救或撤离时，应该佩戴空气呼吸器

眼睛防护 呼吸系统防护中已作防护

皮肤和身体防护 穿橡胶耐酸碱服

手防护 戴橡胶耐酸碱手套

第九部分 理化特性

外观与性状 白色粉末

pH 值 无意义 　**熔点（℃）** 471.2

沸点（℃） 1626 　**相对密度（水=1）** 1.51

相对蒸气密度（空气=1） 无资料

饱和蒸气压（kPa） 无资料

临界压力（MPa） 无意义 　**辛醇/水分配系数** 无资料

闪点（℃） 无意义 　**自燃温度（℃）** 无意义

爆炸下限（%） 无意义 　**爆炸上限（%）** 无意义

分解温度（℃） 无资料 　**黏度（mPa·s）** 无资料

燃烧热（kJ/mol） 无资料 　**临界温度（℃）** 无资料

溶解性 溶于水，微溶于醇

第十部分 稳定性和反应性

稳定性 稳定

危险反应 与强氧化剂、强酸、二氧化碳等禁配物发生反应。与酸发生中和反应并放热

避免接触的条件 无资料

禁配物 强氧化剂、强酸、二氧化碳

危险的分解产物 无资料

第十一部分 毒理学信息

急性毒性 无资料

皮肤刺激或腐蚀 无资料 　**眼睛刺激或腐蚀** 无资料

呼吸或皮肤过敏 无资料 　**生殖细胞突变性** 无资料

致癌性 无资料

生殖毒性 可能引起出生缺陷，孕妇应避免接触

特异性靶器官系统毒性-一次接触 无资料

特异性靶器官系统毒性-反复接触 大鼠吸入氢氧化锂 0.49mg/m³，1h/d，历时几周，先有呼吸道刺激症状，初 5 周见极度兴奋，后转入抑制

吸入危害 无资料

第十二部分 生态学信息

生态毒性 无资料

持久性和降解性

生物降解性 无资料

非生物降解性 无资料

潜在的生物累积性 无资料

土壤中的迁移性 无资料

第十三部分　废弃处置

废弃化学品　在污水处理厂处理和中和。若可能，重复使用容器或在规定场所掩埋。量小时，中和本品的水溶液，滤出固体做掩埋处置，溶液冲入下水道。反应产生热和烟雾，通过控制加入速度予以控制

污染包装物　将容器返还生产商或按照国家和地方法规处置

废弃注意事项　处置前应参阅国家和地方有关法规

第十四部分　运输信息

联合国危险货物编号（UN 号）　2680

联合国运输名称　氢氧化锂

联合国危险性类别　8

包装类别　Ⅱ　　　　　**包装标志**

海洋污染物　否

运输注意事项　起运时包装要完整，装载应稳妥。运输过程中要确保容器不泄漏、不倒塌、不坠落、不损坏。严禁与氧化剂、酸类、食用化学品等混装混运。运输时运输车辆应配备泄漏应急处理设备。运输途中应防暴晒、雨淋、防高温。公路运输时要按规定路线行驶，勿在居民区和人口稠密区停留

第十五部分　法规信息

下列法律、法规、规章和标准，对该化学品的管理作了相应的规定。

中华人民共和国职业病防治法　职业病分类和目录：未列入

危险化学品安全管理条例　危险化学品目录：列入。易制爆危险化学品名录：未列入。重点监管的危险化学品名录：未列入。GB 18218—2009《危险化学品重大危险源辨识》（表1）：未列入

使用有毒物品作业场所劳动保护条例　高毒物品目录：未列入

易制毒化学品管理条例　易制毒化学品的分类和品种目录：未列入

国际公约　斯德哥尔摩公约：未列入。鹿特丹公约：未列入。蒙特利尔议定书：未列入

第十六部分　其他信息

编写和修订信息　缩略语和首字母缩写

培训建议　　　参考文献

免责声明

氢氧化铷

第一部分　化学品标识

化学品中文名　氢氧化铷

化学品英文名　rubidium hydroxide

分子式　RbOH　**分子量**　102.4751

化学品的推荐及限制用途　用作分析试剂、低温蓄电池电解质

第二部分　危险性概述

紧急情况概述　吞咽有害，造成严重的皮肤灼伤和眼损伤

GHS 危险性类别　急性毒性-经口，类别 4；皮肤腐蚀/刺激，类别 1；严重眼损伤/眼刺激，类别 1

标签要素

象形图　

警示词　危险

危险性说明　吞咽有害，造成严重的皮肤灼伤和眼损伤

防范说明

预防措施　避免接触眼睛、皮肤，操作后彻底清洗。作业场所不得进食、饮水或吸烟。避免吸入粉尘。戴防护手套，穿防护服，戴防护眼镜、防护面罩

事故响应　如吸入：将患者转移到空气新鲜处，休息，保持利于呼吸的体位，立即呼叫中毒控制中心或就医。皮肤（或头发）接触：立即脱掉所有被污染的衣服，用水冲洗皮肤，淋浴。污染的衣服洗净后方可重新使用。眼睛接触：用水细心地冲洗数分钟，立即呼叫中毒控制中心或就医。如戴隐形眼镜并可方便地取出，则取出隐形眼镜，继续冲洗。食入：漱口，不要催吐，如果感觉不适，立即呼叫中毒控制中心或就医

安全储存　上锁保管

废弃处置　本品及内装物、容器依据国家和地方法规处置

物理和化学危险　不燃，无特殊燃爆特性

健康危害　本品具有强烈的腐蚀性，能造成严重灼伤。吸入粉尘、烟雾能引起化学性上呼吸道炎、肺炎及肺水肿等

环境危害　对环境可能有害

第三部分　成分/组成信息

√物质　　　　　　　　混合物

组分	浓度	CAS No.
氢氧化铷		1310-82-3

第四部分　急救措施

吸入　迅速脱离现场至空气新鲜处。保持呼吸道通畅。如呼吸困难，给输氧。呼吸、心跳停止，立即进行心肺复苏术。就医

皮肤接触　立即脱去污染的衣着，用大量流动清水彻底冲洗至少 15min。就医

眼睛接触　立即开开眼睑，用流动清水或生理盐水彻底冲洗 5~10min。就医

食入　用水漱口，禁止催吐。给饮牛奶或蛋清。就医

对保护施救者的忠告　根据需要使用个人防护设备

对医生的特别提示 对症处理

第五部分 消防措施

灭火剂 本品不燃，根据着火原因选择适当灭火剂灭火

特别危险性 遇水发热，能引起有机物燃烧。与酸类物质能发生剧烈反应。具有强腐蚀性

灭火注意事项及防护措施 消防人员必须穿全身耐酸碱消防服、佩戴空气呼吸器灭火。尽可能将容器从火场移至空旷处。喷水保持火场容器冷却，直至灭火结束

第六部分 泄漏应急处理

作业人员防护措施、防护装备和应急处置程序 隔离泄漏污染区，限制出入。建议应急处理人员戴防尘口罩，穿防酸碱服。穿上适当的防护服前严禁接触破裂的容器和泄漏物。尽可能切断泄漏源

环境保护措施 用塑料布覆盖泄漏物，减少飞散

泄漏化学品的收容、清除方法及所使用的处置材料 勿使水进入包装容器内。用洁净的铲子收集泄漏物，置于干净、干燥、盖子较松的容器中，将容器移离泄漏区

第七部分 操作处置与储存

操作注意事项 密闭操作，提供充分的局部排风。防止粉尘释放到车间空气中。操作人员必须经过专门培训，严格遵守操作规程。建议操作人员佩戴防尘面具（全面罩），穿橡胶耐酸碱服，戴橡胶耐酸碱手套。远离易燃、可燃物。避免产生粉尘。避免与酸类、二氧化碳接触。配备泄漏应急处理设备。倒空的容器可能残留有害物

储存注意事项 储存于干燥清洁的仓间内。远离火种、热源。防止阳光直射。包装密封。应与酸类、二氧化碳、易（可）燃物等分开存放，切忌混储。储区应备有合适的材料收容泄漏物

第八部分 接触控制/个体防护

职业接触限值

中国 未制定标准

美国（ACGIH） 未制定标准

生物接触限值 未制定标准

监测方法 空气中有毒物质测定方法：未制定标准。生物监测检验方法：未制定标准

工程控制 严加密闭，提供充分的局部排风

个体防护装备

呼吸系统防护 可能接触其粉尘时，必须佩戴防尘面具（全面罩）。紧急事态抢救或撤离时，应该佩戴空气呼吸器

眼睛防护 呼吸系统防护中已作防护

皮肤和身体防护 穿橡胶耐酸碱服

手防护 戴橡胶耐酸碱手套

第九部分 理化特性

外观与性状 灰白色易潮解的块状物

pH 值 无意义　　　　**熔点（℃）** 300

沸点（℃） 无资料

相对密度（水＝1） 3.203（11℃）

相对蒸气密度（空气＝1） 无资料

饱和蒸气压（kPa） 无资料

临界压力（MPa） 无意义　　**辛醇/水分配系数** 无资料

闪点（℃） 无意义　　　　**自燃温度（℃）** 无意义

爆炸下限（%） 无意义　　　**爆炸上限（%）** 无意义

分解温度（℃） 无资料　　　**黏度（mPa·s）** 无资料

燃烧热（kJ/mol） 无资料　　**临界温度（℃）** 无资料

溶解性 溶于水、乙醇

第十部分 稳定性和反应性

稳定性 稳定

危险反应 与强酸、二氧化碳、水、易燃或可燃物等禁配物发生反应。遇水发热，能引起有机物燃烧

避免接触的条件 潮湿空气

禁配物 强酸、二氧化碳、水、易燃或可燃物

危险的分解产物 氧化铷

第十一部分 毒理学信息

急性毒性 LD$_{50}$：586mg/kg（大鼠经口），840mg/kg（小鼠经口）

皮肤刺激或腐蚀 无资料　　**眼睛刺激或腐蚀** 无资料

呼吸或皮肤过敏 无资料　　**生殖细胞突变性** 无资料

致癌性 无资料　　　　　　**生殖毒性** 无资料

特异性靶器官系统毒性—一次接触 无资料

特异性靶器官系统毒性-反复接触 无资料

吸入危害 无资料

第十二部分 生态学信息

生态毒性 无资料

持久性和降解性

生物降解性 无资料

非生物降解性 无资料

潜在的生物累积性 无资料

土壤中的迁移性 无资料

第十三部分 废弃处置

废弃化学品 在污水处理厂处理和中和。用安全掩埋法处置。若可能，重复使用容器或在规定场所掩埋

污染包装物 将容器返还生产商或按照国家和地方法规处置

废弃注意事项 处置前应参阅国家和地方有关法规

第十四部分 运输信息

联合国危险货物编号（UN号） 2678

联合国运输名称 氢氧化铷

联合国危险性类别 8

包装类别 Ⅱ　　　　　　**包装标志**

海洋污染物 否

运输注意事项 起运时包装要完整，装载应稳妥。运输过

程中要确保容器不泄漏、不倒塌、不坠落、不损坏。严禁与酸类、易燃物或可燃物、食用化学品等混装混运。运输时运输车辆应配备泄漏应急处理设备。运输途中应防暴晒、雨淋，防高温。公路运输时要按规定路线行驶，勿在居民区和人口稠密区停留

第十五部分　法规信息

下列法律、法规、规章和标准，对该化学品的管理作了相应的规定。

中华人民共和国职业病防治法　职业病分类和目录：未列入

危险化学品安全管理条例　危险化学品目录：列入。易制爆危险化学品名录：未列入。重点监管的危险化学品名录：未列入。GB 18218—2009《危险化学品重大危险源辨识》（表1）：未列入

使用有毒物品作业场所劳动保护条例　高毒物品目录：未列入

易制毒化学品管理条例　易制毒化学品的分类和品种目录：未列入

国际公约　斯德哥尔摩公约：未列入。鹿特丹公约：未列入。蒙特利尔议定书：未列入

第十六部分　其他信息

编写和修订信息　缩略语和首字母缩写
培训建议　　　　参考文献
免责声明

氢氧化铯

第一部分　化学品标识

化学品中文名　氢氧化铯
化学品英文名　cesium hydroxide monohydrate；cesium hydrate
分子式　CsOH　**分子量**　149.9128
化学品的推荐及限制用途　用作蓄电池的电解液、聚合反应的催化剂

第二部分　危险性概述

紧急情况概述　吞咽有害，吸入致命，造成严重的皮肤灼伤和眼损伤，可能引起呼吸道刺激

GHS 危险性类别　急性毒性-经口，类别 4；急性毒性-吸入，类别 1；皮肤腐蚀/刺激，类别 1B；严重眼损伤/眼刺激，类别 1；特异性靶器官毒性--一次接触，类别 3（呼吸道刺激）

标签要素

象形图　

警示词　危险
危险性说明　吞咽有害，吸入致命，造成严重的皮肤灼伤和眼损伤，可能引起呼吸道刺激

防范说明

预防措施　避免接触眼睛、皮肤，操作后彻底清洗。作业场所不得进食、饮水或吸烟。避免吸入粉尘。仅在室外或通风良好处操作。戴呼吸防护器具。戴防护手套，穿防护服，戴防护眼镜、防护面罩

事故响应　如吸入：将患者转移到空气新鲜处，休息，保持利于呼吸的体位，立即呼叫中毒控制中心或就医。皮肤（或头发）接触：立即脱掉所有被污染的衣服，用水冲洗皮肤，淋浴。污染的衣服洗净后方可重新使用。眼睛接触：用水细心地冲洗数分钟，立即呼叫中毒控制中心或就医。如戴隐形眼镜并可方便地取出，则取出隐形眼镜，继续冲洗。食入：漱口，不要催吐，如果感觉不适，立即呼叫中毒控制中心或就医

安全储存　在通风良好处储存。保持容器密闭。上锁保管

废弃处置　本品及内装物、容器依据国家和地方法规处置

物理和化学危险　不燃，无特殊燃爆特性
健康危害　本品具有强烈的腐蚀性，能造成严重灼伤。吸入粉尘、烟雾能引起化学性上呼吸道炎、肺炎及肺水肿等
环境危害　对环境可能有害

第三部分　成分/组成信息

√物质　　　　　　　　　　　混合物

组分	浓度	CAS No.
氢氧化铯		35103-79-8

第四部分　急救措施

吸入　迅速脱离现场至空气新鲜处。保持呼吸道通畅。如呼吸困难，给输氧。呼吸、心跳停止，立即进行心肺复苏术。就医
皮肤接触　立即脱去污染的衣着，用大量流动清水彻底冲洗至少 15min。就医
眼睛接触　立即分开眼睑，用流动清水或生理盐水彻底冲洗 5～10min。就医
食入　用水漱口，禁止催吐。给饮牛奶或蛋清。就医
对保护施救者的忠告　根据需要使用个人防护设备
对医生的特别提示　对症处理

第五部分　消防措施

灭火剂　本品不燃，根据着火原因选择适当灭火剂灭火
特别危险性　遇水发热，能引起有机物燃烧。与酸类物质能发生剧烈反应。具有强腐蚀性
灭火注意事项及防护措施　消防人员必须穿全身耐酸碱消防服、佩戴空气呼吸器灭火。尽可能将容器从火场移至空旷处。喷水保持火场容器冷却，直至灭火结束

第六部分　泄漏应急处理

作业人员防护措施、防护装备和应急处置程序　隔离泄漏

污染区，限制出入。建议应急处理人员戴防尘口罩，穿防酸碱服。禁止接触或跨越泄漏物。作业时使用的所有设备应接地。穿上适当的防护服前严禁接触破裂的容器和泄漏物。尽可能切断泄漏源

环境保护措施 用塑料布覆盖，减少飞散、避免雨淋

泄漏化学品的收容、清除方法及所使用的处置材料 小量泄漏：用干燥的砂土或其他不燃材料覆盖泄漏物，用洁净的铲子收集泄漏物，置于干净、干燥、盖子较松的容器中，将容器移离泄漏区

第七部分 操作处置与储存

操作注意事项 密闭操作，提供充分的局部排风。防止粉尘释放到车间空气中。操作人员必须经过专门培训，严格遵守操作规程。建议操作人员佩戴防尘面具（全面罩），穿橡胶耐酸碱服，戴橡胶耐酸碱手套。避免产生粉尘。避免与酸类、二氧化碳接触。配备泄漏应急处理设备。倒空的容器可能残留有害物

储存注意事项 储存于干燥清洁的仓间内。远离火种、热源。防止阳光直射。包装密封。应与酸类、二氧化碳分开存放，切忌混储。储区应备有合适的材料收容泄漏物

第八部分 接触控制/个体防护

职业接触限值

　中国　PC-TWA：$2mg/m^3$

　美国（ACGIH）　TLV-TWA：$2mg/m^3$

生物接触限值 未制定标准

监测方法 空气中有毒物质测定方法：未制定标准。生物监测检验方法：未制定标准

工程控制 严加密闭，提供充分的局部排风

个体防护装备

　呼吸系统防护 可能接触其粉尘时，必须佩戴防尘面具（全面罩）。紧急事态抢救或撤离时，应该佩戴空气呼吸器

　眼睛防护 呼吸系统防护中已作防护

　皮肤和身体防护 穿橡胶耐酸碱服

　手防护 戴橡胶耐酸碱手套

第九部分 理化特性

外观与性状 无色至淡黄色易潮解发烟的结晶

pH 值 无意义　　**熔点（℃）** 272.3

沸点（℃） 990　　　**相对密度（水=1）** 3.675

相对蒸气密度（空气=1） 无资料

饱和蒸气压（kPa） 无资料

临界压力（MPa） 无意义　**辛醇/水分配系数** 无资料

闪点（℃） 无意义　　**自燃温度（℃）** 无意义

爆炸下限（%） 无意义　**爆炸上限（%）** 无意义

分解温度（℃） 无资料　**黏度（mPa·s）** 无资料

燃烧热（kJ/mol） 无资料　**临界温度（℃）** 无资料

溶解性 易溶于水，溶于乙醇

第十部分 稳定性和反应性

稳定性 稳定

危险反应 与强酸、二氧化碳、水、易燃或可燃物等禁配物发生反应。遇水发热，能引起有机物燃烧

避免接触的条件 潮湿空气

禁配物 强酸、二氧化碳

危险的分解产物 氧化铯

第十一部分 毒理学信息

急性毒性 LD$_{50}$：1026mg/kg（大鼠经口），800mg/kg（小鼠经口）

皮肤刺激或腐蚀 无资料　**眼睛刺激或腐蚀** 无资料

呼吸或皮肤过敏 无资料　**生殖细胞突变性** 无资料

致癌性 无资料　　　　**生殖毒性** 无资料

特异性靶器官系统毒性--一次接触 无资料

特异性靶器官系统毒性-反复接触 无资料

吸入危害 无资料

第十二部分 生态学信息

生态毒性 无资料

持久性和降解性

　生物降解性 无资料

　非生物降解性 无资料

潜在的生物累积性 无资料

土壤中的迁移性 无资料

第十三部分 废弃处置

废弃化学品 量小时，小心加入过量水中，并不断搅拌。调节 pH 至中性，分出不溶性固体或液体当作有害废物处置。用大量水把溶液冲入下水道。水解和中和反应可能产生热和烟雾，通过控制加入速度予以控制

污染包装物 将容器返还生产商或按照国家和地方法规处置

废弃注意事项 处置前应参阅国家和地方有关法规

第十四部分 运输信息

联合国危险货物编号（UN 号） 2682

联合国运输名称 氢氧化铯

联合国危险性类别 8

包装类别 Ⅱ　　　　　　**包装标志**

海洋污染物 否

运输注意事项 起运时包装要完整，装载应稳妥。运输过程中要确保容器不泄漏、不倒塌、不坠落、不损坏。严禁与酸类、食用化学品等混装混运。运输时运输车辆应配备泄漏应急处理设备。运输途中应防暴晒、雨淋，防高温。公路运输时要按规定路线行驶，勿在居民区和人口稠密区停留

第十五部分 法规信息

　下列法律、法规、规章和标准，对该化学品的管理作了相应的规定。

中华人民共和国职业病防治法 职业病分类和目录：未

列入

危险化学品安全管理条例　危险化学品目录：列入。易制爆危险化学品名录：未列入。重点监管的危险化学品名录：未列入。GB 18218—2009《危险化学品重大危险源辨识》（表1）：未列入

使用有毒物品作业场所劳动保护条例　高毒物品目录：未列入

易制毒化学品管理条例　易制毒化学品的分类和品种目录：未列入

国际公约　斯德哥尔摩公约：未列入。鹿特丹公约：未列入。蒙特利尔议定书：未列入

第十六部分　其他信息

编写和修订信息　　缩略语和首字母缩写
培训建议　　　　　　参考文献
免责声明

氢氧化四丁基铵［40％水溶液］

第一部分　化学品标识

化学品中文名　氢氧化四丁基铵［40％水溶液］
化学品英文名　tetrabutylammonium hydroxide（40％ aqueous solution）

分子式　$C_{16}H_{37}NO$　**分子量**　259.4743

结构式

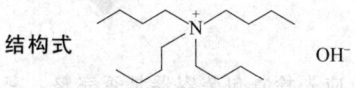

化学品的推荐及限制用途　用作化学试剂

第二部分　危险性概述

紧急情况概述　造成严重的皮肤灼伤和眼损伤
GHS危险性类别　皮肤腐蚀/刺激，类别1；严重眼损伤/眼刺激，类别1
标签要素

象形图　

警示词　危险
危险性说明　造成严重的皮肤灼伤和眼损伤
防范说明

预防措施　避免吸入烟雾。避免接触眼睛、皮肤，操作后彻底清洗。戴防护手套，穿防护服，戴防护眼镜、防护面罩

事故响应　如吸入：将患者转移到空气新鲜处，休息，保持利于呼吸的体位，立即呼叫中毒控制中心或就医。皮肤（或头发）接触：立即脱掉所有被污染的衣服，用水冲洗皮肤，淋浴。污染的衣服洗净后方可重新使用。眼睛接触：用水细心地冲洗数分钟，立即呼叫中毒控制中心或就医。如戴隐形眼镜并可方便地取出，则取出隐形眼镜，继续冲洗。食入：漱口，不要催吐

安全储存　上锁保管

废弃处置　本品及内装物、容器依据国家和地方法规处置

物理和化学危险　不燃，无特殊燃爆特性
健康危害　呈强碱性，腐蚀性强。对皮肤、眼睛和黏膜有强刺激性和腐蚀性，可引起灼伤。吸入、可引起喉、支气管炎症、痉挛，化学性肺炎及肺水肿等
环境危害　对环境可能有害

第三部分　成分/组成信息

√物质　　　　　　　　　混合物

组分	浓度	CAS No.
氢氧化四丁基铵（40％水溶液）		2052-49-5

第四部分　急救措施

吸入　迅速脱离现场至空气新鲜处。保持呼吸道通畅。如呼吸困难，给输氧。呼吸、心跳停止，立即进行心肺复苏术。就医

皮肤接触　立即脱去污染的衣着，用大量流动清水彻底冲洗至少15min。就医

眼睛接触　立即分开眼睑，用流动清水或生理盐水彻底冲洗5～10min。就医

食入　用水漱口，禁止催吐。给饮牛奶或蛋清。就医
对保护施救者的忠告　根据需要使用个人防护设备
对医生的特别提示　对症处理

第五部分　消防措施

灭火剂　灭火时尽量切断泄漏源，然后根据着火原因选择适当灭火剂灭火

特别危险性　与酸类物质能发生剧烈反应。受高热分解放出有毒的气体。具有强腐蚀性

灭火注意事项及防护措施　消防人员必须佩戴空气呼吸器、穿全身防火防毒服，在上风向灭火。尽可能将容器从火场移至空旷处。喷水保持火场容器冷却，直至灭火结束

第六部分　泄漏应急处理

作业人员防护措施、防护装备和应急处置程序　根据液体流动和蒸气扩散的影响区域划定警戒区，无关人员从侧风、上风向撤离至安全区。建议应急处理人员戴正压自给式呼吸器，穿防酸碱服。穿上适当的防护服前严禁接触破裂的容器和泄漏物。尽可能切断泄漏源

环境保护措施　防止泄漏物进入水体、下水道、地下室或有限空间

泄漏化学品的收容、清除方法及所使用的处置材料　小量泄漏：用干燥的砂土或其他不燃材料吸收或覆盖，收集于容器中。大量泄漏：构筑围堤或挖坑收容。用耐腐蚀泵转移至槽车或专用收集器内

第七部分　操作处置与储存

操作注意事项　密闭操作，提供充分的局部排风。防止蒸气泄漏到工作场所空气中。操作人员必须经过专门培训，严格遵守操作规程。建议操作人员佩戴自吸过滤式防毒面具（全面罩），穿防静电工作服，戴橡胶手

套。避免产生烟雾。避免与氧化剂、酸类、二氧化碳
接触。配备泄漏应急处理设备。倒空的容器可能残留
有害物

储存注意事项 储存于阴凉、通风的库房。远离火种、热
源。防止阳光直射。保持容器密封。应与氧化剂、酸
类、二氧化碳分开存放，切忌混储。储区应备有泄漏
应急处理设备和合适的收容材料

第八部分 接触控制/个体防护

职业接触限值
中国 未制定标准
美国（ACGIH） 未制定标准
生物接触限值 未制定标准
监测方法 空气中有毒物质测定方法：未制定标准。生物
监测检验方法：未制定标准
工程控制 严加密闭，提供充分的局部排风
个体防护装备
呼吸系统防护 空气中浓度超标时，必须佩戴过滤式
防毒面具（全面罩）。紧急事态抢救或撤离时，
应该佩戴空气呼吸器
眼睛防护 呼吸系统防护中已作防护
皮肤和身体防护 穿防静电工作服
手防护 戴橡胶手套

第九部分 理化特性

外观与性状 商品为40％水溶液，无色或淡黄色液体
pH 值 无资料 　　　　**熔点(℃)** 无资料
沸点(℃) 无资料 　　　**相对密度(水＝1)** 0.968
相对蒸气密度(空气＝1) 无资料
饱和蒸气压(kPa) 无资料
临界压力(MPa) 无资料 　　**辛醇/水分配系数** 无资料
闪点(℃) 无意义 　　　　**自燃温度(℃)** 无意义
爆炸下限(％) 无意义 　　　**爆炸上限(％)** 无意义
分解温度(℃) 无资料 　　　**黏度(mPa·s)** 无资料
燃烧热(kJ/mol) 无资料 　　**临界温度(℃)** 无资料
溶解性 溶于水

第十部分 稳定性和反应性

稳定性 稳定
危险反应 与强氧化剂、强酸、二氧化碳等禁配物发生
反应
避免接触的条件 无资料
禁配物 强氧化剂、强酸、二氧化碳
危险的分解产物 氮氧化物、氨

第十一部分 毒理学信息

急性毒性 LDLo：19mg/kg（小鼠皮下）
皮肤刺激或腐蚀 无资料 　　**眼睛刺激或腐蚀** 无资料
呼吸或皮肤过敏 无资料 　　**生殖细胞突变性** 无资料
致癌性 无资料 　　　　　**生殖毒性** 无资料
特异性靶器官系统毒性-一次接触 无资料
特异性靶器官系统毒性-反复接触 无资料
吸入危害 无资料

第十二部分 生态学信息

生态毒性 无资料
持久性和降解性
生物降解性 无资料
非生物降解性 无资料
潜在的生物累积性 无资料
土壤中的迁移性 无资料

第十三部分 废弃处置

废弃化学品 根据国家和地方有关法规的要求处置。或与
厂商或制造商联系，确定处置方法
污染包装物 将容器返还生产商或按照国家和地方法规
处置
废弃注意事项 处置前应参阅国家和地方有关法规

第十四部分 运输信息

联合国危险货物编号（UN 号） 3267
联合国运输名称 有机碱性腐蚀性液体，未另作规定的
［氢氧化四丁基铵（40％水溶液）］
联合国危险性类别 8

包装类别 — 　　　　　**包装标志**

海洋污染物 否
运输注意事项 运输前应先检查包装容器是否完整、密
封，运输过程中要确保容器不泄漏、不倒塌、不坠
落、不损坏。严禁与氧化剂、酸类、食用化学品等混
装混运。运输车船必须彻底清洗、消毒，否则不得装
运其他物品。公路运输时要按规定路线行驶，勿在居
民区和人口稠密区停留

第十五部分 法规信息

下列法律、法规、规章和标准，对该化学品的管理作
了相应的规定。
中华人民共和国职业病防治法 职业病分类和目录：未
列入
危险化学品安全管理条例 危险化学品目录：列入。易制
爆危险化学品名录：未列入。重点监管的危险化学品
名录：未列入。GB 18218—2009《危险化学品重大
危险源辨识》（表1）：未列入
使用有毒物品作业场所劳动保护条例 高毒物品目录：未
列入
易制毒化学品管理条例 易制毒化学品的分类和品种目
录：未列入
国际公约 斯德哥尔摩公约：未列入。鹿特丹公约：未列
入。蒙特利尔议定书：未列入

第十六部分 其他信息

编写和修订信息 　　**缩略语和首字母缩写**
培训建议 　　　　　**参考文献**
免责声明

氢氧化四乙基铵

第一部分　化学品标识

化学品中文名　氢氧化四乙基铵；四乙基氢氧化铵
化学品英文名　tetraethyl ammonium hydroxide
分子式　$C_8H_{21}NO$　**分子量**　147.26
结构式

 OH^-

化学品的推荐及限制用途　用作化学试剂和核苷的乙酰化等

第二部分　危险性概述

紧急情况概述　造成严重的皮肤灼伤和眼损伤
GHS 危险性类别　皮肤腐蚀/刺激，类别1；严重眼损伤/眼刺激，类别1
标签要素

象形图　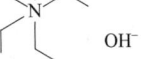

警示词　危险
危险性说明　造成严重的皮肤灼伤和眼损伤
防范说明

预防措施　避免吸入粉尘或烟雾。避免接触眼睛、皮肤，操作后彻底清洗。戴防护手套，穿防护服，戴防护眼镜、防护面罩

事故响应　如吸入：将患者转移到空气新鲜处，休息，保持利于呼吸的体位，立即呼叫中毒控制中心或就医。皮肤（或头发）接触：立即脱掉所有被污染的衣服，用水冲洗皮肤，淋浴。污染的衣服洗净后方可重新使用。眼睛接触：用水细心地冲洗数分钟，立即呼叫中毒控制中心或就医。如戴隐形眼镜并可方便地取出，则取出隐形眼镜，继续冲洗。食入：漱口，不要催吐

安全储存　上锁保管
废弃处置　本品及内装物、容器依据国家和地方法规处置

物理和化学危险　不燃，无特殊燃爆特性
健康危害　本品呈强碱性，腐蚀性强。对皮肤、眼睛和黏膜有刺激性和腐蚀性。吸入可引起喉、支气管炎症、痉挛，化学性肺炎及肺水肿等
环境危害　对环境可能有害

第三部分　成分/组成信息

√物质　　　　　　混合物

组分	浓度	CAS No.
氢氧化四乙基铵		77-98-5

第四部分　急救措施

吸入　迅速脱离现场至空气新鲜处。保持呼吸道通畅。如呼吸困难，给输氧。呼吸、心跳停止，立即进行心肺复苏术。就医

皮肤接触　立即脱去污染的衣着，用大量流动清水彻底冲洗至少15min。就医
眼睛接触　立即分开眼睑，用流动清水或生理盐水彻底冲洗5~10min。就医
食入　用水漱口，禁止催吐。给饮牛奶或蛋清。就医
对保护施救者的忠告　根据需要使用个人防护设备
对医生的特别提示　对症处理

第五部分　消防措施

灭火剂　灭火时尽量切断泄漏源，然后根据着火原因选择适当灭火剂灭火
特别危险性　与酸类物质能发生剧烈反应。受高热分解放出有毒的气体。具有强腐蚀性
灭火注意事项及防护措施　消防人员必须佩戴空气呼吸器、穿全身防火防毒服，在上风向灭火。尽可能将容器从火场移至空旷处。喷水保持火场容器冷却，直至灭火结束

第六部分　泄漏应急处理

作业人员防护措施、防护装备和应急处置程序　根据液体流动和蒸气扩散的影响区域划定警戒区，无关人员从侧风、上风向撤离至安全区。消除所有点火源。建议应急处理人员戴正压自给式呼吸器，穿防酸碱服。穿上适当的防护服前严禁接触破裂的容器和泄漏物。尽可能切断泄漏源
环境保护措施　防止泄漏物进入水体、下水道、地下室或有限空间
泄漏化学品的收容、清除方法及所使用的处置材料　小量泄漏：用干燥的砂土或其他不燃材料吸收或覆盖，收集于容器中。大量泄漏：构筑围堤或挖坑收容。用耐腐蚀泵转移至槽车或专用收集器内

第七部分　操作处置与储存

操作注意事项　密闭操作，提供充分的局部排风。防止蒸气泄漏到工作场所空气中。操作人员必须经过专门培训，严格遵守操作规程。建议操作人员佩戴自吸过滤式防毒面具（全面罩），穿橡胶耐酸碱服，戴橡胶耐酸碱手套。避免产生烟雾。避免与氧化剂、酸类、二氧化碳接触。配备泄漏应急处理设备。倒空的容器可能残留有害物
储存注意事项　储存于阴凉、通风的库房。远离火种、热源。防止阳光直射。保持容器密封。应与氧化剂、酸类、二氧化碳、食用化学品分开存放，切忌混储。配备相应品种和数量的消防器材。储区应备有泄漏应急处理设备和合适的收容材料

第八部分　接触控制/个体防护

职业接触限值
中国　未制定标准
美国（ACGIH）　未制定标准
生物接触限值　未制定标准
监测方法　空气中有毒物质测定方法：未制定标准。生物

监测检验方法：未制定标准

工程控制 严加密闭，提供充分的局部排风

个体防护装备

呼吸系统防护 空气中浓度超标时，必须佩戴过滤式防毒面具（全面罩）。紧急事态抢救或撤离时，应该佩戴空气呼吸器

眼睛防护 呼吸系统防护中已作防护

皮肤和身体防护 穿橡胶耐酸碱服

手防护 戴橡胶耐酸碱手套

第九部分 理化特性

外观与性状 商品为 20% 的水溶液，为无色或淡黄色液体

pH 值 无资料　　　**熔点(℃)** 40～50（水合物）

沸点(℃) （分解）　　**相对密度(水＝1)** 1.023

相对蒸气密度(空气＝1) 无资料

饱和蒸气压(kPa) 无资料

临界压力(MPa) 无资料　**辛醇/水分配系数** 无资料

闪点(℃) 无意义　　　**自燃温度(℃)** 无意义

爆炸下限(%) 无意义　　**爆炸上限(%)** 无意义

分解温度(℃) 无资料　　**黏度(mPa·s)** 无资料

燃烧热(kJ/mol) 无资料　**临界温度(℃)** 无资料

溶解性 溶于水

第十部分 稳定性和反应性

稳定性 稳定

危险反应 与强氧化剂、强酸、二氧化碳等禁配物发生反应

避免接触的条件 无资料

禁配物 强氧化剂、强酸、二氧化碳

危险的分解产物 氮氧化物、氨

第十一部分 毒理学信息

急性毒性 LD$_{50}$：250mg/kg（大鼠经口）

皮肤刺激或腐蚀 无资料　**眼睛刺激或腐蚀** 无资料

呼吸或皮肤过敏 无资料　**生殖细胞突变性** 无资料

致癌性 无资料　　　　**生殖毒性** 无资料

特异性靶器官系统毒性-一次接触 无资料

特异性靶器官系统毒性-反复接触 无资料

吸入危害 无资料

第十二部分 生态学信息

生态毒性 无资料

持久性和降解性

生物降解性 无资料

非生物降解性 无资料

潜在的生物累积性 无资料

土壤中的迁移性 无资料

第十三部分 废弃处置

废弃化学品 用安全掩埋法处置。在能利用的地方重复使用容器或在规定场所掩埋

污染包装物 将容器返还生产商或按照国家和地方法规处置

废弃注意事项 处置前应参阅国家和地方有关法规

第十四部分 运输信息

联合国危险货物编号（UN号） 3267

联合国运输名称 有机碱性腐蚀性液体，未另作规定的（氢氧化四乙基铵溶液）

联合国危险性类别 8

包装类别 —　　　　　**包装标志**

海洋污染物 否

运输注意事项 起运时包装要完整，装载应稳妥。运输过程中要确保容器不泄漏、不倒塌、不坠落、不损坏。严禁与氧化剂、酸类、食用化学品等混装混运。运输时运输车辆应配备泄漏应急处理设备。运输途中应防暴晒、雨淋，防高温。公路运输时要按规定路线行驶，勿在居民区和人口稠密区停留

第十五部分 法规信息

下列法律、法规、规章和标准，对该化学品的管理作了相应的规定。

中华人民共和国职业病防治法 职业病分类和目录：未列入

危险化学品安全管理条例 危险化学品目录：列入。易爆危险化学品名录：未列入。重点监管的危险化学品名录：未列入。GB 18218—2009《危险化学品重大危险源辨识》（表1）：未列入

使用有毒物品作业场所劳动保护条例 高毒物品目录：未列入

易制毒化学品管理条例 易制毒化学品的分类和品种目录：未列入

国际公约 斯德哥尔摩公约：未列入。鹿特丹公约：未列入。蒙特利尔议定书：未列入

第十六部分 其他信息

编写和修订信息　　**缩略语和首字母缩写**

培训建议　　　　　**参考文献**

免责声明

氰

第一部分 化学品标识

化学品中文名 氰

化学品英文名 cyanogen

分子式 C$_2$N$_2$　**分子量** 52.0348

结构式 N≡≡N

化学品的推荐及限制用途 用作熏蒸剂及有机合成原料

第二部分 危险性概述

紧急情况概述 极易燃气体，内装加压气体；遇热可能爆炸，吸入致命

GHS危险性类别 易燃气体，类别1；加压气体；急性毒性-吸入，类别2；危害水生环境-急性危害，类别1；危害水生环境-长期危害，类别1

标签要素

象形图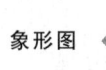

警示词 危险

危险性说明 极易燃气体，内装加压气体；遇热可能爆炸，吸入致命，对水生生物毒性非常大并具有长期持续影响

防范说明

预防措施 远离热源、火花、明火、热表面。禁止吸烟。保持容器密闭。容器和接收设备接地连接。使用防爆型电器、通风、照明设备。只能使用不产生火花的工具。采取防止静电措施。戴防护手套、防护眼镜、防护面罩。避免吸入气体。仅在室外或通风良好处操作。禁止排入环境

事故响应 火灾时，使用干粉、二氧化碳灭火。如皮肤（或头发）接触：立即脱掉所有被污染的衣服，用水冲洗皮肤，淋浴。如吸入：将患者转移到空气新鲜处，休息，保持利于呼吸的体位，立即呼叫中毒控制中心或就医。收集泄漏物

安全储存 存放在通风良好的地方。保持低温。防日晒。存放在通风良好的地方。保持容器密闭。上锁保管

废弃处置 本品及内装物、容器依据国家和地方法规处置

物理和化学危险 易燃，与空气混合能形成爆炸性混合物

健康危害 氰的轻度中毒，病人出现乏力、头痛、头昏、胸闷及黏膜刺激症状；严重中毒者，呼吸困难，意识丧失，出现惊厥，最后可因呼吸中枢麻痹而死亡

环境危害 对水生生物毒性非常大并具有长期持续影响

第三部分 成分/组成信息

√物质　　　　　　　混合物

组分	浓度	CAS No.
氰		460-19-5

第四部分 急救措施

吸入 迅速脱离现场至空气新鲜处。保持呼吸道通畅。如呼吸困难，给输氧。呼吸、心跳停止，立即进行心肺复苏术（禁止口对口进行人工呼吸）。就医

对保护施救者的忠告 根据需要使用个人防护设备

对医生的特别提示 轻度中毒或有低血压者，可单独使用硫代硫酸钠10～12.5g；重度中毒者首先吸入亚硝酸异戊酯（2～3支压碎于纱布、单衣或手帕中）30s，停15s，然后缓慢静注3%亚硝酸钠溶液10mL，随即用同一针头静注25%硫代硫酸钠溶液12.5g～15g。用药后30min症状未缓解者，可重复应用硫代硫酸钠半量或全量

第五部分 消防措施

灭火剂 用干粉、二氧化碳灭火

特别危险性 与空气混合能形成爆炸性混合物。遇明火、高热能引起燃烧爆炸。蒸气比空气重，沿地面扩散并易积存于低洼处，遇火源会着火回燃。遇水或水蒸气、酸或酸气产生剧毒的烟雾。若遇高热，容器内压增大，有开裂和爆炸的危险

灭火注意事项及防护措施 消防人员必须佩戴空气呼吸器、穿全身防火防毒服，在上风向灭火。切断气源，若不能切断气源，则不允许熄灭泄漏处的火焰。尽可能将容器从火场移至空旷处。禁止用水和泡沫灭火

第六部分 泄漏应急处理

作业人员防护措施、防护装备和应急处置程序 消除所有点火源。根据气体的影响区域划定警戒区，无关人员从侧风、上风向撤离至安全区。建议应急处理人员穿内置正压自给式呼吸器的全封闭防化服。如果是液化气体泄漏，还应注意防冻伤。作业时使用的所有设备应接地。禁止接触或跨越泄漏物。尽可能切断泄漏源

环境保护措施 防止气体通过下水道、通风系统和有限空间扩散

泄漏化学品的收容、清除方法及所使用的处置材料 喷雾状水抑制蒸气或改变蒸气云流向，避免水流接触泄漏物。禁止用水直接冲击泄漏物或泄漏源。若可能翻转容器，使之逸出气体而非液体。隔离泄漏区直至气体散尽

第七部分 操作处置与储存

操作注意事项 严加密闭，提供充分的局部排风和全面通风。操作尽可能机械化、自动化。操作人员必须经过专门培训，严格遵守操作规程。建议操作人员佩戴自吸过滤式防毒面具（全面罩），穿防静电工作服，戴橡胶手套。远离火种、热源，工作场所严禁吸烟。使用防爆型的通风系统和设备。防止气体泄漏到工作场所空气中。避免与氧化剂、酸类接触。尤其要注意避免与水接触。搬运时轻装轻卸，防止钢瓶及附件破损。配备相应品种和数量的消防器材及泄漏应急处理设备

储存注意事项 储存于阴凉、通风的有毒气体专用库房。远离火种、热源。库温不宜超过30℃。保持容器密封。应与氧化剂、酸类、食用化学品分开存放，切忌混储。采用防爆型照明、通风设施。禁止使用易产生火花的机械设备和工具。储区应备有泄漏应急处理设备

第八部分 接触控制/个体防护

职业接触限值

中国 MAC：1mg/m³［按CN计］［皮］

美国（ACGIH）TLV-TWA：10ppm

生物接触限值 未制定标准

监测方法 空气中有毒物质测定方法：异菸酸钠-巴比妥

酸钠分光光度法。生物监测检验方法：未制定标准

工程控制　严加密闭，提供充分的局部排风和全面通风。提供安全淋浴和洗眼设备

个体防护装备

　　呼吸系统防护　空气中浓度超标时，必须佩戴过滤式防毒面具（全面罩）。紧急事态抢救或撤离时，应该佩戴空气呼吸器

　　眼睛防护　呼吸系统防护中已作防护

　　皮肤和身体防护　穿防静电工作服

　　手防护　戴橡胶手套

第九部分　理化特性

外观与性状　无色气体，具有类似杏仁的气味

pH 值　无意义	**熔点（℃）**　−27.9
沸点（℃）　−21.2	**相对密度（水＝1）**　0.89

相对蒸气密度（空气＝1）　1.8

饱和蒸气压（kPa）　53.32（−33℃）

临界压力（MPa）　无资料	**辛醇/水分配系数**　0.07
闪点（℃）　无资料	**自燃温度（℃）**　无资料
爆炸下限（%）　6.6	**爆炸上限（%）**　42.6
分解温度（℃）　无资料	**黏度（mPa·s）**　无资料

燃烧热（kJ/mol）　−1081.24（20℃，气体）

临界温度（℃）　128.3

溶解性　溶于水，易溶于乙醇、乙醚等

第十部分　稳定性和反应性

稳定性　稳定

危险反应　与强水、酸类、强氧化剂等禁配物发生反应。遇水或水蒸气、酸或酸气产生剧毒的烟雾

避免接触的条件　潮湿空气

禁配物　水、酸类、强氧化剂

危险的分解产物　氰化氢、氮氧化物

第十一部分　毒理学信息

急性毒性　小鼠吸入 1min 的致死浓度为 31.5mg/L。LC_{50}：350ppm（大鼠吸入，1h）

皮肤刺激或腐蚀　无资料

眼睛刺激或腐蚀　人经眼：16ppm（6min），眼刺激

呼吸或皮肤过敏　无资料	**生殖细胞突变性**　无资料
致癌性　无资料	**生殖毒性**　无资料

特异性靶器官系统毒性-一次接触　无资料

特异性靶器官系统毒性-反复接触　无资料

吸入危害　无资料

第十二部分　生态学信息

生态毒性　LC_{50}：0.028mg/L（96h）（虹鳟，流水式）。NOEC：0.0054mg/L（114d）（美洲红点鲑）。EC_{50}：1.07mg/L（48h）（蚤状溞，静态，OECD 202）。ErC_{50}：0.12mg/L（72h）（*Desmodesmus subspicatus*，OECD 201）

持久性和降解性

　　生物降解性　无资料

　　非生物降解性　无资料

潜在的生物累积性　无资料

土壤中的迁移性　无资料

第十三部分　废弃处置

废弃化学品　用焚烧法处置

污染包装物　将容器返还生产商或按照国家和地方法规处置

废弃注意事项　处置前应参阅国家和地方有关法规

第十四部分　运输信息

联合国危险货物编号（UN 号）　1026

联合国运输名称　氰

联合国危险性类别　2.3，2.1

包装类别　—

包装标志　

海洋污染物　是

运输注意事项　采用钢瓶运输时必须戴好钢瓶上的安全帽。钢瓶一般平放，并应将瓶口朝同一方向，不可交叉；高度不得超过车辆的防护栏板，并用三角木垫卡牢，防止滚动。运输时运输车辆应配备相应品种和数量的消防器材。装运该物品的车辆排气管必须配备阻火装置，禁止使用易产生火花的机械设备和工具装卸。严禁与氧化剂、酸类、食用化学品等混装混运。夏季应早晚运输，防止日光暴晒。中途停留时应远离火种、热源。公路运输时要按规定路线行驶，禁止在居民区和人口稠密区停留。铁路运输时禁止溜放

第十五部分　法规信息

　　下列法律、法规、规章和标准，对该化学品的管理作了相应的规定。

中华人民共和国职业病防治法　职业病分类和目录：氰及腈类化合物中毒

危险化学品安全管理条例　危险化学品目录：列入。易制爆危险化学品名录：未列入。重点监管的危险化学品名录：未列入。GB 18218—2009《危险化学品重大危险源辨识》（表 1）：未列入

使用有毒物品作业场所劳动保护条例　高毒物品目录：列入

易制毒化学品管理条例　易制毒化学品的分类和品种目录：未列入

国际公约　斯德哥尔摩公约：未列入。鹿特丹公约：未列入。蒙特利尔议定书：未列入

第十六部分　其他信息

编写和修订信息	**缩略语和首字母缩写**
培训建议	**参考文献**
免责声明	

氰氨化钙

第一部分　化学品标识

化学品中文名　氰氨化钙；石灰氮

化学品英文名 calcium cyanamide；calcium carbimide；lime nitrogen

分子式 CaCN₂ 分子量 80.11

结构式 N≡C—N═Ca

化学品的推荐及限制用途 用作肥料，以及用于氮气制造和钢铁淬火

第二部分 危险性概述

紧急情况概述 遇水放出易燃气体，吞咽有害，造成严重眼损伤，可能引起呼吸道刺激

GHS危险性类别 遇水放出易燃气体的物质和混合物，类别3；急性毒性-经口，类别4；严重眼损伤/眼刺激，类别1；特异性靶器官毒性-一次接触，类别3（呼吸道刺激）；危害水生环境-急性危害，类别2

标签要素

象形图

警示词 危险

危险性说明 遇水放出易燃气体，吞咽有害，造成严重眼损伤，可能引起呼吸道刺激，对水生生物有毒

防范说明

预防措施 在惰性气体中操作。防潮。戴防护手套、防护眼镜、防护面罩。避免接触眼睛、皮肤，操作后彻底清洗。作业场所不得进食、饮水或吸烟。禁止排入环境

事故响应 火灾时，使用干粉、二氧化碳、砂土灭火。接触眼睛：用水细心冲洗数分钟，立即呼叫中毒控制中心或就医。如戴隐形眼镜并可方便地取出，取出隐形眼镜，继续冲洗。食入：如果感觉不适，立即呼叫中毒控制中心或就医，漱口

安全储存 在干燥处和密闭的容器中储存

废弃处置 本品及内装物、容器依据国家和地方法规处置

物理和化学危险 遇湿易燃

健康危害 吸入本品粉尘可引起急性中毒。中毒表现为面、颈及胸背上方皮肤发红，眼、软腭及咽喉黏膜发红，畏寒等。个别可发生多发性神经炎，暂时性局灶性脊髓炎及瘫痪等。进入眼内可引起眼损害；皮肤接触可引起皮炎、荨麻疹及溃疡。长期接触可引起神经衰弱综合征及消化道症状；眼睛及呼吸道刺激。长期大量吸入其粉尘可引起尘肺

环境危害 对水生生物有毒

第三部分 成分/组成信息

√物质		混合物
组分	浓度	CAS No.
氰氨化钙		156-62-7

第四部分 急救措施

吸入 迅速脱离现场至空气新鲜处。保持呼吸道通畅。如呼吸困难，给输氧。呼吸、心跳停止，立即进行心肺复苏术。就医

皮肤接触 立即脱去污染的衣着，用流动清水彻底冲洗。就医

眼睛接触 立即分开眼睑，用流动清水或生理盐水彻底冲洗5～10min。就医

食入 饮适量温水，催吐（仅限于清醒者）。就医

对保护施救者的忠告 根据需要使用个人防护设备

对医生的特别提示 对症处理

第五部分 消防措施

灭火剂 用干粉、二氧化碳、砂土灭火

特别危险性 遇水或潮气、酸类产生易燃气体和热量，有发生燃烧爆炸的危险。如含有杂质碳化钙或少量磷化钙时，则遇水易自燃

灭火注意事项及防护措施 消防人员须佩戴防毒面具、穿全身消防服，在上风向灭火。尽可能将容器从火场移至空旷处。喷水保持火场容器冷却，直至灭火结束。禁止用水、泡沫和酸碱灭火剂灭火

第六部分 泄漏应急处理

作业人员防护措施、防护装备和应急处置程序 隔离泄漏污染区，限制出入。消除所有点火源。建议应急处理人员戴防尘口罩，穿防毒服。禁止接触或跨越泄漏物。尽可能切断泄漏源

环境保护措施 用塑料布或帆布覆盖泄漏物，减少飞散，保持干燥

泄漏化学品的收容、清除方法及所使用的处置材料 严禁用水处理。小量泄漏：用干燥的砂土或其他不燃材料覆盖泄漏物，然后用塑料布覆盖，减少飞散、避免雨淋。在专家指导下清除

第七部分 操作处置与储存

操作注意事项 密闭操作，局部排风。操作人员必须经过专门培训，严格遵守操作规程。建议操作人员佩戴自吸过滤式防尘口罩，戴化学安全防护眼镜，穿防毒物渗透工作服，戴橡胶手套。远离火种、热源，工作场所严禁吸烟。使用防爆型的通风系统和设备。避免产生粉尘。避免与酸类接触。搬运时要轻装轻卸，防止包装及容器损坏。配备相应品种和数量的消防器材及泄漏应急处理设备。倒空的容器可能残留有害物

储存注意事项 储存于阴凉、干燥、通风良好的专用库房内，远离火种、热源。库温不超过32℃，相对湿度不超过75％。保持容器密封。应与酸类、食用化学品分开存放，切忌混储。采用防爆型照明、通风设施。禁止使用易产生火花的机械设备和工具。储区应备有合适的材料收容泄漏物

第八部分 接触控制/个体防护

职业接触限值

中国 PC-TWA：1mg/m³；PC-STEL：3mg/m³

美国（ACGIH） TLV-TWA：0.5mg/m³

生物接触限值 未制定标准

监测方法　空气中有毒物质测定方法：火焰原子吸收光谱法。生物监测检验方法：未制定标准

工程控制　密闭操作，局部排风。提供安全淋浴和洗眼设备

个体防护装备

　　呼吸系统防护　空气中粉尘浓度超标时，必须佩戴过滤式防尘呼吸器。紧急事态抢救或撤离时，应该佩戴空气呼吸器

　　眼睛防护　戴化学安全防护眼镜

　　皮肤和身体防护　穿防毒物渗透工作服

　　手防护　戴橡胶手套

第九部分　理化特性

外观与性状　纯品为白色结晶，不纯品呈灰黑色，有特殊臭味

pH 值　无意义		**熔点(℃)**　1340	
沸点(℃)　无资料		**相对密度(水＝1)**　2.29	
相对蒸气密度(空气＝1)　无资料			
饱和蒸气压(kPa)　无资料			
临界压力(MPa)　无意义		**辛醇/水分配系数**　无资料	
闪点(℃)　无意义		**自燃温度(℃)**　无意义	
爆炸下限(%)　无意义		**爆炸上限(%)**　无意义	
分解温度(℃)　加热分解		**黏度(mPa·s)**　无资料	
燃烧热(kJ/mol)　无资料		**临界温度(℃)**　无资料	

溶解性　微溶于水

第十部分　稳定性和反应性

稳定性　稳定

危险反应　遇水或潮气、酸类产生易燃气体和热量，有发生燃烧爆炸的危险。如含有杂质碳化钙或少量磷化钙时，则遇水易自燃

避免接触的条件　潮湿空气

禁配物　水、酸类

危险的分解产物　氮氧化物

第十一部分　毒理学信息

急性毒性　LD$_{50}$：158mg/kg（大鼠经口），334mg/kg（小鼠经口），1400mg/kg（兔经口），590mg/kg（兔经皮）

皮肤刺激或腐蚀　无资料		**眼睛刺激或腐蚀**　无资料	
呼吸或皮肤过敏　无资料		**生殖细胞突变性**　无资料	
致癌性　无资料		**生殖毒性**　无资料	

特异性靶器官系统毒性-一次接触　无资料

特异性靶器官系统毒性-反复接触　无资料

吸入危害　无资料

第十二部分　生态学信息

生态毒性　LC$_{50}$：140mg/L（96h）（斑马鱼，OECD 203）。EC$_{50}$：6mg/L（48h）（大型溞，OECD 202）。ErC$_{50}$：27.54mg/L（72h）（羊角月牙藻，OECD 201）

持久性和降解性

　　生物降解性　无资料

　　非生物降解性　无资料

潜在的生物累积性　无资料

土壤中的迁移性　无资料

第十三部分　废弃处置

废弃化学品　根据国家和地方有关法规的要求处置。或与厂商或制造商联系，确定处置方法

污染包装物　将容器返还生产商或按照国家和地方法规处置

废弃注意事项　处置前应参阅国家和地方有关法规

第十四部分　运输信息

联合国危险货物编号（UN 号）　1403

联合国运输名称　氰氨化钙，含碳化钙高于 0.1%

联合国危险性类别　4.3

包装类别　Ⅲ　　　　　　　**包装标志**　

海洋污染物　否

运输注意事项　运输时运输车辆应配备相应品种和数量的消防器材及泄漏应急处理设备。装运本品的车辆排气管须有阻火装置。运输过程中要确保容器不泄漏、不倒塌、不坠落、不损坏。严禁与酸类、食用化学品等混装混运。运输途中应防暴晒、雨淋，防高温。中途停留时应远离火种、热源。车辆运输完毕应进行彻底清扫。铁路运输时要禁止溜放

第十五部分　法规信息

　　下列法律、法规、规章和标准，对该化学品的管理作了相应的规定。

中华人民共和国职业病防治法　职业病分类和目录：未列入

危险化学品安全管理条例　危险化学品目录：列入。易制爆危险化学品名录：未列入。重点监管的危险化学品名录：未列入。GB 18218—2009《危险化学品重大危险源辨识》（表1）：未列入

使用有毒物品作业场所劳动保护条例　高毒物品目录：列入

易制毒化学品管理条例　易制毒化学品的分类和品种目录：未列入

国际公约　斯德哥尔摩公约：未列入。鹿特丹公约：未列入。蒙特利尔议定书：未列入

第十六部分　其他信息

编写和修订信息　　缩略语和首字母缩写

培训建议　　　　　参考文献

免责声明

氰化碘

第一部分　化学品标识

化学品中文名　氰化碘；碘化氰

化学品英文名　cyanogen iodide

分子式 ICN 分子量 152.9219
化学品的推荐及限制用途 用作昆虫保存剂

第二部分 危险性概述

紧急情况概述 吞咽致命，皮肤接触会致命，吸入致命
GHS 危险性类别 急性毒性-经口，类别 2；急性毒性-经皮，类别 1；急性毒性-吸入，类别 2；危害水生环境-急性危害，类别 1；危害水生环境-长期危害，类别 1
标签要素

象形图

警示词 危险
危险性说明 吞咽致命，皮肤接触会致命，吸入致命，对水生生物毒性非常大并具有长期持续影响
防范说明
预防措施 避免接触眼睛、皮肤或衣服，操作后彻底清洗。作业场所不得进食、饮水或吸烟。戴防护手套、穿防护服。避免吸入粉尘。仅在室外或通风良好处操作。戴呼吸防护器具。禁止排入环境
事故响应 如吸入：将患者转移到空气新鲜处，休息，保持利于呼吸的体位，立即呼叫中毒控制中心或就医。皮肤接触：用大量肥皂水和水轻轻地清洗，立即脱去所有被污染的衣服，立即呼叫中毒控制中心或就医。被污染的衣服经洗净后方可重新使用。食入：立即呼叫中毒控制中心或就医，漱口。收集泄漏物
安全储存 在通风良好处储存。保持容器密闭。上锁保管
废弃处置 本品及内装物、容器依据国家和地方法规处置
物理和化学危险 不燃，无特殊燃爆特性
健康危害 吸入、摄入本品可能致死。对眼睛、皮肤、黏膜和上呼吸道有刺激作用。毒作用同氯化氰，在低浓度下亦具明显刺激作用，引起支气管炎、气管炎和肺水肿。高浓度可迅速致死
环境危害 对水生生物毒性非常大并具有长期持续影响

第三部分 成分/组成信息

√物质		混合物
组分	浓度	CAS No.
氰化碘		506-78-5

第四部分 急救措施

吸入 迅速脱离现场至空气新鲜处。保持呼吸道通畅。如呼吸困难，给输氧。呼吸、心跳停止，立即进行心肺复苏术（禁止口对口进行人工呼吸）。就医
皮肤接触 立即脱去污染的衣着，用肥皂水和流动清水彻底冲洗 10～15min。就医
眼睛接触 立即分开眼睑，用大量流动清水或生理盐水彻底冲洗至少 15min。就医

食入 如患者神志清醒，催吐，洗胃。就医
对保护施救者的忠告 根据需要使用个人防护设备
对医生的特别提示 轻度中毒或有低血压者，可单独使用硫代硫酸钠 10～12.5g；重度中毒者首先吸入亚硝酸异戊酯（2～3 支压碎于纱布、单衣或手帕中）30s，停 15s，然后缓慢静注 3%亚硝酸钠溶液 10mL，随即用同一针头静注 25%硫代硫酸钠溶液 12.5～15g。用药后 30min 症状未缓解者，可重复应用硫代硫酸钠半量或全量

第五部分 消防措施

灭火剂 本品不燃，根据着火原因选择适当灭火剂灭火
特别危险性 受高热分解，放出腐蚀性、刺激性的烟雾
灭火注意事项及防护措施 消防人员必须穿全身防火防毒服，在上风向灭火。灭火时尽可能将容器从火场移至空旷处

第六部分 泄漏应急处理

作业人员防护措施、防护装备和应急处置程序 隔离泄漏污染区，限制出入。建议应急处理人员戴防尘口罩，穿防腐、防毒服。穿上适当的防护服前严禁接触破裂的容器和泄漏物。尽可能切断泄漏源
环境保护措施 用塑料布覆盖泄漏物，减少飞散
泄漏化学品的收容、清除方法及所使用的处置材料 勿使水进入包装容器内。用洁净的铲子收集泄漏物，置于干净、干燥、盖子较松的容器中，将容器移离泄漏区

第七部分 操作处置与储存

操作注意事项 严加密闭，提供充分的局部排风和全面通风。操作尽可能机械化、自动化。操作人员必须经过专门培训，严格遵守操作规程。建议操作人员佩戴防尘面具（全面罩），穿连体式防毒衣，戴橡胶手套。避免产生粉尘。避免与氧化剂、酸类、碱类接触。搬运时要轻装轻卸，防止包装及容器损坏。配备泄漏应急处理设备。倒空的容器可能残留有害物
储存注意事项 储存于阴凉、通风的库房。远离火种、热源。保持容器密封。应与氧化剂、酸类、碱类、食用化学品分开存放，切忌混储。储区应备有合适的材料收容泄漏物

第八部分 接触控制/个体防护

职业接触限值
中国 MAC：1mg/m³［按 CN 计］［皮］
美国（ACGIH） TLV-TWA：0.01ppm（可吸入性颗粒物和蒸气）［碘化物］
生物接触限值 未制定标准
监测方法 空气中有毒物质测定方法：异菸酸钠-巴比妥酸钠分光光度法。生物监测检验方法：未制定标准
工程控制 严加密闭，提供充分的局部排风和全面通风
个体防护装备
呼吸系统防护 可能接触其粉尘时，必须佩戴防尘面具（全面罩）。紧急事态抢救或撤离时，应该佩戴空气呼吸器

眼睛防护　呼吸系统防护中已作防护

皮肤和身体防护　穿连体式防毒衣

手防护　戴橡胶手套

第九部分　理化特性

外观与性状　白色针状晶体，有刺激性气味

pH 值　无意义　　　熔点(℃)　146～147

沸点(℃)　无资料　　相对密度(水=1)　2.59

相对蒸气密度(空气=1)　无资料

饱和蒸气压(kPa)　无资料

临界压力(MPa)　无资料　辛醇/水分配系数　无资料

闪点(℃)　无意义　　自燃温度(℃)　无意义

爆炸下限(%)　无意义　爆炸上限(%)　无意义

分解温度(℃)　无资料　黏度(mPa·s)　无资料

燃烧热(kJ/mol)　无资料　临界温度(℃)　无资料

溶解性　微溶于水，溶于甲醇、醚

第十部分　稳定性和反应性

稳定性　稳定

危险反应　与强氧化剂、强酸、强碱等禁配物发生反应

避免接触的条件　光照

禁配物　强氧化剂、强酸、强碱

危险的分解产物　氮氧化物、氰化氢、碘化氢

第十一部分　毒理学信息

急性毒性　属高毒类。LD：23.5mg/kg（兔经口）

皮肤刺激或腐蚀　无资料　　眼睛刺激或腐蚀　无资料

呼吸或皮肤过敏　无资料　　生殖细胞突变性　无资料

致癌性　无资料　　　　　　生殖毒性　无资料

特异性靶器官系统毒性-一次接触　无资料

特异性靶器官系统毒性-反复接触　无资料

吸入危害　无资料

第十二部分　生态学信息

生态毒性　氰化物对水生生物有极高毒性

持久性和降解性

　　生物降解性　无资料

　　非生物降解性　无资料

潜在的生物累积性　无资料

土壤中的迁移性　无资料

第十三部分　废弃处置

废弃化学品　根据国家和地方有关法规的要求处置。或与厂商或制造商联系，确定处置方法

污染包装物　将容器返还生产商或按照国家和地方法规处置

废弃注意事项　处置前应参阅国家和地方有关法规

第十四部分　运输信息

联合国危险货物编号（UN 号）　1588

联合国运输名称　固态无机氰化物，未另作规定的（氰化碘）

联合国危险性类别　6.1

包装类别　Ⅰ　　　　包装标志　

海洋污染物　是

运输注意事项　起运时包装要完整，装载应稳妥。运输过程中要确保容器不泄漏、不倒塌、不坠落、不损坏。严禁与氧化剂、酸类、碱类、食用化学品等混装混运。运输途中应防暴晒、雨淋，防高温。运输车船必须彻底清洗、消毒，否则不得装运其他物品。公路运输时要按规定路线行驶，禁止在居民区和人口稠密区停留

第十五部分　法规信息

下列法律、法规、规章和标准，对该化学品的管理作了相应的规定。

中华人民共和国职业病防治法　职业病分类和目录：氰及腈类化合物中毒

危险化学品安全管理条例　危险化学品目录：列入。易制爆危险化学品名录：未列入。重点监管的危险化学品名录：未列入。GB 18218—2009《危险化学品重大危险源辨识》（表1）：未列入

使用有毒物品作业场所劳动保护条例　高毒物品目录：列入

易制毒化学品管理条例　易制毒化学品的分类和品种目录：未列入

国际公约　斯德哥尔摩公约：未列入。鹿特丹公约：未列入。蒙特利尔议定书：未列入

第十六部分　其他信息

编写和修订信息　　缩略语和首字母缩写

培训建议　　　　　参考文献

免责声明

氰化汞钾

第一部分　化学品标识

化学品中文名　氰化汞钾；氰化钾汞；汞氰化钾

化学品英文名　mercuric potassium cyanide；potassium tetracyanomercurate

分子式　C₄HgK₂N₄　　分子量　382.86

结构式　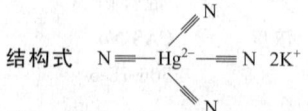

化学品的推荐及限制用途　用作制镜镀银剂和化学试剂

第二部分　危险性概述

紧急情况概述　吞咽致命，皮肤接触会致命，吸入致命

GHS 危险性类别　急性毒性-经口，类别 2；急性毒性-经皮，类别 1；急性毒性-吸入，类别 2；特异性靶器官毒性-反复接触，类别 2；危害水生环境-急性危害，类别 1；危害水生环境-长期危害，类别 1

标签要素

象形图　

警示词　危险

危险性说明　吞咽致命，皮肤接触会致命，吸入致命，长时间或反复接触可能对器官造成损伤，对水生生物毒性非常大并具有长期持续影响

防范说明

预防措施　避免接触眼睛、皮肤或衣服，操作后彻底清洗。作业场所不得进食、饮水或吸烟。戴防护手套、穿防护服。避免吸入粉尘。仅在室外或通风良好处操作。戴呼吸防护器具。禁止排入环境

事故响应　如吸入：将患者转移到空气新鲜处，休息，保持利于呼吸的体位，立即呼叫中毒控制中心或就医。皮肤接触：用大量肥皂水和水轻轻地清洗，立即脱去所有被污染的衣服，立即呼叫中毒控制中心或就医。被污染的衣服经洗净后方可重新使用。食入：立即呼叫中毒控制中心或就医，漱口。如感觉不适，就医。收集泄漏物

安全储存　在通风良好处储存。保持容器密闭。上锁保管

废弃处置　本品及内装物、容器依据国家和地方法规处置

物理和化学危险　遇酸产生剧毒气体

健康危害　本品剧毒。受热分解能放出剧毒的氰化氢气体与汞蒸气。兼有氰化物及无机汞化合物的危害

环境危害　对水生生物毒性非常大并具有长期持续影响

第三部分　成分/组成信息

√物质　　　　　　　　　混合物

组分	浓度	CAS No.
氰化汞钾		591-89-9

第四部分　急救措施

吸入　迅速脱离现场至空气新鲜处。保持呼吸道通畅。如呼吸困难，给输氧。呼吸、心跳停止，立即进行心肺复苏术（禁止口对口进行人工呼吸）。就医

皮肤接触　立即脱去污染的衣着，用肥皂水和流动清水彻底冲洗10～15min。就医

眼睛接触　立即分开眼睑，用大量流动清水或生理盐水彻底冲洗至少15min。就医

食入　如患者神志清醒，催吐，洗胃。就医

对保护施救者的忠告　根据需要使用个人防护设备

对医生的特别提示　氰化物中毒解毒剂：轻度中毒或有低血压者，可单独使用硫代硫酸钠10～12.5g；重度中毒者首先吸入亚硝酸异戊酯（2～3支压碎于纱布、单衣或手帕中）30s，停15s，然后缓慢静注3%亚硝酸钠溶液10mL，随即用同一针头静注25%硫代硫酸钠溶液12.5～15g。用药后30min症状未缓解者，可重复应用硫代硫酸钠半量或全量。汞中毒解毒剂：二巯基丙磺酸钠、二巯基丁二酸钠、青霉胺

第五部分　消防措施

灭火剂　本品不燃，根据着火原因选择适当灭火剂灭火

特别危险性　遇酸或露置空气中能吸收水分和二氧化碳分解出剧毒的氰化氢气体。遇高热分解释出高毒烟气

灭火注意事项及防护措施　消防人员必须穿全身防火防毒服，在上风向灭火。灭火时尽可能将容器从火场移至空旷处。喷水保持火场容器冷却，直至灭火结束

第六部分　泄漏应急处理

作业人员防护措施、防护装备和应急处置程序　隔离泄漏污染区，限制出入。建议应急处理人员戴防尘口罩，穿防毒服。作业时使用的所有设备应接地。穿上适当的防护服前严禁接触破裂的容器和泄漏物。尽可能切断泄漏源

环境保护措施　用塑料布覆盖，减少飞散、避免雨淋

泄漏化学品的收容、清除方法及所使用的处置材料　小量泄漏：用干燥的砂土或其他不燃材料覆盖泄漏物，用洁净的铲子收集泄漏物，置于干净、干燥、盖子较松的容器中，将容器移离泄漏区

第七部分　操作处置与储存

操作注意事项　密闭操作，提供充分的局部排风。防止粉尘释放到车间空气中。操作人员必须经过专门培训，严格遵守操作规程。建议操作人员佩戴防尘面具（全面罩），穿胶布防毒衣，戴橡胶手套。避免产生粉尘。避免与酸类接触。配备泄漏应急处理设备。倒空的容器可能残留有害物

储存注意事项　储存于阴凉、干燥、通风良好的库房。远离火种、热源。防止阳光直射。包装密封。应与酸类、食用化学品分开存放，切忌混储。储区应备有合适的材料收容泄漏物

第八部分　接触控制/个体防护

职业接触限值

中国　MAC：1mg/m³［按CN计］［皮］

美国（ACGIH）　TLV-TWA：0.025mg/m³［按Hg计］［皮］

生物接触限值　尿总汞：20μmol/mol肌酐（35μg/g肌酐）（采样时间：接触6个月后工作班前）

监测方法　空气中有毒物质测定方法：氰化物：异菸酸钠-巴比妥酸钠分光光度法。汞：原子荧光光谱法；双硫腙分光光度法；冷原子吸收光谱法。生物监测检验方法：尿中汞的双硫腙萃取分光光度测定方法；尿中汞的冷原子吸收光谱测定方法（一）碱性氯化亚锡还原法；尿中有机（甲基）汞、无机汞和总汞的分别测定方法：选择性还原-冷原子吸收光谱法

工程控制　严加密闭，提供充分的局部排风

个体防护装备

呼吸系统防护　可能接触其粉尘时，必须佩戴空气呼吸器

眼睛防护　呼吸系统防护中已作防护
皮肤和身体防护　穿密闭型防毒服
手防护　戴橡胶手套

第九部分　理化特性

外观与性状　无色或白色晶体

pH值　无意义　　　　　**熔点(℃)**　无资料

沸点(℃)　无资料　　　**相对密度(水＝1)**　无资料

相对蒸气密度(空气＝1)　无资料

饱和蒸气压(kPa)　无资料

临界压力(MPa)　无意义　　**辛醇/水分配系数**　无资料

闪点(℃)　无意义　　　　**自燃温度(℃)**　无资料

爆炸下限(%)　无意义　　　**爆炸上限(%)**　无资料

分解温度(℃)　无资料　　　**黏度(mPa·s)**　无资料

燃烧热(kJ/mol)　无资料　　**临界温度(℃)**　无资料

溶解性　溶于水、乙醇

第十部分　稳定性和反应性

稳定性　稳定

危险反应　与强酸、亚硝酸钠、亚硝酸钾、氯酸盐、次氯
　　酸盐等禁配物发生反应。遇酸或露置空气中能吸收水
　　分和二氧化碳分解出剧毒的氰化氢气体

避免接触的条件　无资料

禁配物　强酸、亚硝酸钠、亚硝酸钾、氯酸盐、次氯酸盐

危险的分解产物　氧化钾、汞、氰化物、氰化氢

第十一部分　毒理学信息

急性毒性　无资料

皮肤刺激或腐蚀　无资料　　**眼睛刺激或腐蚀**　无资料

呼吸或皮肤过敏　无资料　　**生殖细胞突变性**　无资料

致癌性　美国政府工业卫生学家会议（ACGIH）：未分类
　　为人类致癌物　　**生殖毒性**　无资料

特异性靶器官系统毒性-一次接触　无资料

特异性靶器官系统毒性-反复接触　无资料

吸入危害　无资料

第十二部分　生态学信息

生态毒性　氰化物对水生生物有极高毒性

持久性和降解性

　　生物降解性　无资料

　　非生物降解性　无资料

潜在的生物累积性　无资料

土壤中的迁移性　无资料

第十三部分　废弃处置

废弃化学品　用安全掩埋法处置。在能利用的地方重复使
　　用容器或在规定场所掩埋

污染包装物　将容器返还生产商或按照国家和地方法规
　　处置

废弃注意事项　处置前应参阅国家和地方有关法规

第十四部分　运输信息

联合国危险货物编号（UN号）　1626

联合国运输名称　氰化汞钾

联合国危险性类别　6.1

包装类别　I　　　　　**包装标志**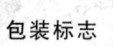

海洋污染物　是

运输注意事项　运输前应先检查包装容器是否完整、密
　　封，运输过程中要确保容器不泄漏、不倒塌、不坠
　　落、不损坏。严禁与酸类、氧化剂、食品及食品添加
　　剂混运。运输时运输车辆应配备泄漏应急处理设备。
　　运输途中应防曝晒、雨淋，防高温。公路运输时要按
　　规定路线行驶，勿在居民区和人口稠密区停留

第十五部分　法规信息

　　下列法律、法规、规章和标准，对该化学品的管理作
了相应的规定。

中华人民共和国职业病防治法　职业病分类和目录：氰及
　　腈类化合物中毒，汞及其化合物中毒

危险化学品安全管理条例　危险化学品目录：列入。易制
　　爆危险化学品名录：未列入。重点监管的危险化学品
　　名录：未列入。GB 18218—2009《危险化学品重大
　　危险源辨识》（表1）：未列入

使用有毒物品作业场所劳动保护条例　高毒物品目录：
　　列入

易制毒化学品管理条例　易制毒化学品的分类和品种目
　　录：未列入

国际公约　斯德哥尔摩公约：未列入。鹿特丹公约：未列
　　入。蒙特利尔议定书：未列入

第十六部分　其他信息

编写和修订信息　　**缩略语和首字母缩写**

培训建议　　　　　　**参考文献**

免责声明

氰化镍

第一部分　化学品标识

化学品中文名　氰化镍；氰化亚镍

化学品英文名　nickel cyanide；nickelous cyanide

分子式　Ni(CN)$_2$　**分子量**　110.73

结构式　$N{\equiv}C\quad C{\equiv}N$
　　　　　　　　　　Ni

化学品的推荐及限制用途　用于冶金、电镀

第二部分　危险性概述

紧急情况概述　吞咽会中毒，吸入可能导致过敏或哮喘症
　　状或呼吸困难，可能导致皮肤过敏反应，可能致癌

GHS危险性类别　急性毒性-经口，类别3；呼吸道致敏
　　物，类别1；皮肤致敏物，类别1；致癌性，类别
　　1A；特异性靶器官毒性-反复接触，类别1；危害水
　　生环境-急性危害，类别1；危害水生环境-长期危害，
　　类别1

标签要素

象形图

警示词　危险

危险性说明　吞咽会中毒，吸入可能导致过敏或哮喘症状或呼吸困难，可能导致皮肤过敏反应，可能致癌，长时间或反复接触对器官造成损伤，对水生生物毒性非常大并具有长期持续影响

防范说明

预防措施　避免接触眼睛、皮肤，操作后彻底清洗。作业场所不得进食、饮水或吸烟。避免吸入粉尘。通风不良时，戴呼吸防护器具。污染的工作服不得带出工作场所。戴防护手套。得到专门指导后操作。在阅读并了解所有安全预防措施之前，切勿操作。按要求使用个体防护装备。禁止排入环境

事故响应　如吸入：如果呼吸困难，将患者转移到空气新鲜处，休息，保持利于呼吸的体位，如有呼吸系统症状，呼叫中毒控制中心或就医。如皮肤接触：用大量肥皂水和水清洗。如出现皮肤刺激或皮疹：就医。污染的衣服清洗后方可重新使用。食入：立即呼叫中毒控制中心或就医，漱口。如果接触或有担心，就医。如感觉不适，就医。收集泄漏物

安全储存　上锁保管

废弃处置　本品及内装物、容器依据国家和地方法规处置

物理和化学危险　遇酸产生剧毒气体

健康危害　吸入、误服可致死。非骤死者，先出现无力、头痛、眩晕、恶心、四肢沉重、呼吸困难，随后出现阵发性和强直性抽搐、昏迷、呼吸停止。镍化合物属致癌物

环境危害　对水生生物毒性非常大并具有长期持续影响

第三部分　成分/组成信息

√物质　　　　　　　　　混合物

组分	浓度	CAS No.
氰化镍		557-19-7

第四部分　急救措施

吸入　迅速脱离现场至空气新鲜处。保持呼吸道通畅。如呼吸困难，给输氧。呼吸、心跳停止，立即进行心肺复苏术（禁止口对口进行人工呼吸）。就医

皮肤接触　立即脱去污染的衣着，用肥皂水和流动清水彻底冲洗 10～15min。就医

眼睛接触　立即分开眼睑，用大量流动清水或生理盐水彻底冲洗至少 15min。就医

食入　如患者神志清醒，催吐，洗胃。就医

对保护施救者的忠告　根据需要使用个人防护设备

对医生的特别提示　轻度中毒或有低血压者，可单独使用硫代硫酸钠 10～12.5g；重度中毒者首先吸入亚硝酸

异戊酯（2～3 支压碎于纱布、单衣或手帕中）30s，停 15s，然后缓慢静注 3％亚硝酸钠溶液 10mL，随即用同一针头静注 25％硫代硫酸钠溶液 12.5～15g。用药后 30min 症状未缓解者，可重复应用硫代硫酸钠半量或全量

第五部分　消防措施

灭火剂　本品不燃，根据着火原因选择适当灭火剂灭火

特别危险性　与镁发生剧烈反应。与氯酸盐或亚硝酸钠能形成爆炸性混合物。遇酸或露置空气中能吸收水分和二氧化碳分解出剧毒的氰化氢气体。遇高热分解释出高毒烟气

灭火注意事项及防护措施　消防人员必须穿全身防火防毒服，在上风向灭火。灭火时尽可能将容器从火场移至空旷处。喷水保持火场容器冷却，直至灭火结束

第六部分　泄漏应急处理

作业人员防护措施、防护装备和应急处置程序　隔离泄漏污染区，限制出入。建议应急处理人员戴防尘口罩，穿防毒服。穿上适当的防护服前严禁接触破裂的容器和泄漏物。尽可能切断泄漏源

环境保护措施　用塑料布覆盖泄漏物，减少飞散

泄漏化学品的收容、清除方法及所使用的处置材料　勿使水进入包装容器内。用洁净的铲子收集泄漏物，置于干净、干燥、盖子较松的容器中，将容器移离泄漏区

第七部分　操作处置与储存

操作注意事项　密闭操作，提供充分的局部排风。防止粉尘释放到车间空气中。操作人员必须经过专门培训，严格遵守操作规程。建议操作人员佩戴防尘面具（全面罩），穿胶布防毒衣，戴橡胶手套。避免产生粉尘。避免与酸类、镁氯甲酸盐、亚硝酸钠、亚硝酸钾接触。配备泄漏应急处理设备。倒空的容器可能残留有害物

储存注意事项　储存于阴凉、干燥、通风良好的库房。远离火种、热源。防止阳光直射。包装密封。应与酸类、镁氯甲酸盐、亚硝酸钠、亚硝酸钾、食用化学品等分开存放，切忌混储。储区应备有合适的材料收容泄漏物

第八部分　接触控制/个体防护

职业接触限值

中国　MAC：1mg/m³［按 CN 计］［皮］；PC-TWA：0.5mg/m³［按 Ni 计］[G1]

美国（ACGIH）　TLV-TWA：0.1mg/m³（可吸入性颗粒物）［按 Ni 计］

生物接触限值　未制定标准

监测方法　空气中有毒物质测定方法：氰化物，异菸酸钠-巴比妥酸钠分光光度法；镍，火焰原子吸收光谱法。生物监测检验方法：未制定标准

工程控制　严加密闭，提供充分的局部排风

个体防护装备

呼吸系统防护　可能接触其粉尘时，必须佩戴空气呼

吸器

眼睛防护　呼吸系统防护中已作防护

皮肤和身体防护　穿密闭型防毒服

手防护　戴橡胶手套

第九部分　理化特性

外观与性状　苹果绿片状结晶或粉末

pH 值　无意义　　　　　熔点(℃)　无资料

沸点(℃)　无资料

相对密度(水＝1)　2.4 (25℃)

相对蒸气密度(空气＝1)　无资料

饱和蒸气压(kPa)　无资料

临界压力(MPa)　无意义　辛醇/水分配系数　无资料

闪点(℃)　无意义　　　自燃温度(℃)　无意义

爆炸下限(%)　无意义　爆炸上限(%)　无意义

分解温度(℃)　无资料　黏度(mPa·s)　无资料

燃烧热(kJ/mol)　无资料　临界温度(℃)　无资料

溶解性　不溶于水，微溶于稀酸，溶于氨水

第十部分　稳定性和反应性

稳定性　稳定

危险反应　与强酸、亚硝酸钠、亚硝酸钾、氯酸盐、次氯酸盐等禁配物发生反应。与镁发生剧烈反应。与氯酸盐或亚硝酸钠能形成爆炸性混合物。遇酸或露置空气中能吸收水分和二氧化碳分解出剧毒的氰化氢气体

避免接触的条件　无资料

禁配物　强酸、亚硝酸钠、亚硝酸钾、氯酸盐、次氯酸盐

危险的分解产物　氮氧化物、氰化氢

第十一部分　毒理学信息

急性毒性　无资料　　　皮肤刺激或腐蚀　无资料

眼睛刺激或腐蚀　无资料　呼吸或皮肤过敏　无资料

生殖细胞突变性　无资料

致癌性　IARC 致癌性评论：组 1，确认人类致癌物

生殖毒性　无资料

特异性靶器官系统毒性--次接触　无资料

特异性靶器官系统毒性-反复接触　无资料

吸入危害　无资料

第十二部分　生态学信息

生态毒性　氰化物对水生生物有极高毒性

持久性和降解性

　生物降解性　无资料

　非生物降解性　无资料

潜在的生物累积性　无资料

土壤中的迁移性　无资料

第十三部分　废弃处置

废弃化学品　与硫酸亚铁反应形成相对无毒的亚铁氰化物，或与次氯酸钠或次氯酸钙反应形成较低毒性的氰酸盐。注意：浓次氯酸盐严禁与浓氰化物溶液或固体氰化物混合，因为能放出高毒的氯化氰气体。在规定场所掩埋空容器

污染包装物　将容器返还生产商或按照国家和地方法规处置

废弃注意事项　处置前应参阅国家和地方有关法规

第十四部分　运输信息

联合国危险货物编号（UN 号）　1653

联合国运输名称　氰化镍

联合国危险性类别　6.1

包装类别　Ⅱ　　　　包装标志

海洋污染物　是

运输注意事项　运输前应先检查包装容器是否完整、密封，运输过程中要确保容器不泄漏、不倒塌、不坠落、不损坏。严禁与酸类、氧化剂、食品及食品添加剂混运。运输时运输车辆应配备泄漏应急处理设备。运输途中应防暴晒、雨淋，防高温。公路运输时要按规定路线行驶，勿在居民区和人口稠密区停留

第十五部分　法规信息

下列法律、法规、规章和标准，对该化学品的管理作了相应的规定。

中华人民共和国职业病防治法　职业病分类和目录：氰及腈类化合物中毒

危险化学品安全管理条例　危险化学品目录：列入。易制爆危险化学品名录：未列入。重点监管的危险化学品名录：未列入。GB 18218—2009《危险化学品重大危险源辨识》（表 1）：未列入

使用有毒物品作业场所劳动保护条例　高毒物品目录：列入

易制毒化学品管理条例　易制毒化学品的分类和品种目录：未列入

国际公约　斯德哥尔摩公约：未列入。鹿特丹公约：未列入。蒙特利尔议定书：未列入

第十六部分　其他信息

编写和修订信息　　缩略语和首字母缩写

培训建议　　　　参考文献

免责声明

氰化铅

第一部分　化学品标识

化学品中文名　氰化铅

化学品英文名　lead cyanide；lead（Ⅱ）cyanide

分子式　Pb(CN)₂　分子量　259.236

结构式　$N\!\!=\!\!C\quad C\!\!=\!\!N$
　　　　　　　Pb

化学品的推荐及限制用途　用于冶金

第二部分　危险性概述

紧急情况概述　可能致癌

GHS危险性类别 生殖细胞致突变性，类别2；致癌性，类别1B；生殖毒性，类别1A；特异性靶器官毒性-反复接触，类别1；危害水生环境-急性危害，类别1；危害水生环境-长期危害，类别1

标签要素

象形图

警示词 危险

危险性说明 怀疑可造成遗传性缺陷，可能致癌，可能对生育力或胎儿造成伤害，长时间或反复接触对器官造成损伤，对水生生物毒性非常大并具有长期持续影响

防范说明

预防措施 得到专门指导后操作。在阅读并了解所有安全预防措施之前，切勿操作。按要求使用个体防护装备。避免吸入粉尘。操作后彻底清洗。操作现场不得进食、饮水或吸烟。禁止排入环境

事故响应 如果接触或有担心，就医。如感觉不适，就医。收集泄漏物

安全储存 上锁保管

废弃处置 本品及内装物、容器依据国家和地方法规处置

物理和化学危险 遇酸产生剧毒气体

健康危害 吸入、误服可致死。非骤死者，先出现无力、头痛、眩晕、恶心、呼吸困难，随后出现阵发性和强直性抽搐、昏迷、呼吸停止。长期吸入，可能引起铅中毒

环境危害 对水生生物毒性非常大并具有长期持续影响

第三部分　成分/组成信息

√物质　　　　　　　　　混合物

组分	浓度	CAS No.
氰化铅		592-05-2

第四部分　急救措施

吸入 迅速脱离现场至空气新鲜处。保持呼吸道通畅。如呼吸困难，给输氧。呼吸、心跳停止，立即进行心肺复苏术（禁止口对口进行人工呼吸）。就医

皮肤接触 立即脱去污染的衣着，用肥皂水和流动清水彻底冲洗10～15min。就医

眼睛接触 立即分开眼睑，用大量流动清水或生理盐水彻底冲洗至少15min。就医

食入 如患者神志清醒，催吐，洗胃。就医

对保护施救者的忠告 根据需要使用个人防护设备

对医生的特别提示 氰化物中毒解毒剂：轻度中毒或有低血压者，可单独使用硫代硫酸钠10～12.5g；重度中毒者首先吸入亚硝酸异戊酯（2～3支压碎于纱布、单衣或手帕中）30s，停15s，然后缓慢静注3%亚硝酸钠溶液10mL，随即用同一针头静注25%硫代硫酸钠溶液12.5～15g。用药后30min症状未缓解者，可重复应用硫代硫酸钠半量或全量。铅中毒解毒剂：依地酸二钠钙、二巯基丁二酸钠、二巯基丁二酸等

第五部分　消防措施

灭火剂 本品不燃，根据着火原因选择适当灭火剂灭火

特别危险性 与镁发生剧烈反应。与氯酸盐或亚硝酸钠能形成爆炸性混合物。遇酸或露置空气中能吸收水分和二氧化碳分解出剧毒的氰化氢气体。遇高热分解释出高毒烟气

灭火注意事项及防护措施 消防人员必须穿全身防火防毒服，在上风向灭火。灭火时尽可能将容器从火场移至空旷处。喷水保持火场容器冷却，直至灭火结束

第六部分　泄漏应急处理

作业人员防护措施、防护装备和应急处置程序 隔离泄漏污染区，限制出入。建议应急处理人员戴防尘口罩，穿防毒服。穿上适当的防护服前严禁接触破裂的容器和泄漏物。尽可能切断泄漏源

环境保护措施 用塑料布覆盖泄漏物，减少飞散

泄漏化学品的收容、清除方法及所使用的处置材料 勿使水进入包装容器内。用洁净的铲子收集泄漏物，置于干净、干燥、盖子较松的容器中，将容器移离泄漏区

第七部分　操作处置与储存

操作注意事项 密闭操作，提供充分的局部排风。防止粉尘释放到车间空气中。操作人员必须经过专门培训，严格遵守操作规程。建议操作人员佩戴防尘面具（全面罩），穿胶布防毒衣，戴橡胶手套。避免产生粉尘。避免与酸类、氯甲酸镁盐、亚硝酸钠、亚硝酸钾接触。配备泄漏应急处理设备。倒空的容器可能残留有害物

储存注意事项 储存于阴凉、干燥、通风良好的库房。远离火种、热源。防止阳光直射。包装密封。应与酸类、氯甲酸镁盐、亚硝酸钠、亚硝酸钾、食用化学品等分开存放，切忌混储。储区应备有合适的材料收容泄漏物

第八部分　接触控制/个体防护

职业接触限值

中国 MAC：1mg/m³［按CN计］［皮］；PC-TWA：0.05mg/m³（铅尘），0.03mg/m³（铅烟）［按Pb计］［G2A］

美国（ACGIH） TLV-TWA：0.05mg/m³［按Pb计］

生物接触限值 血铅：2.0μmol/L（400μg/L）（采样时间：接触三周后的任意时间）

监测方法 空气中有毒物质测定方法：氰化物，异菸酸钠-巴比妥酸钠分光光度法；铅，火焰原子吸收光谱法，双硫腙分光光度法，氢化物-原子吸收光谱法，微分电位溶出法。生物监测检验方法：血中铅的石墨炉原子吸收光谱测定方法；血中铅的微分电位溶出测定方法

工程控制 严加密闭，提供充分的局部排风

个体防护装备

呼吸系统防护　可能接触其粉尘时，必须佩戴空气呼吸器

眼睛防护　呼吸系统防护中已作防护

皮肤和身体防护　穿密闭型防毒服

手防护　戴橡胶手套

第九部分　理化特性

外观与性状　黄白色结晶性粉末

pH 值　无意义	**熔点(℃)**　无资料
沸点(℃)　无资料	**相对密度(水＝1)**　无资料

相对蒸气密度(空气＝1)　无资料

饱和蒸气压(kPa)　无资料

临界压力(MPa)　无意义	**辛醇/水分配系数**　无资料
闪点(℃)　无意义	**自燃温度(℃)**　无意义
爆炸下限(%)　无意义	**爆炸上限(%)**　无意义
分解温度(℃)　无资料	**黏度(mPa·s)**　无资料
燃烧热(kJ/mol)　无资料	**临界温度(℃)**　无资料

溶解性　难溶于水，溶于氨水、热硝酸

第十部分　稳定性和反应性

稳定性　稳定

危险反应　与强酸、亚硝酸钠、亚硝酸钾、氯酸盐、次氯酸盐等禁配物发生反应。与镁发生剧烈反应。与氯酸盐或亚硝酸钠能形成爆炸性混合物。遇酸或露置空气中能吸收水分和二氧化碳分解出剧毒的氰化氢气体

避免接触的条件　无资料

禁配物　强酸、亚硝酸钠、亚硝酸钾、氯酸盐、次氯酸盐

危险的分解产物　氮氧化物、氰化氢、铅

第十一部分　毒理学信息

急性毒性　LD：＞1000mg/kg（大鼠经口）

皮肤刺激或腐蚀　无资料	**眼睛刺激或腐蚀**　无资料
呼吸或皮肤过敏　无资料	**生殖细胞突变性**　无资料

致癌性　IARC 致癌性评论：组 2A，可取 A 类致癌物

生殖毒性　无资料

特异性靶器官系统毒性-一次接触　无资料

特异性靶器官系统毒性-反复接触　无资料

吸入危害　无资料

第十二部分　生态学信息

生态毒性　氰化物对水生生物有极高毒性

持久性和降解性

生物降解性　无资料

非生物降解性　无资料

潜在的生物累积性　无资料

土壤中的迁移性　无资料

第十三部分　废弃处置

废弃化学品　用安全掩埋法处置。在能利用的地方重复使用容器或在规定场所掩埋。用次氯酸盐破坏。使用时要加倍小心，因为反应在高 pH 值下容易进行，而氰酸盐氧化成氮和二氧化碳的第二步反应由 pH 值决定。pH＝11 时反应很慢，但 pH 值在 10～10.3 反应就不能控制。使用时必须避免高 pH 值、过量次氯酸盐和中等或高浓度的次氯酸盐

污染包装物　将容器返还生产商或按照国家和地方法规处置

废弃注意事项　处置前应参阅国家和地方有关法规

第十四部分　运输信息

联合国危险货物编号（UN 号）　1620

联合国运输名称　氰化铅

联合国危险性类别　6.1

包装类别　Ⅱ　　　　　　**包装标志**　

海洋污染物　是

运输注意事项　运输前应先检查包装容器是否完整、密封，运输过程中要确保容器不泄漏、不倒塌、不坠落、不损坏。严禁与酸类、氧化剂、食品及食品添加剂混运。运输时运输车辆应配备泄漏应急处理设备。运输途中应防暴晒、雨淋，防高温。公路运输时要按规定路线行驶，勿在居民区和人口稠密区停留

第十五部分　法规信息

下列法律、法规、规章和标准，对该化学品的管理作了相应的规定。

中华人民共和国职业病防治法　职业病分类和目录：氰及腈类化合物中毒，铅及其化合物中毒

危险化学品安全管理条例　危险化学品目录：列入。易制爆危险化学品名录：未列入。重点监管的危险化学品名录：未列入。GB 18218—2009《危险化学品重大危险源辨识》(表 1)：未列入

使用有毒物品作业场所劳动保护条例　高毒物品目录：列入

易制毒化学品管理条例　易制毒化学品的分类和品种目录：未列入

国际公约　斯德哥尔摩公约：未列入。鹿特丹公约：未列入。蒙特利尔议定书：未列入

第十六部分　其他信息

编写和修订信息　缩略语和首字母缩写
培训建议　　　　参考文献
免责声明

氰化铜

第一部分　化学品标识

化学品中文名　氰化铜；氰化高铜

化学品英文名　cupric cyanide; copper（Ⅱ）cyanide

分子式　Cu(CN)$_2$　**分子量**　115.582

结构式　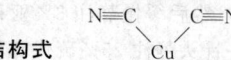

化学品的推荐及限制用途　用于镀铜和有机合成等

第二部分　危险性概述

紧急情况概述　吞咽致命，皮肤接触会致命，吸入致命

GHS危险性类别　急性毒性-经口，类别2；急性毒性-经皮，类别1；急性毒性-吸入，类别2；危害水生环境-急性危害，类别1；危害水生环境-长期危害，类别1

标签要素

象形图　

警示词　危险

危险性说明　吞咽致命，皮肤接触会致命，吸入致命，对水生生物毒性非常大并具有长期持续影响

防范说明

预防措施　避免接触眼睛、皮肤或衣服，操作后彻底清洗。作业场所不得进食、饮水或吸烟。戴防护手套、穿防护服。避免吸入粉尘。仅在室外或通风良好处操作。戴呼吸防护器具。禁止排入环境

事故响应　如吸入：将患者转移到空气新鲜处，休息，保持利于呼吸的体位，立即呼叫中毒控制中心或就医。皮肤接触：用大量肥皂水和水轻轻地清洗，立即脱去所有被污染的衣服，立即呼叫中毒控制中心或就医。被污染的衣服经洗净后方可重新使用。食入：立即呼叫中毒控制中心或就医，漱口。收集泄漏物

安全储存　在通风良好处储存。保持容器密闭。上锁保管

废弃处置　本品及内装物、容器依据国家和地方法规处置

物理和化学危险　遇酸产生剧毒气体

健康危害　剧毒。吸入、误服可致死。非骤死者，先出现无力、头痛、眩晕、恶心、呕吐、四肢沉重、呼吸困难，随后出现阵发性和强直性抽搐、昏迷、呼吸停止

环境危害　对水生生物毒性非常大并具有长期持续影响

第三部分　成分/组成信息

√ 物质　　　　　　　　　　混合物

组分	浓度	CAS No.
氰化铜		14763-77-0

第四部分　急救措施

吸入　迅速脱离现场至空气新鲜处。保持呼吸道通畅。如呼吸困难，给输氧。呼吸、心跳停止，立即进行心肺复苏术（禁止口对口进行人工呼吸）。就医

皮肤接触　立即脱去污染的衣着，用肥皂水和流动清水彻底冲洗10～15min。就医

眼睛接触　立即分开眼睑，用大量流动清水或生理盐水彻底冲洗至少15min。就医

食入　如患者神志清醒，催吐，洗胃。就医

对保护施救者的忠告　根据需要使用个人防护设备

对医生的特别提示　轻度中毒或有低血压者，可单独使用硫代硫酸钠10～12.5g；重度中毒者首先吸入亚硝酸异戊酯（2～3支压碎于纱布、单衣或手帕中）30s，停15s，然后缓慢静注3%亚硝酸钠溶液10mL，随即用同一针头静注25%硫代硫酸钠溶液12.5～15g。用药后30min症状未缓解者，可重复应用硫代硫酸钠半量或全量

第五部分　消防措施

灭火剂　本品不燃，根据着火原因选择适当灭火剂灭火

特别危险性　与镁发生剧烈反应。与氯酸盐或亚硝酸钠能形成爆炸性混合物。遇酸或露置空气中能吸收水分和二氧化碳分解出剧毒的氰化氢气体。遇高热分解释出高毒烟气

灭火注意事项及防护措施　消防人员必须穿全身防火防毒服，在上风向灭火。灭火时尽可能将容器从火场移至空旷处。喷水保持火场容器冷却，直至灭火结束

第六部分　泄漏应急处理

作业人员防护措施、防护装备和应急处置程序　隔离泄漏污染区，限制出入。建议应急处理人员戴防尘口罩，穿防毒服。穿上适当的防护服前严禁接触破裂的容器和泄漏物。尽可能切断泄漏源

环境保护措施　用塑料布覆盖泄漏物，减少飞散

泄漏化学品的收容、清除方法及所使用的处置材料　勿使水进入包装容器内。用洁净的铲子收集泄漏物，置于干净、干燥、盖子较松的容器中，将容器移离泄漏区

第七部分　操作处置与储存

操作注意事项　密闭操作，提供充分的局部排风。防止粉尘释放到车间空气中。操作人员必须经过专门培训，严格遵守操作规程。建议操作人员佩戴防尘面具（全面罩），穿胶布防毒衣，戴橡胶手套。避免产生粉尘。避免与酸类、镁氯甲酸盐、亚硝酸钠、亚硝酸钾接触。配备泄漏应急处理设备。倒空的容器可能残留有害物

储存注意事项　储存于阴凉、干燥、通风良好的库房。远离火种、热源。防止阳光直射。包装密封。应与酸类、镁氯甲酸盐、亚硝酸钠、亚硝酸钾、食用化学品等分开存放，切忌混储。储区应备有合适的材料收容泄漏物

第八部分　接触控制/个体防护

职业接触限值

中国　MAC：1mg/m³　[按CN计][皮]

美国（ACGIH）　未制定标准

生物接触限值　未制定标准

监测方法　空气中有毒物质测定方法：异菸酸钠-巴比妥酸钠分光光度法。生物监测检验方法：未制定标准

工程控制　严加密闭，提供充分的局部排风

个体防护装备

呼吸系统防护　可能接触其粉尘时，必须佩戴空气呼吸器

眼睛防护　呼吸系统防护中已作防护

皮肤和身体防护　穿密闭型防毒服
手防护　戴橡胶手套

第九部分　理化特性

外观与性状　黄色至绿色粉末
pH 值　无意义　　　　　熔点(℃)　无资料
沸点(℃)　无资料　　　相对密度(水=1)　无资料
相对蒸气密度(空气=1)　无资料
饱和蒸气压(kPa)　无资料
临界压力(MPa)　无意义　　辛醇/水分配系数　无资料
闪点(℃)　无意义　　　自燃温度(℃)　无意义
爆炸下限(%)　无意义　　爆炸上限(%)　无意义
分解温度(℃)　无资料　　黏度(mPa·s)　无资料
燃烧热(kJ/mol)　无资料　临界温度(℃)　无资料
溶解性　不溶于水，溶于乙醇、吡啶、碱液、氰化钾溶液

第十部分　稳定性和反应性

稳定性　稳定
危险反应　与强酸、亚硝酸钠、亚硝酸钾、氯酸盐、次氯酸盐等禁配物发生反应。与镁发生剧烈反应。与氯酸盐或亚硝酸钠能形成爆炸性混合物。遇酸或露置空气中能吸收水分和二氧化碳分解出剧毒的氰化氢气体
避免接触的条件　无资料
禁配物　强酸、亚硝酸钠、亚硝酸钾、氯酸盐、次氯酸盐
危险的分解产物　氮氧化物、氰化氢

第十一部分　毒理学信息

急性毒性　LDLo：50mg/kg（大鼠腹腔）

皮肤刺激或腐蚀　无资料　　眼睛刺激或腐蚀　无资料
呼吸或皮肤过敏　无资料　　生殖细胞突变性　无资料
致癌性　无资料　　　　　　生殖毒性　无资料
特异性靶器官系统毒性-一次接触　无资料
特异性靶器官系统毒性-反复接触　无资料
吸入危害　无资料

第十二部分　生态学信息

生态毒性　氰化物对水生生物有极高毒性
持久性和降解性
　　生物降解性　无资料
　　非生物降解性　无资料
潜在的生物累积性　无资料
土壤中的迁移性　无资料

第十三部分　废弃处置

废弃化学品　在规定场所掩埋空容器
污染包装物　将容器返还生产商或按照国家和地方法规处置
废弃注意事项　处置前应参阅国家和地方有关法规

第十四部分　运输信息

联合国危险货物编号（UN 号）　1587
联合国运输名称　氰化铜
联合国危险性类别　6.1

包装类别　Ⅱ　　　　　　包装标志　
海洋污染物　是
运输注意事项　运输前应先检查包装容器是否完整、密封，运输过程中要确保容器不泄漏、不倒塌、不坠落、不损坏。严禁与酸类、氧化剂、食品及食品添加剂混运。运输时运输车辆应配备泄漏应急处理设备。运输途中应防暴晒、雨淋，防高温。公路运输时要按规定路线行驶，勿在居民区和人口稠密区停留

第十五部分　法规信息

下列法律、法规、规章和标准，对该化学品的管理作了相应的规定。
中华人民共和国职业病防治法　职业病分类和目录：氰及腈类化合物中毒
危险化学品安全管理条例　危险化学品目录：列入。易制爆危险化学品名录：未列入。重点监管的危险化学品名录：未列入。GB 18218—2009《危险化学品重大危险源辨识》（表 1）：未列入
使用有毒物品作业场所劳动保护条例　高毒物品目录：列入
易制毒化学品管理条例　易制毒化学品的分类和品种目录：未列入
国际公约　斯德哥尔摩公约：未列入。鹿特丹公约：未列入。蒙特利尔议定书：未列入

第十六部分　其他信息

编写和修订信息　　缩略语和首字母缩写
培训建议　　　　　参考文献
免责声明

氰化亚铜钾

第一部分　化学品标识

化学品中文名　氰化亚铜钾；氰化亚铜三钾；亚铜氰化钾；氰化亚铜（三）钾
化学品英文名　potassium cuprocyanide；copper potassium cyanide
分子式　KCu(CN)$_2$　分子量　154.68
结构式
$$N{\equiv}C \qquad C{\equiv}N$$
$$Cu^- \qquad K^+$$
化学品的推荐及限制用途　用于配制和调节镀铜盐浴

第二部分　危险性概述

紧急情况概述　吞咽会中毒，造成轻微皮肤刺激，造成眼刺激
GHS 危险性类别　急性毒性-经口，类别 3；皮肤腐蚀/刺激，类别 3；严重眼损伤/眼刺激，类别 2B；特异性靶器官毒性-一次接触，类别 1；特异性靶器官毒性-反复接触，类别 1；危害水生环境-急性危害，类别 1；危害水生环境-长期危害，类别 1

标签要素

象形图

警示词 危险

危险性说明 吞咽会中毒，造成轻微皮肤刺激，造成眼刺激，对器官造成损害，长时间或反复接触对器官造成损伤，对水生生物毒性非常大并具有长期持续影响

防范说明

预防措施 避免接触眼睛、皮肤，操作后彻底清洗。作业场所不得进食、饮水或吸烟。避免吸入粉尘。禁止排入环境

事故响应 如发生皮肤刺激，就医。如接触眼睛：用水细心冲洗数分钟。如戴隐形眼镜并可方便地取出，取出隐形眼镜，继续冲洗。如果眼睛刺激持续：就医。食入：立即呼叫中毒控制中心或就医，漱口。如果接触：立即呼叫中毒控制中心或就医。如感觉不适，就医。收集泄漏物

安全储存 上锁保管

废弃处置 本品及内装物、容器依据国家和地方法规处置

物理和化学危险 遇酸产生剧毒气体

健康危害 吸入、摄入或经皮吸收均有毒。口服剧毒。非骤死者先出现感觉无力、头痛、眩晕、恶心、呼吸困难等，随后面色苍白、抽搐、失去知觉，呼吸停止而死亡

环境危害 对水生生物毒性非常大并具有长期持续影响

第三部分 成分/组成信息

√物质 混合物

组分	浓度	CAS No.
氰化亚铜钾		13682-73-0

第四部分 急救措施

吸入 迅速脱离现场至空气新鲜处。保持呼吸道通畅。如呼吸困难，给输氧。呼吸、心跳停止，立即进行心肺复苏术（禁止口对口进行人工呼吸）。就医

皮肤接触 立即脱去污染的衣着，用肥皂水和流动清水彻底冲洗 10～15min。就医

眼睛接触 立即分开眼睑，用大量流动清水或生理盐水彻底冲洗至少 15min。就医

食入 如患者神志清醒，催吐，洗胃。就医

对保护施救者的忠告 根据需要使用个人防护设备

对医生的特别提示 轻度中毒或有低血压者，可单独使用硫代硫酸钠 10～12.5g；重度中毒者首先吸入亚硝酸异戊酯（2～3 支压碎于纱布、单衣或手帕中）30s，停 15s，然后缓慢静注 3％亚硝酸钠溶液 10mL，随即用同一针头静注 25％硫代硫酸钠溶液 12.5～15g。用药后 30min 症状未缓解者，可重复应用硫代硫酸钠半量或全量

第五部分 消防措施

灭火剂 本品不燃，根据着火原因选择适当灭火剂灭火

特别危险性 受高热或接触酸或酸雾放出剧毒的烟雾

灭火注意事项及防护措施 消防人员必须穿全身防火防毒服，在上风向灭火。灭火时尽可能将容器从火场移至空旷处。喷水保持火场容器冷却，直至灭火结束

第六部分 泄漏应急处理

作业人员防护措施、防护装备和应急处置程序 隔离泄漏污染区，限制出入。建议应急处理人员戴防尘口罩，穿防毒服。作业时使用的所有设备应接地。穿上适当的防护服前严禁接触破裂的容器和泄漏物。尽可能切断泄漏源

环境保护措施 用塑料布覆盖，减少飞散、避免雨淋

泄漏化学品的收容、清除方法及所使用的处置材料 小量泄漏：用干燥的砂土或其他不燃材料覆盖泄漏物，用洁净的铲子收集泄漏物，置于干净、干燥、盖子较松的容器中，将容器移离泄漏区

第七部分 操作处置与储存

操作注意事项 密闭操作，提供充分的局部排风。防止粉尘释放到车间空气中。操作人员必须经过专门培训，严格遵守操作规程。建议操作人员佩戴防尘面具（全面罩），穿胶布防毒衣，戴橡胶手套。避免产生粉尘。避免与酸类接触。配备泄漏应急处理设备。倒空的容器可能残留有害物

储存注意事项 储存于阴凉、通风的库房。远离火种、热源。防止阳光直射。包装密封。应与酸类、食用化学品分开存放，切忌混储。储区应备有合适的材料收容泄漏物

第八部分 接触控制/个体防护

职业接触限值

中国 MAC：1mg/m³〔按 CN 计〕〔皮〕

美国（ACGIH） 未制定标准

生物接触限值 未制定标准

监测方法 空气中有毒物质测定方法：异菸酸钠-巴比妥酸钠分光光度法。生物监测检验方法：未制定标准

工程控制 严加密闭，提供充分的局部排风

个体防护装备

呼吸系统防护 可能接触其粉尘时，必须佩戴空气呼吸器

眼睛防护 呼吸系统防护中已作防护

皮肤和身体防护 穿闭型防毒服

手防护 戴橡胶手套

第九部分 理化特性

外观与性状 白色结晶或粉末

pH 值 无意义	熔点（℃） 无资料
沸点（℃） 无资料	相对密度（水＝1） 无资料

相对蒸气密度(空气＝1) 无资料

饱和蒸气压(kPa) 无资料

临界压力(MPa) 无意义	辛醇/水分配系数 无资料
闪点(℃) 无意义	自燃温度(℃) 无意义
爆炸下限(%) 无意义	爆炸上限(%) 无意义
分解温度(℃) 无资料	黏度(mPa·s) 无资料
燃烧热(kJ/mol) 无资料	临界温度(℃) 无资料

溶解性 溶于水

第十部分 稳定性和反应性

稳定性 稳定

危险反应 与强酸、亚硝酸钠、亚硝酸钾、氯酸盐、次氯酸盐等禁配物发生反应。受高热或接触酸或酸雾放出剧毒的烟雾

避免接触的条件 无资料

禁配物 强酸、亚硝酸钠、亚硝酸钾、氯酸盐、次氯酸盐

危险的分解产物 氧化钾、氰化物

第十一部分 毒理学信息

急性毒性 无资料

皮肤刺激或腐蚀 无资料	眼睛刺激或腐蚀 无资料
呼吸或皮肤过敏 无资料	生殖细胞突变性 无资料
致癌性 无资料	生殖毒性 无资料

特异性靶器官系统毒性-一次接触 无资料

特异性靶器官系统毒性-反复接触 无资料

吸入危害 无资料

第十二部分 生态学信息

生态毒性 氰化物对水生生物有极高毒性

持久性和降解性

　生物降解性 无资料

　非生物降解性 无资料

潜在的生物累积性 无资料

土壤中的迁移性 无资料

第十三部分 废弃处置

废弃化学品 根据国家和地方有关法规的要求处置。或与厂商或制造商联系，确定处置方法

污染包装物 将容器返还生产商或按照国家和地方法规处置

废弃注意事项 处置前应参阅国家和地方有关法规

第十四部分 运输信息

联合国危险货物编号（UN号） 1679

联合国运输名称 氰亚铜酸钾

联合国危险性类别 6.1

包装类别 Ⅱ　　　　**包装标志**

海洋污染物 是

运输注意事项 运输前应先检查包装容器是否完整、密封，运输过程中要确保容器不泄漏、不倒塌、不坠落、不损坏。严禁与酸类、氧化剂、食品及食品添加剂混运。运输时运输车辆应配备泄漏应急处理设备。

运输途中应防暴晒、雨淋，防高温。公路运输时要按规定路线行驶，勿在居民区和人口稠密区停留

第十五部分 法规信息

下列法律、法规、规章和标准，对该化学品的管理作了相应的规定。

中华人民共和国职业病防治法 职业病分类和目录：氰及腈类化合物中毒

危险化学品安全管理条例 危险化学品目录：列入。易制爆危险化学品名录：未列入。重点监管的危险化学品名录：未列入。GB 18218—2009《危险化学品重大危险源辨识》（表1）：未列入

使用有毒物品作业场所劳动保护条例 高毒物品目录：列入

易制毒化学品管理条例 易制毒化学品的分类和品种目录：未列入

国际公约 斯德哥尔摩公约：未列入。鹿特丹公约：未列入。蒙特利尔议定书：未列入

第十六部分 其他信息

编写和修订信息	缩略语和首字母缩写
培训建议	参考文献
免责声明	

氰化亚铜钠

第一部分 化学品标识

化学品中文名 氰化亚铜钠；氰化亚铜三钠；紫铜盐；紫铜矾；氰化铜钠

化学品英文名 sodium copper cyanide；copper sodium cyanide

分子式 NaCu(CN)$_3$　**分子量** 187.58

结构式
$$N{\equiv}C{-}Cu^{2-}{-}C{\equiv}N \quad 2Na^+$$
$$\overset{\displaystyle C{\equiv}N}{\underset{\displaystyle |}{}}$$

化学品的推荐及限制用途 配制和调节镀铜盐浴

第二部分 危险性概述

紧急情况概述 吞咽会中毒，造成轻微皮肤刺激，造成眼刺激

GHS危险性类别 急性毒性-经口，类别3；皮肤腐蚀/刺激，类别3；严重眼损伤/眼刺激，类别2B；特异性靶器官毒性--次接触，类别1；特异性靶器官毒性-反复接触，类别1；危害水生环境-急性危害，类别1；危害水生环境-长期危害，类别1

标签要素

象形图

警示词 危险

危险性说明 吞咽会中毒，造成轻微皮肤刺激，造成眼刺激，对器官造成损害，长时间或反复接触对器官造成损伤，对水生生物毒性非常大并具有长期持续

影响

防范说明

预防措施　避免接触眼睛、皮肤，操作后彻底清洗。作业场所不得进食、饮水或吸烟。避免吸入粉尘。禁止排入环境

事故响应　如发生皮肤刺激，就医。如接触眼睛：用水细心冲洗数分钟。如戴隐形眼镜并可方便地取出，取出隐形眼镜，继续冲洗。如果眼睛刺激持续：就医。食入：立即呼叫中毒控制中心或就医，漱口。如果接触：立即呼叫中毒控制中心或就医。如感觉不适，就医。收集泄漏物

安全储存　上锁保管

废弃处置　本品及内装物、容器依据国家和地方法规处置

物理和化学危险　遇酸产生剧毒气体

健康危害　吸入、摄入或经皮吸收均有毒。口服剧毒。非骤死者先出现感觉无力、头痛、眩晕、恶心、呼吸困难等，随后面色苍白、抽搐、失去知觉，呼吸停止而死亡

环境危害　对水生生物毒性非常大并具有长期持续影响

第三部分　成分/组成信息

√物质　　　　　　　混合物

组分	浓度	CAS No.
氰化亚铜钠		14264-31-4

第四部分　急救措施

吸入　迅速脱离现场至空气新鲜处。保持呼吸道通畅。如呼吸困难，给输氧。呼吸、心跳停止，立即进行心肺复苏术（禁止口对口进行人工呼吸）。就医

皮肤接触　立即脱去污染的衣着，用肥皂水和流动清水彻底冲洗 10～15min。就医

眼睛接触　立即分开眼睑，用大量流动清水或生理盐水彻底冲洗至少 15min。就医

食入　如患者神志清醒，催吐，洗胃。就医

对保护施救者的忠告　根据需要使用个人防护设备

对医生的特别提示　轻度中毒或有低血压者，可单独使用硫代硫酸钠 10～12.5g；重度中毒者首先吸入亚硝酸异戊酯（2～3 支压碎于纱布、单衣或手帕中）30s，停 15s，然后缓慢静注 3% 亚硝酸钠溶液 10mL，随即用同一针头静注 25% 硫代硫酸钠溶液 12.5～15g。用药后 30min 症状未缓解者，可重复应用硫代硫酸钠半量或全量

第五部分　消防措施

灭火剂　本品不燃，根据着火原因选择适当灭火剂灭火

特别危险性　受高热或接触酸或酸雾放出剧毒的烟雾

灭火注意事项及防护措施　消防人员必须穿全身防火防毒服，在上风向灭火。灭火时尽可能将容器从火场移至空旷处。喷水保持火场容器冷却，直至灭火结束

第六部分　泄漏应急处理

作业人员防护措施、防护装备和应急处置程序　隔离泄漏污染区，限制出入。建议应急处理人员戴防尘口罩，穿防毒服。作业时使用的所有设备应接地。穿上适当的防护服前严禁接触破裂的容器和泄漏物。尽可能切断泄漏源。

环境保护措施　用塑料布覆盖，减少飞散、避免雨淋

泄漏化学品的收容、清除方法及所使用的处置材料　小量泄漏：用干燥的砂土或其他不燃材料覆盖泄漏物，用洁净的铲子收集泄漏物，置于干净、干燥、盖子较松的容器中，将容器移离泄漏区

第七部分　操作处置与储存

操作注意事项　密闭操作，提供充分的局部排风。防止粉尘释放到车间空气中。操作人员必须经过专门培训，严格遵守操作规程。建议操作人员佩戴防尘面具（全面罩），穿胶布防毒衣，戴橡胶手套。避免产生粉尘。避免与酸类接触。配备泄漏应急处理设备。倒空的容器可能残留有害物

储存注意事项　储存于阴凉、通风的库房。远离火种、热源。防止阳光直射。包装密封。应与酸类、食用化学品分开存放，切忌混储。储区应备有合适的材料收容泄漏物

第八部分　接触控制/个体防护

职业接触限值

中国　MAC：1mg/m³　［按 CN 计］［皮］

美国（ACGIH）　未制定标准

生物接触限值　未制定标准

监测方法　空气中有毒物质测定方法：异菸酸钠-巴比妥酸钠分光光度法。生物监测检验方法：未制定标准

工程控制　严加密闭，提供充分的局部排风

个体防护装备

呼吸系统防护　可能接触其粉尘时，必须佩戴空气呼吸器

眼睛防护　呼吸系统防护中已作防护

皮肤和身体防护　穿密闭型防毒服

手防护　戴橡胶手套

第九部分　理化特性

外观与性状　白色粉末，为氰化亚铜和氰化钠的复盐

pH 值　无意义		**熔点(℃)**　100（分解）	
沸点(℃)　无资料		**相对密度(水=1)**　1.013	
相对蒸气密度(空气=1)　无资料			
饱和蒸气压(kPa)　无资料			
临界压力(MPa)　无意义		**辛醇/水分配系数**　无资料	
闪点(℃)　无意义		**自燃温度(℃)**　无意义	
爆炸下限(%)　无意义		**爆炸上限(%)**　无意义	
分解温度(℃)　无资料		**黏度(mPa·s)**　无资料	
燃烧热(kJ/mol)　无资料		**临界温度(℃)**　无资料	
溶解性　溶于水			

第十部分　稳定性和反应性

稳定性　稳定

危险反应　与强酸、亚硝酸钠、亚硝酸钾、氯酸盐、次氯

酸盐等禁配物发生反应。受高热或接触酸或酸雾放出
剧毒的烟雾

避免接触的条件　无资料

禁配物　强酸、亚硝酸钠、亚硝酸钾、氯酸盐、次氯酸盐

危险的分解产物　氧化钠、氰化物

第十一部分　毒理学信息

急性毒性　无资料

皮肤刺激或腐蚀　无资料　　**眼睛刺激或腐蚀**　无资料

呼吸或皮肤过敏　无资料　　**生殖细胞突变性**　无资料

致癌性　无资料　　　　　　**生殖毒性**　无资料

特异性靶器官系统毒性-一次接触　无资料

特异性靶器官系统毒性-反复接触　无资料

吸入危害　无资料

第十二部分　生态学信息

生态毒性　氰化物对水生生物有极高毒性

持久性和降解性

　生物降解性　无资料

　非生物降解性　无资料

潜在的生物累积性　无资料

土壤中的迁移性　无资料

第十三部分　废弃处置

废弃化学品　根据国家和地方有关法规的要求处置。或与
　厂商或制造商联系，确定处置方法

污染包装物　将容器返还生产商或按照国家和地方法规
　处置

废弃注意事项　处置前应参阅国家和地方有关法规

第十四部分　运输信息

联合国危险货物编号（UN号）　2316（固态）；2317
　（溶液）

联合国运输名称　固态氰亚铜酸钠；氰亚铜酸钠溶液

联合国危险性类别　6.1

包装类别　Ⅰ　　　　　**包装标志**　

海洋污染物　是

运输注意事项　运输前应先检查包装容器是否完整、密
　封，运输过程中要确保容器不泄漏、不倒塌、不坠
　落、不损坏。严禁与酸类、氧化剂、食品及食品添加
　剂混运。运输时运输车辆应配备泄漏应急处理设备。
　运输途中应防暴晒、雨淋，防高温。公路运输时要按
　规定路线行驶，勿在居民区和人口稠密区停留

第十五部分　法规信息

　下列法律、法规、规章和标准，对该化学品的管理作
了相应的规定。

中华人民共和国职业病防治法　职业病分类和目录：氰及
　腈类化合物中毒

危险化学品安全管理条例　危险化学品目录：列入。易制

爆危险化学品名录：未列入。重点监管的危险化学品
名录：未列入。GB 18218—2009《危险化学品重大
危险源辨识》（表1）：未列入

使用有毒物品作业场所劳动保护条例　高毒物品目录：
列入

易制毒化学品管理条例　易制毒化学品的分类和品种目
录：未列入

国际公约　斯德哥尔摩公约：未列入。鹿特丹公约：未列
入。蒙特利尔议定书：未列入

第十六部分　其他信息

编写和修订信息　　缩略语和首字母缩写

培训建议　　　　　参考文献

免责声明

氰化银钾

第一部分　化学品标识

化学品中文名　氰化银钾；银氰化钾

化学品英文名　potassium silver cyanide

分子式　$KAg(CN)_2$　**分子量**　199.01

结构式　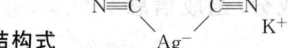

化学品的推荐及限制用途　用于电镀银，并用作杀菌剂、
　防腐剂

第二部分　危险性概述

紧急情况概述　吞咽致命，皮肤接触会致命，吸入致命

GHS危险性类别　急性毒性-经口，类别2；急性毒性-经
　皮，类别1；急性毒性-吸入，类别2；危害水生环境-
　急性危害，类别1；危害水生环境-长期危害，类别1

标签要素

象形图　

警示词　危险

危险性说明　吞咽致命，皮肤接触会致命，吸入致命，
　对水生生物毒性非常大并具有长期持续影响

防范说明

　预防措施　避免接触眼睛、皮肤或衣服，操作后彻
　　底清洗。作业场所不得进食、饮水或吸烟。戴
　　防护手套、穿防护服。避免吸入粉尘。仅在室
　　外或通风良好处操作。戴呼吸防护器具。禁止
　　排入环境

　事故响应　皮肤接触：用大量肥皂水和水轻轻地清
　　洗，立即脱去所有被污染的衣服，立即呼叫中
　　毒控制中心或就医。被污染的衣服经洗净后方
　　可重新使用。如吸入：将患者转移到空气新鲜
　　处，休息，保持利于呼吸的体位，立即呼叫中
　　毒控制中心或就医。食入：立即呼叫中毒控制
　　中心或就医，漱口。收集泄漏物

　安全储存　在通风良好处储存。保持容器密闭。上

锁保管

废弃处置　本品及内装物、容器依据国家和地方法
规处置

物理和化学危险　遇酸产生剧毒气体

健康危害　吸入、摄入或经皮吸收均有毒。口服剧毒。非
骤死者先出现感觉无力、头痛、眩晕、恶心、呼吸困
难等，随后面色苍白、抽搐、失去知觉、呼吸停止而
死亡

环境危害　对水生生物毒性非常大并具有长期持续影响

第三部分　成分/组成信息

√ 物质　　　　　　　　　　混合物

组分	浓度	CAS No.
氰化银钾		506-61-6

第四部分　急救措施

吸入　迅速脱离现场至空气新鲜处。保持呼吸道通畅。如
呼吸困难，给输氧。呼吸、心跳停止，立即进行心肺
复苏术（禁止口对口进行人工呼吸）。就医

皮肤接触　立即脱去污染的衣着，用肥皂水和流动清水彻
底冲洗 10～15min。就医

眼睛接触　立即分开眼睑，用大量流动清水或生理盐水彻
底冲洗至少 15min。就医

食入　如患者神志清醒，催吐，洗胃。就医

对保护施救者的忠告　根据需要使用个人防护设备

对医生的特别提示　轻度中毒或有低血压者，可单独使用
硫代硫酸钠 10～12.5g；重度中毒者首先吸入亚硝酸
异戊酯（2～3 支压碎于纱布、单衣或手帕中）30s，
停 15s，然后缓慢静注 3％亚硝酸钠溶液 10mL，随即
用同一针头静注 25％硫代硫酸钠溶液 12.5～15g。用
药后 30min 症状未缓解者，可重复应用硫代硫酸钠
半量或全量

第五部分　消防措施

灭火剂　本品不燃，根据着火原因选择适当灭火剂灭火

特别危险性　遇酸或露置空气中能吸收水分和二氧化碳分
解出剧毒的氰化氢气体。遇高热分解释出高毒烟气

灭火注意事项及防护措施　消防人员必须穿全身防火防毒
服，在上风向灭火。灭火时尽可能将容器从火场移至
空旷处。喷水保持火场容器冷却，直至灭火结束

第六部分　泄漏应急处理

作业人员防护措施、防护装备和应急处置程序　隔离泄漏
污染区，限制出入。建议应急处理人员戴防尘口罩，
穿防毒服。穿上适当的防护服前严禁接触破裂的容器
和泄漏物。尽可能切断泄漏源

环境保护措施　用塑料布覆盖泄漏物，减少飞散

泄漏化学品的收容、清除方法及所使用的处置材料　勿使
水进入包装容器内。用洁净的铲子收集泄漏物，置于
干净、干燥、盖子较松的容器中，将容器移离泄漏区

第七部分　操作处置与储存

操作注意事项　密闭操作，提供充分的局部排风。防止粉

尘释放到车间空气中。操作人员必须经过专门培训，
严格遵守操作规程。建议操作人员佩戴防尘面具（全
面罩），穿胶布防毒衣，戴橡胶手套。避免产生粉尘。
避免与酸类接触。配备泄漏应急处理设备。倒空的容
器可能残留有害物

储存注意事项　储存于阴凉、干燥、通风良好的专用库房
内，实行"双人收发、双人保管"制度。远离火种、
热源。防止阳光直射。包装密封。应与酸类、食用化
学品分开存放，切忌混储。储区应备有合适的材料收
容泄漏物

第八部分　接触控制/个体防护

职业接触限值

中国　MAC：1mg/m³［按 CN 计］［皮］

美国（ACGIH）　TLV-TWA 0.01mg/m³［按 Ag 计］

生物接触限值　未制定标准

监测方法　空气中有毒物质测定方法：异菸酸钠-巴比妥
酸钠分光光度法。生物监测检验方法：未制定标准

工程控制　严加密闭，提供充分的局部排风

个体防护装备

呼吸系统防护　可能接触其粉尘时，必须佩戴空气呼
吸器

眼睛防护　呼吸系统防护中已作防护

皮肤和身体防护　穿密闭型防毒服

手防护　戴橡胶手套

第九部分　理化特性

外观与性状　白色结晶，对光敏感

pH 值　无意义		**熔点（℃）**　无资料	
沸点（℃）　无资料		**相对密度（水＝1）**　3.45	

相对蒸气密度（空气＝1）　无资料

饱和蒸气压（kPa）　无资料

临界压力（MPa）　无意义　　**辛醇/水分配系数**　无资料

闪点（℃）　无意义　　　　　**自燃温度（℃）**　无意义

爆炸下限（%）　无意义　　　**爆炸上限（%）**　无意义

分解温度（℃）　无资料　　　**黏度（mPa·s）**　无资料

燃烧热（kJ/mol）　无资料　　**临界温度（℃）**　无资料

溶解性　溶于水、甲醇、酸

第十部分　稳定性和反应性

稳定性　稳定

危险反应　与强酸、亚硝酸钠、亚硝酸钾、氯酸盐、次氯
酸盐等禁配物发生反应。遇酸或露置空气中能吸收水
分和二氧化碳分解出剧毒的氰化氢气体

避免接触的条件　无资料

禁配物　强酸、亚硝酸钠、亚硝酸钾、氯酸盐、次氯酸盐

危险的分解产物　氰化物、氰化氢、氧化钾、氧化银

第十一部分　毒理学信息

急性毒性　LD₅₀：20.9mg/kg（大鼠经口）

皮肤刺激或腐蚀　无资料	**眼睛刺激或腐蚀**　无资料
呼吸或皮肤过敏　无资料	**生殖细胞突变性**　无资料
致癌性　无资料	**生殖毒性**　无资料

特异性靶器官系统毒性--一次接触 无资料

特异性靶器官系统毒性-反复接触 无资料

吸入危害 无资料

第十二部分 生态学信息

生态毒性 氰化物对水生生物有极高毒性

持久性和降解性

生物降解性 无资料

非生物降解性 无资料

潜在的生物累积性 无资料

土壤中的迁移性 无资料

第十三部分 废弃处置

废弃化学品 根据国家和地方有关法规的要求处置。或与厂商或制造商联系，确定处置方法

污染包装物 将容器返还生产商或按照国家和地方法规处置

废弃注意事项 处置前应参阅国家和地方有关法规

第十四部分 运输信息

联合国危险货物编号（UN号） 1588

联合国运输名称 固态无机氰化物，未另作规定的（氰化银钾）

联合国危险性类别 6.1

包装类别 Ⅰ **包装标志**

海洋污染物 是

运输注意事项 运输前应先检查包装容器是否完整、密封，运输过程中要确保容器不泄漏、不倒塌、不坠落、不损坏。严禁与酸类、氧化剂、食品及食品添加剂混运。运输时运输车辆应配备泄漏应急处理设备。运输途中应防暴晒、雨淋，防高温。公路运输时要按规定路线行驶，勿在居民区和人口稠密区停留

第十五部分 法规信息

下列法律、法规、规章和标准，对该化学品的管理作了相应的规定。

中华人民共和国职业病防治法 职业病分类和目录：氰及腈类化合物中毒

危险化学品安全管理条例 危险化学品目录：列入。作为剧毒化学品进行管理。易制爆危险化学品名录：未列入。重点监管的危险化学品名录：未列入。GB 18218—2009《危险化学品重大危险源辨识》（表1）：未列入

使用有毒物品作业场所劳动保护条例 高毒物品目录：列入

易制毒化学品管理条例 易制毒化学品的分类和品种目录：未列入

国际公约 斯德哥尔摩公约：未列入。鹿特丹公约：未列入。蒙特利尔议定书：未列入

第十六部分 其他信息

编写和修订信息 缩略语和首字母缩写

培训建议 参考文献

免责声明

4-氰基苯甲酸

第一部分 化学品标识

化学品中文名 4-氰基苯甲酸；对氰基苯甲酸

化学品英文名 4-cyanobenzoic acid；p-cyanobenzoic acid

分子式 $C_8H_5NO_2$ **分子量** 147.1308

结构式

化学品的推荐及限制用途 用于有机合成

第二部分 危险性概述

紧急情况概述 吞咽有害，皮肤接触有害，吸入有害，造成皮肤刺激，造成严重眼刺激，可能引起呼吸道刺激

GHS危险性类别 急性毒性-经口，类别4；急性毒性-经皮，类别4；急性毒性-吸入，类别4；皮肤腐蚀/刺激，类别2；严重眼损伤/眼刺激，类别2；特异性靶器官毒性-一次接触，类别3（呼吸道刺激）

标签要素

象形图

警示词 警告

危险性说明 吞咽有害，皮肤接触有害，吸入有害，造成皮肤刺激，造成严重眼刺激，可能引起呼吸道刺激。

防范说明

预防措施 避免接触眼睛、皮肤，操作后彻底清洗。作业场所不得进食、饮水或吸烟。戴防护手套，穿防护服，戴防护眼镜，防护面罩。避免吸入粉尘。仅在室外或通风良好处操作

事故响应 如吸入：将患者转移到空气新鲜处，休息，保持利于呼吸的体位。皮肤接触：用大量肥皂水和水清洗，如感觉不适，呼叫中毒控制中心或就医，被污染的衣服必须经洗净后方可重新使用。如发生皮肤刺激，就医。如接触眼睛：用水细心冲洗数分钟。如戴隐形眼镜并可方便地取出，取出隐形眼镜，继续冲洗。如果眼睛刺激持续：就医。食入：如果感觉不适，立即呼叫中毒控制中心或就医，漱口

安全储存 —

废弃处置 本品及内装物、容器依据国家和地方法规处置

物理和化学危险 可燃，其粉体与空气混合，能形成爆炸性混合物

健康危害 对黏膜、上呼吸道、眼睛和皮肤有刺激性。吸

入、食入或经皮肤吸收对身体有害

环境危害 对环境可能有害

第三部分 成分/组成信息

√ 物质　　　　　　混合物

组分	浓度	CAS No.
4-氰基苯甲酸		619-65-8

第四部分 急救措施

吸入 迅速脱离现场至空气新鲜处。保持呼吸道通畅。如呼吸困难，给输氧。如呼吸、心跳停止，立即进行心肺复苏术。就医

皮肤接触 立即脱去污染的衣着，用肥皂水和流动清水彻底冲洗。就医

眼睛接触 立即分开眼睑，用流动清水或生理盐水彻底冲洗。就医

食入 催吐（仅限于清醒者），给服活性炭悬液。就医

对保护施救者的忠告 根据需要使用个人防护设备

对医生的特别提示 使用亚硝酸钠、硫代硫酸钠、4-二甲基氨基苯酚等解毒剂

第五部分 消防措施

灭火剂 用雾状水、泡沫、干粉、二氧化碳、砂土灭火

特别危险性 遇明火能燃烧。与强氧化剂接触可发生化学反应。受高热分解放出有毒的气体

灭火注意事项及防护措施 消防人员必须佩戴防毒面具、穿全身消防服，在上风向灭火。尽可能将容器从火场移至空旷处。喷水保持火场容器冷却，直至灭火结束。禁止使用酸碱灭火剂

第六部分 泄漏应急处理

作业人员防护措施、防护装备和应急处置程序 隔离泄漏污染区，限制出入。消除所有点火源。建议应急处理人员戴防尘口罩，穿防毒服。穿上适当的防护服前严禁接触破裂的容器和泄漏物。尽可能切断泄漏源

环境保护措施 用塑料布覆盖泄漏物，减少飞散

泄漏化学品的收容、清除方法及所使用的处置材料 勿使水进入包装容器内。用洁净的铲子收集泄漏物，置于干净、干燥、盖子较松的容器中，将容器移离泄漏区

第七部分 操作处置与储存

操作注意事项 严加密闭，提供充分的局部排风和全面通风。操作人员必须经过专门培训，严格遵守操作规程。建议操作人员佩戴过滤式防尘口罩，戴化学安全防护眼镜，穿防毒物渗透工作服，戴橡胶手套。远离火种、热源，工作场所严禁吸烟。使用防爆型的通风系统和设备。避免产生粉尘。避免与氧化剂、酸类、碱类接触。搬运时要轻装轻卸，防止包装及容器损坏。配备相应品种和数量的消防器材及泄漏应急处理设备。倒空的容器可能残留有害物

储存注意事项 储存于阴凉、通风的库房。远离火种、热源。应与氧化剂、酸类、碱类分开存放，切忌混储。配备相应品种和数量的消防器材。储区应备有合适的材料收容泄漏物

第八部分 接触控制/个体防护

职业接触限值

　中国 未制定标准

　美国（ACGIH） 未制定标准

生物接触限值 未制定标准

监测方法 空气中有毒物质测定方法：未制定标准。生物监测检验方法：未制定标准

工程控制 严加密闭，提供充分的局部排风和全面通风

个体防护装备

　呼吸系统防护 空气中粉尘浓度超标时，必须佩戴过滤式防尘口罩。紧急事态抢救或撤离时，应该佩戴空气呼吸器

　眼睛防护 戴化学安全防护眼镜

　皮肤和身体防护 穿防毒物渗透工作服

　手防护 戴橡胶手套

第九部分 理化特性

外观与性状 白色片状结晶

pH 值 无意义	**熔点(℃)** 220～222（分解）
沸点(℃) 无资料	**相对密度(水=1)** 无资料
相对蒸气密度(空气=1) 无资料	
饱和蒸气压(kPa) 无资料	
临界压力(MPa) 无资料	**辛醇/水分配系数** 无资料
闪点(℃) 无资料	**自燃温度(℃)** 无资料
爆炸下限(%) 无资料	**爆炸上限(%)** 无资料
分解温度(℃) 无资料	**黏度(mPa·s)** 无资料
燃烧热(kJ/mol) 无资料	**临界温度(℃)** 无资料

溶解性 溶于热水、热乙酸、乙醇、乙醚

第十部分 稳定性和反应性

稳定性 稳定

危险反应 与强氧化剂、强酸、强碱等禁配物发生反应

避免接触的条件 无资料

禁配物 强氧化剂、强酸、强碱

危险的分解产物 氮氧化物、氰化氢

第十一部分 毒理学信息

急性毒性 无资料

皮肤刺激或腐蚀 无资料	**眼睛刺激或腐蚀** 无资料
呼吸或皮肤过敏 无资料	**生殖细胞突变性** 无资料
致癌性 无资料	**生殖毒性** 无资料

特异性靶器官系统毒性-一次接触 无资料

特异性靶器官系统毒性-反复接触 无资料

吸入危害 无资料

第十二部分 生态学信息

生态毒性 无资料

持久性和降解性

　生物降解性 无资料

非生物降解性　无资料

潜在的生物累积性　无资料

土壤中的迁移性　无资料

第十三部分　废弃处置

废弃化学品　建议用焚烧法处置。焚烧炉排出的氮氧化物通过洗涤器除去

污染包装物　将容器返还生产商或按照国家和地方法规处置

废弃注意事项　处置前应参阅国家和地方有关法规

第十四部分　运输信息

联合国危险货物编号（UN 号）　—

联合国运输名称　—　**联合国危险性类别**　—

包装类别　—　　　　**包装标志**　—

海洋污染物　否

运输注意事项　运输前应先检查包装容器是否完整、密封，运输过程中要确保容器不泄漏、不倒塌、不坠落、不损坏。严禁与酸类、氧化剂、食品及食品添加剂混运。运输途中应防暴晒、雨淋、防高温

第十五部分　法规信息

下列法律、法规、规章和标准，对该化学品的管理作了相应的规定。

中华人民共和国职业病防治法　职业病分类和目录：氰及腈类化合物中毒

危险化学品安全管理条例　危险化学品目录：列入。易制爆危险化学品名录：未列入。重点监管的危险化学品名录：未列入。GB 18218—2009《危险化学品重大危险源辨识》（表 1）：未列入

使用有毒物品作业场所劳动保护条例　高毒物品目录：未列入

易制毒化学品管理条例　易制毒化学品的分类和品种目录：未列入

国际公约　斯德哥尔摩公约：未列入。鹿特丹公约：未列入。蒙特利尔议定书：未列入

第十六部分　其他信息

编写和修订信息　　缩略语和首字母缩写

培训建议　　　　　参考文献

免责声明

氰尿酰氯

第一部分　化学品标识

化学品中文名　氰尿酰氯；三聚氰酰氯；2,4,6-三氯-1,3,5-三嗪

化学品英文名　tricyanogen chloride; cyanuric chloride

分子式　$C_3Cl_3N_3$　**分子量**　184.411

结构式

化学品的推荐及限制用途　用作活性染料的中间体，也用于橡胶业及制备药物、炸药和表面活性剂等，也可用作杀虫剂

第二部分　危险性概述

紧急情况概述　吞咽有害，吸入致命，造成严重的皮肤灼伤和眼损伤，可能导致皮肤过敏反应，可能引起呼吸道刺激

GHS 危险性类别　急性毒性-经口，类别 4；急性毒性-吸入，类别 2；皮肤腐蚀/刺激，类别 1B；严重眼损伤/眼刺激，类别 1；皮肤致敏物，类别 1；特异性靶器官毒性-一次接触，类别 3（呼吸道刺激）

标签要素

象形图　![象形图]

警示词　危险

危险性说明　吞咽有害，吸入致命，造成严重的皮肤灼伤和眼损伤，可能导致皮肤过敏反应，可能引起呼吸道刺激

防范说明

　预防措施　避免接触眼睛、皮肤，操作后彻底清洗。作业场所不得进食、饮水或吸烟。避免吸入粉尘。仅在室外或通风良好处操作。戴防护手套，穿防护服，戴防护眼镜、防护面罩。污染的工作服不得带出工作场所

　事故响应　如吸入：将患者转移到空气新鲜处，休息，保持利于呼吸的体位，立即呼叫中毒控制中心或就医。皮肤（或头发）接触：立即脱掉所有被污染的衣服，用水冲洗皮肤，淋浴。污染的衣服洗净后方可重新使用。如出现皮肤刺激或皮疹：就医。眼睛接触：用水细心地冲洗数分钟，立即呼叫中毒控制中心或就医。如戴隐形眼镜并可方便地取出，则取出隐形眼镜，继续冲洗。食入：漱口，不要催吐。如果感觉不适，立即呼叫中毒控制中心或就医

　安全储存　在通风良好处储存。保持容器密闭。上锁保管

　废弃处置　本品及内装物、容器依据国家和地方法规处置

物理和化学危险　可燃。遇水产生刺激性气体

健康危害　对呼吸道也有明显刺激作用。有致敏作用

环境危害　对环境可能有害

第三部分　成分/组成信息

√物质		混合物
组分	浓度	CAS No.
氰尿酰氯		108-77-0

第四部分　急救措施

吸入　迅速脱离现场至空气新鲜处。保持呼吸道通畅。如

呼吸困难，给输氧。呼吸、心跳停止，立即进行心肺复苏术。就医

皮肤接触 立即脱去污染的衣着，用大量流动清水彻底冲洗至少 15min。就医

眼睛接触 立即分开眼睑，用流动清水或生理盐水彻底冲洗 5～10min。就医

食入 用水漱口，禁止催吐。给饮牛奶或蛋清。就医

对保护施救者的忠告 根据需要使用个人防护设备

对医生的特别提示 对症处理

第五部分 消防措施

灭火剂 用干粉、二氧化碳、砂土灭火

特别危险性 受热或遇水分解放热，放出有毒的腐蚀性烟气。遇潮时对大多数金属有强腐蚀性

灭火注意事项及防护措施 消防人员必须穿全身耐酸碱消防服、佩戴空气呼吸器灭火。尽可能将容器从火场移至空旷处。喷水保持火场容器冷却，直至灭火结束。禁止用水、泡沫和酸碱灭火剂灭火

第六部分 泄漏应急处理

作业人员防护措施、防护装备和应急处置程序 隔离泄漏污染区，限制出入。建议应急处理人员戴防尘口罩，穿防酸碱服。作业时使用的所有设备应接地。穿上适当的防护服前严禁接触破裂的容器和泄漏物。尽可能切断泄漏源

环境保护措施 用塑料布覆盖泄漏物，减少飞散

泄漏化学品的收容、清除方法及所使用的处置材料 小量泄漏：用干燥的砂土或其他不燃材料覆盖泄漏物，然后用塑料布覆盖，减少飞散、避免雨淋。用洁净的铲子收集泄漏物，置于干净、干燥、盖子较松的容器中，将容器移离泄漏区

第七部分 操作处置与储存

操作注意事项 严加密闭，提供充分的局部排风和全面通风。操作尽可能机械化、自动化。操作人员必须经过专门培训，严格遵守操作规程。建议操作人员佩戴防尘面具（全面罩），穿橡胶耐酸碱服，戴橡胶耐酸碱手套。远离火种、热源，工作场所严禁吸烟。使用防爆型的通风系统和设备。避免产生粉尘。避免与氧化剂、酸类、醇类接触。尤其要注意避免与水接触。搬运时要轻装轻卸，防止包装及容器损坏。配备相应品种和数量的消防器材及泄漏应急处理设备。倒空的容器可能残留有害物

储存注意事项 储存于阴凉、干燥、通风良好的库房。远离火种、热源。保持容器密封。应与氧化剂、酸类、醇类、食用化学品分开存放，切忌混储。配备相应品种和数量的消防器材。储区应备有合适的材料收容泄漏物

第八部分 接触控制/个体防护

职业接触限值

中国 未制定标准

美国（ACGIH） 未制定标准

生物接触限值 未制定标准

监测方法 空气中有毒物质测定方法：未制定标准。生物监测检验方法：未制定标准

工程控制 严加密闭，提供充分的局部排风和全面通风

个体防护装备

呼吸系统防护 可能接触其粉尘时，必须佩戴防尘面具（全面罩）。紧急事态抢救或撤离时，应该佩戴空气呼吸器

眼睛防护 呼吸系统防护中已作防护

皮肤和身体防护 穿橡胶耐酸碱服

手防护 戴橡胶耐酸碱手套

第九部分 理化特性

外观与性状 白色晶体，有刺激性气味，易吸潮发热，释放出烟雾气体

pH 值 无意义		**熔点（℃）** 145.5～148.5	
沸点（℃） 190		**相对密度（水＝1）** 1.32	
相对蒸气密度（空气＝1） 6.36			
饱和蒸气压（kPa） 0.27（70℃）			
临界压力（MPa） 无资料		**辛醇/水分配系数** 无资料	
闪点（℃） 无资料		**自燃温度（℃）** 无资料	
爆炸下限（%） 无资料		**爆炸上限（%）** 无资料	
分解温度（℃） 无资料		**黏度（mPa·s）** 无资料	
燃烧热（kJ/mol） 无资料			
临界温度（℃） 147.7（255kPa）			

溶解性 微溶于水，溶于乙醇、乙酸、氯仿、四氯化碳

第十部分 稳定性和反应性

稳定性 稳定

危险反应 与强氧化剂、强酸、水、醇类等禁配物发生反应。受热或遇水分解放热，放出有毒的腐蚀性烟气

避免接触的条件 受热、潮湿空气

禁配物 强氧化剂、强酸、水、醇类

危险的分解产物 氮氧化物、氯化物

第十一部分 毒理学信息

急性毒性 LD$_{50}$：485mg/kg（大鼠经口），350mg/kg（小鼠经口）。LC$_{50}$：10mg/m^3（小鼠吸入）

皮肤刺激或腐蚀 无资料　　**眼睛刺激或腐蚀** 无资料

呼吸或皮肤过敏 无资料　　**生殖细胞突变性** 无资料

致癌性 大鼠经口给予最低中毒剂量（TDLo）20gm/kg（73 周，间断），按照 RTECS 标准可致皮肤及其附属组织、子宫肿瘤

生殖毒性 无资料

特异性靶器官系统毒性-一次接触 无资料

特异性靶器官系统毒性-反复接触 无资料

吸入危害 无资料

第十二部分 生态学信息

生态毒性 无资料

持久性和降解性

生物降解性 无资料

非生物降解性 无资料

潜在的生物累积性　无资料

土壤中的迁移性　无资料

第十三部分　废弃处置

废弃化学品　建议用焚烧法处置。与燃料混合后，再焚烧。焚烧炉排出的气体要通过洗涤器除去

污染包装物　将容器返还生产商或按照国家和地方法规处置

废弃注意事项　处置前应参阅国家和地方有关法规

第十四部分　运输信息

联合国危险货物编号（UN号）　2670

联合国运输名称　氰尿酰氯

联合国危险性类别　8

包装类别　Ⅱ　　　　　　**包装标志**

海洋污染物　否

运输注意事项　起运时包装要完整，装载应稳妥。运输过程中要确保容器不泄漏、不倒塌、不坠落、不损坏。严禁与氧化剂、酸类、醇类、食用化学品等混装混运。运输途中应防暴晒、雨淋，防高温

第十五部分　法规信息

下列法律、法规、规章和标准，对该化学品的管理作了相应的规定。

中华人民共和国职业病防治法　职业病分类和目录：未列入

危险化学品安全管理条例　危险化学品目录：列入。易制爆危险化学品名录：未列入。重点监管的危险化学品名录：未列入。GB 18218—2009《危险化学品重大危险源辨识》（表1）：未列入

使用有毒物品作业场所劳动保护条例　高毒物品目录：未列入

易制毒化学品管理条例　易制毒化学品的分类和品种目录：未列入

国际公约　斯德哥尔摩公约：未列入。鹿特丹公约：未列入。蒙特利尔议定书：未列入

第十六部分　其他信息

编写和修订信息　　**缩略语和首字母缩写**

培训建议　　　　　　**参考文献**

免责声明

2-巯基乙醇

第一部分　化学品标识

化学品中文名　2-巯基乙醇；硫代乙二醇；硫醇基乙醇

化学品英文名　2-mercaptoethanol；2-hydroxy-1-ethanethiol；thioglycol

分子式　C_2H_6OS　**分子量**　78.13

结构式　HO〜SH

化学品的推荐及限制用途　用于合成树脂及用作杀霉菌剂、杀虫剂、增塑剂、水溶性还原剂等

第二部分　危险性概述

紧急情况概述　可燃液体，吞咽会中毒，皮肤接触会致命，造成严重眼刺激

GHS危险性类别　易燃液体，类别4；急性毒性-经口，类别3；急性毒性-经皮，类别2；皮肤腐蚀/刺激，类别2；严重眼损伤/眼刺激，类别2；特异性靶器官毒性-一次接触，类别2；特异性靶器官毒性-反复接触，类别2；危害水生环境-急性危害，类别1；危害水生环境-长期危害，类别1

标签要素

象形图

警示词　危险

危险性说明　可燃液体，吞咽会中毒，皮肤接触会致命，造成皮肤刺激，造成严重眼刺激，可能对器官造成损害，长时间或反复接触可能对器官造成损伤，对水生生物毒性非常大并具有长期持续影响

防范说明

预防措施　远离火焰和热表面。戴防护手套、防护眼镜、防护面罩，穿防护服。避免接触眼睛、皮肤，操作后彻底清洗。作业场所不得进食、饮水或吸烟。避免吸入蒸气、雾。禁止排入环境

事故响应　如接触眼睛：用水细心冲洗数分钟。如戴隐形眼镜并可方便地取出，取出隐形眼镜，继续冲洗。如果眼睛刺激持续：就医。如果接触或感觉不适：呼叫中毒控制中心或就医。收集泄漏物

安全储存　存放在通风良好的地方。保持低温。上锁保管

废弃处置　本品及内装物、容器依据国家和地方法规处置

物理和化学危险　可燃，其蒸气与空气混合，能形成爆炸性混合物

健康危害　吸入、摄入或经皮肤吸收后会中毒。中毒表现有紫绀、呕吐、震颤、头痛、惊厥、昏迷，甚至死亡。对眼、皮肤有强烈刺激性。可引起角膜混浊。职业理发师可因接触巯乙酸的铵盐和钠盐发生皮肤刺激症

环境危害　对水生生物毒性非常大并具有长期持续影响

第三部分　成分/组成信息

√ 物质		混合物
组分	浓度	CAS No.
2-巯基乙醇		60-24-2

第四部分　急救措施

吸入　迅速脱离现场至空气新鲜处。保持呼吸道通畅。如

呼吸困难，给输氧。呼吸、心跳停止，立即进行心肺复苏术。就医

皮肤接触 立即脱去污染的衣着，用流动清水彻底冲洗。就医

眼睛接触 立即分开眼睑，用流动清水或生理盐水彻底冲洗。就医

食入 饮适量温水，催吐（仅限于清醒者）。就医

对保护施救者的忠告 根据需要使用个人防护设备

对医生的特别提示 对症处理

第五部分 消防措施

灭火剂 用水、雾状水、抗溶性泡沫、干粉、二氧化碳、砂土灭火

特别危险性 遇高热、明火或与氧化剂接触，有引起燃烧的危险。受高热分解放出有毒的气体

灭火注意事项及防护措施 消防人员必须佩戴防毒面具、穿全身消防服，在上风向灭火。尽可能将容器从火场移至空旷处。喷水保持火场容器冷却，直至灭火结束。处在火场中的容器若已变色或从安全泄压装置中产生声音，必须马上撤离

第六部分 泄漏应急处理

作业人员防护措施、防护装备和应急处置程序 根据液体流动和蒸气扩散的影响区域划定警戒区，无关人员从侧风、上风向撤离至安全区。消除所有点火源。建议应急处理人员戴正压自给式呼吸器，穿防腐服。穿上适当的防护服前严禁接触破裂的容器和泄漏物。尽可能切断泄漏源

环境保护措施 防止泄漏物进入水体、下水道、地下室或有限空间

泄漏化学品的收容、清除方法及所使用的处置材料 小量泄漏：用干燥的砂土或其他不燃材料吸收或覆盖，收集于容器中。大量泄漏：构筑围堤或挖坑收容。用泵转移至槽车或专用收集器内

第七部分 操作处置与储存

操作注意事项 密闭操作，局部排风。防止蒸气泄漏到工作场所空气中。操作人员必须经过专门培训，严格遵守操作规程。建议操作人员佩戴过滤式防毒面具（半面罩），戴化学安全防护眼镜，穿防毒物渗透工作服，戴乳胶手套。远离火种、热源，工作场所严禁吸烟。使用防爆型的通风系统和设备。在清除液体和蒸气前不能进行焊接、切割等作业。避免产生烟雾。避免与氧化剂、碱类接触。配备相应品种和数量的消防器材及泄漏应急处理设备。倒空的容器可能残留有害物

储存注意事项 储存于阴凉、通风的库房。远离火种、热源。防止阳光直射。包装必须密封，切勿受潮。应与氧化剂、碱类、食用化学品等分开存放，切忌混储。配备相应品种和数量的消防器材。储区应备有泄漏应急处理设备和合适的收容材料

第八部分 接触控制/个体防护

职业接触限值

中国 未制定标准

美国（ACGIH） 制定标准

生物接触限值 未制定标准

监测方法 空气中有毒物质测定方法：未制定标准。生物监测检验方法：未制定标准

工程控制 密闭操作，局部排风

个体防护装备

呼吸系统防护 空气中浓度较高时，应该佩戴过滤式防毒面具（半面罩）。紧急事态抢救或逃生时，建议佩戴空气呼吸器

眼睛防护 戴化学安全防护眼镜

皮肤和身体防护 穿防毒物渗透工作服

手防护 戴橡胶手套

第九部分 理化特性

外观与性状 水白色易流动液体，具有少许硫醇气味

pH 值 无资料 　**熔点(℃)** －40

沸点(℃) 157（分解） 　**相对密度(水＝1)** 1.1143

相对蒸气密度(空气＝1) 2.69

饱和蒸气压(kPa) 0.133（20℃）

临界压力(MPa) 无资料 　**辛醇/水分配系数** 无资料

闪点(℃) 73 　**自燃温度(℃)** 无资料

爆炸下限(%) 2.3 　**爆炸上限(%)** 18

分解温度(℃) 无资料 　**黏度(mPa·s)** 3.43

燃烧热(kJ/mol) 无资料 　**临界温度(℃)** 无资料

溶解性 可混溶于醚、苯等

第十部分 稳定性和反应性

稳定性 稳定

危险反应 与强氧化剂等禁配物发生反应

避免接触的条件 无资料

禁配物 强氧化剂、强碱

危险的分解产物 氧化硫

第十一部分 毒理学信息

急性毒性 LD_{50}：244mg/kg（大鼠经口）；190mg/kg（小鼠经口）；150mg/kg（兔经皮）

皮肤刺激或腐蚀 家兔经皮：开放性刺激试验，10mg（24h），引起刺激

眼睛刺激或腐蚀 家兔经眼：2mg，重度刺激

呼吸或皮肤过敏 无资料

生殖细胞突变性 DNA 抑制：大鼠肝 1mmol/L。微核试验：小鼠细胞 100mg/L。程序外 DNA 合成：小鼠细胞 30mmol/L

致癌性 无资料 　　**生殖毒性** 无资料

特异性靶器官系统毒性-一次接触 无资料

特异性靶器官系统毒性-反复接触 无资料

吸入危害 无资料

第十二部分 生态学信息

生态毒性 LC_{50}：37mg/L（96h）（高体雅罗鱼）；EC_{50}：0.4mg/L（48h）（大型溞）；ErC_{50}：19mg/L（72h）（*Desmodesmus subspicatus*）

持久性和降解性

　　生物降解性　28d 降解＜10%，不易快速生物降解（OECD 301A）

　　非生物降解性　无资料

潜在的生物累积性　根据 K_{ow} 值预测，该物质的生物累积性可能较弱

土壤中的迁移性　根据 K_{oc} 值预测，该物质可能易发生迁移

第十三部分　废弃处置

废弃化学品　建议用控制焚烧法或安全掩埋法处置。在能利用的地方重复使用容器或在规定场所掩埋

污染包装物　将容器返还生产商或按照国家和地方法规处置

废弃注意事项　处置前应参阅国家和地方有关法规

第十四部分　运输信息

联合国危险货物编号（UN 号）　2966

联合国运输名称　硫甘醇

联合国危险性类别　6.1

包装类别　Ⅱ　　　　**包装标志**

海洋污染物　是

运输注意事项　运输前应先检查包装容器是否完整、密封，运输过程中要确保容器不泄漏、不倒塌、不坠落、不损坏。严禁与酸类、氧化剂、食品及食品添加剂混运。运输时运输车辆应配备相应品种和数量的消防器材及泄漏应急处理设备。运输途中应防暴晒、雨淋，防高温。公路运输时要按规定路线行驶，勿在居民区和人口稠密区停留

第十五部分　法规信息

　　下列法律、法规、规章和标准，对该化学品的管理作了相应的规定。

中华人民共和国职业病防治法　职业病分类和目录：未列入

危险化学品安全管理条例　危险化学品目录：列入。易制爆危险化学品名录：未列入。重点监管的危险化学品名录：未列入。GB 18218—2009《危险化学品重大危险源辨识》（表1）：未列入

使用有毒物品作业场所劳动保护条例　高毒物品目录：未列入

易制毒化学品管理条例　易制毒化学品的分类和品种目录：未列入

国际公约　斯德哥尔摩公约：未列入。鹿特丹公约：未列入。蒙特利尔议定书：未列入

第十六部分　其他信息

编写和修订信息　　　缩略语和首字母缩写

培训建议　　　　　　参考文献

免责声明

全氯甲硫醇

第一部分　化学品标识

化学品中文名　全氯甲硫醇；三氯硫氯甲烷；过氯甲硫醇

化学品英文名　trichloromethylsulphenyl chloride；perchloromethyl mercaptan

分子式　CCl_4S　**分子量**　185.888

结构式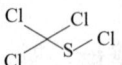

化学品的推荐及限制用途　用于有机合成，用作染料中间体、熏蒸药

第二部分　危险性概述

紧急情况概述　吞咽会中毒，皮肤接触有害，吸入致命，造成皮肤刺激，造成严重眼刺激

GHS 危险性类别　急性毒性-经口，类别 3；急性毒性-经皮，类别 4；急性毒性-吸入，类别 1；皮肤腐蚀/刺激，类别 2；严重眼损伤/眼刺激，类别 2A；特异性靶器官毒性-一次接触，类别 1；特异性靶器官毒性-反复接触，类别 1

标签要素

象形图

警示词　危险

危险性说明　吞咽会中毒，皮肤接触有害，吸入致命，造成皮肤刺激，造成严重眼刺激，对器官造成损害，长时间或反复接触对器官造成损伤

防范说明

　　预防措施　避免接触眼睛、皮肤，操作后彻底清洗。作业场所不得进食、饮水或吸烟。戴防护手套、穿防护服。避免吸入蒸气、雾。仅在室外或通风良好处操作。戴防护眼镜、防护面罩

　　事故响应　如吸入：将患者转移到空气新鲜处，休息，保持利于呼吸的体位，立即呼叫中毒控制中心或就医。皮肤接触：用大量肥皂水和水清洗，如感觉不适，呼叫中毒控制中心或就医。被污染的衣服经洗净后方可重新使用。如接触眼睛：用水细心冲洗数分钟。如戴隐形眼镜并可方便地取出，取出隐形眼镜，继续冲洗。如果眼睛刺激持续：就医。食入：立即呼叫中毒控制中心或就医，漱口。如果接触：立即呼叫中毒控制中心或就医。如感觉不适，就医

　　安全储存　在通风良好处储存。保持容器密闭。上锁保管

　　废弃处置　本品及内装物、容器依据国家和地方法规处置

物理和化学危险　不燃，无特殊燃爆特性

健康危害　吸入、摄入或经皮肤吸收对身体有害。本品严重损害黏膜、上呼吸道、眼睛和皮肤。吸入后可因喉和支气管的痉挛、炎症和水肿，化学性肺炎或肺水肿

而致死。接触后可引起烧灼感、咳嗽、喘息、喉炎、气短、头痛、恶心和呕吐

环境危害 对环境可能有害

第三部分 成分/组成信息

√ 物质　　　　　　　　混合物

组分	浓度	CAS No.
全氯甲硫醇		594-42-3

第四部分 急救措施

吸入 迅速脱离现场至空气新鲜处。保持呼吸道通畅。如呼吸困难,给输氧。呼吸、心跳停止,立即进行心肺复苏术。就医

皮肤接触 立即脱去污染的衣着,用流动清水彻底冲洗。就医

眼睛接触 立即分开眼睑,用流动清水或生理盐水彻底冲洗。就医

食入 漱口,饮水。就医

对保护施救者的忠告 根据需要使用个人防护设备

对医生的特别提示 对症处理

第五部分 消防措施

灭火剂 本品不燃,根据着火原因选择适当灭火剂灭火

特别危险性 受高热分解产生有毒的氯化物气体

灭火注意事项及防护措施 消防人员必须穿全身耐酸碱消防服、佩戴空气呼吸器灭火。尽可能将容器从火场移至空旷处。喷水保持火场容器冷却,直至灭火结束。处在火场中的容器若已变色或从安全泄压装置中发出声音,必须马上撤离。禁止用水、泡沫和酸碱灭火剂灭火

第六部分 泄漏应急处理

作业人员防护措施、防护装备和应急处置程序 根据液体流动和蒸气扩散的影响区域划定警戒区,无关人员从侧风、上风向撤离至安全区。建议应急处理人员戴正压自给式呼吸器,穿防毒服。作业时使用的所有设备应接地。穿上适当的防护服前严禁接触破裂的容器和泄漏物。勿使水进入包装容器内。尽可能切断泄漏源

环境保护措施 防止泄漏物进入水体、下水道、地下室或有限空间

泄漏化学品的收容、清除方法及所使用的处置材料 小量泄漏:用干燥的砂土或其他不燃材料覆盖泄漏物。大量泄漏:构筑围堤或挖坑收容。用泵转移至槽车或专用收集器内

第七部分 操作处置与储存

操作注意事项 密闭操作,注意通风。操作尽可能机械化、自动化。操作人员必须经过专门培训,严格遵守操作规程。建议操作人员佩戴自吸过滤式防毒面具(半面罩),戴化学安全防护眼镜,穿防毒物渗透工作服,戴橡胶耐油手套。防止蒸气泄漏到工作场所空气中。避免与氧化剂、碱类接触。搬运时要轻装轻卸,防止包装及容器损坏。配备泄漏应急处理设备。倒空

的容器可能残留有害物

储存注意事项 储存于阴凉、干燥、通风良好的专用库房内,实行“双人收发、双人保管”制度。远离火种、热源。保持容器密封。应与氧化剂、碱类、食用化学品分开存放,切忌混储。储区应备有泄漏应急处理设备和合适的收容材料

第八部分 接触控制/个体防护

职业接触限值

中国 未制定标准

美国(ACGIH) TLV-TWA:0.1ppm

生物接触限值 未制定标准

监测方法 空气中有毒物质测定方法:未制定标准。生物监测检验方法:未制定标准

工程控制 密闭操作,注意通风

个体防护装备

呼吸系统防护 空气中浓度超标时,必须佩戴过滤式防毒面具(半面罩)。紧急事态抢救或撤离时,应该佩戴空气呼吸器

眼睛防护 戴化学安全防护眼镜

皮肤和身体防护 穿防毒物渗透工作服

手防护 戴橡胶耐油手套

第九部分 理化特性

外观与性状 黄色油状液体,有不愉快的气味

pH 值 无资料		**熔点(℃)** 无资料	

沸点(℃) 148～149(分解)

相对密度(水=1) 1.70(20℃)

相对蒸气密度(空气=1) 6.41

饱和蒸气压(kPa) 0.27(20℃)

临界压力(MPa) 无资料	**辛醇/水分配系数** 无资料
闪点(℃) 无意义	**自燃温度(℃)** 无意义
爆炸下限(%) 无意义	**爆炸上限(%)** 无意义
分解温度(℃) 147.2	**黏度(mPa·s)** 无资料
燃烧热(kJ/mol) 无资料	**临界温度(℃)** 无资料

溶解性 不溶于水

第十部分 稳定性和反应性

稳定性 稳定

危险反应 与强氧化剂、强碱、水及水蒸气等禁配物发生反应

避免接触的条件 潮湿空气

禁配物 强氧化剂、强碱、水及水蒸气

危险的分解产物 氯化氢、硫化物

第十一部分 毒理学信息

急性毒性 LD$_{50}$:82.6mg/kg(大鼠经口),400mg/kg(小鼠经口),1410mg/kg(兔经皮)。LC$_{50}$:11ppm(大鼠吸入,1h)

皮肤刺激或腐蚀 无资料	**眼睛刺激或腐蚀** 无资料
呼吸或皮肤过敏 无资料	**生殖细胞突变性** 无资料

致癌性　无资料　　　　　生殖毒性　无资料

特异性靶器官系统毒性-一次接触　无资料

特异性靶器官系统毒性-反复接触　无资料

吸入危害　无资料

第十二部分　生态学信息

生态毒性　无资料

持久性和降解性

　　生物降解性　无资料

　　非生物降解性　无资料

潜在的生物累积性　无资料

土壤中的迁移性　无资料

第十三部分　废弃处置

废弃化学品　根据国家和地方有关法规的要求处置。或与
　　厂商或制造商联系，确定处置方法

污染包装物　将容器返还生产商或按照国家和地方法规
　　处置

废弃注意事项　处置前应参阅国家和地方有关法规

第十四部分　运输信息

联合国危险货物编号（UN号）　1670

联合国运输名称　全氯甲硫醇

联合国危险性类别　6.1

包装类别　Ⅰ　　　　　包装标志　

海洋污染物　否

运输注意事项　运输前应先检查包装容器是否完整、密
　　封，运输过程中要确保容器不泄漏、不倒塌、不坠
　　落、不损坏。严禁与酸类、氧化剂、食品及食品添加
　　剂混运。运输时运输车辆应配备泄漏应急处理设备。
　　运输途中应防暴晒、雨淋，防高温。公路运输时要按
　　规定路线行驶

第十五部分　法规信息

　　下列法律、法规、规章和标准，对该化学品的管理作
了相应的规定。

中华人民共和国职业病防治法　职业病分类和目录：未
　　列入

危险化学品安全管理条例　危险化学品目录：列入。作为
　　剧毒化学品进行管理。易制爆危险化学品名录：未列
　　入。重点监管的危险化学品名录：未列入。GB
　　18218—2009《危险化学品重大危险源辨识》（表1）：
　　未列入

使用有毒物品作业场所劳动保护条例　高毒物品目录：未
　　列入

易制毒化学品管理条例　易制毒化学品的分类和品种目
　　录：未列入

国际公约　斯德哥尔摩公约：未列入。鹿特丹公约：未列
　　入。蒙特利尔议定书：未列入

第十六部分　其他信息

编写和修订信息　　　缩略语和首字母缩写

培训建议　　　　　　参考文献

免责声明

壬基三氯硅烷

第一部分　化学品标识

化学品中文名　壬基三氯硅烷

化学品英文名　nonyl trichlorosilane

分子式　$C_9H_{19}Cl_3Si$　分子量　261.72

结构式　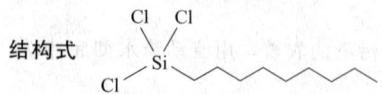

化学品的推荐及限制用途　用作有机硅化合物中间体

第二部分　危险性概述

紧急情况概述　造成严重的皮肤灼伤和眼损伤

GHS危险性类别　皮肤腐蚀/刺激，类别1；严重眼损伤/
　　眼刺激，类别1

标签要素

象形图　

警示词　危险

危险性说明　造成严重的皮肤灼伤和眼损伤

防范说明

　　预防措施　避免吸入烟雾。避免接触眼睛、皮肤，
　　　　操作后彻底清洗。戴防护手套，穿防护服，戴
　　　　防护眼镜、防护面罩

　　事故响应　如吸入：将患者转移到空气新鲜处，休
　　　　息，保持利于呼吸的体位，立即呼叫中毒控制中
　　　　心或就医。皮肤（或头发）接触：立即脱掉所有
　　　　被污染的衣服，用水冲洗皮肤，淋浴。污染的衣
　　　　服洗净后方可重新使用。眼睛接触：用水细心地
　　　　冲洗数分钟，立即呼叫中毒控制中心或就医。如
　　　　戴隐形眼镜并可方便地取出，则取出隐形眼镜，
　　　　继续冲洗。食入：漱口，不要催吐

　　安全储存　上锁保管

　　废弃处置　本品及内装物、容器依据国家和地方法
　　　　规处置

物理和化学危险　可燃。遇水产生刺激性气体

健康危害　本品对眼睛、皮肤和黏膜有腐蚀和刺激作用。
　　受热分解放出有毒的氯气烟雾。摄入，可引起循环衰
　　竭、休克致死

环境危害　对环境可能有害

第三部分　成分/组成信息

√物质　　　　　　　　　　　混合物

组分	浓度	CAS No.
壬基三氯硅烷		5283-67-0

第四部分　急救措施

吸入　迅速脱离现场至空气新鲜处。保持呼吸道通畅。如呼吸困难，给输氧。呼吸、心跳停止，立即进行心肺复苏术。就医

皮肤接触　立即脱去污染的衣着，用大量流动清水彻底冲洗至少 15min。就医

眼睛接触　立即分开眼睑，用流动清水或生理盐水彻底冲洗 5～10min。就医

食入　用水漱口，禁止催吐。给饮牛奶或蛋清。就医

对保护施救者的忠告　根据需要使用个人防护设备

对医生的特别提示　对症处理

第五部分　消防措施

灭火剂　用干粉、二氧化碳、砂土灭火

特别危险性　遇高热、明火或与氧化剂接触，有引起燃烧的危险。遇水发生剧烈反应，散发出具有刺激性和腐蚀性的氯化氢气体。受高热分解放出有毒的气体。遇潮时能腐蚀大多数金属及有机组织

灭火注意事项及防护措施　消防人员须佩戴防毒面具、穿全身消防服，在上风向灭火。尽可能将容器从火场移至空旷处。喷水保持火场容器冷却，直至灭火结束。处在火场中的容器若已变色或从安全泄压装置中发出声音，必须马上撤离。禁止用水和泡沫灭火

第六部分　泄漏应急处理

作业人员防护措施、防护装备和应急处置程序　根据液体流动和蒸气扩散的影响区域划定警戒区，无关人员从侧风、上风向撤离至安全区。建议应急处理人员戴正压自给式呼吸器，穿防腐、防毒服。作业时使用的所有设备应接地。穿上适当的防护服前严禁接触破裂的容器和泄漏物。尽可能切断泄漏源

环境保护措施　防止泄漏物进入水体、下水道、地下室或有限空间

泄漏化学品的收容、清除方法及所使用的处置材料　严禁用水处理。小量泄漏：用干燥的砂土或其他不燃材料覆盖泄漏物。大量泄漏：构筑围堤或挖坑收容。用碎石灰石（$CaCO_3$）、苏打灰（Na_2CO_3）或石灰（CaO）中和。用耐腐蚀泵转移至槽车或专用收集器内

第七部分　操作处置与储存

操作注意事项　密闭操作，局部排风。防止蒸气泄漏到工作场所空气中。操作人员必须经过专门培训，严格遵守操作规程。建议操作人员佩戴自吸过滤式防毒面具（半面罩），戴化学安全防护眼镜，穿橡胶耐酸碱服，戴橡胶耐酸碱手套。远离火种、热源，工作场所严禁吸烟。使用防爆型的通风系统和设备。在清除液体和蒸气前不能进行焊接、切割等作业。避免产生烟雾。避免与氧化剂、酸类、碱类接触。尤其要注意避免与水接触。配备相应品种和数量的消防器材及泄漏应急处理设备。倒空的容器可能残留有害物

储存注意事项　储存于阴凉、干燥、通风良好的库房。远离火种、热源。防止阳光直射。保持容器密封。应与氧化剂、酸类、碱类、食用化学品等分开存放，切忌混储。配备相应品种和数量的消防器材。储区应备有泄漏应急处理设备和合适的收容材料

第八部分　接触控制/个体防护

职业接触限值
　　中国　未制定标准
　　美国（ACGIH）　未制定标准

生物接触限值　未制定标准

监测方法　空气中有毒物质测定方法：未制定标准。生物监测检验方法：未制定标准

工程控制　密闭操作，局部排风

个体防护装备
　　呼吸系统防护　空气中浓度超标时，必须佩戴过滤式防毒面具（半面罩）。紧急事态抢救或撤离时，应该佩戴空气呼吸器
　　眼睛防护　戴化学安全防护眼镜
　　皮肤和身体防护　穿橡胶耐酸碱服
　　手防护　戴橡胶耐酸碱手套

第九部分　理化特性

外观与性状　无色带刺激性气味的液体

pH 值　无资料	**熔点(℃)**　无资料
沸点(℃)　116（1.33kPa）	**相对密度(水＝1)**　1.064
相对蒸气密度(空气＝1)　无资料	
饱和蒸气压(kPa)　无资料	
临界压力(MPa)　无资料	**辛醇/水分配系数**　无资料
闪点(℃)　无资料	**自燃温度(℃)**　无资料
爆炸下限(%)　无资料	**爆炸上限(%)**　无资料
分解温度(℃)　无资料	**黏度(mPa·s)**　无资料
燃烧热(kJ/mol)　无资料	**临界温度(℃)**　无资料

溶解性　溶于部分有机溶剂

第十部分　稳定性和反应性

稳定性　稳定

危险反应　与强氧化剂、水、强酸、强碱等禁配物发生反应。遇水发生剧烈反应，散发出具有刺激性和腐蚀性的氯化氢气体

避免接触的条件　潮湿空气

禁配物　强氧化剂、水、强酸、强碱

危险的分解产物　氧化硅、氯化氢

第十一部分　毒理学信息

急性毒性　无资料

皮肤刺激或腐蚀　无资料	**眼睛刺激或腐蚀**　无资料
呼吸或皮肤过敏　无资料	**生殖细胞突变性**　无资料
致癌性　无资料	**生殖毒性**　无资料

特异性靶器官系统毒性-一次接触　无资料

特异性靶器官系统毒性-反复接触　无资料

吸入危害　无资料

第十二部分　生态学信息

生态毒性　无资料

持久性和降解性

　　生物降解性　无资料

　　非生物降解性　无资料

潜在的生物累积性　无资料

土壤中的迁移性　无资料

第十三部分　废弃处置

废弃化学品　建议用焚烧法处置。在能利用的地方重复使用容器或在规定场所掩埋

污染包装物　将容器返还生产商或按照国家和地方法规处置

废弃注意事项　处置前应参阅国家和地方有关法规

第十四部分　运输信息

联合国危险货物编号（UN号）　1799

联合国运输名称　壬基三氯硅烷

联合国危险性类别　8

包装类别　Ⅱ　　　　　　**包装标志**

海洋污染物　否

运输注意事项　起运时包装要完整，装载应稳妥。运输过程中要确保容器不泄漏、不倒塌、不坠落、不损坏。严禁与氧化剂、酸类、碱类、食用化学品等混装混运。运输时运输车辆应配备相应品种和数量的消防器材及泄漏应急处理设备。运输途中应防暴晒、雨淋、防高温。公路运输时要按规定路线行驶，勿在居民区和人口稠密区停留

第十五部分　法规信息

　　下列法律、法规、规章和标准，对该化学品的管理作了相应的规定。

中华人民共和国职业病防治法　职业病分类和目录：未列入

危险化学品安全管理条例　危险化学品目录：列入。易制爆危险化学品名录：未列入。重点监管的危险化学品名录：未列入。GB 18218—2009《危险化学品重大危险源辨识》（表1）：未列入

使用有毒物品作业场所劳动保护条例　高毒物品目录：未列入

易制毒化学品管理条例　易制毒化学品的分类和品种目录：未列入

国际公约　斯德哥尔摩公约：未列入。鹿特丹公约：未列入。蒙特利尔议定书：未列入

第十六部分　其他信息

编写和修订信息　　缩略语和首字母缩写

培训建议　　　　　参考文献

免责声明

2-壬烯

第一部分　化学品标识

化学品中文名　2-壬烯；1-己基-2-甲基乙烯

化学品英文名　2-nonene；1-hexyl-2-methylethylene

分子式　C_9H_{18}　**分子量**　126.2392

结构式　

化学品的推荐及限制用途　用于溶剂、有机合成等

第二部分　危险性概述

紧急情况概述　易燃液体和蒸气

GHS危险性类别　易燃液体，类别3；危害水生环境-急性危害，类别2；危害水生环境-长期危害，类别2

标签要素

　　象形图

警示词　警告

危险性说明　易燃液体和蒸气，对水生生物有毒并具有长期持续影响

防范说明

　　预防措施　远离热源、火花、明火、热表面。禁止吸烟。保持容器密闭。容器和接收设备接地连接。使用防爆型电器、通风、照明设备。只能使用不产生火花的工具。采取防止静电措施。戴防护手套、防护眼镜、防护面罩。禁止排入环境

　　事故响应　火灾时，使用雾状水、泡沫、干粉、二氧化碳、砂土灭火。如皮肤（或头发）接触：立即脱掉所有被污染的衣服，用水冲洗皮肤、淋浴。收集泄漏物

　　安全储存　存放在通风良好的地方。保持低温

　　废弃处置　本品及内装物、容器依据国家和地方法规处置

物理和化学危险　易燃，其蒸气与空气混合，能形成爆炸性混合物

健康危害　本品有刺激作用，高浓度时有麻醉性

环境危害　对水生生物有毒并具有长期持续影响

第三部分　成分/组成信息

　√　物质　　　　　　　　　混合物

组分	浓度	CAS No.
2-壬烯		2216-38-8

第四部分　急救措施

吸入　迅速脱离现场至空气新鲜处。保持呼吸道通畅。如呼吸困难，给输氧。呼吸、心跳停止，立即进行心肺复苏术。就医

皮肤接触　立即脱去污染的衣着，用流动清水彻底冲洗。就医

眼睛接触　立即分开眼睑，用流动清水或生理盐水彻底冲洗。就医

食入　漱口，饮水。就医

对保护施救者的忠告　根据需要使用个人防护设备

对医生的特别提示　对症处理

第五部分　消防措施

灭火剂　用雾状水、泡沫、干粉、二氧化碳、砂土灭火

特别危险性　其蒸气与空气可形成爆炸性混合物，遇明火、高热能引起燃烧爆炸。与氧化剂可发生反应。容易自聚，聚合反应随着温度的上升而急骤加剧。流速过快，容易产生和积聚静电。若遇高热，容器内压增大，有开裂和爆炸的危险

灭火注意事项及防护措施　消防人员必须佩戴防毒面具、穿全身消防服，在上风向灭火。尽可能将容器从火场移至空旷处。喷水保持火场容器冷却，直至灭火结束。处在火场中的容器若已变色或从安全泄压装置中发出声音，必须马上撤离

第六部分　泄漏应急处理

作业人员防护措施、防护装备和应急处置程序　消除所有点火源。根据液体流动和蒸气扩散的影响区域划定警戒区，无关人员从侧风、上风向撤离至安全区。建议应急处理人员戴正压自给式呼吸器，穿防静电服。作业时使用的所有设备应接地。禁止接触或跨越泄漏物。尽可能切断泄漏源

环境保护措施　防止泄漏物进入水体、下水道、地下室或有限空间

泄漏化学品的收容、清除方法及所使用的处置材料　小量泄漏：用砂土或其他不燃材料吸收。使用洁净的无火花工具收集吸收材料。大量泄漏：构筑围堤或挖坑收容。用泡沫覆盖，减少蒸发。喷水雾能减少蒸发，但不能降低泄漏物在有限空间内的易燃性。用防爆泵转移至槽车或专用收集器内

第七部分　操作处置与储存

操作注意事项　密闭操作，局部排风。防止蒸气泄漏到工作场所空气中。操作人员必须经过专门培训，严格遵守操作规程。建议操作人员佩戴自吸过滤式防毒面具（半面罩），戴化学安全防护眼镜，穿防静电工作服，戴橡胶手套。远离火种、热源，工作场所严禁吸烟。使用防爆型的通风系统和设备。在清除液体和蒸气前不能进行焊接、切割等作业。避免产生烟雾。避免与氧化剂接触。容器与传送设备要接地，防止产生静电。灌装时应控制流速，且有接地装置，防止静电积聚。配备相应品种和数量的消防器材及泄漏应急处理设备。倒空的容器可能残留有害物

储存注意事项　储存于阴凉、通风的库房。远离火种、热源。防止阳光直射。库温不宜超过37℃，保持容器密封，严禁与空气接触。应与氧化剂、食用化学品分开存放，切忌混储。采用防爆型照明、通风设施。禁止使用易产生火花的机械设备和工具。储区应备有泄漏应急处理设备和合适的收容材料

第八部分　接触控制/个体防护

职业接触限值

中国　未制定标准

美国（ACGIH）　未制定标准

生物接触限值　未制定标准

监测方法　空气中有毒物质测定方法：未制定标准。生物监测检验方法：未制定标准

工程控制　密闭操作，局部排风

个体防护装备

呼吸系统防护　空气中浓度超标时，必须佩戴过滤式防毒面具（半面罩）。紧急事态抢救或撤离时，应该佩戴空气呼吸器

眼睛防护　戴化学安全防护眼镜

皮肤和身体防护　穿防静电工作服

手防护　戴橡胶手套

第九部分　理化特性

外观与性状　无色液体

pH 值　无资料

熔点（℃）　无资料		**沸点（℃）**　144～145	

相对密度（水＝1）　0.734

相对蒸气密度（空气＝1）　无资料

饱和蒸气压（kPa）　无资料

临界压力（MPa）　无资料　　**辛醇/水分配系数**　无资料

闪点（℃）　32　　　　　　　**自燃温度（℃）**　无资料

爆炸下限（%）　无资料　　**爆炸上限（%）**　无资料

分解温度（℃）　无资料　　**黏度（mPa·s）**　无资料

燃烧热（kJ/mol）　无资料　　**临界温度（℃）**　无资料

溶解性　不溶于水

第十部分　稳定性和反应性

稳定性　稳定

危险反应　与强氧化剂、酸类、卤代烃、卤素等禁配物接触，有发生火灾和爆炸的危险。容易发生自聚反应

避免接触的条件　无资料

禁配物　强氧化剂、酸类、卤代烃、卤素

危险的分解产物　无资料

第十一部分　毒理学信息

急性毒性　无资料

皮肤刺激或腐蚀　无资料　　**眼睛刺激或腐蚀**　无资料

呼吸或皮肤过敏　无资料　　**生殖细胞突变性**　无资料

致癌性　无资料　　　　　　**生殖毒性**　无资料

特异性靶器官系统毒性-一次接触　无资料

特异性靶器官系统毒性-反复接触　无资料

吸入危害　无资料

第十二部分　生态学信息

生态毒性　无资料

持久性和降解性

生物降解性　无资料

非生物降解性　无资料

潜在的生物累积性　无资料

土壤中的迁移性　无资料

第十三部分　废弃处置

废弃化学品　建议用焚烧法处置。在能利用的地方重复使

用容器或在规定场所掩埋

污染包装物 将容器返还生产商或按照国家和地方法规处置

废弃注意事项 处置前应参阅国家和地方有关法规

第十四部分 运输信息

联合国危险货物编号（UN 号） 3295

联合国运输名称 液态烃类，未另作规定的（2-壬烯）

联合国危险性类别 3

包装类别 Ⅲ 　　　　　　　　**包装标志**

海洋污染物 否

运输注意事项 运输时运输车辆应配备相应品种和数量的消防器材及泄漏应急处理设备。夏季最好早晚运输。运输时所用的槽（罐）车应有接地链，槽内可设孔隔板以减少震荡产生的静电。严禁与氧化剂、食用化学品等混装混运。运输途中应防暴晒、雨淋，防高温。中途停留时应远离火种、热源、高温区。装运该物品的车辆排气管必须配备阻火装置，禁止使用易产生火花的机械设备和工具装卸。公路运输时要按规定路线行驶，勿在居民区和人口稠密区停留。铁路运输时要禁止溜放。严禁用木船、水泥船散装运输

第十五部分 法规信息

下列法律、法规、规章和标准，对该化学品的管理作了相应的规定。

中华人民共和国职业病防治法 职业病分类和目录：未列入

危险化学品安全管理条例 危险化学品目录：列入。易制爆危险化学品名录：未列入。重点监管的危险化学品名录：未列入。GB 18218—2009《危险化学品重大危险源辨识》（表1）：未列入

使用有毒物品作业场所劳动保护条例 高毒物品目录：未列入

易制毒化学品管理条例 易制毒化学品的分类和品种目录：未列入

国际公约 斯德哥尔摩公约：未列入。鹿特丹公约：未列入。蒙特利尔议定书：未列入

第十六部分 其他信息

编写和修订信息 　　　　**缩略语和首字母缩写**

培训建议 　　　　　　　　**参考文献**

免责声明

3-壬烯

第一部分 化学品标识

化学品中文名 3-壬烯；1-乙基-2-戊基乙烯

化学品英文名 3-nonene；1-ethyl-2-pentylethylene

分子式 C_9H_{18} 　　**分子量** 126.2392

结构式

化学品的推荐及限制用途 用于溶剂、有机合成等

第二部分 危险性概述

紧急情况概述 易燃液体和蒸气

GHS 危险性类别 易燃液体，类别3；危害水生环境-急性危害，类别2；危害水生环境-长期危害，类别2

标签要素

象形图

警示词 危险

危险性说明 易燃液体和蒸气，对水生生物有毒并具有长期持续影响

防范说明

预防措施 远离热源、火花、明火、热表面。禁止吸烟。保持容器密闭。容器和接收设备接地连接。使用防爆型电器、通风、照明设备。只能使用不产生火花的工具。采取防止静电措施。戴防护手套、防护眼镜、防护面罩。禁止排入环境

事故响应 火灾时，使用雾状水、泡沫、干粉、二氧化碳、砂土灭火。如皮肤（或头发）接触：立即脱掉所有被污染的衣服，用水冲洗皮肤，淋浴。收集泄漏物

安全储存 存放在通风良好的地方。保持低温

废弃处置 本品及内装物、容器依据国家和地方法规处置

物理和化学危险 易燃，其蒸气与空气混合，能形成爆炸性混合物

健康危害 本品有刺激作用，高浓度时有麻醉性

环境危害 对水生生物有毒并具有长期持续影响

第三部分 成分/组成信息

√ 物质 　　　　　　　　混合物

组分	浓度	CAS No.
3-壬烯		20063-77-8

第四部分 急救措施

吸入 迅速脱离现场至空气新鲜处。保持呼吸道通畅。如呼吸困难，给输氧。呼吸、心跳停止，立即进行心肺复苏术。就医

皮肤接触 立即脱去污染的衣着，用流动清水彻底冲洗。就医

眼睛接触 立即分开眼睑，用流动清水或生理盐水彻底冲洗。就医

食入 漱口，饮水。就医

对保护施救者的忠告 根据需要使用个人防护设备

对医生的特别提示 对症处理

第五部分 消防措施

灭火剂 用雾状水、泡沫、干粉、二氧化碳、砂土灭火

特别危险性 其蒸气与空气可形成爆炸性混合物，遇明火、高热能引起燃烧爆炸。与氧化剂可发生反应。容易自聚，聚合反应随着温度的上升而急骤加剧。流速过快，容易产生和积聚静电。若遇高热，容器内压增大，有开裂和爆炸的危险

灭火注意事项及防护措施 消防人员必须佩戴防毒面具、穿全身消防服，在上风向灭火。尽可能将容器从火场移至空旷处。喷水保持火场容器冷却，直至灭火结束。处在火场中的容器若已变色或从安全泄压装置中发出声音，必须马上撤离

第六部分 泄漏应急处理

作业人员防护措施、防护装备和应急处置程序 消除所有点火源。根据液体流动和蒸气扩散的影响区域划定警戒区，无关人员从侧风向、上风向撤离至安全区。建议应急处理人员戴正压自给式呼吸器，穿防静电服。作业时使用的所有设备应接地。禁止接触或跨越泄漏物。尽可能切断泄漏源

环境保护措施 防止泄漏物进入水体、下水道、地下室或有限空间

泄漏化学品的收容、清除方法及所使用的处置材料 小量泄漏：用砂土或其他不燃材料吸收。使用洁净的无火花工具收集吸收材料。大量泄漏：构筑围堤或挖坑收容。用泡沫覆盖，减少蒸发。喷水雾能减少蒸发，但不能降低泄漏物在有限空间内的易燃性。用防爆泵转移至槽车或专用收集器内

第七部分 操作处置与储存

操作注意事项 密闭操作，局部排风。防止蒸气泄漏到工作场所空气中。操作人员必须经过专门培训，严格遵守操作规程。建议操作人员佩戴自吸过滤式防毒面具（半面罩），戴化学安全防护眼镜，穿防静电工作服，戴橡胶手套。远离火种、热源，工作场所严禁吸烟。使用防爆型的通风系统和设备。在清除液体和蒸气前不能进行焊接、切割等作业。避免产生烟雾。避免与氧化剂接触。容器与传送设备要接地，防止产生静电。灌装时应控制流速，且有接地装置，防止静电积聚。配备相应品种和数量的消防器材及泄漏应急处理设备。倒空的容器可能残留有害物

储存注意事项 储存于阴凉、通风的库房。远离火种、热源。防止阳光直射。库温不宜超过37℃，保持容器密封，严禁与空气接触。应与氧化剂、食用化学品分开存放，切忌混储。采用防爆型照明、通风设施。禁止使用易产生火花的机械设备和工具。储区应备有泄漏应急处理设备和合适的收容材料

第八部分 接触控制/个体防护

职业接触限值
中国 未制定标准
美国（ACGIH） 未制定标准
生物接触限值 未制定标准
监测方法 空气中有毒物质测定方法：未制定标准。生物监测检验方法：未制定标准

工程控制 密闭操作，局部排风
个体防护装备
呼吸系统防护 空气中浓度超标时，必须佩戴过滤式防毒面具（半面罩）。紧急事态抢救或撤离时，应该佩戴空气呼吸器
眼睛防护 戴化学安全防护眼镜
皮肤和身体防护 穿防静电工作服
手防护 戴橡胶手套

第九部分 理化特性

外观与性状 无色液体　　**pH值** 无资料
熔点(℃) 无资料　　**沸点(℃)** 123~127
相对密度(水=1) 0.734
相对蒸气密度(空气=1) 无资料
饱和蒸气压(kPa) 无资料
临界压力(MPa) 无资料　　**辛醇/水分配系数** 无资料
闪点(℃) 32　　**自燃温度(℃)** 无资料
爆炸下限(%) 无资料　　**爆炸上限(%)** 无资料
分解温度(℃) 无资料　　**黏度(mPa·s)** 无资料
燃烧热(kJ/mol) 无资料　　**临界温度(℃)** 无资料
溶解性 不溶于水

第十部分 稳定性和反应性

稳定性 稳定
危险反应 与氧化剂、酸类、卤代烃、卤素等禁配物接触，有发生火灾和爆炸的危险。容易发生自聚反应
避免接触的条件 无资料
禁配物 氧化剂、酸类、卤代烃、卤素
危险的分解产物 无资料

第十一部分 毒理学信息

急性毒性 无资料
皮肤刺激或腐蚀 无资料　　**眼睛刺激或腐蚀** 无资料
呼吸或皮肤过敏 无资料　　**生殖细胞突变性** 无资料
致癌性 无资料　　**生殖毒性** 无资料
特异性靶器官系统毒性-一次接触 无资料
特异性靶器官系统毒性-反复接触 无资料
吸入危害 无资料

第十二部分 生态学信息

生态毒性 无资料
持久性和降解性
生物降解性 无资料
非生物降解性 无资料
潜在的生物累积性 无资料
土壤中的迁移性 无资料

第十三部分 废弃处置

废弃化学品 建议用焚烧法处置。在能利用的地方重复使用容器或在规定场所掩埋
污染包装物 将容器返还生产商或按照国家和地方法规处置
废弃注意事项 处置前应参阅国家和地方有关法规

第十四部分　运输信息

联合国危险货物编号（UN 号） 3295
联合国运输名称 液态烃类，未另作规定的（3-壬烯）
联合国危险性类别 3

包装类别 Ⅲ　　　　　**包装标志**

海洋污染物 否
运输注意事项 运输时运输车辆应配备相应品种和数量的消防器材及泄漏应急处理设备。夏季最好早晚运输。运输时所用的槽（罐）车应有接地链，槽内可设孔隔板以减少震荡产生的静电。严禁与氧化剂、食用化学品等混装混运。运输途中应防暴晒、雨淋，防高温。中途停留时应远离火种、热源、高温区。装运该物品的车辆排气管必须配备阻火装置，禁止使用易产生火花的机械设备和工具装卸。公路运输要按规定路线行驶，勿在居民区和人口稠密区停留。铁路运输时要禁止溜放。严禁用木船、水泥船散装运输

第十五部分　法规信息

　　下列法律、法规、规章和标准，对该化学品的管理作了相应的规定。
中华人民共和国职业病防治法 职业病分类和目录：未列入
危险化学品安全管理条例 危险化学品目录：列入。易制爆危险化学品名录：未列入。重点监管的危险化学品名录：未列入。GB 18218—2009《危险化学品重大危险源辨识》（表 1）：未列入
使用有毒物品作业场所劳动保护条例 高毒物品目录：未列入
易制毒化学品管理条例 易制毒化学品的分类和品种目录：未列入
国际公约 斯德哥尔摩公约：未列入。鹿特丹公约：未列入。蒙特利尔议定书：未列入

第十六部分　其他信息

编写和修订信息　　　　**缩略语和首字母缩写**
培训建议　　　　　　　**参考文献**
免责声明

4-壬烯

第一部分　化学品标识

化学品中文名 4-壬烯；1-丁基-2-丙基乙烯
化学品英文名 4-nonene；4-nonylene
分子式 C_9H_{18}　**分子量** 126.2392
结构式 ∧∧∧∧∧
化学品的推荐及限制用途 用于溶剂、有机合成等

第二部分　危险性概述

紧急情况概述 易燃液体和蒸气

GHS 危险性类别 易燃液体，类别 3；危害水生环境-急性危害，类别 2；危害水生环境-长期危害，类别 2
标签要素

象形图

警示词 警告
危险性说明 易燃液体和蒸气，对水生生物有毒并具有长期持续影响
防范说明
　　预防措施　远离热源、火花、明火、热表面。禁止吸烟。保持容器密闭。容器和接收设备接地连接。使用防爆型电器、通风、照明设备。只能使用不产生火花的工具。采取防止静电措施。戴防护手套、防护眼镜、防护面罩。禁止排入环境
　　事故响应　火灾时，使用雾状水、泡沫、干粉、二氧化碳、砂土灭火。如皮肤（或头发）接触：立即脱掉所有被污染的衣服，用水冲洗皮肤，淋浴。收集泄漏物
　　安全储存　存放在通风良好的地方。保持低温
　　废弃处置　本品及内装物、容器依据国家和地方法规处置
物理和化学危险 易燃，其蒸气与空气混合，能形成爆炸性混合物
健康危害 本品有刺激作用，高浓度时有麻醉性
环境危害 对水生生物有毒并具有长期持续影响

第三部分　成分/组成信息

√ 物质　　　　　　　　　　混合物

组分	浓度	CAS No.
4-壬烯		2198-23-4

第四部分　急救措施

吸入 迅速脱离现场至空气新鲜处。保持呼吸道通畅。如呼吸困难，给输氧。如呼吸、心跳停止，立即进行心肺复苏术。就医
皮肤接触 立即脱去污染的衣着，用流动清水彻底冲洗。就医
眼睛接触 立即分开眼睑，用流动清水或生理盐水彻底冲洗。就医
食入 漱口，饮水。就医
对保护施救者的忠告 根据需要使用个人防护设备
对医生的特别提示 对症处理

第五部分　消防措施

灭火剂 用雾状水、泡沫、干粉、二氧化碳、砂土灭火
特别危险性 其蒸气与空气可形成爆炸性混合物，遇明火、高热能引起燃烧爆炸。与氧化剂可发生反应。容易自聚，聚合反应随着温度的上升而急骤加剧。流速过快，容易产生和积聚静电。若遇高热，容器内压增大，有开裂和爆炸的危险

灭火注意事项及防护措施 消防人员必须佩戴防毒面具、穿全身消防服，在上风向灭火。尽可能将容器从火场移至空旷处。喷水保持火场容器冷却，直至灭火结束。处在火场中的容器若已变色或从安全泄压装置中发出声音，必须马上撤离

第六部分 泄漏应急处理

作业人员防护措施、防护装备和应急处置程序 消除所有点火源。根据液体流动和蒸气扩散的影响区域划定警戒区，无关人员从侧风向、上风向撤离至安全区。建议应急处理人员戴正压自给式呼吸器，穿防静电服。作业时使用的所有设备应接地。禁止接触或跨越泄漏物。尽可能切断泄漏源

环境保护措施 防止泄漏物进入水体、下水道、地下室或有限空间

泄漏化学品的收容、清除方法及所使用的处置材料 小量泄漏：用砂土或其他不燃材料吸收。使用洁净的无火花工具收集吸收材料。大量泄漏：构筑围堤或挖坑收容。用泡沫覆盖，减少蒸发。喷水雾能减少蒸发，但不能降低泄漏物在有限空间内的易燃性。用防爆泵转移至槽车或专用收集器内

第七部分 操作处置与储存

操作注意事项 密闭操作，局部排风。防止蒸气泄漏到工作场所空气中。操作人员必须经过专门培训，严格遵守操作规程。建议操作人员佩戴自吸过滤式防毒面具（半面罩），戴化学安全防护眼镜，穿防静电工作服，戴橡胶手套。远离火种、热源，工作场所严禁吸烟。使用防爆型的通风系统和设备。在清除液体和蒸气前不能进行焊接、切割等作业。避免产生烟雾。避免与氧化剂接触。容器与传送设备要接地，防止产生静电。灌装时应控制流速，且有接地装置，防止静电积聚。配备相应品种和数量的消防器材及泄漏应急处理设备。倒空的容器可能残留有害物

储存注意事项 储存于阴凉、通风的库房。远离火种、热源。防止阳光直射。库温不宜超过37℃，保持容器密封，严禁与空气接触。应与氧化剂、食用化学品分开存放，切忌混储。采用防爆型照明、通风设施。禁止使用易产生火花的机械设备和工具。储区应备有泄漏应急处理设备和合适的收容材料

第八部分 接触控制/个体防护

职业接触限值
中国 未制定标准
美国（ACGIH） 未制定标准

生物接触限值 未制定标准

监测方法 空气中有毒物质测定方法：未制定标准。生物监测检验方法：未制定标准

工程控制 密闭操作，局部排风

个体防护装备
呼吸系统防护 空气中浓度超标时，必须佩戴过滤式防毒面具（半面罩）。紧急事态抢救或撤离时，应该佩戴空气呼吸器
眼睛防护 戴化学安全防护眼镜
皮肤和身体防护 穿防静电工作服
手防护 戴橡胶手套

第九部分 理化特性

外观与性状 无色液体　　**pH 值** 无资料

熔点（℃） 无资料　　　**沸点（℃）** 144～146

相对密度（水=1） 0.7322（18℃）

相对蒸气密度（空气=1） 无资料

饱和蒸气压（kPa） 无资料

临界压力（MPa） 无资料　**辛醇/水分配系数** 无资料

闪点（℃） 27　　　　　**自燃温度（℃）** 无资料

爆炸下限（%） 无资料　　**爆炸上限（%）** 无资料

分解温度（℃） 无资料　　**黏度（mPa·s）** 无资料

燃烧热（kJ/mol） 无资料　**临界温度（℃）** 无资料

溶解性 不溶于水

第十部分 稳定性和反应性

稳定性 稳定

危险反应 与氧化剂、强酸、卤代烃、卤素等禁配物接触，有发生火灾和爆炸的危险。容易发生自聚反应

避免接触的条件 无资料

禁配物 氧化剂、强酸、卤代烃、卤素

危险的分解产物 无资料

第十一部分 毒理学信息

急性毒性 无资料

皮肤刺激或腐蚀 无资料　　**眼睛刺激或腐蚀** 无资料

呼吸或皮肤过敏 无资料　　**生殖细胞突变性** 无资料

致癌性 无资料　　　　　　**生殖毒性** 无资料

特异性靶器官系统毒性-一次接触 无资料

特异性靶器官系统毒性-反复接触 无资料

吸入危害 无资料

第十二部分 生态学信息

生态毒性 无资料

持久性和降解性
生物降解性 无资料
非生物降解性 无资料

潜在的生物累积性 无资料

土壤中的迁移性 无资料

第十三部分 废弃处置

废弃化学品 建议用焚烧法处置。在能利用的地方重复使用容器或在规定场所掩埋

污染包装物 将容器返还生产商或按照国家和地方法规处置

废弃注意事项 处置前应参阅国家和地方有关法规

第十四部分 运输信息

联合国危险货物编号（UN 号） 3295

联合国运输名称 液态烃类，未另作规定的（4-壬烯）

联合国危险性类别　3

包装类别　Ⅲ　　　　　　**包装标志**　

海洋污染物　否

运输注意事项　运输时运输车辆应配备相应品种和数量的消防器材及泄漏应急处理设备。夏季最好早晚运输。运输时所用的槽（罐）车应有接地链，槽内可设孔隔板以减少震荡产生的静电。严禁与氧化剂、食用化学品等混装混运。运输途中应防暴晒、雨淋，防高温。中途停留时应远离火种、热源、高温区。装运该物品的车辆排气管必须配备阻火装置，禁止使用易产生火花的机械设备和工具装卸。公路运输时要按规定路线行驶，勿在居民区和人口稠密区停留。铁路运输时要禁止溜放。严禁用木船、水泥船散装运输

第十五部分　法规信息

下列法律、法规、规章和标准，对该化学品的管理作了相应的规定。

中华人民共和国职业病防治法　职业病分类和目录：未列入

危险化学品安全管理条例　危险化学品目录：列入。易制爆危险化学品名录：未列入。重点监管的危险化学品名录：未列入。GB 18218—2009《危险化学品重大危险源辨识》（表1）：未列入

使用有毒物品作业场所劳动保护条例　高毒物品目录：未列入

易制毒化学品管理条例　易制毒化学品的分类和品种目录：未列入

国际公约　斯德哥尔摩公约：未列入。鹿特丹公约：未列入。蒙特利尔议定书：未列入

第十六部分　其他信息

编写和修订信息　　缩略语和首字母缩写
培训建议　　　　　　参考文献
免责声明

乳酸锑

第一部分　化学品标识

化学品中文名　乳酸锑
化学品英文名　antimony lactate；lactic acid, antimony salt
分子式　$C_9H_{15}O_9Sb$　**分子量**　388.969

结构式　$O^- \!\!-\!\! \overset{\displaystyle O}{\underset{\displaystyle OH}{C}} \cdots \frac{1}{3}Sb^{3+}$

化学品的推荐及限制用途　用于有机合成，也用作媒染剂

第二部分　危险性概述

紧急情况概述　吞咽有害，吸入有害

GHS危险性类别　急性毒性-经口，类别4；急性毒性-吸入，类别4；危害水生环境-急性危害，类别2；危害

水生环境-长期危害，类别2

标签要素

象形图　

警示词　危险

危险性说明　吞咽有害，吸入有害，对水生生物有毒并具有长期持续影响

防范说明

预防措施　避免接触眼睛、皮肤，操作后彻底清洗。作业场所不得进食、饮水或吸烟。避免吸入粉尘。仅在室外或通风良好处操作。禁止排入环境

事故响应　如吸入：将患者转移到空气新鲜处，休息，保持利于呼吸的体位，如感觉不适，呼叫中毒控制中心或就医。食入：如果感觉不适，立即呼叫中毒控制中心或就医，漱口。收集泄漏物

安全储存：—

废弃处置　本品及内装物、容器依据国家和地方法规处置

物理和化学危险　可燃，其粉体与空气混合，能形成爆炸性混合物

健康危害　有毒。经口摄入或吸入粉尘会引起中毒。对肝、心、肾等发生损害。误服可发生急性胃肠炎

环境危害　对水生生物有毒并具有长期持续影响

第三部分　成分/组成信息

√物质　　　　　　　　　　混合物

组分	浓度	CAS No.
乳酸锑		58164-88-8

第四部分　急救措施

吸入　迅速脱离现场至空气新鲜处。保持呼吸道通畅。如呼吸困难，给输氧。呼吸、心跳停止，立即进行心肺复苏术。就医

皮肤接触　立即脱去污染的衣着，用流动清水彻底冲洗。就医

眼睛接触　立即分开眼睑，用流动清水或生理盐水彻底冲洗。就医

食入　漱口，饮水。就医

对保护施救者的忠告　根据需要使用个人防护设备

对医生的特别提示　对症处理

第五部分　消防措施

灭火剂　用雾状水、泡沫、干粉、二氧化碳、砂土灭火

特别危险性　遇明火、高热可燃。其粉体与空气可形成爆炸性混合物，当达到一定浓度时，遇火星会发生爆炸。受高热分解放出有毒的气体

灭火注意事项及防护措施　消防人员必须佩戴空气呼吸器、穿全身防火防毒服，在上风向灭火。尽可能将容器从火场移至空旷处。喷水保持火场容器冷却，直至

灭火结束

第六部分 泄漏应急处理

作业人员防护措施、防护装备和应急处置程序 隔离泄漏污染区，限制出入。建议应急处理人员戴防尘口罩，穿防毒服。穿上适当的防护服前严禁接触破裂的容器和泄漏物。尽可能切断泄漏源

环境保护措施 用塑料布覆盖泄漏物，减少飞散

泄漏化学品的收容、清除方法及所使用的处置材料 勿使水进入包装容器内。用洁净的铲子收集泄漏物，置于干净、干燥、盖子较松的容器中，将容器移离泄漏区

第七部分 操作处置与储存

操作注意事项 密闭操作，全面通风。防止粉尘释放到车间空气中。操作人员必须经过专门培训，严格遵守操作规程。建议操作人员佩戴自吸过滤式防尘口罩，戴化学安全防护眼镜，穿透气型防毒服，戴防化学品手套。远离火种、热源，工作场所严禁吸烟。使用防爆型的通风系统和设备。避免产生粉尘。避免与氧化剂接触。配备相应品种和数量的消防器材及泄漏应急处理设备。倒空的容器可能残留有害物

储存注意事项 储存于阴凉、通风的库房。远离火种、热源。防止阳光直射。包装密封。应与氧化剂、食用化学品分开存放，切忌混储。配备相应品种和数量的消防器材。储区应备有合适的材料收容泄漏物

第八部分 接触控制/个体防护

职业接触限值

中国 PC-TWA：0.5mg/m³ ［按 Sb 计］

美国（ACGIH） TLV-TWA：0.5mg/m³ ［按 Sb 计］

生物接触限值 未制定标准

监测方法 空气中有毒物质测定方法：火焰原子吸收光谱法；石墨炉原子吸收光谱法。生物监测检验方法：未制定标准

工程控制 生产过程密闭，全面通风

个体防护装备

呼吸系统防护 空气中粉尘浓度较高时，建议佩戴过滤式防尘呼吸器

眼睛防护 戴化学安全防护眼镜

皮肤和身体防护 穿透气型防毒服

手防护 戴防化学品手套

第九部分 理化特性

外观与性状 棕黄色块状或白色结晶、粉末

pH 值 无意义 　　**熔点（℃）** 无资料

沸点（℃） 无资料 　　**相对密度（水＝1）** 无资料

相对蒸气密度（空气＝1） 无资料

饱和蒸气压（kPa） 无资料

临界压力（MPa） 无资料 　　**辛醇/水分配系数** 无资料

闪点（℃） 无意义 　　**自燃温度（℃）** 无资料

爆炸下限（%） 无资料 　　**爆炸上限（%）** 无资料

分解温度（℃） 无资料 　　**黏度（mPa·s）** 无资料

燃烧热（kJ/mol） 无资料 　　**临界温度（℃）** 无资料

溶解性 溶于水

第十部分 稳定性和反应性

稳定性 稳定

危险反应 与强氧化剂等禁配物发生反应

避免接触的条件 无资料

禁配物 强氧化剂

危险的分解产物 氧化锑、锑

第十一部分 毒理学信息

急性毒性 无资料

皮肤刺激或腐蚀 无资料 　　**眼睛刺激或腐蚀** 无资料

呼吸或皮肤过敏 无资料 　　**生殖细胞突变性** 无资料

致癌性 无资料 　　**生殖毒性** 无资料

特异性靶器官系统毒性--一次接触 无资料

特异性靶器官系统毒性-反复接触 无资料

吸入危害 无资料

第十二部分 生态学信息

生态毒性 含锑化合物对水生生物有毒

持久性和降解性

生物降解性 无资料

非生物降解性 无资料

潜在的生物累积性 无资料

土壤中的迁移性 无资料

第十三部分 废弃处置

废弃化学品 量小时，溶解在水或适当的酸溶液中，或用适当氧化剂将其转变成水溶液。用硫化物沉淀，调节 pH 值至 7 完成沉淀。滤出固体硫化物回收或做掩埋处置。用次氯酸钠中和过量的硫化物，然后冲入下水道

污染包装物 将容器返还生产商或按照国家和地方法规处置

废弃注意事项 处置前应参阅国家和地方有关法规

第十四部分 运输信息

联合国危险货物编号（UN 号） 1550

联合国运输名称 乳酸锑

联合国危险性类别 6.1

包装类别 Ⅲ 　　　　　　**包装标志**

海洋污染物 是

运输注意事项 运输前应先检查包装容器是否完整、密封，运输过程中要确保容器不泄漏、不倒塌、不坠落、不损坏。严禁与酸类、氧化剂、食品及食品添加剂混运。运输时运输车辆应配备相应品种和数量的消防器材及泄漏应急处理设备。运输途中应防暴晒、雨淋，防高温。公路运输时要按规定路线行驶，勿在居民区和人口稠密区停留

第十五部分 法规信息

下列法律、法规、规章和标准，对该化学品的管理作

了相应的规定。

中华人民共和国职业病防治法　职业病分类和目录：未
列入

危险化学品安全管理条例　危险化学品目录：列入。易制
爆危险化学品名录：未列入。重点监管的危险化学品
名录：未列入。GB 18218—2009《危险化学品重大
危险源辨识》（表 1）：未列入

使用有毒物品作业场所劳动保护条例　高毒物品目录：
列入

易制毒化学品管理条例　易制毒化学品的分类和品种目
录：未列入

国际公约　斯德哥尔摩公约：未列入。鹿特丹公约：未列
入。蒙特利尔议定书：未列入

第十六部分　其他信息

编写和修订信息　　　缩略语和首字母缩写
培训建议　　　　　　参考文献
免责声明

乳香油

第一部分　化学品标识

化学品中文名　乳香油
化学品英文名　olibanum oil；frankincense oil
化学品的推荐及限制用途　用作香料，并用于医药

第二部分　危险性概述

紧急情况概述　易燃液体和蒸气
GHS 危险性类别　易燃液体，类别 3
标签要素

象形图　

警示词　警告
危险性说明　易燃液体和蒸气
防范说明

　　预防措施　远离热源、火花、明火、热表面。禁止
吸烟。保持容器密闭。容器和接收设备接地连
接。使用防爆型电器、通风、照明设备。只能
使用不产生火花的工具。采取防止静电措施。
戴防护手套、防护眼镜、防护面罩

　　事故响应　火灾时，使用雾状水、泡沫、干粉、二
氧化碳、砂土灭火。如皮肤（或头发）接触：
立即脱掉所有被污染的衣服，用水冲洗皮肤，
淋浴

　　安全储存　存放在通风良好的地方。保持低温

　　废弃处置　本品及内装物、容器依据国家和地方法
规处置

物理和化学危险　易燃，其蒸气与空气混合，能形成爆炸
性混合物

健康危害　本品对皮肤有刺激作用。受热分解放出有腐蚀
性、刺激性的烟雾

环境危害　对环境可能有害

第三部分　成分/组成信息

√物质　　　　　　　　　　　混合物

组分	浓度	CAS No.
乳香油		8016-36-2

第四部分　急救措施

吸入　迅速脱离现场至空气新鲜处。保持呼吸道通畅。如
呼吸困难，给输氧。呼吸、心跳停止，立即进行心肺
复苏术。就医

皮肤接触　立即脱去污染的衣着，用流动清水彻底冲洗。
就医

眼睛接触　立即分开眼睑，用流动清水或生理盐水彻底冲
洗。就医

食入　漱口，饮水。就医

对保护施救者的忠告　根据需要使用个人防护设备

对医生的特别提示　对症处理

第五部分　消防措施

灭火剂　用雾状水、泡沫、干粉、二氧化碳、砂土灭火

特别危险性　遇高热、明火或与氧化剂接触，有引起燃烧
的危险

灭火注意事项及防护措施　消防人员须佩戴防毒面具、穿
全身消防服，在上风向灭火。尽可能将容器从火场移
至空旷处。喷水保持火场容器冷却，直至灭火结束。
处在火场中的容器若已变色或从安全泄压装置中发出
声音，必须马上撤离

第六部分　泄漏应急处理

作业人员防护措施、防护装备和应急处置程序　消除所有
点火源。根据液体流动和蒸气扩散的影响区域划定警
戒区，无关人员从侧风、上风向撤离至安全区。建议
应急处理人员戴正压自给式呼吸器，穿防静电服。作
业时使用的所有设备应接地。禁止接触或跨越泄漏
物。尽可能切断泄漏源

环境保护措施　防止泄漏物进入水体、下水道、地下室或
有限空间

泄漏化学品的收容、清除方法及所使用的处置材料　小量
泄漏：用砂土或其他不燃材料吸收。使用洁净的无火
花工具收集吸收材料。大量泄漏：构筑围堤或挖坑收
容。用泡沫覆盖，减少蒸发。喷水雾能减少蒸发，但
不能降低泄漏物在有限空间内的易燃性。用防爆泵转
移至槽车或专用收集器内

第七部分　操作处置与储存

操作注意事项　密闭操作，局部排风。防止蒸气泄漏到工
作场所空气中。操作人员必须经过专门培训，严格遵
守操作规程。建议操作人员佩戴自吸过滤式防毒面具
（半面罩），戴化学安全防护眼镜，穿防静电工作服，
戴橡胶手套。远离火种、热源，工作场所严禁吸烟。
使用防爆型的通风系统和设备。在清除液体和蒸气前
不能进行焊接、切割等作业。避免产生烟雾。避免与

氧化剂接触。容器与传送设备要接地，防止产生静电。灌装时应控制流速，且有接地装置，防止静电积聚。配备相应品种和数量的消防器材及泄漏应急处理设备。倒空的容器可能残留有害物

储存注意事项 储存于阴凉、通风的库房。远离火种、热源。防止阳光直射。库温不宜超过37℃，保持容器密封。应与氧化剂分开存放，切忌混储。不宜久存，以免变质。采用防爆型照明、通风设施。禁止使用易产生火花的机械设备和工具。储区应备有泄漏应急处理设备和合适的收容材料

第八部分 接触控制/个体防护

职业接触限值

中国 未制定标准

美国（ACGIH） 未制定标准

生物接触限值 未制定标准

监测方法 空气中有毒物质测定方法：未制定标准。生物监测检验方法：未制定标准

工程控制 密闭操作，局部排风

个体防护装备

呼吸系统防护 空气中浓度超标时，必须佩戴过滤式防毒面具（半面罩）。紧急事态抢救或撤离时，应该佩戴空气呼吸器

眼睛防护 戴化学安全防护眼镜

皮肤和身体防护 穿防静电工作服

手防护 戴橡胶手套

第九部分 理化特性

外观与性状 无色或微黄色油状液体，具有香脂和微弱的类似柠檬的气味

pH值 无资料 **熔点（℃）** 无资料

沸点（℃） 无资料

相对密度（水＝1） 0.869～0.889（25℃）

相对蒸气密度（空气＝1） 无资料

饱和蒸气压（kPa） 无资料

临界压力（MPa） 无资料 **辛醇/水分配系数** 无资料

闪点（℃） 35 **自燃温度（℃）** 无资料

爆炸下限（%） 无资料 **爆炸上限（%）** 无资料

分解温度（℃） 无资料 **黏度（mPa·s）** 无资料

燃烧热（kJ/mol） 无资料 **临界温度（℃）** 无资料

溶解性 不溶于甘油，溶于乙醇、乙醚、氯仿、二硫化碳

第十部分 稳定性和反应性

稳定性 稳定

危险反应 与强氧化剂等禁配物接触，有发生火灾和爆炸的危险

避免接触的条件 无资料

禁配物 强氧化剂

危险的分解产物 无资料

第十一部分 毒理学信息

急性毒性 未见毒性资料

皮肤刺激或腐蚀 家兔经皮：500mg（24h），中度刺激

眼睛刺激或腐蚀 无资料

呼吸或皮肤过敏 无资料 **生殖细胞突变性** 无资料

致癌性 无资料 **生殖毒性** 无资料

特异性靶器官系统毒性-一次接触 无资料

特异性靶器官系统毒性-反复接触 无资料

吸入危害 无资料

第十二部分 生态学信息

生态毒性 无资料

持久性和降解性

生物降解性 无资料

非生物降解性 无资料

潜在的生物累积性 无资料

土壤中的迁移性 无资料

第十三部分 废弃处置

废弃化学品 根据国家和地方有关法规的要求处置。或与厂商或制造商联系，确定处置方法

污染包装物 将容器返还生产商或按照国家和地方法规处置

废弃注意事项 处置前应参阅国家和地方有关法规

第十四部分 运输信息

联合国危险货物编号（UN号） 1993

联合国运输名称 易燃液体，未另作规定的（乳香油）

联合国危险性类别 3

包装类别 Ⅲ **包装标志**

海洋污染物 是

运输注意事项 运输时运输车辆应配备相应品种和数量的消防器材及泄漏应急处理设备。夏季最好早晚运输。运输时所用的槽（罐）车应有接地链，槽内可设孔隔板以减少震荡产生的静电。严禁与氧化剂、食用化学品等混装混运。运输途中应防暴晒、雨淋，防高温。中途停留时应远离火种、热源、高温区。装运该物品的车辆排气管必须配备阻火装置，禁止使用易产生火花的机械设备和工具装卸。公路运输时要按规定路线行驶，勿在居民区和人口稠密区停留。铁路运输时要禁止溜放。严禁用木船、水泥船散装运输

第十五部分 法规信息

下列法律、法规、规章和标准，对该化学品的管理作了相应的规定。

中华人民共和国职业病防治法 职业病分类和目录：未列入

危险化学品安全管理条例 危险化学品目录：列入。易制爆危险化学品名录：未列入。重点监管的危险化学品名录：未列入。GB 18218—2009《危险化学品重大危险源辨识》（表1）：未列入

使用有毒物品作业场所劳动保护条例 高毒物品目录：未列入

易制毒化学品管理条例 易制毒化学品的分类和品种目录：未列入

国际公约 斯德哥尔摩公约：未列入。鹿特丹公约：未列入。蒙特利尔议定书：未列入

第十六部分 其他信息

编写和修订信息　缩略语和首字母缩写

培训建议　　　　参考文献

免责声明

噻吩

第一部分　化学品标识

化学品中文名　噻吩；硫代呋喃；硫杂茂

化学品英文名　thiofuran；thiophene

分子式　C_4H_4S　分子量　84.14

结构式　

化学品的推荐及限制用途　用作溶剂、色谱分析标准物质及用于有机合成

第二部分　危险性概述

紧急情况概述　高度易燃液体和蒸气

GHS危险性类别　易燃液体，类别2；皮肤腐蚀/刺激，类别2；特异性靶器官毒性-反复接触，类别2；危害水生环境-急性危害，类别3；危害水生环境-长期危害，类别3

标签要素

象形图

警示词　危险

危险性说明　高度易燃液体和蒸气，造成皮肤刺激，长时间或反复接触可能对器官造成损伤，对水生生物有害并具有长期持续影响

防范说明

预防措施　远离热源、火花、明火、热表面。禁止吸烟。避免接触眼睛、皮肤，操作后彻底清洗。戴防护手套。避免吸入蒸气、雾。禁止排入环境

事故响应　皮肤接触：用大量肥皂水和水清洗。如发生皮肤刺激，就医。脱去被污染的衣服，衣服经洗净后方可重新使用。如感觉不适，就医

安全储存　存放在通风良好的地方

废弃处置　本品及内装物、容器依据国家和地方法规处置

物理和化学危险　高度易燃，其蒸气与空气混合，能形成爆炸性混合物

健康危害　麻醉剂，也具有引起兴奋和痉挛的作用。其蒸气刺激呼吸道黏膜。对造血系统亦有毒性作用（刺激骨髓中白细胞的生成）

环境危害　对水生生物有害并具有长期持续影响

第三部分　成分/组成信息

√ 物质　　　　　　　　　混合物

组分	浓度	CAS No.
噻吩		110-02-1

第四部分　急救措施

吸入　迅速脱离现场至空气新鲜处。保持呼吸道通畅。如呼吸困难，给输氧。呼吸、心跳停止，立即进行心肺复苏术。就医

皮肤接触　立即脱去污染的衣着，用流动清水彻底冲洗。就医

眼睛接触　立即分开眼睑，用流动清水或生理盐水彻底冲洗。就医

食入　漱口，饮水。就医

对保护施救者的忠告　根据需要使用个人防护设备

对医生的特别提示　对症处理

第五部分　消防措施

灭火剂　用泡沫、干粉、二氧化碳、砂土灭火

特别危险性　其蒸气与空气可形成爆炸性混合物，遇明火、高热极易燃烧爆炸。与氧化剂接触猛烈反应。受高热分解产生有毒的硫化物烟气。与浓硝酸反应能起火或爆炸。流速过快，容易产生和积聚静电。蒸气比空气重，沿地面扩散并易积存于低洼处，遇火源会着火回燃。若遇高热，容器内压增大，有开裂和爆炸的危险

灭火注意事项及防护措施　消防人员必须佩戴防毒面具、穿全身消防服，在上风向灭火。尽可能将容器从火场移至空旷处。喷水保持火场容器冷却，直至灭火结束。处在火场中的容器若已变色或从安全泄压装置中发出声音，必须马上撤离。用水灭火无效

第六部分　泄漏应急处理

作业人员防护措施、防护装备和应急处置程序　消除所有点火源。根据液体流动和蒸气扩散的影响区域划定警戒区，无关人员从侧风向、上风向撤离至安全区。建议应急处理人员戴正压自给式呼吸器，穿防静电服。作业时使用的所有设备应接地。禁止接触或跨越泄漏物。尽可能切断泄漏源

环境保护措施　防止泄漏物进入水体、下水道、地下室或有限空间

泄漏化学品的收容、清除方法及所使用的处置材料　小量泄漏：用砂土或其他不燃材料吸收。使用洁净的无火花工具收集吸收材料。大量泄漏：构筑围堤或挖坑收容。用泡沫覆盖，减少蒸发。喷水雾能减少蒸发，但不能降低泄漏物在有限空间内的易燃性。用防爆泵转移至槽车或专用收集器内

第七部分　操作处置与储存

操作注意事项　密闭操作，全面通风。操作人员必须经过专门培训，严格遵守操作规程。建议操作人员佩戴自吸过滤式防毒面具（半面罩），戴化学安全防护眼镜，

穿防静电工作服,戴橡胶耐油手套。远离火种、热源,工作场所严禁吸烟。使用防爆型的通风系统和设备。防止蒸气泄漏到工作场所空气中。避免与氧化剂接触。灌装时应控制流速,且有接地装置,防止静电积聚。搬运时要轻装轻卸,防止包装及容器损坏。配备相应品种和数量的消防器材及泄漏应急处理设备。倒空的容器可能残留有害物

储存注意事项   储存于阴凉、通风的库房。远离火种、热源。库温不宜超过 37℃,应与氧化剂、食用化学品分开存放,切忌混储。采用防爆型照明、通风设施。禁止使用易产生火花的机械设备和工具。储区应备有泄漏应急处理设备和合适的收容材料

第八部分   接触控制/个体防护

职业接触限值
    中国   未制定标准
    美国(ACGIH)   未制定标准
生物接触限值   未制定标准
监测方法   空气中有毒物质测定方法:未制定标准。生物监测检验方法:未制定标准
工程控制   生产过程密闭,全面通风。提供安全淋浴和洗眼设备

个体防护装备
    呼吸系统防护   空气中浓度超标时,必须佩戴过滤式防毒面具(半面罩)。紧急事态抢救或撤离时,应该佩戴空气呼吸器
    眼睛防护   戴化学安全防护眼镜
    皮肤和身体防护   穿防静电工作服
    手防护   戴橡胶耐油手套

第九部分   理化特性

外观与性状   无色透明液体,有类似苯的气味

pH 值 无资料	**熔点(℃)** −38.3
沸点(℃) 84.2	**相对密度(水=1)** 1.06

相对蒸气密度(空气=1)   2.9
饱和蒸气压(kPa)   18.6(37.8℃)

临界压力(MPa) 无资料	**辛醇/水分配系数** 1.81
闪点(℃) −1.11	**自燃温度(℃)** 395
爆炸下限(%) 1.5	**爆炸上限(%)** 12.5
分解温度(℃) 无资料	**黏度(mPa·s)** 0.654(20℃)
燃烧热(kJ/mol) −2807	**临界温度(℃)** 317

溶解性   不溶于水,可混溶于乙醇、乙醚等多数有机溶剂

第十部分   稳定性和反应性

稳定性   稳定
危险反应   与强氧化剂等禁配物接触,有发生火灾和爆炸的危险。与浓硝酸反应能起火或爆炸
避免接触的条件   无资料
禁配物   强氧化剂
危险的分解产物   硫化氢、氧化硫

第十一部分   毒理学信息

急性毒性   LD$_{50}$:1400mg/kg(大鼠经口),420mg/kg

(小鼠经口)。LC$_{50}$:9500mg/m³(小鼠吸入,2h)

皮肤刺激或腐蚀 无资料		**眼睛刺激或腐蚀** 无资料	
呼吸或皮肤过敏 无资料		**生殖细胞突变性** 无资料	
致癌性 无资料		**生殖毒性** 无资料	

特异性靶器官系统毒性-一次接触   无资料
特异性靶器官系统毒性-反复接触   无资料
吸入危害   无资料

第十二部分   生态学信息

生态毒性   LC$_{50}$:31mg/L(96h)(青鳉,OECD 203)。EC$_{50}$:21mg/L(48h)(大型溞,OECD 202)。ErC$_{50}$:113mg/L(72h)(羊角月牙藻,OECD 201)。NOEC:12mg/L(14d)(青鳉,OECD 204)。NOEC:2.8mg/L(21d)(大型溞,OECD 211)

持久性和降解性
    生物降解性   OECD 301C,不易快速生物降解
    非生物降解性   无资料
潜在的生物累积性   根据 K_{ow} 值预测,该物质的生物累积性可能较弱
土壤中的迁移性   根据 K_{oc} 值预测,该物质可能易发生迁移

第十三部分   废弃处置

废弃化学品   建议用焚烧法处置。焚烧炉排出的硫氧化物通过洗涤器除去
污染包装物   将容器返还生产商或按照国家和地方法规处置
废弃注意事项   处置前应参阅国家和地方有关法规

第十四部分   运输信息

联合国危险货物编号(UN 号)   2414
联合国运输名称   噻吩
联合国危险性类别   3

包装类别   Ⅱ   **包装标志**

海洋污染物   否
运输注意事项   运输时运输车辆应配备相应品种和数量的消防器材及泄漏应急处理设备。夏季最好早晚运输。运输时所用的槽(罐)车应有接地链,槽内可设孔隔板以减少震荡产生的静电。严禁与氧化剂、食用化学品等混装混运。运输途中应防暴晒、雨淋,防高温。中途停留时应远离火种、热源、高温区。装运该物品的车辆排气管必须配备阻火装置,禁止使用易产生火花的机械设备和工具装卸。公路运输时要按规定路线行驶,勿在居民区和人口稠密区停留。铁路运输时要禁止溜放。严禁用木船、水泥船散装运输

第十五部分   法规信息

    下列法律、法规、规章和标准,对该化学品的管理作了相应的规定。
中华人民共和国职业病防治法   职业病分类和目录:未

列入

危险化学品安全管理条例　危险化学品目录：列入。易制爆危险化学品名录：未列入。重点监管的危险化学品名录：未列入。GB 18218—2009《危险化学品重大危险源辨识》（表1）：未列入

使用有毒物品作业场所劳动保护条例　高毒物品目录：未列入

易制毒化学品管理条例　易制毒化学品的分类和品种目录：未列入

国际公约　斯德哥尔摩公约：未列入。鹿特丹公约：未列入。蒙特利尔议定书：未列入

第十六部分　其他信息

编写和修订信息　　缩略语和首字母缩写

培训建议　　参考文献

免责声明

赛璐珞

第一部分　化学品标识

化学品中文名　赛璐珞；硝化纤维塑料

化学品英文名　celluloid；pyralin

化学品的推荐及限制用途　主要用于制造乒乓球、眼镜架、玩具、钢笔杆、装潢品等

第二部分　危险性概述

紧急情况概述

易燃固体

GHS危险性类别　易燃固体，类别2

标签要素

象形图　

警示词　危险

危险性说明　易燃固体

防范说明

预防措施　远离热源、火花、明火、热表面。禁止吸烟。容器和接收设备接地连接。使用防爆电器、通风、照明设备。戴防护手套、防护眼镜、防护面罩

事故响应　火灾时，使用雾状水、泡沫、干粉、二氧化碳、砂土灭火

安全储存　——

废弃处置　——

物理和化学危险　易燃，其粉体与空气混合，能形成爆炸性混合物

健康危害　无资料

环境危害　对环境可能有害

第三部分　成分/组成信息

√物质　　　　　　　　　　混合物

组分	浓度	CAS No.
赛璐珞		8050-88-2

第四部分　急救措施

吸入　脱离现场至空气新鲜处。如有不适感，就医

皮肤接触　脱去污染的衣着，用流动清水冲洗。如有不适感，就医

眼睛接触　分开眼睑，用流动清水或生理盐水冲洗。如有不适感，就医

食入　漱口，饮水。就医

对保护施救者的忠告　根据需要使用个人防护设备

对医生的特别提示　对症处理

第五部分　消防措施

灭火剂　用雾状水、泡沫、干粉、二氧化碳、砂土灭火

特别危险性　遇明火、高热极易燃烧。久储会逐渐发热，若积热不散会引起自燃

灭火注意事项及防护措施　消防人员必须佩戴空气呼吸器、穿全身防火防毒服，在上风向灭火。尽可能将容器从火场移至空旷处。喷水保持火场容器冷却，直至灭火结束

第六部分　泄漏应急处理

作业人员防护措施、防护装备和应急处置程序　消除所有点火源。隔离泄漏污染区，限制出入。建议应急处理人员戴防尘口罩，穿防毒服。禁止接触或跨越泄漏物

环境保护措施　防止泄漏物进入水体、下水道、地下室或有限空间

泄漏化学品的收容、清除方法及所使用的处置材料　小量泄漏：用洁净的铲子收集泄漏物，置于干净、干燥、盖子较松的容器中，将容器移离泄漏区。大量泄漏：用水润湿，并筑堤收容

第七部分　操作处置与储存

操作注意事项　密闭操作，局部排风。操作人员必须经过专门培训，严格遵守操作规程。建议操作人员佩戴自吸过滤式防尘口罩。远离火种、热源，工作场所严禁吸烟。使用防爆型的通风系统和设备。避免产生粉尘。避免与氧化剂接触。搬运时要轻装轻卸，防止包装及容器损坏。配备相应品种和数量的消防器材及泄漏应急处理设备。倒空的容器可能残留有害物

储存注意事项　储存于阴凉、干燥、通风良好的库房。远离火种、热源。库温不宜超过35℃。保持容器密封。应与氧化剂分开存放，切忌混储。采用防爆型照明、通风设施。禁止使用易产生火花的机械设备和工具。储区应备有合适的材料收容泄漏物

第八部分　接触控制/个体防护

职业接触限值

中国　未制定标准

美国（ACGIH）　未制定标准

生物接触限值　未制定标准

监测方法　空气中有毒物质测定方法：未制定标准。生物监测检验方法：未制定标准

工程控制　密闭操作，局部排风

个体防护装备

　　呼吸系统防护　空气中粉尘浓度较高时，建议佩戴过滤式防尘呼吸器

　　眼睛防护　必要时，戴化学安全防护眼镜

　　皮肤和身体防护　穿一般作业防护服

　　手防护　戴一般作业防护手套

第九部分　理化特性

外观与性状　有色或无色透明或不透明的片状物，性软，富有弹性

pH 值　无意义　　　　　　**熔点(℃)**　无资料

沸点(℃)　无资料

相对密度(水=1)　1.35～1.60

相对蒸气密度(空气=1)　无资料

饱和蒸气压(kPa)

临界压力(MPa)　无意义　　**辛醇/水分配系数**　无资料

闪点(℃)　无资料　　　　　**自燃温度(℃)**　180

爆炸下限(%)　无资料　　　**爆炸上限(%)**　无资料

分解温度(℃)　无资料　　　**黏度(mPa·s)**　无资料

燃烧热(kJ/mol)　无资料　　**临界温度(℃)**　无资料

溶解性　不溶于水、苯、甲苯，溶于乙醇、丙酮、乙酸乙酯

第十部分　稳定性和反应性

稳定性　稳定

危险反应　与强氧化剂等禁配物发生反应。久储会逐渐发热，若积热不散会引起自燃

避免接触的条件　受热、潮湿空气

禁配物　强氧化剂

危险的分解产物　氮氧化物

第十一部分　毒理学信息

急性毒性　无资料

皮肤刺激或腐蚀　无资料　　**眼睛刺激或腐蚀**　无资料

呼吸或皮肤过敏　无资料　　**生殖细胞突变性**　无资料

致癌性　无资料　　　　　　**生殖毒性**　无资料

特异性靶器官系统毒性-一次接触　无资料

特异性靶器官系统毒性-反复接触　无资料

吸入危害　无资料

第十二部分　生态学信息

生态毒性　无资料

持久性和降解性

　　生物降解性　无资料

　　非生物降解性　无资料

潜在的生物累积性　无资料

土壤中的迁移性　无资料

第十三部分　废弃处置

废弃化学品　根据国家和地方有关法规的要求处置。或与厂商或制造商联系，确定处置方法

污染包装物　将容器返还生产商或按照国家和地方法规处置

废弃注意事项　处置前应参阅国家和地方有关法规

第十四部分　运输信息

联合国危险货物编号（UN 号）　2000

联合国运输名称　赛璐珞，块、棒、卷、片、管等，碎屑除外

联合国危险性类别　4.1

包装类别　Ⅲ　　　　　　　**包装标志**　

海洋污染物　否

运输注意事项　运输时运输车辆应配备相应品种和数量的消防器材及泄漏应急处理设备。装运本品的车辆排气管须有阻火装置。运输过程中要确保容器不泄漏、不倒塌、不坠落、不损坏。严禁与氧化剂等混装混运。运输途中应防暴晒、雨淋，防高温。中途停留时应远离火种、热源。车辆运输完毕应进行彻底清扫。铁路运输时要禁止溜放

第十五部分　法规信息

　　下列法律、法规、规章和标准，对该化学品的管理作了相应的规定。

中华人民共和国职业病防治法　职业病分类和目录：未列入

危险化学品安全管理条例　危险化学品目录：列入。易制爆危险化学品名录：未列入。重点监管的危险化学品名录：未列入。GB 18218—2009《危险化学品重大危险源辨识》（表1）：未列入

使用有毒物品作业场所劳动保护条例　高毒物品目录：未列入

易制毒化学品管理条例　易制毒化学品的分类和品种目录：未列入

国际公约　斯德哥尔摩公约：未列入。鹿特丹公约：未列入。蒙特利尔议定书：未列入

第十六部分　其他信息

编写和修订信息　　缩略语和首字母缩写

培训建议　　　　　　参考文献

免责声明

三苯基氯硅烷

第一部分　化学品标识

化学品中文名　三苯基氯硅烷

化学品英文名　triphenylchlorosilane; chloro triphenylsilane

分子式　C$_{18}$H$_{15}$ClSi　**分子量**　294.85

结构式

化学品的推荐及限制用途　用作制造高分子有机硅的原料

第二部分　危险性概述

紧急情况概述　造成严重的皮肤灼伤和眼损伤

GHS危险性类别　皮肤腐蚀/刺激，类别1；严重眼损伤/眼刺激，类别1

标签要素

象形图　

警示词　危险

危险性说明　造成严重的皮肤灼伤和眼损伤

防范说明

预防措施　避免吸入粉尘。避免接触眼睛、皮肤，操作后彻底清洗。戴防护手套，穿防护服，戴防护眼镜、防护面罩

事故响应　如吸入：将患者转移到空气新鲜处，休息，保持利于呼吸的体位，立即呼叫中毒控制中心或就医。皮肤（或头发）接触：立即脱掉所有被污染的衣服，用水冲洗皮肤，淋浴。污染的衣服洗净后方可重新使用。眼睛接触：用水细心地冲洗数分钟，立即呼叫中毒控制中心或就医。如戴隐形眼镜并可方便地取出，则取出隐形眼镜，继续冲洗。食入：漱口，不要催吐

安全储存　上锁保管

废弃处置　本品及内装物、容器依据国家和地方法规处置

物理和化学危险　可燃。遇水产生刺激性气体

健康危害　氯硅烷类单体对眼睛、上呼吸道黏膜有强烈刺激性。局部可出现充血、水肿，甚至坏死。长时间接触高浓度，可引起支气管炎、肺充血和肺水肿。可致眼睛和皮肤灼伤

环境危害　对环境可能有害

第三部分　成分/组成信息

√物质　　　　　　　　混合物

组分	浓度	CAS No.
三苯基氯硅烷		76-86-8

第四部分　急救措施

吸入　迅速脱离现场至空气新鲜处。保持呼吸道通畅。如呼吸困难，给输氧。呼吸、心跳停止，立即进行心肺复苏术。就医

皮肤接触　立即脱去污染的衣着，用大量流动清水彻底冲洗至少15min。就医

眼睛接触　立即分开眼睑，用流动清水或生理盐水彻底冲洗5～10min。就医

食入　用水漱口，禁止催吐。给饮牛奶或蛋清。就医

对保护施救者的忠告　根据需要使用个人防护设备

对医生的特别提示　对症处理

第五部分　消防措施

灭火剂　用干粉、二氧化碳、砂土灭火

特别危险性　可燃。燃烧时，放出有毒气体。遇水或水蒸气发生剧烈反应释出有刺激性和腐蚀性的氯化氢烟雾。遇潮时具有强腐蚀性

灭火注意事项及防护措施　消防人员必须佩戴防毒面具、穿全身消防服，在上风向灭火。尽可能将容器从火场移至空旷处。喷水保持火场容器冷却，直至灭火结束。禁止用水和泡沫灭火

第六部分　泄漏应急处理

作业人员防护措施、防护装备和应急处置程序　隔离泄漏污染区，限制出入。消除所有点火源。建议应急处理人员戴防尘口罩，穿防腐、防毒服。穿上适当的防护服前严禁接触破裂的容器和泄漏物。尽可能切断泄漏源

环境保护措施　用塑料布覆盖泄漏物，减少飞散

泄漏化学品的收容、清除方法及所使用的处置材料　勿使水进入包装容器内。用洁净的铲子收集泄漏物，置于干净、干燥、盖子较松的容器中，将容器移离泄漏区

第七部分　操作处置与储存

操作注意事项　密闭操作，局部排风。操作人员必须经过专门培训，严格遵守操作规程。建议操作人员佩戴防尘面具（全面罩），穿橡胶耐酸碱服，戴橡胶耐酸碱手套。远离火种、热源，工作场所严禁吸烟。使用防爆型的通风系统和设备。避免与氧化剂接触。尤其要注意避免与水接触。搬运时要轻装轻卸，防止包装及容器损坏。配备相应品种和数量的消防器材及泄漏应急处理设备。倒空的容器可能残留有害物

储存注意事项　储存于阴凉、干燥、通风良好的库房。远离火种、热源。包装必须密封，切勿受潮。应与氧化剂等分开存放，切忌混储。配备相应品种和数量的消防器材。储区应备有合适的材料收容泄漏物

第八部分　接触控制/个体防护

职业接触限值

中国　未制定标准

美国（ACGIH）　未制定标准

生物接触限值　未制定标准

监测方法　空气中有毒物质测定方法：未制定标准。生物监测检验方法：未制定标准

工程控制　密闭操作，局部排风

个体防护装备

呼吸系统防护　可能接触其粉尘时，必须佩戴防尘面具（全面罩）。紧急事态抢救或撤离时，应该佩戴空气呼吸器

眼睛防护　呼吸系统防护中已作防护

皮肤和身体防护　穿橡胶耐酸碱服

手防护　戴橡胶耐酸碱手套

第九部分　理化特性

外观与性状　白色固体，易水解

pH值　无意义　　　　　**熔点（℃）**　92～94

沸点(℃) 378	相对密度(水=1) 无资料

相对蒸气密度(空气=1) 无资料

饱和蒸气压(kPa) 无资料

临界压力(MPa) 无资料	辛醇/水分配系数 无资料
闪点(℃) 无资料	自燃温度(℃) 无资料
爆炸下限(%) 无资料	爆炸上限(%) 无资料
分解温度(℃) 无资料	黏度(mPa·s) 无资料
燃烧热(kJ/mol) 无资料	临界温度(℃) 无资料

溶解性 溶于多数有机溶剂

第十部分 稳定性和反应性

稳定性 稳定

危险反应 与强氧化剂等禁配物发生反应。遇水或水蒸气发生剧烈反应释出有刺激性和腐蚀性的氯化氢烟雾

避免接触的条件 潮湿空气

禁配物 强氧化剂、水蒸气

危险的分解产物 氧化硅、氯化氢

第十一部分 毒理学信息

急性毒性 LD_{50}：56mg/kg（小鼠静脉）

皮肤刺激或腐蚀 无资料	眼睛刺激或腐蚀 无资料
呼吸或皮肤过敏 无资料	生殖细胞突变性 无资料
致癌性 无资料	生殖毒性 无资料

特异性靶器官系统毒性--一次接触 无资料

特异性靶器官系统毒性-反复接触 无资料

吸入危害 无资料

第十二部分 生态学信息

生态毒性 无资料

持久性和降解性

　　生物降解性 无资料

　　非生物降解性 无资料

潜在的生物累积性 无资料

土壤中的迁移性 无资料

第十三部分 废弃处置

废弃化学品 建议用焚烧法处置。与燃料混合后，再焚烧。焚烧炉排出的卤化氢通过酸洗涤器除去

污染包装物 将容器返还生产商或按照国家和地方法规处置

废弃注意事项 处置前应参阅国家和地方有关法规

第十四部分 运输信息

联合国危险货物编号（UN号） 3261

联合国运输名称 有机酸性腐蚀性固体，未另作规定的（三苯基氯硅烷）

联合国危险性类别 8

包装类别 —	包装标志

海洋污染物 否

运输注意事项 起运时包装要完整，装载应稳妥。运输过程中要确保容器不泄漏、不倒塌、不坠落、不损坏。严禁与氧化剂、食用化学品等混装混运。运输途中应防暴晒、雨淋，防高温

第十五部分 法规信息

下列法律、法规、规章和标准，对该化学品的管理作了相应的规定。

中华人民共和国职业病防治法 职业病分类和目录：未列入

危险化学品安全管理条例 危险化学品目录：列入。易制爆危险化学品名录：未列入。重点监管的危险化学品名录：未列入。GB 18218—2009《危险化学品重大危险源辨识》（表1）：未列入

使用有毒物品作业场所劳动保护条例 高毒物品目录：未列入

易制毒化学品管理条例 易制毒化学品的分类和品种目录：未列入

国际公约 斯德哥尔摩公约：未列入。鹿特丹公约：未列入。蒙特利尔议定书：未列入

第十六部分 其他信息

编写和修订信息	缩略语和首字母缩写
培训建议	参考文献
免责声明	

三苯基氢氧化锡

第一部分 化学品标识

化学品中文名 三苯基氢氧化锡；三苯羟基锡；毒菌锡

化学品英文名 fentin hydroxide

分子式 $C_{18}H_{16}OSn$　分子量 367.029

结构式

化学品的推荐及限制用途 用作农用杀菌剂

第二部分 危险性概述

紧急情况概述 吞咽会中毒，皮肤接触会中毒，吸入致命，造成皮肤刺激，造成严重眼损伤

GHS危险性类别 急性毒性-经口，类别3；急性毒性-经皮，类别3；急性毒性-吸入，类别2；皮肤腐蚀/刺激，类别2；严重眼损伤/眼刺激，类别1；生殖毒性，类别2；特异性靶器官毒性-反复接触，类别1；特异性靶器官毒性--一次接触，类别3（呼吸道刺激）；危害水生环境-急性危害，类别1；危害水生环境-长期危害，类别1

标签要素

象形图

警示词 危险

危险性说明 吞咽会中毒，皮肤接触会中毒，吸入致命，造成皮肤刺激，造成严重眼损伤，怀疑对生育力或胎儿造成伤害，可能引起呼吸道刺激，长时间或反复接触对器官造成损伤，对水生生物毒性非常大并具有长期持续影响

防范说明

预防措施 避免接触眼睛、皮肤，操作后彻底清洗。作业场所不得进食、饮水或吸烟。戴防护手套、防护眼镜、防护面罩，穿防护服。避免吸入粉尘。仅在室外或通风良好处操作。戴呼吸防护器具。得到专门指导后操作。在阅读并了解所有安全预防措施之前，切勿操作。按要求使用个体防护装备。禁止排入环境

事故响应 如吸入：将患者转移到空气新鲜处，休息，保持利于呼吸的体位，立即呼叫中毒控制中心或就医。皮肤接触：用大量肥皂水和水清洗，立即脱去所有被污染的衣服，如感觉不适，呼叫中毒控制中心或就医。被污染的衣服经洗净后方可重新使用。如发生皮肤刺激，就医。接触眼睛：用水细心冲洗数分钟，立即呼叫中毒控制中心或就医。如戴隐形眼镜并可方便地取出，取出隐形眼镜，继续冲洗。食入：立即呼叫中毒控制中心或就医，漱口。如果接触或有担心，就医。如感觉不适，就医。收集泄漏物

安全储存 在通风良好处储存。保持容器密闭。上锁保管

废弃处置 本品及内装物、容器依据国家和地方法规处置

物理和化学危险 可燃，其粉体与空气混合，能形成爆炸性混合物

健康危害 本品为中等毒杀菌剂。对眼睛有强烈刺激作用。中毒症状有剧烈头痛、恶心、呕吐，重者可有嗜睡，甚至昏迷

环境危害 对水生生物毒性非常大并具有长期持续影响

第三部分 成分/组成信息

√物质　　　　　　　　混合物

组分	浓度	CAS No.
三苯基氢氧化锡		76-87-9

第四部分 急救措施

吸入 迅速脱离现场至空气新鲜处。保持呼吸道通畅。如呼吸困难，给输氧。呼吸、心跳停止，立即进行心肺复苏术。就医

皮肤接触 立即脱去污染的衣着，用流动清水彻底冲洗。就医

眼睛接触 立即分开眼睑，用流动清水或生理盐水彻底冲洗 5～10min。就医

食入 饮适量温水，催吐（仅限于清醒者）。就医

对保护施救者的忠告 根据需要使用个人防护设备

对医生的特别提示 对症处理

第五部分 消防措施

灭火剂 用雾状水、泡沫、干粉、二氧化碳、砂土灭火

特别危险性 遇明火、高热可燃。其粉体与空气可形成爆炸性混合物，当达到一定浓度时，遇火星会发生爆炸。受高热分解放出有毒的气体

灭火注意事项及防护措施 消防人员须佩戴防毒面具、穿全身消防服，在上风向灭火。尽可能将容器从火场移至空旷处。喷水保持火场容器冷却，直至灭火结束

第六部分 泄漏应急处理

作业人员防护措施、防护装备和应急处置程序 隔离泄漏污染区，限制出入。消除所有点火源。建议应急处理人员戴防尘口罩，穿防毒服。穿上适当的防护服前严禁接触破裂的容器和泄漏物。尽可能切断泄漏源

环境保护措施 用塑料布覆盖泄漏物，减少飞散

泄漏化学品的收容、清除方法及所使用的处置材料 勿使水进入包装容器内。用洁净的铲子收集泄漏物，置于干净、干燥、盖子较松的容器中，将容器移离泄漏区

第七部分 操作处置与储存

操作注意事项 密闭操作，提供充分的局部排风。防止粉尘释放到车间空气中。操作人员必须经过专门培训，严格遵守操作规程。建议操作人员佩戴防尘面具（全面罩），穿胶布防毒衣，戴橡胶手套。远离火种、热源，工作场所严禁吸烟。使用防爆型的通风系统和设备。避免产生粉尘。避免与氧化剂接触。配备相应品种和数量的消防器材及泄漏应急处理设备。倒空的容器可能残留有害物

储存注意事项 储存于阴凉、通风良好的库房内。远离火种、热源。防止阳光直射。包装密封。应与氧化剂、食用化学品分开存放，切忌混储。配备相应品种和数量的消防器材。储区应备有合适的材料收容泄漏物

第八部分 接触控制/个体防护

职业接触限值

中国 未制定标准

美国（ACGIH） TLV-TWA：0.1mg/m³；TLV-STEL：0.2mg/m³ ［按 Sn 计］［皮］

生物接触限值 未制定标准

监测方法 空气中有毒物质测定方法：未制定标准。生物监测检验方法：未制定标

工程控制 严加密闭，提供充分的局部排风

个体防护装备

呼吸系统防护 可能接触其粉尘时，必须佩戴防尘面具（全面罩）。紧急事态抢救或撤离时，应该佩戴空气呼吸器

眼睛防护 呼吸系统防护中已作防护

皮肤和身体防护 穿密闭型防毒服

手防护 戴橡胶手套

第九部分 理化特性

外观与性状 无味白色粉末

| pH 值　无意义 | 熔点(℃)　124～126 |

沸点(℃)　无资料　　　相对密度(水＝1)　无资料

相对蒸气密度(空气＝1)　无资料

饱和蒸气压(kPa)　无资料

临界压力(MPa)　无资料　　辛醇/水分配系数　无资料

闪点(℃)　无意义　　　自燃温度(℃)　无资料

爆炸下限(%)　无资料　　爆炸上限(%)　无资料

分解温度(℃)　无资料　　黏度(mPa·s)　无资料

燃烧热(kJ/mol)　无资料　临界温度(℃)　无资料

溶解性　不溶于水，溶于多数有机溶剂

第十部分　稳定性和反应性

稳定性　稳定

危险反应　与强氧化剂等禁配物发生反应

避免接触的条件　无资料

禁配物　强氧化剂

危险的分解产物　氧化锡

第十一部分　毒理学信息

急性毒性　LD_{50}：46mg/kg（大鼠经口），209mg/kg（小鼠经口），1600mg/kg（兔经皮）

皮肤刺激或腐蚀　无资料

眼睛刺激或腐蚀　家兔经眼：10mg，引起刺激

呼吸或皮肤过敏　无资料

生殖细胞突变性　肿瘤性转化：大鼠胚胎19ng/Ⅲ。微核试验：小鼠经口2500μg/kg。姐妹染色单体交换：仓鼠卵巢25μg/L

致癌性　无资料

生殖毒性　大鼠经口最低中毒剂量（TDLo）：105mg/kg（孕8～14d），有胚胎毒性。大鼠经口最低中毒剂量（TDLo）：130mg/kg（孕6～15d），植入后死亡率增加

特异性靶器官系统毒性-一次接触　无资料

特异性靶器官系统毒性-反复接触　无资料

吸入危害　无资料

第十二部分　生态学信息

生态毒性　LC_{50}：0.0071mg/L（96h）（黑头呆鱼）。EC_{50}：0.01mg/L（48h）（大型溞）。NOAEC：0.000065mg/L（黑头呆鱼，FELS）

持久性和降解性

　　生物降解性　无资料

　　非生物降解性　无资料

潜在的生物累积性　无资料

土壤中的迁移性　无资料

第十三部分　废弃处置

废弃化学品　建议用焚烧法处置。在能利用的地方重复使用容器或在规定场所掩埋

污染包装物　将容器返还生产商或按照国家和地方法规处置

废弃注意事项　处置前应参阅国家和地方有关法规

第十四部分　运输信息

联合国危险货物编号（UN号）　3146

联合国运输名称　固态有机锡化合物，未另作规定的（三苯基氢氧化锡）

联合国危险性类别　6.1

包装类别　Ⅱ　　　　包装标志

海洋污染物　是

运输注意事项　运输前应先检查包装容器是否完整、密封，运输过程中要确保容器不泄漏、不倒塌、不坠落、不损坏。严禁与酸类、氧化剂、食品及食品添加剂混运。运输时运输车辆应配备相应品种和数量的消防器材及泄漏应急处理设备。运输途中应防暴晒、雨淋，防高温。公路运输时要按规定路线行驶，勿在居民区和人口稠密区停留

第十五部分　法规信息

下列法律、法规、规章和标准，对该化学品的管理作了相应的规定。

中华人民共和国职业病防治法　职业病分类和目录：有机锡中毒

危险化学品安全管理条例　危险化学品目录：列入。易制爆危险化学品名录：未列入。重点监管的危险化学品名录：未列入。GB 18218—2009《危险化学品重大危险源辨识》（表1）：未列入

使用有毒物品作业场所劳动保护条例　高毒物品目录：未列入

易制毒化学品管理条例　易制毒化学品的分类和品种目录：未列入

国际公约　斯德哥尔摩公约：未列入。鹿特丹公约：未列入。蒙特利尔议定书：未列入

第十六部分　其他信息

编写和修订信息　　缩略语和首字母缩写

培训建议　　　　　参考文献

免责声明

三苯基乙酸锡

第一部分　化学品标识

化学品中文名　三苯基乙酸锡；薯瘟锡；乙酰氧基三苯基锡

化学品英文名　fentin acetate；acetoxytriphenyl stannane

分子式　$C_{20}H_{18}O_2Sn$　分子量　409.066

结构式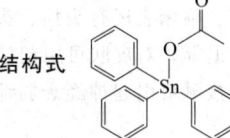

化学品的推荐及限制用途　用作农用杀菌剂

第二部分　危险性概述

紧急情况概述　吞咽会中毒，皮肤接触会中毒，吸入致命，造成皮肤刺激，造成严重眼损伤

GHS危险性类别　急性毒性-经口，类别3；急性毒性-经皮，类别3；急性毒性-吸入，类别2；皮肤腐蚀/刺激，类别2；严重眼损伤/眼刺激，类别1；生殖毒性，类别2；特异性靶器官毒性-反复接触，类别1；特异性靶器官毒性-一次接触，类别3（呼吸道刺激）；危害水生环境-急性危害，类别1；危害水生环境-长期危害，类别1

标签要素

象形图

警示词　危险

危险性说明　吞咽会中毒，皮肤接触会中毒，吸入致命，造成皮肤刺激，造成严重眼损伤，怀疑对生育力或胎儿造成伤害，长时间或反复接触对器官造成损伤，可能引起呼吸道刺激，对水生生物毒性非常大并具有长期持续影响

防范说明

预防措施　避免接触眼睛、皮肤，操作后彻底清洗。作业场所不得进食、饮水或吸烟。戴防护手套、穿防护服。避免吸入粉尘。仅在室外或通风良好处操作。戴防护眼镜、防护面罩。得到专门指导后操作。在阅读并了解所有安全预防措施之前，切勿操作。按要求使用个体防护装备。禁止排入环境

事故响应　如吸入：将患者转移到空气新鲜处，休息，保持利于呼吸的体位，立即呼叫中毒控制中心或就医。皮肤接触：用大量肥皂水和水清洗，立即脱去所有被污染的衣服，如感觉不适，呼叫中毒控制中心或就医。被污染的衣服经洗净后方可重新使用。接触眼睛：用水细心冲洗数分钟，立即呼叫中毒控制中心或就医。如戴隐形眼镜并可方便地取出，取出隐形眼镜，继续冲洗。食入：立即呼叫中毒控制中心或就医，漱口。如果接触或有担心，就医。如感觉不适，就医。收集泄漏物

安全储存　在通风良好处储存。保持容器密闭。上锁保管

废弃处置　本品及内装物、容器依据国家和地方法规处置

物理和化学危险　可燃，其粉体与空气混合，能形成爆炸性混合物

健康危害　主要引起神经系统损害。临床表现有头痛、头晕、精神萎靡、恶心、食欲减退等。对皮肤可引起接触性皮炎、过敏性皮炎。长期接触可引起神经衰弱综合征

环境危害　对水生生物毒性非常大并具有长期持续影响

第三部分　成分/组成信息

√物质　　　　　　　　　　混合物

组分	浓度	CAS No.
三苯基乙酸锡		900-95-8

第四部分　急救措施

吸入　迅速脱离现场至空气新鲜处。保持呼吸道通畅。如呼吸困难，给输氧。呼吸、心跳停止，立即进行心肺复苏术。就医

皮肤接触　立即脱去污染的衣着，用流动清水彻底冲洗。就医

眼睛接触　立即分开眼睑，用流动清水或生理盐水彻底冲洗5～10min。就医

食入　饮适量温水，催吐（仅限于清醒者）。就医

对保护施救者的忠告　根据需要使用个人防护设备

对医生的特别提示　对症处理

第五部分　消防措施

灭火剂　用雾状水、泡沫、干粉、二氧化碳、砂土灭火

特别危险性　遇明火、高热可燃。其粉体与空气可形成爆炸性混合物，当达到一定浓度时，遇火星会发生爆炸。受高热分解放出有毒的气体

灭火注意事项及防护措施　消防人员必须佩戴防毒面具、穿全身消防服，在上风向灭火。尽可能将容器从火场移至空旷处。喷水保持火场容器冷却，直至灭火结束

第六部分　泄漏应急处理

作业人员防护措施、防护装备和应急处置程序　隔离泄漏污染区，限制出入。消除所有点火源。建议应急处理人员戴防尘口罩，穿防毒服。穿上适当的防护服前严禁接触破裂的容器和泄漏物。尽可能切断泄漏源

环境保护措施　用塑料布覆盖泄漏物，减少飞散

泄漏化学品的收容、清除方法及所使用的处置材料　勿使水进入包装容器内。用洁净的铲子收集泄漏物，置于干净、干燥、盖子较松的容器中，将容器移离泄漏区

第七部分　操作处置与储存

操作注意事项　密闭操作，提供充分的局部排风。防止粉尘释放到车间空气中。操作人员必须经过专门培训，严格遵守操作规程。建议操作人员佩戴防尘面具（全面罩），穿防毒物渗透工作服，戴橡胶手套。远离火种、热源，工作场所严禁吸烟。使用防爆型的通风系统和设备。避免产生粉尘。避免与氧化剂接触。配备相应品种和数量的消防器材及泄漏应急处理设备。倒空的容器可能残留有害物

储存注意事项　储存于阴凉、干燥、通风良好的库房。远离火种、热源。防止阳光直射。包装密封。应与氧化剂、食用化学品等分开存放，切忌混储。配备相应品种和数量的消防器材。储区应备有合适的材料收容泄漏物

第八部分　接触控制/个体防护

职业接触限值

中国　未制定标准

美国（ACGIH） TLV-TWA：0.1mg/m³；TLV-STEL：0.2mg/m³［按 Sn 计］［皮］

生物接触限值 未制定标准

监测方法 空气中有毒物质测定方法：未制定标准。生物监测检验方法：未制定标准

工程控制 严加密闭，提供充分的局部排风

个体防护装备

呼吸系统防护 可能接触其粉尘时，必须佩戴防尘面具（全面罩）。紧急事态抢救或撤离时，应该佩戴空气呼吸器

眼睛防护 呼吸系统防护中已作防护

皮肤和身体防护 穿防毒物渗透工作服

手防护 戴橡胶手套

第九部分 理化特性

外观与性状 白色无气味的晶体

pH 值 无意义		**熔点(℃)** 122～123	

沸点(℃) 无资料

相对密度(水＝1) 1.55（20℃）

相对蒸气密度(空气＝1) 无资料

饱和蒸气压(kPa) 0.19×10⁻⁵（60℃）

临界压力(MPa) 无资料	**辛醇/水分配系数** 3.43
闪点(℃) 无意义	**自燃温度(℃)** 无资料
爆炸下限(%) 无资料	**爆炸上限(%)** 无资料
分解温度(℃) 无资料	**黏度(mPa·s)** 无资料
燃烧热(kJ/mol) 无资料	**临界温度(℃)** 无资料

溶解性 溶于多数有机溶剂

第十部分 稳定性和反应性

稳定性 稳定

危险反应 与水、强氧化剂等禁配物发生反应

避免接触的条件 潮湿空气

禁配物 水、强氧化剂

危险的分解产物 氧化锡

第十一部分 毒理学信息

急性毒性 LD₅₀：81mg/kg（大鼠经口），81mg/kg（小鼠经口），2000mg/kg（兔经皮）

皮肤刺激或腐蚀 无资料	**眼睛刺激或腐蚀** 无资料
呼吸或皮肤过敏 无资料	**生殖细胞突变性** 无资料
致癌性 无资料	**生殖毒性** 无资料

特异性靶器官系统毒性-一次接触 无资料

特异性靶器官系统毒性-反复接触 无资料

吸入危害 无资料

第十二部分 生态学信息

生态毒性 有机锡对水生无脊椎动物有极高的毒性

持久性和降解性

生物降解性 无资料

非生物降解性 无资料

潜在的生物累积性 无资料

土壤中的迁移性 无资料

第十三部分 废弃处置

废弃化学品 建议用焚烧法处置。在能利用的地方重复使用容器或在规定场所掩埋

污染包装物 将容器返还生产商或按照国家和地方法规处置

废弃注意事项 处置前应参阅国家和地方有关法规

第十四部分 运输信息

联合国危险货物编号（UN 号） 3146

联合国运输名称 固态有机锡化合物，未另作规定的（三苯基乙酸锡）

联合国危险性类别 6.1

包装类别 Ⅱ　　　　　　**包装标志**

海洋污染物 是

运输注意事项 铁路运输时包装所用的麻袋、塑料编织袋、复合塑料编织袋的强度应符合国家标准要求。铁路运输时，可以使用钙塑瓦楞箱作外包装。运输前应先检查包装容器是否完整、密封，运输过程中要确保容器不泄漏、不倒塌、不坠落、不损坏。严禁与酸类、氧化剂、食品及食品添加剂混运。运输时运输车辆应配备相应品种和数量的消防器材及泄漏应急处理设备。运输途中应防暴晒、雨淋，防高温。公路运输时要按规定路线行驶，勿在居民区和人口稠密区停留

第十五部分 法规信息

下列法律、法规、规章和标准，对该化学品的管理作了相应的规定。

中华人民共和国职业病防治法 职业病分类和目录：有机锡中毒

危险化学品安全管理条例 危险化学品目录：列入。易制爆危险化学品名录：未列入。重点监管的危险化学品名录：未列入。GB 18218—2009《危险化学品重大危险源辨识》（表 1）：未列入

使用有毒物品作业场所劳动保护条例 高毒物品目录：未列入

易制毒化学品管理条例 易制毒化学品的分类和品种目录：未列入

国际公约 斯德哥尔摩公约：未列入。鹿特丹公约：未列入。蒙特利尔议定书：未列入

第十六部分 其他信息

编写和修订信息　　缩略语和首字母缩写

培训建议　　　　　参考文献

免责声明

三丙基铝

第一部分 化学品标识

化学品中文名 三丙基铝；三丙铝

化学品英文名 tripropyl aluminium；aluminium tripropyl

分子式 $C_9H_{21}Al$　**分子量** 156.2446

结构式

化学品的推荐及限制用途 用于有机合成

第二部分　危险性概述

紧急情况概述 暴露在空气中自燃，遇水放出可自燃的易燃气体

GHS危险性类别 自燃液体，类别1；遇水放出易燃气体的物质和混合物，类别1

标签要素

象形图

警示词 危险

危险性说明 暴露在空气中自燃，遇水放出可自燃的易燃气体

防范说明

预防措施　远离热源、火花、明火、热表面。禁止吸烟。不得与空气接触。戴防护手套、防护眼镜、防护面罩。因与水发生剧烈反应和可能发生暴燃，应避免与水接触。在惰性气体中操作。防潮

事故响应　火灾时，使用干粉、二氧化碳、砂土灭火

安全储存　在干燥处和密闭的容器中储存

废弃处置　本品及内装物、容器依据国家和地方法规处置

物理和化学危险 接触空气易自燃

健康危害 吸入、摄入或皮肤吸收后对身体有害。对眼睛、皮肤、黏膜和上呼吸道有强烈刺激作用。吸入其蒸气，可引起类似金属烟尘热的表现

环境危害 对环境可能有害

第三部分　成分/组成信息

√物质　　　　　　　　　　混合物

组分	浓度	CAS No.
三丙基铝		102-67-0

第四部分　急救措施

吸入 迅速脱离现场至空气新鲜处。保持呼吸道通畅。如呼吸困难，给输氧。呼吸、心跳停止，立即进行心肺复苏术。就医

皮肤接触 立即脱去污染的衣着，用流动清水彻底冲洗。就医

眼睛接触 立即分开眼睑，用流动清水或生理盐水彻底冲洗。就医

食入 漱口，饮水。就医

对保护施救者的忠告 根据需要使用个人防护设备

对医生的特别提示 对症处理

第五部分　消防措施

灭火剂 用干粉、二氧化碳、砂土灭火

特别危险性 暴露在空气中能自燃。遇水强烈分解，放出易燃的烷烃气体。遇氧化剂、酸、碱、胺类、卤代烃、醇发生剧烈反应。加热分解产生易燃气体

灭火注意事项及防护措施 消防人员必须佩戴空气呼吸器、穿全身防火防毒服，在上风向灭火。尽可能将容器从火场移至空旷处。处在火场中的容器若已变色或从安全泄压装置中发出声音，必须马上撤离。禁止用水和泡沫灭火

第六部分　泄漏应急处理

作业人员防护措施、防护装备和应急处置程序 根据液体流动和蒸气扩散的影响区域划定警戒区，无关人员从侧风、上风向撤离至安全区。消除所有点火源。建议应急处理人员戴正压自给式呼吸器，穿防毒、防静电服。禁止接触或跨越泄漏物。尽可能切断泄漏源

环境保护措施 防止泄漏物进入水体、下水道、地下室或有限空间

泄漏化学品的收容、清除方法及所使用的处置材料 小量泄漏：用干燥的砂土或其他不燃材料覆盖泄漏物，用洁净的无火花工具收集泄漏物，置于一盖子较松的塑料容器中，待处置。大量泄漏：构筑围堤或挖坑收容。用防爆泵转移至槽车或专用收集器内

第七部分　操作处置与储存

操作注意事项 密闭操作，提供充分的局部排风。防止蒸气泄漏到工作场所空气中。操作人员必须经过专门培训，严格遵守操作规程。建议操作人员佩戴自吸过滤式防毒面具（全面罩），穿防静电工作服，戴橡胶手套。远离火种、热源，工作场所严禁吸烟。使用防爆型的通风系统和设备。在清除液体和蒸气前不能进行焊接、切割等作业。避免产生烟雾。避免与氧化剂、酸类、醇类接触。尤其要注意避免与水接触。配备相应品种和数量的消防器材及泄漏应急处理设备。倒空的容器可能残留有害物

储存注意事项 储存于阴凉、干燥、通风良好的专用库房内，库温不超过30℃，相对湿度不超过80％。远离火种、热源。防止阳光直射。保持容器密封，严禁与空气接触。应与氧化剂、酸类、醇类、食用化学品等分开存放，切忌混储。采用防爆型照明、通风设施。禁止使用易产生火花的机械设备和工具。储区应备有泄漏应急处理设备和合适的收容材料

第八部分　接触控制/个体防护

职业接触限值

中国　未制定标准

美国（ACGIH）　未制定标准

生物接触限值 未制定标准

监测方法 空气中有毒物质测定方法：未制定标准。生物监测检验方法：未制定标准

工程控制 严加密闭，提供充分的局部排风

个体防护装备

呼吸系统防护　空气中浓度超标时，必须佩戴过滤式防毒面具（全面罩）。紧急事态抢救或撤离时，应该佩戴空气呼吸器

眼睛防护　呼吸系统防护中已作防护

皮肤和身体防护　穿防静电工作服

手防护　戴橡胶手套

第九部分　理化特性

外观与性状　黏稠无色液体

pH 值　无资料　　　　　　熔点(℃)　－107

沸点(℃)　82～84（0.266kPa）

相对密度(水＝1)　0.823

相对蒸气密度(空气＝1)　无资料

饱和蒸气压(kPa)　无资料

临界压力(MPa)　无资料　辛醇/水分配系数　无资料

闪点(℃)　－18.33　　自燃温度(℃)　无资料

爆炸下限(%)　无资料　爆炸上限(%)　无资料

分解温度(℃)　无资料　黏度(mPa·s)　无资料

燃烧热(kJ/mol)　无资料　临界温度(℃)　无资料

溶解性　溶于烃类

第十部分　稳定性和反应性

稳定性　稳定

危险反应　与强氧化剂、水等禁配物接触，有发生火灾和爆炸的危险。暴露在空气中能自燃。遇水强烈分解，放出易燃的烷烃气体。遇氧化剂、酸、碱、胺类、卤代烃、醇发生剧烈反应。加热分解产生易燃气体

避免接触的条件　空气、潮湿空气

禁配物　氧化剂、空气、水、氧、酸类、醇类、碱类、胺类、卤代烃

危险的分解产物　氧化铝

第十一部分　毒理学信息

急性毒性　未见毒性资料

皮肤刺激或腐蚀　无资料　眼睛刺激或腐蚀　无资料

呼吸或皮肤过敏　无资料　生殖细胞突变性　无资料

致癌性　无资料　　　生殖毒性　无资料

特异性靶器官系统毒性-一次接触　无资料

特异性靶器官系统毒性-反复接触　无资料

吸入危害　无资料

第十二部分　生态学信息

生态毒性　无资料

持久性和降解性

生物降解性　无资料

非生物降解性　无资料

潜在的生物累积性　无资料

土壤中的迁移性　无资料

第十三部分　废弃处置

废弃化学品　建议用焚烧法处置。量小时，在惰性气氛下小心加入含适当溶剂的干丁醇中，反应可能产生大量

易燃的氢气或烃类气体，并伴随着剧烈放热，必须提供通风。用含水酸中和，滤出固体做掩埋处置，液体部分烧掉

污染包装物　将容器返还生产商或按照国家和地方法规处置

废弃注意事项　处置前应参阅国家和地方有关法规

第十四部分　运输信息

联合国危险货物编号（UN 号）　3394

联合国运输名称　液态有机金属物质，发火，遇水反应（三丙基铝）

联合国危险性类别　4.2,4.3

包装类别　Ⅰ

包装标志　

海洋污染物　否

运输注意事项　运输时运输车辆应配备相应品种和数量的消防器材及泄漏应急处理设备。装运本品的车辆排气管须有阻火装置。运输过程中要确保容器不泄漏、不倒塌、不坠落、不损坏。严禁与氧化剂、活泼非金属、酸类、醇类、食用化学品等混装混运。运输途中应防暴晒、雨淋，防高温。中途停留时应远离火种、热源。运输用车、船必须干燥，并有良好的防雨设施。车辆运输完毕应进行彻底清扫。铁路运输时要禁止溜放

第十五部分　法规信息

下列法律、法规、规章和标准，对该化学品的管理作了相应的规定。

中华人民共和国职业病防治法　职业病分类和目录：未列入

危险化学品安全管理条例　危险化学品目录：列入。易制爆危险化学品名录：未列入。重点监管的危险化学品名录：未列入。GB 18218—2009《危险化学品重大危险源辨识》（表1）：未列入

使用有毒物品作业场所劳动保护条例　高毒物品目录：未列入

易制毒化学品管理条例　易制毒化学品的分类和品种目录：未列入

国际公约　斯德哥尔摩公约：未列入。鹿特丹公约：未列入。蒙特利尔议定书：未列入

第十六部分　其他信息

编写和修订信息　　缩略语和首字母缩写

培训建议　　　　参考文献

免责声明

三碘乙酸

第一部分　化学品标识

化学品中文名　三碘乙酸；三碘醋酸

化学品英文名　triiodoacetic acid

分子式　$C_2HI_3O_2$　　分子量　437.7279

结构式　

化学品的推荐及限制用途　用作试剂

第二部分　危险性概述

紧急情况概述　造成严重的皮肤灼伤和眼损伤

GHS危险性类别　皮肤腐蚀/刺激，类别1；严重眼损伤/眼刺激，类别1

标签要素

象形图

警示词　危险

危险性说明　造成严重的皮肤灼伤和眼损伤

防范说明

　　预防措施　避免吸入粉尘。避免接触眼睛、皮肤，操作后彻底清洗。戴防护手套，穿防护服，戴防护眼镜、防护面罩

　　事故响应　如吸入：将患者转移到空气新鲜处，休息，保持利于呼吸的体位，立即呼叫中毒控制中心或就医。皮肤（或头发）接触：立即脱掉所有被污染的衣服，用水冲洗皮肤，淋浴。污染的衣服洗净后方可重新使用。眼睛接触：用水细心地冲洗数分钟，立即呼叫中毒控制中心或就医。如戴隐形眼镜并可方便地取出，则取出隐形眼镜，继续冲洗。食入：漱口，不要催吐

　　安全储存　上锁保管

　　废弃处置　本品及内装物、容器依据国家和地方法规处置

物理和化学危险　不燃，无特殊燃爆特性。遇水剧烈反应，产生有毒气体

健康危害　本品对眼睛、皮肤、黏膜和上呼吸道有刺激作用。眼和皮肤接触可引起灼伤

环境危害　对环境可能有害

第三部分　成分/组成信息

√物质　　　　　　　　　　混合物

组分	浓度	CAS No.
三碘乙酸		594-68-3

第四部分　急救措施

吸入　迅速脱离现场至空气新鲜处。保持呼吸道通畅。如呼吸困难，给输氧。呼吸、心跳停止，立即进行心肺复苏术。就医

皮肤接触　立即脱去污染的衣着，用大量流动清水彻底冲洗至少15min。就医

眼睛接触　立即分开眼睑，用流动清水或生理盐水彻底冲洗5～10min。就医

食入　用水漱口，禁止催吐。给饮牛奶或蛋清。就医

对保护施救者的忠告　根据需要使用个人防护设备

对医生的特别提示　对症处理

第五部分　消防措施

灭火剂　本品不燃，根据着火原因选择适当灭火剂灭火

特别危险性　不燃。受热分解放出有毒气体。遇潮时对大多数金属有腐蚀性

灭火注意事项及防护措施　消防人员必须穿全身耐酸碱消防服、佩戴空气呼吸器灭火。灭火时尽可能将容器从火场移至空旷处

第六部分　泄漏应急处理

作业人员防护措施、防护装备和应急处置程序　隔离泄漏污染区，限制出入。建议应急处理人员戴防尘口罩，穿防酸碱服。穿上适当的防护服前严禁接触破裂的容器和泄漏物。尽可能切断泄漏源

环境保护措施　用塑料布覆盖泄漏物，减少飞散

泄漏化学品的收容、清除方法及所使用的处置材料　勿使水进入包装容器内。用洁净的铲子收集泄漏物，置于干净、干燥、盖子较松的容器中，将容器移离泄漏区

第七部分　操作处置与储存

操作注意事项　密闭操作，局部排风。操作人员必须经过专门培训，严格遵守操作规程。建议操作人员佩戴自吸过滤式防尘口罩，戴化学安全防护眼镜，穿橡胶耐酸碱服，戴橡胶耐酸碱手套。避免产生粉尘。避免与氧化剂、碱类接触。搬运时要轻装轻卸，防止包装及容器损坏。配备泄漏应急处理设备。倒空的容器可能残留有害物

储存注意事项　储存于阴凉、通风的库房。远离火种、热源。保持容器密封。应与氧化剂、碱类、食用化学品分开存放，切忌混储。储区应备有合适的材料收容泄漏物

第八部分　接触控制/个体防护

职业接触限值

　　中国　未制定标准

　　美国（ACGIH）　未制定标准

生物接触限值　未制定标准

监测方法　空气中有毒物质测定方法：未制定标准。生物监测检验方法：未制定标准

工程控制　密闭操作，局部排风

个体防护装备

　　呼吸系统防护　空气中粉尘浓度超标时，必须佩戴过滤式防尘呼吸器。紧急事态抢救或撤离时，应该佩戴空气呼吸器

　　眼睛防护　戴化学安全防护眼镜

　　皮肤和身体防护　穿橡胶耐酸碱服

　　手防护　戴橡胶耐酸碱手套

第九部分　理化特性

外观与性状　黄色结晶

pH值 无意义	熔点(℃) 150（分解）
沸点(℃) 无资料	相对密度(水＝1) 无资料
相对蒸气密度(空气＝1) 无资料	
饱和蒸气压(kPa) 无资料	
临界压力(MPa) 无资料	辛醇/水分配系数 无资料
闪点(℃) 无意义	自燃温度(℃) 无意义
爆炸下限(%) 无意义	爆炸上限(%) 无意义
分解温度(℃) 无资料	黏度(mPa·s) 无资料
燃烧热(kJ/mol) 无资料	临界温度(℃) 无资料

溶解性 溶于水，溶于乙醇、乙醚

第十部分 稳定性和反应性

稳定性 稳定

危险反应 与强氧化剂、强碱等禁配物发生反应

避免接触的条件 受热、光照、潮湿空气

禁配物 强氧化剂、强碱

危险的分解产物 氢、碘化氢

第十一部分 毒理学信息

急性毒性 无资料

皮肤刺激或腐蚀 无资料　眼睛刺激或腐蚀 无资料

呼吸或皮肤过敏 无资料　生殖细胞突变性 无资料

致癌性 无资料　　　　生殖毒性 无资料

特异性靶器官系统毒性--一次接触 无资料

特异性靶器官系统毒性-反复接触 无资料

吸入危害 无资料

第十二部分 生态学信息

生态毒性 无资料

持久性和降解性

　　生物降解性 无资料

　　非生物降解性 无资料

潜在的生物累积性 无资料

土壤中的迁移性 无资料

第十三部分 废弃处置

废弃化学品 根据国家和地方有关法规的要求处置。或与厂商或制造商联系，确定处置方法

污染包装物 将容器返还生产商或按照国家和地方法规处置

废弃注意事项 处置前应参阅国家和地方有关法规

第十四部分 运输信息

联合国危险货物编号（UN号） 3261

联合国运输名称 有机酸性腐蚀性固体，未另作规定的（三碘乙酸）

联合国危险性类别 8

包装类别 —　　　　包装标志

海洋污染物 否

运输注意事项 起运时包装要完整，装载应稳妥。运输过程中要确保容器不泄漏、不倒塌、不坠落、不损坏。严禁与氧化剂、碱类、食用化学品等混装混运。运输时运输车辆应配备泄漏应急处理设备。运输途中应防暴晒、雨淋，防高温

第十五部分 法规信息

下列法律、法规、规章和标准，对该化学品的管理作了相应的规定。

中华人民共和国职业病防治法 职业病分类和目录：未列入

危险化学品安全管理条例 危险化学品目录：列入。易制爆危险化学品名录：未列入。重点监管的危险化学品名录：未列入。GB 18218—2009《危险化学品重大危险源辨识》（表1）：未列入

使用有毒物品作业场所劳动保护条例 高毒物品目录：未列入

易制毒化学品管理条例 易制毒化学品的分类和品种目录：未列入

国际公约 斯德哥尔摩公约：未列入。鹿特丹公约：未列入。蒙特利尔议定书：未列入

第十六部分 其他信息

编写和修订信息　缩略语和首字母缩写

培训建议　　　　参考文献

免责声明

三丁基氟化锡

第一部分 化学品标识

化学品中文名 三丁基氟化锡；氟三丁基锡

化学品英文名 *tri*-butyltin fluoride; fluorotributylstan-nane

分子式 $C_{12}H_{27}FSn$　分子量 309.053

结构式

化学品的推荐及限制用途 用作杀虫剂、塑料的防霉剂及用于有机合成

第二部分 危险性概述

紧急情况概述 吞咽有害，吸入致命，造成轻微皮肤刺激，造成严重眼刺激

GHS危险性类别 急性毒性-经口，类别4；急性毒性-吸入，类别2；皮肤腐蚀/刺激，类别3；严重眼损伤/眼刺激，类别2；特异性靶器官毒性--一次接触，类别1；特异性靶器官毒性--一次接触，类别3（呼吸道刺激）；特异性靶器官毒性-反复接触，类别1；危害水生环境-急性危害，类别1；危害水生环境-长期危害，类别1

标签要素

象形图

警示词　危险

危险性说明　吞咽有害，吸入致命，造成轻微皮肤刺激，造成严重眼刺激，对器官造成损害，可能引起呼吸道刺激，长时间或反复接触对器官造成损伤，对水生生物毒性非常大并具有长期持续影响

防范说明

　　预防措施　避免接触眼睛、皮肤，操作后彻底清洗。作业场所不得进食、饮水或吸烟。避免吸入粉尘。仅在室外或通风良好处操作。戴呼吸防护器具。戴防护眼镜、防护面罩。禁止排入环境

　　事故响应　如吸入：将患者转移到空气新鲜处，休息，保持利于呼吸的体位，立即呼叫中毒控制中心或就医。如发生皮肤刺激，就医。如接触眼睛：用水细心冲洗数分钟。如戴隐形眼镜并可方便地取出，取出隐形眼镜，继续冲洗。如果眼睛刺激持续：就医。食入：如果感觉不适，立即呼叫中毒控制中心或就医，漱口。如果接触：立即呼叫中毒控制中心或就医。如感觉不适，就医。收集泄漏物

　　安全储存　在通风良好处储存。保持容器密闭。上锁保管

　　废弃处置　本品及内装物、容器依据国家和地方法规处置

物理和化学危险　可燃，其粉体与空气混合，能形成爆炸性混合物

健康危害　本品对黏膜有刺激作用。对中枢神经系统有明显毒性，可引起中毒性神经衰弱综合征；重症患者，可引起中毒性脑病。遇热分解释出有毒的氟烟雾

环境危害　对水生生物毒性非常大并具有长期持续影响

第三部分　成分/组成信息

√ 物质　　　　　　　　　混合物

组分	浓度	CAS No.
三丁基氟化锡		1983-10-4

第四部分　急救措施

吸入　迅速脱离现场至空气新鲜处。保持呼吸道通畅。如呼吸困难，给输氧。呼吸、心跳停止，立即进行心肺复苏术。就医

皮肤接触　立即脱去污染的衣着，用流动清水彻底冲洗。就医

眼睛接触　立即分开眼睑，用流动清水或生理盐水彻底冲洗。就医

食入　漱口，饮水。就医

对保护施救者的忠告　根据需要使用个人防护设备

对医生的特别提示　对症处理

第五部分　消防措施

灭火剂　用雾状水、泡沫、干粉、二氧化碳、砂土灭火

特别危险性　遇明火、高热可燃。其粉体与空气可形成爆炸性混合物，当达到一定浓度时，遇火星会发生爆炸。受高热分解放出有毒的气体

灭火注意事项及防护措施　消防人员须佩戴防毒面具、穿全身消防服，在上风向灭火。尽可能将容器从火场移至空旷处。喷水保持火场容器冷却，直至灭火结束。切勿将水流直接射至熔融物，以免引起严重的流淌火灾或引起剧烈的沸溅

第六部分　泄漏应急处理

作业人员防护措施、防护装备和应急处置程序　隔离泄漏污染区，限制出入。消除所有点火源。建议应急处理人员戴防尘口罩，穿防毒服。穿上适当的防护服前严禁接触破裂的容器和泄漏物。尽可能切断泄漏源

环境保护措施　用塑料布覆盖泄漏物，减少飞散

泄漏化学品的收容、清除方法及所使用的处置材料　勿使水进入包装容器内。用洁净的铲子收集泄漏物，置于干净、干燥、盖子较松的容器中，将容器移离泄漏区

第七部分　操作处置与储存

操作注意事项　密闭操作，提供充分的局部排风。防止粉尘释放到车间空气中。操作人员必须经过专门培训，严格遵守操作规程。建议操作人员佩戴防尘面具（全面罩），穿胶布防毒衣，戴橡胶手套。远离火种、热源，工作场所严禁吸烟。使用防爆型的通风系统和设备。避免产生粉尘。避免与氧化剂接触。配备相应品种和数量的消防器材及泄漏应急处理设备。倒空的容器可能残留有害物

储存注意事项　储存于阴凉、通风的库房。远离火种、热源。防止阳光直射。包装密封。应与氧化剂、食用化学品分开存放，切忌混储。配备相应品种和数量的消防器材。储区应备有合适的材料收容泄漏物

第八部分　接触控制/个体防护

职业接触限值

　　中国　未制定标准

　　美国（ACGIH）　TLV-TWA：0.1mg/m³；TLV-STEL：0.2mg/m³ ［按 Sn 计］［皮］

生物接触限值　未制定标准

监测方法　空气中有毒物质测定方法：未制定标准。生物监测检验方法：未制定标

工程控制　严加密闭，提供充分的局部排风

个体防护装备

　　呼吸系统防护　可能接触其粉尘时，必须佩戴空气呼吸器

　　眼睛防护　呼吸系统防护中已作防护

　　皮肤和身体防护　穿密闭型防毒服

　　手防护　戴橡胶手套

第九部分　理化特性

外观与性状　白色固体，有刺激性气味

pH 值　无意义	**熔点(℃)**　250～257	
沸点(℃)　无资料	**相对密度(水=1)**　无资料	
相对蒸气密度(空气=1)　无资料		
饱和蒸气压(kPa)　无资料		
临界压力(MPa)　无资料	**辛醇/水分配系数**　无资料	

闪点(℃)	145	自燃温度(℃)	无资料
爆炸下限(%)	无资料	爆炸上限(%)	无资料
分解温度(℃)	无资料	黏度(mPa·s)	无资料
燃烧热(kJ/mol)	无资料	临界温度(℃)	无资料

溶解性 不溶于水，溶于多数有机溶剂

第十部分 稳定性和反应性

稳定性 稳定

危险反应 与强氧化剂等禁配物发生反应

避免接触的条件 无资料

禁配物 强氧化剂

危险的分解产物 氧化锡

第十一部分 毒理学信息

急性毒性 LDLo：320mg/kg（小鼠经口）；50mg/kg（兔经口）。LC$_{50}$：5.3mg/m³（大鼠吸入）

皮肤刺激或腐蚀 无资料　　眼睛刺激或腐蚀 无资料

呼吸或皮肤过敏 无资料

生殖细胞突变性 致突变试验：仓鼠卵巢 60μg/L

致癌性 美国政府工业卫生学家会议（ACGIH）：未分类为人类致癌物

生殖毒性 无资料

特异性靶器官系统毒性-一次接触 无资料

特异性靶器官系统毒性-反复接触 无资料

吸入危害 无资料

第十二部分 生态学信息

生态毒性 有机锡对水生无脊椎动物有极高的毒性

持久性和降解性

　　生物降解性 无资料

　　非生物降解性 无资料

潜在的生物累积性 无资料

土壤中的迁移性 无资料

第十三部分 废弃处置

废弃化学品 建议用焚烧法处置。在能利用的地方重复使用容器或在规定场所掩埋

污染包装物 将容器返还生产商或按照国家和地方法规处置

废弃注意事项 处置前应参阅国家和地方有关法规

第十四部分 运输信息

联合国危险货物编号（UN号） 3146

联合国运输名称 固态有机锡化合物，未另作规定的（三丁基氟化锡）

联合国危险性类别 6.1

包装类别 Ⅱ　　　　包装标志

海洋污染物 是

运输注意事项 运输前应先检查包装容器是否完整、密封，运输过程中要确保容器不泄漏、不倒塌、不坠落、不损坏。严禁与酸类、氧化剂、食品及食品添加剂混运。运输时运输车辆应配备相应品种和数量的消防器材及泄漏应急处理设备。运输途中应防暴晒、雨淋，防高温。公路运输时要按规定路线行驶，勿在居民区和人口稠密区停留

第十五部分 法规信息

下列法律、法规、规章和标准，对该化学品的管理作了相应的规定。

中华人民共和国职业病防治法 职业病分类和目录：有机锡中毒

危险化学品安全管理条例 危险化学品目录：列入。易制爆危险化学品名录：未列入。重点监管的危险化学品名录：未列入。GB 18218—2009《危险化学品重大危险源辨识》（表1）：未列入

使用有毒物品作业场所劳动保护条例 高毒物品目录：未列入

易制毒化学品管理条例 易制毒化学品的分类和品种目录：未列入

国际公约 斯德哥尔摩公约：未列入。鹿特丹公约：列入。蒙特利尔议定书：未列入

第十六部分 其他信息

编写和修订信息　　缩略语和首字母缩写

培训建议　　　　　参考文献

免责声明

三丁基硼

第一部分 化学品标识

化学品中文名 三丁基硼

化学品英文名 tributyl borane；tributylboron

分子式 C$_{12}$H$_{27}$B　分子量 182.154

结构式

化学品的推荐及限制用途 用于石油化工、有机合成以及用作催化剂等

第二部分 危险性概述

紧急情况概述 暴露在空气中自燃，吞咽有害

GHS危险性类别 自燃液体，类别1；急性毒性-经口，类别4

标签要素

象形图 ![火焰][感叹号]

警示词 危险

危险性说明 暴露在空气中自燃，吞咽有害

防范说明

　　预防措施 远离热源、火花、明火、热表面。不得与空气接触。戴防护手套、防护眼镜、防护面罩。避免接触眼睛、皮肤，操作后彻底清洗。

作业场所不得进食、饮水或吸烟

事故响应　火灾时，使用干粉、二氧化碳、砂土灭火。如果皮肤接触，将接触部位浸入冷水中，用湿绷带包扎。食入：如果感觉不适，立即呼叫中毒控制中心或就医，漱口

安全储存　—

废弃处置　本品及内装物、容器依据国家和地方法规处置

物理和化学危险　接触空气易自燃

健康危害　吸入、摄入或经皮肤吸收后对身体有害。对眼睛、皮肤、黏膜和上呼吸道有刺激作用。遇高温或水能分解并释放出易燃、有毒的气体

环境危害　对环境可能有害

第三部分　成分/组成信息

√物质　　　　　混合物

组分	浓度	CAS No.
三丁基硼		122-56-5

第四部分　急救措施

吸入　迅速脱离现场至空气新鲜处。保持呼吸道通畅。如呼吸困难，给输氧。呼吸、心跳停止，立即进行心肺复苏术。就医

皮肤接触　立即脱去污染的衣着，用流动清水彻底冲洗。就医

眼睛接触　立即分开眼睑，用流动清水或生理盐水彻底冲洗。就医

食入　漱口，饮水。就医

对保护施救者的忠告　根据需要使用个人防护设备

对医生的特别提示　对症处理

第五部分　消防措施

灭火剂　用干粉、二氧化碳、砂土灭火

特别危险性　暴露在空气中能自燃。遇明火及氧化剂易燃烧

灭火注意事项及防护措施　消防人员必须佩戴防毒面具、穿全身消防服，在上风向灭火。尽可能将容器从火场移至空旷处。处在火场中的容器若已变色或从安全泄压装置中发出声音，必须马上撤离。禁止用水和泡沫灭火

第六部分　泄漏应急处理

作业人员防护措施、防护装备和应急处置程序　根据液体流动和蒸气扩散的影响区域划定警戒区，无关人员从侧风、上风向撤离至安全区。消除所有点火源。建议应急处理人员戴正压自给式呼吸器，穿防毒、防静电服。禁止接触或跨越泄漏物。尽可能切断泄漏源

环境保护措施　防止泄漏物进入水体、下水道、地下室或有限空间

泄漏化品的收容、清除方法及所使用的处置材料　小量泄漏：用干燥的砂土或其他不燃材料覆盖泄漏物，用洁净的无火花工具收集泄漏物，置于一盖子较松的塑料容器中，待处置。大量泄漏：构筑围堤或挖坑收

容。用防爆泵转移至槽车或专用收集器内

第七部分　操作处置与储存

操作注意事项　密闭操作，注意通风。操作人员必须经过专门培训，严格遵守操作规程。建议操作人员佩戴自吸过滤式防毒面具（半面罩），戴化学安全防护眼镜，穿防毒物渗透工作服，戴橡胶手套。远离火种、热源，工作场所严禁吸烟。使用防爆型的通风系统和设备。防止蒸气泄漏到工作场所空气中。避免与氧化剂接触。尤其要注意避免与水接触。搬运时要轻装轻卸，防止包装及容器损坏。配备相应品种和数量的消防器材及泄漏应急处理设备。倒空的容器可能残留有害物

储存注意事项　储存于阴凉、通风的库房。远离火种、热源。库温不超过25℃，相对湿度不超过75%。包装要求密封，不可与空气接触。应与氧化剂分开存放，切忌混储。采用防爆型照明、通风设施。禁止使用易产生火花的机械设备和工具。储区应备有泄漏应急处理设备和合适的收容材料

第八部分　接触控制/个体防护

职业接触限值

中国　未制定标准

美国（ACGIH）　未制定标准

生物接触限值　未制定标准

监测方法　空气中有毒物质测定方法：未制定标准。生物监测检验方法：未制定标准

工程控制　密闭操作，注意通风

个体防护装备

呼吸系统防护　空气中浓度超标时，必须佩戴过滤式防毒面具（半面罩）。紧急事态抢救或撤离时，应该佩戴空气呼吸器

眼睛防护　戴化学安全防护眼镜

皮肤和身体防护　穿防毒物渗透工作服

手防护　戴橡胶手套

第九部分　理化特性

外观与性状　具自燃性的无色液体

pH值　无资料		**熔点(℃)**　−34	
沸点(℃)　170（2.93kPa）		**相对密度(水=1)**　0.747	
相对蒸气密度(空气=1)　无资料			
饱和蒸气压(kPa)　0.013（20℃）			
临界压力(MPa)　无资料		**辛醇/水分配系数**　无资料	
闪点(℃)　−35.5		**自燃温度(℃)**　无资料	
爆炸下限(%)　无资料		**爆炸上限(%)**　无资料	
分解温度(℃)　无资料		**黏度(mPa·s)**　无资料	
燃烧热(kJ/mol)　无资料		**临界温度(℃)**　无资料	

溶解性　不溶于水，溶于多数有机溶剂

第十部分　稳定性和反应性

稳定性　稳定

危险反应　与氧化剂等禁配物发生反应。暴露在空气中能自燃

避免接触的条件　潮湿空气
禁配物　氧化剂
危险的分解产物　氧化硼

第十一部分　毒理学信息

急性毒性　LD_{50}：1125mg/kg（大鼠经口）

皮肤刺激或腐蚀　无资料　　　眼睛刺激或腐蚀　无资料
呼吸或皮肤过敏　无资料　　　生殖细胞突变性　无资料
致癌性　无资料　　　　　　　生殖毒性　无资料
特异性靶器官系统毒性-一次接触　无资料
特异性靶器官系统毒性-反复接触　无资料
吸入危害　无资料

第十二部分　生态学信息

生态毒性　有机锡对水生无脊椎动物有极高的毒性
持久性和降解性
　　生物降解性　无资料
　　非生物降解性　无资料
潜在的生物累积性　无资料
土壤中的迁移性　无资料

第十三部分　废弃处置

废弃化学品　建议用焚烧法处置
污染包装物　将容器返还生产商或按照国家和地方法规
　　处置
废弃注意事项　处置前应参阅国家和地方有关法规

第十四部分　运输信息

联合国危险货物编号（UN号）　2845
联合国运输名称　有机发火液体，未另作规定的（三丁
　　基硼）
联合国危险性类别　4.2

包装类别　Ⅰ　　　　　　　包装标志

海洋污染物　否
运输注意事项　运输时运输车辆应配备相应品种和数量的
　　消防器材及泄漏应急处理设备。装运本品的车辆排气
　　管须有阻火装置。运输过程中要确保容器不泄漏、不
　　倒塌、不坠落、不损坏。严禁与氧化剂、食用化学品
　　等混装混运。运输途中应防暴晒、雨淋，防高温。中
　　途停留时应远离火种、热源。运输用车、船必须干
　　燥，并有良好的防雨设施。车辆运输完毕应进行彻底
　　清扫。铁路运输时要禁止溜放

第十五部分　法规信息

　　下列法律、法规、规章和标准，对该化学品的管理作
了相应的规定。
中华人民共和国职业病防治法　职业病分类和目录：未
　　列入
危险化学品安全管理条例　危险化学品目录：列入。易制
　　爆危险化学品名录：未列入。重点监管的危险化学品

名录：未列入。GB 18218—2009《危险化学品重大
危险源辨识》（表1）：未列入
使用有毒物品作业场所劳动保护条例　高毒物品目录：未
　　列入
易制毒化学品管理条例　易制毒化学品的分类和品种目
　　录：未列入
国际公约　斯德哥尔摩公约：未列入。鹿特丹公约：未列
　　入。蒙特利尔议定书：未列入

第十六部分　其他信息

编写和修订信息　　　缩略语和首字母缩写
培训建议　　　　　　参考文献
免责声明

三氟丙酮

第一部分　化学品标识

化学品中文名　三氟丙酮；1,1,1-三氟-2-丙酮
化学品英文名　trifluoroacetone；1,1,1-trifluoro-2-propa-
　　none

分子式　$C_3H_3F_3O$　分子量　112.0505

结构式　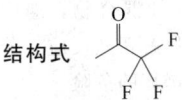

化学品的推荐及限制用途　用作溶剂及用于有机合成

第二部分　危险性概述

紧急情况概述　极易燃液体和蒸气
GHS危险性类别　易燃液体，类别1
标签要素

象形图　

警示词　危险
危险性说明　极易燃液体和蒸气
防范说明
　　预防措施　远离热源、火花、明火、热表面。禁止
　　　　吸烟。保持容器密闭。容器和接收设备接地连
　　　　接。使用防爆型电器、通风、照明设备。只能
　　　　使用不产生火花的工具。采取防止静电措施。
　　　　戴防护手套、防护眼镜、防护面罩
　　事故响应　火灾时，使用泡沫、干粉、二氧化碳、
　　　　砂土灭火。如皮肤（或头发）接触：立即脱掉
　　　　所有被污染的衣服，用水冲洗皮肤，淋浴
　　安全储存　存放在通风良好的地方。保持低温
　　废弃处置　本品及内装物、容器依据国家和地方法
　　　　规处置
物理和化学危险　极易燃，其蒸气与空气混合，能形成爆
　　炸性混合物
健康危害　本品有毒，有催泪性。吸入、摄入或经皮肤吸
　　收后对身体有害。对眼睛、皮肤、黏膜和上呼吸道有
　　刺激作用

环境危害 对环境可能有害

第三部分 成分/组成信息

√物质 混合物

组分	浓度	CAS No.
三氟丙酮		421-50-1

第四部分 急救措施

吸入 迅速脱离现场至空气新鲜处。保持呼吸道通畅。如呼吸困难，给输氧。呼吸、心跳停止，立即进行心肺复苏术。就医

皮肤接触 立即脱去污染的衣着，用流动清水彻底冲洗。就医

眼睛接触 立即分开眼睑，用流动清水或生理盐水彻底冲洗。就医

食入 漱口，饮水。就医

对保护施救者的忠告 根据需要使用个人防护设备

对医生的特别提示 对症处理

第五部分 消防措施

灭火剂 用泡沫、干粉、二氧化碳、砂土灭火

特别危险性 其蒸气与空气可形成爆炸性混合物，遇明火、高热极易燃烧爆炸。与氧化剂接触猛烈反应。若遇高热，容器内压增大，有开裂和爆炸的危险

灭火注意事项及防护措施 消防人员须佩戴防毒面具、穿全身消防服，在上风向灭火。尽可能将容器从火场移至空旷处。喷水保持火场容器冷却，直至灭火结束。处在火场中的容器若已变色或从安全泄压装置中发出声音，必须马上撤离。用水灭火无效

第六部分 泄漏应急处理

作业人员防护措施、防护装备和应急处置程序 消除所有点火源。根据液体流动和蒸气扩散的影响区域划定警戒区，无关人员从侧风、上风向撤离至安全区。建议应急处理人员戴正压自给式呼吸器，穿防静电服。作业时使用的所有设备应接地。禁止接触或跨越泄漏物。尽可能切断泄漏源

环境保护措施 防止泄漏物进入水体、下水道、地下室或有限空间

泄漏化学品的收容、清除方法及所使用的处置材料 小量泄漏：用砂土或其他不燃材料吸收。使用洁净的无火花工具收集吸收材料。大量泄漏：构筑围堤或挖坑收容。用泡沫覆盖，减少蒸发。喷水雾能减少蒸发，但不能降低泄漏物在有限空间内的易燃性。用防爆泵转移至槽车或专用收集器内

第七部分 操作处置与储存

操作注意事项 密闭操作，局部排风。防止烟雾或蒸气释放到工作场所空气中。操作人员必须经过专门培训，严格遵守操作规程。建议操作人员佩戴自吸过滤式防毒面具（半面罩），戴化学安全防护眼镜，穿防静电工作服，戴橡胶手套。远离火种、热源，工作场所严禁吸烟。使用防爆型的通风系统和设备。在清除液体和蒸气前不能进行焊接、切割等作业。避免产生烟雾或蒸气。避免与氧化剂、碱类接触。容器与传送设备要接地，防止产生的静电。灌装时应控制流速，且有接地装置，防止静电积聚。配备相应品种和数量的消防器材及泄漏应急处理设备。倒空的容器可能残留有害物

储存注意事项 储存于阴凉、通风的库房。远离火种、热源。防止阳光直射。库温不宜超过37℃，保持容器密封。应与氧化剂、碱类分开存放，切忌混储。采用防爆型照明、通风设施。禁止使用易产生火花的机械设备和工具。储区应备有泄漏应急处理设备和合适的收容材料

第八部分 接触控制/个体防护

职业接触限值

中国 未制定标准

美国（ACGIH） 未制定标准

生物接触限值 未制定标准

监测方法 空气中有毒物质测定方法：未制定标准。生物监测检验方法：未制定标准

工程控制 密闭操作，局部排风

个体防护装备

呼吸系统防护 空气中浓度超标时，必须佩戴过滤式防毒面具（半面罩）。紧急事态抢救或撤离时，应该佩戴空气呼吸器

眼睛防护 戴化学安全防护眼镜

皮肤和身体防护 穿防静电工作服

手防护 戴橡胶手套

第九部分 理化特性

外观与性状 无色液体，有氯仿气味

pH 值 无资料		**熔点（℃）** −129	
沸点（℃） 21.9			
相对密度（水=1） 1.252（20℃）			
相对蒸气密度（空气=1） 无资料			
饱和蒸气压（kPa） 93.84（20℃）			
临界压力（MPa） 无资料		**辛醇/水分配系数** 无资料	
闪点（℃） −30.56		**自燃温度（℃）** 无资料	
爆炸下限（%） 无资料		**爆炸上限（%）** 无资料	
分解温度（℃） 无资料		**黏度（mPa·s）** 无资料	
燃烧热（kJ/mol） 无资料		**临界温度（℃）** 无资料	

溶解性 微溶于水

第十部分 稳定性和反应性

稳定性 稳定

危险反应 与强氧化剂等禁配物接触，有发生火灾和爆炸的危险

避免接触的条件 无资料

禁配物 强氧化剂、强碱

危险的分解产物 氟化氢

第十一部分 毒理学信息

急性毒性 无资料

皮肤刺激或腐蚀　无资料　　眼睛刺激或腐蚀　无资料

呼吸或皮肤过敏　无资料　　生殖细胞突变性　无资料

致癌性　无资料　　　　　　生殖毒性　无资料

特异性靶器官系统毒性-一次接触　无资料

特异性靶器官系统毒性-反复接触　无资料

吸入危害　无资料

第十二部分　生态学信息

生态毒性　无资料

持久性和降解性

　　生物降解性　无资料

　　非生物降解性　无资料

潜在的生物累积性　无资料

土壤中的迁移性　无资料

第十三部分　废弃处置

废弃化学品　建议用焚烧法处置。在能利用的地方重复使
　　用容器或在规定场所掩埋

污染包装物　将容器返还生产商或按照国家和地方法规
　　处置

废弃注意事项　处置前应参阅国家和地方有关法规

第十四部分　运输信息

联合国危险货物编号（UN号）　1993

联合国运输名称　易燃液体，未另作规定的（三氟丙酮）

联合国危险性类别　3

包装类别　Ⅰ　　　　　　包装标志

海洋污染物　否

运输注意事项　运输时运输车辆应配备相应品种和数量的
　　消防器材及泄漏应急处理设备。夏季最好早晚运输。
　　运输时所用的槽（罐）车应有接地链，槽内可设孔隔
　　板以减少震荡产生的静电。严禁与氧化剂、碱类、食
　　用化学品等混装混运。运输途中应防暴晒、雨淋、
　　防高温。中途停留时应远离火种、热源、高温区。
　　装运该物品的车辆排气管必须配备阻火装置，禁止
　　使用易产生火花的机械设备和工具装卸。公路运输
　　时要按规定路线行驶，勿在居民区和人口稠密区停
　　留。铁路运输时要禁止溜放。严禁用木船、水泥船
　　散装运输

第十五部分　法规信息

　　下列法律、法规、规章和标准，对该化学品的管理作
了相应的规定。

中华人民共和国职业病防治法　职业病分类和目录：未
　　列入

危险化学品安全管理条例　危险化学品目录：列入。易制
　　爆危险化学品名录：未列入。重点监管的危险化学品
　　名录：未列入。GB 18218—2009《危险化学品重大
　　危险源辨识》（表1）：未列入

使用有毒物品作业场所劳动保护条例　高毒物品目录：未

列入

易制毒化学品管理条例　易制毒化学品的分类和品种目
　　录：未列入

国际公约　斯德哥尔摩公约：未列入。鹿特丹公约：未列
　　入。蒙特利尔议定书：未列入

第十六部分　其他信息

编写和修订信息　　缩略语和首字母缩写

培训建议　　　　　参考文献

免责声明

三氟化磷

第一部分　化学品标识

化学品中文名　三氟化磷；氟化亚磷

化学品英文名　phophorous trifluoride；phosphorus fluor-
　　ide

分子式　F_3P　分子量　87.968972

结构式　F—P—F
　　　　　　　|
　　　　　　　F

化学品的推荐及限制用途　用于发生气体、聚合催化剂等

第二部分　危险性概述

紧急情况概述　内装加压气体：遇热可能爆炸，吸入致
　　命，可能引起呼吸道刺激

GHS危险性类别　加压气体；急性毒性-吸入，类别1；
　　严重眼损伤/眼刺激，类别2B；特异性靶器官毒性-
　　一次接触，类别3（呼吸道刺激）；特异性靶器官毒
　　性-反复接触，类别1

标签要素

象形图　

警示词　危险

危险性说明　内装加压气体：遇热可能爆炸，吸入致
　　命，造成眼刺激，可能引起呼吸道刺激，长时间或
　　反复接触对器官造成损伤

防范说明

　　预防措施　避免吸入气体。仅在室外或通风良好处
　　　　操作。戴呼吸防护器具。避免接触眼睛、皮
　　　　肤。操作现场不得进食、饮水或吸烟

　　事故响应　如吸入：将患者转移到空气新鲜处，休
　　　　息，保持利于呼吸的体位，立即呼叫中毒控制
　　　　中心或就医。如接触眼睛：用水细心冲洗数分
　　　　钟。如戴隐形眼镜并可方便地取出，取出隐形
　　　　眼镜，继续冲洗。如果眼睛刺激持续：就医。
　　　　如感觉不适，就医

　　安全储存　防日晒。存放在通风良好的地方。保持
　　　　容器密闭。上锁保管

　　废弃处置　本品及内装物、容器依据国家和地方法
　　　　规处置

物理和化学危险　不燃，无特殊燃爆特性。遇水产生有毒

气体

健康危害 对皮肤、眼睛、黏膜呈强烈刺激性；吸入可引起上、下呼吸道炎症及肺水肿

环境危害 对环境可能有害

第三部分 成分/组成信息

√物质　　　　　　　　混合物

组分	浓度	CAS No.
三氟化磷		7783-55-3

第四部分 急救措施

吸入 迅速脱离现场至空气新鲜处。保持呼吸道通畅。如呼吸困难，给输氧。呼吸、心跳停止，立即进行心肺复苏术。就医

皮肤接触 立即脱去污染的衣着，用流动清水彻底冲洗。就医

眼睛接触 立即分开眼睑，用流动清水或生理盐水彻底冲洗。就医

对保护施救者的忠告 根据需要使用个人防护设备

对医生的特别提示 对症处理

第五部分 消防措施

灭火剂 迅速切断气源，用水喷淋，保护切断气源的人员，然后根据着火原因选择适当灭火剂灭火

特别危险性 接触二氟化氧发生爆炸。与硼烷、氟、氧等发生剧烈反应。遇水或高热能放出大量的有毒气体

灭火注意事项及防护措施 消防人员必须佩戴空气呼吸器、穿全身防火防毒服，在上风向灭火。迅速切断气源，用水喷淋保护切断气源的人员，然后根据着火原因选择适当灭火剂灭火。尽可能将容器从火场移至空旷处。喷水保持火场容器冷却，直至灭火结束。禁止用水和泡沫灭火

第六部分 泄漏应急处理

作业人员防护措施、防护装备和应急处置程序 根据气体的影响区域划定警戒区，无关人员从侧风、上风向撤离至安全区。建议应急处理人员穿内置正压自给式呼吸器的全封闭防化服。禁止接触或跨越泄漏物。尽可能切断泄漏源

环境保护措施 防止气体通过下水道、通风系统和有限空间扩散

泄漏化学品的收容、清除方法及所使用的处置材料 喷雾状水抑制蒸气或改变蒸气云流向，避免水流接触泄漏物。禁止用水直接冲击泄漏物或泄漏源。隔离泄漏区直至气体散尽

第七部分 操作处置与储存

操作注意事项 密闭操作，提供充分的局部排风。防止气体泄漏到工作场所空气中。操作人员必须经过专门培训，严格遵守操作规程。建议操作人员佩戴自吸过滤式防毒面具（全面罩），穿密闭型防毒服，戴橡胶手套。避免与碱类、氧、氟接触。尤其要注意避免与水接触。配备泄漏应急处理设备

储存注意事项 储存于阴凉、通风的有毒气体专用库房。库温不宜超过30℃。远离火种、热源。防止阳光直射。保持容器密封。应与碱类、氧、氟、食用化学品等分开存放，切忌混储。储区应备有泄漏应急处理设备

第八部分 接触控制/个体防护

职业接触限值

中国 PC-TWA：$2mg/m^3$〔按 F 计〕

美国（ACGIH） TLV-TWA：$2.5mg/m^3$〔按 F 计〕

生物接触限值 尿氟：42mmol/mol 肌酐（7mg/g 肌酐）（采样时间：工作班后）

监测方法 空气中有毒物质测定方法：离子选择电极法。生物监测检验方法：尿中氟的离子选择电极测定方法

工程控制 严加密闭，提供充分的局部排风

个体防护装备

呼吸系统防护 空气中浓度超标时，必须佩戴过滤式防毒面具（全面罩）。紧急事态抢救或撤离时，应该佩戴空气呼吸器

眼睛防护 呼吸系统防护中已作防护

皮肤和身体防护 穿密闭型防毒服

手防护 戴橡胶手套

第九部分 理化特性

外观与性状 无色气体，遇湿气缓慢分解

pH 值 无意义	**熔点（℃）** －152
沸点（℃） －102	**相对密度（水=1）** 无资料
相对蒸气密度（空气=1） 3.907	
饱和蒸气压（kPa） 无资料	
临界压力（MPa） 4.33	**辛醇/水分配系数** 无资料
闪点（℃） 无意义	**自燃温度（℃）** 无意义
爆炸下限（%） 无意义	**爆炸上限（%）** 无意义
分解温度（℃） 无资料	**黏度（mPa·s）** 无资料
燃烧热（kJ/mol） 无资料	**临界温度（℃）** －2.05

溶解性 溶于乙醇

第十部分 稳定性和反应性

稳定性 稳定

危险反应 与水、碱类、氧、氟、二氟化氧、硼烷等禁配物发生反应。接触二氟化氧发生爆炸。与硼烷、氟、氧等发生剧烈反应。遇水或高热能放出大量的有毒气体

避免接触的条件 潮湿空气

禁配物 水、碱类、氧、氟、二氟化氧、硼烷

危险的分解产物 氟化氢、氧化磷

第十一部分 毒理学信息

急性毒性 LC_0：$1900mg/m^3$（小鼠吸入 10min）

皮肤刺激或腐蚀 无资料	**眼睛刺激或腐蚀** 无资料
呼吸或皮肤过敏 无资料	**生殖细胞突变性** 无资料
致癌性 无资料	**生殖毒性** 无资料
特异性靶器官系统毒性--一次接触 无资料	
特异性靶器官系统毒性-反复接触 无资料	

吸入危害　无资料

第十二部分　生态学信息

生态毒性　无资料
持久性和降解性
　　生物降解性　无资料
　　非生物降解性　无资料
潜在的生物累积性　无资料
土壤中的迁移性　无资料

第十三部分　废弃处置

废弃化学品　把空容器归还厂商
污染包装物　将容器返还生产商或按照国家和地方法规
　　处置
废弃注意事项　处置前应参阅国家和地方有关法规

第十四部分　运输信息

联合国危险货物编号（UN号）　1955
联合国运输名称　压缩气体，毒性，未另作规定的（三氟
　　化磷）
联合国危险性类别　2.3

包装类别　—　　　　包装标志

海洋污染物　否
运输注意事项　采用钢瓶运输时必须戴好钢瓶上的安全
　　帽。钢瓶一般平放，并应将瓶口朝同一方向，不可交
　　叉；高度不得超过车辆的防护栏板，并用三角木垫卡
　　牢，防止滚动。运输时运输车辆应配备相应品种和数
　　量的消防器材。严禁与碱类、活泼非金属、食用化学
　　品等混装混运。夏季应早晚运输，防止日光暴晒。中
　　途停留时应远离火种、热源。公路运输时要按规定路
　　线行驶，禁止在居民区和人口稠密区停留。铁路运输
　　时要禁止溜放

第十五部分　法规信息

　　下列法律、法规、规章和标准，对该化学品的管理作
了相应的规定。
中华人民共和国职业病防治法　职业病分类和目录：未
　　列入
危险化学品安全管理条例　危险化学品目录：列入。易制
　　爆危险化学品名录：未列入。重点监管的危险化学品
　　名录：未列入。GB 18218—2009《危险化学品重大
　　危险源辨识》（表1）：未列入
使用有毒物品作业场所劳动保护条例　高毒物品目录：
　　列入
易制毒化学品管理条例　易制毒化学品的分类和品种目
　　录：未列入
国际公约　斯德哥尔摩公约：未列入。鹿特丹公约：未列
　　入。蒙特利尔议定书：未列入

第十六部分　其他信息

编写和修订信息　　缩略语和首字母缩写
培训建议　　　　　参考文献
免责声明

三氟化氯

第一部分　化学品标识

化学品中文名　三氟化氯
化学品英文名　chlorine trifluoride
分子式　ClF_3　分子量　92.448
结构式　$F—Cl—F$（带上方的F）
化学品的推荐及限制用途　用作氟化剂、燃烧剂、推进剂
　　中的氧化剂、高温金属的切割油

第二部分　危险性概述

紧急情况概述　可引起燃烧或加剧燃烧：氧化剂，内装加
　　压气体，遇热可能爆炸，吸入致命，造成严重的皮肤
　　灼伤和眼损伤
GHS危险性类别　氧化性气体，类别1；加压气体
急性毒性-吸入，类别2；皮肤腐蚀/刺激，类别1；严重
　　眼损伤/眼刺激，类别1；特异性靶器官毒性--一次接
　　触，类别1；特异性靶器官毒性-反复接触，类别1
标签要素
　象形图

　警示词　危险
危险性说明　可引起燃烧或加剧燃烧：氧化剂，内装加
　　压气体，遇热可能爆炸，吸入致命，造成严重的皮
　　肤灼伤和眼损伤，对器官造成损害，长时间或反复
　　接触对器官造成损伤
防范说明
　预防措施　储存处远离服装、可燃材料。阀门或紧
　　固装置不得带有油脂或油剂。避免吸入气体、
　　蒸气、雾。仅在室外或通风良好处操作。避
　　免接触眼睛、皮肤，操作后彻底清洗。戴防
　　护手套，穿防护服，戴防护眼镜、防护面罩。
　　作业场所不得进食、饮水或吸烟。操作后彻
　　底清洗
　事故响应　火灾时：如能保证安全，设法堵塞泄
　　漏。如吸入：将患者转移到空气新鲜处，休
　　息，保持利于呼吸的体位，立即呼叫中毒控制
　　中心或就医。皮肤（或头发）接触：立即脱掉
　　所有被污染的衣服，用水冲洗皮肤，淋浴。污
　　染的衣服洗净后方可重新使用。眼睛接触：用
　　水细心地冲洗数分钟，立即呼叫中毒控制中心
　　或就医。如戴隐形眼镜并可方便地取出，则取
　　出隐形眼镜，继续冲洗。食入：漱口，不要催

吐。如果接触：立即呼叫中毒控制中心或就
医。如感觉不适，就医

安全储存　防日晒。存放在通风良好的地方。保持
容器密闭。上锁保管

废弃处置　本品及内装物、容器依据国家和地方法
规处置

物理和化学危险　助燃。与可燃物接触易着火燃烧。遇水
剧烈反应，产生有毒气体

健康危害　对皮肤、黏膜有刺激作用。眼睛和皮肤接触可
致灼伤

环境危害　对环境可能有害

第三部分　成分/组成信息

√ 物质　　　　　　　　混合物

组分	浓度	CAS No.
三氟化氯		7790-91-2

第四部分　急救措施

吸入　迅速脱离现场至空气新鲜处。保持呼吸道通畅。如
呼吸困难，给输氧。呼吸、心跳停止，立即进行心肺
复苏术。就医

皮肤接触　立即脱去污染的衣着，用大量流动清水彻底冲
洗至少 15min。就医

眼睛接触　立即分开眼睑，用流动清水或生理盐水彻底冲
洗 5～10min。就医

食入　用水漱口，禁止催吐。给饮牛奶或蛋清。就医

对保护施救者的忠告　根据需要使用个人防护设备

对医生的特别提示　对症处理

第五部分　消防措施

灭火剂　本品不燃，根据着火原因选择适当灭火剂灭火

特别危险性　强氧化剂。能与多种物品发生具有危险性的
强烈反应。遇有机物，立即自行燃烧爆炸。与水猛烈
反应，放出氟化氢和氯气。并能与砂子以及其他含硅
物品（如玻璃、石棉等）强烈反应，也能与金属和非
金属元素激烈反应

灭火注意事项及防护措施　消防人员必须佩戴空气呼吸
器、穿全身防火防毒服，在上风向灭火。尽可能将容
器从火场移至空旷处

第六部分　泄漏应急处理

作业人员防护措施、防护装备和应急处置程序　根据气体
的影响区域划定警戒区，无关人员从侧风、上风向撤
离至安全区。建议应急处理人员穿内置正压自给式呼
吸器的全封闭防化服。禁止接触或跨越泄漏物。勿使
泄漏物与可燃物质（如木材、纸、油等）接触。尽可
能切断泄漏源

环境保护措施　防止气体通过下水道、通风系统和有限空
间扩散

泄漏化学品的收容、清除方法及所使用的处置材料　喷雾
状水抑制蒸气或改变蒸气云流向，避免水流接触泄漏
物。禁止用水直接冲击泄漏物或泄漏源。若可能翻转
容器，使之逸出气体而非液体。隔离泄漏区直至气体

散尽。泄漏场所保持通风

第七部分　操作处置与储存

操作注意事项　严加密闭，提供充分的局部排风和全面通
风。操作人员必须经过专门培训，严格遵守操作规
程。建议操作人员佩戴自吸过滤式防毒面具（全面
罩），穿胶布防毒衣，戴橡胶耐油手套。远离易燃、
可燃物。防止气体或蒸气泄漏到工作场所空气中。避
免与氧化剂接触。搬运时轻装轻卸，防止钢瓶及附件
破损。配备泄漏应急处理设备

储存注意事项　储存于阴凉、通风的有毒气体专用库房。
远离火种、热源。库温不宜超过 30℃。应与易（可）
燃物、氧化剂、食用化学品分开存放，切忌混储。储
区应备有泄漏应急处理设备

第八部分　接触控制/个体防护

职业接触限值

中国　MAC：0.4mg/m³

美国（ACGIH）　TLV-C：0.1ppm

生物接触限值　未制定标准

监测方法　空气中有毒物质测定方法：未制定标准。生物
监测检验方法：未制定标准

工程控制　严加密闭，提供充分的局部排风和全面通风。
提供安全淋浴和洗眼设备

个体防护装备

呼吸系统防护　可能接触其蒸气时，必须佩戴过滤式
防毒面具（全面罩）。紧急事态抢救或撤离时，
应该佩戴空气呼吸器

眼睛防护　呼吸系统防护中已作防护

皮肤和身体防护　穿密闭型防毒服

手防护　戴橡胶耐油手套

第九部分　理化特性

外观与性状　无色气体或绿色液体		
pH 值　无资料	**熔点(℃)**　−76.3	
沸点(℃)　11.3	**相对密度(水＝1)**　3.2	
相对蒸气密度(空气＝1)　3.2		
饱和蒸气压(kPa)　148（21.1℃）		
临界压力(MPa)　无资料	**辛醇/水分配系数**　无资料	
闪点(℃)　无意义	**自燃温度(℃)**　无意义	
爆炸下限(%)　无意义	**爆炸上限(%)**　无意义	
分解温度(℃)　180		
黏度(mPa·s)　0.448（16.85℃）（液体）		
燃烧热(kJ/mol)　无资料	**临界温度(℃)**　154.5	
溶解性　无资料		

第十部分　稳定性和反应性

稳定性　稳定

危险反应　遇有机物，立即自行燃烧爆炸。与水猛烈反
应，放出氟化氢和氯气。能与砂子以及其他含硅物品
（如玻璃、石棉等）强烈反应，也能与金属和非金属
元素激烈反应

避免接触的条件　潮湿空气

禁配物　强氧化剂、易燃或可燃物

危险的分解产物　氟化氢、氯化氢

第十一部分　毒理学信息

急性毒性　LC_{50}：299ppm（大鼠吸入，1h），178mg/m³（小鼠吸入，1h）

皮肤刺激或腐蚀　无资料　　眼睛刺激或腐蚀　无资料

呼吸或皮肤过敏　无资料　　生殖细胞突变性　无资料

致癌性　无资料　　生殖毒性　无资料

特异性靶器官系统毒性-一次接触　无资料

特异性靶器官系统毒性-反复接触　无资料

吸入危害　无资料

第十二部分　生态学信息

生态毒性　无资料

持久性和降解性

　生物降解性　无资料

　非生物降解性　无资料

潜在的生物累积性　无资料

土壤中的迁移性　无资料

第十三部分　废弃处置

废弃化学品　根据国家和地方有关法规的要求处置。或与厂商或制造商联系，确定处置方法

污染包装物　将容器返还生产商或按照国家和地方法规处置

废弃注意事项　处置前应参阅国家和地方有关法规

第十四部分　运输信息

联合国危险货物编号（UN号）　1749

联合国运输名称　三氟化氯

联合国危险性类别　2.3，5.1（8）

包装类别　—

包装标志

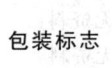

海洋污染物　否

运输注意事项　采用钢瓶运输时必须戴好钢瓶上的安全帽。钢瓶一般平放，并应将瓶口朝同一方向，不可交叉；高度不得超过车辆的防护栏板，并用三角木垫卡牢，防止滚动。严禁与易燃物或可燃物、氧化剂、食用化学品等混装混运。夏季应早晚运输，防止日光暴晒。公路运输时要按规定路线行驶，禁止在居民区和人口稠密区停留。铁路运输时要禁止溜放

第十五部分　法规信息

　　下列法律、法规、规章和标准，对该化学品的管理作了相应的规定。

中华人民共和国职业病防治法　职业病分类和目录：氟及其无机化合物中毒

危险化学品安全管理条例　危险化学品目录：列入。易制

爆危险化学品名录：未列入。重点监管的危险化学品名录：未列入。GB 18218—2009《危险化学品重大危险源辨识》（表1）：未列入

使用有毒物品作业场所劳动保护条例　高毒物品目录：列入

易制毒化学品管理条例　易制毒化学品的分类和品种目录：未列入

国际公约　斯德哥尔摩公约：未列入。鹿特丹公约：未列入。蒙特利尔议定书：未列入

第十六部分　其他信息

编写和修订信息　缩略语和首字母缩写

培训建议　参考文献

免责声明

三氟化硼乙胺

第一部分　化学品标识

化学品中文名　三氟化硼乙胺

化学品英文名　boron trifluoride ethylamine；borontrifluoride monoethylamine

分子式　$C_2H_7BF_3N$　分子量　112.889

结构式

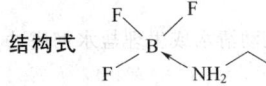

化学品的推荐及限制用途　用作树脂固化剂，有机合成反应催化剂

第二部分　危险性概述

紧急情况概述　吞咽有害，造成严重的皮肤灼伤和眼损伤

GHS危险性类别　急性毒性-经口，类别4；皮肤腐蚀/刺激，类别1；严重眼损伤/眼刺激，类别1

标签要素

象形图　　

警示词　危险

危险性说明　吞咽有害，造成严重的皮肤灼伤和眼损伤

防范说明

　预防措施　避免接触眼睛、皮肤，操作后彻底清洗。作业场所不得进食、饮水或吸烟。避免吸入粉尘。戴防护手套，穿防护服，戴防护眼镜、防护面罩

　事故响应　如吸入：将患者转移到空气新鲜处，休息，保持利于呼吸的体位，立即呼叫中毒控制中心或就医。皮肤（或头发）接触：立即脱掉所有被污染的衣服，用水冲洗皮肤，淋浴。污染的衣服洗净后方可重新使用。眼睛接触：用水细心地冲洗数分钟，立即呼叫中毒控制中心或就医。如戴隐形眼镜并可方便地取出，则取出隐形眼镜，继续冲洗。食入：漱口，不要催吐。如果感觉不适，立即呼叫中毒控制中心或

就医

安全储存　上锁保管

废弃处置　本品及内装物、容器依据国家和地方法规处置

物理和化学危险　可燃，其粉体与空气混合，能形成爆炸性混合物

健康危害　本品为具腐蚀性的毒物，有催泪作用。经口摄入和皮肤接触能吸收引起中毒。对眼睛、皮肤、黏膜和上呼吸道有强烈刺激作用。眼和皮肤接触可引起灼伤

环境危害　对环境可能有害

第三部分　成分/组成信息

√物质　　　　　　　　　混合物

组分	浓度	CAS No.
三氟化硼乙胺		75-23-0

第四部分　急救措施

吸入　迅速脱离现场至空气新鲜处。保持呼吸道通畅。如呼吸困难，给输氧。呼吸、心跳停止，立即进行心肺复苏术。就医

皮肤接触　立即脱去污染的衣着，用大量流动清水彻底冲洗至少 15min。就医

眼睛接触　立即分开眼睑，用流动清水或生理盐水彻底冲洗 5～10min。就医

食入　用水漱口，禁止催吐。给饮牛奶或蛋清。就医

对保护施救者的忠告　根据需要使用个人防护设备

对医生的特别提示　对症处理

第五部分　消防措施

灭火剂　用雾状水、泡沫、干粉、二氧化碳、砂土灭火

特别危险性　遇明火、高热可燃。其粉体与空气可形成爆炸性混合物，当达到一定浓度时，遇火星会发生爆炸。受高热分解放出有毒的气体。具有腐蚀性

灭火注意事项及防护措施　消防人员须佩戴防毒面具、穿全身消防服，在上风向灭火。尽可能将容器从火场移至空旷处。喷水保持火场容器冷却，直至灭火结束

第六部分　泄漏应急处理

作业人员防护措施、防护装备和应急处置程序　隔离泄漏污染区，限制出入。消除所有点火源。建议应急处理人员戴防尘口罩，穿防毒服。穿上适当的防护服前严禁接触破裂的容器和泄漏物。尽可能切断泄漏源

环境保护措施　用塑料布覆盖泄漏物，减少飞散

泄漏化学品的收容、清除方法及所使用的处置材料　勿使水进入包装容器内。用洁净的铲子收集泄漏物，置于干净、干燥、盖子较松的容器中，将容器移离泄漏区

第七部分　操作处置与储存

操作注意事项　密闭操作，提供充分的局部排风。防止粉尘释放到车间空气中。操作人员必须经过专门培训，严格遵守操作规程。建议操作人员佩戴防尘面具（全面罩），穿胶布防毒衣，戴橡胶手套。远离火种、热

源，工作场所严禁吸烟。使用防爆型的通风系统和设备。避免产生粉尘。避免与氧化剂、碱类接触。配备相应品种和数量的消防器材及泄漏应急处理设备。倒空的容器可能残留有害物

储存注意事项　储存于阴凉、通风的库房。远离火种、热源。防止阳光直射。包装密封。应与氧化剂、碱类、食用化学品分开存放，切忌混储。配备相应品种和数量的消防器材。储区应备有合适的材料收容泄漏物

第八部分　接触控制/个体防护

职业接触限值

中国　未制定标准

美国（ACGIH）　未制定标准

生物接触限值　未制定标准

监测方法　空气中有毒物质测定方法：未制定标准。生物监测检验方法：未制定标准

工程控制　严加密闭，提供充分的局部排风

个体防护装备

呼吸系统防护　可能接触其粉尘时，必须佩戴防尘面具（全面罩）。紧急事态抢救或撤离时，应该佩戴空气呼吸器

眼睛防护　呼吸系统防护中已作防护

皮肤和身体防护　穿密闭型防毒服

手防护　戴橡胶手套

第九部分　理化特性

外观与性状　白色或淡黄色结晶，稍有氨味，具有强吸湿性

pH 值　无意义		**熔点(℃)**　85～89	
沸点(℃)　无资料			
相对密度(水＝1)　1.38（20℃）			
相对蒸气密度(空气＝1)　无资料			
饱和蒸气压(kPa)　无资料			
临界压力(MPa)　无资料		**辛醇/水分配系数**　无资料	
闪点(℃)　157		**自燃温度(℃)**　无资料	
爆炸下限(%)　无资料		**爆炸上限(%)**　无资料	
分解温度(℃)　无资料		**黏度(mPa·s)**　无资料	
燃烧热(kJ/mol)　无资料		**临界温度(℃)**　无资料	
溶解性　无资料			

第十部分　稳定性和反应性

稳定性　稳定

危险反应　与强氧化剂、强碱等禁配物发生反应

避免接触的条件　无资料

禁配物　强氧化剂、强碱

危险的分解产物　氮氧化物、氟化氢、氧化硼

第十一部分　毒理学信息

急性毒性　LDLo：422mg/kg（小鼠腹腔）

皮肤刺激或腐蚀　无资料	**眼睛刺激或腐蚀**　无资料	
呼吸或皮肤过敏　无资料	**生殖细胞突变性**　无资料	
致癌性　无资料	**生殖毒性**　无资料	

特异性靶器官系统毒性-一次接触　无资料

特异性靶器官系统毒性-反复接触　无资料

吸入危害　无资料

第十二部分　生态学信息

生态毒性　无资料

持久性和降解性

　生物降解性　无资料

　非生物降解性　无资料

潜在的生物累积性　无资料

土壤中的迁移性　无资料

第十三部分　废弃处置

废弃化学品　建议用焚烧法处置。在能利用的地方重复使用容器或在规定场所掩埋。量小时，小心溶解于水中，用碳酸钠中和，如果不能完全溶解，先加入小量盐酸，接着加入碳酸钠，然后加入过量氯化钙沉淀氟化物（碳酸盐）。滤出固体当作有害废物在规定场所掩埋

污染包装物　将容器返还生产商或按照国家和地方法规处置

废弃注意事项　处置前应参阅国家和地方有关法规

第十四部分　运输信息

联合国危险货物编号（UN号）　3261

联合国运输名称　有机酸性腐蚀性固体，未另作规定的（三氟化硼乙胺）

联合国危险性类别　8

包装类别　—　　　　　**包装标志**　

海洋污染物　否

运输注意事项　运输前应先检查包装容器是否完整、密封，运输过程中要确保容器不泄漏、不倒塌、不坠落、不损坏。严禁与酸类、氧化剂、食品及食品添加剂混运。运输时运输车辆应配备相应品种和数量的消防器材及泄漏应急处理设备。运输途中应防暴晒、雨淋，防高温。公路运输时要按规定路线行驶，勿在居民区和人口稠密区停留

第十五部分　法规信息

　下列法律、法规、规章和标准，对该化学品的管理作了相应的规定。

中华人民共和国职业病防治法　职业病分类和目录：未列入

危险化学品安全管理条例　危险化学品目录：列入。易制爆危险化学品名录：未列入。重点监管的危险化学品名录：未列入。GB 18218—2009《危险化学品重大危险源辨识》（表1）：未列入

使用有毒物品作业场所劳动保护条例　高毒物品目录：未列入

易制毒化学品管理条例　易制毒化学品的分类和品种目录：未列入

国际公约　斯德哥尔摩公约：未列入。鹿特丹公约：未列入。蒙特利尔议定书：未列入

第十六部分　其他信息

编写和修订信息　　**缩略语和首字母缩写**

培训建议　　　　　　**参考文献**

免责声明

三氟化硼乙酸酐

第一部分　化学品标识

化学品中文名　三氟化硼乙酸酐；三氟化硼酐；三氟化硼醋酸酐

化学品英文名　boron trifluoride acetic anhydride

分子式　$C_4H_6BF_3O_3$　　**分子量**　169.91

结构式　

化学品的推荐及限制用途　用于有机合成

第二部分　危险性概述

紧急情况概述　造成严重的皮肤灼伤和眼损伤

GHS危险性类别　皮肤腐蚀/刺激，类别1A；严重眼损伤/眼刺激，类别1

标签要素

象形图　

警示词　危险

危险性说明　造成严重的皮肤灼伤和眼损伤

防范说明

　预防措施　避免吸入粉尘。避免接触眼睛、皮肤，操作后彻底清洗。戴防护手套，穿防护服，戴防护眼镜、防护面罩

　事故响应　如吸入：将患者转移到空气新鲜处，休息，保持利于呼吸的体位，立即呼叫中毒控制中心或就医。皮肤（或头发）接触：立即脱掉所有被污染的衣服，用水冲洗皮肤，淋浴。污染的衣服洗净后方可重新使用。眼睛接触：用水细心地冲洗数分钟，立即呼叫中毒控制中心或就医。如戴隐形眼镜并可方便地取出，则取出隐形眼镜，继续冲洗。食入：漱口，不要催吐

　安全储存　上锁保管

　废弃处置　本品及内装物、容器依据国家和地方法规处置

物理和化学危险　可燃，其粉体与空气混合，能形成爆炸性混合物

健康危害　本品对眼睛、黏膜、皮肤有强烈刺激作用，可致眼和皮肤灼伤

环境危害　对环境可能有害

第三部分　成分/组成信息

√ 物质　　　　　　　　混合物

组分	浓度	CAS No.
三氟化硼醋酸酐		591-00-4

第四部分　急救措施

吸入　迅速脱离现场至空气新鲜处。保持呼吸道通畅。如呼吸困难，给输氧。呼吸、心跳停止，立即进行心肺复苏术。就医

皮肤接触　立即脱去污染的衣着，用大量流动清水彻底冲洗至少 15min。就医

眼睛接触　立即分开眼睑，用流动清水或生理盐水彻底冲洗 5～10min。就医

食入　用水漱口，禁止催吐。给饮牛奶或蛋清。就医

对保护施救者的忠告　根据需要使用个人防护设备

对医生的特别提示　对症处理

第五部分　消防措施

灭火剂　用雾状水、泡沫、干粉、二氧化碳、砂土灭火

特别危险性　遇明火、高热可燃。具有腐蚀性

灭火注意事项及防护措施　消防人员必须穿全身耐酸碱消防服、佩戴空气呼吸器灭火。尽可能将容器从火场移至空旷处。喷水保持火场容器冷却，直至灭火结束

第六部分　泄漏应急处理

作业人员防护措施、防护装备和应急处置程序　隔离泄漏污染区，限制出入。消除所有点火源。建议应急处理人员戴防尘口罩，穿防酸碱服。穿上适当的防护服前严禁接触破裂的容器和泄漏物。尽可能切断泄漏源

环境保护措施　用塑料布覆盖泄漏物，减少飞散

泄漏化学品的收容、清除方法及所使用的处置材料　勿使水进入包装容器内。用洁净的铲子收集泄漏物，置于干净、干燥、盖子较松的容器中，将容器移离泄漏区

第七部分　操作处置与储存

操作注意事项　密闭操作，局部排风。操作人员必须经过专门培训，严格遵守操作规程。建议操作人员佩戴防尘面具（全面罩），穿橡胶耐酸碱服，戴橡胶耐酸碱手套。远离火种、热源，工作场所严禁吸烟。使用防爆型的通风系统和设备。避免产生粉尘。避免与氧化剂、碱类接触。搬运时要轻装轻卸，防止包装及容器损坏。配备相应品种和数量的消防器材及泄漏应急处理设备。倒空的容器可能残留有害物

储存注意事项　储存于阴凉、通风的库房。远离火种、热源。应与氧化剂、碱类分开存放，切忌混储。配备相应品种和数量的消防器材。储区应备有合适的材料收容泄漏物

第八部分　接触控制/个体防护

职业接触限值

　　中国　未制定标准

　　美国（ACGIH）　未制定标准

生物接触限值　未制定标准

监测方法　空气中有毒物质测定方法：未制定标准。生物监测检验方法：未制定标准

工程控制　密闭操作，局部排风

个体防护装备

　　呼吸系统防护　可能接触其粉尘时，必须佩戴防尘面具（全面罩）。紧急事态抢救或撤离时，应该佩戴空气呼吸器

　　眼睛防护　呼吸系统防护中已作防护

　　皮肤和身体防护　穿橡胶耐酸碱服

　　手防护　戴橡胶耐酸碱手套

第九部分　理化特性

外观与性状　白色结晶性粉末，易潮解

pH 值　无意义		**熔点（℃）**　无资料	
沸点（℃）　无资料		**相对密度（水＝1）**　无资料	
相对蒸气密度（空气＝1）　无资料			
饱和蒸气压（kPa）　无资料			
临界压力（MPa）　无资料		**辛醇/水分配系数**　无资料	
闪点（℃）　无资料		**自燃温度（℃）**　无资料	
爆炸下限（%）　无资料		**爆炸上限（%）**　无资料	
分解温度（℃）　无资料		**黏度（mPa·s）**　无资料	
燃烧热（kJ/mol）　无资料		**临界温度（℃）**　无资料	
溶解性　无资料			

第十部分　稳定性和反应性

稳定性　稳定

危险反应　与氧化剂、碱类等禁配物发生反应

避免接触的条件　无资料

禁配物　氧化剂、碱类

危险的分解产物　氟化氢、氧化硼

第十一部分　毒理学信息

急性毒性　无资料

皮肤刺激或腐蚀　无资料	**眼睛刺激或腐蚀**　无资料
呼吸或皮肤过敏　无资料	**生殖细胞突变性**　无资料
致癌性　无资料	**生殖毒性**　无资料

特异性靶器官系统毒性-一次接触　无资料

特异性靶器官系统毒性-反复接触　无资料

吸入危害　无资料

第十二部分　生态学信息

生态毒性　无资料

持久性和降解性

　　生物降解性　无资料

　　非生物降解性　无资料

潜在的生物累积性　无资料

土壤中的迁移性　无资料

第十三部分　废弃处置

废弃化学品　建议用焚烧法处置。焚烧炉排出的卤化氢通过酸洗涤器除去

污染包装物　将容器返还生产商或按照国家和地方法规处置

废弃注意事项　处置前应参阅国家和地方有关法规

第十四部分　运输信息

联合国危险货物编号（UN号）　3261

联合国运输名称　有机酸性腐蚀性固体，未另作规定的（三氟化硼乙酸酐）

联合国危险性类别　8

包装类别　Ⅰ　包装标志

海洋污染物　否

运输注意事项　起运时包装要完整，装载应稳妥。运输过程中要确保容器不泄漏、不倒塌、不坠落、不损坏。严禁与氧化剂、碱类、食用化学品等混装混运。运输途中应防暴晒、雨淋，防高温

第十五部分　法规信息

下列法律、法规、规章和标准，对该化学品的管理作了相应的规定。

中华人民共和国职业病防治法　职业病分类和目录：未列入

危险化学品安全管理条例　危险化学品目录：列入。易制爆危险化学品名录：未列入。重点监管的危险化学品名录：未列入。GB 18218—2009《危险化学品重大危险源辨识》（表1）：未列入

使用有毒物品作业场所劳动保护条例　高毒物品目录：未列入

易制毒化学品管理条例　易制毒化学品的分类和品种目录：未列入

国际公约　斯德哥尔摩公约：未列入。鹿特丹公约：未列入。蒙特利尔议定书：未列入

第十六部分　其他信息

编写和修订信息　缩略语和首字母缩写
培训建议　参考文献
免责声明

三氟化溴

第一部分　化学品标识

化学品中文名　三氟化溴

化学品英文名　bromine trifluoride

分子式　BrF₃　分子量　136.899

结构式　F—Br—F（上方F）

化学品的推荐及限制用途　用作氟化反应试剂

第二部分　危险性概述

紧急情况概述　可引起燃烧或爆炸；强氧化剂，吞咽会中毒，皮肤接触会中毒，吸入会中毒，造成严重的皮肤灼伤和眼损伤

GHS危险性类别　氧化性固体，类别1；急性毒性-经口，类别3；急性毒性-经皮，类别3；急性毒性-吸入，类别3；皮肤腐蚀/刺激，类别1；严重眼损伤/眼刺激，类别1

标签要素

象形图

警示词　危险

危险性说明　可引起燃烧或爆炸；强氧化剂，吞咽会中毒，皮肤接触会中毒，吸入会中毒，造成严重的皮肤灼伤和眼损伤

防范说明

预防措施　远离热源。远离衣物和其他可燃物。采取一切预防措施，避免与可燃物混合。穿防火、阻燃服。避免接触眼睛、皮肤，操作后彻底清洗。作业场所不得进食、饮水或吸烟。避免吸入粉尘、蒸气、雾。仅在室外或通风良好处操作。戴防护手套，穿防护服，戴防护眼镜、防护面罩

事故响应　如果发生大火和大量物质着火：撤离现场。因有爆炸危险，应远距离灭火。如吸入：将患者转移到空气新鲜处，休息，保持利于呼吸的体位，呼叫中毒控制中心或就医。皮肤接触：用大量肥皂水和水清洗，立即脱去所有被污染的衣服，如感觉不适，呼叫中毒控制中心或就医。被污染的衣服经洗净后方可重新使用。眼睛接触：用水细心地冲洗数分钟，立即呼叫中毒控制中心或就医。如戴隐形眼镜并可方便地取出，则取出隐形眼镜，继续冲洗。食入：漱口，不要催吐，立即呼叫中毒控制中心或就医

安全储存　在通风良好处储存。保持容器密闭。上锁保管

废弃处置　本品及内装物、容器依据国家和地方法规处置

物理和化学危险　助燃。遇水剧烈反应

健康危害　本品对皮肤、眼睛、黏膜和呼吸道有刺激作用。眼和皮肤接触引起灼伤。吸入可致死

环境危害　对环境可能有害

第三部分　成分/组成信息

√物质　　　　　混合物

组分	浓度	CAS No.
三氟化溴		7787-71-5

第四部分　急救措施

吸入　迅速脱离现场至空气新鲜处。保持呼吸道通畅。如呼吸困难，给输氧。呼吸、心跳停止，立即进行心肺复苏术。就医

皮肤接触　立即脱去污染的衣着，用大量流动清水彻底冲

洗至少 15min。就医

眼睛接触 立即分开眼睑，用流动清水或生理盐水彻底冲洗 5～10min。就医

食入 用水漱口，禁止催吐。给饮牛奶或蛋清。就医

对保护施救者的忠告 根据需要使用个人防护设备

对医生的特别提示 对症处理

第五部分 消防措施

灭火剂 本品不燃，根据着火原因选择适当灭火剂灭火

特别危险性 强氧化剂。化学反应活性很高，能与许多化学物质发生爆炸性反应。与有机材料如木、棉花或草接触，会着火。遇水发生剧烈反应，散发出白色有强刺激性和腐蚀性的氟化氢烟雾。受高热或接触酸或酸雾放出剧毒的烟雾。具有强腐蚀性

灭火注意事项及防护措施 消防人员必须穿全身防火防毒服，在上风向灭火。灭火时尽可能将容器从火场移至空旷处。禁止用水、泡沫和酸碱灭火剂灭火

第六部分 泄漏应急处理

作业人员防护措施、防护装备和应急处置程序 根据液体流动和蒸气扩散的影响区域划定警戒区，无关人员从侧风、上风向撤离至安全区。建议应急处理人员戴正压自给式呼吸器，穿防腐、防毒服。穿上适当的防护服前严禁接触破裂的容器和泄漏物。尽可能切断泄漏源

环境保护措施 防止泄漏物进入水体、下水道、地下室或有限空间

泄漏化学品的收容、清除方法及所使用的处置材料 喷雾状水抑制蒸气或改变蒸气云流向，避免水流接触泄漏物。严禁用水处理。小量泄漏：用干燥的砂土或其他不燃材料覆盖泄漏物。大量泄漏：用碎石灰石（$CaCO_3$）、苏打灰（Na_2CO_3）或石灰（CaO）中和。在专家指导下清除

第七部分 操作处置与储存

操作注意事项 密闭操作，提供充分的局部排风。防止烟雾或粉尘泄漏到工作场所空气中。操作人员必须经过专门培训，严格遵守操作规程。建议操作人员佩戴自吸过滤式防毒面具（全面罩），穿橡胶防腐工作服，戴橡胶手套。远离火种、热源，工作场所严禁吸烟。在清除液体和蒸气前不能进行焊接、切割等作业。远离易燃、可燃物。避免产生蒸气或粉尘。避免与还原剂、金属氧化物、金属及其卤化物接触。尤其要注意避免与水接触。配备相应品种和数量的消防器材及泄漏应急处理设备。倒空的容器可能残留有害物

储存注意事项 储存于阴凉、干燥、通风良好的库房。库温不超过 30℃，相对湿度不超过 80%。远离火种、热源。防止阳光直射。保持容器密封。应与还原剂、易（可）燃物、金属氧化物、金属及其卤化物、食用化学品分开存放，切忌混储。储区应备有泄漏应急处理设备和合适的收容材料

第八部分 接触控制/个体防护

职业接触限值

中国 PC-TWA：$2mg/m^3$［按 F 计］

美国（ACGIH） TLV-TWA：$2.5mg/m^3$［按 F 计］

生物接触限值 尿氟：42mmol/mol 肌酐（7mg/g 肌酐）（采样时间：工作班后）

监测方法 空气中有毒物质测定方法：离子选择电极法。生物监测检验方法：尿中氟的离子选择电极测定方法

工程控制 严加密闭，提供充分的局部排风

个体防护装备

呼吸系统防护 空气中浓度超标时，必须佩戴过滤式防毒面具（全面罩）。紧急事态抢救或撤离时，应该佩戴空气呼吸器

眼睛防护 呼吸系统防护中已作防护

皮肤和身体防护 穿橡胶防腐工作服

手防护 戴橡胶手套

第九部分 理化特性

外观与性状 无色或浅黄色液体，固体时呈棱状结晶。在空气中发烟

pH 值 无意义　　　　　**熔点(℃)** 8.77

沸点(℃) 127

相对密度(水＝1) 2.8030（25℃）

相对蒸气密度(空气＝1) 4.7

饱和蒸气压(kPa) 无资料

临界压力(MPa) 无资料　**辛醇/水分配系数** 无资料

闪点(℃) 无意义　　　**自燃温度(℃)** 无意义

爆炸下限(%) 无意义　　**爆炸上限(%)** 无意义

分解温度(℃) 无资料　　**黏度(mPa·s)** 无资料

燃烧热(kJ/mol) 无资料　**临界温度(℃)** 无资料

溶解性 无资料

第十部分 稳定性和反应性

稳定性 稳定

危险反应 与还原剂、易燃或可燃物、金属氧化物、金属及其卤化物等禁配物接触，有发生火灾和爆炸的危险。遇水发生剧烈反应，散发出白色有强刺激性和腐蚀性的氟化氢烟雾

避免接触的条件 无资料

禁配物 还原剂、易燃或可燃物、金属氧化物、金属及其卤化物

危险的分解产物 氟化物、溴化物、溴化氢、氟化氢

第十一部分 毒理学信息

急性毒性 无资料

皮肤刺激或腐蚀 无资料　**眼睛刺激或腐蚀** 无资料

呼吸或皮肤过敏 无资料　**生殖细胞突变性** 无资料

致癌性 无资料　　　　　**生殖毒性** 无资料

特异性靶器官系统毒性-一次接触 无资料

特异性靶器官系统毒性-反复接触 无资料

吸入危害 无资料

第十二部分 生态学信息

生态毒性 无资料

持久性和降解性

生物降解性 无资料

非生物降解性　无资料

潜在的生物累积性　无资料

土壤中的迁移性　无资料

第十三部分　废弃处置

废弃化学品　用安全掩埋法处置。若可能，重复使用容器或在规定场所掩埋

污染包装物　将容器返还生产商或按照国家和地方法规处置

废弃注意事项　处置前应参阅国家和地方有关法规

第十四部分　运输信息

联合国危险货物编号（UN号）　1746

联合国运输名称　三氟化溴

联合国危险性类别　5.1，6.1（8）

包装类别　Ⅰ

包装标志　

海洋污染物　否

运输注意事项　运输时单独装运，运输过程中要确保容器不泄漏、不倒塌、不坠落、不损坏。运输时运输车辆应配备相应品种和数量的消防器材。严禁与酸类、易燃物、有机物、还原剂、自燃物品、遇湿易燃物品等并车混运。运输时车速不宜过快，不得强行超车。公路运输时要按规定路线行驶。运输车辆装卸前后，均应彻底清扫、洗净，严禁混入有机物、易燃物等杂质

第十五部分　法规信息

下列法律、法规、规章和标准，对该化学品的管理作了相应的规定。

中华人民共和国职业病防治法　职业病分类和目录：氟及其无机化合物中毒

危险化学品安全管理条例　危险化学品目录：列入。易制爆危险化学品名录：未列入。重点监管的危险化学品名录：未列入。GB 18218—2009《危险化学品重大危险源辨识》（表1）：未列入

使用有毒物品作业场所劳动保护条例　高毒物品目录：列入

易制毒化学品管理条例　易制毒化学品的分类和品种目录：未列入

国际公约　斯德哥尔摩公约：未列入。鹿特丹公约：未列入。蒙特利尔议定书：未列入

第十六部分　其他信息

编写和修订信息　缩略语和首字母缩写

培训建议　参考文献

免责声明

三氟甲苯

第一部分　化学品标识

化学品中文名　三氟甲苯；苯氟仿；苯三氟甲烷

化学品英文名　benzotrifluoride；α,α,α-trifluorotoluene

分子式　$C_7H_5F_3$　　**分子量**　146.1098

结构式　

化学品的推荐及限制用途　用于药品、染料制造的中间体，也用于硫化剂、杀虫剂、溶剂及绝缘油制造

第二部分　危险性概述

紧急情况概述　高度易燃液体和蒸气

GHS危险性类别　易燃液体，类别2；危害水生环境-急性危害，类别2；危害水生环境-长期危害，类别2

标签要素

象形图　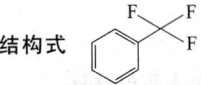

警示词　危险

危险性说明　高度易燃液体和蒸气，对水生生物有毒并具有长期持续影响

防范说明

　　预防措施　远离热源、火花、明火、热表面。禁止吸烟。保持容器密闭。容器和接收设备接地连接。使用防爆型电器、通风、照明设备。只能使用不产生火花的工具。采取防止静电措施。戴防护手套、防护眼镜、防护面罩。禁止排入环境

　　事故响应　火灾时，使用干粉、二氧化碳、砂土灭火。如皮肤（或头发）接触：立即脱掉所有被污染的衣服，用水冲洗皮肤，淋浴。收集泄漏物

　　安全储存　存放在通风良好的地方。保持低温

　　废弃处置　本品及内装物、容器依据国家和地方法规处置

物理和化学危险　易燃，其蒸气与空气混合，能形成爆炸性混合物

健康危害　吸入、摄入或经皮肤吸收后对身体有害。对眼睛、皮肤、黏膜和呼吸道有强烈刺激性。吸入后可因喉、支气管的痉挛、水肿，化学性肺炎或肺水肿而致死。中毒表现有烧灼感、咳嗽、喘息、喉炎、气短、头痛、恶心和呕吐

环境危害　对水生生物有毒并具有长期持续影响

第三部分　成分/组成信息

√物质　　　　　　　　　混合物

组分	浓度	CAS No.
三氟甲苯		98-08-8

第四部分　急救措施

吸入　迅速脱离现场至空气新鲜处。保持呼吸道通畅。如呼吸困难，给输氧。呼吸、心跳停止，立即进行心肺复苏术。就医

皮肤接触　立即脱去污染的衣着，用流动清水彻底冲洗。

就医

眼睛接触 立即分开眼睑，用流动清水或生理盐水彻底冲洗。就医

食入 漱口，饮水。就医

对保护施救者的忠告 根据需要使用个人防护设备

对医生的特别提示 对症处理

第五部分 消防措施

灭火剂 用干粉、二氧化碳、砂土灭火

特别危险性 其蒸气与空气可形成爆炸性混合物，遇明火、高热极易燃烧爆炸。与氧化剂接触猛烈反应。受高热分解放出有毒的气体。遇水分解释出剧毒并有刺激性的氢氟酸与苯甲酸。燃烧时产生剧毒的氟化物气体。流速过快，容易产生和积聚静电。蒸气比空气重，沿地面扩散并易积存于低洼处，遇火源会着火回燃。若遇高热，容器内压增大，有开裂和爆炸的危险

灭火注意事项及防护措施 消防人员必须佩戴空气呼吸器、穿全身防火防毒服，在上风向灭火。尽可能将容器从火场移至空旷处。处在火场中的容器若已变色或从安全泄压装置中发出声音，必须马上撤离。禁止用水、泡沫和酸碱灭火剂灭火

第六部分 泄漏应急处理

作业人员防护措施、防护装备和应急处置程序 消除所有点火源。根据液体流动和蒸气扩散的影响区域划定警戒区，无关人员从侧风、上风向撤离至安全区。建议应急处理人员戴正压自给式呼吸器，穿防毒、防静电服。作业时使用的所有设备应接地。禁止接触或跨越泄漏物。尽可能切断泄漏源

环境保护措施 防止泄漏物进入水体、下水道、地下室或有限空间

泄漏化学品的收容、清除方法及所使用的处置材料 小量泄漏：用砂土或其他不燃材料吸收。使用洁净的无火花工具收集吸收材料。大量泄漏：构筑围堤或挖坑收容。用防爆泵转移至槽车或专用收集器内

第七部分 操作处置与储存

操作注意事项 密闭操作，加强通风。操作人员必须经过专门培训，严格遵守操作规程。建议操作人员佩戴自吸过滤式防毒面具（全面罩），穿胶布防毒衣，戴橡胶耐油手套。远离火种、热源，工作场所严禁吸烟。使用防爆型的通风系统和设备。防止蒸气泄漏到工作场所空气中。避免与氧化剂、还原剂、碱类接触。灌装时应控制流速，且有接地装置，防止静电积聚。搬运时要轻装轻卸，防止包装及容器损坏。配备相应品种和数量的消防器材及泄漏应急处理设备。倒空的容器可能残留有害物

储存注意事项 储存于阴凉、通风的库房。远离火种、热源。库温不宜超过37℃，应与氧化剂、还原剂、碱类分开存放，切忌混储。采用防爆型照明、通风设施。禁止使用易产生火花的机械设备和工具。储区应备有泄漏应急处理设备和合适的收容材料

第八部分 接触控制/个体防护

职业接触限值

中国 未制定标准

美国（ACGIH） 未制定标准

生物接触限值 未制定标准

监测方法 空气中有毒物质测定方法：未制定标准。生物监测检验方法：未制定标准

工程控制 生产过程密闭，加强通风。提供安全淋浴和洗眼设备

个体防护装备

呼吸系统防护 空气中浓度超标时，必须佩戴过滤式防毒面具（全面罩）。紧急事态抢救或撤离时，应该佩戴空气呼吸器

眼睛防护 呼吸系统防护中已作防护

皮肤和身体防护 穿密闭型防毒服

手防护 戴橡胶耐油手套

第九部分 理化特性

外观与性状 无色液体，有芳香气味

pH值 无资料		**熔点（℃）** −29.1	
沸点（℃） 103.46		**相对密度（水＝1）** 1.19	
相对蒸气密度（空气＝1） 5.04			
饱和蒸气压（kPa） 1.47（0℃）			
临界压力（MPa） 无资料		**辛醇/水分配系数** 无资料	
闪点（℃） 12.22		**自燃温度（℃）** 无资料	
爆炸下限（％） 无资料		**爆炸上限（％）** 无资料	
分解温度（℃） 无资料			
黏度（mPa·s） 0.89（20℃）			
燃烧热（kJ/mol） −3375.14		**临界温度（℃）** 无资料	

溶解性 不溶于水，可混溶于乙醇、苯、乙醚、丙酮、四氯化碳

第十部分 稳定性和反应性

稳定性 稳定

危险反应 与强氧化剂、强碱、强还原剂等禁配物发生反应。遇水分解释出剧毒并有刺激性的氢氟酸与苯甲酸。燃烧时产生剧毒的氟化物气体

避免接触的条件 无资料

禁配物 强氧化剂、强碱、强还原剂

危险的分解产物 氟化氢

第十一部分 毒理学信息

急性毒性 LD_{50}：15000mg/kg（大鼠经口），15000mg/kg（小鼠经口）。LC_{50}：70810mg/m^3（大鼠吸入，4h）

皮肤刺激或腐蚀 无资料	**眼睛刺激或腐蚀** 无资料
呼吸或皮肤过敏 无资料	**生殖细胞突变性** 无资料
致癌性 无资料	**生殖毒性** 无资料

特异性靶器官系统毒性-一次接触 无资料

特异性靶器官系统毒性-反复接触 无资料

吸入危害 无资料

第十二部分 生态学信息

生态毒性 LC_{50}：19mg/L（96h）（鱼类）。EC_{50}：

3.1mg/L（48h）（大型溞）。ErC₅₀：5.4mg/L（72h）（藻类）。NOEC：0.59mg/L（21d）（大型溞）

持久性和降解性

生物降解性 不易快速生物降解

非生物降解性 无资料

潜在的生物累积性 无资料

土壤中的迁移性 无资料

第十三部分 废弃处置

废弃化学品 建议用焚烧法处置。焚烧炉排出的卤化氢通过酸洗涤器除去

污染包装物 将容器返还生产商或按照国家和地方法规处置

废弃注意事项 处置前应参阅国家和地方有关法规

第十四部分 运输信息

联合国危险货物编号（UN号） 2338

联合国运输名称 三氟甲苯

联合国危险性类别 3

包装类别 Ⅱ **包装标志**

海洋污染物 是

运输注意事项 运输时运输车辆应配备相应品种和数量的消防器材及泄漏应急处理设备。夏季最好早晚运输。运输时所用的槽（罐）车应有接地链，槽内可设孔隔板以减少震荡产生的静电。严禁与氧化剂、还原剂、碱类、食用化学品等混装混运。运输途中应防暴晒、雨淋，防高温。中途停留时应远离火种、热源、高温区。装运该物品的车辆排气管必须配备阻火装置，禁止使用易产生火花的机械设备和工具装卸。公路运输时要按规定路线行驶，勿在居民区和人口稠密区停留。铁路运输时要禁止溜放。严禁用木船、水泥船散装运输

第十五部分 法规信息

下列法律、法规、规章和标准，对该化学品的管理作了相应的规定。

中华人民共和国职业病防治法 职业病分类和目录：未列入

危险化学品安全管理条例 危险化学品目录：列入。易制爆危险化学品名录：未列入。重点监管的危险化学品名录：未列入。GB 18218—2009《危险化学品重大危险源辨识》（表1）：未列入

使用有毒物品作业场所劳动保护条例 高毒物品目录：未列入

易制毒化学品管理条例 易制毒化学品的分类和品种目录：未列入

国际公约 斯德哥尔摩公约：未列入。鹿特丹公约：未列入。蒙特利尔议定书：未列入

第十六部分 其他信息

编写和修订信息 缩略语和首字母缩写

培训建议 参考文献

免责声明

3-三氟甲基苯胺

第一部分 化学品标识

化学品中文名 3-三氟甲基苯胺；间三氟甲基苯胺；3-氨基三氟甲苯

化学品英文名 3-aminobenzotrifluoride；3-（ trifluorom-ethyl）aniline

分子式 $C_7H_6F_3N$ **分子量** 161.1244

结构式

化学品的推荐及限制用途 用于有机合成及染料中间体

第二部分 危险性概述

紧急情况概述 可燃液体，吞咽有害，皮肤接触有害，吸入致命，造成皮肤刺激，造成严重眼损伤

GHS危险性类别 易燃液体，类别4；急性毒性-经口，类别4；急性毒性-经皮，类别4；急性毒性-吸入，类别2；皮肤腐蚀/刺激，类别2；严重眼损伤/眼刺激，类别1；危害水生环境-急性危害，类别2；危害水生环境-长期危害，类别2

标签要素

象形图

警示词 危险

危险性说明 可燃液体，吞咽有害，皮肤接触有害，吸入致命，造成皮肤刺激，造成严重眼损伤，对水生生物有毒并具有长期持续影响

防范说明

预防措施 远离火焰和热表面。避免接触眼睛、皮肤，操作后彻底清洗。作业场所不得进食、饮水或吸烟。戴防护手套，穿防护服，戴防护眼镜、防护面罩。避免吸入蒸气、雾。仅在室外或通风良好处操作。禁止排入环境

事故响应 火灾时，使用雾状水、泡沫、干粉、二氧化碳、砂土灭火。如吸入：将患者转移到空气新鲜处，休息，保持利于呼吸的体位，立即呼叫中毒控制中心或就医。皮肤接触：用大量肥皂水和水清洗，如感觉不适，呼叫中毒控制中心或就医。被污染的衣服必须经洗净后方可重新使用。如发生皮肤刺激，就医。接触眼睛：用水细心冲洗数分钟。如戴隐形眼镜并可方便地取出，取出隐形眼镜，继续冲洗。食入：如果感觉不适，立即呼叫中毒控制中心或就医，漱口。收集泄漏物

安全储存 存放在通风良好的地方。保持低温。保持容器密闭。上锁保管

废弃处置 本品及内装物、容器依据国家和地方法规处置

物理和化学危险 可燃,其粉体与空气混合,能形成爆炸性混合物

健康危害 本品高浓度时对眼睛、皮肤、黏膜和呼吸道有强烈刺激作用。接触后可引起烧灼感、咳嗽、喉炎、气短、头痛、恶心和呕吐。本品为高铁血红蛋白形成剂,可引起紫绀

环境危害 对水生生物有毒并具有长期持续影响

第三部分 成分/组成信息

√ 物质 混合物

组分 浓度 CAS No.

3-三氟甲基苯胺 98-16-8

第四部分 急救措施

吸入 迅速脱离现场至空气新鲜处。保持呼吸道通畅。如呼吸困难,给吸氧。如呼吸、心跳停止,立即行心肺复苏术。就医

皮肤接触 立即脱去污染衣着,用肥皂水或清水彻底冲洗。就医

眼睛接触 立即分开眼睑,用流动清水或生理盐水彻底冲洗5～10min。就医

食入 漱口,饮水。就医

对保护施救者的忠告 根据需要使用个人防护设备

对医生的特别提示 高铁血红蛋白血症,可用亚甲蓝和维生素C治疗

第五部分 消防措施

灭火剂 用雾状水、泡沫、干粉、二氧化碳、砂土灭火

特别危险性 遇明火、高热可燃。与氧化剂可发生反应。受高热分解放出有毒的气体。蒸气比空气重,沿地面扩散并易积存于低洼处,遇火源会着火回燃。若遇高热,容器内压增大,有开裂和爆炸的危险

灭火注意事项及防护措施 消防人员必须佩戴空气呼吸器、穿全身防火防毒服,在上风向灭火。尽可能将容器从火场移至空旷处。喷水保持火场容器冷却,直至灭火结束。处在火场中的容器若已变色或从安全泄压装置中发出声音,必须马上撤离

第六部分 泄漏应急处理

作业人员防护措施、防护装备和应急处置程序 根据液体流动和蒸气扩散的影响区域划定警戒区,无关人员从侧风向、上风向撤离至安全区。消除所有点火源。建议应急处理人员戴正压自给式呼吸器,穿防毒服。穿上适当的防护服前严禁接触破裂的容器和泄漏物。尽可能切断泄漏源

环境保护措施 防止泄漏物进入水体、下水道、地下室或有限空间

泄漏化学品的收容、清除方法及所使用的处置材料 小量泄漏:用干燥的砂土或其他不燃材料吸收或覆盖,收集于容器中。大量泄漏:构筑围堤或挖坑收容。用粉煤灰或石灰粉吸收大量液体。用泵转移至槽车或专用收集器内

第七部分 操作处置与储存

操作注意事项 密闭操作,提供充分的局部排风。防止蒸气泄漏到工作场所空气中。操作人员必须经过专门培训,严格遵守操作规程。建议操作人员佩戴自吸过滤式防毒面具(全面罩),穿胶布防毒衣,戴橡胶手套。远离火种、热源,工作场所严禁吸烟。使用防爆型的通风系统和设备。在清除液体和蒸气前不能进行焊接、切割等作业。避免产生烟雾。避免与氧化剂接触。配备相应品种和数量的消防器材及泄漏应急处理设备。倒空的容器可能残留有害物

储存注意事项 储存于阴凉、通风的库房。远离火种、热源。防止阳光直射。保持容器密封。应与氧化剂、食用化学品分开存放,切忌混储。配备相应品种和数量的消防器材。储区应备有泄漏应急处理设备和合适的收容材料

第八部分 接触控制/个体防护

职业接触限值

中国 未制定标准

美国(ACGIH) 未制定标准

生物接触限值 未制定标准

监测方法 空气中有毒物质测定方法:未制定标准。生物监测检验方法:未制定标准

工程控制 严加密闭,提供充分的局部排风

个体防护装备

呼吸系统防护 空气中浓度超标时,必须佩戴过滤式防毒面具(全面罩)。紧急事态抢救或撤离时,应该佩戴空气呼吸器

眼睛防护 呼吸系统防护中已作防护

皮肤和身体防护 穿密闭型防毒服

手防护 戴橡胶手套

第九部分 理化特性

外观与性状 具有苯胺气味的无色液体,遇光变成棕色

pH值 无资料		**熔点(℃)** 5～6	
沸点(℃) 187		**相对密度(水=1)** 1.29	
相对蒸气密度(空气=1) 5.56			
饱和蒸气压(kPa) 0.04(20℃)			
临界压力(MPa) 无资料		**辛醇/水分配系数** 无资料	
闪点(℃) 185.0		**自燃温度(℃)** 无资料	
爆炸下限(%) 无资料		**爆炸上限(%)** 无资料	
分解温度(℃) 无资料		**黏度(mPa·s)** 无资料	
燃烧热(kJ/mol) 无资料		**临界温度(℃)** 无资料	
溶解性 微溶于水,溶于乙醇、乙醚			

第十部分 稳定性和反应性

稳定性 稳定

危险反应 与氧化剂等禁配物发生反应

避免接触的条件 无资料

禁配物　氧化剂

危险的分解产物　氮氧化物、氟化氢

第十一部分　毒理学信息

急性毒性　LD$_{50}$：480mg/kg（大鼠经口）；220mg/kg（小鼠经口）；615mg/kg（兔经口）；1330mg/kg（兔经皮）。LC$_{50}$：440mg/m^3（大鼠吸入，4h）

皮肤刺激或腐蚀　无资料　眼睛刺激或腐蚀　无资料

呼吸或皮肤过敏　无资料　生殖细胞突变性　无资料

致癌性　无资料　　　　　生殖毒性　无资料

特异性靶器官系统毒性--一次接触　无资料

特异性靶器官系统毒性-反复接触　无资料

吸入危害　无资料

第十二部分　生态学信息

生态毒性　EC$_{50}$：2.7mg/L（48h）（大型溞，DIN 38412 Part Ⅱ）

持久性和降解性

　生物降解性　无资料

　非生物降解性　无资料

潜在的生物累积性　无资料

土壤中的迁移性　无资料

第十三部分　废弃处置

废弃化学品　建议用焚烧法处置。在能利用的地方重复使用容器或在规定场所掩埋

污染包装物　将容器返还生产商或按照国家和地方法规处置

废弃注意事项　处置前应参阅国家和地方有关法规

第十四部分　运输信息

联合国危险货物编号（UN 号）　2948

联合国运输名称　3-三氟甲基苯胺

联合国危险性类别　6.1

包装类别　Ⅱ　　　　　包装标志

海洋污染物　是

运输注意事项　运输前应先检查包装容器是否完整、密封，运输过程中要确保容器不泄漏、不倒塌、不坠落、不损坏。严禁与酸类、氧化剂、食品及食品添加剂混运。运输时运输车辆应配备相应品种和数量的消防器材及泄漏应急处理设备。运输途中应防曝晒、雨淋，防高温。公路运输时要按规定路线行驶，勿在居民区和人口稠密区停留

第十五部分　法规信息

　下列法律、法规、规章和标准，对该化学品的管理作了相应的规定。

中华人民共和国职业病防治法　职业病分类和目录：苯的氨基及硝基化合物中毒

危险化学品安全管理条例　危险化学品目录：列入。易制

爆危险化学品名录：未列入。重点监管的危险化学品名录：未列入。GB 18218—2009《危险化学品重大危险源辨识》（表 1）：未列入

使用有毒物品作业场所劳动保护条例　高毒物品目录：未列入

易制毒化学品管理条例　易制毒化学品的分类和品种目录：未列入

国际公约　斯德哥尔摩公约：未列入。鹿特丹公约：未列入。蒙特利尔议定书：未列入

第十六部分　其他信息

编写和修订信息　　　缩略语和首字母缩写

培训建议　　　　　　参考文献

免责声明

三氟-3-氯甲苯

第一部分　化学品标识

化学品中文名　三氟-3-氯甲苯；三氟甲基氯苯；间氯三氟苄

化学品英文名　3-chlorobenzotrifluoride；3-chloro-α,α,α-trifluorotoluene

分子式　C$_7$H$_4$ClF$_3$　分子量　180.555

结构式　

化学品的推荐及限制用途　用于制造染料、颜料、药物、农药

第二部分　危险性概述

紧急情况概述　易燃液体和蒸气

GHS 危险性类别　易燃液体，类别 3；危害水生环境-急性危害，类别 3；危害水生环境-长期危害，类别 3

标签要素

象形图

警示词　警告

危险性说明　易燃液体和蒸气，对水生生物有害并具有长期持续影响

防范说明

　预防措施　远离热源、火花、明火、热表面。禁止吸烟。保持容器密闭。容器和接收设备接地连接。使用防爆型电器、通风、照明设备。只能使用不产生火花的工具。采取防止静电措施。戴防护手套、防护眼镜、防护面罩。禁止排入环境

　事故响应　火灾时，使用泡沫、干粉、二氧化碳、砂土灭火。如皮肤（或头发）接触：立即脱掉所有被污染的衣服，用水冲洗皮肤，淋浴

　安全储存　存放在通风良好的地方。保持低温

　废弃处置　本品及内装物、容器依据国家和地方法

规处置

物理和化学危险　易燃，其蒸气与空气混合，能形成爆炸性混合物

健康危害　吸入、摄入或经皮肤吸收后对身体有害。高浓度时，对眼睛、皮肤、黏膜和上呼吸道有强烈刺激性。本品与空气中水分接触能释出有毒和腐蚀性氟化氢气体

环境危害　对水生生物有害并具有长期持续影响

第三部分　成分/组成信息

　√物质　　　　　　混合物

　　组分　　　**浓度**　　**CAS No.**

三氟-3-氯甲苯　　　　　　　　98-15-7

第四部分　急救措施

吸入　迅速脱离现场至空气新鲜处。保持呼吸道通畅。如呼吸困难，给输氧。呼吸、心跳停止，立即进行心肺复苏术。就医

皮肤接触　立即脱去污染的衣着，用流动清水彻底冲洗。就医

眼睛接触　立即分开眼睑，用流动清水或生理盐水彻底冲洗。就医

食入　漱口，饮水。就医

对保护施救者的忠告　根据需要使用个人防护设备

对医生的特别提示　对症处理

第五部分　消防措施

灭火剂　用泡沫、干粉、二氧化碳、砂土灭火

特别危险性　其蒸气与空气可形成爆炸性混合物，遇明火、高热能引起燃烧爆炸。与氧化剂可发生反应。受高热分解放出有毒的气体。蒸气比空气重，沿地面扩散并易积存于低洼处，遇火源会着火回燃。若遇高热，容器内压增大，有开裂和爆炸的危险

灭火注意事项及防护措施　消防人员必须佩戴空气呼吸器、穿全身防火防毒服，在上风向灭火。尽可能将容器从火场移至空旷处。喷水保持火场容器冷却，直至灭火结束。处在火场中的容器若已变色或从安全泄压装置中发出声音，必须马上撤离

第六部分　泄漏应急处理

作业人员防护措施、防护装备和应急处置程序　消除所有点火源。根据液体流动和蒸气扩散的影响区域划定警戒区，无关人员从侧风、上风向撤离至安全区。建议应急处理人员戴正压自给式呼吸器，穿防毒、防静电服。作业时使用的所有设备应接地。禁止接触或跨越泄漏物。尽可能切断泄漏源

环境保护措施　防止泄漏物进入水体、下水道、地下室或有限空间

泄漏化学品的收容、清除方法及所使用的处置材料　小量泄漏：用砂土或其他不燃材料吸收。使用洁净的无火花工具收集吸收材料。大量泄漏：构筑围堤或挖坑收容。用粉煤灰或石灰粉吸收大量液体。用泡沫覆盖，减少蒸发。喷水雾能减少蒸发，但不能降低泄漏物在

有限空间内的易燃性。用防爆泵转移至槽车或专用收集器内

第七部分　操作处置与储存

操作注意事项　密闭操作，提供充分的局部排风。防止蒸气泄漏到工作场所空气中。操作人员必须经过专门培训，严格遵守操作规程。建议操作人员佩戴自吸过滤式防毒面具（全面罩），穿胶布防毒衣，戴橡胶手套。远离火种、热源，工作场所严禁吸烟。使用防爆型的通风系统和设备。在清除液体和蒸气前不能进行焊接、切割等作业。避免产生烟雾。避免与氧化剂接触。尤其要注意避免与水接触。容器与传送设备要接地，防止产生的静电。灌装时应控制流速，且有接地装置，防止静电积聚。配备相应品种和数量的消防器材及泄漏应急处理设备。倒空的容器可能残留有害物

储存注意事项　储存于阴凉、通风的库房。远离火种、热源。防止阳光直射。库温不宜超过37℃，包装必须密封，切勿受潮。应与氧化剂、食用化学品等分开存放，切忌混储。采用防爆型照明、通风设施。禁止使用易产生火花的机械设备和工具。储区应备有泄漏应急处理设备和合适的收容材料

第八部分　接触控制/个体防护

职业接触限值

　　中国　未制定标准

　　美国（ACGIH）　未制定标准

生物接触限值　未制定标准

监测方法　空气中有毒物质测定方法：未制定标准。生物监测检验方法：未制定标准

工程控制　严加密闭，提供充分的局部排风

个体防护装备

　　呼吸系统防护　空气中浓度超标时，必须佩戴过滤式防毒面具（全面罩）。紧急事态抢救或撤离时，应该佩戴空气呼吸器

　　眼睛防护　呼吸系统防护中已作防护

　　皮肤和身体防护　穿密闭型防毒服

　　手防护　戴橡胶手套

第九部分　理化特性

外观与性状　无色透明液体

pH值　无资料	**熔点(℃)**　−55.4	
沸点(℃)　138.1	**相对密度(水=1)**　1.344	
相对蒸气密度(空气=1)　6.24		
饱和蒸气压(kPa)　无资料		
临界压力(MPa)　无资料	**辛醇/水分配系数**　无资料	
闪点(℃)　36	**自燃温度(℃)**　无资料	
爆炸下限(%)　无资料	**爆炸上限(%)**　无资料	
分解温度(℃)　无资料	**黏度(mPa·s)**　无资料	
燃烧热(kJ/mol)　无资料	**临界温度(℃)**　无资料	

溶解性　溶于部分有机溶剂

第十部分　稳定性和反应性

稳定性　稳定

危险反应　与强氧化剂等禁配物接触，有发生火灾和爆炸的危险

避免接触的条件　潮湿空气

禁配物　强氧化剂、水蒸气

危险的分解产物　氯化氢、氟化氢

第十一部分　毒理学信息

急性毒性　LD_{50}：＞5000mg/kg（大鼠经口）。LC_{50}：＞23600mg/m^3（大鼠吸入，4h）

皮肤刺激或腐蚀　无资料　　**眼睛刺激或腐蚀**　无资料

呼吸或皮肤过敏　无资料　　**生殖细胞突变性**　无资料

致癌性　无资料　　　　　　**生殖毒性**　无资料

特异性靶器官系统毒性--一次接触　无资料

特异性靶器官系统毒性-反复接触　无资料

吸入危害　无资料

第十二部分　生态学信息

生态毒性　根据结构类似物质预测，该物质对水生生物有害

持久性和降解性

　　生物降解性　无资料

　　非生物降解性　无资料

潜在的生物累积性　无资料

土壤中的迁移性　无资料

第十三部分　废弃处置

废弃化学品　建议用焚烧法处置。在能利用的地方重复使用容器或在规定场所掩埋

污染包装物　将容器返还生产商或按照国家和地方法规处置

废弃注意事项　处置前应参阅国家和地方有关法规

第十四部分　运输信息

联合国危险货物编号（UN号）　1993

联合国运输名称　易燃液体，未另作规定的（三氟-3-氯甲苯）

联合国危险性类别　3

包装类别　Ⅲ　　　　　　**包装标志**

海洋污染物　否

运输注意事项　运输时运输车辆应配备相应品种和数量的消防器材及泄漏应急处理设备。夏季最好早晚运输。运输时所用的槽（罐）车应有接地链，槽内可设孔隔板以减少震荡产生的静电。严禁与氧化剂、食用化学品等混装混运。运输途中应防暴晒、雨淋，防高温。中途停留时应远离火种、热源、高温区。装运该物品的车辆排气管必须配备阻火装置，禁止使用易产生火花的机械设备和工具装卸。公路运输时要按规定路线行驶，勿在居民区和人口稠密区停留。铁路运输时要禁止溜放。严禁用木船、水泥船散装运输

第十五部分　法规信息

下列法律、法规、规章和标准，对该化学品的管理作了相应的规定。

中华人民共和国职业病防治法　职业病分类和目录：未列入

危险化学品安全管理条例　危险化学品目录：列入。易制爆危险化学品名录：未列入。重点监管的危险化学品名录：未列入。GB 18218—2009《危险化学品重大危险源辨识》（表1）：未列入

使用有毒物品作业场所劳动保护条例　高毒物品目录：未列入

易制毒化学品管理条例　易制毒化学品的分类和品种目录：未列入

国际公约　斯德哥尔摩公约：未列入。鹿特丹公约：未列入。蒙特利尔议定书：未列入

第十六部分　其他信息

编写和修订信息　　**缩略语和首字母缩写**

培训建议　　　　　**参考文献**

免责声明

三氟溴甲烷

第一部分　化学品标识

化学品中文名　三氟溴甲烷；制冷剂 R-13B1

化学品英文名　bromotrifluoromethane；bromofluoroform

分子式　CBrF$_3$　　**分子量**　148.91

结构式　
$$\begin{array}{c} F \diagdown \diagup F \\ F \diagup \diagdown Br \end{array}$$

化学品的推荐及限制用途　用作制冷剂

第二部分　危险性概述

紧急情况概述　内装加压气体：遇热可能爆炸，造成严重眼刺激，可能引起昏昏欲睡或眩晕

GHS危险性类别　加压气体；严重眼损伤/眼刺激，类别2；特异性靶器官毒性--一次接触，类别3（麻醉效应）；危害臭氧层，类别1

标签要素

象形图　

警示词　警告

危险性说明　内装加压气体：遇热可能爆炸，造成严重眼刺激，可能引起昏昏欲睡或眩晕，破坏高层大气中的臭氧，危害公共健康和环境

防范说明

　　预防措施　避免接触眼睛、皮肤，操作后彻底清洗。戴防护眼镜、防护面罩

　　事故响应　如接触眼睛：用水细心冲洗数分钟。如戴隐形眼镜并可方便地取出，取出隐形眼镜，继续冲洗。如果眼睛刺激持续：就医

安全储存 防日晒。存放在通风良好的地方

废弃处置 —

物理和化学危险 不燃，无特殊燃爆特性

健康危害 对皮肤有刺激作用，对眼睛、黏膜和上呼吸道有刺激作用。有迅速窒息作用。吸入高浓度的三氟溴甲烷可引起眩晕、定向障碍、共济失调、麻醉作用、恶心或呕吐。本品能增高心脏对肾上腺素的敏感性，引起心律失常。接触液态本品可引起皮肤冻伤

环境危害 对环境可能有害

第三部分　成分/组成信息

√物质		混合物
组分	**浓度**	**CAS No.**
三氟溴甲烷		75-63-8

第四部分　急救措施

吸入 迅速脱离现场至空气新鲜处。保持呼吸道通畅。如呼吸困难，给输氧。呼吸、心跳停止，立即进行心肺复苏术。就医

皮肤接触 如发生冻伤，用温水（38～42℃）复温，忌用热水或辐射热，不要揉搓。就医

对保护施救者的忠告 根据需要使用个人防护设备

对医生的特别提示 对症处理

第五部分　消防措施

灭火剂 迅速切断气源，用水喷淋保护切断气源的人员，然后根据着火原因选择适当灭火剂灭火

特别危险性 若遇高热，容器内压增大，有开裂和爆炸的危险

灭火注意事项及防护措施 尽可能将容器从火场移至空旷处。喷水保持火场容器冷却，直至灭火结束

第六部分　泄漏应急处理

作业人员防护措施、防护装备和应急处置程序 根据气体的影响区域划定警戒区，无关人员从侧风、上风向撤离至安全区。建议应急处理人员戴正压自给式呼吸器，穿一般作业工作服。液化气体泄漏时穿防寒服。禁止接触或跨越泄漏物。尽可能切断泄漏源

环境保护措施 防止气体通过下水道、通风系统和有限空间扩散

泄漏化学品的收容、清除方法及所使用的处置材料 喷雾状水抑制蒸气或改变蒸气云流向，避免水流接触泄漏物。禁止用水直接冲击泄漏物或泄漏源。若可能翻转容器，使之逸出气体而非液体。漏出气允许排入大气中。泄漏场所保持通风

第七部分　操作处置与储存

操作注意事项 密闭操作，全面通风。操作人员必须经过专门培训，严格遵守操作规程。建议操作人员佩戴自吸过滤式防毒面具（全面罩），穿胶布防毒衣，戴橡胶手套。远离易燃、可燃物。防止气体泄漏到工作场所空气中。避免与氧化剂接触。搬运时轻装轻卸，防止钢瓶及附件破损。配备泄漏应急处理设备

储存注意事项 储存于阴凉、通风的不燃气体专用库房。远离火种、热源。库温不宜超过30℃。应与易（可）燃物、氧化剂、食用化学品分开存放，切忌混储。储区应备有泄漏应急处理设备

第八部分　接触控制/个体防护

职业接触限值

中国 未制定标准

美国（ACGIH） TLV-TWA：1000ppm

生物接触限值 未制定标准

监测方法 空气中有毒物质测定方法：未制定标准。生物监测检验方法：未制定标准

工程控制 生产过程密闭，全面通风

个体防护装备

呼吸系统防护 空气中浓度超标时，建议佩戴过滤式防毒面具（半面罩）

眼睛防护 戴化学安全防护眼镜

皮肤和身体防护 穿一般作业防护服

手防护 戴一般作业防护手套

第九部分　理化特性

外观与性状 无色气体

pH值 无意义	**熔点(℃)** －168～－166
沸点(℃) －57.8	**相对密度(水=1)** 无资料

相对蒸气密度(空气=1) 5.3

饱和蒸气压(kPa) 1619（25℃）

临界压力(MPa) 无资料	**辛醇/水分配系数** 无资料
闪点(℃) 无意义	**自燃温度(℃)** 无意义
爆炸下限(%) 无意义	**爆炸上限(%)** 无意义

分解温度(℃) 无资料

黏度(mPa·s) 0.157（25℃，液体）；0.0154（25℃，－101.3kPa，蒸气）

燃烧热(kJ/mol) 无资料	**临界温度(℃)** 67

溶解性 微溶于水

第十部分　稳定性和反应性

稳定性 稳定

危险反应 与强氧化剂、易燃或可燃物等禁配物发生反应

避免接触的条件 无资料

禁配物 强氧化剂、易燃或可燃物

危险的分解产物 氢、氟化氢、溴化氢

第十一部分　毒理学信息

急性毒性 属低毒类，狗吸入50%～80%浓度3～12min，可引起癫痫发作。LC$_{50}$：416mg/m³（大鼠吸入，4h）；84000ppm（大鼠吸入，15min）

皮肤刺激或腐蚀 无资料	**眼睛刺激或腐蚀** 无资料
呼吸或皮肤过敏 无资料	**生殖细胞突变性** 无资料
致癌性 无资料	**生殖毒性** 无资料

特异性靶器官系统毒性--一次接触 无资料

特异性靶器官系统毒性-反复接触 无资料

吸入危害 无资料

第十二部分　生态学信息

生态毒性　无资料
持久性和降解性
　　生物降解性　无资料
　　非生物降解性　无资料
潜在的生物累积性　无资料
土壤中的迁移性　无资料

第十三部分　废弃处置

废弃化学品　根据国家和地方有关法规的要求处置。或与
　　厂商或制造商联系，确定处置方法
污染包装物　将容器返还生产商或按照国家和地方法规
　　处置
废弃注意事项　处置前应参阅国家和地方有关法规

第十四部分　运输信息

联合国危险货物编号（UN号）　1009
联合国运输名称　三氟溴甲烷（制冷气体 R-13B1）
联合国危险性类别　2.2

包装类别　—　　　　　　　　**包装标志**　

海洋污染物　否
运输注意事项　采用钢瓶运输时必须戴好钢瓶上的安全
　　帽。钢瓶一般平放，并应将瓶口朝同一方向，不可交
　　叉；高度不得超过车辆的防护栏板，并用三角木垫卡
　　牢，防止滚动。严禁与易燃物或可燃物、氧化剂、食
　　用化学品等混装混运。夏季应早晚运输，防止日光暴
　　晒。公路运输时要按规定路线行驶，禁止在居民区和
　　人口稠密区停留。铁路运输时要禁止溜放

第十五部分　法规信息

　　下列法律、法规、规章和标准，对该化学品的管理作
了相应的规定。
中华人民共和国职业病防治法　职业病分类和目录：未
　　列入
危险化学品安全管理条例　危险化学品目录：列入。易制
　　爆危险化学品名录：未列入。重点监管的危险化学品
　　名录：未列入。GB 18218—2009《危险化学品重大
　　危险源辨识》（表1）：未列入
使用有毒物品作业场所劳动保护条例　高毒物品目录：未
　　列入
易制毒化学品管理条例　易制毒化学品的分类和品种目
　　录：未列入
国际公约　斯德哥尔摩公约：未列入。鹿特丹公约：未列
　　入。蒙特利尔议定书：未列入

第十六部分　其他信息

编写和修订信息　　缩略语和首字母缩写
培训建议　　　　　参考文献
免责声明

三氟溴乙烯

第一部分　化学品标识

化学品中文名　三氟溴乙烯；溴三氟乙烯
化学品英文名　trifluorobromoethylene；bromotrifluoro-
　　　ethylene
分子式　C_2BrF_3　**分子量**　160.921
结构式

化学品的推荐及限制用途　用于有机合成

第二部分　危险性概述

紧急情况概述　极易燃气体，内装加压气体；遇热可能
　　爆炸
GHS危险性类别　易燃气体，类别1；加压气体
标签要素

象形图　

　警示词　危险
　危险性说明　极易燃气体，内装加压气体；遇热可能
　　爆炸
　防范说明
　　预防措施　远离热源、火花、明火、热表面。禁止
　　　吸烟
　　事故响应　漏气着火：切勿灭火，除非漏气能够安
　　　全地制止。如果没有危险，消除一切点火源
　　安全储存　存放在通风良好的地方。防日晒
　　废弃处置：—
物理和化学危险　易燃，与空气混合能形成爆炸性混合物
健康危害　人吸入本品90mg/L，30s时，开始有麻醉作
　　用；人吸入66.7mg/L时，动作不协调。高浓度时对
　　中枢神经系统有抑制作用，亦可引起心律不齐
环境危害　对环境可能有害

第三部分　成分/组成信息

　√物质　　　　　　　　　混合物
　　组分　　　　**浓度**　　　**CAS No.**
　三氟溴乙烯　　　　　　　　　　598-73-2

第四部分　急救措施

吸入　迅速脱离现场至空气新鲜处。保持呼吸道通畅。如
　　呼吸困难，给输氧。呼吸、心跳停止，立即进行心肺
　　复苏术。就医
对保护施救者的忠告　根据需要使用个人防护设备
对医生的特别提示　对症处理

第五部分　消防措施

灭火剂　用泡沫、干粉、二氧化碳、砂土灭火
特别危险性　与空气混合能形成爆炸性混合物。遇明火、
　　高热能引起燃烧爆炸

灭火注意事项及防护措施　消防人员必须佩戴空气呼吸器、穿全身防火防毒服，在上风向灭火。切断气源，若不能切断气源，则不允许熄灭泄漏处的火焰。尽可能将容器从火场移至空旷处。喷水保持火场容器冷却，直至灭火结束

第六部分　泄漏应急处理

作业人员防护措施、防护装备和应急处置程序　消除所有点火源。根据气体的影响区域划定警戒区，无关人员从侧风、上风向撤离至安全区。建议应急处理人员戴正压自给式呼吸器，穿防静电服。液化气体泄漏时穿防静电、防寒服。作业时使用的所有设备应接地。禁止接触或跨越泄漏物。尽可能切断泄漏源

环境保护措施　防止气体通过下水道、通风系统和有限空间扩散

泄漏化学品的收容、清除方法及所使用的处置材料　若可能翻转容器，使之逸出气体而非液体。喷雾状水抑制蒸气或改变蒸气云流向，避免水流接触泄漏物。禁止用水直接冲击泄漏物或泄漏源。隔离泄漏区直至气体散尽

第七部分　操作处置与储存

操作注意事项　密闭操作，提供充分的局部排风。防止气体泄漏到工作场所空气中。操作人员必须经过专门培训，严格遵守操作规程。建议操作人员佩戴自吸过滤式防毒面具（全面罩），穿防静电工作服，戴橡胶手套。远离火种、热源，工作场所严禁吸烟。使用防爆型的通风系统和设备。避免与氧化剂接触。在传送过程中，钢瓶和容器必须接地和跨接，防止产生静电。充装要控制流速，防止静电积聚。配备相应品种和数量的消防器材及泄漏应急处理设备

储存注意事项　储存于阴凉、通风的易燃气体专用库房。库温不宜超过30℃。远离火种、热源。防止阳光直射。保持容器密封，严禁与空气接触。应与氧化剂、食用化学品分开存放，切忌混储。采用防爆型照明、通风设施。禁止使用易产生火花的机械设备和工具。储区应备有泄漏应急处理设备

第八部分　接触控制/个体防护

职业接触限值
　中国　未制定标准
　美国（ACGIH）　未制定标准
生物接触限值　未制定标准
监测方法　空气中有毒物质测定方法：未制定标准。生物监测检验方法：未制定标准
工程控制　严加密闭，提供充分的局部排风
个体防护装备
　呼吸系统防护　空气中浓度超标时，必须佩戴过滤式防毒面具（全面罩）。紧急事态抢救或撤离时，应该佩戴空气呼吸器
　眼睛防护　呼吸系统防护中已作防护
　皮肤和身体防护　穿防静电工作服
　手防护　戴橡胶手套

第九部分　理化特性

外观与性状　无色液化气体

pH值　无意义		**熔点（℃）**　无资料	
沸点（℃）　－3		**相对密度（水＝1）**　无资料	
相对蒸气密度（空气＝1）　5.61			
饱和蒸气压（kPa）　252（21℃）			
临界压力（MPa）　无资料		**辛醇/水分配系数**　无资料	
闪点（℃）　无资料		**自燃温度（℃）**　无资料	
爆炸下限（%）　无资料		**爆炸上限（%）**　无资料	
分解温度（℃）　无资料		**黏度（mPa·s）**　无资料	
燃烧热（kJ/mol）　无资料		**临界温度（℃）**　无资料	

溶解性　溶于部分有机溶剂

第十部分　稳定性和反应性

稳定性　稳定
危险反应　与强氧化剂等禁配物接触，有发生火灾和爆炸的危险
避免接触的条件　无资料
禁配物　强氧化剂、氧
危险的分解产物　溴化氢、氟化氢

第十一部分　毒理学信息

急性毒性　LCLo：279ppm（4h）（大鼠吸入）

皮肤刺激或腐蚀　无资料		**眼睛刺激或腐蚀**　无资料	
呼吸或皮肤过敏　无资料		**生殖细胞突变性**　无资料	
致癌性　无资料		**生殖毒性**　无资料	

特异性靶器官系统毒性-一次接触　无资料
特异性靶器官系统毒性-反复接触　无资料
吸入危害　无资料

第十二部分　生态学信息

生态毒性　无资料
持久性和降解性
　生物降解性　无资料
　非生物降解性　无资料
潜在的生物累积性　无资料
土壤中的迁移性　无资料

第十三部分　废弃处置

废弃化学品　建议用焚烧法处置。若可能，重复使用容器或在规定场所掩埋
污染包装物　将容器返还生产商或按照国家和地方法规处置
废弃注意事项　处置前应参阅国家和地方有关法规

第十四部分　运输信息

联合国危险货物编号（UN号）　2419
联合国运输名称　溴三氟乙烯
联合国危险性类别　2.1

包装类别　—　　　　　　　**包装标志**

海洋污染物 否

运输注意事项 采用钢瓶运输时必须戴好钢瓶上的安全帽。钢瓶一般平放，并应将瓶口朝同一方向，不可交叉；高度不得超过车辆的防护栏板，并用三角木垫卡牢，防止滚动。运输时运输车辆应配备相应品种和数量的消防器材。装运该物品的车辆排气管必须配备阻火装置，禁止使用易产生火花的机械设备和工具装卸。严禁与氧化剂、活泼非金属等混装混运。夏季应早晚运输，防止日光暴晒。中途停留时应远离火种、热源。公路运输时要按规定路线行驶，勿在居民区和人口稠密区停留。铁路运输时要禁止溜放

第十五部分 法规信息

下列法律、法规、规章和标准，对该化学品的管理作了相应的规定。

中华人民共和国职业病防治法 职业病分类和目录：未列入

危险化学品安全管理条例 危险化学品目录：列入。易制爆危险化学品名录：未列入。重点监管的危险化学品名录：未列入。GB 18218—2009《危险化学品重大危险源辨识》（表1）：未列入

使用有毒物品作业场所劳动保护条例 高毒物品目录：未列入

易制毒化学品管理条例 易制毒化学品的分类和品种目录：未列入

国际公约 斯德哥尔摩公约：未列入。鹿特丹公约：未列入。蒙特利尔议定书：未列入

第十六部分 其他信息

编写和修订信息　缩略语和首字母缩写
培训建议　　　　参考文献
免责声明

三氟乙酸乙酯

第一部分 化学品标识

化学品中文名 三氟乙酸乙酯；三氟醋酸乙酯

化学品英文名 ethyl trifluoroacetate；trifluoroacetic acid, ethyl ester

分子式 $C_4H_5F_3O_2$ **分子量** 142.0765

结构式

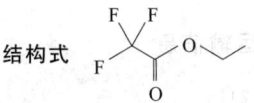

化学品的推荐及限制用途 制造有机氟化合物

第二部分 危险性概述

紧急情况概述 高度易燃液体和蒸气

GHS 危险性类别 易燃液体，类别2

标签要素

象形图

警示词 危险

危险性说明 高度易燃液体和蒸气

防范说明

预防措施 远离热源、火花、明火、热表面。禁止吸烟。保持容器密闭。容器和接收设备接地连接。使用防爆型电器、通风、照明设备。只能使用不产生火花的工具。采取防止静电措施。戴防护手套、防护眼镜、防护面罩。

事故响应 火灾时，使用泡沫、干粉、二氧化碳、砂土灭火。如皮肤（或头发）接触：立即脱掉所有被污染的衣服，用水冲洗皮肤，淋浴

安全储存 存放在通风良好的地方。保持低温

废弃处置 本品及内装物、容器依据国家和地方法规处置

物理和化学危险 易燃，其蒸气与空气混合，能形成爆炸性混合物

健康危害 具腐蚀性。对眼睛、皮肤、黏膜和上呼吸道有强烈刺激作用。吸入可引起喉、支气管痉挛、化学性肺炎、肺水肿。接触可引起烧灼感、咳嗽、头痛、呕吐等

环境危害 对环境可能有害

第三部分 成分/组成信息

√物质　　　　　　　　混合物

组分	浓度	CAS No.
三氟乙酸乙酯		383-63-1

第四部分 急救措施

吸入 迅速脱离现场至空气新鲜处。保持呼吸道通畅。如呼吸困难，给输氧。呼吸、心跳停止，立即进行心肺复苏术。就医

皮肤接触 立即脱去污染的衣着，用流动清水彻底冲洗。就医

眼睛接触 立即分开眼睑，用流动清水或生理盐水彻底冲洗。就医

食入 漱口，饮水。就医

对保护施救者的忠告 根据需要使用个人防护设备

对医生的特别提示 对症处理

第五部分 消防措施

灭火剂 用泡沫、干粉、二氧化碳、砂土灭火

特别危险性 其蒸气与空气可形成爆炸性混合物，遇明火、高热极易燃烧爆炸。与氧化剂接触猛烈反应。遇高热分解释出高毒烟气。具有腐蚀性。若遇高热，容器内压增大，有开裂和爆炸的危险

灭火注意事项及防护措施 消防人员必须佩戴空气呼吸器、穿全身防火防毒服，在上风向灭火。尽可能将容器从火场移至空旷处。喷水保持火场容器冷却，直至灭火结束。处在火场中的容器若已变色或从安全泄压装置中发出声音，必须马上撤离。用水灭火无效

第六部分 泄漏应急处理

作业人员防护措施、防护装备和应急处置程序 消除所有

点火源。根据液体流动和蒸气扩散的影响区域划定警戒区，无关人员从侧风、上风向撤离至安全区。建议应急处理人员戴正压自给式呼吸器，穿防静电、防腐、防毒服。作业时使用的所有设备应接地。禁止接触或跨越泄漏物。尽可能切断泄漏源

环境保护措施 防止泄漏物进入水体、下水道、地下室或有限空间

泄漏化学品的收容、清除方法及所使用的处置材料 小量泄漏：用砂土或其他不燃材料吸收。使用洁净的无火花工具收集吸收材料。大量泄漏：构筑围堤或挖坑收容。用泡沫覆盖，减少蒸发。喷水雾能减少蒸发，但不能降低泄漏物在有限空间内的易燃性。用防爆、耐腐蚀泵转移至槽车或专用收集器内

第七部分 操作处置与储存

操作注意事项 密闭操作，提供充分的局部排风。防止蒸气泄漏到工作场所空气中。操作人员必须经过专门培训，严格遵守操作规程。建议操作人员佩戴自吸过滤式防毒面具（全面罩），穿胶布防毒衣，戴橡胶手套。远离火种、热源，工作场所严禁吸烟。使用防爆型的通风系统和设备。在清除液体和蒸气前不能进行焊接、切割等作业。避免产生烟雾。避免与氧化剂、酸类、碱类接触。容器与传送设备要接地，防止产生的静电。灌装时应控制流速，且有接地装置，防止静电积聚。配备相应品种和数量的消防器材及泄漏应急处理设备。倒空的容器可能残留有害物

储存注意事项 储存于阴凉、通风的库房。远离火种、热源。防止阳光直射。库温不宜超过37℃，保持容器密封。应与氧化剂、酸类、碱类、食用化学品分开存放，切忌混储。采用防爆型照明、通风设施。禁止使用易产生火花的机械设备和工具。储区应备有泄漏应急处理设备和合适的收容材料

第八部分 接触控制/个体防护

职业接触限值
中国 未制定标准
美国（ACGIH） 未制定标准
生物接触限值 未制定标准
监测方法 空气中有毒物质测定方法：未制定标准。生物监测检验方法：未制定标准
工程控制 严加密闭，提供充分的局部排风
个体防护装备
呼吸系统防护 空气中浓度超标时，必须佩戴过滤式防毒面具（全面罩）。紧急事态抢救或撤离时，应该佩戴空气呼吸器
眼睛防护 呼吸系统防护中已作防护
皮肤和身体防护 穿密闭型防毒服
手防护 戴橡胶手套

第九部分 理化特性

外观与性状 无色液体，有酯香味
pH 值 无资料　**熔点(℃)** 无资料
沸点(℃) 60～62　**相对密度(水＝1)** 1.194

相对蒸气密度(空气＝1) 无资料
饱和蒸气压(kPa) 无资料
临界压力(MPa) 无资料　**辛醇/水分配系数** 无资料
闪点(℃) −1.11　**自燃温度(℃)** 无资料
爆炸下限(%) 无资料　**爆炸上限(%)** 无资料
分解温度(℃) 无资料　**黏度(mPa·s)** 无资料
燃烧热(kJ/mol) 无资料　**临界温度(℃)** 无资料
溶解性 溶于氯仿

第十部分 稳定性和反应性

稳定性 稳定
危险反应 与强氧化剂等禁配物接触，有发生火灾和爆炸的危险
避免接触的条件 无资料
禁配物 强氧化剂、强酸、强碱
危险的分解产物 氟化氢

第十一部分 毒理学信息

急性毒性 无资料
皮肤刺激或腐蚀 无资料　**眼睛刺激或腐蚀** 无资料
呼吸或皮肤过敏 无资料　**生殖细胞突变性** 无资料
致癌性 无资料　**生殖毒性** 无资料
特异性靶器官系统毒性-一次接触 无资料
特异性靶器官系统毒性-反复接触 无资料
吸入危害 无资料

第十二部分 生态学信息

生态毒性 无资料
持久性和降解性
生物降解性 无资料
非生物降解性 无资料
潜在的生物累积性 无资料
土壤中的迁移性 无资料

第十三部分 废弃处置

废弃化学品 建议用焚烧法处置。在能利用的地方重复使用容器或在规定场所掩埋
污染包装物 将容器返还生产商或按照国家和地方法规处置
废弃注意事项 处置前应参阅国家和地方有关法规

第十四部分 运输信息

联合国危险货物编号（UN 号） 2419
联合国运输名称 易燃液体，未另作规定的（三氟乙酸乙酯）
联合国危险性类别 3

包装类别 Ⅲ　　　　**包装标志**

海洋污染物 否
运输注意事项 运输时运输车辆应配备相应品种和数量的消防器材及泄漏应急处理设备。夏季最好早晚运输。

运输时所用的槽（罐）车应有接地链，槽内可设孔隔板以减少震荡产生的静电。严禁与氧化剂、酸类、碱类、食用化学品等混装混运。运输途中应防暴晒、雨淋、防高温。中途停留时应远离火种、热源、高温区。装运该物品的车辆排气管必须配备阻火装置，禁止使用易产生火花的机械设备和工具装卸。公路运输时要按规定路线行驶，勿在居民区和人口稠密区停留。铁路运输时要禁止溜放。严禁用木船、水泥船散装运输

第十五部分　法规信息

下列法律、法规、规章和标准，对该化学品的管理作了相应的规定。

中华人民共和国职业病防治法　职业病分类和目录：未列入

危险化学品安全管理条例　危险化学品目录：列入。易制爆危险化学品名录：未列入。重点监管的危险化学品名录：未列入。GB 18218—2009《危险化学品重大危险源辨识》（表1）：未列入

使用有毒物品作业场所劳动保护条例　高毒物品目录：未列入

易制毒化学品管理条例　易制毒化学品的分类和品种目录：未列入

国际公约　斯德哥尔摩公约：未列入。鹿特丹公约：未列入。蒙特利尔议定书：未列入

第十六部分　其他信息

编写和修订信息　缩略语和首字母缩写
培训建议　　　　参考文献
免责声明

三氟乙酰氯

第一部分　化学品标识

化学品中文名　三氟乙酰氯；氯化三氟乙酰
化学品英文名　trifluoroacetyl chloride
分子式　C_2ClF_3O　**分子量**　132.469

结构式　

化学品的推荐及限制用途　用于中间体

第二部分　危险性概述

紧急情况概述　内装加压气体；遇热可能爆炸，吸入致命，造成严重的皮肤灼伤和眼损伤
GHS危险性类别　加压气体；急性毒性-吸入，类别1；皮肤腐蚀/刺激，类别1；严重眼损伤/眼刺激，类别1
标签要素

象形图　

警示词　危险
危险性说明　吸入致命，内装加压气体；遇热可能爆炸，造成严重的皮肤灼伤和眼损伤
防范说明

预防措施　避免吸入气体。仅在室外或通风良好处操作。避免接触眼睛、皮肤，操作后彻底清洗。戴防护手套，穿防护服，戴防护眼镜、防护面罩

事故响应　如吸入：将患者转移到空气新鲜处，休息，保持利于呼吸的体位，立即呼叫中毒控制中心或就医。皮肤（或头发）接触：立即脱掉所有被污染的衣服，用水冲洗皮肤，淋浴。污染的衣服洗净后方可重新使用。眼睛接触：用水细心地冲洗数分钟，立即呼叫中毒控制中心或就医。如戴隐形眼镜并可方便地取出，则取出隐形眼镜，继续冲洗

安全储存　保持容器密闭。防日晒。存放在通风良好的地方。上锁保管

废弃处置　本品及内装物、容器依据国家和地方法规处置

物理和化学危险　不燃，无特殊燃爆特性。遇水产生有毒气体

健康危害　对眼睛、皮肤、黏膜和上呼吸道具有剧烈的刺激作用。吸入后可引起喉、支气管的炎症，水肿和痉挛，化学性肺炎或肺水肿。接触后可有烧灼感、咳嗽、喘息、气短、头痛、恶心和呕吐。眼睛和皮肤接触引起灼伤

环境危害　对环境可能有害

第三部分　成分/组成信息

√ 物质　　　　　　　　　混合物

组分	浓度	CAS No.
三氟乙酰氯		354-32-5

第四部分　急救措施

吸入　迅速脱离现场至空气新鲜处。保持呼吸道通畅。如呼吸困难，给输氧。呼吸、心跳停止，立即进行心肺复苏术。就医
皮肤接触　立即脱去污染的衣着，用大量流动清水彻底冲洗至少15min。就医
眼睛接触　立即分开眼睑，用流动清水或生理盐水彻底冲洗5~10min。就医
对保护施救者的忠告　根据需要使用个人防护设备
对医生的特别提示　对症处理

第五部分　消防措施

灭火剂　迅速切断气源，用水喷淋保护切断气源的人员，然后根据着火原因选择适当灭火剂灭火
特别危险性　遇水或水蒸气反应放热并产生有毒的腐蚀性气体。遇潮时对大多数金属有腐蚀性。若遇高热，容器内压增大，有开裂和爆炸的危险
灭火注意事项及防护措施　消防人员必须穿全身耐酸碱消防服、佩戴空气呼吸器灭火。尽可能将容器从火场移

至空旷处。喷水保持火场容器冷却，直至灭火结束

第六部分　泄漏应急处理

作业人员防护措施、防护装备和应急处置程序　根据气体的影响区域划定警戒区，无关人员从侧风、上风向撤离至安全区。建议应急处理人员穿内置正压自给式呼吸器的全封闭防化服。禁止接触或跨越泄漏物。尽可能切断泄漏源

环境保护措施　防止气体通过下水道、通风系统和有限空间扩散

泄漏化学品的收容、清除方法及所使用的处置材料　喷雾状水抑制蒸气或改变蒸气云流向，避免水流接触泄漏物。禁止用水直接冲击泄漏物或泄漏源。隔离泄漏区直至气体散尽

第七部分　操作处置与储存

操作注意事项　严加密闭，提供充分的局部排风和全面通风。操作人员必须经过专门培训，严格遵守操作规程。建议操作人员佩戴自吸过滤式防毒面具（全面罩），穿密闭型防毒服，戴橡胶手套。远离易燃、可燃物。防止气体泄漏到工作场所空气中。避免与还原剂、酸类接触。尤其要注意避免与水接触。搬运时戴好钢瓶安全帽和防震橡皮圈，防止钢瓶碰撞、损坏。配备泄漏应急处理设备

储存注意事项　储存于阴凉、通风的有毒气体专用库房。库温不宜超过30℃。远离火种、热源。保持容器密封。应与易（可）燃物、还原剂、酸类等分开存放，切忌混储。储区应备有泄漏应急处理设备

第八部分　接触控制/个体防护

职业接触限值

中国　未制定标准

美国（ACGIH）　未制定标准

生物接触限值　未制定标准

监测方法　空气中有毒物质测定方法：未制定标准。生物监测检验方法：未制定标准

工程控制　严加密闭，提供充分的局部排风和全面通风

个体防护装备

呼吸系统防护　空气中浓度超标时，必须佩戴过滤式防毒面具（全面罩）。紧急事态抢救或撤离时，应该佩戴空气呼吸器

眼睛防护　呼吸系统防护中已作防护

皮肤和身体防护　穿密闭型防毒服

手防护　戴橡胶手套

第九部分　理化特性

外观与性状　无色、有刺激性气味的气体

pH值　无意义　　　　　**熔点（℃）**　−146

沸点（℃）　−27　　　　**相对密度（水＝1）**　无资料

相对蒸气密度（空气＝1）　4.6

饱和蒸气压（kPa）　无资料

临界压力（MPa）　无资料　　**辛醇/水分配系数**　无资料

闪点（℃）　无意义　　　　**自燃温度（℃）**　无意义

爆炸下限（%）　无意义　　**爆炸上限（%）**　无意义

分解温度（℃）　无资料　　**黏度（mPa·s）**　无资料

燃烧热（kJ/mol）　无资料　　**临界温度（℃）**　无资料

溶解性　无资料

第十部分　稳定性和反应性

稳定性　稳定

危险反应　与强还原剂、强酸、易燃或可燃物、水等禁配物发生反应。遇水或水蒸气反应放热并产生有毒的腐蚀性气体

避免接触的条件　潮湿空气

禁配物　强还原剂、强酸、易燃或可燃物、水

危险的分解产物　一氧化氯化氢、氟化物

第十一部分　毒理学信息

急性毒性　LCLo：35300 ppb（大鼠吸入，6h）

皮肤刺激或腐蚀　无资料　　**眼睛刺激或腐蚀**　无资料

呼吸或皮肤过敏　无资料　　**生殖细胞突变性**　无资料

致癌性　无资料　　　　　　**生殖毒性**　无资料

特异性靶器官系统毒性-一次接触　无资料

特异性靶器官系统毒性-反复接触　无资料

吸入危害　无资料

第十二部分　生态学信息

生态毒性　无资料

持久性和降解性

生物降解性　无资料

非生物降解性　无资料

潜在的生物累积性　无资料

土壤中的迁移性　无资料

第十三部分　废弃处置

废弃化学品　根据国家和地方有关法规的要求处置。或与厂商或制造商联系，确定处置方法

污染包装物　将容器返还生产商或按照国家和地方法规处置

废弃注意事项　处置前应参阅国家和地方有关法规

第十四部分　运输信息

联合国危险货物编号（UN号）　3057

联合国运输名称　三氟乙酰氯

联合国危险性类别　2.3，8

包装类别　—

包装标志　

海洋污染物　否

运输注意事项　采用钢瓶运输时必须戴好钢瓶上的安全帽。钢瓶一般平放，并应将瓶口朝同一方向，不可交叉；高度不得超过车辆的防护栏板，并用三角木垫卡牢，防止滚动。严禁与易燃物或可燃物、还原剂、酸类、食用化学品等混装混运。夏季应早晚运

输，防止日光暴晒。公路运输时要按规定路线行驶，禁止在居民区和人口稠密区停留。铁路运输时要禁止溜放

第十五部分　法规信息

下列法律、法规、规章和标准，对该化学品的管理作了相应的规定。

中华人民共和国职业病防治法　职业病分类和目录：未列入

危险化学品安全管理条例　危险化学品目录：列入。易制爆危险化学品名录：未列入。重点监管的危险化学品名录：未列入。GB 18218—2009《危险化学品重大危险源辨识》（表1）：未列入

使用有毒物品作业场所劳动保护条例　高毒物品目录：未列入

易制毒化学品管理条例　易制毒化学品的分类和品种目录：未列入

国际公约　斯德哥尔摩公约：未列入。鹿特丹公约：未列入。蒙特利尔议定书：未列入

第十六部分　其他信息

编写和修订信息　　缩略语和首字母缩写
培训建议　　　　　参考文献
免责声明

1,3,5-三甲基苯

第一部分　化学品标识

化学品中文名　1,3,5-三甲基苯；均三甲苯
化学品英文名　1,3,5-trimethylbenzene; mesitylene
分子式　C_9H_{12}　**分子量**　120.19
结构式

化学品的推荐及限制用途　用作分析试剂、溶剂，也用于有机合成等

第二部分　危险性概述

紧急情况概述　易燃液体和蒸气，可能引起呼吸道刺激
GHS 危险性类别　易燃液体，类别 3；特异性靶器官毒性——次接触，类别 3（呼吸道刺激）；危害水生环境-急性危害，类别 2；危害水生环境-长期危害，类别 2
标签要素

象形图

警示词　警告
危险性说明　易燃液体和蒸气，可能引起呼吸道刺激，对水生生物有毒并具有长期持续影响
防范说明
　　预防措施　远离热源、火花、明火、热表面。禁止吸烟。保持容器密闭。容器和接收设备接地连

接。使用防爆型电器、通风、照明设备。只能使用不产生火花的工具。采取防止静电措施。戴防护手套、防护眼镜、防护面罩。禁止排入环境
　　事故响应　火灾时，使用雾状水、泡沫、干粉、二氧化碳、砂土灭火。如皮肤（或头发）接触：立即脱掉所有被污染的衣服，用水冲洗皮肤，淋浴。收集泄漏物
　　安全储存　存放在通风良好的地方。保持低温
　　废弃处置　本品及内装物、容器依据国家和地方法规处置

物理和化学危险　易燃，其蒸气与空气混合，能形成爆炸性混合物
健康危害　对皮肤、黏膜有刺激作用，对中枢神经系统有麻醉作用，对造血系统有抑制作用
环境危害　对水生生物有毒并具有长期持续影响

第三部分　成分/组成信息

✓ 物质　　　　　　　　　混合物

组分	浓度	CAS No.
1,3,5-三甲基苯		108-67-8

第四部分　急救措施

吸入　迅速脱离现场至空气新鲜处。保持呼吸道通畅。如呼吸困难，给输氧。呼吸、心跳停止，立即进行心肺复苏术。就医
皮肤接触　立即脱去污染的衣着，用流动清水彻底冲洗。就医
眼睛接触　立即分开眼睑，用流动清水或生理盐水彻底冲洗。就医
食入　漱口，饮水。就医
对保护施救者的忠告　根据需要使用个人防护设备
对医生的特别提示　对症处理

第五部分　消防措施

灭火剂　用雾状水、泡沫、干粉、二氧化碳、砂土灭火
特别危险性　其蒸气与空气可形成爆炸性混合物，遇明火、高热能引起燃烧爆炸。与氧化剂可发生反应。流速过快，容易产生和积聚静电。蒸气比空气重，沿地面扩散并易积存于低洼处，遇火源会着火回燃。若遇高热，容器内压增大，有开裂和爆炸的危险
灭火注意事项及防护措施　消防人员必须佩戴防毒面具、穿全身消防服，在上风向灭火。尽可能将容器从火场移至空旷处。喷水保持火场容器冷却，直至灭火结束。处在火场中的容器若已变色或从安全泄压装置中发出声音，必须马上撤离

第六部分　泄漏应急处理

作业人员防护措施、防护装备和应急处置程序　消除所有点火源。根据液体流动和蒸气扩散的影响区域划定警戒区，无关人员从侧风、上风向撤离至安全区。建议应急处理人员戴正压自给式呼吸器，穿防静电服。作业时使用的所有设备应接地。禁止接触或跨越泄漏

物。尽可能切断泄漏源

环境保护措施　防止泄漏物进入水体、下水道、地下室或有限空间

泄漏化学品的收容、清除方法及所使用的处置材料　小量泄漏：用砂土或其他不燃材料吸收。使用洁净的无火花工具收集吸收材料。大量泄漏：构筑围堤或挖坑收容。用泡沫覆盖，减少蒸发。喷水雾能减少蒸发，但不能降低泄漏物在有限空间内的易燃性。用防爆泵转移至槽车或专用收集器内

第七部分　操作处置与储存

操作注意事项　密闭操作，加强通风。操作人员必须经过专门培训，严格遵守操作规程。建议操作人员佩戴自吸过滤式防毒面具（半面罩），戴化学安全防护眼镜，穿防静电工作服，戴橡胶耐油手套。远离火种、热源，工作场所严禁吸烟。使用防爆型的通风系统和设备。防止蒸气泄漏到工作场所空气中。避免与氧化剂接触。灌装时应控制流速，且有接地装置，防止静电积聚。搬运时要轻装轻卸，防止包装及容器损坏。配备相应品种和数量的消防器材及泄漏应急处理设备。倒空的容器可能残留有害物

储存注意事项　储存于阴凉、通风的库房。库温不宜超过37℃，远离火种、热源。应与氧化剂分开存放，切忌混储。采用防爆型照明、通风设施。禁止使用易产生火花的机械设备和工具。储区应备有泄漏应急处理设备和合适的收容材料

第八部分　接触控制/个体防护

职业接触限值
　　中国　未制定标准
　　美国（ACGIH）　未制定标准
生物接触限值　未制定标准
监测方法　空气中有毒物质测定方法：未制定标准。生物监测检验方法：未制定标准
工程控制　生产过程密闭，加强通风
个体防护装备
　　呼吸系统防护　空气中浓度超标时，必须佩戴过滤式防毒面具（半面罩）。紧急事态抢救或撤离时，应该佩戴空气呼吸器
　　眼睛防护　戴化学安全防护眼镜
　　皮肤和身体防护　穿防静电工作服
　　手防护　戴橡胶耐油手套

第九部分　理化特性

外观与性状　无色液体，有特殊气味
pH 值　无资料　　　　**熔点（℃）**　−44.8
沸点（℃）　164.7　　　**相对密度（水＝1）**　0.86
相对蒸气密度（空气＝1）　4.1
饱和蒸气压（kPa）　1.33/48.2℃
燃烧热（kJ/mol）　−5198.2　**临界温度（℃）**　368
临界压力（MPa）　3.34
辛醇/水分配系数　3.41～4.28
闪点（℃）　50　　　　　**自燃温度（℃）**　559

爆炸下限（%）　0.87　　　**爆炸上限（%）**　6.09
分解温度（℃）　无资料
黏度（mPa·s）　1.154（20℃）；0.936（30℃）
燃烧热（kJ/mol）　−4979.82　**临界温度（℃）**　91.21
溶解性　不溶于水，溶于醇、醚、苯等多数有机溶剂

第十部分　稳定性和反应性

稳定性　稳定
危险反应　与强氧化剂、酸类、卤素等禁配物接触，有发生火灾和爆炸的危险
避免接触的条件　无资料
禁配物　强氧化剂、酸类、卤素等
危险的分解产物　无资料

第十一部分　毒理学信息

急性毒性　LD$_{50}$：5000mg/kg（大鼠经口）；7000mg/kg（小鼠经口）。LC$_{50}$：24000mg/m^3（大鼠吸入，4h）
皮肤刺激或腐蚀　无资料　　**眼睛刺激或腐蚀**　无资料
呼吸或皮肤过敏　无资料　　**生殖细胞突变性**　无资料
致癌性　无资料　　　　　　**生殖毒性**　无资料
特异性靶器官系统毒性-一次接触　无资料
特异性靶器官系统毒性-反复接触　无资料
吸入危害　无资料

第十二部分　生态学信息

生态毒性　LC$_{50}$：12.52mg/L（96h）（*Carassius auratus*）；EC$_{50}$：6mg/L（48h）（大型溞）；EbC$_{50}$：25mg/L（48h）（*Scenedesmus subspicatus*）；NOEC：0.4mg/L（21d）（大型溞）
持久性和降解性
　　生物降解性　28d 降解 42%，不易快速生物降解
　　非生物降解性　无资料
潜在的生物累积性　根据 K_{ow} 值预测，该物质可能有一定的生物累积性
土壤中的迁移性　根据 K_{oc} 值预测，该物质的迁移性可能较弱

第十三部分　废弃处置

废弃化学品　建议用焚烧法处置
污染包装物　将容器返还生产商或按照国家和地方法规处置
废弃注意事项　处置前应参阅国家和地方有关法规

第十四部分　运输信息

联合国危险货物编号（UN 号）　2325
联合国运输名称　1,3,5-三甲基苯
联合国危险性类别　3

包装类别　Ⅲ　　　　　　　　**包装标志**　

海洋污染物　是
运输注意事项　运输时运输车辆应配备相应品种和数量的

消防器材及泄漏应急处理设备。夏季最好早晚运输。运输时所用的槽（罐）车应有接地链，槽内可设孔隔板以减少震荡产生的静电。严禁与氧化剂、食用化学品等混装混运。运输途中应防暴晒、雨淋、防高温。中途停留时应远离火种、热源、高温区。装运该物品的车辆排气管必须配备阻火装置，禁止使用易产生火花的机械设备和工具装卸。公路运输时要按规定路线行驶。铁路运输时要禁止溜放。严禁用木船、水泥船散装运输

第十五部分 法规信息

下列法律、法规、规章和标准，对该化学品的管理作了相应的规定。

中华人民共和国职业病防治法 职业病分类和目录：未列入

危险化学品安全管理条例 危险化学品目录：列入。易制爆危险化学品名录：未列入。重点监管的危险化学品名录：未列入。GB 18218—2009《危险化学品重大危险源辨识》（表1）：未列入

使用有毒物品作业场所劳动保护条例 高毒物品目录：未列入

易制毒化学品管理条例 易制毒化学品的分类和品种目录：未列入

国际公约 斯德哥尔摩公约：未列入。鹿特丹公约：未列入。蒙特利尔议定书：未列入

第十六部分 其他信息

编写和修订信息　　　　缩略语和首字母缩写
培训建议　　　　　　　参考文献
免责声明

2,2,3-三甲基丁烷

第一部分 化学品标识

化学品中文名 2,2,3-三甲基丁烷；五甲基乙烷；三甲基丁烷

化学品英文名 2,2,3-trimethyl butane；pentamethyl ethane

分子式 C_7H_{16} **分子量** 100.2019

结构式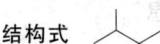

化学品的推荐及限制用途 用作高辛烷值航空燃料油添加剂、溶剂等，也用于有机合成

第二部分 危险性概述

紧急情况概述 高度易燃液体和蒸气，造成皮肤刺激，可能引起昏昏欲睡或眩晕，吞咽及进入呼吸道可能致命

GHS 危险性类别 易燃液体，类别2；皮肤腐蚀/刺激，类别2；特异性靶器官毒性——次接触，类别3（麻醉效应）；吸入危害，类别1；危害水生环境-急性危害，类别1；危害水生环境-长期危害，类别1

标签要素

象形图

警示词 危险

危险性说明 高度易燃液体和蒸气，造成皮肤刺激，可能引起昏昏欲睡或眩晕，吞咽及进入呼吸道可能致命，对水生生物毒性非常大并具有长期持续影响

防范说明

预防措施 远离热源、火花、明火、热表面。禁止吸烟。保持容器密闭。容器和接收设备接地连接。使用防爆型电器、通风、照明设备。只能使用不产生火花的工具。采取防止静电措施。戴防护手套、防护眼镜、防护面罩。避免接触眼睛、皮肤，操作后彻底清洗。禁止排入环境

事故响应 火灾时，使用泡沫、干粉、二氧化碳、砂土灭火。皮肤接触：用大量肥皂水和水清洗。如发生皮肤刺激，就医。脱去被污染的衣服，衣服经洗净后方可重新使用。如果食入：立即呼叫中毒控制中心或就医，不要催吐。收集泄漏物

安全储存 存放在通风良好的地方。保持低温。上锁保管

废弃处置 本品及内装物、容器依据国家和地方法规处置

物理和化学危险 易燃，其蒸气与空气混合，能形成爆炸性混合物

健康危害 可引起眩晕、共济失调；高浓度可致呼吸停止。对黏膜有刺激作用，皮肤接触可引起疼痛、灼伤。慢性作用，引起神经衰弱综合征和轻度的血液学改变

环境危害 对水生生物毒性非常大并具有长期持续影响

第三部分 成分/组成信息

√ 物质		混合物
组分	浓度	CAS No.
2,2,3-三甲基丁烷		464-06-2

第四部分 急救措施

吸入 迅速脱离现场至空气新鲜处。保持呼吸道通畅。如呼吸困难，给输氧。呼吸、心跳停止，立即进行心肺复苏术。就医

皮肤接触 立即脱去污染的衣着，用流动清水彻底冲洗。就医

眼睛接触 立即分开眼睑，用流动清水或生理盐水彻底冲洗。就医

食入 漱口，饮水。禁止催吐。就医

对保护施救者的忠告 根据需要使用个人防护设备

对医生的特别提示 对症处理

第五部分 消防措施

灭火剂 用泡沫、干粉、二氧化碳、砂土灭火

特别危险性 其蒸气与空气可形成爆炸性混合物，遇明火、高热极易燃烧爆炸。与氧化剂接触猛烈反应。受高热分解放出有毒的气体。流速过快，容易产生和积聚静电。蒸气比空气重，沿地面扩散并易积存于低洼处，遇火源会着火回燃。若遇高热，容器内压增大，有开裂和爆炸的危险

灭火注意事项及防护措施 消防人员必须佩戴防毒面具、穿全身消防服，在上风向灭火。尽可能将容器从火场移至空旷处。喷水保持火场容器冷却，直至灭火结束。处在火场中的容器若已变色或从安全泄压装置中产生声音，必须马上撤离。用水灭火无效

第六部分　泄漏应急处理

作业人员防护措施、防护装备和应急处置程序 消除所有点火源。根据液体流动和蒸气扩散的影响区域划定警戒区，无关人员从侧风、上风向撤离至安全区。建议应急处理人员戴正压自给式呼吸器，穿防毒、防静电服。作业时使用的所有设备应接地。禁止接触或跨越泄漏物。尽可能切断泄漏源

环境保护措施 防止泄漏物进入水体、下水道、地下室或有限空间

泄漏化学品的收容、清除方法及所使用的处置材料 小量泄漏：用砂土或其他不燃材料吸收。使用洁净的无火花工具收集吸收材料。大量泄漏：构筑围堤或挖坑收容。用泡沫覆盖，减少蒸发。喷水雾能减少蒸发，但不能降低泄漏物在有限空间内的易燃性。用防爆泵转移至槽车或专用收集器内

第七部分　操作处置与储存

操作注意事项 密闭操作，局部排风。防止蒸气泄漏到工作场所空气中。操作人员必须经过专门培训，严格遵守操作规程。建议操作人员佩戴自吸过滤式防毒面具（半面罩），戴化学安全防护眼镜，穿防静电工作服，戴橡胶手套。远离火种、热源，工作场所严禁吸烟。使用防爆型的通风系统和设备。在清除液体和蒸气前不能进行焊接、切割等作业。避免产生烟雾。避免与氧化剂接触。容器与传送设备要接地，防止产生静电。灌装时应控制流速，且有接地装置，防止静电积聚。配备相应品种和数量的消防器材及泄漏应急处理设备。倒空的容器可能残留有害物

储存注意事项 储存于阴凉、通风的库房。远离火种、热源。防止阳光直射。库温不宜超过37℃，保持容器密封。应与氧化剂、食用化学品分开存放，切忌混储。采用防爆型照明、通风设施。禁止使用易产生火花的机械设备和工具。储区应备有泄漏应急处理设备和合适的收容材料

第八部分　接触控制/个体防护

职业接触限值
中国　未制定标准
美国（ACGIH）　未制定标准
生物接触限值 未制定标准
监测方法 空气中有毒物质测定方法：未制定标准。生物

监测检验方法：未制定标准
工程控制 密闭操作，局部排风
个体防护装备
呼吸系统防护　空气中浓度超标时，必须佩戴过滤式防毒面具（半面罩）。紧急事态抢救或撤离时，应该佩戴空气呼吸器
眼睛防护　戴化学安全防护眼镜
皮肤和身体防护　穿防静电工作服
手防护　戴橡胶手套

第九部分　理化特性

外观与性状 无色液体，有刺激性气味

pH值 无资料	**熔点（℃）** −24.9
沸点（℃） 81.0	
相对密度（水＝1） 0.6901（20℃）	
相对蒸气密度（空气＝1） 3.46	
饱和蒸气压（kPa） 23.22（37.7℃）	
临界压力（MPa） 3.120	**辛醇/水分配系数** 无资料
闪点（℃） −6.67	**自燃温度（℃）** 215
爆炸下限（%） 1.0	**爆炸上限（%）** 7.0
分解温度（℃） 无资料	**黏度（mPa·s）** 无资料
燃烧热（kJ/mol） −4806	**临界温度（℃）** 257.95

溶解性 不溶于水，可混溶于多数有机溶剂

第十部分　稳定性和反应性

稳定性 稳定

危险反应 与强氧化剂、强酸、强碱、卤素等禁配物接触，有发生火灾和爆炸的危险

避免接触的条件 无资料

禁配物 强氧化剂、强酸、强碱、卤素

危险的分解产物 无资料

第十一部分　毒理学信息

急性毒性 无资料

皮肤刺激或腐蚀 无资料		**眼睛刺激或腐蚀** 无资料	
呼吸或皮肤过敏 无资料		**生殖细胞突变性** 无资料	
致癌性 无资料		**生殖毒性** 无资料	

特异性靶器官系统毒性-一次接触 无资料

特异性靶器官系统毒性-反复接触 无资料

吸入危害 无资料

第十二部分　生态学信息

生态毒性 根据结构类似物质预测，该物质对水生生物有极高毒性

持久性和降解性
生物降解性　无资料
非生物降解性　无资料

潜在的生物累积性 无资料

土壤中的迁移性 无资料

第十三部分　废弃处置

废弃化学品 建议用控制焚烧法或安全掩埋法处置。在能利用的地方重复使用容器或在规定场所掩埋

污染包装物　将容器返还生产商或按照国家和地方法规处置

废弃注意事项　处置前应参阅国家和地方有关法规

第十四部分　运输信息

联合国危险货物编号（UN号）　1206

联合国运输名称　庚烷

联合国危险性类别　3

包装类别　Ⅱ　　　**包装标志**

海洋污染物　是

运输注意事项　运输时运输车辆应配备相应品种和数量的消防器材及泄漏应急处理设备。夏季最好早晚运输。运输时所用的槽（罐）车应有接地链，槽内可设孔隔板以减少震荡产生的静电。严禁与氧化剂、食用化学品等混装混运。运输途中应防暴晒、雨淋，防高温。中途停留时应远离火种、热源、高温区。装运该物品的车辆排气管必须配备阻火装置，禁止使用易产生火花的机械设备和工具装卸。公路运输时要按规定路线行驶，勿在居民区和人口稠密区停留。铁路运输时要禁止溜放。严禁用木船、水泥船散装运输

第十五部分　法规信息

下列法律、法规、规章和标准，对该化学品的管理作了相应的规定。

中华人民共和国职业病防治法　职业病分类和目录：未列入

危险化学品安全管理条例　危险化学品目录：列入。易制爆危险化学品名录：未列入。重点监管的危险化学品名录：未列入。GB 18218—2009《危险化学品重大危险源辨识》（表1）：未列入

使用有毒物品作业场所劳动保护条例　高毒物品目录：未列入

易制毒化学品管理条例　易制毒化学品的分类和品种目录：未列入

国际公约　斯德哥尔摩公约：未列入。鹿特丹公约：未列入。蒙特利尔议定书：未列入

第十六部分　其他信息

编写和修订信息　　**缩略语和首字母缩写**

培训建议　　　　　**参考文献**

免责声明

三甲基硼

第一部分　化学品标识

化学品中文名　三甲基硼；甲基硼

化学品英文名　trimethyl boron

分子式　C_3H_9B　**分子量**　55.915

结构式　

化学品的推荐及限制用途　用于有机合成

第二部分　危险性概述

紧急情况概述　极易燃气体，内装加压气体：遇热可能爆炸

GHS危险性类别　易燃气体，类别1；加压气体

标签要素

象形图

警示词　危险

危险性说明　极易燃气体，内装加压气体：遇热可能爆炸

防范说明

　预防措施　远离热源、火花、明火、热表面。禁止吸烟

　事故响应　漏气着火：切勿灭火，除非漏气能够安全地制止。如果没有危险，消除一切点火源

　安全储存　防日晒。存放在通风良好的地方

　废弃处置　本品及内装物、容器依据国家和地方法规处置

物理和化学危险　接触空气易自燃

健康危害　眼和皮肤接触引起灼伤

环境危害　对环境可能有害

第三部分　成分/组成信息

√物质　　　　　　　　　　混合物

组分	浓度	CAS No.
三甲基硼		593-90-8

第四部分　急救措施

吸入　迅速脱离现场至空气新鲜处。保持呼吸道通畅。如呼吸困难，给输氧。呼吸、心跳停止，立即进行心肺复苏术。就医

皮肤接触　立即脱去污染的衣着，用大量流动清水彻底冲洗至少15min。就医

眼睛接触　立即分开眼睑，用流动清水或生理盐水彻底冲洗5～10min。就医

对保护施救者的忠告　根据需要使用个人防护设备

对医生的特别提示　对症处理

第五部分　消防措施

灭火剂　用干粉、二氧化碳灭火

特别危险性　遇氧气、空气均会引起自燃而爆炸。遇火种、氧化剂有引起燃烧爆炸的危险

灭火注意事项及防护措施　消防人员必须佩戴防毒面具、穿全身消防服，在上风向灭火。切断气源，若不能切断气源，则不允许熄灭泄漏处的火焰。尽可能将容器从火场移至空旷处。禁止用水和泡沫灭火

第六部分　泄漏应急处理

作业人员防护措施、防护装备和应急处置程序　根据气体的影响区域划定警戒区，无关人员从侧风、上风向撤

离至安全区。消除所有点火源。建议应急处理人员戴正压自给式呼吸器，穿防静电服。尽可能切断泄漏源

环境保护措施　防止气体通过下水道、通风系统和有限空间扩散

泄漏化学品的收容、清除方法及所使用的处置材料　如无危险，就地燃烧，同时喷雾状水使周围冷却，以防其他可燃物着火。或用管线导至炉中、凹地焚烧。漏气容器要妥善处理，修复、检验后再用

第七部分　操作处置与储存

操作注意事项　密闭操作，注意通风。操作人员必须经过专门培训，严格遵守操作规程。建议操作人员佩戴自吸过滤式防毒面具（半面罩），戴化学安全防护眼镜，穿防毒物渗透工作服，戴乳胶手套。远离火种、热源，工作场所严禁吸烟。使用防爆型的通风系统和设备。防止气体泄漏到工作场所空气中。避免与氧化剂、卤素接触。搬运时轻装轻卸，防止钢瓶及附件破损。配备相应品种和数量的消防器材及泄漏应急处理设备。倒空的容器可能残留有害物

储存注意事项　储存于阴凉、干燥、通风良好的库房。远离火种、热源。库温不超过 30℃，相对湿度不超过80％。保持容器密封。应与氧化剂、卤素、食用化学品分开存放，切忌混储。采用防爆型照明、通风设施。禁止使用易产生火花的机械设备和工具。储区备有泄漏应急处理设备

第八部分　接触控制/个体防护

职业接触限值

中国　未制定标准

美国（ACGIH）　未制定标准

生物接触限值　未制定标准

监测方法　空气中有毒物质测定方法：未制定标准。生物监测检验方法：未制定标准

工程控制　密闭操作，注意通风

个体防护装备

呼吸系统防护　空气中浓度超标时，建议佩戴过滤式防毒面具（半面罩）。紧急事态抢救或撤离时，应该佩戴空气呼吸器

眼睛防护　戴化学安全防护眼镜

皮肤和身体防护　穿防毒物渗透工作服

手防护　戴橡胶手套

第九部分　理化特性

外观与性状　具自燃性的无色气体

pH 值　无意义　　　　**熔点（℃）**　−161.5

沸点（℃）　−20.2

相对密度（水=1）　0.63（−100℃）

相对蒸气密度（空气=1）　2.3（21℃）

饱和蒸气压（kPa）　310（21℃）

临界压力（MPa）　无资料　　**辛醇/水分配系数**　无资料

闪点（℃）　无资料　　　**自燃温度（℃）**　无资料

爆炸下限（%）　无资料　　**爆炸上限（%）**　无资料

分解温度（℃）　无资料　　**黏度（mPa·s）**　无资料

燃烧热（kJ/mol）　无资料　　**临界温度（℃）**　无资料

溶解性　不溶于水，易溶于乙醇、乙醚

第十部分　稳定性和反应性

稳定性　稳定

危险反应　与强氧化剂、卤素等禁配物接触，有发生火灾和爆炸的危险。遇氧气、空气均会引起自燃而爆炸

避免接触的条件　潮湿空气

禁配物　强氧化剂、卤素

危险的分解产物　氧化硼

第十一部分　毒理学信息

急性毒性　无资料

皮肤刺激或腐蚀　无资料　　**眼睛刺激或腐蚀**　无资料

呼吸或皮肤过敏　无资料　　**生殖细胞突变性**　无资料

致癌性　无资料　　　　　　**生殖毒性**　无资料

特异性靶器官系统毒性-一次接触　无资料

特异性靶器官系统毒性-反复接触　无资料

吸入危害　无资料

第十二部分　生态学信息

生态毒性　无资料

持久性和降解性

生物降解性　无资料

非生物降解性　无资料

潜在的生物累积性　无资料

土壤中的迁移性　无资料

第十三部分　废弃处置

废弃化学品　建议用焚烧法处置

污染包装物　将容器返还生产商或按照国家和地方法规处置

废弃注意事项　处置前应参阅国家和地方有关法规

第十四部分　运输信息

联合国危险货物编号（UN 号）　3160

联合国运输名称　液化气体，毒性，易燃，未另作规定的（三甲基硼）

联合国危险性类别　2.3，2.1

包装类别　—

包装标志　

海洋污染物　否

运输注意事项　运输时运输车辆应配备相应品种和数量的消防器材及泄漏应急处理设备。装运本品的车辆排气管须有阻火装置。运输过程中要确保容器不泄漏、不倒塌、不坠落、不损坏。严禁与氧化剂、卤素、食用化学品等混装混运。运输途中应防暴晒、雨淋，防高温。中途停留时应远离火种、热源。车辆运输完毕应进行彻底清扫。铁路运输时要禁止溜放

第十五部分　法规信息

下列法律、法规、规章和标准，对该化学品的管理作了相应的规定。

中华人民共和国职业病防治法　职业病分类和目录：未列入

危险化学品安全管理条例　危险化学品目录：列入。易制爆危险化学品名录：未列入。重点监管的危险化学品名录：未列入。GB 18218—2009《危险化学品重大危险源辨识》（表1）：未列入

使用有毒物品作业场所劳动保护条例　高毒物品目录：未列入

易制毒化学品管理条例　易制毒化学品的分类和品种目录：未列入

国际公约　斯德哥尔摩公约：未列入。鹿特丹公约：未列入。蒙特利尔议定书：未列入

第十六部分　其他信息

编写和修订信息　　缩略语和首字母缩写
培训建议　　　　　参考文献
免责声明

三甲基乙酰氯

第一部分　化学品标识

化学品中文名　三甲基乙酰氯；新戊酰氯；三甲基氯乙酰

化学品英文名　trimethylacetyl chloride；pivaloyl chloride

分子式　C_5H_9ClO　**分子量**　120.577

结构式

化学品的推荐及限制用途　用于有机合体

第二部分　危险性概述

紧急情况概述　高度易燃液体和蒸气，吸入致命，造成严重的皮肤灼伤和眼损伤

GHS危险性类别　易燃液体，类别2；急性毒性-吸入，类别2；皮肤腐蚀/刺激，类别1B；严重损伤/眼刺激，类别1；特异性靶器官毒性-一次接触，类别1

标签要素

象形图

警示词　危险

危险性说明　高度易燃液体和蒸气，吸入致命，造成严重的皮肤灼伤和眼损伤，对器官造成损害

防范说明

预防措施　远离热源、火花、明火、热表面。禁止吸烟。保持容器密闭。容器和接收设备接地连接。使用防爆型电器、通风、照明设备。只能使用不产生火花的工具。采取防止静电措施。戴防护手套、防护眼镜、防护面罩

事故响应　火灾时，使用干粉、二氧化碳、砂土灭火。如吸入：将患者转移到空气新鲜处，休息，保持利于呼吸的体位，立即呼叫中毒控制中心或就医。如皮肤（或头发）接触：立即脱掉所有被污染的衣服，用水冲洗皮肤，淋浴。污染的衣服洗净后方可重新使用。眼睛接触：用水细心地冲洗数分钟。如戴隐形眼镜并可方便地取出，则取出隐形眼镜，继续冲洗。食入：漱口，不要催吐

安全储存　存放在通风良好的地方。保持低温。保持容器密闭。上锁保管

废弃处置　本品及内装物、容器依据国家和地方法规处置

物理和化学危险　高度易燃，其蒸气与空气混合，能形成爆炸性混合物。遇水剧烈反应，产生有毒气体

健康危害　对眼睛、皮肤、黏膜和上呼吸道有强烈刺激性。吸入可致喉、支气管痉挛、炎症、化学性肺炎、肺水肿。接触后有烧灼感，出现咳嗽、头痛、恶心和呕吐等。眼睛和皮肤接触引起灼伤

环境危害　对环境可能有害

第三部分　成分/组成信息

√物质		混合物
组分	浓度	CAS No.
三甲基乙酰氯		3282-30-2

第四部分　急救措施

吸入　迅速脱离现场至空气新鲜处。保持呼吸道通畅。如呼吸困难，给输氧。呼吸、心跳停止，立即进行心肺复苏术。就医

皮肤接触　立即脱去污染的衣着，用大量流动清水彻底冲洗至少15min。就医

眼睛接触　立即分开眼睑，用流动清水或生理盐水彻底冲洗5～10min。就医

食入　用水漱口，禁止催吐。给饮牛奶或蛋清。就医

对保护施救者的忠告　根据需要使用个人防护设备

对医生的特别提示　对症处理

第五部分　消防措施

灭火剂　用干粉、二氧化碳、砂土灭火

特别危险性　其蒸气与空气可形成爆炸性混合物，遇明火、高热极易燃烧爆炸。与氧化剂接触猛烈反应。遇水发生剧烈反应，散发出具有刺激性和腐蚀性的氯化氢气体。受高热分解放出有毒的气体。遇潮时对大多数金属有腐蚀性。若遇高热，容器内压增大，有开裂和爆炸的危险

灭火注意事项及防护措施　消防人员必须佩戴空气呼吸器、穿全身防火防毒服，在上风向灭火。尽可能将容器从火场移至空旷处。喷水保持火场容器冷却，直至灭火结束。处在火场中的容器若已变色或从安全泄压装置中发出声音，必须马上撤离。禁止用水、泡沫和酸碱灭火剂灭火

第六部分　泄漏应急处理

作业人员防护措施、防护装备和应急处置程序　根据液体流动和蒸气扩散的影响区域划定警戒区，无关人员从侧风、上风向撤离至安全区。消除所有点火源。建议应急处理人员戴正压自给式呼吸器，穿防静电、防腐、防毒服。作业时使用的所有设备应接地。禁止接触或跨越泄漏物。尽可能切断泄漏源

环境保护措施　防止泄漏物进入水体、下水道、地下室或有限空间

泄漏化学品的收容、清除方法及所使用的处置材料　小量泄漏：用砂土或其他不燃材料吸收。使用洁净的无火花工具收集吸收材料。大量泄漏：构筑围堤或挖坑收容。用粉煤灰或石灰粉吸收大量液体。用防爆泵转移至槽车或专用收集器内

第七部分　操作处置与储存

操作注意事项　密闭操作，提供充分的局部排风。防止蒸气泄漏到工作场所空气中。操作人员必须经过专门培训，严格遵守操作规程。建议操作人员佩戴自吸过滤式防毒面具（全面罩），穿橡胶耐酸碱服，戴橡胶耐酸碱手套。远离火种、热源，工作场所严禁吸烟。使用防爆型的通风系统和设备。在清除液体和蒸气前不能进行焊接、切割等作业。避免产生烟雾。避免与氧化剂、碱类、醇类接触。尤其要注意避免与水接触。配备相应品种和数量的消防器材及泄漏应急处理设备。倒空的容器可能残留有害物

储存注意事项　储存于阴凉、干燥、通风良好的库房。远离火种、热源。防止阳光直射。包装必须密封，切勿受潮。应与氧化剂、碱类、醇类、食用化学品等分开存放，切忌混储。采用防爆型照明、通风设施。禁止使用易产生火花的机械设备和工具。储区应备有泄漏应急处理设备和合适的收容材料

第八部分　接触控制/个体防护

职业接触限值

中国　未制定标准

美国（ACGIH）　未制定标准

生物接触限值　未制定标准

监测方法　空气中有毒物质测定方法：未制定标准。生物监测检验方法：未制定标准

工程控制　严加密闭，提供充分的局部排风

个体防护装备

呼吸系统防护　空气中浓度超标时，必须佩戴过滤式防毒面具（全面罩）。紧急事态抢救或撤离时，应该佩戴空气呼吸器

眼睛防护　呼吸系统防护中已作防护

皮肤和身体防护　穿橡胶耐酸碱服

手防护　戴橡胶耐酸碱手套

第九部分　理化特性

外观与性状　无色发烟液体

pH 值　无资料　　　　　　**熔点(℃)**　−56

沸点(℃)	105～106	**相对密度(水＝1)**	0.979
相对蒸气密度(空气＝1)	1.0		
饱和蒸气压(kPa)	1.33×10^{-3}（21.1℃)		
临界压力(MPa)	无资料	**辛醇/水分配系数**	无资料
闪点(℃)	8.89	**自燃温度(℃)**	无资料
爆炸下限(%)	无资料	**爆炸上限(%)**	无资料
分解温度(℃)	无资料	**黏度(mPa·s)**	无资料
燃烧热(kJ/mol)	无资料	**临界温度(℃)**	无资料
溶解性	易溶于乙醚		

第十部分　稳定性和反应性

稳定性　稳定

危险反应　与强氧化剂等禁配物接触，有发生火灾和爆炸的危险。遇水发生剧烈反应，散发出具有刺激性和腐蚀性的氯化氢气体

避免接触的条件　潮湿空气

禁配物　氧化剂、强碱、醇类、水

危险的分解产物　氯化氢

第十一部分　毒理学信息

急性毒性　LD_{50}：＞3500mg/kg（大鼠经口)

皮肤刺激或腐蚀	无资料	**眼睛刺激或腐蚀**	无资料
呼吸或皮肤过敏	无资料	**生殖细胞突变性**	无资料
致癌性	无资料	**生殖毒性**	无资料

特异性靶器官系统毒性-一次接触　无资料

特异性靶器官系统毒性-反复接触　无资料

吸入危害　无资料

第十二部分　生态学信息

生态毒性　无资料

持久性和降解性

生物降解性　无资料

非生物降解性　无资料

潜在的生物累积性　无资料

土壤中的迁移性　无资料

第十三部分　废弃处置

废弃化学品　建议用焚烧法处置。在能利用的地方重复使用容器或在规定场所掩埋

污染包装物　将容器返还生产商或按照国家和地方法规处置

废弃注意事项　处置前应参阅国家和地方有关法规

第十四部分　运输信息

联合国危险货物编号（UN 号）　2438

联合国运输名称　三甲基乙酰氯

联合国危险性类别　6.1，3（8）

包装类别　Ⅰ

包装标志　

海洋污染物　否

运输注意事项　起运时包装要完整，装载应稳妥。运输过程中要确保容器不泄漏、不倒塌、不坠落、不损坏。运输时所用的槽（罐）车应有接地链，槽内可设孔隔板以减少震荡产生的静电。严禁与氧化剂、碱类、醇类、食用化学品等混装混运。公路运输时要按规定路线行驶，勿在居民区和人口稠密区停留

第十五部分　法规信息

下列法律、法规、规章和标准，对该化学品的管理作了相应的规定。

中华人民共和国职业病防治法　职业病分类和目录：未列入

危险化学品安全管理条例　危险化学品目录：列入。易制爆危险化学品名录：未列入。重点监管的危险化学品名录：未列入。GB 18218—2009《危险化学品重大危险源辨识》（表1）：未列入

使用有毒物品作业场所劳动保护条例　高毒物品目录：未列入

易制毒化学品管理条例　易制毒化学品的分类和品种目录：未列入

国际公约　斯德哥尔摩公约：未列入。鹿特丹公约：未列入。蒙特利尔议定书：未列入

第十六部分　其他信息

编写和修订信息	缩略语和首字母缩写
培训建议	参考文献
免责声明	

三甲基乙氧基硅烷

第一部分　化学品标识

化学品中文名　三甲基乙氧基硅烷；乙氧基三甲基硅烷

化学品英文名　trimethylethoxysilane；ethoxytrimethylsilane

分子式　$C_5H_{14}OSi$　**分子量**　118.2496

结构式　

化学品的推荐及限制用途　用于硅有机化合物的合成，也用作憎水剂

第二部分　危险性概述

紧急情况概述　高度易燃液体和蒸气，造成严重眼刺激

GHS危险性类别　易燃液体，类别2；严重眼损伤/眼刺激，类别2

标签要素

象形图

警示词　危险

危险性说明　高度易燃液体和蒸气，造成严重眼刺激

防范说明

　　预防措施　远离热源、火花、明火、热表面。禁止吸烟。保持容器密闭。容器和接收设备接地连接。使用防爆型电器、通风、照明设备。只能使用不产生火花的工具。采取防止静电措施。戴防护手套、防护眼镜、防护面罩。避免接触眼睛、皮肤，操作后彻底清洗

　　事故响应　火灾时，使用泡沫、干粉、二氧化碳、砂土灭火。如皮肤（或头发）接触：立即脱掉所有被污染的衣服，用水冲洗皮肤，淋浴。如接触眼睛：用水细心冲洗数分钟。如戴隐形眼镜并可方便地取出，取出隐形眼镜，继续冲洗。如果眼睛刺激持续：就医

　　安全储存　存放在通风良好的地方。保持低温

　　废弃处置　本品及内装物、容器依据国家和地方法规处置

物理和化学危险　易燃，其蒸气与空气混合，能形成爆炸性混合物

健康危害　蒸气对眼及鼻黏膜有刺激作用，有麻醉作用

环境危害　对环境可能有害

第三部分　成分/组成信息

√物质　　　　　　　　　　混合物

组分	浓度	CAS No.
三甲基乙氧基硅烷		1825-62-3

第四部分　急救措施

吸入　迅速脱离现场至空气新鲜处。保持呼吸道通畅。如呼吸困难，给输氧。呼吸、心跳停止，立即进行心肺复苏术。就医

皮肤接触　立即脱去污染的衣着，用流动清水彻底冲洗。就医

眼睛接触　立即分开眼睑，用流动清水或生理盐水彻底冲洗。就医

食入　漱口，饮水。就医

对保护施救者的忠告　根据需要使用个人防护设备

对医生的特别提示　对症处理

第五部分　消防措施

灭火剂　用泡沫、干粉、二氧化碳、砂土灭火

特别危险性　其蒸气与空气可形成爆炸性混合物，遇明火、高热极易燃烧爆炸。与氧化剂接触猛烈反应。流速过快，容易产生和积聚静电。蒸气比空气重，沿地面扩散并易积存于低洼处，遇火源会着火回燃。若遇高热，容器内压增大，有开裂和爆炸的危险

灭火注意事项及防护措施　消防人员必须佩戴防毒面具、穿全身消防服，在上风向灭火。尽可能将容器从火场移至空旷处。喷水保持火场容器冷却，直至灭火结束。处在火场中的容器若已变色或从安全泄压装置中发出声音，必须马上撤离。用水灭火无效

第六部分　泄漏应急处理

作业人员防护措施、防护装备和应急处置程序　消除所有点火源。根据液体流动和蒸气扩散的影响区域划定警戒区，无关人员从侧风、上风向撤离至安全区。建议

应急处理人员戴正压自给式呼吸器，穿防静电服。作业时使用的所有设备应接地。禁止接触或跨越泄漏物。尽可能切断泄漏源

环境保护措施　防止泄漏物进入水体、下水道、地下室或有限空间

泄漏化学品的收容、清除方法及所使用的处置材料　小量泄漏：用砂土或其他不燃材料吸收。使用洁净的无火花工具收集吸收材料。大量泄漏：构筑围堤或挖坑收容。用泡沫覆盖，减少蒸发。喷水雾能减少蒸发，但不能降低泄漏物在有限空间内的易燃性。用防爆泵转移至槽车或专用收集器内

第七部分　操作处置与储存

操作注意事项　密闭操作，局部排风。操作人员必须经过专门培训，严格遵守操作规程。建议操作人员佩戴自吸过滤式防毒面具（半面罩），戴化学安全防护眼镜，穿防静电工作服，戴橡胶耐油手套。远离火种、热源，工作场所严禁吸烟。使用防爆型的通风系统和设备。防止蒸气泄漏到工作场所空气中。避免与氧化剂、酸类接触。充装时要控制流速，防止静电积聚。搬运时要轻装轻卸，防止包装及容器损坏。配备相应品种和数量的消防器材及泄漏应急处理设备。倒空的容器可能残留有害物

储存注意事项　储存于阴凉、干燥、通风良好的库房。库温不宜超过 37℃，远离火种、热源。保持容器密封。应与氧化剂、酸类等分开存放，切忌混储。采用防爆型照明、通风设施。禁止使用易产生火花的机械设备和工具。储区应备有泄漏应急处理设备和合适的收容材料

第八部分　接触控制/个体防护

职业接触限值
　中国　未制定标准
　美国（ACGIH）　未制定标准
生物接触限值　未制定标准
监测方法　空气中有毒物质测定方法：未制定标准。生物监测检验方法：未制定标准
工程控制　密闭操作，局部排风
个体防护装备
　呼吸系统防护　空气中浓度超标时，必须佩戴过滤式防毒面具（半面罩）。紧急事态抢救或撤离时，应该佩戴空气呼吸器
　眼睛防护　戴化学安全防护眼镜
　皮肤和身体防护　穿防静电工作服
　手防护　戴橡胶耐油手套

第九部分　理化特性

外观与性状　无色液体

pH 值　无资料		**熔点（℃）**　无资料	
沸点（℃）　75.7		**相对密度（水＝1）**　0.76	
相对蒸气密度（空气＝1）　4.1			
饱和蒸气压（kPa）　13.33（22.1℃）			
临界压力（MPa）　无资料		**辛醇/水分配系数**　无资料	

闪点（℃）　−2　　　　　**自燃温度（℃）**　无资料
爆炸下限（%）　无资料　　**爆炸上限（%）**　无资料
分解温度（℃）　无资料　　**黏度（mPa·s）**　无资料
燃烧热（kJ/mol）　无资料　**临界温度（℃）**　无资料
溶解性　不溶于水，可混溶于多数有机溶剂

第十部分　稳定性和反应性

稳定性　稳定
危险反应　与强氧化剂等禁配物发生接触，有发生火灾和爆炸的危险。与强酸、水及水蒸气等禁配物发生反应
避免接触的条件　潮湿空气
禁配物　强氧化剂、强酸、水及水蒸气
危险的分解产物　氧化硅

第十一部分　毒理学信息

急性毒性　LDLo：1400mg/kg（大鼠经口）
皮肤刺激或腐蚀　无资料　　**眼睛刺激或腐蚀**　无资料
呼吸或皮肤过敏　无资料　　**生殖细胞突变性**　无资料
致癌性　无资料　　　　　　**生殖毒性**　无资料
特异性靶器官系统毒性-一次接触　无资料
特异性靶器官系统毒性-反复接触　无资料
吸入危害　无资料

第十二部分　生态学信息

生态毒性　无资料
持久性和降解性
　生物降解性　无资料
　非生物降解性　无资料
潜在的生物累积性　无资料
土壤中的迁移性　无资料

第十三部分　废弃处置

废弃化学品　建议用焚烧法处置
污染包装物　将容器返还生产商或按照国家和地方法规处置
废弃注意事项　处置前应参阅国家和地方有关法规

第十四部分　运输信息

联合国危险货物编号（UN 号）　1993
联合国运输名称　易燃液体，未另作规定的（三甲基乙氧基硅烷）
联合国危险性类别　3

包装类别　Ⅱ　　　　　　　**包装标志**

海洋污染物　否
运输注意事项　运输时运输车辆应配备相应品种和数量的消防器材及泄漏应急处理设备。夏季最好早晚运输。运输时所用的槽（罐）车应有接地链，槽内可设孔隔板以减少震荡产生的静电。严禁与氧化剂、酸类、食用化学品等混装混运。运输途中应防暴晒、雨淋，防高温。中途停留时应远离火种、热源、高温区。装运

该物品的车辆排气管必须配备阻火装置，禁止使用易产生火花的机械设备和工具装卸。公路运输时要按规定路线行驶，勿在居民区和人口稠密区停留。铁路运输时要禁止溜放。严禁用木船、水泥船散装运输

第十五部分　法规信息

下列法律、法规、规章和标准，对该化学品的管理作了相应的规定。

中华人民共和国职业病防治法　职业病分类和目录：未列入

危险化学品安全管理条例　危险化学品目录：列入。易制爆危险化学品名录：未列入。重点监管的危险化学品名录：未列入。GB 18218—2009《危险化学品重大危险源辨识》（表1）：未列入

使用有毒物品作业场所劳动保护条例　高毒物品目录：未列入

易制毒化学品管理条例　易制毒化学品的分类和品种目录：未列入

国际公约　斯德哥尔摩公约：未列入。鹿特丹公约：未列入。蒙特利尔议定书：未列入

第十六部分　其他信息

编写和修订信息　缩略语和首字母缩写
培训建议　参考文献
免责声明

三甲氧基甲烷

第一部分　化学品标识

化学品中文名　三甲氧基甲烷；原甲酸（三）甲酯
化学品英文名　trimethyl orthoformate; methyl orthoformate

分子式　$C_4H_{10}O_3$　**分子量**　106.1204

结构式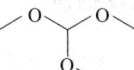

化学品的推荐及限制用途　用于有机合成

第二部分　危险性概述

紧急情况概述　高度易燃液体和蒸气，吸入有害，造成严重眼刺激

GHS危险性类别　易燃液体，类别2；急性毒性-吸入，类别4；严重眼损伤/眼刺激，类别2

标签要素

象形图

警示词　危险
危险性说明　高度易燃液体和蒸气，吸入有害，造成严重眼刺激
防范说明
　　预防措施　远离热源、火花、明火、热表面。禁止吸烟。保持容器密闭。容器和接收设备接

地连接。使用防爆型电器、通风、照明设备。只能使用不产生火花的工具。采取防止静电措施。戴防护手套、防护眼镜、防护面罩。避免吸入蒸气、雾。仅在室外或通风良好处操作。避免接触眼睛、皮肤，操作后彻底清洗

事故响应　火灾时，使用雾状水、泡沫、干粉、二氧化碳、砂土灭火。如吸入：将患者转移到空气新鲜处，休息，保持利于呼吸的体位，如感觉不适，呼叫中毒控制中心或就医。如皮肤（或头发）接触：立即脱掉所有被污染的衣服，用水冲洗皮肤，淋浴。如接触眼睛：用水细心冲洗数分钟。如戴隐形眼镜并可方便地取出，取出隐形眼镜，继续冲洗。如果眼睛刺激持续：就医

安全储存　存放在通风良好的地方。保持低温

废弃处置　本品及内装物、容器依据国家和地方法规处置

物理和化学危险　高度易燃，其蒸气与空气混合，能形成爆炸性混合物

健康危害　吸入、摄入或经皮肤吸收后对身体有害。对眼睛、皮肤、黏膜和上呼吸道有刺激作用。遇水解放出甲醇，甲醇可致眼睛失明

环境危害　对环境可能有害

第三部分　成分/组成信息

√物质　　　　　　　　混合物

组分	浓度	CAS No.
三甲氧基甲烷		149-73-5

第四部分　急救措施

吸入　迅速脱离现场至空气新鲜处。保持呼吸道通畅。如呼吸困难，给输氧。呼吸、心跳停止，立即进行心肺复苏术。就医

皮肤接触　立即脱去污染的衣着，用流动清水彻底冲洗。就医

眼睛接触　立即分开眼睑，用流动清水或生理盐水彻底冲洗。就医

食入　漱口，饮水。就医

对保护施救者的忠告　根据需要使用个人防护设备
对医生的特别提示　对症处理

第五部分　消防措施

灭火剂　用雾状水、泡沫、干粉、二氧化碳、砂土灭火
特别危险性　其蒸气与空气可形成爆炸性混合物，遇明火、高热极易燃烧爆炸。与氧化剂接触猛烈反应。蒸气比空气重，沿地面扩散并易积存于低洼处，遇火源会着火回燃。若遇高热，容器内压增大，有开裂和爆炸的危险

灭火注意事项及防护措施　消防人员须佩戴防毒面具、穿全身消防服，在上风向灭火。尽可能将容器从火场移至空旷处。喷水保持火场容器冷却，直至灭火结束。处在火场中的容器若已变色或从安全泄压装置中发出

声音，必须马上撤离

第六部分　泄漏应急处理

作业人员防护措施、防护装备和应急处置程序　消除所有
　　点火源。根据液体流动和蒸气扩散的影响区域划定警
　　戒区，无关人员从侧风、上风向撤离至安全区。建议
　　应急处理人员戴正压自给式呼吸器，穿防静电服。作
　　业时使用的所有设备应接地。禁止接触或跨越泄漏
　　物。尽可能切断泄漏源

环境保护措施　防止泄漏物进入水体、下水道、地下室或
　　有限空间

泄漏化学品的收容、清除方法及所使用的处置材料　小量
　　泄漏：用砂土或其他不燃材料吸收。使用洁净的无火
　　花工具收集吸收材料。大量泄漏：构筑围堤或挖坑收
　　容。用抗溶性泡沫覆盖，减少蒸发。喷水雾能减少蒸
　　发，但不能降低泄漏物在有限空间内的易燃性。用防
　　爆泵转移至槽车或专用收集器内

第七部分　操作处置与储存

操作注意事项　密闭操作，局部排风。防止蒸气泄漏到工
　　作场所空气中。操作人员必须经过专门培训，严格遵
　　守操作规程。建议操作人员佩戴自吸过滤式防毒面具
　　（半面罩），戴化学安全防护眼镜，穿防静电工作服，
　　戴橡胶手套。远离火种、热源，工作场所严禁吸烟。
　　使用防爆型的通风系统和设备。在清除液体和蒸气前
　　不能进行焊接、切割等作业。避免产生烟雾。避免与
　　氧化剂、酸类接触。容器与传送设备要接地，防止产
　　生静电。灌装时应控制流速，且有接地装置，防止静
　　电积聚。配备相应品种和数量的消防器材及泄漏应急
　　处理设备。倒空的容器可能残留有害物

储存注意事项　储存于阴凉、通风的库房。远离火种、热
　　源。防止阳光直射。库温不宜超过37℃，保持容器
　　密封。应与氧化剂、酸类分开存放，切忌混储。采用
　　防爆型照明、通风设施。禁止使用易产生火花的机械
　　设备和工具。储区应备有泄漏应急处理设备和合适的
　　收容材料

第八部分　接触控制/个体防护

职业接触限值
　　中国　未制定标准
　　美国（ACGIH）　未制定标准
生物接触限值　未制定标准
监测方法　空气中有毒物质测定方法：未制定标准。生物
　　监测检验方法：未制定标准
工程控制　密闭操作，局部排风
个体防护装备
　　呼吸系统防护　空气中浓度超标时，必须佩戴过滤式
　　　　防毒面具（半面罩）。紧急事态抢救或撤离时，
　　　　应该佩戴空气呼吸器
　　眼睛防护　戴化学安全防护眼镜
　　皮肤和身体防护　穿防静电工作服
　　手防护　戴橡胶手套

第九部分　理化特性

外观与性状　无色液体，具有刺激性气味

pH值　无资料		**熔点（℃）**　-53	
沸点（℃）　103~105		**相对密度（水＝1）**　0.9676	
相对蒸气密度（空气＝1）　3.67			
饱和蒸气压（kPa）　3.13（20℃）			
临界压力（MPa）　无资料		**辛醇/水分配系数**　无资料	
闪点（℃）　15.56		**自燃温度（℃）**　无资料	
爆炸下限（%）　1.4		**爆炸上限（%）**　5.1	
分解温度（℃）　无资料		**黏度（mPa·s）**　无资料	
燃烧热（kJ/mol）　无资料		**临界温度（℃）**　无资料	

溶解性　溶于水、醇、醚

第十部分　稳定性和反应性

稳定性　稳定
危险反应　与强氧化剂、卤素等禁配物接触，有发生火灾
　　和爆炸的危险
避免接触的条件　潮湿空气
禁配物　强氧化剂、强酸、强碱、卤素
危险的分解产物　无资料

第十一部分　毒理学信息

急性毒性　LD_{50}：3130mg/kg（大鼠经口）。LC_{50}：
　　5000ppm（大鼠吸入，4h）
皮肤刺激或腐蚀　家兔经皮：500mg（24h），轻度刺激
眼睛刺激或腐蚀　家兔经眼：100mg（24h），中度刺激
呼吸或皮肤过敏　无资料　　**生殖细胞突变性**　无资料
致癌性　无资料　　　　　　**生殖毒性**　无资料
特异性靶器官系统毒性-一次接触　无资料
特异性靶器官系统毒性-反复接触　无资料
吸入危害　无资料

第十二部分　生态学信息

生态毒性　无资料
持久性和降解性
　　生物降解性　无资料
　　非生物降解性　无资料
潜在的生物累积性　无资料
土壤中的迁移性　无资料

第十三部分　废弃处置

废弃化学品　建议用焚烧法处置。在能利用的地方重复使
　　用容器或在规定场所掩埋
污染包装物　将容器返还生产商或按照国家和地方法规
　　处置
废弃注意事项　处置前应参阅国家和地方有关法规

第十四部分　运输信息

联合国危险货物编号（UN号）　2438
联合国运输名称　易燃液体，未另作规定的（三甲氧基
　　甲烷）
联合国危险性类别　3

包装类别　Ⅱ　　　　包装标志

海洋污染物　否

运输注意事项　运输时运输车辆应配备相应品种和数量的消防器材及泄漏应急处理设备。夏季最好早晚运输。运输时所用的槽（罐）车应有接地链，槽内可设孔隔板以减少震荡产生的静电。严禁与氧化剂、酸类、食用化学品等混装混运。运输途中应防暴晒、雨淋，防高温。中途停留时应远离火种、热源、高温区。装运该物品的车辆排气管必须配备阻火装置，禁止使用易产生火花的机械设备和工具装卸。公路运输时要按规定路线行驶，勿在居民区和人口稠密区停留。铁路运输时要禁止溜放。严禁用木船、水泥船散装运输

第十五部分　法规信息

下列法律、法规、规章和标准，对该化学品的管理作了相应的规定。

中华人民共和国职业病防治法　职业病分类和目录：未列入

危险化学品安全管理条例　危险化学品目录：列入。易制爆危险化学品名录：未列入。重点监管的危险化学品名录：未列入。GB 18218—2009《危险化学品重大危险源辨识》（表1）：未列入

使用有毒物品作业场所劳动保护条例　高毒物品目录：未列入

易制毒化学品管理条例　易制毒化学品的分类和品种目录：未列入

国际公约　斯德哥尔摩公约：未列入。鹿特丹公约：未列入。蒙特利尔议定书：未列入

第十六部分　其他信息

编写和修订信息　　**缩略语和首字母缩写**
培训建议　　**参考文献**
免责声明

1,1,1-三甲氧基乙烷

第一部分　化学品标识

化学品中文名　1,1,1-三甲氧基乙烷；乙酸三甲酯；三甲氧基乙烷；原乙酸三甲酯

化学品英文名　1,1,1-trimethoxyethane；trimethyl orthoacetate

分子式　$C_5H_{12}O_3$　**分子量**　120.147

结构式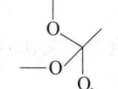

化学品的推荐及限制用途　用于有机合成

第二部分　危险性概述

紧急情况概述　高度易燃液体和蒸气
GHS危险性类别　易燃液体，类别2

标签要素

象形图

警示词　危险
危险性说明　高度易燃液体和蒸气
防范说明

预防措施　远离热源、火花、明火、热表面。禁止吸烟。保持容器密闭。容器和接收设备接地连接。使用防爆型电器、通风、照明设备。只能使用不产生火花的工具。采取防止静电措施。戴防护手套、防护眼镜、防护面罩

事故响应　火灾时，使用雾状水、泡沫、干粉、二氧化碳、砂土灭火。如皮肤（或头发）接触：立即脱掉所有被污染的衣服，用水冲洗皮肤，淋浴

安全储存　存放在通风良好的地方。保持低温

废弃处置　本品及内装物、容器依据国家和地方法规处置

物理和化学危险　高度易燃，其蒸气与空气混合，能形成爆炸性混合物

健康危害　吸入、摄入或经皮肤吸收后对身体有害。对眼睛、皮肤、黏膜和上呼吸道有刺激作用。应避免接触，本品易水解产生甲醇，甲醇可致失明

环境危害　对环境可能有害

第三部分　成分/组成信息

√ 物质　　　　　　混合物

组分	浓度	CAS No.
1,1,1-三甲氧基乙烷		1445-45-0

第四部分　急救措施

吸入　迅速脱离现场至空气新鲜处。保持呼吸道通畅。如呼吸困难，给输氧。呼吸、心跳停止，立即进行心肺复苏术。就医

皮肤接触　立即脱去污染的衣着，用流动清水彻底冲洗。就医

眼睛接触　立即分开眼睑，用流动清水或生理盐水彻底冲洗。就医

食入　漱口，饮水。就医

对保护施救者的忠告　根据需要使用个人防护设备
对医生的特别提示　对症处理

第五部分　消防措施

灭火剂　用雾状水、泡沫、干粉、二氧化碳、砂土灭火
特别危险性　其蒸气与空气可形成爆炸性混合物，遇明火、高热极易燃烧爆炸。与氧化剂接触猛烈反应。若遇高热，容器内压增大，有开裂和爆炸的危险
灭火注意事项及防护措施　消防人员必须佩戴防毒面具、穿全身消防服，在上风向灭火。尽可能将容器从火场移至空旷处。喷水保持火场容器冷却，直至灭火结束。处在火场中的容器若已变色或从安全泄压装置中

发出声音，必须马上撤离

第六部分 泄漏应急处理

作业人员防护措施、防护装备和应急处置程序 消除所有点火源。根据液体流动和蒸气扩散的影响区域划定警戒区，无关人员从侧风、上风向撤离至安全区。建议应急处理人员戴正压自给式呼吸器，穿防静电服。作业时使用的所有设备应接地。禁止接触或跨越泄漏物。尽可能切断泄漏源

环境保护措施 防止泄漏物进入水体、下水道、地下室或有限空间

泄漏化学品的收容、清除方法及所使用的处置材料 小量泄漏：用砂土或其他不燃材料吸收。使用洁净的无火花工具收集吸收材料。大量泄漏：构筑围堤或挖坑收容。用泡沫覆盖，减少蒸发。喷水雾能减少蒸发，但不能降低泄漏物在有限空间内的易燃性。用防爆泵转移至槽车或专用收集器内

第七部分 操作处置与储存

操作注意事项 密闭操作，局部排风。防止蒸气泄漏到工作场所空气中。操作人员必须经过专门培训，严格遵守操作规程。建议操作人员佩戴自吸过滤式防毒面具（半面罩），戴化学安全防护眼镜，穿防静电工作服，戴橡胶手套。远离火种、热源，工作场所严禁吸烟。使用防爆型的通风系统和设备。在清除液体和蒸气前不能进行焊接、切割等作业。避免产生烟雾。避免与氧化剂、酸类接触。容器与传送设备要接地，防止产生静电。灌装时应控制流速，且有接地装置，防止静电积聚。配备相应品种和数量的消防器材及泄漏应急处理设备。倒空的容器可能残留有害物

储存注意事项 储存于阴凉、通风的库房。远离火种、热源。防止阳光直射。库温不宜超过37℃，保持容器密封。应与氧化剂、酸类分开存放，切忌混储。采用防爆型照明、通风设施。禁止使用易产生火花的机械设备和工具。储区应备有泄漏应急处理设备和合适的收容材料

第八部分 接触控制/个体防护

职业接触限值

中国 未制定标准

美国（ACGIH） 未制定标准

生物接触限值 未制定标准

监测方法 空气中有毒物质测定方法：未制定标准。生物监测检验方法：未制定标准

工程控制 密闭操作，局部排风

个体防护装备

呼吸系统防护 空气中浓度超标时，必须佩戴过滤式防毒面具（半面罩）。紧急事态抢救或撤离时，应该佩戴空气呼吸器

眼睛防护 戴化学安全防护眼镜

皮肤和身体防护 穿防静电工作服

手防护 戴橡胶手套

第九部分 理化特性

外观与性状	无色液体	pH 值	无资料
熔点（℃）	无资料	沸点（℃）	107～109
相对密度（水＝1）	0.9440		
相对蒸气密度（空气＝1）	无资料		
饱和蒸气压（kPa）	无资料		
临界压力（MPa）	无资料	辛醇/水分配系数	无资料
闪点（℃）	16.67	自燃温度（℃）	无资料
爆炸下限（%）	无资料	爆炸上限（%）	无资料
分解温度（℃）	无资料	黏度（mPa·s）	无资料
燃烧热（kJ/mol）	无资料	临界温度（℃）	无资料
溶解性	溶于乙醇、乙醚		

第十部分 稳定性和反应性

稳定性 稳定

危险反应 与强氧化剂、强酸、强碱、卤素等禁配物接触，有发生火灾和爆炸的危险

避免接触的条件 潮湿空气

禁配物 强氧化剂、强酸、强碱、卤素

危险的分解产物 无资料

第十一部分 毒理学信息

急性毒性 LD$_{50}$：6400mg/kg（大鼠经口）

皮肤刺激或腐蚀	无资料	眼睛刺激或腐蚀	无资料
呼吸或皮肤过敏	无资料	生殖细胞突变性	无资料
致癌性	无资料	生殖毒性	无资料

特异性靶器官系统毒性--一次接触 无资料

特异性靶器官系统毒性-反复接触 无资料

吸入危害 无资料

第十二部分 生态学信息

生态毒性 无资料

持久性和降解性

生物降解性 无资料

非生物降解性 无资料

潜在的生物累积性 无资料

土壤中的迁移性 无资料

第十三部分 废弃处置

废弃化学品 建议用焚烧法处置。在能利用的地方重复使用容器或在规定场所掩埋

污染包装物 将容器返还生产商或按照国家和地方法规处置

废弃注意事项 处置前应参阅国家和地方有关法规

第十四部分 运输信息

联合国危险货物编号（UN号） 3272

联合国运输名称 酯类，未另作规定的（1,1,1-三甲氧基乙烷）

联合国危险性类别 3

包装类别　Ⅱ　　　　　包装标志

海洋污染物　否

运输注意事项　运输时运输车辆应配备相应品种和数量的消防器材及泄漏应急处理设备。夏季最好早晚运输。运输时所用的槽（罐）车应有接地链，槽内可设孔隔板以减少震荡产生的静电。严禁与氧化剂、酸类、食用化学品等混装混运。运输途中应防暴晒、雨淋，防高温。中途停留时应远离火种、热源、高温区。装运该物品的车辆排气管必须配备阻火装置，禁止使用易产生火花的机械设备和工具装卸。公路运输时要按规定路线行驶，勿在居民区和人口稠密区停留。铁路运输时要禁止溜放。严禁用木船、水泥船散装运输

第十五部分　法规信息

下列法律、法规、规章和标准，对该化学品的管理作了相应的规定。

中华人民共和国职业病防治法　职业病分类和目录：未列入

危险化学品安全管理条例　危险化学品目录：列入。易制爆危险化学品名录：未列入。重点监管的危险化学品名录：未列入。GB 18218—2009《危险化学品重大危险源辨识》（表1）：未列入

使用有毒物品作业场所劳动保护条例　高毒物品目录：未列入

易制毒化学品管理条例　易制毒化学品的分类和品种目录：未列入

国际公约　斯德哥尔摩公约：未列入。鹿特丹公约：未列入。蒙特利尔议定书：未列入

第十六部分　其他信息

编写和修订信息　　　**缩略语和首字母缩写**
培训建议　　　　　　**参考文献**
免责声明

三聚氰酸三烯丙酯

第一部分　化学品标识

化学品中文名　三聚氰酸三烯丙酯；2,4,6-三（烯丙氧基）均三嗪

化学品英文名　triallyl cyanurate；2,4,6-tris（allyloxy）-1,3,5-triazine

分子式　$C_{12}H_{15}N_3O_3$　**分子量**　249.2658

结构式

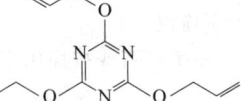

化学品的推荐及限制用途　用作聚合物的单体，也用于有机合成

第二部分　危险性概述

紧急情况概述　吞咽有害

GHS危险性类别　急性毒性-经口，类别4；特异性靶器官毒性--次接触，类别2；特异性靶器官毒性-反复接触，类别2；危害水生环境-急性危害，类别2；危害水生环境-长期危害，类别2

标签要素

象形图　 ![象形图]

警示词　警告

危险性说明　吞咽有害，可能对器官造成损害，长时间或反复接触可能对器官造成损伤，对水生生物有毒并具有长期持续影响

防范说明

预防措施　避免接触眼睛、皮肤，操作后彻底清洗。作业场所不得进食、饮水或吸烟。避免吸入粉尘、蒸气、雾。禁止排入环境

事故响应　食入：如果接触或感觉不适，立即呼叫中毒控制中心或就医，漱口。收集泄漏物

安全储存　上锁保管

废弃处置　本品及内装物、容器依据国家和地方法规处置

物理和化学危险　可燃，其粉体或蒸气与空气混合，能形成爆炸性混合物

健康危害　有毒。吸入有害。刺激眼睛、皮肤和呼吸系统。当接触酸或酸雾以及受高热时能分解释出有毒的氰化物、氮氧化物气体

环境危害　对水生生物有毒并具有长期持续影响

第三部分　成分/组成信息

√物质　　　　　　　　　混合物

组分	浓度	CAS No.
三聚氰酸三烯丙酯		101-37-1

第四部分　急救措施

吸入　迅速脱离现场至空气新鲜处。保持呼吸道通畅。如呼吸困难，给吸氧。呼吸、心跳停止，立即进行心肺复苏术。就医

皮肤接触　立即脱去污染的衣着，用流动清水彻底冲洗。就医

眼睛接触　立即分开眼睑，用流动清水或生理盐水彻底冲洗。就医

食入　漱口，饮水。就医

对保护施救者的忠告　根据需要使用个人防护设备

对医生的特别提示　对症处理

第五部分　消防措施

灭火剂　用雾状水、泡沫、干粉、二氧化碳、砂土灭火

特别危险性　遇明火、高热可燃。与氧化剂可发生反应。受高热或与酸接触会产生剧毒的氰化物气体。受热分解释出高毒烟雾。容易自聚，聚合反应随着温度的上升而急骤加剧。若遇高热，容器内压增大，有开裂和爆炸的危险

灭火注意事项及防护措施 消防人员必须佩戴防毒面具、穿全身消防服，在上风向灭火。尽可能将容器从火场移至空旷处。喷水保持火场容器冷却，直至灭火结束。处在火场中的容器若已变色或从安全泄压装置中发出声音，必须马上撤离

第六部分 泄漏应急处理

作业人员防护措施、防护装备和应急处置程序 隔离泄漏污染区，限制出入。消除所有点火源。建议应急处理人员戴防尘口罩，穿防毒服。穿上适当的防护服前严禁接触破裂的容器和泄漏物。尽可能切断泄漏源

环境保护措施 用塑料布覆盖泄漏物，减少飞散

泄漏化学品的收容、清除方法及所使用的处置材料 勿使水进入包装容器内。用洁净的铲子收集泄漏物，置于干净、干燥、盖子较松的容器中，将容器移离泄漏区

第七部分 操作处置与储存

操作注意事项 密闭操作，局部排风。防止烟雾或粉尘泄漏到工作场所空气中。操作人员必须经过专门培训，严格遵守操作规程。建议操作人员佩戴自吸过滤式防毒面具（半面罩），戴化学安全防护眼镜，穿防毒物渗透工作服，戴橡胶手套。远离火种、热源，工作场所严禁吸烟。使用防爆型的通风系统和设备。在清除液体和蒸气前不能进行焊接、切割等作业。避免产生蒸气或粉尘。避免与氧化剂、酸类接触。配备相应品种和数量的消防器材及泄漏应急处理设备。倒空的容器可能残留有害物

储存注意事项 通常商品加有阻聚剂。储存于阴凉、通风的库房。远离火种、热源。防止阳光直射。保持容器密封，严禁与空气接触。应与氧化剂、酸类、食用化学品分开存放，切忌混储。配备相应品种和数量的消防器材。储区应备有泄漏应急处理设备和合适的收容材料

第八部分 接触控制/个体防护

职业接触限值

中国 未制定标准

美国（ACGIH） 未制定标准

生物接触限值 未制定标准

监测方法 空气中有毒物质测定方法：未制定标准。生物监测检验方法：未制定标准

工程控制 密闭操作，局部排风

个体防护装备

呼吸系统防护 空气中浓度超标时，必须佩戴过滤式防毒面具（半面罩）。紧急事态抢救或撤离时，应该佩戴空气呼吸器

眼睛防护 戴化学安全防护眼镜

皮肤和身体防护 穿防毒物渗透工作服

手防护 戴橡胶手套

第九部分 理化特性

外观与性状 无色液体或固体

pH 值 无资料　　　　**熔点（℃）** 27.23

沸点（℃） 120（0.665kPa）

相对密度（水＝1） 1.1133（30℃）

相对蒸气密度（空气＝1） 无资料

饱和蒸气压（kPa） 0.133（100℃）

临界压力（MPa） 无资料　　**辛醇/水分配系数** 无资料

闪点（℃） 80（OC）　　**自燃温度（℃）** 无资料

爆炸下限（%） 无资料　　**爆炸上限（%）** 无资料

分解温度（℃） 无资料　　**黏度（mPa·s）** 无资料

燃烧热（kJ/mol） 无资料　　**临界温度（℃）** 无资料

溶解性 可混溶于乙醇、乙酸乙酯、丙酮、苯、氯仿、二甲苯

第十部分 稳定性和反应性

稳定性 稳定

危险反应 与强氧化剂等禁配物发生反应。受高热或与酸接触会产生剧毒的氰化物气体。容易发生自聚反应

避免接触的条件 无资料

禁配物 强氧化剂、酸类

危险的分解产物 氮氧化物、氰化物

第十一部分 毒理学信息

急性毒性 LD$_{50}$：590mg/kg（大鼠经口），180mg/kg（小鼠静脉），8600mg/kg（兔经皮）。LC$_{50}$：＞333mg/m³（大鼠吸入，1h）

皮肤刺激或腐蚀 无资料　　**眼睛刺激或腐蚀** 无资料

呼吸或皮肤过敏 无资料　　**生殖细胞突变性** 无资料

致癌性 无资料　　　　**生殖毒性** 无资料

特异性靶器官系统毒性-一次接触 无资料

特异性靶器官系统毒性-反复接触 无资料

吸入危害 无资料

第十二部分 生态学信息

生态毒性 LC$_{50}$：7.05mg/L（96h）（斑马鱼，OECD 203）。EC$_{50}$：40mg/L（48h）（大型溞，OECD 202）。EC$_{50}$：10.52mg/L（72h）（*Desmodesmus subspicatus*，OECD 201）

持久性和降解性

生物降解性 OECD 301B，不易快速生物降解

非生物降解性 无资料

潜在的生物累积性 无资料

土壤中的迁移性 无资料

第十三部分 废弃处置

废弃化学品 建议用焚烧法处置。在能利用的地方重复使用容器或在规定场所掩埋

污染包装物 将容器返还生产商或按照国家和地方法规处置

废弃注意事项 处置前应参阅国家和地方有关法规

第十四部分 运输信息

联合国危险货物编号（UN 号） 3077

联合国运输名称 对环境有害的固态物质，未另作规定的

（三聚氰酸三烯丙酯）
联合国危险性类别　9

包装类别　Ⅲ　　　　　　　　**包装标志**

海洋污染物　是
运输注意事项　运输前应先检查包装容器是否完整、密封，运输过程中要确保容器不泄漏、不倒塌、不坠落、不损坏。严禁与酸类、氧化剂、食品及食品添加剂混运。运输时运输车辆应配备相应品种和数量的消防器材及泄漏应急处理设备。运输途中应防暴晒、雨淋，防高温。公路运输时要按规定路线行驶，勿在居民区和人口稠密区停留

第十五部分　法规信息

下列法律、法规、规章和标准，对该化学品的管理作了相应的规定。
中华人民共和国职业病防治法　职业病分类和目录：未列入
危险化学品安全管理条例　危险化学品目录：列入。易制爆危险化学品名录：未列入。重点监管的危险化学品名录：未列入。GB 18218—2009《危险化学品重大危险源辨识》（表1）：未列入
使用有毒物品作业场所劳动保护条例　高毒物品目录：未列入
易制毒化学品管理条例　易制毒化学品的分类和品种目录：未列入
国际公约　斯德哥尔摩公约：未列入。鹿特丹公约：未列入。蒙特利尔议定书：未列入

第十六部分　其他信息

编写和修订信息　　　**缩略语和首字母缩写**
培训建议　　　　　　**参考文献**
免责声明

三硫化二磷

第一部分　化学品标识

化学品中文名　三硫化二磷；三硫化亚磷；三硫化磷
化学品英文名　phosphorus trisulfide
分子式　P_2S_3　**分子量**　158.146
化学品的推荐及限制用途　用作化学试剂

第二部分　危险性概述

紧急情况概述　易燃固体
GHS 危险性类别　易燃固体，类别 1；危害水生环境-急性危害，类别 1
标签要素

　　象形图　　

　　警示词　危险

危险性说明　易燃固体，对水生生物毒性非常大
防范说明

　　预防措施　远离热源、火花、明火、热表面。禁止吸烟。容器和接收设备接地连接。使用防爆型电器、通风、照明设备。戴防护手套、防护眼镜、防护面罩。禁止排入环境

　　事故响应　火灾时，使用干粉、二氧化碳、砂土灭火。收集泄漏物

　　安全储存　—

　　废弃处置　本品及内装物、容器依据国家和地方法规处置

物理和化学危险　易燃。与氧化剂混合能形成爆炸性混合物
健康危害　吸入、摄入或皮肤接触对机体有害。具有刺激性
环境危害　对水生生物毒性非常大

第三部分　成分/组成信息

　√ 物质　　　　　　　　混合物

组分	浓度	CAS No.
三硫化二磷		12165-69-4

第四部分　急救措施

吸入　迅速脱离现场至空气新鲜处。保持呼吸道通畅。如呼吸困难，给输氧。呼吸、心跳停止，立即进行心肺复苏术。就医
皮肤接触　立即脱去污染的衣着，用流动清水彻底冲洗。就医
眼睛接触　立即分开眼睑，用流动清水或生理盐水彻底冲洗。就医
食入　漱口，饮水。就医
对保护施救者的忠告　根据需要使用个人防护设备
对医生的特别提示　对症处理

第五部分　消防措施

灭火剂　用干粉、二氧化碳、砂土灭火
特别危险性　受热或摩擦极易燃烧。与潮湿空气接触会发热，散发出有毒和易燃的气体。与大多数氧化剂如氯酸盐、硝酸盐、高氯酸盐或高锰酸盐等组成敏感度极高的爆炸性混合物
灭火注意事项及防护措施　消防人员必须佩戴防毒面具、穿全身消防服，在上风向灭火。尽可能将容器从火场移至空旷处。喷水保持火场容器冷却，直至灭火结束。禁止用水和泡沫灭火

第六部分　泄漏应急处理

作业人员防护措施、防护装备和应急处置程序　严禁用水处理。隔离泄漏污染区，限制出入。消除所有点火源。建议应急处理人员戴防尘口罩，穿防毒、防静电服。禁止接触或跨越泄漏物。尽可能切断泄漏源
环境保护措施　用塑料布覆盖泄漏物，减少飞散
泄漏化学品的收容、清除方法及所使用的处置材料　保持泄漏物干燥。小量泄漏：用干燥的砂土或其他不燃材

料覆盖泄漏物，然后用塑料布覆盖，减少飞散、避免雨淋。粉末泄漏：用塑料布或帆布覆盖泄漏物，减少飞散，保持干燥。在专家指导下清除

第七部分　操作处置与储存

操作注意事项　密闭操作，局部排风。操作人员必须经过专门培训，严格遵守操作规程。建议操作人员佩戴自吸过滤式防尘口罩，戴化学安全防护眼镜，穿防毒物渗透工作服，戴橡胶手套。远离火种、热源，工作场所严禁吸烟。使用防爆型的通风系统和设备。避免产生粉尘。避免与氧化剂接触。尤其要注意避免与水接触。搬运时轻装轻卸，保持包装完整，防止洒漏。配备相应品种和数量的消防器材及泄漏应急处理设备。倒空的容器可能残留有害物

储存注意事项　储存于阴凉、干燥、通风良好的库房。库温不宜超过 35℃。远离火种、热源。保持容器密封。应与氧化剂分开存放，切忌混储。采用防爆型照明、通风设施。禁止使用易产生火花的机械设备和工具。储区应备有合适的材料收容泄漏物

第八部分　接触控制/个体防护

职业接触限值
　　中国　未制定标准
　　美国（ACGIH）　未制定标准
生物接触限值　未制定标准
监测方法　空气中有毒物质测定方法：未制定标准。生物监测检验方法：未制定标准
工程控制　密闭操作，局部排风
个体防护装备
　　呼吸系统防护　空气中粉尘浓度超标时，必须佩戴过滤式防尘呼吸器。紧急事态抢救或撤离时，应该佩戴空气呼吸器
　　眼睛防护　戴化学安全防护眼镜
　　皮肤和身体防护　穿防毒物渗透工作服
　　手防护　戴橡胶手套

第九部分　理化特性

外观与性状　黄色或淡黄色结晶或粉末，无臭，无味，遇潮气分解
pH 值　无资料　　　　　**熔点（℃）**　290
沸点（℃）　490　　　　**相对密度（水＝1）**　无资料
相对蒸气密度（空气＝1）　无资料
饱和蒸气压（kPa）　无资料
临界压力（MPa）　无资料　　**辛醇/水分配系数**　无资料
闪点（℃）　无资料　　　**自燃温度（℃）**　无资料
爆炸下限（%）　无资料　　**爆炸上限（%）**　无资料
分解温度（℃）　无资料　　**黏度（mPa·s）**　无资料
燃烧热（kJ/mol）　无资料　**临界温度（℃）**　无资料
溶解性　溶于水，溶于醇、醚、二硫化碳

第十部分　稳定性和反应性

稳定性　稳定
危险反应　受热或摩擦极易燃烧。与潮湿空气接触会发热，散发出有毒和易燃的气体。与大多数氧化剂如氯酸盐、硝酸盐、高氯酸盐或高锰酸盐等组成敏感度极高的爆炸性混合物
避免接触的条件　摩擦、受热、潮湿空气
禁配物　强氧化剂如氯酸盐、硝酸盐、高氯酸盐或高锰酸盐等
危险的分解产物　氧化硫、氧化磷、磷烷

第十一部分　毒理学信息

急性毒性　无资料
皮肤刺激或腐蚀　无资料　　**眼睛刺激或腐蚀**　无资料
呼吸或皮肤过敏　无资料　　**生殖细胞突变性**　无资料
致癌性　无资料　　　　　　**生殖毒性**　无资料
特异性靶器官系统毒性-一次接触　无资料
特异性靶器官系统毒性-反复接触　无资料
吸入危害　无资料

第十二部分　生态学信息

生态毒性　根据结构类似物质预测，该物质对水生生物有极高毒性
持久性和降解性
　　生物降解性　无资料
　　非生物降解性　无资料
潜在的生物累积性　无资料
土壤中的迁移性　无资料

第十三部分　废弃处置

废弃化学品　根据国家和地方有关法规的要求处置。或与厂商或制造商联系，确定处置方法
污染包装物　将容器返还生产商或按照国家和地方法规处置
废弃注意事项　处置前应参阅国家和地方有关法规

第十四部分　运输信息

联合国危险货物编号（UN 号）　1343
联合国运输名称　三硫化二磷，不含黄磷和白磷
联合国危险性类别　4.1

包装类别　Ⅱ　　　　　　　　**包装标志**　

海洋污染物　是
运输注意事项　运输时运输车辆应配备相应品种和数量的消防器材及泄漏应急处理设备。装运本品的车辆排气管须有阻火装置。运输过程中要确保容器不泄漏、不倒塌、不坠落、不损坏。严禁与氧化剂、食用化学品等混装混运。运输途中应防暴晒、雨淋，防高温。中途停留时应远离火种、热源。运输用车、船必须干燥，并有良好的防雨设施。车辆运输完毕应进行彻底清扫。铁路运输时要禁止溜放

第十五部分　法规信息

下列法律、法规、规章和标准，对该化学品的管理作

了相应的规定。

中华人民共和国职业病防治法　职业病分类和目录：未
列入

危险化学品安全管理条例　危险化学品目录：列入。易制
爆危险化学品名录：未列入。重点监管的危险化学品
名录：未列入。GB 18218—2009《危险化学品重大
危险源辨识》（表1）：未列入

使用有毒物品作业场所劳动保护条例　高毒物品目录：未
列入

易制毒化学品管理条例　易制毒化学品的分类和品种目
录：未列入

国际公约　斯德哥尔摩公约：未列入。鹿特丹公约：未列
入。蒙特利尔议定书：未列入

第十六部分　其他信息

编写和修订信息　　缩略语和首字母缩写
培训建议　　　　　参考文献
免责声明

三硫化四磷

第一部分　化学品标识

化学品中文名　三硫化四磷；三硫化磷
化学品英文名　tetraphosphorus trisulfide; phosphorus
sesquisulfide
分子式　P_4S_3　**分子量**　220.09

结构式　

化学品的推荐及限制用途　用于制造火柴，也用于有机合
成等

第二部分　危险性概述

紧急情况概述　易燃固体，遇水放出可自燃的易燃气体，
吞咽有害
GHS 危险性类别　易燃固体，类别2；遇水放出易燃气体
的物质和混合物，类别1；急性毒性-经口，类别4；
危害水生环境-急性危害，类别1
标签要素

象形图　

警示词　危险
危险性说明　易燃固体，遇水放出可自燃的易燃气体，
吞咽有害，对水生生物毒性非常大
防范说明

预防措施　远离热源、火花、明火、热表面。容器
和接收设备接地连接。使用防爆型电器、通
风、照明设备。戴防护手套、防护眼镜、防护
面罩。因与水发生剧烈反应和可能发生暴燃，
应避免与水接触。在惰性气体中操作。防潮。
避免接触眼睛、皮肤，操作后彻底清洗。作

业场所不得进食、饮水或吸烟。禁止排入
环境

事故响应　火灾时，使用干粉、二氧化碳、砂土灭
火。擦掉皮肤上的微粒，将接触部位浸入冷水
中，用湿绷带包扎。食入：如果感觉不适，立
即呼叫中毒控制中心或就医，漱口。收集泄
漏物

安全储存　在干燥处和密闭的容器中储存
废弃处置　本品及内装物、容器依据国家和地方法
规处置

物理和化学危险　易燃。与氧化剂混合能形成爆炸性混
合物
健康危害　食入有害，对眼睛、呼吸道和皮肤有刺激性。
可引起湿疹
环境危害　对水生生物毒性非常大

第三部分　成分/组成信息

√物质　　　　　　　　混合物

组分	浓度	CAS No.
三硫化四磷		1314-85-8

第四部分　急救措施

吸入　迅速脱离现场至空气新鲜处。保持呼吸道通畅。如
呼吸困难，给输氧。呼吸、心跳停止，立即进行心肺
复苏术。就医
皮肤接触　立即脱去污染的衣着，用流动清水彻底冲洗。
就医
眼睛接触　立即分开眼睑，用流动清水或生理盐水彻底冲
洗。就医
食入　漱口，饮水。就医
对保护施救者的忠告　根据需要使用个人防护设备
对医生的特别提示　对症处理

第五部分　消防措施

灭火剂　用干粉、二氧化碳、砂土灭火
特别危险性　受热或摩擦极易燃烧。燃烧时生成有毒的二
氧化硫气体。遇热水水解，生成硫化氢气体。与潮湿
空气接触会发热，散发出有毒和易燃的气体。与大多
数氧化剂如氯酸盐、硝酸盐、高氯酸盐或高锰酸盐等
组成敏感度极高的爆炸性混合物
灭火注意事项及防护措施　消防人员必须佩戴防毒面具、
穿全身消防服，在上风向灭火。尽可能将容器从火场
移至空旷处。喷水保持火场容器冷却，直至灭火结
束。禁止用水和泡沫灭火

第六部分　泄漏应急处理

作业人员防护措施、防护装备和应急处置程序　严禁用水
处理。隔离泄漏污染区，限制出入。消除所有点火
源。建议应急处理人员戴防尘口罩，穿防毒、防静电
服。禁止接触或跨越泄漏物。尽可能切断泄漏源
环境保护措施　用塑料布覆盖泄漏物，减少飞散
泄漏化学品的收容、清除方法及所使用的处置材料　保持
泄漏物干燥。小量泄漏：用干燥的砂土或其他不燃材

料覆盖泄漏物，然后用塑料布覆盖，减少飞散、避免雨淋。粉末泄漏：用塑料布或帆布覆盖泄漏物，减少飞散，保持干燥。在专家指导下清除

第七部分　操作处置与储存

操作注意事项　密闭操作，局部排风。操作人员必须经过专门培训，严格遵守操作规程。建议操作人员佩戴防尘面具（全面罩），穿胶布防毒衣，戴橡胶手套。远离火种、热源，工作场所严禁吸烟。使用防爆型的通风系统和设备。避免产生粉尘。避免与氧化剂接触。尤其要注意避免与水接触。搬运时轻装轻卸，保持包装完整，防止洒漏。配备相应品种和数量的消防器材及泄漏应急处理设备。倒空的容器可能残留有害物

储存注意事项　储存于阴凉、干燥、通风良好的库房。库温不宜超过35℃。远离火种、热源。保持容器密封。应与氧化剂、食用化学品分开存放，切忌混储。采用防爆型照明、通风设施。禁止使用易产生火花的机械设备和工具。储区应备有合适的材料收容泄漏物

第八部分　接触控制/个体防护

职业接触限值

　　中国　未制定标准

　　美国（ACGIH）　未制定标准

生物接触限值　未制定标准

监测方法　空气中有毒物质测定方法：未制定标准。生物监测检验方法：未制定标准

工程控制　密闭操作，局部排风

个体防护装备

　　呼吸系统防护　可能接触其粉尘时，必须佩戴防尘面具（全面罩）。紧急事态抢救或撤离时，应该佩戴空气呼吸器

　　眼睛防护　呼吸系统防护中已作防护

　　皮肤和身体防护　穿密闭型防毒服

　　手防护　戴橡胶手套

第九部分　理化特性

外观与性状　黄绿色针状结晶

pH 值　无意义　　　　　　**熔点（℃）**　172.5

沸点（℃）　407.5　　　　**相对密度（水＝1）**　2.03

相对蒸气密度（空气＝1）　无资料

饱和蒸气压（kPa）　无资料

临界压力（MPa）　无资料　　**辛醇/水分配系数**　无资料

闪点（℃）　无资料　　　　**自燃温度（℃）**　100

爆炸下限（%）　无资料　　**爆炸上限（%）**　无资料

分解温度（℃）　无资料　　**黏度（mPa·s）**　无资料

燃烧热（kJ/mol）　无资料　　**临界温度（℃）**　无资料

溶解性　不溶于冷水，溶于硝酸、二硫化碳、苯

第十部分　稳定性和反应性

稳定性　稳定

危险反应　受热或摩擦极易燃烧。燃烧时生成有毒的二氧化硫气体。遇热水水解，生成硫化氢气体。与潮湿空气接触会发热，散发出有毒和易燃的气体。与大多数

氧化剂如氯酸盐、硝酸盐、高氯酸盐或高锰酸盐等组成敏感度极高的爆炸性混合物

避免接触的条件　摩擦、受热、潮湿空气

禁配物　强氧化剂如氯酸盐、硝酸盐、高氯酸盐或高锰酸盐等

危险的分解产物　氧化硫、氧化磷、磷烷

第十一部分　毒理学信息

急性毒性　其粉尘对眼和呼吸道有刺激作用，如有白磷掺杂，可能产生毒性。LD$_{50}$：100mg/kg（兔经口）

皮肤刺激或腐蚀　无资料　　**眼睛刺激或腐蚀**　无资料

呼吸或皮肤过敏　无资料　　**生殖细胞突变性**　无资料

致癌性　无资料　　　　　　**生殖毒性**　无资料

特异性靶器官系统毒性-一次接触　无资料

特异性靶器官系统毒性-反复接触　无资料

吸入危害　无资料

第十二部分　生态学信息

生态毒性　根据结构类似物质预测，该物质对水生生物有极高毒性

持久性和降解性

　　生物降解性　无资料

　　非生物降解性　无资料

潜在的生物累积性　无资料

土壤中的迁移性　无资料

第十三部分　废弃处置

废弃化学品　根据国家和地方有关法规的要求处置。或与厂商或制造商联系，确定处置方法

污染包装物　将容器返还生产商或按照国家和地方法规处置

废弃注意事项　处置前应参阅国家和地方有关法规

第十四部分　运输信息

联合国危险货物编号（UN号）　1341

联合国运输名称　三硫化四磷，不含黄磷和白磷

联合国危险性类别　4.1

包装类别　Ⅱ　　　　　　　　**包装标志**

海洋污染物　是

运输注意事项　运输时运输车辆应配备相应品种和数量的消防器材及泄漏应急处理设备。装运本品的车辆排气管须有阻火装置。运输过程中要确保容器不泄漏、不倒塌、不坠落、不损坏。严禁与氧化剂、食用化学品等混装混运。运输途中应防暴晒、雨淋，防高温。中途停留时应远离火种、热源。运输用车、船必须干燥，并有良好的防雨设施。车辆运输完毕应进行彻底清扫。铁路运输时要禁止溜放

第十五部分　法规信息

下列法律、法规、规章和标准，对该化学品的管理作

了相应的规定。

中华人民共和国职业病防治法　职业病分类和目录：未列入

危险化学品安全管理条例　危险化学品目录：列入。易制爆危险化学品名录：未列入。重点监管的危险化学品名录：未列入。GB 18218—2009《危险化学品重大危险源辨识》（表1）：未列入

使用有毒物品作业场所劳动保护条例　高毒物品目录：未列入

易制毒化学品管理条例　易制毒化学品的分类和品种目录：未列入

国际公约　斯德哥尔摩公约：未列入。鹿特丹公约：未列入。蒙特利尔议定书：未列入

第十六部分　其他信息

编写和修订信息　缩略语和首字母缩写
培训建议　　　　参考文献
免责声明

三硫磷

第一部分　化学品标识

化学品中文名　三硫磷；三赛昂；S-{［（4-氯苯基）硫代］甲基}-O,O-二乙基二硫代磷酸酯

化学品英文名　S-4-chlorophenylthiomethyl O,O-diethyl phosphorodithioate；trithion；carbophenothion

分子式　$C_{11}H_{16}ClO_2PS_3$　**分子量**　342.865

结构式

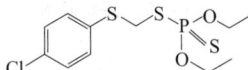

化学品的推荐及限制用途　用作农用杀虫剂

第二部分　危险性概述

紧急情况概述　吞咽会中毒，皮肤接触会中毒

GHS危险性类别　急性毒性-经口，类别3；急性毒性-经皮，类别3；危害水生环境-急性危害，类别1；危害水生环境-长期危害，类别1

标签要素

象形图　

警示词　危险

危险性说明　吞咽会中毒，皮肤接触会中毒，对水生生物毒性非常大并具有长期持续影响

防范说明

预防措施　避免接触眼睛、皮肤，操作后彻底清洗。作业场所不得进食、饮水或吸烟。戴防护手套、穿防护服。禁止排入环境

事故响应　皮肤接触：用大量肥皂水和水清洗，立即脱去所有被污染的衣服。如感觉不适，呼叫中毒控制中心或就医。被污染的衣服经洗净后方可重新使用。食入：立即呼叫中毒控制中心或就医，漱口。收集泄漏物

安全储存　上锁保管

废弃处置　本品及内装物、容器依据国家和地方法规处置

物理和化学危险　可燃，其蒸气与空气混合，能形成爆炸性混合物

健康危害　抑制体内胆碱酯酶活性，造成神经生理功能紊乱。急性中毒症状有头痛、头昏、乏力、食欲不振、恶心、呕吐、腹痛、腹泻、流涎、瞳孔缩小、呼吸道分泌物增多、多汗、肌束震颤等。重度中毒者出现肺水肿、昏迷、呼吸麻痹、脑水肿。血胆碱酯酶活性降低

环境危害　对水生生物毒性非常大并具有长期持续影响

第三部分　成分/组成信息

√物质　　　　　　　　　　混合物
　组分　　　　浓度　　　CAS No.
三硫磷　　　　　　　　　786-19-6

第四部分　急救措施

吸入　迅速脱离现场至空气新鲜处。保持呼吸道通畅。如呼吸困难，给输氧。呼吸、心跳停止，立即进行心肺复苏术。就医

皮肤接触　立即脱去污染的衣着，用肥皂水及流动清水彻底冲洗污染的皮肤、头发、指甲等。就医

眼睛接触　分开眼睑，用流动清水或生理盐水冲洗。就医

食入　饮足量温水，催吐（仅限于清醒者）。口服活性炭。就医

对保护施救者的忠告　根据需要使用个人防护设备

对医生的特别提示　解毒剂：阿托品、胆碱酯酶复能剂

第五部分　消防措施

灭火剂　用雾状水、泡沫、干粉、二氧化碳、砂土灭火

特别危险性　遇明火、高热可燃。受热分解，放出氧化磷和氯化物的毒性气体

灭火注意事项及防护措施　消防人员必须佩戴空气呼吸器、穿全身防火防毒服，在上风向灭火。尽可能将容器从火场移至空旷处。喷水保持火场容器冷却，直至灭火结束。处在火场中的容器若已变色或从安全泄压装置中发出声音，必须马上撤离

第六部分　泄漏应急处理

作业人员防护措施、防护装备和应急处置程序　根据液体流动和蒸气扩散的影响区域划定警戒区，无关人员从侧风、上风向撤离至安全区。建议应急处理人员戴正压自给式呼吸器，穿防毒服。穿上适当的防护服前严禁接触破裂的容器和泄漏物。尽可能切断泄漏源

环境保护措施　防止泄漏物进入水体、下水道、地下室或有限空间

泄漏化学品的收容、清除方法及所使用的处置材料　小量泄漏：用干燥的砂土或其他不燃材料吸收或覆盖，收集于容器中。大量泄漏：构筑围堤或挖坑收容。用泵转移至槽车或专用收集器内

第七部分 操作处置与储存

操作注意事项 密闭操作，局部排风。操作人员必须经过专门培训，严格遵守操作规程。建议操作人员佩戴自吸过滤式防毒面具（全面罩），穿胶布防毒衣，戴橡胶手套。远离火种、热源，工作场所严禁吸烟。使用防爆型的通风系统和设备。防止蒸气泄漏到工作场所空气中。避免与氧化剂、碱类接触。搬运时要轻装轻卸，防止包装及容器损坏。配备相应品种和数量的消防器材及泄漏应急处理设备。倒空的容器可能残留有害物

储存注意事项 储存于阴凉、通风良好的库房内。远离火种、热源。应与氧化剂、碱类、食用化学品分开存放，切忌混储。配备相应品种和数量的消防器材。储区应备有泄漏应急处理设备和合适的收容材料

第八部分 接触控制/个体防护

职业接触限值

中国 PC-TWA：未制定标准

美国（ACGIH） 未制定标准

生物接触限值 全血胆碱酯酶活性（校正值）：原基础值或参考值的 70%（采样时间：开始接触后的 3 个月内），原基础值或参考值的 50%（采样时间：持续接触 3 个月后，任意时间）

监测方法 空气中有毒物质测定方法：溶剂解吸-气相色谱法。生物监测检验方法：血中胆碱酯酶活性的分光光度测定方法——羟胺三氯化铁法；血中胆碱酯酶活性的分光光度测定方法——硫代乙酰胆碱-联硫代双硝基苯甲酸法

工程控制 密闭操作，局部排风

个体防护装备

呼吸系统防护 空气中浓度超标时，必须佩戴过滤式防毒面具（全面罩）。紧急事态抢救或撤离时，应该佩戴空气呼吸器

眼睛防护 呼吸系统防护中已作防护

皮肤和身体防护 穿密闭型防毒服

手防护 戴橡胶手套

第九部分 理化特性

外观与性状 灰白色至琥珀色、微有硫醇气味的液体

pH 值 无资料　　　　**熔点（℃）** 无资料

沸点（℃） 82（0.013kPa）

相对密度（水＝1） 1.29（20℃）

相对蒸气密度（空气＝1） 无资料

饱和蒸气压（kPa） 无资料

临界压力（MPa） 无资料　　**辛醇/水分配系数** 无资料

闪点（℃） 无资料　　　　**自燃温度（℃）** 无资料

爆炸下限（%） 无资料　　**爆炸上限（%）** 无资料

分解温度（℃） 无资料　　**黏度（mPa·s）** 无资料

燃烧热（kJ/mol） 无资料　**临界温度（℃）** 无资料

溶解性 不溶于水，溶于苯、甲苯、醇、酮

第十部分 稳定性和反应性

稳定性 稳定

危险反应 与强氧化剂、强碱等禁配物发生反应

避免接触的条件 受热

禁配物 强氧化剂、强碱

危险的分解产物 氯化氢、硫化氢、氧化硫、氧化磷

第十一部分 毒理学信息

急性毒性 LD_{50}：6.8mg/kg（大鼠经口），27mg/kg（大鼠经皮），218mg/kg（小鼠经口），1250mg/kg（兔经口），1270mg/kg（兔经皮）

皮肤刺激或腐蚀 无资料　　**眼睛刺激或腐蚀** 无资料

呼吸或皮肤过敏 无资料

生殖细胞突变性 姐妹染色单体交换：人类淋巴细胞 20μg/L

致癌性 无资料　　　　　**生殖毒性** 无资料

特异性靶器官系统毒性-一次接触 无资料

特异性靶器官系统毒性-反复接触 无资料

吸入危害 无资料

第十二部分 生态学信息

生态毒性 LC_{50}：0.013mg/L（96h）（蓝鳃太阳鱼）。LC_{50}：0.28mg/L（96h）（绿色太阳鱼）

持久性和降解性

生物降解性 无资料

非生物降解性 无资料

潜在的生物累积性 根据 K_{ow} 值预测，该物质可能有较高的生物累积性

土壤中的迁移性 根据 K_{oc} 值预测，该物质的迁移性可能较弱

第十三部分 废弃处置

废弃化学品 根据国家和地方有关法规的要求处置。或与厂商或制造商联系，确定处置方法

污染包装物 将容器返还生产商或按照国家和地方法规处置

废弃注意事项 处置前应参阅国家和地方有关法规

第十四部分 运输信息

联合国危险货物编号（UN 号） 2810

联合国运输名称 有机毒性液体，未另作规定的（三硫磷）

联合国危险性类别 6.1

包装类别 Ⅱ　　　　　　**包装标志**

海洋污染物 是

运输注意事项 运输前应先检查包装容器是否完整、密封，运输过程中要确保容器不泄漏、不倒塌、不坠落、不损坏。严禁与酸类、氧化剂、食品及食品添加剂混运。运输时运输车辆应配备相应品种和数量的消防器材及泄漏应急处理设备。运输途中应防暴晒、雨淋，防高温。公路运输时要按规定路线行驶，勿在居民区和人口稠密区停留

第十五部分 法规信息

下列法律、法规、规章和标准，对该化学品的管理作了相应的规定。

中华人民共和国职业病防治法 职业病分类和目录：有机磷中毒

危险化学品安全管理条例 危险化学品目录：列入。易制爆危险化学品名录：未列入。重点监管的危险化学品名录：未列入。GB 18218—2009《危险化学品重大危险源辨识》（表1）：未列入

使用有毒物品作业场所劳动保护条例 高毒物品目录：未列入

易制毒化学品管理条例 易制毒化学品的分类和品种目录：未列入

国际公约 斯德哥尔摩公约：未列入。鹿特丹公约：未列入。蒙特利尔议定书：未列入

第十六部分 其他信息

编写和修订信息　　缩略语和首字母缩写
培训建议　　　　　参考文献
免责声明

1,2,3-三氯苯

第一部分 化学品标识

化学品中文名 1,2,3-三氯苯；连三氯苯
化学品英文名 1,2,3-trichlorobenzene
分子式 $C_6H_3Cl_3$ **分子量** 181.447

结构式

化学品的推荐及限制用途 用于有机合成

第二部分 危险性概述

紧急情况概述 吞咽有害，造成眼刺激，可能引起呼吸道刺激

GHS危险性类别 急性毒性-经口，类别4；严重眼损伤/眼刺激，类别2B；特异性靶器官毒性——次接触，类别2；特异性靶器官毒性——次接触，类别3（呼吸道刺激）；特异性靶器官毒性-反复接触，类别2；危害水生环境-急性危害，类别1；危害水生环境-长期危害，类别1

标签要素

象形图

警示词 警告

危险性说明 吞咽有害，造成眼刺激，可能对器官造成损害，可能引起呼吸道刺激，可能引起昏昏欲睡或眩晕，长时间或反复接触可能对器官造成损伤，对水生生物毒性非常大并具有长期持续影响

防范说明

预防措施 避免接触眼睛、皮肤，操作后彻底清洗。作业场所不得进食、饮水或吸烟。避免吸入蒸气、雾。禁止排入环境

事故响应 如接触眼睛：用水细心冲洗数分钟。如戴隐形眼镜并可方便地取出，取出隐形眼镜，继续冲洗。如果眼睛刺激持续：就医。食入：如果感觉不适，立即呼叫中毒控制中心或就医，漱口。如果接触或感觉不适：呼叫中毒控制中心或就医。如感觉不适，就医。收集泄漏物

安全储存 上锁保管

废弃处置 本品及内装物、容器依据国家和地方法规处置

物理和化学危险 可燃，其粉体与空气混合，能形成爆炸性混合物

健康危害 本品对眼、上呼吸道、黏膜、皮肤有刺激作用。慢性接触的工人出现头痛、恶心、上腹和心前区痛，部分工人肝大，有上呼吸道及结膜刺激症状

环境危害 对水生生物毒性非常大并具有长期持续影响

第三部分 成分/组成信息

√物质　　　　　　　　混合物

组分	浓度	CAS No.
1,2,3-三氯苯		87-61-6

第四部分 急救措施

吸入 迅速脱离现场至空气新鲜处。保持呼吸道通畅。如呼吸困难，给输氧。呼吸、心跳停止，立即进行心肺复苏术。就医

皮肤接触 立即脱去污染的衣着，用流动清水彻底冲洗。就医

眼睛接触 立即分开眼睑，用流动清水或生理盐水彻底冲洗。就医

食入 漱口，饮水。就医

对保护施救者的忠告 根据需要使用个人防护设备
对医生的特别提示 对症处理

第五部分 消防措施

灭火剂 用雾状水、泡沫、干粉、二氧化碳、砂土灭火
特别危险性 遇明火能燃烧。与氧化剂接触猛烈反应。在空气中受热分解释出剧毒的光气和氯化氢气体
灭火注意事项及防护措施 消防人员必须佩戴空气呼吸器、穿全身防火防毒服，在上风向灭火。尽可能将容器从火场移至空旷处。喷水保持火场容器冷却，直至灭火结束

第六部分 泄漏应急处理

作业人员防护措施、防护装备和应急处置程序 隔离泄漏污染区，限制出入。消除所有点火源。建议应急处理人员戴防尘口罩，穿一般作业工作服。尽可能切断泄漏源

环境保护措施 用塑料布覆盖泄漏物，减少飞散

泄漏化学品的收容、清除方法及所使用的处置材料 勿使水进入包装容器内。用洁净的铲子收集泄漏物，置于干净、干燥、盖子较松的容器中，将容器移离泄漏区

第七部分　操作处置与储存

操作注意事项 密闭操作，局部排风。操作人员必须经过专门培训，严格遵守操作规程。建议操作人员佩戴自吸过滤式防尘口罩，戴化学安全防护眼镜，穿防毒物渗透工作服，戴橡胶手套。远离火种、热源，工作场所严禁吸烟。使用防爆型的通风系统和设备。避免产生粉尘。避免与氧化剂接触。搬运时要轻装轻卸，防止包装及容器损坏。配备相应品种和数量的消防器材及泄漏应急处理设备。倒空的容器可能残留有害物

储存注意事项 储存于阴凉、通风的库房。远离火种、热源。应与氧化剂等分开存放，切忌混储。配备相应品种和数量的消防器材。储区应备有合适的材料收容泄漏物

第八部分　接触控制/个体防护

职业接触限值

中国　未制定标准

美国（ACGIH）　未制定标准

生物接触限值　未制定标准

监测方法 空气中有毒物质测定方法：未制定标准。生物监测检验方法：未制定标准

工程控制 密闭操作，局部排风。提供安全淋浴和洗眼设备

个体防护装备

呼吸系统防护　空气中粉尘浓度超标时，必须佩戴过滤式防尘呼吸器。紧急事态抢救或撤离时，应该佩戴空气呼吸器

眼睛防护　戴化学安全防护眼镜

皮肤和身体防护　穿防毒物渗透工作服

手防护　戴橡胶手套

第九部分　理化特性

外观与性状 白色结晶

pH 值 无意义　　　　　**熔点（℃）** 53～55

沸点（℃） 218～219　　**相对密度（水=1）** 1.69

相对蒸气密度（空气=1） 6.26

饱和蒸气压（kPa） 0.13（40.0℃）

临界压力（MPa） 无资料

辛醇/水分配系数 3.85～4.28

闪点（℃） 126.67　　　**自燃温度（℃）** 570.56

爆炸下限（%） 2.5　　　**爆炸上限（%）** 6.6

分解温度（℃） 无资料

黏度（mPa·s） 1.68（50℃）

燃烧热（kJ/mol） 无资料　**临界温度（℃）** 489.5

溶解性 不溶于水，微溶于乙醇，溶于乙醚

第十部分　稳定性和反应性

稳定性 稳定

危险反应 与强氧化剂、铝等禁配物发生反应。在空气中受热分解释出剧毒的光气和氯化氢气体

避免接触的条件 在空气中受热

禁配物 强氧化剂、铝

危险的分解产物 氯化氢、光气

第十一部分　毒理学信息

急性毒性 LD$_{50}$：756mg/kg（大鼠经口），766mg/kg（小鼠经口），1390mg/kg（小鼠静脉）

皮肤刺激或腐蚀 无资料　　**眼睛刺激或腐蚀** 无资料

呼吸或皮肤过敏 无资料

生殖细胞突变性 微核试验：小鼠腹膜腔内给予最低中毒剂量（TDLo）250mg/kg（24h）

致癌性 无资料　　　　　**生殖毒性** 无资料

特异性靶器官系统毒性-一次接触 无资料

特异性靶器官系统毒性-反复接触 无资料

吸入危害 无资料

第十二部分　生态学信息

生态毒性 LC$_{50}$：3.2mg/L（96h）（鱼类，OECD 203）。EC$_{50}$：0.46mg/L（48h）（大型溞，OECD 202）。ErC$_{50}$：1.6mg/L（72h）（藻类，OECD 201）。NOEC：0.32mg/L（14d）（鱼类，OECD 204）。NOEC：0.17mg/L（21d）（大型溞，OECD 211）

持久性和降解性

生物降解性　OECD 301C，不易快速生物降解

非生物降解性　无资料

潜在的生物累积性 根据 K_{ow} 值预测，该物质可能有较高的生物累积性

土壤中的迁移性 根据 K_{oc} 值预测，该物质的迁移性可能较弱

第十三部分　废弃处置

废弃化学品 用焚烧法处置。与燃料混合后，再焚烧。焚烧炉排出的卤化氢通过酸洗涤器除去

污染包装物 将容器返还生产商或按照国家和地方法规处置

废弃注意事项 处置前应参阅国家和地方有关法规

第十四部分　运输信息

联合国危险货物编号（UN 号） 3077

联合国运输名称 对环境有害的固态物质，未另作规定的（1,2,3-三氯苯）

联合国危险性类别 9

包装类别 Ⅲ　　　　　**包装标志**

海洋污染物 是

运输注意事项 运输前应先检查包装容器是否完整、密封，运输过程中要确保容器不泄漏、不倒塌、不坠落、不损坏。严禁与酸类、氧化剂、食品及食品添加剂混运。运输途中应防暴晒、雨淋，防高温

第十五部分　法规信息

下列法律、法规、规章和标准，对该化学品的管理作了相应的规定。

中华人民共和国职业病防治法　职业病分类和目录：未列入

危险化学品安全管理条例　危险化学品目录：列入。易制爆危险化学品名录：未列入。重点监管的危险化学品名录：未列入。GB 18218—2009《危险化学品重大危险源辨识》（表1）：未列入

使用有毒物品作业场所劳动保护条例　高毒物品目录：未列入

易制毒化学品管理条例　易制毒化学品的分类和品种目录：未列入

国际公约　斯德哥尔摩公约：未列入。鹿特丹公约：未列入。蒙特利尔议定书：未列入

第十六部分　其他信息

编写和修订信息　　　缩略语和首字母缩写
培训建议　　　　　　参考文献
免责声明

2,4,5-三氯苯酚

第一部分　化学品标识

化学品中文名　2,4,5-三氯苯酚；2,4,5-三氯酚
化学品英文名　2,4,5-trichlorophenol；1-hydroxy-2,4,5-trichlorobenzene

分子式　$C_6H_3Cl_3O$　**分子量**　197.446

结构式

化学品的推荐及限制用途　用作杀霉菌剂、气相色谱对比样品

第二部分　危险性概述

紧急情况概述　吞咽有害，造成皮肤刺激，造成严重眼刺激

GHS危险性类别　急性毒性-经口，类别4；皮肤腐蚀/刺激，类别2；严重眼损伤/眼刺激，类别2；危害水生环境-急性危害，类别1；危害水生环境-长期危害，类别1

标签要素

象形图

警示词　警告

危险性说明　吞咽有害，造成皮肤刺激，造成严重眼刺激，对水生生物毒性非常大并具有长期持续影响

防范说明

预防措施　避免接触眼睛、皮肤，操作后彻底清洗。作业场所不得进食、饮水或吸烟。戴防护手套、防护眼镜、防护面罩。禁止排入环境

事故响应　皮肤接触：用大量肥皂水和水清洗，脱去被污染的衣服，如发生皮肤刺激，就医。被污染的衣服必须经洗净后方可重新使用。如接触眼睛：用水细心冲洗数分钟。如戴隐形眼镜并可方便地取出，取出隐形眼镜，继续冲洗。如果眼睛刺激持续：就医。食入：如果感觉不适，立即呼叫中毒控制中心或就医，漱口。收集泄漏物

安全储存：—

废弃处置　本品及内装物、容器依据国家和地方法规处置

物理和化学危险　可燃，其粉体与空气混合，能形成爆炸性混合物

健康危害　引起接触性光敏性皮炎、黑头粉刺、粉瘤、明显的角质化等。对肺有刺激作用，长时间接触可引起肺纤维化

环境危害　对水生生物毒性非常大并具有长期持续影响

第三部分　成分/组成信息

√物质　　　　　　　混合物

组分	浓度	CAS No.
2,4,5-三氯苯酚		95-95-4

第四部分　急救措施

吸入　迅速脱离现场至空气新鲜处。保持呼吸道通畅。如呼吸困难，给输氧。呼吸、心跳停止，立即进行心肺复苏术。就医

皮肤接触　立即脱去污染的衣着，用流动清水彻底冲洗。就医

眼睛接触　立即分开眼睑，用流动清水或生理盐水彻底冲洗。就医

食入　漱口，饮水。就医

对保护施救者的忠告　根据需要使用个人防护设备

对医生的特别提示　对症处理

第五部分　消防措施

灭火剂　用雾状水、泡沫、干粉、二氧化碳、砂土灭火

特别危险性　遇明火、高热可燃。其粉体与空气可形成爆炸性混合物，当达到一定浓度时，遇火星会发生爆炸。受高热分解放出有毒的气体

灭火注意事项及防护措施　消防人员必须佩戴防毒面具、穿全身消防服，在上风向灭火。尽可能将容器从火场移至空旷处。喷水保持火场容器冷却，直至灭火结束

第六部分　泄漏应急处理

作业人员防护措施、防护装备和应急处置程序　隔离泄漏污染区，限制出入。消除所有点火源。建议应急处理人员戴防尘口罩，穿防毒服。穿上适当的防护服前严禁接触破裂的容器和泄漏物。尽可能切断泄漏源

环境保护措施　用塑料布覆盖泄漏物，减少飞散

泄漏化学品的收容、清除方法及所使用的处置材料　勿使

水进入包装容器内。用洁净的铲子收集泄漏物，置于干净、干燥、盖子较松的容器中，将容器移离泄漏区

第七部分 操作处置与储存

操作注意事项 密闭操作，局部排风。防止粉尘释放到车间空气中。操作人员必须经过专门培训，严格遵守操作规程。建议操作人员佩戴自吸过滤式防尘口罩，戴化学安全防护眼镜，穿防毒物渗透工作服，戴橡胶手套。远离火种、热源，工作场所严禁吸烟。使用防爆型的通风系统和设备。避免产生粉尘。避免与氧化剂、酸酐、酰基氯接触。配备相应品种和数量的消防器材及泄漏应急处理设备。倒空的容器可能残留有害物

储存注意事项 储存于阴凉、通风的库房。远离火种、热源。防止阳光直射。包装密封。应与氧化剂、酸酐、酰基氯分开存放，切忌混储。配备相应品种和数量的消防器材。储区应备有合适的材料收容泄漏物

第八部分 接触控制/个体防护

职业接触限值

中国 未制定标准

美国（ACGIH） 未制定标准

生物接触限值 未制定标准

监测方法 空气中有毒物质测定方法：未制定标准。生物监测检验方法：未制定标准

工程控制 密闭操作，局部排风

个体防护装备

呼吸系统防护 空气中粉尘浓度超标时，必须佩戴过滤式防尘呼吸器。紧急事态抢救或撤离时，应该佩戴空气呼吸器

眼睛防护 戴化学安全防护眼镜

皮肤和身体防护 穿防毒物渗透工作服

手防护 戴橡胶手套

第九部分 理化特性

外观与性状 无色针状结晶或灰色片状物，有强烈的苯酚气味

pH 值 无意义　　　　**熔点(℃)** 67～69

沸点(℃) 253

相对密度(水＝1) 1.678（25℃）

相对蒸气密度(空气＝1) 无资料

饱和蒸气压(kPa) 0.133（72℃）

临界压力(MPa) 无资料

辛醇/水分配系数 3.96～4.1

闪点(℃) 无意义　　　　**自燃温度(℃)** 无资料

爆炸下限(%) 无资料　　　**爆炸上限(%)** 无资料

分解温度(℃) 无资料　　　**黏度(mPa·s)** 无资料

燃烧热(kJ/mol) 无资料　　**临界温度(℃)** 无资料

溶解性 不溶于水，溶于四氯化碳、醇、苯、醚

第十部分 稳定性和反应性

稳定性 稳定

危险反应 与氧化剂、酸酐、酰基氯等禁配物发生反应

避免接触的条件 无资料

禁配物 氧化剂、酸酐、酰基氯

危险的分解产物 氯化氢

第十一部分 毒理学信息

急性毒性 LD_{50}：820mg/kg（大鼠经口），600mg/kg（小鼠经口），1000mg/kg（豚鼠经口）

皮肤刺激或腐蚀 无资料　　**眼睛刺激或腐蚀** 无资料

呼吸或皮肤过敏 无资料

生殖细胞突变性 微生物致突变：鼠伤寒沙门氏菌 $10\mu g$/皿。细胞遗传学分析：仓鼠卵巢 150mg/L

致癌性 IARC致癌性评论：对人类和动物致癌性证据均不足

生殖毒性 小鼠经口最低中毒剂量（TDLo）：4g/kg（孕8～12d），对新生鼠存活指数（出生后测量）有影响

特异性靶器官系统毒性-一次接触 无资料

特异性靶器官系统毒性-反复接触 无资料

吸入危害 无资料

第十二部分 生态学信息

生态毒性 LC_{50}：1.5mg/L（96h）（鱼类）。EC_{50}：0.98mg/L（48h）（大型溞）。ErC_{50}：1.5mg/L（72h）（藻类）。NO-EC：0.11mg/L（21d）（大型溞）

持久性和降解性

生物降解性 不易快速生物降解

非生物降解性 无资料

潜在的生物累积性 无资料

土壤中的迁移性 无资料

第十三部分 废弃处置

废弃化学品 建议用焚烧法处置。与燃料混合后再焚烧。焚烧炉排出的卤化氢通过酸洗涤器除去。在能利用的地方重复使用容器或在规定场所掩埋

污染包装物 将容器返还生产商或按照国家和地方法规处置

废弃注意事项 处置前应参阅国家和地方有关法规

第十四部分 运输信息

联合国危险货物编号（UN 号） 3077

联合国运输名称 对环境有害的固态物质，未另作规定的（2,4,5-三氯苯酚）

联合国危险性类别 9

包装类别 Ⅲ　　　　　　**包装标志**

海洋污染物 是

运输注意事项 运输前应先检查包装容器是否完整、密封，运输过程中要确保容器不泄漏、不倒塌、不坠落、不损坏。严禁与酸类、氧化剂、食品及食品添加剂混运。运输时运输车辆应配备相应品种和数量的消防器材及泄漏应急处理设备。运输途中应防暴晒、雨淋，防高温。公路运输时要按规定路线行驶，勿在居民区和人口稠密区停留

第十五部分　法规信息

下列法律、法规、规章和标准，对该化学品的管理作了相应的规定。

中华人民共和国职业病防治法　职业病分类和目录：未列入

危险化学品安全管理条例　危险化学品目录：列入。易制爆危险化学品名录：未列入。重点监管的危险化学品名录：未列入。GB 18218—2009《危险化学品重大危险源辨识》（表1）：未列入

使用有毒物品作业场所劳动保护条例　高毒物品目录：未列入

易制毒化学品管理条例　易制毒化学品的分类和品种目录：未列入

国际公约　斯德哥尔摩公约：未列入。鹿特丹公约：未列入。蒙特利尔议定书：未列入

第十六部分　其他信息

编写和修订信息　　缩略语和首字母缩写
培训建议　　　　　参考文献
免责声明

2,4,6-三氯苯酚

第一部分　化学品标识

化学品中文名　2,4,6-三氯苯酚；2,4,6-三氯酚
化学品英文名　2,4,6-trichlorophenol；phenachlor
分子式　$C_6H_3Cl_3O$　**分子量**　197.446

结构式　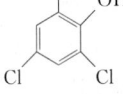

化学品的推荐及限制用途　用作染料中间体、杀菌剂、防腐剂，也用作聚酯纤维的溶剂

第二部分　危险性概述

紧急情况概述　吞咽有害，造成皮肤刺激，造成严重眼刺激

GHS 危险性类别　急性毒性-经口，类别4；皮肤腐蚀/刺激，类别2；严重眼损伤/眼刺激，类别2；危害水生环境-急性危害，类别1；危害水生环境-长期危害，类别1

标签要素

象形图　

警示词　警告

危险性说明　吞咽有害，造成皮肤刺激，造成严重眼刺激，对水生生物毒性非常大并具有长期持续影响

防范说明

　预防措施　避免接触眼睛、皮肤，操作后彻底清洗。作业场所不得进食、饮水或吸烟。戴防护手套、防护眼镜、防护面罩。禁止排入环境

　事故响应　皮肤接触：用大量肥皂水和水清洗，脱去被污染的衣服，如发生皮肤刺激，就医。被污染的衣服必须经洗净后方可重新使用。如接触眼睛：用水细心冲洗数分钟。如戴隐形眼镜并可方便地取出，取出隐形眼镜，继续冲洗。如果眼睛刺激持续：就医。食入：如果感觉不适，立即呼叫中毒控制中心或就医，漱口。收集泄漏物

　安全储存　—

　废弃处置　本品及内装物、容器依据国家和地方法规处置

物理和化学危险　可燃，其粉体与空气混合，能形成爆炸性混合物

健康危害　皮肤接触，引起皮肤发红、水肿；皮肤长时间接触可引起化学性灼伤，刺激眼结膜、损伤角膜。对呼吸系统有刺激作用

环境危害　对水生生物毒性非常大并具有长期持续影响

第三部分　成分/组成信息

√物质　　　　　　　　　　混合物

组分	浓度	CAS No.
2,4,6-三氯苯酚		88-06-2

第四部分　急救措施

吸入　迅速脱离现场至空气新鲜处。保持呼吸道通畅。如呼吸困难，给输氧。呼吸、心跳停止，立即进行心肺复苏术。就医

皮肤接触　立即脱去污染的衣着，用流动清水彻底冲洗。就医

眼睛接触　立即分开眼睑，用流动清水或生理盐水彻底冲洗。就医

食入　漱口，饮水。就医

对保护施救者的忠告　根据需要使用个人防护设备

对医生的特别提示　对症处理

第五部分　消防措施

灭火剂　用雾状水、泡沫、干粉、二氧化碳、砂土灭火

特别危险性　遇明火、高热可燃。其粉体与空气可形成爆炸性混合物，当达到一定浓度时，遇火星会发生爆炸。受高热分解放出有毒的气体。具有腐蚀性

灭火注意事项及防护措施　消防人员必须佩戴防毒面具、穿全身消防服，在上风向灭火。尽可能将容器从火场移至空旷处。喷水保持火场容器冷却，直至灭火结束

第六部分　泄漏应急处理

作业人员防护措施、防护装备和应急处置程序　隔离泄漏污染区，限制出入。消除所有点火源。建议应急处理人员戴防尘口罩，穿防毒服。穿上适当的防护服前严禁接触破裂的容器和泄漏物。尽可能切断泄漏源

环境保护措施　用塑料布覆盖泄漏物，减少飞散

泄漏化学品的收容、清除方法及所使用的处置材料　勿使水进入包装容器内。用洁净的铲子收集泄漏物，置于

干净、干燥、盖子较松的容器中，将容器移离泄漏区

第七部分 操作处置与储存

操作注意事项 密闭操作，局部排风。防止粉尘释放到车间空气中。操作人员必须经过专门培训，严格遵守操作规程。建议操作人员佩戴自吸过滤式防尘口罩，戴化学安全防护眼镜，穿防毒物渗透工作服，戴橡胶手套。远离火种、热源，工作场所严禁吸烟。使用防爆型的通风系统和设备。避免产生粉尘。避免与氧化剂、酸酐、酰基氯接触。配备相应品种和数量的消防器材及泄漏应急处理设备。倒空的容器可能残留有害物

储存注意事项 储存于阴凉、通风的库房。远离火种、热源。防止阳光直射。包装密封。应与氧化剂、酸酐、酰基氯分开存放，切忌混储。配备相应品种和数量的消防器材。储区应备有合适的材料收容泄漏物

第八部分 接触控制/个体防护

职业接触限值
中国 未制定标准
美国（ACGIH） 未制定标准
生物接触限值 未制定标准
监测方法 空气中有毒物质测定方法：未制定标准。生物监测检验方法：未制定标准
工程控制 密闭操作，局部排风
个体防护装备
呼吸系统防护 空气中粉尘浓度超标时，必须佩戴过滤式防尘呼吸器。紧急事态抢救或撤离时，应该佩戴空气呼吸器
眼睛防护 戴化学安全防护眼镜
皮肤和身体防护 穿防毒物渗透工作服
手防护 戴橡胶手套

第九部分 理化特性

外观与性状 无色针状结晶或黄色固体，有强烈的苯酚气味

pH 值 无意义　　　　**熔点（℃）** 64～66
沸点（℃） 246　　　　**相对密度（水＝1）** 1.4901
相对蒸气密度（空气＝1） 无资料
饱和蒸气压（kPa） 0.133（76.5℃）
临界压力（MPa） 无资料　　**辛醇/水分配系数** 3.69
闪点（℃） 99　　　　**自燃温度（℃）** 无资料
爆炸下限（%） 无资料　　**爆炸上限（%）** 无资料
分解温度（℃） 无资料　　**黏度（mPa·s）** 无资料
燃烧热（kJ/mol） 无资料　　**临界温度（℃）** 无资料
溶解性 溶于水，易溶于醇、醚、氯仿、甘油、石油醚、二硫化碳

第十部分 稳定性和反应性

稳定性 稳定
危险反应 与氧化剂、酸酐、酰基氯等禁配物发生反应
避免接触的条件 无资料
禁配物 氧化剂、酸酐、酰基氯
危险的分解产物 氯化氢

第十一部分 毒理学信息

急性毒性 LD_{50}：820mg/kg（大鼠经口），770mg/kg（小鼠经口），1000mg/kg（豚鼠经口）
皮肤刺激或腐蚀 家兔经皮：20mg（24h）；中度刺激
眼睛刺激或腐蚀 家兔经眼：250μg（24h）；重度刺激
呼吸或皮肤过敏 无资料
生殖细胞突变性 微生物致突变：鼠伤寒沙门氏菌 10μg/皿。特异位点试验：小鼠腹腔内 50mg/kg。哺乳动物体细胞突变：小鼠淋巴细胞 80mg/L
致癌性 IARC 致癌性评论：人类致癌性证据有限，动物致癌性证据不足
生殖毒性 大鼠经口最低中毒剂量（TDLo）：12500mg/kg（雌性交配前 2 周/孕 1～21d），对新生鼠生长统计指数有影响
特异性靶器官系统毒性-一次接触 无资料
特异性靶器官系统毒性-反复接触 无资料
吸入危害 无资料

第十二部分 生态学信息

生态毒性 LC_{50}：0.32mg/L（96h）（蓝鳃太阳鱼）
持久性和降解性
生物降解性 无资料
非生物降解性 无资料
潜在的生物累积性 根据 K_{ow} 值预测，该物质可能有一定的生物累积性
土壤中的迁移性 根据 K_{oc} 值预测，该物质可能有一定的迁移性

第十三部分 废弃处置

废弃化学品 建议用焚烧法处置。与燃料混合后再焚烧。焚烧炉排出的卤化氢通过酸洗涤器除去。在能利用的地方重复使用容器或在规定场所掩埋
污染包装物 将容器返还生产商或按照国家和地方法规处置
废弃注意事项 处置前应参阅国家和地方有关法规

第十四部分 运输信息

联合国危险货物编号（UN 号） 3077
联合国运输名称 对环境有害的固态物质，未另作规定的（2,4,6-三氯苯酚）
联合国危险性类别 9

包装类别 Ⅲ　　　　**包装标志**

海洋污染物 是
运输注意事项 运输前应先检查包装容器是否完整、密封，运输过程中要确保容器不泄漏、不倒塌、不坠落、不损坏。严禁与酸类、氧化剂、食品及食品添加剂混运。运输时运输车辆应配备相应品种和数量的消防器材及泄漏应急处理设备。运输途中应防暴晒、雨淋，防高温。公路运输时要按规定路线行驶，勿在居

民区和人口稠密区停留

第十五部分　法规信息

下列法律、法规、规章和标准，对该化学品的管理作了相应的规定。

中华人民共和国职业病防治法　职业病分类和目录：未列入

危险化学品安全管理条例　危险化学品目录：列入。易制爆危险化学品名录：未列入。重点监管的危险化学品名录：未列入。GB 18218—2009《危险化学品重大危险源辨识》（表1）：未列入

使用有毒物品作业场所劳动保护条例　高毒物品目录：未列入

易制毒化学品管理条例　易制毒化学品的分类和品种目录：未列入

国际公约　斯德哥尔摩公约：未列入。鹿特丹公约：未列入。蒙特利尔议定书：未列入

第十六部分　其他信息

编写和修订信息　　缩略语和首字母缩写
培训建议　　　　　参考文献
免责声明

三氯化钒

第一部分　化学品标识

化学品中文名　三氯化钒；氯化钒
化学品英文名　vanadium trichloride；vanadium（Ⅲ）chloride
分子式　VCl_3　**分子量**　157.3
结构式
$$Cl-V-Cl$$
Cl（上方）
化学品的推荐及限制用途　用作试剂和有机合成催化剂

第二部分　危险性概述

紧急情况概述　吞咽有害，造成严重的皮肤灼伤和眼损伤
GHS危险性类别　急性毒性-经口，类别4；皮肤腐蚀/刺激，类别1；严重眼损伤/眼刺激，类别1
标签要素

象形图

警示词　危险
危险性说明　吞咽有害，造成严重的皮肤灼伤和眼损伤
防范说明
　预防措施　避免接触眼睛、皮肤，操作后彻底清洗。作业场所不得进食、饮水或吸烟。避免吸入粉尘。戴防护手套、防护眼镜、防护面罩，穿防护服
　事故响应　如吸入：将患者转移到空气新鲜处，休息，保持利于呼吸的体位，立即呼叫中毒控制中心或就医。皮肤（或头发）接触：立即脱掉

所有被污染的衣服，用水冲洗皮肤，淋浴。污染的衣服洗净后方可重新使用。眼睛接触：用水细心地冲洗数分钟，立即呼叫中毒控制中心或就医。如戴隐形眼镜并可方便地取出，则取出隐形眼镜，继续冲洗。食入：漱口，不要催吐，如果感觉不适，立即呼叫中毒控制中心或就医

　安全储存　上锁保管
　废弃处置　本品及内装物、容器依据国家和地方法规处置

物理和化学危险　不燃，无特殊燃爆特性。遇水产生刺激性气体
健康危害　摄入有毒。对眼睛、皮肤、黏膜有强烈的刺激作用。眼和皮肤接触引起灼伤
环境危害　对环境可能有害

第三部分　成分/组成信息

√物质　　　　　　　　　混合物

组分	浓度	CAS No.
三氯化钒		7718-98-1

第四部分　急救措施

吸入　迅速脱离现场至空气新鲜处。保持呼吸道通畅。如呼吸困难，给输氧。呼吸、心跳停止，立即进行心肺复苏术。就医
皮肤接触　立即脱去污染的衣着，用大量流动清水彻底冲洗至少15min。就医
眼睛接触　立即分开眼睑，用流动清水或生理盐水彻底冲洗5～10min。就医
食入　用水漱口，禁止催吐。给饮牛奶或蛋清。就医
对保护施救者的忠告　根据需要使用个人防护设备
对医生的特别提示　对症处理

第五部分　消防措施

灭火剂　本品不燃，根据着火原因选择适当灭火剂灭火
特别危险性　遇水反应，放出具有刺激性和腐蚀性的氯化氢气体。与甲基碘化镁和其他格利雅试剂发生剧烈反应。受高热分解放出有毒的气体。遇潮时对大多数金属有腐蚀性
灭火注意事项及防护措施　消防人员必须穿全身防火防毒服，在上风向灭火。灭火时尽可能将容器从火场移至空旷处

第六部分　泄漏应急处理

作业人员防护措施、防护装备和应急处置程序　隔离泄漏污染区，限制出入。建议应急处理人员戴防尘口罩，穿防酸碱服。作业时使用的所有设备应接地。穿上适当的防护服前严禁接触破裂的容器和泄漏物。尽可能切断泄漏源
环境保护措施　用塑料布覆盖，减少飞散、避免雨淋
泄漏化学品的收容、清除方法及所使用的处置材料　小量泄漏：用干燥的砂土或其他不燃材料覆盖泄漏物，用洁净的铲子收集泄漏物，置于干净、干燥、盖子较松

的容器中，将容器移离泄漏区

第七部分　操作处置与储存

操作注意事项　密闭操作，提供充分的局部排风。防止粉尘释放到车间空气中。操作人员必须经过专门培训，严格遵守操作规程。建议操作人员佩戴防尘面具（全面罩），穿橡胶耐酸碱服，戴橡胶耐酸碱手套。避免产生粉尘。避免与五羰基铁接触。尤其要注意避免与水接触。配备泄漏应急处理设备。倒空的容器可能残留有害物

储存注意事项　储存于阴凉、干燥、通风良好的库房。远离火种、热源。防止阳光直射。包装必须密封，切勿受潮。应与五羰基铁、食用化学品等分开存放，切忌混储。储区应备有合适的材料收容泄漏物

第八部分　接触控制/个体防护

职业接触限值
　　中国　未制定标准
　　美国（ACGIH）　未制定标准
生物接触限值　未制定标准
监测方法　空气中有毒物质测定方法：未制定标准。生物监测检验方法：未制定标准
工程控制　严加密闭，提供充分的局部排风
个体防护装备
　　呼吸系统防护　可能接触其粉尘时，必须佩戴防尘面具（全面罩）。紧急事态抢救或撤离时，应该佩戴空气呼吸器
　　眼睛防护　呼吸系统防护中已作防护
　　皮肤和身体防护　穿橡胶耐酸碱服
　　手防护　戴橡胶耐酸碱手套

第九部分　理化特性

外观与性状　粉红色结晶

pH值　无意义		**熔点(℃)**　425（分解）	
沸点(℃)　无资料		**相对密度(水＝1)**　3.00	
相对蒸气密度(空气＝1)　无资料			
饱和蒸气压(kPa)　无资料			
临界压力(MPa)　无意义		**辛醇/水分配系数**　无资料	
闪点(℃)　无意义		**自燃温度(℃)**　无意义	
爆炸下限(%)　无意义		**爆炸上限(%)**　无意义	
分解温度(℃)　>300		**黏度(mPa·s)**　无资料	
燃烧热(kJ/mol)　无资料		**临界温度(℃)**　无资料	

溶解性　溶于水、醇、醚

第十部分　稳定性和反应性

稳定性　稳定
危险反应　与水及水蒸气、格利雅试剂等禁配物发生反应。遇水反应，放出具有刺激性和腐蚀性的氯化氢气体。与甲基碘化镁和其他格利雅试剂发生剧烈反应
避免接触的条件　潮湿空气
禁配物　水及水蒸气、格利雅试剂
危险的分解产物　氯化氢、氧化钒

第十一部分　毒理学信息

急性毒性　LD$_{50}$：350mg/kg（大鼠经口），24mg/kg（小鼠经口），30mg/kg（小鼠皮下）
皮肤刺激或腐蚀　无资料　　**眼睛刺激或腐蚀**　无资料
呼吸或皮肤过敏　无资料　　**生殖细胞突变性**　无资料
致癌性　无资料　　　　　　**生殖毒性**　无资料
特异性靶器官系统毒性-一次接触　无资料
特异性靶器官系统毒性-反复接触　动物吸入慢性中毒时，血中血清白蛋白下降，γ-球蛋白相对增加，白蛋白、球蛋白比值下降。肺、肝、肾、胃肠细胞内DNA减少，肝糖原含量显著降低或完全缺乏
吸入危害　无资料

第十二部分　生态学信息

生态毒性　无资料
持久性和降解性
　　生物降解性　无资料
　　非生物降解性　无资料
潜在的生物累积性　无资料
土壤中的迁移性　无资料

第十三部分　废弃处置

废弃化学品　建议用控制焚烧法或安全掩埋法处置。若可能，重复使用容器或在规定场所掩埋
污染包装物　将容器返还生产商或按照国家和地方法规处置
废弃注意事项　处置前应参阅国家和地方有关法规

第十四部分　运输信息

联合国危险货物编号（UN号）　2475
联合国运输名称　三氯化钒
联合国危险性类别　8

包装类别　Ⅲ　　　　　　**包装标志**　

海洋污染物　否
运输注意事项　起运时包装要完整，装载应稳妥。运输过程中要确保容器不泄漏、不倒塌、不坠落、不损坏。严禁与食用化学品等混装混运。运输时运输车辆应配备泄漏应急处理设备。运输途中应防暴晒、雨淋，防高温。公路运输时要按规定路线行驶，勿在居民区和人口稠密区停留

第十五部分　法规信息

　　下列法律、法规、规章和标准，对该化学品的管理作了相应的规定。
中华人民共和国职业病防治法　职业病分类和目录：钒及其化合物中毒
危险化学品安全管理条例　危险化学品目录：列入。易制爆危险化学品名录：未列入。重点监管的危险化学品名录：未列入。GB 18218—2009《危险化学品重大

《危险源辨识》（表1）：未列入

使用有毒物品作业场所劳动保护条例 高毒物品目录：未列入

易制毒化学品管理条例 易制毒化学品的分类和品种目录：未列入

国际公约 斯德哥尔摩公约：未列入。鹿特丹公约：未列入。蒙特利尔议定书：未列入

第十六部分 其他信息

编写和修订信息　　缩略语和首字母缩写
培训建议　　参考文献
免责声明

三氯化三甲基二铝

第一部分 化学品标识

化学品中文名 三氯化三甲基二铝；三甲基三氯化二铝；三氯化三甲基（二）铝

化学品英文名 trichlorotrimethyl dialuminum；methyl aluminum sesquichloride

分子式 $C_3H_9Al_2Cl_3$　**分子量** 205.427

结构式

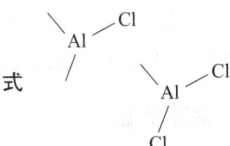

化学品的推荐及限制用途 用于有机合成，用作催化剂等

第二部分 危险性概述

紧急情况概述 暴露在空气中自燃，遇水放出可自燃的易燃气体

GHS 危险性类别 自燃液体，类别 1；遇水放出易燃气体的物质和混合物，类别 1

标签要素

象形图

警示词 危险

危险性说明 暴露在空气中自燃，遇水放出可自燃的易燃气体

防范说明

　　预防措施 远离热源、火花、明火、热表面。禁止吸烟。不得与空气接触。戴防护手套、防护眼镜、防护面罩。因与水发生剧烈反应和可能发生燃爆，应避免与水接触。在惰性气体中操作。防潮

　　事故响应 火灾时，使用干粉、砂土灭火

　　安全储存 在干燥处和密闭的容器中储存

　　废弃处置 本品及内装物、容器依据国家和地方法规处置

物理和化学危险 接触空气易自燃

健康危害 吸入、摄入或经皮肤吸收后对身体有害。对眼睛、皮肤、黏膜和上呼吸道有强烈刺激作用，

可引起灼伤。吸入，可引起喉炎、化学性肺炎、肺水肿等

环境危害 对环境可能有害

第三部分 成分/组成信息

√物质　　　　　　　混合物

组分	浓度	CAS No.
三氯化三甲基二铝		12542-85-7

第四部分 急救措施

吸入 迅速脱离现场至空气新鲜处。保持呼吸道通畅。如呼吸困难，给吸氧。呼吸、心跳停止，立即进行心肺复苏术。就医

皮肤接触 立即脱去污染的衣着，用大量流动清水彻底冲洗至少 15min。就医

眼睛接触 立即分开眼睑，用流动清水或生理盐水彻底冲洗 5～10min。就医

食入 用水漱口，禁止催吐。给饮牛奶或蛋清。就医

对保护施救者的忠告 根据需要使用个人防护设备

对医生的特别提示 对症处理

第五部分 消防措施

灭火剂 用干粉、砂土灭火

特别危险性 暴露在空气或二氧化碳中会自燃。与水、强氧化剂、酸类、卤代烃、胺类发生强烈反应。受高热分解放出有毒的气体

灭火注意事项及防护措施 消防人员必须佩戴空气呼吸器、穿全身防火防毒服，在上风向灭火。尽可能将容器从火场移至空旷处。处在火场中的容器若已变色或从安全泄压装置中发出声音，必须马上撤离。严禁用水、泡沫、二氧化碳扑救

第六部分 泄漏应急处理

作业人员防护措施、防护装备和应急处置程序 根据液体流动和蒸气扩散的影响区域划定警戒区，无关人员从侧风、上风向撤离至安全区。消除所有点火源。建议应急处理人员戴正压自给式呼吸器，穿防毒、防静电服。禁止接触或跨越泄漏物。尽可能切断泄漏源

环境保护措施 防止泄漏物进入水体、下水道、地下室或有限空间

泄漏化学品的收容、清除方法及所使用的处置材料 小量泄漏：用干燥的砂土或其他不燃材料覆盖泄漏物，用洁净的无火花工具收集泄漏物，置于一盖子较松的塑料容器中，待处置。大量泄漏：构筑围堤或挖坑收容。用防爆泵转移至槽车或专用收集器内

第七部分 操作处置与储存

操作注意事项 密闭操作，提供充分的局部排风。防止蒸气泄漏到工作场所空气中。操作人员必须经过专门培训，严格遵守操作规程。建议操作人员佩戴自吸过滤式防毒面具（全面罩），穿防静电工作服，戴橡胶手套。远离火种、热源，工作场所严禁吸烟。使用防爆型的通风系统和设备。在清除液体和蒸气前不能进行

焊接、切割等作业。避免产生烟雾。避免与氧化剂、酸类、胺类、卤代烃接触。尤其要注意避免与水接触。在氮气中操作处置。配备相应品种和数量的消防器材及泄漏应急处理设备。倒空的容器可能残留有害物

储存注意事项　储存于阴凉、干燥、通风良好的专用库房内，远离火种、热源。防止阳光直射。保持容器密封，严禁与空气接触。应与氧化剂、酸类、胺类、卤代烃、食用化学品等分开存放，切忌混储。采用防爆型照明、通风设施。禁止使用易产生火花的机械设备和工具。储区应备有泄漏应急处理设备和合适的收容材料

第八部分　接触控制/个体防护

职业接触限值

中国　未制定标准

美国（ACGIH）　未制定标准

生物接触限值　未制定标准

监测方法　空气中有毒物质测定方法：未制定标准。生物监测检验方法：未制定标准

工程控制　严加密闭，提供充分的局部排风

个体防护装备

呼吸系统防护　空气中浓度超标时，必须佩戴过滤式防毒面具（全面罩）。紧急事态抢救或撤离时，应该佩戴空气呼吸器

眼睛防护　呼吸系统防护中已作防护

皮肤和身体防护　穿防静电工作服

手防护　戴橡胶手套

第九部分　理化特性

外观与性状　无色液体

pH 值　无资料　　　　**熔点（℃）**　23

沸点（℃）　144　　　**相对密度（水＝1）**　0.877

相对蒸气密度（空气＝1）　无资料

饱和蒸气压（kPa）　无资料

临界压力（MPa）　无资料　　　**辛醇/水分配系数**　无资料

闪点（℃）　－18.3　　　**自燃温度（℃）**　无资料

爆炸下限（%）　无资料　　　**爆炸上限（%）**　无资料

分解温度（℃）　无资料　　　**黏度（mPa·s）**　无资料

燃烧热（kJ/mol）　无资料　　　**临界温度（℃）**　无资料

溶解性　无资料

第十部分　稳定性和反应性

稳定性　稳定

危险反应　暴露在空气或二氧化碳中会自燃。与水、强氧化剂、酸类、卤代烃、胺类发生强烈反应

避免接触的条件　空气、潮湿空气

禁配物　强氧化剂、强酸、水、胺类、卤代烃、二氧化碳

危险的分解产物　氯化氢、氧化铝

第十一部分　毒理学信息

急性毒性　无资料

皮肤刺激或腐蚀　无资料　　　**眼睛刺激或腐蚀**　无资料

呼吸或皮肤过敏　无资料　　　**生殖细胞突变性**　无资料

致癌性　无资料　　　**生殖毒性**　无资料

特异性靶器官系统毒性-一次接触　无资料

特异性靶器官系统毒性-反复接触　无资料

吸入危害　无资料

第十二部分　生态学信息

生态毒性　无资料

持久性和降解性

生物降解性　无资料

非生物降解性　无资料

潜在的生物累积性　无资料

土壤中的迁移性　无资料

第十三部分　废弃处置

废弃化学品　建议用焚烧法处置。量小时，在惰性气氛下小心加入含适当溶剂的干丁醇中，反应可能产生大量易燃的氢气（烃类）气体，并伴随着剧烈放热，必须提供通风。用含水酸中和，滤出固体做掩埋处置，液体部分烧掉

污染包装物　将容器返还生产商或按照国家和地方法规处置

废弃注意事项　处置前应参阅国家和地方有关法规

第十四部分　运输信息

联合国危险货物编号（UN号）　3394

联合国运输名称　液态有机金属物质，发火，遇水反应（三氯化三甲基二铝）

联合国危险性类别　4.2,4.3

包装类别　Ⅰ

包装标志　

海洋污染物　否

运输注意事项　运输时运输车辆应配备相应品种和数量的消防器材及泄漏应急处理设备。装运本品的车辆排气管必须有阻火装置。运输过程中要确保容器不泄漏、不倒塌、不坠落、不损坏。严禁与氧化剂、酸类、胺类、卤代烃、食用化学品等混装混运。运输途中应防暴晒、雨淋，防高温。中途停留时应远离火种、热源。运输用车、船必须干燥，并有良好的防雨设施。车辆运输完毕应进行彻底清扫。铁路运输时要禁止溜放

第十五部分　法规信息

下列法律、法规、规章和标准，对该化学品的管理作了相应的规定。

中华人民共和国职业病防治法　职业病分类和目录：未列入

危险化学品安全管理条例　危险化学品目录：列入。易制爆危险化学品名录：未列入。重点监管的危险化学品名录：未列入。GB 18218—2009《危险化学品重大

危险源辨识》（表1）：未列入

使用有毒物品作业场所劳动保护条例 高毒物品目录：未列入

易制毒化学品管理条例 易制毒化学品的分类和品种目录：未列入

国际公约 斯德哥尔摩公约：未列入。鹿特丹公约：未列入。蒙特利尔议定书：未列入

第十六部分 其他信息

编写和修订信息　**缩略语和首字母缩写**

培训建议　**参考文献**

免责声明

三氯环己基硅烷

第一部分 化学品标识

化学品中文名 三氯环己基硅烷；环己基三氯硅烷；环己三氯硅烷

化学品英文名 cyclohexyltrichlorosilane; trichlorocyclohexylsilane

分子式 $C_6H_{11}Cl_3Si$ 　**分子量** 217.61

结构式

化学品的推荐及限制用途 用于有机硅化合物的制造

第二部分 危险性概述

紧急情况概述 造成严重的皮肤灼伤和眼损伤

GHS危险性类别 皮肤腐蚀/刺激，类别1；严重眼损伤/眼刺激，类别1

标签要素

象形图

警示词 危险

危险性说明 造成严重的皮肤灼伤和眼损伤

防范说明

预防措施 避免吸入烟雾。避免接触眼睛、皮肤，操作后彻底清洗。戴防护手套，穿防护服，戴防护眼镜、防护面罩

事故响应 如吸入：将患者转移到空气新鲜处，休息，保持利于呼吸的体位，立即呼叫中毒控制中心或就医。皮肤（或头发）接触：立即脱掉所有被污染的衣服，用水冲洗皮肤，淋浴。污染的衣服须洗净后方可重新使用。眼睛接触：用水细心地冲洗数分钟，如戴隐形眼镜并可方便地取出，则取出隐形眼镜，继续冲洗，立即呼叫中毒控制中心或就医。食入：漱口，不要催吐

安全储存 上锁保管

废弃处置 本品及内装物、容器依据国家和地方法规处置

物理和化学危险 可燃。遇水剧烈反应，产生有毒气体

健康危害 本品的蒸气对皮肤、眼睛和黏膜有强烈的刺激性。遇水或水蒸气释放出的氯化氢气体有刺激性和腐蚀性

环境危害 对环境可能有害

第三部分 成分/组成信息

√ 物质　　　　　　　　　　　混合物

组分	浓度	CAS No.
三氯环己基硅烷		98-12-4

第四部分 急救措施

吸入 迅速脱离现场至空气新鲜处。保持呼吸道通畅。如呼吸困难，给输氧。如呼吸、心跳停止，立即进行心肺复苏术。就医

皮肤接触 立即脱去污染的衣着，用大量流动清水彻底冲洗至少15min。就医

眼睛接触 立即分开眼睑，用流动清水或生理盐水彻底冲洗5～10min。就医

食入 用水漱口，禁止催吐。给饮牛奶或蛋清。就医

对保护施救者的忠告 根据需要使用个人防护设备

对医生的特别提示 对症处理

第五部分 消防措施

灭火剂 用干粉、二氧化碳、砂土灭火

特别危险性 可燃。燃烧时，放出有毒气体。遇火焰、热源或氧化剂有中等程度的爆炸危险。遇水或水蒸气发生剧烈反应释出有刺激性和腐蚀性的氯化氢烟雾。遇潮时对大多数金属有强腐蚀性

灭火注意事项及防护措施 消防人员必须佩戴空气呼吸器、穿全身防火防毒服，在上风向灭火。尽可能将容器从火场移至空旷处。喷水保持火场容器冷却，直至灭火结束。处在火场中的容器若已变色或从安全泄压装置中发出声音，必须马上撤离。禁止用水和泡沫灭火

第六部分 泄漏应急处理

作业人员防护措施、防护装备和应急处置程序 根据液体流动和蒸气扩散的影响区域划定警戒区，无关人员从侧风向、上风向撤离至安全区。建议应急处理人员戴正压自给式呼吸器，穿防腐、防毒服。作业时使用的所有设备应接地。穿上适当的防护服前严禁接触破裂的容器和泄漏物。尽可能切断泄漏源

环境保护措施 防止泄漏物进入水体、下水道、地下室或有限空间

泄漏化学品的收容、清除方法及所使用的处置材料 严禁用水处理。小量泄漏：用干燥的砂土或其他不燃材料覆盖泄漏物。大量泄漏：构筑围堤或挖坑收容。用碎石灰石（$CaCO_3$）、苏打灰（Na_2CO_3）或石灰（CaO）中和。用耐腐蚀泵转移至槽车或专用收集器内

第七部分 操作处置与储存

操作注意事项 严加密闭，提供充分的局部排风和全面通

风。操作人员必须经过专门培训，严格遵守操作规程。建议操作人员佩戴自吸过滤式防毒面具（全面罩），穿橡胶耐酸碱服，戴橡胶耐酸碱手套。远离火种、热源，工作场所严禁吸烟。使用防爆型的通风系统和设备。避免产生烟雾。防止烟雾和蒸气释放到工作场所空气中。避免与氧化剂接触。尤其要注意避免与水接触。搬运时要轻装轻卸，防止包装及容器损坏。配备相应品种和数量的消防器材及泄漏应急处理设备。倒空的容器可能残留有害物

储存注意事项　储存于阴凉、干燥、通风良好的库房。远离火种、热源。保持容器密封。应与氧化剂等分开存放，切忌混储。配备相应品种和数量的消防器材。储区应备有泄漏应急处理设备和合适的收容材料

第八部分　接触控制/个体防护

职业接触限值
　中国　未制定标准
　美国（ACGIH）　未制定标准
生物接触限值　未制定标准
监测方法　空气中有毒物质测定方法：未制定标准。生物监测检验方法：未制定标准
工程控制　严加密闭，提供充分的局部排风和全面通风
个体防护装备
　呼吸系统防护　空气中浓度超标时，必须佩戴过滤式防毒面具（全面罩）。紧急事态抢救或撤离时，应该佩戴空气呼吸器
　眼睛防护　呼吸系统防护中已作防护
　皮肤和身体防护　穿橡胶耐酸碱服
　手防护　戴橡胶耐酸碱手套

第九部分　理化特性

外观与性状　无色液体，带有刺激性气味
pH 值　无资料　　　　**熔点（℃）**　无资料
沸点（℃）　206　　　**相对密度（水＝1）**　1.226
相对蒸气密度（空气＝1）　7.5
饱和蒸气压（kPa）　无资料
临界压力（MPa）　无资料　**辛醇/水分配系数**　无资料
闪点（℃）　85.0　　　**自燃温度（℃）**　无资料
爆炸下限（%）　无资料　**爆炸上限（%）**　无资料
分解温度（℃）　无资料　**黏度（mPa·s）**　无资料
燃烧热（kJ/mol）　无资料　**临界温度（℃）**　无资料
溶解性　无资料

第十部分　稳定性和反应性

稳定性　稳定
危险反应　与强氧化剂等禁配物接触发生反应。遇火焰、热源或氧化剂有中等程度的爆炸危险。遇水或水蒸气发生剧烈反应释出有刺激性和腐蚀性的氯化氢烟雾
避免接触的条件　受热、潮湿空气
禁配物　强氧化剂、水蒸气
危险的分解产物　氯化氢、氧化硅

第十一部分　毒理学信息

急性毒性　无资料

皮肤刺激或腐蚀　无资料　　**眼睛刺激或腐蚀**　无资料
呼吸或皮肤过敏　无资料　　**生殖细胞突变性**　无资料
致癌性　无资料　　　　　　**生殖毒性**　无资料
特异性靶器官系统毒性--一次接触　无资料
特异性靶器官系统毒性-反复接触　无资料
吸入危害　无资料

第十二部分　生态学信息

生态毒性　无资料
持久性和降解性
　生物降解性　无资料
　非生物降解性　无资料
潜在的生物累积性　无资料
土壤中的迁移性　无资料

第十三部分　废弃处置

废弃化学品　建议用焚烧法处置。与燃料混合后，再焚烧。焚烧炉排出的卤化氢通过酸洗涤器除去
污染包装物　将容器返还生产商或按照国家和地方法规处置
废弃注意事项　处置前应参阅国家和地方有关法规

第十四部分　运输信息

联合国危险货物编号（UN号）　1763
联合国运输名称　环己基三氯硅烷
联合国危险性类别　8

包装类别　Ⅱ　　　　　　**包装标志**　

海洋污染物　否
运输注意事项　起运时包装要完整，装载应稳妥。运输过程中要确保容器不泄漏、不倒塌、不坠落、不损坏。严禁与氧化剂、食用化学品等混装混运。运输时运输车辆应配备相应品种和数量的消防器材及泄漏应急处理设备。运输途中应防暴晒、雨淋，防高温。公路运输时要按规定路线行驶，勿在居民区和人口稠密区停留

第十五部分　法规信息

　下列法律、法规、规章和标准，对该化学品的管理作了相应的规定。
中华人民共和国职业病防治法　职业病分类和目录：未列入
危险化学品安全管理条例　危险化学品目录：列入。易制爆危险化学品名录：未列入。重点监管的危险化学品名录：未列入。GB 18218—2009《危险化学品重大危险源辨识》（表1）：未列入
使用有毒物品作业场所劳动保护条例　高毒物品目录：未列入
易制毒化学品管理条例　易制毒化学品的分类和品种目录：未列入
国际公约　斯德哥尔摩公约：未列入。鹿特丹公约：未列

入。蒙特利尔议定书：未列入

第十六部分　其他信息

编写和修订信息　　缩略语和首字母缩写
培训建议　　　　　参考文献
免责声明

三氯-3-环己烯基-1-硅烷

第一部分　化学品标识

化学品中文名　三氯-3-环己烯基-1-硅烷；环己烯基三氯硅烷

化学品英文名　cyclohexenyl trichlorosilane；trichloro-3-cyclohexen-1-ylsilane

分子式　$C_6H_9Cl_3Si$　**分子量**　215.58

结构式

化学品的推荐及限制用途　合成高分子有机硅化合物

第二部分　危险性概述

紧急情况概述　皮肤接触会中毒，造成严重的皮肤灼伤和眼损伤

GHS危险性类别　急性毒性-经口，类别5；急性毒性-经皮，类别3；皮肤腐蚀/刺激，类别1；严重眼损伤/眼刺激，类别1

标签要素

象形图　☠　🗲

警示词　危险

危险性说明　吞咽可能有害，皮肤接触会中毒，造成严重的皮肤灼伤和眼损伤

防范说明

预防措施　避免吸入烟雾。避免接触眼睛、皮肤，操作后彻底清洗。戴防护手套，穿防护服，戴防护眼镜、防护面罩

事故响应　如吸入：将患者转移到空气新鲜处，休息，保持利于呼吸的体位，立即呼叫中毒控制中心或就医。皮肤（或头发）接触：立即脱掉所有被污染的衣服，用水冲洗皮肤，淋浴，如感觉不适，呼叫中毒控制中心或就医。污染的衣服须洗净后方可重新使用。眼睛接触：用水细心地冲洗数分钟。如戴隐形眼镜并可方便地取出，则取出隐形眼镜，继续冲洗，立即呼叫中毒控制中心或就医。食入：漱口，不要催吐

安全储存　上锁保管

废弃处置　本品及内装物、容器依据国家和地方法规处置

物理和化学危险　可燃。遇水产生刺激性气体

健康危害　具腐蚀性和刺激作用。受热分解释放出氯气

环境危害　对环境可能有害

第三部分　成分/组成信息

✓ 物质　　　　　　　混合物

组分	浓度	CAS No.
三氯-3-环己烯基-1-硅烷		10137-69-6

第四部分　急救措施

吸入　迅速脱离现场至空气新鲜处。保持呼吸道通畅。如呼吸困难，给输氧。如呼吸、心跳停止，立即进行心肺复苏术。就医

皮肤接触　立即脱去污染的衣着，用大量流动清水彻底冲洗至少15min。就医

眼睛接触　立即分开眼睑，用流动清水或生理盐水彻底冲洗5～10min。就医

食入　用水漱口，禁止催吐。给饮牛奶或蛋清。就医

对保护施救者的忠告　根据需要使用个人防护设备

对医生的特别提示　对症处理

第五部分　消防措施

灭火剂　用干粉、二氧化碳、砂土灭火

特别危险性　遇明火、高热可燃。与氧化剂可发生反应。遇水或水蒸气反应放热并产生有毒的腐蚀性气体。受高热分解放出有毒的气体。蒸气比空气重，沿地面扩散并易积存于低洼处，遇火源会着火回燃。容易自聚，聚合反应随着温度的上升而急骤加剧。遇潮时对大多数金属有腐蚀性。若遇高热，容器内压增大，有开裂和爆炸的危险

灭火注意事项及防护措施　消防人员必须佩戴防毒面具、穿全身消防服，在上风向灭火。尽可能将容器从火场移至空旷处。喷水保持火场容器冷却，直至灭火结束。处在火场中的容器若已变色或从安全泄压装置中发出声音，必须马上撤离。禁止用水和泡沫灭火

第六部分　泄漏应急处理

作业人员防护措施、防护装备和应急处置程序　根据液体流动和蒸气扩散的影响区域划定警戒区，无关人员从侧风向、上风向撤离至安全区。建议应急处理人员戴正压自给式呼吸器，穿防腐、防毒服。作业时使用的所有设备应接地。穿上适当的防护服前严禁接触破裂的容器和泄漏物。尽可能切断泄漏源

环境保护措施　防止泄漏物进入水体、下水道、地下室或有限空间

泄漏化学品的收容、清除方法及所使用的处置材料　严禁用水处理。小量泄漏：用干燥的砂土或其他不燃材料覆盖泄漏物。大量泄漏：构筑围堤或挖坑收容。用粉煤灰或石灰粉吸收大量液体。用耐腐蚀泵转移至槽车或专用收集器内

第七部分　操作处置与储存

操作注意事项　密闭操作，局部排风。防止蒸气泄漏到工作场所空气中。操作人员必须经过专门培训，严格遵守操作规程。建议操作人员佩戴自吸过滤式防毒面具（半面罩），戴化学安全防护眼镜，穿橡胶耐酸碱服，

戴橡胶耐酸碱手套。远离火种、热源，工作场所严禁吸烟。使用防爆型的通风系统和设备。在清除液体和蒸气前不能进行焊接、切割等作业。避免产生烟雾。避免与氧化剂、酸类、碱类接触。尤其要注意避免与水接触。配备相应品种和数量的消防器材及泄漏应急处理设备。倒空的容器可能残留有害物

储存注意事项　储存于阴凉、干燥、通风良好的库房。远离火种、热源。防止阳光直射。保持容器密封，严禁与空气接触。应与氧化剂、酸类、碱类、食用化学品分开存放，切忌混储。配备相应品种和数量的消防器材。储区应备有泄漏应急处理设备和合适的收容材料

第八部分　接触控制/个体防护

职业接触限值
　　中国　未制定标准
　　美国（ACGIH）　未制定标准

生物接触限值　未制定标准

监测方法　空气中有毒物质测定方法：未制定标准。生物监测检验方法：未制定标准

工程控制　密闭操作，局部排风

个体防护装备
　　呼吸系统防护　空气中浓度超标时，必须佩戴过滤式防毒面具（半面罩）。紧急事态抢救或撤离时，应该佩戴空气呼吸器
　　眼睛防护　戴化学安全防护眼镜
　　皮肤和身体防护　穿橡胶耐酸碱服
　　手防护　戴橡胶耐酸碱手套

第九部分　理化特性

外观与性状　无色发烟液体，有刺激性气味

pH 值　无资料　　　　　**熔点（℃）**　无资料

沸点（℃）　202

相对密度（水＝1）　1.263（25℃）

相对蒸气密度（空气＝1）　7.5

饱和蒸气压（kPa）　无资料

临界压力（MPa）　无资料　　**辛醇/水分配系数**　无资料

闪点（℃）　93（OC）　　　**自燃温度（℃）**　无资料

爆炸下限（%）　无资料　　**爆炸上限（%）**　无资料

分解温度（℃）　无资料　　**黏度（mPa·s）**　无资料

燃烧热（kJ/mol）　无资料　**临界温度（℃）**　无资料

溶解性　无资料

第十部分　稳定性和反应性

稳定性　稳定

危险反应　与强氧化剂、酸类、碱类等禁配物接触发生反应。遇水或水蒸气反应放热并产生有毒的腐蚀性气体。容易发生聚合反应

避免接触的条件　潮湿空气

禁配物　强氧化剂、酸类、碱类

危险的分解产物　氯化氢、氧化硅

第十一部分　毒理学信息

急性毒性　LD$_{50}$：2830mg/kg（大鼠经口），630mg/kg

（兔经皮）

皮肤刺激或腐蚀　家兔经皮：5mg（24h），重度刺激

眼睛刺激或腐蚀　家兔经眼：250μg（24h），重度刺激

呼吸或皮肤过敏　无资料　　**生殖细胞突变性**　无资料

致癌性　无资料　　　　　　**生殖毒性**　无资料

特异性靶器官系统毒性-一次接触　无资料

特异性靶器官系统毒性-反复接触　无资料

吸入危害　无资料

第十二部分　生态学信息

生态毒性　无资料

持久性和降解性
　　生物降解性　无资料
　　非生物降解性　无资料

潜在的生物累积性　无资料

土壤中的迁移性　无资料

第十三部分　废弃处置

废弃化学品　建议用焚烧法处置。在能利用的地方重复使用容器或在规定场所掩埋

污染包装物　将容器返还生产商或按照国家和地方法规处置

废弃注意事项　处置前应参阅国家和地方有关法规

第十四部分　运输信息

联合国危险货物编号（UN 号）　1762

联合国运输名称　环己烯基三氯硅烷

联合国危险性类别　8

包装类别　Ⅱ　　　　　　　**包装标志**　

海洋污染物　否

运输注意事项　起运时包装要完整，装载应稳妥。运输过程中要确保容器不泄漏、不倒塌、不坠落、不损坏。严禁与氧化剂、酸类、碱类、食用化学品等混装混运。运输时运输车辆应配备相应品种和数量的消防器材及泄漏应急处理设备。运输途中应防暴晒、雨淋，防高温。公路运输时要按规定路线行驶，勿在居民区和人口稠密区停留

第十五部分　法规信息

下列法律、法规、规章和标准，对该化学品的管理作了相应的规定。

中华人民共和国职业病防治法　职业病分类和目录：未列入

危险化学品安全管理条例　危险化学品目录：列入。易制爆危险化学品名录：未列入。重点监管的危险化学品名录：未列入。GB 18218—2009《危险化学品重大危险源辨识》（表 1）：未列入

使用有毒物品作业场所劳动保护条例　高毒物品目录：未列入

易制毒化学品管理条例　易制毒化学品的分类和品种目

录：未列入

国际公约 斯德哥尔摩公约：未列入。鹿特丹公约：未列入。蒙特利尔议定书：未列入

第十六部分　其他信息

编写和修订信息　　缩略语和首字母缩写

培训建议　　　　　参考文献

免责声明

α,α,α-三氯甲苯

第一部分　化学品标识

化学品中文名 α,α,α-三氯甲苯；三氯化苄

化学品英文名 alpha, alpha, alpha-trichlorotoluene；benzyl trichloride

分子式 $C_7H_5Cl_3$　**分子量** 195.48

结构式
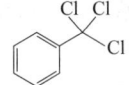

化学品的推荐及限制用途 用作染料及其他有机合成的原料

第二部分　危险性概述

紧急情况概述 吞咽有害，皮肤接触会中毒，造成严重眼损伤，可能致癌，可能引起呼吸道刺激

GHS危险性类别 急性毒性-经口，类别4；急性毒性-吸入，类别3；皮肤腐蚀/刺激，类别2；严重眼损伤/眼刺激，类别1；致癌性，类别1B；特异性靶器官毒性——次接触，类别3（呼吸道刺激）；危害水生环境-急性危害，类别3

标签要素

象形图

警示词 危险

危险性说明 吞咽有害，皮肤接触会中毒，造成皮肤刺激，造成严重眼损伤，可能致癌，可能引起呼吸道刺激，对水生生物有害

防范说明

预防措施　避免接触眼睛、皮肤，操作后彻底清洗。作业场所不得进食、饮水或吸烟。穿防护服，戴防护眼镜、防护手套、防护面罩。得到专门指导后操作。在阅读并了解所有安全预防措施之前，切勿操作。按要求使用个体防护装备。禁止排入环境

事故响应　食入：如果感觉不适，立即呼叫中毒控制中心或就医。漱口。皮肤接触：用大量肥皂水和水清洗，立即脱去所有被污染的衣服，被污染的衣服必须经洗净后方可重新使用。如发生皮肤刺激，就医。接触眼睛：用水细心冲洗数分钟。如戴隐形眼镜并可方便地取出，取出隐形眼镜，继续冲洗。如果接触或有担心，

就医

安全储存　在通风良好处储存。保持容器密闭。上锁保管

废弃处置　本品及内装物、容器依据国家和地方法规处置

物理和化学危险 可燃

健康危害 吸入、摄入或经皮吸收有毒。对眼睛、皮肤、黏膜均有腐蚀性。吸入蒸气会产生咳嗽、呼吸困难、肺水肿，重者死亡。误服，可引起恶心、呕吐、腹痛

环境危害 对水生生物有害

第三部分　成分/组成信息

√ 物质　　　　　　　　混合物

组分	浓度	CAS No.
α,α,α-三氯甲苯		98-07-7

第四部分　急救措施

吸入 迅速脱离现场至空气新鲜处。保持呼吸道通畅。如呼吸困难，给输氧。呼吸、心跳停止，立即进行心肺复苏术。就医

皮肤接触 立即脱去污染的衣着，用流动清水彻底冲洗。就医

眼睛接触 立即分开眼睑，用流动清水或生理盐水彻底冲洗5～10min。就医

食入 漱口，饮水。就医

对保护施救者的忠告 根据需要使用个人防护设备

对医生的特别提示 对症处理

第五部分　消防措施

灭火剂 用雾状水、泡沫、干粉、二氧化碳、砂土灭火

特别危险性 遇明火、高热可燃。与氧化剂可发生反应。受高热分解放出有毒的气体。流速过快，容易产生和积聚静电。蒸气比空气重，沿地面扩散并易积存于低洼处，遇火源会着火回燃。遇潮时对大多数金属有腐蚀性。若遇高热，容器内压增大，有开裂和爆炸的危险

灭火注意事项及防护措施 消防人员必须佩戴空气呼吸器、穿全身防火防毒服，在上风向灭火。尽可能将容器从火场移至空旷处。喷水保持火场容器冷却，直至灭火结束。处在火场中的容器若已变色或从安全泄压装置中发出声音，必须马上撤离

第六部分　泄漏应急处理

作业人员防护措施、防护装备和应急处置程序 根据液体流动和蒸气扩散的影响区域划定警戒区，无关人员从侧风、上风向撤离至安全区。建议应急处理人员戴正压自给式呼吸器，穿防酸碱服。作业时使用的所有设备应接地。穿上适当的防护服前严禁接触破裂的容器和泄漏物。尽可能切断泄漏源

环境保护措施 防止泄漏物进入水体、下水道、地下室或有限空间

泄漏化学品的收容、清除方法及所使用的处置材料 严禁用水处理。小量泄漏：用干燥的砂土或其他不燃材料

覆盖泄漏物。大量泄漏：构筑围堤或挖坑收容。用耐腐蚀泵转移至槽车或专用收集器内

第七部分　操作处置与储存

操作注意事项　密闭操作，提供充分的局部排风。防止蒸气泄漏到工作场所空气中。操作人员必须经过专门培训，严格遵守操作规程。建议操作人员佩戴自吸过滤式防毒面具（全面罩），穿橡胶耐酸碱服，戴橡胶耐酸碱手套。远离火种、热源，工作场所严禁吸烟。使用防爆型的通风系统和设备。在清除液体和蒸气前不能进行焊接、切割等作业。避免产生烟雾。避免与氧化剂接触。配备相应品种和数量的消防器材及泄漏应急处理设备。倒空的容器可能残留有害物

储存注意事项　储存于阴凉、通风的库房。远离火种、热源。防止阳光直射。保持容器密封。应与氧化剂分开存放，切忌混储。配备相应品种和数量的消防器材。储区应备有泄漏应急处理设备和合适的收容材料

第八部分　接触控制/个体防护

职业接触限值
　　中国　未制定标准
　　美国（ACGIH）　TLV-C：0.1ppm［皮］
生物接触限值　未制定标准
监测方法　空气中有毒物质测定方法：未制定标准。生物监测检验方法：未制定标准
工程控制　严加密闭，提供充分的局部排风
个体防护装备
　　呼吸系统防护　空气中浓度超标时，必须佩戴过滤式防毒面具（全面罩）。紧急事态抢救或撤离时，应该佩戴空气呼吸器
　　眼睛防护　呼吸系统防护中已作防护
　　皮肤和身体防护　穿橡胶耐酸碱服
　　手防护　戴橡胶耐酸碱手套

第九部分　理化特性

外观与性状　无色至淡黄透明液体，有特殊臭味

pH 值　无资料	**熔点（℃）**　−7
沸点（℃）　221	**相对密度（水=1）**　1.38

相对蒸气密度（空气=1）　6.77
饱和蒸气压（kPa）　0.133（40℃）

临界压力（MPa）　无资料	**辛醇/水分配系数**　2.92
闪点（℃）　97	**自燃温度（℃）**　210.56
爆炸下限（%）　2.1	**爆炸上限（%）**　6.5

分解温度（℃）　无资料
黏度（mPa·s）　2.40（20℃）
燃烧热（kJ/mol）　−3684（常压）
临界温度（℃）　无资料
溶解性　不溶于水，溶于乙醇、苯、乙醚等

第十部分　稳定性和反应性

稳定性　稳定
危险反应　与强氧化剂等禁配物发生剧烈反应
避免接触的条件　潮湿空气

禁配物　强氧化剂
危险的分解产物　氯化氢

第十一部分　毒理学信息

急性毒性　LD_{50}：1300mg/kg（大鼠经口）；702mg/kg（小鼠经口）；4000mg/kg（兔经皮）。LC_{50}：150mg/m³（大鼠吸入，2h）；60mg/m³（小鼠吸入，2h）
皮肤刺激或腐蚀　家兔经皮：开放性刺激试验，10mg（24h），重度刺激；20mg（24h），重度刺激
眼睛刺激或腐蚀　家兔经眼：开放性刺激试验，50μg，重度刺激；50μg（24h），重度刺激
呼吸或皮肤过敏　无资料
生殖细胞突变性　微生物致突变：鼠伤寒沙门氏菌10μg/皿。细胞遗传学分析：大鼠吸入1ppm（6h），4 周（间歇）。DNA 损伤：人细胞100μg/L。DNA 修复：枯草杆菌2600nmol/皿
致癌性　IARC 致癌性评论：对动物致癌性证据充分，对人致癌性证据不足
生殖毒性　无资料
特异性靶器官系统毒性-一次接触　无资料
特异性靶器官系统毒性-反复接触　无资料
吸入危害　无资料

第十二部分　生态学信息

生态毒性　EC_{50}：50mg/L（24h）（大型溞）（OECD 202）
持久性和降解性
　　生物降解性　无资料
　　非生物降解性　空气中的半衰期约45d；20℃时，与水接触在几分钟内可完全反应生成苯甲酸和盐酸
潜在的生物累积性　无资料
土壤中的迁移性　无资料

第十三部分　废弃处置

废弃化学品　建议用焚烧法处置。把倒空的容器归还厂商或在规定场所掩埋
污染包装物　将容器返还生产商或按照国家和地方法规处置
废弃注意事项　处置前应参阅国家和地方有关法规

第十四部分　运输信息

联合国危险货物编号（UN 号）　2226
联合国运输名称　三氯甲苯
联合国危险性类别　8

包装类别　Ⅱ　　　　　**包装标志**　

海洋污染物　否
运输注意事项　起运时包装要完整，装载应稳妥。运输过程中要确保容器不泄漏、不倒塌、不坠落、不损坏。严禁与氧化剂、食用化学品等混装混运。运输时运输车辆应配备相应品种和数量的消防器材及泄漏应急处理设备。运输途中应防暴晒、雨淋，防高温。公路运

输时要按规定路线行驶，勿在居民区和人口稠密区停留

第十五部分　法规信息

下列法律、法规、规章和标准，对该化学品的管理作了相应的规定。

中华人民共和国职业病防治法　职业病分类和目录：未列入

危险化学品安全管理条例　危险化学品目录：列入。易制爆危险化学品名录：未列入。重点监管的危险化学品名录：未列入。GB 18218—2009《危险化学品重大危险源辨识》（表1）：未列入

使用有毒物品作业场所劳动保护条例　高毒物品目录：未列入

易制毒化学品管理条例　易制毒化学品的分类和品种目录：未列入

国际公约　斯德哥尔摩公约：未列入。鹿特丹公约：未列入。蒙特利尔议定书：未列入

第十六部分　其他信息

编写和修订信息	缩略语和首字母缩写
培训建议	参考文献
免责声明	

1,1,3-三氯-1,3,3-三氟丙酮

第一部分　化学品标识

化学品中文名　1,1,3-三氯-1,3,3-三氟丙酮；三氯三氟丙酮

化学品英文名　1,1,3-trichloro-1,3,3-trirluoroacetone；trichlorotrifluoroacetone

分子式　$C_3Cl_3F_3O$　**分子量**　215.385

结构式　

化学品的推荐及限制用途　用作溶剂、络合剂

第二部分　危险性概述

紧急情况概述　吞咽会中毒，皮肤接触会中毒，吸入会中毒

GHS危险性类别　急性毒性-经口，类别3；急性毒性-经皮，类别3；急性毒性-吸入，类别3

标签要素

象形图　

警示词　危险

危险性说明　吞咽会中毒，皮肤接触会中毒，吸入会中毒

防范说明

　　预防措施　避免接触眼睛皮肤，操作后彻底清洗。作业场所不得进食、饮水或吸烟。戴防护手套、穿防护服。避免吸入蒸气、雾。仅在室外或通风良好处操作

　　事故响应　如吸入：将患者转移到空气新鲜处，休息，保持利于呼吸的体位。皮肤接触：用大量肥皂水和水清洗，立即脱去所有被污染的衣服。如感觉不适，呼叫中毒控制中心或就医。被污染的衣服必须经洗净后方可重新使用。食入：立即呼叫中毒控制中心或就医，漱口

　　安全储存　在通风良好处储存。保持容器密闭。上锁保管

　　废弃处置　本品及内装物、容器依据国家和地方法规处置

物理和化学危险　可燃，其蒸气与空气混合，能形成爆炸性混合物

健康危害　本品具有刺激和麻醉作用。动物的急性中毒症状：眼及呼吸道黏膜显著刺激，短时间兴奋，共济失调，呼吸困难，痉挛。死亡动物出现内脏器官充血，肺出血及较大片的水肿

环境危害　对环境可能有害

第三部分　成分/组成信息

√ 物质		混合物
组分	浓度	CAS No.
1,1,3-三氯-1,3,3-三氟丙酮		79-52-7

第四部分　急救措施

吸入　迅速脱离现场至空气新鲜处。保持呼吸道通畅。如呼吸困难，给输氧。呼吸、心跳停止，立即进行心肺复苏术。就医

皮肤接触　立即脱去污染的衣着，用流动清水彻底冲洗。就医

眼睛接触　立即分开眼睑，用流动清水或生理盐水彻底冲洗。就医

食入　漱口，饮水。就医

对保护施救者的忠告　根据需要使用个人防护设备

对医生的特别提示　对症处理

第五部分　消防措施

灭火剂　用雾状水、抗溶性泡沫、干粉、二氧化碳、砂土灭火

特别危险性　在高温下可燃烧。受高热分解放出有毒的气体

灭火注意事项及防护措施　消防人员必须佩戴防毒面具、穿全身消防服，在上风向灭火。尽可能将容器从火场移至空旷处。喷水保持火场容器冷却，直至灭火结束。处在火场中的容器若已变色或从安全泄压装置中发出声音，必须马上撤离

第六部分　泄漏应急处理

作业人员防护措施、防护装备和应急处置程序　根据液体流动和蒸气扩散的影响区域划定警戒区，无关人员从侧风、上风向撤离至安全区。消除所有点火源。建议应急处理人员戴正压自给式呼吸器，穿防毒服。穿上

适当的防护服前严禁接触破裂的容器和泄漏物。尽可能切断泄漏源

环境保护措施　防止泄漏物进入水体、下水道、地下室或有限空间

泄漏化学品的收容、清除方法及所使用的处置材料　小量泄漏：用干燥的砂土或其他不燃材料吸收或覆盖，收集于容器中。大量泄漏：构筑围堤或挖坑收容。用泵转移至槽车或专用收集器内

第七部分　操作处置与储存

操作注意事项　密闭操作，注意通风。操作人员必须经过专门培训，严格遵守操作规程。建议操作人员佩戴自吸过滤式防毒面具（半面罩），戴化学安全防护眼镜，穿防毒物渗透工作服，戴橡胶耐油手套。远离火种、热源，工作场所严禁吸烟。使用防爆型的通风系统和设备。防止蒸气泄漏到工作场所空气中。避免与氧化剂、酸类接触。搬运时要轻装轻卸，防止包装及容器损坏。配备相应品种和数量的消防器材及泄漏应急处理设备。倒空的容器可能残留有害物

储存注意事项　储存于阴凉、通风的库房。远离火种、热源。应与氧化剂、酸类、食用化学品分开存放，切忌混储。配备相应品种和数量的消防器材。储区应备有泄漏应急处理设备和合适的收容材料

第八部分　接触控制/个体防护

职业接触限值
　　中国　未制定标准
　　美国（ACGIH）　未制定标准
生物接触限值　未制定标准
监测方法　空气中有毒物质测定方法：未制定标准。生物监测检验方法：未制定标准
工程控制　密闭操作，注意通风
个体防护装备
　　呼吸系统防护　空气中浓度超标时，必须佩戴过滤式防毒面具（半面罩）。紧急事态抢救或撤离时，应该佩戴空气呼吸器
　　眼睛防护　戴化学安全防护眼镜
　　皮肤和身体防护　穿防毒物渗透工作服
　　手防护　戴橡胶耐油手套

第九部分　理化特性

外观与性状　无色液体　　　**pH值**　无资料
熔点(℃)　<−78　　　　**沸点(℃)**　84.5
相对密度(水＝1)　无资料
相对蒸气密度(空气＝1)　无资料
饱和蒸气压(kPa)　无资料
临界压力(MPa)　无资料　　**辛醇/水分配系数**　无资料
闪点(℃)　无资料　　　**自燃温度(℃)**　无资料
爆炸下限(%)　无资料　　**爆炸上限(%)**　无资料
分解温度(℃)　无资料　　**黏度(mPa·s)**　无资料
燃烧热(kJ/mol)　无资料　　**临界温度(℃)**　无资料
溶解性　易溶于水，易溶于多数有机溶剂

第十部分　稳定性和反应性

稳定性　稳定
危险反应　与强氧化剂、强酸等禁配物发生反应
避免接触的条件　无资料
禁配物　强氧化剂、强酸
危险的分解产物　氯化氢、氟化物

第十一部分　毒理学信息

急性毒性　LD_{50}：277mg/kg（大鼠经口）；770mg/kg（兔经皮）。LC_{50}：450ppm（大鼠吸入）
皮肤刺激或腐蚀　无资料　**眼睛刺激或腐蚀**　无资料
呼吸或皮肤过敏　无资料　**生殖细胞突变性**　无资料
致癌性　无资料　　　　**生殖毒性**　无资料
特异性靶器官系统毒性-一次接触　无资料
特异性靶器官系统毒性-反复接触　无资料
吸入危害　无资料

第十二部分　生态学信息

生态毒性　无资料
持久性和降解性
　　生物降解性　无资料
　　非生物降解性　无资料
潜在的生物累积性　无资料
土壤中的迁移性　无资料

第十三部分　废弃处置

废弃化学品　建议用焚烧法处置。与燃料混合后，再焚烧。焚烧炉排出的卤化氢通过酸洗涤器除去
污染包装物　将容器返还生产商或按照国家和地方法规处置
废弃注意事项　处置前应参阅国家和地方有关法规

第十四部分　运输信息

联合国危险货物编号（UN号）　2810
联合国运输名称　有机毒性液体，未另作规定的（1,1,3-三氯-1,3,3-三氟丙酮）
联合国危险性类别　6

包装类别　Ⅲ　　　　**包装标志**

海洋污染物　否
运输注意事项　运输前应先检查包装容器是否完整、密封，运输过程中要确保容器不泄漏、不倒塌、不坠落、不损坏。严禁与酸类、氧化剂、食品及食品添加剂混运。运输时运输车辆应配备相应品种和数量的消防器材及泄漏应急处理设备。运输途中应防暴晒、雨淋，防高温。公路运输时要按规定路线行驶

第十五部分　法规信息

　　下列法律、法规、规章和标准，对该化学品的管理作了相应的规定。

中华人民共和国职业病防治法 职业病分类和目录：未列入

危险化学品安全管理条例 危险化学品目录：列入。易制爆危险化学品名录：未列入。重点监管的危险化学品名录：未列入。GB 18218—2009《危险化学品重大危险源辨识》（表1）：未列入

使用有毒物品作业场所劳动保护条例 高毒物品目录：未列入

易制毒化学品管理条例 易制毒化学品的分类和品种目录：未列入

国际公约 斯德哥尔摩公约：未列入。鹿特丹公约：未列入。蒙特利尔议定书：未列入

第十六部分　其他信息

编写和修订信息   缩略语和首字母缩写

培训建议   参考文献

免责声明

1,1,2-三氯三氟乙烷

第一部分　化学品标识

化学品中文名 1,1,2-三氯三氟乙烷；1,1,2-三氟-1,2,2-三氯乙烷；氟利昂-113

化学品英文名 1,1,2-trifluorotrichloroethane；froen-113

分子式 $C_2Cl_3F_3$ **分子量** 187.376

结构式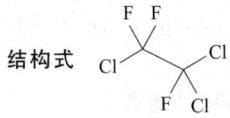

化学品的推荐及限制用途 用作聚三氟氯乙烯单体，也用作制冷剂、清洗剂、干洗剂、发泡剂、灭火剂和溶剂等

第二部分　危险性概述

紧急情况概述 造成轻微皮肤刺激，可能引起呼吸道刺激，可能引起昏昏欲睡或眩晕

GHS危险性类别 皮肤腐蚀/刺激，类别3；特异性靶器官毒性--一次接触，类别3（呼吸道刺激、麻醉效应）；特异性靶器官毒性-反复接触，类别1；危害水生环境-急性危害，类别2；危害水生环境-长期危害，类别2；危害臭氧层，类别1

标签要素

象形图

警示词   危险

危险性说明 造成轻微皮肤刺激，可能引起呼吸道刺激，可能引起昏昏欲睡或眩晕，长时间或反复接触对器官造成损伤，对水生生物有毒并具有长期持续影响，破坏高层大气中的臭氧，危害公共健康和环境

防范说明

预防措施   避免吸入蒸气、雾。操作后彻底清洗。

操作现场不得进食、饮水或吸烟。禁止排入环境

事故响应   如发生皮肤刺激，就医。如感觉不适，就医。收集泄漏物

安全储存   —

废弃处置   本品及内装物、容器依据国家和地方法规处置

物理和化学危险 不燃，无特殊燃爆特性

健康危害 长时间接触有麻醉作用。对眼和皮肤有刺激性。国外有因职业性接触本品引起死亡的病例，死因为心律紊乱

环境危害 对水生生物有毒并具有长期持续影响，破坏高层大气中的臭氧，危害公共健康和环境

第三部分　成分/组成信息

√物质   混合物

组分	浓度	CAS No.
1,1,2-三氯三氟乙烷		76-13-1

第四部分　急救措施

吸入 迅速脱离现场至空气新鲜处。保持呼吸道通畅。如呼吸困难，给输氧。呼吸、心跳停止，立即进行心肺复苏术。就医

皮肤接触 立即脱去污染的衣着，用流动清水彻底冲洗。就医

眼睛接触 立即分开眼睑，用流动清水或生理盐水彻底冲洗。就医

食入 漱口，饮水。就医

对保护施救者的忠告 根据需要使用个人防护设备

对医生的特别提示 对症处理

第五部分　消防措施

灭火剂 本品不燃，根据着火原因选择适当灭火剂灭火

特别危险性 不燃。与铝、铍、锂、钙、钾钠合金剧烈反应

灭火注意事项及防护措施 喷水冷却容器，可能的话将容器从火场移至空旷处。处在火场中的容器若已变色或从安全泄压装置中产生声音，必须马上撤离

第六部分　泄漏应急处理

作业人员防护措施、防护装备和应急处置程序 根据液体流动和蒸气扩散的影响区域划定警戒区，无关人员从侧风、上风向撤离至安全区。建议应急处理人员戴正压自给式呼吸器，穿防毒服。穿上适当的防护服前严禁接触破裂的容器和泄漏物。尽可能切断泄漏源

环境保护措施 防止泄漏物进入水体、下水道、地下室或有限空间

泄漏化学品的收容、清除方法及所使用的处置材料 小量泄漏：用干燥的砂土或其他不燃材料吸收或覆盖，收集于容器中。大量泄漏：构筑围堤或挖坑收容。用泵转移至槽车或专用收集器内

第七部分　操作处置与储存

操作注意事项 密闭操作，加强通风。操作人员必须经过

专门培训，严格遵守操作规程。建议操作人员佩戴自吸过滤式防毒面具（半面罩），戴化学安全防护眼镜，穿防毒物渗透工作服，戴橡胶耐油手套。防止蒸气泄漏到工作场所空气中。避免与活性金属粉末接触。搬运时要轻装轻卸，防止包装及容器损坏。配备泄漏应急处理设备。倒空的容器可能残留有害物

储存注意事项　储存于阴凉、通风的库房。远离火种、热源。应与活性金属粉末等分开存放，切忌混储。储区应备有泄漏应急处理设备和合适的收容材料

第八部分　接触控制/个体防护

职业接触限值

中国　未制定标准

美国（ACGIH）　TLV-TWA：1000ppm；TLV-STEL：1250ppm

生物接触限值　未制定标准

监测方法　空气中有毒物质测定方法：未制定标准。生物监测检验方法：未制定标准

工程控制　生产过程密闭，加强通风

个体防护装备

呼吸系统防护　空气中浓度超标时，必须佩戴过滤式防毒面具（半面罩）。紧急事态抢救或撤离时，应该佩戴空气呼吸器

眼睛防护　戴化学安全防护眼镜

皮肤和身体防护　穿防毒物渗透工作服

手防护　戴橡胶耐油手套

第九部分　理化特性

外观与性状　无色无味、易挥发的透明液体

pH值　无资料　　　　　　**熔点(℃)**　−35

沸点(℃)　47.5　　　　　**相对密度(水=1)**　1.58

相对蒸气密度(空气=1)　2.9

饱和蒸气压(kPa)　44.5（25℃）

临界压力(MPa)　3.41　　　**辛醇/水分配系数**　无资料

闪点(℃)　无意义　　　　　**自燃温度(℃)**　无意义

爆炸下限(%)　无意义　　　**爆炸上限(%)**　无意义

分解温度(℃)　无资料

黏度(mPa·s)　0.497（48.9℃，液体）；0.0108（49℃，气体）

燃烧热(kJ/mol)　无资料　　**临界温度(℃)**　214.25

溶解性　溶于油类、脂肪

第十部分　稳定性和反应性

稳定性　稳定

危险反应　与铝、铍、锂、钙、钾钠合金等禁配物发生剧烈反应

避免接触的条件　受热

禁配物　活性金属粉末、铝、镁、锌、钾、钠

危险的分解产物　氯化氢、氟化氢

第十一部分　毒理学信息

急性毒性　豚鼠吸入1.1%，2h，可引起轻度麻醉。大鼠吸入1.7%，2h，可出现兴奋和轻度肝、肾充血；吸入

8.7%，4h，可引起死亡。LD$_{50}$：43000mg/kg（大鼠经口）。LC$_{50}$：38500ppm（大鼠吸入，4h）

皮肤刺激或腐蚀　家兔经皮：开放性刺激试验，500mg，轻度刺激

眼睛刺激或腐蚀　无资料

呼吸或皮肤过敏　无资料　　**生殖细胞突变性**　无资料

致癌性　美国政府工业卫生学家会议（ACGIH）：未分类为人类致癌物

生殖毒性　无资料

特异性靶器官系统毒性-一次接触　无资料

特异性靶器官系统毒性-反复接触　大鼠每天吸入0.25%，7h，共30d无明显作用

吸入危害　无资料

第十二部分　生态学信息

生态毒性　LC$_{50}$：18.8mg/L（96h）（鱼类，OECD 203）。EC$_{50}$：4.29mg/L（48h）（大型溞，OECD 202）

持久性和降解性

生物降解性　不易快速生物降解

非生物降解性　无资料

潜在的生物累积性　无资料

土壤中的迁移性　无资料

第十三部分　废弃处置

废弃化学品　建议用焚烧法处置

污染包装物　将容器返还生产商或按照国家和地方法规处置

废弃注意事项　处置前应参阅国家和地方有关法规

第十四部分　运输信息

联合国危险货物编号（UN号）　3082

联合国运输名称　对环境有害的液态物质，未另作规定的（1,1,2-三氯三氟乙烷）

联合国危险性类别　9

包装类别　Ⅲ　　　　　　**包装标志**　

海洋污染物　是

运输注意事项　运输前应先检查包装容器是否完整、密封，运输过程中要确保容器不泄漏、不倒塌、不坠落、不损坏。严禁与酸类、氧化剂、食品及食品添加剂混运。运输时运输车辆应配备泄漏应急处理设备。运输途中应防暴晒、雨淋，防高温。公路运输时要按规定路线行驶

第十五部分　法规信息

下列法律、法规、规章和标准，对该化学品的管理作了相应的规定。

中华人民共和国职业病防治法　职业病分类和目录：未列入

危险化学品安全管理条例　危险化学品目录：列入。易制爆危险化学品名录：未列入。重点监管的危险化学品

名录：未列入。GB 18218—2009《危险化学品重大危险源辨识》（表1）：未列入

使用有毒物品作业场所劳动保护条例 高毒物品目录：未列入

易制毒化学品管理条例 易制毒化学品的分类和品种目录：未列入

国际公约 斯德哥尔摩公约：未列入。鹿特丹公约：未列入。蒙特利尔议定书：列入

第十六部分 其他信息

编写和修订信息 缩略语和首字母缩写
培训建议 参考文献
免责声明

三氯氧化钒

第一部分 化学品标识

化学品中文名 三氯氧化钒；三氯氧钒；三氯一氧化钒

化学品英文名 vanadium oxytrichloride；vanadyl trichloride

分子式 VOCl₃ **分子量** 173.3

结构式
$$Cl-\overset{\displaystyle O}{\underset{\displaystyle Cl}{V}}-Cl$$

化学品的推荐及限制用途 用作烯烃聚合催化剂和用于合成有机钒化合物

第二部分 危险性概述

紧急情况概述 吞咽会中毒，造成严重的皮肤灼伤和眼损伤

GHS 危险性类别 急性毒性-经口，类别 3；皮肤腐蚀/刺激，类别 1；严重眼损伤/眼刺激，类别 1

标签要素

象形图

警示词 危险

危险性说明 吞咽会中毒，造成严重的皮肤灼伤和眼损伤

防范说明

预防措施 避免接触眼睛、皮肤，操作后彻底清洗。作业场所不得进食、饮水或吸烟。避免吸入烟雾。戴防护手套、防护眼镜、防护面罩，穿防护服

事故响应 如吸入：将患者转移到空气新鲜处，休息，保持利于呼吸的体位，立即呼叫中毒控制中心或就医。皮肤（或头发）接触：立即脱掉所有被污染的衣服，用水冲洗皮肤，淋浴。污染的衣服洗净后方可重新使用。眼睛接触：用水细心地冲洗数分钟，立即呼叫中毒控制中心或就医。如戴隐形眼镜并可方便地取出，则取出隐形眼镜，继续冲洗。食入：漱口，不要催

吐，立即呼叫中毒控制中心或就医

安全储存 上锁保管

废弃处置 本品及内装物、容器依据国家和地方法规处置

物理和化学危险 不燃，无特殊燃爆特性

健康危害 对眼睛、皮肤、黏膜有刺激性和强腐蚀性。吸入可引起肺部损害。口服引起口腔、咽喉、胸部和胃部严重烧灼痛以及呕吐、柏油样便。舌苔呈墨绿色

环境危害 对环境可能有害

第三部分 成分/组成信息

√ 物质   混合物

组分	浓度	CAS No.
三氯氧化钒		7727-18-6

第四部分 急救措施

吸入 迅速脱离现场至空气新鲜处。保持呼吸道通畅。如呼吸困难，给输氧。呼吸、心跳停止，立即进行心肺复苏术。就医

皮肤接触 立即脱去污染的衣着，用大量流动清水彻底冲洗至少 15min。就医

眼睛接触 立即分开眼睑，用流动清水或生理盐水彻底冲洗 5～10min。就医

食入 用水漱口，禁止催吐。给饮牛奶或蛋清。就医

对保护施救者的忠告 根据需要使用个人防护设备

对医生的特别提示 对症处理

第五部分 消防措施

灭火剂 灭火时尽量切断泄漏源，然后根据着火原因选择适当灭火剂灭火

特别危险性 本身不能燃烧。遇钾、钠剧烈反应。受高热分解放出有毒的气体。蒸气比空气重，沿地面扩散并易积存于低洼处，遇火源会着火回燃。遇潮时对大多数金属有腐蚀性。若遇高热，容器内压增大，有开裂和爆炸的危险

灭火注意事项及防护措施 消防人员必须穿全身耐酸碱消防服。尽可能将容器从火场移至空旷处。喷水保持火场容器冷却，直至灭火结束

第六部分 泄漏应急处理

作业人员防护措施、防护装备和应急处置程序 根据液体流动和蒸气扩散的影响区域划定警戒区，无关人员从侧风、上风向撤离至安全区。建议应急处理人员戴正压自给式呼吸器，穿防酸碱服。穿上适当的防护服前严禁接触破裂的容器和泄漏物。尽可能切断泄漏源

环境保护措施 防止泄漏物进入水体、下水道、地下室或有限空间

泄漏化学品的收容、清除方法及所使用的处置材料 勿使泄漏物与可燃物质（如木材、纸、油等）接触。小量泄漏：用干燥的砂土或其他不燃材料覆盖泄漏物，用洁净的无火花工具收集泄漏物，置于一盖子较松的塑料容器中，待处置。大量泄漏：构筑围堤或挖坑收容。用碎石灰石（CaCO₃）、苏打灰（Na₂CO₃）或石

灰（CaO）中和。用耐腐蚀泵转移至槽车或专用收集器内

第七部分　操作处置与储存

操作注意事项　密闭操作，提供充分的局部排风。防止蒸气泄漏到工作场所空气中。操作人员必须经过专门培训，严格遵守操作规程。建议操作人员佩戴自吸过滤式防毒面具（全面罩），穿橡胶耐酸碱服，戴橡胶耐酸碱手套。避免产生烟雾。避免与酸类、碱类、醇类、胺类接触。配备泄漏应急处理设备。倒空的容器可能残留有害物

储存注意事项　储存于阴凉、干燥、通风良好的库房。远离火种、热源。防止阳光直射。包装必须密封，切勿受潮。应与酸类、碱类、醇类、胺类、食用化学品分开存放，切忌混储。储区应备有泄漏应急处理设备和合适的收容材料

第八部分　接触控制/个体防护

职业接触限值
　　中国　未制定标准
　　美国（ACGIH）　未制定标准
生物接触限值　未制定标准
监测方法　空气中有毒物质测定方法：未制定标准。生物监测检验方法：未制定标准
工程控制　严加密闭，提供充分的局部排风
个体防护装备
　　呼吸系统防护　空气中浓度超标时，必须佩戴过滤式防毒面具（全面罩）。紧急事态抢救或撤离时，应该佩戴空气呼吸器
　　眼睛防护　呼吸系统防护中已作防护
　　皮肤和身体防护　穿橡胶耐酸碱服
　　手防护　戴橡胶耐酸碱手套

第九部分　理化特性

外观与性状　柠檬黄液体
pH 值　无资料　　　　　　**熔点（℃）**　－77
沸点（℃）　126.7
相对密度（水＝1）　1.811（32℃）
相对蒸气密度（空气＝1）　5.98
饱和蒸气压（kPa）　无资料
临界压力（MPa）　无资料　　**辛醇/水分配系数**　无资料
闪点（℃）　无意义　　　　**自燃温度（℃）**　无意义
爆炸下限（%）　无意义　　　**爆炸上限（%）**　无意义
分解温度（℃）　无资料　　　**黏度（mPa·s）**　无资料
燃烧热（kJ/mol）　无资料　　**临界温度（℃）**　无资料
溶解性　溶于乙醇、丙酮、乙酸、四氯化碳、烃类

第十部分　稳定性和反应性

稳定性　稳定
危险反应　与酸类、碱类、醇类、胺类等禁配物发生反应。遇钾、钠剧烈反应
避免接触的条件　潮湿空气
禁配物　酸类、碱类、醇类、胺类、钾、钠

危险的分解产物　氯化氢、氧化钒

第十一部分　毒理学信息

急性毒性　　LD_{50}：140mg/kg（大鼠经口）

皮肤刺激或腐蚀　无资料		**眼睛刺激或腐蚀**　无资料	
呼吸或皮肤过敏　无资料		**生殖细胞突变性**　无资料	
致癌性　无资料		**生殖毒性**　无资料	

特异性靶器官系统毒性--一次接触　无资料
特异性靶器官系统毒性-反复接触　无资料
吸入危害　无资料

第十二部分　生态学信息

生态毒性　无资料
持久性和降解性
　　生物降解性　无资料
　　非生物降解性　无资料
潜在的生物累积性　无资料
土壤中的迁移性　无资料

第十三部分　废弃处置

废弃化学品　建议用控制焚烧法或安全掩埋法处置。若可能，重复使用容器或在规定场所掩埋。量小时，溶解在水或适当的酸溶液中，或用适当氧化剂将其转变成水溶液。用硫化物沉淀，调节 pH 值至 7 完成沉淀。滤出固体硫化物回收或做掩埋处置。用次氯酸钠中和过量的硫化物，然后冲入下水道
污染包装物　将容器返还生产商或按照国家和地方法规处置
废弃注意事项　处置前应参阅国家和地方有关法规

第十四部分　运输信息

联合国危险货物编号（UN 号）　2443
联合国运输名称　三氯氧化钒
联合国危险性类别　8

包装类别　Ⅱ　　　　　　**包装标志**　

海洋污染物　否
运输注意事项　起运时包装要完整，装载应稳妥。运输过程中要确保容器不泄漏、不倒塌、不坠落、不损坏。严禁与酸类、碱类、醇类、胺类、食用化学品等混装混运。运输时运输车辆应配备泄漏应急处理设备。运输途中应防暴晒、雨淋，防高温。公路运输时要按规定路线行驶，勿在居民区和人口稠密区停留

第十五部分　法规信息

　　下列法律、法规、规章和标准，对该化学品的管理作了相应的规定。
中华人民共和国职业病防治法　职业病分类和目录：钒及其化合物中毒
危险化学品安全管理条例　危险化学品目录：列入。易制爆危险化学品名录：未列入。重点监管的危险化学品

名录：未列入。GB 18218—2009《危险化学品重大危险源辨识》（表1）：未列入

使用有毒物品作业场所劳动保护条例 高毒物品目录：未列入

易制毒化学品管理条例 易制毒化学品的分类和品种目录：未列入

国际公约 斯德哥尔摩公约：未列入。鹿特丹公约：未列入。蒙特利尔议定书：未列入

第十六部分 其他信息

编写和修订信息　　缩略语和首字母缩写
培训建议　　　　　参考文献
免责声明

三氯乙酸甲酯

第一部分 化学品标识

化学品中文名 三氯乙酸甲酯；三氯醋酸甲酯

化学品英文名 methyl trichloroacetate；trichloroacetic acid methyl ester

分子式 $C_3H_3Cl_3O_2$　**分子量** 177.414

结构式

化学品的推荐及限制用途 用于有机合成

第二部分 危险性概述

紧急情况概述 吞咽会中毒

GHS危险性类别 急性毒性-经口，类别3

标签要素

象形图

警示词 危险

危险性说明 吞咽会中毒

防范说明

　预防措施　避免接触眼睛、皮肤，操作后彻底清洗。作业场所不得进食、饮水或吸烟

　事故响应　食入：立即呼叫中毒控制中心或就医，漱口

　安全储存　上锁保管

　废弃处置　本品及内装物、容器依据国家和地方法规处置

物理和化学危险 可燃，其蒸气与空气混合，能形成爆炸性混合物

健康危害 有毒。吸入、摄入或经皮吸收有害。对眼睛、皮肤、黏膜有刺激作用

环境危害 对环境可能有害

第三部分 成分/组成信息

√物质　　　　　　　　　混合物

组分	浓度	CAS No.
三氯乙酸甲酯		598-99-2

第四部分 急救措施

吸入 迅速脱离现场至空气新鲜处。保持呼吸道通畅。如呼吸困难，给输氧。呼吸、心跳停止，立即进行心肺复苏术。就医

皮肤接触 立即脱去污染的衣着，用流动清水彻底冲洗。就医

眼睛接触 立即分开眼睑，用流动清水或生理盐水彻底冲洗。就医

食入 漱口，饮水。就医

对保护施救者的忠告 根据需要使用个人防护设备

对医生的特别提示 对症处理

第五部分 消防措施

灭火剂 用雾状水、泡沫、干粉、二氧化碳、砂土灭火

特别危险性 遇明火、高热可燃。与氧化剂可发生反应。受高热分解放出有毒的气体。若遇高热，容器内压增大，有开裂和爆炸的危险

灭火注意事项及防护措施 消防人员必须佩戴防毒面具、穿全身消防服，在上风向灭火。尽可能将容器从火场移至空旷处。喷水保持火场容器冷却，直至灭火结束。处在火场中的容器若已变色或从安全泄压装置中发出声音，必须马上撤离

第六部分 泄漏应急处理

作业人员防护措施、防护装备和应急处置程序 根据液体流动和蒸气扩散的影响区域划定警戒区，无关人员从侧风、上风向撤离至安全区。建议应急处理人员戴正压自给式呼吸器，穿防毒服。作业时使用的所有设备应接地。穿上适当的防护服前严禁接触破裂的容器和泄漏物。尽可能切断泄漏源

环境保护措施 防止泄漏物进入水体、下水道、地下室或有限空间

泄漏化学品的收容、清除方法及所使用的处置材料 严禁用水处理。小量泄漏：用干燥的砂土或其他不燃材料覆盖泄漏物。大量泄漏：构筑围堤或挖坑收容。用泵转移至槽车或专用收集器内

第七部分 操作处置与储存

操作注意事项 密闭操作，局部排风。防止蒸气泄漏到工作场所空气中。操作人员必须经过专门培训，严格遵守操作规程。建议操作人员佩戴自吸过滤式防毒面具（半面罩），戴化学安全防护眼镜，穿防毒物渗透工作服，戴橡胶手套。远离火种、热源，工作场所严禁吸烟。使用防爆型的通风系统和设备。在清除液体和蒸气前不能进行焊接、切割等作业。避免产生烟雾。避免与氧化剂、还原剂、碱类、酸类接触。配备相应品种和数量的消防器材及泄漏应急处理设备。倒空的容器可能残留有害物

储存注意事项 储存于阴凉、通风的库房。远离火种、热源。防止阳光直射。保持容器密封。应与氧化剂、还原剂、碱类、酸类、食用化学品分开存放，切忌混储。配备相应品种和数量的消防器材。储区应备有泄

漏应急处理设备和合适的收容材料

第八部分　接触控制/个体防护

职业接触限值
　中国　未制定标准
　美国（ACGIH）　未制定标准
生物接触限值　未制定标准
监测方法　空气中有毒物质测定方法：未制定标准。生物监测检验方法：未制定标准
工程控制　密闭操作，局部排风
个体防护装备
　呼吸系统防护　空气中浓度超标时，必须佩戴过滤式防毒面具（半面罩）。紧急事态抢救或撤离时，应该佩戴空气呼吸器
　眼睛防护　戴化学安全防护眼镜
　皮肤和身体防护　穿防毒物渗透工作服
　手防护　戴橡胶手套

第九部分　理化特性

外观与性状　无色液体，具有刺激性气味
pH值　无资料　　　　　　**熔点（℃）**　−17.5
沸点（℃）　152～153
相对密度（水＝1）　1.488～1.490
相对蒸气密度（空气＝1）　无资料
饱和蒸气压（kPa）　无资料
临界压力（MPa）　无资料　　**辛醇/水分配系数**　无资料
闪点（℃）　72.78　　　　　**自燃温度（℃）**　无资料
爆炸下限（%）　无资料　　　**爆炸上限（%）**　无资料
分解温度（℃）　无资料　　　**黏度（mPa·s）**　无资料
燃烧热（kJ/mol）　无资料　　**临界温度（℃）**　无资料
溶解性　微溶于水，易溶于乙醇、乙醚

第十部分　稳定性和反应性

稳定性　稳定
危险反应　与氧化剂、还原剂、碱类、酸类等禁配物发生反应
避免接触的条件　无资料
禁配物　氧化剂、还原剂、碱类、酸类
危险的分解产物　氯化氢

第十一部分　毒理学信息

急性毒性　无资料
皮肤刺激或腐蚀　无资料　　**眼睛刺激或腐蚀**　无资料
呼吸或皮肤过敏　无资料　　**生殖细胞突变性**　无资料
致癌性　无资料　　　　　　**生殖毒性**　无资料
特异性靶器官系统毒性-一次接触　无资料
特异性靶器官系统毒性-反复接触　无资料
吸入危害　无资料

第十二部分　生态学信息

生态毒性　无资料
持久性和降解性
　生物降解性　无资料

非生物降解性　无资料
潜在的生物累积性　无资料
土壤中的迁移性　无资料

第十三部分　废弃处置

废弃化学品　建议用焚烧法处置。在能利用的地方重复使用容器或在规定场所掩埋
污染包装物　将容器返还生产商或按照国家和地方法规处置
废弃注意事项　处置前应参阅国家和地方有关法规

第十四部分　运输信息

联合国危险货物编号（UN号）　2533
联合国运输名称　三氯乙酸甲酯
联合国危险性类别　6.1

包装类别　Ⅲ　　　　　　　**包装标志**

海洋污染物　否
运输注意事项　运输前应先检查包装容器是否完整、密封，运输过程中要确保容器不泄漏、不倒塌、不坠落、不损坏。严禁与酸类、氧化剂、食品及食品添加剂混运。运输时运输车辆应配备相应品种和数量的消防器材及泄漏应急处理设备。运输途中应防暴晒、雨淋，防高温。公路运输时要按规定路线行驶，勿在居民区和人口稠密区停留

第十五部分　法规信息

　下列法律、法规、规章和标准，对该化学品的管理作了相应的规定。

中华人民共和国职业病防治法　职业病分类和目录：未列入
危险化学品安全管理条例　危险化学品目录：列入。易制爆危险化学品名录：未列入。重点监管的危险化学品名录：未列入。GB 18218—2009《危险化学品重大危险源辨识》（表1）：未列入
使用有毒物品作业场所劳动保护条例　高毒物品目录：未列入
易制毒化学品管理条例　易制毒化学品的分类和品种目录：未列入
国际公约　斯德哥尔摩公约：未列入。鹿特丹公约：未列入。蒙特利尔议定书：未列入

第十六部分　其他信息

编写和修订信息　缩略语和首字母缩写
培训建议　　　　　参考文献
免责声明

三氯乙酰氯

第一部分　化学品标识

化学品中文名　三氯乙酰氯

化学品英文名　trichloroacetyl chloride；trichloroaceti-
　　　cchloride

分子式　C_2Cl_4O　分子量　181.833

结构式　

化学品的推荐及限制用途　用作军用毒气，也用于有机
　　　合成

第二部分　危险性概述

紧急情况概述　吞咽有害，吸入致命，造成严重的皮肤灼
　　　伤和眼损伤

GHS危险性类别　急性毒性-经口，类别4；急性毒性-吸
　　　入，类别1；皮肤腐蚀/刺激，类别1；严重眼损伤/
　　　眼刺激，类别1

标签要素

象形图

警示词　危险

危险性说明　吞咽有害，吸入致命，造成严重的皮肤灼
　　　伤和眼损伤

防范说明

　　预防措施　避免接触眼睛、皮肤，操作后彻底清
　　　洗。作业场所不得进食、饮水或吸烟。避免吸
　　　入蒸气、雾。仅在室外或通风良好处操作。戴
　　　防护手套、防护眼镜、防护面罩，穿防护服

　　事故响应　如吸入：将患者转移到空气新鲜处，休
　　　息，保持利于呼吸的体位，立即呼叫中毒控制
　　　中心或就医。皮肤（或头发）接触：立即脱掉
　　　所有被污染的衣服，用水冲洗皮肤，淋浴。污
　　　染的衣服洗净后方可重新使用。眼睛接触：用
　　　水细心地冲洗数分钟，立即呼叫中毒控制中心
　　　或就医。如戴隐形眼镜并可方便地取出，则取
　　　出隐形眼镜，继续冲洗。食入：漱口，不要催
　　　吐，如果感觉不适，立即呼叫中毒控制中心或
　　　就医

　　安全储存　在通风良好处储存。保持容器密闭。上
　　　锁保管

　　废弃处置　本品及内装物、容器依据国家和地方法
　　　规处置

物理和化学危险　不燃，无特殊燃爆特性。遇水产生刺激
　　　性气体

健康危害　对眼睛、皮肤、黏膜有强烈刺激性。吸入可引
　　　起喉及支气管炎症、化学性肺炎、肺水肿。接触可引
　　　起烧灼感、气短、头痛、恶心、呕吐、哮喘、过敏反
　　　应。眼和皮肤接触引起灼伤

环境危害　对环境可能有害

第三部分　成分/组成信息

√物质　　　　　　　　　　　混合物

组分	浓度	CAS No.
三氯乙酰氯		76-02-8

第四部分　急救措施

吸入　迅速脱离现场至空气新鲜处。保持呼吸道通畅。如
　　　呼吸困难，给输氧。呼吸、心跳停止，立即进行心肺
　　　复苏术。就医

皮肤接触　立即脱去污染的衣着，用大量流动清水彻底冲
　　　洗至少15min。就医

眼睛接触　立即分开眼睑，用流动清水或生理盐水彻底冲
　　　洗5～10min。就医

食入　用水漱口，禁止催吐。给饮牛奶或蛋清。就医

对保护施救者的忠告　根据需要使用个人防护设备

对医生的特别提示　对症处理

第五部分　消防措施

灭火剂　灭火时尽量切断泄漏源，然后根据着火原因选择
　　　适当灭火剂灭火

特别危险性　遇水反应，放出具有刺激性和腐蚀性的氯化
　　　氢气体。受高热分解放出有毒的气体。遇潮时对大多
　　　数金属有腐蚀性

灭火注意事项及防护措施　消防人员必须佩戴空气呼吸
　　　器、穿全身防火防毒服，在上风向灭火。尽可能将容
　　　器从火场移至空旷处。喷水保持火场容器冷却，直至
　　　灭火结束。禁止用水、泡沫和酸碱灭火剂灭火

第六部分　泄漏应急处理

作业人员防护措施、防护装备和应急处置程序　根据液体
　　　流动和蒸气扩散的影响区域划定警戒区，无关人员从
　　　侧风、上风向撤离至安全区。建议应急处理人员戴正
　　　压自给式呼吸器，穿防酸碱服。作业时使用的所有设
　　　备应接地。穿上适当的防护服前严禁接触破裂的容器
　　　和泄漏物。尽可能切断泄漏源

环境保护措施　防止泄漏物进入水体、下水道、地下室或
　　　有限空间

泄漏化学品的收容、清除方法及所使用的处置材料　严禁
　　　用水处理。小量泄漏：用干燥的砂土或其他不燃材料
　　　覆盖泄漏物。大量泄漏：构筑围堤或挖坑收容。用耐
　　　腐蚀泵转移至槽车或专用收集器内

第七部分　操作处置与储存

操作注意事项　密闭操作，提供充分的局部排风。防止蒸
　　　气泄漏到工作场所空气中。操作人员必须经过专门培
　　　训，严格遵守操作规程。建议操作人员佩戴自吸过滤
　　　式防毒面具（全面罩），穿橡胶耐酸碱服，戴橡胶耐
　　　酸碱手套。避免产生烟雾。避免与碱类、氰化物、醇
　　　类接触。尤其要注意避免与水接触。配备泄漏应急处
　　　理设备。倒空的容器可能残留有害物

储存注意事项　储存于阴凉、干燥、通风良好的库房。远
　　　离火种、热源。防止阳光直射。保持容器密封。应与
　　　碱类、氰化物、醇类等分开存放，切忌混储。配备相
　　　应品种和数量的消防器材。储区应备有泄漏应急处理
　　　设备和合适的收容材料

第八部分　接触控制/个体防护

职业接触限值

　　中国　未制定标准

美国（ACGIH）　未制定标准

生物接触限值　未制定标准

监测方法　空气中有毒物质测定方法：未制定标准。生物
　　监测检验方法：未制定标准

工程控制　严加密闭，提供充分的局部排风

个体防护装备

　　呼吸系统防护　空气中浓度超标时，必须佩戴过滤式
　　　　防毒面具（全面罩）。紧急事态抢救或撤离时，
　　　　应该佩戴空气呼吸器

　　眼睛防护　呼吸系统防护中可作防护

　　皮肤和身体防护　穿橡胶耐酸碱服

　　手防护　戴橡胶耐酸碱手套

第九部分　理化特性

外观与性状　无色透明液体，有刺激性气味

pH 值　无资料	**熔点(℃)**　－146
沸点(℃)　114～116	**相对密度(水＝1)**　1.629

相对蒸气密度(空气＝1)　无资料

饱和蒸气压(kPa)　2.13（20℃）

临界压力(MPa)　无资料	**辛醇/水分配系数**　无资料
闪点(℃)　无意义	**自燃温度(℃)**　无意义
爆炸下限(%)　无意义	**爆炸上限(%)**　无意义
分解温度(℃)　无资料	**黏度(mPa·s)**　无资料
燃烧热(kJ/mol)　无资料	**临界温度(℃)**　无资料

溶解性　不溶于水

第十部分　稳定性和反应性

稳定性　稳定

危险反应　与水、碱类、氰化物、醇类等禁配物发生反
　　应。遇水反应放出具有刺激性和腐蚀性的氯化氢气体

避免接触的条件　潮湿空气

禁配物　水、碱类、氰化物、醇类

危险的分解产物　氯化氢、光气

第十一部分　毒理学信息

急性毒性　LD$_{50}$：600mg/kg（大鼠经口）。LC$_{50}$：475mg/m^3
　　（大鼠吸入，4h），445mg/m^3（小鼠吸入）

皮肤刺激或腐蚀　无资料	**眼睛刺激或腐蚀**　无资料
呼吸或皮肤过敏　有致敏作用	**生殖细胞突变性**　无资料
致癌性　无资料	**生殖毒性**　无资料

特异性靶器官系统毒性-一次接触　无资料

特异性靶器官系统毒性-反复接触　无资料

吸入危害　无资料

第十二部分　生态学信息

生态毒性　无资料

持久性和降解性

　　生物降解性　无资料

　　非生物降解性　无资料

潜在的生物累积性　无资料

土壤中的迁移性　无资料

第十三部分　废弃处置

废弃化学品　建议用控制焚烧法或安全掩埋法处置。若可

能，重复使用容器或在规定场所掩埋

污染包装物　将容器返还生产商或按照国家和地方法规
　　处置

废弃注意事项　处置前应参阅国家和地方有关法规

第十四部分　运输信息

联合国危险货物编号（UN号）　2442

联合国运输名称　三氯乙酰氯

联合国危险性类别　8

包装类别　Ⅱ　　　　　　**包装标志**　

海洋污染物　否

运输注意事项　起运时包装要完整，装载应稳妥。运输过
　　程中要确保容器不泄漏、不倒塌、不坠落、不损坏。
　　严禁与碱类、氰化物、醇类、食用化学品等混装混
　　运。运输时运输车辆应配备泄漏应急处理设备。运输
　　途中应防暴晒、雨淋，防高温。公路运输时要按规定
　　路线行驶，勿在居民区和人口稠密区停留

第十五部分　法规信息

　　下列法律、法规、规章和标准，对该化学品的管理作
了相应的规定。

中华人民共和国职业病防治法　职业病分类和目录：未
　　列入

危险化学品安全管理条例　危险化学品目录：列入。易制
　　爆危险化学品名录：未列入。重点监管的危险化学品
　　名录：未列入。GB 18218—2009《危险化学品重大
　　危险源辨识》（表1）：未列入

使用有毒物品作业场所劳动保护条例　高毒物品目录：未
　　列入

易制毒化学品管理条例　易制毒化学品的分类和品种目
　　录：未列入

国际公约　斯德哥尔摩公约：未列入。鹿特丹公约：未列
　　入。蒙特利尔议定书：未列入

第十六部分　其他信息

编写和修订信息	**缩略语和首字母缩写**
培训建议	**参考文献**
免责声明	

三氯异氰尿酸

第一部分　化学品标识

化学品中文名　三氯异氰尿酸；三氯（均）三嗪三酮

化学品英文名　trichloroisocyanuric acid；1,3,5-trichloro-
　　1,3,5-triazine-2,4,6-trione

分子式　C$_3$Cl$_3$N$_3$O$_3$　　**分子量**　232.41

结构式　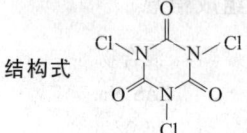

化学品的推荐及限制用途　用作强氧化剂、强氯化剂

第二部分　危险性概述

紧急情况概述　可加剧燃烧，氧化剂。吞咽有害，造成严重眼刺激，可能引起呼吸道刺激

GHS危险性类别　氧化性固体，类别2；急性毒性-经口，类别4；严重眼损伤、眼刺激，类别2；特异性靶器官毒性--次接触，类别3（呼吸道刺激）；危害水生环境-急性危害，类别1；危害水生环境-长期危害，类别1

标签要素

象形图　

警示词　危险

危险性说明　可加剧燃烧，氧化剂。吞咽有害，造成严重眼刺激，可能引起呼吸道刺激，对水生生物毒性非常大并具有长期持续影响

防范说明

预防措施　远离热源。远离衣物、可燃物保存。采取一切预防措施，避免与可燃物混合。戴防护手套、防护眼镜、防护面罩。避免接触眼睛、皮肤，操作后彻底清洗。作业场所不得进食、饮水或吸烟。禁止排入环境

事故响应　如接触眼睛：用水细心冲洗数分钟。如戴隐形眼镜并可方便地取出，取出隐形眼镜，继续冲洗。如果眼睛刺激持续：就医。食入：如果感觉不适，立即呼叫中毒控制中心或就医，漱口。收集泄漏物

安全储存　—

废弃处置　本品及内装物、容器依据国家和地方法规处置

物理和化学危险　助燃。与可燃物接触易着火燃烧

健康危害　本品粉末能强烈刺激眼睛、皮肤和呼吸系统。受热或遇水能产生含氯或其他毒气浓厚烟雾

环境危害　对水生生物毒性非常大并具有长期持续影响

第三部分　成分/组成信息

√ 物质　　　　　　　　　　混合物

组分	浓度	CAS No.
三氯异氰尿酸		87-90-1

第四部分　急救措施

吸入　迅速脱离现场至空气新鲜处。保持呼吸道通畅。如呼吸困难，给输氧。呼吸、心跳停止，立即进行心肺复苏术。就医

皮肤接触　立即脱去污染的衣着，用流动清水彻底冲洗。就医

眼睛接触　立即分开眼睑，用流动清水或生理盐水彻底冲洗。就医

食入　漱口，饮水。就医

对保护施救者的忠告　根据需要使用个人防护设备

对医生的特别提示　对症处理

第五部分　消防措施

灭火剂　本品不燃，根据着火原因选择适当灭火剂灭火

特别危险性　强氧化剂。与易燃物、有机物接触易着火燃烧。遇氨、铵盐、尿素等含氮化合物及水生成易爆炸的三氯化氮。受高热分解产生有毒的腐蚀性烟气

灭火注意事项及防护措施　消防人员必须佩戴防毒面具、穿全身消防服，在上风向灭火。尽可能将容器从火场移至空旷处。喷水保持火场容器冷却，直至灭火结束。禁止用水和泡沫灭火

第六部分　泄漏应急处理

作业人员防护措施、防护装备和应急处置程序　隔离泄漏污染区，限制出入。建议应急处理人员戴防尘口罩，穿防毒服。勿使泄漏物与可燃物质（如木材、纸、油等）接触。穿上适当的防护服前严禁接触破裂的容器和泄漏物。尽可能切断泄漏源。勿使水进入包装容器内

环境保护措施　用塑料布覆盖泄漏物，减少飞散

泄漏化学品的收容、清除方法及所使用的处置材料　小量泄漏：用洁净的铲子收集泄漏物，置于干净、干燥、盖子较松的容器中，将容器移离泄漏区。大量泄漏：泄漏物回收后，用水冲洗泄漏区

第七部分　操作处置与储存

操作注意事项　密闭操作，提供充分的局部排风。防止粉尘释放到车间空气中。操作人员必须经过专门培训，严格遵守操作规程。建议操作人员佩戴防尘面具（全面罩），穿连体式防毒衣，戴橡胶手套。远离火种、热源，工作场所严禁吸烟。避免产生粉尘。避免与还原剂、碱类接触。尤其要注意避免与水接触。配备相应品种和数量的消防器材及泄漏应急处理设备。倒空的容器可能残留有害物

储存注意事项　储存于阴凉、干燥、通风良好的库房。库温不宜超过25℃。远离火种、热源。防止阳光直射。包装必须密封，切勿受潮。应与还原剂、碱类等分开存放，切忌混储。储区应备有合适的材料收容泄漏物

第八部分　接触控制/个体防护

职业接触限值

中国　未制定标准

美国（ACGIH）　未制定标准

生物接触限值　未制定标准

监测方法　空气中有毒物质测定方法：未制定标准。生物监测检验方法：未制定标准

工程控制　严加密闭，提供充分的局部排风

个体防护装备

呼吸系统防护　可能接触其粉尘时，必须佩戴防尘面具（全面罩）。紧急事态抢救或撤离时，应该佩戴空气呼吸器

眼睛防护　呼吸系统防护中已作防护

皮肤和身体防护　穿连体式防毒衣
手防护　戴橡胶手套

第九部分　理化特性

外观与性状　白色粉末，有氯的气味

pH值　无意义　　　　　　熔点(℃)　225～230

沸点(℃)　无资料

相对密度(水＝1)　＞1（20℃）

相对蒸气密度(空气＝1)　无资料

饱和蒸气压(kPa)　无资料

临界压力(MPa)　无资料　　辛醇/水分配系数　无资料

闪点(℃)　无意义　　　　自燃温度(℃)　无意义

爆炸下限(%)　无意义　　爆炸上限(%)　无意义

分解温度(℃)　＞225　　黏度(mPa·s)　无资料

燃烧热(kJ/mol)　无资料　临界温度(℃)　无资料

溶解性　溶于水

第十部分　稳定性和反应性

稳定性　稳定

危险反应　与强还原剂、强碱等禁配物接触，有发生火灾和爆炸的危险。遇氨、铵盐、尿素等含氮化合物及水生成易爆炸的三氯化氮

避免接触的条件　潮湿空气

禁配物　强还原剂、强碱、水及水蒸气、氨、铵盐、尿素等含氮化合物

危险的分解产物　氮氧化物、氯化氢

第十一部分　毒理学信息

急性毒性　LD_{50}：406mg/kg（大鼠经口）；20000mg/kg（兔经皮）

皮肤刺激或腐蚀　家兔经皮：500mg（24h），中度刺激

眼睛刺激或腐蚀　家兔经眼：500mg，重度刺激

呼吸或皮肤过敏　无资料　　生殖细胞突变性　无资料

致癌性　无资料　　　　　生殖毒性　无资料

特异性靶器官系统毒性-一次接触　无资料

特异性靶器官系统毒性-反复接触　无资料

吸入危害　无资料

第十二部分　生态学信息

生态毒性　LC_{50}：0.08mg/L（96h）(虹鳟)

持久性和降解性

　生物降解性　不易快速生物降解

　非生物降解性　无资料

潜在的生物累积性　根据K_{ow}值预测，该物质的生物累积性可能较弱

土壤中的迁移性　根据K_{oc}值预测，该物质可能易发生迁移

第十三部分　废弃处置

废弃化学品　用安全掩埋法处置

污染包装物　将容器返还生产商或按照国家和地方法规处置

废弃注意事项　把倒空的容器归还厂商或在规定场所掩埋

第十四部分　运输信息

联合国危险货物编号（UN号）　2468

联合国运输名称　三氯异氰尿酸，干的

联合国危险性类别　5.1

包装类别　Ⅱ　　　　　包装标志　

海洋污染物　是

运输注意事项　运输时单独装运，运输过程中要确保容器不泄漏、不倒塌、不坠落、不损坏。运输时运输车辆应配备相应品种和数量的消防器材。严禁与酸类、易燃物、有机物、还原剂、自燃物品、遇湿易燃物品等并车混运。运输时车速不宜过快，不得强行超车。公路运输时要按规定路线行驶。运输车辆装卸前后，均应彻底清扫、洗净，严禁混入有机物、易燃物等杂质

第十五部分　法规信息

下列法律、法规、规章和标准，对该化学品的管理作了相应的规定。

中华人民共和国职业病防治法　职业病分类和目录：氰及腈类化合物中毒

危险化学品安全管理条例　危险化学品目录：列入。易制爆危险化学品名录：未列入。重点监管的危险化学品名录：未列入。GB 18218—2009《危险化学品重大危险源辨识》（表1）：未列入

使用有毒物品作业场所劳动保护条例　高毒物品目录：未列入

易制毒化学品管理条例　易制毒化学品的分类和品种目录：未列入

国际公约　斯德哥尔摩公约：未列入。鹿特丹公约：未列入。蒙特利尔议定书：未列入

第十六部分　其他信息

编写和修订信息　　　　缩略语和首字母缩写

培训建议　　　　　　　参考文献

免责声明

三烯丙基胺

第一部分　化学品标识

化学品中文名　三烯丙基胺；三（2-丙烯基）胺；三烯丙胺

化学品英文名　triallylamine；N,N-di-2-propenyl-2-propen-1-amine

分子式　$C_9H_{15}N$　分子量　137.2221

结构式　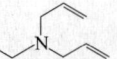

化学品的推荐及限制用途　用于制药，用作化工合成中间体

第二部分　危险性概述

紧急情况概述　易燃液体和蒸气，吞咽有害，吸入会中

毒，造成严重的皮肤灼伤和眼损伤，可能引起呼吸道刺激

GHS 危险性类别 易燃液体，类别 3；急性毒性-经口，类别 4；急性毒性-吸入，类别 3；皮肤腐蚀/刺激，类别 1；严重眼损伤/眼刺激，类别 1；特异性靶器官毒性—一次接触，类别 3（呼吸道刺激）

标签要素

象形图

警示词 危险

危险性说明 易燃液体和蒸气，吞咽有害，吸入会中毒，造成严重的皮肤灼伤和眼损伤，可能引起呼吸道刺激

防范说明

预防措施 远离热源、火花、明火、热表面。保持容器密闭。容器和接收设备接地连接。使用防爆型电器、通风、照明设备。只能使用不产生火花的工具。采取防止静电措施。避免接触眼睛、皮肤，操作后彻底清洗。作业场所不得进食、饮水或吸烟。避免吸入蒸气、雾。仅在室外或通风良好处操作。戴防护手套，穿防护服、戴防护眼镜、防护面罩

事故响应 火灾时，使用雾状水、泡沫、干粉、二氧化碳、砂土灭火。如吸入：将患者转移到空气新鲜处，休息，保持利于呼吸的体位，呼叫中毒控制中心或就医。皮肤（或头发）接触：立即脱掉所有被污染的衣服，用水冲洗皮肤，淋浴。污染的衣服洗净后方可重新使用。眼睛接触：用水细心地冲洗数分钟，立即呼叫中毒控制中心或就医。如戴隐形眼镜并可方便地取出，则取出隐形眼镜，继续冲洗。食入：漱口，不要催吐。如果感觉不适，立即呼叫中毒控制中心或就医

安全储存 存放在通风良好的地方。保持低温。保持容器密闭。上锁保管

废弃处置 本品及内装物、容器依据国家和地方法规处置

物理和化学危险 易燃，其蒸气与空气混合，能形成爆炸性混合物

健康危害 本品蒸气或雾对鼻、喉和肺部有刺激性，高浓度吸入可引起肺水肿。中毒者可出现头痛、头晕、恶心等症状。液体、雾或蒸气对眼睛有刺激性。本品对皮肤有刺激性，重者可致灼伤；可经皮吸收引起中毒。摄入本品液体，引起口腔及消化道烧灼感，并出现恶心、头痛、眩晕等症状

环境危害 对环境可能有害

第三部分 成分/组成信息

√物质		混合物
组分	浓度	CAS No.
三烯丙基胺		102-70-5

第四部分 急救措施

吸入 迅速脱离现场至空气新鲜处。保持呼吸道通畅。如呼吸困难，给输氧。呼吸、心跳停止，立即进行心肺复苏术。就医

皮肤接触 立即脱去污染的衣着，用大量流动清水彻底冲洗至少 15min。就医

眼睛接触 立即分开眼睑，用流动清水或生理盐水彻底冲洗 5～10min。就医

食入 用水漱口，禁止催吐。给饮牛奶或蛋清。就医

对保护施救者的忠告 根据需要使用个人防护设备

对医生的特别提示 对症处理

第五部分 消防措施

灭火剂 用雾状水、泡沫、干粉、二氧化碳、砂土灭火

特别危险性 其蒸气与空气可形成爆炸性混合物，遇明火、高热能引起燃烧爆炸。与氧化剂可发生反应。蒸气比空气重，沿地面扩散并易积存于低洼处，遇火源会着火回燃。若遇高热，容器内压增大，有开裂和爆炸的危险。容易自聚，聚合反应随着温度的上升而急骤加剧

灭火注意事项及防护措施 消防人员必须佩戴防毒面具、穿全身消防服，在上风向灭火。尽可能将容器从火场移至空旷处。喷水保持火场容器冷却，直至灭火结束。处在火场中的容器若已变色或从安全泄压装置中发出声音，必须马上撤离

第六部分 泄漏应急处理

作业人员防护措施、防护装备和应急处置程序 消除所有点火源。根据液体流动和蒸气扩散的影响区域划定警戒区，无关人员从侧风、上风向撤离至安全区。建议应急处理人员戴正压自给式呼吸器，穿防静电、防腐、防毒服。作业时使用的所有设备应接地。禁止接触或跨越泄漏物。尽可能切断泄漏源

环境保护措施 防止泄漏物进入水体、下水道、地下室或有限空间

泄漏化学品的收容、清除方法及所使用的处置材料 小量泄漏：用砂土或其他不燃材料吸收。使用洁净的无火花工具收集吸收材料。大量泄漏：构筑围堤或挖坑收容。用泡沫覆盖，减少蒸发。喷水雾能减少蒸发，但不能降低泄漏物在有限空间内的易燃性。用防爆、耐腐蚀泵转移至槽车或专用收集器内

第七部分 操作处置与储存

操作注意事项 密闭操作，注意通风。操作人员必须经过专门培训，严格遵守操作规程。建议操作人员佩戴自吸过滤式防毒面具（半面罩），戴化学安全防护眼镜，穿防静电工作服，戴橡胶耐油手套。远离火种、热源，工作场所严禁吸烟。使用防爆型的通风系统和设备。防止蒸气泄漏到工作场所空气中。避免与氧化剂、酸类、碱类接触。搬运时要轻装轻卸，防止包装及容器损坏。配备相应品种和数量的消防器材及泄漏应急处理设备。倒空的容器可能残留有害物

储存注意事项　储存于阴凉、通风的库房。远离火种、热源。库温不宜超过37℃，应与氧化剂、酸类、碱类、食用化学品分开存放，切忌混储。采用防爆型照明、通风设施。禁止使用易产生火花的机械设备和工具。储区应备有泄漏应急处理设备和合适的收容材料

第八部分　接触控制/个体防护

职业接触限值
　　中国　未制定标准
　　美国（ACGIH）　未制定标准
生物接触限值　未制定标准
监测方法　空气中有毒物质测定方法：未制定标准。生物监测检验方法：未制定标准
工程控制　密闭操作，注意通风
个体防护装备
　　呼吸系统防护　空气中浓度超标时，必须佩戴过滤式防毒面具（半面罩）。紧急事态抢救或撤离时，应该佩戴空气呼吸器
　　眼睛防护　戴化学安全防护眼镜
　　皮肤和身体防护　穿防静电工作服
　　手防护　戴橡胶耐油手套

第九部分　理化特性

外观与性状　无色液体
pH 值　无资料　　　　　　**熔点（℃）**　<-70
沸点（℃）　155～156
相对密度（水=1）　0.80（20℃）
相对蒸气密度（空气=1）　4.73
饱和蒸气压（kPa）　无资料
临界压力（MPa）　无资料　　**辛醇/水分配系数**　无资料
闪点（℃）　30.56　　　　**自燃温度（℃）**　无资料
爆炸下限（%）　无资料　　**爆炸上限（%）**　无资料
分解温度（℃）　无资料
黏度（mPa·s）　2.7783（-73.15℃）
燃烧热（kJ/mol）　无资料　　**临界温度（℃）**　318.85
溶解性　微溶于水，溶于乙醇、乙醚、丙酮、苯

第十部分　稳定性和反应性

稳定性　稳定
危险反应　与强氧化剂、强酸、强碱等禁配物发生反应。容易发生自聚反应
避免接触的条件　无资料
禁配物　强氧化剂、强酸、强碱
危险的分解产物　氮氧化物

第十一部分　毒理学信息

急性毒性　LD_{50}：1030mg/kg（大鼠经口），492mg/kg（小鼠经口），320mg/kg（兔经口）。LC_{50}：554ppm（大鼠吸入，8h）
皮肤刺激或腐蚀　无资料　　**眼睛刺激或腐蚀**　无资料
呼吸或皮肤过敏　无资料　　**生殖细胞突变性**　无资料
致癌性　无资料　　　　　**生殖毒性**　无资料
特异性靶器官系统毒性-一次接触　无资料

特异性靶器官系统毒性-反复接触　无资料
吸入危害　无资料

第十二部分　生态学信息

生态毒性　无资料
持久性和降解性
　　生物降解性　无资料
　　非生物降解性　无资料
潜在的生物累积性　无资料
土壤中的迁移性　无资料

第十三部分　废弃处置

废弃化学品　建议用焚烧法处置。焚烧炉排出的氮氧化物通过洗涤器除去
污染包装物　将容器返还生产商或按照国家和地方法规处置
废弃注意事项　处置前应参阅国家和地方有关法规

第十四部分　运输信息

联合国危险货物编号（UN 号）　2610
联合国运输名称　三烯丙胺
联合国危险性类别　3，8
包装类别　Ⅲ

包装标志　

海洋污染物　否
运输注意事项　运输时运输车辆应配备相应品种和数量的消防器材及泄漏应急处理设备。夏季最好早晚运输。运输时所用的槽（罐）车应有接地链，槽内可设孔隔板以减少震荡产生的静电。严禁与氧化剂、酸类、碱类、食用化学品等混装混运。运输途中应防暴晒、雨淋、防高温。中途停留时应远离火种、热源、高温区。装运该物品的车辆排气管必须配备阻火装置，禁止使用易产生火花的机械设备和工具装卸。公路运输时要按规定路线行驶。铁路运输时要禁止溜放。严禁用木船、水泥船散装运输

第十五部分　法规信息

　　下列法律、法规、规章和标准，对该化学品的管理作了相应的规定。
中华人民共和国职业病防治法　职业病分类和目录：未列入
危险化学品安全管理条例　危险化学品目录：列入。易制爆危险化学品名录：未列入。重点监管的危险化学品名录：未列入。GB 18218—2009《危险化学品重大危险源辨识》（表1）：未列入
使用有毒物品作业场所劳动保护条例　高毒物品目录：未列入
易制毒化学品管理条例　易制毒化学品的分类和品种目录：未列入
国际公约　斯德哥尔摩公约：未列入。鹿特丹公约：未列

入。蒙特利尔议定书：未列入

第十六部分　其他信息

编写和修订信息　缩略语和首字母缩写
培训建议　参考文献
免责声明

2,4,6-三硝基苯甲酸[干的或含水＜30%]

第一部分　化学品标识

化学品中文名　2,4,6-三硝基苯甲酸；对称三硝基苯甲酸[干的或含水＜30%]；三硝基苯甲酸

化学品英文名　2,4,6-trinitrobenzoic acid（dry or with less than 30% water）；sym-trinitrobenzoic acid

分子式　$C_7H_3N_3O_8$　**分子量**　257.114

结构式

化学品的推荐及限制用途　用于制造炸药

第二部分　危险性概述

紧急情况概述　爆炸物、整体爆炸危险
GHS危险性类别　爆炸物，1.1项
标签要素

象形图

警示词　危险
危险性说明　爆炸物、整体爆炸危险
防范说明
　　预防措施　远离热源、火花、明火、热表面。禁止吸烟。容器和接收设备接地连接。避免研磨、撞击、摩擦。戴防护面罩
　　事故响应　火灾时可能爆炸。火势蔓延到爆炸物时，切勿灭火，撤离现场
　　安全储存　—
　　废弃处置　本品及内装物、容器依据国家和地方法规处置
物理和化学危险　受撞击、摩擦，遇明火或其他点火源极易爆炸
健康危害　本品有毒。动物试验显示血液中高铁血红蛋白含量升高
环境危害　对环境可能有害

第三部分　成分/组成信息

√物质　　　　　　　　混合物

组分	浓度	CAS No.
2,4,6-三硝基苯甲酸		129-66-8

第四部分　急救措施

吸入　迅速脱离现场至空气新鲜处。保持呼吸道通畅。如

呼吸困难，给输氧。如呼吸、心跳停止，立即进行心肺复苏术。就医
皮肤接触　立即脱去污染衣着，用肥皂水或清水彻底冲洗。就医
眼睛接触　分开眼睑，用清水或生理盐水冲洗。就医
食入　漱口，饮水。就医
对保护施救者的忠告　根据需要使用个人防护设备
对医生的特别提示　高铁血红蛋白血症，可用亚甲蓝和维生素C治疗

第五部分　消防措施

灭火剂　用大量水灭火
特别危险性　遇明火、高热、摩擦、震动、撞击，有引起燃烧爆炸的危险
灭火注意事项及防护措施　消防人员必须在有防爆掩蔽处操作。遇大火切勿轻易接近。禁止用砂土压盖

第六部分　泄漏应急处理

作业人员防护措施、防护装备和应急处置程序　消除所有点火源。隔离泄漏污染区，限制出入。建议应急处理人员戴防尘口罩，穿一般作业工作服。作业时使用的所有设备应接地。禁止接触或跨越泄漏物
环境保护措施　用塑料布覆盖泄漏物，减少飞散
泄漏化学品的收容、清除方法及所使用的处置材料　润湿泄漏物。严禁设法扫除干的泄漏物。在专家指导下清除

第七部分　操作处置与储存

操作注意事项　密闭操作，全面通风。防止粉尘释放到车间空气中。操作人员必须经过专门培训，严格遵守操作规程。建议操作人员佩戴自吸过滤式防尘口罩，戴化学安全防护眼镜，穿紧袖工作服、长筒胶鞋，戴防化学品手套。远离火种、热源，工作场所严禁吸烟。使用防爆型的通风系统和设备。远离易燃、可燃物。避免产生粉尘。避免与氧化剂、碱类、活性金属粉末接触。配备相应品种和数量的消防器材及泄漏应急处理设备
储存注意事项　储存于阴凉、干燥、通风的爆炸品专用库房。远离火种、热源。防止阳光直射。包装密封。应与氧化剂、碱类、活性金属粉末、易（可）燃物、食用化学品分开存放，切忌混储。采用防爆型照明、通风设施。禁止使用易产生火花的机械设备和工具。储区应备有合适的材料收容泄漏物。禁止震动、撞击和摩擦

第八部分　接触控制/个体防护

职业接触限值
　　中国　未制定标准
　　美国（ACGIH）　未制定标准
生物接触限值　未制定标准
监测方法　空气中有毒物质测定方法：未制定标准。生物监测检验方法：未制定标准
工程控制　生产过程密闭，全面通风

个体防护装备

　　呼吸系统防护　空气中粉尘浓度较高时，建议佩戴过
　　　　滤式防尘呼吸器
　　眼睛防护　戴化学安全防护眼镜
　　皮肤和身体防护　穿紧袖工作服，长筒胶鞋
　　手防护　戴防化学品手套

第九部分　理化特性

外观与性状　黄色针状结晶

pH 值　无意义	熔点(℃)　229（升华）	
沸点(℃)　无资料	相对密度（水＝1）　无资料	

相对蒸气密度(空气＝1)　无资料

饱和蒸气压(kPa)　无资料

临界压力(MPa)　无资料	辛醇/水分配系数　无资料
闪点(℃)　无意义	自燃温度(℃)　无资料
爆炸下限(%)　无资料	爆炸上限(%)　无资料
分解温度(℃)　无资料	黏度(mPa·s)　无资料
燃烧热(kJ/mol)　无资料	临界温度(℃)　无资料

溶解性　微溶于水，溶于甲醇、乙醇、乙醚，微溶于苯

第十部分　稳定性和反应性

稳定性　稳定

危险反应　受热、摩擦、震动、撞击或与强氧化剂、活性
　　金属粉末、易燃或可燃物等禁配物接触，有发生火灾
　　和爆炸的危险

避免接触的条件　摩擦、震动、撞击

禁配物　强氧化剂、强碱、活性金属粉末、易燃或可燃物

危险的分解产物　氮氧化物

第十一部分　毒理学信息

急性毒性　无资料

皮肤刺激或腐蚀　无资料	眼睛刺激或腐蚀　无资料
呼吸或皮肤过敏　无资料	生殖细胞突变性　无资料
致癌性　无资料	生殖毒性　无资料

特异性靶器官系统毒性-一次接触　无资料

特异性靶器官系统毒性-反复接触　无资料

吸入危害　无资料

第十二部分　生态学信息

生态毒性　无资料

持久性和降解性

　　生物降解性　无资料

　　非生物降解性　无资料

潜在的生物累积性　无资料

土壤中的迁移性　无资料

第十三部分　废弃处置

废弃化学品　在公安部门指定地点引爆

污染包装物　将容器返还生产商或按照国家和地方法规
　　处置

废弃注意事项　处置前应参阅国家和地方有关法规。废弃
　　处置人员必须接受过专门的爆炸性物质废弃处置培训

第十四部分　运输信息

联合国危险货物编号（UN 号）　0215

联合国运输名称　三硝基苯甲酸，干的或湿的，按质量含
　　水低于 30%

联合国危险性类别　1.1D

包装类别　—　　　　　　包装标志

海洋污染物　否

运输注意事项　起运时包装要完整，装载应稳妥。运输过
　　程中要确保容器不泄漏、不倒塌、不坠落、不损坏。
　　车速要加以控制，避免颠簸、震荡。不得与酸、碱、
　　盐类、氧化剂、易燃可燃物、自燃物品、金属粉末等
　　危险物品及钢铁材料器具混装。运输途中应防暴晒、
　　雨淋，防高温。公路运输时要按规定路线行驶，中途
　　停留时应严格选择停放地点，远离高压电源、火源和
　　高温场所，要与其他车辆隔离并留有专人看管，禁止
　　在居民区和人口稠密区停留。铁路运输时要禁止溜放

第十五部分　法规信息

　　下列法律、法规、规章和标准，对该化学品的管理作
了相应的规定。

中华人民共和国职业病防治法　职业病分类和目录：苯的
　　氨基及硝基化合物中毒

危险化学品安全管理条例　危险化学品目录：列入。易制
　　爆危险化学品名录：未列入。重点监管的危险化学品
　　名录：未列入。GB 18218—2009《危险化学品重大
　　危险源辨识》（表 1）：未列入

使用有毒物品作业场所劳动保护条例　高毒物品目录：未
　　列入

易制毒化学品管理条例　易制毒化学品的分类和品种目
　　录：未列入

国际公约　斯德哥尔摩公约：未列入。鹿特丹公约：未列
　　入。蒙特利尔议定书：未列入

第十六部分　其他信息

编写和修订信息	缩略语和首字母缩写
培训建议	参考文献
免责声明	

2,4,6-三硝基间苯二酚

第一部分　化学品标识

化学品中文名　2,4,6-三硝基间苯二酚；收敛酸

化学品英文名　2,4,6-trinitroresorcinol；styphnic acid

分子式　$C_6H_3N_3O_8$　分子量　245.1033

结构式
$$\underset{NO_2}{\overset{OH}{\underset{\displaystyle NO_2}{\bigcirc}}}$$

化学品的推荐及限制用途　用作炸药、分析试剂和用于有

机合成

第二部分　危险性概述

紧急情况概述　爆炸物、整体爆炸危险，吞咽有害，皮肤接触有害，吸入有害

GHS 危险性类别　爆炸物，1.1 项；急性毒性-经口，类别 4；急性毒性-经皮，类别 4；急性毒性-吸入，类别 4；危害水生环境-急性危害，类别 3

标签要素

象形图　

警示词　危险

危险性说明　爆炸物、整体爆炸危险，吞咽有害，皮肤接触有害，吸入有害，对水生生物有害

防范说明

预防措施　远离热源、火花、明火、热表面。容器和接收设备接地连接。避免研磨、撞击、摩擦。戴防护面罩。避免接触眼睛、皮肤，操作后彻底清洗。作业场所不得进食、饮水或吸烟。戴防护手套，穿防护服。避免吸入粉尘。仅在室外或通风良好处操作。禁止排入环境

事故响应　火灾时可能爆炸。火势蔓延到爆炸物时，切勿灭火。撤离现场。如吸入：将患者转移到空气新鲜处，休息，保持利于呼吸的体位。皮肤接触：用大量肥皂水和水清洗。被污染的衣服必须经洗净后方可重新使用。食入：如果感觉不适，立即呼叫中毒控制中心或就医。漱口

安全储存　本品依据国家和地方法规储存

废弃处置　本品及内装物、容器依据国家和地方法规处置

物理和化学危险　受撞击、摩擦，遇明火或其他点火源极易爆炸

健康危害　本品有毒。轻度中毒可引起恶心、呕吐、食欲不振。严重时会出现头痛、贫血以及肾脏的损害

环境危害　对水生生物有害

第三部分　成分/组成信息

√ 物质　　　　　　　混合物

组分	浓度	CAS No.
2,4,6-三硝基间苯二酚		82-71-3

第四部分　急救措施

吸入　迅速脱离现场至空气新鲜处。保持呼吸道通畅。如呼吸困难，给输氧。呼吸、心跳停止，立即进行心肺复苏术。就医

皮肤接触　立即脱去污染的衣着，用流动清水彻底冲洗。就医

眼睛接触　立即分开眼睑，用流动清水或生理盐水彻底冲洗。就医

食入　漱口，饮水。就医

对保护施救者的忠告　根据需要使用个人防护设备

对医生的特别提示　对症处理

第五部分　消防措施

灭火剂　用大量水灭火

特别危险性　遇明火、高热、摩擦、震动、撞击，有引起燃烧爆炸的危险

灭火注意事项及防护措施　消防人员必须在有防爆掩蔽处操作。遇大火切勿轻易接近。禁止用砂土压盖

第六部分　泄漏应急处理

作业人员防护措施、防护装备和应急处置程序　消除所有点火源。隔离泄漏污染区，限制出入。建议应急处理人员戴防尘口罩，穿一般作业工作服。作业时使用的所有设备应接地。禁止接触或跨越泄漏物

环境保护措施　用塑料布覆盖泄漏物，减少飞散

泄漏化学品的收容、清除方法及所使用的处置材料　润湿泄漏物。严禁设法扫除干的泄漏物。在专家指导下清除

第七部分　操作处置与储存

操作注意事项　密闭操作，全面通风。防止粉尘释放到车间空气中。操作人员必须经过专门培训，严格遵守操作规程。建议操作人员佩戴自吸过滤式防尘口罩，戴化学安全防护眼镜，穿长袖工作服、长筒胶鞋，戴防化学品手套。远离火种、热源，工作场所严禁吸烟。使用防爆型的通风系统和设备。远离易燃、可燃物。避免产生粉尘。避免与氧化剂、还原剂、碱类、活性金属粉末接触。配备相应品种和数量的消防器材及泄漏应急处理设备

储存注意事项　储存于阴凉、干燥、通风的爆炸品专用库房。远离火种、热源。防止阳光直射。库温不超过 32℃，相对湿度不超过 80%。包装密封。应与氧化剂、易（可）燃物、还原剂、碱类、活性金属粉末分开存放，切忌混储。配备相应品种和数量的消防器材。储区应备有合适的材料收容泄漏物。禁止震动、撞击和摩擦

第八部分　接触控制/个体防护

职业接触限值

中国　未制定标准

美国（ACGIH）　未制定标准

生物接触限值　未制定标准

监测方法　空气中有毒物质测定方法：未制定标准。生物监测检验方法：未制定标准

工程控制　生产过程密闭，全面通风

个体防护装备

呼吸系统防护　空气中粉尘浓度较高时，建议佩戴过滤式防尘呼吸器

眼睛防护　戴化学安全防护眼镜

皮肤和身体防护　穿紧袖工作服、长筒胶鞋

手防护　戴防化学品手套

第九部分 理化特性

外观与性状 黄褐色至红褐色结晶

pH值 无意义　　　　熔点(℃) 179～180

沸点(℃) 无资料　　　相对密度(水=1) 1.83

相对蒸气密度(空气=1) 无资料

饱和蒸气压(kPa) 无资料

临界压力(MPa) 无资料　辛醇/水分配系数 无资料

闪点(℃) 无意义　　　自燃温度(℃) 无资料

爆炸下限(%) 无资料　爆炸上限(%) 无资料

分解温度(℃) 无资料　黏度(mPa·s) 无资料

燃烧热(kJ/mol) 无资料　临界温度(℃) 无资料

溶解性 易溶于醇、醚

第十部分 稳定性和反应性

稳定性 稳定

危险反应 与强氧化剂、易燃或可燃物、还原剂、碱类、活性金属粉末等禁配物接触，或遇明火、高热、摩擦、震动、撞击，有引起燃烧爆炸的危险

避免接触的条件 摩擦、震动、撞击

禁配物 强氧化剂、易燃或可燃物、还原剂、碱类、活性金属粉末

危险的分解产物 氮氧化物

第十一部分 毒理学信息

急性毒性 无资料

皮肤刺激或腐蚀 无资料　眼睛刺激或腐蚀 无资料

呼吸或皮肤过敏 无资料　生殖细胞突变性 无资料

致癌性 无资料　　　　生殖毒性 无资料

特异性靶器官系统毒性-一次接触 无资料

特异性靶器官系统毒性-反复接触 无资料

吸入危害 无资料

第十二部分 生态学信息

生态毒性 LC_{50}：0.52mg/L(48h)(大型溞)

持久性和降解性

　　生物降解性 无资料

　　非生物降解性 无资料

潜在的生物累积性 无资料

土壤中的迁移性 无资料

第十三部分 废弃处置

废弃化学品 在公安部门指定地点引爆

污染包装物 将容器返还生产商或按照国家和地方法规处置

废弃注意事项 处置前应参阅国家和地方有关法规。废弃处置人员必须接受过专门的爆炸性物质废弃处置培训

第十四部分 运输信息

联合国危险货物编号 (UN号) 0219

联合国运输名称 三硝基苯二酚(收敛酸)，干的或湿的，按质量含水或乙醇和水的混合物低于20%

联合国危险性类别 1.1D

包装类别 —　　　　包装标志

海洋污染物 否

运输注意事项 起运时包装要完整，装载应稳妥。运输过程中要确保容器不泄漏、不倒塌、不坠落、不损坏。车速要加以控制，避免颠簸、震荡。不得与酸、碱、盐类、氧化剂、易燃可燃物、自燃物品、金属粉末等危险物品及钢铁材料器具混装。运输途中应防暴晒、雨淋，防高温。公路运输时要按规定路线行驶，中途停留时应严格选择停放地点，远离高压电源、火源和高温场所，要与其他车辆隔离并留有专人看管，禁止在居民区和人口稠密区停留。铁路运输时要禁止溜放

第十五部分 法规信息

下列法律、法规、规章和标准，对该化学品的管理作了相应的规定。

中华人民共和国职业病防治法 职业病分类和目录：未列入

危险化学品安全管理条例 危险化学品目录：列入。易制爆危险化学品名录：未列入。重点监管的危险化学品名录：未列入。GB 18218—2009《危险化学品重大危险源辨识》(表1)：未列入

使用有毒物品作业场所劳动保护条例 高毒物品目录：未列入·

易制毒化学品管理条例 易制毒化学品的分类和品种目录：未列入

国际公约 斯德哥尔摩公约：未列入。鹿特丹公约：未列入。蒙特利尔议定书：未列入

第十六部分 其他信息

编写和修订信息　　缩略语和首字母缩写

培训建议　　　　　参考文献

免责声明

2,4,6-三溴苯胺

第一部分 化学品标识

化学品中文名 2,4,6-三溴苯胺

化学品英文名 2,4,6-tribromoaniline；*sym*-tribromoaniline

分子式 $C_6H_4Br_3N$　分子量 329.815

结构式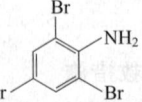

化学品的推荐及限制用途 用于有机合成和染料合成，也用作分析试剂

第二部分 危险性概述

紧急情况概述 吞咽会中毒，皮肤接触会中毒，吸入会中毒

GHS危险性类别 急性毒性-经口，类别3；急性毒性-经皮，类别3；急性毒性-吸入，类别3

标签要素

象形图　

警示词　危险

危险性说明　吞咽会中毒，皮肤接触会中毒，吸入会中毒

防范说明

预防措施　避免接触眼睛、皮肤，操作后彻底清洗。作业场所不得进食、饮水或吸烟。戴防护手套，穿防护服。避免吸入粉尘。仅在室外或通风良好处操作

事故响应

如吸入：将患者转移到空气新鲜处，休息，保持利于呼吸的体位。皮肤接触：用大量肥皂水和水清洗，立即脱去所有被污染的衣服，被污染的衣服必须经洗净后方可重新使用。如感觉不适，呼叫中毒控制中心或就医。食入：立即呼叫中毒控制中心或就医。漱口

安全储存　在通风良好处储存。保持容器密闭。上锁保管

废弃处置　本品及内装物、容器依据国家和地方法规处置

物理和化学危险　可燃，其粉体与空气混合，能形成爆炸性混合物

健康危害　对眼睛、皮肤、黏膜、上呼吸道有刺激性。进入体内可形成高铁血红蛋白血症。高浓度时可引起紫绀，这种症状可持续 2～4h 或更长时间

环境危害　对环境可能有害

第三部分　成分/组成信息

√ 物质　　　　　　混合物

组分	浓度	CAS No.
2,4,6-三溴苯胺		147-82-0

第四部分　急救措施

吸入　迅速脱离现场至空气新鲜处。保持呼吸道通畅。如呼吸困难，给输氧。如呼吸心跳停止，立即行心肺复苏术。就医

皮肤接触　立即脱去污染衣着，用肥皂水或清水彻底冲洗。就医

眼睛接触　分开眼睑，用清水或生理盐水冲洗。就医

食入　漱口，饮水。就医

对保护施救者的忠告　根据需要使用个人防护设备

对医生的特别提示　高铁血红蛋白血症，可用美蓝和维生素 C 治疗

第五部分　消防措施

灭火剂　用雾状水、泡沫、干粉、二氧化碳、砂土灭火

特别危险性　遇明火能燃烧。受热分解释放出有毒的氮氧化物和溴化物烟雾

灭火注意事项及防护措施　消防人员必须佩戴防毒面具、穿全身消防服，在上风向灭火。尽可能将容器从火场移至空旷处。喷水保持火场容器冷却，直至灭火结束

第六部分　泄漏应急处理

作业人员防护措施、防护装备和应急处置程序　隔离泄漏污染区，限制出入。消除所有点火源。建议应急处理人员戴防尘口罩，穿防毒服。穿上适当的防护服前严禁接触破裂的容器和泄漏物。尽可能切断泄漏源

环境保护措施　用塑料布覆盖泄漏物，减少飞散

泄漏化学品的收容、清除方法及所使用的处置材料　勿使水进入包装容器内。用洁净的铲子收集泄漏物，置于干净、干燥、盖子较松的容器中，将容器移离泄漏区

第七部分　操作处置与储存

操作注意事项　密闭操作，提供充分的局部排风。操作人员必须经过专门培训，严格遵守操作规程。建议操作人员佩戴自吸过滤式防尘口罩，戴化学安全防护眼镜，穿防毒物渗透工作服，戴橡胶手套。远离火种、热源，工作场所严禁吸烟。使用防爆型的通风系统和设备。避免产生粉尘。避免与氧化剂、酸类接触。搬运时要轻装轻卸，防止包装及容器损坏。配备相应品种和数量的消防器材及泄漏应急处理设备。倒空的容器可能残留有害物

储存注意事项　储存于阴凉、通风的库房。远离火种、热源。应与氧化剂、酸类等分开存放，切忌混储。配备相应品种和数量的消防器材。储区应备有合适的材料收容泄漏物

第八部分　接触控制/个体防护

职业接触限值

中国　未制定标准

美国（ACGIH）　未制定标准

生物接触限值　未制定标准

监测方法　空气中有毒物质测定方法：未制定标准。生物监测检验方法：未制定标准

工程控制　严加密闭，提供充分的局部排风。提供安全淋浴和洗眼设备

个体防护装备

呼吸系统防护　空气中粉尘浓度超标时，必须佩戴过滤式防尘呼吸器。紧急事态抢救或撤离时，应该佩戴空气呼吸器

眼睛防护　戴化学安全防护眼镜

皮肤和身体防护　穿防毒物渗透工作服

手防护　戴橡胶手套

第九部分　理化特性

外观与性状　无色至棕黄色的针状结晶

pH 值　无意义	**熔点（℃）**　120～122
沸点（℃）　300	**相对密度（水＝1）**　2.35
相对蒸气密度（空气＝1）　无资料	
饱和蒸气压（kPa）　无资料	
临界压力（MPa）　无资料	**辛醇/水分配系数**　无资料
闪点（℃）　无资料	**自燃温度（℃）**　无资料

爆炸下限(%)　无资料　　爆炸上限(%)　无资料
分解温度(℃)　无资料　　黏度(mPa·s)　无资料
燃烧热(kJ/mol)　无资料　　临界温度(℃)　无资料
溶解性　不溶于水，溶于冷水、乙醇、氯仿、乙醚等

第十部分　稳定性和反应性

稳定性　稳定
危险反应　与强氧化剂、酸类、酰基氯、酸酐、氯仿等禁
　　配物发生反应
避免接触的条件　受热
禁配物　酸类、酰基氯、酸酐、氯仿、强氧化剂
危险的分解产物　溴化氢、氮氧化物

第十一部分　毒理学信息

急性毒性　LD_{50}：500mg/kg（小鼠腹腔）
皮肤刺激或腐蚀　无资料　　**眼睛刺激或腐蚀**　无资料
呼吸或皮肤过敏　无资料　　**生殖细胞突变性**　无资料
致癌性　无资料　　　　　　**生殖毒性**　无资料
特异性靶器官系统毒性-一次接触　无资料
特异性靶器官系统毒性-反复接触　无资料
吸入危害　无资料

第十二部分　生态学信息

生态毒性　无资料
持久性和降解性
　　生物降解性　无资料
　　非生物降解性　无资料
潜在的生物累积性　无资料
土壤中的迁移性　无资料

第十三部分　废弃处置

废弃化学品　建议用焚烧法处置。焚烧炉排出的气体要通
　　过洗涤器除去
污染包装物　将容器返还生产商或按照国家和地方法规
　　处置
废弃注意事项　处置前应参阅国家和地方有关法规

第十四部分　运输信息

联合国危险货物编号（UN号）　2811
联合国运输名称　有机毒性固体，未另作规定的（2,4,6-
　　三溴苯胺）
联合国危险性类别　6.1

包装类别　Ⅲ　　　　　　**包装标志**

海洋污染物　否
运输注意事项　运输前应先检查包装容器是否完整、密
　　封，运输过程中要确保容器不泄漏、不倒塌、不坠
　　落、不损坏。严禁与酸类、氧化剂、食品及食品添加
　　剂混运。运输途中应防暴晒、雨淋，防高温

第十五部分　法规信息

下列法律、法规、规章和标准，对该化学品的管理作
了相应的规定。
中华人民共和国职业病防治法　职业病分类和目录：苯的
　　氨基及硝基化合物中毒
危险化学品安全管理条例　危险化学品目录：列入。易制
　　爆危险化学品名录：未列入。重点监管的危险化学品
　　名录：未列入。GB 18218—2009《危险化学品重大
　　危险源辨识》（表1）：未列入
使用有毒物品作业场所劳动保护条例　高毒物品目录：未
　　列入
易制毒化学品管理条例　易制毒化学品的分类和品种目
　　录：未列入
国际公约　斯德哥尔摩公约：未列入。鹿特丹公约：未列
　　入。蒙特利尔议定书：未列入

第十六部分　其他信息

编写和修订信息　　　　**缩略语和首字母缩写**
培训建议　　　　　　　**参考文献**
免责声明

三溴化碘

第一部分　化学品标识

化学品中文名　三溴化碘
化学品英文名　iodine tribromide
分子式　IBr_3　**分子量**　366.612
结构式　　$\begin{array}{c} Br \\ | \\ Br-I-Br \end{array}$
化学品的推荐及限制用途　用于医药，用作氧化剂等

第二部分　危险性概述

紧急情况概述　造成严重的皮肤灼伤和眼损伤
GHS危险性类别　皮肤腐蚀/刺激，类别1；严重眼损伤/
　　眼刺激，类别1
标签要素

象形图

警示词　危险
危险性说明　造成严重的皮肤灼伤和眼损伤
防范说明
　　预防措施　避免吸入烟雾。避免接触眼睛、皮肤，
　　　　操作后彻底清洗。戴防护手套，穿防护服，戴
　　　　防护眼镜、防护面罩
　　事故响应　如吸入：将患者转移到空气新鲜处，休
　　　　息，保持利于呼吸的体位，立即呼叫中毒控制
　　　　中心或就医。皮肤（或头发）接触：立即脱掉
　　　　所有被污染的衣服，用水冲洗皮肤，淋浴。污
　　　　染的衣服洗净后方可重新使用。眼睛接触：用
　　　　水细心地冲洗数分钟，立即呼叫中毒控制中心
　　　　或就医。如戴隐形眼镜并可方便地取出，则取
　　　　出隐形眼镜，继续冲洗。食入：漱口，不要
　　　　催吐

安全储存 上锁保管

废弃处置 本品及内装物、容器依据国家和地方法规处置

物理和化学危险 不燃，无特殊燃爆特性。遇水剧烈反应，产生有毒气体

健康危害 本品有腐蚀性，其蒸气对眼睛、皮肤和黏膜有极强的刺激性。眼和皮肤接触引起灼伤。遇水放出毒的溴化氢

环境危害 对环境可能有害

第三部分 成分/组成信息

√物质　　　　　　　混合物

组分　　　浓度　　　CAS No.

三溴化碘　　　　　　7789-58-4

第四部分 急救措施

吸入 迅速脱离现场至空气新鲜处。保持呼吸道通畅。如呼吸困难，给输氧。呼吸、心跳停止，立即进行心肺复苏术。就医

皮肤接触 立即脱去污染的衣着，用大量流动清水彻底冲洗至少 15min。就医

眼睛接触 立即分开眼睑，用流动清水或生理盐水彻底冲洗 5～10min。就医

食入 用水漱口，禁止催吐。给饮牛奶或蛋清。就医

对保护施救者的忠告 根据需要使用个人防护设备

对医生的特别提示 对症处理

第五部分 消防措施

灭火剂 本品不燃，根据着火原因选择适当灭火剂灭火

特别危险性 不燃。遇 H 发泡剂会引起燃烧。受热或遇水分解，放出有毒的腐蚀性气体，有时会发生爆炸。与还原剂能发生强烈反应。具有腐蚀性

灭火注意事项及防护措施 消防人员必须佩戴空气呼吸器、穿全身防火防毒服，在上风向灭火。尽可能将容器从火场移至空旷处。喷水保持火场容器冷却，直至灭火结束。禁止用水、泡沫和酸碱灭火剂灭火

第六部分 泄漏应急处理

作业人员防护措施、防护装备和应急处置程序 根据液体流动和蒸气扩散的影响区域划定警戒区，无关人员从侧风、上风向撤离至安全区。建议应急处理人员戴正压自给式呼吸器，穿防酸碱服。穿上适当的防护服前严禁接触破裂的容器和泄漏物。尽可能切断泄漏源

环境保护措施 防止泄漏物进入水体、下水道、地下室或有限空间

泄漏化学品的收容、清除方法及所使用的处置材料 小量泄漏：用干燥的砂土或其他不燃材料吸收或覆盖，收集于容器中。大量泄漏：构筑围堤或挖坑收容。用耐腐蚀泵转移至槽车或专用收集器内

第七部分 操作处置与储存

操作注意事项 密闭操作，全面通风。操作人员必须经过专门培训，严格遵守操作规程。建议操作人员佩戴自吸过滤式防毒面具（全面罩），穿橡胶耐酸碱服，戴橡胶耐酸碱手套。防止蒸气泄漏到工作场所空气中。避免与还原剂、酸类、碱类接触。尤其要注意避免与水接触。搬运时要轻装轻卸，防止包装及容器损坏。配备泄漏应急处理设备。倒空的容器可能残留有害物

储存注意事项 储存于阴凉、通风的库房。远离火种、热源。应与还原剂、酸类、碱类分开存放，切忌混储。储区应备有泄漏应急处理设备和合适的收容材料

第八部分 接触控制/个体防护

职业接触限值

中国 未制定标准

美国（ACGIH） 未制定标准

生物接触限值 未制定标准

监测方法 空气中有毒物质测定方法：未制定标准。生物监测检验方法：未制定标准

工程控制 生产过程密闭，全面通风

个体防护装备

呼吸系统防护 空气中浓度超标时，必须佩戴过滤式防毒面具（全面罩）。紧急事态抢救或撤离时，应该佩戴空气呼吸器

眼睛防护 呼吸系统防护中已作防护

皮肤和身体防护 穿橡胶耐酸碱服

手防护 戴橡胶耐酸碱手套

第九部分 理化特性

外观与性状 深棕色液体，具有刺激性气味

pH 值 无资料	**熔点(℃)** 无资料
沸点(℃) 无资料	**相对密度(水＝1)** 3.41
相对蒸气密度(空气＝1) 无资料	
饱和蒸气压(kPa) 无资料	
临界压力(MPa) 无资料	**辛醇/水分配系数** 无资料
闪点(℃) 无意义	**自燃温度(℃)** 无意义
爆炸下限(%) 无意义	**爆炸上限(%)** 无意义
分解温度(℃) 无资料	**黏度(mPa·s)** 无资料
燃烧热(kJ/mol) 无资料	**临界温度(℃)** 无资料

溶解性 溶于水，溶于醇

第十部分 稳定性和反应性

稳定性 稳定

危险反应 与还原剂、酸类、碱类、水等禁配物发生反应。遇 H 发泡剂会引起燃烧。受热或遇水分解，放出有毒的腐蚀性气体，有时会发生爆炸

避免接触的条件 受热、潮湿空气

禁配物 还原剂、酸类、碱类、水

危险的分解产物 溴化氢、碘化氢

第十一部分 毒理学信息

急性毒性 无资料

皮肤刺激或腐蚀 无资料	**眼睛刺激或腐蚀** 无资料
呼吸或皮肤过敏 无资料	**生殖细胞突变性** 无资料
致癌性 无资料	**生殖毒性** 无资料

特异性靶器官系统毒性-一次接触 无资料

特异性靶器官系统毒性-反复接触 无资料

吸入危害　无资料

第十二部分　生态学信息

生态毒性　无资料
持久性和降解性
　　生物降解性　无资料
　　非生物降解性　无资料
潜在的生物累积性　无资料
土壤中的迁移性　无资料

第十三部分　废弃处置

废弃化学品　根据国家和地方有关法规的要求处置。或与厂商或制造商联系，确定处置方法
污染包装物　将容器返还生产商或按照国家和地方法规处置
废弃注意事项　处置前应参阅国家和地方有关法规

第十四部分　运输信息

联合国危险货物编号（UN号）　3265
联合国运输名称　有机酸性腐蚀性液体，未另作规定的（三溴化碘）
联合国危险性类别　8

包装类别　—　　　　　　**包装标志**

海洋污染物　否
运输注意事项　起运时包装要完整，装载应稳妥。运输过程中要确保容器不泄漏、不倒塌、不坠落、不损坏。严禁与还原剂、酸类、碱类、食用化学品等混装混运。运输时运输车辆应配备泄漏应急处理设备。运输途中应防暴晒、雨淋，防高温。公路运输时要按规定路线行驶，勿在居民区和人口稠密区停留

第十五部分　法规信息

下列法律、法规、规章和标准，对该化学品的管理作了相应的规定。
中华人民共和国职业病防治法　职业病分类和目录：未列入
危险化学品安全管理条例　危险化学品目录：列入。易制爆危险化学品名录：未列入。重点监管的危险化学品名录：未列入。GB 18218—2009《危险化学品重大危险源辨识》（表1）：未列入
使用有毒物品作业场所劳动保护条例　高毒物品目录：未列入
易制毒化学品管理条例　易制毒化学品的分类和品种目录：未列入
国际公约　斯德哥尔摩公约：未列入。鹿特丹公约：未列入。蒙特利尔议定书：未列入

第十六部分　其他信息

编写和修订信息　　**缩略语和首字母缩写**
培训建议　　　　　　**参考文献**
免责声明

三溴化三甲基二铝

第一部分　化学品标识

化学品中文名　三溴化三甲基二铝；三溴化三甲基铝；三溴化三甲基（二）铝
化学品英文名　tribromotrimethyl dialuminum；methyl aluminum sesquibromide
分子式　$C_3H_9Al_2Br_3$　　**分子量**　338.81
结构式
化学品的推荐及限制用途　用作催化剂等

第二部分　危险性概述

紧急情况概述　暴露在空气中自燃，遇水放出可自燃的易燃气体
GHS危险性类别　自燃液体，类别1；遇水放出易燃气体的物质和混合物，类别1
标签要素

象形图　⬦🔥

警示词　危险
危险性说明　暴露在空气中自燃，遇水放出可自燃的易燃气体
防范说明
　　预防措施　远离热源、火花、明火、热表面。禁止吸烟。不得与空气接触。戴防护手套、防护眼镜、防护面罩。因与水发生剧烈反应和可能发生爆燃，应避免与水接触。在惰性气体中操作。防潮
　　事故响应　火灾时，使用干粉、砂土灭火
　　安全储存　在干燥处和密闭的容器中储存
　　废弃处置　本品及内装物、容器依据国家和地方法规处置
物理和化学危险　接触空气易自燃
健康危害　可灼伤眼睛和皮肤。对眼睛、皮肤和呼吸系统有刺激作用
环境危害　对环境可能有害

第三部分　成分/组成信息

✓物质　　　　　　　　　混合物
　组分　　　　浓度　　　CAS No.
三溴化三甲基二铝　　　　　12263-85-3

第四部分　急救措施

吸入　迅速脱离现场至空气新鲜处。保持呼吸道通畅。如呼吸困难，给吸氧。呼吸、心跳停止，立即进行心肺复苏术。就医
皮肤接触　立即脱去污染的衣着，用大量流动清水彻底冲洗至少15min。就医

眼睛接触 立即分开眼睑，用流动清水或生理盐水彻底冲洗 5～10min。就医

食入 用水漱口，禁止催吐。给饮牛奶或蛋清。就医

对保护施救者的忠告 根据需要使用个人防护设备

对医生的特别提示 对症处理

第五部分　消防措施

灭火剂 用干粉、砂土灭火

特别危险性 暴露在空气或二氧化碳中会自燃。有氧化性。受高热分解放出有毒的气体

灭火注意事项及防护措施 消防人员必须佩戴防毒面具、穿全身消防服，在上风向灭火。尽可能将容器从火场移至空旷处。处在火场中的容器若已变色或从安全泄压装置中发出声音，必须马上撤离。严禁用水、泡沫、二氧化碳扑救

第六部分　泄漏应急处理

作业人员防护措施、防护装备和应急处置程序 根据液体流动和蒸气扩散的影响区域划定警戒区，无关人员从侧风、上风向撤离至安全区。消除所有点火源。建议应急处理人员戴正压自给式呼吸器，穿防毒、防静电服。禁止接触或跨越泄漏物。尽可能切断泄漏源

环境保护措施 防止泄漏物进入水体、下水道、地下室或有限空间

泄漏化学品的收容、清除方法及所使用的处置材料 小量泄漏：用干燥的砂土或其他不燃材料覆盖泄漏物，用洁净的无火花工具收集泄漏物，置于一盖子较松的塑料容器中，待处置。大量泄漏：构筑围堤或挖坑收容。用防爆泵转移至槽车或专用收集器内

第七部分　操作处置与储存

操作注意事项 密闭操作，局部排风。防止蒸气泄漏到工作场所空气中。操作人员必须经过专门培训，严格遵守操作规程。建议操作人员佩戴过滤式防毒面具（半面罩），戴化学安全防护眼镜，穿防静电工作服，戴乳胶手套。远离火种、热源，工作场所严禁吸烟。使用防爆型的通风系统和设备。在清除液体和蒸气前不能进行焊接、切割等作业。避免产生烟雾。避免与氧化剂、酸类、胺类、卤代烃接触。尤其要注意避免与水接触。在氮气中操作处置。配备相应品种和数量的消防器材及泄漏应急处理设备。倒空的容器可能残留有害物

储存注意事项 储存于阴凉、干燥、通风良好的专用库房内，远离火种、热源。防止阳光直射。保持容器密封，严禁与空气接触。应与氧化剂、酸类、胺类、卤代烃、食用化学品等分开存放，切忌混储。采用防爆型照明、通风设施。禁止使用易产生火花的机械设备和工具。储区应备有泄漏应急处理设备和合适的收容材料

第八部分　接触控制/个体防护

职业接触限值

中国　未制定标准

美国（ACGIH）　未制定标准

生物接触限值 未制定标准

监测方法 空气中有毒物质测定方法：未制定标准。生物监测检验方法：未制定标准

工程控制 密闭操作，局部排风

个体防护装备

呼吸系统防护　空气中浓度较高时，应该佩戴过滤式防毒面具（半面罩）。紧急事态抢救或逃生时，建议佩戴空气呼吸器

眼睛防护　戴化学安全防护眼镜

皮肤和身体防护　穿防静电工作服

手防护　戴橡胶手套

第九部分　理化特性

外观与性状 液体

pH 值 无资料	**熔点(℃)** 无资料
沸点(℃) 无资料	**相对密度(水＝1)** 无资料

相对蒸气密度(空气＝1) 无资料

饱和蒸气压(kPa) 无资料

临界压力(MPa) 无资料	**辛醇/水分配系数** 无资料
闪点(℃) 无资料	**自燃温度(℃)** 无资料
爆炸下限(%) 无资料	**爆炸上限(%)** 无资料
分解温度(℃) 无资料	**黏度(mPa·s)** 无资料
燃烧热(kJ/mol) 无资料	**临界温度(℃)** 无资料

溶解性 无资料

第十部分　稳定性和反应性

稳定性 稳定

危险反应 与强氧化剂、强酸、水、胺类、卤代烃等禁配物发生反应。暴露在空气或二氧化碳中会自燃

避免接触的条件 空气、潮湿空气

禁配物 强氧化剂、强酸、水、胺类、卤代烃、空气、二氧化碳

危险的分解产物 溴化氢、氧化铝

第十一部分　毒理学信息

急性毒性 无资料

皮肤刺激或腐蚀 无资料	**眼睛刺激或腐蚀** 无资料
呼吸或皮肤过敏 无资料	**生殖细胞突变性** 无资料
致癌性 无资料	**生殖毒性** 无资料

特异性靶器官系统毒性-一次接触 无资料

特异性靶器官系统毒性-反复接触 无资料

吸入危害 无资料

第十二部分　生态学信息

生态毒性 无资料

持久性和降解性

生物降解性　无资料

非生物降解性　无资料

潜在的生物累积性 无资料

土壤中的迁移性 无资料

第十三部分　废弃处置

废弃化学品 根据国家和地方有关法规的要求处置。或与

厂商或制造商联系，确定处置方法

污染包装物 将容器返还生产商或按照国家和地方法规处置

废弃注意事项 处置前应参阅国家和地方有关法规

第十四部分 运输信息

联合国危险货物编号（UN 号） 1355

联合国运输名称 液态有机金属物质，发火，遇水反应（三溴化三甲基二铝）

联合国危险性类别 4.2,4.3

包装类别 Ⅰ

包装标志

海洋污染物 否

运输注意事项 运输时运输车辆应配备相应品种和数量的消防器材及泄漏应急处理设备。装运本品的车辆排气管必须有阻火装置。运输过程中要确保容器不泄漏、不倒塌、不坠落、不损坏。严禁与氧化剂、酸类、胺类、卤代烃等混装混运。运输途中应防暴晒、雨淋，防高温。中途停留时应远离火种、热源。运输用车、船必须干燥，并有良好的防雨设施。车辆运输完毕应进行彻底清扫。铁路运输时要禁止溜放

第十五部分 法规信息

下列法律、法规、规章和标准，对该化学品的管理作了相应的规定。

中华人民共和国职业病防治法 职业病分类和目录：未列入

危险化学品安全管理条例 危险化学品目录：列入。易制爆危险化学品名录：未列入。重点监管的危险化学品名录：未列入。GB 18218—2009《危险化学品重大危险源辨识》（表1）：未列入

使用有毒物品作业场所劳动保护条例 高毒物品目录：未列入

易制毒化学品管理条例 易制毒化学品的分类和品种目录：未列入

国际公约 斯德哥尔摩公约：未列入。鹿特丹公约：未列入。蒙特利尔议定书：未列入

第十六部分 其他信息

编写和修订信息 缩略语和首字母缩写

培训建议 参考文献

免责声明

三溴化砷

第一部分 化学品标识

化学品中文名 三溴化砷；溴化亚砷

化学品英文名 arsenic tribromide; arsenic bromide

分子式 AsBr$_3$ **分子量** 314.634

结构式
$$Br—As—Br$$
$$|$$
$$Br$$

化学品的推荐及限制用途 用于制造有机砷化合物、催化剂、药品等

第二部分 危险性概述

紧急情况概述 吞咽会中毒，吸入会中毒，可能致癌

GHS 危险性类别 急性毒性-经口，类别3；急性毒性-吸入，类别3；致癌性，类别1A；危害水生环境-急性危害，类别1；危害水生环境-长期危害，类别1

标签要素

象形图

警示词 危险

危险性说明 吞咽会中毒，吸入会中毒，可能致癌，对水生生物毒性非常大并具有长期持续影响

防范说明

预防措施 避免接触眼睛、皮肤，操作后彻底清洗。作业场所不得进食、饮水或吸烟。避免吸入粉尘。仅在室外或通风良好处操作。得到专门指导后操作。在阅读并了解所有安全预防措施之前，切勿操作。按要求使用个体防护装备。禁止排入环境

事故响应 如吸入：将患者转移到空气新鲜处，休息，保持利于呼吸的体位，呼叫中毒控制中心或就医。食入：立即呼叫中毒控制中心或就医，漱口。如果接触或有担心，就医。收集泄漏物

安全储存 在通风良好处储存。保持容器密闭。上锁保管

废弃处置 本品及内装物、容器依据国家和地方法规处置

物理和化学危险 不燃，无特殊燃爆特性

健康危害 有毒。吸入、摄入或经皮肤吸收后会中毒。遇水分解会散发出腐蚀性和有毒的溴化氢气体。砷化合物属致癌物。对眼睛，皮肤和上呼吸道有强刺激作用

环境危害 对水生生物毒性非常大并具有长期持续影响

第三部分 成分/组成信息

√物质		混合物
组分	浓度	CAS No.
三溴化砷		7784-33-0

第四部分 急救措施

吸入 迅速脱离现场至空气新鲜处。保持呼吸道通畅。如呼吸困难，给输氧。呼吸、心跳停止，立即进行心肺复苏术。就医

皮肤接触 立即脱去污染的衣着，用肥皂水和清水彻底冲洗。就医

眼睛接触 立即分开眼睑，用流动清水或生理盐水彻底冲洗。就医

食入 催吐、彻底洗胃，洗胃后服活性炭30～50g（用水调成浆状），而后再服用硫酸镁或硫酸钠导泻。就医

对保护施救者的忠告　根据需要使用个人防护设备

对医生的特别提示　解毒剂有二巯基丙磺酸钠、二巯基丁二酸钠等

第五部分　消防措施

灭火剂　本品不燃，根据着火原因选择适当灭火剂灭火

特别危险性　遇水或高热能放出大量有毒的气体

灭火注意事项及防护措施　消防人员必须穿全身防火防毒服，在上风向灭火。灭火时尽可能将容器从火场移至空旷处

第六部分　泄漏应急处理

作业人员防护措施、防护装备和应急处置程序　隔离泄漏污染区，限制出入。建议应急处理人员戴防尘口罩，穿防毒服。穿上适当的防护服前严禁接触破裂的容器和泄漏物。尽可能切断泄漏源

环境保护措施　用塑料布覆盖泄漏物，减少飞散

泄漏化学品的收容、清除方法及所使用的处置材料　勿使水进入包装容器内。用洁净的铲子收集泄漏物，置于干净、干燥、盖子较松的容器中，将容器移离泄漏区

第七部分　操作处置与储存

操作注意事项　密闭操作，提供充分的局部排风。防止粉尘释放到车间空气中。操作人员必须经过专门培训，严格遵守操作规程。建议操作人员佩戴防尘面具（全面罩），穿胶布防毒衣，戴橡胶手套。避免产生粉尘。避免与水接触。配备泄漏应急处理设备。倒空的容器可能残留有害物

储存注意事项　储存于阴凉、干燥、通风良好的库房。远离火种、热源。防止阳光直射。包装密封。应与食用化学品等分开存放，切忌混储。储区应备有合适的材料收容泄漏物

第八部分　接触控制/个体防护

职业接触限值

　　中国　PC-TWA：0.01mg/m³；PC-STEL：0.02mg/m³　[按 As 计]　[G1]

　　美国（ACGIH）　TLV-TWA：0.01mg/m³　[按 As 计]

生物接触限值　未制定标准

监测方法　空气中有毒物质测定方法：原子荧光光谱法；氢化物-原子吸收光谱法；二乙氨基二硫代甲酸银分光光度法。生物监测检验方法：未制定标准

工程控制　严加密闭，提供充分的局部排风

个体防护装备

　　呼吸系统防护　可能接触其粉尘时，必须佩戴防尘面具（全面罩）。紧急事态抢救或撤离时，应该佩戴空气呼吸器

　　眼睛防护　呼吸系统防护中已作防护

　　皮肤和身体防护　穿密闭型防毒服

　　手防护　戴橡胶手套

第九部分　理化特性

外观与性状　无色至微黄色斜方晶系柱状结晶，易潮解

pH 值　无意义		熔点（℃）　31.1	
沸点（℃）　220.0			
相对密度（水＝1）　3.3972（25℃）			
相对蒸气密度（空气＝1）　无资料			
饱和蒸气压（kPa）　0.133（41.8℃）			
临界压力（MPa）　无意义		辛醇/水分配系数　无资料	
闪点（℃）　无意义		自燃温度（℃）　无意义	
爆炸下限（%）　无意义		爆炸上限（%）　无意义	
分解温度（℃）　无资料		黏度（mPa·s）　无资料	
燃烧热（kJ/mol）　无资料		临界温度（℃）　无资料	

溶解性　溶于烃类、卤代烃、二硫化碳、脂肪、油类，可混溶于苯、乙醚

第十部分　稳定性和反应性

稳定性　稳定

危险反应　遇水或高热能放出大量有毒的气体

避免接触的条件　潮湿空气

禁配物　水

危险的分解产物　溴化氢、砷

第十一部分　毒理学信息

急性毒性　无资料

皮肤刺激或腐蚀　无资料　　　眼睛刺激或腐蚀　无资料

呼吸或皮肤过敏　无资料　　　生殖细胞突变性　无资料

致癌性　无资料　　　　　　　生殖毒性　无资料

特异性靶器官系统毒性-一次接触　无资料

特异性靶器官系统毒性-反复接触　无资料

吸入危害　无资料

第十二部分　生态学信息

生态毒性　砷化合物对水生生物有极高毒性

持久性和降解性

　　生物降解性　无资料

　　非生物降解性　无资料

潜在的生物累积性　无资料

土壤中的迁移性　无资料

第十三部分　废弃处置

废弃化学品　在污水处理厂处理和中和。若可能，重复使用容器或在规定场所掩埋

污染包装物　将容器返还生产商或按照国家和地方法规处置

废弃注意事项　处置前应参阅国家和地方有关法规

第十四部分　运输信息

联合国危险货物编号（UN 号）　1555

联合国运输名称　溴化砷

联合国危险性类别　6.1

包装类别　Ⅱ　　　　　　　　包装标志　

海洋污染物　是

运输注意事项　运输前应先检查包装容器是否完整、密封，运输过程中要确保容器不泄漏、不倒塌、不坠落、不损坏。严禁与酸类、氧化剂、食品及食品添加剂混运。运输时运输车辆应配备泄漏应急处理设备。运输途中应防暴晒、雨淋，防高温。公路运输时要按规定路线行驶，勿在居民区和人口稠密区停留

第十五部分　法规信息

下列法律、法规、规章和标准，对该化学品的管理作了相应的规定。

中华人民共和国职业病防治法　职业病分类和目录：砷及其化合物中毒，砷及其化合物所致肺癌、皮肤癌

危险化学品安全管理条例　危险化学品目录：列入。易制爆危险化学品名录：未列入。重点监管的危险化学品名录：未列入。GB 18218—2009《危险化学品重大危险源辨识》（表1）：未列入

使用有毒物品作业场所劳动保护条例　高毒物品目录：列入

易制毒化学品管理条例　易制毒化学品的分类和品种目录：未列入

国际公约　斯德哥尔摩公约：未列入。鹿特丹公约：未列入。蒙特利尔议定书：未列入

第十六部分　其他信息

编写和修订信息　　　缩略语和首字母缩写
培训建议　　　　　　参考文献
免责声明

三溴乙醛

第一部分　化学品标识

化学品中文名　三溴乙醛；溴醛
化学品英文名　tribromoacetaldehyde；bromal
分子式　C_2HBr_3O　**分子量**　280.741
结构式

化学品的推荐及限制用途　用于有机合成

第二部分　危险性概述

紧急情况概述　吞咽会中毒
GHS危险性类别　急性毒性-经口，类别3
标签要素

象形图　☠

警示词　危险
危险性说明　吞咽会中毒
防范说明
　　预防措施　避免接触眼睛、皮肤，操作后彻底清洗。作业场所不得进食、饮水或吸烟
　　事故响应　食入：立即呼叫中毒控制中心或就医，漱口

安全储存　上锁保管
废弃处置　本品及内装物、容器依据国家和地方法规处置

物理和化学危险　可燃，其蒸气与空气混合，能形成爆炸性混合物

健康危害　有毒性和腐蚀性。受热分解释出有催泪性和腐蚀性气味。慢性中毒，可有胃炎和皮疹，也可出现肾损害

环境危害　对环境可能有害

第三部分　成分/组成信息

√物质　　　　　　　　　　混合物

组分	浓度	CAS No.
三溴乙醛		115-17-3

第四部分　急救措施

吸入　迅速脱离现场至空气新鲜处。保持呼吸道通畅。如呼吸困难，给输氧。呼吸、心跳停止，立即进行心肺复苏术。就医

皮肤接触　立即脱去污染的衣着，用流动清水彻底冲洗。就医

眼睛接触　立即分开眼睑，用流动清水或生理盐水彻底冲洗。就医

食入　饮适量温水，催吐（仅限于清醒者）。就医

对保护施救者的忠告　根据需要使用个人防护设备

对医生的特别提示　对症处理

第五部分　消防措施

灭火剂　用雾状水、泡沫、干粉、二氧化碳、砂土灭火

特别危险性　遇明火、高热可燃。与氧化剂可发生反应。受热分解放出有催泪性及腐蚀性的气体。容易自聚，聚合反应随着温度的上升而急骤加剧。具有腐蚀性。若遇高热，容器内压增大，有开裂和爆炸的危险

灭火注意事项及防护措施　消防人员必须佩戴防毒面具、穿全身消防服，在上风向灭火。尽可能将容器从火场移至空旷处。喷水保持火场容器冷却，直至灭火结束。处在火场中的容器若已变色或从安全泄压装置中发出声音，必须马上撤离

第六部分　泄漏应急处理

作业人员防护措施、防护装备和应急处置程序　根据液体流动和蒸气扩散的影响区域划定警戒区，无关人员从侧风、上风向撤离至安全区。消除所有点火源。建议应急处理人员戴正压自给式呼吸器，穿防毒服。穿上适当的防护服前严禁接触破裂的容器和泄漏物。尽可能切断泄漏源

环境保护措施　防止泄漏物进入水体、下水道、地下室或有限空间

泄漏化学品的收容、清除方法及所使用的处置材料　小量泄漏：用干燥的砂土或其他不燃材料吸收或覆盖，收集于容器中。大量泄漏：构筑围堤或挖坑收容。用耐腐蚀泵转移至槽车或专用收集器内

第七部分 操作处置与储存

操作注意事项 密闭操作，局部排风。防止蒸气泄漏到工作场所空气中。操作人员必须经过专门培训，严格遵守操作规程。建议操作人员佩戴自吸过滤式防毒面具（半面罩），戴化学安全防护眼镜，穿防毒物渗透工作服，戴橡胶手套。远离火种、热源，工作场所严禁吸烟。使用防爆型的通风系统和设备。在清除液体和蒸气前不能进行焊接、切割等作业。避免产生烟雾。避免与氧化剂、碱类接触。配备相应品种和数量的消防器材及泄漏应急处理设备。倒空的容器可能残留有害物

储存注意事项 储存于阴凉、通风的库房。远离火种、热源。防止阳光直射。保持容器密封，严禁与空气接触。应与氧化剂、碱类、食用化学品分开存放，切忌混储。配备相应品种和数量的消防器材。储区应备有泄漏应急处理设备和合适的收容材料

第八部分 接触控制/个体防护

职业接触限值
　　中国　未制定标准
　　美国（ACGIH）　未制定标准
生物接触限值　未制定标准
监测方法　空气中有毒物质测定方法：未制定标准。生物监测检验方法：未制定标准
工程控制　密闭操作，局部排风
个体防护装备
　　呼吸系统防护　空气中浓度超标时，必须佩戴过滤式防毒面具（半面罩）。紧急事态抢救或撤离时，应该佩戴空气呼吸器
　　眼睛防护　戴化学安全防护眼镜
　　皮肤和身体防护　穿防毒物渗透工作服
　　手防护　戴橡胶手套

第九部分 理化特性

外观与性状　淡黄色油状液体
pH 值　无资料　　　　**熔点（℃）**　无资料
沸点（℃）　61（1.20kPa）　**相对密度（水＝1）**　2.665
相对蒸气密度（空气＝1）　无资料
饱和蒸气压（kPa）　无资料
临界压力（MPa）　无资料　**辛醇/水分配系数**　无资料
闪点（℃）　65　　　　**自燃温度（℃）**　无资料
爆炸下限（%）　无资料　**爆炸上限（%）**　无资料
分解温度（℃）　大约174　**黏度（mPa·s）**　无资料
燃烧热（kJ/mol）　无资料　**临界温度（℃）**　无资料
溶解性　溶于水、乙醇、乙醚

第十部分 稳定性和反应性

稳定性　稳定
危险反应　与强氧化剂、强碱等禁配物发生反应。受热分解放出有催泪性及腐蚀性的气体。容易发生自聚反应
避免接触的条件　受热
禁配物　强氧化剂、强碱
危险的分解产物　溴化氢

第十一部分 毒理学信息

急性毒性　LD_{50}：100mg/kg（大鼠经口），25mg/kg（小鼠经口）
皮肤刺激或腐蚀　无资料　　**眼睛刺激或腐蚀**　无资料
呼吸或皮肤过敏　无资料　　**生殖细胞突变性**　无资料
致癌性　无资料　　　　　　**生殖毒性**　无资料
特异性靶器官系统毒性-一次接触　无资料
特异性靶器官系统毒性-反复接触　无资料
吸入危害　无资料

第十二部分 生态学信息

生态毒性　无资料
持久性和降解性
　　生物降解性　无资料
　　非生物降解性　无资料
潜在的生物累积性　无资料
土壤中的迁移性　无资料

第十三部分 废弃处置

废弃化学品　建议用控制焚烧法或安全掩埋法处置。若可能，重复使用容器或在规定场所掩埋
污染包装物　将容器返还生产商或按照国家和地方法规处置
废弃注意事项　处置前应参阅国家和地方有关法规

第十四部分 运输信息

联合国危险货物编号（UN 号）　2810
联合国运输名称　有机毒性液体，未另作规定的（三溴乙醛）
联合国危险性类别　6.1

包装类别　Ⅲ　　　　　　**包装标志**　

海洋污染物　否
运输注意事项　运输前应先检查包装容器是否完整、密封，运输过程中要确保容器不泄漏、不倒塌、不坠落、不损坏。严禁与酸类、氧化剂、食品及食品添加剂混运。运输时运输车辆应配备相应品种和数量的消防器材及泄漏应急处理设备。运输途中应防暴晒、雨淋，防高温。公路运输时要按规定路线行驶，勿在居民区和人口稠密区停留

第十五部分 法规信息

　　下列法律、法规、规章和标准，对该化学品的管理作了相应的规定。
中华人民共和国职业病防治法　职业病分类和目录：未列入
危险化学品安全管理条例　危险化学品目录：列入。易制爆危险化学品名录：未列入。重点监管的危险化学品名录：未列入。GB 18218—2009《危险化学品重大

危险源辨识》（表1）：未列入

使用有毒物品作业场所劳动保护条例　高毒物品目录：未列入

易制毒化学品管理条例　易制毒化学品的分类和品种目录：未列入

国际公约　斯德哥尔摩公约：未列入。鹿特丹公约：未列入。蒙特利尔议定书：未列入

第十六部分　其他信息

编写和修订信息　　**缩略语和首字母缩写**

培训建议　　**参考文献**

免责声明

三亚乙基蜜胺

第一部分　化学品标识

化学品中文名　三亚乙基蜜胺；2,4,6-三亚乙基氨基-1,3,5-三嗪；不育津

化学品英文名　tretamine；2,4,6-tris（1-aziridinyl）-1,3,5-triazine

分子式　$C_9H_{12}N_6$　**分子量**　204.2318

结构式

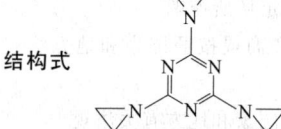

化学品的推荐及限制用途　工业上用于制造树脂，医学上用于治疗白血病及恶性肿瘤

第二部分　危险性概述

紧急情况概述　吞咽致命

GHS危险性类别　急性毒性-经口，类别2

标签要素

象形图　

警示词　危险

危险性说明　吞咽致命

防范说明

　　预防措施　避免接触眼睛、皮肤，操作后彻底清洗。作业场所不得进食、饮水或吸烟

　　事故响应　食入：立即呼叫中毒控制中心或就医，漱口

　　安全储存　上锁保管

　　废弃处置　本品及内装物、容器依据国家和地方法规处置

物理和化学危险　可燃，其粉体与空气混合，能形成爆炸性混合物

健康危害　本品属高毒类。用于治疗白血病及恶性肿瘤，有明显的拟放射性作用。本品遇热分解，产生高毒的氮氧化物气体

环境危害　对环境可能有害

第三部分　成分/组成信息

√物质　　　　　　　　混合物

组分	浓度	CAS No.
三亚乙基蜜胺		51-18-3

第四部分　急救措施

吸入　迅速脱离现场至空气新鲜处。保持呼吸道通畅。如呼吸困难，给输氧。呼吸、心跳停止，立即进行心肺复苏术。就医

皮肤接触　立即脱去污染的衣着，用流动清水彻底冲洗。就医

眼睛接触　立即分开眼睑，用流动清水或生理盐水彻底冲洗。就医

食入　饮适量温水，催吐（仅限于清醒者）。就医

对保护施救者的忠告　根据需要使用个人防护设备

对医生的特别提示　对症处理

第五部分　消防措施

灭火剂　用雾状水、抗溶性泡沫、干粉、二氧化碳、砂土灭火

特别危险性　遇明火、高热可燃。其粉体与空气可形成爆炸性混合物，当达到一定浓度时，遇火星会发生爆炸。受高热分解放出有毒的气体

灭火注意事项及防护措施　消防人员必须佩戴防毒面具、穿全身消防服，在上风向灭火。尽可能将容器从火场移至空旷处。喷水保持火场容器冷却，直至灭火结束。处在火场中的容器若已变色或从安全泄压装置中发出声音，必须马上撤离

第六部分　泄漏应急处理

作业人员防护措施、防护装备和应急处置程序　隔离泄漏污染区，限制出入。消除所有点火源。建议应急处理人员戴防尘口罩，穿防毒服。穿上适当的防护服前严禁接触破裂的容器和泄漏物。尽可能切断泄漏源

环境保护措施　用塑料布覆盖泄漏物，减少飞散

泄漏化学品的收容、清除方法及所使用的处置材料　勿使水进入包装容器内。用洁净的铲子收集泄漏物，置于干净、干燥、盖子较松的容器中，将容器移离泄漏区

第七部分　操作处置与储存

操作注意事项　密闭操作，提供充分的局部排风。防止粉尘释放到车间空气中。操作人员必须经过专门培训，严格遵守操作规程。建议操作人员佩戴防尘面具（全面罩），穿胶布防毒衣，戴橡胶手套。远离火种、热源，工作场所严禁吸烟。使用防爆型的通风系统和设备。避免产生粉尘。避免与氧化剂接触。配备相应品种和数量的消防器材及泄漏应急处理设备

储存注意事项　储存于阴凉、通风的库房。远离火种、热源。防止阳光直射。包装密封。应与氧化剂、食用化学品分开存放，切忌混储。配备相应品种和数量的消防器材。储区应备有合适的材料收容泄漏物

第八部分　接触控制/个体防护

职业接触限值

中国　未制定标准

美国（ACGIH）　未制定标准

生物接触限值　未制定标准

监测方法　空气中有毒物质测定方法：未制定标准。生物
监测检验方法：未制定标准

工程控制　严加密闭，提供充分的局部排风

个体防护装备

呼吸系统防护　可能接触其粉尘时，必须佩戴防尘面
具（全面罩）。紧急事态抢救或撤离时，应该佩
戴空气呼吸器

眼睛防护　呼吸系统防护中已作防护

皮肤和身体防护　穿密闭型防毒服

手防护　戴橡胶手套

第九部分　理化特性

外观与性状　结晶粉末

pH 值　无意义　　　　　　**熔点（℃）**　160

沸点（℃）　无资料　　　**相对密度（水＝1）**　无资料

相对蒸气密度（空气＝1）　无资料

饱和蒸气压（kPa）　无资料

临界压力（MPa）　无资料　　**辛醇/水分配系数**　无资料

闪点（℃）　无意义　　　　　**自燃温度（℃）**　无资料

爆炸下限（%）　无资料　　　**爆炸上限（%）**　无资料

分解温度（℃）　139　　　　**黏度（mPa·s）**　无资料

燃烧热（kJ/mol）　无资料　　**临界温度（℃）**　无资料

溶解性　溶于水，不溶于普通溶剂

第十部分　稳定性和反应性

稳定性　稳定

危险反应　与强氧化剂等禁配物发生反应

避免接触的条件　无资料

禁配物　强氧化剂

危险的分解产物　氮氧化物

第十一部分　毒理学信息

急性毒性　LD_{50}：13mg/kg（大鼠经口），15mg/kg（小
鼠经口）

皮肤刺激或腐蚀　无资料　　**眼睛刺激或腐蚀**　无资料

呼吸或皮肤过敏　无资料

生殖细胞突变性　微生物致突变：鼠伤寒沙门氏菌 25μg/
皿。细胞遗传学分析：小鼠经口 500μg/kg。显性致死
试验：小鼠经口 4mg/kg。细胞遗传学分析：人白细胞
5μmol/L。细胞遗传学分析：人精子细胞 100μg/L

致癌性　IARC 致癌性评论：组 3，现有的证据不能对人
类致癌性进行分类

生殖毒性　大鼠孕后 7～9d 皮下给予最低中毒剂量
（TDLo）281mg/kg，致眼、耳发育畸形。大鼠孕后
12d 腹腔内给予最低中毒剂量（TDLo）550μg/kg，
致中枢神经系统、肌肉骨骼系统发育畸形

特异性靶器官系统毒性-一次接触　无资料

特异性靶器官系统毒性-反复接触　无资料

吸入危害　无资料

第十二部分　生态学信息

生态毒性　无资料

持久性和降解性

生物降解性　无资料

非生物降解性　无资料

潜在的生物累积性　无资料

土壤中的迁移性　无资料

第十三部分　废弃处置

废弃化学品　建议用控制焚烧法或安全掩埋法处置。破损
容器禁止重新使用，要在规定场所掩埋

污染包装物　将容器返还生产商或按照国家和地方法规
处置

废弃注意事项　处置前应参阅国家和地方有关法规

第十四部分　运输信息

联合国危险货物编号（UN 号）　2811

联合国运输名称　有机毒性固体，未另作规定的（三亚乙
基蜜胺）

联合国危险性类别　6.1

包装类别　Ⅱ　　　　　　　　　**包装标志**　

海洋污染物　否

运输注意事项　起运时包装要完整，装载应稳妥。运输过
程中要确保容器不泄漏、不倒塌、不坠落、不损坏。
严禁与氧化剂等混装混运。运输途中应防暴晒、雨
淋，防高温。运输时运输车辆应配备相应品种和数量
的消防器材及泄漏应急处理设备。装运本品的车辆排
气管必须有阻火装置。中途停留时应远离火种、热源

第十五部分　法规信息

下列法律、法规、规章和标准，对该化学品的管理作
了相应的规定。

中华人民共和国职业病防治法　职业病分类和目录：未
列入

危险化学品安全管理条例　危险化学品目录：列入。易制
爆危险化学品名录：未列入。重点监管的危险化学品
名录：未列入。GB 18218—2009《危险化学品重大
危险源辨识》（表1）：未列入

使用有毒物品作业场所劳动保护条例　高毒物品目录：未
列入

易制毒化学品管理条例　易制毒化学品的分类和品种目
录：未列入

国际公约　斯德哥尔摩公约：未列入。鹿特丹公约：未列
入。蒙特利尔议定书：未列入

第十六部分　其他信息

编写和修订信息　　　**缩略语和首字母缩写**

培训建议　　　　　　**参考文献**

免责声明

三氧化二钒

第一部分　化学品标识

化学品中文名　三氧化二钒；三氧化钒
化学品英文名　vanadium trioxide；vanadium sesquioxide
分子式　V_2O_3　**分子量**　149.8812
化学品的推荐及限制用途　用作催化剂

第二部分　危险性概述

紧急情况概述　吸入有害，可能引起呼吸道刺激
GHS危险性类别　急性毒性-吸入，类别4；特异性靶器官毒性-一次接触，类别3（呼吸道刺激）；特异性靶器官毒性-反复接触，类别1
标签要素

象形图　

警示词　危险
危险性说明　吸入有害，可能引起呼吸道刺激，长时间或反复接触对器官造成损伤
防范说明

　　预防措施　避免吸入粉尘。仅在室外或通风良好处操作。操作后彻底清洗。操作现场不得进食、饮水或吸烟
　　事故响应　如吸入：将患者转移到空气新鲜处，休息，保持利于呼吸的体位。如感觉不适，呼叫中毒控制中心或就医
　　安全储存　—
　　废弃处置　本品及内装物、容器依据国家和地方法规处置
物理和化学危险　不燃，无特殊燃爆特性
健康危害　吸入后引起咳嗽、胸痛、咳血和口中金属味。对眼有刺激性，有催泪作用，对皮肤有刺激性。口服引起胃部不适、腹痛、呕吐、虚弱。中毒者舌苔呈墨绿色
环境危害　对环境可能有害

第三部分　成分/组成信息

　　√物质　　　　　　　混合物

组分	浓度	CAS No.
三氧化二钒		1314-34-7

第四部分　急救措施

吸入　迅速脱离现场至空气新鲜处。保持呼吸道通畅。如呼吸困难，给输氧。呼吸、心跳停止，立即进行心肺复苏术。就医
皮肤接触　立即脱去污染的衣着，用流动清水彻底冲洗。就医
眼睛接触　立即分开眼睑，用流动清水或生理盐水彻底冲洗。就医
食入　漱口，饮水。就医

对保护施救者的忠告　根据需要使用个人防护设备
对医生的特别提示　对症处理

第五部分　消防措施

灭火剂　本品不燃，根据着火原因选择适当灭火剂灭火
特别危险性　在空气中加热能着火。受高热分解放出有毒的气体
灭火注意事项及防护措施　消防人员必须穿全身防火防毒服，在上风向灭火。灭火时尽可能将容器从火场移至空旷处

第六部分　泄漏应急处理

作业人员防护措施、防护装备和应急处置程序　隔离泄漏污染区，限制出入。建议应急处理人员戴防尘口罩，穿防毒服。穿上适当的防护服前严禁接触破裂的容器和泄漏物。尽可能切断泄漏源
环境保护措施　用塑料布覆盖泄漏物，减少飞散
泄漏化学品的收容、清除方法及所使用的处置材料　勿使水进入包装容器内。用洁净的铲子收集泄漏物，置于干净、干燥、盖子较松的容器中，将容器移离泄漏区

第七部分　操作处置与储存

操作注意事项　密闭操作，局部排风。防止粉尘释放到车间空气中。操作人员必须经过专门培训，严格遵守操作规程。建议操作人员佩戴自吸过滤式防尘口罩，戴化学安全防护眼镜，穿防毒物渗透工作服，戴橡胶手套。避免产生粉尘。避免与热硝酸接触。配备泄漏应急处理设备。倒空的容器可能残留有害物
储存注意事项　储存于阴凉、通风的库房。远离火种、热源。防止阳光直射。包装密封。应与热硝酸、食用化学品分开存放，切忌混储。储区应备有合适的材料收容泄漏物

第八部分　接触控制/个体防护

职业接触限值

　　中国　未制定标准
　　美国（ACGIH）　未制定标准
生物接触限值　未制定标准
监测方法　空气中有毒物质测定方法：未制定标准。生物监测检验方法：未制定标准
工程控制　密闭操作，局部排风
个体防护装备

　　呼吸系统防护　空气中粉尘浓度超标时，必须佩戴过滤式防尘呼吸器。紧急事态抢救或撤离时，应该佩戴空气呼吸器
　　眼睛防护　戴化学安全防护眼镜
　　皮肤和身体防护　穿防毒物渗透工作服
　　手防护　戴橡胶手套

第九部分　理化特性

外观与性状　灰黑色结晶或粉末
pH值　无意义　　　　　　　**熔点（℃）**　1940
沸点（℃）　3000

相对密度(水＝1) 4.87（18℃）

相对蒸气密度(空气＝1) 无资料

饱和蒸气压(kPa) 无资料

临界压力(MPa) 无意义　辛醇/水分配系数 无资料

闪点(℃) 无意义　自燃温度(℃) 无意义

爆炸下限(%) 无意义　爆炸上限(%) 无意义

分解温度(℃) 无资料　黏度(mPa·s) 无资料

燃烧热(kJ/mol) 无资料　临界温度(℃) 无资料

溶解性 不溶于水，溶于硝酸、氢氟酸、热水

第十部分　稳定性和反应性

稳定性 稳定

危险反应 与强氧化剂、热硝酸等禁配物发生反应

避免接触的条件 无资料

禁配物 热硝酸

危险的分解产物 有害的毒性烟气

第十一部分　毒理学信息

急性毒性 LD$_{50}$：566mg/kg（大鼠经口），130mg/kg（小鼠经口），200mg/kg（兔经皮）

皮肤刺激或腐蚀 无资料　眼睛刺激或腐蚀 无资料

呼吸或皮肤过敏 无资料

生殖细胞突变性 细胞遗传学分析：仓鼠卵巢 18mg/L。姐妹染色单体互换：仓鼠卵巢 1470μg/L

致癌性 无资料　生殖毒性 无资料

特异性靶器官系统毒性-一次接触 无资料

特异性靶器官系统毒性-反复接触 无资料

吸入危害 无资料

第十二部分　生态学信息

生态毒性 无资料

持久性和降解性

　生物降解性 无资料

　非生物降解性 无资料

潜在的生物累积性 无资料

土壤中的迁移性 无资料

第十三部分　废弃处置

废弃化学品 用安全掩埋法处置。在能利用的地方重复使用容器或在规定场所掩埋

污染包装物 将容器返还生产商或按照国家和地方法规处置

废弃注意事项 处置前应参阅国家和地方有关法规

第十四部分　运输信息

联合国危险货物编号（UN号） —

联合国运输名称 —　联合国危险性类别 —

包装类别 —　包装标志 —

海洋污染物 否

运输注意事项 运输前应先检查包装容器是否完整、密封，运输过程中要确保容器不泄漏、不倒塌、不坠落、不损坏。严禁与碱类、氧化剂、食品及食品添加剂混运。运输时运输车辆应配备泄漏应急处理设备。运输途中应防暴晒、雨淋，防高温。公路运输时要按规定路线行驶，勿在居民区和人口稠密区停留

第十五部分　法规信息

下列法律、法规、规章和标准，对该化学品的管理作了相应的规定。

中华人民共和国职业病防治法 职业病分类和目录：钒及其化合物中毒

危险化学品安全管理条例 危险化学品目录：列入。易制爆危险化学品名录：未列入。重点监管的危险化学品名录：未列入。GB 18218—2009《危险化学品重大危险源辨识》（表1）：未列入

使用有毒物品作业场所劳动保护条例 高毒物品目录：未列入

易制毒化学品管理条例 易制毒化学品的分类和品种目录：未列入

国际公约 斯德哥尔摩公约：未列入。鹿特丹公约：未列入。蒙特利尔议定书：未列入

第十六部分　其他信息

编写和修订信息 缩略语和首字母缩写

培训建议 参考文献

免责声明

三氧化硫

第一部分　化学品标识

化学品中文名 三氧化硫；硫酸酐

化学品英文名 sulfur trioxide；sulfuric anhydride

分子式 SO$_3$ 分子量 80.063

结构式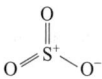

化学品的推荐及限制用途 有机合成用磺化剂

第二部分　危险性概述

紧急情况概述 造成严重的皮肤灼伤和眼损伤，可能引起呼吸道刺激

GHS 危险性类别 皮肤腐蚀/刺激，类别1A；严重眼损伤/眼刺激，类别1；特异性靶器官毒性-一次接触，类别3（呼吸道刺激）；危害水生环境-急性危害，类别3

标签要素

象形图

警示词 危险

危险性说明 造成严重的皮肤灼伤和眼损伤，可能引起呼吸道刺激，对水生生物有害

防范说明

　预防措施 避免吸入粉尘或烟雾。避免接触眼睛、皮肤，操作后彻底清洗。穿防护服、戴防护眼镜、防护手套、防护面罩。禁止排入环境

事故响应　如吸入：将患者转移到空气新鲜处，休息，保持利于呼吸的体位。皮肤（或头发）接触：立即脱掉所有被污染的衣服，用水冲洗皮肤，淋浴。污染的衣服必须洗净后方可重新使用。眼睛接触：用水细心地冲洗数分钟。如戴隐形眼镜并可方便地取出，则取出隐形眼镜，继续冲洗。食入：漱口，不要催吐

安全储存　上锁保管

废弃处置　本品及内装物、容器依据国家和地方法规处置

物理和化学危险　不燃，无特殊燃爆特性。与可燃物接触易着火燃烧。遇水剧烈反应

健康危害　其毒性表现与硫酸雾同。对皮肤、黏膜等组织有强烈的刺激和腐蚀作用。可引起结膜炎、水肿，角膜混浊，以致失明；引起呼吸道刺激症状，重者发生呼吸困难和肺水肿；高浓度引起喉痉挛或声门水肿而死亡。口服后引起消化道的烧伤以至溃疡形成。严重者可能有胃穿孔、腹膜炎、喉痉挛和声门水肿、肾损害、休克等。慢性影响有牙齿酸蚀症、慢性支气管炎、肺气肿和肝硬化等

环境危害　对水生生物有害

第三部分　成分/组成信息

√ 物质　　　　　　　　　　混合物

组分	浓度	CAS No.
三氧化硫		7446-11-9

第四部分　急救措施

吸入　迅速脱离现场至空气新鲜处。保持呼吸道通畅。如呼吸困难，给输氧。呼吸、心跳停止，立即进行心肺复苏术。就医

皮肤接触　立即脱去污染的衣着，用大量流动清水彻底冲洗至少15min。就医

眼睛接触　立即分开眼睑，用流动清水或生理盐水彻底冲洗5～10min。就医

食入　用水漱口，禁止催吐。给饮牛奶或蛋清。就医

对保护施救者的忠告　根据需要使用个人防护设备

对医生的特别提示　对症处理

第五部分　消防措施

灭火剂　灭火时尽量切断泄漏源，然后根据着火原因选择适当灭火剂灭火

特别危险性　与水发生爆炸性剧烈反应。与氧气、氟、氧化铅、次亚氯酸、过氯酸、磷、四氟乙烯等接触剧烈反应。与有机材料如木、棉花或草接触，会着火。吸湿性极强，在空气中产生有毒的白烟。遇潮时对大多数金属有强腐蚀性

灭火注意事项及防护措施　消防人员必须佩戴空气呼吸器、穿全身防火防毒服，在上风向灭火。尽可能将容器从火场移至空旷处。喷水保持火场容器冷却，直至灭火结束

第六部分　泄漏应急处理

作业人员防护措施、防护装备和应急处置程序　根据液体流动和蒸气扩散的影响区域划定警戒区，无关人员从侧风、上风向撤离至安全区。建议应急处理人员戴正压自给式呼吸器，穿防酸碱服。穿上适当的防护服前严禁接触破裂的容器和泄漏物。尽可能切断泄漏源。勿使泄漏物与可燃物质（如木材、纸、油等）接触

环境保护措施　防止泄漏物进入水体、下水道、地下室或有限空间

泄漏化学品的收容、清除方法及所使用的处置材料　小量泄漏：用干燥的砂土或其他不燃材料覆盖泄漏物，用洁净的无火花工具收集泄漏物，置于一盖子较松的塑料容器中，待处置。大量泄漏：构筑围堤或挖坑收容。用耐腐蚀泵转移至槽车或专用收集器内

第七部分　操作处置与储存

操作注意事项　密闭操作，注意通风。操作尽可能机械化、自动化。操作人员必须经过专门培训，严格遵守操作规程。建议操作人员佩戴防尘面具（全面罩），穿橡胶耐酸碱服，戴橡胶耐酸碱手套。远离易燃、可燃物。避免与还原剂、碱类、活性金属粉末接触，尤其要注意避免与水接触。搬运时要轻装轻卸，防止包装及容器损坏。配备泄漏应急处理设备。倒空的容器可能残留有害物

储存注意事项　储存于阴凉、干燥、通风良好的库房。远离火种、热源。保持容器密封。应与易（可）燃物、还原剂、碱类、活性金属粉末等分开存放，切忌混储。储区应备有泄漏应急处理设备和合适的收容材料

第八部分　接触控制/个体防护

职业接触限值

中国　PC-TWA：$1mg/m^3$；PC-STEL：$2mg/m^3$［G1］

美国（ACGIH）　未制定标准

生物接触限值　未制定标准

监测方法　空气中有毒物质测定方法：离子色谱法；氯化钡比浊法。生物监测检验方法：未制定标准

工程控制　密闭操作，注意通风。提供安全淋浴和洗眼设备

个体防护装备

呼吸系统防护　可能接触其粉尘时，必须佩戴防尘面具（全面罩）；可能接触其蒸气时，应该佩戴过滤式防毒面具（全面罩）

眼睛防护　呼吸系统防护中已作防护

皮肤和身体防护　穿橡胶耐酸碱服

手防护　戴橡胶耐酸碱手套

第九部分　理化特性

外观与性状　针状固体或液体，有刺激性气味

pH值　无资料		**熔点（℃）**　16.8	
沸点（℃）　44.8		**相对密度（水＝1）**　1.9224	
相对蒸气密度（空气＝1）　2.8			
饱和蒸气压（kPa）　37.3（25℃）			
临界压力（MPa）　无资料		**辛醇/水分配系数**　无资料	
闪点（℃）　无意义		**自燃温度（℃）**　无意义	
爆炸下限（%）　无意义		**爆炸上限（%）**　无意义	

分解温度（℃）　217.85　　黏度（mPa·s）　无资料

燃烧热（kJ/mol）　无资料　临界温度（℃）　无资料

溶解性　无资料

第十部分　稳定性和反应性

稳定性　稳定

危险反应　与强碱、强还原剂、活性金属粉末、水、易燃
　　　或可燃物等禁配物发生剧烈反应

避免接触的条件　潮湿空气

禁配物　强碱、强还原剂、活性金属粉末、水、易燃或可
　　　燃物

危险的分解产物　氧化硫、硫化氢

第十一部分　毒理学信息

急性毒性　LCLo：30mg/m³（豚鼠吸入，6h）

皮肤刺激或腐蚀　无资料　眼睛刺激或腐蚀　无资料

呼吸或皮肤过敏　无资料　生殖细胞突变性　无资料

致癌性　无资料　　　　生殖毒性　无资料

特异性靶器官系统毒性-一次接触　无资料

特异性靶器官系统毒性-反复接触　无资料

吸入危害　无资料

第十二部分　生态学信息

生态毒性　遇水生成硫酸，对水生生物有害

持久性和降解性

　　生物降解性　无资料

　　非生物降解性　无资料

潜在的生物累积性　无资料

土壤中的迁移性　无资料

第十三部分　废弃处置

废弃化学品　根据国家和地方有关法规的要求处置。与厂
　　　商或制造商联系，确定处置方法

污染包装物　将容器返还生产商或按照国家和地方法规
　　　处置

废弃注意事项　把倒空的容器归还厂商或在规定场所掩埋

第十四部分　运输信息

联合国危险货物编号（UN号）　1829

联合国运输名称　三氧化硫，稳定的

联合国危险性类别　8

包装类别　Ⅰ　　　　　包装标志　

海洋污染物　否

运输注意事项　起运时包装要完整，装载应稳妥。运输过
　　　程中要确保容器不泄漏、不倒塌、不坠落、不损坏。
　　　严禁与易燃物或可燃物、还原剂、碱类、活性金属粉
　　　末、食用化学品等混装混运。运输时运输车辆应配备
　　　泄漏应急处理设备。运输途中应防暴晒、雨淋，防高
　　　温。公路运输时要按规定路线行驶，勿在居民区和人
　　　口稠密区停留

第十五部分　法规信息

　　下列法律、法规、规章和标准，对该化学品的管理作
了相应的规定。

中华人民共和国职业病防治法　职业病分类和目录：未
　　　列入

危险化学品安全管理条例　危险化学品目录：列入。易制
　　　爆危险化学品名录：未列入。重点监管的危险化学品
　　　名录：列入。GB 18218—2009《危险化学品重大危
　　　险源辨识》（表1）：列入。类别：毒性物质，临界量
　　　（75t）

使用有毒物品作业场所劳动保护条例　高毒物品目录：未
　　　列入

易制毒化学品管理条例　易制毒化学品的分类和品种目
　　　录：未列入

国际公约　斯德哥尔摩公约：未列入。鹿特丹公约：未列
　　　入。蒙特利尔议定书：未列入

第十六部分　其他信息

编写和修订信息　　　缩略语和首字母缩写

培训建议　　　　　　参考文献

免责声明

三氧杂环己烷

第一部分　化学品标识

化学品中文名　三氧杂环己烷；三聚甲醛；三聚蚁醛；对
　　　称三噁烷

化学品英文名　metaformaldehyde；*sym*-trioxane；1，3，
　　　5-trioxacyclohexane

分子式　$C_3H_6O_3$　分子量　90.0779

结构式　

化学品的推荐及限制用途　用于有机合成、消毒、染料、
　　　树脂

第二部分　危险性概述

紧急情况概述　易燃固体，可能引起呼吸道刺激

GHS危险性类别　易燃固体，类别1；生殖毒性，类别2；
　　　特异性靶器官毒性-一次接触，类别3（呼吸道刺激）

标签要素

象形图　

警示词　危险

危险性说明　易燃固体，怀疑对生育力或胎儿造成伤
　　　害，可能引起呼吸道刺激

防范说明

　　预防措施　远离热源、火花、明火、热表面。禁止
　　　吸烟。容器和接收设备接地连接。使用防爆电
　　　器、通风、照明设备。戴防护手套、防护眼
　　　镜、防护面罩。得到专门指导后操作。在阅读

并了解所有安全预防措施之前，切勿操作。按要求使用个体防护装备

事故响应　火灾时，使用雾状水、泡沫、干粉、二氧化碳、砂土灭火。如果接触或有担心，就医

安全储存　上锁保管

废弃处置　本品及内装物、容器依据国家和地方法规处置

物理和化学危险　易燃，其粉体与空气混合，能形成爆炸性混合物

健康危害　吸入、摄入或经皮肤吸收对身体有害。本品具有强烈刺激性，高浓度接触严重损害黏膜、上呼吸道、眼和皮肤。接触后引起烧灼感、咳嗽、喘息、喉炎、气短、头痛、恶心和呕吐。人经口 LD 为 50～500mg/kg

环境危害　对环境可能有害

第三部分　成分/组成信息

√物质　　　　　　　　混合物

组分	浓度	CAS No.
三氧杂环己烷		110-88-3

第四部分　急救措施

吸入　迅速脱离现场至空气新鲜处。保持呼吸道通畅。如呼吸困难，给输氧。呼吸、心跳停止，立即进行心肺复苏术。就医

皮肤接触　立即脱去污染的衣着，用流动清水彻底冲洗。就医

眼睛接触　立即分开眼睑，用流动清水或生理盐水彻底冲洗。就医

食入　漱口，饮水。就医

对保护施救者的忠告　根据需要使用个人防护设备

对医生的特别提示　对症处理

第五部分　消防措施

灭火剂　用雾状水、泡沫、干粉、二氧化碳、砂土灭火

特别危险性　遇明火、高热或与氧化剂接触，有引起燃烧爆炸的危险。接触强酸或受热分解放出有毒的甲醛气体

灭火注意事项及防护措施　消防人员必须佩戴防毒面具、穿全身消防服，在上风向灭火。尽可能将容器从火场移至空旷处。喷水保持火场容器冷却，直至灭火结束

第六部分　泄漏应急处理

作业人员防护措施、防护装备和应急处置程序　隔离泄漏污染区，限制出入。消除所有火源。建议应急处理人员戴防尘口罩，穿防毒、防静电服。禁止接触或跨越泄漏物

环境保护措施　防止泄漏物进入水体、下水道、地下室或有限空间

泄漏化学品的收容、清除方法及所使用的处置材料　小量泄漏：用洁净的铲子收集泄漏物，置于干净、干燥、盖子较松的容器中，将容器移离泄漏区。大量泄漏：用水润湿，并筑堤收容

第七部分　操作处置与储存

操作注意事项　密闭操作，提供充分的局部排风。操作尽可能机械化、自动化。操作人员必须经过专门培训，严格遵守操作规程。建议操作人员佩戴防尘面具（全面罩），穿胶布防毒衣，戴橡胶手套。远离火种、热源，工作场所严禁吸烟。使用防爆型的通风系统和设备。避免产生粉尘。避免与氧化剂、酸类接触。搬运时要轻装轻卸，防止包装及容器损坏。配备相应品种和数量的消防器材及泄漏应急处理设备。倒空的容器可能残留有害物

储存注意事项　储存于阴凉、通风的库房。远离火种、热源。库温不宜超过 35℃。应与氧化剂、酸类分开存放，切忌混储。采用防爆型照明、通风设施。禁止使用易产生火花的机械设备和工具。储区应备有合适的材料收容泄漏物

第八部分　接触控制/个体防护

职业接触限值

中国　未制定标准

美国（ACGIH）　未制定标准

生物接触限值　未制定标准

监测方法　空气中有毒物质测定方法：未制定标准。生物监测检验方法：未制定标准

工程控制　严加密闭，提供充分的局部排风

个体防护装备

呼吸系统防护　可能接触其粉尘时，必须佩戴防尘面具（全面罩）。紧急事态抢救或撤离时，应该佩戴空气呼吸器

眼睛防护　呼吸系统防护中已作防护

皮肤和身体防护　穿密闭型防毒服

手防护　戴橡胶手套

第九部分　理化特性

外观与性状　白色结晶，有轻微的甲醛气味

pH 值　无意义		**熔点（℃）**　64
沸点（℃）　114.5（升华）		
相对密度（水＝1）　1.17（65℃）		
相对蒸气密度（空气＝1）　3.1		
饱和蒸气压（kPa）　1.73（25℃）		
临界压力（MPa）　无资料		**辛醇/水分配系数**　无资料
闪点（℃）　45（OC）		**自燃温度（℃）**　414
爆炸下限（%）　3.6		**爆炸上限（%）**　29.0
分解温度（℃）　无资料		**黏度（mPa·s）**　无资料
燃烧热（kJ/mol）　－16568.6±42（23℃）		
临界温度（℃）　无资料		

溶解性　微溶于水，溶于乙醇、乙醚

第十部分　稳定性和反应性

稳定性　稳定

危险反应　与氧化剂、酸类等禁配物接触，有发生火灾和爆炸的危险。接触强酸或受热分解放出有毒的甲醛

气体
避免接触的条件　受热
禁配物　氧化剂、酸类
危险的分解产物　甲醛

第十一部分　毒理学信息

急性毒性　无资料

皮肤刺激或腐蚀　无资料　　　眼睛刺激或腐蚀　无资料
呼吸或皮肤过敏　无资料　　　生殖细胞突变性　无资料
致癌性　无资料　　　　　　　生殖毒性　无资料
特异性靶器官系统毒性-一次接触　无资料
特异性靶器官系统毒性-反复接触　无资料
吸入危害　无资料

第十二部分　生态学信息

生态毒性　无资料
持久性和降解性
　　生物降解性　无资料
　　非生物降解性　无资料
潜在的生物累积性　无资料
土壤中的迁移性　无资料

第十三部分　废弃处置

废弃化学品　建议用焚烧法处置
污染包装物　将容器返还生产商或按照国家和地方法规
　　处置
废弃注意事项　处置前应参阅国家和地方有关法规

第十四部分　运输信息

联合国危险货物编号（UN号）　1325
联合国运输名称　有机易燃固体，未另作规定的（三氧杂
　　环己烷）
联合国危险性类别　4.1

包装类别　Ⅲ　　　　　　　包装标志

海洋污染物　否
运输注意事项　运输时运输车辆应配备相应品种和数量的
　　消防器材及泄漏应急处理设备。装运本品的车辆排气
　　管须有阻火装置。运输过程中要确保容器不泄漏、不
　　倒塌、不坠落、不损坏。严禁与氧化剂、酸类、食用
　　化学品等混装混运。运输途中应防暴晒、雨淋，防高
　　温。中途停留时应远离火种、热源。车辆运输完毕应
　　进行彻底清扫。铁路运输时要禁止溜放

第十五部分　法规信息

　　下列法律、法规、规章和标准，对该化学品的管理作
了相应的规定。
中华人民共和国职业病防治法　职业病分类和目录：未
　　列入
危险化学品安全管理条例　危险化学品目录：列入。易制
　　爆危险化学品名录：未列入。重点监管的危险化学品

名录：未列入。GB 18218—2009《危险化学品重大
　　危险源辨识》（表1）：未列入
使用有毒物品作业场所劳动保护条例　高毒物品目录：未
　　列入
易制毒化学品管理条例　易制毒化学品的分类和品种目
　　录：未列入
国际公约　斯德哥尔摩公约：未列入。鹿特丹公约：未列
　　入。蒙特利尔议定书：未列入

第十六部分　其他信息

编写和修订信息　　　缩略语和首字母缩写
培训建议　　　　　　参考文献
免责声明

三乙基硼

第一部分　化学品标识

化学品中文名　三乙基硼；三乙硼烷
化学品英文名　boron triethyl；boron ethyl；triethyl
　　borane
分子式　$C_6H_{15}B$　分子量　97.994
结构式

化学品的推荐及限制用途　用于有机合成，与三乙基铝混
　　合可用作火箭推进系统双组分点火物

第二部分　危险性概述

紧急情况概述　高度易燃液体和蒸气，暴露在空气中自
　　燃，吞咽会中毒，吸入会中毒，造成严重的皮肤灼伤
　　和眼损伤
GHS危险性类别　易燃液体，类别2；自燃液体，类别1；
　　急性毒性-经口，类别3；急性毒性-吸入，类别3；皮
　　肤腐蚀/刺激，类别1；严重眼损伤/眼刺激，类别1
标签要素

象形图

警示词　危险
危险性说明　高度易燃液体和蒸气，暴露在空气中自
　　燃，吞咽会中毒，吸入会中毒，造成严重的皮肤灼
　　伤和眼损伤
防范说明
　　预防措施　远离热源、火花、明火、热表面。保持
　　　　容器密闭。容器和接收设备接地连接。使用防
　　　　爆型电器、通风、照明设备。只能使用不产生
　　　　火花的工具。采取防止静电措施。不得与空气
　　　　接触。避免接触眼睛、皮肤，操作后彻底清
　　　　洗。作业场所不得进食、饮水或吸烟。避免吸
　　　　入蒸气、雾。仅在室外或通风良好处操作。戴
　　　　防护手套，穿防护服，戴防护眼镜、防护面罩
　　事故响应　火灾时，使用干粉、二氧化碳、砂土灭
　　　　火。如吸入：将患者转移到空气新鲜处，休

息，保持利于呼吸的体位，呼叫中毒控制中心
或就医。皮肤（或头发）接触：立即脱掉所有
被污染的衣服，用水冲洗皮肤，淋浴。污染的
衣服洗净后可重新使用。眼睛接触：用水细
心地冲洗数分钟，立即呼叫中毒控制中心或就
医。如戴隐形眼镜并可方便地取出，则取出隐
形眼镜，继续冲洗。食入：漱口，不要催吐，
立即呼叫中毒控制中心或就医

安全储存　存放在通风良好的地方。保持低温。保
持容器密闭。上锁保管

废弃处置　本品及内装物、容器依据国家和地方法
规处置

物理和化学危险　接触空气易自燃

健康危害　对眼睛、皮肤和呼吸道有强烈刺激作用。眼和
皮肤接触引起灼伤。慢性中毒引起厌食、体重减轻、
呕吐、轻度腹泻、皮疹、秃头、抽搐和贫血

环境危害　对环境可能有害

第三部分　成分/组成信息

√物质　　　　　　　　　混合物

组分	**浓度**	**CAS No.**
三乙基硼		97-94-9

第四部分　急救措施

吸入　迅速脱离现场至空气新鲜处。保持呼吸道通畅。如
呼吸困难，给输氧。呼吸、心跳停止，立即进行心肺
复苏术。就医

皮肤接触　立即脱去污染的衣着，用大量流动清水彻底冲
洗至少 15min。就医

眼睛接触　立即分开眼睑，用流动清水或生理盐水彻底冲
洗 5～10min。就医

食入　用水漱口，禁止催吐。给饮牛奶或蛋清。就医

对保护施救者的忠告　根据需要使用个人防护设备

对医生的特别提示　对症处理

第五部分　消防措施

灭火剂　用干粉、二氧化碳、砂土灭火

特别危险性　接触空气、氧、氧化剂有引起自燃的危险。
遇水分解放出易燃气体。加热分解产生易燃的有毒
气体

灭火注意事项及防护措施　消防人员必须佩戴防毒面具、
穿全身消防服，在上风向灭火。尽可能将容器从火场
移至空旷处。喷水保持火场容器冷却，直至灭火结
束。处在火场中的容器若已变色或从安全泄压装置中
发出声音，必须马上撤离。禁止用水和泡沫灭火

第六部分　泄漏应急处理

作业人员防护措施、防护装备和应急处置程序　根据液体
流动和蒸气扩散的影响区域划定警戒区，无关人员从
侧风、上风向撤离至安全区。消除所有点火源。建议
应急处理人员戴正压自给式呼吸器，穿防静电服。禁
止接触或跨越泄漏物。尽可能切断泄漏源

环境保护措施　防止泄漏物进入水体、下水道、地下室或

有限空间

泄漏化学品的收容、清除方法及所使用的处置材料　小量
泄漏：用干燥的砂土或其他不燃材料覆盖泄漏物，用
洁净的无火花工具收集泄漏物，置于一盖子较松的塑
料容器中，待处置。大量泄漏：构筑围堤或挖坑收
容。用防爆泵转移至槽车或专用收集器内

第七部分　操作处置与储存

操作注意事项　密闭操作，局部排风。防止蒸气泄漏到工
作场所空气中。操作人员必须经过专门培训，严格遵
守操作规程。建议操作人员佩戴自吸过滤式防毒面具
（半面罩），戴化学安全防护眼镜，穿防静电工作服，
戴橡胶手套。远离火种、热源，工作场所严禁吸烟。
使用防爆型的通风系统和设备。在清除液体和蒸气前
不能进行焊接、切割等作业。避免产生烟雾。避免与
氧化剂接触。尤其要注意避免与水接触。配备相应品
种和数量的消防器材及泄漏应急处理设备。倒空的容
器可能残留有害物

储存注意事项　储存于阴凉、干燥、通风良好的库房。远
离火种、热源。防止阳光直射。库温不超过 30℃，
相对湿度不超过 80%。保持容器密封，严禁与空气
接触。应与氧化剂、食用化学品等分开存放，切忌混
储。采用防爆型照明、通风设施。禁止使用易产生火
花的机械设备和工具。储区应备有泄漏应急处理设备
和合适的收容材料

第八部分　接触控制/个体防护

职业接触限值

中国　未制定标准

美国（ACGIH）　未制定标准

生物接触限值　未制定标准

监测方法　空气中有毒物质测定方法：未制定标准。生物
监测检验方法：未制定标准

工程控制　密闭操作，局部排风

个体防护装备

呼吸系统防护　空气中浓度超标时，必须佩戴过滤式
防毒面具（半面罩）。紧急事态抢救或撤离时，
应该佩戴空气呼吸器

眼睛防护　戴化学安全防护眼镜

皮肤和身体防护　穿防静电工作服

手防护　戴橡胶手套

第九部分　理化特性

外观与性状　无色透明发烟液体

pH 值　无资料		**熔点（℃）**　−93	
沸点（℃）　95		**相对密度（水＝1）**　0.677	
相对蒸气密度（空气＝1）　5.0			
饱和蒸气压（kPa）　无资料			
临界压力（MPa）　无资料		**辛醇/水分配系数**　无资料	
闪点（℃）　−37.5		**自燃温度（℃）**　无资料	
爆炸下限（%）　无资料		**爆炸上限（%）**　无资料	
分解温度（℃）　无资料		**黏度（mPa·s）**　无资料	
燃烧热（kJ/mol）　−4558.68		**临界温度（℃）**　无资料	

溶解性　不溶于水，溶于乙醇、乙醚

第十部分　稳定性和反应性

稳定性　稳定

危险反应　与氧化剂等禁配物接触，有发生火灾和爆炸的
　　　危险。接触空气、氧、氧化剂有引起自燃的危险。遇
　　　水分解放出易燃气体

避免接触的条件　无资料

禁配物　氧化剂、空气、氧

危险的分解产物　氧化硼

第十一部分　毒理学信息

急性毒性　LD_{50}：235mg/kg（大鼠经口），720mg/kg
　　　（小鼠经口）。LC_{50}：700ppm（大鼠吸入，4h）

皮肤刺激或腐蚀　无资料　　眼睛刺激或腐蚀　无资料

呼吸或皮肤过敏　无资料　　生殖细胞突变性　无资料

致癌性　无资料　　　　　　生殖毒性　无资料

特异性靶器官系统毒性--一次接触　无资料

特异性靶器官系统毒性-反复接触　无资料

吸入危害　无资料

第十二部分　生态学信息

生态毒性　无资料

持久性和降解性

　　生物降解性　无资料

　　非生物降解性　无资料

潜在的生物累积性　无资料

土壤中的迁移性　无资料

第十三部分　废弃处置

废弃化学品　建议用焚烧法处置。在能利用的地方重复使
　　　用容器或在规定场所掩埋。量小时，加入四氢呋喃制
　　　成5％溶液，小心把溶液一滴一滴地加入冰冻的工业
　　　漂白液中，并不断搅拌。氧化反应可能放出易燃烃类
　　　气体，必须通风。静置一晚，用亚硫酸氢钠破坏过量
　　　的次氯酸盐

污染包装物　将容器返还生产商或按照国家和地方法规
　　　处置

废弃注意事项　处置前应参阅国家和地方有关法规

第十四部分　运输信息

联合国危险货物编号（UN号）　2845

联合国运输名称　有机发火液体，未另作规定的（三乙
　　　基硼）

联合国危险性类别　4.2

包装类别　Ⅰ　　　　　　包装标志

海洋污染物　否

运输注意事项　运输时运输车辆应配备相应品种和数量的
　　　消防器材及泄漏应急处理设备。装运本品的车辆排气
　　　管必须有阻火装置。运输过程中要确保容器不泄漏、

不倒塌、不坠落、不损坏。严禁与氧化剂、活泼非金
属、食用化学品等混装混运。运输途中应防暴晒、雨
淋，防高温。中途停留时应远离火种、热源。运输用
车、船必须干燥，并有良好的防雨设施。车辆运输完
毕应进行彻底清扫。铁路运输时要禁止溜放

第十五部分　法规信息

　　下列法律、法规、规章和标准，对该化学品的管理作
了相应的规定。

中华人民共和国职业病防治法　职业病分类和目录：未
　　　列入

危险化学品安全管理条例　危险化学品目录：列入。易制
　　　爆危险化学品名录：未列入。重点监管的危险化学品
　　　名录：未列入。GB 18218—2009《危险化学品重大
　　　危险源辨识》（表1）：未列入

使用有毒物品作业场所劳动保护条例　高毒物品目录：未
　　　列入

易制毒化学品管理条例　易制毒化学品的分类和品种目
　　　录：未列入

国际公约　斯德哥尔摩公约：未列入。鹿特丹公约：未列
　　　入。蒙特利尔议定书：未列入

第十六部分　其他信息

编写和修订信息　　　缩略语和首字母缩写

培训建议　　　　　　参考文献

免责声明

三乙氧基甲基硅烷

第一部分　化学品标识

化学品中文名　三乙氧基甲基硅烷；甲基三乙氧基硅烷

化学品英文名　methyltriethoxysilane；triethoxy methyl
　　　silane

分子式　$C_7H_{18}O_3Si$　分子量　178.3015

结构式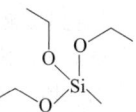

化学品的推荐及限制用途　用于有机硅化合物制造，如制
　　　取有机硅玻璃树脂及其他树脂

第二部分　危险性概述

紧急情况概述　易燃液体和蒸气

GHS危险性类别　易燃液体，类别3

标签要素

象形图

警示词　危险

危险性说明　易燃液体和蒸气

防范说明

　　　预防措施　远离热源、火花、明火、热表面。禁止
　　　吸烟。保持容器密闭。容器和接收设备接地连

接。使用防爆型电器、通风、照明、设备。只能使用不产生火花的工具。采取防止静电措施。戴防护手套、防护眼镜、防护面罩

事故响应 火灾时，使用雾状水、泡沫、干粉、二氧化碳、砂土灭火。如皮肤（或头发）接触：立即脱掉所有被污染的衣服，用水冲洗皮肤，淋浴

安全储存 存放在通风良好的地方。保持低温

废弃处置 本品及内装物、容器依据国家和地方法规处置

物理和化学危险 易燃，其蒸气与空气混合，能形成爆炸性混合物

健康危害 本品对皮肤有刺激作用。其蒸气或雾对眼睛、黏膜和上呼吸道有刺激作用

环境危害 对环境可能有害

第三部分 成分/组成信息

√物质 混合物

组分 浓度 CAS No.

三乙氧基甲基硅烷 2031-67-6

第四部分 急救措施

吸入 迅速脱离现场至空气新鲜处。保持呼吸道通畅。如呼吸困难，给输氧。呼吸、心跳停止，立即进行心肺复苏术。就医

皮肤接触 立即脱去污染的衣着，用流动清水彻底冲洗。就医

眼睛接触 立即分开眼睑，用流动清水或生理盐水彻底冲洗。就医

食入 漱口，饮水。就医

对保护施救者的忠告 根据需要使用个人防护设备

对医生的特别提示 对症处理

第五部分 消防措施

灭火剂 用雾状水、泡沫、干粉、二氧化碳、砂土灭火

特别危险性 遇明火、高热易燃。与强氧化剂接触可发生化学反应。受高热分解放出有毒的气体

灭火注意事项及防护措施 消防人员必须佩戴防毒面具、穿全身消防服，在上风向灭火。尽可能将容器从火场移至空旷处。喷水保持火场容器冷却，直至灭火结束。处在火场中的容器若已变色或从安全泄压装置中发出声音，必须马上撤离

第六部分 泄漏应急处理

作业人员防护措施、防护装备和应急处置程序 根据液体流动和蒸气扩散的影响区域划定警戒区，无关人员从侧风、上风向撤离至安全区。消除所有点火源。建议应急处理人员戴正压自给式呼吸器，穿防毒、防静电服。穿上适当的防护服前严禁接触破裂的容器和泄漏物。尽可能切断泄漏源

环境保护措施 防止泄漏物进入水体、下水道、地下室或有限空间

泄漏化学品的收容、清除方法及所使用的处置材料 小量

泄漏：用干燥的砂土或其他不燃材料吸收或覆盖，收集于容器中。大量泄漏：构筑围堤或挖坑收容。用防爆泵转移至槽车或专用收集器内

第七部分 操作处置与储存

操作注意事项 密闭操作，局部排风。操作人员必须经过专门培训，严格遵守操作规程。建议操作人员佩戴自吸过滤式防毒面具（半面罩），戴化学安全防护眼镜，穿防毒物渗透工作服，戴橡胶耐油手套。远离火种、热源，工作场所严禁吸烟。使用防爆型的通风系统和设备。防止蒸气泄漏到工作场所空气中。避免与氧化剂、酸类接触。搬运时要轻装轻卸，防止包装及容器损坏。配备相应品种和数量的消防器材及泄漏应急处理设备。倒空的容器可能残留有害物

储存注意事项 储存于阴凉、干燥、通风良好的库房。远离火种、热源。库温不超过32℃，相对湿度不超过80%。保持容器密封。应与氧化剂、酸类等分开存放，切忌混储。采用防爆型照明、通风设施。禁止使用易产生火花的机械设备和工具。储区应备有泄漏应急处理设备和合适的收容材料

第八部分 接触控制/个体防护

职业接触限值

中国 未制定标准

美国（ACGIH） 未制定标准

生物接触限值 未制定标准

监测方法 空气中有毒物质测定方法：未制定标准。生物监测检验方法：未制定标准

工程控制 密闭操作，局部排风

个体防护装备

呼吸系统防护 空气中浓度超标时，必须佩戴过滤式防毒面具（半面罩）。紧急事态抢救或撤离时，应该佩戴空气呼吸器

眼睛防护 戴化学安全防护眼镜

皮肤和身体防护 穿防毒物渗透工作服

手防护 戴橡胶耐油手套

第九部分 理化特性

外观与性状 无色液体

pH 值 无资料 **熔点（℃）** −46.5

沸点（℃） 141

相对密度（水=1） 0.89（20℃）

相对蒸气密度（空气=1） 6.14

饱和蒸气压（kPa） 1.47（20℃）

临界压力（MPa） 无资料 **辛醇/水分配系数** 无资料

闪点（℃） 23.89 **自燃温度（℃）** 无资料

爆炸下限（%） 无资料 **爆炸上限（%）** 无资料

分解温度（℃） 无资料 **黏度（mPa·s）** 无资料

燃烧热（kJ/mol） 无资料 **临界温度（℃）** 无资料

溶解性 不溶于水，溶于乙醇、丙酮、乙醚、汽油

第十部分 稳定性和反应性

稳定性 稳定

危险反应 与强氧化剂等禁配物接触，有发生火灾和爆炸的危险。与强酸、水蒸气等禁配物发生反应

避免接触的条件 潮湿空气

禁配物 强氧化剂、强酸、水蒸气

危险的分解产物 氧化硅

第十一部分 毒理学信息

急性毒性 LD_{50}：7713mg/kg（大鼠经口），11970mg/kg（兔经皮）

皮肤刺激或腐蚀	无资料	眼睛刺激或腐蚀	无资料
呼吸或皮肤过敏	无资料	生殖细胞突变性	无资料
致癌性	无资料	生殖毒性	无资料

特异性靶器官系统毒性-一次接触 无资料

特异性靶器官系统毒性-反复接触 无资料

吸入危害 无资料

第十二部分 生态学信息

生态毒性 无资料

持久性和降解性

生物降解性 无资料

非生物降解性 无资料

潜在的生物累积性 无资料

土壤中的迁移性 无资料

第十三部分 废弃处置

废弃化学品 建议用焚烧法处置

污染包装物 将容器返还生产商或按照国家和地方法规处置

废弃注意事项 处置前应参阅国家和地方有关法规

第十四部分 运输信息

联合国危险货物编号（UN号） 1993

联合国运输名称 易燃液体，未另作规定的（三乙氧基甲基硅烷）

联合国危险性类别 3

包装类别 Ⅲ　　　　**包装标志**

海洋污染物 否

运输注意事项 运输前应先检查包装容器是否完整、密封，运输过程中要确保容器不泄漏、不倒塌、不坠落、不损坏。严禁与酸类、氧化剂、食品及食品添加剂混运。运输时运输车辆应配备相应品种和数量的消防器材及泄漏应急处理设备。运输途中应防暴晒、雨淋，防高温。运输时所用的槽（罐）车应有接地链，槽内可设孔隔板以减少震荡产生的静电。中途停留时应远离火种、热源。公路运输时要按规定路线行驶

第十五部分 法规信息

下列法律、法规、规章和标准，对该化学品的管理作了相应的规定。

中华人民共和国职业病防治法 职业病分类和目录：未列入

危险化学品安全管理条例 危险化学品目录：列入。易制爆危险化学品名录：未列入。重点监管的危险化学品名录：未列入。GB 18218—2009《危险化学品重大危险源辨识》（表1）：未列入

使用有毒物品作业场所劳动保护条例 高毒物品目录：未列入

易制毒化学品管理条例 易制毒化学品的分类和品种目录：未列入

国际公约 斯德哥尔摩公约：未列入。鹿特丹公约：未列入。蒙特利尔议定书：未列入

第十六部分 其他信息

编写和修订信息	缩略语和首字母缩写
培训建议	参考文献
免责声明	

三唑锡

第一部分 化学品标识

化学品中文名 三唑锡；三（环己基）-(1,2,4-三唑-1-基)锡；三唑环锡

化学品英文名 azocyclotin；tri（cyclohexyl）-1H-1,2,4-triazol-1-yltin

分子式 $C_{20}H_{35}N_3Sn$　**分子量** 436.2

结构式
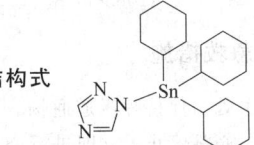

化学品的推荐及限制用途 用作农用杀虫剂

第二部分 危险性概述

紧急情况概述 吞咽会中毒，吸入致命，造成皮肤刺激，造成严重眼损伤，可能引起呼吸道刺激

GHS危险性类别 急性毒性-经口，类别3；急性毒性-吸入，类别2；皮肤腐蚀/刺激，类别2；严重眼损伤/眼刺激，类别1；特异性靶器官毒性-一次接触，类别3（呼吸道刺激）；危害水生环境-急性危害，类别1；危害水生环境-长期危害，类别1

标签要素

象形图

![象形图]

警示词 危险

危险性说明 吞咽会中毒，吸入致命，造成皮肤刺激，造成严重眼损伤，可能引起呼吸道刺激，对水生生物毒性非常大并具有长期持续影响

防范说明

预防措施 避免接触眼睛、皮肤，操作后彻底清洗。作业场所不得进食、饮水或吸烟。避免吸

入粉尘。仅在室外或通风良好处操作。戴呼吸防护器具。戴防护手套、防护眼镜、防护面罩。禁止排入环境

事故响应　如吸入：将患者转移到空气新鲜处，休息，保持利于呼吸的体位，立即呼叫中毒控制中心或就医。皮肤接触：用大量肥皂水和水清洗，脱去被污染的衣服，如发生皮肤刺激，就医。被污染的衣服必须经洗净后方可重新使用。接触眼睛：用水细心冲洗数分钟，立即呼叫中毒控制中心或就医。如戴隐形眼镜并可方便地取出，取出隐形眼镜，继续冲洗。食入：立即呼叫中毒控制中心或就医，漱口。收集泄漏物

安全储存　在通风良好处储存。保持容器密闭。上锁保管

废弃处置　本品及内装物、容器依据国家和地方法规处置

物理和化学危险　可燃，其粉体与空气混合，能形成爆炸性混合物

健康危害　摄入或与皮肤接触可引起中毒。眼接触引起灼伤。遇热分解释出有毒的氮氧化物烟雾

环境危害　对水生生物毒性非常大并具有长期持续影响

第三部分　成分/组成信息

√ 物质　　　　　　　　混合物

组分	浓度	CAS No.
三唑锡		41083-11-8

第四部分　急救措施

吸入　迅速脱离现场至空气新鲜处。保持呼吸道通畅。如呼吸困难，给输氧。呼吸、心跳停止，立即进行心肺复苏术。就医

皮肤接触　立即脱去污染的衣着，用流动清水彻底冲洗。就医

眼睛接触　立即分开眼睑，用流动清水或生理盐水彻底冲洗 5~10min。就医

食入　饮适量温水，催吐（仅限于清醒者）。就医

对保护施救者的忠告　根据需要使用个人防护设备

对医生的特别提示　对症处理

第五部分　消防措施

灭火剂　用雾状水、泡沫、干粉、二氧化碳、砂土灭火

特别危险性　遇明火、高热可燃。其粉体与空气可形成爆炸性混合物，当达到一定浓度时，遇火星会发生爆炸。受高热分解放出有毒的气体

灭火注意事项及防护措施　消防人员必须佩戴防毒面具、穿全身消防服，在上风向灭火。尽可能将容器从火场移至空旷处。喷水保持火场容器冷却，直至灭火结束。切勿将水流直接射至熔融物，以免引起严重的流淌火灾或引起剧烈的沸溅

第六部分　泄漏应急处理

作业人员防护措施、防护装备和应急处置程序　隔离泄漏污染区，限制出入。消除所有点火源。建议应急处理人员戴防尘口罩，穿防毒、防静电服。穿上适当的防护服前严禁接触破裂的容器和泄漏物。尽可能切断泄漏源

环境保护措施　防止泄漏物进入水体、下水道、地下室或有限空间

泄漏化学品的收容、清除方法及所使用的处置材料　小量泄漏：用干燥的砂土或其他不燃材料吸收或覆盖，收集于容器中。大量泄漏：构筑围堤或挖坑收容。用泵转移至槽车或专用收集器内

第七部分　操作处置与储存

操作注意事项　密闭操作，局部排风。防止粉尘释放到车间空气中。操作人员必须经过专门培训，严格遵守操作规程。建议操作人员佩戴自吸过滤式防尘口罩，戴化学安全防护眼镜，穿防毒物渗透工作服，戴乳胶手套。远离火种、热源，工作场所严禁吸烟。使用防爆型的通风系统和设备。避免产生粉尘。避免与氧化剂接触。配备相应品种和数量的消防器材及泄漏应急处理设备。倒空的容器可能残留有害物

储存注意事项　储存于阴凉、通风的库房。远离火种、热源。防止阳光直射。包装密封。应与氧化剂、食用化学品分开存放，切忌混储。配备相应品种和数量的消防器材。储区应备有合适的材料收容泄漏物

第八部分　接触控制/个体防护

职业接触限值

中国　未制定标准

美国（ACGIH）　TLV-TWA：$0.1mg/m^3$；TLV-STEL：$0.2mg/m^3$ ［按 Sn 计］［皮］

生物接触限值　未制定标准

监测方法　空气中有毒物质测定方法：未制定标准。生物监测检验方法：未制定标准

工程控制　密闭操作，局部排风

个体防护装备

呼吸系统防护　空气中粉尘浓度超标时，建议佩戴过滤式防尘呼吸器。紧急事态抢救或撤离时，应该佩戴空气呼吸器

眼睛防护　戴化学安全防护眼镜

皮肤和身体防护　穿防毒物渗透工作服

手防护　戴橡胶手套

第九部分　理化特性

外观与性状　无色粉末

pH 值　无意义	**熔点（℃）**　218.8	
沸点（℃）　无资料	**相对密度（水＝1）**　无资料	
相对蒸气密度（空气＝1）　无资料		
饱和蒸气压（kPa）　$0.5×10^{-5}$（25℃）		
临界压力（MPa）　无资料	**辛醇/水分配系数**　无资料	
闪点（℃）　无意义	**自燃温度（℃）**　无资料	
爆炸下限（%）　无资料	**爆炸上限（%）**　无资料	
分解温度（℃）　210	**黏度（mPa·s）**　无资料	
燃烧热（kJ/mol）　无资料	**临界温度（℃）**　无资料	

溶解性　难溶于水、多数有机溶剂

第十部分　稳定性和反应性

稳定性　稳定
危险反应　与强氧化剂等禁配物发生反应
避免接触的条件　无资料
禁配物　强氧化剂
危险的分解产物　氮氧化物、氧化锡

第十一部分　毒理学信息

急性毒性　LD_{50}：76mg/kg（大鼠经口），1000mg/kg（大鼠经皮），410mg/kg（小鼠经口），＞5000mg/kg（兔经皮）。LC_{50}：17mg/m³（大鼠吸入，4h），35mg/m³（小鼠吸入，4h）

皮肤刺激或腐蚀　无资料		眼睛刺激或腐蚀　无资料	
呼吸或皮肤过敏　无资料		生殖细胞突变性　无资料	
致癌性　无资料		生殖毒性　无资料	

特异性靶器官系统毒性-一次接触　无资料
特异性靶器官系统毒性-反复接触　无资料
吸入危害　无资料

第十二部分　生态学信息

生态毒性　有机锡对水生无脊椎动物有极高的毒性
持久性和降解性
　生物降解性　无资料
　非生物降解性　无资料
潜在的生物累积性　无资料
土壤中的迁移性　无资料

第十三部分　废弃处置

废弃化学品　建议用焚烧法处置。在能利用的地方重复使用容器或在规定场所掩埋
污染包装物　将容器返还生产商或按照国家和地方法规处置
废弃注意事项　处置前应参阅国家和地方有关法规

第十四部分　运输信息

联合国危险货物编号（UN号）　2786
联合国运输名称　固态有机锡农药，毒性（三唑锡）
联合国危险性类别　6.1

包装类别　Ⅱ　　　　包装标志　

海洋污染物　是
运输注意事项　铁路运输时包装所用的麻袋、塑料编织袋、复合塑料编织袋的强度应符合国家标准要求。铁路运输时，可以使用钙塑瓦楞箱作外包装。运输前应先检查包装容器是否完整、密封，运输过程中要确保容器不泄漏、不倒塌、不坠落、不损坏。严禁与酸类、氧化剂、食品及食品添加剂混运。运输时运输车辆应配备相应品种和数量的消防器材及泄漏应急处理设备。运输途中应防暴晒、雨淋，防高温。公路运输

时要按规定路线行驶，勿在居民区和人口稠密区停留

第十五部分　法规信息

下列法律、法规、规章和标准，对该化学品的管理作了相应的规定。
中华人民共和国职业病防治法　职业病分类和目录：有机锡中毒
危险化学品安全管理条例　危险化学品目录：列入。易制爆危险化学品名录：未列入。重点监管的危险化学品名录：未列入。GB 18218—2009《危险化学品重大危险源辨识》（表1）：未列入
使用有毒物品作业场所劳动保护条例　高毒物品目录：未列入
易制毒化学品管理条例　易制毒化学品的分类和品种目录：未列入
国际公约　斯德哥尔摩公约：未列入。鹿特丹公约：未列入。蒙特利尔议定书：未列入

第十六部分　其他信息

编写和修订信息　　缩略语和首字母缩写
培训建议　　　　　参考文献
免责声明

杀那特

第一部分　化学品标识

化学品中文名　杀那特；敌稻瘟；杀那脱；1,7,7-三甲基二环［2.2.1］庚-2-基硫代氰酸乙酸酯
化学品英文名　thanite；isobornyl thiocyanatoacetate
分子式　$C_{13}H_{19}NO_2S$　分子量　253.36

结构式　

化学品的推荐及限制用途　用作农用杀菌剂

第二部分　危险性概述

紧急情况概述　吞咽有害
GHS危险性类别　急性毒性-经口，类别4；危害水生环境-急性危害，类别1；危害水生环境-长期危害，类别1
标签要素

象形图　

警示词　警告
危险性说明　吞咽有害，对水生生物毒性非常大并具有长期持续影响
防范说明
　预防措施　避免接触眼睛、皮肤，操作后彻底清洗。作业场所不得进食、饮水或吸烟。禁止排入环境
　事故响应　食入：如果感觉不适，立即呼叫中毒控

制中心或就医，漱口。收集泄漏物

安全储存　—

废弃处置　本品及内装物、容器依据国家和地方法规处置

物理和化学危险　可燃，其蒸气与空气混合，能形成爆炸性混合物

健康危害　本品为低毒类杀菌剂。吸入、摄入或经皮肤吸收后会中毒。对眼睛、皮肤、黏膜和上呼吸道有刺激作用。受热分解释出有毒的氮氧化物和氧化硫烟雾

环境危害　对水生生物毒性非常大并具有长期持续影响

第三部分　成分/组成信息

√ 物质　　　　　　　　　混合物

组分	浓度	CAS No.
杀那特		115-31-1

第四部分　急救措施

吸入　迅速脱离现场至空气新鲜处。保持呼吸道通畅。如呼吸困难，给输氧。如呼吸、心跳停止，立即进行心肺复苏术。就医

皮肤接触　立即脱去污染的衣着，用流动清水彻底冲洗。就医

眼睛接触　立即分开眼睑，用流动清水或生理盐水彻底冲洗。就医

食入　漱口，饮水。就医

对保护施救者的忠告　根据需要使用个人防护设备

对医生的特别提示　对症处理

第五部分　消防措施

灭火剂　用雾状水、泡沫、干粉、二氧化碳、砂土灭火

特别危险性　遇明火、高热可燃。与氧化剂能发生强烈反应。受热分解产生有毒的烟气。若遇高热，容器内压增大，有开裂和爆炸的危险

灭火注意事项及防护措施　消防人员必须佩戴防毒面具、穿全身消防服、在上风向灭火。尽可能将容器从火场移至空旷处。喷水保持火场容器冷却，直至灭火结束。处在火场中的容器若已变色或从安全泄压装置中发出声音，必须马上撤离

第六部分　泄漏应急处理

作业人员防护措施、防护装备和应急处置程序　根据液体流动和蒸气扩散的影响区域划定警戒区，无关人员从侧风向、上风向撤离至安全区。消除所有点火源。建议应急处理人员戴防毒面具，穿防毒服。穿上适当的防护服前严禁接触破裂的容器和泄漏物。尽可能切断泄漏源

环境保护措施　防止泄漏物进入水体、下水道、地下室或有限空间

泄漏化学品的收容、清除方法及所使用的处置材料　小量泄漏：用干燥的砂土或其他不燃材料吸收或覆盖，收集于容器中。大量泄漏：构筑围堤或挖坑收容。用泵转移至槽车或专用收集器内

第七部分　操作处置与储存

操作注意事项　密闭操作，局部排风。防止蒸气泄漏到工作场所空气中。操作人员必须经过专门培训，严格遵守操作规程。建议操作人员佩戴自吸过滤式防毒面具（半面罩），戴化学安全防护眼镜，穿防毒物渗透工作服，戴橡胶手套。远离火种、热源，工作场所严禁吸烟。使用防爆型的通风系统和设备。在清除液体和蒸气前不能进行焊接、切割等作业。避免产生烟雾。避免与氧化剂、碱类接触。配备相应品种和数量的消防器材及泄漏应急处理设备。倒空的容器可能残留有害物

储存注意事项　储存于阴凉、通风的库房。远离火种、热源。防止阳光直射。保持容器密封。应与氧化剂、碱类分开存放，切忌混储。配备相应品种和数量的消防器材。储区应备有泄漏应急处理设备和合适的收容材料

第八部分　接触控制/个体防护

职业接触限值

　　中国　未制定标准

　　美国（ACGIH）　未制定标准

生物接触限值　未制定标准

监测方法　空气中有毒物质测定方法：未制定标准。生物监测检验方法：未制定标准

工程控制　密闭操作，局部排风

个体防护装备

　　呼吸系统防护　空气中浓度超标时，必须佩戴过滤式防毒面具（半面罩）。紧急事态抢救或撤离时，应该佩戴空气呼吸器

　　眼睛防护　戴化学安全防护眼镜

　　皮肤和身体防护　穿防毒物渗透工作服

　　手防护　戴橡胶手套

第九部分　理化特性

外观与性状　黄色油状液体，有萜烯味

pH 值　无资料　　　　　　　**熔点(℃)**　无资料

沸点(℃)　95(7.98×10⁻³kPa)

相对密度(水＝1)　1.1465

相对蒸气密度(空气＝1)　无资料

饱和蒸气压(kPa)　无资料

临界压力(MPa)　无资料　　**辛醇/水分配系数**　无资料

闪点(℃)　82　　　　　　　**自燃温度(℃)**　无资料

爆炸下限(%)　无资料　　　**爆炸上限(%)**　无资料

分解温度(℃)　无资料　　　**黏度(mPa·s)**　无资料

燃烧热(kJ/mol)　无资料　　**临界温度(℃)**　无资料

溶解性　不溶于水，易溶于醇、苯、氯仿、醚

第十部分　稳定性和反应性

稳定性　稳定

危险反应　与强氧化剂、强碱等禁配物发生反应

避免接触的条件　受热

禁配物　强氧化剂、强碱

危险的分解产物　氮氧化物、氧化硫

第十一部分　毒理学信息

急性毒性　LD_{50}：1000mg/kg（大鼠经口）；630mg/kg（兔经口）；6000mg/kg（兔经皮）

皮肤刺激或腐蚀	无资料	眼睛刺激或腐蚀	无资料
呼吸或皮肤过敏	无资料	生殖细胞突变性	无资料
致癌性	无资料	生殖毒性	无资料

特异性靶器官系统毒性-一次接触　无资料
特异性靶器官系统毒性-反复接触　无资料
吸入危害　无资料

第十二部分　生态学信息

生态毒性　LC_{50}：0.16mg/L（96h）（美洲鲑）。LC_{50}：0.109mg/L（96h）（湖红点鲑）
持久性和降解性
　　生物降解性　无资料
　　非生物降解性　无资料
潜在的生物累积性　无资料
土壤中的迁移性　无资料

第十三部分　废弃处置

废弃化学品　建议用焚烧法处置。在能利用的地方重复使用容器或在规定场所掩埋
污染包装物　将容器返还生产商或按照国家和地方法规处置
废弃注意事项　处置前应参阅国家和地方有关法规

第十四部分　运输信息

联合国危险货物编号（UN 号）　3082
联合国运输名称　对环境有害的液态物质，未另作规定的（杀那特）
联合国危险性类别　9

包装类别　Ⅲ　　　　**包装标志**

海洋污染物　是
运输注意事项　运输前应先检查包装容器是否完整、密封，运输过程中要确保容器不泄漏、不倒塌、不坠落、不损坏。严禁与氧化剂、碱类、食用化学品等混装混运。运输车船必须彻底清洗、消毒，否则不得装运其他物品。船运时，配装位置应远离卧室、厨房，并与机舱、电源、火源等部位隔离。公路运输时要按规定路线行驶

第十五部分　法规信息

　　下列法律、法规、规章和标准，对该化学品的管理作了相应的规定。
中华人民共和国职业病防治法　职业病分类和目录：未列入
危险化学品安全管理条例　危险化学品目录：列入。易制爆危险化学品名录：未列入。重点监管的危险化学品

名录：未列入。GB 18218—2009《危险化学品重大危险源辨识》（表1）：未列入
使用有毒物品作业场所劳动保护条例　高毒物品目录：未列入
易制毒化学品管理条例　易制毒化学品的分类和品种目录：未列入
国际公约　斯德哥尔摩公约：未列入。鹿特丹公约：未列入。蒙特利尔议定书：未列入

第十六部分　其他信息

编写和修订信息　缩略语和首字母缩写
培训建议　　　　参考文献
免责声明

杀鼠醚

第一部分　化学品标识

化学品中文名　杀鼠醚；立克命；3-(1,2,3,4-四氢-1-萘基)- 4-羟基香豆素
化学品英文名　coumatetralyl；4-hydroxy-3-(1,2,3,4-tet-rahydro-1-naphthyl) coumarin
分子式　$C_{19}H_{16}O_3$　**分子量**　292.3

结构式

化学品的推荐及限制用途　用作杀鼠剂

第二部分　危险性概述

紧急情况概述　吞咽致命，皮肤接触会致命
GHS 危险性类别　急性毒性-经口，类别 2；急性毒性-经皮，类别 1；特异性靶器官毒性-反复接触，类别 1；危害水生环境-急性危害，类别 3；危害水生环境-长期危害，类别 3
标签要素

象形图

警示词　危险
危险性说明　吞咽致命，皮肤接触会致命，长时间或反复接触对器官造成损伤，对水生生物有害并具有长期持续影响
防范说明
　　预防措施　避免接触眼睛、皮肤、衣服，操作后彻底清洗。作业场所不得进食、饮水或吸烟。戴防护手套、穿防护服。避免吸入粉尘。禁止排入环境
　　事故响应　皮肤接触：用大量肥皂水和水轻轻地清洗，立即脱去所有被污染的衣服，立即呼叫中毒控制中心或就医。被污染的衣服经洗净后方可重新使用。食入：立即呼叫中毒控制中心或

就医，漱口，如感觉不适，就医

安全储存　上锁保管

废弃处置　本品及内装物、容器依据国家和地方法规处置

物理和化学危险　可燃，其粉体与空气混合，能形成爆炸性混合物

健康危害　本品为高毒杀鼠剂，是一种慢性杀鼠剂。人误食，可引起头昏、恶心、心悸、食欲不振、皮疹、脏器及皮下出血，重者可危及生命

环境危害　对水生生物有害并具有长期持续影响

第三部分　成分/组成信息

√物质　　　　　　　　　混合物

组分	浓度	CAS No.
杀鼠醚		5836-29-3

第四部分　急救措施

吸入　迅速脱离现场至空气新鲜处。保持呼吸道通畅。如呼吸困难，给输氧。呼吸、心跳停止，立即进行心肺复苏术。就医

皮肤接触　立即脱去污染的衣着，用流动清水彻底冲洗。就医

眼睛接触　立即分开眼睑，用流动清水或生理盐水彻底冲洗。就医

食入　饮适量温水，催吐（仅限于清醒者）。就医

对保护施救者的忠告　根据需要使用个人防护设备

对医生的特别提示　对症处理

第五部分　消防措施

灭火剂　用雾状水、泡沫、干粉、二氧化碳、砂土灭火

特别危险性　遇明火、高热可燃。其粉体与空气可形成爆炸性混合物，当达到一定浓度时，遇火星会发生爆炸。受高热分解放出有毒的气体

灭火注意事项及防护措施　消防人员必须佩戴防毒面具、穿全身消防服，在上风向灭火。尽可能将容器从火场移至空旷处。喷水保持火场容器冷却，直至灭火结束

第六部分　泄漏应急处理

作业人员防护措施、防护装备和应急处置程序　隔离泄漏污染区，限制出入。建议应急处理人员戴防尘口罩，穿防毒服。穿上适当的防护服前严禁接触破裂的容器和泄漏物。尽可能切断泄漏源

环境保护措施　用塑料布覆盖泄漏物，减少飞散

泄漏化学品的收容、清除方法及所使用的处置材料　勿使水进入包装容器内。用洁净的铲子收集泄漏物，置于干净、干燥、盖子较松的容器中，将容器移离泄漏区

第七部分　操作处置与储存

操作注意事项　密闭操作，提供充分的局部排风。防止粉尘释放到车间空气中。操作人员必须经过专门培训，严格遵守操作规程。建议操作人员佩戴防尘面具（全面罩），穿胶布防毒衣，戴橡胶手套。远离火种、热源，工作场所严禁吸烟。使用防爆型的通风系统和设备。避免产生粉尘。避免与氧化剂接触。配备相应品种和数量的消防器材及泄漏应急处理设备。倒空的容器可能残留有害物

储存注意事项　储存于阴凉、通风良好的专用库房内，实行"双人收发、双人保管"制度。远离火种、热源。避光保存。包装密封。应与氧化剂、食用化学品分开存放，切忌混储。配备相应品种和数量的消防器材。储区应备有合适的材料收容泄漏物

第八部分　接触控制/个体防护

职业接触限值

中国　未制定标准

美国（ACGIH）　未制定标准

生物接触限值　未制定标准

监测方法　空气中有毒物质测定方法：未制定标准。生物监测检验方法：未制定标准

工程控制　严加密闭，提供充分的局部排风

个体防护装备

呼吸系统防护　可能接触其粉尘时，必须佩戴防尘面具（全面罩）。紧急事态抢救或撤离时，应该佩戴空气呼吸器

眼睛防护　呼吸系统防护中已作防护

皮肤和身体防护　穿密闭型防毒服

手防护　戴橡胶手套

第九部分　理化特性

外观与性状　纯品为白色粉末，原药为黄色晶体，无味

pH 值　无意义		**熔点（℃）**　172～176	
沸点（℃）　无资料		**相对密度（水＝1）**　无资料	
相对蒸气密度（空气＝1）　无资料			
饱和蒸气压（kPa）　0.133×10^{-10}（20℃）			
临界压力（MPa）　无资料		**辛醇/水分配系数**　3.346	
闪点（℃）　无意义		**自燃温度（℃）**　无资料	
爆炸下限（%）　无资料		**爆炸上限（%）**　无资料	
分解温度（℃）　无资料		**黏度（mPa·s）**　无资料	
燃烧热（kJ/mol）　无资料		**临界温度（℃）**　无资料	

溶解性　微溶于水、甲苯、环己酮，溶于二氯甲烷、丙二醇

第十部分　稳定性和反应性

稳定性　稳定

危险反应　与强氧化剂等禁配物发生反应

避免接触的条件　光照

禁配物　强氧化剂

危险的分解产物　无资料

第十一部分　毒理学信息

急性毒性　LD$_{50}$：16.5mg/kg（大鼠经口），40mg/kg（大鼠经皮），＞1000mg/kg（小鼠经口），10mg/kg（兔经口）。LC$_{50}$：39mg/m³（大鼠吸入，4h），54mg/m³（小鼠吸入，4h）

皮肤刺激或腐蚀　无资料　　　　　**眼睛刺激或腐蚀**　无资料

呼吸或皮肤过敏　无资料　　　　　**生殖细胞突变性**　无资料

致癌性　无资料　　　　　　生殖毒性　无资料

特异性靶器官系统毒性-一次接触　无资料

特异性靶器官系统毒性-反复接触　无资料

吸入危害　无资料

第十二部分　生态学信息

生态毒性　LC_{50}：48mg/L（96h）（虹鳟）

持久性和降解性

　　生物降解性　无资料

　　非生物降解性　无资料

潜在的生物累积性　无资料

土壤中的迁移性　无资料

第十三部分　废弃处置

废弃化学品　用安全掩埋法处置。在规定场所掩埋空容器

污染包装物　将容器返还生产商或按照国家和地方法规处置

废弃注意事项　处置前应参阅国家和地方有关法规

第十四部分　运输信息

联合国危险货物编号（UN号）　2811

联合国运输名称　有机毒性固体，未另作规定的（杀鼠醚）

联合国危险性类别　6.1

包装类别　I　　　　　　包装标志

海洋污染物　否

运输注意事项　运输前应先检查包装容器是否完整、密封，运输过程中要确保容器不泄漏、不倒塌、不坠落、不损坏。严禁与酸类、氧化剂、食品及食品添加剂混运。运输时运输车辆应配备相应品种和数量的消防器材及泄漏应急处理设备。运输途中应防暴晒、雨淋，防高温。公路运输时要按规定路线行驶，勿在居民区和人口稠密区停留

第十五部分　法规信息

　　下列法律、法规、规章和标准，对该化学品的管理作了相应的规定。

中华人民共和国职业病防治法　职业病分类和目录：未列入

危险化学品安全管理条例　危险化学品目录：列入。作为剧毒化学品进行管理。易制爆危险化学品名录：未列入。重点监管的危险化学品名录：未列入。GB 18218—2009《危险化学品重大危险源辨识》（表1）：未列入

使用有毒物品作业场所劳动保护条例　高毒物品目录：未列入

易制毒化学品管理条例　易制毒化学品的分类和品种目录：未列入

国际公约　斯德哥尔摩公约：未列入。鹿特丹公约：未列入。蒙特利尔议定书：未列入

第十六部分　其他信息

编写和修订信息　　　缩略语和首字母缩写

培训建议　　　　　　参考文献

免责声明

杀线威

第一部分　化学品标识

化学品中文名　杀线威；草肟威；甲氯叉威；O-甲基氨基甲酰基-1-二甲氨基甲酰-1-甲硫基甲醛肟

化学品英文名　oxamyl；methyl 2-（dimethylamino）-N-［［（methylamino）carbonyl］oxy]-2-oxoethanimido-thioate

分子式　$C_7H_{13}N_3O_3S$　分子量　219.261

结构式

化学品的推荐及限制用途　用作农用杀虫剂、杀线虫剂

第二部分　危险性概述

紧急情况概述　吞咽致命，皮肤接触有害，吸入致命

GHS危险性类别　急性毒性-经口，类别2；急性毒性-经皮，类别4；急性毒性-吸入，类别2；危害水生环境-急性危害，类别2；危害水生环境-长期危害，类别2

标签要素

象形图

警示词　危险

危险性说明　吞咽致命，皮肤接触有害，吸入致命，对水生生物有毒并具有长期持续影响

防范说明

　　预防措施　避免接触眼睛、皮肤，操作后彻底清洗。作业场所不得进食、饮水或吸烟。戴防护手套、穿防护服。避免吸入粉尘。仅在室外或通风良好处操作。戴呼吸防护器具。禁止排入环境

　　事故响应　如吸入：将患者转移到空气新鲜处，休息，保持利于呼吸的体位，立即呼叫中毒控制中心或就医。皮肤接触：用大量肥皂水和水清洗，如感觉不适，呼叫中毒控制中心或就医。被污染的衣服经洗净后方可重新使用。食入：立即呼叫中毒控制中心或就医，漱口。收集泄漏物

　　安全储存　在通风良好处储存。保持容器密闭。上锁保管

　　废弃处置　本品及内装物、容器依据国家和地方法规处置

物理和化学危险　可燃，其粉体与空气混合，能形成爆炸性混合物

健康危害　氨基甲酸酯类农药抑制胆碱酯酶，出现相应的

症状。中毒症状有头痛、恶心、呕吐、腹痛、流涎、出汗、瞳孔缩小、步行困难、语言障碍，重者可发生全身痉挛、昏迷

环境危害　对水生生物有毒并具有长期持续影响

第三部分　成分/组成信息

√物质　　　　　　　　　　混合物

组分　　　　　**浓度**　　　　　**CAS No.**

杀线威　　　　　　　　　　23135-22-0

第四部分　急救措施

吸入　迅速脱离现场至空气新鲜处。保持呼吸道通畅。如呼吸困难，给输氧。呼吸、心跳停止，立即进行心肺复苏术。就医

皮肤接触　立即脱去污染的衣着，用流动清水彻底冲洗。就医

眼睛接触　立即分开眼睑，用流动清水或生理盐水彻底冲洗。就医

食入　饮适量温水，催吐（仅限于清醒者）。就医

对保护施救者的忠告　根据需要使用个人防护设备

对医生的特别提示　解毒剂：阿托品

第五部分　消防措施

灭火剂　用雾状水、泡沫、干粉、二氧化碳、砂土灭火

特别危险性　遇明火、高热可燃。其粉体与空气可形成爆炸性混合物，当达到一定浓度时，遇火星会发生爆炸。受高热分解放出有毒的气体

灭火注意事项及防护措施　消防人员必须佩戴防毒面具、穿全身消防服，在上风向灭火。尽可能将容器从火场移至空旷处。喷水保持火场容器冷却，直至灭火结束

第六部分　泄漏应急处理

作业人员防护措施、防护装备和应急处置程序　隔离泄漏污染区，限制出入。消除所有点火源。建议应急处理人员戴防尘口罩，穿防毒、防静电服。穿上适当的防护服前严禁接触破裂的容器和泄漏物。尽可能切断泄漏源

环境保护措施　防止泄漏物进入水体、下水道、地下室或有限空间

泄漏化学品的收容、清除方法及所使用的处置材料　小量泄漏：用干燥的砂土或其他不燃材料吸收或覆盖，收集于容器中。大量泄漏：构筑围堤或挖坑收容。用泵转移至槽车或专用收集器内

第七部分　操作处置与储存

操作注意事项　密闭操作，提供充分的局部排风。防止粉尘释放到车间空气中。操作人员必须经过专门培训，严格遵守操作规程。建议操作人员佩戴防尘面具（全面罩），穿胶布防毒衣，戴橡胶手套。远离火种、热源，工作场所严禁吸烟。使用防爆型的通风系统和设备。避免产生粉尘。避免与氧化剂、碱类接触。配备相应品种和数量的消防器材及泄漏应急处理设备。倒空的容器可能残留有害物

储存注意事项　储存于阴凉、通风良好的库房内。远离火种、热源。防止阳光直射。包装密封。应与氧化剂、碱类、食用化学品分开存放，切忌混储。配备相应品种和数量的消防器材。储区应备有合适的材料收容泄漏物

第八部分　接触控制/个体防护

职业接触限值

中国　未制定标准

美国（ACGIH）　未制定标准

生物接触限值　未制定标准

监测方法　空气中有毒物质测定方法：未制定标准。生物监测检验方法：未制定标准

工程控制　严加密闭，提供充分的局部排风

个体防护装备

呼吸系统防护　可能接触其粉尘时，必须佩戴防尘面具（全面罩）。紧急事态抢救或撤离时，应该佩戴空气呼吸器

眼睛防护　呼吸系统防护中已作防护

皮肤和身体防护　穿密闭型防毒服

手防护　戴橡胶手套

第九部分　理化特性

外观与性状　白色结晶，略带硫的臭味

pH 值　无意义　　　　　　　**熔点(℃)**　100～102

沸点(℃)　无资料　　　　　**相对密度(水＝1)**　0.97

相对蒸气密度(空气＝1)　无资料

饱和蒸气压(kPa)　无资料

临界压力(MPa)　无资料　　**辛醇/水分配系数**　－0.47

闪点(℃)　无意义　　　　　　**自燃温度(℃)**　无资料

爆炸下限(%)　无资料　　　　**爆炸上限(%)**　无资料

分解温度(℃)　蒸馏时分解　　**黏度(mPa·s)**　无资料

燃烧热(kJ/mol)　无资料　　　**临界温度(℃)**　无资料

溶解性　溶于水、丙酮、乙醇、甲醇

第十部分　稳定性和反应性

稳定性　稳定

危险反应　与强氧化剂、强碱等禁配物发生反应

避免接触的条件　无资料

禁配物　强氧化剂、强碱

危险的分解产物　氮氧化物、氧化硫

第十一部分　毒理学信息

急性毒性　LD$_{50}$：2.5mg/kg（大鼠经口），1200mg/kg（大鼠经皮），2.3mg/kg（小鼠经口），740mg/kg（兔经皮）。LC$_{50}$：170mg/m^3（大鼠吸入，1h）

皮肤刺激或腐蚀　无资料　　　**眼睛刺激或腐蚀**　无资料

呼吸或皮肤过敏　无资料　　　**生殖细胞突变性**　无资料

致癌性　无资料

生殖毒性　大鼠经口最低中毒剂量（TDLo）：945mg/kg（雄性交配前12周/雌性交配前12周～孕3周），对新生鼠生长统计指数有影响。大鼠经口最低中毒剂量（TDLo）：1890mg/kg（多代），新生鼠存活指数（出

生后测量）和生长统计指数有影响

特异性靶器官系统毒性-一次接触　无资料

特异性靶器官系统毒性-反复接触　无资料

吸入危害　无资料

第十二部分　生态学信息

生态毒性　LC_{50}：4.2mg/L（96h）（虹鳟）

持久性和降解性

　生物降解性　无资料

　非生物降解性　无资料

潜在的生物累积性　无资料

土壤中的迁移性　无资料

第十三部分　废弃处置

废弃化学品　建议用控制焚烧法或安全掩埋法处置。破损容器禁止重新使用，要在规定场所掩埋

污染包装物　将容器返还生产商或按照国家和地方法规处置

废弃注意事项　处置前应参阅国家和地方有关法规

第十四部分　运输信息

联合国危险货物编号（UN号）　2588

联合国运输名称　固态农药，毒性，未另作规定的（杀线威）

联合国危险性类别　6.1

包装类别　Ⅱ　　　　　　　**包装标志**

海洋污染物　是

运输注意事项　运输前应先检查包装容器是否完整、密封，运输过程中要确保容器不泄漏、不倒塌、不坠落、不损坏。严禁与酸类、氧化剂、食品及食品添加剂混运。运输时运输车辆应配备相应品种和数量的消防器材及泄漏应急处理设备。运输途中应防暴晒、雨淋，防高温。公路运输时要按规定路线行驶，勿在居民区和人口稠密区停留

第十五部分　法规信息

下列法律、法规、规章和标准，对该化学品的管理作了相应的规定。

中华人民共和国职业病防治法　职业病分类和目录：未列入

危险化学品安全管理条例　危险化学品目录：列入。易制爆危险化学品名录：未列入。重点监管的危险化学品名录：未列入。GB 18218—2009《危险化学品重大危险源辨识》（表1）：未列入

使用有毒物品作业场所劳动保护条例　高毒物品目录：未列入

易制毒化学品管理条例　易制毒化学品的分类和品种目录：未列入

国际公约　斯德哥尔摩公约：未列入。鹿特丹公约：未列入。蒙特利尔议定书：未列入

第十六部分　其他信息

编写和修订信息　　　缩略语和首字母缩写

培训建议　　　　　　参考文献

免责声明

砷酸汞

第一部分　化学品标识

化学品中文名　砷酸汞；砷酸氢汞

化学品英文名　mercuric arsenate；mercury（Ⅱ）arsenate

分子式　$HgHAsO_4$　**分子量**　342.5317

结构式

$$HO-\overset{\overset{O}{\|}}{\underset{\underset{O^-}{}}{As}}-O^-\ Hg^{2+}$$

化学品的推荐及限制用途　用作化学试剂及用于油漆涂料工业

第二部分　危险性概述

紧急情况概述　吞咽致命，皮肤接触会致命，吸入致命，可能致癌

GHS危险性类别　急性毒性-经口，类别2；急性毒性-经皮，类别1；急性毒性-吸入，类别2；致癌性，类别1A；特异性靶器官毒性-反复接触，类别2；危害水生环境-急性危害，类别1；危害水生环境-长期危害，类别1

标签要素

象形图

警示词　危险

危险性说明　吞咽致命，皮肤接触会致命，吸入致命，可能致癌，长时间或反复接触可能对器官造成损伤，对水生生物毒性非常大并具有长期持续影响

防范说明

　预防措施　避免接触眼睛、皮肤或衣服，操作后彻底清洗。作业场所不得进食、饮水或吸烟。戴防护手套、穿防护服。避免吸入粉尘。仅在室外或通风良好处操作。戴呼吸防护器具。得到专门指导后操作。在阅读并了解所有安全预防措施之前，切勿操作。按要求使用个体防护装备。禁止排入环境

　事故响应　如吸入：将患者转移到空气新鲜处，休息，保持利于呼吸的体位，立即呼叫中毒控制中心或就医。皮肤接触：用大量肥皂水和水轻轻地清洗，立即脱去所有被污染的衣服，立即呼叫中毒控制中心或就医。被污染的衣服经洗净后方可重新使用。食入：立即呼叫中毒控制中心或就医，漱口。如果接触或有担心，就医；如感觉不适，就医。收集泄漏物

　安全储存　在通风良好处储存。保持容器密闭。上

锁保管

废弃处置　本品及内装物、容器依据国家和地方法规处置

物理和化学危险　不燃，无特殊燃爆特性

健康危害　高毒。吸入、摄入会中毒，引起吞咽困难、腹痛、突发性呕吐、休克、麻痹等症状。砷化合物属致癌物。受热分解释出有毒的砷和汞烟雾

环境危害　对水生生物毒性非常大并具有长期持续影响

第三部分　成分/组成信息

√物质　　　　　　　混合物

组分	浓度	CAS No.
砷酸汞		7784-37-4

第四部分　急救措施

吸入　迅速脱离现场至空气新鲜处。保持呼吸道通畅。如呼吸困难，给输氧。呼吸、心跳停止，立即进行心肺复苏术。就医

皮肤接触　立即脱去污染的衣着，用肥皂水和清水彻底冲洗。就医

眼睛接触　立即分开眼睑，用流动清水或生理盐水彻底冲洗。就医

食入　催吐、彻底洗胃，洗胃后服活性炭 30～50g（用水调成浆状），而后再服用硫酸镁或硫酸钠导泻。就医

对保护施救者的忠告　根据需要使用个人防护设备

对医生的特别提示　砷中毒解毒剂有二巯基丙磺酸钠、二巯基丁二酸钠等。汞中毒解毒剂：二巯基丙磺酸钠、二巯基丁二酸钠、青霉胺

第五部分　消防措施

灭火剂　本品不燃，根据着火原因选择适当灭火剂灭火

特别危险性　本身不能燃烧。遇高热分解释出高毒烟气

灭火注意事项及防护措施　消防人员必须穿全身防火防毒服，在上风向灭火。灭火时尽可能将容器从火场移至空旷处

第六部分　泄漏应急处理

作业人员防护措施、防护装备和应急处置程序　隔离泄漏污染区，限制出入。建议应急处理人员戴防尘口罩，穿防毒服。穿上适当的防护服前严禁接触破裂的容器和泄漏物。尽可能切断泄漏源

环境保护措施　用塑料布覆盖泄漏物，减少飞散

泄漏化学品的收容、清除方法及所使用的处置材料　勿使水进入包装容器内。用洁净的铲子收集泄漏物，置于干净、干燥、盖子较松的容器中，将容器移离泄漏区

第七部分　操作处置与储存

操作注意事项　密闭操作，提供充分的局部排风。防止粉尘释放到车间空气中。操作人员必须经过专门培训，严格遵守操作规程。建议操作人员佩戴防毒面具（全面罩），穿胶布防毒衣，戴橡胶手套。避免产生粉尘。避免与氧化剂、碱类接触。配备泄漏应急处理设备。倒空的容器可能残留有害物

储存注意事项　储存于阴凉、通风的库房。远离火种、热源。防止阳光直射。包装密封。应与氧化剂、碱类、食用化学品分开存放，切忌混储。配备相应品种和数量的消防器材。储区应备有合适的材料收容泄漏物

第八部分　接触控制/个体防护

职业接触限值

中国　PC-TWA：0.01mg/m³；PC-STEL：0.02mg/m³〔按 As 计〕〔G1〕

美国（ACGIH）　TLV-TWA：0.01mg/m³〔按 As 计〕，0.025mg/m³〔皮〕〔按 Hg 计〕

生物接触限值　尿总汞：20μmol/mol 肌酐（35μg/g 肌酐）（采样时间：接触 6 个月后工作班前）

监测方法

空气中有毒物质测定方法　砷：原子荧光光谱法；氢化物-原子吸收光谱法；二乙氨基二硫代甲酸银分光光度法。汞：原子荧光光谱法；双硫腙分光光度法；冷原子吸收光谱法

生物监测检验方法．尿中汞的双硫腙萃取分光光度测定方法；尿中汞的冷原子吸收光谱测定方法（一）碱性氯化亚锡还原法；尿中有机（甲基）汞、无机汞和总汞的分别测定方法；选择性还原-冷原子吸收光谱法

工程控制　严加密闭，提供充分的局部排风

个体防护装备

呼吸系统防护　可能接触其粉尘时，必须佩戴防尘面具（全面罩）。紧急事态抢救或撤离时，应该佩戴空气呼吸器

眼睛防护　呼吸系统防护中已作防护

皮肤和身体防护　穿密闭型防毒服

手防护　戴橡胶手套

第九部分　理化特性

外观与性状　白色晶体或粉末

pH 值　无意义		**熔点（℃）**　无资料
沸点（℃）　无资料		**相对密度（水=1）**　无资料
相对蒸气密度（空气=1）　无资料		
饱和蒸气压（kPa）　无资料		
临界压力（MPa）　无意义		**辛醇/水分配系数**　无资料
闪点（℃）　无意义		**自燃温度（℃）**　无意义
爆炸下限（%）　无意义		**爆炸上限（%）**　无意义
分解温度（℃）　无资料		**黏度（mPa·s）**　无资料
燃烧热（kJ/mol）　无资料		**临界温度（℃）**　无资料

溶解性　不溶于水，溶于盐酸、硝酸

第十部分　稳定性和反应性

稳定性　稳定

危险反应　与强氧化剂、强碱等禁配物发生反应

避免接触的条件　无资料

禁配物　强氧化剂、强碱

危险的分解产物　砷、汞、氧化汞、氧化钾

第十一部分　毒理学信息

急性毒性　无资料

皮肤刺激或腐蚀　无资料　　眼睛刺激或腐蚀　无资料

呼吸或皮肤过敏　无资料　　生殖细胞突变性　无资料

致癌性　IARC 致癌性评论：组 1，对人类是致癌物

生殖毒性　无资料

特异性靶器官系统毒性-一次接触　无资料

特异性靶器官系统毒性-反复接触　无资料

吸入危害　无资料

第十二部分　生态学信息

生态毒性　含汞化合物对水生生物有极高毒性

持久性和降解性

　　生物降解性　无资料

　　非生物降解性　无资料

潜在的生物累积性　无资料

土壤中的迁移性　无资料

第十三部分　废弃处置

废弃化学品　建议用焚烧法处置。在能利用的地方重复使用容器或在规定场所掩埋

污染包装物　将容器返还生产商或按照国家和地方法规处置

废弃注意事项　处置前应参阅国家和地方有关法规

第十四部分　运输信息

联合国危险货物编号（UN 号）　1623

联合国运输名称　砷酸汞

联合国危险性类别　6.1

包装类别　Ⅱ　　　　　包装标志　

海洋污染物　是

运输注意事项　运输前应先检查包装容器是否完整、密封，运输过程中要确保容器不泄漏、不倒塌、不坠落、不损坏。严禁与酸类、氧化剂、食品及食品添加剂混运。运输时运输车辆应配备泄漏应急处理设备。运输途中应防暴晒、雨淋，防高温。公路运输时要按规定路线行驶，勿在居民区和人口稠密区停留

第十五部分　法规信息

　　下列法律、法规、规章和标准，对该化学品的管理作了相应的规定。

中华人民共和国职业病防治法　职业病分类和目录：砷及其化合物中毒，砷及其化合物所致肺癌、皮肤癌；汞及其化合物中毒

危险化学品安全管理条例　危险化学品目录：列入。易制爆危险化学品名录：未列入。重点监管的危险化学品名录：未列入。GB 18218—2009《危险化学品重大危险源辨识》（表 1）：未列入

使用有毒物品作业场所劳动保护条例　高毒物品目录：列入

易制毒化学品管理条例　易制毒化学品的分类和品种目录：未列入

国际公约　斯德哥尔摩公约：未列入。鹿特丹公约：未列入。蒙特利尔议定书：未列入

第十六部分　其他信息

编写和修订信息　　缩略语和首字母缩写

培训建议　　　　　参考文献

免责声明

砷酸镁

第一部分　化学品标识

化学品中文名　砷酸镁

化学品英文名　magnesium arsenate; arsenic acid, magnesium salt

分子式　$Mg_3(AsO_4)_2$　　分子量　312.12

结构式　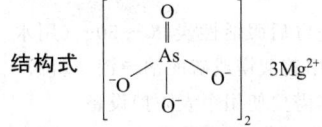

化学品的推荐及限制用途　用作杀虫剂

第二部分　危险性概述

紧急情况概述　吞咽会中毒，吸入会中毒，可能致癌

GHS 危险性类别　急性毒性-经口，类别 3；急性毒性-吸入，类别 3；致癌性，类别 1A；危害水生环境-急性危害，类别 1；危害水生环境-长期危害，类别 1

标签要素

象形图　

警示词　危险

危险性说明　吞咽会中毒，吸入会中毒，可能致癌，对水生生物毒性非常大并具有长期持续影响

防范说明

　　预防措施　避免接触眼睛、皮肤，操作后彻底清洗。作业场所不得进食、饮水或吸烟。避免吸入粉尘。仅在室外或通风良好处操作。得到专门指导后操作。在阅读并了解所有安全预防措施之前，切勿操作。按要求使用个体防护装备。禁止排入环境

　　事故响应　如吸入：将患者转移到空气新鲜处，休息，保持利于呼吸的体位，呼叫中毒控制中心或就医。食入：立即呼叫中毒控制中心或就医，漱口。如果接触或有担心，就医。收集泄漏物

　　安全储存　在通风良好处储存。保持容器密闭。上锁保管

　　废弃处置　本品及内装物、容器依据国家和地方法规处置

物理和化学危险　不燃，无特殊燃爆特性

健康危害　高毒。吸入、摄入会中毒，引起吞咽困难、腹痛、突发性呕吐、休克、麻痹等症状。砷化合物属致

癌物。受热分解释出有毒的砷烟雾

环境危害　对水生生物毒性非常大并具有长期持续影响

第三部分　成分/组成信息

√物质　　　　　　　　　　　混合物

组分	浓度	CAS No.
砷酸镁		10103-50-1

第四部分　急救措施

吸入　迅速脱离现场至空气新鲜处。保持呼吸道通畅。如呼吸困难，给输氧。呼吸、心跳停止，立即进行心肺复苏术。就医

皮肤接触　立即脱去污染的衣着，用肥皂水和清水彻底冲洗。就医

眼睛接触　立即分开眼睑，用流动清水或生理盐水彻底冲洗。就医

食入　催吐、彻底洗胃，洗胃后服活性炭 30～50g（用水调成浆状），而后再服用硫酸镁或硫酸钠导泻。就医

对保护施救者的忠告　根据需要使用个人防护设备

对医生的特别提示　解毒剂：二巯基丙磺酸钠、二巯基丁二酸钠等

第五部分　消防措施

灭火剂　本品不燃，根据着火原因选择适当灭火剂灭火

特别危险性　本身不能燃烧。遇高热分解释出高毒烟气

灭火注意事项及防护措施　消防人员必须穿全身防火防毒服，在上风向灭火。灭火时尽可能将容器从火场移至空旷处

第六部分　泄漏应急处理

作业人员防护措施、防护装备和应急处置程序　隔离泄漏污染区，限制出入。建议应急处理人员戴防尘口罩，穿防毒服。穿上适当的防护服前严禁接触破裂的容器和泄漏物。尽可能切断泄漏源

环境保护措施　用塑料布覆盖泄漏物，减少飞散

泄漏化学品的收容、清除方法及所使用的处置材料　勿使水进入包装容器内。用洁净的铲子收集泄漏物，置于干净、干燥、盖子较松的容器中，将容器移离泄漏区

第七部分　操作处置与储存

操作注意事项　密闭操作，提供充分的局部排风。防止粉尘释放到车间空气中。操作人员必须经过专门培训，严格遵守操作规程。建议操作人员佩戴防尘面具（全面罩），穿胶布防毒衣，戴橡胶手套。避免产生粉尘。避免与氧化剂接触。配备泄漏应急处理设备。倒空的容器可能残留有害物

储存注意事项　储存于阴凉、通风的库房。远离火种、热源。防止阳光直射。包装密封。应与氧化剂、食用化学品分开存放，切忌混储。储区应备有合适的材料收容泄漏物

第八部分　接触控制/个体防护

职业接触限值

中国　PC-TWA：0.01mg/m³；PC-STEL：0.02mg/m³

［按 As 计］［G1］

美国（ACGIH）　TLV-TWA：0.01mg/m³［按 As 计］

生物接触限值　未制定标准

监测方法　空气中有毒物质测定方法：原子荧光光谱法；氢化物-原子吸收光谱法；二乙氨基二硫代甲酸银分光光度法。生物监测检验方法：未制定标准

工程控制　严加密闭，提供充分的局部排风

个体防护装备

呼吸系统防护　可能接触其粉尘时，必须佩戴防尘面具（全面罩）。紧急事态抢救或撤离时，应该佩戴空气呼吸器

眼睛防护　呼吸系统防护中已作防护

皮肤和身体防护　穿密闭型防毒服

手防护　戴橡胶手套

第九部分　理化特性

外观与性状　白色单斜结晶或粉末

pH 值　无意义　　　　　**熔点（℃）**　无资料

沸点（℃）　无资料

相对密度（水=1）　2.60～2.61

相对蒸气密度（空气=1）　无资料

饱和蒸气压（kPa）　无资料

临界压力（MPa）　无意义　　**辛醇/水分配系数**　无资料

闪点（℃）　无意义　　　　**自燃温度（℃）**　无意义

爆炸下限（%）　无意义　　**爆炸上限（%）**　无意义

分解温度（℃）　无资料　　**黏度（mPa·s）**　无资料

燃烧热（kJ/mol）　无资料　**临界温度（℃）**　无资料

溶解性　不溶于水，溶于酸、氯化铵

第十部分　稳定性和反应性

稳定性　稳定

危险反应　与强氧化剂等禁配物发生反应

避免接触的条件　无资料

禁配物　强氧化剂

危险的分解产物　砷、氧化砷、氧化镁

第十一部分　毒理学信息

急性毒性　LD$_{50}$：315mg/kg（小鼠经口）。LDLo：80mg/kg（兔经口）

皮肤刺激或腐蚀　无资料　　**眼睛刺激或腐蚀**　无资料

呼吸或皮肤过敏　无资料　　**生殖细胞突变性**　无资料

致癌性　IARC 致癌性评论：组 1，对人类是致癌物

生殖毒性　无资料

特异性靶器官系统毒性-一次接触　无资料

特异性靶器官系统毒性-反复接触　无资料

吸入危害　无资料

第十二部分　生态学信息

生态毒性　含砷化合物对水生生物有极高毒性

持久性和降解性

生物降解性　无资料

非生物降解性　无资料

潜在的生物累积性　无资料

土壤中的迁移性 无资料

第十三部分 废弃处置

废弃化学品 在污水处理厂处理和中和。若可能，重复使用容器或在规定场所掩埋

污染包装物 将容器返还生产商或按照国家和地方法规处置

废弃注意事项 处置前应参阅国家和地方有关法规

第十四部分 运输信息

联合国危险货物编号（UN号） 1622

联合国运输名称 砷酸镁

联合国危险性类别 6.1

包装类别 Ⅱ　　　　**包装标志**

海洋污染物 是

运输注意事项 运输前应先检查包装容器是否完整、密封，运输过程中要确保容器不泄漏、不倒塌、不坠落、不损坏。严禁与酸类、氧化剂、食品及食品添加剂混运。运输时运输车辆应配备泄漏应急处理设备。运输途中应防暴晒、雨淋，防高温。公路运输时要按规定路线行驶，勿在居民区和人口稠密区停留

第十五部分 法规信息

下列法律、法规、规章和标准，对该化学品的管理作了相应的规定。

中华人民共和国职业病防治法 职业病分类和目录：砷及其化合物中毒，砷及其化合物所致肺癌、皮肤癌

危险化学品安全管理条例 危险化学品目录：列入。易制爆危险化学品名录：未列入。重点监管的危险化学品名录：未列入。GB 18218—2009《危险化学品重大危险源辨识》（表1）：未列入

使用有毒物品作业场所劳动保护条例 高毒物品目录：列入

易制毒化学品管理条例 易制毒化学品的分类和品种目录：未列入

国际公约 斯德哥尔摩公约：未列入。鹿特丹公约：未列入。蒙特利尔议定书：未列入

第十六部分 其他信息

编写和修订信息 缩略语和首字母缩写

培训建议 参考文献

免责声明

砷酸氢二铵

第一部分 化学品标识

化学品中文名 砷酸氢二铵；砷酸二铵；砷酸铵

化学品英文名 ammonium arsenate；diammonium hydrogen arsenate

分子式 (NH₄)₂HAsO₄　　**分子量** 176.003

结构式

化学品的推荐及限制用途 用作分析试剂及用于医药工业

第二部分 危险性概述

紧急情况概述 吞咽会中毒，吸入会中毒，可能致癌

GHS危险性类别 急性毒性-经口，类别3；急性毒性-吸入，类别3；致癌性，类别1A；危害水生环境-急性危害，类别1；危害水生环境-长期危害，类别1

标签要素

象形图

警示词 危险

危险性说明 吞咽会中毒，吸入会中毒，可能致癌，对水生生物毒性非常大并具有长期持续影响

防范说明

预防措施 避免接触眼睛、皮肤，操作后彻底清洗。作业场所不得进食、饮水或吸烟。避免吸入粉尘。仅在室外或通风良好处操作。得到专门指导后操作。在阅读并了解所有安全预防措施之前，切勿操作。按要求使用个体防护装备。禁止排入环境

事故响应 如吸入：将患者转移到空气新鲜处，休息，保持利于呼吸的体位，呼叫中毒控制中心或就医。食入：立即呼叫中毒控制中心或就医，漱口。如果接触或有担心，就医。收集泄漏物

安全储存 在通风良好处储存。保持容器密闭。上锁保管

废弃处置 本品及内装物、容器依据国家和地方法规处置

物理和化学危险 不燃，无特殊燃爆特性

健康危害 高毒。误服或吸入粉尘会中毒，出现呕吐、腹痛、吞咽困难、休克、麻痹等症状。受热分解释出砷、氮氧化物和氨。属致癌物

环境危害 对水生生物毒性非常大并具有长期持续影响

第三部分 成分/组成信息

√ 物质　　　　　　　　　　　混合物

组分	浓度	CAS No.
砷酸氢二铵		7784-44-3

第四部分 急救措施

吸入 迅速脱离现场至空气新鲜处。保持呼吸道通畅。如呼吸困难，给输氧。呼吸、心跳停止，立即进行心肺复苏术。就医

皮肤接触 立即脱去污染的衣着，用肥皂水和清水彻底冲洗。就医

眼睛接触 立即分开眼睑，用流动清水或生理盐水彻底冲洗。就医

食入　催吐、彻底洗胃，洗胃后服活性炭 30～50g（用水调成浆状），而后再服用硫酸镁或硫酸钠导泻。就医

对保护施救者的忠告　根据需要使用个人防护设备

对医生的特别提示　解毒剂：二巯基丙磺酸钠、二巯基丁二酸钠等

第五部分　消防措施

灭火剂　本品不燃，根据着火原因选择适当灭火剂灭火

特别危险性　本身不能燃烧。遇高热分解释出高毒烟气

灭火注意事项及防护措施　消防人员必须穿全身防火防毒服，在上风向灭火。灭火时尽可能将容器从火场移至空旷处

第六部分　泄漏应急处理

作业人员防护措施、防护装备和应急处置程序　隔离泄漏污染区，限制出入。建议应急处理人员戴防尘口罩，穿防毒服。穿上适当的防护服前严禁接触破裂的容器和泄漏物。尽可能切断泄漏源

环境保护措施　用塑料布覆盖泄漏物，减少飞散

泄漏化学品的收容、清除方法及所使用的处置材料　勿使水进入包装容器内。用洁净的铲子收集泄漏物，置于干净、干燥、盖子较松的容器中，将容器移离泄漏区

第七部分　操作处置与储存

操作注意事项　密闭操作，提供充分的局部排风。防止粉尘释放到车间空气中。操作人员必须经过专门培训，严格遵守操作规程。建议操作人员佩戴防尘面具（全面罩），穿胶布防毒衣，戴橡胶手套。避免产生粉尘。避免与碱类接触。配备泄漏应急处理设备。倒空的容器可能残留有害物

储存注意事项　储存于阴凉、通风的库房。远离火种、热源。防止阳光直射。包装密封。应与碱类、食用化学品分开存放，切忌混储。不宜久存。储区应备有合适的材料收容泄漏物

第八部分　接触控制/个体防护

职业接触限值

中国　PC-TWA：0.01mg/m³；PC-STEL：0.02mg/m³
〔按 As 计〕〔G1〕

美国（ACGIH）　TLV-TWA：0.01mg/m³〔按 As 计〕

生物接触限值　未制定标准

监测方法　空气中有毒物质测定方法：原子荧光光谱法；氢化物-原子吸收光谱法；二乙氨基二硫代甲酸银分光光度法。生物监测检验方法：未制定标准

工程控制　严加密闭，提供充分的局部排风

个体防护装备

呼吸系统防护　可能接触其粉尘时，必须佩戴防尘面具（全面罩）。紧急事态抢救或撤离时，应该佩戴空气呼吸器

眼睛防护　呼吸系统防护中已作防护

皮肤和身体防护　穿密闭型防毒服

手防护　戴橡胶手套

第九部分　理化特性

外观与性状　白色单斜棱柱状结晶或粉末

pH 值　无意义　　　　　**熔点（℃）**　无资料

沸点（℃）　无资料　　　**相对密度（水＝1）**　1.989

相对蒸气密度（空气＝1）　无资料

饱和蒸气压（kPa）　无资料

临界压力（MPa）　无意义　　**辛醇/水分配系数**　无资料

闪点（℃）　无意义　　　　**自燃温度（℃）**　无意义

爆炸下限（%）　无意义　　**爆炸上限（%）**　无意义

分解温度（℃）　无资料　　**黏度（mPa·s）**　无资料

燃烧热（kJ/mol）　无资料　　**临界温度（℃）**　无资料

溶解性　易溶于水，不溶于醇、丙酮

第十部分　稳定性和反应性

稳定性　稳定

危险反应　与强碱等禁配物发生反应

避免接触的条件　无资料

禁配物　强碱

危险的分解产物　氮氧化物、氧化砷、砷

第十一部分　毒理学信息

急性毒性　无资料

皮肤刺激或腐蚀　无资料　　**眼睛刺激或腐蚀**　无资料

呼吸或皮肤过敏　无资料　　**生殖细胞突变性**　无资料

致癌性　IARC 致癌性评论：组 1，对人类是致癌物

生殖毒性　无资料

特异性靶器官系统毒性-一次接触　无资料

特异性靶器官系统毒性-反复接触　无资料

吸入危害　无资料

第十二部分　生态学信息

生态毒性　含砷化合物对水生生物有极高毒性

持久性和降解性

生物降解性　无资料

非生物降解性　无资料

潜在的生物累积性　无资料

土壤中的迁移性　无资料

第十三部分　废弃处置

废弃化学品　在污水处理厂处理和中和。若可能，重复使用容器或在规定场所掩埋

污染包装物　将容器返还生产商或按照国家和地方法规处置

废弃注意事项　处置前应参阅国家和地方有关法规

第十四部分　运输信息

联合国危险货物编号（UN 号）　1557

联合国运输名称　固态砷化合物，未另作规定的（砷酸氢二铵）

联合国危险性类别　6.1

包装类别 Ⅲ 包装标志

海洋污染物 是

运输注意事项 运输前应先检查包装容器是否完整、密封，运输过程中要确保容器不泄漏、不倒塌、不坠落、不损坏。严禁与酸类、氧化剂、食品及食品添加剂混运。运输时运输车辆应配备泄漏应急处理设备。运输途中应防暴晒、雨淋，防高温。公路运输时要按规定路线行驶，勿在居民区和人口稠密区停留

第十五部分 法规信息

下列法律、法规、规章和标准，对该化学品的管理作了相应的规定。

中华人民共和国职业病防治法 职业病分类和目录：砷及其化合物中毒，砷及其化合物所致肺癌、皮肤癌

危险化学品安全管理条例 危险化学品目录：列入。易制爆危险化学品名录：未列入。重点监管的危险化学品名录：未列入。GB 18218—2009《危险化学品重大危险源辨识》（表1）：未列入

使用有毒物品作业场所劳动保护条例 高毒物品目录：列入

易制毒化学品管理条例 易制毒化学品的分类和品种目录：未列入

国际公约 斯德哥尔摩公约：未列入。鹿特丹公约：未列入。蒙特利尔议定书：未列入

第十六部分 其他信息

编写和修订信息 缩略语和首字母缩写
培训建议 参考文献
免责声明

砷酸铁

第一部分 化学品标识

化学品中文名 砷酸铁
化学品英文名 ferric arsenate；iron（Ⅲ）arsenate
分子式 $FeAsO_4$ 分子量 194.77

结构式
$$O^- \!\!-\!\! As \!\!-\!\! O^- \, Fe^{3+}$$
（带上方O和下方O^-）

化学品的推荐及限制用途 用作杀虫剂、化学试剂

第二部分 危险性概述

紧急情况概述 吞咽会中毒，吸入会中毒，造成严重眼刺激，可能致癌

GHS危险性类别 急性毒性-经口，类别3；急性毒性-吸入，类别3；严重眼损伤/眼刺激，类别2；致癌性，类别1A；生殖毒性，类别2；特异性靶器官毒性一次接触，类别1；特异性靶器官毒性-反复接触，类别1；危害水生环境-急性危害，类别1；危害水生环境-长期危害，类别1

标签要素

象形图

警示词 危险

危险性说明 吞咽会中毒，吸入会中毒，造成严重眼刺激，可能致癌，怀疑对生育力或胎儿造成伤害，对器官造成损害，长时间或反复接触对器官造成损伤，对水生生物毒性非常大并具有长期持续影响

防范说明

预防措施 避免接触眼睛、皮肤，操作后彻底清洗。作业场所不得进食、饮水或吸烟。避免吸入粉尘。仅在室外或通风良好处操作。戴防护眼镜、防护面罩。得到专门指导后操作。在阅读并了解所有安全预防措施之前，切勿操作。按要求使用个体防护装备。禁止排入环境

事故响应 如吸入：将患者转移到空气新鲜处，休息，保持利于呼吸的体位，呼叫中毒控制中心或就医。如接触眼睛：用水细心冲洗数分钟。如戴隐形眼镜并可方便地取出，取出隐形眼镜，继续冲洗。如果眼睛刺激持续：就医。食入：立即呼叫中毒控制中心或就医，漱口。如果接触或有担心，立即呼叫中毒控制中心或就医；如感觉不适，就医。收集泄漏物

安全储存 在通风良好处储存。保持容器密闭。上锁保管

废弃处置 本品及内装物、容器依据国家和地方法规处置

物理和化学危险 不燃，无特殊燃爆特性

健康危害 高毒。吸入、摄入会中毒，引起吞咽困难、腹痛、突发性呕吐、休克、麻痹等症状。砷化合物属致癌物

环境危害 对水生生物毒性非常大并具有长期持续影响

第三部分 成分/组成信息

√物质 混合物

组分	浓度	CAS No.
砷酸铁		10102-49-5

第四部分 急救措施

吸入 迅速脱离现场至空气新鲜处。保持呼吸道通畅。如呼吸困难，给输氧。呼吸、心跳停止，立即进行心肺复苏术。就医

皮肤接触 立即脱去污染的衣着，用肥皂水和清水彻底冲洗。就医

眼睛接触 立即分开眼睑，用流动清水或生理盐水彻底冲洗。就医

食入 催吐、彻底洗胃，洗胃后服活性炭30～50g（用水调成浆状），而后再服用硫酸镁或硫酸钠导泻。就医

对保护施救者的忠告 根据需要使用个人防护设备

对医生的特别提示 解毒剂：二巯基丙磺酸钠、二巯基丁二酸钠等

第五部分　消防措施

灭火剂　本品不燃，根据着火原因选择适当灭火剂灭火

特别危险性　本身不能燃烧。遇高热分解释出高毒烟气

灭火注意事项及防护措施　消防人员必须穿全身防火防毒服，在上风向灭火。灭火时尽可能将容器从火场移至空旷处

第六部分　泄漏应急处理

作业人员防护措施、防护装备和应急处置程序　隔离泄漏污染区，限制出入。建议应急处理人员戴防尘口罩，穿防毒服。穿上适当的防护服前严禁接触破裂的容器和泄漏物。尽可能切断泄漏源

环境保护措施　用塑料布覆盖泄漏物，减少飞散

泄漏化学品的收容、清除方法及所使用的处置材料　勿使水进入包装容器内。用洁净的铲子收集泄漏物，置于干净、干燥、盖子较松的容器中，将容器移离泄漏区

第七部分　操作处置与储存

操作注意事项　密闭操作，提供充分的局部排风。防止粉尘释放到车间空气中。操作人员必须经过专门培训，严格遵守操作规程。建议操作人员佩戴防尘面具（全面罩），穿胶布防毒衣，戴橡胶手套。避免产生粉尘。避免与氧化剂、碱类接触。配备泄漏应急处理设备。倒空的容器可能残留有害物

储存注意事项　储存于阴凉、通风的库房。远离火种、热源。防止阳光直射。包装密封。应与氧化剂、碱类、食用化学品分开存放，切忌混储。储区应备有合适的材料收容泄漏物

第八部分　接触控制/个体防护

职业接触限值

中国　PC-TWA：0.01mg/m³；PC-STEL：0.02mg/m³［按 As 计］［G1］

美国（ACGIH）　TLV-TWA：0.01mg/m³［按 As 计］，1mg/m³［按 Fe 计］

生物接触限值　未制定标准

监测方法　空气中有毒物质测定方法：原子荧光光谱法；氢化物-原子吸收光谱法；二乙氨基二硫代甲酸银分光光度法。生物监测检验方法：未制定标准

工程控制　严加密闭，提供充分的局部排风

个体防护装备

呼吸系统防护　可能接触其粉尘时，必须佩戴防尘面具（全面罩）。紧急事态抢救或撤离时，应该佩戴空气呼吸器

眼睛防护　呼吸系统防护中已作防护

皮肤和身体防护　穿密闭型防毒服

手防护　戴橡胶手套

第九部分　理化特性

外观与性状　绿色斜方晶系晶或粉末

pH 值　无意义　　　　**熔点（℃）**　无资料

沸点（℃）　无资料　　　**相对密度（水＝1）**　3.18

相对蒸气密度（空气＝1）　无资料

饱和蒸气压（kPa）　无资料

临界压力（MPa）　无意义　　**辛醇/水分配系数**　无资料

闪点（℃）　无意义　　　　**自燃温度（℃）**　无意义

爆炸下限（%）　无意义　　　**爆炸上限（%）**　无意义

分解温度（℃）　无资料　　　**黏度（mPa·s）**　无资料

燃烧热（kJ/mol）　无资料　　**临界温度（℃）**　无资料

溶解性　不溶于水，溶于盐酸

第十部分　稳定性和反应性

稳定性　稳定

危险反应　与强氧化剂、强碱等禁配物发生反应

避免接触的条件　无资料

禁配物　强氧化剂、强碱

危险的分解产物　砷化氢、砷化合物

第十一部分　毒理学信息

急性毒性　无资料

皮肤刺激或腐蚀　无资料　　**眼睛刺激或腐蚀**　无资料

呼吸或皮肤过敏　无资料　　**生殖细胞突变性**　无资料

致癌性　IARC 致癌性评论：组 1，对人类是致癌物

生殖毒性　无资料

特异性靶器官系统毒性-一次接触　无资料

特异性靶器官系统毒性-反复接触　无资料

吸入危害　无资料

第十二部分　生态学信息

生态毒性　含砷化合物对水生生物有极高毒性

持久性和降解性

生物降解性　无资料

非生物降解性　无资料

潜在的生物累积性　无资料

土壤中的迁移性　无资料

第十三部分　废弃处置

废弃化学品　在污水处理厂处理和中和。若可能，重复使用容器或在规定场所掩埋

污染包装物　将容器返还生产商或按照国家和地方方法规处置

废弃注意事项　处置前应参阅国家和地方有关法规

第十四部分　运输信息

联合国危险货物编号（UN 号）　1606

联合国运输名称　砷酸铁

联合国危险性类别　6.1

包装类别　Ⅱ　　　　　　　**包装标志**　

海洋污染物　是

运输注意事项　运输前应先检查包装容器是否完整、密封，运输过程中要确保容器不泄漏、不倒塌、不坠落、不损坏。严禁与酸类、氧化剂、食品及食品添加

剂混运。运输时运输车辆应配备泄漏应急处理设备。运输途中应防暴晒、雨淋，防高温。公路运输时要按规定路线行驶，勿在居民区和人口稠密区停留

第十五部分 法规信息

下列法律、法规、规章和标准，对该化学品的管理作了相应的规定。

中华人民共和国职业病防治法 职业病分类和目录：砷及其化合物中毒，砷及其化合物所致肺癌、皮肤癌

危险化学品安全管理条例 危险化学品目录：列入。易制爆危险化学品名录：未列入。重点监管的危险化学品名录：未列入。GB 18218—2009《危险化学品重大危险源辨识》（表1）：未列入

使用有毒物品作业场所劳动保护条例 高毒物品目录：列入

易制毒化学品管理条例 易制毒化学品的分类和品种目录：未列入

国际公约 斯德哥尔摩公约：未列入。鹿特丹公约：未列入。蒙特利尔议定书：未列入

第十六部分 其他信息

编写和修订信息　　缩略语和首字母缩写
培训建议　　　　　参考文献
免责声明

砷酸锌

第一部分 化学品标识

化学品中文名 砷酸锌
化学品英文名 zinc arsenate；arsenic acid，zinc salt
分子式 $Zn_3(AsO_4)_2$　　**分子量** 618.13

结构式 $\left[\begin{array}{c} O \\ \| \\ O^- \!-\! As \!-\! O^- \\ | \\ O^- \end{array}\right]_2 3Zn^{2+}$

化学品的推荐及限制用途 用作杀虫剂

第二部分 危险性概述

紧急情况概述 吞咽会中毒，吸入会中毒，造成严重眼刺激，可能致癌

GHS危险性类别 急性毒性-经口，类别3；急性毒性-吸入，类别3；严重眼损伤/眼刺激，类别2；致癌性，类别1A；生殖毒性，类别2；特异性靶器官毒性——次接触，类别1；特异性靶器官毒性-反复接触，类别1；危害水生环境-急性危害，类别1；危害水生环境-长期危害，类别1

标签要素

象形图

警示词 危险

危险性说明 吞咽会中毒，吸入会中毒，造成严重眼刺激，可能致癌，怀疑对生育力或胎儿造成伤害，对

器官造成损害，长时间或反复接触对器官造成损伤，对水生生物毒性非常大并具有长期持续影响

防范说明

　预防措施 避免接触眼睛、皮肤，操作后彻底清洗。作业场所不得进食、饮水或吸烟。避免吸入粉尘。仅在室外或通风良好处操作。戴防护眼镜、防护面罩。得到专门指导后操作。在阅读并了解所有安全预防措施之前，切勿操作。按要求使用个体防护装备。禁止排入环境

　事故响应 如吸入：将患者转移到空气新鲜处，休息，保持利于呼吸的体位，呼叫中毒控制中心或就医。如接触眼睛：用水细心冲洗数分钟。如戴隐形眼镜并可方便地取出，取出隐形眼镜，继续冲洗。如果眼睛刺激持续：就医。食入：立即呼叫中毒控制中心或就医，漱口。如果接触或有担心，立即呼叫中毒控制中心或就医；如感觉不适，就医。收集泄漏物

　安全储存 在通风良好处储存。保持容器密闭。上锁保管

　废弃处置 本品及内装物、容器依据国家和地方法规处置

物理和化学危险 不燃，无特殊燃爆特性

健康危害 高毒。吸入、摄入会中毒，引起吞咽困难、腹痛、突发性呕吐、休克、麻痹等症状。砷化合物属致癌物。受热分解释出有毒的砷烟雾

环境危害 对水生生物毒性非常大并具有长期持续影响

第三部分 成分/组成信息

√物质　　　　　　　　混合物

组分	浓度	CAS No.
砷酸锌		1303-39-5

第四部分 急救措施

吸入 迅速脱离现场至空气新鲜处。保持呼吸道通畅。如呼吸困难，给输氧。呼吸、心跳停止，立即进行心肺复苏术。就医

皮肤接触 立即脱去污染的衣着，用肥皂水和清水彻底冲洗。就医

眼睛接触 立即分开眼睑，用流动清水或生理盐水彻底冲洗。就医

食入 催吐、彻底洗胃，洗胃后服活性炭30～50g（用水调成浆状），而后再服用硫酸镁或硫酸钠导泻。就医

对保护施救者的忠告 根据需要使用个人防护设备

对医生的特别提示 解毒剂：二巯基丙磺酸钠、二巯基丁二酸钠等

第五部分 消防措施

灭火剂 本品不燃，根据着火原因选择适当灭火剂灭火

特别危险性 本身不能燃烧。遇高热分解释出高毒烟气

灭火注意事项及防护措施 消防人员必须穿全身防火防毒服，在上风向灭火。灭火时尽可能将容器从火场移至空旷处

第六部分　泄漏应急处理

作业人员防护措施、防护装备和应急处置程序　隔离泄漏污染区，限制出入。建议应急处理人员戴防尘口罩，穿防毒服。穿上适当的防护服前严禁接触破裂的容器和泄漏物。尽可能切断泄漏源

环境保护措施　用塑料布覆盖泄漏物，减少飞散

泄漏化学品的收容、清除方法及所使用的处置材料　勿使水进入包装容器内。用洁净的铲子收集泄漏物，置于干净、干燥、盖子较松的容器中，将容器移离泄漏区

第七部分　操作处置与储存

操作注意事项　密闭操作，提供充分的局部排风。防止粉尘释放到车间空气中。操作人员必须经过专门培训，严格遵守操作规程。建议操作人员佩戴防尘面具（全面罩），穿胶布防毒衣，戴橡胶手套。避免产生粉尘。避免与氧化剂、碱类接触。配备泄漏应急处理设备。倒空的容器可能残留有害物

储存注意事项　储存于阴凉、通风良好的库房内。远离火种、热源。防止阳光直射。包装密封。应与氧化剂、碱类、食用化学品分开存放，切忌混储。储区应备有合适的材料收容泄漏物

第八部分　接触控制/个体防护

职业接触限值

中国　PC-TWA：0.01mg/m³；PC-STEL：0.02mg/m³［按 As 计］［G1］

美国（ACGIH）　TLV-TWA：0.01mg/m³［按 As 计］

生物接触限值　未制定标准

监测方法　空气中有毒物质测定方法：原子荧光光谱法；氢化物-原子吸收光谱法；二乙氨基二硫代甲酸银分光光度法。生物监测检验方法：未制定标准

工程控制　严加密闭，提供充分的局部排风

个体防护装备

呼吸系统防护　可能接触其粉尘时，必须佩戴防尘面具（全面罩）。紧急事态抢救或撤离时，应该佩戴空气呼吸器

眼睛防护　呼吸系统防护中已作防护

皮肤和身体防护　穿密闭型防毒服

手防护　戴橡胶手套

第九部分　理化特性

外观与性状　白色单斜晶系无臭粉末

pH 值　无意义　　　　**熔点（℃）**　无资料

沸点（℃）　（分解）

相对密度(水＝1)　3.309（15℃）

相对蒸气密度(空气＝1)　无资料

饱和蒸气压(kPa)　无资料

临界压力(MPa)　无意义　　**辛醇/水分配系数**　无资料

闪点（℃)　无意义　　　　**自燃温度（℃)**　无意义

爆炸下限（%)　无意义　　**爆炸上限（%)**　无意义

分解温度（℃)　无资料　　**黏度(mPa·s)**　无资料

燃烧热(kJ/mol)　无资料　　**临界温度（℃)**　无资料

溶解性　不溶于水，溶于酸、碱、氨水

第十部分　稳定性和反应性

稳定性　稳定

危险反应　与强氧化剂、强碱等禁配物发生反应

避免接触的条件　无资料

禁配物　强氧化剂、强碱

危险的分解产物　砷、氧化砷、氧化锌

第十一部分　毒理学信息

急性毒性　LD₅₀：LD_{50}：6.2mg/kg（大鼠经口）

皮肤刺激或腐蚀　无资料　　**眼睛刺激或腐蚀**　无资料

呼吸或皮肤过敏　无资料　　**生殖细胞突变性**　无资料

致癌性　IARC 致癌性评论：组 1，对人类是致癌物

生殖毒性　无资料

特异性靶器官系统毒性-一次接触　无资料

特异性靶器官系统毒性-反复接触　无资料

吸入危害　无资料

第十二部分　生态学信息

生态毒性　含砷化合物对水生生物有极高毒性

持久性和降解性

生物降解性　无资料

非生物降解性　无资料

潜在的生物累积性　无资料

土壤中的迁移性　无资料

第十三部分　废弃处置

废弃化学品　在污水处理厂处理和中和。若可能，重复使用容器或在规定场所掩埋

污染包装物　将容器返还生产商或按照国家和地方法规处置

废弃注意事项　处置前应参阅国家和地方有关法规

第十四部分　运输信息

联合国危险货物编号（UN 号）　1712

联合国运输名称　砷酸锌、亚砷酸锌或砷酸锌和亚砷酸锌混合物

联合国危险性类别　6.1

包装类别　Ⅱ　　　　　　**包装标志**　

海洋污染物　是

运输注意事项　运输前应先检查包装容器是否完整、密封，运输过程中要确保容器不泄漏、不倒塌、不坠落、不损坏。严禁与酸类、氧化剂、食品及食品添加剂混运。运输时运输车辆应配备泄漏应急处理设备。运输途中应防暴晒、雨淋，防高温。公路运输时要按规定路线行驶，勿在居民区和人口稠密区停留

第十五部分　法规信息

下列法律、法规、规章和标准，对该化学品的管理作

了相应的规定。

中华人民共和国职业病防治法 职业病分类和目录：砷及其化合物中毒，砷及其化合物所致肺癌、皮肤癌

危险化学品安全管理条例 危险化学品目录：列入。易制爆危险化学品名录：未列入。重点监管的危险化学品名录：未列入。GB 18218—2009《危险化学品重大危险源辨识》（表1）：未列入

使用有毒物品作业场所劳动保护条例 高毒物品目录：列入

易制毒化学品管理条例 易制毒化学品的分类和品种目录：未列入

国际公约 斯德哥尔摩公约：未列入。鹿特丹公约：未列入。蒙特利尔议定书：未列入

第十六部分 其他信息

编写和修订信息   缩略语和首字母缩写
培训建议   参考文献
免责声明

十八烷基三氯硅烷

第一部分 化学品标识

化学品中文名 十八烷基三氯硅烷；三氯十八烷基硅烷
化学品英文名 octadecyl trichlorosilane；trichlorooctade-cylsilane

分子式 $C_{18}H_{37}Cl_3Si$ **分子量** 387.931

结构式

$$Cl-\underset{\underset{Cl}{|}}{\overset{\overset{Cl}{|}}{Si}}-(CH_2)_{17}$$

化学品的推荐及限制用途 制造硅酮的中间体

第二部分 危险性概述

紧急情况概述 造成严重的皮肤灼伤和眼损伤
GHS危险性类别 皮肤腐蚀/刺激，类别1；严重眼损伤/眼刺激，类别1
标签要素

象形图

警示词 危险
危险性说明 造成严重的皮肤灼伤和眼损伤
防范说明

预防措施 避免吸入烟雾。避免接触眼睛、皮肤，操作后彻底清洗。戴防护手套、穿防护服、戴防护眼镜、防护面罩

事故响应 如吸入：将患者转移到空气新鲜处，休息，保持利于呼吸的体位，立即呼叫中毒控制中心或就医。皮肤（或头发）接触：立即脱掉所有被污染的衣服，用水冲洗皮肤，淋浴。污染的衣服洗净后方可重新使用。眼睛接触：用水细心地冲洗数分钟，立即呼叫中毒控制中心或就医。如戴隐形眼镜并可方便地取出，则取

出隐形眼镜，继续冲洗。食入：漱口，不要催吐

安全储存 上锁保管
废弃处置 本品及内装物、容器依据国家和地方法规处置

物理和化学危险 可燃。遇水剧烈反应，产生有毒气体
健康危害 对眼睛、皮肤、黏膜和上呼吸道有强烈刺激性，具腐蚀性。吸入可致喉炎、化学性肺炎和肺水肿等。遇水或水蒸气能生成有毒的腐蚀性烟雾
环境危害 对环境可能有害

第三部分 成分/组成信息

√物质   混合物

组分	浓度	CAS No.
十八烷基三氯硅烷		112-04-9

第四部分 急救措施

吸入 迅速脱离现场至空气新鲜处。保持呼吸道通畅。如呼吸困难，给输氧。呼吸、心跳停止，立即进行心肺复苏术。就医
皮肤接触 立即脱去污染的衣着，用大量流动清水彻底冲洗至少15min。就医
眼睛接触 立即分开眼睑，用流动清水或生理盐水彻底冲洗5～10min。就医
食入 用水漱口，禁止催吐。给饮牛奶或蛋清。就医
对保护施救者的忠告 根据需要使用个人防护设备
对医生的特别提示 对症处理

第五部分 消防措施

灭火剂 用干粉、二氧化碳、砂土灭火
特别危险性 遇高热、明火或与氧化剂接触，有引起燃烧的危险。遇水反应，放出具有刺激性和腐蚀性的氯化氢气体。受高热分解产生有毒的腐蚀性烟气。遇潮时对大多数金属有腐蚀性
灭火注意事项及防护措施 消防人员必须佩戴防毒面具、穿全身消防服，在上风向灭火。尽可能将容器从火场移至空旷处。喷水保持火场容器冷却，直至灭火结束。禁止用水和泡沫灭火

第六部分 泄漏应急处理

作业人员防护措施、防护装备和应急处置程序 根据液体流动和蒸气扩散的影响区域划定警戒区，无关人员从侧风、上风向撤离至安全区。建议应急处理人员戴正压自给式呼吸器，穿防腐、防毒服。作业时使用的所有设备应接地。穿上适当的防护服前严禁接触破裂的容器和泄漏物。尽可能切断泄漏源
环境保护措施 防止泄漏物进入水体、下水道、地下室或有限空间
泄漏化学品的收容、清除方法及所使用的处置材料 严禁用水处理。小量泄漏：用干燥的砂土或其他不燃材料覆盖泄漏物。大量泄漏：构筑围堤或挖坑收容。用碎石灰石（$CaCO_3$）、苏打灰（Na_2CO_3）或石灰（CaO）中和。用耐腐蚀泵转移至槽车或专用收集器内

第七部分　操作处置与储存

操作注意事项　密闭操作，提供充分的局部排风。防止蒸气泄漏到工作场所空气中。操作人员必须经过专门培训，严格遵守操作规程。建议操作人员佩戴防尘面具（全面罩），穿橡胶耐酸碱服，戴橡胶耐酸碱手套。远离火种、热源，工作场所严禁吸烟。使用防爆型的通风系统和设备。在清除液体和蒸气前不能进行焊接、切割等作业。避免产生烟雾。避免与氧化剂、酸类、碱类接触。尤其要注意避免与水接触。配备相应品种和数量的消防器材及泄漏应急处理设备。倒空的容器可能残留有害物

储存注意事项　储存于阴凉、干燥、通风良好的库房。远离火种、热源。防止阳光直射。包装必须密封，切勿受潮。应与氧化剂、酸类、碱类、食用化学品等分开存放，切忌混储。配备相应品种和数量的消防器材。储区应备有泄漏应急处理设备和合适的收容材料

第八部分　接触控制/个体防护

职业接触限值

　中国　未制定标准

　美国（ACGIH）　未制定标准

生物接触限值　未制定标准

监测方法　空气中有毒物质测定方法：未制定标准。生物监测检验方法：未制定标准

工程控制　严加密闭，提供充分的局部排风

个体防护装备

　呼吸系统防护　可能接触其粉尘时，必须佩戴防尘面具（全面罩）。紧急事态抢救或撤离时，应该佩戴空气呼吸器

　眼睛防护　呼吸系统防护中已作防护

　皮肤和身体防护　穿橡胶耐酸碱服

　手防护　戴橡胶耐酸碱手套

第九部分　理化特性

外观与性状　无色液体，有刺激气味

pH 值　无资料　　　　　**熔点（℃）**　无资料

沸点（℃）　380　　　　**相对密度（水＝1）**　0.984

相对蒸气密度（空气＝1）　无资料

饱和蒸气压（kPa）　无资料

临界压力（MPa）　无资料　　**辛醇/水分配系数**　无资料

闪点（℃）　89.4　　　　**自燃温度（℃）**　无资料

爆炸下限（%）　无资料　　**爆炸上限（%）**　无资料

分解温度（℃）　无资料　　**黏度（mPa·s）**　无资料

燃烧热（kJ/mol）　无资料　　**临界温度（℃）**　无资料

溶解性　溶于醚、苯、过氯乙烯、庚烷

第十部分　稳定性和反应性

稳定性　稳定

危险反应　与强氧化剂、强酸、强碱、水等禁配物发生反应。遇水反应放出具有刺激性和腐蚀性的氯化氢气体

避免接触的条件　潮湿空气

禁配物　强氧化剂、强酸、强碱、水

危险的分解产物　氯化氢、氧化硅

第十一部分　毒理学信息

急性毒性　无资料

皮肤刺激或腐蚀　无资料　　**眼睛刺激或腐蚀**　无资料

呼吸或皮肤过敏　无资料　　**生殖细胞突变性**　无资料

致癌性　无资料　　　　　**生殖毒性**　无资料

特异性靶器官系统毒性-一次接触　无资料

特异性靶器官系统毒性-反复接触　无资料

吸入危害　无资料

第十二部分　生态学信息

生态毒性　无资料

持久性和降解性

　生物降解性　无资料

　非生物降解性　无资料

潜在的生物累积性　无资料

土壤中的迁移性　无资料

第十三部分　废弃处置

废弃化学品　建议用焚烧法处置。在能利用的地方重复使用容器或在规定场所掩埋

污染包装物　将容器返还生产商或按照国家和地方法规处置

废弃注意事项　处置前应参阅国家和地方有关法规

第十四部分　运输信息

联合国危险货物编号（UN 号）　1800

联合国运输名称　十八烷基三氯硅烷

联合国危险性类别　8

包装类别　Ⅱ　　　　　　　**包装标志**　

海洋污染物　否

运输注意事项　起运时包装要完整，装载应稳妥。运输过程中要确保容器不泄漏、不倒塌、不坠落、不损坏。严禁与氧化剂、酸类、碱类、食用化学品等混装混运。运输时运输车辆应配备相应品种和数量的消防器材及泄漏应急处理设备。运输途中应防暴晒、雨淋、防高温。公路运输时要按规定路线行驶，勿在居民区和人口稠密区停留

第十五部分　法规信息

　下列法律、法规、规章和标准，对该化学品的管理作了相应的规定。

中华人民共和国职业病防治法　职业病分类和目录：未列入

危险化学品安全管理条例　危险化学品目录：列入。易制爆危险化学品名录：未列入。重点监管的危险化学品名录：未列入。GB 18218—2009《危险化学品重大危险源辨识》（表1）：未列入

使用有毒物品作业场所劳动保护条例　高毒物品目录：未列入

易制毒化学品管理条例　易制毒化学品的分类和品种目

录：未列入

第十六部分　其他信息

编写和修订信息　　缩略语和首字母缩写
培训建议　　　　　参考文献
免责声明

十八烷酰氯

第一部分　化学品标识

化学品中文名　十八烷酰氯；硬脂酰氯；十八（烷）酰氯；十八酰氯

化学品英文名　stearoyl chloride；octadecanoyl chloride

分子式　$C_{18}H_{35}ClO$　分子量　302.923

结构式　

化学品的推荐及限制用途　主要用作彩色电影胶片成色剂的中间体，也用于醇的酯化及其他有机化合物的原料

第二部分　危险性概述

紧急情况概述　造成皮肤刺激，可能导致皮肤过敏反应

GHS 危险性类别　皮肤腐蚀/刺激，类别2；皮肤致敏物，类别1

标签要素

象形图

警示词　警告

危险性说明　造成皮肤刺激，可能导致皮肤过敏反应

防范说明

预防措施　避免接触眼睛、皮肤，操作后彻底清洗。戴防护手套。避免吸入粉尘、蒸气、雾。污染的工作服不得带出工作场所

事故响应　如皮肤接触：脱去被污染的衣服，用大量肥皂水和水清洗。如出现皮肤刺激或皮疹：就医。污染的衣服清洗后方可重新使用

安全储存　—

废弃处置　本品及内装物、容器依据国家和地方法规处置

物理和化学危险　可燃。遇水产生刺激性气体

健康危害　本品对黏膜、上呼吸道、眼睛和皮肤有强烈的刺激性。吸入后，可因喉及支气管的痉挛、炎症、水肿、化学性肺炎或肺水肿而致死。接触后出现烧灼感、咳嗽、喘息、喉炎、气短、头痛、恶心和呕吐

环境危害　对环境可能有害

第三部分　成分/组成信息

√物质　　　　　　　　混合物

组分	浓度	CAS No.
十八烷酰氯		112-76-5

第四部分　急救措施

吸入　迅速脱离现场至空气新鲜处。保持呼吸道通畅。如呼吸困难，给输氧。呼吸、心跳停止，立即进行心肺复苏术。就医

皮肤接触　立即脱去污染的衣着，用流动清水彻底冲洗。就医

眼睛接触　立即分开眼睑，用流动清水或生理盐水彻底冲洗。就医

食入　漱口，饮水。就医

对保护施救者的忠告　根据需要使用个人防护设备

对医生的特别提示　对症处理

第五部分　消防措施

灭火剂　用干粉、二氧化碳、砂土灭火

特别危险性　遇明火、高热可燃。受热分解释出高毒烟雾。遇水或水蒸气反应放热并产生有毒的腐蚀性气体。遇潮时能腐蚀大多数金属及有机组织

灭火注意事项及防护措施　消防人员必须穿全身耐酸碱消防服、佩戴空气呼吸器灭火。尽可能将容器从火场移至空旷处。处在火场中的容器若已变色或从安全泄压装置中发出声音，必须马上撤离。禁止用水、泡沫和酸碱灭火剂灭火

第六部分　泄漏应急处理

作业人员防护措施、防护装备和应急处置程序　根据液体流动和蒸气扩散的影响区域划定警戒区，无关人员从侧风、上风向撤离至安全区。消除所有点火源。建议应急处理人员戴正压自给式呼吸器，穿防酸碱服。穿上适当的防护服前严禁接触破裂的容器和泄漏物。尽可能切断泄漏源

环境保护措施　防止泄漏物进入水体、下水道、地下室或有限空间

泄漏化学品的收容、清除方法及所使用的处置材料　小量泄漏：用干燥的砂土或其他不燃材料吸收或覆盖，收集于容器中。大量泄漏：构筑围堤或挖坑收容。用耐腐蚀泵转移至槽车或专用收集器内

第七部分　操作处置与储存

操作注意事项　密闭操作，注意通风。操作人员必须经过专门培训，严格遵守操作规程。建议操作人员佩戴防尘面具（全面罩），穿橡胶耐酸碱服，戴橡胶耐酸碱手套。远离火种、热源，工作场所严禁吸烟。使用防爆型的通风系统和设备。避免与氧化剂、碱类、醇类接触。搬运时要轻装轻卸，防止包装及容器损坏。配备相应品种和数量的消防器材及泄漏应急处理设备。倒空的容器可能残留有害物

储存注意事项　储存于阴凉、通风的库房。远离火种、热源。应与氧化剂、碱类、醇类等分开存放，切忌混储。配备相应品种和数量的消防器材。储区应备有泄漏应急处理设备和合适的收容材料

第八部分　接触控制/个体防护

职业接触限值

中国　未制定标准

美国（ACGIH）　未制定标准

生物接触限值　未制定标准

监测方法　空气中有毒物质测定方法：未制定标准。生物监测检验方法：未制定标准

工程控制　密闭操作，注意通风。提供安全淋浴和洗眼设备

个体防护装备

呼吸系统防护　可能接触其粉尘时，必须佩戴防尘面具（全面罩）；可能接触其蒸气时，应该佩戴过滤式防毒面具（全面罩）

眼睛防护　呼吸系统防护中已作防护

皮肤和身体防护　穿橡胶耐酸碱服

手防护　戴橡胶耐酸碱手套

第九部分　理化特性

外观与性状　白色至黄色透明液体或固体

pH 值　无资料　　　　　　**熔点(℃)**　23

沸点(℃)　174（0.27kPa）　**相对密度(水＝1)**　0.897

相对蒸气密度(空气＝1)　无资料

饱和蒸气压(kPa)　无资料

临界压力(MPa)　无资料　　**辛醇/水分配系数**　无资料

闪点(℃)　165　　　　　　　**自燃温度(℃)**　无资料

爆炸下限(%)　无资料　　　**爆炸上限(%)**　无资料

分解温度(℃)　无资料　　　**黏度(mPa·s)**　无资料

燃烧热(kJ/mol)　无资料　　**临界温度(℃)**　无资料

溶解性　溶于烃类、醚等多数有机溶剂

第十部分　稳定性和反应性

稳定性　稳定

危险反应　与水、醇类、强氧化剂、强碱等禁配物发生反应。遇水或水蒸气反应放热并产生有毒的腐蚀性气体

避免接触的条件　受热、潮湿空气

禁配物　水、醇类、强氧化剂、强碱

危险的分解产物　氯化氢

第十一部分　毒理学信息

急性毒性　LD_{50}：7500mg/kg（大鼠经口）

皮肤刺激或腐蚀　无资料　　**眼睛刺激或腐蚀**　无资料

呼吸或皮肤过敏　无资料　　**生殖细胞突变性**　无资料

致癌性　无资料　　　　　　**生殖毒性**　无资料

特异性靶器官系统毒性-一次接触　无资料

特异性靶器官系统毒性-反复接触　无资料

吸入危害　无资料

第十二部分　生态学信息

生态毒性　无资料

持久性和降解性

生物降解性　无资料

非生物降解性　无资料

潜在的生物累积性　无资料

土壤中的迁移性　无资料

第十三部分　废弃处置

废弃化学品　建议用焚烧法处置。与燃料混合后再焚烧。

焚烧炉排出的卤化氢通过酸洗涤器除去

污染包装物　将容器返还生产商或按照国家和地方法规处置

废弃注意事项　处置前应参阅国家和地方有关法规

第十四部分　运输信息

联合国危险货物编号（UN 号）　—

联合国运输名称　—

联合国危险性类别　—　　　　**包装类别**　—

包装标志　—　　　　　　　　**海洋污染物**　否

运输注意事项　起运时包装要完整，装载应稳妥。运输过程中要确保容器不泄漏、不倒塌、不坠落、不损坏。严禁与氧化剂、碱类、醇类、食用化学品等混装混运。运输时运输车辆应配备相应品种和数量的消防器材及泄漏应急处理设备。运输途中应防暴晒、雨淋、防高温。公路运输时要按规定路线行驶，勿在居民区和人口稠密区停留

第十五部分　法规信息

下列法律、法规、规章和标准，对该化学品的管理作了相应的规定。

中华人民共和国职业病防治法　职业病分类和目录：未列入

危险化学品安全管理条例　危险化学品目录：列入。易制爆危险化学品名录：未列入。重点监管的危险化学品名录：未列入。GB 18218—2009《危险化学品重大危险源辨识》（表 1）：未列入

使用有毒物品作业场所劳动保护条例　高毒物品目录：未列入

易制毒化学品管理条例　易制毒化学品的分类和品种目录：未列入

国际公约　斯德哥尔摩公约：未列入。鹿特丹公约：未列入。蒙特利尔议定书：未列入

第十六部分　其他信息

编写和修订信息　　缩略语和首字母缩写

培训建议　　　　　　参考文献

免责声明

十二烷基三氯硅烷

第一部分　化学品标识

化学品中文名　十二烷基三氯硅烷；三氯十二烷基硅烷

化学品英文名　dodecyltrichlorosilane；lauryltrichlorosilane

分子式　$C_{12}H_{25}Cl_3Si$　**分子量**　303.771

结构式

$$\begin{array}{c} Cl\quad Cl \\ \backslash\,/ \\ Si \\ /\quad\backslash \\ Cl\quad (CH_2)_{11} \end{array}$$

化学品的推荐及限制用途　用于有机合成，用作硅化合物中间体及防水剂

第二部分　危险性概述

紧急情况概述　造成严重的皮肤灼伤和眼损伤

GHS危险性类别　皮肤腐蚀/刺激，类别1；严重眼损伤/眼刺激，类别1

标签要素

象形图　

警示词　危险

危险性说明　造成严重的皮肤灼伤和眼损伤

防范说明

预防措施　避免吸入烟雾。避免接触眼睛、皮肤，操作后彻底清洗。戴防护手套，穿防护服，戴防护眼镜、防护面罩

事故响应　如吸入：将患者转移到空气新鲜处，休息，保持利于呼吸的体位，立即呼叫中毒控制中心或就医。皮肤（或头发）接触：立即脱掉所有被污染的衣服，用水冲洗皮肤，淋浴。污染的衣服洗净后方可重新使用。眼睛接触：用水细心地冲洗数分钟，立即呼叫中毒控制中心或就医。如戴隐形眼镜并可方便地取出，则取出隐形眼镜，继续冲洗。食入：漱口，不要催吐

安全储存　上锁保管

废弃处置　本品及内装物、容器依据国家和地方法规处置

物理和化学危险　可燃。遇水剧烈反应，产生有毒气体

健康危害　吸入、摄入或经皮吸收有害。对眼睛、皮肤、黏膜和上呼吸道有强烈刺激作用。吸入可引起喉、支气管痉挛、炎症和水肿，化学性肺炎，肺水肿。眼睛和皮肤接触引起灼伤

环境危害　对环境可能有害

第三部分　成分/组成信息

√物质　　　　　　　　　　混合物

组分	浓度	CAS No.
十二烷基三氯硅烷		4484-72-4

第四部分　急救措施

吸入　迅速脱离现场至空气新鲜处。保持呼吸道通畅。如呼吸困难，给输氧。呼吸、心跳停止，立即进行心肺复苏术。就医

皮肤接触　立即脱去污染的衣着，用大量流动清水彻底冲洗至少15min。就医

眼睛接触　立即分开眼睑，用流动清水或生理盐水彻底冲洗5～10min。就医

食入　用水漱口，禁止催吐。给饮牛奶或蛋清。就医

对保护施救者的忠告　根据需要使用个人防护设备

对医生的特别提示　对症处理

第五部分　消防措施

灭火剂　用干粉、二氧化碳、砂土灭火

特别危险性　遇明火、高热可燃。与氧化剂可发生反应。遇水反应，放出具有刺激性和腐蚀性的氯化氢气体。

受高热分解产生有毒的腐蚀性烟气。遇潮时对大多数金属有腐蚀性。若遇高热，容器内压增大，有开裂和爆炸的危险

灭火注意事项及防护措施　消防人员必须佩戴空气呼吸器、穿全身防火防毒服，在上风向灭火。尽可能将容器从火场移至空旷处。喷水保持火场容器冷却，直至灭火结束。处在火场中的容器若已变色或从安全泄压装置中发出声音，必须马上撤离。禁止用水和泡沫灭火

第六部分　泄漏应急处理

作业人员防护措施、防护装备和应急处置程序　根据液体流动和蒸气扩散的影响区域划定警戒区，无关人员从侧风、上风向撤离至安全区。建议应急处理人员戴正压自给式呼吸器，穿防腐、防毒服。作业时使用的所有设备应接地。穿上适当的防护服前严禁接触破裂的容器和泄漏物。尽可能切断泄漏源

环境保护措施　防止泄漏物进入水体、下水道、地下室或有限空间

泄漏化学品的收容、清除方法及所使用的处置材料　严禁用水处理。小量泄漏：用干燥的砂土或其他不燃材料覆盖泄漏物。大量泄漏：构筑围堤或挖坑收容。用碎石灰石（$CaCO_3$）、苏打灰（Na_2CO_3）或石灰（CaO）中和。用耐腐蚀泵转移至槽车或专用收集器内

第七部分　操作处置与储存

操作注意事项　密闭操作，提供充分的局部排风。防止蒸气泄漏到工作场所空气中。操作人员必须经过专门培训，严格遵守操作规程。建议操作人员佩戴自吸过滤式防毒面具（全面罩），穿橡胶耐酸碱服，戴橡胶耐酸碱手套。远离火种、热源，工作场所严禁吸烟。使用防爆型的通风系统和设备。在清除液体和蒸气前不能进行焊接、切割等作业。避免产生烟雾。避免与氧化剂、碱类、醇类接触。尤其要注意避免与水接触。配备相应品种和数量的消防器材及泄漏应急处理设备。倒空的容器可能残留有害物

储存注意事项　储存于阴凉、干燥、通风良好的库房。远离火种、热源。防止阳光直射。包装必须密封，切勿受潮。应与氧化剂、碱类、醇类、食用化学品等分开存放，切忌混储。配备相应品种和数量的消防器材。储区应备有泄漏应急处理设备和合适的收容材料

第八部分　接触控制/个体防护

职业接触限值

中国　未制定标准

美国（ACGIH）　未制定标准

生物接触限值　未制定标准

监测方法　空气中有毒物质测定方法：未制定标准。生物监测检验方法：未制定标准

工程控制　严加密闭，提供充分的局部排风

个体防护装备

呼吸系统防护　空气中浓度超标时，必须佩戴过滤式防毒面具（全面罩）。紧急事态抢救或撤离时，

应该佩戴空气呼吸器

眼睛防护　呼吸系统防护中已作防护

皮肤和身体防护　穿橡胶耐酸碱服

手防护　戴橡胶耐酸碱手套

第九部分　理化特性

外观与性状　无色液体,带有刺激性臭味

pH 值　无资料　　　熔点(℃)　无资料

沸点(℃)　288

相对密度(水＝1)　1.026（25℃）

相对蒸气密度(空气＝1)　无资料

饱和蒸气压(kPa)　无资料

临界压力(MPa)　无资料　辛醇/水分配系数　无资料

闪点(℃)　＞65.5(O.C)　自燃温度(℃)　无资料

爆炸下限(%)　无资料　爆炸上限(%)　无资料

分解温度(℃)　无资料　黏度(mPa·s)　无资料

燃烧热(kJ/mol)　−7898　临界温度(℃)　无资料

溶解性　溶于部分有机溶剂

第十部分　稳定性和反应性

稳定性　稳定

危险反应　与强氧化剂、强碱、醇类、水等禁配物发生反应。遇水反应放出具有刺激性和腐蚀性的氯化氢气体

避免接触的条件　潮湿空气

禁配物　强氧化剂、强碱、醇类、水

危险的分解产物　氧化硅

第十一部分　毒理学信息

急性毒性　无资料

皮肤刺激或腐蚀　无资料　眼睛刺激或腐蚀　无资料

呼吸或皮肤过敏　无资料　生殖细胞突变性　无资料

致癌性　无资料　生殖毒性　无资料

特异性靶器官系统毒性-一次接触　无资料

特异性靶器官系统毒性-反复接触　无资料

吸入危害　无资料

第十二部分　生态学信息

生态毒性　无资料

持久性和降解性

　生物降解性　无资料

　非生物降解性　无资料

潜在的生物累积性　无资料

土壤中的迁移性　无资料

第十三部分　废弃处置

废弃化学品　建议用焚烧法处置。在能利用的地方重复使用容器或在规定场所掩埋

污染包装物　将容器返还生产商或按照国家和地方法规处置

废弃注意事项　处置前应参阅国家和地方有关法规

第十四部分　运输信息

联合国危险货物编号（UN号）　1771

联合国运输名称　十二烷基三氯硅烷

联合国危险性类别　8

包装类别　Ⅱ　　　　包装标志

海洋污染物　否

运输注意事项　起运时包装要完整,装载应稳妥。运输过程中要确保容器不泄漏、不倒塌、不坠落、不损坏。严禁与氧化剂、碱类、醇类、食用化学品等混装混运。运输时运输车辆应配备相应品种和数量的消防器材及泄漏应急处理设备。运输途中应防暴晒、雨淋,防高温。公路运输时要按规定路线行驶,勿在居民区和人口稠密区停留

第十五部分　法规信息

下列法律、法规、规章和标准,对该化学品的管理作了相应的规定。

中华人民共和国职业病防治法　职业病分类和目录：未列入

危险化学品安全管理条例　危险化学品目录：列入。易制爆危险化学品名录：未列入。重点监管的危险化学品名录：未列入。GB 18218—2009《危险化学品重大危险源辨识》（表1）：未列入

使用有毒物品作业场所劳动保护条例　高毒物品目录：未列入

易制毒化学品管理条例　易制毒化学品的分类和品种目录：未列入

国际公约　斯德哥尔摩公约：未列入。鹿特丹公约：未列入。蒙特利尔议定书：未列入

第十六部分　其他信息

编写和修订信息　缩略语和首字母缩写

培训建议　　参考文献

免责声明

十二(烷)酰氯

第一部分　化学品标识

化学品中文名　十二（烷）酰氯；月桂酰氯；十二烷酰氯

化学品英文名　lauroyl chloride；dodecanoyl chloride

分子式　$C_{12}H_{23}ClO$　分子量　218.763

结构式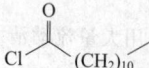

化学品的推荐及限制用途　用于制药工业和有机合成

第二部分　危险性概述

紧急情况概述　吞咽有害,造成严重的皮肤灼伤和眼损伤

GHS 危险性类别　急性毒性-经口,类别4；皮肤腐蚀/刺激,类别1B；严重眼损伤/眼刺激,类别1

标签要素

象形图

警示词　危险

危险性说明　吞咽有害，造成严重的皮肤灼伤和眼损伤

防范说明

预防措施　避免接触眼睛、皮肤，操作后彻底清洗。作业场所不得进食、饮水或吸烟。避免吸入烟雾。戴防护手套，穿防护服，戴防护眼镜、防护面罩

事故响应　如吸入：将患者转移到空气新鲜处，休息，保持利于呼吸的体位，立即呼叫中毒控制中心或就医。皮肤（或头发）接触：立即脱掉所有被污染的衣服，用水冲洗皮肤，淋浴。污染的衣服洗净后方可重新使用。眼睛接触：用水细心地冲洗数分钟，立即呼叫中毒控制中心或就医。如戴隐形眼镜并可方便地取出，则取出隐形眼镜，继续冲洗。食入：漱口，不要催吐。如果感觉不适，立即呼叫中毒控制中心或就医

安全储存　上锁保管

废弃处置　本品及内装物、容器依据国家和地方法规处置

物理和化学危险　可燃。遇水产生刺激性气体

健康危害　本品对黏膜、上呼吸道、眼睛和皮肤有强烈的刺激性。吸入后，可因喉及支气管的痉挛、炎症、水肿，化学性肺炎或肺水肿而致死。接触后出现烧灼感、咳嗽、喘息、喉炎、气短、头痛、恶心和呕吐。可致灼伤

环境危害　对环境可能有害

第三部分　成分/组成信息

√物质　　　　　　　　　　　混合物

组分	浓度	CAS No.
十二（烷）酰氯		112-16-3

第四部分　急救措施

吸入　迅速脱离现场至空气新鲜处。保持呼吸道通畅。如呼吸困难，给输氧。呼吸、心跳停止，立即进行心肺复苏术。就医

皮肤接触　立即脱去污染的衣着，用大量流动清水彻底冲洗至少15min。就医

眼睛接触　立即分开眼睑，用流动清水或生理盐水彻底冲洗5～10min。就医

食入　用水漱口，禁止催吐。给饮牛奶或蛋清。就医

对保护施救者的忠告　根据需要使用个人防护设备

对医生的特别提示　对症处理

第五部分　消防措施

灭火剂　用干粉、二氧化碳、砂土灭火

特别危险性　遇明火、高热可燃。受热分解释出高毒烟雾。遇水或水蒸气反应放热并产生有毒的腐蚀性气体。遇潮时对大多数金属有腐蚀性

灭火注意事项及防护措施　消防人员必须穿全身耐酸碱消防服、佩戴空气呼吸器灭火。尽可能将容器从火场移至空旷处。处在火场中的容器若已变色或从安全泄压装置中发出声音，必须马上撤离。禁止用水、泡沫和酸碱灭火剂灭火

第六部分　泄漏应急处理

作业人员防护措施、防护装备和应急处置程序　根据液体流动和蒸气扩散的影响区域划定警戒区，无关人员从侧风、上风向撤离至安全区。消除所有点火源。建议应急处理人员戴正压自给式呼吸器，穿防酸碱服。穿上适当的防护服前严禁接触破裂的容器和泄漏物。尽可能切断泄漏源

环境保护措施　防止泄漏物进入水体、下水道、地下室或有限空间

泄漏化学品的收容、清除方法及所使用的处置材料　小量泄漏：用干燥的砂土或其他不燃材料吸收或覆盖，收集于容器中。大量泄漏：构筑围堤或挖坑收容。用耐腐蚀泵转移至槽车或专用收集器内

第七部分　操作处置与储存

操作注意事项　密闭操作，加强通风。操作人员必须经过专门培训，严格遵守操作规程。建议操作人员佩戴自吸过滤式防毒面具（全面罩），穿橡胶耐酸碱服，戴橡胶耐酸碱手套。远离火种、热源，工作场所严禁吸烟。使用防爆型的通风系统和设备。防止蒸气泄漏到工作场所空气中。避免与氧化剂、酸类、碱类、醇类接触。搬运时要轻装轻卸，防止包装及容器损坏。配备相应品种和数量的消防器材及泄漏应急处理设备。倒空的容器可能残留有害物

储存注意事项　储存于阴凉、通风的库房。远离火种、热源。应与氧化剂、酸类、碱类、醇类等分开存放，切忌混储。配备相应品种和数量的消防器材。储区应备有泄漏应急处理设备和合适的收容材料

第八部分　接触控制/个体防护

职业接触限值

中国　未制定标准

美国（ACGIH）　未制定标准

生物接触限值　未制定标准

监测方法　空气中有毒物质测定方法：未制定标准。生物监测检验方法：未制定标准

工程控制　生产过程密闭，加强通风。提供安全淋浴和洗眼设备

个体防护装备

呼吸系统防护　空气中浓度超标时，必须佩戴过滤式防毒面具（全面罩）。紧急事态抢救或撤离时，应该佩戴空气呼吸器

眼睛防护　呼吸系统防护中已作防护

皮肤和身体防护　穿橡胶耐酸碱服

手防护　戴橡胶耐酸碱手套

第九部分　理化特性

外观与性状　无色液体

pH值	无资料	熔点(℃)	−17
沸点(℃)	145（2.40kPa）	相对密度(水=1)	0.946

相对蒸气密度(空气＝1)　无资料

饱和蒸气压(kPa)　1.47（137℃）

临界压力(MPa)　无资料	辛醇/水分配系数　无资料
闪点(℃)　＞112	自燃温度(℃)　无资料
爆炸下限(%)　无资料	爆炸上限(%)　无资料
分解温度(℃)　无资料	黏度(mPa·s)　无资料
燃烧热(kJ/mol)　无资料	临界温度(℃)　无资料

溶解性　可混溶于乙醚、苯

第十部分　稳定性和反应性

稳定性　稳定

危险反应　与强氧化剂、强酸、强碱、水、醇类等禁配物发生反应。遇水或水蒸气反应放热并产生有毒的腐蚀性气体

避免接触的条件　受热、潮湿空气

禁配物　强氧化剂、强酸、强碱、水、醇类

危险的分解产物　氯化氢

第十一部分　毒理学信息

急性毒性　无资料

皮肤刺激或腐蚀　无资料	眼睛刺激或腐蚀　无资料
呼吸或皮肤过敏　无资料	生殖细胞突变性　无资料
致癌性　无资料	生殖毒性　无资料

特异性靶器官系统毒性-一次接触　无资料

特异性靶器官系统毒性-反复接触　无资料

吸入危害　无资料

第十二部分　生态学信息

生态毒性　无资料

持久性和降解性

　　生物降解性　无资料

　　非生物降解性　无资料

潜在的生物累积性　无资料

土壤中的迁移性　无资料

第十三部分　废弃处置

废弃化学品　建议用焚烧法处置。与燃料混合后，再焚烧。焚烧炉排出的卤化氢通过酸洗涤器除去

污染包装物　将容器返还生产商或按照国家和地方法规处置

废弃注意事项　处置前应参阅国家和地方有关法规

第十四部分　运输信息

联合国危险货物编号（UN号）　3265

联合国运输名称　有机酸性腐蚀性液体，未另作规定的〔十二（烷）酰氯〕

联合国危险性类别　8

包装类别　Ⅱ　　　　包装标志

海洋污染物　否

运输注意事项　起运时包装要完整，装载应稳妥。运输过程中要确保容器不泄漏、不倒塌、不坠落、不损坏。严禁与氧化剂、酸类、碱类、醇类、食用化学品等混装混运。运输时运输车辆应配备相应品种和数量的消防器材及泄漏应急处理设备。运输途中应防暴晒、雨淋，防高温。公路运输时要按规定路线行驶，勿在居民区和人口稠密区停留

第十五部分　法规信息

下列法律、法规、规章和标准，对该化学品的管理作了相应的规定。

中华人民共和国职业病防治法　职业病分类和目录：未列入

危险化学品安全管理条例　危险化学品目录：列入。易制爆危险化学品名录：未列入。重点监管的危险化学品名录：未列入。GB 18218—2009《危险化学品重大危险源辨识》（表1）：未列入

使用有毒物品作业场所劳动保护条例　高毒物品目录：未列入

易制毒化学品管理条例　易制毒化学品的分类和品种目录：未列入

国际公约　斯德哥尔摩公约：未列入。鹿特丹公约：未列入。蒙特利尔议定书：未列入

第十六部分　其他信息

编写和修订信息	缩略语和首字母缩写
培训建议	参考文献
免责声明	

十六烷基三氯硅烷

第一部分　化学品标识

化学品中文名　十六烷基三氯硅烷

化学品英文名　hexadecyl trichlorosilane；trichlorohexa-decylsilane

分子式　$C_{16}H_{33}Cl_3Si$　分子量　359.88

结构式　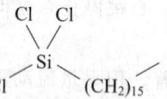

化学品的推荐及限制用途　用作硅化合物中间体

第二部分　危险性概述

紧急情况概述　造成严重的皮肤灼伤和眼损伤

GHS危险性类别　皮肤腐蚀/刺激，类别1；严重眼损伤/眼刺激，类别1

标签要素

象形图　

警示词　危险

危险性说明　造成严重的皮肤灼伤和眼损伤

防范说明

　　预防措施　避免吸入粉尘或烟雾。避免接触眼睛、

皮肤，操作后彻底清洗。戴防护手套，穿防护服，戴防护眼镜、防护面罩

事故响应　如吸入：将患者转移到空气新鲜处，休息，保持利于呼吸的体位，立即呼叫中毒控制中心或就医。皮肤（或头发）接触：立即脱掉所有被污染的衣服，用水冲洗皮肤，淋浴。污染的衣服洗净后方可重新使用。眼睛接触：用水细心地冲洗数分钟，立即呼叫中毒控制中心或就医。如戴隐形眼镜并可方便地取出，则取出隐形眼镜，继续冲洗。食入：漱口，不要催吐

安全储存　上锁保管

废弃处置　本品及内装物、容器依据国家和地方法规处置

物理和化学危险　可燃。遇水剧烈反应，产生有毒气体

健康危害　对皮肤、眼睛和黏膜有腐蚀性刺激作用。摄入，引起上腹痛、恶心、呕吐、口渴、循环衰竭，还可因声带水肿而窒息死亡。眼睛和皮肤接触引起灼伤

环境危害　对环境可能有害

第三部分　成分/组成信息

√物质　　　　　　　　混合物

组分	浓度	CAS No.
十六烷基三氯硅烷		5894-60-0

第四部分　急救措施

吸入　迅速脱离现场至空气新鲜处。保持呼吸道通畅。如呼吸困难，给输氧。呼吸、心跳停止，立即进行心肺复苏术。就医

皮肤接触　立即脱去污染的衣着，用大量流动清水彻底冲洗至少15min。就医

眼睛接触　立即分开眼睑，用流动清水或生理盐水彻底冲洗5~10min。就医

食入　用水漱口，禁止催吐。给饮牛奶或蛋清。就医

对保护施救者的忠告　根据需要使用个人防护设备

对医生的特别提示　对症处理

第五部分　消防措施

灭火剂　用干粉、二氧化碳、砂土灭火

特别危险性　遇明火、高热可燃。遇水反应，放出具有刺激性和腐蚀性的氯化氢气体。受高热分解放出有毒的气体。遇潮时对大多数金属有腐蚀性

灭火注意事项及防护措施　消防人员必须佩戴空气呼吸器、穿全身防火防毒服，在上风向灭火。尽可能将容器从火场移至空旷处。喷水保持火场容器冷却，直至灭火结束。处在火场中的容器若已变色或从安全泄压装置中发出声音，必须马上撤离。禁止用水和泡沫灭火

第六部分　泄漏应急处理

作业人员防护措施、防护装备和应急处置程序　根据液体流动和蒸气扩散的影响区域划定警戒区，无关人员从侧风、上风向撤离至安全区。建议应急处理人员戴正

压自给式呼吸器，穿防腐、防毒服。作业时使用的所有设备应接地。穿上适当的防护服前严禁接触破裂的容器和泄漏物。尽可能切断泄漏源

环境保护措施　防止泄漏物进入水体、下水道、地下室或有限空间

泄漏化学品的收容、清除方法及所使用的处置材料　严禁用水处理。小量泄漏：用干燥的砂土或其他不燃材料覆盖泄漏物。大量泄漏：构筑围堤或挖坑收容。用碎石灰石（CaCO₃）、苏打灰（Na₂CO₃）或石灰（CaO）中和。用耐腐蚀泵转移至槽车或专用收集器内

第七部分　操作处置与储存

操作注意事项　密闭操作，提供充分的局部排风。防止蒸气泄漏到工作场所空气中。操作人员必须经过专门培训，严格遵守操作规程。建议操作人员佩戴自吸过滤式防毒面具（全面罩），穿橡胶耐酸碱服，戴橡胶耐酸碱手套。远离火种、热源，工作场所严禁吸烟。使用防爆型的通风系统和设备。在清除液体和蒸气前不能进行焊接、切割等作业。避免产生烟雾。避免与碱类、酸类、氧化剂接触。尤其要注意避免与水接触。配备相应品种和数量的消防器材及泄漏应急处理设备。倒空的容器可能残留有害物

储存注意事项　储存于阴凉、干燥、通风良好的库房。远离火种、热源。防止阳光直射。包装必须密封，切勿受潮。应与碱类、酸类、氧化剂、食用化学品等分开存放，切忌混储。配备相应品种和数量的消防器材。储区应备有泄漏应急处理设备和合适的收容材料

第八部分　接触控制/个体防护

职业接触限值

中国　未制定标准

美国（ACGIH）　未制定标准

生物接触限值　未制定标准

监测方法　空气中有毒物质测定方法：未制定标准。生物监测检验方法：未制定标准

工程控制　严加密闭，提供充分的局部排风

个体防护装备

呼吸系统防护　空气中浓度超标时，必须佩戴过滤式防毒面具（全面罩）。紧急事态抢救或撤离时，应该佩戴空气呼吸器

眼睛防护　呼吸系统防护中已作防护

皮肤和身体防护　穿橡胶耐酸碱服

手防护　戴橡胶耐酸碱手套

第九部分　理化特性

外观与性状　无色至黄色液体，遇潮湿水解

pH值　无资料　　　　**熔点（℃）**　无资料

沸点（℃）　269

相对密度（水=1）　0.996（25℃）

相对蒸气密度（空气=1）　无资料

饱和蒸气压（kPa）　无资料

临界压力（MPa）　无资料　　　**辛醇/水分配系数**　无资料

闪点（℃）　146.1（OC）　　　**自燃温度（℃）**　无资料

爆炸下限(%)	无资料	爆炸上限(%)	无资料
分解温度(℃)	无资料	黏度(mPa·s)	无资料
燃烧热(kJ/mol)	无资料	临界温度(℃)	无资料

溶解性　溶于部分有机溶剂

第十部分　稳定性和反应性

稳定性　稳定

危险反应　与碱类、酸类、强氧化剂、水等禁配物发生反应。遇水反应放出具有刺激性和腐蚀性的氯化氢气体

避免接触的条件　潮湿空气

禁配物　碱类、酸类、强氧化剂、水

危险的分解产物　无资料

第十一部分　毒理学信息

急性毒性　无资料

皮肤刺激或腐蚀	无资料	眼睛刺激或腐蚀	无资料
呼吸或皮肤过敏	无资料	生殖细胞突变性	无资料
致癌性　无资料		生殖毒性　无资料	

特异性靶器官系统毒性-一次接触　无资料

特异性靶器官系统毒性-反复接触　无资料

吸入危害　无资料

第十二部分　生态学信息

生态毒性　无资料

持久性和降解性

　　生物降解性　无资料

　　非生物降解性　无资料

潜在的生物累积性　无资料

土壤中的迁移性　无资料

第十三部分　废弃处置

废弃化学品　建议用焚烧法处置。在能利用的地方重复使用容器或在规定场所掩埋

污染包装物　将容器返还生产商或按照国家和地方法规处置

废弃注意事项　处置前应参阅国家和地方有关法规

第十四部分　运输信息

联合国危险货物编号（UN号）　1781

联合国运输名称　十六烷基三氯硅烷

联合国危险性类别　8

包装类别　Ⅱ　　　　　　　包装标志

海洋污染物　否

运输注意事项　起运时包装要完整，装载应稳妥。运输过程中要确保容器不泄漏、不倒塌、不坠落、不损坏。严禁与碱类、酸类、氧化剂、食用化学品等混装混运。运输时运输车辆应配备相应品种和数量的消防器材及泄漏应急处理设备。运输途中应防暴晒、雨淋、防高温。公路运输时要按规定路线行驶，勿在居民区和人口稠密区停留

第十五部分　法规信息

下列法律、法规、规章和标准，对该化学品的管理作了相应的规定。

中华人民共和国职业病防治法　职业病分类和目录：未列入

危险化学品安全管理条例　危险化学品目录：列入。易制爆危险化学品名录：未列入。重点监管的危险化学品名录：未列入。GB 18218—2009《危险化学品重大危险源辨识》（表1）：未列入

使用有毒物品作业场所劳动保护条例　高毒物品目录：未列入

易制毒化学品管理条例　易制毒化学品的分类和品种目录：未列入

国际公约　斯德哥尔摩公约：未列入。鹿特丹公约：未列入。蒙特利尔议定书：未列入

第十六部分　其他信息

编写和修订信息	缩略语和首字母缩写
培训建议	参考文献
免责声明	

十四烷酰氯

第一部分　化学品标识

化学品中文名　十四烷酰氯；肉豆蔻酰氯

化学品英文名　tetradecanoyl chloride；myristoyl chloride

分子式　$C_{14}H_{27}ClO$　分子量　246.817

结构式

化学品的推荐及限制用途　用于有机合成

第二部分　危险性概述

紧急情况概述　造成严重的皮肤灼伤和眼损伤

GHS危险性类别　皮肤腐蚀/刺激，类别1；严重眼损伤/眼刺激，类别1

标签要素

象形图

警示词　危险

危险性说明　造成严重的皮肤灼伤和眼损伤

防范说明

　　预防措施　避免吸入烟雾。避免接触眼睛、皮肤，操作后彻底清洗。戴防护手套，穿防护服，戴防护眼镜、防护面罩

　　事故响应　如吸入：将患者转移到空气新鲜处，休息，保持利于呼吸的体位，立即呼叫中毒控制中心或就医。皮肤（或头发）接触：立即脱掉所有被污染的衣服，用水冲洗皮肤，淋浴。污染的衣服洗净后方可重新使用。眼睛接触：用水细心地冲洗数分钟，立即呼叫中毒控制中心

或就医。如戴隐形眼镜并可方便地取出，则取出隐形眼镜，继续冲洗。食入：漱口，不要催吐

安全储存 上锁保管

废弃处置 本品及内装物、容器依据国家和地方法规处置

物理和化学危险 可燃。遇水产生刺激性气体

健康危害 对眼睛、皮肤、黏膜和上呼吸道有强烈刺激性。吸入后可引起喉、支气管的痉挛、炎症，化学性肺炎、肺水肿等。接触有烧灼感、咳嗽、气短、头痛、恶心和呕吐。眼和皮肤接触引起灼伤

环境危害 对环境可能有害

第三部分 成分/组成信息

√物质　　　　　　　　　　混合物

组分	浓度	CAS No.
十四烷酰氯		112-64-1

第四部分 急救措施

吸入 迅速脱离现场至空气新鲜处。保持呼吸道通畅。如呼吸困难，给输氧。呼吸、心跳停止，立即进行心肺复苏术。就医

皮肤接触 立即脱去污染的衣着，用大量流动清水彻底冲洗至少15min。就医

眼睛接触 立即分开眼睑，用流动清水或生理盐水彻底冲洗5～10min。就医

食入 用水漱口，禁止催吐。给饮牛奶或蛋清。就医

对保护施救者的忠告 根据需要使用个人防护设备

对医生的特别提示 对症处理

第五部分 消防措施

灭火剂 用干粉、二氧化碳、砂土灭火

特别危险性 遇明火、高热可燃。与氧化剂可发生反应。遇水或水蒸气反应放热并产生有毒的腐蚀性气体。受热分解释出高毒烟雾。遇潮时对大多数金属有腐蚀性。若遇高热，容器内压增大，有开裂和爆炸的危险

灭火注意事项及防护措施 消防人员必须穿全身耐酸碱消防服、佩戴空气呼吸器灭火。尽可能将容器从火场移至空旷处。喷水保持火场容器冷却，直至灭火结束。处在火场中的容器若已变色或从安全泄压装置中发出声音，必须马上撤离。禁止用水、泡沫和酸碱灭火剂灭火

第六部分 泄漏应急处理

作业人员防护措施、防护装备和应急处置程序 根据液体流动和蒸气扩散的影响区域划定警戒区，无关人员从侧风、上风向撤离至安全区。消除所有点火源。建议应急处理人员戴正压自给式呼吸器，穿防酸碱服。穿上适当的防护服前严禁接触破裂的容器和泄漏物。尽可能切断泄漏源

环境保护措施 防止泄漏物进入水体、下水道、地下室或有限空间

泄漏化学品的收容、清除方法及所使用的处置材料 小量

泄漏：用干燥的砂土或其他不燃材料吸收或覆盖，收集于容器中。大量泄漏：构筑围堤或挖坑收容。用耐腐蚀泵转移至槽车或专用收集器内

第七部分 操作处置与储存

操作注意事项 密闭操作，提供充分的局部排风。防止蒸气泄漏到工作场所空气中。操作人员必须经过专门培训，严格遵守操作规程。建议操作人员佩戴自吸过滤式防毒面具（全面罩），穿橡胶耐酸碱服，戴橡胶耐酸碱手套。远离火种、热源，工作场所严禁吸烟。使用防爆型的通风系统和设备。在清除液体和蒸气前不能进行焊接、切割等作业。避免产生烟雾。避免与碱类、氧化剂、醇类接触。尤其要注意避免与水接触。配备相应品种和数量的消防器材及泄漏应急处理设备。倒空的容器可能残留有害物

储存注意事项 储存于阴凉、干燥、通风良好的库房。远离火种、热源。防止阳光直射。包装必须密封，切勿受潮。应与碱类、氧化剂、醇类、食用化学品等分开存放，切忌混储。配备相应品种和数量的消防器材。储区应备有泄漏应急处理设备和合适的收容材料

第八部分 接触控制/个体防护

职业接触限值

中国 未制定标准

美国（ACGIH） 未制定标准

生物接触限值 未制定标准

监测方法 空气中有毒物质测定方法：未制定标准。生物监测检验方法：未制定标准

工程控制 严加密闭，提供充分的局部排风

个体防护装备

呼吸系统防护 空气中浓度超标时，必须佩戴过滤式防毒面具（全面罩）。紧急事态抢救或撤离时，应该佩戴空气呼吸器

眼睛防护 呼吸系统防护中已作防护

皮肤和身体防护 穿橡胶耐酸碱服

手防护 戴橡胶耐酸碱手套

第九部分 理化特性

外观与性状 无色液体

pH 值 无资料	**熔点（℃）** −1
沸点（℃） 168（1.995kPa）	**相对密度（水=1）** 0.908
相对蒸气密度（空气=1） 无资料	
饱和蒸气压（kPa） 无资料	
临界压力（MPa） 无资料	**辛醇/水分配系数** 无资料
闪点（℃） ＞112	**自燃温度（℃）** 无资料
爆炸下限（%） 无资料	**爆炸上限（%）** 无资料
分解温度（℃） 无资料	**黏度（mPa·s）** 无资料
燃烧热（kJ/mol） 无资料	**临界温度（℃）** 无资料
溶解性 溶于乙醚	

第十部分 稳定性和反应性

稳定性 稳定

危险反应 与碱、氧化剂、水、醇类等禁配物发生反应。

遇水或水蒸气反应放热并产生有毒的腐蚀性气体

避免接触的条件 潮湿空气

禁配物 碱、氧化剂、水、醇类

危险的分解产物 氯化氢、光气

第十一部分 毒理学信息

急性毒性 无资料

皮肤刺激或腐蚀 无资料 **眼睛刺激或腐蚀** 无资料

呼吸或皮肤过敏 无资料 **生殖细胞突变性** 无资料

致癌性 无资料 **生殖毒性** 无资料

特异性靶器官系统毒性-一次接触 无资料

特异性靶器官系统毒性-反复接触 无资料

吸入危害 无资料

第十二部分 生态学信息

生态毒性 无资料

持久性和降解性

生物降解性 无资料

非生物降解性 无资料

潜在的生物累积性 无资料

土壤中的迁移性 无资料

第十三部分 废弃处置

废弃化学品 建议用控制焚烧法或安全掩埋法处置。若可能，重复使用容器或在规定场所掩埋

污染包装物 将容器返还生产商或按照国家和地方法规处置

废弃注意事项 处置前应参阅国家和地方有关法规

第十四部分 运输信息

联合国危险货物编号（UN号） 3265

联合国运输名称 有机酸性腐蚀性液体，未另作规定的（十四烷酰氯）

联合国危险性类别 8

包装类别 — **包装标志**

海洋污染物 否

运输注意事项 铁路运输时，禁止使用金属制容器包装。起运时包装要完整，装载应稳妥。运输过程中要确保容器不泄漏、不倒塌、不坠落、不损坏。严禁与碱类、氧化剂、醇类、食用化学品等混装混运。运输时运输车辆应配备相应品种和数量的消防器材及泄漏应急处理设备。运输途中应防暴晒、雨淋，防高温。公路运输时要按规定路线行驶，勿在居民区和人口稠密区停留

第十五部分 法规信息

下列法律、法规、规章和标准，对该化学品的管理作了相应的规定。

中华人民共和国职业病防治法 职业病分类和目录：未列入

危险化学品安全管理条例 危险化学品目录：列入。易制爆危险化学品名录：未列入。重点监管的危险化学品名录：未列入。GB 18218—2009《危险化学品重大危险源辨识》（表1）：未列入

使用有毒物品作业场所劳动保护条例 高毒物品目录：未列入

易制毒化学品管理条例 易制毒化学品的分类和品种目录：未列入

国际公约 斯德哥尔摩公约：未列入。鹿特丹公约：未列入。蒙特利尔议定书：未列入

第十六部分 其他信息

编写和修订信息 **缩略语和首字母缩写**

培训建议 **参考文献**

免责声明

叔丁基苯

第一部分 化学品标识

化学品中文名 叔丁基苯；2-甲基-2-苯基丙烷；叔丁苯

化学品英文名 *tert*-butylbenzene；2-methyl-2-phenylpropane

分子式 $C_{10}H_{14}$ **分子量** 134.2182

结构式

化学品的推荐及限制用途 用于有机合成，也用作溶剂

第二部分 危险性概述

紧急情况概述 易燃液体和蒸气，吸入会中毒，造成皮肤刺激

GHS危险性类别 易燃液体，类别3；急性毒性-吸入，类别3；皮肤腐蚀/刺激，类别2；特异性靶器官毒性-一次接触，类别2；危害水生环境-急性危害，类别3；危害水生环境-长期危害，类别3

标签要素

象形图

警示词 危险

危险性说明 易燃液体和蒸气，吸入会中毒，造成皮肤刺激，可能对器官造成损害，对水生生物有害并具有长期持续影响

防范说明

预防措施 远离热源、火花、明火、热表面。保持容器密闭。容器和接收设备接地连接。使用防爆型电器、通风、照明设备。只能使用不产生火花的工具。采取防止静电措施。戴防护手套、防护眼镜、防护面罩。避免吸入蒸气、雾。仅在室外或通风良好处操作。避免接触眼睛、皮肤，操作后彻底清洗。工作场所不得进食、饮水或吸烟。禁止排入环境

事故响应 火灾时，使用雾状水、泡沫、干粉、二

氧化碳、砂土灭火。如吸入：将患者转移到空气新鲜处，休息，保持利于呼吸的体位，呼叫中毒控制中心或就医。皮肤接触：用大量肥皂水和水清洗，脱去被污染的衣服，如发生皮肤刺激，就医。被污染的衣服必须经洗净后方可重新使用。如果接触或感觉不适：呼叫中毒控制中心或就医

安全储存　存放在通风良好的地方。保持低温。保持容器密闭。上锁保管

废弃处置　本品及内装物、容器依据国家和地方法规处置

物理和化学危险　易燃，其蒸气与空气混合，能形成爆炸性混合物

健康危害　吸入、摄入或经皮肤吸收对机体有害。具有刺激作用

环境危害　对水生生物有害并具有长期持续影响

第三部分　成分/组成信息

√物质　　　　　　　　　混合物

组分	浓度	CAS No.
叔丁基苯		98-06-6

第四部分　急救措施

吸入　迅速脱离现场至空气新鲜处。保持呼吸道通畅。如呼吸困难，给输氧。呼吸、心跳停止，立即进行心肺复苏术。就医

皮肤接触　立即脱去污染的衣着，用流动清水彻底冲洗。就医

眼睛接触　立即分开眼睑，用流动清水或生理盐水彻底冲洗。就医

食入　漱口，饮水。就医

对保护施救者的忠告　根据需要使用个人防护设备

对医生的特别提示　对症处理

第五部分　消防措施

灭火剂　用雾状水、泡沫、干粉、二氧化碳、砂土灭火

特别危险性　其蒸气与空气可形成爆炸性混合物，遇明火、高热能引起燃烧爆炸。与氧化剂可发生反应。流速过快，容易产生和积聚静电。蒸气比空气重，沿地面扩散并易积存于低洼处，遇火源会着火回燃。若遇高热，容器内压增大，有开裂和爆炸的危险

灭火注意事项及防护措施　消防人员必须佩戴防毒面具、穿全身消防服，在上风向灭火。尽可能将容器从火场移至空旷处。喷水保持火场容器冷却，直至灭火结束。处在火场中的容器若已变色或从安全泄压装置中发出声音，必须马上撤离

第六部分　泄漏应急处理

作业人员防护措施、防护装备和应急处置程序　消除所有点火源。根据液体流动和蒸气扩散的影响区域划定警戒区，无关人员从侧风、上风向撤离至安全区。建议应急处理人员戴正压自给式呼吸器，穿防静电服。作业时使用的所有设备应接地。禁止接触或跨越泄漏

物。尽可能切断泄漏源

环境保护措施　防止泄漏物进入水体、下水道、地下室或有限空间

泄漏化学品的收容、清除方法及所使用的处置材料　小量泄漏：用砂土或其他不燃材料吸收。使用洁净的无火花工具收集吸收材料。大量泄漏：构筑围堤或挖坑收容。用泡沫覆盖，减少蒸发。喷水雾能减少蒸发，但不能降低泄漏物在有限空间内的易燃性。用防爆泵转移至槽车或专用收集器内

第七部分　操作处置与储存

操作注意事项　密闭操作，加强通风。操作人员必须经过专门培训，严格遵守操作规程。建议操作人员佩戴自吸过滤式防毒面具（半面罩），戴化学安全防护眼镜，穿防毒物渗透工作服，戴橡胶耐油手套。远离火种、热源，工作场所严禁吸烟。使用防爆型的通风系统和设备。防止蒸气泄漏到工作场所空气中。避免与氧化剂接触。灌装时应控制流速，且有接地装置，防止静电积聚。搬运时要轻装轻卸，防止包装及容器损坏。配备相应品种和数量的消防器材及泄漏应急处理设备。倒空的容器可能残留有害物

储存注意事项　储存于阴凉、通风的库房。库温不宜超过37℃，远离火种、热源。应与氧化剂分开存放，切忌混储。采用防爆型照明、通风设施。禁止使用易产生火花的机械设备和工具。储区应备有泄漏应急处理设备和合适的收容材料

第八部分　接触控制/个体防护

职业接触限值

中国　未制定标准

美国（ACGIH）　未制定标准

生物接触限值　未制定标准

监测方法　空气中有毒物质测定方法：未制定标准。生物监测检验方法：未制定标准

工程控制　生产过程密闭，加强通风

个体防护装备

呼吸系统防护　空气中浓度超标时，必须佩戴过滤式防毒面具（半面罩）。紧急事态抢救或撤离时，应该佩戴空气呼吸器

眼睛防护　戴化学安全防护眼镜

皮肤和身体防护　穿防毒物渗透工作服

手防护　戴橡胶耐油手套

第九部分　理化特性

外观与性状　无色透明液体

pH值	无资料	熔点（℃）	-58
沸点（℃）	168.2	相对密度（水=1）	0.867
相对蒸气密度（空气=1）	4.62		
饱和蒸气压（kPa）	0.64（37.7℃）		
临界压力（MPa）	无资料	辛醇/水分配系数	4.11
闪点（℃）	34.44	自燃温度（℃）	445
爆炸下限（%）	0.8	爆炸上限（%）	6.9
分解温度（℃）	无资料		

黏度(mPa·s)　28.13（20℃）；27.14（30℃）

燃烧热(kJ/mol)　−5874.9　临界温度(℃)　374.1

溶解性　不溶于水，溶于乙醇等多数有机溶剂

第十部分　稳定性和反应性

稳定性　稳定

危险反应　与强氧化剂、酸类、卤素等禁配物接触，有发生火灾和爆炸的危险

避免接触的条件　无资料

禁配物　强氧化剂、酸类、卤素等

危险的分解产物　无资料

第十一部分　毒理学信息

急性毒性　LD_{50}：3045mg/kg（大鼠经口），8700mg/kg（小鼠经口）

皮肤刺激或腐蚀　无资料　　眼睛刺激或腐蚀　无资料

呼吸或皮肤过敏　无资料　　生殖细胞突变性　无资料

致癌性　无资料　　　　　　生殖毒性　无资料

特异性靶器官系统毒性-一次接触　无资料

特异性靶器官系统毒性-反复接触　无资料

吸入危害　无资料

第十二部分　生态学信息

生态毒性　对水生生物有害，可能在水生环境中造成长期不利影响

持久性和降解性

　　生物降解性　无资料

　　非生物降解性　无资料

潜在的生物累积性　根据 K_{ow} 值预测，该物质可能有较高的生物累积性

土壤中的迁移性　根据 K_{oc} 值预测，该物质的迁移性可能较弱

第十三部分　废弃处置

废弃化学品　建议用焚烧法处置

污染包装物　将容器返还生产商或按照国家和地方法规处置

废弃注意事项　处置前应参阅国家和地方有关法规

第十四部分　运输信息

联合国危险货物编号（UN号）　2709

联合国运输名称　丁基苯

联合国危险性类别　3

包装类别　Ⅱ　　　　　　包装标志

海洋污染物　否

运输注意事项　运输时运输车辆应配备相应品种和数量的消防器材及泄漏应急处理设备。夏季最好早晚运输。运输时所用的槽（罐）车应有接地链，槽内可设孔隔板以减少震荡产生的静电。严禁与氧化剂、食用化学品等混装混运。运输途中应防暴晒、雨淋，防高温。

中途停留时应远离火种、热源、高温区。装运该物品的车辆排气管必须配备阻火装置，禁止使用易产生火花的机械设备和工具装卸。公路运输时要按规定路线行驶，勿在居民区和人口稠密区停留。严禁用木船、水泥船散装运输

第十五部分　法规信息

下列法律、法规、规章和标准，对该化学品的管理作了相应的规定。

中华人民共和国职业病防治法　职业病分类和目录：未列入

危险化学品安全管理条例　危险化学品目录：列入。易制爆危险化学品名录：未列入。重点监管的危险化学品名录：未列入。GB 18218—2009《危险化学品重大危险源辨识》（表1）：未列入

使用有毒物品作业场所劳动保护条例　高毒物品目录：未列入

易制毒化学品管理条例　易制毒化学品的分类和品种目录：未列入

国际公约　斯德哥尔摩公约：未列入。鹿特丹公约：未列入。蒙特利尔议定书：未列入

第十六部分　其他信息

编写和修订信息　　缩略语和首字母缩写

培训建议　　　　　参考文献

免责声明

2-叔丁基苯酚

第一部分　化学品标识

化学品中文名　2-叔丁基苯酚；邻叔丁基苯酚；1-羟基-2-叔丁基苯；2-(1,1-二甲基乙基）苯酚

化学品英文名　o-tert-butyl phenol；2-tert-butyl phenol；2-(1,1-dimethylethyl) phenol

分子式　$C_{10}H_{14}O$　分子量　150.2176

结构式　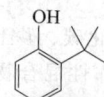

化学品的推荐及限制用途　用作抗氧剂及用于有机合成

第二部分　危险性概述

紧急情况概述　可燃液体，吞咽有害，皮肤接触有害，吸入有害，造成严重的皮肤灼伤和眼损伤

GHS危险性类别　易燃液体，类别4；急性毒性-经口，类别4；急性毒性-经皮，类别4；急性毒性-吸入，类别4；皮肤腐蚀/刺激，类别1；严重眼损伤/眼刺激，类别1；特异性靶器官毒性-一次接触，类别2；危害水生环境-急性危害，类别2；危害水生环境-长期危害，类别2

标签要素

象形图　

警示词 危险

危险性说明 可燃液体，吞咽有害，皮肤接触有害，吸入有害，造成严重的皮肤灼伤和眼损伤，可能对器官造成损害，对水生生物有毒并具有长期持续影响

防范说明

预防措施 远离火焰和热表面。避免接触眼睛、皮肤，操作后彻底清洗。作业场所不得进食、饮水或吸烟。避免吸入蒸气、雾。仅在室外或通风良好处操作。戴防护手套，穿防护服，戴防护眼镜、防护面罩。禁止排入环境

事故响应 火灾时，使用雾状水、泡沫、干粉、二氧化碳、砂土灭火。如吸入：将患者转移到空气新鲜处，休息，保持利于呼吸的体位，如感觉不适，呼叫中毒控制中心或就医。皮肤（或头发）接触：立即脱掉所有被污染的衣服，用水冲洗皮肤，淋浴，如感觉不适，呼叫中毒控制中心或就医。污染的衣服洗净后方可重新使用。眼睛接触：用水细心地冲洗数分钟，立即呼叫中毒控制中心或就医。如戴隐形眼镜并可方便地取出，则取出隐形眼镜，继续冲洗。食入：漱口。不要催吐，如果感觉不适，立即呼叫中毒控制中心或就医。如果接触或感觉不适：呼叫中毒控制中心或就医。收集泄漏物

安全储存 存放在通风良好的地方。保持低温。上锁保管

废弃处置 本品及内装物、容器依据国家和地方法规处置

物理和化学危险 可燃，其蒸气与空气混合，能形成爆炸性混合物

健康危害 有毒。吸入可引起喉、支气管的痉挛、炎症，化学性肺炎，肺水肿等。眼和皮肤接触引起灼伤

环境危害 对水生生物有毒并具有长期持续影响

第三部分 成分/组成信息

√物质		混合物
组分	**浓度**	**CAS No.**
2-叔丁基苯酚		88-18-6

第四部分 急救措施

吸入 迅速脱离现场至空气新鲜处。保持呼吸道通畅。如呼吸困难，给输氧。呼吸、心跳停止，立即进行心肺复苏术。就医

皮肤接触 立即脱去污染的衣着，用大量流动清水彻底冲洗至少 15min。就医

眼睛接触 立即分开眼睑，用流动清水或生理盐水彻底冲洗 5～10min。就医

食入 用水漱口，禁止催吐。给饮牛奶或蛋清。就医

对保护施救者的忠告 根据需要使用个人防护设备

对医生的特别提示 对症处理

第五部分 消防措施

灭火剂 用雾状水、泡沫、干粉、二氧化碳、砂土灭火

特别危险性 遇明火、高热可燃。与氧化剂可发生反应。受高热分解放出有毒的气体。具有腐蚀性。若遇高热，容器内压增大，有开裂和爆炸的危险

灭火注意事项及防护措施 消防人员必须佩戴防毒面具、穿全身消防服，在上风向灭火。尽可能将容器从火场移至空旷处。喷水保持火场容器冷却，直至灭火结束。处在火场中的容器若已变色或从安全泄压装置中发出声音，必须马上撤离

第六部分 泄漏应急处理

作业人员防护措施、防护装备和应急处置程序 根据液体流动和蒸气扩散的影响区域划定警戒区，无关人员从侧风、上风向撤离至安全区。消除所有点火源。建议应急处理人员戴正压自给式呼吸器，穿防毒服。穿上适当的防护服前严禁接触破裂的容器和泄漏物。尽可能切断泄漏源

环境保护措施 防止泄漏物进入水体、下水道、地下室或有限空间

泄漏化学品的收容、清除方法及所使用的处置材料 小量泄漏：用干燥的砂土或其他不燃材料吸收或覆盖，收集于容器中。大量泄漏：构筑围堤或挖坑收容。用泵转移至槽车或专用收集器内

第七部分 操作处置与储存

操作注意事项 密闭操作，局部排风。防止蒸气泄漏到工作场所空气中。操作人员必须经过专门培训，严格遵守操作规程。建议操作人员佩戴自吸过滤式防毒面具（半面罩），戴化学安全防护眼镜，穿防毒物渗透工作服，戴橡胶手套。远离火种、热源，工作场所严禁吸烟。使用防爆型的通风系统和设备。在清除液体和蒸气前不能进行焊接、切割等作业。避免产生烟雾。避免与氧化剂、酸酐、酰基氯、碱类接触。配备相应品种和数量的消防器材及泄漏应急处理设备。倒空的容器可能残留有害物

储存注意事项 储存于阴凉、通风的库房。远离火种、热源。防止阳光直射。保持容器密封。应与氧化剂、酸酐、酰基氯、碱类、食用化学品分开存放，切忌混储。配备相应品种和数量的消防器材。储区应备有泄漏应急处理设备和合适的收容材料

第八部分 接触控制/个体防护

职业接触限值

中国 未制定标准

美国（ACGIH） 未制定标准

生物接触限值 未制定标准

监测方法 空气中有毒物质测定方法：未制定标准。生物监测检验方法：未制定标准

工程控制 密闭操作，局部排风

个体防护装备

呼吸系统防护 空气中浓度超标时，必须佩戴过滤式防毒面具（半面罩）。紧急事态抢救或撤离时，应该佩戴空气呼吸器

眼睛防护 戴化学安全防护眼镜

皮肤和身体防护 穿防毒物渗透工作服

手防护 戴橡胶手套

第九部分 理化特性

外观与性状 淡黄色油状液体

pH 值 无资料	**熔点(℃)** −7
沸点(℃) 224	**相对密度(水＝1)** 0.9783

相对蒸气密度(空气＝1) 无资料

饱和蒸气压(kPa) 0.067（20℃）

临界压力(MPa) 无资料	**辛醇/水分配系数** 无资料
闪点(℃) 110	**自燃温度(℃)** 无资料
爆炸下限(%) 无资料	**爆炸上限(%)** 无资料
分解温度(℃) 无资料	**黏度(mPa·s)** 无资料
燃烧热(kJ/mol) 无资料	**临界温度(℃)** 无资料

溶解性 不溶于水，溶于甲苯、乙醇

第十部分 稳定性和反应性

稳定性 稳定

危险反应 与强氧化剂、酸酐、酰基氯、碱类等禁配物发生反应

避免接触的条件 无资料

禁配物 强氧化剂、酸酐、酰基氯、碱类

第十一部分 毒理学信息

急性毒性 LD_{50}：440mg/kg（大鼠经口），705mg/kg（大鼠经皮），7450mg/kg（兔经皮）。LC_{50}：1070mg/m³（大鼠吸入，4h）

皮肤刺激或腐蚀 无资料	**眼睛刺激或腐蚀** 无资料
呼吸或皮肤过敏 无资料	**生殖细胞突变性** 无资料
致癌性 无资料	**生殖毒性** 无资料

特异性靶器官系统毒性-一次接触 无资料

特异性靶器官系统毒性-反复接触 无资料

吸入危害 无资料

第十二部分 生态学信息

生态毒性 无资料

持久性和降解性

　　生物降解性 无资料

　　非生物降解性 无资料

潜在的生物累积性 无资料

土壤中的迁移性 无资料

第十三部分 废弃处置

废弃化学品 建议用控制焚烧法或安全掩埋法处置。若可能，重复使用容器或在规定场所掩埋

污染包装物 将容器返还生产商或按照国家和地方法规处置

废弃注意事项 处置前应参阅国家和地方有关法规

第十四部分 运输信息

联合国危险货物编号（UN 号） 3265

联合国运输名称 有机酸性腐蚀性液体，未另作规定的（2-叔丁基苯酚）

联合国危险性类别 8

包装类别 — **包装标志**

海洋污染物 是

运输注意事项 运输前应先检查包装容器是否完整、密封，运输过程中要确保容器不泄漏、不倒塌、不坠落、不损坏。严禁与酸类、氧化剂、食品及食品添加剂混运。运输时运输车辆应配备相应品种和数量的消防器材及泄漏应急处理设备。运输途中应防暴晒、雨淋，防高温。公路运输时要按规定路线行驶，勿在居民区和人口稠密区停留

第十五部分 法规信息

　　下列法律、法规、规章和标准，对该化学品的管理作了相应的规定。

中华人民共和国职业病防治法 职业病分类和目录：未列入

危险化学品安全管理条例 危险化学品目录：列入。易制爆危险化学品名录：未列入。重点监管的危险化学品名录：未列入。GB 18218—2009《危险化学品重大危险源辨识》（表1）：未列入

使用有毒物品作业场所劳动保护条例 高毒物品目录：未列入

易制毒化学品管理条例 易制毒化学品的分类和品种目录：未列入

国际公约 斯德哥尔摩公约：未列入。鹿特丹公约：未列入。蒙特利尔议定书：未列入

第十六部分 其他信息

编写和修订信息	**缩略语和首字母缩写**
培训建议	**参考文献**
免责声明	

叔丁基环己烷

第一部分 化学品标识

化学品中文名 叔丁基环己烷；环己基叔丁烷

化学品英文名 *tert*-butyl cyclohexane；（1,1-dimethylethyl）cyclohexane

分子式 $C_{10}H_{20}$　**分子量** 140.2658

结构式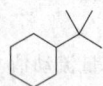

化学品的推荐及限制用途 试剂用作色谱分析对比样品

第二部分 危险性概述

紧急情况概述 易燃液体和蒸气

GHS 危险性类别 易燃液体，类别3

标签要素

象形图

警示词 警告

危险性说明 易燃液体和蒸气

防范说明

预防措施 远离热源、火花、明火、热表面。禁止吸烟。保持容器密闭。容器和接收设备接地连接。使用防爆电器、通风、照明设备。只能使用不产生火花的工具。采取防止静电措施。戴防护手套、防护眼镜、防护面罩

事故响应 火灾时，使用泡沫、干粉、二氧化碳、砂土灭火。如皮肤（或头发）接触：立即脱掉所有被污染的衣服，用水冲洗皮肤，淋浴

安全储存 存放在通风良好的地方。保持低温

废弃处置 本品及内装物、容器依据国家和地方法规处置

物理和化学危险 易燃，其蒸气与空气混合，能形成爆炸性混合物

健康危害 具刺激作用，误服会中毒

环境危害 对环境可能有害

第三部分 成分/组成信息

√物质　　　　　　混合物

组分	浓度	CAS No.
环己基叔丁烷		3178-22-1

第四部分 急救措施

吸入 迅速脱离现场至空气新鲜处。保持呼吸道通畅。如呼吸困难，给输氧。呼吸、心跳停止，立即进行心肺复苏术。就医

皮肤接触 立即脱去污染的衣着，用流动清水彻底冲洗。就医

眼睛接触 立即分开眼睑，用流动清水或生理盐水彻底冲洗。就医

食入 漱口，饮水。就医

对保护施救者的忠告 根据需要使用个人防护设备

对医生的特别提示 对症处理

第五部分 消防措施

灭火剂 用泡沫、干粉、二氧化碳、砂土灭火

特别危险性 其蒸气与空气可形成爆炸性混合物，遇明火、高热极易燃烧爆炸。与氧化剂接触猛烈反应。流速过快，容易产生和积聚静电。若遇高热，容器内压增大，有开裂和爆炸的危险

灭火注意事项及防护措施 消防人员必须佩戴防毒面具、穿全身消防服，在上风向灭火。尽可能将容器从火场移至空旷处。喷水保持火场容器冷却，直至灭火结束。处在火场中的容器若已变色或从安全泄压装置中发出声音，必须马上撤离。用水灭火无效

第六部分 泄漏应急处理

作业人员防护措施、防护装备和应急处置程序 消除所有点火源。根据液体流动和蒸气扩散的影响区域划定警戒区，无关人员从侧风、上风向撤离至安全区。建议应急处理人员戴正压自给式呼吸器，穿防静电服。作业时使用的所有设备应接地。禁止接触或跨越泄漏物。尽可能切断泄漏源

环境保护措施 防止泄漏物进入水体、下水道、地下室或有限空间

泄漏化学品的收容、清除方法及所使用的处置材料 小量泄漏：用砂土或其他不燃材料吸收。使用洁净的无火花工具收集吸收材料。大量泄漏：构筑围堤或挖坑收容。用泡沫覆盖，减少蒸发。喷水雾能减少蒸发，但不能降低泄漏物在有限空间内的易燃性。用防爆泵转移至槽车或专用收集器内

第七部分 操作处置与储存

操作注意事项 密闭操作，局部排风。防止蒸气泄漏到工作场所空气中。操作人员必须经过专门培训，严格遵守操作规程。建议操作人员佩戴自吸过滤式防毒面具（半面罩），戴化学安全防护眼镜，穿防静电工作服，戴橡胶手套。远离火种、热源，工作场所严禁吸烟。使用防爆型的通风系统和设备。在清除液体和蒸气前不能进行焊接、切割等作业。避免产生烟雾。避免与氧化剂接触。容器与传送设备要接地，防止产生的静电。灌装时应控制流速，且有接地装置，防止静电积聚。配备相应品种和数量的消防器材及泄漏应急处理设备。倒空的容器可能残留有害物

储存注意事项 储存于阴凉、通风的库房。远离火种、热源。防止阳光直射。库温不宜超过37℃，保持容器密封。应与氧化剂、食用化学品分开存放，切忌混储。采用防爆型照明、通风设施。禁止使用易产生火花的机械设备和工具。储区应备有泄漏应急处理设备和合适的收容材料

第八部分 接触控制/个体防护

职业接触限值

中国 未制定标准

美国（ACGIH） 未制定标准

生物接触限值 未制定标准

监测方法 空气中有毒物质测定方法：未制定标准。生物监测检验方法：未制定标准

工程控制 密闭操作，局部排风

个体防护装备

呼吸系统防护 空气中浓度超标时，必须佩戴过滤式防毒面具（半面罩）。紧急事态抢救或撤离时，应该佩戴空气呼吸器

眼睛防护 戴化学安全防护眼镜

皮肤和身体防护 穿防静电工作服

手防护 戴橡胶手套

第九部分 理化特性

外观与性状 无色液体

pH值	无资料	熔点(℃)	−78
沸点(℃)	167	相对密度(水=1)	0.831
相对蒸气密度(空气=1)	无资料		
饱和蒸气压(kPa)	0.66（37.7℃）		
临界压力(MPa)	无资料	辛醇/水分配系数	无资料

闪点(℃)　42.22	自燃温度(℃)　无资料
爆炸下限(%)　0.75	爆炸上限(%)　无资料
分解温度(℃)　无资料	黏度(mPa·s)　无资料
燃烧热(kJ/mol)　无资料	临界温度(℃)　无资料

溶解性　微溶于水

第十部分　稳定性和反应性

稳定性　稳定

危险反应　与强氧化剂、强酸、强碱、卤素等禁配物接触，有发生火灾和爆炸的危险

避免接触的条件　无资料

禁配物　强氧化剂、强酸、强碱、卤素

危险的分解产物　无资料

第十一部分　毒理学信息

急性毒性　无资料

皮肤刺激或腐蚀　无资料	眼睛刺激或腐蚀　无资料
呼吸或皮肤过敏　无资料	生殖细胞突变性　无资料
致癌性　无资料	生殖毒性　无资料

特异性靶器官系统毒性--一次接触　无资料

特异性靶器官系统毒性-反复接触　无资料

吸入危害　无资料

第十二部分　生态学信息

生态毒性　无资料

持久性和降解性

　　生物降解性　　无资料

　　非生物降解性　　无资料

潜在的生物累积性　无资料

土壤中的迁移性　无资料

第十三部分　废弃处置

废弃化学品　建议用控制焚烧法或安全掩埋法处置。在能利用的地方重复使用容器或在规定场所掩埋

污染包装物　将容器返还生产商或按照国家和地方法规处置

废弃注意事项　处置前应参阅国家和地方有关法规

第十四部分　运输信息

联合国危险货物编号（UN号）　3295

联合国运输名称　液态烃类，未另做规定的（叔丁基环己烷）

联合国危险性类别　3

包装类别　Ⅲ　　　　　**包装标志**

海洋污染物　否

运输注意事项　运输时运输车辆应配备相应品种和数量的消防器材及泄漏应急处理设备。夏季最好早晚运输。运输时所用的槽（罐）车应有接地链，槽内可设孔隔板以减少震荡产生的静电。严禁与氧化剂、食用化学品等混装混运。运输途中应防暴晒、雨淋，防高温。

中途停留时应远离火种、热源、高温区。装运该物品的车辆排气管必须配备阻火装置，禁止使用易产生火花的机械设备和工具装卸。公路运输时要按规定路线行驶，勿在居民区和人口稠密区停留。铁路运输时要禁止溜放。严禁用木船、水泥船散装运输

第十五部分　法规信息

下列法律、法规、规章和标准，对该化学品的管理作了相应的规定。

中华人民共和国职业病防治法　职业病分类和目录：未列入

危险化学品安全管理条例　危险化学品目录：列入。易制爆危险化学品名录：未列入。重点监管的危险化学品名录：未列入。GB 18218—2009《危险化学品重大危险源辨识》（表1）：未列入

使用有毒物品作业场所劳动保护条例　高毒物品目录：未列入

易制毒化学品管理条例　易制毒化学品的分类和品种目录：未列入

国际公约　斯德哥尔摩公约：未列入。鹿特丹公约：未列入。蒙特利尔议定书：未列入

第十六部分　其他信息

编写和修订信息	缩略语和首字母缩写
培训建议	参考文献
免责声明	

叔戊醇

第一部分　化学品标识

化学品中文名　叔戊醇；2-甲基-2-丁醇；二甲基乙基甲醇

化学品英文名　2-methyl-2-butanol；*tert*-pentylalcohol；dimethyl ethyl carbinol

分子式　$C_5H_{12}O$　**分子量**　88.1482

结构式

化学品的推荐及限制用途　用于合成香料、彩色胶片成色剂、溶剂、增塑剂、有色金属浮选剂等

第二部分　危险性概述

紧急情况概述　高度易燃液体和蒸气，吸入有害，造成皮肤刺激，可能引起呼吸道刺激

GHS危险性类别　易燃液体，类别2；急性毒性-吸入，类别4；皮肤腐蚀/刺激，类别2；特异性靶器官毒性--一次接触，类别3（呼吸道刺激）

标签要素

象形图　

警示词　危险

危险性说明　高度易燃液体和蒸气，吸入有害，造成皮肤刺激，可能引起呼吸道刺激

防范说明

预防措施　远离热源、火花、明火、热表面。禁止吸烟。保持容器密闭。容器和接收设备接地连接。使用防爆电器、通风、照明设备。只能使用不产生火花的工具。采取防止静电措施。戴防护手套、防护眼镜、防护面罩。避免吸入蒸气、雾。仅在室外或通风良好处操作。避免接触眼睛、皮肤，操作后彻底清洗

事故响应　火灾时，使用雾状水、泡沫、干粉、二氧化碳、砂土灭火。如吸入：将患者转移到空气新鲜处，休息，保持利于呼吸的体位，如感觉不适，呼叫中毒控制中心或就医。皮肤接触：用大量肥皂水和水清洗，脱去被污染的衣服，如发生皮肤刺激，就医。被污染的衣服必须经洗净后方可重新使用

安全储存　存放在通风良好的地方。保持低温

废弃处置　本品及内装物、容器依据国家和地方法规处置

物理和化学危险　易燃，其蒸气与空气混合，能形成爆炸性混合物

健康危害　对眼睛、皮肤和黏膜有刺激作用。吸入引起上呼吸道刺激、头痛、眩晕、呼吸困难、恶心和呕吐等，重者可有复视、耳聋、谵妄等症状。可经皮肤吸收引起中毒

环境危害　对环境可能有害

第三部分　成分/组成信息

√物质　　　　　　　　混合物

组分	浓度	CAS No.
叔戊醇		75-85-4

第四部分　急救措施

吸入　迅速脱离现场至空气新鲜处。保持呼吸道通畅。如呼吸困难，给输氧。呼吸、心跳停止，立即进行心肺复苏术。就医

皮肤接触　立即脱去污染的衣着，用流动清水彻底冲洗。就医

眼睛接触　立即分开眼睑，用流动清水或生理盐水彻底冲洗。就医

食入　漱口，饮水。就医

对保护施救者的忠告　根据需要使用个人防护设备

对医生的特别提示　对症处理

第五部分　消防措施

灭火剂　用雾状水、泡沫、干粉、二氧化碳、砂土灭火

特别危险性　其蒸气与空气可形成爆炸性混合物，遇明火、高热能引起燃烧爆炸。与氧化剂可发生反应。蒸气比空气重，沿地面扩散并易积存于低洼处，遇火源会着火回燃。若遇高热，容器内压增大，有开裂和爆炸的危险

灭火注意事项及防护措施　消防人员必须佩戴防毒面具、穿全身消防服，在上风向灭火。尽可能将容器从火场移至空旷处。喷水保持火场容器冷却，直至灭火结

束。处在火场中的容器若已变色或从安全泄压装置中发出声音，必须马上撤离

第六部分　泄漏应急处理

作业人员防护措施、防护装备和应急处置程序　消除所有点火源。根据液体流动和蒸气扩散的影响区域划定警戒区，无关人员从侧风、上风向撤离至安全区。建议应急处理人员戴正压自给式呼吸器，穿防静电服。作业时使用的所有设备应接地。禁止接触或跨越泄漏物。尽可能切断泄漏源

环境保护措施　防止泄漏物进入水体、下水道、地下室或有限空间

泄漏化学品的收容、清除方法及所使用的处置材料　小量泄漏：用砂土或其他不燃材料吸收。使用洁净的无火花工具收集吸收材料。大量泄漏：构筑围堤或挖坑收容。用粉煤灰或石灰粉吸收大量液体。用抗溶性泡沫覆盖，减少蒸发。喷水雾能减少蒸发，但不能降低泄漏物在有限空间内的易燃性。用防爆泵转移至槽车或专用收集器内。喷雾状水驱散蒸气、稀释液体泄漏物

第七部分　操作处置与储存

操作注意事项　密闭操作，局部排风。防止蒸气泄漏到工作场所空气中。操作人员必须经过专门培训，严格遵守操作规程。建议操作人员佩戴自吸过滤式防毒面具（半面罩），戴化学安全防护眼镜，穿防静电工作服，戴橡胶手套。远离火种、热源，工作场所严禁吸烟。使用防爆型的通风系统和设备。在清除液体和蒸气前不能进行焊接、切割等作业。避免产生烟雾。避免与氧化剂接触。容器与传送设备要接地，防止产生静电。灌装时应控制流速，且有接地装置，防止静电积聚。配备相应品种和数量的消防器材及泄漏应急处理设备。倒空的容器可能残留有害物

储存注意事项　储存于阴凉、通风的库房。远离火种、热源。防止阳光直射。库温不宜超过 37℃，保持容器密封。应与氧化剂分开存放，切忌混储。采用防爆型照明、通风设施。禁止使用易产生火花的机械设备和工具。储区应备有泄漏应急处理设备和合适的收容材料

第八部分　接触控制/个体防护

职业接触限值

中国　未制定标准

美国（ACGIH）　未制定标准

生物接触限值　未制定标准

监测方法　空气中有毒物质测定方法：未制定标准。生物监测检验方法：未制定标准

工程控制　密闭操作，局部排风

个体防护装备

呼吸系统防护　空气中浓度超标时，必须佩戴过滤式防毒面具（半面罩）。紧急事态抢救或撤离时，应该佩戴空气呼吸器

眼睛防护　戴化学安全防护眼镜

皮肤和身体防护　穿防静电工作服

手防护　戴橡胶手套

第九部分　理化特性

外观与性状　无色有特殊气味和焦灼味的易挥发液体

pH 值　无资料　　　　　　**熔点(℃)**　−11.9

沸点(℃)　101.8　　　　　**相对密度(水＝1)**　0.8059

相对蒸气密度(空气＝1)　3.03

饱和蒸气压(kPa)　1.6（20℃）

临界压力(MPa)　无资料　　**辛醇/水分配系数**　0.89

闪点(℃)　21.11　　　　　**自燃温度(℃)**　437.22

爆炸下限(%)　1.2　　　　　**爆炸上限(%)**　9

分解温度(℃)　无资料

黏度(mPa·s)　3.7（25℃）

燃烧热(kJ/mol)　−3304.64（25℃）

临界温度(℃)　272

溶解性　溶于水，可混溶于乙醇、丙酮、苯、氯仿、油类

第十部分　稳定性和反应性

稳定性　稳定

危险反应　与强氧化剂等禁配物接触，有发生火灾和爆炸的危险

避免接触的条件　无资料

禁配物　强氧化剂

危险的分解产物　无资料

第十一部分　毒理学信息

急性毒性　LD_{50}：1000mg/kg（大鼠经口），2000mg/kg（兔经口），1720mg/kg（兔经皮）

皮肤刺激或腐蚀　无资料　　**眼睛刺激或腐蚀**　无资料

呼吸或皮肤过敏　无资料　　**生殖细胞突变性**　无资料

致癌性　无资料　　　　　　**生殖毒性**　无资料

特异性靶器官系统毒性-一次接触　无资料

特异性靶器官系统毒性-反复接触　大鼠吸入1500ppm，每天6h，7d，肝肾重量增加，肝、肾细胞水肿，小部分坏死。兔经皮3440mg/kg，每周5d，4周，深层皮肤受损，体重减轻，肝糖原减少

吸入危害　无资料

第十二部分　生态学信息

生态毒性　无资料

持久性和降解性

　　生物降解性　无资料

　　非生物降解性　无资料

潜在的生物累积性　无资料

土壤中的迁移性　无资料

第十三部分　废弃处置

废弃化学品　建议用控制焚烧法或安全掩埋法处置。在能利用的地方重复使用容器或在规定场所掩埋

污染包装物　将容器返还生产商或按照国家和地方法规处置

废弃注意事项　处置前应参阅国家和地方有关法规

第十四部分　运输信息

联合国危险货物编号（UN 号）　1105

联合国运输名称　戊醇

联合国危险性类别　3

包装类别　Ⅱ　　　　　　　**包装标志**

海洋污染物　否

运输注意事项　运输时运输车辆应配备相应品种和数量的消防器材及泄漏应急处理设备。夏季最好早晚运输。运输时所用的槽（罐）车应有接地链，槽内可设孔隔板以减少震荡产生的静电。严禁与氧化剂、食用化学品等混装混运。运输途中应防暴晒、雨淋，防高温。中途停留时应远离火种、热源、高温区。装运该物品的车辆排气管必须配备阻火装置，禁止使用易产生火花的机械设备和工具装卸。公路运输时要按规定路线行驶，勿在居民区和人口稠密区停留。铁路运输时要禁止溜放。严禁用木船、水泥船散装运输

第十五部分　法规信息

下列法律、法规、规章和标准，对该化学品的管理作了相应的规定。

中华人民共和国职业病防治法　职业病分类和目录：未列入

危险化学品安全管理条例　危险化学品目录：列入。易制爆危险化学品名录：未列入。重点监管的危险化学品名录：未列入。GB 18218—2009《危险化学品重大危险源辨识》（表1）：未列入

使用有毒物品作业场所劳动保护条例　高毒物品目录：未列入

易制毒化学品管理条例　易制毒化学品的分类和品种目录：未列入

国际公约　斯德哥尔摩公约：未列入。鹿特丹公约：未列入。蒙特利尔议定书：未列入

第十六部分　其他信息

编写和修订信息　　**缩略语和首字母缩写**

培训建议　　　　　**参考文献**

免责声明

叔辛胺

第一部分　化学品标识

化学品中文名　叔辛胺

化学品英文名　*tert*-octylamine；1,1,3,3-tetramethylbutylamine

分子式　$C_8H_{19}N$　**分子量**　129.2432

结构式

化学品的推荐及限制用途　用作橡胶促进剂、杀虫剂及染料、药物制造的中间体

第二部分　危险性概述

紧急情况概述　高度易燃液体和蒸气，吞咽有害，造成严重的皮肤灼伤和眼损伤

GHS 危险性类别　易燃液体，类别 2；急性毒性-经口，类别 4；皮肤腐蚀/刺激，类别 1C；严重眼损伤/眼刺激，类别 1；危害水生环境-急性危害，类别 3；危害水生环境-长期危害，类别 3

标签要素

象形图

警示词　危险

危险性说明　高度易燃液体和蒸气，吞咽有害，造成严重的皮肤灼伤和眼损伤，对水生生物有害并具有长期持续影响

防范说明

预防措施　远离热源、火花、明火、热表面。保持容器密闭。容器和接收设备接地连接。使用防爆型电器、通风、照明设备。只能使用不产生火花的工具。采取防止静电措施。避免接触眼睛、皮肤，操作后彻底清洗。作业场所不得进食、饮水或吸烟。避免吸入烟雾。戴防护手套，穿防护服，戴防护眼镜、防护面罩。禁止排入环境

事故响应　火灾时，使用雾状水、泡沫、干粉、二氧化碳、砂土灭火。如吸入：将患者转移到空气新鲜处，休息，保持利于呼吸的体位，立即呼叫中毒控制中心或就医。皮肤（或头发）接触：立即脱掉所有被污染的衣服，用水冲洗皮肤，淋浴。污染的衣服洗净后方可重新使用。眼睛接触：用水细心地冲洗数分钟，立即呼叫中毒控制中心或就医。如戴隐形眼镜并可方便地取出，则取出隐形眼镜，继续冲洗。食入：漱口，不要催吐。如果感觉不适，立即呼叫中毒控制中心或就医

安全储存　存放在通风良好的地方。保持低温。上锁保管

废弃处置　本品及内装物、容器依据国家和地方法规处置

物理和化学危险　易燃，其蒸气与空气混合，能形成爆炸性混合物

健康危害　对皮肤、眼睛有刺激作用；吸入引起面部潮红、恶心、眩晕、头痛、支气管炎，亦可出现精神错乱、神志不清，偶见惊厥；摄入引起恶心、呕吐甚或呕血以及精神状。可致灼伤

环境危害　对水生生物有害并具有长期持续影响

第三部分　成分/组成信息

√物质　　　　　　　　　混合物

组分	浓度	CAS No.
叔辛胺		107-45-9

第四部分　急救措施

吸入　迅速脱离现场至空气新鲜处。保持呼吸道通畅。如呼吸困难，给输氧。呼吸、心跳停止，立即进行心肺复苏术。就医

皮肤接触　立即脱去污染的衣着，用大量流动清水彻底冲洗至少 15min。就医

眼睛接触　立即分开眼睑，用流动清水或生理盐水彻底冲洗 5～10min。就医

食入　用水漱口，禁止催吐。给饮牛奶或蛋清。就医

对保护施救者的忠告　根据需要使用个人防护设备

对医生的特别提示　对症处理

第五部分　消防措施

灭火剂　用雾状水、泡沫、干粉、二氧化碳、砂土灭火

特别危险性　其蒸气与空气可形成爆炸性混合物，遇明火、高热能引起燃烧爆炸。与氧化剂可发生反应。蒸气比空气重，沿地面扩散并易积存于低洼处，遇火源会着火回燃。若遇高热，容器内压增大，有开裂和爆炸的危险

灭火注意事项及防护措施　消防人员必须佩戴防毒面具、穿全身消防服，在上风向灭火。尽可能将容器从火场移至空旷处。喷水保持火场容器冷却，直至灭火结束。处在火场中的容器若已变色或从安全泄压装置中发出声音，必须马上撤离

第六部分　泄漏应急处理

作业人员防护措施、防护装备和应急处置程序　消除所有点火源。根据液体流动和蒸气扩散的影响区域划定警戒区，无关人员从侧风、上风向撤离至安全区。建议应急处理人员戴正压自给式呼吸器，穿防静电、防腐、防毒服。作业时使用的所有设备应接地。禁止接触或跨越泄漏物。尽可能切断泄漏源

环境保护措施　防止泄漏物进入水体、下水道、地下室或有限空间

泄漏化学品的收容、清除方法及所使用的处置材料　小量泄漏：用砂土或其他不燃材料吸收。使用洁净的无火花工具收集吸收材料。大量泄漏：构筑围堤或挖坑收容。用泡沫覆盖，减少蒸发。喷水雾能减少蒸发，但不能降低泄漏物在有限空间内的易燃性。用防爆、耐腐蚀泵转移至槽车或专用收集器内

第七部分　操作处置与储存

操作注意事项　密闭操作，全面通风。操作人员必须经过专门培训，严格遵守操作规程。建议操作人员佩戴自吸过滤式防毒面具（半面罩），戴化学安全防护眼镜，穿防静电工作服，戴橡胶耐油手套。远离火种、热源，工作场所严禁吸烟。使用防爆型的通风系统和设备。防止蒸气泄漏到工作场所空气中。避免与氧化剂、酸类接触。搬运时要轻装轻卸，防止包装及容器损坏。配备相应品种和数量的消防器材及泄漏应急处理设备。倒空的容器可能残留有害物

储存注意事项　储存于阴凉、通风的库房。库温不宜超过

37℃，远离火种、热源。应与氧化剂、酸类等分开存放，切忌混储。采用防爆型照明、通风设施。禁止使用易产生火花的机械设备和工具。储区应备有泄漏应急处理设备和合适的收容材料

第八部分　接触控制/个体防护

职业接触限值
中国　未制定标准
美国（ACGIH）　未制定标准
生物接触限值　未制定标准
监测方法　空气中有毒物质测定方法：未制定标准。生物监测检验方法：未制定标准
工程控制　生产过程密闭，全面通风
个体防护装备
呼吸系统防护　空气中浓度超标时，必须佩戴过滤式防毒面具（半面罩）。紧急事态抢救或撤离时，应该佩戴空气呼吸器
眼睛防护　戴化学安全防护眼镜
皮肤和身体防护　穿防静电工作服
手防护　戴橡胶耐油手套

第九部分　理化特性

外观与性状　无色透明液体，具有强烈的氨味

pH 值　无资料	**熔点(℃)**　无资料
沸点(℃)　137～143	**相对密度(水＝1)**　0.81

相对蒸气密度(空气＝1)　4.46
饱和蒸气压(kPa)　1.33（25℃）

临界压力(MPa)　无资料	**辛醇/水分配系数**　无资料
闪点(℃)　32.22	**自燃温度(℃)**　无资料
爆炸下限(%)　无资料	**爆炸上限(%)**　无资料
分解温度(℃)　无资料	**黏度(mPa·s)**　无资料
燃烧热(kJ/mol)　无资料	**临界温度(℃)**　无资料

溶解性　不溶于水，溶于多数有机溶剂

第十部分　稳定性和反应性

稳定性　稳定
危险反应　与强氧化剂、酸类、酰基氯、酸酐等禁配物接触，有发生火灾和爆炸的危险
避免接触的条件　无资料
禁配物　强氧化剂、酸类、酰基氯、酸酐
危险的分解产物　氮氧化物

第十一部分　毒理学信息

急性毒性　LD$_{50}$：2340mg/kg（大鼠经口），1370mg/kg（兔经皮）

皮肤刺激或腐蚀　无资料	**眼睛刺激或腐蚀**　无资料
呼吸或皮肤过敏　无资料	**生殖细胞突变性**　无资料
致癌性　无资料	**生殖毒性**　无资料

特异性靶器官系统毒性-一次接触　无资料
特异性靶器官系统毒性-反复接触　无资料
吸入危害　无资料

第十二部分　生态学信息

生态毒性　LC$_{50}$：24.6mg/L（96h）（黑头呆鱼，流水式）。ErC$_{50}$：13.3mg/L（72h）（羊角月牙藻，静态，OECD 201）
持久性和降解性
生物降解性　OECD 301D，不易快速生物降解
非生物降解性　无资料
潜在的生物累积性　无资料
土壤中的迁移性　无资料

第十三部分　废弃处置

废弃化学品　建议用焚烧法处置。焚烧炉排出的氮氧化物通过洗涤器除去
污染包装物　将容器返还生产商或按照国家和地方法规处置
废弃注意事项　处置前应参阅国家和地方有关法规

第十四部分　运输信息

联合国危险货物编号（UN号）　2734
联合国运输名称　液态胺，腐蚀性，易燃，未另作规定的（叔辛胺）
联合国危险性类别　8，3
包装类别　Ⅱ

包装标志　

海洋污染物　否
运输注意事项　运输时运输车辆应配备相应品种和数量的消防器材及泄漏应急处理设备。夏季最好早晚运输。运输时所用的槽（罐）车应有接地链，槽内可设孔隔板以减少震荡产生的静电。严禁与氧化剂、酸类、食用化学品等混装混运。运输途中应防暴晒、雨淋，防高温。中途停留时应远离火种、热源、高温区。装运该物品的车辆排气管必须配备阻火装置，禁止使用易产生火花的机械设备和工具装卸。公路运输时要按规定路线行驶。严禁用木船、水泥船散装运输

第十五部分　法规信息

下列法律、法规、规章和标准，对该化学品的管理作了相应的规定。
中华人民共和国职业病防治法　职业病分类和目录：未列入
危险化学品安全管理条例　危险化学品目录：列入。易制爆危险化学品名录：未列入。重点监管的危险化学品名录：未列入。GB 18218—2009《危险化学品重大危险源辨识》（表1）：未列入
使用有毒物品作业场所劳动保护条例　高毒物品目录：未列入
易制毒化学品管理条例　易制毒化学品的分类和品种目录：未列入
国际公约　斯德哥尔摩公约：未列入。鹿特丹公约：未列

入。蒙特利尔议定书：未列入

第十六部分 其他信息

编写和修订信息　　缩略语和首字母缩写
培训建议　　　　　参考文献
免责声明

鼠完

第一部分 化学品标识

化学品中文名　鼠完；2-叔戊酰-1,3-茚满二酮
化学品英文名　pindone；2-pivaloylindan-1,3-dione
分子式　$C_{14}H_{14}O_3$　分子量　230.2592

结构式

化学品的推荐及限制用途　用作杀鼠剂

第二部分 危险性概述

紧急情况概述　吞咽会中毒
GHS危险性类别　急性毒性-经口，类别3；特异性靶器官毒性-反复接触，类别1；危害水生环境-急性危害，类别1；危害水生环境-长期危害，类别1
标签要素
象形图
警示词　危险
危险性说明　吞咽会中毒，长时间或反复接触对器官造成损伤，对水生生物毒性非常大并具有长期持续影响
防范说明
　　预防措施　避免接触眼睛、皮肤，操作后彻底清洗。作业场所不得进食、饮水或吸烟。避免吸入粉尘。禁止排入环境
　　事故响应　食入：立即呼叫中毒控制中心或就医，漱口。如感觉不适，就医。收集泄漏物
　　安全储存　上锁保管
　　废弃处置　本品及内装物、容器依据国家和地方法规处置
物理和化学危险　可燃，其粉体与空气混合，能形成爆炸性混合物
健康危害　误食可引起：一类为急性型，心慌、头昏、恶心、低热、皮疹，重者腹痛、不省人事；另一类为亚急性型，表现为各脏器及皮下广泛出血，重者可危及生命
环境危害　对水生生物毒性非常大并具有长期持续影响

第三部分 成分/组成信息

√物质　　　　　　　　　混合物

组分	浓度	CAS No.
鼠完		83-26-1

第四部分 急救措施

吸入　迅速脱离现场至空气新鲜处。保持呼吸道通畅。如呼吸困难，给输氧。呼吸、心跳停止，立即进行心肺复苏术。就医
皮肤接触　立即脱去污染的衣着，用流动清水彻底冲洗。就医
眼睛接触　立即分开眼睑，用流动清水或生理盐水彻底冲洗。就医
食入　饮适量温水，催吐（仅限于清醒者）。就医
对保护施救者的忠告　根据需要使用个人防护设备
对医生的特别提示　对症处理

第五部分 消防措施

灭火剂　用雾状水、泡沫、干粉、二氧化碳、砂土灭火
特别危险性　遇高热、明火或与氧化剂接触，有引起燃烧的危险
灭火注意事项及防护措施　消防人员必须佩戴防毒面具、穿全身消防服，在上风向灭火。尽可能将容器从火场移至空旷处。喷水保持火场容器冷却，直至灭火结束

第六部分 泄漏应急处理

作业人员防护措施、防护装备和应急处置程序　隔离泄漏污染区，限制出入。建议应急处理人员戴防尘口罩，穿防毒服。穿上适当的防护服前严禁接触破裂的容器和泄漏物。尽可能切断泄漏源
环境保护措施　用塑料布覆盖泄漏物，减少飞散
泄漏化学品的收容、清除方法及所使用的处置材料　勿使水进入包装容器内。用洁净的铲子收集泄漏物，置于干净、干燥、盖子较松的容器中，将容器移离泄漏区

第七部分 操作处置与储存

操作注意事项　密闭操作，局部排风。防止粉尘释放到车间空气中。操作人员必须经过专门培训，严格遵守操作规程。建议操作人员佩戴自吸过滤式防尘口罩，戴化学安全防护眼镜，穿防毒物渗透工作服，戴乳胶手套。远离火种、热源，工作场所严禁吸烟。使用防爆型的通风系统和设备。避免产生粉尘。避免与氧化剂接触。配备相应品种和数量的消防器材及泄漏应急处理设备。倒空的容器可能残留有害物
储存注意事项　储存于阴凉、通风的库房。远离火种、热源。防止阳光直射。包装密封。应与氧化剂、食用化学品分开存放，切忌混储。配备相应品种和数量的消防器材。储区应备有合适的材料收容泄漏物

第八部分 接触控制/个体防护

职业接触限值
　　中国　未制定标准
　　美国（ACGIH）　TLV-TWA：$0.1mg/m^3$
生物接触限值　未制定标准
监测方法　空气中有毒物质测定方法：未制定标准。生物监测检验方法：未制定标准
工程控制　密闭操作，局部排风

个体防护装备

呼吸系统防护　空气中粉尘浓度超标时，建议佩戴过
滤式防尘呼吸器。紧急事态抢救或撤离时，应该
佩戴空气呼吸器

眼睛防护　戴化学安全防护眼镜

皮肤和身体防护　穿防毒物渗透工作服

手防护　戴橡胶手套

第九部分　理化特性

外观与性状　黄色结晶固体

pH 值　无意义　　　　　熔点（℃）　108～110

沸点（℃）　无资料　　　相对密度（水＝1）　无资料

相对蒸气密度（空气＝1）　无资料

饱和蒸气压（kPa）　无资料

临界压力（MPa）　无资料　辛醇/水分配系数　无资料

闪点（℃）　无意义　　　自燃温度（℃）　无资料

爆炸下限（%）　无资料　爆炸上限（%）　无资料

分解温度（℃）　＜沸点　黏度（mPa·s）　无资料

燃烧热（kJ/mol）　无资料　临界温度（℃）　无资料

溶解性　微溶于水，溶于多数有机溶剂

第十部分　稳定性和反应性

稳定性　稳定

危险反应　与强氧化剂等禁配物发生反应

避免接触的条件　无资料

禁配物　强氧化剂

危险的分解产物　无资料

第十一部分　毒理学信息

急性毒性　LD$_{50}$：280mg/kg（大鼠经口），150mg/kg
（兔经口）

皮肤刺激或腐蚀　无资料　眼睛刺激或腐蚀　无资料

呼吸或皮肤过敏　无资料　生殖细胞突变性　无资料

致癌性　无资料　　　　生殖毒性　无资料

特异性靶器官系统毒性-一次接触　无资料

特异性靶器官系统毒性-反复接触　无资料

吸入危害　无资料

第十二部分　生态学信息

生态毒性　LC$_{50}$：0.21mg/L（96h）（虹鳟）

持久性和降解性

生物降解性　无资料

非生物降解性　无资料

潜在的生物累积性　无资料

土壤中的迁移性　无资料

第十三部分　废弃处置

废弃化学品　建议用控制焚烧法或安全掩埋法处置。塑料
容器要彻底冲洗，不能重复使用

污染包装物　将容器返还生产商或按照国家和地方法规
处置

废弃注意事项　处置前应参阅国家和地方有关法规

第十四部分　运输信息

联合国危险货物编号（UN 号）　2811

联合国运输名称　有机毒性固体，未另作规定的（鼠完）

联合国危险性类别　6.1

包装类别　Ⅲ　　　　　包装标志　

海洋污染物　是

运输注意事项　运输前应先检查包装容器是否完整、密
封，运输过程中要确保容器不泄漏、不倒塌、不坠
落、不损坏。严禁与酸类、氧化剂、食品及食品添加
剂混运。运输时运输车辆应配备相应品种和数量的消
防器材及泄漏应急处理设备。运输途中应防暴晒、雨
淋，防高温。公路运输时要按规定路线行驶，勿在居
民区和人口稠密区停留

第十五部分　法规信息

下列法律、法规、规章和标准，对该化学品的管理作
了相应的规定。

中华人民共和国职业病防治法　职业病分类和目录：未
列入

危险化学品安全管理条例　危险化学品目录：列入。易制
爆危险化学品名录：未列入。重点监管的危险化学品
名录：未列入。GB 18218—2009《危险化学品重大
危险源辨识》（表1）：未列入

使用有毒物品作业场所劳动保护条例　高毒物品目录：未
列入

易制毒化学品管理条例　易制毒化学品的分类和品种目
录：未列入

国际公约　斯德哥尔摩公约：未列入。鹿特丹公约：未列
入。蒙特利尔议定书：未列入

第十六部分　其他信息

编写和修订信息　　缩略语和首字母缩写

培训建议　　　　　参考文献

免责声明

树脂酸钙

第一部分　化学品标识

化学品中文名　树脂酸钙；熔融树脂酸钙

化学品英文名　calcium resinate；calcium resinate, fused

化学品的推荐及限制用途　用于制陶器、搪瓷、香料、化
妆品、防水化合物、琥珀取代品、鞣革材料

第二部分　危险性概述

紧急情况概述　易燃固体

GHS 危险性类别　易燃固体，类别 2

标签要素

象形图　

警示词 危险

危险性说明 易燃固体

防范说明

预防措施 远离热源、火花、明火、热表面。禁止吸烟。容器和接收设备接地连接。使用防爆型电器、通风、照明设备。戴防护手套、防护眼镜、防护面罩

事故响应 火灾时，使用雾状水、泡沫、干粉、二氧化碳、砂土灭火

安全储存 —

废弃处置 —

物理和化学危险 易燃，其粉体与空气混合，能形成爆炸性混合物

健康危害 对眼睛、黏膜有刺激作用。皮肤接触熔化的本品，可引起灼伤

环境危害 对环境可能有害

第三部分 成分/组成信息

√物质　　　　　　　混合物

组分	浓度	CAS No.
树脂酸钙		9007-13-0

第四部分 急救措施

吸入 迅速脱离现场至空气新鲜处。保持呼吸道通畅。如呼吸困难，给输氧。呼吸、心跳停止，立即进行心肺复苏术。就医

皮肤接触 立即脱去污染的衣着，用流动清水彻底冲洗。就医

眼睛接触 立即分开眼睑，用流动清水或生理盐水彻底冲洗。就医

食入 漱口，饮水。就医

对保护施救者的忠告 根据需要使用个人防护设备

对医生的特别提示 对症处理

第五部分 消防措施

灭火剂 用雾状水、泡沫、干粉、二氧化碳、砂土灭火

特别危险性 遇高热、明火及强氧化剂易引起燃烧

灭火注意事项及防护措施 消防人员必须佩戴防毒面具、穿全身消防服，在上风向灭火。尽可能将容器从火场移至空旷处。喷水保持火场容器冷却，直至灭火结束

第六部分 泄漏应急处理

作业人员防护措施、防护装备和应急处置程序 消除所有点火源。隔离泄漏污染区，限制出入。建议应急处理人员戴防尘口罩，穿防静电服。禁止接触或跨越泄漏物

环境保护措施 防止泄漏物进入水体、下水道、地下室或有限空间

泄漏化学品的收容、清除方法及所使用的处置材料 小量泄漏：用洁净的铲子收集泄漏物，置于干净、干燥、盖子较松的容器中，将容器移离泄漏区。大量泄漏：用水润湿，并筑堤收容

第七部分 操作处置与储存

操作注意事项 密闭操作，局部排风。防止粉尘释放到车间空气中。操作人员必须经过专门培训，严格遵守操作规程。建议操作人员佩戴自吸过滤式防尘口罩，戴化学安全防护眼镜，穿防毒物渗透工作服，戴橡胶手套。远离火种、热源，工作场所严禁吸烟。使用防爆型的通风系统和设备。避免产生粉尘。避免与氧化剂、酸类接触。配备相应品种和数量的消防器材及泄漏应急处理设备。倒空的容器可能残留有害物

储存注意事项 储存于阴凉、通风的库房。库温不宜超过35℃。远离火种、热源。防止阳光直射。包装密封。应与氧化剂、酸类分开存放，切忌混储。采用防爆型照明、通风设施。禁止使用易产生火花的机械设备和工具。储区应备有合适的材料收容泄漏物

第八部分 接触控制/个体防护

职业接触限值

中国 未制定标准

美国（ACGIH） 未制定标准

生物接触限值 未制定标准

监测方法 空气中有毒物质测定方法：未制定标准。生物监测检验方法：未制定标准

工程控制 密闭操作，局部排风

个体防护装备

呼吸系统防护 空气中粉尘浓度超标时，必须佩戴过滤式防尘呼吸器。紧急事态抢救或撤离时，应该佩戴空气呼吸器

眼睛防护 戴化学安全防护眼镜

皮肤和身体防护 穿防毒物渗透工作服

手防护 戴橡胶手套

第九部分 理化特性

外观与性状 白色至淡黄色无定形粉末或块状物，有树脂气味

pH值 无意义		熔点(℃) 120～145	
沸点(℃) 无资料		相对密度(水=1) 1.08	
相对蒸气密度(空气=1) 无资料			
饱和蒸气压(kPa) 无资料			
临界压力(MPa) 无资料		辛醇/水分配系数 无资料	
闪点(℃) 无意义		自燃温度(℃) 无资料	
爆炸下限(%) 无资料		爆炸上限(%) 无资料	
分解温度(℃) 无资料		黏度(mPa·s) 无资料	
燃烧热(kJ/mol) 无资料		临界温度(℃) 无资料	
溶解性 不溶于水，溶于酸			

第十部分 稳定性和反应性

稳定性 稳定

危险反应 与强氧化剂等禁配物接触，有发生火灾和爆炸的危险

避免接触的条件 无资料

禁配物 强氧化剂、酸类

危险的分解产物 氧化钙

第十一部分　毒理学信息

急性毒性　无资料

皮肤刺激或腐蚀　无资料　　**眼睛刺激或腐蚀**　无资料

呼吸或皮肤过敏　无资料　　**生殖细胞突变性**　无资料

致癌性　无资料　　**生殖毒性**　无资料

特异性靶器官系统毒性--一次接触　无资料

特异性靶器官系统毒性-反复接触　无资料

吸入危害　无资料

第十二部分　生态学信息

生态毒性　无资料

持久性和降解性

　　生物降解性　无资料

　　非生物降解性　无资料

潜在的生物累积性　无资料

土壤中的迁移性　无资料

第十三部分　废弃处置

废弃化学品　用安全掩埋法处置。在能利用的地方重复使
　　用容器或在规定场所掩埋

污染包装物　将容器返还生产商或按照国家和地方法规
　　处置

废弃注意事项　处置前应参阅国家和地方有关法规

第十四部分　运输信息

联合国危险货物编号（UN号）　1313；1314（熔凝）

联合国运输名称　树脂酸钙；熔凝树脂酸钙

联合国危险性类别　4.1

包装类别　Ⅲ　　　　　　**包装标志**　

海洋污染物　否

运输注意事项　运输时运输车辆应配备相应品种和数量的
　　消防器材及泄漏应急处理设备。装运本品的车辆排气
　　管必须有阻火装置。运输过程中要确保容器不泄漏、
　　不倒塌、不坠落、不损坏。严禁与氧化剂、酸类、食
　　用化学品等混装混运。运输途中应防曝晒、雨淋，防
　　高温。中途停留时应远离火种、热源。车辆运输完毕
　　应进行彻底清扫。铁路运输时要禁止溜放

第十五部分　法规信息

　　下列法律、法规、规章和标准，对该化学品的管理作
了相应的规定。

中华人民共和国职业病防治法　职业病分类和目录：未
　　列入

危险化学品安全管理条例　危险化学品目录：列入。易制
　　爆危险化学品名录：未列入。重点监管的危险化学品
　　名录：未列入。GB 18218—2009《危险化学品重大
　　危险源辨识》（表1）：未列入

使用有毒物品作业场所劳动保护条例　高毒物品目录：未
　　列入

易制毒化学品管理条例　易制毒化学品的分类和品种目
　　录：未列入

国际公约　斯德哥尔摩公约：未列入。鹿特丹公约：未列
　　入。蒙特利尔议定书：未列入

第十六部分　其他信息

编写和修订信息　　**缩略语和首字母缩写**

培训建议　　**参考文献**

免责声明

树脂酸钴

第一部分　化学品标识

化学品中文名　树脂酸钴；树脂酸亚钴

化学品英文名　cobalt resinate；cobaltous resinate

化学品的推荐及限制用途　用于油漆催干剂

第二部分　危险性概述

紧急情况概述　易燃固体

GHS危险性类别　易燃固体，类别2

标签要素

象形图　

警示词　危险

危险性说明　易燃固体

防范说明

　　预防措施　远离热源、火花、明火、热表面。禁止
　　　　吸烟。容器和接收设备接地连接。使用防爆电
　　　　器、通风、照明设备。戴防护手套、防护眼
　　　　镜、防护面罩

　　事故响应　火灾时，使用雾状水、泡沫、干粉、二
　　　　氧化碳、砂土灭火

　　安全储存　—

　　废弃处置　—

物理和化学危险　易燃，其粉体与空气混合，能形成爆炸
　　性混合物

健康危害　对眼睛、黏膜有刺激作用。可引起咽炎、呼吸
　　道刺激和胃肠道刺激症状

环境危害　对环境可能有害。

第三部分　成分/组成信息

　√物质　　　　　　　　　　混合物

　　组分　　　　浓度　　　　CAS No.

　　树脂酸钴　　　　　　　　68956-82-1

第四部分　急救措施

吸入　迅速脱离现场至空气新鲜处。保持呼吸道通畅。如
　　呼吸困难，给输氧。呼吸、心跳停止，立即进行心肺
　　复苏术。就医

皮肤接触　立即脱去污染的衣着，用流动清水彻底冲洗。
　　就医

眼睛接触 立即分开眼睑，用流动清水或生理盐水彻底冲洗。就医

食入 漱口，饮水。就医

对保护施救者的忠告 根据需要使用个人防护设备

对医生的特别提示 对症处理

第五部分　消防措施

灭火剂 用雾状水、泡沫、干粉、二氧化碳、砂土灭火

特别危险性 遇高热、明火或与氧化剂接触，有引起燃烧的危险。暴露在空气中能自燃

灭火注意事项及防护措施 消防人员必须佩戴防毒面具、穿全身消防服，在上风向灭火。尽可能将容器从火场移至空旷处。喷水保持火场容器冷却，直至灭火结束

第六部分　泄漏应急处理

作业人员防护措施、防护装备和应急处置程序 消除所有点火源。隔离泄漏污染区，限制出入。建议应急处理人员戴防尘口罩，穿防毒、防静电服。禁止接触或跨越泄漏物

环境保护措施 防止泄漏物进入水体、下水道、地下室或有限空间

泄漏化学品的收容、清除方法及所使用的处置材料 小量泄漏：用洁净的铲子收集泄漏物，置于干净、干燥、盖子较松的容器中，将容器移离泄漏区。大量泄漏：用水润湿，并筑堤收容

第七部分　操作处置与储存

操作注意事项 密闭操作，局部排风。防止粉尘释放到车间空气中。操作人员必须经过专门培训，严格遵守操作规程。建议操作人员佩戴自吸过滤式防尘口罩，戴化学安全防护眼镜，穿防毒物渗透工作服，戴橡胶手套。远离火种、热源，工作场所严禁吸烟。使用防爆型的通风系统和设备。避免产生粉尘。避免与氧化剂接触。配备相应品种和数量的消防器材及泄漏应急处理设备。倒空的容器可能残留有害物

储存注意事项 储存于阴凉、通风的库房。库温不宜超过35℃。远离火种、热源。防止阳光直射。包装密封。应与氧化剂、食用化学品分开存放，切忌混储。采用防爆型照明、通风设施。禁止使用易产生火花的机械设备和工具。储区应备有合适的材料收容泄漏物

第八部分　接触控制/个体防护

职业接触限值

中国　未制定标准

美国（ACGIH）　未制定标准

生物接触限值 未制定标准

监测方法 空气中有毒物质测定方法：未制定标准。生物监测检验方法：未制定标准

工程控制 密闭操作，局部排风

个体防护装备

呼吸系统防护　空气中粉尘浓度超标时，必须佩戴过滤式防尘呼吸器。紧急事态抢救或撤离时，应该佩戴空气呼吸器

眼睛防护　戴化学安全防护眼镜

皮肤和身体防护　穿防毒物渗透工作服

手防护　戴橡胶手套

第九部分　理化特性

外观与性状 棕红色粉末

pH 值 无意义	**熔点（℃）** 无资料
沸点（℃） 无资料	**相对密度（水＝1）** 无资料
相对蒸气密度（空气＝1） 无资料	
饱和蒸气压（kPa） 无资料	
临界压力（MPa） 无资料	**辛醇/水分配系数** 无资料
闪点（℃） 无意义	**自燃温度（℃）** 无资料
爆炸下限（%） 无资料	**爆炸上限（%）** 无资料
分解温度（℃） 无资料	**黏度（mPa·s）** 无资料
燃烧热（kJ/mol） 无资料	**临界温度（℃）** 无资料

溶解性 不溶于水

第十部分　稳定性和反应性

稳定性 稳定

危险反应 与强氧化剂等禁配物接触，有发生火灾和爆炸的危险

避免接触的条件 无资料

禁配物 强氧化剂

危险的分解产物 氧化钴

第十一部分　毒理学信息

急性毒性 无资料

皮肤刺激或腐蚀 无资料	**眼睛刺激或腐蚀** 无资料
呼吸或皮肤过敏 无资料	**生殖细胞突变性** 无资料

致癌性 对动物注射钴的部位可引起癌症

生殖毒性 无资料

特异性靶器官系统毒性-一次接触 无资料

特异性靶器官系统毒性-反复接触 无资料

吸入危害 无资料

第十二部分　生态学信息

生态毒性 无资料

持久性和降解性

生物降解性　无资料

非生物降解性　无资料

潜在的生物累积性 无资料

土壤中的迁移性 无资料

第十三部分　废弃处置

废弃化学品 用安全掩埋法处置。在能利用的地方重复使用容器或在规定场所掩埋

污染包装物 将容器返还生产商或按照国家和地方法规处置

废弃注意事项 处置前应参阅国家和地方有关法规

第十四部分　运输信息

联合国危险货物编号（UN 号） 1318

联合国运输名称 树脂酸钴，沉淀的

联合国危险性类别　4.1

包装类别　Ⅲ　　　　　包装标志

海洋污染物　否

运输注意事项　运输时运输车辆应配备相应品种和数量的消防器材及泄漏应急处理设备。装运本品的车辆排气管必须有阻火装置。运输过程中要确保容器不泄漏、不倒塌、不坠落、不损坏。严禁与氧化剂、食用化学品等混装混运。运输途中应防暴晒、雨淋，防高温。中途停留时应远离火种、热源。车辆运输完毕应进行彻底清扫。铁路运输时要禁止溜放

第十五部分　法规信息

下列法律、法规、规章和标准，对该化学品的管理作了相应的规定。

中华人民共和国职业病防治法　职业病分类和目录：未列入

危险化学品安全管理条例　危险化学品目录：列入。易制爆危险化学品名录：未列入。重点监管的危险化学品名录：未列入。GB 18218—2009《危险化学品重大危险源辨识》（表1）：未列入

使用有毒物品作业场所劳动保护条例　高毒物品目录：未列入

易制毒化学品管理条例　易制毒化学品的分类和品种目录：未列入

国际公约　斯德哥尔摩公约：未列入。鹿特丹公约：未列入。蒙特利尔议定书：未列入

第十六部分　其他信息

编写和修订信息　　缩略语和首字母缩写
培训建议　　　　　参考文献
免责声明

双环戊二烯

第一部分　化学品标识

化学品中文名　双环戊二烯；二聚环戊二烯

化学品英文名　dicyclopentadiene；3a,4,7,7a-tetrahydro-4,7-methanoindene

分子式　$C_{10}H_{12}$　**分子量**　132.22

结构式　

化学品的推荐及限制用途　用于制乙丙橡胶的第三单体亚乙基降冰片烯，多聚环戊二烯农药，聚酯、树脂、塑料的阻燃剂，药物，香料等

第二部分　危险性概述

紧急情况概述　高度易燃液体和蒸气，吞咽有害，吸入有害，造成皮肤刺激，造成严重眼刺激，可能引起呼吸道刺激

GHS 危险性类别　易燃液体，类别2；急性毒性-经口，类别4；急性毒性-吸入，类别4；皮肤腐蚀/刺激，类别2；严重眼损伤/眼刺激，类别2；特异性靶器官毒性-一次接触，类别3（呼吸道刺激）；危害水生环境-急性危害，类别2；危害水生环境-长期危害，类别2

标签要素

象形图

警示词　危险

危险性说明　高度易燃液体和蒸气，吞咽有害，吸入有害，造成皮肤刺激，造成严重眼刺激，可能引起呼吸道刺激，对水生生物有毒并具有长期持续影响

防范说明

预防措施　远离热源、火花、明火、热表面。保持容器密闭。容器和接收设备接地连接。使用防爆型电器、通风、照明设备。只能使用不产生火花的工具。采取防止静电措施。戴防护手套、防护眼镜、防护面罩。避免接触眼睛、皮肤，操作后彻底清洗。作业场所不得进食、饮水或吸烟。避免吸入蒸气、雾。仅在室外或通风良好处操作。禁止排入环境

事故响应　火灾时，使用雾状水、泡沫、干粉、二氧化碳、砂土灭火。如吸入：将患者转移到空气新鲜处，休息，保持利于呼吸的体位。皮肤接触：用大量肥皂水和水清洗，脱去被污染的衣服，如发生皮肤刺激，就医。被污染的衣服经洗净后方可重新使用。如接触眼睛：用水细心冲洗数分钟。如戴隐形眼镜并可方便地取出，取出隐形眼镜，继续冲洗。如果眼睛刺激持续：就医。食入：如果感觉不适，立即呼叫中毒控制中心或就医，漱口。收集泄漏物

安全储存　存放在通风良好的地方。保持低温

废弃处置　本品及内装物、容器依据国家和地方法规处置

物理和化学危险　易燃，其蒸气与空气混合，能形成爆炸性混合物

健康危害　接触高浓度本品蒸气有刺激和麻醉作用，引起眼、鼻、喉和肺刺激，头痛、头晕及其他中枢神经系统症状。有可能引起肝、肾损害。长期反复皮肤接触可致皮肤损害

环境危害　对水生生物有毒并具有长期持续影响

第三部分　成分/组成信息

√　物质　　　　　　　　　　　混合物

组分	浓度	CAS No.
双环戊二烯		77-73-6

第四部分　急救措施

吸入　迅速脱离现场至空气新鲜处。保持呼吸道通畅。如呼吸困难，给输氧。呼吸、心跳停止，立即进行心肺复苏术。就医

皮肤接触 立即脱去污染的衣着，用流动清水彻底冲洗。就医

眼睛接触 立即分开眼睑，用流动清水或生理盐水彻底冲洗。就医

食入 漱口，饮水。就医

对保护施救者的忠告 根据需要使用个人防护设备

对医生的特别提示 对症处理

第五部分 消防措施

灭火剂 用雾状水、泡沫、干粉、二氧化碳、砂土灭火

特别危险性 其蒸气与空气可形成爆炸性混合物，遇明火、高热能引起燃烧爆炸。与氧化剂可发生反应。容易自聚，聚合反应随着温度的上升而急骤加剧

灭火注意事项及防护措施 消防人员必须佩戴空气呼吸器、穿全身防火防毒服，在上风向灭火。尽可能将容器从火场移至空旷处。喷水保持火场容器冷却，直至灭火结束

第六部分 泄漏应急处理

作业人员防护措施、防护装备和应急处置程序 消除所有点火源。根据液体流动和蒸气扩散的影响区域划定警戒区，无关人员从侧风、上风向撤离至安全区。建议应急处理人员戴防尘口罩，穿防静电服。作业时使用的所有设备应接地。禁止接触或跨越泄漏物。尽可能切断泄漏源

环境保护措施 防止泄漏物进入水体、下水道、地下室或有限空间

泄漏化学品的收容、清除方法及所使用的处置材料 小量泄漏：用砂土或其他不燃材料吸收。使用洁净的无火花工具收集吸收材料。大量泄漏：构筑围堤或挖坑收容。用泡沫覆盖，减少蒸发。喷水雾能减少蒸发，但不能降低泄漏物在有限空间内的易燃性。用防爆泵转移至槽车或专用收集器内

第七部分 操作处置与储存

操作注意事项 密闭操作，全面通风。操作人员必须经过专门培训，严格遵守操作规程。建议操作人员佩戴自吸过滤式防尘口罩，戴化学安全防护眼镜，穿防毒物渗透工作服，戴橡胶手套。远离火种、热源，工作场所严禁吸烟。使用防爆型的通风系统和设备。避免产生粉尘。避免与氧化剂、酸类、碱类接触。搬运时要轻装轻卸，防止包装及容器损坏。配备相应品种和数量的消防器材及泄漏应急处理设备。倒空的容器可能残留有害物

储存注意事项 储存于阴凉、通风的库房。库温不宜超过37℃，远离火种、热源。应与氧化剂、酸类、碱类、食用化学品分开存放，切忌混储。不宜大量储存或久存。采用防爆型照明、通风设施。禁止使用易产生火花的机械设备和工具。储区应备有合适的材料收容泄漏物

第八部分 接触控制/个体防护

职业接触限值

中国 PC-TWA：25mg/m³

美国（ACGIH） TLV-TWA：5ppm

生物接触限值 未制定标准

监测方法 空气中有毒物质测定方法：溶剂解吸-气相色谱法。生物监测检验方法：未制定标准

工程控制 生产过程密闭，全面通风

个体防护装备

呼吸系统防护 空气中粉尘浓度超标时，必须佩戴过滤式防尘呼吸器。紧急事态抢救或撤离时，应该佩戴空气呼吸器

眼睛防护 戴化学安全防护眼镜

皮肤和身体防护 穿防毒物渗透工作服

手防护 戴橡胶手套

第九部分 理化特性

外观与性状 无色透明液体

pH 值 无资料 　　**熔点（℃）** －1

沸点（℃） 170

相对密度（水＝1） 0.98（35℃）

相对蒸气密度（空气＝1） 4.55

饱和蒸气压（kPa） 1.3（37.7℃）

临界压力（MPa） 无资料 　**辛醇/水分配系数** 无资料

闪点（℃） 26.67 　　**自燃温度（℃）** 503

爆炸下限（%） 1.0 　　**爆炸上限（%）** 10.0

分解温度（℃） 无资料

黏度（mPa·s） 0.736（21℃）

燃烧热（kJ/mol） －5778.01

临界温度（℃） 无资料

溶解性 不溶于水，溶于乙醇、乙醚

第十部分 稳定性和反应性

稳定性 稳定

危险反应 与强氧化剂等禁配物接触，有发生火灾和爆炸的危险。容易发生自聚反应

避免接触的条件 无资料

禁配物 强氧化剂、强酸、强碱

危险的分解产物 无资料

第十一部分 毒理学信息

急性毒性 LD_{50}：353mg/kg（大鼠经口）；190mg/kg（小鼠经口）；5080mg/kg（兔经皮）。LC_{50}：610mg/m³（大鼠吸入，4h）

皮肤刺激或腐蚀 无资料 　**眼睛刺激或腐蚀** 无资料

呼吸或皮肤过敏 无资料 　**生殖细胞突变性** 无资料

致癌性 无资料 　　**生殖毒性** 无资料

特异性靶器官系统毒性-一次接触 无资料

特异性靶器官系统毒性-反复接触 无资料

吸入危害 无资料

第十二部分 生态学信息

生态毒性 LC_{50}：4.3mg/L（96h）（青鳉）；EC_{50}：8mg/L（48h）（大型溞）；EC_{50}：27mg/L（72h）（羊角月牙藻）；NOEC：3.2mg/L（21d）（大型溞）

持久性和降解性

　　生物降解性　不易快速生物降解（OECD 301C）

　　非生物降解性　无资料

潜在的生物累积性　根据 K_{ow} 值预测，该物质的生物累积性可能较弱

土壤中的迁移性　根据 K_{oc} 值预测，该物质可能有一定的迁移性

第十三部分　废弃处置

废弃化学品　建议用焚烧法处置

污染包装物　将容器返还生产商或按照国家和地方法规处置

废弃注意事项　处置前应参阅国家和地方有关法规

第十四部分　运输信息

联合国危险货物编号（UN号）　2048

联合国运输名称　二聚环戊二烯（双茂）

联合国危险性类别　3

包装类别　Ⅲ　　　　　包装标志　

海洋污染物　是

运输注意事项　运输时运输车辆应配备相应品种和数量的消防器材及泄漏应急处理设备。夏季最好早晚运输。运输时所用的槽（罐）车应有接地链，槽内可设孔隔板以减少震荡产生的静电。严禁与氧化剂、酸类、碱类、食用化学品等混装混运。运输途中应防暴晒、雨淋、防高温。中途停留时应远离火种、热源、高温区。装运该物品的车辆排气管必须配备阻火装置，禁止使用易产生火花的机械设备和工具装卸。铁路运输时要禁止溜放。严禁用木船、水泥船散装运输

第十五部分　法规信息

　　下列法律、法规、规章和标准，对该化学品的管理作了相应的规定。

中华人民共和国职业病防治法　职业病分类和目录：未列入

危险化学品安全管理条例　危险化学品目录：列入。易制爆危险化学品名录：未列入。重点监管的危险化学品名录：未列入。GB 18218—2009《危险化学品重大危险源辨识》（表1）：未列入

使用有毒物品作业场所劳动保护条例　高毒物品目录：未列入

易制毒化学品管理条例　易制毒化学品的分类和品种目录：未列入

国际公约　斯德哥尔摩公约：未列入。鹿特丹公约：未列入。蒙特利尔议定书：未列入

第十六部分　其他信息

编写和修订信息　　　缩略语和首字母缩写

培训建议　　　　　　参考文献

免责声明

双(2-氯乙基)甲胺

第一部分　化学品标识

化学品中文名　双（2-氯乙基）甲胺；氮芥；双（氯乙基）甲胺

化学品英文名　bis-(2-chloroethyl) methylamine; nitrogen mustard

分子式　$C_5H_{11}Cl_2N$　分子量　156.054

结构式　

化学品的推荐及限制用途　主要用作抗癌药物及用于有机合成

第二部分　危险性概述

紧急情况概述　吞咽致命，皮肤接触会致命，吸入致命，造成严重的皮肤灼伤和眼损伤，可能致癌

GHS危险性类别　急性毒性-经口，类别2；急性毒性-经皮，类别1；急性毒性-吸入，类别1；皮肤腐蚀/刺激，类别1；严重眼损伤/眼刺激，类别1；生殖细胞致突变性，类别1B；致癌性，类别1B；特异性靶器官毒性--一次接触，类别2

标签要素

象形图　　（象形图）

警示词　危险

危险性说明　吞咽致命，皮肤接触会致命，吸入致命，造成严重的皮肤灼伤和眼损伤，可能致癌，可能对器官造成损害

防范说明

　　预防措施　避免接触眼睛、皮肤，操作后彻底清洗。作业场所不得进食、饮水或吸烟。避免吸入蒸气、雾。仅在室外或通风良好处操作。戴防护手套，穿防护服，戴防护眼镜、防护面罩。得到专门指导后操作。在阅读并了解所有安全预防措施之前，切勿操作。按要求使用个体防护装备

　　事故响应　如吸入：将患者转移到空气新鲜处，休息，保持利于呼吸的体位，立即呼叫中毒控制中心或就医。皮肤接触：用大量肥皂水和水轻轻地清洗，立即脱去所有被污染的衣服，立即呼叫中毒控制中心或就医。被污染的衣服经洗净后方可重新使用。眼睛接触：用水细心地冲洗数分钟，立即呼叫中毒控制中心或就医。如戴隐形眼镜并可方便地取出，则取出隐形眼镜，继续冲洗。食入：漱口，不要催吐，立即呼叫中毒控制中心或就医。如果接触或有担心，就医；如果接触或感觉不适，呼叫中毒控制中心或就医

　　安全储存　在通风良好处储存。保持容器密闭。上锁保管

废弃处置　本品及内装物、容器依据国家和地方法规处置

物理和化学危险　可燃，其蒸气与空气混合，能形成爆炸性混合物

健康危害　吸入、摄入或经皮吸收均可引起中毒。人静脉注射 0.4mg/kg，可迅速引起胃肠道症状，迟发性白细胞抑制。本品是一种起疱剂和局部刺激剂。眼睛和皮肤接触引起灼伤

环境危害　对环境可能有害

第三部分　成分/组成信息

√物质　　　　　　　　　混合物

组分	浓度	CAS No.
双（2-氯乙基）甲胺		51-75-2

第四部分　急救措施

吸入　迅速脱离现场至空气新鲜处。保持呼吸道通畅。如呼吸困难，给输氧。呼吸、心跳停止，立即进行心肺复苏术。就医

皮肤接触　立即脱去污染的衣着，用大量流动清水彻底冲洗至少 15min。就医

眼睛接触　立即分开眼睑，用流动清水或生理盐水彻底冲洗 5～10min。就医

食入　用水漱口，禁止催吐。给饮牛奶或蛋清。就医

对保护施救者的忠告　根据需要使用个人防护设备

对医生的特别提示　对症处理

第五部分　消防措施

灭火剂　用雾状水、泡沫、干粉、二氧化碳、砂土灭火

特别危险性　遇明火、高热可燃。与氧化剂可发生反应。受高热分解放出有毒的气体。蒸气比空气重，沿地面扩散并易积存于低洼处，遇火源会着火回燃。若遇高热，容器内压增大，有开裂和爆炸的危险

灭火注意事项及防护措施　消防人员必须佩戴空气呼吸器、穿全身防火防毒服，在上风向灭火。尽可能将容器从火场移至空旷处。喷水保持火场容器冷却，直至灭火结束。处在火场中的容器若已变色或从安全泄压装置中发出声音，必须马上撤离

第六部分　泄漏应急处理

作业人员防护措施、防护装备和应急处置程序　根据液体流动和蒸气扩散的影响区域划定警戒区，无关人员从侧风、上风向撤离至安全区。消除所有点火源。建议应急处理人员戴正压自给式呼吸器，穿防毒服。禁止接触或跨越泄漏物。尽可能切断泄漏源

环境保护措施　防止泄漏物进入水体、下水道、地下室或有限空间

泄漏化学品的收容、清除方法及所使用的处置材料　小量泄漏：用砂土吸收。大量泄漏：构筑围堤或挖坑收容。用泵转移至槽车或专用收集器内

第七部分　操作处置与储存

操作注意事项　密闭操作，提供充分的局部排风。防止蒸

气泄漏到工作场所空气中。操作人员必须经过专门培训，严格遵守操作规程。建议操作人员佩戴自吸过滤式防毒面具（全面罩），穿胶布防毒衣，戴橡胶手套。远离火种、热源，工作场所严禁吸烟。使用防爆型的通风系统和设备。在清除液体和蒸气前不能进行焊接、切割等作业。避免产生烟雾。避免与氧化剂接触。配备相应品种和数量的消防器材及泄漏应急处理设备。倒空的容器可能残留有害物

储存注意事项　储存于阴凉、干燥、通风良好的专用库房内，实行"双人收发、双人保管"制度。远离火种、热源。防止阳光直射。包装必须密封，切勿受潮。应与氧化剂、食用化学品等分开存放，切忌混储。配备相应品种和数量的消防器材。储区应备有泄漏应急处理设备和合适的收容材料

第八部分　接触控制/个体防护

职业接触限值

中国　未制定标准

美国（ACGIH）　未制定标准

生物接触限值　未制定标准

监测方法　空气中有毒物质测定方法：未制定标准。生物监测检验方法：未制定标准

工程控制　严加密闭，提供充分的局部排风

个体防护装备

呼吸系统防护　空气中浓度超标时，必须佩戴过滤式防毒面具（全面罩）。紧急事态抢救或撤离时，应该佩戴空气呼吸器

眼睛防护　呼吸系统防护中已作防护

皮肤和身体防护　穿密闭型防毒服

手防护　戴橡胶手套

第九部分　理化特性

外观与性状　液体

pH 值　无资料	**熔点(℃)**　−70
沸点(℃)　75（1.33kPa）	**相对密度(水=1)**　1.118
相对蒸气密度(空气=1)　5.9	
饱和蒸气压(kPa)　0.02（25℃）	
临界压力(MPa)　无资料	**辛醇/水分配系数**　无资料
闪点(℃)　无资料	**自燃温度(℃)**　无资料
爆炸下限(%)　无资料	**爆炸上限(%)**　无资料
分解温度(℃)　无资料	**黏度(mPa·s)**　无资料
燃烧热(kJ/mol)　无资料	**临界温度(℃)**　无资料

溶解性　微溶于水，可混溶于四氯化碳、二硫化碳

第十部分　稳定性和反应性

稳定性　稳定

危险反应　与强氧化剂、水等禁配物发生反应

避免接触的条件　潮湿空气

禁配物　强氧化剂、水

危险的分解产物　氮氧化物、氯化氢

第十一部分　毒理学信息

急性毒性　LD_{50}：10mg/kg（大鼠经口），12mg/kg（大

鼠经皮)，10mg/kg（小鼠经口），5mg/kg（兔经口），12mg/kg（兔经皮）

皮肤刺激或腐蚀　无资料

眼睛刺激或腐蚀　家兔经眼：400μg，重度刺激

呼吸或皮肤过敏　无资料

生殖细胞突变性　微生物致突变：鼠伤寒沙门氏菌40μg/皿。细胞遗传学分析：小鼠皮下：680μg/kg。显性致死试验：小鼠腹腔内3mg/kg。DNA抑制：人淋巴细胞400μg/L。细胞遗传学分析：人白细胞10μg/L。人淋巴细胞性染色体缺失和不分离：150μg/L

致癌性　IARC致癌性评论：组2A，对人类很可能是致癌物

生殖毒性　雌性大鼠孕后8d，腹腔注射最低中毒剂量300μg/kg，致肌肉骨骼发育畸形

特异性靶器官系统毒性-一次接触　无资料

特异性靶器官系统毒性-反复接触　无资料

吸入危害　无资料

第十二部分　生态学信息

生态毒性　无资料

持久性和降解性

　　生物降解性　无资料

　　非生物降解性　无资料

潜在的生物累积性　无资料

土壤中的迁移性　无资料

第十三部分　废弃处置

废弃化学品　建议用控制焚烧法或安全掩埋法处置。破损容器禁止重新使用，要在规定场所掩埋

污染包装物　将容器返还生产商或按照国家和地方法规处置

废弃注意事项　处置前应参阅国家和地方有关法规

第十四部分　运输信息

联合国危险货物编号（UN号）　2811

联合国运输名称　有机毒性液体，未另作规定的［双（2-氯乙基）甲胺］

联合国危险性类别　6.1

包装类别　Ⅰ　　　　　　　**包装标志**　

海洋污染物　否

运输注意事项　运输前应先检查包装容器是否完整、密封，运输过程中要确保容器不泄漏、不倒塌、不坠落、不损坏。严禁与氧化剂等混装混运。船运时，应与机舱、电源、火源等部位隔离。公路运输时要按规定路线行驶

第十五部分　法规信息

　　下列法律、法规、规章和标准，对该化学品的管理作了相应的规定。

中华人民共和国职业病防治法　职业病分类和目录：未

列入

危险化学品安全管理条例　危险化学品目录：列入。作为剧毒化学品进行管理。易制爆危险化学品名录：未列入。重点监管的危险化学品名录：未列入。GB 18218—2009《危险化学品重大危险源辨识》（表1）：未列入

使用有毒物品作业场所劳动保护条例　高毒物品目录：未列入

易制毒化学品管理条例　易制毒化学品的分类和品种目录：未列入

国际公约　斯德哥尔摩公约：未列入。鹿特丹公约：未列入。蒙特利尔议定书：未列入

第十六部分　其他信息

编写和修订信息　　缩略语和首字母缩写
培训建议　　　　　参考文献
免责声明

双(β-氰乙基)胺

第一部分　化学品标识

化学品中文名　双（β-氰乙基）胺；β,β'-亚氨基二丙腈；双（氰乙基）胺

化学品英文名　bis（beta-cyanoethyl）amine；3,3'-imino-dipropionitrile

分子式　$C_6H_9N_3$　**分子量**　123.1558

结构式　NC⌒⌒NH⌒⌒CN

化学品的推荐及限制用途　用作气相色谱固定液

第二部分　危险性概述

紧急情况概述　吞咽有害，造成皮肤刺激，造成严重眼刺激，可能引起呼吸道刺激

GHS危险性类别　急性毒性-经口，类别4；皮肤腐蚀/刺激，类别2；严重眼损伤/眼刺激，类别2；特异性靶器官毒性-一次接触，类别3（呼吸道刺激）

标签要素

象形图　

警示词　警告

危险性说明　吞咽有害，造成皮肤刺激，造成严重眼刺激，可能引起呼吸道刺激

防范说明

　　预防措施　避免接触眼睛、皮肤，操作后彻底清洗。作业场所不得进食、饮水或吸烟。戴防护手套、防护眼镜、防护面罩

　　事故响应　皮肤接触：用大量肥皂水和水清洗，脱去被污染的衣服，如发生皮肤刺激，就医。被污染的衣服必须经洗净后方可重新使用。如接触眼睛：用水细心冲洗数分钟。如戴隐形眼镜并可方便地取出，取出隐形眼镜，继续冲洗。如果眼睛刺激持续：就医。食入：如果感觉不

适，立即呼叫中毒控制中心或就医，漱口

安全储存：—

废弃处置　本品及内装物、容器依据国家和地方法规处置

物理和化学危险　可燃，其蒸气与空气混合，能形成爆炸性混合物

健康危害　对皮肤、眼睛有强烈刺激作用，摄入会中毒

环境危害　对环境可能有害

第三部分　成分/组成信息

√物质   混合物

组分　　　　浓度　　　　CAS No.

双（β-氰乙基）胺　　　　　　111-94-4

第四部分　急救措施

吸入　迅速脱离现场至空气新鲜处。保持呼吸道通畅。如呼吸困难，给输氧。呼吸、心跳停止，立即进行心肺复苏术。就医

皮肤接触　立即脱去污染的衣着，用肥皂水和流动清水彻底冲洗。就医

眼睛接触　立即分开眼睑，用流动清水或生理盐水彻底冲洗。就医

食入　催吐（仅限于清醒者），给服活性炭悬液。就医

对保护施救者的忠告　根据需要使用个人防护设备

对医生的特别提示　解毒剂：亚硝酸钠、硫代硫酸钠、4-二甲基氨基苯酚等

第五部分　消防措施

灭火剂　用雾状水、泡沫、干粉、二氧化碳、砂土灭火

特别危险性　遇明火、高热可燃。与氧化剂能发生强烈反应。遇高热分解释出高毒烟气。蒸气比空气重，沿地面扩散并易积存于低洼处，遇火源会着火回燃。若遇高热，容器内压增大，有开裂和爆炸的危险

灭火注意事项及防护措施　消防人员必须佩戴防毒面具、穿全身消防服，在上风向灭火。尽可能将容器从火场移至空旷处。喷水保持火场容器冷却，直至灭火结束。处在火场中的容器若已变色或从安全泄压装置中发出声音，必须马上撤离

第六部分　泄漏应急处理

作业人员防护措施、防护装备和应急处置程序　根据液体流动和蒸气扩散的影响区域划定警戒区，无关人员从侧风、上风向撤离至安全区。消除所有点火源。建议应急处理人员戴正压自给式呼吸器，穿一般作业工作服。尽可能切断泄漏源

环境保护措施　防止泄漏物进入水体、下水道、地下室或有限空间

泄漏化学品的收容、清除方法及所使用的处置材料　小量泄漏：用干燥的砂土或其他不燃材料吸收或覆盖，收集于容器中。大量泄漏：构筑围堤或挖坑收容。用泵转移至槽车或专用收集器内

第七部分　操作处置与储存

操作注意事项　密闭操作，全面通风。防止蒸气泄漏到工作场所空气中。操作人员必须经过专门培训，严格遵守操作规程。建议操作人员佩戴自吸过滤式防毒面具（半面罩），戴化学安全防护眼镜，穿透气型防毒服，戴防化学品手套。远离火种、热源，工作场所严禁吸烟。使用防爆型的通风系统和设备。在清除液体和蒸气前不能进行焊接、切割等作业。避免产生烟雾。避免与氧化剂、酸类接触。配备相应品种和数量的消防器材及泄漏应急处理设备。倒空的容器可能残留有害物

储存注意事项　储存于阴凉、通风的库房。远离火种、热源。防止阳光直射。保持容器密封。应与氧化剂、酸类分开存放，切忌混储。配备相应品种和数量的消防器材。储区应备有泄漏应急处理设备和合适的收容材料

第八部分　接触控制/个体防护

职业接触限值

中国　未制定标准

美国（ACGIH）　未制定标准

生物接触限值　未制定标准

监测方法　空气中有毒物质测定方法：未制定标准。生物监测检验方法：未制定标准

工程控制　生产过程密闭，全面通风

个体防护装备

呼吸系统防护　空气中浓度超标时，必须佩戴过滤式防毒面具（半面罩）。紧急事态抢救或撤离时，应该佩戴空气呼吸器

眼睛防护　空气中浓度较高时，戴化学安全防护眼镜

皮肤和身体防护　穿透气型防毒服

手防护　戴防化学品手套

第九部分　理化特性

外观与性状　黄色黏性液体

pH 值　无资料　　　　　　**熔点(℃)**　-5.5

沸点(℃)　173（1.33kPa）

相对密度(水=1)　1.0165（30℃）

相对蒸气密度(空气=1)　3.3

饱和蒸气压(kPa)　0.133（140℃）

临界压力(MPa) 无资料	**辛醇/水分配系数** 无资料
闪点(℃) ＞110	**自燃温度(℃)** 无资料
爆炸下限(%) 无资料	**爆炸上限(%)** 无资料
分解温度(℃) 无资料	**黏度(mPa·s)** 无资料
燃烧热(kJ/mol) 无资料	**临界温度(℃)** 无资料

溶解性　溶于水、乙醇、丙酮、苯

第十部分　稳定性和反应性

稳定性　稳定

危险反应　与强氧化剂、酸类等禁配物发生反应

避免接触的条件　无资料

禁配物　强氧化剂、酸类

危险的分解产物　氮氧化物、氰化物

第十一部分　毒理学信息

急性毒性　LD_{50}：2700mg/kg（大鼠经口），＞3200mg/kg

（小鼠经口），2520mg/kg（兔经皮）

皮肤刺激或腐蚀　家兔经皮：500mg（24h），轻度刺激

眼睛刺激或腐蚀　家兔经眼：500mg，重度刺激

呼吸或皮肤过敏　无资料　　**生殖细胞突变性**　无资料

致癌性　无资料

生殖毒性　大鼠经口最低中毒剂量（TDLo）：840mg/kg（孕1～21d），中枢神经系统，肌肉骨骼系统发育异常，对新生鼠存活指数有影响

特异性靶器官系统毒性-一次接触　无资料

特异性靶器官系统毒性-反复接触　无资料

吸入危害　无资料

第十二部分　生态学信息

生态毒性　无资料

持久性和降解性

　　生物降解性　无资料

　　非生物降解性　无资料

潜在的生物累积性　无资料

土壤中的迁移性　无资料

第十三部分　废弃处置

废弃化学品　建议用焚烧法处置。在能利用的地方重复使用容器或在规定场所掩埋

污染包装物　将容器返还生产商或按照国家和地方法规处置

废弃注意事项　处置前应参阅国家和地方有关法规

第十四部分　运输信息

联合国危险货物编号（UN号）　3334

联合国运输名称　空运受管制的液体，未另做规定的［双（β-氰乙基）胺］

联合国危险性类别　9

包装类别　Ⅲ　　　　　　　　**包装标志**

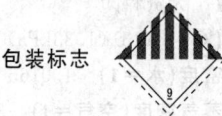

海洋污染物　否

运输注意事项　运输前应先检查包装容器是否完整、密封，运输过程中要确保容器不泄漏、不倒塌、不坠落、不损坏。严禁与酸类、氧化剂、食品及食品添加剂混运。运输时运输车辆应配备相应品种和数量的消防器材及泄漏应急处理设备。运输途中应防暴晒、雨淋，防高温。公路运输时要按规定路线行驶，勿在居民区和人口稠密区停留

第十五部分　法规信息

　　下列法律、法规、规章和标准，对该化学品的管理作了相应的规定。

中华人民共和国职业病防治法　职业病分类和目录：氰及腈类化合物中毒

危险化学品安全管理条例　危险化学品目录：列入。易制爆危险化学品名录：未列入。重点监管的危险化学品名录：未列入。GB 18218—2009《危险化学品重大

**危险源辨识》（表1）：未列入

使用有毒物品作业场所劳动保护条例　高毒物品目录：未列入

易制毒化学品管理条例　易制毒化学品的分类和品种目录：未列入

国际公约　斯德哥尔摩公约：未列入。鹿特丹公约：未列入。蒙特利尔议定书：未列入

第十六部分　其他信息

编写和修订信息　　缩略语和首字母缩写

培训建议　　　　　参考文献

免责声明

顺丁烯二酸酐

第一部分　化学品标识

化学品中文名　顺丁烯二酸酐；马来酸酐；马来（酸）酐；失水苹果酸酐

化学品英文名　*cis*-butenedioic anhydride；maleic anhydride

分子式　$C_4H_2O_3$　　**分子量**　98.057

结构式　

化学品的推荐及限制用途　制造聚合物、共聚物，也用于合成树脂、涂料、农药、医药、食品及润滑油添加剂等

第二部分　危险性概述

紧急情况概述　吞咽有害，造成严重的皮肤灼伤和眼损伤，吸入可能导致过敏、哮喘症状或呼吸困难，可能导致皮肤过敏反应

GHS危险性类别　急性毒性-经口，类别4；皮肤腐蚀/刺激，类别1B；严重眼损伤/眼刺激，类别1；呼吸道致敏物，类别1；皮肤致敏物，类别1；危害水生环境-急性危害，类别3

标签要素

　　象形图

　　警示词　危险

危险性说明　吞咽有害，造成严重的皮肤灼伤和眼损伤，吸入可能导致过敏、哮喘症状或呼吸困难，可能导致皮肤过敏反应，对水生生物有害

防范说明

　　预防措施　避免接触眼睛、皮肤，操作后彻底清洗。作业场所不得进食、饮水或吸烟。穿防护服，戴防护眼镜、防护手套、防护面罩。避免吸入粉尘。通风不良时，戴呼吸防护器具。污染的工作服不得带出工作场所。禁止排入环境

　　事故响应　如吸入：将患者转移到空气新鲜处，休息，保持利于呼吸的体位。如有呼吸系统症状，呼叫中毒控制中心或就医。皮肤（或头发）接触：立即脱掉所有被污染的衣服，用水

冲洗皮肤，淋浴。污染的衣服必须洗净后方可重新使用。眼睛接触：用水细心地冲洗数分钟。如戴隐形眼镜并可方便地取出，则取出隐形眼镜，继续冲洗。食入：漱口，不要催吐。如果感觉不适，立即呼叫中毒控制中心或就医

安全储存   上锁保管

废弃处置   本品及内装物、容器依据国家和地方法规处置

物理和化学危险   可燃，其粉体与空气混合，能形成爆炸性混合物

健康危害   本品粉尘和蒸气具有刺激性。吸入后可引起咽炎、喉炎和支气管炎。可伴有腹痛。眼和皮肤直接接触有明显刺激作用，并引起灼伤。慢性影响：慢性结膜炎，鼻黏膜溃疡和炎症。有致敏性，可引起皮疹和哮喘

环境危害   对水生生物有害

第三部分   成分/组成信息

√ 物质   混合物

组分	浓度	CAS No.
顺丁烯二酸酐		108-31-6

第四部分   急救措施

吸入   迅速脱离现场至空气新鲜处。保持呼吸道通畅。如呼吸困难，给输氧。呼吸、心跳停止，立即进行心肺复苏术。就医

皮肤接触   立即脱去污染的衣着，用大量流动清水彻底冲洗至少15min。就医

眼睛接触   立即提起眼睑，用流动清水或生理盐水彻底冲洗5～10min。就医

食入   用水漱口，禁止催吐。给饮牛奶或蛋清。就医

对保护施救者的忠告   根据需要使用个人防护设备

对医生的特别提示   对症处理

第五部分   消防措施

灭火剂   用雾状水、泡沫、干粉、二氧化碳、砂土灭火

特别危险性   粉体与空气可形成爆炸性混合物，当达到一定浓度时，遇火星会发生爆炸

灭火注意事项及防护措施   消防人员必须穿全身耐酸碱消防服、佩戴空气呼吸器灭火。尽可能将容器从火场移至空旷处。喷水保持火场容器冷却，直至灭火结束

第六部分   泄漏应急处理

作业人员防护措施、防护装备和应急处置程序   隔离泄漏污染区，限制出入。建议应急处理人员戴防尘口罩，穿防酸碱服。作业时使用的所有设备应接地。穿上适当的防护服前严禁接触破裂的容器和泄漏物。尽可能切断泄漏源

环境保护措施   用塑料布覆盖泄漏物，减少飞散

泄漏化学品的收容、清除方法及所使用的处置材料   小量泄漏：用干燥的砂土或其他不燃材料覆盖泄漏物，然后用塑料布覆盖，减少飞散、避免雨淋。用洁净的铲子收集泄漏物，置于干净、干燥、盖子较松的容器中，将容器移离泄漏区

第七部分   操作处置与储存

操作注意事项   密闭操作，局部排风。操作人员必须经过专门培训，严格遵守操作规程。建议操作人员佩戴自吸过滤式防尘口罩，戴化学安全防护眼镜，穿橡胶耐酸碱服，戴橡胶耐酸碱手套。远离火种、热源，工作场所严禁吸烟。使用防爆型的通风系统和设备。避免产生粉尘。避免与氧化剂、还原剂、酸类接触。搬运时要轻装轻卸，防止包装及容器损坏。配备相应品种和数量的消防器材及泄漏应急处理设备。倒空的容器可能残留有害物

储存注意事项   储存于阴凉、干燥、通风良好的库房。远离火种、热源。保持容器密封。应与氧化剂、还原剂、酸类、食用化学品分开存放，切忌混储。配备相应品种和数量的消防器材。储区应备有合适的材料收容泄漏物

第八部分   接触控制/个体防护

职业接触限值

中国   PC-TWA：$1mg/m^3$；PC-STEL：$2mg/m^3$〔敏〕

美国（ACGIH）   TLV-TWA：$0.01mg/m^3$（可吸入性颗粒物和蒸气）〔敏〕

生物接触限值   未制定标准

监测方法   空气中有毒物质测定方法：高效液相色谱法。生物监测检验方法：未制定标准

工程控制   密闭操作，局部排风。提供安全淋浴和洗眼设备

个体防护装备

呼吸系统防护   空气中粉尘浓度超标时，必须佩戴过滤式防尘呼吸器。紧急事态抢救或撤离时，应该佩戴空气呼吸器

眼睛防护   戴化学安全防护眼镜

皮肤和身体防护   穿橡胶耐酸碱服

手防护   戴橡胶耐酸碱手套

第九部分   理化特性

外观与性状   无色针状结晶

pH值 无意义		**熔点（℃）** 52.8	
沸点（℃） 202（升华）		**相对密度（水＝1）** 1.48	
相对蒸气密度（空气＝1） 3.38			
饱和蒸气压（kPa） 1.33（78.7℃）			
临界压力（MPa） 无资料		**辛醇/水分配系数** －0.3	
闪点（℃） 102		**引燃温度（℃）** 477	
爆炸下限（%） 1.4		**爆炸上限（%）** 7.1	
分解温度（℃） 无资料			
黏度（mPa·s） 0.61（60℃）；1.07（90℃）			
燃烧热（kJ/mol） －1389.5		**临界温度（℃）** 449.85	

溶解性   溶于水、丙酮、苯、氯仿等多数有机溶剂

第十部分   稳定性和反应性

稳定性   稳定

危险反应　与强氧化剂、强还原剂、强酸、强碱、碱金属、水等禁配物发生反应

避免接触的条件　潮湿空气

禁配物　强氧化剂、强还原剂、强酸、强碱、碱金属、水

危险的分解产物　无资料

第十一部分　毒理学信息

急性毒性　LD_{50}：400mg/kg（大鼠经口）；465mg/kg（小鼠经口）；875mg/kg（兔经口）；2620mg/kg（兔经皮）

皮肤刺激或腐蚀　无资料　　**眼睛刺激或腐蚀**　无资料

呼吸或皮肤过敏　无资料　　**生殖细胞突变性**　无资料

致癌性　无资料　　**生殖毒性**　无资料

特异性靶器官系统毒性-一次接触　无资料

特异性靶器官系统毒性-反复接触　无资料

吸入危害　无资料

第十二部分　生态学信息

生态毒性　LC_{50}：138mg/L（48h）（蓝鳃太阳鱼）；EC_{50}：88mg/L（24h）（大型溞）；ErC_{50}：29mg/L（72h）（*Scenedesmus subspicatus*）

持久性和降解性

生物降解性　14d 降解 54.8%～85%，易快速生物降解（OECD 301C）

非生物降解性　无资料

潜在的生物累积性　根据 K_{ow} 值预测，该物质的生物累积性可能较弱

土壤中的迁移性　根据 K_{oc} 值预测，该物质可能易发生迁移

第十三部分　废弃处置

废弃化学品　用安全掩埋法处置

污染包装物　将容器返还生产商或按照国家和地方法规处置

废弃注意事项　处置前应参阅国家和地方有关法规

第十四部分　运输信息

联合国危险货物编号（UN 号）　2215

联合国运输名称　马来酸酐；熔融马来酸酐

联合国危险性类别　8

包装类别　Ⅲ　　　　　**包装标志**

海洋污染物　否

运输注意事项　起运时包装要完整，装载应稳妥。运输过程中要确保容器不泄漏、不倒塌、不坠落、不损坏。严禁与氧化剂、还原剂、酸类、食用化学品等混装混运。运输途中应防暴晒、雨淋，防高温

第十五部分　法规信息

下列法律、法规、规章和标准，对该化学品的管理作了相应的规定。

中华人民共和国职业病防治法　职业病分类和目录：未列入

危险化学品安全管理条例　危险化学品目录：列入。易制爆危险化学品名录：未列入。重点监管的危险化学品名录：未列入。GB 18218—2009《危险化学品重大危险源辨识》（表 1）：未列入

使用有毒物品作业场所劳动保护条例　高毒物品目录：未列入

易制毒化学品管理条例　易制毒化学品的分类和品种目录：未列入

国际公约　斯德哥尔摩公约：未列入。鹿特丹公约：未列入。蒙特利尔议定书：未列入

第十六部分　其他信息

编写和修订信息　　　　**缩略语和首字母缩写**

培训建议　　　　　　　**参考文献**

免责声明

四苯基锡

第一部分　化学品标识

化学品中文名　四苯基锡；四苯锡

化学品英文名　tetraphenyltin；tin tetraphenyl

分子式　$C_{24}H_{20}Sn$　**分子量**　427.126

结构式

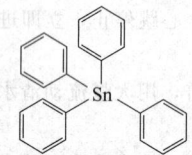

化学品的推荐及限制用途　用作防蛀虫剂及有机合成中间体

第二部分　危险性概述

紧急情况概述　—

GHS 危险性类别　危害水生环境-急性危害，类别 1；危害水生环境-长期危害，类别 1

标签要素

象形图

警示词　警告

危险性说明　对水生生物毒性非常大并具有长期持续影响

防范说明

预防措施　禁止排入环境

事故响应　收集泄漏物

安全储存　—

废弃处置　本品及内装物、容器依据国家和地方法规处置

物理和化学危险　可燃，其粉体与空气混合，能形成爆炸性混合物

健康危害　对黏膜有刺激作用，可产生皮肤过敏反应。中毒症状有：头痛、头晕、失眠、乏力、多汗等神经衰

弱综合征；重症患者，可出现中毒性脑病

环境危害 对水生生物毒性非常大并具有长期持续影响

第三部分 成分/组成信息

√物质 □混合物

组分	浓度	CAS No.
四苯基锡		595-90-4

第四部分 急救措施

吸入 迅速脱离现场至空气新鲜处。保持呼吸道通畅。如呼吸困难，给输氧。呼吸、心跳停止，立即进行心肺复苏术。就医

皮肤接触 立即脱去污染的衣着，用流动清水彻底冲洗。就医

眼睛接触 立即分开眼睑，用流动清水或生理盐水彻底冲洗。就医

食入 漱口，饮水。就医

对保护施救者的忠告 根据需要使用个人防护设备

对医生的特别提示 对症处理

第五部分 消防措施

灭火剂 用雾状水、泡沫、干粉、二氧化碳、砂土灭火

特别危险性 遇明火、高热可燃。其粉体与空气可形成爆炸性混合物，当达到一定浓度时，遇火星会发生爆炸。受高热分解放出有毒的气体

灭火注意事项及防护措施 消防人员必须佩戴防毒面具、穿全身消防服，在上风向灭火。尽可能将容器从火场移至空旷处。喷水保持火场容器冷却，直至灭火结束。切勿将水流直接射至熔融物，以免引起严重的流淌火灾或引起剧烈的沸溅

第六部分 泄漏应急处理

作业人员防护措施、防护装备和应急处置程序 隔离泄漏污染区，限制出入。消除所有点火源。建议应急处理人员戴防尘口罩，穿防毒服。穿上适当的防护服前严禁接触破裂的容器和泄漏物。尽可能切断泄漏源

环境保护措施 用塑料布覆盖泄漏物，减少飞散

泄漏化学品的收容、清除方法及所使用的处置材料 勿使水进入包装容器内。用洁净的铲子收集泄漏物，置于干净、干燥、盖子较松的容器中，将容器移离泄漏区

第七部分 操作处置与储存

操作注意事项 密闭操作，局部排风。防止粉尘释放到车间空气中。操作人员必须经过专门培训，严格遵守操作规程。建议操作人员佩戴自吸过滤式防尘口罩，戴化学安全防护眼镜，穿防毒物渗透工作服，戴橡胶手套。远离火种、热源，工作场所严禁吸烟。使用防爆型的通风系统和设备。避免产生粉尘。避免与氧化剂、碱类接触。配备相应品种和数量的消防器材及泄漏应急处理设备。倒空的容器可能残留有害物

储存注意事项 储存于阴凉、通风的库房。远离火种、热源。防止阳光直射。包装密封。应与氧化剂、碱类、食用化学品分开存放，切忌混储。配备相应品种和数量

量的消防器材。储区应备有合适的材料收容泄漏物

第八部分 接触控制/个体防护

职业接触限值

中国 未制定标准

美国（ACGIH） TLV-TWA：$0.1mg/m^3$；TLV-STEL：$0.2mg/m^3$［按 Sn 计］［皮］

生物接触限值 未制定标准

监测方法 空气中有毒物质测定方法：未制定标准。生物监测检验方法：未制定标

工程控制 密闭操作，局部排风

个体防护装备

呼吸系统防护 空气中粉尘浓度超标时，必须佩戴过滤式防尘呼吸器。紧急事态抢救或撤离时，应该佩戴空气呼吸器

眼睛防护 戴化学安全防护眼镜

皮肤和身体防护 穿防毒物渗透工作服

手防护 戴橡胶手套

第九部分 理化特性

外观与性状 无色结晶

pH 值 无意义		**熔点（℃）** 224～227	
沸点（℃） 424			
相对密度（水=1） 1.49（0℃）			
相对蒸气密度（空气=1） 14.7			
饱和蒸气压（kPa） 无资料			
临界压力（MPa） 无资料		**辛醇/水分配系数** 无资料	
闪点（℃） 110.56		**自燃温度（℃）** 无资料	
爆炸下限（%） 无资料		**爆炸上限（%）** 无资料	
分解温度（℃） 无资料		**黏度（mPa·s）** 无资料	
燃烧热（kJ/mol） 无资料		**临界温度（℃）** 无资料	

溶解性 不溶于水，微溶于乙醇，溶于苯、甲苯、二甲苯、氯仿、四氯化碳等

第十部分 稳定性和反应性

稳定性 稳定

危险反应 与强氧化剂、强碱等禁配物发生反应

避免接触的条件 光照

禁配物 强氧化剂、强碱

危险的分解产物 氧化锡、锡

第十一部分 毒理学信息

急性毒性 无资料

皮肤刺激或腐蚀 无资料		**眼睛刺激或腐蚀** 无资料
呼吸或皮肤过敏 无资料		**生殖细胞突变性** 无资料
致癌性 无资料		**生殖毒性** 无资料

特异性靶器官系统毒性-一次接触 无资料

特异性靶器官系统毒性-反复接触 无资料

吸入危害 无资料

第十二部分 生态学信息

生态毒性 有机锡对水生无脊椎动物有极高的毒性

持久性和降解性

    生物降解性　无资料

    非生物降解性　无资料

潜在的生物累积性　无资料

土壤中的迁移性　无资料

第十三部分　废弃处置

废弃化学品　建议用焚烧法处置。在能利用的地方重复使用容器或在规定场所掩埋

污染包装物　将容器返还生产商或按照国家和地方法规处置

废弃注意事项　处置前应参阅国家和地方有关法规

第十四部分　运输信息

联合国危险货物编号（UN号）　3077

联合国运输名称　对环境有害的固体物质，未另作规定的（四苯基锡）

联合国危险性类别　9

包装类别　Ⅲ　　　**包装标志**

海洋污染物　是

运输注意事项　运输前应先检查包装容器是否完整、密封，运输过程中要确保容器不泄漏、不倒塌、不坠落、不损坏。严禁与酸类、氧化剂、食品及食品添加剂混运。运输时运输车辆应配备相应品种和数量的消防器材及泄漏应急处理设备。运输途中应防暴晒、雨淋，防高温。公路运输时要按规定路线行驶，勿在居民区和人口稠密区停留

第十五部分　法规信息

    下列法律、法规、规章和标准，对该化学品的管理作了相应的规定。

中华人民共和国职业病防治法　职业病分类和目录：有机锡中毒

危险化学品安全管理条例　危险化学品目录：列入。易制爆危险化学品名录：未列入。重点监管的危险化学品名录：未列入。GB 18218—2009《危险化学品重大危险源辨识》（表1）：未列入

使用有毒物品作业场所劳动保护条例　高毒物品目录：未列入

易制毒化学品管理条例　易制毒化学品的分类和品种目录：未列入

国际公约　斯德哥尔摩公约：未列入。鹿特丹公约：未列入。蒙特利尔议定书：未列入

第十六部分　其他信息

编写和修订信息　缩略语和首字母缩写

培训建议　　　　参考文献

免责声明

四丁基锡

第一部分　化学品标识

化学品中文名　四丁基锡；四丁锡

化学品英文名　tetra-*n*-butyl tin；tin tetrabutyl

分子式　$C_{16}H_{36}Sn$　**分子量**　347.167

结构式

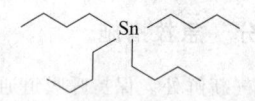

化学品的推荐及限制用途　用作防锈剂、稳定剂、聚合催化剂、汽油防爆剂等

第二部分　危险性概述

紧急情况概述　造成眼刺激，可能引起昏昏欲睡或眩晕

GHS危险性类别　严重眼损伤/眼刺激，类别2B；生殖毒性，类别2；特异性靶器官毒性—一次接触，类别3（麻醉效应）；特异性靶器官毒性-反复接触，类别2；危害水生环境-急性危害，类别1；危害水生环境-长期危害，类别1

标签要素

象形图

警示词　警告

危险性说明　造成眼刺激，怀疑对生育力或胎儿造成伤害，可能引起昏昏欲睡或眩晕，长时间或反复接触可能对器官造成损伤，对水生生物毒性非常大并具有长期持续影响

防范说明

    预防措施　避免接触眼睛、皮肤，操作后彻底清洗。得到专门指导后操作。在阅读并了解所有安全预防措施之前，切勿操作。按要求使用个体防护装备。避免吸入蒸气、雾。禁止排入环境

    事故响应　如接触眼睛：用水细心冲洗数分钟。如戴隐形眼镜并可方便地取出，取出隐形眼镜，继续冲洗。如果眼睛刺激持续：就医。如果接触或有担心，就医；如感觉不适，就医。收集泄漏物

    安全储存　上锁保管

    废弃处置　本品及内装物、容器依据国家和地方法规处置

物理和化学危险　可燃，其蒸气与空气混合，能形成爆炸性混合物

健康危害　吸入、摄入或经皮肤吸收会中毒。对黏膜有刺激作用。中毒症状有：剧烈头痛、头晕、失眠、乏力、多汗等神经衰弱综合征；重症患者，可出现中毒性脑病

环境危害　对水生生物毒性非常大并具有长期持续影响

第三部分　成分/组成信息

√物质　　　　　　　　　混合物

组分	浓度	CAS No.
四丁基锡		1461-25-2

第四部分　急救措施

吸入　迅速脱离现场至空气新鲜处。保持呼吸道通畅。如呼吸困难，给输氧。呼吸、心跳停止，立即进行心肺复苏术。就医

皮肤接触　立即脱去污染的衣着，用流动清水彻底冲洗。就医

眼睛接触　立即分开眼睑，用流动清水或生理盐水彻底冲洗。就医

食入　漱口，饮水。就医

对保护施救者的忠告　根据需要使用个人防护设备

对医生的特别提示　对症处理

第五部分　消防措施

灭火剂　用雾状水、泡沫、干粉、二氧化碳、砂土灭火

特别危险性　遇明火、高热可燃。与氧化剂可发生反应。受高热分解放出有毒的气体。若遇高热，容器内压增大，有开裂和爆炸的危险

灭火注意事项及防护措施　消防人员必须佩戴防毒面具、穿全身消防服，在上风向灭火。尽可能将容器从火场移至空旷处。喷水保持火场容器冷却，直至灭火结束。处在火场中的容器若已变色或从安全泄压装置中发出声音，必须马上撤离

第六部分　泄漏应急处理

作业人员防护措施、防护装备和应急处置程序　根据液体流动和蒸气扩散的影响区域划定警戒区，无关人员从侧风、上风向撤离至安全区。消除所有点火源。建议应急处理人员戴正压自给式呼吸器，穿防毒服。穿上适当的防护服前严禁接触破裂的容器和泄漏物。尽可能切断泄漏源

环境保护措施　防止泄漏物进入水体、下水道、地下室或有限空间

泄漏化学品的收容、清除方法及所使用的处置材料　小量泄漏：用干燥的砂土或其他不燃材料吸收或覆盖，收集于容器中。大量泄漏：构筑围堤或挖坑收容。用泵转移至槽车或专用收集器内

第七部分　操作处置与储存

操作注意事项　密闭操作，局部排风。防止蒸气泄漏到工作场所空气中。操作人员必须经过专门培训，严格遵守操作规程。建议操作人员佩戴自吸过滤式防毒面具（半面罩），戴化学安全防护眼镜，穿防毒物渗透工作服，戴橡胶手套。远离火种、热源，工作场所严禁吸烟。使用防爆型的通风系统和设备。在清除液体和蒸气前不能进行焊接、切割等作业。避免产生烟雾。避免与氧化剂接触。配备相应品种和数量的消防器材及泄漏应急处理设备。倒空的容器可能残留有害物

储存注意事项　储存于阴凉、通风的库房。远离火种、热源。防止阳光直射。保持容器密封。应与氧化剂、食用化学品分开存放，切忌混储。配备相应品种和数量的消防器材。储区应备有泄漏应急处理设备和合适的收容材料

第八部分　接触控制/个体防护

职业接触限值

中国　未制定标准

美国（ACGIH）　TLV-TWA：0.1mg/m³；TLV-STEL：0.2mg/m³［按 Sn 计］［皮］

生物接触限值　未制定标准

监测方法　空气中有毒物质测定方法：未制定标准。生物监测检验方法：未制定标准

工程控制　密闭操作，局部排风

个体防护装备

呼吸系统防护　空气中浓度超标时，必须佩戴过滤式防毒面具（半面罩）。紧急事态抢救或撤离时，应该佩戴空气呼吸器

眼睛防护　戴化学安全防护眼镜

皮肤和身体防护　穿防毒物渗透工作服

手防护　戴橡胶手套

第九部分　理化特性

外观与性状　无色或微黄色油状液体

pH 值　无资料　　　　　**熔点（℃）**　−97

沸点（℃）　145（1.33kPa）　**相对密度（水＝1）**　1.0572

相对蒸气密度（空气＝1）　无资料

饱和蒸气压（kPa）　无资料

临界压力（MPa）　无资料　**辛醇/水分配系数**　无资料

闪点（℃）　107.22　　　**自燃温度（℃）**　无资料

爆炸下限（%）　无资料　　**爆炸上限（%）**　无资料

分解温度（℃）　无资料　　**黏度（mPa·s）**　无资料

燃烧热（kJ/mol）　无资料　**临界温度（℃）**　无资料

溶解性　不溶于水，溶于多数有机溶剂

第十部分　稳定性和反应性

稳定性　稳定

危险反应　与强氧化剂等禁配物发生反应

避免接触的条件　无资料

禁配物　强氧化剂

危险的分解产物　氧化锡、锡

第十一部分　毒理学信息

急性毒性　LD$_{50}$：1268mg/kg（大鼠经口），6000mg/kg（小鼠经口）。LC$_{50}$：142mg/m³（小鼠吸入）

皮肤刺激或腐蚀　无资料

眼睛刺激或腐蚀　家兔经眼：500mg（24h），轻度刺激

呼吸或皮肤过敏　无资料　　**生殖细胞突变性**　无资料

致癌性　美国政府工业卫生学家会议（ACGIH）：未分类为人类致癌物

生殖毒性　大鼠经口染毒最低中毒剂量（TDLo）3916mg/kg，致肌肉骨骼系统发育畸形

特异性靶器官系统毒性-一次接触　无资料

特异性靶器官系统毒性-反复接触　无资料

吸入危害　无资料

第十二部分　生态学信息

生态毒性　LC_{50}：0.045mg/L（96h）（黑头呆鱼，流水式）。EC_{50}：0.2mg/L（48h）（大型溞）。ErC_{50}：0.05mg/L（72h）（中肋骨条藻）。NOEC：0.014mg/L（21d）（大型溞）

持久性和降解性

　　生物降解性　不易快速生物降解

　　非生物降解性　无资料

潜在的生物累积性　根据 K_{ow} 值预测，该物质可能有较高的生物累积性

土壤中的迁移性　根据 K_{oc} 值预测，该物质的迁移性可能较弱

第十三部分　废弃处置

废弃化学品　建议用焚烧法处置。在能利用的地方重复使用容器或在规定场所掩埋

污染包装物　将容器返还生产商或按照国家和地方法规处置

废弃注意事项　处置前应参阅国家和地方有关法规

第十四部分　运输信息

联合国危险货物编号（UN 号）　2788

联合国运输名称　液体有机锡化合物，未另作规定的（四丁基锡）

联合国危险性类别　6

包装类别　Ⅲ　　　　　　　　**包装标志**

海洋污染物　是

运输注意事项　运输前应先检查包装容器是否完整、密封，运输过程中要确保容器不泄漏、不倒塌、不坠落、不损坏。严禁与酸类、氧化剂、食品及食品添加剂混运。运输时运输车辆应配备相应品种和数量的消防器材及泄漏应急处理设备。运输途中应防暴晒、雨淋，防高温。公路运输时要按规定路线行驶，勿在居民区和人口稠密区停留

第十五部分　法规信息

　　下列法律、法规、规章和标准，对该化学品的管理作了相应的规定。

中华人民共和国职业病防治法　职业病分类和目录：有机锡中毒

危险化学品安全管理条例　危险化学品目录：列入。易制爆危险化学品名录：未列入。重点监管的危险化学品名录：未列入。GB 18218—2009《危险化学品重大危险源辨识》（表1）：未列入

使用有毒物品作业场所劳动保护条例　高毒物品目录：未列入

易制毒化学品管理条例　易制毒化学品的分类和品种目录：未列入

国际公约　斯德哥尔摩公约：未列入。鹿特丹公约：未列入。蒙特利尔议定书：未列入

第十六部分　其他信息

编写和修订信息　　缩略语和首字母缩写

培训建议　　　　　参考文献

免责声明

四氟（代）肼

第一部分　化学品标识

化学品中文名　四氟（代）肼

化学品英文名　tetrafluorohydrazine；dinitrogen tetrafluoride

分子式　F_4N_2　　**分子量**　104.007

结构式　

化学品的推荐及限制用途　用作火箭和导弹燃料的氧化剂，也用于有机合成等

第二部分　危险性概述

紧急情况概述　可引起燃烧或加剧燃烧，氧化剂，内装加压气体，遇热可能爆炸，吸入致命

GHS 危险性类别　氧化性气体，类别 1；加压气体；急性毒性-吸入，类别 2；危害水生环境-急性危害，类别 1；危害水生环境-长期危害，类别 1

标签要素

象形图

警示词　危险

危险性说明　可引起燃烧或加剧燃烧，氧化剂，内装加压气体，遇热可能爆炸，吸入致命，对水生生物毒性非常大并具有长期持续影响

防范说明

　　预防措施　储存处远离服装、可燃材料。阀门或紧固装置不得带有油脂或油剂。避免吸入气体。仅在室外或通风良好处操作。戴呼吸防护器具。禁止排入环境

　　事故响应　火灾时：如能保证安全，设法堵塞泄漏。如吸入：将患者转移到空气新鲜处，休息，保持利于呼吸的体位，立即呼叫中毒控制中心或就医。收集泄漏物

　　安全储存　防日晒。存放在通风良好的地方。保持容器密闭。上锁保管

　　废弃处置　本品及内装物、容器依据国家和地方法规处置

物理和化学危险　不燃，无特殊燃爆特性。受热、撞击或在容器中受压时能引起爆炸

健康危害　本品剧毒。热解放出高毒的氮氧化物和氟化氢

气体

环境危害 对水生生物毒性非常大并具有长期持续影响

第三部分 成分/组成信息

√物质　　　　　　　　　混合物

组分	浓度	CAS No.
四氟（代）肼		10036-47-2

第四部分 急救措施

吸入 迅速脱离现场至空气新鲜处。保持呼吸道通畅。如呼吸困难，给输氧。呼吸、心跳停止，立即进行心肺复苏术。就医

对保护施救者的忠告 根据需要使用个人防护设备

对医生的特别提示 对症处理

第五部分 消防措施

灭火剂 迅速切断气源，用水喷淋保护切断气源的人员，然后根据着火原因选择适当灭火剂灭火

特别危险性 极易燃，遇热、撞击或在容器中受压时能引起爆炸。与还原剂接触能引起爆炸性反应，与三氯化氮、氧气接触会发生剧烈反应。遇氢气自燃，并引起爆炸

灭火注意事项及防护措施 消防人员必须佩戴空气呼吸器、穿全身防火防毒服，在上风向灭火。迅速切断气源，用水喷淋保护切断气源的人员，然后根据着火原因选择适当灭火剂灭火。尽可能将容器从火场移至空旷处。喷水保持火场容器冷却，直至灭火结束

第六部分 泄漏应急处理

作业人员防护措施、防护装备和应急处置程序 消除所有点火源。根据气体的影响区域划定警戒区，无关人员从侧风、上风向撤离至安全区。建议应急处理人员穿内置正压自给式呼吸器的全封闭防化服。如果是液化气体泄漏，还应注意防冻伤。禁止接触或跨越泄漏物。尽可能切断泄漏源

环境保护措施 防止气体通过下水道、通风系统和有限空间扩散

泄漏化学品的收容、清除方法及所使用的处置材料 若可能翻转容器，使之逸出气体而非液体。喷雾状水抑制蒸气或改变蒸气云流向，避免水流接触泄漏物。禁止用水直接冲击泄漏物或泄漏源。隔离泄漏区直至气体散尽

第七部分 操作处置与储存

操作注意事项 严加密闭，提供充分的局部排风和全面通风。操作人员必须经过专门培训，严格遵守操作规程。建议操作人员佩戴自吸过滤式防毒面具（全面罩），穿密闭型防毒服，戴橡胶手套。远离易燃、可燃物。防止气体或蒸气泄漏到工作场所空气中。避免与还原剂接触。禁止震动、撞击和摩擦。配备泄漏应急处理设备

储存注意事项 储存于阴凉、通风的有毒气体专用库房。库温不宜超过30℃。远离火种、热源。应与易（可）燃物、还原剂、食用化学品分开存放，切忌混储。采

用防爆型照明、通风设施。禁止使用易产生火花的机械设备和工具。储区应备有泄漏应急处理设备

第八部分 接触控制/个体防护

职业接触限值

中国 未制定标准

美国（ACGIH） 未制定标准

生物接触限值 未制定标准

监测方法 空气中有毒物质测定方法：未制定标准。生物监测检验方法：未制定标准

工程控制 严加密闭，提供充分的局部排风和全面通风

个体防护装备

呼吸系统防护 可能接触其蒸气时，必须佩戴过滤式防毒面具（全面罩）。紧急事态抢救或撤离时，应该佩戴空气呼吸器

眼睛防护 呼吸系统防护中已作防护

皮肤和身体防护 穿密闭型防毒服

手防护 戴橡胶手套

第九部分 理化特性

外观与性状 无色气体

pH 值 无意义　　　　　　**熔点(℃)** -163

沸点(℃) -73

相对密度(水=1) 1.5（-100℃）

相对蒸气密度(空气=1) 无资料

饱和蒸气压(kPa) 无资料

临界压力(MPa) 无资料　　**辛醇/水分配系数** 无资料

闪点(℃) 无资料　　　　　**自燃温度(℃)** 无资料

爆炸下限(%) 无资料　　　**爆炸上限(%)** 无资料

分解温度(℃) 无资料　　　**黏度(mPa·s)** 无资料

燃烧热(kJ/mol) 无资料　　**临界温度(℃)** 无资料

溶解性 无资料

第十部分 稳定性和反应性

稳定性 稳定

危险反应 极易燃，遇热、撞击或在容器中受压时能引起爆炸。与还原剂接触能引起爆炸性反应，与三氯化氮、氧气接触会发生剧烈反应。遇氢气自燃，并引起爆炸

避免接触的条件 受热、撞击

禁配物 强还原剂、易燃或可燃物、氧

危险的分解产物 氮氧化物、氟化氢

第十一部分 毒理学信息

急性毒性 LC_{50}：300mg/m³（大鼠吸入，2h）

皮肤刺激或腐蚀 无资料　　　**眼睛刺激或腐蚀** 无资料

呼吸或皮肤过敏 无资料　　　**生殖细胞突变性** 无资料

致癌性 无资料　　　　　　　　**生殖毒性** 无资料

特异性靶器官系统毒性-一次接触 无资料

特异性靶器官系统毒性-反复接触 无资料

吸入危害 无资料

第十二部分　生态学信息

生态毒性　根据结构类似物质预测，该物质对水生生物有
　　极高毒性

持久性和降解性

　　生物降解性　无资料

　　非生物降解性　无资料

潜在的生物累积性　无资料

土壤中的迁移性　无资料

第十三部分　废弃处置

废弃化学品　根据国家和地方有关法规的要求处置。或与
　　厂商或制造商联系，确定处置方法

污染包装物　将容器返还生产商或按照国家和地方法规
　　处置

废弃注意事项　处置前应参阅国家和地方有关法规

第十四部分　运输信息

联合国危险货物编号（UN号）　3307

联合国运输名称　液化气体，毒性，氧化性，未另作规定
　　的［四氟（代）肼］

联合国危险性类别　2.3，5.1

包装类别　—

包装标志　

海洋污染物　是

运输注意事项　采用钢瓶运输时必须戴好钢瓶上的安全
　　帽。钢瓶一般平放，并应将瓶口朝同一方向，不可交
　　叉；高度不得超过车辆的防护栏板，并用三角木垫卡
　　牢，防止滚动。严禁与易燃物或可燃物、还原剂、食
　　用化学品等混装混运。夏季应早晚运输，防止日光暴
　　晒。公路运输时要按规定路线行驶，禁止在居民区和
　　人口稠密区停留

第十五部分　法规信息

　　下列法律、法规、规章和标准，对该化学品的管理作
了相应的规定。

中华人民共和国职业病防治法　职业病分类和目录：氟及
　　其无机化合物中毒

危险化学品安全管理条例　危险化学品目录：列入。易制
　　爆危险化学品名录：未列入。重点监管的危险化学品
　　名录：未列入。GB 18218—2009《危险化学品重大
　　危险源辨识》（表1）：未列入

使用有毒物品作业场所劳动保护条例　高毒物品目录：
　　列入

易制毒化学品管理条例　易制毒化学品的分类和品种目
　　录：未列入

国际公约　斯德哥尔摩公约：未列入。鹿特丹公约：未列
　　入。蒙特利尔议定书：未列入

第十六部分　其他信息

编写和修订信息　　**缩略语和首字母缩写**

培训建议　　**参考文献**

免责声明

四氟化硫

第一部分　化学品标识

化学品中文名　四氟化硫

化学品英文名　sulphur tetrafluoride；sulfur tetrafluoride

分子式　SF_4　**分子量**　108.059

结构式

$$F-\overset{\displaystyle F}{\underset{\displaystyle F}{S}}-F$$

化学品的推荐及限制用途　用作氟化剂

第二部分　危险性概述

紧急情况概述　内装加压气体，遇热可能爆炸，吸入致
　　命，造成严重的皮肤灼伤和眼损伤，可能引起呼吸道
　　刺激

GHS危险性类别　加压气体；急性毒性-吸入，类别1；
　　皮肤腐蚀/刺激，类别1；严重眼损伤/眼刺激，类别
　　1；特异性靶器官毒性-一次接触，类别1；特异性靶
　　器官毒性-一次接触，类别3（呼吸道刺激）；特异性
　　靶器官毒性-反复接触，类别1

标签要素

象形图　

警示词　危险

危险性说明　内装加压气体，遇热可能爆炸，吸入致
　　命，造成严重的皮肤灼伤和眼损伤，对器官造成损
　　害，可能引起呼吸道刺激，长时间或反复接触对器
　　官造成损伤

防范说明

　　预防措施　避免吸入气体。仅在室外或通风良好处
　　　　操作。戴呼吸防护器具。避免接触眼睛、皮
　　　　肤。戴防护手套，穿防护服，戴防护眼镜、防
　　　　护面罩。作业场所不得进食、饮水或吸烟。操
　　　　作后彻底清洗

　　事故响应　如吸入：将患者转移到空气新鲜处，休
　　　　息，保持利于呼吸的体位，立即呼叫中毒控制
　　　　中心或就医。皮肤（或头发）接触：立即脱掉
　　　　所有被污染的衣服，用水冲洗皮肤，淋浴。污
　　　　染的衣服洗净后方可重新使用。眼睛接触：用
　　　　水细心地冲洗数分钟，立即呼叫中毒控制中心
　　　　或就医。如戴隐形眼镜并可方便地取出，则取
　　　　出隐形眼镜，继续冲洗。如果接触：立即呼叫
　　　　中毒控制中心或就医。如感觉不适，就医

　　安全储存　防日晒。存放在通风良好的地方。保持
　　　　容器密闭。上锁保管

　　废弃处置　本品及内装物、容器依据国家和地方法
　　　　规处置

物理和化学危险　不燃，无特殊燃爆特性。遇水产生有毒
　　气体

健康危害　具有强烈毒性的刺激性气体，可引起类似光气

的呼吸道损害。实验动物有明显的肺水肿改变

环境危害 对环境可能有害

第三部分 成分/组成信息

√物质 混合物

组分	浓度	CAS No.
四氟化硫		7783-60-0

第四部分 急救措施

吸入 迅速脱离现场至空气新鲜处。保持呼吸道通畅。如呼吸困难,给输氧。呼吸、心跳停止,立即进行心肺复苏术。就医

皮肤接触 立即脱去污染的衣着,用大量流动清水彻底冲洗至少 15min。就医

眼睛接触 立即分开眼睑,用流动清水或生理盐水彻底冲洗 5～10min。就医

对保护施救者的忠告 根据需要使用个人防护设备

对医生的特别提示 对症处理

第五部分 消防措施

灭火剂 迅速切断气源,然后根据着火原因选择适当灭火剂灭火

特别危险性 遇水或水蒸气、酸或酸气产生剧毒的烟雾。腐蚀性很强,可腐蚀玻璃和大多数金属

灭火注意事项及防护措施 消防人员必须佩戴空气呼吸器、穿全身防火防毒服,在上风向灭火。切断气源。尽可能将容器从火场移至空旷处。喷水保持火场容器冷却,直至灭火结束。处在火场中的容器若已变色或从安全泄压装置中发出声音,必须马上撤离。禁止用水、泡沫和酸碱灭火剂灭火

第六部分 泄漏应急处理

作业人员防护措施、防护装备和应急处置程序 根据气体的影响区域划定警戒区,无关人员从侧风、上风向撤离至安全区。建议应急处理人员穿内置正压自给式呼吸器的全封闭防化服。如果是液化气体泄漏,还应注意防冻伤。禁止接触或跨越泄漏物。尽可能切断泄漏源

环境保护措施 防止气体通过下水道、通风系统和有限空间扩散

泄漏化学品的收容、清除方法及所使用的处置材料 若可能翻转容器,使之逸出气体而非液体。喷雾状水抑制蒸气或改变蒸气云流向,避免水流接触泄漏物。禁止用水直接冲击泄漏物或泄漏源。隔离泄漏区直至气体散尽

第七部分 操作处置与储存

操作注意事项 严加密闭,提供充分的局部排风和全面通风。操作人员必须经过专门培训,严格遵守操作规程。建议操作人员佩戴自吸过滤式防毒面具(全面罩),穿密闭型防毒服,戴橡胶手套。防止气体泄漏到工作场所空气中。避免与酸类接触。尤其要注意避免与水接触。搬运时戴好钢瓶安全帽和防震橡皮圈,

防止钢瓶碰撞、损坏。配备泄漏应急处理设备

储存注意事项 储存于阴凉、通风的有毒气体专用库房。库温不宜超过 30℃。远离火种、热源。应与酸类、食用化学品分开存放,切忌混储。储区应备有泄漏应急处理设备

第八部分 接触控制/个体防护

职业接触限值

中国 PC-TWA:2mg/m³〔按 F 计〕

美国(ACGIH) TLV-TWA:2.5mg/m³〔按 F 计〕;TLV-C:0.1ppm

生物接触限值 尿氟:42mmol/mol 肌酐(7mg/g 肌酐)(采样时间:工作班后)

监测方法 空气中有毒物质测定方法:离子选择电极法。生物监测检验方法:尿中氟的离子选择电极测定方法

工程控制 严加密闭,提供充分的局部排风和全面通风

个体防护装备

呼吸系统防护 空气中浓度超标时,必须佩戴过滤式防毒面具(全面罩)。紧急事态抢救或撤离时,应该佩戴空气呼吸器

眼睛防护 呼吸系统防护中已作防护

皮肤和身体防护 穿密闭型防毒服

手防护 戴橡胶手套

第九部分 理化特性

外观与性状 无色、带刺激性气味的气体

pH 值 无意义		**熔点(℃)** −124	
沸点(℃) −38			
相对密度(水=1) 1.95(液);2.35(固)			
相对蒸气密度(空气=1) 3.7			
饱和蒸气压(kPa) 无资料			
临界压力(MPa) 无资料		**辛醇/水分配系数** 无资料	
闪点(℃) 无意义		**自燃温度(℃)** 无意义	
爆炸下限(%) 无意义		**爆炸上限(%)** 无意义	
分解温度(℃) 无资料		**黏度(mPa・s)** 无资料	
燃烧热(kJ/mol) 无资料		**临界温度(℃)** 90.9	

溶解性 易溶于苯

第十部分 稳定性和反应性

稳定性 稳定

危险反应 与水蒸气、酸类、活性金属粉末等禁配物发生反应。遇水或水蒸气、酸或酸气产生剧毒的烟雾

避免接触的条件 潮湿空气

禁配物 水蒸气、酸类、活性金属粉末

危险的分解产物 氟化氢、氧化硫

第十一部分 毒理学信息

急性毒性 LCLo:19ppm(大鼠吸入,4h)

皮肤刺激或腐蚀 无资料	**眼睛刺激或腐蚀** 无资料
呼吸或皮肤过敏 无资料	**生殖细胞突变性** 无资料
致癌性 无资料	**生殖毒性** 无资料

特异性靶器官系统毒性-一次接触 无资料

特异性靶器官系统毒性-反复接触 无资料

吸入危害 无资料

第十二部分　生态学信息

生态毒性　无资料

持久性和降解性

　　生物降解性　无资料

　　非生物降解性　无资料

潜在的生物累积性　无资料

土壤中的迁移性　无资料

第十三部分　废弃处置

废弃化学品　根据国家和地方有关法规的要求处置。或与厂商或制造商联系，确定处置方法

污染包装物　将容器返还生产商或按照国家和地方法规处置

废弃注意事项　处置前应参阅国家和地方有关法规

第十四部分　运输信息

联合国危险货物编号（UN号）　2418

联合国运输名称　液化气体，毒性，氧化性，未另作规定的（四氟化硫）

联合国危险性类别　2.3，8

包装类别　—

包装标志　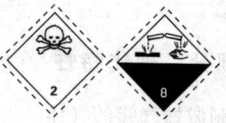

海洋污染物　否

运输注意事项　采用钢瓶运输时必须戴好钢瓶上的安全帽。钢瓶一般平放，并应将瓶口朝同一方向，不可交叉；高度不得超过车辆的防护栏板，并用三角木垫卡牢，防止滚动。严禁与酸类、食用化学品等混装混运。夏季应早晚运输，防止日光暴晒。公路运输时要按规定路线行驶，禁止在居民区和人口稠密区停留

第十五部分　法规信息

下列法律、法规、规章和标准，对该化学品的管理作了相应的规定。

中华人民共和国职业病防治法　职业病分类和目录：氟及其无机化合物中毒

危险化学品安全管理条例　危险化学品目录：列入。易制爆危险化学品名录：未列入。重点监管的危险化学品名录：未列入。GB 18218—2009《危险化学品重大危险源辨识》（表1）：未列入

使用有毒物品作业场所劳动保护条例　高毒物品目录：列入

易制毒化学品管理条例　易制毒化学品的分类和品种目录：未列入

国际公约　斯德哥尔摩公约：未列入。鹿特丹公约：未列入。蒙特利尔议定书：未列入

第十六部分　其他信息

编写和修订信息　　缩略语和首字母缩写

培训建议　　　　　参考文献

免责声明

1,2,4,5-四甲苯

第一部分　化学品标识

化学品中文名　1,2,4,5-四甲苯；均四甲苯

化学品英文名　1,2,4,5-tetramethylbenzene；*sym*-tetramethylbenzene

分子式　$C_{10}H_{14}$　　**分子量**　134.221

结构式　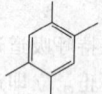

化学品的推荐及限制用途　用于有机合成、增塑剂及制均苯四甲酸二酐

第二部分　危险性概述

紧急情况概述　易燃固体

GHS危险性类别　易燃固体，类别1

标签要素

象形图　

警示词　危险

危险性说明　易燃固体

防范说明

　　预防措施　远离热源、火花、明火、热表面。禁止吸烟。容器和接收设备接地连接。使用防爆型电器、通风、照明设备。戴防护手套、防护眼镜、防护面罩

　　事故响应　火灾时，使用雾状水、泡沫、干粉、二氧化碳、砂土灭火

　　安全储存　—

　　废弃处置　—

物理和化学危险　易燃，其粉体与空气混合，能形成爆炸性混合物

健康危害　本品有轻度刺激作用

环境危害　对环境可能有害

第三部分　成分/组成信息

√　物质　　　　　　　　　　　混合物

组分	浓度	CAS No.
1,2,4,5-四甲苯		95-93-2

第四部分　急救措施

吸入　迅速脱离现场至空气新鲜处。保持呼吸道通畅。如呼吸困难，给输氧。呼吸、心跳停止，立即进行心肺复苏术。就医

皮肤接触　立即脱去污染的衣着，用流动清水彻底冲洗。就医

眼睛接触　立即分开眼睑，用流动清水或生理盐水彻底冲洗。就医

食入　漱口，饮水。就医

对保护施救者的忠告　根据需要使用个人防护设备

对医生的特别提示　对症处理

第五部分　消防措施

灭火剂　用雾状水、泡沫、干粉、二氧化碳、砂土灭火

特别危险性　遇明火、高热易燃。与氧化剂接触猛烈反应。粉体与空气可形成爆炸性混合物，当达到一定浓度时，遇火星会发生爆炸

灭火注意事项及防护措施　消防人员必须佩戴空气呼吸器、穿全身防火防毒服，在上风向灭火。尽可能将容器从火场移至空旷处。喷水保持火场容器冷却，直至灭火结束

第六部分　泄漏应急处理

作业人员防护措施、防护装备和应急处置程序　隔离泄漏污染区，限制出入。消除所有点火源。建议应急处理人员戴防尘口罩，穿防静电服。禁止接触或跨越泄漏物

环境保护措施　用塑料布覆盖泄漏物，减少飞散

泄漏化学品的收容、清除方法及所使用的处置材料　小量泄漏：用洁净的铲子收集泄漏物，置于干净、干燥、盖子较松的容器中，将容器移离泄漏区。大量泄漏：用水润湿，并筑堤收容。防止泄漏物进入水体、下水道、地下室或有限空间

第七部分　操作处置与储存

操作注意事项　密闭操作，注意通风。操作人员必须经过专门培训，严格遵守操作规程。建议操作人员佩戴自吸过滤式防尘口罩，戴化学安全防护眼镜，穿防毒物渗透工作服，戴防化学品手套。远离火种、热源，工作场所严禁吸烟。使用防爆型的通风系统和设备。避免产生粉尘。避免与氧化剂接触。搬运时要轻装轻卸，防止包装及容器损坏。配备相应品种和数量的消防器材及泄漏应急处理设备。倒空的容器可能残留有害物

储存注意事项　储存于阴凉、通风的库房。远离火种、热源。库温不宜超过35℃。应与氧化剂分开存放，切忌混储。采用防爆型照明、通风设施。禁止使用易产生火花的机械设备和工具。储区应备有合适的材料收容泄漏物

第八部分　接触控制/个体防护

职业接触限值
　中国　未制定标准
　美国（ACGIH）　未制定标准
生物接触限值　未制定标准
监测方法　空气中有毒物质测定方法：未制定标准。生物监测检验方法：未制定标准
工程控制　密闭操作，注意通风
个体防护装备
　呼吸系统防护　空气中粉尘浓度较高时，建议佩戴过滤式防尘呼吸器
　眼睛防护　戴化学安全防护眼镜
　皮肤和身体防护　穿防毒物渗透工作服

手防护　戴防化学品手套

第九部分　理化特性

外观与性状　白色或无色结晶，有类似樟脑的气味

pH值　无意义		**熔点（℃）**　79.2	
沸点（℃）　196.8		**相对密度（水＝1）**　0.89	

相对蒸气密度（空气＝1）　4.6

饱和蒸气压（kPa）　21.3（140℃）

临界压力（MPa）　无资料　　**辛醇/水分配系数**　4～4.24

闪点（℃）　74（开杯）　　**自燃温度（℃）**　无资料

爆炸下限（%）　无资料　　**爆炸上限（%）**　无资料

分解温度（℃）　无资料　　**黏度（mPa·s）**　无资料

燃烧热（kJ/mol）　无资料　　**临界温度（℃）**　402.5

溶解性　不溶于水，溶于乙醇、乙醚、苯

第十部分　稳定性和反应性

稳定性　稳定

危险反应　与强氧化剂、酸类、卤素等禁配物接触，有发生火灾和爆炸的危险

避免接触的条件　空气

禁配物　强氧化剂、酸类、卤素等

危险的分解产物　无资料

第十一部分　毒理学信息

急性毒性　LD_{50}：6700mg/kg（大鼠经口）；3400mg/kg（小鼠经口）

皮肤刺激或腐蚀　无资料　　**眼睛刺激或腐蚀**　无资料

呼吸或皮肤过敏　无资料　　**生殖细胞突变性**　无资料

致癌性　无资料　　　　　　　**生殖毒性**　无资料

特异性靶器官系统毒性-一次接触　无资料

特异性靶器官系统毒性-反复接触　无资料

吸入危害　无资料

第十二部分　生态学信息

生态毒性　无资料

持久性和降解性
　生物降解性　无资料
　非生物降解性　无资料

潜在的生物累积性　无资料

土壤中的迁移性　无资料

第十三部分　废弃处置

废弃化学品　建议用焚烧法处置

污染包装物　将容器返还生产商或按照国家和地方法规处置

废弃注意事项　处置前应参阅国家和地方有关法规

第十四部分　运输信息

联合国危险货物编号（UN号）　1325

联合国运输名称　有机易燃固体，未另作规定的（1,2,4,5-四甲苯）

联合国危险性类别　4.1

包装类别　Ⅱ　　　　　包装标志　

海洋污染物　否

运输注意事项　运输时运输车辆应配备相应品种和数量的消防器材及泄漏应急处理设备。装运本品的车辆排气管必须有阻火装置。运输过程中要确保容器不泄漏、不倒塌、不坠落、不损坏。严禁与氧化剂等混装混运。运输途中应防暴晒、雨淋，防高温。中途停留时应远离火种、热源。车辆运输完毕应进行彻底清扫。铁路运输时要禁止溜放

第十五部分　法规信息

下列法律、法规、规章和标准，对该化学品的管理作了相应的规定。

中华人民共和国职业病防治法　职业病分类和目录：未列入

危险化学品安全管理条例　危险化学品目录：列入。易制爆危险化学品名录：未列入。重点监管的危险化学品名录：未列入。GB 18218—2009《危险化学品重大危险源辨识》（表1）：未列入

使用有毒物品作业场所劳动保护条例　高毒物品目录：未列入

易制毒化学品管理条例　易制毒化学品的分类和品种目录：未列入

国际公约　斯德哥尔摩公约：未列入。鹿特丹公约：未列入。蒙特利尔议定书：未列入

第十六部分　其他信息

编写和修订信息　　　缩略语和首字母缩写
培训建议　　　　　　参考文献
免责声明

2,2,3,3-四甲基丁烷

第一部分　化学品标识

化学品中文名　2,2,3,3-四甲基丁烷；六甲基乙烷；四甲基丁烷

化学品英文名　2,2,3,3-tetramethylbutane；hexamethyl-ethane

分子式　C_8H_{18}　**分子量**　114.2285

结构式　

化学品的推荐及限制用途　用作化学试剂、色谱分析对比样品

第二部分　危险性概述

紧急情况概述　易燃固体，造成皮肤刺激，可能引起昏昏欲睡或眩晕，吞咽及进入呼吸道可能致命

GHS危险性类别　易燃固体，类别1；皮肤腐蚀/刺激，类别2；特异性靶器官毒性——次接触，类别3（麻醉效应）；吸入危害，类别1；危害水生环境-急性危害，类别1；危害水生环境-长期危害，类别1

象形图　

警示词　危险

危险性说明　易燃固体，造成皮肤刺激，可能引起昏昏欲睡或眩晕，吞咽及进入呼吸道可能致命，对水生生物毒性非常大并具有长期持续影响

防范说明

预防措施　远离热源、火花、明火、热表面。禁止吸烟。保持容器密闭。容器和接收设备接地连接。使用防爆型电器、通风、照明设备。只能使用不产生火花的工具。采取防止静电措施。戴防护手套、防护眼镜、防护面罩。避免接触眼睛、皮肤，操作后彻底清洗。禁止排入环境

事故响应　火灾时，使用雾状水、泡沫、干粉、二氧化碳、砂土灭火。皮肤接触：用大量肥皂水和水清洗。如发生皮肤刺激，就医。脱去被污染的衣服，衣服经洗净后方可重新使用。如果食入：立即呼叫中毒控制中心或就医，不要催吐。收集泄漏物

安全储存　存放在通风良好的地方。保持低温。上锁保管

废弃处置　本品及内装物、容器依据国家和地方法规处置

物理和化学危险　易燃，其粉体与空气混合，能形成爆炸性混合物

健康危害　对眼睛、皮肤、黏膜有一定的刺激性

环境危害　对水生生物毒性非常大并具有长期持续影响

第三部分　成分/组成信息

√物质　　　　　　　混合物

组分	浓度	CAS No.
2,2,3,3-四甲基丁烷		594-82-1

第四部分　急救措施

吸入　迅速脱离现场至空气新鲜处。保持呼吸道通畅。如呼吸困难，给输氧。呼吸、心跳停止，立即进行心肺复苏术。就医

皮肤接触　立即脱去污染的衣着，用流动清水彻底冲洗。就医

眼睛接触　立即分开眼睑，用流动清水或生理盐水彻底冲洗。就医

食入　漱口，饮水。禁止催吐。就医

对保护施救者的忠告　根据需要使用个人防护设备

对医生的特别提示　对症处理

第五部分　消防措施

灭火剂　用雾状水、泡沫、干粉、二氧化碳、砂土灭火

特别危险性　遇明火、高热、氧化剂极易燃烧

灭火注意事项及防护措施　消防人员必须佩戴防毒面具、

穿全身消防服，在上风向灭火。尽可能将容器从火场移至空旷处。喷水保持火场容器冷却，直至灭火结束

第六部分　泄漏应急处理

作业人员防护措施、防护装备和应急处置程序　隔离泄漏污染区，限制出入。消除所有点火源。建议应急处理人员戴防尘口罩，穿防静电服。禁止接触或跨越泄漏物

环境保护措施　防止泄漏物进入水体、下水道、地下室或有限空间

泄漏化学品的收容、清除方法及所使用的处置材料　小量泄漏：用洁净的铲子收集泄漏物，置于干净、干燥、盖子较松的容器中，将容器移离泄漏区。大量泄漏：用水润湿，并筑堤收容

第七部分　操作处置与储存

操作注意事项　密闭操作，局部排风。防止粉尘释放到车间空气中。操作人员必须经过专门培训，严格遵守操作规程。建议操作人员佩戴自吸过滤式防尘口罩，戴化学安全防护眼镜，穿防毒物渗透工作服，戴橡胶手套。远离火种、热源，工作场所严禁吸烟。使用防爆型的通风系统和设备。避免产生粉尘。避免与氧化剂接触。配备相应品种和数量的消防器材及泄漏应急处理设备。倒空的容器可能残留有害物

储存注意事项　储存于阴凉、通风的库房。库温不宜超过35℃。远离火种、热源。防止阳光直射。库温不宜超过30℃。包装密封。应与氧化剂分开存放，切忌混储。采用防爆型照明、通风设施。禁止使用易产生火花的机械设备和工具。储区应备有合适的材料收容泄漏物

第八部分　接触控制/个体防护

职业接触限值
　中国　未制定标准
　美国（ACGIH）　未制定标准

生物接触限值　未制定标准

监测方法　空气中有毒物质测定方法：未制定标准。生物监测检验方法：未制定标准

工程控制　密闭操作，局部排风

个体防护装备
　呼吸系统防护　空气中粉尘浓度超标时，必须佩戴过滤式防尘呼吸器。紧急事态抢救或撤离时，应该佩戴空气呼吸器
　眼睛防护　戴化学安全防护眼镜
　皮肤和身体防护　穿防毒物渗透工作服
　手防护　戴橡胶手套

第九部分　理化特性

外观与性状　无色结晶　　　**pH 值**　无意义
熔点(℃)　99～101　　　　**沸点(℃)**　106.5
相对密度(水＝1)　0.8242（23℃）
相对蒸气密度(空气＝1)　无资料
燃烧热(kJ/mol)　5450

临界压力(MPa)　无资料　　**辛醇/水分配系数**　无资料
闪点(℃)　无资料　　　　　**自燃温度(℃)**　无资料
爆炸下限(%)　1　　　　　　**爆炸上限(%)**　无资料
分解温度(℃)　无资料　　　**黏度(mPa·s)**　无资料
燃烧热(kJ/mol)　无资料　　**临界温度(℃)**　无资料
溶解性　不溶于水，溶于乙醚、乙醇

第十部分　稳定性和反应性

稳定性　稳定

危险反应　与强氧化剂、强酸、强碱、卤素等禁配物接触，有发生火灾和爆炸的危险

避免接触的条件　无资料

禁配物　强氧化剂、强酸、强碱、卤素

危险的分解产物　无资料

第十一部分　毒理学信息

急性毒性　无资料

皮肤刺激或腐蚀　无资料　　**眼睛刺激或腐蚀**　无资料

呼吸或皮肤过敏　无资料　　**生殖细胞突变性**　无资料

致癌性　无资料　　　　　　**生殖毒性**　无资料

特异性靶器官系统毒性-一次接触　无资料

特异性靶器官系统毒性-反复接触　无资料

吸入危害　无资料

第十二部分　生态学信息

生态毒性　根据结构类似物质预测，该物质对水生生物有极高毒性

持久性和降解性
　生物降解性　无资料
　非生物降解性　无资料

潜在的生物累积性　无资料

土壤中的迁移性　无资料

第十三部分　废弃处置

废弃化学品　建议用控制焚烧法或安全掩埋法处置。若可能，重复使用容器或在规定场所掩埋

污染包装物　将容器返还生产商或按照国家和地方法规处置

废弃注意事项　处置前应参阅国家和地方有关法规

第十四部分　运输信息

联合国危险货物编号（UN 号）　1325

联合国运输名称　有机易燃固体，未另作规定的（2,2,3,3-四甲基丁烷）

联合国危险性类别　4.1

包装类别　Ⅱ　　　　　　　**包装标志**　

海洋污染物　是

运输注意事项　运输时运输车辆应配备相应品种和数量的消防器材及泄漏应急处理设备。装运本品的车辆排气管必须有阻火装置。运输过程中要确保容器不泄漏、

不倒塌、不坠落、不损坏。严禁与氧化剂、食用化学品等混装混运。运输途中应防暴晒、雨淋，防高温。中途停留时应远离火种、热源。车辆运输完毕应进行彻底清扫。铁路运输时要禁止溜放

第十五部分 法规信息

下列法律、法规、规章和标准，对该化学品的管理作了相应的规定。

中华人民共和国职业病防治法 职业病分类和目录：未列入

危险化学品安全管理条例 危险化学品目录：列入。易制爆危险化学品名录：未列入。重点监管的危险化学品名录：未列入。GB 18218—2009《危险化学品重大危险源辨识》（表1）：未列入

使用有毒物品作业场所劳动保护条例 高毒物品目录：未列入

易制毒化学品管理条例 易制毒化学品的分类和品种目录：未列入

国际公约 斯德哥尔摩公约：未列入。鹿特丹公约：未列入。蒙特利尔议定书：未列入

第十六部分 其他信息

编写和修订信息　　　　缩略语和首字母缩写
培训建议　　　　　　　参考文献
免责声明

四甲基铅

第一部分 化学品标识

化学品中文名 四甲基铅；四甲铅
化学品英文名 lead tetramethyl；tetramethyl lead
分子式 $C_4H_{12}Pb$ **分子量** 267.3

结构式
$$—Pb—$$

化学品的推荐及限制用途 作为内燃机燃料汽油的添加剂以防震

第二部分 危险性概述

紧急情况概述 易燃液体和蒸气，吞咽会中毒，吸入致命
GHS危险性类别 易燃液体，类别3；急性毒性-经口，类别3；急性毒性-吸入，类别2；特异性靶器官毒性-一次接触，类别1；特异性靶器官毒性-反复接触，类别1；危害水生环境-急性危害，类别1；危害水生环境-长期危害，类别1
标签要素

象形图

警示词 危险
危险性说明 易燃液体和蒸气，吞咽会中毒，吸入致命，对器官造成损害，长时间或反复接触对器官造成损伤，对水生生物毒性非常大并具有长期持续

影响
防范说明
预防措施 远离热源、火花、明火、热表面。保持容器密闭。容器和接收设备接地连接。使用防爆型电器、通风、照明设备。只能使用不产生火花的工具。采取防止静电措施。戴防护手套、防护眼镜、防护面罩。避免接触眼睛、皮肤，操作后彻底清洗。作业场所不得进食、饮水或吸烟。避免吸入蒸气、雾。仅在室外或通风良好处操作。戴呼吸防护器具。禁止排入环境

事故响应 火灾时，使用雾状水、泡沫、干粉、二氧化碳、砂土灭火。如吸入：将患者转移到空气新鲜处，休息，保持利于呼吸的体位，立即呼叫中毒控制中心或就医。如皮肤（或头发）接触：立即脱掉所有被污染的衣服，用水冲洗皮肤，淋浴。食入：立即呼叫中毒控制中心或就医，漱口。如果接触：立即呼叫中毒控制中心或就医。如感觉不适，就医。收集泄漏物

安全储存 存放在通风良好的地方。保持低温。保持容器密闭。上锁保管
废弃处置 本品及内装物、容器依据国家和地方法规处置
物理和化学危险 易燃，其蒸气与空气混合，能形成爆炸性混合物
健康危害 本品为神经毒。吸入、经口和经皮肤吸收均可引起中毒。动物实验四甲铅中毒与四乙铅相似，实验动物出现兴奋、痉挛、共济失调、震颤、昏迷等
环境危害 对水生生物毒性非常大并具有长期持续影响

第三部分 成分/组成信息

✓物质　　　　　　　　混合物

组分	浓度	CAS No.
四甲基铅		75-74-1

第四部分 急救措施

吸入 迅速脱离现场至空气新鲜处。保持呼吸道通畅。如呼吸困难，给输氧。呼吸、心跳停止，立即进行心肺复苏术。就医
皮肤接触 立即脱去污染的衣着，用流动清水彻底冲洗。就医
眼睛接触 立即分开眼睑，用流动清水或生理盐水彻底冲洗。就医
食入 饮适量温水，催吐（仅限于清醒者）。就医
对保护施救者的忠告 根据需要使用个人防护设备
对医生的特别提示 对症处理

第五部分 消防措施

灭火剂 用雾状水、泡沫、干粉、二氧化碳、砂土灭火
特别危险性 其蒸气与空气可形成爆炸性混合物，遇明火、高热能引起燃烧爆炸。与氧化剂可发生反应。蒸气比空气重，沿地面扩散并易积存于低洼处，遇火源会着火回燃。若遇高热，容器内压增大，有开裂和爆

炸的危险

灭火注意事项及防护措施 消防人员必须佩戴防毒面具、穿全身消防服，在上风向灭火。尽可能将容器从火场移至空旷处。喷水保持火场容器冷却，直至灭火结束。处在火场中的容器若已变色或从安全泄压装置中发出声音，必须马上撤离

第六部分 泄漏应急处理

作业人员防护措施、防护装备和应急处置程序 根据液体流动和蒸气扩散的影响区域划定警戒区，无关人员从侧风、上风向撤离至安全区。消除所有点火源。建议应急处理人员戴正压自给式呼吸器，穿防毒、防静电服。穿上适当的防护服前严禁接触破裂的容器和泄漏物。尽可能切断泄漏源

环境保护措施 防止泄漏物进入水体、下水道、地下室或有限空间

泄漏化学品的收容、清除方法及所使用的处置材料 小量泄漏：用干燥的砂土或其他不燃材料吸收或覆盖，收集于容器中。大量泄漏：构筑围堤或挖坑收容。用防爆泵转移至槽车或专用收集器内

第七部分 操作处置与储存

操作注意事项 密闭操作，提供充分的局部排风。操作尽可能机械化、自动化。操作人员必须经过专门培训，严格遵守操作规程。建议操作人员佩戴过滤式防毒面具（半面罩），戴化学安全防护眼镜，穿防毒物渗透工作服，戴乳胶手套。远离火种、热源，工作场所严禁吸烟。使用防爆型的通风系统和设备。防止蒸气泄漏到工作场所空气中。避免与氧化剂、酸类接触。搬运时要轻装轻卸，防止包装及容器损坏。配备相应品种和数量的消防器材及泄漏应急处理设备。倒空的容器可能残留有害物

储存注意事项 储存于阴凉、通风的库房。远离火种、热源。库温不宜超过30℃。应与氧化剂、酸类、食用化学品分开存放，切忌混储。采用防爆型照明、通风设施。禁止使用易产生火花的机械设备和工具。储区应备有泄漏应急处理设备和合适的收容材料

第八部分 接触控制/个体防护

职业接触限值

中国 未制定标准

美国（ACGIH） TLV-TWA：$0.05mg/m^3$ ［按 Pb 计］［皮］

生物接触限值 未制定标准

监测方法 空气中有毒物质测定方法：未制定标准。生物监测检验方法：未制定标准

工程控制 严加密闭，提供充分的局部排风

个体防护装备

呼吸系统防护 空气中浓度较高时，应该佩戴过滤式防毒面具（半面罩）。紧急事态抢救或逃生时，建议佩戴空气呼吸器

眼睛防护 戴化学安全防护眼镜

皮肤和身体防护 穿防毒物渗透工作服

手防护 戴橡胶手套

第九部分 理化特性

外观与性状 无色油状液体，有特臭

pH 值 无资料		**熔点（℃）** −27.5	

沸点（℃） 110

相对密度（水＝1） 1.99（20℃）

相对蒸气密度（空气＝1） 6.5

饱和蒸气压（kPa） 3.33（20℃）

临界压力（MPa） 无资料　　**辛醇/水分配系数** 无资料

闪点（℃） 37.7　　**自燃温度（℃）** 无资料

爆炸下限（％） 1.8　　**爆炸上限（％）** 无资料

分解温度（℃） 100　　**黏度（mPa·s）** 无资料

燃烧热（kJ/mol） −3289.7　　**临界温度（℃）** 无资料

溶解性 微溶于水，易溶于多数有机溶剂、脂肪

第十部分 稳定性和反应性

稳定性 稳定

危险反应 与强氧化剂等禁配物接触，有发生火灾和爆炸的危险

避免接触的条件 潮湿空气

禁配物 强氧化剂、强酸

危险的分解产物 氧化铅

第十一部分 毒理学信息

急性毒性 LD_{50}：105mg/kg（大鼠经口）

皮肤刺激或腐蚀 无资料　　**眼睛刺激或腐蚀** 无资料

呼吸或皮肤过敏 无资料　　**生殖细胞突变性** 无资料

致癌性 无资料

生殖毒性 大鼠孕后 9～11d 经口给予最低中毒剂量（TDLo）80mg/kg，致肌肉骨骼系统发育畸形

特异性靶器官系统毒性--一次接触 无资料

特异性靶器官系统毒性-反复接触 大鼠吸入染毒，4～63mg/L，5～150d，出现兴奋、运动失调、痉挛和昏迷

吸入危害 无资料

第十二部分 生态学信息

生态毒性 含铅化合物对水生生物有极高毒性

持久性和降解性

生物降解性 无资料

非生物降解性 无资料

潜在的生物累积性 无资料

土壤中的迁移性 无资料

第十三部分 废弃处置

废弃化学品 用控制焚烧法处置。经洗涤器收集的铅氧化物可再循环使用或填埋处理

污染包装物 将容器返还生产商或按照国家和地方法规处置

废弃注意事项 处置前应参阅国家和地方有关法规

第十四部分 运输信息

联合国危险货物编号（UN 号） 1992

联合国运输名称　易燃液体，毒性，未另作规定的（四甲基铅）

联合国危险性类别　3，6.1

包装类别　Ⅱ

包装标志

海洋污染物　是

运输注意事项　运输前应先检查包装容器是否完整、密封，运输过程中要确保容器不泄漏、不倒塌、不坠落、不损坏。严禁与酸类、氧化剂、食品及食品添加剂混运。运输时运输车辆应配备相应品种和数量的消防器材及泄漏应急处理设备。运输途中应防暴晒、雨淋，防高温。运输时所用的槽（罐）车应有接地链，槽内可设孔隔板以减少震荡产生的静电。中途停留时应远离火种、热源。公路运输时要按规定路线行驶

第十五部分　法规信息

下列法律、法规、规章和标准，对该化学品的管理作了相应的规定。

中华人民共和国职业病防治法　职业病分类和目录：铅及其化合物中毒

危险化学品安全管理条例　危险化学品目录：列入。易制爆危险化学品名录：未列入。重点监管的危险化学品名录：未列入。GB 18218—2009《危险化学品重大危险源辨识》（表1）：未列入

使用有毒物品作业场所劳动保护条例　高毒物品目录：未列入

易制毒化学品管理条例　易制毒化学品的分类和品种目录：未列入

国际公约　斯德哥尔摩公约：未列入。鹿特丹公约：列入。蒙特利尔议定书：未列入

第十六部分　其他信息

编写和修订信息　　缩略语和首字母缩写

培训建议　　参考文献

免责声明

四磷酸六乙酯

第一部分　化学品标识

化学品中文名　四磷酸六乙酯；乙基四磷酸酯

化学品英文名　hexaethyl tetraphosphate；ethyl tetraphosphate

分子式　$C_{12}H_{30}O_{13}P_4$　**分子量**　506.26

结构式

化学品的推荐及限制用途　用作杀虫剂

第二部分　危险性概述

紧急情况概述　吞咽致命

GHS 危险性类别　急性毒性-经口，类别 2

标签要素

象形图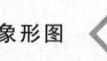

警示词　危险

危险性说明　吞咽致命

防范说明

预防措施　避免接触眼睛、皮肤，操作后彻底清洗。作业场所不得进食、饮水或吸烟

事故响应　食入：立即呼叫中毒控制中心或就医，漱口

安全储存　上锁保管

废弃处置　本品及内装物、容器依据国家和地方法规处置

物理和化学危险　可燃，其蒸气与空气混合，能形成爆炸性混合物

健康危害　抑制胆碱酯酶活性。中毒后胆碱酯酶活性下降，出现头晕、眼花、无力、恶心、呕吐、多汗、流涎、瞳孔缩小，重者肌肉痉挛、昏迷、呼吸困难、肺水肿等

环境危害　对环境可能有害

第三部分　成分/组成信息

√物质　　　　　　　　　混合物

组分	浓度	CAS No.
四磷酸六乙酯		757-58-4

第四部分　急救措施

吸入　迅速脱离现场至空气新鲜处。保持呼吸道通畅。如呼吸困难，给输氧。呼吸、心跳停止，立即进行心肺复苏术。就医

皮肤接触　立即脱去污染的衣着，用肥皂水及流动清水彻底冲洗污染的皮肤、头发、指甲等。就医

眼睛接触　分开眼睑，用流动清水或生理盐水冲洗。就医

食入　饮足量温水，催吐（仅限于清醒者）。口服活性炭。就医

对保护施救者的忠告　根据需要使用个人防护设备

对医生的特别提示　解毒剂：阿托品、胆碱酯酶复能剂

第五部分　消防措施

灭火剂　用水、雾状水、抗溶性泡沫、干粉、二氧化碳、砂土灭火

特别危险性　遇明火、高热可燃。与氧化剂可发生反应。受高热分解放出有毒的气体。若遇高热，容器内压增大，有开裂和爆炸的危险

灭火注意事项及防护措施　消防人员必须佩戴空气呼吸器、穿全身防火防毒服，在上风向灭火。尽可能将容器从火场移至空旷处。喷水保持火场容器冷却，直至

灭火结束。处在火场中的容器若已变色或从安全泄压装置中发出声音，必须马上撤离

第六部分　泄漏应急处理

作业人员防护措施、防护装备和应急处置程序　根据液体流动和蒸气扩散的影响区域划定警戒区，无关人员从侧风、上风向撤离至安全区。建议应急处理人员戴正压自给式呼吸器，穿防毒服。穿上适当的防护服前严禁接触破裂的容器和泄漏物。尽可能切断泄漏源

环境保护措施　防止泄漏物进入水体、下水道、地下室或有限空间

泄漏化学品的收容、清除方法及所使用的处置材料　小量泄漏：用干燥的砂土或其他不燃材料吸收或覆盖，收集于容器中。大量泄漏：构筑围堤或挖坑收容。用粉煤灰或石灰粉吸收大量液体。用泵转移至槽车或专用收集器内

第七部分　操作处置与储存

操作注意事项　密闭操作，提供充分的局部排风。防止蒸气泄漏到工作场所空气中。操作人员必须经过专门培训，严格遵守操作规程。建议操作人员佩戴自吸过滤式防毒面具（全面罩），穿胶布防毒衣，戴橡胶手套。远离火种、热源，工作场所严禁吸烟。使用防爆型的通风系统和设备。在清除液体和蒸气前不能进行焊接、切割等作业。避免产生烟雾。避免与氧化剂接触。配备相应品种和数量的消防器材及泄漏应急处理设备。倒空的容器可能会残留有害物

储存注意事项　储存于阴凉、通风良好的库房内。远离火种、热源。防止阳光直射。保持容器密封。应与氧化剂、食用化学品分开存放，切忌混储。配备相应品种和数量的消防器材。储区应备有泄漏应急处理设备和合适的收容材料

第八部分　接触控制/个体防护

职业接触限值

　　中国　未制定标准

　　美国（ACGIH）　未制定标准

生物接触限值　全血胆碱酯酶活性（校正值）：原基础值或参考值的 70%（采样时间：开始接触后的 3 个月内），原基础值或参考值的 50%（采样时间：持续接触 3 个月后，任意时间）

监测方法　空气中有毒物质测定方法：未制定标准。生物监测检验方法：血中胆碱酯酶活性的分光光度测定方法——羟胺三氯化铁法；血中胆碱酯酶活性的分光光度测定方法——硫代乙酰胆碱-联硫代双硝基苯甲酸法

工程控制　严加密闭，提供充分的局部排风

个体防护装备

　　呼吸系统防护　空气中浓度超标时，必须佩戴过滤式防毒面具（全面罩）。紧急事态抢救或撤离时，应该佩戴空气呼吸器

　　眼睛防护　呼吸系统防护中已作防护

　　皮肤和身体防护　穿密闭型防毒服

手防护　戴橡胶手套

第九部分　理化特性

外观与性状　黄色吸湿性液体

pH 值　无资料　　　　　　　　**熔点(℃)**　$-90\sim-40$

沸点(℃)　无资料

相对密度(水＝1)　1.292（27℃）

相对蒸气密度(空气＝1)　无资料

饱和蒸气压(kPa)　无资料

临界压力(MPa)　无资料　　　**辛醇/水分配系数**　无资料

闪点(℃)　无资料　　　　　　**自燃温度(℃)**　无资料

爆炸下限(%)　无资料　　　　**爆炸上限(%)**　无资料

分解温度(℃)　150　　　　　　**黏度(mPa·s)**　无资料

燃烧热(kJ/mol)　无资料　　　**临界温度(℃)**　无资料

溶解性　可混溶于水多数有机溶剂

第十部分　稳定性和反应性

稳定性　稳定

危险反应　与强氧化剂等禁配物发生反应

避免接触的条件　无资料

禁配物　强氧化剂

危险的分解产物　氧化磷

第十一部分　毒理学信息

急性毒性　LD_{50}：7mg/kg（大鼠经口），15mg/kg（大鼠经皮），56mg/kg（小鼠经口），21mg/kg（兔经口）

皮肤刺激或腐蚀　无资料　　**眼睛刺激或腐蚀**　无资料

呼吸或皮肤过敏　无资料　　**生殖细胞突变性**　无资料

致癌性　无资料　　　　　　**生殖毒性**　无资料

特异性靶器官系统毒性-一次接触　无资料

特异性靶器官系统毒性-反复接触　无资料

吸入危害　无资料

第十二部分　生态学信息

生态毒性　无资料

持久性和降解性

　　生物降解性　无资料

　　非生物降解性　无资料

潜在的生物累积性　无资料

土壤中的迁移性　无资料

第十三部分　废弃处置

废弃化学品　建议用焚烧法处置。在能利用的地方重复使用容器或在规定场所掩埋

污染包装物　将容器返还生产商或按照国家和地方法规处置

废弃注意事项　处置前应参阅国家和地方有关法规

第十四部分　运输信息

联合国危险货物编号（UN 号）　1611

联合国运输名称　四磷酸六乙酯

联合国危险性类别　6.1

包装类别　Ⅱ　　　包装标志

海洋污染物　否

运输注意事项　运输前应先检查包装容器是否完整、密封，运输过程中要确保容器不泄漏、不倒塌、不坠落、不损坏。严禁与酸类、氧化剂、食品及食品添加剂混运。运输时运输车辆应配备相应品种和数量的消防器材及泄漏应急处理设备。运输途中应防暴晒、雨淋，防高温。公路运输时要按规定路线行驶，勿在居民区和人口稠密区停留

第十五部分　法规信息

下列法律、法规、规章和标准，对该化学品的管理作了相应的规定。

中华人民共和国职业病防治法　职业病分类和目录：有机磷中毒

危险化学品安全管理条例　危险化学品目录：列入。易制爆危险化学品名录：未列入。重点监管的危险化学品名录：未列入。GB 18218—2009《危险化学品重大危险源辨识》（表1）：未列入

使用有毒物品作业场所劳动保护条例　高毒物品目录：未列入

易制毒化学品管理条例　易制毒化学品的分类和品种目录：未列入

国际公约　斯德哥尔摩公约：未列入。鹿特丹公约：未列入。蒙特利尔议定书：未列入

第十六部分　其他信息

编写和修订信息　　缩略语和首字母缩写
培训建议　　　　　参考文献
免责声明

2,3,4,6-四氯苯酚

第一部分　化学品标识

化学品中文名　2,3,4,6-四氯苯酚；2,3,4,6-四氯酚

化学品英文名　2,3,4,6-tetrachlorophenol；2,4,5,6-tetrachlorophenol

分子式　$C_6H_2Cl_4O$　**分子量**　231.891

结构式

HO—Cl Cl Cl Cl（苯环结构）

化学品的推荐及限制用途　用作杀虫剂、消毒剂和木材、乳胶、皮革防腐剂

第二部分　危险性概述

紧急情况概述　吞咽会中毒，造成皮肤刺激，造成严重眼刺激

GHS危险性类别　急性毒性-经口，类别3；皮肤腐蚀/刺激，类别2；严重眼损伤/眼刺激，类别2；危害水生环境-急性危害，类别1；危害水生环境-长期危害，

类别1

标签要素

象形图

警示词　危险

危险性说明　吞咽会中毒，造成皮肤刺激，造成严重眼刺激，对水生生物毒性非常大并具有长期持续影响

防范说明

预防措施　避免接触眼睛、皮肤，操作后彻底清洗。作业场所不得进食、饮水或吸烟。戴防护手套、防护眼镜、防护面罩。禁止排入环境

事故响应　皮肤接触：用大量肥皂水和水清洗，脱去被污染的衣服，如发生皮肤刺激，就医。污染的衣服必须经洗净后方可重新使用。如接触眼睛：用水细心冲洗数分钟。如戴隐形眼镜并可方便地取出，取出隐形眼镜，继续冲洗。如果眼睛刺激持续：就医。食入：立即呼叫中毒控制中心或就医，漱口。收集泄漏物

安全储存　上锁保管

废弃处置　本品及内装物、容器依据国家和地方法规处置

物理和化学危险　可燃，其粉体与空气混合，能形成爆炸性混合物

健康危害　有毒。严重刺激结膜和泪管。受热放出有毒氯气。引起结膜类和轻度至中度角膜损伤。本品粉尘对鼻、咽有刺激作用

环境危害　对水生生物毒性非常大并具有长期持续影响

第三部分　成分/组成信息

√物质　　　　　　　　混合物

组分	浓度	CAS No.
2,3,4,6-四氯苯酚		58-90-2

第四部分　急救措施

吸入　迅速脱离现场至空气新鲜处。保持呼吸道通畅。如呼吸困难，给输氧。呼吸、心跳停止，立即进行心肺复苏术。就医

皮肤接触　立即脱去污染的衣着，用流动清水彻底冲洗。就医

眼睛接触　立即分开眼睑，用流动清水或生理盐水彻底冲洗。就医

食入　漱口，饮水。就医

对保护施救者的忠告　根据需要使用个人防护设备

对医生的特别提示　对症处理

第五部分　消防措施

灭火剂　用雾状水、泡沫、干粉、二氧化碳、砂土灭火

特别危险性　遇明火、高热可燃。其粉体与空气可形成爆炸性混合物，当达到一定浓度时，遇火星会发生爆炸。受高热分解放出有毒的气体

灭火注意事项及防护措施 消防人员必须佩戴防毒面具、穿全身消防服，在上风向灭火。尽可能将容器从火场移至空旷处。喷水保持火场容器冷却，直至灭火结束

第六部分 泄漏应急处理

作业人员防护措施、防护装备和应急处理程序 隔离泄漏污染区，限制出入。消除所有点火源。建议应急处理人员戴防尘口罩，穿防毒服。穿上适当的防护服前严禁接触破裂的容器和泄漏物。尽可能切断泄漏源

环境保护措施 用塑料布覆盖泄漏物，减少飞散

泄漏化学品的收容、清除方法及所使用的处置材料 勿使水进入包装容器内。用洁净的铲子收集泄漏物，置于干净、干燥、盖子较松的容器中，将容器移离泄漏区

第七部分 操作处置与储存

操作注意事项 密闭操作，局部排风。防止粉尘释放到车间空气中。操作人员必须经过专门培训，严格遵守操作规程。建议操作人员佩戴自吸过滤式防尘口罩，戴化学安全防护眼镜，穿防毒物渗透工作服，戴乳胶手套。远离火种、热源，工作场所严禁吸烟。使用防爆型的通风系统和设备。避免产生粉尘。避免与氧化剂、酸酐、酰基氯接触。配备相应品种和数量的消防器材及泄漏应急处理设备。倒空的容器可能残留有害物

储存注意事项 储存于阴凉、通风的库房。远离火种、热源。防止阳光直射。包装密封。应与氧化剂、酸酐、酰基氯、食用化学品分开存放，切忌混储。配备相应品种和数量的消防器材。储区应备有合适的材料收容泄漏物

第八部分 接触控制/个体防护

职业接触限值
中国 未制定标准
美国（ACGIH） 未制定标准

生物接触限值 未制定标准

监测方法 空气中有毒物质测定方法：未制定标准。生物监测检验方法：未制定标准

工程控制 密闭操作，局部排风

个体防护装备
呼吸系统防护 空气中粉尘浓度超标时，建议佩戴过滤式防尘呼吸器。紧急事态抢救或撤离时，应该佩戴空气呼吸器
眼睛防护 戴化学安全防护眼镜
皮肤和身体防护 穿防毒物渗透工作服
手防护 戴橡胶手套

第九部分 理化特性

外观与性状 白色针状结晶，有强烈特殊气味

pH 值 无意义 　　**熔点(℃)** 69～70

沸点(℃) 164（3.059kPa）

相对密度(水=1) 1.839（25℃）

相对蒸气密度(空气=1) 无资料

饱和蒸气压(kPa) 7.98（190℃）

临界压力(MPa) 无资料 　**辛醇/水分配系数** 无资料

闪点(℃) 无意义 　　**自燃温度(℃)** 无资料

爆炸下限(%) 无资料 　**爆炸上限(%)** 无资料

分解温度(℃) 无资料 　**黏度(mPa·s)** 无资料

燃烧热(kJ/mol) 无资料 　**临界温度(℃)** 无资料

溶解性 难溶于水，溶于丙酮、苯、乙醚、氯仿、四氯化碳、乙醇

第十部分 稳定性和反应性

稳定性 稳定

危险反应 与氧化剂、酸酐、酰基氯等禁配物发生反应

避免接触的条件 无资料

禁配物 氧化剂、酸酐、酰基氯

危险的分解产物 氯化氢

第十一部分 毒理学信息

急性毒性 LD_{50}：140mg/kg（大鼠经口），485mg/kg（大鼠经皮），30mg/kg（小鼠经口），250mg/kg（兔经皮）

皮肤刺激或腐蚀 无资料 　　**眼睛刺激或腐蚀** 无资料

呼吸或皮肤过敏 无资料

生殖细胞突变性 细胞遗传学分析：仓鼠肺 250mg/L。哺乳动物体细胞突变：仓鼠肺 3500μg/L

致癌性 IARC 致癌性评论：人类致癌性证据有限

生殖毒性 大鼠孕后 6～15d 经口给予最低中毒剂量（TDLo）300mg/kg，致肌肉骨骼系统发育畸形

特异性靶器官系统毒性-一次接触 无资料

特异性靶器官系统毒性-反复接触 无资料

吸入危害 无资料

第十二部分 生态学信息

生态毒性 LC_{50}：0.557mg/L（96h）（青鳉，OECD 203）。EC_{50}：1.4mg/L（48h）（大型溞，OECD 202）。ErC_{50}：2.1g/L（72h）（藻类，OECD 201）。NOEC：0.18mg/L（21d）（大型溞，OECD 211）

持久性和降解性
生物降解性 不易快速生物降解
非生物降解性 无资料

潜在的生物累积性 无资料

土壤中的迁移性 无资料

第十三部分 废弃处置

废弃化学品 用安全掩埋法处置。在能利用的地方重复使用容器或在规定场所掩埋

污染包装物 将容器返还生产商或按照国家和地方法规处置

废弃注意事项 处置前应参阅国家和地方有关法规

第十四部分 运输信息

联合国危险货物编号（UN 号） 2020

联合国运输名称 固态氯苯酚（2,3,4,6-四氯苯酚）

联合国危险性类别 6.1

包装类别　Ⅲ　　　　　　　包装标志　

海洋污染物　是

运输注意事项　运输前应先检查包装容器是否完整、密封，运输过程中要确保容器不泄漏、不倒塌、不坠落、不损坏。严禁与酸类、氧化剂、食品及食品添加剂混运。运输时运输车辆应配备相应品种和数量的消防器材及泄漏应急处理设备。运输途中应防暴晒、雨淋，防高温。公路运输时要按规定路线行驶，勿在居民区和人口稠密区停留

第十五部分　法规信息

下列法律、法规、规章和标准，对该化学品的管理作了相应的规定。

中华人民共和国职业病防治法　职业病分类和目录：未列入

危险化学品安全管理条例　危险化学品目录：列入。易制爆危险化学品名录：未列入。重点监管的危险化学品名录：未列入。GB 18218—2009《危险化学品重大危险源辨识》（表1）：未列入

使用有毒物品作业场所劳动保护条例　高毒物品目录：未列入

易制毒化学品管理条例　易制毒化学品的分类和品种目录：未列入

国际公约　斯德哥尔摩公约：未列入。鹿特丹公约：未列入。蒙特利尔议定书：未列入

第十六部分　其他信息

编写和修订信息　　　缩略语和首字母缩写
培训建议　　　　　　参考文献
免责声明

1,1,3,3-四氯丙酮

第一部分　化学品标识

化学品中文名　1,1,3,3-四氯丙酮；1,1,3,3-四氯-2-丙酮

化学品英文名　1,1,3,3-tetrachloroacetone；1,1,3,3-tetrachloro-2-propanone

分子式　$C_3H_2Cl_4O$　**分子量**　195.859

结构式　

化学品的推荐及限制用途　用于有机合成

第二部分　危险性概述

紧急情况概述　吞咽会中毒，皮肤接触会致命

GHS危险性类别　急性毒性-经口，类别3；急性毒性-经皮，类别2

标签要素

象形图　

警示词　危险

危险性说明　吞咽会中毒，皮肤接触会致命

防范说明

预防措施　避免接触眼睛、皮肤或衣服，操作后彻底清洗。作业场所不得进食、饮水或吸烟。戴防护手套、穿防护服

事故响应　皮肤接触：用大量肥皂水和水轻轻地清洗，立即呼叫中毒控制中心或就医。食入：立即呼叫中毒控制中心或就医，漱口

安全储存　上锁保管

废弃处置　本品及内装物、容器依据国家和地方法规处置

物理和化学危险　可燃，其蒸气与空气混合，能形成爆炸性混合物

健康危害　有毒。吸入、摄入或经皮肤吸收后会中毒。受热分解放出有毒的氯气烟雾

环境危害　对环境可能有害

第三部分　成分/组成信息

√物质　　　　　　　　　混合物

组分	浓度	CAS No.
1,1,3,3-四氯丙酮		632-21-3

第四部分　急救措施

吸入　迅速脱离现场至空气新鲜处。保持呼吸道通畅。如呼吸困难，给输氧。呼吸、心跳停止，立即进行心肺复苏术。就医

皮肤接触　立即脱去污染的衣着，用流动清水彻底冲洗。就医

眼睛接触　立即分开眼睑，用流动清水或生理盐水彻底冲洗。就医

食入　饮适量温水，催吐（仅限于清醒者）。就医

对保护施救者的忠告　根据需要使用个人防护设备

对医生的特别提示　对症处理

第五部分　消防措施

灭火剂　用雾状水、泡沫、干粉、二氧化碳、砂土灭火

特别危险性　遇明火、高热可燃。与氧化剂可发生反应。受高热分解放出有毒的气体。若遇高热，容器内压增大，有开裂和爆炸的危险

灭火注意事项及防护措施　消防人员必须佩戴防毒面具、穿全身消防服，在上风向灭火。尽可能将容器从火场移至空旷处。喷水保持火场容器冷却，直至灭火结束。处在火场中的容器若已变色或从安全泄压装置中发出声音，必须马上撤离

第六部分　泄漏应急处理

作业人员防护措施、防护装备和应急处置程序　根据液体流动和蒸气扩散的影响区域划定警戒区，无关人员从侧风、上风向撤离至安全区。消除所有点火源。建议应急处理人员戴防毒面具，穿防毒服。穿上适当的防护服前严禁接触破裂的容器和泄漏物。尽可能切断泄漏源

环境保护措施　防止泄漏物进入水体、下水道、地下室或有限空间

泄漏化学品的收容、清除方法及所使用的处置材料　小量泄漏：用干燥的砂土或其他不燃材料吸收或覆盖，收集于容器中。大量泄漏：构筑围堤或挖坑收容。用泵转移至槽车或专用收集器内

第七部分　操作处置与储存

操作注意事项　密闭操作，局部排风。防止蒸气泄漏到工作场所空气中。操作人员必须经过专门培训，严格遵守操作规程。建议操作人员佩戴过滤式防毒面具（半面罩），戴化学安全防护眼镜，穿防毒物渗透工作服，戴乳胶手套。远离火种、热源，工作场所严禁吸烟。使用防爆型的通风系统和设备。在清除液体和蒸气前不能进行焊接、切割等作业。避免产生烟雾。避免与氧化剂接触。配备相应品种和数量的消防器材及泄漏应急处理设备。倒空的容器可能残留有害物

储存注意事项　储存于阴凉、通风的库房。远离火种、热源。防止阳光直射。保持容器密封。应与氧化剂、食用化学品分开存放，切忌混储。配备相应品种和数量的消防器材。储区应备有泄漏应急处理设备和合适的收容材料

第八部分　接触控制/个体防护

职业接触限值

中国　未制定标准

美国（ACGIH）　未制定标准

生物接触限值　未制定标准

监测方法　空气中有毒物质测定方法：未制定标准。生物监测检验方法：未制定标准

工程控制　密闭操作，局部排风

个体防护装备

呼吸系统防护　空气中浓度较高时，应该佩戴过滤式防毒面具（半面罩）。紧急事态抢救或逃生时，建议佩戴空气呼吸器

眼睛防护　戴化学安全防护眼镜

皮肤和身体防护　穿防毒物渗透工作服

手防护　戴橡胶手套

第九部分　理化特性

外观与性状　液体，有强烈的辛辣气味

pH 值　无资料　　　　熔点（℃）　48～49（水合物）

沸点（℃）　180～182（95.5kPa）

相对密度（水＝1）　1.624

相对蒸气密度（空气＝1）　无资料

饱和蒸气压（kPa）　无资料

临界压力（MPa）　无资料　辛醇/水分配系数　无资料

闪点（℃）　无资料　　　自燃温度（℃）　无资料

爆炸下限（%）　无资料　爆炸上限（%）　无资料

分解温度（℃）　无资料　黏度（mPa·s）　无资料

燃烧热（kJ/mol）　无资料　临界温度（℃）　无资料

溶解性　易溶于苯、丙二醇、醚

第十部分　稳定性和反应性

稳定性　稳定

危险反应　与强氧化剂等禁配物发生反应

避免接触的条件　无资料

禁配物　强氧化剂

危险的分解产物　氯化氢

第十一部分　毒理学信息

急性毒性　LD_{50}：176mg/kg（小鼠经口），80mg/kg（兔经皮）

皮肤刺激或腐蚀　无资料　　眼睛刺激或腐蚀　无资料

呼吸或皮肤过敏　无资料

生殖细胞突变性　微生物致突变：鼠伤寒沙门氏菌 50μg/皿。微生物致突变：酿酒酵母 1μg/L

致癌性　无资料

生殖毒性　兔孕后 6～18d 经口给予最低中毒剂量（TDLo）130mg/kg，致肌肉骨骼系统发育畸形

特异性靶器官系统毒性-一次接触　无资料

特异性靶器官系统毒性-反复接触　无资料

吸入危害　无资料

第十二部分　生态学信息

生态毒性　无资料

持久性和降解性

生物降解性　无资料

非生物降解性　无资料

潜在的生物累积性　无资料

土壤中的迁移性　无资料

第十三部分　废弃处置

废弃化学品　根据国家和地方有关法规的要求处置。或与厂商或制造商联系，确定处置方法

污染包装物　将容器返还生产商或按照国家和地方法规处置

废弃注意事项　处置前应参阅国家和地方有关法规

第十四部分　运输信息

联合国危险货物编号（UN 号）　2810

联合国运输名称　有机毒性液体，未另作规定的（1,1,3,3-四氯丙酮）

联合国危险性类别　6.1

包装类别　Ⅱ　　　　　包装标志　

海洋污染物　否

运输注意事项　运输前应先检查包装容器是否完整、密封，运输过程中要确保容器不泄漏、不倒塌、不坠落、不损坏。严禁与氧化剂等混装混运。船运时，应与机舱、电源、火源等部位隔离。公路运输时要按规定路线行驶

第十五部分 法规信息

下列法律、法规、规章和标准，对该化学品的管理作了相应的规定。

中华人民共和国职业病防治法 职业病分类和目录：未列入

危险化学品安全管理条例 危险化学品目录：列入。易制爆危险化学品名录：未列入。重点监管的危险化学品名录：未列入。GB 18218—2009《危险化学品重大危险源辨识》（表1）：未列入

使用有毒物品作业场所劳动保护条例 高毒物品目录：未列入

易制毒化学品管理条例 易制毒化学品的分类和品种目录：未列入

国际公约 斯德哥尔摩公约：未列入。鹿特丹公约：未列入。蒙特利尔议定书：未列入

第十六部分 其他信息

编写和修订信息　缩略语和首字母缩写
培训建议　参考文献
免责声明

四氯化碲

第一部分 化学品标识

化学品中文名 四氯化碲；氯化碲
化学品英文名 tellurium tetrachloride; tellurium（Ⅳ）chloride
分子式 TeCl₄　**分子量** 269.41

结构式

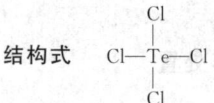

化学品的推荐及限制用途 用作化学试剂，并用于有机合成

第二部分 危险性概述

紧急情况概述 造成严重的皮肤灼伤和眼损伤
GHS危险性类别 皮肤腐蚀/刺激，类别1；严重眼损伤/眼刺激，类别1
标签要素

象形图

警示词 危险
危险性说明 造成严重的皮肤灼伤和眼损伤
防范说明

预防措施　避免吸入粉尘。避免接触眼睛、皮肤，操作后彻底清洗。戴防护手套，穿防护服，戴防护眼镜、防护面罩

事故响应　如吸入：将患者转移到空气新鲜处，休息，保持利于呼吸的体位，立即呼叫中毒控制中心或就医。皮肤（或头发）接触：立即脱掉

所有被污染的衣服，用水冲洗皮肤，淋浴。污染的衣服洗净后方可重新使用。眼睛接触：用水细心地冲洗数分钟，立即呼叫中毒控制中心或就医。如戴隐形眼镜并可方便地取出，则取出隐形眼镜，继续冲洗。食入：漱口，不要催吐

安全储存　上锁保管

废弃处置　本品及内装物、容器依据国家和地方法规处置

物理和化学危险 不燃，无特殊燃爆特性。遇水产生有毒气体

健康危害 本品遇水即产生氯化氢气体，有腐蚀性及毒性。在0.1mg/m³浓度以上时，接触者即可发生中毒。接触者及中毒者，其呼气中出现严重的蒜臭味。眼睛和皮肤接触引起灼伤

环境危害 对环境可能有害

第三部分 成分/组成信息

√物质　　　　　　　混合物

组分	浓度	CAS No.
四氯化碲		10026-07-0

第四部分 急救措施

吸入 迅速脱离现场至空气新鲜处。保持呼吸道通畅。如呼吸困难，给输氧。呼吸、心跳停止，立即进行心肺复苏术。就医

皮肤接触 立即脱去污染的衣着，用大量流动清水彻底冲洗至少15min。就医

眼睛接触 立即分开眼睑，用流动清水或生理盐水彻底冲洗5～10min。就医

食入 用水漱口，禁止催吐。给饮牛奶或蛋清。就医
对保护施救者的忠告 根据需要使用个人防护设备
对医生的特别提示 对症处理

第五部分 消防措施

灭火剂 本品不燃，根据着火原因选择适当灭火剂灭火
特别危险性 遇水或水蒸气反应放热并产生有毒的腐蚀性气体。遇高热分解释出高毒烟气
灭火注意事项及防护措施 消防人员必须穿全身耐酸碱消防服、佩戴空气呼吸器灭火。尽可能将容器从火场移至空旷处。喷水保持火场容器冷却，直至灭火结束。禁止用水和泡沫灭火

第六部分 泄漏应急处理

作业人员防护措施、防护装备和应急处置程序 隔离泄漏污染区，限制出入。建议应急处理人员戴防尘口罩，穿防腐、防毒服。作业时使用的所有设备应接地。穿上适当的防护服前严禁接触破裂的容器和泄漏物。尽可能切断泄漏源

环境保护措施 用塑料布覆盖，减少飞散、避免雨淋

泄漏化学品的收容、清除方法及所使用的处置材料 小量泄漏：用干燥的砂土或其他不燃材料覆盖泄漏物，用洁净的铲子收集泄漏物，置于干净、干燥、盖子较松

的容器中，将容器移离泄漏区

第七部分　操作处置与储存

操作注意事项　密闭操作，局部排风。防止粉尘释放到车间空气中。操作人员必须经过专门培训，严格遵守操作规程。建议操作人员佩戴自吸过滤式防尘口罩，戴化学安全防护眼镜，穿橡胶耐酸碱服，戴乳胶手套。避免产生粉尘。避免与碱类、氨接触。尤其要注意避免与水接触。配备泄漏应急处理设备。倒空的容器可能残留有害物

储存注意事项　储存于阴凉、干燥、通风良好的库房。远离火种、热源。库温不超过 30℃，相对湿度不超过75％。防止阳光直射。包装密封。应与碱类、氨、食用化学品分开存放，切忌混储。储区应备有合适的材料收容泄漏物

第八部分　接触控制/个体防护

职业接触限值
　　中国　未制定标准
　　美国（ACGIH）　TLV-TWA：0.1mg/m³［按 Te 计］
生物接触限值　未制定标准
监测方法　空气中有毒物质测定方法：未制定标准。生物监测检验方法：未制定标准
工程控制　密闭操作，局部排风
个体防护装备
　　呼吸系统防护　空气中粉尘浓度超标时，建议佩戴过滤式防尘呼吸器。紧急事态抢救或撤离时，应该佩戴空气呼吸器
　　眼睛防护　戴化学安全防护眼镜
　　皮肤和身体防护　穿橡胶耐酸碱服
　　手防护　戴橡胶手套

第九部分　理化特性

外观与性状　白色极易潮解的固体

pH 值　无意义	**熔点（℃）**　225
沸点（℃）　380（分解）	**相对密度（水＝1）**　3.01

相对蒸气密度（空气＝1）　无资料
饱和蒸气压（kPa）　无资料

临界压力（MPa）　无资料	**辛醇/水分配系数**　无资料
闪点（℃）　无意义	**自燃温度（℃）**　无意义
爆炸下限（%）　无意义	**爆炸上限（%）**　无意义
分解温度（℃）　无资料	**黏度（mPa·s）**　无资料
燃烧热（kJ/mol）　无资料	**临界温度（℃）**　无资料

溶解性　溶于甲醇、氯仿、甲苯、盐酸，不溶于二硫化碳

第十部分　稳定性和反应性

稳定性　稳定
危险反应　与强碱、氨、水等禁配物发生反应。遇水或水蒸气反应放热并产生有毒的腐蚀性气体
避免接触的条件　潮湿空气
禁配物　强碱、氨、水
危险的分解产物　氯化氢、碲

第十一部分　毒理学信息

急性毒性　无资料
皮肤刺激或腐蚀　无资料　　**眼睛刺激或腐蚀**　无资料
呼吸或皮肤过敏　无资料
生殖细胞突变性　DNA 修复：枯草杆菌 1mmol/L
致癌性　无资料
生殖毒性　大鼠睾丸内最低中毒剂量（TDLo）：21552μg/kg（雄性交配前 1d），对其睾丸、附睾、输精管有影响
特异性靶器官系统毒性-一次接触　无资料
特异性靶器官系统毒性-反复接触　无资料
吸入危害　无资料

第十二部分　生态学信息

生态毒性　无资料
持久性和降解性
　　生物降解性　无资料
　　非生物降解性　无资料
潜在的生物累积性　无资料
土壤中的迁移性　无资料

第十三部分　废弃处置

废弃化学品　建议用控制焚烧法或安全掩埋法处置。若可能，重复使用容器或在规定场所掩埋。量小时，溶解在水或适当的酸溶液中，或用适当氧化剂将其转变成水溶液。用硫化物沉淀，调节 pH 值至 7 完成沉淀。滤出固体硫化物回收或做掩埋处置。用次氯酸钠中和过量的硫化物，然后冲入下水道
污染包装物　将容器返还生产商或按照国家和地方法规处置
废弃注意事项　处置前应参阅国家和地方有关法规

第十四部分　运输信息

联合国危险货物编号（UN 号）　3260
联合国运输名称　无机酸性腐蚀性固体，未另作规定的（四氯化碲）
联合国危险性类别　8

包装类别　—　　　　**包装标志**

海洋污染物　否
运输注意事项　起运时包装要完整，装载应稳妥。运输过程中要确保容器不泄漏、不倒塌、不坠落、不损坏。严禁与碱类等混装混运。运输时运输车辆应配备泄漏应急处理设备。运输途中应防暴晒、雨淋，防高温。公路运输时要按规定路线行驶，勿在居民区和人口稠密区停留

第十五部分　法规信息

　　下列法律、法规、规章和标准，对该化学品的管理作了相应的规定。
中华人民共和国职业病防治法　职业病分类和目录：未

列入

危险化学品安全管理条例　危险化学品目录：列入。易制爆危险化学品名录：未列入。重点监管的危险化学品名录：未列入。GB 18218—2009《危险化学品重大危险源辨识》（表1）：未列入

使用有毒物品作业场所劳动保护条例　高毒物品目录：未列入

易制毒化学品管理条例　易制毒化学品的分类和品种目录：未列入

国际公约　斯德哥尔摩公约：未列入。鹿特丹公约：未列入。蒙特利尔议定书：未列入

第十六部分　其他信息

编写和修订信息　　缩略语和首字母缩写
培训建议　　　　　　参考文献
免责声明

四氯化硫

第一部分　化学品标识

化学品中文名　四氯化硫
化学品英文名　sulfur tetrachloride
分子式　SCl_4　**分子量**　173.87
结构式
$$Cl-\overset{\displaystyle Cl}{\underset{\displaystyle Cl}{S}}-Cl$$
化学品的推荐及限制用途　用作中间体

第二部分　危险性概述

紧急情况概述　造成严重的皮肤灼伤和眼损伤，可能引起呼吸道刺激

GHS危险性类别　皮肤腐蚀/刺激，类别1B；严重眼损伤/眼刺激，类别1；特异性靶器官毒性——次接触，类别3（呼吸道刺激）；危害水生环境-急性危害，类别1

标签要素

象形图　

警示词　危险

危险性说明　造成严重的皮肤灼伤和眼损伤，可能引起呼吸道刺激，对水生生物毒性非常大

防范说明

　　预防措施　避免吸入烟雾。避免接触眼睛、皮肤，操作后彻底清洗。戴防护手套、穿防护服、戴防护眼镜、防护面罩。禁止排入环境

　　事故响应　如吸入：将患者转移至空气新鲜处，休息，保持利于呼吸的体位，立即呼叫中毒控制中心或就医。皮肤（或头发）接触：立即脱掉所有被污染的衣服，用水冲洗皮肤，淋浴。污染的衣服洗净后方可重新使用。眼睛接触：用水细心地冲洗数分钟，立即呼叫中毒控制中心

或就医。如戴隐形眼镜并可方便地取出，则取出隐形眼镜，继续冲洗。食入：漱口，不要催吐。收集泄漏物

　　安全储存　上锁保管

　　废弃处置　本品及内装物、容器依据国家和地方法规处置

物理和化学危险　不燃，无特殊燃爆特性。遇水产生刺激性气体

健康危害　有毒。对皮肤、眼睛和黏膜有强刺激性和腐蚀性。吸入会中毒

环境危害　对水生生物毒性非常大

第三部分　成分/组成信息

√物质　　　　　　　　　　混合物

组分	浓度	CAS No.
四氯化硫		13451-08-6

第四部分　急救措施

吸入　迅速脱离现场至空气新鲜处。保持呼吸道通畅。如呼吸困难，给输氧。呼吸、心跳停止，立即进行心肺复苏术。就医

皮肤接触　立即脱去污染的衣着，用大量流动清水彻底冲洗至少15min。就医

眼睛接触　立即分开眼睑，用流动清水或生理盐水彻底冲洗5～10min。就医

食入　用水漱口，禁止催吐。给饮牛奶或蛋清。就医

对保护施救者的忠告　根据需要使用个人防护设备

对医生的特别提示　对症处理

第五部分　消防措施

灭火剂　灭火时尽量切断泄漏源，然后根据着火原因选择适当灭火剂灭火

特别危险性　遇水或水蒸气反应放热并产生有毒的腐蚀性气体。受高热分解放出有毒的气体。遇潮时对大多数金属有腐蚀性

灭火注意事项及防护措施　消防人员必须佩戴防毒面具、穿全身消防服，在上风向灭火。尽可能将容器从火场移至空旷处。喷水保持火场容器冷却，直至灭火结束。禁止用水和泡沫灭火

第六部分　泄漏应急处理

作业人员防护措施、防护装备和应急处置程序　根据气体的影响区域划定警戒区，无关人员从侧风、上风向撤离至安全区。建议应急处理人员戴正压自给式呼吸器，穿防酸碱服。穿上适当的防护服前严禁接触破裂的容器和泄漏物。尽可能切断泄漏源

环境保护措施　防止泄漏物进入水体、下水道、地下室或有限空间

泄漏化学品的收容、清除方法及所使用的处置材料　勿使泄漏物与可燃物质（如木材、纸、油等）接触。用干燥的砂土或其他不燃材料覆盖泄漏物，用洁净的无火花工具收集泄漏物，置于一盖子较松的塑料容器中，待处置。大量泄漏：构筑围堤或挖坑收容。用耐腐蚀

泵转移至槽车或专用收集器内

第七部分　操作处置与储存

操作注意事项　密闭操作，局部排风。防止气体泄漏到工作场所空气中。操作人员必须经过专门培训，严格遵守操作规程。建议操作人员佩戴自吸过滤式防毒面具（半面罩），戴化学安全防护眼镜，穿橡胶耐酸碱服，戴橡胶耐酸碱手套。避免与氧化剂、碱类接触。尤其要注意避免与水接触。配备泄漏应急处理设备。倒空的容器可能残留有害物

储存注意事项　储存于阴凉、干燥、通风良好的库房。远离火种、热源。防止阳光直射。包装必须密封，切勿受潮。应与氧化剂、碱类、食用化学品等分开存放，切忌混储。储区应备有泄漏应急处理设备

第八部分　接触控制/个体防护

职业接触限值

　　中国　未制定标准

　　美国（ACGIH）　未制定标准

生物接触限值　未制定标准

监测方法　空气中有毒物质测定方法：未制定标准。生物监测检验方法：未制定标准

工程控制　密闭操作，局部排风

个体防护装备

　　呼吸系统防护　空气中浓度超标时，必须佩戴过滤式防毒面具（半面罩）。紧急事态抢救或撤离时，应该佩戴空气呼吸器

　　眼睛防护　戴化学安全防护眼镜

　　皮肤和身体防护　穿橡胶耐酸碱服

　　手防护　戴橡胶耐酸碱手套

第九部分　理化特性

外观与性状　黄褐色液体或气体（在常温下）

pH 值　无资料	**熔点(℃)**　−30
沸点(℃)　−15（分解）	**相对密度(水＝1)**　无资料

相对蒸气密度(空气＝1)　无资料

饱和蒸气压(kPa)　无资料

临界压力(MPa)　无资料	**辛醇/水分配系数**　无资料
闪点(℃)　无意义	**自燃温度(℃)**　无意义
爆炸下限(%)　无意义	**爆炸上限(%)**　无意义

分解温度(℃)　−15（分解）

黏度(mPa·s)　无资料

燃烧热(kJ/mol)　无资料	**临界温度(℃)**　无资料

溶解性　无资料

第十部分　稳定性和反应性

稳定性　稳定

危险反应　与强氧化剂、水及水蒸气、碱类等禁配物发生反应。遇水或水蒸气反应放热并产生有毒的腐蚀性气体

避免接触的条件　潮湿空气

禁配物　强氧化剂、水及水蒸气、碱类

危险的分解产物　氯化氢、氧化硫

第十一部分　毒理学信息

急性毒性　无资料

皮肤刺激或腐蚀　无资料	**眼睛刺激或腐蚀**　无资料
呼吸或皮肤过敏　无资料	**生殖细胞突变性**　无资料
致癌性　无资料	**生殖毒性**　无资料

特异性靶器官系统毒性-一次接触　无资料

特异性靶器官系统毒性-反复接触　无资料

吸入危害　无资料

第十二部分　生态学信息

生态毒性　根据结构类似物质预测，该物质对水生生物有极高毒性

持久性和降解性

　　生物降解性　无资料

　　非生物降解性　无资料

潜在的生物累积性　无资料

土壤中的迁移性　无资料

第十三部分　废弃处置

废弃化学品　根据国家和地方有关法规的要求处置。或与厂商或制造商联系，确定处置方法

污染包装物　将容器返还生产商或按照国家和地方法规处置

废弃注意事项　处置前应参阅国家和地方有关法规

第十四部分　运输信息

联合国危险货物编号（UN 号）　1828

联合国运输名称　氯化硫

联合国危险性类别　8

包装类别　Ⅰ　　　　　　　　　**包装标志**

海洋污染物　是

运输注意事项　起运时包装要完整，装载应稳妥。运输过程中要确保容器不泄漏、不倒塌、不坠落、不损坏。严禁与氧化剂、碱类、食用化学品等混装混运。运输时运输车辆应配备泄漏应急处理设备。运输途中应防暴晒、雨淋，防高温。公路运输时要按规定路线行驶，勿在居民区和人口稠密区停留

第十五部分　法规信息

　　下列法律、法规、规章和标准，对该化学品的管理作了相应的规定。

中华人民共和国职业病防治法　职业病分类和目录：未列入

危险化学品安全管理条例　危险化学品目录：列入。易制爆危险化学品名录：未列入。重点监管的危险化学品名录：未列入。GB 18218—2009《危险化学品重大危险源辨识》（表1）：未列入

使用有毒物品作业场所劳动保护条例　高毒物品目录：未列入

易制毒化学品管理条例 易制毒化学品的分类和品种目录：未列入

国际公约 斯德哥尔摩公约：未列入。鹿特丹公约：未列入。蒙特利尔议定书：未列入

第十六部分 其他信息

编写和修订信息 缩略语和首字母缩写
培训建议 参考文献
免责声明

1,2,3,4-四氯化萘

第一部分 化学品标识

化学品中文名 1,2,3,4-四氯化萘
化学品英文名 1,2,3,4-tetrachloronaphthalene
分子式 $C_{10}H_4Cl_4$ 分子量 256.95

结构式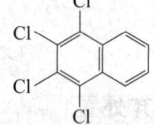

化学品的推荐及限制用途 用于有机合成

第二部分 危险性概述

紧急情况概述 —
GHS危险性类别 特异性靶器官毒性-反复接触，类别1；危害水生环境-长期危害，类别4
标签要素

象形图

警示词 危险
危险性说明 长时间或反复接触对器官造成损伤，可能对水生生物造成长期持续有害影响
防范说明
  预防措施 避免吸入粉尘。操作后彻底清洗。作业场所不得进食、饮水或吸烟。禁止排入环境
  事故响应 如感觉不适，就医
  安全储存 —
  废弃处置 本品及内装物、容器依据国家和地方法规处置
物理和化学危险 可燃，其粉体与空气混合，能形成爆炸性混合物
健康危害 本品可引起中毒性肝炎，出现疲劳、尿色加深、黄疸等。长期接触可引起痤疮
环境危害 可能对水生生物造成长期持续有害影响

第三部分 成分/组成信息

√物质 混合物

组分	浓度	CAS No.
1,2,3,4-四氯化萘		1335-88-2

第四部分 急救措施

吸入 迅速脱离现场至空气新鲜处。保持呼吸道通畅。如呼吸困难，给输氧。呼吸、心跳停止，立即进行心肺复苏术。就医
皮肤接触 立即脱去污染的衣着，用流动清水彻底冲洗。就医
眼睛接触 立即分开眼睑，用流动清水或生理盐水彻底冲洗。就医
食入 漱口，饮水。就医
对保护施救者的忠告 根据需要使用个人防护设备
对医生的特别提示 对症处理

第五部分 消防措施

灭火剂 用雾状水、泡沫、干粉、二氧化碳、砂土灭火
特别危险性 可燃。受热分解放出有毒气体
灭火注意事项及防护措施 消防人员必须佩戴防毒面具、穿全身消防服，在上风向灭火。尽可能将容器从火场移至空旷处。喷水保持火场容器冷却，直至灭火结束

第六部分 泄漏应急处理

作业人员防护措施、防护装备和应急处置程序 隔离泄漏污染区，限制出入。消除所有点火源。建议应急处理人员戴防尘口罩，穿防毒服。穿上适当的防护服前严禁接触破裂的容器和泄漏物。尽可能切断泄漏源
环境保护措施 用塑料布覆盖泄漏物，减少飞散
泄漏化学品的收容、清除方法及所使用的处置材料 勿使水进入包装容器内。用洁净的铲子收集泄漏物，置于干净、干燥、盖子较松的容器中，将容器移离泄漏区

第七部分 操作处置与储存

操作注意事项 密闭操作，局部排风。操作人员必须经过专门培训，严格遵守操作规程。建议操作人员佩戴自吸过滤式防尘口罩，戴化学安全防护眼镜，穿防毒物渗透工作服，戴乳胶手套。远离火种、热源，工作场所严禁吸烟。使用防爆型的通风系统和设备。避免产生粉尘。避免与氧化剂接触。搬运时要轻装轻卸，防止包装及容器损坏。配备相应品种和数量的消防器材及泄漏应急处理设备。倒空的容器可能残留有害物
储存注意事项 储存于阴凉、通风的库房。远离火种、热源。应与氧化剂、食用化学品分开存放，切忌混储。配备相应品种和数量的消防器材。储区应备有合适的材料收容泄漏物

第八部分 接触控制/个体防护

职业接触限值
  中国 未制定标准
  美国（ACGIH） TLV-TWA：2mg/m³
生物接触限值 未制定标准
监测方法 空气中有毒物质测定方法：未制定标准。生物监测检验方法：未制定标准
工程控制 密闭操作，局部排风。提供安全淋浴和洗眼设备
个体防护装备
  呼吸系统防护 空气中粉尘浓度超标时，建议佩戴过滤式防尘呼吸器。紧急事态抢救或撤离时，应该

佩戴空气呼吸器

眼睛防护　戴化学安全防护眼镜

皮肤和身体防护　穿防毒物渗透工作服

手防护　戴橡胶手套

第九部分　理化特性

外观与性状　无色结晶　　**pH 值**　无意义

熔点(℃)　115　　　　**沸点(℃)**　315～360

相对密度(水＝1)　1.59～1.65

相对蒸气密度(空气＝1)　无资料

饱和蒸气压(kPa)　0.135（20℃）

临界压力(MPa)　无资料　辛醇/水分配系数　无资料

闪点(℃)　210　　　自燃温度(℃)　无资料

爆炸下限(%)　无资料　爆炸上限(%)　无资料

分解温度(℃)　无资料　黏度(mPa·s)　无资料

燃烧热(kJ/mol)　无资料　临界温度(℃)　无资料

溶解性　不溶于水，微溶于乙醇、醚，易溶于热醇

第十部分　稳定性和反应性

稳定性　稳定

危险反应　与强氧化剂等禁配物发生反应

避免接触的条件　受热

禁配物　强氧化剂

危险的分解产物　氯化氢

第十一部分　毒理学信息

急性毒性　无资料

皮肤刺激或腐蚀　无资料　眼睛刺激或腐蚀　无资料

呼吸或皮肤过敏　无资料　生殖细胞突变性　无资料

致癌性　无资料　　　生殖毒性　无资料

特异性靶器官系统毒性-一次接触　大量吸入能引起肝脏
损害，重者引起急性黄色肝萎缩

特异性靶器官系统毒性-反复接触　无资料

吸入危害　无资料

第十二部分　生态学信息

生态毒性　无资料

持久性和降解性

生物降解性　不易快速生物降解

非生物降解性　无资料

潜在的生物累积性　根据 K_{ow} 值预测，该物质可能有较高
的生物累积性；BCF＝5600～11800（初始浓度
0.05ppm），BCF＝4400～8500（初始浓度 0.005ppm）

土壤中的迁移性　根据 K_{oc} 值预测，该物质的迁移性可能
较弱

第十三部分　废弃处置

废弃化学品　建议用焚烧法处置。与燃料混合后，再焚
烧。焚烧炉排出的卤化氢通过酸洗涤器除去

污染包装物　将容器返还生产商或按照国家和地方法规
处置

废弃注意事项　处置前应参阅国家和地方有关法规

第十四部分　运输信息

联合国危险货物编号（UN 号）　—

联合国运输名称　—　　联合国危险性类别　—

包装类别　—　　　　包装标志　—

海洋污染物　否

运输注意事项　运输前应先检查包装容器是否完整、密
封，运输过程中要确保容器不泄漏、不倒塌、不坠
落、不损坏。严禁与酸类、氧化剂、食品及食品添加
剂混运。运输途中应防暴晒、雨淋，防高温

第十五部分　法规信息

下列法律、法规、规章和标准，对该化学品的管理作
了相应的规定。

中华人民共和国职业病防治法　职业病分类和目录：未
列入

危险化学品安全管理条例　危险化学品目录：列入。易制
爆危险化学品名录：未列入。重点监管的危险化学品
名录：未列入。GB 18218—2009《危险化学品重大
危险源辨识》(表 1)：未列入

使用有毒物品作业场所劳动保护条例　高毒物品目录：未
列入

易制毒化学品管理条例　易制毒化学品的分类和品种目
录：未列入

国际公约　斯德哥尔摩公约：未列入。鹿特丹公约：未列
入。蒙特利尔议定书：未列入

第十六部分　其他信息

编写和修订信息　　　缩略语和首字母缩写

培训建议　　　　　　参考文献

免责声明

四氯化铅

第一部分　化学品标识

化学品中文名　四氯化铅

化学品英文名　lead tetrachloride

分子式　PbCl$_4$　分子量　349.0

结构式　　—Pb—

化学品的推荐及限制用途　用于有机盐合成

第二部分　危险性概述

紧急情况概述　吞咽有害，吸入有害，可能致癌

GHS 危险性类别　急性毒性-经口，类别 4；急性毒性-吸
入，类别 4；致癌性，类别 1B；生殖毒性，类别 1A；
特异性靶器官毒性-反复接触，类别 2；危害水生环
境-急性危害，类别 1；危害水生环境-长期危害，类
别 1

标签要素

象形图　

警示词　危险

危险性说明　吞咽有害，吸入有害，可能致癌，可能对生育力或胎儿造成伤害，长时间或反复接触可能对器官造成损伤，对水生生物毒性非常大并具有长期持续影响

防范说明

　　预防措施　避免接触眼睛、皮肤，操作后彻底清洗。作业场所不得进食、饮水或吸烟。避免吸入蒸气、雾。仅在室外或通风良好处操作。得到专门指导后操作。在阅读并了解所有安全预防措施之前，切勿操作。按要求使用个体防护装备。禁止排入环境

　　事故响应　如吸入：将患者转移到空气新鲜处，休息，保持利于呼吸的体位，如感觉不适，呼叫中毒控制中心或就医。食入：如果感觉不适，立即呼叫中毒控制中心或就医，漱口。如果接触或有担心，就医。收集泄漏物

　　安全储存　上锁保管

　　废弃处置　本品及内装物、容器依据国家和地方法规处置

物理和化学危险　不燃，无特殊燃爆特性。遇水产生刺激性气体

健康危害　铅及其化合物损害造血、神经、消化系统及肾脏。职业中毒主要为慢性。神经系统主要表现为神经衰弱综合征、周围神经病（以运动功能受累较明显），重者出现铅中毒性脑病。消化系统表现有齿龈铅线、食欲不振、恶心、腹胀、腹泻或便秘；腹绞痛见于中等及较重病例。造血系统损害出现卟啉代谢障碍、贫血等。短时大量接触可发生急性或亚急性铅中毒，表现类似重症慢性铅中毒。四氯化铅遇湿可产生氯化氢（参见氯化氢的危害作用）；对皮肤有刺激作用

环境危害　对水生生物毒性非常大并具有长期持续影响

第三部分　成分/组成信息

√物质　　　　　　　　　混合物

组分	浓度	CAS No.
四氯化铅		13463-30-4

第四部分　急救措施

吸入　迅速脱离现场至空气新鲜处。保持呼吸道通畅。如呼吸困难，给输氧。呼吸、心跳停止，立即进行心肺复苏术。就医

皮肤接触　立即脱去污染的衣着，用流动清水彻底冲洗。就医

眼睛接触　立即分开眼睑，用流动清水或生理盐水彻底冲洗。就医

食入　漱口，饮水。就医

对保护施救者的忠告　根据需要使用个人防护设备

对医生的特别提示　解毒剂：依地酸二钠钙、二巯基丁二酸钠、二巯基丁二酸等

第五部分　消防措施

灭火剂　迅速切断气源，然后根据着火原因选择适当灭火剂灭火

特别危险性　具有强氧化性。受高热能引起爆炸。遇潮能分解出有毒的氯化氢烟雾

灭火注意事项及防护措施　消防人员必须穿全身耐酸碱消防服。尽可能将容器从火场移至空旷处。喷水保持火场容器冷却，直至灭火结束

第六部分　泄漏应急处理

作业人员防护措施、防护装备和应急处置程序　根据液体流动和蒸气扩散的影响区域划定警戒区，无关人员从侧风、上风向撤离至安全区。建议应急处理人员戴正压自给式呼吸器，穿防腐、防毒服。穿上适当的防护服前严禁接触破裂的容器和泄漏物。尽可能切断泄漏源

环境保护措施　防止泄漏物进入水体、下水道、地下室或有限空间

泄漏化学品的收容、清除方法及所使用的处置材料　小量泄漏：用干燥的砂土或其他不燃材料吸收或覆盖，收集于容器中。大量泄漏：构筑围堤或挖坑收容。用耐腐蚀泵转移至槽车或专用收集器内

第七部分　操作处置与储存

操作注意事项　密闭操作，局部排风。操作人员必须经过专门培训，严格遵守操作规程。建议操作人员佩戴自吸过滤式防毒面具（全面罩），穿橡胶耐酸碱服，戴橡胶耐酸碱手套。防止蒸气泄漏到工作场所空气中。避免与醇类、碱类接触。尤其要注意避免与水接触。搬运时要轻装轻卸，防止包装及容器损坏。配备泄漏应急处理设备。倒空的容器可能残留有害物

储存注意事项　储存于阴凉、干燥、通风良好的库房。远离火种、热源。库温不超过30℃，相对湿度不超过75％。保持容器密封。应与醇类、碱类等分开存放，切忌混储。储区应备有泄漏应急处理设备和合适的收容材料

第八部分　接触控制/个体防护

职业接触限值

　　中国　PC-TWA：0.05mg/m³（铅尘），0.03mg/m³（铅烟）[按Pb计]　[G2A]

　　美国（ACGIH）TLV-TWA：0.05mg/m³[按Pb计]

生物接触限值　血铅：2.0μmol/L（400μg/L）（采样时间：接触三周后的任意时间）

监测方法　空气中有毒物质测定方法：火焰原子吸收光谱法；双硫腙分光光度法；氢化物-原子吸收光谱法；微分电位溶出法。生物监测检验方法：血中铅的石墨炉原子吸收光谱测定方法；血中铅的微分电位溶出测定方法

工程控制　密闭操作，局部排风。提供安全淋浴和洗眼设备

个体防护装备

　　呼吸系统防护　空气中浓度超标时，必须佩戴过滤式防毒面具（全面罩）。紧急事态抢救或撤离时，应该佩戴空气呼吸器

眼睛防护　呼吸系统防护中已作防护

皮肤和身体防护　穿橡胶耐酸碱服

手防护　戴橡胶耐酸碱手套

第九部分　理化特性

外观与性状　黄色油状发烟液体

pH 值　无资料

沸点(℃)　105（爆炸）　　相对密度(水＝1)　3.18

相对蒸气密度(空气＝1)　无资料

饱和蒸气压(kPa)　无资料

临界压力(MPa)　无资料　　辛醇/水分配系数　无资料

闪点(℃)　无意义　　自燃温度(℃)　无意义

爆炸下限(%)　无意义　　爆炸上限(%)　无意义

分解温度(℃)　无资料　　黏度(mPa·s)　无资料

燃烧热(kJ/mol)　无资料　　临界温度(℃)　无资料

溶解性　溶于乙醇、乙醚

第十部分　稳定性和反应性

稳定性　稳定

危险反应　与水、醇类、碱类等禁配物发生反应。遇潮能
　　分解出有毒的氯化氢烟雾

避免接触的条件　潮湿空气、受热

禁配物　水、醇类、碱类

危险的分解产物　氯化物、氧化铅

第十一部分　毒理学信息

急性毒性　无资料

皮肤刺激或腐蚀　无资料　　眼睛刺激或腐蚀　无资料

呼吸或皮肤过敏　无资料　　生殖细胞突变性　无资料

致癌性　无资料　　生殖毒性　无资料

特异性靶器官系统毒性--一次接触　无资料

特异性靶器官系统毒性-反复接触　无资料

吸入危害　无资料

第十二部分　生态学信息

生态毒性　铅化合物对水生生物有极高毒性

持久性和降解性

　　生物降解性　无资料

　　非生物降解性　无资料

潜在的生物累积性　无资料

土壤中的迁移性　无资料

第十三部分　废弃处置

废弃化学品　根据国家和地方有关法规的要求处置。或与
　　厂商或制造商联系，确定处置方法

污染包装物　将容器返还生产商或按照国家和地方法规
　　处置

废弃注意事项　处置前应参阅国家和地方有关法规

第十四部分　运输信息

联合国危险货物编号（UN号）　3082

联合国运输名称　对环境有害的液态物质，未另作规定的
　　（四氯化铅）

联合国危险性类别　9

包装类别　Ⅲ　　　　　包装标志　

海洋污染物　是

运输注意事项　起运时包装要完整，装载应稳妥。运输过
　　程中要确保容器不泄漏、不倒塌、不坠落、不损坏。
　　严禁与醇类、碱类、食用化品等混装混运。运输时
　　运输车辆应配备泄漏应急处理设备。运输途中应防暴
　　晒、雨淋，防高温。公路运输时要按规定路线行驶，
　　勿在居民区和人口稠密区停留

第十五部分　法规信息

　　下列法律、法规、规章和标准，对该化学品的管理作
了相应的规定。

中华人民共和国职业病防治法　职业病分类和目录：铅及
　　其化合物中毒

危险化学品安全管理条例　危险化学品目录：列入。易制
　　爆危险化学品名录：未列入。重点监管的危险化学品
　　名录：未列入。GB 18218—2009《危险化学品重大
　　危险源辨识》（表1）：未列入

使用有毒物品作业场所劳动保护条例　高毒物品目录：未
　　列入

易制毒化学品管理条例　易制毒化学品的分类和品种目
　　录：未列入

国际公约　斯德哥尔摩公约：未列入。鹿特丹公约：未列
　　入。蒙特利尔议定书：未列入

第十六部分　其他信息

编写和修订信息　　缩略语和首字母缩写

培训建议　　　　　参考文献

免责声明

四氯化硒

第一部分　化学品标识

化学品中文名　四氯化硒

化学品英文名　selenium tetrachloride

分子式　$SeCl_4$　分子量　220.77

结构式
$$Cl-Se-Cl$$
带有上方Cl和下方Cl

化学品的推荐及限制用途　用于电子仪器和仪表工业

第二部分　危险性概述

紧急情况概述　吞咽会中毒，吸入会中毒

GHS危险性类别　急性毒性-经口，类别3；急性毒性-吸
　　入，类别3；特异性靶器官毒性-反复接触，类别2；
　　危害水生环境-急性危害，类别1；危害水生环境-长
　　期危害，类别1

标签要素

象形图　☠　☣　🌫

警示词　危险

危险性说明　吞咽会中毒，吸入会中毒，长时间或反复接触可能对器官造成损伤，对水生生物毒性非常大并具有长期持续影响

防范说明

预防措施　避免接触眼睛、皮肤，操作后彻底清洗。作业场所不得进食、饮水或吸烟。避免吸入粉尘。仅在室外或通风良好处操作。禁止排入环境

事故响应　如吸入：将患者转移到空气新鲜处，休息，保持利于呼吸的体位，呼叫中毒控制中心或就医。食入：立即呼叫中毒控制中心或就医，漱口。如感觉不适，就医。收集泄漏物

安全储存　在通风良好处储存。保持容器密闭。上锁保管

废弃处置　本品及内装物、容器依据国家和地方法规处置

物理和化学危险　不燃，无特殊燃爆特性

健康危害　吸入或食入有毒。长期反复接触可能引起器官损害

环境危害　对水生生物毒性非常大并具有长期持续影响

第三部分　成分/组成信息

√物质　　　　　　　　　混合物

组分	浓度	CAS No.
四氯化硒		10026-03-6

第四部分　急救措施

吸入　迅速脱离现场至空气新鲜处。保持呼吸道通畅。如呼吸困难，给输氧。呼吸、心跳停止，立即进行心肺复苏术。就医

皮肤接触　立即脱去污染的衣着，用流动清水彻底冲洗。就医

眼睛接触　立即分开眼睑，用流动清水或生理盐水彻底冲洗。就医

食入　漱口，饮水。就医

对保护施救者的忠告　根据需要使用个人防护设备

对医生的特别提示　对症处理

第五部分　消防措施

灭火剂　本品不燃，根据着火原因选择适当灭火剂灭火

特别危险性　遇高热分解释出剧毒的气体。能与磷、钾、过氧化钾、过氧化钠剧烈反应。遇水或潮湿空气分解出有腐蚀性和刺激性的气体

灭火注意事项及防护措施　消防人员必须穿全身防火防毒服，在上风向灭火。灭火时尽可能将容器从火场移至空旷处

第六部分　泄漏应急处理

作业人员防护措施、防护装备和应急处置程序　隔离泄漏污染区，限制出入。建议应急处理人员戴防尘口罩，穿防毒服。穿上适当的防护服前严禁接触破裂的容器和泄漏物。尽可能切断泄漏源

环境保护措施　用塑料布覆盖泄漏物，减少飞散

泄漏化学品的收容、清除方法及所使用的处置材料　勿使水进入包装容器内。用洁净的铲子收集泄漏物，置于干净、干燥、盖子较松的容器中，将容器移离泄漏区

第七部分　操作处置与储存

操作注意事项　密闭操作，局部排风。操作人员必须经过专门培训，严格遵守操作规程。建议操作人员佩戴自吸过滤式防尘口罩，戴化学安全防护眼镜，穿防毒物渗透工作服，戴乳胶手套。避免产生粉尘。避免与氧化剂、酸类、碱类接触。搬运时要轻装轻卸，防止包装及容器损坏。配备泄漏应急处理设备。倒空的容器可能残留有害物

储存注意事项　储存于阴凉、通风的库房。远离火种、热源。库温不超过35℃，相对湿度不超过80%。应与氧化剂、酸类、碱类等分开存放，切忌混储。储区应备有合适的材料收容泄漏物

第八部分　接触控制/个体防护

职业接触限值

中国　PC-TWA：0.1mg/m³〔按Se计〕

美国（ACGIH）　TLV-TWA：0.2mg/m³〔按Se计〕

生物接触限值　未制定标准

监测方法　空气中有毒物质测定方法：未制定标准。生物监测检验方法：未制定标准

工程控制　密闭操作，局部排风。提供安全淋浴和洗眼设备

个体防护装备

呼吸系统防护　空气中粉尘浓度超标时，建议佩戴过滤式防尘呼吸器。紧急事态抢救或撤离时，应该佩戴空气呼吸器

眼睛防护　戴化学安全防护眼镜

皮肤和身体防护　穿防毒物渗透工作服

手防护　戴橡胶手套

第九部分　理化特性

外观与性状　淡黄色结晶，易潮解

pH值　无意义		**熔点（℃）**　305	
沸点（℃）　分解		**相对密度（水＝1）**　2.6	
相对蒸气密度（空气＝1）　无资料			
饱和蒸气压（kPa）　0.13（74℃）			
临界压力（MPa）　无资料		**辛醇/水分配系数**　无资料	
闪点（℃）　无意义		**自燃温度（℃）**　无意义	
爆炸下限（%）　无意义		**爆炸上限（%）**　无意义	
分解温度（℃）　无资料		**黏度（mPa·s）**　无资料	
燃烧热（kJ/mol）　无资料		**临界温度（℃）**　无资料	

溶解性　不溶于二硫化碳

第十部分　稳定性和反应性

稳定性　稳定

危险反应　与强氧化剂、强酸、强碱、磷、钾、过氧化钾、过氧化钠、水等禁配物发生反应。能与磷、钾、过氧化钾、过氧化钠剧烈反应。遇水或潮湿空气分解出有腐蚀性和刺激性的气体

避免接触的条件　潮湿空气

禁配物　强氧化剂、强酸、强碱、磷、钾、过氧化钾、过氧化钠、水

危险的分解产物　氯化物、氧化硒

第十一部分　毒理学信息

急性毒性　LD_{50}：19mg/kg（豚鼠皮下）

皮肤刺激或腐蚀　无资料	**眼睛刺激或腐蚀**　无资料
呼吸或皮肤过敏　无资料	**生殖细胞突变性**　无资料
致癌性　无资料	**生殖毒性**　无资料

特异性靶器官系统毒性-一次接触　无资料

特异性靶器官系统毒性-反复接触　无资料

吸入危害　无资料

第十二部分　生态学信息

生态毒性　硒化合物对水生生物有极高毒性

持久性和降解性

　　生物降解性　无资料

　　非生物降解性　无资料

潜在的生物累积性　无资料

土壤中的迁移性　无资料

第十三部分　废弃处置

废弃化学品　倒入碳酸氢钠溶液中，用氨水喷洒，同时加碎冰，反应停止后，用水冲入废水系统

污染包装物　将容器返还生产商或按照国家和地方法规处置

废弃注意事项　处置前应参阅国家和地方有关法规

第十四部分　运输信息

联合国危险货物编号（UN 号）　3283

联合国运输名称　硒化合物，固态，未另作规定的（四氯化硒）

联合国危险性类别　6.1

包装类别　Ⅲ　　　　　**包装标志**　

海洋污染物　是

运输注意事项　运输前应先检查包装容器是否完整、密封，运输过程中要确保容器不泄漏、不倒塌、不坠落、不损坏。严禁与酸类、氧化剂、食品及食品添加剂混运。运输时运输车辆应配备泄漏应急处理设备。运输途中应防暴晒、雨淋，防高温

第十五部分　法规信息

下列法律、法规、规章和标准，对该化学品的管理作了相应的规定。

中华人民共和国职业病防治法　职业病分类和目录：未列入

危险化学品安全管理条例　危险化学品目录：列入。易制爆危险化学品名录：未列入。重点监管的危险化学品名录：未列入。GB 18218—2009《危险化学品重大危险源辨识》（表1）：未列入

使用有毒物品作业场所劳动保护条例　高毒物品目录：未列入

易制毒化学品管理条例　易制毒化学品的分类和品种目录：未列入

国际公约　斯德哥尔摩公约：未列入。鹿特丹公约：未列入。蒙特利尔议定书：未列入

第十六部分　其他信息

编写和修订信息　缩略语和首字母缩写

培训建议　参考文献

免责声明

四氢吡喃

第一部分　化学品标识

化学品中文名　四氢吡喃；氧己环

化学品英文名　tetrahydropyran；pentamethylene oxide

分子式　$C_5H_{10}O$　**分子量**　86.1323

结构式　

化学品的推荐及限制用途　用作硝基喷漆、橡胶、Grignard 反应的溶剂

第二部分　危险性概述

紧急情况概述　高度易燃液体和蒸气

GHS 危险性类别　易燃液体，类别2

标签要素

象形图　

警示词　危险

危险性说明　高度易燃液体和蒸气

防范说明

　　预防措施　远离热源、火花、明火、热表面。禁止吸烟。保持容器密闭。容器和接收设备接地连接。使用防爆型电器、通风、照明设备。只能使用不产生火花的工具。采取防止静电措施。戴防护手套、防护眼镜、防护面罩

　　事故响应　火灾时，使用水、雾状水、抗溶性泡沫、干粉、二氧化碳、砂土灭火。如皮肤（或头发）接触：立即脱掉所有被污染的衣服，用水冲洗皮肤，淋浴

　　安全储存　存放在通风良好的地方。保持低温

　　废弃处置　本品及内装物、容器依据国家和地方法规处置

物理和化学危险　极易燃，其蒸气与空气混合，能形成爆炸性混合物

健康危害　吸入，可引起头痛、流涕、咳嗽、气短、胸痛、支气管痉挛，偶见上呼吸道水肿或急性肺损伤。误服，可引起口腔黏膜和食道的刺激

环境危害　对环境可能有害

第三部分　成分/组成信息

√ 物质　　　　　　　　混合物

组分	浓度	CAS No.
四氢吡喃		142-68-7

第四部分　急救措施

吸入　迅速脱离现场至空气新鲜处。保持呼吸道通畅。如呼吸困难，给输氧。呼吸、心跳停止，立即进行心肺复苏术。就医

皮肤接触　立即脱去污染的衣着，用流动清水彻底冲洗。就医

眼睛接触　立即分开眼睑，用流动清水或生理盐水彻底冲洗。就医

食入　漱口，饮水。就医

对保护施救者的忠告　根据需要使用个人防护设备

对医生的特别提示　对症处理

第五部分　消防措施

灭火剂　用水、雾状水、抗溶性泡沫、干粉、二氧化碳、砂土灭火

特别危险性　其蒸气与空气可形成爆炸性混合物，遇明火、高热极易燃烧爆炸。与氧化剂接触猛烈反应。接触空气或在光照条件下可生成具有潜在爆炸危险性的过氧化物。与酸类物质能发生剧烈反应。蒸气比空气重，沿地面扩散并易积存于低洼处，遇火源会着火回燃。若遇高热，容器内压增大，有开裂和爆炸的危险

灭火注意事项及防护措施　消防人员必须佩戴防毒面具、穿全身消防服，在上风向灭火。尽可能将容器从火场移至空旷处。喷水保持火场容器冷却，直至灭火结束。处在火场中的容器若已变色或从安全泄压装置中发出声音，必须马上撤离

第六部分　泄漏应急处理

作业人员防护措施、防护装备和应急处置程序　消除所有点火源。根据液体流动和蒸气扩散的影响区域划定警戒区，无关人员从侧风、上风向撤离至安全区。建议应急处理人员戴正压自给式呼吸器，穿防静电服。作业时使用的所有设备应接地。禁止接触或跨越泄漏物。尽可能切断泄漏源

环境保护措施　防止泄漏物进入水体、下水道、地下室或有限空间

泄漏化学品的收容、清除方法及所使用的处置材料　小量泄漏：用砂土或其他不燃材料吸收。使用洁净的无火花工具收集吸收材料。大量泄漏：构筑围堤或挖坑收容。用抗溶性泡沫覆盖，减少蒸发。喷水雾能减少蒸发，但不能降低泄漏物在有限空间内的易燃性。用防

爆泵转移至槽车或专用收集器内

第七部分　操作处置与储存

操作注意事项　密闭操作，局部排风。防止蒸气泄漏到工作场所空气中。操作人员必须经过专门培训，严格遵守操作规程。建议操作人员佩戴自吸过滤式防毒面具（半面罩），戴化学安全防护眼镜，穿防静电工作服，戴橡胶手套。远离火种、热源，工作场所严禁吸烟。使用防爆型的通风系统和设备。在清除液体和蒸气前不能进行焊接、切割等作业。避免产生烟雾。避免与氧化剂、酸类接触。容器与传送设备要接地，防止产生静电。灌装时应控制流速，且有接地装置，防止静电积聚。配备相应品种和数量的消防器材及泄漏应急处理设备。倒空的容器可能残留有害物

储存注意事项　通常商品加有稳定剂。储存于阴凉、通风的库房。远离火种、热源。防止阳光直射。库温不宜超过 29℃，保持容器密封。应与氧化剂、酸类、食用化学品分开存放，切忌混储。采用防爆型照明、通风设施。禁止使用易产生火花的机械设备和工具。储区应备有泄漏应急处理设备和合适的收容材料

第八部分　接触控制/个体防护

职业接触限值

中国　未制定标准

美国（ACGIH）　未制定标准

生物接触限值　未制定标准

监测方法　空气中有毒物质测定方法：未制定标准。生物监测检验方法：未制定标准

工程控制　密闭操作，局部排风

个体防护装备

呼吸系统防护　空气中浓度超标时，必须佩戴过滤式防毒面具（半面罩）。紧急事态抢救或撤离时，应该佩戴空气呼吸器

眼睛防护　戴化学安全防护眼镜

皮肤和身体防护　穿防静电工作服

手防护　戴橡胶手套

第九部分　理化特性

外观与性状　无色液体，具有醚的气味

pH 值　无资料		**熔点（℃）**　−45	
沸点（℃）　88		**相对密度（水＝1）**　0.8814	
相对蒸气密度（空气＝1）　3.0			
饱和蒸气压（kPa）　无资料			
临界压力（MPa）　无资料		**辛醇/水分配系数**　0.95	
闪点（℃）　−15.56		**自燃温度（℃）**　无资料	
爆炸下限（%）　无资料		**爆炸上限（%）**　无资料	
分解温度（℃）　无资料		**黏度（mPa·s）**　无资料	
燃烧热（kJ/mol）　无资料		**临界温度（℃）**　298.85	
溶解性　可混溶于水、乙醇、乙醚及其他有机溶剂			

第十部分　稳定性和反应性

稳定性　稳定

危险反应　与强氧化剂等禁配物接触，有发生火灾和爆炸

的危险。接触空气或在光照条件下可生成具有潜在爆炸危险性的过氧化物。与酸类物质能发生剧烈反应

避免接触的条件　光照

禁配物　氧化剂、强酸

危险的分解产物　过氧化物

第十一部分　毒理学信息

急性毒性　LDLo：3000mg/kg（大鼠经口）

皮肤刺激或腐蚀　无资料　　　**眼睛刺激或腐蚀**　无资料

呼吸或皮肤过敏　无资料　　　**生殖细胞突变性**　无资料

致癌性　无资料　　　　　　　**生殖毒性**　无资料

特异性靶器官系统毒性-一次接触　无资料

特异性靶器官系统毒性-反复接触　无资料

吸入危害　无资料

第十二部分　生态学信息

生态毒性　无资料

持久性和降解性

　　生物降解性　无资料

　　非生物降解性　无资料

潜在的生物累积性　无资料

土壤中的迁移性　无资料

第十三部分　废弃处置

废弃化学品　建议用焚烧法处置。在能利用的地方重复使用容器或在规定场所掩埋

污染包装物　将容器返还生产商或按照国家和地方法规处置

废弃注意事项　处置前应参阅国家和地方有关法规

第十四部分　运输信息

联合国危险货物编号（UN 号）　3271

联合国运输名称　醚类，未另作规定的（四氢吡喃）

联合国危险性类别　3

包装类别　Ⅱ　　　　　**包装标志**

海洋污染物　是

运输注意事项　运输时运输车辆应配备相应品种和数量的消防器材及泄漏应急处理设备。夏季最好早晚运输。运输时所用的槽（罐）车应有接地链，槽内可设孔隔板以减少震荡产生的静电。严禁与氧化剂、酸类、食用化学品等混装混运。运输途中应防暴晒、雨淋，防高温。中途停留时应远离火种、热源、高温区。装运该物品的车辆排气管必须配备阻火装置，禁止使用易产生火花的机械设备和工具装卸。公路运输时要按规定路线行驶，勿在居民区和人口稠密区停留。铁路运输时要禁止溜放。严禁用木船、水泥船散装运输

第十五部分　法规信息

　　下列法律、法规、规章和标准，对该化学品的管理作了相应的规定。

中华人民共和国职业病防治法　职业病分类和目录：未列入

危险化学品安全管理条例　危险化学品目录：列入。易制爆危险化学品名录：未列入。重点监管的危险化学品名录：未列入。GB 18218—2009《危险化学品重大危险源辨识》（表 1）：未列入

使用有毒物品作业场所劳动保护条例　高毒物品目录：未列入

易制毒化学品管理条例　易制毒化学品的分类和品种目录：未列入

国际公约　斯德哥尔摩公约：未列入。鹿特丹公约：未列入。蒙特利尔议定书：未列入

第十六部分　其他信息

编写和修订信息　缩略语和首字母缩写

培训建议　　　　　参考文献

免责声明

1,2,5,6-四氢化苯甲醛

第一部分　化学品标识

化学品中文名　1,2,5,6-四氢化苯甲醛

化学品英文名　1,2,5,6-tetrahydrobenzaldehyde；3-cyclo-hexene-1-carboxaldehyde

分子式　$C_7H_{10}O$　**分子量**　110.1537

结构式　

化学品的推荐及限制用途　用作中间体

第二部分　危险性概述

紧急情况概述　易燃液体和蒸气，吞咽可能有害，皮肤接触有害，造成皮肤刺激

GHS 危险性类别　易燃液体，类别 3；急性毒性-经口，类别 5；急性毒性-经皮，类别 4；皮肤腐蚀/刺激，类别 2

标签要素

象形图

警示词　警告

危险性说明　易燃液体和蒸气，吞咽可能有害，皮肤接触有害，造成皮肤刺激

防范说明

　　预防措施　远离热源、火花、明火、热表面。禁止吸烟。保持容器密闭。容器和接收设备接地连接。使用防爆型电器、通风、照明设备。只能使用不产生火花的工具。采取防止静电措施。戴防护手套，穿防护服，戴防护眼镜、防护面罩。避免接触眼睛、皮肤，操作后彻底清洗

　　事故响应　火灾时，使用雾状水、泡沫、干粉、二氧化碳、砂土灭火。皮肤接触：用大量肥皂水

和水清洗，如感觉不适，呼叫中毒控制中心或
就医。被污染的衣服经净后方可重新使用。
如发生皮肤刺激，呼叫中毒控制中心或就医

安全储存　存放在通风良好的地方。保持低温

废弃处置　本品及内装物、容器依据国家和地方法
规处置

物理和化学危险　易燃，其蒸气与空气混合，能形成爆炸
性混合物

健康危害　吸入、摄入或经皮肤吸收后对身体有害。本品
对皮肤、眼睛、黏膜和上呼吸道有剧烈刺激作用。吸
入后可引起喉、支气管的痉挛、水肿、炎症，化学性
肺炎或肺水肿。接触后可有烧灼感、咳嗽、眩晕、气
短、头痛、恶心和呕吐等

环境危害　对环境可能有害

第三部分　成分/组成信息

√物质　　　　　　　混合物

组分	浓度	CAS No.
1,2,5,6-四氢化苯甲醛		100-50-5

第四部分　急救措施

吸入　迅速脱离现场至空气新鲜处。保持呼吸道通畅。如
呼吸困难，给输氧。呼吸、心跳停止，立即进行心肺
复苏术。就医

皮肤接触　立即脱去污染的衣着，用流动清水彻底冲洗。
就医

眼睛接触　立即分开眼睑，用流动清水或生理盐水彻底冲
洗。就医

食入　漱口，饮水。就医

对保护施救者的忠告　根据需要使用个人防护设备

对医生的特别提示　对症处理

第五部分　消防措施

灭火剂　用雾状水、泡沫、干粉、二氧化碳、砂土灭火

特别危险性　其蒸气与空气可形成爆炸性混合物，遇明
火、高热能引起燃烧爆炸。与氧化剂可发生反应。遇
热释出酸性烟雾。蒸气比空气重，沿地面扩散并易积
存于低洼处，遇火源会着火回燃。若遇高热，容器内
压增大，有开裂和爆炸的危险

灭火注意事项及防护措施　消防人员必须佩戴空气呼吸
器、穿全身防火防毒服，在上风向灭火。尽可能将容
器从火场移至空旷处。喷水保持火场容器冷却，直至
灭火结束。处在火场中的容器若已变色或从安全泄压
装置中发出声音，必须马上撤离

第六部分　泄漏应急处理

作业人员防护措施、防护装备和应急处置程序　消除所有
点火源。根据液体流动和蒸气扩散的影响区域划定警
戒区，无关人员从侧风、上风向撤离至安全区。建议
应急处理人员戴正压自给式呼吸器，穿防毒、防静电
服。作业时使用的所有设备应接地。禁止接触或跨越
泄漏物。尽可能切断泄漏源

环境保护措施　防止泄漏物进入水体、下水道、地下室或

有限空间

泄漏化学品的收容、清除方法及所使用的处置材料　小量
泄漏：用砂土或其他不燃材料吸收。使用洁净的无火
花工具收集吸收材料。大量泄漏：构筑围堤或挖坑收
容。用泡沫覆盖，减少蒸发。喷水雾能减少蒸发，但
不能降低泄漏物在有限空间内的易燃性。用防爆泵转
移至槽车或专用收集器内

第七部分　操作处置与储存

操作注意事项　密闭操作，全面排风。操作人员必须经过
专门培训，严格遵守操作规程。建议操作人员佩戴自
吸过滤式防毒面具（全面罩），穿胶布防毒衣，戴橡
胶手套。远离火种、热源，工作场所严禁吸烟。使用
防爆型的通风系统和设备。防止蒸气泄漏到工作场所
空气中。避免与氧化剂、还原剂、碱类接触。搬运时
要轻装轻卸，防止包装及容器损坏。配备相应品种和
数量的消防器材及泄漏应急处理设备。倒空的容器可
能残留有害物

储存注意事项　储存于阴凉、通风的库房。远离火种、热
源。库温不宜超过37℃，应与氧化剂、还原剂、碱
类分开存放，切忌混储。采用防爆型照明、通风设
施。禁止使用易产生火花的机械设备和工具。储区应
备有泄漏应急处理设备和合适的收容材料

第八部分　接触控制/个体防护

职业接触限值

　　中国　未制定标准

　　美国（ACGIH）　未制定标准

生物接触限值　未制定标准

监测方法　空气中有毒物质测定方法：未制定标准。生物
监测检验方法：未制定标准

工程控制　密闭操作，全面排风。提供安全淋浴和洗眼
设备

个体防护装备

　　呼吸系统防护　空气中浓度超标时，必须佩戴过滤式
防毒面具（全面罩）。紧急事态抢救或撤离时，
应该佩戴空气呼吸器

　　眼睛防护　呼吸系统防护中已作防护

　　皮肤和身体防护　穿密闭型防毒服

　　手防护　戴橡胶手套

第九部分　理化特性

外观与性状　无色液体，有一种令人舒适的气味

pH值　无资料	**熔点（℃）**　-110
沸点（℃）　164.5	**相对密度（水=1）**　0.94
相对蒸气密度（空气=1）　3.8	
饱和蒸气压（kPa）　0.21（20℃）	
临界压力（MPa）　无资料	**辛醇/水分配系数**　无资料
闪点（℃）　57.22	**自燃温度（℃）**　无资料
爆炸下限（%）　无资料	**爆炸上限（%）**　无资料
分解温度（℃）　无资料	**黏度（mPa·s）**　无资料
燃烧热（kJ/mol）　无资料	**临界温度（℃）**　无资料
溶解性　微溶于水，溶于醇、苯	

第十部分 稳定性和反应性

稳定性 稳定

危险反应 与强碱、强氧化剂、强还原剂等禁配物发生反应。遇热释出酸性烟雾

避免接触的条件 无资料

禁配物 强碱、强氧化剂、强还原剂

危险的分解产物 无资料

第十一部分 毒理学信息

急性毒性 LD$_{50}$：2312mg/kg（大鼠经口），1222mg/kg（兔经皮）。LC$_{50}$：2000ppm（大鼠吸入，4h）

皮肤刺激或腐蚀 无资料　　**眼睛刺激或腐蚀** 无资料

呼吸或皮肤过敏 无资料　　**生殖细胞突变性** 无资料

致癌性 无资料　　　　　**生殖毒性** 无资料

特异性靶器官系统毒性-一次接触 无资料

特异性靶器官系统毒性-反复接触 无资料

吸入危害 无资料

第十二部分 生态学信息

生态毒性 无资料

持久性和降解性

　生物降解性 无资料

　非生物降解性 无资料

潜在的生物累积性 无资料

土壤中的迁移性 无资料

第十三部分 废弃处置

废弃化学品 建议用焚烧法处置

污染包装物 将容器返还生产商或按照国家和地方法规处置

废弃注意事项 处置前应参阅国家和地方有关法规

第十四部分 运输信息

联合国危险货物编号（UN号） 2498

联合国运输名称 1,2,5,6-四氢化苯甲醛

联合国危险性类别 3

包装类别 Ⅲ　　　　**包装标志**

海洋污染物 否

运输注意事项 运输时运输车辆应配备相应品种和数量的消防器材及泄漏应急处理设备。夏季最好早晚运输。运输时所用的槽（罐）车应有接地链，槽内可设孔隔板以减少震荡产生的静电。严禁与氧化剂、还原剂、碱类、食用化学品等混装混运。运输途中应防暴晒、雨淋，防高温。中途停留时应远离火种、热源、高温区。装运该物品的车辆排气管必须配备阻火装置，禁止使用易产生火花的机械设备和工具装卸。公路运输时要按规定路线行驶，勿在居民区和人口稠密区停留。严禁用木船、水泥船散装运输

第十五部分 法规信息

下列法律、法规、规章和标准，对该化学品的管理作了相应的规定。

中华人民共和国职业病防治法 职业病分类和目录：未列入

危险化学品安全管理条例 危险化学品目录：列入。易制爆危险化学品名录：未列入。重点监管的危险化学品名录：未列入。GB 18218—2009《危险化学品重大危险源辨识》（表1）：未列入

使用有毒物品作业场所劳动保护条例 高毒物品目录：未列入

易制毒化学品管理条例 易制毒化学品的分类和品种目录：未列入

国际公约 斯德哥尔摩公约：未列入。鹿特丹公约：未列入。蒙特利尔议定书：未列入

第十六部分 其他信息

编写和修订信息　　缩略语和首字母缩写
培训建议　　　　　参考文献
免责声明

四氢化吡咯

第一部分 化学品标识

化学品中文名 四氢化吡咯；四氢吡咯；吡咯烷；四氢氮杂茂

化学品英文名 tetrahydropyrrole；pyrrolidine

分子式 C_4H_9N　**分子量** 71.121

结构式

化学品的推荐及限制用途 用于制造药品、杀虫剂、防霉剂以及环氧树脂交联剂和阻聚剂等

第二部分 危险性概述

紧急情况概述 高度易燃液体和蒸气，吞咽会中毒，吸入致命，造成严重的皮肤灼伤和眼损伤

GHS危险性类别 易燃液体，类别2；急性毒性-经口，类别3；急性毒性-吸入，类别2；皮肤腐蚀/刺激，类别1；严重眼损伤/眼刺激，类别1；特异性靶器官毒性-一次接触，类别1

标签要素

象形图

警示词 危险

危险性说明 高度易燃液体和蒸气，吞咽会中毒，吸入致命，造成严重的皮肤灼伤和眼损伤，对器官造成损害

防范说明

　预防措施　远离热源、火花、明火、热表面。保持容器密闭。容器和接收设备接地连接。使用防

爆电器、通风、照明设备。只能使用不产生火花的工具。采取防止静电措施。避免接触眼睛、皮肤，操作后彻底清洗。作业场所不得进食、饮水或吸烟。避免吸入蒸气、雾。仅在室外或通风良好处操作。戴呼吸防护器具。戴防护手套，穿防护服，戴防护眼镜、防护面罩

事故响应　火灾时，使用雾状水、泡沫、干粉、二氧化碳、砂土灭火。如吸入：将患者转移到空气新鲜处，休息，保持利于呼吸的体位，立即呼叫中毒控制中心或就医。皮肤（或头发）接触：立即脱掉所有被污染的衣服，用水冲洗皮肤，淋浴。污染的衣服洗净后方可重新使用。眼睛接触：用水细心地冲洗数分钟，立即呼叫中毒控制中心或就医。如戴隐形眼镜并可方便地取出，则取出隐形眼镜，继续冲洗。食入：漱口，不要催吐，立即呼叫中毒控制中心或就医。如果接触：立即呼叫中毒控制中心或就医

安全储存　存放在通风良好的地方。保持低温。保持容器密闭。上锁保管

废弃处置　本品及内装物、容器依据国家和地方法规处置

物理和化学危险　易燃，其蒸气与空气混合，能形成爆炸性混合物

健康危害　对皮肤黏膜有刺激性和腐蚀性。吸入后可引起呼吸道灼伤。皮肤或眼接触可致灼伤。接触高浓度可发生头痛和呕吐

环境危害　对环境可能有害

第三部分　成分/组成信息

√物质　　　　　　　　混合物

组分	浓度	CAS No.
四氢化吡咯		123-75-1

第四部分　急救措施

吸入　迅速脱离现场至空气新鲜处。保持呼吸道通畅。如呼吸困难，给输氧。呼吸、心跳停止，立即进行心肺复苏术。就医

皮肤接触　立即脱去污染的衣着，用大量流动清水彻底冲洗至少 15min。就医

眼睛接触　立即分开眼睑，用流动清水或生理盐水彻底冲洗 5～10min。就医

食入　用水漱口，禁止催吐。给饮牛奶或蛋清。就医

对保护施救者的忠告　根据需要使用个人防护设备

对医生的特别提示　对症处理

第五部分　消防措施

灭火剂　用雾状水、泡沫、干粉、二氧化碳、砂土灭火

特别危险性　其蒸气与空气可形成爆炸性混合物，遇明火、高热极易燃烧爆炸。与氧化剂接触猛烈反应。高温时分解，释出剧毒的氮氧化物气体。流速过快，容易产生和积聚静电。蒸气比空气重，沿地面扩散并易积存于低洼处，遇火源会着火回燃。若遇高热，容器内压增大，有开裂和爆炸的危险

灭火注意事项及防护措施　消防人员必须佩戴防毒面具、穿全身消防服，在上风向灭火。尽可能将容器从火场移至空旷处。喷水保持火场容器冷却，直至灭火结束。处在火场中的容器若已变色或从安全泄压装置中发出声音，必须马上撤离

第六部分　泄漏应急处理

作业人员防护措施、防护装备和应急处置程序　消除所有点火源。根据液体流动和蒸气扩散的影响区域划定警戒区，无关人员从侧风、上风向撤离至安全区。建议应急处理人员戴正压自给式呼吸器，穿防静电、防腐、防毒服。作业时使用的所有设备应接地。禁止接触或跨越泄漏物。尽可能切断泄漏源

环境保护措施　防止泄漏物进入水体、下水道、地下室或有限空间

泄漏化学品的收容、清除方法及所使用的处置材料　小量泄漏：用砂土或其他不燃材料吸收。使用洁净的无火花工具收集吸收材料。大量泄漏：构筑围堤或挖坑收容。用泡沫覆盖，减少蒸发。喷水雾能减少蒸发，但不能降低泄漏物在有限空间内的易燃性。用防爆、耐腐蚀泵转移至槽车或专用收集器内

第七部分　操作处置与储存

操作注意事项　密闭操作，局部排风。操作人员必须经过专门培训，严格遵守操作规程。建议操作人员佩戴自吸过滤式防毒面具（半面罩），戴化学安全防护眼镜，穿防静电工作服，戴橡胶耐油手套。远离火种、热源，工作场所严禁吸烟。使用防爆型的通风系统和设备。防止蒸气泄漏到工作场所空气中。避免与氧化剂、酸类接触。灌装时应控制流速，且有接地装置，防止静电积聚。搬运时要轻装轻卸，防止包装及容器损坏。配备相应品种和数量的消防器材及泄漏应急处理设备。倒空的容器可能残留有害物

储存注意事项　储存于阴凉、通风的库房。远离火种、热源。库温不宜超过 37℃，应与氧化剂、酸类、食用化学品分开存放，切忌混储。采用防爆型照明、通风设施。禁止使用易产生火花的机械设备和工具。储区应备有泄漏应急处理设备和合适的收容材料

第八部分　接触控制/个体防护

职业接触限值

中国　未制定标准

美国（ACGIH）　未制定标准

生物接触限值　未制定标准

监测方法　空气中有毒物质测定方法：未制定标准。生物监测检验方法：未制定标准

工程控制　密闭操作，局部排风。提供安全淋浴和洗眼设备

个体防护装备

呼吸系统防护　空气中浓度超标时，必须佩戴过滤式防毒面具（半面罩）。紧急事态抢救或撤离时，应该佩戴空气呼吸器

眼睛防护　戴化学安全防护眼镜

皮肤和身体防护　穿防静电工作服
手防护　戴橡胶耐油手套

第九部分　理化特性

外观与性状　无色液体，有似氨的气味
pH 值　无资料　　　　　　熔点(℃)　−63
沸点(℃)　86～88　　　　　相对密度(水＝1)　0.852
相对蒸气密度(空气＝1)　2.45
饱和蒸气压(kPa)　17.06（39℃）
临界压力(MPa)　无资料　　辛醇/水分配系数　0.46
闪点(℃)　2.78　　　　　　自燃温度(℃)　无资料
爆炸下限(%)　1.6　　　　　爆炸上限(%)　10.6
分解温度(℃)　无资料　　　黏度(mPa·s)　6.1472
燃烧热(kJ/mol)　无资料　　临界温度(℃)　295.4
溶解性　溶于水、醇、醚等多数有机溶剂

第十部分　稳定性和反应性

稳定性　稳定
危险反应　与酸类、酸酐、强氧化剂、二氧化碳等禁配物
　　　发生反应，有发生火灾和爆炸的危险
避免接触的条件　无资料
禁配物　酸类、酸酐、强氧化剂、二氧化碳
危险的分解产物　氮氧化物

第十一部分　毒理学信息

急性毒性　属中等毒类，对接触部位有较强刺激作用，
　　　狗、猫静注（＜1mg/kg）可引起血压增高、呼吸加
　　　快。LD$_{50}$：300mg/kg（大鼠经口），450mg/kg（小
　　　鼠经口），250mg/kg（兔经口）。LC$_{50}$：1300mg/m^3
　　　（小鼠吸入，2h）
皮肤刺激或腐蚀　无资料　　眼睛刺激或腐蚀　无资料
呼吸或皮肤过敏　无资料　　生殖细胞突变性　无资料
致癌性　无资料　　　　　　生殖毒性　无资料
特异性靶器官系统毒性-一次接触　无资料
特异性靶器官系统毒性-反复接触　无资料
吸入危害　无资料

第十二部分　生态学信息

生态毒性　无资料
持久性和降解性
　　　生物降解性　无资料
　　　非生物降解性　无资料
潜在的生物累积性　无资料
土壤中的迁移性　无资料

第十三部分　废弃处置

废弃化学品　建议用焚烧法处置。焚烧炉排出的氮氧化物
　　　通过洗涤器除去
污染包装物　将容器返还生产商或按照国家和地方法规
　　　处置
废弃注意事项　处置前应参阅国家和地方有关法规

第十四部分　运输信息

联合国危险货物编号（UN 号）　1922

联合国运输名称　吡咯烷
联合国危险性类别　3，8
包装类别　Ⅱ

包装标志　

海洋污染物　否
运输注意事项　运输时运输车辆应配备相应品种和数量的
　　　消防器材及泄漏应急处理设备。夏季最好早晚运输。
　　　运输时所用的槽（罐）车应有接地链，槽内可设孔隔
　　　板以减少震荡产生的静电。严禁与氧化剂、酸类、食
　　　用化学品等混装混运。运输途中应防暴晒、雨淋，防
　　　高温。中途停留时应远离火种、热源、高温区。装运
　　　该物品的车辆排气管必须配备阻火装置，禁止使用易
　　　产生火花的机械设备和工具装卸。公路运输时要按规
　　　定路线行驶，勿在居民区和人口稠密区停留。严禁用
　　　木船、水泥船散装运输

第十五部分　法规信息

下列法律、法规、规章和标准，对该化学品的管理作
了相应的规定。
中华人民共和国职业病防治法　职业病分类和目录：未
　　　列入
危险化学品安全管理条例　危险化学品目录：列入。易制
　　　爆危险化学品名录：未列入。重点监管的危险化学品
　　　名录：未列入。GB 18218—2009《危险化学品重大
　　　危险源辨识》（表1）：未列入
使用有毒物品作业场所劳动保护条例　高毒物品目录：未
　　　列入
易制毒化学品管理条例　易制毒化学品的分类和品种目
　　　录：未列入
国际公约　斯德哥尔摩公约：未列入。鹿特丹公约：未列
　　　入。蒙特利尔议定书：未列入

第十六部分　其他信息

编写和修订信息　　缩略语和首字母缩写
培训建议　　　　　参考文献
免责声明

四氢糠胺

第一部分　化学品标识

化学品中文名　四氢糠胺
化学品英文名　tetrahydrofurfurylamine；2-aminomethyl-
　　　tetrahydrofuran
分子式　C$_5$H$_{11}$NO　分子量　101.1469
结构式　　　NH$_2$
化学品的推荐及限制用途　用作有机合成中间体

第二部分　危险性概述

紧急情况概述　易燃液体和蒸气

GHS危险性类别　易燃液体，类别3
标签要素

象形图　

警示词　警告
危险性说明　易燃液体和蒸气
防范说明

预防措施　远离热源、火花、明火、热表面。禁止吸烟。保持容器密闭。容器和接收设备接地连接。使用防爆型电器、通风、照明设备。只能使用不产生火花的工具。采取防止静电措施。戴防护手套、防护眼镜、防护面罩

事故响应　火灾时，使用雾状水、抗溶性泡沫、干粉、二氧化碳、砂土灭火。如皮肤（或头发）接触：立即脱掉所有被污染的衣服，用水冲洗皮肤，淋浴

安全储存　存放在通风良好的地方。保持低温

废弃处置　本品及内装物、容器依据国家和地方法规处置

物理和化学危险　易燃，其蒸气与空气混合，能形成爆炸性混合物

健康危害　吸入、摄入或经皮肤吸收后对身体有害。对皮肤有刺激作用，其蒸气或雾对眼睛、黏膜和上呼吸道有刺激作用

环境危害　对环境可能有害

第三部分　成分/组成信息

√物质　　　　　　　　　混合物

组分	浓度	CAS No.
四氢糠胺		4795-29-3

第四部分　急救措施

吸入　迅速脱离现场至空气新鲜处。保持呼吸道通畅。如呼吸困难，给输氧。呼吸、心跳停止，立即进行心肺复苏术。就医

皮肤接触　立即脱去污染的衣着，用流动清水彻底冲洗。就医

眼睛接触　立即分开眼睑，用流动清水或生理盐水彻底冲洗。就医

食入　漱口，饮水。就医

对保护施救者的忠告　根据需要使用个人防护设备

对医生的特别提示　对症处理

第五部分　消防措施

灭火剂　用雾状水、抗溶性泡沫、干粉、二氧化碳、砂土灭火

特别危险性　其蒸气与空气可形成爆炸性混合物，遇明火、高热能引起燃烧爆炸。与氧化剂可发生反应。若遇高热，容器内压增大，有开裂和爆炸的危险

灭火注意事项及防护措施　消防人员必须佩戴防毒面具、穿全身消防服，在上风向灭火。尽可能将容器从火场移至空旷处。喷水保持火场容器冷却，直至灭火结束。处在火场中的容器若已变色或从安全泄压装置中发出声音，必须马上撤离

第六部分　泄漏应急处理

作业人员防护措施、防护装备和应急处置程序　消除所有点火源。根据液体流动和蒸气扩散的影响区域划定警戒区，无关人员从侧风、上风向撤离至安全区。建议应急处理人员戴正压自给式呼吸器，穿防静电服。作业时使用的所有设备应接地。禁止接触或跨越泄漏物。尽可能切断泄漏源

环境保护措施　防止泄漏物进入水体、下水道、地下室或有限空间

泄漏化学品的收容、清除方法及所使用的处置材料　小量泄漏：用砂土或其他不燃材料吸收。使用洁净的无火花工具收集吸收材料。大量泄漏：构筑围堤或挖坑收容。用粉煤灰或石灰粉吸收大量液体。用抗溶性泡沫覆盖，减少蒸发。喷水雾能减少蒸发，但不能降低泄漏物在有限空间内的易燃性。用防爆泵转移至槽车或专用收集器内

第七部分　操作处置与储存

操作注意事项　密闭操作，注意通风。操作人员必须经过专门培训，严格遵守操作规程。建议操作人员佩戴自吸过滤式防毒面具（半面罩），戴化学安全防护眼镜，穿防毒物渗透工作服，戴橡胶耐油手套。远离火种、热源，工作场所严禁吸烟。使用防爆型的通风系统和设备。防止蒸气泄漏到工作场所空气中。避免与氧化剂、酸类接触。搬运时要轻装轻卸，防止包装及容器损坏。配备相应品种和数量的消防器材及泄漏应急处理设备。倒空的容器可能残留有害物

储存注意事项　储存于阴凉、通风的库房。远离火种、热源。库温不宜超过37℃，应与氧化剂、酸类等分开存放，切忌混储。采用防爆型照明、通风设施。禁止使用易产生火花的机械设备和工具。储区应备有泄漏应急处理设备和合适的收容材料

第八部分　接触控制/个体防护

职业接触限值

中国　未制定标准

美国（ACGIH）　未制定标准

生物接触限值　未制定标准

监测方法　空气中有毒物质测定方法：未制定标准。生物监测检验方法：未制定标准

工程控制　密闭操作，注意通风

个体防护装备

呼吸系统防护　空气中浓度超标时，必须佩戴过滤式防毒面具（半面罩）。紧急事态抢救或撤离时，应该佩戴空气呼吸器

眼睛防护　戴化学安全防护眼镜

皮肤和身体防护　穿防毒物渗透工作服

手防护　戴橡胶耐油手套

第九部分　理化特性

外观与性状　无色至黄色液体，有氨味

pH 值　无资料　　　　**熔点(℃)**　无资料

沸点(℃)　150～156 (105.8kPa)

相对密度(水＝1)　0.98

相对蒸气密度(空气＝1)　无资料

饱和蒸气压(kPa)　无资料

临界压力(MPa)　无资料　**辛醇/水分配系数**　无资料

闪点(℃)　45.56　　　**自燃温度(℃)**　无资料

爆炸下限(%)　无资料　**爆炸上限(%)**　无资料

分解温度(℃)　无资料　**黏度(mPa·s)**　无资料

燃烧热(kJ/mol)　无资料　**临界温度(℃)**　无资料

溶解性　与水混溶

第十部分　稳定性和反应性

稳定性　稳定

危险反应　与强氧化剂、酸类、酰基氯、酸酐、二氧化碳等禁配物发生反应，有发生火灾和爆炸的危险

避免接触的条件　无资料

禁配物　强氧化剂、酸类、酰基氯、酸酐、二氧化碳

危险的分解产物　氮氧化物

第十一部分　毒理学信息

急性毒性　LD$_{50}$：200mg/kg（小鼠腹腔）

皮肤刺激或腐蚀　无资料　**眼睛刺激或腐蚀**　无资料

呼吸或皮肤过敏　无资料　**生殖细胞突变性**　无资料

致癌性　无资料　　　　**生殖毒性**　无资料

特异性靶器官系统毒性-一次接触　无资料

特异性靶器官系统毒性-反复接触　无资料

吸入危害　无资料

第十二部分　生态学信息

生态毒性　无资料

持久性和降解性

　　生物降解性　无资料

　　非生物降解性　无资料

潜在的生物累积性　无资料

土壤中的迁移性　无资料

第十三部分　废弃处置

废弃化学品　建议用焚烧法处置。焚烧炉排出的氮氧化物通过洗涤器除去

污染包装物　将容器返还生产商或按照国家和地方法规处置

废弃注意事项　处置前应参阅国家和地方有关法规

第十四部分　运输信息

联合国危险货物编号（UN 号）　2943

联合国运输名称　四氢糠胺

联合国危险性类别　3

包装类别　Ⅲ　　　　**包装标志**　

海洋污染物　否

运输注意事项　运输时运输车辆应配备相应品种和数量的消防器材及泄漏应急处理设备。夏季最好早晚运输。运输时所用的槽（罐）车应有接地链，槽内可设孔隔板以减少震荡产生的静电。严禁与氧化剂、酸类、食用化学品等混装混运。运输途中应防暴晒、雨淋，防高温。中途停留时应远离火种、热源、高温区。装运该物品的车辆排气管必须配备阻火装置，禁止使用易产生火花的机械设备和工具装卸。公路运输时要按规定路线行驶，勿在居民区和人口稠密区停留。严禁用木船、水泥船散装运输

第十五部分　法规信息

下列法律、法规、规章和标准，对该化学品的管理作了相应的规定。

中华人民共和国职业病防治法　职业病分类和目录：未列入

危险化学品安全管理条例　危险化学品目录：列入。易制爆危险化学品名录：未列入。重点监管的危险化学品名录：未列入。GB 18218—2009《危险化学品重大危险源辨识》（表1）：未列入

使用有毒物品作业场所劳动保护条例　高毒物品目录：未列入

易制毒化学品管理条例　易制毒化学品的分类和品种目录：未列入

国际公约　斯德哥尔摩公约：未列入。鹿特丹公约：未列入。蒙特利尔议定书：未列入

第十六部分　其他信息

编写和修订信息　缩略语和首字母缩写

培训建议　　　　参考文献

免责声明

四氰基乙烯

第一部分　化学品标识

化学品中文名　四氰基乙烯；四氰乙烯；全氰乙烯

化学品英文名　tetracyanoethylene；ethene tetracarbonitrile

分子式　C$_6$N$_4$　**分子量**　128.091

结构式　
$$\begin{array}{c} NC \\ \quad \\ NC \end{array} \hspace{-4pt} \diagdown \hspace{-4pt} C = C \hspace{-4pt} \diagup \hspace{-4pt} \begin{array}{c} CN \\ \quad \\ CN \end{array}$$

化学品的推荐及限制用途　用于有机合成，也用作分析试剂

第二部分　危险性概述

紧急情况概述　吞咽致命

GHS 危险性类别　急性毒性-经口，类别1

标签要素

象形图　

警示词 危险

危险性说明 吞咽致命

防范说明

　　预防措施 避免接触眼睛、皮肤，操作后彻底清洗。作业场所不得进食、饮水或吸烟

　　事故响应 食入：立即呼叫中毒控制中心或就医，漱口

　　安全储存 上锁保管

　　废弃处置 本品及内装物、容器依据国家和地方法规处置

物理和化学危险 可燃，其粉体与空气混合，能形成爆炸性混合物

健康危害 本品有强烈的刺激性。经口摄入会严重中毒。接触后可引起烧灼感、咳嗽、头痛、恶心、呕吐、喉炎、气短，可引起紫绀

环境危害 对环境可能有害

第三部分　成分/组成信息

√物质　　　　　　　　　　　混合物

组分	浓度	CAS No.
四氰基乙烯		670-54-2

第四部分　急救措施

吸入 迅速脱离现场至空气新鲜处。保持呼吸道通畅。如呼吸困难，给输氧。呼吸、心跳停止，立即进行心肺复苏术。就医

皮肤接触 立即脱去污染的衣着，用肥皂水和流动清水彻底冲洗。就医

眼睛接触 立即分开眼睑，用流动清水或生理盐水彻底冲洗。就医

食入 催吐（仅限于清醒者），给服活性炭悬液。就医

对保护施救者的忠告 根据需要使用个人防护设备

对医生的特别提示 解毒剂：亚硝酸钠、硫代硫酸钠、4-二甲基氨基苯酚等

第五部分　消防措施

灭火剂 用干粉、二氧化碳、砂土灭火

特别危险性 遇明火、高热可燃。遇水或水蒸气能水解产生剧毒的氰化氢气体。遇高热分解释出高毒烟气

灭火注意事项及防护措施 消防人员必须佩戴防毒面具、穿全身消防服，在上风向灭火。尽可能将容器从火场移至空旷处。喷水保持火场容器冷却，直至灭火结束。禁止用水和泡沫灭火

第六部分　泄漏应急处理

作业人员防护措施、防护装备和应急处置程序 隔离泄漏污染区，限制出入。消除所有点火源。建议应急处理人员戴防尘口罩，穿防毒服。穿上适当的防护服前严禁接触破裂的容器和泄漏物。尽可能切断泄漏源

环境保护措施 用塑料布覆盖泄漏物，减少飞散

泄漏化学品的收容、清除方法及所使用的处置材料 勿使水进入包装容器内。用洁净的铲子收集泄漏物，置于干净、干燥、盖子较松的容器中，将容器移离泄漏区

第七部分　操作处置与储存

操作注意事项 密闭操作，提供充分的局部排风。防止粉尘释放到车间空气中。操作人员必须经过专门培训，严格遵守操作规程。建议操作人员佩戴防尘面具（全面罩），穿胶布防毒衣，戴橡胶手套。远离火种、热源，工作场所严禁吸烟。使用防爆型的通风系统和设备。避免产生粉尘。避免与氧化剂、还原剂、酸类、碱类接触。尤其要注意避免与水接触。配备相应品种和数量的消防器材及泄漏应急处理设备。倒空的容器可能残留有害物

储存注意事项 储存于阴凉、干燥、通风良好的库房。远离火种、热源。防止阳光直射。保持容器密封，严禁与空气接触。应与氧化剂、还原剂、酸类、碱类、食用化学品等分开存放，切忌混储。配备相应品种和数量的消防器材。储区应备有合适的材料收容泄漏物

第八部分　接触控制/个体防护

职业接触限值

　　中国　未制定标准

　　美国（ACGIH）　未制定标准

生物接触限值 未制定标准

监测方法 空气中有毒物质测定方法：未制定标准。生物监测检验方法：未制定标准

工程控制 严加密闭，提供充分的局部排风

个体防护装备

　　呼吸系统防护 可能接触其粉尘时，必须佩戴防尘面具（全面罩）。紧急事态抢救或撤离时，应该佩戴空气呼吸器

　　眼睛防护 呼吸系统防护中已作防护

　　皮肤和身体防护 穿密闭型防毒服

　　手防护 戴橡胶手套

第九部分　理化特性

外观与性状 无色结晶，120℃ 以上升华

pH 值 无意义		**熔点(℃)** 197～199	
沸点(℃) 223		**相对密度(水＝1)** 无资料	

相对蒸气密度(空气＝1) 无资料

饱和蒸气压(kPa) 无资料

临界压力(MPa) 无资料	**辛醇/水分配系数** 无资料
闪点(℃) 无意义	**自燃温度(℃)** 无资料
爆炸下限(%) 无资料	**爆炸上限(%)** 无资料
分解温度(℃) 无资料	**黏度(mPa·s)** 无资料
燃烧热(kJ/mol) 无资料	**临界温度(℃)** 无资料

溶解性 难溶于水，易溶于多数有机溶剂

第十部分　稳定性和反应性

稳定性 稳定

危险反应 与强氧化剂、水及水蒸气、强还原剂、强酸、强碱等禁配物发生反应。遇水或水蒸气能水解产生剧毒的氰化氢气体

避免接触的条件 潮湿空气

禁配物 强氧化剂、水及水蒸气、强还原剂、强酸、强碱

危险的分解产物 氮氧化物、氧化物

第十一部分 毒理学信息

急性毒性 LD$_{50}$：5mg/kg（大鼠经口），5mg/kg（小鼠经口）

皮肤刺激或腐蚀 无资料		**眼睛刺激或腐蚀** 无资料	
呼吸或皮肤过敏 无资料		**生殖细胞突变性** 无资料	
致癌性 无资料		**生殖毒性** 无资料	

特异性靶器官系统毒性-一次接触 无资料

特异性靶器官系统毒性-反复接触 无资料

吸入危害 无资料

第十二部分 生态学信息

生态毒性 无资料

持久性和降解性

    生物降解性 无资料

    非生物降解性 无资料

潜在的生物累积性 无资料

土壤中的迁移性 无资料

第十三部分 废弃处置

废弃化学品 建议用焚烧法处置。在能利用的地方重复使用容器或在规定场所掩埋

污染包装物 将容器返还生产商或按照国家和地方法规处置

废弃注意事项 处置前应参阅国家和地方有关法规

第十四部分 运输信息

联合国危险货物编号（UN号） 2811

联合国运输名称 有机毒性固体，未另作规定的（四氰基乙烯）

联合国危险性类别 6.1

包装类别 Ⅰ   **包装标志**

海洋污染物 否

运输注意事项 运输前应先检查包装容器是否完整、密封，运输过程中要确保容器不泄漏、不倒塌、不坠落、不损坏。严禁与酸类、氧化剂、食品及食品添加剂混运。运输时运输车辆应配备相应品种和数量的消防器材及泄漏应急处理设备。运输途中应防曝晒、雨淋、防高温。公路运输时要按规定路线行驶，勿在居民区和人口稠密区停留

第十五部分 法规信息

    下列法律、法规、规章和标准，对该化学品的管理作了相应的规定。

中华人民共和国职业病防治法 职业病分类和目录：氰及腈类化合物中毒

危险化学品安全管理条例 危险化学品目录：列入。易制爆危险化学品名录：未列入。重点监管的危险化学品名录：未列入。GB 18218—2009《危险化学品重大危险源辨识》（表1）：未列入

使用有毒物品作业场所劳动保护条例 高毒物品目录：未列入

易制毒化学品管理条例 易制毒化学品的分类和品种目录：未列入

国际公约 斯德哥尔摩公约：未列入。鹿特丹公约：未列入。蒙特利尔议定书：未列入

第十六部分 其他信息

编写和修订信息	缩略语和首字母缩写
培训建议	参考文献
免责声明	

四氧化锇

第一部分 化学品标识

化学品中文名 四氧化锇；锇酸酐；锇（酸）酐

化学品英文名 osmium tetroxide；osmic anhydride

分子式 OsO$_4$ **分子量** 254.23

结构式

$$O=Os=O$$
（上下各一个O）

化学品的推荐及限制用途 用作催化剂、氧化剂、化学试剂，还用于医药和制造白热气灯的纱罩等

第二部分 危险性概述

紧急情况概述 吞咽致命，皮肤接触会致命，吸入致命，造成严重的皮肤灼伤和眼损伤

GHS危险性类别 急性毒性-经口，类别2；急性毒性-经皮，类别1；急性毒性-吸入，类别2；皮肤腐蚀/刺激，类别1B；严重眼损伤/眼刺激，类别1

标签要素

象形图

警示词 危险

危险性说明 吞咽致命，皮肤接触会致命，吸入致命，造成严重的皮肤灼伤和眼损伤

防范说明

    预防措施 避免接触眼睛、皮肤或衣服，操作后彻底清洗。作业场所不得进食、饮水或吸烟。避免吸入粉尘。仅在室外或通风良好处操作。戴呼吸防护器具。穿防护服，戴防护手套、防护眼镜、防护面罩

    事故响应 如吸入：将患者转移到空气新鲜处，休息，保持利于呼吸的体位，立即呼叫中毒控制中心或就医。皮肤（或头发）接触：立即脱掉所有被污染的衣服，用水冲洗皮肤，淋浴，立即呼叫中毒控制中心或就医。污染的衣服洗净后方可重新使用。眼睛接触：用水细心地冲洗数分钟，立即呼叫中毒控制中心或就医。如戴隐形眼镜并可方便地取出，则取出隐形眼镜，

继续冲洗。食入：漱口，不要催吐，立即呼叫中毒控制中心或就医

安全储存　在通风良好处储存。保持容器密闭。上锁保管

废弃处置　本品及内装物、容器依据国家和地方法规处置

物理和化学危险　不燃，无特殊燃爆特性

健康危害　对眼睛、黏膜、呼吸道及皮肤有强烈刺激作用。可引起严重眼结膜炎、支气管炎、肺炎等，可因肺炎而致死。吸收后可引起肾炎和血尿。对皮肤可引起坏死性皮炎。进入眼内可引起严重眼损害

环境危害　对环境可能有害

第三部分　成分/组成信息

√ 物质　　　　　　　　混合物

组分	浓度	CAS No.
四氧化锇		20816-12-0

第四部分　急救措施

吸入　迅速脱离现场至空气新鲜处。保持呼吸道通畅。如呼吸困难，给输氧。呼吸、心跳停止，立即进行心肺复苏术。就医

皮肤接触　立即脱去污染的衣着，用大量流动清水彻底冲洗至少 15min。就医

眼睛接触　立即分开眼睑，用流动清水或生理盐水彻底冲洗 5～10min。就医

食入　用水漱口，禁止催吐。给饮牛奶或蛋清。就医

对保护施救者的忠告　根据需要使用个人防护设备

对医生的特别提示　对症处理

第五部分　消防措施

灭火剂　本品不燃，根据着火原因选择适当灭火剂灭火

特别危险性　强氧化剂。蒸气在灼烧时与氢接触会引起爆炸。与有机物接触剧烈反应

灭火注意事项及防护措施　消防人员必须穿全身防火防毒服，在上风向灭火。灭火时尽可能将容器从火场移至空旷处

第六部分　泄漏应急处理

作业人员防护措施、防护装备和应急处置程序　隔离泄漏污染区，限制出入。建议应急处理人员戴防尘口罩，穿防毒服。穿上适当的防护服前严禁接触破裂的容器和泄漏物。尽可能切断泄漏源

环境保护措施　用塑料布覆盖泄漏物，减少飞散

泄漏化学品的收容、清除方法及所使用的处置材料　勿使水进入包装容器内。用洁净的铲子收集泄漏物，置于干净、干燥、盖子较松的容器中，将容器移离泄漏区

第七部分　操作处置与储存

操作注意事项　密闭操作，局部排风。操作人员必须经过专门培训，严格遵守操作规程。建议操作人员佩戴防尘面具（全面罩），穿胶布防毒衣，戴橡胶手套。远离易燃、可燃物。避免产生粉尘。避免与还原剂接

触。搬运时要轻装轻卸，防止包装及容器损坏。配备泄漏应急处理设备。倒空的容器可能残留有害物

储存注意事项　储存于阴凉、通风良好的专用库房内，实行"双人收发、双人保管"制度。远离火种、热源。应与易（可）燃物、还原剂、食用化学品分开存放，切忌混储。储区应备有合适的材料收容泄漏物

第八部分　接触控制/个体防护

职业接触限值

中国　未制定标准

美国（ACGIH）　TLV-STEL：0.0047mg/m³

生物接触限值　未制定标准

监测方法　空气中有毒物质测定方法：未制定标准。生物监测检验方法：未制定标准

工程控制　密闭操作，局部排风。提供安全淋浴和洗眼设备

个体防护装备

呼吸系统防护　可能接触其粉尘时，必须佩戴防尘面具（全面罩）。紧急事态抢救或撤离时，应该佩戴空气呼吸器

眼睛防护　呼吸系统防护中已作防护

皮肤和身体防护　穿密闭型防毒服

手防护　戴橡胶手套

第九部分　理化特性

外观与性状　白色或淡黄色结晶，有类似氯的气味

pH 值　无意义		**熔点(℃)**　41.0	
沸点(℃)　130（升华）			
相对密度(水=1)　4.90～5.1			
相对蒸气密度(空气=1)　8.8			
饱和蒸气压(kPa)　0.93（20℃）			
临界压力(MPa)　无资料		**辛醇/水分配系数**　无资料	
闪点(℃)　无意义		**自燃温度(℃)**　无意义	
爆炸下限(%)　无意义		**爆炸上限(%)**　无意义	
分解温度(℃)　无资料		**黏度(mPa·s)**　无资料	
燃烧热(kJ/mol)　无资料		**临界温度(℃)**　405	

溶解性　微溶于水，溶于乙醇、乙醚、四氯化碳、氨水

第十部分　稳定性和反应性

稳定性　稳定

危险反应　与强还原剂、易燃或可燃物等禁配物发生反应。蒸气在灼烧时与氢接触会引起爆炸。与有机物接触剧烈反应

避免接触的条件　无资料

禁配物　强还原剂、易燃或可燃物

危险的分解产物　无资料

第十一部分　毒理学信息

急性毒性　LD$_{50}$：14.1mg/kg（大鼠腹腔），162mg/kg（小鼠经口）

皮肤刺激或腐蚀　无资料	**眼睛刺激或腐蚀**　无资料
呼吸或皮肤过敏　无资料	**生殖细胞突变性**　无资料
致癌性　无资料	**生殖毒性**　无资料

特异性靶器官系统毒性-一次接触 无资料
特异性靶器官系统毒性-反复接触 无资料
吸入危害 无资料

第十二部分 生态学信息

生态毒性 无资料
持久性和降解性
 生物降解性 无资料
 非生物降解性 无资料
潜在的生物累积性 无资料
土壤中的迁移性 无资料

第十三部分 废弃处置

废弃化学品 用安全掩埋法处置
污染包装物 将容器返还生产商或按照国家和地方法规
 处置
废弃注意事项 处置前应参阅国家和地方有关法规

第十四部分 运输信息

联合国危险货物编号（UN号） 2471
联合国运输名称 四氧化锇
联合国危险性类别 6.1

包装类别 Ⅰ 包装标志

海洋污染物 否
运输注意事项 运输前应先检查包装容器是否完整、密
 封，运输过程中要确保容器不泄漏、不倒塌、不坠
 落、不损坏。严禁与酸类、氧化剂、食品及食品添加
 剂混运。运输时运输车辆应配备泄漏应急处理设备。
 运输途中应防暴晒、雨淋，防高温

第十五部分 法规信息

 下列法律、法规、规章和标准，对该化学品的管理作
了相应的规定。
中华人民共和国职业病防治法 职业病分类和目录：未
 列入
危险化学品安全管理条例 危险化学品目录：列入。作为
 剧毒化学品进行管理。易制爆危险化学品名录：未列
 入。重点监管的危险化学品名录：未列入。GB
 18218—2009《危险化学品重大危险源辨识》（表1）：
 未列入
使用有毒物品作业场所劳动保护条例 高毒物品目录：未
 列入
易制毒化学品管理条例 易制毒化学品的分类和品种目
 录：未列入
国际公约 斯德哥尔摩公约：未列入。鹿特丹公约：未列
 入。蒙特利尔议定书：未列入

第十六部分 其他信息

编写和修订信息 缩略语和首字母缩写
培训建议 参考文献
免责声明

四乙烯五胺

第一部分 化学品标识

化学品中文名 四乙烯五胺；四亚乙基五胺；三缩四乙
 二胺
化学品英文名 tetraethylenepentamine；bis（-2-aminoethyl）
 ethylenediamine
分子式 $C_8H_{23}N_5$ 分子量 189.31
结构式

NH_2⌒⌒NH⌒⌒NH⌒⌒NH⌒⌒NH_2

化学品的推荐及限制用途 用于合成聚酰胺树脂、阳离子
 交换树脂、润滑油添加剂、燃料油添加剂等，也可用
 作环氧树脂固化剂、橡胶硫化促进剂等

第二部分 危险性概述

紧急情况概述 吞咽有害，皮肤接触有害，造成严重的皮
 肤灼伤和眼损伤，可能导致皮肤过敏反应
GHS危险性类别 急性毒性-经口，类别4；急性毒性-经
 皮，类别4；皮肤腐蚀/刺激，类别1B；严重眼损伤/
 眼刺激，类别1；皮肤致敏物，类别1；危害水生环
 境-急性危害，类别2；危害水生环境-长期危害，类
 别2
标签要素

象形图

警示词 危险
危险性说明 吞咽有害，皮肤接触有害，造成严重的皮
 肤灼伤和眼损伤，可能导致皮肤过敏反应，对水生
 生物有毒并具有长期持续影响
防范说明
 预防措施 避免接触眼睛、皮肤，操作后彻底清
  洗。作业场所不得进食、饮水或吸烟。穿防护
  服，戴防护眼镜、防护手套、防护面罩。避免
  吸入蒸气、雾。污染的工作服不得带出工作场
  所。禁止排入环境
 事故响应 如吸入：将患者转移到空气新鲜处，休
  息，保持利于呼吸的体位。皮肤（或头发）接
  触：立即脱掉所有被污染的衣服，用水冲洗皮
  肤，淋浴。被污染的衣服必须经洗净后方可重
  新使用。如出现皮肤刺激或皮疹：就医。眼睛
  接触：用水细心地冲洗数分钟。如戴隐形眼镜
  并可方便地取出，则取出隐形眼镜，继续冲
  洗。食入：漱口，不要催吐。如果感觉不适，
  立即呼叫中毒控制中心或就医。收集泄漏物
 安全储存 上锁保管
 废弃处置 本品及内装物、容器依据国家和地方法
  规处置
物理和化学危险 可燃
健康危害 吸入本品蒸气对呼吸道有刺激作用和致敏作
 用。眼接触可致角膜损害。皮肤接触可致灼伤，有
 致敏作用。摄入灼伤消化道，引起腹痛、恶心、呕

吐和腹泻

环境危害 对水生生物有毒并具有长期持续影响

第三部分 成分/组成信息

√ 物质　　　　　　　　混合物

组分	浓度	CAS No.
四乙烯五胺		112-57-2

第四部分 急救措施

吸入 迅速脱离现场至空气新鲜处。保持呼吸道通畅。如呼吸困难，给输氧。呼吸、心跳停止，立即进行心肺复苏术。就医

皮肤接触 立即脱去污染的衣着，用大量流动清水彻底冲洗至少 15min。就医

眼睛接触 立即分开眼睑，用流动清水或生理盐水彻底冲洗 5～10min。就医

食入 用水漱口，禁止催吐。给饮牛奶或蛋清。就医

对保护施救者的忠告 根据需要使用个人防护设备

对医生的特别提示 对症处理

第五部分 消防措施

灭火剂 用雾状水、抗溶性泡沫、干粉、二氧化碳、砂土灭火

特别危险性 可燃。遇热或火焰有轻微爆炸的危险。燃烧时，放出有毒气体。具有腐蚀性

灭火注意事项及防护措施 消防人员必须佩戴防毒面具、穿全身消防服，在上风向灭火。尽可能将容器从火场移至空旷处。喷水保持火场容器冷却，直至灭火结束。处在火场中的容器若已变色或从安全泄压装置中发出声音，必须马上撤离

第六部分 泄漏应急处理

作业人员防护措施、防护装备和应急处置程序 根据液体流动和蒸气扩散的影响区域划定警戒区，无关人员从侧风、上风向撤至安全区。消除所有点火源。建议应急处理人员戴正压自给式呼吸器，穿防酸碱服。穿上适当的防护服前严禁接触破裂的容器和泄漏物。尽可能切断泄漏源

环境保护措施 防止泄漏物进入水体、下水道、地下室或有限空间

泄漏化学品的收容、清除方法及所使用的处置材料 小量泄漏：用干燥的砂土或其他不燃材料吸收或覆盖，收集于容器中。大量泄漏：构筑围堤或挖坑收容。用耐腐蚀泵转移至槽车或专用收集器内

第七部分 操作处置与储存

操作注意事项 密闭操作，全面通风。操作人员必须经过专门培训，严格遵守操作规程。建议操作人员佩戴自吸过滤式防毒面具（半面罩），戴化学安全防护眼镜，穿橡胶耐酸碱服，戴橡胶耐酸碱手套。远离火种、热源，工作场所严禁吸烟。使用防爆型的通风系统和设备。防止蒸气泄漏到工作场所空气中。避免与氧化剂、酸类、碱类接触。搬运时要轻装轻卸，防止包装

及容器损坏。配备相应品种和数量的消防器材及泄漏应急处理设备。倒空的容器可能残留有害物

储存注意事项 储存于阴凉、通风的库房。远离火种、热源。应与氧化剂、酸类、碱类、食用化学品分开存放，切忌混储。配备相应品种和数量的消防器材。储区应备有泄漏应急处理设备和合适的收容材料

第八部分 接触控制/个体防护

职业接触限值

　中国 未制定标准

　美国（ACGIH） 未制定标准

生物接触限值 未制定标准

监测方法 空气中有毒物质测定方法：未制定标准。生物监测检验方法：未制定标准

工程控制 生产过程密闭，全面通风

个体防护装备

　呼吸系统防护 空气中浓度超标时，必须佩戴过滤式防毒面具（半面罩）。紧急事态抢救或撤离时，应该佩戴空气呼吸器

　眼睛防护 戴化学安全防护眼镜

　皮肤和身体防护 穿橡胶耐酸碱服

　手防护 戴橡胶耐酸碱手套

第九部分 理化特性

外观与性状 黄色或橙红色黏稠液体

pH 值 ＞7（1%溶液）　　**熔点（℃）** －30

沸点（℃） 340.3　　**相对密度（水＝1）** 0.998

相对蒸气密度（空气＝1） 6.53

饱和蒸气压（kPa） ＜0.0013（20℃）

临界压力（MPa） 无资料　　**辛醇/水分配系数** －1.503

闪点（℃） 162.7　　**自燃温度（℃）** 300

爆炸下限（%） 0.8（估算）**爆炸上限（%）** 4.6（估算）

分解温度（℃） 无资料

黏度（mPa·s） 96.2（20℃）

燃烧热（kJ/mol） 无资料　　**临界温度（℃）** 无资料

溶解性 易溶于水，溶于乙醇，不溶于苯、乙醚，可混溶于甲醇、丙酮等

第十部分 稳定性和反应性

稳定性 稳定

危险反应 与强氧化剂、强酸、强碱等禁配物发生反应

避免接触的条件 受热

禁配物 强氧化剂、强酸、强碱

危险的分解产物 氮氧化物

第十一部分 毒理学信息

急性毒性 LD$_{50}$：2100mg/kg（大鼠经口）；205mg/kg（大鼠腹腔内）；660mg/kg（兔经皮）

皮肤刺激或腐蚀 无资料　　**眼睛刺激或腐蚀** 无资料

呼吸或皮肤过敏 无资料　　**生殖细胞突变性** 无资料

致癌性 无资料　　　　　　**生殖毒性** 无资料

特异性靶器官系统毒性--一次接触 无资料

特异性靶器官系统毒性-反复接触 无资料

吸入危害　无资料

第十二部分　生态学信息

生态毒性　EC_{50}：13mg/L（48h）（大型溞）（OECD 202）；EC_{50}：2.1mg/L（72h）（藻类）；NOEC：0.14mg/L（21d）（大型溞）（OECD 211）

持久性和降解性

生物降解性　不易快速生物降解

非生物降解性　无资料

潜在的生物累积性　根据 K_{ow} 值预测，该物质的生物累积性可能较弱

土壤中的迁移性　根据 K_{oc} 值预测，该物质可能易发生迁移

第十三部分　废弃处置

废弃化学品　建议用焚烧法处置。焚烧炉排出的氮氧化物通过洗涤器除去

污染包装物　将容器返还生产商或按照国家和地方法规处置

废弃注意事项　处置前应参阅国家和地方有关法规

第十四部分　运输信息

联合国危险货物编号（UN 号）　2320

联合国运输名称　四亚乙基五胺

联合国危险性类别　8

包装类别　Ⅲ　　　　**包装标志**

海洋污染物　是

运输注意事项　起运时包装要完整，装载应稳妥。运输过程中要确保容器不泄漏、不倒塌、不坠落、不损坏。严禁与氧化剂、酸类、碱类、食用化学品等混装混运。运输时运输车辆应配备相应品种和数量的消防器材及泄漏应急处理设备。运输途中应防暴晒、雨淋、防高温。公路运输时要按规定路线行驶，勿在居民区和人口稠密区停留

第十五部分　法规信息

下列法律、法规、规章和标准，对该化学品的管理作了相应的规定。

中华人民共和国职业病防治法　职业病分类和目录：未列入

危险化学品安全管理条例　危险化学品目录：列入。易制爆危险化学品名录：未列入。重点监管的危险化学品名录：未列入。GB 18218—2009《危险化学品重大危险源辨识》（表1）：未列入

使用有毒物品作业场所劳动保护条例　高毒物品目录：未列入

易制毒化学品管理条例　易制毒化学品的分类和品种目录：未列入

国际公约　斯德哥尔摩公约：未列入。鹿特丹公约：未列入。蒙特利尔议定书：未列入

第十六部分　其他信息

编写和修订信息　　　缩略语和首字母缩写

培训建议　　　　　　参考文献

免责声明

速灭磷

第一部分　化学品标识

化学品中文名　速灭磷；O,O-二甲基-O-（2-甲氧甲酰基-1-甲基）乙烯基磷酸酯

化学品英文名　mevinphos；（EZ）-2-methoxycarbonyl-1-methylvinyl dimethyl phosphate

分子式　$C_7H_{13}O_6P$　**分子量**　224.1483

结构式

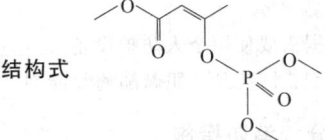

化学品的推荐及限制用途　农用杀虫、杀螨剂

第二部分　危险性概述

紧急情况概述　吞咽致命，皮肤接触会致命

GHS 危险性类别　急性毒性-经口，类别 2；急性毒性-经皮，类别 1；危害水生环境-急性危害，类别 1；危害水生环境-长期危害，类别 1

标签要素

象形图　

警示词　危险

危险性说明　吞咽致命，皮肤接触会致命，对水生生物毒性非常大并具有长期持续影响

防范说明

预防措施　操作后彻底清洗。作业场所不得进食、饮水或吸烟。避免接触眼睛、皮肤或衣服。戴防护手套、穿防护服。禁止排入环境

事故响应　食入：立即呼叫中毒控制中心或就医，漱口。皮肤接触：用大量肥皂水和水轻轻地清洗，立即脱去所有被污染的衣服，立即呼叫中毒控制中心或就医。被污染的衣服经洗净后方可重新使用。收集泄漏物

安全储存　上锁保管

废弃处置　本品及内装物、容器依据国家和地方法规处置

物理和化学危险　可燃，其蒸气与空气混合，能形成爆炸性混合物

健康危害　高毒有机磷杀虫剂。能抑制胆碱酯酶活性，出现头晕、眼花、无力、呕吐、多汗、流涎、瞳孔缩小，重者出现肌肉痉挛、昏迷、呼吸困难、肺水肿。人成年男性最低中毒剂量为 0.7mg/kg，有报道人口服 5mg/kg 可致死

环境危害　对水生生物毒性非常大并具有长期持续影响

第三部分　成分/组成信息

　√物质　　　　　　　　　　混合物

组分	浓度	CAS No.
速灭磷		7786-34-7

第四部分　急救措施

吸入　迅速脱离现场至空气新鲜处。保持呼吸道通畅。如呼吸困难，给输氧。呼吸、心跳停止，立即进行心肺复苏术。就医

皮肤接触　立即脱去污染的衣着，用肥皂水及流动清水彻底冲洗污染的皮肤、头发、指甲等。就医

眼睛接触　分开眼睑，用流动清水或生理盐水冲洗。就医

食入　饮足量温水，催吐（仅限于清醒者）。口服活性炭。就医

对保护施救者的忠告　根据需要使用个人防护设备

对医生的特别提示　解毒剂：阿托品、胆碱酯酶复能剂

第五部分　消防措施

灭火剂　用雾状水、泡沫、干粉、二氧化碳、砂土灭火

特别危险性　遇明火、高热可燃。与氧化剂可发生反应。受高热分解放出有毒的气体。蒸气比空气重，沿地面扩散并易积存于低洼处，遇火源会着火回燃。若遇高热，容器内压增大，有开裂和爆炸的危险

灭火注意事项及防护措施　消防人员必须佩戴空气呼吸器、穿全身防火防毒服，在上风向灭火。尽可能将容器从火场移至空旷处。喷水保持火场容器冷却，直至灭火结束。处在火场中的容器若已变色或从安全泄压装置中发出声音，必须马上撤离

第六部分　泄漏应急处理

作业人员防护措施、防护装备和应急处置程序　根据液体流动和蒸气扩散的影响区域划定警戒区，无关人员从侧风、上风向撤离至安全区。建议应急处理人员戴正压自给式呼吸器，穿防毒服。穿上适当的防护服前严禁接触破裂的容器和泄漏物。尽可能切断泄漏源

环境保护措施　防止泄漏物进入水体、下水道、地下室或有限空间

泄漏化学品的收容、清除方法及所使用的处置材料　小量泄漏：用干燥的砂土或其他不燃材料吸收或覆盖，收集于容器中。大量泄漏：构筑围堤或挖坑收容。用粉煤灰或石灰粉吸收大量液体。用泵转移至槽车或专用收集器内

第七部分　操作处置与储存

操作注意事项　密闭操作，提供充分的局部排风。防止蒸气泄漏到工作场所空气中。操作人员必须经过专门培训，严格遵守操作规程。建议操作人员佩戴自吸过滤式防毒面具（全面罩），穿胶布防毒衣，戴橡胶手套。远离火种、热源，工作场所严禁吸烟。使用防爆型的通风系统和设备。在清除液体和蒸气前不能进行焊接、切割等作业。避免产生烟雾。避免与氧化剂接触。配备相应品种和数量的消防器材及泄漏应急处理设备。倒空的容器可能残留有害物

储存注意事项　储存于阴凉、通风良好的专用库房内，实行"双人收发、双人保管"制度。远离火种、热源。防止阳光直射。保持容器密封。应与氧化剂、食用化学品分开存放，切忌混储。配备相应品种和数量的消防器材。储区应备有泄漏应急处理设备和合适的收容材料

第八部分　接触控制/个体防护

职业接触限值

　中国　未制定标准

　美国（ACGIH）　TLV-TWA：0.01mg/m^3（可吸入性颗粒物和蒸气）［皮］

生物接触限值　全血胆碱酯酶活性（校正值）：原基础值或参考值的70%（采样时间：开始接触后的3个月内），原基础值或参考值的50%（采样时间：持续接触3个月后，任意时间）

监测方法　空气中有毒物质测定方法：未制定标准。生物监测检验方法：血中胆碱酯酶活性的分光光度测定方法——羟胺三氯化铁法；血中胆碱酯酶活性的分光光度测定方法——硫代乙酰胆碱-联硫代双硝基苯甲酸法

工程控制　严加密闭，提供充分的局部排风

个体防护装备

　呼吸系统防护　空气中浓度超标时，必须佩戴过滤式防毒面具（全面罩）。紧急事态抢救或撤离时，应该佩戴空气呼吸器

　眼睛防护　呼吸系统防护中已作防护

　皮肤和身体防护　穿密闭型防毒服

　手防护　戴橡胶手套

第九部分　理化特性

外观与性状　淡黄色至草绿色液体

pH值　无资料　　　　　　　**熔点（℃）**　-56

沸点（℃）　99～103（3.99×10^{-3}kPa）

相对密度（水=1）　1.25

相对蒸气密度（空气=1）　7.5

饱和蒸气压（kPa）　0.29×10^{-3}（20℃）

临界压力（MPa）　无资料　　**辛醇/水分配系数**　无资料

闪点（℃）　79.44　　　　　**自燃温度（℃）**　无资料

爆炸下限（%）　无资料　　　**爆炸上限（%）**　无资料

分解温度（℃）　300　　　　　**黏度（mPa·s）**　无资料

燃烧热（kJ/mol）　无资料　　**临界温度（℃）**　无资料

溶解性　溶于水、多数有机溶剂

第十部分　稳定性和反应性

稳定性　稳定

危险反应　与强氧化剂等禁配物发生反应

避免接触的条件　无资料

禁配物　强氧化剂

危险的分解产物　氧化磷

第十一部分　毒理学信息

急性毒性　属剧毒类磷酸酯杀虫剂。是胆碱酯酶直接抑制剂，作用强，速度快，大剂量染毒可在几分钟内致死。LD_{50}：3mg/kg（大鼠经口），4.2mg/kg（大鼠经皮），4mg/kg（小鼠经口），4.7mg/kg（兔经皮）。LC_{50}：14ppm（大鼠吸入，1h）

皮肤刺激或腐蚀　无资料　　**眼睛刺激或腐蚀**　无资料

呼吸或皮肤过敏　无资料

生殖细胞突变性　微生物致突变：鼠伤寒沙门氏菌2500μg/皿。姐妹染色单体互换：人淋巴细胞2mg/L

致癌性　IARC致癌性评论：组3，现有的证据不能对人类致癌性进行分类

生殖毒性　无资料

特异性靶器官系统毒性-一次接触　无资料

特异性靶器官系统毒性-反复接触　无资料

吸入危害　无资料

第十二部分　生态学信息

生态毒性　LC_{50}：0.00016mg/L（96h）（蚤状溞）

持久性和降解性

　生物降解性　无资料

　非生物降解性　无资料

潜在的生物累积性　无资料

土壤中的迁移性　无资料

第十三部分　废弃处置

废弃化学品　建议用焚烧法处置。若可能，重复使用容器或在规定场所掩埋

污染包装物　将容器返还生产商或按照国家和地方法规处置

废弃注意事项　处置前应参阅国家和地方有关法规

第十四部分　运输信息

联合国危险货物编号（UN号）　3018

联合国运输名称　液态有机磷农药，毒性（速灭磷）

联合国危险性类别　6.1

包装类别　Ⅰ　　　　**包装标志**　

海洋污染物　是

运输注意事项　运输前应先检查包装容器是否完整、密封，运输过程中要确保容器不泄漏、不倒塌、不坠落、不损坏。严禁与酸类、氧化剂、食品及食品添加剂混运。运输时运输车辆应配备相应品种和数量的消防器材及泄漏应急处理设备。运输途中应防暴晒、雨淋、防高温。公路运输时要按规定路线行驶，勿在居民区和人口稠密区停留

第十五部分　法规信息

下列法律、法规、规章和标准，对该化学品的管理作了相应的规定。

中华人民共和国职业病防治法　职业病分类和目录：有机磷中毒

危险化学品安全管理条例　危险化学品目录：列入。作为剧毒化学品进行管理。易制爆危险化学品名录：未列入。重点监管的危险化学品名录：未列入。GB 18218—2009《危险化学品重大危险源辨识》（表1）：未列入

使用有毒物品作业场所劳动保护条例　高毒物品目录：未列入

易制毒化学品管理条例　易制毒化学品的分类和品种目录：未列入

国际公约　斯德哥尔摩公约：未列入。鹿特丹公约：未列入。蒙特利尔议定书：未列入

第十六部分　其他信息

编写和修订信息　　缩略语和首字母缩写

培训建议　　　　　参考文献

免责声明

碳氯灵

第一部分　化学品标识

化学品中文名　碳氯灵；碳氯特灵；1,3,4,5,6,7,8,8-八氯-1,3,3*a*,4,7,7*a*-六氢-4,7-亚甲基异苯并呋喃

化学品英文名　isobenzan；1,3,4,5,6,7,8,8-octachloro-1,3,3*a*,4,7,7*a*-hexahydro-4,7-methanoisobenzofuran

分子式　$C_9H_4Cl_8O$　**分子量**　411.751

结构式　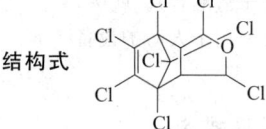

化学品的推荐及限制用途　用作农用杀虫剂及农药分析标准样品

第二部分　危险性概述

紧急情况概述　吞咽致命，皮肤接触会致命

GHS危险性类别　急性毒性-经口，类别2；急性毒性-经皮，类别1；危害水生环境-急性危害，类别1；危害水生环境-长期危害，类别1

标签要素

象形图　

警示词　危险

危险性说明　吞咽致命，皮肤接触会致命，对水生生物毒性非常大并具有长期持续影响

防范说明

　预防措施　避免接触眼睛、皮肤或衣服，操作后彻底清洗。作业场所不得进食、饮水或吸烟。戴防护手套、穿防护服。禁止排入环境

　事故响应　皮肤接触：用大量肥皂水和水轻轻地清洗，立即脱去所有被污染的衣服，立即呼叫中

毒控制中心或就医。被污染的衣服经洗净后方可重新使用。食入：立即呼叫中毒控制中心或就医，漱口。收集泄漏物

安全储存　上锁保管

废弃处置　本品及内装物、容器依据国家和地方法规处置

物理和化学危险　可燃，其粉体与空气混合，能形成爆炸性混合物

健康危害　吸入、摄入或经皮吸收会中毒。中毒出现头痛、眩晕、食欲不振、视力模糊、失眠、震颤等。口服者，首先出现反复发作的肌肉痉挛和癫痫样抽搐，重者昏迷

环境危害　对水生生物毒性非常大并具有长期持续影响

第三部分　成分/组成信息

√物质　　　　　　混合物

组分	浓度	CAS No.
碳氯灵		297-78-9

第四部分　急救措施

吸入　迅速脱离现场至空气新鲜处。保持呼吸道通畅。如呼吸困难，给输氧。呼吸、心跳停止，立即进行心肺复苏术。就医

皮肤接触　立即脱去污染的衣着，用流动清水彻底冲洗。就医

眼睛接触　立即分开眼睑，用流动清水或生理盐水彻底冲洗。就医

食入　饮适量温水，催吐（仅限于清醒者）。就医

对保护施救者的忠告　根据需要使用个人防护设备

对医生的特别提示　对症处理

第五部分　消防措施

灭火剂　用雾状水、泡沫、干粉、二氧化碳、砂土灭火

特别危险性　遇明火、高热可燃。其粉体与空气可形成爆炸性混合物，当达到一定浓度时，遇火星会发生爆炸。受高热分解放出有毒的气体

灭火注意事项及防护措施　消防人员必须佩戴防毒面具、穿全身消防服，在上风向灭火。尽可能将容器从火场移至空旷处。喷水保持火场容器冷却，直至灭火结束

第六部分　泄漏应急处理

作业人员防护措施、防护装备和应急处置程序　隔离泄漏污染区，限制出入。建议应急处理人员戴防尘口罩，穿防毒服。穿上适当的防护服前严禁接触破裂的容器和泄漏物。尽可能切断泄漏源

环境保护措施　用塑料布覆盖泄漏物，减少飞散

泄漏化学品的收容、清除方法及所使用的处置材料　勿使水进入包装容器内。用洁净的铲子收集泄漏物，置于干净、干燥、盖子较松的容器中，将容器移离泄漏区

第七部分　操作处置与储存

操作注意事项　密闭操作，提供充分的局部排风。防止粉尘释放到车间空气中。操作人员必须经过专门培训，严格遵守操作规程。建议操作人员佩戴防尘面具（全面罩），穿胶布防毒衣，戴橡胶手套。远离火种、热源，工作场所严禁吸烟。使用防爆型的通风系统和设备。避免产生粉尘。避免与氧化剂、碱类接触。配备相应品种和数量的消防器材及泄漏应急处理设备。倒空的容器可能残留有害物

储存注意事项　储存于阴凉、通风良好的专用库房内，实行"双人收发、双人保管"制度。远离火种、热源。防止阳光直射。包装密封。应与氧化剂、碱类、食用化学品分开存放，切忌混储。配备相应品种和数量的消防器材。储区应备有合适的材料收容泄漏物

第八部分　接触控制/个体防护

职业接触限值
中国　未制定标准
美国（ACGIH）　未制定标准

生物接触限值　未制定标准

监测方法　空气中有毒物质测定方法：未制定标准。生物监测检验方法：未制定标准

工程控制　严加密闭，提供充分的局部排风

个体防护装备
呼吸系统防护　可能接触其粉尘时，必须佩戴防尘面具（全面罩）。紧急事态抢救或撤离时，应该佩戴空气呼吸器
眼睛防护　呼吸系统防护中已作防护
皮肤和身体防护　穿密闭型防毒服
手防护　戴橡胶手套

第九部分　理化特性

外观与性状　纯品为白色结晶，工业品为奶油色结晶固体

pH 值　无意义	**熔点(℃)**　120～122	
沸点(℃)　无资料	**相对密度(水=1)**　1.87	
相对蒸气密度(空气=1)　无资料		
饱和蒸气压(kPa)　无资料		
临界压力(MPa)　无资料	**辛醇/水分配系数**　无资料	
闪点(℃)　无意义	**自燃温度(℃)**　无资料	
爆炸下限(%)　无资料	**爆炸上限(%)**　无资料	
分解温度(℃)　无资料	**黏度(mPa·s)**　无资料	
燃烧热(kJ/mol)　无资料	**临界温度(℃)**　无资料	

溶解性　不溶于水，溶于二甲苯、乙醇、石油醚，易溶于苯、乙酸乙酯、丙酮等

第十部分　稳定性和反应性

稳定性　稳定

危险反应　与强氧化剂、强碱等禁配物发生反应

避免接触的条件　无资料

禁配物　强氧化剂、强碱

危险的分解产物　氯化氢

第十一部分　毒理学信息

急性毒性　LD_{50}：3mg/kg（大鼠经口），5mg/kg（大鼠经皮），6mg/kg（小鼠经口），4mg/kg（兔经口），

12mg/kg（兔经皮）

皮肤刺激或腐蚀　无资料　　　　**眼睛刺激或腐蚀**　无资料

呼吸或皮肤过敏　无资料　　　　**生殖细胞突变性**　无资料

致癌性　小鼠经口最低中毒剂量（TDLo）：71g/kg（78周，间歇），按 RTECS 标准为可疑致肿瘤物，呼吸和血液系统肿瘤

生殖毒性　无资料

特异性靶器官系统毒性-一次接触　无资料

特异性靶器官系统毒性-反复接触　无资料

吸入危害　无资料

第十二部分　生态学信息

生态毒性　EC_{50}：0.034mg/L（48h）（北褐虾）

持久性和降解性

　生物降解性　无资料

　非生物降解性　无资料

潜在的生物累积性　根据 K_{ow} 值预测，该物质可能有较高的生物累积性

土壤中的迁移性　根据 K_{oc} 值预测，该物质的迁移性可能较弱

第十三部分　废弃处置

废弃化学品　建议用控制焚烧法或安全掩埋法处置。若可能，重复使用容器或在规定场所掩埋

污染包装物　将容器返还生产商或按照国家和地方法规处置

废弃注意事项　处置前应参阅国家和地方有关法规

第十四部分　运输信息

联合国危险货物编号（UN号）　2811

联合国运输名称　有机毒性固体，未另作规定的（碳氯灵）

联合国危险性类别　6.1

包装类别　Ⅰ　　　　　　**包装标志**　

海洋污染物　是

运输注意事项　运输前应先检查包装容器是否完整、密封，运输过程中要确保容器不泄漏、不倒塌、不坠落、不损坏。严禁与酸类、氧化剂、食品及食品添加剂混运。运输时运输车辆应配备相应品种和数量的消防器材及泄漏应急处理设备。运输途中应防暴晒、雨淋，防高温。公路运输时要按规定路线行驶，勿在居民区和人口稠密区停留

第十五部分　法规信息

　下列法律、法规、规章和标准，对该化学品的管理作了相应的规定。

中华人民共和国职业病防治法　职业病分类和目录：未列入

危险化学品安全管理条例　危险化学品目录：列入。作为剧毒化学品进行管理。易制爆危险化学品名录：未列入。重点监管的危险化学品名录：未列入。GB 18218—

2009《危险化学品重大危险源辨识》（表1）：未列入

使用有毒物品作业场所劳动保护条例　高毒物品目录：未列入

易制毒化学品管理条例　易制毒化学品的分类和品种目录：未列入

国际公约　斯德哥尔摩公约：未列入。鹿特丹公约：未列入。蒙特利尔议定书：未列入

第十六部分　其他信息

编写和修订信息　　　缩略语和首字母缩写

培训建议　　　　　　参考文献

免责声明

碳酸铍

第一部分　化学品标识

化学品中文名　碳酸铍；碱式碳酸铍

化学品英文名　berylium carbonate；beryllium carbonate, basic

分子式　$BeCO_3$　**分子量**　69.02

结构式　

化学品的推荐及限制用途　用于制氧化铍和铍盐

第二部分　危险性概述

紧急情况概述　吞咽会中毒，吸入致命，造成皮肤刺激，造成严重眼刺激，可能导致皮肤过敏反应，可能致癌，可能引起呼吸道刺激

GHS危险性类别　急性毒性-经口，类别3；急性毒性-吸入，类别2；皮肤腐蚀/刺激，类别2；严重眼损伤/眼刺激，类别2；皮肤致敏物，类别1；致癌性，类别1A；特异性靶器官毒性--次接触，类别3（呼吸道刺激）；特异性靶器官毒性-反复接触，类别1；危害水生环境-急性危害，类别2；危害水生环境-长期危害，类别2

标签要素

象形图　

警示词　危险

危险性说明　吞咽会中毒，吸入致命，造成皮肤刺激，造成严重眼刺激，可能导致皮肤过敏反应，可能致癌，可能引起呼吸道刺激，长时间或反复接触对器官造成损伤，对水生生物有毒并具有长期持续影响

防范说明

　预防措施　避免接触眼睛、皮肤，操作后彻底清洗。作业场所不得进食、饮水或吸烟。避免吸入粉尘。仅在室外或通风良好处操作。戴呼吸防护器具，戴防护手套、防护眼镜、防护面罩。污染的工作服不得带出工作场所。得到专门指导后操作。在阅读并了解所有安全预防措施之前，切勿操作。禁止排入环境

事故响应　如吸入：将患者转移到空气新鲜处，休息，保持利于呼吸的体位，立即呼叫中毒控制中心或就医。如皮肤接触：用大量肥皂水和水清洗。如出现皮肤刺激或皮疹：就医。污染的衣服清洗后方可重新使用。如接触眼睛：用水细心冲洗数分钟。如戴隐形眼镜并可方便地取出，取出隐形眼镜，继续冲洗。如果眼睛刺激持续：就医。食入：立即呼叫中毒控制中心或就医，漱口。如果接触或有担心，就医；如感觉不适，就医。收集泄漏物

安全储存　在通风良好处储存。保持容器密闭。上锁保管

废弃处置　本品及内装物、容器依据国家和地方法规处置

物理和化学危险　不燃，无特殊燃爆特性

健康危害　急性中毒主要表现为急性化学性支气管炎和支气管肺炎（急性铍病）。长期小量接触，可引起慢性铍病，对皮肤的损害有：接触性皮炎、铍溃疡和皮肤肉芽肿

环境危害　对水生生物有毒并具有长期持续影响

第三部分　成分/组成信息

√ 物质　　　　　　　　混合物

组分	浓度	CAS No.
碳酸铍		13106-47-3

第四部分　急救措施

吸入　迅速脱离现场至空气新鲜处。保持呼吸道通畅。如呼吸困难，给输氧。呼吸、心跳停止，立即进行心肺复苏术。就医

皮肤接触　立即脱去污染的衣着，用流动清水彻底冲洗。就医

眼睛接触　立即分开眼睑，用流动清水或生理盐水彻底冲洗。就医

食入　漱口，饮水。就医

对保护施救者的忠告　根据需要使用个人防护设备

对医生的特别提示　对症处理

第五部分　消防措施

灭火剂　本品不燃，根据着火原因选择适当灭火剂灭火

特别危险性　本身不能燃烧。遇高热分解释出高毒烟气

灭火注意事项及防护措施　消防人员必须穿全身防火防毒服，在上风向灭火。灭火时尽可能将容器从火场移至空旷处

第六部分　泄漏应急处理

作业人员防护措施、防护装备和应急处置程序　隔离泄漏污染区，限制出入。建议应急处理人员戴防尘口罩，穿防毒服。穿上适当的防护服前严禁接触破裂的容器和泄漏物。尽可能切断泄漏源

环境保护措施　用塑料布覆盖泄漏物，减少飞散

泄漏化学品的收容、清除方法及所使用的处置材料　勿使水进入包装容器内。用洁净的铲子收集泄漏物，置于干净、干燥、盖子较松的容器中，将容器移离泄漏区

第七部分　操作处置与储存

操作注意事项　密闭操作，提供充分的局部排风。防止粉尘释放到车间空气中。操作人员必须经过专门培训，严格遵守操作规程。建议操作人员佩戴防尘面具（全面罩），穿胶布防毒衣，戴橡胶手套。避免产生粉尘。避免与氧化剂接触。配备泄漏应急处理设备。倒空的容器可能残留有害物

储存注意事项　储存于阴凉、干燥、通风良好的库房。远离火种、热源。防止阳光直射。包装密封。应与氧化剂、食用化学品等分开存放，切忌混储。储区应备有合适的材料收容泄漏物

第八部分　接触控制/个体防护

职业接触限值

中国　PC-TWA：0.0005mg/m³；PC-STEL：0.001 mg/m³〔按 Be 计〕〔G1〕

美国（ACGIH）　TLV-TWA：0.00005mg/m³（可吸入性颗粒物）〔按 Be 计〕〔皮〕〔敏〕

生物接触限值　未制定标准

监测方法　空气中有毒物质测定方法：桑色素荧光分光光度法。生物监测检验方法：未制定标准

工程控制　严加密闭，提供充分的局部排风

个体防护装备

呼吸系统防护　可能接触其粉尘时，必须佩戴防尘面具（全面罩）。紧急事态抢救或撤离时，应该佩戴空气呼吸器

眼睛防护　呼吸系统防护中已作防护

皮肤和身体防护　穿密闭型防毒服

手防护　戴橡胶手套

第九部分　理化特性

外观与性状　白色粉末，有多种可变组成

pH 值　无意义		熔点(℃)　无资料	
沸点(℃)　无资料		相对密度(水=1)　无资料	
相对蒸气密度(空气=1)　无资料			
饱和蒸气压(kPa)　无资料			
临界压力(MPa)　无意义		辛醇/水分配系数　无资料	
闪点(℃)　无意义		自燃温度(℃)　无意义	
爆炸下限(%)　无意义		爆炸上限(%)　无意义	
分解温度(℃)　＞200 分解；100			
黏度(mPa·s)　无资料			
燃烧热(kJ/mol)　无资料		临界温度(℃)　无资料	

溶解性　不溶于水，溶于酸

第十部分　稳定性和反应性

稳定性　稳定

危险反应　与强氧化剂等禁配物发生反应

避免接触的条件　无资料

禁配物　强氧化剂

危险的分解产物　氧化铍

第十一部分　毒理学信息

急性毒性　LD$_{50}$：50mg/kg（小鼠腹腔）

皮肤刺激或腐蚀　无资料　　眼睛刺激或腐蚀　无资料

呼吸或皮肤过敏　无资料　　生殖细胞突变性　无资料

致癌性　IARC 致癌性评论：组 2A，对人类很可能是致癌物，动物致癌性证据充分

生殖毒性　无资料

特异性靶器官系统毒性-一次接触　无资料

特异性靶器官系统毒性-反复接触　无资料

吸入危害　无资料

第十二部分　生态学信息

生态毒性　铍化合物对水生生物有毒

持久性和降解性

　生物降解性　无资料

　非生物降解性　无资料

潜在的生物累积性　无资料

土壤中的迁移性　无资料

第十三部分　废弃处置

废弃化学品　根据国家和地方有关法规的要求处置。或与厂商或制造商联系，确定处置方法

污染包装物　将容器返还生产商或按照国家和地方法规处置

废弃注意事项　处置前应参阅国家和地方有关法规

第十四部分　运输信息

联合国危险货物编号（UN 号）　1566

联合国运输名称　铍化合物，未另作规定的（碳酸铍）

联合国危险性类别　6.1

包装类别　Ⅱ　　　　包装标志

海洋污染物　是

运输注意事项　运输前应先检查包装容器是否完整、密封，运输过程中要确保容器不泄漏、不倒塌、不坠落、不损坏。严禁与酸类、氧化剂、食品及食品添加剂混运。运输时运输车辆应配备泄漏应急处理设备。运输途中应防暴晒、雨淋，防高温。公路运输时要按规定路线行驶，勿在居民区和人口稠密区停留

第十五部分　法规信息

　下列法律、法规、规章和标准，对该化学品的管理作了相应的规定。

中华人民共和国职业病防治法　职业病分类和目录：铍病

危险化学品安全管理条例　危险化学品目录：列入。易制爆危险化学品名录：未列入。重点监管的危险化学品名录：未列入。GB 18218—2009《危险化学品重大危险源辨识》（表 1）：未列入

使用有毒物品作业场所劳动保护条例　高毒物品目录：列入

易制毒化学品管理条例　易制毒化学品的分类和品种目录：未列入

国际公约　斯德哥尔摩公约：未列入。鹿特丹公约：未列入。蒙特利尔议定书：未列入

第十六部分　其他信息

编写和修订信息　　缩略语和首字母缩写

培训建议　　　　　参考文献

免责声明

碳酸铊

第一部分　化学品标识

化学品中文名　碳酸铊；碳酸亚铊

化学品英文名　thallium carbonate；thallous carbonate

分子式　Tl_2CO_3　分子量　468.78

化学品的推荐及限制用途　用作杀菌剂、人造金刚石的原料及用于分析

第二部分　危险性概述

紧急情况概述　吞咽致命，皮肤接触会致命

GHS 危险性类别　急性毒性-经口，类别 2；急性毒性-经皮，类别 2；特异性靶器官毒性-反复接触，类别 2；危害水生环境-急性危害，类别 2；危害水生环境-长期危害，类别 2

标签要素

象形图　

警示词　危险

危险性说明　吞咽致命，皮肤接触会致命，长时间或反复接触可能对器官造成损伤，对水生生物有毒并具有长期持续影响

防范说明

　预防措施　避免接触眼睛、皮肤或衣服，操作后彻底清洗。作业场所不得进食、饮水或吸烟。戴防护手套、穿防护服。避免吸入粉尘。禁止排入环境

　事故响应　皮肤接触：用大量肥皂水和水轻轻地清洗，立即呼叫中毒控制中心或就医。食入：立即呼叫中毒控制中心或就医，漱口。如感觉不适，就医。收集泄漏物

　安全储存　上锁保管

　废弃处置　本品及内装物、容器依据国家和地方法规处置

物理和化学危险　不燃，无特殊燃爆特性

健康危害　为强烈的神经毒物，并引起严重的心、肝、肾损害。中毒时主要产生神经和消化系统损伤的表现，进而出现局限的肢体麻痹、震颤、呼吸困难、呕吐及出血性腹泻，少尿或无尿，最后死于呼吸和循环衰竭。脱发是其中毒的特征表现，可累及全身毛发，但眉毛内侧 1/3 不受累

环境危害　对水生生物有毒并具有长期持续影响

第三部分　成分/组成信息

√物质　　　　　　　　　混合物

组分	浓度	CAS No.
碳酸铊		6533-73-9

第四部分　急救措施

吸入　迅速脱离现场至空气新鲜处。保持呼吸道通畅。如呼吸困难，给输氧。呼吸、心跳停止，立即进行心肺复苏术。就医

皮肤接触　立即脱去污染的衣着，用流动清水彻底冲洗。就医

眼睛接触　立即分开眼睑，用流动清水或生理盐水彻底冲洗。就医

食入　如中毒者神志清醒，催吐，洗胃。用1%碘化钠或1%碘化钾溶液洗胃效果更佳。口服牛奶、淀粉膏、氢氧化铝凝胶、次碳酸铋。口服活性炭悬液。用硫酸钠、硫酸镁或蓖麻油导泻。就医

对保护施救者的忠告　根据需要使用个人防护设备

对医生的特别提示　解毒剂：普鲁士蓝

第五部分　消防措施

灭火剂　本品不燃，根据着火原因选择适当灭火剂灭火

特别危险性　本身不能燃烧。遇高热分解释出高毒烟气

灭火注意事项及防护措施　消防人员必须穿全身防火防毒服，在上风向灭火。灭火时尽可能将容器从火场移至空旷处

第六部分　泄漏应急处理

作业人员防护措施、防护装备和应急处置程序　隔离泄漏污染区，限制出入。建议应急处理人员戴防尘口罩，穿防毒服。穿上适当的防护服前严禁接触破裂的容器和泄漏物。尽可能切断泄漏源

环境保护措施　用塑料布覆盖泄漏物，减少飞散

泄漏化学品的收容、清除方法及所使用的处置材料　勿使水进入包装容器内。用洁净的铲子收集泄漏物，置于干净、干燥、盖子较松的容器中，将容器移离泄漏区

第七部分　操作处置与储存

操作注意事项　密闭操作，提供充分的局部排风。防止粉尘释放到车间空气中。操作人员必须经过专门培训，严格遵守操作规程。建议操作人员佩戴防尘面具（全面罩），穿胶布防毒衣，戴橡胶手套。避免产生粉尘。避免与氧化剂、酸类接触。配备泄漏应急处理设备。倒空的容器可能残留有害物

储存注意事项　储于阴凉、干燥、通风良好的库房。远离火种、热源。防止阳光直射。包装密封。应与氧化剂、酸类、食用化工品等分开存放，切忌混储。储区应备有合适的材料收容泄漏物

第八部分　接触控制/个体防护

职业接触限值

中国　PC-TWA：0.05mg/m³；PC-STEL：0.1mg/m³

　　　　［按Tl计］［皮］

美国（ACGIH）　TLV-TWA：0.02mg/m³（可吸入性颗粒物）［按Tl计］［皮］

生物接触限值　未制定标准

监测方法　空气中有毒物质测定方法：石墨炉原子吸收光谱法。生物监测检验方法：未制定标准

工程控制　严加密闭，提供充分的局部排风

个体防护装备

　呼吸系统防护　可能接触其粉尘时，必须佩戴防尘面具（全面罩）。紧急事态抢救或撤离时，应该佩戴空气呼吸器

　眼睛防护　呼吸系统防护中已作防护

　皮肤和身体防护　穿密闭型防毒服

　手防护　戴橡胶手套

第九部分　理化特性

外观与性状　无色或白色单斜晶体

pH 值　无意义		**熔点(℃)**　272
沸点(℃)　无资料		**相对密度(水=1)**　7.11

相对蒸气密度(空气=1)　无资料

饱和蒸气压(kPa)　无资料

临界压力(MPa)　无意义　　**辛醇/水分配系数**　无资料

闪点(℃)　无意义　　　　**自燃温度(℃)**　无意义

爆炸下限(%)　无意义　　**爆炸上限(%)**　无意义

分解温度(℃)　无资料　　**黏度(mPa·s)**　无资料

燃烧热(kJ/mol)　无资料　**临界温度(℃)**　无资料

溶解性　溶于水，不溶于醇、醚、丙酮

第十部分　稳定性和反应性

稳定性　稳定

危险反应　与强氧化剂、强酸等禁配物发生反应

避免接触的条件　无资料

禁配物　强氧化剂、强酸

危险的分解产物　无资料

第十一部分　毒理学信息

急性毒性　LD$_{50}$：15mg/kg（大鼠经口），117mg/kg（大鼠经皮），21mg/kg（小鼠经口）

皮肤刺激或腐蚀　无资料　　**眼睛刺激或腐蚀**　无资料

呼吸或皮肤过敏　无资料

生殖细胞突变性　DNA损伤：大鼠胚胎1μmol/L。细胞遗传学分析：大鼠经口100ng/kg。显性致死试验：大鼠经口5ng/kg

致癌性　无资料

生殖毒性　小鼠经口最低中毒剂量（TDLo）：366μg/kg（雄性交配前26周），对精子生成（包括遗传物质、形态、运动能力、计数）有影响

特异性靶器官系统毒性-一次接触　无资料

特异性靶器官系统毒性-反复接触　无资料

吸入危害　无资料

第十二部分　生态学信息

生态毒性　铊化合物对水生生物有毒

持久性和降解性

    生物降解性　无资料

    非生物降解性　无资料

潜在的生物累积性　无资料

土壤中的迁移性　无资料

第十三部分　废弃处置

废弃化学品　建议用控制焚烧法或安全掩埋法处置。破损容器禁止重新使用，要在规定场所掩埋

污染包装物　将容器返还生产商或按照国家和地方法规处置

废弃注意事项　处置前应参阅国家和地方有关法规

第十四部分　运输信息

联合国危险货物编号（UN 号）　1707

联合国运输名称　铊化合物，未另作规定的（碳酸铊）

联合国危险性类别　6.1

包装类别　Ⅱ　　　　　　**包装标志**　

海洋污染物　是

运输注意事项　运输前应先检查包装容器是否完整、密封，运输过程中要确保容器不泄漏、不倒塌、不坠落、不损坏。严禁与酸类、氧化剂、食品及食品添加剂混运。运输时运输车辆应配备泄漏应急处理设备。运输途中应防暴晒、雨淋，防高温。公路运输时要按规定路线行驶，勿在居民区和人口稠密区停留

第十五部分　法规信息

    下列法律、法规、规章和标准，对该化学品的管理作了相应的规定。

中华人民共和国职业病防治法　职业病分类和目录：铊及其化合物中毒

危险化学品安全管理条例　危险化学品目录：列入。易制爆危险化学品名录：未列入。重点监管的危险化学品名录：未列入。GB 18218—2009《危险化学品重大危险源辨识》（表 1）：未列入

使用有毒物品作业场所劳动保护条例　高毒物品目录：列入

易制毒化学品管理条例　易制毒化学品的分类和品种目录：未列入

国际公约　斯德哥尔摩公约：未列入。鹿特丹公约：未列入。蒙特利尔议定书：未列入

第十六部分　其他信息

编写和修订信息　**缩略语和首字母缩写**

培训建议　　　　**参考文献**

免责声明

羰基氟

第一部分　化学品标识

化学品中文名　羰基氟；氟化碳酰；碳酰氟；氟光气

化学品英文名　fluorophosgene；carbonyl fluoride

分子式　F_2CO　**分子量**　66.0069

结构式　

化学品的推荐及限制用途　用于生产氟塑料等

第二部分　危险性概述

紧急情况概述　内装加压气体，遇热可能爆炸，吸入致命，造成皮肤刺激，造成严重眼刺激

GHS 危险性类别　加压气体；急性毒性-吸入，类别 2；皮肤腐蚀/刺激，类别 2；严重眼损伤/眼刺激，类别 2；特异性靶器官毒性--一次接触，类别 1

标签要素

象形图

警示词　危险

危险性说明　内装加压气体，遇热可能爆炸，吸入致命，造成皮肤刺激，造成严重眼刺激，对器官造成损害

防范说明

    预防措施　避免吸入气体。仅在室外或通风良好处操作。戴呼吸防护器具。避免接触眼睛、皮肤，操作后彻底清洗。戴防护手套、防护眼镜、防护面罩。作业场所不得进食、饮水或吸烟

    事故响应　如吸入：将患者转移到空气新鲜处，休息，保持利于呼吸的体位，立即呼叫中毒控制中心或就医。皮肤接触：用大量肥皂水和水清洗，脱去被污染的衣服，如发生皮肤刺激，就医。污染的衣服必须经洗净后方可重新使用。如接触眼睛：用水细心冲洗数分钟。如戴隐形眼镜并可方便地取出，取出隐形眼镜，继续冲洗。如果眼睛刺激持续，就医。如果接触：立即呼叫中毒控制中心或就医

    安全储存　防日晒。存放在通风良好的地方。保持容器密闭。上锁保管

    废弃处置　本品及内装物、容器依据国家和地方法规处置

物理和化学危险　不燃，无特殊燃爆特性。遇水产生有毒气体

健康危害　本品对呼吸道黏膜具有强烈的刺激作用。急性中毒可致化学性肺炎和肺水肿。因本品常和氟烃的其他热裂解气共存，故很少见到单纯氟光气中毒的报道。在热裂解气中毒所致呼吸道损害中，氟光气是一种重要的致病因子

环境危害　对环境可能有害

第三部分　成分/组成信息

    √物质　　　　　　　　　混合物

组分	浓度	CAS No.
羰基氟		353-50-4

第四部分　急救措施

吸入　迅速脱离现场至空气新鲜处。保持呼吸道通畅。如
　　呼吸困难，给输氧。呼吸、心跳停止，立即进行心肺
　　复苏术。就医
对保护施救者的忠告　根据需要使用个人防护设备
对医生的特别提示　对症处理

第五部分　消防措施

灭火剂　迅速切断气源，用水喷淋保护切断气源的人员，
　　然后根据着火原因选择适当灭火剂灭火
特别危险性　在水中分解放出剧毒的腐蚀性气体。具有强
　　腐蚀性
灭火注意事项及防护措施　消防人员必须佩戴空气呼吸
　　器、穿全身防火防毒服，在上风向灭火。迅速切断气
　　源，用水喷淋保护切断气源的人员，然后根据着火原
　　因选择适当灭火剂灭火。尽可能将容器从火场移至空
　　旷处。喷水保持火场容器冷却，直至灭火结束

第六部分　泄漏应急处理

作业人员防护措施、防护装备和应急处置程序　根据气体
　　的影响区域划定警戒区，无关人员从侧风、上风向撤
　　离至安全区。建议应急处理人员穿内置正压自给式呼
　　吸器的全封闭防化服。如果是液化气体泄漏，还应注
　　意防冻伤。禁止接触或跨越泄漏物。尽可能切断泄
　　漏源
环境保护措施　防止气体通过下水道、通风系统和有限空
　　间扩散
泄漏化学品的收容、清除方法及所使用的处置材料　若可
　　能翻转容器，使之逸出气体而非液体。喷雾状水抑制
　　蒸气或改变蒸气云流向，避免水流接触泄漏物。禁止
　　用水直接冲击泄漏物或泄漏源。隔离泄漏区直至气体
　　散尽

第七部分　操作处置与储存

操作注意事项　严加密闭，提供充分的局部排风和全面通
　　风。操作人员必须经过专门培训，严格遵守操作规
　　程。建议操作人员佩戴自吸过滤式防毒面具（全面
　　罩），穿密闭型防毒服，戴橡胶手套。防止气体泄漏
　　到工作场所空气中。避免与氧化剂接触。尤其要注意
　　避免与水接触。搬运时戴好钢瓶安全帽和防震橡皮
　　圈，防止钢瓶碰撞、损坏。配备泄漏应急处理设备
储存注意事项　储存于阴凉、通风的有毒气体专用库房。
　　库温不宜超过30℃。远离火种、热源。保持容器密
　　封。应与氧化剂、食用化学品分开存放，切忌混储。
　　储区应备有泄漏应急处理设备

第八部分　接触控制/个体防护

职业接触限值
　　中国　PC-TWA：5mg/m³；PC-STEL：10mg/m³
　　美国（ACGIH）TLV-TWA：2ppm；TLV-STEL：5ppm
生物接触限值　未制定标准
监测方法　空气中有毒物质测定方法：未制定标准。生物

监测检验方法：未制定标准
工程控制　严加密闭，提供充分的局部排风和全面通风
个体防护装备
　　呼吸系统防护　空气中浓度超标时，必须佩戴过滤式
　　　防毒面具（全面罩）。紧急事态抢救或撤离时，
　　　应该佩戴空气呼吸器
　　眼睛防护　呼吸系统防护中已作防护
　　皮肤和身体防护　穿密闭型防毒服
　　手防护　戴橡胶手套

第九部分　理化特性

外观与性状　带有刺激性的无色气体，遇水分解
pH值　无意义	**熔点(℃)**　-114

沸点(℃)　-83
相对密度(水=1)　1.14（-114℃）
相对蒸气密度(空气=1)　2.29
饱和蒸气压(kPa)　无资料

临界压力(MPa)　无资料	**辛醇/水分配系数**　无资料
闪点(℃)　无意义	**自燃温度(℃)**　无意义
爆炸下限(%)　无意义	**爆炸上限(%)**　无意义
分解温度(℃)　无资料	**黏度(mPa·s)**　无资料
燃烧热(kJ/mol)　无资料	**临界温度(℃)**　无资料

溶解性　溶于水，溶于乙醇

第十部分　稳定性和反应性

稳定性　稳定
危险反应　与强氧化剂、水蒸气等禁配物发生反应。在水
　　中分解放出剧毒的腐蚀性气体
避免接触的条件　潮湿空气
禁配物　强氧化剂、水蒸气
危险的分解产物　一氧化氟化氢

第十一部分　毒理学信息

急性毒性　LC$_{50}$：360ppm（大鼠吸入，1h）

皮肤刺激或腐蚀　无资料	**眼睛刺激或腐蚀**　无资料
呼吸或皮肤过敏　无资料	**生殖细胞突变性**　无资料
致癌性　无资料	**生殖毒性**　无资料

特异性靶器官系统毒性-一次接触　无资料
特异性靶器官系统毒性-反复接触　无资料
吸入危害　无资料

第十二部分　生态学信息

生态毒性　无资料
持久性和降解性
　　生物降解性　无资料
　　非生物降解性　无资料
潜在的生物累积性　无资料
土壤中的迁移性　无资料

第十三部分　废弃处置

废弃化学品　根据国家和地方有关法规的要求处置。或与
　　厂商或制造商联系，确定处置方法
污染包装物　将容器返还生产商或按照国家和地方法规

处置

废弃注意事项 处置前应参阅国家和地方有关法规

第十四部分　运输信息

联合国危险货物编号（UN 号） 2417

联合国运输名称 碳酰氟

联合国危险性类别 2.3，8

包装类别 —

包装标志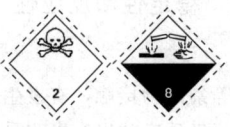

海洋污染物 否

运输注意事项 采用钢瓶运输时必须戴好钢瓶上的安全帽。钢瓶一般平放，并应将瓶口朝同一方向，不可交叉；高度不得超过车辆的防护栏板，并用三角木垫卡牢，防止滚动。严禁与氧化剂、食用化学品等混装混运。夏季应早晚运输，防止日光暴晒。公路运输时要按规定路线行驶，禁止在居民区和人口稠密区停留

第十五部分　法规信息

下列法律、法规、规章和标准，对该化学品的管理作了相应的规定。

中华人民共和国职业病防治法 职业病分类和目录：未列入

危险化学品安全管理条例 危险化学品目录：列入。易制爆危险化学品名录：未列入。重点监管的危险化学品名录：未列入。GB 18218—2009《危险化学品重大危险源辨识》（表1）：未列入

使用有毒物品作业场所劳动保护条例 高毒物品目录：未列入

易制毒化学品管理条例 易制毒化学品的分类和品种目录：未列入

国际公约 斯德哥尔摩公约：未列入。鹿特丹公约：未列入。蒙特利尔议定书：未列入

第十六部分　其他信息

编写和修订信息 缩略语和首字母缩写

培训建议 参考文献

免责声明

羰基硫

第一部分　化学品标识

化学品中文名 羰基硫；氧硫化碳；硫化碳酰；硫化羰

化学品英文名 carbonyl sulfide; carbon oxysulfide

分子式 SCO　**分子量** 60.075

结构式 O=C=S

化学品的推荐及限制用途 合成含硫的有机化合物

第二部分　危险性概述

紧急情况概述 极易燃气体，内装加压气体，遇热可能爆炸，吸入会中毒

GHS 危险性类别 易燃气体，类别1；加压气体；急性毒性-吸入，类别3

标签要素

象形图

警示词 危险

危险性说明 极易燃气体，内装加压气体，遇热可能爆炸，吸入会中毒

防范说明

　预防措施 远离热源、火花、明火、热表面。禁止吸烟。避免吸入气体。仅在室外或通风良好处操作

　事故响应 漏气着火：切勿灭火，除非漏气能够安全地制止。如果没有危险，消除一切点火源。如吸入：将患者转移到空气新鲜处，休息，保持利于呼吸的体位，呼叫中毒控制中心或就医

　安全储存 防日晒。存放在通风良好的地方。保持容器密闭。上锁保管

　废弃处置 本品及内装物、容器依据国家和地方法规处置

物理和化学危险 易燃，与空气混合能形成爆炸性混合物。遇水产生有毒气体

健康危害 本品对肺有轻微刺激性，主要作用于中枢神经系统，严重中毒时可引起抽搐，乃至发生呼吸麻痹而死亡

环境危害 对环境可能有害

第三部分　成分/组成信息

√物质　　　　　　　　　混合物

组分	浓度	CAS No.
羰基硫		463-58-1

第四部分　急救措施

吸入 迅速脱离现场至空气新鲜处。保持呼吸道通畅。如呼吸困难，给输氧。呼吸、心跳停止，立即进行心肺复苏术。就医

对保护施救者的忠告 根据需要使用个人防护设备

对医生的特别提示 对症处理

第五部分　消防措施

灭火剂 用干粉、二氧化碳灭火

特别危险性 与空气混合能形成爆炸性混合物。遇明火、高热能引起燃烧爆炸。燃烧时生成有毒的二氧化硫气体。与氧化剂接触猛烈反应。遇水或水蒸气反应放出有毒和易燃的气体

灭火注意事项及防护措施 切断气源，若不能切断气源，则不允许熄灭泄漏处的火焰。消防人员必须佩戴防毒面具、穿全身消防服，在上风向灭火。尽可能将容器从火场移至空旷处。喷水保持火场容器冷却，直至灭火结束

第六部分　泄漏应急处理

作业人员防护措施、防护装备和应急处置程序　消除所有点火源。根据气体的影响区域划定警戒区，无关人员从侧风、上风向撤离至安全区。建议应急处理人员穿内置正压自给式呼吸器的全封闭防化服。作业时使用的所有设备应接地。禁止接触或跨越泄漏物。尽可能切断泄漏源

环境保护措施　防止气体通过下水道、通风系统和有限空间扩散

泄漏化学品的收容、清除方法及所使用的处置材料　喷雾状水抑制蒸气或改变蒸气云流向，避免水流接触泄漏物。禁止用水直接冲击泄漏物或泄漏源。隔离泄漏区直至气体散尽

第七部分　操作处置与储存

操作注意事项　密闭操作，加强通风。操作人员必须经过专门培训，严格遵守操作规程。建议操作人员佩戴自吸过滤式防毒面具（半面罩），戴化学安全防护眼镜，穿防静电工作服，戴乳胶手套。远离火种、热源，工作场所严禁吸烟。使用防爆型的通风系统和设备。防止气体泄漏到工作场所空气中。避免与氧化剂、碱类接触。尤其要注意避免与水接触。搬运时要轻装轻卸，防止包装及容器损坏。配备相应品种和数量的消防器材及泄漏应急处理设备

储存注意事项　储存于阴凉、通风的有毒气体专用库房。库温不宜超过30℃。远离火种、热源。应与氧化剂、碱类、食用化学品分开存放，切忌混储。采用防爆型照明、通风设施。禁止使用易产生火花的机械设备和工具。储区应备有泄漏应急处理设备

第八部分　接触控制/个体防护

职业接触限值

　　中国　未制定标准

　　美国（ACGIH）　未制定标准

生物接触限值　未制定标准

监测方法　空气中有毒物质测定方法：未制定标准。生物监测检验方法：未制定标准

工程控制　生产过程密闭，加强通风

个体防护装备

　　呼吸系统防护　空气中浓度超标时，建议佩戴过滤式防毒面具（半面罩）。紧急事态抢救或撤离时，应该佩戴空气呼吸器

　　眼睛防护　戴化学安全防护眼镜

　　皮肤和身体防护　穿防静电工作服

　　手防护　戴橡胶手套

第九部分　理化特性

外观与性状　无色恶臭气体，易潮解

pH值　无意义　　　　　　**熔点（℃）**　−138.8

沸点（℃）　−50.2

相对密度（水＝1）　1.24（−87℃，液体）

相对蒸气密度（空气＝1）　2.1（20℃）

饱和蒸气压（kPa）　1204.23（21℃）

临界压力（MPa）　无资料　　**辛醇/水分配系数**　无资料

闪点（℃）　无资料　　　　　**自燃温度（℃）**　无资料

爆炸下限（%）　11.9　　　　**爆炸上限（%）**　29

分解温度（℃）　无资料　　　**黏度（mPa·s）**　无资料

燃烧热（kJ/mol）　无资料　　**临界温度（℃）**　105

溶解性　易溶于水，易溶于乙醇、甲苯

第十部分　稳定性和反应性

稳定性　稳定

危险反应　与强氧化剂等禁配物接触，有发生火灾和爆炸的危险。遇水或水蒸气反应放出有毒和易燃的气体

避免接触的条件　无资料

禁配物　强氧化剂、碱类

危险的分解产物　一氧化硫、硫化氢、二氧化硫

第十一部分　毒理学信息

急性毒性　有刺激作用，高浓度时有麻醉作用。LC_{50}：1070ppm（大鼠吸入，4h）

皮肤刺激或腐蚀　无资料　　**眼睛刺激或腐蚀**　无资料

呼吸或皮肤过敏　无资料　　**生殖细胞突变性**　无资料

致癌性　无资料　　　　　　**生殖毒性**　无资料

特异性靶器官系统毒性-一次接触　无资料

特异性靶器官系统毒性-反复接触　无资料

吸入危害　无资料

第十二部分　生态学信息

生态毒性　无资料

持久性和降解性

　　生物降解性　无资料

　　非生物降解性　无资料

潜在的生物累积性　无资料

土壤中的迁移性　无资料

第十三部分　废弃处置

废弃化学品　建议用焚烧法处置。焚烧炉排出的硫氧化物通过洗涤器除去

污染包装物　将容器返还生产商或按照国家和地方法规处置

废弃注意事项　处置前应参阅国家和地方有关法规

第十四部分　运输信息

联合国危险货物编号（UN号）　2204

联合国运输名称　硫化羰

联合国危险性类别　2.3，2.1

包装类别　—

包装标志　

海洋污染物　否

运输注意事项　采用钢瓶运输时必须戴好钢瓶上的安全帽。钢瓶一般平放，并应将瓶口朝同一方向，不可交

叉；高度不得超过车辆的防护栏板，并用三角木垫卡牢，防止滚动。运输时运输车辆应配备相应品种和数量的消防器材。装运该物品的车辆排气管必须配备阻火装置，禁止使用易产生火花的机械设备和工具装卸。严禁与氧化剂、碱类、食用化学品等混装混运。夏季应早晚运输，防止日光暴晒。中途停留时应远离火种、热源。公路运输时要按规定路线行驶，勿在居民区和人口稠密区停留

第十五部分 法规信息

下列法律、法规、规章和标准，对该化学品的管理作了相应的规定。

中华人民共和国职业病防治法 职业病分类和目录：未列入

危险化学品安全管理条例 危险化学品目录：列入。易制爆危险化学品名录：未列入。重点监管的危险化学品名录：未列入。GB 18218—2009《危险化学品重大危险源辨识》（表1）：未列入

使用有毒物品作业场所劳动保护条例 高毒物品目录：未列入

易制毒化学品管理条例 易制毒化学品的分类和品种目录：未列入

国际公约 斯德哥尔摩公约：未列入。鹿特丹公约：未列入。蒙特利尔议定书：未列入

第十六部分 其他信息

编写和修订信息	缩略语和首字母缩写
培训建议	参考文献
免责声明	

羰基镍

第一部分 化学品标识

化学品中文名 羰基镍；四羰基镍；四碳酰镍
化学品英文名 nickel carbonyl；nickel tetracarbonyl
分子式 $Ni(CO)_4$　**分子量** 170.7338
结构式

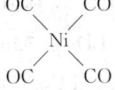

化学品的推荐及限制用途 用于制高纯镍粉，也用于电子工业及制造塑料中间体，也用作催化剂

第二部分 危险性概述

紧急情况概述 高度易燃液体和蒸气，吸入致命，可能致癌
GHS 危险性类别 易燃液体，类别2；急性毒性-吸入，类别2；致癌性，类别1A；生殖毒性，类别1B；危害水生环境-急性危害，类别1；危害水生环境-长期危害，类别1
标签要素
象形图

警示词 危险
危险性说明 高度易燃液体和蒸气，吸入致命，可能致癌，可能对生育力或胎儿造成伤害，对水生生物毒性非常大并具有长期持续影响
防范说明
预防措施 远离热源、火花、明火、热表面。禁止吸烟。保持容器密闭。容器和接收设备接地连接。使用防爆型电器、通风、照明设备。只能使用不产生火花的工具。采取防止静电措施。戴防护手套、防护眼镜、防护面罩。避免吸入蒸气、雾。仅在室外或通风良好处操作。得到专门指导后操作。在阅读并了解所有安全预防措施之前，切勿操作。按要求使用个体防护装备。禁止排入环境
事故响应 火灾时，使用泡沫、干粉、二氧化碳灭火。如吸入：将患者转移到空气新鲜处，休息，保持利于呼吸的体位，立即呼叫中毒控制中心或就医。如皮肤（或头发）接触：立即脱掉所有被污染的衣服，用水冲洗皮肤，淋浴。如果接触或有担心，就医。收集泄漏物
安全储存 存放在通风良好的地方。保持低温。保持容器密闭。上锁保管
废弃处置 本品及内装物、容器依据国家和地方法规处置
物理和化学危险 易燃，其蒸气与空气混合，能形成爆炸性混合物
健康危害 对呼吸道有刺激作用，并有全身毒作用，可导致肺、肝、脑损害。如肺水肿抢救不及时，可引起死亡。急性中毒：早期表现有头痛、头晕、步态不稳、视力模糊、眼刺激、恶心、心悸、胸闷、气短等。迟发的症状主要有明显的胸闷、气短、严重呼吸困难、紫绀、咳嗽、大量粉红色泡沫痰、心动过速等，这些是肺水肿及弥漫性间质肺炎的表现。可伴有心肌损害或肝损害。镍及其化合物已被国际癌症研究中心（IARC）确认为致癌物
环境危害 对水生生物毒性非常大并具有长期持续影响

第三部分 成分/组成信息

√物质　　　　　　　　　　混合物

组分	浓度	CAS No.
羰基镍		13463-39-3

第四部分 急救措施

吸入 迅速脱离现场至空气新鲜处。保持呼吸道通畅。如呼吸困难，给输氧。呼吸、心跳停止，立即进行心肺复苏术。就医
皮肤接触 立即脱去污染的衣着，用流动清水彻底冲洗。就医
眼睛接触 立即分开眼睑，用流动清水或生理盐水彻底冲洗。就医
食入 漱口，饮水。就医
对保护施救者的忠告 根据需要使用个人防护设备
对医生的特别提示 解毒剂：二乙基二硫代氨基甲酸钠

第五部分　消防措施

灭火剂　用泡沫、干粉、二氧化碳灭火

特别危险性　易燃，本品在空气中氧化，加热至60℃时发生爆炸。受热、接触酸或酸雾会放出有毒的烟雾

灭火注意事项及防护措施　消防人员必须佩戴防毒面具、穿全身消防服，在上风向灭火。尽可能将容器从火场移至空旷处。喷水保持火场容器冷却，直至灭火结束。处在火场中的容器若已变色或从安全泄压装置中发出声音，必须马上撤离。用水灭火无效

第六部分　泄漏应急处理

作业人员防护措施、防护装备和应急处置程序　消除所有点火源。根据液体流动和蒸气扩散的影响区域划定警戒区，无关人员从侧风、上风向撤离至安全区。建议应急处理人员戴正压自给式呼吸器，穿防毒、防静电服。作业时使用的所有设备应接地。禁止接触或跨越泄漏物。尽可能切断泄漏源

环境保护措施　防止泄漏物进入水体、下水道、地下室或有限空间

泄漏化学品的收容、清除方法及所使用的处置材料　小量泄漏：用砂土或其他不燃材料吸收。使用洁净的无火花工具收集吸收材料。大量泄漏：构筑围堤或挖坑收容。用泡沫覆盖，减少蒸发。喷水雾能减少蒸发，但不能降低泄漏物在有限空间内的易燃性。用防爆泵转移至槽车或专用收集器内

第七部分　操作处置与储存

操作注意事项　密闭操作，提供充分的局部排风。操作人员必须经过专门培训，严格遵守操作规程。建议操作人员佩戴自吸过滤式防毒面具（全面罩），穿胶布防毒衣，戴橡胶手套。远离火种、热源，工作场所严禁吸烟。使用防爆型的通风系统和设备。防止蒸气泄漏到工作场所空气中。避免与氧化剂、酸类接触。搬运时要轻装轻卸，防止包装及容器损坏。配备相应品种和数量的消防器材及泄漏应急处理设备。倒空的容器可能残留有害物

储存注意事项　储存于阴凉、通风良好的专用库房内，实行"双人收发、双人保管"制度。远离火种、热源。库温不超过35℃，相对湿度不超过80%。保持容器密封。应与氧化剂、酸类、食用化学品分开存放，切忌混储。采用防爆型照明、通风设施。禁止使用易产生火花的机械设备和工具。储区应备有泄漏应急处理设备和合适的收容材料

第八部分　接触控制/个体防护

职业接触限值

中国　MAC：0.002mg/m³［按Ni计］［G1］

美国（ACGIH）　TLV-C：0.05ppm［按Ni计］

生物接触限值　未制定标准

监测方法　空气中有毒物质测定方法：未制定标准。生物监测检验方法：未制定标准

工程控制　严加密闭，提供充分的局部排风。提供安全淋浴和洗眼设备

个体防护装备

呼吸系统防护　空气中浓度超标时，必须佩戴过滤式防毒面具（全面罩）。紧急事态抢救或撤离时，应该佩戴空气呼吸器

眼睛防护　呼吸系统防护中已作防护

皮肤和身体防护　穿密闭型防毒服

手防护　戴橡胶手套

第九部分　理化特性

外观与性状　无色挥发性液体，有煤烟气味

pH值　无资料	**熔点（℃）**　−25
沸点（℃）　43	**相对密度（水＝1）**　1.32
相对蒸气密度（空气＝1）　5.9	
饱和蒸气压（kPa）　42（20℃）	
临界压力（MPa）　3.04	**辛醇/水分配系数**　无资料
闪点（℃）　＜−24	**自燃温度（℃）**　20
爆炸下限（%）　2.0	**爆炸上限（%）**　34
分解温度（℃）　无资料	
黏度（mPa·s）　0.212（25℃）	
燃烧热（kJ/mol）　−1179.26	**临界温度（℃）**　200（约）

溶解性　不溶于水，溶于醇等多数有机溶剂

第十部分　稳定性和反应性

稳定性　不稳定

危险反应　与强氧化剂、酸类等禁配物发生反应。在空气中氧化，加热至60℃时发生爆炸。受热、接触酸或酸雾会放出有毒的烟雾

避免接触的条件　受热

禁配物　强氧化剂、酸类

危险的分解产物　一氧化碳

第十一部分　毒理学信息

急性毒性　属高毒类。急性中毒动物出现呼吸困难、心动过速、紫绀、乏力、发热、厌食和呕吐，有时出现前后肢麻痹，死亡前常有全身抽搐。病理改变主要在肺，其次为脑、肝和肾上腺等。LD_{50}：39mg/kg（大鼠皮下），63mg/kg（兔经皮）。LC_{50}：873mg/m³（大鼠吸入，30min）

皮肤刺激或腐蚀　无资料　　**眼睛刺激或腐蚀**　无资料

呼吸或皮肤过敏　无资料　　**生殖细胞突变性**　无资料

致癌性　IARC致癌性评论：组1，确认人类致癌物

生殖毒性　大鼠孕后8d吸入最低中毒剂量60mg/m³（15min），致眼、耳发育畸形。仓鼠孕后5d吸入最低中毒剂量60mg/m³（15min），致中枢神经系统、呼吸系统发育畸形。仓鼠孕后4d吸入最低中毒剂量60mg/m³（15min），致体壁和呼吸系统发育畸形

特异性靶器官系统毒性--一次接触　无资料

特异性靶器官系统毒性-反复接触　小鼠、大鼠吸入5.8mg/m³，每天4h，每周5d，3周，引起肺炎、肺水肿、糖代谢及肝功能障碍

吸入危害　无资料

第十二部分 生态学信息

生态毒性 含镍化合物对水生生物有极高毒性

持久性和降解性

生物降解性 无资料

非生物降解性 无资料

潜在的生物累积性 无资料

土壤中的迁移性 无资料

第十三部分 废弃处置

废弃化学品 用焚烧法处置。与燃料混合后，再焚烧

污染包装物 将容器返还生产商或按照国家和地方法规处置

废弃注意事项 处置前应参阅国家和地方有关法规

第十四部分 运输信息

联合国危险货物编号（UN 号） 1259

联合国运输名称 羰基镍

联合国危险性类别 6.1，3

包装类别 I

包装标志

海洋污染物 是

运输注意事项 运输前应先检查包装容器是否完整、密封，运输过程中要确保容器不泄漏、不倒塌、不坠落、不损坏。严禁与酸类、氧化剂、食品及食品添加剂混运。运输时运输车辆应配备相应品种和数量的消防器材及泄漏应急处理设备。运输途中应防曝晒、雨淋，防高温。运输时所用的槽（罐）车应有接地链，槽内可设孔隔板以减少震荡产生的静电。中途停留时应远离火种、热源。公路运输时要按规定路线行驶，勿在居民区和人口稠密区停留

第十五部分 法规信息

下列法律、法规、规章和标准，对该化学品的管理作了相应的规定。

中华人民共和国职业病防治法 职业病分类和目录：羰基镍中毒

危险化学品安全管理条例 危险化学品目录：列入。作为剧毒化学品进行管理。易制爆危险化学品名录：未列入。重点监管的危险化学品名录：未列入。GB 18218—2009《危险化学品重大危险源辨识》（表 1）：未列入

使用有毒物品作业场所劳动保护条例 高毒物品目录：列入

易制毒化学品管理条例 易制毒化学品的分类和品种目录：未列入

国际公约 斯德哥尔摩公约：未列入。鹿特丹公约：未列入。蒙特利尔议定书：未列入

第十六部分 其他信息

编写和修订信息 缩略语和首字母缩写

培训建议 参考文献

免责声明

特乐酚

第一部分 化学品标识

化学品中文名 特乐酚；二硝特丁酚；异地乐酚；2-叔丁基-4,6-二硝酚

化学品英文名 dinoterb；2-*tert*-butyl-4,6-dinitrophenol

分子式 C₁₀H₁₂N₂O₅ **分子量** 240.2127

结构式

化学品的推荐及限制用途 农用除草剂

第二部分 危险性概述

紧急情况概述 吞咽致命，皮肤接触会中毒

GHS 危险性类别 急性毒性-经口，类别 2；急性毒性-经皮，类别 3；生殖毒性，类别 1B；危害水生环境-急性危害，类别 1；危害水生环境-长期危害，类别 1

标签要素

象形图

警示词 危险

危险性说明 吞咽致命，皮肤接触会中毒，可能对生育力或胎儿造成伤害，对水生生物毒性非常大并具有长期持续影响

防范说明

预防措施 避免接触眼睛、皮肤，操作后彻底清洗。作业场所不得进食、饮水或吸烟。戴防护手套、穿防护服。得到专门指导后操作。在阅读并了解所有安全预防措施之前，切勿操作。按要求使用个体防护装备。禁止排入环境

事故响应 皮肤接触：用大量肥皂水和水清洗，立即脱去所有被污染的衣服，如感觉不适，呼叫中毒控制中心或就医。被污染的衣服经洗净后方可重新使用。食入：立即呼叫中毒控制中心或就医，漱口。如果接触或有担心，就医。收集泄漏物

安全储存 上锁保管

废弃处置 本品及内装物、容器依据国家和地方法规处置

物理和化学危险 可燃，其粉体与空气混合，能形成爆炸性混合物

健康危害 本品为高毒除草剂。吸入、摄入或经皮肤吸收后会中毒。受热分解释出氮氧化物烟雾。全身中毒可能有：恶心、呕吐、腹痛、口渴、疲乏、出汗、心动过速、高热、呼吸困难、抽搐、昏迷等以及不同程度的肝、肾损害

环境危害 对水生生物毒性非常大并具有长期持续影响

第三部分 成分/组成信息

√物质 混合物

组分	浓度	CAS No.
特乐酚		1420-07-1

第四部分 急救措施

吸入 迅速脱离现场至空气新鲜处。保持呼吸道通畅。如呼吸困难，给输氧。呼吸、心跳停止，立即进行心肺复苏术。就医

皮肤接触 立即脱去污染的衣着，用流动清水彻底冲洗。就医

眼睛接触 立即分开眼睑，用流动清水或生理盐水彻底冲洗。就医

食入 饮适量温水，催吐（仅限于清醒者）。就医

对保护施救者的忠告 根据需要使用个人防护设备

对医生的特别提示 对症处理

第五部分 消防措施

灭火剂 用雾状水、泡沫、干粉、二氧化碳、砂土灭火

特别危险性 遇明火、高热可燃。其粉体与空气可形成爆炸性混合物。当达到一定浓度时，遇火星会发生爆炸。受高热分解放出有毒的气体

灭火注意事项及防护措施 消防人员必须佩戴防毒面具、穿全身消防服，在上风向灭火。尽可能将容器从火场移至空旷处。喷水保持火场容器冷却，直至灭火结束

第六部分 泄漏应急处理

作业人员防护措施、防护装备和应急处置程序 隔离泄漏污染区，限制出入。建议应急处理人员戴防尘口罩，穿防毒服。穿上适当的防护服前严禁接触破裂的容器和泄漏物。尽可能切断泄漏源

环境保护措施 用塑料布覆盖泄漏物，减少飞散

泄漏化学品的收容、清除方法及所使用的处置材料 勿使水进入包装容器内。用洁净的铲子收集泄漏物，置于干净、干燥、盖子较松的容器中，将容器移离泄漏区

第七部分 操作处置与储存

操作注意事项 密闭操作，局部排风。防止粉尘释放到车间空气中。操作人员必须经过专门培训，严格遵守操作规程。建议操作人员佩戴自吸过滤式防尘口罩，戴化学安全防护眼镜，穿防毒物渗透工作服，戴乳胶手套。远离火种、热源，工作场所严禁吸烟。使用防爆型的通风系统和设备。避免产生粉尘。避免与氧化剂接触。配备相应品种和数量的消防器材及泄漏应急处理设备。倒空的容器可能残留有害物

储存注意事项 储存于阴凉、通风良好的库房内。远离火种、热源。防止阳光直射。包装密封。应与氧化剂、食用化学品分开存放，切忌混储。配备相应品种和数量的消防器材。储区应备有合适的材料收容泄漏物

第八部分 接触控制/个体防护

职业接触限值

中国 未制定标准

美国（ACGIH） 未制定标准

生物接触限值 未制定标准

监测方法 空气中有毒物质测定方法：未制定标准。生物监测检验方法：未制定标准

工程控制 密闭操作，局部排风

个体防护装备

呼吸系统防护 空气中粉尘浓度超标时，建议佩戴过滤式防尘呼吸器。紧急事态抢救或撤离时，应该佩戴空气呼吸器

眼睛防护 戴化学安全防护眼镜

皮肤和身体防护 穿防毒物渗透工作服

手防护 戴橡胶手套

第九部分 理化特性

外观与性状 黄色固体

pH 值 无意义	**熔点（℃）** 126～127	
沸点（℃） 无资料	**相对密度（水＝1）** 无资料	

相对蒸气密度（空气＝1） 无资料

饱和蒸气压（kPa） 无资料

临界压力（MPa） 无资料	**辛醇/水分配系数** 无资料
闪点（℃） 无意义	**自燃温度（℃）** 无资料
爆炸下限（%） 无资料	**爆炸上限（%）** 无资料
分解温度（℃） ＞220	**黏度（mPa·s）** 无资料
燃烧热（kJ/mol） 无资料	**临界温度（℃）** 无资料

溶解性 溶于部分有机溶剂

第十部分 稳定性和反应性

稳定性 稳定

危险反应 与强氧化剂等禁配物发生反应

避免接触的条件 无资料

禁配物 强氧化剂

危险的分解产物 氮氧化物

第十一部分 毒理学信息

急性毒性 LD$_{50}$：62mg/kg（大鼠经口），19.5mg/kg（小鼠经口），28.3mg/kg（兔经口）

皮肤刺激或腐蚀 无资料	**眼睛刺激或腐蚀** 无资料
呼吸或皮肤过敏 无资料	**生殖细胞突变性** 无资料
致癌性 无资料	**生殖毒性** 无资料

特异性靶器官系统毒性-一次接触 无资料

特异性靶器官系统毒性-反复接触 无资料

吸入危害 无资料

第十二部分 生态学信息

生态毒性 EC$_{50}$：0.0722mg/L（24h）（*Crassostrea gigas*）

持久性和降解性

生物降解性 无资料

非生物降解性 无资料

潜在的生物累积性 无资料

土壤中的迁移性 无资料

第十三部分 废弃处置

废弃化学品 建议用控制焚烧法或安全掩埋法处置。破损

容器禁止重新使用，要在规定场所掩埋

污染包装物 将容器返还生产商或按照国家和地方法规处置

废弃注意事项 处置前应参阅国家和地方有关法规

第十四部分 运输信息

联合国危险货物编号（UN 号） 2588

联合国运输名称 固态农药，毒性，未另作规定的（特乐酚）

联合国危险性类别 6.1

包装类别 Ⅱ　　　　　　　**包装标志**

海洋污染物 是

运输注意事项 运输前应先检查包装容器是否完整、密封，运输过程中要确保容器不泄漏、不倒塌、不坠落、不损坏。严禁与酸类、氧化剂、食品及食品添加剂混运。运输时运输车辆应配备相应品种和数量的消防器材及泄漏应急处理设备。运输途中应防暴晒、雨淋，防高温。公路运输时要按规定路线行驶，勿在居民区和人口稠密区停留

第十五部分 法规信息

下列法律、法规、规章和标准，对该化学品的管理作了相应的规定。

中华人民共和国职业病防治法 职业病分类和目录：未列入

危险化学品安全管理条例 危险化学品目录：列入。易制爆危险化学品名录：未列入。重点监管的危险化学品名录：未列入。GB 18218—2009《危险化学品重大危险源辨识》（表 1）：未列入

使用有毒物品作业场所劳动保护条例 高毒物品目录：未列入

易制毒化学品管理条例 易制毒化学品的分类和品种目录：未列入

国际公约 斯德哥尔摩公约：未列入。鹿特丹公约：未列入。蒙特利尔议定书：未列入

第十六部分 其他信息

编写和修订信息 缩略语和首字母缩写
培训建议 参考文献
免责声明

特普

第一部分 化学品标识

化学品中文名 特普；焦磷酸四乙酯；四乙基焦磷酸酯

化学品英文名 teraethyl pyrophosphate；TEPP

分子式 $C_8H_{20}O_7P_2$　**分子量** 290.2

结构式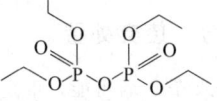

化学品的推荐及限制用途 农用杀蚜剂、杀螨剂

第二部分 危险性概述

紧急情况概述 吞咽致命，皮肤接触会致命

GHS 危险性类别 急性毒性-经口，类别 2；急性毒性-经皮，类别 1；危害水生环境-急性危害，类别 1

标签要素

象形图

警示词 危险

危险性说明 吞咽致命，皮肤接触会致命，对水生生物毒性非常大

防范说明

预防措施 避免接触眼睛、皮肤或衣服，操作后彻底清洗。作业场所不得进食、饮水或吸烟。戴防护手套、穿防护服。禁止排入环境

事故响应 皮肤接触：用大量肥皂水和水轻轻地清洗，立即脱去所有被污染的衣服，立即呼叫中毒控制中心或就医。被污染的衣服经洗净后方可重新使用。食入：立即呼叫中毒控制中心或就医，漱口。收集泄漏物

安全储存 上锁保管

废弃处置 本品及内装物、容器依据国家和地方法规处置

物理和化学危险 可燃

健康危害 抑制胆碱酯酶活性。轻者头痛、头晕、流涎、呕吐和胸闷；中度中毒肌束震颤、瞳孔缩小、呼吸困难、腹痛等；重者出现肺水肿、呼吸抑制和脑水肿等。人经口最低致死量 1.429mg/kg

环境危害 对水生生物毒性非常大

第三部分 成分/组成信息

√物质　　　　　　　混合物

组分	浓度	CAS No.
特普		107-49-3

第四部分 急救措施

吸入 迅速脱离现场至空气新鲜处。保持呼吸道通畅。如呼吸困难，给输氧。呼吸、心跳停止，立即进行心肺复苏术。就医

皮肤接触 立即脱去污染的衣着，用肥皂水及流动清水彻底冲洗污染的皮肤、头发、指甲等。就医

眼睛接触 分开眼睑，用流动清水或生理盐水冲洗。就医

食入 饮足量温水，催吐（仅限于清醒者）。口服活性炭。就医

对保护施救者的忠告 根据需要使用个人防护设备

对医生的特别提示 解毒剂：阿托品、胆碱酯酶复能剂

第五部分 消防措施

灭火剂 用水、雾状水、抗溶性泡沫、干粉、二氧化碳、砂土灭火

特别危险性　遇明火、高热可燃。与氧化剂可发生反应。受高热分解放出有毒的气体。若遇高热，容器内压增大，有开裂和爆炸的危险

灭火注意事项及防护措施　消防人员必须佩戴空气呼吸器、穿全身防火防毒服，在上风向灭火。尽可能将容器从火场移至空旷处。喷水保持火场容器冷却，直至灭火结束。处在火场中的容器若已变色或从安全泄压装置中发出声音，必须马上撤离

第六部分　泄漏应急处理

作业人员防护措施、防护装备和应急处置程序　根据液体流动和蒸气扩散的影响区域划定警戒区，无关人员从侧风、上风向撤离至安全区。建议应急处理人员戴正压自给式呼吸器，穿防毒服。穿上适当的防护服前严禁接触破裂的容器和泄漏物。尽可能切断泄漏源

环境保护措施　防止泄漏物进入水体、下水道、地下室或有限空间

泄漏化学品的收容、清除方法及所使用的处置材料　小量泄漏：用干燥的砂土或其他不燃材料吸收或覆盖，收集于容器中。大量泄漏：构筑围堤或挖坑收容。用粉煤灰或石灰粉吸收大量液体。用泵转移至槽车或专用收集器内

第七部分　操作处置与储存

操作注意事项　密闭操作，提供充分的局部排风。防止蒸气泄漏到工作场所空气中。操作人员必须经过专门培训，严格遵守操作规程。建议操作人员佩戴自吸过滤式防毒面具（全面罩），穿胶布防毒衣，戴橡胶手套。远离火种、热源，工作场所严禁吸烟。使用防爆型的通风系统和设备。在清除液体和蒸气前不能进行焊接、切割等作业。避免产生烟雾。避免与碱类接触。配备相应品种和数量的消防器材及泄漏应急处理设备。倒空的容器可能残留有害物

储存注意事项　储存于阴凉、通风良好的专用库房内，实行"双人收发、双人保管"制度。远离火种、热源。防止阳光直射。包装必须密封，切勿受潮。应与碱类、食用化学品等分开存放，切忌混储。配备相应品种和数量的消防器材。储区应备有泄漏应急处理设备和合适的收容材料

第八部分　接触控制/个体防护

职业接触限值

中国　未制定标准

美国（ACGIH）　TLV-TWA：0.01mg/m³（可吸入性颗粒物和蒸气）［皮］

生物接触限值　全血胆碱酯酶活性（校正值）：原基础值或参考值的 70%（采样时间：开始接触后的 3 个月内），原基础值或参考值的 50%（采样时间：持续接触 3 个月后，任意时间）

监测方法　空气中有毒物质测定方法：未制定标准。生物监测检验方法：血中胆碱酯酶活性的分光光度测定方法——羟胺三氯化铁法；血中胆碱酯酶活性的分光光度测定方法——硫代乙酰胆碱-联硫代双硝基苯甲酸法

工程控制　严加密闭，提供充分的局部排风

个体防护装备

呼吸系统防护　空气中浓度超标时，必须佩戴空气呼吸器

眼睛防护　呼吸系统防护中已作防护

皮肤和身体防护　穿密闭型防毒服

手防护　戴橡胶手套

第九部分　理化特性

外观与性状　无色无味吸湿性液体

pH 值　无资料		**熔点（℃）**　无资料	

沸点（℃）　124（0.133kPa）　　**相对密度（水＝1）**　1.185

相对蒸气密度（空气＝1）　无资料

饱和蒸气压（kPa）　0.206×10⁻⁴（20℃）

临界压力（MPa）　无资料　　**辛醇/水分配系数**　无资料

闪点（℃）　无资料　　**自燃温度（℃）**　无资料

爆炸下限（%）　无资料　　**爆炸上限（%）**　无资料

分解温度（℃）　170　　**黏度（mPa·s）**　无资料

燃烧热（kJ/mol）　无资料　　**临界温度（℃）**　无资料

溶解性　与水混溶，可混溶于多数有机溶剂

第十部分　稳定性和反应性

稳定性　稳定

危险反应　与强氧化剂、强碱、水及水蒸气等禁配物发生反应

避免接触的条件　潮湿空气

禁配物　强碱、水及水蒸气

危险的分解产物　氧化磷、磷化氢

第十一部分　毒理学信息

急性毒性　属剧毒类焦磷酸酯类杀虫剂。LD₅₀：0.5mg/kg（大鼠经口），2.4mg/kg（大鼠经皮），3mg/kg（小鼠经口）。LC₅₀：6.75mg/m³（大鼠吸入，4h）

皮肤刺激或腐蚀　无资料　　**眼睛刺激或腐蚀**　无资料

呼吸或皮肤过敏　无资料　　**生殖细胞突变性**　无资料

致癌性　无资料　　**生殖毒性**　无资料

特异性靶器官系统毒性-一次接触　无资料

特异性靶器官系统毒性-反复接触　无资料

吸入危害　无资料

第十二部分　生态学信息

生态毒性　LC₅₀：0.7mg/L（96h）（虹鳟）。LC₅₀：0.24mg/L（96h）（黑头呆鱼）

持久性和降解性

生物降解性　无资料

非生物降解性　无资料

潜在的生物累积性　根据 K_{ow} 值预测，该物质的生物累积性可能较弱

土壤中的迁移性　根据 K_{oc} 值预测，该物质可能易发生迁移

第十三部分　废弃处置

废弃化学品　建议用焚烧法处置。若可能，重复使用容器

或在规定场所掩埋

污染包装物　将容器返还生产商或按照国家和地方法规处置

废弃注意事项　处置前应参阅国家和地方有关法规

第十四部分　运输信息

联合国危险货物编号（UN号）　3018

联合国运输名称　液态有机磷农药，毒性（特普）

联合国危险性类别　6.1

包装类别　Ⅰ　　　**包装标志**　

海洋污染物　是

运输注意事项　运输前应先检查包装容器是否完整、密封，运输过程中要确保容器不泄漏、不倒塌、不坠落、不损坏。严禁与酸类、氧化剂、食品及食品添加剂混运。运输时运输车辆应配备相应品种和数量的消防器材及泄漏应急处理设备。运输途中应防暴晒、雨淋，防高温。公路运输时要按规定路线行驶，勿在居民区和人口稠密区停留

第十五部分　法规信息

下列法律、法规、规章和标准，对该化学品的管理作了相应的规定。

中华人民共和国职业病防治法　职业病分类和目录：有机磷中毒

危险化学品安全管理条例　危险化学品目录：列入。作为剧毒化学品进行管理。易制爆危险化学品名录：未列入。重点监管的危险化学品名录：未列入。GB 18218—2009《危险化学品重大危险源辨识》（表1）：未列入

使用有毒物品作业场所劳动保护条例　高毒物品目录：未列入

易制毒化学品管理条例　易制毒化学品的分类和品种目录：未列入

国际公约　斯德哥尔摩公约：未列入。鹿特丹公约：未列入。蒙特利尔议定书：未列入

第十六部分　其他信息

编写和修订信息　　缩略语和首字母缩写

培训建议　　参考文献

免责声明

2,4,5-涕

第一部分　化学品标识

化学品中文名　2,4,5-涕；2,4,5-三氯苯氧乙酸

化学品英文名　2,4,5-T；2,4,5-trichlorophenoxy acetic acid

分子式　$C_8H_5Cl_3O_3$　　**分子量**　255.483

结构式

化学品的推荐及限制用途　用作农用除草剂

第二部分　危险性概述

紧急情况概述　吞咽有害，造成皮肤刺激，造成严重眼刺激，可能引起呼吸道刺激

GHS危险性类别　急性毒性-经口，类别4；皮肤腐蚀/刺激，类别2；严重眼损伤/眼刺激，类别2；特异性靶器官毒性-一次接触，类别3（呼吸道刺激）；危害水生环境-急性危害，类别1；危害水生环境-长期危害，类别1

标签要素

象形图　

警示词　警告

危险性说明　吞咽有害，造成皮肤刺激，造成严重眼刺激，可能引起呼吸道刺激，对水生生物毒性非常大并具有长期持续影响

防范说明

预防措施　避免接触眼睛、皮肤，操作后彻底清洗。作业场所不得进食、饮水或吸烟。戴防护手套、防护眼镜、防护面罩。禁止排入环境

事故响应　皮肤接触：用大量肥皂水和水清洗。如发生皮肤刺激，就医。脱去被污染的衣服，衣服经洗净后方可重新使用。如接触眼睛：用水细心冲洗数分钟。如戴隐形眼镜并可方便地取出，取出隐形眼镜，继续冲洗。如果眼睛刺激持续：就医。食入：如果感觉不适，立即呼叫中毒控制中心或就医。漱口。收集泄漏物

安全储存　—

废弃处置　本品及内装物、容器依据国家和地方法规处置

物理和化学危险　可燃，其粉体与空气混合，能形成爆炸性混合物

健康危害　本品为中等毒杀虫剂。吸入、摄入或经皮肤吸收后会中毒。对眼睛、皮肤、黏膜和上呼吸道有刺激作用。生产性中毒极为少见，口服中毒时有发生。口服中毒可引起腹痛、呕吐、腹泻、血压降低、昏迷、共济失调、眼球震颤、惊厥、肌震颤、肌麻痹等。尚可引起代谢性酸中毒、横纹肌溶解症、肾功能衰竭等。吸入或经皮吸收，可引起胃肠炎和周围神经炎。工人长期接触，可有食欲减退现象，停止接触后即消失

环境危害　对水生生物毒性非常大并具有长期持续影响

第三部分　成分/组成信息

√　物质　　　　　　　　　　　混合物

组分	浓度	CAS No.
2,4,5-涕		93-76-5

第四部分　急救措施

吸入　迅速脱离现场至空气新鲜处。保持呼吸道通畅。如

呼吸困难,给输氧。呼吸、心跳停止,立即进行心肺复苏术。就医

皮肤接触 立即脱去污染的衣着,用流动清水彻底冲洗。就医

眼睛接触 立即分开眼睑,用流动清水或生理盐水彻底冲洗。就医

食入 漱口,饮水。就医

对保护施救者的忠告 根据需要使用个人防护设备

对医生的特别提示 对症处理

第五部分 消防措施

灭火剂 用雾状水、泡沫、干粉、二氧化碳、砂土灭火

特别危险性 遇明火、高热可燃。其粉体与空气可形成爆炸性混合物,当达到一定浓度时,遇火星会发生爆炸。受高热分解放出有毒的气体

灭火注意事项及防护措施 消防人员必须佩戴防毒面具、穿全身消防服,在上风向灭火。尽可能将容器从火场移至空旷处。喷水保持火场容器冷却,直至灭火结束

第六部分 泄漏应急处理

作业人员防护措施、防护装备和应急处置程序 隔离泄漏污染区,限制出入。建议应急处理人员戴防尘口罩,穿防毒服。穿上适当的防护服前严禁接触破裂的容器和泄漏物。尽可能切断泄漏源

环境保护措施 用塑料布覆盖泄漏物,减少飞散

泄漏化学品的收容、清除方法及所使用的处置材料 用塑料布覆盖泄漏物,减少飞散。勿使水进入包装容器内。用洁净的铲子收集泄漏物,置于干净、干燥、盖子较松的容器中,将容器移离泄漏区

第七部分 操作处置与储存

操作注意事项 密闭操作,局部排风。防止粉尘释放到车间空气中。操作人员必须经过专门培训,严格遵守操作规程。建议操作人员佩戴自吸过滤式防尘口罩,戴化学安全防护眼镜,穿防毒物渗透工作服,戴橡胶手套。远离火种、热源,工作场所严禁吸烟。使用防爆型的通风系统和设备。避免产生粉尘。避免与氧化剂、碱类接触。配备相应品种和数量的消防器材及泄漏应急处理设备。倒空的容器可能残留有害物

储存注意事项 储存于阴凉、通风的库房。远离火种、热源。防止阳光直射。包装密封。应与氧化剂、碱类、食用化学品分开存放,切忌混储。配备相应品种和数量的消防器材。储区应备有合适的材料收容泄漏物

第八部分 接触控制/个体防护

职业接触限值
  中国 未制定标准
  美国(ACGIH) 未制定标准

生物接触限值 未制定标准

监测方法 空气中有毒物质测定方法:未制定标准。生物监测检验方法:未制定标准

工程控制 密闭操作,局部排风

个体防护装备

  呼吸系统防护 空气中粉尘浓度超标时,必须佩戴过滤式防尘呼吸器。紧急事态抢救或撤离时,应该佩戴空气呼吸器

  眼睛防护 戴化学安全防护眼镜

  皮肤和身体防护 穿防毒物渗透工作服

  手防护 戴橡胶手套

第九部分 理化特性

外观与性状 无味白色结晶

pH值 无意义   **熔点(℃)** 153

沸点(℃) 无资料

相对密度(水=1) 1.803(20℃)

相对蒸气密度(空气=1) 无资料

饱和蒸气压(kPa) 无资料

临界压力(MPa) 无资料   **辛醇/水分配系数** 无资料

闪点(℃) 无意义   **自燃温度(℃)** 无资料

爆炸下限(%) 无资料   **爆炸上限(%)** 无资料

分解温度(℃) <沸点   **黏度(mPa·s)** 无资料

燃烧热(kJ/mol) 3862.9   **临界温度(℃)** 无资料

溶解性 难溶于水,易溶于多数有机溶剂

第十部分 稳定性和反应性

稳定性 稳定

危险反应 与强氧化剂、强碱等禁配物发生反应

避免接触的条件 潮湿空气

禁配物 强氧化剂、强碱

危险的分解产物 氯化氢

第十一部分 毒理学信息

急性毒性 LD_{50}:300mg/kg(大鼠经口);1535mg/kg(大鼠经皮);242mg/kg(小鼠经口)

皮肤刺激或腐蚀 无资料   **眼睛刺激或腐蚀** 无资料

呼吸或皮肤过敏 无资料

生殖细胞突变性 微生物致突变:枯草杆菌 1nmol/皿。性染色体缺失和不分离:黑腹果蝇经口 1000ppm,15d。细胞遗传学分析:仓鼠卵巢 1750mg/L

致癌性 IARC致癌性评论:人类致癌性证据有限,动物致癌性证据不足

生殖毒性 大鼠孕后 10～15d 经口给予最低中毒剂量(TDLo)27600μg/kg,致泌尿生殖系统发育畸形。大鼠孕后 10～15d 给予最低中毒剂量(TDLo)27600μg/kg,致胃肠道系统和泌尿生殖系统发育畸形。小鼠孕后 12d 经口给予最低中毒剂量(TDLo)300mg/kg,颜面部(包括鼻、舌)发育畸形。仓鼠孕后 7～11d 经口给予最低中毒剂量(TDLo)500mg/kg,致中枢神经系统、眼、耳、肌肉骨骼系统发育畸形。大鼠经口最低中毒剂量(TDLo):100mg/kg(孕 11d),引起死胎。大鼠经口最低中毒剂量(TDLo):500mg/kg(孕 6～10d),植入后死亡率增加。小鼠经口最低中毒剂量(TDLo):引起死产

特异性靶器官系统毒性-一次接触 无资料

特异性靶器官系统毒性-反复接触 小鼠每隔 3d 经口灌入

含本品钠盐的熟淀粉糊，每次剂量为 10% LD_{50}，30d 后死亡 10%，45d 后死亡 30%，实验表明有一定蓄积作用

吸入危害　无资料

第十二部分　生态学信息

生态毒性　LC_{50}：0.98mg/L（96h）（虹鳟）；LC_{50}：0.5mg/L（48h）（蓝鳃太阳鱼）

持久性和降解性

　　生物降解性　无资料

　　非生物降解性　无资料

潜在的生物累积性　根据 K_{ow} 值预测，该物质可能有一定的生物累积性

土壤中的迁移性　根据 K_{oc} 值预测，该物质可能有一定的迁移性

第十三部分　废弃处置

废弃化学品　建议用焚烧法处置。在能利用的地方重复使用容器或在规定场所掩埋

污染包装物　将容器返还生产商或按照国家和地方法规处置

废弃注意事项　处置前应参阅国家和地方有关法规

第十四部分　运输信息

联合国危险货物编号（UN 号）　3077

联合国运输名称　对环境有害的固态物质，未另作规定的（2,4,5-涕）

联合国危险性类别　9

包装类别　Ⅲ　　　　**包装标志**

海洋污染物　是

运输注意事项　运输前应先检查包装容器是否完整、密封，运输过程中要确保容器不泄漏、不倒塌、不坠落、不损坏。严禁与酸类、氧化剂、食品及食品添加剂混运。运输时运输车辆应配备相应品种和数量的消防器材及泄漏应急处理设备。运输途中应防曝晒、雨淋，防高温。公路运输时要按规定路线行驶，勿在居民区和人口稠密区停留

第十五部分　法规信息

下列法律、法规、规章和标准，对该化学品的管理作了相应的规定。

中华人民共和国职业病防治法　职业病分类和目录：未列入

危险化学品安全管理条例　危险化学品目录：列入。易制爆危险化学品名录：未列入。重点监管的危险化学品名录：未列入。GB 18218—2009《危险化学品重大危险源辨识》（表 1）：未列入

使用有毒物品作业场所劳动保护条例　高毒物品目录：未列入

易制毒化学品管理条例　易制毒化学品的分类和品种目

录：未列入

国际公约　斯德哥尔摩公约：未列入。鹿特丹公约：列入。蒙特利尔议定书：未列入

第十六部分　其他信息

编写和修订信息	缩略语和首字母缩写
培训建议	参考文献
免责声明	

2,4,5-涕丙酸

第一部分　化学品标识

化学品中文名　2,4,5-涕丙酸；2-(2,4,5-三氯苯氧基)丙酸

化学品英文名　fenoprop；2-(2,4,5-trichlorophenoxy) propanoic acid

分子式　$C_9H_7Cl_3O_3$　**分子量**　269.509

结构式

化学品的推荐及限制用途　用作农用除草剂和植物生长调节剂

第二部分　危险性概述

紧急情况概述　吞咽有害，造成皮肤刺激

GHS 危险性类别　急性毒性-经口，类别 4；皮肤腐蚀/刺激，类别 2；危害水生环境-急性危害，类别 1；危害水生环境-长期危害，类别 1

标签要素

象形图

警示词　警告

危险性说明　吞咽有害，造成皮肤刺激

防范说明

　　预防措施　避免接触眼睛、皮肤，操作后彻底清洗。作业场所不得进食、饮水或吸烟。戴防护手套。禁止排入环境

　　事故响应　皮肤接触：用大量肥皂水和水清洗。如发生皮肤刺激，就医。脱去被污染的衣服，衣服经洗净后方可重新使用。食入：如果感觉不适，立即呼叫中毒控制中心或就医。漱口。收集泄漏物

　　安全储存　—

　　废弃处置　本品及内装物、容器依据国家和地方法规处置

物理和化学危险　可燃，其粉体与空气混合，能形成爆炸性混合物

健康危害　本品为低毒除草剂。吸入、摄入或经皮肤吸收后会中毒。对眼睛、皮肤、黏膜和上呼吸道有刺激作用

环境危害 对水生生物毒性非常大并具有长期持续影响

第三部分　成分/组成信息

√ 物质　　　　　　　混合物

组分	浓度	CAS No.
2,4,5-涕丙酸		93-72-1

第四部分　急救措施

吸入　迅速脱离现场至空气新鲜处。保持呼吸道通畅。如呼吸困难，给输氧。呼吸、心跳停止，立即进行心肺复苏术。就医

皮肤接触　立即脱去污染的衣着，用流动清水彻底冲洗。就医

眼睛接触　立即分开眼睑，用流动清水或生理盐水彻底冲洗。就医

食入　漱口，饮水。就医

对保护施救者的忠告　根据需要使用个人防护设备

对医生的特别提示　对症处理

第五部分　消防措施

灭火剂　用雾状水、泡沫、干粉、二氧化碳、砂土灭火

特别危险性　遇明火、高热可燃。其粉体与空气可形成爆炸性混合物，当达到一定浓度时，遇火星会发生爆炸。受高热分解放出有毒的气体

灭火注意事项及防护措施　消防人员必须佩戴防毒面具、穿全身消防服，在上风向灭火。尽可能将容器从火场移至空旷处。喷水保持火场容器冷却，直至灭火结束

第六部分　泄漏应急处理

作业人员防护措施、防护装备和应急处置程序　隔离泄漏污染区，限制出入。建议应急处理人员戴防尘口罩，穿防毒服。穿上适当的防护服前严禁接触破裂的容器和泄漏物。尽可能切断泄漏源

环境保护措施　用塑料布覆盖泄漏物，减少飞散

泄漏化学品的收容、清除方法及所使用的处置材料　用塑料布覆盖泄漏物，减少飞散。勿使水进入包装容器内。用洁净的铲子收集泄漏物，置于干净、干燥、盖子较松的容器中，将容器移离泄漏区

第七部分　操作处置与储存

操作注意事项　密闭操作，局部排风。防止粉尘释放到车间空气中。操作人员必须经过专门培训，严格遵守操作规程。建议操作人员佩戴自吸过滤式防尘口罩，戴化学安全防护眼镜，穿防毒物渗透工作服，戴橡胶手套。远离火种、热源，工作场所严禁吸烟。使用防爆型的通风系统和设备。避免产生粉尘。避免与氧化剂、碱类接触。配备相应品种和数量的消防器材及泄漏应急处理设备。倒空的容器可能残留有害物

储存注意事项　储存于阴凉、通风的库房。远离火种、热源。防止阳光直射。包装密封。应与氧化剂、碱类分开存放，切忌混储。配备相应品种和数量的消防器

材。储区应备有合适的材料收容泄漏物

第八部分　接触控制/个体防护

职业接触限值

中国　未制定标准

美国（ACGIH）　未制定标准

生物接触限值　未制定标准

监测方法　空气中有毒物质测定方法：未制定标准。生物监测检验方法：未制定标准

工程控制　密闭操作，局部排风

个体防护装备

呼吸系统防护　空气中粉尘浓度超标时，必须佩戴过滤式防尘呼吸器。紧急事态抢救或撤离时，应该佩戴空气呼吸器

眼睛防护　戴化学安全防护眼镜

皮肤和身体防护　穿防毒物渗透工作服

手防护　戴橡胶手套

第九部分　理化特性

外观与性状　无色结晶粉末

pH 值　无意义		**熔点（℃）**　175～177
沸点（℃）　无资料		
相对密度（水＝1）　1.2085（20℃）		
相对蒸气密度（空气＝1）　9.29		
饱和蒸气压（kPa）　无资料		
临界压力（MPa）　无资料	**辛醇/水分配系数**　无资料
闪点（℃）　无意义	**自燃温度（℃）**　无资料
爆炸下限（％）　无资料	**爆炸上限（％）**　无资料
分解温度（℃）　无资料	**黏度（mPa·s）**　无资料
燃烧热（kJ/mol）　无资料	**临界温度（℃）**　无资料

溶解性　微溶于水，溶于甲醇、丙酮

第十部分　稳定性和反应性

稳定性　稳定

危险反应　与强氧化剂、强碱等禁配物发生反应

避免接触的条件　潮湿空气

禁配物　强氧化剂、强碱

危险的分解产物　氯化氢

第十一部分　毒理学信息

急性毒性　LD$_{50}$：650mg/kg（大鼠经口）；276mg/kg（小鼠经口）；＞3200mg/kg（兔经皮）

皮肤刺激或腐蚀　无资料　**眼睛刺激或腐蚀**　无资料

呼吸或皮肤过敏　无资料　**生殖细胞突变性**　无资料

致癌性　IARC致癌性评论：人类致癌性证据有限

生殖毒性　小鼠孕后12～15d经口给予最低中毒剂量（TDLo）1617mg/kg，颅面部（包括鼻、舌）发育畸形。小鼠经口最低中毒剂量（TDLo）：1617mg/kg（孕12～15d），有胚胎毒性，颅面部（包括鼻、舌）发育异常。小鼠皮下最低中毒剂量（TDLo）：1617mg/kg（孕12～15d），有胚胎毒性，引起死胎和颅面部（包括鼻、舌）发育异常

特异性靶器官系统毒性-一次接触　无资料

特异性靶器官系统毒性-反复接触　无资料

吸入危害　无资料

第十二部分　生态学信息

生态毒性　LC_{50}：0.35mg/L（96h）（食蚊鱼）

持久性和降解性
　生物降解性　无资料
　非生物降解性　无资料

潜在的生物累积性　根据K_{ow}值预测，该物质可能有一定的生物累积性

土壤中的迁移性　根据K_{oc}值预测，该物质可能有一定的迁移性

第十三部分　废弃处置

废弃化学品　建议用焚烧法处置。在能利用的地方重复使用容器或在规定场所掩埋

污染包装物　将容器返还生产商或按照国家和地方法规处置

废弃注意事项　处置前应参阅国家和地方有关法规

第十四部分　运输信息

联合国危险货物编号（UN号）　3077

联合国运输名称　对环境有害的固态物质，未另作规定的（2,4,5-涕丙酸）

联合国危险性类别　9

包装类别　Ⅲ　　　　**包装标志**

海洋污染物　是

运输注意事项　运输前应先检查包装容器是否完整、密封，运输过程中要确保容器不泄漏、不倒塌、不坠落、不损坏。严禁与酸类、氧化剂、食品及食品添加剂混运。运输时运输车辆应配备相应品种和数量的消防器材及泄漏应急处理设备。运输途中应防暴晒、雨淋，防高温。公路运输时要按规定路线行驶，勿在居民区和人口稠密区停留

第十五部分　法规信息

　下列法律、法规、规章和标准，对该化学品的管理作了相应的规定。

中华人民共和国职业病防治法　职业病分类和目录：未列入

危险化学品安全管理条例　危险化学品目录：列入。易制爆危险化学品名录：未列入。重点监管的危险化学品名录：未列入。GB 18218—2009《危险化学品重大危险源辨识》（表1）：未列入

使用有毒物品作业场所劳动保护条例　高毒物品目录：未列入

易制毒化学品管理条例　易制毒化学品的分类和品种目录：未列入

国际公约　斯德哥尔摩公约：未列入。鹿特丹公约：未列入。蒙特利尔议定书：未列入

第十六部分　其他信息

编写和修订信息　　　缩略语和首字母缩写
培训建议　　　　　　参考文献
免责声明

涕灭威

第一部分　化学品标识

化学品中文名　涕灭威；O-（甲基氨基甲酰基)-2-甲基-2-甲硫基丙醛肟；丁醛肟威；涕灭克

化学品英文名　aldicarb；2-methyl-2-(methylthio) propionaldehyde O-methylcarbamoyloxime

分子式　$C_7H_{14}N_2O_2S$　**分子量**　190.263

结构式　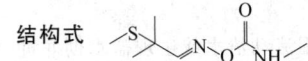

化学品的推荐及限制用途　用作农用杀虫剂

第二部分　危险性概述

紧急情况概述　吞咽致命，皮肤接触会中毒，吸入致命

GHS危险性类别　急性毒性-经口，类别2；急性毒性-经皮，类别3；急性毒性-吸入，类别2；危害水生环境-急性危害，类别1；危害水生环境-长期危害，类别1

标签要素

象形图　

警示词　危险

危险性说明　吞咽致命，皮肤接触会中毒，吸入致命，对水生生物毒性非常大并具有长期持续影响

防范说明

　预防措施　避免接触眼睛、皮肤，操作后彻底清洗。作业场所不得进食、饮水或吸烟。戴防护手套、穿防护服。避免吸入粉尘。仅在室外或通风良好处操作。戴呼吸防护器具。禁止排入环境

　事故响应　如吸入：将患者转移到空气新鲜处，休息，保持利于呼吸的体位，立即呼叫中毒控制中心或就医。皮肤接触：用大量肥皂水和水清洗，立即脱去所有被污染的衣服，如感觉不适，呼叫中毒控制中心或就医。被污染的衣服经洗净后方可重新使用。食入：立即呼叫中毒控制中心或就医，漱口。收集泄漏物

　安全储存　在通风良好处储存。保持容器密闭。上锁保管

　废弃处置　本品及内装物、容器依据国家和地方法规处置

物理和化学危险　可燃，其粉体与空气混合，能形成爆炸性混合物

健康危害　氨基甲酸酯类农药抑制胆碱酯酶，出现相应的症状。中毒症状有头痛、恶心、呕吐、腹痛、流涎、出汗、瞳孔缩小、步行困难、语言障碍，重者可发生

全身痉挛、昏迷。严重中毒时可出现肺水肿、脑水肿和呼吸衰竭

环境危害　对水生生物毒性非常大并具有长期持续影响

第三部分　成分/组成信息

√物质　　　　　　　　　混合物

组分	浓度	CAS No.
涕灭威		116-06-3

第四部分　急救措施

吸入　迅速脱离现场至空气新鲜处。保持呼吸道通畅。如呼吸困难，给输氧。呼吸、心跳停止，立即进行心肺复苏术。就医

皮肤接触　立即脱去污染的衣着，用流动清水彻底冲洗。就医

眼睛接触　立即分开眼睑，用流动清水或生理盐水彻底冲洗。就医

食入　饮适量温水，催吐（仅限于清醒者）。就医

对保护施救者的忠告　根据需要使用个人防护设备

对医生的特别提示　解毒剂：阿托品

第五部分　消防措施

灭火剂　用雾状水、泡沫、干粉、二氧化碳、砂土灭火

特别危险性　遇明火、高热可燃。其粉体与空气可形成爆炸性混合物，当达到一定浓度时，遇火星会发生爆炸。受高热分解放出有毒的气体

灭火注意事项及防护措施　消防人员必须佩戴空气呼吸器、穿全身防火防毒服，在上风向灭火。尽可能将容器从火场移至空旷处。喷水保持火场容器冷却，直至灭火结束

第六部分　泄漏应急处理

作业人员防护措施、防护装备和应急处置程序　隔离泄漏污染区，限制出入。建议应急处理人员戴防尘口罩，穿防毒服。穿上适当的防护服前严禁接触破裂的容器和泄漏物。尽可能切断泄漏源

环境保护措施　用塑料布覆盖泄漏物，减少飞散

泄漏化学品的收容、清除方法及所使用的处置材料　勿使水进入包装容器内。用洁净的铲子收集泄漏物，置于干净、干燥、盖子较松的容器中，将容器移离泄漏区

第七部分　操作处置与储存

操作注意事项　密闭操作，提供充分的局部排风。防止粉尘释放到车间空气中。操作人员必须经过专门培训，严格遵守操作规程。建议操作人员佩戴防尘面具（全面罩），穿胶布防毒衣，戴橡胶手套。远离火种、热源，工作场所严禁吸烟。使用防爆型的通风系统和设备。避免产生粉尘。避免与氧化剂、碱类接触。配备相应品种和数量的消防器材及泄漏应急处理设备。倒空的容器可能残留有害物

储存注意事项　储存于阴凉、通风良好的专用库房内，实行"双人收发、双人保管"制度。远离火种、热源。防止阳光直射。包装密封。应与氧化剂、碱类、食用

化学品分开存放，切忌混储。配备相应品种和数量的消防器材。储区应备有合适的材料收容泄漏物

第八部分　接触控制/个体防护

职业接触限值

中国　未制定标准

美国（ACGIH）　未制定标准

生物接触限值　未制定标准

监测方法　空气中有毒物质测定方法：未制定标准。生物监测检验方法：未制定标准

工程控制　严加密闭，提供充分的局部排风

个体防护装备

呼吸系统防护　可能接触其粉尘时，必须佩戴空气呼吸器

眼睛防护　呼吸系统防护中已作防护

皮肤和身体防护　穿密闭型防毒服

手防护　戴橡胶手套

第九部分　理化特性

外观与性状　有硫黄味的白色结晶

pH 值　无意义		**熔点(℃)**　98～101	

沸点(℃)　无资料

相对密度(水＝1)　1.195（25℃）

相对蒸气密度(空气＝1)　无资料

饱和蒸气压(kPa)　0.133×10^{-4}（25℃）

临界压力(MPa)　无资料　　**辛醇/水分配系数**　1.13

闪点(℃)　无意义　　　　**自燃温度(℃)**　无资料

爆炸下限(%)　无资料　　**爆炸上限(%)**　无资料

分解温度(℃)　大约100　　**黏度(mPa·s)**　无资料

燃烧热(kJ/mol)　无资料　　**临界温度(℃)**　无资料

溶解性　微溶于水，溶于丙酮、苯、四氯化碳

第十部分　稳定性和反应性

稳定性　稳定

危险反应　与强氧化剂、强碱等禁配物发生反应

避免接触的条件　无资料

禁配物　强氧化剂、强碱

危险的分解产物　氮氧化物、氧化硫

第十一部分　毒理学信息

急性毒性　LD_{50}：0.46mg/kg（大鼠经口），2.5mg/kg（大鼠经皮），5mg/kg（兔经皮）。LC_{50}：200mg/m³（大鼠吸入，5h）

皮肤刺激或腐蚀　无资料　　**眼睛刺激或腐蚀**　无资料

呼吸或皮肤过敏　无资料

生殖细胞突变性　DNA修复：鼠伤寒沙门氏菌1mg/盘。细胞遗传学分析：人淋巴细胞35mg/L。姐妹染色单体互换：人淋巴细胞10mg/L。哺乳动物体细胞突变：小鼠淋巴细胞839mg/L

致癌性　IARC致癌性评论：组3，现有的证据不能对人类致癌性进行分类

生殖毒性　无资料

特异性靶器官系统毒性-一次接触　无资料

特异性靶器官系统毒性-反复接触　无资料

吸入危害　无资料

第十二部分　生态学信息

生态毒性　LC_{50}：0.052mg/L（96h）（蓝鳃太阳鱼）。
EC_{50}：0.411mg/L（48h）（大型溞）

持久性和降解性

　生物降解性　无资料

　非生物降解性　无资料

潜在的生物累积性　无资料

土壤中的迁移性　无资料

第十三部分　废弃处置

废弃化学品　建议用控制焚烧法或安全掩埋法处置

污染包装物　将容器返还生产商或按照国家和地方法规处置

废弃注意事项　破损容器禁止重新使用，要在规定场所掩埋

第十四部分　运输信息

联合国危险货物编号（UN号）　2588

联合国运输名称　固态农药，毒性，未另作规定的（涕灭威）

联合国危险性类别　6.1

包装类别　Ⅱ　　**包装标志**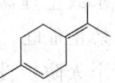

海洋污染物　是

运输注意事项　运输前应先检查包装容器是否完整、密封，运输过程中要确保容器不泄漏、不倒塌、不坠落、不损坏。严禁与酸类、氧化剂、食品及食品添加剂混运。运输时运输车辆应配备相应品种和数量的消防器材及泄漏应急处理设备。运输途中应防暴晒、雨淋，防高温。公路运输时要按规定路线行驶，勿在居民区和人口稠密区停留

第十五部分　法规信息

　下列法律、法规、规章和标准，对该化学品的管理作了相应的规定。

中华人民共和国职业病防治法　职业病分类和目录：未列入

危险化学品安全管理条例　危险化学品目录：列入。作为剧毒化学品进行管理。易制爆危险化学品名录：未列入。重点监管的危险化学品名录：未列入。GB 18218—2009《危险化学品重大危险源辨识》（表1）：未列入

使用有毒物品作业场所劳动保护条例　高毒物品目录：未列入

易制毒化学品管理条例　易制毒化学品的分类和品种目录：未列入

国际公约　斯德哥尔摩公约：未列入。鹿特丹公约：列入。蒙特利尔议定书：未列入

第十六部分　其他信息

编写和修订信息　**缩略语和首字母缩写**

培训建议　　　　　**参考文献**

免责声明

萜品油烯

第一部分　化学品标识

化学品中文名　萜品油烯；异松油烯；Δ^1-2,4-8 萜二烯

化学品英文名　terpinolene；1,4（8）-*p*-Menthadiene

分子式　$C_{10}H_{16}$　**分子量**　136.2340

结构式

化学品的推荐及限制用途　用作香料的原料

第二部分　危险性概述

紧急情况概述　易燃液体和蒸气，吞咽及进入呼吸道可能致命

GHS危险性类别　易燃液体，类别3；吸入危害，类别1；危害水生环境-急性危害，类别1；危害水生环境-长期危害，类别1

标签要素

象形图

警示词　危险

危险性说明　易燃液体和蒸气，吞咽及进入呼吸道可能致命，对水生生物毒性非常大并具有长期持续影响

防范说明

　预防措施　远离热源、火花、明火、热表面。禁止吸烟。保持容器密闭。容器和接收设备接地连接。使用防爆电器、通风、照明设备。只能使用不产生火花的工具。采取防止静电措施。戴防护手套、防护眼镜、防护面罩。禁止排入环境

　事故响应　火灾时，使用雾状水、泡沫、干粉、二氧化碳、砂土灭火。如皮肤（或头发）接触：立即脱掉所有被污染的衣服，用水冲洗皮肤，淋浴。如果食入：立即呼叫中毒控制中心或就医，不要催吐。收集泄漏物

　安全储存　存放在通风良好的地方。保持低温。上锁保管

　废弃处置　本品及内装物、容器依据国家和地方法规处置

物理和化学危险　易燃，其蒸气与空气混合，能形成爆炸性混合物

健康危害　摄入有中等毒性。液态本品吸入呼吸道可引起吸入性肺炎

环境危害　对水生生物毒性非常大并具有长期持续影响

第三部分　成分/组成信息

√ 物质　　　　　　　　　　　　　混合物

组分	浓度	CAS No.
萜品油烯		586-62-9

第四部分　急救措施

吸入　迅速脱离现场至空气新鲜处。保持呼吸道通畅。如呼吸困难，给输氧。呼吸、心跳停止，立即进行心肺复苏术。就医

皮肤接触　立即脱去污染的衣着，用流动清水彻底冲洗。就医

眼睛接触　立即分开眼睑，用流动清水或生理盐水彻底冲洗。就医。食入：漱口，饮水。禁止催吐。就医

对保护施救者的忠告　根据需要使用个人防护设备

对医生的特别提示　对症处理

第五部分　消防措施

灭火剂　用雾状水、泡沫、干粉、二氧化碳、砂土灭火

特别危险性　其蒸气与空气可形成爆炸性混合物，遇明火、高热能引起燃烧爆炸。与氧化剂可发生反应。流速过快，容易产生和积聚静电。容易自爆，聚合反应随着温度的上升而急骤加剧。若遇高热，容器内压增大，有开裂和爆炸的危险

灭火注意事项及防护措施　消防人员必须佩戴防毒面具、穿全身消防服，在上风向灭火。尽可能将容器从火场移至空旷处。喷水保持火场容器冷却，直至灭火结束。处在火场中的容器若已变色或从安全泄压装置中发出声音，必须马上撤离

第六部分　泄漏应急处理

作业人员防护措施、防护装备和应急处置程序　消除所有点火源。根据液体流动和蒸气扩散的影响区域划定警戒区，无关人员从侧风、上风向撤离至安全区。建议应急处理人员戴正压自给式呼吸器，穿防静电服。作业时使用的所有设备应接地。禁止接触或跨越泄漏物。尽可能切断泄漏源

环境保护措施　防止泄漏物进入水体、下水道、地下室或有限空间

泄漏化学品的收容、清除方法及所使用的处置材料　小量泄漏：用砂土或其他不燃材料吸收。使用洁净的无火花工具收集吸收材料。大量泄漏：构筑围堤或挖坑收容。用泡沫覆盖，减少蒸发。喷水雾能减少蒸发，但不能降低泄漏物在有限空间内的易燃性。用防爆泵转移至槽车或专用收集器内

第七部分　操作处置与储存

操作注意事项　密闭操作，全面通风。操作人员必须经过专门培训，严格遵守操作规程。建议操作人员佩戴过滤式防毒面具（半面罩），戴化学安全防护眼镜，穿防静电工作服，戴橡胶耐油手套。远离火种、热源，工作场所严禁吸烟。使用防爆型的通风系统和设备。防止蒸气泄漏到工作场所空气中。避免与氧化剂接

触。充装要控制流速，防止静电积聚。搬运时要轻装轻卸，防止包装及容器损坏。配备相应品种和数量的消防器材及泄漏应急处理设备。倒空的容器可能残留有害物

储存注意事项　储存于阴凉、通风的库房。远离火种、热源。库温不宜超过37℃，应与氧化剂、食用化学品分开存放，切忌混储。采用防爆型照明、通风设施。禁止使用易产生火花的机械设备和工具。储区应备有泄漏应急处理设备和合适的收容材料

第八部分　接触控制/个体防护

职业接触限值

　中国　未制定标准

　美国（ACGIH）　未制定标准

生物接触限值　未制定标准

监测方法　空气中有毒物质测定方法：未制定标准。生物监测检验方法：未制定标准

工程控制　生产过程密闭，全面通风

个体防护装备

　呼吸系统防护　空气中浓度较高时，应该佩戴过滤式防毒面具（半面罩）。紧急事态抢救或逃生时，建议佩戴空气呼吸器

　眼睛防护　戴化学安全防护眼镜

　皮肤和身体防护　穿防静电工作服

　手防护　戴橡胶耐油手套

第九部分　理化特性

外观与性状　无色或淡琥珀色液体，有柠檬气味

pH 值　无资料	**熔点（℃）**　无资料
沸点（℃）　185	**相对密度（水＝1）**　0.86
相对蒸气密度（空气＝1）　4.7	
饱和蒸气压（kPa）　无资料	
临界压力（MPa）　无资料	**辛醇/水分配系数**　4.23
闪点（℃）　37.2	**自燃温度（℃）**　无资料
爆炸下限（%）　无资料	**爆炸上限（%）**　无资料
分解温度（℃）　无资料	**黏度（mPa·s）**　无资料
燃烧热（kJ/mol）　无资料	**临界温度（℃）**　无资料

溶解性　不溶于水，可混溶于醇、醚

第十部分　稳定性和反应性

稳定性　稳定

危险反应　与强氧化剂等禁配物接触，有发生火灾和爆炸的危险。容易发生自聚反应

避免接触的条件　无资料

禁配物　强氧化剂

危险的分解产物　无资料

第十一部分　毒理学信息

急性毒性　LD_{50}：4390mg/kg（大鼠经口）

皮肤刺激或腐蚀　无资料	**眼睛刺激或腐蚀**　无资料
呼吸或皮肤过敏　无资料	**生殖细胞突变性**　无资料
致癌性　无资料	**生殖毒性**　无资料

特异性靶器官系统毒性-一次接触　无资料

特异性靶器官系统毒性-反复接触　无资料

吸入危害　无资料

第十二部分　生态学信息

生态毒性　LC_{50}：0.805mg/L（96h）（斑马鱼，OECD 203，半静态）。EC_{50}：0.634mg/L（48h）（大型溞，OECD 202，半静态）。ErC_{50}：0.692mg/L（72h）（羊角月牙藻，OECD 201，静态）

持久性和降解性

　　生物降解性　OECD 301D，易快速生物降解

　　非生物降解性　无资料

潜在的生物累积性　根据 K_{ow} 值预测，该物质可能有较高的生物累积性

土壤中的迁移性　根据 K_{oc} 值预测，该物质的迁移性可能较弱

第十三部分　废弃处置

废弃化学品　建议用焚烧法处置

污染包装物　将容器返还生产商或按照国家和地方法规处置

废弃注意事项　处置前应参阅国家和地方有关法规

第十四部分　运输信息

联合国危险货物编号（UN 号）　2541

联合国运输名称　萜品油烯

联合国危险性类别　3

包装类别　Ⅲ　　　　　**包装标志**　

海洋污染物　是

运输注意事项　运输时运输车辆应配备相应品种和数量的消防器材及泄漏应急处理设备。夏季最好早晚运输。运输时所用的槽（罐）车应有接地链，槽内可设孔隔板以减少震荡产生的静电。严禁与氧化剂、食用化学品等混装混运。运输途中应防暴晒、雨淋，防高温。中途停留时应远离火种、热源、高温区。装运该物品的车辆排气管必须配备阻火装置，禁止使用易产生火花的机械设备和工具装卸。公路运输时要按规定路线行驶，勿在居民区和人口稠密区停留。严禁用木船、水泥船散装运输

第十五部分　法规信息

　　下列法律、法规、规章和标准，对该化学品的管理作了相应的规定。

中华人民共和国职业病防治法　职业病分类和目录：未列入

危险化学品安全管理条例　危险化学品目录：列入。易制爆危险化学品名录：未列入。重点监管的危险化学品名录：未列入。GB 18218—2009《危险化学品重大危险源辨识》（表1）：未列入

使用有毒物品作业场所劳动保护条例　高毒物品目录：未列入

易制毒化学品管理条例　易制毒化学品的分类和品种目录：未列入

国际公约　斯德哥尔摩公约：未列入。鹿特丹公约：未列入。蒙特利尔议定书：未列入

第十六部分　其他信息

编写和修订信息　　　**缩略语和首字母缩写**

培训建议　　　　　　**参考文献**

免责声明

威菌磷

第一部分　化学品标识

化学品中文名　威菌磷；三唑磷胺；5-氨基-3-苯基-1-[双（N,N-二甲基氨基氧磷基）]-1,2,4-三唑

化学品英文名　triamiphos；P-5-amino-3-phenyl-1H-1,2,4-triazol-1-yl-N,N,N',N'-tetramethylphosphonic diamide

分子式　$C_{12}H_{19}N_6OP$　**分子量**　294.3

结构式　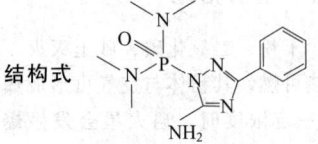

化学品的推荐及限制用途　用作农用杀菌剂、杀虫剂

第二部分　危险性概述

紧急情况概述　吞咽致命，皮肤接触会致命

GHS 危险性类别　急性毒性-经口，类别 2；急性毒性-经皮，类别 1

标签要素

象形图　

警示词　危险

危险性说明　吞咽致命，皮肤接触会致命

防范说明

　　预防措施　避免接触眼睛、皮肤或衣服，操作后彻底清洗。作业场所不得进食、饮水或吸烟。戴防护手套、穿防护服

　　事故响应　食入：立即呼叫中毒控制中心或就医，漱口。皮肤接触：用大量肥皂水和水轻轻地清洗，立即脱去所有被污染的衣服，立即呼叫中毒控制中心或就医。被污染的衣服经洗净后方可重新使用

　　安全储存　上锁保管

　　废弃处置　本品及内装物、容器依据国家和地方法规处置

物理和化学危险　可燃，其粉体与空气混合，能形成爆炸性混合物

健康危害　抑制胆碱酯酶活性。轻者头痛、头晕、流涎、呕吐和胸闷；中度中毒肌束震颤、瞳孔缩小、呼吸困难、腹痛等；重者出现肺水肿、呼吸抑制和脑水肿等

环境危害　对环境可能有害

第三部分　成分/组成信息

√ 物质　　　　　　　　　　　　混合物

组分　　　　**浓度**　　　**CAS No.**

威菌磷　　　　　　　　　　1031-47-6

第四部分　急救措施

吸入　迅速脱离现场至空气新鲜处。保持呼吸道通畅。如
呼吸困难，给输氧。呼吸、心跳停止，立即进行心肺
复苏术。就医

皮肤接触　立即脱去污染的衣着，用肥皂水及流动清水彻
底冲洗污染的皮肤、头发、指甲等。就医

眼睛接触　分开眼睑，用流动清水或生理盐水冲洗。就医

食入　饮足量温水，催吐（仅限于清醒者）。口服活性炭。
就医

对保护施救者的忠告　根据需要使用个人防护设备

对医生的特别提示　解毒剂：阿托品、胆碱酯酶复能剂

第五部分　消防措施

灭火剂　用雾状水、泡沫、干粉、二氧化碳、砂土灭火

特别危险性　遇明火、高热可燃。其粉体与空气可形成爆
炸性混合物，当达到一定浓度时，遇火星会发生爆
炸。受高热分解放出有毒的气体

灭火注意事项及防护措施　消防人员必须佩戴防毒面具、
穿全身消防服，在上风向灭火。尽可能将容器从火场
移至空旷处。喷水保持火场容器冷却，直至灭火结束

第六部分　泄漏应急处理

作业人员防护措施、防护装备和应急处置程序　隔离泄漏
污染区，限制出入。建议应急处理人员戴防尘口罩，
穿防毒服。穿上适当的防护服前严禁接触破裂的容器
和泄漏物。尽可能切断泄漏源

环境保护措施　用塑料布覆盖泄漏物，减少飞散

泄漏化学品的收容、清除方法及所使用的处置材料　勿
使水进入包装容器内。用洁净的铲子收集泄漏物，
置于干净、干燥、盖子较松的容器中，将容器移
离泄漏区

第七部分　操作处置与储存

操作注意事项　密闭操作，提供充分的局部排风。防止粉
尘释放到车间空气中。操作人员必须经过专门培训，
严格遵守操作规程。建议操作人员佩戴防尘面具（全
面罩），穿胶布防毒衣，戴橡胶手套。远离火种、热
源，工作场所严禁吸烟。使用防爆型的通风系统和设
备。避免产生粉尘。避免与氧化剂接触。配备相应品
种和数量的消防器材及泄漏应急处理设备。倒空的容
器可能残留有害物

储存注意事项　储存于阴凉、通风良好的专用库房内，实
行"双人收发、双人保管"制度。远离火种、热源。
防止阳光直射。包装密封。应与氧化剂、食用化学品
分开存放，切忌混储。配备相应品种和数量的消防器
材。储区应备有合适的材料收容泄漏物

第八部分　接触控制/个体防护

职业接触限值

中国　未制定标准

美国（ACGIH）　未制定标准

生物接触限值　全血胆碱酯酶活性（校正值）：原基础值
或参考值的 70%（采样时间：开始接触后的 3 个月
内），原基础值或参考值的 50%（采样时间：持续接
触 3 个月后，任意时间）

监测方法　空气中有毒物质测定方法：未制定标准。生物
监测检验方法：血中胆碱酯酶活性的分光光度测定方
法——羟胺三氯化铁法；血中胆碱酯酶活性的分光光
度测定方法——硫代乙酰胆碱-联硫代双硝基苯甲
酸法

工程控制　严加密闭，提供充分的局部排风

个体防护装备

呼吸系统防护　可能接触其粉尘时，必须佩戴防尘面
具（全面罩）。紧急事态抢救或撤离时，应该佩
戴空气呼吸器

眼睛防护　呼吸系统防护中已作防护

皮肤和身体防护　穿密闭型防毒服

手防护　戴橡胶手套

第九部分　理化特性

外观与性状　白色固体，无味

pH 值　无意义　　　　　　　**熔点（℃）**　167～168

沸点（℃）　无资料　　　　　**相对密度（水＝1）**　无资料

相对蒸气密度（空气＝1）　无资料

饱和蒸气压（kPa）　无资料

临界压力（MPa）　无资料　　**辛醇/水分配系数**　无资料

闪点（℃）　无意义　　　　　**自燃温度（℃）**　无资料

爆炸下限（%）　无资料　　　**爆炸上限（%）**　无资料

分解温度（℃）　蒸馏时分解　**黏度（mPa·s）**　无资料

燃烧热（kJ/mol）　无资料　　**临界温度（℃）**　无资料

溶解性　微溶于水，溶于多数有机溶剂

第十部分　稳定性和反应性

稳定性　稳定

危险反应　与强氧化剂等禁配物发生反应

避免接触的条件　无资料

禁配物　强氧化剂

危险的分解产物　氮氧化物、氧化磷

第十一部分　毒理学信息

急性毒性　LD_{50}：20mg/kg（大鼠经口），48mg/kg（大鼠经
皮），10mg/kg（小鼠经口），1500mg/kg（兔经皮）

皮肤刺激或腐蚀　无资料　　**眼睛刺激或腐蚀**　无资料

呼吸或皮肤过敏　无资料　　**生殖细胞突变性**　无资料

致癌性　无资料

生殖毒性　大鼠经口最低中毒剂量（TDLo）：1315µg/kg
（多代），肝胆、内分泌和泌尿生殖系统发育异常。大
鼠经口最低中毒剂量（TDLo）：6575µg/kg（多代），
血液和淋巴系统（包括脾脏和骨髓）发育异常

特异性靶器官系统毒性-一次接触 无资料

特异性靶器官系统毒性-反复接触 无资料

吸入危害 无资料

第十二部分 生态学信息

生态毒性 无资料

持久性和降解性

 生物降解性 无资料

 非生物降解性 无资料

潜在的生物累积性 无资料

土壤中的迁移性 无资料

第十三部分 废弃处置

废弃化学品 建议用控制焚烧法或安全掩埋法处置

污染包装物 将容器返还生产商或按照国家和地方法规处置

废弃注意事项 处置前应参阅国家和地方有关法规

第十四部分 运输信息

联合国危险货物编号（UN 号） 2783

联合国运输名称 固态有机磷农药，毒性（威菌磷）

联合国危险性类别 6.1

包装类别 Ⅰ   **包装标志**

海洋污染物 是

运输注意事项 运输前应先检查包装容器是否完整、密封，运输过程中要确保容器不泄漏、不倒塌、不坠落、不损坏。严禁与酸类、氧化剂、食品及食品添加剂混运。运输时运输车辆应配备相应品种和数量的消防器材及泄漏应急处理设备。运输途中应防暴晒、雨淋，防高温。公路运输时要按规定路线行驶，勿在居民区和人口稠密区停留

第十五部分 法规信息

下列法律、法规、规章和标准，对该化学品的管理作了相应的规定。

中华人民共和国职业病防治法 职业病分类和目录：有机磷中毒

危险化学品安全管理条例 危险化学品目录：列入。作为剧毒化学品进行管理。易制爆危险化学品名录：未列入。重点监管的危险化学品名录：未列入。GB 18218—2009《危险化学品重大危险源辨识》（表 1）：未列入

使用有毒物品作业场所劳动保护条例 高毒物品目录：未列入

易制毒化学品管理条例 易制毒化学品的分类和品种录：未列入

国际公约 斯德哥尔摩公约：未列入。鹿特丹公约：未列入。蒙特利尔议定书：未列入

第十六部分 其他信息

编写和修订信息   **缩略语和首字母缩写**

培训建议   **参考文献**

免责声明

五氟化铋

第一部分 化学品标识

化学品中文名 五氟化铋

化学品英文名 bismuth pentafluoride；bismuth（Ⅴ）fluoride

分子式 BiF_5 **分子量** 303.97242

结构式

化学品的推荐及限制用途 用作氟化剂

第二部分 危险性概述

紧急情况概述 可加剧燃烧：氧化剂，造成严重的皮肤灼伤和眼损伤

GHS 危险性类别 氧化性固体，类别 3；皮肤腐蚀/刺激，类别 1；严重眼损伤/眼刺激，类别 1

标签要素

象形图

警示词 危险

危险性说明 可加剧燃烧：氧化剂，造成严重的皮肤灼伤和眼损伤

防范说明

 预防措施 远离热源。远离衣物、可燃物保存。采取一切预防措施，避免与可燃物混合。戴防护手套、防护眼镜、防护面罩，穿防护服。避免吸入粉尘。避免接触眼睛，操作后彻底清洗

 事故响应 如吸入：将患者转移到空气新鲜处，休息，保持利于呼吸的体位，立即呼叫中毒控制中心或就医。皮肤（或头发）接触：立即脱掉所有被污染的衣服，用水冲洗皮肤，淋浴。污染的衣服洗净后方可重新使用。眼睛接触：用水细心地冲洗数分钟，立即呼叫中毒控制中心或就医。如戴隐形眼镜并可方便地取出，则取出隐形眼镜，继续冲洗。食入：漱口，不要催吐

 安全储存 上锁保管

 废弃处置 本品及内装物、容器依据国家和地方法规处置

物理和化学危险 不燃，无特殊燃爆特性

健康危害 有毒。对眼睛、黏膜和呼吸系统有强烈刺激作用。眼和皮肤接触引起灼伤。遇水剧烈反应产生剧毒的氟化氢气体

环境危害 对环境可能有害

第三部分 成分/组成信息

√ 物质   混合物

组分	浓度	CAS No.
五氟化铋		7787-62-4

第四部分　急救措施

吸入　迅速脱离现场至空气新鲜处。保持呼吸道通畅。如呼吸困难，给输氧。呼吸、心跳停止，立即进行心肺复苏术。就医

皮肤接触　立即脱去污染的衣着，用大量流动清水彻底冲洗至少 15min。就医

眼睛接触　立即分开眼睑，用流动清水或生理盐水彻底冲洗 5～10min。就医

食入　用水漱口，禁止催吐。给饮牛奶或蛋清。就医

对保护施救者的忠告　根据需要使用个人防护设备

对医生的特别提示　对症处理

第五部分　消防措施

灭火剂　本品不燃，根据着火原因选择适当灭火剂灭火

特别危险性　遇水发生剧烈反应，产生剧毒的腐蚀性的氟化氢气体。与酸反应，放出大量热和臭氧。50℃ 以上能和液体石蜡发生剧烈反应。受高热分解，放出高毒的氟化物烟气

灭火注意事项及防护措施　消防人员必须穿全身防火防毒服，在上风向灭火。灭火时尽可能将容器从火场移至空旷处。禁止用水、泡沫和酸碱灭火剂灭火

第六部分　泄漏应急处理

作业人员防护措施、防护装备和应急处置程序　隔离泄漏污染区，限制出入。建议应急处理人员戴防尘口罩，穿防毒服。穿上适当的防护服前严禁接触破裂的容器和泄漏物。尽可能切断泄漏源

环境保护措施　用塑料布覆盖泄漏物，减少飞散

泄漏化学品的收容、清除方法及所使用的处置材料　勿使水进入包装容器内。用洁净的铲子收集泄漏物，置于干净、干燥、盖子较松的容器中，将容器移离泄漏区

第七部分　操作处置与储存

操作注意事项　密闭操作，提供充分的局部排风。防止粉尘释放到车间空气中。操作人员必须经过专门培训，严格遵守操作规程。建议操作人员佩戴防尘面具（全面罩），穿胶布防毒衣，戴橡胶手套。避免产生粉尘。避免与酸类接触。尤其要注意避免与水接触。配备泄漏应急处理设备。倒空的容器可能残留有害物

储存注意事项　储存于阴凉、干燥、通风良好的库房。远离火种、热源。防止阳光直射。包装密封。应与酸类、食用化学品等分开存放，切忌混储。储区应备有合适的材料收容泄漏物

第八部分　接触控制/个体防护

职业接触限值

中国　PC-TWA：2mg/m³〔按 F 计〕

美国（ACGIH）　TLV-TWA：2.5mg/m³〔按 F 计〕

生物接触限值　尿氟：42mmol/mol 肌酐（7mg/g 肌酐）

（采样时间：工作班后）

监测方法　空气中有毒物质测定方法：离子选择电极法。

生物监测检验方法：尿中氟的离子选择电极测定方法

工程控制　严加密闭，提供充分的局部排风

个体防护装备

　呼吸系统防护　可能接触其粉尘时，必须佩戴防尘面具（全面罩）。紧急事态抢救或撤离时，应该佩戴空气呼吸器

　眼睛防护　呼吸系统防护中已作防护

　皮肤和身体防护　穿密闭型防毒服

　手防护　戴橡胶手套

第九部分　理化特性

外观与性状　无色斜方结晶，在潮湿空气中立即变成黄褐色

pH 值　无意义		**熔点（℃）**　151	
沸点（℃）　230			
相对密度（水＝1）　5.55（25℃）			
相对蒸气密度（空气＝1）　无资料			
饱和蒸气压（kPa）　无资料			
临界压力（MPa）　无意义		**辛醇/水分配系数**　无资料	
闪点（℃）　无意义		**自燃温度（℃）**　无意义	
爆炸下限（%）　无意义		**爆炸上限（%）**　无意义	
分解温度（℃）　无资料		**黏度（mPa·s）**　无资料	
燃烧热（kJ/mol）　无资料		**临界温度（℃）**　无资料	
溶解性　无资料			

第十部分　稳定性和反应性

稳定性　稳定

危险反应　遇水发生剧烈反应，产生剧毒的腐蚀性的氟化氢气体。与酸反应，放出大量热和臭氧。50℃ 以上能和液体石蜡发生剧烈反应

避免接触的条件　潮湿空气

禁配物　水、酸类

危险的分解产物　氟化氢

第十一部分　毒理学信息

急性毒性　无资料

皮肤刺激或腐蚀　无资料	**眼睛刺激或腐蚀**　无资料
呼吸或皮肤过敏　无资料	**生殖细胞突变性**　无资料
致癌性　无资料	**生殖毒性**　无资料

特异性靶器官系统毒性-一次接触　无资料

特异性靶器官系统毒性-反复接触　无资料

吸入危害　无资料

第十二部分　生态学信息

生态毒性　无资料

持久性和降解性

　生物降解性　无资料

　非生物降解性　无资料

潜在的生物累积性　无资料

土壤中的迁移性　无资料

第十三部分　废弃处置

废弃化学品　用安全掩埋法处置。在能利用的地方重复使用容器或在规定场所掩埋

污染包装物　将容器返还生产商或按照国家和地方法规处置

废弃注意事项　处置前应参阅国家和地方有关法规

第十四部分　运输信息

联合国危险货物编号（UN号）　3084

联合国运输名称　腐蚀性固体，氧化性，未另作规定的（五氟化铋）

联合国危险性类别　8，5.1

包装类别　Ⅱ

包装标志　

海洋污染物　否

运输注意事项　运输前应先检查包装容器是否完整、密封，运输过程中要确保容器不泄漏、不倒塌、不坠落、不损坏。严禁与酸类、氧化剂、食品及食品添加剂混运。运输时运输车辆应配备泄漏应急处理设备。运输途中应防暴晒、雨淋，防高温。公路运输时要按规定路线行驶，勿在居民区和人口稠密区停留

第十五部分　法规信息

　　下列法律、法规、规章和标准，对该化学品的管理作了相应的规定。

中华人民共和国职业病防治法　职业病分类和目录：氟及其无机化合物中毒

危险化学品安全管理条例　危险化学品目录：列入。易制爆危险化学品名录：未列入。重点监管的危险化学品名录：未列入。GB 18218—2009《危险化学品重大危险源辨识》（表1）：未列入

使用有毒物品作业场所劳动保护条例　高毒物品目录：列入

易制毒化学品管理条例　易制毒化学品的分类和品种目录：未列入

国际公约　斯德哥尔摩公约：未列入。鹿特丹公约：未列入。蒙特利尔议定书：未列入

第十六部分　其他信息

编写和修订信息　缩略语和首字母缩写

培训建议　参考文献

免责声明

五氟化碘

第一部分　化学品标识

化学品中文名　五氟化碘

化学品英文名　iodine pentafluoride；pentafluoroiodine

分子式　IF_5　分子量　221.89649

结构式　

化学品的推荐及限制用途　用作氟化剂和燃烧剂

第二部分　危险性概述

紧急情况概述　可引起燃烧或爆炸：强氧化剂，吞咽会中毒，皮肤接触会致命，吸入致命，造成严重的皮肤灼伤和眼损伤

GHS危险性类别　氧化性固体，类别1；急性毒性-经口，类别3；急性毒性-经皮，类别2；急性毒性-吸入，类别2；皮肤腐蚀/刺激，类别1；严重眼损伤/眼刺激，类别1

标签要素

象形图　

警示词　危险

危险性说明　可引起燃烧或爆炸：强氧化剂，吞咽会中毒，皮肤接触会致命，吸入致命，造成严重的皮肤灼伤和眼损伤

防范说明

　　预防措施　远离热源。远离衣物和其他可燃物。采取一切预防措施，避免与可燃物混合。穿防火、阻燃服。避免接触眼睛、皮肤或衣服，操作后彻底清洗。作业场所不得进食、饮水或吸烟。避免吸入粉尘、蒸气、雾。仅在室外或通风良好处操作。戴呼吸防护器具。穿防护服，戴防护手套、防护眼镜、防护面罩

　　事故响应　如果发生大火和大量物质着火：撤离现场。因有爆炸危险，应远距离灭火。如吸入：将患者转移到空气新鲜处，休息，保持利于呼吸的体位，立即呼叫中毒控制中心或就医。皮肤（或头发）接触：立即脱掉所有被污染的衣服，用水冲洗皮肤，淋浴，立即呼叫中毒控制中心或就医。污染的衣服洗净后方可重新使用。眼睛接触：用水细心地冲洗数分钟，立即呼叫中毒控制中心或就医。如戴隐形眼镜并可方便地取出，则取出隐形眼镜，继续冲洗。食入：漱口，不要催吐，立即呼叫中毒控制中心或就医

　　安全储存　在通风良好处储存。保持容器密闭。上锁保管

　　废弃处置　本品及内装物、容器依据国家和地方法规处置

物理和化学危险　助燃。遇水剧烈反应

健康危害　对皮肤、眼睛和黏膜有强烈的刺激性和腐蚀性，与水或潮湿空气剧烈反应，放出剧毒和腐蚀性烟雾，吸入会中毒。遇热分解释出高毒的氟、碘烟雾

环境危害　对环境可能有害

第三部分　成分/组成信息

√物质　　　　　　　　　　混合物

组分	浓度	CAS No.
五氟化碘		7783-66-6

第四部分　急救措施

吸入　迅速脱离现场至空气新鲜处。保持呼吸道通畅。如呼吸困难，给输氧。呼吸、心跳停止，立即进行心肺复苏术。就医

皮肤接触　立即脱去污染的衣着，用大量流动清水彻底冲洗至少 15min。就医

眼睛接触　立即分开眼睑，用流动清水或生理盐水彻底冲洗 5～10min。就医

食入　用水漱口，禁止催吐。给饮牛奶或蛋清。就医

对保护施救者的忠告　根据需要使用个人防护设备

对医生的特别提示　对症处理

第五部分　消防措施

灭火剂　本品不燃，根据着火原因选择适当灭火剂灭火

特别危险性　强氧化剂。与易燃物、有机物接触易着火燃烧。与水发生强烈反应，放出剧毒的腐蚀性烟雾。接触酸或酸气能产生有毒气体

灭火注意事项及防护措施　消防人员必须穿全身防火防毒服，在上风向灭火。灭火时尽可能将容器从火场移至空旷处。禁止用水、泡沫和酸碱灭火剂灭火

第六部分　泄漏应急处理

作业人员防护措施、防护装备和应急处置程序　根据液体流动和蒸气扩散的影响区域划定警戒区，无关人员从侧风、上风向撤离至安全区。建议应急处理人员戴正压自给式呼吸器，穿防腐、防毒服。穿上适当的防护服前严禁接触破裂的容器和泄漏物。尽可能切断泄漏源

环境保护措施　防止泄漏物进入水体、下水道、地下室或有限空间

泄漏化学品的收容、清除方法及所使用的处置材料　喷雾状水抑制蒸气或改变蒸气云流向，避免水流接触泄漏物。严禁用水处理。小量泄漏：用干燥的砂土或其他不燃材料覆盖泄漏物。大量泄漏：用碎石灰石（$CaCO_3$）、苏打灰（Na_2CO_3）或石灰（CaO）中和。在专家指导下清除

第七部分　操作处置与储存

操作注意事项　密闭操作，提供充分的局部排风。防止烟雾或粉尘泄漏到工作场所空气中。操作人员必须经过专门培训，严格遵守操作规程。建议操作人员佩戴自吸过滤式防毒面具（全面罩），穿连体式防毒衣，戴橡胶手套。远离火种、热源，工作场所严禁吸烟。在清除液体和蒸气前不能进行焊接、切割等作业。远离易燃、可燃物。避免产生蒸气或粉尘。避免与水接触。配备相应品种和数量的消防器材及泄漏应急处理设备。倒空的容器可能残留有害物

储存注意事项　储存于阴凉、干燥、通风良好的库房。库温不超过 30℃，相对湿度不超过 80%。远离火种、热源。防止阳光直射。保持容器密封。应与易（可）燃物、食用化学品等分开存放，切忌混储。储区应备有泄漏应急处理设备和合适的收容材料

第八部分　接触控制/个体防护

职业接触限值
　　中国　PC-TWA：$2mg/m^3$ ［按 F 计］
　　美国（ACGIH）　TLV-TWA：$2.5mg/m^3$ ［按 F 计］

生物接触限值　尿氟：42mmol/mol 肌酐（7mg/g 肌酐）（采样时间：工作班后）

监测方法　空气中有毒物质测定方法：离子选择电极法。生物监测检验方法：尿中氟的离子选择电极测定方法

工程控制　严加密闭，提供充分的局部排风

个体防护装备
　　呼吸系统防护　空气中浓度超标时，必须佩戴过滤式防毒面具（全面罩）。紧急事态抢救或撤离时，应该佩戴空气呼吸器
　　眼睛防护　呼吸系统防护中已作防护
　　皮肤和身体防护　穿连体式防毒衣
　　手防护　戴橡胶手套

第九部分　理化特性

外观与性状　无色液体或白色固体

pH 值　无资料	**熔点（℃）**　9.43
沸点（℃）　100.5	
相对密度（水＝1）　3.19（25℃）	
相对蒸气密度（空气＝1）　无资料	
饱和蒸气压（kPa）　2.93（22℃）	
临界压力（MPa）　无资料	**辛醇/水分配系数**　无资料
闪点（℃）　无意义	**自燃温度（℃）**　无意义
爆炸下限（%）　无意义	**爆炸上限（%）**　无意义
分解温度（℃）　无资料	**黏度（mPa·s）**　无资料
燃烧热（kJ/mol）　无资料	**临界温度（℃）**　300.7
溶解性　无资料	

第十部分　稳定性和反应性

稳定性　稳定

危险反应　与易燃物、有机物接触易着火燃烧。与水发生强烈反应，放出剧毒的腐蚀性烟雾。接触酸或酸气能产生有毒气体

避免接触的条件　潮湿空气

禁配物　水、易燃或可燃物

危险的分解产物　氟化氢、碘化氢

第十一部分　毒理学信息

急性毒性　LD_{50}：146mg/kg（大鼠经口），63mg/kg（小鼠经口），330mg/kg（兔经皮）。LC_{50}：890mg/m³（大鼠吸入），760mg/m³（小鼠吸入）

皮肤刺激或腐蚀　无资料	**眼睛刺激或腐蚀**　无资料
呼吸或皮肤过敏　无资料	**生殖细胞突变性**　无资料
致癌性　无资料	**生殖毒性**　无资料

特异性靶器官系统毒性-一次接触　无资料

特异性靶器官系统毒性-反复接触　无资料

吸入危害　无资料

第十二部分　生态学信息

生态毒性　无资料

持久性和降解性

  生物降解性 无资料

  非生物降解性 无资料

潜在的生物累积性 无资料

土壤中的迁移性 无资料

第十三部分 废弃处置

废弃化学品 用安全掩埋法处置。若可能，重复使用容器或在规定场所掩埋

污染包装物 将容器返还生产商或按照国家和地方法规处置

废弃注意事项 处置前应参阅国家和地方有关法规

第十四部分 运输信息

联合国危险货物编号（UN号） 2495

联合国运输名称 五氟化碘

联合国危险性类别 5.1，6.1（8）

包装类别 Ⅰ

包装标志

海洋污染物 否

运输注意事项 运输时单独装运，运输过程中要确保容器不泄漏、不倒塌、不坠落、不损坏。运输时运输车辆应配备相应品种和数量的消防器材。严禁与酸类、易燃物、有机物、还原剂、自燃物品、遇湿易燃物品等并车混运。运输时车速不宜过快，不得强行超车。公路运输时要按规定路线行驶。运输车辆装卸前后，均应彻底清扫、洗净，严禁混入有机物、易燃物等杂质

第十五部分 法规信息

  下列法律、法规、规章和标准，对该化学品的管理作了相应的规定。

中华人民共和国职业病防治法 职业病分类和目录：氟及其无机化合物中毒

危险化学品安全管理条例 危险化学品目录：列入。易制爆危险化学品名录：未列入。重点监管的危险化学品名录：未列入。GB 18218—2009《危险化学品重大危险源辨识》（表1）：未列入

使用有毒物品作业场所劳动保护条例 高毒物品目录：列入

易制毒化学品管理条例 易制毒化学品的分类和品种目录：未列入

国际公约 斯德哥尔摩公约：未列入。鹿特丹公约：未列入。蒙特利尔议定书：未列入

第十六部分 其他信息

编写和修订信息 缩略语和首字母缩写

培训建议   参考文献

免责声明

五氟化氯

第一部分 化学品标识

化学品中文名 五氟化氯

化学品英文名 chlorine pentafluoride

分子式 ClF_5 分子量 130.445

结构式

化学品的推荐及限制用途 用作氟化剂

第二部分 危险性概述

紧急情况概述 内装加压气体；遇热可能爆炸，可引起燃烧或加剧燃烧；氧化剂，吸入致命，造成严重的皮肤灼伤和眼损伤

GHS危险性类别 加压气体；氧化性气体，类别1；急性毒性-吸入，类别1；皮肤腐蚀/刺激，类别1；严重眼损伤/眼刺激，类别1

标签要素

象形图

警示词 危险

危险性说明 内装加压气体；遇热可能爆炸，可引起燃烧或加剧燃烧；氧化剂，吸入致命，造成严重的皮肤灼伤和眼损伤

防范说明

  预防措施 避开、储存处远离服装、可燃材料。阀门或紧固装置不得带有油脂或油剂。避免吸入气体。仅在室外或通风良好处操作。戴呼吸防护器具。避免接触眼睛、皮肤，操作后彻底清洗。穿防护服、戴防护手套、防护眼镜、防护面罩

  事故响应 火灾时：如能保证安全，设法堵塞泄漏。如吸入：将患者转移到空气新鲜处，休息，保持利于呼吸的体位，立即呼叫中毒控制中心或就医。皮肤（或头发）接触：立即脱掉所有被污染的衣服，用水冲洗皮肤，淋浴。污染的衣服洗净后方可重新使用。眼睛接触：用水细心地冲洗数分钟，立即呼叫中毒控制中心或就医。如戴隐形眼镜并可方便地取出，则取出隐形眼镜，继续冲洗

  安全储存 防日晒。存放在通风良好的地方。保持容器密闭。上锁保管

  废弃处置 本品及内装物、容器依据国家和地方法规处置

物理和化学危险 助燃。与可燃物接触易着火燃烧。遇水剧烈反应

健康危害 本品对眼睛、鼻和黏膜有强烈刺激和腐蚀作用。眼和皮肤接触引起灼伤。遇潮气或水释出刺激性腐蚀性的氟化氢烟雾

环境危害　对环境可能有害

第三部分　成分/组成信息

√物质　　　　　　　　　混合物

组分	浓度	CAS No.
五氟化氯		13637-63-3

第四部分　急救措施

吸入　迅速脱离现场至空气新鲜处。保持呼吸道通畅。如呼吸困难，给输氧。呼吸、心跳停止，立即进行心肺复苏术。就医

皮肤接触　立即脱去污染的衣着，用大量流动清水彻底冲洗至少 15min。就医

眼睛接触　立即分开眼睑，用流动清水或生理盐水彻底冲洗 5～10min。就医

对保护施救者的忠告　根据需要使用个人防护设备

对医生的特别提示　对症处理

第五部分　消防措施

灭火剂　迅速切断气源，用水喷淋保护切断气源的人员，然后根据着火原因选择适当灭火剂灭火

特别危险性　强氧化剂。与易燃物、有机物接触易着火燃烧。与水、硝酸、金属接触发生强烈反应。遇高热分解释出高毒烟气。遇潮时对大多数金属有腐蚀性

灭火注意事项及防护措施　消防人员必须佩戴空气呼吸器、穿全身防火防毒服，在上风向灭火。迅速切断气源，用水喷淋保护切断气源的人员，然后根据着火原因选择适当灭火剂灭火。尽可能将容器从火场移至空旷处。喷水保持火场容器冷却，直至灭火结束。禁止用水、泡沫和酸碱灭火剂灭火

第六部分　泄漏应急处理

作业人员防护措施、防护装备和应急处置程序　根据气体的影响区域划定警戒区，无关人员从侧风、上风向撤离至安全区。建议应急处理人员穿内置正压自给式呼吸器的全封闭防化服。禁止接触或跨越泄漏物。勿使泄漏物与可燃物质（如木材、纸、油等）接触。尽可能切断泄漏源

环境保护措施　防止气体通过下水道、通风系统和有限空间扩散

泄漏化学品的收容、清除方法及所使用的处置材料　严禁用水处理。隔离泄漏区直至气体散尽。泄漏场所保持通风

第七部分　操作处置与储存

操作注意事项　密闭操作，提供充分的局部排风。防止气体泄漏到工作场所空气中。操作人员必须经过专门培训，严格遵守操作规程。建议操作人员佩戴自吸过滤式防毒面具（全面罩），穿密闭型防毒服，戴橡胶手套。远离火种、热源，工作场所严禁吸烟。远离易燃、可燃物。避免与硝酸接触。尤其要注意避免与水接触。配备相应品种和数量的消防器材及泄漏应急处理设备

储存注意事项　储存于阴凉、通风的有毒气体专用库房。实行"双人收发、双人保管"制度。库温不宜超过 30℃。远离火种、热源。防止阳光直射。保持容器密封。应与易（可）燃物、硝酸、食用化学品等分开存放，切忌混储。储区应备有泄漏应急处理设备

第八部分　接触控制/个体防护

职业接触限值

中国　PC-TWA：2mg/m³〔按 F 计〕

美国（ACGIH）　TLV-TWA：2.5mg/m³〔按 F 计〕

生物接触限值　尿氟：42mmol/mol 肌酐（7mg/g 肌酐）（采样时间：工作班后）

监测方法　空气中有毒物质测定方法：离子选择电极法。生物监测检验方法：尿中氟的离子选择电极测定方法

工程控制　严加密闭，提供充分的局部排风

个体防护装备

呼吸系统防护　空气中浓度超标时，必须佩戴过滤式防毒面具（全面罩）。紧急事态抢救或撤离时，应该佩戴空气呼吸器

眼睛防护　呼吸系统防护中已作防护

皮肤和身体防护　穿密闭型防毒服

手防护　戴橡胶手套

第九部分　理化特性

外观与性状　无色非易燃性气体，遇潮气产生白色腐蚀性烟雾

pH 值　无意义		**熔点（℃）**　−95	
沸点（℃）　−13.9		**相对密度（水＝1）**　无资料	
相对蒸气密度（空气＝1）　4.5			
饱和蒸气压（kPa）　无资料			
临界压力（MPa）　无资料		**辛醇/水分配系数**　无资料	
闪点（℃）　无意义		**自燃温度（℃）**　无意义	
爆炸下限（%）　无意义		**爆炸上限（%）**　无意义	
分解温度（℃）　无资料			
黏度（mPa·s）　0.0132（气体，101.325kPa，0℃）			
燃烧热（kJ/mol）　无资料		**临界温度（℃）**　142.6	
溶解性　无资料			

第十部分　稳定性和反应性

稳定性　稳定

危险反应　与易燃物、有机物接触易着火燃烧。与水、硝酸、金属接触发生强烈反应

避免接触的条件　潮湿空气

禁配物　易燃或可燃物、水、硝酸、金属

危险的分解产物　氯化物、氟化物

第十一部分　毒理学信息

急性毒性　LC₅₀：122ppm（大鼠吸入，1h），57ppm（小鼠吸入，1h）

皮肤刺激或腐蚀　无资料　　**眼睛刺激或腐蚀**　无资料

呼吸或皮肤过敏　无资料　　**生殖细胞突变性**　无资料

致癌性　美国政府工业卫生学家会议（ACGIH）：未分类为人类致癌物

生殖毒性　无资料

特异性靶器官系统毒性-一次接触　无资料

特异性靶器官系统毒性-反复接触　无资料

吸入危害　无资料

第十二部分　生态学信息

生态毒性　无资料

持久性和降解性

　　生物降解性　无资料

　　非生物降解性　无资料

潜在的生物累积性　无资料

土壤中的迁移性　无资料

第十三部分　废弃处置

废弃化学品　用安全掩埋法处置。若可能，重复使用容器或在规定场所掩埋

污染包装物　将容器返还生产商或按照国家和地方法规处置

废弃注意事项　处置前应参阅国家和地方有关法规

第十四部分　运输信息

联合国危险货物编号（UN号）　2548

联合国运输名称　五氟化氯

联合国危险性类别　2.3，5.1（8）

包装类别　—

包装标志　

海洋污染物　否

运输注意事项　采用钢瓶运输时必须戴好钢瓶上的安全帽。钢瓶一般平放，并应将瓶口朝同一方向，不可交叉；高度不得超过车辆的防护栏板，并用三角木垫卡牢，防止滚动。运输时运输车辆应配备相应品种和数量的消防器材。严禁与易燃物或可燃物、酸类、食用化学品等混装混运。夏季应早晚运输，防止日光暴晒。中途停留时应远离火种、热源。公路运输时要按规定路线行驶，禁止在居民区和人口稠密区停留。铁路运输时要禁止溜放

第十五部分　法规信息

　　下列法律、法规、规章和标准，对该化学品的管理作了相应的规定。

中华人民共和国职业病防治法　职业病分类和目录：氟及其无机化合物中毒

危险化学品安全管理条例　危险化学品目录：列入。作为剧毒化学品进行管理。易制爆危险化学品名录：未列入。重点监管的危险化学品名录：未列入。GB 18218—2009《危险化学品重大危险源辨识》（表1）：未列入

使用有毒物品作业场所劳动保护条例　高毒物品目录：列入

易制毒化学品管理条例　易制毒化学品的分类和品种目录：未列入

国际公约　斯德哥尔摩公约：未列入。鹿特丹公约：未列入。蒙特利尔议定书：未列入

第十六部分　其他信息

编写和修订信息　　缩略语和首字母缩写

培训建议　　参考文献

免责声明

五氟化锑

第一部分　化学品标识

化学品中文名　五氟化锑

化学品英文名　antimony pentafluoride；pentafluoroantimony

分子式　SbF₅　分子量　216.752

结构式　

化学品的推荐及限制用途　用于制取锑化合物、催化剂等

第二部分　危险性概述

紧急情况概述　吸入致命，造成严重的皮肤灼伤和眼损伤

GHS危险性类别　急性毒性-吸入，类别1；皮肤腐蚀/刺激，类别1；严重眼损伤/眼刺激，类别1；特异性靶器官毒性-一次接触，类别2；特异性靶器官毒性-反复接触，类别1；危害水生环境-急性危害，类别2；危害水生环境-长期危害，类别2

标签要素

象形图

警示词　危险

危险性说明　吸入致命，造成严重的皮肤灼伤和眼损伤，可能对器官造成损害，长时间或反复接触对器官造成损伤，对水生生物有毒并具有长期持续影响

防范说明

　　预防措施　避免吸入蒸气、雾。仅在室外或通风良好处操作。戴呼吸防护器具。避免接触眼睛、皮肤，操作后彻底清洗。戴防护手套，穿防护服、戴防护眼镜、防护面罩。工作场所不得进食、饮水或吸烟。禁止排入环境

　　事故响应　如吸入：将患者转移到空气新鲜处，休息，保持利于呼吸的体位，立即呼叫中毒控制中心或就医。皮肤（或头发）接触：立即脱掉所有被污染的衣服，用水冲洗皮肤，淋浴。污染的衣服洗净后方可重新使用。眼睛接触：用水细心地冲洗数分钟，立即呼叫中毒控制中心或就医。如戴隐形眼镜并可方便地取出，则取出隐形眼镜，继续冲洗。食入：漱口，不要催吐。如果接触或感觉不适：呼叫中毒控制中心或就医。如感觉不适，就医。收集泄漏物

　　安全储存　在通风良好处储存。保持容器密闭。上

锁保管

废弃处置 本品及内装物、容器依据国家和地方法规处置

物理和化学危险 不燃，无特殊燃爆特性。与可燃物接触易着火燃烧。遇水产生有毒气体

健康危害 对眼睛、皮肤、黏膜和呼吸道有强烈的刺激作用。吸入可能由于喉、支气管痉挛、水肿、炎症，化学性肺炎或肺水肿而致死。中毒表现有烧灼感、咳嗽、喘息、喉炎、气短、头痛、恶心和呕吐。眼睛和皮肤接触引起灼伤

环境危害 对水生生物有毒并具有长期持续影响

第三部分 成分/组成信息

√物质　　　　　　　混合物

组分	浓度	CAS No.
五氟化锑		7783-70-2

第四部分 急救措施

吸入 迅速脱离现场至空气新鲜处。保持呼吸道通畅。如呼吸困难，给输氧。呼吸、心跳停止，立即进行心肺复苏术。就医

皮肤接触 立即脱去污染的衣着，用大量流动清水彻底冲洗至少 15min。就医

眼睛接触 立即分开眼睑，用流动清水或生理盐水彻底冲洗 5～10min。就医

食入 用水漱口，禁止催吐。给饮牛奶或蛋清。就医

对保护施救者的忠告 根据需要使用个人防护设备

对医生的特别提示 对症处理

第五部分 消防措施

灭火剂 灭火时尽量切断泄漏源，然后根据着火原因选择适当灭火剂灭火

特别危险性 不燃。强氧化剂。接触有机物有引起燃烧的危险。遇磷酸盐能强烈反应。遇水剧烈反应生成刺激性和腐蚀性极强的氟化氢，并伴有响声。遇潮时对玻璃、其他硅质材料及大多数金属有强腐蚀性

灭火注意事项及防护措施 消防人员必须佩戴空气呼吸器、穿全身防火防毒服，在上风向灭火。尽可能将容器从火场移至空旷处

第六部分 泄漏应急处理

作业人员防护措施、防护装备和应急处置程序 根据液体流动和蒸气扩散的影响区域划定警戒区，无关人员从侧风、上风向撤离至安全区。建议应急处理人员戴正压自给式呼吸器，穿防腐、防毒服。作业时使用的所有设备应接地。穿上适当的防护服前严禁接触破裂的容器和泄漏物。勿使水进入包装容器内。尽可能切断泄漏源

环境保护措施 防止泄漏物进入水体、下水道、地下室或有限空间

泄漏化学品的收容、清除方法及所使用的处置材料 小量泄漏：用干燥的砂土或其他不燃材料覆盖泄漏物。大量泄漏：构筑围堤或挖坑收容。用碎石灰石（CaCO₃）、苏打灰（Na₂CO₃）或石灰（CaO）中和。用耐腐蚀泵转移至槽车或专用收集器内

第七部分 操作处置与储存

操作注意事项 密闭操作，局部排风。操作人员必须经过专门培训，严格遵守操作规程。建议操作人员佩戴自吸过滤式防毒面具（全面罩），穿橡胶耐酸碱服，戴橡胶耐酸碱手套。远离易燃、可燃物。防止蒸气泄漏到工作场所空气中。避免与醇类接触。尤其要注意避免与水接触。在氮气中操作处置。搬运时要轻装轻卸，防止包装及容器损坏。配备泄漏应急处理设备。倒空的容器可能残留有害物

储存注意事项 储存于阴凉、干燥、通风良好的库房。远离火种、热源。保持容器密封。应与易（可）燃物、醇类、食用化学品分开存放，切忌混储。储区应备有泄漏应急处理设备和合适的收容材料

第八部分 接触控制/个体防护

职业接触限值

　中国　PC-TWA：0.5mg/m³［按 Sb 计］，2mg/m³［按 F 计］

　美国（ACGIH）　TLV-TWA：0.5mg/m³［按 Sb 计］，2.5mg/m³［按 F 计］

生物接触限值 尿氟：42mmol/mol 肌酐（7mg/g 肌酐）（采样时间：工作班后）

监测方法 空气中有毒物质测定方法：锑，火焰原子吸收光谱法；石墨炉原子吸收光谱法。氟化物，离子选择电极法。生物监测检验方法：尿中氟的离子选择电极测定方法

工程控制 密闭操作，局部排风。提供安全淋浴和洗眼设备

个体防护装备

　呼吸系统防护 空气中浓度超标时，必须佩戴过滤式防毒面具（全面罩）。紧急事态抢救或撤离时，应该佩戴空气呼吸器

　眼睛防护 呼吸系统防护中已作防护

　皮肤和身体防护 穿橡胶耐酸碱服

　手防护 戴橡胶耐酸碱手套

第九部分 理化特性

外观与性状 无色透明油状液体

pH 值 无资料	**熔点(℃)** 8.3
沸点(℃) 141	**相对密度(水=1)** 3.097
相对蒸气密度(空气=1) 2.2	
饱和蒸气压(kPa) 1.33（25℃）	
临界压力(MPa) 无资料	**辛醇/水分配系数** 无资料
闪点(℃) 无意义	**自燃温度(℃)** 无意义
爆炸下限(%) 无意义	**爆炸上限(%)** 无意义
分解温度(℃) 无资料	
黏度(mPa·s) 0.768（24.4℃）	
燃烧热(kJ/mol) 无资料	**临界温度(℃)** 无资料

溶解性 溶于无水乙醇

第十部分　稳定性和反应性

稳定性　稳定

危险反应　与水、醇类、易燃或可燃物等禁配物发生反应。接触有机物有引起燃烧的危险。遇磷酸盐能强烈反应。遇水剧烈反应生成刺激性和腐蚀性极强的氟化氢，并伴有响声

避免接触的条件　潮湿空气

禁配物　水、醇类、易燃或可燃物

危险的分解产物　氟化氢、氧化锑

第十一部分　毒理学信息

急性毒性　LD_{50}：270mg/kg（小鼠皮下）。LC_{50}：270mg/m³（大鼠吸入）

皮肤刺激或腐蚀　无资料		**眼睛刺激或腐蚀**　无资料	
呼吸或皮肤过敏　无资料		**生殖细胞突变性**　无资料	
致癌性　无资料		**生殖毒性**　无资料	

特异性靶器官系统毒性-一次接触　无资料

特异性靶器官系统毒性-反复接触　无资料

吸入危害　无资料

第十二部分　生态学信息

生态毒性　锑化合物对水生生物有毒

持久性和降解性

　生物降解性　无资料

　非生物降解性　无资料

潜在的生物累积性　无资料

土壤中的迁移性　无资料

第十三部分　废弃处置

废弃化学品　根据国家和地方有关法规的要求处置。或与厂商或制造商联系，确定处置方法

污染包装物　将容器返还生产商或按照国家和地方法规处置

废弃注意事项　处置前应参阅国家和地方有关法规

第十四部分　运输信息

联合国危险货物编号（UN 号）　1732

联合国运输名称　五氟化锑

联合国危险性类别　8，6.1

包装类别　Ⅱ

包装标志　

海洋污染物　是

运输注意事项　起运时包装要完整，装载应稳妥。运输过程中要确保容器不泄漏、不倒塌、不坠落、不损坏。严禁与易燃物或可燃物、醇类、食用化学品等混装混运。运输时运输车辆应配备泄漏应急处理设备。运输途中应防暴晒、雨淋，防高温。公路运输时要按规定路线行驶，勿在居民区和人口稠密区停留

第十五部分　法规信息

下列法律、法规、规章和标准，对该化学品的管理作了相应的规定。

中华人民共和国职业病防治法　职业病分类和目录：氟及其无机化合物中毒

危险化学品安全管理条例　危险化学品目录：列入。易制爆危险化学品名录：未列入。重点监管的危险化学品名录：未列入。GB 18218—2009《危险化学品重大危险源辨识》（表 1）：未列入

使用有毒物品作业场所劳动保护条例　高毒物品目录：列入

易制毒化学品管理条例　易制毒化学品的分类和品种目录：未列入

国际公约　斯德哥尔摩公约：未列入。鹿特丹公约：未列入。蒙特利尔议定书：未列入

第十六部分　其他信息

编写和修订信息	**缩略语和首字母缩写**
培训建议	**参考文献**
免责声明	

五氟化溴

第一部分　化学品标识

化学品中文名　五氟化溴

化学品英文名　bromine pentafluoride

分子式　BrF_5　　**分子量**　174.896

结构式　
$$\begin{array}{c} F \quad\quad F \\ \backslash\;/ \\ Br \\ /\;|\;\backslash \\ F\quad |\quad F \\ F \end{array}$$

化学品的推荐及限制用途　用作氟化反应试剂

第二部分　危险性概述

紧急情况概述　可引起燃烧或爆炸：强氧化剂，吸入致命，造成严重的皮肤灼伤和眼损伤

GHS 危险性类别　氧化性液体，类别 1；急性毒性-吸入，类别 1；皮肤腐蚀/刺激，类别 1；严重眼损伤/眼刺激，类别 1；特异性靶器官毒性-一次接触，类别 1；特异性靶器官毒性-反复接触，类别 2；吸入危害，类别 2

标签要素

象形图　

警示词　危险

危险性说明　可引起燃烧或爆炸：强氧化剂，吸入致命，造成严重的皮肤灼伤和眼损伤，对器官造成损害，长时间或反复接触可能对器官造成损伤，吞咽及进入呼吸道可能有害

防范说明

　预防措施　远离热源。远离衣物和其他可燃物保

存。采取一切预防措施，避免与可燃物混合。穿防火、阻燃服。避免吸入蒸气、雾。仅在室外或通风良好处操作。戴呼吸防护器具。避免接触眼睛、皮肤，操作后彻底清洗。穿防护服、戴防护手套、防护眼镜、戴防护面罩。作业场所不得进食、饮水或吸烟

事故响应 如果发生大火和大量物质着火：撤离现场。因有爆炸危险，应远距离灭火。如吸入：将患者转移到空气新鲜处，休息，保持利于呼吸的体位，立即呼叫中毒控制中心或就医。皮肤（或头发）接触：立即脱掉所有被污染的衣服，用水冲洗皮肤，淋浴。污染的衣服洗净后方可重新使用。眼睛接触：用水细心地冲洗数分钟，立即呼叫中毒控制中心或就医。如戴隐形眼镜并可方便地取出，则取出隐形眼镜，继续冲洗。食入：漱口，不要催吐，立即呼叫中毒控制中心或就医。如果接触：立即呼叫中毒控制中心或就医，如感觉不适，就医

安全储存 在通风良好处储存。保持容器密闭。上锁保管

废弃处置 本品及内装物、容器依据国家和地方法规处置

物理和化学危险 助燃。遇水剧烈反应

健康危害 本品是强腐蚀性毒物。接触眼睛和皮肤引起严重灼伤，吸入引起黏膜严重灼伤，摄入严重灼伤口腔。短时间高浓度的吸入，引起类似光气损害的严重肺损伤；低浓度引起眼流泪和呼吸困难

环境危害 对环境可能有害

第三部分 成分/组成信息

✓物质 混合物

组分	浓度	CAS No.
五氟化溴		7789-30-2

第四部分 急救措施

吸入 迅速脱离现场至空气新鲜处。保持呼吸道通畅。如呼吸困难，给输氧。呼吸、心跳停止，立即进行心肺复苏术。就医

皮肤接触 立即脱去污染的衣着，用大量流动清水彻底冲洗至少15min。就医

眼睛接触 立即分开眼睑，用流动清水或生理盐水彻底冲洗5～10min。就医

食入 用水漱口，禁止催吐。给饮牛奶或蛋清。就医

对保护施救者的忠告 根据需要使用个人防护设备

对医生的特别提示 对症处理

第五部分 消防措施

灭火剂 本品不燃，根据着火原因选择适当灭火剂灭火

特别危险性 强氧化剂。与许多有机物，某些无机物发生强烈反应。与含氢物（如乙酸、乙醇、氢、甲烷、石蜡、氯甲烷等）接触发生爆炸或燃烧。与酸、卤素、非金属、金属卤化物、金属、氧、水发生强烈反应，并引起燃烧。遇高热分解释出高毒烟气。具有强腐蚀性

灭火注意事项及防护措施 消防人员必须穿全身防火防毒服，在上风向灭火。灭火时尽可能将容器从火场移至空旷处。禁止用水、泡沫和酸碱灭火剂灭火

第六部分 泄漏应急处理

作业人员防护措施、防护装备和应急处置程序 根据液体流动和蒸气扩散的影响区域划定警戒区，无关人员从侧风、上风向撤离至安全区。建议应急处理人员戴正压自给式呼吸器，穿防腐、防毒服。穿上适当的防护服前严禁接触破裂的容器和泄漏物。尽可能切断泄漏源

环境保护措施 防止泄漏物进入水体、下水道、地下室或有限空间

泄漏化学品的收容、清除方法及所使用的处置材料 喷雾状水抑制蒸气或改变蒸气云流向，避免水流接触泄漏物。严禁用水处理。小量泄漏：用干燥的砂土或其他不燃材料覆盖泄漏物。大量泄漏：用碎石灰石（$CaCO_3$）、苏打灰（Na_2CO_3）或石灰（CaO）中和。在专家指导下清除

第七部分 操作处置与储存

操作注意事项 密闭操作，提供充分的局部排风。防止烟雾或蒸气释放到工作场所空气中。操作人员必须经过专门培训，严格遵守操作规程。建议操作人员佩戴自吸过滤式防毒面具（全面罩），穿连体式防毒衣，戴橡胶手套。远离火种、热源，工作场所严禁吸烟。在清除液体和蒸气前不能进行焊接、切割等作业。远离易燃、可燃物。避免产生烟雾或蒸气。避免与酸类、卤素、卤化物、氧接触。尤其要注意避免与水接触。配备相应品种和数量的消防器材及泄漏应急处理设备。倒空的容器可能残留有害物

储存注意事项 储存于阴凉、干燥、通风良好的库房。库温不超过30℃，相对湿度不超过80%。远离火种、热源。防止阳光直射。包装必须密封，切勿受潮。应与酸类、易（可）燃物、卤素、卤化物、氧、食用化学品等分开存放，切忌混储。储区应备有泄漏应急处理设备和合适的收容材料

第八部分 接触控制/个体防护

职业接触限值

中国 PC-TWA：$2mg/m^3$［按F计］

美国（ACGIH） TLV-TWA：0.1ppm，$2.5mg/m^3$［按F计］，

生物接触限值 尿氟：42mmol/mol 肌酐（7mg/g 肌酐）（采样时间：工作班后）

监测方法 空气中有毒物质测定方法：离子选择电极法。生物监测检验方法：尿中氟的离子选择电极测定方法

工程控制 严加密闭，提供充分的局部排风

个体防护装备

呼吸系统防护 空气中浓度超标时，必须佩戴过滤式防毒面具（全面罩）。紧急事态抢救或撤离时，应该佩戴空气呼吸器

眼睛防护 呼吸系统防护中已作防护
皮肤和身体防护 穿连体式防毒衣
手防护 戴橡胶手套

第九部分 理化特性

外观与性状 无色发烟液体，具有强刺激性臭味

pH 值 无资料　　　　　熔点(℃) −61.3

沸点(℃) 40.5

相对密度(水＝1) 2.466（25℃）

相对蒸气密度(空气＝1) 6.05

饱和蒸气压(kPa) 44.28（20℃）

临界压力(MPa) 无资料　　　辛醇/水分配系数 无资料

闪点(℃) 无意义　　　　　自燃温度(℃) 无意义

爆炸下限(%) 无意义　　　　爆炸上限(%) 无意义

分解温度(℃) 无资料　　　　黏度(mPa·s) 无资料

燃烧热(kJ/mol) 无资料　　　临界温度(℃) 无资料

溶解性 无资料

第十部分 稳定性和反应性

稳定性 稳定

危险反应 与许多有机物、某些无机物发生强烈反应。与
含氢物（如乙酸、乙醇、氢、甲烷、石蜡、氯甲烷
等）接触发生爆炸或燃烧。与酸、卤素、非金属、金
属卤化物、金属、氧、水发生强烈反应，并引起燃烧

避免接触的条件 潮湿空气

禁配物 水、酸类、水蒸气、易燃或可燃物、卤素、卤化
物、氧、含氢物（如乙酸、乙醇、氢、甲烷、石蜡、
氯甲烷等）

危险的分解产物 溴化氢、氟化氢

第十一部分 毒理学信息

急性毒性 动物接触 100ppm，3min 后出现刺激症状；
50ppm 30min 后引起死亡。

皮肤刺激或腐蚀 无资料　　眼睛刺激或腐蚀 无资料

呼吸或皮肤过敏 无资料　　生殖细胞突变性 无资料

致癌性 无资料　　　　　　生殖毒性 无资料

特异性靶器官系统毒性-一次接触 无资料

特异性靶器官系统毒性-反复接触 无资料

吸入危害 无资料

第十二部分 生态学信息

生态毒性 无资料

持久性和降解性

生物降解性 无资料

非生物降解性 无资料

潜在的生物累积性 无资料

土壤中的迁移性 无资料

第十三部分 废弃处置

废弃化学品 用安全掩埋法处置。若可能，重复使用容器
或在规定场所掩埋

污染包装物 将容器返还生产商或按照国家和地方法规
处置

废弃注意事项 处置前应参阅国家和地方有关法规

第十四部分 运输信息

联合国危险货物编号（UN 号） 1745

联合国运输名称 五氟化溴

联合国危险性类别 5.1，6.1（8）

包装类别 I

包装标志

海洋污染物 否

运输注意事项 运输时单独装运，运输过程中要确保容器
不泄漏、不倒塌、不坠落、不损坏。运输时运输车辆
应配备相应品种和数量的消防器材。严禁与酸类、易
燃物、有机物、还原剂、自燃物品、遇湿易燃物品等
并车混运。运输时车速不宜过快，不得强行超车。公
路运输时要按规定路线行驶。运输车辆装卸前后，均
应彻底清扫、洗净，严禁混入有机物、易燃物等杂质

第十五部分 法规信息

下列法律、法规、规章和标准，对该化学品的管理作
了相应的规定。

中华人民共和国职业病防治法 职业病分类和目录：氟及
其无机化合物中毒

危险化学品安全管理条例 危险化学品目录：列入。易制
爆危险化学品名录：未列入。重点监管的危险化学品
名录：未列入。GB 18218—2009《危险化学品重大
危险源辨识》（表 1）：未列入

使用有毒物品作业场所劳动保护条例 高毒物品目录：
列入

易制毒化学品管理条例 易制毒化学品的分类和品种目
录：未列入

国际公约 斯德哥尔摩公约：未列入。鹿特丹公约：未列
入。蒙特利尔议定书：未列入

第十六部分 其他信息

编写和修订信息　　缩略语和首字母缩写

培训建议　　　　　参考文献

免责声明

五氯苯酚

第一部分 化学品标识

化学品中文名 五氯苯酚；五氯酚

化学品英文名 pentachlorophenol；PCP

分子式 C_6HCl_5O　分子量 266.337

结构式

化学品的推荐及限制用途 用作除草剂，也用于木材防
腐、防治朽木菌等

第二部分　危险性概述

紧急情况概述　吞咽会中毒，皮肤接触会中毒，吸入致命，造成皮肤刺激，造成严重眼刺激，可能引起呼吸道刺激

GHS 危险性类别　急性毒性-经口，类别 3；急性毒性-经皮，类别 3；急性毒性-吸入，类别 2；皮肤腐蚀/刺激，类别 2；严重眼损伤/眼刺激，类别 2；致癌性，类别 2；特异性靶器官毒性-一次接触，类别 3（呼吸道刺激）；危害水生环境-急性危害，类别 1；危害水生环境-长期危害，类别 1

标签要素

象形图　

警示词　危险

危险性说明　吞咽会中毒，皮肤接触会中毒，吸入致命，造成皮肤刺激，造成严重眼刺激，怀疑致癌，可能引起呼吸道刺激，对水生生物毒性非常大并具有长期持续影响

防范说明

预防措施　避免接触眼睛、皮肤，操作后彻底清洗。作业场所不得进食、饮水或吸烟。戴防护手套，穿防护服。避免吸入粉尘。仅在室外或通风良好处操作。戴呼吸防护器具。戴防护眼镜、防护面罩。得到专门指导后操作。在阅读并了解所有安全预防措施之前，切勿操作。按要求使用个体防护装备。禁止排入环境

事故响应　如吸入：将患者转移到空气新鲜处，休息，保持利于呼吸的体位，立即呼叫中毒控制中心或就医。皮肤接触：用大量肥皂水和水清洗，立即脱去所有被污染的衣服，如感觉不适，呼叫中毒控制中心或就医。被污染的衣服经洗净后方可重新使用。如接触眼睛：用水细心冲洗数分钟。如戴隐形眼镜并可方便地取出，取出隐形眼镜，继续冲洗。如果眼睛刺激持续，就医。食入：立即呼叫中毒控制中心或就医，漱口。如果接触或有担心，就医。收集泄漏物

安全储存　在通风良好处储存。保持容器密闭。上锁保管

废弃处置　本品及内装物、容器依据国家和地方法规处置

物理和化学危险　不燃，无特殊燃爆特性

健康危害　本品可引起机体基础代谢异常亢进及高热。一般由于大量皮肤吸收或误服所致，多发生在夏季。常先有乏力、多汗、烦渴、头昏、头痛、心悸，发热 38℃左右，可伴有恶心、呕吐、腹痛等。数小时内病情突然加剧，出现高热（40℃以上）、全身大汗淋漓、极度疲乏、烦躁、昏迷、肌肉强直性痉挛、循环衰竭，可出现心、肝、肾损害。可致死。对眼和上呼吸道有刺激性。可致皮炎

环境危害　对水生生物毒性非常大并具有长期持续影响

第三部分　成分/组成信息

√物质　　　　　　　　　混合物

组分	浓度	CAS No.
五氯苯酚		87-86-5

第四部分　急救措施

吸入　迅速脱离现场至空气新鲜处。保持呼吸道通畅。如呼吸困难，给输氧。呼吸、心跳停止，立即进行心肺复苏术。就医

皮肤接触　立即脱去污染的衣着，用流动清水彻底冲洗。就医

眼睛接触　立即分开眼睑，用流动清水或生理盐水彻底冲洗。就医

食入　饮适量温水，催吐（仅限于清醒者）。就医

对保护施救者的忠告　根据需要使用个人防护设备

对医生的特别提示　对症处理

第五部分　消防措施

灭火剂　用雾状水、泡沫、干粉、二氧化碳、砂土灭火

特别危险性　一般不会燃烧，但长时间暴露在明火及高温下仍能燃烧。受高热分解产生有毒的腐蚀性烟气

灭火注意事项及防护措施　消防人员必须穿全身防火防毒服，在上风向灭火。灭火时尽可能将容器从火场移至空旷处

第六部分　泄漏应急处理

作业人员防护措施、防护装备和应急处置程序　隔离泄漏污染区，限制出入。建议应急处理人员戴防尘口罩，穿防毒服。穿上适当的防护服前严禁接触破裂的容器和泄漏物。尽可能切断泄漏源

环境保护措施　用塑料布覆盖泄漏物，减少飞散

泄漏化学品的收容、清除方法及所使用的处置材料　勿使水进入包装容器内。用洁净的铲子收集泄漏物，置于干净、干燥、盖子较松的容器中，将容器移离泄漏区

第七部分　操作处置与储存

操作注意事项　密闭操作，提供充分的局部排风。操作人员必须经过专门培训，严格遵守操作规程。建议操作人员佩戴防尘面具（全面罩），穿胶布防毒衣，戴橡胶手套。避免产生粉尘。避免与氧化剂、碱类接触。搬运时要轻装轻卸，防止包装及容器损坏。配备泄漏应急处理设备。倒空的容器可能残留有害物

储存注意事项　储存于阴凉、通风良好的专用库房内，实行"双人收发、双人保管"制度。远离火种、热源。应与氧化剂、碱类、食用化学品分开存放，切忌混储。储区应备有合适的材料收容泄漏物

第八部分　接触控制/个体防护

职业接触限值

中国　PC-TWA：0.3mg/m³［皮］

美国（ACGIH）　TLV-TWA：0.5mg/m³；TLV-STEL：

1mg/m³（可吸入性颗粒物和蒸气）［皮］

生物接触限值 尿总五氯酚：0.64mmol/mol 肌酐（1.5mg/g 肌酐）（采样时间：工作周末的班末）

监测方法 空气中有毒物质测定方法：高效液相色谱测定方法。生物监测检验方法：尿中五氯酚的高效液相色谱测定方法

工程控制 严加密闭，提供充分的局部排风。提供安全淋浴和洗眼设备

个体防护装备

呼吸系统防护 可能接触其粉尘时，必须佩戴防尘面具（全面罩）。紧急事态抢救或撤离时，应该佩戴空气呼吸器

眼睛防护 呼吸系统防护中已作防护

皮肤和身体防护 穿密闭型防毒服

手防护 戴橡胶手套

第九部分 理化特性

外观与性状 无色结晶体，带有苯酚气味

pH 值 无意义		**熔点(℃)** 191	

沸点(℃) 310（分解）　　**相对密度(水＝1)** 1.98

相对蒸气密度(空气＝1) 9.2

饱和蒸气压(kPa) 5.32（211.2℃）

临界压力(MPa) 309～310　　**辛醇/水分配系数** 无资料

闪点(℃) 无意义　　**自燃温度(℃)** 无意义

爆炸下限(%) 无意义　　**爆炸上限(%)** 无意义

分解温度(℃) 无资料　　**黏度(mPa·s)** 无资料

燃烧热(kJ/mol) 无资料　　**临界温度(℃)** 无资料

溶解性 微溶于水，溶于稀碱液、乙醇、苯等多数有机溶剂

第十部分 稳定性和反应性

稳定性 稳定

危险反应 与强氧化剂、强碱、酰基氯、酸酐等禁配物发生反应

避免接触的条件 无资料

禁配物 强氧化剂、强碱、酰基氯、酸酐

危险的分解产物 氯化氢

第十一部分 毒理学信息

急性毒性 LD_{50}：27mg/kg（大鼠经口），96mg/kg（大鼠经皮），36mg/kg（小鼠经口），200mg/kg（兔经口）。LC_{50}：355mg/m³（大鼠吸入）

皮肤刺激或腐蚀 无资料　　**眼睛刺激或腐蚀** 无资料

呼吸或皮肤过敏 无资料　　**生殖细胞突变性** 微生物致突变：鼠伤寒沙门氏菌 40nmol/Ⅲ。DNA 转化和有丝分裂重组：酿酒酵母菌 190μmol/L。细胞遗传学分析：仓鼠卵巢 80mg/L。姐妹染色单体交换：仓鼠卵巢 3mg/L

致癌性 IARC 致癌性评论：对动物致癌性证据有限，对人类致癌性证据不足

生殖毒性 大鼠孕后 6～15d，经口给予最低中毒剂量（TDLo）50mg/kg，致肌肉骨骼系统发育畸形。大鼠多代经口给予最低中毒剂量（TDLo）3300mg/kg，

致泌尿生殖系统发育畸形

特异性靶器官系统毒性-一次接触 无资料

特异性靶器官系统毒性-反复接触 大鼠吸入 28.9mg/m³，每天 4h，4 个月。15～30d 后引起中毒，症状为贫血、白细胞增多、肝功能障碍等。2 个月后部分动物死亡

吸入危害 无资料

第十二部分 生态学信息

生态毒性 LC_{50}：0.034～0.115mg/L（96h）（虹鳟）

持久性和降解性

生物降解性 无资料

非生物降解性 无资料

潜在的生物累积性 无资料

土壤中的迁移性 无资料

第十三部分 废弃处置

废弃化学品 用焚烧法处置

污染包装物 将容器返还生产商或按照国家和地方法规处置

废弃注意事项 处置前应参阅国家和地方有关法规

第十四部分 运输信息

联合国危险货物编号（UN 号） 3155

联合国运输名称 五氯酚

联合国危险性类别 6.1

包装类别 Ⅱ　　　　　　　**包装标志**

海洋污染物 是

运输注意事项 运输前应先检查包装容器是否完整、密封，运输过程中要确保容器不泄漏、不倒塌、不坠落、不损坏。严禁与酸类、氧化剂、食品及食品添加剂混运。运输时运输车辆应配备泄漏应急处理设备。运输途中应防暴晒、雨淋，防高温

第十五部分 法规信息

下列法律、法规、规章和标准，对该化学品的管理作了相应的规定。

中华人民共和国职业病防治法 职业病分类和目录：五氯酚中毒

危险化学品安全管理条例 危险化学品目录：列入。作为剧毒化学品进行管理。易制爆危险化学品名录：未列入。重点监管的危险化学品名录：未列入。GB 18218—2009《危险化学品重大危险源辨识》（表 1）：未列入

使用有毒物品作业场所劳动保护条例 高毒物品目录：未列入

易制毒化学品管理条例 易制毒化学品的分类和品种目录：未列入

国际公约 斯德哥尔摩公约：列入。鹿特丹公约：列入。蒙特利尔议定书：未列入

第十六部分　其他信息

编写和修订信息　　缩略语和首字母缩写
培训建议　　　　　参考文献
免责声明

五氯酚钠

第一部分　化学品标识

化学品中文名　五氯酚钠

化学品英文名　sodium pentachlorophenol; pentachloro-phenol sodium salt

分子式　C_6Cl_5NaO　**分子量**　288.32

结构式

化学品的推荐及限制用途　可用作落叶树休眠期喷射剂，以防治褐腐病，也用作除草或杀虫剂，并用于有机合成

第二部分　危险性概述

紧急情况概述　吞咽会中毒，皮肤接触会中毒，吸入致命，造成皮肤刺激，造成严重眼刺激，可能引起呼吸道刺激

GHS危险性类别　急性毒性-经口，类别3；急性毒性-经皮，类别3；急性毒性-吸入，类别2；皮肤腐蚀/刺激，类别2；严重眼损伤/眼刺激，类别2；特异性靶器官毒性--次接触，类别3（呼吸道刺激）；危害水生环境-急性危害，类别1；危害水生环境-长期危害，类别1

标签要素

象形图　[象形图]

警示词　危险

危险性说明　吞咽会中毒，皮肤接触会中毒，吸入致命，造成皮肤刺激，造成严重眼刺激，可能引起呼吸道刺激，对水生生物毒性非常大并具有长期持续影响

防范说明

预防措施　避免接触眼睛、皮肤，操作后彻底清洗。作业场所不得进食、饮水或吸烟。穿防护服，戴防护眼镜、防护手套、防护面罩。避免吸入粉尘。仅在室外或通风良好处操作。戴呼吸防护器具。禁止排入环境

事故响应　如吸入：将患者转移到空气新鲜处，休息，保持利于呼吸的体位。皮肤接触：用大量肥皂水和水清洗，立即脱去所有被污染的衣服。如感觉不适，呼叫中毒控制中心或就医。被污染的衣服必须经洗净后方可重新使用。如接触眼睛：用水细心冲洗数分钟。如戴隐形眼

镜并可方便地取出，取出隐形眼镜，继续冲洗。如果眼睛刺激持续：就医。食入：立即呼叫中毒控制中心或就医，漱口。收集泄漏物

安全储存　在通风良好处储存。保持容器密闭。上锁保管

废弃处置　本品及内装物、容器依据国家和地方法规处置

物理和化学危险　可燃，其粉体与空气混合，能形成爆炸性混合物

健康危害　本品对眼和呼吸道有刺激性。急性中毒主要因皮肤接触或误饮污染的水引起。症状有乏力、头昏、恶心、呕吐、腹泻等；严重者体温高达40℃以上、大汗淋漓、口渴、呼吸增快、心动过速、烦躁不安、肌肉强直性痉挛、血压下降、昏迷，可致死。皮肤接触可致接触性皮炎

环境危害　对水生生物毒性非常大并具有长期持续影响

第三部分　成分/组成信息

✓ 物质　　　　　　　　　混合物

组分	浓度	CAS No.
五氯酚钠		131-52-2

第四部分　急救措施

吸入　迅速脱离现场至空气新鲜处。保持呼吸道通畅。如呼吸困难，给输氧。呼吸、心跳停止，立即进行心肺复苏术。就医

皮肤接触　立即脱去污染的衣着，用流动清水彻底冲洗。就医

眼睛接触　立即分开眼睑，用流动清水或生理盐水彻底冲洗。就医

食入　漱口，饮水。就医

对保护施救者的忠告　根据需要使用个人防护设备

对医生的特别提示　对症处理

第五部分　消防措施

灭火剂　用雾状水、泡沫、干粉、二氧化碳、砂土灭火

特别危险性　受高热分解，放出腐蚀性、刺激性的烟雾

灭火注意事项及防护措施　消防人员必须佩戴防毒面具、穿全身消防服，在上风向灭火。尽可能将容器从火场移至空旷处。喷水保持火场容器冷却，直至灭火结束

第六部分　泄漏应急处理

作业人员防护措施、防护装备和应急处置程序　隔离泄漏污染区，限制出入。建议应急处理人员戴防尘口罩，穿防毒服。穿上适当的防护服前严禁接触破裂的容器和泄漏物。尽可能切断泄漏源

环境保护措施　用塑料布覆盖泄漏物，减少飞散

泄漏化学品的收容、清除方法及所使用的处置材料　勿使水进入包装容器内。用洁净的铲子收集泄漏物，置于干净、干燥、盖子较松的容器中，将容器移离泄漏区

第七部分　操作处置与储存

操作注意事项　严加密闭，提供充分的局部排风和全面通

风。操作人员必须经过专门培训，严格遵守操作规程。建议操作人员佩戴自吸过滤式防尘口罩，戴化学安全防护眼镜，穿防毒物渗透工作服，戴橡胶手套。远离火种、热源，工作场所严禁吸烟。使用防爆型的通风系统和设备。避免产生粉尘。避免与氧化剂、酸类接触。搬运时要轻装轻卸，防止包装及容器损坏。配备相应品种和数量的消防器材及泄漏应急处理设备。倒空的容器可能残留有害物

储存注意事项 储存于阴凉、通风的库房。远离火种、热源。避光保存。库温不超过 30℃，相对湿度不超过 80％。保持容器密封。应与氧化剂、酸类、食用化学品分开存放，切忌混储。配备相应品种和数量的消防器材。储区应备有合适的材料收容泄漏

第八部分 接触控制/个体防护

职业接触限值
中国 PC-TWA：0.3mg/m³〔皮〕
美国（ACGIH） 未制定标准
生物接触限值 未制定标准
监测方法 空气中有毒物质测定方法：高效液相色谱测定方法。生物监测检验方法：未制定标准
工程控制 严加密闭，提供充分的局部排风和全面通风
个体防护装备
呼吸系统防护 空气中粉尘浓度超标时，必须佩戴过滤式防尘呼吸器。紧急事态抢救或撤离时，应该佩戴空气呼吸器
眼睛防护 戴化学安全防护眼镜
皮肤和身体防护 穿防毒物渗透工作服
手防护 戴橡胶手套

第九部分 理化特性

外观与性状 工业品呈淡黄色鳞片状晶体，有臭味
pH 值 无意义 **熔点(℃)** 190～191
沸点(℃) 无资料 **相对密度(水=1)** 无资料
相对蒸气密度(空气＝1) 无资料
饱和蒸气压(kPa) 无资料
临界压力(MPa) 无资料 **辛醇/水分配系数** 无资料
闪点(℃) 无资料 **自燃温度(℃)** 无资料
爆炸下限(%) 无资料 **爆炸上限(%)** 无资料
分解温度(℃) 无资料 **黏度(mPa·s)** 无资料
燃烧热(kJ/mol) 无资料 **临界温度(℃)** 无资料
溶解性 易溶于水、醇、丙酮，不溶于苯

第十部分 稳定性和反应性

稳定性 稳定
危险反应 与强氧化剂、强酸等禁配物发生反应
避免接触的条件 光照
禁配物 强酸、强氧化剂
危险的分解产物 氧化钠、氯化氢

第十一部分 毒理学信息

急性毒性 LD$_{50}$：126mg/kg（大鼠经口）；197mg/kg（小鼠经口）；328mg/kg（兔经口）。LC$_{50}$：152mg/m³

（大鼠吸入）；229mg/m³（小鼠吸入）
皮肤刺激或腐蚀 无资料 **眼睛刺激或腐蚀** 无资料
呼吸或皮肤过敏 无资料
生殖细胞突变性 DNA 修复：枯草杆菌 5μg/皿
致癌性 无资料
生殖毒性 大鼠孕 8～19d 经口给予最低中毒剂量 360mg/kg，致骨骼肌肉系统发育畸形
特异性靶器官系统毒性-一次接触 无资料
特异性靶器官系统毒性-反复接触 无资料
吸入危害 无资料

第十二部分 生态学信息

生态毒性 LC$_{50}$：0.068mg/L（96h）（大鳞大马哈鱼）；LC$_{50}$：0.055mg/L（96h）（虹鳟）
持久性和降解性
生物降解性 无资料
非生物降解性 无资料
潜在的生物累积性 根据 K_{ow} 值预测，该物质的生物累积性可能较弱
土壤中的迁移性 根据 K_{oc} 值预测，该物质可能易发生迁移

第十三部分 废弃处置

废弃化学品 根据国家和地方有关法规的要求处置。或与厂商或制造商联系，确定处置方法
污染包装物 将容器返还生产商或按照国家和地方法规处置
废弃注意事项 处置前应参阅国家和地方有关法规

第十四部分 运输信息

联合国危险货物编号（UN 号） 2567
联合国运输名称 五氯苯酚钠
联合国危险性类别 6.1

包装类别 Ⅱ **包装标志**

海洋污染物 是
运输注意事项 运输前应先检查包装容器是否完整、密封，运输过程中要确保容器不泄漏、不倒塌、不坠落、不损坏。严禁与酸类、氧化剂、食品及食品添加剂混运。运输途中应防暴晒、雨淋，防高温

第十五部分 法规信息

下列法律、法规、规章和标准，对该化学品的管理作了相应的规定。
中华人民共和国职业病防治法 职业病分类和目录：五氯酚钠中毒
危险化学品安全管理条例 危险化学品目录：列入。易制爆危险化学品名录：未列入。重点监管的危险化学品名录：未列入。GB 18218—2009《危险化学品重大危险源辨识》（表1）：未列入
使用有毒物品作业场所劳动保护条例 高毒物品目录：未

列入

易制毒化学品管理条例 易制毒化学品的分类和品种目录：未列入

国际公约 斯德哥尔摩公约：未列入。鹿特丹公约：未列入。蒙特利尔议定书：未列入

第十六部分　其他信息

编写和修订信息　　　　缩略语和首字母缩写
培训建议　　　　　　　参考文献
免责声明

五氯化铌

第一部分　化学品标识

化学品中文名 五氯化铌；氯化钶

化学品英文名 niobium pentachloride；columbium pentachloride

分子式 NbCl$_5$　**分子量** 270.171

结构式

化学品的推荐及限制用途 用作试剂、制造纯铌的原料、有机合成中间体

第二部分　危险性概述

紧急情况概述 吞咽有害，造成严重的皮肤灼伤和眼损伤

GHS危险性类别 急性毒性-经口，类别 4；皮肤腐蚀/刺激，类别 1；严重眼损伤/眼刺激，类别 1

标签要素

象形图

警示词 危险

危险性说明 吞咽有害，造成严重的皮肤灼伤和眼损伤

防范说明

预防措施　避免接触眼睛、皮肤，操作后彻底清洗。作业场所不得进食、饮水或吸烟。避免吸入粉尘。戴防护手套，穿防护服，戴防护眼镜、防护面罩

事故响应　如吸入：将患者转移到空气新鲜处，休息，保持利于呼吸的体位，立即呼叫中毒控制中心或就医。皮肤（或头发）接触：立即脱掉所有被污染的衣服，用水冲洗皮肤，淋浴。污染的衣服洗净后方可重新使用。眼睛接触：用水细心地冲洗数分钟，立即呼叫中毒控制中心或就医。如戴隐形眼镜并可方便地取出，则取出隐形眼镜，继续冲洗。食入：漱口，不要催吐。如果感觉不适，立即呼叫中毒控制中心或就医

安全储存　上锁保管

废弃处置　本品及内装物、容器依据国家和地方法规处置

物理和化学危险 不燃，无特殊燃爆特性。遇水剧烈反应，产生有毒气体

健康危害 粉尘和蒸气对皮肤、眼睛和黏膜有刺激性。可致灼伤

环境危害 对环境可能有害

第三部分　成分/组成信息

√物质　　　　　　　　　混合物

组分	浓度	CAS No.
五氯化铌		10026-12-7

第四部分　急救措施

吸入 迅速脱离现场至空气新鲜处。保持呼吸道通畅。如呼吸困难，给输氧。呼吸、心跳停止，立即进行心肺复苏术。就医

皮肤接触 立即脱去污染的衣着，用大量流动清水彻底冲洗至少 15min。就医

眼睛接触 立即分开眼睑，用流动清水或生理盐水彻底冲洗 5～10min。就医

食入 用水漱口，禁止催吐。给饮牛奶或蛋清。就医

对保护施救者的忠告 根据需要使用个人防护设备

对医生的特别提示 对症处理

第五部分　消防措施

灭火剂 本品不燃，根据着火原因选择适当灭火剂灭火

特别危险性 遇水或水蒸气发生剧烈反应释出有刺激性和腐蚀性的氯化氢烟雾。具有腐蚀性

灭火注意事项及防护措施 消防人员必须穿全身防火防毒服，在上风向灭火。灭火时尽可能将容器从火场移至空旷处。禁止用水、泡沫和酸碱灭火剂灭火

第六部分　泄漏应急处理

作业人员防护措施、防护装备和应急处置程序 隔离泄漏污染区，限制出入。建议应急处理人员戴防尘口罩，穿防酸碱服。穿上适当的防护服前严禁接触破裂的容器和泄漏物。尽可能切断泄漏源

环境保护措施 用塑料布覆盖泄漏物，减少飞散

泄漏化学品的收容、清除方法及所使用的处置材料 勿使水进入包装容器内。用洁净的铲子收集泄漏物，置于干净、干燥、盖子较松的容器中，将容器移离泄漏区

第七部分　操作处置与储存

操作注意事项 密闭操作，局部排风。操作人员必须经过专门培训，严格遵守操作规程。建议操作人员佩戴防尘面具（全面罩），穿橡胶耐酸碱服，戴橡胶耐酸碱手套。避免产生粉尘。避免与酸类接触。尤其要注意避免与水接触。搬运时要轻装轻卸，防止包装及容器损坏。配备泄漏应急处理设备。倒空的容器可能残留有害物

储存注意事项 储存于阴凉、通风的库房。远离火种、热源。应与酸类等分开存放，切忌混储。储区应备有合适的材料收容泄漏物

第八部分　接触控制/个体防护

职业接触限值

中国　未制定标准

美国（ACGIH）　未制定标准

生物接触限值　未制定标准

监测方法　空气中有毒物质测定方法：未制定标准。生物监测检验方法：未制定标准

工程控制　密闭操作，局部排风

个体防护装备

呼吸系统防护　可能接触其粉尘时，必须佩戴防尘面具（全面罩）。紧急事态抢救或撤离时，应该佩戴空气呼吸器

眼睛防护　呼吸系统防护中已作防护

皮肤和身体防护　穿橡胶耐酸碱服

手防护　戴橡胶耐酸碱手套

第九部分　理化特性

外观与性状　淡黄色晶状固体，潮解性极强

pH 值　无意义	**熔点(℃)**　204.7～209.5
沸点(℃)　250	**相对密度(水＝1)**　2.75
相对蒸气密度(空气＝1)　无资料	
饱和蒸气压(kPa)　无资料	
临界压力(MPa)　无资料	**辛醇/水分配系数**　无资料
闪点(℃)　无意义	**自燃温度(℃)**　无意义
爆炸下限(%)　无意义	**爆炸上限(%)**　无意义
分解温度(℃)　无资料	**黏度(mPa·s)**　无资料
燃烧热(kJ/mol)　无资料	**临界温度(℃)**　无资料
溶解性　溶于醇、浓盐酸	

第十部分　稳定性和反应性

稳定性　稳定

危险反应　与强酸、水蒸气等禁配物发生反应。遇水或水蒸气发生剧烈反应释出有刺激性和腐蚀性的氯化氢烟雾

避免接触的条件　潮湿空气

禁配物　强酸、水蒸气

危险的分解产物　氯化氢

第十一部分　毒理学信息

急性毒性　LD$_{50}$：1400mg/kg（大鼠经口），829mg/kg（小鼠经口）

皮肤刺激或腐蚀　无资料		**眼睛刺激或腐蚀**　无资料	
呼吸或皮肤过敏　无资料		**生殖细胞突变性**　无资料	
致癌性　无资料		**生殖毒性**　无资料	
特异性靶器官系统毒性-一次接触　无资料			
特异性靶器官系统毒性-反复接触　无资料			
吸入危害　无资料			

第十二部分　生态学信息

生态毒性　无资料

持久性和降解性

生物降解性　无资料

非生物降解性　无资料

潜在的生物累积性　无资料

土壤中的迁移性　无资料

第十三部分　废弃处置

废弃化学品　根据国家和地方有关法规的要求处置。或与厂商或制造商联系，确定处置方法

污染包装物　将容器返还生产商或按照国家和地方法规处置

废弃注意事项　处置前应参阅国家和地方有关法规

第十四部分　运输信息

联合国危险货物编号（UN 号）　3260

联合国运输名称　无机酸性腐蚀性固体，未另作规定的（五氯化铌）

联合国危险性类别　8

包装类别　—　　　　　　　**包装标志**　

海洋污染物　否

运输注意事项　起运时包装要完整，装载应稳妥。运输过程中要确保容器不泄漏、不倒塌、不坠落、不损坏。严禁与碱类、食用化学品等混装混运。运输时运输车辆应配备泄漏应急处理设备。运输途中应防暴晒、雨淋，防高温

第十五部分　法规信息

下列法律、法规、规章和标准，对该化学品的管理作了相应的规定。

中华人民共和国职业病防治法　职业病分类和目录：未列入

危险化学品安全管理条例　危险化学品目录：列入。易制爆危险化学品名录：未列入。重点监管的危险化学品名录：未列入。GB 18218—2009《危险化学品重大危险源辨识》（表1）：未列入

使用有毒物品作业场所劳动保护条例　高毒物品目录：未列入

易制毒化学品管理条例　易制毒化学品的分类和品种目录：未列入

国际公约　斯德哥尔摩公约：未列入。鹿特丹公约：未列入。蒙特利尔议定书：未列入

第十六部分　其他信息

编写和修订信息	**缩略语和首字母缩写**
培训建议	**参考文献**
免责声明	

五氯化钽

第一部分　化学品标识

化学品中文名　五氯化钽；氯化钽

化学品英文名　tantalum（Ⅴ）chloride；tantalum pentachloride

分子式　TaCl₅　分子量　358.213

结构式　

化学品的推荐及限制用途　用于医药，用作纯金属钽的原料、有机合成中间体、有机物氯化剂

第二部分　危险性概述

紧急情况概述　吞咽有害，造成严重的皮肤灼伤和眼损伤

GHS危险性类别　急性毒性-经口，类别4；皮肤腐蚀/刺激，类别1；严重眼损伤/眼刺激，类别1

标签要素

象形图　

警示词　危险

危险性说明　吞咽有害，造成严重的皮肤灼伤和眼损伤

防范说明

　　预防措施　避免接触眼睛、皮肤，操作后彻底清洗。作业场所不得进食、饮水或吸烟。避免吸入粉尘。戴防护手套，穿防护服，戴防护眼镜、防护面罩

　　事故响应　如吸入：将患者转移到空气新鲜处，休息，保持利于呼吸的体位，立即呼叫中毒控制中心或就医。皮肤（或头发）接触：立即脱掉所有被污染的衣服，用水冲洗皮肤，淋浴。污染的衣服洗净后方可重新使用。眼睛接触：用水细心地冲洗数分钟，立即呼叫中毒控制中心或就医。如戴隐形眼镜并方便地取出，则取出隐形眼镜，继续冲洗。食入：漱口，不要催吐。如果感觉不适，立即呼叫中毒控制中心或就医

　　安全储存　上锁保管

　　废弃处置　本品及内装物、容器依据国家和地方法规处置

物理和化学危险　不燃，无特殊燃爆特性。遇水剧烈反应，产生有毒气体

健康危害　本品有毒。眼和皮肤接触可致灼伤。遇水能产生氯化氢，对皮肤和黏膜有刺激作用

环境危害　对环境可能有害

第三部分　成分/组成信息

√物质　　　　　　　　混合物

组分	浓度	CAS No.
五氯化钽		7721-01-9

第四部分　急救措施

吸入　迅速脱离现场至空气新鲜处。保持呼吸道通畅。如呼吸困难，给输氧。呼吸、心跳停止，立即进行心肺复苏术。就医

皮肤接触　立即脱去污染的衣着，用大量流动清水彻底冲洗至少15min。就医

眼睛接触　立即分开眼睑，用流动清水或生理盐水彻底冲洗5～10min。就医

食入　用水漱口，禁止催吐。给饮牛奶或蛋清。就医

对保护施救者的忠告　根据需要使用个人防护设备

对医生的特别提示　对症处理

第五部分　消防措施

灭火剂　本品不燃，根据着火原因选择适当灭火剂灭火

特别危险性　遇水反应产生有毒和腐蚀性的烟雾。遇潮时对大多数金属有腐蚀性。具有腐蚀性

灭火注意事项及防护措施　消防人员必须穿全身防火防毒服，在上风向灭火。灭火时尽可能将容器从火场移至空旷处。禁止用水、泡沫和酸碱灭火剂灭火

第六部分　泄漏应急处理

作业人员防护措施、防护装备和应急处置程序　隔离泄漏污染区，限制出入。建议应急处理人员戴防尘口罩，穿防酸碱服。穿上适当的防护服前严禁接触破裂的容器和泄漏物。尽可能切断泄漏源

环境保护措施　用塑料布覆盖泄漏物，减少飞散

泄漏化学品的收容、清除方法及所使用的处置材料　勿使水进入包装容器内。用洁净的铲子收集泄漏物，置于干净、干燥、盖子较松的容器中，将容器移离泄漏区

第七部分　操作处置与储存

操作注意事项　密闭操作，局部排风。操作人员必须经过专门培训，严格遵守操作规程。建议操作人员佩戴自吸过滤式防尘口罩，戴化学安全防护眼镜，穿橡胶耐酸碱服，戴橡胶耐酸碱手套。避免产生粉尘。避免与碱类接触。搬运时要轻装轻卸，防止包装及容器损坏。配备泄漏应急处理设备。倒空的容器可能残留有害物

储存注意事项　储存于阴凉、干燥、通风良好的库房。远离火种、热源。包装必须密封，切勿受潮。应与碱类等分开存放，切忌混储。储区应备有合适的材料收容泄漏物

第八部分　接触控制/个体防护

职业接触限值

　　中国　未制定标准

　　美国（ACGIH）　未制定标准

生物接触限值　未制定标准

监测方法　空气中有毒物质测定方法：未制定标准。生物监测检验方法：未制定标准

工程控制　密闭操作，局部排风

个体防护装备

　　呼吸系统防护　空气中粉尘浓度超标时，必须佩戴过滤式防尘呼吸器。紧急事态抢救或撤离时，应该佩戴空气呼吸器

　　眼睛防护　戴化学安全防护眼镜

　　皮肤和身体防护　穿橡胶耐酸碱服

　　手防护　戴橡胶耐酸碱手套

第九部分　理化特性

外观与性状　淡黄色晶状粉末，易潮解

pH 值　无意义

熔点(℃)　216.5～220

沸点(℃)　239.3　**相对密度(水＝1)**　3.68

相对蒸气密度(空气＝1)　无资料

饱和蒸气压(kPa)　无资料

临界压力(MPa)　无资料　**辛醇/水分配系数**　无资料

闪点(℃)　无意义　**自燃温度(℃)**　无意义

爆炸下限(%)　无意义　**爆炸上限(%)**　无意义

分解温度(℃)　无资料　**黏度(mPa·s)**　无资料

燃烧热(kJ/mol)　无资料　**临界温度(℃)**　无资料

溶解性　溶于醇、王水及浓硫酸、氯仿、四氯化碳、二硫化碳，微溶于乙醇

第十部分　稳定性和反应性

稳定性　稳定

危险反应　与强碱、水蒸气等禁配物发生反应。遇水反应产生有毒和腐蚀性的烟雾

避免接触的条件　潮湿空气

禁配物　强碱、水蒸气

危险的分解产物　氯化氢

第十一部分　毒理学信息

急性毒性　LD_{50}：1900mg/kg（大鼠经口）

皮肤刺激或腐蚀　无资料　**眼睛刺激或腐蚀**　无资料

呼吸或皮肤过敏　无资料　**生殖细胞突变性**　无资料

致癌性　无资料　**生殖毒性**　无资料

特异性靶器官系统毒性-一次接触　无资料

特异性靶器官系统毒性-反复接触　无资料

吸入危害　无资料

第十二部分　生态学信息

生态毒性　无资料

持久性和降解性

　　生物降解性　无资料

　　非生物降解性　无资料

潜在的生物累积性　无资料

土壤中的迁移性　无资料

第十三部分　废弃处置

废弃化学品　若可能，回收使用。也可以用安全掩埋法处置

污染包装物　将容器返还生产商或按照国家和地方法规处置

废弃注意事项　处置前应参阅国家和地方有关法规

第十四部分　运输信息

联合国危险货物编号（UN 号）　3260

联合国运输名称　无机酸性腐蚀性固体，未另作规定的（五氯化钽）

联合国危险性类别　8

包装类别　—　**包装标志**

海洋污染物　否

运输注意事项　起运时包装要完整，装载应稳妥。运输过程中要确保容器不泄漏、不倒塌、不坠落、不损坏。严禁与碱类、食用化学品等混装混运。运输时运输车辆应配备泄漏应急处理设备。运输途中应防暴晒、雨淋，防高温

第十五部分　法规信息

　　下列法律、法规、规章和标准，对该化学品的管理作了相应的规定。

中华人民共和国职业病防治法　职业病分类和目录：未列入

危险化学品安全管理条例　危险化学品目录：列入。易制爆危险化学品名录：未列入。重点监管的危险化学品名录：未列入。GB 18218—2009《危险化学品重大危险源辨识》（表1）：未列入

使用有毒物品作业场所劳动保护条例　高毒物品目录：未列入

易制毒化学品管理条例　易制毒化学品的分类和品种目录：未列入

国际公约　斯德哥尔摩公约：未列入。鹿特丹公约：未列入。蒙特利尔议定书：未列入

第十六部分　其他信息

编写和修订信息　缩略语和首字母缩写

培训建议　参考文献

免责声明

五氯硝基苯

第一部分　化学品标识

化学品中文名　五氯硝基苯；硝基五氯苯

化学品英文名　pentachloronitrobenzene；quintozene

分子式　$C_6Cl_5NO_2$　**分子量**　295.335

结构式

化学品的推荐及限制用途　用作中间体，用于土壤杀菌剂、除草剂等

第二部分　危险性概述

紧急情况概述　可能导致皮肤过敏反应

GHS 危险性类别　皮肤致敏物，类别1；危害水生环境-急性危害，类别1；危害水生环境-长期危害，类别1

标签要素

象形图

警示词 警告

危险性说明 可能导致皮肤过敏反应，对水生生物毒性非常大并具有长期持续影响

防范说明

预防措施 避免吸入粉尘。污染的工作服不得带出工作场所。戴防护手套。禁止排入环境

事故响应 如皮肤接触：用大量肥皂水和水清洗。如出现皮肤刺激或皮疹：就医。污染的衣服清洗后方可重新使用。收集泄漏物

安全储存 —

废弃处置 本品及内装物、容器依据国家和地方法规处置

物理和化学危险 可燃，其粉体与空气混合，能形成爆炸性混合物

健康危害 主要损害心血管系统、中枢神经系统、肝、肾和造血系统。小白鼠急性中毒时，出现呼吸加快、发绀、颤抖、痉挛性抽搐、共济运动失调，甚至死亡。慢性作用下，初期红细胞数和血红蛋白含量增加，随后抑制造血功能、衰竭、抽搐，部分动物可致死。动物试验显示本品有高铁血红蛋白形成作用

环境危害 对水生生物毒性非常大并具有长期持续影响

第三部分　成分/组成信息

√ 物质　　　　　　　　混合物

组分	浓度	CAS No.
五氯硝基苯		82-68-8

第四部分　急救措施

吸入 迅速脱离现场至空气新鲜处。保持呼吸道通畅。如呼吸困难，给输氧。如呼吸、心跳停止，立即进行心肺复苏术。就医

皮肤接触 立即脱去污染衣着，用肥皂水或清水彻底冲洗。就医

眼睛接触 分开眼睑，用清水或生理盐水冲洗。就医

食入 漱口，饮水。就医

对保护施救者的忠告 根据需要使用个人防护设备

对医生的特别提示 高铁血红蛋白血症，可用亚甲蓝和维生素C治疗

第五部分　消防措施

灭火剂 用雾状水、泡沫、干粉、二氧化碳、砂土灭火

特别危险性 遇明火、高热可燃。与强氧化剂接触可发生化学反应。受高热分解，产生有毒的氮氧化物和氯化物气体

灭火注意事项及防护措施 消防人员必须佩戴空气呼吸器、穿全身防火防毒服，在上风向灭火。尽可能将容器从火场移至空旷处。喷水保持火场容器冷却，直至灭火结束

第六部分　泄漏应急处理

作业人员防护措施、防护装备和应急处置程序 隔离泄漏污染区，限制出入。消除所有点火源。建议应急处理人员戴防尘口罩，穿防毒服。穿上适当的防护服前严禁接触破裂的容器和泄漏物。尽可能切断泄漏源

环境保护措施 用塑料布覆盖泄漏物，减少飞散

泄漏化学品的收容、清除方法及所使用的处置材料 勿使水进入包装容器内。用洁净的铲子收集泄漏物，置于干净、干燥、盖子较松的容器中，将容器移离泄漏区

第七部分　操作处置与储存

操作注意事项 密闭操作，提供充分的局部排风。操作人员必须经过专门培训，严格遵守操作规程。建议操作人员佩戴自吸过滤式防尘口罩，戴化学安全防护眼镜，穿透气型防毒服，戴防化学品手套。远离火种、热源，工作场所严禁吸烟。使用防爆型的通风系统和设备。避免产生粉尘。避免与氧化剂、还原剂、碱类接触。搬运时要轻装轻卸，防止包装及容器损坏。配备相应品种和数量的消防器材及泄漏应急处理设备。倒空的容器可能残留有害物

储存注意事项 储存于阴凉、通风的库房。远离火种、热源。应与氧化剂、还原剂、碱类分开存放，切忌混储。配备相应品种和数量的消防器材。储区应备有合适的材料收容泄漏物

第八部分　接触控制/个体防护

职业接触限值

中国 未制定标准

美国（ACGIH） TLV-TWA：0.5mg/m³ [敏]

生物接触限值 未制定标准

监测方法 空气中有毒物质测定方法：未制定标准。生物监测检验方法：未制定标准

工程控制 严加密闭，提供充分的局部排风。提供安全淋浴和洗眼设备

个体防护装备

呼吸系统防护 空气中粉尘浓度较高时，建议佩戴过滤式防尘呼吸器

眼睛防护 戴化学安全防护眼镜

皮肤和身体防护 穿透气型防毒服

手防护 戴防化学品手套

第九部分　理化特性

外观与性状 无色或微黄色结晶，有发霉的气味

pH值 无意义	**熔点(℃)** 140～143	
沸点(℃) 328（分解）	**相对密度(水＝1)** 1.72	

相对蒸气密度(空气＝1) 无资料

饱和蒸气压(kPa) 无资料

临界压力(MPa) 无资料

辛醇/水分配系数 4.64～4.77

闪点(℃) 无资料	**自燃温度(℃)** 无资料
爆炸下限(%) 无资料	**爆炸上限(%)** 无资料
分解温度(℃) 无资料	**黏度(mPa·s)** 无资料
燃烧热(kJ/mol) 无资料	**临界温度(℃)** 无资料

溶解性 不溶于水，微溶于醇、苯、氯仿、二硫化碳

第十部分　稳定性和反应性

稳定性 稳定

危险反应 与强还原剂、强氧化剂、强碱等禁配物发生反应

避免接触的条件 无资料

禁配物 强还原剂、强氧化剂、强碱

危险的分解产物 氮氧化物、氯化氢

第十一部分 毒理学信息

急性毒性 LD$_{50}$：265mg/kg（大鼠经口），1400mg/kg（小鼠经口），800mg/kg（兔经口）。LC$_{50}$：1400mg/m^3（大鼠吸入）

皮肤刺激或腐蚀 无资料　　**眼睛刺激或腐蚀** 无资料

呼吸或皮肤过敏 无资料

生殖细胞突变性 DNA修复：1mg/皿。微生物致突变：大肠杆菌10mg/皿。DNA加合物：大肠杆菌20μmol/L。性染色体缺失和不分离：构巢曲霉17μmol/L。细胞遗传学分析：仓鼠卵巢7500μg/L

致癌性 IARC致癌性评论：组3，现有的证据不能对人类致癌性进行分类

生殖毒性 小鼠孕后7～16d经口给予最低中毒剂量（TDLo）5gm/kg，致肌肉骨骼系统发育畸形。小鼠孕后6～14d经口给予最低中毒剂量（TDLo）1935mg/kg，致眼、耳、泌尿生殖系统发育畸形。小鼠孕后6～10d经口给予最低中毒剂量（TDLo）4176mg/kg，致中枢神经系统、颅面部（包括鼻、舌）发育畸形

特异性靶器官系统毒性-一次接触 无资料

特异性靶器官系统毒性-反复接触 无资料

吸入危害 无资料

第十二部分 生态学信息

生态毒性 LC$_{50}$：0.323mg/L（96h）（青鳉，OECD 203，半静态）。EC$_{50}$：0.925mg/L（48h）（大型溞，OECD 202，静态）。ErC$_{50}$：＞0.91mg/L（72h）（藻类，OECD 201）。NOEC：0.0196mg/L（40d）（青鳉，OECD 210，流水式）。NOEC：0.084mg/L（21d）（大型溞，OECD 211，半静态）

持久性和降解性

　　生物降解性 无资料

　　非生物降解性 无资料

潜在的生物累积性 无资料

土壤中的迁移性 无资料

第十三部分 废弃处置

废弃化学品 用焚烧法处置。与聚乙烯混合后再焚烧。焚烧炉排出的气体要通过洗涤器除去

污染包装物 将容器返还生产商或按照国家和地方法规处置

废弃注意事项 处置前应参阅国家和地方有关法规

第十四部分 运输信息

联合国危险货物编号（UN号） 3077

联合国运输名称 对环境有害的固态物质，未另作规定的（五氯硝基苯）

联合国危险性类别 9

包装类别 Ⅲ　　　　　　　　　**包装标志**

海洋污染物 是

运输注意事项 运输前应先检查包装容器是否完整、密封，运输过程中要确保容器不泄漏、不倒塌、不坠落、不损坏。严禁与酸类、氧化剂、食品及食品添加剂混运。运输途中应防暴晒、雨淋，防高温

第十五部分 法规信息

　　下列法律、法规、规章和标准，对该化学品的管理作了相应的规定。

中华人民共和国职业病防治法 职业病分类和目录：苯的氨基及硝基化合物中毒

危险化学品安全管理条例 危险化学品目录：列入。易制爆危险化学品名录：未列入。重点监管的危险化学品名录：未列入。GB 18218—2009《危险化学品重大危险源辨识》（表1）：未列入

使用有毒物品作业场所劳动保护条例 高毒物品目录：未列入

易制毒化学品管理条例 易制毒化学品的分类和品种目录：未列入

国际公约 斯德哥尔摩公约：未列入。鹿特丹公约：未列入。蒙特利尔议定书：未列入

第十六部分 其他信息

编写和修订信息 缩略语和首字母缩写

培训建议 参考文献

免责声明

五羰基铁

第一部分 化学品标识

化学品中文名 五羰基铁；羰基铁

化学品英文名 iron pentacarbonyl；pentacarbonyl iron

分子式 Fe(CO)$_5$　　**分子量** 195.895

结构式

$$OC-\underset{\underset{OC}{|}}{\overset{\overset{CO}{|}}{Fe}}\begin{matrix}CO\\CO\end{matrix}$$

化学品的推荐及限制用途 用以制作磁带、腐蚀材料、抗爆剂，用作羰基化和聚合催化剂

第二部分 危险性概述

紧急情况概述 高度易燃液体和蒸气，皮肤接触会致命，吸入致命

GHS危险性类别 易燃液体，类别2；急性毒性-经口，类别2；急性毒性-经皮，类别2；急性毒性-吸入，类别1；特异性靶器官毒性-一次接触，类别1；特异性靶器官毒性-反复接触，类别2

标签要素

象形图

警示词 危险

危险性说明 高度易燃液体和蒸气，皮肤接触会致命，吸入致命，对器官造成损害，长时间或反复接触可能对器官造成损伤

防范说明

预防措施 远离热源、火花、明火、热表面。保持容器密闭。容器和接收设备接地连接。使用防爆型电器、通风、照明设备。只能使用不产生火花的工具。采取防止静电措施。戴防护手套、防护眼镜、防护面罩，穿防护服。避免接触眼睛、皮肤或衣服，操作后彻底清洗。作业场所不得进食、饮水或吸烟。避免吸入蒸气、雾。仅在室外或通风良好处操作。戴呼吸防护器具

事故响应 火灾时，使用泡沫、干粉、二氧化碳、砂土灭火。如吸入：将患者转移到空气新鲜处，休息，保持利于呼吸的体位，立即呼叫中毒控制中心或就医。如皮肤（或头发）接触：立即脱掉所有被污染的衣服，用水冲洗皮肤，淋浴，立即呼叫中毒控制中心或就医。食入：立即呼叫中毒控制中心或就医，漱口。如果接触：立即呼叫中毒控制中心或就医。如感觉不适，就医

安全储存 存放在通风良好的地方。保持低温。保持容器密闭。上锁保管

废弃处置 本品及内装物、容器依据国家和地方法规处置

物理和化学危险 易燃，其蒸气与空气混合，能形成爆炸性混合物

健康危害 剧毒。接触引起眩晕、头痛、呼吸困难和呕吐。脱离现场吸入新鲜空气后可缓解，但12～36h后又可出现呼吸困难、急性肺水肿等

环境危害 对环境可能有害

第三部分 成分/组成信息

√物质　　　　　　　　　混合物

组分	浓度	CAS No.
五羰基铁		13463-40-6

第四部分 急救措施

吸入 迅速脱离现场至空气新鲜处。保持呼吸道通畅。如呼吸困难，给输氧。呼吸、心跳停止，立即进行心肺复苏术。就医

皮肤接触 立即脱去污染的衣着，用流动清水彻底冲洗。就医

眼睛接触 立即分开眼睑，用流动清水或生理盐水彻底冲洗。就医

食入 漱口，饮水。就医

对保护施救者的忠告 根据需要使用个人防护设备

对医生的特别提示 对症处理

第五部分 消防措施

灭火剂 用泡沫、干粉、二氧化碳、砂土灭火

特别危险性 暴露在空气中能自燃。遇明火、高热能引起燃烧爆炸。与氧化剂能发生强烈反应。蒸气比空气重，沿地面扩散并易积存于低洼处，遇火源会着火回燃。与锌及过渡金属卤化物发生剧烈反应

灭火注意事项及防护措施 消防人员必须佩戴空气呼吸器、穿全身防火防毒服，在上风向灭火。尽可能将容器从火场移至空旷处。喷水保持火场容器冷却，直至灭火结束。处在火场中的容器若已变色或从安全泄压装置中发出声音，必须马上撤离。用水灭火无效

第六部分 泄漏应急处理

作业人员防护措施、防护装备和应急处置程序 消除所有点火源。根据液体流动和蒸气扩散的影响区域划定警戒区，无关人员从侧风、上风向撤离至安全区。建议应急处理人员戴正压自给式呼吸器，穿防毒、防静电服。作业时使用的所有设备应接地。禁止接触或跨越泄漏物。尽可能切断泄漏源

环境保护措施 防止泄漏物进入水体、下水道、地下室或有限空间

泄漏化学品的收容、清除方法及所使用的处置材料 小量泄漏：用砂土或其他不燃材料吸收。使用洁净的无火花工具收集吸收材料。大量泄漏：构筑围堤或挖坑收容。用泡沫覆盖，减少蒸发。喷水雾能减少蒸发，但不能降低泄漏物在有限空间内的易燃性。用防爆泵转移至槽车或专用收集器内

第七部分 操作处置与储存

操作注意事项 密闭操作，提供充分的局部排风。防止蒸气泄漏到工作场所空气中。操作人员必须经过专门培训，严格遵守操作规程。建议操作人员佩戴自吸过滤式防毒面具（全面罩），穿胶布防毒衣，戴橡胶手套。远离火种、热源，工作场所严禁吸烟。使用防爆型的通风系统和设备。在清除液体和蒸气前不能进行焊接、切割等作业。避免产生烟雾。避免与氧化剂、碱类、胺类、卤素接触。配备相应品种和数量的消防器材及泄漏应急处理设备。倒空的容器可能残留有害物

储存注意事项 储存于阴凉、通风良好的专用库房内，实行"双人收发、双人保管"制度。远离火种、热源。防止阳光直射。保持容器密封。应与氧化剂、碱类、胺类、卤素、食用化学品分开存放，切忌混储。采用防爆型照明、通风设施。禁止使用易产生火花的机械设备和工具。储区应备有泄漏应急处理设备和合适的收容材料

第八部分 接触控制/个体防护

职业接触限值

中国 PC-TWA：0.25mg/m³；PC-STEL：0.5mg/m³ ［按 Fe 计］

美国（ACGIH） TLV-TWA：0.1ppm；TLV-STEL：0.2ppm ［按 Fe 计］

生物接触限值 未制定标准

监测方法 空气中有毒物质测定方法：未制定标准。生物监测检验方法：未制定标准

工程控制　严加密闭，提供充分的局部排风

个体防护装备

呼吸系统防护　空气中浓度超标时，必须佩戴过滤式防毒面具（全面罩）。紧急事态抢救或撤离时，应该佩戴空气呼吸器

眼睛防护　呼吸系统防护中已作防护

皮肤和身体防护　穿密闭型防毒服

手防护　戴橡胶手套

第九部分　理化特性

外观与性状　黄色至深红色黏稠液体，遇光分解

pH 值　无资料　　　　　　**熔点(℃)**　−20

沸点(℃)　103.0　　　　相对密度(水=1)　1.49

相对蒸气密度(空气=1)　6.74

饱和蒸气压(kPa)　4.65（30.3℃）

临界压力(MPa)　3　　　辛醇/水分配系数　无资料

闪点(℃)　−15　　　　自燃温度(℃)　50.0

爆炸下限(%)　3.7　　　爆炸上限(%)　12.5

分解温度(℃)　无资料

黏度(mPa·s)　76（20℃）

燃烧热(kJ/mol)　−1606.34　临界温度(℃)　285～288

溶解性　不溶于水，易溶于乙醚、丙酮、苯等多数有机溶剂

第十部分　稳定性和反应性

稳定性　稳定

危险反应　与强氧化剂、强碱、胺类、卤素等禁配物接触，有发生火灾和爆炸的危险。暴露在空气中能自燃。与锌及过渡金属卤化物发生剧烈反应

避免接触的条件　光照

禁配物　强氧化剂、强碱、胺类、卤素

危险的分解产物　氧化铁

第十一部分　毒理学信息

急性毒性　属剧毒类，大鼠吸入 10ppm 数小时可引起肺水肿，肺出血而死亡。LD$_{50}$：25mg/kg（大鼠经口），62mg/kg（小鼠经口），56mg/kg（兔经皮）。LC$_{50}$：10ppm（大鼠吸入，4h）

皮肤刺激或腐蚀　无资料　　**眼睛刺激或腐蚀**　无资料

呼吸或皮肤过敏　无资料　　**生殖细胞突变性**　无资料

致癌性　无资料　　　　　　**生殖毒性**　无资料

特异性靶器官系统毒性--一次接触　无资料

特异性靶器官系统毒性-反复接触　无资料

吸入危害　无资料

第十二部分　生态学信息

生态毒性　无资料

持久性和降解性

　生物降解性　无资料

　非生物降解性　无资料

潜在的生物累积性　无资料

土壤中的迁移性　无资料

第十三部分　废弃处置

废弃化学品　建议用控制焚烧法或安全掩埋法处置。若可能，重复使用容器或在规定场所掩埋。量小时，用含有 50% 以上漂白剂的稀碱液（pH=10～11）处理。通过漂白剂的加入速度控制反应温度。若必要，调节 pH 值。静置一晚，小心将 pH 值调至 7，反应可能放出气体。滤出固体做掩埋处置

污染包装物　将容器返还生产商或按照国家和地方法规处置

废弃注意事项　处置前应参阅国家和地方有关法规

第十四部分　运输信息

联合国危险货物编号（UN 号）　1994

联合国运输名称　五羰铁

联合国危险性类别　6.1，3

包装类别　Ⅰ

包装标志　

运输注意事项　铁路运输要求容器余位应注满一氧化碳或其他不与所装货物起反应的惰性气体。运输前应先检查包装容器是否完整、密封，运输过程中要确保容器不泄漏、不倒塌、不坠落、不损坏。严禁与酸类、氧化剂、食品及食品添加剂混运。运输时运输车辆应配备相应品种和数量的消防器材及泄漏应急处理设备。运输途中应防暴晒、雨淋，防高温。运输时所用的槽（罐）车应有接地链，槽内可设孔隔板以减少震荡产生的静电。中途停留时应远离火种、热源。公路运输时要按规定路线行驶，勿在居民区和人口稠密区停留

第十五部分　法规信息

下列法律、法规、规章和标准，对该化学品的管理作了相应的规定。

中华人民共和国职业病防治法　职业病分类和目录：未列入

危险化学品安全管理条例　危险化学品目录：列入。作为剧毒化学品进行管理。易制爆危险化学品名录：未列入。重点监管的危险化学品名录：未列入。GB 18218—2009《危险化学品重大危险源辨识》（表 1）：未列入

使用有毒物品作业场所劳动保护条例　高毒物品目录：未列入

易制毒化学品管理条例　易制毒化学品的分类和品种目录：未列入

国际公约　斯德哥尔摩公约：未列入。鹿特丹公约：未列入。蒙特利尔议定书：未列入

第十六部分　其他信息

编写和修订信息　　缩略语和首字母缩写

培训建议　　　　　参考文献

免责声明

五氧化二钒

第一部分　化学品标识

化学品中文名　五氧化二钒；钒酸酐；钒（酸）酐
化学品英文名　vanadium pentoxide；vanadic anhydride
分子式　O_5V_2　**分子量**　181.88
结构式

化学品的推荐及限制用途　广泛用于有机合成工业及硫酸工业中，也用作玻璃搪瓷着色剂、磁性材料

第二部分　危险性概述

紧急情况概述　吞咽致命，吸入有害，怀疑致癌，可能引起呼吸道刺激
GHS危险性类别　急性毒性-经口，类别2；急性毒性-吸入，类别4；生殖细胞致突变性，类别2；致癌性，类别2；生殖毒性，类别2；特异性靶器官毒性-反复接触，类别1；特异性靶器官毒性-一次接触，类别3（呼吸道刺激）；危害水生环境-急性危害，类别2；危害水生环境-长期危害，类别2
标签要素

象形图　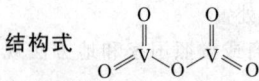

　警示词　危险
　危险性说明　吞咽致命，吸入有害，怀疑可造成遗传性缺陷，怀疑致癌，怀疑对生育力或胎儿造成伤害，长时间或反复接触对器官造成损伤，可能引起呼吸道刺激，对水生生物有毒并具有长期持续影响
　防范说明
　　预防措施　避免接触眼睛、皮肤，操作后彻底清洗。作业场所不得进食、饮水或吸烟。得到专门指导后操作。在阅读并了解所有安全预防措施之前，切勿操作。按要求使用个体防护装备。避免吸入粉尘。仅在室外或通风良好处操作。禁止排入环境
　　事故响应　如吸入：将患者转移到空气新鲜处，休息，保持利于呼吸的体位。食入：立即呼叫中毒控制中心或就医，漱口。如感觉不适，呼叫中毒控制中心或就医。如果接触或有担心，就医。收集泄漏物
　　安全储存　上锁保管
　　废弃处置　本品及内装物、容器依据国家和地方法规处置
物理和化学危险　不燃，无特殊燃爆特性
健康危害　对呼吸系统和皮肤有损害作用。急性中毒：可引起鼻、咽、肺部刺激症状，接触者出现眼烧灼感、流泪、咽痒、干咳、胸闷、全身不适、倦怠等表现，重者出现支气管炎或支气管肺炎。皮肤高浓度接触可致皮炎，剧烈瘙痒。慢性中毒：长期接触可引起慢性支气管炎、肾损害、视力障碍等

环境危害　对水生生物有毒并具有长期持续影响

第三部分　成分/组成信息

√　物质　　　　　　　　　　混合物

组分	浓度	CAS No.
五氧化二钒		1314-62-1

第四部分　急救措施

吸入　迅速脱离现场至空气新鲜处。保持呼吸道通畅。如呼吸困难，给输氧。呼吸、心跳停止，立即进行心肺复苏术。就医
皮肤接触　立即脱去污染的衣着，用流动清水彻底冲洗。就医
眼睛接触　立即分开眼睑，用流动清水或生理盐水彻底冲洗。就医
食入　饮适量温水，催吐（仅限于清醒者）。就医
对保护施救者的忠告　根据需要使用个人防护设备
对医生的特别提示　对症处理

第五部分　消防措施

灭火剂　本品不燃，根据着火原因选择适当灭火剂灭火
特别危险性　不燃。与三氟化氯、锂接触剧烈反应
灭火注意事项及防护措施　消防人员必须佩戴防毒面具、穿全身消防服，在上风向灭火。尽可能将容器从火场移至空旷处。喷水保持火场容器冷却，直至灭火结束

第六部分　泄漏应急处理

作业人员防护措施、防护装备和应急处置程序　隔离泄漏污染区，限制出入。建议应急处理人员戴防尘口罩，穿防毒服。穿上适当的防护服前严禁接触破裂的容器和泄漏物。尽可能切断泄漏源
环境保护措施　用塑料布覆盖泄漏物，减少飞散
泄漏化学品的收容、清除方法及所使用的处置材料　勿使水进入包装容器内。用洁净的铲子收集泄漏物，置于干净、干燥、盖子较松的容器中，将容器移离泄漏区

第七部分　操作处置与储存

操作注意事项　密闭操作，局部排风。操作人员必须经过专门培训，严格遵守操作规程。建议操作人员佩戴防尘面具（全面罩），穿胶布防毒衣，戴橡胶手套。远离易燃、可燃物。避免产生粉尘。避免与酸类接触。搬运时要轻装轻卸，防止包装及容器损坏。配备泄漏应急处理设备。倒空的容器可能残留有害物
储存注意事项　储存于阴凉、通风的库房。远离火种、热源。应与易（可）燃物、酸类、食用化学品分开存放，切忌混储。储区应备有合适的材料收容泄漏物

第八部分　接触控制/个体防护

职业接触限值
　中国　PC-TWA：0.05mg/m³［按V计］
　美国（ACGIH）　TLV-TWA：0.05mg/m³（可吸入性颗粒物）［按V计］
生物接触限值　未制定标准

监测方法 空气中有毒物质测定方法：N-肉桂酰-邻甲苯羟胺分光光度法；催化极谱法。生物监测检验方法：未制定标准

工程控制 密闭操作，局部排风。提供安全淋浴和洗眼设备

个体防护装备

呼吸系统防护 可能接触其粉尘时，必须佩戴防尘面具（全面罩）。紧急事态抢救或撤离时，应该佩戴空气呼吸器

眼睛防护 呼吸系统防护中已作防护

皮肤和身体防护 穿密闭型防毒服

手防护 戴橡胶手套

第九部分 理化特性

外观与性状 橙黄色或红棕色结晶粉末

pH 值 无意义 　　　　**熔点(℃)** 690

沸点(℃) 分解 　　　**相对密度(水＝1)** 3.357

相对蒸气密度(空气＝1) 无资料

饱和蒸气压(kPa) 无资料

临界压力(MPa) 无资料 　**辛醇/水分配系数** 无资料

闪点(℃) 无意义 　　　**自燃温度(℃)** 无意义

爆炸下限(%) 无意义 　　**爆炸上限(%)** 无意义

分解温度(℃) 1750 　　**黏度(mPa·s)** 无资料

燃烧热(kJ/mol) 无资料 　**临界温度(℃)** 无资料

溶解性 微溶于水，不溶于乙醇，溶于浓酸、碱

第十部分 稳定性和反应性

稳定性 稳定

危险反应 与三氟化氯、锂等禁配物发生剧烈反应

避免接触的条件 潮湿空气

禁配物 强酸、易燃或可燃物、三氟化氯、锂

危险的分解产物 无资料

第十一部分 毒理学信息

急性毒性 LD_{50}：10mg/kg（大鼠经口）；23mg/kg（小鼠经口）；64mg/kg（兔经口）；1mg/kg（兔静脉）。LC_{50}：70mg/m³（大鼠吸入，1h）

皮肤刺激或腐蚀 无资料 　**眼睛刺激或腐蚀** 无资料

呼吸或皮肤过敏 无资料

生殖细胞突变性 DNA 修复：枯草菌 500mmol/L

致癌性 IARC 致癌性评论：组 2B，对人类是可能致癌物

生殖毒性 小鼠静脉注射最低中毒剂量（TDLo）：10900mg/kg（孕 8d），引起肌肉骨骼发育异常

特异性靶器官系统毒性-一次接触 无资料

特异性靶器官系统毒性-反复接触 无资料

吸入危害 无资料

第十二部分 生态学信息

生态毒性 LC_{50}：0.693mg V/L（96h）（高体雅罗鱼）；LC_{50}：1.5mg V/L（48h）（大型溞）；ErC_{50}：2.9077mg V/L（72h）（*Desmodesmus subspicatus*）；NOEC：0.041mg V/L（21d）（*Jordanella floridae*）

持久性和降解性

生物降解性 无资料

非生物降解性 无资料

潜在的生物累积性 无资料

土壤中的迁移性 无资料

第十三部分 废弃处置

废弃化学品 用安全掩埋法处置

污染包装物 将容器返还生产商或按照国家和地方法规处置

废弃注意事项 处置前应参阅国家和地方有关法规

第十四部分 运输信息

联合国危险货物编号（UN 号） 2862

联合国运输名称 五氧化二钒，非熔凝状态

联合国危险性类别 6.1

包装类别 Ⅲ 　　　　**包装标志**

海洋污染物 是

运输注意事项 运输前应先检查包装容器是否完整、密封，运输过程中要确保容器不泄漏、不倒塌、不坠落、不损坏。严禁与酸类、氧化剂、食品及食品添加剂混运。运输时运输车辆应配备泄漏应急处理设备。运输途中应防暴晒、雨淋，防高温

第十五部分 法规信息

下列法律、法规、规章和标准，对该化学品的管理作了相应的规定。

中华人民共和国职业病防治法 职业病分类和目录：钒及其化合物中毒

危险化学品安全管理条例 危险化学品目录：列入。易制爆危险化学品名录：未列入。重点监管的危险化学品名录：未列入。GB 18218—2009《危险化学品重大危险源辨识》（表1）：未列入

使用有毒物品作业场所劳动保护条例 高毒物品目录：列入

易制毒化学品管理条例 易制毒化学品的分类和品种目录：未列入

国际公约 斯德哥尔摩公约：未列入。鹿特丹公约：未列入。蒙特利尔议定书：未列入

第十六部分 其他信息

编写和修订信息 　　　缩略语和首字母缩写

培训建议 　　　　　　参考文献

免责声明

戊二醛

第一部分 化学品标识

化学品中文名 戊二醛；胶醛

化学品英文名 glutaraldehyde；1,5-pentanedial

分子式　$C_5H_8O_2$　分子量　100.117

结构式　

化学品的推荐及限制用途　用作杀菌剂，也用于皮革鞣制

第二部分　危险性概述

紧急情况概述　吞咽会中毒，吸入会中毒，造成严重的皮肤灼伤和眼损伤，吸入可能导致过敏、哮喘症状或呼吸困难，可能导致皮肤过敏反应，可能引起呼吸道刺激

GHS危险性类别　急性毒性-经口，类别3；急性毒性-吸入，类别3；皮肤腐蚀/刺激，类别1B；严重眼损伤/眼刺激，类别1；呼吸道致敏物，类别1；皮肤致敏物，类别1；特异性靶器官毒性--一次接触，类别3（呼吸道刺激）；危害水生环境-急性危害，类别1

标签要素

象形图

警示词　危险

危险性说明　吞咽会中毒，吸入会中毒，造成严重的皮肤灼伤和眼损伤，吸入可能导致过敏、哮喘症状或呼吸困难，可能导致皮肤过敏反应，可能引起呼吸道刺激，对水生生物毒性非常大

防范说明

预防措施　避免接触眼睛、皮肤，操作后彻底清洗。作业场所不得进食、饮水或吸烟。避免吸入蒸气、雾。仅在室外或通风良好处操作。穿防护服，戴防护眼镜、防护手套、防护面罩。通风不良时，戴呼吸防护器具。污染的工作服不得带出工作场所。禁止排入环境。

事故响应　如吸入：将患者转移到空气新鲜处，休息，保持利于呼吸的体位。如有呼吸系统症状，呼叫中毒控制中心或就医。皮肤（或头发）接触：立即脱掉所有被污染的衣服，用水冲洗皮肤，淋浴。污染的衣服必须经洗净后方可重新使用。如出现皮肤刺激或皮疹：就医。眼睛接触：用水细心地冲洗数分钟。如戴隐形眼镜并可方便地取出，则取出隐形眼镜，继续冲洗。食入：漱口，不要催吐，立即呼叫中毒控制中心或就医。收集泄漏物

安全储存　在通风良好处储存。保持容器密闭。上锁保管

废弃处置　本品及内装物、容器依据国家和地方法规处置

物理和化学危险　可燃，其蒸气与空气混合，能形成爆炸性混合物

健康危害　本品可引起皮肤、眼和上呼吸道的明显刺激作用，亦可引起哮喘和过敏性接触性皮炎。眼和皮肤接触可引起灼伤

环境危害　对水生生物毒性非常大

第三部分　成分/组成信息

√ 物质　　　　　　　　混合物

组分	浓度	CAS No.
戊二醛		111-30-8

第四部分　急救措施

吸入　迅速脱离现场至空气新鲜处。保持呼吸道通畅。如呼吸困难，给输氧。呼吸、心跳停止，立即进行心肺复苏术。就医

皮肤接触　立即脱去污染的衣着，用大量流动清水彻底冲洗至少15min。就医

眼睛接触　立即提起眼睑，用流动清水或生理盐水彻底冲洗5～10min。就医

食入　用水漱口，禁止催吐。给饮牛奶或蛋清。就医

对保护施救者的忠告　根据需要使用个人防护设备

对医生的特别提示　对症处理

第五部分　消防措施

灭火剂　用雾状水、泡沫、干粉、二氧化碳、砂土灭火

特别危险性　遇明火、高热可燃。与强氧化剂接触可发生化学反应。蒸气比空气重，沿地面扩散并易积存于低洼处，遇火源会着火回燃。容易自聚，聚合反应随着温度的上升而急骤加剧。若遇高热，容器内压增大，有开裂和爆炸的危险

灭火注意事项及防护措施　消防人员必须佩戴空气呼吸器、穿全身防火防毒服，在上风向灭火。尽可能将容器从火场移至空旷处。喷水保持火场容器冷却，直至灭火结束。处在火场中的容器若已变色或从安全泄压装置中发出声音，必须马上撤离

第六部分　泄漏应急处理

作业人员防护措施、防护装备和应急处置程序　根据液体流动和蒸气扩散的影响区域划定警戒区，无关人员从侧风、上风向撤离至安全区。建议应急处理人员戴正压自给式呼吸器，穿防腐、防毒服。穿上适当的防护服前严禁接触破裂的容器和泄漏物。尽可能切断泄漏源

环境保护措施　防止泄漏物进入水体、下水道、地下室或有限空间

泄漏化学品的收容、清除方法及所使用的处置材料　小量泄漏：用干燥的砂土或其他不燃材料吸收或覆盖，收集于容器中。大量泄漏：构筑围堤或挖坑收容。用耐腐蚀泵转移至槽车或专用收集器内

第七部分　操作处置与储存

操作注意事项　密闭操作，提供充分的局部排风。防止蒸气泄漏到工作场所空气中。操作人员必须经过专门培训，严格遵守操作规程。建议操作人员佩戴自吸过滤式防毒面具（全面罩），穿胶布防毒衣，戴橡胶手套。远离火种、热源，工作场所严禁吸烟。使用防爆型的通风系统和设备。在清除液体和蒸气前不能进行焊接、切割等作业。避免产生烟雾。避免与氧化剂接

触。配备相应品种和数量的消防器材及泄漏应急处理设备。倒空的容器可能残留有害物

储存注意事项　通常商品为水溶液，加有稳定剂。储存于阴凉、通风的库房。远离火种、热源。防止阳光直射。保持容器密封，严禁与空气接触。应与氧化剂分开存放，切忌混储。不宜久存，以免变质。配备相应品种和数量的消防器材。储区应备有泄漏应急处理设备和合适的收容材料

第八部分　接触控制/个体防护

职业接触限值

中国　未制定标准

美国（ACGIH）　TLV-C：0.05ppm［敏］

生物接触限值　未制定标准

监测方法　空气中有毒物质测定方法：未制定标准。生物监测检验方法：未制定标准

工程控制　严加密闭，提供充分的局部排风

个体防护装备

呼吸系统防护　空气中浓度超标时，必须佩戴过滤式防毒面具（全面罩）。紧急事态抢救或撤离时，应该佩戴空气呼吸器

眼睛防护　呼吸系统防护中已作防护

皮肤和身体防护　穿密闭型防毒服

手防护　戴橡胶手套

第九部分　理化特性

外观与性状　带有刺激性气味的无色透明油状液体

pH 值　无资料　　　　熔点（℃）　−14

沸点（℃）　187（分解）　相对密度（水＝1）　0.72

相对蒸气密度（空气＝1）　3.4

饱和蒸气压（kPa）　2.27（20℃）

临界压力（MPa）　无资料　辛醇/水分配系数　无资料

闪点（℃）　无资料　　自燃温度（℃）　无资料

爆炸下限（%）　无资料　爆炸上限（%）　无资料

分解温度（℃）　无资料　黏度（mPa·s）　无资料

燃烧热（kJ/mol）　−2569　临界温度（℃）　无资料

溶解性　溶于热水、乙醇、氯仿、冰醋酸、乙醚

第十部分　稳定性和反应性

稳定性　稳定

危险反应　与强氧化剂等禁配物发生反应。容易发生自聚反应

避免接触的条件　光照

禁配物　强氧化剂

危险的分解产物　无资料

第十一部分　毒理学信息

急性毒性　LD$_{50}$：134mg/kg（大鼠经口）；100mg/kg（小鼠经口）。LC$_{50}$：5000ppm（大鼠吸入，4h）

皮肤刺激或腐蚀　家兔经皮：2mg（24h），重度刺激

眼睛刺激或腐蚀　家兔经眼：250μg（24h），重度刺激

呼吸或皮肤过敏　具致敏作用

生殖细胞突变性　微生物致突变：鼠伤寒沙门氏菌

500nmol/L。细胞遗传学分析：仓鼠卵巢 160μg/L。DNA 损伤：人淋巴细胞 10μmol/L

致癌性　美国工业卫生会议（ACGIH）：未分类为人类致癌物

生殖毒性　小鼠经口最低中毒剂量（TDLo）：50g/kg（孕6～15d），中枢神经系统，颜面（包括鼻、舌）和肌肉骨骼系统发育异常。大鼠经口最低中毒剂量（TDLo）：4370mg/kg（雌性交配前 35d），对母体子宫、宫颈、阴道有影响。大鼠经口最低中毒剂量（TDLo）：875mg/kg（雄性交配前 35d），对其睾丸、附睾、输精管、前列腺、精囊、考珀氏腺、副腺有影响

特异性靶器官系统毒性-一次接触　无资料

特异性靶器官系统毒性-反复接触　无资料

吸入危害　无资料

第十二部分　生态学信息

生态毒性　LC$_{50}$：11mg/L（96h）（蓝鳃太阳鱼）；EC$_{50}$：0.35mg/L（48h）（大型潘）；EC$_{50}$：0.9mg/L（96h）（*Scenedesmus subspicatus*）（OECD 201）

持久性和降解性

生物降解性　易快速生物降解（OECD 301D）

非生物降解性　无资料

潜在的生物累积性　根据 K_{ow} 值预测，该物质的生物累积性可能较弱

土壤中的迁移性　根据 K_{oc} 值预测，该物质可能易发生迁移

第十三部分　废弃处置

废弃化学品　建议用控制焚烧法或安全掩埋法处置。在能利用的地方重复使用容器或在规定场所掩埋

污染包装物　将容器返还生产商或按照国家和地方法规处置

废弃注意事项　处置前应参阅国家和地方有关法规

第十四部分　运输信息

联合国危险货物编号（UN 号）　2922

联合国运输名称　腐蚀性液体，毒性，未另作规定的（戊二醛）

联合国危险性类别　8，6.1

包装类别　Ⅱ　**包装标志**　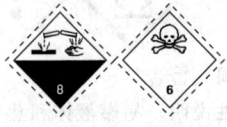

海洋污染物　是

运输注意事项　运输前应先检查包装容器是否完整、密封，运输过程中要确保容器不泄漏、不倒塌、不坠落、不损坏。严禁与氧化剂、食用化学品等混装混运。运输车船必须彻底清洗、消毒，否则不得装运其他物品。船运时，配装位置应远离卧室、厨房，并与机舱、电源、火源等部位隔离。公路运输时要按规定路线行驶，勿在居民区和人口稠密区停留

第十五部分　法规信息

下列法律、法规、规章和标准，对该化学品的管理作了相应的规定。

中华人民共和国职业病防治法　职业病分类和目录：未列入

危险化学品安全管理条例　危险化学品目录：列入。易制爆危险化学品名录：未列入。重点监管的危险化学品名录：未列入。GB 18218—2009《危险化学品重大危险源辨识》（表1）：未列入

使用有毒物品作业场所劳动保护条例　高毒物品目录：未列入

易制毒化学品管理条例　易制毒化学品的分类和品种目录：未列入

国际公约　斯德哥尔摩公约：未列入。鹿特丹公约：未列入。蒙特利尔议定书：未列入

第十六部分　其他信息

编写和修订信息　　　　缩略语和首字母缩写
培训建议　　　　　　　参考文献
免责声明

2,4-戊二酮

第一部分　化学品标识

化学品中文名　2,4-戊二酮；乙酰丙酮
化学品英文名　2,4-pentanedione；acetylacetone
分子式　$C_5H_8O_2$　**分子量**　100.12
结构式

化学品的推荐及限制用途　用作乙酸纤维素的溶剂，有机合成中间体，金属络合剂，涂料干燥剂，润滑剂，杀虫剂

第二部分　危险性概述

紧急情况概述　易燃液体和蒸气，吞咽有害
GHS危险性类别　易燃液体，类别3；急性毒性-经口，类别4；危害水生环境-急性危害，类别3
标签要素

象形图

警示词　警告
危险性说明　易燃液体和蒸气，吞咽有害，对水生生物有害
防范说明

预防措施　远离热源、火花、明火、热表面。保持容器密闭。容器和接收设备接地连接。使用防爆型电器、通风、照明设备。只能使用不产生火花的工具。采取防止静电措施。戴防护手套、防护眼镜、防护面罩。避免接触眼睛、皮肤，操作后彻底清洗。作业场所不得进食、饮

水或吸烟。禁止排入环境

事故响应　火灾时，使用雾状水、泡沫、干粉、二氧化碳、砂土灭火。如皮肤（或头发）接触：立即脱掉所有被污染的衣服，用水冲洗皮肤，淋浴。食入：如果感觉不适，立即呼叫中毒控制中心或就医，漱口

安全储存　存放在通风良好的地方。保持低温

废弃处置　本品及内装物、容器依据国家和地方法规处置

物理和化学危险　易燃，其蒸气与空气混合，形成爆炸性混合物

健康危害　吸入、摄入或经皮肤吸收对身体有害。对眼睛和皮肤有刺激作用。中毒表现有头痛、恶心和呕吐

环境危害　对水生生物有害

第三部分　成分/组成信息

√ 物质　　　　　　　　混合物

组分	浓度	CAS No.
2,4-戊二酮		123-54-6

第四部分　急救措施

吸入　迅速脱离现场至空气新鲜处。保持呼吸道通畅。如呼吸困难，给输氧。呼吸、心跳停止，立即进行心肺复苏术。就医

皮肤接触　立即脱去污染的衣着，用流动清水彻底冲洗。就医

眼睛接触　立即分开眼睑，用流动清水或生理盐水彻底冲洗。就医

食入　漱口，饮水。就医

对保护施救者的忠告　根据需要使用个人防护设备
对医生的特别提示　对症处理

第五部分　消防措施

灭火剂　用雾状水、泡沫、干粉、二氧化碳、砂土灭火

特别危险性　其蒸气与空气可形成爆炸性混合物，遇明火、高热能引起燃烧爆炸。与氧化剂可发生反应。流速过快，容易产生和积聚静电。蒸气比空气重，沿地面扩散并易积存于低洼处，遇火源会着火回燃。若遇高热，容器内压增大，有开裂和爆炸的危险

灭火注意事项及防护措施　消防人员必须佩戴防毒面具、穿全身消防服，在上风向灭火。尽可能将容器从火场移至空旷处。喷水保持火场容器冷却，直至灭火结束。处在火场中的容器若已变色或从安全泄压装置中发出声音，必须马上撤离

第六部分　泄漏应急处理

作业人员防护措施、防护装备和应急处置程序　消除所有点火源。根据液体流动和蒸气扩散的影响区域划定警戒区，无关人员从侧风、上风向撤离至安全区。建议应急处理人员戴正压自给式呼吸器，穿防毒、防静电服。作业时使用的所有设备应接地。禁止接触或跨越泄漏物。尽可能切断泄漏源

环境保护措施　防止泄漏物进入水体、下水道、地下室或

有限空间

泄漏化学品的收容、清除方法及所使用的处置材料　小量泄漏：用砂土或其他不燃材料吸收。使用洁净的无火花工具收集吸收材料。大量泄漏：构筑围堤或挖坑收容。用泡沫覆盖，减少蒸发。喷水雾能减少蒸发，但不能降低泄漏物在有限空间内的易燃性。用防爆泵转移至槽车或专用收集器内

第七部分　操作处置与储存

操作注意事项　密闭操作，局部排风。操作人员必须经过专门培训，严格遵守操作规程。建议操作人员佩戴自吸过滤式防毒面具（半面罩），戴化学安全防护眼镜，穿防静电工作服，戴橡胶耐油手套。远离火种、热源，工作场所严禁吸烟。使用防爆型的通风系统和设备。防止蒸气泄漏到工作场所空气中。避免与氧化剂、还原剂、碱类、卤素接触。充装要控制流速，防止静电积聚。搬运时要轻装轻卸，防止包装及容器损坏。配备相应品种和数量的消防器材及泄漏应急处理设备。倒空的容器可能残留有害物

储存注意事项　储存于阴凉、通风的库房。库温不宜超过37℃，远离火种、热源。应与氧化剂、还原剂、碱类、卤素、食用化学品分开存放，切忌混储。采用防爆型照明、通风设施。禁止使用易产生火花的机械设备和工具。储区应备有泄漏应急处理设备和合适的收容材料

第八部分　接触控制/个体防护

职业接触限值

中国　未制定标准

美国（ACGIH）　TLV-TWA：25ppm［皮］

生物接触限值　未制定标准

监测方法　空气中有毒物质测定方法：未制定标准。生物监测检验方法：未制定标准

工程控制　密闭操作，局部排风

个体防护装备

呼吸系统防护　空气中浓度超标时，必须佩戴过滤式防毒面具（半面罩）。紧急事态抢救或撤离时，应该佩戴空气呼吸器

眼睛防护　戴化学安全防护眼镜

皮肤和身体防护　穿防静电工作服

手防护　戴橡胶耐油手套

第九部分　理化特性

外观与性状　无色或微黄色液体，有酯的气味

pH 值　无资料　　　　　**熔点（℃）**　−23.5

沸点（℃）　140.5　　　　**相对密度（水＝1）**　0.98

相对蒸气密度（空气＝1）　3.45

饱和蒸气压（kPa）　0.933（20℃）

临界压力（MPa）　无资料

辛醇/水分配系数　1.9～2.25

闪点（℃）　36.1　　　　**自燃温度（℃）**　340

爆炸下限（%）　2.4　　　**爆炸上限（%）**　11.6

分解温度（℃）　无资料　**黏度（mPa·s）**　0.6（20℃）

燃烧热（kJ/mol）　−2577.41　**临界温度（℃）**　无资料

溶解性　微溶于水，溶于醇、氯仿、醚、苯、丙酮等多数有机溶剂

第十部分　稳定性和反应性

稳定性　稳定

危险反应　与强氧化剂、卤素、强还原剂、强碱等禁配物接触，有发生火灾和爆炸的危险

避免接触的条件　无资料

禁配物　强氧化剂、卤素、强还原剂、强碱

危险的分解产物　无资料

第十一部分　毒理学信息

急性毒性　LD_{50}：590mg/kg（大鼠经口）；810mg/kg（兔经皮）。LC_{50}：114mg/m³（大鼠吸入，4h）

皮肤刺激或腐蚀　无资料　　**眼睛刺激或腐蚀**　无资料

呼吸或皮肤过敏　无资料　　**生殖细胞突变性**　无资料

致癌性　无资料　　　　　　**生殖毒性**　无资料

特异性靶器官系统毒性-一次接触　无资料

特异性靶器官系统毒性-反复接触　无资料

吸入危害　无资料

第十二部分　生态学信息

生态毒性　LC_{50}：60.1mg/L（96h）（蓝鳃太阳鱼）；EC_{50}：34.4mg/L（48h）（大型溞）

持久性和降解性

生物降解性　易快速生物降解（OECD 301C）

非生物降解性　无资料

潜在的生物累积性　根据 K_{ow} 值预测，该物质的生物累积性可能较弱

土壤中的迁移性　根据 K_{oc} 值预测，该物质可能易发生迁移

第十三部分　废弃处置

废弃化学品　建议用焚烧法处置

污染包装物　将容器返还生产商或按照国家和地方法规处置

废弃注意事项　处置前应参阅国家和地方有关法规

第十四部分　运输信息

联合国危险货物编号（UN 号）　2310

联合国运输名称　2,4-戊二酮

联合国危险性类别　3，6.1

包装类别　Ⅲ

包装标志　

海洋污染物　否

运输注意事项　运输时运输车辆应配备相应品种和数量的消防器材及泄漏应急处理设备。夏季最好早晚运输。运输时所用的槽（罐）车应有接地链，槽内可设孔隔板以减少震荡产生的静电。严禁与氧化剂、还原剂、

碱类、卤素、食用化学品等混装混运。运输途中应防暴晒、雨淋，防高温。中途停留时应远离火种、热源、高温区。装运该物品的车辆排气管必须配备阻火装置，禁止使用易产生火花的机械设备和工具装卸。公路运输时要按规定路线行驶，勿在居民区和人口稠密区停留。严禁用木船、水泥船散装运输

第十五部分　法规信息

下列法律、法规、规章和标准，对该化学品的管理作了相应的规定。

中华人民共和国职业病防治法　职业病分类和目录：未列入

危险化学品安全管理条例　危险化学品目录：列入。易制爆危险化学品名录：未列入。重点监管的危险化学品名录：未列入。GB 18218—2009《危险化学品重大危险源辨识》（表1）：未列入

使用有毒物品作业场所劳动保护条例　高毒物品目录：未列入

易制毒化学品管理条例　易制毒化学品的分类和品种目录：未列入

国际公约　斯德哥尔摩公约：未列入。鹿特丹公约：未列入。蒙特利尔议定书：未列入

第十六部分　其他信息

编写和修订信息　　　　缩略语和首字母缩写
培训建议　　　　　　　参考文献
免责声明

戊基三氯硅烷

第一部分　化学品标识

化学品中文名　戊基三氯硅烷
化学品英文名　pentyl trichloro silane；amyl trichlorosilane

分子式　$C_5H_{11}Cl_3Si$　**分子量**　205.585

结构式

化学品的推荐及限制用途　制备高分子有机硅化合物

第二部分　危险性概述

紧急情况概述　吞咽可能有害，皮肤接触会中毒，造成严重的皮肤灼伤和眼损伤

GHS危险性类别　急性毒性-经口，类别5；急性毒性-经皮，类别3；皮肤腐蚀/刺激，类别1；严重眼损伤/眼刺激，类别1

标签要素

象形图

警示词　危险

危险性说明　吞咽可能有害，皮肤接触会中毒，造成严重的皮肤灼伤和眼损伤

防范说明

预防措施　避免吸入烟雾。避免接触眼睛、皮肤，操作后彻底清洗。戴防护手套，穿防护服，戴防护眼镜、防护面罩

事故响应　如吸入：将患者转移到空气新鲜处，休息，保持利于呼吸的体位，立即呼叫中毒控制中心或就医。皮肤接触：用大量肥皂水和水清洗，立即脱去所有被污染的衣服，如感觉不适，呼叫中毒控制中心或就医。被污染的衣服经洗净后方可重新使用。眼睛接触：用水细心地冲洗数分钟，立即呼叫中毒控制中心或就医。如戴隐形眼镜并可方便地取出，则取出隐形眼镜，继续冲洗。食入：漱口，不要催吐，如果感觉不适，呼叫中毒控制中心或就医

安全储存　上锁保管

废弃处置　本品及内装物、容器依据国家和地方法规处置

物理和化学危险　易燃，其蒸气与空气混合，能形成爆炸性混合物。遇水剧烈反应，产生有毒气体

健康危害　氯硅烷类单体对眼、上呼吸道黏膜有强烈刺激性。局部可出现充血、水肿，甚至坏死。长时间接触高浓度，可引起鼻黏膜萎缩、支气管炎、肺充血和肺水肿。黏膜和皮肤接触其液体，可致灼伤。可引起皮炎

环境危害　对环境可能有害

第三部分　成分/组成信息

√物质　　　　　　　　　　混合物

组分	浓度	CAS No.
戊基三氯硅烷		107-72-2

第四部分　急救措施

吸入　迅速脱离现场至空气新鲜处。保持呼吸道通畅。如呼吸困难，给输氧。呼吸、心跳停止，立即进行心肺复苏术。就医

皮肤接触　立即脱去污染的衣着，用大量流动清水彻底冲洗至少15min。就医

眼睛接触　立即分开眼睑，用流动清水或生理盐水彻底冲洗5～10min。就医

食入　用水漱口，禁止催吐。给饮牛奶或蛋清。就医
对保护施救者的忠告　根据需要使用个人防护设备
对医生的特别提示　对症处理

第五部分　消防措施

灭火剂　用干粉、二氧化碳、砂土灭火
特别危险性　遇明火、高热易燃。燃烧时，放出有毒气体。与氧化剂接触猛烈反应。遇水或水蒸气发生剧烈反应释出有刺激性和腐蚀性的氯化氢烟雾。遇潮时对大多数金属有强腐蚀性
灭火注意事项及防护措施　消防人员必须佩戴空气呼吸器、穿全身防火防毒服，在上风向灭火。尽可能将容器从火场移至空旷处。处在火场中的容器若已变色或

从安全泄压装置中发出声音，必须马上撤离。禁止用水和泡沫灭火

第六部分 泄漏应急处理

作业人员防护措施、防护装备和应急处置程序 消除所有点火源。根据液体流动和蒸气扩散的影响区域划定警戒区，无关人员从侧风、上风向撤离至安全区。建议应急处理人员戴正压自给式呼吸器，穿防静电、防腐、防毒服。作业时使用的所有设备应接地。穿上适当的防护服前严禁接触破裂的容器和泄漏物。尽可能切断泄漏源

环境保护措施 防止泄漏物进入水体、下水道、地下室或有限空间

泄漏化学品的收容、清除方法及所使用的处置材料 严禁用水处理。小量泄漏：用干燥的砂土或其他不燃材料覆盖泄漏物。大量泄漏：构筑围堤或挖坑收容。用粉煤灰或石灰粉吸收大量液体。用防爆、耐腐蚀泵转移至槽车或专用收集器内

第七部分 操作处置与储存

操作注意事项 密闭操作，局部排风。操作人员必须经过专门培训，严格遵守操作规程。建议操作人员佩戴自吸过滤式防毒面具（全面罩），穿橡胶耐酸碱服，戴橡胶耐酸碱手套。远离火种、热源，工作场所严禁吸烟。使用防爆型的通风系统和设备。避免产生烟雾。防止烟雾和蒸气释放到工作场所空气中。避免与氧化剂、碱类接触。尤其要注意避免与水接触。搬运时要轻装轻卸，防止包装及容器损坏。配备相应品种和数量的消防器材及泄漏应急处理设备。倒空的容器可能残留有害物

储存注意事项 储存于阴凉、干燥、通风良好的库房。远离火种、热源。保持容器密封。应与氧化剂、碱类等分开存放，切忌混储。采用防爆型照明、通风设施。禁止使用易产生火花的机械设备和工具。储区应备有泄漏应急处理设备和合适的收容材料

第八部分 接触控制／个体防护

职业接触限值

中国 未制定标准

美国（ACGIH） 未制定标准

生物接触限值 未制定标准

监测方法 空气中有毒物质测定方法：未制定标准。生物监测检验方法：未制定标准

工程控制 密闭操作，局部排风

个体防护装备

呼吸系统防护 空气中浓度超标时，必须佩戴过滤式防毒面具（全面罩）。紧急事态抢救或撤离时，应该佩戴空气呼吸器

眼睛防护 呼吸系统防护中已作防护

皮肤和身体防护 穿橡胶耐酸碱服

手防护 戴橡胶耐酸碱手套

第九部分 理化特性

外观与性状 无色透明液体，带有刺激性臭味，遇水分解

pH值 无资料		**熔点（℃）** 无资料	
沸点（℃） 169.2			
相对密度(水＝1) 1.14（20℃）			
相对蒸气密度(空气＝1) 无资料			
饱和蒸气压(kPa) 无资料			
临界压力(MPa) 无资料		**辛醇/水分配系数** 无资料	
闪点（℃） 62.8		**自燃温度（℃）** 无资料	
爆炸下限（%） 无资料		**爆炸上限（%）** 无资料	
分解温度（℃） 无资料		**黏度(mPa·s)** 无资料	
燃烧热(kJ/mol) 无资料		**临界温度（℃）** 无资料	

溶解性 可混溶于多数有机溶剂

第十部分 稳定性和反应性

稳定性 稳定

危险反应 与强氧化剂、强碱、水蒸气等禁配物发生反应。遇水或水蒸气发生剧烈反应释出有刺激性和腐蚀性的氯化氢烟雾

避免接触的条件 潮湿空气

禁配物 强氧化剂、强碱、水蒸气

危险的分解产物 氯化氢、氧化硅

第十一部分 毒理学信息

急性毒性 LD_{50}：2340mg/kg（大鼠经口），780mg/kg（兔经皮）

皮肤刺激或腐蚀 无资料		**眼睛刺激或腐蚀** 无资料	
呼吸或皮肤过敏 无资料		**生殖细胞突变性** 无资料	
致癌性 无资料		**生殖毒性** 无资料	

特异性靶器官系统毒性-一次接触 无资料

特异性靶器官系统毒性-反复接触 无资料

吸入危害 无资料

第十二部分 生态学信息

生态毒性 无资料

持久性和降解性

生物降解性 无资料

非生物降解性 无资料

潜在的生物累积性 无资料

土壤中的迁移性 无资料

第十三部分 废弃处置

废弃化学品 建议用焚烧法处置。与燃料混合后，再焚烧。焚烧炉排出的卤化氢通过酸洗涤器除去

污染包装物 将容器返还生产商或按照国家和地方方法规处置

废弃注意事项 处置前应参阅国家和地方有关法规

第十四部分 运输信息

联合国危险货物编号（UN号） 1728

联合国运输名称 戊基三氯硅烷

联合国危险性类别 8

包装类别 Ⅱ　　　　**包装标志**

海洋污染物　否

运输注意事项　起运时包装要完整，装载应稳妥。运输过程中要确保容器不泄漏、不倒塌、不坠落、不损坏。运输时所用的槽（罐）车应有接地链，槽内可设孔隔板以减少震荡产生的静电。严禁与氧化剂、碱类、食用化学品等混装混运。公路运输时要按规定路线行驶，勿在居民区和人口稠密区停留

第十五部分　法规信息

下列法律、法规、规章和标准，对该化学品的管理作了相应的规定。

中华人民共和国职业病防治法　职业病分类和目录：未列入

危险化学品安全管理条例　危险化学品目录：列入。易制爆危险化学品名录：未列入。重点监管的危险化学品名录：未列入。GB 18218—2009《危险化学品重大危险源辨识》（表1）：未列入

使用有毒物品作业场所劳动保护条例　高毒物品目录：未列入

易制毒化学品管理条例　易制毒化学品的分类和品种目录：未列入

国际公约　斯德哥尔摩公约：未列入。鹿特丹公约：未列入。蒙特利尔议定书：未列入

第十六部分　其他信息

编写和修订信息　　缩略语和首字母缩写
培训建议　　　　　参考文献
免责声明

1-戊烯-3-酮

第一部分　化学品标识

化学品中文名　1-戊烯-3-酮；乙烯乙基甲酮
化学品英文名　1-penten-3-on；ethylvinyl ketone
分子式　C_5H_8O　**分子量**　84.1164
结构式　

化学品的推荐及限制用途　用作分析试剂和有机合成中间体

第二部分　危险性概述

紧急情况概述　高度易燃液体和蒸气
GHS危险性类别　易燃液体，类别2
标签要素

象形图　

警示词　危险
危险性说明　高度易燃液体和蒸气
防范说明

预防措施　远离热源、火花、明火、热表面。禁止吸烟。保持容器密闭。容器和接收设备接地连接。使用防爆型电器、通风、照明设备。只能使用不产生火花的工具。采取防止静电措施。戴防护手套、防护眼镜、防护面罩

事故响应　火灾时，使用泡沫、干粉、二氧化碳、砂土灭火。如皮肤（或头发）接触：立即脱掉所有被污染的衣服。用水冲洗皮肤，淋浴

安全储存　存放在通风良好的地方。保持低温

废弃处置　本品及内装物、容器依据国家和地方法规处置

物理和化学危险　易燃，其蒸气与空气混合，能形成爆炸性混合物

健康危害　本品具有催泪性。蒸气和液体能严重刺激眼睛、皮肤和呼吸系统。接触后，可引起烧灼感、咳嗽、喉炎、头痛、恶心和呕吐

环境危害　对环境可能有害

第三部分　成分/组成信息

√物质　　　　　　　　　混合物

组分	浓度	CAS No.
1-戊烯-3-酮		1629-58-9

第四部分　急救措施

吸入　迅速脱离现场至空气新鲜处。保持呼吸道通畅。如呼吸困难，给输氧。呼吸、心跳停止，立即进行心肺复苏术。就医

皮肤接触　立即脱去污染的衣着，用流动清水彻底冲洗。就医

眼睛接触　立即分开眼睑，用流动清水或生理盐水彻底冲洗。就医

食入　漱口，饮水。就医

对保护施救者的忠告　根据需要使用个人防护设备
对医生的特别提示　对症处理

第五部分　消防措施

灭火剂　用泡沫、干粉、二氧化碳、砂土灭火

特别危险性　其蒸气与空气可形成爆炸性混合物，遇明火、高热极易燃烧爆炸。与氧化剂接触猛烈反应。容易自聚，聚合反应随着温度的上升而急骤加剧。若遇高热，容器内压增大，有开裂和爆炸的危险

灭火注意事项及防护措施　消防人员必须佩戴空气呼吸器、穿全身防火防毒服，在上风向灭火。尽可能将容器从火场移至空旷处。喷水保持火场容器冷却，直至灭火结束。处在火场中的容器若已变色或从安全泄压装置中发出声音，必须马上撤离。用水灭火无效

第六部分　泄漏应急处理

作业人员防护措施、防护装备和应急处置程序　消除所有点火源。根据液体流动和蒸气扩散的影响区域划定警戒区，无关人员从侧风、上风向撤离至安全区。建议应急处理人员戴正压自给式呼吸器，穿防毒、防静电服。作业时使用的所有设备应接地。禁止接触或跨越泄漏物。尽可能切断泄漏源

环境保护措施　防止泄漏物进入水体、下水道、地下室或

有限空间

泄漏化学品的收容、清除方法及所使用的处置材料　小量泄漏：用砂土或其他不燃材料吸收。使用洁净的无火花工具收集吸收材料。大量泄漏：构筑围堤或挖坑收容。用泡沫覆盖，减少蒸发。喷水雾能减少蒸发，但不能降低泄漏物在有限空间内的易燃性。用防爆泵转移至槽车或专用收集器内

第七部分　操作处置与储存

操作注意事项　密闭操作，提供充分的局部排风。防止蒸气泄漏到工作场所空气中。操作人员必须经过专门培训，严格遵守操作规程。建议操作人员佩戴自吸过滤式防毒面具（全面罩），穿胶布防毒衣，戴橡胶手套。远离火种、热源，工作场所严禁吸烟。使用防爆型的通风系统和设备。在清除液体和蒸气前不能进行焊接、切割等作业。避免产生烟雾。避免与氧化剂、酸类、碱类、还原剂接触。容器与传送设备要接地，防止产生静电。灌装时应控制流速，且有接地装置，防止静电积聚。配备相应品种和数量的消防器材及泄漏应急处理设备。倒空的容器可能残留有害物

储存注意事项　通常商品加有阻聚剂。储存于阴凉、通风的库房。远离火种、热源。避光保存。库温不宜超过37℃，保持容器密封，严禁与空气接触。应与氧化剂、酸类、碱类、还原剂、食用化学品分开存放，切忌混储。不宜久存，以免变质。采用防爆型照明、通风设施。禁止使用易产生火花的机械设备和工具

第八部分　接触控制/个体防护

职业接触限值
　　中国　未制定标准
　　美国（ACGIH）　未制定标准
生物接触限值　未制定标准
监测方法　空气中有毒物质测定方法：未制定标准。生物监测检验方法：未制定标准
工程控制　严加密闭，提供充分的局部排风
个体防护装备
　　呼吸系统防护　空气中浓度超标时，必须佩戴过滤式防毒面具（全面罩）。紧急事态抢救或撤离时，应该佩戴空气呼吸器
　　眼睛防护　呼吸系统防护中已作防护
　　皮肤和身体防护　穿密闭型防毒服
　　手防护　戴橡胶手套

第九部分　理化特性

外观与性状　无色液体，有催泪性
pH值　无资料　　　**熔点（℃）**　无资料
沸点（℃）　38（7.998kPa）　**相对密度（水＝1）**　0.845
相对蒸气密度（空气＝1）　无资料
饱和蒸气压（kPa）　无资料
临界压力（MPa）　无资料　**辛醇/水分配系数**　无资料
闪点（℃）　−6.67　　**自燃温度（℃）**　无资料
爆炸下限（%）　无资料　**爆炸上限（%）**　无资料
分解温度（℃）　无资料　**黏度（mPa·s）**　无资料

燃烧热（kJ/mol）　无资料　**临界温度（℃）**　无资料
溶解性　不溶于水，溶于多数有机溶剂

第十部分　稳定性和反应性

稳定性　稳定
危险反应　与氧化剂、强酸、强碱、还原剂等禁配物接触，有发生火灾和爆炸的危险。容易发生自聚反应
避免接触的条件　光照
禁配物　氧化剂、强酸、强碱、还原剂
危险的分解产物　无资料

第十一部分　毒理学信息

急性毒性　LD_{50}：56mg/kg（小鼠静脉）
皮肤刺激或腐蚀　无资料　**眼睛刺激或腐蚀**　无资料
呼吸或皮肤过敏　无资料　**生殖细胞突变性**　无资料
致癌性　无资料　　**生殖毒性**　无资料
特异性靶器官系统毒性-一次接触　无资料
特异性靶器官系统毒性-反复接触　无资料
吸入危害　无资料

第十二部分　生态学信息

生态毒性　无资料
持久性和降解性
　　生物降解性　无资料
　　非生物降解性　无资料
潜在的生物累积性　无资料
土壤中的迁移性　无资料

第十三部分　废弃处置

废弃化学品　建议用焚烧法处置。在能利用的地方重复使用容器或在规定场所掩埋
污染包装物　将容器返还生产商或按照国家和地方法规处置
废弃注意事项　处置前应参阅国家和地方有关法规

第十四部分　运输信息

联合国危险货物编号（UN号）　1224
联合国运输名称　液态酮类，未另作规定的（1-戊烯-3-酮）
联合国危险性类别　3

包装类别　Ⅱ　　　　　　**包装标志**　

海洋污染物　否
运输注意事项　运输时运输车辆应配备相应品种和数量的消防器材及泄漏应急处理设备。夏季最好早晚运输。运输时所用的槽（罐）车应有接地链，槽内可设孔隔板以减少震荡产生的静电。严禁与氧化剂、酸类、碱类、还原剂、食用化学品等混装混运。运输途中应防暴晒、雨淋，防高温。中途停留时应远离火种、热源、高温区。装运该物品的车辆排气管必须配备阻火装置，禁止使用易产生火花的机械设备和工具装卸。

公路运输时要按规定路线行驶，勿在居民区和人口稠密区停留。铁路运输时要禁止溜放。严禁用木船、水泥船散装运输

第十五部分　法规信息

下列法律、法规、规章和标准，对该化学品的管理作了相应的规定。

中华人民共和国职业病防治法　职业病分类和目录：未列入

危险化学品安全管理条例　危险化学品目录：列入。易制爆危险化学品名录：未列入。重点监管的危险化学品名录：未列入。GB 18218—2009《危险化学品重大危险源辨识》（表1）：未列入

使用有毒物品作业场所劳动保护条例　高毒物品目录：未列入

易制毒化学品管理条例　易制毒化学品的分类和品种目录：未列入

国际公约　斯德哥尔摩公约：未列入。鹿特丹公约：未列入。蒙特利尔议定书：未列入

第十六部分　其他信息

编写和修订信息　　　缩略语和首字母缩写
培训建议　　　　　　参考文献
免责声明

戊酰氯

第一部分　化学品标识

化学品中文名　戊酰氯
化学品英文名　valeryl chloride; pentanoyl chloride
分子式　C_5H_9ClO　**分子量**　120.577
结构式　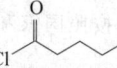

化学品的推荐及限制用途　用于有机合成

第二部分　危险性概述

紧急情况概述　高度易燃液体和蒸气，造成严重的皮肤灼伤和眼损伤

GHS危险性类别　易燃液体，类别2；皮肤腐蚀/刺激，类别1；严重眼损伤/眼刺激，类别1

标签要素

象形图　

警示词　危险

危险性说明　高度易燃液体和蒸气，造成严重的皮肤灼伤和眼损伤

防范说明

预防措施　远离热源、火花、明火、热表面。禁止吸烟。保持容器密闭。容器和接收设备接地连接。使用防爆型电器、通风、照明设备。只能使用不产生火花的工具。采取防止静电措施。

避免吸入粉尘或烟雾。避免接触眼睛、皮肤，操作后彻底清洗。穿防护服，戴防护手套、防护眼镜、防护面罩

事故响应　火灾时，使用干粉、二氧化碳、砂土灭火。如吸入：将患者转移到空气新鲜处，休息，保持利于呼吸的体位，立即呼叫中毒控制中心或就医。如皮肤（或头发）接触：立即脱掉所有被污染的衣服，用水冲洗皮肤，淋浴。污染的衣服洗净后方可重新使用。眼睛接触：用水细心地冲洗数分钟，立即呼叫中毒控制中心或就医。如戴隐形眼镜并可方便地取出，则取出隐形眼镜，继续冲洗。食入：漱口，不要催吐

安全储存　存放在通风良好的地方。保持低温。上锁保管

废弃处置　本品及内装物、容器依据国家和地方法规处置

物理和化学危险　易燃，其蒸气与空气混合，能形成爆炸性混合物。遇水产生刺激性气体

健康危害　本品有强腐蚀性。蒸气与液体能刺激和腐蚀眼睛、皮肤和呼吸系统。与水反应，放出具腐蚀性的氯化氢气体

环境危害　对环境可能有害

第三部分　成分/组成信息

√物质　　　　　　　　混合物

组分	浓度	CAS No.
戊酰氯		638-29-9

第四部分　急救措施

吸入　迅速脱离现场至空气新鲜处。保持呼吸道通畅。如呼吸困难，给输氧。呼吸、心跳停止，立即进行心肺复苏术。就医

皮肤接触　立即脱去污染的衣着，用大量流动清水彻底冲洗至少15min。就医

眼睛接触　立即分开眼睑，用流动清水或生理盐水彻底冲洗5～10min。就医

食入　用水漱口，禁止催吐。给饮牛奶或蛋清。就医

对保护施救者的忠告　根据需要使用个人防护设备

对医生的特别提示　对症处理

第五部分　消防措施

灭火剂　用干粉、二氧化碳、砂土灭火

特别危险性　与氧化剂可发生反应。遇水反应，放出具刺激性和腐蚀性的氯化氢气体。遇高热分解释出高毒烟气

灭火注意事项及防护措施　消防人员必须穿全身耐酸碱消防服。尽可能将容器从火场移至空旷处。喷水保持火场容器冷却，直至灭火结束。处在火场中的容器若已变色或从安全泄压装置中发出声音，必须马上撤离。禁止用水和泡沫灭火

第六部分　泄漏应急处理

作业人员防护措施、防护装备和应急处置程序　消除所有

点火源。根据液体流动和蒸气扩散的影响区域划定警
戒区，无关人员从侧风、上风向撤离至安全区。建议
应急处理人员戴正压自给式呼吸器，穿防静电、防
腐、防毒服。作业时使用的所有设备应接地。禁止接
触或跨越泄漏物。尽可能切断泄漏源

环境保护措施 防止泄漏物进入水体、下水道、地下室或
有限空间

泄漏化学品的收容、清除方法及所使用的处置材料 小量
泄漏：用砂土或其他不燃材料吸收。使用洁净的无火
花工具收集吸收材料。大量泄漏：构筑围堤或挖坑收
容。用碎石灰石（$CaCO_3$）、苏打灰（Na_2CO_3）或石
灰（CaO）中和。用防爆泵转移至槽车或专用收集
器内

第七部分 操作处置与储存

操作注意事项 密闭操作，提供充分的局部排风。防止蒸
气泄漏到工作场所空气中。操作人员必须经过专门培
训，严格遵守操作规程。建议操作人员佩戴自吸过滤
式防毒面具（全面罩），穿橡胶耐酸碱服，戴橡胶耐
酸碱手套。远离火种、热源，工作场所严禁吸烟。使
用防爆型的通风系统和设备。在清除液体和蒸气前不
能进行焊接、切割等作业。避免产生烟雾。避免与碱
类、氧化剂、醇类接触。尤其要注意避免与水接触。
配备相应品种和数量的消防器材及泄漏应急处理设
备。倒空的容器可能残留有害物

储存注意事项 储存于阴凉、干燥、通风良好的库房。远
离火种、热源。防止阳光直射。保持容器密封。应与
碱类、氧化剂、醇类、食用化学品等分开存放，切忌
混储。采用防爆型照明、通风设施。禁止使用易产生
火花的机械设备和工具。储区应备有泄漏应急处理设
备和合适的收容材料

第八部分 接触控制/个体防护

职业接触限值
中国 未制定标准
美国（ACGIH） 未制定标准

生物接触限值 未制定标准

监测方法 空气中有毒物质测定方法：未制定标准。生物
监测检验方法：未制定标准

工程控制 严加密闭，提供充分的局部排风

个体防护装备
呼吸系统防护 空气中浓度超标时，必须佩戴过滤式
防毒面具（全面罩）。紧急事态抢救或撤离时，
应该佩戴空气呼吸器
眼睛防护 呼吸系统防护中已作防护
皮肤和身体防护 穿橡胶耐酸碱服
手防护 戴橡胶耐酸碱手套

第九部分 理化特性

外观与性状 带有刺激性气味的液体

pH 值 无资料		**熔点（℃）** 无资料	
沸点（℃） 125～127		**相对密度（水＝1）** 1.016	
相对蒸气密度（空气＝1） 无资料			

饱和蒸气压（kPa） 无资料

临界压力（MPa） 无资料	**辛醇/水分配系数** 无资料
闪点（℃） 32.78	**自燃温度（℃）** 无资料
爆炸下限（%） 无资料	**爆炸上限（%）** 无资料
分解温度（℃） 无资料	**黏度（mPa·s）** 无资料
燃烧热（kJ/mol） 无资料	**临界温度（℃）** 无资料

溶解性 溶于部分有机溶剂

第十部分 稳定性和反应性

稳定性 稳定

危险反应 与强碱、氧化剂、水、醇类等禁配物发生反
应。遇水反应放出具有刺激性和腐蚀性的氯化氢气体

避免接触的条件 潮湿空气

禁配物 强碱、氧化剂、水、醇类

危险的分解产物 氯化氢、光气

第十一部分 毒理学信息

急性毒性 无资料

皮肤刺激或腐蚀 无资料	**眼睛刺激或腐蚀** 无资料
呼吸或皮肤过敏 无资料	**生殖细胞突变性** 无资料
致癌性 无资料	**生殖毒性** 无资料

特异性靶器官系统毒性-一次接触 无资料

特异性靶器官系统毒性-反复接触 无资料

吸入危害 无资料

第十二部分 生态学信息

生态毒性 无资料

持久性和降解性
生物降解性 无资料
非生物降解性 无资料

潜在的生物累积性 无资料

土壤中的迁移性 无资料

第十三部分 废弃处置

废弃化学品 建议用控制焚烧法或安全掩埋法处置。若可
能，重复使用容器或在规定场所掩埋

污染包装物 将容器返还生产商或按照国家和地方法规
处置

废弃注意事项 处置前应参阅国家和地方有关法规

第十四部分 运输信息

联合国危险货物编号（UN号） 2502

联合国运输名称 戊酰氯

联合国危险性类别 8，3

包装类别 Ⅱ

包装标志

海洋污染物 否

运输注意事项 起运时包装要完整，装载应稳妥。运输过
程中要确保容器不泄漏、不倒塌、不坠落、不损坏。
运输时所用的槽（罐）车应有接地链，槽内可设孔隔

板以减少震荡产生的静电。严禁与碱类、氧化剂、醇类、食用化学品等混装混运。公路运输时要按规定路线行驶，勿在居民区和人口稠密区停留

第十五部分　法规信息

下列法律、法规、规章和标准，对该化学品的管理作了相应的规定。

中华人民共和国职业病防治法　职业病分类和目录：未列入

危险化学品安全管理条例　危险化学品目录：列入。易制爆危险化学品名录：未列入。重点监管的危险化学品名录：未列入。GB 18218—2009《危险化学品重大危险源辨识》（表1）：未列入

使用有毒物品作业场所劳动保护条例　高毒物品目录：未列入

易制毒化学品管理条例　易制毒化学品的分类和品种目录：未列入

国际公约　斯德哥尔摩公约：未列入。鹿特丹公约：未列入。蒙特利尔议定书：未列入

第十六部分　其他信息

编写和修订信息　缩略语和首字母缩写
培训建议　参考文献
免责声明

硒粉

第一部分　化学品标识

化学品中文名　硒粉
化学品英文名　selenium powder
分子式　Se　**分子量**　78.96
化学品的推荐及限制用途　用于制半导体材料、光度计、光电池、整流器、红玻璃等

第二部分　危险性概述

紧急情况概述　吞咽会中毒，吸入会中毒
GHS危险性类别　急性毒性-经口，类别3；急性毒性-吸入，类别3；特异性靶器官毒性-反复接触，类别2；危害水生环境-长期危害，类别4
标签要素

象形图　

警示词　危险
危险性说明　吞咽会中毒，吸入会中毒，长时间或反复接触可能对器官造成损伤，可能对水生生物造成长期持续有害影响
防范说明

　　预防措施　避免接触眼睛、皮肤，操作后彻底清洗。作业场所不得进食、饮水或吸烟。避免吸入粉尘、烟气。仅在室外或通风良好处操作。禁止排入环境

　　事故响应　食入：立即呼叫中毒控制中心或就医，漱口。如吸入：将患者转移到空气新鲜处，休息，保持利于呼吸的体位，呼叫中毒控制中心或就医。如感觉不适，就医

　　安全储存　在通风良好处储存。保持容器密闭。上锁保管

　　废弃处置　本品及内装物、容器依据国家和地方法规处置

物理和化学危险　可燃，其粉体与空气混合，能形成爆炸性混合物

健康危害　硒对皮肤、黏膜有较强的刺激性。大量吸入可引起急性中毒，出现鼻塞、流涕、咽痛、咳嗽、眼刺痛、头痛、头晕、恶心、呕吐等症状。大量吸入硒烟尘可引起肺炎或肺水肿。慢性中毒：长期接触一定浓度的硒，可有上呼吸道刺激症状，呼出气有大蒜味，有时有胃肠道功能紊乱及神经衰弱综合征

环境危害　可能对水生生物造成长期持续有害影响

第三部分　成分/组成信息

√物质　　　　　　　　　　　混合物

组分	浓度	CAS No.
硒粉		7782-49-2

第四部分　急救措施

吸入　迅速脱离现场至空气新鲜处。保持呼吸道通畅。如呼吸困难，给输氧。呼吸、心跳停止，立即进行心肺复苏术。就医
皮肤接触　脱去污染的衣着，用大量流动清水冲洗。如有不适感，就医
眼睛接触　提起眼睑，用流动清水或生理盐水冲洗。如有不适感，就医
食入　饮足量温水，催吐。就医
对保护施救者的忠告　根据需要使用个人防护设备
对医生的特别提示　对症处理

第五部分　消防措施

灭火剂　用干粉、砂土灭火
特别危险性　遇明火能燃烧
灭火注意事项及防护措施　消防人员必须佩戴空气呼吸器、穿全身防火防毒服，在上风向灭火。尽可能将容器从火场移至空旷处。喷水保持火场容器冷却，直至灭火结束

第六部分　泄漏应急处理

作业人员防护措施、防护装备和应急处置程序　隔离泄漏污染区，限制出入。建议应急处理人员戴防尘口罩，穿防毒服。穿上适当的防护服前严禁接触破裂的容器和泄漏物。尽可能切断泄漏源
环境保护措施　用塑料布覆盖泄漏物，减少飞散
泄漏化学品的收容、清除方法及所使用的处置材料　勿使水进入包装容器内。用洁净的铲子收集泄漏物，置于干净、干燥、盖子较松的容器中，将容器移离泄漏区

第七部分　操作处置与储存

操作注意事项　密闭操作，加强通风。操作人员必须经过专门培训，严格遵守操作规程。建议操作人员佩戴防尘面具（全面罩），穿胶布防毒衣，戴橡胶手套。远离火种、热源，工作场所严禁吸烟。使用防爆型的通风系统和设备。避免产生粉尘。避免与氧化剂、酸类接触。搬运时要轻装轻卸，防止包装及容器损坏。配备相应品种和数量的消防器材及泄漏应急处理设备

储存注意事项　储存于阴凉、通风的库房。远离火种、热源。库温不超过35℃，相对湿度不超过80%。应与氧化剂、酸类分开存放，切忌混储。配备相应品种和数量的消防器材。储区应备有合适的材料收容泄漏物

第八部分　接触控制/个体防护

职业接触限值

　　中国　PC-TWA：0.1mg/m³〔按 Se 计〕

　　美国（ACGIH）　TLV-TWA：0.2mg/m³〔按 Se 计〕

生物接触限值　未制定标准

监测方法　空气中有毒物质测定方法：氢化物-原子荧光光谱法；二氨基萘荧光分光光度法；氢化物-原子吸收光谱。生物监测检验方法：未制定标准

工程控制　生产过程密闭，加强通风。提供安全淋浴和洗眼设备

个体防护装备

　　呼吸系统防护　可能接触其粉尘时，必须佩戴防尘面具（全面罩）。紧急事态抢救或撤离时，应该佩戴空气呼吸器

　　眼睛防护　呼吸系统防护中已作防护

　　皮肤和身体防护　穿密闭型防毒服

　　手防护　戴橡胶手套

第九部分　理化特性

外观与性状　灰色（暗红色）粉末或黑色玻璃状物质

pH 值　无意义　　　　　　**熔点（℃）**　217

沸点（℃）　690

相对密度（水＝1）　4.4～4.8

相对蒸气密度（空气＝1）　无资料

饱和蒸气压（kPa）　0.13（356℃）

临界压力（MPa）　无资料　　**辛醇/水分配系数**　无资料

闪点（℃）　无资料　　　　**自燃温度（℃）**　无资料

爆炸下限（%）　无资料　　**爆炸上限（%）**　无资料

分解温度（℃）　无资料

黏度（mPa·s）　221（220℃）；70（360℃）

燃烧热（kJ/mol）　0～225.1（24.85℃）

临界温度（℃）　1492.85

溶解性　不溶于水、醇，溶于硫酸、硝酸、碱、二硫化碳

第十部分　稳定性和反应性

稳定性　稳定

危险反应　与强氧化剂等禁配物接触，有发生火灾和爆炸的危险

避免接触的条件　无资料

禁配物　强氧化剂、酸类

危险的分解产物　无资料

第十一部分　毒理学信息

急性毒性　LD₅₀：LD_{50}：6700mg/kg（大鼠经口）

皮肤刺激或腐蚀　无资料　　**眼睛刺激或腐蚀**　无资料

呼吸或皮肤过敏　无资料　　**生殖细胞突变性**　无资料

致癌性　小鼠经口给予最低中毒剂量（TDLo）480mg/kg（60d，连续），按照 RTECS 标准可致皮肤及附属组织肿瘤。IARC 致癌性评论：组3，现有的证据不能对人类致癌性进行分类

生殖毒性　无资料

特异性靶器官系统毒性-一次接触　无资料

特异性靶器官系统毒性-反复接触　无资料

吸入危害　无资料

第十二部分　生态学信息

生态毒性　无资料

持久性和降解性

　　生物降解性　无资料

　　非生物降解性　无资料

潜在的生物累积性　无资料

土壤中的迁移性　无资料

第十三部分　废弃处置

废弃化学品　若可能，回收使用。或用安全掩埋法处置

污染包装物　将容器返还生产商或按照国家和地方法规处置

废弃注意事项　处置前应参阅国家和地方有关法规

第十四部分　运输信息

联合国危险货物编号（UN 号）　3288

联合国运输名称　无机毒性固体，未另作规定的（硒粉）

联合国危险性类别　6.1

包装类别　Ⅲ　　　　　　　**包装标志**　

海洋污染物　否

运输注意事项　运输前应先检查包装容器是否完整、密封，运输过程中要确保容器不泄漏、不倒塌、不坠落、不损坏。严禁与酸类、氧化剂、食品及食品添加剂混运。运输途中应防暴晒、雨淋，防高温

第十五部分　法规信息

　　下列法律、法规、规章和标准，对该化学品的管理作了相应的规定。

中华人民共和国职业病防治法　职业病分类和目录：未列入

危险化学品安全管理条例　危险化学品目录：列入。易制爆危险化学品名录：未列入。重点监管的危险化学品名录：未列入。GB 18218—2009《危险化学品重大危险源辨识》（表1）：未列入

使用有毒物品作业场所劳动保护条例　高毒物品目录：未列入

易制毒化学品管理条例　易制毒化学品的分类和品种目录：未列入

国际公约　斯德哥尔摩公约：未列入。鹿特丹公约：未列入。蒙特利尔议定书：未列入

第十六部分　其他信息

编写和修订信息　缩略语和首字母缩写

培训建议　　　　参考文献

免责声明

硒化氢

第一部分　化学品标识

化学品中文名　硒化氢

化学品英文名　hydrogen selenide

分子式　H_2Se　分子量　80.98

化学品的推荐及限制用途　半导体用料及制金属硒化物和含硒的有机化合物等

第二部分　危险性概述

紧急情况概述　极易燃气体，内装加压气体，遇热可能爆炸，吸入会中毒，造成严重眼刺激

GHS危险性类别　易燃气体，类别1；加压气体；急性毒性-吸入，类别3；严重眼损伤/眼刺激，类别2；特异性靶器官毒性-反复接触，类别1；危害水生环境-急性危害，类别1；危害水生环境-长期危害，类别1

标签要素

象形图

警示词　危险

危险性说明　极易燃气体，内装加压气体，遇热可能爆炸，吸入会中毒，造成严重眼刺激，长时间或反复接触对器官造成损伤，对水生生物毒性非常大并具有长期持续影响

防范说明

预防措施　远离热源、火花、明火、热表面。避免吸入气体。仅在室外或通风良好处操作。避免接触眼睛、皮肤，操作后彻底清洗。戴防护眼镜、防护面罩。操作现场不得进食、饮水或吸烟。禁止排入环境

事故响应　漏气着火：切勿灭火，除非漏气能够安全地制止。如果没有危险，消除一切点火源。如吸入：将患者转移到空气新鲜处，休息，保持利于呼吸的体位，呼叫中毒控制中心或就医。如接触眼睛：用水细心冲洗数分钟。如戴隐形眼镜并可方便地取出，取出隐形眼镜，继续冲洗。如果眼睛刺激持续：就医。如感觉不适，就医。收集泄漏物

安全储存　防日晒。存放在通风良好的地方。保持容器密闭。上锁保管

废弃处置　本品及内装物、容器依据国家和地方法规处置

物理和化学危险　易燃，与空气混合能形成爆炸性混合物

健康危害　对上呼吸道黏膜和眼结膜有强烈的刺激作用。急性中毒：接触数分钟至3h内，陆续出现中毒症状，如流泪、咽痛、咳嗽，伴有胸闷、胸痛。重者进一步发展为化学性肺炎或肺水肿，患者出现呼吸困难，心率加快，面色苍白，皮肤黏膜紫绀。除呼吸系统症状外，可伴有畏寒、发热。接触本品可引起皮疹

环境危害　对水生生物毒性非常大并具有长期持续影响

第三部分　成分/组成信息

√物质　　　　　　　　　　　混合物

组分	浓度	CAS No.
硒化氢		7783-07-5

第四部分　急救措施

吸入　迅速脱离现场至空气新鲜处。保持呼吸道通畅。如呼吸困难，给输氧。呼吸、心跳停止，立即进行心肺复苏术。就医

皮肤接触　立即脱去污染的衣着，用流动清水彻底冲洗。就医

眼睛接触　立即分开眼睑，用流动清水或生理盐水彻底冲洗。就医

对保护施救者的忠告　根据需要使用个人防护设备

对医生的特别提示　对症处理

第五部分　消防措施

灭火剂　迅速切断气源，用水喷淋保护切断气源的人员，然后根据着火原因选择适当灭火剂灭火

特别危险性　与空气混合能形成爆炸性混合物，遇明火、高热能引起燃烧爆炸。与氧化剂接触猛烈反应

灭火注意事项及防护措施　消防人员必须佩戴空气呼吸器、穿全身防火防毒服，在上风向灭火。切断气源，若不能切断气源，则不允许熄灭泄漏处的火焰。尽可能将容器从火场移至空旷处。喷水保持火场容器冷却，直至灭火结束

第六部分　泄漏应急处理

作业人员防护措施、防护装备和应急处置程序　消除所有点火源。根据气体的影响区域划定警戒区，无关人员从侧风、上风向撤离至安全区。建议应急处理人员穿内置正压自给式呼吸器的全封闭防化服。作业时使用的所有设备应接地。禁止接触或跨越泄漏物。尽可能切断泄漏源

环境保护措施　防止气体通过下水道、通风系统和有限空间扩散

泄漏化学品的收容、清除方法及所使用的处置材料　喷雾状水抑制蒸气或改变蒸气云流向，避免水流接触泄漏物。禁止用水直接冲击泄漏物或泄漏源。隔离泄漏区直至气体散尽。可考虑引燃漏出气，以消除有毒气体

的影响

第七部分　操作处置与储存

操作注意事项　严加密闭，提供充分的局部排风和全面通风。操作人员必须经过专门培训，严格遵守操作规程。建议操作人员佩戴自吸过滤式防毒面具（全面罩），穿胶布防毒衣，戴橡胶手套。远离火种、热源，工作场所严禁吸烟。使用防爆型的通风系统和设备。防止气体泄漏到工作场所空气中。避免与氧化剂、酸类接触。搬运时轻装轻卸，防止钢瓶及附件破损。配备相应品种和数量的消防器材及泄漏应急处理设备

储存注意事项　储存于阴凉、通风的有毒气体专用库房。远离火种、热源。库温不宜超过 30℃。保持容器密封。应与氧化剂、酸类、食用化学品分开存放，切忌混储。采用防爆型照明、通风设施。禁止使用易产生火花的机械设备和工具。储区应备有泄漏应急处理设备

第八部分　接触控制/个体防护

职业接触限值
　　中国　PC-TWA：0.15mg/m³；PC-STEL：0.3mg/m³
　　　［按 Se 计］
　　美国（ACGIH）　未制定标准
生物接触限值　未制定标准
监测方法　空气中有毒物质测定方法：未制定标准。生物监测检验方法：未制定标准
工程控制　严加密闭，提供充分的局部排风和全面通风。提供安全淋浴和洗眼设备
个体防护装备
　　呼吸系统防护　空气中浓度超标时，必须佩戴过滤式防毒面具（全面罩）。紧急事态抢救或撤离时，应该佩戴空气呼吸器
　　眼睛防护　呼吸系统防护中已作防护
　　皮肤和身体防护　穿密闭型防毒服
　　手防护　戴橡胶手套

第九部分　理化特性

外观与性状　无色、有恶臭的气体
pH 值　无意义　　　　**熔点(℃)**　−66.1
沸点(℃)　−41.1
相对密度(水＝1)　2.12（−42℃）
相对蒸气密度(空气＝1)　无资料
饱和蒸气压(kPa)　53.32（−53.6℃）
临界压力(MPa)　无资料　　**辛醇/水分配系数**　无资料
闪点(℃)　<−50　　　**自燃温度(℃)**　无资料
爆炸下限(%)　无资料　　**爆炸上限(%)**　无资料
分解温度(℃)　无资料　　**黏度(mPa·s)**　无资料
燃烧热(kJ/mol)　无资料　　**临界温度(℃)**　137.85
溶解性　溶于水、二硫化碳

第十部分　稳定性和反应性

稳定性　稳定
危险反应　与强氧化剂、水、硝酸等禁配物发生反应

避免接触的条件　受热
禁配物　强氧化剂、水、硝酸
危险的分解产物　无资料

第十一部分　毒理学信息

急性毒性　属中等毒类，为刺激性气体。豚鼠吸入 33mg/m³ 2h，多因急性肺炎而死亡。LC₅₀：20mg/m³（大鼠吸入，1h），300ppb（豚鼠吸入，8h）
皮肤刺激或腐蚀　无资料　　**眼睛刺激或腐蚀**　无资料
呼吸或皮肤过敏　无资料　　**生殖细胞突变性**　无资料
致癌性　无资料　　　　　　**生殖毒性**　无资料
特异性靶器官系统毒性-一次接触　无资料
特异性靶器官系统毒性-反复接触　豚鼠吸入 1~4mg/m³ 30d，杀死后检查见：50% 动物有亚急性化学性肺炎；肝脂肪变性，脾有进行性病变，心、肾和肾上腺未见异常
吸入危害　无资料

第十二部分　生态学信息

生态毒性　含硒化合物对水生生物有极高毒性
持久性和降解性
　　生物降解性　无资料
　　非生物降解性　无资料
潜在的生物累积性　无资料
土壤中的迁移性　无资料

第十三部分　废弃处置

废弃化学品　根据国家和地方有关法规的要求处置。或与厂商或制造商联系，确定处置方法
污染包装物　将容器返还生产商或按照国家和地方法规处置
废弃注意事项　处置前应参阅国家和地方有关法规

第十四部分　运输信息

联合国危险货物编号（UN 号）　2202
联合国运输名称　无水硒化氢
联合国危险性类别　2.3，2.1
包装类别　—

包装标志

海洋污染物　是
运输注意事项　采用钢瓶运输时必须戴好钢瓶上的安全帽。钢瓶一般平放，并应将瓶口朝同一方向，不可交叉；高度不得超过车辆的防护栏板，并用三角木垫卡牢，防止滚动。运输时运输车辆应配备相应品种和数量的消防器材。装运该物品的车辆排气管必须配备阻火装置，禁止使用易产生火花的机械设备和工具装卸。严禁与氧化剂、酸类、食用化学品等混装混运。夏季应早晚运输，防止日光暴晒。中途停留时应远离火种、热源。公路运输时要按规定路线行驶，禁止在居民区和人口稠密区停留

第十五部分　法规信息

下列法律、法规、规章和标准，对该化学品的管理作了相应的规定。

中华人民共和国职业病防治法　职业病分类和目录：未列入

危险化学品安全管理条例　危险化学品目录：列入。易制爆危险化学品名录：未列入。重点监管的危险化学品名录：未列入。GB 18218—2009《危险化学品重大危险源辨识》（表1）：列入。类别：毒性气体，临界量（t）：1

使用有毒物品作业场所劳动保护条例　高毒物品目录：未列入

易制毒化学品管理条例　易制毒化学品的分类和品种目录：未列入

国际公约　斯德哥尔摩公约：未列入。鹿特丹公约：未列入。蒙特利尔议定书：未列入

第十六部分　其他信息

编写和修订信息	缩略语和首字母缩写
培训建议	参考文献
免责声明	

硒化锌

第一部分　化学品标识

化学品中文名　硒化锌

化学品英文名　zinc selenide

分子式　ZnSe　**分子量**　144.35

化学品的推荐及限制用途　用作荧光粉、电子工业掺杂材料和高纯试剂

第二部分　危险性概述

紧急情况概述　吞咽会中毒，吸入会中毒

GHS危险性类别　急性毒性-经口，类别3；急性毒性-吸入，类别3；特异性靶器官毒性-反复接触，类别2；危害水生环境-急性危害，类别1；危害水生环境-长期危害，类别1

标签要素

象形图　

警示词　危险

危险性说明　吞咽会中毒，吸入会中毒，长时间或反复接触可能对器官造成损伤，对水生生物毒性非常大并具有长期持续影响

防范说明

　　预防措施　避免接触眼睛、皮肤，操作后彻底清洗。作业场所不得进食、饮水或吸烟。避免吸入粉尘。仅在室外或通风良好处操作。禁止排入环境

　　事故响应　如吸入：将患者转移到空气新鲜处，休息，保持利于呼吸的体位，呼叫中毒控制中心或就医。食入：立即呼叫中毒控制中心或就医，漱口。如感觉不适，就医。收集泄漏物

　　安全储存　在通风良好处储存。保持容器密闭。上锁保管

　　废弃处置　本品及内装物、容器依据国家和地方法规处置

物理和化学危险　不燃，无特殊燃爆特性

健康危害　皮肤经常接触可引起皮炎。如遇稀硝酸，易分解散发出剧毒的硒化氢气体。对眼睛、呼吸道黏膜有刺激作用

环境危害　对水生生物毒性非常大并具有长期持续影响

第三部分　成分/组成信息

√物质		混合物
组分	浓度	CAS No.
硒化锌		1315-09-9

第四部分　急救措施

吸入　迅速脱离现场至空气新鲜处。保持呼吸道通畅。如呼吸困难，给输氧。呼吸、心跳停止，立即进行心肺复苏术。就医

皮肤接触　立即脱去污染的衣着，用流动清水彻底冲洗。就医

眼睛接触　立即分开眼睑，用流动清水或生理盐水彻底冲洗。就医

食入　漱口，饮水。就医

对保护施救者的忠告　根据需要使用个人防护设备

对医生的特别提示　对症处理

第五部分　消防措施

灭火剂　本品不燃，根据着火原因选择适当灭火剂灭火

特别危险性　遇稀硝酸分解放出剧毒的硒化氢气体

灭火注意事项及防护措施　消防人员必须穿全身防火防毒服，在上风向灭火。灭火时尽可能将容器从火场移至空旷处

第六部分　泄漏应急处理

作业人员防护措施、防护装备和应急处置程序　隔离泄漏污染区，限制出入。建议应急处理人员戴防尘口罩，穿防毒服。穿上适当的防护服前严禁接触破裂的容器和泄漏物。尽可能切断泄漏源

环境保护措施　用塑料布覆盖泄漏物，减少飞散

泄漏化学品的收容、清除方法及所使用的处置材料　勿使水进入包装容器内。用洁净的铲子收集泄漏物，置于干净、干燥、盖子较松的容器中，将容器移离泄漏区

第七部分　操作处置与储存

操作注意事项　密闭操作，局部排风。防止粉尘释放到车间空气中。操作人员必须经过专门培训，严格遵守操作规程。建议操作人员佩戴自吸过滤式防尘口罩，戴化学安全防护眼镜，穿防毒物渗透工作服，戴橡胶手套。避免产生粉尘。避免与氧化剂、酸类接触。配备

泄漏应急处理设备。倒空的容器可能残留有害物

储存注意事项 储存于阴凉、通风的库房。远离火种、热源。防止阳光直射。包装必须密封，切勿受潮。应与氧化剂、酸类、食用化学品等分开存放，切忌混储。配备相应品种和数量的消防器材。储区应备有合适的材料收容泄漏物

第八部分 接触控制/个体防护

职业接触限值

中国 PC-TWA：0.1mg/m³［按 Se 计］

美国（ACGIH） TLV-TWA：0.2mg/m³［按 Se 计］

生物接触限值 未制定标准

监测方法 空气中有毒物质测定方法：未制定标准。生物监测检验方法：未制定标准

工程控制 密闭操作，局部排风

个体防护装备

呼吸系统防护 空气中粉尘浓度超标时，必须佩戴过滤式防尘呼吸器。紧急事态抢救或撤离时，应该佩戴空气呼吸器

眼睛防护 戴化学安全防护眼镜

皮肤和身体防护 穿防毒物渗透工作服

手防护 戴橡胶手套

第九部分 理化特性

外观与性状 黄色立方晶系结晶，见光迅速变成红色

pH 值 无意义 　　**熔点（℃）** ＞1100

沸点（℃） 无资料

相对密度（水＝1） 5.42（15℃）

相对蒸气密度（空气＝1） 无资料

饱和蒸气压(kPa) 无资料

临界压力(MPa) 无意义		**辛醇/水分配系数** 无资料
闪点（℃） 无意义		**自燃温度（℃）** 无意义
爆炸下限(%) 无意义		**爆炸上限(%)** 无意义
分解温度（℃） 无资料		**黏度(mPa·s)** 无资料
燃烧热(kJ/mol) 无资料		**临界温度（℃）** 无资料

溶解性 不溶于水

第十部分 稳定性和反应性

稳定性 稳定

危险反应 与强氧化剂、强酸、水蒸气等禁配物发生反应。遇稀硝酸分解放出剧毒的硒化氢气体

避免接触的条件 潮湿空气、光照

禁配物 强氧化剂、强酸、水蒸气

危险的分解产物 氧化硒、硒、氧化锌、硒化氢

第十一部分 毒理学信息

急性毒性 无资料

皮肤刺激或腐蚀 无资料	**眼睛刺激或腐蚀** 无资料
呼吸或皮肤过敏 无资料	**生殖细胞突变性** 无资料
致癌性 无资料	**生殖毒性** 无资料

特异性靶器官系统毒性-一次接触 无资料

特异性靶器官系统毒性-反复接触 无资料

吸入危害 无资料

第十二部分 生态学信息

生态毒性 锌化合物对水生生物有极高毒性

持久性和降解性

生物降解性 无资料

非生物降解性 无资料

潜在的生物累积性 无资料

土壤中的迁移性 无资料

第十三部分 废弃处置

废弃化学品 建议用控制焚烧法或安全掩埋法处置。破损容器禁止重新使用，要在规定场所掩埋

污染包装物 将容器返还生产商或按照国家和地方法规处置

废弃注意事项 处置前应参阅国家和地方有关法规

第十四部分 运输信息

联合国危险货物编号（UN 号） 3283

联合国运输名称 硒化合物，固态，未另作规定的（硒化锌）

联合国危险性类别 6.1

包装类别 Ⅲ 　　　　**包装标志**

海洋污染物 是

运输注意事项 运输前应先检查包装容器是否完整、密封，运输过程中要确保容器不泄漏、不倒塌、不坠落、不损坏。严禁与酸类、氧化剂、食品及食品添加剂混运。运输时运输车辆应配备泄漏应急处理设备。运输途中应防暴晒、雨淋，防高温。公路运输时要按规定路线行驶，勿在居民区和人口稠密区停留

第十五部分 法规信息

下列法律、法规、规章和标准，对该化学品的管理作了相应的规定。

中华人民共和国职业病防治法 职业病分类和目录：未列入

危险化学品安全管理条例 危险化学品目录：列入。易制爆危险化学品名录：未列入。重点监管的危险化学品名录：未列入。GB 18218—2009《危险化学品重大危险源辨识》（表1）：未列入

使用有毒物品作业场所劳动保护条例 高毒物品目录：未列入

易制毒化学品管理条例 易制毒化学品的分类和品种目录：未列入

国际公约 斯德哥尔摩公约：未列入。鹿特丹公约：未列入。蒙特利尔议定书：未列入

第十六部分 其他信息

编写和修订信息 　缩略语和首字母缩写

培训建议 　　　　　参考文献

免责声明

硒酸钾

第一部分　化学品标识

化学品中文名　硒酸钾

化学品英文名　potassium selenate；selenic acid，dipotassium salt

分子式　K_2SeO_4　分子量　221.152

结构式
$$O^- \!-\! \underset{\underset{O}{\|}}{\overset{\overset{O}{\|}}{Se}} \!-\! O^-\ 2K^+$$

化学品的推荐及限制用途　用作化学试剂

第二部分　危险性概述

紧急情况概述　吞咽会中毒，吸入会中毒

GHS危险性类别　急性毒性-经口，类别3；急性毒性-吸入，类别3；特异性靶器官毒性-反复接触，类别2；危害水生环境-急性危害，类别1；危害水生环境-长期危害，类别1

标签要素

象形图　

警示词　危险

危险性说明　吞咽会中毒，吸入会中毒，长时间或反复接触可能对器官造成损伤，对水生生物毒性非常大并具有长期持续影响

防范说明

　　预防措施　避免接触眼睛、皮肤，操作后彻底清洗。作业场所不得进食、饮水或吸烟。避免吸入粉尘。仅在室外或通风良好处操作。禁止排入环境

　　事故响应　如吸入：将患者转移到空气新鲜处，休息，保持利于呼吸的体位，呼叫中毒控制中心或就医。食入：立即呼叫中毒控制中心或就医，漱口。如感觉不适，就医。收集泄漏物

　　安全储存　在通风良好处储存。保持容器密闭。上锁保管

　　废弃处置　本品及内装物、容器依据国家和地方法规处置

物理和化学危险　不燃，无特殊燃爆特性

健康危害　误服或吸入会中毒。溶液能灼伤皮肤。中毒时可见上呼吸道和眼黏膜刺激症状、头痛、眩晕、恶心、呕吐、全身虚弱等

环境危害　对水生生物毒性非常大并具有长期持续影响

第三部分　成分/组成信息

√物质　　　　　　　　　混合物

组分	浓度	CAS No.
硒酸钾		7790-59-2

第四部分　急救措施

吸入　迅速脱离现场至空气新鲜处。保持呼吸道通畅。如呼吸困难，给输氧。呼吸、心跳停止，立即进行心肺复苏术。就医

皮肤接触　立即脱去污染的衣着，用流动清水彻底冲洗。就医

眼睛接触　立即分开眼睑，用流动清水或生理盐水彻底冲洗。就医

食入　漱口，饮水。就医

对保护施救者的忠告　根据需要使用个人防护设备

对医生的特别提示　对症处理

第五部分　消防措施

灭火剂　本品不燃，根据着火原因选择适当灭火剂灭火

特别危险性　本身不能燃烧。受高热分解放出有毒的气体

灭火注意事项及防护措施　消防人员必须穿全身防火防毒服，在上风向灭火。灭火时尽可能将容器从火场移至空旷处

第六部分　泄漏应急处理

作业人员防护措施、防护装备和应急处置程序　隔离泄漏污染区，限制出入。建议应急处理人员戴防尘口罩，穿防毒服。穿上适当的防护服前严禁接触破裂的容器和泄漏物。尽可能切断泄漏源

环境保护措施　用塑料布覆盖泄漏物，减少飞散

泄漏化学品的收容、清除方法及所使用的处置材料　勿使水进入包装容器内。用洁净的铲子收集泄漏物，置于干净、干燥、盖子较松的容器中，将容器移离泄漏区

第七部分　操作处置与储存

操作注意事项　密闭操作，局部排风。防止粉尘释放到车间空气中。操作人员必须经过专门培训，严格遵守操作规程。建议操作人员佩戴自吸过滤式防尘口罩，戴化学安全防护眼镜，穿防毒物渗透工作服，戴橡胶手套。避免产生粉尘。避免与氧化剂接触。配备泄漏应急处理设备。倒空的容器可能残留有害物

储存注意事项　储存于阴凉、通风的库房。远离火种、热源。防止阳光直射。包装密封。应与氧化剂、食用化学品分开存放，切忌混储。储区应备有合适的材料收容泄漏物

第八部分　接触控制/个体防护

职业接触限值

　　中国　PC-TWA：0.1mg/m³〔按Se计〕

　　美国（ACGIH）　TLV-TWA：0.2mg/m³〔按Se计〕

生物接触限值　未制定标准

监测方法　空气中有毒物质测定方法：未制定标准。生物监测检验方法：未制定标准

工程控制　密闭操作，局部排风

个体防护装备

　　呼吸系统防护　空气中粉尘浓度超标时，必须佩戴过滤式防尘呼吸器。紧急事态抢救或撤离时，应该佩戴空气呼吸器

　　眼睛防护　戴化学安全防护眼镜

　　皮肤和身体防护　穿防毒物渗透工作服

手防护　戴橡胶手套

第九部分　理化特性

外观与性状　无色、无臭的斜方晶系结晶或白色粉末
pH值　无意义　　　　　熔点(℃)　无资料
沸点(℃)　无资料
相对密度(水＝1)　3.066（20℃）
相对蒸气密度(空气＝1)　无资料
饱和蒸气压(kPa)　无资料
临界压力(MPa)　无意义　辛醇/水分配系数　无资料
闪点(℃)　无意义　　　自燃温度(℃)　无意义
爆炸下限(%)　无意义　爆炸上限(%)　无意义
分解温度(℃)　无资料　黏度(mPa·s)　无资料
燃烧热(kJ/mol)　无资料　临界温度(℃)　无资料
溶解性　溶于水

第十部分　稳定性和反应性

稳定性　稳定
危险反应　与强氧化剂等禁配物发生反应
避免接触的条件　无资料
禁配物　强氧化剂
危险的分解产物　硒、氧化钾、氧化硒、氧化钠

第十一部分　毒理学信息

急性毒性　LD_{50}：1.8mg/kg（兔经口）。TDLo：126mg/kg
　　（大鼠经口）
皮肤刺激或腐蚀　无资料　眼睛刺激或腐蚀　无资料
呼吸或皮肤过敏　无资料　生殖细胞突变性　无资料
致癌性　无资料
生殖毒性　大鼠经口最低中毒剂量（TDLo）：126mg/kg
　　（孕15～22d/产后21d）对新生鼠断奶和授乳指数
　　（断奶尚存活数/第4天存活总数）有影响。大鼠经口
　　最低中毒剂量（TDLo）：508mg/kg（雌性交配前35
　　周），对生育指数有影响
特异性靶器官系统毒性-一次接触　无资料
特异性靶器官系统毒性-反复接触　无资料
吸入危害　无资料

第十二部分　生态学信息

生态毒性　含硒化合物对水生生物有极高毒性
持久性和降解性
　生物降解性　无资料
　非生物降解性　无资料
潜在的生物累积性　无资料
土壤中的迁移性　无资料

第十三部分　废弃处置

废弃化学品　建议用控制焚烧法或安全掩埋法处置。破损
　　容器禁止重新使用，要在规定场所掩埋
污染包装物　将容器返还生产商或按照国家和地方法规
　　处置
废弃注意事项　处置前应参阅国家和地方有关法规

第十四部分　运输信息

联合国危险货物编号（UN号）　2630
联合国运输名称　硒酸盐或亚硒酸盐（硒酸钾）
联合国危险性类别　6.1

包装类别　Ⅰ　　　　　包装标志

海洋污染物　是
运输注意事项　运输前应先检查包装容器是否完整、密
　　封，运输过程中要确保容器不泄漏、不倒塌、不坠
　　落、不损坏。严禁与酸类、氧化剂、食品及食品添加
　　剂混运。运输时运输车辆应配备泄漏应急处理设备。
　　运输途中应防暴晒、雨淋，防高温。公路运输时要按
　　规定路线行驶，勿在居民区和人口稠密区停留

第十五部分　法规信息

　　下列法律、法规、规章和标准，对该化学品的管理作
了相应的规定。
中华人民共和国职业病防治法　职业病分类和目录：未
　　列入
危险化学品安全管理条例　危险化学品目录：列入。易制
　　爆危险化学品名录：未列入。重点监管的危险化学品
　　名录：未列入。GB 18218—2009《危险化学品重大
　　危险源辨识》（表1）：未列入
使用有毒物品作业场所劳动保护条例　高毒物品目录：未
　　列入
易制毒化学品管理条例　易制毒化学品的分类和品种目
　　录：未列入
国际公约　斯德哥尔摩公约：未列入。鹿特丹公约：未列
　　入。蒙特利尔议定书：未列入

第十六部分　其他信息

编写和修订信息　　　缩略语和首字母缩写
培训建议　　　　　　参考文献
免责声明

烯丙基三氯硅烷[稳定的]

第一部分　化学品标识

化学品中文名　烯丙基三氯硅烷［稳定的］；2-丙烯基三
　　氯硅烷
化学品英文名　allyl trichlorosilane（stabilized）；trichlo-
　　roallyl silane
分子式　$C_3H_5Cl_3Si$　分子量　175.516
结构式

化学品的推荐及限制用途　用作硅酮的中间体

第二部分　危险性概述

紧急情况概述　易燃液体和蒸气，造成严重的皮肤灼伤和
　　眼损伤

GHS 危险性类别　易燃液体，类别 3；皮肤腐蚀/刺激，类别 1；严重眼损伤/眼刺激，类别 1

标签要素

象形图　

警示词　危险

危险性说明　易燃液体和蒸气，造成严重的皮肤灼伤和眼损伤

防范说明

　　预防措施　远离热源、火花、明火、热表面。禁止吸烟。保持容器密闭。容器和接收设备接地连接。使用防爆电器、通风、照明设备。只能使用不产生火花的工具。采取防止静电措施。避免吸入烟雾。避免接触眼睛、皮肤，操作后彻底清洗。戴防护手套，穿防护服，戴防护眼镜、防护面罩

　　事故响应　火灾时，使用干粉、二氧化碳、砂土灭火。如吸入：将患者转移到空气新鲜处，休息，保持利于呼吸的体位，立即呼叫中毒控制中心或就医。皮肤（或头发）接触：立即脱掉所有被污染的衣服，用水冲洗皮肤，淋浴。污染的衣服洗净后方可重新使用。眼睛接触：用水细心地冲洗数分钟，立即呼叫中毒控制中心或就医。如戴隐形眼镜并可方便地取出，则取出隐形眼镜，继续冲洗。食入：漱口，不要催吐

　　安全储存　存放在通风良好的地方。保持低温。上锁保管

　　废弃处置　本品及内装物、容器依据国家和地方法规处置

物理和化学危险　易燃，其蒸气与空气混合，能形成爆炸性混合物。遇水产生刺激性气体

健康危害　吸入、摄入或经皮吸收后会中毒。对眼睛、皮肤、黏膜和上呼吸道有强烈刺激性。吸入可引起喉炎、肺炎和肺水肿。接触可发生头痛、呕吐、咳嗽、气短等症状。眼和皮肤接触引起灼伤

环境危害　对环境可能有害

第三部分　成分/组成信息

√物质　　　　　　　　　　　混合物

组分	浓度	CAS No.
烯丙基三氯硅烷［稳定的］		107-37-9

第四部分　急救措施

吸入　迅速脱离现场至空气新鲜处。保持呼吸道通畅。如呼吸困难，给输氧。呼吸、心跳停止，立即进行心肺复苏术。就医

皮肤接触　立即脱去污染的衣着，用大量流动清水彻底冲洗至少 15min。就医

眼睛接触　立即分开眼睑，用流动清水或生理盐水彻底冲洗 5～10min。就医

食入　用水漱口，禁止催吐。给饮牛奶或蛋清。就医

对保护施救者的忠告　根据需要使用个人防护设备

对医生的特别提示　对症处理

第五部分　消防措施

灭火剂　用干粉、二氧化碳、砂土灭火

特别危险性　其蒸气与空气可形成爆炸性混合物，遇明火、高热能引起燃烧爆炸。与氧化剂可发生反应。遇水反应，放出具有刺激性和腐蚀性的氯化氢气体。受高热分解放出有毒的气体。蒸气比空气重，沿地面扩散并易积存于低洼处，遇火源会着火回燃。容易自聚，聚合反应随着温度的上升而急骤加剧。遇潮时对大多数金属有腐蚀性。若遇高热，容器内压增大，有开裂和爆炸的危险

灭火注意事项及防护措施　消防人员必须佩戴空气呼吸器、穿全身防火防毒服，在上风向灭火。尽可能将容器从火场移至空旷处。喷水保持火场容器冷却，直至灭火结束。处在火场中的容器若已变色或从安全泄压装置中发出声音，必须马上撤离。禁止用水和泡沫灭火

第六部分　泄漏应急处理

作业人员防护措施、防护装备和应急处置程序　消除所有点火源。根据液体流动和蒸气扩散的影响区域划定警戒区，无关人员从侧风、上风向撤离至安全区。建议应急处理人员戴正压自给式呼吸器，穿防静电、防腐、防毒服。作业时使用的所有设备应接地。穿上适当的防护服前严禁接触破裂的容器和泄漏物。尽可能切断泄漏源

环境保护措施　防止泄漏物进入水体、下水道、地下室或有限空间

泄漏化学品的收容、清除方法及所使用的处置材料　严禁用水处理。小量泄漏：用干燥的砂土或其他不燃材料覆盖泄漏物。大量泄漏：构筑围堤或挖坑收容。用粉煤灰或石灰粉吸收大量液体。用防爆、耐腐蚀泵转移至槽车或专用收集器内

第七部分　操作处置与储存

操作注意事项　密闭操作，提供充分的局部排风。防止蒸气泄漏到工作场所空气中。操作人员必须经过专门培训，严格遵守操作规程。建议操作人员佩戴自吸过滤式防毒面具（全面罩），穿橡胶耐酸碱服，戴橡胶耐酸碱手套。远离火种、热源，工作场所严禁吸烟。使用防爆型的通风系统和设备。在清除液体和蒸气前不能进行焊接、切割等作业。避免产生烟雾。避免与氧化剂、碱类、氰化物接触。尤其要注意避免与水接触。配备相应品种和数量的消防器材及泄漏应急处理设备。倒空的容器可能残留有害物

储存注意事项　储存于阴凉、干燥、通风良好的库房。远离火种、热源。防止阳光直射。库温不宜超过 30℃。保持容器密封，严禁与空气接触。应与氧化剂、碱类、氰化物、食用化学品分开存放，切忌混储。采用防爆型照明、通风设施。禁止使用易产生火花的机械设备和工具。储区应备有泄漏应急处理设备和合适的

收容材料

第八部分　接触控制/个体防护

职业接触限值
中国　未制定标准
美国（ACGIH）　未制定标准
生物接触限值　未制定标准
监测方法　空气中有毒物质测定方法：未制定标准。生物监测检验方法：未制定标准
工程控制　严加密闭，提供充分的局部排风
个体防护装备
呼吸系统防护　空气中浓度超标时，必须佩戴过滤式防毒面具（全面罩）。紧急事态抢救或撤离时，应该佩戴空气呼吸器
眼睛防护　呼吸系统防护中已作防护
皮肤和身体防护　穿橡胶耐酸碱服
手防护　戴橡胶耐酸碱手套

第九部分　理化特性

外观与性状　无色液体，带有辛辣刺激臭味

pH 值　无资料	**熔点（℃）**　无资料
沸点（℃） 117.5	**相对密度（水＝1）** 1.217
相对蒸气密度（空气＝1） 6	
饱和蒸气压（kPa）　无资料	
临界压力（MPa）　无资料	**辛醇/水分配系数**　无资料
闪点（℃） 35	**自燃温度（℃）**　无资料
爆炸下限（%）　无资料	**爆炸上限（%）**　无资料
分解温度（℃）　无资料	**黏度（mPa·s）**　无资料
燃烧热（kJ/mol） −2106.2	**临界温度（℃）**　无资料
溶解性　无资料	

第十部分　稳定性和反应性

稳定性　稳定
危险反应　与强氧化剂、强碱、氰化物等禁配物发生反应。遇水反应，放出具有刺激性和腐蚀性的氯化氢气体。容易发生自聚反应
避免接触的条件　无资料
禁配物　强氧化剂、强碱、氰化物
危险的分解产物　氯化氢

第十一部分　毒理学信息

急性毒性　LD$_{50}$：56mg/kg（小鼠静脉）

皮肤刺激或腐蚀　无资料	**眼睛刺激或腐蚀**　无资料
呼吸或皮肤过敏　无资料	**生殖细胞突变性**　无资料
致癌性　无资料	**生殖毒性**　无资料
特异性靶器官系统毒性-一次接触　无资料	
特异性靶器官系统毒性-反复接触　无资料	
吸入危害　无资料	

第十二部分　生态学信息

生态毒性　无资料
持久性和降解性
生物降解性　无资料
非生物降解性　无资料
潜在的生物累积性　无资料
土壤中的迁移性　无资料

第十三部分　废弃处置

废弃化学品　建议用焚烧法处置。在能利用的地方重复使用容器或在规定场所掩埋
污染包装物　将容器返还生产商或按照国家和地方法规处置
废弃注意事项　处置前应参阅国家和地方有关法规

第十四部分　运输信息

联合国危险货物编号（UN 号） 1724
联合国运输名称　烯丙基三氯硅烷，稳定的
联合国危险性类别　8，3
包装类别　Ⅱ

包装标志　

海洋污染物　否
运输注意事项　起运时包装要完整，装载应稳妥。运输过程中要确保容器不泄漏、不倒塌、不坠落、不损坏。运输时所用的槽（罐）车应有接地链，槽内可设孔隔板以减少震荡产生的静电。严禁与氧化剂、碱类、氰化物、食用化学品等混装混运。公路运输时要按规定路线行驶，勿在居民区和人口稠密区停留

第十五部分　法规信息

下列法律、法规、规章和标准，对该化学品的管理作了相应的规定。
中华人民共和国职业病防治法　职业病分类和目录：未列入
危险化学品安全管理条例　危险化学品目录：列入。易制爆危险化学品名录：未列入。重点监管的危险化学品名录：未列入。GB 18218—2009《危险化学品重大危险源辨识》（表1）：未列入
使用有毒物品作业场所劳动保护条例　高毒物品目录：未列入
易制毒化学品管理条例　易制毒化学品的分类和品种目录：未列入
国际公约　斯德哥尔摩公约：未列入。鹿特丹公约：未列入。蒙特利尔议定书：未列入

第十六部分　其他信息

编写和修订信息　缩略语和首字母缩写
培训建议　参考文献
免责声明

烯丙基缩水甘油醚

第一部分　化学品标识

化学品中文名　烯丙基缩水甘油醚

化学品英文名　allyl glycidyl ether；1-allyloxy-2,3-epoxypropane

分子式　$C_6H_{10}O_2$　分子量　114.1424

结构式　

化学品的推荐及限制用途　用作纤维改性剂、氯化有机物的稳定剂、合成树脂反应性稀释剂和改性剂

第二部分　危险性概述

紧急情况概述　易燃液体和蒸气，吞咽有害，吸入有害，造成皮肤刺激，造成严重眼损伤，可能导致皮肤过敏反应，可能引起呼吸道刺激

GHS危险性类别　易燃液体，类别3；急性毒性-经口，类别4；急性毒性-吸入，类别4；皮肤腐蚀/刺激，类别2；严重眼损伤/眼刺激，类别1；皮肤致敏物，类别1；生殖细胞致突变性，类别2；生殖毒性，类别2；特异性靶器官毒性--一次接触，类别3（呼吸道刺激）；危害水生环境-急性危害，类别3；危害水生环境-长期危害，类别3

标签要素

象形图

警示词　危险

危险性说明　易燃液体和蒸气，吞咽有害，吸入有害，造成皮肤刺激，造成严重眼损伤，可能导致皮肤过敏反应，怀疑可造成遗传性缺陷，怀疑对生育力或胎儿造成伤害，可能引起呼吸道刺激，对水生生物有害并具有长期持续影响

防范说明

预防措施　远离热源、火花、明火、热表面。禁止吸烟。保持容器密闭。容器和接收设备接地连接。使用防爆型电器、通风、照明设备。只能使用不产生火花的工具。采取防止静电措施。戴防护手套、防护眼镜、防护面罩。避免接触眼睛、皮肤，操作后彻底清洗。作业场所不得进食、饮水。避免吸入蒸气、雾。仅在室外或通风良好处操作。污染的工作服不得带出工作场所。得到专门指导后操作。在阅读并了解所有安全预防措施之前，切勿操作。按要求使用个体防护装备。禁止排入环境

事故响应　火灾时，使用雾状水、泡沫、干粉、二氧化碳、砂土灭火。如吸入：将患者转移到空气新鲜处，休息，保持利于呼吸的体位。皮肤接触：用大量肥皂水和水清洗。如出现皮肤刺激或皮疹：就医。脱去被污染的衣服，衣服经洗净后方可重新使用。接触眼睛：用水细心冲洗数分钟。如戴隐形眼镜并可方便地取出，取出隐形眼镜，继续冲洗。食入：如果感觉不适，立即呼叫中毒控制中心或就医，漱口。如果接触或有担心，就医

安全储存　存放在通风良好的地方。保持低温。上

锁保管

废弃处置　本品及内装物、容器依据国家和地方法规处置

物理和化学危险　易燃，其蒸气与空气混合，能形成爆炸性混合物。容易自聚

健康危害　对中枢神经有抑制作用。可致肺水肿。对眼有重度刺激，可致结膜炎、虹膜炎和角膜混浊。对皮肤有中度刺激，致敏作用较强

环境危害　对水生生物有害并具有长期持续影响

第三部分　成分/组成信息

√ 物质　　　　　　　　　　混合物

组分	浓度	CAS No.
烯丙基缩水甘油醚		106-92-3

第四部分　急救措施

吸入　迅速脱离现场至空气新鲜处。保持呼吸道通畅。如呼吸困难，给输氧。呼吸、心跳停止，立即进行心肺复苏术。就医

皮肤接触　立即脱去污染的衣着，用流动清水彻底冲洗。就医

眼睛接触　立即分开眼睑，用流动清水或生理盐水彻底冲洗5～10min。就医

食入　漱口，饮水。就医

对保护施救者的忠告　根据需要使用个人防护设备

对医生的特别提示　对症处理

第五部分　消防措施

灭火剂　用雾状水、泡沫、干粉、二氧化碳、砂土灭火

特别危险性　其蒸气与空气可形成爆炸性混合物，遇明火、高热能引起燃烧爆炸。与氧化剂可发生反应。容易自聚，聚合反应随着温度的上升而急骤加剧。蒸气比空气重，沿地面扩散并易积存于低洼处，遇火源会着火回燃。若遇高热，容器内压增大，有开裂和爆炸的危险

灭火注意事项及防护措施　消防人员必须佩戴空气呼吸器、穿全身防火防毒服，在上风向灭火。尽可能将容器从火场移至空旷处。喷水保持火场容器冷却，直至灭火结束。处在火场中的容器若已变色或从安全泄压装置中发出声音，必须马上撤离

第六部分　泄漏应急处理

作业人员防护措施、防护装备和应急处置程序　消除所有点火源。根据液体流动和蒸气扩散的影响区域划定警戒区，无关人员从侧风、上风向撤离至安全区。建议应急处理人员戴正压自给式呼吸器，穿防毒、防静电服。作业时使用的所有设备应接地。禁止接触或跨越泄漏物。尽可能切断泄漏源

环境保护措施　防止泄漏物进入水体、下水道、地下室或有限空间

泄漏化学品的收容、清除方法及所使用的处置材料　小量泄漏：用砂土或其他不燃材料吸收。使用洁净的无火花工具收集吸收材料。大量泄漏：构筑围堤或挖坑收

容。用抗溶性泡沫覆盖，减少蒸发。喷水雾能减少蒸发，但不能降低泄漏物在有限空间内的易燃性。用防爆泵转移至槽车或专用收集器内

第七部分 操作处置与储存

操作注意事项 密闭操作，局部排风。操作人员必须经过专门培训，严格遵守操作规程。建议操作人员佩戴自吸过滤式防毒面具（全面罩），穿胶布防毒衣，戴橡胶耐油手套。远离火种、热源，工作场所严禁吸烟。使用防爆型的通风系统和设备。防止蒸气泄漏到工作场所空气中。避免与氧化剂、酸类、碱类接触。搬运时要轻装轻卸，防止包装及容器损坏。配备相应品种和数量的消防器材及泄漏应急处理设备。倒空的容器可能残留有害物

储存注意事项 通常商品加有阻聚剂。储存于阴凉、通风的库房。远离火种、热源。库温不宜超过37℃，包装要求密封，不可与空气接触。应与氧化剂、酸类、碱类、食用化学品分开存放，切忌混储。采用防爆型照明、通风设施。禁止使用易产生火花的机械设备和工具。储区应备有泄漏应急处理设备和合适的收容材料

第八部分 接触控制/个体防护

职业接触限值
　　中国　未制定标准
　　美国（ACGIH） TLV-TWA：1ppm
生物接触限值　未制定标准
监测方法　空气中有毒物质测定方法：未制定标准。生物监测检验方法：未制定标准
工程控制　密闭操作，局部排风
个体防护装备
　　呼吸系统防护　空气中浓度超标时，必须佩戴过滤式防毒面具（全面罩）。紧急事态抢救或撤离时，应该佩戴空气呼吸器
　　眼睛防护　呼吸系统防护中已作防护
　　皮肤和身体防护　穿密闭型防毒服
　　手防护　戴橡胶耐油手套

第九部分 理化特性

外观与性状　无色、透明液体，有特殊的臭味
pH 值　无资料　　　　**熔点(℃)**　－100
沸点(℃)　154　　　　**相对密度(水=1)**　0.962
相对蒸气密度(空气=1)　3.9
饱和蒸气压(kPa)　0.37（20℃）
临界压力(MPa)　无资料　**辛醇/水分配系数**　无资料
闪点(℃)　57.22　　　**自燃温度(℃)**　无资料
爆炸下限(%)　无资料　**爆炸上限(%)**　无资料
分解温度(℃)　无资料　**黏度(mPa·s)**　无资料
燃烧热(kJ/mol)　无资料　**临界温度(℃)**　无资料
溶解性　溶于水、丙酮、苯、四氯化碳、醇

第十部分 稳定性和反应性

稳定性　稳定

危险反应　与强氧化剂、酸类、碱类等禁配物接触，有发生火灾和爆炸的危险。容易发生自聚反应
避免接触的条件　无资料
禁配物　酸类、碱类、氧化剂
危险的分解产物　无资料

第十一部分 毒理学信息

急性毒性　LD_{50}：1600mg/kg（大鼠经口）；2550mg/kg（兔经皮）。LC_{50}：860ppm（大鼠吸入，4h）
皮肤刺激或腐蚀　无资料　**眼睛刺激或腐蚀**　无资料
呼吸或皮肤过敏　无资料　**生殖细胞突变性**　无资料
致癌性　无资料　　　　**生殖毒性**　无资料
特异性靶器官系统毒性--一次接触　无资料
特异性靶器官系统毒性-反复接触　无资料
吸入危害　无资料

第十二部分 生态学信息

生态毒性　LC_{50}：36mg/L（96h）（*Cyprinus carpio*）（OECD 203）；EC_{50}：50mg/L（48h）（大型潘）（OECD 202）；ErC_{50}：570mg/L（72h）（羊角月牙藻）（OECD 201）
持久性和降解性
　　生物降解性　无资料
　　非生物降解性　无资料
潜在的生物累积性　根据 K_{ow} 值预测，该物质的生物累积性可能较弱
土壤中的迁移性　根据 K_{oc} 值预测，该物质可能易发生迁移

第十三部分 废弃处置

废弃化学品　用焚烧法处置
污染包装物　将容器返还生产商或按照国家和地方法规处置
废弃注意事项　处置前应参阅国家和地方有关法规

第十四部分 运输信息

联合国危险货物编号（UN 号）　2219
联合国运输名称　烯丙基缩水甘油醚
联合国危险性类别　3

包装类别　Ⅲ　　　　　　**包装标志**　

海洋污染物　否
运输注意事项　运输时运输车辆应配备相应品种和数量的消防器材及泄漏应急处理设备。夏季最好早晚运输。运输时所用的槽（罐）车应有接地链，槽内可设孔隔板以减少震荡产生的静电。严禁与氧化剂、酸类、碱类、食用化学品等混装混运。运输途中应防暴晒、雨淋，防高温。中途停留时应远离火种、热源、高温区。装运该物品的车辆排气管必须配备阻火装置，禁止使用易产生火花的机械设备和工具装卸。公路运输时要按规定路线行驶，勿在居民区和人口稠密区停

留。铁路运输时要禁止溜放。严禁用木船、水泥船散装运输

第十五部分　法规信息

下列法律、法规、规章和标准，对该化学品的管理作了相应的规定。

中华人民共和国职业病防治法　职业病分类和目录：未列入

危险化学品安全管理条例　危险化学品目录：列入。易制爆危险化学品名录：未列入。重点监管的危险化学品名录：未列入。GB 18218—2009《危险化学品重大危险源辨识》（表1）：未列入

使用有毒物品作业场所劳动保护条例　高毒物品目录：未列入

易制毒化学品管理条例　易制毒化学品的分类和品种目录：未列入

国际公约　斯德哥尔摩公约：未列入。鹿特丹公约：未列入。蒙特利尔议定书：未列入

第十六部分　其他信息

编写和修订信息　　　　缩略语和首字母缩写
培训建议　　　　　　　参考文献
免责声明

硝化丙三醇［含不挥发、不溶于水的钝感剂≥40％］

第一部分　化学品标识

化学品中文名　硝化丙三醇〔含不挥发、不溶于水的钝感剂≥40％〕；甘油三硝酸酯；硝化甘油

化学品英文名　nitroglycerine（with more than 40％ non-volatile insoluble phlegmatizer）；glyceryl trinitrate

分子式　$C_3H_5N_3O_9$　**分子量**　227.0865

结构式
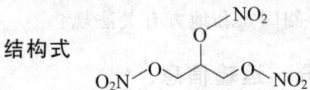

化学品的推荐及限制用途　用于制造军事和商业用炸药

第二部分　危险性概述

紧急情况概述　爆炸物、整体爆炸危险，吞咽有害

GHS危险性类别　爆炸物，1.1项；急性毒性-经口，类别4；生殖毒性，类别2；特异性靶器官毒性—次接触，类别1；特异性靶器官毒性-反复接触，类别1；危害水生环境-急性危害，类别2；危害水生环境-长期危害，类别2

标签要素

象形图

警示词　危险

危险性说明　爆炸物、整体爆炸危险，吞咽有害，怀疑对生育力或胎儿造成伤害，对器官造成损害，长时间或反复接触对器官造成损伤，对水生生物有毒并具有长期持续影响

防范说明

预防措施　远离热源、火花、明火、热表面。容器和接收设备接地连接。避免研磨、撞击、摩擦。戴防护面罩。避免接触眼睛、皮肤，操作后彻底清洗。作业场所不得进食、饮水或吸烟。得到专门指导后操作。在阅读并了解所有安全预防措施之前，切勿操作。按要求使用个体防护装备。避免吸入蒸气、雾。禁止排入环境

事故响应　火灾时可能爆炸。火势蔓延到爆炸物时，切勿灭火，撤离现场。食入：如果感觉不适，立即呼叫中毒控制中心或就医，漱口。如果接触或有担心，就医，如果感觉不适：立即呼叫中毒控制中心或就医。收集泄漏物

安全储存　上锁保管

废弃处置　本品及内装物、容器依据国家和地方法规处置

物理和化学危险　受撞击、摩擦，遇明火或其他点火源极易爆炸

健康危害　少量吸收即可引起剧烈的搏动性头痛，常有恶心、心悸，有时有呕吐和腹痛，面部发热、潮红；较大量产生低血压、抑郁、精神错乱，偶见谵妄、高铁血红蛋白血症和紫绀。饮酒后，上述症状加剧，并可发生躁狂。本品易经皮肤吸收，应防止皮肤接触。慢性影响：可有头痛、疲乏等不适

环境危害　对水生生物有毒并具有长期持续影响

第三部分　成分/组成信息

√物质　　　　　　　　混合物

组分	浓度	CAS No.
硝化丙三醇		55-63-0

第四部分　急救措施

吸入　迅速脱离现场至空气新鲜处。保持呼吸道通畅。如呼吸困难，给输氧。呼吸、心跳停止，立即进行心肺复苏术。就医

皮肤接触　立即脱去污染的衣着，用流动清水彻底冲洗。就医

眼睛接触　立即分开眼睑，用流动清水或生理盐水彻底冲洗。就医

食入　漱口，饮水。就医

对保护施救者的忠告　根据需要使用个人防护设备

对医生的特别提示　高铁血红蛋白血症，可用亚甲蓝和维生素C治疗

第五部分　消防措施

灭火剂　用大量水灭火

特别危险性　冻结的硝化甘油机械感度比液体的要高，处于半冻结状态时，机械感度更高。故受暴冷暴热、撞击、摩擦，遇明火、高热时，均有引起爆炸的危险。与强酸接触能发生强烈反应，引起燃

烧或爆炸

灭火注意事项及防护措施 消防人员必须戴好防毒面具，在安全距离以外，在上风向灭火。遇大火切勿轻易接近。禁止用砂土压盖

第六部分 泄漏应急处理

作业人员防护措施、防护装备及应急处置程序 消除所有点火源。根据液体流动和蒸气扩散的影响区域划定警戒区，无关人员从侧风、上风向撤离至安全区。建议应急处理人员戴正压自给式呼吸器，穿防毒服。作业时使用的所有设备应接地

环境保护措施 防止泄漏物进入水体、下水道、地下室或有限空间

泄漏化学品的收容、清除方法及所使用的处置材料 禁止接触或跨越泄漏物。在专家指导下清除

第七部分 操作处置与储存

操作注意事项 密闭操作，提供充分的局部排风。操作尽可能机械化、自动化。操作人员必须经过专门培训，严格遵守操作规程。建议操作人员佩戴自吸过滤式防毒面具（半面罩），戴安全防护眼镜，穿防静电工作服，戴防化学品手套。远离火种、热源，工作场所严禁吸烟。使用防爆型的通风系统和设备。防止蒸气泄漏到工作场所空气中。避免与氧化剂、活性金属粉末、酸类接触。搬运时要轻装轻卸，防止包装及容器损坏。禁止震动、撞击和摩擦。配备相应品种和数量的消防器材及泄漏应急处理设备

储存注意事项 储存于阴凉、干燥、通风的爆炸品专用库房。远离火种、热源。库温不超过32℃，相对湿度不超过80％。保持容器密封。应与氧化剂、活性金属粉末、酸类、食用化学品分开存放，切忌混储。采用防爆型照明、通风设施。禁止使用易产生火花的机械设备和工具。储区应备有泄漏应急处理设备和合适的收容材料。禁止震动、撞击和摩擦

第八部分 接触控制/个体防护

职业接触限值

中国 MAC：1mg/m³［皮］

美国（ACGIH） TLV-TWA：0.05ppm［皮］

生物接触限值 未制定标准

监测方法 空气中有毒物质测定方法：溶剂解吸-气相色谱法。生物监测检验方法：未制定标准

工程控制 严加密闭，提供充分的局部排风。提供安全淋浴和洗眼设备

个体防护装备

呼吸系统防护 可能接触其蒸气时，应该佩戴过滤式防毒面具（半面罩）。紧急事态抢救或撤离时，建议佩戴空气呼吸器

眼睛防护 戴安全防护眼镜

皮肤和身体防护 穿防静电工作服

手防护 戴防化学品手套

第九部分 理化特性

外观与性状 白色或淡黄色黏稠液体，低温易冻结

pH值 无资料 **熔点（℃）** 13

沸点（℃） 218（爆炸） **相对密度（水＝1）** 1.6

相对蒸气密度（空气＝1） 7.8

饱和蒸气压（kPa） 0.01（60℃）

临界压力（MPa） 无资料 **辛醇/水分配系数** 1.62

闪点（℃） 无资料 **自燃温度（℃）** 270

爆炸下限（%） 无资料 **爆炸上限（%）** 无资料

分解温度（℃） 218

黏度（mPa·s） 36.0（20℃）

燃烧热（kJ/mol） 0～1540.0

临界温度（℃） 无资料

溶解性 不溶于水

第十部分 稳定性和反应性

稳定性 稳定

危险反应 受暴冷暴热、撞击、摩擦，遇明火、高热时，均有引起爆炸的危险。与强氧化剂、活性金属粉末、强酸接触能发生强烈反应，引起燃烧或爆炸

避免接触的条件 暴冷暴热、撞击、摩擦、受热

禁配物 强氧化剂、活性金属粉末、酸类

危险的分解产物 氮氧化物

第十一部分 毒理学信息

急性毒性 LD$_{50}$：105mg/kg（大鼠经口），115mg/kg（小鼠经口），1607mg/kg（兔经口），＞280mg/kg（兔经皮）

皮肤刺激或腐蚀 家兔经皮：500mg（24h），轻度刺激

眼睛刺激或腐蚀 无资料 **呼吸或皮肤过敏** 无资料

生殖细胞突变性 微生物致突变：鼠伤寒沙门氏菌2500nmol/皿。微粒体诱变：鼠伤寒沙门氏菌50μg/皿

致癌性 大鼠经口最低中毒剂量（TDLo）：36500mg/kg（2年，连续），疑似肿瘤剂，致肝肿瘤

生殖毒性 大鼠孕后7～17d腹膜腔内给予最低中毒剂量（TDLo）致肌肉骨骼系统发育畸形

特异性靶器官系统毒性-一次接触 无资料

特异性靶器官系统毒性-反复接触 无资料

吸入危害 无资料

第十二部分 生态学信息

生态毒性 LC$_{50}$：3.58mg/L（96h）（黑头呆鱼，流水式）。LC$_{50}$：17.83mg/L（48h）（*Ceriodaphnia dubia*，静态）。EC$_{50}$：1.15mg/L（96h）（羊角月牙藻，静态）

持久性和降解性

生物降解性 无资料

非生物降解性 无资料

潜在的生物累积性 无资料

土壤中的迁移性 无资料

第十三部分 废弃处置

废弃化学品 处置前应参阅国家和地方有关法规。在公安部门指定地点引爆

污染包装物 将容器返还生产商或按照国家和地方法规处置

废弃注意事项 废弃处置人员必须接受过专门的爆炸性物质废弃处置培训

第十四部分 运输信息

联合国危险货物编号（UN号） 0143
联合国运输名称 减敏硝化甘油，按质量含有不低于40％不挥发、不溶于水的减敏剂
联合国危险性类别 1.1D，6.1
包装类别 —

包装标志

海洋污染物 是
运输注意事项 铁路暂不办理运输。起运时包装要完整，装载应稳妥。运输过程中要确保容器不泄漏、不倒塌、不坠落、不损坏。车速要加以控制，避免颠簸、震荡。不得与酸、碱、盐类、氧化剂、易燃可燃物、自燃物品、金属粉末等危险物品及钢铁材料器具混装。运输途中应防暴晒、雨淋，防高温。公路运输时要按规定路线行驶，中途停留时应严格选择停放地点，远离高压电源、火源和高温场所，要与其他车辆隔离并留有专人看管，禁止在居民区和人口稠密区停留

第十五部分 法规信息

下列法律、法规、规章和标准，对该化学品的管理作了相应的规定。
中华人民共和国职业病防治法 职业病分类和目录：未列入
危险化学品安全管理条例 危险化学品目录：列入。易制爆危险化学品名录：未列入。重点监管的危险化学品名录：列入。GB 18218—2009《危险化学品重大危险源辨识》（表1）：列入。类别：爆炸品，临界量（t）：1
使用有毒物品作业场所劳动保护条例 高毒物品目录：未列入
易制毒化学品管理条例 易制毒化学品的分类和品种目录：未列入
国际公约 斯德哥尔摩公约：未列入。鹿特丹公约：未列入。蒙特利尔议定书：未列入

第十六部分 其他信息

编写和修订信息 缩略语和首字母缩写
培训建议 参考文献
免责声明

硝化纤维素

第一部分 化学品标识

化学品中文名 硝化纤维素；硝化棉；硝基纤维素
化学品英文名 nitrocellulose；cellulose nitrate
分子式 $C_{12}H_{17}(ONO_2)_3O_7 \sim C_{12}H_{14}(ONO_2)_6O_7$
分子量 459.28～594.28

化学品的推荐及限制用途 用于生产赛璐珞、影片、漆片、炸药等

第二部分 危险性概述

紧急情况概述 爆炸物、整体爆炸危险
GHS危险性类别 爆炸物，1.1项
标签要素

象形图

警示词 危险
危险性说明 爆炸物、整体爆炸危险
防范说明
　　预防措施 远离热源、火花、明火、热表面。禁止吸烟。容器和接收设备接地连接。避免研磨、撞击、摩擦
　　事故响应
　　　　火灾时可能爆炸。火势蔓延到爆炸物时，切勿灭火。撤离现场
　　安全储存 —
　　废弃处置 本品及内装物、容器依据国家和地方法规处置
物理和化学危险 易燃。受撞击、摩擦，遇明火或其他点火源极易爆炸
健康危害 对眼有刺激性
环境危害 对环境可能有害

第三部分 成分/组成信息

√物质　　　　　　　　　　混合物

组分	浓度	CAS No.
硝化纤维素		9004-70-0

第四部分 急救措施

吸入 脱离现场至空气新鲜处。如有不适感，就医
皮肤接触 脱去污染的衣着，用流动清水冲洗。如有不适感，就医
眼睛接触 分开眼睑，用流动清水或生理盐水冲洗。如有不适感，就医
食入 漱口，饮水。就医
对保护施救者的忠告 根据需要使用个人防护设备
对医生的特别提示 对症处理

第五部分 消防措施

灭火剂 用水、雾状水、泡沫、干粉、二氧化碳灭火
特别危险性 暴露在空气中能自燃。本品遇到火星、高温、氧化剂以及大多数有机胺（对苯二甲胺等）会发生燃烧和爆炸
灭火注意事项及防护措施 消防人员须戴好防毒面具，在安全距离以外，在上风向灭火。消防人员须在有防爆掩蔽处操作。禁止用砂土压盖

第六部分 泄漏应急处理

作业人员防护措施、防护装备和应急处置程序 消除所有

点火源。隔离泄漏污染区，限制出入。建议应急处理人员戴防尘口罩，穿消防防护服。作业时使用的所有设备应接地。禁止接触或跨越泄漏物

环境保护措施 用塑料布覆盖泄漏物，减少飞散

泄漏化学品的收容、清除方法及所使用的处置材料 小量泄漏：用大量水冲洗，洗水稀释后放入废水系统。大量泄漏：用水润湿，并筑堤收容。通过慢慢加入大量水保持泄漏物湿润

第七部分　操作处置与储存

操作注意事项 密闭操作，局部排风。操作人员必须经过专门培训，严格遵守操作规程。建议操作人员佩戴自吸过滤式防尘口罩，穿防静电工作服。远离火种、热源，工作场所严禁吸烟。使用防爆型的通风系统和设备。避免产生粉尘。避免与氧化剂接触。搬运时要轻装轻卸，防止包装及容器损坏。禁止震动、撞击和摩擦。配备相应品种和数量的消防器材及泄漏应急处理设备。倒空的容器可能残留有害物

储存注意事项 储存于阴凉、通风的库房。远离火种、热源。库温不宜超过35℃。保持容器密封。应与氧化剂等分开存放，切忌混储。采用防爆型照明、通风设施。禁止使用易产生火花的机械设备和工具。储区应备有合适的材料收容泄漏物

第八部分　接触控制/个体防护

职业接触限值

　　中国　未制定标准

　　美国（ACGIH）　未制定标准

生物接触限值 未制定标准

监测方法 空气中有毒物质测定方法：未制定标准。生物监测检验方法：未制定标准

工程控制 密闭操作，局部排风

个体防护装备

　　呼吸系统防护　空气中粉尘浓度较高时，建议佩戴过滤式防尘呼吸器

　　眼睛防护　必要时，戴化学安全防护眼镜

　　皮肤和身体防护　穿防静电工作服

　　手防护　戴一般作业防护手套

第九部分　理化特性

外观与性状 白色或微黄色，呈棉絮状或纤维状，无臭无味

pH值 无意义　　　　**熔点（℃）** 160～170

沸点（℃） 无资料　　**相对密度（水＝1）** 1.66

相对蒸气密度（空气＝1） 无资料

饱和蒸气压（kPa） 无资料

临界压力（MPa） 无意义　　**辛醇/水分配系数** 无资料

闪点（℃） 12.8　　　　**自燃温度（℃）** 160～170

爆炸下限（%） 无资料　　**爆炸上限（%）** 无资料

分解温度（℃） 无资料　　**黏度（mPa·s）** 无资料

燃烧热（kJ/mol） 无资料　　**临界温度（℃）** 无资料

溶解性 不溶于水，溶于酯、丙酮

第十部分　稳定性和反应性

稳定性 稳定

危险反应 与强氧化剂等强氧化剂、胺类接触，有发生火灾和爆炸的危险。暴露在空气中能自燃。遇到火星、高温、氧化剂以及大多数有机胺（对苯二甲胺等）会发生燃烧和爆炸

避免接触的条件 受热

禁配物 强氧化剂、胺类

危险的分解产物 氮氧化物

第十一部分　毒理学信息

急性毒性 LD$_{50}$：＞5000mg/kg（大鼠经口），＞5000mg/kg（小鼠经口）

皮肤刺激或腐蚀 无资料　　**眼睛刺激或腐蚀** 无资料

呼吸或皮肤过敏 无资料　　**生殖细胞突变性** 无资料

致癌性 无资料　　　　　　**生殖毒性** 无资料

特异性靶器官系统毒性-一次接触 无资料

特异性靶器官系统毒性-反复接触 无资料

吸入危害 无资料

第十二部分　生态学信息

生态毒性 无资料

持久性和降解性

　　生物降解性　无资料

　　非生物降解性　无资料

潜在的生物累积性 无资料

土壤中的迁移性 无资料

第十三部分　废弃处置

废弃化学品 建议用焚烧法处置。焚烧炉排出的氮氧化物通过洗涤器除去

污染包装物 将容器返还生产商或按照国家和地方法规处置

废弃注意事项 处置前应参阅国家和地方有关法规

第十四部分　运输信息

联合国危险货物编号（UN号） 0340［干的或含水（或乙醇）＜25%］；0341（未改性的，或增塑的，含增塑剂＜18%）；0342（含乙醇≥25%）；0343（含增塑剂≥18%）；2555（含水＞25%）；2556（含氮≤12.6%，含乙醇≥25%）；2557（含氮≤12.6%）

联合国运输名称 硝化纤维素，干的，或湿的，按质量计含水（或乙醇）低于25%；硝化纤维素，未改性的，或增塑的，按质量计含有低于18%的增塑剂；硝化纤维素，湿的，按质量计含有不低于25%的乙醇；增塑硝化纤维素，按质量计含有不低于18%的增塑剂；含水硝化纤维素（按质量计含水不低于25%）；含乙醇硝化纤维素（按质量计含乙醇不低于25%，按干重计含氮不超过12.6%）；硝化纤维素，按干重计含氮不超过12.6%，混合物含或不含增塑剂、含或不含颜料

联合国危险性类别 1.1D［干的或含水（或乙醇）＜

25%或未改性的，或增塑的，含增塑剂＜18%]；
1.1C（含乙醇≥25%或含增塑剂≥18%）；4.1（含
水≥25%或含氮≤12.6%，含乙醇≥25%或含氮
≤12.6%）

包装类别　Ⅱ（含水≥25%或含氮≤12.6%，含乙醇≥25%或含氮≤12.6%）

包装标志　 [干的或含水（或乙醇）＜25%或未改性的，或增塑的，含增塑剂＜18%或含乙醇≥25%或含增塑剂≥18%]

 [含水≥25%或含氮≤12.6%，含乙醇≥25%或含氮≤12.6%]

海洋污染物　否

运输注意事项　运输时运输车辆应配备相应品种和数量的消防器材及泄漏应急处理设备。装运本品的车辆排气管须有阻火装置。运输过程中要确保容器不泄漏、不倒塌、不坠落、不损坏。严禁与氧化剂、等混装混运。运输途中应防暴晒、雨淋，防高温。中途停留时应远离火种、热源。车辆运输完毕应进行彻底清扫

第十五部分　法规信息

下列法律、法规、规章和标准，对该化学品的管理作了相应的规定。

中华人民共和国职业病防治法　职业病分类和目录：未列入

危险化学品安全管理条例　危险化学品目录：列入。易制爆危险化学品名录：列入。重点监管的危险化学品名录：未列入。GB 18218—2009《危险化学品重大危险源辨识》（表1）：列入。类别：爆炸品，临界量（t）：10

使用有毒物品作业场所劳动保护条例　高毒物品目录：未列入

易制毒化学品管理条例　易制毒化学品的分类和品种目录：未列入

国际公约　斯德哥尔摩公约：未列入。鹿特丹公约：未列入。蒙特利尔议定书：未列入

第十六部分　其他信息

编写和修订信息　**缩略语和首字母缩写**
培训建议　　**参考文献**
免责声明

3-硝基苯磺酸

第一部分　化学品标识

化学品中文名　3-硝基苯磺酸；间硝基苯磺酸

化学品英文名　*m*-nitrobenzenesulfonic acid；3-nitrobenzenesulfonic acid

分子式　$C_6H_5NO_5S$　**分子量**　203.173

结构式　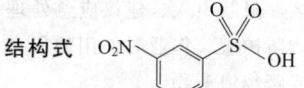

化学品的推荐及限制用途　用于有机合成

第二部分　危险性概述

紧急情况概述　造成严重的皮肤灼伤和眼损伤

GHS危险性类别　皮肤腐蚀/刺激，类别1；严重眼损伤/眼刺激，类别1

标签要素

象形图　

警示词　危险

危险性说明　造成严重的皮肤灼伤和眼损伤

防范说明

预防措施　避免吸入粉尘。避免接触眼睛、皮肤，操作后彻底清洗。戴防护手套，穿防护服，戴防护眼镜、防护面罩

事故响应　如吸入：将患者转移到空气新鲜处，休息，保持利于呼吸的体位，立即呼叫中毒控制中心或就医。皮肤（或头发）接触：立即脱掉所有被污染的衣服，用水冲洗皮肤，淋浴。污染的衣服必须洗净后方可重新使用。眼睛接触：用水细心地冲洗数分钟。如戴隐形眼镜并可方便地取出，则取出隐形眼镜，继续冲洗。食入：漱口。不要催吐

安全储存　上锁保管

废弃处置　本品及内装物、容器依据国家和地方法规处置

物理和化学危险　可燃，其粉体与空气混合，能形成爆炸性混合物

健康危害　吸入、摄入或经皮肤吸收后会中毒。眼和皮肤接触引起灼伤

环境危害　对环境可能有害

第三部分　成分/组成信息

√ 物质　　　　　　混合物

组分	浓度	CAS No.
3-硝基苯磺酸		98-47-5

第四部分　急救措施

吸入　迅速脱离现场至空气新鲜处。保持呼吸道通畅。如呼吸困难，给输氧。如呼吸、心跳停止，立即进行心肺复苏术。就医

皮肤接触　立即脱去污染的衣着，用大量流动清水彻底冲洗至少15min。就医

眼睛接触　立即分开眼睑，用流动清水或生理盐水彻底冲洗5～10min。就医

食入　用水漱口，禁止催吐。给饮牛奶或蛋清。就医

对保护施救者的忠告　根据需要使用个人防护设备

对医生的特别提示　对症处理

第五部分 消防措施

灭火剂 用雾状水、泡沫、干粉、二氧化碳、砂土灭火

特别危险性 遇明火、高热可燃。加热至 200℃ 以上发生急剧分解，放出有毒的烟气

灭火注意事项及防护措施 消防人员必须穿全身耐酸碱消防服、佩戴空气呼吸器灭火。尽可能将容器从火场移至空旷处。喷水保持火场容器冷却，直至灭火结束

第六部分 泄漏应急处理

作业人员防护措施、防护装备和应急处置程序 隔离泄漏污染区，限制出入。消除所有点火源。建议应急处理人员戴防尘口罩，穿防腐、防毒服。穿上适当的防护服前严禁接触破裂的容器和泄漏物。尽可能切断泄漏源

环境保护措施 用塑料布覆盖泄漏物，减少飞散

泄漏化学品的收容、清除方法及所使用的处置材料 勿使水进入包装容器内。用洁净的铲子收集泄漏物，置于干净、干燥、盖子较松的容器中，将容器移离泄漏区

第七部分 操作处置与储存

操作注意事项 密闭操作，提供充分的局部排风。防止粉尘释放到车间空气中。操作人员必须经过专门培训，严格遵守操作规程。建议操作人员佩戴防尘面具（全面罩），穿橡胶耐酸碱服，戴橡胶耐酸碱手套。远离火种、热源，工作场所严禁吸烟。使用防爆型的通风系统和设备。避免产生粉尘。避免与氧化剂、碱类接触。配备相应品种和数量的消防器材及泄漏应急处理设备。倒空的容器可能残留有害物

储存注意事项 储存于阴凉、通风的库房。远离火种、热源。防止阳光直射。包装密封。应与氧化剂、碱类、食用化学品分开存放，切忌混储。配备相应品种和数量的消防器材。储区应备有合适的材料收容泄漏物

第八部分 接触控制/个体防护

职业接触限值

中国 未制定标准

美国（ACGIH） 未制定标准

生物接触限值 未制定标准

监测方法 空气中有毒物质测定方法：未制定标准。生物监测检验方法：未制定标准

工程控制 严加密闭，提供充分的局部排风

个体防护装备

呼吸系统防护 可能接触其粉尘时，必须佩戴防尘面具（全面罩）。紧急事态抢救或撤离时，应该佩戴空气呼吸器

眼睛防护 呼吸系统防护中已作防护

皮肤和身体防护 穿橡胶耐酸碱服

手防护 戴橡胶耐酸碱手套

第九部分 理化特性

外观与性状 吸湿性的黄色小叶状结晶

pH 值 无意义　　**熔点（℃）** 70

沸点（℃） （分解）　　**相对密度（水＝1）** 无资料

相对蒸气密度（空气＝1） 无资料

饱和蒸气压（kPa） 无资料

临界压力（MPa） 无资料　　**辛醇/水分配系数** 无资料

闪点（℃） 无意义　　**自燃温度（℃）** 无资料

爆炸下限（%） 无资料　　**爆炸上限（%）** 无资料

分解温度（℃） 无资料　　**黏度（mPa·s）** 无资料

燃烧热（kJ/mol） 无资料　　**临界温度（℃）** 无资料

溶解性 易溶于水，溶于醇、碱，不溶于醚

第十部分 稳定性和反应性

稳定性 稳定

危险反应 与强氧化剂、强碱等禁配物发生反应

避免接触的条件 无资料

禁配物 强氧化剂、强碱

危险的分解产物 氮氧化物、氧化硫

第十一部分 毒理学信息

急性毒性 无资料

皮肤刺激或腐蚀 无资料

眼睛刺激或腐蚀 家兔经眼：2mg（24h），重度刺激

呼吸或皮肤过敏 无资料　　**生殖细胞突变性** 无资料

致癌性 无资料　　**生殖毒性** 无资料

特异性靶器官系统毒性—一次接触 无资料

特异性靶器官系统毒性-反复接触 无资料

吸入危害 无资料

第十二部分 生态学信息

生态毒性 无资料

持久性和降解性

生物降解性 无资料

非生物降解性 无资料

潜在的生物累积性 无资料

土壤中的迁移性 无资料

第十三部分 废弃处置

废弃化学品 根据国家和地方有关法规的要求处置。或与厂商或制造商联系，确定处置方法

污染包装物 将容器返还生产商或按照国家和地方法规处置

废弃注意事项 处置前应参阅国家和地方有关法规

第十四部分 运输信息

联合国危险货物编号（UN 号） 2305

联合国运输名称 硝基苯磺酸

联合国危险性类别 8

包装类别 Ⅱ　　**包装标志**

海洋污染物 否

运输注意事项 起运时包装要完整，装载应稳妥。运输过

程中要确保容器不泄漏、不倒塌、不坠落、不损坏。严禁与氧化剂、碱类、食用化学品等混装混运。运输时运输车辆应配备相应品种和数量的消防器材及泄漏应急处理设备。运输途中应防暴晒、雨淋，防高温。公路运输时要按规定路线行驶，勿在居民区和人口稠密区停留。

第十五部分　法规信息

下列法律、法规、规章和标准，对该化学品的管理作了相应的规定。

中华人民共和国职业病防治法　职业病分类和目录：未列入

危险化学品安全管理条例　危险化学品目录：列入。易制爆危险化学品名录：未列入。重点监管的危险化学品名录：未列入。GB 18218—2009《危险化学品重大危险源辨识》（表1）：未列入

使用有毒物品作业场所劳动保护条例　高毒物品目录：未列入

易制毒化学品管理条例　易制毒化学品的分类和品种目录：未列入

国际公约　斯德哥尔摩公约：未列入。鹿特丹公约：未列入。蒙特利尔议定书：未列入

第十六部分　其他信息

编写和修订信息　　　缩略语和首字母缩写
培训建议　　　　　　参考文献
免责声明

2-硝基苯磺酰氯

第一部分　化学品标识

化学品中文名　2-硝基苯磺酰氯；邻硝基苯磺酰氯；氯化邻硝基苯磺酰

化学品英文名　2-nitrobenzenesulfonyl chloride；o-nitrobenzensulfonyl chloride

分子式　$C_6H_4ClNO_4S$　**分子量**　221.62

结构式　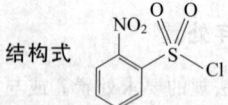

化学品的推荐及限制用途　用于有机合成

第二部分　危险性概述

紧急情况概述　造成严重的皮肤灼伤和眼损伤

GHS危险性类别　皮肤腐蚀/刺激，类别1；严重眼损伤/眼刺激，类别1

标签要素

象形图　

警示词　危险

危险性说明　造成严重的皮肤灼伤和眼损伤

防范说明

预防措施　避免吸入粉尘。避免接触眼睛、皮肤、

操作后彻底清洗。穿防护服，戴防护眼镜、防护手套、防护面罩

事故响应　如吸入：将患者转移到空气新鲜处，休息，保持利于呼吸的体位，立即呼叫中毒控制中心或就医。皮肤（或头发）接触：立即脱掉所有被污染的衣服，用水冲洗皮肤，淋浴。污染的衣服必须洗净后方可重新使用。眼睛接触：用水细心地冲洗数分钟。如戴隐形眼镜并可方便地取出，则取出隐形眼镜，继续冲洗。食入：漱口。不要催吐

安全储存　上锁保管

废弃处置　本品及内装物、容器依据国家和地方法规处置

物理和化学危险　可燃。遇水产生刺激性气体

健康危害　有毒。吸入、摄入或经皮肤吸收后会中毒。能腐蚀眼睛、皮肤和呼吸道黏膜，吸入后会发生化学性肺炎、肺水肿等

环境危害　对环境可能有害

第三部分　成分/组成信息

√ 物质　　　　　　　　　　混合物

组分	浓度	CAS No.
2-硝基苯磺酰氯		1694-92-4

第四部分　急救措施

吸入　迅速脱离现场至空气新鲜处。保持呼吸道通畅。如呼吸困难，给输氧。呼吸、心跳停止，立即进行心肺复苏术。就医

皮肤接触　立即脱去污染的衣着，用大量流动清水彻底冲洗至少15min。就医

眼睛接触　立即分开眼睑，用流动清水或生理盐水彻底冲洗5～10min。就医

食入　用水漱口，禁止催吐。给饮牛奶或蛋清。就医

对保护施救者的忠告　根据需要使用个人防护设备

对医生的特别提示　对症处理

第五部分　消防措施

灭火剂　用干粉、二氧化碳、砂土灭火

特别危险性　遇明火、高热可燃。其粉体与空气可形成爆炸性混合物，当达到一定浓度时，遇火星会发生爆炸。受热或遇水分解放热，放出有毒的腐蚀性烟气。受高热分解产生有毒的腐蚀性烟气。遇潮时对大多数金属有腐蚀性

灭火注意事项及防护措施　消防人员必须穿全身耐酸碱消防服、佩戴空气呼吸器灭火。尽可能将容器从火场移至空旷处。喷水保持火场容器冷却，直至灭火结束。禁止用水、泡沫和酸碱灭火剂灭火

第六部分　泄漏应急处理

作业人员防护措施、防护装备和应急处置程序　隔离泄漏污染区，限制出入。消除所有点火源。建议应急处理人员戴防尘口罩，穿防酸碱服。作业时使用的所有设备应接地。穿上适当的防护服前严禁接触破裂的容器

和泄漏物。尽可能切断泄漏源

环境保护措施　用塑料布覆盖泄漏物，减少飞散

泄漏化学品的收容、清除方法及所使用的处置材料　小量泄漏：用干燥的砂土或其他不燃材料覆盖泄漏物，然后用塑料布覆盖，减少飞散、避免雨淋。用洁净的铲子收集泄漏物，置于干净、干燥、盖子较松的容器中，将容器移离泄漏区

第七部分　操作处置与储存

操作注意事项　密闭操作，局部排风。防止粉尘释放到车间空气中。操作人员必须经过专门培训，严格遵守操作规程。建议操作人员佩戴自吸过滤式防尘口罩，戴化学安全防护眼镜，穿胶耐酸碱服，戴橡胶耐酸碱手套。远离火种、热源，工作场所严禁吸烟。使用防爆型的通风系统和设备。避免产生粉尘。避免与氧化剂、碱类接触。尤其要注意避免与水接触。配备相应品种和数量的消防器材及泄漏应急处理设备。倒空的容器可能残留有害物

储存注意事项　储存于阴凉、干燥、通风良好的库房。远离火种、热源。防止阳光直射。包装密封。应与氧化剂、碱类等分开存放，切忌混储。配备相应品种和数量的消防器材。储区应备有合适的材料收容泄漏物

第八部分　接触控制/个体防护

职业接触限值

　中国　未制定标准

　美国（ACGIH）　未制定标准

生物接触限值　未制定标准

监测方法　空气中有毒物质测定方法：未制定标准。生物监测检验方法：未制定标准

工程控制　密闭操作，局部排风

个体防护装备

　呼吸系统防护　空气中粉尘浓度超标时，必须佩戴过滤式防尘呼吸器。紧急事态抢救或撤离时，应该佩戴空气呼吸器

　眼睛防护　戴化学安全防护眼镜

　皮肤和身体防护　穿橡胶耐酸碱服

　手防护　戴橡胶耐酸碱手套

第九部分　理化特性

外观与性状　褐色或黄色针状结晶

pH 值　无意义　　　　**熔点（℃）**　65～67

沸点（℃）　无资料　　　**相对密度（水＝1）**　无资料

相对蒸气密度（空气＝1）　无资料

饱和蒸气压（kPa）　无资料

临界压力（MPa）　无资料　　**辛醇/水分配系数**　无资料

闪点（℃）　无意义　　　**自燃温度（℃）**　无资料

爆炸下限（%）　无资料　　**爆炸上限（%）**　无资料

分解温度（℃）　无资料　　**黏度（mPa·s）**　无资料

燃烧热（kJ/mol）　无资料　**临界温度（℃）**　无资料

溶解性　溶于乙醚

第十部分　稳定性和反应性

稳定性　稳定

危险反应　与强氧化剂、强碱等禁配物发生反应。受热或遇水分解放热，放出有毒的腐蚀性烟气

避免接触的条件　潮湿空气

禁配物　强氧化剂、强碱、水

危险的分解产物　氮氧化物、氯化氢、氧化硫

第十一部分　毒理学信息

急性毒性　无资料

皮肤刺激或腐蚀　无资料　　**眼睛刺激或腐蚀**　无资料

呼吸或皮肤过敏　无资料　　**生殖细胞突变性**　无资料

致癌性　无资料　　　　　　　**生殖毒性**　无资料

特异性靶器官系统毒性-一次接触　无资料

特异性靶器官系统毒性-反复接触　无资料

吸入危害　无资料

第十二部分　生态学信息

生态毒性　无资料

持久性和降解性

　生物降解性　无资料

　非生物降解性　无资料

潜在的生物累积性　无资料

土壤中的迁移性　无资料

第十三部分　废弃处置

废弃化学品　用安全掩埋法处置。在能利用的地方重复使用容器或在规定场所掩埋

污染包装物　将容器返还生产商或按照国家和地方法规处置

废弃注意事项　处置前应参阅国家和地方有关法规

第十四部分　运输信息

联合国危险货物编号（UN号）　3261

联合国运输名称　有机酸性腐蚀性固体，未另作规定的（2-硝基苯磺酰氯）

联合国危险性类别　8

包装类别　Ⅱ　　　　　　　**包装标志**　

海洋污染物　否

运输注意事项　铁路运输时，禁止使用金属制容器包装。起运时包装要完整，装载应稳妥。运输过程中要确保容器不泄漏、不倒塌、不坠落、不损坏。严禁与氧化剂、碱类、食用化学品等混装混运。运输时运输车辆应配备相应品种和数量的消防器材及泄漏应急处理设备。运输途中应防暴晒、雨淋，防高温。公路运输时要按规定路线行驶，勿在居民区和人口稠密区停留

第十五部分　法规信息

　下列法律、法规、规章和标准，对该化学品的管理作了相应的规定。

中华人民共和国职业病防治法　职业病分类和目录：未列入

危险化学品安全管理条例　危险化学品目录：列入。易制爆危险化学品名录：未列入。重点监管的危险化学品名录：未列入。GB 18218—2009《危险化学品重大危险源辨识》（表1）：未列入

使用有毒物品作业场所劳动保护条例　高毒物品目录：未列入

易制毒化学品管理条例　易制毒化学品的分类和品种目录：未列入

国际公约　斯德哥尔摩公约：未列入。鹿特丹公约：未列入。蒙特利尔议定书：未列入

第十六部分　其他信息

编写和修订信息　　　　　缩略语和首字母缩写
培训建议　　　　　　　　参考文献
免责声明

3-硝基苯磺酰氯

第一部分　化学品标识

化学品中文名　3-硝基苯磺酰氯；间硝基苯磺酰氯；氯化间硝基苯磺酰

化学品英文名　3-nitrobenzene sulfonyl chloride

分子式　$C_6H_4ClNO_4S$　**分子量**　221.618

结构式　

化学品的推荐及限制用途　用作分析试剂

第二部分　危险性概述

紧急情况概述　造成严重的皮肤灼伤和眼损伤

GHS危险性类别　皮肤腐蚀/刺激，类别1；严重眼损伤/眼刺激，类别1

标签要素

象形图

警示词　危险

危险性说明　造成严重的皮肤灼伤和眼损伤

防范说明

预防措施　避免吸入粉尘。避免接触眼睛、皮肤，操作后彻底清洗。戴防护手套，穿防护服，戴防护眼镜、防护面罩

事故响应　如吸入：将患者转移到空气新鲜处，休息，保持利于呼吸的体位，立即呼叫中毒控制中心或就医。皮肤（或头发）接触：立即脱掉所有被污染的衣服，用水冲洗皮肤，淋浴。污染的衣服必须洗净后方可重新使用。眼睛接触：用水细心地冲洗数分钟。如戴隐形眼镜并可方便地取出，则取出隐形眼镜，继续冲洗。食入：漱口。不要催吐

安全储存　上锁保管

废弃处置　本品及内装物、容器依据国家和地方法规处置

物理和化学危险　可燃。遇水产生刺激性气体

健康危害　吸入、摄入或经皮肤吸收后会中毒。对眼睛、皮肤和黏膜有强烈的刺激作用。眼和皮肤接触引起灼伤。吸入，可引起喉、支气管炎症，化学性肺炎、肺水肿等

环境危害　对环境可能有害

第三部分　成分/组成信息

√ 物质　　　　　　　　　　混合物

组分	浓度	CAS No.
3-硝基苯磺酰氯		121-51-7

第四部分　急救措施

吸入　迅速脱离现场至空气新鲜处。保持呼吸道通畅。如呼吸困难，给输氧。如呼吸、心跳停止，立即进行心肺复苏术。就医

皮肤接触　立即脱去污染的衣着，用大量流动清水彻底冲洗至少15min。就医

眼睛接触　立即分开眼睑，用流动清水或生理盐水彻底冲洗5～10min。就医

食入　用水漱口，禁止催吐。给饮牛奶或蛋清。就医

对保护施救者的忠告　根据需要使用个人防护设备

对医生的特别提示　对症处理

第五部分　消防措施

灭火剂　用干粉、二氧化碳、砂土灭火

特别危险性　遇明火、高热可燃。其粉体与空气可形成爆炸性混合物，当达到一定浓度时，遇火星会发生爆炸。遇水反应，放出具有刺激性和腐蚀性的氯化氢气体。受高热分解放出有毒的气体。遇潮时对大多数金属有腐蚀性

灭火注意事项及防护措施　消防人员必须佩戴防毒面具、穿全身消防服，在上风向灭火。尽可能将容器从火场移至空旷处。喷水保持火场容器冷却，直至灭火结束。禁止用水、泡沫和酸碱灭火剂灭火

第六部分　泄漏应急处理

作业人员防护措施、防护装备和应急处置程序　隔离泄漏污染区，限制出入。消除所有点火源。建议应急处理人员戴防尘口罩，穿防酸碱服。作业时使用的所有设备应接地。穿上适当的防护服前严禁接触破裂的容器和泄漏物。尽可能切断泄漏源

环境保护措施　用塑料布覆盖泄漏物，减少飞散

泄漏化学品的收容、清除方法及所使用的处置材料　小量泄漏：用干燥的砂土或其他不燃材料覆盖泄漏物，然后用塑料布覆盖，减少飞散、避免雨淋。用洁净的铲子收集泄漏物，置于干净、干燥、盖子较松的容器中，将容器移离泄漏区

第七部分　操作处置与储存

操作注意事项　密闭操作，提供充分的局部排风。防止粉尘释放到车间空气中。操作人员必须经过专门培训，

严格遵守操作规程。建议操作人员佩戴防尘面具（全面罩），穿橡胶耐酸碱服，戴橡胶耐酸碱手套。远离火种、热源，工作场所严禁吸烟。使用防爆型的通风系统和设备。避免产生粉尘。避免与氧化剂、碱类、氰化物接触。配备相应品种和数量的消防器材及泄漏应急处理设备。倒空的容器可能残留有害物

储存注意事项 储存于阴凉、通风的库房。远离火种、热源。防止阳光直射。包装密封。应与氧化剂、碱类、氰化物分开存放，切忌混储。配备相应品种和数量的消防器材。储区应备有合适的材料收容泄漏物

第八部分　接触控制/个体防护

职业接触限值

中国　未制定标准

美国（ACGIH）　未制定标准

生物接触限值 未制定标准

监测方法 空气中有毒物质测定方法：未制定标准。生物监测检验方法：未制定标准

工程控制 严加密闭，提供充分的局部排风

个体防护装备

呼吸系统防护　可能接触其粉尘时，必须佩戴防尘面具（全面罩）。紧急事态抢救或撤离时，应该佩戴空气呼吸器

眼睛防护　呼吸系统防护中已作防护

皮肤和身体防护　穿橡胶耐酸碱服

手防护　戴橡胶耐酸碱手套

第九部分　理化特性

外观与性状 淡黄色结晶

pH 值 无意义　**熔点(℃)** 63～65

沸点(℃) 无资料　**相对密度(水＝1)** 无资料

相对蒸气密度(空气＝1) 无资料

饱和蒸气压(kPa) 无资料

临界压力(MPa) 无资料　**辛醇/水分配系数** 无资料

闪点(℃) 无意义　**自燃温度(℃)** 无资料

爆炸下限(%) 无资料　**爆炸上限(%)** 无资料

分解温度(℃) 无资料　**黏度(mPa·s)** 无资料

燃烧热(kJ/mol) 无资料　**临界温度(℃)** 无资料

溶解性 不溶于水，易溶于热醇

第十部分　稳定性和反应性

稳定性 稳定

危险反应 与强氧化剂、强碱、氰化物等禁配物发生反应。遇水反应，放出具有刺激性和腐蚀性的氯化氢气体

避免接触的条件 潮湿空气

禁配物 强氧化剂、强碱、氰化物

危险的分解产物 氮氧化物、氯化氢、氧化硫

第十一部分　毒理学信息

急性毒性 无资料

皮肤刺激或腐蚀 无资料　**眼睛刺激或腐蚀** 无资料

呼吸或皮肤过敏 无资料　**生殖细胞突变性** 无资料

致癌性 无资料　　　**生殖毒性** 无资料

特异性靶器官系统毒性-一次接触 无资料

特异性靶器官系统毒性-反复接触 无资料

吸入危害 无资料

第十二部分　生态学信息

生态毒性 无资料

持久性和降解性

生物降解性　无资料

非生物降解性　无资料

潜在的生物累积性 无资料

土壤中的迁移性 无资料

第十三部分　废弃处置

废弃化学品 用安全掩埋法处置。在能利用的地方重复使用容器或在规定场所掩埋

污染包装物 将容器返还生产商或按照国家和地方法规处置

废弃注意事项 处置前应参阅国家和地方有关法规

第十四部分　运输信息

联合国危险货物编号（UN 号） 3261

联合国运输名称 有机酸性腐蚀性固体，未另作规定的（3-硝基苯磺酰氯）

联合国危险性类别 8

包装类别　Ⅱ　　　　　　**包装标志**

海洋污染物 否

运输注意事项 铁路运输时，禁止使用金属制容器包装。起运时包装要完整，装载应稳妥。运输过程中要确保容器不泄漏、不倒塌、不坠落、不损坏。严禁与氧化剂、碱类、氰化物、食用化学品等混装混运。运输时运输车辆应配备相应品种和数量的消防器材及泄漏应急处理设备。运输途中应防暴晒、雨淋，防高温。公路运输时要按规定路线行驶，勿在居民区和人口稠密区停留

第十五部分　法规信息

下列法律、法规、规章和标准，对该化学品的管理作了相应的规定。

中华人民共和国职业病防治法 职业病分类和目录：未列入

危险化学品安全管理条例 危险化学品目录：列入。易制爆危险化学品名录：未列入。重点监管的危险化学品名录：未列入。GB 18218—2009《危险化学品重大危险源辨识》(表 1)：未列入

使用有毒物品作业场所劳动保护条例 高毒物品目录：未列入

易制毒化学品管理条例 易制毒化学品的分类和品种目录：未列入

国际公约 斯德哥尔摩公约：未列入。鹿特丹公约：未列

入。蒙特利尔议定书：未列入

第十六部分　其他信息

编写和修订信息　　　缩略语和首字母缩写
培训建议　　　　　　　参考文献
免责声明

4-硝基苯磺酰氯

第一部分　化学品标识

化学品中文名　4-硝基苯磺酰氯；对硝基苯磺酰氯
化学品英文名　4-nitrobenzenesulfonyl chloride；*p*-nitro-benzene sulfonyl chloride
分子式　$C_6H_4ClNO_4S$　**分子量**　221.618

结构式　

化学品的推荐及限制用途　用作分析试剂，也用于有机合成

第二部分　危险性概述

紧急情况概述　造成严重的皮肤灼伤和眼损伤
GHS危险性类别　皮肤腐蚀/刺激，类别1；严重眼损伤/眼刺激，类别1
标签要素

象形图

警示词　危险
危险性说明　造成严重的皮肤灼伤和眼损伤
防范说明
　　预防措施　避免吸入粉尘。避免接触眼睛、皮肤，操作后彻底清洗。戴防护手套，穿防护服，戴防护眼镜、防护面罩
　　事故响应　如吸入：将患者转移到空气新鲜处，休息，保持利于呼吸的体位，立即呼叫中毒控制中心或就医。皮肤（或头发）接触：立即脱掉所有被污染的衣服，用水冲洗皮肤，淋浴。污染的衣服必须洗净后方可重新使用。眼睛接触：用水细心地冲洗数分钟。如戴隐形眼镜并可方便地取出，则取出隐形眼镜，继续冲洗。食入：漱口，不要催吐
　　安全储存　上锁保管
　　废弃处置　本品及内装物、容器依据国家和地方法规处置
物理和化学危险　可燃。遇水产生刺激性气体
健康危害　本品对人体有毒。能腐蚀眼睛、皮肤和呼吸道黏膜，吸入后发生化学性肺炎、肺水肿
环境危害　对环境可能有害

第三部分　成分/组成信息

√ 物质　　　　　　　　　混合物

组分	浓度	CAS No.
4-硝基苯磺酰氯		98-74-8

第四部分　急救措施

吸入　迅速脱离现场至空气新鲜处。保持呼吸道通畅。如呼吸困难，给输氧。如呼吸、心跳停止，立即进行心肺复苏术。就医
皮肤接触　立即脱去污染的衣着，用大量流动清水彻底冲洗至少15min。就医
眼睛接触　立即分开眼睑，用流动清水或生理盐水彻底冲洗5~10min。就医
食入　用水漱口，禁止催吐。给饮牛奶或蛋清。就医
对保护施救者的忠告　根据需要使用个人防护设备
对医生的特别提示　对症处理

第五部分　消防措施

灭火剂　用干粉、二氧化碳、砂土灭火
特别危险性　遇明火、高热可燃。其粉体与空气可形成爆炸性混合物，当达到一定浓度时，遇火星会发生爆炸。受高热分解放出有毒的气体。与水或潮气发生反应，散发出刺激性和腐蚀性的氯化氢气体。遇潮时对大多数金属有腐蚀性
灭火注意事项及防护措施　消防人员必须穿全身耐酸碱消防服、佩戴空气呼吸器灭火。尽可能将容器从火场移至空旷处。喷水保持火场容器冷却，直至灭火结束。禁止用水、泡沫和酸碱灭火剂灭火

第六部分　泄漏应急处理

作业人员防护措施、防护装备和应急处置程序　隔离泄漏污染区，限制出入。消除所有点火源。建议应急处理人员戴防尘口罩，穿防酸碱服。穿上适当的防护服前严禁接触破裂的容器和泄漏物。尽可能切断泄漏源
环境保护措施　用塑料布覆盖泄漏物，减少飞散
泄漏化学品的收容、清除方法及所使用的处置材料　勿使水进入包装容器内。用洁净的铲子收集泄漏物，置于干净、干燥、盖子较松的容器中，将容器移离泄漏区

第七部分　操作处置与储存

操作注意事项　密闭操作，局部排风。防止粉尘释放到车间空气中。操作人员必须经过专门培训，严格遵守操作规程。建议操作人员佩戴自吸过滤式防尘口罩，戴化学安全防护眼镜，穿橡胶耐酸碱服，戴橡胶耐酸碱手套。远离火种、热源，工作场所严禁吸烟。使用防爆型的通风系统和设备。避免产生粉尘。避免与氧化剂、碱类接触。配备相应品种和数量的消防器材及泄漏应急处理设备。倒空的容器可能残留有害物
储存注意事项　储存于阴凉、干燥、通风良好的库房。远离火种、热源。防止阳光直射。包装必须密封，切勿受潮。应与氧化剂、碱类等分开存放，切忌混储。配备相应品种和数量的消防器材。储区应备有合适的材料收容泄漏物

第八部分　接触控制/个体防护

职业接触限值
　　中国　未制定标准

美国（ACGIH） 未制定标准

生物接触限值 未制定标准

监测方法 空气中有毒物质测定方法：未制定标准。生物
监测检验方法：未制定标准

工程控制 密闭操作，局部排风

个体防护装备

呼吸系统防护 空气中粉尘浓度超标时，必须佩戴过
滤式防尘口罩。紧急事态抢救或撤离时，应该佩
戴空气呼吸器

眼睛防护 戴化学安全防护眼镜

皮肤和身体防护 穿橡胶耐酸碱服

手防护 戴橡胶耐酸碱手套

第九部分 理化特性

外观与性状 黄色结晶

pH 值 无意义 　　**熔点（℃）** 66～70

沸点（℃） 无资料　　**相对密度（水＝1）** 无资料

相对蒸气密度（空气＝1） 无资料

饱和蒸气压（kPa） 无资料

临界压力（MPa） 无资料 **辛醇/水分配系数** 无资料

闪点（℃） 无意义 　　**自燃温度（℃）** 无资料

爆炸下限（%） 无资料　　**爆炸上限（%）** 无资料

分解温度（℃） 无资料　　**黏度（mPa·s）** 无资料

燃烧热（kJ/mol） 无资料　　**临界温度（℃）** 无资料

溶解性 不溶于水

第十部分 稳定性和反应性

稳定性 稳定

危险反应 与强氧化剂、强碱等禁配物发生反应。与水或
潮气发生反应，散发出刺激性和腐蚀性的氯化氢气体

避免接触的条件 潮湿空气

禁配物 强氧化剂、强碱、水及水蒸气

危险的分解产物 氮氧化物、氯化氢、氧化硫

第十一部分 毒理学信息

急性毒性 无资料

皮肤刺激或腐蚀 无资料　　**眼睛刺激或腐蚀** 无资料

呼吸或皮肤过敏 无资料　　**生殖细胞突变性** 无资料

致癌性 无资料　　　　　**生殖毒性** 无资料

特异性靶器官系统毒性-一次接触 无资料

特异性靶器官系统毒性-反复接触 无资料

吸入危害 无资料

第十二部分 生态学信息

生态毒性 无资料

持久性和降解性

生物降解性 无资料

非生物降解性 无资料

潜在的生物累积性 无资料

土壤中的迁移性 无资料

第十三部分 废弃处置

废弃化学品 用安全掩埋法处置。在能利用的地方重复使

用容器或在规定场所掩埋

污染包装物 将容器返还生产商或按照国家和地方法规
处置

废弃注意事项 处置前应参阅国家和地方有关法规

第十四部分 运输信息

联合国危险货物编号（UN 号） 3261

联合国运输名称 有机酸性腐蚀性固体，未另作规定的
（4-硝基苯磺酰氯）

联合国危险性类别 8

包装类别 Ⅱ　　　　　**包装标志**

海洋污染物 否

运输注意事项 铁路运输时，禁止使用金属制容器包装。
起运时包装要完整，装载应稳妥。运输过程中要确
保容器不泄漏、不倒塌、不坠落、不损坏。严禁与
氧化剂、碱类、食用化学品等混装混运。运输时运
输车辆应配备相应品种和数量的消防器材及泄漏应
急处理设备。运输途中应防暴晒、雨淋，防高温。
公路运输时要按规定路线行驶，勿在居民区和人口
稠密区停留

第十五部分 法规信息

下列法律、法规、规章和标准，对该化学品的管理作
了相应的规定。

中华人民共和国职业病防治法 职业病分类和目录：未
列入

危险化学品安全管理条例 危险化学品目录：列入。易制
爆危险化学品名录：未列入。重点监管的危险化学品
名录：未列入。GB 18218—2009《危险化学品重大
危险源辨识》（表1）：未列入

使用有毒物品作业场所劳动保护条例 高毒物品目录：未
列入

易制毒化学品管理条例 易制毒化学品的分类和品种目
录：未列入

国际公约 斯德哥尔摩公约：未列入。鹿特丹公约：未列
入。蒙特利尔议定书：未列入

第十六部分 其他信息

编写和修订信息 　**缩略语和首字母缩写**

培训建议 　　　　**参考文献**

免责声明

2-硝基苯甲酰氯

第一部分 化学品标识

化学品中文名 2-硝基苯甲酰氯；邻硝基苯甲酰氯；氯化
邻硝基苯甲酰

化学品英文名 o-nitrobenzoyl chloride；2-nitrobenzoyl chlo-
ride

分子式 $C_7H_4ClNO_3$ 　　**分子量** 185.565

结构式

化学品的推荐及限制用途 用于有机合成

第二部分　危险性概述

紧急情况概述 造成严重的皮肤灼伤和眼损伤

GHS危险性类别 皮肤腐蚀/刺激，类别1；严重眼损伤/眼刺激，类别1

标签要素

象形图

警示词 危险

危险性说明 造成严重的皮肤灼伤和眼损伤

防范说明

预防措施 避免吸入粉尘或烟雾。避免接触眼睛、皮肤，操作后彻底清洗。穿防护服，戴防护眼镜、防护手套、防护面罩

事故响应 如吸入：将患者转移到空气新鲜处，休息，保持利于呼吸的体位，立即呼叫中毒控制中心或就医。皮肤（或头发）接触：立即脱掉所有被污染的衣服，用水冲洗皮肤，淋浴。污染的衣服必须洗净后方可重新使用。眼睛接触：用水细心地冲洗数分钟。如戴隐形眼镜并可方便地取出，则取出隐形眼镜，继续冲洗。食入：漱口。不要催吐

安全储存 上锁保管

废弃处置 本品及内装物、容器依据国家和地方法规处置

物理和化学危险 可燃。遇水剧烈反应，产生有毒气体

健康危害 具腐蚀性。蒸气和粉尘对眼睛、皮肤及黏膜有刺激性。吸入，可引起喉、支气管痉挛、炎症、化学性肺炎、肺水肿等

环境危害 对环境可能有害

第三部分　成分/组成信息

√ 物质　　　　　　混合物

组分	浓度	CAS No.
2-硝基苯甲酰氯		610-14-0

第四部分　急救措施

吸入 迅速脱离现场至空气新鲜处。保持呼吸道通畅。如呼吸困难，给输氧。呼吸、心跳停止，立即进行心肺复苏术。就医

皮肤接触 立即脱去污染的衣着，用大量流动清水彻底冲洗至少15min。就医

眼睛接触 立即分开眼睑，用流动清水或生理盐水彻底冲洗5～10min。就医

食入 用水漱口，禁止催吐。给饮牛奶或蛋清。就医

对保护施救者的忠告 根据需要使用个人防护设备

对医生的特别提示 对症处理

第五部分　消防措施

灭火剂 用干粉、二氧化碳、砂土灭火

特别危险性 遇明火、高热可燃。与强氧化剂接触可发生化学反应。遇水发生剧烈反应，散发出具有刺激性和腐蚀性的氯化氢气体。受高热分解放出有毒的气体。遇潮时对大多数金属有腐蚀性

灭火注意事项及防护措施 消防人员必须穿全身耐酸碱消防服、佩戴空气呼吸器灭火。尽可能将容器从火场移至空旷处。禁止用水、泡沫和酸碱灭火剂灭火

第六部分　泄漏应急处理

作业人员防护措施、防护装备和应急处置程序 消除所有点火源。建议应急处理人员戴正压自给式呼吸器，穿防酸碱服。作业时使用的所有设备应接地。穿上适当的防护服前严禁接触破裂的容器和泄漏物。尽可能切断泄漏源

环境保护措施 防止泄漏物进入水体、下水道、地下室或有限空间

泄漏化学品的收容、清除方法及所使用的处置材料 严禁用水处理。小量泄漏：用干燥的砂土或其他不燃材料覆盖泄漏物。大量泄漏：构筑围堤或挖坑收容。用耐腐蚀泵转移至槽车或专用收集器内

第七部分　操作处置与储存

操作注意事项 密闭操作，局部排风。防止烟雾或粉尘泄漏到工作场所空气中。操作人员必须经过专门培训，严格遵守操作规程。建议操作人员佩戴自吸过滤式防毒面具（半面罩），戴化学安全防护眼镜，穿橡胶耐酸碱服，戴橡胶耐酸碱手套。远离火种、热源，工作场所严禁吸烟。使用防爆型的通风系统和设备。在清除液体和蒸气前不能进行焊接、切割等作业。避免产生蒸气或粉尘。避免与氧化剂、碱类接触。尤其要注意避免与水接触。配备相应品种和数量的消防器材及泄漏应急处理设备。倒空的容器可能残留有害物

储存注意事项 储存于阴凉、干燥、通风良好的库房。远离火种、热源。防止阳光直射。保持容器密封。应与氧化剂、碱类、食用化学品等分开存放，切忌混储。配备相应品种和数量的消防器材。储区应备有泄漏应急处理设备和合适的收容材料

第八部分　接触控制/个体防护

职业接触限值

中国 未制定标准

美国（ACGIH） 未制定标准

生物接触限值 未制定标准

监测方法 空气中有毒物质测定方法：未制定标准。生物监测检验方法：未制定标准

工程控制 密闭操作，局部排风

个体防护装备

呼吸系统防护 空气中浓度超标时，必须佩戴过滤式防毒面具（半面罩）。紧急事态抢救或撤离时，

应该佩戴空气呼吸器

眼睛防护 戴化学安全防护眼镜

皮肤和身体防护 穿橡胶耐酸碱服

手防护 戴橡胶耐酸碱手套

第九部分 理化特性

外观与性状 黄色结晶或液体，有刺鼻的恶臭

pH值 无意义　　　　**熔点(℃)** 25

沸点(℃) 148～149（1.2kPa）

相对密度(水＝1) 1.4040

相对蒸气密度(空气＝1) 无资料

饱和蒸气压(kPa) 无资料

临界压力(MPa) 无资料

辛醇/水分配系数 无资料

闪点(℃) 110　　　　**自燃温度(℃)** 无资料

爆炸下限(%) 无资料　　**爆炸上限(%)** 无资料

分解温度(℃) 无资料　　**黏度(mPa·s)** 无资料

燃烧热(kJ/mol) 无资料　**临界温度(℃)** 无资料

溶解性 溶于热乙醇、苯、乙醚

第十部分 稳定性和反应性

稳定性 稳定

危险反应 与强氧化剂、强碱等禁配物发生反应。遇水发生剧烈反应，散发出具有刺激性和腐蚀性的氯化氢气体

避免接触的条件 潮湿空气

禁配物 强氧化剂、强碱、水

危险的分解产物 氮氧化物、氯化氢

第十一部分 毒理学信息

急性毒性 无资料

皮肤刺激或腐蚀 无资料　**眼睛刺激或腐蚀** 无资料

呼吸或皮肤过敏 无资料　**生殖细胞突变性** 微生物致突变：鼠伤寒沙门氏菌 10μg/皿

致癌性 无资料　　　　**生殖毒性** 无资料

特异性靶器官系统毒性-一次接触 无资料

特异性靶器官系统毒性-反复接触 无资料

吸入危害 无资料

第十二部分 生态学信息

生态毒性 无资料

持久性和降解性

　生物降解性　无资料

　非生物降解性　无资料

潜在的生物累积性 无资料

土壤中的迁移性 无资料

第十三部分 废弃处置

废弃化学品 建议用焚烧法处置。在能利用的地方重复使用容器或在规定场所掩埋

污染包装物 将容器返还生产商或按照国家和地方法规处置

废弃注意事项 处置前应参阅国家和地方有关法规

第十四部分 运输信息

联合国危险货物编号（UN号） 3261

联合国运输名称 有机酸性腐蚀性固体，未另作规定的（2-硝基苯甲酰氯）

联合国危险性类别 8

包装类别 Ⅱ　　　　　**包装标志**

海洋污染物 否

运输注意事项 铁路运输时，禁止使用金属制容器包装。起运时包装要完整，装载应稳妥。运输过程中要确保容器不泄漏、不倒塌、不坠落、不损坏。严禁与氧化剂、碱类、食用化学品等混装混运。运输时运输车辆应配备相应品种和数量的消防器材及泄漏应急处理设备。运输途中应防暴晒、雨淋，防高温。公路运输时要按规定路线行驶，勿在居民区和人口稠密区停留

第十五部分 法规信息

　下列法律、法规、规章和标准，对该化学品的管理作了相应的规定。

中华人民共和国职业病防治法 职业病分类和目录：未列入

危险化学品安全管理条例 危险化学品目录：列入。易制爆危险化学品名录：列入。重点监管的危险化学品名录：未列入。GB 18218—2009《危险化学品重大危险源辨识》（表1）：未列入

使用有毒物品作业场所劳动保护条例 高毒物品目录：未列入

易制毒化学品管理条例 易制毒化学品的分类和品种目录：未列入

国际公约 斯德哥尔摩公约：未列入。鹿特丹公约：未列入。蒙特利尔议定书：未列入

第十六部分 其他信息

编写和修订信息　　　　**缩略语和首字母缩写**

培训建议　　　　　　　**参考文献**

免责声明

3-硝基苯甲酰氯

第一部分 化学品标识

化学品中文名 3-硝基苯甲酰氯；间硝基苯甲酰氯；氯化间硝基苯甲酰

化学品英文名 3-nitrobenzoyl chloride；*m*-nitrobenzoyl chloride

分子式 C_7H_4ClNO_3　**分子量** 185.565

结构式 O_2N ———— Cl（O）

化学品的推荐及限制用途 用于制染料和有机合成

第二部分　危险性概述

紧急情况概述　吞咽有害，皮肤接触会中毒，造成严重的皮肤灼伤和眼损伤

GHS 危险性类别　急性毒性-经口，类别 4；急性毒性-经皮，类别 3；皮肤腐蚀/刺激，类别 1；严重眼损伤/眼刺激，类别 1

标签要素

象形图　

警示词　危险

危险性说明　吞咽有害，皮肤接触会中毒，造成严重的皮肤灼伤和眼损伤

防范说明

预防措施　避免接触眼睛、皮肤，操作后彻底清洗。作业场所不得进食、饮水或吸烟。避免吸入粉尘或烟雾。穿防护服、戴防护手套、防护眼镜、防护面罩

事故响应　如吸入：将患者转移到空气新鲜处，休息，保持利于呼吸的体位，立即呼叫中毒控制中心或就医。皮肤接触：用大量肥皂水和水清洗，立即脱去所有被污染的衣服，如感觉不适，呼叫中毒控制中心或就医。被污染的衣服经洗净后方可重新使用。眼睛接触：用水细心地冲洗数分钟，立即呼叫中毒控制中心或就医。如戴隐形眼镜并可方便地取出，则取出隐形眼镜，继续冲洗。食入：漱口，不要催吐。如果感觉不适，立即呼叫中毒控制中心或就医

安全储存　上锁保管

废弃处置　本品及内装物、容器依据国家和地方法规处置

物理和化学危险　可燃。遇水剧烈反应，产生有毒气体

健康危害　本品蒸气和粉尘对眼睛、皮肤和黏膜有刺激性。吸入、摄入或经皮肤吸收后会中毒。眼和皮肤接触可引起灼伤。受热分解释出氯和氮氧化物

环境危害　对环境可能有害

第三部分　成分/组成信息

√ 物质　　　　　　　混合物

组分	浓度	CAS No.
3-硝基苯甲酰氯		121-90-4

第四部分　急救措施

吸入　迅速脱离现场至空气新鲜处。保持呼吸道通畅。如呼吸困难，给输氧。呼吸、心跳停止，立即进行心肺复苏术。就医

皮肤接触　立即脱去污染的衣着，用大量流动清水彻底冲洗至少 15min。就医

眼睛接触　立即分开眼睑，用流动清水或生理盐水彻底冲洗 5～10min。就医

食入　用水漱口，禁止催吐。给饮牛奶或蛋清。就医

对保护施救者的忠告　根据需要使用个人防护设备

对医生的特别提示　对症处理

第五部分　消防措施

灭火剂　用干粉、二氧化碳、砂土灭火

特别危险性　遇明火、高热可燃。与强氧化剂接触可发生化学反应。遇水发生剧烈反应，散发出具有刺激性和腐蚀性的氯化氢气体。遇高热分解释出高毒烟气。蒸气比空气重，沿地面扩散并易积存于低洼处，遇火源会着火回燃。遇潮时对大多数金属有腐蚀性。若遇高热，容器内压增大，有开裂和爆炸的危险

灭火注意事项及防护措施　消防人员必须穿全身耐酸碱消防服、佩戴空气呼吸器灭火。尽可能将容器从火场移至空旷处。喷水保持火场容器冷却，直至灭火结束。处在火场中的容器若已变色或从安全泄压装置中发出声音，必须马上撤离。禁止用水、泡沫和酸碱灭火剂灭火

第六部分　泄漏应急处理

作业人员防护措施、防护装备和应急处置程序　隔离泄漏污染区，限制出入。消除所有点火源。建议应急处理人员戴防尘口罩，穿防酸碱服。穿上适当的防护服前严禁接触破裂的容器和泄漏物。尽可能切断泄漏源

环境保护措施　用塑料布覆盖泄漏物，减少飞散

泄漏化学品的收容、清除方法及所使用的处置材料　勿使水进入包装容器内。用洁净的铲子收集泄漏物，置于干净、干燥、盖子较松的容器中，将容器移离泄漏区

第七部分　操作处置与储存

操作注意事项　密闭操作，局部排风。防止烟雾或粉尘泄漏到工作场所空气中。操作人员必须经过专门培训，严格遵守操作规程。建议操作人员佩戴自吸过滤式防毒面具（半面罩），戴化学安全防护眼镜，穿橡胶耐酸碱服，戴橡胶耐酸碱手套。远离火种、热源，工作场所严禁吸烟。使用防爆型的通风系统和设备。在清除液体和蒸气前不能进行焊接、切割等作业。避免产生蒸气或粉尘。避免与氧化剂、碱类、醇类接触。尤其要注意避免与水接触。配备相应品种和数量的消防器材及泄漏应急处理设备。倒空的容器可能残留有害物

储存注意事项　储存于阴凉、干燥、通风良好的库房。远离火种、热源。防止阳光直射。保持容器密封。应与氧化剂、碱类、醇类等分开存放，切忌混储。配备相应品种和数量的消防器材。储区应备有泄漏应急处理设备和合适的收容材料

第八部分　接触控制/个体防护

职业接触限值

中国　未制定标准

美国（ACGIH）　未制定标准

生物接触限值　未制定标准

监测方法　空气中有毒物质测定方法：未制定标准。生物监测检验方法：未制定标准

工程控制 密闭操作，局部排风

个体防护装备

呼吸系统防护 空气中浓度超标时，必须佩戴过滤式防毒面具（半面罩）。紧急事态抢救或撤离时，应该佩戴空气呼吸器

眼睛防护 戴化学安全防护眼镜

皮肤和身体防护 穿橡胶耐酸碱服

手防护 戴橡胶耐酸碱手套

第九部分 理化特性

外观与性状 黄色结晶或液体，具有刺鼻恶臭

pH 值 无意义　　　　　**熔点(℃)** 32～35

沸点(℃) 275～278　　**相对密度(水＝1)** 1.4280

相对蒸气密度(空气＝1) 6.43

饱和蒸气压(kPa) 无资料

临界压力(MPa) 无资料　　**辛醇/水分配系数** 无资料

闪点(℃) 112　　　　　**自燃温度(℃)** 无资料

爆炸下限(%) 无资料　　**爆炸上限(%)** 无资料

分解温度(℃) 无资料　　**黏度(mPa·s)** 无资料

燃烧热(kJ/mol) 无资料　**临界温度(℃)** 无资料

溶解性 不溶于水、乙醇，易溶于乙醚

第十部分 稳定性和反应性

稳定性 稳定

危险反应 与强氧化剂、强碱、水、醇类等禁配物发生反应。遇水发生剧烈反应，散发出具有刺激性和腐蚀性的氯化氢气体

避免接触的条件 潮湿空气

禁配物 强氧化剂、强碱、水、醇类

危险的分解产物 氯化氢、光气

第十一部分 毒理学信息

急性毒性 LD$_{50}$：2460mg/kg（大鼠经口），790mg/kg（兔经皮）

皮肤刺激或腐蚀 无资料　　**眼睛刺激或腐蚀** 无资料

呼吸或皮肤过敏 无资料　　**生殖细胞突变性** 微生物致突变：鼠伤寒沙门氏菌100μg/皿

致癌性 无资料　　　　　**生殖毒性** 无资料

特异性靶器官系统毒性-一次接触 无资料

特异性靶器官系统毒性-反复接触 无资料

吸入危害 无资料

第十二部分 生态学信息

生态毒性 无资料

持久性和降解性

生物降解性 无资料

非生物降解性 无资料

潜在的生物累积性 无资料

土壤中的迁移性 无资料

第十三部分 废弃处置

废弃化学品 建议用焚烧法处置。在能利用的地方重复使用容器或在规定场所掩埋

污染包装物 将容器返还生产商或按照国家和地方法规处置

废弃注意事项 处置前应参阅国家和地方有关法规

第十四部分 运输信息

联合国危险货物编号（UN 号） 2923

联合国运输名称 腐蚀性固体，毒性，未另作规定的（3-硝基苯甲酰氯）

联合国危险性类别 8，6.1

包装类别 Ⅲ

包装标志

海洋污染物 否

运输注意事项 铁路运输时，禁止使用金属制容器包装。起运时包装要完整，装载应稳妥。运输过程中要确保容器不泄漏、不倒塌、不坠落、不损坏。严禁与氧化剂、碱类、醇类、食用化学品等混装混运。运输时运输车辆应配备相应品种和数量的消防器材及泄漏应急处理设备。运输途中应防暴晒、雨淋，防高温。公路运输时要按规定路线行驶，勿在居民区和人口稠密区停留

第十五部分 法规信息

下列法律、法规、规章和标准，对该化学品的管理作了相应的规定。

中华人民共和国职业病防治法 职业病分类和目录：未列入

危险化学品安全管理条例 危险化学品目录：列入。易制爆危险化学品名录：未列入。重点监管的危险化学品名录：未列入。GB 18218—2009《危险化学品重大危险源辨识》（表1）：未列入

使用有毒物品作业场所劳动保护条例 高毒物品目录：未列入

易制毒化学品管理条例 易制毒化学品的分类和品种目录：未列入

国际公约 斯德哥尔摩公约：未列入。鹿特丹公约：未列入。蒙特利尔议定书：未列入

第十六部分 其他信息

编写和修订信息 缩略语和首字母缩写

培训建议 参考文献

免责声明

4-硝基苯甲酰氯

第一部分 化学品标识

化学品中文名 4-硝基苯甲酰氯；对硝基苯甲酰氯；氯化对硝基苯甲酰

化学品英文名 4-nitrobenzoyl chloride；*p*-nitrobenzoyl chloride

分子式 C$_7$H$_4$ClNO$_3$　　**分子量** 185.565

结构式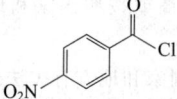

化学品的推荐及限制用途　制造药物及用作染料的中间体

第二部分　危险性概述

紧急情况概述　造成严重的皮肤灼伤和眼损伤

GHS 危险性类别　皮肤腐蚀/刺激，类别 1；严重眼损伤/眼刺激，类别 1

标签要素

象形图

警示词　危险

危险性说明　造成严重的皮肤灼伤和眼损伤

防范说明

　　预防措施　避免吸入粉尘。避免接触眼睛、皮肤，操作后彻底清洗。戴防护手套，穿防护服，戴防护眼镜、防护面罩

　　事故响应　如吸入：将患者转移到空气新鲜处，休息，保持利于呼吸的体位，立即呼叫中毒控制中心或就医。皮肤（或头发）接触：立即脱掉所有被污染的衣服，用水冲洗皮肤，淋浴。污染的衣服必须洗净后可重新使用。眼睛接触：用水细心地冲洗数分钟。如戴隐形眼镜并可方便地取出，则取出隐形眼镜，继续冲洗。食入：漱口，不要催吐

　　安全储存　上锁保管

　　废弃处置　本品及内装物、容器依据国家和地方法规处置

物理和化学危险　可燃，其粉体与空气混合，能形成爆炸性混合物

健康危害　吸入、摄入或经皮肤吸收对身体有害。对眼睛、黏膜、呼吸道及皮肤有强烈刺激作用。吸入后可因喉、支气管的痉挛、炎症或水肿，化学性肺炎或肺水肿而致死。中毒表现有咳嗽、喘息、喉炎、气短、头痛、恶心和呕吐。眼和皮肤接触引起灼伤

环境危害　对环境可能有害

第三部分　成分/组成信息

　　√ 物质　　　　　　　　　混合物

组分	浓度	CAS No.
4-硝基苯甲酰氯		122-04-3

第四部分　急救措施

吸入　迅速脱离现场至空气新鲜处。保持呼吸道通畅。如呼吸困难，给输氧。如呼吸、心跳停止，立即进行心肺复苏术。就医

皮肤接触　立即脱去污染的衣着，用大量流动清水彻底冲洗至少 15min。就医

眼睛接触　立即分开眼睑，用流动清水或生理盐水彻底冲洗 5~10min。就医

食入　用水漱口，禁止催吐。给饮牛奶或蛋清。就医

对保护施救者的忠告　根据需要使用个人防护设备

对医生的特别提示　对症处理

第五部分　消防措施

灭火剂　用干粉、二氧化碳、砂土灭火

特别危险性　遇明火能燃烧。受热分解释出有毒的氮氧化物和氯化物气体。与水或水蒸气反应生成苯甲酸与盐酸，放出刺激性蒸气

灭火注意事项及防护措施　消防人员必须穿全身耐酸碱消防服、佩戴空气呼吸器灭火。尽可能将容器从火场移至空旷处。喷水保持火场容器冷却，直至灭火结束。禁止用水、泡沫和酸碱灭火剂灭火

第六部分　泄漏应急处理

作业人员防护措施、防护装备和应急处置程序　隔离泄漏污染区，限制出入。消除所有点火源。建议应急处理人员戴防尘口罩，穿防毒服。穿上适当的防护服前严禁接触破裂的容器和泄漏物。尽可能切断泄漏源

环境保护措施　用塑料布覆盖泄漏物，减少飞散

泄漏化学品的收容、清除方法及所使用的处置材料　勿使水进入包装容器内。用洁净的铲子收集泄漏物，置于干净、干燥、盖子较松的容器中，将容器移离泄漏区

第七部分　操作处置与储存

操作注意事项　密闭操作，提供充分的局部排风。操作人员必须经过专门培训，严格遵守操作规程。建议操作人员佩戴过滤式防尘口罩，穿胶布防毒衣，戴橡胶手套。远离火种、热源，工作场所严禁吸烟。使用防爆型的通风系统和设备。避免产生粉尘。避免与氧化剂、碱类、醇类接触。尤其要注意避免与水接触。搬运时要轻装轻卸，防止包装及容器损坏。配备相应品种和数量的消防器材及泄漏应急处理设备。倒空的容器可能残留有害物

储存注意事项　储存于阴凉、干燥、通风良好的库房。远离火种、热源。保持容器密封。应与氧化剂、碱类、醇类等分开存放，切忌混储。配备相应品种和数量的消防器材。储区应备有合适的材料收容泄漏物

第八部分　接触控制/个体防护

职业接触限值

　　中国　未制定标准

　　美国（ACGIH）　未制定标准

生物接触限值　未制定标准

监测方法　空气中有毒物质测定方法：未制定标准。生物监测检验方法：未制定标准

工程控制　严加密闭，提供充分的局部排风。提供安全淋浴和洗眼设备

个体防护装备

　　呼吸系统防护　可能接触其粉尘时，必须佩戴过滤式

防尘口罩。紧急事态抢救或撤离时，应该佩戴空
气呼吸器

眼睛防护　呼吸系统防护中已作防护

皮肤和身体防护　穿密闭型防毒服

手防护　戴橡胶手套

第九部分　理化特性

外观与性状　黄色晶状固体，有刺激气味

pH 值　无意义　　　　　熔点(℃)　72～74

沸点(℃)　202～205 (14kPa)　相对密度(水＝1)　无资料

相对蒸气密度(空气＝1)　无资料

饱和蒸气压(kPa)　2.00 (154℃)

临界压力(MPa)　无资料　辛醇/水分配系数　无资料

闪点(℃)　无资料　　　自燃温度(℃)　无资料

爆炸下限(%)　无资料　爆炸上限(%)　无资料

分解温度(℃)　无资料　黏度(mPa·s)　无资料

燃烧热(kJ/mol)　无资料　临界温度(℃)　无资料

溶解性　溶于乙醚

第十部分　稳定性和反应性

稳定性　稳定

危险反应　与强氧化剂、强碱、醇类等禁配物发生反应。
与水或水蒸气反应生成苯甲酸与盐酸，放出刺激性
蒸气

避免接触的条件　受热、潮湿空气

禁配物　强氧化剂、水、强碱、醇类

危险的分解产物　氮氧化物、光气

第十一部分　毒理学信息

急性毒性　LD$_{50}$：5600mg/kg（大鼠经口）；3440mg/kg
（小鼠经口）；4750mg/kg（兔经口）

皮肤刺激或腐蚀　无资料　　眼睛刺激或腐蚀　无资料

呼吸或皮肤过敏　无资料

生殖细胞突变性　微生物致突变：鼠伤寒沙门氏菌 3
μg/皿

致癌性　无资料　　　　　生殖毒性　无资料

特异性靶器官系统毒性-一次接触　无资料

特异性靶器官系统毒性-反复接触　无资料

吸入危害　无资料

第十二部分　生态学信息

生态毒性　无资料

持久性和降解性

　生物降解性　无资料

　非生物降解性　无资料

潜在的生物累积性　无资料

土壤中的迁移性　无资料

第十三部分　废弃处置

废弃化学品　建议用焚烧法处置。与燃料混合后，再焚
烧。焚烧炉排出的气体要通过洗涤器除去

污染包装物　将容器返还生产商或按照国家和地方法规
处置

废弃注意事项　处置前应参阅国家和地方有关法规

第十四部分　运输信息

联合国危险货物编号（UN 号）　3261

联合国运输名称　有机酸性腐蚀性固体，未另作规定的
（4-硝基苯甲酰氯）

联合国危险性类别　8

包装类别　Ⅱ　　　　　　包装标志　

海洋污染物　否

运输注意事项　运输前应先检查包装容器是否完整、密
封，运输过程中要确保容器不泄漏、不倒塌、不
坠落、不损坏。严禁与酸类、氧化剂、食品及食
品添加剂混运。运输途中应防暴晒、雨淋，防
高温

第十五部分　法规信息

　下列法律、法规、规章和标准，对该化学品的管理作
了相应的规定。

中华人民共和国职业病防治法　职业病分类和目录：未
列入

危险化学品安全管理条例　危险化学品目录：列入。易制
爆危险化学品名录：未列入。重点监管的危险化学品
名录：未列入。GB 18218—2009《危险化学品重大
危险源辨识》(表 1)：未列入

使用有毒物品作业场所劳动保护条例　高毒物品目录：未
列入

易制毒化学品管理条例　易制毒化学品的分类和品种目
录：未列入

国际公约　斯德哥尔摩公约：未列入。鹿特丹公约：未列
入。蒙特利尔议定书：未列入

第十六部分　其他信息

编写和修订信息　　　缩略语和首字母缩写

培训建议　　　　　　参考文献

免责声明

4-硝基苯胂酸

第一部分　化学品标识

化学品中文名　4-硝基苯胂酸；对硝基苯胂酸

化学品英文名　4-nitrophenyl arsonic acid；p-nitropheny-
larsonic acid

分子式　$C_6H_6AsNO_5$　分子量　247.04

结构式

化学品的推荐及限制用途　用于化验分析

第二部分　危险性概述

紧急情况概述　吞咽会中毒，吸入会中毒

GHS危险性类别　急性毒性-经口，类别3；急性毒性-吸入，类别3；危害水生环境-急性危害，类别1；危害水生环境-长期危害，类别1

标签要素

象形图　

警示词　危险

危险性说明　吞咽会中毒，吸入会中毒，对水生生物毒性非常大并具有长期持续影响

防范说明

预防措施　避免接触眼睛、皮肤。操作后彻底清洗。作业场所不得进食、饮水或吸烟。避免吸入粉尘。仅在室外或通风良好处操作。禁止排入环境

事故响应　如吸入：将患者转移到空气新鲜处，休息，保持利于呼吸的体位。呼叫中毒控制中心或就医。食入：立即呼叫中毒控制中心或就医，漱口。收集泄漏物

安全储存　在通风良好处储存。保持容器密闭。上锁保管

废弃处置　本品及内装物、容器依据国家和地方法规处置

物理和化学危险　可燃，其粉体与空气混合，能形成爆炸性混合物

健康危害　误服会中毒，受热分解出氮氧化物和砷烟雾

环境危害　对水生生物毒性非常大并具有长期持续影响

第三部分　成分/组成信息

√　物质　　　　　　　　　混合物

组分	浓度	CAS No.
4-硝基苯胂酸		98-72-6

第四部分　急救措施

吸入　迅速脱离现场至空气新鲜处。保持呼吸道通畅。如呼吸困难，给输氧。如呼吸、心跳停止，立即进行心肺复苏术。就医

皮肤接触　立即脱去污染的衣着，用肥皂水和清水彻底冲洗。就医

眼睛接触　立即分开眼睑，用流动清水或生理盐水彻底冲洗。就医

食入　催吐、彻底洗胃，洗胃后服活性炭30～50g（用水调成浆状），而后再服用硫酸镁或硫酸钠导泻。就医

对保护施救者的忠告　根据需要使用个人防护设备

对医生的特别提示　解毒剂有二巯基丙磺酸钠、二巯基丁二酸钠等

第五部分　消防措施

灭火剂　用雾状水、泡沫、干粉、二氧化碳、砂土灭火

特别危险性　遇明火、高热可燃。其粉体与空气可形成爆炸性混合物，当达到一定浓度时，遇火星会发生爆炸。受高热分解放出有毒的气体

灭火注意事项及防护措施　消防人员必须穿全身耐酸碱消防服、佩戴空气呼吸器灭火。尽可能将容器从火场移至空旷处。喷水保持火场容器冷却，直至灭火结束

第六部分　泄漏应急处理

作业人员防护措施、防护装备和应急处置程序　隔离泄漏污染区，限制出入。消除所有点火源。建议应急处理人员戴防尘口罩，穿一般作业工作服。尽可能切断泄漏源

环境保护措施　用塑料布覆盖泄漏物，减少飞散

泄漏化学品的收容、清除方法及所使用的处置材料　勿使水进入包装容器内。用洁净的铲子收集泄漏物，置于干净、干燥、盖子较松的容器中，将容器移离泄漏区

第七部分　操作处置与储存

操作注意事项　密闭操作，局部排风。防止粉尘释放到车间空气中。操作人员必须经过专门培训，严格遵守操作规程。建议操作人员佩戴自吸过滤式防尘口罩，戴化学安全防护眼镜，穿防毒物渗透工作服，戴乳胶手套。远离火种、热源，工作场所严禁吸烟。使用防爆型的通风系统和设备。避免产生粉尘。避免与氧化剂接触。配备相应品种和数量的消防器材及泄漏应急处理设备。倒空的容器可能残留有害物

储存注意事项　储存于阴凉、通风的库房。远离火种、热源。防止阳光直射。包装密封。应与氧化剂、食用化学品分开存放，切忌混储。配备相应品种和数量的消防器材。储区应备有合适的材料收容泄漏物

第八部分　接触控制/个体防护

职业接触限值

中国　未制定标准

美国（ACGIH）　未制定标准

生物接触限值　未制定标准

监测方法　空气中有毒物质测定方法：未制定标准。生物监测检验方法：未制定标准

工程控制　密闭操作，局部排风

个体防护装备

呼吸系统防护　空气中粉尘浓度超标时，建议佩戴过滤式防尘呼吸器。紧急事态抢救或撤离时，应该佩戴空气呼吸器

眼睛防护　戴化学安全防护眼镜

皮肤和身体防护　穿防毒物渗透工作服

手防护　戴橡胶手套

第九部分　理化特性

外观与性状　淡黄色结晶

pH值　无意义	**熔点(℃)**　298～300（分解）
沸点(℃)　无资料	**相对密度(水＝1)**　无资料
相对蒸气密度(空气＝1)　无资料	
饱和蒸气压(kPa)　无资料	
临界压力(MPa)　无资料	**辛醇/水分配系数**　无资料
闪点(℃)　无意义	**自燃温度(℃)**　无资料
爆炸下限(%)　无资料	**爆炸上限(%)**　无资料
分解温度(℃)　无资料	**黏度(mPa·s)**　无资料

燃烧热(kJ/mol) 无资料 临界温度(℃) 无资料

溶解性 微溶于水、乙醇，溶于热水、热乙醇

第十部分 稳定性和反应性

稳定性 稳定

危险反应 与强氧化剂等禁配物发生反应

避免接触的条件 无资料

禁配物 强氧化剂

危险的分解产物 氮氧化物、氧化砷

第十一部分 毒理学信息

急性毒性 LD_{50}：18mg/kg（小鼠静脉）。LDLo：100mg/kg
（大鼠经口）

皮肤刺激或腐蚀 无资料 眼睛刺激或腐蚀 无资料

呼吸或皮肤过敏 无资料 生殖细胞突变性 无资料

致癌性 无资料 生殖毒性 无资料

特异性靶器官系统毒性--一次接触 无资料

特异性靶器官系统毒性-反复接触 无资料

吸入危害 无资料

第十二部分 生态学信息

生态毒性 含砷化合物对水生生物有极高毒性

持久性和降解性

　生物降解性 无资料

　非生物降解性 无资料

潜在的生物累积性 无资料

土壤中的迁移性 无资料

第十三部分 废弃处置

废弃化学品 根据国家和地方有关法规的要求处置。或与
　厂商或制造商联系，确定处置方法

污染包装物 将容器返还生产商或按照国家和地方法规
　处置

废弃注意事项 处置前应参阅国家和地方有关法规

第十四部分 运输信息

联合国危险货物编号（UN号） 3465

联合国运输名称 固态有机砷化合物，未另作规定的（4-
　硝基苯肿酸）

联合国危险性类别 6.1

包装类别 Ⅲ　　　包装标志

海洋污染物 是

运输注意事项 运输前应先检查包装容器是否完整、密
　封，运输过程中要确保容器不泄漏、不倒塌、不坠
　落、不损坏。严禁与酸类、氧化剂、食品及食品添加
　剂混运。运输时运输车辆应配备相应品种和数量的消
　防器材及泄漏应急处理设备。运输途中应防暴晒、雨
　淋，防高温。公路运输时要按规定路线行驶，勿在居
　民区和人口稠密区停留

第十五部分 法规信息

下列法律、法规、规章和标准，对该化学品的管理作
了相应的规定。

中华人民共和国职业病防治法 职业病分类和目录：砷及
　其化合物中毒

危险化学品安全管理条例 危险化学品目录：列入。易制
　爆危险化学品名录：未列入。重点监管的危险化学品
　名录：未列入。GB 18218—2009《危险化学品重大
　危险源辨识》（表 1）：未列入

使用有毒物品作业场所劳动保护条例 高毒物品目录：未
　列入

易制毒化学品管理条例 易制毒化学品的分类和品种目
　录：未列入

国际公约 斯德哥尔摩公约：未列入。鹿特丹公约：未列
　入。蒙特利尔议定书：未列入

第十六部分 其他信息

编写和修订信息 缩略语和首字母缩写

培训建议 参考文献

免责声明

4-硝基苯乙腈

第一部分 化学品标识

化学品中文名 4-硝基苯乙腈；对硝基苄基氰；对硝基苯
　乙腈；4-硝基苄基氰

化学品英文名 4-nitrophenylacetonitrile；p-nitrobenzyl cya-
　nide

分子式 $C_8H_6N_2O_2$　分子量 162.1454

结构式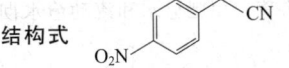

化学品的推荐及限制用途 用作染料及药品合成中间体

第二部分 危险性概述

紧急情况概述 吞咽会中毒，皮肤接触有害，吸入有害，
　造成皮肤刺激，造成严重眼刺激，可能引起呼吸道
　刺激

GHS 危险性类别 急性毒性-经口，类别3

急性毒性-经皮，类别4；急性毒性-吸入，类别4；皮肤腐
　蚀/刺激，类别2；严重眼损伤/眼刺激，类别2；特
　异性靶器官毒性--一次接触，类别3（呼吸道刺激）

标签要素

象形图

警示词 危险

危险性说明 吞咽会中毒，皮肤接触有害，吸入有害，
　造成皮肤刺激，造成严重眼刺激，可能引起呼吸道
　刺激

防范说明

　预防措施 避免吸入粉尘。仅在室外或通风良好处

操作。避免接触眼睛、皮肤，操作后彻底清洗。戴防护手套、防护眼镜、防护面罩

事故响应 如吸入：将患者转移到空气新鲜处，休息，保持利于呼吸的体位。皮肤接触：用大量肥皂水和水清洗，脱去被污染的衣服。衣服经洗净后方可重新使用。如发生皮肤刺激，就医。如接触眼睛：用水细心冲洗数分钟。如戴隐形眼镜并可方便地取出，取出隐形眼镜，继续冲洗。如果眼睛刺激持续，就医。食入：立即呼叫中毒控制中心或就医，漱口

安全储存 上锁保管

废弃处置 本品及内装物、容器依据国家和地方法规处置

物理和化学危险 可燃，其粉体与空气混合，能形成爆炸性混合物

健康危害 腈类物质可抑制细胞呼吸，造成组织缺氧。腈类中毒出现恶心、呕吐、腹痛、腹泻、胸闷、乏力等症状，重者出现呼吸抑制、血压下降、昏迷、抽搐等。本品具有刺激性

环境危害 对环境可能有害

第三部分 成分/组成信息

√ 物质　　　　　　　　混合物

组分	浓度	CAS No.
4-硝基苯乙腈		555-21-5

第四部分 急救措施

吸入 迅速脱离现场至空气新鲜处。保持呼吸道通畅。如呼吸困难，给输氧。如呼吸、心跳停止，立即进行心肺复苏术。就医

皮肤接触 立即脱去污染的衣着，用肥皂水和流动清水彻底冲洗。就医

眼睛接触 立即分开眼睑，用流动清水或生理盐水彻底冲洗。就医

食入 催吐（仅限于清醒者），给服活性炭悬液。就医

对保护施救者的忠告 根据需要使用个人防护设备

对医生的特别提示 使用亚硝酸钠、硫代硫酸钠、4-二甲基氨基苯酚等解毒剂

第五部分 消防措施

灭火剂 用雾状水、泡沫、干粉、二氧化碳、砂土灭火

特别危险性 遇明火能燃烧。与强氧化剂接触可发生化学反应。受高热分解放出有毒的气体

灭火注意事项及防护措施 消防人员必须佩戴防毒面具、穿全身消防服，在上风向灭火。尽可能将容器从火场移至空旷处。喷水保持火场容器冷却，直至灭火结束。禁止使用酸碱灭火剂

第六部分 泄漏应急处理

作业人员防护措施、防护装备和应急处置程序 隔离泄漏污染区，限制出入。消除所有点火源。建议应急处理人员戴防尘口罩，穿防毒服。穿上适当的防护服前严禁接触破裂的容器和泄漏物。尽可能切断泄漏源

环境保护措施 用塑料布覆盖泄漏物，减少飞散

泄漏化学品的收容、清除方法及所使用的处置材料 勿使水进入包装容器内。用洁净的铲子收集泄漏物，置于干净、干燥、盖子较松的容器中，将容器移离泄漏区

第七部分 操作处置与储存

操作注意事项 严加密闭，提供充分的局部排风和全面通风。操作尽可能机械化、自动化。操作人员必须经过专门培训，严格遵守操作规程。建议操作人员佩戴过滤式防尘口罩，穿胶布防毒衣，戴橡胶手套。远离火种、热源，工作场所严禁吸烟。使用防爆型的通风系统和设备。避免产生粉尘。避免与氧化剂、还原剂、酸类、碱类接触。搬运时要轻装轻卸，防止包装及容器损坏。配备相应品种和数量的消防器材及泄漏应急处理设备。倒空的容器可能残留有害物

储存注意事项 储存于阴凉、通风的库房。远离火种、热源。应与氧化剂、还原剂、酸类、碱类、食用化学品分开存放，切忌混储。配备相应品种和数量的消防器材。储区应备有合适的材料收容泄漏物

第八部分 接触控制/个体防护

职业接触限值

中国 未制定标准

美国（ACGIH） 未制定标准

生物接触限值 未制定标准

监测方法 空气中有毒物质测定方法：未制定标准。生物监测检验方法：未制定标准

工程控制 严加密闭，提供充分的局部排风和全面通风。提供安全淋浴和洗眼设备

个体防护装备

呼吸系统防护 可能接触其粉尘时，必须佩戴过滤式防尘口罩。紧急事态抢救或撤离时，应该佩戴空气呼吸器

眼睛防护 呼吸系统防护中已作防护

皮肤和身体防护 穿密闭型防毒服

手防护 戴橡胶手套

第九部分 理化特性

外观与性状 无色片状结晶

pH 值 无意义		**熔点（℃）** 115～116
沸点（℃） 196（1.6kPa）		**相对密度（水＝1）** 无资料
相对蒸气密度（空气＝1） 无资料			
饱和蒸气压（kPa） 1.60（196℃）			
临界压力（MPa） 无资料		**辛醇/水分配系数** 无资料
闪点（℃） 无资料		**自燃温度（℃）** 无资料
爆炸下限（%） 无资料		**爆炸上限（%）** 无资料
分解温度（℃） 无资料		**黏度（mPa·s）** 无资料
燃烧热（kJ/mol） 无资料		**临界温度（℃）** 无资料

溶解性 不溶于水，溶于乙醇、乙醚、苯等多数有机溶剂

第十部分 稳定性和反应性

稳定性 稳定

危险反应 与强氧化剂、强还原剂、强酸、强碱等禁配物

发生反应

避免接触的条件 无资料

禁配物 强氧化剂、强还原剂、强酸、强碱

危险的分解产物 氮氧化物、氰化氢

第十一部分 毒理学信息

急性毒性 LD_{50}：32mg/kg（小鼠静脉）；47mg/kg（小鼠腹腔）

皮肤刺激或腐蚀 无资料　　**眼睛刺激或腐蚀** 无资料

呼吸或皮肤过敏 无资料　　**生殖细胞突变性** 无资料

致癌性 无资料　　　　　　**生殖毒性** 无资料

特异性靶器官系统毒性-一次接触 无资料

特异性靶器官系统毒性-反复接触 无资料

吸入危害 无资料

第十二部分 生态学信息

生态毒性 无资料

持久性和降解性

　　生物降解性 无资料

　　非生物降解性 无资料

潜在的生物累积性 无资料

土壤中的迁移性 无资料

第十三部分 废弃处置

废弃化学品 建议用焚烧法处置。焚烧炉排出的氮氧化物通过洗涤器除去

污染包装物 将容器返还生产商或按照国家和地方法规处置

废弃注意事项 处置前应参阅国家和地方有关法规

第十四部分 运输信息

联合国危险货物编号（UN号） 2811

联合国运输名称 有机毒性固体，未另作规定的（4-硝基苯乙腈）

联合国危险性类别 6.1

包装类别 Ⅲ　　　　**包装标志**

海洋污染物 否

运输注意事项 运输前应先检查包装容器是否完整、密封，运输过程中要确保容器不泄漏、不倒塌、不坠落、不损坏。严禁与酸类、氧化剂、食品及食品添加剂混运。运输途中应防暴晒、雨淋，防高温

第十五部分 法规信息

　　下列法律、法规、规章和标准，对该化学品的管理作了相应的规定。

中华人民共和国职业病防治法 职业病分类和目录：氰及腈类化合物中毒

危险化学品安全管理条例 危险化学品目录：列入。易制爆危险化学品名录：未列入。重点监管的危险化学品名录：未列入。GB 18218—2009《危险化学品重大

危险源辨识》（表1）：未列入

使用有毒物品作业场所劳动保护条例 高毒物品目录：未列入

易制毒化学品管理条例 易制毒化学品的分类和品种目录：未列入

国际公约 斯德哥尔摩公约：未列入。鹿特丹公约：未列入。蒙特利尔议定书：未列入

第十六部分 其他信息

编写和修订信息 　**缩略语和首字母缩写**

培训建议 　　　　　**参考文献**

免责声明

4-硝基苄基氯

第一部分 化学品标识

化学品中文名 4-硝基苄基氯；对硝基苄氯；4-硝基氯（化）苄；对硝基苄基氯；对硝基氯（化）苄；对硝基苯氯甲烷；α-氯-4-硝基甲苯

化学品英文名 4-nitrobenzyl chloride；p-nitrobenzyl chloride

分子式 $C_7H_6ClNO_2$　**分子量** 171.581

结构式

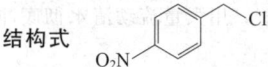

化学品的推荐及限制用途 用作化学试剂及用于有机合成

第二部分 危险性概述

紧急情况概述 吞咽有害，造成严重的皮肤灼伤和眼损伤

GHS危险性类别 急性毒性-经口，类别4；皮肤腐蚀/刺激，类别1；严重眼损伤/眼刺激，类别1；危害水生环境-急性危害，类别1；危害水生环境-长期危害，类别1

标签要素

象形图

警示词 危险

危险性说明 吞咽有害，造成严重的皮肤灼伤和眼损伤，对水生生物毒性非常大并具有长期持续影响

防范说明

　　预防措施 避免接触眼睛、皮肤，操作后彻底清洗。作业场所不得进食、饮水或吸烟。避免吸入粉尘。戴防护手套，穿防护服，戴防护眼镜、防护面罩。禁止排入环境

　　事故响应 如吸入：将患者转移到空气新鲜处，休息，保持利于呼吸的体位。皮肤（或头发）接触：立即脱掉所有被污染的衣服，用水冲洗皮肤，淋浴，污染的衣服必须洗净后方可重新使用。眼睛接触：用水细心地冲洗数分钟。如戴隐形眼镜并可方便地取出，则取出隐形眼镜，继续冲洗。食入：漱口，不要催吐，如果感觉不适，立即呼叫中毒控制中心或就医。收集泄漏物

安全储存　上锁保管
废弃处置　本品及内装物、容器依据国家和地方法
　　规处置
物理和化学危险　可燃，其粉体与空气混合，能形成爆炸
　　性混合物
健康危害　吸入、摄入对身体有害。对眼睛、皮肤、黏膜
　　及呼吸道有刺激作用。中毒表现有烧灼感、咳嗽、喘
　　息、喉炎、气短、头痛、恶心和呕吐。吸入后可能由
　　于喉、支气管的痉挛、炎症和水肿，化学性肺炎或肺
　　水肿而致死。眼和皮肤接触引起灼伤
环境危害　对水生生物毒性非常大并具有长期持续影响

第三部分　成分/组成信息

√ 物质　　　　　　　　　混合物

组分	浓度	CAS No.
4-硝基苄基氯		100-14-1

第四部分　急救措施

吸入　迅速脱离现场至空气新鲜处。保持呼吸道通畅。如
　　呼吸困难，给输氧。如呼吸、心跳停止，立即进行心
　　肺复苏术。就医
皮肤接触　立即脱去污染的衣着，用大量流动清水彻底冲
　　洗至少 15min。就医
眼睛接触　立即分开眼睑，用流动清水或生理盐水彻底冲
　　洗 5～10min。就医
食入　用水漱口，禁止催吐。给饮牛奶或蛋清。就医
对保护施救者的忠告　根据需要使用个人防护设备
对医生的特别提示　对症处理

第五部分　消防措施

灭火剂　用雾状水、泡沫、干粉、二氧化碳、砂土灭火
特别危险性　遇明火能燃烧。与强氧化剂接触可发生化学
　　反应。受热分解释出有毒的氮氧化物和氯化物气体
灭火注意事项及防护措施　消防人员必须佩戴防毒面具、
　　穿全身消防服，在上风向灭火。尽可能将容器从火场
　　移至空旷处。喷水保持火场容器冷却，直至灭火结束

第六部分　泄漏应急处理

作业人员防护措施、防护装备和应急处置程序　隔离泄漏
　　污染区，限制出入。消除所有点火源。建议应急处理
　　人员戴防尘口罩，穿防毒服。穿上适当的防护服前严
　　禁接触破裂的容器和泄漏物。尽可能切断泄漏源
环境保护措施　用塑料布覆盖泄漏物，减少飞散
泄漏化学品的收容、清除方法及所使用的处置材料　勿使
　　水进入包装容器内。用洁净的铲子收集泄漏物，置于
　　干净、干燥、盖子较松的容器中，将容器移离泄漏区

第七部分　操作处置与储存

操作注意事项　密闭操作，提供充分的局部排风。操作人
　　员必须经过专门训练，严格遵守操作规程。建议操作
　　人员佩戴自吸过滤式防尘口罩，戴化学安全防护眼
　　镜，穿防毒物渗透工作服，戴橡胶手套。远离火种、
　　热源，工作场所严禁吸烟。使用防爆型的通风系统和

设备。避免产生粉尘。避免与氧化剂、碱类接触。搬
　　运时要轻装轻卸，防止包装及容器损坏。配备相应品
　　种和数量的消防器材及泄漏应急处理设备。倒空的容
　　器可能残留有害物
储存注意事项　储存于阴凉、干燥、通风良好的库房。远
　　离火种、热源。保持容器密封。应与氧化剂、碱类等
　　分开存放，切忌混储。配备相应品种和数量的消防器
　　材。储区应备有合适的材料收容泄漏物

第八部分　接触控制/个体防护

职业接触限值
　　中国　未制定标准
　　美国（ACGIH）　未制定标准
生物接触限值　未制定标准
监测方法　空气中有毒物质测定方法：未制定标准。生物
　　监测检验方法：未制定标准
工程控制　严加密闭，提供充分的局部排风。提供安全淋
　　浴和洗眼设备
个体防护装备
　　呼吸系统防护　空气中粉尘浓度超标时，必须佩戴过
　　　　滤式防尘呼吸器。紧急事态抢救或撤离时，应该
　　　　佩戴空气呼吸器
　　眼睛防护　戴化学安全防护眼镜
　　皮肤和身体防护　穿防毒物渗透工作服
　　手防护　戴橡胶手套

第九部分　理化特性

外观与性状　白色针状结晶，有催泪性
pH 值　无意义　　　　　　**熔点（℃）**　70～73
沸点（℃）　无资料　　　　**相对密度（水＝1）**　无资料
相对蒸气密度（空气＝1）　无资料
饱和蒸气压（kPa）　无资料
临界压力（MPa）　无资料　**辛醇/水分配系数**　无资料
闪点（℃）　无资料　　　　**自燃温度（℃）**　无资料
爆炸下限（%）　无资料　　**爆炸上限（%）**　无资料
分解温度（℃）　无资料　　**黏度（mPa·s）**　无资料
燃烧热（kJ/mol）　无资料　**临界温度（℃）**　无资料
溶解性　不溶于水，溶于乙醇、乙醚，易溶于丙酮、苯

第十部分　稳定性和反应性

稳定性　稳定
危险反应　与碱、胺类、强氧化剂、水、二氧化碳等禁配
　　物发生反应
避免接触的条件　受热、潮湿空气
禁配物　碱、胺类、强氧化剂、水、二氧化碳
危险的分解产物　氮氧化物、氯化氢

第十一部分　毒理学信息

急性毒性　LD$_{50}$：1809mg/kg（大鼠经口）。LCLo：280mg/m^3
　　（大鼠吸入，4h）
皮肤刺激或腐蚀　无资料　　**眼睛刺激或腐蚀**　无资料
呼吸或皮肤过敏　无资料
生殖细胞突变性　微生物致突变：鼠伤寒沙门氏菌 5μg/

皿。DNA 修复：枯草杆菌 50μg/皿。姐妹染色单体交换：仓鼠卵巢 100μmol/L

致癌性 无资料　　**生殖毒性** 无资料

特异性靶器官系统毒性--一次接触 无资料

特异性靶器官系统毒性-反复接触 无资料

吸入危害 无资料

第十二部分　生态学信息

生态毒性 LC$_{50}$：0.61mg/L(96h)（鱼类）。EC$_{50}$：1.5mg/L（48h）（大型溞）。ErC$_{50}$：0.038mg/L（72h）（藻类）。NOEC：0.24mg/L（21d）（大型溞）

持久性和降解性

生物降解性　不易快速生物降解

非生物降解性　无资料

潜在的生物累积性 根据 K_{ow} 值预测，该物质的生物累积性可能较弱

土壤中的迁移性 根据 K_{oc} 值预测，该物质可能有一定的迁移性

第十三部分　废弃处置

废弃化学品 建议用焚烧法处置。与燃料混合后，再焚烧。焚烧炉排出的气体要通过洗涤器除去

污染包装物 将容器返还生产商或按照国家和地方法规处置

废弃注意事项 处置前应参阅国家和地方有关法规

第十四部分　运输信息

联合国危险货物编号（UN 号） 3261

联合国运输名称 有机酸性腐蚀性固体，未另作规定的（4-硝基苄基氯）

联合国危险性类别 8

包装类别 Ⅱ　　　**包装标志**

海洋污染物 是

运输注意事项 运输前应先检查包装容器是否完整、密封，运输过程中要确保容器不泄漏、不倒塌、不坠落、不损坏。严禁与酸类、氧化剂、食品及食品添加剂混运。运输途中应防暴晒、雨淋，防高温

第十五部分　法规信息

下列法律、法规、规章和标准，对该化学品的管理作了相应的规定。

中华人民共和国职业病防治法 职业病分类和目录：未列入

危险化学品安全管理条例 危险化学品目录：列入。易制爆危险化学品名录：未列入。重点监管的危险化学品名录：未列入。GB 18218—2009《危险化学品重大危险源辨识》（表1）：未列入

使用有毒物品作业场所劳动保护条例 高毒物品目录：未列入

易制毒化学品管理条例 易制毒化学品的分类和品种目

录：未列入

国际公约 斯德哥尔摩公约：未列入。鹿特丹公约：未列入。蒙特利尔议定书：未列入

第十六部分　其他信息

编写和修订信息　　**缩略语和首字母缩写**

培训建议　　　　　　**参考文献**

免责声明

硝基苊

第一部分　化学品标识

化学品中文名 硝基苊；5-硝基苊

化学品英文名 nitroacenaphthene；5-nitroacenaphthene

分子式 C$_{12}$H$_9$NO$_2$　**分子量** 199.2054

结构式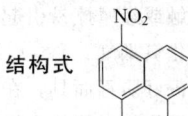

化学品的推荐及限制用途 用于有机合成，用作染料中间体及电子工业增感剂

第二部分　危险性概述

紧急情况概述 易燃固体

GHS 危险性类别 易燃固体，类别2；致癌性，类别2

标签要素

象形图

警示词 危险

危险性说明 易燃固体，怀疑致癌

防范说明

预防措施　远离热源、火花、明火、热表面。禁止吸烟。容器和接收设备接地连接。使用防爆电器、通风、照明设备。戴防护手套、防护眼镜、防护面罩。得到专门指导后操作。在阅读并了解所有安全预防措施之前，切勿操作。按要求使用个体防护装备

事故响应　火灾时，使用雾状水、泡沫、干粉、二氧化碳、砂土灭火。如果接触或有担心，就医

安全储存　上锁保管

废弃处置　本品及内装物、容器依据国家和地方法规处置

物理和化学危险 易燃，其粉体与空气混合，能形成爆炸性混合物

健康危害 本品对人有毒，具刺激作用。受热分解会释出有毒的氮氧化物烟雾

环境危害 对环境可能有害

第三部分　成分/组成信息

√物质　　　　　　　　　　　混合物

组分	浓度	CAS No.
硝基苊		602-87-9

第四部分　急救措施

吸入　迅速脱离现场至空气新鲜处。保持呼吸道通畅。如呼吸困难，给输氧。呼吸、心跳停止，立即进行心肺复苏术。就医

皮肤接触　立即脱去污染的衣着，用流动清水彻底冲洗。就医

眼睛接触　立即分开眼睑，用流动清水或生理盐水彻底冲洗。就医

食入　漱口，饮水。就医

对保护施救者的忠告　根据需要使用个人防护设备

对医生的特别提示　对症处理

第五部分　消防措施

灭火剂　用雾状水、泡沫、干粉、二氧化碳、砂土灭火

特别危险性　遇明火、高热与氧化剂接触或经摩擦易引起燃烧爆炸。受热分解放出有毒的氧化氮烟气

灭火注意事项及防护措施　消防人员须戴好防毒面具，在安全距离以外，在上风向灭火。尽可能将容器从火场移至空旷处。喷水保持火场容器冷却，直至灭火结束。遇大火，消防人员须在有防护掩蔽处操作

第六部分　泄漏应急处理

作业人员防护措施、防护装备和应急处置程序　隔离泄漏污染区，限制出入。消除所有点火源。建议应急处理人员戴防尘口罩，穿一般作业工作服。禁止接触或跨越泄漏物

环境保护措施　防止泄漏物进入水体、下水道、地下室或有限空间

泄漏化学品的收容、清除方法及所使用的处置材料　小量泄漏：用洁净的铲子收集泄漏物，置于干净、干燥、盖子较松的容器中，将容器移离泄漏区。大量泄漏：用水润湿，并筑堤收容

第七部分　操作处置与储存

操作注意事项　密闭操作，注意通风。操作人员必须经过专门培训，严格遵守操作规程。建议操作人员佩戴防尘面具（全面罩），穿防毒物渗透工作服，戴橡胶手套。远离火种、热源，工作场所严禁吸烟。使用防爆型的通风系统和设备。避免产生粉尘。避免与氧化剂、还原剂接触。禁止撞击和震荡。配备相应品种和数量的消防器材及泄漏应急处理设备。倒空的容器可能残留有害物

储存注意事项　储存于阴凉、通风的库房。库温不宜超过35℃。远离火种、热源。应与氧化剂、还原剂分开存放，切忌混储。采用防爆型照明、通风设施。禁止使用易产生火花的机械设备和工具。储区应备有合适的材料收容泄漏物

第八部分　接触控制/个体防护

职业接触限值

中国　未制定标准

美国（ACGIH）　未制定标准

生物接触限值　未制定标准

监测方法　空气中有毒物质测定方法：未制定标准。生物监测检验方法：未制定标准

工程控制　密闭操作，注意通风

个体防护装备

呼吸系统防护　可能接触其粉尘时，必须佩戴防尘面具（全面罩）。紧急事态抢救或撤离时，应该佩戴空气呼吸器

眼睛防护　呼吸系统防护中已作防护

皮肤和身体防护　穿防毒物渗透工作服

手防护　戴橡胶手套

第九部分　理化特性

外观与性状　黄色针状结晶

pH 值　无意义　　　　　　**熔点（℃）**　101.5～102.5

沸点（℃）　无资料　　　　**相对密度（水=1）**　无资料

相对蒸气密度（空气＝1）　无资料

饱和蒸气压（kPa）　无资料

临界压力（MPa）　无资料　　**辛醇/水分配系数**　无资料

闪点（℃）　无资料　　　　**自燃温度（℃）**　无资料

爆炸下限（%）　无资料　　**爆炸上限（%）**　无资料

分解温度（℃）　无资料　　**黏度（mPa・s）**　无资料

燃烧热（kJ/mol）　无资料　　**临界温度（℃）**　无资料

溶解性　溶于醇、醚、油类、热水

第十部分　稳定性和反应性

稳定性　稳定

危险反应　与强氧化剂、强还原剂等禁配物接触，有发生火灾和爆炸的危险

避免接触的条件　受热

禁配物　强氧化剂、强还原剂

危险的分解产物　氮氧化物

第十一部分　毒理学信息

急性毒性　无资料

皮肤刺激或腐蚀　无资料　　**眼睛刺激或腐蚀**　无资料

呼吸或皮肤过敏　无资料　　**生殖细胞突变性**　微生物致突变：鼠伤寒沙门氏菌 30 ng/皿。程序外 DNA 合成：大鼠肝 20mg/L

致癌性　IARC 致癌性评论：组 2B，对人类是可能致癌物

生殖毒性　无资料

特异性靶器官系统毒性-一次接触　无资料

特异性靶器官系统毒性-反复接触　无资料

吸入危害　无资料

第十二部分　生态学信息

生态毒性　无资料

持久性和降解性

生物降解性　无资料

非生物降解性　无资料

潜在的生物累积性　无资料

土壤中的迁移性　无资料

第十三部分 废弃处置

废弃化学品 根据国家和地方有关法规的要求处置。或与厂商或制造商联系，确定处置方法

污染包装物 将容器返还生产商或按照国家和地方法规处置

废弃注意事项 处置前应参阅国家和地方有关法规

第十四部分 运输信息

联合国危险货物编号（UN 号） 1325

联合国运输名称 有机易燃固体，未另作规定的（硝基苯）

联合国危险性类别 4.1

包装类别 Ⅲ　　　　**包装标志**

海洋污染物 否

运输注意事项 运输时运输车辆应配备相应品种和数量的消防器材及泄漏应急处理设备。装运本品的车辆排气管须有阻火装置。运输过程中要确保容器不泄漏、不倒塌、不坠落、不损坏。严禁与氧化剂、还原剂、食用化学品等混装混运。运输途中应防暴晒、雨淋，防高温。中途停留时应远离火种、热源。车辆运输完毕应进行彻底清扫

第十五部分 法规信息

下列法律、法规、规章和标准，对该化学品的管理作了相应的规定。

中华人民共和国职业病防治法 职业病分类和目录：未列入

危险化学品安全管理条例 危险化学品目录：列入。易制爆危险化学品名录：未列入。重点监管的危险化学品名录：未列入。GB 18218—2009《危险化学品重大危险源辨识》（表1）：未列入

使用有毒物品作业场所劳动保护条例 高毒物品目录：未列入

易制毒化学品管理条例 易制毒化学品的分类和品种目录：未列入

国际公约 斯德哥尔摩公约：未列入。鹿特丹公约：未列入。蒙特利尔议定书：未列入

第十六部分 其他信息

编写和修订信息　　缩略语和首字母缩写
培训建议　　　　　参考文献
免责声明

2-硝基-4-甲苯胺

第一部分 化学品标识

化学品中文名 2-硝基-4-甲苯胺；邻硝基对甲苯胺

化学品英文名 4-methyl-2-nitroaniline；2-nitro-p-toluidin

分子式 $C_7H_8N_2O_2$　　**分子量** 152.1506

结构式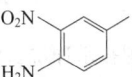

化学品的推荐及限制用途 用于有机合成

第二部分 危险性概述

紧急情况概述 吞咽会中毒，皮肤接触会中毒，吸入会中毒

GHS 危险性类别 急性毒性-经口，类别 3；急性毒性-经皮，类别 3；急性毒性-吸入，类别 3；特异性靶器官毒性-反复接触，类别 2；危害水生环境-急性危害，类别 2；危害水生环境-长期危害，类别 2

标签要素

象形图

警示词 危险

危险性说明 吞咽会中毒，皮肤接触会中毒，吸入会中毒，长时间或反复接触可能对器官造成损伤，对水生生物有毒并具有长期持续影响

防范说明

预防措施 避免接触眼睛、皮肤，操作后彻底清洗。作业场所不得进食、饮水或吸烟。戴防护手套，穿防护服。避免吸入粉尘。仅在室外或通风良好处操作。禁止排入环境

事故响应 如吸入：将患者转移到空气新鲜处，休息，保持利于呼吸的体位。皮肤接触：用大量肥皂水和水清洗，立即脱去所有被污染的衣服。如感觉不适，呼叫中毒控制中心或就医。被污染的衣服必须经洗净后方可重新使用。食入：立即呼叫中毒控制中心或就医，漱口，如感觉不适，就医。收集泄漏物

安全储存 在通风良好处储存。保持容器密闭。上锁保管

废弃处置 本品及内装物、容器依据国家和地方法规处置

物理和化学危险 可燃，其粉体与空气混合，能形成爆炸性混合物

健康危害 对人体有毒。对眼睛、皮肤、黏膜和上呼吸道有刺激作用。吸收进入体内后可形成高铁血红蛋白而致紫绀

环境危害 对水生生物有毒并具有长期持续影响

第三部分 成分/组成信息

√ 物质		混合物
组分	浓度	CAS No.
2-硝基-4-甲苯胺		89-62-3

第四部分 急救措施

吸入 迅速脱离现场至空气新鲜处。保持呼吸道通畅。如呼吸困难，给输氧。如呼吸心跳停止，立即进行心肺复苏术。就医

皮肤接触 立即脱去污染衣着，用肥皂水或清水彻底冲

洗。就医

眼睛接触 分开眼睑，用清水或生理盐水冲洗。就医

食入 漱口，饮水。就医

对保护施救者的忠告 根据需要使用个人防护设备

对医生的特别提示 高铁血红蛋白血症，可用亚甲蓝和维生素C治疗

第五部分 消防措施

灭火剂 用雾状水、泡沫、干粉、二氧化碳、砂土灭火

特别危险性 遇明火、高热可燃。其粉体与空气可形成爆炸性混合物，当达到一定浓度时，遇火星会发生爆炸。受高热分解放出有毒的气体

灭火注意事项及防护措施 消防人员必须佩戴防毒面具、穿全身消防服，在上风向灭火。尽可能将容器从火场移至空旷处。喷水保持火场容器冷却，直至灭火结束

第六部分 泄漏应急处理

作业人员防护措施、防护装备和应急处置程序 隔离泄漏污染区，限制出入。消除所有点火源。建议应急处理人员戴防尘口罩，穿防毒服。穿上适当的防护服前严禁接触破裂的容器和泄漏物。尽可能切断泄漏源

环境保护措施 用塑料布覆盖泄漏物，减少飞散

泄漏化学品的收容、清除方法及所使用的处置材料 勿使水进入包装容器内。用洁净的铲子收集泄漏物，置于干净、干燥、盖子较松的容器中，将容器移离泄漏区

第七部分 操作处置与储存

操作注意事项 密闭操作，局部排风。防止粉尘释放到车间空气中。操作人员必须经过专门培训，严格遵守操作规程。建议操作人员佩戴自吸过滤式防尘口罩，戴化学安全防护眼镜，穿防毒物渗透工作服，戴橡胶手套。远离火种、热源，工作场所严禁吸烟。使用防爆型的通风系统和设备。避免产生粉尘。避免与氧化剂、酸酐、酰基氯、酸类接触。配备相应品种和数量的消防器材及泄漏应急处理设备。倒空的容器可能残留有害物

储存注意事项 储存于阴凉、通风的库房。远离火种、热源。防止阳光直射。包装密封。应与氧化剂、酸酐、酰基氯、酸类、食用化学品分开存放，切忌混储。配备相应品种和数量的消防器材。储区应备有合适的材料收容泄漏物

第八部分 接触控制/个体防护

职业接触限值

中国 未制定标准

美国（ACGIH） 未制定标准

生物接触限值 未制定标准

监测方法 空气中有毒物质测定方法：未制定标准。生物监测检验方法：未制定标准

工程控制 密闭操作，局部排风

个体防护装备

呼吸系统防护 空气中粉尘浓度超标时，必须佩戴过滤式防尘呼吸器。紧急事态抢救或撤离时，应该佩戴空气呼吸器

眼睛防护 戴化学安全防护眼镜

皮肤和身体防护 穿防毒物渗透工作服

手防护 戴橡胶手套

第九部分 理化特性

外观与性状 黄色针状结晶

pH值 无意义	**熔点（℃）** 115～116
沸点（℃） 140（1.33kPa）	**相对密度（水=1）** 无资料

相对蒸气密度（空气=1） 无资料

饱和蒸气压（kPa） 无资料

临界压力（MPa） 无资料	**辛醇/水分配系数** 无资料
闪点（℃） ＞250	**自燃温度（℃）** 无资料
爆炸下限（%） 无资料	**爆炸上限（%）** 无资料
分解温度（℃） 无资料	**黏度（mPa·s）** 无资料
燃烧热（kJ/mol） 无资料	**临界温度（℃）** 无资料

溶解性 微溶于水、二硫化碳，溶于热水、热乙醇、乙醚、苯

第十部分 稳定性和反应性

稳定性 稳定

危险反应 与强氧化剂、酸酐、酰基氯、强酸等禁配物发生反应

避免接触的条件 光照

禁配物 强氧化剂、酸酐、酰基氯、强酸

危险的分解产物 氮氧化物

第十一部分 毒理学信息

急性毒性 LD：＞500mg/kg（小鼠腹腔）

皮肤刺激或腐蚀 无资料	**眼睛刺激或腐蚀** 无资料
呼吸或皮肤过敏 无资料	**生殖细胞突变性** 无资料
致癌性 无资料	**生殖毒性** 无资料

特异性靶器官系统毒性-一次接触 无资料

特异性靶器官系统毒性-反复接触 无资料

吸入危害 无资料

第十二部分 生态学信息

生态毒性 根据结构类似物质预测，该物质对水生生物有毒

持久性和降解性

生物降解性 无资料

非生物降解性 无资料

潜在的生物累积性 无资料

土壤中的迁移性 无资料

第十三部分 废弃处置

废弃化学品 建议用焚烧法处置。在能利用的地方重复使用容器或在规定场所掩埋

污染包装物 将容器返还生产商或按照国家和地方法规处置

废弃注意事项 处置前应参阅国家和地方有关法规

第十四部分 运输信息

联合国危险货物编号（UN号） 2660

联合国运输名称 一硝基甲苯胺

联合国危险性类别 6.1

包装类别 Ⅲ　　　　　包装标志

海洋污染物 是

运输注意事项 运输前应先检查包装容器是否完整、密封，运输过程中要确保容器不泄漏、不倒塌、不坠落、不损坏。严禁与酸类、氧化剂、食品及食品添加剂混运。运输时运输车辆应配备相应品种和数量的消防器材及泄漏应急处理设备。运输途中应防暴晒、雨淋，防高温。公路运输时要按规定路线行驶，勿在居民区和人口稠密区停留

第十五部分　法规信息

下列法律、法规、规章和标准，对该化学品的管理作了相应的规定。

中华人民共和国职业病防治法　职业病分类和目录：苯的氨基及硝基化合物中毒

危险化学品安全管理条例　危险化学品目录：列入。易制爆危险化学品名录：未列入。重点监管的危险化学品名录：未列入。GB 18218—2009《危险化学品重大危险源辨识》（表1）：未列入

使用有毒物品作业场所劳动保护条例　高毒物品目录：未列入

易制毒化学品管理条例　易制毒化学品的分类和品种目录：未列入

国际公约　斯德哥尔摩公约：未列入。鹿特丹公约：未列入。蒙特利尔议定书：未列入

第十六部分　其他信息

编写和修订信息　　　　缩略语和首字母缩写

培训建议　　　　　　　参考文献

免责声明

3-硝基-4-甲苯胺

第一部分　化学品标识

化学品中文名　3-硝基-4-甲苯胺；间硝基对甲苯胺

化学品英文名　*m*-nitro-*p*-toluidine；4-methyl-3-nitroaniline

分子式　$C_7H_8N_2O_2$　**分子量**　152.1506

结构式　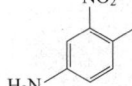

化学品的推荐及限制用途　用于染料合成

第二部分　危险性概述

紧急情况概述　吞咽会中毒，皮肤接触会中毒，吸入会中毒

GHS危险性类别　急性毒性-经口，类别3；急性毒性-经皮，类别3；急性毒性-吸入，类别3；特异性靶器官

毒性-反复接触，类别2；危害水生环境-急性危害，类别2；危害水生环境-长期危害，类别2

标签要素

象形图　

警示词　危险

危险性说明　吞咽会中毒，皮肤接触会中毒，吸入会中毒，长时间或反复接触可能对器官造成损伤，对水生生物有毒并具有长期持续影响

防范说明

预防措施　避免接触眼睛、皮肤，操作后彻底清洗。作业场所不得进食、饮水或吸烟。戴防护手套、穿防护服。避免吸入粉尘。仅在室外或通风良好处操作。禁止排入环境

事故响应　如吸入：将患者转移到空气新鲜处，休息，保持利于呼吸的体位。皮肤接触：用大量肥皂水和水清洗，立即脱去所有被污染的衣服。如感觉不适，呼叫中毒控制中心或就医。被污染的衣服必须经洗净后方可重新使用。食入：立即呼叫中毒控制中心或就医，漱口。收集泄漏物

安全储存　在通风良好处储存。保持容器密闭。上锁保管

废弃处置　本品及内装物、容器依据国家和地方法规处置

物理和化学危险　可燃，其粉体与空气混合，能形成爆炸性混合物

健康危害　吸入、摄入或经皮肤吸收后对身体有害。对眼睛、皮肤和黏膜有刺激作用。吸收进体内可形成高铁血红蛋白，致引起紫绀。长期接触可引起眼睛的损伤

环境危害　对水生生物有毒并具有长期持续影响

第三部分　成分/组成信息

√ 物质　　　　　　　　混合物

组分	浓度	CAS No.
3-硝基-4-甲苯胺		119-32-4

第四部分　急救措施

吸入　迅速脱离现场至空气新鲜处。保持呼吸道通畅。如呼吸困难，给吸氧。如呼吸、心跳停止，立即进行心肺复苏术。就医

皮肤接触　立即脱去污染衣着，用肥皂水或清水彻底冲洗。就医

眼睛接触　分开眼睑，用清水或生理盐水冲洗。就医

食入　漱口，饮水。就医

对保护施救者的忠告　根据需要使用个人防护设备

对医生的特别提示　高铁血红蛋白血症，可用亚甲蓝和维生素C治疗

第五部分　消防措施

灭火剂　用雾状水、泡沫、干粉、二氧化碳、砂土灭火

特别危险性　遇明火、高热可燃。其粉体与空气可形成爆炸性混合物，当达到一定浓度时，遇火星会发生爆炸。受高热分解放出有毒的气体

灭火注意事项及防护措施　消防人员必须佩戴空气呼吸器、穿全身防火防毒服，在上风向灭火。尽可能将容器从火场移至空旷处。喷水保持火场容器冷却，直至灭火结束

第六部分　泄漏应急处理

作业人员防护措施、防护装备和应急处置程序　隔离泄漏污染区，限制出入。消除所有点火源。建议应急处理人员戴防尘口罩，穿防毒服。穿上适当的防护服前严禁接触破裂的容器和泄漏物。尽可能切断泄漏源

环境保护措施　用塑料布覆盖泄漏物，减少飞散

泄漏化学品的收容、清除方法及所使用的处置材料　勿使水进入包装容器内。用洁净的铲子收集泄漏物，置于干净、干燥、盖子较松的容器中，将容器移离泄漏区

第七部分　操作处置与储存

操作注意事项　生产过程密闭化。防止粉尘释放到车间空气中。操作人员必须经过专门培训，严格遵守操作规程。建议操作人员佩戴自吸过滤式防尘口罩，戴化学安全防护眼镜，穿透气型防毒服，戴乳胶手套。远离火种、热源，工作场所严禁吸烟。使用防爆型的通风系统和设备。避免产生粉尘。避免与氧化剂、酸类、酸酐、酰基氯接触。配备相应品种和数量的消防器材及泄漏应急处理设备。倒空的容器可能残留有害物

储存注意事项　储存于阴凉、通风的库房。远离火种、热源。防止阳光直射。包装密封。应与氧化剂、酸类、酸酐、酰基氯分开存放，切忌混储。配备相应品种和数量的消防器材。储区应备有合适的材料收容泄漏物

第八部分　接触控制/个体防护

职业接触限值

　　中国　未制定标准

　　美国（ACGIH）　未制定标准

生物接触限值　未制定标准

监测方法　空气中有毒物质测定方法：未制定标准。生物监测检验方法：未制定标准

工程控制　生产过程密闭化。保证良好的自然通风

个体防护装备

　　呼吸系统防护　空气中粉尘浓度超标时，建议佩戴过滤式防尘呼吸器。紧急事态抢救或撤离时，应该佩戴空气呼吸器

　　眼睛防护　戴化学安全防护眼镜

　　皮肤和身体防护　穿透气型防毒服

　　手防护　戴橡胶手套

第九部分　理化特性

外观与性状　橙红色针状结晶

pH 值　无意义　　　　**熔点（℃）**　74～77

沸点（℃）　无资料　　**相对密度（水＝1）**　1.312

相对蒸气密度（空气＝1）　5.80

饱和蒸气压（kPa）　无资料

临界压力（MPa）　无资料　　**辛醇/水分配系数**　无资料

闪点（℃）　157　　　　**自燃温度（℃）**　无资料

爆炸下限（%）　无资料　　**爆炸上限（%）**　无资料

分解温度（℃）　无资料　　**黏度（mPa·s）**　无资料

燃烧热（kJ/mol）　无资料　　**临界温度（℃）**　无资料

溶解性　溶于乙醇、浓硫酸、苯

第十部分　稳定性和反应性

稳定性　稳定

危险反应　与强氧化剂、酸类、酸酐、酰基氯等禁配物发生反应

避免接触的条件　无资料

禁配物　强氧化剂、酸类、酸酐、酰基氯

危险的分解产物　氮氧化物

第十一部分　毒理学信息

急性毒性　LD_{50}：6860mg/kg（大鼠经口）

皮肤刺激或腐蚀　无资料　　**眼睛刺激或腐蚀**　无资料

呼吸或皮肤过敏　无资料　　**生殖细胞突变性**　无资料

致癌性　无资料　　　　**生殖毒性**　无资料

特异性靶器官系统毒性-一次接触　无资料

特异性靶器官系统毒性-反复接触　无资料

吸入危害　无资料

第十二部分　生态学信息

生态毒性　根据结构类似物质预测，该物质对水生生物有毒

持久性和降解性

　　生物降解性　无资料

　　非生物降解性　无资料

潜在的生物累积性　无资料

土壤中的迁移性　无资料

第十三部分　废弃处置

废弃化学品　建议用焚烧法处置。在能利用的地方重复使用容器或在规定场所掩埋

污染包装物　将容器返还生产商或按照国家和地方法规处置

废弃注意事项　处置前应参阅国家和地方有关法规

第十四部分　运输信息

联合国危险货物编号（UN 号）　2660

联合国运输名称　一硝基甲苯胺

联合国危险性类别　6.1

包装类别　Ⅲ　　　　　　**包装标志**　

海洋污染物　是

运输注意事项　运输前应先检查包装容器是否完整、密封，运输过程中要确保容器不泄漏、不倒塌、不坠

落、不损坏。严禁与酸类、氧化剂、食品及食品添加剂混运。运输时运输车辆应配备相应品种和数量的消防器材及泄漏应急处理设备。运输途中应防暴晒、雨淋，防高温。公路运输时要按规定路线行驶，勿在居民区和人口稠密区停留

第十五部分　法规信息

下列法律、法规、规章和标准，对该化学品的管理作了相应的规定。

中华人民共和国职业病防治法　职业病分类和目录：苯的氨基及硝基化合物中毒

危险化学品安全管理条例　危险化学品目录：列入。易制爆危险化学品名录：未列入。重点监管的危险化学品名录：未列入。GB 18218—2009《危险化学品重大危险源辨识》（表1）：未列入

使用有毒物品作业场所劳动保护条例　高毒物品目录：未列入

易制毒化学品管理条例　易制毒化学品的分类和品种目录：未列入

国际公约　斯德哥尔摩公约：未列入。鹿特丹公约：未列入。蒙特利尔议定书：未列入

第十六部分　其他信息

编写和修订信息　　　缩略语和首字母缩写
培训建议　　　　　　参考文献
免责声明

2-硝基-4-甲苯酚

第一部分　化学品标识

化学品中文名　2-硝基-4-甲苯酚；4-甲基-2-硝基苯酚；4-甲基-2-硝基（苯）酚；邻硝基对甲苯酚

化学品英文名　2-nitro-4-methylphenol；4-methyl-2-nitro-phenol

分子式　$C_7H_7NO_3$　　**分子量**　153.1354

结构式　

化学品的推荐及限制用途　用于有机合成

第二部分　危险性概述

紧急情况概述　可能引起昏昏欲睡或眩晕

GHS危险性类别　皮肤腐蚀/刺激，类别2；严重眼损伤/眼刺激，类别2；特异性靶器官毒性--一次接触，类别3（呼吸道刺激）

标签要素

象形图

警示词　警告

危险性说明　造成皮肤刺激，造成严重眼刺激，可能引起昏昏欲睡或眩晕

防范说明

预防措施　避免接触眼睛、皮肤，操作后彻底清洗。戴防护手套、防护眼镜、防护面罩

事故响应　皮肤接触：用大量肥皂水和水清洗。如发生皮肤刺激，就医。脱去被污染的衣服，衣服经洗净后方可重新使用。如接触眼睛：用水细心冲洗数分钟。如戴隐形眼镜并可方便地取出，取出隐形眼镜，继续冲洗。如果眼睛刺激持续：就医

安全储存　—

废弃处置　—

物理和化学危险　可燃，其粉体与空气混合，能形成爆炸性混合物

健康危害　吸入、摄入或经皮肤吸收对身体有害。对眼睛、黏膜、呼吸道及皮肤有刺激作用。过长时间的接触，可引起眼睛的损伤或灼伤

环境危害　对环境可能有害

第三部分　成分/组成信息

√　物质　　　　　　　　混合物

组分	浓度	CAS No.
2-硝基-4-甲苯酚		119-33-5

第四部分　急救措施

吸入　迅速脱离现场至空气新鲜处。保持呼吸道通畅。如呼吸困难，给输氧。呼吸、心跳停止，立即进行心肺复苏术。就医

皮肤接触　立即脱去污染的衣着，用流动清水彻底冲洗。就医

眼睛接触　立即分开眼睑，用流动清水或生理盐水彻底冲洗。就医

食入　漱口，饮水。就医

对保护施救者的忠告　根据需要使用个人防护设备

对医生的特别提示　对症处理

第五部分　消防措施

灭火剂　用雾状水、泡沫、干粉、二氧化碳、砂土灭火

特别危险性　遇明火能燃烧。受热分解放出有毒气体

灭火注意事项及防护措施　消防人员必须佩戴防毒面具、穿全身消防服，在上风向灭火。尽可能将容器从火场移至空旷处。喷水保持火场容器冷却，直至灭火结束

第六部分　泄漏应急处理

作业人员防护措施、防护装备和应急处置程序　隔离泄漏污染区，限制出入。消除所有点火源。建议应急处理人员戴防尘口罩，穿防毒服。穿上适当的防护服前严禁接触破裂的容器和泄漏物。尽可能切断泄漏源

环境保护措施　用塑料布覆盖泄漏物，减少飞散

泄漏化学品的收容、清除方法及所使用的处置材料　勿使水进入包装容器内。用洁净的铲子收集泄漏物，置于干净、干燥、盖子较松的容器中，将容器移离泄漏区

第七部分　操作处置与储存

操作注意事项　密闭操作，提供充分的局部排风。操作人

员必须经过专门培训，严格遵守操作规程。建议操作人员佩戴自吸过滤式防尘口罩，戴化学安全防护眼镜，穿防毒物渗透工作服，戴橡胶手套。远离火种、热源，工作场所严禁吸烟。使用防爆型的通风系统和设备。避免与氧化剂、碱类接触。搬运时要轻装轻卸，防止包装及容器损坏。配备相应品种和数量的消防器材及泄漏应急处理设备。倒空的容器可能残留有害物

储存注意事项　储存于阴凉、通风的库房。远离火种、热源。应与氧化剂、碱类等分开存放，切忌混储。配备相应品种和数量的消防器材。储区应备有合适的材料收容泄漏物

第八部分　接触控制/个体防护

职业接触限值
　中国　未制定标准
　美国（ACGIH）　未制定标准
生物接触限值　未制定标准
监测方法　空气中有毒物质测定方法：未制定标准。生物监测检验方法：未制定标准
工程控制　严加密闭，提供充分的局部排风。提供安全淋浴和洗眼设备
个体防护装备
　呼吸系统防护　空气中粉尘浓度超标时，必须佩戴过滤式防尘呼吸器。紧急事态抢救或撤离时，应该佩戴空气呼吸器
　眼睛防护　戴化学安全防护眼镜
　皮肤和身体防护　穿防毒物渗透工作服
　手防护　戴橡胶手套

第九部分　理化特性

外观与性状　黄色固体　**pH值**　无意义
熔点（℃）　32～35　**沸点（℃）**　125（2.93kPa）
相对密度（水=1）　1.24
相对蒸气密度（空气=1）　无资料
饱和蒸气压（kPa）　2.93（125℃）
临界压力（MPa）　无资料　**辛醇/水分配系数**　无资料
闪点（℃）　108　**自燃温度（℃）**　无资料
爆炸下限（%）　无资料　**爆炸上限（%）**　无资料
分解温度（℃）　无资料　**黏度（mPa·s）**　无资料
燃烧热（kJ/mol）　无资料　**临界温度（℃）**　无资料
溶解性　溶于乙醇、乙醚

第十部分　稳定性和反应性

稳定性　稳定
危险反应　与强氧化剂、强碱、酰基氯、酸酐等禁配物发生反应
避免接触的条件　受热
禁配物　强氧化剂、强碱、酰基氯、酸酐
危险的分解产物　氮氧化物

第十一部分　毒理学信息

急性毒性　LD_{50}：3360mg/kg（大鼠经口）
皮肤刺激或腐蚀　无资料　**眼睛刺激或腐蚀**　无资料

呼吸或皮肤过敏　无资料　**生殖细胞突变性**　无资料
致癌性　无资料　　　　**生殖毒性**　无资料
特异性靶器官系统毒性-一次接触　无资料
特异性靶器官系统毒性-反复接触　无资料
吸入危害　无资料

第十二部分　生态学信息

生态毒性　无资料
持久性和降解性
　生物降解性　无资料
　非生物降解性　无资料
潜在的生物累积性　无资料
土壤中的迁移性　无资料

第十三部分　废弃处置

废弃化学品　建议用焚烧法处置。焚烧炉排出的氮氧化物通过洗涤器除去
污染包装物　将容器返还生产商或按照国家和地方法规处置
废弃注意事项　处置前应参阅国家和地方有关法规

第十四部分　运输信息

联合国危险货物编号（UN号）　2446
联合国运输名称　硝基甲苯酚，固态
联合国危险性类别　6.1

包装类别　Ⅲ　　　　**包装标志**

海洋污染物　否
运输注意事项　运输前应先检查包装容器是否完整、密封，运输过程中要确保容器不泄漏、不倒塌、不坠落、不损坏。严禁与酸类、氧化剂、食品及食品添加剂混运。运输途中应防暴晒、雨淋，防高温

第十五部分　法规信息

　下列法律、法规、规章和标准，对该化学品的管理作了相应的规定。
中华人民共和国职业病防治法　职业病分类和目录：未列入
危险化学品安全管理条例　危险化学品目录：列入。易制爆危险化学品名录：未列入。重点监管的危险化学品名录：未列入。GB 18218—2009《危险化学品重大危险源辨识》（表1）：未列入
使用有毒物品作业场所劳动保护条例　高毒物品目录：未列入
易制毒化学品管理条例　易制毒化学品的分类和品种目录：未列入
国际公约　斯德哥尔摩公约：未列入。鹿特丹公约：未列入。蒙特利尔议定书：未列入

第十六部分　其他信息

编写和修订信息　　　**缩略语和首字母缩写**
培训建议　　　　　　**参考文献**
免责声明

2-硝基联苯

第一部分　化学品标识

化学品中文名　2-硝基联苯；邻硝基联苯
化学品英文名　2-nitrobiphenyl；*o*-nitrobiphenyl
分子式　$C_{12}H_9NO_2$　**分子量**　199.2054
结构式

化学品的推荐及限制用途　用作增塑剂、防霉剂、染料中间体等

第二部分　危险性概述

紧急情况概述　易燃固体，吞咽有害
GHS危险性类别　易燃固体，类别2；急性毒性-经口，类别4
标签要素

象形图

警示词　危险
危险性说明　易燃固体，吞咽有害
防范说明

预防措施　远离热源、火花、明火、热表面。容器和接收设备接地连接。使用防爆型电器、通风、照明设备。戴防护手套、防护眼镜、防护面罩。避免接触眼睛、皮肤，操作后彻底清洗。作业场所不得进食、饮水或吸烟

事故响应　火灾时，使用雾状水、泡沫、干粉、二氧化碳、砂土灭火。食入：如果感觉不适，立即呼叫中毒控制中心或就医。漱口

安全储存　—

废弃处置　本品及内装物、容器依据国家和地方法规处置

物理和化学危险　易燃，其粉体与空气混合，能形成爆炸性混合物
健康危害　对呼吸系统有刺激作用。对肝、肾有损害作用
环境危害　对环境可能有害

第三部分　成分/组成信息

√　物质　　　　　　　　　混合物

组分	浓度	CAS No.
2-硝基联苯		86-00-0

第四部分　急救措施

吸入　迅速脱离现场至空气新鲜处。保持呼吸道通畅。如呼吸困难，给输氧。呼吸、心跳停止，立即进行心肺复苏术。就医
皮肤接触　立即脱去污染的衣着，用流动清水彻底冲洗。就医
眼睛接触　立即分开眼睑，用流动清水或生理盐水彻底冲洗。就医
食入　漱口，饮水。就医
对保护施救者的忠告　根据需要使用个人防护设备
对医生的特别提示　对症处理

第五部分　消防措施

灭火剂　用雾状水、泡沫、干粉、二氧化碳、砂土灭火
特别危险性　遇高热、明火及强氧化剂易引起燃烧。受高热分解放出有毒的气体。蒸气比空气重，沿地面扩散并易积存于低洼处，遇火源会着火回燃
灭火注意事项及防护措施　消防人员必须佩戴防毒面具、穿全身消防服，在上风向灭火。尽可能将容器从火场移至空旷处。喷水保持火场容器冷却，直至灭火结束。处在火场中的容器若已变色或从安全泄压装置中发出声音，必须马上撤离

第六部分　泄漏应急处理

作业人员防护措施、防护装备和应急处置程序　隔离泄漏污染区，限制出入。消除所有点火源。建议应急处理人员戴防尘口罩，穿一般作业工作服
环境保护措施　用塑料布覆盖泄漏物，减少飞散
泄漏化学品的收容、清除方法及所使用的处置材料　用洁净的无火花工具收集泄漏物，置于一盖子较松的塑料容器中，待处置

第七部分　操作处置与储存

操作注意事项　密闭操作，局部排风。防止烟雾或粉尘泄漏到工作场所空气中。操作人员必须经过专门培训，严格遵守操作规程。建议操作人员佩戴自吸过滤式防毒面具（半面罩），戴化学安全防护眼镜，穿防静电工作服，戴橡胶手套。远离火种、热源，工作场所严禁吸烟。使用防爆型的通风系统和设备。在清除液体和蒸气前不能进行焊接、切割等作业。避免产生蒸气或粉尘。避免与氧化剂、酸类接触。配备相应品种和数量的消防器材及泄漏应急处理设备。倒空的容器可能残留有害物
储存注意事项　储存于阴凉、通风的库房。库温不宜超过35℃。远离火种、热源。防止阳光直射。保持容器密封。应与氧化剂、酸类分开存放，切忌混储。配备相应品种和数量的消防器材。储区应备有泄漏应急处理设备和合适的收容材料

第八部分　接触控制/个体防护

职业接触限值
中国　未制定标准
美国（ACGIH）　未制定标准
生物接触限值　未制定标准
监测方法　空气中有毒物质测定方法：未制定标准。生物监测检验方法：未制定标准
工程控制　密闭操作，局部排风
个体防护装备
呼吸系统防护　空气中浓度超标时，必须佩戴过滤式防毒面具（半面罩）。紧急事态抢救或撤离时，

应该佩戴空气呼吸器

眼睛防护　戴化学安全防护眼镜

皮肤和身体防护　穿防静电工作服

手防护　戴橡胶手套

第九部分　理化特性

外观与性状　微黄色至淡红色液体或结晶

pH 值　无意义　　　　**熔点(℃)**　36.7

沸点(℃)　325

相对密度(水＝1)　1.44（25℃）

相对蒸气密度(空气＝1)　5.9

饱和蒸气压(kPa)　无资料

临界压力(MPa)　无资料　　**辛醇/水分配系数**　无资料

闪点(℃)　178　　　　**自燃温度(℃)**　185

爆炸下限(%)　无资料　　**爆炸上限(%)**　无资料

分解温度(℃)　无资料　　**黏度(mPa·s)**　无资料

燃烧热(kJ/mol)　无资料　　**临界温度(℃)**　无资料

溶解性　不溶于水，溶于甲醇、乙醇、丙酮、二甲基甲酰胺、四氢糠醇

第十部分　稳定性和反应性

稳定性　稳定

危险反应　与强氧化剂、酸类等禁配物接触，有发生火灾和爆炸的危险

避免接触的条件　无资料

禁配物　强氧化剂、酸类

危险的分解产物　氮氧化物

第十一部分　毒理学信息

急性毒性　LD_{50}：1230mg/kg（大鼠经口）；1580mg/kg（兔经口）

皮肤刺激或腐蚀　无资料　**眼睛刺激或腐蚀**　无资料

呼吸或皮肤过敏　无资料

生殖细胞突变性　微生物致突变：鼠伤寒沙门氏菌 $20\mu g$/皿。DNA 损伤：大鼠肝 3mmol/L。DNA 损伤：大鼠淋巴细胞 $150\mu mol$/L

致癌性　无资料　　　　**生殖毒性**　无资料

特异性靶器官系统毒性-一次接触　无资料

特异性靶器官系统毒性-反复接触　无资料

吸入危害　无资料

第十二部分　生态学信息

生态毒性　无资料

持久性和降解性

　　生物降解性　无资料

　　非生物降解性　无资料

潜在的生物累积性　无资料

土壤中的迁移性　无资料

第十三部分　废弃处置

废弃化学品　建议用焚烧法处置。在能利用的地方重复使用容器或在规定场所掩埋

污染包装物　将容器返还生产商或按照国家和地方法规处置

废弃注意事项　处置前应参阅国家和地方有关法规

第十四部分　运输信息

联合国危险货物编号（UN 号）　1325

联合国运输名称　有机易燃固体，未另作规定的（2-硝基联苯）

联合国危险性类别　4.1

包装类别　Ⅲ　　　　　**包装标志**

海洋污染物　否

运输注意事项　运输时运输车辆应配备相应品种和数量的消防器材及泄漏应急处理设备。装运本品的车辆排气管必须有阻火装置。运输过程中要确保容器不泄漏、不倒塌、不坠落、不损坏。严禁与氧化剂、酸类、食用化学品等混装混运。运输途中应防暴晒、雨淋，防高温。中途停留时应远离火种、热源。车辆运输完毕应进行彻底清扫。铁路运输时要禁止溜放

第十五部分　法规信息

下列法律、法规、规章和标准，对该化学品的管理作了相应的规定。

中华人民共和国职业病防治法　职业病分类和目录：未列入

危险化学品安全管理条例　危险化学品目录：列入。易制爆危险化学品名录：未列入。重点监管的危险化学品名录：未列入。GB 18218—2009《危险化学品重大危险源辨识》（表 1）：未列入

使用有毒物品作业场所劳动保护条例　高毒物品目录：未列入

易制毒化学品管理条例　易制毒化学品的分类和品种目录：未列入

国际公约　斯德哥尔摩公约：未列入。鹿特丹公约：未列入。蒙特利尔议定书：未列入

第十六部分　其他信息

编写和修订信息　　　**缩略语和首字母缩写**

培训建议　　　　　　**参考文献**

免责声明

4-硝基联苯

第一部分　化学品标识

化学品中文名　4-硝基联苯；对硝基联苯

化学品英文名　4-nitrobiphenyl；*p*-nitrodiphenyl

分子式　$C_{12}H_9NO_2$　**分子量**　199.2054

结构式

化学品的推荐及限制用途　用作染料中间体、增塑剂

第二部分　危险性概述

紧急情况概述　易燃固体

GHS 危险性类别　易燃固体，类别 2；危害水生环境-急性危害，类别 2；危害水生环境-长期危害，类别 2

标签要素

象形图　

警示词　危险

危险性说明　易燃固体，对水生生物有毒并具有长期持续影响

防范说明

预防措施　远离热源、火花、明火、热表面。禁止吸烟。容器和接收设备接地连接。使用防爆型电器、通风、照明设备。戴防护手套、防护眼镜、防护面罩。禁止排入环境

事故响应　火灾时，使用雾状水、泡沫、干粉、二氧化碳、砂土灭火。收集泄漏物

安全储存　—

废弃处置　本品及内装物、容器依据国家和地方法规处置

物理和化学危险　易燃，其粉体与空气混合，能形成爆炸性混合物

健康危害　对人体有毒。中毒时损害中枢神经系统，出现紫绀、心肌缺氧、贫血、高铁血红蛋白血症

环境危害　对水生生物有毒并具有长期持续影响

第三部分　成分/组成信息

√物质　　　　　　　混合物

组分	浓度	CAS No.
对硝基联苯		92-93-3

第四部分　急救措施

吸入　迅速脱离现场至空气新鲜处。保持呼吸道通畅。如呼吸困难，给输氧。如呼吸、心跳停止，立即进行心肺复苏术。就医

皮肤接触　立即脱去污染衣着，用肥皂水或清水彻底冲洗。就医

眼睛接触　分开眼睑，用清水或生理盐水冲洗。就医

食入　漱口，饮水。就医

对保护施救者的忠告　根据需要使用个人防护设备

对医生的特别提示　高铁血红蛋白血症，可用亚甲蓝和维生素 C 治疗

第五部分　消防措施

灭火剂　用雾状水、泡沫、干粉、二氧化碳、砂土灭火

特别危险性　遇高热、明火及强氧化剂易引起燃烧。受热分解产生有毒的烟气

灭火注意事项及防护措施　消防人员必须佩戴空气呼吸器、穿全身防火防毒服，在上风向灭火。尽可能将容器从火场移至空旷处。喷水保持火场容器冷却，直至灭火结束

第六部分　泄漏应急处理

作业人员防护措施、防护装备和应急处置程序　隔离泄漏污染区，限制出入。消除所有点火源。建议应急处理人员戴防尘口罩，穿一般作业工作服

环境保护措施　防止泄漏物进入水体、下水道、地下室或有限空间

泄漏化学品的收容、清除方法及所使用的处置材料　禁止接触或跨越泄漏物。小量泄漏：用洁净的铲子收集泄漏物，置于干净、干燥、盖子较松的容器中，将容器移离泄漏区。大量泄漏：用水润湿，并筑堤收容

第七部分　操作处置与储存

操作注意事项　密闭操作，全面通风。防止粉尘释放到车间空气中。操作人员必须经过专门培训，严格遵守操作规程。建议操作人员佩戴自吸过滤防尘口罩，戴化学安全防护眼镜，戴防化学品手套。远离火种、热源，工作场所严禁吸烟。使用防爆型的通风系统和设备。避免产生粉尘。避免与氧化剂、碱类接触。配备相应品种和数量的消防器材及泄漏应急处理设备。倒空的容器可能残留有害物

储存注意事项　储存于阴凉、通风的库房。库温不宜超过 35℃。远离火种、热源。防止阳光直射。包装密封。应与氧化剂、碱类分开存放，切忌混储。配备相应品种和数量的消防器材。储区应备有合适的材料收容泄漏物

第八部分　接触控制/个体防护

职业接触限值

中国　未制定标准

美国（ACGIH）　未制定标准

生物接触限值　未制定标准

监测方法　空气中有毒物质测定方法：未制定标准。生物监测检验方法：未制定标准

工程控制　生产过程密闭，全面通风

个体防护装备

呼吸系统防护　空气中粉尘浓度较高时，建议佩戴过滤式防尘呼吸器

眼睛防护　戴化学安全防护眼镜

皮肤和身体防护　一般不需特殊防护

手防护　戴防化学品手套

第九部分　理化特性

外观与性状　无色或黄色针状结晶

pH 值　无意义		**熔点（℃）**　113～114	
沸点（℃）　340		**相对密度（水＝1）**　1.328	
相对蒸气密度（空气=1）　无资料			
饱和蒸气压（kPa）　无资料			
临界压力（MPa）　无资料		**辛醇/水分配系数**　无资料	
闪点（℃）　无意义		**自燃温度（℃）**　无资料	
爆炸下限（%）　无资料		**爆炸上限（%）**　无资料	
分解温度（℃）　无资料		**黏度（mPa·s）**　无资料	

燃烧热(kJ/mol)　无资料　　临界温度(℃)　无资料
溶解性　不溶于水，微溶于醇，易溶于醚、苯、氯仿

第十部分　稳定性和反应性

稳定性　稳定
危险反应　与强氧化剂等禁配物接触，有发生火灾和爆炸
　　的危险
避免接触的条件　受热
禁配物　强氧化剂、强碱
危险的分解产物　氮氧化物

第十一部分　毒理学信息

急性毒性　LD_{50}：2230mg/kg（大鼠经口），1970mg/kg
　　（兔经皮）
皮肤刺激或腐蚀　无资料　　眼睛刺激或腐蚀　无资料
呼吸或皮肤过敏　无资料
生殖细胞突变性　微生物致突变：鼠伤寒沙门氏菌10μg/
　　皿。姐妹染色单体互换：仓鼠经口125mg/kg。肿瘤
　　性转化：仓鼠胚胎100μg/L。DNA损伤：大鼠肝
　　300μmol/L。DNA加合物：狗经口60μmol/kg
致癌性　IARC致癌性评论：组3，现有的证据不能对人
　　类致癌性进行分类。美国ACGIH将其列为确定的人
　　类致癌物
生殖毒性　无资料
特异性靶器官系统毒性-一次接触　无资料
特异性靶器官系统毒性-反复接触　无资料
吸入危害　无资料

第十二部分　生态学信息

生态毒性　根据结构类似物质预测，该物质对水生生物
　　有毒
持久性和降解性
　　生物降解性　无资料
　　非生物降解性　无资料
潜在的生物累积性　无资料
土壤中的迁移性　无资料

第十三部分　废弃处置

废弃化学品　建议用焚烧法处置。在能利用的地方重复使
　　用容器或在规定场所掩埋
污染包装物　将容器返还生产商或按照国家和地方法规
　　处置
废弃注意事项　处置前应参阅国家和地方有关法规

第十四部分　运输信息

联合国危险货物编号（UN号）　1325
联合国运输名称　有机易燃固体，未另作规定的（4-硝基
　　联苯）
联合国危险性类别　4.1

包装类别　Ⅲ　　　　　包装标志　

海洋污染物　是
运输注意事项　运输时运输车辆应配备相应品种和数量的
　　消防器材及泄漏应急处理设备。装运本品的车辆排气
　　管必须有阻火装置。运输过程中要确保容器不泄漏、
　　不倒塌、不坠落、不损坏。严禁与氧化剂、碱类等混
　　装混运。运输途中应防暴晒、雨淋，防高温。中途停
　　留时应远离火种、热源。车辆运输完毕应进行彻底清
　　扫。铁路运输时要禁止溜放

第十五部分　法规信息

　　下列法律、法规、规章和标准，对该化学品的管理作
了相应的规定。
中华人民共和国职业病防治法　职业病分类和目录：苯的
　　氨基及硝基化合物中毒
危险化学品安全管理条例　危险化学品目录：列入。易制
　　爆危险化学品名录：未列入。重点监管的危险化学品
　　名录：未列入。GB 18218—2009《危险化学品重大
　　危险源辨识》（表1）：未列入
使用有毒物品作业场所劳动保护条例　高毒物品目录：未
　　列入
易制毒化学品管理条例　易制毒化学品的分类和品种目
　　录：未列入
国际公约　斯德哥尔摩公约：未列入。鹿特丹公约：未列
　　入。蒙特利尔议定书：未列入

第十六部分　其他信息

编写和修订信息　　　缩略语和首字母缩写
培训建议　　　　　　参考文献
免责声明

3-硝基氯化苄

第一部分　化学品标识

化学品中文名　3-硝基氯化苄；间硝基氯化苄；间硝基苄
　　基氯；间硝基苯氯甲烷；α-氯-3-硝基甲苯
化学品英文名　3-nitrobenzyl chloride；m-nitrobenzyl ch-
　　loride
分子式　$C_7H_6ClNO_2$　分子量　171.581
结构式　O_2N —⟨benzene⟩— CH_2Cl
化学品的推荐及限制用途　用于有机合成

第二部分　危险性概述

紧急情况概述　造成严重的皮肤灼伤和眼损伤
GHS危险性类别　皮肤腐蚀/刺激，类别1；严重眼损伤/
　　眼刺激，类别1；危害水生环境-急性危害，类别1；
　　危害水生环境-长期危害，类别1
标签要素
象形图　
警示词　危险

危险性说明 造成严重的皮肤灼伤和眼损伤，对水生生物毒性非常大并具有长期持续影响

防范说明

预防措施 避免吸入粉尘。避免接触眼睛、皮肤，操作后彻底清洗。戴防护手套，穿防护服，戴防护眼镜、防护面罩。禁止排入环境

事故响应 如吸入：将患者转移到空气新鲜处，休息，保持利于呼吸的体位，立即呼叫中毒控制中心或就医。皮肤（或头发）接触：立即脱掉所有被污染的衣服，用水冲洗皮肤，淋浴。污染的衣服必须洗净后方可重新使用。眼睛接触：用水细心地冲洗数分钟。如戴隐形眼镜并可方便地取出，则取出隐形眼镜，继续冲洗。食入：漱口，不要催吐。收集泄漏物

安全储存 上锁保管

废弃处置 本品及内装物、容器依据国家和地方法规处置

物理和化学危险 可燃，其粉体与空气混合，能形成爆炸性混合物

健康危害 吸入、摄入对身体有害。对眼睛、皮肤、黏膜及呼吸道有刺激作用。中毒表现有烧灼感、咳嗽、喘息、喉炎、气短、头痛、恶心和呕吐。吸入后可能由于喉、支气管的痉挛、炎症和水肿，化学性肺炎或肺水肿而致死。眼和皮肤接触引起灼伤

环境危害 对水生生物毒性非常大并具有长期持续影响

第三部分 成分/组成信息

√ 物质   混合物

组分	浓度	CAS No.
3-硝基氯化苄		619-23-8

第四部分 急救措施

吸入 迅速脱离现场至空气新鲜处。保持呼吸道通畅。如呼吸困难，给输氧。如呼吸、心跳停止，立即进行心肺复苏术。就医

皮肤接触 立即脱去污染的衣着，用大量流动清水彻底冲洗至少 15min。就医

眼睛接触 立即分开眼睑，用流动清水或生理盐水彻底冲洗 5～10min。就医

食入 用水漱口，禁止催吐。给饮牛奶或蛋清。就医

对保护施救者的忠告 根据需要使用个人防护设备

对医生的特别提示 对症处理

第五部分 消防措施

灭火剂 用雾状水、泡沫、干粉、二氧化碳、砂土灭火

特别危险性 遇明火能燃烧。与强氧化剂接触可发生化学反应。受热分解释出有毒的氮氧化物和氯化物气体

灭火注意事项及防护措施 消防人员必须佩戴防毒面具、穿全身消防服，在上风向灭火。尽可能将容器从火场移至空旷处。喷水保持火场容器冷却，直至灭火结束

第六部分 泄漏应急处理

作业人员防护措施、防护装备和应急处置程序 隔离泄漏污染区，限制出入。消除所有点火源。建议应急处理人员戴防尘口罩，穿防毒服。穿上适当的防护服前严禁接触破裂的容器和泄漏物。尽可能切断泄漏源

环境保护措施 用塑料布覆盖泄漏物，减少飞散

泄漏化学品的收容、清除方法及所使用的处置材料 勿使水进入包装容器内。用洁净的铲子收集泄漏物，置于干净、干燥、盖子较松的容器中，将容器移离泄漏区

第七部分 操作处置与储存

操作注意事项 密闭操作，提供充分的局部排风。操作人员必须经过专门培训，严格遵守操作规程。建议操作人员佩戴自吸过滤式防尘口罩，戴化学安全防护眼镜，穿防毒物渗透工作服，戴橡胶手套。远离火种、热源，工作场所严禁吸烟。使用防爆型的通风系统和设备。避免产生粉尘。避免与氧化剂、碱类接触。搬运时要轻装轻卸，防止包装及容器损坏。配备相应品种和数量的消防器材及泄漏应急处理设备。倒空的容器可能残留有害物

储存注意事项 储存于阴凉、干燥、通风良好的库房。远离火种、热源。保持容器密封。应与氧化剂、碱类等分开存放，切忌混储。配备相应品种和数量的消防器材。储区应备有合适的材料收容泄漏物

第八部分 接触控制/个体防护

职业接触限值

中国 未制定标准

美国（ACGIH） 未制定标准

生物接触限值 未制定标准

监测方法 空气中有毒物质测定方法：未制定标准。生物监测检验方法：未制定标准

工程控制 严加密闭，提供充分的局部排风。提供安全淋浴和洗眼设备

个体防护装备

呼吸系统防护 空气中粉尘浓度超标时，必须佩戴过滤式防尘呼吸器。紧急事态抢救或撤离时，应该佩戴空气呼吸器

眼睛防护 戴化学安全防护眼镜

皮肤和身体防护 穿防毒物渗透工作服

手防护 戴橡胶手套

第九部分 理化特性

外观与性状 黄色针状结晶，有催泪性

pH 值 无意义		**熔点（℃）** 45～47
沸点（℃） 85～87		**相对密度（水=1）** 无资料
相对蒸气密度（空气=1） 无资料		
饱和蒸气压（kPa） 4.00（180℃）		
临界压力（MPa） 无资料	**辛醇/水分配系数** 无资料	
闪点（℃） ＞110	**自燃温度（℃）** 无资料	
爆炸下限（%） 无资料	**爆炸上限（%）** 无资料	
分解温度（℃） 无资料	**黏度（mPa·s）** 无资料	
燃烧热（kJ/mol） 无资料	**临界温度（℃）** 无资料	

溶解性 不溶于水，溶于乙醇、乙醚

第十部分　稳定性和反应性

稳定性　稳定

危险反应　与强碱、胺类、强氧化剂、二氧化碳、水等禁配物发生反应

避免接触的条件　潮湿空气

禁配物　强碱、胺类、强氧化剂、二氧化碳、水

危险的分解产物　氯化氢、氮氧化物

第十一部分　毒理学信息

急性毒性　无资料

皮肤刺激或腐蚀　无资料　　**眼睛刺激或腐蚀**　无资料

呼吸或皮肤过敏　无资料

生殖细胞突变性　微生物致突变：鼠伤寒沙门氏菌 $100\mu g/$ 皿。DNA 修复：枯草杆菌 $500\mu g/$ 皿

致癌性　无资料　　　　　**生殖毒性**　无资料

特异性靶器官系统毒性-一次接触　无资料

特异性靶器官系统毒性-反复接触　无资料

吸入危害　无资料

第十二部分　生态学信息

生态毒性　根据结构类似物质预测，该物质对水生生物有极高毒性

持久性和降解性

　　生物降解性　无资料

　　非生物降解性　无资料

潜在的生物累积性　无资料

土壤中的迁移性　无资料

第十三部分　废弃处置

废弃化学品　建议用焚烧法处置。与燃料混合后，再焚烧。焚烧炉排出的气体要通过洗涤器除去

污染包装物　将容器返还生产商或按照国家和地方法规处置

废弃注意事项　处置前应参阅国家和地方有关法规

第十四部分　运输信息

联合国危险货物编号（UN 号）　3261

联合国运输名称　有机酸性腐蚀性固体，未另作规定的（3-硝基氯化苄）

联合国危险性类别　8

包装类别　Ⅱ　　　　　　**包装标志**　

海洋污染物　否

运输注意事项　运输前应先检查包装容器是否完整、密封，运输过程中要确保容器不泄漏、不倒塌、不坠落、不损坏。严禁与酸类、氧化剂、食品及食品添加剂混运。运输途中应防暴晒、雨淋，防高温

第十五部分　法规信息

　　下列法律、法规、规章和标准，对该化学品的管理作了相应的规定。

中华人民共和国职业病防治法　职业病分类和目录：未列入

危险化学品安全管理条例　危险化学品目录：列入。易制爆危险化学品名录：未列入。重点监管的危险化学品名录：未列入。GB 18218—2009《危险化学品重大危险源辨识》（表 1）：未列入

使用有毒物品作业场所劳动保护条例　高毒物品目录：未列入

易制毒化学品管理条例　易制毒化学品的分类和品种目录：未列入

国际公约　斯德哥尔摩公约：未列入。鹿特丹公约：未列入。蒙特利尔议定书：未列入

第十六部分　其他信息

编写和修订信息　　　　**缩略语和首字母缩写**

培训建议　　　　　　　**参考文献**

免责声明

3-硝基溴苯

第一部分　化学品标识

化学品中文名　3-硝基溴苯；间硝基溴苯；间溴硝基苯；1-溴-3-硝基苯

化学品英文名　3-nitrobromobenzene；*m*-nitrobromobenzene

分子式　$C_6H_4BrNO_2$　　**分子量**　202.005

结构式　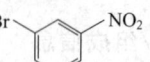

化学品的推荐及限制用途　用于有机合成

第二部分　危险性概述

紧急情况概述　—

GHS 危险性类别　危害水生环境-急性危害，类别 3；危害水生环境-长期危害，类别 3

标签要素

　象形图　—

　警示词　—

　危险性说明　对水生生物有害并具有长期持续影响

　防范说明

　　预防措施　禁止排入环境

　　事故响应　—

　　安全储存　—

　　废弃处置　本品及内装物、容器依据国家和地方法规处置

物理和化学危险　可燃，其粉体与空气混合，能形成爆炸性混合物

健康危害　吸入、摄入或经皮肤吸收后对身体有害。对眼睛和皮肤有刺激作用。经皮肤可迅速吸收，吸收后导致形成高铁血红蛋白而致紫绀

环境危害　对水生生物有害并具有长期持续影响

第三部分　成分/组成信息

√	物质		混合物
	组分	浓度	**CAS No.**
	3-硝基溴苯		585-79-5

第四部分 急救措施

吸入 迅速脱离现场至空气新鲜处。保持呼吸道通畅。如呼吸困难，给吸氧。如呼吸、心跳停止，立即进行心肺复苏术。就医

皮肤接触 立即脱去污染衣着，用肥皂水或清水彻底冲洗。就医

眼睛接触 分开眼睑，用清水或生理盐水冲洗。就医

食入 漱口，饮水。就医

对保护施救者的忠告 根据需要使用个人防护设备

对医生的特别提示 高铁血红蛋白血症，可用亚甲蓝和维生素 C 治疗

第五部分 消防措施

灭火剂 用雾状水、泡沫、干粉、二氧化碳、砂土灭火

特别危险性 遇明火能燃烧。与氧化剂接触猛烈反应。受热分解释出有毒的氮氧化物和溴化物烟雾

灭火注意事项及防护措施 消防人员必须佩戴防毒面具、穿全身消防服，在上风向灭火。尽可能将容器从火场移至空旷处。喷水保持火场容器冷却，直至灭火结束

第六部分 泄漏应急处理

作业人员防护措施、防护装备和应急处置程序 隔离泄漏污染区，限制出入。建议应急处理人员戴防尘口罩，穿防毒服。穿上适当的防护服前严禁接触破裂的容器和泄漏物。尽可能切断泄漏源

环境保护措施 用塑料布覆盖泄漏物，减少飞散

泄漏化学品的收容、清除方法及所使用的处置材料 勿使水进入包装容器内。用洁净的铲子收集泄漏物，置于干净、干燥、盖子较松的容器中，将容器移离泄漏区

第七部分 操作处置与储存

操作注意事项 密闭操作，提供充分的局部排风。操作人员必须经过专门培训，严格遵守操作规程。建议操作人员佩戴自吸过滤式防尘口罩，戴化学安全防护眼镜，穿防毒物渗透工作服，戴橡胶手套。远离火种、热源，工作场所严禁吸烟。使用防爆型的通风系统和设备。避免产生粉尘。避免与氧化剂、还原剂、碱类接触。搬运时要轻装轻卸，防止包装及容器损坏。配备相应品种和数量的消防器材及泄漏应急处理设备。倒空的容器可能残留有害物

储存注意事项 储存于阴凉、通风的库房。远离火种、热源。应与氧化剂、还原剂、碱类分开存放，切忌混储。配备相应品种和数量的消防器材。储区应备有合适的材料收容泄漏物

第八部分 接触控制/个体防护

职业接触限值

　中国 未制定标准

　美国（ACGIH） 未制定标准

生物接触限值 未制定标准

监测方法 空气中有毒物质测定方法：未制定标准。生物监测检验方法：未制定标准

工程控制 严加密闭，提供充分的局部排风。提供安全淋浴和洗眼设备

个体防护装备

　呼吸系统防护 空气中粉尘浓度超标时，必须佩戴过滤式防尘呼吸器。紧急事态抢救或撤离时，应该佩戴空气呼吸器

　眼睛防护 戴化学安全防护眼镜

　皮肤和身体防护 穿防毒物渗透工作服

　手防护 戴橡胶手套

第九部分 理化特性

外观与性状 浅黄色结晶

pH 值 无意义	**熔点（℃）** 53～55
沸点（℃） 256.5	**相对密度（水＝1）** 1.70

相对蒸气密度（空气＝1） 无资料

饱和蒸气压（kPa） 无资料

临界压力（MPa） 无资料	**辛醇/水分配系数** 无资料
闪点（℃） ＞110	**自燃温度（℃）** 无资料
爆炸下限（%） 无资料	**爆炸上限（%）** 无资料
分解温度（℃） 无资料	**黏度（mPa·s）** 无资料
燃烧热（kJ/mol） 无资料	**临界温度（℃）** 无资料

溶解性 微溶于水，溶于乙醇、乙醚、苯等多数有机溶剂

第十部分 稳定性和反应性

稳定性 稳定

危险反应 与强氧化剂、强还原剂、强碱等禁配物发生反应

避免接触的条件 受热

禁配物 强氧化剂、强还原剂、强碱

危险的分解产物 溴化氢、氮氧化物

第十一部分 毒理学信息

急性毒性 无资料

皮肤刺激或腐蚀 无资料	**眼睛刺激或腐蚀** 无资料
呼吸或皮肤过敏 无资料	**生殖细胞突变性** 无资料
致癌性 无资料	**生殖毒性** 无资料

特异性靶器官系统毒性-一次接触 无资料

特异性靶器官系统毒性-反复接触 无资料

吸入危害 无资料

第十二部分 生态学信息

生态毒性 根据结构类似物质预测，该物质对水生生物有害

持久性和降解性

　生物降解性 无资料

　非生物降解性 无资料

潜在的生物累积性 无资料

土壤中的迁移性 无资料

第十三部分 废弃处置

废弃化学品 建议用焚烧法处置。焚烧炉排出的气体要通过洗涤器除去

污染包装物 将容器返还生产商或按照国家和地方法规

处置

废弃注意事项　处置前应参阅国家和地方有关法规

第十四部分　运输信息

联合国危险货物编号（UN号）　—

联合国运输名称　—　　**联合国危险性类别**　—

包装类别　—　　　　　　**包装标志**　—

海洋污染物　否

运输注意事项　运输前应先检查包装容器是否完整、密封，运输过程中要确保容器不泄漏、不倒塌、不坠落、不损坏。严禁与酸类、氧化剂、食品及食品添加剂混运。运输途中应防暴晒、雨淋，防高温

第十五部分　法规信息

　　下列法律、法规、规章和标准，对该化学品的管理作了相应的规定。

中华人民共和国职业病防治法　职业病分类和目录：苯的氨基及硝基化合物中毒

危险化学品安全管理条例　危险化学品目录：列入。易制爆危险化学品名录：未列入。重点监管的危险化学品名录：未列入。GB 18218—2009《危险化学品重大危险源辨识》（表1）：未列入

使用有毒物品作业场所劳动保护条例　高毒物品目录：未列入

易制毒化学品管理条例　易制毒化学品的分类和品种目录：未列入

国际公约　斯德哥尔摩公约：未列入。鹿特丹公约：未列入。蒙特利尔议定书：未列入

第十六部分　其他信息

编写和修订信息　　**缩略语和首字母缩写**

培训建议　　　　　**参考文献**

免责声明

硝酸苯汞

第一部分　化学品标识

化学品中文名　硝酸苯汞

化学品英文名　phenyl mercuric nitrate；mercuriphenyl nitrate

分子式　$C_6H_5HgNO_3$　**分子量**　339.7

结构式　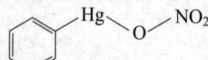

化学品的推荐及限制用途　用作除草剂、杀菌剂、消毒剂

第二部分　危险性概述

紧急情况概述　吞咽会中毒，造成严重的皮肤灼伤和眼损伤

GHS危险性类别　急性毒性-经口，类别3；皮肤腐蚀/刺激，类别1B；严重眼损伤/眼刺激，类别1；特异性靶器官毒性-反复接触，类别1；危害水生环境-急性危害，类别1；危害水生环境-长期危害，类别1

标签要素

象形图　

警示词　危险

危险性说明　吞咽会中毒，造成严重的皮肤灼伤和眼损伤，造成严重眼损伤，长时间或反复接触对器官造成损伤，对水生生物毒性非常大并具有长期持续影响

防范说明

　　预防措施　避免接触眼睛、皮肤，操作后彻底清洗。作业场所不得进食、饮水或吸烟。穿防护服，戴防护手套、防护眼镜、防护面罩。避免吸入粉尘。禁止排入环境

　　事故响应　如吸入：将患者转移到空气新鲜处，休息，保持利于呼吸的体位，立即呼叫中毒控制中心或就医。皮肤（或头发）接触：立即脱掉所有被污染的衣服，用水冲洗皮肤，淋浴。污染的衣服洗净后方可重新使用。眼睛接触：用水细心地冲洗数分钟，立即呼叫中毒控制中心或就医。如戴隐形眼镜并可方便地取出，则取出隐形眼镜，继续冲洗。食入：立即呼叫中毒控制中心或就医，漱口。如感觉不适，就医。收集泄漏物

　　安全储存　上锁保管

　　废弃处置　本品及内装物、容器依据国家和地方法规处置

物理和化学危险　可燃，其粉体与空气混合，能形成爆炸性混合物

健康危害　误服或吸入会中毒。有机汞主要侵犯神经系统，表现为进行性神经麻痹、共济失调、神经衰弱综合征，重者可出现神志障碍、谵妄、昏迷，可引起接触性皮炎等

环境危害　对水生生物毒性非常大并具有长期持续影响

第三部分　成分/组成信息

√物质　　　　　　　　　混合物

组分	浓度	CAS No.
硝酸苯汞		55-68-5

第四部分　急救措施

吸入　迅速脱离现场至空气新鲜处。保持呼吸道通畅。如呼吸困难，给输氧。呼吸、心跳停止，立即进行心肺复苏术。就医

皮肤接触　立即脱去污染的衣着，用流动清水彻底冲洗。就医

眼睛接触　立即分开眼睑，用流动清水或生理盐水彻底冲洗。就医

食入　口服蛋清、牛奶或豆浆。就医

对保护施救者的忠告　根据需要使用个人防护设备

对医生的特别提示　解毒剂：二巯基丙磺酸钠、二巯基丁二酸钠、青霉胺

第五部分 消防措施

灭火剂 用雾状水、泡沫、干粉、二氧化碳、砂土灭火

特别危险性 遇明火、高热可燃。其粉体与空气可形成爆炸性混合物，当达到一定浓度时，遇火星会发生爆炸。遇高热分解释出高毒烟气

灭火注意事项及防护措施 消防人员必须佩戴防毒面具、穿全身消防服，在上风向灭火。尽可能将容器从火场移至空旷处。喷水保持火场容器冷却，直至灭火结束

第六部分 泄漏应急处理

作业人员防护措施、防护装备和应急处置程序 隔离泄漏污染区，限制出入。建议应急处理人员戴防尘口罩，穿防毒服。穿上适当的防护服前严禁接触破裂的容器和泄漏物。尽可能切断泄漏源

环境保护措施 用塑料布覆盖泄漏物，减少飞散

泄漏化学品的收容、清除方法及所使用的处置材料 勿使水进入包装容器内。用洁净的铲子收集泄漏物，置于干净、干燥、盖子较松的容器中，将容器移离泄漏区

第七部分 操作处置与储存

操作注意事项 密闭操作，局部排风。防止粉尘释放到车间空气中。操作人员必须经过专门培训，严格遵守操作规程。建议操作人员佩戴自吸过滤式防尘口罩，戴化学安全防护眼镜，穿防毒物渗透工作服，戴乳胶手套。远离火种、热源，工作场所严禁吸烟。使用防爆型的通风系统和设备。避免产生粉尘。避免与氧化剂、酸类接触。配备相应品种和数量的消防器材及泄漏应急处理设备。倒空的容器可能残留有害物

储存注意事项 储存于阴凉、通风的库房。远离火种、热源。防止阳光直射。包装密封。应与氧化剂、酸类、食用化学品分开存放，切忌混储。配备相应品种和数量的消防器材。储区应备有合适的材料收容泄漏物

第八部分 接触控制/个体防护

职业接触限值

中国 PC-TWA：0.01mg/m³；PC-STEL：0.03mg/m³ ［按 Hg 计］［皮］

美国（ACGIH） TLV-TWA：0.1mg/m³ ［按 Hg 计］［皮］

生物接触限值 未制定标准

监测方法 空气中有毒物质测定方法：原子荧光光谱法；冷原子吸收光谱法。生物监测检验方法：未制定标准

工程控制 密闭操作，局部排风

个体防护装备

呼吸系统防护 空气中粉尘浓度超标时，建议佩戴过滤式防尘呼吸器。紧急事态抢救或撤离时，应该佩戴空气呼吸器

眼睛防护 戴化学安全防护眼镜

皮肤和身体防护 穿防毒物渗透工作服

手防护 戴橡胶手套

第九部分 理化特性

外观与性状 白色珠光鳞片结晶或粉末

pH 值 无意义　　　　　　　**熔点（℃）** 175～185

沸点（℃） 无资料　　　　　**相对密度（水＝1）** 无资料

相对蒸气密度（空气＝1） 无资料

饱和蒸气压（kPa） 无资料

临界压力（MPa） 无资料　　**辛醇/水分配系数** 无资料

闪点（℃） 无意义　　　　　**自燃温度（℃）** 无资料

爆炸下限（%） 无资料　　　**爆炸上限（%）** 无资料

分解温度（℃） 无资料　　　**黏度（mPa·s）** 无资料

燃烧热（kJ/mol） 无资料　　**临界温度（℃）** 无资料

溶解性 不溶于水，微溶于乙醇，溶于热乙醇、苯

第十部分 稳定性和反应性

稳定性 稳定

危险反应 与强氧化剂、强酸等禁配物发生反应

避免接触的条件 无资料

禁配物 强氧化剂、强酸

危险的分解产物 氮氧化物、汞

第十一部分 毒理学信息

急性毒性 LD₅₀：63mg/kg（大鼠皮下），8mg/kg（小鼠腹腔），5mg/kg（兔静脉）

皮肤刺激或腐蚀 无资料　　**眼睛刺激或腐蚀** 无资料

呼吸或皮肤过敏 无资料　　**生殖细胞突变性** 无资料

致癌性 无资料　　　　　　　**生殖毒性** 无资料

特异性靶器官系统毒性-一次接触 无资料

特异性靶器官系统毒性-反复接触 无资料

吸入危害 无资料

第十二部分 生态学信息

生态毒性 含汞化合物对水生生物有极高毒性

持久性和降解性

生物降解性 无资料

非生物降解性 无资料

潜在的生物累积性 元素汞易在生物体内富集

土壤中的迁移性 无资料

第十三部分 废弃处置

废弃化学品 建议用焚烧法处置。在能利用的地方重复使用容器或在规定场所掩埋

污染包装物 将容器返还生产商或按照国家和地方法规处置

废弃注意事项 处置前应参阅国家和地方有关法规

第十四部分 运输信息

联合国危险货物编号（UN 号） 1895

联合国运输名称 硝酸苯汞

联合国危险性类别 6.1

包装类别 Ⅱ　　　　　　　　**包装标志**

海洋污染物 是

运输注意事项 运输前应先检查包装容器是否完整、密

封，运输过程中要确保容器不泄漏、不倒塌、不坠落、不损坏。严禁与酸类、氧化剂、食品及食品添加剂混运。运输时运输车辆应配备相应品种和数量的消防器材及泄漏应急处理设备。运输途中应防暴晒、雨淋，防高温。公路运输时要按规定路线行驶，勿在居民区和人口稠密区停留

第十五部分　法规信息

下列法律、法规、规章和标准，对该化学品的管理作了相应的规定。

中华人民共和国职业病防治法　职业病分类和目录：汞及其化合物中毒

危险化学品安全管理条例　危险化学品目录：列入。易制爆危险化学品名录：未列入。重点监管的危险化学品名录：未列入。GB 18218—2009《危险化学品重大危险源辨识》（表1）：未列入

使用有毒物品作业场所劳动保护条例　高毒物品目录：未列入

易制毒化学品管理条例　易制毒化学品的分类和品种目录：未列入

国际公约　斯德哥尔摩公约：未列入。鹿特丹公约：列入。蒙特利尔议定书：未列入

第十六部分　其他信息

编写和修订信息　　缩略语和首字母缩写
培训建议　　　　　参考文献
免责声明

硝酸铬

第一部分　化学品标识

化学品中文名　硝酸铬
化学品英文名　chromic nitrate；chromium（Ⅲ）nitrate
分子式　Cr(NO₃)₃　　**分子量**　238.008

结构式
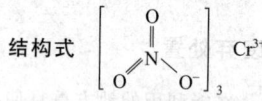

化学品的推荐及限制用途　用作制铬的催化剂、媒染剂、陶瓷釉彩和腐蚀抑制剂等

第二部分　危险性概述

紧急情况概述　可加剧燃烧：氧化剂
GHS危险性类别　氧化性固体，类别3；危害水生环境-急性危害，类别2；危害水生环境-长期危害，类别2
标签要素

象形图　

警示词　危险
危险性说明　可加剧燃烧：氧化剂，对水生生物有毒并具有长期持续影响

防范说明

预防措施　远离热源。远离衣物、可燃物保存。采取一切预防措施，避免与可燃物混合。戴防护手套、防护眼镜、防护面罩。禁止排入环境
事故响应　收集泄漏物
安全储存　—
废弃处置　本品及内装物、容器依据国家和地方法规处置

物理和化学危险　助燃。与可燃物混合能形成爆炸性混合物

健康危害　吸入有害，刺激和灼伤呼吸道。对眼和皮肤有刺激性，可致灼伤。对皮肤有致敏性。口服灼伤消化道。受热分解放出氮氧化物和铬烟雾

环境危害　对水生生物有毒并具有长期持续影响

第三部分　成分/组成信息

√物质		混合物
组分	浓度	CAS No.
硝酸铬		13548-38-4

第四部分　急救措施

吸入　迅速脱离现场至空气新鲜处。保持呼吸道通畅。如呼吸困难，给输氧。呼吸、心跳停止，立即进行心肺复苏术。就医

皮肤接触　立即脱去污染的衣着，用流动清水彻底冲洗。就医

眼睛接触　立即分开眼睑，用流动清水或生理盐水彻底冲洗。就医

食入　漱口，饮水。就医

对保护施救者的忠告　根据需要使用个人防护设备

对医生的特别提示　对症处理

第五部分　消防措施

灭火剂　本品不燃，根据着火原因选择适当灭火剂灭火

特别危险性　与有机物，还原剂，易燃物如硫、磷等接触或混合时有引起燃烧爆炸的危险。遇高热分解释出高毒烟气

灭火注意事项及防护措施　消防人员必须穿全身防火防毒服，在上风向灭火。灭火时尽可能将容器从火场移至空旷处

第六部分　泄漏应急处理

作业人员防护措施、防护装备和应急处置程序　隔离泄漏污染区，限制出入。消除所有点火源。建议应急处理人员戴防尘口罩，穿防毒服。勿使泄漏物与可燃物质（如木材、纸、油等）接触。穿上适当的防护服前严禁接触破裂的容器和泄漏物。尽可能切断泄漏源

环境保护措施　用塑料布覆盖泄漏物，减少飞散

泄漏化学品的收容、清除方法及所使用的处置材料　用洁净的铲子收集泄漏物，置于干净、干燥、盖子较松的容器中，将容器移离泄漏区

第七部分　操作处置与储存

操作注意事项　密闭操作，提供充分的局部排风。防止粉

尘释放到车间空气中。操作人员必须经过专门培训，严格遵守操作规程。建议操作人员佩戴防尘面具（全面罩），穿连体式防毒衣，戴橡胶手套。远离火种、热源，工作场所严禁吸烟。远离易燃、可燃物。避免产生粉尘。避免与还原剂接触。配备相应品种和数量的消防器材及泄漏应急处理设备。倒空的容器可能残留有害物

储存注意事项 储存于阴凉、通风的库房。远离火种、热源。库温不超过 30℃，相对湿度不超过 80%。防止阳光直射。包装密封。应与还原剂、易（可）燃物、食用化学品分开存放，切忌混储。配备相应品种和数量的消防器材。储区应备有合适的材料收容泄漏物

第八部分 接触控制/个体防护

职业接触限值

中国 未制定标准

美国（ACGIH） TLV-TWA：0.5mg/m³［按 Cr 计］

生物接触限值 未制定标准

监测方法 空气中有毒物质测定方法：未制定标准。生物监测检验方法：未制定标准

工程控制 严加密闭，提供充分的局部排风

个体防护装备

呼吸系统防护 可能接触其粉尘时，必须佩戴防尘面具（全面罩）。紧急事态抢救或撤离时，应该佩戴空气呼吸器

眼睛防护 呼吸系统防护中已作防护

皮肤和身体防护 穿连体式防毒衣

手防护 戴橡胶手套

第九部分 理化特性

外观与性状 淡绿色易潮解粉末

pH 值 无意义 　　**熔点（℃）** 60（九水化物）

沸点（℃） 100（分解）　**相对密度（水=1）** 1.8

相对蒸气密度（空气=1） 无资料

饱和蒸气压（kPa） 无资料

临界压力（MPa） 无意义 　**辛醇/水分配系数** 无资料

闪点（℃） 无意义 　**自燃温度（℃）** 无资料

爆炸下限（%） 无意义 　**爆炸上限（%）** 无意义

分解温度（℃） 无资料 　**黏度（mPa·s）** 无资料

燃烧热（kJ/mol） 无资料 　**临界温度（℃）** 无资料

溶解性 易溶于水，溶于乙醇、丙酮，不溶于苯、氯仿、四氯化碳

第十部分 稳定性和反应性

稳定性 稳定

危险反应 与有机物，还原剂，易燃物如硫、磷等接触或混合时有引起燃烧爆炸的危险

避免接触的条件 无资料

禁配物 强还原剂，易燃或可燃物如硫、磷等

危险的分解产物 氮氧化物

第十一部分 毒理学信息

急性毒性 LD₅₀：3250mg/kg（大鼠经口），2976mg/kg（小鼠经口），3232mg/kg（小鼠皮下）

皮肤刺激或腐蚀 无资料　　**眼睛刺激或腐蚀** 无资料

呼吸或皮肤过敏 无资料

生殖细胞突变性 DNA 修复：枯草杆菌 160mmol/L

致癌性 IARC 致癌性评论：组 3，现有的证据不能对人类致癌性进行分类

生殖毒性 无资料

特异性靶器官系统毒性-一次接触 无资料

特异性靶器官系统毒性-反复接触 无资料

吸入危害 无资料

第十二部分 生态学信息

生态毒性 铬化合物对水生生物有极高毒性

持久性和降解性

生物降解性 无资料

非生物降解性 无资料

潜在的生物累积性 无资料

土壤中的迁移性 无资料

第十三部分 废弃处置

废弃化学品 在污水处理厂处理和中和。破损容器禁止重新使用，要在规定场所掩埋。量小时，溶解在水或适当的酸溶液中，或用适当氧化剂将其转变成水溶液。用硫化物沉淀，调节 pH 值至 7 完成沉淀。滤出固体硫化物回收或做掩埋处置。用次氯酸钠中和过量的硫化物，然后冲入下水道

污染包装物 将容器返还生产商或按照国家和地方法规处置

废弃注意事项 处置前应参阅国家和地方有关法规

第十四部分 运输信息

联合国危险货物编号（UN 号） 2720

联合国运输名称 硝酸铬

联合国危险性类别 5.1

包装类别 Ⅲ 　　　　　**包装标志**

海洋污染物 是

运输注意事项 运输时单独装运，运输过程中要确保容器不泄漏、不倒塌、不坠落、不损坏。运输时运输车辆应配备相应品种和数量的消防器材。严禁与酸类、易燃物、有机物、还原剂、自燃物品、遇湿易燃物品等并车混运。运输时车速不宜过快，不得强行超车。公路运输时要按规定路线行驶。运输车辆装卸前后，均应彻底清扫、洗净，严禁混入有机物、易燃物等杂质

第十五部分 法规信息

下列法律、法规、规章和标准，对该化学品的管理作了相应的规定。

中华人民共和国职业病防治法 职业病分类和目录：未列入

危险化学品安全管理条例 危险化学品目录：列入。易制

爆危险化学品名录：未列入。重点监管的危险化学品
名录：未列入。GB 18218—2009《危险化学品重大
危险源辨识》（表1）：未列入

使用有毒物品作业场所劳动保护条例　高毒物品目录：未
列入

易制毒化学品管理条例　易制毒化学品的分类和品种目
录：未列入

国际公约　斯德哥尔摩公约：未列入。鹿特丹公约：未列
入。蒙特利尔议定书：未列入

第十六部分　其他信息

编写和修订信息　　缩略语和首字母缩写
培训建议　　　　　参考文献
免责声明

硝酸铑

第一部分　化学品标识

化学品中文名　硝酸铑
化学品英文名　rhodium nitrate
分子式　$Rh(NO_3)_3$　**分子量**　288.922

结构式
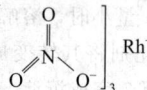

化学品的推荐及限制用途　用作氧化剂

第二部分　危险性概述

紧急情况概述　可加剧燃烧：氧化剂
GHS危险性类别　氧化性固体，类别3
标签要素

象形图

警示词　警告
危险性说明　可加剧燃烧：氧化剂
防范说明

　　预防措施　远离热源。远离衣物、可燃物保存。采
　　　　取一切预防措施，避免与可燃物混合。戴防护
　　　　手套、防护眼镜、防护面罩

　　事故响应　—

　　安全储存　—

　　废弃处置　本品及内装物、容器依据国家和地方法
　　　　规处置

物理和化学危险　助燃。与可燃物混合能形成爆炸性混
合物

健康危害　热解可放出有毒的氮氧化物气体

环境危害　对环境可能有害

第三部分　成分/组成信息

√物质　　　　　　　　　混合物

组分	浓度	CAS No.
硝酸铑		10139-58-9

第四部分　急救措施

吸入　迅速脱离现场至空气新鲜处。保持呼吸道通畅。如
呼吸困难，给输氧。呼吸、心跳停止，立即进行心肺
复苏术。就医

皮肤接触　立即脱去污染的衣着，用流动清水彻底冲洗。
就医

眼睛接触　立即分开眼睑，用流动清水或生理盐水彻底冲
洗。就医

食入　漱口，饮水。就医

对保护施救者的忠告　根据需要使用个人防护设备

对医生的特别提示　对症处理

第五部分　消防措施

灭火剂　本品不燃，根据着火原因选择适当灭火剂灭火

特别危险性　无机氧化剂。与可燃物的混合物易于着火，
并会猛烈燃烧。具有腐蚀性

灭火注意事项及防护措施　消防人员必须佩戴防毒面具、
穿全身消防服，在上风向灭火。尽可能将容器从火场
移至空旷处。喷水保持火场容器冷却，直至灭火结束

第六部分　泄漏应急处理

作业人员防护措施、防护装备和应急处置程序　隔离泄漏
污染区，限制出入。建议应急处理人员戴防尘口罩，
穿防毒服。勿使泄漏物与可燃物质（如木材、纸、油
等）接触。穿上适当的防护服前严禁接触破裂的容器
和泄漏物。尽可能切断泄漏源

环境保护措施　用塑料布覆盖泄漏物，减少飞散

泄漏化学品的收容、清除方法及所使用的处置材料　勿使
水进入包装容器内。小量泄漏：用洁净的铲子收集泄
漏物，置于干净、干燥、盖子较松的容器中，将容器
移离泄漏区。大量泄漏：泄漏物回收后，用水冲洗泄
漏区

第七部分　操作处置与储存

操作注意事项　密闭操作，局部排风。操作人员必须经过
专门培训，严格遵守操作规程。建议操作人员佩戴自
吸过滤式防尘口罩，戴化学安全防护眼镜，穿胶布防
毒衣，戴防化学品手套。远离火种、热源，工作场所
严禁吸烟。远离易燃、可燃物。避免产生粉尘。避免
与还原剂接触。搬运时要轻装轻卸，防止包装及容器
损坏。配备相应品种和数量的消防器材及泄漏应急处
理设备。倒空的容器可能残留有害物

储存注意事项　储存于阴凉、通风的库房。远离火种、热
源。库温不超过30℃，相对湿度不超过80%。应与
易（可）燃物、还原剂分开存放，切忌混储。储区应
备有合适的材料收容泄漏物

第八部分　接触控制/个体防护

职业接触限值

中国　未制定标准

美国（ACGIH）　TLV-TWA：0.01mg/m³［按Rh计］

生物接触限值　未制定标准

监测方法 空气中有毒物质测定方法：未制定标准。生物
监测检验方法：未制定标准

工程控制 密闭操作，局部排风

个体防护装备

呼吸系统防护 空气中粉尘浓度较高时，建议佩戴过
滤式防尘呼吸器

眼睛防护 戴化学安全防护眼镜

皮肤和身体防护 穿密闭型防毒服

手防护 戴防化学品手套

第九部分 理化特性

外观与性状 棕黄色结晶或红色结晶

pH 值 无意义		**熔点(℃)** 分解	

沸点(℃) 无资料　　　　**相对密度(水＝1)** 无资料

相对蒸气密度(空气＝1) 无资料

饱和蒸气压(kPa) 无资料

临界压力(MPa) 无意义　　**辛醇/水分配系数** 无资料

闪点(℃) 无意义　　　　**自燃温度(℃)** 无意义

爆炸下限(%) 无意义　　　**爆炸上限(%)** 无意义

分解温度(℃) 无资料　　　**黏度(mPa·s)** 无资料

燃烧热(kJ/mol) 无资料　　**临界温度(℃)** 无资料

溶解性 易溶于水

第十部分 稳定性和反应性

稳定性 稳定

危险反应 与有机物，还原剂，易燃物如硫、磷等接触或
混合时有引起燃烧爆炸的危险

避免接触的条件 无资料

禁配物 还原剂、易燃或可燃物

危险的分解产物 氮氧化物

第十一部分 毒理学信息

急性毒性 无资料

皮肤刺激或腐蚀 无资料　　眼睛刺激或腐蚀 无资料

呼吸或皮肤过敏 无资料　　生殖细胞突变性 无资料

致癌性 无资料　　　　　　生殖毒性 无资料

特异性靶器官系统毒性-一次接触 无资料

特异性靶器官系统毒性-反复接触 无资料

吸入危害 无资料

第十二部分 生态学信息

生态毒性 无资料

持久性和降解性

生物降解性 无资料

非生物降解性 无资料

潜在的生物累积性 无资料

土壤中的迁移性 无资料

第十三部分 废弃处置

废弃化学品 根据国家和地方有关法规的要求处置。或与
厂商或制造商联系，确定处置方法

污染包装物 将容器返还生产商或按照国家和地方法规
处置

废弃注意事项 处置前应参阅国家和地方有关法规

第十四部分 运输信息

联合国危险货物编号（UN 号） 1479

联合国运输名称 氧化性固体，未另作规定的（硝酸铈）

联合国危险性类别 5.1

包装类别 Ⅲ　　　　　　　包装标志

海洋污染物 否

运输注意事项 运输时单独装运，运输过程中要确保容器
不泄漏、不倒塌、不坠落、不损坏。运输时运输车辆
应配备相应品种和数量的消防器材。严禁与酸类、易
燃物、有机物、还原剂、自燃物品、遇湿易燃物品等
并车混运。运输时车速不宜过快，不得强行超车。运
输车辆装卸前后，均应彻底清扫、洗净，严禁混入有
机物、易燃物等杂质

第十五部分 法规信息

下列法律、法规、规章和标准，对该化学品的管理作
了相应的规定。

中华人民共和国职业病防治法 职业病分类和目录：未
列入

危险化学品安全管理条例 危险化学品目录：列入。易制
爆危险化学品名录：未列入。重点监管的危险化学品
名录：未列入。GB 18218—2009《危险化学品重大
危险源辨识》（表1）：未列入

使用有毒物品作业场所劳动保护条例 高毒物品目录：未
列入

易制毒化学品管理条例 易制毒化学品的分类和品种目
录：未列入

国际公约 斯德哥尔摩公约：未列入。鹿特丹公约：未列
入。蒙特利尔议定书：未列入

第十六部分 其他信息

编写和修订信息 　　缩略语和首字母缩写

培训建议 　　　　　　参考文献

免责声明

硝酸锰

第一部分 化学品标识

化学品中文名 硝酸锰；硝酸亚锰

化学品英文名 manganous nitrate；manganese nitrate

分子式 $Mn(NO_3)_2$　**分子量** 178.946

结构式 $\left[\begin{array}{c} O \\ N \\ O^- \quad O^- \end{array}\right]_2 Mn^{2+}$

化学品的推荐及限制用途 用作中间体、催化剂及制造二
氧化锰，并用作陶瓷着色剂、金属磷化剂、分析试
剂等

第二部分　危险性概述

紧急情况概述　可加剧燃烧：氧化剂

GHS 危险性类别　氧化性固体，类别 3

标签要素

象形图　

警示词　警告

危险性说明　可加剧燃烧：氧化剂

防范说明

预防措施　远离热源。远离衣物、可燃物保存。采取一切预防措施，避免与可燃物混合。戴防护手套、防护眼镜、防护面罩

事故响应　—

安全储存　—

废弃处置　本品及内装物、容器依据国家和地方法规处置

物理和化学危险　助燃。与可燃物混合能形成爆炸性混合物

健康危害　对眼睛、皮肤、黏膜和上呼吸道有刺激性。可引起呼吸道炎症和肺炎

环境危害　对环境可能有害

第三部分　成分/组成信息

√物质　　　　　　　混合物

组分	浓度	CAS No.
硝酸锰		20694-39-7

第四部分　急救措施

吸入　迅速脱离现场至空气新鲜处。保持呼吸道通畅。如呼吸困难，给输氧。呼吸、心跳停止，立即进行心肺复苏术。就医

皮肤接触　立即脱去污染的衣着，用流动清水彻底冲洗。就医

眼睛接触　立即分开眼睑，用流动清水或生理盐水彻底冲洗。就医

食入　漱口，饮水。就医

对保护施救者的忠告　根据需要使用个人防护设备

对医生的特别提示　对症处理

第五部分　消防措施

灭火剂　本品不燃，根据着火原因选择适当灭火剂灭火

特别危险性　无机氧化剂。与还原剂，有机物，易燃物如硫、磷或金属粉末等混合可形成爆炸性混合物。高温时分解，释出剧毒的氮氧化物气体

灭火注意事项及防护措施　消防人员必须佩戴空气呼吸器、穿全身防火防毒服，在上风向灭火。尽可能将容器从火场移至空旷处。喷水保持火场容器冷却，直至灭火结束

第六部分　泄漏应急处理

作业人员防护措施、防护装备和应急处置程序　隔离泄漏污染区，限制出入。建议应急处理人员戴防尘口罩，穿防毒服。勿使泄漏物与可燃物质（如木材、纸、油等）接触。穿上适当的防护服前严禁接触破裂的容器和泄漏物。尽可能切断泄漏源

环境保护措施　用塑料布覆盖泄漏物，减少飞散

泄漏化学品的收容、清除方法及所使用的处置材料　勿使水进入包装容器内。小量泄漏：用洁净的铲子收集泄漏物，置于干净、干燥、盖子较松的容器中，将容器移离泄漏区。大量泄漏：泄漏物回收后，用水冲洗泄漏区

第七部分　操作处置与储存

操作注意事项　密闭操作，局部排风。操作人员必须经过专门培训，严格遵守操作规程。建议操作人员佩戴自吸过滤式防毒面具（半面罩），戴安全防护眼镜，穿胶布防毒衣，戴橡胶手套。远离火种、热源，工作场所严禁吸烟。远离易燃、可燃物。避免产生粉尘。避免与还原剂接触。搬运时要轻装轻卸，防止包装及容器损坏。配备相应品种和数量的消防器材及泄漏应急处理设备。倒空的容器可能残留有害物

储存注意事项　储存于阴凉、通风的库房。远离火种、热源。库温应低于 25℃。包装必须完整密封，防止吸潮。应与易（可）燃物、还原剂等分开存放，切忌混储。储区应备有合适的材料收容泄漏物

第八部分　接触控制/个体防护

职业接触限值

中国　PC-TWA：0.15mg/m³［按 MnO_2 计］

美国（ACGIH）　TLV-TWA：0.02mg/m³（呼吸性颗粒物），0.1mg/m³（可吸入性颗粒物）［按 Mn 计］

生物接触限值　未制定标准

监测方法　空气中有毒物质测定方法：磷酸-高碘酸钾分光光度法；火焰原子吸收光谱法。生物监测检验方法：未制定标准

工程控制　密闭操作，局部排风

个体防护装备

呼吸系统防护　可能接触其蒸气时，必须佩戴过滤式防毒面具（半面罩）；可能接触其粉尘时，建议佩戴过滤式防尘呼吸器

眼睛防护　戴安全防护眼镜

皮肤和身体防护　穿密闭型防毒服

手防护　戴橡胶手套

第九部分　理化特性

外观与性状　粉红色结晶，易潮解

pH 值　无意义　　　　**熔点（℃）**　25.8

沸点（℃）　129.4　　　**相对密度（水＝1）**　1.82

相对蒸气密度（空气＝1）　无资料

饱和蒸气压（kPa）　无资料

临界压力（MPa）　无意义　　**辛醇/水分配系数**　无资料

闪点（℃）　无意义　　　**自燃温度（℃）**　无意义

爆炸下限（%）　无意义　　**爆炸上限（%）**　无意义

| 分解温度(℃) | 无资料 | 黏度(mPa·s) | 无资料 |

分解温度(℃)　无资料　　黏度(mPa·s)　无资料
燃烧热(kJ/mol)　无资料　　临界温度(℃)　无资料
溶解性　易溶于水，溶于乙醇

第十部分　稳定性和反应性

稳定性　稳定
危险反应　与有机物，还原剂，易燃物如硫、磷等接触或混合时有引起燃烧爆炸的危险
避免接触的条件　无资料
禁配物　还原剂、易燃或可燃物、活性金属粉末、硫、磷
危险的分解产物　氮氧化物

第十一部分　毒理学信息

急性毒性　无资料
皮肤刺激或腐蚀　无资料　　**眼睛刺激或腐蚀**　无资料
呼吸或皮肤过敏　无资料　　**生殖细胞突变性**　无资料
致癌性　无资料　　　　　　**生殖毒性**　无资料
特异性靶器官系统毒性-一次接触　无资料
特异性靶器官系统毒性-反复接触　无资料
吸入危害　无资料

第十二部分　生态学信息

生态毒性　无资料
持久性和降解性
　　生物降解性　无资料
　　非生物降解性　无资料
潜在的生物累积性　无资料
土壤中的迁移性　无资料

第十三部分　废弃处置

废弃化学品　根据国家和地方有关法规的要求处置。或与厂商或制造商联系，确定处置方法
污染包装物　将容器返还生产商或按照国家和地方法规处置
废弃注意事项　处置前应参阅国家和地方有关法规

第十四部分　运输信息

联合国危险货物编号（UN号）　2724
联合国运输名称　硝酸锰
联合国危险性类别　5.1

包装类别　Ⅲ　　　　　**包装标志**

海洋污染物　否
运输注意事项　运输时单独装运，运输过程中要确保容器不泄漏、不倒塌、不坠落、不损坏。运输时运输车辆应配备相应品种和数量的消防器材。严禁与酸类、易燃物、有机物、还原剂、自燃物品、遇湿易燃物品等并车混运。运输时车速不宜过快，不得强行超车。运输车辆装卸前后，均应彻底清扫、洗净，严禁混入有机物、易燃物等杂质

第十五部分　法规信息

下列法律、法规、规章和标准，对该化学品的管理作了相应的规定。
中华人民共和国职业病防治法　职业病分类和目录：锰及其化合物中毒
危险化学品安全管理条例　危险化学品目录：列入。易制爆危险化学品名录：未列入。重点监管的危险化学品名录：未列入。GB 18218—2009《危险化学品重大危险源辨识》（表1）：未列入
使用有毒物品作业场所劳动保护条例　高毒物品目录：列入
易制毒化学品管理条例　易制毒化学品的分类和品种目录：未列入
国际公约　斯德哥尔摩公约：未列入。鹿特丹公约：未列入。蒙特利尔议定书：未列入

第十六部分　其他信息

编写和修订信息　　　缩略语和首字母缩写
培训建议　　　　　　参考文献
免责声明

硝酸钕

第一部分　化学品标识

化学品中文名　硝酸钕
化学品英文名　neodymium nitrate hexahydrate；nitric acid，neodymium salt

分子式　$Nd(NO_3)_3 \cdot 6H_2O$　**分子量**　438.341

结构式　

化学品的推荐及限制用途　用作化学试剂、玻璃着色剂及用于制氧化钕

第二部分　危险性概述

紧急情况概述　可加剧燃烧：氧化剂，吞咽可能有害
GHS危险性类别　氧化性固体，类别2；急性毒性-经口，类别5
标签要素

象形图

警示词　危险
危险性说明　可加剧燃烧：氧化剂，吞咽可能有害
防范说明
　　预防措施　远离热源。远离衣物、可燃物保存。采取一切预防措施，避免与可燃物混合。戴防护手套、防护眼镜、防护面罩
　　事故响应　如果感觉不适，呼叫中毒控制中心或就医
　　安全储存　—

废弃处置 本品及内装物、容器依据国家和地方法规处置

物理和化学危险 助燃。与可燃物混合能形成爆炸性混合物

健康危害 本品对哺乳动物的毒性，主要影响肝、肾功能，显著影响凝血酶原及凝血时间的延长。误服会中毒，受热分解放出氮氧化物

环境危害 对环境可能有害

第三部分 成分/组成信息

√物质 混合物

组分	浓度	CAS No.
硝酸钕		16454-60-7

第四部分 急救措施

吸入 迅速脱离现场至空气新鲜处。保持呼吸道通畅。如呼吸困难，给输氧。呼吸、心跳停止，立即进行心肺复苏术。就医

皮肤接触 立即脱去污染的衣着，用流动清水彻底冲洗。就医

眼睛接触 立即分开眼睑，用流动清水或生理盐水彻底冲洗。就医

食入 漱口，饮水。就医

对保护施救者的忠告 根据需要使用个人防护设备

对医生的特别提示 对症处理

第五部分 消防措施

灭火剂 本品不燃，根据着火原因选择适当灭火剂灭火

特别危险性 与有机物，还原剂，易燃物如硫、磷等接触或混合时有引起燃烧爆炸的危险。受高热分解放出有毒的气体

灭火注意事项及防护措施 消防人员必须穿全身防火防毒服，在上风向灭火。灭火时尽可能将容器从火场移至空旷处

第六部分 泄漏应急处理

作业人员防护措施、防护装备和应急处置程序 隔离泄漏污染区，限制出入。建议应急处理人员戴防尘口罩，穿一般作业工作服。勿使泄漏物与可燃物质（如木材、纸、油等）接触。尽可能切断泄漏源

环境保护措施 用塑料布覆盖泄漏物，减少飞散

泄漏化学品的收容、清除方法及所使用的处置材料 勿使水进入包装容器内。小量泄漏：用洁净的铲子收集泄漏物，置于干净、干燥、盖子较松的容器中，将容器移离泄漏区。大量泄漏：泄漏物回收后，用水冲洗泄漏区

第七部分 操作处置与储存

操作注意事项 密闭操作，全面通风。防止粉尘释放到车间空气中。操作人员必须经过专门培训，严格遵守操作规程。建议操作人员佩戴自吸过滤式防尘口罩，戴化学安全防护眼镜，穿胶布防毒衣，戴防化学品手套。远离火种、热源，工作场所严禁吸烟。远离易燃、可燃物。避免产生粉尘。避免与还原剂接触。配备相应品种和数量的消防器材及泄漏应急处理设备。倒空的容器可能残留有害物

储存注意事项 储存于阴凉、通风的库房。远离火种、热源。库温不超过30℃，相对湿度不超过80%。防止阳光直射。包装密封。应与还原剂、易（可）燃物分开存放，切忌混储。储区应备有合适的材料收容泄漏物

第八部分 接触控制/个体防护

职业接触限值

中国 未制定标准

美国（ACGIH） 未制定标准

生物接触限值 未制定标准

监测方法 空气中有毒物质测定方法：未制定标准。生物监测检验方法：未制定标准

工程控制 生产过程密闭，全面通风

个体防护装备

呼吸系统防护 空气中粉尘浓度较高时，建议佩戴过滤式防尘呼吸器

眼睛防护 戴化学安全防护眼镜

皮肤和身体防护 穿密闭型防毒服

手防护 戴防化学品手套

第九部分 理化特性

外观与性状 淡红色结晶

pH值 无意义	**熔点(℃)** 无资料
沸点(℃) 无资料	**相对密度(水=1)** 无资料
相对蒸气密度(空气=1) 无资料	
饱和蒸气压(kPa) 无资料	
临界压力(MPa) 无意义	**辛醇/水分配系数** 无资料
闪点(℃) 无意义	**自燃温度(℃)** 无意义
爆炸下限(%) 无意义	**爆炸上限(%)** 无意义
分解温度(℃) 无资料	**黏度(mPa·s)** 无资料
燃烧热(kJ/mol) 无资料	**临界温度(℃)** 无资料

溶解性 易溶于水，溶于乙醇、丙酮

第十部分 稳定性和反应性

稳定性 稳定

危险反应 与有机物，还原剂，易燃物如硫、磷等接触或混合时有引起燃烧爆炸的危险

避免接触的条件 无资料

禁配物 强还原剂，易燃或可燃物如硫、磷等

危险的分解产物 氮氧化物

第十一部分 毒理学信息

急性毒性 LD_{50}：2750mg/kg（大鼠经口）

皮肤刺激或腐蚀 无资料		**眼睛刺激或腐蚀** 无资料	
呼吸或皮肤过敏 无资料		**生殖细胞突变性** 无资料	
致癌性 无资料		**生殖毒性** 无资料	
特异性靶器官系统毒性--一次接触 无资料			
特异性靶器官系统毒性-反复接触 无资料			
吸入危害 无资料			

第十二部分　生态学信息

生态毒性　无资料

持久性和降解性

　　生物降解性　无资料

　　非生物降解性　无资料

潜在的生物累积性　无资料

土壤中的迁移性　无资料

第十三部分　废弃处置

废弃化学品　量小时，小心加入水或稀酸制成 5% 的溶液，通过控制加入和冷却速度控制放热或烟雾。逐渐加入稀氢氧化铵至 pH＝10 。如果不出现沉淀，调节至 pH＝6 沉淀出现。滤出固体做掩埋处置

污染包装物　将容器返还生产商或按照国家和地方法规处置

废弃注意事项　处置前应参阅国家和地方有关法规

第十四部分　运输信息

联合国危险货物编号（UN 号）　1479

联合国运输名称　氧化性固体，未另作规定的（硝酸钕）

联合国危险性类别　5.1

包装类别　Ⅱ　　　　**包装标志**　

海洋污染物　否

运输注意事项　运输时单独装运，运输过程中要确保容器不泄漏、不倒塌、不坠落、不损坏。运输时运输车辆应配备相应品种和数量的消防器材。严禁与酸类、易燃物、有机物、还原剂、自燃物品、遇湿易燃物品等并车混运。运输时车速不宜过快，不得强行超车。公路运输时要按规定路线行驶。运输车辆装卸前后，均应彻底清扫、洗净，严禁混入有机物、易燃物等杂质

第十五部分　法规信息

　　下列法律、法规、规章和标准，对该化学品的管理作了相应的规定。

中华人民共和国职业病防治法　职业病分类和目录：未列入

危险化学品安全管理条例　危险化学品目录：列入。易制爆危险化学品名录：未列入。重点监管的危险化学品名录：未列入。GB 18218—2009《危险化学品重大危险源辨识》（表 1）：未列入

使用有毒物品作业场所劳动保护条例　高毒物品目录：未列入

易制毒化学品管理条例　易制毒化学品的分类和品种目录：未列入

国际公约　斯德哥尔摩公约：未列入。鹿特丹公约：未列入。蒙特利尔议定书：未列入

第十六部分　其他信息

编写和修订信息　　　**缩略语和首字母缩写**

培训建议　　　　　　**参考文献**

免责声明

硝酸羟胺

第一部分　化学品标识

化学品中文名　硝酸羟胺

化学品英文名　hydroxylamine nitrate；hydroxylammonium nitrate

分子式　$NH_2OH \cdot HNO_3$　　**分子量**　96.0416

化学品的推荐及限制用途　用作试剂

第二部分　危险性概述

紧急情况概述　爆炸物、整体爆炸危险，吞咽有害，皮肤接触会中毒，造成皮肤刺激，造成严重眼刺激，可能导致皮肤过敏反应

GHS 危险性类别　爆炸物，1.1 项；急性毒性-经口，类别 4；急性毒性-经皮，类别 3；皮肤腐蚀/刺激，类别 2；严重眼损伤/眼刺激，类别 2；皮肤致敏物，类别 1；特异性靶器官毒性-反复接触，类别 2；危害水生环境-急性危害，类别 1

标签要素

象形图　

警示词　危险

危险性说明　爆炸物、整体爆炸危险，吞咽有害，皮肤接触会中毒，造成皮肤刺激，造成严重眼刺激，可能导致皮肤过敏反应，长时间或反复接触可能对器官造成损伤，对水生生物毒性非常大

防范说明

　　预防措施　远离热源、火花、明火、热表面。容器和接收设备接地连接。避免研磨、撞击、摩擦。避免接触眼睛、皮肤，操作后彻底清洗。作业场所不得进食、饮水或吸烟。戴防护手套，穿防护服，戴防护眼镜、防护面罩。避免吸入粉尘。污染的工作服不得带出工作场所。禁止排入环境

　　事故响应　火灾时可能爆炸。火势蔓延到爆炸物时，切勿灭火，撤离现场。皮肤接触：用大量肥皂水和水清洗，立即脱去所有被污染的衣服。如感觉不适，呼叫中毒控制中心或就医。被污染的衣服经洗净后方可重新使用。如出现皮肤刺激或皮疹：就医。如接触眼睛：用水细心冲洗数分钟。如戴隐形眼镜并可方便地取出，取出隐形眼镜，继续冲洗。如果眼睛刺激持续，就医。食入：如果感觉不适，立即呼叫中毒控制中心或就医，漱口。收集泄漏物

　　安全储存　上锁保管

　　废弃处置　本品及内装物、容器依据国家和地方法规处置

物理和化学危险　急剧加热可能导致爆炸

健康危害　食入有害。经皮肤吸收有毒。对眼有刺激性。

对皮肤有刺激性和致敏性。长期反复接触对器官可能造成损害

环境危害 对水生生物毒性非常大

第三部分　成分/组成信息

✓物质　　　　　　　　　　混合物

组分	浓度	CAS No.
硝酸羟胺		13465-08-2

第四部分　急救措施

吸入 迅速脱离现场至空气新鲜处。保持呼吸道通畅。如呼吸困难，给输氧。呼吸、心跳停止，立即进行心肺复苏术。就医

皮肤接触 立即脱去污染的衣着，用流动清水彻底冲洗。就医

眼睛接触 立即分开眼睑，用流动清水或生理盐水彻底冲洗。就医

食入 漱口，饮水。就医

对保护施救者的忠告 根据需要使用个人防护设备

对医生的特别提示 对症处理

第五部分　消防措施

灭火剂 本品不燃，根据着火原因选择适当灭火剂灭火

特别危险性 有强腐蚀性。加热至100℃以上挥发分解，并易爆炸

灭火注意事项及防护措施 消防人员必须穿全身防火防毒服，在上风向灭火。灭火时尽可能将容器从火场移至空旷处

第六部分　泄漏应急处理

作业人员防护措施、防护装备和应急处置程序 隔离泄漏污染区，限制出入。建议应急处理人员戴防尘口罩，穿防酸碱服。穿上适当的防护服前严禁接触破裂的容器和泄漏物。尽可能切断泄漏源

环境保护措施 用塑料布覆盖泄漏物，减少飞散

泄漏化学品的收容、清除方法及所使用的处置材料 勿使水进入包装容器内。用洁净的铲子收集泄漏物，置于干净、干燥、盖子较松的容器中，将容器移离泄漏区

第七部分　操作处置与储存

操作注意事项 严加密闭，提供充分的局部排风和全面通风。尽可能采取隔离操作。操作人员必须经过专门培训，严格遵守操作规程。建议操作人员佩戴防尘面具（全面罩），穿橡胶耐酸碱服，戴橡胶耐酸碱手套。远离易燃、可燃物。避免产生粉尘。避免与碱类接触。搬运时要轻装轻卸，防止包装及容器损坏。配备泄漏应急处理设备。倒空的容器可能残留有害物

储存注意事项 储存于阴凉、通风的库房。远离火种、热源。库温不超过32℃，相对湿度不超过80％。包装要求密封，不可与空气接触。应与易（可）燃物、碱类、食用化学品分开存放，切忌混储。储区应备有合适的材料收容泄漏物

第八部分　接触控制/个体防护

职业接触限值

中国　未制定标准

美国（ACGIH）　未制定标准

生物接触限值 未制定标准

监测方法 空气中有毒物质测定方法：未制定标准。生物监测检验方法：未制定标准

工程控制 严加密闭，提供充分的局部排风和全面通风。尽可能采取隔离操作

个体防护装备

呼吸系统防护 可能接触其粉尘时，必须佩戴防尘面具（全面罩）。紧急事态抢救或撤离时，应该佩戴空气呼吸器

眼睛防护 呼吸系统防护中已作防护

皮肤和身体防护 穿橡胶耐酸碱服

手防护 戴橡胶耐酸碱手套

第九部分　理化特性

外观与性状 无色结晶

pH值 无意义	**熔点(℃)** 48
沸点(℃) 100（分解）	**相对密度(水＝1)** 无资料
相对蒸气密度(空气＝1) 无资料	
饱和蒸气压(kPa) 无资料	
临界压力(MPa) 无资料	**辛醇/水分配系数** 无资料
闪点(℃) 无意义	**自燃温度(℃)** 无意义
爆炸下限(%) 无意义	**爆炸上限(%)** 无意义
分解温度(℃) 无资料	**黏度(mPa·s)** 无资料
燃烧热(kJ/mol) 无资料	**临界温度(℃)** 无资料

溶解性 易溶于水，易溶于多数有机溶剂

第十部分　稳定性和反应性

稳定性 稳定

危险反应 与易燃或可燃物、碱类等禁配物发生反应。加热至100℃以上挥发分解，并易爆炸

避免接触的条件 受热

禁配物 易燃或可燃物、碱类

危险的分解产物 氮氧化物

第十一部分　毒理学信息

急性毒性 无资料

皮肤刺激或腐蚀 无资料	**眼睛刺激或腐蚀** 无资料
呼吸或皮肤过敏 无资料	**生殖细胞突变性** 无资料
致癌性 无资料	**生殖毒性** 无资料

特异性靶器官系统毒性--一次接触 无资料

特异性靶器官系统毒性-反复接触 无资料

吸入危害 无资料

第十二部分　生态学信息

生态毒性 根据结构类似物质预测，该物质对水生生物有极高毒性

持久性和降解性

生物降解性　无资料

非生物降解性 无资料
潜在的生物累积性 无资料
土壤中的迁移性 无资料

第十三部分 废弃处置

废弃化学品 根据国家和地方有关法规的要求处置。或与厂商或制造商联系，确定处置方法

污染包装物 将容器返还生产商或按照国家和地方法规处置

废弃注意事项 处置前应参阅国家和地方有关法规

第十四部分 运输信息

联合国危险货物编号（UN 号） 0475
联合国运输名称 爆炸性物质，未另作规定的（硝酸羟胺）
联合国危险性类别 1.1D

包装类别 — **包装标志**

海洋污染物 是
运输注意事项 起运时包装要完整，装载应稳妥。运输过程中要确保容器不泄漏、不倒塌、不坠落、不损坏。严禁与易燃物或可燃物、碱类、食用化学品等混装混运。运输时运输车辆应配备泄漏应急处理设备。运输途中应防暴晒、雨淋，防高温

第十五部分 法规信息

下列法律、法规、规章和标准，对该化学品的管理作了相应的规定。

中华人民共和国职业病防治法 职业病分类和目录：未列入

危险化学品安全管理条例 危险化学品目录：列入。易制爆危险化学品名录：未列入。重点监管的危险化学品名录：未列入。GB 18218—2009《危险化学品重大危险源辨识》（表 1）：未列入

使用有毒物品作业场所劳动保护条例 高毒物品目录：未列入

易制毒化学品管理条例 易制毒化学品的分类和品种目录：未列入

国际公约 斯德哥尔摩公约：未列入。鹿特丹公约：未列入。蒙特利尔议定书：未列入

第十六部分 其他信息

编写和修订信息 缩略语和首字母缩写
培训建议 参考文献
免责声明

硝酸铈铵

第一部分 化学品标识

化学品中文名 硝酸铈铵；硝酸铵铈
化学品英文名 ammonium ceric nitrate；diammonium hexanitratocerate

分子式 $Ce(NH_4)_2(NO_3)_6$ **分子量** 548.2212

结构式

化学品的推荐及限制用途 用作烯烃聚合催化剂和分析试剂

第二部分 危险性概述

紧急情况概述 可加剧燃烧：氧化剂
GHS 危险性类别 氧化性固体，类别 2
标签要素

象形图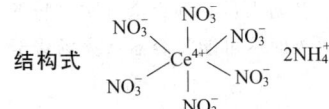

警示词 危险
危险性说明 可加剧燃烧：氧化剂
防范说明
预防措施 远离热源。远离衣物、可燃物保存。采取一切预防措施，避免与可燃物混合。戴防护手套、防护眼镜、防护面罩
事故响应 —
安全储存 —
废弃处置 本品及内装物、容器依据国家和地方法规处置

物理和化学危险 助燃。与可燃物混合能形成爆炸性混合物

健康危害 本品对哺乳动物的毒性，主要影响肝、肾功能，显著影响凝血酶原及凝血时间的延长

环境危害 对环境可能有害

第三部分 成分/组成信息

√ 物质 混合物

组分	浓度	CAS No.
硝酸铈铵		16774-21-3

第四部分 急救措施

吸入 迅速脱离现场至空气新鲜处。保持呼吸道通畅。如呼吸困难，给输氧。呼吸、心跳停止，立即进行心肺复苏术。就医

皮肤接触 立即脱去污染的衣着，用流动清水彻底冲洗。就医

眼睛接触 立即分开眼睑，用流动清水或生理盐水彻底冲洗。就医

食入 漱口，饮水。就医

对保护施救者的忠告 根据需要使用个人防护设备

对医生的特别提示 对症处理

第五部分 消防措施

灭火剂 本品不燃，根据着火原因选择适当灭火剂灭火

特别危险性 与有机物、还原剂，易燃物如硫、磷等接触或混合时有引起燃烧爆炸的危险。受高热分解放出有

毒的气体

灭火注意事项及防护措施　消防人员必须穿全身防火防毒服，在上风向灭火。灭火时尽可能将容器从火场移至空旷处

第六部分　泄漏应急处理

作业人员防护措施、防护装备和应急处置程序　隔离泄漏污染区，限制出入。消除所有点火源。建议应急处理人员戴防尘口罩，穿防毒服。勿使泄漏物与可燃物质（如木材、纸、油等）接触。穿上适当的防护服前严禁接触破裂的容器和泄漏物。尽可能切断泄漏源

环境保护措施　用塑料布覆盖泄漏物，减少飞散

泄漏化学品的收容、清除方法及所使用的处置材料　勿使水进入包装容器内。小量泄漏：用洁净的铲子收集泄漏物，置于干净、干燥、盖子较松的容器中，将容器移离泄漏区。大量泄漏：泄漏物回收后，用水冲洗泄漏区

第七部分　操作处置与储存

操作注意事项　密闭操作，全面通风。防止粉尘释放到车间空气中。操作人员必须经过专门培训，严格遵守操作规程。建议操作人员佩戴自吸过滤式防尘口罩，戴化学安全防护眼镜，穿胶布防毒衣，戴防化学品手套。远离火种、热源，工作场所严禁吸烟。避免产生粉尘。避免与还原剂、活性金属粉末接触。配备相应品种和数量的消防器材及泄漏应急处理设备。倒空的容器可能残留有害物

储存注意事项　储存于阴凉、通风的库房。远离火种、热源。库温不超过30℃，相对湿度不超过80%。防止阳光直射。包装密封。应与还原剂、活性金属粉末、食用化学品分开存放，切忌混储。配备相应品种和数量的消防器材。储区应备有合适的材料收容泄漏物

第八部分　接触控制/个体防护

职业接触限值

　中国　未制定标准

　美国（ACGIH）　未制定标准

生物接触限值　未制定标准

监测方法　空气中有毒物质测定方法：未制定标准。生物监测检验方法：未制定标准

工程控制　生产过程密闭，全面通风

个体防护装备

　呼吸系统防护　空气中粉尘浓度较高时，建议佩戴过滤式防尘呼吸器

　眼睛防护　戴化学安全防护眼镜

　皮肤和身体防护　穿密闭型防毒服

　手防护　戴防化学品手套

第九部分　理化特性

外观与性状　橘红色单斜晶系细小结晶，在空气中易潮解

pH 值　无意义　　　　　**熔点（℃）**　815

沸点（℃）　无资料　　　**相对密度（水＝1）**　约6.9

相对蒸气密度(空气=1)　无资料

饱和蒸气压(kPa)　无资料

临界压力(MPa)　无意义　　**辛醇/水分配系数**　无资料

闪点(℃)　无意义　　　　**自燃温度(℃)**　无资料

爆炸下限(%)　无意义　　**爆炸上限(%)**　无意义

分解温度(℃)　无资料　　**黏度(mPa·s)**　无资料

燃烧热(kJ/mol)　无资料　**临界温度(℃)**　无资料

溶解性　易溶于水、乙醇，不溶于浓硝酸

第十部分　稳定性和反应性

稳定性　稳定

危险反应　与有机物，还原剂，易燃物如硫、磷等接触或混合时有引起燃烧爆炸的危险

避免接触的条件　无资料

禁配物　强还原剂、活性金属粉末

危险的分解产物　氮氧化物

第十一部分　毒理学信息

急性毒性　无资料

皮肤刺激或腐蚀　无资料　　**眼睛刺激或腐蚀**　无资料

呼吸或皮肤过敏　无资料　　**生殖细胞突变性**　无资料

致癌性　无资料　　　　　　**生殖毒性**　无资料

特异性靶器官系统毒性-一次接触　无资料

特异性靶器官系统毒性-反复接触　无资料

吸入危害　无资料

第十二部分　生态学信息

生态毒性　无资料

持久性和降解性

　生物降解性　无资料

　非生物降解性　无资料

潜在的生物累积性　无资料

土壤中的迁移性　无资料

第十三部分　废弃处置

废弃化学品　建议用控制焚烧法或安全掩埋法处置。破损容器禁止重新使用，要在规定场所掩埋

污染包装物　将容器返还生产商或按照国家和地方法规处置

废弃注意事项　处置前应参阅国家和地方有关法规

第十四部分　运输信息

联合国危险货物编号（UN号）　1479

联合国运输名称　氧化性固体，未另作规定的（硝酸铈铵）

联合国危险性类别　5.1

包装类别　Ⅱ　　　　　　　　**包装标志**　

海洋污染物　否

运输注意事项　运输时单独装运，运输过程中要确保容器不泄漏、不倒塌、不坠落、不损坏。运输时运输车辆应配备相应品种和数量的消防器材。严禁与酸类、易

燃物、有机物、还原剂、自燃物品、遇湿易燃物品等并车混运。运输时车速不宜过快，不得强行超车。公路运输时要按规定路线行驶。运输车辆装卸前后，均应彻底清扫、洗净，严禁混入有机物、易燃物等杂质

第十五部分　法规信息

下列法律、法规、规章和标准，对该化学品的管理作了相应的规定。

中华人民共和国职业病防治法　职业病分类和目录：未列入

危险化学品安全管理条例　危险化学品目录：列入。易制爆危险化学品名录：未列入。重点监管的危险化学品名录：未列入。GB 18218—2009《危险化学品重大危险源辨识》（表1）：未列入

使用有毒物品作业场所劳动保护条例　高毒物品目录：未列入

易制毒化学品管理条例　易制毒化学品的分类和品种目录：未列入

国际公约　斯德哥尔摩公约：未列入。鹿特丹公约：未列入。蒙特利尔议定书：未列入

第十六部分　其他信息

编写和修订信息　缩略语和首字母缩写
培训建议　参考文献
免责声明

硝酸锶

第一部分　化学品标识

化学品中文名　硝酸锶
化学品英文名　strontium nitrate；nitric acid，strontium salt
分子式　$Sr(NO_3)_2$　**分子量**　211.63

结构式
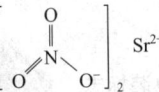

化学品的推荐及限制用途　用于红色火焰、信号灯、信号弹、玻璃工业、医药及分析等

第二部分　危险性概述

紧急情况概述　可加剧燃烧：氧化剂，造成皮肤刺激，造成眼刺激
GHS 危险性类别　氧化性固体，类别3；皮肤腐蚀/刺激，类别2；严重眼损伤/眼刺激，类别2B
标签要素

象形图

警示词　警告
危险性说明　可加剧燃烧：氧化剂，造成皮肤刺激，造成眼刺激
防范说明
　预防措施　远离热源。远离衣物、可燃物保存。采

取一切预防措施，避免与可燃物混合。戴防护手套、防护眼镜、防护面罩。避免接触眼睛、皮肤，操作后彻底清洗
　事故响应　皮肤接触：用大量肥皂水和水清洗，脱去被污染的衣服，如发生皮肤刺激，就医。被污染的衣服必须经洗净后方可重新使用。如接触眼睛：用水细心冲洗数分钟。如戴隐形眼镜并可方便地取出，取出隐形眼镜，继续冲洗。如果眼睛刺激持续：就医
　安全储存　—
　废弃处置　本品及内装物、容器依据国家和地方法规处置

物理和化学危险　助燃。与可燃物混合能形成爆炸性混合物
健康危害　口服大剂量，引起呕吐、腹泻，摄入引起的中毒可有：头痛、皮肤发红、呕吐、头晕、血压降低、虚脱、昏迷、呼吸麻痹等
环境危害　对环境可能有害

第三部分　成分/组成信息

√物质　　　　　　　　　混合物

组分	浓度	CAS No.
硝酸锶		10042-76-9

第四部分　急救措施

吸入　迅速脱离现场至空气新鲜处。保持呼吸道通畅。如呼吸困难，给输氧。呼吸、心跳停止，立即进行心肺复苏术。就医
皮肤接触　立即脱去污染的衣着，用流动清水彻底冲洗。就医
眼睛接触　立即分开眼睑，用流动清水或生理盐水彻底冲洗。就医
食入　漱口，饮水。就医
对保护施救者的忠告　根据需要使用个人防护设备
对医生的特别提示　对症处理

第五部分　消防措施

灭火剂　本品不燃，根据着火原因选择适当灭火剂灭火
特别危险性　与有机物，还原剂，易燃物如硫、磷等接触或混合时有引起燃烧爆炸的危险。遇高热分解释出高毒烟气
灭火注意事项及防护措施　消防人员必须穿全身防火防毒服，在上风向灭火。灭火时尽可能将容器从火场移至空旷处

第六部分　泄漏应急处理

作业人员防护措施、防护装备和应急处置程序　隔离泄漏污染区，限制出入。消除所有点火源。建议应急处理人员戴防尘口罩，穿防毒服。勿使泄漏物与可燃物质（如木材、纸、油等）接触。穿上适当的防护服前严禁接触破裂的容器和泄漏物。尽可能切断泄漏源
环境保护措施　用塑料布覆盖泄漏物，减少飞散
泄漏化学品的收容、清除方法及所使用的处置材料　勿使

水进入包装容器内。小量泄漏：用洁净的铲子收集泄漏物，置于干净、干燥、盖子较松的容器中，将容器移离泄漏区。大量泄漏：泄漏物回收后，用水冲洗泄漏区

第七部分 操作处置与储存

操作注意事项 密闭操作，局部排风。防止粉尘释放到车间空气中。操作人员必须经过专门培训，严格遵守操作规程。建议操作人员佩戴自吸过滤式防尘口罩，戴化学安全防护眼镜，穿胶布防毒衣，戴橡胶手套。远离火种、热源，工作场所严禁吸烟。远离易燃、可燃物。避免产生粉尘。避免与还原剂、酸类接触。配备相应品种和数量的消防器材及泄漏应急处理设备。倒空的容器可能残留有害物

储存注意事项 储存于阴凉、通风的库房。库温不超过30℃，相对湿度不超过80％。远离火种、热源。防止阳光直射。包装密封。应与还原剂、酸类、易（可）燃物分开存放，切忌混储。配备相应品种和数量的消防器材。储区应备有合适的材料收容泄漏物

第八部分 接触控制/个体防护

职业接触限值

中国 未制定标准

美国（ACGIH） 未制定标准

生物接触限值 未制定标准

监测方法 空气中有毒物质测定方法：未制定标准。生物监测检验方法：未制定标准

工程控制 密闭操作，局部排风

个体防护装备

呼吸系统防护 空气中粉尘浓度超标时，必须佩戴过滤式防尘呼吸器。紧急事态抢救或撤离时，应该佩戴空气呼吸器

眼睛防护 戴化学安全防护眼镜

皮肤和身体防护 穿密闭型防毒服

手防护 戴橡胶手套

第九部分 理化特性

外观与性状 白色结晶或粉末，有潮解性

pH 值 无意义   **熔点（℃）** 570

沸点（℃） 1100（分解）   **相对密度（水＝1）** 2.986

相对蒸气密度（空气＝1） 无资料

饱和蒸气压（kPa） 无资料

临界压力（MPa） 无意义   **辛醇/水分配系数** 无资料

闪点（℃） 无意义   **自燃温度（℃）** 无意义

爆炸下限（%） 无意义   **爆炸上限（%）** 无意义

分解温度（℃） 645   **黏度（mPa·s）** 无资料

燃烧热（kJ/mol） 无资料   **临界温度（℃）** 无资料

溶解性 易溶于水，微溶于乙醇、丙酮，不溶于硝酸

第十部分 稳定性和反应性

稳定性 稳定

危险反应 与有机物，还原剂，易燃物如硫、磷等接触或混合时有引起燃烧爆炸的危险

避免接触的条件 无资料

禁配物 强还原剂，强酸，易燃物如硫、磷等

危险的分解产物 氮氧化物

第十一部分 毒理学信息

急性毒性 LD$_{50}$：1892mg/kg（大鼠经口），1028mg/kg（小鼠经口），1600mg/kg（兔经口）

皮肤刺激或腐蚀 无资料   **眼睛刺激或腐蚀** 无资料

呼吸或皮肤过敏 无资料   **生殖细胞突变性** 无资料

致癌性 无资料   **生殖毒性** 无资料

特异性靶器官系统毒性-一次接触 无资料

特异性靶器官系统毒性-反复接触 无资料

吸入危害 无资料

第十二部分 生态学信息

生态毒性 无资料

持久性和降解性

生物降解性 无资料

非生物降解性 无资料

潜在的生物累积性 无资料

土壤中的迁移性 无资料

第十三部分 废弃处置

废弃化学品 建议用控制焚烧法或安全掩埋法处置。破损容器禁止重新使用，要在规定场所掩埋

污染包装物 将容器返还生产商或按照国家和地方法规处置

废弃注意事项 处置前应参阅国家和地方有关法规

第十四部分 运输信息

联合国危险货物编号（UN 号） 1507

联合国运输名称 硝酸锶

联合国危险性类别 5.1

包装类别 Ⅲ   **包装标志**

海洋污染物 否

运输注意事项 运输时单独装运，运输过程中要确保容器不泄漏、不倒塌、不坠落、不损坏。运输时运输车辆应配备相应品种和数量的消防器材。严禁与酸类、易燃物、有机物、还原剂、自燃物品、遇湿易燃物品等并车混运。运输时车速不宜过快，不得强行超车。公路运输时要按规定路线行驶。运输车辆装卸前后，均应彻底清扫、洗净，严禁混入有机物、易燃物等杂质

第十五部分 法规信息

下列法律、法规、规章和标准，对该化学品的管理作了相应的规定。

中华人民共和国职业病防治法 职业病分类和目录：未列入

危险化学品安全管理条例 危险化学品目录：列入。易制爆危险化学品名录：列入。重点监管的危险化学品名

录：未列入。GB 18218—2009《危险化学品重大危险源辨识》（表 1）：未列入

使用有毒物品作业场所劳动保护条例 高毒物品目录：未列入

易制毒化学品管理条例 易制毒化学品的分类和品种目录：未列入

国际公约 斯德哥尔摩公约：未列入。鹿特丹公约：未列入。蒙特利尔议定书：未列入

第十六部分　其他信息

编写和修订信息　**缩略语和首字母缩写**
培训建议　**参考文献**
免责声明

硝酸铊

第一部分　化学品标识

化学品中文名　硝酸铊；硝酸亚铊
化学品英文名　thallium nitrate；thallous nitrate
分子式　$TlNO_3$　**分子量**　266.3882
结构式
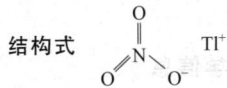

化学品的推荐及限制用途　用于烟花和分析试剂，与高氯酸和氯化亚汞及树脂混合产生绿火，作海上标记物

第二部分　危险性概述

紧急情况概述　可加剧燃烧：氧化剂，吞咽致命，造成严重的皮肤灼伤和眼损伤

GHS 危险性类别　氧化性固体，类别 2；急性毒性-经口，类别 2；皮肤腐蚀/刺激，类别 1；严重眼损伤/眼刺激，类别 1；特异性靶器官毒性——次接触，类别 1；特异性靶器官毒性-反复接触，类别 1；危害水生环境-急性危害，类别 2；危害水生环境-长期危害，类别 2

标签要素
　　象形图

　　警示词　危险

危险性说明　可加剧燃烧：氧化剂，吞咽致命，造成严重的皮肤灼伤和眼损伤，对器官造成损害，长时间或反复接触对器官造成损伤，对水生生物有毒并具有长期持续影响

　　防范说明
　　　　预防措施　远离热源。远离衣物、可燃物保存。采取一切预防措施，避免与可燃物混合。戴防护手套、防护眼镜、防护面罩，穿防护服。避免接触眼睛、皮肤，操作后彻底清洗。作业场所不得进食、饮水或吸烟。避免吸入粉尘。禁止排入环境

　　　　事故响应　如吸入：将患者转移到空气新鲜处，休息，保持利于呼吸的体位，立即呼叫中毒控制中心或就医。皮肤（或头发）接触：立即脱掉所有被污染的衣服，用水冲洗皮肤，淋浴。污染的衣服洗净后方可重新使用。眼睛接触：用水细心地冲洗数分钟，立即呼叫中毒控制中心或就医。如戴隐形眼镜并可方便地取出，则取出隐形眼镜，继续冲洗。食入：漱口，立即呼叫中毒控制中心或就医。如果接触：立即呼叫中毒控制中心或就医。如感觉不适，就医。收集泄漏物

　　　　安全储存　上锁保管

　　　　废弃处置　本品及内装物、容器依据国家和地方法规处置

物理和化学危险　助燃

健康危害　为强烈的神经毒物，对肝、肾有损害作用。吸入、摄入可引起急性中毒。表现有恶心、呕吐、腹部绞痛、厌食等症状；上行性神经麻痹、颅神经损害；重症者可发生中毒性脑病，脱发为其特异表现。皮肤出现皮疹，指甲有白色横纹。可有肝、肾损害。慢性中毒：主要症状有脱发、乏力、胃纳差、多发性神经炎。可有视神经损害

环境危害　对水生生物有毒并具有长期持续影响

第三部分　成分/组成信息

√物质　　　　　　　　混合物

组分	浓度	CAS No.
硝酸铊		10102-45-1

第四部分　急救措施

吸入　迅速脱离现场至空气新鲜处。保持呼吸道通畅。如呼吸困难，给输氧。呼吸、心跳停止，立即进行心肺复苏术。就医

皮肤接触　立即脱去污染的衣着，用流动清水彻底冲洗。就医

眼睛接触　立即分开眼睑，用流动清水或生理盐水彻底冲洗。就医

食入　如中毒者神志清醒，催吐，洗胃。用 1% 碘化钠或 1% 碘化钾溶液洗胃效果更佳。口服牛奶、淀粉膏、氢氧化铝凝胶、次碳酸铋。口服活性炭悬液。用硫酸钠、硫酸镁或蓖麻油导泻。就医

对保护施救者的忠告　根据需要使用个人防护设备

对医生的特别提示　解毒剂：普鲁士蓝

第五部分　消防措施

灭火剂　本品不燃，根据着火原因选择适当灭火剂灭火

特别危险性　与还原剂，有机物，易燃物如硫、磷或金属粉末等混合可形成爆炸性混合物。经摩擦、震动或撞击可引起燃烧或爆炸

灭火注意事项及防护措施　消防人员必须穿全身防火防毒服，在上风向灭火。尽可能将容器从火场移至空旷处。喷水保持火场容器冷却，直至灭火结束

第六部分　泄漏应急处理

作业人员防护措施、防护装备和应急处置程序　隔离泄漏污染区，限制出入。建议应急处理人员戴防尘口罩，穿防毒服。勿使泄漏物与可燃物质（如木材、纸、油等）接触。穿上适当的防护服前严禁接触破裂的容器和泄漏物。尽可能切断泄漏源

环境保护措施　用塑料布覆盖泄漏物，减少飞散

泄漏化学品的收容、清除方法及所使用的处置材料　用洁净的铲子收集泄漏物，置于干净、干燥、盖子较松的容器中，将容器移离泄漏区

第七部分　操作处置与储存

操作注意事项　严加密闭，提供充分的局部排风和全面通风。操作人员必须经过专门培训，严格遵守操作规程。建议操作人员佩戴防尘面具（全面罩），穿胶布防毒衣，戴橡胶手套。远离火种、热源，工作场所严禁吸烟。远离易燃、可燃物。避免产生粉尘。避免与还原剂、活性金属粉末接触。搬运时要轻装轻卸，防止包装及容器损坏。配备相应品种和数量的消防器材及泄漏应急处理设备。倒空的容器可能残留有害物

储存注意事项　储存于阴凉、通风的库房。远离火种、热源。应与易（可）燃物、还原剂、活性金属粉末、食用化学品分开存放，切忌混储。储区应备有合适的材料收容泄漏物

第八部分　接触控制/个体防护

职业接触限值

　中国　PC-TWA：$0.05mg/m^3$；PC-STEL：$0.1mg/m^3$〔按 Tl 计〕〔皮〕

　美国（ACGIH）　TLV-TWA：$0.02mg/m^3$（可吸入性颗粒物）〔按 Tl 计〕〔皮〕

生物接触限值　未制定标准

监测方法　空气中有毒物质测定方法：石墨炉原子吸收光谱法。生物监测检验方法：未制定标准

工程控制　严加密闭，提供充分的局部排风和全面通风

个体防护装备

　呼吸系统防护　可能接触其粉尘时，必须佩戴防尘面具（全面罩）。紧急事态抢救或撤离时，应该佩戴空气呼吸器

　眼睛防护　呼吸系统防护中已作防护

　皮肤和身体防护　穿密闭型防毒服

　手防护　戴橡胶手套

第九部分　理化特性

外观与性状　白色结晶，有吸湿性

pH 值　无意义	**熔点(℃)**　206（α型）
沸点(℃)　450（分解）	**相对密度(水=1)**　5.55

相对蒸气密度(空气＝1)　无资料

饱和蒸气压(kPa)　无资料

临界压力(MPa)　无意义	**辛醇/水分配系数**　无资料
闪点(℃)　无意义	**自燃温度(℃)**　无意义
爆炸下限(%)　无意义	**爆炸上限(%)**　无意义

分解温度(℃)　450	**黏度(mPa·s)**　无资料
燃烧热(kJ/mol)　无资料	**临界温度(℃)**　无资料

溶解性　溶于水，溶于丙酮，不溶于乙醇

第十部分　稳定性和反应性

稳定性　稳定

危险反应　与有机物，还原剂，易燃物如硫、磷等接触或混合时有引起燃烧爆炸的危险

避免接触的条件　摩擦、震动或撞击

禁配物　还原剂、易燃或可燃物、活性金属粉末、硫、磷

危险的分解产物　氮氧化物

第十一部分　毒理学信息

急性毒性　LD$_{50}$：26mg/kg（大鼠皮下），15mg/kg（小鼠经口），45mg/kg（犬经口）

皮肤刺激或腐蚀　无资料	**眼睛刺激或腐蚀**　无资料
呼吸或皮肤过敏　无资料	**生殖细胞突变性**　无资料
致癌性　无资料	**生殖毒性**　无资料

特异性靶器官系统毒性-一次接触　无资料

特异性靶器官系统毒性-反复接触　无资料

吸入危害　无资料

第十二部分　生态学信息

生态毒性　铊化合物对水生生物有毒。LC$_{50}$：1.142mg/L（24h）（大型溞）

持久性和降解性

　生物降解性　无资料

　非生物降解性　无资料

潜在的生物累积性　无资料

土壤中的迁移性　无资料

第十三部分　废弃处置

废弃化学品　根据国家和地方有关法规的要求处置。或与厂商或制造商联系，确定处置方法

污染包装物　将容器返还生产商或按照国家和地方法规处置

废弃注意事项　处置前应参阅国家和地方有关法规

第十四部分　运输信息

联合国危险货物编号（UN 号）　2727

联合国运输名称　硝酸铊

联合国危险性类别　6.1，5.1

包装类别　Ⅱ

包装标志　

海洋污染物　是

运输注意事项　运输前应先检查包装容器是否完整、密封，运输过程中要确保容器不泄漏、不倒塌、不坠落、不损坏。严禁与酸类、氧化剂、食品及食品添加剂混运。运输时运输车辆应配备泄漏应急处理设备。运输途中应防暴晒、雨淋，防高温

第十五部分 法规信息

下列法律、法规、规章和标准，对该化学品的管理作了相应的规定。

中华人民共和国职业病防治法 职业病分类和目录：铊及其化合物中毒

危险化学品安全管理条例 危险化学品目录：列入。易制爆危险化学品名录：未列入。重点监管的危险化学品名录：未列入。GB 18218—2009《危险化学品重大危险源辨识》（表1）：未列入

使用有毒物品作业场所劳动保护条例 高毒物品目录：列入

易制毒化学品管理条例 易制毒化学品的分类和品种目录：未列入

国际公约 斯德哥尔摩公约：未列入。鹿特丹公约：未列入。蒙特利尔议定书：未列入

第十六部分 其他信息

编写和修订信息　缩略语和首字母缩写
培训建议　　　　参考文献
免责声明

硝酸铜

第一部分 化学品标识

化学品中文名 硝酸铜

化学品英文名 cupric nitrate trihydrate；copper（Ⅱ）nitrate

分子式 $Cu(NO_3)_2 \cdot 3H_2O$ **分子量** 241.5984

结构式

化学品的推荐及限制用途 用作氧化剂、镀镍浴添加剂、搪瓷着色剂、铝的光泽剂、有机反应催化剂，也用于制感光纸、杀虫剂及医药

第二部分 危险性概述

紧急情况概述 可加剧燃烧：氧化剂，吞咽有害

GHS 危险性类别 氧化性固体，类别2；急性毒性-经口，类别4；危害水生环境-急性危害，类别1；危害水生环境-长期危害，类别1

标签要素

象形图

警示词 危险

危险性说明 可加剧燃烧：氧化剂，吞咽有害，对水生生物毒性非常大并具有长期持续影响

防范说明

预防措施　远离热源。远离衣物、可燃物保存。采取一切预防措施，避免与可燃物混合。戴防护手套、防护眼镜、防护面罩。避免接触眼睛、皮肤，操作后彻底清洗。作业场所不得进食、饮水或吸烟。禁止排入环境

事故响应　食入：如果感觉不适，立即呼叫中毒控制中心或就医，漱口。收集泄漏物

安全储存　—

废弃处置　本品及内装物、容器依据国家和地方法规处置

物理和化学危险 助燃。与可燃物混合能形成爆炸性混合物

健康危害 吸入对呼吸道有刺激性，出现咳嗽、气短等。对眼和皮肤有刺激性。长期接触引起皮炎、血液损害、肝损害、鼻黏膜溃疡、鼻中隔穿孔

环境危害 对水生生物毒性非常大并具有长期持续影响

第三部分 成分/组成信息

√物质　　　　　　　　　　混合物

组分	浓度	CAS No.
硝酸铜		10031-43-3

第四部分 急救措施

吸入 迅速脱离现场至空气新鲜处。保持呼吸道通畅。如呼吸困难，给输氧。呼吸、心跳停止，立即进行心肺复苏术。就医

皮肤接触 立即脱去污染的衣着，用流动清水彻底冲洗。就医

眼睛接触 立即分开眼睑，用流动清水或生理盐水彻底冲洗。就医

食入 漱口，饮水。就医

对保护施救者的忠告 根据需要使用个人防护设备

对医生的特别提示 对症处理

第五部分 消防措施

灭火剂 本品不燃，根据着火原因选择适当灭火剂灭火

特别危险性 与有机物，还原剂，易燃物如硫、磷等接触或混合时有引起燃烧爆炸的危险。与浓氨水形成二硝酸的氨铜络合物，加热即发生爆炸。具有腐蚀性

灭火注意事项及防护措施 消防人员必须佩戴防毒面具、穿全身消防服，在上风向灭火。尽可能将容器从火场移至空旷处。喷水保持火场容器冷却，直至灭火结束

第六部分 泄漏应急处理

作业人员防护措施、防护装备和应急处置程序 隔离泄漏污染区，限制出入。建议应急处理人员戴防尘口罩，穿防毒服。勿使泄漏物与可燃物质（如木材、纸、油等）接触。穿上适当的防护服前严禁接触破裂的容器和泄漏物。尽可能切断泄漏源

环境保护措施 用塑料布覆盖泄漏物，减少飞散

泄漏化学品的收容、清除方法及所使用的处置材料 勿使水进入包装容器内。小量泄漏：用洁净的铲子收集泄漏物，置于干净、干燥、盖子较松的容器中，将容器移离泄漏区。大量泄漏：泄漏物回收后，用水冲洗泄漏区

第七部分　操作处置与储存

操作注意事项　密闭操作，提供充分的局部排风。防止粉尘释放到车间空气中。操作人员必须经过专门培训，严格遵守操作规程。建议操作人员佩戴防尘面具（全面罩），穿连体式防毒衣，戴橡胶手套。远离火种、热源，工作场所严禁吸烟。远离易燃、可燃物。避免产生粉尘。避免与还原剂接触。配备相应品种和数量的消防器材及泄漏应急处理设备。倒空的容器可能残留有害物

储存注意事项　储存于阴凉、通风的库房。远离火种、热源。库温不超过30℃，相对湿度不超过80%。防止阳光直射。包装密封。应与还原剂、易（可）燃物分开存放，切忌混储。储区应备有合适的材料收容泄漏物

第八部分　接触控制/个体防护

职业接触限值

中国　未制定标准

美国（ACGIH）　TLV-TWA：1mg/m³［按Cu计］

生物接触限值　未制定标准

监测方法　空气中有毒物质测定方法：未制定标准。生物监测检验方法：未制定标准

工程控制　严加密闭，提供充分的局部排风

个体防护装备

呼吸系统防护　可能接触其粉尘时，必须佩戴防尘面具（全面罩）。紧急事态抢救或撤离时，应该佩戴空气呼吸器

眼睛防护　呼吸系统防护中已作防护

皮肤和身体防护　穿连体式防毒衣

手防护　戴橡胶手套

第九部分　理化特性

外观与性状　深蓝色易吸潮的粒状结晶

pH值　无意义　　　　**熔点（℃）**　114.5

沸点（℃）　170（分解）　**相对密度（水=1）**　2.32

相对蒸气密度（空气=1）　无资料

饱和蒸气压（kPa）　无资料

临界压力（MPa）　无意义　**辛醇/水分配系数**　无资料

闪点（℃）　无意义　　　**自燃温度（℃）**　无意义

爆炸下限（%）　无意义　**爆炸上限（%）**　无意义

分解温度（℃）　无资料　**黏度（mPa·s）**　无资料

燃烧热（kJ/mol）　无资料　**临界温度（℃）**　无资料

溶解性　易溶于水、乙醇

第十部分　稳定性和反应性

稳定性　稳定

危险反应　与有机物，还原剂，易燃物如硫、磷等接触或混合时有引起燃烧爆炸的危险。与浓氨水形成二硝酸的氨铜络合物，加热即发生爆炸

避免接触的条件　无资料

禁配物　强还原剂，易燃或可燃物如硫、磷，浓氨水

危险的分解产物　氮氧化物

第十一部分　毒理学信息

急性毒性　LD₅₀：940mg/kg（大鼠经口）

皮肤刺激或腐蚀　无资料　**眼睛刺激或腐蚀**　无资料

呼吸或皮肤过敏　无资料

生殖细胞突变性　细胞遗传学分析：大鼠腹水肿瘤细胞600mg/kg

致癌性　无资料　　　　**生殖毒性**　无资料

特异性靶器官系统毒性-一次接触　无资料

特异性靶器官系统毒性-反复接触　无资料

吸入危害　无资料

第十二部分　生态学信息

生态毒性　铜化合物对水生生物有极高毒性

持久性和降解性

生物降解性　无资料

非生物降解性　无资料

潜在的生物累积性　无资料

土壤中的迁移性　无资料

第十三部分　废弃处置

废弃化学品　建议用控制焚烧法或安全掩埋法处置

污染包装物　将容器返还生产商或按照国家和地方法规处置

废弃注意事项　破损容器禁止重新使用，要在规定场所掩埋

第十四部分　运输信息

联合国危险货物编号（UN号）　1479

联合国运输名称　氧化性固体，未另作规定的（硝酸铜）

联合国危险性类别　5.1

包装类别　Ⅱ　　　　　**包装标志**　

海洋污染物　是

运输注意事项　运输时单独装运，运输过程中要确保容器不泄漏、不倒塌、不坠落、不损坏。运输时运输车辆应配备相应品种和数量的消防器材。严禁与酸类、易燃物、有机物、还原剂、自燃物品、遇湿易燃物品等并车混运。运输时车速不宜过快，不得强行超车。公路运输时要按规定路线行驶。运输车辆装卸前后，均应彻底清扫、洗净，严禁混入有机物、易燃物等杂质

第十五部分　法规信息

下列法律、法规、规章和标准，对该化学品的管理作了相应的规定。

中华人民共和国职业病防治法　职业病分类和目录：未列入

危险化学品安全管理条例　危险化学品目录：列入。易制爆危险化学品名录：未列入。重点监管的危险化学品名录：未列入。GB 18218—2009《危险化学品重大危险源辨识》（表1）：未列入

使用有毒物品作业场所劳动保护条例 高毒物品目录：未列入

易制毒化学品管理条例 易制毒化学品的分类和品种目录：未列入

国际公约 斯德哥尔摩公约：未列入。鹿特丹公约：未列入。蒙特利尔议定书：未列入

第十六部分 其他信息

编写和修订信息 缩略语和首字母缩写

培训建议 参考文献

免责声明

硝酸钇

第一部分 化学品标识

化学品中文名 硝酸钇

化学品英文名 yttrium nitrate hexahydrate; nitric acid, ytrium salt hexahydrate

分子式 $Y(NO_3)_3 \cdot 6H_2O$ 分子量 383.007

结构式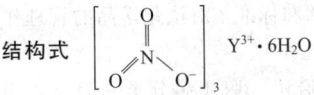

化学品的推荐及限制用途 用作分析试剂、催化剂等

第二部分 危险性概述

紧急情况概述 可加剧燃烧：氧化剂

GHS危险性类别 氧化性固体，类别2

标签要素

象形图

警示词 危险

危险性说明 可加剧燃烧：氧化剂

防范说明

预防措施 远离热源。远离衣物、可燃物保存。采取一切预防措施，避免与可燃物混合。戴防护手套、防护眼镜、防护面罩

事故响应 —

安全储存 —

废弃处置 本品及内装物、容器依据国家和地方法规处置

物理和化学危险 助燃。与可燃物混合能形成爆炸性混合物

健康危害 有毒。在高温下能放出氮氧化物

环境危害 对环境可能有害

第三部分 成分/组成信息

√物质 混合物

组分	浓度	CAS No.
硝酸钇		13494-98-9

第四部分 急救措施

吸入 迅速脱离现场至空气新鲜处。保持呼吸道通畅。如呼吸困难，给输氧。呼吸、心跳停止，立即进行心肺复苏术。就医

皮肤接触 立即脱去污染的衣着，用流动清水彻底冲洗。就医

眼睛接触 立即分开眼睑，用流动清水或生理盐水彻底冲洗。就医

食入 漱口，饮水。就医

对保护施救者的忠告 根据需要使用个人防护设备

对医生的特别提示 对症处理

第五部分 消防措施

灭火剂 本品不燃，根据着火原因选择适当灭火剂灭火

特别危险性 与有机物，还原剂，易燃物如硫、磷等接触或混合时有引起燃烧爆炸的危险。受高热分解放出有毒的气体

灭火注意事项及防护措施 消防人员必须穿全身防火防毒服，在上风向灭火。灭火时尽可能将容器从火场移至空旷处

第六部分 泄漏应急处理

作业人员防护措施、防护装备和应急处置程序 隔离泄漏污染区，限制出入。消除所有点火源。建议应急处理人员戴防尘口罩，穿防毒服。勿使泄漏物与可燃物质（如木材、纸、油等）接触。穿上适当的防护服前严禁接触破裂的容器和泄漏物。尽可能切断泄漏源

环境保护措施 用塑料布覆盖泄漏物，减少飞散

泄漏化学品的收容、清除方法及所使用的处置材料 勿使水进入包装容器内。小量泄漏：用洁净的铲子收集泄漏物，置于干净、干燥、盖子较松的容器中，将容器移离泄漏区。大量泄漏：泄漏物回收后，用水冲洗泄漏区

第七部分 操作处置与储存

操作注意事项 密闭操作，全面通风。防止粉尘释放到车间空气中。操作人员必须经过专门培训，严格遵守操作规程。建议操作人员佩戴自吸过滤式防尘口罩，戴化学安全防护眼镜，穿胶布防毒衣，戴防化学品手套。远离火种、热源，工作场所严禁吸烟。远离易燃、可燃物。避免产生粉尘。避免与还原剂接触。配备相应品种和数量的消防器材及泄漏应急处理设备。倒空的容器可能残留有害物

储存注意事项 储存于阴凉、通风的库房。远离火种、热源。库温不超过30℃，相对湿度不超过80%。防止阳光直射。包装密封。应与还原剂、易（可）燃物、食用化学品分开存放，切忌混储。配备相应品种和数量的消防器材。储区应备有合适的材料收容泄漏物

第八部分 接触控制/个体防护

职业接触限值

中国 PC-TWA：1mg/m³〔按Y计〕

美国（ACGIH）TLV-TWA：1mg/m³〔按Y计〕

生物接触限值 未制定标准

监测方法 空气中有毒物质测定方法：电感耦合等离子体

发射光谱法。生物监测检验方法：未制定标准

工程控制 生产过程密闭，全面通风

个体防护装备

呼吸系统防护 空气中粉尘浓度较高时，建议佩戴过滤式防尘呼吸器

眼睛防护 戴化学安全防护眼镜

皮肤和身体防护 穿密闭型防毒服

手防护 戴防化学品手套

第九部分 理化特性

外观与性状 无色至粉红色结晶，易潮解

pH 值 无意义	**熔点(℃)** 100（−3H_2O）
沸点(℃) 无资料	**相对密度(水=1)** 2.682

相对蒸气密度(空气＝1) 无资料

饱和蒸气压(kPa) 无资料

临界压力(MPa) 无意义	**辛醇/水分配系数** 无资料
闪点(℃) 无意义	**自燃温度(℃)** 无意义
爆炸下限(%) 无意义	**爆炸上限(%)** 无意义
分解温度(℃) 无资料	**黏度(mPa·s)** 无资料
燃烧热(kJ/mol) 无资料	**临界温度(℃)** 无资料

溶解性 溶于水、醇、硝酸

第十部分 稳定性和反应性

稳定性 稳定

危险反应 与有机物、还原剂，易燃物如硫、磷等接触或混合时有引起燃烧爆炸的危险

避免接触的条件 无资料

禁配物 强还原剂，易燃或可燃物如硫、磷等

危险的分解产物 氮氧化物

第十一部分 毒理学信息

急性毒性 LDLo：16600mg/kg（小鼠皮下）

皮肤刺激或腐蚀 无资料	**眼睛刺激或腐蚀** 无资料
呼吸或皮肤过敏 无资料	**生殖细胞突变性** 无资料
致癌性 无资料	**生殖毒性** 无资料

特异性靶器官系统毒性-一次接触 无资料

特异性靶器官系统毒性-反复接触 无资料

吸入危害 无资料

第十二部分 生态学信息

生态毒性 无资料

持久性和降解性

生物降解性 无资料

非生物降解性 无资料

潜在的生物累积性 无资料

土壤中的迁移性 无资料

第十三部分 废弃处置

废弃化学品 建议用控制焚烧法或安全掩埋法处置。破损容器禁止重新使用，要在规定场所掩埋

污染包装物 将容器返还生产商或按照国家和地方法规处置

废弃注意事项 处置前应参阅国家和地方有关法规

第十四部分 运输信息

联合国危险货物编号（UN 号） 1479

联合国运输名称 氧化性固体，未另作规定的（硝酸钇）

联合国危险性类别 5.1

包装类别 Ⅱ **包装标志**

海洋污染物 否

运输注意事项 运输时单独装运，运输过程中要确保容器不泄漏、不倒塌、不坠落、不损坏。运输时运输车辆应配备相应品种和数量的消防器材。严禁与酸类、易燃物、有机物、还原剂、自燃物品、遇湿易燃物品等并车混运。运输时车速不宜过快，不得强行超车。公路运输时要按规定路线行驶。运输车辆装卸前后，均应彻底清扫、洗净，严禁混入有机物、易燃物等杂质

第十五部分 法规信息

下列法律、法规、规章和标准，对该化学品的管理作了相应的规定。

中华人民共和国职业病防治法 职业病分类和目录：未列入

危险化学品安全管理条例 危险化学品目录：列入。易制爆危险化学品名录：未列入。重点监管的危险化学品名录：未列入。GB 18218—2009《危险化学品重大危险源辨识》(表 1)：未列入

使用有毒物品作业场所劳动保护条例 高毒物品目录：未列入

易制毒化学品管理条例 易制毒化学品的分类和品种目录：未列入

国际公约 斯德哥尔摩公约：未列入。鹿特丹公约：未列入。蒙特利尔议定书：未列入

第十六部分 其他信息

编写和修订信息 缩略语和首字母缩写

培训建议 参考文献

免责声明

硝酸异戊酯

第一部分 化学品标识

化学品中文名 硝酸异戊酯；硝酸 γ-甲基丁酯

化学品英文名 isoamyl nitrate；isopentyl nitrate；3-methylbutyl nitrate

分子式 $C_5H_{11}NO_3$ **分子量** 133.1457

结构式

化学品的推荐及限制用途 用于制药，用作试剂

第二部分 危险性概述

紧急情况概述 易燃液体和蒸气

GHS 危险性类别 易燃液体，类别 3

标签要素

象形图

警示词 警告

危险性说明 易燃液体和蒸气

防范说明

预防措施 远离热源、火花、明火、热表面。禁止吸烟。保持容器密闭。容器和接收设备接地连接。使用防爆型电器、通风、照明设备。只能使用不产生火花的工具。采取防止静电措施。戴防护手套、防护眼镜、防护面罩

事故响应 火灾时，使用雾状水、泡沫、干粉、二氧化碳、砂土灭火。如皮肤（或头发）接触：立即脱掉所有被污染的衣服，用水冲洗皮肤，淋浴

安全储存 存放在通风良好的地方。保持低温

废弃处置 本品及内装物、容器依据国家和地方法规处置

物理和化学危险 易燃，其蒸气与空气混合，能形成爆炸性混合物

健康危害 本品有毒。受热分解出氮氧化物。对皮肤有刺激作用。其蒸气或烟雾对眼睛、黏膜和上呼吸道有刺激作用

环境危害 对环境可能有害

第三部分 成分/组成信息

√物质　　　　　　　混合物

组分	浓度	CAS No.
硝酸异戊酯		543-87-3

第四部分 急救措施

吸入 迅速脱离现场至空气新鲜处。保持呼吸道通畅。如呼吸困难，给输氧。呼吸、心跳停止，立即进行心肺复苏术。就医

皮肤接触 立即脱去污染的衣着，用流动清水彻底冲洗。就医

眼睛接触 立即分开眼睑，用流动清水或生理盐水彻底冲洗。就医

食入 漱口，饮水。就医

对保护施救者的忠告 根据需要使用个人防护设备

对医生的特别提示 对症处理

第五部分 消防措施

灭火剂 用雾状水、泡沫、干粉、二氧化碳、砂土灭火

特别危险性 其蒸气与空气可形成爆炸性混合物，遇明火、高热能引起燃烧爆炸。与氧化剂可发生反应。受高热分解放出有毒的气体。若遇高热，容器内压增大，有开裂和爆炸的危险

灭火注意事项及防护措施 消防人员必须戴好防毒面具，在安全距离以外，在上风向灭火。尽可能将容器从火场移至空旷处。喷水保持火场容器冷却，直至灭火结束。处在火场中的容器若已变色或从安全泄压装置中发出声音，必须马上撤离

第六部分 泄漏应急处理

作业人员防护措施、防护装备和应急处置程序 消除所有点火源。根据液体流动和蒸气扩散的影响区域划定警戒区，无关人员从侧风、上风向撤离至安全区。建议应急处理人员戴正压自给式呼吸器，穿防静电服。作业时使用的所有设备应接地。禁止接触或跨越泄漏物。尽可能切断泄漏源

环境保护措施 防止泄漏物进入水体、下水道、地下室或有限空间

泄漏化学品的收容、清除方法及所使用的处置材料 小量泄漏：用砂土或其他不燃材料吸收。使用洁净的无火花工具收集吸收材料。大量泄漏：构筑围堤或挖坑收容。用泡沫覆盖，减少蒸发。喷水雾能减少蒸发，但不能降低泄漏物在有限空间内的易燃性。用防爆泵转移至槽车或专用收集器内

第七部分 操作处置与储存

操作注意事项 密闭操作，局部排风。防止蒸气泄漏到工作场所空气中。操作人员必须经过专门培训，严格遵守操作规程。建议操作人员佩戴自吸过滤式防毒面具（半面罩），戴化学安全防护眼镜，穿防静电工作服，戴橡胶手套。远离火种、热源，工作场所严禁吸烟。使用防爆型的通风系统和设备。在清除液体和蒸气前不能进行焊接、切割等作业。远离易燃、可燃物。避免产生烟雾。避免与氧化剂、还原剂接触。容器与传送设备要接地，防止产生的静电。灌装时应控制流速，且有接地装置，防止静电积聚。配备相应品种和数量的消防器材及泄漏应急处理设备。倒空的容器可能残留有害物

储存注意事项 储存于阴凉、通风的库房。远离火种、热源。防止阳光直射。库温不宜超过37℃，保持容器密封。应与氧化剂、还原剂、易（可）燃物分开存放，切忌混储。采用防爆型照明、通风设施。禁止使用易产生火花的机械设备和工具。储区应备有泄漏应急处理设备和合适的收容材料

第八部分 接触控制/个体防护

职业接触限值

中国 未制定标准

美国（ACGIH） 未制定标准

生物接触限值 未制定标准

监测方法 空气中有毒物质测定方法：未制定标准。生物监测检验方法：未制定标准

工程控制 密闭操作，局部排风

个体防护装备

呼吸系统防护 空气中浓度超标时，必须佩戴过滤式防毒面具（半面罩）。紧急事态抢救或撤离时，应该佩戴空气呼吸器

眼睛防护 戴化学安全防护眼镜

皮肤和身体防护 穿防静电工作服

手防护　戴橡胶手套

第九部分　理化特性

外观与性状　无色液体

pH 值　无资料　　　　　　熔点（℃）　<-60

沸点（℃）　147～148

相对密度（水=1）　0.996（22℃）

相对蒸气密度（空气=1）　无资料

饱和蒸气压（kPa）　无资料

临界压力（MPa）　无资料　　辛醇/水分配系数　无资料

闪点（℃）　36.11　　　　　自燃温度（℃）　无资料

爆炸下限（%）　无资料　　　爆炸上限（%）　无资料

分解温度（℃）　无资料　　　黏度（mPa·s）　无资料

燃烧热（kJ/mol）　无资料　　临界温度（℃）　无资料

溶解性　微溶于水，溶于醇、醚

第十部分　稳定性和反应性

稳定性　稳定

危险反应　与强氧化剂、强还原剂、易燃或可燃物等禁配
　　　物接触，有发生火灾和爆炸的危险

避免接触的条件　无资料

禁配物　强氧化剂、强还原剂、易燃或可燃物

危险的分解产物　氮氧化物

第十一部分　毒理学信息

急性毒性　LD_{50}：480mg/kg（小鼠腹腔）

皮肤刺激或腐蚀　无资料　　眼睛刺激或腐蚀　无资料

呼吸或皮肤过敏　无资料　　生殖细胞突变性　无资料

致癌性　无资料　　　　　　生殖毒性　无资料

特异性靶器官系统毒性-一次接触　无资料

特异性靶器官系统毒性-反复接触　无资料

吸入危害　无资料

第十二部分　生态学信息

生态毒性　无资料

持久性和降解性

　生物降解性　无资料

　非生物降解性　无资料

潜在的生物累积性　无资料

土壤中的迁移性　无资料

第十三部分　废弃处置

废弃化学品　根据国家和地方有关法规的要求处置。或与
　　　厂商或制造商联系，确定处置方法

污染包装物　将容器返还生产商或按照国家和地方法规
　　　处置

废弃注意事项　处置前应参阅国家和地方有关法规

第十四部分　运输信息

联合国危险货物编号（UN 号）　3272

联合国运输名称　酯类，未另作规定的（硝酸异戊酯）

联合国危险性类别　3

包装类别　Ⅲ　　　　　　包装标志

海洋污染物　否

运输注意事项　运输时运输车辆应配备相应品种和数量的
　　　消防器材及泄漏应急处理设备。夏季最好早晚运输。
　　　运输时所用的槽（罐）车应有接地链，槽内可设孔隔
　　　板以减少震荡产生的静电。严禁与氧化剂、还原剂、
　　　易燃物或可燃物、食用化学品等混装混运。运输途中
　　　应防暴晒、雨淋，防高温。中途停留时应远离火种、
　　　热源、高温区。装运该物品的车辆排气管必须配备阻
　　　火装置，禁止使用易产生火花的机械设备和工具装
　　　卸。公路运输时要按规定路线行驶，勿在居民区和人
　　　口稠密区停留。铁路运输时要禁止溜放。严禁用木
　　　船、水泥船散装运输

第十五部分　法规信息

　下列法律、法规、规章和标准，对该化学品的管理作
了相应的规定。

中华人民共和国职业病防治法　职业病分类和目录：未
　　　列入

危险化学品安全管理条例　危险化学品目录：列入。易制
　　　爆危险化学品名录：未列入。重点监管的危险化学品
　　　名录：未列入。GB 18218—2009《危险化学品重大
　　　危险源辨识》（表 1）：未列入

使用有毒物品作业场所劳动保护条例　高毒物品目录：未
　　　列入

易制毒化学品管理条例　易制毒化学品的分类和品种目
　　　录：未列入

国际公约　斯德哥尔摩公约：未列入。鹿特丹公约：未列
　　　入。蒙特利尔议定书：未列入

第十六部分　其他信息

编写和修订信息　　缩略语和首字母缩写

培训建议　　　　　参考文献

免责声明

硝酸铟

第一部分　化学品标识

化学品中文名　硝酸铟

化学品英文名　indium nitrate

分子式　$In(NO_3)_3$　分子量　300.832

结构式　$\left[\begin{array}{c} O \\ \| \\ O-N-O \end{array}\right]_3 \quad In^{3+}$

化学品的推荐及限制用途　用作氧化剂

第二部分　危险性概述

紧急情况概述　可加剧燃烧：氧化剂

GHS 危险性类别　氧化性固体，类别 3

标签要素

象形图

警示词 警告

危险性说明 可加剧燃烧；氧化剂

防范说明

预防措施 远离热源。远离衣物、可燃物保存。采取一切预防措施，避免与可燃物混合。戴防护手套、防护眼镜、防护面罩

事故响应 —

安全储存 —

废弃处置 本品及内装物、容器依据国家和地方法规处置

物理和化学危险 助燃。与可燃物混合能形成爆炸性混合物

健康危害 本品对眼睛、皮肤、黏膜和上呼吸道有刺激作用

环境危害 对环境可能有害

第三部分 成分/组成信息

√ 物质　　　　　　　混合物

组分	浓度	CAS No.
硝酸铟		13770-61-1

第四部分 急救措施

吸入 迅速脱离现场至空气新鲜处。保持呼吸道通畅。如呼吸困难，给输氧。呼吸、心跳停止，立即进行心肺复苏术。就医

皮肤接触 立即脱去污染的衣着，用流动清水彻底冲洗。就医

眼睛接触 立即分开眼睑，用流动清水或生理盐水彻底冲洗。就医

食入 漱口，饮水。就医

对保护施救者的忠告 根据需要使用个人防护设备

对医生的特别提示 对症处理

第五部分 消防措施

灭火剂 本品不燃，根据着火原因选择适当灭火剂灭火

特别危险性 无机氧化剂。与可燃物的混合物易于着火，并会猛烈燃烧。具有腐蚀性

灭火注意事项及防护措施 消防人员必须佩戴防毒面具、穿全身消防服，在上风向灭火。尽可能将容器从火场移至空旷处。喷水保持火场容器冷却，直至灭火结束

第六部分 泄漏应急处理

作业人员防护措施、防护装备和应急处置程序 隔离泄漏污染区，限制出入。建议应急处理人员戴防尘口罩，穿防毒服。勿使泄漏物与可燃物质（如木材、纸、油等）接触。穿上适当的防护服前严禁接触破裂的容器和泄漏物。尽可能切断泄漏源

环境保护措施 用塑料布覆盖泄漏物，减少飞散

泄漏化学品的收容、清除方法及所使用的处置材料 勿使水进入包装容器内。小量泄漏：用洁净的铲子收集泄漏物，置于干净、干燥、盖子较松的容器中，将容器移离泄漏区。大量泄漏：泄漏物回收后，用水冲洗泄漏区

第七部分 操作处置与储存

操作注意事项 密闭操作，注意通风。操作人员必须经过专门培训，严格遵守操作规程。建议操作人员佩戴自吸过滤式防尘口罩，戴化学安全防护眼镜，穿胶布防毒衣，戴橡胶手套。远离火种、热源，工作场所严禁吸烟。远离易燃、可燃物。避免产生粉尘。搬运时要轻装轻卸，防止包装及容器损坏。配备相应品种和数量的消防器材及泄漏应急处理设备。倒空的容器可能残留有害物

储存注意事项 储存于阴凉、通风的库房。远离火种、热源。库温不超过30℃，相对湿度不超过80%。应与易（可）燃物等分开存放，切忌混储。储区应备有合适的材料收容泄漏物

第八部分 接触控制/个体防护

职业接触限值

中国 PC-TWA：0.1mg/m³；PC-STEL：0.3mg/m³〔按 In 计〕

美国（ACGIH） TLV-TWA：0.1mg/m³〔按 In 计〕

生物接触限值 未制定标准

监测方法 空气中有毒物质测定方法：乙炔-空气火焰原子吸收光谱法。生物监测检验方法：未制定标准

工程控制 密闭操作，注意通风

个体防护装备

呼吸系统防护 空气中粉尘浓度超标时，必须佩戴过滤式防尘呼吸器。紧急事态抢救或撤离时，应该佩戴空气呼吸器

眼睛防护 戴化学安全防护眼镜

皮肤和身体防护 穿密闭型防毒服

手防护 戴橡胶手套

第九部分 理化特性

外观与性状 白色片状结晶，易潮解

pH 值 无意义	熔点（℃） 100
沸点（℃） 分解	相对密度（水=1） 无资料

相对蒸气密度（空气=1） 无资料

饱和蒸气压（kPa） 无资料

临界压力（MPa） 无意义	辛醇/水分配系数 无资料
闪点（℃） 无意义	自燃温度（℃） 无意义
爆炸下限（%） 无意义	爆炸上限（%） 无意义
分解温度（℃） 无资料	黏度（mPa·s） 无资料
燃烧热（kJ/mol） 无资料	临界温度（℃） 无资料

溶解性 易溶于水，溶于醇

第十部分 稳定性和反应性

稳定性 稳定

危险反应 与有机物，还原剂，易燃物如硫、磷等接触或

混合时有引起燃烧爆炸的危险
避免接触的条件　无资料
禁配物　易燃或可燃物、硫、磷
危险的分解产物　氮氧化物

第十一部分　毒理学信息

急性毒性　LD_{50}：3350mg/kg（小鼠经口）

皮肤刺激或腐蚀　无资料　　眼睛刺激或腐蚀　无资料
呼吸或皮肤过敏　无资料　　生殖细胞突变性　无资料
致癌性　无资料　　　　　　生殖毒性　无资料
特异性靶器官系统毒性-一次接触　无资料
特异性靶器官系统毒性-反复接触　无资料
吸入危害　无资料

第十二部分　生态学信息

生态毒性　无资料
持久性和降解性
　　生物降解性　无资料
　　非生物降解性　无资料
潜在的生物累积性　无资料
土壤中的迁移性　无资料

第十三部分　废弃处置

废弃化学品　根据国家和地方有关法规的要求处置。或与
　　厂商或制造商联系，确定处置方法
污染包装物　将容器返还生产商或按照国家和地方法规
　　处置
废弃注意事项　处置前应参阅国家和地方有关法规

第十四部分　运输信息

联合国危险货物编号（UN 号）　1479
联合国运输名称　氧化性固体，未另作规定的（硝酸铟）
联合国危险性类别　5.1

包装类别　Ⅲ　　　　　　包装标志　

海洋污染物　否
运输注意事项　运输时单独装运，运输过程中要确保容器
　　不泄漏、不倒塌、不坠落、不损坏。运输时运输车辆
　　应配备相应品种和数量的消防器材。严禁与酸类、易
　　燃物、有机物、还原剂、自燃物品、遇湿易燃物品等
　　并车混运。运输时车速不宜过快，不得强行超车。运
　　输车辆装卸前后，均应彻底清扫、洗净，严禁混入有
　　机物、易燃物等杂质

第十五部分　法规信息

　　下列法律、法规、规章和标准，对该化学品的管理作
了相应的规定。
中华人民共和国职业病防治法　职业病分类和目录：铟及
　　其化合物中毒
危险化学品安全管理条例　危险化学品目录：列入。易制
　　爆危险化学品名录：未列入。重点监管的危险化学品
　　名录：未列入。GB 18218—2009《危险化学品重大
　　危险源辨识》（表1）：未列入

使用有毒物品作业场所劳动保护条例　高毒物品目录：未
　　列入
易制毒化学品管理条例　易制毒化学品的分类和品种目
　　录：未列入
国际公约　斯德哥尔摩公约：未列入。鹿特丹公约：未列
　　入。蒙特利尔议定书：未列入

第十六部分　其他信息

编写和修订信息　　　缩略语和首字母缩写
培训建议　　　　　　参考文献
免责声明

硝酸正丁酯

第一部分　化学品标识

化学品中文名　硝酸正丁酯
化学品英文名　*n*-butyl nitrate；butyl nitrate
分子式　$C_4H_9NO_3$　分子量　119.1192
结构式　〰〰NO3
化学品的推荐及限制用途　用于有机合成

第二部分　危险性概述

紧急情况概述　易燃液体和蒸气
GHS 危险性类别　易燃液体，类别3
标签要素

象形图　

警示词　警告
危险性说明　易燃液体和蒸气
防范说明
　　预防措施　远离热源、火花、明火、热表面。禁止
　　　　吸烟。保持容器密闭。容器和接收设备接地连
　　　　接。使用防爆型电器、通风、照明设备。只能
　　　　使用不产生火花的工具。采取防止静电措施。
　　　　戴防护手套、防护眼镜、防护面罩
　　事故响应　火灾时，使用雾状水、泡沫、干粉、二
　　　　氧化碳、砂土灭火。如皮肤（或头发）接触：
　　　　立即脱掉所有被污染的衣服，用水冲洗皮肤，
　　　　淋浴
　　安全储存　存放在通风良好的地方。保持低温
　　废弃处置　本品及内装物、容器依据国家和地方法
　　　　规处置
物理和化学危险　易燃，其蒸气与空气混合，能形成爆炸
　　性混合物
健康危害　本品有毒。受热分解出氮氧化物
环境危害　对环境可能有害

第三部分　成分/组成信息

✓物质　　　　　　　　　　混合物

组分	浓度	CAS No.
硝酸正丁酯		928-45-0

第四部分　急救措施

吸入　迅速脱离现场至空气新鲜处。保持呼吸道通畅。如呼吸困难，给输氧。呼吸、心跳停止，立即进行心肺复苏术。就医

皮肤接触　立即脱去污染的衣着，用流动清水彻底冲洗。就医

眼睛接触　立即分开眼睑，用流动清水或生理盐水彻底冲洗。就医

食入　漱口，饮水。就医

对保护施救者的忠告　根据需要使用个人防护设备

对医生的特别提示　对症处理

第五部分　消防措施

灭火剂　用雾状水、泡沫、干粉、二氧化碳、砂土灭火

特别危险性　遇高热、明火或与氧化剂接触，有引起燃烧的危险。遇三氟化硼、氯化铝等发生爆炸性反应。受高热分解放出有毒的气体

灭火注意事项及防护措施　消防人员必须戴好防毒面具，在安全距离以外，在上风向灭火。尽可能将容器从火场移至空旷处。喷水保持火场容器冷却，直至灭火结束。处在火场中的容器若已变色或从安全泄压装置中发出声音，必须马上撤离。遇大火，消防人员须在有防护掩蔽处操作

第六部分　泄漏应急处理

作业人员防护措施、防护装备和应急处置程序　消除所有点火源。根据液体流动和蒸气扩散的影响区域划定警戒区，无关人员从侧风、上风向撤离至安全区。建议应急处理人员戴正压自给式呼吸器，穿防毒、防静电服。作业时使用的所有设备应接地。禁止接触或跨越泄漏物。尽可能切断泄漏源

环境保护措施　防止泄漏物进入水体、下水道、地下室或有限空间

泄漏化学品的收容、清除方法及所使用的处置材料　小量泄漏：用砂土或其他不燃材料吸收。使用洁净的无火花工具收集吸收材料。大量泄漏：构筑围堤或挖坑收容。用泡沫覆盖，减少蒸发。喷水雾能减少蒸发，但不能降低泄漏物在有限空间内的易燃性。用防爆泵转移至槽车或专用收集器内

第七部分　操作处置与储存

操作注意事项　密闭操作，全面通风。防止蒸气泄漏到工作场所空气中。操作人员必须经过专门培训，严格遵守操作规程。建议操作人员佩戴自吸过滤式防毒面具（半面罩），戴化学安全防护眼镜，穿防静电工作服，戴防化学品手套。远离火种、热源，工作场所严禁吸烟。使用防爆型的通风系统和设备。在清除液体和蒸气前不能进行焊接、切割等作业。避免产生烟雾。避免与氧化剂接触。容器与传送设备要接地，防止产生的静电。灌装时应控制流速，且有接地装置，防止静电积聚。配备相应品种和数量的消防器材及泄漏应急处理设备。倒空的容器可能残留有害物

储存注意事项　储存于阴凉、通风的库房。远离火种、热源。防止阳光直射。库温不宜超过37℃，保持容器密封。应与氧化剂、食用化学品分开存放，切忌混储。采用防爆型照明、通风设施。禁止使用易产生火花的机械设备和工具。储区应备有泄漏应急处理设备和合适的收容材料

第八部分　接触控制/个体防护

职业接触限值

　中国　未制定标准

　美国（ACGIH）　未制定标准

生物接触限值　未制定标准

监测方法　空气中有毒物质测定方法：未制定标准。生物监测检验方法：未制定标准

工程控制　生产过程密闭，全面通风

个体防护装备

　呼吸系统防护　空气中浓度超标时，必须佩戴过滤式防毒面具（半面罩）。紧急事态抢救或撤离时，应该佩戴空气呼吸器

　眼睛防护　空气中浓度较高时，佩戴化学安全防护眼镜

　皮肤和身体防护　穿防静电工作服

　手防护　戴防化学品手套

第九部分　理化特性

外观与性状　无色液体，有类似醚样的气味

pH 值　无资料	**熔点（℃）**　−60
沸点（℃）　136	**相对密度（水＝1）**　1.1
相对蒸气密度（空气＝1）　4.1	
饱和蒸气压（kPa）　无资料	
临界压力（MPa）　无资料	**辛醇/水分配系数**　无资料
闪点（℃）　36	**自燃温度（℃）**　无资料
爆炸下限（%）　无资料	**爆炸上限（%）**　无资料
分解温度（℃）　无资料	**黏度（mPa·s）**　无资料
燃烧热（kJ/mol）　无资料	**临界温度（℃）**　无资料
溶解性　不溶于水，溶于乙醇、乙醚	

第十部分　稳定性和反应性

稳定性　稳定

危险反应　与强氧化剂等禁配物接触，有发生火灾和爆炸的危险。遇三氟化硼、氯化铝等发生爆炸性反应

避免接触的条件　无资料

禁配物　强氧化剂、三氟化硼、氯化铝等

危险的分解产物　氮氧化物

第十一部分　毒理学信息

急性毒性　无资料

皮肤刺激或腐蚀　无资料	**眼睛刺激或腐蚀**　无资料
呼吸或皮肤过敏　无资料	**生殖细胞突变性**　无资料
致癌性　无资料	**生殖毒性**　无资料

特异性靶器官系统毒性-一次接触　无资料

特异性靶器官系统毒性-反复接触　无资料

吸入危害　无资料

第十二部分　生态学信息

生态毒性　无资料
持久性和降解性
　　生物降解性　无资料
　　非生物降解性　无资料
潜在的生物累积性　无资料
土壤中的迁移性　无资料

第十三部分　废弃处置

废弃化学品　建议用焚烧法处置。在能利用的地方重复使用容器或在规定场所掩埋
污染包装物　将容器返还生产商或按照国家和地方法规处置
废弃注意事项　处置前应参阅国家和地方有关法规

第十四部分　运输信息

联合国危险货物编号（UN 号）　3272
联合国运输名称　酯类，未另作规定的（硝酸正丁酯）
联合国危险性类别　3

包装类别　Ⅲ　　　　　　　　　**包装标志**

海洋污染物　否
运输注意事项　运输时运输车辆应配备相应品种和数量的消防器材及泄漏应急处理设备。夏季最好早晚运输。运输时所用的槽（罐）车应有接地链，槽内可设孔隔板以减少震荡产生的静电。严禁与氧化剂等混装混运。运输途中应防暴晒、雨淋，防高温。中途停留时应远离火种、热源、高温区。装运该物品的车辆排气管必须配备阻火装置，禁止使用易产生火花的机械设备和工具装卸。公路运输时要按规定路线行驶，勿在居民区和人口稠密区停留。铁路运输时要禁止溜放。严禁用木船、水泥船散装运输

第十五部分　法规信息

下列法律、法规、规章和标准，对该化学品的管理作了相应的规定。
中华人民共和国职业病防治法　职业病分类和目录：未列入
危险化学品安全管理条例　危险化学品目录：列入。易制爆危险化学品名录：未列入。重点监管的危险化学品名录：未列入。GB 18218—2009《危险化学品重大危险源辨识》（表 1）：未列入
使用有毒物品作业场所劳动保护条例　高毒物品目录：未列入
易制毒化学品管理条例　易制毒化学品的分类和品种目录：未列入
国际公约　斯德哥尔摩公约：未列入。鹿特丹公约：未列入。蒙特利尔议定书：未列入

第十六部分　其他信息

编写和修订信息　　缩略语和首字母缩写
培训建议　　　　　　参考文献
免责声明

辛二腈

第一部分　化学品标识

化学品中文名　辛二腈；1,6-二氰基己烷
化学品英文名　1,6-dicyanohexane；suberonitrile
分子式　$C_8H_{12}N_2$　**分子量**　136.1943
结构式　NC—〜〜〜—CN
化学品的推荐及限制用途　用作有机合成中间体

第二部分　危险性概述

紧急情况概述　吞咽会中毒
GHS 危险性类别　急性毒性-经口，类别 3
标签要素

　　象形图

　　警示词　危险
　　危险性说明　吞咽会中毒
　　防范说明
　　　　预防措施　避免接触眼睛、皮肤，操作后彻底清洗。作业场所不得进食、饮水或吸烟
　　　　事故响应　食入：立即呼叫中毒控制中心或就医。漱口
　　　　安全储存　上锁保管
　　　　废弃处置　本品及内装物、容器依据国家和地方法规处置
物理和化学危险　可燃，其蒸气与空气混合，能形成爆炸性混合物
健康危害　本品对皮肤有刺激作用。摄入、吸入或经皮肤吸收后对身体有害。其蒸气或雾对眼睛、黏膜和上呼吸道有刺激作用
环境危害　对环境可能有害

第三部分　成分/组成信息

√　物质　　　　　　　　　　混合物

组分	浓度	CAS No.
辛二腈		629-40-3

第四部分　急救措施

吸入　迅速脱离现场至空气新鲜处。保持呼吸道通畅。如呼吸困难，给输氧。呼吸、心跳停止，立即进行心肺复苏术。就医
皮肤接触　立即脱去污染的衣着，用肥皂水和流动清水彻底冲洗。就医
眼睛接触　立即分开眼睑，用流动清水或生理盐水彻底冲洗。就医
食入　催吐（仅限于清醒者），给服活性炭悬液。就医
对保护施救者的忠告　根据需要使用个人防护设备
对医生的特别提示　使用亚硝酸钠、硫代硫酸钠、4-二甲基氨基苯酚等解毒剂

第五部分 消防措施

灭火剂 用雾状水、泡沫、干粉、二氧化碳、砂土灭火

特别危险性 遇明火能燃烧。遇高热分解释放出剧毒的气体

灭火注意事项及防护措施 消防人员必须佩戴防毒面具、穿全身消防服，在上风向灭火。尽可能将容器从火场移至空旷处。喷水保持火场容器冷却，直至灭火结束。处在火场中的容器若已变色或从安全泄压装置中发出声音，必须马上撤离

第六部分 泄漏应急处理

作业人员防护措施、防护装备和应急处置程序 根据液体流动和蒸气扩散的影响区域划定警戒区，无关人员从侧风、上风向撤离至安全区。消除所有点火源。建议应急处理人员戴正压自给式呼吸器，穿防毒服。穿上适当的防护服前严禁接触破裂的容器和泄漏物。尽可能切断泄漏源

环境保护措施 防止泄漏物进入水体、下水道、地下室或有限空间

泄漏化学品的收容、清除方法及所使用的处置材料 小量泄漏：用干燥的砂土或其他不燃材料吸收或覆盖，收集于容器中。大量泄漏：构筑围堤或挖坑收容。用泵转移至槽车或专用收集器内

第七部分 操作处置与储存

操作注意事项 严加密闭，提供充分的局部排风和全面通风。操作人员必须经过专门培训，严格遵守操作规程。建议操作人员佩戴自吸过滤式防毒面具（半面罩），戴化学安全防护眼镜，穿防毒物渗透工作服，戴橡胶耐油手套。远离火种、热源，工作场所严禁吸烟。使用防爆型的通风系统和设备。防止蒸气泄漏到工作场所空气中。避免与氧化剂、还原剂、酸类、碱类接触。搬运时要轻装轻卸，防止包装及容器损坏。配备相应品种和数量的消防器材及泄漏应急处理设备。倒空的容器可能残留有害物

储存注意事项 储存于阴凉、通风的库房。远离火种、热源。应与氧化剂、还原剂、酸类、碱类、食用化学品分开存放，切忌混储。配备相应品种和数量的消防器材。储区应备有泄漏应急处理设备和合适的收容材料

第八部分 接触控制/个体防护

职业接触限值
中国 未制定标准
美国（ACGIH） 未制定标准

生物接触限值 未制定标准

监测方法 空气中有毒物质测定方法：未制定标准。生物监测检验方法：未制定标准

工程控制 严加密闭，提供充分的局部排风和全面通风

个体防护装备
呼吸系统防护 空气中浓度超标时，必须佩戴自吸过滤式防毒面具（半面罩）。紧急事态抢救或撤离时，应该佩戴空气呼吸器

眼睛防护 戴化学安全防护眼镜
皮肤和身体防护 穿防毒物渗透工作服
手防护 戴橡胶耐油手套

第九部分 理化特性

外观与性状 无色至淡黄色液体

pH 值 无资料	**熔点（℃）** −3.5
沸点（℃） 185（2.0kPa）	**相对密度（水＝1）** 0.954
相对蒸气密度（空气＝1） 无资料	
饱和蒸气压（kPa） 2.0（185℃）	
临界压力（MPa） 无资料	**辛醇/水分配系数** 无资料
闪点（℃） ＞110	**自燃温度（℃）** 无资料
爆炸下限（%） 无资料	**爆炸上限（%）** 无资料
分解温度（℃） 无资料	**黏度（mPa·s）** 无资料
燃烧热（kJ/mol） 无资料	**临界温度（℃）** 无资料

溶解性 不溶于水

第十部分 稳定性和反应性

稳定性 稳定

危险反应 与强氧化剂、强还原剂、强酸、强碱等禁配物发生反应

避免接触的条件 无资料

禁配物 强氧化剂、强还原剂、强酸、强碱

危险的分解产物 氮氧化物、氰化物

第十一部分 毒理学信息

急性毒性 LD_{50}：150mg/kg（大鼠经口）；307mg/kg（小鼠经口）；25mg/kg（兔经口）

皮肤刺激或腐蚀 无资料	**眼睛刺激或腐蚀** 无资料
呼吸或皮肤过敏 无资料	**生殖细胞突变性** 无资料
致癌性 无资料	**生殖毒性** 无资料

特异性靶器官系统毒性-一次接触 无资料

特异性靶器官系统毒性-反复接触 无资料

吸入危害 无资料

第十二部分 生态学信息

生态毒性 LC_{50}：383mg/L（96h）（高体雅罗鱼）；EC_{50}：＞120mg/L（48h）（大型溞）（EU Method C.2）；ErC_{50}：＞100mg/L（48h）（*Desmodesmus subspicatus*）（OECD 201）

持久性和降解性
生物降解性 无资料
非生物降解性 无资料

潜在的生物累积性 根据 K_{ow} 值预测，该物质的生物累积性可能较弱

土壤中的迁移性 根据 K_{oc} 值预测，该物质可能易发生迁移

第十三部分 废弃处置

废弃化学品 建议用焚烧法处置。焚烧炉排出的氮氧化物通过洗涤器除去

污染包装物 将容器返还生产商或按照国家和地方法规处置

废弃注意事项　处置前应参阅国家和地方有关法规

第十四部分　运输信息

联合国危险货物编号（UN号）　3276

联合国运输名称　腈类，毒性，液态，未另作规定的（辛二腈）

联合国危险性类别　6.1

包装类别　Ⅲ　　　　　**包装标志**

海洋污染物　否

运输注意事项　运输前应先检查包装容器是否完整、密封，运输过程中要确保容器不泄漏、不倒塌、不坠落、不损坏。严禁与酸类、氧化剂、食品及食品添加剂混运。运输时运输车辆应配备相应品种和数量的消防器材及泄漏应急处理设备。运输途中应防暴晒、雨淋，防高温。公路运输时要按规定路线行驶，勿在居民区和人口稠密区停留

第十五部分　法规信息

下列法律、法规、规章和标准，对该化学品的管理作了相应的规定。

中华人民共和国职业病防治法　职业病分类和目录：氰及腈类化合物中毒

危险化学品安全管理条例　危险化学品目录：列入。易制爆危险化学品名录：未列入。重点监管的危险化学品名录：未列入。GB 18218—2009《危险化学品重大危险源辨识》（表1）：未列入

使用有毒物品作业场所劳动保护条例　高毒物品目录：未列入

易制毒化学品管理条例　易制毒化学品的分类和品种目录：未列入

国际公约　斯德哥尔摩公约：未列入。鹿特丹公约：未列入。蒙特利尔议定书：未列入

第十六部分　其他信息

编写和修订信息　　　　**缩略语和首字母缩写**
培训建议　　　　　　　**参考文献**
免责声明

辛二烯

第一部分　化学品标识

化学品中文名　辛二烯

化学品英文名　1,7-octadiene

分子式　C_8H_{14}　**分子量**　110.1968

结构式

化学品的推荐及限制用途　用于有机合成

第二部分　危险性概述

紧急情况概述　高度易燃液体和蒸气，造成轻微皮肤刺激，造成眼刺激

GHS 危险性类别　易燃液体，类别2；皮肤腐蚀/刺激，类别3；严重眼损伤/眼刺激，类别2B

标签要素

象形图

警示词　危险

危险性说明　高度易燃液体和蒸气，造成轻微皮肤刺激，造成眼刺激

防范说明

预防措施　远离热源、火花、明火、热表面。禁止吸烟。保持容器密闭。容器和接收设备接地连接。使用防爆型电器、通风、照明设备。只能使用不产生火花的工具。采取防止静电措施。戴防护手套、防护眼镜、防护面罩。避免接触眼睛、皮肤，操作后彻底清洗

事故响应　火灾时，使用雾状水、泡沫、干粉、二氧化碳、砂土灭火。如皮肤（或头发）接触：立即脱掉所有被污染的衣服，用水冲洗皮肤、淋浴。如发生皮肤刺激，就医。如接触眼睛：用水细心冲洗数分钟。如戴隐形眼镜并可方便地取出，取出隐形眼镜，继续冲洗。如果眼睛刺激持续：就医

安全储存　存放在通风良好的地方。保持低温

废弃处置　本品及内装物、容器依据国家和地方法规处置

物理和化学危险　高度易燃，其蒸气与空气混合，能形成爆炸性混合物

健康危害　对眼睛、皮肤和黏膜有刺激作用。目前未见急、慢性中毒临床报道

环境危害　对环境可能有害

第三部分　成分/组成信息

√ 物质　　　　　　　　　混合物

组分	浓度	CAS No.
辛二烯		3710-30-3

第四部分　急救措施

吸入　迅速脱离现场至空气新鲜处。保持呼吸道通畅。如呼吸困难，给输氧。呼吸、心跳停止，立即进行心肺复苏术。就医

皮肤接触　立即脱去污染的衣着，用流动清水彻底冲洗。就医

眼睛接触　立即分开眼睑，用流动清水或生理盐水彻底冲洗。就医

食入　漱口，饮水。就医

对保护施救者的忠告　根据需要使用个人防护设备

对医生的特别提示　对症处理

第五部分　消防措施

灭火剂　用雾状水、泡沫、干粉、二氧化碳、砂土灭火

特别危险性　其蒸气与空气可形成爆炸性混合物，遇明

火、高热极易燃烧爆炸。与氧化剂接触猛烈反应。容
易自聚，聚合反应随着温度的上升而急骤加剧。流速
过快，容易产生和积聚静电。若遇高热，容器内压增
大，有开裂和爆炸的危险

灭火注意事项及防护措施 消防人员必须佩戴防毒面具、
穿全身消防服，在上风向灭火。尽可能将容器从火场
移至空旷处。喷水保持火场容器冷却，直至灭火结
束。处在火场中的容器若已变色或从安全泄压装置中
发出声音，必须马上撤离

第六部分 泄漏应急处理

作业人员防护措施、防护装备和应急处置程序 消除所有
点火源。根据液体流动和蒸气扩散的影响区域划定警
戒区，无关人员从侧风、上风向撤离至安全区。建议
应急处理人员戴正压自给式呼吸器，穿防静电服。作
业时使用的所有设备应接地。禁止接触或跨越泄漏
物。尽可能切断泄漏源

环境保护措施 防止泄漏物进入水体、下水道、地下室或
有限空间

泄漏化学品的收容、清除方法及所使用的处置材料 小量
泄漏：用砂土或其他不燃材料吸收。使用洁净的无火
花工具收集吸收材料。大量泄漏：构筑围堤或挖坑收
容。用泡沫覆盖，减少蒸发。喷水雾能减少蒸发，但
不能降低泄漏物在有限空间内的易燃性。用防爆泵转
移至槽车或专用收集器内

第七部分 操作处置与储存

操作注意事项 密闭操作，局部排风。防止蒸气泄漏到工
作场所空气中。操作人员必须经过专门培训，严格遵
守操作规程。建议操作人员佩戴自吸过滤式防毒面具
（半面罩），戴化学安全防护眼镜，穿防静电工作服，
戴橡胶手套。远离火种、热源，工作场所严禁吸烟。
使用防爆型的通风系统和设备。在清除液体和蒸气前
不能进行焊接、切割等作业。避免产生烟雾。避免与
氧化剂接触。容器与传送设备要接地，防止产生的静
电。灌装时应控制流速，且有接地装置，防止静电积
聚。配备相应品种和数量的消防器材及泄漏应急处理
设备。倒空的容器可能残留有害物

储存注意事项 储存于阴凉、通风的库房。远离火种、热
源。防止阳光直射。库温不宜超过 37℃，保持容器
密封，严禁与空气接触。应与氧化剂分开存放，切忌
混储。不宜大量储存或久存。采用防爆型照明、通风
设施。禁止使用易产生火花的机械设备和工具。储区
应备有泄漏应急处理设备和合适的收容材料

第八部分 接触控制/个体防护

职业接触限值
中国 未制定标准
美国（ACGIH） 未制定标准
生物接触限值 未制定标准
监测方法 空气中有毒物质测定方法：未制定标准。生物
监测检验方法：未制定标准
工程控制 密闭操作，局部排风

个体防护装备
呼吸系统防护 空气中浓度超标时，必须佩戴过滤式
防毒面具（半面罩）。紧急事态抢救或撤离时，
应该佩戴空气呼吸器
眼睛防护 戴化学安全防护眼镜
皮肤和身体防护 穿防静电工作服
手防护 戴橡胶手套

第九部分 理化特性

外观与性状 无色液体

pH 值 无资料	**熔点（℃）** 无资料
沸点（℃） 114～121	**相对密度（水＝1）** 0.746
相对蒸气密度（空气＝1） 无资料	
饱和蒸气压（kPa） 无资料	
临界压力（MPa） 无资料	**辛醇/水分配系数** 无资料
闪点（℃） 9.44	**自燃温度（℃）** 无资料
爆炸下限（%） 无资料	**爆炸上限（%）** 无资料
分解温度（℃） 无资料	**黏度（mPa·s）** 无资料
燃烧热（kJ/mol） 无资料	**临界温度（℃）** 无资料

溶解性 不溶于水，溶于醇、醚

第十部分 稳定性和反应性

稳定性 稳定

危险反应 与强氧化剂等禁配物接触，有发生火灾和爆炸
的危险。容易发生自聚反应

避免接触的条件 无资料

禁配物 强氧化剂

危险的分解产物 无资料

第十一部分 毒理学信息

急性毒性 本品属低毒类。LD_{50}：20000mg/kg（大鼠经
口），1400mg/kg（大鼠经皮）

皮肤刺激或腐蚀 无资料	**眼睛刺激或腐蚀** 无资料
呼吸或皮肤过敏 无资料	**生殖细胞突变性** 无资料
致癌性 无资料	**生殖毒性** 无资料

特异性靶器官系统毒性-一次接触 无资料
特异性靶器官系统毒性-反复接触 无资料
吸入危害 无资料

第十二部分 生态学信息

生态毒性 无资料
持久性和降解性
生物降解性 无资料
非生物降解性 无资料
潜在的生物累积性 无资料
土壤中的迁移性 无资料

第十三部分 废弃处置

废弃化学品 建议用焚烧法处置。在能利用的地方重复使
用容器或在规定场所掩埋

污染包装物 将容器返还生产商或按照国家和地方法规
处置

废弃注意事项 处置前应参阅国家和地方有关法规

第十四部分　运输信息

联合国危险货物编号（UN 号） 2309

联合国运输名称 辛二烯

联合国危险性类别 3

包装类别 Ⅱ   **包装标志**

海洋污染物 否

运输注意事项 运输时运输车辆应配备相应品种和数量的消防器材及泄漏应急处理设备。夏季最好早晚运输。运输时所用的槽（罐）车应有接地链，槽内可设孔隔板以减少震荡产生的静电。严禁与氧化剂、食用化学品等混装混运。运输途中应防暴晒、雨淋，防高温。中途停留时应远离火种、热源、高温区。装运该物品的车辆排气管必须配备阻火装置，禁止使用易产生火花的机械设备和工具装卸。公路运输时要按规定路线行驶，勿在居民区和人口稠密区停留。铁路运输时要禁止溜放。严禁用木船、水泥船散装运输

第十五部分　法规信息

下列法律、法规、规章和标准，对该化学品的管理作了相应的规定。

中华人民共和国职业病防治法 职业病分类和目录：未列入

危险化学品安全管理条例 危险化学品目录：列入。易制爆危险化学品名录：未列入。重点监管的危险化学品名录：未列入。GB 18218—2009《危险化学品重大危险源辨识》（表 1）：未列入

使用有毒物品作业场所劳动保护条例 高毒物品目录：未列入

易制毒化学品管理条例 易制毒化学品的分类和品种目录：未列入

国际公约 斯德哥尔摩公约：未列入。鹿特丹公约：未列入。蒙特利尔议定书：未列入

第十六部分　其他信息

编写和修订信息 缩略语和首字母缩写

培训建议 参考文献

免责声明

辛基酚

第一部分　化学品标识

化学品中文名 辛基酚；辛基苯酚；对叔辛基苯酚

化学品英文名 *p*-(*tert*-octyl)-phenol；*p*-(1,1,3,3-tetra-methylbutyl)-phenol

分子式 $C_{14}H_{22}O$ **分子量** 206.3268

结构式

化学品的推荐及限制用途 用于制造油溶性苯酚树脂和表面活性剂等

第二部分　危险性概述

紧急情况概述 造成严重的皮肤灼伤和眼损伤

GHS 危险性类别 皮肤腐蚀/刺激，类别 1C；严重眼损伤/眼刺激，类别 1；危害水生环境-急性危害，类别 1；危害水生环境-长期危害，类别 1

标签要素

象形图

警示词 危险

危险性说明 造成严重的皮肤灼伤和眼损伤，对水生生物毒性非常大并具有长期持续影响

防范说明

预防措施　避免吸入粉尘或烟雾。避免接触眼睛、皮肤，操作后彻底清洗。穿防护服，戴防护眼镜、防护手套、防护面罩。禁止排入环境

事故响应　如吸入：将患者转移到空气新鲜处，休息，保持利于呼吸的体位。立即呼叫中毒控制中心或就医。皮肤（或头发）接触：立即脱掉所有被污染的衣服，用水冲洗皮肤，淋浴。污染的衣服必须经洗净后方可重新使用。眼睛接触：用水细心地冲洗数分钟。如戴隐形眼镜并可方便地取出，则取出隐形眼镜，继续冲洗。食入：漱口，不要催吐。收集泄漏物

安全储存　上锁保管

废弃处置　本品及内装物、容器依据国家和地方法规处置

物理和化学危险 可燃，其粉体与空气混合，能形成爆炸性混合物

健康危害 对皮肤、眼睛和黏膜有腐蚀性，可引起充血、疼痛、烧灼感、视力模糊。大量吸入其蒸气，会引起咳嗽、呼吸困难、肺水肿。常与皮肤接触能使皮肤脱色

环境危害 对水生生物毒性非常大并具有长期持续影响

第三部分　成分/组成信息

√ 物质   混合物

组分	浓度	CAS No.
辛基酚		140-66-9

第四部分　急救措施

吸入 迅速脱离现场至空气新鲜处。保持呼吸道通畅。如呼吸困难，给输氧。呼吸、心跳停止，立即进行心肺复苏术。就医

皮肤接触 立即脱去污染衣物，用大量流动清水彻底冲洗污染创面，同时使用浸过聚乙烯乙二醇（PEG400 或 PEG300）的棉球或浸过 30%～50% 酒精的棉球擦洗创面至无酚味为止（注意不能将患处浸泡于清洗液中）。可继续用 4%～5% 碳酸氢钠溶液湿敷创面。就医

眼睛接触 立即分开眼睑，用大量流动清水或生理盐水彻

底冲洗至少 15min。就医

食入 漱口，给服植物油 15～30mL，催吐。对食入时间长者禁用植物油，可口服牛奶或蛋清。就医

对保护施救者的忠告 根据需要使用个人防护设备

对医生的特别提示 对症处理

第五部分 消防措施

灭火剂 用雾状水、泡沫、干粉、二氧化碳、砂土灭火

特别危险性 遇明火、高热可燃。其粉体与空气可形成爆炸性混合物，当达到一定浓度时，遇火星会发生爆炸。受高热分解放出有毒的气体。具有腐蚀性

灭火注意事项及防护措施 消防人员必须佩戴空气呼吸器、穿全身防火防毒服，在上风向灭火。尽可能将容器从火场移至空旷处。喷水保持火场容器冷却，直至灭火结束

第六部分 泄漏应急处理

作业人员防护措施、防护装备和应急处置程序 隔离泄漏污染区，限制出入。消除所有点火源。建议应急处理人员戴防尘口罩，穿防酸碱服。穿上适当的防护服前严禁接触破裂的容器和泄漏物。尽可能切断泄漏源

环境保护措施 用塑料布覆盖泄漏物，减少飞散

泄漏化学品的收容、清除方法及所使用的处置材料 勿使水进入包装容器内。用洁净的铲子收集泄漏物，置于干净、干燥、盖子较松的容器中，将容器移离泄漏区

第七部分 操作处置与储存

操作注意事项 密闭操作，提供充分的局部排风。防止粉尘释放到车间空气中。操作人员必须经过专门培训，严格遵守操作规程。建议操作人员佩戴防尘面具（全面罩），穿橡胶耐酸碱服，戴橡胶耐酸碱手套。远离火种、热源，工作场所严禁吸烟。使用防爆型的通风系统和设备。避免产生粉尘。避免与氧化剂、碱类接触。配备相应品种和数量的消防器材及泄漏应急处理设备。倒空的容器可能残留有害物

储存注意事项 储存于阴凉、通风的库房。远离火种、热源。防止阳光直射。包装密封。应与氧化剂、碱类分开存放，切忌混储。配备相应品种和数量的消防器材。储区应备有合适的材料收容泄漏物

第八部分 接触控制/个体防护

职业接触限值

中国 未制定标准

美国（ACGIH） 未制定标准

生物接触限值 未制定标准

监测方法 空气中有毒物质测定方法：未制定标准。生物监测检验方法：未制定标准

工程控制 严加密闭，提供充分的局部排风

个体防护装备

呼吸系统防护 可能接触其粉尘时，必须佩戴防尘面具（全面罩）。紧急事态抢救或撤离时，应该佩戴空气呼吸器

眼睛防护 呼吸系统防护中已作防护

皮肤和身体防护 穿橡胶耐酸碱服

手防护 戴橡胶耐酸碱手套

第九部分 理化特性

外观与性状 白色片状固体

pH 值 无意义　　**熔点(℃)** 79～82

沸点(℃) 276

相对密度(水＝1) 0.889（120℃）

相对蒸气密度(空气＝1) 无资料

饱和蒸气压(kPa) 无资料

临界压力(MPa) 无资料　**辛醇/水分配系数** 无资料

闪点(℃) 无资料　　　**自燃温度(℃)** 无资料

爆炸下限(%) 无资料　　**爆炸上限(%)** 无资料

分解温度(℃) 无资料　　**黏度(mPa·s)** 无资料

燃烧热(kJ/mol) 无资料　**临界温度(℃)** 无资料

溶解性 不溶于水，溶于多数有机溶剂

第十部分 稳定性和反应性

稳定性 稳定

危险反应 与强氧化剂、强碱等禁配物发生反应

避免接触的条件 无资料

禁配物 强氧化剂、强碱

危险的分解产物 无资料

第十一部分 毒理学信息

急性毒性 LD_{50}：4600mg/kg（大鼠经口）；3210mg/kg（小鼠经口）；1880mg/kg（兔经皮）

皮肤刺激或腐蚀 家兔经皮：20mg（24h），中度刺激

眼睛刺激或腐蚀 家兔经眼：50μg（24h），重度刺激

呼吸或皮肤过敏 无资料　**生殖细胞突变性** 无资料

致癌性 无资料　　　　　**生殖毒性** 无资料

特异性靶器官系统毒性-一次接触 无资料

特异性靶器官系统毒性-反复接触 无资料

吸入危害 无资料

第十二部分 生态学信息

生态毒性 加拿大现有化学品分类项目（CCR）使用 Ecosar v0.99g、Oasis Forecast M v1.10、Aster、PNN 等 QSAR 模型进行预测：LC_{50} 为 0.082～0.49mg/L（鱼类）

持久性和降解性

生物降解性 不易快速生物降解

非生物降解性 无资料

潜在的生物累积性 根据 K_{ow} 值预测，该物质可能有较高的生物累积性

土壤中的迁移性 根据 K_{oc} 值预测，该物质的迁移性可能较弱

第十三部分 废弃处置

废弃化学品 用焚烧法处置

污染包装物 将容器返还生产商或按照国家和地方法规处置

废弃注意事项 若可能，重复使用容器或在规定场所掩埋

第十四部分 运输信息

联合国危险货物编号（UN 号） 3263

联合国运输名称 有机酸性腐蚀性固体，未另作规定的（辛基酚）

联合国危险性类别 8

包装类别 Ⅲ

包装标志

海洋污染物 是

运输注意事项 起运时包装要完整，装载应稳妥。运输过程中要确保容器不泄漏、不倒塌、不坠落、不损坏。严禁与氧化剂、碱类、食用化学品等混装混运。运输时运输车辆应配备相应品种和数量的消防器材及泄漏应急处理设备。运输途中应防暴晒、雨淋，防高温。公路运输时要按规定路线行驶，勿在居民区和人口稠密区停留

第十五部分 法规信息

下列法律、法规、规章和标准，对该化学品的管理作了相应的规定。

中华人民共和国职业病防治法 职业病分类和目录：未列入

危险化学品安全管理条例 危险化学品目录：列入。易制爆危险化学品名录：未列入。重点监管的危险化学品名录：未列入。GB 18218—2009《危险化学品重大危险源辨识》（表 1）：未列入

使用有毒物品作业场所劳动保护条例 高毒物品目录：未列入

易制毒化学品管理条例 易制毒化学品的分类和品种目录：未列入

国际公约 斯德哥尔摩公约：未列入。鹿特丹公约：未列入。蒙特利尔议定书：未列入

第十六部分 其他信息

编写和修订信息 缩略语和首字母缩写

培训建议 参考文献

免责声明

4-辛炔

第一部分 化学品标识

化学品中文名 4-辛炔

化学品英文名 4-octyne；di-*n*-propylacetylene

分子式 C₈H₁₄ **分子量** 110.1968

结构式

化学品的推荐及限制用途 用作中间体、溶剂等

第二部分 危险性概述

紧急情况概述 高度易燃液体和蒸气

GHS 危险性类别 易燃液体，类别 2

标签要素

象形图

警示词 危险

危险性说明 高度易燃液体和蒸气

防范说明

　　预防措施 远离热源、火花、明火、热表面。禁止吸烟。保持容器密闭。容器和接收设备接地连接。使用防爆型电器、通风、照明设备。只能使用不产生火花的工具。采取防止静电措施。戴防护手套、防护眼镜、防护面罩

　　事故响应 火灾时，使用雾状水、泡沫、干粉、二氧化碳、砂土灭火。如皮肤（或头发）接触：立即脱掉所有被污染的衣服，用水冲洗皮肤，淋浴

　　安全储存 存放在通风良好的地方。保持低温

　　废弃处置 本品及内装物、容器依据国家和地方法规处置

物理和化学危险 易燃，其蒸气与空气混合，能形成爆炸性混合物

健康危害 吸入、摄入或经皮肤吸收后对身体有害。蒸气或雾对眼睛、黏膜和上呼吸道有刺激作用

环境危害 对环境可能有害

第三部分 成分/组成信息

√ 物质　　　　　　　　　　　混合物

组分	浓度	CAS No.
4-辛炔		1942-45-6

第四部分 急救措施

吸入 迅速脱离现场至空气新鲜处。保持呼吸道通畅。如呼吸困难，给输氧。如呼吸、心跳停止，立即进行心肺复苏术。就医

皮肤接触 立即脱去污染的衣着，用流动清水彻底冲洗。就医

眼睛接触 立即分开眼睑，用流动清水或生理盐水彻底冲洗。就医

食入 漱口，饮水。就医

对保护施救者的忠告 根据需要使用个人防护设备

对医生的特别提示 对症处理

第五部分 消防措施

灭火剂 用雾状水、泡沫、干粉、二氧化碳、砂土灭火

特别危险性 其蒸气与空气可形成爆炸性混合物，遇明火、高热极易燃烧爆炸。与氧化剂接触猛烈反应。流速过快，容易产生和积聚静电。容易自聚，聚合反应随着温度的上升而急骤加剧。若遇高热，容器内压增大，有开裂和爆炸的危险

灭火注意事项及防护措施 消防人员必须佩戴防毒面具、穿全身消防服，在上风向灭火。尽可能将容器从火场移至空旷处。喷水保持火场容器冷却，直至灭火结

束。处在火场中的容器若已变色或从安全泄压装置中发出声音，必须马上撤离

第六部分　泄漏应急处理

作业人员防护措施、防护装备和应急处置程序　消除所有点火源。根据液体流动和蒸气扩散的影响区域划定警戒区，无关人员从侧风向、上风向撤离至安全区。建议应急处理人员戴正压自给式呼吸器，穿防静电服。作业时使用的所有设备应接地。禁止接触或跨越泄漏物。尽可能切断泄漏源

环境保护措施　防止泄漏物进入水体、下水道、地下室或有限空间

泄漏化学品的收容、清除方法及所使用的处置材料　小量泄漏：用砂土或其他不燃材料吸收。使用洁净的无火花工具收集吸收材料。大量泄漏：构筑围堤或挖坑收容。用泡沫覆盖，减少蒸发。喷水雾能减少蒸发，但不能降低泄漏物在有限空间内的易燃性。用防爆泵转移至槽车或专用收集器内

第七部分　操作处置与储存

操作注意事项　密闭操作，全面通风。操作人员必须经过专门培训，严格遵守操作规程。建议操作人员佩戴自吸过滤式防毒面具（半面罩），戴化学安全防护眼镜，穿防静电工作服，戴橡胶耐油手套。远离火种、热源，工作场所严禁吸烟。使用防爆型的通风系统和设备。防止蒸气泄漏到工作场所空气中。避免与氧化剂、酸类、金属粉末接触。灌装时应控制流速，且有接地装置，防止静电积聚。搬运时要轻装轻卸，防止包装及容器损坏。配备相应品种和数量的消防器材及泄漏应急处理设备。倒空的容器可能残留有害物

储存注意事项　储存于阴凉、通风的库房。远离火种、热源。库温不宜超过37℃，应与氧化剂、酸类、金属粉末等分开存放，切忌混储。采用防爆型照明、通风设施。禁止使用易产生火花的机械设备和工具。储区应备有泄漏应急处理设备和合适的收容材料

第八部分　接触控制/个体防护

职业接触限值
中国　未制定标准
美国（ACGIH）　未制定标准

生物接触限值　未制定标准

监测方法　空气中有毒物质测定方法：未制定标准。生物监测检验方法：未制定标准

工程控制　生产过程密闭，全面通风

个体防护装备
呼吸系统防护　空气中浓度超标时，必须佩戴过滤式防毒面具（半面罩）。紧急事态抢救或撤离时，应该佩戴空气呼吸器
眼睛防护　戴化学安全防护眼镜
皮肤和身体防护　穿防静电工作服
手防护　戴橡胶耐油手套

第九部分　理化特性

外观与性状　无色液体

pH值	无资料	熔点（℃）	−103
沸点（℃）	131～132	相对密度（水=1）	0.75
相对蒸气密度（空气=1）	无资料		
饱和蒸气压（kPa）	4.65（37.7℃）		
临界压力（MPa）	无资料	辛醇/水分配系数	无资料
闪点（℃）	29.44	自燃温度（℃）	无资料
爆炸下限（%）	无资料	爆炸上限（%）	无资料
分解温度（℃）	无资料	黏度（mPa·s）	无资料
燃烧热（kJ/mol）	无资料	临界温度（℃）	无资料

溶解性　不溶于水，溶于乙醇、乙醚

第十部分　稳定性和反应性

稳定性　稳定

危险反应　与强氧化剂等禁配物接触，有发生火灾和爆炸的危险。与酸类、铜、银或其盐类等发生反应。容易发生自聚反应

避免接触的条件　受热

禁配物　强氧化剂、酸类、铜、银或其盐类

危险的分解产物　无资料

第十一部分　毒理学信息

急性毒性　无资料

皮肤刺激或腐蚀　无资料	眼睛刺激或腐蚀　无资料
呼吸或皮肤过敏　无资料	生殖细胞突变性　无资料
致癌性　无资料	生殖毒性　无资料

特异性靶器官系统毒性-一次接触　无资料

特异性靶器官系统毒性-反复接触　无资料

吸入危害　无资料

第十二部分　生态学信息

生态毒性　无资料

持久性和降解性
生物降解性　无资料
非生物降解性　无资料

潜在的生物累积性　无资料

土壤中的迁移性　无资料

第十三部分　废弃处置

废弃化学品　建议用焚烧法处置

污染包装物　将容器返还生产商或按照国家和地方法规处置

废弃注意事项　处置前应参阅国家和地方有关法规

第十四部分　运输信息

联合国危险货物编号（UN号）　3295

联合国运输名称　液态烃类，未另作规定的（4-辛炔）

联合国危险性类别　3

包装类别　Ⅱ　　　　　　　　**包装标志**

海洋污染物　否

运输注意事项　运输时运输车辆应配备相应品种和数量

的消防器材及泄漏应急处理设备。夏季最好早晚运输。运输时所用的槽（罐）车应有接地链，槽内可设孔隔板以减少震荡产生的静电。严禁与氧化剂、酸类、金属粉末、食用化学品等混装混运。运输途中应防暴晒、雨淋，防高温。中途停留时应远离火种、热源、高温区。装运该物品的车辆排气管必须配备阻火装置，禁止使用易产生火花的机械设备和工具装卸。公路运输时要按规定路线行驶。铁路运输时要禁止溜放。严禁用木船、水泥船散装运输

第十五部分　法规信息

下列法律、法规、规章和标准，对该化学品的管理作了相应的规定。

中华人民共和国职业病防治法　职业病分类和目录：未列入

危险化学品安全管理条例　危险化学品目录：列入。易制爆危险化学品名录：未列入。重点监管的危险化学品名录：未列入。GB 18218—2009《危险化学品重大危险源辨识》（表1）：未列入

使用有毒物品作业场所劳动保护条例　高毒物品目录：未列入

易制毒化学品管理条例　易制毒化学品的分类和品种目录：未列入

国际公约　斯德哥尔摩公约：未列入。鹿特丹公约：未列入。蒙特利尔议定书：未列入

第十六部分　其他信息

编写和修订信息　　缩略语和首字母缩写
培训建议　　　　　参考文献
免责声明

辛酸亚锡

第一部分　化学品标识

化学品中文名　辛酸亚锡
化学品英文名　stannous octanoate；stannous caprylate
分子式　$C_{16}H_{30}O_4Sn$　**分子量**　405.119
结构式　$\left[CH_3(CH_2)_3CH(C_2H_5)COO\right]_2 Sn^{2+}$
化学品的推荐及限制用途　用于有机合成

第二部分　危险性概述

紧急情况概述　造成严重眼损伤，可能导致皮肤过敏反应
GHS危险性类别　急性毒性-经口，类别5；严重眼损伤/眼刺激，类别1；皮肤致敏物，类别1；生殖毒性，类别2；危害水生环境-急性危害，类别2；危害水生环境-长期危害，类别2
标签要素

象形图　

警示词　危险
危险性说明　吞咽可能有害，造成严重眼损伤，可能导致皮肤过敏反应，怀疑对生育力或胎儿造成伤害，对水生生物有毒并具有长期持续影响
防范说明

　预防措施　戴防护眼镜、防护面罩。避免吸入粉尘。污染的工作服不得带出工作场所。戴防护手套。得到专门指导后操作。在阅读并了解所有安全预防措施之前，切勿操作。按要求使用个体防护装备。禁止排入环境

　事故响应　如皮肤接触：用大量肥皂水和水清洗。如出现皮肤刺激或皮疹：就医。污染的衣服清洗后方可重新使用。接触眼睛：用水细心冲洗数分钟，立即呼叫中毒控制中心或就医。如戴隐形眼镜并可方便地取出，取出隐形眼镜，继续冲洗。如果感觉不适，呼叫中毒控制中心或就医。如果接触或有担心，就医。收集泄漏物

　安全储存　上锁保管

　废弃处置　本品及内装物、容器依据国家和地方法规处置

物理和化学危险　可燃，其粉体与空气混合，能形成爆炸性混合物

健康危害　有毒。对眼睛、皮肤、黏膜和上呼吸道有刺激作用

环境危害　对水生生物有毒并具有长期持续影响

第三部分　成分/组成信息

√物质		混合物
组分	浓度	CAS No.
辛酸亚锡		301-10-0

第四部分　急救措施

吸入　迅速脱离现场至空气新鲜处。保持呼吸道通畅。如呼吸困难，给输氧。呼吸、心跳停止，立即进行心肺复苏术。就医
皮肤接触　立即脱去污染的衣着，用流动清水彻底冲洗。就医
眼睛接触　立即分开眼睑，用流动清水或生理盐水彻底冲洗5~10min。就医
食入　漱口，饮水。就医
对保护施救者的忠告　根据需要使用个人防护设备
对医生的特别提示　对症处理

第五部分　消防措施

灭火剂　用雾状水、泡沫、干粉、二氧化碳、砂土灭火
特别危险性　遇明火、高热可燃。与氧化剂可发生反应。受高热分解放出有毒的气体。若遇高热，容器内压增大，有开裂和爆炸的危险
灭火注意事项及防护措施　消防人员必须佩戴防毒面具、穿全身消防服，在上风向灭火。尽可能将容器从火场移至空旷处。喷水保持火场容器冷却，直至灭火结束。处在火场中的容器若已变色或从安全泄压装置中发出声音，必须马上撤离

第六部分 泄漏应急处理

作业人员防护措施、防护装备和应急处置程序 隔离泄漏污染区，限制出入。消除所有点火源。建议应急处理人员戴防尘口罩，穿一般作业工作服。尽可能切断泄漏源

环境保护措施 用塑料布覆盖泄漏物，减少飞散

泄漏化学品的收容、清除方法及所使用的处置材料 勿使水进入包装容器内。用洁净的铲子收集泄漏物，置于干净、干燥、盖子较松的容器中，将容器移离泄漏区

第七部分 操作处置与储存

操作注意事项 密闭操作，局部排风。防止粉尘释放到车间空气中。操作人员必须经过专门培训，严格遵守操作规程。建议操作人员佩戴自吸过滤式防毒面具（半面罩），戴化学安全防护眼镜，穿防毒物渗透工作服，戴橡胶手套。远离火种、热源，工作场所严禁吸烟。使用防爆型的通风系统和设备。避免产生粉尘。避免与氧化剂接触。配备相应品种和数量的消防器材及泄漏应急处理设备。倒空的容器可能残留有害物

储存注意事项 储存于阴凉、通风的库房。远离火种、热源。防止阳光直射。包装密封。应与氧化剂分开存放，切忌混储。配备相应品种和数量的消防器材。储区应备有合适的材料收容泄漏物

第八部分 接触控制/个体防护

职业接触限值

中国 未制定标准

美国（ACGIH） TLV-TWA：0.1mg/m³；TLV-STEL：0.2mg/m³ ［按 Sn 计］［皮］

生物接触限值 未制定标准

监测方法 空气中有毒物质测定方法：未制定标准。生物监测检验方法：未制定标准

工程控制 密闭操作，局部排风

个体防护装备

呼吸系统防护 空气中浓度超标时，必须佩戴过滤式防毒面具（半面罩）。紧急事态抢救或撤离时，应该佩戴空气呼吸器

眼睛防护 戴化学安全防护眼镜

皮肤和身体防护 穿防毒物渗透工作服

手防护 戴橡胶手套

第九部分 理化特性

外观与性状 白色或黄色膏状物

pH 值 无意义	**熔点（℃）** 无资料
沸点（℃） 无资料	**相对密度（水＝1）** 1.251
相对蒸气密度（空气＝1） 无资料	
饱和蒸气压（kPa） 无资料	
临界压力（MPa） 无资料	**辛醇/水分配系数** 无资料
闪点（℃） ＞110	**自燃温度（℃）** 无资料
爆炸下限（%） 无资料	**爆炸上限（%）** 无资料
分解温度（℃） 无资料	**黏度（mPa·s）** 无资料
燃烧热（kJ/mol） 无资料	**临界温度（℃）** 无资料

溶解性 不溶于水，溶于石油醚

第十部分 稳定性和反应性

稳定性 稳定

危险反应 与强氧化剂等禁配物发生反应

避免接触的条件 无资料

禁配物 强氧化剂

危险的分解产物 锡、氧化锡

第十一部分 毒理学信息

急性毒性 无资料

皮肤刺激或腐蚀 无资料	**眼睛刺激或腐蚀** 无资料
呼吸或皮肤过敏 无资料	**生殖细胞突变性** 无资料
致癌性 无资料	**生殖毒性** 无资料

特异性靶器官系统毒性-一次接触 无资料

特异性靶器官系统毒性-反复接触 无资料

吸入危害 无资料

第十二部分 生态学信息

生态毒性 LC₅₀：＞116mg/L（96h）（虹鳟，OECD 203，半静态）。ErC₅₀：6.9mg/L（72h）（羊角月牙藻，OECD 201，静态）

持久性和降解性

生物降解性 无资料

非生物降解性 无资料

潜在的生物累积性 无资料

土壤中的迁移性 无资料

第十三部分 废弃处置

废弃化学品 在污水处理厂处理和中和。若可能，重复使用容器或在规定场所掩埋。量小时，溶解在水或适当的酸溶液中，或用适当氧化剂将其转变成水溶液。用硫化物沉淀，调节 pH 值至 7 完成沉淀。滤出固体硫化物回收或做掩埋处置。用次氯酸钠中和过量的硫化物，然后冲入下水道

污染包装物 将容器返还生产商或按照国家和地方法规处置

废弃注意事项 处置前应参阅国家和地方有关法规

第十四部分 运输信息

联合国危险货物编号（UN 号） 3077

联合国运输名称 对环境有害的固态物质，未另作规定的（辛酸亚锡）

联合国危险性类别 9

包装类别 Ⅲ

包装标志

海洋污染物 是

运输注意事项 运输前应先检查包装容器是否完整、密封，运输过程中要确保容器不泄漏、不倒塌、不坠落、不损坏。严禁与酸类、氧化剂、食品及食品添加剂混运。运输时运输车辆应配备相应品种和数量的消

防器材及泄漏应急处理设备。运输途中应防暴晒、雨淋，防高温。公路运输时要按规定路线行驶，勿在居民区和人口稠密区停留

第十五部分　法规信息

下列法律、法规、规章和标准，对该化学品的管理作了相应的规定。

中华人民共和国职业病防治法　职业病分类和目录：有机锡中毒

危险化学品安全管理条例　危险化学品目录：列入。易制爆危险化学品名录：未列入。重点监管的危险化学品名录：未列入。GB 18218—2009《危险化学品重大危险源辨识》（表1）：未列入

使用有毒物品作业场所劳动保护条例　高毒物品目录：未列入

易制毒化学品管理条例　易制毒化学品的分类和品种目录：未列入

国际公约　斯德哥尔摩公约：未列入。鹿特丹公约：未列入。蒙特利尔议定书：未列入

第十六部分　其他信息

编写和修订信息　　缩略语和首字母缩写
培训建议　　　　　参考文献
免责声明

辛酰氯

第一部分　化学品标识

化学品中文名　辛酰氯
化学品英文名　octanoyl chloride; caprylyl chloride
分子式　$C_8H_{15}ClO$　**分子量**　162.657
结构式　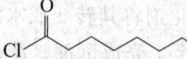
化学品的推荐及限制用途　用于有机合成

第二部分　危险性概述

紧急情况概述　可燃液体，吸入致命，造成皮肤刺激，造成严重眼损伤，可能导致皮肤过敏反应

GHS危险性类别　易燃液体，类别4；急性毒性-吸入，类别2；皮肤腐蚀/刺激，类别2；严重眼损伤/眼刺激，类别1；皮肤致敏物，类别1

标签要素

象形图　

警示词　危险
危险性说明　可燃液体，吸入致命，造成皮肤刺激，造成严重眼损伤，可能导致皮肤过敏反应
防范说明
　　预防措施　远离火焰和热表面。禁止吸烟。戴防护手套、防护眼镜、防护面罩。避免吸入蒸气、雾。仅在室外或通风良好处操作。戴呼吸防护

器具。避免接触眼睛、皮肤，操作后彻底清洗。污染的工作服不得带出工作场所

　　事故响应　火灾时，使用干粉、二氧化碳、砂土灭火。如吸入：将患者转移到空气新鲜处，休息，保持利于呼吸的体位，立即呼叫中毒控制中心或就医。如皮肤接触：用大量肥皂水和水清洗。如出现皮肤刺激或皮疹：就医。污染的衣服清洗后方可重新使用。接触眼睛：用水细心冲洗数分钟，立即呼叫中毒控制中心或就医。如戴隐形眼镜并可方便地取出，取出隐形眼镜，继续冲洗

　　安全储存　保持低温。在通风良好处储存。保持容器密闭。上锁保管

　　废弃处置　本品及内装物、容器依据国家和地方法规处置

物理和化学危险　可燃。遇水产生刺激性气体
健康危害　吸入、摄入或经皮肤吸收后对身体有害。对眼睛、皮肤和黏膜有强烈的刺激作用。吸入可引起喉、支气管的痉挛、炎症，化学性肺炎，肺水肿等。眼接触引起灼伤
环境危害　对环境可能有害

第三部分　成分/组成信息

√物质　　　　　　　　混合物
组分　　　　浓度　　　CAS No.
辛酰氯　　　　　　　　111-64-8

第四部分　急救措施

吸入　迅速脱离现场至空气新鲜处。保持呼吸道通畅。如呼吸困难，给输氧。呼吸、心跳停止，立即进行心肺复苏术。就医
皮肤接触　立即脱去污染的衣着，用流动清水彻底冲洗。就医
眼睛接触　立即分开眼睑，用流动清水或生理盐水彻底冲洗5~10min。就医
食入　漱口，饮水。就医
对保护施救者的忠告　根据需要使用个人防护设备
对医生的特别提示　对症处理

第五部分　消防措施

灭火剂　用干粉、二氧化碳、砂土灭火
特别危险性　遇明火、高热可燃。与氧化剂可发生反应。遇水或水蒸气反应放热并产生有毒的腐蚀性气体。受热分解释出高毒烟雾。蒸气比空气重，沿地面扩散并易积存于低洼处，遇火源会着火回燃。遇潮时对大多数金属有腐蚀性。若遇高热，容器内压增大，有开裂和爆炸的危险
灭火注意事项及防护措施　消防人员必须穿全身耐酸碱消防服、佩戴空气呼吸器灭火。尽可能将容器从火场移至空旷处。喷水保持火场容器冷却，直至灭火结束。处在火场中的容器若已变色或从安全泄压装置中发出声音，必须马上撤离。禁止用水、泡沫和酸碱灭火剂灭火

第六部分　泄漏应急处理

作业人员防护措施、防护装备和应急处置程序　根据液体流动和蒸气扩散的影响区域划定警戒区，无关人员从侧风、上风向撤离至安全区。消除所有点火源。建议应急处理人员戴正压自给式呼吸器，穿防酸碱服。作业时使用的所有设备应接地。穿上适当的防护服前严禁接触破裂的容器和泄漏物。尽可能切断泄漏源

环境保护措施　防止泄漏物进入水体、下水道、地下室或有限空间

泄漏化学品的收容、清除方法及所使用的处置材料　严禁用水处理。小量泄漏：用干燥的砂土或其他不燃材料覆盖泄漏物。大量泄漏：构筑围堤或挖坑收容。用耐腐蚀泵转移至槽车或专用收集器内

第七部分　操作处置与储存

操作注意事项　密闭操作，提供充分的局部排风。防止蒸气泄漏到工作场所空气中。操作人员必须经过专门培训，严格遵守操作规程。建议操作人员佩戴自吸过滤式防毒面具（全面罩），穿橡胶耐酸碱服，戴橡胶耐酸碱手套。远离火种、热源，工作场所严禁吸烟。使用防爆型的通风系统和设备。在清除液体和蒸气前不能进行焊接、切割等作业。避免产生烟雾。避免与碱类、氧化剂、醇类接触。尤其要注意避免与水接触。配备相应品种和数量的消防器材及泄漏应急处理设备。倒空的容器可能残留有害物

储存注意事项　储存于阴凉、干燥、通风良好的库房。远离火种、热源。防止阳光直射。保持容器密封。应与碱类、氧化剂、醇类、食用化工品等分开存放，切忌混储。配备相应品种和数量的消防器材。储区应备有泄漏应急处理设备和合适的收容材料

第八部分　接触控制/个体防护

职业接触限值
　中国　未制定标准
　美国（ACGIH）　未制定标准
生物接触限值　未制定标准
监测方法　空气中有毒物质测定方法：未制定标准。生物监测检验方法：未制定标准
工程控制　严加密闭，提供充分的局部排风
个体防护装备
　呼吸系统防护　空气中浓度超标时，必须佩戴过滤式防毒面具（全面罩）。紧急事态抢救或撤离时，应该佩戴空气呼吸器
　眼睛防护　呼吸系统防护中已作防护
　皮肤和身体防护　穿橡胶耐酸碱服
　手防护　戴橡胶耐酸碱手套

第九部分　理化特性

外观与性状　无色至草黄色透明液体，具有刺激性气味
pH 值　无资料　　　　　　**熔点（℃）**　−6
沸点（℃）　195　　　　　**相对密度（水＝1）**　0.953
相对蒸气密度（空气＝1）　5.63

饱和蒸气压（kPa）　无资料
临界压力（MPa）　无资料　　**辛醇/水分配系数**　无资料
闪点（℃）　80.0　　　　　**自燃温度（℃）**　无资料
爆炸下限（%）　无资料　　　**爆炸上限（%）**　无资料
分解温度（℃）　无资料　　　**黏度（mPa·s）**　无资料
燃烧热（kJ/mol）　无资料　　**临界温度（℃）**　无资料
溶解性　溶于乙醚

第十部分　稳定性和反应性

稳定性　稳定
危险反应　与强碱、水、氧化剂、醇类等禁配物发生反应。遇水或水蒸气反应放热并产生有毒的腐蚀性气体
避免接触的条件　潮湿空气
禁配物　强碱、水、氧化剂、醇类
危险的分解产物　氯化氢、光气

第十一部分　毒理学信息

急性毒性　无资料
皮肤刺激或腐蚀　无资料　　**眼睛刺激或腐蚀**　无资料
呼吸或皮肤过敏　无资料　　**生殖细胞突变性**　微生物
　致突变：鼠伤寒沙门氏菌 666μg/皿
致癌性　无资料　　　　　　**生殖毒性**　无资料
特异性靶器官系统毒性-一次接触　无资料
特异性靶器官系统毒性-反复接触　无资料
吸入危害　无资料

第十二部分　生态学信息

生态毒性　无资料
持久性和降解性
　生物降解性　无资料
　非生物降解性　无资料
潜在的生物累积性　无资料
土壤中的迁移性　无资料

第十三部分　废弃处置

废弃化学品　建议用控制焚烧法或安全掩埋法处置。若可能，重复使用容器或在规定场所掩埋
污染包装物　将容器返还生产商或按照国家和地方法规处置
废弃注意事项　处置前应参阅国家和地方有关法规

第十四部分　运输信息

联合国危险货物编号（UN号）　2927
联合国运输名称　有机毒性液体，腐蚀性，未另作规定的（辛酰氯）
联合国危险性类别　6.1，8
包装类别　Ⅱ
包装标志

海洋污染物　否
运输注意事项　铁路运输时，禁止使用金属制容器包装。

起运时包装要完整，装载应稳妥。运输过程中要确保容器不泄漏、不倒塌、不坠落、不损坏。严禁与碱类、氧化剂、醇类、食用化学品等混装混运。运输时运输车辆应配备相应品种和数量的消防器材及泄漏应急处理设备。运输途中应防暴晒、雨淋，防高温。公路运输时要按规定路线行驶，勿在居民区和人口稠密区停留

第十五部分　法规信息

下列法律、法规、规章和标准，对该化学品的管理作了相应的规定。

中华人民共和国职业病防治法　职业病分类和目录：未列入

危险化学品安全管理条例　危险化学品目录：列入。易制爆危险化学品名录：未列入。重点监管的危险化学品名录：未列入。GB 18218—2009《危险化学品重大危险源辨识》（表1）：未列入

使用有毒物品作业场所劳动保护条例　高毒物品目录：未列入

易制毒化学品管理条例　易制毒化学品的分类和品种目录：未列入

国际公约　斯德哥尔摩公约：未列入。鹿特丹公约：未列入。蒙特利尔议定书：未列入

第十六部分　其他信息

编写和修订信息　缩略语和首字母缩写
培训建议　参考文献
免责声明

2-溴苯胺

第一部分　化学品标识

化学品中文名　2-溴苯胺；邻溴苯胺；邻氨基溴化苯
化学品英文名　2-bromoaniline；1-amino-2-bromobenzene
分子式　C_6H_6BrN　**分子量**　172.023
结构式

化学品的推荐及限制用途　用于有机合成

第二部分　危险性概述

紧急情况概述　—
GHS危险性类别　危害水生环境-急性危害，类别2；危害水生环境-长期危害，类别2
标签要素

象形图

警示词　—
危险性说明　对水生生物有毒并具有长期持续影响
防范说明

　预防措施　禁止排入环境
　事故响应　收集泄漏物

安全储存　—
废弃处置　本品及内装物、容器依据国家和地方法规处置

物理和化学危险　可燃，其粉体与空气混合，能形成爆炸性混合物

健康危害　误服、吸入或皮肤吸收都能引起中毒。进入体内能形成高铁血红蛋白，可引起紫绀。对肝、肾有损害作用

环境危害　对水生生物有毒并具有长期持续影响

第三部分　成分/组成信息

√ 物质　　　　　　　　混合物

组分	浓度	CAS No.
2-溴苯胺		615-36-1

第四部分　急救措施

吸入　迅速脱离现场至空气新鲜处。保持呼吸道通畅。如呼吸困难，给输氧。如呼吸心跳停止，立即进行心肺复苏术。就医

皮肤接触　立即脱去污染衣着，用肥皂水或清水彻底冲洗。就医

眼睛接触　分开眼睑，用清水或生理盐水冲洗。就医

食入　漱口，饮水。就医

对保护施救者的忠告　根据需要使用个人防护设备

对医生的特别提示　高铁血红蛋白血症，可用亚甲蓝和维生素C治疗

第五部分　消防措施

灭火剂　用雾状水、泡沫、干粉、二氧化碳、砂土灭火

特别危险性　遇明火、高热可燃。其粉体与空气可形成爆炸性混合物，当达到一定浓度时，遇火星会发生爆炸。受高热分解放出有毒的气体

灭火注意事项及防护措施　消防人员必须佩戴空气呼吸器、穿全身防火防毒服，在上风向灭火。尽可能将容器从火场移至空旷处。喷水保持火场容器冷却，直至灭火结束

第六部分　泄漏应急处理

作业人员防护措施、防护装备和应急处置程序　隔离泄漏污染区，限制出入。消除所有点火源。建议应急处理人员戴防尘口罩，穿防毒服。穿上适当的防护服前严禁接触破裂的容器和泄漏物。尽可能切断泄漏源

环境保护措施　用塑料布覆盖泄漏物，减少飞散

泄漏化学品的收容、清除方法及所使用的处置材料　勿使水进入包装容器内。用洁净的铲子收集泄漏物，置于干净、干燥、盖子较松的容器中，将容器移离泄漏区

第七部分　操作处置与储存

操作注意事项　密闭操作，全面通风。防止粉尘释放到车间空气中。操作人员必须经过专门培训，严格遵守操作规程。建议操作人员佩戴自吸过滤式防尘口罩，戴化学安全防护眼镜，穿透气型防毒服，戴防化学品手套。远离火种、热源，工作场所严禁吸烟。使用防爆

型的通风系统和设备。避免产生粉尘。避免与氧化剂、酸类、酸酐、酰基氯接触。配备相应品种和数量的消防器材及泄漏应急处理设备。倒空的容器可能残留有害物

储存注意事项 储存于阴凉、通风的库房。远离火种、热源。防止阳光直射。包装密封。应与氧化剂、酸类、酸酐、酰基氯、食用化学品分开存放，切忌混储。配备相应品种和数量的消防器材。储区应备有合适的材料收容泄漏物

第八部分 接触控制/个体防护

职业接触限值

中国 未制定标准

美国（ACGIH） 未制定标准

生物接触限值 未制定标准

监测方法 空气中有毒物质测定方法：未制定标准。生物监测检验方法：未制定标准

工程控制 生产过程密闭，全面通风

个体防护装备

呼吸系统防护 空气中粉尘浓度较高时，建议佩戴过滤式防尘呼吸器

眼睛防护 戴化学安全防护眼镜

皮肤和身体防护 穿透气型防毒服

手防护 戴防化学品手套

第九部分 理化特性

外观与性状 黄色结晶 **pH值** 无意义

熔点（℃） 29～31 **沸点（℃）** 229

相对密度（水=1） 1.578

相对蒸气密度（空气=1） 无资料

饱和蒸气压（kPa） 无资料

临界压力（MPa） 无资料 **辛醇/水分配系数** 无资料

闪点（℃） >110 **自燃温度（℃）** 无资料

爆炸下限（%） 无资料 **爆炸上限（%）** 无资料

分解温度（℃） 无资料 **黏度（mPa·s）** 无资料

燃烧热（kJ/mol） 无资料 **临界温度（℃）** 无资料

溶解性 不溶于水，溶于乙醇、乙醚

第十部分 稳定性和反应性

稳定性 稳定

危险反应 与强氧化剂、酸类、酸酐、酰基氯等禁配物发生反应

避免接触的条件 光照

禁配物 强氧化剂、酸类、酸酐、酰基氯

危险的分解产物 氮氧化物、溴化氢

第十一部分 毒理学信息

急性毒性 无资料

皮肤刺激或腐蚀 无资料 **眼睛刺激或腐蚀** 无资料

呼吸或皮肤过敏 无资料 **生殖细胞突变性** 微生物致突变：鼠伤寒沙门氏菌666μg/皿

致癌性 无资料 **生殖毒性** 无资料

特异性靶器官系统毒性-一次接触 无资料

特异性靶器官系统毒性-反复接触 无资料

吸入危害 无资料

第十二部分 生态学信息

生态毒性 根据结构类似物质预测，该物质对水生生物有毒

持久性和降解性

生物降解性 无资料

非生物降解性 无资料

潜在的生物累积性 无资料

土壤中的迁移性 无资料

第十三部分 废弃处置

废弃化学品 建议用焚烧法处置。在能利用的地方重复使用容器或在规定场所掩埋

污染包装物 将容器返还生产商或按照国家和地方法规处置

废弃注意事项 处置前应参阅国家和地方有关法规

第十四部分 运输信息

联合国危险货物编号（UN号） 3077

联合国运输名称 对环境有害的固态物质，未另作规定的（2-溴苯胺）

联合国危险性类别 9

包装类别 Ⅱ **包装标志**

海洋污染物 是

运输注意事项 运输前应先检查包装容器是否完整、密封，运输过程中要确保容器不泄漏、不倒塌、不坠落、不损坏。严禁与酸类、氧化剂、食品及食品添加剂混运。运输时运输车辆应配备相应品种和数量的消防器材及泄漏应急处理设备。运输途中应防暴晒、雨淋，防高温。公路运输时要按规定路线行驶，勿在居民区和人口稠密区停留

第十五部分 法规信息

下列法律、法规、规章和标准，对该化学品的管理作了相应的规定。

中华人民共和国职业病防治法 职业病分类和目录：苯的氨基及硝基化合物中毒

危险化学品安全管理条例 危险化学品目录：列入。易制爆危险化学品名录：未列入。重点监管的危险化学品名录：未列入。GB 18218—2009《危险化学品重大危险源辨识》（表1）：未列入

使用有毒物品作业场所劳动保护条例 高毒物品目录：未列入

易制毒化学品管理条例 易制毒化学品的分类和品种目录：未列入

国际公约 斯德哥尔摩公约：未列入。鹿特丹公约：未列入。蒙特利尔议定书：未列入

第十六部分　其他信息

编写和修订信息　　　缩略语和首字母缩写

培训建议　　　　　　参考文献

免责声明

3-溴苯酚

第一部分　化学品标识

化学品中文名　3-溴苯酚；3-溴（苯）酚；间溴苯酚；3-溴酚

化学品英文名　*m*-bromophenol；3-bromophenol

分子式　C_6H_5BrO　**分子量**　173.007

结构式　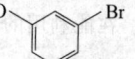

化学品的推荐及限制用途　用于有机合成

第二部分　危险性概述

紧急情况概述　—

GHS危险性类别　危害水生环境-急性危害，类别2；危害水生环境-长期危害，类别2

标签要素

象形图　

警示词　—

危险性说明　对水生生物有毒并具有长期持续影响

防范说明

预防措施　禁止排入环境

事故响应　收集泄漏物

安全储存　—

废弃处置　本品及内装物、容器依据国家和地方法规处置

物理和化学危险　可燃，其粉体与空气混合能形成爆炸性混合物

健康危害　吸入、摄入或经皮肤吸收后会中毒。对眼睛、皮肤、黏膜和上呼吸道有强烈的刺激作用

环境危害　对水生生物有毒并具有长期持续影响

第三部分　成分/组成信息

√ 物质　　　　　　　　混合物

组分	浓度	CAS No.
3-溴苯酚		591-20-8

第四部分　急救措施

吸入　迅速脱离现场至空气新鲜处。保持呼吸道通畅。如呼吸困难，给输氧。如呼吸、心跳停止，立即进行心肺复苏术。就医

皮肤接触　立即脱去污染的衣着，用流动清水彻底冲洗。就医

眼睛接触　立即分开眼睑，用流动清水或生理盐水彻底冲洗。就医

食入　漱口，饮水。就医

对保护施救者的忠告　根据需要使用个人防护设备

对医生的特别提示　对症处理

第五部分　消防措施

灭火剂　用雾状水、泡沫、干粉、二氧化碳、砂土灭火

特别危险性　遇明火、高热可燃。其粉体与空气可形成爆炸性混合物，当达到一定浓度时，遇火星会发生爆炸。受高热分解放出有毒的气体

灭火注意事项及防护措施　消防人员必须佩戴防毒面具、穿全身消防服，在上风向灭火。尽可能将容器从火场移至空旷处。喷水保持火场容器冷却，直至灭火结束

第六部分　泄漏应急处理

作业人员防护措施、防护装备和应急处置程序　隔离泄漏污染区，限制出入。消除所有点火源。建议应急处理人员戴防尘口罩，穿防毒服。穿上适当的防护服前严禁接触破裂的容器和泄漏物。尽可能切断泄漏源

环境保护措施　用塑料布覆盖泄漏物，减少飞散

泄漏化学品的收容、清除方法及所使用的处置材料　勿使水进入包装容器内。用洁净的铲子收集泄漏物，置于干净、干燥、盖子较松的容器中，将容器移离泄漏区

第七部分　操作处置与储存

操作注意事项　密闭操作，提供充分的局部排风。防止粉尘释放到车间空气中。操作人员必须经过专门培训，严格遵守操作规程。建议操作人员佩戴防尘面具（全面罩），穿胶布防毒衣，戴橡胶手套。远离火种、热源，工作场所严禁吸烟。使用防爆型的通风系统和设备。避免产生粉尘。避免与氧化剂、酸酐、酰基氯接触。配备相应品种和数量的消防器材及泄漏应急处理设备。倒空的容器可能残留有害物

储存注意事项　储存于阴凉、通风的库房。远离火种、热源。防止阳光直射。包装密封。应与氧化剂、酸酐、酰基氯、食用化学品分开存放，切忌混储。配备相应品种和数量的消防器材。储区应备有合适的材料收容泄漏物

第八部分　接触控制/个体防护

职业接触限值

中国　未制定标准

美国（ACGIH）　未制定标准

生物接触限值　未制定标准

监测方法　空气中有毒物质测定方法：未制定标准。生物监测检验方法：未制定标准

工程控制　严加密闭，提供充分的局部排风

个体防护装备

呼吸系统防护　可能接触其粉尘时，必须佩戴防尘面具（全面罩）。紧急事态抢救或撤离时，应该佩戴空气呼吸器

眼睛防护　呼吸系统防护中已作防护

皮肤和身体防护　穿密闭型防毒服

手防护 戴橡胶手套

第九部分 理化特性

外观与性状 白色至黄色结晶

pH 值 无意义　　　　熔点(℃) 33

沸点(℃) 236　　　相对密度(水＝1) 无资料

相对蒸气密度(空气＝1) 无资料

饱和蒸气压(kPa) 无资料

临界压力(MPa) 无资料　辛醇/水分配系数 2.63

闪点(℃) ＞110　　　自燃温度(℃) 无资料

爆炸下限(%) 无资料　爆炸上限(%) 无资料

分解温度(℃) 无资料　黏度(mPa·s) 无资料

燃烧热(kJ/mol) 无资料　临界温度(℃) 无资料

溶解性 不溶于水，溶于乙醇、乙醚、碱液

第十部分 稳定性和反应性

稳定性 稳定

危险反应 与强氧化剂、酸酐、酰基氯等禁配物发生反应

避免接触的条件 无资料

禁配物 强氧化剂、酸酐、酰基氯

危险的分解产物 溴化氢

第十一部分 毒理学信息

急性毒性 无资料

皮肤刺激或腐蚀 无资料　眼睛刺激或腐蚀 无资料

呼吸或皮肤过敏 无资料　生殖细胞突变性 无资料

致癌性 无资料　　　生殖毒性 无资料

特异性靶器官系统毒性--一次接触 无资料

特异性靶器官系统毒性-反复接触 无资料

吸入危害 无资料

第十二部分 生态学信息

生态毒性 LC_{50}：11mg/L（48h）（青鳉）

持久性和降解性

　　生物降解性 无资料

　　非生物降解性 无资料

潜在的生物累积性 无资料

土壤中的迁移性 无资料

第十三部分 废弃处置

废弃化学品 建议用控制焚烧法或安全掩埋法处置。若可能，重复使用容器或在规定场所掩埋

污染包装物 将容器返还生产商或按照国家和地方法规处置

废弃注意事项 处置前应参阅国家和地方有关法规

第十四部分 运输信息

联合国危险货物编号（UN 号） 3077

联合国运输名称 对环境有害的固态物质，未另作规定的（3-溴苯酚）

联合国危险性类别 9

包装类别 Ⅲ　　　包装标志

海洋污染物 是

运输注意事项 运输前应先检查包装容器是否完整、密封，运输过程中要确保容器不泄漏、不倒塌、不坠落、不损坏。严禁与酸类、氧化剂、食品及食品添加剂混运。运输时运输车辆应配备相应品种和数量的消防器材及泄漏应急处理设备。运输途中应防暴晒、雨淋，防高温。公路运输时要按规定路线行驶，勿在居民区和人口稠密区停留

第十五部分 法规信息

下列法律、法规、规章和标准，对该化学品的管理作了相应的规定。

中华人民共和国职业病防治法 职业病分类和目录：未列入

危险化学品安全管理条例 危险化学品目录：列入。易制爆危险化学品名录：未列入。重点监管的危险化学品名录：未列入。GB 18218—2009《危险化学品重大危险源辨识》（表1）：未列入

使用有毒物品作业场所劳动保护条例 高毒物品目录：未列入

易制毒化学品管理条例 易制毒化学品的分类和品种目录：未列入

国际公约 斯德哥尔摩公约：未列入。鹿特丹公约：未列入。蒙特利尔议定书：未列入

第十六部分 其他信息

编写和修订信息　　　缩略语和首字母缩写

培训建议　　　　　　参考文献

免责声明

4-溴苯磺酰氯

第一部分 化学品标识

化学品中文名 4-溴苯磺酰氯；对溴苯磺酰氯

化学品英文名 4-bromobenzenesulfonyl chloride；p-bromobenzenesulfonyl chloride

分子式 $C_6H_4BrClO_2S$　分子量 255.52

结构式

化学品的推荐及限制用途 用于有机合成

第二部分 危险性概述

紧急情况概述 造成严重的皮肤灼伤和眼损伤

GHS 危险性类别 皮肤腐蚀/刺激，类别1；严重眼损伤/眼刺激，类别1

标签要素

象形图

警示词 危险

危险性说明 造成严重的皮肤灼伤和眼损伤

防范说明

预防措施 避免吸入粉尘。避免接触眼睛、皮肤，操作后彻底清洗。戴防护手套，穿防护服，戴防护眼镜、防护面罩

事故响应 如吸入：将患者转移到空气新鲜处，休息，保持利于呼吸的体位，立即呼叫中毒控制中心或就医。皮肤（或头发）接触：立即脱掉所有被污染的衣服，用水冲洗皮肤，淋浴。污染的衣服必须洗净后方可重新使用。眼睛接触：用水细心地冲洗数分钟。如戴隐形眼镜并可方便地取出，则取出隐形眼镜，继续冲洗。食入：漱口，不要催吐

安全储存 上锁保管

废弃处置 本品及内装物、容器依据国家和地方法规处置

物理和化学危险 易燃。遇水产生刺激性气体

健康危害 吸入、摄入或经皮肤吸收对身体有害。对眼睛、黏膜、呼吸道和皮肤有强烈刺激作用。吸入后可因喉、支气管的痉挛、炎症、水肿，化学性肺炎或肺水肿而致死。中毒表现有烧灼感、咳嗽、喘息、喉炎、气短、头痛、恶心和呕吐。眼和皮肤接触可引起灼伤

环境危害 对环境可能有害

第三部分 成分/组成信息

√ 物质　　　　　　混合物

组分	浓度	CAS No.
4-溴苯磺酰氯		98-58-8

第四部分 急救措施

吸入 迅速脱离现场至空气新鲜处。保持呼吸道通畅。如呼吸困难，给输氧。如呼吸、心跳停止，立即进行心肺复苏术。就医

皮肤接触 立即脱去污染的衣着，用大量流动清水彻底冲洗至少15min。就医

眼睛接触 立即分开眼睑，用流动清水或生理盐水彻底冲洗5~10min。就医

食入 用水漱口，禁止催吐。给饮牛奶或蛋清。就医

对保护施救者的忠告 根据需要使用个人防护设备

对医生的特别提示 对症处理

第五部分 消防措施

灭火剂 用干粉、二氧化碳、砂土灭火

特别危险性 遇明火、高热易燃。燃烧时，放出有毒气体。与水或水蒸气反应释出有刺激性和腐蚀性的气体

灭火注意事项及防护措施 消防人员必须穿全身耐酸碱消防服、佩戴空气呼吸器灭火。尽可能将容器从火场移至空旷处。喷水保持火场容器冷却，直至灭火结束。禁止用水、泡沫和酸碱灭火剂灭火

第六部分 泄漏应急处理

作业人员防护措施、防护装备和应急处置程序 隔离泄漏污染区，限制出入。消除所有点火源。建议应急处理人员戴防尘口罩，穿防毒服。作业时使用的所有设备应接地。禁止接触或跨越泄漏物。尽可能切断泄漏源

环境保护措施 防止泄漏物进入水体、下水道、地下室或有限空间

泄漏化学品的收容、清除方法及所使用的处置材料 小量泄漏：用砂土或其他不燃材料吸收。使用洁净的无火花工具收集吸收材料。大量泄漏：构筑围堤或挖坑收容。用泡沫覆盖，减少蒸发。喷水雾能减少蒸发，但不能降低泄漏物在有限空间内的易燃性。用泵转移至槽车或专用收集器内

第七部分 操作处置与储存

操作注意事项 密闭操作，提供充分的局部排风。操作人员必须经过专门培训，严格遵守操作规程。建议操作人员佩戴过滤式防尘口罩，穿胶布防毒衣，戴橡胶手套。远离火种、热源，工作场所严禁吸烟。使用防爆型的通风系统和设备。避免产生粉尘。避免与氧化剂、酸类、碱类接触。尤其要注意避免与水接触。搬运时要轻装轻卸，防止包装及容器损坏。配备相应品种和数量的消防器材及泄漏应急处理设备。倒空的容器可能残留有害物

储存注意事项 储存于阴凉、干燥、通风良好的库房。远离火种、热源。保持容器密封。应与氧化剂、酸类、碱类分开存放，切忌混储。配备相应品种和数量的消防器材。储区应备有合适的材料收容泄漏物

第八部分 接触控制/个体防护

职业接触限值

中国 未制定标准

美国（ACGIH） 未制定标准

生物接触限值 未制定标准

监测方法 空气中有毒物质测定方法：未制定标准。生物监测检验方法：未制定标准

工程控制 严加密闭，提供充分的局部排风。提供安全淋浴和洗眼设备

个体防护装备

呼吸系统防护 可能接触其粉尘时，必须佩戴过滤式防尘口罩。紧急事态抢救或撤离时，应该佩戴空气呼吸器

眼睛防护 呼吸系统防护中已作防护

皮肤和身体防护 穿密闭型防毒服

手防护 戴橡胶手套

第九部分 理化特性

外观与性状 白色结晶

pH 值 无意义	**熔点(℃)** 75~76
沸点(℃) 153 (2.0kPa)	**相对密度(水=1)** 无资料
相对蒸气密度(空气=1) 无资料	
饱和蒸气压(kPa) 2.0 (153℃)	
临界压力(MPa) 无资料	**辛醇/水分配系数** 无资料
闪点(℃) 无资料	**自燃温度(℃)** 无资料
爆炸下限(%) 无资料	**爆炸上限(%)** 无资料

分解温度(℃)　无资料　　黏度(mPa·s)　无资料
燃烧热(kJ/mol)　无资料　　临界温度(℃)　无资料
溶解性　溶于醚、苯

第十部分　稳定性和反应性

稳定性　稳定
危险反应　与强氧化剂、强酸、强碱等禁配物发生反应。
　　与水或水蒸气反应释出有刺激性和腐蚀性的气体
避免接触的条件　潮湿空气
禁配物　强氧化剂、强酸、强碱
危险的分解产物　一氧化溴化氢、氧化硫、氯化氢

第十一部分　毒理学信息

急性毒性　无资料
皮肤刺激或腐蚀　无资料　　眼睛刺激或腐蚀　无资料
呼吸或皮肤过敏　无资料　　生殖细胞突变性　无资料
致癌性　无资料　　　　　　生殖毒性　无资料
特异性靶器官系统毒性--次接触　无资料
特异性靶器官系统毒性-反复接触　无资料
吸入危害　无资料

第十二部分　生态学信息

生态毒性　无资料
持久性和降解性
　　生物降解性　无资料
　　非生物降解性　无资料
潜在的生物累积性　无资料
土壤中的迁移性　无资料

第十三部分　废弃处置

废弃化学品　建议用焚烧法处置。与燃料混合后，再焚
　　烧。焚烧炉排出的气体要通过洗涤器除去
污染包装物　将容器返还生产商或按照国家和地方法规
　　处置
废弃注意事项　处置前应参阅国家和地方有关法规

第十四部分　运输信息

联合国危险货物编号（UN号）　3261
联合国运输名称　有机酸性腐蚀性固体，未另作规定的
　　（4-溴苯磺酰氯）
联合国危险性类别　8

包装类别　—　　　　　　包装标志

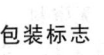

海洋污染物　否
运输注意事项　运输前应先检查包装容器是否完整、密
　　封，运输过程中要确保容器不泄漏、不倒塌、不
　　坠落、不损坏。严禁与酸类、氧化剂、食品及食
　　品添加剂混运。运输时运输车辆应配备相应品种
　　和数量的消防器材及泄漏应急处理设备。运输途
　　中应防暴晒、雨淋，防高温

第十五部分　法规信息

　　下列法律、法规、规章和标准，对该化学品的管理作
了相应的规定。
中华人民共和国职业病防治法　职业病分类和目录：未
　　列入
危险化学品安全管理条例　危险化学品目录：列入。易制
　　爆危险化学品名录：未列入。重点监管的危险化学品
　　名录：未列入。GB 18218—2009《危险化学品重大
　　危险源辨识》（表1）：未列入
使用有毒物品作业场所劳动保护条例　高毒物品目录：未
　　列入
易制毒化学品管理条例　易制毒化学品的分类和品种目
　　录：未列入
国际公约　斯德哥尔摩公约：未列入。鹿特丹公约：未列
　　入。蒙特利尔议定书：未列入

第十六部分　其他信息

编写和修订信息　　缩略语和首字母缩写
培训建议　　　　　参考文献
免责声明

2-溴苯甲酰氯

第一部分　化学品标识

化学品中文名　2-溴苯甲酰氯；邻溴苯甲酰氯；氯化邻溴
　　苯甲酰
化学品英文名　2-bromobenzoyl chloride; o-bromobenzoyl
　　chloride
分子式　C_7H_4BrClO　　分子量　219.463
结构式

化学品的推荐及限制用途　用于有机合成

第二部分　危险性概述

紧急情况概述　造成严重的皮肤灼伤和眼损伤
GHS危险性类别　皮肤腐蚀/刺激，类别1；严重眼损伤/
　　眼刺激，类别1
标签要素

象形图

警示词　危险
危险性说明　造成严重的皮肤灼伤和眼损伤
防范说明
　　预防措施　避免接触眼睛、皮肤，操作后彻底清
　　　　洗。穿防护服，戴防护眼镜、防护手套、防护
　　　　面罩
　　事故响应　如吸入：将患者转移到空气新鲜处，休
　　　　息，保持利于呼吸的体位，立即呼叫中毒控制
　　　　中心或就医。皮肤（或头发）接触：立即脱掉

所有被污染的衣服，用水冲洗皮肤，淋浴。污染的衣服必须洗净后方可重新使用。眼睛接触：用水细心地冲洗数分钟。如戴隐形眼镜并可方便地取出，则取出隐形眼镜，继续冲洗。

食入：漱口。不要催吐

安全储存　上锁保管

废弃处置　本品及内装物、容器依据国家和地方法规处置

物理和化学危险　可燃。遇水产生刺激性气体

健康危害　有腐蚀性。蒸气对眼睛和黏膜有强烈刺激性。吸入，可引起喉、支气管炎症、痉挛、化学性肺炎、肺水肿等

环境危害　对环境可能有害

第三部分　成分/组成信息

√ 物质　　　　　　　　混合物

组分	浓度	CAS No.
2-溴苯甲酰氯		7154-66-7

第四部分　急救措施

吸入　迅速脱离现场至空气新鲜处。保持呼吸道通畅。如呼吸困难，给输氧。呼吸、心跳停止，立即进行心肺复苏术。就医

皮肤接触　立即脱去污染的衣着，用大量流动清水彻底冲洗至少15min。就医

眼睛接触　立即分开眼睑，用流动清水或生理盐水彻底冲洗5～10min。就医

食入　用水漱口，禁止催吐。给饮牛奶或蛋清。就医

对保护施救者的忠告　根据需要使用个人防护设备

对医生的特别提示　对症处理

第五部分　消防措施

灭火剂　用干粉、二氧化碳、砂土灭火

特别危险性　遇明火、高热可燃。与强氧化剂接触可发生化学反应。遇水或水蒸气反应放热并产生有毒的腐蚀性气体。遇高热分解释放出高毒烟气。具有腐蚀性。若遇高热，容器内压增大，有开裂和爆炸的危险

灭火注意事项及防护措施　消防人员必须穿全身耐酸碱消防服、佩戴空气呼吸器灭火。尽可能将容器从火场移至空旷处。喷水保持火场容器冷却，直至灭火结束。处在火场中的容器若已变色或从安全泄压装置中发出声音，必须马上撤离。禁止用水、泡沫和酸碱灭火剂灭火

第六部分　泄漏应急处理

作业人员防护措施、防护装备和应急处置程序　根据液体流动和蒸气扩散的影响区域划定警戒区，无关人员从侧风、上风向撤离至安全区。消除所有点火源。建议应急处理人员戴正压自给式呼吸器，穿防酸碱服。作业时使用的所有设备应接地。穿上适当的防护服前严禁接触破裂的容器和泄漏物。尽可能切断泄漏源

环境保护措施　防止泄漏物进入水体、下水道、地下室或有限空间

泄漏化学品的收容、清除方法及所使用的处置材料　严禁用水处理。小量泄漏：用干燥的砂土或其他不燃材料覆盖泄漏物。大量泄漏：构筑围堤或挖坑收容。用耐腐蚀泵转移至槽车或专用收集器内

第七部分　操作处置与储存

操作注意事项　密闭操作，提供充分的局部排风。防止蒸气泄漏到工作场所空气中。操作人员必须经过专门培训，严格遵守操作规程。建议操作人员佩戴自吸过滤式防毒面具（全面罩），穿橡胶耐酸碱服，戴橡胶耐酸碱手套。远离火种、热源，工作场所严禁吸烟。使用防爆型的通风系统和设备。在清除液体和蒸气前不能进行焊接、切割等作业。避免产生烟雾。避免与碱类、氧化剂、醇类接触，尤其要注意避免与水接触。配备相应品种和数量的消防器材及泄漏应急处理设备。倒空的容器可能残留有害物

储存注意事项　储存于阴凉、干燥、通风良好的库房。远离火种、热源。防止阳光直射。保持容器密封。应与碱类、氧化剂、醇类、食用化学品等分开存放，切忌混储。配备相应品种和数量的消防器材。储区应备有泄漏应急处理设备和合适的收容材料

第八部分　接触控制/个体防护

职业接触限值

中国　未制定标准

美国（ACGIH）　未制定标准

生物接触限值　未制定标准

监测方法　空气中有毒物质测定方法：未制定标准。生物监测检验方法：未制定标准

工程控制　严加密闭，提供充分的局部排风

个体防护装备

呼吸系统防护　空气中浓度超标时，必须佩戴过滤式防毒面具（全面罩）。紧急事态抢救或撤离时，应该佩戴空气呼吸器

眼睛防护　呼吸系统防护中已作防护

皮肤和身体防护　穿橡胶耐酸碱服

手防护　戴橡胶耐酸碱手套

第九部分　理化特性

外观与性状　黄色液体　　**pH值**　无资料

熔点(℃)　11　　　　　**沸点(℃)**　245

相对密度(水＝1)　1.67

相对蒸气密度(空气＝1)　无资料

饱和蒸气压(kPa)　无资料

临界压力(MPa)　无资料　**辛醇/水分配系数**　无资料

闪点(℃)　>110　　　　**自燃温度(℃)**　无资料

爆炸下限(%)　无资料　**爆炸上限(%)**　无资料

分解温度(℃)　无资料　**黏度(mPa·s)**　无资料

燃烧热(kJ/mol)　无资料　**临界温度(℃)**　无资料

溶解性　无资料

第十部分　稳定性和反应性

稳定性　稳定

危险反应　与氧化剂、强碱等禁配物发生反应。遇水或水蒸气反应放热并产生有毒的腐蚀性气体

避免接触的条件　潮湿空气

禁配物　强碱、氧化剂、水、醇类

危险的分解产物　氯化氢、溴化氢、光气

第十一部分　毒理学信息

急性毒性　LD_{50}：56mg/kg（小鼠静脉）

皮肤刺激或腐蚀　无资料　**眼睛刺激或腐蚀**　无资料

呼吸或皮肤过敏　无资料　**生殖细胞突变性**　无资料

致癌性　无资料　　　　**生殖毒性**　无资料

特异性靶器官系统毒性--一次接触　无资料

特异性靶器官系统毒性-反复接触　无资料

吸入危害　无资料

第十二部分　生态学信息

生态毒性　无资料

持久性和降解性

　　生物降解性　无资料

　　非生物降解性　无资料

潜在的生物累积性　无资料

土壤中的迁移性　无资料

第十三部分　废弃处置

废弃化学品　建议用控制焚烧法或安全掩埋法处置。若可能，重复使用容器或在规定场所掩埋

污染包装物　将容器返还生产商或按照国家和地方法规处置

废弃注意事项　处置前应参阅国家和地方有关法规

第十四部分　运输信息

联合国危险货物编号（UN 号）　3265

联合国运输名称　有机酸性腐蚀性液体，未另作规定的（2-溴苯甲酰氯）

联合国危险性类别　8

包装类别　—　　　　　　**包装标志**

海洋污染物　否

运输注意事项　铁路运输时，禁止使用金属制容器包装。起运时包装要完整，装载应稳妥。运输过程中要确保容器不泄漏、不倒塌、不坠落、不损坏。严禁与碱类、氧化剂、醇类、食用化学品等混装混运。运输时运输车辆应配备相应品种和数量的消防器材及泄漏应急处理设备。运输途中应防暴晒、雨淋，防高温。公路运输时要按规定路线行驶，勿在居民区和人口稠密区停留

第十五部分　法规信息

　　下列法律、法规、规章和标准，对该化学品的管理作了相应的规定。

中华人民共和国职业病防治法　职业病分类和目录：未列入

危险化学品安全管理条例　危险化学品目录：列入。易制爆危险化学品名录：未列入。重点监管的危险化学品名录：未列入。GB 18218—2009《危险化学品重大危险源辨识》（表 1）：未列入

使用有毒物品作业场所劳动保护条例　高毒物品目录：未列入

易制毒化学品管理条例　易制毒化学品的分类和品种目录：未列入

国际公约　斯德哥尔摩公约：未列入。鹿特丹公约：未列入。蒙特利尔议定书：未列入

第十六部分　其他信息

编写和修订信息　　　　　**缩略语和首字母缩写**

培训建议　　　　　　　　**参考文献**

免责声明

4-溴苯甲酰氯

第一部分　化学品标识

化学品中文名　4-溴苯甲酰氯；对溴苯酰氯；对溴苯甲酰氯；氯化对溴苯甲酰

化学品英文名　*p*-bromobenzoyl chloride；4-bromobenzoyl chloride

分子式　C_7H_4BrClO　**分子量**　219.463

结构式

化学品的推荐及限制用途　用于有机合成

第二部分　危险性概述

紧急情况概述　吸入可能有害，造成严重的皮肤灼伤和眼损伤

GHS 危险性类别　急性毒性-吸入，类别 5；皮肤腐蚀/刺激，类别 1；严重眼损伤/眼刺激，类别 1

标签要素

象形图

警示词　危险

危险性说明　吸入可能有害，造成严重的皮肤灼伤和眼损伤

防范说明

　　预防措施　避免吸入粉尘。避免接触眼睛、皮肤，操作后彻底清洗。戴防护手套，穿防护服，戴防护眼镜、防护面罩

　　事故响应　如吸入：将患者转移到空气新鲜处，休息，保持利于呼吸的体位，立即呼叫中毒控制中心或就医。皮肤（或头发）接触：立即脱掉所有被污染的衣服，用水冲洗皮肤，淋浴。污染的衣服必须洗净后方可重新使用。眼睛接触：用水细心地冲洗数分钟。如戴隐形眼镜并可方便地取出，则取出隐形眼镜，继续冲洗。

食入：漱口，不要催吐

安全储存　上锁保管

废弃处置　本品及内装物、容器依据国家和地方法规处置

物理和化学危险　可燃。遇水产生刺激性气体

健康危害　蒸气对眼睛、皮肤、黏膜有强烈刺激作用。吸入，可引起喉炎、支气管炎、化学性肺炎、肺水肿等。接触后引起头痛、头晕、恶心、呕吐、咳嗽、气短等。眼和皮肤接触可引起灼伤

环境危害　对环境可能有害

第三部分　成分/组成信息

√ 物质　　　　　　　　混合物

组分	浓度	CAS No.
4-溴苯甲酰氯		586-75-4

第四部分　急救措施

吸入　迅速脱离现场至空气新鲜处。保持呼吸道通畅。如呼吸困难，给输氧。如呼吸、心跳停止，立即进行心肺复苏术。就医

皮肤接触　立即脱去污染的衣着，用大量流动清水彻底冲洗至少15min。就医

眼睛接触　立即分开眼睑，用流动清水或生理盐水彻底冲洗5~10min。就医

食入　用水漱口，禁止催吐。给饮牛奶或蛋清。就医

对保护施救者的忠告　根据需要使用个人防护设备

对医生的特别提示　对症处理

第五部分　消防措施

灭火剂　用干粉、二氧化碳、砂土灭火

特别危险性　遇明火、高热可燃。其粉体与空气可形成爆炸性混合物，当达到一定浓度时，遇火星会发生爆炸。与强氧化剂接触可发生化学反应。受高热分解放出有毒的气体。与水或潮气发生反应，散发出刺激性和腐蚀性的氯化氢气体。遇潮时对大多数金属有腐蚀性

灭火注意事项及防护措施　消防人员必须穿全身耐酸碱消防服、佩戴空气呼吸器灭火。尽可能将容器从火场移至空旷处。喷水保持火场容器冷却，直至灭火结束。禁止用水、泡沫和酸碱灭火剂灭火

第六部分　泄漏应急处理

作业人员防护措施、防护装备和应急处置程序　隔离泄漏污染区，限制出入。消除所有点火源。建议应急处理人员戴防尘口罩，穿防酸碱服。穿上适当的防护服前严禁接触破裂的容器和泄漏物。尽可能切断泄漏源

环境保护措施　用塑料布覆盖泄漏物，减少飞散

泄漏化学品的收容、清除方法及所使用的处置材料　勿使水进入包装容器内。用洁净的铲子收集泄漏物，置于干净、干燥、盖子较松的容器中，将容器移离泄漏区

第七部分　操作处置与储存

操作注意事项　密闭操作，提供充分的局部排风。防止粉

尘释放到车间空气中。操作人员必须经过专门培训，严格遵守操作规程。建议操作人员佩戴过滤式防尘口罩，穿橡胶耐酸碱服，戴橡胶耐酸碱手套。远离火种、热源，工作场所严禁吸烟。使用防爆型的通风系统和设备。避免产生粉尘。避免与氧化剂、碱类、醇类接触。配备相应品种和数量的消防器材及泄漏应急处理设备。倒空的容器可能残留有害物

储存注意事项　储存于阴凉、干燥、通风良好的库房。远离火种、热源。防止阳光直射。包装密封。应与氧化剂、碱类、醇类、食用化学品等分开存放，切忌混储。配备相应品种和数量的消防器材。储区应备有合适的材料收容泄漏物

第八部分　接触控制/个体防护

职业接触限值

中国　未制定标准

美国（ACGIH）　未制定标准

生物接触限值　未制定标准

监测方法　空气中有毒物质测定方法：未制定标准。生物监测检验方法：未制定标准

工程控制　严加密闭，提供充分的局部排风

个体防护装备

呼吸系统防护　可能接触其粉尘时，必须佩戴过滤式防尘口罩。紧急事态抢救或撤离时，应该佩戴空气呼吸器

眼睛防护　呼吸系统防护中已作防护

皮肤和身体防护　穿橡胶耐酸碱服

手防护　戴橡胶耐酸碱手套

第九部分　理化特性

外观与性状　白色针状结晶

pH值　无意义	**熔点（℃）**　40~41	
沸点（℃）　174（13.6kPa）	**相对密度（水＝1）**　无资料	
相对蒸气密度（空气＝1）　无资料		
饱和蒸气压（kPa）　无资料		
临界压力（MPa）　无资料	**辛醇/水分配系数**　无资料	
闪点（℃）　>112	**自燃温度（℃）**　无资料	
爆炸下限（%）　无资料	**爆炸上限（%）**　无资料	
分解温度（℃）　无资料	**黏度（mPa·s）**　无资料	
燃烧热（kJ/mol）　无资料	**临界温度（℃）**　无资料	

溶解性　易溶于乙醇、苯、乙醚

第十部分　稳定性和反应性

稳定性　稳定

危险反应　与氧化剂、强碱、水、醇类等禁配物发生反应。与水或潮气发生反应，散发出刺激性和腐蚀性的氯化氢气体

避免接触的条件　潮湿空气

禁配物　氧化剂、强碱、水、醇类

危险的分解产物　氮氧化物、溴化氢、氯化氢、光气

第十一部分　毒理学信息

急性毒性　无资料

皮肤刺激或腐蚀　无资料　　眼睛刺激或腐蚀　无资料
呼吸或皮肤过敏　无资料　　生殖细胞突变性　无资料
致癌性　无资料　　生殖毒性　无资料
特异性靶器官系统毒性-一次接触　无资料
特异性靶器官系统毒性-反复接触　无资料
吸入危害　无资料

第十二部分　生态学信息

生态毒性　无资料
持久性和降解性
　　生物降解性　无资料
　　非生物降解性　无资料
潜在的生物累积性　无资料
土壤中的迁移性　无资料

第十三部分　废弃处置

废弃化学品　建议用控制焚烧法或安全掩埋法处置。若可能，重复使用容器或在规定场所掩埋
污染包装物　将容器返还生产商或按照国家和地方法规处置
废弃注意事项　处置前应参阅国家和地方有关法规

第十四部分　运输信息

联合国危险货物编号（UN号）　3261
联合国运输名称　有机酸性腐蚀性固体，未另作规定的（4-溴苯甲酰氯）
联合国危险性类别　8

包装类别　Ⅱ　　　　包装标志

海洋污染物　否
运输注意事项　起运时包装要完整，装载应稳妥。运输过程中要确保容器不泄漏、不倒塌、不坠落、不损坏。严禁与氧化剂、碱类、醇类、食用化学品等混装混运。运输时运输车辆应配备相应品种和数量的消防器材及泄漏应急处理设备。运输途中应防暴晒、雨淋、防高温。公路运输时要按规定路线行驶，勿在居民区和人口稠密区停留

第十五部分　法规信息

下列法律、法规、规章和标准，对该化学品的管理作了相应的规定。
中华人民共和国职业病防治法　职业病分类和目录：未列入
危险化学品安全管理条例　危险化学品目录：列入。易制爆危险化学品名录：未列入。重点监管的危险化学品名录：未列入。GB 18218—2009《危险化学品重大危险源辨识》（表1）：未列入
使用有毒物品作业场所劳动保护条例　高毒物品目录：未列入
易制毒化学品管理条例　易制毒化学品的分类和品种目录：未列入

国际公约　斯德哥尔摩公约：未列入。鹿特丹公约：未列入。蒙特利尔议定书：未列入

第十六部分　其他信息

编写和修订信息　　缩略语和首字母缩写
培训建议　　参考文献
免责声明

溴苯膦

第一部分　化学品标识

化学品中文名　溴苯膦；对溴磷；O-(4-溴-2,5-二氯苯基)-O-甲基苯基硫代膦酸酯
化学品英文名　leptophos；phosvel；O-(4-bromo-2,5-dichlorophenyl)O-methyl phenylphosphonothioate
分子式　$C_{13}H_{10}BrCl_2O_2PS$　　分子量　412.066

结构式

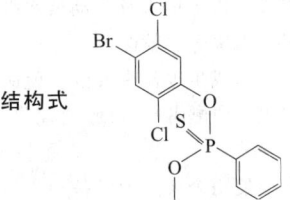

化学品的推荐及限制用途　用作农用杀虫剂

第二部分　危险性概述

紧急情况概述　吞咽会中毒，皮肤接触有害
GHS危险性类别　急性毒性-经口，类别3；急性毒性-经皮，类别4；特异性靶器官毒性-一次接触，类别1；危害水生环境-急性危害，类别1；危害水生环境-长期危害，类别1
标签要素

象形图

警示词　危险
危险性说明　吞咽会中毒，皮肤接触有害，对器官造成损害，对水生生物毒性非常大并具有长期持续影响
防范说明
　　预防措施　避免接触眼睛、皮肤，操作后彻底清洗。作业场所不得进食、饮水或吸烟。戴防护手套、穿防护服。避免吸入粉尘。禁止排入环境
　　事故响应　皮肤接触：用大量肥皂水和水清洗，如感觉不适，呼叫中毒控制中心或就医。被污染的衣服必须洗净后方可重新使用。食入：立即呼叫中毒控制中心或就医，漱口。如果接触：立即呼叫中毒控制中心或就医。收集泄漏物
　　安全储存　上锁保管
　　废弃处置　本品及内装物、容器依据国家和地方法规处置
物理和化学危险　可燃，其粉体与空气混合，能形成爆炸

性混合物

健康危害 能使血胆碱酯酶活性下降，引起头痛、头晕、烦躁、恶心、呕吐、流涎、瞳孔缩小、抽搐、呼吸困难、紫绀。重者常伴有肺水肿、脑水肿，死于呼吸衰竭

环境危害 对水生生物毒性非常大并具有长期持续影响

第三部分　成分/组成信息

√ 物质　　　　　混合物

组分	浓度	CAS No.
溴苯膦		21609-90-5

第四部分　急救措施

吸入 迅速脱离现场至空气新鲜处。保持呼吸道通畅。如呼吸困难，给输氧。如呼吸、心跳停止，立即进行心肺复苏术。就医

皮肤接触 立即脱去污染的衣着，用肥皂水及流动清水彻底冲洗污染的皮肤、头发、指甲等。就医

眼睛接触 分开眼睑，用流动清水或生理盐水冲洗。就医

食入 饮足量温水，催吐（仅限于清醒者）。口服活性炭。就医

对保护施救者的忠告 根据需要使用个人防护设备

对医生的特别提示 解毒剂：阿托品、胆碱酯酶复能剂

第五部分　消防措施

灭火剂 用雾状水、泡沫、干粉、二氧化碳、砂土灭火

特别危险性 遇明火、高热可燃。其粉体与空气可形成爆炸性混合物，当达到一定浓度时，遇火星会发生爆炸。遇高热分解释出高毒烟气

灭火注意事项及防护措施 消防人员必须佩戴防毒面具、穿全身消防服，在上风向灭火。尽可能将容器从火场移至空旷处。喷水保持火场容器冷却，直至灭火结束

第六部分　泄漏应急处理

作业人员防护措施、防护装备和应急处置程序 隔离泄漏污染区，限制出入。消除所有点火源。建议应急处理人员戴防尘口罩，穿防毒服。穿上适当的防护服前严禁接触破裂的容器和泄漏物。尽可能切断泄漏源

环境保护措施 用塑料布覆盖泄漏物，减少飞散

泄漏化学品的收容、清除方法及所使用的处置材料 勿使水进入包装容器内。用洁净的铲子收集泄漏物，置于干净、干燥、盖子较松的容器中，将容器移离泄漏区

第七部分　操作处置与储存

操作注意事项 密闭操作，提供充分的局部排风。防止粉尘释放到车间空气中。操作人员必须经过专门培训，严格遵守操作规程。建议操作人员佩戴防尘面具（全面罩），穿胶布防毒衣，戴橡胶手套。远离火种、热源，工作场所严禁吸烟。使用防爆型的通风系统和设备。避免产生粉尘。避免与氧化剂接触。配备相应品种和数量的消防器材及泄漏应急处理设备。倒空的容器可能残留有害物

储存注意事项 储存于阴凉、通风的库房。远离火种、热源。防止阳光直射。包装密封。应与氧化剂、食用化学品分开存放，切忌混储。配备相应品种和数量的消防器材。储区应备有合适的材料收容泄漏物

第八部分　接触控制/个体防护

职业接触限值

中国　未制定标准

美国（ACGIH）　未制定标准

生物接触限值 未制定标准

监测方法 空气中有毒物质测定方法：未制定标准。生物监测检验方法：未制定标准

工程控制 严加密闭，提供充分的局部排风

个体防护装备

呼吸系统防护　可能接触其粉尘时，必须佩戴防尘面具（全面罩）。紧急事态抢救或撤离时，应该佩戴空气呼吸器

眼睛防护　呼吸系统防护中已作防护

皮肤和身体防护　穿密闭型防毒服

手防护　戴橡胶手套

第九部分　理化特性

外观与性状 白色固体

pH 值 无意义　　　　**熔点（℃）** 20

沸点（℃） 无资料　　**相对密度（水＝1）** 1.53

相对蒸气密度（空气＝1） 无资料

饱和蒸气压（kPa） 无资料

临界压力（MPa） 无资料　**辛醇/水分配系数** 6.31

闪点（℃） 无意义　　**自燃温度（℃）** 无资料

爆炸下限（％） 无资料　**爆炸上限（％）** 无资料

分解温度（℃） ＞180　**黏度（mPa·s）** 无资料

燃烧热（kJ/mol） 无资料　**临界温度（℃）** 无资料

溶解性 微溶于水，易溶于丙酮、己烷、苯

第十部分　稳定性和反应性

稳定性 稳定

危险反应 与强氧化剂等禁配物发生反应

避免接触的条件 无资料

禁配物 强氧化剂

危险的分解产物 氯化氢、氧化硫、溴化氢、氧化磷

第十一部分　毒理学信息

急性毒性 LD_{50}：19mg/kg（大鼠经口）；44mg/kg（大鼠经皮）；65mg/kg（小鼠经口）；124mg/kg（兔经口）；800mg/kg（兔经皮）

皮肤刺激或腐蚀 无资料　**眼睛刺激或腐蚀** 无资料

呼吸或皮肤过敏 无资料

生殖细胞突变性 姐妹染色单体互换：仓鼠卵巢 $300\mu mol/L$

致癌性 无资料

生殖毒性 大鼠经口最低中毒剂量（TDLo）：$8125\mu g/kg$（孕 8～20d），有胚胎毒性

特异性靶器官系统毒性-一次接触 无资料

特异性靶器官系统毒性-反复接触 无资料

吸入危害　无资料

第十二部分　生态学信息

生态毒性　LC$_{50}$：0.0053mg/L（96h）（美洲鲑）。LC$_{50}$：0.020mg/L（96h）（虹鳟）

持久性和降解性

　　生物降解性　无资料

　　非生物降解性　无资料

潜在的生物累积性　无资料

土壤中的迁移性　无资料

第十三部分　废弃处置

废弃化学品　建议用控制焚烧法或安全掩埋法处置

污染包装物　将容器返还生产商或按照国家和地方法规处置

废弃注意事项　处置前应参阅国家和地方有关法规

第十四部分　运输信息

联合国危险货物编号（UN号）　2783

联合国运输名称　固体有机磷农药，毒性（溴苯膦）

联合国危险性类别　6.1

包装类别　Ⅲ　　　　**包装标志**

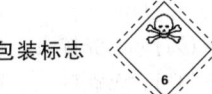

海洋污染物　是

运输注意事项　运输前应先检查包装容器是否完整、密封，运输过程中要确保容器不泄漏、不倒塌、不坠落、不损坏。严禁与酸类、氧化剂、食品及食品添加剂混运。运输时运输车辆应配备相应品种和数量的消防器材及泄漏应急处理设备。运输途中应防暴晒、雨淋，防高温。公路运输时要按规定路线行驶，勿在居民区和人口稠密区停留

第十五部分　法规信息

　　下列法律、法规、规章和标准，对该化学品的管理作了相应的规定。

中华人民共和国职业病防治法　职业病分类和目录：有机磷中毒

危险化学品安全管理条例　危险化学品目录：列入。易制爆危险化学品名录：未列入。重点监管的危险化学品名录：未列入。GB 18218—2009《危险化学品重大危险源辨识》（表1）：未列入

使用有毒物品作业场所劳动保护条例　高毒物品目录：未列入

易制毒化学品管理条例　易制毒化学品的分类和品种目录：未列入

国际公约　斯德哥尔摩公约：未列入。鹿特丹公约：未列入。蒙特利尔议定书：未列入

第十六部分　其他信息

编写和修订信息　**缩略语和首字母缩写**

培训建议　　　　**参考文献**

免责声明

2-溴苯乙酮

第一部分　化学品标识

化学品中文名　2-溴苯乙酮；溴乙酰苯；苯甲酰甲基溴；2-溴-1-苯基乙酮；ω-溴苯乙酮

化学品英文名　2-bromoacetophenone；phenacyl bromide

分子式　C$_8$H$_7$BrO　**分子量**　199.045

结构式

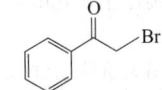

化学品的推荐及限制用途　用作有机合成和医药工业的原料

第二部分　危险性概述

紧急情况概述　吞咽会中毒，皮肤接触会中毒，吸入会中毒，造成严重的皮肤灼伤和眼损伤

GHS危险性类别　急性毒性-经口，类别3；急性毒性-经皮，类别3；急性毒性-吸入，类别3；皮肤腐蚀/刺激，类别1；严重眼损伤/眼刺激，类别1

标签要素

象形图　

警示词　危险

危险性说明　吞咽会中毒，皮肤接触会中毒，吸入会中毒，造成严重的皮肤灼伤和眼损伤

防范说明

　　预防措施　避免接触眼睛、皮肤，操作后彻底清洗。作业场所不得进食、饮水或吸烟。仅在室外或通风良好处操作。避免吸入粉尘或烟雾。穿防护服，戴防护眼镜、防护手套、防护面罩

　　事故响应　如吸入：将患者转移到空气新鲜处，休息，保持利于呼吸的体位。皮肤接触：用大量肥皂水和水清洗，立即脱去所有被污染的衣服。如感觉不适，呼叫中毒控制中心或就医。被污染的衣服必须经洗净后方可重新使用。眼睛接触：用水细心地冲洗数分钟。如戴隐形眼镜并可方便地取出，则取出隐形眼镜，继续冲洗。食入：漱口，不要催吐，立即呼叫中毒控制中心或就医

　　安全储存　在通风良好处储存。保持容器密闭。上锁保管

　　废弃处置　本品及内装物、容器依据国家和地方法规处置

物理和化学危险　可燃，其粉体与空气混合，能形成爆炸性混合物

健康危害　吸入、摄入或经皮肤吸收后对身体有害。对眼睛、皮肤、黏膜和上呼吸道有强烈刺激作用。吸入，可引起喉、支气管炎症、痉挛，化学性肺炎、肺水肿等

环境危害　对环境可能有害

第三部分　成分/组成信息

√　物质　　　　　　　　　混合物

组分	浓度	CAS No.
2-溴苯乙酮		70-11-1

第四部分　急救措施

吸入　迅速脱离现场至空气新鲜处。保持呼吸道通畅。如呼吸困难，给输氧。呼吸、心跳停止，立即进行心肺复苏术。就医

皮肤接触　立即脱去污染的衣着，用大量流动清水彻底冲洗至少15min。就医

眼睛接触　立即分开眼睑，用流动清水或生理盐水彻底冲洗5～10min。就医

食入　用水漱口，禁止催吐。给饮牛奶或蛋清。就医

对保护施救者的忠告　根据需要使用个人防护设备

对医生的特别提示　对症处理

第五部分　消防措施

灭火剂　用雾状水、泡沫、干粉、二氧化碳、砂土灭火

特别危险性　遇明火、高热可燃。其粉体与空气可形成爆炸性混合物，当达到一定浓度时，遇火星会发生爆炸。受高热分解放出有毒的气体

灭火注意事项及防护措施　消防人员必须佩戴防毒面具、穿全身消防服，在上风向灭火。尽可能将容器从火场移至空旷处。喷水保持火场容器冷却，直至灭火结束

第六部分　泄漏应急处理

作业人员防护措施、防护装备和应急处置程序　隔离泄漏污染区，限制出入。消除所有点火源。建议应急处理人员戴防尘口罩，穿防毒服。穿上适当的防护服前严禁接触破裂的容器和泄漏物。尽可能切断泄漏源

环境保护措施　用塑料布覆盖泄漏物，减少飞散

泄漏化学品的收容、清除方法及所使用的处置材料　勿使水进入包装容器内。用洁净的铲子收集泄漏物，置于干净、干燥、盖子较松的容器中，将容器移离泄漏区

第七部分　操作处置与储存

操作注意事项　密闭操作，提供充分的局部排风。防止粉尘释放到车间空气中。操作人员必须经过专门培训，严格遵守操作规程。建议操作人员佩戴防尘面具（全面罩），穿胶布防毒衣，戴橡胶手套。远离火种、热源，工作场所严禁吸烟。使用防爆型的通风系统和设备。避免产生粉尘。避免与氧化剂、碱类接触。配备相应品种和数量的消防器材及泄漏应急处理设备。倒空的容器可能残留有害物

储存注意事项　储存于阴凉、通风的库房。远离火种、热源。防止阳光直射。包装密封。应与氧化剂、碱类分开存放，切忌混储。配备相应品种和数量的消防器材。储区应备有合适的材料收容泄漏物

第八部分　接触控制/个体防护

职业接触限值

中国　未制定标准

美国（ACGIH）　未制定标准

生物接触限值　未制定标准

监测方法　空气中有毒物质测定方法：未制定标准。生物监测检验方法：未制定标准

工程控制　严加密闭，提供充分的局部排风

个体防护装备

呼吸系统防护　可能接触其粉尘时，必须佩戴防尘面具（全面罩）。紧急事态抢救或撤离时，应该佩戴空气呼吸器

眼睛防护　呼吸系统防护中已作防护

皮肤和身体防护　穿密闭型防毒服

手防护　戴橡胶手套

第九部分　理化特性

外观与性状　白色斜方柱状结晶，受光作用变成微绿色，有催泪作用

pH值　无意义		**熔点(℃)**　48～51	
沸点(℃)　135（2.4kPa）		**相对密度(水＝1)**　1.647	
相对蒸气密度(空气＝1)　无资料			
饱和蒸气压(kPa)　无资料			
临界压力(MPa)　无资料		**辛醇/水分配系数**　无资料	
闪点(℃)　>110		**自燃温度(℃)**　无资料	
爆炸下限(%)　无资料		**爆炸上限(%)**　无资料	
分解温度(℃)　无资料		**黏度(mPa·s)**　无资料	
燃烧热(kJ/mol)　无资料		**临界温度(℃)**　无资料	

溶解性　不溶于水，溶于乙醇、苯、氯仿、乙醚

第十部分　稳定性和反应性

稳定性　稳定

危险反应　与强氧化剂、强碱等禁配物发生反应

避免接触的条件　无资料

禁配物　强氧化剂、强碱

危险的分解产物　溴化氢、溴气

第十一部分　毒理学信息

急性毒性　无资料

皮肤刺激或腐蚀　无资料	**眼睛刺激或腐蚀**　无资料
呼吸或皮肤过敏　无资料	**生殖细胞突变性**　无资料
致癌性　无资料	**生殖毒性**　无资料

特异性靶器官系统毒性-一次接触　无资料

特异性靶器官系统毒性-反复接触　无资料

吸入危害　无资料

第十二部分　生态学信息

生态毒性　无资料

持久性和降解性

生物降解性　无资料

非生物降解性　无资料

潜在的生物累积性　无资料

土壤中的迁移性　无资料

第十三部分　废弃处置

废弃化学品　建议用控制焚烧法或安全掩埋法处置。若可

能，重复使用容器或在规定场所掩埋

污染包装物 将容器返还生产商或按照国家和地方法规处置

废弃注意事项 处置前应参阅国家和地方有关法规

第十四部分 运输信息

联合国危险货物编号（UN号） 2645

联合国运输名称 苯酰甲基溴

联合国危险性类别 6.1

包装类别 Ⅱ **包装标志**

海洋污染物 否

运输注意事项 运输前应先检查包装容器是否完整、密封，运输过程中要确保容器不泄漏、不倒塌、不坠落、不损坏。严禁与酸类、氧化剂、食品及食品添加剂混运。运输时运输车辆应配备相应品种和数量的消防器材及泄漏应急处理设备。运输途中应防暴晒、雨淋，防高温。公路运输时要按规定路线行驶，勿在居民区和人口稠密区停留

第十五部分 法规信息

下列法律、法规、规章和标准，对该化学品的管理作了相应的规定。

中华人民共和国职业病防治法 职业病分类和目录：未列入

危险化学品安全管理条例 危险化学品目录：列入。易制爆危险化学品名录：未列入。重点监管的危险化学品名录：未列入。GB 18218—2009《危险化学品重大危险源辨识》（表1）：未列入

使用有毒物品作业场所劳动保护条例 高毒物品目录：未列入

易制毒化学品管理条例 易制毒化学品的分类和品种目录：未列入

国际公约 斯德哥尔摩公约：未列入。鹿特丹公约：未列入。蒙特利尔议定书：未列入

第十六部分 其他信息

编写和修订信息 **缩略语和首字母缩写**

培训建议 **参考文献**

免责声明

3-溴丙腈

第一部分 化学品标识

化学品中文名 3-溴丙腈；β-溴丙腈；3-溴乙基氰

化学品英文名 β-bromopropionitrile；2-bromoethyl cyanide

分子式 C_3H_4BrN **分子量** 133.975

结构式 Br⌒≡N

化学品的推荐及限制用途 用于有机合成

第二部分 危险性概述

紧急情况概述 吞咽会中毒，皮肤接触会中毒，吸入会中毒，造成皮肤刺激，造成严重眼刺激，可能引起呼吸道刺激

GHS危险性类别 急性毒性-经口，类别3；急性毒性-经皮，类别3；急性毒性-吸入，类别3；皮肤腐蚀/刺激，类别2；严重眼损伤/眼刺激，类别2；特异性靶器官毒性-一次接触，类别3（呼吸道刺激）

标签要素

象形图

警示词 危险

危险性说明 吞咽会中毒，皮肤接触会中毒，吸入会中毒，造成皮肤刺激，造成严重眼刺激，可能引起呼吸道刺激

防范说明

预防措施 避免接触眼睛、皮肤，操作后彻底清洗。作业场所不得进食、饮水或吸烟。戴防护手套、穿防护服、戴防护眼镜、防护面罩。避免吸入蒸气、雾。仅在室外或通风良好处操作

事故响应 如吸入：将患者转移到空气新鲜处，休息，保持利于呼吸的体位。皮肤接触：用大量肥皂水和水清洗，立即脱去所有被污染的衣服。如感觉不适，呼叫中毒控制中心或就医。被污染的衣服必须经洗净后方可重新使用。如发生皮肤刺激，就医。如接触眼睛：用水细心冲洗数分钟。如戴隐形眼镜并可方便地取出，取出隐形眼镜，继续冲洗。如果眼睛刺激持续：就医。食入：立即呼叫中毒控制中心或就医，漱口

安全储存 在通风良好处储存。保持容器密闭。上锁保管

废弃处置 本品及内装物、容器依据国家和地方法规处置

物理和化学危险 易燃，其蒸气与空气混合，能形成爆炸性混合物

健康危害 腈类物质可抑制细胞呼吸，造成组织缺氧。腈类中毒出现恶心、呕吐、腹痛、腹泻、胸闷、乏力等症状，重者出现呼吸抑制、血压下降、昏迷、抽搐等。本品对眼睛、皮肤、黏膜和上呼吸道有强烈刺激作用

环境危害 对环境可能有害

第三部分 成分/组成信息

√ 物质 混合物

组分	浓度	CAS No.
3-溴丙腈		2417-90-5

第四部分 急救措施

吸入 迅速脱离现场至空气新鲜处。保持呼吸道通畅。如

呼吸困难，给输氧。如呼吸、心跳停止，立即进行心肺复苏术。就医

皮肤接触　立即脱去污染的衣着，用肥皂水和流动清水彻底冲洗。就医

眼睛接触　立即分开眼睑，用流动清水或生理盐水彻底冲洗。就医

食入　催吐（仅限于清醒者），给服活性炭悬液。就医

对保护施救者的忠告　根据需要使用个人防护设备

对医生的特别提示　使用亚硝酸钠、硫代硫酸钠、4-二甲基氨基苯酚等解毒剂

第五部分　消防措施

灭火剂　用雾状水、泡沫、干粉、二氧化碳、砂土灭火

特别危险性　遇明火、高热易燃。遇高热分解释出剧毒的气体。与水或水蒸气、酸或酸雾能发生反应产生有毒气体

灭火注意事项及防护措施　消防人员必须佩戴空气呼吸器、穿全身防火防毒服，在上风向灭火。尽可能将容器从火场移至空旷处。喷水保持火场容器冷却，直至灭火结束。处在火场中的容器若已变色或从安全泄压装置中发出声音，必须马上撤离

第六部分　泄漏应急处理

作业人员防护措施、防护装备和应急处置程序　根据液体流动和蒸气扩散的影响区域划定警戒区，无关人员从侧风向、上风向撤离至安全区。消除所有点火源。建议应急处理人员戴正压自给式呼吸器，穿防毒服。作业时使用的所有设备应接地。禁止接触或跨越泄漏物。尽可能切断泄漏源

环境保护措施　防止泄漏物进入水体、下水道、地下室或有限空间

泄漏化学品的收容、清除方法及所使用的处置材料　小量泄漏：用砂土或其他不燃材料吸收。使用洁净的无火花工具收集吸收材料。大量泄漏：构筑围堤或挖坑收容。用泡沫覆盖，减少蒸发。喷水雾能减少蒸发，但不能降低泄漏物在有限空间内的易燃性。用泵转移至槽车或专用收集器内

第七部分　操作处置与储存

操作注意事项　严加密闭，提供充分的局部排风和全面通风。尽可能采取隔离操作。操作人员必须经过专门培训，严格遵守操作规程。建议操作人员佩戴自吸过滤式防毒面具（全面罩），穿胶布防毒衣，戴橡胶耐油手套。远离火种、热源，工作场所严禁吸烟。使用防爆型的通风系统和设备。防止蒸气泄漏到工作场所空气中。避免与氧化剂、还原剂、酸类、碱类接触。搬运时要轻装轻卸，防止包装及容器损坏。配备相应品种和数量的消防器材及泄漏应急处理设备。倒空的容器可能残留有害物

储存注意事项　储存于阴凉、通风的库房。远离火种、热源。应与氧化剂、还原剂、酸类、碱类、食用化学品分开存放，切忌混储。配备相应品种和数量的消防器材。储区应备有泄漏应急处理设备和合适的收容材料

第八部分　接触控制/个体防护

职业接触限值

　　中国　未制定标准

　　美国（ACGIH）　未制定标准

生物接触限值　未制定标准

监测方法　空气中有毒物质测定方法：未制定标准。生物监测检验方法：未制定标准

工程控制　严加密闭，提供充分的局部排风和全面通风。尽可能采取隔离操作

个体防护装备

　　呼吸系统防护　空气中浓度超标时，必须佩戴过滤式防毒面具（全面罩）。紧急事态抢救或撤离时，应该佩戴空气呼吸器

　　眼睛防护　呼吸系统防护中已作防护

　　皮肤和身体防护　穿密闭型防毒服

　　手防护　戴橡胶耐油手套

第九部分　理化特性

外观与性状　无色或淡黄色液体

pH值　无资料	**熔点（℃）**　无资料
沸点（℃）　92（3.33kPa）	**相对密度（水＝1）**　1.62
相对蒸气密度（空气＝1）　无资料	
饱和蒸气压（kPa）　3.33（92℃）	
临界压力（MPa）　无资料	**辛醇/水分配系数**　无资料
闪点（℃）　97.22	**自燃温度（℃）**　无资料
爆炸下限（%）　无资料	**爆炸上限（%）**　无资料
分解温度（℃）　无资料	**黏度（mPa·s）**　无资料
燃烧热（kJ/mol）　无资料	**临界温度（℃）**　无资料

溶解性　可混溶于醇、醚

第十部分　稳定性和反应性

稳定性　稳定

危险反应　与强氧化剂、强还原剂、强酸、强碱等禁配物发生反应。与水或水蒸气、酸或酸雾能发生反应产生有毒气体

避免接触的条件　潮湿空气

禁配物　强氧化剂、强还原剂、强酸、强碱

危险的分解产物　氮氧化物、溴化氢、氰化物

第十一部分　毒理学信息

急性毒性　LD$_{50}$：50mg/kg（小鼠腹腔）

皮肤刺激或腐蚀　无资料	**眼睛刺激或腐蚀**　无资料
呼吸或皮肤过敏　无资料	**生殖细胞突变性**　无资料
致癌性　无资料	**生殖毒性**　无资料

特异性靶器官系统毒性-一次接触　无资料

特异性靶器官系统毒性-反复接触　无资料

吸入危害　无资料

第十二部分　生态学信息

生态毒性　无资料

持久性和降解性

　　生物降解性　无资料

非生物降解性　无资料

潜在的生物累积性　无资料

土壤中的迁移性　无资料

第十三部分　废弃处置

废弃化学品　建议用焚烧法处置。焚烧炉排出的气体要通过洗涤器除去

污染包装物　将容器返还生产商或按照国家和地方法规处置

废弃注意事项　处置前应参阅国家和地方有关法规

第十四部分　运输信息

联合国危险货物编号（UN号）　3276

联合国运输名称　腈类，毒性，液态，未另作规定的（3-溴丙腈）

联合国危险性类别　6.1

包装类别　Ⅲ　　　　**包装标志**

海洋污染物　否

运输注意事项　运输前应先检查包装容器是否完整、密封，运输过程中要确保容器不泄漏、不倒塌、不坠落、不损坏。严禁与酸类、氧化剂、食品及食品添加剂混运。运输时运输车辆应配备相应品种和数量的消防器材及泄漏应急处理设备。运输途中应防暴晒、雨淋，防高温。公路运输时要按规定路线行驶，勿在居民区和人口稠密区停留

第十五部分　法规信息

　　下列法律、法规、规章和标准，对该化学品的管理作了相应的规定。

中华人民共和国职业病防治法　职业病分类和目录：氰及腈类化合物中毒

危险化学品安全管理条例　危险化学品目录：列入。易制爆危险化学品名录：未列入。重点监管的危险化学品名录：未列入。GB 18218—2009《危险化学品重大危险源辨识》（表1）：未列入

使用有毒物品作业场所劳动保护条例　高毒物品目录：未列入

易制毒化学品管理条例　易制毒化学品的分类和品种目录：未列入

国际公约　斯德哥尔摩公约：未列入。鹿特丹公约：未列入。蒙特利尔议定书：未列入

第十六部分　其他信息

编写和修订信息　　　**缩略语和首字母缩写**

培训建议　　　　　　**参考文献**

免责声明

3-溴-1-丙炔

第一部分　化学品标识

化学品中文名　3-溴-1-丙炔；炔丙基溴；3-溴丙炔

化学品英文名　3-bromo-1-propyne；propargyl bromide

分子式　C_3H_3Br　**分子量**　118.96

结构式　

化学品的推荐及限制用途　用于土壤杀虫剂、化学中间体

第二部分　危险性概述

紧急情况概述　高度易燃液体和蒸气，吞咽会中毒，造成皮肤刺激，造成严重眼刺激，可能引起呼吸道刺激

GHS危险性类别　易燃液体，类别2；急性毒性-经口，类别3；皮肤腐蚀/刺激，类别2；严重眼损伤/眼刺激，类别2；特异性靶器官毒性--一次接触，类别3（呼吸道刺激）

标签要素

象形图

警示词　危险

危险性说明　高度易燃液体和蒸气，吞咽会中毒，造成皮肤刺激，造成严重眼刺激，可能引起呼吸道刺激

防范说明

　　预防措施　远离热源、火花、明火、热表面。保持容器密闭。容器和接收设备接地连接。使用防爆型电器、通风、照明设备。只能使用不产生火花的工具。采取防止静电措施。戴防护手套、防护眼镜、防护面罩。避免接触眼睛、皮肤，操作后彻底清洗。作业场所不得进食、饮水或吸烟

　　事故响应　火灾时，使用雾状水、泡沫、干粉、二氧化碳、砂土灭火。皮肤接触：用大量肥皂水和水清洗，脱去被污染的衣服，衣服经洗净后方可重新使用。如发生皮肤刺激，就医。如接触眼睛：用水细心冲洗数分钟。如戴隐形眼镜并可方便地取出，取出隐形眼镜，继续冲洗。如果眼睛刺激持续：就医。食入：立即呼叫中毒控制中心或就医，漱口

　　安全储存　存放在通风良好的地方。保持低温。上锁保管

　　废弃处置　本品及内装物、容器依据国家和地方法规处置

物理和化学危险　易燃，其蒸气与空气混合，能形成爆炸性混合物

健康危害　皮肤接触引起剧烈皮肤刺激。浓蒸气刺激眼、上呼吸道。吸入高浓度本品1500ppm出现气喘、咳嗽、胸骨下痛、呼吸困难。口服，出现胃肠损害，并伴有肺部充血、水肿。各种接触途径进入均会损害心、肝、肾

环境危害　对环境可能有害

第三部分　成分/组成信息

√　物质　　　　　　　　混合物

组分	浓度	CAS No.
3-溴-1-丙炔		106-96-7

第四部分 急救措施

吸入 迅速脱离现场至空气新鲜处。保持呼吸道通畅。如呼吸困难，给输氧。如呼吸、心跳停止，立即进行心肺复苏术。就医

皮肤接触 立即脱去污染的衣着，用流动清水彻底冲洗。就医

眼睛接触 立即分开眼睑，用流动清水或生理盐水彻底冲洗。就医

食入 饮适量温水，催吐（仅限于清醒者）。就医

对保护施救者的忠告 根据需要使用个人防护设备

对医生的特别提示 对症处理

第五部分 消防措施

灭火剂 用雾状水、泡沫、干粉、二氧化碳、砂土灭火

特别危险性 其蒸气与空气可形成爆炸性混合物，遇明火、高热极易燃烧爆炸。与氧化剂接触猛烈反应。受高热分解产生有毒的溴化物气体。流速过快，容易产生和积聚静电。蒸气比空气重，沿地面扩散并易积存于低洼处，遇火源会着火回燃。若遇高热，容器内压增大，有开裂和爆炸的危险

灭火注意事项及防护措施 消防人员必须佩戴空气呼吸器、穿全身防火防毒服，在上风向灭火。尽可能将容器从火场移至空旷处。喷水保持火场容器冷却，直至灭火结束。处在火场中的容器若已变色或从安全泄压装置中发出声音，必须马上撤离

第六部分 泄漏应急处理

作业人员防护措施、防护装备和应急处置程序 消除所有点火源。根据液体流动和蒸气扩散的影响区域划定警戒区，无关人员从侧风向、上风向撤离至安全区。建议应急处理人员戴正压自给式呼吸器，穿防静电、防腐、防毒服。作业时使用的所有设备应接地。禁止接触或跨越泄漏物。尽可能切断泄漏源

环境保护措施 防止泄漏物进入水体、下水道、地下室或有限空间

泄漏化学品的收容、清除方法及所使用的处置材料 小量泄漏：用砂土或其他不燃材料吸收。使用洁净的无火花工具收集吸收材料。大量泄漏：构筑围堤或挖坑收容。用抗溶性泡沫覆盖，减少蒸发。喷水雾能减少蒸发，但不能降低泄漏物在有限空间内的易燃性。用防爆、耐腐蚀泵转移至槽车或专用收集器内

第七部分 操作处置与储存

操作注意事项 密闭操作，全面通风。操作人员必须经过专门培训，严格遵守操作规程。建议操作人员佩戴自吸过滤式防毒面具（全面罩），穿胶布防毒衣，戴橡胶耐油手套。远离火种、热源，工作场所严禁吸烟。使用防爆型的通风系统和设备。防止蒸气泄漏到工作场所空气中。避免与氧化剂、碱类接触。充装要控制流速，防止静电积聚。搬运时要轻装轻卸，防止包装及容器损坏。配备相应品种和数量的消防器材及泄漏应急处理设备。倒空的容器可能残留有害物

储存注意事项 储存于阴凉、通风的库房。远离火种、热源。库温不宜超过37℃，应与氧化剂、碱类分开存放，切忌混储。采用防爆型照明、通风设施。禁止使用易产生火花的机械设备和工具。储区应备有泄漏应急处理设备和合适的收容材料

第八部分 接触控制/个体防护

职业接触限值

    中国 未制定标准

    美国（ACGIH） 未制定标准

生物接触限值 未制定标准

监测方法 空气中有毒物质测定方法：未制定标准。生物监测检验方法：未制定标准

工程控制 生产过程密闭，全面通风

个体防护装备

    呼吸系统防护 空气中浓度超标时，必须佩戴过滤式防毒面具（全面罩）。紧急事态抢救或撤离时，应该佩戴空气呼吸器

    眼睛防护 呼吸系统防护中已作防护

    皮肤和身体防护 穿密闭型防毒服

    手防护 戴橡胶耐油手套

第九部分 理化特性

外观与性状 无色至亮黄色液体，有特殊刺激性气味

pH 值 无资料		**熔点（℃）** −61.1	
沸点（℃） 88～90		**相对密度（水＝1）** 1.52	
相对蒸气密度（空气＝1） 6.87			
饱和蒸气压（kPa） 无资料			
临界压力（MPa） 无资料		**辛醇/水分配系数** 无资料	
闪点（℃） 18.3		**自燃温度（℃）** 无资料	
爆炸下限（%） 无资料		**爆炸上限（%）** 无资料	
分解温度（℃） 无资料		**黏度（mPa·s）** 无资料	
燃烧热（kJ/mol） 无资料		**临界温度（℃）** 无资料	

溶解性 溶于乙醇、乙醚、苯

第十部分 稳定性和反应性

稳定性 稳定

危险反应 与强氧化剂、强碱等禁配物接触，有发生火灾和爆炸的危险。与锂、钠、钾、镁、锌、镉、铝、汞等金属发生反应

避免接触的条件 受热

禁配物 强氧化剂，强碱，锂、钠、钾、镁、锌、镉、铝、汞等金属

危险的分解产物 溴化氢

第十一部分 毒理学信息

急性毒性 LD$_{50}$：53mg/kg（大鼠经口）；168mg/kg（兔经口）

皮肤刺激或腐蚀 无资料	**眼睛刺激或腐蚀** 无资料
呼吸或皮肤过敏 无资料	**生殖细胞突变性** 无资料
致癌性 无资料	**生殖毒性** 无资料

特异性靶器官系统毒性-一次接触 无资料

特异性靶器官系统毒性-反复接触 无资料

吸入危害　无资料

第十二部分　生态学信息

生态毒性　无资料
持久性和降解性
　　生物降解性　无资料
　　非生物降解性　无资料
潜在的生物累积性　无资料
土壤中的迁移性　无资料

第十三部分　废弃处置

废弃化学品　建议用焚烧法处置。焚烧炉排出的卤化氢通
　　过酸洗涤器除去
污染包装物　将容器返还生产商或按照国家和地方法规
　　处置
废弃注意事项　处置前应参阅国家和地方有关法规

第十四部分　运输信息

联合国危险货物编号（UN号）　2345
联合国运输名称　3-溴丙炔
联合国危险性类别　3

包装类别　Ⅱ　　　　　　　包装标志

海洋污染物　否
运输注意事项　运输时运输车辆应配备相应品种和数量的
　　消防器材及泄漏应急处理设备。夏季最好早晚运输。
　　运输时所用的槽（罐）车应有接地链，槽内可设孔隔
　　板以减少震荡产生的静电。严禁与氧化剂、碱类、食
　　用化学品等混装混运。运输途中应防暴晒、雨淋、防
　　高温。中途停留时应远离火种、热源、高温区。装运
　　该物品的车辆排气管必须配备阻火装置，禁止使用易
　　产生火花的机械设备和工具装卸。公路运输时要按规
　　定路线行驶，勿在居民区和人口稠密区停留。铁路运
　　输时要禁止溜放。严禁用木船、水泥船散装运输

第十五部分　法规信息

　　下列法律、法规、规章和标准，对该化学品的管理作
了相应的规定。
中华人民共和国职业病防治法　职业病分类和目录：未
　　列入
危险化学品安全管理条例　危险化学品目录：列入。易制
　　爆危险化学品名录：未列入。重点监管的危险化学品
　　名录：未列入。GB 18218—2009《危险化学品重大
　　危险源辨识》（表1）：未列入
使用有毒物品作业场所劳动保护条例　高毒物品目录：未
　　列入
易制毒化学品管理条例　易制毒化学品的分类和品种目
　　录：未列入
国际公约　斯德哥尔摩公约：未列入。鹿特丹公约：未列
　　入。蒙特利尔议定书：未列入

第十六部分　其他信息

编写和修订信息　　　　　缩略语和首字母缩写
培训建议　　　　　　　　参考文献
免责声明

3-溴丙酸

第一部分　化学品标识

化学品中文名　3-溴丙酸；β-溴丙酸
化学品英文名　3-bromopropionic acid；β-bromopropionic
　　acid
分子式　$C_3H_5BrO_2$　分子量　152.975
结构式

化学品的推荐及限制用途　用于有机合成

第二部分　危险性概述

紧急情况概述　造成严重的皮肤灼伤和眼损伤
GHS危险性类别　皮肤腐蚀/刺激，类别1A；严重眼损
　　伤/眼刺激，类别1
标签要素

象形图

警示词　危险
危险性说明　造成严重的皮肤灼伤和眼损伤
防范说明
　　预防措施　避免吸入粉尘。避免接触眼睛、皮肤，
　　　　操作后彻底清洗。戴防护手套，穿防护服，戴
　　　　防护眼镜、防护面罩
　　事故响应　如吸入：将患者转移到空气新鲜处，休
　　　　息，保持利于呼吸的体位，立即呼叫中毒控制
　　　　中心或就医。皮肤（或头发）接触：立即脱掉
　　　　所有被污染的衣服，用水冲洗皮肤，淋浴。污
　　　　染的衣服必须洗净后方可重新使用。眼睛接
　　　　触：用水细心地冲洗数分钟。如戴隐形眼镜并
　　　　可方便地取出，则取出隐形眼镜，继续冲洗。
　　　　食入：漱口，不要催吐
　　安全储存　上锁保管
　　废弃处置　本品及内装物、容器依据国家和地方法
　　　　规处置
物理和化学危险　可燃，其粉体与空气混合，能形成爆炸
　　性混合物
健康危害　本品对黏膜、上呼吸道、眼和皮肤有强烈的刺
　　激性。吸入后，可因喉及支气管的痉挛、炎症、水
　　肿，化学性肺炎或肺水肿而致死。接触后可引起烧灼
　　感、咳嗽、喘息、喉炎、气短、头痛、恶心和呕吐。
　　眼和皮肤接触引起灼伤
环境危害　对环境可能有害

第三部分　成分/组成信息

√ 物质　　　　　　混合物

组分	浓度	CAS No.
3-溴丙酸		590-92-1

第四部分　急救措施

吸入　迅速脱离现场至空气新鲜处。保持呼吸道通畅。如呼吸困难，给输氧。如呼吸、心跳停止，立即进行心肺复苏术。就医

皮肤接触　立即脱去污染的衣着，用大量流动清水彻底冲洗至少15min。就医

眼睛接触　立即分开眼睑，用流动清水或生理盐水彻底冲洗5~10min。就医

食入　用水漱口，禁止催吐。给饮牛奶或蛋清。就医

对保护施救者的忠告　根据需要使用个人防护设备

对医生的特别提示　对症处理

第五部分　消防措施

灭火剂　用雾状水、泡沫、干粉、二氧化碳、砂土灭火

特别危险性　遇明火、高热可燃。受高热分解产生有毒的溴化物气体

灭火注意事项及防护措施　消防人员必须穿全身耐酸碱消防服、佩戴空气呼吸器灭火。尽可能将容器从火场移至空旷处。喷水保持火场容器冷却，直至灭火结束

第六部分　泄漏应急处理

作业人员防护措施、防护装备和应急处置程序　隔离泄漏污染区，限制出入。消除所有点火源。建议应急处理人员戴防尘口罩，穿防毒服。穿上适当的防护服前严禁接触破裂的容器和泄漏物。尽可能切断泄漏源

环境保护措施　用塑料布覆盖泄漏物，减少飞散

泄漏化学品的收容、清除方法及所使用的处置材料　勿使水进入包装容器内。用洁净的铲子收集泄漏物，置于干净、干燥、盖子较松的容器中，将容器移离泄漏区

第七部分　操作处置与储存

操作注意事项　密闭操作，局部排风。操作人员必须经过专门培训，严格遵守操作规程。建议操作人员佩戴防尘面具（全面罩），穿胶布防毒衣，戴橡胶手套。远离火种、热源，工作场所严禁吸烟。使用防爆型的通风系统和设备。避免产生粉尘。避免与氧化剂、还原剂、碱类接触。搬运时要轻装轻卸，防止包装及容器损坏。配备相应品种和数量的消防器材及泄漏应急处理设备。倒空的容器可能残留有害物

储存注意事项　储存于阴凉、通风的库房。远离火种、热源。应与氧化剂、还原剂、碱类分开存放，切忌混储。配备相应品种和数量的消防器材。储区应备有合适的材料收容泄漏物

第八部分　接触控制/个体防护

职业接触限值

中国　未制定标准

美国（ACGIH）　未制定标准

生物接触限值　未制定标准

监测方法　空气中有毒物质测定方法：未制定标准。生物监测检验方法：未制定标准

工程控制　密闭操作，局部排风。提供安全淋浴和洗眼设备

个体防护装备

呼吸系统防护　可能接触其粉尘时，必须佩戴防尘面具（全面罩）。紧急事态抢救或撤离时，应该佩戴空气呼吸器

眼睛防护　呼吸系统防护中已作防护

皮肤和身体防护　穿密闭型防毒服

手防护　戴橡胶手套

第九部分　理化特性

外观与性状　无色片状结晶

pH值　无意义	**熔点（℃）**　62.5
沸点（℃）　140（6.0kPa）	**相对密度（水＝1）**　1.48
相对蒸气密度（空气＝1）　无资料	
饱和蒸气压（kPa）　6.0（140℃）	
临界压力（MPa）　无资料	**辛醇/水分配系数**　无资料
闪点（℃）　65	**自燃温度（℃）**　无资料
爆炸下限（%）　无资料	**爆炸上限（%）**　无资料
分解温度（℃）　无资料	**黏度（mPa·s）**　无资料
燃烧热（kJ/mol）　无资料	**临界温度（℃）**　无资料

溶解性　溶于水、乙醇、乙醚、丙酮、氯仿

第十部分　稳定性和反应性

稳定性　稳定

危险反应　与碱、强氧化剂、强还原剂等禁配物发生反应

避免接触的条件　无资料

禁配物　碱、强氧化剂、强还原剂

危险的分解产物　溴化氢

第十一部分　毒理学信息

急性毒性　LD_{50}：2000mg/kg（小鼠经口）；500mg/kg（小鼠腹腔）

皮肤刺激或腐蚀　无资料	**眼睛刺激或腐蚀**　无资料
呼吸或皮肤过敏　无资料	**生殖细胞突变性**　无资料
致癌性　无资料	**生殖毒性**　无资料

特异性靶器官系统毒性-一次接触　无资料

特异性靶器官系统毒性-反复接触　无资料

吸入危害　无资料

第十二部分　生态学信息

生态毒性　无资料

持久性和降解性

生物降解性　无资料

非生物降解性　无资料

潜在的生物累积性　无资料
土壤中的迁移性　无资料

第十三部分　废弃处置

废弃化学品　建议用焚烧法处置。焚烧炉排出的卤化氢通过酸洗涤器除去
污染包装物　将容器返还生产商或按照国家和地方法规处置
废弃注意事项　处置前应参阅国家和地方有关法规

第十四部分　运输信息

联合国危险货物编号（UN号）　3261
联合国运输名称　有机酸性腐蚀性固体，未另作规定的（3-溴丙酸）
联合国危险性类别　8

包装类别　Ⅰ　　　　　　　包装标志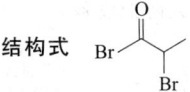

海洋污染物　否
运输注意事项　运输前应先检查包装容器是否完整、密封，运输过程中要确保容器不泄漏、不倒塌、不坠落、不损坏。严禁与酸类、氧化剂、食品及食品添加剂混运。运输途中应防暴晒、雨淋，防高温

第十五部分　法规信息

　　下列法律、法规、规章和标准，对该化学品的管理作了相应的规定。

中华人民共和国职业病防治法　职业病分类和目录：未列入
危险化学品安全管理条例　危险化学品目录：列入。易制爆危险化学品名录：未列入。重点监管的危险化学品名录：未列入。GB 18218—2009《危险化学品重大危险源辨识》（表1）：未列入
使用有毒物品作业场所劳动保护条例　高毒物品目录：未列入
易制毒化学品管理条例　易制毒化学品的分类和品种目录：未列入
国际公约　斯德哥尔摩公约：未列入。鹿特丹公约：未列入。蒙特利尔议定书：未列入

第十六部分　其他信息

编写和修订信息　　　缩略语和首字母缩写
培训建议　　　　　　参考文献
免责声明

2-溴丙酰溴

第一部分　化学品标识

化学品中文名　2-溴丙酰溴；溴化-2-溴丙酰
化学品英文名　2-bromopropionyl bromide
分子式　$C_3H_4Br_2O$　分子量　215.871

结构式

化学品的推荐及限制用途　用于有机合成

第二部分　危险性概述

紧急情况概述　造成严重的皮肤灼伤和眼损伤
GHS危险性类别　皮肤腐蚀/刺激，类别1；严重眼损伤/眼刺激，类别1
标签要素

象形图

警示词　危险
危险性说明　造成严重的皮肤灼伤和眼损伤
防范说明
　　预防措施　避免接触眼睛、皮肤，操作后彻底清洗。穿防护服，戴防护眼镜、防护手套、防护面罩
　　事故响应　如吸入：将患者转移到空气新鲜处，休息，保持利于呼吸的体位，立即呼叫中毒控制中心或就医。皮肤（或头发）接触：立即脱掉所有被污染的衣服，用水冲洗皮肤，淋浴。污染的衣服必须洗净后方可重新使用。眼睛接触：用水细心地冲洗数分钟。如戴隐形眼镜并可方便地取出，则取出隐形眼镜，继续冲洗。食入：漱口，不要催吐
　　安全储存　上锁保管
　　废弃处置　本品及内装物、容器依据国家和地方法规处置
物理和化学危险　可燃。遇水剧烈反应，产生有毒气体
健康危害　吸入、摄入或经皮肤吸收对身体有害。可引起灼伤。对黏膜、上呼吸道、眼、皮肤等组织有极强的破坏作用。吸入后可能因喉、支气管的炎症、水肿、痉挛，化学性肺炎或肺水肿而致死。中毒表现有烧灼感、咳嗽、喘息、喉炎、气短、头痛、恶心、呕吐
环境危害　对环境可能有害

第三部分　成分/组成信息

√物质　　　　　　　　　混合物

组分	浓度	CAS No.
2-溴丙酰溴		563-76-8

第四部分　急救措施

吸入　迅速脱离现场至空气新鲜处。保持呼吸道通畅。如呼吸困难，给输氧。呼吸、心跳停止，立即进行心肺复苏术。就医
皮肤接触　立即脱去污染的衣着，用大量流动清水彻底冲洗至少15min。就医
眼睛接触　立即分开眼睑，用流动清水或生理盐水彻底冲洗5～10min。就医
食入　用水漱口，禁止催吐。给饮牛奶或蛋清。就医

对保护施救者的忠告　根据需要使用个人防护设备

对医生的特别提示　对症处理

第五部分　消防措施

灭火剂　用干粉、二氧化碳、砂土灭火

特别危险性　可燃。与水发生剧烈反应，释出白色烟雾状的刺激性和腐蚀性的溴化氢气体。遇潮时对大多数金属有强腐蚀性

灭火注意事项及防护措施　消防人员必须穿全身耐酸碱消防服。尽可能将容器从火场移至空旷处。喷水保持火场容器冷却，直至灭火结束。处在火场中的容器若已变色或从安全泄压装置中发出声音，必须马上撤离。禁止用水、泡沫和酸碱灭火剂灭火

第六部分　泄漏应急处理

作业人员防护措施、防护装备和应急处置程序　根据液体流动和蒸气扩散的影响区域划定警戒区，无关人员从侧风、上风向撤离至安全区。消除所有点火源。建议应急处理人员戴正压自给式呼吸器，穿防酸碱服。穿上适当的防护服前严禁接触破裂的容器和泄漏物。尽可能切断泄漏源

环境保护措施　防止泄漏物进入水体、下水道、地下室或有限空间

泄漏化学品的收容、清除方法及所使用的处置材料　小量泄漏：用干燥的砂土或其他不燃材料吸收或覆盖，收集于容器中。大量泄漏：构筑围堤或挖坑收容。用耐腐蚀泵转移至槽车或专用收集器内

第七部分　操作处置与储存

操作注意事项　密闭操作，局部排风。操作人员必须经过专门培训，严格遵守操作规程。建议操作人员佩戴自吸过滤式防毒面具（全面罩），穿橡胶耐酸碱服，戴橡胶耐酸碱手套。远离火种、热源，工作场所严禁吸烟。使用防爆型的通风系统和设备。防止蒸气泄漏到工作场所空气中。避免与氧化剂、碱类、醇类接触。尤其要注意避免与水接触。搬运时要轻装轻卸，防止包装及容器损坏。配备相应品种和数量的消防器材及泄漏应急处理设备。倒空的容器可能残留有害物

储存注意事项　储存于阴凉、干燥、通风良好的库房。远离火种、热源。保持容器密封。应与氧化剂、碱类、醇类等分开存放，切忌混储。配备相应品种和数量的消防器材。储区应备有泄漏应急处理设备和合适的收容材料

第八部分　接触控制/个体防护

职业接触限值
　　中国　未制定标准
　　美国（ACGIH）　未制定标准

生物接触限值　未制定标准

监测方法　空气中有毒物质测定方法：未制定标准。生物监测检验方法：未制定标准

工程控制　密闭操作，局部排风。提供安全淋浴和洗眼设备

个体防护装备
　　呼吸系统防护　空气中浓度超标时，必须佩戴过滤式防毒面具（全面罩）。紧急事态抢救或撤离时，应该佩戴空气呼吸器
　　眼睛防护　呼吸系统防护中已作防护
　　皮肤和身体防护　穿橡胶耐酸碱服
　　手防护　戴橡胶耐酸碱手套

第九部分　理化特性

外观与性状　无色或浅黄色液体

pH 值　无资料	**熔点（℃）**　无资料
沸点（℃）　152～154	**相对密度（水＝1）**　2.06
相对蒸气密度（空气＝1）　7.5	
饱和蒸气压（kPa）　0.173（20℃）	
临界压力（MPa）　无资料	**辛醇/水分配系数**　无资料
闪点（℃）　＞110	**自燃温度（℃）**　无资料
爆炸下限（%）　无资料	**爆炸上限（%）**　无资料
分解温度（℃）　无资料	**黏度（mPa·s）**　无资料
燃烧热（kJ/mol）　无资料	**临界温度（℃）**　无资料

溶解性　可混溶于乙酸、苯、等

第十部分　稳定性和反应性

稳定性　稳定

危险反应　与强氧化剂、强碱、醇类等禁配物发生反应。与水发生剧烈反应，释放出白色烟雾状的刺激性和腐蚀性的溴化氢气体

避免接触的条件　潮湿空气

禁配物　水、醇类、强氧化剂、强碱

危险的分解产物　溴化氢

第十一部分　毒理学信息

急性毒性　无资料

皮肤刺激或腐蚀　无资料	**眼睛刺激或腐蚀**　无资料
呼吸或皮肤过敏　无资料	**生殖细胞突变性**　无资料
致癌性　无资料	**生殖毒性**　无资料

特异性靶器官系统毒性-一次接触　无资料

特异性靶器官系统毒性-反复接触　无资料

吸入危害　无资料

第十二部分　生态学信息

生态毒性　无资料

持久性和降解性
　　生物降解性　无资料
　　非生物降解性　无资料

潜在的生物累积性　无资料

土壤中的迁移性　无资料

第十三部分　废弃处置

废弃化学品　建议用焚烧法处置。焚烧炉排出的卤化氢通过酸洗涤器除去

污染包装物　将容器返还生产商或按照国家和地方法规处置

废弃注意事项　处置前应参阅国家和地方有关法规

第十四部分　运输信息

联合国危险货物编号（UN 号） 3265

联合国运输名称 有机酸性腐蚀性液体，未另作规定的（2-溴丙酰溴）

联合国危险性类别 8

包装类别 Ⅱ　　　　　　**包装标志**

海洋污染物 否

运输注意事项 起运时包装要完整，装载应稳妥。运输过程中要确保容器不泄漏、不倒塌、不坠落、不损坏。严禁与氧化剂、碱类、醇类、食用化学品等混装混运。运输时运输车辆应配备相应品种和数量的消防器材及泄漏应急处理设备。运输途中应防暴晒、雨淋、防高温。公路运输时要按规定路线行驶，勿在居民区和人口稠密区停留

第十五部分　法规信息

下列法律、法规、规章和标准，对该化学品的管理作了相应的规定。

中华人民共和国职业病防治法 职业病分类和目录：未列入

危险化学品安全管理条例 危险化学品目录：列入。易制爆危险化学品名录：未列入。重点监管的危险化学品名录：未列入。GB 18218—2009《危险化学品重大危险源辨识》（表 1）：未列入

使用有毒物品作业场所劳动保护条例 高毒物品目录：未列入

易制毒化学品管理条例 易制毒化学品的分类和品种目录：未列入

国际公约 斯德哥尔摩公约：未列入。鹿特丹公约：未列入。蒙特利尔议定书：未列入

第十六部分　其他信息

编写和修订信息　　　　　**缩略语和首字母缩写**

培训建议　　　　　　　　　**参考文献**

免责声明

溴代环戊烷

第一部分　化学品标识

化学品中文名 溴代环戊烷；环戊基溴

化学品英文名 bromocyclopentane；cyclopentyl bromide

分子式 C$_5$H$_9$Br　**分子量** 149.029

结构式

化学品的推荐及限制用途 用于有机合成

第二部分　危险性概述

紧急情况概述 易燃液体和蒸气

GHS 危险性类别 易燃液体，类别 3

标签要素

象形图

警示词 警告

危险性说明 易燃液体和蒸气

防范说明

预防措施　远离热源、火花、明火、热表面。禁止吸烟。保持容器密闭。容器和接收设备接地连接。使用防爆型电器、通风、照明设备。只能使用不产生火花的工具。采取防止静电措施。戴防护手套、防护眼镜、防护面罩

事故响应　火灾时，使用雾状水、泡沫、干粉、二氧化碳、砂土灭火。如皮肤（或头发）接触：立即脱掉所有被污染的衣服，用水冲洗皮肤、淋浴

安全储存　存放在通风良好的地方。保持低温

废弃处置　本品及内装物、容器依据国家和地方法规处置

物理和化学危险 易燃，其蒸气与空气混合，能形成爆炸性混合物

健康危害 吸入、摄入或经皮肤吸收对身体有害。对眼睛和皮肤有刺激性

环境危害 对环境可能有害

第三部分　成分/组成信息

√ 物质　　　　　　　　混合物

组分	浓度	CAS No.
溴代环戊烷		137-43-9

第四部分　急救措施

吸入 迅速脱离现场至空气新鲜处。保持呼吸道通畅。如呼吸困难，给输氧。呼吸、心跳停止，立即进行心肺复苏术。就医

皮肤接触 立即脱去污染的衣着，用流动清水彻底冲洗。就医

眼睛接触 立即分开眼睑，用流动清水或生理盐水彻底冲洗。就医

食入 漱口，饮水。就医

对保护施救者的忠告 根据需要使用个人防护设备

对医生的特别提示 对症处理

第五部分　消防措施

灭火剂 用雾状水、泡沫、干粉、二氧化碳、砂土灭火

特别危险性 其蒸气与空气可形成爆炸性混合物，遇明火、高热能引起燃烧爆炸。与氧化剂可发生反应。受高热分解产生有毒的溴化物气体。流速过快，容易产生和积聚静电。蒸气比空气重，沿地面扩散并易积存于低洼处，遇火源会着火回燃。若遇高热，容器内压增大，有开裂和爆炸的危险

灭火注意事项及防护措施 消防人员必须佩戴防毒面具、

穿全身消防服，在上风向灭火。尽可能将容器从火场移至空旷处。喷水保持火场容器冷却，直至灭火结束。处在火场中的容器若已变色或从安全泄压装置中发出声音，必须马上撤离

第六部分　泄漏应急处理

作业人员防护措施、防护装备和应急处置程序　消除所有点火源。根据液体流动和蒸气扩散的影响区域划定警戒区，无关人员从侧风、上风向撤离至安全区。建议应急处理人员戴正压自给式呼吸器，穿防静电服。作业时使用的所有设备应接地。禁止接触或跨越泄漏物。尽可能切断泄漏源

环境保护措施　防止泄漏物进入水体、下水道、地下室或有限空间

泄漏化学品的收容、清除方法及所使用的处置材料　小量泄漏：用砂土或其他不燃材料吸收。使用洁净的无火花工具收集吸收材料。大量泄漏：构筑围堤或挖坑收容。用泡沫覆盖，减少蒸发。喷水雾减少蒸发，但不能降低泄漏物在有限空间内的易燃性。用防爆泵转移至槽车或专用收集器内

第七部分　操作处置与储存

操作注意事项　密闭操作。加强局部排风。操作人员必须经过专门培训，严格遵守操作规程。建议操作人员佩戴自吸过滤式防毒面具（半面罩），戴化学安全防护眼镜，穿防静电工作服，戴橡胶耐油手套。远离火种、热源，工作场所严禁吸烟。使用防爆型的通风系统和设备。防止蒸气泄漏到工作场所空气中。避免与氧化剂、碱类接触。充装时要控制流速，防止静电积聚。搬运时要轻装轻卸，防止包装及容器损坏。配备相应品种和数量的消防器材及泄漏应急处理设备。倒空的容器可能残留有害物

储存注意事项　储存于阴凉、通风的库房。库温不宜超过37℃，远离火种、热源。应与氧化剂、碱类分开存放，切忌混储。采用防爆型照明、通风设施。禁止使用易产生火花的机械设备和工具。储区应备有泄漏应急处理设备和合适的收容材料

第八部分　接触控制/个体防护

职业接触限值
　　中国　未制定标准
　　美国（ACGIH）　未制定标准
生物接触限值　未制定标准
监测方法　空气中有毒物质测定方法：未制定标准。生物监测检验方法：未制定标准
工程控制　密闭操作。加强局部排风
个体防护装备
　　呼吸系统防护　空气中浓度超标时，必须佩戴过滤式防毒面具（半面罩）。紧急事态抢救或撤离时，应该佩戴空气呼吸器
　　眼睛防护　戴化学安全防护眼镜
　　皮肤和身体防护　穿防静电工作服
　　手防护　戴橡胶耐油手套

第九部分　理化特性

外观与性状　澄清透明液体，具有甜而芳香的气味

pH值　无资料		**熔点（℃）**　无资料	
沸点（℃）　137.5		**相对密度（水＝1）**　1.39	

相对蒸气密度（空气＝1）　5.0
饱和蒸气压（kPa）　无资料

临界压力（MPa）　无资料	**辛醇/水分配系数**　无资料
闪点（℃）　35	**自燃温度（℃）**　无资料
爆炸下限（%）　无资料	**爆炸上限（%）**　无资料
分解温度（℃）　无资料	**黏度（mPa·s）**　无资料
燃烧热（kJ/mol）　无资料	**临界温度（℃）**　无资料

溶解性　不溶于水

第十部分　稳定性和反应性

稳定性　稳定
危险反应　与强氧化剂、强碱等禁配物接触，有发生火灾和爆炸的危险
避免接触的条件　无资料
禁配物　强氧化剂、强碱
危险的分解产物　溴化氢

第十一部分　毒理学信息

急性毒性　无资料

皮肤刺激或腐蚀　无资料	**眼睛刺激或腐蚀**　无资料
呼吸或皮肤过敏　无资料	**生殖细胞突变性**　无资料
致癌性　无资料	**生殖毒性**　无资料

特异性靶器官系统毒性-一次接触　无资料
特异性靶器官系统毒性-反复接触　无资料
吸入危害　无资料

第十二部分　生态学信息

生态毒性　无资料
持久性和降解性
　　生物降解性　无资料
　　非生物降解性　无资料
潜在的生物累积性　无资料
土壤中的迁移性　无资料

第十三部分　废弃处置

废弃化学品　建议用焚烧法处置。焚烧炉排出的卤化氢通过酸洗涤器除去
污染包装物　将容器返还生产商或按照国家和地方法规处置
废弃注意事项　处置前应参阅国家和地方有关法规

第十四部分　运输信息

联合国危险货物编号（UN号）　1993
联合国运输名称　易燃液体，未另作规定的（溴代环戊烷）
联合国危险性类别　3

包装类别　Ⅲ　　　　　　　**包装标志**

海洋污染物　否

运输注意事项　运输时运输车辆应配备相应品种和数量的消防器材及泄漏应急处理设备。夏季最好早晚运输。运输时所用的槽（罐）车应有接地链，槽内可设孔隔板以减少震荡产生的静电。严禁与氧化剂、碱类、食用化学品等混装混运。运输途中应防暴晒、雨淋，防高温。中途停留时应远离火种、热源、高温区。装运该物品的车辆排气管必须配备阻火装置，禁止使用易产生火花的机械设备和工具装卸。公路运输时要按规定路线行驶，勿在居民区和人口稠密区停留。严禁用木船、水泥船散装运输

第十五部分　法规信息

下列法律、法规、规章和标准，对该化学品的管理作了相应的规定。

中华人民共和国职业病防治法　职业病分类和目录：未列入

危险化学品安全管理条例　危险化学品目录：列入。易制爆危险化学品名录：未列入。重点监管的危险化学品名录：未列入。GB 18218—2009《危险化学品重大危险源辨识》（表1）：未列入

使用有毒物品作业场所劳动保护条例　高毒物品目录：未列入

易制毒化学品管理条例　易制毒化学品的分类和品种目录：未列入

国际公约　斯德哥尔摩公约：未列入。鹿特丹公约：未列入。蒙特利尔议定书：未列入

第十六部分　其他信息

编写和修订信息　　缩略语和首字母缩写
培训建议　　　　　参考文献
免责声明

溴敌隆

第一部分　化学品标识

化学品中文名　溴敌隆；乐万通；3-[3-[4′-溴(1,1′-联苯)-4-基]-3-羟基-1-苯丙基]-4-羟基-2H-1-苯并吡喃-2-酮

化学品英文名　bromadiolone；3-[3-(4′-bromobiphenyl-4-yl)-3-hydroxy-1-phenylpropyl]-4-hydroxycoumarin

分子式　$C_{30}H_{23}BrO_4$　分子量　527.406

结构式

化学品的推荐及限制用途　用作杀鼠剂

第二部分　危险性概述

紧急情况概述　吞咽致命，皮肤接触会致命，吸入致命

GHS危险性类别　急性毒性-经口，类别1；急性毒性-经皮，类别1；急性毒性-吸入，类别1；特异性靶器官毒性-反复接触，类别1；危害水生环境-急性危害，类别2；危害水生环境-长期危害，类别2

标签要素

象形图　⚠☠ ⚠ ⚠

警示词　危险

危险性说明　吞咽致命，皮肤接触会致命，吸入致命，长时间或反复接触对器官造成损伤，对水生生物有毒并具有长期持续影响

防范说明

预防措施　避免接触眼睛、皮肤或衣服，操作后彻底清洗。作业场所不得进食、饮水或吸烟。戴防护手套、穿防护服。避免吸入粉尘。仅在室外或通风良好处操作。戴呼吸防护器具。禁止排入环境

事故响应　如吸入：将患者转移到空气新鲜处，休息，保持利于呼吸的体位，立即呼叫中毒控制中心或就医。皮肤接触：用大量肥皂水和水轻轻地清洗，立即脱去所有被污染的衣服，立即呼叫中毒控制中心或就医。被污染的衣服经洗净后方可重新使用。食入：立即呼叫中毒控制中心或就医，漱口。如感觉不适，就医。收集泄漏物

安全储存　在通风良好处储存。保持容器密闭。上锁保管

废弃处置　本品及内装物、容器依据国家和地方法规处置

物理和化学危险　可燃，其粉体与空气混合，能形成爆炸性混合物

健康危害　本品为高毒杀鼠剂。对眼睛有中度刺激作用。对皮肤无明显刺激。中毒时，可引起皮肤和脏器出血

环境危害　对水生生物有毒并具有长期持续影响

第三部分　成分/组成信息

√物质　　　　　　　　　混合物

组分	浓度	CAS No.
溴敌隆		28772-56-7

第四部分　急救措施

吸入　迅速脱离现场至空气新鲜处。保持呼吸道通畅。如呼吸困难，给输氧。呼吸、心跳停止，立即进行心肺复苏术。就医

皮肤接触　立即脱去污染的衣着，用流动清水彻底冲洗。就医

眼睛接触　立即分开眼睑，用流动清水或生理盐水彻底冲洗。就医

食入　饮适量温水，催吐（仅限于清醒者）。就医

对保护施救者的忠告　根据需要使用个人防护设备

对医生的特别提示　对症处理

第五部分　消防措施

灭火剂　用雾状水、泡沫、干粉、二氧化碳、砂土灭火

特别危险性　遇明火、高热可燃。其粉体与空气可形成爆炸性混合物，当达到一定浓度时，遇火星会发生爆炸。受高热分解放出有毒的气体

灭火注意事项及防护措施　消防人员必须佩戴防毒面具、穿全身消防服，在上风向灭火。尽可能将容器从火场移至空旷处。喷水保持火场容器冷却，直至灭火结束。切勿将水流直接射至熔融物，以免引起严重的流淌火灾或引起剧烈的沸溅

第六部分　泄漏应急处理

作业人员防护措施、防护装备和应急处置程序　隔离泄漏污染区，限制出入。建议应急处理人员戴防尘口罩，穿防毒服。穿上适当的防护服前严禁接触破裂的容器和泄漏物。尽可能切断泄漏源

环境保护措施　用塑料布覆盖泄漏物，减少飞散

泄漏化学品的收容、清除方法及所使用的处置材料　勿使水进入包装容器内。用洁净的铲子收集泄漏物，置于干净、干燥、盖子较松的容器中，将容器移离泄漏区

第七部分　操作处置与储存

操作注意事项　密闭操作，提供充分的局部排风。防止粉尘释放到车间空气中。操作人员必须经过专门培训，严格遵守操作规程。建议操作人员佩戴防尘面具（全面罩），穿胶布防毒衣，戴橡胶手套。远离火种、热源，工作场所严禁吸烟。使用防爆型的通风系统和设备。避免产生粉尘。避免与氧化剂接触。配备相应品种和数量的消防器材及泄漏应急处理设备。倒空的容器可能残留有害物

储存注意事项　储存于阴凉、通风良好的专用库房内，实行"双人收发、双人保管"制度。远离火种、热源。防止阳光直射。包装密封。应与氧化剂、食用化学品分开存放，切忌混储。配备相应品种和数量的消防器材。储区应备有合适的材料收容泄漏物

第八部分　接触控制/个体防护

职业接触限值

中国　未制定标准

美国（ACGIH）　未制定标准

生物接触限值　未制定标准

监测方法　空气中有毒物质测定方法：未制定标准。生物监测检验方法：未制定标准

工程控制　严加密闭，提供充分的局部排风

个体防护装备

呼吸系统防护　可能接触其粉尘时，必须佩戴防尘面具（全面罩）。紧急事态抢救或撤离时，应该佩戴空气呼吸器

眼睛防护　呼吸系统防护中已作防护

皮肤和身体防护　穿密闭型防毒服

手防护　戴橡胶手套

第九部分　理化特性

外观与性状　原药为黄色粉末

pH值　无意义　　　　**熔点（℃）**　200～210

沸点（℃）　无资料　　　　**相对密度（水＝1）**　无资料

相对蒸气密度（空气＝1）　无资料

饱和蒸气压（kPa）　无资料

临界压力（MPa）　无资料　　**辛醇/水分配系数**　无资料

闪点（℃）　无意义　　　　**自燃温度（℃）**　无资料

爆炸下限（%）　无资料　　　**爆炸上限（%）**　无资料

分解温度（℃）　＞熔点　　　**黏度（mPa·s）**　无资料

燃烧热（kJ/mol）　无资料　　**临界温度（℃）**　无资料

溶解性　溶于水、乙醇、乙酸乙酯、二甲基甲酰胺

第十部分　稳定性和反应性

稳定性　稳定

危险反应　与强氧化剂等禁配物发生反应

避免接触的条件　无资料

禁配物　强氧化剂

危险的分解产物　溴化氢

第十一部分　毒理学信息

急性毒性　LD_{50}：0.49mg/kg（大鼠经口），1.75mg/kg（小鼠经口），2.1mg/kg（兔经皮）。LC_{50}：200mg/m³（大鼠吸入）

皮肤刺激或腐蚀　无资料　　**眼睛刺激或腐蚀**　无资料

呼吸或皮肤过敏　无资料　　**生殖细胞突变性**　无资料

致癌性　无资料　　　　　　**生殖毒性**　无资料

特异性靶器官系统毒性-一次接触　无资料

特异性靶器官系统毒性-反复接触　无资料

吸入危害　无资料

第十二部分　生态学信息

生态毒性　LC_{50}：1.4mg/L（96h）（虹鳟，静态）。LC_{50}：3mg/L（96h）（蓝鳃太阳鱼，静态）。EC_{50}：2mg/L（48h）（大型溞，流水式）

持久性和降解性

生物降解性　无资料

非生物降解性　无资料

潜在的生物累积性　根据 K_{ow} 值预测，该物质可能有较高的生物累积性

土壤中的迁移性　根据 K_{oc} 值预测，该物质的迁移性可能较弱

第十三部分　废弃处置

废弃化学品　用安全掩埋法处置

污染包装物　将容器返还生产商或按照国家和地方法规处置

废弃注意事项　处置前应参阅国家和地方有关法规

第十四部分　运输信息

联合国危险货物编号（UN号）　2811

联合国运输名称　有机毒性固体，未另作规定的（溴敌隆）

联合国危险性类别　6.1

包装类别　Ⅰ　　　　　　　**包装标志**

海洋污染物　是

运输注意事项　运输前应先检查包装容器是否完整、密封，运输过程中要确保容器不泄漏、不倒塌、不坠落、不损坏。严禁与酸类、氧化剂、食品及食品添加剂混运。运输时运输车辆应配备相应品种和数量的消防器材及泄漏应急处理设备。运输途中应防暴晒、雨淋，防高温。公路运输时要按规定路线行驶，勿在居民区和人口稠密区停留

第十五部分　法规信息

下列法律、法规、规章和标准，对该化学品的管理作了相应的规定。

中华人民共和国职业病防治法　职业病分类和目录：未列入

危险化学品安全管理条例　危险化学品目录：列入。作为剧毒化学品进行管理。易制爆危险化学品名录：未列入。重点监管的危险化学品名录：未列入。GB 18218—2009《危险化学品重大危险源辨识》（表1）：未列入

使用有毒物品作业场所劳动保护条例　高毒物品目录：未列入

易制毒化学品管理条例　易制毒化学品的分类和品种目录：未列入

国际公约　斯德哥尔摩公约：未列入。鹿特丹公约：未列入。蒙特利尔议定书：未列入

第十六部分　其他信息

编写和修订信息　　缩略语和首字母缩写
培训建议　　　　　参考文献
免责声明

4-溴-1,2-二甲基苯

第一部分　化学品标识

化学品中文名　4-溴-1,2-二甲基苯；对溴邻二甲苯；4-溴-1,2-二甲苯；3,4-二甲基溴化苯

化学品英文名　4-bromo-1,2-dimethyl benzene；4-bromo-1,2-xylene

分子式　C_8H_9Br　**分子量**　185.061

结构式

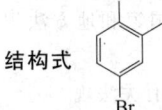

化学品的推荐及限制用途　用作有机合成中间体

第二部分　危险性概述

紧急情况概述　可燃液体，吞咽有害，吸入会中毒，造成皮肤刺激，造成严重眼刺激，可能引起呼吸道刺激

GHS 危险性类别　易燃液体，类别4；急性毒性-经口，类别4；急性毒性-吸入，类别3；皮肤腐蚀/刺激，类别2；严重眼损伤/眼刺激，类别2；特异性靶器官毒性--次接触，类别3（呼吸道刺激）

标签要素

象形图　

警示词　危险

危险性说明　可燃液体，吞咽有害，吸入会中毒，造成皮肤刺激，造成严重眼刺激，可能引起呼吸道刺激

防范说明

预防措施　远离火焰和热表面。戴防护手套、防护眼镜、防护面罩。避免接触眼睛、皮肤，操作后彻底清洗。作业场所不得进食、饮水或吸烟。避免吸入蒸气、雾。仅在室外或通风良好处操作

事故响应　火灾时，使用雾状水、泡沫、干粉、二氧化碳、砂土灭火。如吸入：将患者转移到空气新鲜处，休息，保持利于呼吸的体位。皮肤接触：用大量肥皂水和水清洗，脱去被污染的衣服，衣服经洗净后方可重新使用。如发生皮肤刺激，就医。如接触眼睛：用水细心冲洗数分钟。如戴隐形眼镜并可方便地取出，取出隐形眼镜，继续冲洗。如果眼睛刺激持续：就医。食入：如果感觉不适，立即呼叫中毒控制中心或就医，漱口

安全储存　存放在通风良好的地方。保持低温。保持容器密闭。上锁保管

废弃处置　本品及内装物、容器依据国家和地方法规处置

物理和化学危险　可燃，其蒸气与空气混合，能形成爆炸性混合物

健康危害　本品有毒。受高热释放出有毒气体。对眼睛、黏膜有强烈而持久的刺激作用，浓度高时可引起肺水肿。空气中本品在0.5ppm时即不能忍耐

环境危害　对环境可能有害

第三部分　成分/组成信息

√ 物质　　　　　　　　　　混合物

组分	浓度	CAS No.
4-溴-1,2-二甲基苯		583-71-1

第四部分　急救措施

吸入　迅速脱离现场至空气新鲜处。保持呼吸道通畅。如呼吸困难，给输氧。如呼吸、心跳停止，立即进行心肺复苏术。就医

皮肤接触　立即脱去污染的衣着，用流动清水彻底冲洗。就医

眼睛接触　立即分开眼睑，用流动清水或生理盐水彻底冲洗。就医

食入　漱口，饮水。就医

对保护施救者的忠告　根据需要使用个人防护设备

对医生的特别提示　对症处理

第五部分　消防措施

灭火剂　用雾状水、泡沫、干粉、二氧化碳、砂土灭火

特别危险性　遇明火能燃烧。受高热分解放出有毒的气体

灭火注意事项及防护措施　消防人员必须佩戴空气呼吸器、穿全身防火防毒服，在上风向灭火。尽可能将容器从火场移至空旷处。喷水保持火场容器冷却，直至灭火结束。处在火场中的容器若已变色或从安全泄压装置中发出声音，必须马上撤离

第六部分　泄漏应急处理

作业人员防护措施、防护装备和应急处置程序　根据液体流动和蒸气扩散的影响区域划定警戒区，无关人员从侧风向、上风向撤离至安全区。消除所有点火源。建议应急处理人员戴正压自给式呼吸器，穿防毒服。穿上适当的防护服前严禁接触破裂的容器和泄漏物。尽可能切断泄漏源

环境保护措施　防止泄漏物进入水体、下水道、地下室或有限空间

泄漏化学品的收容、清除方法及所使用的处置材料　小量泄漏：用干燥的砂土或其他不燃材料吸收或覆盖，收集于容器中。大量泄漏：构筑围堤或挖坑收容。用泵转移至槽车或专用收集器内

第七部分　操作处置与储存

操作注意事项　密闭操作，全面通风。操作人员必须经过专门培训，严格遵守操作规程。建议操作人员佩戴自吸过滤式防毒面具（半面罩），穿胶布防毒衣，戴橡胶耐油手套。远离火种、热源，工作场所严禁吸烟。使用防爆型的通风系统和设备。防止蒸气泄漏到工作场所空气中。避免与氧化剂、酸类接触。搬运时要轻装轻卸，防止包装及容器损坏。配备相应品种和数量的消防器材及泄漏应急处理设备。倒空的容器可能残留有害物

储存注意事项　储存于阴凉、通风的库房。远离火种、热源。应与氧化剂、酸类、食用化学品分开存放，切忌混储。配备相应品种和数量的消防器材。储区应备有泄漏应急处理设备和合适的收容材料

第八部分　接触控制/个体防护

职业接触限值
　　中国　未制定标准
　　美国（ACGIH）　未制定标准
生物接触限值　未制定标准
监测方法　空气中有毒物质测定方法：未制定标准。生物监测检验方法：未制定标准
工程控制　生产过程密闭，全面通风
个体防护装备
　　呼吸系统防护　空气中浓度超标时，必须佩戴过滤式防毒面具（半面罩）。紧急事态抢救或撤离时，应该佩戴空气呼吸器
　　眼睛防护　呼吸系统防护中已作防护
　　皮肤和身体防护　穿密闭型防毒服
　　手防护　戴橡胶耐油手套

第九部分　理化特性

外观与性状　无色液体

pH 值　无资料　　　　**熔点(℃)**　−0.2
沸点(℃)　214.5　　　**相对密度(水＝1)**　1.37
相对蒸气密度(空气＝1)　无资料
饱和蒸气压(kPa)　无资料
临界压力(MPa)　无资料　**辛醇/水分配系数**　无资料
闪点(℃)　80.56　　　**自燃温度(℃)**　无资料
爆炸下限(%)　无资料　**爆炸上限(%)**　无资料
分解温度(℃)　无资料　**黏度(mPa·s)**　无资料
燃烧热(kJ/mol)　无资料　**临界温度(℃)**　无资料
溶解性　不溶于水，易溶于乙醇、乙醚

第十部分　稳定性和反应性

稳定性　稳定
危险反应　与强氧化剂等禁配物接触，有发生火灾和爆炸的危险。与酸类、铜、银或其盐类等发生反应。容易发生自聚反应
避免接触的条件　无资料
禁配物　强氧化剂、强酸
危险的分解产物　溴化氢

第十一部分　毒理学信息

急性毒性　无资料
皮肤刺激或腐蚀　无资料　　**眼睛刺激或腐蚀**　无资料
呼吸或皮肤过敏　无资料　　**生殖细胞突变性**　无资料
致癌性　无资料　　　　　　**生殖毒性**　无资料
特异性靶器官系统毒性-一次接触　无资料
特异性靶器官系统毒性-反复接触　无资料
吸入危害　无资料

第十二部分　生态学信息

生态毒性　无资料
持久性和降解性
　　生物降解性　无资料
　　非生物降解性　无资料
潜在的生物累积性　无资料
土壤中的迁移性　无资料

第十三部分　废弃处置

废弃化学品　建议用焚烧法处置。焚烧炉排出的卤化氢通过酸洗涤器除去
污染包装物　将容器返还生产商或按照国家和地方法规处置
废弃注意事项　处置前应参阅国家和地方有关法规

第十四部分　运输信息

联合国危险货物编号（UN 号）　2810
联合国运输名称　有机毒性液体，未另作规定的（4-溴-1,2-二甲基苯）
联合国危险性类别　6.1

包装类别　Ⅲ　　　　　**包装标志**　

海洋污染物　否

运输注意事项　运输前应先检查包装容器是否完整、密封，运输过程中要确保容器不泄漏、不倒塌、不坠落、不损坏。严禁与酸类、氧化剂、食品及食品添加剂混运。运输时运输车辆应配备相应品种和数量的消防器材及泄漏应急处理设备。运输途中应防暴晒、雨淋，防高温。公路运输时要按规定路线行驶，勿在居民区和人口稠密区停留

第十五部分　法规信息

下列法律、法规、规章和标准，对该化学品的管理作了相应的规定。

中华人民共和国职业病防治法　职业病分类和目录：未列入

危险化学品安全管理条例　危险化学品目录：列入。易制爆危险化学品名录：未列入。重点监管的危险化学品名录：未列入。GB 18218—2009《危险化学品重大危险源辨识》（表1）：未列入

使用有毒物品作业场所劳动保护条例　高毒物品目录：未列入

易制毒化学品管理条例　易制毒化学品的分类和品种目录：未列入

国际公约　斯德哥尔摩公约：未列入。鹿特丹公约：未列入。蒙特利尔议定书：未列入

第十六部分　其他信息

编写和修订信息　　缩略语和首字母缩写
培训建议　　　　　参考文献
免责声明

1-溴-2,4-二硝基苯

第一部分　化学品标识

化学品中文名　1-溴-2,4-二硝基苯；1,3-二硝基-4-溴化苯；1-溴-2,4-二硝基溴苯；1-溴-2,4-二硝基溴化苯

化学品英文名　1,3-dinitro-4-bromobenzene；2,4-dinitro-bromobenzene

分子式　$C_6H_3BrN_2O_4$　分子量　247.003

结构式　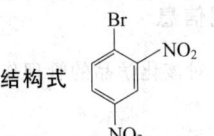

化学品的推荐及限制用途　用于有机合成

第二部分　危险性概述

紧急情况概述　造成皮肤刺激，造成严重眼刺激，可能导致皮肤过敏反应

GHS危险性类别　皮肤腐蚀/刺激，类别2；严重眼损伤/眼刺激，类别2；皮肤致敏物，类别1

标签要素

象形图　

警示词　警告

危险性说明　造成皮肤刺激，严重眼刺激，可能导致皮肤过敏反应

防范说明

预防措施　避免接触眼睛、皮肤，操作后彻底清洗。戴防护手套、防护眼镜、防护面罩。避免吸入粉尘。污染的工作服不得带出工作场所

事故响应　皮肤接触：用大量肥皂水和水清洗。如发生皮肤刺激，就医。脱去被污染的衣服，衣服经洗净后方可重新使用。如出现皮肤刺激或皮疹：就医。如接触眼睛：用水细心冲洗数分钟。如戴隐形眼镜并可方便地取出，则取出隐形眼镜，继续冲洗。如果眼睛刺激持续：就医

安全储存　—

废弃处置　本品及内装物、容器依据国家和地方法规处置

物理和化学危险　可燃，其粉体与空气混合，能形成爆炸性混合物

健康危害　本品为高铁血红蛋白形成剂。中毒表现为头昏，嗜睡，头痛，恶心，意识障碍，唇、指甲、皮肤紫绀。对眼有强刺激性。对皮肤有刺激性和致敏性

环境危害　对环境可能有害

第三部分　成分/组成信息

√ 物质　　　　　　　　　混合物

组分	浓度	CAS No.
1-溴-2,4-二硝基苯		584-48-5

第四部分　急救措施

吸入　迅速脱离现场至空气新鲜处。保持呼吸道通畅。如呼吸困难，给吸氧。如呼吸、心跳停止，立即行心肺复苏术。就医

皮肤接触　立即脱去污染衣着，用肥皂水或清水彻底冲洗。就医

眼睛接触　分开眼睑，用清水或生理盐水冲洗。就医

食入　漱口，饮水。就医

对保护施救者的忠告　根据需要使用个人防护设备

对医生的特别提示　高铁血红蛋白血症，可用亚甲蓝和维生素C治疗

第五部分　消防措施

灭火剂　用雾状水、泡沫、干粉、二氧化碳、砂土灭火

特别危险性　遇明火能燃烧。受高热分解放出有毒的气体

灭火注意事项及防护措施　消防人员必须佩戴防毒面具、穿全身消防服，在上风向灭火。尽可能将容器从火场移至空旷处。喷水保持火场容器冷却，直至灭火结束

第六部分　泄漏应急处理

作业人员防护措施、防护装备和应急处置程序　隔离泄漏污染区，限制出入。消除所有点火源。建议应急处理人员戴防尘口罩，穿一般作业工作服。尽可能切断泄漏源

环境保护措施　用塑料布覆盖泄漏物，减少飞散

泄漏化学品的收容、清除方法及所使用的处置材料　勿使水进入包装容器内。用洁净的铲子收集泄漏物，置于干净、干燥、盖子较松的容器中，将容器移离泄漏区

第七部分　操作处置与储存

操作注意事项　密闭操作，局部排风。操作人员必须经过专门培训，严格遵守操作规程。建议操作人员佩戴自吸过滤式防尘口罩，戴化学安全防护眼镜，穿防毒物渗透工作服，戴橡胶手套。远离火种、热源，工作场所严禁吸烟。使用防爆型的通风系统和设备。避免产生粉尘。避免与氧化剂、还原剂、酸类接触。搬运时要轻装轻卸，防止包装及容器损坏。配备相应品种和数量的消防器材及泄漏应急处理设备。倒空的容器可能残留有害物

储存注意事项　储存于阴凉、通风的库房。远离火种、热源。应与氧化剂、还原剂、酸类、食用化学品分开存放，切忌混储。配备相应品种和数量的消防器材。储区应备有合适的材料收容泄漏物

第八部分　接触控制/个体防护

职业接触限值
　　中国　未制定标准
　　美国（ACGIH）　未制定标准
生物接触限值　未制定标准
监测方法　空气中有毒物质测定方法：未制定标准。生物监测检验方法：未制定标准
工程控制　密闭操作，局部排风
个体防护装备
　　呼吸系统防护　空气中粉尘浓度超标时，必须佩戴过滤式防尘呼吸器。紧急事态抢救或撤离时，应该佩戴空气呼吸器
　　眼睛防护　戴化学安全防护眼镜
　　皮肤和身体防护　穿防毒物渗透工作服
　　手防护　戴橡胶手套

第九部分　理化特性

外观与性状　黄色结晶　　**pH值**　无意义
熔点(℃)　71～73　　　　**沸点(℃)**　无资料
相对密度(水＝1)　无资料
相对蒸气密度(空气＝1)　无资料
饱和蒸气压(kPa)　无资料
临界压力(MPa)　无资料　　**辛醇/水分配系数**　无资料
闪点(℃)　无资料　　　　**自燃温度(℃)**　无资料
爆炸下限(%)　无资料　　**爆炸上限(%)**　无资料
分解温度(℃)　无资料　　**黏度(mPa·s)**　无资料
燃烧热(kJ/mol)　无资料　**临界温度(℃)**　无资料
溶解性　易溶于热乙醇

第十部分　稳定性和反应性

稳定性　稳定
危险反应　与强氧化剂、强还原剂、强酸等禁配物发生反应
避免接触的条件　无资料

禁配物　强氧化剂、强还原剂、强酸
危险的分解产物　溴化氢、氮氧化物

第十一部分　毒理学信息

急性毒性　无资料
皮肤刺激或腐蚀　无资料　　**眼睛刺激或腐蚀**　无资料
呼吸或皮肤过敏　无资料　　**生殖细胞突变性**　无资料
致癌性　无资料　　　　　　**生殖毒性**　无资料
特异性靶器官系统毒性-一次接触　无资料
特异性靶器官系统毒性-反复接触　无资料
吸入危害　无资料

第十二部分　生态学信息

生态毒性　无资料
持久性和降解性
　　生物降解性　无资料
　　非生物降解性　无资料
潜在的生物累积性　无资料
土壤中的迁移性　无资料

第十三部分　废弃处置

废弃化学品　建议用焚烧法处置。焚烧炉排出的气体要通过洗涤器除去
污染包装物　将容器返还生产商或按照国家和地方法规处置
废弃注意事项　处置前应参阅国家和地方有关法规

第十四部分　运输信息

联合国危险货物编号（UN号）　—
联合国运输名称　—　　　**联合国危险性类别**　—
包装类别　—　　　　　　**包装标志**　—
海洋污染物　否
运输注意事项　运输前应先检查包装容器是否完整、密封，运输过程中要确保容器不泄漏、不倒塌、不坠落、不损坏。严禁与酸类、氧化剂、食品及食品添加剂混运。运输途中应防暴晒、雨淋，防高温

第十五部分　法规信息

　　下列法律、法规、规章和标准，对该化学品的管理作了相应的规定。
中华人民共和国职业病防治法　职业病分类和目录：苯的氨基及硝基化合物中毒
危险化学品安全管理条例　危险化学品目录：列入。易制爆危险化学品名录：未列入。重点监管的危险化学品名录：未列入。GB 18218—2009《危险化学品重大危险源辨识》（表1）：未列入
使用有毒物品作业场所劳动保护条例　高毒物品目录：未列入
易制毒化学品管理条例　易制毒化学品的分类和品种目录：未列入
国际公约　斯德哥尔摩公约：未列入。鹿特丹公约：未列入。蒙特利尔议定书：未列入

第十六部分 其他信息

编写和修订信息　　缩略语和首字母缩写
培训建议　　　　　　参考文献
免责声明

溴化碘

第一部分　化学品标识

化学品中文名　溴化碘；一溴化碘
化学品英文名　iodine bromide
分子式　IBr　分子量　206.808
化学品的推荐及限制用途　用于有机合成

第二部分　危险性概述

紧急情况概述　造成严重的皮肤灼伤和眼损伤
GHS危险性类别　急性毒性-吸入，类别5；皮肤腐蚀/刺
　　激，类别1；严重眼损伤/眼刺激，类别1
标签要素

象形图　

警示词　危险
危险性说明　吸入可能有害，造成严重的皮肤灼伤和眼
　　损伤
防范说明
　　预防措施　避免吸入粉尘。避免接触眼睛、皮肤，
　　　　操作后彻底清洗。戴防护手套，穿防护服，戴
　　　　防护眼镜、防护面罩
　　事故响应　如吸入：将患者转移到空气新鲜处，休
　　　　息，保持利于呼吸的体位，立即呼叫中毒控制
　　　　中心或就医。皮肤（或头发）接触：立即脱掉
　　　　所有被污染的衣服，用水冲洗皮肤，淋浴。污
　　　　染的衣服洗净后方可重新使用。眼睛接触：用
　　　　水细心地冲洗数分钟，立即呼叫中毒控制中心
　　　　或就医。如戴隐形眼镜并可方便地取出，则取
　　　　出隐形眼镜，继续冲洗。食入：漱口，不要
　　　　催吐
　　安全储存　上锁保管
　　废弃处置　本品及内装物、容器依据国家和地方法
　　　　规处置
物理和化学危险　不燃，无特殊燃爆特性。遇水产生刺
　　激性气体
健康危害　本品对眼睛、皮肤、黏膜和上呼吸道有强烈刺
　　激作用。眼和皮肤接触引起灼伤
环境危害　对环境可能有害

第三部分　成分/组成信息

√物质　　　　　　　　　　混合物

组分	浓度	CAS No.
溴化碘		7789-33-5

第四部分　急救措施

吸入　迅速脱离现场至空气新鲜处。保持呼吸道通畅。如
　　呼吸困难，给输氧。呼吸、心跳停止，立即进行心肺
　　复苏术。就医
皮肤接触　立即脱去污染的衣着，用大量流动清水彻底冲
　　洗至少15min。就医
眼睛接触　立即分开眼睑，用流动清水或生理盐水彻底冲
　　洗5～10min。就医
食入　用水漱口，禁止催吐。给饮牛奶或蛋清。就医
对保护施救者的忠告　根据需要使用个人防护设备
对医生的特别提示　对症处理

第五部分　消防措施

灭火剂　本品不燃，根据着火原因选择适当灭火剂灭火
特别危险性　受热或遇水分解放热，放出有毒的腐蚀性
　　烟气
灭火注意事项及防护措施　消防人员必须穿全身防火防毒
　　服，在上风向灭火。灭火时尽可能将容器从火场移至
　　空旷处

第六部分　泄漏应急处理

作业人员防护措施、防护装备和应急处置程序　隔离泄漏
　　污染区，限制出入。建议应急处理人员戴防尘口罩，
　　穿防腐、防毒服。穿上适当的防护服前严禁接触破裂
　　的容器和泄漏物。尽可能切断泄漏源
环境保护措施　用塑料布覆盖泄漏物，减少飞散
泄漏化学品的收容、清除方法及所使用的处置材料　勿使
　　水进入包装容器内。用洁净的铲子收集泄漏物，置于
　　干净、干燥、盖子较松的容器中，将容器移离泄漏区

第七部分　操作处置与储存

操作注意事项　密闭操作，加强通风。操作人员必须经过
　　专门培训，严格遵守操作规程。建议操作人员佩戴防
　　尘面具（全面罩），穿连体式防毒衣，戴橡胶手套。
　　远离易燃、可燃物。避免产生粉尘。避免与水接触。
　　搬运时要轻装轻卸，防止包装及容器损坏。配备泄漏
　　应急处理设备。倒空的容器可能残留有害物
储存注意事项　储存于阴凉、干燥、通风良好的库房。远
　　离火种、热源。保持容器密封。应与易（可）燃物等
　　分开存放，切忌混储。储区应备有合适的材料收容泄
　　漏物

第八部分　接触控制/个体防护

职业接触限值
　　中国　未制定标准
　　美国（ACGIH）　未制定标准
生物接触限值　未制定标准
监测方法　空气中有毒物质测定方法：未制定标准。生物
　　监测检验方法：未制定标准
工程控制　生产过程密闭，加强通风
个体防护装备
　　呼吸系统防护　可能接触其粉尘时，必须佩戴防尘面

具（全面罩）。紧急事态抢救或撤离时，应该佩
戴空气呼吸器

眼睛防护　呼吸系统防护中已作防护

皮肤和身体防护　穿连体式防毒衣

手防护　戴橡胶手套

第九部分　理化特性

外观与性状　黑褐色晶体

pH 值　无意义　　　　　　　熔点(℃)　42～50

沸点(℃)　116（分解）　　　相对密度(水＝1)　1.458

相对蒸气密度(空气＝1)　无资料

饱和蒸气压(kPa)　无资料

临界压力(MPa)　无资料　　辛醇/水分配系数　无资料

闪点(℃)　无意义　　　　　自燃温度(℃)　无意义

爆炸下限(%)　无意义　　　爆炸上限(%)　无意义

分解温度(℃)　无资料　　　黏度(mPa·s)　无资料

燃烧热(kJ/mol)　无资料　　临界温度(℃)　无资料

溶解性　溶于水

第十部分　稳定性和反应性

稳定性　稳定

危险反应　与醇类、水及水蒸气、钾、钠、磷等禁配物发
生反应。受热或遇水分解放热，放出有毒的腐蚀性
烟气

避免接触的条件　受热、潮湿空气、光照

禁配物　醇类、水及水蒸气、钾、钠、磷等

危险的分解产物　溴化氢、碘化氢

第十一部分　毒理学信息

急性毒性　无资料

皮肤刺激或腐蚀　无资料　　眼睛刺激或腐蚀　无资料

呼吸或皮肤过敏　无资料　　生殖细胞突变性　无资料

致癌性　无资料　　　　　　生殖毒性　频繁使用碘化
物可致胎儿死亡，严重的甲状腺肿和甲状腺机能衰
退，新生儿呈现克汀病样体征

特异性靶器官系统毒性-一次接触　对黏膜有明显刺激作
用，可引起结膜炎、鼻炎、支气管炎等

特异性靶器官系统毒性-反复接触　无资料

吸入危害　无资料

第十二部分　生态学信息

生态毒性　无资料

持久性和降解性

　　生物降解性　无资料

　　非生物降解性　无资料

潜在的生物累积性　无资料

土壤中的迁移性　无资料

第十三部分　废弃处置

废弃化学品　中和后，用安全掩埋法处置

污染包装物　将容器返还生产商或按照国家和地方法规
处置

废弃注意事项　处置前应参阅国家和地方有关法规

第十四部分　运输信息

联合国危险货物编号（UN 号）　3260

联合国运输名称　无机酸性腐蚀性固体，未另作规定的
（溴化碘）

联合国危险性类别　8

包装类别　Ⅰ　　　　　　包装标志

海洋污染物　否

运输注意事项　起运时包装要完整，装载应稳妥。运输过
程中要确保容器不泄漏、不倒塌、不坠落、不损坏。
严禁与易燃物或可燃物、食用化学品等混装混运。运
输途中应防暴晒、雨淋，防高温。运输用车、船必须
干燥，并有良好的防雨设施。运输车船必须彻底清
洗、消毒，否则不得装运其他物品

第十五部分　法规信息

下列法律、法规、规章和标准，对该化学品的管理作
了相应的规定。

中华人民共和国职业病防治法　职业病分类和目录：未
列入

危险化学品安全管理条例　危险化学品目录：列入。易制
爆危险化学品名录：未列入。重点监管的危险化学品
名录：未列入。GB 18218—2009《危险化学品重大
危险源辨识》（表 1）：未列入

使用有毒物品作业场所劳动保护条例　高毒物品目录：未
列入

易制毒化学品管理条例　易制毒化学品的分类和品种目
录：未列入

国际公约　斯德哥尔摩公约：未列入。鹿特丹公约：未列
入。蒙特利尔议定书：未列入

第十六部分　其他信息

编写和修订信息　　　缩略语和首字母缩写

培训建议　　　　　　参考文献

免责声明

溴化汞

第一部分　化学品标识

化学品中文名　溴化汞；二溴化汞

化学品英文名　mercury dibromide; mercuric bromide

分子式　$HgBr_2$　分子量　360.44

结构式　$Br\diagdown Hg\diagup Br$

化学品的推荐及限制用途　用作测定砷的特殊试剂及用于
化肥分析

第二部分　危险性概述

紧急情况概述　吞咽致命，皮肤接触会致命，造成皮肤刺
激，造成严重眼损伤，可能导致皮肤过敏反应

GHS 危险性类别　急性毒性-经口，类别 2；急性毒性-经

皮，类别 2；皮肤腐蚀/刺激，类别 2；严重眼损伤/眼刺激，类别 1；皮肤致敏物，类别 1；危害水生环境-急性危害，类别 1；危害水生环境-长期危害，类别 1

标签要素

象形图

警示词 危险

危险性说明 吞咽致命，皮肤接触会致命，造成严重的皮肤灼伤和眼损伤，可能导致皮肤过敏反应，对水生生物毒性非常大并具有长期持续影响

防范说明

预防措施 避免接触眼睛、皮肤，操作后彻底清洗。作业场所不得进食、饮水或吸烟。穿防护服，戴防护眼镜、防护手套、防护面罩。避免吸入粉尘。污染的工作服不得带出工作场所。禁止排入环境

事故响应 如吸入：将患者转移到空气新鲜处，休息，保持利于呼吸的体位。皮肤（或头发）接触：立即脱掉所有被污染的衣服，用水冲洗皮肤，淋浴。污染的衣服必须经洗净后方可重新使用。如出现皮肤刺激或皮疹：就医。眼睛接触：用水细心地冲洗数分钟。如戴隐形眼镜并可方便地取出，则取出隐形眼镜，继续冲洗。食入：漱口，不要催吐，立即呼叫中毒控制中心或就医。收集泄漏物

安全储存 上锁保管

废弃处置 本品及内装物、容器依据国家和地方法规处置

物理和化学危险 不燃，无特殊燃爆特性

健康危害 急性中毒有头痛、头晕、发热、口腔炎、皮疹，重者可发生间质性肺炎及肾脏损害。长期接触低浓度二溴化汞后，可发生神经衰弱综合征；汞毒性震颤等

环境危害 对水生生物毒性非常大并具有长期持续影响

第三部分 成分/组成信息

√ 物质　　　　　　混合物

组分	浓度	CAS No.
溴化汞		7789-47-1

第四部分 急救措施

吸入 迅速脱离现场至空气新鲜处。保持呼吸道通畅。如呼吸困难，给输氧。呼吸、心跳停止，立即进行心肺复苏术。就医

皮肤接触 立即脱去污染的衣着，用流动清水彻底冲洗。就医

眼睛接触 立即分开眼睑，用流动清水或生理盐水彻底冲洗 5～10min。就医

食入 口服蛋清、牛奶或豆浆。就医

对保护施救者的忠告 根据需要使用个人防护设备

对医生的特别提示 解毒剂：二巯基丙磺酸钠、二巯基丁二酸钠、青霉胺

第五部分 消防措施

灭火剂 本品不燃，根据着火原因选择适当灭火剂灭火

特别危险性 本身不能燃烧，遇高热分解释出高毒烟气

灭火注意事项及防护措施 消防人员必须佩戴防毒面具、穿全身消防服，在上风向灭火。尽可能将容器从火场移至空旷处。喷水保持火场容器冷却，直至灭火结束

第六部分 泄漏应急处理

作业人员防护措施、防护装备和应急处置程序 隔离泄漏污染区，限制出入。建议应急处理人员戴防尘口罩，穿防毒服。穿上适当的防护服前严禁接触破裂的容器和泄漏物。尽可能切断泄漏源

环境保护措施 用塑料布覆盖泄漏物，减少飞散

泄漏化学品的收容、清除方法及所使用的处置材料 勿使水进入包装容器内。用洁净的铲子收集泄漏物，置于干净、干燥、盖子较松的容器中，将容器移离泄漏区

第七部分 操作处置与储存

操作注意事项 密闭操作，提供充分的局部排风。防止粉尘释放到车间空气中。操作人员必须经过专门培训，严格遵守操作规程。建议操作人员佩戴防尘面具（全面罩），穿胶布防毒衣，戴橡胶手套。避免产生粉尘。避免与钾、钠、氧化剂接触。配备泄漏应急处理设备。倒空的容器可能残留有害物

储存注意事项 储存于阴凉、通风的库房。远离火种、热源。避光保存。包装密封。应与钾、钠、氧化剂、食用化学品分开存放，切忌混储。储区应备有合适的材料收容泄漏物

第八部分 接触控制/个体防护

职业接触限值

中国 未制定标准

美国（ACGIH） TLV-TWA：0.025mg/m³ ［按 Hg 计］［皮］

生物接触限值 尿总汞：20μmol/mol 肌酐（35μg/g 肌酐）（采样时间：接触 6 个月后工作班前）

监测方法 空气中有毒物质测定方法：原子荧光光谱法；双硫腙分光光度法；冷原子吸收光谱法。生物监测检验方法：尿中汞的双硫腙萃取分光光度测定方法；尿中汞的冷原子吸收光谱测定方法（一）碱性氯化亚锡还原法；尿中有机（甲基）汞、无机汞和总汞的分别测定方法 选择性还原——冷原子吸收光谱法

工程控制 严加密闭，提供充分的局部排风

个体防护装备

呼吸系统防护 可能接触其粉尘时，必须佩戴防尘面具（全面罩）。紧急事态抢救或撤离时，应该佩戴空气呼吸器

眼睛防护 呼吸系统防护中已作防护

皮肤和身体防护 穿密闭型防毒服

手防护 戴橡胶手套

第九部分　理化特性

外观与性状　白色结晶或结晶状粉末，遇光分解
pH 值　无意义　　　　　　　　**熔点(℃)**　237
沸点(℃)　322（升华）
相对密度(水＝1)　6.1090（25℃）
相对蒸气密度(空气＝1)　12.0
饱和蒸气压(kPa)　0.133（136.5℃）
临界压力(MPa)　无意义　**辛醇/水分配系数**　无资料
闪点(℃)　无意义　　　　**自燃温度(℃)**　无意义
爆炸下限(%)　无意义　　**爆炸上限(%)**　无意义
分解温度(℃)　无资料　　**黏度(mPa·s)**　无资料
燃烧热(kJ/mol)　无资料　**临界温度(℃)**　无资料
溶解性　溶于热醇、甲醇、盐酸，微溶于水、氯仿

第十部分　稳定性和反应性

稳定性　稳定
危险反应　与强氧化剂、钾、钠等禁配物发生反应
避免接触的条件　光照
禁配物　钾、钠、强氧化剂
危险的分解产物　氧化汞、溴化氢、汞

第十一部分　毒理学信息

急性毒性　LD_{50}：40mg/kg（大鼠经口）；100mg/kg（大鼠经皮）；35mg/kg（小鼠经口）
皮肤刺激或腐蚀　无资料　**眼睛刺激或腐蚀**　无资料
呼吸或皮肤过敏　无资料　**生殖细胞突变性**　无资料
致癌性　无资料　　　　　**生殖毒性**　无资料
特异性靶器官系统毒性-一次接触　无资料
特异性靶器官系统毒性-反复接触　无资料
吸入危害　无资料

第十二部分　生态学信息

生态毒性　汞化合物对水生生物有极高毒性
持久性和降解性
　生物降解性　无资料
　非生物降解性　无资料
潜在的生物累积性　元素汞易在生物体内富集
土壤中的迁移性　无资料

第十三部分　废弃处置

废弃化学品　根据国家和地方有关法规的要求处置。或与厂商或制造商联系，确定处置方法
污染包装物　将容器返还生产商或按照国家和地方法规处置
废弃注意事项　处置前应参阅国家和地方有关法规

第十四部分　运输信息

联合国危险货物编号（UN 号）　1634
联合国运输名称　溴化汞
联合国危险性类别　6.1

包装类别　Ⅱ　　　　　　**包装标志**

海洋污染物　是
运输注意事项　运输前应先检查包装容器是否完整、密封，运输过程中要确保容器不泄漏、不倒塌、不坠落、不损坏。严禁与酸类、氧化剂、食品及食品添加剂混运。运输时运输车辆应配备泄漏应急处理设备。运输途中应防暴晒、雨淋，防高温。公路运输时要按规定路线行驶，勿在居民区和人口稠密区停留

第十五部分　法规信息

下列法律、法规、规章和标准，对该化学品的管理作了相应的规定。
中华人民共和国职业病防治法　职业病分类和目录：汞及其化合物中毒
危险化学品安全管理条例　危险化学品目录：列入。易制爆危险化学品名录：未列入。重点监管的危险化学品名录：未列入。GB 18218—2009《危险化学品重大危险源辨识》（表 1）：未列入
使用有毒物品作业场所劳动保护条例　高毒物品目录：未列入
易制毒化学品管理条例　易制毒化学品的分类和品种目录：未列入
国际公约　斯德哥尔摩公约：未列入。鹿特丹公约：未列入。蒙特利尔议定书：未列入

第十六部分　其他信息

编写和修订信息　　　　　缩略语和首字母缩写
培训建议　　　　　　　　参考文献
免责声明

溴化磷酰

第一部分　化学品标识

化学品中文名　溴化磷酰；氧溴化磷；三溴氧（化）磷；磷酰溴
化学品英文名　phosphorous oxybromide；phosphoryl bromide
分子式　$POBr_3$　**分子量**　286.685

结构式　
$$Br-\overset{\displaystyle O}{\underset{\displaystyle Br}{P}}-Br$$

化学品的推荐及限制用途　用作化学中间体

第二部分　危险性概述

紧急情况概述　造成严重的皮肤灼伤和眼损伤
GHS 危险性类别　皮肤腐蚀/刺激，类别 1；严重眼损伤/眼刺激，类别 1
标签要素

象形图　

警示词　危险
危险性说明　造成严重的皮肤灼伤和眼损伤

防范说明

预防措施 避免吸入粉尘。避免接触眼睛、皮肤，操作后彻底清洗。穿防护服，戴防护手套、防护眼镜、防护面罩

事故响应 如吸入：将患者转移到空气新鲜处，休息，保持利于呼吸的体位，立即呼叫中毒控制中心或就医。皮肤（或头发）接触：立即脱掉所有被污染的衣服，用水冲洗皮肤，淋浴。污染的衣服洗净后方可重新使用。眼睛接触：用水细心地冲洗数分钟，立即呼叫中毒控制中心或就医。如戴隐形眼镜并可方便地取出，则取出隐形眼镜，继续冲洗。食入：漱口，不要催吐

安全储存 上锁保管

废弃处置 本品及内装物、容器依据国家和地方法规处置

物理和化学危险 助燃。与可燃物接触易着火燃烧。遇水产生有毒气体

健康危害 吸入、摄入或经皮肤吸收后会中毒。对眼睛、黏膜和皮肤有强烈刺激作用。受热分解释出溴和氧化磷烟雾

环境危害 对环境可能有害

第三部分 成分/组成信息

√ 物质   混合物

组分	浓度	CAS No.
溴化磷酰		7789-59-5

第四部分 急救措施

吸入 迅速脱离现场至空气新鲜处。保持呼吸道通畅。如呼吸困难，给输氧。呼吸、心跳停止，立即进行心肺复苏术。就医

皮肤接触 立即脱去污染的衣着，用大量流动清水彻底冲洗至少 15min。就医

眼睛接触 立即分开眼睑，用流动清水或生理盐水彻底冲洗 5～10min。就医

食入 用水漱口，禁止催吐。给饮牛奶或蛋清。就医

对保护施救者的忠告 根据需要使用个人防护设备

对医生的特别提示 对症处理

第五部分 消防措施

灭火剂 用雾状水、泡沫、干粉、二氧化碳、砂土灭火

特别危险性 接触有机物有引起燃烧的危险。遇水或水蒸气反应放热并产生有毒的腐蚀性气体。受高热分解放出有毒的气体。遇潮时对大多数金属有腐蚀性

灭火注意事项及防护措施 消防人员必须佩戴防毒面具、穿全身消防服，在上风向灭火。尽可能将容器从火场移至空旷处。喷水保持火场容器冷却，直至灭火结束。处在火场中的容器若已变色或从安全泄压装置中发出声音，必须马上撤离

第六部分 泄漏应急处理

作业人员防护措施、防护装备和应急处置程序 隔离泄漏污染区，限制出入。建议应急处理人员戴防尘口罩，穿防酸碱服。穿上适当的防护服前严禁接触破裂的容器和泄漏物。尽可能切断泄漏源

环境保护措施 用塑料布覆盖泄漏物，减少飞散

泄漏化学品的收容、清除方法及所使用的处置材料 勿使泄漏物与可燃物质（如木材、纸、油等）接触。小量泄漏：用干燥的砂土或其他不燃材料覆盖泄漏物，用洁净的无火花工具收集泄漏物，置于一盖子较松的塑料容器中，待处置。大量泄漏：用塑料布覆盖泄漏物，减少飞散，避免雨淋

第七部分 操作处置与储存

操作注意事项 密闭操作，提供充分的局部排风。防止粉尘释放到车间空气中。操作人员必须经过专门培训，严格遵守操作规程。建议操作人员佩戴防尘面具（全面罩），穿橡胶耐酸碱服，戴橡胶耐酸碱手套。远离火种、热源，工作场所严禁吸烟。避免产生粉尘。避免与还原剂、醇类接触。尤其要注意避免与水接触。配备相应品种和数量的消防器材及泄漏应急处理设备。倒空的容器可能残留有害物

储存注意事项 储存于通风、低温的库房内。远离火种、热源。防止阳光直射。包装密封。应与还原剂、醇类、食用化学品等分开存放，切忌混储。储区应备有合适的材料收容泄漏物

第八部分 接触控制/个体防护

职业接触限值

中国 未制定标准

美国（ACGIH） 未制定标准

生物接触限值 未制定标准

监测方法 空气中有毒物质测定方法：未制定标准。生物监测检验方法：未制定标准

工程控制 严加密闭，提供充分的局部排风

个体防护装备

呼吸系统防护 可能接触其粉尘时，必须佩戴防尘面具（全面罩）。紧急事态抢救或撤离时，应该佩戴空气呼吸器

眼睛防护 呼吸系统防护中已作防护

皮肤和身体防护 穿橡胶耐酸碱服

手防护 戴橡胶耐酸碱手套

第九部分 理化特性

外观与性状 无色至淡橙色片状结晶，带有刺激性气味

pH 值 无意义	**熔点(℃)** 56
沸点(℃) 193	**相对密度(水=1)** 2.822
相对蒸气密度(空气=1) 无资料	
饱和蒸气压(kPa) 无资料	
临界压力(MPa) 无意义	**辛醇/水分配系数** 无资料
闪点(℃) 无意义	**自燃温度(℃)** 无意义
爆炸下限(%) 无意义	**爆炸上限(%)** 无意义
分解温度(℃) 沸点193℃（758mmHg），伴随分解	
黏度(mPa·s) 无资料	
燃烧热(kJ/mol) 无资料	**临界温度(℃)** 无资料

溶解性 无资料

第十部分 稳定性和反应性

稳定性 稳定

危险反应 与强还原剂、水、醇类等禁配物发生反应。接触有机物有引起燃烧的危险。遇水或水蒸气反应放热并产生有毒的腐蚀性气体

避免接触的条件 潮湿空气

禁配物 强还原剂、水、醇类

危险的分解产物 溴化氢、氧化磷

第十一部分 毒理学信息

急性毒性 无资料

皮肤刺激或腐蚀 无资料	**眼睛刺激或腐蚀** 无资料
呼吸或皮肤过敏 无资料	**生殖细胞突变性** 无资料
致癌性 无资料	**生殖毒性** 无资料

特异性靶器官系统毒性-一次接触 无资料

特异性靶器官系统毒性-反复接触 无资料

吸入危害 无资料

第十二部分 生态学信息

生态毒性 无资料

持久性和降解性

  生物降解性 无资料

  非生物降解性 无资料

潜在的生物累积性 无资料

土壤中的迁移性 无资料

第十三部分 废弃处置

废弃化学品 在污水处理厂处理和中和。用苏打灰或熟石灰中和。重复使用容器或在规定场所掩埋

污染包装物 将容器返还生产商或按照国家和地方法规处置

废弃注意事项 处置前应参阅国家和地方有关法规

第十四部分 运输信息

联合国危险货物编号（UN 号） 1939

联合国运输名称 三溴氧化磷

联合国危险性类别 8

包装类别 Ⅱ　　　　　　**包装标志**

海洋污染物 否

运输注意事项 起运时包装要完整，装载应稳妥。运输过程中要确保容器不泄漏、不倒塌、不坠落、不损坏。严禁与还原剂、醇类、食用化品等混装混运。运输时运输车辆应配备泄漏应急处理设备。运输途中应防暴晒、雨淋，防高温。公路运输时要按规定路线行驶，勿在居民区和人口稠密区停留

第十五部分 法规信息

下列法律、法规、规章和标准，对该化学品的管理作了相应的规定。

中华人民共和国职业病防治法 职业病分类和目录：未列入

危险化学品安全管理条例 危险化学品目录：列入。易制爆危险化学品名录：未列入。重点监管的危险化学品名录：未列入。GB 18218—2009《危险化学品重大危险源辨识》（表 1）：未列入

使用有毒物品作业场所劳动保护条例 高毒物品目录：未列入

易制毒化学品管理条例 易制毒化学品的分类和品种目录：未列入

国际公约 斯德哥尔摩公约：未列入。鹿特丹公约：未列入。蒙特利尔议定书：未列入

第十六部分 其他信息

编写和修订信息	缩略语和首字母缩写
培训建议	参考文献
免责声明	

3-溴甲苯

第一部分 化学品标识

化学品中文名 3-溴甲苯；间甲基溴苯；间溴甲苯；间甲（基）溴苯；3-甲（基）溴苯；1-溴-3-甲基苯

化学品英文名 *m*-bromomethyl benzene；3-bromotoluene

分子式 C_7H_7Br　**分子量** 171.034

结构式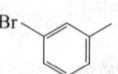

化学品的推荐及限制用途 用于有机合成

第二部分 危险性概述

紧急情况概述 易燃液体和蒸气，吞咽有害

GHS 危险性类别 易燃液体，类别 3；急性毒性-经口，类别 4

标签要素

象形图

警示词 警告

危险性说明 易燃液体和蒸气，吞咽有害

防范说明

  预防措施 远离热源、火花、明火、热表面。保持容器密闭。容器和接收设备接地连接。使用防爆型电器、通风、照明设备。只能使用不产生火花的工具。采取防止静电措施。戴防护手套、防护眼镜、防护面罩。避免接触眼睛、皮肤，操作后彻底清洗。作业场所不得进食、饮水或吸烟

  事故响应 火灾时，使用雾状水、泡沫、干粉、二氧化碳、砂土灭火。如皮肤（或头发）接触：立即脱掉所有被污染的衣服，用水冲洗皮肤，淋浴。食入；如果感觉不适，立即呼叫中毒控

制中心或就医，漱口

安全储存 存放在通风良好的地方。保持低温

废弃处置 本品及内装物、容器依据国家和地方法规处置

物理和化学危险 易燃，其蒸气与空气混合，能形成爆炸性混合物

健康危害 有毒。有刺激和麻醉作用

环境危害 对环境可能有害

第三部分 成分/组成信息

√ 物质　　　　　　　　混合物

组分	浓度	CAS No.
3-溴甲苯		591-17-3

第四部分 急救措施

吸入 迅速脱离现场至空气新鲜处。保持呼吸道通畅。如呼吸困难，给输氧。如呼吸、心跳停止，立即进行心肺复苏术。就医

皮肤接触 立即脱去污染的衣着，用流动清水彻底冲洗。就医

眼睛接触 立即分开眼睑，用流动清水或生理盐水彻底冲洗。就医

食入 漱口，饮水。就医

对保护施救者的忠告 根据需要使用个人防护设备

对医生的特别提示 对症处理

第五部分 消防措施

灭火剂 用雾状水、泡沫、干粉、二氧化碳、砂土灭火

特别危险性 其蒸气与空气可形成爆炸性混合物，遇明火、高热能引起燃烧爆炸。与氧化剂可发生反应。受高热分解放出有毒的气体。若遇高热，容器内压增大，有开裂和爆炸的危险

灭火注意事项及防护措施 消防人员必须佩戴防毒面具、穿全身消防服，在上风向灭火。尽可能将容器从火场移至空旷处。喷水保持火场容器冷却，直至灭火结束。处在火场中的容器若已变色或从安全泄压装置中发出声音，必须马上撤离

第六部分 泄漏应急处理

作业人员防护措施、防护装备和应急处置程序 根据液体流动和蒸气扩散的影响区域划定警戒区，无关人员从侧风向、上风向撤离至安全区。消除所有点火源。建议应急处理人员戴正压自给式呼吸器，穿防毒服。穿上适当的防护服前严禁接触破裂的容器和泄漏物。尽可能切断泄漏源

环境保护措施 防止泄漏物进入水体、下水道、地下室或有限空间

泄漏化学品的收容、清除方法及所使用的处置材料 小量泄漏：用干燥的砂土或其他不燃材料吸收或覆盖，收集于容器中。大量泄漏：构筑围堤或挖坑收容。用泵转移至槽车或专用收集器内

第七部分 操作处置与储存

操作注意事项 密闭操作，局部排风。防止蒸气泄漏到工作场所空气中。操作人员必须经过专门培训，严格遵守操作规程。建议操作人员佩戴自吸过滤式防毒面具（半面罩），戴化学安全防护眼镜，穿防毒物渗透工作服，戴橡胶手套。远离火种、热源，工作场所严禁吸烟。使用防爆型的通风系统和设备。在清除液体和蒸气前不能进行焊接、切割等作业。避免产生烟雾。避免与氧化剂接触。配备相应品种和数量的消防器材及泄漏应急处理设备。倒空的容器可能残留有害物

储存注意事项 储存于阴凉、通风的库房。远离火种、热源。防止阳光直射。保持容器密封。应与氧化剂分开存放，切忌混储。配备相应品种和数量的消防器材。储区应备有泄漏应急处理设备和合适的收容材料

第八部分 接触控制/个体防护

职业接触限值

中国 未制定标准

美国（ACGIH） 未制定标准

生物接触限值 未制定标准

监测方法 空气中有毒物质测定方法：未制定标准。生物监测检验方法：未制定标准

工程控制 密闭操作，局部排风

个体防护装备

呼吸系统防护 空气中浓度超标时，必须佩戴过滤式防毒面具（半面罩）。紧急事态抢救或撤离时，应该佩戴空气呼吸器

眼睛防护 戴化学安全防护眼镜

皮肤和身体防护 穿防毒物渗透工作服

手防护 戴橡胶手套

第九部分 理化特性

外观与性状 无色液体	**pH 值** 无资料
熔点（℃） －40	**沸点（℃）** 183.7
相对密度（水＝1） 1.4099	
相对蒸气密度（空气＝1） 无资料	
饱和蒸气压（kPa） 无资料	
临界压力（MPa） 无资料	**辛醇/水分配系数** 无资料
闪点（℃） 60.0	**自燃温度（℃）** 无资料
爆炸下限（%） 无资料	**爆炸上限（%）** 无资料
分解温度（℃） 无资料	**黏度（mPa·s）** 无资料
燃烧热（kJ/mol） 无资料	**临界温度（℃）** 无资料
溶解性 不溶于水，溶于乙醇、醚、苯	

第十部分 稳定性和反应性

稳定性 稳定

危险反应 与强氧化剂等禁配物接触，有发生火灾和爆炸的危险

避免接触的条件 无资料

禁配物 强氧化剂

危险的分解产物 溴化氢

第十一部分 毒理学信息

急性毒性 LD_{50}：1540mg/kg（大鼠经口）；1436mg/kg（小鼠经口）。LC_{50}：6800mg/m^3（大鼠吸入）

皮肤刺激或腐蚀	无资料	眼睛刺激或腐蚀	无资料
呼吸或皮肤过敏	无资料	生殖细胞突变性	无资料
致癌性	无资料	生殖毒性	无资料

特异性靶器官系统毒性--一次接触   无资料

特异性靶器官系统毒性-反复接触   无资料

吸入危害   无资料

第十二部分　生态学信息

生态毒性   无资料

持久性和降解性

     生物降解性   无资料

     非生物降解性   无资料

潜在的生物累积性   无资料

土壤中的迁移性   无资料

第十三部分　废弃处置

废弃化学品   建议用控制焚烧法或安全掩埋法处置。若可能，重复使用容器或在规定场所掩埋

污染包装物   将容器返还生产商或按照国家和地方法规处置

废弃注意事项   处置前应参阅国家和地方有关法规

第十四部分　运输信息

联合国危险货物编号（UN号）   1993

联合国运输名称   易燃液体，未另作规定的（3-溴甲苯）

联合国危险性类别   3

包装类别   Ⅲ   **包装标志**

海洋污染物   否

运输注意事项   运输前应先检查包装容器是否完整、密封，运输过程中要确保容器不泄漏、不倒塌、不坠落、不损坏。严禁与酸类、氧化剂、食品及食品添加剂混运。运输时运输车辆应配备相应品种和数量的消防器材及泄漏应急处理设备。运输途中应防暴晒、雨淋，防高温。运输时所用的槽（罐）车应有接地链，槽内可设孔隔板以减少震荡产生的静电。中途停留时应远离火种、热源。公路运输时要按规定路线行驶，勿在居民区和人口稠密区停留

第十五部分　法规信息

     下列法律、法规、规章和标准，对该化学品的管理作了相应的规定。

中华人民共和国职业病防治法   职业病分类和目录：未列入

危险化学品安全管理条例   危险化学品目录：列入。易制爆危险化学品名录：未列入。重点监管的危险化学品名录：未列入。GB 18218—2009《危险化学品重大危险源辨识》（表1）：未列入

使用有毒物品作业场所劳动保护条例   高毒物品目录：未列入

易制毒化学品管理条例   易制毒化学品的分类和品种目录：未列入

国际公约   斯德哥尔摩公约：未列入。鹿特丹公约：未列入。蒙特利尔议定书：未列入

第十六部分　其他信息

编写和修订信息	缩略语和首字母缩写
培训建议	参考文献
免责声明	

2-溴-2-甲基丙酸乙酯

第一部分　化学品标识

化学品中文名   2-溴-2-甲基丙酸乙酯；2-溴异丁酸乙酯

化学品英文名   ethyl-2-bromo-2-methylpropionate；ethyl-2-bromoisobutyrate

分子式 $C_6H_{11}BrO_2$ **分子量**   195.054

结构式

化学品的推荐及限制用途   用于有机合成

第二部分　危险性概述

紧急情况概述   易燃液体和蒸气，造成轻微皮肤刺激，造成严重眼损伤，可能导致皮肤致敏反应

GHS危险性类别   易燃液体，类别3；皮肤腐蚀/刺激，类别3；严重眼损伤/眼刺激，类别1；皮肤致敏物，类别1；危害水生环境-急性危害，类别3

标签要素

象形图

警示词   危险

危险性说明   易燃液体和蒸气，造成轻微皮肤刺激，造成严重眼损伤，可能导致皮肤过敏反应

防范说明

     预防措施   远离热源、火花、明火、热表面。禁止吸烟。保持容器密闭。容器和接收设备接地连接。使用防爆型电器、通风、照明设备。只能使用不产生火花的工具。采取防止静电措施。戴防护手套、防护眼镜、防护面罩。避免吸入蒸气、雾。污染的工作服不得带出工作场所。禁止排入环境

     事故响应   火灾时，使用雾状水、泡沫、干粉、二氧化碳、砂土灭火。如皮肤（或头发）接触：立即脱掉所有被污染的衣服，用水冲洗皮肤，淋浴。如发生皮肤刺激或皮疹，就医。污染的衣服清洗后方可重新使用。接触眼睛：用水细心冲洗数分钟。如戴隐形眼镜并可方便地取出，取出隐形眼镜，继续冲洗。如感不适立即呼叫中毒控制中心或就医

     安全储存   存放在通风良好的地方。保持低温

     废弃处置   本品及内装物、容器依据国家和地方法

规处置

物理和化学危险　易燃，其蒸气与空气混合，能形成爆炸性混合物

健康危害　本品有毒。有腐蚀性。受高热放出有毒气体

环境危害　对水生生物有害

第三部分　成分/组成信息

√　物质　　　　　　　　混合物

组分　　　**浓度**　　　**CAS No.**

2-溴-2-甲基丙酸乙酯　　　　　600-00-0

第四部分　急救措施

吸入　迅速脱离现场至空气新鲜处。保持呼吸道通畅。如呼吸困难，给输氧。呼吸、心跳停止，立即进行心肺复苏术。就医

皮肤接触　立即脱去污染的衣着，用流动清水彻底冲洗。就医

眼睛接触　立即分开眼睑，用流动清水或生理盐水彻底冲洗5～10min。就医

食入　漱口，饮水。就医

对保护施救者的忠告　根据需要使用个人防护设备

对医生的特别提示　对症处理

第五部分　消防措施

灭火剂　用雾状水、泡沫、干粉、二氧化碳、砂土灭火

特别危险性　其蒸气与空气可形成爆炸性混合物，遇明火、高热能引起燃烧爆炸。与氧化剂可发生反应。受高热分解放出有毒的气体。若遇高热，容器内压增大，有开裂和爆炸的危险

灭火注意事项及防护措施　消防人员必须佩戴防毒面具、穿全身消防服，在上风向灭火。尽可能将容器从火场移至空旷处。喷水保持火场容器冷却，直至灭火结束。处在火场中的容器若已变色或从安全泄压装置中发出声音，必须马上撤离

第六部分　泄漏应急处理

作业人员防护措施、防护装备和应急处置程序　根据液体流动和蒸气扩散的影响区域划定警戒区，无关人员从侧风、上风向撤离至安全区。消除所有点火源。建议应急处理人员戴正压自给式呼吸器，穿防毒、防静电服。作业时使用的所有设备应接地。禁止接触或跨越泄漏物。尽可能切断泄漏源

环境保护措施　防止泄漏物进入水体、下水道、地下室或有限空间

泄漏化学品的收容、清除方法及所使用的处置材料　小量泄漏：用砂土或其他不燃材料吸收。使用洁净的无火花工具收集吸收材料。大量泄漏：构筑围堤或挖坑收容。用泡沫覆盖，减少蒸发。喷水雾能减少蒸发，但不能降低泄漏物在有限空间内的易燃性。用防爆泵转移至槽车或专用收集器内

第七部分　操作处置与储存

操作注意事项　密闭操作，注意通风。操作人员必须经过专门培训，严格遵守操作规程。建议操作人员佩戴自吸过滤式防毒面具（半面罩），戴化学安全防护眼镜，穿防毒物渗透工作服，戴橡胶耐油手套。远离火种、热源，工作场所严禁吸烟。使用防爆型的通风系统和设备。防止蒸气泄漏到工作场所空气中。避免与氧化剂、还原剂、酸类、碱类接触。搬运时要轻装轻卸，防止包装及容器损坏。配备相应品种和数量的消防器材及泄漏应急处理设备。倒空的容器可能残留有害物

储存注意事项　储存于阴凉、通风的库房。远离火种、热源。应与氧化剂、还原剂、酸类、碱类、食用化学品分开存放，切忌混储。采用防爆型照明、通风设施。禁止使用易产生火花的机械设备和工具。储区应备有泄漏应急处理设备和合适的收容材料

第八部分　接触控制/个体防护

职业接触限值

中国　未制定标准

美国（ACGIH）　未制定标准

生物接触限值　未制定标准

监测方法　空气中有毒物质测定方法：未制定标准。生物监测检验方法：未制定标准

工程控制　密闭操作，注意通风

个体防护装备

呼吸系统防护　空气中浓度超标时，必须佩戴过滤式防毒面具（半面罩）。紧急事态抢救或撤离时，应该佩戴空气呼吸器

眼睛防护　戴化学安全防护眼镜

皮肤和身体防护　穿防毒物渗透工作服

手防护　戴橡胶耐油手套

第九部分　理化特性

外观与性状　无色液体　　　**pH值**　无资料

熔点(℃)　无资料

沸点(℃)　65～67（1.47kPa）

相对密度(水＝1)　1.33

相对蒸气密度(空气＝1)　无资料

饱和蒸气压(kPa)　1.47（65～67℃）

临界压力(MPa)　无资料　　**辛醇/水分配系数**　无资料

闪点(℃)　60.0　　　　　　**自燃温度(℃)**　无资料

爆炸下限(%)　无资料　　　**爆炸上限(%)**　无资料

分解温度(℃)　无资料　　　**黏度(mPa·s)**　无资料

燃烧热(kJ/mol)　无资料　　**临界温度(℃)**　无资料

溶解性　不溶于水，可混溶于乙醇、乙醚

第十部分　稳定性和反应性

稳定性　稳定

危险反应　与氧化剂、还原剂、酸类、碱类等禁配物接触，有发生火灾和爆炸的危险

避免接触的条件　潮湿空气

禁配物　氧化剂、还原剂、酸类、碱类

危险的分解产物　溴化氢

第十一部分　毒理学信息

急性毒性　无资料

皮肤刺激或腐蚀　无资料　　眼睛刺激或腐蚀　无资料
呼吸或皮肤过敏　无资料　　生殖细胞突变性　无资料
致癌性　无资料　　　　　　生殖毒性　无资料
特异性靶器官系统毒性-一次接触　无资料
特异性靶器官系统毒性-反复接触　无资料
吸入危害　无资料

第十二部分　生态学信息

生态毒性　LC$_{50}$：55mg/L（48h）（大型溞）（OECD 202）
持久性和降解性
　　生物降解性　易快速生物降解（OECD 301D）
　　非生物降解性　无资料
潜在的生物累积性　无资料
土壤中的迁移性　无资料

第十三部分　废弃处置

废弃化学品　建议用焚烧法处置。焚烧炉排出的卤化氢通
　　过酸洗涤器除去
污染包装物　将容器返还生产商或按照国家和地方法规
　　处置
废弃注意事项　处置前应参阅国家和地方有关法规

第十四部分　运输信息

联合国危险货物编号（UN号）　1993
联合国运输名称　易燃液体，未另作规定的（2-溴-2-甲基
　　丙酸乙酯）
联合国危险性类别　3

包装类别　Ⅲ　　　　　包装标志

海洋污染物　否
运输注意事项　运输前应先检查包装容器是否完整、密
　　封，运输过程中要确保容器不泄漏、不倒塌、不坠
　　落、不损坏。严禁与酸类、氧化剂、食品及食品添加
　　剂混运。运输时运输车辆应配备相应品种和数量的消
　　防器材及泄漏应急处理设备。运输途中应防暴晒、雨
　　淋，防高温。运输时所用的槽（罐）车应有接地链，
　　槽内可设孔隔板以减少震荡产生的静电。中途停留时
　　应远离火种、热源。公路运输时要按规定路线行驶，
　　勿在居民区和人口稠密区停留

第十五部分　法规信息

　　下列法律、法规、规章和标准，对该化学品的管理作
了相应的规定。
中华人民共和国职业病防治法　职业病分类和目录：未
　　列入
危险化学品安全管理条例　危险化学品目录：列入。易制
　　爆危险化学品名录：未列入。重点监管的危险化学品
　　名录：未列入。GB 18218—2009《危险化学品重大
　　危险源辨识》（表1）：未列入
使用有毒物品作业场所劳动保护条例　高毒物品目录：未
　　列入

易制毒化学品管理条例　易制毒化学品的分类和品种目
　　录：未列入
国际公约　斯德哥尔摩公约：未列入。鹿特丹公约：未列
　　入。蒙特利尔议定书：未列入

第十六部分　其他信息

编写和修订信息　　　　　缩略语和首字母缩写
培训建议　　　　　　　　参考文献
免责声明

1-溴-2-甲基丙烷

第一部分　化学品标识

化学品中文名　1-溴-2-甲基丙烷；异丁基溴；溴代异丁烷
化学品英文名　1-bromo-2-methylpropane；*iso*-butyl bro-
　　mide
分子式　C$_4$H$_9$Br　分子量　137.018
结构式　
化学品的推荐及限制用途　用于有机合成，用作溶剂

第二部分　危险性概述

紧急情况概述　高度易燃液体和蒸气
GHS危险性类别　易燃液体，类别2
标签要素

象形图　

警示词　危险
危险性说明　高度易燃液体和蒸气
防范说明
　　预防措施　远离热源、火花、明火、热表面。禁止
　　　　吸烟。保持容器密闭。容器和接收设备接地连
　　　　接。使用防爆型电器、通风、照明设备。只能
　　　　使用不产生火花的工具。采取防止静电措施。
　　　　戴防护手套、防护眼镜、防护面罩
　　事故响应　火灾时，使用雾状水、泡沫、干粉、二
　　　　氧化碳、砂土灭火。如皮肤（或头发）接触：
　　　　立即脱掉所有被污染的衣服。用水冲洗皮肤，
　　　　淋浴
　　安全储存　存放在通风良好的地方。保持低温
　　废弃处置　本品及内装物、容器依据国家和地方法
　　　　规处置
物理和化学危险　易燃，其蒸气与空气混合，能形成爆炸
　　性混合物
健康危害　吸入、摄入或经皮吸收后对身体有害。蒸气和
　　雾对眼睛、黏膜和上呼吸道有刺激作用。接触后引起
　　烧灼感、咳嗽、喉炎、头痛、恶心和呕吐等
环境危害　对环境可能有害

第三部分　成分/组成信息

√ 物质　　　　　　　　　　　混合物
　　组分　　　　浓度　　　CAS No.
1-溴-2-甲基丙烷　　　　　　　78-77-3

第四部分　急救措施

吸入　迅速脱离现场至空气新鲜处。保持呼吸道通畅。如呼吸困难，给输氧。呼吸、心跳停止，立即进行心肺复苏术。就医

皮肤接触　立即脱去污染的衣着，用流动清水彻底冲洗。就医

眼睛接触　立即分开眼睑，用流动清水或生理盐水彻底冲洗。就医

食入　漱口，饮水。就医

对保护施救者的忠告　根据需要使用个人防护设备

对医生的特别提示　对症处理

第五部分　消防措施

灭火剂　用雾状水、泡沫、干粉、二氧化碳、砂土灭火

特别危险性　其蒸气与空气可形成爆炸性混合物，遇明火、高热极易燃烧爆炸。与氧化剂接触猛烈反应。受高热分解产生有毒的溴化物气体。流速过快，容易产生和积聚静电。若遇高热，容器内压增大，有开裂和爆炸的危险

灭火注意事项及防护措施　消防人员必须佩戴空气呼吸器、穿全身防火防毒服，在上风向灭火。尽可能将容器从火场移至空旷处。喷水保持火场容器冷却，直至灭火结束。处在火场中的容器若已变色或从安全泄压装置中发出声音，必须马上撤离

第六部分　泄漏应急处理

作业人员防护措施、防护装备和应急处置程序　消除所有点火源。根据液体流动和蒸气扩散的影响区域划定警戒区，无关人员从侧风、上风向撤离至安全区。建议应急处理人员戴正压自给式呼吸器，穿防静电服。作业时使用的所有设备应接地。禁止接触或跨越泄漏物。尽可能切断泄漏源

环境保护措施　防止泄漏物进入水体、下水道、地下室或有限空间

泄漏化学品的收容、清除方法及所使用的处置材料　小量泄漏：用砂土或其他不燃材料吸收。使用洁净的无火花工具收集吸收材料。大量泄漏：构筑围堤或挖坑收容。用泡沫覆盖，减少蒸发。喷水雾能减少蒸发，但不能降低泄漏物在有限空间内的易燃性。用防爆泵转移至槽车或专用收集器内

第七部分　操作处置与储存

操作注意事项　密闭操作，加强通风。操作人员必须经过专门培训，严格遵守操作规程。建议操作人员佩戴自吸过滤式防毒面具（全面罩），穿防静电工作服，戴橡胶耐油手套。远离火种、热源，工作场所严禁吸烟。使用防爆型的通风系统和设备。防止蒸气泄漏到工作场所空气中。避免与氧化剂接触。充装要控制流速，防止静电积聚。搬运时要轻装轻卸，防止包装及容器损坏。配备相应品种和数量的消防器材及泄漏应急处理设备。倒空的容器可能残留有害物

储存注意事项　储存于阴凉、通风的库房。远离火种、热源。库温不宜超过37℃，应与氧化剂分开存放，切忌混储。采用防爆型照明、通风设施。禁止使用易产生火花的机械设备和工具。储区应备有泄漏应急处理设备和合适的收容材料

第八部分　接触控制/个体防护

职业接触限值

中国　未制定标准

美国（ACGIH）　未制定标准

生物接触限值　未制定标准

监测方法　空气中有毒物质测定方法：未制定标准。生物监测检验方法：未制定标准

工程控制　生产过程密闭，加强通风

个体防护装备

呼吸系统防护　空气中浓度超标时，必须佩戴过滤式防毒面具（全面罩）。紧急事态抢救或撤离时，应该佩戴空气呼吸器

眼睛防护　呼吸系统防护中已作防护

皮肤和身体防护　穿防静电工作服

手防护　戴橡胶耐油手套

第九部分　理化特性

外观与性状　无色液体　　**pH 值**　无资料

熔点（℃）　−119　　**沸点（℃）**　90～92

相对密度（水＝1）　1.27（15℃）

相对蒸气密度（空气＝1）　4.76

饱和蒸气压（kPa）　103（91℃）

临界压力（MPa）　无资料　**辛醇/水分配系数**　无资料

闪点（℃）　18.33　　**自燃温度（℃）**　无资料

爆炸下限（%）　无资料　**爆炸上限（%）**　无资料

分解温度（℃）　无资料　**黏度（mPa·s）**　无资料

燃烧热（kJ/mol）　无资料　**临界温度（℃）**　无资料

溶解性　微溶于水，可混溶于乙醇、乙醚

第十部分　稳定性和反应性

稳定性　稳定

危险反应　与强氧化剂等禁配物接触，有发生火灾和爆炸的危险。与锂、钠、钾、镁、锌、镉、铝、汞等金属发生反应

避免接触的条件　受热

禁配物　强氧化剂，锂、钠、钾、镁、锌、镉、铝、汞等金属

危险的分解产物　溴化氢

第十一部分　毒理学信息

急性毒性　LD_{50}：1660mg/kg（小鼠腹腔内）

皮肤刺激或腐蚀　无资料　**眼睛刺激或腐蚀**　无资料

呼吸或皮肤过敏　无资料　**生殖细胞突变性**　无资料

致癌性　无资料　　　　**生殖毒性**　无资料

特异性靶器官系统毒性--一次接触　无资料

特异性靶器官系统毒性-反复接触　无资料

吸入危害　无资料

第十二部分　生态学信息

生态毒性　无资料
持久性和降解性
　　生物降解性　无资料
　　非生物降解性　无资料
潜在的生物累积性　无资料
土壤中的迁移性　无资料

第十三部分　废弃处置

废弃化学品　建议用焚烧法处置。焚烧炉排出的卤化氢通过酸洗涤器除去
污染包装物　将容器返还生产商或按照国家和地方法规处置
废弃注意事项　处置前应参阅国家和地方有关法规

第十四部分　运输信息

联合国危险货物编号（UN 号）　2342
联合国运输名称　溴甲基丙烷
联合国危险性类别　3

包装类别　Ⅱ　　　　　**包装标志**　

海洋污染物　否
运输注意事项　运输时运输车辆应配备相应品种和数量的消防器材及泄漏应急处理设备。夏季最好早晚运输。运输时所用的槽（罐）车应有接地链，槽内可设孔隔板以减少震荡产生的静电。严禁与氧化剂、食用化学品等混装混运。运输途中应防暴晒、雨淋、防高温。中途停留时应远离火种、热源、高温区。装运该物品的车辆排气管必须配备阻火装置，禁止使用易产生火花的机械设备和工具装卸。公路运输时要按规定路线行驶，勿在居民区和人口稠密区停留。铁路运输时要禁止溜放。严禁用木船、水泥船散装运输

第十五部分　法规信息

　　下列法律、法规、规章和标准，对该化学品的管理作了相应的规定。
中华人民共和国职业病防治法　职业病分类和目录：未列入
危险化学品安全管理条例　危险化学品目录：列入。易制爆危险化学品名录：未列入。重点监管的危险化学品名录：未列入。GB 18218—2009《危险化学品重大危险源辨识》（表1）：未列入
使用有毒物品作业场所劳动保护条例　高毒物品目录：未列入
易制毒化学品管理条例　易制毒化学品的分类和品种目录：未列入
国际公约　斯德哥尔摩公约：未列入。鹿特丹公约：未列入。蒙特利尔议定书：未列入

第十六部分　其他信息

编写和修订信息　　　　　**缩略语和首字母缩写**
培训建议　　　　　　　　**参考文献**
免责声明

1-溴-3-甲基丁烷

第一部分　化学品标识

化学品中文名　1-溴-3-甲基丁烷；异戊基溴；溴代异戊烷
化学品英文名　isopentyl bromide；1-bromo-3-methylbutane

分子式　$C_5H_{11}Br$　**分子量**　151.045

结构式　

化学品的推荐及限制用途　用作溶剂，也用于有机合成

第二部分　危险性概述

紧急情况概述　易燃液体和蒸气
GHS 危险性类别　易燃液体，类别 3
标签要素

象形图　

警示词　警告
危险性说明　易燃液体和蒸气
防范说明
　　预防措施　远离热源、火花、明火、热表面。禁止吸烟。保持容器密闭。容器和接收设备接地连接。使用防爆型电器、通风、照明设备。只能使用不产生火花的工具。采取防止静电措施。戴防护手套、防护眼镜、防护面罩
　　事故响应　火灾时，使用雾状水、泡沫、干粉、二氧化碳、砂土灭火。如皮肤（或头发）接触：立即脱掉所有被污染的衣服。用水冲洗皮肤，淋浴
　　安全储存　存放在通风良好的地方。保持低温
　　废弃处置　本品及内装物、容器依据国家和地方法规处置
物理和化学危险　易燃，其蒸气与空气混合，能形成爆炸性混合物
健康危害　误服或吸入会中毒。对眼睛、皮肤、黏膜和上呼吸道有刺激作用。受热分解释出有毒的溴气体
环境危害　对环境可能有害

第三部分　成分/组成信息

√　物质　　　　　　　　　　　　混合物
　　组分　　　　浓度　　　　CAS No.
1-溴-3-甲基丁烷　　　　　　　107-82-4

第四部分　急救措施

吸入　迅速脱离现场至空气新鲜处。保持呼吸道通畅。如

呼吸困难，给输氧。呼吸、心跳停止，立即进行心肺
复苏术。就医

皮肤接触 立即脱去污染的衣着，用流动清水彻底冲洗。
就医

眼睛接触 立即分开眼睑，用流动清水或生理盐水彻底冲
洗。就医

食入 漱口，饮水。就医

对保护施救者的忠告 根据需要使用个人防护设备

对医生的特别提示 对症处理

第五部分 消防措施

灭火剂 用雾状水、泡沫、干粉、二氧化碳、砂土灭火

特别危险性 其蒸气与空气可形成爆炸性混合物，遇明
火、高热极易燃烧爆炸。与氧化剂接触猛烈反应。若
遇高热，容器内压增大，有开裂和爆炸的危险

灭火注意事项及防护措施 消防人员必须佩戴防毒面具、
穿全身消防服，在上风向灭火。尽可能将容器从火场
移至空旷处。喷水保持火场容器冷却，直至灭火结
束。处在火场中的容器若已变色或从安全泄压装置中
发出声音，必须马上撤离

第六部分 泄漏应急处理

作业人员防护措施、防护装备和应急处置程序 消除所有
点火源。根据液体流动和蒸气扩散的影响区域划定警
戒区，无关人员从侧风、上风向撤离至安全区。建议
应急处理人员戴正压自给式呼吸器，穿防静电服。作
业时使用的所有设备应接地。禁止接触或跨越泄漏
物。尽可能切断泄漏源

环境保护措施 防止泄漏物进入水体、下水道、地下室或
有限空间

泄漏化学品的收容、清除方法及所使用的处置材料 小量
泄漏：用砂土或其他不燃材料吸收。使用洁净的无火
花工具收集吸收材料。大量泄漏：构筑围堤或挖坑收
容。用泡沫覆盖，减少蒸发。喷水雾能减少蒸发，但
不能降低泄漏物在有限空间内的易燃性。用防爆泵转
移至槽车或专用收集器内

第七部分 操作处置与储存

操作注意事项 密闭操作，局部排风。防止蒸气泄漏到工
作场所空气中。操作人员必须经过专门培训，严格遵
守操作规程。建议操作人员佩戴自吸过滤式防毒面具
（半面罩），戴化学安全防护眼镜，穿防静电工作服，
戴橡胶手套。远离火种、热源，工作场所严禁吸烟。
使用防爆型的通风系统和设备。在清除液体和蒸气前
不能进行焊接、切割等作业。避免产生烟雾。避免与
氧化剂、碱类接触。容器与传送设备要接地，防止产
生静电。灌装时应控制流速，且有接地装置，防止静
电积聚。配备相应品种和数量的消防器材及泄漏应急
处理设备。倒空的容器可能残留有害物

储存注意事项 储存于阴凉、通风的库房。远离火种、热
源。防止阳光直射。库温不宜超过37℃，保持容器
密封。应与氧化剂、碱类分开存放，切忌混储。采用
防爆型照明、通风设施。禁止使用易产生火花的机械

设备和工具。储区应备有泄漏应急处理设备和合适的
收容材料

第八部分 接触控制/个体防护

职业接触限值

中国 未制定标准

美国（ACGIH） 未制定标准

生物接触限值 未制定标准

监测方法 空气中有毒物质测定方法：未制定标准。生物
监测检验方法：未制定标准

工程控制 密闭操作，局部排风

个体防护装备

呼吸系统防护 空气中浓度超标时，必须佩戴过滤式
防毒面具（半面罩）。紧急事态抢救或撤离时，
应该佩戴空气呼吸器

眼睛防护 戴化学安全防护眼镜

皮肤和身体防护 穿防静电工作服

手防护 戴橡胶手套

第九部分 理化特性

外观与性状 无色至浅黄色液体

pH值 6～7	**熔点（℃）** -112

沸点（℃） 120～121

相对密度（水＝1） 1.20～1.21

相对蒸气密度（空气＝1） 5.21

饱和蒸气压（kPa） 无资料

临界压力（MPa） 无资料	**辛醇/水分配系数** 无资料
闪点（℃） 23	**自燃温度（℃）** 无资料
爆炸下限（％） 无资料	**爆炸上限（％）** 无资料
分解温度（℃） 无资料	**黏度（mPa·s）** 无资料
燃烧热（kJ/mol） 无资料	**临界温度（℃）** 无资料

溶解性 微溶于水，可混溶于醇、醚

第十部分 稳定性和反应性

稳定性 稳定

危险反应 与强氧化剂、强碱等禁配物接触，有发生火灾
和爆炸的危险

避免接触的条件 无资料

禁配物 强氧化剂、强碱

危险的分解产物 溴化氢

第十一部分 毒理学信息

急性毒性 LD_{50}：6150mg/kg（大鼠腹腔内）；420mg/kg
（小鼠腹腔内）

皮肤刺激或腐蚀 无资料		**眼睛刺激或腐蚀** 无资料	
呼吸或皮肤过敏 无资料		**生殖细胞突变性** 无资料	
致癌性 无资料		**生殖毒性** 无资料	

特异性靶器官系统毒性--一次接触 无资料

特异性靶器官系统毒性-反复接触 无资料

吸入危害 无资料

第十二部分 生态学信息

生态毒性 无资料

持久性和降解性

　　生物降解性　无资料

　　非生物降解性　无资料

潜在的生物累积性　无资料

土壤中的迁移性　无资料

第十三部分　废弃处置

废弃化学品　建议用焚烧法处置。在能利用的地方重复使用容器或在规定场所掩埋

污染包装物　将容器返还生产商或按照国家和地方法规处置

废弃注意事项　处置前应参阅国家和地方有关法规

第十四部分　运输信息

联合国危险货物编号（UN 号）　2341

联合国运输名称　1-溴-3-甲基丁烷

联合国危险性类别　3

包装类别　Ⅲ　　　　　　**包装标志**

海洋污染物　否

运输注意事项　运输时运输车辆应配备相应品种和数量的消防器材及泄漏应急处理设备。夏季最好早晚运输。运输时所用的槽（罐）车应有接地链，槽内可设孔隔板以减少震荡产生的静电。严禁与氧化剂、碱类、食用化学品等混装混运。运输途中应防暴晒、雨淋，防高温。中途停留时应远离火种、热源、高温区。装运该物品的车辆排气管必须配备阻火装置，禁止使用易产生火花的机械设备和工具装卸。公路运输时要按规定路线行驶，勿在居民区和人口稠密区停留。铁路运输时要禁止溜放。严禁用木船、水泥船散装运输

第十五部分　法规信息

　　下列法律、法规、规章和标准，对该化学品的管理作了相应的规定。

中华人民共和国职业病防治法　职业病分类和目录：未列入

危险化学品安全管理条例　危险化学品目录：列入。易制爆危险化学品名录：未列入。重点监管的危险化学品名录：未列入。GB 18218—2009《危险化学品重大危险源辨识》（表1）：未列入

使用有毒物品作业场所劳动保护条例　高毒物品目录：未列入

易制毒化学品管理条例　易制毒化学品的分类和品种目录：未列入

国际公约　斯德哥尔摩公约：未列入。鹿特丹公约：未列入。蒙特利尔议定书：未列入

第十六部分　其他信息

编写和修订信息　　　**缩略语和首字母缩写**

培训建议　　　　　　**参考文献**

免责声明

3-溴邻二甲苯

第一部分　化学品标识

化学品中文名　3-溴邻二甲苯；3-溴-1,2-二甲苯；邻溴化二甲苯；间溴邻二甲苯；2,3-二甲基溴化苯

化学品英文名　3-bromo-1,2-xylene；2,3-dimethylbenzene bromide

分子式　C_8H_9Br　**分子量**　185.061

结构式

化学品的推荐及限制用途　用作有机合成中间体

第二部分　危险性概述

紧急情况概述　可燃液体，吞咽有害，吸入会中毒，造成皮肤刺激，造成严重眼刺激，可能引起呼吸道刺激

GHS 危险性类别　易燃液体，类别 4；急性毒性-经口，类别 4；急性毒性-吸入，类别 3；皮肤腐蚀/刺激，类别 2；严重眼损伤/眼刺激，类别 2；特异性靶器官毒性--一次接触，类别 3（呼吸道刺激）

标签要素

象形图

警示词　危险

危险性说明　可燃液体，吞咽有害，吸入会中毒，造成皮肤刺激，造成严重眼刺激，可能引起呼吸道刺激

防范说明

　　预防措施　远离火焰和热表面。戴防护手套、防护眼镜、防护面罩。避免接触眼睛、皮肤，操作后彻底清洗。作业场所不得进食、饮水或吸烟。避免吸入粉尘、蒸气、雾。仅在室外或通风良好处操作

　　事故响应　火灾时，使用雾状水、泡沫、干粉、二氧化碳、砂土灭火。如吸入：将患者转移到空气新鲜处，休息，保持利于呼吸的体位，呼叫中毒控制中心或就医。皮肤接触：用大量肥皂水和水清洗，脱去被污染的衣服，衣服经洗净后方可重新使用。如发生皮肤刺激，就医。如接触眼睛：用水细心冲洗数分钟。如戴隐形眼镜并可方便地取出，取出隐形眼镜，继续冲洗。如果眼睛刺激持续：就医。食入：如果感觉不适，立即呼叫中毒控制中心或就医，漱口

　　安全储存　存放在通风良好的地方。保持低温。保持容器密闭。上锁保管

　　废弃处置　本品及内装物、容器依据国家和地方法规处置

物理和化学危险　可燃，其粉体或蒸气与空气混合，能形成爆炸性混合物

健康危害　本品有毒。受高热释出有毒气体。对眼睛、黏

膜有强烈而持久刺激作用，浓度高时可引起肺水肿。空气中本品在 0.5ppm 时即不能耐受

环境危害 对环境可能有害

第三部分 成分/组成信息

√ 物质 　　　　　　　　 混合物

组分 　　　 浓度 　　　 CAS No.

3-溴邻二甲苯 　　　　　　　 576-23-8

第四部分 急救措施

吸入 迅速脱离现场至空气新鲜处。保持呼吸道通畅。如呼吸困难，给输氧。如呼吸、心跳停止，立即进行心肺复苏术。就医

皮肤接触 立即脱去污染的衣着，用流动清水彻底冲洗。就医

眼睛接触 立即分开眼睑，用流动清水或生理盐水彻底冲洗。就医

食入 漱口，饮水。就医

对保护施救者的忠告 根据需要使用个人防护设备
对医生的特别提示 对症处理

第五部分 消防措施

灭火剂 用雾状水、泡沫、干粉、二氧化碳、砂土灭火
特别危险性 遇明火能燃烧。受高热分解放出有毒的气体
灭火注意事项及防护措施 消防人员必须佩戴空气呼吸器、穿全身防火防毒服，在上风向灭火。尽可能将容器从火场移至空旷处。喷水保持火场容器冷却，直至灭火结束。处在火场中的容器若已变色或从安全泄压装置中发出声音，必须马上撤离

第六部分 泄漏应急处理

作业人员防护措施、防护装备和应急处置程序 根据液体流动和蒸气扩散的影响区域划定警戒区，无关人员从侧风向、上风向撤离至安全区。消除所有点火源。建议应急处理人员戴正压自给式呼吸器，穿防毒服。穿上适当的防护服前严禁接触破裂的容器和泄漏物。尽可能切断泄漏源

环境保护措施 防止泄漏物进入水体、下水道、地下室或有限空间

泄漏化学品的收容、清除方法及所使用的处置材料 小量泄漏：用干燥的砂土或其他不燃材料吸收或覆盖，收集于容器中。大量泄漏：构筑围堤或挖坑收容。用泵转移至槽车或专用收集器内

第七部分 操作处置与储存

操作注意事项 密闭操作，全面通风。操作人员必须经过专门培训，严格遵守操作规程。建议操作人员佩戴防尘面具（全面罩），穿胶布防毒衣，戴橡胶耐油手套。远离火种、热源，工作场所严禁吸烟。使用防爆型的通风系统和设备。防止烟雾或粉尘泄漏到工作场所空气中。避免与氧化剂、酸类接触。搬运时要轻装轻卸，防止包装及容器损坏。配备相应品种和数量的消防器材及泄漏应急处理设备。倒空的容器可能残留有害物

储存注意事项 储存于阴凉、通风的库房。远离火种、热源。应与氧化剂、酸类、食用化学品分开存放，切忌混储。配备相应品种和数量的消防器材。储区应备有泄漏应急处理设备和合适的收容材料

第八部分 接触控制/个体防护

职业接触限值
　　中国 未制定标准
　　美国（ACGIH） 未制定标准
生物接触限值 未制定标准
监测方法 空气中有毒物质测定方法：未制定标准。生物监测检验方法：未制定标准
工程控制 生产过程密闭，全面通风
个体防护装备
　　呼吸系统防护 可能接触其粉尘时，必须佩戴防尘面具（全面罩）；可能接触其蒸气时，应该佩戴过滤式防毒面具（全面罩）
　　眼睛防护 呼吸系统防护中已作防护
　　皮肤和身体防护 穿密闭型防毒服
　　手防护 戴橡胶耐油手套

第九部分 理化特性

外观与性状 晶状固体或无色液体，具刺激味

pH 值 无资料		**熔点（℃）** 21
沸点（℃） 214		**相对密度（水＝1）** 1.365
相对蒸气密度（空气＝1） 无资料		
饱和蒸气压（kPa） 无资料		
临界压力（MPa） 无资料		**辛醇/水分配系数** 无资料
闪点（℃） 80.56		**自燃温度（℃）** 无资料
爆炸下限（%） 无资料		**爆炸上限（%）** 无资料
分解温度（℃） 无资料		**黏度（mPa·s）** 无资料
燃烧热（kJ/mol） 无资料		**临界温度（℃）** 无资料

溶解性 不溶于水，溶于醇、乙醚、苯

第十部分 稳定性和反应性

稳定性 稳定
危险反应 与强氧化剂、强酸等禁配物发生反应
避免接触的条件 无资料
禁配物 强氧化剂、强酸
危险分解产物 溴化氢

第十一部分 毒理学信息

急性毒性 无资料

皮肤刺激或腐蚀 无资料	**眼睛刺激或腐蚀** 无资料
呼吸或皮肤过敏 无资料	**生殖细胞突变性** 无资料
致癌性 无资料	**生殖毒性** 无资料

特异性靶器官系统毒性-一次接触 无资料
特异性靶器官系统毒性-反复接触 无资料
吸入危害 无资料

第十二部分 生态学信息

生态毒性 无资料

持久性和降解性

　　生物降解性　无资料

　　非生物降解性　无资料

潜在的生物累积性　无资料

土壤中的迁移性　无资料

第十三部分　废弃处置

废弃化学品　建议用焚烧法处置。焚烧炉排出的卤化氢通过酸洗涤器除去

污染包装物　将容器返还生产商或按照国家和地方法规处置

废弃注意事项　处置前应参阅国家和地方有关法规

第十四部分　运输信息

联合国危险货物编号（UN号）　2811

联合国运输名称　有机毒性液体，未另作规定的（3-溴邻二甲苯）

联合国危险性类别　6.1

包装类别　Ⅲ　　　　　　　**包装标志**

海洋污染物　否

运输注意事项　运输前应先检查包装容器是否完整、密封，运输过程中要确保容器不泄漏、不倒塌、不坠落、不损坏。严禁与酸类、氧化剂、食品及食品添加剂混运。运输时运输车辆应配备相应品种和数量的消防器材及泄漏应急处理设备。运输途中应防暴晒、雨淋，防高温。公路运输时要按规定路线行驶，勿在居民区和人口稠密区停留

第十五部分　法规信息

　　下列法律、法规、规章和标准，对该化学品的管理作了相应的规定。

中华人民共和国职业病防治法　职业病分类和目录：未列入

危险化学品安全管理条例　危险化学品目录：列入。易制爆危险化学品名录：未列入。重点监管的危险化学品名录：未列入。GB 18218—2009《危险化学品重大危险源辨识》（表1）：未列入

使用有毒物品作业场所劳动保护条例　高毒物品目录：未列入

易制毒化学品管理条例　易制毒化学品的分类和品种目录：未列入

国际公约　斯德哥尔摩公约：未列入。鹿特丹公约：未列入。蒙特利尔议定书：未列入

第十六部分　其他信息

编写和修订信息　　　**缩略语和首字母缩写**

培训建议　　　　　　**参考文献**

免责声明

1-溴-3-氯丙烷

第一部分　化学品标识

化学品中文名　1-溴-3-氯丙烷；1-氯-3-溴丙烷

化学品英文名　1-chloro-3-bromopropane；3-bromopropyl chloride

分子式　C_3H_6BrCl　**分子量**　157.437

结构式　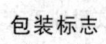

化学品的推荐及限制用途　用于制造三氟拉嗪盐酸盐及有机合成

第二部分　危险性概述

紧急情况概述　易燃液体，吞咽有害，吸入会中毒

GHS危险性类别　易燃液体，类别3；急性毒性-经口，类别4；急性毒性-吸入，类别3；特异性靶器官毒性——次接触，类别2；特异性靶器官毒性-反复接触，类别2

标签要素

象形图　　

警示词　危险

危险性说明　易燃液体，吞咽有害，吸入会中毒，长时间或反复接触可能对器官造成损伤

防范说明

　　预防措施　远离火焰和热表面。禁止吸烟。戴防护手套、防护眼镜、防护面罩。避免接触眼睛、皮肤，操作后彻底清洗。作业场所不得进食、饮水或吸烟。避免吸入气体、蒸气、喷雾。仅在室外或通风良好处操作

　　事故响应　火灾时，使用雾状水、泡沫、干粉、二氧化碳、砂土灭火。食入：如果感觉不适，立即呼叫中毒控制中心或就医。漱口。如吸入：将患者转移到空气新鲜处，休息，保持利于呼吸的体位，呼叫中毒控制中心或就医。如果接触或感觉不适：呼叫中毒控制中心或就医

　　安全储存　存放在通风良好的地方。保持低温。保持容器密闭。上锁保管

　　废弃处置　本品及内装物、容器依据国家和地方法规处置

物理和化学危险　易燃，其蒸气与空气混合，能形成爆炸性混合物

健康危害　误服、与皮肤接触或吸入蒸气对身体有害。对眼睛、皮肤和黏膜有强烈的刺激性，可引起化脓性结膜炎。长期接触后，可引起头痛、头晕、恶心及麻醉作用

环境危害　对环境可能有害

第三部分　成分/组成信息

√　物质　　　　　　　　　混合物

组分	浓度	CAS No.
1-溴-3-氯丙烷		109-70-6

第四部分　急救措施

吸入　迅速脱离现场至空气新鲜处。保持呼吸道通畅。如呼吸困难，给输氧。呼吸、心跳停止，立即进行心肺复苏术。就医

皮肤接触　立即脱去污染的衣着，用流动清水彻底冲洗。就医

眼睛接触　立即分开眼睑，用流动清水或生理盐水彻底冲洗。就医

食入　漱口，饮水。就医

对保护施救者的忠告　根据需要使用个人防护设备

对医生的特别提示　对症处理

第五部分　消防措施

灭火剂　用雾状水、泡沫、干粉、二氧化碳、砂土灭火

特别危险性　遇明火、高热可燃。与氧化剂可发生反应。接触酸或酸气能产生有毒气体。受高热分解放出有毒的气体

灭火注意事项及防护措施　消防人员必须佩戴空气呼吸器、穿全身防火防毒服，在上风向灭火。尽可能将容器从火场移至空旷处。喷水保持火场容器冷却，直至灭火结束。处在火场中的容器若已变色或从安全泄压装置中发出声音，必须马上撤离

第六部分　泄漏应急处理

作业人员防护措施、防护装备和应急处置程序　根据液体流动和蒸气扩散的影响区域划定警戒区，无关人员从侧风、上风向撤离至安全区。建议应急处理人员戴正压自给式呼吸器，穿防毒服。禁止接触或跨越泄漏物。尽可能切断泄漏源

环境保护措施　防止泄漏物进入水体、下水道、地下室或有限空间

泄漏化学品的收容、清除方法及所使用的处置材料　小量泄漏：用砂土或其他不燃材料吸收。大量泄漏：构筑围堤或挖坑收容。用泵转移至槽车或专用收集器内

第七部分　操作处置与储存

操作注意事项　密闭操作，提供充分的局部排风。防止蒸气泄漏到工作场所空气中。操作人员必须经过专门培训，严格遵守操作规程。建议操作人员佩戴自吸过滤式防毒面具（全面罩），穿胶布防毒衣，戴橡胶手套。远离火种、热源，工作场所严禁吸烟。使用防爆型的通风系统和设备。在清除液体和蒸气前不能进行焊接、切割等作业。避免产生烟雾。避免与氧化剂、碱类接触。配备相应品种和数量的消防器材及泄漏应急处理设备。倒空的容器可能残留有害物

储存注意事项　储存于阴凉、通风的库房。远离火种、热源。防止阳光直射。保持容器密封。应与氧化剂、碱类分开存放，切忌混储。配备相应品种和数量的消防器材。储区应备有泄漏应急处理设备和合适的收容材料

第八部分　接触控制/个体防护

职业接触限值

中国　未制定标准

美国（ACGIH）　未制定标准

生物接触限值　未制定标准

监测方法　空气中有毒物质测定方法：未制定标准。生物监测检验方法：未制定标准

工程控制　严加密闭，提供充分的局部排风

个体防护装备

呼吸系统防护　空气中浓度超标时，必须佩戴过滤式防毒面具（全面罩）。紧急事态抢救或撤离时，应该佩戴空气呼吸器

眼睛防护　呼吸系统防护中已作防护

皮肤和身体防护　穿密闭型防毒服

手防护　戴橡胶手套

第九部分　理化特性

外观与性状　无色液体　　**pH 值**　无资料

熔点（℃）　−59　　**沸点（℃）**　144～145

相对密度（水＝1）　1.592

相对蒸气密度（空气＝1）　5.5

饱和蒸气压（kPa）　0.4719（20℃）

临界压力（MPa）　无资料　　**辛醇/水分配系数**　无资料

闪点（℃）　57　　**自燃温度（℃）**　无资料

爆炸下限（%）　无资料　　**爆炸上限（%）**　无资料

分解温度（℃）　无资料　　**黏度（mPa·s）**　无资料

燃烧热（kJ/mol）　无资料　　**临界温度（℃）**　无资料

溶解性　不溶于水，微溶于甘油、乙醚、乙醇、氯仿

第十部分　稳定性和反应性

稳定性　稳定

危险反应　与强氧化剂、强碱、镁等禁配物接触，有发生火灾和爆炸的危险。接触酸或酸气能产生有毒气体

避免接触的条件　无资料

禁配物　强氧化剂、强碱及镁等金属

危险的分解产物　氯化氢、溴化氢

第十一部分　毒理学信息

急性毒性　LD_{50}：930mg/kg（大鼠经口）；1290mg/kg（小鼠经口）。LC_{50}：6500mg/m³（大鼠吸入，4h）

皮肤刺激或腐蚀　无资料　　**眼睛刺激或腐蚀**　无资料

呼吸或皮肤过敏　无资料　　**生殖细胞突变性**　无资料

致癌性　无资料　　**生殖毒性**　无资料

特异性靶器官系统毒性-一次接触　无资料

特异性靶器官系统毒性-反复接触　无资料

吸入危害　无资料

第十二部分　生态学信息

生态毒性　无资料

持久性和降解性

生物降解性　无资料

非生物降解性　无资料

潜在的生物累积性　无资料

土壤中的迁移性　无资料

第十三部分　废弃处置

废弃化学品　用安全掩埋法处置。在能利用的地方重复使用容器或在规定场所掩埋

污染包装物　将容器返还生产商或按照国家和地方法规处置

废弃注意事项　处置前应参阅国家和地方有关法规

第十四部分　运输信息

联合国危险货物编号（UN 号）　2688

联合国运输名称　1-溴-3-氯丙烷

联合国危险性类别　6.1

包装类别　Ⅲ　　**包装标志**　

海洋污染物　否

运输注意事项　运输前应先检查包装容器是否完整、密封，运输过程中要确保容器不泄漏、不倒塌、不坠落、不损坏。严禁与酸类、氧化剂、食品及食品添加剂混运。运输时运输车辆应配备相应品种和数量的消防器材及泄漏应急处理设备。运输途中应防暴晒、雨淋，防高温。公路运输时要按规定路线行驶，勿在居民区和人口稠密区停留

第十五部分　法规信息

下列法律、法规、规章和标准，对该化学品的管理作了相应的规定。

中华人民共和国职业病防治法　职业病分类和目录：未列入

危险化学品安全管理条例　危险化学品目录：列入。易制爆危险化学品名录：未列入。重点监管的危险化学品名录：未列入。GB 18218—2009《危险化学品重大危险源辨识》（表 1）：未列入

使用有毒物品作业场所劳动保护条例　高毒物品目录：未列入

易制毒化学品管理条例　易制毒化学品的分类和品种目录：未列入

国际公约　斯德哥尔摩公约：未列入。鹿特丹公约：未列入。蒙特利尔议定书：未列入

第十六部分　其他信息

编写和修订信息　　　**缩略语和首字母缩写**

培训建议　　　　　　**参考文献**

免责声明

2-溴-1-氯丙烷

第一部分　化学品标识

化学品中文名　2-溴-1-氯丙烷；1-氯-2-溴丙烷

化学品英文名　1-chloro-2-bromopropane；2-bromo-1-chloro-propane

分子式　C_3H_6BrCl　**分子量**　157.437

结构式　

化学品的推荐及限制用途　用于有机合成

第二部分　危险性概述

紧急情况概述　吞咽有害，吸入会中毒

GHS 危险性类别　急性毒性-经口，类别 4；急性毒性-吸入，类别 3

标签要素

象形图

![GHS骷髅头象形图]

警示词　危险

危险性说明　吞咽有害，吸入会中毒

防范说明

　　预防措施　避免接触眼睛、皮肤，操作后彻底清洗。作业场所不得进食、饮水或吸烟。避免吸入蒸气、雾。仅在室外或通风良好处操作

　　事故响应　如吸入：将患者转移到空气新鲜处，休息，保持利于呼吸的体位，呼叫中毒控制中心或就医。食入：如果感觉不适，立即呼叫中毒控制中心或就医。漱口

　　安全储存　在通风良好处储存。保持容器密闭。上锁保管

　　废弃处置　本品及内装物、容器依据国家和地方法规处置

物理和化学危险　可燃，其蒸气与空气混合，能形成爆炸性混合物

健康危害　吸入、摄入对身体有害。对眼睛、皮肤和黏膜有刺激作用

环境危害　对环境可能有害

第三部分　成分/组成信息

　　√　物质　　　　　　　　　　　混合物

组分	浓度	CAS No.
2-溴-1-氯丙烷		3017-95-6

第四部分　急救措施

吸入　迅速脱离现场至空气新鲜处。保持呼吸道通畅。如呼吸困难，给输氧。呼吸、心跳停止，立即进行心肺复苏术。就医

皮肤接触　立即脱去污染的衣着，用流动清水彻底冲洗。就医

眼睛接触　立即分开眼睑，用流动清水或生理盐水彻底冲洗。就医

食入　漱口，饮水。就医

对保护施救者的忠告　根据需要使用个人防护设备

对医生的特别提示　对症处理

第五部分　消防措施

灭火剂　用雾状水、泡沫、干粉、二氧化碳、砂土灭火

特别危险性 遇明火、高热可燃。与氧化剂可发生反应。接触酸或酸气能产生有毒气体。受高热分解放出有毒的气体

灭火注意事项及防护措施 消防人员必须佩戴空气呼吸器、穿全身防火防毒服，在上风向灭火。尽可能将容器从火场移至空旷处。喷水保持火场容器冷却，直至灭火结束。处在火场中的容器若已变色或从安全泄压装置中发出声音，必须马上撤离

第六部分 泄漏应急处理

作业人员防护措施、防护装备和应急处置程序 根据液体流动和蒸气扩散的影响区域划定警戒区，无关人员从侧风、上风向撤离至安全区。消除所有点火源。建议应急处理人员戴正压自给式呼吸器，穿防毒服。穿上适当的防护服前严禁接触破裂的容器和泄漏物。尽可能切断泄漏源

环境保护措施 防止泄漏物进入水体、下水道、地下室或有限空间

泄漏化学品的收容、清除方法及所使用的处置材料 小量泄漏：用干燥的砂土或其他不燃材料吸收或覆盖，收集于容器中。大量泄漏：构筑围堤或挖坑收容。用泵转移至槽车或专用收集器内

第七部分 操作处置与储存

操作注意事项 密闭操作，提供充分的局部排风。防止蒸气泄漏到工作场所空气中。操作人员必须经过专门培训，严格遵守操作规程。建议操作人员佩戴自吸过滤式防毒面具（全面罩），穿胶布防毒衣，戴橡胶手套。远离火种、热源，工作场所严禁吸烟。使用防爆型的通风系统和设备。在清除液体和蒸气前不能进行焊接、切割等作业。避免产生烟雾。避免与氧化剂、酸类接触。配备相应品种和数量的消防器材及泄漏应急处理设备。倒空的容器可能残留有害物

储存注意事项 储存于阴凉、通风的库房。远离火种、热源。防止阳光直射。保持容器密封。应与氧化剂、酸类、食用化学品分开存放，切忌混储。配备相应品种和数量的消防器材。储区应备有泄漏应急处理设备和合适的收容材料

第八部分 接触控制/个体防护

职业接触限值
中国 未制定标准
美国（ACGIH） 未制定标准
生物接触限值 未制定标准
监测方法 空气中有毒物质测定方法：未制定标准。生物监测检验方法：未制定标准
工程控制 严加密闭，提供充分的局部排风
个体防护装备
呼吸系统防护 空气中浓度超标时，必须佩戴过滤式防毒面具（全面罩）。紧急事态抢救或撤离时，应该佩戴空气呼吸器
眼睛防护 呼吸系统防护中已作防护
皮肤和身体防护 穿密闭型防毒服

手防护 戴橡胶手套

第九部分 理化特性

外观与性状 无色液体 　　**pH 值** 无资料
熔点（℃） 无资料 　　**沸点（℃）** 118（100.5kPa）
相对密度（水=1） 1.537
相对蒸气密度（空气=1） 无资料
饱和蒸气压（kPa） 无资料
临界压力（MPa） 无资料 　**辛醇/水分配系数** 无资料
闪点（℃） >110 　　**自燃温度（℃）** 无资料
爆炸下限（%） 无资料 　**爆炸上限（%）** 无资料
分解温度（℃） 无资料 　**黏度（mPa·s）** 无资料
燃烧热（kJ/mol） 无资料 **临界温度（℃）** 无资料
溶解性 不溶于水，溶于丙酮、苯，易溶于乙醇、乙醚、氯仿

第十部分 稳定性和反应性

稳定性 稳定
危险反应 与强氧化剂等禁配物发生反应。接触酸或酸气能产生有毒气体
避免接触的条件 无资料
禁配物 强氧化剂、强酸
危险的分解产物 氯化氢、溴化氢

第十一部分 毒理学信息

急性毒性 无资料
皮肤刺激或腐蚀 无资料 **眼睛刺激或腐蚀** 无资料
呼吸或皮肤过敏 无资料 **生殖细胞突变性** 无资料
致癌性 无资料 　　　　**生殖毒性** 无资料
特异性靶器官系统毒性-一次接触 无资料
特异性靶器官系统毒性-反复接触 无资料
吸入危害 无资料

第十二部分 生态学信息

生态毒性 无资料
持久性和降解性
生物降解性 无资料
非生物降解性 无资料
潜在的生物累积性 无资料
土壤中的迁移性 无资料

第十三部分 废弃处置

废弃化学品 用安全掩埋法处置。在能利用的地方重复使用容器或在规定场所掩埋
污染包装物 将容器返还生产商或按照国家和地方法规处置
废弃注意事项 处置前应参阅国家和地方有关法规

第十四部分 运输信息

联合国危险货物编号（UN 号） 2810
联合国运输名称 有机毒性液体，未另作规定的（2-溴-1-氯丙烷）
联合国危险性类别 6.1

包装类别　Ⅲ　　　　包装标志

海洋污染物　否

运输注意事项　运输前应先检查包装容器是否完整、密封，运输过程中要确保容器不泄漏、不倒塌、不坠落、不损坏。严禁与酸类、氧化剂、食品及食品添加剂混运。运输时运输车辆应配备相应品种和数量的消防器材及泄漏应急处理设备。运输途中应防暴晒、雨淋，防高温。公路运输时要按规定路线行驶，勿在居民区和人口稠密区停留

第十五部分　法规信息

下列法律、法规、规章和标准，对该化学品的管理作了相应的规定。

中华人民共和国职业病防治法　职业病分类和目录：未列入

危险化学品安全管理条例　危险化学品目录：列入。易制爆危险化学品名录：未列入。重点监管的危险化学品名录：未列入。GB 18218—2009《危险化学品重大危险源辨识》（表1）：未列入

使用有毒物品作业场所劳动保护条例　高毒物品目录：未列入

易制毒化学品管理条例　易制毒化学品的分类和品种目录：未列入

国际公约　斯德哥尔摩公约：未列入。鹿特丹公约：未列入。蒙特利尔议定书：未列入

第十六部分　其他信息

编写和修订信息　　　缩略语和首字母缩写
培训建议　　　　　　参考文献
免责声明

1-溴-2-氯乙烷

第一部分　化学品标识

化学品中文名　1-溴-2-氯乙烷；1-氯-2-溴乙烷；氯乙基溴
化学品英文名　1-chloro-2-bromoethane；ethylene chlorobromide
分子式　C_2H_4BrCl　**分子量**　143.41
结构式　
化学品的推荐及限制用途　用作溶剂、熏蒸剂和有机合成原料

第二部分　危险性概述

紧急情况概述　吞咽会中毒
GHS危险性类别　急性毒性-经口，类别3
标签要素

象形图

警示词　危险
危险性说明　吞咽会中毒
防范说明

预防措施　避免接触眼睛、皮肤，操作后彻底清洗。作业场所不得进食、饮水或吸烟

事故响应　食入：立即呼叫中毒控制中心或就医。漱口

安全储存　上锁保管

废弃处置　本品及内装物、容器依据国家和地方法规处置

物理和化学危险　可燃，其蒸气与空气混合，能形成爆炸性混合物

健康危害　吸入、摄入或经皮肤吸收后会中毒。对肝、肾有损害作用。对眼睛、皮肤和黏膜有刺激作用

环境危害　对环境可能有害

第三部分　成分/组成信息

✓ 物质　　　　　　　　　混合物

组分	浓度	CAS No.
1-溴-2-氯乙烷		107-04-0

第四部分　急救措施

吸入　迅速脱离现场至空气新鲜处。保持呼吸道通畅。如呼吸困难，给输氧。呼吸、心跳停止，立即进行心肺复苏术。就医

皮肤接触　立即脱去污染的衣着，用流动清水彻底冲洗。就医

眼睛接触　立即分开眼睑，用流动清水或生理盐水彻底冲洗。就医

食入　漱口，饮水。就医

对保护施救者的忠告　根据需要使用个人防护设备

对医生的特别提示　对症处理

第五部分　消防措施

灭火剂　用雾状水、泡沫、干粉、二氧化碳、砂土灭火

特别危险性　遇明火、高热可燃。与氧化剂可发生反应。受高热分解放出有毒的气体。蒸气比空气重，沿地面扩散并易积存于低洼处，遇火源会着火回燃。若遇高热，容器内压增大，有开裂和爆炸的危险

灭火注意事项及防护措施　消防人员必须佩戴防毒面具、穿全身消防服，在上风向灭火。尽可能将容器从火场移至空旷处。喷水保持火场容器冷却，直至灭火结束。处在火场中的容器若已变色或从安全泄压装置中产生声音，必须马上撤离

第六部分　泄漏应急处理

作业人员防护措施、防护装备和应急处置程序　根据液体流动和蒸气扩散的影响区域划定警戒区，无关人员从侧风、上风向撤离至安全区。消除所有点火源。建议应急处理人员戴正压自给式呼吸器，穿防毒服。穿上适当的防护服前严禁接触破裂的容器和泄漏物。尽可能切断泄漏源

环境保护措施　防止泄漏物进入水体、下水道、地下室或

有限空间

泄漏化学品的收容、清除方法及所使用的处置材料　小量泄漏：用干燥的砂土或其他不燃材料吸收或覆盖，收集于容器中。大量泄漏：构筑围堤或挖坑收容。用泵转移至槽车或专用收集器内

第七部分　操作处置与储存

操作注意事项　密闭操作，局部排风。防止蒸气泄漏到工作场所空气中。操作人员必须经过专门培训，严格遵守操作规程。建议操作人员佩戴自吸过滤式防毒面具（半面罩），戴化学安全防护眼镜，穿防毒物渗透工作服，戴橡胶手套。远离火种、热源，工作场所严禁吸烟。使用防爆型的通风系统和设备。在清除液体和蒸气前不能进行焊接、切割等作业。避免产生烟雾。避免与氧化剂、碱类接触。配备相应品种和数量的消防器材及泄漏应急处理设备。倒空的容器可能残留有害物

储存注意事项　储存于阴凉、通风的库房。远离火种、热源。防止阳光直射。保持容器密封。应与氧化剂、碱类、镁、食用化学品分开存放，切忌混储。配备相应品种和数量的消防器材。储区应备有泄漏应急处理设备和合适的收容材料

第八部分　接触控制/个体防护

职业接触限值

中国　未制定标准

美国（ACGIH）　未制定标准

生物接触限值　未制定标准

监测方法　空气中有毒物质测定方法：未制定标准。生物监测检验方法：未制定标准

工程控制　密闭操作，局部排风

个体防护装备

呼吸系统防护　空气中浓度超标时，必须佩戴过滤式防毒面具（半面罩）。紧急事态抢救或撤离时，应该佩戴空气呼吸器

眼睛防护　戴化学安全防护眼镜

皮肤和身体防护　穿防毒物渗透工作服

手防护　戴橡胶手套

第九部分　理化特性

外观与性状　无色挥发性液体，有类似氯仿的甜味

pH值　无资料		熔点（℃）　−16.6	
沸点（℃）　106.1		相对密度（水＝1）　1.723	

相对蒸气密度(空气＝1)　4.94

饱和蒸气压（kPa）　5.32（29.7℃）

临界压力（MPa）　无资料　　辛醇/水分配系数　1.598

闪点（℃）　无资料　　自燃温度（℃）　无资料

爆炸下限（%）　无资料　　爆炸上限（%）　无资料

分解温度（℃）　无资料　　黏度（mPa·s）　无资料

燃烧热（kJ/mol）　无资料　　临界温度（℃）　无资料

溶解性　难溶于水，可混溶于乙醇、乙醚、四氯化碳等

第十部分　稳定性和反应性

稳定性　稳定

危险反应　与强氧化剂、强碱、镁等禁配物发生反应

避免接触的条件　无资料

禁配物　强氧化剂、强碱、镁等

危险的分解产物　氯化氢、溴化氢

第十一部分　毒理学信息

急性毒性　LD$_{50}$：64mg/kg（大鼠经口）

皮肤刺激或腐蚀　无资料　　**眼睛刺激或腐蚀**　无资料

呼吸或皮肤过敏　无资料

生殖细胞突变性　微生物致突变：鼠伤寒沙门氏菌1mmol/L。DNA修复：大肠杆菌10mg/皿。性染色体缺失和不分离：黑腹果蝇经口1mmol/L。DNA损伤：小鼠腹腔内500μmol/kg。哺乳动物体细胞突变：仓鼠卵巢4mmol/L

致癌性　无资料　　　　　**生殖毒性**　无资料

特异性靶器官系统毒性-一次接触　无资料

特异性靶器官系统毒性-反复接触　无资料

吸入危害　无资料

第十二部分　生态学信息

生态毒性　无资料

持久性和降解性

生物降解性　无资料

非生物降解性　无资料

潜在的生物累积性　无资料

土壤中的迁移性　无资料

第十三部分　废弃处置

废弃化学品　建议用焚烧法处置。在能利用的地方重复使用容器或在规定场所掩埋

污染包装物　将容器返还生产商或按照国家和地方法规处置

废弃注意事项　处置前应参阅国家和地方有关法规

第十四部分　运输信息

联合国危险货物编号（UN号）　2810

联合国运输名称　有机毒性液体，未另作规定的（1-溴-2-氯乙烷）

联合国危险性类别　6.1

包装类别　Ⅲ　　　　　　**包装标志**

海洋污染物　否

运输注意事项　运输前应先检查包装容器是否完整、密封，运输过程中要确保容器不泄漏、不倒塌、不坠落、不损坏。严禁与酸类、氧化剂、食品及食品添加剂混运。运输时运输车辆应配备相应品种和数量的消防器材及泄漏应急处理设备。运输途中应防暴晒、雨淋，防高温。公路运输时要按规定路线行驶，勿在居民区和人口稠密区停留

第十五部分　法规信息

下列法律、法规、规章和标准，对该化学品的管理作

了相应的规定。

中华人民共和国职业病防治法　职业病分类和目录：未
列入

危险化学品安全管理条例　危险化学品目录：列入。易制
爆危险化学品名录：未列入。重点监管的危险化学品
名录：未列入。GB 18218—2009《危险化学品重大
危险源辨识》(表1)：未列入

使用有毒物品作业场所劳动保护条例　高毒物品目录：未
列入

易制毒化学品管理条例　易制毒化学品的分类和品种目
录：未列入

国际公约　斯德哥尔摩公约：未列入。鹿特丹公约：未列
入。蒙特利尔议定书：未列入

第十六部分　其他信息

编写和修订信息　　　　缩略语和首字母缩写
培训建议　　　　　　　参考文献
免责声明

溴鼠灵

第一部分　化学品标识

化学品中文名　溴鼠灵；大隆；溴联苯杀鼠隆；隆杀鼠
剂；溴敌拿鼠；3-[3-(4′-溴联苯-4-基)-1,2,3,4-四氢-
1-萘基]-4-羟基香豆素

化学品英文名　brodifacoum；talon；3-[3-(4′-bromobi-
phenyl-4-yl)-1,2,3,4-tetrahydro-1-naphthyl]-
4-hydroxycoumarin

分子式　$C_{31}H_{23}BrO_3$　**分子量**　523.44

结构式

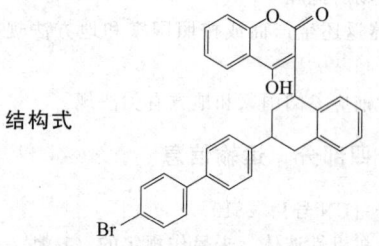

化学品的推荐及限制用途　用作杀鼠剂

第二部分　危险性概述

紧急情况概述　吞咽致命，皮肤接触会致命

GHS危险性类别　急性毒性-经口，类别2；急性毒性-经
皮，类别1；特异性靶器官毒性-反复接触，类别1；
危害水生环境-急性危害，类别1；危害水生环境-长
期危害，类别1

标签要素

象形图

警示词　危险

危险性说明　吞咽致命，皮肤接触会致命，长时间或反
复接触对器官造成损伤，对水生生物毒性非常大并
具有长期持续影响

防范说明

　预防措施　避免接触眼睛、皮肤或衣服，操作后彻
底清洗。作业场所不得进食、饮水或吸烟。戴
防护手套、穿防护服。避免吸入粉尘。禁止排
入环境

　事故响应　皮肤接触：用大量肥皂水和水轻轻地清
洗，立即脱去所有被污染的衣服，立即呼叫中
毒控制中心或就医。被污染的衣服经洗净后方
可重新使用。食入：立即呼叫中毒控制中心或
就医，漱口。如感觉不适，就医。收集泄漏物

　安全储存　上锁保管

　废弃处置　本品及内装物、容器依据国家和地方法
规处置

物理和化学危险　可燃，其粉体与空气混合，能形成爆炸
性混合物

健康危害　本品为高毒杀鼠剂，吸入、摄入或经皮肤吸收
后会中毒。能影响凝血作用

环境危害　对水生生物毒性非常大并具有长期持续影响

第三部分　成分/组成信息

　□物质　　　　　　　　　　　　√混合物

组分	浓度	CAS No.
溴鼠灵		56073-10-0

第四部分　急救措施

吸入　迅速脱离现场至空气新鲜处。保持呼吸道通畅。如
呼吸困难，给输氧。呼吸、心跳停止，立即进行心肺
复苏术。就医

皮肤接触　立即脱去污染的衣着，用流动清水彻底冲洗。
就医

眼睛接触　立即分开眼睑，用流动清水或生理盐水彻底冲
洗。就医

食入　饮适量温水，催吐（仅限于清醒者）。就医

对保护施救者的忠告　根据需要使用个人防护设备

对医生的特别提示　对症处理

第五部分　消防措施

灭火剂　用雾状水、泡沫、干粉、二氧化碳、砂土灭火

特别危险性　遇明火、高热可燃。其粉体与空气可形成爆
炸性混合物，当达到一定浓度时，遇火星会发生爆
炸。受高热分解放出有毒的气体

灭火注意事项及防护措施　消防人员必须佩戴防毒面具、
穿全身消防服，在上风向灭火。尽可能将容器从火场
移至空旷处。喷水保持火场容器冷却，直至灭火结
束。切勿将水流直接射至熔融物，以免引起严重的流
淌火灾或引起剧烈的沸溅

第六部分　泄漏应急处理

作业人员防护措施、防护装备和应急处置程序　隔离泄漏
污染区，限制出入。建议应急处理人员戴防尘口罩、
穿防毒服。穿上适当的防护服前严禁接触破裂的容器
和泄漏物。尽可能切断泄漏源

环境保护措施　用塑料布覆盖泄漏物，减少飞散

泄漏化学品的收容、清除方法及所使用的处置材料　勿使水进入包装容器内。用洁净的铲子收集泄漏物，置于干净、干燥、盖子较松的容器中，将容器移离泄漏区

第七部分　操作处置与储存

操作注意事项　密闭操作，提供充分的局部排风。防止粉尘释放到车间空气中。操作人员必须经过专门培训，严格遵守操作规程。建议操作人员佩戴防尘面具（全面罩），穿胶布防毒衣，戴橡胶手套。远离火种、热源，工作场所严禁吸烟。使用防爆型的通风系统和设备。避免产生粉尘。避免与氧化剂接触。配备相应品种和数量的消防器材及泄漏应急处理设备。倒空的容器可能残留有害物

储存注意事项　储存于阴凉、通风良好的专用库房内，实行"双人收发、双人保管"制度。远离火种、热源。防止阳光直射。包装密封。应与氧化剂、食用化学品分开存放，切忌混装。配备相应品种和数量的消防器材。储区应备有合适的材料收容泄漏物

第八部分　接触控制/个体防护

职业接触限值

　　中国　PC-TWA：0.002mg/m³

　　美国（ACGIH）　未制定标准

生物接触限值　未制定标准

监测方法　空气中有毒物质测定方法：未制定标准。生物监测检验方法：未制定标准

工程控制　严加密闭，提供充分的局部排风

个体防护装备

　　呼吸系统防护　可能接触其粉尘时，必须佩戴空气呼吸器

　　眼睛防护　呼吸系统防护中已作防护

　　皮肤和身体防护　穿密闭型防毒服

　　手防护　戴橡胶手套

第九部分　理化特性

外观与性状　原药为灰白色粉末

pH值　无意义　　　　　熔点（℃）　228～233

沸点（℃）　无资料　　　相对密度（水=1）　无资料

相对蒸气密度（空气=1）　18.3

饱和蒸气压（kPa）　无资料

临界压力（MPa）　无资料　　辛醇/水分配系数　无资料

闪点（℃）　无意义　　　自燃温度（℃）　无资料

爆炸下限（%）　无资料　　爆炸上限（%）　无资料

分解温度（℃）　232　　　黏度（mPa·s）　无资料

燃烧热（kJ/mol）　无资料　临界温度（℃）　无资料

溶解性　微溶于水、苯、醇，溶于丙酮、氯仿

第十部分　稳定性和反应性

稳定性　稳定

危险反应　与强氧化剂等禁配物发生反应

避免接触的条件　无资料

禁配物　强氧化剂

危险的分解产物　溴化氢

第十一部分　毒理学信息

急性毒性　LD$_{50}$：0.16mg/kg（大鼠经口），200mg/kg（大鼠经皮），0.29mg/kg（小鼠经口），0.3mg/kg（兔经口）。LC$_{50}$：0.5mg/m³（大鼠吸入，4h）

皮肤刺激或腐蚀　无资料　　眼睛刺激或腐蚀　无资料

呼吸或皮肤过敏　无资料　　生殖细胞突变性　无资料

致癌性　无资料　　　　　生殖毒性　无资料

特异性靶器官系统毒性-一次接触　无资料

特异性靶器官系统毒性-反复接触　无资料

吸入危害　无资料

第十二部分　生态学信息

生态毒性　LC$_{50}$：0.025mg/L（96h）（虹鳟）。LC$_{50}$：0.12mg/L（96h）（蓝鳃太阳鱼，流水式）。EC$_{50}$：0.98mg/L（48h）（大型溞，静态）

持久性和降解性

　　生物降解性　无资料

　　非生物降解性　无资料

潜在的生物累积性　根据 K_{ow} 值预测，该物质可能有较高的生物累积性

土壤中的迁移性　根据 K_{oc} 值预测，该物质的迁移性可能较弱

第十三部分　废弃处置

废弃化学品　用安全掩埋法处置。在规定场所掩埋空容器

污染包装物　将容器返还生产商或按照国家和地方法规处置

废弃注意事项　处置前应参阅国家和地方有关法规

第十四部分　运输信息

联合国危险货物编号（UN号）　2811

联合国运输名称　有机毒性固体，未另作规定的（溴鼠灵）

联合国危险性类别　6.1

包装类别　Ⅰ　　　　　　包装标志　

海洋污染物　是

运输注意事项　运输前应先检查包装容器是否完整、密封，运输过程中要确保容器不泄漏、不倒塌、不坠落、不损坏。严禁与酸类、氧化剂、食品及食品添加剂混运。运输时运输车辆应配备相应品种和数量的消防器材及泄漏应急处理设备。运输途中应防暴晒、雨淋，防高温。公路运输时要按规定路线行驶，勿在居民区和人口稠密区停留

第十五部分　法规信息

　　下列法律、法规、规章和标准，对该化学品的管理作了相应的规定。

中华人民共和国职业病防治法　职业病分类和目录：未列入

危险化学品安全管理条例　危险化学品目录：列入。作为

剧毒化学品进行管理。易制爆危险化学品名录：未列入。重点监管的危险化学品名录：未列入。GB 18218—2009《危险化学品重大危险源辨识》（表1）：未列入

使用有毒物品作业场所劳动保护条例　高毒物品目录：未列入

易制毒化学品管理条例　易制毒化学品的分类和品种目录：未列入

国际公约　斯德哥尔摩公约：未列入。鹿特丹公约：未列入。蒙特利尔议定书：未列入

第十六部分　其他信息

编写和修订信息　缩略语和首字母缩写
培训建议　参考文献
免责声明

2-溴戊烷

第一部分　化学品标识

化学品中文名　2-溴戊烷；仲戊基溴；溴代仲戊烷
化学品英文名　2-bromopentane；*sec*-amyl bromide
分子式　$C_5H_{11}Br$　**分子量**　151.045
结构式　
化学品的推荐及限制用途　用作有机合成中间体

第二部分　危险性概述

紧急情况概述　高度易燃液体和蒸气
GHS危险性类别　易燃液体，类别2
标签要素

象形图

警示词　危险
危险性说明　高度易燃液体和蒸气
防范说明

预防措施　远离热源、火花、明火、热表面。禁止吸烟。保持容器密闭。容器和接收设备接地连接。使用防爆型电器、通风、照明设备。只能使用不产生火花的工具。采取防止静电措施。戴防护手套、防护眼镜、防护面罩

事故响应　火灾时，使用雾状水、泡沫、干粉、二氧化碳、砂土灭火。如皮肤（或头发）接触：立即脱掉所有被污染的衣服，用水冲洗皮肤，淋浴

安全储存　存放在通风良好的地方。保持低温
废弃处置　本品及内装物、容器依据国家和地方法规处置

物理和化学危险　易燃，其蒸气与空气混合，能形成爆炸性混合物

健康危害　吸入、摄入或经皮肤吸收后对身体有害。对眼睛、皮肤、黏膜和上呼吸道有刺激作用

环境危害　对环境可能有害

第三部分　成分/组成信息

√ 物质　　　　　　混合物

组分	浓度	CAS No.
2-溴戊烷		107-81-3

第四部分　急救措施

吸入　迅速脱离现场至空气新鲜处。保持呼吸道通畅。如呼吸困难，给输氧。呼吸、心跳停止，立即进行心肺复苏术。就医

皮肤接触　立即脱去污染的衣着，用流动清水彻底冲洗。就医

眼睛接触　立即分开眼睑，用流动清水或生理盐水彻底冲洗。就医

食入　漱口，饮水。就医

对保护施救者的忠告　根据需要使用个人防护设备
对医生的特别提示　对症处理

第五部分　消防措施

灭火剂　用雾状水、泡沫、干粉、二氧化碳、砂土灭火
特别危险性　其蒸气与空气可形成爆炸性混合物，遇明火、高热极易燃烧爆炸。与氧化剂接触猛烈反应。受高热分解放出有毒的气体。若遇高热，容器内压增大，有开裂和爆炸的危险

灭火注意事项及防护措施　消防人员必须佩戴防毒面具、穿全身消防服，在上风向灭火。尽可能将容器从火场移至空旷处。喷水保持火场容器冷却，直至灭火结束。处在火场中的容器若已变色或从安全泄压装置中发出声音，必须马上撤离

第六部分　泄漏应急处理

作业人员防护措施、防护装备和应急处置程序　消除所有点火源。根据液体流动和蒸气扩散的影响区域划定警戒区，无关人员从侧风、上风向撤离至安全区。建议应急处理人员戴正压自给式呼吸器，穿防静电服。作业时使用的所有设备应接地。禁止接触或跨越泄漏物。尽可能切断泄漏源

环境保护措施　防止泄漏物进入水体、下水道、地下室或有限空间

泄漏化学品的收容、清除方法及所使用的处置材料　小量泄漏：用砂土或其他不燃材料吸收。使用洁净的无火花工具收集吸收材料。大量泄漏：构筑围堤或挖坑收容。用泡沫覆盖，减少蒸发。喷水雾能减少蒸发，但不能降低泄漏物在有限空间内的易燃性。用防爆泵转移至槽车或专用收集器内

第七部分　操作处置与储存

操作注意事项　密闭操作，局部排风。防止蒸气泄漏到工作场所空气中。操作人员必须经过专门培训，严格遵守操作规程。建议操作人员佩戴自吸过滤式防毒面具（半面罩），戴化学安全防护眼镜，穿防静电工作服，戴橡胶手套。远离火种、热源，工作场所严禁吸烟。

使用防爆型的通风系统和设备。在清除液体和蒸气前不能进行焊接、切割等作业。避免产生烟雾。避免与氧化剂、碱类接触。容器与传送设备要接地，防止产生静电。灌装时应控制流速，且有接地装置，防止静电积聚。配备相应品种和数量的消防器材及泄漏应急处理设备。倒空的容器可能残留有害物

储存注意事项　储存于阴凉、通风的库房。远离火种、热源。防止阳光直射。库温不宜超过 37℃，保持容器密封。应与氧化剂、碱类、食用化学品分开存放，切忌混储。采用防爆型照明、通风设施。禁止使用易产生火花的机械设备和工具。储区应备有泄漏应急处理设备和合适的收容材料

第八部分　接触控制/个体防护

职业接触限值
　中国　未制定标准
　美国（ACGIH）　未制定标准
生物接触限值　未制定标准
监测方法　空气中有毒物质测定方法：未制定标准。生物监测检验方法：未制定标准
工程控制　密闭操作，局部排风
个体防护装备
　呼吸系统防护　空气中浓度超标时，必须佩戴过滤式防毒面具（半面罩）。紧急事态抢救或撤离时，应该佩戴空气呼吸器
　眼睛防护　戴化学安全防护眼镜
　皮肤和身体防护　穿防静电工作服
　手防护　戴橡胶手套

第九部分　理化特性

外观与性状　无色至黄色液体，有强烈的气味

pH 值　无资料		**熔点（℃）**　−95.5	
沸点（℃）　116～117		**相对密度（水＝1）**　1.223	

相对蒸气密度（空气＝1）　无资料
饱和蒸气压（kPa）　无资料

临界压力（MPa）　无资料		**辛醇/水分配系数**　无资料	
闪点（℃）　20		**自燃温度（℃）**　无资料	
爆炸下限（%）　无资料		**爆炸上限（%）**　无资料	
分解温度（℃）　无资料		**黏度（mPa·s）**　无资料	
燃烧热（kJ/mol）　无资料		**临界温度（℃）**　无资料	

溶解性　不溶于水，溶于甲醇、丙酮、苯、乙醚、四氯化碳

第十部分　稳定性和反应性

稳定性　稳定
危险反应　与强氧化剂、强碱等禁配物接触，有发生火灾和爆炸的危险
避免接触的条件　无资料
禁配物　强氧化剂、强碱
危险的分解产物　溴化氢

第十一部分　毒理学信息

急性毒性　LC$_{50}$：33000mg/m³（小鼠吸入）

皮肤刺激或腐蚀　无资料		**眼睛刺激或腐蚀**　无资料	
呼吸或皮肤过敏　无资料		**生殖细胞突变性**　无资料	
致癌性　无资料		**生殖毒性**　无资料	

特异性靶器官系统毒性-一次接触　无资料
特异性靶器官系统毒性-反复接触　无资料
吸入危害　无资料

第十二部分　生态学信息

生态毒性　无资料
持久性和降解性
　生物降解性　无资料
　非生物降解性　无资料
潜在的生物累积性　无资料
土壤中的迁移性　无资料

第十三部分　废弃处置

废弃化学品　建议用焚烧法处置。在能利用的地方重复使用容器或在规定场所掩埋
污染包装物　将容器返还生产商或按照国家和地方法规处置
废弃注意事项　处置前应参阅国家和地方有关法规

第十四部分　运输信息

联合国危险货物编号（UN 号）　2343
联合国运输名称　2-溴戊烷
联合国危险性类别　3

包装类别　Ⅱ　　　　　　　　**包装标志**　

海洋污染物　否
运输注意事项　运输时运输车辆应配备相应品种和数量的消防器材及泄漏应急处理设备。夏季最好早晚运输。运输时所用的槽（罐）车应有接地链，槽内可设孔隔板以减少震荡产生的静电。严禁与氧化剂、碱类、食用化学品等混装混运。运输途中应防暴晒、雨淋，防高温。中途停留时应远离火种、热源、高温区。装运该物品的车辆排气管必须配备阻火装置，禁止使用易产生火花的机械设备和工具装卸。公路运输时要按规定路线行驶，勿在居民区和人口稠密区停留。铁路运输时要禁止溜放。严禁用木船、水泥船散装运输

第十五部分　法规信息

下列法律、法规、规章和标准，对该化学品的管理作了相应的规定。
中华人民共和国职业病防治法　职业病分类和目录：未列入
危险化学品安全管理条例　危险化学品目录：列入。易制爆危险化学品名录：未列入。重点监管的危险化学品名录：未列入。GB 18218—2009《危险化学品重大危险源辨识》（表1）：未列入
使用有毒物品作业场所劳动保护条例　高毒物品目录：未列入

易制毒化学品管理条例　易制毒化学品的分类和品种目录：未列入

国际公约　斯德哥尔摩公约：未列入。鹿特丹公约：未列入。蒙特利尔议定书：未列入

第十六部分　其他信息

编写和修订信息　　缩略语和首字母缩写
培训建议　　　　　参考文献
免责声明

1,1′-(溴亚甲基)二苯

第一部分　化学品标识

化学品中文名　1,1′-(溴亚甲基)二苯；二苯甲基溴；溴二苯甲烷；二苯溴甲烷

化学品英文名　diphenylmethyl bromide；bromodiphenyl-methane

分子式　$C_{13}H_{11}Br$　**分子量**　247.134

结构式

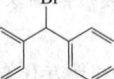

化学品的推荐及限制用途　用于有机合成

第二部分　危险性概述

紧急情况概述　造成严重的皮肤灼伤和眼损伤

GHS危险性类别　皮肤腐蚀/刺激，类别1；严重眼损伤/眼刺激，类别1

标签要素

象形图

警示词　危险

危险性说明　造成严重的皮肤灼伤和眼损伤

防范说明

预防措施　避免吸入粉尘或烟雾。避免接触眼睛、皮肤，操作后彻底清洗。穿防护服，戴防护眼镜、防护手套、防护面罩

事故响应　如吸入：将患者转移到空气新鲜处，休息，保持利于呼吸的体位，立即呼叫中毒控制中心或就医。皮肤（或头发）接触：立即脱掉所有被污染的衣服，用水冲洗皮肤，淋浴。污染的衣服必须洗净后方可重新使用。眼睛接触：用水细心地冲洗数分钟。如戴隐形眼镜并可方便地取出，则取出隐形眼镜，继续冲洗。食入：漱口，不要催吐

安全储存　上锁保管

废弃处置　本品及内装物、容器依据国家和地方法规处置

物理和化学危险　可燃，其粉体与空气混合，能形成爆炸性混合物

健康危害　本品为腐蚀性毒物，有催泪性。液体经皮肤吸收引起中毒。吸入可引起喉痉挛、水肿、支气管炎、

化学性肺炎、肺水肿等。眼和皮肤接触引起灼伤

环境危害　对环境可能有害

第三部分　成分/组成信息

√　物质　　　　　　　　　　混合物

组分	浓度	CAS No.
1,1′-(溴亚甲基)二苯		776-74-9

第四部分　急救措施

吸入　迅速脱离现场至空气新鲜处。保持呼吸道通畅。如呼吸困难，给输氧。呼吸、心跳停止，立即进行心肺复苏术。就医

皮肤接触　立即脱去污染的衣着，用大量流动清水彻底冲洗至少15min。就医

眼睛接触　立即分开眼睑，用流动清水或生理盐水彻底冲洗5～10min。就医

食入　用水漱口，禁止催吐。给饮牛奶或蛋清。就医

对保护施救者的忠告　根据需要使用个人防护设备

对医生的特别提示　对症处理

第五部分　消防措施

灭火剂　用雾状水、泡沫、干粉、二氧化碳、砂土灭火

特别危险性　遇明火、高热可燃。其粉体与空气可形成爆炸性混合物，当达到一定浓度时，遇火星会发生爆炸。受高热分解放出有毒的气体。具有腐蚀性

灭火注意事项及防护措施　消防人员必须佩戴防毒面具、穿全身消防服，在上风向灭火。尽可能将容器从火场移至空旷处。喷水保持火场容器冷却，直至灭火结束

第六部分　泄漏应急处理

作业人员防护措施、防护装备和应急处置程序　隔离泄漏污染区，限制出入。建议应急处理人员戴防尘口罩，穿防酸碱服。禁止接触或跨越泄漏物。穿上适当的防护服前严禁接触破裂的容器和泄漏物。尽可能切断泄漏源

环境保护措施　用塑料布覆盖泄漏物，减少飞散

泄漏化学品的收容、清除方法及所使用的处置材料　勿使水进入包装容器内。用洁净的铲子收集泄漏物，置于干净、干燥、盖子较松的容器中，将容器移离泄漏区

第七部分　操作处置与储存

操作注意事项　密闭操作，局部排风。防止粉尘释放到车间空气中。操作人员必须经过专门培训，严格遵守操作规程。建议操作人员佩戴自吸过滤式防尘口罩，戴化学安全防护眼镜，穿橡胶耐酸碱服，戴橡胶耐酸碱手套。远离火种、热源，工作场所严禁吸烟。使用防爆型的通风系统和设备。避免产生粉尘。避免与氧化剂、碱类、胺类、醇类接触。配备相应品种和数量的消防器材及泄漏应急处理设备。倒空的容器可能残留有害物

储存注意事项　储存于阴凉、通风的库房。远离火种、热源。防止阳光直射。包装密封。应与氧化剂、碱类、胺类、醇类分开存放，切忌混储。配备相应品种和数

量的消防器材。储区应备有合适的材料收容泄漏物

第八部分　接触控制/个体防护

职业接触限值
　中国　未制定标准
　美国(ACGIH)　未制定标准
生物接触限值　未制定标准
监测方法　空气中有毒物质测定方法：未制定标准。生物
　　监测检验方法：未制定标准
工程控制　密闭操作，局部排风
个体防护装备
　呼吸系统防护　空气中粉尘浓度超标时，必须佩戴过
　　　滤式防尘呼吸器。紧急事态抢救或撤离时，应该
　　　佩戴空气呼吸器
　眼睛防护　戴化学安全防护眼镜
　皮肤和身体防护　穿橡胶耐酸碱服
　手防护　戴橡胶耐酸碱手套

第九部分　理化特性

外观与性状　带刺激性气味的固体，有催泪性
pH 值　无意义　　　　　**熔点(℃)**　40～42
沸点(℃)　184(2.66kPa)　**相对密度(水＝1)**　无资料
相对蒸气密度(空气＝1)　无资料
饱和蒸气压(kPa)　无资料
临界压力(MPa)　无资料　**辛醇/水分配系数**　无资料
闪点(℃)　＞110　　　　**自燃温度(℃)**　无资料
爆炸下限(%)　无资料　　**爆炸上限(%)**　无资料
分解温度(℃)　无资料　　**黏度(mPa·s)**　无资料
燃烧热(kJ/mol)　无资料　**临界温度(℃)**　无资料
溶解性　溶于醇，易溶于苯

第十部分　稳定性和反应性

稳定性　稳定
危险反应　与氧化剂、碱类、胺类、醇类等禁配物发生
　　反应
避免接触的条件　无资料
禁配物　氧化剂、碱类、胺类、醇类
危险的分解产物　溴化氢

第十一部分　毒理学信息

急性毒性　无资料
皮肤刺激或腐蚀　无资料　**眼睛刺激或腐蚀**　无资料
呼吸或皮肤过敏　无资料　**生殖细胞突变性**　无资料
致癌性　无资料　　　　　　**生殖毒性**　无资料
特异性靶器官系统毒性-一次接触　无资料
特异性靶器官系统毒性-反复接触　无资料
吸入危害　无资料

第十二部分　生态学信息

生态毒性　无资料
持久性和降解性
　生物降解性　无资料
　非生物降解性　无资料

潜在的生物累积性　无资料
土壤中的迁移性　无资料

第十三部分　废弃处置

废弃化学品　建议用焚烧法处置。在能利用的地方重复使
　　用容器或在规定场所掩埋
污染包装物　将容器返还生产商或按照国家和地方法规
　　处置
废弃注意事项　处置前应参阅国家和地方有关法规

第十四部分　运输信息

联合国危险货物编号（UN 号）　1770
联合国运输名称　二苯甲基溴
联合国危险性类别　8

包装类别　Ⅱ　　　　　**包装标志**　

海洋污染物　否
运输注意事项　起运时包装要完整，装载应稳妥。运输过
　　程中要确保容器不泄漏、不倒塌、不坠落、不损坏。
　　严禁与氧化剂、碱类、胺类、醇类、食用化学品等混
　　装混运。运输时运输车辆应配备相应品种和数量的消
　　防器材及泄漏应急处理设备。运输途中应防暴晒、雨
　　淋、防高温。公路运输时要按规定路线行驶，勿在居
　　民区和人口稠密区停留

第十五部分　法规信息

　　下列法律、法规、规章和标准，对该化学品的管理作
了相应的规定。
中华人民共和国职业病防治法　职业病分类和目录：未
　　列入
危险化学品安全管理条例　危险化学品目录：列入。易制
　　爆危险化学品名录：未列入。重点监管的危险化学品
　　名录：未列入。GB 18218—2009《危险化学品重大
　　危险源辨识》(表 1)：未列入
使用有毒物品作业场所劳动保护条例　高毒物品目录：未
　　列入
易制毒化学品管理条例　易制毒化学品的分类和品种目
　　录：未列入
国际公约　斯德哥尔摩公约：未列入。鹿特丹公约：未列
　　入。蒙特利尔议定书：未列入

第十六部分　其他信息

编写和修订信息　　　　**缩略语和首字母缩写**
培训建议　　　　　　　　**参考文献**
免责声明

2-溴乙基乙醚

第一部分　化学品标识

化学品中文名　2-溴乙基乙醚
化学品英文名　2-bromoethyl ethyl ether

分子式 C_4H_9BrO 分子量 153.018

结构式 BrO

化学品的推荐及限制用途 用于有机合成

第二部分 危险性概述

紧急情况概述 高度易燃液体和蒸气

GHS 危险性类别 易燃液体，类别2

标签要素

象形图

警示词 危险

危险性说明 高度易燃液体和蒸气

防范说明

预防措施 远离热源、火花、明火、热表面。禁止吸烟。保持容器密闭。容器和接收设备接地连接。使用防爆型电器、通风、照明设备。只能使用不产生火花的工具。采取防止静电措施。戴防护手套、防护眼镜、防护面罩

事故响应 如皮肤（或头发）接触：立即脱掉所有被污染的衣服，用水冲洗皮肤、淋浴。火灾时，使用泡沫、干粉、二氧化碳、砂土灭火

安全储存 存放在通风良好的地方。保持低温

废弃处置 本品及内装物、容器依据国家和地方法规处置

物理和化学危险 极易燃，其蒸气与空气混合，能形成爆炸性混合物

健康危害 吸入、口服或经皮吸收，对机体有危害。对眼和皮肤有刺激性

环境危害 对环境可能有害

第三部分 成分/组成信息

√ 物质 　　　　　　　混合物

组分	浓度	CAS No.
2-溴乙基乙醚		592-55-2

第四部分 急救措施

吸入 迅速脱离现场至空气新鲜处。保持呼吸道通畅。如呼吸困难，给输氧。呼吸、心跳停止，立即进行心肺复苏术。就医

皮肤接触 立即脱去污染的衣着，用流动清水彻底冲洗。就医

眼睛接触 立即分开眼睑，用流动清水或生理盐水彻底冲洗。就医

食入 漱口，饮水。就医

对保护施救者的忠告 根据需要使用个人防护设备

对医生的特别提示 对症处理

第五部分 消防措施

灭火剂 用泡沫、干粉、二氧化碳、砂土灭火

特别危险性 其蒸气与空气可形成爆炸性混合物，遇明火、高热极易燃烧爆炸。与氧化剂接触猛烈反应。受

高热分解产生有毒的溴化物气体。流速过快，容易产生和积聚静电。若遇高热，容器内压增大，有开裂和爆炸的危险

灭火注意事项及防护措施 消防人员必须佩戴防毒面具、穿全身消防服，在上风向灭火。尽可能将容器从火场移至空旷处。喷水保持火场容器冷却，直至灭火结束。处在火场中的容器若已变色或从安全泄压装置中发出声音，必须马上撤离。用水灭火无效

第六部分 泄漏应急处理

作业人员防护措施、防护装备和应急处置程序 消除所有点火源。根据液体流动和蒸气扩散的影响区域划定警戒区，无关人员从侧风、上风向撤离至安全区。建议应急处理人员戴正压自给式呼吸器，穿防静电服。作业时使用的所有设备应接地。禁止接触或跨越泄漏物。尽可能切断泄漏源

环境保护措施 防止泄漏物进入水体、下水道、地下室或有限空间

泄漏化学品的收容、清除方法及所使用的处置材料 小量泄漏：用砂土或其他不燃材料吸收。使用洁净的无火花工具收集吸收材料。大量泄漏：构筑围堤或挖坑收容。用泡沫覆盖，减少蒸发。喷水雾能减少蒸发，但不能降低泄漏物在有限空间内的易燃性。用防爆泵转移至槽车或专用收集器内

第七部分 操作处置与储存

操作注意事项 密闭操作，全面通风。操作人员必须经过专门培训，严格遵守操作规程。建议操作人员佩戴自吸过滤式防毒面具（半面罩），戴化学安全防护眼镜，穿防静电工作服，戴橡胶耐油手套。远离火种、热源，工作场所严禁吸烟。使用防爆型的通风系统和设备。防止蒸气泄漏到工作场所空气中。避免与氧化剂、酸类、碱类接触。灌装时应控制流速，且有接地装置，防止静电积聚。搬运时要轻装轻卸，防止包装及容器损坏。配备相应品种和数量的消防器材及泄漏应急处理设备。倒空的容器可能残留有害物

储存注意事项 储存于阴凉、通风的库房。远离火种、热源。库温不宜超过37℃，包装要求密封，不可与空气接触。应与氧化剂、酸类、碱类分开存放，切忌混储。采用防爆型照明、通风设施。禁止使用易产生火花的机械设备和工具。储区应备有泄漏应急处理设备和合适的收容材料

第八部分 接触控制/个体防护

职业接触限值

中国 未制定标准

美国（ACGIH） 未制定标准

生物接触限值 未制定标准

监测方法 空气中有毒物质测定方法：未制定标准。生物监测检验方法：未制定标准

工程控制 生产过程密闭，全面通风。提供安全淋浴和洗眼设备

个体防护装备

呼吸系统防护 空气中浓度超标时，必须佩戴过滤式防毒面具（半面罩）。紧急事态抢救或撤离时，应该佩戴空气呼吸器

眼睛防护 戴化学安全防护眼镜

皮肤和身体防护 穿防静电工作服

手防护 戴橡胶耐油手套

第九部分 理化特性

外观与性状 无色至黄色液体

pH 值 无资料 　　　熔点(℃) 无资料

沸点(℃) 149～150 　　相对密度(水＝1) 1.36

相对蒸气密度(空气＝1) 无资料

饱和蒸气压(kPa) 99.98 (149℃)

临界压力(MPa) 无资料 　辛醇/水分配系数 无资料

闪点(℃) 21 　　　　自燃温度(℃) 无资料

爆炸下限(%) 无资料 　爆炸上限(%) 无资料

分解温度(℃) 无资料 　黏度(mPa·s) 无资料

燃烧热(kJ/mol) 无资料 　临界温度(℃) 无资料

溶解性 溶于多数有机溶剂

第十部分 稳定性和反应性

稳定性 稳定

危险反应 与强氧化剂、强碱、酸类等禁配物接触，有发生火灾和爆炸的危险

避免接触的条件 光照

禁配物 强氧化剂、强碱、酸类

危险的分解产物 溴化氢

第十一部分 毒理学信息

急性毒性 无资料

皮肤刺激或腐蚀 无资料 　眼睛刺激或腐蚀 无资料

呼吸或皮肤过敏 无资料 　生殖细胞突变性 无资料

致癌性 无资料 　　　生殖毒性 无资料

特异性靶器官系统毒性-一次接触 无资料

特异性靶器官系统毒性-反复接触 无资料

吸入危害 无资料

第十二部分 生态学信息

生态毒性 无资料

持久性和降解性

生物降解性 无资料

非生物降解性 无资料

潜在的生物累积性 无资料

土壤中的迁移性 无资料

第十三部分 废弃处置

废弃化学品 建议用焚烧法处置。焚烧炉排出的卤化氢通过酸洗涤器除去

污染包装物 将容器返还生产商或按照国家和地方法规处置

废弃注意事项 处置前应参阅国家和地方有关法规

第十四部分 运输信息

联合国危险货物编号（UN号） 2340

联合国运输名称 2-溴乙基乙基醚

联合国危险性类别 3

包装类别 Ⅱ 　　　　包装标志

海洋污染物 否

运输注意事项 运输时运输车辆应配备相应品种和数量的消防器材及泄漏应急处理设备。夏季最好早晚运输。运输时所用的槽（罐）车应有接地链，槽内可设孔隔板以减少震荡产生的静电。严禁与氧化剂、酸类、碱类、食用化学品等混装混运。运输途中应防暴晒、雨淋，防高温。中途停留时应远离火种、热源、高温区。装运该物品的车辆排气管必须配备阻火装置，禁止使用易产生火花的机械设备和工具装卸。公路运输时要按规定路线行驶，勿在居民区和人口稠密区停留。铁路运输时要禁止溜放。严禁用木船、水泥船散装运输

第十五部分 法规信息

下列法律、法规、规章和标准，对该化学品的管理作了相应的规定。

中华人民共和国职业病防治法 职业病分类和目录：未列入

危险化学品安全管理条例 危险化学品目录：列入。易制爆危险化学品名录：未列入。重点监管的危险化学品名录：未列入。GB 18218—2009《危险化学品重大危险源辨识》（表1）：未列入

使用有毒物品作业场所劳动保护条例 高毒物品目录：未列入

易制毒化学品管理条例 易制毒化学品的分类和品种目录：未列入

国际公约 斯德哥尔摩公约：未列入。鹿特丹公约：未列入。蒙特利尔议定书：未列入

第十六部分 其他信息

编写和修订信息 　　缩略语和首字母缩写

培训建议 　　　　　参考文献

免责声明

溴乙酸异丙酯

第一部分 化学品标识

化学品中文名 溴乙酸异丙酯；溴醋酸异丙酯

化学品英文名 isopropyl bromoacetate; bromoacetic acid, isopropyl ester

分子式 $C_5H_9BrO_2$ 　分子量 181.028

结构式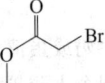

化学品的推荐及限制用途 用于有机合成

第二部分　危险性概述

紧急情况概述　造成严重的皮肤灼伤和眼损伤

GHS危险性类别　皮肤腐蚀/刺激，类别1；严重眼损伤/眼刺激，类别1

标签要素

象形图　

警示词　危险

危险性说明　造成严重的皮肤灼伤和眼损伤

防范说明

预防措施　避免吸入烟雾。避免接触眼睛、皮肤，操作后彻底清洗。穿防护服，戴防护手套、防护眼镜、防护面罩

事故响应　如吸入：将患者转移到空气新鲜处，休息，保持利于呼吸的体位，立即呼叫中毒控制中心或就医。皮肤（或头发）接触：立即脱掉所有被污染的衣服，用水冲洗皮肤，淋浴。污染的衣服洗净后方可重新使用。眼睛接触：用水细心地冲洗数分钟，立即呼叫中毒控制中心或就医。如戴隐形眼镜并可方便地取出，则取出隐形眼镜，继续冲洗。食入：漱口，不要催吐

安全储存　上锁保管

废弃处置　本品及内装物、容器依据国家和地方法规处置

物理和化学危险　可燃，其蒸气与空气混合，能形成爆炸性混合物

健康危害　吸入、摄入或经皮肤吸收后对身体有害。对眼睛、皮肤和黏膜有刺激作用。吸入后，可引起喉、支气管炎症、痉挛、化学性肺炎，肺水肿等。眼睛和皮肤接触引起灼伤

环境危害　对环境可能有害

第三部分　成分/组成信息

√ 物质　　　　　　　　　混合物

组分	浓度	CAS No.
溴乙酸异丙酯		29921-57-1

第四部分　急救措施

吸入　迅速脱离现场至空气新鲜处。保持呼吸道通畅。如呼吸困难，给输氧。呼吸、心跳停止，立即进行心肺复苏术。就医

皮肤接触　立即脱去污染的衣着，用大量流动清水彻底冲洗至少15min。就医

眼睛接触　立即分开眼睑，用流动清水或生理盐水彻底冲洗5~10min。就医

食入　用水漱口，禁止催吐。给饮牛奶或蛋清。就医

对保护施救者的忠告　根据需要使用个人防护设备

对医生的特别提示　对症处理

第五部分　消防措施

灭火剂　用雾状水、泡沫、干粉、二氧化碳、砂土灭火

特别危险性　遇明火、高热可燃。与氧化剂可发生反应。受高热分解放出有毒的气体。具有腐蚀性。若遇高热，容器内压增大，有开裂和爆炸的危险

灭火注意事项及防护措施　消防人员必须佩戴防毒面具、穿全身消防服，在上风向灭火。尽可能将容器从火场移至空旷处。喷水保持火场容器冷却，直至灭火结束。处在火场中的容器若已变色或从安全泄压装置中产生声音，必须马上撤离

第六部分　泄漏应急处理

作业人员防护措施、防护装备和应急处置程序　根据液体流动和蒸气扩散的影响区域划定警戒区，无关人员从侧风、上风向撤离至安全区。消除所有点火源。建议应急处理人员戴正压自给式呼吸器，穿防毒服。穿上适当的防护服前严禁接触破裂的容器和泄漏物。尽可能切断泄漏源

环境保护措施　防止泄漏物进入水体、下水道、地下室或有限空间

泄漏化学品的收容、清除方法及所使用的处置材料　小量泄漏：用干燥的砂土或其他不燃材料吸收或覆盖，收集于容器中。大量泄漏：构筑围堤或挖坑收容。用泵转移至槽车或专用收集器内

第七部分　操作处置与储存

操作注意事项　密闭操作，局部排风。防止蒸气泄漏到工作场所空气中。操作人员必须经过专门培训，严格遵守操作规程。建议操作人员佩戴自吸过滤式防毒面具（半面罩），戴化学安全防护眼镜，穿防毒物渗透工作服，戴橡胶手套。远离火种、热源，工作场所严禁吸烟。使用防爆型的通风系统和设备。在清除液体和蒸气前不能进行焊接、切割等作业。避免产生烟雾。避免与氧化剂、碱类接触。配备相应品种和数量的消防器材及泄漏应急处理设备。倒空的容器可能残留有害物

储存注意事项　储存于阴凉、通风的库房。远离火种、热源。防止阳光直射。保持容器密封。应与氧化剂、碱类、食用化学品分开存放，切忌混储。配备相应品种和数量的消防器材。储区应备有泄漏应急处理设备和合适的收容材料

第八部分　接触控制/个体防护

职业接触限值

中国　未制定标准

美国（ACGIH）　未制定标准

生物接触限值　未制定标准

监测方法　空气中有毒物质测定方法：未制定标准。生物监测检验方法：未制定标准

工程控制　密闭操作，局部排风

个体防护装备

呼吸系统防护　空气中浓度超标时，必须佩戴过滤式

防毒面具（半面罩）。紧急事态抢救或撤离时，
应该佩戴空气呼吸器

眼睛防护 戴化学安全防护眼镜

皮肤和身体防护 穿防毒物渗透工作服

手防护 戴橡胶手套

第九部分 理化特性

外观与性状 无色液体

pH 值 无资料	熔点(℃) 无资料
沸点(℃) 59~61(1.33kPa)	相对密度(水=1) 1.399

相对蒸气密度(空气=1) 无资料

饱和蒸气压(kPa) 无资料

临界压力(MPa) 无资料	辛醇/水分配系数 无资料
闪点(℃) >110	自燃温度(℃) 无资料
爆炸下限(%) 无资料	爆炸上限(%) 无资料
分解温度(℃) 无资料	黏度(mPa·s) 无资料
燃烧热(kJ/mol) 无资料	临界温度(℃) 无资料

溶解性 不溶于水

第十部分 稳定性和反应性

稳定性 稳定

危险反应 与强氧化剂、强碱等禁配物发生反应

避免接触的条件 光照

禁配物 强氧化剂、强碱

危险的分解产物 溴化氢

第十一部分 毒理学信息

急性毒性 无资料

皮肤刺激或腐蚀 无资料	眼睛刺激或腐蚀 无资料
呼吸或皮肤过敏 无资料	生殖细胞突变性 无资料
致癌性 无资料	生殖毒性 无资料

特异性靶器官系统毒性-一次接触 无资料

特异性靶器官系统毒性-反复接触 无资料

吸入危害 无资料

第十二部分 生态学信息

生态毒性 无资料

持久性和降解性

生物降解性 无资料

非生物降解性 无资料

潜在的生物累积性 无资料

土壤中的迁移性 无资料

第十三部分 废弃处置

废弃化学品 建议用控制焚烧法或安全掩埋法处置。若可
能，重复使用容器或在规定场所掩埋

污染包装物 将容器返还生产商或按照国家和地方法规
处置

废弃注意事项 处置前应参阅国家和地方有关法规

第十四部分 运输信息

联合国危险货物编号（UN 号） 3265

联合国运输名称 有机酸性腐蚀性液体，未另作规定的

（溴乙酸异丙酯）

联合国危险性类别 8

包装类别 — 包装标志

海洋污染物 否

运输注意事项 运输前应先检查包装容器是否完整、密
封，运输过程中要确保容器不泄漏、不倒塌、不坠
落、不损坏。严禁与酸类、氧化剂、食品及食品添加
剂混运。运输时运输车辆应配备相应品种和数量的消
防器材及泄漏应急处理设备。运输途中应防暴晒、雨
淋，防高温。公路运输时要按规定路线行驶，勿在居
民区和人口稠密区停留

第十五部分 法规信息

下列法律、法规、规章和标准，对该化学品的管理作
了相应的规定。

中华人民共和国职业病防治法 职业病分类和目录：未
列入

危险化学品安全管理条例 危险化学品目录：列入。易制
爆危险化学品名录：未列入。重点监管的危险化学品
名录：未列入。GB 18218—2009《危险化学品重大
危险源辨识》（表 1）：未列入

使用有毒物品作业场所劳动保护条例 高毒物品目录：未
列入

易制毒化学品管理条例 易制毒化学品的分类和品种目
录：未列入

国际公约 斯德哥尔摩公约：未列入。鹿特丹公约：未列
入。蒙特利尔议定书：未列入

第十六部分 其他信息

编写和修订信息 缩略语和首字母缩写

培训建议 参考文献

免责声明

溴乙酰溴

第一部分 化学品标识

化学品中文名 溴乙酰溴；溴化乙酰溴；溴化溴乙酰

化学品英文名 bromoacetyl bromide

分子式 $C_2H_2Br_2O$ 分子量 201.845

结构式

化学品的推荐及限制用途 用于有机合成

第二部分 危险性概述

紧急情况概述 造成严重的皮肤灼伤和眼损伤

GHS 危险性类别 皮肤腐蚀/刺激，类别 1；严重眼损伤/
眼刺激，类别 1

标签要素

象形图

警示词　危险

危险性说明　造成严重的皮肤灼伤和眼损伤

防范说明

　　预防措施　避免吸入烟雾。避免接触眼睛、皮肤，操作后彻底清洗。穿防护服，戴防护手套、防护眼镜、防护面罩

　　事故响应　如吸入：将患者转移到空气新鲜处，休息，保持利于呼吸的体位，立即呼叫中毒控制中心或就医。皮肤（或头发）接触：立即脱掉所有被污染的衣服，用水冲洗皮肤，淋浴。污染的衣服洗净后方可重新使用。眼睛接触：用水细心地冲洗数分钟，立即呼叫中毒控制中心或就医。如戴隐形眼镜并可方便地取出，则取出隐形眼镜，继续冲洗。食入：漱口，不要催吐

　　安全储存　上锁保管

　　废弃处置　本品及内装物、容器依据国家和地方法规处置

物理和化学危险　可燃。遇水剧烈反应，产生有毒气体

健康危害　本品对眼睛、皮肤、黏膜和上呼吸道有强烈的刺激作用和腐蚀性。吸入，可引起喉、支气管炎症、痉挛，化学性肺炎，肺水肿等。眼睛和皮肤接触引起灼伤

环境危害　对环境可能有害

第三部分　成分/组成信息

　　√ 物质　　　　　　　　　混合物

组分	浓度	CAS No.
溴乙酰溴		598-21-0

第四部分　急救措施

吸入　迅速脱离现场至空气新鲜处。保持呼吸道通畅。如呼吸困难，给输氧。呼吸、心跳停止，立即进行心肺复苏术。就医

皮肤接触　立即脱去污染的衣着，用大量流动清水彻底冲洗至少15min。就医

眼睛接触　立即分开眼睑，用流动清水或生理盐水彻底冲洗5～10min。就医

食入　用水漱口，禁止催吐。给饮牛奶或蛋清。就医

对保护施救者的忠告　根据需要使用个人防护设备

对医生的特别提示　对症处理

第五部分　消防措施

灭火剂　用干粉、二氧化碳、砂土灭火

特别危险性　遇明火、高热或与氧化剂接触，有引起燃烧爆炸的危险。与碱类剧烈反应。遇水和乙醇发生剧烈反应，释出具有刺激性、腐蚀性的溴化氢烟气。受高热分解放出有毒的气体。遇潮时对大多数金属有腐蚀性

灭火注意事项及防护措施　消防人员必须穿全身耐酸碱消防服、佩戴空气呼吸器灭火。尽可能将容器从火场移至空旷处。喷水保持火场容器冷却，直至灭火结束。处在火场中的容器若已变色或从安全泄压装置中发出

声音，必须马上撤离。禁止用水、泡沫和酸碱灭火剂灭火

第六部分　泄漏应急处理

作业人员防护措施、防护装备和应急处置程序　根据液体流动和蒸气扩散的影响区域划定警戒区，无关人员从侧风、上风向撤离至安全区。建议应急处理人员戴正压自给式呼吸器，穿防酸碱服。作业时使用的所有设备应接地。穿上适当的防护服前严禁接触破裂的容器和泄漏物。尽可能切断泄漏源

环境保护措施　防止泄漏物进入水体、下水道、地下室或有限空间

泄漏化学品的收容、清除方法及所使用的处置材料　严禁用水处理。小量泄漏：用干燥的砂土或其他不燃材料覆盖泄漏物。大量泄漏：构筑围堤或挖坑收容。用耐腐蚀泵转移至槽车或专用收集器内

第七部分　操作处置与储存

操作注意事项　密闭操作，提供充分的局部排风。防止蒸气泄漏到工作场所空气中。操作人员必须经过专门培训，严格遵守操作规程。建议操作人员佩戴自吸过滤式防毒面具（全面罩），穿橡胶耐酸碱服，戴橡胶耐酸碱手套。远离火种、热源，工作场所严禁吸烟。使用防爆型的通风系统和设备。在清除液体和蒸气前不能进行焊接、切割等作业。避免产生烟雾。避免与氧化剂、碱类、醇类接触。尤其要注意避免与水接触。配备相应品种和数量的消防器材及泄漏应急处理设备。倒空的容器可能残留有害物

储存注意事项　储存于阴凉、干燥、通风良好的库房。远离火种、热源。防止阳光直射。保持容器密封。应与氧化剂、碱类、醇类、食用化学品分开存放，切忌混储。配备相应品种和数量的消防器材。储区应备有泄漏应急处理设备和合适的收容材料

第八部分　接触控制/个体防护

职业接触限值

　　中国　未制定标准

　　美国（ACGIH）　未制定标准

生物接触限值　未制定标准

监测方法　空气中有毒物质测定方法：未制定标准。生物监测检验方法：未制定标准

工程控制　严加密闭，提供充分的局部排风

个体防护装备

　　呼吸系统防护　空气中浓度超标时，必须佩戴过滤式防毒面具（全面罩）。紧急事态抢救或撤离时，应该佩戴空气呼吸器

　　眼睛防护　呼吸系统防护中已作防护

　　皮肤和身体防护　穿橡胶耐酸碱服

　　手防护　戴橡胶耐酸碱手套

第九部分　理化特性

外观与性状　无色或浅黄色液体，有刺激性气味

pH 值　无资料　　　　　**熔点（℃）**　无资料

沸点(℃)	147～150	相对密度(水＝1)	2.317
相对蒸气密度(空气＝1)	无资料		
饱和蒸气压(kPa)	无资料		
临界压力(MPa)	无资料	辛醇/水分配系数	无资料
闪点(℃)	＞105	自燃温度(℃)	无资料
爆炸下限(%)	无资料	爆炸上限(%)	无资料
分解温度(℃)	无资料	黏度(mPa·s)	无资料
燃烧热(kJ/mol)	无资料	临界温度(℃)	无资料

溶解性　溶于氯仿、苯、乙醚

第十部分　稳定性和反应性

稳定性　稳定

危险反应　与强氧化剂、强碱、醇类等禁配物发生反应。与碱类剧烈反应。遇水和乙醇发生剧烈反应，释出具有刺激性、腐蚀性的溴化氢烟气

避免接触的条件　潮湿空气

禁配物　强氧化剂、强碱、醇类

危险的分解产物　溴化氢

第十一部分　毒理学信息

急性毒性　无资料

皮肤刺激或腐蚀	无资料	眼睛刺激或腐蚀	无资料
呼吸或皮肤过敏	无资料	生殖细胞突变性	无资料
致癌性	无资料	生殖毒性	无资料

特异性靶器官系统毒性-一次接触　无资料

特异性靶器官系统毒性-反复接触　无资料

吸入危害　无资料

第十二部分　生态学信息

生态毒性　无资料

持久性和降解性

　生物降解性　无资料

　非生物降解性　无资料

潜在的生物累积性　无资料

土壤中的迁移性　无资料

第十三部分　废弃处置

废弃化学品　建议用控制焚烧法或安全掩埋法处置。若可能，重复使用容器或在规定场所掩埋

污染包装物　将容器返还生产商或按照国家和地方法规处置

废弃注意事项　处置前应参阅国家和地方有关法规

第十四部分　运输信息

联合国危险货物编号（UN号）　2513

联合国运输名称　有机酸性腐蚀性液体，未另作规定的（溴乙酰溴）

联合国危险性类别　8

包装类别　Ⅱ　　　　　　　包装标志

海洋污染物　否

运输注意事项　起运时包装要完整，装载应稳妥。运输过程中要确保容器不泄漏、不倒塌、不坠落、不损坏。严禁与氧化剂、碱类、醇类、食用化学品等混装混运。运输时运输车辆应配备相应品种和数量的消防器材及泄漏应急处理设备。运输途中应防暴晒、雨淋，防高温。公路运输时要按规定路线行驶，勿在居民区和人口稠密区停留

第十五部分　法规信息

下列法律、法规、规章和标准，对该化学品的管理作了相应的规定。

中华人民共和国职业病防治法　职业病分类和目录：未列入

危险化学品安全管理条例　危险化学品目录：列入。易制爆危险化学品名录：未列入。重点监管的危险化学品名录：未列入。GB 18218—2009《危险化学品重大危险源辨识》（表1）：未列入

使用有毒物品作业场所劳动保护条例　高毒物品目录：未列入

易制毒化学品管理条例　易制毒化学品的分类和品种目录：未列入

国际公约　斯德哥尔摩公约：未列入。鹿特丹公约：未列入。蒙特利尔议定书：未列入

第十六部分　其他信息

编写和修订信息　　　缩略语和首字母缩写

培训建议　　　　　　参考文献

免责声明

亚胺硫磷

第一部分　化学品标识

化学品中文名　亚胺硫磷；O,O-二甲基-S-(酞酰亚胺甲基）二硫代磷酸酯；亚胺磷；酞胺硫磷

化学品英文名　phosmet；O,O-dimethyl S-phthalimidomethyl phosphorodithioate

分子式　$C_{11}H_{12}NO_4PS_2$　分子量　317.3

结构式

化学品的推荐及限制用途　用作农用杀虫剂

第二部分　危险性概述

紧急情况概述　吞咽有害，皮肤接触有害

GHS危险性类别　急性毒性-经口，类别4；急性毒性-经皮，类别4；危害水生环境-急性危害，类别1；危害水生环境-长期危害，类别1

标签要素

象形图

警示词 警告

危险性说明 吞咽有害，皮肤接触有害，对水生生物毒性非常大并具有长期持续影响

防范说明

预防措施 避免接触眼睛、皮肤，操作后彻底清洗。作业场所不得进食、饮水或吸烟。戴防护手套、穿防护服。禁止排入环境

事故响应 皮肤接触：用大量肥皂水和水清洗，如感觉不适，呼叫中毒控制中心或就医。被污染的衣服经洗净后方可重新使用。食入：如果感觉不适，立即呼叫中毒控制中心或就医，漱口。收集泄漏物

安全储存 —

废弃处置 本品及内装物、容器依据国家和地方法规处置

物理和化学危险 可燃，其粉体与空气混合，能形成爆炸性混合物

健康危害 中等毒性有机磷杀虫剂。抑制胆碱酯酶活性。中毒症状有：头痛、头昏、无力、多汗、呕吐、流涎、瞳孔缩小、肌肉震颤、腹痛、抽搐、肺水肿、昏迷等

环境危害 对水生生物毒性非常大并具有长期持续影响

第三部分 成分/组成信息

√ 物质　　　　　　　　　　混合物

组分	浓度	CAS No.
亚胺硫磷		732-11-6

第四部分 急救措施

吸入 迅速脱离现场至空气新鲜处。保持呼吸道通畅。如呼吸困难，给吸氧。呼吸、心跳停止，立即进行心肺复苏术。就医

皮肤接触 立即脱去污染的衣着，用肥皂水及流动清水彻底冲洗污染的皮肤、头发、指甲等。就医

眼睛接触 分开眼睑，用流动清水或生理盐水冲洗。就医

食入 饮足量温水，催吐（仅限于清醒者）。口服活性炭。就医

对保护施救者的忠告 根据需要使用个人防护设备

对医生的特别提示 解毒剂：阿托品、胆碱酯酶复能剂

第五部分 消防措施

灭火剂 用雾状水、泡沫、干粉、二氧化碳、砂土灭火

特别危险性 遇明火、高热可燃。其粉体与空气可形成爆炸性混合物，当达到一定浓度时，遇火星会发生爆炸。受高热分解放出有毒的气体

灭火注意事项及防护措施 消防人员必须佩戴空气呼吸器、穿全身防火防毒服，在上风向灭火。尽可能将容器从火场移至空旷处。喷水保持火场容器冷却，直至灭火结束

第六部分 泄漏应急处理

作业人员防护措施、防护装备和应急处置程序 隔离泄漏污染区，限制出入。建议应急处理人员戴防尘口罩，穿防毒服。穿上适当的防护服前严禁接触破裂的容器和泄漏物。尽可能切断泄漏源

环境保护措施 用塑料布覆盖泄漏物，减少飞散

泄漏化学品的收容、清除方法及所使用的处置材料 勿使水进入包装容器内。用洁净的铲子收集泄漏物，置于干净、干燥、盖子较松的容器中，将容器移离泄漏区

第七部分 操作处置与储存

操作注意事项 密闭操作，局部排风。防止粉尘释放到车间空气中。操作人员必须经过专门培训，严格遵守操作规程。建议操作人员佩戴自吸过滤式防尘口罩，戴化学安全防护眼镜，穿防毒物渗透工作服，戴乳胶手套。远离火种、热源，工作场所严禁吸烟。使用防爆型的通风系统和设备。避免产生粉尘。避免与氧化剂、碱类接触。配备相应品种和数量的消防器材及泄漏应急处理设备。倒空的容器可能残留有害物

储存注意事项 储存于阴凉、通风的库房。远离火种、热源。防止阳光直射。包装密封。应与氧化剂、碱类、食用化学品分开存放，切忌混储。配备相应品种和数量的消防器材。储区应备有合适的材料收容泄漏物

第八部分 接触控制/个体防护

职业接触限值

中国 未制定标准

美国（ACGIH） 未制定标准

生物接触限值 全血胆碱酯酶活性（校正值）：原基础值或参考值的 70%（采样时间：开始接触后的 3 个月内），原基础值或参考值的 50%（采样时间：持续接触 3 个月后，任意时间）

监测方法 空气中有毒物质测定方法：未制定标准。生物监测检验方法：血中胆碱酯酶活性的分光光度测定方法——羟胺三氯化铁法；血中胆碱酯酶活性的分光光度测定方法——硫代乙酰胆碱-联硫代双硝基苯甲酸法

工程控制 密闭操作，局部排风

个体防护装备

呼吸系统防护 空气中粉尘浓度超标时，建议佩戴过滤式防尘呼吸器。紧急事态抢救或撤离时，应该佩戴空气呼吸器

眼睛防护 戴化学安全防护眼镜

皮肤和身体防护 穿防毒物渗透工作服

手防护 戴橡胶手套

第九部分 理化特性

外观与性状 无色晶体，工业品为灰白色结晶。具有特殊刺激性臭味

pH 值 无意义　　　　　**熔点（℃）** 66.5～69.5

沸点（℃） 无资料　　　　**相对密度（水=1）** 1.4

相对蒸气密度（空气=1） 无资料

饱和蒸气压（kPa） $0.133×10^{-3}$（50℃）

临界压力（MPa） 无资料　　**辛醇/水分配系数** 2.78

闪点（℃） >106　　　　　**自燃温度（℃）** 无资料

爆炸下限（%） 无资料　　**爆炸上限（%）** 无资料

分解温度(℃)　＞100　　　黏度(mPa·s)　无资料
燃烧热(kJ/mol)　无资料　　　临界温度(℃)　无资料
溶解性　微溶于水，溶于多数有机溶剂

第十部分　稳定性和反应性

稳定性　稳定
危险反应　与强氧化剂、强碱等禁配物发生反应
避免接触的条件　无资料
禁配物　强氧化剂、强碱
危险的分解产物　氮氧化物、氧化磷、氧化硫

第十一部分　毒理学信息

急性毒性　LD_{50}：92.5mg/kg（大鼠经口），26mg/kg
　　（小鼠经口），＞3160mg/kg（兔经皮）。LC_{50}：54mg/m^3
　　（大鼠吸入，4h）
皮肤刺激或腐蚀　无资料　　　眼睛刺激或腐蚀　无资料
呼吸或皮肤过敏　无资料
生殖细胞突变性　微生物致突变；鼠伤寒沙门氏菌
　　500μg/皿。细胞遗传学分析：小鼠经口20mg/kg。
　　DNA抑制：人成纤维细胞63466μg/L。DNA损伤：
　　人成纤维细胞63466μg/L
致癌性　无资料
生殖毒性　大鼠孕后8d经口给予最低中毒剂量（TDLo）
　　30mg/kg，致肌肉骨骼系统发育畸形。大鼠孕后13d
　　经口给予最低中毒剂量（TDLo）30mg/kg，致中枢
　　神经系统发育畸形
特异性靶器官系统毒性-一次接触　无资料
特异性靶器官系统毒性-反复接触　无资料
吸入危害　无资料

第十二部分　生态学信息

生态毒性　LC_{50}：0.07mg/L（96h）（蓝鳃太阳鱼）
持久性和降解性
　　生物降解性　无资料
　　非生物降解性　无资料
潜在的生物累积性　根据K_{ow}值预测，该物质的生物累积
　　性可能较弱
土壤中的迁移性　根据K_{oc}值预测，该物质可能有一定的
　　迁移性

第十三部分　废弃处置

废弃化学品　建议用控制焚烧法或安全掩埋法处置
污染包装物　将容器返还生产商或按照国家和地方法规
　　处置
废弃注意事项　若可能，重复使用容器或在规定场所掩埋

第十四部分　运输信息

联合国危险货物编号（UN号）　3077
联合国运输名称　对环境有害的固态物质，未另作规定的
　　（亚胺硫磷）
联合国危险性类别　9

包装类别　Ⅲ　　　　　　　包装标志

海洋污染物　是
运输注意事项　铁路运输时包装所用的麻袋、塑料编织
　　袋、复合塑料编织袋的强度应符合国家标准要求。铁
　　路运输时，可以使用钙塑瓦楞箱作外包装。运输前应
　　先检查包装容器是否完整、密封，运输过程中要确保
　　容器不泄漏、不倒塌、不坠落、不损坏。严禁与酸
　　类、氧化剂、食品及食品添加剂混运。运输时运输
　　车辆应配备相应品种和数量的消防器材及泄漏应急
　　处理设备。运输途中应防暴晒、雨淋，防高温。公
　　路运输时要按规定路线行驶，勿在居民区和人口稠
　　密区停留

第十五部分　法规信息

　　下列法律、法规、规章和标准，对该化学品的管理作
了相应的规定。
中华人民共和国职业病防治法　职业病分类和目录：有机
　　磷中毒
危险化学品安全管理条例　危险化学品目录：列入。易制
　　爆危险化学品名录：未列入。重点监管的危险化学品
　　名录：未列入。GB 18218—2009《危险化学品重大
　　危险源辨识》（表1）：未列入
使用有毒物品作业场所劳动保护条例　高毒物品目录：未
　　列入
易制毒化学品管理条例　易制毒化学品的分类和品种目
　　录：未列入
国际公约　斯德哥尔摩公约：未列入。鹿特丹公约：未列
　　入。蒙特利尔议定书：未列入

第十六部分　其他信息

编写和修订信息　　　缩略语和首字母缩写
培训建议　　　　　　参考文献
免责声明

亚丙基亚胺

第一部分　化学品标识

化学品中文名　亚丙基亚胺；丙烯亚胺；2-甲基氮丙啶；
　　甲基氮丙环
化学品英文名　propyleneimine；2-methylaziridine
分子式　C_3H_7N　　分子量　57.0944
结构式　
化学品的推荐及限制用途　用作黏合剂、固化剂，也用作
　　固体火箭燃料

第二部分　危险性概述

紧急情况概述　高度易燃液体和蒸气，吞咽致命，皮肤接
　　触会致命，吸入致命，造成严重眼损伤
GHS危险性类别　易燃液体，类别2；急性毒性-经口，
　　类别2；急性毒性-经皮，类别1；急性毒性-吸入，类
　　别2；严重眼损伤/眼刺激，类别1；致癌性，类别
　　2；危害水生环境-急性危害，类别2；危害水生环境-
　　长期危害，类别2

标签要素

象形图

警示词　危险

危险性说明　高度易燃液体和蒸气，吞咽致命，皮肤接触会致命，吸入致命，造成严重眼损伤，怀疑致癌，对水生生物有毒并具有长期持续影响

防范说明

　　预防措施　远离热源、火花、明火、热表面。保持容器密闭。容器和接收设备接地连接。使用防爆型电器、通风、照明设备。只能使用不产生火花的工具。采取防止静电措施。戴防护手套、防护眼镜、防护面罩，穿防护服。避免接触眼睛、皮肤，操作后彻底清洗。作业场所不得进食、饮水或吸烟。避免吸入蒸气、雾。仅在室外或通风良好处操作。戴呼吸防护器具。得到专门指导后操作。在阅读并了解所有安全预防措施之前，切勿操作。按要求使用个体防护装备。禁止排入环境

　　事故响应　火灾时，使用雾状水、抗溶性泡沫、干粉、二氧化碳、砂土灭火。如吸入：将患者转移到空气新鲜处，休息，保持利于呼吸的体位。皮肤接触：用大量肥皂水和水轻轻地清洗，立即脱去所有被污染的衣服。被污染的衣服必须经洗净后方可重新使用。接触眼睛：用水细心冲洗数分钟。如戴隐形眼镜并可方便地取出，取出隐形眼镜，继续冲洗。食入：立即呼叫中毒控制中心或就医，漱口。如果接触或有担心，就医。收集泄漏物

　　安全储存　存放在通风良好的地方。保持低温。保持容器密闭。上锁保管

　　废弃处置　本品及内装物、容器依据国家和地方法规处置

物理和化学危险　易燃，其蒸气与空气混合，能形成爆炸性混合物

健康危害　急性中毒极少见。眼内溅入，能引起角膜损害。对上呼吸道有刺激作用。接触高浓度本品蒸气后，中毒症状有：胸闷、下肢无力、上肢麻木、怕冷、倦怠、恶心、咽干等

环境危害　对水生生物有毒并具有长期持续影响

第三部分　成分/组成信息

　　✓　物质　　　　　　　　　　混合物

组分	浓度	CAS No.
亚丙基亚胺		75-55-8

第四部分　急救措施

吸入　迅速脱离现场至空气新鲜处。保持呼吸道通畅。如呼吸困难，给输氧。如呼吸、心跳停止，立即进行心肺复苏术。就医

皮肤接触　立即脱去污染的衣着，用流动清水彻底冲洗。就医

眼睛接触　立即分开眼睑，用流动清水或生理盐水彻底冲洗5～10min。就医

食入　饮适量温水，催吐（仅限于清醒者）。就医

对保护施救者的忠告　根据需要使用个人防护设备

对医生的特别提示　对症处理

第五部分　消防措施

灭火剂　用雾状水、抗溶性泡沫、干粉、二氧化碳、砂土灭火

特别危险性　其蒸气与空气可形成爆炸性混合物，遇明火、高热能引起燃烧爆炸。与氧化剂能发生强烈反应。蒸气比空气重，沿地面扩散并易积存于低洼处，遇火源会着火回燃。若遇高热，容器内压增大，有开裂和爆炸的危险

灭火注意事项及防护措施　消防人员必须佩戴空气呼吸器、穿全身防火防毒服，在上风向灭火。尽可能将容器从火场移至空旷处。喷水保持火场容器冷却，直至灭火结束。处在火场中的容器若已变色或从安全泄压装置中发出声音，必须马上撤离

第六部分　泄漏应急处理

作业人员防护措施、防护装备和应急处置程序　消除所有点火源。根据液体流动和蒸气扩散的影响区域划定警戒区，无关人员从侧风向、上风向撤离至安全区。建议应急处理人员戴正压自给式呼吸器，穿防毒、防静电服。作业时使用的所有设备应接地。禁止接触或跨越泄漏物。尽可能切断泄漏源

环境保护措施　防止泄漏物进入水体、下水道、地下室或有限空间

泄漏化学品的收容、清除方法及所使用的处置材料　小量泄漏：用砂土或其他不燃材料吸收。使用洁净的无火花工具收集吸收材料。大量泄漏：构筑围堤或挖坑收容。用粉煤灰或石灰粉吸收大量液体。用抗溶性泡沫覆盖，减少蒸发。喷水雾能减少蒸发，但不能降低泄漏物在有限空间内的易燃性。用防爆泵转移至槽车或专用收集器内。喷雾状水驱散蒸气、稀释液体泄漏物

第七部分　操作处置与储存

操作注意事项　严加密闭，提供充分的局部排风和全面通风。尽可能采取隔离操作。操作人员必须经过专门培训，严格遵守操作规程。建议操作人员佩戴自吸过滤式防毒面具（全面罩），穿连体式防毒衣，戴橡胶耐油手套。远离火种、热源，工作场所严禁吸烟。使用防爆型的通风系统和设备。防止蒸气泄漏到工作场所空气中。避免与氧化剂、酸类接触。搬运时要轻装轻卸，防止包装及容器损坏。配备相应品种和数量的消防器材及泄漏应急处理设备。倒空的容器可能残留有害物

储存注意事项　储存于阴凉、通风良好的专用库房内，实行"双人收发、双人保管"制度。远离火种、热

源。库温不宜超过37℃，应与氧化剂、酸类、食用化学品分开存放，切忌混储。采用防爆型照明、通风设施。禁止使用易产生火花的机械设备和工具。储区应备有泄漏应急处理设备和合适的收容材料

第八部分　接触控制/个体防护

职业接触限值

中国　未制定标准

美国（ACGIH）　TLV-TWA：0.2ppm；TLV-STEL：0.4ppm［皮］

生物接触限值　未制定标准

监测方法　空气中有毒物质测定方法：未制定标准。生物监测检验方法：未制定标准

工程控制　严加密闭，提供充分的局部排风和全面通风。尽可能采取隔离操作

个体防护装备

呼吸系统防护　空气中浓度超标时，必须佩戴过滤式防毒面具（全面罩）。紧急事态抢救或撤离时，应该佩戴空气呼吸器

眼睛防护　呼吸系统防护中已作防护

皮肤和身体防护　穿连衣式防毒衣

手防护　戴橡胶耐油手套

第九部分　理化特性

外观与性状　无色易燃液体，呈碱性，具氨样气味

pH 值　无资料　　　　**熔点（℃）**　无资料

沸点（℃）　66～67　　　**相对密度（水＝1）**　0.81

相对蒸气密度（空气＝1）　2.0

饱和蒸气压（kPa）　18.62(20℃)

临界压力（MPa）　无资料　　**辛醇/水分配系数**　无资料

闪点（℃）　−15　　　　**自燃温度（℃）**　无资料

爆炸下限（%）　无资料　　**爆炸上限（%）**　无资料

分解温度（℃）　无资料　　**黏度（mPa·s）**　0.491(25℃)

燃烧热（kJ/mol）　−2055.4　**临界温度（℃）**　无资料

溶解性　与水混溶，溶于碱液

第十部分　稳定性和反应性

稳定性　稳定

危险反应　与强氧化剂、酰基氯、酸酐等禁配物接触，有发生火灾和爆炸的危险

避免接触的条件　无资料

禁配物　强氧化剂、酸类、酰基氯、酸酐

危险的分解产物　氮氧化物

第十一部分　毒理学信息

急性毒性　属高毒类。LD$_{50}$：19mg/kg（大鼠经口）。LCLo：500ppm（大鼠吸入，4h）

皮肤刺激或腐蚀　无资料　　**眼睛刺激或腐蚀**　无资料

呼吸或皮肤过敏　无资料

生殖细胞突变性　微生物致突变：鼠伤寒沙门氏菌3300ng/皿。DNA修复：大肠杆菌2μg/皿。程序外DNA合成：大鼠肝10mg/L

致癌性　IARC致癌性评论：组2B，对人类是可能致癌物

生殖毒性　无资料

特异性靶器官系统毒性-一次接触　无资料

特异性靶器官系统毒性-反复接触　无资料

吸入危害　无资料

第十二部分　生态学信息

生态毒性　根据结构类似物质预测，该物质对水生生物有毒

持久性和降解性

生物降解性　无资料

非生物降解性　无资料

潜在的生物累积性　无资料

土壤中的迁移性　无资料

第十三部分　废弃处置

废弃化学品　用控制焚烧法处置。焚烧炉排出的氮氧化物通过洗涤器除去

污染包装物　将容器返还生产商或按照国家和地方法规处置

废弃注意事项　处置前应参阅国家和地方有关法规

第十四部分　运输信息

联合国危险货物编号（UN 号）　1921

联合国运输名称　丙烯亚胺，稳定的

联合国危险性类别　3，6.1

包装类别　Ⅰ

包装标志　

海洋污染物　是

运输注意事项　运输前应先检查包装容器是否完整、密封，运输过程中要确保容器不泄漏、不倒塌、不坠落、不损坏。运输时运输车辆应配备相应品种和数量的消防器材及泄漏应急处理设备。夏季最好早晚运输。运输时所用的槽（罐）车应有接地链，槽内可设孔隔板以减少震荡产生的静电。严禁与氧化剂、酸类、食用化学品等混装混运。运输途中应防暴晒、雨淋、防高温。中途停留时应远离火种、热源、高温区。装运该物品的车辆排气管必须配备阻火装置，禁止使用易产生火花的机械设备和工具装卸。运输车船必须彻底清洗、消毒，否则不得装运其他物品。船运时，配装位置应远离卧室、厨房，并与机舱、电源、火源等部位隔离。公路运输时要按规定路线行驶，勿在居民区和人口稠密区停留

第十五部分　法规信息

下列法律、法规、规章和标准，对该化学品的管理作了相应的规定。

中华人民共和国职业病防治法　职业病分类和目录：未列入

危险化学品安全管理条例　危险化学品目录：列入，作为剧毒化学品进行管理。易制爆危险化学品名录：未列

入。重点监管的危险化学品名录：未列入。GB
18218—2009《危险化学品重大危险源辨识》（表1）：
未列入

使用有毒物品作业场所劳动保护条例　高毒物品目录：未
列入

易制毒化学品管理条例　易制毒化学品的分类和品种目
录：未列入

国际公约　斯德哥尔摩公约：未列入。鹿特丹公约：未列
入。蒙特利尔议定书：未列入

第十六部分　其他信息

编写和修订信息　　　缩略语和首字母缩写
培训建议　　　　　　参考文献
免责声明

亚碲酸钠

第一部分　化学品标识

化学品中文名　亚碲酸钠
化学品英文名　sodium tellurite；tellurous acid，disodium
salt
分子式　Na₂TeO₃　**分子量**　221.58

结构式　$\begin{array}{c} \text{O} \\ \| \\ \text{O}^-\!-\!\text{Te}\!-\!\text{O}^- \end{array}$ 2Na⁺

化学品的推荐及限制用途　用于医药

第二部分　危险性概述

紧急情况概述　吞咽会中毒
GHS危险性类别　急性毒性-经口，类别3
标签要素

象形图　

警示词　危险
危险性说明　吞咽会中毒
防范说明

　　预防措施　避免接触眼睛、皮肤，操作后彻底清
　　　　　　洗。作业场所不得进食、饮水或吸烟
　　事故响应　食入：立即呼叫中毒控制中心或就医，
　　　　　　漱口
　　安全储存　上锁保管
　　废弃处置　本品及内装物、容器依据国家和地方法
　　　　　　规处置
物理和化学危险　不燃，无特殊燃爆特性
健康危害　高毒。有报道本品用作造影剂注入输尿管引起
中毒，中毒症状有：呼气蒜臭味、恶心、呕吐、昏
迷、呼吸困难、明显紫绀等，6h后死亡。2例误服
2g（30mg/kg），6h后死亡：紫绀、呕吐、腰痛、最
后昏迷、死亡。尸解见：尿道和膀胱黏膜具有黑色碲
沉着，肺水肿，肝、脾、肾充血，肝脂肪变
环境危害　对环境可能有害

第三部分　成分/组成信息

√物质　　　　　　　　　　混合物

组分	浓度	CAS No.
亚碲酸钠		10102-20-2

第四部分　急救措施

吸入　迅速脱离现场至空气新鲜处。保持呼吸道通畅。如
呼吸困难，给输氧。呼吸、心跳停止，立即进行心肺
复苏术。就医
皮肤接触　立即脱去污染的衣着，用流动清水彻底冲洗。
就医
眼睛接触　立即分开眼睑，用流动清水或生理盐水彻底冲
洗。就医
食入　饮适量温水，催吐（仅限于清醒者）。就医
对保护施救者的忠告　根据需要使用个人防护设备
对医生的特别提示　对症处理

第五部分　消防措施

灭火剂　灭火时尽量切断泄漏源，然后根据着火原因选择
适当灭火剂灭火
特别危险性　本身不能燃烧。受高热分解放出有毒的气
体。若遇高热，容器内压增大，有开裂和爆炸的危险
灭火注意事项及防护措施　消防人员必须佩戴防毒面具、
穿全身消防服，在上风向灭火。尽可能将容器从火场
移至空旷处。喷水保持火场容器冷却，直至灭火结束

第六部分　泄漏应急处理

作业人员防护措施、防护装备和应急处置程序　隔离泄漏
污染区，限制出入。建议应急处理人员戴防尘口罩，
穿防毒服。穿上适当的防护服前严禁接触破裂的容器
和泄漏物。尽可能切断泄漏源
环境保护措施　用塑料布覆盖泄漏物，减少飞散
泄漏化学品的收容、清除方法及所使用的处置材料　勿使
水进入包装容器内。用洁净的铲子收集泄漏物，置于
干净、干燥、盖子较松的容器中，将容器移离泄漏区

第七部分　操作处置与储存

操作注意事项　密闭操作，局部排风。防止粉尘释放到车
间空气中。操作人员必须经过专门培训，严格遵守操
作规程。建议操作人员佩戴过滤式防毒面具（半面
罩），戴化学安全防护眼镜，穿防毒物渗透工作服，
戴乳胶手套。避免产生粉尘。避免与酸类接触。配备
泄漏应急处理设备。倒空的容器可能残留有害物
储存注意事项　储存于阴凉、通风的库房。远离火种、热
源。防止阳光直射。包装密封。应与酸类、食用化学
品分开存放，切忌混储。储区应备有合适的材料收容
泄漏物

第八部分　接触控制/个体防护

职业接触限值

　中国　PC-TWA：0.1mg/m³〔按Te计〕
　美国（ACGIH）　TLV-TWA：0.1mg/m³〔按Te计〕

生物接触限值　未制定标准

监测方法　空气中有毒物质测定方法：未制定标准。生物
　　　监测检验方法：未制定标准

工程控制　密闭操作，局部排风

个体防护装备

　　　呼吸系统防护　空气中浓度较高时，应该佩戴过滤式
　　　　　防毒面具（半面罩）。紧急事态抢救或逃生时，
　　　　　建议佩戴空气呼吸器

　　　眼睛防护　戴化学安全防护眼镜

　　　皮肤和身体防护　穿防毒物渗透工作服

　　　手防护　戴橡胶手套

第九部分　理化特性

外观与性状　白色斜方晶系结晶或粉末

pH 值　无意义　　　　　熔点(℃)　无资料

沸点(℃)　无资料　　　　相对密度(水＝1)　无资料

相对蒸气密度(空气＝1)　无资料

饱和蒸气压(kPa)　无资料

临界压力(MPa)　无资料　　辛醇/水分配系数　无资料

闪点(℃)　无意义　　　　自燃温度(℃)　无意义

爆炸下限(%)　无意义　　　爆炸上限(%)　无意义

分解温度(℃)　无资料　　　黏度(mPa·s)　无资料

燃烧热(kJ/mol)　无资料　　临界温度(℃)　无资料

溶解性　溶于水

第十部分　稳定性和反应性

稳定性　稳定

危险反应　与强酸等禁配物发生反应

避免接触的条件　无资料

禁配物　强酸

危险的分解产物　啼、氧化钠

第十一部分　毒理学信息

急性毒性　LD_{50}：83mg/kg（大鼠经口），20mg/kg（小
　　　鼠经口），53.6mg/kg（兔经口）

皮肤刺激或腐蚀　无资料　　眼睛刺激或腐蚀　无资料

呼吸或皮肤过敏　无资料

生殖细胞突变性　DNA 修复：枯草杆菌 10mmol/L。细
　　　胞遗传学分析：人白细胞 1nmol/L。细胞遗传学分
　　　析：人成纤维细胞 1nmol/L

致癌性　无资料　　　　　生殖毒性　无资料

特异性靶器官系统毒性-一次接触　无资料

特异性靶器官系统毒性-反复接触　无资料

吸入危害　无资料

第十二部分　生态学信息

生态毒性　无资料

持久性和降解性

　　　生物降解性　无资料

　　　非生物降解性　无资料

潜在的生物累积性　无资料

土壤中的迁移性　无资料

第十三部分　废弃处置

废弃化学品　若可能，重复使用容器或在规定场所掩埋

污染包装物　将容器返还生产商或按照国家和地方法规
　　　处置

废弃注意事项　处置前应参阅国家和地方有关法规

第十四部分　运输信息

联合国危险货物编号（UN 号）　3284

联合国运输名称　碲化合物，未另作规定的（亚碲酸钠）

联合国危险性类别　6.1

包装类别　Ⅲ　　　　　　包装标志　

海洋污染物　否

运输注意事项　运输前应先检查包装容器是否完整、密
　　　封，运输过程中要确保容器不泄漏、不倒塌、不坠
　　　落、不损坏。严禁与酸类、氧化剂、食品及食品添加
　　　剂混运。运输时运输车辆应配备泄漏应急处理设备。
　　　运输途中应防暴晒、雨淋，防高温。公路运输时要按
　　　规定路线行驶，勿在居民区和人口稠密区停留

第十五部分　法规信息

　　　下列法律、法规、规章和标准，对该化学品的管理作
了相应的规定。

中华人民共和国职业病防治法　职业病分类和目录：未
　　　列入

危险化学品安全管理条例　危险化学品目录：列入。易制
　　　爆危险化学品名录：未列入。重点监管的危险化学品
　　　名录：未列入。GB 18218—2009《危险化学品重大
　　　危险源辨识》（表1）：未列入

使用有毒物品作业场所劳动保护条例　高毒物品目录：未
　　　列入

易制毒化学品管理条例　易制毒化学品的分类和品种目
　　　录：未列入

国际公约　斯德哥尔摩公约：未列入。鹿特丹公约：未列
　　　入。蒙特利尔议定书：未列入

第十六部分　其他信息

编写和修订信息　　　缩略语和首字母缩写

培训建议　　　　　　参考文献

免责声明

4,4'-亚甲基双苯胺

第一部分　化学品标识

化学品中文名　4,4'-亚甲基双苯胺；4,4'-二氨基二苯基
　　　甲烷；亚甲基二苯胺

化学品英文名　4,4'-metylene dianiline；di-(4-aminopheny)
　　　methane

分子式　$C_{13}H_{14}N_2$　分子量　198.2637

结构式　H_2N—⬡—CH_2—⬡—NH_2

化学品的推荐及限制用途　用作环氧树脂的固化剂、橡胶的抗氧剂和防老剂，也用于测定钨和硫酸盐

第二部分　危险性概述

紧急情况概述　可能导致皮肤过敏反应

GHS危险性类别　皮肤致敏物，类别1；生殖细胞致突变性，类别2；致癌性，类别2；特异性靶器官毒性——一次接触，类别1；特异性靶器官毒性-反复接触，类别2；危害水生环境-急性危害，类别2；危害水生环境-长期危害，类别2

标签要素

象形图

警示词　危险

危险性说明　可能导致皮肤过敏反应，怀疑可造成遗传性缺陷，怀疑致癌，对器官造成损害，长时间或反复接触可能对器官造成损伤，对水生生物有毒并具有长期持续影响

防范说明

预防措施　避免吸入粉尘。污染的工作服不得带出工作场所。戴防护手套。得到专门指导后操作。在阅读并了解所有安全预防措施之前，切勿操作。按要求使用个体防护装备。避免接触眼睛、皮肤，操作后彻底清洗。作业场所不得进食、饮水或吸烟。禁止排入环境

事故响应　如皮肤接触：用大量肥皂水和水清洗。污染的衣服清洗后方可重新使用。如出现皮肤刺激或皮疹：就医。如果接触或有担心，立即呼叫中毒控制中心或就医。如感觉不适，就医。收集泄漏物

安全储存　上锁保管

废弃处置　本品及内装物、容器依据国家和地方法规处置

物理和化学危险　可燃，其粉体与空气混合，能形成爆炸性混合物

健康危害　吸入、摄入或经皮肤吸收后对身体有害。有误服后引起急性黄疸的报道，也有经皮肤引起中毒性肝炎的报道。本品在体内可形成高铁血红蛋白，致发生紫绀

环境危害　对水生生物有毒并具有长期持续影响

第三部分　成分/组成信息

√ 物质　　　　　　　　　混合物

组分	浓度	CAS No.
4,4'-亚甲基双苯胺		101-77-9

第四部分　急救措施

吸入　迅速脱离现场至空气新鲜处。保持呼吸道通畅。如呼吸困难，给输氧。如呼吸心跳停止，立即进行心肺复苏术。就医

皮肤接触　立即脱去污染衣着，用肥皂水或清水彻底冲洗。就医

眼睛接触　分开眼睑，用清水或生理盐水冲洗。就医

食入　饮适量温水，催吐（仅限于清醒者）。就医

对保护施救者的忠告　根据需要使用个人防护设备

对医生的特别提示　高铁血红蛋白血症，可用亚甲蓝和维生素C治疗

第五部分　消防措施

灭火剂　用雾状水、泡沫、干粉、二氧化碳、砂土灭火

特别危险性　遇明火、高热可燃。其粉体与空气可形成爆炸性混合物，当达到一定浓度时，遇火星会发生爆炸。受高热分解放出有毒的气体

灭火注意事项及防护措施　消防人员必须佩戴防毒面具、穿全身消防服，在上风向灭火。尽可能将容器从火场移至空旷处。喷水保持火场容器冷却，直至灭火结束

第六部分　泄漏应急处理

作业人员防护措施、防护装备和应急处置程序　隔离泄漏污染区，限制出入。消除所有点火源。建议应急处理人员戴防尘口罩，穿防毒服。穿上适当的防护服前严禁接触破裂的容器和泄漏物。尽可能切断泄漏源

环境保护措施　用塑料布覆盖泄漏物，减少飞散

泄漏化学品的收容、清除方法及所使用的处置材料　勿使水进入包装容器内。用洁净的铲子收集泄漏物，置于干净、干燥、盖子较松的容器中，将容器移离泄漏区

第七部分　操作处置与储存

操作注意事项　密闭操作，提供充分的局部排风。防止粉尘释放到车间空气中。操作人员必须经过专门培训，严格遵守操作规程。建议操作人员佩戴防尘面具（全面罩），穿防毒物渗透工作服，戴橡胶手套。远离火种、热源，工作场所严禁吸烟。使用防爆型的通风系统和设备。避免产生粉尘。避免与氧化剂接触。配备相应品种和数量的消防器材及泄漏应急处理设备。倒空的容器可能残留有害物

储存注意事项　储存于阴凉、通风的库房。远离火种、热源。防止阳光直射。包装密封。应与氧化剂、食用化学品分开存放，切忌混储。配备相应品种和数量的消防器材。储区应备有合适的材料收容泄漏物

第八部分　接触控制/个体防护

职业接触限值

中国　未制定标准

美国（ACGIH）　TLV-TWA：0.1ppm［皮］

生物接触限值　未制定标准

监测方法　空气中有毒物质测定方法：未制定标准。生物监测检验方法：未制定标准

工程控制　严加密闭，提供充分的局部排风

个体防护装备

呼吸系统防护　可能接触其粉尘时，必须佩戴防尘面具（全面罩）。紧急事态抢救或撤离时，应该佩戴空气呼吸器

眼睛防护　呼吸系统防护中已作防护

皮肤和身体防护　穿防毒物渗透工作服

手防护　戴橡胶手套

第九部分　理化特性

外观与性状　淡黄色结晶，遇光变成黑色

pH 值　无意义　　　　　　**熔点(℃)**　91～92

沸点(℃)　398～399（102.39kPa）

相对密度(水＝1)　1.05

相对蒸气密度(空气＝1)　无资料

饱和蒸气压(kPa)　无资料

临界压力(MPa)　无资料　**辛醇/水分配系数**　无资料

闪点(℃)　230　　　　　**自燃温度(℃)**　无资料

爆炸下限(%)　无资料　**爆炸上限(%)**　无资料

分解温度(℃)　无资料　**黏度(mPa·s)**　8.3(100℃)

燃烧热(kJ/mol)　无资料　**临界温度(℃)**　无资料

溶解性　难溶于水，易溶于乙醇、乙醚、苯

第十部分　稳定性和反应性

稳定性　稳定

危险反应　与强氧化剂等禁配物发生反应

避免接触的条件　光照

禁配物　强氧化剂

危险的分解产物　氮氧化物

第十一部分　毒理学信息

急性毒性　LD_{50}：120mg/kg（大鼠经口）；264mg/kg（小鼠经口）；200mg/kg（兔经皮）

皮肤刺激或腐蚀　无资料

眼睛刺激或腐蚀　家兔经眼 100mg（24h），中度刺激

呼吸或皮肤过敏　无资料

生殖细胞突变性　微生物致突变：鼠伤寒沙门氏菌 250μg/皿。DNA 损伤：大鼠肝 2mmol/L。姐妹染色单体互换：小鼠腹腔内 9mg/kg

致癌性　IARC 致癌性评论：组 2B，对人类是可能致癌物

生殖毒性　无资料

特异性靶器官系统毒性-一次接触　无资料

特异性靶器官系统毒性-反复接触　每周喂狗 3 次，1 次 50mg，继续 4～7 年。最初动物无异常，到 5～7 年时，动物相继死亡，尸检见肝有不同程度的胆汁淤积、发炎、灶性坏死。1 只狗有肝硬化

吸入危害　无资料

第十二部分　生态学信息

生态毒性　LC_{50}：32mg/L（48h）（青鳉）；EC_{50}：2.3mg/L（24h）（多刺裸腹溞）；EC_{50}：11mg/L（72h）（*Scenedesmus subspicatus*）；NOEC：0.15mg/L（14d）（多刺裸腹溞）

持久性和降解性

　生物降解性　不易快速生物降解

　非生物降解性　无资料

潜在的生物累积性　无资料

土壤中的迁移性　无资料

第十三部分　废弃处置

废弃化学品　用安全掩埋法处置。在能利用的地方重复使用容器或在规定场所掩埋

污染包装物　将容器返还生产商或按照国家和地方法规处置

废弃注意事项　处置前应参阅国家和地方有关法规

第十四部分　运输信息

联合国危险货物编号（UN 号）　2651

联合国运输名称　4,4'-二氨基二苯基甲烷

联合国危险性类别　6.1

包装类别　Ⅲ　　　　　　**包装标志**

海洋污染物　是

运输注意事项　运输前应先检查包装容器是否完整、密封，运输过程中要确保容器不泄漏、不倒塌、不坠落、不损坏。严禁与酸类、氧化剂、食品及食品添加剂混运。运输时运输车辆应配备相应品种和数量的消防器材及泄漏应急处理设备。运输途中应防暴晒、雨淋，防高温。公路运输时要按规定路线行驶，勿在居民区和人口稠密区停留

第十五部分　法规信息

　　下列法律、法规、规章和标准，对该化学品的管理作了相应的规定。

中华人民共和国职业病防治法　职业病分类和目录：苯的氨基及硝基化合物中毒

危险化学品安全管理条例　危险化学品目录：列入。易制爆危险化学品名录：未列入。重点监管的危险化学品名录：未列入。GB 18218—2009《危险化学品重大危险源辨识》（表 1）：未列入

使用有毒物品作业场所劳动保护条例　高毒物品目录：未列入

易制毒化学品管理条例　易制毒化学品的分类和品种目录：未列入

国际公约　斯德哥尔摩公约：未列入。鹿特丹公约：未列入。蒙特利尔议定书：未列入

第十六部分　其他信息

编写和修订信息　　　　**缩略语和首字母缩写**

培训建议　　　　　　　**参考文献**

免责声明

亚磷酸二丁酯

第一部分　化学品标识

化学品中文名　亚磷酸二丁酯；二正丁基亚磷酸酯

化学品英文名　dibutyl phosphite；di-*n*-butyl phosphite

分子式　$C_8H_{19}O_3P$　**分子量**　194.21

结构式

化学品的推荐及限制用途　用作溶剂、抗氧剂及有机合成中间体

第二部分　危险性概述

紧急情况概述　易燃液体和蒸气

GHS危险性类别　易燃液体，类别3；急性毒性-经口，类别5；急性毒性-经皮，类别4

标签要素

象形图　

警示词　警告

危险性说明　易燃液体和蒸气，吞咽可能有害，皮肤接触有害

防范说明

预防措施　远离热源、火花、明火、热表面。禁止吸烟。保持容器密闭。容器和接收设备接地连接。使用防爆型电器、通风、照明设备。只能使用不产生火花的工具。采取防止静电措施。戴防护手套、防护眼镜、防护面罩

事故响应　火灾时，使用雾状水、泡沫、干粉、二氧化碳、砂土灭火。如皮肤（或头发）接触：立即脱掉所有被污染的衣服，用水冲洗皮肤，淋浴。被污染的衣服必须经洗净后方可重新使用。如果感觉不适，呼叫中毒控制中心或就医

安全储存　存放在通风良好的地方。保持低温

废弃处置　本品及内装物、容器依据国家和地方法规处置

物理和化学危险　易燃，其蒸气与空气混合，能形成爆炸性混合物

健康危害　本品对眼睛、皮肤、黏膜和上呼吸道有强烈刺激作用。吸入后可引起喉、支气管的痉挛、炎症和水肿，化学性肺炎或肺水肿。中毒表现可有烧灼感、咳嗽、喘息、喉炎、气短、头痛、恶心和呕吐

环境危害　对环境可能有害

第三部分　成分/组成信息

√ 物质　　　　　　　混合物

组分	浓度	CAS No.
亚磷酸二丁酯		1809-19-4

第四部分　急救措施

吸入　迅速脱离现场至空气新鲜处。保持呼吸道通畅。如呼吸困难，给输氧。呼吸、心跳停止，立即进行心肺复苏术。就医

皮肤接触　立即脱去污染的衣着，用流动清水彻底冲洗。就医

眼睛接触　立即分开眼睑，用流动清水或生理盐水彻底冲洗。就医

食入　漱口，饮水。就医

对保护施救者的忠告　根据需要使用个人防护设备

对医生的特别提示　对症处理

第五部分　消防措施

灭火剂　用雾状水、泡沫、干粉、二氧化碳、砂土灭火

特别危险性　其蒸气与空气可形成爆炸性混合物，遇明火、高热能引起燃烧爆炸。与氧化剂可发生反应。受热分解产生有毒的氧化磷烟气。蒸气比空气重，沿地面扩散并易积存于低洼处，遇火源会着火回燃。若遇高热，容器内压增大，有开裂和爆炸的危险

灭火注意事项及防护措施　消防人员必须佩戴空气呼吸器、穿全身防火防毒服，在上风向灭火。尽可能将容器从火场移至空旷处。喷水保持火场容器冷却，直至灭火结束。处在火场中的容器若已变色或从安全泄压装置中发出声音，必须马上撤离

第六部分　泄漏应急处理

作业人员防护措施、防护装备和应急处置程序　消除所有点火源。根据液体流动和蒸气扩散的影响区域划定警戒区，无关人员从侧风、上风向撤离至安全区。建议应急处理人员戴正压自给式呼吸器，穿防毒、防静电服。作业时使用的所有设备应接地。禁止接触或跨越泄漏物。尽可能切断泄漏源

环境保护措施　防止泄漏物进入水体、下水道、地下室或有限空间

泄漏化学品的收容、清除方法及所使用的处置材料　小量泄漏：用砂土或其他不燃材料吸收。使用洁净的无火花工具收集吸收材料。大量泄漏：构筑围堤或挖坑收容。用泡沫覆盖，减少蒸发。喷水雾能减少蒸发，但不能降低泄漏物在有限空间内的易燃性。用防爆泵转移至槽车或专用收集器内

第七部分　操作处置与储存

操作注意事项　密闭操作，注意通风。操作人员必须经过专门培训，严格遵守操作规程。建议操作人员佩戴自吸过滤式防毒面具（全面罩），穿胶布防毒衣，戴橡胶耐油手套。远离火种、热源，工作场所严禁吸烟。使用防爆型的通风系统和设备。防止蒸气泄漏到工作场所空气中。避免与氧化剂、酸类、碱类接触。搬运时要轻装轻卸，防止包装及容器损坏。配备相应品种和数量的消防器材及泄漏应急处理设备。倒空的容器可能残留有害物

储存注意事项　储存于阴凉、通风的库房。远离火种、热源。库温不宜超过37℃，应与氧化剂、酸类、碱类分开存放，切忌混储。采用防爆型照明、通风设施。禁止使用易产生火花的机械设备和工具。储区应备有泄漏应急处理设备和合适的收容材料

第八部分　接触控制/个体防护

职业接触限值

中国　未制定标准

美国（ACGIH）　未制定标准

生物接触限值　未制定标准

监测方法　空气中有毒物质测定方法：未制定标准。生物监测检验方法：未制定标准

工程控制　密闭操作，注意通风

个体防护装备

　　呼吸系统防护　空气中浓度超标时，必须佩戴过滤式
　　　　防毒面具（全面罩）。紧急事态抢救或撤离时，
　　　　应该佩戴空气呼吸器

　　眼睛防护　呼吸系统防护中已作防护

　　皮肤和身体防护　穿密闭型防毒服

　　手防护　戴橡胶耐油手套

第九部分　理化特性

外观与性状　无色透明液体

pH 值　无资料　　　　　　　**熔点（℃）**　无资料

沸点（℃）　115（1.33kPa）

相对密度（水＝1）　0.97（35℃）

相对蒸气密度（空气＝1）　5.58

饱和蒸气压（kPa）　0.13（20℃）

临界压力（MPa）　无资料　　**辛醇/水分配系数**　无资料

闪点（℃）　121.11　　　　　**自燃温度（℃）**　无资料

爆炸下限（%）　无资料　　　**爆炸上限（%）**　无资料

分解温度（℃）　无资料　　　**黏度（mPa·s）**　无资料

燃烧热（kJ/mol）　无资料　　**临界温度（℃）**　无资料

溶解性　不溶于水，溶于多数有机溶剂

第十部分　稳定性和反应性

稳定性　稳定

危险反应　与强氧化剂、强碱、强酸等禁配物接触，有发
　　生火灾和爆炸的危险

避免接触的条件　无资料

禁配物　强氧化剂、强碱、强酸

危险的分解产物　氧化磷

第十一部分　毒理学信息

急性毒性　LD$_{50}$：3200mg/kg（大鼠经口）；1990mg/kg
　　（兔经皮）

皮肤刺激或腐蚀　无资料　　**眼睛刺激或腐蚀**　无资料

呼吸或皮肤过敏　无资料　　**生殖细胞突变性**　无资料

致癌性　无资料　　　　　　　**生殖毒性**　无资料

特异性靶器官系统毒性-一次接触　无资料

特异性靶器官系统毒性-反复接触　无资料

吸入危害　无资料

第十二部分　生态学信息

生态毒性　无资料

持久性和降解性

　　生物降解性　无资料

　　非生物降解性　无资料

潜在的生物累积性　无资料

土壤中的迁移性　无资料

第十三部分　废弃处置

废弃化学品　建议用焚烧法处置。焚烧炉排出的气体要通
　　过洗涤器除去

污染包装物　将容器返还生产商或按照国家和地方法规

处置

废弃注意事项　处置前应参阅国家和地方有关法规

第十四部分　运输信息

联合国危险货物编号（UN 号）　3272

联合国运输名称　酯类，未另作规定的（磷酸二丁酯）

联合国危险性类别　3

包装类别　Ⅲ　　　　　　　　**包装标志**　

海洋污染物　否

运输注意事项　运输时运输车辆应配备相应品种和数量的
　　消防器材及泄漏应急处理设备。夏季最好早晚运输。
　　运输时所用的槽（罐）车应有接地链，槽内可设孔隔
　　板以减少震荡产生的静电。严禁与氧化剂、酸类、碱
　　类、食用化学品等混装混运。运输途中应防暴晒、雨
　　淋，防高温。中途停留时应远离火种、热源、高温
　　区。装运该物品的车辆排气管必须配备阻火装置，禁
　　止使用易产生火花的机械设备和工具装卸。公路运输
　　时要按规定路线行驶。铁路运输时要禁止溜放。严禁
　　用木船、水泥船散装运输

第十五部分　法规信息

　　下列法律、法规、规章和标准，对该化学品的管理作
了相应的规定。

中华人民共和国职业病防治法　职业病分类和目录：磷及
　　其化合物中毒

危险化学品安全管理条例　危险化学品目录：列入。易制
　　爆危险化学品名录：未列入。重点监管的危险化学品
　　名录：未列入。GB 18218—2009《危险化学品重大
　　危险源辨识》（表 1）：未列入

使用有毒物品作业场所劳动保护条例　高毒物品目录：未
　　列入

易制毒化学品管理条例　易制毒化学品的分类和品种目
　　录：未列入

国际公约　斯德哥尔摩公约：未列入。鹿特丹公约：未列
　　入。蒙特利尔议定书：未列入

第十六部分　其他信息

编写和修订信息　　　　　　**缩略语和首字母缩写**

培训建议　　　　　　　　　　**参考文献**

免责声明

亚磷酸二氢铅

第一部分　化学品标识

化学品中文名　亚磷酸二氢铅；二盐基性亚磷酸铅

化学品英文名　lead phosphite, dibasic；dibasic lead
　　phosphite

分子式　2PbO·PbHPO$_3$·$\frac{1}{2}$H$_2$O　**分子量**　742.6

化学品的推荐及限制用途　用作聚氯乙烯的热稳定剂

第二部分　危险性概述

紧急情况概述　易燃固体，吞咽有害，吸入有害，可能致癌

GHS危险性类别　易燃固体，类别1；急性毒性-经口，类别4；急性毒性-吸入，类别4；致癌性，类别1B；生殖毒性，类别1A；特异性靶器官毒性-反复接触，类别2；危害水生环境-急性危害，类别1；危害水生环境-长期危害，类别1

标签要素

象形图　

警示词　危险

危险性说明　易燃固体，吞咽有害，吸入有害，可能致癌，可能对生育力或胎儿造成伤害，长时间或反复接触可能对器官造成损伤，对水生生物毒性非常大并具有长期持续影响

防范说明
　　预防措施　远离热源、火花、明火、热表面。容器和接收设备接地连接。使用防爆型电器、通风、照明设备。戴防护手套、防护眼镜、防护面罩。避免接触眼睛、皮肤，操作后彻底清洗。作业场所不得进食、饮水或吸烟。避免吸入粉尘。仅在室外或通风良好处操作。在阅读并了解所有安全预防措施之前，切勿操作。按要求使用个体防护装备。禁止排入环境

　　事故响应　火灾时，使用雾状水、泡沫、干粉、二氧化碳、砂土灭火。如吸入：将患者转移到空气新鲜处，休息，保持利于呼吸的体位，如感觉不适，呼叫中毒控制中心或就医。食入：如果感觉不适，立即呼叫中毒控制中心或就医，漱口。如果接触或有担心，就医。如感觉不适，就医。收集泄漏物

　　安全储存　上锁保管

　　废弃处置　本品及内装物、容器依据国家和地方法规处置

物理和化学危险　易燃。与氧化剂混合能形成爆炸性混合物

健康危害　铅及其化合物损害造血、神经、消化系统及肾脏。职业中毒主要为慢性。神经系统主要表现为神经衰弱综合征、周围神经病（以运动功能受累较明显），重者出现铅中毒性脑病。消化系统表现有齿龈铅线、食欲不振、恶心、腹胀、腹泻或便秘；腹绞痛见于中等及较重病例。造血系统损害出现卟啉代谢障碍、贫血等。短时大量接触可发生急性或亚急性铅中毒，表现类似重症慢性铅中毒

环境危害　对水生生物毒性非常大并具有长期持续影响

第三部分　成分/组成信息

√物质　　　　　　　　　混合物

组分	浓度	CAS No.
亚磷酸二氢铅		1344-40-7

第四部分　急救措施

吸入　迅速脱离现场至空气新鲜处。保持呼吸道通畅。如呼吸困难，给输氧。呼吸、心跳停止，立即进行心肺复苏术。就医

皮肤接触　立即脱去污染的衣着，用流动清水彻底冲洗。就医

眼睛接触　立即分开眼睑，用流动清水或生理盐水彻底冲洗。就医

食入　漱口，饮水。就医

对保护施救者的忠告　根据需要使用个人防护设备

对医生的特别提示　解毒剂：依地酸二钠钙、二巯基丁二酸钠、二巯基丁二酸等

第五部分　消防措施

灭火剂　用雾状水、泡沫、干粉、二氧化碳、砂土灭火

特别危险性　遇到火星或遇热，易于燃烧，甚至在缺氧时燃烧仍能持续

灭火注意事项及防护措施　消防人员必须佩戴防毒面具、穿全身消防服，在上风向灭火。尽可能将容器从火场移至空旷处。喷水保持火场容器冷却，直至灭火结束

第六部分　泄漏应急处理

作业人员防护措施、防护装备和应急处置程序　隔离泄漏污染区，限制出入。消除所有点火源。建议应急处理人员戴防尘口罩，穿防毒、防静电服。禁止接触或跨越泄漏物

环境保护措施　防止泄漏物进入水体、下水道、地下室或有限空间

泄漏化学品的收容、清除方法及所使用的处置材料　小量泄漏：用洁净的铲子收集泄漏物，置于干净、干燥、盖子较松的容器中，将容器移离泄漏区。大量泄漏：用水润湿，并筑堤收容

第七部分　操作处置与储存

操作注意事项　密闭操作，局部排风。操作人员必须经过专门培训，严格遵守操作规程。建议操作人员佩戴自吸过滤式防尘口罩，戴化学安全防护眼镜，穿防毒物渗透工作服，戴乳胶手套。远离火种、热源，工作场所严禁吸烟。使用防爆型的通风系统和设备。避免产生粉尘。避免与氧化剂接触。搬运时要轻装轻卸，防止包装及容器损坏。配备相应品种和数量的消防器材及泄漏应急处理设备。倒空的容器可能残留有害物

储存注意事项　储存于阴凉、通风的库房。库温不宜超过35℃。远离火种、热源。应与氧化剂、食用化学品分开存放，切忌混储。采用防爆型照明、通风设施。禁止使用易产生火花的机械设备和工具。储区应备有合适的材料收容泄漏物

第八部分　接触控制/个体防护

职业接触限值

中国　PC-TWA：0.05mg/m³（铅尘），0.03mg/m³（铅烟）[按Pb计][G2A]

美国(ACGIH) TLV-TWA：0.05mg/m³ ［按 Pb 计］

生物接触限值 血铅：2.0μmol/L（400μg/L）（采样时间：接触 3 周后的任意时间）

监测方法 空气中有毒物质测定方法：火焰原子吸收光谱法；双硫腙分光光度法；氢化物-原子吸收光谱法；微分电位溶出法。生物监测检验方法：血中铅的石墨炉原子吸收光谱测定方法；血中铅的微分电位溶出测定方法

工程控制 密闭操作，局部排风

个体防护装备

呼吸系统防护 空气中粉尘浓度超标时，建议佩戴过滤式防尘呼吸器。紧急事态抢救或撤离时，应该佩戴空气呼吸器

眼睛防护 戴化学安全防护眼镜

皮肤和身体防护 穿防毒物渗透工作服

手防护 戴橡胶手套

第九部分 理化特性

外观与性状 白色微细针状结晶或粉末

pH 值 无意义		**熔点(℃)** 无资料	
沸点(℃) 无资料		**相对密度(水=1)** 6.94	

相对蒸气密度(空气=1) 无资料

饱和蒸气压(kPa) 无资料

临界压力(MPa) 无资料	**辛醇/水分配系数** 无资料
闪点(℃) 无资料	**自燃温度(℃)** 无资料
爆炸下限(%) 无资料	**爆炸上限(%)** 无资料
分解温度(℃) 无资料	**黏度(mPa·s)** 无资料
燃烧热(kJ/mol) 无资料	**临界温度(℃)** 无资料

溶解性 不溶于水，不溶于多数有机溶剂

第十部分 稳定性和反应性

稳定性 稳定

危险反应 与强氧化剂等禁配物接触，有发生火灾和爆炸的危险。遇到火星或遇热，易于燃烧，甚至在缺氧时燃烧仍能持续

避免接触的条件 受热

禁配物 强氧化剂

危险的分解产物 氧化磷、磷烷、氧化铅

第十一部分 毒理学信息

急性毒性 LD$_{50}$：>6000mg/kg（大鼠经口）

皮肤刺激或腐蚀 无资料	**眼睛刺激或腐蚀** 无资料
呼吸或皮肤过敏 无资料	**生殖细胞突变性** 无资料
致癌性 无资料	**生殖毒性** 无资料

特异性靶器官系统毒性--一次接触 无资料

特异性靶器官系统毒性-反复接触 无资料

吸入危害 无资料

第十二部分 生态学信息

生态毒性 铅化合物对水生生物有极高毒性

持久性和降解性

生物降解性 无资料

非生物降解性 无资料

潜在的生物累积性 无资料

土壤中的迁移性 无资料

第十三部分 废弃处置

废弃化学品 根据国家和地方有关法规的要求处置。或与厂商或制造商联系，确定处置方法

污染包装物 将容器返还生产商或按照国家和地方法规处置

废弃注意事项 处置前应参阅国家和地方有关法规

第十四部分 运输信息

联合国危险货物编号（UN 号） 1325

联合国运输名称 易燃固体，未另作规定的（亚磷酸二氢铅）

联合国危险性类别 4.1

包装类别 Ⅱ   **包装标志**

海洋污染物 是

运输注意事项 运输时运输车辆应配备相应品种和数量的消防器材及泄漏应急处理设备。装运本品的车辆排气管须有阻火装置。运输过程中要确保容器不泄漏、不倒塌、不坠落、不损坏。严禁与氧化剂、食用化学品等混装混运。运输途中应防暴晒、雨淋，防高温。中途停留时应远离火种、热源。车辆运输完毕应进行彻底清扫

第十五部分 法规信息

下列法律、法规、规章和标准，对该化学品的管理作了相应的规定。

中华人民共和国职业病防治法 职业病分类和目录：铅及其化合物中毒

危险化学品安全管理条例 危险化学品目录：列入。易制爆危险化学品名录：未列入。重点监管的危险化学品名录：未列入。GB 18218—2009《危险化学品重大危险源辨识》（表 1）：未列入

使用有毒物品作业场所劳动保护条例 高毒物品目录：未列入

易制毒化学品管理条例 易制毒化学品的分类和品种目录：未列入

国际公约 斯德哥尔摩公约：未列入。鹿特丹公约：未列入。蒙特利尔议定书：未列入

第十六部分 其他信息

编写和修订信息 缩略语和首字母缩写

培训建议 参考文献

免责声明

亚磷酸三苯酯

第一部分 化学品标识

化学品中文名 亚磷酸三苯酯

化学品英文名 triphenyl phosphite; triphenoxyphosphine

分子式 $C_{18}H_{15}O_3P$　分子量 310.2837

结构式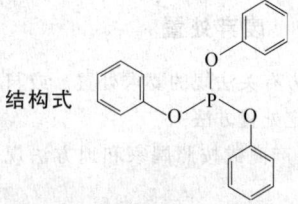

化学品的推荐及限制用途 可用作许多聚合物的抗氧剂和稳定剂，与许多酚类抗氧剂有较好的协同作用

第二部分 危险性概述

紧急情况概述 造成皮肤刺激，造成严重眼刺激

GHS危险性类别 皮肤腐蚀/刺激，类别2；严重眼损伤/眼刺激，类别2；危害水生环境-急性危害，类别1；危害水生环境-长期危害，类别1

标签要素

象形图

警示词 警告

危险性说明 造成皮肤刺激，造成严重眼刺激，对水生生物毒性非常大并具有长期持续影响

防范说明

预防措施 避免接触眼睛、皮肤，操作后彻底清洗。戴防护手套、防护眼镜、防护面罩。禁止排入环境

事故响应 皮肤接触：用大量肥皂水和水清洗，脱去被污染的衣服，如发生皮肤刺激，就医。被污染的衣服必须经洗净后方可重新使用。如接触眼睛：用水细心冲洗数分钟。如戴隐形眼镜并可方便地取出，取出隐形眼镜，继续冲洗。如果眼睛刺激持续：就医。收集泄漏物

安全储存 —

废弃处置 本品及内装物、容器依据国家和地方法规处置

物理和化学危险 可燃，其蒸气与空气混合，能形成爆炸性混合物

健康危害 对眼睛、黏膜、皮肤和上呼吸道有刺激作用。可使动物抽搐、腹泻、血管扩张，对胆碱酯酶有弱抑制作用，易为豚鼠皮肤吸收

环境危害 对水生生物毒性非常大并具有长期持续影响

第三部分 成分/组成信息

√ 物质　　　　　　　混合物

组分	浓度	CAS No.
亚磷酸三苯酯		101-02-0

第四部分 急救措施

吸入 迅速脱离现场至空气新鲜处。保持呼吸道通畅。如呼吸困难，给输氧。呼吸、心跳停止，立即进行心肺复苏术。就医

皮肤接触 立即脱去污染的衣着，用流动清水彻底冲洗。就医

眼睛接触 立即分开眼睑，用流动清水或生理盐水彻底冲洗。就医

食入 漱口，饮水。就医

对保护施救者的忠告 根据需要使用个人防护设备

对医生的特别提示 对症处理

第五部分 消防措施

灭火剂 用雾状水、泡沫、干粉、二氧化碳、砂土灭火

特别危险性 遇明火、高热可燃。遇潮气逐渐分解

灭火注意事项及防护措施 消防人员必须佩戴防毒面具、穿全身消防服，在上风向灭火。尽可能将容器从火场移至空旷处。喷水保持火场容器冷却，直至灭火结束。处在火场中的容器若已变色或从安全泄压装置中发出声音，必须马上撤离

第六部分 泄漏应急处理

作业人员防护措施、防护装备和应急处置程序 根据液体流动和蒸气扩散的影响区域划定警戒区，无关人员从侧风、上风向撤离至安全区。消除所有点火源。建议应急处理人员戴防毒面具，穿防毒服。穿上适当的防护服前严禁接触破裂的容器和泄漏物。尽可能切断泄漏源

环境保护措施 防止泄漏物进入水体、下水道、地下室或有限空间

泄漏化学品的收容、清除方法及所使用的处置材料 小量泄漏：用干燥的砂土或其他不燃材料吸收或覆盖，收集于容器中。大量泄漏：构筑围堤或挖坑收容。用泵转移至槽车或专用收集器内

第七部分 操作处置与储存

操作注意事项 密闭操作，加强通风。操作人员必须经过专门培训，严格遵守操作规程。建议操作人员佩戴自吸过滤式防尘口罩，戴化学安全防护眼镜，穿防毒物渗透工作服，戴橡胶手套。远离火种、热源，工作场所严禁吸烟。使用防爆型的通风系统和设备。避免与氧化剂、酸类、碱类接触。搬运时要轻装轻卸，防止包装及容器损坏。配备相应品种和数量的消防器材及泄漏应急处理设备。倒空的容器可能残留有害物

储存注意事项 储存于阴凉、干燥、通风良好的库房。远离火种、热源。包装必须密封，切勿受潮。应与氧化剂、酸类、碱类、食用化学品分开存放，切忌混储。配备相应品种和数量的消防器材。储区应备有泄漏应急处理设备和合适的收容材料

第八部分 接触控制/个体防护

职业接触限值

中国 未制定标准

美国（ACGIH） 未制定标准

生物接触限值 未制定标准

监测方法 空气中有毒物质测定方法：未制定标准。生物监测检验方法：未制定标准

工程控制 生产过程密闭，加强通风

个体防护装备

呼吸系统防护 空气中粉尘浓度超标时，必须佩戴过
滤式防尘呼吸器；可能接触其蒸气时，应该佩戴
过滤式防毒面具（半面罩）

眼睛防护 戴化学安全防护眼镜

皮肤和身体防护 穿防毒物渗透工作服

手防护 戴橡胶手套

第九部分 理化特性

外观与性状 无色至淡黄色、有芳香气味、固体或油状
液体

pH 值 无资料   **熔点(℃)** 22~25

沸点(℃) 360   **相对密度(水=1)** 1.18

相对蒸气密度(空气=1) 10.7

饱和蒸气压(kPa) 无资料

临界压力(MPa) 无资料   **辛醇/水分配系数** 无资料

闪点(℃) 191   **自燃温度(℃)** 无资料

爆炸下限(%) 无资料   **爆炸上限(%)** 无资料

分解温度(℃) 无资料   **黏度(mPa·s)** 无资料

燃烧热(kJ/mol) 无资料   **临界温度(℃)** 无资料

溶解性 不溶于水，溶于多数有机溶剂

第十部分 稳定性和反应性

稳定性 稳定

危险反应 与强氧化剂、强酸、强碱等禁配物发生反应。
遇潮气逐渐分解

避免接触的条件 潮湿空气

禁配物 强氧化剂、强酸、强碱

危险的分解产物 氧化磷、磷烷

第十一部分 毒理学信息

急性毒性 LD_{50}：444mg/kg（大鼠经口），1080mg/kg
（小鼠经口）

皮肤刺激或腐蚀 家兔经皮：500mg，重度刺激；人经
皮：25mg（48h），重度刺激

眼睛刺激或腐蚀 无资料

呼吸或皮肤过敏 无资料   **生殖细胞突变性** 无资料

致癌性 无资料   **生殖毒性** 无资料

特异性靶器官系统毒性-一次接触 无资料

特异性靶器官系统毒性-反复接触 无资料

吸入危害 无资料

第十二部分 生态学信息

生态毒性 根据结构类似物质预测，该物质对水生生物有
极高毒性

持久性和降解性

生物降解性 无资料

非生物降解性 无资料

潜在的生物累积性 无资料

土壤中的迁移性 无资料

第十三部分 废弃处置

废弃化学品 建议用焚烧法处置。焚烧炉排出的气体要通
过洗涤器除去

污染包装物 将容器返还生产商或按照国家和地方法规
处置

废弃注意事项 处置前应参阅国家和地方有关法规

第十四部分 运输信息

联合国危险货物编号（UN号） 3077

联合国运输名称 对环境有害的固态物质，未另作规定的
（亚磷酸三苯酯）

联合国危险性类别 9

包装类别 Ⅲ   **包装标志**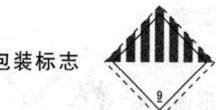

海洋污染物 是

运输注意事项 运输前应先检查包装容器是否完整、密
封，运输过程中要确保容器不泄漏、不倒塌、不坠
落、不损坏。严禁与氧化剂、酸类、碱类、食用化学
品等混装混运。运输车船必须彻底清洗、消毒，否则
不得装运其他物品。船运时，配装位置应远离卧室、
厨房，并与机舱、电源、火源等部位隔离。公路运输
时要按规定路线行驶

第十五部分 法规信息

下列法律、法规、规章和标准，对该化学品的管理作
了相应的规定。

中华人民共和国职业病防治法 职业病分类和目录：未
列入

危险化学品安全管理条例 危险化学品目录：列入。易制
爆危险化学品名录：未列入。重点监管的危险化学品
名录：未列入。GB 18218—2009《危险化学品重大
危险源辨识》（表1）：未列入

使用有毒物品作业场所劳动保护条例 高毒物品目录：未
列入

易制毒化学品管理条例 易制毒化学品的分类和品种目
录：未列入

国际公约 斯德哥尔摩公约：未列入。鹿特丹公约：未列
入。蒙特利尔议定书：未列入

第十六部分 其他信息

编写和修订信息   缩略语和首字母缩写

培训建议   参考文献

免责声明

亚磷酸三甲酯

第一部分 化学品标识

化学品中文名 亚磷酸三甲酯

化学品英文名 trimethyl phosphite；trimethoxyphosphine

分子式 $C_3H_9O_3P$ **分子量** 124.0755

结构式
$$\begin{array}{c} O- \\ | \\ -O-P-O- \end{array}$$

化学品的推荐及限制用途 制造杀虫剂的原料

第二部分　危险性概述

紧急情况概述　易燃液体和蒸气，吞咽可能有害，皮肤接触可能有害，造成皮肤刺激，造成严重眼刺激，可能引起呼吸道刺激

GHS危险性类别　易燃液体，类别3；急性毒性-经口，类别5；急性毒性-经皮，类别5；皮肤腐蚀/刺激，类别2；严重眼损伤/眼刺激，类别2A；特异性靶器官毒性--次接触，类别3（呼吸道刺激）；特异性靶器官毒性-反复接触，类别2

标签要素

象形图　

警示词　警告

危险性说明　易燃液体和蒸气，吞咽可能有害，皮肤接触可能有害，造成皮肤刺激，造成严重眼刺激，可能引起呼吸道刺激，长时间或反复接触可能对器官造成损伤

防范说明

　　预防措施　远离热源、火花、明火、热表面。禁止吸烟。保持容器密闭。容器和接收设备接地连接。使用防爆型电器、通风、照明设备。只能使用不产生火花的工具。采取防止静电措施。戴防护手套、防护眼镜、防护面罩。避免接触眼睛、皮肤，操作后彻底清洗。避免吸入蒸气、雾

　　事故响应　火灾时，使用雾状水、泡沫、干粉、二氧化碳、砂土灭火。皮肤接触：用大量肥皂水和水清洗，脱去被污染的衣服，如感觉不适，呼叫中毒控制中心或就医。被污染的衣服必须经洗净后方可重新使用。如接触眼睛：用水细心冲洗数分钟。如戴隐形眼镜并可方便地取出，取出隐形眼镜，继续冲洗。如果眼睛刺激持续，就医。如果感觉不适，呼叫中毒控制中心或就医

　　安全储存　存放在通风良好的地方。保持低温

　　废弃处置　本品及内装物、容器依据国家和地方法规处置

物理和化学危险　易燃，其蒸气与空气混合，能形成爆炸性混合物

健康危害　吸入、摄入或经皮肤吸收对身体有害，有强烈的刺激作用。高浓度亚磷酸三甲酯对眼睛、皮肤、黏膜和呼吸道有强烈的刺激作用。中毒表现有烧灼感、咳嗽、喘息、喉炎、气短、头痛、恶心、呕吐、化学性肺炎

环境危害　对环境可能有害

第三部分　成分/组成信息

√物质　　　　　　　　　混合物

组分	浓度	CAS No.
亚磷酸三甲酯		121-45-9

第四部分　急救措施

吸入　迅速脱离现场至空气新鲜处。保持呼吸道通畅。如呼吸困难，给输氧。呼吸、心跳停止，立即进行心肺复苏术。就医

皮肤接触　立即脱去污染的衣着，用流动清水彻底冲洗。就医

眼睛接触　立即分开眼睑，用流动清水或生理盐水彻底冲洗。就医

食入　漱口，饮水。就医

对保护施救者的忠告　根据需要使用个人防护设备

对医生的特别提示　对症处理

第五部分　消防措施

灭火剂　用雾状水、泡沫、干粉、二氧化碳、砂土灭火

特别危险性　其蒸气与空气可形成爆炸性混合物，遇明火、高热能引起燃烧爆炸。与氧化剂可发生反应。受热分解产生有毒的氧化磷烟气。蒸气比空气重，沿地面扩散并易积存于低洼处，遇火源会着火回燃。若遇高热，容器内压增大，有开裂和爆炸的危险

灭火注意事项及防护措施　消防人员必须佩戴空气呼吸器、穿全身防火防毒服，在上风向灭火。尽可能将容器从火场移至空旷处。喷水保持火场容器冷却，直至灭火结束。处在火场中的容器若已变色或从安全泄压装置中发出声音，必须马上撤离

第六部分　泄漏应急处理

作业人员防护措施、防护装备和应急处置程序　消除所有点火源。根据液体流动和蒸气扩散的影响区域划定警戒区，无关人员从侧风、上风向撤离至安全区。建议应急处理人员戴正压自给式呼吸器，穿防毒、防静电服。作业时使用的所有设备应接地。禁止接触或跨越泄漏物。尽可能切断泄漏源

环境保护措施　防止泄漏物进入水体、下水道、地下室或有限空间

泄漏化学品的收容、清除方法及所使用的处置材料　小量泄漏：用砂土或其他不燃材料吸收。使用洁净的无火花工具收集吸收材料。大量泄漏：构筑围堤或挖坑收容。用泡沫覆盖，减少蒸发。喷水雾能减少蒸发，但不能降低泄漏物在有限空间内的易燃性。用防爆泵转移至槽车或专用收集器内

第七部分　操作处置与储存

操作注意事项　密闭操作，全面通风。操作人员必须经过专门培训，严格遵守操作规程。建议操作人员佩戴自吸过滤式防毒面具（全面罩），穿胶布防毒衣，戴橡胶耐油手套。远离火种、热源，工作场所严禁吸烟。使用防爆型的通风系统和设备。防止蒸气泄漏到工作场所空气中。避免与氧化剂、碱类接触。在氮气中操作处置。搬运时要轻装轻卸，防止包装及容器损坏。配备相应品种和数量的消防器材及泄漏应急处理设备。倒空的容器可能残留有害物

储存注意事项　储存于阴凉、干燥、通风良好的库房。远

离火种、热源。库温不宜超过 37℃，保持容器密封。应与氧化剂、碱类、食用化学品分开存放，切忌混储。采用防爆型照明、通风设施。禁止使用易产生火花的机械设备和工具。储区应备有泄漏应急处理设备和合适的收容材料

第八部分 接触控制/个体防护

职业接触限值
    中国 未制定标准
    美国（ACGIH） TLV-TWA：2ppm
生物接触限值 未制定标准
监测方法 空气中有毒物质测定方法：未制定标准。生物监测检验方法：未制定标准
工程控制 生产过程密闭，全面通风。提供安全淋浴和洗眼设备
个体防护装备
    呼吸系统防护 空气中浓度超标时，必须佩戴过滤式防毒面具（全面罩）。紧急事态抢救或撤离时，应该佩戴空气呼吸器
    眼睛防护 呼吸系统防护中已作防护
    皮肤和身体防护 穿密闭型防毒服
    手防护 戴橡胶耐油手套

第九部分 理化特性

外观与性状 无色液体

pH 值 无资料	**熔点(℃)** −78
沸点(℃) 108	**相对密度(水＝1)** 1.05
相对蒸气密度(空气＝1) 4.3	
饱和蒸气压(kPa) 3.2（25℃）	
临界压力(MPa) 无资料	**辛醇/水分配系数** 无资料
闪点(℃) 27	**自燃温度(℃)** 无资料
爆炸下限(%) 无资料	**爆炸上限(%)** 无资料
分解温度(℃) 无资料	**黏度(mPa·s)** 无资料
燃烧热(kJ/mol) 无资料	**临界温度(℃)** 无资料

溶解性 不溶于水，溶于多数有机溶剂

第十部分 稳定性和反应性

稳定性 稳定
危险反应 与强氧化剂、强碱、水等禁配物发生反应。受热分解产生有毒的氧化磷烟气
避免接触的条件 受热、潮湿空气
禁配物 强氧化剂、强碱、水
危险的分解产物 氧化磷、磷烷

第十一部分 毒理学信息

急性毒性 LD₅₀：1600mg/kg（大鼠经口），4280mg/kg（小鼠经口），2200mg/kg（兔经口），2600mg/kg（兔经皮）

皮肤刺激或腐蚀 无资料	**眼睛刺激或腐蚀** 无资料
呼吸或皮肤过敏 无资料	**生殖细胞突变性** 无资料
致癌性 无资料	**生殖毒性** 无资料

特异性靶器官系统毒性-一次接触 无资料
特异性靶器官系统毒性-反复接触 无资料

吸入危害 无资料

第十二部分 生态学信息

生态毒性 无资料
持久性和降解性
    生物降解性 无资料
    非生物降解性 无资料
潜在的生物累积性 无资料
土壤中的迁移性 无资料

第十三部分 废弃处置

废弃化学品 建议用焚烧法处置。焚烧炉排出的气体要通过洗涤器除去
污染包装物 将容器返还生产商或按照国家和地方法规处置
废弃注意事项 处置前应参阅国家和地方有关法规

第十四部分 运输信息

联合国危险货物编号（UN 号） 2329
联合国运输名称 亚磷酸三甲酯
联合国危险性类别 3

包装类别 Ⅲ   **包装标志**

海洋污染物 否
运输注意事项 运输时运输车辆应配备相应品种和数量的消防器材及泄漏应急处理设备。夏季最好早晚运输。运输时所用的槽（罐）车应有接地链，槽内可设孔隔板以减少震荡产生的静电。严禁与氧化剂、碱类、食用化学品等混装混运。运输途中应防暴晒、雨淋，防高温。中途停留时应远离火种、热源、高温区。装运该物品的车辆排气管必须配备阻火装置，禁止使用易产生火花的机械设备和工具装卸。公路运输时要按规定路线行驶。严禁用木船、水泥船散装运输

第十五部分 法规信息

下列法律、法规、规章和标准，对该化学品的管理作了相应的规定。
中华人民共和国职业病防治法 职业病分类和目录：未列入
危险化学品安全管理条例 危险化学品目录：列入。易制爆危险化学品名录：未列入。重点监管的危险化学品名录：未列入。GB 18218—2009《危险化学品重大危险源辨识》（表 1）：未列入
使用有毒物品作业场所劳动保护条例 高毒物品目录：未列入
易制毒化学品管理条例 易制毒化学品的分类和品种目录：未列入
国际公约 斯德哥尔摩公约：未列入。鹿特丹公约：未列入。蒙特利尔议定书：未列入

第十六部分　其他信息

编写和修订信息　　缩略语和首字母缩写
培训建议　　　　　参考文献
免责声明

亚磷酸三乙酯

第一部分　化学品标识

化学品中文名　亚磷酸三乙酯
化学品英文名　triethyl phosphite；triethoxyphosphine
分子式　C₆H₁₅O₃P　**分子量**　166.1553

结构式

化学品的推荐及限制用途　作为农药中间体及塑料的增塑剂和稳定剂

第二部分　危险性概述

紧急情况概述　易燃液体和蒸气，造成眼刺激，可能导致皮肤过敏反应

GHS 危险性类别　易燃液体，类别 3；严重眼损伤/眼刺激，类别 2B；皮肤致敏物，类别 1；生殖毒性，类别 2；特异性靶器官毒性——次接触，类别 2；危害水生环境-急性危害，类别 3

标签要素

象形图

警示词　警告

危险性说明　易燃液体和蒸气，造成眼刺激，可能导致皮肤过敏反应，怀疑对生育力或胎儿造成伤害，可能对器官造成损害，对水生生物有害

防范说明

预防措施　远离热源、火花、明火、热表面。保持容器密闭。容器和接收设备接地连接。使用防爆型电器、通风、照明设备。只能使用不产生火花的工具。采取防止静电措施。戴防护手套、防护眼镜、防护面罩。避免接触眼睛、皮肤，操作后彻底清洗。避免吸入蒸气、雾。污染的工作服不得带出工作场所。得到专门指导后操作。在阅读并了解所有安全预防措施之前，切勿操作。按要求使用个体防护装备。工作场所不得进食、饮水或吸烟。禁止排入环境

事故响应　火灾时，使用雾状水、泡沫、干粉、二氧化碳、砂土灭火。如皮肤接触：用大量肥皂水和水清洗，如出现皮肤刺激或皮疹，就医。污染的衣服清洗后方可重新使用。如接触眼睛：用水细心冲洗数分钟。如戴隐形眼镜并可方便地取出，取出隐形眼镜，继续冲洗。如果眼睛刺激持续：就医。如果接触或感觉不适：

呼叫中毒控制中心或就医

安全储存　存放在通风良好的地方。保持低温。上锁保管

废弃处置　本品及内装物、容器依据国家和地方法规处置

物理和化学危险　易燃，其蒸气与空气混合，能形成爆炸性混合物

健康危害　蒸气或雾对眼、上呼吸道有刺激性。对皮肤有刺激性

环境危害　对水生生物有害

第三部分　成分/组成信息

√物质　　　　　　　　　　混合物

组分	浓度	CAS No.
亚磷酸三乙酯		122-52-1

第四部分　急救措施

吸入　迅速脱离现场至空气新鲜处。保持呼吸道通畅。如呼吸困难，给输氧。呼吸、心跳停止，立即进行心肺复苏术。就医

皮肤接触　立即脱去污染的衣着，用流动清水彻底冲洗。就医

眼睛接触　立即分开眼睑，用流动清水或生理盐水彻底冲洗。就医

食入　漱口，饮水。就医

对保护施救者的忠告　根据需要使用个人防护设备

对医生的特别提示　对症处理

第五部分　消防措施

灭火剂　用雾状水、泡沫、干粉、二氧化碳、砂土灭火

特别危险性　其蒸气与空气可形成爆炸性混合物，遇明火、高热能引起燃烧爆炸。与氧化剂可发生反应。受热分解产生有毒的氧化磷烟气。若遇高热，容器内压增大，有开裂和爆炸的危险

灭火注意事项及防护措施　消防人员必须佩戴防毒面具、穿全身消防服，在上风向灭火。尽可能将容器从火场移至空旷处。喷水保持火场容器冷却，直至灭火结束。处在火场中的容器若已变色或从安全泄压装置中发出声音，必须马上撤离

第六部分　泄漏应急处理

作业人员防护措施、防护装备和应急处置程序　消除所有点火源。根据液体流动和蒸气扩散的影响区域划定警戒区，无关人员从侧风、上风向撤离至安全区。建议应急处理人员戴正压自给式呼吸器，穿防静电服。作业时使用的所有设备应接地。禁止接触或跨越泄漏物。尽可能切断泄漏源

环境保护措施　防止泄漏物进入水体、下水道、地下室或有限空间

泄漏化学品的收容、清除方法及所使用的处置材料　小量泄漏：用砂土或其他不燃材料吸收。使用洁净的无火花工具收集吸收材料。大量泄漏：构筑围堤或挖坑收容。用泡沫覆盖，减少蒸发。喷水雾能减少蒸发，但

不能降低泄漏物在有限空间内的易燃性。用防爆泵转移至槽车或专用收集器内

第七部分　操作处置与储存

操作注意事项　密闭操作，加强通风。操作人员必须经过专门培训，严格遵守操作规程。建议操作人员佩戴自吸过滤式防毒面具（半面罩），戴化学安全防护眼镜，穿防静电工作服，戴橡胶耐油手套。远离火种、热源，工作场所严禁吸烟。使用防爆型的通风系统和设备。防止蒸气泄漏到工作场所空气中。避免与氧化剂、碱类接触。搬运时要轻装轻卸，防止包装及容器损坏。配备相应品种和数量的消防器材及泄漏应急处理设备。倒空的容器可能残留有害物

储存注意事项　储存于阴凉、干燥、通风良好的库房。库温不宜超过37℃，远离火种、热源。包装必须密封，切勿受潮。应与氧化剂、碱类等分开存放，切忌混储。采用防爆型照明、通风设施。禁止使用易产生火花的机械设备和工具。储区应备有泄漏应急处理设备和合适的收容材料

第八部分　接触控制/个体防护

职业接触限值
　　中国　未制定标准
　　美国（ACGIH）　未制定标准
生物接触限值　未制定标准
监测方法　空气中有毒物质测定方法：未制定标准。生物监测检验方法：未制定标准
工程控制　生产过程密闭，加强通风。提供安全淋浴和洗眼设备
个体防护装备
　　呼吸系统防护　空气中浓度超标时，必须佩戴过滤式防毒面具（半面罩）。紧急事态抢救或撤离时，应该佩戴空气呼吸器
　　眼睛防护　戴化学安全防护眼镜
　　皮肤和身体防护　穿防静电工作服
　　手防护　戴橡胶耐油手套

第九部分　理化特性

外观与性状　无色透明液体，具有特殊的气味

pH 值　无资料		**熔点（℃）**　无资料	
沸点（℃）　156.6		**相对密度（水＝1）**　0.97	

相对蒸气密度（空气＝1）　无资料
饱和蒸气压（kPa）　1.60（49℃）

临界压力（MPa）　无资料	**辛醇/水分配系数**　无资料
闪点（℃）　54.4	**自燃温度（℃）**　无资料
爆炸下限（%）　无资料	**爆炸上限（%）**　无资料
分解温度（℃）　无资料	**黏度（mPa·s）**　无资料
燃烧热（kJ/mol）　无资料	**临界温度（℃）**　无资料

溶解性　不溶于水，溶于乙醇、乙醚、苯、丙酮等多数有机溶剂

第十部分　稳定性和反应性

稳定性　稳定

危险反应　与强氧化剂、强碱、水等禁配物发生反应
避免接触的条件　受热、潮湿空气
禁配物　强氧化剂、强碱、水
危险的分解产物　氧化磷、磷烷

第十一部分　毒理学信息

急性毒性　LD_{50}：1840mg/kg（大鼠经口），3720mg/kg（小鼠经口），2800mg/kg（兔经皮）。LC_{50}：11060mg/m³（大鼠吸入，6h）

皮肤刺激或腐蚀　无资料		**眼睛刺激或腐蚀**　无资料	
呼吸或皮肤过敏　无资料		**生殖细胞突变性**　无资料	
致癌性　无资料		**生殖毒性**　无资料	

特异性靶器官系统毒性-一次接触　无资料
特异性靶器官系统毒性-反复接触　无资料
吸入危害　无资料

第十二部分　生态学信息

生态毒性　无资料
持久性和降解性
　　生物降解性　无资料
　　非生物降解性　无资料
潜在的生物累积性　无资料
土壤中的迁移性　无资料

第十三部分　废弃处置

废弃化学品　建议用焚烧法处置。焚烧炉排出的气体要通过洗涤器除去
污染包装物　将容器返还生产商或按照国家和地方法规处置
废弃注意事项　处置前应参阅国家和地方有关法规

第十四部分　运输信息

联合国危险货物编号（UN 号）　2323
联合国运输名称　亚磷酸三乙酯
联合国危险性类别　3

包装类别　Ⅲ　　　　　　　**包装标志**

海洋污染物　否
运输注意事项　运输时运输车辆应配备相应品种和数量的消防器材及泄漏应急处理设备。夏季最好早晚运输。运输时所用的槽（罐）车应有接地链，槽内可设孔隔板以减少震荡产生的静电。严禁与氧化剂、碱类、食用化学品等混装混运。运输途中应防暴晒、雨淋，防高温。中途停留时应远离火种、热源、高温区。装运该物品的车辆排气管必须配备阻火装置，禁止使用易产生火花的机械设备和工具装卸。公路运输时要按规定路线行驶，勿在居民区和人口稠密区停留。严禁用木船、水泥船散装运输

第十五部分　法规信息

下列法律、法规、规章和标准，对该化学品的管理作

了相应的规定。

中华人民共和国职业病防治法　职业病分类和目录：未列入

危险化学品安全管理条例　危险化学品目录：列入。易制爆危险化学品名录：未列入。重点监管的危险化学品名录：未列入。GB 18218—2009《危险化学品重大危险源辨识》（表1）：未列入

使用有毒物品作业场所劳动保护条例　高毒物品目录：未列入

易制毒化学品管理条例　易制毒化学品的分类和品种目录：未列入

国际公约　斯德哥尔摩公约：未列入。鹿特丹公约：未列入。蒙特利尔议定书：未列入

第十六部分　其他信息

编写和修订信息　　缩略语和首字母缩写
培训建议　　　　　参考文献
免责声明

亚硫酸氢钙

第一部分　化学品标识

化学品中文名　亚硫酸氢钙；酸式亚硫酸钙
化学品英文名　calcium bisulfite; calcium hydrogensulfite
分子式　$Ca(HSO_3)_2$　**分子量**　202.22
结构式
$$\left[HO\!-\!\overset{\displaystyle O}{\underset{\displaystyle \|}{S}}\!-\!O^- \right]_2 Ca^{2+}$$

化学品的推荐及限制用途　用作二氧化硫发生剂、还原剂、漂白剂、防腐剂等

第二部分　危险性概述

紧急情况概述　造成皮肤刺激，造成严重眼刺激
GHS危险性类别　皮肤腐蚀/刺激，类别2；严重眼损伤/眼刺激，类别2
标签要素

象形图　

警示词　警告
危险性说明　造成皮肤刺激，造成严重眼刺激
防范说明

　　预防措施　避免接触眼睛、皮肤，操作后彻底清洗。戴防护手套、防护眼镜、防护面罩

　　事故响应　皮肤接触：用大量肥皂水和水清洗，脱去被污染的衣服，如发生皮肤刺激，就医。被污染的衣服必须经净洗后方可重新使用。如接触眼睛：用水细心冲洗数分钟。如戴隐形眼镜并可方便地取出，取出隐形眼镜，继续冲洗。如果眼睛刺激持续：就医

　　安全储存　—

　　废弃处置　本品及内装物、容器依据国家和地方法规处置

物理和化学危险　不燃，无特殊燃爆特性
健康危害　对眼和皮肤有强刺激性。受热分解放出氧化硫烟雾
环境危害　对环境可能有害

第三部分　成分/组成信息

√物质　　　　　　　混合物

组分	浓度	CAS No.
亚硫酸氢钙		13780-03-5

第四部分　急救措施

吸入　迅速脱离现场至空气新鲜处。保持呼吸道通畅。如呼吸困难，给输氧。呼吸、心跳停止，立即进行心肺复苏术。就医

皮肤接触　立即脱去污染的衣着，用大量流动清水彻底冲洗至少15min。就医

眼睛接触　立即分开眼睑，用流动清水或生理盐水彻底冲洗5~10min。就医

食入　漱口，饮水。就医

对保护施救者的忠告　根据需要使用个人防护设备
对医生的特别提示　对症处理

第五部分　消防措施

灭火剂　灭火时尽量切断泄漏源，然后根据着火原因选择适当灭火剂灭火

特别危险性　具有还原性。接触酸或酸气能产生有毒气体。受高热分解放出有毒的气体。具有腐蚀性

灭火注意事项及防护措施　消防人员必须佩戴防毒面具、穿全身消防服，在上风向灭火。尽可能将容器从火场移至空旷处。喷水保持火场容器冷却，直至灭火结束

第六部分　泄漏应急处理

作业人员防护措施、防护装备和应急处置程序　消除所有点火源。建议应急处理人员戴正压自给式呼吸器，穿防静电、防腐服。禁止接触或跨越泄漏物。尽可能切断泄漏源

环境保护措施　若是液体，防止泄漏物进入水体、下水道、地下室或有限空间。用砂土吸收

泄漏化学品的收容、清除方法及所使用的处置材料　若大量泄漏，构筑围堤或挖坑收容。用泵转移至槽车或专用收集器内。若是固体，用洁净的铲子收集于干燥、洁净、有盖的容器中

第七部分　操作处置与储存

操作注意事项　密闭操作，局部排风。防止烟雾或粉尘泄漏到工作场所空气中。操作人员必须经过专门培训，严格遵守操作规程。建议操作人员佩戴自吸过滤式防毒面具（半面罩），戴化学安全防护眼镜，穿橡胶耐酸碱服，戴橡胶耐酸碱手套。避免产生蒸气或粉尘。避免与氧化剂、酸类、碱类接触。配备泄漏应急处理设备。倒空的容器可能残留有害物

储存注意事项　储存于阴凉、通风的库房。远离火种、热

源。防止阳光直射。保持容器密封。应与氧化剂、酸类、碱类分开存放，切忌混储。不宜久存，以免变质。采用防爆型照明、通风设施。禁止使用易产生火花的机械设备和工具。储区应备有泄漏应急处理设备和合适的收容材料

第八部分　接触控制/个体防护

职业接触限值
中国　未制定标准
美国(ACGIH)　未制定标准
生物接触限值　未制定标准
监测方法　空气中有毒物质测定方法：未制定标准。生物监测检验方法：未制定标准
工程控制　密闭操作，局部排风
个体防护装备
呼吸系统防护　空气中浓度超标时，必须佩戴过滤式防毒面具（半面罩）。紧急事态抢救或撤离时，应该佩戴空气呼吸器
眼睛防护　戴化学安全防护眼镜
皮肤和身体防护　穿橡胶耐酸碱服
手防护　戴橡胶耐酸碱手套

第九部分　理化特性

外观与性状　无色或微黄色固体，有强烈的二氧化硫气味
pH值　无意义　　　**熔点(℃)**　无资料
沸点(℃)　无资料
相对密度(水＝1)　1.06（15℃）
相对蒸气密度(空气＝1)　无资料
饱和蒸气压(kPa)　无资料
临界压力(MPa)　无资料　　**辛醇/水分配系数**　无资料
闪点(℃)　无意义　　　**自燃温度(℃)**　无意义
爆炸下限(%)　无意义　　**爆炸上限(%)**　无意义
分解温度(℃)　无资料　　**黏度(mPa·s)**　无资料
燃烧热(kJ/mol)　无资料　**临界温度(℃)**　无资料
溶解性　溶于水、酸

第十部分　稳定性和反应性

稳定性　稳定
危险反应　与强氧化剂、强酸、强碱等禁配物发生反应。接触酸或酸气能产生有毒气体
避免接触的条件　无资料
禁配物　强氧化剂、强酸、强碱
危险的分解产物　氧化硫

第十一部分　毒理学信息

急性毒性　无资料
皮肤刺激或腐蚀　无资料
眼睛刺激或腐蚀　家兔经眼：250mg（5d），轻度刺激
呼吸或皮肤过敏　无资料　　**生殖细胞突变性**　无资料
致癌性　无资料　　　　　　**生殖毒性**　无资料
特异性靶器官系统毒性--一次接触　无资料
特异性靶器官系统毒性-反复接触　无资料
吸入危害　无资料

第十二部分　生态学信息

生态毒性　无资料
持久性和降解性
生物降解性　无资料
非生物降解性　无资料
潜在的生物累积性　无资料
土壤中的迁移性　无资料

第十三部分　废弃处置

废弃化学品　根据国家和地方有关法规的要求处置。或与厂商或制造商联系，确定处置方法
污染包装物　将容器返还生产商或按照国家和地方法规处置
废弃注意事项　处置前应参阅国家和地方有关法规

第十四部分　运输信息

联合国危险货物编号（UN号）　—
联合国运输名称　—　　　**联合国危险性类别**　—
包装类别　—　　　　　　**包装标志**　—
海洋污染物　否
运输注意事项　起运时包装要完整，装载应稳妥。运输过程中要确保容器不泄漏、不倒塌、不坠落、不损坏。严禁与氧化剂、酸类、碱类、食用化学品等混装混运。运输时运输车辆应配备泄漏应急处理设备。运输途中应防暴晒、雨淋，防高温。公路运输时要按规定路线行驶，勿在居民区和人口稠密区停留

第十五部分　法规信息

下列法律、法规、规章和标准，对该化学品的管理作了相应的规定。
中华人民共和国职业病防治法　职业病分类和目录：未列入
危险化学品安全管理条例　危险化学品目录：列入。易制爆危险化学品名录：未列入。重点监管的危险化学品名录：未列入。GB 18218—2009《危险化学品重大危险源辨识》（表1）：未列入
使用有毒物品作业场所劳动保护条例　高毒物品目录：未列入
易制毒化学品管理条例　易制毒化学品的分类和品种目录：未列入
国际公约　斯德哥尔摩公约：未列入。鹿特丹公约：未列入。蒙特利尔议定书：未列入

第十六部分　其他信息

编写和修订信息　缩略语和首字母缩写
培训建议　参考文献
免责声明

亚硫酸氢钠

第一部分　化学品标识

化学品中文名　亚硫酸氢钠；酸式亚硫酸钠；重亚硫酸钠

化学品英文名　sodium bisulfite；hydrogen sulfite sodium

分子式　$NaHSO_3$　分子量　104.062

结构式　

$$HO-\overset{\overset{\displaystyle O}{\|}}{S}-O^-\quad\cdot\ Na^+$$

化学品的推荐及限制用途　用作漂白剂、媒染剂、蔬菜脱水和保存剂、照相还原剂及医药、电镀、造纸等助漂净剂

第二部分　危险性概述

紧急情况概述　造成严重眼刺激

GHS危险性类别　急性毒性-经口，类别4；皮肤腐蚀/刺激，类别2；严重眼损伤/眼刺激，类别2

标签要素

象形图　

警示词　警告

危险性说明　吞咽有害，造成皮肤刺激，造成严重眼刺激

防范说明

预防措施　避免接触眼睛、皮肤，操作后彻底清洗。作业场所不得进食、饮水或吸烟。戴防护手套、防护眼镜、防护面罩

事故响应　皮肤接触：用大量肥皂水和水清洗，脱去被污染的衣服，经洗净后方可重新使用。如发生皮肤刺激，就医。如接触眼睛：用水细心冲洗数分钟。如戴隐形眼镜并可方便地取出，取出隐形眼镜，继续冲洗。如果眼睛刺激持续：就医。食入：如果感觉不适，立即呼叫中毒控制中心或就医，漱口

安全储存　—

废弃处置　本品及内装物、容器依据国家和地方法规处置

物理和化学危险　不燃，无特殊燃爆特性

健康危害　对皮肤、眼、呼吸道有刺激性，可引起过敏反应。可引起角膜损害，导致失明。可引起哮喘；大量口服引起恶心、腹痛、腹泻、循环衰竭、中枢神经抑制

环境危害　对环境可能有害

第三部分　成分/组成信息

√ 物质　　　　　　　　混合物

组分	浓度	CAS No.
亚硫酸氢钠		7631-90-5

第四部分　急救措施

吸入　迅速脱离现场至空气新鲜处。保持呼吸道通畅。如呼吸困难，给输氧。呼吸、心跳停止，立即进行心肺复苏术。就医

皮肤接触　立即脱去污染的衣着，用流动清水彻底冲洗。就医

眼睛接触　立即分开眼睑，用流动清水或生理盐水彻底冲洗5～10min。就医

食入　漱口，饮水。就医

对保护施救者的忠告　根据需要使用个人防护设备

对医生的特别提示　对症处理

第五部分　消防措施

灭火剂　本品不燃，根据着火原因选择适当灭火剂灭火

特别危险性　具有强还原性。接触酸或酸气能产生有毒气体。受高热分解放出有毒的气体。具有腐蚀性

灭火注意事项及防护措施　消防人员必须穿全身耐酸碱消防服、佩戴空气呼吸器灭火。尽可能将容器从火场移至空旷处。喷水保持火场容器冷却，直至灭火结束

第六部分　泄漏应急处理

作业人员防护措施、防护装备和应急处置程序　隔离泄漏污染区，限制出入。建议应急处理人员戴防尘口罩，穿防酸碱服。穿上适当的防护服前严禁接触破裂的容器和泄漏物。尽可能切断泄漏源

环境保护措施　用塑料布覆盖泄漏物，减少飞散

泄漏化学品的收容、清除方法及所使用的处置材料　勿使水进入包装容器内。用洁净的铲子收集泄漏物，置于干净、干燥、盖子较松的容器中，将容器移离泄漏区

第七部分　操作处置与储存

操作注意事项　密闭操作，局部排风。防止粉尘释放到车间空气中。操作人员必须经过专门培训，严格遵守操作规程。建议操作人员佩戴自吸过滤式防尘口罩，戴化学安全防护眼镜，穿橡胶耐酸碱服，戴橡胶耐酸碱手套。避免产生粉尘。避免与氧化剂、酸类、碱类接触。配备泄漏应急处理设备。倒空的容器可能残留有害物

储存注意事项　储存于阴凉、通风的库房。远离火种、热源。防止阳光直射。包装密封。应与氧化剂、酸类、碱类分开存放，切忌混储。不宜久存，以免变质。储区应备有合适的材料收容泄漏物

第八部分　接触控制/个体防护

职业接触限值

中国　未制定标准

美国（ACGIH）　TLV-TWA：$5mg/m^3$

生物接触限值　未制定标准

监测方法　空气中有毒物质测定方法：未制定标准。生物监测检验方法：未制定标准

工程控制　密闭操作，局部排风

个体防护装备

呼吸系统防护　空气中粉尘浓度超标时，必须佩戴过滤式防尘呼吸器。紧急事态抢救或撤离时，应该佩戴空气呼吸器

眼睛防护　戴化学安全防护眼镜

皮肤和身体防护　穿橡胶耐酸碱服

手防护　戴橡胶耐酸碱手套

第九部分　理化特性

外观与性状　白色结晶粉末，有二氧化硫的气味

pH 值　无意义　　　熔点(℃)　150（分解）

沸点(℃)　无资料

相对密度(水＝1)　1.48（20℃）

相对蒸气密度(空气＝1)　无资料

饱和蒸气压(kPa)　无资料

临界压力(MPa)　无意义　辛醇/水分配系数　无资料

闪点(℃)　无意义　　自燃温度(℃)　无意义

爆炸下限(%)　无意义　爆炸上限(%)　无意义

分解温度(℃)　熔点分解　黏度(mPa·s)　无资料

燃烧热(kJ/mol)　无资料　临界温度(℃)　无资料

溶解性　易溶于水，微溶于醇、乙醚

第十部分　稳定性和反应性

稳定性　稳定

危险反应　与强氧化剂等禁配物发生反应。接触酸或酸气
　　　能产生有毒气体

避免接触的条件　无资料

禁配物　强氧化剂、强酸、强碱

危险的分解产物　氧化硫、氧化钠

第十一部分　毒理学信息

急性毒性　LD_{50}：2000mg/kg（大鼠经口）

皮肤刺激或腐蚀　无资料　眼睛刺激或腐蚀　无资料

呼吸或皮肤过敏　无资料

生殖细胞突变性　微生物致突变：鼠伤寒沙门氏菌
　　　100mmol/L。细胞遗传学分析：人淋巴细胞 375μmol/L。
　　　姐妹染色单体互换：人淋巴细胞 50μmol/L。微核试
　　　验：人淋巴细胞 100μmol/L

致癌性　IARC 致癌性评论：组 3，现有的证据不能对人
　　　类致癌性进行分类　生殖毒性　无资料

特异性靶器官系统毒性--一次接触　无资料

特异性靶器官系统毒性-反复接触　无资料

吸入危害　无资料

第十二部分　生态学信息

生态毒性　无资料

持久性和降解性

　　生物降解性　无资料

　　非生物降解性　无资料

潜在的生物累积性　无资料

土壤中的迁移性　无资料

第十三部分　废弃处置

废弃化学品　加入水中，加纯碱，再用盐酸中和，然后用
　　　大量水冲入下水道。若可能，重复使用容器或在规定
　　　场所掩埋

污染包装物　将容器返还生产商或按照国家和地方法规
　　　处置

废弃注意事项　处置前应参阅国家和地方有关法规

第十四部分　运输信息

联合国危险货物编号（UN 号）　—

联合国运输名称　—　　联合国危险性类别　—

包装类别　—　　　　包装标志　—

海洋污染物　否

运输注意事项　起运时包装要完整，装载应稳妥。运输过
　　　程中要确保容器不泄漏、不倒塌、不坠落、不损坏。
　　　严禁与氧化剂、酸类、碱类、食用化品等混装混
　　　运。运输时运输车辆应配备泄漏应急处理设备。运输
　　　途中应防暴晒、雨淋，防高温。公路运输时要按规定
　　　路线行驶，勿在居民区和人口稠密区停留

第十五部分　法规信息

　　下列法律、法规、规章和标准，对该化学品的管理作
了相应的规定。

中华人民共和国职业病防治法　职业病分类和目录：未
　　　列入

危险化学品安全管理条例　危险化学品目录：列入。易制
　　　爆危险化学品名录：未列入。重点监管的危险化学品
　　　名录：未列入。GB 18218—2009《危险化学品重大
　　　危险源辨识》(表 1)：未列入

使用有毒物品作业场所劳动保护条例　高毒物品目录：未
　　　列入

易制毒化学品管理条例　易制毒化学品的分类和品种目
　　　录：未列入

国际公约　斯德哥尔摩公约：未列入。鹿特丹公约：未列
　　　入。蒙特利尔议定书：未列入

第十六部分　其他信息

编写和修订信息　　　缩略语和首字母缩写

培训建议　　　　　　参考文献

免责声明

亚砷酸铅

第一部分　化学品标识

化学品中文名　亚砷酸铅

化学品英文名　lead arsenite；lead（Ⅱ）arsenite

分子式　$Pb(AsO_2)_2$　分子量　421.0

结构式　$[O=As-O^-]_2 Pb^{2+}$

化学品的推荐及限制用途　用作杀虫剂

第二部分　危险性概述

紧急情况概述　吞咽会中毒，吸入会中毒，造成严重眼刺
　　　激，可能致癌

GHS 危险性类别　急性毒性-经口，类别 3；急性毒性-吸
　　　入，类别 3；严重眼损伤/眼刺激，类别 2；致癌性，
　　　类别 1A；生殖毒性，类别 2；特异性靶器官毒性--一
　　　次接触，类别 1；特异性靶器官毒性-反复接触，类别
　　　1；危害水生环境-急性危害，类别 1；危害水生环境-
　　　长期危害，类别 1

标签要素

象形图　

警示词　危险

危险性说明　吞咽会中毒，吸入会中毒，造成严重眼刺激，可能致癌，怀疑对生育力或胎儿造成伤害，长时间或反复接触对器官造成损伤，对水生生物毒性非常大并具有长期持续影响

防范说明

预防措施　避免接触眼睛、皮肤，操作后彻底清洗。作业场所不得进食、饮水或吸烟。避免吸入粉尘。仅在室外或通风良好处操作。戴防护眼镜、防护面罩。得到专门指导后操作。在阅读并了解所有安全预防措施之前，切勿操作。按要求使用个体防护装备。禁止排入环境

事故响应　如吸入：将患者转移到空气新鲜处，休息，保持利于呼吸的体位，呼叫中毒控制中心或就医。如接触眼睛：用水细心冲洗数分钟。如戴隐形眼镜并可方便地取出，取出隐形眼镜，继续冲洗。如果眼睛刺激持续：就医。食入：立即呼叫中毒控制中心或就医，漱口。如果接触或有担心，立即呼叫中毒控制中心或就医。如感觉不适，就医。收集泄漏物

安全储存　在通风良好处储存。保持容器密闭。上锁保管

废弃处置　本品及内装物、容器依据国家和地方法规处置

物理和化学危险　不燃，无特殊燃爆特性

健康危害　本品属剧毒类。对皮肤、黏膜有刺激作用，吸入或误服会中毒。兼有铅和砷的毒性。受热分解释出砷和铅烟雾

环境危害　对水生生物毒性非常大并具有长期持续影响

第三部分　成分/组成信息

√ 物质　　　　　　　混合物

组分	浓度	CAS No.
亚砷酸铅		10031-13-7

第四部分　急救措施

吸入　迅速脱离现场至空气新鲜处。保持呼吸道通畅。如呼吸困难，给输氧。呼吸、心跳停止，立即进行心肺复苏术。就医

皮肤接触　立即脱去污染的衣着，用肥皂水和清水彻底冲洗。就医

眼睛接触　立即分开眼睑，用流动清水或生理盐水彻底冲洗。就医

食入　催吐、彻底洗胃，洗胃后服活性炭30～50g（用水调成浆状），而后再服用硫酸镁或硫酸钠导泻。就医

对保护施救者的忠告　根据需要使用个人防护设备

对医生的特别提示　砷中毒解毒剂：二巯基丙磺酸钠、二巯基丁二酸钠等；铅中毒解毒剂：依地酸二钠钙、二巯基丁二酸钠、二巯基丁二酸等

第五部分　消防措施

灭火剂　本品不燃，根据着火原因选择适当灭火剂灭火

特别危险性　本身不能燃烧。遇高热分解释出高毒烟气

灭火注意事项及防护措施　消防人员必须穿全身防火防毒服，在上风向灭火。灭火时尽可能将容器从火场移至空旷处

第六部分　泄漏应急处理

作业人员防护措施、防护装备和应急处置程序　隔离泄漏污染区，限制出入。建议应急处理人员戴防尘口罩，穿防毒服。穿上适当的防护服前严禁接触破裂的容器和泄漏物。尽可能切断泄漏源

环境保护措施　用塑料布覆盖泄漏物，减少飞散

泄漏化学品的收容、清除方法及所使用的处置材料　勿使水进入包装容器内。用洁净的铲子收集泄漏物，置于干净、干燥、盖子较松的容器中，将容器移离泄漏区

第七部分　操作处置与储存

操作注意事项　密闭操作，提供充分的局部排风。防止粉尘释放到车间空气中。操作人员必须经过专门培训，严格遵守操作规程。建议操作人员佩戴防尘面具（全面罩），穿胶布防毒衣，戴橡胶手套。避免产生粉尘。避免与氧化剂、酸类接触。配备泄漏应急处理设备。倒空的容器可能残留有害物

储存注意事项　储存于阴凉、通风的库房。远离火种、热源。防止阳光直射。包装密封。应与氧化剂、酸类、食用化学品分开存放，切忌混储。储区应备有合适的材料收容泄漏物

第八部分　接触控制/个体防护

职业接触限值

中国　PC-TWA：0.01mg/m³；PC-STEL：0.02mg/m³［按As计］［G1］。PC-TWA：0.05mg/m³（铅尘），0.03mg/m³（铅烟）［按Pb计］［G2A］

美国（ACGIH）　TLV-TWA：0.01mg/m³［按As计］，0.05mg/m³［按Pb计］

生物接触限值　血铅：2.0μmol/L（400μg/L）（采样时间：接触三周后的任意时间）

监测方法　空气中有毒物质测定方法　砷：原子荧光光谱法；氢化物-原子吸收法；二乙氨基二硫代甲酸银分光光度法。铅：火焰原子吸收光谱法；双硫腙分光光度法；氢化物-原子吸收光谱法；微分电位溶出法。生物监测检验方法：血中铅的石墨炉原子吸收光谱测定方法；血中铅的微分电位溶出测定方法

工程控制　严加密闭，提供充分的局部排风

个体防护装备

呼吸系统防护　可能接触其粉尘时，必须佩戴空气呼吸器

眼睛防护　呼吸系统防护中已作防护

皮肤和身体防护　穿密闭型防毒服

手防护　戴橡胶手套

第九部分　理化特性

外观与性状　白色粉末

pH值　无意义　　　　**熔点(℃)**　无资料

沸点(℃)　无资料	相对密度(水＝1)　5.85	
相对蒸气密度(空气＝1)　无资料		
饱和蒸气压(kPa)　无资料		
临界压力(MPa)　无意义	辛醇/水分配系数　无资料	
闪点(℃)　无意义	自燃温度(℃)　无意义	
爆炸下限(%)　无意义	爆炸上限(%)　无意义	
分解温度(℃)　无资料	黏度(mPa·s)　无资料	
燃烧热(kJ/mol)　无资料	临界温度(℃)　无资料	

溶解性　不溶于水，溶于稀硝酸，易溶于碱液

第十部分　稳定性和反应性

稳定性　稳定

危险反应　与强氧化剂、强酸等禁配物发生反应

避免接触的条件　光照

禁配物　强氧化剂、强酸

危险的分解产物　氧化砷、氧化铅、砷

第十一部分　毒理学信息

急性毒性　无资料

皮肤刺激或腐蚀　无资料　　**眼睛刺激或腐蚀**　无资料

呼吸或皮肤过敏　无资料　　**生殖细胞突变性**　无资料

致癌性　IARC致癌性评论：组1，确认人类致癌物

生殖毒性　无资料

特异性靶器官系统毒性-一次接触　无资料

特异性靶器官系统毒性-反复接触　无资料

吸入危害　无资料

第十二部分　生态学信息

生态毒性　含砷化合物对水生生物有极高毒性

持久性和降解性

　　生物降解性　无资料

　　非生物降解性　无资料

潜在的生物累积性　无资料

土壤中的迁移性　无资料

第十三部分　废弃处置

废弃化学品　在污水处理厂处理和中和。若可能，重复使用容器或在规定场所掩埋

污染包装物　将容器返还生产商或按照国家和地方法规处置

废弃注意事项　处置前应参阅国家和地方有关法规

第十四部分　运输信息

联合国危险货物编号（UN号）　1618

联合国运输名称　亚砷酸铅

联合国危险性类别　6.1

包装类别　Ⅱ　　　　　　　**包装标志**　

海洋污染物　是

运输注意事项　运输前应先检查包装容器是否完整、密封，运输过程中要确保容器不泄漏、不倒塌、不坠落、不损坏。严禁与酸类、氧化剂、食品及食品添加剂混运。运输时运输车辆应配备泄漏应急处理设备。运输途中应防暴晒、雨淋，防高温。公路运输时要按规定路线行驶，勿在居民区和人口稠密区停留

第十五部分　法规信息

下列法律、法规、规章和标准，对该化学品的管理作了相应的规定。

中华人民共和国职业病防治法　职业病分类和目录：铅及其化合物中毒，砷及其化合物中毒，砷及其化合物所致肺癌、皮肤癌

危险化学品安全管理条例　危险化学品目录：列入。易制爆危险化学品名录：未列入。重点监管的危险化学品名录：未列入。GB 18218—2009《危险化学品重大危险源辨识》(表1)：未列入

使用有毒物品作业场所劳动保护条例　高毒物品目录：列入

易制毒化学品管理条例　易制毒化学品的分类和品种目录：未列入

国际公约　斯德哥尔摩公约：未列入。鹿特丹公约：未列入。蒙特利尔议定书：未列入

第十六部分　其他信息

编写和修订信息	缩略语和首字母缩写
培训建议	参考文献
免责声明	

亚砷酸锶

第一部分　化学品标识

化学品中文名　亚砷酸锶；原亚砷酸锶

化学品英文名　strontium arsenite；arsenious acid，strontium salt

分子式　Sr(AsO₂)₂　**分子量**　301.46

结构式　$[O{=}As{-}O^-]_2Sr^{2+}$

化学品的推荐及限制用途　用作杀虫剂等

第二部分　危险性概述

紧急情况概述　吞咽会中毒，吸入会中毒，可能致癌

GHS危险性类别　急性毒性-经口，类别3；急性毒性-吸入，类别3；致癌性，类别1A；危害水生环境-急性危害，类别1；危害水生环境-长期危害，类别1

标签要素

象形图　

警示词　危险

危险性说明　吞咽会中毒，吸入会中毒，可能致癌，对水生生物毒性非常大并具有长期持续影响

防范说明

　　预防措施　避免接触眼睛、皮肤，操作后彻底清洗。作业场所不得进食、饮水或吸烟。避免吸

入粉尘。仅在室外或通风良好处操作。得到专门指导后操作。在阅读并了解所有安全预防措施之前，切勿操作。按要求使用个体防护装备。禁止排入环境

事故响应　如吸入：将患者转移到空气新鲜处，休息，保持利于呼吸的体位，呼叫中毒控制中心或就医。食入：立即呼叫中毒控制中心或就医，漱口。如果接触或有担心，就医。收集泄漏物

安全储存　在通风良好处储存。保持容器密闭。上锁保管

废弃处置　本品及内装物、容器依据国家和地方法规处置

物理和化学危险　不燃，无特殊燃爆特性

健康危害　吸入引起呼吸道及神经系统症状，重者出现呼吸中枢和血管舒缩中枢麻痹而死亡。误服严重者出现中枢神经系统症状，也可因呼吸中枢麻痹而死亡

环境危害　对水生生物毒性非常大并具有长期持续影响

第三部分　成分/组成信息

√物质　　　　　　　　　　　　混合物

组分	浓度	CAS No.
亚砷酸锶		91724-16-2

第四部分　急救措施

吸入　迅速脱离现场至空气新鲜处。保持呼吸道通畅。如呼吸困难，给输氧。呼吸、心跳停止，立即进行心肺复苏术。就医

皮肤接触　立即脱去污染的衣着，用肥皂水和清水彻底冲洗。就医

眼睛接触　立即分开眼睑，用流动清水或生理盐水彻底冲洗。就医

食入　催吐、彻底洗胃，洗胃后服活性炭30～50g（用水调成浆状），而后再服用硫酸镁或硫酸钠导泻。就医

对保护施救者的忠告　根据需要使用个人防护设备

对医生的特别提示　解毒剂：二巯基丙磺酸钠、二巯基丁二酸钠等

第五部分　消防措施

灭火剂　本品不燃，根据着火原因选择适当灭火剂灭火

特别危险性　本身不能燃烧。遇高热分解释出高毒烟气

灭火注意事项及防护措施　消防人员必须穿全身防火防毒服，在上风向灭火。灭火时尽可能将容器从火场移至空旷处

第六部分　泄漏应急处理

作业人员防护措施、防护装备和应急处置程序　隔离泄漏污染区，限制出入。建议应急处理人员戴防尘口罩，穿防毒服。穿上适当的防护服前严禁接触破裂的容器和泄漏物。尽可能切断泄漏源

环境保护措施　用塑料布覆盖泄漏物，减少飞散

泄漏化学品的收容、清除方法及所使用的处置材料　勿使水进入包装容器内。用洁净的铲子收集泄漏物，置于

干净、干燥、盖子较松的容器中，将容器移离泄漏区

第七部分　操作处置与储存

操作注意事项　密闭操作，提供充分的局部排风。防止粉尘释放到车间空气中。操作人员必须经过专门培训，严格遵守操作规程。建议操作人员佩戴防尘面具（全面罩），穿胶布防毒衣，戴橡胶手套。避免产生粉尘。避免与氧化剂、酸类接触。配备泄漏应急处理设备。倒空的容器可能残留有害物

储存注意事项　储存于阴凉、通风的库房。远离火种、热源。防止阳光直射。包装密封。应与氧化剂、酸类、食用化学品分开存放，切忌混储。储区应备有合适的材料收容泄漏物

第八部分　接触控制/个体防护

职业接触限值

中国　PC-TWA：0.01mg/m³；PC-STEL：0.02mg/m³　［按 As 计］［G1］

美国（ACGIH）　TLV-TWA：0.01mg/m³　［按 As 计］

生物接触限值　未制定标准

监测方法　空气中有毒物质测定方法：原子荧光光谱法；氢化物-原子吸收光谱法；二乙氨基二硫代甲酸银分光光度法。生物监测检验方法：未制定标准

工程控制　严加密闭，提供充分的局部排风

个体防护装备

呼吸系统防护　可能接触其粉尘时，必须佩戴空气呼吸器

眼睛防护　呼吸系统防护中已作防护

皮肤和身体防护　穿密闭型防毒服

手防护　戴橡胶手套

第九部分　理化特性

外观与性状　白色粉末

pH 值　无意义		**熔点(℃)**　无资料	
沸点(℃)　无资料		**相对密度(水=1)**　无资料	
相对蒸气密度(空气=1)　无资料			
饱和蒸气压(kPa)　无资料			
临界压力(MPa)　无意义		**辛醇/水分配系数**　无资料	
闪点(℃)　无意义		**自燃温度(℃)**　无意义	
爆炸下限(%)　无意义		**爆炸上限(%)**　无意义	
分解温度(℃)　无资料		**黏度(mPa·s)**　无资料	
燃烧热(kJ/mol)　无资料		**临界温度(℃)**　无资料	

溶解性　微溶于水、醇，溶于稀酸

第十部分　稳定性和反应性

稳定性　稳定

危险反应　与强氧化剂、强酸等禁配物发生反应

避免接触的条件　无资料

禁配物　强氧化剂、强酸

危险的分解产物　砷、氧化锶

第十一部分　毒理学信息

急性毒性　无资料

皮肤刺激或腐蚀　无资料　　　眼睛刺激或腐蚀　无资料
呼吸或皮肤过敏　无资料　　　生殖细胞突变性　无资料
致癌性　无资料　　　　生殖毒性　无资料
特异性靶器官系统毒性-一次接触　无资料
特异性靶器官系统毒性-反复接触　无资料
吸入危害　无资料

第十二部分　生态学信息

生态毒性　含砷化合物对水生生物有极高毒性
持久性和降解性
　　生物降解性　无资料
　　非生物降解性　无资料
潜在的生物累积性　无资料
土壤中的迁移性　无资料

第十三部分　废弃处置

废弃化学品　在污水处理厂处理和中和。若可能，重复使
　　用容器或在规定场所掩埋
污染包装物　将容器返还生产商或按照国家和地方法规
　　处置
废弃注意事项　处置前应参阅国家和地方有关法规

第十四部分　运输信息

联合国危险货物编号（UN号）　1691
联合国运输名称　亚砷酸锶
联合国危险性类别　6.1

包装类别　Ⅱ　　　　包装标志

海洋污染物　是
运输注意事项　运输前应先检查包装容器是否完整、密
　　封，运输过程中要确保容器不泄漏、不倒塌、不坠
　　落、不损坏。严禁与酸类、氧化剂、食品及食品添加
　　剂混运。运输时运输车辆应配备泄漏应急处理设备。
　　运输途中应防暴晒、雨淋，防高温。公路运输时要按
　　规定路线行驶，勿在居民区和人口稠密区停留

第十五部分　法规信息

　　下列法律、法规、规章和标准，对该化学品的管理作
了相应的规定。
中华人民共和国职业病防治法　职业病分类和目录：砷及
　　其化合物中毒，砷及其化合物所致肺癌、皮肤癌
危险化学品安全管理条例　危险化学品目录：列入。易制
　　爆危险化学品名录：未列入。重点监管的危险化学品
　　名录：未列入。GB 18218—2009《危险化学品重大
　　危险源辨识》（表1）：未列入
使用有毒物品作业场所劳动保护条例　高毒物品目录：
　　列入
易制毒化学品管理条例　易制毒化学品的分类和品种目
　　录：未列入
国际公约　斯德哥尔摩公约：未列入。鹿特丹公约：未列
　　入。蒙特利尔议定书：未列入

第十六部分　其他信息

编写和修订信息　　　缩略语和首字母缩写
培训建议　　　　参考文献
免责声明

亚砷酸铜

第一部分　化学品标识

化学品中文名　亚砷酸铜；亚砷酸氢铜
化学品英文名　cupric arsenite；copper orthoarsenite
分子式　CuHAsO₃　分子量　187.5

结构式　

$$O^- {-} As {-} O^-\ Cu^{2+}$$

化学品的推荐及限制用途　用作杀虫剂、羊毛防腐剂、
颜料

第二部分　危险性概述

紧急情况概述　吞咽会中毒，吸入会中毒，可能致癌
GHS危险性类别　急性毒性-经口，类别3；急性毒性-吸
　　入，类别3；致癌性，类别1A；危害水生环境-急性
　　危害，类别1；危害水生环境-长期危害，类别1
标签要素

象形图　

警示词　危险
危险性说明　吞咽会中毒，吸入会中毒，可能致癌，对
　　水生生物毒性非常大并具有长期持续影响
防范说明
　　预防措施　避免接触眼睛、皮肤，操作后彻底清
　　　洗。作业场所不得进食、饮水或吸烟。避免吸
　　　入粉尘。仅在室外或通风良好处操作。得到专
　　　门指导后操作。在阅读并了解所有安全预防措
　　　施之前，切勿操作。按要求使用个体防护装
　　　备。禁止排入环境
　　事故响应　如吸入：将患者转移到空气新鲜处，休
　　　息，保持利于呼吸的体位，呼叫中毒控制中心
　　　或就医。食入：立即呼叫中毒控制中心或就
　　　医，漱口。如果接触或有担心，就医。收集泄
　　　漏物
　　安全储存　在通风良好处储存。保持容器密闭。上
　　　锁保管
　　废弃处置　本品及内装物、容器依据国家和地方法
　　　规处置
物理和化学危险　不燃，无特殊燃爆特性
健康危害　吸入引起呼吸道及神经系统症状，重者出现中
　　枢神经系统症状，也可因呼吸中枢麻痹而死亡。口服
　　引起急性胃肠炎，并出现头痛、出冷汗、黄疸及肝、
　　肾损害
环境危害　对水生生物毒性非常大并具有长期持续影响

第三部分　成分/组成信息

√物质　　　　　　　混合物

组分	浓度	CAS No.
亚砷酸铜		10290-12-7

第四部分　急救措施

吸入　迅速脱离现场至空气新鲜处。保持呼吸道通畅。如呼吸困难，给输氧。呼吸、心跳停止，立即进行心肺复苏术。就医

皮肤接触　立即脱去污染的衣着，用肥皂水和清水彻底冲洗。就医

眼睛接触　立即分开眼睑，用流动清水或生理盐水彻底冲洗。就医

食入　催吐、彻底洗胃，洗胃后服活性炭 30～50g（用水调成浆状），而后再服用硫酸镁或硫酸钠导泻。就医

对保护施救者的忠告　根据需要使用个人防护设备

对医生的特别提示　解毒剂：二巯基丙磺酸钠、二巯基丁二酸钠等

第五部分　消防措施

灭火剂　本品不燃，根据着火原因选择适当灭火剂灭火

特别危险性　本身不能燃烧。遇高热分解释出高毒烟气

灭火注意事项及防护措施　消防人员必须穿全身防火防毒服，在上风向灭火。灭火时尽可能将容器从火场移至空旷处

第六部分　泄漏应急处理

作业人员防护措施、防护装备和应急处置程序　隔离泄漏污染区，限制出入。建议应急处理人员戴防尘口罩，穿防毒服。穿上适当的防护服前严禁接触破裂的容器和泄漏物。尽可能切断泄漏源

环境保护措施　用塑料布覆盖泄漏物，减少飞散

泄漏化学品的收容、清除方法及所使用的处置材料　勿使水进入包装容器内。用洁净的铲子收集泄漏物，置于干净、干燥、盖子较松的容器中，将容器移离泄漏区

第七部分　操作处置与储存

操作注意事项　密闭操作，提供充分的局部排风。防止粉尘释放到车间空气中。操作人员必须经过专门培训，严格遵守操作规程。建议操作人员佩戴防尘面具（全面罩），穿胶布防毒衣，戴橡胶手套。避免产生粉尘。避免与氧化剂、酸类接触。配备泄漏应急处理设备。倒空的容器可能残留有害物

储存注意事项　储存于阴凉、通风的库房。远离火种、热源。防止阳光直射。包装密封。应与氧化剂、酸类、食用化学品分开存放，切忌混储。储区应备有合适的材料收容泄漏物

第八部分　接触控制/个体防护

职业接触限值

中国　PC-TWA：0.01mg/m³；PC-STEL：0.02mg/m³［按 As 计］［G1］

美国（ACGIH）　TLV-TWA：0.01mg/m³［按 As 计］

生物接触限值　未制定标准

监测方法　空气中有毒物质测定方法：原子荧光光谱法；氢化物-原子吸收光谱法；二乙氨基二硫代甲酸银分光光度法。生物监测检验方法：未制定标准

工程控制　严加密闭，提供充分的局部排风

个体防护装备

　　呼吸系统防护　可能接触其粉尘时，必须佩戴空气呼吸器

　　眼睛防护　呼吸系统防护中已作防护

　　皮肤和身体防护　穿密闭型防毒服

　　手防护　戴橡胶手套

第九部分　理化特性

外观与性状　淡绿色粉末

pH 值　无意义		**熔点（℃）**　无资料	

沸点（℃）　无资料

相对密度（水＝1）　＞1.1（20℃）

相对蒸气密度（空气＝1）　无资料

饱和蒸气压（kPa）　无资料

临界压力（MPa）　无意义　　**辛醇/水分配系数**　无资料

闪点（℃）　无意义　　　　**自燃温度（℃）**　无意义

爆炸下限（%）　无意义　　**爆炸上限（%）**　无意义

分解温度（℃）　＜熔点　　**黏度（mPa·s）**　无资料

燃烧热（kJ/mol）　无资料　**临界温度（℃）**　无资料

溶解性　不溶于水、醇，溶于酸、氨水

第十部分　稳定性和反应性

稳定性　稳定

危险反应　与强氧化剂、强酸等禁配物发生反应

避免接触的条件　无资料

禁配物　强氧化剂、强酸

危险的分解产物　砷、氧化砷、氧化铜

第十一部分　毒理学信息

急性毒性　无资料

皮肤刺激或腐蚀　无资料　　**眼睛刺激或腐蚀**　无资料

呼吸或皮肤过敏　无资料　　**生殖细胞突变性**　无资料

致癌性　IARC 致癌性评论：组 1，对人类是致癌物

生殖毒性　无资料

特异性靶器官系统毒性-一次接触　无资料

特异性靶器官系统毒性-反复接触　无资料

吸入危害　无资料

第十二部分　生态学信息

生态毒性　含砷化合物对水生生物有极高毒性

持久性和降解性

　　生物降解性　无资料

　　非生物降解性　无资料

潜在的生物累积性　无资料

土壤中的迁移性　无资料

第十三部分　废弃处置

废弃化学品　在污水处理厂处理和中和。若可能，重复使

用容器或在规定场所掩埋

污染包装物　将容器返还生产商或按照国家和地方法规处置

废弃注意事项　处置前应参阅国家和地方有关法规

第十四部分　运输信息

联合国危险货物编号（UN号）　1586

联合国运输名称　亚砷酸铜

联合国危险性类别　6.1

包装类别　Ⅱ　　　　　　**包装标志**　

海洋污染物　是

运输注意事项　运输前应先检查包装容器是否完整、密封，运输过程中要确保容器不泄漏、不倒塌、不坠落、不损坏。严禁与酸类、氧化剂、食品及食品添加剂混运。运输时运输车辆应配备泄漏应急处理设备。运输途中应防暴晒、雨淋，防高温。公路运输时要按规定路线行驶，勿在居民区和人口稠密区停留

第十五部分　法规信息

下列法律、法规、规章和标准，对该化学品的管理作了相应的规定。

中华人民共和国职业病防治法　职业病分类和目录：砷及其化合物中毒，砷及其化合物所致肺癌、皮肤癌

危险化学品安全管理条例　危险化学品目录：列入。易制爆危险化学品名录：未列入。重点监管的危险化学品名录：未列入。GB 18218—2009《危险化学品重大危险源辨识》（表1）：未列入

使用有毒物品作业场所劳动保护条例　高毒物品目录：列入

易制毒化学品管理条例　易制毒化学品的分类和品种目录：未列入

国际公约　斯德哥尔摩公约：未列入。鹿特丹公约：未列入。蒙特利尔议定书：未列入

第十六部分　其他信息

编写和修订信息　　缩略语和首字母缩写

培训建议　　　　　参考文献

免责声明

亚砷酸锌

第一部分　化学品标识

化学品中文名　亚砷酸锌；偏亚砷酸锌

化学品英文名　zinc arsenite；arsenious acid，zinc salt

分子式　$Zn(AsO_2)_2$　**分子量**　279.23

结构式　$[O{=}As{-}O^-]_2Zn^{2+}$

化学品的推荐及限制用途　用作木材防腐剂、杀虫剂

第二部分　危险性概述

紧急情况概述　吞咽会中毒，吸入会中毒，可能致癌

GHS危险性类别　急性毒性-经口，类别3；急性毒性-吸入，类别3；致癌性，类别1A；危害水生环境-急性危害，类别1；危害水生环境-长期危害，类别1

标签要素

象形图　

警示词　危险

危险性说明　吞咽会中毒，吸入会中毒，可能致癌，对水生生物毒性非常大并具有长期持续影响

防范说明

预防措施　避免接触眼睛、皮肤，操作后彻底清洗。作业场所不得进食、饮水或吸烟。避免吸入粉尘。仅在室外或通风良好处操作。得到专门指导后操作。在阅读并了解所有安全预防措施之前，切勿操作。按要求使用个体防护装备。禁止排入环境

事故响应　如吸入：将患者转移到空气新鲜处，休息，保持利于呼吸的体位，呼叫中毒控制中心或就医。食入：立即呼叫中毒控制中心或就医，漱口。如果接触或有担心，就医。收集泄漏物

安全储存　在通风良好处储存。保持容器密闭。上锁保管

废弃处置　本品及内装物、容器依据国家和地方法规处置

物理和化学危险　不燃，无特殊燃爆特性

健康危害　吸入引起呼吸道及神经系统症状，重者出现呼吸中枢和血管舒缩中枢麻痹而死亡。误服严重者出现中枢神经系统症状，也可因呼吸中枢麻痹而死亡

环境危害　对水生生物毒性非常大并具有长期持续影响

第三部分　成分/组成信息

✓物质　　　　　　　　　　混合物

组分	浓度	CAS No.
亚砷酸锌		10326-24-6

第四部分　急救措施

吸入　迅速脱离现场至空气新鲜处。保持呼吸道通畅。如呼吸困难，给输氧。呼吸、心跳停止，立即进行心肺复苏术。就医

皮肤接触　立即脱去污染的衣着，用肥皂水和清水彻底冲洗。就医

眼睛接触　立即分开眼睑，用流动清水或生理盐水彻底冲洗。就医

食入　催吐、彻底洗胃，洗胃后服活性炭30～50g（用水调成浆状），而后再服用硫酸镁或硫酸钠导泻。就医

对保护施救者的忠告　根据需要使用个人防护设备

对医生的特别提示　解毒剂：二巯基丙磺酸钠、二巯基丁二酸钠等

第五部分　消防措施

灭火剂　本品不燃，根据着火原因选择适当灭火剂灭火

特别危险性　本身不能燃烧。遇高热分解释出高毒烟气

灭火注意事项及防护措施　消防人员必须穿全身防火防毒服，在上风向灭火。灭火时尽可能将容器从火场移至空旷处

第六部分　泄漏应急处理

作业人员防护措施、防护装备和应急处置程序　隔离泄漏污染区，限制出入。建议应急处理人员戴防尘口罩，穿防毒服。穿上适当的防护服前严禁接触破裂的容器和泄漏物。尽可能切断泄漏源

环境保护措施　用塑料布覆盖泄漏物，减少飞散

泄漏化学品的收容、清除方法及所使用的处置材料　勿使水进入包装容器内。用洁净的铲子收集泄漏物，置于干净、干燥、盖子较松的容器中，将容器移离泄漏区

第七部分　操作处置与储存

操作注意事项　密闭操作，提供充分的局部排风。防止粉尘释放到车间空气中。操作人员必须经过专门培训，严格遵守操作规程。建议操作人员佩戴防尘面具（全面罩），穿胶布防毒衣，戴橡胶手套。避免产生粉尘。避免与氧化剂、酸类接触。配备泄漏应急处理设备。倒空的容器可能残留有害物

储存注意事项　储存于阴凉、通风的库房。远离火种、热源。防止阳光直射。包装密封。应与氧化剂、酸类、食用化学品分开存放，切忌混储。储区应备有合适的材料收容泄漏物

第八部分　接触控制/个体防护

职业接触限值

　　中国　　PC-TWA：0.01mg/m³；PC-STEL：0.02mg/m³　　［按 As 计］［G1］

　　美国（ACGIH）　TLV-TWA：0.01mg/m³［按 As 计］

生物接触限值　未制定标准

监测方法　空气中有毒物质测定方法：原子荧光光谱法；氢化物-原子吸收光谱法；二乙氨基二硫代甲酸银分光光度法。生物监测检验方法：未制定标准

工程控制　严加密闭，提供充分的局部排风

个体防护装备

　　呼吸系统防护　可能接触其粉尘时，必须佩戴空气呼吸器

　　眼睛防护　呼吸系统防护中已作防护

　　皮肤和身体防护　穿密闭型防毒服

　　手防护　戴橡胶手套

第九部分　理化特性

外观与性状　白色粉末

pH 值　无意义　　　　　　　**熔点(℃)**　无资料

沸点(℃)　无资料　　　**相对密度(水＝1)**　无资料

相对蒸气密度(空气＝1)　无资料

饱和蒸气压(kPa)　无资料

临界压力(MPa)　无意义　　**辛醇/水分配系数**　无资料

闪点(℃)　无意义　　　　**自燃温度(℃)**　无意义

爆炸下限(%)　无意义　　　**爆炸上限(%)**　无意义

分解温度(℃)　无资料　　　**黏度(mPa·s)**　无资料

燃烧热(kJ/mol)　无资料　　**临界温度(℃)**　无资料

溶解性　不溶于水，溶于酸

第十部分　稳定性和反应性

稳定性　稳定

危险反应　与强氧化剂、强酸等禁配物发生反应

避免接触的条件　无资料

禁配物　强氧化剂、强酸

危险的分解产物　砷、氧化锌

第十一部分　毒理学信息

急性毒性　无资料

皮肤刺激或腐蚀　无资料　　**眼睛刺激或腐蚀**　无资料

呼吸或皮肤过敏　无资料　　**生殖细胞突变性**　无资料

致癌性　美国政府工业卫生学家会议（ACGIH）：证实是人类致癌物

生殖毒性　无资料

特异性靶器官系统毒性-一次接触　无资料

特异性靶器官系统毒性-反复接触　无资料

吸入危害　无资料

第十二部分　生态学信息

生态毒性　含砷化合物对水生生物有极高毒性

持久性和降解性

　　生物降解性　无资料

　　非生物降解性　无资料

潜在的生物累积性　无资料

土壤中的迁移性　无资料

第十三部分　废弃处置

废弃化学品　在污水处理厂处理和中和。若可能，重复使用容器或在规定场所掩埋

污染包装物　将容器返还生产商或按照国家和地方法规处置

废弃注意事项　处置前应参阅国家和地方有关法规

第十四部分　运输信息

联合国危险货物编号（UN 号）　1712

联合国运输名称　砷酸锌、亚砷酸锌或砷酸锌和亚砷酸锌混合物

联合国危险性类别　6.1

包装类别　Ⅱ　　　　　　　　**包装标志**　

海洋污染物　是

运输注意事项　运输前应先检查包装容器是否完整、密封，运输过程中要确保容器不泄漏、不倒塌、不坠落、不损坏。严禁与酸类、氧化剂、食品及食品添加剂混运。运输时运输车辆应配备泄漏应急处理设备。运输途中应防暴晒、雨淋，防高温。公路运输时要按规定路线行驶，勿在居民区和人口稠密区停留

第十五部分 法规信息

下列法律、法规、规章和标准，对该化学品的管理作了相应的规定。

中华人民共和国职业病防治法 职业病分类和目录：砷及其化合物中毒，砷及其化合物所致肺癌、皮肤癌

危险化学品安全管理条例 危险化学品目录：列入。易制爆危险化学品名录：未列入。重点监管的危险化学品名录：未列入。GB 18218—2009《危险化学品重大危险源辨识》（表1）：未列入

使用有毒物品作业场所劳动保护条例 高毒物品目录：列入

易制毒化学品管理条例 易制毒化学品的分类和品种目录：未列入

国际公约 斯德哥尔摩公约：未列入。鹿特丹公约：未列入。蒙特利尔议定书：未列入

第十六部分 其他信息

编写和修订信息　缩略语和首字母缩写
培训建议　　　　参考文献
免责声明

亚硒酸钡

第一部分 化学品标识

化学品中文名 亚硒酸钡
化学品英文名 barium selenite
分子式 $BaSeO_3$　**分子量** 264.287
结构式 $O^--Se(=O)-O^--Ba^{2+}$
化学品的推荐及限制用途 玻璃工业中用作去色剂

第二部分 危险性概述

紧急情况概述 造成严重眼刺激，可能引起呼吸道刺激
GHS危险性类别 严重眼损伤/眼刺激，类别2；特异性靶器官毒性—一次接触，类别3（呼吸道刺激）；危害水生环境-急性危害，类别1；危害水生环境-长期危害，类别1
标签要素

象形图

警示词 警告
危险性说明 造成严重眼刺激，可能引起呼吸道刺激，对水生生物毒性非常大并具有长期持续影响
防范说明
　预防措施　避免接触眼睛、皮肤，操作后彻底清洗。戴防护眼镜、防护面罩。禁止排入环境
　事故响应　如接触眼睛：用水细心冲洗数分钟。如戴隐形眼镜并可方便地取出，取出隐形眼镜，继续冲洗。如果眼睛刺激持续，就医。收集泄漏物

　安全储存　上锁保管
　废弃处置　本品及内装物、容器依据国家和地方法规处置
物理和化学危险 不燃，无特殊燃爆特性
健康危害 急性中毒时可见：上呼吸道刺激症状、头痛、眩晕、全身虚弱、恶心、呕吐、呼出气和皮肤有大蒜味等。皮肤接触后可引起皮炎
环境危害 对水生生物毒性非常大并具有长期持续影响

第三部分 成分/组成信息

√物质　　　　　　　　混合物

组分	浓度	CAS No.
亚硒酸钡		13718-59-7

第四部分 急救措施

吸入 迅速脱离现场至空气新鲜处。保持呼吸道通畅。如呼吸困难，给输氧。呼吸、心跳停止，立即进行心肺复苏术。就医
皮肤接触 立即脱去污染的衣着，用流动清水彻底冲洗。就医
眼睛接触 立即分开眼睑，用流动清水或生理盐水彻底冲洗。就医
食入 漱口，饮水。就医
对保护施救者的忠告 根据需要使用个人防护设备
对医生的特别提示 对症处理

第五部分 消防措施

灭火剂 本品不燃，根据着火原因选择适当灭火剂灭火
特别危险性 本身不能燃烧。遇高热分解释出高毒烟气
灭火注意事项及防护措施 消防人员必须穿全身防火防毒服，在上风向灭火。灭火时尽可能将容器从火场移至空旷处

第六部分 泄漏应急处理

作业人员防护措施、防护装备和应急处置程序 隔离泄漏污染区，限制出入。建议应急处理人员戴防尘口罩，穿防毒服。穿上适当的防护服前严禁接触破裂的容器和泄漏物。尽可能切断泄漏源
环境保护措施 用塑料布覆盖泄漏物，减少飞散
泄漏化学品的收容、清除方法及所使用的处置材料 勿使水进入包装容器内。用洁净的铲子收集泄漏物，置于干净、干燥、盖子较松的容器中，将容器移离泄漏区

第七部分 操作处置与储存

操作注意事项 密闭操作，提供充分的局部排风。防止粉尘释放到车间空气中。操作人员必须经过专门培训，严格遵守操作规程。建议操作人员佩戴防尘面具（全面罩），穿胶布防毒衣，戴橡胶手套。避免产生粉尘。避免与氧化剂、酸类接触。配备泄漏应急处理设备。倒空的容器可能残留有害物
储存注意事项 储存于阴凉、通风的库房。远离火种、热源。防止阳光直射。包装密封。应与氧化剂、酸类、食用化学品分开存放，切忌混储。储区应备有合适的

材料收容泄漏物

第八部分　接触控制/个体防护

职业接触限值

中国　PC-TWA：0.5mg/m³［按 Ba 计］，0.1mg/m³
［按 Se 计］；PC-STEL：1.5mg/m³［按 Ba 计］

美国（ACGIH）　TLV-TWA：0.5mg/m³［按 Ba 计］，
0.2mg/m³［按 Se 计］

生物接触限值　未制定标准

监测方法　空气中有毒物质测定方法：二溴对甲基偶氮甲
磺分光光度法；等离子体原子发射光谱法。生物监测
检验方法：未制定标准

工程控制　严加密闭，提供充分的局部排风

个体防护装备

呼吸系统防护　可能接触其粉尘时，必须佩戴防尘面
具（全面罩）。紧急事态抢救或撤离时，应该佩
戴空气呼吸器

眼睛防护　呼吸系统防护中已作防护

皮肤和身体防护　穿密闭型防毒服

手防护　戴橡胶手套

第九部分　理化特性

外观与性状　粉红色粉末

pH 值　无意义		**熔点(℃)**　无资料	
沸点(℃)　无资料		**相对密度(水=1)**　无资料	
相对蒸气密度(空气=1)　无资料			
饱和蒸气压(kPa)　无资料			
临界压力(MPa)　无意义		**辛醇/水分配系数**　无资料	
闪点(℃)　无意义		**自燃温度(℃)**　无意义	
爆炸下限(%)　无意义		**爆炸上限(%)**　无意义	
分解温度(℃)　无资料		**黏度(mPa·s)**　无资料	
燃烧热(kJ/mol)　无资料		**临界温度(℃)**　无资料	

溶解性　不溶于水，溶于酸

第十部分　稳定性和反应性

稳定性　稳定

危险反应　与强氧化剂、强酸等禁配物发生反应

避免接触的条件　无资料

禁配物　强氧化剂、强酸

危险的分解产物　氧化硒、硒

第十一部分　毒理学信息

急性毒性　无资料

皮肤刺激或腐蚀　无资料	**眼睛刺激或腐蚀**　无资料
呼吸或皮肤过敏　无资料	**生殖细胞突变性**　无资料
致癌性　无资料	**生殖毒性**　无资料

特异性靶器官系统毒性-一次接触　无资料

特异性靶器官系统毒性-反复接触　无资料

吸入危害　无资料

第十二部分　生态学信息

生态毒性　对水生生物毒性非常大并具有长期持续影响

持久性和降解性

生物降解性　无资料

非生物降解性　无资料

潜在的生物累积性　无资料

土壤中的迁移性　无资料

第十三部分　废弃处置

废弃化学品　建议用焚烧法处置。在能利用的地方重复使
用容器或在规定场所掩埋

污染包装物　将容器返还生产商或按照国家和地方法规
处置

废弃注意事项　处置前应参阅国家和地方有关法规

第十四部分　运输信息

联合国危险货物编号（UN 号）　3077

联合国运输名称　对环境有害的固态物质。未另作规定的
（亚硒酸钡）

联合国危险性类别　9

包装类别　Ⅲ　　　　　　**包装标志**

海洋污染物　是

运输注意事项　运输前应先检查包装容器是否完整、密
封，运输过程中要确保容器不泄漏、不倒塌、不坠
落、不损坏。严禁与酸类、氧化剂、食品及食品添加
剂混运。运输时运输车辆应配备泄漏应急处理设备。
运输途中应防暴晒、雨淋，防高温。公路运输时要按
规定路线行驶，勿在居民区和人口稠密区停留

第十五部分　法规信息

下列法律、法规、规章和标准，对该化学品的管理作
了相应的规定。

中华人民共和国职业病防治法　职业病分类和目录：未
列入

危险化学品安全管理条例　危险化学品目录：列入。易制
爆危险化学品名录：未列入。重点监管的危险化学品
名录：未列入。GB 18218—2009《危险化学品重大
危险源辨识》（表 1）：未列入

使用有毒物品作业场所劳动保护条例　高毒物品目录：未
列入

易制毒化学品管理条例　易制毒化学品的分类和品种目
录：未列入

国际公约　斯德哥尔摩公约：未列入。鹿特丹公约：未列
入。蒙特利尔议定书：未列入

第十六部分　其他信息

编写和修订信息　缩略语和首字母缩写

培训建议　　　　参考文献

免责声明

亚硒酸钠

第一部分　化学品标识

化学品中文名　亚硒酸钠

化学品英文名　sodium selenite；disodium selenite

分子式　Na₂SeO₃　分子量　172.9

结构式　

化学品的推荐及限制用途　用作玻璃脱色剂、生物碱试剂

第二部分　危险性概述

紧急情况概述　吞咽致命，吸入会中毒，可能导致皮肤过敏反应

GHS危险性类别　急性毒性-经口，类别2；急性毒性-吸入，类别3；皮肤致敏物，类别1；危害水生环境-急性危害，类别2；危害水生环境-长期危害，类别2

标签要素

象形图

警示词　危险

危险性说明　吞咽致命，吸入会中毒，可能导致皮肤过敏反应，对水生生物有毒并具有长期持续影响

防范说明

预防措施　避免接触眼睛、皮肤，操作后彻底清洗。作业场所不得进食、饮水或吸烟。避免吸入粉尘。仅在室外或通风良好处操作。污染的工作服不得带出工作场所。戴防护手套。禁止排入环境

事故响应　如吸入：将患者转移到空气新鲜处，休息，保持利于呼吸的体位，呼叫中毒控制中心或就医。如皮肤接触：用大量肥皂水和水清洗。如出现皮肤刺激或皮疹，就医。污染的衣服清洗后方可重新使用。食入：立即呼叫中毒控制中心或就医，漱口。收集泄漏物

安全储存　在通风良好处储存。保持容器密闭。上锁保管

废弃处置　本品及内装物、容器依据国家和地方法规处置

物理和化学危险　不燃，无特殊燃爆特性

健康危害　人经口摄取1g，能引起中毒死亡。急性中毒时可见：上呼吸道和眼睛、黏膜的刺激症状，头痛、眩晕、恶心、呼出气和皮肤有大蒜味等。皮肤接触可引起皮炎。亚硒酸钠溶液对皮肤、黏膜有较强的刺激性，其腐蚀作用与氢氟酸相似，引起灼伤

环境危害　对水生生物有毒并具有长期持续影响

第三部分　成分/组成信息

√物质		混合物
组分	浓度	CAS No.
亚硒酸钠		10102-18-8

第四部分　急救措施

吸入　迅速脱离现场至空气新鲜处。保持呼吸道通畅。如呼吸困难，给输氧。呼吸、心跳停止，立即进行心肺复苏术。就医

皮肤接触　立即脱去污染的衣着，用流动清水彻底冲洗。就医

眼睛接触　立即分开眼睑，用流动清水或生理盐水彻底冲洗。就医

食入　饮适量温水，催吐（仅限于清醒者）。就医

对保护施救者的忠告　根据需要使用个人防护设备

对医生的特别提示　对症处理

第五部分　消防措施

灭火剂　本品不燃，根据着火原因选择适当灭火剂灭火

特别危险性　本身不能燃烧。受高热分解放出有毒的气体

灭火注意事项及防护措施　消防人员必须穿全身防火防毒服，在上风向灭火。灭火时尽可能将容器从火场移至空旷处

第六部分　泄漏应急处理

作业人员防护措施、防护装备和应急处置程序　隔离泄漏污染区，限制出入。建议应急处理人员戴防尘口罩，穿防毒服。穿上适当的防护服前严禁接触破裂的容器和泄漏物。尽可能切断泄漏源

环境保护措施　用塑料布覆盖泄漏物，减少飞散

泄漏化学品的收容、清除方法及所使用的处置材料　勿使水进入包装容器内。用洁净的铲子收集泄漏物，置于干净、干燥、盖子较松的容器中，将容器移离泄漏区

第七部分　操作处置与储存

操作注意事项　密闭操作，提供充分的局部排风。防止粉尘释放到车间空气中。操作人员必须经过专门培训，严格遵守操作规程。建议操作人员佩戴防尘面具（全面罩），穿胶布防毒衣，戴橡胶手套。避免产生粉尘。避免与氧化剂、酸类接触。配备泄漏应急处理设备。倒空的容器可能残留有害物

储存注意事项　储存于阴凉、通风良好的库房内。远离火种、热源。防止阳光直射。包装密封。应与氧化剂、酸类、食用化学品分开存放，切忌混储。储区应备有合适的材料收容泄漏物

第八部分　接触控制/个体防护

职业接触限值

中国　PC-TWA：0.1mg/m³［按Se计］

美国（ACGIH）　TLV-TWA：0.2mg/m³［按Se计］

生物接触限值　未制定标准

监测方法　空气中有毒物质测定方法：未制定标准。生物监测检验方法：未制定标准

工程控制　严加密闭，提供充分的局部排风

个体防护装备

呼吸系统防护　可能接触其粉尘时，必须佩戴防尘面具（全面罩）。紧急事态抢救或撤离时，应该佩戴空气呼吸器

眼睛防护　呼吸系统防护中已作防护

皮肤和身体防护　穿密闭型防毒服

手防护　戴橡胶手套

第九部分　理化特性

外观与性状　白色无臭的针状或柱状结晶或粉末

pH 值　无意义　　　　　　**熔点(℃)**　无资料

沸点(℃)　无资料　　　　　**相对密度(水＝1)**　5.96

相对蒸气密度(空气＝1)　无资料

饱和蒸气压(kPa)　无资料

临界压力(MPa)　无意义　　**辛醇/水分配系数**　无资料

闪点(℃)　无意义　　　　　**自燃温度(℃)**　无意义

爆炸下限(%)　无意义　　　**爆炸上限(%)**　无意义

分解温度(℃)　320　　　　　**黏度(mPa·s)**　无资料

燃烧热(kJ/mol)　无资料　　**临界温度(℃)**　无资料

溶解性　不溶于水，不溶于醇

第十部分　稳定性和反应性

稳定性　稳定

危险反应　与强氧化剂、强酸等禁配物发生反应

避免接触的条件　无资料

禁配物　强氧化剂、强酸

危险的分解产物　氧化硒、氧化钠、硒

第十一部分　毒理学信息

急性毒性　属高毒类。LD$_{50}$：7mg/kg（大鼠经口），7mg/kg（小鼠经口），2.25mg/kg（兔经口）

皮肤刺激或腐蚀　无资料　　**眼睛刺激或腐蚀**　无资料

呼吸或皮肤过敏　无资料

生殖细胞突变性　微生物致突变：鼠伤寒沙门氏菌 1μmol/皿。细胞遗传学分析：小鼠经口 7mg/kg。精子形态学分析：大鼠经口 4200μg/kg，5 周，（连续）。细胞遗传学分析：人淋巴细胞 80μmol/L。姐妹染色体交换：仓鼠腹膜腔内给药 6650μg/kg

致癌性　IARC 致癌性评论：组 3，现有的证据不能对人类致癌性进行分类

生殖毒性　小鼠经口最低中毒剂量（TDLo）：999mg/kg（孕 1～19d），植入后死亡率增加，有胚胎毒性。大鼠经口最低中毒剂量（TDLo）：15mg/kg（雄性交配前 13 周），对精子生成（包括遗传物质、形态、运动能力、计数）有影响

特异性靶器官系统毒性--一次接触　无资料

特异性靶器官系统毒性-反复接触　无资料

吸入危害　无资料

第十二部分　生态学信息

生态毒性　亚硒酸盐对水生生物有极高毒性

持久性和降解性

　　生物降解性　无资料

　　非生物降解性　无资料

潜在的生物累积性　无资料

土壤中的迁移性　无资料

第十三部分　废弃处置

废弃化学品　建议用控制焚烧法或安全掩埋法处置。破损容器禁止重新使用，要在规定场所掩埋

污染包装物　将容器返还生产商或按照国家和地方法规处置

废弃注意事项　处置前应参阅国家和地方有关法规

第十四部分　运输信息

联合国危险货物编号（UN 号）　2630

联合国运输名称　硒酸盐或亚硒酸盐（亚硒酸钠）

联合国危险性类别　6.1

包装类别　Ⅰ　　　　　　　　**包装标志**

海洋污染物　是

运输注意事项　运输前应先检查包装容器是否完整、密封，运输过程中要确保容器不泄漏、不倒塌、不坠落、不损坏。严禁与酸类、氧化剂、食品及食品添加剂混运。运输时运输车辆应配备泄漏应急处理设备。运输途中应防暴晒、雨淋，防高温。公路运输时要按规定路线行驶，勿在居民区和人口稠密区停留

第十五部分　法规信息

下列法律、法规、规章和标准，对该化学品的管理作了相应的规定。

中华人民共和国职业病防治法　职业病分类和目录：未列入

危险化学品安全管理条例　危险化学品目录：列入。易制爆危险化学品名录：未列入。重点监管的危险化学品名录：未列入。GB 18218—2009《危险化学品重大危险源辨识》（表 1）：未列入

使用有毒物品作业场所劳动保护条例　高毒物品目录：未列入

易制毒化学品管理条例　易制毒化学品的分类和品种目录：未列入

国际公约　斯德哥尔摩公约：未列入。鹿特丹公约：未列入。蒙特利尔议定书：未列入

第十六部分　其他信息

编写和修订信息　　缩略语和首字母缩写

培训建议　　　　　参考文献

免责声明

亚硒酸铜

第一部分　化学品标识

化学品中文名　亚硒酸铜

化学品英文名　cupric selenite; copper（Ⅱ）selenite

分子式　CuSeO$_3$·2H$_2$O　**分子量**　226.5326

结构式　$\overset{O}{\underset{}{O^- \!-\! Se \!-\! O^- \; Cu^{2+}}}$ · 2H$_2$O

化学品的推荐及限制用途　用于电子、仪器、仪表工业

第二部分　危险性概述

紧急情况概述　吞咽会中毒，吸入会中毒

GHS危险性类别 急性毒性-经口，类别3；急性毒性-吸入，类别3；特异性靶器官毒性-反复接触，类别2；危害水生环境-急性危害，类别1；危害水生环境-长期危害，类别1

标签要素

象形图

警示词 危险

危险性说明 吞咽会中毒，吸入会中毒，长时间或反复接触可能对器官造成损伤，对水生生物毒性非常大并具有长期持续影响

防范说明

预防措施 避免接触眼睛、皮肤，操作后彻底清洗。作业场所不得进食、饮水或吸烟。避免吸入粉尘。仅在室外或通风良好处操作。禁止排入环境

事故响应 如吸入：将患者转移到空气新鲜处，休息，保持利于呼吸的体位，呼叫中毒控制中心或就医。食入：立即呼叫中毒控制中心或就医，漱口。如感觉不适，就医。收集泄漏物

安全储存 在通风良好处储存。保持容器密闭。上锁保管

废弃处置 本品及内装物、容器依据国家和地方法规处置

物理和化学危险 不燃，无特殊燃爆特性

健康危害 属高毒类。急性中毒时可见：上呼吸道和眼睛、黏膜的刺激症状，头痛、眩晕、全身虚弱、恶心、呼出气和皮肤有大蒜味等。皮肤接触小量本品可引起皮炎

环境危害 对水生生物毒性非常大并具有长期持续影响

第三部分 成分/组成信息

√物质　　　　　混合物

组分	浓度	CAS No.
亚硒酸铜		15168-20-4

第四部分 急救措施

吸入 迅速脱离现场至空气新鲜处。保持呼吸道通畅。如呼吸困难，给输氧。呼吸、心跳停止，立即进行心肺复苏术。就医

皮肤接触 立即脱去污染的衣着，用流动清水彻底冲洗。就医

眼睛接触 立即分开眼睑，用流动清水或生理盐水彻底冲洗。就医

食入 饮适量温水，催吐（仅限于清醒者）。就医

对保护施救者的忠告 根据需要使用个人防护设备

对医生的特别提示 对症处理

第五部分 消防措施

灭火剂 本品不燃，根据着火原因选择适当灭火剂灭火

特别危险性 本身不能燃烧。遇高热分解释出高毒烟气

灭火注意事项及防护措施 消防人员必须穿全身防火防毒服，在上风向灭火。灭火时尽可能将容器从火场移至空旷处

第六部分 泄漏应急处理

作业人员防护措施、防护装备和应急处置程序 隔离泄漏污染区，限制出入。建议应急处理人员戴防尘口罩，穿防毒服。穿上适当的防护服前严禁接触破裂的容器和泄漏物。尽可能切断泄漏源

环境保护措施 用塑料布覆盖泄漏物，减少飞散

泄漏化学品的收容、清除方法及所使用的处置材料 勿使水进入包装容器内。用洁净的铲子收集泄漏物，置于干净、干燥、盖子较松的容器中，将容器移离泄漏区

第七部分 操作处置与储存

操作注意事项 密闭操作，提供充分的局部排风。防止粉尘释放到车间空气中。操作人员必须经过专门培训，严格遵守操作规程。建议操作人员佩戴防尘面具（全面罩），穿胶布防毒衣，戴橡胶手套。避免产生粉尘。避免与酸类接触。配备泄漏应急处理设备。倒空的容器可能残留有害物

储存注意事项 储存于阴凉、通风的库房。远离火种、热源。防止阳光直射。包装密封。应与酸类、食用化学品分开存放，切忌混储。储区应备有合适的材料收容泄漏物

第八部分 接触控制/个体防护

职业接触限值

中国　PC-TWA：0.1mg/m³〔按Se计〕

美国（ACGIH）　TLV-TWA：0.2mg/m³〔按Se计〕

生物接触限值 未制定标准

监测方法 空气中有毒物质测定方法：未制定标准。生物监测检验方法：未制定标准

工程控制 严加密闭，提供充分的局部排风

个体防护装备

呼吸系统防护 可能接触其粉尘时，必须佩戴防尘面具（全面罩）。紧急事态抢救或撤离时，应该佩戴空气呼吸器

眼睛防护 呼吸系统防护中已作防护

皮肤和身体防护 穿密闭型防毒服

手防护 戴橡胶手套

第九部分 理化特性

外观与性状 蓝色斜方晶系或单斜晶系结晶

pH值 无意义		**熔点(℃)** 无资料	
沸点(℃) 无资料		**相对密度(水=1)** 3.31	
相对蒸气密度(空气=1) 无资料			
饱和蒸气压(kPa) 无资料			
临界压力(MPa) 无意义		**辛醇/水分配系数** 无资料	
闪点(℃) 无意义		**自燃温度(℃)** 无意义	
爆炸下限(%) 无意义		**爆炸上限(%)** 无意义	
分解温度(℃) 无资料		**黏度(mPa·s)** 无资料	
燃烧热(kJ/mol) 无资料		**临界温度(℃)** 无资料	

溶解性　不溶于水，溶于酸、氨水

第十部分　稳定性和反应性

稳定性　稳定

危险反应　与强氧化剂、强酸等禁配物发生反应

避免接触的条件　无资料

禁配物　强酸

危险的分解产物　氧化硒、硒

第十一部分　毒理学信息

急性毒性　无资料

皮肤刺激或腐蚀　无资料　　**眼睛刺激或腐蚀**　无资料

呼吸或皮肤过敏　无资料　　**生殖细胞突变性**　无资料

致癌性　无资料　　　　　　**生殖毒性**　无资料

特异性靶器官系统毒性-一次接触　无资料

特异性靶器官系统毒性-反复接触　无资料

吸入危害　无资料

第十二部分　生态学信息

生态毒性　亚硒酸盐对水生生物有极高毒性

持久性和降解性

　　生物降解性　无资料

　　非生物降解性　无资料

潜在的生物累积性　无资料

土壤中的迁移性　无资料

第十三部分　废弃处置

废弃化学品　建议用控制焚烧法或安全掩埋法处置。破损容器禁止重新使用，要在规定场所掩埋

污染包装物　将容器返还生产商或按照国家和地方法规处置

废弃注意事项　处置前应参阅国家和地方有关法规

第十四部分　运输信息

联合国危险货物编号（UN号）　2630

联合国运输名称　硒酸盐或亚硒酸盐（亚硒酸铜）

联合国危险性类别　6.1

包装类别　Ⅰ　　　　　　　　**包装标志**　

海洋污染物　是

运输注意事项　运输前应先检查包装容器是否完整、密封，运输过程中要确保容器不泄漏、不倒塌、不坠落、不损坏。严禁与酸类、氧化剂、食品及食品添加剂混运。运输时运输车辆应配备泄漏应急处理设备。运输途中应防暴晒、雨淋，防高温。公路运输时要按规定路线行驶，勿在居民区和人口稠密区停留

第十五部分　法规信息

　　下列法律、法规、规章和标准，对该化学品的管理作了相应的规定。

中华人民共和国职业病防治法　职业病分类和目录：未

列入

危险化学品安全管理条例　危险化学品目录：列入。易制爆危险化学品名录：未列入。重点监管的危险化学品名录：未列入。GB 18218—2009《危险化学品重大危险源辨识》（表1）：未列入

使用有毒物品作业场所劳动保护条例　高毒物品目录：未列入

易制毒化学品管理条例　易制毒化学品的分类和品种目录：未列入

国际公约　斯德哥尔摩公约：未列入。鹿特丹公约：未列入。蒙特利尔议定书：未列入

第十六部分　其他信息

编写和修订信息　　**缩略语和首字母缩写**

培训建议　　　　　**参考文献**

免责声明

4-亚硝基苯酚

第一部分　化学品标识

化学品中文名　4-亚硝基苯酚；对亚硝基苯酚；4-亚硝基酚；对亚硝基酚

化学品英文名　4-nitrosophenol；*p*-nitrosophenol

分子式　$C_6H_5NO_2$　　**分子量**　123.1094

结构式　

化学品的推荐及限制用途　用于制造染料、有机合成

第二部分　危险性概述

紧急情况概述　易燃固体，吞咽有害，造成严重眼损伤

GHS危险性类别　易燃固体，类别1；急性毒性-经口，类别4；严重眼损伤/眼刺激，类别1；生殖细胞致突变性，类别2；危害水生环境-急性危害，类别2；危害水生环境-长期危害，类别2

标签要素

　象形图

　警示词　危险

危险性说明　易燃固体，吞咽有害，造成严重眼损伤，怀疑可造成遗传性缺陷，对水生生物有毒并具有长期持续影响

防范说明

　预防措施　远离热源、火花、明火、热表面。容器和接收设备接地连接。使用防爆型电器、通风、照明设备。戴防护手套、防护眼镜、防护面罩。避免接触眼睛、皮肤，操作后彻底清洗。作业场所不得进食、饮水或吸烟。得到专门指导后操作。在阅读并了解所有安全预防措施之前，切勿操作。按要求使用个体防护装

备。禁止排入环境

事故响应 火灾时，使用雾状水、泡沫、干粉、二氧化碳灭火。接触眼睛：用水细心冲洗数分钟，立即呼叫中毒控制中心或就医。如戴隐形眼镜并可方便地取出，取出隐形眼镜，继续冲洗。食入：如果感觉不适，立即呼叫中毒控制中心或就医，漱口。如果接触或有担心，就医。收集泄漏物

安全储存 上锁保管

废弃处置 本品及内装物、容器依据国家和地方法规处置

物理和化学危险 易燃。与氧化剂混合能形成爆炸性混合物

健康危害 对皮肤、黏膜有刺激性，有致敏作用，并有生成高铁血红蛋白的作用

环境危害 对水生生物有毒并具有长期持续影响

第三部分 成分/组成信息

√ 物质   混合物

组分	浓度	CAS No.
4-亚硝基苯酚		104-91-6

第四部分 急救措施

吸入 迅速脱离现场至空气新鲜处。保持呼吸道通畅。如呼吸困难，给输氧。如呼吸、心跳停止，立即行心肺复苏术。就医

皮肤接触 立即脱去污染衣着，用肥皂水或清水彻底冲洗。就医

眼睛接触 立即分开眼睑，用流动清水或生理盐水彻底冲洗5～10min。就医

食入 漱口，饮水。就医

对保护施救者的忠告 根据需要使用个人防护设备

对医生的特别提示 高铁血红蛋白血症，可用亚甲蓝和维生素C治疗

第五部分 消防措施

灭火剂 用雾状水、泡沫、干粉、二氧化碳灭火

特别危险性 遇高热、明火及强氧化剂易引起燃烧。与酸、碱接触能引起燃烧爆炸。受热分解产生有毒的烟气

灭火注意事项及防护措施 消防人员必须佩戴防毒面具、穿全身消防服，在上风向灭火。尽可能将容器从火场移至空旷处。喷水保持火场容器冷却，直至灭火结束

第六部分 泄漏应急处理

作业人员防护措施、防护装备和应急处置程序 隔离泄漏污染区，限制出入。消除所有点火源。建议应急处理人员戴防尘口罩，穿防毒、防静电服。禁止接触或跨越泄漏物

环境保护措施 防止泄漏物进入水体、下水道、地下室或有限空间

泄漏化学品的收容、清除方法及所使用的处置材料 小量泄漏：用洁净的铲子收集泄漏物，置于干净、干燥、

盖子较松的容器中，将容器移离泄漏区。大量泄漏：用水润湿，并筑堤收容

第七部分 操作处置与储存

操作注意事项 密闭操作，局部排风。防止粉尘释放到车间空气中。操作人员必须经过专门培训，严格遵守操作规程。建议操作人员佩戴自吸过滤式防尘口罩，戴化学安全防护眼镜，穿防毒物渗透工作服，戴橡胶手套。远离火种、热源，工作场所严禁吸烟。使用防爆型的通风系统和设备。避免产生粉尘。避免与氧化剂、酸类、碱类接触。配备相应品种和数量的消防器材及泄漏应急处理设备。倒空的容器可能残留有害物

储存注意事项 储存于阴凉、通风的库房。库温不宜超过35℃。远离火种、热源。防止阳光直射。包装密封。应与氧化剂、酸类、碱类、食用化学品分开存放，切忌混储。采用防爆型照明、通风设施。禁止使用易产生火花的机械设备和工具。储区应备有合适的材料收容泄漏物

第八部分 接触控制/个体防护

职业接触限值

中国 未制定标准

美国（ACGIH） 未制定标准

生物接触限值 未制定标准

监测方法 空气中有毒物质测定方法：未制定标准。生物监测检验方法：未制定标准

工程控制 密闭操作，局部排风

个体防护装备

呼吸系统防护 空气中粉尘浓度超标时，必须佩戴过滤式防尘呼吸器。紧急事态抢救或撤离时，应该佩戴空气呼吸器

眼睛防护 戴化学安全防护眼镜

皮肤和身体防护 穿防毒物渗透工作服

手防护 戴橡胶手套

第九部分 理化特性

外观与性状 浅黄色斜方形针状结晶

pH 值 无意义		**熔点（℃）** 132（分解）	
沸点（℃） 无资料		**相对密度（水＝1）** 无资料	
相对蒸气密度（空气＝1） 无资料			
饱和蒸气压（kPa） 无资料			
临界压力（MPa） 无资料		**辛醇/水分配系数** 无资料	
闪点（℃） 无意义		**自燃温度（℃）** 无资料	
爆炸下限（％） 无资料		**爆炸上限（％）** 无资料	
分解温度（℃） 144		**黏度（mPa·s）** 无资料	
燃烧热（kJ/mol） 无资料		**临界温度（℃）** 无资料	

溶解性 微溶于水，溶于乙醇、乙醚、丙酮、稀碱

第十部分 稳定性和反应性

稳定性 稳定

危险反应 与强氧化剂等禁配物接触，有发生火灾和爆炸的危险。与酸、碱接触能引起燃烧爆炸

避免接触的条件 受热

禁配物 强氧化剂、强酸、强碱

危险的分解产物 氮氧化物

第十一部分 毒理学信息

急性毒性 LDLo：250mg/kg（小鼠腹腔）

皮肤刺激或腐蚀 无资料 **眼睛刺激或腐蚀** 无资料

呼吸或皮肤过敏 有致敏作用

生殖细胞突变性 微生物致突变：鼠伤寒沙门氏菌 $50\mu g$/皿。DNA 修复：枯草杆菌 10mmol/L。细胞遗传学分析：大鼠肝 $750\mu g$/L

致癌性 无资料 **生殖毒性** 无资料

特异性靶器官系统毒性-一次接触 无资料

特异性靶器官系统毒性-反复接触 无资料

吸入危害 无资料

第十二部分 生态学信息

生态毒性 根据结构类似物质预测，该物质对水生生物有毒

持久性和降解性

　　生物降解性 无资料

　　非生物降解性 无资料

潜在的生物累积性 无资料

土壤中的迁移性 无资料

第十三部分 废弃处置

废弃化学品 建议用控制焚烧法或安全掩埋法处置。若可能，重复使用容器或在规定场所掩埋

污染包装物 将容器返还生产商或按照国家和地方法规处置

废弃注意事项 处置前应参阅国家和地方有关法规

第十四部分 运输信息

联合国危险货物编号（UN 号） 1325

联合国运输名称 有机易燃固体，未另作规定的（4-亚硝基苯酚）

联合国危险性类别 4.1

包装类别 Ⅱ **包装标志**

海洋污染物 是

运输注意事项 运输时运输车辆应配备相应品种和数量的消防器材及泄漏应急处理设备。装运本品的车辆排气管须有阻火装置。运输过程中要确保容器不泄漏、不倒塌、不坠落、不损坏。严禁与氧化剂、酸类、碱类、食用化学品等混装混运。运输途中应防暴晒、雨淋，防高温。中途停留时应远离火种、热源。车辆运输完毕应进行彻底清扫。铁路运输时要禁止溜放

第十五部分 法规信息

下列法律、法规、规章和标准，对该化学品的管理作了相应的规定。

中华人民共和国职业病防治法 职业病分类和目录：苯的氨基及硝基化合物中毒

危险化学品安全管理条例 危险化学品目录：列入。易制爆危险化学品名录：未列入。重点监管的危险化学品名录：未列入。GB 18218—2009《危险化学品重大危险源辨识》（表1）：未列入

使用有毒物品作业场所劳动保护条例 高毒物品目录：未列入

易制毒化学品管理条例 易制毒化学品的分类和品种目录：未列入

国际公约 斯德哥尔摩公约：未列入。鹿特丹公约：未列入。蒙特利尔议定书：未列入

第十六部分 其他信息

编写和修订信息 缩略语和首字母缩写

培训建议 参考文献

免责声明

N-亚硝基二苯胺

第一部分 化学品标识

化学品中文名 N-亚硝基二苯胺；二苯亚硝胺；防焦剂 NA

化学品英文名 N-nitrosodiphenylamine；N-nitroso-N-phenyl benzenamine

分子式 $C_{12}H_{10}N_2O$ **分子量** 198.2206

结构式

化学品的推荐及限制用途 天然橡胶、合成橡胶用防焦剂

第二部分 危险性概述

紧急情况概述 吞咽有害，造成皮肤刺激，造成眼刺激

GHS 危险性类别 急性毒性-经口，类别 4；皮肤腐蚀/刺激，类别 2；严重眼损伤/眼刺激，类别 2B；特异性靶器官毒性--一次接触，类别 2；特异性靶器官毒性-反复接触，类别 2；危害水生环境-急性危害，类别 2；危害水生环境-长期危害，类别 2

标签要素

象形图 ⟨!⟩ ⟨健康危害⟩ ⟨环境⟩

警示词 警告

危险性说明 吞咽有害，造成皮肤刺激，造成眼刺激，可能对器官造成损害，长时间或反复接触可能对器官造成损伤，对水生生物有毒并具有长期持续影响

防范说明

　　预防措施 避免接触眼睛、皮肤，操作后彻底清洗。作业场所不得进食、饮水或吸烟。戴防护手套。避免吸入粉尘。禁止排入环境

　　事故响应 皮肤接触：用大量肥皂水和水清洗，脱去被污染的衣服，衣服经洗净后方可重新使

用。如发生皮肤刺激，就医。如接触眼睛：用水细心冲洗数分钟。如戴隐形眼镜并可方便地取出，取出隐形眼镜，继续冲洗。如果眼睛刺激持续，就医。食入：如果感觉不适，立即呼叫中毒控制中心或就医，漱口。如果接触或感觉不适：呼叫中毒控制中心或就医。收集泄漏物

安全储存 上锁保管

废弃处置 本品及内装物、容器依据国家和地方法规处置

物理和化学危险 可燃，其粉体与空气混合，能形成爆炸性混合物

健康危害 对人体有刺激性和毒性。受热分解释出有毒的氮氧化物气体

环境危害 对水生生物有毒并具有长期持续影响

第三部分 成分/组成信息

√ 物质   混合物

组分	浓度	CAS No.
N-亚硝基二苯胺		86-30-6

第四部分 急救措施

吸入 迅速脱离现场至空气新鲜处。保持呼吸道通畅。如呼吸困难，给输氧。如呼吸、心跳停止，立即进行心肺复苏术。就医

皮肤接触 立即脱去污染的衣着，用流动清水彻底冲洗。就医

眼睛接触 立即分开眼睑，用流动清水或生理盐水彻底冲洗。就医

食入 漱口，饮水。就医

对保护施救者的忠告 根据需要使用个人防护设备

对医生的特别提示 对症处理

第五部分 消防措施

灭火剂 用雾状水、泡沫、干粉、二氧化碳、砂土灭火

特别危险性 遇明火、高热可燃。其粉体与空气可形成爆炸性混合物，当达到一定浓度时，遇火星会发生爆炸。与氧化剂能发生强烈反应。受热分解产生有毒的烟气

灭火注意事项及防护措施 消防人员必须佩戴防毒面具、穿全身消防服，在上风向灭火。尽可能将容器从火场移至空旷处。喷水保持火场容器冷却，直至灭火结束

第六部分 泄漏应急处理

作业人员防护措施、防护装备和应急处置程序 隔离泄漏污染区，限制出入。消除所有点火源。建议应急处理人员戴防尘口罩，穿防毒服。穿上适当的防护服前严禁接触破裂的容器和泄漏物。尽可能切断泄漏源

环境保护措施 用塑料布覆盖泄漏物，减少飞散

泄漏化学品的收容、清除方法及所使用的处置材料 勿使水进入包装容器内。用洁净的铲子收集泄漏物，置于干净、干燥、盖子较松的容器中，将容器移离泄漏区

第七部分 操作处置与储存

操作注意事项 密闭操作，局部排风。防止粉尘释放到车间空气中。操作人员必须经过专门培训，严格遵守操作规程。建议操作人员佩戴自吸过滤式防尘口罩，戴化学安全防护眼镜，穿防毒物渗透工作服，戴橡胶手套。远离火种、热源，工作场所严禁吸烟。使用防爆型的通风系统和设备。避免产生粉尘。避免与氧化剂接触。配备相应品种和数量的消防器材及泄漏应急处理设备。倒空的容器可能残留有害物

储存注意事项 储存于阴凉、通风的库房。远离火种、热源。防止阳光直射。包装密封。应与氧化剂分开存放，切忌混储。配备相应品种和数量的消防器材。储区应备有合适的材料收容泄漏物

第八部分 接触控制/个体防护

职业接触限值

中国 未制定标准

美国（ACGIH） 未制定标准

生物接触限值 未制定标准

监测方法 空气中有毒物质测定方法：未制定标准。生物监测检验方法：未制定标准

工程控制 密闭操作，局部排风

个体防护装备

呼吸系统防护 空气中粉尘浓度超标时，必须佩戴过滤式防尘呼吸器。紧急事态抢救或撤离时，应该佩戴空气呼吸器

眼睛防护 戴化学安全防护眼镜

皮肤和身体防护 穿防毒物渗透工作服

手防护 戴橡胶手套

第九部分 理化特性

外观与性状 黄褐色结晶粉末

pH 值 无意义		**熔点(℃)** 65～66	
沸点(℃) 无资料		**相对密度(水＝1)** 1.24	
相对蒸气密度(空气＝1) 无资料			
饱和蒸气压(kPa) 无资料			
临界压力(MPa) 无资料		**辛醇/水分配系数** 3.13	
闪点(℃) 无意义		**自燃温度(℃)** 580	
爆炸下限(%) 无资料		**爆炸上限(%)** 无资料	
分解温度(℃) 无资料		**黏度(mPa·s)** 无资料	
燃烧热(kJ/mol) 无资料		**临界温度(℃)** 无资料	

溶解性 不溶于水，溶于乙醇，易溶于丙酮、苯、乙酸乙酯、二氯乙烷等

第十部分 稳定性和反应性

稳定性 稳定

危险反应 与强氧化剂等禁配物发生反应

避免接触的条件 无资料

禁配物 强氧化剂

危险的分解产物 氮氧化物

第十一部分 毒理学信息

急性毒性 LD_{50}：1825mg/kg（大鼠经口）；1860mg/kg

（小鼠经口）；＞7940mg/kg（兔经皮）

皮肤刺激或腐蚀　无资料

眼睛刺激或腐蚀　家兔经眼 500mg（24h），轻度刺激

呼吸或皮肤过敏　无资料

生殖细胞突变性　微生物致突变：鼠伤寒沙门氏菌 50μg/皿。细胞遗传学分析：仓鼠肺 62500μg/L。肿瘤性转化：小鼠胚胎 25mg/L。DNA 损伤：人成纤维细胞 3mmol/L

致癌性　IARC 致癌性评论：组 3，现有的证据不能对人类致癌性进行分类

生殖毒性　无资料

特异性靶器官系统毒性--次接触　无资料

特异性靶器官系统毒性-反复接触　无资料

吸入危害　无资料

第十二部分　生态学信息

生态毒性　LC_{50}：10.2mg/L（96h）（青鳉，OECD 203）。LC_{50}：5.8mg/L（96h）（蓝鳃太阳鱼）。EC_{50}：10.1mg/L（48h）（大型溞，OECD 202）。EC_{50}：＞3.1mg/L（48h）（藻类）。NOEC：0.4mg/L（14d）（青鳉，OECD 204）。NOEC：0.075mg/L（21d）（大型溞，OECD 211）

持久性和降解性

　　生物降解性　不易快速生物降解

　　非生物降解性　无资料

潜在的生物累积性　根据 K_{ow} 值预测，该物质的生物累积性可能较弱

土壤中的迁移性　根据 K_{oc} 值预测，该物质可能易发生迁移

第十三部分　废弃处置

废弃化学品　建议用焚烧法处置。若可能，重复使用容器或在规定场所掩埋

污染包装物　将容器返还生产商或按照国家和地方法规处置

废弃注意事项　处置前应参阅国家和地方有关法规

第十四部分　运输信息

联合国危险货物编号（UN 号）　—

联合国运输名称　—

联合国危险性类别　—

包装类别　—　　　　**包装标志**　—

海洋污染物　是

运输注意事项　运输前应先检查包装容器是否完整、密封，运输过程中要确保容器不泄漏、不倒塌、不坠落、不损坏。严禁与酸类、氧化剂、食品及食品添加剂混运。运输时运输车辆应配备相应品种和数量的消防器材及泄漏应急处理设备。运输途中应防暴晒、雨淋，防高温。公路运输时要按规定路线行驶，勿在居民区和人口稠密区停留

第十五部分　法规信息

　　下列法律、法规、规章和标准，对该化学品的管理作了相应的规定。

中华人民共和国职业病防治法　职业病分类和目录：未列入

危险化学品安全管理条例　危险化学品目录：列入。易制爆危险化学品名录：未列入。重点监管的危险化学品名录：未列入。GB 18218—2009《危险化学品重大危险源辨识》（表 1）：未列入

使用有毒物品作业场所劳动保护条例　高毒物品目录：未列入

易制毒化学品管理条例　易制毒化学品的分类和品种目录：未列入

国际公约　斯德哥尔摩公约：未列入。鹿特丹公约：未列入。蒙特利尔议定书：未列入

第十六部分　其他信息

编写和修订信息　　**缩略语和首字母缩写**

培训建议　　　　　　**参考文献**

免责声明

N-亚硝基二甲胺

第一部分　化学品标识

化学品中文名　N-亚硝基二甲胺；二甲基亚硝胺；N-甲基-N-亚硝基甲胺；二甲基亚硝基代胺

化学品英文名　N-nitrosodimethylamine；dimethylnitrosoamine

分子式　$C_2H_6N_2O$　　**分子量**　74.0818

结构式
$$\overset{N=O}{\underset{|}{-N-}}$$

化学品的推荐及限制用途　用于医药及食品分析研究

第二部分　危险性概述

紧急情况概述　吞咽会中毒，吸入致命

GHS 危险性类别　急性毒性-经口，类别 3；急性毒性-吸入，类别 2；致癌性，类别 1B；特异性靶器官毒性-反复接触，类别 1；危害水生环境-急性危害，类别 2；危害水生环境-长期危害，类别 2

标签要素

象形图

警示词　危险

危险性说明　吞咽会中毒，吸入致命，可能致癌，长时间或反复接触对器官造成损伤，对水生生物有毒并具有长期持续影响

防范说明

　　预防措施　作业场所不得进食、饮水或吸烟。避免接触眼睛、皮肤或衣服，操作后彻底清洗。戴防护手套、穿防护服。得到专门指导后操作。在阅读并了解所有安全预防措施之前，切勿操作。按要求使用个体防护装备。避免吸入蒸气、雾。禁止排入环境

　　事故响应　食入：立即呼叫中毒控制中心或就医。

漱口。皮肤接触：用大量肥皂水和水轻轻地清洗，立即呼叫中毒控制中心或就医。如果接触或有担心，就医。如感觉不适，就医。收集泄漏物

安全储存　在通风良好处储存。保持容器密闭。上锁保管

废弃处置　本品及内装物、容器依据国家和地方法规处置

物理和化学危险　可燃，其蒸气与空气混合，能形成爆炸性混合物

健康危害　对眼睛、皮肤有刺激作用。摄入、吸入或经皮肤吸收可能致死。接触可引起肝、肾损害

环境危害　对水生生物有毒并具有长期持续影响

第三部分　成分/组成信息

√ 物质　　　　　　　　　混合物

组分	浓度	CAS No.
N-亚硝基二甲胺		62-75-9

第四部分　急救措施

吸入　迅速脱离现场至空气新鲜处。保持呼吸道通畅。如呼吸困难，给输氧。如呼吸、心跳停止，立即进行心肺复苏术。就医

皮肤接触　立即脱去污染的衣着，用流动清水彻底冲洗。就医

眼睛接触　立即分开眼睑，用流动清水或生理盐水彻底冲洗。就医

食入　饮适量温水，催吐（仅限于清醒者）。就医

对保护施救者的忠告　根据需要使用个人防护设备

对医生的特别提示　对症处理

第五部分　消防措施

灭火剂　用雾状水、泡沫、干粉、二氧化碳、砂土灭火

特别危险性　遇明火、高热可燃。与强氧化剂接触可发生化学反应。受热分解放出有毒的氧化氮烟气

灭火注意事项及防护措施　消防人员必须佩戴空气呼吸器、穿全身防火防毒服，在上风向灭火。尽可能将容器从火场移至空旷处。喷水保持火场容器冷却，直至灭火结束。处在火场中的容器若已变色或从安全泄压装置中发出声音，必须马上撤离

第六部分　泄漏应急处理

作业人员防护措施、防护装备和应急处置程序　根据液体流动和蒸气扩散的影响区域划定警戒区，无关人员从侧风向、上风向撤离至安全区。消除所有点火源。建议应急处理人员戴正压自给式呼吸器，穿防毒服。穿上适当的防护服前严禁接触破裂的容器和泄漏物。尽可能切断泄漏源

环境保护措施　防止泄漏物进入水体、下水道、地下室或有限空间

泄漏化学品的收容、清除方法及所使用的处置材料　小量泄漏：用干燥的砂土或其他不燃材料吸收或覆盖，收集于容器中。大量泄漏：构筑围堤或挖坑收容。用泵转移至槽车或专用收集器内

第七部分　操作处置与储存

操作注意事项　密闭操作，提供充分的局部排风。尽可能采取隔离操作。操作人员必须经过专门培训，严格遵守操作规程。建议操作人员佩戴自吸过滤式防毒面具（半面罩），穿胶布防毒衣，戴橡胶耐油手套。远离火种、热源，工作场所严禁吸烟。使用防爆型的通风系统和设备。防止蒸气泄漏到工作场所空气中。避免与氧化剂、还原剂接触。搬运时要轻装轻卸，防止包装及容器损坏。配备相应品种和数量的消防器材及泄漏应急处理设备。倒空的容器可能残留有害物

储存注意事项　储存于阴凉、通风的库房。远离火种、热源。应与氧化剂、还原剂、食用化学品分开存放，切忌混储。配备相应品种和数量的消防器材。储区应备有泄漏应急处理设备和合适的收容材料

第八部分　接触控制/个体防护

职业接触限值

中国　未制定标准

美国（ACGIH）　未制定标准

生物接触限值　未制定标准

监测方法　空气中有毒物质测定方法：未制定标准。生物监测检验方法：未制定标准

工程控制　严加密闭，提供充分的局部排风。尽可能采取隔离操作。提供安全淋浴和洗眼设备

个体防护装备

呼吸系统防护　空气中浓度超标时，必须佩戴过滤式防毒面具（半面罩）。紧急事态抢救或撤离时，应该佩戴空气呼吸器

眼睛防护　呼吸系统防护中已作防护

皮肤和身体防护　穿密闭型防毒服

手防护　戴橡胶耐油手套

第九部分　理化特性

外观与性状　黄色液体

pH 值　无资料	**熔点(℃)**　无资料
沸点(℃)　151～153	**相对密度(水＝1)**　1.00
相对蒸气密度(空气＝1)　无资料	
饱和蒸气压(kPa)　0.67(20℃)	
临界压力(MPa)　无资料	**辛醇/水分配系数**　无资料
闪点(℃)　61.11	**自燃温度(℃)**　无资料
爆炸下限(%)　无资料	**爆炸上限(%)**　无资料
分解温度(℃)　无资料	**黏度(mPa·s)**　无资料
燃烧热(kJ/mol)　无资料	**临界温度(℃)**　无资料
溶解性　溶于水、乙醇、乙醚等	

第十部分　稳定性和反应性

稳定性　稳定

危险反应　与强氧化剂、强还原剂等禁配物发生反应

避免接触的条件　受热

禁配物　强氧化剂、强还原剂

危险的分解产物　氮氧化物

第十一部分　毒理学信息

急性毒性　LD_{50}：27mg/kg（大鼠经口）。LC_{50}：78ppm（大鼠吸入，4h）

皮肤刺激或腐蚀　无资料　　**眼睛刺激或腐蚀**　无资料

呼吸或皮肤过敏　无资料

生殖细胞突变性　微核试验：10mmol/L（人类肝脏，4h）。DNA修复：5mmol/L（人类肝脏，2h）。DNA损伤：人类肝脏5mmol/L。程序外DNA合成：猴肝脏5mmol/L。哺乳动物体细胞突变：人淋巴细胞14mmol/L。姐妹染色单体交换：人淋巴细胞29mg/L。细胞遗传学分析：人淋巴细胞50mmol/L

致癌性　IARC致癌性评论：组2A，对人类很可能是致癌物

生殖毒性　无资料

特异性靶器官系统毒性-一次接触　无资料

特异性靶器官系统毒性-反复接触　无资料

吸入危害　无资料

第十二部分　生态学信息

生态毒性　根据结构类似物质预测，该物质对水生生物有毒

持久性和降解性

生物降解性　无资料

非生物降解性　无资料

潜在的生物累积性　无资料

土壤中的迁移性　无资料

第十三部分　废弃处置

废弃化学品　根据国家和地方有关法规的要求处置。或与厂商或制造商联系，确定处置方法

污染包装物　将容器返还生产商或按照国家和地方法规处置

废弃注意事项　处置前应参阅国家和地方有关法规

第十四部分　运输信息

联合国危险货物编号（UN号）　2810

联合国运输名称　有机毒性液体，未另作规定的（N-亚硝基二甲胺）

联合国危险性类别　6.1

包装类别　Ⅱ　　　　　　**包装标志**

海洋污染物　是

运输注意事项　运输前应先检查包装容器是否完整、密封，运输过程中要确保容器不泄漏、不倒塌、不坠落、不损坏。严禁与酸类、氧化剂、食品及食品添加剂混运。运输时运输车辆应配备相应品种和数量的消防器材及泄漏应急处理设备。运输途中应防暴晒、雨淋，防高温。公路运输时要按规定路线行驶，勿在居民区和人口稠密区停留

第十五部分　法规信息

下列法律、法规、规章和标准，对该化学品的管理作了相应的规定。

中华人民共和国职业病防治法　职业病分类和目录：未列入

危险化学品安全管理条例　危险化学品目录：列入。易制爆危险化学品名录：未列入。重点监管的危险化学品名录：未列入。GB 18218—2009《危险化学品重大危险源辨识》（表1）：未列入

使用有毒物品作业场所劳动保护条例　高毒物品目录：未列入

易制毒化学品管理条例　易制毒化学品的分类和品种目录：未列入

国际公约　斯德哥尔摩公约：未列入。鹿特丹公约：未列入。蒙特利尔议定书：未列入

第十六部分　其他信息

编写和修订信息　　**缩略语和首字母缩写**

培训建议　　　　　　**参考文献**

免责声明

4-亚硝基-N,N-二甲基苯胺

第一部分　化学品标识

化学品中文名　4-亚硝基-N,N-二甲基苯胺；对亚硝基二甲基苯胺；N,N-二甲基对亚硝基苯胺；N,N-二甲基-4-亚硝基苯胺

化学品英文名　N,N-dimethyl-p-nitrosoaniline；p-nitrosodimethylaniline

分子式　$C_8H_{10}N_2O$　**分子量**　150.1778

结构式

化学品的推荐及限制用途　用于亚甲蓝制造及有机合成，并用作硫化促进剂

第二部分　危险性概述

紧急情况概述　自热：可能燃烧，造成皮肤刺激

GHS危险性类别　自热物质和混合物，类别1；皮肤腐蚀/刺激，类别2

标签要素

象形图

警示词　危险

危险性说明　自热：可能燃烧，造成皮肤刺激

防范说明

预防措施　保持阴凉，避免日照。戴防护手套和防护眼镜、防护面罩。避免接触眼睛、皮肤，操作后彻底清洗

事故响应　皮肤接触：用大量肥皂水和水清洗，脱

去被污染的衣服,如发生皮肤刺激,就医。被污染的衣服必须经洗净后方可重新使用

安全储存   踩、货架之间留有空隙。远离其他物质储存

废弃处置   本品及内装物、容器依据国家和地方法规处置

物理和化学危险   接触空气易自燃

健康危害   吸入、摄入或经皮肤吸收后对身体有害,有刺激作用

环境危害   对环境可能有害

第三部分 成分/组成信息

√物质   混合物

组分	浓度	CAS No.
4-亚硝基-N,N-二甲基苯胺		138-89-6

第四部分 急救措施

吸入   迅速脱离现场至空气新鲜处。保持呼吸道通畅。如呼吸困难,给输氧。呼吸、心跳停止,立即进行心肺复苏术。就医

皮肤接触   立即脱去污染的衣着,用流动清水彻底冲洗。就医

眼睛接触   立即分开眼睑,用流动清水或生理盐水彻底冲洗。就医

食入   饮适量温水,催吐(仅限于清醒者)。就医

对保护施救者的忠告   根据需要使用个人防护设备

对医生的特别提示   对症处理

第五部分 消防措施

灭火剂   用雾状水、泡沫、干粉、二氧化碳、砂土灭火

特别危险性   干燥时在空气中自燃。遇热或明火燃烧

灭火注意事项及防护措施   消防人员必须佩戴防毒面具、穿全身消防服,在上风向灭火。尽可能将容器从火场移至空旷处。喷水保持火场容器冷却,直至灭火结束

第六部分 泄漏应急处理

作业人员防护措施、防护装备和应急处置程序   隔离泄漏污染区,限制出入。消除所有点火源。建议应急处理人员戴防尘口罩,穿防静电服。禁止接触或跨越泄漏物。尽可能切断泄漏源

环境保护措施   用塑料布覆盖,减少飞散、避免雨淋

泄漏化学品的收容、清除方法及所使用的处置材料   用干燥的砂土或其他不燃材料覆盖泄漏物,用洁净的无火花工具收集泄漏物,置于一盖子较松的塑料容器中,待处置

第七部分 操作处置与储存

操作注意事项   密闭操作,提供充分的局部排风。操作人员必须经过专门培训,严格遵守操作规程。建议操作人员佩戴自吸过滤式防尘口罩,戴化学安全防护眼镜,穿防毒物渗透工作服,戴橡胶手套。远离火种、热源,工作场所严禁吸烟。使用防爆型的通风系统和设备。避免与氧化剂、还原剂、酸类接触。搬运时要轻装轻卸,防止包装及容器损坏。禁止震动、撞击和摩擦。配备相应品种和数量的消防器材及泄漏应急处理设备。倒空的容器可能残留有害物

储存注意事项   储存于阴凉、通风的库房。远离火种、热源。应与氧化剂、还原剂、酸类、食用化学品分开存放,切忌混储。采用防爆型照明、通风设施。禁止使用易产生火花的机械设备和工具。储区应备有合适的材料收容泄漏物

第八部分 接触控制/个体防护

职业接触限值

   中国   未制定标准

   美国(ACGIH)   未制定标准

生物接触限值   未制定标准

监测方法   空气中有毒物质测定方法:未制定标准。生物监测检验方法:未制定标准

工程控制   严加密闭,提供充分的局部排风

个体防护装备

   呼吸系统防护   空气中粉尘浓度超标时,必须佩戴过滤式防尘呼吸器。紧急事态抢救或撤离时,应该佩戴空气呼吸器

   眼睛防护   戴化学安全防护眼镜

   皮肤和身体防护   穿防毒物渗透工作服

   手防护   戴橡胶手套

第九部分 理化特性

外观与性状   绿色片状固体

pH 值 无意义	**熔点(℃)** 87~88
沸点(℃) 无资料	**相对密度(水=1)** 无资料
相对蒸气密度(空气=1) 1.15	
饱和蒸气压(kPa) 无资料	
临界压力(MPa) 无资料	**辛醇/水分配系数** 无资料
闪点(℃) 无资料	**自燃温度(℃)** 无资料
爆炸下限(%) 无资料	**爆炸上限(%)** 无资料
分解温度(℃) 无资料	**黏度(mPa·s)** 无资料
燃烧热(kJ/mol) 无资料	**临界温度(℃)** 无资料

溶解性   不溶于水,溶于乙醇、乙醚

第十部分 稳定性和反应性

稳定性   稳定

危险反应   与强氧化剂、强还原剂、强酸等禁配物接触,有发生火灾和爆炸的危险。干燥时在空气中自燃

避免接触的条件   受热

禁配物   强氧化剂、强还原剂、强酸

危险的分解产物   氮氧化物

第十一部分 毒理学信息

急性毒性 LD_{50}:65mg/kg(大鼠经口)

皮肤刺激或腐蚀 无资料		**眼睛刺激或腐蚀** 无资料
呼吸或皮肤过敏 无资料		**生殖细胞突变性** 无资料
致癌性 无资料		**生殖毒性** 无资料

特异性靶器官系统毒性-一次接触   无资料

特异性靶器官系统毒性-反复接触   无资料

吸入危害　无资料

第十二部分　生态学信息

生态毒性　无资料
持久性和降解性
　　生物降解性　无资料
　　非生物降解性　无资料
潜在的生物累积性　无资料
土壤中的迁移性　无资料

第十三部分　废弃处置

废弃化学品　建议用焚烧法处置。焚烧炉排出的氮氧化物通过洗涤器除去
污染包装物　将容器返还生产商或按照国家和地方法规处置
废弃注意事项　处置前应参阅国家和地方有关法规

第十四部分　运输信息

联合国危险货物编号（UN号）　1369
联合国运输名称　对亚硝基二甲基苯胺
联合国危险性类别　4.2

包装类别　Ⅱ　　　　**包装标志**

海洋污染物　否
运输注意事项　运输时运输车辆应配备相应品种和数量的消防器材及泄漏应急处理设备。装运本品的车辆排气管须有阻火装置。运输过程中要确保容器不泄漏、不倒塌、不坠落、不损坏。严禁与氧化剂、还原剂、酸类、食用化学品等混装混运。运输途中应防暴晒、雨淋，防高温。中途停留时应远离火种、热源。车辆运输完毕应进行彻底清扫。铁路运输时要禁止溜放

第十五部分　法规信息

　　下列法律、法规、规章和标准，对该化学品的管理作了相应的规定。
中华人民共和国职业病防治法　职业病分类和目录：未列入
危险化学品安全管理条例　危险化学品目录：列入。易制爆危险化学品名录：未列入。重点监管的危险化学品名录：未列入。GB 18218—2009《危险化学品重大危险源辨识》（表1）：未列入
使用有毒物品作业场所劳动保护条例　高毒物品目录：未列入
易制毒化学品管理条例　易制毒化学品的分类和品种目录：未列入
国际公约　斯德哥尔摩公约：未列入。鹿特丹公约：未列入。蒙特利尔议定书：未列入

第十六部分　其他信息

编写和修订信息　　缩略语和首字母缩写
培训建议　　　　　参考文献
免责声明

4-亚硝基-N,N-二乙基苯胺

第一部分　化学品标识

化学品中文名　4-亚硝基-N,N-二乙基苯胺；N,N-二乙基-4-亚硝基苯胺；对亚硝基二乙（基）苯胺
化学品英文名　4-nitroso-N,N-diethyl aniline；N,N-diethyl-4-nitrosoaniline

分子式　$C_{10}H_{14}N_2O$　**分子量**　178.24

结构式

化学品的推荐及限制用途　用于有机合成

第二部分　危险性概述

紧急情况概述　自热：可能燃烧
GHS危险性类别　自热物质和混合物，类别1
标签要素

象形图

警示词　危险
危险性说明　自热：可能燃烧
防范说明
　　预防措施　保持阴凉，避免日照。戴防护手套、防护眼镜、防护面罩
　　事故响应　—
　　安全储存　垛、货架之间留有空隙。远离其他物质储存
　　废弃处置　—
物理和化学危险　接触空气易自燃
健康危害　本品具刺激作用，误服会中毒。吸收进入人体内后形成高铁血红蛋白，可致发生紫绀
环境危害　对环境可能有害

第三部分　成分/组成信息

√ 物质　　　　　　　　混合物

组分	浓度	CAS No.
4-亚硝基-N,N-二乙基苯胺		120-22-9

第四部分　急救措施

吸入　迅速脱离现场至空气新鲜处。保持呼吸道通畅。如呼吸、困难，给输氧。如呼吸、心跳停止，立即进行心肺复苏术。就医
皮肤接触　立即脱去污染衣着，用肥皂水或清水彻底冲洗。就医
眼睛接触　分开眼睑，用清水或生理盐水冲洗。就医
食入　饮适量温水，催吐（仅限于清醒者）。就医
对保护施救者的忠告　根据需要使用个人防护设备
对医生的特别提示　高铁血红蛋白血症，可用亚甲蓝和维生素C治疗

第五部分　消防措施

灭火剂　用雾状水、泡沫、干粉、二氧化碳、砂土灭火

特别危险性　自燃物品。暴露在空气中能自燃。干燥时在空气中自燃。受高热分解放出有毒的气体

灭火注意事项及防护措施　消防人员必须佩戴防毒面具、穿全身消防服，在上风向灭火。尽可能将容器从火场移至空旷处。喷水保持火场容器冷却，直至灭火结束

第六部分　泄漏应急处理

作业人员防护措施、防护装备和应急处置程序　隔离泄漏污染区，限制出入。消除所有点火源。建议应急处理人员戴防尘口罩，穿防毒服。禁止接触或跨越泄漏物。尽可能切断泄漏源

环境保护措施　用干燥的砂土或其他不燃材料覆盖泄漏物，然后用塑料布覆盖，减少飞散、避免雨淋

泄漏化学品的收容、清除方法及所使用的处置材料　用洁净的无火花工具收集泄漏物，置于一盖子较松的塑料容器中，待处置

第七部分　操作处置与储存

操作注意事项　密闭操作，局部排风。防止粉尘释放到车间空气中。操作人员必须经过专门培训，严格遵守操作规程。建议操作人员佩戴自吸过滤式防尘口罩，戴化学安全防护眼镜，穿防毒物渗透工作服，戴橡胶手套。远离火种、热源，工作场所严禁吸烟。使用防爆型的通风系统和设备。避免产生粉尘。避免与氧化剂、乙酸接触。配备相应品种和数量的消防器材及泄漏应急处理设备。倒空的容器可能残留有害物

储存注意事项　储存时用水作稳定剂。储存于阴凉、通风的库房。远离火种、热源。防止阳光直射。保持容器密封，严禁与空气接触。应与氧化剂、乙酸、食用化学品分开存放，切忌混储。采用防爆型照明、通风设施。禁止使用易产生火花的机械设备和工具。储区应备有合适的材料收容泄漏物

第八部分　接触控制/个体防护

职业接触限值

中国　未制定标准

美国（ACGIH）　未制定标准

生物接触限值　未制定标准

监测方法　空气中有毒物质测定方法：未制定标准。生物监测检验方法：未制定标准

工程控制　密闭操作，局部排风

个体防护装备

呼吸系统防护　空气中粉尘浓度超标时，必须佩戴过滤式防尘呼吸器。紧急事态抢救或撤离时，应该佩戴空气呼吸器

眼睛防护　戴化学安全防护眼镜

皮肤和身体防护　穿防毒物渗透工作服

手防护　戴橡胶手套

第九部分　理化特性

外观与性状　绿色粉末

pH值　无意义		熔点（℃）　82～84	
沸点（℃）　无资料		相对密度（水＝1）　1.24(15℃)	
相对蒸气密度（空气＝1）　无资料			
饱和蒸气压（kPa）　无资料			
临界压力（MPa）　无资料		辛醇/水分配系数　无资料	
闪点（℃）　无意义		自燃温度（℃）　无资料	
爆炸下限（%）　无资料		爆炸上限（%）　无资料	
分解温度（℃）　无资料		黏度（mPa·s）　无资料	
燃烧热（kJ/mol）　无资料		临界温度（℃）　无资料	
溶解性　不溶于水			

第十部分　稳定性和反应性

稳定性　稳定

危险反应　与强氧化剂、乙酸等禁配物接触，有发生火灾和爆炸的危险。暴露在空气中能发生自燃

避免接触的条件　空气

禁配物　强氧化剂、乙酸

危险的分解产物　氮氧化物

第十一部分　毒理学信息

急性毒性　LD_{50}：65mg/kg（大鼠经口）

皮肤刺激或腐蚀　无资料		眼睛刺激或腐蚀　无资料	

呼吸或皮肤过敏　无资料　**生殖细胞突变性**　微生物致突变：鼠伤寒沙门氏菌 $3\mu mol/L$

致癌性　无资料　　　　**生殖毒性**　无资料

特异性靶器官系统毒性-一次接触　无资料

特异性靶器官系统毒性-反复接触　无资料

吸入危害　无资料

第十二部分　生态学信息

生态毒性　无资料

持久性和降解性

生物降解性　无资料

非生物降解性　无资料

潜在的生物累积性　无资料

土壤中的迁移性　无资料

第十三部分　废弃处置

废弃化学品　建议用焚烧法处置。在能利用的地方重复使用容器或在规定场所掩埋

污染包装物　将容器返还生产商或按照国家和地方法规处置

废弃注意事项　处置前应参阅国家和地方有关法规

第十四部分　运输信息

联合国危险货物编号（UN号）　3088

联合国运输名称　有机自热固体未另作规定的（4-亚硝基-N,N-二乙基苯胺）

联合国危险性类别　4.2

包装类别　Ⅱ　**包装标志**　

海洋污染物 否

运输注意事项 运输时运输车辆应配备相应品种和数量的消防器材及泄漏应急处理设备。装运本品的车辆排气管必须有阻火装置。运输过程中要确保容器不泄漏、不倒塌、不坠落、不损坏。严禁与氧化剂、酸类、食用化学品等混装混运。运输途中应防暴晒、雨淋、防高温。中途停留时应远离火种、热源。车辆运输完毕应进行彻底清扫。铁路运输时要禁止溜放

第十五部分　法规信息

下列法律、法规、规章和标准，对该化学品的管理作了相应的规定。

中华人民共和国职业病防治法 职业病分类和目录：苯的氨基及硝基化合物中毒

危险化学品安全管理条例 危险化学品目录：列入。易制爆危险化学品名录：未列入。重点监管的危险化学品名录：未列入。GB 18218—2009《危险化学品重大危险源辨识》（表1）：未列入

使用有毒物品作业场所劳动保护条例 高毒物品目录：未列入

易制毒化学品管理条例 易制毒化学品的分类和品种目录：未列入

国际公约 斯德哥尔摩公约：未列入。鹿特丹公约：未列入。蒙特利尔议定书：未列入

第十六部分　其他信息

编写和修订信息　缩略语和首字母缩写
培训建议　　　　参考文献
免责声明

亚硝酸铵

第一部分　化学品标识

化学品中文名　亚硝酸铵
化学品英文名　ammonium nitrite
分子式　NH_4NO_2　分子量　64.06
结构式　$O=N-O^-\ NH_4^+$
化学品的推荐及限制用途　是氨氧化过程的中间体

第二部分　危险性概述

紧急情况概述　易燃固体
GHS危险性类别　氧化性固体，类别2
标签要素

象形图　

警示词　危险
危险性说明　易燃固体
防范说明
　　预防措施　远离热源、火花、明火、热表面。禁止吸烟。容器和接收设备接地连接。使用防爆型

电器、通风、照明设备。戴防护手套、防护眼镜、防护面罩
　　事故响应　火灾时，使用大量水灭火
　　安全储存　—
　　废弃处置　—

物理和化学危险　助燃。与可燃物混合或急剧加热会发生爆炸

健康危害　具刺激作用。误服可引起高铁血红蛋白症。受热分解释出氮氧化物和氨烟雾

环境危害　对环境可能有害

第三部分　成分/组成信息

√物质　　　　　　　　　混合物

组分	浓度	CAS No.
亚硝酸铵		13446-48-5

第四部分　急救措施

吸入　迅速脱离现场至空气新鲜处。保持呼吸道通畅。如呼吸困难，给输氧。呼吸、心跳停止，立即进行心肺复苏术。就医

皮肤接触　立即脱去污染的衣着，用流动清水彻底冲洗。就医

眼睛接触　立即分开眼睑，用流动清水或生理盐水彻底冲洗。就医

食入　漱口，饮水。就医

对保护施救者的忠告　根据需要使用个人防护设备

对医生的特别提示　高铁血红蛋白血症，可用亚甲蓝和维生素C治疗

第五部分　消防措施

灭火剂　用大量水灭火

特别危险性　强氧化剂。受热或经摩擦、震动、撞击可引起燃烧或爆炸。与有机物，还原剂，易燃物如硫、磷等接触或混合时有引起燃烧爆炸的危险。受热易分解，燃烧时产生有毒的氯化物气体

灭火注意事项及防护措施　消防人员须在有防爆掩蔽处操作。遇大火切勿轻易接近。禁止用砂土压盖

第六部分　泄漏应急处理

作业人员防护措施、防护装备和应急处置程序　隔离泄漏污染区，限制出入。建议应急处理人员戴防尘口罩，穿防毒服。勿使泄漏物与可燃物质（如木材、纸、油等）接触。穿上适当的防护服前严禁接触破裂的容器和泄漏物。尽可能切断泄漏源

环境保护措施　用塑料布覆盖泄漏物，减少飞散

泄漏化学品的收容、清除方法及所使用的处置材料　勿使水进入包装容器内。小量泄漏：用洁净的铲子收集泄漏物，置于干净、干燥、盖子较松的容器中，将容器移离泄漏区。大量泄漏：泄漏物回收后，用水冲洗泄漏区

第七部分　操作处置与储存

操作注意事项　密闭操作，局部排风。防止粉尘释放到车

间空气中。操作人员必须经过专门培训，严格遵守操作规程。建议操作人员佩戴自吸过滤式防尘口罩，戴化学安全防护眼镜，穿胶布防毒衣，戴橡胶手套。远离火种、热源，工作场所严禁吸烟。远离易燃、可燃物。避免产生粉尘。避免与还原剂接触。配备相应品种和数量的消防器材及泄漏应急处理设备。倒空的容器可能残留有害物

储存注意事项 储存于阴凉、干燥、通风良好的专用库房内，远离火种、热源。避免受热。库温不超过30℃，相对湿度不超过80％。包装密封。应与还原剂、易（可）燃物分开存放，切忌混储。储区应备有合适的材料收容泄漏物

第八部分　接触控制/个体防护

职业接触限值

中国　未制定标准

美国（ACGIH）　未制定标准

生物接触限值　未制定标准

监测方法　空气中有毒物质测定方法：未制定标准。生物监测检验方法：未制定标准

工程控制　密闭操作，局部排风

个体防护装备

呼吸系统防护　空气中粉尘浓度超标时，必须佩戴过滤式防尘呼吸器。紧急事态抢救或撤离时，应该佩戴空气呼吸器

眼睛防护　戴化学安全防护眼镜

皮肤和身体防护　穿密闭型防毒服

手防护　戴橡胶手套

第九部分　理化特性

外观与性状　白色至黄色结晶

pH 值　无意义

熔点(℃)　60～70（分解爆炸）

沸点(℃)　无资料　　**相对密度(水＝1)**　1.69

相对蒸气密度(空气=1)　无资料

饱和蒸气压(kPa)　无资料

临界压力(MPa)　无意义　**辛醇/水分配系数**　无资料

闪点(℃)　无意义　　**自燃温度(℃)**　无意义

爆炸下限(％)　无意义　**爆炸上限(％)**　无意义

分解温度(℃)　无资料　**黏度(mPa·s)**　无资料

燃烧热(kJ/mol)　无资料　**临界温度(℃)**　无资料

溶解性　易溶于水

第十部分　稳定性和反应性

稳定性　稳定

危险反应　受热或经摩擦、震动、撞击可引起燃烧或爆炸。与有机物，还原剂，易燃物如硫、磷等接触或混合时可引起燃烧爆炸的危险。受热易分解，燃烧时产生有毒的氯化物气体

避免接触的条件　受热、摩擦、震动、撞击

禁配物　强还原剂、易燃或可燃物

危险的分解产物　氮氧化物、氨

第十一部分　毒理学信息

急性毒性　无资料

皮肤刺激或腐蚀　无资料　**眼睛刺激或腐蚀**　无资料

呼吸或皮肤过敏　无资料　**生殖细胞突变性**　无资料

致癌性　无资料　　　　**生殖毒性**　无资料

特异性靶器官系统毒性-一次接触　无资料

特异性靶器官系统毒性-反复接触　无资料

吸入危害　无资料

第十二部分　生态学信息

生态毒性　无资料

持久性和降解性

生物降解性　无资料

非生物降解性　无资料

潜在的生物累积性　无资料

土壤中的迁移性　无资料

第十三部分　废弃处置

废弃化学品　根据国家和地方有关法规的要求处置。或与厂商或制造商联系，确定处置方法

污染包装物　将容器返还生产商或按照国家和地方法规处置

废弃注意事项　处置前应参阅国家和地方有关法规

第十四部分　运输信息

联合国危险货物编号（UN 号）　—

联合国运输名称　—　　**联合国危险性类别**　—

包装类别　—　　　　**包装标志**　—

海洋污染物　否

运输注意事项　运输时单独装运，运输过程中要确保容器不泄漏、不倒塌、不坠落、不损坏。运输时运输车辆应配备相应品种和数量的消防器材。严禁与酸类、易燃物、有机物、还原剂、自燃物品、遇湿易燃物品等并车混运。运输时车速不宜过快，不得强行超车。公路运输时要按规定路线行驶。运输车辆装卸前后，均应彻底清扫、洗净，严禁混入有机物、易燃物等杂质

第十五部分　法规信息

下列法律、法规、规章和标准，对该化学品的管理作了相应的规定。

中华人民共和国职业病防治法　职业病分类和目录：未列入

危险化学品安全管理条例　危险化学品目录：列入。易制爆危险化学品名录：未列入。重点监管的危险化学品名录：未列入。GB 18218—2009《危险化学品重大危险源辨识》（表1）：未列入

使用有毒物品作业场所劳动保护条例　高毒物品目录：未列入

易制毒化学品管理条例　易制毒化学品的分类和品种目录：未列入

国际公约　斯德哥尔摩公约：未列入。鹿特丹公约：未列

入。蒙特利尔议定书：未列入

第十六部分　其他信息

编写和修订信息　缩略语和首字母缩写
培训建议　　　　参考文献
免责声明

亚硝酸钡

第一部分　化学品标识

化学品中文名　亚硝酸钡
化学品英文名　barium nitrite
分子式　$Ba(NO_2)_2$　**分子量**　229.34
结构式　$[O=N-O^-]_2 Ba^{2+}$
化学品的推荐及限制用途　用于重氮化反应，用作防止钢条的腐蚀

第二部分　危险性概述

紧急情况概述　可加剧燃烧：氧化剂，吞咽有害，吸入有害
GHS危险性类别　氧化性固体，类别3；急性毒性-经口，类别4；急性毒性-吸入，类别4
标签要素

象形图　

警示词　警告
危险性说明　可加剧燃烧：氧化剂，吞咽有害，吸入有害
防范说明
　　预防措施　远离热源。远离衣物、可燃物保存。采取一切预防措施，避免与可燃物混合。戴防护手套、防护眼镜、防护面罩。避免接触眼睛、皮肤，操作后彻底清洗。作业场所不得进食、饮水或吸烟。避免吸入粉尘。仅在室外或通风良好处操作
　　事故响应　如吸入：将患者转移到空气新鲜处，休息，保持利于呼吸的体位，如感觉不适，呼叫中毒控制中心或就医。食入：如果感觉不适，立即呼叫中毒控制中心或就医，漱口
　　安全储存　—
　　废弃处置　本品及内装物、容器依据国家和地方法规处置
物理和化学危险　助燃。与可燃物混合能形成爆炸性混合物
健康危害　对眼结膜、鼻黏膜、咽部和皮肤有刺激性。急性中毒多为误服所致，出现流涎、呕吐、腹痛、腹泻，重者瘫痪，可因呼吸肌麻痹、严重心律紊乱而死亡
环境危害　对环境可能有害

第三部分　成分/组成信息

√物质　　　　　　　　　混合物

组分	浓度	CAS No.
亚硝酸钡		13465-94-6

第四部分　急救措施

吸入　迅速脱离现场至空气新鲜处。保持呼吸道通畅。如呼吸困难，给输氧。呼吸、心跳停止，立即进行心肺复苏术。就医
皮肤接触　立即脱去污染的衣着，用流动清水彻底冲洗。就医
眼睛接触　立即分开眼睑，用流动清水或生理盐水彻底冲洗。就医
食入　饮足量温水，催吐。给服硫酸钠。就医
对保护施救者的忠告　根据需要使用个人防护设备
对医生的特别提示　解毒剂：硫酸钠、硫代硫酸钠。有低血钾者应补充钾盐

第五部分　消防措施

灭火剂　本品不燃，根据着火原因选择适当灭火剂灭火
特别危险性　与有机物，还原剂，易燃物如硫、磷等接触或混合时有引起燃烧爆炸的危险。受高热分解放出有毒的气体
灭火注意事项及防护措施　消防人员必须穿全身防火防毒服，在上风向灭火。灭火时尽可能将容器从火场移至空旷处

第六部分　泄漏应急处理

作业人员防护措施、防护装备和应急处置程序　隔离泄漏污染区，限制出入。建议应急处理人员戴防尘口罩，穿防毒服。勿使泄漏物与可燃物质（如木材、纸、油等）接触。穿上适当的防护服前严禁接触破裂的容器和泄漏物。尽可能切断泄漏源
环境保护措施　用塑料布覆盖泄漏物，减少飞散
泄漏化学品的收容、清除方法及所使用的处置材料　勿使水进入包装容器内。小量泄漏：用洁净的铲子收集泄漏物，置于干净、干燥、盖子较松的容器中，将容器移离泄漏区。大量泄漏：泄漏物回收后，用水冲洗泄漏区

第七部分　操作处置与储存

操作注意事项　密闭操作，提供充分的局部排风。防止粉尘释放到车间空气中。操作人员必须经过专门培训，严格遵守操作规程。建议操作人员佩戴防尘面具（全面罩），穿连体式防毒衣，戴橡胶手套。远离火种、热源，工作场所严禁吸烟。避免产生粉尘。避免与还原剂、酸类、铵盐、胺类、氰化物接触。配备相应品种和数量的消防器材及泄漏应急处理设备。倒空的容器可能残留有害物
储存注意事项　储存于阴凉、干燥、通风良好的专用库房内，远离火种、热源。库温不超过30℃，相对湿度不超过80%。防止阳光直射。包装密封。应与还原

剂、酸类、铵盐、胺类、氰化物、食用化学品分开存放，切忌混储。储区应备有合适的材料收容泄漏物

第八部分　接触控制/个体防护

职业接触限值
中国　PC-TWA：0.5mg/m³；PC-STEL：1.5mg/m³〔按 Ba 计〕
美国（ACGIH）TLV-TWA：0.5mg/m³〔按 Ba 计〕
生物接触限值　未制定标准
监测方法　空气中有毒物质测定方法：二溴对甲基偶氮甲磺分光光度法；等离子体原子发射光谱法。生物监测检验方法：未制定标准
工程控制　严加密闭，提供充分的局部排风
个体防护装备
呼吸系统防护　可能接触其粉尘时，必须佩戴空气呼吸器
眼睛防护　呼吸系统防护中已作防护
皮肤和身体防护　穿连体式防毒衣
手防护　戴橡胶手套

第九部分　理化特性

外观与性状　白色至淡黄色结晶粉末

pH 值　无意义		**熔点(℃)**　115（分解）	
沸点(℃)　无资料		**相对密度(水＝1)**　3.187	
相对蒸气密度(空气＝1)　无资料			
饱和蒸气压(kPa)　无资料			
临界压力(MPa)　无意义		**辛醇/水分配系数**　无资料	
闪点(℃)　无意义		**自燃温度(℃)**　无意义	
爆炸下限(%)　无意义		**爆炸上限(%)**　无意义	
分解温度(℃)　无资料		**黏度(mPa·s)**　无资料	
燃烧热(kJ/mol)　无资料		**临界温度(℃)**　无资料	

溶解性　易溶于水、盐酸，不溶于丙酮、醇

第十部分　稳定性和反应性

稳定性　稳定
危险反应　与强还原剂、强酸、铵盐、胺类、氰化物、有机物、还原剂、易燃物如硫、磷等接触或混合时有引起燃烧爆炸的危险
避免接触的条件　无资料
禁配物　强还原剂、强酸、铵盐、胺类、氰化物、易燃物如硫、磷等
危险的分解产物　氮氧化物、氧化钡

第十一部分　毒理学信息

急性毒性　无资料

皮肤刺激或腐蚀　无资料	**眼睛刺激或腐蚀**　无资料
呼吸或皮肤过敏　无资料	**生殖细胞突变性**　无资料
致癌性　无资料	**生殖毒性**　无资料

特异性靶器官系统毒性--一次接触　无资料
特异性靶器官系统毒性-反复接触　无资料
吸入危害　无资料

第十二部分　生态学信息

生态毒性　无资料

持久性和降解性
生物降解性　无资料
非生物降解性　无资料
潜在的生物累积性　无资料
土壤中的迁移性　无资料

第十三部分　废弃处置

废弃化学品　加入水，制成溶液，加入过量稀硫酸，静置一夜，滤出不溶物做掩埋处置
污染包装物　将容器返还生产商或按照国家和地方法规处置
废弃注意事项　处置前应参阅国家和地方有关法规

第十四部分　运输信息

联合国危险货物编号（UN号）　2627
联合国运输名称　无机亚硝酸盐，未另作规定的（亚硝酸钡）
联合国危险性类别　5.1

包装类别　Ⅲ　　　　**包装标志**　

海洋污染物　否
运输注意事项　运输时单独装运，运输过程中要确保容器不泄漏、不倒塌、不坠落、不损坏。运输时运输车辆应配备相应品种和数量的消防器材。严禁与酸类、易燃物、有机物、还原剂、自燃物品、遇湿易燃物品等并车混运。运输时车速不宜过快，不得强行超车。公路运输时要按规定路线行驶。运输车辆装卸前后，均应彻底清扫、洗净，严禁混入有机物、易燃物等杂质

第十五部分　法规信息

下列法律、法规、规章和标准，对该化学品的管理作了相应的规定。
中华人民共和国职业病防治法　职业病分类和目录：钡及其化合物中毒
危险化学品安全管理条例　危险化学品目录：列入。易制爆危险化学品名录：未列入。重点监管的危险化学品名录：未列入。GB 18218—2009《危险化学品重大危险源辨识》(表1)：未列入
使用有毒物品作业场所劳动保护条例　高毒物品目录：未列入
易制毒化学品管理条例　易制毒化学品的分类和品种目录：未列入
国际公约　斯德哥尔摩公约：未列入。鹿特丹公约：未列入。蒙特利尔议定书：未列入

第十六部分　其他信息

编写和修订信息　缩略语和首字母缩写
培训建议　参考文献
免责声明

亚硝酸镍

第一部分　化学品标识

化学品中文名　亚硝酸镍
化学品英文名　nickel nitrite；nickel dinitrite
分子式　$Ni(NO_2)_2$　**分子量**　150.7044
结构式　$[O-N-O^-]_2 Ni^{2+}$
化学品的推荐及限制用途　用于制染料、药物及用作试
剂等

第二部分　危险性概述

紧急情况概述　可加剧燃烧：氧化剂，可能致癌
GHS 危险性类别　氧化性固体，类别 3；致癌性，类别
1A；危害水生环境-急性危害，类别 1；危害水生环
境-长期危害，类别 1
标签要素

象形图　

警示词　危险
危险性说明　可加剧燃烧：氧化剂，可能致癌，对水生
生物毒性非常大并具有长期持续影响
防范说明

预防措施　远离热源。远离衣物、可燃物保存。采
取一切预防措施，避免与可燃物混合。戴防护
手套、防护眼镜、防护面罩。得到专门指导后
操作。在阅读并了解所有安全预防措施之前，
切勿操作。按要求使用个体防护装备。禁止排
入环境
事故响应　如果接触或有担心，就医。收集泄漏物
安全储存　上锁保管
废弃处置　本品及内装物、容器依据国家和地方法
规处置
物理和化学危险　助燃。与可燃物混合能形成爆炸性混
合物
健康危害　加热分解放出有毒的氧化氮烟雾，吸入会中
毒。生产中，可见引起接触性皮炎或过敏性湿疹
环境危害　对水生生物毒性非常大并具有长期持续影响

第三部分　成分/组成信息

√物质　　　　　　　　　　混合物

组分	浓度	CAS No.
亚硝酸镍		17861-62-0

第四部分　急救措施

吸入　迅速脱离现场至空气新鲜处。保持呼吸道通畅。如
呼吸困难，给输氧。呼吸、心跳停止，立即进行心肺
复苏术。就医
皮肤接触　立即脱去污染的衣着，用流动清水彻底冲洗。
就医
眼睛接触　立即分开眼睑，用流动清水或生理盐水彻底冲

洗。就医
食入　漱口，饮水。就医
对保护施救者的忠告　根据需要使用个人防护设备
对医生的特别提示　解毒剂：依地酸二钠钙

第五部分　消防措施

灭火剂　本品不燃，根据着火原因选择适当灭火剂灭火
特别危险性　强氧化剂。与铵盐、氰化物形成爆炸性混合
物。受高热分解放出有毒的气体
灭火注意事项及防护措施　消防人员必须穿全身防火防毒
服，在上风向灭火。灭火时尽可能将容器从火场移至
空旷处

第六部分　泄漏应急处理

作业人员防护措施、防护装备和应急处置程序　隔离泄漏
污染区，限制出入。消除所有点火源。建议应急处理
人员戴防尘口罩，穿防毒服。勿使泄漏物与可燃物质
（如木材、纸、油等）接触。穿上适当的防护服前严
禁接触破裂的容器和泄漏物。尽可能切断泄漏源
环境保护措施　用塑料布覆盖泄漏物，减少飞散
泄漏化学品的收容、清除方法及所使用的处置材料　勿使
水进入包装容器内。小量泄漏：用洁净的铲子收集泄
漏物，置于干净、干燥、盖子较松的容器中，将容器
移离泄漏区。大量泄漏：泄漏物回收后，用水冲洗泄
漏区

第七部分　操作处置与储存

操作注意事项　密闭操作，局部排风。防止粉尘释放到车
间空气中。操作人员必须经过专门培训，严格遵守操
作规程。建议操作人员佩戴自吸过滤式防尘口罩，戴
化学安全防护眼镜，穿胶布防毒衣，戴乳胶手套。远
离火种、热源，工作场所严禁吸烟。远离易燃、可燃
物。避免产生粉尘。避免与还原剂、铵盐、氰化物接
触。配备相应品种和数量的消防器材及泄漏应急处理
设备。倒空的容器可能残留有害物
储存注意事项　储存于阴凉、干燥、通风良好的专用库房
内，远离火种、热源。防止阳光直射。库温不超过
30℃，相对湿度不超过 80%。包装密封。应与还原
剂、易（可）燃物、铵盐、氰化物、食用化学品分开
存放，切忌混储。配备相应品种和数量的消防器材。
储区应备有合适的材料收容泄漏物

第八部分　接触控制/个体防护

职业接触限值
中国　PC-TWA：0.5mg/m³［按 Ni 计］［G1］
美国（ACGIH）　TLV-TWA：0.1mg/m³（可吸入性
颗粒物）［按 Ni 计］
生物接触限值　未制定标准
监测方法　空气中有毒物质测定方法：火焰原子吸收光谱
法。生物监测检验方法：未制定标准
工程控制　密闭操作，局部排风
个体防护装备
呼吸系统防护　空气中粉尘浓度超标时，建议佩戴过

　　滤式防尘呼吸器。紧急事态抢救或撤离时，应该佩戴空气呼吸器

眼睛防护　戴化学安全防护眼镜

皮肤和身体防护　穿密闭型防毒服

手防护　戴橡胶手套

第九部分　理化特性

外观与性状　微红色黄色晶体

pH 值　无意义　　　　　　　**熔点(℃)**　无资料

沸点(℃)　无资料　　　　　**相对密度(水＝1)**　无资料

相对蒸气密度(空气＝1)　无资料

饱和蒸气压(kPa)　无资料

临界压力(MPa)　无意义　　**辛醇/水分配系数**　无资料

闪点(℃)　无意义　　　　　**自燃温度(℃)**　无意义

爆炸下限(%)　无意义　　　**爆炸上限(%)**　无意义

分解温度(℃)　无资料　　　**黏度(mPa·s)**　无资料

燃烧热(kJ/mol)　无资料　　**临界温度(℃)**　无资料

溶解性　溶于水

第十部分　稳定性和反应性

稳定性　稳定

危险反应　与有机物、铵盐、氰化物、还原剂、易燃物如硫、磷等接触或混合时有引起燃烧爆炸的危险

避免接触的条件　无资料

禁配物　强还原剂、易燃或可燃物、铵盐、氰化物

危险的分解产物　氮氧化物

第十一部分　毒理学信息

急性毒性　无资料

皮肤刺激或腐蚀　无资料　　**眼睛刺激或腐蚀**　无资料

呼吸或皮肤过敏　具致敏作用

生殖细胞突变性　无资料

致癌性　IARC 致癌性评论：组 1，确认人类致癌物

生殖毒性　无资料

特异性靶器官系统毒性-一次接触　无资料

特异性靶器官系统毒性-反复接触　无资料

吸入危害　无资料

第十二部分　生态学信息

生态毒性　镍化合物对水生生物有极高毒性

持久性和降解性

　　生物降解性　无资料

　　非生物降解性　无资料

潜在的生物累积性　无资料

土壤中的迁移性　无资料

第十三部分　废弃处置

废弃化学品　建议用控制焚烧法或安全掩埋法处置。破损容器禁止重新使用，要在规定场所掩埋

污染包装物　将容器返还生产商或按照国家和地方法规处置

废弃注意事项　处置前应参阅国家和地方有关法规

第十四部分　运输信息

联合国危险货物编号（UN 号）　2726

联合国运输名称　亚硝酸镍

联合国危险性类别　5.1

包装类别　Ⅲ　　　　　　　**包装标志**

海洋污染物　是

运输注意事项　运输时单独装运，运输过程中要确保容器不泄漏、不倒塌、不坠落、不损坏。运输时运输车辆应配备相应品种和数量的消防器材。严禁与酸类、易燃物、有机物、还原剂、自燃物品、遇湿易燃物品等并车混运。运输时车速不宜过快，不得强行超车。公路运输时要按规定路线行驶。运输车辆装卸前后，均应彻底清扫、洗净，严禁混入有机物、易燃物等杂质

第十五部分　法规信息

　　下列法律、法规、规章和标准，对该化学品的管理作了相应的规定。

中华人民共和国职业病防治法　职业病分类和目录：未列入

危险化学品安全管理条例　危险化学品目录：列入。易制爆危险化学品名录：未列入。重点监管的危险化学品名录：未列入。GB 18218—2009《危险化学品重大危险源辨识》（表 1）：未列入

使用有毒物品作业场所劳动保护条例　高毒物品目录：列入

易制毒化学品管理条例　易制毒化学品的分类和品种目录：未列入

国际公约　斯德哥尔摩公约：未列入。鹿特丹公约：未列入。蒙特利尔议定书：未列入

第十六部分　其他信息

编写和修订信息　　缩略语和首字母缩写

培训建议　　　　　参考文献

免责声明

亚硝酸正戊酯

第一部分　化学品标识

化学品中文名　亚硝酸正戊酯

化学品英文名　amyl nitrite；pentyl alcohol nitrite

分子式　$C_5H_{11}NO_2$　**分子量**　117.1463

结构式　〜〜〜O–NO

化学品的推荐及限制用途　用作有机合成中间体

第二部分　危险性概述

紧急情况概述　高度易燃液体和蒸气，吞咽有害，吸入有害

GHS 危险性类别　易燃液体，类别 2；急性毒性-经口，类别 4；急性毒性-吸入，类别 4

标签要素

象形图

警示词　危险

危险性说明　高度易燃液体和蒸气，吞咽有害，吸入有害

防范说明

预防措施　远离热源、火花、明火、热表面。保持容器密闭。容器和接收设备接地连接。使用防爆型电器、通风、照明设备。只能使用不产生火花的工具。采取防止静电措施。戴防护手套、防护眼镜、防护面罩。避免接触眼睛、皮肤，操作后彻底清洗。作业场所不得进食、饮水或吸烟。避免吸入蒸气、雾。仅在室外或通风良好处操作

事故响应　火灾时，使用雾状水、泡沫、干粉、二氧化碳、砂土灭火。如吸入：将患者转移到空气新鲜处，休息，保持利于呼吸的体位，如感觉不适，呼叫中毒控制中心或就医。如皮肤（或头发）接触：立即脱掉所有被污染的衣服，用水冲洗皮肤，淋浴。食入：如果感觉不适，立即呼叫中毒控制中心或就医。漱口

安全储存　存放在通风良好的地方。保持低温

废弃处置　本品及内装物、容器依据国家和地方法规处置

物理和化学危险　易燃，其蒸气与空气混合，能形成爆炸性混合物

健康危害　接触后迅速引起皮肤潮红、搏动性头痛、头晕、血压下降、脉搏快速。继续接触出现精神错乱、虚脱、休克。本品为高铁血红蛋白形成剂，干扰血液的携氧能力，引起头痛、头晕、紫绀等。眼睛接触出现流泪、红肿、视力模糊。对皮肤有刺激性。慢性影响：贫血、皮肤过敏。长期接触可对其产生耐受性，如突然停止接触，可发生心绞痛

环境危害　对环境可能有害

第三部分　成分/组成信息

√物质　　　　　　　　　混合物

组分	浓度	CAS No.
亚硝酸正戊酯		463-04-7

第四部分　急救措施

吸入　迅速脱离现场至空气新鲜处。保持呼吸道通畅。如呼吸困难，给输氧。如呼吸、心跳停止，立即进行心肺复苏术。就医

皮肤接触　立即脱去污染衣着，用肥皂水或清水彻底冲洗。就医

眼睛接触　分开眼睑，用清水或生理盐水冲洗。就医

食入　漱口，饮水。就医

对保护施救者的忠告　根据需要使用个人防护设备

对医生的特别提示　高铁血红蛋白血症，可用亚甲蓝和维生素 C 治疗

第五部分　消防措施

灭火剂　用雾状水、泡沫、干粉、二氧化碳、砂土灭火

特别危险性　其蒸气与空气可形成爆炸性混合物，遇明火、高热极易燃烧爆炸。与氧化剂接触猛烈反应。燃烧时，放出有毒气体。蒸气比空气重，沿地面扩散并易积存于低洼处，遇火源会着火回燃。若遇高热，容器内压增大，有开裂和爆炸的危险

灭火注意事项及防护措施　消防人员必须佩戴防毒面具、穿全身消防服，在上风向灭火。尽可能将容器从火场移至空旷处。喷水保持火场容器冷却，直至灭火结束。处在火场中的容器若已变色或从安全泄压装置中发出声音，必须马上撤离

第六部分　泄漏应急处理

作业人员防护措施、防护装备和应急处置程序　消除所有点火源。根据液体流动和蒸气扩散的影响区域划定警戒区，无关人员从侧风、上风向撤离至安全区。建议应急处理人员戴正压自给式呼吸器，穿防静电服。作业时使用的所有设备应接地。禁止接触或跨越泄漏物。尽可能切断泄漏源

环境保护措施　防止泄漏物进入水体、下水道、地下室或有限空间

泄漏化学品的收容、清除方法及所使用的处置材料　小量泄漏：用砂土或其他不燃材料吸收。使用洁净的无火花工具收集吸收材料。大量泄漏：构筑围堤或挖坑收容。用粉煤灰或石灰粉吸收大量液体。用泡沫覆盖，减少蒸发。喷水雾能减少蒸发，但不能降低泄漏物在有限空间内的易燃性。用防爆泵转移至槽车或专用收集器内

第七部分　操作处置与储存

操作注意事项　密闭操作，加强通风。操作人员必须经过专门培训，严格遵守操作规程。建议操作人员佩戴自吸过滤式防毒面具（半面罩），戴化学安全防护眼镜，穿防静电工作服，戴橡胶耐油手套。远离火种、热源，工作场所严禁吸烟。使用防爆型的通风系统和设备。防止蒸气泄漏到工作场所空气中。避免与还原剂、酸类接触。搬运时要轻装轻卸，防止包装及容器损坏。配备相应品种和数量的消防器材及泄漏应急处理设备。倒空的容器可能残留有害物

储存注意事项　储存于阴凉、干燥、通风良好的库房。远离火种、热源。库温不宜超过 37℃，保持容器密封。应与还原剂、酸类等分开存放，切忌混储。采用防爆型照明、通风设施。禁止使用易产生火花的机械设备和工具。储区应备有泄漏应急处理设备和合适的收容材料

第八部分　接触控制/个体防护

职业接触限值

中国　未制定标准

美国（ACGIH）　未制定标准

生物接触限值 未制定标准

监测方法 空气中有毒物质测定方法：未制定标准。生物监测检验方法：未制定标准

工程控制 生产过程密闭，加强通风

个体防护装备

呼吸系统防护 空气中浓度超标时，必须佩戴过滤式防毒面具（半面罩）。紧急事态抢救或撤离时，应该佩戴空气呼吸器

眼睛防护 戴化学安全防护眼镜

皮肤和身体防护 穿防静电工作服

手防护 戴橡胶耐油手套

第九部分 理化特性

外观与性状 淡黄色液体，具有强烈的水果气味

pH 值 无资料		**熔点(℃)** 无资料	
沸点(℃) 104.5		**相对密度(水=1)** 0.88	

相对蒸气密度(空气=1) 4.0

饱和蒸气压(kPa) 无资料

临界压力(MPa) 无资料　　**辛醇/水分配系数** 无资料

闪点(℃) 10　　　　　　**自燃温度(℃)** 207

爆炸下限(%) 无资料　　**爆炸上限(%)** 无资料

分解温度(℃) 无资料　　**黏度(mPa·s)** 无资料

燃烧热(kJ/mol) 无资料　　**临界温度(℃)** 无资料

溶解性 微溶于水，溶于乙醇、乙醚、苯、丙酮等多数有机溶剂

第十部分 稳定性和反应性

稳定性 稳定

危险反应 与强还原剂、强酸、水等禁配物发生反应

避免接触的条件 受热、光照、潮湿空气

禁配物 强还原剂、强酸、水

危险的分解产物 氮氧化物

第十一部分 毒理学信息

急性毒性 LDLo: 30000（大鼠经口）

皮肤刺激或腐蚀 无资料		**眼睛刺激或腐蚀** 无资料	
呼吸或皮肤过敏 无资料		**生殖细胞突变性** 无资料	
致癌性 无资料		**生殖毒性** 无资料	

特异性靶器官系统毒性-一次接触 无资料

特异性靶器官系统毒性-反复接触 无资料

吸入危害 无资料

第十二部分 生态学信息

生态毒性 无资料

持久性和降解性

生物降解性 无资料

非生物降解性 无资料

潜在的生物累积性 无资料

土壤中的迁移性 无资料

第十三部分 废弃处置

废弃化学品 建议用焚烧法处置。焚烧炉排出的氮氧化物通过洗涤器除去

污染包装物 将容器返还生产商或按照国家和地方法规处置

废弃注意事项 处置前应参阅国家和地方有关法规

第十四部分 运输信息

联合国危险货物编号（UN 号） 1113

联合国运输名称 亚硝酸戊酯

联合国危险性类别 3

包装类别 Ⅱ　　　　　　　**包装标志**

海洋污染物 否

运输注意事项 运输时运输车辆应配备相应品种和数量的消防器材及泄漏应急处理设备。夏季最好早晚运输。严禁与还原剂、酸类、食用化学品等混装混运。运输途中应防暴晒、雨淋，防高温。中途停留时应远离火种、热源、高温区。装运该物品的车辆排气管必须配备阻火装置，禁止使用易产生火花的机械设备和工具装卸。公路运输时要按规定路线行驶，勿在居民区和人口稠密区停留。严禁用木船、水泥船散装运输

第十五部分 法规信息

下列法律、法规、规章和标准，对该化学品的管理作了相应的规定。

中华人民共和国职业病防治法 职业病分类和目录：未列入

危险化学品安全管理条例 危险化学品目录：列入。易制爆危险化学品名录：未列入。重点监管的危险化学品名录：未列入。GB 18218—2009《危险化学品重大危险源辨识》（表1）：未列入

使用有毒物品作业场所劳动保护条例 高毒物品目录：未列入

易制毒化学品管理条例 易制毒化学品的分类和品种目录：未列入

国际公约 斯德哥尔摩公约：未列入。鹿特丹公约：未列入。蒙特利尔议定书：未列入

第十六部分 其他信息

编写和修订信息	缩略语和首字母缩写
培训建议	参考文献
免责声明	

盐酸苯胺

第一部分 化学品标识

化学品中文名 盐酸苯胺；苯胺盐酸盐

化学品英文名 aniline hydrochloride；anilinechloride

分子式 $C_6H_7N·HCl$　　**分子量** 129.587

结构式

化学品的推荐及限制用途 用于有机合成

第二部分　危险性概述

紧急情况概述　吞咽有害，造成皮肤刺激，造成严重眼刺激

GHS 危险性类别　急性毒性-经口，类别 4；皮肤腐蚀/刺激，类别 2；严重眼损伤/眼刺激，类别 2；生殖细胞致突变性，类别 2；特异性靶器官毒性-一次接触，类别 2；特异性靶器官毒性-反复接触，类别 2；危害水生环境-急性危害，类别 1

标签要素

象形图　

警示词　警告

危险性说明　吞咽有害，造成皮肤刺激，造成严重眼刺激，怀疑可造成遗传性缺陷，可能对器官造成损害，长时间或反复接触可能对器官造成损伤，对水生生物毒性非常大

防范说明

　　预防措施　避免接触眼睛、皮肤，操作后彻底清洗。作业场所不得进食、饮水或吸烟。戴防护手套、防护眼镜、防护面罩。得到专门指导后操作。在阅读并了解所有安全预防措施之前，切勿操作。按要求使用个体防护装备。避免吸入粉尘。禁止排入环境

　　事故响应　皮肤接触：用大量肥皂水和水清洗，脱去被污染的衣服，如发生皮肤刺激，就医。被污染的衣服必须经洗净后方可重新使用。如接触眼睛：用水细心冲洗数分钟。如戴隐形眼镜并可方便地取出，取出隐形眼镜，继续冲洗。如果眼睛刺激持续：就医，食入：如果感觉不适，立即呼叫中毒控制中心或就医，漱口。如果接触或有担心。如果接触或感觉不适：呼叫中毒控制中心或就医。收集泄漏物

　　安全储存　上锁保管

　　废弃处置　本品及内装物、容器依据国家和地方法规处置

物理和化学危险　可燃，其粉体与空气混合，能形成爆炸性混合物

健康危害　吸入、摄入或经皮肤吸收可能致死。对眼睛、黏膜、呼吸道及皮肤有刺激作用。可使机体缺氧而出现紫绀（唇和皮肤呈蓝灰色）。中毒表现有头痛、眩晕、恶心等

环境危害　对水生生物毒性非常大

第三部分　成分/组成信息

√ 物质　　　　　　　　　　　混合物

组分	浓度	CAS No.
盐酸苯胺		142-04-1

第四部分　急救措施

吸入　迅速脱离现场至空气新鲜处。保持呼吸道通畅。如呼吸困难，给吸氧。如呼吸、心跳停止，立即进行心肺复苏术。就医

皮肤接触　立即脱去污染衣着，用肥皂水或清水彻底冲洗。就医

眼睛接触　分开眼睑，用清水或生理盐水冲洗。就医

食入　漱口，饮水。就医

对保护施救者的忠告　根据需要使用个人防护设备

对医生的特别提示　高铁血红蛋白血症，可用亚甲蓝和维生素 C 治疗

第五部分　消防措施

灭火剂　用雾状水、泡沫、干粉、二氧化碳、砂土灭火

特别危险性　遇明火、高热可燃。与强氧化剂接触可发生化学反应。受高热分解产生有毒的腐蚀性烟气。与碱类接触会分解生成有毒的苯胺

灭火注意事项及防护措施　消防人员必须佩戴空气呼吸器、穿全身防火防毒服，在上风向灭火。尽可能将容器从火场移至空旷处。喷水保持火场容器冷却，直至灭火结束

第六部分　泄漏应急处理

作业人员防护措施、防护装备和应急处置程序　隔离泄漏污染区，限制出入。消除所有点火源。建议应急处理人员戴防尘口罩，穿防毒服。穿上适当的防护服前严禁接触破裂的容器和泄漏物。尽可能切断泄漏源

环境保护措施　用塑料布覆盖泄漏物，减少飞散

泄漏化学品的收容、清除方法及所使用的处置材料　勿使水进入包装容器内。用洁净的铲子收集泄漏物，置于干净、干燥、盖子较松的容器中，将容器移离泄漏区

第七部分　操作处置与储存

操作注意事项　密闭操作，提供充分的局部排风。操作人员必须经过专门培训，严格遵守操作规程。建议操作人员佩戴自吸过滤式防尘口罩，戴化学安全防护眼镜，穿防毒物渗透工作服，戴橡胶手套。远离火种、热源，工作场所严禁吸烟。使用防爆型的通风系统和设备。避免产生粉尘。避免与氧化剂、酸类接触。搬运时要轻装轻卸，防止包装及容器损坏。配备相应品种和数量的消防器材及泄漏应急处理设备。倒空的容器可能残留有害物

储存注意事项　储存于阴凉、通风的库房。远离火种、热源。应与氧化剂、酸类分开存放，切忌混储。配备相应品种和数量的消防器材。储区应备有合适的材料收容泄漏物

第八部分　接触控制/个体防护

职业接触限值

　　中国　未制定标准

　　美国（ACGIH）　未制定标准

生物接触限值　未制定标准

监测方法　空气中有毒物质测定方法：未制定标准。生物监测检验方法：未制定标准

工程控制　严加密闭，提供充分的局部排风。提供安全淋

浴和洗眼设备

个体防护装备

呼吸系统防护　空气中粉尘浓度超标时，必须佩戴过滤式防尘呼吸器。紧急事态抢救或撤离时，应该佩戴空气呼吸器

眼睛防护　戴化学安全防护眼镜

皮肤和身体防护　穿防毒物渗透工作服

手防护　戴橡胶手套

第九部分　理化特性

外观与性状　片状结晶

pH 值　无意义　　　　**熔点(℃)**　198

沸点(℃)　245　　　　**相对密度(水＝1)**　1.22

相对蒸气密度(空气＝1)　4.46

饱和蒸气压(kPa)　无资料

临界压力(MPa)　无资料　　**辛醇/水分配系数**　无资料

闪点(℃)　193　　　　**自燃温度(℃)**　无资料

爆炸下限(%)　无资料　　**爆炸上限(%)**　无资料

分解温度(℃)　无资料　　**黏度(mPa·s)**　无资料

燃烧热(kJ/mol)　无资料　**临界温度(℃)**　无资料

溶解性　溶于水

第十部分　稳定性和反应性

稳定性　稳定

危险反应　与强氧化剂、强酸等禁配物发生反应。与碱类接触会分解生成有毒的苯胺

避免接触的条件　无资料

禁配物　强氧化剂、强酸

危险的分解产物　氮氧化物、氯化氢

第十一部分　毒理学信息

急性毒性　LD_{50}：840mg/kg（大鼠经口），841mg/kg（小鼠经口）

皮肤刺激或腐蚀　无资料　　**眼睛刺激或腐蚀**　无资料

呼吸或皮肤过敏　无资料　　**生殖细胞突变性**　无资料

致癌性　无资料　　　　**生殖毒性**　无资料

特异性靶器官系统毒性-一次接触　无资料

特异性靶器官系统毒性-反复接触　无资料

吸入危害　无资料

第十二部分　生态学信息

生态毒性　根据结构类似物质预测，该物质对水生生物有极高毒性

持久性和降解性

生物降解性　无资料

非生物降解性　无资料

潜在的生物累积性　无资料

土壤中的迁移性　无资料

第十三部分　废弃处置

废弃化学品　建议用焚烧法处置。与燃料混合后，再焚烧。焚烧炉排出的气体要通过洗涤器除去

污染包装物　将容器返还生产商或按照国家和地方法规处置

废弃注意事项　处置前应参阅国家和地方有关法规

第十四部分　运输信息

联合国危险货物编号（UN 号）　1548

联合国运输名称　盐酸苯胺

联合国危险性类别　6.1

包装类别　Ⅲ　　　　　　**包装标志**　

海洋污染物　是

运输注意事项　运输前应先检查包装容器是否完整、密封，运输过程中要确保容器不泄漏、不倒塌、不坠落、不损坏。严禁与酸类、氧化剂、食品及食品添加剂混运。运输途中应防暴晒、雨淋，防高温

第十五部分　法规信息

下列法律、法规、规章和标准，对该化学品的管理作了相应的规定。

中华人民共和国职业病防治法　职业病分类和目录：苯的氨基及硝基化合物中毒

危险化学品安全管理条例　危险化学品目录：列入。易制爆危险化学品名录：未列入。重点监管的危险化学品名录：未列入。GB 18218—2009《危险化学品重大危险源辨识》（表1）：未列入

使用有毒物品作业场所劳动保护条例　高毒物品目录：未列入

易制毒化学品管理条例　易制毒化学品的分类和品种目录：未列入

国际公约　斯德哥尔摩公约：未列入。鹿特丹公约：未列入。蒙特利尔议定书：未列入

第十六部分　其他信息

编写和修订信息　缩略语和首字母缩写

培训建议　　　　参考文献

免责声明

燕麦灵

第一部分　化学品标识

化学品中文名　燕麦灵；*N*-(3-氯苯基) 氨基甲酸（4-氯丁炔-2-基）酯；氯炔草灵；巴尔板；4-氯丁炔-2-基-3′-氯苯氨基甲酸酯

化学品英文名　barban；4-chloro-2-butynyl-*N*-(3-chlorphenyl) carbamate

分子式　$C_{11}H_9Cl_2NO_2$　**分子量**　258.101

结构式　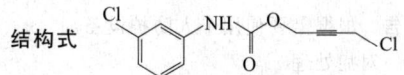

化学品的推荐及限制用途　用作农用除草剂及农药分析标准样品

第二部分　危险性概述

紧急情况概述　吞咽有害，可能导致皮肤过敏反应

GHS危险性类别　急性毒性-经口，类别4；皮肤致敏物，
　　类别1；危害水生环境-急性危害，类别1；危害水生
　　环境-长期危害，类别1

标签要素

象形图　

警示词　警告

危险性说明　吞咽有害，可能导致皮肤过敏反应，对水
　　生生物毒性非常大并具有长期持续影响

防范说明

　　预防措施　避免接触眼睛、皮肤，操作后彻底清
　　　　洗。作业场所不得进食、饮水或吸烟。避免吸
　　　　入粉尘。污染的工作服不得带出工作场所。戴
　　　　防护手套。禁止排入环境

　　事故响应　如皮肤接触：用大量肥皂水和水清洗。
　　　　如出现皮肤刺激或皮疹：就医。污染的衣服清
　　　　洗后方可重新使用。食入：如果感觉不适，立
　　　　即呼叫中毒控制中心或就医，漱口。收集泄
　　　　漏物

　　安全储存　—

　　废弃处置　本品及内装物、容器依据国家和地方法
　　　　规处置

物理和化学危险　可燃，其粉体与空气混合，能形成爆炸
　　性混合物

健康危害　吸入、摄入或经皮吸收会中毒。可引起接触性
　　皮炎，出现风疹块，皮肤红肿、发痒，分布于上下肢
　　对称部位，重者累及面部，愈合皮肤色素略深。再接
　　触可复发

环境危害　对水生生物毒性非常大并具有长期持续影响

第三部分　成分/组成信息

√物质　　　　　　　　　混合物

组分	浓度	CAS No.
燕麦灵		101-27-9

第四部分　急救措施

吸入　迅速脱离现场至空气新鲜处。保持呼吸道通畅。如
　　呼吸困难，给输氧。呼吸、心跳停止，立即进行心肺
　　复苏术。就医

皮肤接触　立即脱去污染的衣着，用流动清水彻底冲洗。
　　就医

眼睛接触　立即分开眼睑，用流动清水或生理盐水彻底冲
　　洗。就医

食入　漱口，饮水。就医

对保护施救者的忠告　根据需要使用个人防护设备

对医生的特别提示　对症处理

第五部分　消防措施

灭火剂　用雾状水、泡沫、干粉、二氧化碳、砂土灭火

特别危险性　遇明火、高热可燃。其粉体与空气可形成爆
　　炸性混合物，当达到一定浓度时，遇火星会发生爆

炸。受高热分解放出有毒的气体

灭火注意事项及防护措施　消防人员必须佩戴空气呼吸
　　器、穿全身防火防毒服，在上风向灭火。尽可能将容
　　器从火场移至空旷处。喷水保持火场容器冷却，直至
　　灭火结束

第六部分　泄漏应急处理

作业人员防护措施、防护装备和应急处置程序　隔离泄漏
　　污染区，限制出入。建议应急处理人员戴防尘口罩，
　　穿一般作业工作服。尽可能切断泄漏源

环境保护措施　用塑料布覆盖泄漏物，减少飞散

泄漏化学品的收容、清除方法及所使用的处置材料　勿使
　　水进入包装容器内。用洁净的铲子收集泄漏物，置于
　　干净、干燥、盖子较松的容器中，将容器移离泄漏区

第七部分　操作处置与储存

操作注意事项　密闭操作，局部排风。防止粉尘释放到车
　　间空气中。操作人员必须经过专门培训，严格遵守操
　　作规程。建议操作人员佩戴自吸过滤式防尘口罩，戴
　　化学安全防护眼镜，穿透气型防毒服，戴防化学品手
　　套。远离火种、热源，工作场所严禁吸烟。使用防爆
　　型的通风系统和设备。避免产生粉尘。避免与氧化
　　剂、酸类、碱类接触。配备相应品种和数量的消防器
　　材及泄漏应急处理设备。倒空的容器可能残留有害物

储存注意事项　储存于阴凉、通风的库房。远离火种、热
　　源。防止阳光直射。包装密封。应与氧化剂、酸类、
　　碱类分开存放，切忌混储。配备相应品种和数量的消
　　防器材。储区应备有合适的材料收容泄漏物

第八部分　接触控制/个体防护

职业接触限值

　　中国　未制定标准

　　美国（ACGIH）　未制定标准

生物接触限值　未制定标准

监测方法　空气中有毒物质测定方法：未制定标准。生物
　　监测检验方法：未制定标准

工程控制　密闭操作，局部排风

个体防护装备

　　呼吸系统防护　空气中粉尘浓度较高时，建议佩戴过
　　　　滤式防尘呼吸器

　　眼睛防护　戴化学安全防护眼镜

　　皮肤和身体防护　穿透气型防毒服

　　手防护　戴防化学品手套

第九部分　理化特性

外观与性状　纯品为白色结晶，原药为棕色固体

pH值　无意义		**熔点（℃）**　75～76
沸点（℃）　无资料		**相对密度（水＝1）**　1.403
相对蒸气密度（空气＝1）　无资料		
饱和蒸气压（kPa）　$0.499×10^{-7}$（25℃）		
临界压力（MPa）　无资料	**辛醇/水分配系数**　无资料	
闪点（℃）　81	**自燃温度（℃）**　无资料	
爆炸下限（%）　无资料	**爆炸上限（%）**　无资料	

分解温度(℃)　无资料　　黏度(mPa·s)　无资料
燃烧热(kJ/mol)　无资料　　临界温度(℃)　无资料
溶解性　微溶于水、己烷，溶于苯、二氯乙烷

第十部分　稳定性和反应性

稳定性　稳定
危险反应　与强氧化剂、强酸、强碱等禁配物发生反应
避免接触的条件　无资料
禁配物　强氧化剂、强酸、强碱
危险的分解产物　氮氧化物、氯化氢

第十一部分　毒理学信息

急性毒性　LD$_{50}$：600mg/kg（大鼠经口），322mg/kg
　　（小鼠经口），23000mg/kg（兔经皮）
皮肤刺激或腐蚀　无资料　　眼睛刺激或腐蚀　无资料
呼吸或皮肤过敏　无资料　　生殖细胞突变性　DNA修
　　复：枯草杆菌 20μg/盘
致癌性　无资料　　生殖毒性　无资料
特异性靶器官系统毒性-一次接触　无资料
特异性靶器官系统毒性-反复接触　无资料
吸入危害　无资料

第十二部分　生态学信息

生态毒性　LC$_{50}$：0.6mg/L（96h）（虹鳟）。LC$_{50}$：
　　1.2mg/L（96h）（蓝鳃太阳鱼）
持久性和降解性
　　生物降解性　无资料
　　非生物降解性　无资料
潜在的生物累积性　无资料
土壤中的迁移性　无资料

第十三部分　废弃处置

废弃化学品　建议用焚烧法处置。在能利用的地方重复使
　　用容器或在规定场所掩埋
污染包装物　将容器返还生产商或按照国家和地方法规
　　处置
废弃注意事项　处置前应参阅国家和地方有关法规

第十四部分　运输信息

联合国危险货物编号（UN号）　3077
联合国运输名称　对环境有害的固态物质，未另作规定的
　　（燕麦灵）
联合国危险性类别　9

包装类别　Ⅲ　　　　　包装标志

海洋污染物　是
运输注意事项　运输前应先检查包装容器是否完整、密
　　封，运输过程中要确保容器不泄漏、不倒塌、不坠
　　落、不损坏。严禁与酸类、氧化剂、食品及食品添加
　　剂混运。运输时运输车辆应配备相应品种和数量的消
　　防器材及泄漏应急处理设备。运输途中应防暴晒、雨
淋，防高温。公路运输时要按规定路线行驶，勿在居
民区和人口稠密区停留

第十五部分　法规信息

下列法律、法规、规章和标准，对该化学品的管理作
了相应的规定。
中华人民共和国职业病防治法　职业病分类和目录：未
　　列入
危险化学品安全管理条例　危险化学品目录：列入。易制
　　爆危险化学品名录：未列入。重点监管的危险化学品
　　名录：未列入。GB 18218—2009《危险化学品重大
　　危险源辨识》（表1）：未列入
使用有毒物品作业场所劳动保护条例　高毒物品目录：未
　　列入
易制毒化学品管理条例　易制毒化学品的分类和品种目
　　录：未列入
国际公约　斯德哥尔摩公约：未列入。鹿特丹公约：未列
　　入。蒙特利尔议定书：未列入

第十六部分　其他信息

编写和修订信息　　缩略语和首字母缩写
培训建议　　　　　参考文献
免责声明

3,3'-氧二丙腈

第一部分　化学品标识

化学品中文名　3,3'-氧二丙腈；3,3'-氧化二丙腈；双（2-
　　氰乙基）醚；β,β'-氧化二丙腈
化学品英文名　3,3'-oxydipropionitrile；2-cyanoethyl ether
分子式　C$_6$H$_8$N$_2$O　分子量　124.1405
结构式　
化学品的推荐及限制用途　用作溶剂、气相色谱固定液，
　　并用于分级萃取

第二部分　危险性概述

紧急情况概述　可燃液体，造成皮肤刺激，造成严重眼刺
　　激，可能引起呼吸道刺激
GHS危险性类别　易燃液体，类别4；皮肤腐蚀/刺激，
　　类别2；严重眼损伤/眼刺激，类别2；特异性靶器官
　　毒性--一次接触，类别3（呼吸道刺激）
标签要素

象形图

警示词　警告
危险性说明　可燃液体，造成皮肤刺激，造成严重眼刺
　　激，可能引起呼吸道刺激
防范说明
　　预防措施　远离火焰和热表面。禁止吸烟。戴防护
　　手套、防护眼镜、防护面罩。避免接触眼睛、
　　皮肤，操作后彻底清洗

事故响应 火灾时，使用雾状水、泡沫、干粉、二氧化碳、砂土灭火。皮肤接触：用大量肥皂水和水清洗，脱去被污染的衣服，如发生皮肤刺激，就医。被污染的衣服洗净后方可重新使用。如接触眼睛：用水细心冲洗数分钟。如戴隐形眼镜并可方便地取出，取出隐形眼镜，继续冲洗。如果眼睛刺激持续：就医

安全储存 存放在通风良好的地方。保持低温

废弃处置 本品及内装物、容器依据国家和地方法规处置

物理和化学危险 可燃，其蒸气与空气混合，能形成爆炸性混合物

健康危害 腈类物质可抑制细胞呼吸，造成组织缺氧。腈类中毒出现恶心、呕吐、腹痛、腹泻、胸闷、乏力等症状，重者出现呼吸抑制、血压下降、昏迷、抽搐等

环境危害 对环境可能有害

第三部分 成分/组成信息

✓ 物质   混合物

组分   浓度   CAS No.

3,3′-氧二丙腈   1656-48-0

第四部分 急救措施

吸入 迅速脱离现场至空气新鲜处。保持呼吸道通畅。如呼吸困难，给输氧。呼吸、心跳停止，立即进行心肺复苏术。就医

皮肤接触 立即脱去污染的衣着，用肥皂水和流动清水彻底冲洗。就医

眼睛接触 立即分开眼睑，用流动清水或生理盐水彻底冲洗。就医

食入 催吐（仅限于清醒者），给服活性炭悬液。就医

对保护施救者的忠告 根据需要使用个人防护设备

对医生的特别提示 使用亚硝酸钠、硫代硫酸钠、4-二甲基氨基苯酚等解毒剂

第五部分 消防措施

灭火剂 用雾状水、泡沫、干粉、二氧化碳、砂土灭火

特别危险性 遇明火、高热可燃。与氧化剂可发生反应。遇高热分解释放出高毒烟气。若遇高热，容器内压增大，有开裂和爆炸的危险

灭火注意事项及防护措施 消防人员必须佩戴防毒面具、穿全身消防服，在上风向灭火。尽可能将容器从火场移至空旷处。喷水保持火场容器冷却，直至灭火结束。处在火场中的容器若已变色或从安全泄压装置中发出声音，必须马上撤离

第六部分 泄漏应急处理

作业人员防护措施、防护装备和应急处置程序 根据液体流动和蒸气扩散的影响区域划定警戒区，无关人员从侧风、上风向撤离至安全区。消除所有点火源。建议应急处理人员戴正压自给式呼吸器，穿防毒服。穿上适当的防护服前严禁接触破裂的容器和泄漏物。尽可能切断泄漏源

环境保护措施 防止泄漏物进入水体、下水道、地下室或有限空间

泄漏化学品的收容、清除方法及所使用的处置材料 小量泄漏：用干燥的砂土或其他不燃材料吸收或覆盖，收集于容器中。大量泄漏：构筑围堤或挖坑收容。用泵转移至槽车或专用收集器内

第七部分 操作处置与储存

操作注意事项 密闭操作，局部排风。防止蒸气泄漏到工作场所空气中。操作人员必须经过专门培训，严格遵守操作规程。建议操作人员佩戴自吸过滤式防毒面具（半面罩），戴化学安全防护眼镜，穿防毒物渗透工作服，戴橡胶手套。远离火种、热源，工作场所严禁吸烟。使用防爆型的通风系统和设备。在清除液体和蒸气前不能进行焊接、切割等作业。避免产生烟雾。避免与氧化剂、酸类、碱类接触。配备相应品种和数量的消防器材及泄漏应急处理设备。倒空的容器可能残留有害物

储存注意事项 储存于阴凉、通风的库房。远离火种、热源。防止阳光直射。保持容器密封。应与氧化剂、酸类、碱类分开存放，切忌混储。配备相应品种和数量的消防器材。储区应备有泄漏应急处理设备和合适的收容材料

第八部分 接触控制/个体防护

职业接触限值

中国 未制定标准

美国（ACGIH） 未制定标准

生物接触限值 未制定标准

监测方法 空气中有毒物质测定方法：未制定标准。生物监测检验方法：未制定标准

工程控制 密闭操作，局部排风

个体防护装备

呼吸系统防护 空气中浓度超标时，必须佩戴过滤式防毒面具（半面罩）。紧急事态抢救或撤离时，应该佩戴空气呼吸器

眼睛防护 戴化学安全防护眼镜

皮肤和身体防护 穿防毒物渗透工作服

手防护 戴橡胶手套

第九部分 理化特性

外观与性状 无色油状液体

pH值 无资料		**熔点(℃)** −26.3	
沸点(℃) 172 (1.33kPa)		**相对密度(水=1)** 1.043	
相对蒸气密度(空气=1) 无资料			
饱和蒸气压(kPa) 无资料			
临界压力(MPa) 无资料		**辛醇/水分配系数** 无资料	
闪点(℃) 82.2		**自燃温度(℃)** 无资料	
爆炸下限(%) 无资料		**爆炸上限(%)** 无资料	
分解温度(℃) 无资料		**黏度(mPa·s)** 无资料	
燃烧热(kJ/mol) 无资料		**临界温度(℃)** 无资料	

溶解性 溶于水、丙酮、氯仿、芳烃

第十部分 稳定性和反应性

稳定性 稳定

危险反应 与强氧化剂、强酸、强碱等禁配物发生反应

避免接触的条件 无资料

禁配物 强氧化剂、强酸、强碱

危险的分解产物 氮氧化物、氰化氢

第十一部分 毒理学信息

急性毒性 LD_{50}：2830mg/kg（大鼠经口）

皮肤刺激或腐蚀 家兔经皮 500mg（24h），轻度刺激

眼睛刺激或腐蚀 家兔经眼 500mg（24h），轻度刺激

呼吸或皮肤过敏 无资料　**生殖细胞突变性** 无资料

致癌性 无资料　　　**生殖毒性** 无资料

特异性靶器官系统毒性-一次接触 无资料

特异性靶器官系统毒性-反复接触 无资料

吸入危害 无资料

第十二部分 生态学信息

生态毒性 无资料

持久性和降解性

　生物降解性 无资料

　非生物降解性 无资料

潜在的生物累积性 无资料

土壤中的迁移性 无资料

第十三部分 废弃处置

废弃化学品 建议用焚烧法处置。在能利用的地方重复使用容器或在规定场所掩埋

污染包装物 将容器返还生产商或按照国家和地方法规处置

废弃注意事项 处置前应参阅国家和地方有关法规

第十四部分 运输信息

联合国危险货物编号（UN 号） —

联合国运输名称 —　**联合国危险性类别** —

包装类别 —　　　　　**包装标志** —

海洋污染物 否

运输注意事项 运输前应先检查包装容器是否完整、密封，运输过程中要确保容器不泄漏、不倒塌、不坠落、不损坏。严禁与酸类、氧化剂、食品及食品添加剂混运。运输时运输车辆应配备相应品种和数量的消防器材及泄漏应急处理设备。运输途中应防暴晒、雨淋，防高温。公路运输时要按规定路线行驶，勿在居民区和人口稠密区停留

第十五部分 法规信息

　　下列法律、法规、规章和标准，对该化学品的管理作了相应的规定。

中华人民共和国职业病防治法 职业病分类和目录：氰及腈类化合物中毒

危险化学品安全管理条例 危险化学品目录：列入。易制爆危险化学品名录：未列入。重点监管的危险化学品

名录：未列入。GB 18218—2009《危险化学品重大危险源辨识》（表1）：未列入

使用有毒物品作业场所劳动保护条例 高毒物品目录：未列入

易制毒化学品管理条例 易制毒化学品的分类和品种目录：未列入

国际公约 斯德哥尔摩公约：未列入。鹿特丹公约：未列入。蒙特利尔议定书：未列入

第十六部分 其他信息

编写和修订信息　　　**缩略语和首字母缩写**

培训建议　　　　　　　**参考文献**

免责声明

氧化钡

第一部分 化学品标识

化学品中文名 氧化钡；重土；一氧化钡

化学品英文名 barium oxide；barium monoxide

分子式 BaO　**分子量** 153.326

化学品的推荐及限制用途 用作气体的干燥剂，制造过氧化钡和钡盐等

第二部分 危险性概述

紧急情况概述 吞咽有害，造成轻微皮肤刺激，造成眼刺激，可能引起呼吸道刺激

GHS 危险性类别 急性毒性-经口，类别4；皮肤腐蚀/刺激，类别3；严重眼损伤/眼刺激，类别2B；特异性靶器官毒性-一次接触，类别3（呼吸道刺激）；特异性靶器官毒性-反复接触，类别1

标签要素

象形图

警示词 危险

危险性说明 吞咽有害，造成轻微皮肤刺激，造成眼刺激，可能引起呼吸道刺激，长时间或反复接触对器官造成损伤

防范说明

　预防措施　避免接触眼睛、皮肤，操作后彻底清洗。作业场所不得进食、饮水或吸烟。避免吸入粉尘

　事故响应　如发生皮肤刺激，就医。如接触眼睛：用水细心冲洗数分钟。如戴隐形眼镜并可方便地取出，取出隐形眼镜，继续冲洗。如果眼睛刺激持续：就医。食入：如果感觉不适，立即呼叫中毒控制中心或就医，漱口。如感觉不适，就医

　安全储存　—

　废弃处置　本品及内装物、容器依据国家和地方法规处置

物理和化学危险 不燃，无特殊燃爆特性

健康危害 急性中毒：经口中毒出现流涎、食道灼痛、胃痛、恶心、呕吐、腹泻、血压下降、肌束颤动、惊厥、出冷汗、步态不稳、视力障碍、言语模糊、呼吸困难、头晕、耳鸣等。重症者出现四肢瘫痪。血钾明显降低，且伴有呼吸麻痹及严重心律紊乱，可在1～2d内死亡

环境危害 对环境可能有害

第三部分 成分/组成信息

√ 物质　　　　　　　　混合物

组分	浓度	CAS No.
氧化钡		1304-28-5

第四部分 急救措施

吸入 迅速脱离现场至空气新鲜处。保持呼吸道通畅。如呼吸困难，给输氧。呼吸、心跳停止，立即进行心肺复苏术。就医

皮肤接触 立即脱去污染的衣着，用流动清水彻底冲洗。就医

眼睛接触 立即分开眼睑，用流动清水或生理盐水彻底冲洗。就医

食入 饮足量温水，催吐。给服硫酸钠。就医

对保护施救者的忠告 根据需要使用个人防护设备

对医生的特别提示 解毒剂：硫酸钠、硫代硫酸钠。有低血钾者应补充钾盐

第五部分 消防措施

灭火剂 本品不燃，根据着火原因选择适当灭火剂灭火

特别危险性 无特殊的燃烧爆炸特性

灭火注意事项及防护措施 消防人员必须佩戴防毒面具、穿全身消防服，在上风向灭火。尽可能将容器从火场移至空旷处。喷水保持火场容器冷却，直至灭火结束

第六部分 泄漏应急处理

作业人员防护措施、防护装备和应急处置程序 隔离泄漏污染区，限制出入。建议应急处理人员戴防尘口罩，穿防毒服。作业时使用的所有设备应接地。穿上适当的防护服前严禁接触破裂的容器和泄漏物。尽可能切断泄漏源

环境保护措施 用塑料布覆盖泄漏物，减少飞散

泄漏化学品的收容、清除方法及所使用的处置材料 小量泄漏：用干燥的砂土或其他不燃材料覆盖泄漏物，然后用塑料布覆盖，减少飞散、避免雨淋。用洁净的铲子收集泄漏物，置于干净、干燥、盖子较松的容器中，将容器移离泄漏区

第七部分 操作处置与储存

操作注意事项 密闭操作，局部排风。操作人员必须经过专门培训，严格遵守操作规程。建议操作人员佩戴防尘面具（全面罩），穿胶布防毒衣，戴橡胶手套。避免与酸类接触。搬运时要轻装轻卸，防止包装及容器损坏。配备泄漏应急处理设备。倒空的容器可能残留有害物

储存注意事项 储存于阴凉、通风的库房。远离火种、热源。应与酸类、食用化学品分开存放，切忌混储。储区应备有合适的材料收容泄漏物

第八部分 接触控制/个体防护

职业接触限值

中国 PC-TWA：0.5mg/m³；PC-STEL：1.5mg/m³ 〔按 Ba 计〕

美国（ACGIH） TLV-TWA：0.5mg/m³ 〔按 Ba 计〕

生物接触限值 未制定标准

监测方法 空气中有毒物质测定方法：二溴对甲基偶氮甲磺分光光度法；等离子体原子发射光谱法。生物监测检验方法：未制定标准

工程控制 密闭操作，局部排风。提供安全淋浴和洗眼设备

个体防护装备

呼吸系统防护 可能接触其粉尘时，必须佩戴防尘面具（全面罩）。紧急事态抢救或撤离时，应该佩戴空气呼吸器

眼睛防护 呼吸系统防护中已作防护

皮肤和身体防护 穿密闭型防毒服

手防护 戴橡胶手套

第九部分 理化特性

外观与性状 白色固体

pH 值 无意义		**熔点(℃)** 1920	
沸点(℃) 2000		**相对密度(水＝1)** 5.72	
相对蒸气密度(空气＝1) 无资料			
饱和蒸气压(kPa) 无资料			
临界压力(MPa) 无意义		**辛醇/水分配系数** 无资料	
闪点(℃) 无意义		**自燃温度(℃)** 无意义	
爆炸下限(%) 无意义		**爆炸上限(%)** 无意义	
分解温度(℃) 无资料		**黏度(mPa·s)** 无资料	
燃烧热(kJ/mol) 无资料		**临界温度(℃)** 无资料	

溶解性 微溶于冷水，溶于热水、酸、乙醇

第十部分 稳定性和反应性

稳定性 稳定

危险反应 与酸类、酰基氯、酸酐等禁配物发生反应

避免接触的条件 潮湿空气

禁配物 酸类、酰基氯、酸酐

危险的分解产物 无资料

第十一部分 毒理学信息

急性毒性 LD₅₀：50mg/kg（小鼠皮下）

皮肤刺激或腐蚀 无资料	**眼睛刺激或腐蚀** 无资料
呼吸或皮肤过敏 无资料	**生殖细胞突变性** 无资料
致癌性 无资料	**生殖毒性** 无资料

特异性靶器官系统毒性-一次接触 无资料

特异性靶器官系统毒性-反复接触 无资料

吸入危害 无资料

第十二部分 生态学信息

生态毒性 无资料

持久性和降解性

　　生物降解性　无资料

　　非生物降解性　无资料

潜在的生物累积性　无资料

土壤中的迁移性　无资料

第十三部分　废弃处置

废弃化学品　处理后，用安全掩埋法处置

污染包装物　将容器返还生产商或按照国家和地方法规处置

废弃注意事项　处置前应参阅国家和地方有关法规

第十四部分　运输信息

联合国危险货物编号（UN号）　1884

联合国运输名称　氧化钡

联合国危险性类别　6.1

包装类别　Ⅲ　　　　**包装标志**

海洋污染物　否

运输注意事项　运输前应先检查包装容器是否完整、密封，运输过程中要确保容器不泄漏、不倒塌、不坠落、不损坏。严禁与酸类、氧化剂、食品及食品添加剂混运。运输时运输车辆应配备泄漏应急处理设备。运输途中应防暴晒、雨淋，防高温

第十五部分　法规信息

　　下列法律、法规、规章和标准，对该化学品的管理作了相应的规定。

中华人民共和国职业病防治法　职业病分类和目录：钡及其化合物中毒

危险化学品安全管理条例　危险化学品目录：列入。易制爆危险化学品名录：未列入。重点监管的危险化学品名录：未列入。GB 18218—2009《危险化学品重大危险源辨识》（表1）：未列入

使用有毒物品作业场所劳动保护条例　高毒物品目录：未列入

易制毒化学品管理条例　易制毒化学品的分类和品种目录：未列入

国际公约　斯德哥尔摩公约：未列入。鹿特丹公约：未列入。蒙特利尔议定书：未列入

第十六部分　其他信息

编写和修订信息　缩略语和首字母缩写

培训建议　　　参考文献

免责声明

氧化苯乙烯

第一部分　化学品标识

化学品中文名　氧化苯乙烯；1,2-环氧乙基苯

化学品英文名　styrene oxide；1,2-epoxyethy benzene

分子式　C_8H_8O　**分子量**　120.1485

结构式

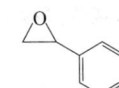

化学品的推荐及限制用途　用作苯代乙二醇及其衍生物生产的中间体，也用作环氧树脂工业的稀释剂

第二部分　危险性概述

紧急情况概述　皮肤接触有害，造成严重眼刺激，可能致癌

GHS危险性类别　急性毒性-经皮，类别4；严重眼损伤/眼刺激，类别2；致癌性，类别1B；危害水生环境-急性危害，类别2

标签要素

象形图　　

警示词　危险

危险性说明　皮肤接触有害，造成严重眼刺激，可能致癌，对水生生物有毒

防范说明

　　预防措施　戴防护手套、穿防护服。避免接触眼睛、皮肤，操作后彻底清洗。戴防护眼镜、防护面罩。得到专门指导后操作。在阅读并了解所有安全预防措施之前，切勿操作。禁止排入环境

　　事故响应　皮肤接触：用大量肥皂水和水清洗，如感觉不适，呼叫中毒控制中心或就医。被污染的衣服经洗净后方可重新使用。如接触眼睛：用水细心冲洗数分钟。如戴隐形眼镜并可方便地取出，取出隐形眼镜，继续冲洗。如果眼睛刺激持续：就医。如果接触或有担心，就医

　　安全储存　上锁保管

　　废弃处置　本品及内装物、容器依据国家和地方法规处置

物理和化学危险　可燃，其蒸气与空气混合，能形成爆炸性混合物

健康危害　本品属低毒类。最大危害是对皮肤的刺激和致敏作用。接触后可引起头痛、恶心和呕吐、咳嗽、喉炎及气短等。原液可致眼睛灼伤，对眼睛有轻度刺激

环境危害　对水生生物有毒

第三部分　成分/组成信息

√物质		混合物
组分	浓度	**CAS No.**
氧化苯乙烯		96-09-3

第四部分　急救措施

吸入　迅速脱离现场至空气新鲜处。保持呼吸道通畅。如呼吸困难，给输氧。呼吸、心跳停止，立即进行心肺复苏术。就医

皮肤接触　立即脱去污染的衣着，用流动清水彻底冲洗。

就医

眼睛接触　立即分开眼睑，用流动清水或生理盐水彻底冲洗 5～10min。就医

食入　漱口，饮水。就医

对保护施救者的忠告　根据需要使用个人防护设备

对医生的特别提示　对症处理

第五部分　消防措施

灭火剂　用雾状水、泡沫、干粉、二氧化碳、砂土灭火

特别危险性　遇明火、高热可燃。与氧化剂可发生反应。蒸气比空气重，沿地面扩散并易积存于低洼处，遇火源会着火回燃。容易自聚，聚合反应随着温度的上升而急骤加剧。若遇高热，容器内压增大，有开裂和爆炸的危险

灭火注意事项及防护措施　消防人员必须佩戴空气呼吸器、穿全身防火防毒服，在上风向灭火。尽可能将容器从火场移至空旷处。喷水保持火场容器冷却，直至灭火结束。处在火场中的容器若已变色或从安全泄压装置中发出声音，必须马上撤离

第六部分　泄漏应急处理

作业人员防护措施、防护装备和应急处置程序　根据液体流动和蒸气扩散的影响区域划定警戒区，无关人员从侧风、上风向撤离至安全区。消除所有点火源。建议应急处理人员戴防毒面具，穿防毒服。穿上适当的防护服前严禁接触破裂的容器和泄漏物。尽可能切断泄漏源

环境保护措施　防止泄漏物进入水体、下水道、地下室或有限空间

泄漏化学品的收容、清除方法及所使用的处置材料　小量泄漏：用干燥的砂土或其他不燃材料吸收或覆盖，收集于容器中。大量泄漏：构筑围堤或挖坑收容。用泵转移至槽车或专用收集器内

第七部分　操作处置与储存

操作注意事项　密闭操作，提供充分的局部排风。防止蒸气泄漏到工作场所空气中。操作人员必须经过专门培训，严格遵守操作规程。建议操作人员佩戴自吸过滤式防毒面具（全面罩），穿防毒物渗透工作服，戴橡胶手套。远离火种、热源，工作场所严禁吸烟。使用防爆型的通风系统和设备。在清除液体和蒸气前不能进行焊接、切割等作业。避免产生烟雾。避免与氧化剂、酸类、碱类接触。配备相应品种和数量的消防器材及泄漏应急处理设备。倒空的容器可能残留有害物

储存注意事项　储存于阴凉、通风的库房。远离火种、热源。防止阳光直射。保持容器密封，严禁与空气接触。应与氧化剂、酸类、碱类分开存放，切忌混储。配备相应品种和数量的消防器材。储区应备有泄漏应急处理设备和合适的收容材料

第八部分　接触控制/个体防护

职业接触限值

中国　未制定标准

美国（ACGIH）　未制定标准

生物接触限值　未制定标准

监测方法　空气中有毒物质测定方法：未制定标准。生物监测检验方法：未制定标准

工程控制　严加密闭，提供充分的局部排风

个体防护装备

呼吸系统防护　空气中浓度超标时，必须佩戴过滤式防毒面具（全面罩）。紧急事态抢救或撤离时，应该佩戴空气呼吸器

眼睛防护　呼吸系统防护中已作防护

皮肤和身体防护　穿防毒物渗透工作服

手防护　戴橡胶手套

第九部分　理化特性

外观与性状　无色至淡黄色液体，有芳香味

pH 值　无资料	**熔点（℃）**　−37
沸点（℃）　194	**相对密度（水＝1）**　1.054

相对蒸气密度（空气＝1）　4.14

饱和蒸气压（kPa）　0.048（20℃）	
临界压力（MPa）　无资料	**辛醇/水分配系数**　1.61
闪点（℃）　79.44	**自燃温度（℃）**　497.8
爆炸下限（%）　1.1	**爆炸上限（%）**　22.0

分解温度（℃）　无资料

黏度（mPa・s）　1.99（20℃）

燃烧热（kJ/mol）　无资料	**临界温度（℃）**　无资料

溶解性　微溶于水，可混溶于甲醇、醚、四氯化碳、苯、丙酮

第十部分　稳定性和反应性

稳定性　稳定

危险反应　与氧化剂、酸类、碱类等禁配物发生反应。容易发生自聚反应

避免接触的条件　无资料

禁配物　氧化剂、酸类、碱类

危险的分解产物　无资料

第十一部分　毒理学信息

急性毒性　大鼠吸入本品饱和蒸气 2h 未见死亡，吸入 4h 半数死亡。LD_{50}：2000mg/kg（大鼠经口），1500mg/kg（小鼠经口），0.89mL/kg（兔经皮）

皮肤刺激或腐蚀　家兔经皮：开放性刺激试验，10mg（24h），轻度刺激

眼睛刺激或腐蚀　家兔经眼：500mg（24h），轻度刺激

呼吸或皮肤过敏　有致敏作用

生殖细胞突变性　微生物致突变：鼠伤寒沙门氏菌 100μg/皿。姐妹染色单体互换：小鼠吸入 50ppm（5h，连续）。细胞遗传学分析：人淋巴细胞 100μmol/L。姐妹染色单体互换：人淋巴细胞 100μmol/L

致癌性　IARC 致癌性评论：组 2A，对人类很可能是致癌物

生殖毒性　大鼠孕后 1～19d 吸入最低中毒剂量（TCLo）100ppm（7h），致肌肉骨骼系统发育畸形

特异性靶器官系统毒性-一次接触　无资料

特异性靶器官系统毒性-反复接触　无资料

吸入危害 无资料

第十二部分 生态学信息

生态毒性 LC_{50}：6.9mg/L（96h）（鲤鱼，OECD 203，半静态）。EC_{50}：13mg/L（48h）（大型溞，OECD 202，半静态）。ErC_{50}：25mg/L（72h）（藻类，OECD 201）。$NOEC$：0.14mg/L（21d）（大型溞，OECD 211）

持久性和降解性
生物降解性 OECD 301B，易快速生物降解
非生物降解性 无资料

潜在的生物累积性 根据 K_{ow} 值预测，该物质的生物累积性可能较弱

土壤中的迁移性 根据 K_{oc} 值预测，该物质可能易发生迁移

第十三部分 废弃处置

废弃化学品 建议用焚烧法处置。在能利用的地方重复使用容器或在规定场所掩埋

污染包装物 将容器返还生产商或按照国家和地方法规处置

废弃注意事项 处置前应参阅国家和地方有关法规

第十四部分 运输信息

联合国危险货物编号（UN 号） —

联合国运输名称 — **联合国危险性类别** —

包装类别 — **包装标志** —

海洋污染物 否

运输注意事项 运输前应先检查包装容器是否完整、密封，运输过程中要确保容器不泄漏、不倒塌、不坠落、不损坏。严禁与氧化剂、酸类、碱类、食用化学品等混装混运。运输车船必须彻底清洗、消毒，否则不得装运其他物品。船运时，配装位置应远离卧室、厨房，并与机舱、电源、火源等部位隔离。公路运输时要按规定路线行驶

第十五部分 法规信息

下列法律、法规、规章和标准，对该化学品的管理作了相应的规定。

中华人民共和国职业病防治法 职业病分类和目录：未列入

危险化学品安全管理条例 危险化学品目录：列入。易制爆危险化学品名录：未列入。重点监管的危险化学品名录：未列入。GB 18218—2009《危险化学品重大危险源辨识》（表1）：未列入

使用有毒物品作业场所劳动保护条例 高毒物品目录：未列入

易制毒化学品管理条例 易制毒化学品的分类和品种目录：未列入

国际公约 斯德哥尔摩公约：未列入。鹿特丹公约：未列入。蒙特利尔议定书：未列入

第十六部分 其他信息

编写和修订信息 **缩略语和首字母缩写**
培训建议 **参考文献**
免责声明

氧化镉

第一部分 化学品标识

化学品中文名 氧化镉

化学品英文名 cadmium oxide

分子式 CdO **分子量** 128.41

化学品的推荐及限制用途 用于制镉盐、催化剂、陶瓷颜料、镉电镀液及橡胶塑料改性剂等

第二部分 危险性概述

紧急情况概述 吸入致命，可能致癌

GHS 危险性类别 急性毒性-吸入，类别 2；生殖细胞致突变性，类别 2；致癌性，类别 1A；生殖毒性，类别 2；特异性靶器官毒性-反复接触，类别 1；危害水生环境-急性危害，类别 1；危害水生环境-长期危害，类别 1

标签要素

象形图

警示词 危险

危险性说明 吸入致命，怀疑可造成遗传性缺陷，可能致癌，怀疑对生育力或胎儿造成伤害，长时间或反复接触对器官造成损伤，对水生生物毒性非常大并具有长期持续影响

防范说明

预防措施 避免吸入粉尘、烟气。仅在室外或通风良好处操作。戴呼吸防护器具。得到专门指导后操作。在阅读并了解所有安全预防措施之前，切勿操作。按要求使用个体防护装备。操作后彻底清洗。操作现场不得进食、饮水或吸烟。禁止排入环境

事故响应 如吸入：将患者转移到空气新鲜处，休息，保持利于呼吸的体位，立即呼叫中毒控制中心或就医。如果接触或有担心，就医。如感觉不适，就医。收集泄漏物

安全储存 在通风良好处储存。保持容器密闭。上锁保管

废弃处置 本品及内装物、容器依据国家和地方法规处置

物理和化学危险 不燃，无特殊燃爆特性

健康危害 对眼睛、皮肤、黏膜和上呼吸道有刺激作用。吸入可引起化学性肺炎和肺水肿。误服，可引起急性胃肠刺激症状，慢性影响对肾、肺有损害作用

环境危害 对水生生物毒性非常大并具有长期持续影响

第三部分 成分/组成信息

√物质 混合物

组分	浓度	CAS No.
氧化镉		1306-19-0

第四部分　急救措施

吸入　迅速脱离现场至空气新鲜处。保持呼吸道通畅。如呼吸困难，给输氧。呼吸、心跳停止，立即进行心肺复苏术。就医

皮肤接触　立即脱去污染的衣着，用流动清水彻底冲洗。就医

眼睛接触　立即分开眼睑，用流动清水或生理盐水彻底冲洗。就医

食入　饮适量温水，催吐（仅限于清醒者）。就医

对保护施救者的忠告　根据需要使用个人防护设备

对医生的特别提示　对症处理

第五部分　消防措施

灭火剂　本品不燃，根据着火原因选择适当灭火剂灭火

特别危险性　与大多数氧化剂如氯酸盐、硝酸盐、高氯酸盐或高锰酸盐等组成爆炸性能十分敏感的化合物。受高热分解放出有毒的气体

灭火注意事项及防护措施　消防人员必须穿全身防火防毒服，在上风向灭火。灭火时尽可能将容器从火场移至空旷处

第六部分　泄漏应急处理

作业人员防护措施、防护装备和应急处置程序　隔离泄漏污染区，限制出入。建议应急处理人员戴防尘口罩，穿防毒服。穿上适当的防护服前严禁接触破裂的容器和泄漏物。尽可能切断泄漏源

环境保护措施　用塑料布覆盖泄漏物，减少飞散

泄漏化学品的收容、清除方法及所使用的处置材料　勿使水进入包装容器内。用洁净的铲子收集泄漏物，置于干净、干燥、盖子较松的容器中，将容器移离泄漏区

第七部分　操作处置与储存

操作注意事项　密闭操作，提供充分的局部排风。防止粉尘释放到车间空气中。操作人员必须经过专门培训，严格遵守操作规程。建议操作人员佩戴防尘面具（全面罩），穿胶布防毒衣，戴橡胶手套。避免产生粉尘。避免与氧化剂、酸类接触。配备泄漏应急处理设备。倒空的容器可能残留有害物

储存注意事项　储存于阴凉、通风的库房。远离火种、热源。防止阳光直射。包装密封。应与氧化剂、酸类、食用化学品分开存放，切忌混储。储区应备有合适的材料收容泄漏物

第八部分　接触控制/个体防护

职业接触限值

中国　PC-TWA：0.01mg/m^3；PC-STEL：0.02mg/m^3〔按 Cd 计〕〔G1〕

美国（ACGIH）　TLV-TWA：0.01mg/m^3，0.002mg/m^3（呼吸性颗粒物）〔按 Cd 计〕

生物接触限值　尿镉：5μmol/g 肌酐（5μg/g 肌酐）（采样时间：不作严格规定）；血镉 45nmol/L（5μg/L）（采样时间：不作严格规定）

监测方法　空气中有毒物质测定方法：火焰原子吸收光谱法。生物监测检验方法：尿中镉的火焰原子吸收光谱测定方法；尿中镉的石墨炉原子吸收光谱测定方法；尿中镉的微分电位溶出测定方法；血中镉的石墨炉原子吸收光谱测定方法

工程控制　严加密闭，提供充分的局部排风

个体防护装备

呼吸系统防护　可能接触其粉尘时，必须佩戴防尘面具（全面罩）。紧急事态抢救或撤离时，应该佩戴空气呼吸器

眼睛防护　呼吸系统防护中已作防护

皮肤和身体防护　穿密闭型防毒服

手防护　戴橡胶手套

第九部分　理化特性

外观与性状　棕红色至棕黑色无定形粉末或立方晶体

pH 值　无资料

熔点（℃）　900～1000（无定形）

沸点（℃）　1559（升华）

相对密度（水＝1）　6.95（无定形物）

相对蒸气密度（空气＝1）　无资料

饱和蒸气压（kPa）　0.133（1000℃）

临界压力（MPa）　无意义　　**辛醇/水分配系数**　无资料

闪点（℃）　无意义　　　　　**自燃温度（℃）**　无意义

爆炸下限（%）　无意义　　　**爆炸上限（%）**　无意义

分解温度（℃）　900～1000（无定形）

黏度（mPa·s）　无资料

燃烧热（kJ/mol）　无资料　　**临界温度（℃）**　无资料

溶解性　不溶于水、碱，溶于稀酸、氨水

第十部分　稳定性和反应性

稳定性　稳定

危险反应　与大多数氧化剂如氯酸盐、硝酸盐、高氯酸盐或高锰酸盐等组成爆炸性能十分敏感的化合物

避免接触的条件　无资料

禁配物　强氧化剂、氧化剂（如氯酸盐、硝酸盐、高氯酸盐或高锰酸盐等）、强酸

危险的分解产物　无资料

第十一部分　毒理学信息

急性毒性　LD$_{50}$：72mg/kg（大鼠经口），67mg/kg（小鼠经口）。LC$_{50}$：45mg/m^3（大鼠吸入，1h），250mg/m^3（小鼠吸入，2h）

皮肤刺激或腐蚀　无资料　　**眼睛刺激或腐蚀**　无资料

呼吸或皮肤过敏　无资料　　**生殖细胞突变性**　无资料

致癌性　IARC 致癌性评论：组 1，对人类是致癌物

生殖毒性　大鼠经口给予最低中毒剂量（TDLo）：21640μg/kg（孕 1～19d），致心血管系统发育畸形。大鼠吸入给予最低中毒剂量（TCLo）：2mg/m^3 6h（孕 4～19d），致肌肉骨骼系统发育畸形

特异性靶器官系统毒性-一次接触　无资料

特异性靶器官系统毒性-反复接触　大鼠吸入，浓度为15～20mg/m^3，每天 2h，历时 1～6 个月，见血红蛋白和红细胞数减少，白细胞增加，血清蛋白下降。出

现肺间质性肺炎和局部性肺气肿

吸入危害　无资料

第十二部分　生态学信息

生态毒性　镉化合物对水生生物有极高毒性

持久性和降解性

　　生物降解性　无资料

　　非生物降解性　无资料

潜在的生物累积性　无资料

土壤中的迁移性　无资料

第十三部分　废弃处置

废弃化学品　用安全掩埋法处置。在能利用的地方重复使用容器或在规定场所掩埋

污染包装物　将容器返还生产商或按照国家和地方法规处置

废弃注意事项　处置前应参阅国家和地方有关法规

第十四部分　运输信息

联合国危险货物编号（UN 号）　2570

联合国运输名称　镉化合物（氧化镉）

联合国危险性类别　6.1

包装类别　Ⅱ　　　　　　**包装标志**

海洋污染物　是

运输注意事项　起运时包装要完整，装载应稳妥。运输过程中要确保容器不泄漏、不倒塌、不坠落、不损坏。严禁与氧化剂、酸类、食用化学品等混装混运。运输途中应防暴晒、雨淋，防高温。运输车船必须彻底清洗、消毒，否则不得装运其他物品。公路运输时要按规定路线行驶，勿在居民区和人口稠密区停留

第十五部分　法规信息

　　下列法律、法规、规章和标准，对该化学品的管理作了相应的规定。

中华人民共和国职业病防治法　职业病分类和目录：镉及其化合物中毒

危险化学品安全管理条例　危险化学品目录：列入。易制爆危险化学品名录：未列入。重点监管的危险化学品名录：未列入。GB 18218—2009《危险化学品重大危险源辨识》（表 1）：未列入

使用有毒物品作业场所劳动保护条例　高毒物品目录：列入

易制毒化学品管理条例　易制毒化学品的分类和品种目录：未列入

国际公约　斯德哥尔摩公约：未列入。鹿特丹公约：未列入。蒙特利尔议定书：未列入

第十六部分　其他信息

编写和修订信息　　缩略语和首字母缩写

培训建议　　　　　参考文献

免责声明

氧化汞

第一部分　化学品标识

化学品中文名　氧化汞；一氧化汞；红降汞；三仙丹

化学品英文名　mercury oxide；mercuric oxide

分子式　HgO　**分子量**　216.59

结构式　Hg＝O

化学品的推荐及限制用途　用作分析试剂、防腐剂，用于合成医药及涂料等

第二部分　危险性概述

紧急情况概述　吞咽致命，皮肤接触会致命，可能导致皮肤过敏反应，可能引起呼吸道刺激

GHS 危险性类别　急性毒性-经口，类别 2；急性毒性-经皮，类别 2；皮肤腐蚀/刺激，类别 2；严重眼损伤/眼刺激，类别 2；皮肤致敏物，类别 1；生殖毒性，类别 1B；特异性靶器官毒性-一次接触，类别 1；特异性靶器官毒性-一次接触，类别 3（呼吸道刺激）；特异性靶器官毒性-反复接触，类别 2；危害水生环境-急性危害，类别 1；危害水生环境-长期危害，类别 1

标签要素

象形图

警示词　危险

危险性说明　吞咽致命，皮肤接触会致命，造成皮肤刺激，造成严重眼刺激，可能导致皮肤过敏反应，可能对生育力或胎儿造成伤害，对器官造成损害，可能引起呼吸道刺激，长时间或反复接触可能对器官造成损伤，对水生生物有毒并具有长期持续影响

防范说明

　　预防措施　避免接触眼睛、皮肤，操作后彻底清洗。作业场所不得进食、饮水或吸烟。穿防护服，戴防护眼镜、防护手套、防护面罩。避免吸入粉尘。污染的工作服不得带出工作场所。得到专门指导后操作。在阅读并了解所有安全预防措施之前，切勿操作。按要求使用个体防护装备。禁止排入环境

　　事故响应　皮肤接触：用大量肥皂水和水轻轻地清洗，立即呼叫中毒控制中心或就医。脱去被污染的衣服，经洗净后方可重新使用。如出现皮肤刺激或皮疹：就医。如接触眼睛：用水细心冲洗数分钟。如戴隐形眼镜并可方便地取出，取出隐形眼镜，继续冲洗。如果眼睛刺激持续：就医。食入：立即呼叫中毒控制中心或就医，漱口。如果接触或有担心，就医。如感觉不适，就医。收集泄漏物

　　安全储存　上锁保管

　　废弃处置　本品及内装物、容器依据国家和地方法规处置

物理和化学危险 不燃，无特殊燃爆特性

健康危害 急性中毒：起病急，有头痛、头晕、乏力、失眠、多梦、口腔炎、发热等全身症状。患者可有食欲缺乏、恶心、腹痛、腹泻等症状。部分患者皮肤出现红色斑丘疹。严重者可发生间质性肺炎及肾损害。慢性中毒：有神经衰弱综合征；易兴奋症；精神情绪障碍，如胆怯、害羞、易怒、爱哭等；汞毒性震颤；口腔炎。少数病例有肝、肾损伤

环境危害 对水生生物有毒并具有长期持续影响

第三部分 成分/组成信息

√ 物质　　　　　　　混合物

组分	浓度	CAS No.
氧化汞		21908-53-2

第四部分 急救措施

吸入 迅速脱离现场至空气新鲜处。保持呼吸道通畅。如呼吸困难，给输氧。呼吸、心跳停止，立即进行心肺复苏术。就医

皮肤接触 立即脱去污染的衣着，用流动清水彻底冲洗。就医

眼睛接触 立即分开眼睑，用流动清水或生理盐水彻底冲洗 5～10min。就医

食入 口服蛋清、牛奶或豆浆。就医

对保护施救者的忠告 根据需要使用个人防护设备

对医生的特别提示 解毒剂：二巯基丙磺酸钠、二巯基丁二酸钠、青霉胺

第五部分 消防措施

灭火剂 本品不燃，根据着火原因选择适当灭火剂灭火

特别危险性 不燃。弱氧化剂。与还原性物质如镁粉、铝粉、硫、磷等混合后，经摩擦或撞击，能引起燃烧或爆炸。接触有机物有引起燃烧的危险。受高热分解放出有毒的气体

灭火注意事项及防护措施 消防人员必须佩戴防毒面具、穿全身消防服，在上风向灭火。尽可能将容器从火场移至空旷处。喷水保持火场容器冷却，直至灭火结束

第六部分 泄漏应急处理

作业人员防护措施、防护装备和应急处置程序 隔离泄漏污染区，限制出入。建议应急处理人员戴防尘口罩，穿防毒服。穿上适当的防护服前严禁接触破裂的容器和泄漏物。尽可能切断泄漏源

环境保护措施 用塑料布覆盖泄漏物，减少飞散

泄漏化学品的收容、清除方法及所使用的处置材料 勿使水进入包装容器内。用洁净的铲子收集泄漏物，置于干净、干燥、盖子较松的容器中，将容器移离泄漏区

第七部分 操作处置与储存

操作注意事项 密闭操作，局部排风。操作人员必须经过专门培训，严格遵守操作规程。建议操作人员佩戴防尘面具（全面罩），穿胶布防毒衣，戴橡胶手套。避免产生粉尘。避免与氧化剂接触。搬运时要轻装轻卸，防止包装及容器损坏。配备泄漏应急处理设备。倒空的容器可能残留有害物

储存注意事项 储存于阴凉、通风良好的专用库房内，实行"双人收发、双人保管"制度。远离火种、热源。保持容器密封。应与氧化剂、食用化学品分开存放，切忌混储。储区应备有合适的材料收容泄漏物

第八部分 接触控制/个体防护

职业接触限值

　中国 未制定标准

　美国（ACGIH） TLV-TWA：0.025mg/m³ ［按 Hg 计］［皮］

生物接触限值 尿总汞：20μmol/mol 肌酐（35μg/g 肌酐）（采样时间：接触 6 个月后工作班前）

监测方法 空气中有毒物质测定方法：原子荧光光谱法；双硫腙分光光度法；冷原子吸收光谱法。生物监测检验方法：尿中汞的双硫腙萃取分光光度测定方法；尿中汞的冷原子吸收光谱测定方法（一）——碱性氯化亚锡还原法；尿中有机（甲基）汞、无机汞和总汞的分别测定方法——选择性还原-冷原子吸收光谱法

工程控制 密闭操作，局部排风。提供安全淋浴和洗眼设备

个体防护装备

　呼吸系统防护 可能接触其粉尘时，必须佩戴防尘面具（全面罩）。紧急事态抢救或撤离时，应该佩戴空气呼吸器

　眼睛防护 呼吸系统防护中已作防护

　皮肤和身体防护 穿密闭型防毒服

　手防护 戴橡胶手套

第九部分 理化特性

外观与性状 亮红色或橙红色重质晶状粉末，无臭味

pH 值 无意义		**熔点(℃)** 500（分解）	
沸点(℃) 无资料		**相对密度(水=1)** 11.10	

相对蒸气密度(空气=1) 无资料

饱和蒸气压(kPa) 无资料

临界压力(MPa) 无意义 **辛醇/水分配系数** 无资料

闪点(℃) 无意义 **自燃温度(℃)** 无意义

爆炸下限(%) 无意义 **爆炸上限(%)** 无意义

分解温度(℃) 500 **黏度(mPa·s)** 无资料

燃烧热(kJ/mol) 无资料 **临界温度(℃)** 无资料

溶解性 不溶于水、乙醇，溶于稀酸

第十部分 稳定性和反应性

稳定性 稳定

危险反应 与还原性物质如镁粉、铝粉、硫、磷等混合后，经摩擦或撞击，能引起燃烧或爆炸

避免接触的条件 摩擦、撞击、光照

禁配物 强氧化剂，还原性物质如镁粉、铝粉、硫、磷等

危险的分解产物　无资料

第十一部分　毒理学信息

急性毒性　LD_{50}：18mg/kg（大鼠经口）；315mg/kg（大鼠经皮）；16mg/kg（小鼠经口）

皮肤刺激或腐蚀　无资料　　**眼睛刺激或腐蚀**　无资料

呼吸或皮肤过敏　无资料　　**生殖细胞突变性**　无资料

致癌性　IARC致癌性评论：组3，现有的证据不能对人类致癌性进行分类

生殖毒性　大鼠孕后5d经口染毒最低中毒剂量（TDLo）10800μg/kg，致眼、耳发育畸形

特异性靶器官系统毒性-一次接触　无资料

特异性靶器官系统毒性-反复接触　无资料

吸入危害　无资料

第十二部分　生态学信息

生态毒性　汞化合物对水生生物有极高毒性

持久性和降解性

　　生物降解性　无资料

　　非生物降解性　无资料

潜在的生物累积性　元素汞易在生物体内富集

土壤中的迁移性　无资料

第十三部分　废弃处置

废弃化学品　用安全掩埋法处置

污染包装物　将容器返还生产商或按照国家和地方法规处置

废弃注意事项　处置前应参阅国家和地方有关法规

第十四部分　运输信息

联合国危险货物编号（UN号）　1641

联合国运输名称　氧化汞

联合国危险性类别　6.1

包装类别　Ⅱ　　　　　　**包装标志**　

海洋污染物　是

运输注意事项　运输前应先检查包装容器是否完整、密封，运输过程中要确保容器不泄漏、不倒塌、不坠落、不损坏。严禁与酸类、氧化剂、食品及食品添加剂混运。运输时运输车辆应配备泄漏应急处理设备。运输途中应防暴晒、雨淋，防高温

第十五部分　法规信息

　　下列法律、法规、规章和标准，对该化学品的管理作了相应的规定。

中华人民共和国职业病防治法　职业病分类和目录：汞及其化合物中毒

危险化学品安全管理条例　危险化学品目录：列入。作为剧毒化学品进行管理。易制爆危险化学品名录：未列入。重点监管的危险化学品名录：未列入。GB 18218—2009《危险化学品重大危险源辨识》（表1）：

未列入

使用有毒物品作业场所劳动保护条例　高毒物品目录：未列入

易制毒化学品管理条例　易制毒化学品的分类和品种目录：未列入

国际公约　斯德哥尔摩公约：未列入。鹿特丹公约：列入。蒙特利尔议定书：未列入

第十六部分　其他信息

编写和修订信息　　　　　缩略语和首字母缩写

培训建议　　　　　　　　参考文献

免责声明

氧化钠

第一部分　化学品标识

化学品中文名　氧化钠；一氧化钠

化学品英文名　sodium oxide; sodium monoxide

分子式　Na_2O　**分子量**　61.9789

化学品的推荐及限制用途　用作化学反应的聚合剂、缩合剂及脱氢剂

第二部分　危险性概述

紧急情况概述　造成严重的皮肤灼伤和眼损伤

GHS危险性类别　皮肤腐蚀/刺激，类别1；严重眼损伤/眼刺激，类别1

标签要素

　　象形图　

　　警示词　危险

　　危险性说明　造成严重的皮肤灼伤和眼损伤

　　防范说明

　　　　预防措施　避免吸入粉尘。避免接触眼睛、皮肤，操作后彻底清洗。穿防护服，戴防护手套、防护眼镜、防护面罩

　　　　事故响应　如吸入：将患者转移到空气新鲜处，休息，保持利于呼吸的体位，立即呼叫中毒控制中心或就医。皮肤（或头发）接触：立即脱掉所有被污染的衣服，用水冲洗皮肤，淋浴。污染的衣服洗净后方可重新使用。眼睛接触：用水细心地冲洗数分钟。立即呼叫中毒控制中心或就医。如戴隐形眼镜并可方便地取出，则取出隐形眼镜，继续冲洗。食入：漱口，不要催吐

　　　　安全储存　上锁保管

　　　　废弃处置　本品及内装物、容器依据国家和地方法规处置

　　物理和化学危险　不燃，无特殊燃爆特性。遇水剧烈反应

　　健康危害　对人体有强烈刺激性和腐蚀性。对眼睛、皮肤、黏膜能造成严重灼伤。接触后可引起灼伤、头痛、恶心、呕吐、咳嗽、喉炎、气短

　　环境危害　对环境可能有害

第三部分　成分/组成信息

√物质　　　　　　　　　混合物

组分	浓度	CAS No.
氧化钠		1313-59-3

第四部分　急救措施

吸入　迅速脱离现场至空气新鲜处。保持呼吸道通畅。如呼吸困难，给输氧。呼吸、心跳停止，立即进行心肺复苏术。就医

皮肤接触　立即脱去污染的衣着，用大量流动清水彻底冲洗至少 15min。就医

眼睛接触　立即分开眼睑，用流动清水或生理盐水彻底冲洗 5～10min。就医

食入　用水漱口，禁止催吐。给饮牛奶或蛋清。就医

对保护施救者的忠告　根据需要使用个人防护设备

对医生的特别提示　对症处理

第五部分　消防措施

灭火剂　本品不燃，根据着火原因选择适当灭火剂灭火

特别危险性　遇水发生剧烈反应并放热。与酸类物质能发生剧烈反应。与铵盐反应放出氨气。在潮湿条件下能腐蚀某些金属

灭火注意事项及防护措施　消防人员必须穿全身耐酸碱消防服、佩戴空气呼吸器灭火。灭火时尽可能将容器从火场移至空旷处

第六部分　泄漏应急处理

作业人员防护措施、防护装备和应急处置程序　隔离泄漏污染区，限制出入。建议应急处理人员戴防尘口罩，穿防酸碱服。作业时使用的所有设备应接地。穿上适当的防护服前严禁接触破裂的容器和泄漏物。尽可能切断泄漏源

环境保护措施　用塑料布覆盖泄漏物，减少飞散

泄漏化学品的收容、清除方法及所使用的处置材料　小量泄漏：用干燥的砂土或其他不燃材料覆盖泄漏物，然后用塑料布覆盖，减少飞散、避免雨淋。用洁净的铲子收集泄漏物，置于干净、干燥、盖子较松的容器中，将容器移离泄漏区

第七部分　操作处置与储存

操作注意事项　密闭操作，提供充分的局部排风。防止粉尘释放到车间空气中。操作人员必须经过专门培训，严格遵守操作规程。建议操作人员佩戴防尘面具（全面罩），穿橡胶耐酸碱服，戴橡胶耐酸碱手套。避免产生粉尘。避免与酸类接触。尤其要注意避免与水接触。配备泄漏应急处理设备。倒空的容器可能残留有害物

储存注意事项　储存于通风、低温的库房内。远离火种、热源。防止阳光直射。包装密封。应与酸类、食用化学品等分开存放，切忌混储。储区应备有合适的材料收容泄漏物

第八部分　接触控制/个体防护

职业接触限值

中国　未制定标准

美国（ACGIH）　未制定标准

生物接触限值　未制定标准

监测方法　空气中有毒物质测定方法：未制定标准。生物监测检验方法：未制定标准

工程控制　严加密闭，提供充分的局部排风

个体防护装备

呼吸系统防护　可能接触其粉尘时，必须佩戴防尘面具（全面罩）。紧急事态抢救或撤离时，应该佩戴空气呼吸器

眼睛防护　呼吸系统防护中已作防护

皮肤和身体防护　穿橡胶耐酸碱服

手防护　戴橡胶耐酸碱手套

第九部分　理化特性

外观与性状　白色无定形片状或粉末

pH 值　无意义		**熔点(℃)**　1132	
沸点(℃)　1275（升华）		**相对密度(水＝1)**　2.27	
相对蒸气密度(空气＝1)　无资料			
饱和蒸气压(kPa)　无资料			
临界压力(MPa)　无意义		**辛醇/水分配系数**　无资料	
闪点(℃)　无意义		**自燃温度(℃)**　无意义	
爆炸下限(%)　无意义		**爆炸上限(%)**　无意义	
分解温度(℃)　无资料		**黏度(mPa·s)**　无资料	
燃烧热(kJ/mol)　无资料		**临界温度(℃)**　无资料	
溶解性　遇水反应			

第十部分　稳定性和反应性

稳定性　稳定

危险反应　遇水发生剧烈反应并放热。与酸类物质能发生剧烈反应。与铵盐反应放出氨气

避免接触的条件　潮湿空气

禁配物　酸类、水

危险的分解产物　无资料

第十一部分　毒理学信息

急性毒性　无资料

皮肤刺激或腐蚀　无资料	**眼睛刺激或腐蚀**　无资料
呼吸或皮肤过敏　无资料	**生殖细胞突变性**　无资料
致癌性　无资料	**生殖毒性**　无资料

特异性靶器官系统毒性--一次接触　无资料

特异性靶器官系统毒性-反复接触　无资料

吸入危害　无资料

第十二部分　生态学信息

生态毒性　无资料

持久性和降解性

生物降解性　无资料

非生物降解性　无资料

潜在的生物累积性　无资料

土壤中的迁移性　无资料

第十三部分　废弃处置

废弃化学品　在污水处理厂处理和中和

污染包装物　将容器返还生产商或按照国家和地方法规处置

废弃注意事项　处置前应参阅国家和地方有关法规

第十四部分　运输信息

联合国危险货物编号（UN 号）　1825

联合国运输名称　氧化钠

联合国危险性类别　8

包装类别　Ⅱ　　　　**包装标志**　

海洋污染物　否

运输注意事项　起运时包装要完整，装载应稳妥。运输过程中要确保容器不泄漏、不倒塌、不坠落、不损坏。严禁与酸类、食用化学品等混装混运。运输时运输车辆应配备泄漏应急处理设备。运输途中应防暴晒、雨淋，防高温。公路运输时要按规定路线行驶，勿在居民区和人口稠密区停留

第十五部分　法规信息

下列法律、法规、规章和标准，对该化学品的管理作了相应的规定。

中华人民共和国职业病防治法　职业病分类和目录：未列入

危险化学品安全管理条例　危险化学品目录：列入。易制爆危险化学品名录：未列入。重点监管的危险化学品名录：未列入。GB 18218—2009《危险化学品重大危险源辨识》（表1）：未列入

使用有毒物品作业场所劳动保护条例　高毒物品目录：未列入

易制毒化学品管理条例　易制毒化学品的分类和品种目录：未列入

国际公约　斯德哥尔摩公约：未列入。鹿特丹公约：未列入。蒙特利尔议定书：未列入

第十六部分　其他信息

编写和修订信息　　**缩略语和首字母缩写**

培训建议　　　　　**参考文献**

免责声明

氧化铍

第一部分　化学品标识

化学品中文名　氧化铍；一氧化铍

化学品英文名　beryllium oxide；beryllium monoxide

分子式　BeO　**分子量**　25.0116

化学品的推荐及限制用途　用于原子反应堆、陶瓷制品，也用作催化剂等

第二部分　危险性概述

紧急情况概述　吞咽会中毒，吸入致命，造成皮肤刺激，造成严重眼刺激，可能导致皮肤过敏反应，可能致癌，可能引起呼吸道刺激

GHS 危险性类别　急性毒性-经口，类别 3；急性毒性-吸入，类别 2；皮肤腐蚀/刺激，类别 2；严重眼损伤/眼刺激，类别 2；皮肤致敏物，类别 1；致癌性，类别 1A；特异性靶器官毒性-一次接触，类别 3（呼吸道刺激）；特异性靶器官毒性-反复接触，类别 1

标签要素

象形图　

警示词　危险

危险性说明　吞咽会中毒，吸入致命，造成皮肤刺激，造成严重眼刺激，可能导致皮肤过敏反应，可能致癌，可能引起呼吸道刺激，长时间或反复接触对器官造成损伤

防范说明

预防措施　避免接触眼睛、皮肤，操作后彻底清洗。作业场所不得进食、饮水或吸烟。避免吸入粉尘。仅在室外或通风良好处操作。戴呼吸防护器具，戴防护手套、防护眼镜、防护面罩。污染的工作服不得带出工作场所。得到专门指导后操作。在阅读并了解所有安全预防措施之前，切勿操作。按要求使用个体防护装备

事故响应　如吸入：将患者转移到空气新鲜处，休息，保持利于呼吸的体位，立即呼叫中毒控制中心或就医。如皮肤接触：用大量肥皂水和水清洗。如出现皮肤刺激或皮疹：就医。污染的衣服清洗后方可重新使用。如接触眼睛：用水细心冲洗数分钟。如戴隐形眼镜并可方便地取出，取出隐形眼镜，继续冲洗。如果眼睛刺激持续：就医。食入：立即呼叫中毒控制中心或就医，漱口。如果接触或有担心，就医。如感觉不适，就医

安全储存　在通风良好处储存。保持容器密闭。上锁保管

废弃处置　本品及内装物、容器依据国家和地方法规处置

物理和化学危险　不燃，无特殊燃爆特性

健康危害　误服或吸尘会中毒。急性中毒可致支气管炎、支气管周围炎及支气管肺炎等。可引起皮炎、皮肤溃疡和皮肤肉芽肿。慢性接触可引起肺内弥漫性肉芽肿性病变

环境危害　对环境可能有害

第三部分　成分/组成信息

√物质		混合物
组分	浓度	CAS No.
氧化铍		1304-56-9

第四部分　急救措施

吸入　迅速脱离现场至空气新鲜处。保持呼吸道通畅。如呼吸困难，给输氧。呼吸、心跳停止，立即进行心肺复苏术。就医

皮肤接触　脱去污染的衣着，用大量流动清水冲洗。如有不适感，就医

眼睛接触　提起眼睑，用流动清水或生理盐水冲洗。如有不适感，就医

食入　饮足量温水，催吐。就医

对保护施救者的忠告　根据需要使用个人防护设备

对医生的特别提示　对症处理

第五部分　消防措施

灭火剂　本品不燃，根据着火原因选择适当灭火剂灭火

特别危险性　本身不能燃烧。无特殊的燃烧爆炸特性

灭火注意事项及防护措施　消防人员必须穿全身防火防毒服，在上风向灭火。灭火时尽可能将容器从火场移至空旷处

第六部分　泄漏应急处理

作业人员防护措施、防护装备和应急处置程序　隔离泄漏污染区，限制出入。建议应急处理人员戴防尘口罩，穿防毒服。穿上适当的防护服前严禁接触破裂的容器和泄漏物。尽可能切断泄漏源

环境保护措施　用塑料布覆盖泄漏物，减少飞散

泄漏化学品的收容、清除方法及所使用的处置材料　勿使水进入包装容器内。用洁净的铲子收集泄漏物，置于干净、干燥、盖子较松的容器中，将容器移离泄漏区

第七部分　操作处置与储存

操作注意事项　密闭操作，提供充分的局部排风。防止粉尘释放到车间空气中。操作人员必须经过专门培训，严格遵守操作规程。建议操作人员佩戴防尘面具（全面罩），穿胶布防毒衣，戴橡胶手套。避免产生粉尘。避免与氧化剂接触。配备泄漏应急处理设备。倒空的容器可能残留有害物

储存注意事项　储存于阴凉、通风的库房。远离火种、热源。防止阳光直射。包装密封。应与氧化剂、食用化学品分开存放，切忌混储。储区应备有合适的材料收容泄漏物

第八部分　接触控制/个体防护

职业接触限值

中国　PC-TWA：0.0005mg/m³；PC-STEL：0.001mg/m³［按 Be 计］［G1］

美国（ACGIH）　TLV-TWA：0.00005mg/m³（可吸入性颗粒物）［按 Be 计］［皮］［敏］

生物接触限值　未制定标准

监测方法　空气中有毒物质测定方法：桑色素荧光分光光度法。生物监测检验方法：未制定标准

工程控制　严加密闭，提供充分的局部排风

个体防护装备

呼吸系统防护　可能接触其粉尘时，必须佩戴防尘面具（全面罩）。紧急事态抢救或撤离时，应该佩戴空气呼吸器

眼睛防护　呼吸系统防护中已作防护

皮肤和身体防护　穿密闭型防毒服

手防护　戴橡胶手套

第九部分　理化特性

外观与性状　白色结晶或无定形粉末

pH 值　无资料		**熔点（℃）**　2350
沸点（℃）　3900		**相对密度（水＝1）**　3.0
相对蒸气密度（空气＝1）　无资料		
饱和蒸气压（kPa）　无资料		
临界压力（MPa）　无意义		**辛醇/水分配系数**　无资料
闪点（℃）　无意义		**自燃温度（℃）**　无意义
爆炸下限（%）　无意义		**爆炸上限（%）**　无意义
分解温度（℃）　无资料		**黏度（mPa·s）**　无资料
燃烧热（kJ/mol）　无资料		**临界温度（℃）**　无资料

溶解性　不溶于水，溶于酸、碱

第十部分　稳定性和反应性

稳定性　稳定

危险反应　与强氧化剂等禁配物发生反应

避免接触的条件　无资料

禁配物　强氧化剂

危险的分解产物　无资料

第十一部分　毒理学信息

急性毒性　LD$_{50}$：2062mg/kg（小鼠经口）

皮肤刺激或腐蚀　无资料	**眼睛刺激或腐蚀**　无资料
呼吸或皮肤过敏　无资料	**生殖细胞突变性**　无资料

致癌性　IARC 致癌性评论：组 1，对人类是致癌物

生殖毒性　大鼠气管内最低中毒剂量（TDLo）：139mg/kg（孕 3d），植入前死亡率增加，有胚胎毒性，引起其他发育异常

特异性靶器官系统毒性-一次接触　无资料

特异性靶器官系统毒性-反复接触　无资料

吸入危害　无资料

第十二部分　生态学信息

生态毒性　无资料

持久性和降解性

生物降解性　无资料

非生物降解性　无资料

潜在的生物累积性　无资料

土壤中的迁移性　无资料

第十三部分　废弃处置

废弃化学品　用安全掩埋法处置。在能利用的地方重复使用容器或在规定场所掩埋

污染包装物　将容器返还生产商或按照国家和地方法规处置

废弃注意事项　处置前应参阅国家和地方有关法规

第十四部分 运输信息

联合国危险货物编号（UN号） 1566
联合国运输名称 铊化合物，未另作规定的（氧化铊）
联合国危险性类别 6.1

包装类别 Ⅱ　　　　　　**包装标志**

海洋污染物 否
运输注意事项 运输前应先检查包装容器是否完整、密封，运输过程中要确保容器不泄漏、不倒塌、不坠落、不损坏。严禁与酸类、氧化剂、食品及食品添加剂混运。运输时运输车辆应配备泄漏应急处理设备。运输途中应防暴晒、雨淋，防高温。公路运输时要按规定路线行驶，勿在居民区和人口稠密区停留

第十五部分 法规信息

下列法律、法规、规章和标准，对该化学品的管理作了相应的规定。
中华人民共和国职业病防治法 职业病分类和目录：铊病
危险化学品安全管理条例 危险化学品目录：列入。易制爆危险化学品名录：未列入。重点监管的危险化学品名录：未列入。GB 18218—2009《危险化学品重大危险源辨识》（表1）：未列入
使用有毒物品作业场所劳动保护条例 高毒物品目录：列入
易制毒化学品管理条例 易制毒化学品的分类和品种目录：未列入
国际公约 斯德哥尔摩公约：未列入。鹿特丹公约：未列入。蒙特利尔议定书：未列入

第十六部分 其他信息

编写和修订信息　　**缩略语和首字母缩写**
培训建议　　**参考文献**
免责声明

氧化铊

第一部分 化学品标识

化学品中文名 氧化铊；三氧化二铊；三氧化铊
化学品英文名 thallium trioxide；dithallium trioxide
分子式 Tl_2O_3　**分子量** 456.76
化学品的推荐及限制用途 用作分析试剂，也用于制火柴

第二部分 危险性概述

紧急情况概述 吞咽致命，吸入致命
GHS危险性类别 急性毒性-经口，类别2；急性毒性-吸入，类别2；特异性靶器官毒性-反复接触，类别2；危害水生环境-急性危害，类别2；危害水生环境-长期危害，类别2
标签要素

象形图

警示词 危险
危险性说明 吞咽致命，吸入致命，长时间或反复接触可能对器官造成损伤，对水生生物有毒并具有长期持续影响
防范说明
预防措施 避免接触眼睛、皮肤，操作后彻底清洗。作业场所不得进食、饮水或吸烟。避免吸入粉尘。仅在室外或通风良好处操作。戴呼吸防护器具。禁止排入环境
事故响应 如吸入：将患者转移到空气新鲜处，休息，保持利于呼吸的体位，立即呼叫中毒控制中心或就医。食入：立即呼叫中毒控制中心或就医，漱口。如感觉不适，就医。收集泄漏物
安全储存 在通风良好处储存。保持容器密闭。上锁保管
废弃处置 本品及内装物、容器依据国家和地方法规处置
物理和化学危险 不燃，无特殊燃爆特性
健康危害 误服出现急性胃肠道刺激症状，腹痛、恶心、呕吐，几天后出现周围神经炎表现，同时出现心、肝及肾损害。毛发脱落是铊中毒的特征表现。还可引起皮炎
环境危害 对水生生物有毒并具有长期持续影响

第三部分 成分/组成信息

√物质		混合物
组分	浓度	CAS No.
氧化铊		1314-32-5

第四部分 急救措施

吸入 迅速脱离现场至空气新鲜处。保持呼吸道通畅。如呼吸困难，给输氧。呼吸、心跳停止，立即进行心肺复苏术。就医
皮肤接触 立即脱去污染的衣着，用流动清水彻底冲洗。就医
眼睛接触 立即分开眼睑，用流动清水或生理盐水彻底冲洗。就医
食入 如中毒者神志清醒，催吐，洗胃。用1%碘化钠或1%碘化钾溶液洗胃效果更佳。口服牛奶、淀粉膏、氢氧化铝凝胶、次碳酸铋。口服活性炭悬液。用硫酸钠、硫酸镁或蓖麻油导泻。就医
对保护施救者的忠告 根据需要使用个人防护设备
对医生的特别提示 解毒剂：普鲁士蓝

第五部分 消防措施

灭火剂 本品不燃，根据着火原因选择适当灭火剂灭火
特别危险性 与硫、三硫化锑的混合物在研磨时可能发生爆炸。受高热分解放出有毒的气体
灭火注意事项及防护措施 消防人员必须穿全身防火防毒服，在上风向灭火。灭火时尽可能将容器从火场移至空旷处

第六部分 泄漏应急处理

作业人员防护措施、防护装备和应急处置程序 隔离泄漏

污染区，限制出入。建议应急处理人员戴防尘口罩，穿防毒服。穿上适当的防护服前严禁接触破裂的容器和泄漏物。尽可能切断泄漏源

环境保护措施　用塑料布覆盖泄漏物，减少飞散

泄漏化学品的收容、清除方法及所使用的处置材料　勿使水进入包装容器内。用洁净的铲子收集泄漏物，置于干净、干燥、盖子较松的容器中，将容器移离泄漏区

第七部分　操作处置与储存

操作注意事项　密闭操作，提供充分的局部排风。防止粉尘释放到车间空气中。操作人员必须经过专门培训，严格遵守操作规程。建议操作人员佩戴防尘面具（全面罩），穿胶布防毒衣，戴橡胶手套。避免产生粉尘。避免与氧化剂接触。配备泄漏应急处理设备。倒空的容器可能残留有害物

储存注意事项　储存于阴凉、通风良好的库房内。远离火种、热源。防止阳光直射。包装密封。应与氧化剂、食用化学品分开存放，切忌混储。储区应备有合适的材料收容泄漏物

第八部分　接触控制/个体防护

职业接触限值

中国　未制定标准

美国（ACGIH）　TLV-TWA：$0.02mg/m^3$（可吸入性颗粒物）〔按 Tl 计〕〔皮〕

生物接触限值　未制定标准

监测方法　空气中有毒物质测定方法：石墨炉原子吸收光谱法。生物监测检验方法：未制定标准

工程控制　严加密闭，提供充分的局部排风

个体防护装备

呼吸系统防护　可能接触其粉尘时，必须佩戴防尘面具（全面罩）。紧急事态抢救或撤离时，应该佩戴空气呼吸器

眼睛防护　呼吸系统防护中已作防护

皮肤和身体防护　穿密闭型防毒服

手防护　戴橡胶手套

第九部分　理化特性

外观与性状　棕色至黑色六面晶系结晶或无定形粉末

pH 值　无资料　　　　　　**熔点(℃)**　717

沸点(℃)　无资料

相对密度(水＝1)　10.19（22℃，结晶）

相对蒸气密度(空气＝1)　无资料

饱和蒸气压(kPa)　无资料

临界压力(MPa)　无意义　　**辛醇/水分配系数**　无资料

闪点(℃)　无意义　　　　　**自燃温度(℃)**　无意义

爆炸下限(%)　无意义　　　**爆炸上限(%)**　无意义

分解温度(℃)　875　　　　**黏度(mPa·s)**　无资料

燃烧热(kJ/mol)　无资料　　**临界温度(℃)**　无资料

溶解性　不溶于水、碱液，溶于酸

第十部分　稳定性和反应性

稳定性　稳定

危险反应　与强氧化剂等禁配物发生反应。与硫、三硫化锑的混合物在研磨时可能发生爆炸

避免接触的条件　无资料

禁配物　强氧化剂、硫、三硫化锑

危险的分解产物　无资料

第十一部分　毒理学信息

急性毒性　LD_{50}：44mg/kg（大鼠经口）

皮肤刺激或腐蚀　无资料　　**眼睛刺激或腐蚀**　无资料

呼吸或皮肤过敏　无资料　　**生殖细胞突变性**　无资料

致癌性　无资料　　　　　　**生殖毒性**　无资料

特异性靶器官系统毒性-一次接触　无资料

特异性靶器官系统毒性-反复接触　无资料

吸入危害　无资料

第十二部分　生态学信息

生态毒性　铊化合物对水生生物有毒

持久性和降解性

生物降解性　无资料

非生物降解性　无资料

潜在的生物累积性　无资料

土壤中的迁移性　无资料

第十三部分　废弃处置

废弃化学品　建议用控制焚烧法或安全掩埋法处置。破损容器禁止重新使用，要在规定场所掩埋

污染包装物　将容器返还生产商或按照国家和地方法规处置

废弃注意事项　处置前应参阅国家和地方有关法规

第十四部分　运输信息

联合国危险货物编号（UN 号）　1707

联合国运输名称　铊化合物，未另作规定的（氧化铊）

联合国危险性类别　6.1

包装类别　Ⅱ　　　　　　　　**包装标志**　

海洋污染物　是

运输注意事项　运输前应先检查包装容器是否完整、密封，运输过程中要确保容器不泄漏、不倒塌、不坠落、不损坏。严禁与酸类、氧化剂、食品及食品添加剂混运。运输时运输车辆应配备泄漏应急处理设备。运输途中应防暴晒、雨淋，防高温。公路运输时要按规定路线行驶，勿在居民区和人口稠密区停留

第十五部分　法规信息

下列法律、法规、规章和标准，对该化学品的管理作了相应的规定。

中华人民共和国职业病防治法　职业病分类和目录：铊及其化合物中毒

危险化学品安全管理条例　危险化学品目录：列入。易制爆危险化学品名录：未列入。重点监管的危险化学品

名录：未列入。GB 18218—2009《危险化学品重大
危险源辨识》（表1）：未列入

使用有毒物品作业场所劳动保护条例 高毒物品目录：
列入

易制毒化学品管理条例 易制毒化学品的分类和品种目
录：未列入

国际公约 斯德哥尔摩公约：未列入。鹿特丹公约：未列
入。蒙特利尔议定书：未列入

第十六部分　其他信息

编写和修订信息　　**缩略语和首字母缩写**

培训建议　　　　**参考文献**

免责声明

氧化亚汞

第一部分　化学品标识

化学品中文名　氧化亚汞；黑色氧化汞；黑降汞

化学品英文名　mercurous oxide, black；mercury（Ⅰ）
oxide

分子式　Hg_2O　**分子量**　417.18

化学品的推荐及限制用途　医药工业上用作制药剂的原料

第二部分　危险性概述

紧急情况概述　造成皮肤刺激，造成眼刺激，可能导致皮
肤过敏反应

GHS危险性类别　皮肤腐蚀/刺激，类别2；严重眼损伤/
眼刺激，类别2B；皮肤致敏物，类别1；生殖细胞致
突变性，类别2；生殖毒性，类别2；特异性靶器官
毒性——次接触，类别1；特异性靶器官毒性-反复接
触，类别1；危害水生环境-急性危害，类别1；危害
水生环境-长期危害，类别1

标签要素

象形图

警示词　危险

危险性说明　造成皮肤刺激，造成眼刺激，可能导致皮
肤过敏反应，怀疑可造成遗传性缺陷，怀疑对生育
力或胎儿造成伤害，对器官造成损害，长时间或反
复接触对器官造成损伤，对水生生物毒性非常大并
具有长期持续影响

防范说明

预防措施　避免接触眼睛、皮肤，操作后彻底清
洗。戴防护手套。避免吸入粉尘。污染的工作
服不得带出工作场所。得到专门指导后操作。
在阅读并了解所有安全预防措施之前，切勿操
作。按要求使用个体防护装备。作业场所不得
进食、饮水或吸烟。禁止排入环境

事故响应　如皮肤接触：用大量肥皂水和水清洗。
如出现皮肤刺激或皮疹：就医。污染的衣服清
洗后方可重新使用。如接触眼睛：用水细心冲

洗数分钟。如戴隐形眼镜并可方便地取出，取
出隐形眼镜，继续冲洗。如果眼睛刺激持
续：就医。如果接触或有担心：立即呼叫中
毒控制中心或就医。如感觉不适，就医。收
集泄漏物

安全储存　上锁保管

废弃处置　本品及内装物、容器依据国家和地方法
规处置

物理和化学危险　不燃，无特殊燃爆特性

健康危害　误服或吸入会中毒。急性中毒有明显的口腔炎
及胃肠症状、皮疹、化学性肺炎。慢性中毒主要是精
神神经障碍和口腔炎的症候群。其蒸气可引起过敏性
皮炎

环境危害　对水生生物毒性非常大并具有长期持续影响

第三部分　成分/组成信息

√物质　　　　　　　　混合物

　组分　　　　浓度　　　CAS No.

氧化亚汞　　　　　　　　15829-53-5

第四部分　急救措施

吸入　迅速脱离现场至空气新鲜处。保持呼吸道通畅。如
呼吸困难，给输氧。呼吸、心跳停止，立即进行心肺
复苏术。就医

皮肤接触　立即脱去污染的衣着，用流动清水彻底冲洗。
就医

眼睛接触　立即分开眼睑，用流动清水或生理盐水彻底冲
洗。就医

食入　口服蛋清、牛奶或豆浆。就医

对保护施救者的忠告　根据需要使用个人防护设备

对医生的特别提示　解毒剂：二巯基丙磺酸钠、二巯基丁
二酸钠、青霉胺

第五部分　消防措施

灭火剂　本品不燃，根据着火原因选择适当灭火剂灭火

特别危险性　有氧化性。与硫、磷形成爆炸性混合物。遇
双氧水会引起燃烧爆炸。遇高热分解释出高毒烟气

灭火注意事项及防护措施　消防人员必须穿全身防火防毒
服，在上风向灭火。灭火时尽可能将容器从火场移至
空旷处

第六部分　泄漏应急处理

作业人员防护措施、防护装备和应急处置程序　隔离泄漏
污染区，限制出入。建议应急处理人员戴防尘口罩，
穿防毒服。穿上适当的防护服前严禁接触破裂的容器
和泄漏物。尽可能切断泄漏源

环境保护措施　用塑料布覆盖泄漏物，减少飞散

泄漏化学品的收容、清除方法及所使用的处置材料　勿使
水进入包装容器内。用洁净的铲子收集泄漏物，置于
干净、干燥、盖子较松的容器中，将容器移离泄漏区

第七部分　操作处置与储存

操作注意事项　密闭操作，提供充分的局部排风。防止粉

尘释放到车间空气中。操作人员必须经过专门培训，严格遵守操作规程。建议操作人员佩戴防尘面具（全面罩），穿胶布防毒衣，戴橡胶手套。避免产生粉尘。避免与还原剂、碱金属接触。配备泄漏应急处理设备。倒空的容器可能残留有害物

储存注意事项　储存于阴凉、通风的库房。远离火种、热源。避光保存。包装密封。应与还原剂、碱金属、食用化学品分开存放，切忌混储。储区应备有合适的材料收容泄漏物

第八部分　接触控制/个体防护

职业接触限值
　中国　未制定标准
　美国（ACGIH）　TLV-TWA：$0.025mg/m^3$［皮］［按Hg 计］

生物接触限值　尿总汞：$20\mu mol/mol$ 肌酐（$35\mu g/g$ 肌酐）（采样时间：接触 6 个月后工作班前）

监测方法　空气中有毒物质测定方法：原子荧光光谱法；双硫腙分光光度法；冷原子吸收光谱法。生物监测检验方法：尿中汞的双硫腙萃取分光光度测定方法；尿中汞的冷原子吸收光谱测定方法（一）碱性氯化亚锡还原法；尿中有机（甲基）汞、无机汞和总汞的分别测定方法，选择性还原-冷原子吸收光谱法

工程控制　严加密闭，提供充分的局部排风

个体防护装备
　呼吸系统防护　可能接触其粉尘时，必须佩戴防尘面具（全面罩）。紧急事态抢救或撤离时，应该佩戴空气呼吸器
　眼睛防护　呼吸系统防护中已作防护
　皮肤和身体防护　穿密闭型防毒服
　手防护　戴橡胶手套

第九部分　理化特性

外观与性状　棕黑色粉末

pH 值　无意义	**熔点（℃）**　无资料
沸点（℃）　无资料	**相对密度（水＝1）**　9.8
相对蒸气密度（空气＝1）　无资料	
饱和蒸气压（kPa）　无资料	
临界压力（MPa）　无意义	**辛醇/水分配系数**　无资料
闪点（℃）　无意义	**自燃温度（℃）**　无意义
爆炸下限（%）　无意义	**爆炸上限（%）**　无意义
分解温度（℃）　100	**黏度（mPa·s）**　无资料
燃烧热（kJ/mol）　无资料	**临界温度（℃）**　无资料

溶解性　不溶于水，溶于热乙酸、硝酸

第十部分　稳定性和反应性

稳定性　稳定

危险反应　与强还原剂、碱金属、硫、磷、过氧化氢等禁配物发生反应。与硫、磷形成爆炸性混合物。遇双氧水会引起燃烧爆炸

避免接触的条件　光照

禁配物　强还原剂、碱金属、硫、磷、过氧化氢

危险的分解产物　汞、氧化汞

第十一部分　毒理学信息

急性毒性　无资料

皮肤刺激或腐蚀　无资料　　　**眼睛刺激或腐蚀**　无资料

呼吸或皮肤过敏　无资料　　　**生殖细胞突变性**　无资料

致癌性　美国政府工业卫生学家会议（ACGIH）：未分类，为人类致癌物

生殖毒性　无资料

特异性靶器官系统毒性-一次接触　无资料

特异性靶器官系统毒性-反复接触　无资料

吸入危害　无资料

第十二部分　生态学信息

生态毒性　汞化合物对水生生物有极高毒性

持久性和降解性
　生物降解性　无资料
　非生物降解性　无资料

潜在的生物累积性　元素汞易在生物体内富集

土壤中的迁移性　无资料

第十三部分　废弃处置

废弃化学品　建议用焚烧法处置。在能利用的地方重复使用容器或在规定场所掩埋

污染包装物　将容器返还生产商或按照国家和地方法规处置

废弃注意事项　处置前应参阅国家和地方有关法规

第十四部分　运输信息

联合国危险货物编号（UN 号）　3077

联合国运输名称　对环境有害的固态物质，未另作规定的（氧化亚汞）

联合国危险性类别　9

包装类别　Ⅲ　　　　　　**包装标志**　

海洋污染物　是

运输注意事项　运输前应先检查包装容器是否完整、密封，运输过程中要确保容器不泄漏、不倒塌、不坠落、不损坏。严禁与酸类、氧化剂、食品及食品添加剂混运。运输时运输车辆应配备泄漏应急处理设备。运输途中应防暴晒、雨淋，防高温。公路运输时要按规定路线行驶，勿在居民区和人口稠密区停留

第十五部分　法规信息

下列法律、法规、规章和标准，对该化学品的管理作了相应的规定。

中华人民共和国职业病防治法　职业病分类和目录：汞及其化合物中毒

危险化学品安全管理条例　危险化学品目录：列入。易制爆危险化学品名录：未列入。重点监管的危险化学品名录：未列入。GB 18218—2009《危险化学品重大危险源辨识》（表 1）：未列入

使用有毒物品作业场所劳动保护条例 高毒物品目录：未列入

易制毒化学品管理条例 易制毒化学品的分类和品种目录：未列入

国际公约 斯德哥尔摩公约：未列入。鹿特丹公约：未列入。蒙特利尔议定书：未列入

第十六部分 其他信息

编写和修订信息 **缩略语和首字母缩写**

培训建议 **参考文献**

免责声明

氧乐果

第一部分 化学品标识

化学品中文名 氧乐果；氧化乐果；华果；O,O-二甲基-S-(N-甲基氨基甲酰甲基)硫代磷酸酯

化学品英文名 omethoate；folimat；O,O-dimethyl S-methylcarbamoylmethyl phosphorothioate

分子式 $C_5H_{12}NO_4PS$ **分子量** 213.192

结构式

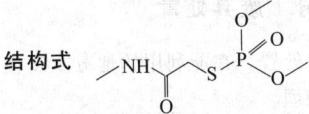

化学品的推荐及限制用途 用作农用杀虫剂、杀螨剂

第二部分 危险性概述

紧急情况概述 吞咽致命，皮肤接触有害

GHS 危险性类别 急性毒性-经口，类别 2；急性毒性-经皮，类别 4；危害水生环境-急性危害，类别 1

标签要素

象形图

警示词 危险

危险性说明 吞咽致命，皮肤接触有害，对水生生物毒性非常大

防范说明

预防措施 避免接触眼睛、皮肤，操作后彻底清洗，作业场所不得进食、饮水或吸烟。戴防护手套、穿防护服。禁止排入环境

事故响应 皮肤接触：用大量肥皂水和水清洗，如感觉不适，呼叫中毒控制中心或就医。被污染的衣服经洗净后方可重新使用。食入：立即呼叫中毒控制中心或就医，漱口。收集泄漏物

安全储存 上锁保管

废弃处置 本品及内装物、容器依据国家和地方法规处置

物理和化学危险 可燃，其蒸气与空气混合，能形成爆炸性混合物

健康危害 抑制胆碱酯酶活性。轻者表现有头痛、头晕、多汗、流涎、视力模糊、呕吐和胸闷；中度中毒出现

肌束震颤、瞳孔缩小、呼吸困难等；重者出现肺水肿、脑水肿

环境危害 对水生生物毒性非常大

第三部分 成分/组成信息

√物质 　　　　混合物

组分	浓度	CAS No.
氧乐果		1113-02-6

第四部分 急救措施

吸入 迅速脱离现场至空气新鲜处。保持呼吸道通畅。如呼吸困难，给输氧。呼吸、心跳停止，立即进行心肺复苏术。就医

皮肤接触 立即脱去污染的衣着，用肥皂水及流动清水彻底冲洗污染的皮肤、头发、指甲等。就医

眼睛接触 分开眼睑，用流动清水或生理盐水冲洗。就医

食入 饮足量温水，催吐（仅限于清醒者）。口服活性炭。就医

对保护施救者的忠告 根据需要使用个人防护设备

对医生的特别提示 解毒剂：阿托品、胆碱酯酶复能剂

第五部分 消防措施

灭火剂 用雾状水、抗溶性泡沫、干粉、二氧化碳、砂土灭火

特别危险性 遇明火、高热可燃。与氧化剂可发生反应。受高热分解放出有毒的气体。若遇高热，容器内压增大，有开裂和爆炸的危险

灭火注意事项及防护措施 消防人员必须佩戴防毒面具、穿全身消防服，在上风向灭火。尽可能将容器从火场移至空旷处。喷水保持火场容器冷却，直至灭火结束。处在火场中的容器若已变色或从安全泄压装置中发出声音，必须马上撤离

第六部分 泄漏应急处理

作业人员防护措施、防护装备和应急处置程序 根据液体流动和蒸气扩散的影响区域划定警戒区，无关人员从侧风、上风向撤离至安全区。建议应急处理人员戴正压自给式呼吸器，穿防毒服。穿上适当的防护服前严禁接触破裂的容器和泄漏物。尽可能切断泄漏源

环境保护措施 防止泄漏物进入水体、下水道、地下室或有限空间

泄漏化学品的收容、清除方法及所使用的处置材料 小量泄漏：用干燥的砂土或其他不燃材料吸收或覆盖，收集于容器中。大量泄漏：构筑围堤或挖坑收容。用泵转移至槽车或专用收集器内

第七部分 操作处置与储存

操作注意事项 密闭操作，提供充分的局部排风。防止蒸气泄漏到工作场所空气中。操作人员必须经过专门培训，严格遵守操作规程。建议操作人员佩戴自吸过滤式防毒面具（全面罩），穿胶布防毒衣，戴橡胶手套。远离火种、热源，工作场所严禁吸烟。使用防爆型的通风系统和设备。在清除液体和蒸气前不能进行焊

接、切割等作业。避免产生烟雾。避免与氧化剂、碱类接触。配备相应品种和数量的消防器材及泄漏应急处理设备。倒空的容器可能残留有害物

储存注意事项 储存于阴凉、通风良好的库房内。远离火种、热源。防止阳光直射。保持容器密封。应与氧化剂、碱类、食用化学品分开存放，切忌混储。配备相应品种和数量的消防器材。储区应备有泄漏应急处理设备和合适的收容材料

第八部分　接触控制/个体防护

职业接触限值

中国　PC-TWA：$0.15mg/m^3$［皮］

美国（ACGIH）　未制定标准

生物接触限值 全血胆碱酯酶活性（校正值）：原基础值或参考值的 70%（采样时间：开始接触后的 3 个月内），原基础值或参考值的 50%（采样时间：持续接触 3 个月后，任意时间）

监测方法 空气中有毒物质测定方法：溶剂解吸-气相色谱法。生物监测检验方法：血中胆碱酯酶活性的分光光度测定方法——羟胺三氯化铁法；血中胆碱酯酶活性的分光光度测定方法——硫代乙酰胆碱-联硫代双硝基苯甲酸法

工程控制 严加密闭，提供充分的局部排风

个体防护装备

呼吸系统防护　空气中浓度超标时，必须佩戴过滤式防毒面具（全面罩）。紧急事态抢救或撤离时，应该佩戴空气呼吸器

眼睛防护　呼吸系统防护中已作防护

皮肤和身体防护　穿密闭型防毒服

手防护　戴橡胶手套

第九部分　理化特性

外观与性状 纯品为无色透明油状液体。工业品为黄色液体

pH 值 无资料　　　　**熔点（℃）** −28

沸点（℃） 135（分解）　　**相对密度（水＝1）** 1.32

相对蒸气密度（空气＝1） 无资料

饱和蒸气压（kPa） $0.33×10^{-5}$（20℃）

临界压力（MPa） 无资料

辛醇/水分配系数 −0.74（20℃）

闪点（℃） 无资料　　　**自燃温度（℃）** 无资料

爆炸下限（%） 无资料　　**爆炸上限（%）** 无资料

分解温度（℃） 135　　　**黏度（mPa·s）** 无资料

燃烧热（kJ/mol） 无资料　**临界温度（℃）** 无资料

溶解性 不溶于石油醚，微溶于乙醚，可混溶于水乙醇、烃类等

第十部分　稳定性和反应性

稳定性 稳定

危险反应 与强氧化剂、碱类等禁配物发生反应

避免接触的条件 光照

禁配物 强氧化剂、碱类

危险的分解产物 氮氧化物、氧化硫、氧化磷

第十一部分　毒理学信息

急性毒性 LD_{50}：50mg/kg（大鼠经口），700mg/kg（大鼠经皮）

皮肤刺激或腐蚀 无资料　　**眼睛刺激或腐蚀** 无资料

呼吸或皮肤过敏 无资料　　**生殖细胞突变性** 无资料

致癌性 无资料　　　　　　**生殖毒性** 无资料

特异性靶器官系统毒性-一次接触 无资料

特异性靶器官系统毒性-反复接触 无资料

吸入危害 无资料

第十二部分　生态学信息

生态毒性 LC_{50}：9.4mg/L（72h）（虹鳟，静态）。EC_{50}：0.021mg/L（48h）（大型溞，静态）

持久性和降解性

生物降解性　无资料

非生物降解性　无资料

潜在的生物累积性 无资料

土壤中的迁移性 无资料

第十三部分　废弃处置

废弃化学品 建议用焚烧法处置。在能利用的地方重复使用容器或在规定场所掩埋

污染包装物 将容器返还生产商或按照国家和地方法规处置

废弃注意事项 在能利用的地方重复使用容器或在规定场所掩埋

第十四部分　运输信息

联合国危险货物编号（UN 号） 3018

联合国运输名称 液态有机磷农药，毒性（氧乐果）

联合国危险性类别 6.1

包装类别 Ⅱ　　　　　　　**包装标志**

海洋污染物 是

运输注意事项 运输前应先检查包装容器是否完整、密封，运输过程中要确保容器不泄漏、不倒塌、不坠落、不损坏。严禁与酸类、氧化剂、食品及食品添加剂混运。运输时运输车辆应配备相应品种和数量的消防器材及泄漏应急处理设备。运输途中应防暴晒、雨淋，防高温。公路运输时要按规定路线行驶，勿在居民区和人口稠密区停留

第十五部分　法规信息

下列法律、法规、规章和标准，对该化学品的管理作了相应的规定。

中华人民共和国职业病防治法 职业病分类和目录：有机磷中毒

危险化学品安全管理条例 危险化学品目录：列入。易制爆危险化学品名录：未列入。重点监管的危险化学品名录：未列入。GB 18218—2009《危险化学品重大

危险源辨识》（表1）：未列入

使用有毒物品作业场所劳动保护条例 高毒物品目录：未列入

易制毒化学品管理条例 易制毒化学品的分类和品种目录：未列入

国际公约 斯德哥尔摩公约：未列入。鹿特丹公约：未列入。蒙特利尔议定书：未列入

第十六部分 其他信息

编写和修订信息　　缩略语和首字母缩写
培训建议　　　　　参考文献
免责声明

氧氰化汞

第一部分 化学品标识

化学品中文名 氧氰化汞；氰氧化汞
化学品英文名 mercury oxycyanide; mercuric oxycyanide
分子式 $C_2Hg_2N_2O$ **分子量** 469.215
结构式

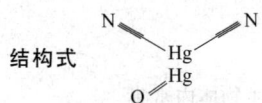

化学品的推荐及限制用途 用于医药工业

第二部分 危险性概述

紧急情况概述 吞咽会中毒，皮肤接触会中毒，吸入会中毒

GHS危险性类别 急性毒性-经口，类别3；急性毒性-经皮，类别3；急性毒性-吸入，类别3；特异性靶器官毒性-反复接触，类别2；危害水生环境-急性危害，类别1；危害水生环境-长期危害，类别1

标签要素

象形图

警示词 危险

危险性说明 吞咽会中毒，皮肤接触会中毒，吸入会中毒，长时间或反复接触可能对器官造成损伤，对水生生物毒性非常大并具有长期持续影响

防范说明

预防措施　避免接触眼睛、皮肤。操作后彻底清洗。作业场所不得进食、饮水或吸烟。戴防护手套、穿防护服。避免吸入粉尘。仅在室外或通风良好处操作。禁止排入环境

事故响应　如吸入：将患者转移到空气新鲜处，休息，保持利于呼吸的体位，呼叫中毒控制中心或就医。皮肤接触：用大量肥皂水和水清洗，立即脱去所有被污染的衣服，如感觉不适，呼叫中毒控制中心或就医。被污染的衣服经洗净后方可重新使用。食入：立即呼叫中毒控制中心或就医，漱口。如感觉不适，就医。收集泄漏物

安全储存　在通风良好处储存。保持容器密闭。上锁保管

废弃处置　本品及内装物、容器依据国家和地方法规处置

物理和化学危险 可燃，其粉体与空气混合，能形成爆炸性混合物

健康危害 本品剧毒。与酸类发生反应，会散发出剧毒的氰化氢气体。误服、吸入或皮肤接触均会严重中毒，出现氰化物、汞的中毒表现

环境危害 对水生生物毒性非常大并具有长期持续影响

第三部分 成分/组成信息

√物质　　　　　　　　混合物

组分	浓度	CAS No.
氧氰化汞		1335-31-5

第四部分 急救措施

吸入 迅速脱离现场至空气新鲜处。保持呼吸道通畅。如呼吸困难，给输氧。呼吸、心跳停止，立即进行心肺复苏术（禁止口对口进行人工呼吸）。就医

皮肤接触 立即脱去污染的衣着，用肥皂水和流动清水彻底冲洗10～15min。就医

眼睛接触 立即分开眼睑，用大量流动清水或生理盐水彻底冲洗至少15min。就医

食入 如患者神志清醒，催吐，洗胃。就医

对保护施救者的忠告 根据需要使用个人防护设备

对医生的特别提示 氰化物中毒：轻度中毒或有低血压者，可单独使用硫代硫酸钠10～12.5g；重度中毒者首先吸入亚硝酸异戊酯（2～3支压碎于纱布、单衣或手帕中）30s，停15s，然后缓慢静注3％亚硝酸钠溶液10mL，随即用同一针头静注25％硫代硫酸钠溶液12.5g～15g。用药后30min症状未缓解者，可重复应用硫代硫酸钠半量或全量。汞中毒：解毒剂有二巯基丙磺酸钠、二巯基丁二酸钠、青霉胺

第五部分 消防措施

灭火剂 用雾状水、泡沫、干粉、二氧化碳、砂土灭火

特别危险性 接触明火、高热或受到摩擦、震动、撞击时可发生爆炸。遇酸会产生剧毒、易燃的氰化氢气体。遇高热分解释出高毒烟气

灭火注意事项及防护措施 消防人员必须佩戴防毒面具、穿全身消防服，在上风向灭火。尽可能将容器从火场移至空旷处。喷水保持火场容器冷却，直至灭火结束

第六部分 泄漏应急处理

作业人员防护措施、防护装备和应急处置程序 隔离泄漏污染区，限制出入。建议应急处理人员戴防尘口罩，穿防毒服。穿上适当的防护服前严禁接触破裂的容器和泄漏物。尽可能切断泄漏源

环境保护措施 用塑料布覆盖泄漏物，减少飞散

泄漏化学品的收容、清除方法及所使用的处置材料 勿使水进入包装容器内。用洁净的铲子收集泄漏物，置于干净、干燥、盖子较松的容器中，将容器移离泄漏区

第七部分　操作处置与储存

操作注意事项　密闭操作，提供充分的局部排风。防止粉尘释放到车间空气中。操作人员必须经过专门培训，严格遵守操作规程。建议操作人员佩戴防尘面具（全面罩），穿胶布防毒衣，戴橡胶手套。远离火种、热源，工作场所严禁吸烟。使用防爆型的通风系统和设备。避免产生粉尘。避免与氧化剂、酸类接触。配备相应品种和数量的消防器材及泄漏应急处理设备。倒空的容器可能残留有害物

储存注意事项　通常商品加有稳定剂。储存于阴凉、通风的库房。远离火种、热源。防止阳光直射。包装密封。应与氧化剂、酸类、食用化学品分开存放，切忌混储。配备相应品种和数量的消防器材。储区应备有合适的材料收容泄漏物

第八部分　接触控制/个体防护

职业接触限值

中国　MAC：1mg/m³［按 CN 计］［皮］

美国（ACGIH）　TLV-TWA：0.025mg/m³［按 Hg 计］［皮］

生物接触限值　尿总汞：20μmol/mol 肌酐（35μg/g 肌酐）（采样时间：接触 6 个月后工作班前）

监测方法　空气中有毒物质测定方法：氰化物，异菸酸钠-巴比妥酸钠分光光度法。汞，原子荧光光谱法；双硫腙分光光度法；冷原子吸收光谱法。生物监测检验方法：尿中汞的双硫腙萃取分光光度测定方法；尿中汞的冷原子吸收光谱测定方法（一）碱性氯化亚锡还原法；尿中有机（甲基）汞、无机汞和总汞的分别测定方法，选择性还原-冷原子吸收光谱法

工程控制　严加密闭，提供充分的局部排风

个体防护装备

呼吸系统防护　可能接触其粉尘时，必须佩戴空气呼吸器

眼睛防护　呼吸系统防护中已作防护

皮肤和身体防护　穿密闭型防毒服

手防护　戴橡胶手套

第九部分　理化特性

外观与性状　白色至微灰褐色结晶或粉末

pH 值　无资料		**熔点（℃）**　无资料	
沸点（℃）　无资料		**相对密度（水＝1）**　4.44	

相对蒸气密度（空气＝1）　无资料

饱和蒸气压（kPa）　无资料

临界压力（MPa）　无意义　　**辛醇/水分配系数**　无资料

闪点（℃）　无意义　　**自燃温度（℃）**　无资料

爆炸下限（%）　无资料　　**爆炸上限（%）**　无资料

分解温度（℃）　无资料　　**黏度（mPa·s）**　无资料

燃烧热（kJ/mol）　无资料　　**临界温度（℃）**　无资料

溶解性　微溶于水，溶于热水

第十部分　稳定性和反应性

稳定性　稳定

危险反应　与强氧化剂、强酸等禁配物发生反应。接触明火、高热或受到摩擦、震动、撞击时可发生爆炸。遇酸会产生剧毒、易燃的氰化氢气体

避免接触的条件　受热、光照、摩擦、震动、撞击

禁配物　强氧化剂、强酸

危险的分解产物　氮氧化物、汞、氰化氢

第十一部分　毒理学信息

急性毒性　LDLo：2.5mg/kg（兔静脉）

皮肤刺激或腐蚀　无资料　　**眼睛刺激或腐蚀**　无资料

呼吸或皮肤过敏　无资料　　**生殖细胞突变性**　无资料

致癌性　无资料　　　　　　**生殖毒性**　无资料

特异性靶器官系统毒性--一次接触　无资料

特异性靶器官系统毒性-反复接触　无资料

吸入危害　无资料

第十二部分　生态学信息

生态毒性　含汞化合物对水生生物有极高毒性

持久性和降解性

生物降解性　无资料

非生物降解性　无资料

潜在的生物累积性　元素汞易在生物体内富集

土壤中的迁移性　无资料

第十三部分　废弃处置

废弃化学品　在污水处理厂处理和中和。若可能，重复使用容器或在规定场所掩埋

污染包装物　将容器返还生产商或按照国家和地方法规处置

废弃注意事项　处置前应参阅国家和地方有关法规

第十四部分　运输信息

联合国危险货物编号（UN 号）　1642

联合国运输名称　氰氧化汞，减敏的

联合国危险性类别　6.1

包装类别　Ⅱ　　　　　　　**包装标志**　

海洋污染物　是

运输注意事项　运输前应先检查包装容器是否完整、密封，运输过程中要确保容器不泄漏、不倒塌、不坠落、不损坏。严禁与酸类、氧化剂、食品及食品添加剂混运。运输时运输车辆应配备相应品种和数量的消防器材及泄漏应急处理设备。运输途中应防暴晒、雨淋，防高温。公路运输时要按规定路线行驶，勿在居民区和人口稠密区停留

第十五部分　法规信息

下列法律、法规、规章和标准，对该化学品的管理作了相应的规定。

中华人民共和国职业病防治法　职业病分类和目录：氰及腈类化合物中毒，汞及其化合物中毒

危险化学品安全管理条例 危险化学品目录：列入。易制爆危险化学品名录：未列入。重点监管的危险化学品名录：未列入。GB 18218—2009《危险化学品重大危险源辨识》（表1）：未列入

使用有毒物品作业场所劳动保护条例 高毒物品目录：列入

易制毒化学品管理条例 易制毒化学品的分类和品种目录：未列入

国际公约 斯德哥尔摩公约：未列入。鹿特丹公约：未列入。蒙特利尔议定书：未列入

第十六部分 其他信息

编写和修订信息 缩略语和首字母缩写
培训建议 参考文献
免责声明

一氮化锂

第一部分 化学品标识

化学品中文名 一氮化锂；氮化锂
化学品英文名 lithium nitride
分子式 Li_3N 分子量 34.83

结构式
$$Li-N-Li$$
$$|$$
$$Li$$

化学品的推荐及限制用途 用作渗氮剂，有机反应中的还原剂及无机反应中的氮气来源

第二部分 危险性概述

紧急情况概述 遇水放出可自燃的易燃气体
GHS 危险性类别 遇水放出易燃气体的物质和混合物，类别1
标签要素

象形图

警示词 危险
危险性说明 遇水放出可自燃的易燃气体
防范说明
  预防措施 因与水发生剧烈反应和可能发生暴燃，应避免与水接触。在惰性气体中操作。防潮。戴防护手套、防护眼镜、防护面罩
  事故响应 火灾时，使用干粉、二氧化碳、砂土灭火。擦掉皮肤上的微粒，将接触部位浸入冷水中，用湿绷带包扎
  安全储存 在干燥处和密闭的容器中储存
  废弃处置 本品及内装物、容器依据国家和地方法规处置
物理和化学危险 遇水剧烈反应，产生高度易燃气体
健康危害 遇水或潮气产生有刺激性、腐蚀性的氨毒气。对眼睛、黏膜和呼吸系统有腐蚀性和毒性
环境危害 对环境可能有害

第三部分 成分/组成信息

√物质　　　　　　　混合物
组分　　　浓度　　　CAS No.
一氮化锂　　　　　　26134-62-3

第四部分 急救措施

吸入 迅速脱离现场至空气新鲜处。保持呼吸道通畅。如呼吸困难，给输氧。呼吸、心跳停止，立即进行心肺复苏术。就医

皮肤接触 立即脱去污染的衣着，用流动清水彻底冲洗。就医

眼睛接触 立即分开眼睑，用流动清水或生理盐水彻底冲洗。就医

食入 漱口，饮水。就医

对保护施救者的忠告 根据需要使用个人防护设备
对医生的特别提示 对症处理

第五部分 消防措施

灭火剂 用干粉、二氧化碳、砂土灭火
特别危险性 具有强还原性。遇水或水蒸气反应放出有毒和易燃的气体。与酸类物质能发生剧烈反应。与氧化剂能发生强烈反应。受高热分解放出有毒的气体
灭火注意事项及防护措施 消防人员必须佩戴防毒面具、穿全身消防服，在上风向灭火。尽可能将容器从火场移至空旷处。喷水保持火场容器冷却，直至灭火结束。禁止用水、泡沫和酸碱灭火剂灭火

第六部分 泄漏应急处理

作业人员防护措施、防护装备和应急处置程序 严禁用水处理。隔离泄漏污染区，限制出入。消除所有点火源。建议应急处理人员戴防尘口罩，穿防毒、防静电服。禁止接触或跨越泄漏物。尽可能切断泄漏源

环境保护措施 用塑料布覆盖泄漏物，减少飞散

泄漏化学品的收容、清除方法及所使用的处置材料 保持泄漏物干燥。小量泄漏：用干燥的砂土或其他不燃材料覆盖泄漏物，然后用塑料布覆盖，减少飞散、避免雨淋。粉末泄漏：用塑料布或帆布覆盖泄漏物，减少飞散，保持干燥。在专家指导下清除

第七部分 操作处置与储存

操作注意事项 密闭操作，局部排风。防止粉尘释放到车间空气中。操作人员必须经过专门培训，严格遵守操作规程。建议操作人员佩戴自吸过滤式防尘口罩，戴化学安全防护眼镜，穿橡胶防腐工作服，戴橡胶手套。远离火种、热源，工作场所严禁吸烟。使用防爆型的通风系统和设备。避免产生粉尘。避免与氧化剂、酸类接触。尤其要注意避免与水接触。配备相应品种和数量的消防器材及泄漏应急处理设备。倒空的容器可能残留有害物

储存注意事项 储存于阴凉、干燥、通风良好的专用库房内，库温不超过 32℃，相对湿度不超过 75%。远离火种、热源。防止阳光直射。包装必须密封，切勿受

潮。应与氧化剂、酸类、食用化学品等分开存放，切忌混储。采用防爆型照明、通风设施。禁止使用易产生火花的机械设备和工具。储区应备有合适的材料收容泄漏物

第八部分　接触控制/个体防护

职业接触限值
　　中国　未制定标准
　　美国（ACGIH）　未制定标准
生物接触限值　未制定标准
监测方法　空气中有毒物质测定方法：未制定标准。生物监测检验方法：未制定标准
工程控制　密闭操作，局部排风
个体防护装备
　　呼吸系统防护　空气中粉尘浓度超标时，必须佩戴过滤式防尘呼吸器。紧急事态抢救或撤离时，应该佩戴空气呼吸器
　　眼睛防护　戴化学安全防护眼镜
　　皮肤和身体防护　穿橡胶防腐工作服
　　手防护　戴橡胶手套

第九部分　理化特性

外观与性状　红棕色六角形结晶

pH 值　无资料	**熔点(℃)**　845
沸点(℃)　无资料	**相对密度(水＝1)**　1.38
相对蒸气密度(空气＝1)　无资料	
饱和蒸气压(kPa)　无资料	
临界压力(MPa)　无意义	**辛醇/水分配系数**　无资料
闪点(℃)　无意义	**自燃温度(℃)**　无资料
爆炸下限(%)　无资料	**爆炸上限(%)**　无资料
分解温度(℃)　无资料	**黏度(mPa·s)**　无资料
燃烧热(kJ/mol)　无资料	**临界温度(℃)**　无资料

溶解性　不溶于多数有机溶剂

第十部分　稳定性和反应性

稳定性　稳定
危险反应　与强氧化剂、强酸、水及水蒸气等禁配物发生反应。遇水或水蒸气反应放出有毒和易燃的气体。与酸类物质能发生剧烈反应
避免接触的条件　潮湿空气
禁配物　强氧化剂、强酸、水及水蒸气
危险的分解产物　氮氧化物、氧化锂

第十一部分　毒理学信息

急性毒性　无资料

皮肤刺激或腐蚀　无资料	**眼睛刺激或腐蚀**　无资料
呼吸或皮肤过敏　无资料	**生殖细胞突变性**　无资料
致癌性　无资料	

生殖毒性　可能引起出生缺陷，孕妇应避免接触
特异性靶器官系统毒性-一次接触　无资料
特异性靶器官系统毒性-反复接触　无资料
吸入危害　无资料

第十二部分　生态学信息

生态毒性　无资料
持久性和降解性
　　生物降解性　无资料
　　非生物降解性　无资料
潜在的生物累积性　无资料
土壤中的迁移性　无资料

第十三部分　废弃处置

废弃化学品　建议用控制焚烧法或安全掩埋法处置。破损容器禁止重新使用，要在规定场所掩埋
污染包装物　将容器返还生产商或按照国家和地方法规处置
废弃注意事项　处置前应参阅国家和地方有关法规

第十四部分　运输信息

联合国危险货物编号（UN号）　2806
联合国运输名称　氮化锂
联合国危险性类别　4.3

包装类别　Ⅰ　　　　　　**包装标志**　

海洋污染物　否
运输注意事项　运输时运输车辆应配备相应品种和数量的消防器材及泄漏应急处理设备。装运本品的车辆排气管须有阻火装置。运输过程中要确保容器不泄漏、不倒塌、不坠落、不损坏。严禁与氧化剂、酸类、食用化学品等混装混运。运输途中应防暴晒、雨淋，防高温。中途停留时应远离火种、热源。运输用车、船必须干燥，并有良好的防雨设施。车辆运输完毕应进行彻底清扫。铁路运输时要禁止溜放

第十五部分　法规信息

　　下列法律、法规、规章和标准，对该化学品的管理作了相应的规定。
中华人民共和国职业病防治法　职业病分类和目录：未列入
危险化学品安全管理条例　危险化学品目录：列入。易制爆危险化学品名录：未列入。重点监管的危险化学品名录：未列入。GB 18218—2009《危险化学品重大危险源辨识》（表1）：未列入
使用有毒物品作业场所劳动保护条例　高毒物品目录：未列入
易制毒化学品管理条例　易制毒化学品的分类和品种目录：未列入
国际公约　斯德哥尔摩公约：未列入。鹿特丹公约：未列入。蒙特利尔议定书：未列入

第十六部分　其他信息

编写和修订信息　**缩略语和首字母缩写**
培训建议　　　　　**参考文献**
免责声明

一氯二氟溴甲烷

第一部分 化学品标识

化学品中文名 一氯二氟溴甲烷；二氟氯溴甲烷；一溴一氯二氟甲烷；制冷剂 R-12B1

化学品英文名 monobromomonochlorodifluoromethane; chlorodifluorobromomethane

分子式 $CBrClF_2$ **分子量** 165.365

结构式

$$\underset{Cl}{\overset{F}{\diagdown}}\diagup\underset{Br}{\overset{F}{}}$$

化学品的推荐及限制用途 用作灭火剂

第二部分 危险性概述

紧急情况概述 内装加压气体：遇热可能爆炸可能引起呼吸道刺激，可能引起昏昏欲睡或眩晕

GHS危险性类别 加压气体

特异性靶器官毒性-一次接触，类别1；特异性靶器官毒性-一次接触，类别3（呼吸道刺激、麻醉效应）；危害臭氧层，类别1

标签要素

象形图

警示词 危险

危险性说明 内装加压气体：遇热可能爆炸，对器官造成损害，可能引起呼吸道刺激，可能引起昏昏欲睡或眩晕，破坏高层大气中的臭氧，危害公共健康和环境

防范说明

预防措施 避免吸入气体。避免接触眼睛、皮肤，操作后彻底清洗。作业场所不得进食、饮水或吸烟

事故响应 如果接触：立即呼叫中毒控制中心或就医

安全储存 防日晒。存放在通风良好的地方。上锁保管

废弃处置 本品及内装物、容器依据国家和地方法规处置

物理和化学危险 不燃，无特殊燃爆特性

健康危害 国外有一例报道，坦克兵炮手因电路短路起火用灭火器吸入本品，引起眩晕、呼吸短促，脱离现场1min，症状消失；而驾驶员未离开坦克，在2h内死亡，尸检见脑水肿伴严重充血，模拟实验中，溴氯氟甲烷浓度达1.9%。接触液态本品可引起皮肤冻伤

环境危害 对环境可能有害

第三部分 成分/组成信息

√物质　　　　　　混合物

组分	浓度	CAS No.
一溴一氯二氟甲烷		353-59-3

第四部分 急救措施

吸入 迅速脱离现场至空气新鲜处。保持呼吸道通畅。如呼吸困难，给输氧。呼吸、心跳停止，立即进行心肺复苏术。就医

皮肤接触 如发生冻伤，用温水（38～42℃）复温，忌用热水或辐射热，不要揉搓。就医

对保护施救者的忠告 根据需要使用个人防护设备

对医生的特别提示 对症处理

第五部分 消防措施

灭火剂 本品不燃，根据着火原因选择适当灭火剂灭火

特别危险性 在空气中不发生燃烧爆炸。受高热分解，放出有毒的氟、氯、溴化物的烟气。若遇高热，容器内压增大，有开裂和爆炸的危险

灭火注意事项及防护措施 消防人员必须佩戴防毒面具、穿全身消防服，在上风向灭火。迅速切断气源，用水喷淋保护切断气源的人员，然后根据着火原因选择适当灭火剂灭火。尽可能将容器从火场移至空旷处。喷水保持火场容器冷却，直至灭火结束

第六部分 泄漏应急处理

作业人员防护措施、防护装备和应急处置程序 根据气体的影响区域划定警戒区，无关人员从侧风、上风向撤离至安全区。建议应急处理人员戴正压自给式呼吸器，穿防毒服。禁止接触或跨越泄漏物。尽可能切断泄漏源

环境保护措施 防止气体通过下水道、通风系统和有限空间扩散

泄漏化学品的收容、清除方法及所使用的处置材料 喷雾状水抑制蒸气或改变蒸气云流向，避免水流接触泄漏物。禁止用水直接冲击泄漏物或泄漏源。漏出气允许排入大气中。泄漏场所保持通风

第七部分 操作处置与储存

操作注意事项 密闭操作，提供良好的自然通风条件。操作人员必须经过专门培训，严格遵守操作规程。建议操作人员佩戴自吸过滤式防毒面具（半面罩），戴化学安全防护眼镜，穿防毒物渗透工作服，戴乳胶手套。防止气体泄漏到工作场所空气中。避免与碱金属、碱土金属接触。搬运时戴好钢瓶安全帽和防震橡皮圈，防止钢瓶碰撞、损坏。配备泄漏应急处理设备。倒空的容器可能残留有害物

储存注意事项 储存于阴凉、通风的不燃气体专用库房。库温不宜超过30℃。远离火种、热源。应与碱金属、碱土金属、食用化学品分开存放，切忌混储。储区应备有泄漏应急处理设备

第八部分 接触控制/个体防护

职业接触限值

中国 未制定标准

美国（ACGIH） 未制定标准

生物接触限值 未制定标准

监测方法　空气中有毒物质测定方法：未制定标准。生物
　　监测检验方法：未制定标准
工程控制　提供良好的自然通风条件
个体防护装备
　　呼吸系统防护　空气中浓度超标时，建议佩戴过滤
　　　式防毒面具（半面罩）。紧急事态抢救或撤离时，
　　　应该佩戴空气呼吸器
　　眼睛防护　戴化学安全防护眼镜
　　皮肤和身体防护　穿防毒物渗透工作服
　　手防护　戴橡胶手套

第九部分　理化特性

外观与性状　无色气体

pH值　无意义	**熔点(℃)**　−160

沸点(℃)　−4
相对密度(水＝1)　1.88（21℃）
相对蒸气密度(空气＝1)　5.8
饱和蒸气压(kPa)　250（21℃）

临界压力(MPa)　无资料	**辛醇/水分配系数**　无资料
闪点(℃)　无意义	**自燃温度(℃)**　无意义
爆炸下限(%)　无意义	**爆炸上限(%)**　无意义

分解温度(℃)　无资料
黏度(mPa·s)　1.6823（−113.15℃）

燃烧热(kJ/mol)　无资料	**临界温度(℃)**　无资料

溶解性　无资料

第十部分　稳定性和反应性

稳定性　稳定
危险反应　与碱金属、碱土金属、活性金属粉末等禁配物
　　发生反应
避免接触的条件　无资料
禁配物　碱金属、碱土金属、活性金属粉末
危险的分解产物　氟化氢、氯化氢、溴化氢

第十一部分　毒理学信息

急性毒性　小鼠吸入6% BCF，出现轻微颤动，随着停止
　　接触又很快恢复。LC$_{50}$：2140000mg/m³（大鼠吸
　　入，5min）

皮肤刺激或腐蚀　无资料	**眼睛刺激或腐蚀**　无资料

呼吸或皮肤过敏　无资料
生殖细胞突变性　微生物致突变：鼠伤寒沙门氏菌
　　10 pph

致癌性　无资料	**生殖毒性**　无资料

特异性靶器官系统毒性-一次接触　无资料
特异性靶器官系统毒性-反复接触　无资料
吸入危害　无资料

第十二部分　生态学信息

生态毒性　无资料
持久性和降解性
　　生物降解性　无资料
　　非生物降解性　无资料
潜在的生物累积性　无资料

土壤中的迁移性　无资料

第十三部分　废弃处置

废弃化学品　根据国家和地方有关法规的要求处置。或与
　　厂商或制造商联系，确定处理方法
污染包装物　将容器返还生产商或按照国家和地方法规
　　处置
废弃注意事项　处置前应参阅国家和地方有关法规

第十四部分　运输信息

联合国危险货物编号（UN号）　1974
联合国运输名称　二氟氯溴甲烷（制冷气体R-12B1）
联合国危险性类别　2.2

包装类别　—　　　　　**包装标志**

海洋污染物　否
运输注意事项　采用钢瓶运输时必须戴好钢瓶上的安全
　　帽。钢瓶一般平放，并应将瓶口朝同一方向，不可交
　　叉。高度不得超过车辆的防护栏板，并用三角木垫卡
　　牢，防止滚动。严禁与碱金属、碱土金属、食用化学
　　品等混装混运。夏季应早晚运输，防止日光暴晒。公
　　路运输时要按规定路线行驶，禁止在居民区和人口稠
　　密区停留。铁路运输时要禁止溜放

第十五部分　法规信息

　　下列法律、法规、规章和标准，对该化学品的管理作
了相应的规定。
中华人民共和国职业病防治法　职业病分类和目录：未
　　列入
危险化学品安全管理条例　危险化学品目录：列入。易制
　　爆危险化学品名录：未列入。重点监管的危险化学品
　　名录：未列入。GB 18218—2009《危险化学品重大
　　危险源辨识》（表1）：未列入
使用有毒物品作业场所劳动保护条例　高毒物品目录：未
　　列入
易制毒化学品管理条例　易制毒化学品的分类和品种目
　　录：未列入
国际公约　斯德哥尔摩公约：未列入。鹿特丹公约：未列
　　入。蒙特利尔议定书：列入

第十六部分　其他信息

编写和修订信息　缩略语和首字母缩写
培训建议　参考文献
免责声明

一氯二乙基铝

第一部分　化学品标识

化学品中文名　一氯二乙基铝；氯化二乙基铝；二乙基氯
　　化铝
化学品英文名　diethylaluminium chloride；aluminium di-

ethyl monochloride

分子式 C₄H₁₀AlCl 分子量 120.56

结构式

化学品的推荐及限制用途 聚烯烃工业的催化剂，制造有机化合物的中间体

第二部分 危险性概述

紧急情况概述 暴露在空气中自燃，遇水放出可自燃的易燃气体，造成严重眼刺激

GHS 危险性类别 自燃液体，类别 1；遇水放出易燃气体的物质和混合物，类别 1；严重眼损伤/眼刺激，类别 2

标签要素

象形图

警示词 危险

危险性说明 暴露在空气中自燃，遇水放出可自燃的易燃气体，造成严重眼刺激

防范说明

预防措施 远离热源、火花、明火、热表面。禁止吸烟。不得与空气接触。戴防护手套、防护眼镜、防护面罩。因与水发生剧烈反应和可能发生爆燃，应避免与水接触。在惰性气体中操作。防潮。避免接触眼睛、皮肤，操作后彻底清洗

事故响应 火灾时，使用干粉、二氧化碳、砂土灭火。将接触部位浸入冷水中，用湿绷带包扎。如接触眼睛：用水细心冲洗数分钟。如戴隐形眼镜并可方便地取出，取出隐形眼镜，继续冲洗。如果眼睛刺激持续：就医

安全储存 在干燥处和密闭的容器中储存

废弃处置 本品及内装物、容器依据国家和地方法规处置

物理和化学危险 接触空气易自燃

健康危害 本品具有强烈刺激作用，甚至引起严重灼伤。急性损害主要表现为呼吸道和眼结膜刺激，神经系统抑制（但无麻醉作用），耗氧量减少；高浓度作用下可引起死亡。吸入本品可发生金属烟热

环境危害 对环境可能有害

第三部分 成分/组成信息

    √ 物质   混合物

组分	浓度	CAS No.
一氯二乙基铝		96-10-6

第四部分 急救措施

吸入 迅速脱离现场至空气新鲜处。保持呼吸道通畅。如呼吸困难，给输氧。呼吸、心跳停止，立即进行心肺复苏术。就医

皮肤接触 立即脱去污染的衣着，用大量流动清水彻底冲洗至少 15min。就医

眼睛接触 立即分开眼睑，用流动清水或生理盐水彻底冲洗 5~10min。就医

食入 用水漱口，禁止催吐。给饮牛奶或蛋清。就医

对保护施救者的忠告 根据需要使用个人防护设备

对医生的特别提示 对症处理

第五部分 消防措施

灭火剂 用干粉、二氧化碳、砂土灭火

特别危险性 暴露在空气或二氧化碳中会自燃。与水、强氧化剂、酸类、卤代烃、碱类和胺类接触剧烈反应。燃烧时能产生剧毒气体。具有强腐蚀性

灭火注意事项及防护措施 消防人员必须佩戴防毒面具、穿全身消防服，在上风向灭火。尽可能将容器从火场移至空旷处。喷水保持火场容器冷却，直至灭火结束。处在火场中的容器若已变色或从安全泄压装置中发出声音，必须马上撤离。禁止用水和泡沫灭火

第六部分 泄漏应急处理

作业人员防护措施、防护装备和应急处置程序 根据液体流动和蒸气扩散的影响区域划定警戒区，无关人员从侧风、上风向撤离至安全区。消除所有点火源。建议应急处理人员戴正压自给式呼吸器，穿防毒、防静电服。禁止接触或跨越泄漏物。尽可能切断泄漏源

环境保护措施 防止泄漏物进入水体、下水道、地下室或有限空间

泄漏化学品的收容、清除方法及所使用的处置材料 小量泄漏：用干燥的砂土或其他不燃材料覆盖泄漏物，用洁净的无火花工具收集泄漏物，置于一盖子较松的塑料容器中，待处置。大量泄漏：构筑围堤或挖坑收容。用防爆泵转移至槽车或专用收集器内

第七部分 操作处置与储存

操作注意事项 密闭操作，全面排风。操作人员必须经过专门培训，严格遵守操作规程。建议操作人员佩戴自吸过滤式防毒面具（全面罩），穿胶布防毒衣，戴橡胶手套。远离火种、热源，工作场所严禁吸烟。使用防爆型的通风系统和设备。防止蒸气泄漏到工作场所空气中。避免与氧化剂、酸类、碱类、醇类接触。尤其要注意避免与水接触。在氮气中操作处置。搬运时要轻装轻卸，避免碰撞、翻倒，防止包装破损洒漏。配备相应品种和数量的消防器材及泄漏应急处理设备。倒空的容器可能残留有害物

储存注意事项 储存于阴凉、干燥、通风良好的专用库房内，远离火种、热源。库温不宜超过 30℃。保持容器密封。应与氧化剂、酸类、碱类、醇类、食用化学品分开存放，切忌混储。不宜大量储存或久存。采用防爆型照明、通风设施。禁止使用易产生火花的机械设备和工具。储区应备有泄漏应急处理设备和合适的收容材料

第八部分 接触控制/个体防护

职业接触限值

中国 未制定标准

美国（ACGIH）　未制定标准

生物接触限值　未制定标准

监测方法　空气中有毒物质测定方法：未制定标准。生物监测检验方法：未制定标准

工程控制　密闭操作，全面排风。现场备有冲洗眼及皮肤的设备

个体防护装备

呼吸系统防护　空气中浓度超标时，必须佩戴过滤式防毒面具（全面罩）。紧急事态抢救或撤离时，应该佩戴空气呼吸器

眼睛防护　呼吸系统防护中已作防护

皮肤和身体防护　穿闭型防毒服

手防护　戴橡胶手套

第九部分　理化特性

外观与性状　澄清、黄色液体

pH 值　无资料　　　　　熔点（℃）　−50

沸点（℃）　125～126　　相对密度（水＝1）　0.96

相对蒸气密度（空气＝1）　无资料

饱和蒸气压（kPa）　0.4（60℃）

临界压力（MPa）　无资料　辛醇/水分配系数　无资料

闪点（℃）　−18.33　　自燃温度（℃）　无资料

爆炸下限（%）　无资料　爆炸上限（%）　无资料

分解温度（℃）　无资料　黏度（mPa·s）　无资料

燃烧热（kJ/mol）　无资料　临界温度（℃）　无资料

溶解性　溶于二甲苯、汽油

第十部分　稳定性和反应性

稳定性　稳定

危险反应　暴露在空气或二氧化碳中会自燃。与水、强氧化剂、酸类、卤化烃、碱类和胺类接触剧烈反应

避免接触的条件　潮湿空气

禁配物　醇类、氧、强氧化剂、酸类、卤化烃、碱类、胺类、水、二氧化碳

危险的分解产物　氯化物、氧化铝

第十一部分　毒理学信息

急性毒性　LC_{50}：7000mg/m³（大鼠吸入，1h）

皮肤刺激或腐蚀　无资料　眼睛刺激或腐蚀　无资料

呼吸或皮肤过敏　无资料　生殖细胞突变性　无资料

致癌性　无资料　　　　生殖毒性　无资料

特异性靶器官系统毒性-一次接触　无资料

特异性靶器官系统毒性-反复接触　无资料

吸入危害　无资料

第十二部分　生态学信息

生态毒性　无资料

持久性和降解性

生物降解性　无资料

非生物降解性　无资料

潜在的生物累积性　无资料

土壤中的迁移性　无资料

第十三部分　废弃处置

废弃化学品　用无水正丁醇破坏

污染包装物　将容器返还生产商或按照国家和地方法规处置

废弃注意事项　处置前应参阅国家和地方有关法规

第十四部分　运输信息

联合国危险货物编号（UN 号）　3394

联合国运输名称　液态有机金属物质，发火，遇水反应（一氯二乙基铝）

联合国危险性类别　4.2，4.3

包装类别　Ⅰ

包装标志　

海洋污染物　否

运输注意事项　运输时运输车辆应配备相应品种和数量的消防器材及泄漏应急处理设备。装运本品的车辆排气管必须有阻火装置。运输过程中要确保容器不泄漏、不倒塌、不坠落、不损坏。严禁与氧化剂、酸类、碱类、醇类、食用化学品等混装混运。运输途中应防暴晒、雨淋，防高温。中途停留时应远离火种、热源。运输用车、船必须干燥，并有良好的防雨设施。车辆运输完毕应进行彻底清扫。铁路运输时要禁止溜放

第十五部分　法规信息

下列法律、法规、规章和标准，对该化学品的管理作了相应的规定。

中华人民共和国职业病防治法　职业病分类和目录：未列入

危险化学品安全管理条例　危险化学品目录：列入。易制爆危险化学品名录：未列入。重点监管的危险化学品名录：未列入。GB 18218—2009《危险化学品重大危险源辨识》（表1）：未列入

使用有毒物品作业场所劳动保护条例　高毒物品目录：未列入

易制毒化学品管理条例　易制毒化学品的分类和品种目录：未列入

国际公约　斯德哥尔摩公约：未列入。鹿特丹公约：未列入。蒙特利尔议定书：未列入

第十六部分　其他信息

编写和修订信息　　　缩略语和首字母缩写

培训建议　　　　　　参考文献

免责声明

一氯化硫

第一部分　化学品标识

化学品中文名　一氯化硫；二氯化二硫

化学品英文名　sulfur chloride；disulfur dichloride

分子式 S₂Cl₂ 分子量 135.036

化学品的推荐及限制用途 用作氯化剂或硫化剂

第二部分 危险性概述

紧急情况概述 吞咽会中毒，吸入有害，造成严重的皮肤灼伤和眼损伤，可能引起呼吸道刺激

GHS 危险性类别 急性毒性-经口，类别 3；急性毒性-吸入，类别 4；皮肤腐蚀/刺激，类别 1A；严重眼损伤/眼刺激，类别 1；特异性靶器官毒性-一次接触，类别 3（呼吸道刺激）；危害水生环境-急性危害，类别 1

标签要素

象形图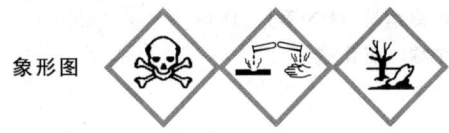

警示词 危险

危险性说明 吞咽会中毒，吸入有害，造成严重的皮肤灼伤和眼损伤，可能引起呼吸道刺激，对水生生物毒性非常大

防范说明

预防措施 避免接触眼睛、皮肤，操作后彻底清洗。作业场所不得进食、饮水或吸烟。避免吸入蒸气、雾。仅在室外或通风良好处操作。戴防护手套，穿防护服，戴防护眼镜、防护面罩。禁止排入环境

事故响应 如吸入：将患者转移到空气新鲜处，休息，保持利于呼吸的体位，如感觉不适，呼叫中毒控制中心或就医。皮肤（或头发）接触：立即脱掉所有被污染的衣服，用水冲洗皮肤，淋浴。污染的衣服洗净后方可重新使用。眼睛接触：用水细心地冲洗数分钟，立即呼叫中毒控制中心或就医。如戴隐形眼镜并可方便地取出，则取出隐形眼镜，继续冲洗。食入：漱口，不要催吐，立即呼叫中毒控制中心或就医。收集泄漏物

安全储存 上锁保管

废弃处置 本品及内装物、容器依据国家和地方法规处置

物理和化学危险 不燃，无特殊燃爆特性。遇水产生刺激性气体

健康危害 具有窒息性气味，对眼和上呼吸道黏膜有强烈的刺激性，并可致严重皮肤灼伤。少数严重中毒者可引起肺水肿。对人的刺激浓度为 12mg/m³

环境危害 对水生生物毒性非常大

第三部分 成分/组成信息

√物质　　　　　混合物

组分	浓度	CAS No.
一氯化硫		10025-67-9

第四部分 急救措施

吸入 迅速脱离现场至空气新鲜处。保持呼吸道通畅。如呼吸困难，给输氧。呼吸、心跳停止，立即进行心肺复苏术。就医

皮肤接触 立即脱去污染的衣着，用大量流动清水彻底冲洗至少 15min。就医

眼睛接触 立即分开眼睑，用流动清水或生理盐水彻底冲洗 5～10min。就医

食入 用水漱口，禁止催吐。给饮牛奶或蛋清。就医

对保护施救者的忠告 根据需要使用个体防护设备

对医生的特别提示 对症处理

第五部分 消防措施

灭火剂 迅速切断气源，然后根据着火原因选择适当灭火剂灭火

特别危险性 与水或潮气发生反应，散发出刺激性和腐蚀性的氯化氢气体。遇潮时对大多数金属有强腐蚀性

灭火注意事项及防护措施 消防人员必须佩戴空气呼吸器、穿全身防火防毒服，在上风向灭火。尽可能将容器从火场移至空旷处

第六部分 泄漏应急处理

作业人员防护措施、防护装备和应急处置程序 根据液体流动和蒸气扩散的影响区域划定警戒区，无关人员从侧风、上风向撤离至安全区。消除所有点火源。建议应急处理人员戴正压自给式呼吸器，穿防酸碱服。穿上适当的防护服前严禁接触破裂的容器和泄漏物。尽可能切断泄漏源

环境保护措施 防止泄漏物进入水体、下水道、地下室或有限空间

泄漏化学品的收容、清除方法及所使用的处置材料 勿使泄漏物与可燃物质（如木材、纸、油等）接触。小量泄漏：用干燥的砂土或其他不燃材料覆盖泄漏物，用洁净的无火花工具收集泄漏物，置于一盖子较松的塑料容器中，待处置。大量泄漏：构筑围堤或挖坑收容。用粉煤灰或石灰粉吸收大量液体。用耐腐蚀泵转移至槽车或专用收集器内

第七部分 操作处置与储存

操作注意事项 密闭操作，注意通风。操作尽可能机械化、自动化。操作人员必须经过专门培训，严格遵守操作规程。建议操作人员佩戴自吸过滤式防毒面具（全面罩），穿橡胶耐酸碱服，戴橡胶耐酸碱手套。防止蒸气泄漏到工作场所空气中。避免与酸类、碱类、醇类、碱金属接触。尤其要注意避免与水接触。搬运时要轻装轻卸，防止包装及容器损坏。配备泄漏应急处理设备。倒空的容器可能残留有害物

储存注意事项 储存于阴凉、通风的库房。远离火种、热源。库温不超过 32℃，相对湿度不超过 80%。应与酸类、碱类、醇类、碱金属、食用化学品分开存放，切忌混储。配备相应品种和数量的消防器材。储区应备有泄漏应急处理设备和合适的收容材料

第八部分 接触控制/个体防护

职业接触限值

中国 未制定标准

美国（ACGIH）　TLV-C：1ppm

生物接触限值　未制定标准

监测方法　空气中有毒物质测定方法：未制定标准。生物
监测检验方法：未制定标准

工程控制　密闭操作，注意通风。提供安全淋浴和洗眼
设备

个体防护装备

呼吸系统防护　空气中浓度超标时，必须佩戴过滤式
防毒面具（全面罩）。紧急事态抢救或撤离时，
应该佩戴空气呼吸器

眼睛防护　呼吸系统防护中已作防护

皮肤和身体防护　穿橡胶耐酸碱服

手防护　戴橡胶耐酸碱手套

第九部分　理化特性

外观与性状　发红光的暗黄色液体，在空气中发烟并有刺
激性气味

pH 值　无资料		**熔点(℃)**　−77	
沸点(℃)　138		**相对密度(水＝1)**　1.69	

相对蒸气密度(空气＝1)　4.7

饱和蒸气压(kPa)　0.9044（20℃）

临界压力(MPa)　无资料	**辛醇/水分配系数**　无资料
闪点(℃)　118.5	**自燃温度(℃)**　232.78
爆炸下限(%)　无资料	**爆炸上限(%)**　无资料
分解温度(℃)　无资料	**黏度(mPa·s)**　0.978
燃烧热(kJ/mol)　无资料	**临界温度(℃)**　392

溶解性　溶于乙醇、苯、醚、二硫化碳、四氯化碳

第十部分　稳定性和反应性

稳定性　稳定

危险反应　与酸类、碱类、醇类、过氧化物、水、碱金属
等禁配物发生反应。与水或潮气发生反应，散发出刺
激性和腐蚀性的氯化氢气体

避免接触的条件　潮湿空气

禁配物　酸类、碱类、醇类、过氧化物、水、碱金属

危险的分解产物　氯化氢、氧化硫、硫化氢

第十一部分　毒理学信息

急性毒性　小鼠暴露 150ppm 1min 即可致死。LD$_{50}$：
132mg/kg（大鼠经口）。LC$_{50}$：2500mg/m³（大鼠
吸入，4h）

皮肤刺激或腐蚀　无资料	**眼睛刺激或腐蚀**　无资料
呼吸或皮肤过敏　无资料	**生殖细胞突变性**　无资料
致癌性　无资料	**生殖毒性**　无资料

特异性靶器官系统毒性-一次接触　无资料

特异性靶器官系统毒性-反复接触　无资料

吸入危害　无资料

第十二部分　生态学信息

生态毒性　该物质对水生生物有极高毒性

持久性和降解性

生物降解性　无资料

非生物降解性　无资料

潜在的生物累积性　无资料

土壤中的迁移性　无资料

第十三部分　废弃处置

废弃化学品　根据国家和地方有关法规的要求处置。或与
厂商或制造商联系，确定处置方法

污染包装物　将容器返还生产商或按照国家和地方法规
处置

废弃注意事项　处置前应参阅国家和地方有关法规

第十四部分　运输信息

联合国危险货物编号（UN 号）　1828

联合国运输名称　氯化硫

联合国危险性类别　8

包装类别　Ⅰ　　　　　　**包装标志**

海洋污染物　是

运输注意事项　起运时包装要完整，装载应稳妥。运输过
程中要确保容器不泄漏、不倒塌、不坠落、不损坏。
严禁与酸类、碱类、醇类、碱金属、食用化学品等混
装混运。运输时运输车辆应配备相应品种和数量的消
防器材及泄漏应急处理设备。运输途中应防暴晒、雨
淋，防高温。公路运输时要按规定路线行驶，勿在居
民区和人口稠密区停留

第十五部分　法规信息

下列法律、法规、规章和标准，对该化学品的管理作
了相应的规定。

中华人民共和国职业病防治法　职业病分类和目录：未
列入

危险化学品安全管理条例　危险化学品目录：列入。易制
爆危险化学品名录：未列入。重点监管的危险化学品
名录：未列入。GB 18218—2009《危险化学品重大
危险源辨识》（表 1）：未列入

使用有毒物品作业场所劳动保护条例　高毒物品目录：未
列入

易制毒化学品管理条例　易制毒化学品的分类和品种目
录：未列入

国际公约　斯德哥尔摩公约：未列入。鹿特丹公约：未列
入。蒙特利尔议定书：未列入

第十六部分　其他信息

编写和修订信息	**缩略语和首字母缩写**
培训建议	**参考文献**
免责声明	

一氯乙酸钠

第一部分　化学品标识

化学品中文名　一氯乙酸钠；氯醋酸钠；氯乙酸钠

化学品英文名　sodium chloroacetate；chloroacetic acid

sodium salt

分子式 $C_2H_2ClNaO_2$ 分子量 116.5

结构式

化学品的推荐及限制用途 是合成农药、医药等的原料

第二部分 危险性概述

紧急情况概述 吞咽会中毒，造成皮肤刺激

GHS危险性类别 急性毒性-经口，类别3；皮肤腐蚀/刺激，类别2；危害水生环境-急性危害，类别1

标签要素

象形图

警示词 危险

危险性说明 吞咽会中毒，造成皮肤刺激，对水生生物毒性非常大

防范说明

预防措施 避免接触眼睛、皮肤，操作后彻底清洗。作业场所不得进食、饮水或吸烟。戴防护手套。禁止排入环境

事故响应 皮肤接触：用大量肥皂水和水清洗，脱去被污染的衣服，如发生皮肤刺激，就医。被污染的衣服必须经洗净后方可重新使用。食入：立即呼叫中毒控制中心或就医，漱口。收集泄漏物

安全储存 上锁保管

废弃处置 本品及内装物、容器依据国家和地方法规处置

物理和化学危险 不燃，无特殊燃爆特性

健康危害 本品对眼睛、皮肤、黏膜和上呼吸道有刺激

环境危害 对水生生物毒性非常大

第三部分 成分/组成信息

√ 物质　　　　　　　混合物

组分	浓度	CAS No.
一氯乙酸钠		3926-62-3

第四部分 急救措施

吸入 迅速脱离现场至空气新鲜处。保持呼吸道通畅。如呼吸困难，给输氧。呼吸、心跳停止，立即进行心肺复苏术。就医

皮肤接触 立即脱去污染的衣着，用流动清水彻底冲洗。就医

眼睛接触 立即分开眼睑，用流动清水或生理盐水彻底冲洗。就医

食入 饮适量温水，催吐（仅限于清醒者）。就医

对保护施救者的忠告 根据需要使用个人防护设备

对医生的特别提示 对症处理

第五部分 消防措施

灭火剂 采用雾状水、抗溶性泡沫、干粉、二氧化碳、砂土灭火

特别危险性 受高热分解产生有毒的腐蚀性烟气

灭火注意事项及防护措施 消防人员必须穿全身防火防毒服，在上风向灭火。灭火时尽可能将容器从火场移至空旷处

第六部分 泄漏应急处理

作业人员防护措施、防护装备和应急处置程序 隔离泄漏污染区，限制出入。建议应急处理人员戴防尘口罩，穿防毒服。穿上适当的防护服前严禁接触破裂的容器和泄漏物。尽可能切断泄漏源

环境保护措施 用塑料布覆盖泄漏物，减少飞散

泄漏化学品的收容、清除方法及所使用的处置材料 勿使水进入包装容器内。用洁净的铲子收集泄漏物，置于干净、干燥、盖子较松的容器中，将容器移离泄漏区

第七部分 操作处置与储存

操作注意事项 密闭操作，局部排风。操作人员必须经过专门培训，严格遵守操作规程。建议操作人员佩戴自吸过滤式防尘口罩，戴化学安全防护眼镜，穿防毒物渗透工作服，戴橡胶手套。避免产生粉尘。避免与氧化剂、酸类、碱类接触。搬运时要轻装轻卸，防止包装及容器损坏。配备泄漏应急处理设备。倒空的容器可能残留有害物

储存注意事项 储存于阴凉、通风的库房。远离火种、热源。应与氧化剂、酸类、碱类、食用化学品分开存放，切忌混储。配备相应品种和数量的消防器材。储区应备有合适的材料收容泄漏物

第八部分 接触控制/个体防护

职业接触限值

中国 未制定标准

美国（ACGIH） 未制定标准

生物接触限值 未制定标准

监测方法 空气中有毒物质测定方法：未制定标准。生物监测检验方法：未制定标准

工程控制 密闭操作，局部排风

个体防护装备

呼吸系统防护 空气中粉尘浓度超标时，必须佩戴过滤式防尘呼吸器。紧急事态抢救或撤离时，应该佩戴空气呼吸器

眼睛防护 戴化学安全防护眼镜

皮肤和身体防护 穿防毒物渗透工作服

手防护 戴橡胶手套

第九部分 理化特性

外观与性状 白色粉末或结晶

pH值 无意义		**熔点(℃)** 170（分解）	
沸点(℃) 无资料		**相对密度(水＝1)** 无资料	
相对蒸气密度(空气＝1) 无资料			
饱和蒸气压(kPa) 无资料			
临界压力(MPa) 无资料		**辛醇/水分配系数** 无资料	
闪点(℃) 269		**自燃温度(℃)** 无资料	
爆炸下限(%) 无资料		**爆炸上限(%)** 无资料	

分解温度(℃)　150～200　　黏度(mPa·s)　无资料

燃烧热(kJ/mol)　无资料　　临界温度(℃)　无资料

溶解性　易溶于水，微溶于甲醇，不溶于丙酮

第十部分　稳定性和反应性

稳定性　稳定

危险反应　与强氧化剂、强酸、强碱等禁配物发生反应

避免接触的条件　无资料

禁配物　强氧化剂、强酸、强碱

危险的分解产物　氯化氢、氧化钠

第十一部分　毒理学信息

急性毒性　LD$_{50}$：95mg/kg（大鼠经口），165mg/kg（小鼠经口），156mg/kg（兔经口）

皮肤刺激或腐蚀　无资料　　眼睛刺激或腐蚀　无资料

呼吸或皮肤过敏　无资料　　生殖细胞突变性　无资料

致癌性　无资料　　生殖毒性　无资料

特异性靶器官系统毒性-一次接触　无资料

特异性靶器官系统毒性-反复接触　无资料

吸入危害　无资料

第十二部分　生态学信息

生态毒性　LC$_{50}$：900mg/L（48h）（虹鳟，半静态）。LC$_{50}$：800mg/L（24h）（大型溞）。EC$_{50}$：0.025mg/L（72h）（*Scenedesmus subspicatus*，OECD 201）

持久性和降解性

生物降解性　OECD 301C，易快速生物降解

非生物降解性　无资料

潜在的生物累积性　无资料

土壤中的迁移性　无资料

第十三部分　废弃处置

废弃化学品　建议用焚烧法处置。与燃料混合后，再焚烧。焚烧炉排出的卤化氢通过酸洗涤器除去

污染包装物　将容器返还生产商或按照国家和地方法规处置

废弃注意事项　处置前应参阅国家和地方有关法规

第十四部分　运输信息

联合国危险货物编号（UN号）　2659

联合国运输名称　氯乙酸钠

联合国危险性类别　6.1

包装类别　Ⅲ　　　　包装标志　

海洋污染物　是

运输注意事项　运输前应先检查包装容器是否完整、密封，运输过程中要确保容器不泄漏、不倒塌、不坠落、不损坏。严禁与酸类、氧化剂、食品及食品添加剂混运。运输时运输车辆应配备相应品种和数量的消防器材及泄漏应急处理设备。运输途中应防暴晒、雨淋，防高温

第十五部分　法规信息

下列法律、法规、规章和标准，对该化学品的管理作了相应的规定。

中华人民共和国职业病防治法　职业病分类和目录：未列入

危险化学品安全管理条例　危险化学品目录：列入。易制爆危险化学品名录：未列入。重点监管的危险化学品名录：未列入。GB 18218—2009《危险化学品重大危险源辨识》（表1）：未列入

使用有毒物品作业场所劳动保护条例　高毒物品目录：未列入

易制毒化学品管理条例　易制毒化学品的分类和品种目录：未列入

国际公约　斯德哥尔摩公约：未列入。鹿特丹公约：未列入。蒙特利尔议定书：未列入

第十六部分　其他信息

编写和修订信息　　缩略语和首字母缩写

培训建议　　　　　参考文献

免责声明

乙拌磷

第一部分　化学品标识

化学品中文名　乙拌磷；敌死通；M-74乳剂；*O,O*-二乙基-S-[2-(乙硫基)乙基]二硫代磷酸酯

化学品英文名　disulfoton；dsulfoton；*O,O*-diethyl-S-2-ethylthioethyl phosphorodithioate

分子式　C$_8$H$_{19}$O$_2$PS$_3$　分子量　274.404

结构式　

化学品的推荐及限制用途　用作杀虫剂

第二部分　危险性概述

紧急情况概述　吞咽致命，皮肤接触会致命

GHS危险性类别　急性毒性-经口，类别2；急性毒性-经皮，类别1；危害水生环境-急性危害，类别1；危害水生环境-长期危害，类别1

标签要素

象形图　

警示词　危险

危险性说明　吞咽致命，皮肤接触会致命，对水生生物毒性非常大并具有长期持续影响

防范说明

预防措施　避免接触眼睛、皮肤，操作后彻底清洗。作业场所不得进食、饮水或吸烟。避免接触眼睛、皮肤或衣服。戴防护手套、穿防护服。禁止排入环境

事故响应　皮肤接触：用大量肥皂水和水轻轻地清洗，立即脱去所有被污染的衣服，立即呼叫中毒控制中心或就医。被污染的衣服经洗净后方可重新使用。食入：立即呼叫中毒控制中心或就医，漱口。收集泄漏物

安全储存　上锁保管

废弃处置　本品及内装物、容器依据国家和地方法规处置

物理和化学危险　可燃，其蒸气与空气混合，能形成爆炸性混合物

健康危害　抑制胆碱酯酶活性，引起神经功能紊乱，发生与胆碱能神经过度兴奋相似的症状。急性中毒：轻度中毒有头痛、头晕、恶心、呕吐、多汗、胸闷、视力模糊、无力等症状，全血胆碱酯酶活性在 50%～70%；中度中毒除上述症状外，有肌束震颤、瞳孔缩小、轻度呼吸困难、流涎、腹痛、腹泻等，全血胆碱酯酶活性在 30%～50%；重度中毒上述症状加重，可有肺水肿、昏迷、呼吸麻痹或脑水肿，全血胆碱酯酶活性在 30% 以下，可引起迟发性神经病。慢性影响：可有神经衰弱综合征、腹胀、多汗、肌纤维震颤等，全血胆碱酯酶活性降至 50% 以下

环境危害　对水生生物毒性非常大并具有长期持续影响

第三部分　成分/组成信息

√ 物质　　　　　　　　混合物

组分	浓度	CAS No.
乙拌磷		298-04-4

第四部分　急救措施

吸入　迅速脱离现场至空气新鲜处。保持呼吸道通畅。如呼吸困难，给输氧。呼吸、心跳停止，立即进行心肺复苏术。就医

皮肤接触　立即脱去污染的衣着，用肥皂水及流动清水彻底冲洗污染的皮肤、头发、指甲等。就医

眼睛接触　分开眼睑，用流动清水或生理盐水冲洗。就医

食入　饮足量温水，催吐（仅限于清醒者）。口服活性炭。就医

对保护施救者的忠告　根据需要使用个人防护设备

对医生的特别提示　解毒剂：阿托品、胆碱酯酶复能剂

第五部分　消防措施

灭火剂　用雾状水、泡沫、干粉、二氧化碳、砂土灭火

特别危险性　遇明火、高热可燃。受热分解，放出磷、硫的氧化物等毒性气体

灭火注意事项及防护措施　消防人员必须佩戴空气呼吸器、穿全身防火防毒服，在上风向灭火。尽可能将容器从火场移至空旷处。喷水保持火场容器冷却，直至灭火结束。处在火场中的容器若已变色或从安全泄压装置中发出声音，必须马上撤离

第六部分　泄漏应急处理

作业人员防护措施、防护装备和应急处置程序　根据液体流动和蒸气扩散的影响区域划定警戒区，无关人员从侧风、上风向撤离至安全区。建议应急处理人员戴正压自给式呼吸器，穿防毒服。穿上适当的防护服前严禁接触破裂的容器和泄漏物。尽可能切断泄漏源

环境保护措施　防止泄漏物进入水体、下水道、地下室或有限空间

泄漏化学品的收容、清除方法及所使用的处置材料　小量泄漏：用干燥的砂土或其他不燃材料吸收或覆盖，收集于容器中。大量泄漏：构筑围堤或挖坑收容。用粉煤灰或石灰粉吸收大量液体。用泵转移至槽车或专用收集器内

第七部分　操作处置与储存

操作注意事项　密闭操作，提供充分的局部排风。操作尽可能机械化、自动化。操作人员必须经过专门培训，严格遵守操作规程。建议操作人员佩戴自吸过滤式防毒面具（全面罩），穿胶布防毒衣，戴橡胶手套。远离火种、热源，工作场所严禁吸烟。使用防爆型的通风系统和设备。防止蒸气泄漏到工作场所空气中。避免与氧化剂、碱类接触。搬运时要轻装轻卸，防止包装及容器损坏。配备相应品种和数量的消防器材及泄漏应急处理设备。倒空的容器可能残留有害物

储存注意事项　储存于阴凉、通风良好的专用库房内，实行"双人收发、双人保管"制度。远离火种、热源。应与氧化剂、碱类、食用化学品分开存放，切忌混储。配备相应品种和数量的消防器材。储区应备有泄漏应急处理设备和合适的收容材料

第八部分　接触控制/个体防护

职业接触限值

中国　未制定标准

美国（ACGIH）　TLV-TWA：0.05mg/m³（可吸入性颗粒物和蒸气）［皮］

生物接触限值　全血胆碱酯酶活性（校正值）：原基础值或参考值的 70%（采样时间：开始接触后的 3 个月内），原基础值或参考值的 50%（采样时间：持续接触 3 个月后，任意时间）

监测方法　空气中有毒物质测定方法：未制定标准。生物监测检验方法：血中胆碱酯酶活性的分光光度测定方法——羟胺三氯化铁法；血中胆碱酯酶活性的分光光度测定方法——硫代乙酰胆碱-联硫代双硝基苯甲酸法

工程控制　严加密闭，提供充分的局部排风。提供安全淋浴和洗眼设备

个体防护装备

呼吸系统防护　空气中浓度超标时，必须佩戴过滤式防毒面具（全面罩）。紧急事态抢救或撤离时，应该佩戴空气呼吸器

眼睛防护　呼吸系统防护中已作防护

皮肤和身体防护　穿密闭型防毒服

手防护　戴橡胶手套

第九部分　理化特性

外观与性状　无色至棕黄色油状液体，有特殊气味

pH值　无资料	熔点(℃)　无资料
沸点(℃)　62（0.0013kPa）	相对密度(水＝1)　1.14

相对蒸气密度(空气＝1)　无资料

饱和蒸气压(kPa)　无资料

临界压力(MPa)　无资料	辛醇/水分配系数　4.02
闪点(℃)　无资料	自燃温度(℃)　无资料
爆炸下限(%)　无资料	爆炸上限(%)　无资料
分解温度(℃)　无资料	黏度(mPa·s)　无资料
燃烧热(kJ/mol)　无资料	临界温度(℃)　无资料

溶解性　不溶于水

第十部分　稳定性和反应性

稳定性　稳定

危险反应　与强氧化剂、碱类等禁配物发生反应

避免接触的条件　受热

禁配物　强氧化剂、碱类

危险的分解产物　氧化磷、氧化硫

第十一部分　毒理学信息

急性毒性　剧毒类杀虫剂，其靶器官毒性见其他有机磷农药。LD_{50}：2.3mg/kg（大鼠经口），3.6mg/kg（大鼠经皮），4.8mg/kg（小鼠经口），15.6（小鼠经皮）。LC_{50}：15mg/m³（大鼠吸入，4h）

皮肤刺激或腐蚀　无资料	眼睛刺激或腐蚀　无资料
呼吸或皮肤过敏　无资料	生殖细胞突变性　无资料
致癌性　无资料	生殖毒性　无资料

特异性靶器官系统毒性-一次接触　无资料

特异性靶器官系统毒性-反复接触　无资料

吸入危害　无资料

第十二部分　生态学信息

生态毒性　LC_{50}：0.039～0.3mg/L（96h）（蓝鳃太阳鱼）。EC_{50}：0.013mg/L（48h）（大型溞）

持久性和降解性

　生物降解性　无资料

　非生物降解性　无资料

潜在的生物累积性　根据K_{ow}值预测，该物质可能有较高的生物累积性

土壤中的迁移性　根据K_{oc}值预测，该物质的迁移性可能较弱

第十三部分　废弃处置

废弃化学品　根据国家和地方有关法规的要求处置。或与厂商或制造商联系，确定处置方法

污染包装物　将容器返还生产商或按照国家和地方法规处置

废弃注意事项　处置前应参阅国家和地方有关法规

第十四部分　运输信息

联合国危险货物编号（UN号）　2783

联合国运输名称　液态有机磷农药，毒性（乙拌磷）

联合国危险性类别　6.1

包装类别　Ⅰ	包装标志 

海洋污染物　是

运输注意事项　运输前应先检查包装容器是否完整、密封，运输过程中要确保容器不泄漏、不倒塌、不坠落、不损坏。严禁与酸类、氧化剂、食品及食品添加剂混运。运输时运输车辆应配备相应品种和数量的消防器材及泄漏应急处理设备。运输途中应防暴晒、雨淋，防高温。公路运输时要按规定路线行驶，勿在居民区和人口稠密区停留

第十五部分　法规信息

　　下列法律、法规、规章和标准，对该化学品的管理作了相应的规定。

中华人民共和国职业病防治法　职业病分类和目录：有机磷中毒

危险化学品安全管理条例　危险化学品目录：列入。作为剧毒化学品进行管理。易制爆危险化学品名录：未列入。重点监管的危险化学品名录：未列入。GB 18218—2009《危险化学品重大危险源辨识》（表1）：未列入

使用有毒物品作业场所劳动保护条例　高毒物品目录：未列入

易制毒化学品管理条例　易制毒化学品的分类和品种目录：未列入

国际公约　斯德哥尔摩公约：未列入。鹿特丹公约：未列入。蒙特利尔议定书：未列入

第十六部分　其他信息

编写和修订信息	缩略语和首字母缩写
培训建议	参考文献
免责声明	

乙醇钠

第一部分　化学品标识

化学品中文名　乙醇钠；乙氧基钠

化学品英文名　sodium ethylate；sodium ethoxide

分子式　C_2H_5ONa　**分子量**　68.05

结构式　⌒ONa

化学品的推荐及限制用途　用于医药、农药，用作分析试剂和缩合剂

第二部分　危险性概述

紧急情况概述　自热：可能燃烧，造成严重的皮肤灼伤和眼损伤

GHS危险性类别　自热物质和混合物，类别1；皮肤腐蚀/刺激，类别1B；严重眼损伤/眼刺激，类别1

标签要素

象形图　

警示词 危险

危险性说明 自热：可能燃烧，造成严重的皮肤灼伤和眼损伤，造成严重眼损伤

防范说明

预防措施 保持阴凉，避免日照。避免吸入粉尘。避免接触眼睛、皮肤，操作后彻底清洗。戴防护手套，穿防护服，戴防护眼镜、防护面罩

事故响应 如吸入：将患者转移到空气新鲜处，休息，保持利于呼吸的体位，立即呼叫中毒控制中心或就医。皮肤（或头发）接触：立即脱掉所有被污染的衣服，用水冲洗皮肤，淋浴。污染的衣服洗净后方可重新使用。眼睛接触：用水细心地冲洗数分钟，立即呼叫中毒控制中心或就医。如戴隐形眼镜并可方便地取出，则取出隐形眼镜，继续冲洗。食入：漱口，不要催吐

安全储存 垛、货架之间留有空隙。远离其他物质储存。上锁保管

废弃处置 本品及内装物、容器依据国家和地方法规处置

物理和化学危险 易燃。遇水剧烈反应

健康危害 本品经呼吸道和消化道吸收，能腐蚀眼睛、皮肤和黏膜。接触后有刺激感、喉痛、咳嗽、呼吸困难，腹痛、腹泻、呕吐、肺水肿。皮肤及眼睛接触引起灼伤

环境危害 对环境可能有害

第三部分　成分/组成信息

√物质　　　　　　　　　混合物

组分	浓度	CAS No.
乙氧基钠		141-52-6

第四部分　急救措施

吸入 迅速脱离现场至空气新鲜处。保持呼吸道通畅。如呼吸困难，给输氧。呼吸、心跳停止，立即进行心肺复苏术。就医

皮肤接触 立即脱去污染的衣着，用大量流动清水彻底冲洗至少15min。就医

眼睛接触 立即分开眼睑，用流动清水或生理盐水彻底冲洗5～10min。就医

食入 用水漱口，禁止催吐。给饮牛奶或蛋清。就医

对保护施救者的忠告 根据需要使用个人防护设备

对医生的特别提示 对症处理

第五部分　消防措施

灭火剂 用干粉、二氧化碳、砂土灭火

特别危险性 与氧化剂能发生强烈反应。遇水迅速分解。在潮湿空气中着火。燃烧时放出有毒的刺激性烟雾

灭火注意事项及防护措施 消防人员必须佩戴防毒面具、穿全身消防服，在上风向灭火。尽可能将容器从火场移至空旷处。喷水保持火场容器冷却，直至灭火结束。禁止用水和泡沫灭火

第六部分　泄漏应急处理

作业人员防护措施、防护装备和应急处置程序 隔离泄漏污染区，限制出入。消除所有点火源。建议应急处理人员戴防尘口罩，穿防静电、防腐服。作业时使用的所有设备应接地。穿上适当的防护服前严禁接触破裂的容器和泄漏物。尽可能切断泄漏源

环境保护措施 用塑料布覆盖泄漏物，减少飞散

泄漏化学品的收容、清除方法及所使用的处置材料 严禁用水处理。小量泄漏：用干燥的砂土或其他不燃材料覆盖泄漏物，然后用塑料布覆盖，减少飞散、避免雨淋。用洁净的无火花工具收集泄漏物，置于一盖子较松的塑料容器中，待处置

第七部分　操作处置与储存

操作注意事项 密闭操作，局部排风。防止粉尘释放到车间空气中。操作人员必须经过专门培训，严格遵守操作规程。建议操作人员佩戴自吸过滤式防尘口罩，戴化学安全防护眼镜，穿橡胶耐酸碱服，戴橡胶耐酸碱手套。远离火种、热源，工作场所严禁吸烟。使用防爆型的通风系统和设备。避免产生粉尘。避免与氧化剂、酸类接触。尤其要注意避免与水接触。配备相应品种和数量的消防器材及泄漏应急处理设备。倒空的容器可能残留有害物

储存注意事项 储存于阴凉、干燥、通风良好的库房。远离火种、热源。防止阳光直射。包装密封。应与氧化剂、酸类等分开存放，切忌混储。采用防爆型照明、通风设施。禁止使用易产生火花的机械设备和工具。储区应备有合适的材料收容泄漏物

第八部分　接触控制/个体防护

职业接触限值

中国　未制定标准

美国（ACGIH）　未制定标准

生物接触限值 未制定标准

监测方法 空气中有毒物质测定方法：未制定标准。生物监测检验方法：未制定标准

工程控制 密闭操作，局部排风

个体防护装备

呼吸系统防护 空气中粉尘浓度超标时，必须佩戴过滤式防尘呼吸器。紧急事态抢救或撤离时，应该佩戴空气呼吸器

眼睛防护 戴化学安全防护眼镜

皮肤和身体防护 穿橡胶耐酸碱服

手防护 戴橡胶耐酸碱手套

第九部分　理化特性

外观与性状 白色或微黄色吸湿粉末

pH值 无资料	**熔点(℃)** 260（分解）
沸点(℃) 无资料	**相对密度(水＝1)** 1.1
相对蒸气密度(空气＝1) 无资料	
饱和蒸气压(kPa) 无资料	
临界压力(MPa) 无资料	**辛醇/水分配系数** －0.3

闪点(℃)	无意义	自燃温度(℃)	无资料
爆炸下限(%)	无资料	爆炸上限(%)	无资料
分解温度(℃)	无资料	黏度(mPa·s)	无资料
燃烧热(kJ/mol)	无资料	临界温度(℃)	无资料

溶解性　溶于无水乙醇

第十部分　稳定性和反应性

稳定性　稳定

危险反应　与强氧化剂、酸类、水等禁配物接触，有发生火灾和爆炸的危险。遇水迅速分解。在潮湿空气中着火

避免接触的条件　潮湿空气

禁配物　强氧化剂、酸类、水

危险的分解产物　氧化钠

第十一部分　毒理学信息

急性毒性　无资料

皮肤刺激或腐蚀　无资料	眼睛刺激或腐蚀　无资料
呼吸或皮肤过敏　无资料	生殖细胞突变性　无资料
致癌性　无资料	生殖毒性　无资料

特异性靶器官系统毒性-一次接触　无资料

特异性靶器官系统毒性-反复接触　无资料

吸入危害　无资料

第十二部分　生态学信息

生态毒性　无资料

持久性和降解性

　　生物降解性　无资料

　　非生物降解性　无资料

潜在的生物累积性　无资料

土壤中的迁移性　无资料

第十三部分　废弃处置

废弃化学品　建议用控制焚烧法或安全掩埋法处置。若可能，重复使用容器或在规定场所掩埋

污染包装物　将容器返还生产商或按照国家和地方法规处置

废弃注意事项　处置前应参阅国家和地方有关法规

第十四部分　运输信息

联合国危险货物编号（UN号）　3095

联合国运输名称　腐蚀性固体，自热性，未另作规定的（乙醇钠）

联合国危险性类别　8，4.2

包装类别　Ⅱ

包装标志

海洋污染物　否

运输注意事项　起运时包装要完整，装载应稳妥。运输过程中要确保容器不泄漏、不倒塌、不坠落、不损坏。严禁与氧化剂、酸类、食用化学品等混装混运。运输

时运输车辆应配备相应品种和数量的消防器材及泄漏应急处理设备。公路运输时要按规定路线行驶，勿在居民区和人口稠密区停留

第十五部分　法规信息

下列法律、法规、规章和标准，对该化学品的管理作了相应的规定。

中华人民共和国职业病防治法　职业病分类和目录：未列入

危险化学品安全管理条例　危险化学品目录：列入。易制爆危险化学品名录：未列入。重点监管的危险化学品名录：未列入。GB 18218—2009《危险化学品重大危险源辨识》（表1）：未列入

使用有毒物品作业场所劳动保护条例　高毒物品目录：未列入

易制毒化学品管理条例　易制毒化学品的分类和品种目录：未列入

国际公约　斯德哥尔摩公约：未列入。鹿特丹公约：未列入。蒙特利尔议定书：未列入

第十六部分　其他信息

编写和修订信息	缩略语和首字母缩写
培训建议	参考文献
免责声明	

乙二醇

第一部分　化学品标识

化学品中文名　乙二醇；甘醇

化学品英文名　ethylene glycol；1,2-ethanediol

分子式　$C_2H_6O_2$　**分子量**　62.068

结构式　HO⌒OH

化学品的推荐及限制用途　用于制造树脂、增塑剂、合成纤维、化妆品和炸药，并用作溶剂及配制发动机的抗冻剂

第二部分　危险性概述

紧急情况概述　吞咽有害

GHS危险性类别　急性毒性-经口，类别4；特异性靶器官毒性-反复接触，类别2

标签要素

象形图

警示词　警告

危险性说明　吞咽有害，长时间或反复接触可能对器官造成损伤

防范说明

　　预防措施　避免接触眼睛、皮肤，操作后彻底清洗。作业场所不得进食、饮水或吸烟。避免吸入蒸气、雾

　　事故响应　食入：如果感觉不适，立即呼叫中毒控

制中心或就医，漱口

安全储存 —

废弃处置 本品及内装物、容器依据国家和地方法规处置

物理和化学危险 可燃

健康危害 急性中毒多系误服引起。吸入中毒表现为反复发作性昏厥，并可有眼球震颤，淋巴细胞增多。口服后急性中毒分三个阶段：第一阶段主要为中枢神经系统症状，轻者似乙醇中毒表现，重者迅速产生昏迷、抽搐，最后死亡；第二阶段，心肺症状明显，严重病例可有肺水肿，支气管肺炎，心力衰竭；第三阶段主要表现为不同程度肾衰竭。本品一次口服致死量估计为 1.4mL/kg（1.56g/kg），即总量为 70～84mL

环境危害 对环境可能有害

第三部分 成分/组成信息

√ 物质 混合物

组分	浓度	CAS No.
乙二醇		107-21-1

第四部分 急救措施

吸入 迅速脱离现场至空气新鲜处。保持呼吸道通畅。如呼吸困难，给输氧。呼吸、心跳停止，立即进行心肺复苏术。就医

皮肤接触 立即脱去污染的衣着，用流动清水彻底冲洗。就医

眼睛接触 立即分开眼睑，用流动清水或生理盐水彻底冲洗。就医

食入 漱口，饮水。就医

对保护施救者的忠告 根据需要使用个人防护设备

对医生的特别提示 对症处理

第五部分 消防措施

灭火剂 用雾状水、抗溶性泡沫、干粉、二氧化碳、砂土灭火

特别危险性 遇明火、高热可燃。与氧化剂可发生反应。若遇高热，容器内压增大，有开裂和爆炸的危险

灭火注意事项及防护措施 消防人员必须佩戴防毒面具、穿全身消防服，在上风向灭火。尽可能将容器从火场移至空旷处。喷水保持火场容器冷却，直至灭火结束。处在火场中的容器若已变色或从安全泄压装置中发出声音，必须马上撤离

第六部分 泄漏应急处理

作业人员防护措施、防护装备和应急处置程序 根据液体流动和蒸气扩散的影响区域划定警戒区，无关人员从侧风、上风向撤离至安全区。消除所有点火源。建议应急处理人员戴防毒面具，穿防毒服。穿上适当的防护服前严禁接触破裂的容器和泄漏物。尽可能切断泄漏源

环境保护措施 防止泄漏物进入水体、下水道、地下室或有限空间

泄漏化学品的收容、清除方法及所使用的处置材料 小量泄漏：用干燥的砂土或其他不燃材料吸收或覆盖，收集于容器中。大量泄漏：构筑围堤或挖坑收容。用粉煤灰或石灰粉吸收大量液体。用泵转移至槽车或专用收集器内

第七部分 操作处置与储存

操作注意事项 密闭操作，提供良好的自然通风条件。操作人员必须经过专门培训，严格遵守操作规程。建议操作人员佩戴自吸过滤式防毒面具（半面罩），戴化学安全防护眼镜，戴防化学品手套。远离火种、热源，工作场所严禁吸烟。使用防爆型的通风系统和设备。防止蒸气泄漏到工作场所空气中。避免与氧化剂、酸类接触。搬运时轻装轻卸，保持包装完整，防止洒漏。配备相应品种和数量的消防器材及泄漏应急处理设备。倒空的容器可能残留有害物

储存注意事项 储存于阴凉、通风的库房。远离火种、热源。应与氧化剂、酸类分开存放，切忌混储。配备相应品种和数量的消防器材。储区应备有泄漏应急处理设备和合适的收容材料

第八部分 接触控制/个体防护

职业接触限值

中国 PC-TWA：20mg/m³；PC-STEL：40mg/m³

美国（ACGIH） TLV-C：100mg/m³（仅气溶胶）

生物接触限值 未制定标准

监测方法 空气中有毒物质测定方法：溶剂解吸-气相色谱法。生物监测检验方法：未制定标准

工程控制 提供良好的自然通风条件

个体防护装备

呼吸系统防护 一般不需要特殊防护，高浓度接触时可佩戴过滤式防毒面具（半面罩）

眼睛防护 空气中浓度较高时，佩戴化学安全防护眼镜

皮肤和身体防护 穿一般作业防护服

手防护 戴防化学品手套

第九部分 理化特性

外观与性状 无色、无臭、有甜味、黏稠液体

pH 值 无资料		**熔点（℃）** －17	
沸点（℃） 197.5		**相对密度（水＝1）** 1.11	
相对蒸气密度（空气＝1） 2.14			
饱和蒸气压（kPa） 6.21（20℃）			
临界压力（MPa） 无资料			
辛醇/水分配系数 －1.93～－1.36			
闪点（℃） 110		**自燃温度（℃）** 398	
爆炸下限（%） 3.2		**爆炸上限（%）** 15.3	
分解温度（℃） 无资料			

黏度（mPa·s） 16.1（25℃）；6.554（50℃）；3.340（75℃）；1.975（100℃）

燃烧热（kJ/mol） －1189.2 **临界温度（℃）** 445.85

溶解性 与水混溶，可混溶于乙醇、醚等

第十部分 稳定性和反应性

稳定性 稳定

危险反应　与强氧化剂、强酸等禁配物发生反应
避免接触的条件　无资料
禁配物　强氧化剂、强酸
危险的分解产物　无资料

第十一部分　毒理学信息

急性毒性　属低毒类。中毒表现为麻醉、共济失调、黏膜苍白、肌肉痉挛、反射消失、昏迷，最终因中枢神经系统麻痹而死亡。LD_{50}：4700mg/kg（大鼠经口）；5500mg/kg（小鼠经口）；10009.53mL/kg（兔经皮）

皮肤刺激或腐蚀　无资料　　**眼睛刺激或腐蚀**　无资料
呼吸或皮肤过敏　无资料　　**生殖细胞突变性**　无资料
致癌性　无资料　　**生殖毒性**　无资料
特异性靶器官系统毒性-一次接触　无资料
特异性靶器官系统毒性-反复接触　以含本品1%和2%的饲料喂大鼠2年，见动物早死，膀胱结石，严重肾损害以及肝小叶中央变性

吸入危害　无资料

第十二部分　生态学信息

生态毒性　LC_{50}：22810mg/L（96h）（虹鳟）；LC_{50}：10000mg/L（48h）（模糊网纹溞）；ErC_{50}：10940mg/L（72h）（羊角月牙藻）；NOEC：15380mg/L（7d）（黑头呆鱼）；NOEC：8590mg/L（7d）（模糊网纹溞）

持久性和降解性
生物降解性　28d降解96%（驯化），易快速生物降解（OECD 301D）
非生物降解性　无资料

潜在的生物累积性　根据K_{ow}值预测，该物质的生物累积性可能较弱
土壤中的迁移性　根据K_{oc}值预测，该物质可能易发生迁移

第十三部分　废弃处置

废弃化学品　用焚烧法处置
污染包装物　将容器返还生产商或按照国家和地方法规处置
废弃注意事项　处置前应参阅国家和地方有关法规

第十四部分　运输信息

联合国危险货物编号（UN号）　—
联合国运输名称　—　　**联合国危险性类别**　—
包装类别　—　　　　　**包装标志**　—
海洋污染物　否
运输注意事项　运输前应先检查包装容器是否完整、密封，运输过程中要确保容器不泄漏、不倒塌、不坠落、不损坏。严禁与氧化剂、酸类等混装混运。船运时，应与机舱、电源、火源等部位隔离。公路运输时要按规定路线行驶

第十五部分　法规信息

下列法律、法规、规章和标准，对该化学品的管理作了相应的规定。

中华人民共和国职业病防治法　职业病分类和目录：未列入

危险化学品安全管理条例　危险化学品目录：列入。易制爆危险化学品名录：未列入。重点监管的危险化学品名录：未列入。GB 18218—2009《危险化学品重大危险源辨识》（表1）：未列入

使用有毒物品作业场所劳动保护条例　高毒物品目录：未列入

易制毒化学品管理条例　易制毒化学品的分类和品种目录：未列入

国际公约　斯德哥尔摩公约：未列入。鹿特丹公约：未列入。蒙特利尔议定书：未列入

第十六部分　其他信息

编写和修订信息　　　**缩略语和首字母缩写**
培训建议　　　　　　**参考文献**
免责声明

乙二醇丁醚

第一部分　化学品标识

化学品中文名　乙二醇丁醚；2-丁氧基乙醇
化学品英文名　ethylene glycol monobutyl ether；2-butoxyethanol
分子式　$C_6H_{14}O_2$　　**分子量**　118.2
结构式　$\diagdown\diagup\diagdown\diagup^{O}\diagdown\diagup^{OH}$
化学品的推荐及限制用途　用作溶剂和测定铁、钼的试剂

第二部分　危险性概述

紧急情况概述　可燃液体，吞咽有害，皮肤接触有害，吸入有害，造成皮肤刺激，造成严重眼刺激

GHS危险性类别　易燃液体，类别4；急性毒性-经口，类别4；急性毒性-经皮，类别4；急性毒性-吸入，类别4；皮肤腐蚀/刺激，类别2；严重眼损伤/眼刺激，类别2

标签要素

象形图　

警示词　警告
危险性说明　可燃液体，吞咽有害，皮肤接触有害，吸入有害，造成皮肤刺激，造成严重眼刺激

防范说明
预防措施　远离火焰和热表面。戴防护手套、防护眼镜、防护面罩，穿防护服。避免接触眼睛皮肤，操作后彻底清洗。作业场所不得进食、饮水或吸烟。避免吸入蒸气、雾。仅在室外或通风良好处操作

事故响应　火灾时，使用雾状水、泡沫、干粉、二氧化碳、砂土灭火。如吸入：将患者转移到空气新鲜处，休息，保持利于呼吸的体位。皮肤接触：用大量肥皂水和水清洗。被污染的衣服必须经洗

净后方可重新使用。如发生皮肤刺激，就医。如接触眼睛：用水细心冲洗数分钟。如戴隐形眼镜并可方便地取出，取出隐形眼镜，继续冲洗。如果眼睛刺激持续：就医。食入：如果感觉不适，立即呼叫中毒控制中心或就医，漱口

安全储存 在通风良好处储存。保持低温

废弃处置 本品及内装物、容器依据国家和地方法规处置

物理和化学危险 可燃，其蒸气与空气混合，能形成爆炸性混合物

健康危害 吸入本品蒸气后，导致呼吸道刺激及肝肾损害。蒸气对眼有刺激性。皮肤接触可致皮炎

环境危害 对环境可能有害

第三部分 成分/组成信息

√ 物质　　　　　　　　混合物

组分	浓度	CAS No.
乙二醇丁醚		111-76-2

第四部分 急救措施

吸入 迅速脱离现场至空气新鲜处。保持呼吸道通畅。如呼吸困难，给输氧。呼吸、心跳停止，立即进行心肺复苏术。就医

皮肤接触 立即脱去污染的衣着，用流动清水彻底冲洗。就医

眼睛接触 立即分开眼睑，用流动清水或生理盐水彻底冲洗。就医

食入 漱口，饮水。就医

对保护施救者的忠告 根据需要使用个人防护设备

对医生的特别提示 对症处理

第五部分 消防措施

灭火剂 用雾状水、泡沫、干粉、二氧化碳、砂土灭火

特别危险性 遇明火、高热可燃。与氧化剂可发生反应。在空气中或在阳光照射下容易生成爆炸性的过氧化物。蒸气比空气重，沿地面扩散并易积存于低洼处，遇火源会着火回燃。若遇高热，容器内压增大，有开裂和爆炸的危险

灭火注意事项及防护措施 消防人员必须佩戴防毒面具、穿全身消防服，在上风向灭火。尽可能将容器从火场移至空旷处。喷水保持火场容器冷却，直至灭火结束。处在火场中的容器若已变色或从安全泄压装置中发出声音，必须马上撤离

第六部分 泄漏应急处理

作业人员防护措施、防护装备和应急处置程序 根据液体流动和蒸气扩散的影响区域划定警戒区，无关人员从侧风、上风向撤离至安全区。建议应急处理人员戴正压自给式呼吸器，穿防毒服。穿上适当的防护服前严禁接触破裂的容器和泄漏物。尽可能切断泄漏源

环境保护措施 防止泄漏物进入水体、下水道、地下室或有限空间

泄漏化学品的收容、清除方法及所使用的处置材料 小量泄漏：用干燥的砂土或其他不燃材料吸收或覆盖，收集于容器中。大量泄漏：构筑围堤或挖坑收容。用粉煤灰或石灰粉吸收大量液体。用泵转移至槽车或专用收集器内

第七部分 操作处置与储存

操作注意事项 密闭操作，提供充分的局部排风。操作人员必须经过专门培训，严格遵守操作规程。建议操作人员佩戴自吸过滤式防毒面具（半面罩），戴化学安全防护眼镜，穿防毒物渗透工作服，戴橡胶手套。远离火种、热源，工作场所严禁吸烟。使用防爆型的通风系统和设备。防止蒸气泄漏到工作场所空气中。避免与氧化剂、酸类接触。搬运时要轻装轻卸，防止包装及容器损坏。配备相应品种和数量的消防器材及泄漏应急处理设备。倒空的容器可能残留有害物

储存注意事项 储存于阴凉、通风的库房。远离火种、热源。包装要求密封，不可与空气接触。应与氧化剂、酸类等分开存放，切忌混储。不宜大量储存或久存。配备相应品种和数量的消防器材。储区应备有泄漏应急处理设备和合适的收容材料

第八部分 接触控制/个体防护

职业接触限值

　中国　PC-TWA：97mg/m³

　美国（ACGIH）　未制定标准

生物接触限值 未制定标准

监测方法 空气中有毒物质测定方法：未制定标准。生物监测检验方法：未制定标准

工程控制 严加密闭，提供充分的局部排风。提供安全淋浴和洗眼设备

个体防护装备

　呼吸系统防护 空气中浓度超标时，必须佩戴过滤式防毒面具（半面罩）。紧急事态抢救或撤离时，应该佩戴空气呼吸器

　眼睛防护 戴化学安全防护眼镜

　皮肤和身体防护 穿防毒物渗透工作服

　手防护 戴橡胶手套

第九部分 理化特性

外观与性状 无色液体，略有气味

pH 值 无资料	**熔点(℃)** −70
沸点(℃) 171~172	**相对密度(水=1)** 0.90

相对蒸气密度(空气=1) 4.07

饱和蒸气压(kPa) 0.08（20℃）

临界压力(MPa) 无资料

辛醇/水分配系数 0.76~0.83

闪点(℃) 60~68	**自燃温度(℃)** 238

爆炸下限(%) 1.1（170℃）

爆炸上限(%) 10.6（180℃）

分解温度(℃) 无资料	**黏度(mPa·s)** 2.84（25℃）

燃烧热(kJ/mol) −3549.73

临界温度(℃) 360.75

溶解性 溶于水、乙醇、乙醚等多数有机溶剂

第十部分 稳定性和反应性

稳定性 稳定

危险反应 与强氧化剂、强酸、酰基氯、酸酐、卤素等禁配物接触，有发生火灾和爆炸的危险

避免接触的条件 光照

禁配物 强氧化剂、强酸、酰基氯、酸酐、卤素

危险的分解产物 无资料

第十一部分 毒理学信息

急性毒性 LD$_{50}$：470mg/kg（大鼠经口）；1230mg/kg（小鼠经口）；300mg/kg（兔经口）；220mg/kg（兔经皮）。LC$_{50}$：450ppm（大鼠吸入，4h）

皮肤刺激或腐蚀 无资料 **眼睛刺激或腐蚀** 无资料

呼吸或皮肤过敏 无资料 **生殖细胞突变性** 无资料

致癌性 无资料 **生殖毒性** 无资料

特异性靶器官系统毒性-一次接触 无资料

特异性靶器官系统毒性-反复接触 无资料

吸入危害 无资料

第十二部分 生态学信息

生态毒性 LC$_{50}$：1464mg/L（96h）（虹鳟）（OECD 203）；LC$_{50}$：1800mg/L（48h）（大型溞）（OECD 202）；ErC$_{50}$：1840mg/L（72h）（羊角月牙藻）（OECD 201）；NOEC：＞100mg/L（21d）（斑马鱼）（OECD 204）；NOEC：297mg/L（21d）（大型溞）（OECD 211）

持久性和降解性

生物降解性 易快速生物降解

非生物降解性 无资料

潜在的生物累积性 根据 K_{ow} 值预测，该物质的生物累积性可能较弱

土壤中的迁移性 根据 K_{oc} 值预测，该物质可能易发生迁移

第十三部分 废弃处置

废弃化学品 建议用焚烧法处置

污染包装物 将容器返还生产商或按照国家和地方法规处置

废弃注意事项 处置前应参阅国家和地方有关法规

第十四部分 运输信息

联合国危险货物编号（UN号） —

联合国运输名称 —

联合国危险性类别 —

包装类别 — **包装标志** —

海洋污染物 否

运输注意事项 运输前应先检查包装容器是否完整、密封，运输过程中要确保容器不泄漏、不倒塌、不坠落、不损坏。严禁与酸类、氧化剂、食品及食品添加剂混运。运输时运输车辆应配备相应品种和数量的消防器材及泄漏应急处理设备。运输途中应防暴晒、雨淋，防高温。公路运输时要按规定路线行驶，勿在居民区和人口稠密区停留

第十五部分 法规信息

下列法律、法规、规章和标准，对该化学品的管理作了相应的规定。

中华人民共和国职业病防治法 职业病分类和目录：未列入

危险化学品安全管理条例 危险化学品目录：列入。易制爆危险化学品名录：未列入。重点监管的危险化学品名录：未列入。GB 18218—2009《危险化学品重大危险源辨识》（表1）：未列入

使用有毒物品作业场所劳动保护条例 高毒物品目录：未列入

易制毒化学品管理条例 易制毒化学品的分类和品种目录：未列入

国际公约 斯德哥尔摩公约：未列入。鹿特丹公约：未列入。蒙特利尔议定书：未列入

第十六部分 其他信息

编写和修订信息 **缩略语和首字母缩写**

培训建议 **参考文献**

免责声明

乙二醇二乙醚

第一部分 化学品标识

化学品中文名 乙二醇二乙醚；1,2-二乙氧基乙烷

化学品英文名 ethylene glycol diethyl ether；1,2-diethoxyethane

分子式 C$_6$H$_{14}$O$_2$ **分子量** 118.18

结构式 ∽∽O∽∽O∽∽

化学品的推荐及限制用途 用作溶剂及去垢剂的溶剂，也用于有机合成

第二部分 危险性概述

紧急情况概述 高度易燃液体和蒸气，造成严重眼刺激

GHS危险性类别 易燃液体，类别2；严重眼损伤/眼刺激，类别2；生殖毒性，类别1A

标签要素

象形图

警示词 危险

危险性说明 高度易燃液体和蒸气，造成严重眼刺激，可能对生育力或胎儿造成伤害

防范说明

预防措施 远离热源、火花、明火、热表面。禁止吸烟。保持容器密闭。容器和接收设备接地连接。使用防爆型电器、通风、照明设备。只能使用不产生火花的工具。采取防止静电措施。戴防护手套、防护眼镜、防护面罩。避免接触眼睛皮肤，操作后彻底清洗。得到专门指导后

操作。在阅读并了解所有安全预防措施之前，切勿操作。按要求使用个体防护装备

事故响应 火灾时，使用雾状水、泡沫、干粉、二氧化碳、砂土灭火。如皮肤（或头发）接触：立即脱掉所有被污染的衣服，用水冲洗皮肤，淋浴。如接触眼睛：用水细心冲洗数分钟。如戴隐形眼镜并可方便地取出，取出隐形眼镜，继续冲洗。如果眼睛刺激持续：就医。如果接触或有担心，就医

安全储存 存放在通风良好的地方。保持低温。上锁保管

废弃处置 本品及内装物、容器依据国家和地方法规处置

物理和化学危险 高度易燃，其蒸气与空气混合，能形成爆炸性混合物

健康危害 吸入、摄入或经皮肤吸收对身体有害。对眼睛、皮肤有刺激作用

环境危害 对环境可能有害

第三部分 成分/组成信息

√ 物质　　　　　　　混合物

组分	浓度	CAS No.
乙二醇二乙醚		629-14-1

第四部分 急救措施

吸入 迅速脱离现场至空气新鲜处。保持呼吸道通畅。如呼吸困难，给输氧。呼吸、心跳停止，立即进行心肺复苏术。就医

皮肤接触 立即脱去污染的衣着，用流动清水彻底冲洗。就医

眼睛接触 立即分开眼睑，用流动清水或生理盐水彻底冲洗。就医

食入 漱口，饮水。就医

对保护施救者的忠告 根据需要使用个人防护设备

对医生的特别提示 对症处理

第五部分 消防措施

灭火剂 用雾状水、泡沫、干粉、二氧化碳、砂土灭火

特别危险性 其蒸气与空气可形成爆炸性混合物，遇明火、高热能引起燃烧爆炸。与氧化剂可发生反应。蒸气比空气重，沿地面扩散并易积存于低洼处，遇火源会着火回燃。若遇高热，容器内压增大，有开裂和爆炸的危险

灭火注意事项及防护措施 消防人员必须佩戴防毒面具、穿全身消防服，在上风向灭火。尽可能将容器从火场移至空旷处。喷水保持火场容器冷却，直至灭火结束。处在火场中的容器若已变色或从安全泄压装置中发出声音，必须马上撤离

第六部分 泄漏应急处理

作业人员防护措施、防护装备和应急处置程序 消除所有点火源。根据液体流动和蒸气扩散的影响区域划定警戒区，无关人员从侧风、上风向撤离至安全区。建议应急处理人员戴正压自给式呼吸器，穿防静电服。作业时使用的所有设备应接地。禁止接触或跨越泄漏物。尽可能切断泄漏源

环境保护措施 防止泄漏物进入水体、下水道、地下室或有限空间

泄漏化学品的收容、清除方法及所使用的处置材料 小量泄漏：用砂土或其他不燃材料吸收。使用洁净的无火花工具收集吸收材料。大量泄漏：构筑围堤或挖坑收容。用泡沫覆盖，减少蒸发。喷水雾能减少蒸发，但不能降低泄漏物在有限空间内的易燃性。用防爆泵转移至槽车或专用收集器内

第七部分 操作处置与储存

操作注意事项 密闭操作，全面通风。操作人员必须经过专门培训，严格遵守操作规程。建议操作人员佩戴自吸过滤式防毒面具（半面罩），戴化学安全防护眼镜，穿防静电工作服，戴橡胶耐油手套。远离火种、热源，工作场所严禁吸烟。使用防爆型的通风系统和设备。防止蒸气泄漏到工作场所空气中。避免与氧化剂、酸类接触。充装要控制流速，防止静电积聚。搬运时要轻装轻卸，防止包装及容器损坏。配备相应品种和数量的消防器材及泄漏应急处理设备。倒空的容器可能残留有害物

储存注意事项 储存于阴凉、通风的库房。远离火种、热源。库温不宜超过37℃，包装要求密封，不可与空气接触。应与氧化剂、酸类分开存放，切忌混储。采用防爆型照明、通风设备。禁止使用易产生火花的机械设备和工具。储区应备有泄漏应急处理设备和合适的收容材料

第八部分 接触控制/个体防护

职业接触限值

中国　未制定标准

美国（ACGIH）　未制定标准

生物接触限值 未制定标准

监测方法 空气中有毒物质测定方法：未制定标准。生物监测检验方法：未制定标准

工程控制 生产过程密闭，全面通风。提供安全淋浴和洗眼设备

个体防护装备

呼吸系统防护 空气中浓度超标时，必须佩戴过滤式防毒面具（半面罩）。紧急事态抢救或撤离时，应该佩戴空气呼吸器

眼睛防护 戴化学安全防护眼镜

皮肤和身体防护 穿防静电工作服

手防护 戴橡胶耐油手套

第九部分 理化特性

外观与性状 无色液体，稍有醚的气味

pH 值 无资料　　　　　**熔点（℃）** －74.0

沸点（℃） 121.4　　　　**相对密度（水＝1）** 0.842

相对蒸气密度（空气＝1） 6.56

饱和蒸气压（kPa） 1.25（20℃）

| 临界压力（MPa） 无资料 | 辛醇/水分配系数 无资料 |
| 闪点（℃） 20.56 | 自燃温度（℃） 205 |

临界压力（MPa） 无资料　　辛醇/水分配系数 无资料
闪点（℃） 20.56　　自燃温度（℃） 205
爆炸下限（%） 无资料　　爆炸上限（%） 无资料
分解温度（℃） 无资料　　黏度（mPa·s） 0.65（20℃）
燃烧热（kJ/mol） 无资料　　临界温度（℃） 268.85
溶解性 不溶于水，可混溶于多数有机溶剂

第十部分　稳定性和反应性

稳定性 稳定
危险反应 与强氧化剂、强酸等禁配物接触，有发生火灾和爆炸的危险
避免接触的条件 光照
禁配物 强氧化剂、强酸
危险的分解产物 过氧化物

第十一部分　毒理学信息

急性毒性 LD$_{50}$：2350mg/kg（大鼠经口）；1275mg/kg（兔经口）
皮肤刺激或腐蚀 无资料
眼睛刺激或腐蚀 家兔经眼100mg，重度刺激
呼吸或皮肤过敏 无资料　　**生殖细胞突变性** 无资料
致癌性 无资料
生殖毒性 小鼠口服最低中毒剂量（TDLo）：5000mg/kg（孕6～15d），致颅面部（包括鼻、舌）发育异常，致肌肉骨骼发育异常
特异性靶器官系统毒性-一次接触 无资料
特异性靶器官系统毒性-反复接触 暴露于2.63g/m³，每天8h，12d，2只猫和2只兔中各死亡1只，猫出现明显肾损害
吸入危害 无资料

第十二部分　生态学信息

生态毒性 无资料
持久性和降解性
　生物降解性 无资料
　非生物降解性 无资料
潜在的生物累积性 根据K_{ow}值预测，该物质的生物累积性可能较弱
土壤中的迁移性 根据K_{oc}值预测，该物质可能易发生迁移

第十三部分　废弃处置

废弃化学品 建议用焚烧法处置
污染包装物 将容器返还生产商或按照国家和地方法规处置
废弃注意事项 处置前应参阅国家和地方有关法规

第十四部分　运输信息

联合国危险货物编号（UN号） 1153
联合国运输名称 乙二醇二乙醚
联合国危险性类别 3

包装类别 Ⅱ　　　　**包装标志**

海洋污染物 否
运输注意事项 运输时运输车辆应配备相应品种和数量的消防器材及泄漏应急处理设备。夏季最好早晚运输。运输时所用的槽（罐）车应有接地链，槽内可设孔隔板以减少震荡产生的静电。严禁与氧化剂、酸类、食用化学品等混装混运。运输途中应防暴晒、雨淋，防高温。中途停留时应远离火种、热源、高温区。装运该物品的车辆排气管必须配备阻火装置，禁止使用易产生火花的机械设备和工具装卸。公路运输时要按规定路线行驶，勿在居民区和人口稠密区停留。铁路运输时要禁止溜放。严禁用木船、水泥船散装运输

第十五部分　法规信息

下列法律、法规、规章和标准，对该化学品的管理作了相应的规定。
中华人民共和国职业病防治法 职业病分类和目录：未列入
危险化学品安全管理条例 危险化学品目录：列入。易制爆危险化学品名录：未列入。重点监管的危险化学品名录：未列入。GB 18218—2009《危险化学品重大危险源辨识》（表1）：未列入
使用有毒物品作业场所劳动保护条例 高毒物品目录：未列入
易制毒化学品管理条例 易制毒化学品的分类和品种目录：未列入
国际公约 斯德哥尔摩公约：未列入。鹿特丹公约：未列入。蒙特利尔议定书：未列入

第十六部分　其他信息

编写和修订信息　　**缩略语和首字母缩写**
培训建议　　　　　　**参考文献**
免责声明

乙二醇异丙醚

第一部分　化学品标识

化学品中文名 乙二醇异丙醚；2-异丙氧基乙醇
化学品英文名 ethylene glycol isopropyl ether；2-isopropoxyethanol
分子式 $C_5H_{12}O_2$　　**分子量** 104.1476
结构式
化学品的推荐及限制用途 用作溶剂

第二部分　危险性概述

紧急情况概述 易燃液体和蒸气，皮肤接触有害，吸入有害，造成严重眼刺激
GHS危险性类别 易燃液体，类别3；急性毒性-经皮，类别4；急性毒性-吸入，类别4；严重眼损伤/眼刺激，类别2
标签要素

象形图

警示词 警告

危险性说明 易燃液体和蒸气，皮肤接触有害，吸入有害，造成严重眼刺激

防范说明

预防措施 远离热源、火花、明火、热表面。禁止吸烟。保持容器密闭。容器和接收设备接地连接。使用防爆型电器、通风、照明设备。只能使用不产生火花的工具。采取防止静电措施。戴防护手套，穿防护服，戴防护眼镜、防护面罩。避免吸入蒸气、雾。仅在室外或通风良好处操作。避免接触眼睛、皮肤，操作后彻底清洗

事故响应 火灾时，使用雾状水、泡沫、干粉、二氧化碳、砂土灭火。如吸入：将患者转移到空气新鲜处，休息，保持利于呼吸的体位，如感觉不适，呼叫中毒控制中心或就医。皮肤接触：用大量肥皂水和水清洗，如感觉不适，呼叫中毒控制中心或就医。被污染的衣服经洗净后方可重新使用。如接触眼睛：用水细心冲洗数分钟。如戴隐形眼镜并可方便地取出，取出隐形眼镜，继续冲洗。如果眼睛刺激持续：就医

安全储存 存放在通风良好的地方。保持低温

废弃处置 本品及内装物、容器依据国家和地方法规处置

物理和化学危险 易燃，其蒸气与空气混合，能形成爆炸性混合物

健康危害 吸入或经皮吸收对身体有害。对眼有刺激性

环境危害 对环境可能有害

第三部分 成分/组成信息

√物质　　　　　　　　混合物

组分	浓度	CAS No.
乙二醇异丙醚		109-59-1

第四部分 急救措施

吸入 迅速脱离现场至空气新鲜处。保持呼吸道通畅。如呼吸困难，给输氧。呼吸、心跳停止，立即进行心肺复苏术。就医

皮肤接触 立即脱去污染的衣着，用流动清水彻底冲洗。就医

眼睛接触 立即分开眼睑，用流动清水或生理盐水彻底冲洗。就医

食入 漱口，饮水。就医

对保护施救者的忠告 根据需要使用个人防护设备

对医生的特别提示 对症处理

第五部分 消防措施

灭火剂 用雾状水、泡沫、干粉、二氧化碳、砂土灭火

特别危险性 其蒸气与空气可形成爆炸性混合物，遇明火、高热能引起燃烧爆炸。与氧化剂可发生反应。蒸气比空气重，沿地面扩散并易积存于低洼处，遇火源会着火回燃。若遇高热，容器内压增大，有开裂和爆炸的危险

灭火注意事项及防护措施 消防人员必须佩戴防毒面具、穿全身消防服，在上风向灭火。尽可能将容器从火场移至空旷处。喷水保持火场容器冷却，直至灭火结束。处在火场中的容器若已变色或从安全泄压装置中发出声音，必须马上撤离

第六部分 泄漏应急处理

作业人员防护措施、防护装备和应急处置程序 消除所有点火源。根据液体流动和蒸气扩散的影响区域划定警戒区，无关人员从侧风、上风向撤离至安全区。建议应急处理人员戴正压自给式呼吸器，穿防静电服。作业时使用的所有设备应接地。禁止接触或跨越泄漏物。尽可能切断泄漏源

环境保护措施 防止泄漏物进入水体、下水道、地下室或有限空间

泄漏化学品的收容、清除方法及所使用的处置材料 小量泄漏：用砂土或其他不燃材料吸收。使用洁净的无火花工具收集吸收材料。大量泄漏：构筑围堤或挖坑收容。用泡沫覆盖，减少蒸发。喷水雾能减少蒸发，但不能降低泄漏物在有限空间内的易燃性。用防爆泵转移至槽车或专用收集器内

第七部分 操作处置与储存

操作注意事项 密闭操作，全面通风。操作人员必须经过专门培训，严格遵守操作规程。建议操作人员佩戴过滤式防毒面具（半面罩），戴化学安全防护眼镜，穿防静电工作服，戴橡胶耐油手套。远离火种、热源，工作场所严禁吸烟。使用防爆型的通风系统和设备。防止蒸气泄漏到工作场所空气中。避免与氧化剂、酸类接触。充装要控制流速，防止静电积聚。搬运时要轻装轻卸，防止包装及容器损坏。配备相应品种和数量的消防器材及泄漏应急处理设备。倒空的容器可能残留有害物

储存注意事项 储存于阴凉、通风的库房。远离火种、热源。库温不宜超过 37℃，应与氧化剂、酸类、食用化学品分开存放，切忌混储。采用防爆型照明、通风设施。禁止使用易产生火花的机械设备和工具。储区应备有泄漏应急处理设备和合适的收容材料

第八部分 接触控制/个体防护

职业接触限值

中国 未制定标准

美国（ACGIH） TLV-TWA：25ppm［皮］

生物接触限值 未制定标准

监测方法 空气中有毒物质测定方法：未制定标准。生物监测检验方法：未制定标准

工程控制 生产过程密闭，全面通风。提供安全淋浴和洗眼设备

个体防护装备

呼吸系统防护　空气中浓度较高时，应该佩戴过滤式防毒面具（半面罩）。紧急事态抢救或逃生时，建议佩戴空气呼吸器

眼睛防护　戴化学安全防护眼镜

皮肤和身体防护　穿防静电工作服

手防护　戴橡胶耐油手套

第九部分　理化特性

外观与性状　无色液体，略有不愉快气味

pH 值　无资料　　　熔点($^\circ\!C$)　无资料

沸点($^\circ\!C$)　139.5～144.5　相对密度(水＝1)　0.91

相对蒸气密度(空气＝1)　3.6

饱和蒸气压(kPa)　0.35（20℃）

临界压力(MPa)　无资料　辛醇/水分配系数　0.092

闪点($^\circ\!C$)　49　　　自燃温度($^\circ\!C$)　无资料

爆炸下限(％)　无资料　爆炸上限(％)　无资料

分解温度($^\circ\!C$)　无资料　黏度(mPa·s)　无资料

燃烧热(kJ/mol)　无资料　临界温度($^\circ\!C$)　无资料

溶解性　可混溶于多数有机溶剂

第十部分　稳定性和反应性

稳定性　稳定

危险反应　与强氧化剂、强酸等禁配物接触，有发生火灾和爆炸的危险

避免接触的条件　无资料

禁配物　强氧化剂、强酸

危险的分解产物　过氧化物

第十一部分　毒理学信息

急性毒性　LD_{50}：5151mg/kg（大鼠经口），4900mg/kg（小鼠经口），1456mg/kg（兔经皮）。LC_{50}：3100mg/m^3（大鼠吸入，4h），1930mg/m^3（小鼠吸入，7h）

皮肤刺激或腐蚀　家兔经皮：20mg（24h），中度刺激

眼睛刺激或腐蚀　家兔经眼：500mg（24h），中度刺激

呼吸或皮肤过敏　无资料　生殖细胞突变性　无资料

致癌性　无资料　　　生殖毒性　无资料

特异性靶器官系统毒性-一次接触　无资料

特异性靶器官系统毒性-反复接触　大鼠吸入 4.25g/m^3，每天 6h，15d，出现鼻刺激、嗜睡、血红蛋白降低、血红蛋白尿、卟啉尿

吸入危害　无资料

第十二部分　生态学信息

生态毒性　无资料

持久性和降解性

生物降解性　无资料

非生物降解性　无资料

潜在的生物累积性　无资料

土壤中的迁移性　无资料

第十三部分　废弃处置

废弃化学品　建议用焚烧法处置

污染包装物　将容器返还生产商或按照国家和地方法规处置

废弃注意事项　处置前应参阅国家和地方有关法规

第十四部分　运输信息

联合国危险货物编号（UN 号）　1993

联合国运输名称　易燃液体，未另作规定的（乙二醇异丙醚）

联合国危险性类别　3

包装类别　Ⅲ　　　　　　包装标志

海洋污染物　否

运输注意事项　运输时运输车辆应配备相应品种和数量的消防器材及泄漏应急处理设备。夏季最好早晚运输。运输时所用的槽（罐）车应有接地链，槽内可设孔隔板以减少震荡产生的静电。严禁与氧化剂、酸类、食用化学品等混装混运。运输途中应防暴晒、雨淋，防高温。中途停留时应远离火种、热源、高温区。装运该物品的车辆排气管必须配备阻火装置，禁止使用易产生火花的机械设备和工具装卸。公路运输时要按规定路线行驶，勿在居民区和人口稠密区停留。严禁用木船、水泥船散装运输

第十五部分　法规信息

下列法律、法规、规章和标准，对该化学品的管理作了相应的规定。

中华人民共和国职业病防治法　职业病分类和目录：未列入

危险化学品安全管理条例　危险化学品目录：列入。易制爆危险化学品名录：未列入。重点监管的危险化学品名录：未列入。GB 18218—2009《危险化学品重大危险源辨识》（表1）：未列入

使用有毒物品作业场所劳动保护条例　高毒物品目录：未列入

易制毒化学品管理条例　易制毒化学品的分类和品种目录：未列入

国际公约　斯德哥尔摩公约：未列入。鹿特丹公约：未列入。蒙特利尔议定书：未列入

第十六部分　其他信息

编写和修订信息　缩略语和首字母缩写

培训建议　　　　参考文献

免责声明

乙二酰氯

第一部分　化学品标识

化学品中文名　乙二酰氯；草酰氯；氯化乙二酰

化学品英文名　ethanedioyl chloride；oxalyl chloride

分子式　$C_2Cl_2O_2$　分子量　126.926

结构式　

化学品的推荐及限制用途　用于有机氯化物制备，也用于制作军用毒气

第二部分　危险性概述

紧急情况概述　吸入会中毒，造成严重的皮肤灼伤和眼损伤

GHS危险性类别　急性毒性-吸入，类别3；皮肤腐蚀/刺激，类别1；严重眼损伤/眼刺激，类别1

标签要素

象形图

警示词　危险

危险性说明　吸入会中毒，造成严重的皮肤灼伤和眼损伤

防范说明

　　预防措施　避免吸入蒸气、雾。仅在室外或通风良好处操作。避免接触眼睛、皮肤，操作后彻底清洗。戴防护手套，穿防护服，戴防护眼镜、防护面罩

　　事故响应　如吸入：将患者转移到空气新鲜处，休息，保持利于呼吸的体位，呼叫中毒控制中心或就医。皮肤（或头发）接触：立即脱掉所有被污染的衣服，用水冲洗皮肤，淋浴。污染的衣服洗净后方可重新使用。眼睛接触：用水细心地冲洗数分钟，立即呼叫中毒控制中心或就医。如戴隐形眼镜并可方便地取出，则取出隐形眼镜，继续冲洗。食入：漱口，不要催吐

　　安全储存　在通风良好处储存。保持容器密闭。上锁保管

　　废弃处置　本品及内装物、容器依据国家和地方法规处置

物理和化学危险　可燃。遇水剧烈反应，产生有毒气体

健康危害　具有强烈的刺激性，可引起皮肤和黏膜的严重灼伤。少量吸入，引起食欲减退，以后出现咳嗽、呼吸困难、易疲劳、腹泻、呕吐、头痛、气喘、视力减退等

环境危害　对环境可能有害

第三部分　成分/组成信息

√物质		混合物
组分	浓度	CAS No.
乙二酰氯		79-37-8

第四部分　急救措施

吸入　迅速脱离现场至空气新鲜处。保持呼吸道通畅。如呼吸困难，给输氧。呼吸、心跳停止，立即进行心肺复苏术。就医

皮肤接触　立即脱去污染的衣着，用大量流动清水彻底冲洗至少15min。就医

眼睛接触　立即分开眼睑，用流动清水或生理盐水彻底冲洗5～10min。就医

食入　用水漱口，禁止催吐。给饮牛奶或蛋清。就医

对保护施救者的忠告　根据需要使用个人防护设备

对医生的特别提示　对症处理

第五部分　消防措施

灭火剂　用干粉、二氧化碳、砂土灭火

特别危险性　可燃。遇高温（600℃以下）或与脱水剂（三氯化铝）共存时加热分解为剧毒的光气和一氧化碳。遇水分解生成盐酸和草酸。与钾-钠合金接触剧烈反应

灭火注意事项及防护措施　消防人员必须穿全身耐酸碱消防服、佩戴空气呼吸器灭火。尽可能将容器从火场移至空旷处。处在火场中的容器若已变色或从安全泄压装置中发出声音，必须马上撤离。禁止用水、泡沫和酸碱灭火剂灭火

第六部分　泄漏应急处理

作业人员防护措施、防护装备和应急处置程序　根据液体流动和蒸气扩散的影响区域划定警戒区，无关人员从侧风、上风向撤离至安全区。建议应急处理人员戴正压自给式呼吸器，穿防酸碱服。穿上适当的防护服前严禁接触破裂的容器和泄漏物。尽可能切断泄漏源

环境保护措施　防止泄漏物进入水体、下水道、地下室或有限空间

泄漏化学品的收容、清除方法及所使用的处置材料　小量泄漏：用干燥的砂土或其他不燃材料吸收或覆盖，收集于容器中。大量泄漏：构筑围堤或挖坑收容。用耐腐蚀泵转移至槽车或专用收集器内

第七部分　操作处置与储存

操作注意事项　密闭操作，局部排风。操作尽可能机械化、自动化。操作人员必须经过专门培训，严格遵守操作规程。建议操作人员佩戴自吸过滤式防毒面具（全面罩），穿橡胶耐酸碱服，戴橡胶耐酸碱手套。远离火种、热源，工作场所严禁吸烟。使用防爆型的通风系统和设备。避免产生烟雾。防止烟雾和蒸气释放到工作场所空气中。避免与碱类、醇类接触。尤其要注意避免与水接触。搬运时要轻装轻卸，防止包装及容器损坏。配备相应品种和数量的消防器材及泄漏应急处理设备。倒空的容器可能残留有害物

储存注意事项　储存于阴凉、干燥、通风良好的库房。远离火种、热源。保持容器密封。应与碱类、醇类等分开存放，切忌混储。储区应备有泄漏应急处理设备和合适的收容材料

第八部分　接触控制/个体防护

职业接触限值

　　中国　未制定标准

美国（ACGIH）　未制定标准

生物接触限值　未制定标准

监测方法　空气中有毒物质测定方法：未制定标准。生物监测检验方法：未制定标准

工程控制　密闭操作，局部排风。提供安全淋浴和洗眼设备

个体防护装备

呼吸系统防护　空气中浓度超标时，必须佩戴过滤式防毒面具（全面罩）。紧急事态抢救或撤离时，应该佩戴空气呼吸器

眼睛防护　呼吸系统防护中已作防护

皮肤和身体防护　穿橡胶耐酸碱服

手防护　戴橡胶耐酸碱手套

第九部分　理化特性

外观与性状　无色发烟液体，有刺激性气味

pH值　无资料		**熔点(℃)**　−12	
沸点(℃)　63～64		**相对密度(水＝1)**　1.49	

相对蒸气密度(空气＝1)　4.4

饱和蒸气压(kPa)　19.95（20℃）

临界压力(MPa)　无资料	**辛醇/水分配系数**　无资料
闪点(℃)　无意义	**自燃温度(℃)**　无意义
爆炸下限(%)　无意义	**爆炸上限(%)**　无意义
分解温度(℃)　无资料	**黏度(mPa·s)**　无资料
燃烧热(kJ/mol)　无资料	**临界温度(℃)**　无资料

溶解性　溶于乙醚、苯、氯仿

第十部分　稳定性和反应性

稳定性　稳定

危险反应　与碱类、水、醇类等禁配物发生反应。遇高温（600℃以下）或与脱水剂（三氯化铝）共存时加热分解为剧毒的光气和一氧化碳。遇水分解生成盐酸和草酸。与钾-钠合金接触剧烈反应

避免接触的条件　潮湿空气

禁配物　碱类、水、醇类

危险的分解产物　光气

第十一部分　毒理学信息

急性毒性　LC_{50}：1840ppm（大鼠吸入，1h）

皮肤刺激或腐蚀　无资料	**眼睛刺激或腐蚀**　无资料
呼吸或皮肤过敏　无资料	**生殖细胞突变性**　无资料
致癌性　无资料	**生殖毒性**　无资料

特异性靶器官系统毒性--一次接触　无资料

特异性靶器官系统毒性-反复接触　无资料

吸入危害　无资料

第十二部分　生态学信息

生态毒性　无资料

持久性和降解性

生物降解性　无资料

非生物降解性　无资料

潜在的生物累积性　无资料

土壤中的迁移性　无资料

第十三部分　废弃处置

废弃化学品　建议用焚烧法处置。与燃料混合后，再焚烧。焚烧炉排出的卤化氢通过酸洗涤器除去

污染包装物　将容器返还生产商或按照国家和地方法规处置

废弃注意事项　处置前应参阅国家和地方有关法规

第十四部分　运输信息

联合国危险货物编号（UN号）　2922

联合国运输名称　腐蚀性液体，毒性，未另作规定的（乙二酰氯）

联合国危险性类别　8，6.1

包装类别　—

包装标志　

海洋污染物　否

运输注意事项　起运时包装要完整，装载应稳妥。运输过程中要确保容器不泄漏、不倒塌、不坠落、不损坏。严禁与碱类、醇类、食用化学品等混装混运。运输时运输车辆应配备泄漏应急处理设备。运输途中应防暴晒、雨淋，防高温。公路运输时要按规定路线行驶，勿在居民区和人口稠密区停留

第十五部分　法规信息

下列法律、法规、规章和标准，对该化学品的管理作了相应的规定。

中华人民共和国职业病防治法　职业病分类和目录：未列入

危险化学品安全管理条例　危险化学品目录：列入。易制爆危险化学品名录：未列入。重点监管的危险化学品名录：未列入。GB 18218—2009《危险化学品重大危险源辨识》（表1）：未列入

使用有毒物品作业场所劳动保护条例　高毒物品目录：未列入

易制毒化学品管理条例　易制毒化学品的分类和品种目录：未列入

国际公约　斯德哥尔摩公约：未列入。鹿特丹公约：未列入。蒙特利尔议定书：未列入

第十六部分　其他信息

编写和修订信息　缩略语和首字母缩写

培训建议　参考文献

免责声明

2-乙基吡啶

第一部分　化学品标识

化学品中文名　2-乙基吡啶；α-乙基吡啶

化学品英文名　2-ethylpyridine；α-ethylpyridine

分子式　C_7H_9N　**分子量**　107.1531

结构式　

化学品的推荐及限制用途　用于有机合成

第二部分　危险性概述

紧急情况概述　易燃液体和蒸气
GHS危险性类别　易燃液体，类别3
标签要素

象形图　

警示词　警告
危险性说明　易燃液体和蒸气
防范说明

　　预防措施　远离热源、火花、明火、热表面。禁止吸烟。保持容器密闭。容器和接收设备接地连接。使用防爆型电器、通风、照明设备。只能使用不产生火花的工具。采取防止静电措施。戴防护手套、防护眼镜、防护面罩

　　事故响应　火灾时，使用雾状水、泡沫、干粉、二氧化碳、砂土灭火。如皮肤（或头发）接触：立即脱掉所有被污染的衣服，用水冲洗皮肤，淋浴

　　安全储存　存放在通风良好的地方。保持低温

　　废弃处置　本品及内装物、容器依据国家和地方法规处置

物理和化学危险　易燃，其蒸气与空气混合，能形成爆炸性混合物

健康危害　有毒。对眼睛、皮肤和黏膜有刺激作用。接触可引起头痛、恶心和呕吐等

环境危害　对环境可能有害

第三部分　成分/组成信息

√ 物质　　　　　　　　混合物

组分	浓度	CAS No.
2-乙基吡啶		100-71-0

第四部分　急救措施

吸入　迅速脱离现场至空气新鲜处。保持呼吸道通畅。如呼吸困难，给输氧。呼吸、心跳停止，立即进行心肺复苏术。就医

皮肤接触　立即脱去污染的衣着，用流动清水彻底冲洗。就医

眼睛接触　立即分开眼睑，用流动清水或生理盐水彻底冲洗。就医

食入　漱口，饮水。就医

对保护施救者的忠告　根据需要使用个人防护设备

对医生的特别提示　对症处理

第五部分　消防措施

灭火剂　用雾状水、泡沫、干粉、二氧化碳、砂土灭火

特别危险性　其蒸气与空气可形成爆炸性混合物，遇明火、高热能引起燃烧爆炸。与氧化剂能发生强烈反应。受高热分解放出有毒的气体。若遇高热，容器内压增大，有开裂和爆炸的危险

灭火注意事项及防护措施　消防人员必须佩戴防毒面具、穿全身消防服，在上风向灭火。尽可能将容器从火场移至空旷处。喷水保持火场容器冷却，直至灭火结束。处在火场中的容器若已变色或从安全泄压装置中发出声音，必须马上撤离

第六部分　泄漏应急处理

作业人员防护措施、防护装备和应急处置程序　根据液体流动和蒸气扩散的影响区域划定警戒区，无关人员从侧风、上风向撤离至安全区。消除所有点火源。建议应急处理人员戴正压自给式呼吸器，穿防毒、防静电服。作业时使用的所有设备应接地。禁止接触或跨越泄漏物。尽可能切断泄漏源

环境保护措施　防止泄漏物进入水体、下水道、地下室或有限空间

泄漏化学品的收容、清除方法及所使用的处置材料　小量泄漏：用砂土或其他不燃材料吸收。使用洁净的无火花工具收集吸收材料。大量泄漏：构筑围堤或挖坑收容。用泡沫覆盖，减少蒸发。喷水雾能减少蒸发，但不能降低泄漏物在有限空间内的易燃性。用防爆泵转移至槽车或专用收集器内

第七部分　操作处置与储存

操作注意事项　密闭操作，局部排风。防止蒸气泄漏到工作场所空气中。操作人员必须经过专门培训，严格遵守操作规程。建议操作人员佩戴自吸过滤式防毒面具（半面罩），戴化学安全防护眼镜，穿防毒物渗透工作服，戴橡胶手套。远离火种、热源，工作场所严禁吸烟。使用防爆型的通风系统和设备。在清除液体和蒸气前不能进行焊接、切割等作业。避免产生烟雾。避免与氧化剂、酸类接触。配备相应品种和数量的消防器材及泄漏应急处理设备。倒空的容器可能残留有害物

储存注意事项　储存于阴凉、通风的库房。远离火种、热源。防止阳光直射。库温不宜超过30℃。保持容器密封。应与氧化剂、酸类、食用化学品分开存放，切忌混储。采用防爆型照明、通风设施。禁止使用易产生火花的机械设备和工具。储区应备有泄漏应急处理设备和合适的收容材料

第八部分　接触控制/个体防护

职业接触限值

　　中国　未制定标准
　　美国（ACGIH）　未制定标准

生物接触限值　未制定标准

监测方法　空气中有毒物质测定方法：未制定标准。生物监测检验方法：未制定标准

工程控制　密闭操作，局部排风

个体防护装备

　　呼吸系统防护　空气中浓度超标时，必须佩戴过滤式

防毒面具（半面罩）。紧急事态抢救或撤离时，应该佩戴空气呼吸器

眼睛防护 戴化学安全防护眼镜

皮肤和身体防护 穿防毒物渗透工作服

手防护 戴橡胶手套

第九部分 理化特性

外观与性状 无色到淡黄色液体

pH 值 无资料　　　　熔点(℃) −63.1

沸点(℃) 149　　　　相对密度(水＝1) 0.9370

相对蒸气密度(空气＝1) 无资料

饱和蒸气压(kPa) 0.5（20℃）

临界压力(MPa) 无资料　辛醇/水分配系数 无资料

闪点(℃) 37　　　　自燃温度(℃) 无资料

爆炸下限(%) 无资料　爆炸上限(%) 无资料

分解温度(℃) 无资料　黏度(mPa·s) 无资料

燃烧热(kJ/mol) 无资料　临界温度(℃) 无资料

溶解性 溶于水，易溶于乙醚、丙酮，可混溶于乙醇

第十部分 稳定性和反应性

稳定性 稳定

危险反应 与强氧化剂、强酸等禁配物接触，有发生火灾和爆炸的危险

避免接触的条件 无资料

禁配物 强氧化剂、强酸

危险的分解产物 氮氧化物

第十一部分 毒理学信息

急性毒性 无资料

皮肤刺激或腐蚀 无资料　眼睛刺激或腐蚀 无资料

呼吸或皮肤过敏 无资料　生殖细胞突变性 无资料

致癌性 无资料　　　　生殖毒性 无资料

特异性靶器官系统毒性-一次接触 无资料

特异性靶器官系统毒性-反复接触 无资料

吸入危害 无资料

第十二部分 生态学信息

生态毒性 无资料

持久性和降解性

　生物降解性 无资料

　非生物降解性 无资料

潜在的生物累积性 无资料

土壤中的迁移性 无资料

第十三部分 废弃处置

废弃化学品 建议用焚烧法处置。在能利用的地方重复使用容器或在规定场所掩埋

污染包装物 将容器返还生产商或按照国家和地方法规处置

废弃注意事项 处置前应参阅国家和地方有关法规

第十四部分 运输信息

联合国危险货物编号（UN号） 1993

联合国运输名称 易燃液体，未另作规定的（2-乙基吡啶）

联合国危险性类别 3

包装类别 Ⅲ　　　　包装标志

海洋污染物 否

运输注意事项 运输前应先检查包装容器是否完整、密封，运输过程中要确保容器不泄漏、不倒塌、不坠落、不损坏。严禁与酸类、氧化剂、食品及食品添加剂混运。运输时运输车辆应配备相应品种和数量的消防器材及泄漏应急处理设备。运输途中应防暴晒、雨淋，防高温。运输时所用的槽（罐）车应有接地链，槽内可设孔隔板以减少震荡产生的静电。中途停留时应远离火种、热源。公路运输时要按规定路线行驶，勿在居民区和人口稠密区停留

第十五部分 法规信息

下列法律、法规、规章和标准，对该化学品的管理作了相应的规定。

中华人民共和国职业病防治法 职业病分类和目录：未列入

危险化学品安全管理条例 危险化学品目录：列入。易制爆危险化学品名录：未列入。重点监管的危险化学品名录：未列入。GB 18218—2009《危险化学品重大危险源辨识》（表1）：未列入

使用有毒物品作业场所劳动保护条例 高毒物品目录：未列入

易制毒化学品管理条例 易制毒化学品的分类和品种目录：未列入

国际公约 斯德哥尔摩公约：未列入。鹿特丹公约：未列入。蒙特利尔议定书：未列入

第十六部分 其他信息

编写和修订信息　　　缩略语和首字母缩写

培训建议　　　　　　参考文献

免责声明

3-乙基吡啶

第一部分 化学品标识

化学品中文名 3-乙基吡啶

化学品英文名 3-ethyl pyridine

分子式 C_7H_9N　分子量 107.1531

结构式

化学品的推荐及限制用途 用于有机合成

第二部分 危险性概述

紧急情况概述 易燃液体和蒸气

GHS 危险性类别 易燃液体，类别 3

标签要素

象形图

警示词 警告

危险性说明 易燃液体和蒸气

防范说明

预防措施 远离热源、火花、明火、热表面。禁止吸烟。保持容器密闭。容器和接收设备接地连接。使用防爆型电器、通风、照明设备。只能使用不产生火花的工具。采取防止静电措施。戴防护手套、防护眼镜、防护面罩

事故响应 火灾时，使用雾状水、泡沫、干粉、二氧化碳、砂土灭火。如皮肤（或头发）接触：立即脱掉所有被污染的衣服，用水冲洗皮肤，淋浴

安全储存 存放在通风良好的地方。保持低温

废弃处置 本品及内装物、容器依据国家和地方法规处置

物理和化学危险 易燃，其蒸气与空气混合，能形成爆炸性混合物

健康危害 有毒。对眼睛、皮肤和黏膜有刺激作用。接触可引起头痛、恶心和呕吐等

环境危害 对环境可能有害

第三部分 成分/组成信息

√ 物质   混合物

组分	浓度	CAS No.
3-乙基吡啶		536-78-7

第四部分 急救措施

吸入 迅速脱离现场至空气新鲜处。保持呼吸道通畅。如呼吸困难，给输氧。如呼吸、心跳停止，立即进行心肺复苏术。就医

皮肤接触 立即脱去污染的衣着，用流动清水彻底冲洗。就医

眼睛接触 立即分开眼睑，用流动清水或生理盐水彻底冲洗。就医

食入 漱口，饮水。就医

对保护施救者的忠告 根据需要使用个人防护设备

对医生的特别提示 对症处理

第五部分 消防措施

灭火剂 用雾状水、泡沫、干粉、二氧化碳、砂土灭火

特别危险性 其蒸气与空气可形成爆炸性混合物，遇明火、高热能引起燃烧爆炸。与氧化剂能发生强烈反应。受高热分解放出有毒的气体。若遇高热，容器内压增大，有开裂和爆炸的危险

灭火注意事项及防护措施 消防人员必须佩戴防毒面具、穿全身消防服，在上风向灭火。尽可能将容器从火场移至空旷处。喷水保持火场容器冷却，直至灭火结束。处在火场中的容器若已变色或从安全泄压装置中

发出声音，必须马上撤离

第六部分 泄漏应急处理

作业人员防护措施、防护装备和应急处置程序 根据液体流动和蒸气扩散的影响区域划定警戒区，无关人员从侧风向、上风向撤离至安全区。消除所有点火源。建议应急处理人员戴正压自给式呼吸器，穿防毒、防静电服。作业时使用的所有设备应接地。禁止接触或跨越泄漏物。尽可能切断泄漏源

环境保护措施 防止泄漏物进入水体、下水道、地下室或有限空间

泄漏化学品的收容、清除方法及所使用的处置材料 小量泄漏：用砂土或其他不燃材料吸收。使用洁净的无火花工具收集吸收材料。大量泄漏：构筑围堤或挖坑收容。用泡沫覆盖，减少蒸发。喷水雾能减少蒸发，但不能降低泄漏物在有限空间内的易燃性。用防爆泵转移至槽车或专用收集器内

第七部分 操作处置与储存

操作注意事项 密闭操作，局部排风。防止蒸气泄漏到工作场所空气中。操作人员必须经过专门培训，严格遵守操作规程。建议操作人员佩戴自吸过滤式防毒面具（半面罩），戴化学安全防护眼镜，穿防毒物渗透工作服，戴橡胶手套。远离火种、热源，工作场所严禁吸烟。使用防爆型的通风系统和设备。在清除液体和蒸气前不能进行焊接、切割等作业。避免产生烟雾。避免与氧化剂、酸类接触。配备相应品种和数量的消防器材及泄漏应急处理设备。倒空的容器可能残留有害物

储存注意事项 储存于阴凉、通风的库房。远离火种、热源。防止阳光直射。库温不宜超过30℃。保持容器密封。应与氧化剂、酸类、食用化学品分开存放，切忌混储。采用防爆型照明、通风设施。禁止使用易产生火花的机械设备和工具。储区应备有泄漏应急处理设备和合适的收容材料

第八部分 接触控制/个体防护

职业接触限值

中国 未制定标准

美国（ACGIH） 未制定标准

生物接触限值 未制定标准

监测方法 空气中有毒物质测定方法：未制定标准。生物监测检验方法：未制定标准

工程控制 密闭操作，局部排风

个体防护装备

呼吸系统防护 空气中浓度超标时，必须佩戴过滤式防毒面具（半面罩）。紧急事态抢救或撤离时，应该佩戴空气呼吸器

眼睛防护 戴化学安全防护眼镜

皮肤和身体防护 穿防毒物渗透工作服

手防护 戴橡胶手套

第九部分 理化特性

外观与性状 无色至棕色液体

pH 值　无资料　　　　熔点(℃)　−76.9

沸点(℃)　165（101.3kPa）

相对密度(水＝1)　0.9539（0℃）

相对蒸气密度(空气＝1)　无资料

饱和蒸气压(kPa)　无资料

临界压力(MPa)　无资料　　辛醇/水分配系数　无资料

闪点(℃)　49　　　　　自燃温度(℃)　无资料

爆炸下限(%)　无资料　　爆炸上限(%)　无资料

分解温度(℃)　无资料　　黏度(mPa·s)　无资料

燃烧热(kJ/mol)　无资料　临界温度(℃)　无资料

溶解性　溶于水、乙醇、乙醚，易溶于丙酮

第十部分　稳定性和反应性

稳定性　稳定

危险反应　与强氧化剂、强酸等禁配物接触，有发生火灾
　　和爆炸的危险

避免接触的条件　无资料

禁配物　强氧化剂、强酸

危险的分解产物　氮氧化物

第十一部分　毒理学信息

急性毒性　无资料

皮肤刺激或腐蚀　无资料　　眼睛刺激或腐蚀　无资料

呼吸或皮肤过敏　无资料　　生殖细胞突变性　无资料

致癌性　无资料　　　　　生殖毒性　无资料

特异性靶器官系统毒性--一次接触　无资料

特异性靶器官系统毒性-反复接触　无资料

吸入危害　无资料

第十二部分　生态学信息

生态毒性　无资料

持久性和降解性

　　生物降解性　无资料

　　非生物降解性　无资料

潜在的生物累积性　无资料

土壤中的迁移性　无资料

第十三部分　废弃处置

废弃化学品　建议用焚烧法处置。在能利用的地方重复使
　　用容器或在规定场所掩埋

污染包装物　将容器返还生产商或按照国家和地方法规
　　处置

废弃注意事项　处置前应参阅国家和地方有关法规

第十四部分　运输信息

联合国危险货物编号（UN 号）　1993

联合国运输名称　易燃液体，未另作规定的（3-乙基
　　吡啶）

联合国危险性类别　3

包装类别　Ⅲ　　　　　包装标志　

海洋污染物　否

运输注意事项　运输前应先检查包装容器是否完整、密
　　封，运输过程中要确保容器不泄漏、不倒塌、不坠
　　落、不损坏。严禁与酸类、氧化剂、食品及食品添加
　　剂混运。运输时运输车辆应配备相应品种和数量的消
　　防器材及泄漏应急处理设备。运输途中应防暴晒、雨
　　淋，防高温。运输时所用的槽（罐）车应有接地链，
　　槽内可设孔隔板以减少震荡产生的静电。中途停留时
　　应远离火种、热源。公路运输时要按规定路线行驶，
　　勿在居民区和人口稠密区停留

第十五部分　法规信息

下列法律、法规、规章和标准，对该化学品的管理作
了相应的规定。

中华人民共和国职业病防治法　职业病分类和目录：未
　　列入

危险化学品安全管理条例　危险化学品目录：列入。易制
　　爆危险化学品名录：未列入。重点监管的危险化学品
　　名录：未列入。GB 18218—2009《危险化学品重大
　　危险源辨识》（表 1）：未列入

使用有毒物品作业场所劳动保护条例　高毒物品目录：未
　　列入

易制毒化学品管理条例　易制毒化学品的分类和品种目
　　录：未列入

国际公约　斯德哥尔摩公约：未列入。鹿特丹公约：未列
　　入。蒙特利尔议定书：未列入

第十六部分　其他信息

编写和修订信息　　　　缩略语和首字母缩写

培训建议　　　　　　　参考文献

免责声明

4-乙基吡啶

第一部分　化学品标识

化学品中文名　4-乙基吡啶；γ-乙基吡啶

化学品英文名　4-ethylpyridine；γ-ethylpyridine

分子式　C_7H_9N　分子量　107.1531

结构式　

化学品的推荐及限制用途　用于药物、杀虫剂制备，用于
　　有机合成及制造吡啶衍生物

第二部分　危险性概述

紧急情况概述　易燃液体和蒸气

GHS 危险性类别　易燃液体，类别 3

标签要素

象形图　

警示词　警告

危险性说明　易燃液体和蒸气

防范说明

    预防措施　远离热源、火花、明火、热表面。禁止吸烟。保持容器密闭。容器和接收设备接地连接。使用防爆型电器、通风、照明设备。只能使用不产生火花的工具。采取防止静电措施。戴防护手套、防护眼镜、防护面罩

    事故响应　火灾时，使用雾状水、泡沫、干粉、二氧化碳、砂土灭火。如皮肤（或头发）接触：立即脱掉所有被污染的衣服，用水冲洗皮肤，淋浴

    安全储存　存放在通风良好的地方。保持低温

    废弃处置　本品及内装物、容器依据国家和地方法规处置

物理和化学危险　易燃，其蒸气与空气混合，能形成爆炸性混合物

健康危害　有毒。对眼睛、皮肤和黏膜有刺激作用。接触可引起头痛、恶心和呕吐等

环境危害　对环境可能有害

第三部分　成分/组成信息

    √ 物质　　　　　　　　　混合物

组分	浓度	CAS No.
4-乙基吡啶		536-75-4

第四部分　急救措施

吸入　迅速脱离现场至空气新鲜处。保持呼吸道通畅。如呼吸困难，给输氧。如呼吸、心跳停止，立即进行心肺复苏术。就医

皮肤接触　立即脱去污染的衣着，用流动清水彻底冲洗。就医

眼睛接触　立即分开眼睑，用流动清水或生理盐水彻底冲洗。就医

食入　漱口，饮水。就医

对保护施救者的忠告　根据需要使用个人防护设备

对医生的特别提示　对症处理

第五部分　消防措施

灭火剂　用雾状水、泡沫、干粉、二氧化碳、砂土灭火

特别危险性　其蒸气与空气可形成爆炸性混合物，遇明火、高热能引起燃烧爆炸。与氧化剂能发生强烈反应。受高热分解放出有毒的气体。若遇高热，容器内压增大，有开裂和爆炸的危险

灭火注意事项及防护措施　消防人员必须佩戴防毒面具、穿全身消防服，在上风向灭火。尽可能将容器从火场移至空旷处。喷水保持火场容器冷却，直至灭火结束。处在火场中的容器若已变色或从安全泄压装置中发出声音，必须马上撤离

第六部分　泄漏应急处理

作业人员防护措施、防护装备和应急处置程序　根据液体流动和蒸气扩散的影响区域划定警戒区，无关人员从侧风向、上风向撤离至安全区。消除所有点火源。建议应急处理人员戴正压自给式呼吸器，穿防毒、防静电服。作业时使用的所有设备应接地。禁止接触或跨越泄漏物。尽可能切断泄漏源

环境保护措施　防止泄漏物进入水体、下水道、地下室或有限空间

泄漏化学品的收容、清除方法及所使用的处置材料　小量泄漏：用砂土或其他不燃材料吸收。使用洁净的无火花工具收集吸收材料。大量泄漏：构筑围堤或挖坑收容。用泡沫覆盖，减少蒸发。喷水雾能减少蒸发，但不能降低泄漏物在有限空间内的易燃性。用防爆泵转移至槽车或专用收集器内

第七部分　操作处置与储存

操作注意事项　密闭操作，局部排风。防止蒸气泄漏到工作场所空气中。操作人员必须经过专门培训，严格遵守操作规程。建议操作人员佩戴自吸过滤式防毒面具（半面罩），戴化学安全防护眼镜，穿防毒物渗透工作服，戴橡胶手套。远离火种、热源，工作场所严禁吸烟。使用防爆型的通风系统和设备。在清除液体和蒸气前不能进行焊接、切割等作业。避免产生烟雾。避免与氧化剂、酸类接触。配备相应品种和数量的消防器材及泄漏应急处理设备。倒空的容器可能残留有害物

储存注意事项　储存于阴凉、通风的库房。远离火种、热源。防止阳光直射。库温不宜超过30℃。保持容器密封。应与氧化剂、酸类、食用化学品分开存放，切忌混储。采用防爆型照明、通风设施。禁止使用易产生火花的机械设备和工具。储区应备有泄漏应急处理设备和合适的收容材料

第八部分　接触控制/个体防护

职业接触限值

    中国　未制定标准

    美国（ACGIH）　未制定标准

生物接触限值　未制定标准

监测方法　空气中有毒物质测定方法：未制定标准。生物监测检验方法：未制定标准

工程控制　密闭操作，局部排风

个体防护装备

    呼吸系统防护　空气中浓度超标时，必须佩戴过滤式防毒面具（半面罩）。紧急事态抢救或撤离时，应该佩戴空气呼吸器

    眼睛防护　戴化学安全防护眼镜

    皮肤和身体防护　穿防毒物渗透工作服

    手防护　戴橡胶手套

第九部分　理化特性

外观与性状　无色至黄色油状液体

pH值　无资料	**熔点（℃）**　-90.5	
沸点（℃）　$164\sim170$	**相对密度（水=1）**　0.942	
相对蒸气密度（空气=1）　无资料		
饱和蒸气压（kPa）　无资料		
临界压力（MPa）　无资料	**辛醇/水分配系数**　无资料	
闪点（℃）　47	**自燃温度（℃）**　无资料	

爆炸下限(%)　无资料　　爆炸上限(%)　无资料
分解温度(℃)　无资料　　黏度(mPa·s)　无资料
燃烧热(kJ/mol)　无资料　临界温度(℃)　无资料
溶解性　溶于水、乙醇、乙醚

第十部分　稳定性和反应性

稳定性　稳定
危险反应　与强氧化剂、强酸等禁配物接触，有发生火灾
　　和爆炸的危险
避免接触的条件　无资料
禁配物　强氧化剂、强酸
危险的分解产物　氮氧化物

第十一部分　毒理学信息

急性毒性　无资料
皮肤刺激或腐蚀　无资料　　眼睛刺激或腐蚀　无资料
呼吸或皮肤过敏　无资料　　生殖细胞突变性　无资料
致癌性　无资料　　　　　　生殖毒性　无资料
特异性靶器官系统毒性-一次接触　无资料
特异性靶器官系统毒性-反复接触　无资料
吸入危害　无资料

第十二部分　生态学信息

生态毒性　无资料
持久性和降解性
　　生物降解性　无资料
　　非生物降解性　无资料
潜在的生物累积性　无资料
土壤中的迁移性　无资料

第十三部分　废弃处置

废弃化学品　建议用焚烧法处置。在能利用的地方重复使
　　用容器或在规定场所掩埋
污染包装物　将容器返还生产商或按照国家和地方法规
　　处置
废弃注意事项　处置前应参阅国家和地方有关法规

第十四部分　运输信息

联合国危险货物编号（UN号）　1993
联合国运输名称　易燃液体，未另作规定的（4-乙基
　　吡啶）
联合国危险性类别　3

包装类别　Ⅲ　　　　　　包装标志　

海洋污染物　否
运输注意事项　运输前应先检查包装容器是否完整、密
　　封，运输过程中要确保容器不泄漏、不倒塌、不坠
　　落、不损坏。严禁与酸类、氧化剂、食品及食品添加
　　剂混运。运输时运输车辆应配备相应品种和数量的消
　　防器材及泄漏应急处理设备。运输途中应防暴晒、雨
　　淋，防高温。运输时所用的槽（罐）车应有接地链，

槽内可设孔隔板以减少震荡产生的静电。中途停留时
应远离火种、热源。公路运输时要按规定路线行驶，
勿在居民区和人口稠密区停留

第十五部分　法规信息

下列法律、法规、规章和标准，对该化学品的管理作
了相应的规定。
中华人民共和国职业病防治法　职业病分类和目录：未
　　列入
危险化学品安全管理条例　危险化学品目录：列入。易制
　　爆危险化学品名录：未列入。重点监管的危险化学品
　　名录：未列入。GB 18218—2009《危险化学品重大
　　危险源辨识》（表1）：未列入
使用有毒物品作业场所劳动保护条例　高毒物品目录：未
　　列入
易制毒化学品管理条例　易制毒化学品的分类和品种目
　　录：未列入
国际公约　斯德哥尔摩公约：未列入。鹿特丹公约：未列
　　入。蒙特利尔议定书：未列入

第十六部分　其他信息

编写和修订信息　　　缩略语和首字母缩写
培训建议　　　　　　参考文献
免责声明

2-乙基丁醇

第一部分　化学品标识

化学品中文名　2-乙基丁醇
化学品英文名　2-ethylbutyl alcohol；2-ethyl butanol
分子式　$C_6H_{14}O$　分子量　102.1748
结构式　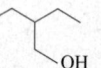
化学品的推荐及限制用途　用作溶剂，用于有机合成

第二部分　危险性概述

紧急情况概述　易燃液体和蒸气，吞咽有害，皮肤接触
　　有害
GHS危险性类别　易燃液体，类别3；急性毒性-经口，
　　类别4；急性毒性-经皮，类别4
标签要素

象形图　

警示词　警告
危险性说明　易燃液体和蒸气，吞咽有害，皮肤接触
　　有害
防范说明
　　预防措施　远离热源、火花、明火、热表面。保持
　　　　容器密闭。容器和接收设备接地连接。使用防
　　　　爆型电器、通风、照明设备。只能使用不产生
　　　　火花的工具。采取防止静电措施。戴防护手

套、防护眼镜、防护面罩，穿防护服。避免接触眼睛、皮肤，操作后彻底清洗。作业场所不得进食、饮水或吸烟

事故响应 火灾时，使用雾状水、泡沫、干粉、二氧化碳、砂土灭火。皮肤接触：用大量肥皂水和水清洗，如感觉不适，呼叫中毒控制中心或就医。被污染的衣服必须经洗净后方可重新使用。食入：如果感觉不适，立即呼叫中毒控制中心或就医，漱口

安全储存 存放在通风良好的地方。保持低温

废弃处置 本品及内装物、容器依据国家和地方法规处置

物理和化学危险 易燃，其蒸气与空气混合，能形成爆炸性混合物

健康危害 吸入、摄入或经皮肤吸收，对机体有害。对皮肤有刺激性。对眼有强烈刺激作用，接触后引起眼损害

环境危害 对环境可能有害

第三部分　成分/组成信息

√ 物质　　　　　　　　　混合物

组分	浓度	CAS No.
2-乙基丁醇		97-95-0

第四部分　急救措施

吸入 迅速脱离现场至空气新鲜处。保持呼吸道通畅。如呼吸困难，给输氧。呼吸、心跳停止，立即进行心肺复苏术。就医

皮肤接触 立即脱去污染的衣着，用流动清水彻底冲洗。就医

眼睛接触 立即分开眼睑，用流动清水或生理盐水彻底冲洗。就医

食入 漱口，饮水。就医

对保护施救者的忠告 根据需要使用个人防护设备

对医生的特别提示 对症处理

第五部分　消防措施

灭火剂 用雾状水、泡沫、干粉、二氧化碳、砂土灭火

特别危险性 其蒸气与空气可形成爆炸性混合物，遇明火、高热能引起燃烧爆炸。与氧化剂可发生反应。受热放出辛辣的烟气。蒸气比空气重，沿地面扩散并易积存于低洼处，遇火源会着火回燃。若遇高热，容器内压增大，有开裂和爆炸的危险

灭火注意事项及防护措施 消防人员必须佩戴防毒面具、穿全身消防服，在上风向灭火。尽可能将容器从火场移至空旷处。喷水保持火场容器冷却，直至灭火结束。处在火场中的容器若已变色或从安全泄压装置中发出声音，必须马上撤离

第六部分　泄漏应急处理

作业人员防护措施、防护装备和应急处置程序 消除所有点火源。根据液体流动和蒸气扩散的影响区域划定警戒区，无关人员从侧风、上风向撤离至安全区。建议应急处理人员戴正压自给式呼吸器，穿防毒、防静电服。作业时使用的所有设备应接地。禁止接触或跨越泄漏物。尽可能切断泄漏源

环境保护措施 防止泄漏物进入水体、下水道、地下室或有限空间

泄漏化学品的收容、清除方法及所使用的处置材料 小量泄漏：用砂土或其他不燃材料吸收。使用洁净的无火花工具收集吸收材料。大量泄漏：构筑围堤或挖坑收容。用粉煤灰或石灰粉吸收大量液体。用抗溶性泡沫覆盖，减少蒸发。喷水雾能减少蒸发，但不能降低泄漏物在有限空间内的易燃性。用防爆泵转移至槽车或专用收集器内

第七部分　操作处置与储存

操作注意事项 密闭操作，全面通风。操作人员必须经过专门培训，严格遵守操作规程。建议操作人员佩戴自吸过滤式防毒面具（全面罩），穿胶布防毒衣，戴橡胶手套。远离火种、热源，工作场所严禁吸烟。使用防爆型的通风系统和设备。防止蒸气泄漏到工作场所空气中。避免与氧化剂、酸类接触。充装要控制流速，防止静电积聚。搬运时要轻装轻卸，防止包装及容器损坏。配备相应品种和数量的消防器材及泄漏应急处理设备。倒空的容器可能残留有害物

储存注意事项 储存于阴凉、通风的库房。库温不宜超过37℃，远离火种、热源。应与氧化剂、酸类、食用化学品分开存放，切忌混储。采用防爆型照明、通风设施。禁止使用易产生火花的机械设备和工具。储区应备有泄漏应急处理设备和合适的收容材料

第八部分　接触控制/个体防护

职业接触限值

中国　未制定标准

美国（ACGIH）　未制定标准

生物接触限值 未制定标准

监测方法 空气中有毒物质测定方法：未制定标准。生物监测检验方法：未制定标准

工程控制 生产过程密闭，全面通风。提供安全淋浴和洗眼设备

个体防护装备

呼吸系统防护　空气中浓度超标时，必须佩戴过滤式防毒面具（全面罩）。紧急事态抢救或撤离时，应该佩戴空气呼吸器

眼睛防护　呼吸系统防护中已作防护

皮肤和身体防护　穿密闭型防毒服

手防护　戴橡胶手套

第九部分　理化特性

外观与性状	无色液体	**pH 值**	无资料
熔点（℃）	－15	**沸点（℃）**	146
相对密度（水=1）	0.83		
相对蒸气密度（空气=1）	3.4		
饱和蒸气压（kPa）	0.12（20℃）		
临界压力（MPa）	无资料	**辛醇/水分配系数**	无资料
闪点（℃）	58	**自燃温度（℃）**	304

爆炸下限(%)　1.9	爆炸上限(%)　8.8
分解温度(℃)　无资料	黏度(mPa·s)　5.63（20℃）
燃烧热(kJ/mol)　无资料	临界温度(℃)　无资料

溶解性　微溶于水，可混溶于乙醇、乙醚

第十部分　稳定性和反应性

稳定性　稳定

危险反应　与强氧化剂、强酸等禁配物接触，有发生火灾和爆炸的危险

避免接触的条件　无资料

禁配物　强氧化剂、强酸

危险的分解产物　无资料

第十一部分　毒理学信息

急性毒性　LD_{50}：1850mg/kg（大鼠经口）；1200mg/kg（兔经口）；1046mg/kg（兔经皮）

皮肤刺激或腐蚀　家兔经皮415mg，轻度刺激（开放性刺激试验）；250μg，重度刺激

眼睛刺激或腐蚀　无资料　呼吸或皮肤过敏　无资料

生殖细胞突变性　无资料　致癌性　无资料

生殖毒性　无资料

特异性靶器官系统毒性-一次接触　无资料

特异性靶器官系统毒性-反复接触　无资料

吸入危害　无资料

第十二部分　生态学信息

生态毒性　无资料

持久性和降解性

　　生物降解性　无资料

　　非生物降解性　无资料

潜在的生物累积性　无资料

土壤中的迁移性　无资料

第十三部分　废弃处置

废弃处置方法　建议用焚烧法处置

污染包装物　将容器返还生产商或按照国家和地方法规处置

废弃注意事项　处置前应参阅国家和地方有关法规

第十四部分　运输信息

联合国危险货物编号（UN号）　2275

联合国运输名称　2-乙基丁醇

联合国危险性类别　3

包装类别　Ⅲ　　　　包装标志

海洋污染物　否

运输注意事项　运输时运输车辆应配备相应品种和数量的消防器材及泄漏应急处理设备。夏季最好早晚运输。运输时所用的槽（罐）车应有接地链，槽内可设孔隔板以减少震荡产生的静电。严禁与氧化剂、酸类、食用化学品等混装混运。运输途中应防暴晒、雨淋、防

高温。中途停留时应远离火种、热源、高温区。装运该物品的车辆排气管必须配备阻火装置，禁止使用易产生火花的机械设备和工具装卸。公路运输时要按规定路线行驶。铁路运输时要禁止溜放。严禁用木船、水泥船散装运输

第十五部分　法规信息

下列法律、法规、规章和标准，对该化学品的管理作了相应的规定。

中华人民共和国职业病防治法　职业病分类和目录：未列入

危险化学品安全管理条例　危险化学品目录：列入。易制爆危险化学品名录：未列入。重点监管的危险化学品名录：未列入。GB 18218—2009《危险化学品重大危险源辨识》（表1）：未列入

使用有毒物品作业场所劳动保护条例　高毒物品目录：未列入

易制毒化学品管理条例　易制毒化学品的分类和品种目录：未列入

国际公约　斯德哥尔摩公约：未列入。鹿特丹公约：未列入。蒙特利尔议定书：未列入

第十六部分　其他信息

编写和修订信息　　　缩略语和首字母缩写

培训建议　　　　　　参考文献

免责声明

2-乙基丁醛

第一部分　化学品标识

化学品中文名　2-乙基丁醛；二乙基乙醛

化学品英文名　2-ethylbutyraldehyde；diethylacetaldehyde

分子式　$C_6H_{12}O$　分子量　100.1589

结构式　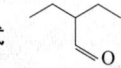

化学品的推荐及限制用途　用作有机合成中间体

第二部分　危险性概述

紧急情况概述　高度易燃液体和蒸气，吞咽可能有害，皮肤接触可能有害，造成轻微皮肤刺激

GHS危险性类别　易燃液体，类别2；急性毒性-经口，类别5；急性毒性-经皮，类别5；皮肤腐蚀/刺激，类别3

标签要素

象形图　

警示词　危险

危险性说明　高度易燃液体和蒸气，吞咽可能有害，皮肤接触可能有害，造成轻微皮肤刺激

防范说明

　　预防措施　远离热源、火花、明火、热表面。禁止

吸烟。保持容器密闭。容器和接收设备接地连接。使用防爆型电器、通风、照明设备。只能使用不产生火花的工具。采取防止静电措施。戴防护手套、防护眼镜、防护面罩

事故响应　火灾时，使用雾状水、泡沫、干粉、二氧化碳、砂土灭火。如皮肤（或头发）接触：立即脱掉所有被污染的衣服，用水冲洗皮肤，淋浴。如发生皮肤刺激，就医。如果感觉不适，呼叫中毒控制中心或就医

安全储存　存放在通风良好的地方。保持低温

废弃处置　本品及内装物、容器依据国家和地方法规处置

物理和化学危险　易燃，其蒸气与空气混合，能形成爆炸性混合物

健康危害　本品对皮肤有刺激作用。其蒸气或雾对眼睛、上呼吸道黏膜有刺激作用

环境危害　对环境可能有害

第三部分　成分/组成信息

√ 物质　　　　　　　　混合物

组分	浓度	CAS No.
2-乙基丁醛		97-96-1

第四部分　急救措施

吸入　迅速脱离现场至空气新鲜处。保持呼吸道通畅。如呼吸困难，给输氧。呼吸、心跳停止，立即进行心肺复苏术。就医

皮肤接触　立即脱去污染的衣着，用流动清水彻底冲洗。就医

眼睛接触　立即分开眼睑，用流动清水或生理盐水彻底冲洗。就医

食入　漱口，饮水。就医

对保护施救者的忠告　根据需要使用个人防护设备

对医生的特别提示　对症处理

第五部分　消防措施

灭火剂　用雾状水、泡沫、干粉、二氧化碳、砂土灭火

特别危险性　其蒸气与空气可形成爆炸性混合物，遇明火、高热极易燃烧爆炸。与氧化剂接触猛烈反应。容易自聚，聚合反应随着温度的上升而急骤加剧。蒸气比空气重，沿地面扩散并易积存于低洼处，遇火源会着火回燃。若遇高热，容器内压增大，有开裂和爆炸的危险

灭火注意事项及防护措施　消防人员必须佩戴防毒面具、穿全身消防服，在上风向灭火。尽可能将容器从火场移至空旷处。喷水保持火场容器冷却，直至灭火结束。处在火场中的容器若已变色或从安全泄压装置中发出声音，必须马上撤离

第六部分　泄漏应急处理

作业人员防护措施、防护装备和应急处理程序　消除所有点火源。根据液体流动和蒸气扩散的影响区域划定警戒区，无关人员从侧风、上风向撤离至安全区。建议应急处理人员戴正压自给式呼吸器，穿防静电服。作业时使用的所有设备应接地。禁止接触或跨越泄漏物。尽可能切断泄漏源

环境保护措施　防止泄漏物进入水体、下水道、地下室或有限空间

泄漏化学品的收容、清除方法及所使用的处置材料　小量泄漏：用砂土或其他不燃材料吸收。使用洁净的无火花工具收集吸收材料。大量泄漏：构筑围堤或挖坑收容。用粉煤灰或石灰粉吸收大量液体。用泡沫覆盖，减少蒸发。喷水雾能减少蒸发，但不能降低泄漏物在有限空间内的易燃性。用防爆泵转移至槽车或专用收集器内

第七部分　操作处置与储存

操作注意事项　密闭操作，全面排风。操作人员必须经过专门培训，严格遵守操作规程。建议操作人员佩戴自吸过滤式防毒面具（半面罩），戴化学安全防护眼镜，穿防静电工作服，戴橡胶手套。远离火种、热源，工作场所严禁吸烟。使用防爆型的通风系统和设备。防止蒸气泄漏到工作场所空气中。避免与氧化剂、还原剂、碱类接触。搬运时要轻装轻卸，防止包装及容器损坏。配备相应品种和数量的消防器材及泄漏应急处理设备。倒空的容器可能残留有害物

储存注意事项　储存于阴凉、通风的库房。远离火种、热源。库温不宜超过37℃，包装要求密封，不可与空气接触。应与氧化剂、还原剂、碱类等分开存放，切忌混储。采用防爆型照明、通风设施。禁止使用易产生火花的机械设备和工具。储区应备有泄漏应急处理设备和合适的收容材料

第八部分　接触控制/个体防护

职业接触限值

中国　未制定标准

美国（ACGIH）　未制定标准

生物接触限值　未制定标准

监测方法　空气中有毒物质测定方法：未制定标准。生物监测检验方法：未制定标准

工程控制　密闭操作，全面排风

个体防护装备

呼吸系统防护　空气中浓度超标时，必须佩戴过滤式防毒面具（半面罩）。紧急事态抢救或撤离时，应该佩戴空气呼吸器

眼睛防护　戴化学安全防护眼镜

皮肤和身体防护　穿防静电工作服

手防护　戴橡胶手套

第九部分　理化特性

外观与性状　无色液体　　**pH值**　无资料

熔点(℃)　−89　　　　　**沸点(℃)**　117

相对密度(水＝1)　0.811

相对蒸气密度(空气＝1)　3.45

饱和蒸气压(kPa)　1.82（20℃）

临界压力(MPa)　无资料　**辛醇/水分配系数**　无资料

闪点(℃)	21.11	自燃温度(℃)	无资料
爆炸下限(%)	1.2	爆炸上限(%)	7.7
分解温度(℃)	无资料	黏度(mPa·s)	无资料
燃烧热(kJ/mol)	无资料	临界温度(℃)	无资料

溶解性　不溶于水，可混溶于醇、醚

第十部分　稳定性和反应性

稳定性　稳定

危险反应　与强氧化剂、强碱、强还原剂等禁配物接触，有发生火灾和爆炸的危险。容易发生自聚反应

避免接触的条件　受热

禁配物　强氧化剂、强碱、强还原剂

危险的分解产物　无资料

第十一部分　毒理学信息

急性毒性　LD$_{50}$：3980mg/kg（大鼠经口）；4852mg/kg（兔经皮）

皮肤刺激或腐蚀	无资料	眼睛刺激或腐蚀	无资料
呼吸或皮肤过敏	无资料	生殖细胞突变性	无资料
致癌性	无资料	生殖毒性	无资料

特异性靶器官系统毒性-一次接触　无资料

特异性靶器官系统毒性-反复接触　无资料

吸入危害　无资料

第十二部分　生态学信息

生态毒性　无资料

持久性和降解性

　　生物降解性　无资料

　　非生物降解性　无资料

潜在的生物累积性　无资料

土壤中的迁移性　无资料

第十三部分　废弃处置

废弃化学品　建议用焚烧法处置

污染包装物　将容器返还生产商或按照国家和地方法规处置

废弃注意事项　处置前应参阅国家和地方有关法规

第十四部分　运输信息

联合国危险货物编号（UN号）　1178

联合国运输名称　2-乙基丁醛

联合国危险性类别　3

包装类别　Ⅱ　　　　**包装标志**　

海洋污染物　否

运输注意事项　运输时运输车辆应配备相应品种和数量的消防器材及泄漏应急处理设备。夏季最好早晚运输。运输时所用的槽（罐）车应有接地链，槽内可设孔隔板以减少震荡产生的静电。严禁与氧化剂、还原剂、碱类、食用化学品等混装混运。运输途中应防暴晒、雨淋，防高温。中途停留时应远离火种、热源、高温

区。装运该物品的车辆排气管必须配备阻火装置，禁止使用易产生火花的机械设备和工具装卸。公路运输时要按规定路线行驶。铁路运输时要禁止溜放。严禁用木船、水泥船散装运输

第十五部分　法规信息

下列法律、法规、规章和标准，对该化学品的管理作了相应的规定。

中华人民共和国职业病防治法　职业病分类和目录：未列入

危险化学品安全管理条例　危险化学品目录：列入。易制爆危险化学品名录：未列入。重点监管的危险化学品名录：未列入。GB 18218—2009《危险化学品重大危险源辨识》（表1）：未列入

使用有毒物品作业场所劳动保护条例　高毒物品目录：未列入

易制毒化学品管理条例　易制毒化学品的分类和品种目录：未列入

国际公约　斯德哥尔摩公约：未列入。鹿特丹公约：未列入。蒙特利尔议定书：未列入

第十六部分　其他信息

编写和修订信息	缩略语和首字母缩写
培训建议	参考文献
免责声明	

2-乙基-1-丁烯

第一部分　化学品标识

化学品中文名　2-乙基-1-丁烯；不对称二乙基乙烯

化学品英文名　2-ethyl-1-butene；3-methylenepentane

分子式　C$_6$H$_{12}$　**分子量**　84.1595

结构式　

化学品的推荐及限制用途　用于有机合成

第二部分　危险性概述

紧急情况概述　高度易燃液体和蒸气

GHS危险性类别　易燃液体，类别2

标签要素

象形图　

警示词　危险

危险性说明　高度易燃液体和蒸气

防范说明

　　预防措施　远离热源、火花、明火、热表面。禁止吸烟。保持容器密闭。容器和接收设备接地连接。使用防爆型电器、通风、照明设备。只能使用不产生火花的工具。采取防止静电措施。戴防护手套、防护眼镜、防护面罩

　　事故响应　火灾时，使用泡沫、干粉、二氧化碳、砂土灭火。如皮肤（或头发）接触：立即脱掉

所有被污染的衣服，用水冲洗皮肤，淋浴

安全储存 存放在通风良好的地方。保持低温

废弃处置 本品及内装物、容器依据国家和地方法规处置

物理和化学危险 极易燃，其蒸气与空气混合，能形成爆炸性混合物

健康危害 对眼睛、皮肤、黏膜和上呼吸道有刺激作用

环境危害 对环境可能有害

第三部分　成分/组成信息

√ 物质　　　　　　　　　混合物

组分　　　**浓度**　　　**CAS No.**

2-乙基-1-丁烯　　　　　760-21-4

第四部分　急救措施

吸入 迅速脱离现场至空气新鲜处。保持呼吸道通畅。如呼吸困难，给输氧。呼吸、心跳停止，立即进行心肺复苏术。就医

皮肤接触 立即脱去污染的衣着，用流动清水彻底冲洗。就医

眼睛接触 立即分开眼睑，用流动清水或生理盐水彻底冲洗。就医

食入 漱口，饮水。就医

对保护施救者的忠告 根据需要使用个人防护设备

对医生的特别提示 对症处理

第五部分　消防措施

灭火剂 用泡沫、干粉、二氧化碳、砂土灭火

特别危险性 其蒸气与空气可形成爆炸性混合物，遇明火、高热极易燃烧爆炸。与氧化剂接触猛烈反应。容易自聚，聚合反应随着温度的上升而急骤加剧。流速过快，容易产生和积聚静电。蒸气比空气重，沿地面扩散并易积存于低洼处，遇火源会着火回燃。若遇高热，容器内压增大，有开裂和爆炸的危险

灭火注意事项及防护措施 消防人员必须佩戴防毒面具、穿全身消防服，在上风向灭火。尽可能将容器从火场移至空旷处。喷水保持火场容器冷却，直至灭火结束。处在火场中的容器若已变色或从安全泄压装置中发出声音，必须马上撤离。用水灭火无效

第六部分　泄漏应急处理

作业人员防护措施、防护装备和应急处置程序 消除所有点火源。根据液体流动和蒸气扩散的影响区域划定警戒区，无关人员从侧风、上风向撤离至安全区。建议应急处理人员戴正压自给式呼吸器，穿防静电服。作业时使用的所有设备应接地。禁止接触或跨越泄漏物。尽可能切断泄漏源

环境保护措施 防止泄漏物进入水体、下水道、地下室或有限空间

泄漏化学品的收容、清除方法及所使用的处理材料 小量泄漏：用砂土或其他不燃材料吸收。使用洁净的无火花工具收集吸收材料。大量泄漏：构筑围堤或挖坑收容。用泡沫覆盖，减少蒸发。喷水雾能减少蒸发，但

不能降低泄漏物在有限空间内的易燃性。用防爆泵转移至槽车或专用收集器内

第七部分　操作处置与储存

操作注意事项 密闭操作，局部排风。防止蒸气泄漏到工作场所空气中。操作人员必须经过专门培训，严格遵守操作规程。建议操作人员佩戴自吸过滤式防毒面具（半面罩），戴化学安全防护眼镜，穿防静电工作服，戴橡胶手套。远离火种、热源，工作场所严禁吸烟。使用防爆型的通风系统和设备。在清除液体和蒸气前不能进行焊接、切割等作业。避免产生烟雾。避免与氧化剂接触。容器与传送设备要接地，防止产生静电。灌装时应控制流速，且有接地装置，防止静电积聚。配备相应品种和数量的消防器材及泄漏应急处理设备。倒空的容器可能残留有害物

储存注意事项 储存于阴凉、通风的库房。远离火种、热源。防止阳光直射。库温不宜超过 29℃，保持容器密封，严禁与空气接触。应与氧化剂、食用化学品分开存放，切忌混储。不宜大量储存或久存。采用防爆型照明、通风设施。禁止使用易产生火花的机械设备和工具。储区应备有泄漏应急处理设备和合适的收容材料

第八部分　接触控制/个体防护

职业接触限值

　中国　未制定标准

　美国（ACGIH）　未制定标准

生物接触限值 未制定标准

监测方法 空气中有毒物质测定方法：未制定标准。生物监测检验方法：未制定标准

工程控制 密闭操作，局部排风

个体防护装备

　呼吸系统防护　空气中浓度超标时，必须佩戴过滤式防毒面具（半面罩）。紧急事态抢救或撤离时，应该佩戴空气呼吸器

　眼睛防护　戴化学安全防护眼镜

　皮肤和身体防护　穿防静电工作服

　手防护　戴橡胶手套

第九部分　理化特性

外观与性状 无色液体　　　**pH 值** 无资料

熔点（℃） －131.5　　　**沸点（℃）** 62

相对密度（水＝1） 0.689（20℃）

相对蒸气密度（空气＝1） 2.9

饱和蒸气压（kPa） 无资料

临界压力（MPa） 无资料　　**辛醇/水分配系数** 无资料

闪点（℃） －26　　　　**自燃温度（℃）** 315

爆炸下限（%） 无资料　　**爆炸上限（%）** 无资料

分解温度（℃） 无资料　　**黏度（mPa·s）** 无资料

燃烧热（kJ/mol） 无资料　　**临界温度（℃）** 无资料

溶解性 不溶于水，溶于乙醇、丙酮、乙醚

第十部分　稳定性和反应性

稳定性 稳定

危险反应 与强氧化剂、酸类、卤代烃、卤素等禁配物接触，有发生火灾和爆炸的危险。容易发生自聚反应

避免接触的条件 无资料

禁配物 强氧化剂、酸类、卤代烃、卤素等

危险的分解产物 无资料

第十一部分　毒理学信息

急性毒性 无资料

皮肤刺激或腐蚀 无资料　　**眼睛刺激或腐蚀** 无资料

呼吸或皮肤过敏 无资料　　**生殖细胞突变性** 无资料

致癌性 无资料　　　　　　**生殖毒性** 无资料

特异性靶器官系统毒性-一次接触 无资料

特异性靶器官系统毒性-反复接触 无资料

吸入危害 无资料

第十二部分　生态学信息

生态毒性 无资料

持久性和降解性

　　生物降解性 无资料

　　非生物降解性 无资料

潜在的生物累积性 无资料

土壤中的迁移性 无资料

第十三部分　废弃处置

废弃化学品 建议用焚烧法处置。在能利用的地方重复使用容器或在规定场所掩埋

污染包装物 将容器返还生产商或按照国家和地方法规处置

废弃注意事项 处置前应参阅国家和地方有关法规

第十四部分　运输信息

联合国危险货物编号（UN号） 3295

联合国运输名称 液态烃类，未另作规定的（2-乙基-1-丁烯）

联合国危险性类别 3

包装类别 Ⅱ　　　　　**包装标志**

海洋污染物 否

运输注意事项 运输时运输车辆应配备相应品种和数量的消防器材及泄漏应急处理设备。夏季最好早晚运输。运输时所用的槽（罐）车应有接地链，槽内可设孔隔板以减少震荡产生的静电。严禁与氧化剂、食用化学品等混装混运。运输途中应防暴晒、雨淋，防高温。中途停留时应远离火种、热源、高温区。装运该物品的车辆排气管必须配备阻火装置，禁止使用易产生火花的机械设备和工具装卸。公路运输时要按规定路线行驶，勿在居民区和人口稠密区停留。铁路运输时要禁止溜放。严禁用木船、水泥船散装运输

第十五部分　法规信息

下列法律、法规、规章和标准，对该化学品的管理作了相应的规定。

中华人民共和国职业病防治法 职业病分类和目录：未列入

危险化学品安全管理条例 危险化学品目录：列入。易制爆危险化学品名录：未列入。重点监管的危险化学品名录：未列入。GB 18218—2009《危险化学品重大危险源辨识》（表1）：未列入

使用有毒物品作业场所劳动保护条例 高毒物品目录：未列入

易制毒化学品管理条例 易制毒化学品的分类和品种目录：未列入

国际公约 斯德哥尔摩公约：未列入。鹿特丹公约：未列入。蒙特利尔议定书：未列入

第十六部分　其他信息

编写和修订信息　　　　**缩略语和首字母缩写**

培训建议　　　　　　　　**参考文献**

免责声明

乙基二氯胂

第一部分　化学品标识

化学品中文名 乙基二氯胂；二氯乙胂；二氯化乙基胂

化学品英文名 ethyldichloroarsine；dichloroethylarsine

分子式 $C_2H_5AsCl_2$　　**分子量** 174.89

结构式

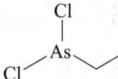

化学品的推荐及限制用途 用作军用毒剂

第二部分　危险性概述

紧急情况概述 吞咽会中毒，吸入会中毒

GHS危险性类别 急性毒性-经口，类别3；急性毒性-吸入，类别3；危害水生环境-急性危害，类别1；危害水生环境-长期危害，类别1

标签要素

象形图

警示词 危险

危险性说明 吞咽会中毒，吸入会中毒，对水生生物毒性非常大并具有长期持续影响

防范说明

　　预防措施 避免接触眼睛、皮肤，操作后彻底清洗。作业场所不得进食、饮水或吸烟。避免吸入蒸气、雾。仅在室外或通风良好处操作。禁止排入环境

　　事故响应 如吸入：将患者转移到空气新鲜处，休息，保持利于呼吸的体位，呼叫中毒控制中心或就医。食入：立即呼叫中毒控制中心或就医，漱口。收集泄漏物

　　安全储存 在通风良好处储存。保持容器密闭。上

锁保管

废弃处置 本品及内装物、容器依据国家和地方法规处置

物理和化学危险 可燃，其蒸气与空气混合，能形成爆炸性混合物

健康危害 误服、皮肤接触或吸入会中毒。强烈刺激黏膜，引起呼吸困难及支气管炎。在高浓度时，可能因出血性肺水肿及化脓性支气管炎而死亡

环境危害 对水生生物毒性非常大并具有长期持续影响

第三部分 成分/组成信息

√物质　　　　　　　混合物

组分	浓度	CAS No.
乙基二氯胂		598-14-1

第四部分 急救措施

吸入 迅速脱离现场至空气新鲜处。保持呼吸道通畅。如呼吸困难，给输氧。呼吸、心跳停止，立即进行心肺复苏术。就医

皮肤接触 立即脱去污染的衣着，用肥皂水和清水彻底冲洗。就医

眼睛接触 立即分开眼睑，用流动清水或生理盐水彻底冲洗。就医

食入 催吐、彻底洗胃，洗胃后服活性炭 30～50g（用水调成浆状），而后再服用硫酸镁或硫酸钠导泻。就医

对保护施救者的忠告 根据需要使用个人防护设备

对医生的特别提示 解毒剂：二巯基丙磺酸钠、二巯基丁二酸钠等

第五部分 消防措施

灭火剂 用干粉、二氧化碳、砂土灭火

特别危险性 遇酸释出剧毒的胂和光气。吸潮或遇水会产生大量的腐蚀性烟雾。与氧化剂可发生反应。遇高热分解释出高毒烟气

灭火注意事项及防护措施 消防人员必须佩戴空气呼吸器、穿全身防火防毒服，在上风向灭火。尽可能将容器从火场移至空旷处。喷水保持火场容器冷却，直至灭火结束。处在火场中的容器若已变色或从安全泄压装置中发出声音，必须马上撤离。禁止用水和泡沫灭火

第六部分 泄漏应急处理

作业人员防护措施、防护装备和应急处置程序 根据液体流动和蒸气扩散的影响区域划定警戒区，无关人员从侧风、上风向撤离至安全区。建议应急处理人员戴正压自给式呼吸器，穿防毒服。穿上适当的防护服前严禁接触破裂的容器和泄漏物。尽可能切断泄漏源

环境保护措施 防止泄漏物进入水体、下水道、地下室或有限空间

泄漏化学品的收容、清除方法及所使用的处置材料 小量泄漏：用干燥的砂土或其他不燃材料吸收或覆盖，收集于容器中。大量泄漏：构筑围堤或挖坑收容。用泵转移至槽车或专用收集器内

第七部分 操作处置与储存

操作注意事项 密闭操作，提供充分的局部排风。防止蒸气泄漏到工作场所空气中。操作人员必须经过专门培训，严格遵守操作规程。建议操作人员佩戴自吸过滤式防毒面具（全面罩），穿胶布防毒衣，戴橡胶手套。远离火种、热源，工作场所严禁吸烟。使用防爆型的通风系统和设备。在清除液体和蒸气前不能进行焊接、切割等作业。避免产生烟雾。避免与氧化剂、酸类接触。尤其要注意避免与水接触。配备相应品种和数量的消防器材及泄漏应急处理设备。倒空的容器可能残留有害物

储存注意事项 储存于阴凉、干燥、通风良好的库房。远离火种、热源。防止阳光直射。保持容器密封。应与氧化剂、酸类、食用化学品等分开存放，切忌混储。配备相应品种和数量的消防器材。储区应备有泄漏应急处理设备和合适的收容材料

第八部分 接触控制/个体防护

职业接触限值

中国 未制定标准

美国（ACGIH） 未制定标准

生物接触限值 未制定标准

监测方法 空气中有毒物质测定方法：未制定标准。生物监测检验方法：未制定标准

工程控制 严加密闭，提供充分的局部排风

个体防护装备

呼吸系统防护 空气中浓度超标时，必须佩戴过滤式防毒面具（全面罩）。紧急事态抢救或撤离时，应该佩戴空气呼吸器

眼睛防护 呼吸系统防护中已作防护

皮肤和身体防护 穿密闭型防毒服

手防护 戴橡胶手套

第九部分 理化特性

外观与性状 无色液体，有刺激性，接触空气或光照可变成黄色

pH 值 无资料		**熔点(℃)** −65	
沸点(℃) 156			
相对密度(水＝1) 1.742（14℃）			
相对蒸气密度(空气＝1) 6.03			
饱和蒸气压(kPa) 0.305（21.5℃）			
临界压力(MPa) 无资料		**辛醇/水分配系数** 无资料	
闪点(℃) 无资料		**自燃温度(℃)** 无资料	
爆炸下限(%) 无资料		**爆炸上限(%)** 无资料	
分解温度(℃) 156		**黏度(mPa·s)** 无资料	
燃烧热(kJ/mol) 无资料		**临界温度(℃)** 无资料	

溶解性 溶于水、乙醇、苯、乙醚

第十部分 稳定性和反应性

稳定性 稳定

危险反应 与氧化剂、酸类、水等禁配物发生反应。遇酸释出剧毒的胂和光气。吸潮或遇水会产生大量的腐蚀

性烟雾

避免接触的条件　光照、潮湿空气

禁配物　氧化剂、酸类、水

危险的分解产物　氯化物、氰化氢、二氧化氧化砷、胂和光气

第十一部分　毒理学信息

急性毒性　LC_{50}：$1555mg/m^3$（小鼠吸入，10min）

皮肤刺激或腐蚀　无资料　　　**眼睛刺激或腐蚀**　无资料

呼吸或皮肤过敏　无资料　　　**生殖细胞突变性**　无资料

致癌性　美国国家毒理学计划（NTP）致癌物质第 10 期报道，2002：已知是人类致癌物

生殖毒性　无资料

特异性靶器官系统毒性-一次接触　无资料

特异性靶器官系统毒性-反复接触　无资料

吸入危害　无资料

第十二部分　生态学信息

生态毒性　含砷化合物对水生生物有极高毒性

持久性和降解性

　　生物降解性　无资料

　　非生物降解性　无资料

潜在的生物累积性　无资料

土壤中的迁移性　无资料

第十三部分　废弃处置

废弃化学品　根据国家和地方有关法规的要求处置。或与厂商或制造商联系，确定处置方法

污染包装物　将容器返还生产商或按照国家和地方法规处置

废弃注意事项　处置前应参阅国家和地方有关法规

第十四部分　运输信息

联合国危险货物编号（UN 号）　1892

联合国运输名称　乙基二氯胂

联合国危险性类别　6.1

包装类别　Ⅰ　　　　　　**包装标志**　

海洋污染物　是

运输注意事项　运输前应先检查包装容器是否完整、密封，运输过程中要确保容器不泄漏、不倒塌、不坠落、不损坏。严禁与酸类、氧化剂、食品及食品添加剂混до。运输时运输车辆应配备相应品种和数量的消防器材及泄漏应急处理设备。运输途中应防暴晒、雨淋，防高温。公路运输时要按规定路线行驶，勿在居民区和人口稠密区停留

第十五部分　法规信息

下列法律、法规、规章和标准，对该化学品的管理作了相应的规定。

中华人民共和国职业病防治法　职业病分类和目录：砷及

其化合物中毒

危险化学品安全管理条例　危险化学品目录：列入。易制爆危险化学品名录：未列入。重点监管的危险化学品名录：未列入。GB 18218—2009《危险化学品重大危险源辨识》（表1）：未列入

使用有毒物品作业场所劳动保护条例　高毒物品目录：未列入

易制毒化学品管理条例　易制毒化学品的分类和品种目录：未列入

国际公约　斯德哥尔摩公约：未列入。鹿特丹公约：未列入。蒙特利尔议定书：未列入

第十六部分　其他信息

编写和修订信息　缩略语和首字母缩写

培训建议　　　　参考文献

免责声明

2-乙基己醛

第一部分　化学品标识

化学品中文名　2-乙基己醛

化学品英文名　2-ethyl hexanal；2-ethylhexaldehyde

分子式　$C_8H_{16}O$　**分子量**　128.212

结构式　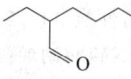

化学品的推荐及限制用途　供有机合成、香料用

第二部分　危险性概述

紧急情况概述　易燃液体和蒸气，可能导致皮肤过敏反应

GHS 危险性类别　易燃液体，类别 3；皮肤致敏物，类别 1；生殖毒性，类别 2；危害水生环境-急性危害，类别 2

标签要素

象形图　

警示词　警告

危险性说明　易燃液体和蒸气，可能导致皮肤过敏反应，怀疑对生育力或胎儿造成伤害，对水生生物有毒

防范说明

　　预防措施　远离热源、火花、明火、热表面。禁止吸烟。保持容器密闭。容器和接收设备接地连接。使用防爆型电器、通风、照明设备。只能使用不产生火花的工具。采取防止静电措施。戴防护手套、防护眼镜、防护面罩。避免吸入蒸气、雾。污染的工作服不得带出工作场所。得到专门指导后操作。在阅读并了解所有安全预防措施之前，切勿操作。按要求使用个体防护装备。禁止排入环境

　　事故响应　火灾时，使用雾状水、泡沫、干粉、二氧化碳、砂土灭火。如皮肤接触：用大量肥皂

水和水清洗。如出现皮肤刺激或皮疹，就医。污染的衣服清洗后方可重新使用。如果接触或有担心，就医

安全储存 存放在通风良好的地方。保持低温。上锁保管

废弃处置 本品及内装物、容器依据国家和地方法规处置

物理和化学危险 易燃，其蒸气与空气混合，能形成爆炸性混合物

健康危害 本品有毒。对眼睛、皮肤、黏膜和上呼吸道有刺激作用。接触后能引起头痛、咳嗽、咽喉痛、恶心和呕吐

环境危害 对水生生物有毒

第三部分 成分/组成信息

√物质　　　　　　　　　混合物

组分	浓度	CAS No.
2-乙基己醛		123-05-7

第四部分 急救措施

吸入 迅速脱离现场至空气新鲜处。保持呼吸道通畅。如呼吸困难，给输氧。呼吸、心跳停止，立即进行心肺复苏术。就医

皮肤接触 立即脱去污染的衣着，用流动清水彻底冲洗。就医

眼睛接触 立即分开眼睑，用流动清水或生理盐水彻底冲洗。就医

食入 漱口，饮水。就医

对保护施救者的忠告 根据需要使用个人防护设备

对医生的特别提示 对症处理

第五部分 消防措施

灭火剂 用雾状水、泡沫、干粉、二氧化碳、砂土灭火

特别危险性 其蒸气与空气可形成爆炸性混合物，遇明火、高热能引起燃烧爆炸。与氧化剂可发生反应。蒸气比空气重，沿地面扩散并易积存于低洼处，遇火源会着火回燃。若遇高热，容器内压增大，有开裂和爆炸的危险

灭火注意事项及防护措施 消防人员必须佩戴防毒面具、穿全身消防服，在上风向灭火。尽可能将容器从火场移至空旷处。喷水保持火场容器冷却，直至灭火结束。处在火场中的容器若已变色或从安全泄压装置中发出声音，必须马上撤离

第六部分 泄漏应急处理

作业人员防护措施、防护装备和应急处置程序 消除所有点火源。根据液体流动和蒸气扩散的影响区域划定警戒区，无关人员从侧风、上风向撤离至安全区。建议应急处理人员戴正压自给式呼吸器，穿防静电服。作业时使用的所有设备应接地。禁止接触或跨越泄漏物。尽可能切断泄漏源

环境保护措施 防止泄漏物进入水体、下水道、地下室或有限空间

泄漏化学品的收容、清除方法及所使用的处置材料 小量泄漏：用砂土或其他不燃材料吸收。使用洁净的无火花工具收集吸收材料。大量泄漏：构筑围堤或挖坑收容。用泡沫覆盖，减少蒸发。喷水雾能减少蒸发，但不能降低泄漏物在有限空间内的易燃性。用防爆泵转移至槽车或专用收集器内

第七部分 操作处置与储存

操作注意事项 密闭操作，全面排风。操作人员必须经过专门培训，严格遵守操作规程。建议操作人员佩戴自吸过滤式防毒面具（半面罩），戴化学安全防护眼镜，穿防毒物渗透工作服，戴橡胶手套。远离火种、热源，工作场所严禁吸烟。使用防爆型的通风系统和设备。防止蒸气泄漏到工作场所空气中。避免与氧化剂、碱类接触。搬运时要轻装轻卸，防止包装及容器损坏。配备相应品种和数量的消防器材及泄漏应急处理设备。倒空的容器可能残留有害物

储存注意事项 储存于阴凉、通风的库房。远离火种、热源。库温不宜超过 37℃，应与氧化剂、碱类分开存放，切忌混储。采用防爆型照明、通风设施。禁止使用易产生火花的机械设备和工具。储区应备有泄漏应急处理设备和合适的收容材料

第八部分 接触控制/个体防护

职业接触限值

中国　未制定标准

美国（ACGIH）　未制定标准

生物接触限值 未制定标准

监测方法 空气中有毒物质测定方法：未制定标准。生物监测检验方法：未制定标准

工程控制 密闭操作，全面排风

个体防护装备

呼吸系统防护 空气中浓度超标时，必须佩戴过滤式防毒面具（半面罩）。紧急事态抢救或撤离时，应该佩戴空气呼吸器

眼睛防护 戴化学安全防护眼镜

皮肤和身体防护 穿防毒物渗透工作服

手防护 戴橡胶手套

第九部分 理化特性

外观与性状 无色或黄色液体，带有特殊清淡气味

pH 值 无资料		**熔点(℃)** 无资料	
沸点(℃) 163.4		**相对密度(水=1)** 0.82	
相对蒸气密度(空气=1) 4.41			
饱和蒸气压(kPa) 0.24（20℃）			
临界压力(MPa) 无资料		**辛醇/水分配系数** 无资料	
闪点(℃) 51.8		**自燃温度(℃)** 190	
爆炸下限(%) 0.85		**爆炸上限(%)** 7.2	
分解温度(℃) 无资料			
黏度(mPa·s) 1.0527（25℃）			
燃烧热(kJ/mol) 无资料		**临界温度(℃)** 333.85	

溶解性 微溶于水，可混溶于多数有机溶剂

第十部分 稳定性和反应性

稳定性 稳定

危险反应 与强氧化剂等禁配物接触，有发生火灾和爆炸的危险

避免接触的条件 无资料

禁配物 强氧化剂、强碱

危险的分解产物 无资料

第十一部分 毒理学信息

急性毒性 LD_{50}：2600mg/kg（大鼠经口），3550mg/kg（小鼠经口），4135mg/kg（兔经皮）

皮肤刺激或腐蚀 无资料　　眼睛刺激或腐蚀 无资料

呼吸或皮肤过敏 无资料　　生殖细胞突变性 无资料

致癌性 无资料　　生殖毒性 无资料

特异性靶器官系统毒性-一次接触 无资料

特异性靶器官系统毒性-反复接触 无资料

吸入危害 无资料

第十二部分 生态学信息

生态毒性 LC_{50}：5.5mg/L（96h）（虹鳟，OECD 203，半静态）。EC_{50}：4.7mg/L（48h）（大型溞，OECD 202，静态）。ErC_{50}：6.9mg/L（72h）（羊角月牙藻，OECD 201，静态）

持久性和降解性

　　生物降解性 易快速生物降解

　　非生物降解性 无资料

潜在的生物累积性 根据 K_{ow} 值预测，该物质的生物累积性可能较弱

土壤中的迁移性 根据 K_{oc} 值预测，该物质可能易发生迁移

第十三部分 废弃处置

废弃化学品 建议用焚烧法处置

污染包装物 将容器返还生产商或按照国家和地方法规处置

废弃注意事项 处置前应参阅国家和地方有关法规

第十四部分 运输信息

联合国危险货物编号（UN 号） 1191

联合国运输名称 辛醛

联合国危险性类别 3

包装类别　Ⅲ　　　　　　包装标志

海洋污染物 否

运输注意事项 运输时运输车辆应配备相应品种和数量的消防器材及泄漏应急处理设备。夏季最好早晚运输。运输时所用的槽（罐）车应有接地链，槽内可设孔隔板以减少震荡产生的静电。严禁与氧化剂、碱类、食用化学品等混装混运。运输途中应防暴晒、雨淋、防高温。中途停留时应远离火种、热源、高温区。装运

该物品的车辆排气管必须配备阻火装置，禁止使用易产生火花的机械设备和工具装卸。公路运输时要按规定路线行驶。严禁用木船、水泥船散装运输

第十五部分 法规信息

　　下列法律、法规、规章和标准，对该化学品的管理作了相应的规定。

中华人民共和国职业病防治法 职业病分类和目录：未列入

危险化学品安全管理条例 危险化学品目录：列入。易制爆危险化学品名录：未列入。重点监管的危险化学品名录：未列入。GB 18218—2009《危险化学品重大危险源辨识》（表 1）：未列入

使用有毒物品作业场所劳动保护条例 高毒物品目录：未列入

易制毒化学品管理条例 易制毒化学品的分类和品种目录：未列入

国际公约 斯德哥尔摩公约：未列入。鹿特丹公约：未列入。蒙特利尔议定书：未列入

第十六部分 其他信息

编写和修订信息 缩略语和首字母缩写

培训建议 参考文献

免责声明

5-乙基-2-甲基吡啶

第一部分 化学品标识

化学品中文名 5-乙基-2-甲基吡啶；5-乙基-2-皮考林；2-甲基-5-乙基吡啶

化学品英文名 5-ethyl-2-methylpyridine；5-ethyl-2-picoline

分子式 $C_8H_{11}N$　分子量 121.1796

结构式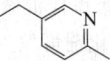

化学品的推荐及限制用途 用于有机合成

第二部分 危险性概述

紧急情况概述 吞咽有害，皮肤接触会中毒，吸入会中毒

GHS 危险性类别 急性毒性-经口，类别 4；急性毒性-经皮，类别 3；急性毒性-吸入，类别 3；危害水生环境-急性危害，类别 3

标签要素

象形图

警示词 危险

危险性说明 吞咽有害，皮肤接触会中毒，吸入会中毒，对水生生物有害

防范说明

　　预防措施 避免接触眼睛、皮肤，操作后彻底清洗。作业场所不得进食、饮水或吸烟。戴防护

手套、穿防护服。避免吸入蒸气、雾。仅在室外或通风良好处操作。禁止排入环境

事故响应 如吸入：将患者转移到空气新鲜处，休息，保持利于呼吸的体位。皮肤接触：用大量肥皂水和水清洗，如感觉不适，呼叫中毒控制中心或就医，立即脱去所有被污染的衣服，被污染的衣服必须经洗净后方可重新使用。食入：如果感觉不适，立即呼叫中毒控制中心或就医，漱口

安全储存 在通风良好处储存。保持容器密闭。上锁保管

废弃处置 本品及内装物、容器依据国家和地方法规处置

物理和化学危险 易燃，其蒸气与空气混合，能形成爆炸性混合物

健康危害 本品有毒，并对眼睛和皮肤有刺激作用

环境危害 对水生生物有害

第三部分 成分/组成信息

√ 物质　　　　　　　　　混合物

组分	浓度	CAS No.
5-乙基-2-甲基吡啶		104-90-5

第四部分 急救措施

吸入 迅速脱离现场至空气新鲜处。保持呼吸道通畅。如呼吸困难，给输氧。如呼吸、心跳停止，立即进行心肺复苏术。就医

皮肤接触 立即脱去污染的衣着，用流动清水彻底冲洗。就医

眼睛接触 立即分开眼睑，用流动清水或生理盐水彻底冲洗。就医

食入 漱口，饮水。就医

对保护施救者的忠告 根据需要使用个人防护设备

对医生的特别提示 对症处理

第五部分 消防措施

灭火剂 用雾状水、泡沫、干粉、二氧化碳、砂土灭火

特别危险性 其蒸气与空气可形成爆炸性混合物，遇明火、高热能引起燃烧爆炸。与氧化剂能发生强烈反应。受高热分解放出有毒的气体。若遇高热，容器内压增大，有开裂和爆炸的危险

灭火注意事项及防护措施 消防人员必须佩戴防毒面具、穿全身消防服，在上风向灭火。尽可能将容器从火场移至空旷处。喷水保持火场容器冷却，直至灭火结束。处在火场中的容器若已变色或从安全泄压装置中发出声音，必须马上撤离

第六部分 泄漏应急处理

作业人员防护措施、防护装备和应急处置程序 根据液体流动和蒸气扩散的影响区域划定警戒区，无关人员从侧风向、上风向撤离至安全区。消除所有点火源。建议应急处理人员戴正压自给式呼吸器，穿防毒服。穿上适当的防护服前严禁接触破裂的容器和泄漏物。尽可能切断泄漏源

环境保护措施 防止泄漏物进入水体、下水道、地下室或有限空间

泄漏化学品的收容、清除方法及所使用的处置材料 小量泄漏：用干燥的砂土或其他不燃材料吸收或覆盖，收集于容器中。大量泄漏：构筑围堤或挖坑收容。用泵转移至槽车或专用收集器内

第七部分 操作处置与储存

操作注意事项 密闭操作，局部排风。防止蒸气泄漏到工作场所空气中。操作人员必须经过专门培训，严格遵守操作规程。建议操作人员佩戴自吸过滤式防毒面具（半面罩），戴化学安全防护眼镜，穿防毒物渗透工作服，戴橡胶手套。远离火种、热源，工作场所严禁吸烟。使用防爆型的通风系统和设备。在清除液体和蒸气前不能进行焊接、切割等作业。避免产生烟雾。避免与酸类、酰基氯、氧化剂、碱类接触。配备相应品种和数量的消防器材及泄漏应急处理设备。倒空的容器可能残留有害物

储存注意事项 储存于阴凉、通风的库房。远离火种、热源。防止阳光直射。保持容器密封。应与酸类、酰基氯、氧化剂、碱类分开存放，切忌混储。配备相应品种和数量的消防器材。储区应备有泄漏应急处理设备和合适的收容材料

第八部分 接触控制/个体防护

职业接触限值

中国 未制定标准

美国（ACGIH） 未制定标准

生物接触限值 未制定标准

监测方法 空气中有毒物质测定方法：未制定标准。生物监测检验方法：未制定标准

工程控制 密闭操作，局部排风

个体防护装备

呼吸系统防护 空气中浓度超标时，必须佩戴过滤式防毒面具（半面罩）。紧急事态抢救或撤离时，应该佩戴空气呼吸器

眼睛防护 戴化学安全防护眼镜

皮肤和身体防护 穿防毒物渗透工作服

手防护 戴橡胶手套

第九部分 理化特性

外观与性状 无色液体，有刺激性气味

pH 值 无资料	**熔点(℃)** −70.3

沸点(℃) 177.8（747mmHg）

相对密度(水＝1) 0.9184（23℃/4℃）

相对蒸气密度(空气＝1) 4.2

饱和蒸气压(kPa) 0.1901（25℃）

临界压力(MPa) 无资料	**辛醇/水分配系数** 无资料
闪点(℃) 60	**自燃温度(℃)** 503
爆炸下限(%) 无资料	**爆炸上限(%)** 无资料
分解温度(℃) 无资料	**黏度(mPa·s)** 无资料
燃烧热(kJ/mol) 无资料	**临界温度(℃)** 无资料

溶解性　不溶于水，溶于乙醇、乙醚、苯、稀酸

第十部分　稳定性和反应性

稳定性　稳定

危险反应　与酸类、酰基氯、强氧化剂、强碱等禁配物发生反应

避免接触的条件　无资料

禁配物　酸类、酰基氯、强氧化剂、强碱

危险的分解产物　氮氧化物

第十一部分　毒理学信息

急性毒性　LD_{50}：368mg/kg（大鼠经口）；282mg/kg（小鼠经口）；1000mg/kg（兔经皮）

皮肤刺激或腐蚀　无资料　　眼睛刺激或腐蚀　无资料

呼吸或皮肤过敏　无资料　　生殖细胞突变性　无资料

致癌性　无资料　　　　　　生殖毒性　无资料

特异性靶器官系统毒性-一次接触　无资料

特异性靶器官系统毒性-反复接触　无资料

吸入危害　无资料

第十二部分　生态学信息

生态毒性　55.6mg/L＜LC_{50}＜100mg/L（96h）（虹鳟，OECD 203）。LC_{50}：81.1mg/L（96h）（黑头呆鱼）。EC_{50}：39.6mg/L（48h）（大型溞，OECD 202）。ErC_{50}：61.2mg/L（72h）（羊角月牙藻，OECD 201）

持久性和降解性

　生物降解性　OECD 301E，易快速生物降解

　非生物降解性　无资料

潜在的生物累积性　无资料

土壤中的迁移性　无资料

第十三部分　废弃处置

废弃化学品　建议用焚烧法处置。在能利用的地方重复使用容器或在规定场所掩埋

污染包装物　将容器返还生产商或按照国家和地方法规处置

废弃注意事项　处置前应参阅国家和地方有关法规

第十四部分　运输信息

联合国危险货物编号（UN号）　2300

联合国运输名称　2-甲基-5-乙基吡啶

联合国危险性类别　6.1

包装类别　Ⅲ　　　　包装标志　

海洋污染物　否

运输注意事项　运输前应先检查包装容器是否完整、密封，运输过程中要确保容器不泄漏、不倒塌、不坠落、不损坏。严禁与酸类、氧化剂、食品及食品添加剂混运。运输时运输车辆应配备相应品种和数量的消防器材及泄漏应急处理设备。运输途中应防暴晒、雨淋、防高温。运输时所用的槽（罐）车应有接地链，槽内可设孔隔板以减少震荡产生的静电。中途停留时应远离火种、热源。公路运输时要按规定路线行驶，勿在居民区和人口稠密区停留

第十五部分　法规信息

下列法律、法规、规章和标准，对该化学品的管理作了相应的规定。

中华人民共和国职业病防治法　职业病分类和目录：未列入

危险化学品安全管理条例　危险化学品目录：列入。易制爆危险化学品名录：未列入。重点监管的危险化学品名录：未列入。GB 18218—2009《危险化学品重大危险源辨识》（表1）：未列入

使用有毒物品作业场所劳动保护条例　高毒物品目录：未列入

易制毒化学品管理条例　易制毒化学品的分类和品种目录：未列入

国际公约　斯德哥尔摩公约：未列入。鹿特丹公约：未列入。蒙特利尔议定书：未列入

第十六部分　其他信息

编写和修订信息　　缩略语和首字母缩写

培训建议　　　　　参考文献

免责声明

3-乙基-2-甲基戊烷

第一部分　化学品标识

化学品中文名　3-乙基-2-甲基戊烷；2-甲基-3-乙基戊烷

化学品英文名　2-methyl-3-ethylpentane；3-ethyl-2-methylpentane

分子式　C_8H_{18}　　分子量　114.2285

结构式　

化学品的推荐及限制用途　用于有机合成

第二部分　危险性概述

紧急情况概述　高度易燃液体和蒸气，造成皮肤刺激，可能引起昏昏欲睡或眩晕，吞咽及进入呼吸道可能致命

GHS危险性类别　易燃液体，类别2；皮肤腐蚀/刺激，类别2；特异性靶器官毒性--次接触，类别3（麻醉效应）；吸入危害，类别1；危害水生环境-急性危害，类别1；危害水生环境-长期危害，类别1

标签要素

象形图　

警示词　危险

危险性说明　高度易燃液体和蒸气，造成皮肤刺激，可能引起昏昏欲睡或眩晕，吞咽及进入呼吸道可能致命，对水生生物毒性非常大并具有长期持续影响

防范说明

预防措施 远离热源、火花、明火、热表面。禁止吸烟。保持容器密闭。容器和接收设备接地连接。使用防爆型电器、通风、照明设备。只能使用不产生火花的工具。采取防止静电措施。戴防护手套、防护眼镜、防护面罩。避免接触眼睛、皮肤，操作后彻底清洗。禁止排入环境

事故响应 火灾时，使用雾状水、泡沫、干粉、二氧化碳、砂土灭火。皮肤接触：用大量肥皂水和水清洗，脱去被污染的衣服，衣服经洗净后方可重新使用。如发生皮肤刺激，就医。如果食入：立即呼叫中毒控制中心或就医，不要催吐。收集泄漏物

安全储存 存放在通风良好的地方。保持低温。上锁保管

废弃处置 本品及内装物、容器依据国家和地方法规处置

物理和化学危险 易燃，其蒸气与空气混合，能形成爆炸性混合物

健康危害 吸入蒸气可引起中毒。液态本品吸入呼吸道可引起吸入性肺炎

环境危害 对水生生物毒性非常大并具有长期持续影响

第三部分 成分/组成信息

√ 物质　　　　　　　　混合物

组分	浓度	CAS No.
3-乙基-2-甲基戊烷		609-26-7

第四部分 急救措施

吸入 迅速脱离现场至空气新鲜处。保持呼吸道通畅。如呼吸困难，给输氧。呼吸、心跳停止，立即进行心肺复苏术。就医

皮肤接触 立即脱去污染的衣着，用流动清水彻底冲洗。就医

眼睛接触 立即分开眼睑，用流动清水或生理盐水彻底冲洗。就医

食入 漱口，饮水。禁止催吐。就医

对保护施救者的忠告 根据需要使用个人防护设备

对医生的特别提示 对症处理

第五部分 消防措施

灭火剂 用雾状水、泡沫、干粉、二氧化碳、砂土灭火

特别危险性 其蒸气与空气可形成爆炸性混合物，遇明火、高热极易燃烧爆炸。与氧化剂接触猛烈反应。流速过快，容易产生和积聚静电。若遇高热，容器内压增大，有开裂和爆炸的危险

灭火注意事项及防护措施 消防人员必须佩戴防毒面具、穿全身消防服，在上风向灭火。尽可能将容器从火场移至空旷处。喷水保持火场容器冷却，直至灭火结束。处在火场中的容器若已变色或从安全泄压装置中发出声音，必须马上撤离

第六部分 泄漏应急处理

作业人员防护措施、防护装备和应急处置程序 消除所有点火源。根据液体流动和蒸气扩散的影响区域划定警戒区，无关人员从侧风、上风向撤离至安全区。建议应急处理人员戴正压自给式呼吸器，穿防静电服。作业时使用的所有设备应接地。禁止接触或跨越泄漏物。尽可能切断泄漏源

环境保护措施 防止泄漏物进入水体、下水道、地下室或有限空间

泄漏化学品的收容、清除方法及所使用的处置材料 小量泄漏：用砂土或其他不燃材料吸收。使用洁净的无火花工具收集吸收材料。大量泄漏：构筑围堤或挖坑收容。用泡沫覆盖，减少蒸发。喷水雾减少蒸发，但不能降低泄漏物在有限空间内的易燃性。用防爆泵转移至槽车或专用收集器内

第七部分 操作处置与储存

操作注意事项 密闭操作，提供良好的自然通风条件。操作人员必须经过专门培训，严格遵守操作规程。建议操作人员佩戴自吸过滤式防毒面具（半面罩），戴化学安全防护眼镜，穿防静电工作服，戴防化学品手套。远离火种、热源，工作场所严禁吸烟。使用防爆型的通风系统和设备。防止蒸气泄漏到工作场所空气中。避免与氧化剂、酸类接触。充装要控制流速，防止静电积聚。搬运时要轻装轻卸，防止包装及容器损坏。配备相应品种和数量的消防器材及泄漏应急处理设备。倒空的容器可能残留有害物

储存注意事项 储存于阴凉、通风的库房。远离火种、热源。库温不宜超过37℃，应与氧化剂、酸类分开存放，切忌混储。采用防爆型照明、通风设施。禁止使用易产生火花的机械设备和工具。储区应备有泄漏应急处理设备和合适的收容材料

第八部分 接触控制/个体防护

职业接触限值

中国 未制定标准

美国（ACGIH） 未制定标准

生物接触限值 未制定标准

监测方法 空气中有毒物质测定方法：未制定标准。生物监测检验方法：未制定标准

工程控制 提供良好的自然通风条件

个体防护装备

呼吸系统防护 空气中浓度超标时，建议佩戴过滤式防毒面具（半面罩）

眼睛防护 戴化学安全防护眼镜

皮肤和身体防护 穿防静电工作服

手防护 戴防化学品手套

第九部分 理化特性

外观与性状 无色液体　　　**pH值** 无资料

熔点（℃） −114.9　　　**沸点（℃）** 115.6

相对密度（水＝1） 0.72

相对蒸气密度（空气＝1）　无资料

饱和蒸气压(kPa)　无资料

临界压力(MPa)　无资料　辛醇/水分配系数　无资料

闪点(℃)　无资料　　自燃温度(℃)　无资料

爆炸下限(%)　无资料　爆炸上限(%)　无资料

分解温度(℃)　无资料　黏度(mPa·s)　无资料

燃烧热(kJ/mol)　无资料　临界温度(℃)　293.95

溶解性　不溶于水，溶于乙醇、乙醚、丙酮、苯等

第十部分　稳定性和反应性

稳定性　稳定

危险反应　与强氧化剂、强酸、强碱、卤素等禁配物接触，有引起燃烧爆炸的危险

避免接触的条件　无资料

禁配物　强氧化剂、强酸、强碱、卤素

危险的分解产物　无资料

第十一部分　毒理学信息

急性毒性　无资料

皮肤刺激或腐蚀　无资料　眼睛刺激或腐蚀　无资料

呼吸或皮肤过敏　无资料　生殖细胞突变性　无资料

致癌性　无资料　　　生殖毒性　无资料

特异性靶器官系统毒性——次接触　无资料

特异性靶器官系统毒性-反复接触　无资料

吸入危害　无资料

第十二部分　生态学信息

生态毒性　根据结构类似物质预测，该物质对水生生物有极高毒性

持久性和降解性

　　生物降解性　无资料

　　非生物降解性　无资料

潜在的生物累积性　无资料

土壤中的迁移性　无资料

第十三部分　废弃处置

废弃化学品　建议用焚烧法处置

污染包装物　将容器返还生产商或按照国家和地方法规处置

废弃注意事项　处置前应参阅国家和地方有关法规

第十四部分　运输信息

联合国危险货物编号（UN 号）　3295

联合国运输名称　液态烃类，未另作规定的（3-乙基-2-甲基戊烷）

联合国危险性类别　3

包装类别　Ⅱ　　　　　包装标志　

海洋污染物　是

运输注意事项　运输时运输车辆应配备相应品种和数量的消防器材及泄漏应急处理设备。夏季最好早晚运输。运输时所用的槽（罐）车应有接地链，槽内可设孔隔板以减少震荡产生的静电。严禁与氧化剂、酸类、等混装混运。运输途中应防暴晒、雨淋，防高温。中途停留时应远离火种、热源、高温区。装运该物品的车辆排气管必须配备阻火装置，禁止使用易产生火花的机械设备和工具装卸。公路运输时要按规定路线行驶。铁路运输时要禁止溜放。严禁用木船、水泥船散装运输

第十五部分　法规信息

下列法律、法规、规章和标准，对该化学品的管理作了相应的规定。

中华人民共和国职业病防治法　职业病分类和目录：未列入

危险化学品安全管理条例　危险化学品目录：列入。易制爆危险化学品名录：未列入。重点监管的危险化学品名录：未列入。GB 18218—2009《危险化学品重大危险源辨识》（表 1）：未列入

使用有毒物品作业场所劳动保护条例　高毒物品目录：未列入

易制毒化学品管理条例　易制毒化学品的分类和品种目录：未列入

国际公约　斯德哥尔摩公约：未列入。鹿特丹公约：未列入。蒙特利尔议定书：未列入

第十六部分　其他信息

编写和修订信息　　　缩略语和首字母缩写

培训建议　　　　　　参考文献

免责声明

N-乙基间甲苯胺

第一部分　化学品标识

化学品中文名　N-乙基间甲苯胺；乙氨基间甲苯

化学品英文名　N-ethyl-m-toluidine；ethylamino-3-methylbenzene

分子式　$C_9H_{13}N$　分子量　135.2062

结构式　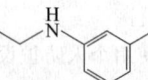

化学品的推荐及限制用途　用于有机合成和染料中间体

第二部分　危险性概述

紧急情况概述　可燃液体，吞咽有害

GHS 危险性类别　易燃液体，类别 4；急性毒性-经口，类别 4；危害水生环境-急性危害，类别 3；危害水生环境-长期危害，类别 3

标签要素

象形图　

警示词　警告

危险性说明 可燃液体，吞咽有害，对水生生物有害并具有长期持续影响

防范说明

预防措施 远离火焰和热表面。戴防护手套、防护眼镜、防护面罩。避免接触眼睛、皮肤，操作后彻底清洗。作业场所不得进食、饮水或吸烟。禁止排入环境

事故响应 火灾时，使用雾状水、泡沫、干粉、二氧化碳、砂土灭火。食入：如果感觉不适，立即呼叫中毒控制中心或就医，漱口

安全储存 存放在通风良好的地方。保持低温

废弃处置 本品及内装物、容器依据国家和地方法规处置

物理和化学危险 可燃，其蒸气与空气混合，能形成爆炸性混合物

健康危害 本品具强烈的刺激性。吸入蒸气、误食或经皮吸收均可引起中毒。吸收进入体内后可引起高铁血红蛋白血症，出现紫绀

环境危害 对水生生物有害并具有长期持续影响

第三部分 成分/组成信息

√ 物质　　　　　　　混合物

组分	浓度	CAS No.
N-乙基间甲苯胺		102-27-2

第四部分 急救措施

吸入 迅速脱离现场至空气新鲜处。保持呼吸道通畅。如呼吸困难，给输氧。如呼吸、心跳停止，立即进行心肺复苏术。就医

皮肤接触 立即脱去污染衣着，用肥皂水或清水彻底冲洗。就医

眼睛接触 分开眼睑，用清水或生理盐水冲洗。就医

食入 漱口，饮水。就医

对保护施救者的忠告 根据需要使用个人防护设备

对医生的特别提示 高铁血红蛋白血症，可用亚甲蓝和维生素C治疗

第五部分 消防措施

灭火剂 用雾状水、泡沫、干粉、二氧化碳、砂土灭火

特别危险性 遇明火、高热可燃。与强氧化剂接触可发生化学反应。受高热分解放出有毒的气体。若遇高热，容器内压增大，有开裂和爆炸的危险

灭火注意事项及防护措施 消防人员必须佩戴空气呼吸器、穿全身防火防毒服，在上风向灭火。尽可能将容器从火场移至空旷处。喷水保持火场容器冷却，直至灭火结束。处在火场中的容器若已变色或从安全泄压装置中发出声音，必须马上撤离

第六部分 泄漏应急处理

作业人员防护措施、防护装备和应急处置程序 根据液体流动和蒸气扩散的影响区域划定警戒区，无关人员从侧风向、上风向撤离至安全区。消除所有点火源。建议应急处理人员戴正压自给式呼吸器，穿防毒服。穿上适当的防护服前严禁接触破裂的容器和泄漏物。尽可能切断泄漏源

环境保护措施 防止泄漏物进入水体、下水道、地下室或有限空间

泄漏化学品的收容、清除方法及所使用的处置材料 小量泄漏：用干燥的砂土或其他不燃材料吸收或覆盖，收集于容器中。大量泄漏：构筑围堤或挖坑收容。用泵转移至槽车或专用收集器内

第七部分 操作处置与储存

操作注意事项 密闭操作，提供充分的局部排风。防止蒸气泄漏到工作场所空气中。操作人员必须经过专门培训，严格遵守操作规程。建议操作人员佩戴自吸过滤式防毒面具（半面罩），穿胶布防毒衣，戴橡胶手套。远离火种、热源，工作场所严禁吸烟。使用防爆型的通风系统和设备。在清除液体和蒸气前不能进行焊接、切割等作业。避免产生烟雾。避免与酸类、酸酐、氧化剂、酰基氯接触。配备相应品种和数量的消防器材及泄漏应急处理设备。倒空的容器可能残留有害物

储存注意事项 储存于阴凉、通风的库房。远离火种、热源。防止阳光直射。保持容器密封。应与酸类、酸酐、氧化剂、酰基氯、食用化学品分开存放，切忌混储。配备相应品种和数量的消防器材。储区应备有泄漏应急处理设备和合适的收容材料

第八部分 接触控制/个体防护

职业接触限值

中国 未制定标准

美国（ACGIH） 未制定标准

生物接触限值 未制定标准

监测方法 空气中有毒物质测定方法：未制定标准。生物监测检验方法：未制定标准

工程控制 严加密闭，提供充分的局部排风

个体防护装备

呼吸系统防护 空气中浓度超标时，必须佩戴过滤式防毒面具（全面罩）。紧急事态抢救或撤离时，应该佩戴空气呼吸器

眼睛防护 呼吸系统防护中已作防护

皮肤和身体防护 穿密闭型防毒服

手防护 戴橡胶手套

第九部分 理化特性

外观与性状 无色至琥珀色液体

pH值 无资料		**熔点(℃)** 无资料	
沸点(℃) 221		**相对密度(水＝1)** 0.9570	
相对蒸气密度(空气＝1) 4.66			
饱和蒸气压(kPa) 5.6×10^{-3} (20℃)			
临界压力(MPa) 无资料		**辛醇/水分配系数** 无资料	
闪点(℃) 89		**自燃温度(℃)** 500	
爆炸下限(%) 无资料		**爆炸上限(%)** 无资料	
分解温度(℃) 无资料		**黏度(mPa·s)** 无资料	
燃烧热(kJ/mol) 无资料		**临界温度(℃)** 无资料	

溶解性　不溶于水，溶于醇、醚、盐酸

第十部分　稳定性和反应性

稳定性　稳定

危险反应　与酸类、酸酐、强氧化剂、酰基氯等禁配物发
　　生反应

避免接触的条件　无资料

禁配物　酸类、酸酐、强氧化剂、酰基氯

危险的分解产物　氮氧化物

第十一部分　毒理学信息

急性毒性　LD$_{50}$：580mg/kg（大鼠经口）；280mg/kg
　　（小鼠经口）

皮肤刺激或腐蚀　无资料　　眼睛刺激或腐蚀　无资料

呼吸或皮肤过敏　无资料　　生殖细胞突变性　无资料

致癌性　无资料　　　　　　生殖毒性　无资料

特异性靶器官系统毒性-一次接触　无资料

特异性靶器官系统毒性-反复接触　无资料

吸入危害　无资料

第十二部分　生态学信息

生态毒性

　　LC$_{50}$：49.5mg/L（96h）（黑头呆鱼）

持久性和降解性

　　生物降解性　无资料

　　非生物降解性　无资料

潜在的生物累积性　根据 K_{ow} 值预测，该物质的生物累积
　　性可能较弱

土壤中的迁移性　根据 K_{oc} 值预测，该物质可能有一定的
　　迁移性

第十三部分　废弃处置

废弃化学品　建议用焚烧法处置。在能利用的地方重复使
　　用容器或在规定场所掩埋

污染包装物　将容器返还生产商或按照国家和地方法规
　　处置

废弃注意事项　处置前应参阅国家和地方有关法规

第十四部分　运输信息

联合国危险货物编号（UN号）　2754

联合国运输名称　N-乙基甲苯胺

联合国危险性类别　6.1

包装类别　Ⅱ　　　　　　　包装标志

海洋污染物　否

运输注意事项　运输前应先检查包装容器是否完整、密
　　封，运输过程中要确保容器不泄漏、不倒塌、不坠
　　落、不损坏。严禁与酸类、氧化剂、食品及食品添加
　　剂混运。运输时运输车辆应配备相应品种和数量的消
　　防器材及泄漏应急处理设备。运输途中应防暴晒、雨
　　淋，防高温。公路运输时要按规定路线行驶，勿在居

民区和人口稠密区停留

第十五部分　法规信息

　　下列法律、法规、规章和标准，对该化学品的管理作
了相应的规定。

中华人民共和国职业病防治法　职业病分类和目录：苯的
　　氨基及硝基化合物中毒

危险化学品安全管理条例　危险化学品目录：列入。易制
　　爆危险化学品名录：未列入。重点监管的危险化学品
　　名录：未列入。GB 18218—2009《危险化学品重大
　　危险源辨识》（表1）：未列入

使用有毒物品作业场所劳动保护条例　高毒物品目录：未
　　列入

易制毒化学品管理条例　易制毒化学品的分类和品种目
　　录：未列入

国际公约　斯德哥尔摩公约：未列入。鹿特丹公约：未列
　　入。蒙特利尔议定书：未列入

第十六部分　其他信息

编写和修订信息　　　缩略语和首字母缩写

培训建议　　　　　　参考文献

免责声明

乙基硫醇

第一部分　化学品标识

化学品中文名　乙基硫醇；硫氢乙烷；氢硫基乙烷；巯
　　基乙烷；乙硫醇

化学品英文名　ethyl mercaptan；ethanethiol

分子式　C$_2$H$_6$S　分子量　62.134

结构式　⌃SH

化学品的推荐及限制用途　用作黏合剂的稳定剂和化学合
　　成的中间体

第二部分　危险性概述

紧急情况概述　高度易燃液体和蒸气，吸入有害

GHS危险性类别　易燃液体，类别2；急性毒性-吸入，
　　类别4；危害水生环境-急性危害，类别1；危害水生
　　环境-长期危害，类别1

标签要素

象形图　

警示词　危险

危险性说明　高度易燃液体和蒸气，吸入有害，对水生
　　生物毒性非常大并具有长期持续影响

防范说明

　　预防措施　远离热源、火花、明火、热表面。禁止
　　　　吸烟。保持容器密闭。容器和接收设备接地连
　　　　接。使用防爆型电器、通风、照明设备。只能
　　　　使用不产生火花的工具。采取防止静电措施。
　　　　戴防护手套、防护眼镜、防护面罩。避免吸入

蒸气、雾。仅在室外或通风良好处操作。禁止排入环境

事故响应　火灾时，使用泡沫、二氧化碳、干粉、砂土灭火。如吸入：将患者转移到空气新鲜处，休息，保持利于呼吸的体位，如感觉不适，呼叫中毒控制中心或就医。如皮肤（或头发）接触：立即脱掉所有被污染的衣服，用水冲洗皮肤，淋浴。收集泄漏物

安全储存　存放在通风良好的地方。保持低温

废弃处置　本品及内装物、容器依据国家和地方法规处置

物理和化学危险　极易燃，其蒸气与空气混合，能形成爆炸性混合物

健康危害　本品主要作用于中枢神经系统。吸入低浓度蒸气时可引起头痛、恶心；较高浓度出现麻醉作用。高浓度可引起呼吸麻痹致死。中毒者可发生呕吐、腹泻，尿中出现蛋白、管型及血尿

环境危害　对水生生物毒性非常大并具有长期持续影响

第三部分　成分/组成信息

√物质　　　　　　　　　混合物

组分	浓度	CAS No.
乙基硫醇		75-08-1

第四部分　急救措施

吸入　迅速脱离现场至空气新鲜处。保持呼吸道通畅。如呼吸困难，给输氧。呼吸、心跳停止，立即进行心肺复苏术。就医

皮肤接触　立即脱去污染的衣着，用流动清水彻底冲洗。就医

眼睛接触　立即分开眼睑，用流动清水或生理盐水彻底冲洗。就医

食入　漱口，饮水。就医

对保护施救者的忠告　根据需要使用个人防护设备

对医生的特别提示　对症处理

第五部分　消防措施

灭火剂　用泡沫、二氧化碳、干粉、砂土灭火

特别危险性　其蒸气与空气可形成爆炸性混合物，遇明火、高热极易燃烧爆炸。与氧化剂接触猛烈反应。接触酸和酸雾产生有毒气体。遇水或水蒸气反应放出有毒和易燃的气体。与次氯酸钙、氢氧化钙发生剧烈反应。蒸气比空气重，沿地面扩散并易积存于低洼处，遇火源会着火回燃。若遇高热，容器内压增大，有开裂和爆炸的危险

灭火注意事项及防护措施　消防人员必须佩戴防毒面具、穿全身消防服，在上风向灭火。尽可能将容器从火场移至空旷处。喷水保持火场容器冷却，直至灭火结束。处在火场中的容器若已变色或从安全泄压装置中发出声音，必须马上撤离

第六部分　泄漏应急处理

作业人员防护措施、防护装备和应急处置程序　消除所有点火源。根据液体流动和蒸气扩散的影响区域划定警戒区，无关人员从侧风、上风向撤离至安全区。建议应急处理人员戴正压自给式呼吸器，穿防静电服。作业时使用的所有设备应接地。禁止接触或跨越泄漏物。尽可能切断泄漏源

环境保护措施　防止泄漏物进入水体、下水道、地下室或有限空间

泄漏化学品的收容、清除方法及所使用的处置材料　小量泄漏：用砂土或其他不燃材料吸收。使用洁净的无火花工具收集吸收材料。大量泄漏：构筑围堤或挖坑收容。用泡沫覆盖，减少蒸发。喷水雾能减少蒸发，但不能降低泄漏物在有限空间内的易燃性。用防爆泵转移至槽车或专用收集器内

第七部分　操作处置与储存

操作注意事项　密闭操作，全面通风。操作人员必须经过专门培训，严格遵守操作规程。建议操作人员佩戴自吸过滤式防毒面具（半面罩），戴化学安全防护眼镜，穿防静电工作服，戴橡胶耐油手套。远离火种、热源，工作场所严禁吸烟。使用防爆型的通风系统和设备。防止蒸气泄漏到工作场所空气中。避免与氧化剂、酸类、碱金属接触。尤其要注意避免与水接触。灌装时应控制流速，且有接地装置，防止静电积聚。搬运时要轻装轻卸，防止包装及容器损坏。配备相应品种和数量的消防器材及泄漏应急处理设备。倒空的容器可能残留有害物

储存注意事项　储存于阴凉、通风的库房。远离火种、热源。库温不宜超过29℃，保持容器密封。应与氧化剂、酸类、碱金属分开存放，切忌混储。采用防爆型照明、通风设施。禁止使用易产生火花的机械设备和工具。储区应备有泄漏应急处理设备和合适的收容材料

第八部分　接触控制/个体防护

职业接触限值

中国　PC-TWA：1mg/m³

美国（ACGIH）　未制定标准

生物接触限值　未制定标准

监测方法　空气中有毒物质测定方法：溶剂洗脱-气相色谱法；乙硫醇的对氨基二甲基苯胺分光光度法。生物监测检验方法：未制定标准

工程控制　生产过程密闭，全面通风。提供安全淋浴和洗眼设备

个体防护装备

呼吸系统防护　空气中浓度超标时，应该佩戴过滤式防毒面具（半面罩）。必要时配备空气呼吸器

眼睛防护　戴化学安全防护眼镜

皮肤和身体防护　穿防静电工作服

手防护　戴橡胶耐油手套

第九部分　理化特性

外观与性状　无色透明至黄色液体，有强烈的蒜气味

pH 值　无资料　　　　　　　**熔点（℃）**　－148～－144

沸点(℃)　35　　　　相对密度(水＝1)　0.84
相对蒸气密度(空气＝1)　2.14
饱和蒸气压(kPa)　53.32 (17.7℃)
临界温度(℃)　225.6　　临界压力(MPa)　5.49
辛醇/水分配系数　无资料　　闪点(℃)　－45
自燃温度(℃)　300　　爆炸下限(%)　2.8
爆炸上限(%)　18.2　　分解温度(℃)　无资料
黏度(mPa·s)　0.293 (20℃)
燃烧热(kJ/mol)　－1889.4　临界温度(℃)　225.5
溶解性　微溶于水，溶于乙醇、乙醚等多数有机溶剂

第十部分　稳定性和反应性

稳定性　稳定
危险反应　与酸类、强氧化剂、碱金属等禁配物发生反应。接触酸和酸雾产生有毒气体。遇水或水蒸气反应放出有毒和易燃的气体。与次氯酸钙、氢氧化钙发生剧烈反应
避免接触的条件　潮湿空气
禁配物　酸类、强氧化剂、碱金属
危险的分解产物　氧化硫

第十一部分　毒理学信息

急性毒性　狗吸入 3.5 g/m³ 蒸气时，无危害；25 g/m³ 或更高时，引起血压降低及呼吸障碍。LD_{50}：682mg/kg（大鼠经口），＞ 2000mg/kg（兔经皮）。LC_{50}：11227mg/m³（大鼠吸入，4h），4420ppm（大鼠吸入，4h）
皮肤刺激或腐蚀　家兔经皮：500 mg (24h)，中度刺激
眼睛刺激或腐蚀　家兔经眼：100 mg (24h)，重度刺激
呼吸或皮肤过敏　无资料　　**生殖细胞突变性**　无资料
致癌性　无资料　　**生殖毒性**　无资料
特异性靶器官系统毒性-一次接触　无资料
特异性靶器官系统毒性-反复接触　无资料
吸入危害　无资料

第十二部分　生态学信息

生态毒性　LC_{50}：2.4mg/L（96h）（黑头呆鱼，OECD 203）。EC_{50}：＜ 0.1 mg/L（48h）（大型溞，OECD 202，静态）。ErC_{50}：3mg/L（72h）（羊角月牙藻，OECD 201）
持久性和降解性
　生物降解性　OECD 301F，不易快速生物降解
　非生物降解性　无资料
潜在的生物累积性　根据 K_{ow} 值预测，该物质的生物累积性可能较弱
土壤中的迁移性　根据 K_{oc} 值预测，该物质可能易发生迁移

第十三部分　废弃处置

废弃化学品　用焚烧法处置。焚烧炉排出的硫氧化物通过洗涤器除去
污染包装物　将容器返还生产商或按照国家和地方法规处置

废弃注意事项　处置前应参阅国家和地方有关法规

第十四部分　运输信息

联合国危险货物编号（UN 号）　2363
联合国运输名称　乙硫醇
联合国危险性类别　3

包装类别　Ⅰ　　　　**包装标志**

海洋污染物　是
运输注意事项　运输时运输车辆应配备相应品种和数量的消防器材及泄漏应急处理设备。夏季最好早晚运输。运输时所用的槽（罐）车应有接地链，槽内可设孔隔板以减少震荡产生的静电。严禁与氧化剂、酸类、碱金属等混装混运。运输途中应防暴晒、雨淋，防高温。中途停留时应远离火种、热源、高温区。装运该物品的车辆排气管必须配备阻火装置，禁止使用易产生火花的机械设备和工具装卸。公路运输时要按规定路线行驶，勿在居民区和人口稠密区停留。铁路运输时要禁止溜放。严禁用木船、水泥船散装运输

第十五部分　法规信息

　　下列法律、法规、规章和标准，对该化学品的管理作了相应的规定。
中华人民共和国职业病防治法　职业病分类和目录：未列入
危险化学品安全管理条例　危险化学品目录：列入。易制爆危险化学品名录：未列入。重点监管的危险化学品名录：未列入。GB 18218—2009《危险化学品重大危险源辨识》（表 1）：未列入
使用有毒物品作业场所劳动保护条例　高毒物品目录：未列入
易制毒化学品管理条例　易制毒化学品的分类和品种目录：未列入
国际公约　斯德哥尔摩公约：未列入。鹿特丹公约：未列入。蒙特利尔议定书：未列入

第十六部分　其他信息

编写和修订信息　缩略语和首字母缩写
培训建议　　　　**参考文献**
免责声明

N-乙基吗啉

第一部分　化学品标识

化学品中文名　N-乙基吗啉；N-乙基四氢-1,4-噁嗪
化学品英文名　N-ethyl morpholine；4-ethylmorpholine
分子式　$C_6H_{13}NO$　**分子量**　115.1735
结构式

化学品的推荐及限制用途　用作药品、橡胶促进剂、乳化剂制造的中间体，也用作溶剂及催化剂

第二部分 危险性概述

紧急情况概述 易燃液体和蒸气，吞咽有害，吸入有害，造成轻微皮肤刺激，造成眼刺激，可能引起呼吸道刺激

GHS危险性类别 易燃液体，类别3；急性毒性-经口，类别4；急性毒性-吸入，类别4；皮肤腐蚀/刺激，类别3；严重眼损伤/眼刺激，类别2B；生殖毒性，类别2；特异性靶器官毒性-一次接触，类别3（呼吸道刺激）；特异性靶器官毒性-反复接触，类别2

标签要素

象形图

警示词 警告

危险性说明 易燃液体和蒸气，吞咽有害，吸入有害，造成轻微皮肤刺激，造成眼刺激，怀疑对生育力或胎儿造成伤害，可能引起呼吸道刺激，长时间或反复接触可能对器官造成损伤。

防范说明

　　预防措施 远离热源、火花、明火、热表面。禁止吸烟。保持容器密闭。容器和接收设备接地连接。使用防爆型电器、通风、照明设备。只能使用不产生火花的工具。采取防止静电措施。戴防护手套、防护眼镜、防护面罩。避免接触眼睛、皮肤，操作后彻底清洗。作业场所不得进食、饮水或吸烟。避免吸入蒸气、雾。仅在室外或通风良好处操作。得到专门指导后操作。在阅读并了解所有安全预防措施之前，切勿操作。按要求使用个体防护装备

　　事故响应 火灾时，使用雾状水、抗溶性泡沫、干粉、二氧化碳、砂土灭火。如吸入：将患者转移到空气新鲜处，休息，保持利于呼吸的体位。如皮肤（或头发）接触：立即脱掉所有被污染的衣服，用水冲洗皮肤，淋浴，如发生皮肤刺激，就医。如接触眼睛：用水细心冲洗数分钟。如戴隐形眼镜并可方便地取出，取出隐形眼镜，继续冲洗。如果眼睛刺激持续：就医。食入：如果感觉不适，立即呼叫中毒控制中心或就医，漱口。如果接触或有担心，就医

　　安全储存 存放在通风良好的地方。保持低温。上锁保管

　　废弃处置 本品及内装物、容器依据国家和地方法规处置

物理和化学危险 易燃，其蒸气与空气混合，能形成爆炸性混合物

健康危害 本品对黏膜、上呼吸道、眼和皮肤有强烈的刺激性。吸入后，可因喉及支气管的痉挛、炎症、水肿，化学性肺炎或肺水肿而致死。中毒表现有烧灼感、咳嗽、喘息、喉炎、气短、头痛、恶心和呕吐等

环境危害 对环境可能有害

第三部分 成分/组成信息

√ 物质　　　　　　混合物

组分	浓度	CAS No.
N-乙基吗啉		100-74-3

第四部分 急救措施

吸入 迅速脱离现场至空气新鲜处。保持呼吸道通畅。如呼吸困难，给输氧。如呼吸、心跳停止，立即进行心肺复苏术。就医

皮肤接触 立即脱去污染的衣着，用流动清水彻底冲洗。就医

眼睛接触 立即提起眼睑，用流动清水或生理盐水彻底冲洗。就医

食入 漱口，饮水。就医

对保护施救者的忠告 根据需要使用个人防护设备
对医生的特别提示 对症处理

第五部分 消防措施

灭火剂 用雾状水、抗溶性泡沫、干粉、二氧化碳、砂土灭火

特别危险性 其蒸气与空气可形成爆炸性混合物，遇明火、高热能引起燃烧爆炸。与氧化剂可发生反应。高温时分解，释出剧毒的氮氧化物气体。流速过快，容易产生和积聚静电。蒸气比空气重，沿地面扩散并易积存于低洼处，遇火源会着火回燃。若遇高热，容器内压增大，有开裂和爆炸的危险

灭火注意事项及防护措施 消防人员必须佩戴空气呼吸器、穿全身防火防毒服，在上风向灭火。尽可能将容器从火场移至空旷处。喷水保持火场容器冷却，直至灭火结束。处在火场中的容器若已变色或从安全泄压装置中发出声音，必须马上撤离

第六部分 泄漏应急处理

作业人员防护措施、防护装备和应急处置程序 消除所有点火源。根据液体流动和蒸气扩散的影响区域划定警戒区，无关人员从侧风向、上风向撤离至安全区。建议应急处理人员戴正压自给式呼吸器，穿防静电、防腐、防毒服。作业时使用的所有设备应接地。禁止接触或跨越泄漏物。尽可能切断泄漏源

环境保护措施 防止泄漏物进入水体、下水道、地下室或有限空间

泄漏化学品的收容、清除方法及所使用的处置材料 小量泄漏：用砂土或其他不燃材料吸收。使用洁净的无火花工具收集吸收材料。大量泄漏：构筑围堤或挖坑收容。用抗溶性泡沫覆盖，减少蒸发。喷水雾能减少蒸发，但不能降低泄漏物在有限空间内的易燃性。用防爆、耐腐蚀泵转移至槽车或专用收集器内

第七部分 操作处置与储存

操作注意事项 密闭操作，局部排风。操作人员必须经过

专门培训，严格遵守操作规程。建议操作人员佩戴自吸过滤式防毒面具（半面罩），穿胶布防毒衣，戴橡胶耐油手套。远离火种、热源，工作场所严禁吸烟。使用防爆型的通风系统和设备。防止蒸气泄漏到工作场所空气中。避免与氧化剂接触。充装要控制流速，防止静电积聚。搬运时要轻装轻卸，防止包装及容器损坏。配备相应品种和数量的消防器材及泄漏应急处理设备。倒空的容器可能残留有害物

储存注意事项　储存于阴凉、通风的库房。远离火种、热源。库温不宜超过37℃，应与氧化剂、食用化学品分开存放，切忌混储。不宜大量储存或久存。采用防爆型照明、通风设施。禁止使用易产生火花的机械设备和工具。储区应备有泄漏应急处理设备和合适的收容材料

第八部分　接触控制/个体防护

职业接触限值

中国　PC-TWA：25mg/m³［皮］

美国（ACGIH）　TLV-TWA：5ppm［皮］

生物接触限值　未制定标准

监测方法　空气中有毒物质测定方法：未制定标准。生物监测检验方法：未制定标准

工程控制　密闭操作，局部排风。提供安全淋浴和洗眼设备

个体防护装备

呼吸系统防护　空气中浓度超标时，必须佩戴过滤式防毒面具（全面罩）。紧急事态抢救或撤离时，应该佩戴空气呼吸器

眼睛防护　呼吸系统防护中已作防护

皮肤和身体防护　穿密闭型防毒服

手防护　戴橡胶耐油手套

第九部分　理化特性

外观与性状　无色液体，有氨味

pH 值　无资料	**熔点(℃)**　−63
沸点(℃)　139	**相对密度(水＝1)**　0.92

相对蒸气密度(空气＝1)　4.00

饱和蒸气压(kPa)　0.82（20℃）

临界压力(MPa)　无资料	**辛醇/水分配系数**　无资料
闪点(℃)　32.22	**自燃温度(℃)**　185
爆炸下限(%)　1.0	**爆炸上限(%)**　9.8
分解温度(℃)　无资料	**黏度(mPa·s)**　1.08（20℃）

燃烧热（kJ/mol）：无资料　**临界温度(℃)**　无资料

溶解性　与水混溶

第十部分　稳定性和反应性

稳定性　稳定

危险反应　与强氧化剂等禁配物接触，有发生火灾和爆炸的危险

避免接触的条件　无资料

禁配物　强氧化剂

危险的分解产物　氮氧化物

第十一部分　毒理学信息

急性毒性　LD₅₀：1780mg/kg（大鼠经口）；1200mg/kg（小鼠经口）。LC₅₀：18000mg/m³（小鼠吸入，2h）

皮肤刺激或腐蚀　无资料	**眼睛刺激或腐蚀**　无资料
呼吸或皮肤过敏　无资料	**生殖细胞突变性**　无资料
致癌性　无资料	**生殖毒性**　无资料

特异性靶器官系统毒性-一次接触　无资料

特异性靶器官系统毒性-反复接触　无资料

吸入危害　无资料

第十二部分　生态学信息

生态毒性　无资料

持久性和降解性

生物降解性　无资料

非生物降解性　无资料

潜在的生物累积性　无资料

土壤中的迁移性　无资料

第十三部分　废弃处置

废弃化学品　用控制焚烧法处置。焚烧炉排出的氮氧化物通过洗涤器除去

污染包装物　将容器返还生产商或按照国家和地方法规处置

废弃注意事项　处置前应参阅国家和地方有关法规

第十四部分　运输信息

联合国危险货物编号（UN 号）　1993

联合国运输名称　易燃液体，未另作规定的（N-乙基吗啉）

联合国危险性类别　3

包装类别　Ⅲ　　　　　　　　**包装标志**

海洋污染物　否

运输注意事项　运输时运输车辆应配备相应品种和数量的消防器材及泄漏应急处理设备。夏季最好早晚运输。运输时所用的槽（罐）车应有接地链，槽内可设孔隔板以减少震荡产生的静电。严禁与氧化剂、食用化学品等混装混运。运输途中应防暴晒、雨淋，防高温。中途停留时应远离火种、热源、高温区。装运该物品的车辆排气管必须配备阻火装置，禁止使用易产生火花的机械设备和工具装卸。公路运输时要按规定路线行驶。铁路运输时要禁止溜放。严禁用木船、水泥船散装运输

第十五部分　法规信息

下列法律、法规、规章和标准，对该化学品的管理作了相应的规定。

中华人民共和国职业病防治法　职业病分类和目录：未列入

危险化学品安全管理条例　危险化学品目录：列入。易制爆危险化学品名录：未列入。重点监管的危险化学品名录：未列入。GB 18218—2009《危险化学品重大

危险源辨识》（表1）：未列入

使用有毒物品作业场所劳动保护条例　高毒物品目录：未列入

易制毒化学品管理条例　易制毒化学品的分类和品种目录：未列入

国际公约　斯德哥尔摩公约：未列入。鹿特丹公约：未列入。蒙特利尔议定书：未列入

第十六部分　其他信息

编写和修订信息　　缩略语和首字母缩写
培训建议　　　　　参考文献
免责声明

N-乙基-1-萘胺

第一部分　化学品标识

化学品中文名　N-乙基-1-萘胺；N-乙基-α-萘胺

化学品英文名　N-ethyl-1-naphthylamine；N-ethyl-alpha-naphthylamine

分子式　$C_{12}H_{13}N$　**分子量**　171.2383

结构式　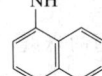

化学品的推荐及限制用途　用作有机合成中间体

第二部分　危险性概述

紧急情况概述　—

GHS危险性类别　危害水生环境-急性危害，类别1；危害水生环境-长期危害，类别1

标签要素

象形图　

警示词　警告

危险性说明　对水生生物毒性非常大并具有长期持续影响

防范说明

　预防措施　禁止排入环境

　事故响应　收集泄漏物

　安全储存　—

　废弃处置　本品及内装物、容器依据国家和地方法规处置

物理和化学危险　可燃，其蒸气与空气混合，能形成爆炸性混合物

健康危害　对眼睛和皮肤有刺激作用。吸入、摄入或经皮肤吸收后对身体有害

环境危害　对水生生物毒性非常大并具有长期持续影响

第三部分　成分/组成信息

　√物质　　　　　　　　　混合物

组分	浓度	CAS No.
N-乙基-1-萘胺		118-44-5

第四部分　急救措施

吸入　迅速脱离现场至空气新鲜处。保持呼吸道通畅。如呼吸困难，给输氧。如呼吸、心跳停止，立即进行心肺复苏术。就医

皮肤接触　立即脱去污染的衣着，用流动清水彻底冲洗。就医

眼睛接触　立即分开眼睑，用流动清水或生理盐水彻底冲洗。就医

食入　漱口，饮水。就医

对保护施救者的忠告　根据需要使用个人防护设备

对医生的特别提示　对症处理

第五部分　消防措施

灭火剂　用雾状水、泡沫、干粉、二氧化碳、砂土灭火

特别危险性　遇明火、高热可燃。与氧化剂可发生反应。接触酸或酸气能产生有毒气体。受高热分解放出有毒的气体。若遇高热，容器内压增大，有开裂和爆炸的危险

灭火注意事项及防护措施　消防人员必须佩戴防毒面具、穿全身消防服，在上风向灭火。尽可能将容器从火场移至空旷处。喷水保持火场容器冷却，直至灭火结束。处在火场中的容器若已变色或从安全泄压装置中发出声音，必须马上撤离

第六部分　泄漏应急处理

作业人员防护措施、防护装备和应急处置程序　根据液体流动和蒸气扩散的影响区域划定警戒区，无关人员从侧风向、上风向撤离至安全区。消除所有点火源。建议应急处理人员戴正压自给式呼吸器，穿一般作业工作服。尽可能切断泄漏源

环境保护措施　防止泄漏物进入水体、下水道、地下室或有限空间

泄漏化学品的收容、清除方法及所使用的处置材料　小量泄漏：用干燥的砂土或其他不燃材料吸收或覆盖，收集于容器中。大量泄漏：构筑围堤或挖坑收容。用泵转移至槽车或专用收集器内

第七部分　操作处置与储存

操作注意事项　密闭操作，局部排风。防止蒸气泄漏到工作场所空气中。操作人员必须经过专门培训，严格遵守操作规程。建议操作人员佩戴自吸过滤式防毒面具（半面罩），戴化学安全防护眼镜，穿防毒物渗透工作服，戴橡胶手套。远离火种、热源，工作场所严禁吸烟。使用防爆型的通风系统和设备。在清洗液体和蒸气前不能进行焊接、切割等作业。避免产生烟雾。避免与氧化剂接触。配备相应品种和数量的消防器材及泄漏应急处理设备。倒空的容器可能残留有害物

储存注意事项　储存于阴凉、通风的库房。远离火种、热源。防止阳光直射。保持容器密封。应与氧化剂分开存放，切忌混储。配备相应品种和数量的消防

器材。储区应备有泄漏应急处理设备和合适的收容材料

第八部分　接触控制/个体防护

职业接触限值

　　中国　未制定标准

　　美国（ACGIH）　未制定标准

生物接触限值　未制定标准

监测方法　空气中有毒物质测定方法：未制定标准。生物监测检验方法：未制定标准

工程控制　密闭操作，局部排风

个体防护装备

　　呼吸系统防护　空气中浓度超标时，必须佩戴过滤式防毒面具（半面罩）。紧急事态抢救或撤离时，应该佩戴空气呼吸器

　　眼睛防护　戴化学安全防护眼镜

　　皮肤和身体防护　穿防毒物渗透工作服

　　手防护　戴橡胶手套

第九部分　理化特性

外观与性状　无色油状液体

pH 值　无资料		**熔点（℃）**　无资料	
沸点（℃）　305		**相对密度（水＝1）**　1.060	

相对蒸气密度（空气＝1）　无资料

饱和蒸气压（kPa）　无资料

临界压力（MPa）　无资料　　**辛醇/水分配系数**　无资料

闪点（℃）　>110　　**自燃温度（℃）**　无资料

爆炸下限（%）　无资料　　**爆炸上限（%）**　无资料

分解温度（℃）　无资料　　**黏度（mPa·s）**　无资料

燃烧热（kJ/mol）　无资料　　**临界温度（℃）**　无资料

溶解性　不溶于水，溶于乙醇、乙醚

第十部分　稳定性和反应性

稳定性　稳定

危险反应　与强氧化剂、酸类等禁配物发生反应。接触酸或酸气能产生有毒气体

避免接触的条件　光照

禁配物　强氧化剂、酸类

危险的分解产物　氮氧化物

第十一部分　毒理学信息

急性毒性　无资料

皮肤刺激或腐蚀　无资料　　**眼睛刺激或腐蚀**　无资料

呼吸或皮肤过敏　无资料　　**生殖细胞突变性**　无资料

致癌性　无资料　　**生殖毒性**　无资料

特异性靶器官系统毒性-一次接触　无资料

特异性靶器官系统毒性-反复接触　无资料

吸入危害　无资料

第十二部分　生态学信息

生态毒性　EC_{50}：0.7mg/L（48h）（大型溞）

持久性和降解性

　　生物降解性　不易生物降解

非生物降解性　无资料

潜在的生物累积性　无资料

土壤中的迁移性　无资料

第十三部分　废弃处置

废弃化学品　建议用焚烧法处置。在能利用的地方重复使用容器或在规定场所掩埋

污染包装物　将容器返还生产商或按照国家和地方法规处置

废弃注意事项　处置前应参阅国家和地方有关法规

第十四部分　运输信息

联合国危险货物编号（UN号）　3082

联合国运输名称　对环境有害的液体物质，未另作规定的（N-乙基-1-萘胺）

联合国危险性类别　9

包装类别　Ⅲ　　　　**包装标志**　

海洋污染物　是

运输注意事项　铁路运输时包装所用的麻袋、塑料编织袋、复合塑料编织袋的强度应符合国家标准要求。运输前应先检查包装容器是否完整、密封，运输过程中要确保容器不泄漏、不倒塌、不坠落、不损坏。严禁与酸类、氧化剂、食品及食品添加剂混运。运输时运输车辆应配备相应品种和数量的消防器材及泄漏应急处理设备。运输途中应防暴晒、雨淋，防高温。公路运输时要按规定路线行驶，勿在居民区和人口稠密区停留

第十五部分　法规信息

　　下列法律、法规、规章和标准，对该化学品的管理作了相应的规定。

中华人民共和国职业病防治法　职业病分类和目录：未列入

危险化学品安全管理条例　危险化学品目录：列入。易制爆危险化学品名录：未列入。重点监管的危险化学品名录：未列入。GB 18218—2009《危险化学品重大危险源辨识》（表1）：未列入

使用有毒物品作业场所劳动保护条例　高毒物品目录：未列入

易制毒化学品管理条例　易制毒化学品的分类和品种目录：未列入

国际公约　斯德哥尔摩公约：未列入。鹿特丹公约：未列入。蒙特利尔议定书：未列入

第十六部分　其他信息

编写和修订信息　　**缩略语和首字母缩写**

培训建议　　**参考文献**

免责声明

乙基三乙氧基硅烷

第一部分　化学品标识

化学品中文名　乙基三乙氧基硅烷；三乙氧基乙基硅烷
化学品英文名　ethyltriethoxysilane；triethoxy ethyl silane
分子式　$C_8H_{20}O_3Si$　**分子量**　192.3281

结构式
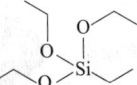

化学品的推荐及限制用途　用作合成高分子有机硅化合物的原料

第二部分　危险性概述

紧急情况概述　易燃液体和蒸气
GHS 危险性类别　易燃液体，类别 3
标签要素

象形图

警示词　警告
危险性说明　易燃液体和蒸气
防范说明

　　预防措施　远离热源、火花、明火、热表面。禁止吸烟。保持容器密闭。容器和接收设备接地连接。使用防爆型电器、通风、照明设备。只能使用不产生火花的工具。采取防止静电措施。戴防护手套、防护眼镜、防护面罩

　　事故响应　火灾时，使用雾状水、泡沫、干粉、二氧化碳、砂土灭火。如皮肤（或头发）接触：立即脱掉所有被污染的衣服，用水冲洗皮肤、淋浴

　　安全储存　存放在通风良好的地方。保持低温

　　废弃处置　本品及内装物、容器依据国家和地方法规处置

物理和化学危险　易燃，其蒸气与空气混合，能形成爆炸性混合物

健康危害　无资料

环境危害　对环境可能有害

第三部分　成分/组成信息

√物质　　　　　　　　　　混合物

组分	浓度	CAS No.
乙基三乙氧基硅烷		78-07-9

第四部分　急救措施

吸入　脱离现场至空气新鲜处。如有不适感，就医
皮肤接触　脱去污染的衣着，用流动清水冲洗。如有不适感，就医
眼睛接触　分开眼睑，用流动清水或生理盐水冲洗。如有不适感，就医
食入　漱口，饮水。就医

对保护施救者的忠告　根据需要使用个人防护设备
对医生的特别提示　对症处理

第五部分　消防措施

灭火剂　用雾状水、泡沫、干粉、二氧化碳、砂土灭火
特别危险性　其蒸气与空气可形成爆炸性混合物，遇明火、高热能引起燃烧爆炸。与氧化剂可发生反应。若遇高热，容器内压增大，有开裂和爆炸的危险
灭火注意事项及防护措施　消防人员必须佩戴防毒面具、穿全身消防服，在上风向灭火。尽可能将容器从火场移至空旷处。喷水保持火场容器冷却，直至灭火结束。处在火场中的容器若已变色或从安全泄压装置中发出声音，必须马上撤离

第六部分　泄漏应急处理

作业人员防护措施、防护装备和应急处置程序　消除所有点火源。根据液体流动和蒸气扩散的影响区域划定警戒区，无关人员从侧风、上风向撤离至安全区。建议应急处理人员戴正压自给式呼吸器，穿防静电服。作业时使用的所有设备应接地。禁止接触或跨越泄漏物。尽可能切断泄漏源
环境保护措施　防止泄漏物进入水体、下水道、地下室或有限空间
泄漏化学品的收容、清除方法及所使用的处置材料　小量泄漏：用砂土或其他不燃材料吸收。使用洁净的无火花工具收集吸收材料。大量泄漏：构筑围堤或挖坑收容。用泡沫覆盖，减少蒸发。喷水雾能减少蒸发，但不能降低泄漏物在有限空间内的易燃性。用防爆泵转移至槽车或专用收集器内

第七部分　操作处置与储存

操作注意事项　密闭操作，全面排风。操作人员必须经过专门培训，严格遵守操作规程。建议操作人员佩戴自吸过滤式防毒面具（半面罩），戴化学安全防护眼镜，穿防毒物渗透工作服，戴防化学品手套。远离火种、热源，工作场所严禁吸烟。使用防爆型的通风系统和设备。防止蒸气泄漏到工作场所空气中。避免与氧化剂、酸类接触。搬运时要轻装轻卸，防止包装及容器损坏。配备相应品种和数量的消防器材及泄漏应急处理设备。倒空的容器可能残留有害物
储存注意事项　储存于阴凉、干燥、通风良好的库房。远离火种、热源。库温不宜超过 37℃，包装必须密封，切勿受潮。应与氧化剂、酸类分开存放，切忌混储。采用防爆型照明、通风设施。禁止使用易产生火花的机械设备和工具。储区应备有泄漏应急处理设备和合适的收容材料

第八部分　接触控制/个体防护

职业接触限值
　中国　未制定标准
　美国（ACGIH）　未制定标准
生物接触限值　未制定标准
监测方法　空气中有毒物质测定方法：未制定标准。生物

监测检验方法：未制定标准

工程控制　密闭操作，全面排风

个体防护装备

呼吸系统防护　空气中浓度超标时，佩戴过滤式防毒面具（半面罩）

眼睛防护　戴化学安全防护眼镜

皮肤和身体防护　穿防毒物渗透工作服

手防护　戴防化学品手套

第九部分　理化特性

外观与性状　无色液体，有特殊气味，在潮湿空气中可缓慢分解

pH值　无资料		**熔点(℃)**　无资料	
沸点(℃)　158.9		**相对密度(水＝1)**　0.895	

相对蒸气密度(空气＝1)　无资料

饱和蒸气压(kPa)　无资料

临界压力(MPa)　无资料　　**辛醇/水分配系数**　无资料

闪点(℃)　29　　　　　　　**自燃温度(℃)**　无资料

爆炸下限(％)　无资料　　　**爆炸上限(％)**　无资料

分解温度(℃)　无资料　　　**黏度(mPa·s)**　无资料

燃烧热(kJ/mol)　无资料　　**临界温度(℃)**　无资料

溶解性　不溶于水，可混溶于醇、醚等

第十部分　稳定性和反应性

稳定性　稳定

危险反应　与强氧化剂等禁配物接触，有发生火灾和爆炸的危险

避免接触的条件　潮湿空气

禁配物　强氧化剂、强酸

危险的分解产物　氧化硅

第十一部分　毒理学信息

急性毒性　LD$_{50}$：14000mg/kg（大鼠经口），16mL/kg（兔经皮）

皮肤刺激或腐蚀　无资料	**眼睛刺激或腐蚀**　无资料
呼吸或皮肤过敏　无资料	**生殖细胞突变性**　无资料
致癌性　无资料	**生殖毒性**　无资料

特异性靶器官系统毒性-一次接触　无资料

特异性靶器官系统毒性-反复接触　无资料

吸入危害　无资料

第十二部分　生态学信息

生态毒性　无资料

持久性和降解性

生物降解性　无资料

非生物降解性　无资料

潜在的生物累积性　无资料

土壤中的迁移性　无资料

第十三部分　废弃处置

废弃化学品　建议用焚烧法处置

污染包装物　将容器返还生产商或按照国家和地方法规处置

废弃注意事项　处置前应参阅国家和地方有关法规

第十四部分　运输信息

联合国危险货物编号（UN号）　1993

联合国运输名称　易燃液体，未另作规定的（乙基三乙氧基硅烷）

联合国危险性类别　3

包装类别　Ⅲ　　　　　　**包装标志**　

海洋污染物　否

运输注意事项　运输时运输车辆应配备相应品种和数量的消防器材及泄漏应急处理设备。夏季最好早晚运输。运输时所用的槽（罐）车应有接地链，槽内可设孔隔板以减少震荡产生的静电。严禁与氧化剂、酸类、等混装混运。运输途中应防暴晒、雨淋，防高温。中途停留时应远离火种、热源、高温区。装运该物品的车辆排气管必须配备阻火装置，禁止使用易产生火花的机械设备和工具装卸。公路运输时要按规定路线行驶。严禁用木船、水泥船散装运输

第十五部分　法规信息

下列法律、法规、规章和标准，对该化学品的管理作了相应的规定。

中华人民共和国职业病防治法　职业病分类和目录：未列入

危险化学品安全管理条例　危险化学品目录：列入。易制爆危险化学品名录：未列入。重点监管的危险化学品名录：未列入。GB 18218—2009《危险化学品重大危险源辨识》（表1）：未列入

使用有毒物品作业场所劳动保护条例　高毒物品目录：未列入

易制毒化学品管理条例　易制毒化学品的分类和品种目录：未列入

国际公约　斯德哥尔摩公约：未列入。鹿特丹公约：未列入。蒙特利尔议定书：未列入

第十六部分　其他信息

编写和修订信息　缩略语和首字母缩写

培训建议　　　　　参考文献

免责声明

乙基烯丙基醚

第一部分　化学品标识

化学品中文名　乙基烯丙基醚；烯丙基乙基醚

化学品英文名　ethyl allyl ether；3-ethoxy-1-propene

分子式　C$_5$H$_{10}$O　**分子量**　86.1323

结构式　⌒⌒O⌒

化学品的推荐及限制用途　用于有机合成

第二部分　危险性概述

紧急情况概述　高度易燃液体和蒸气，吞咽会中毒，皮肤

接触会中毒，吸入会中毒，可能引起昏昏欲睡或眩晕

GHS 危险性类别　易燃液体，类别 2；急性毒性-经口，类别 3；急性毒性-经皮，类别 3；急性毒性-吸入，类别 3；特异性靶器官毒性——次接触，类别 3（麻醉效应）

标签要素

象形图　

警示词　危险

危险性说明　高度易燃液体和蒸气，吞咽会中毒，皮肤接触会中毒，吸入会中毒，可能引起昏昏欲睡或眩晕

防范说明

预防措施　远离热源、火花、明火、热表面。保持容器密闭。容器和接收设备接地连接。使用防爆型电器、通风、照明设备。只能使用不产生火花的工具。采取防止静电措施。戴防护手套，穿防护服，戴防护眼镜、防护面罩。避免接触眼睛、皮肤，操作后彻底清洗。作业场所不得进食、饮水或吸烟。避免吸入蒸气、雾。仅在室外或通风良好处操作

事故响应　火灾时，使用泡沫、干粉、二氧化碳、砂土灭火。如吸入：将患者转移到空气新鲜处，休息，保持利于呼吸的体位，呼叫中毒控制中心或就医。皮肤接触：用大量肥皂水和水清洗，立即脱去所有被污染的衣服，如感觉不适，呼叫中毒控制中心或就医。被污染的衣服经洗净后方可重新使用。食入：立即呼叫中毒控制中心或就医，漱口

安全储存　存放在通风良好的地方。保持低温。保持容器密闭。上锁保管

废弃处置　本品及内装物、容器依据国家和地方法规处置

物理和化学危险　易燃，其蒸气与空气混合，能形成爆炸性混合物。容易自聚

健康危害　对眼和皮肤有刺激性。对黏膜和上呼吸道有刺激作用

环境危害　对环境可能有害

第三部分　成分/组成信息

√物质　　　　　　　混合物

组分	浓度	CAS No.
乙基烯丙基醚		557-31-3

第四部分　急救措施

吸入　迅速脱离现场至空气新鲜处。保持呼吸道通畅。如呼吸困难，给输氧。呼吸、心跳停止，立即进行心肺复苏术。就医

皮肤接触　立即脱去污染的衣着，用流动清水彻底冲洗。就医

眼睛接触　立即分开眼睑，用流动清水或生理盐水彻底冲洗。就医

食入　漱口，饮水。就医

对保护施救者的忠告　根据需要使用个人防护设备

对医生的特别提示　对症处理

第五部分　消防措施

灭火剂　用泡沫、干粉、二氧化碳、砂土灭火

特别危险性　其蒸气与空气可形成爆炸性混合物，遇明火、高热极易燃烧爆炸。与氧化剂接触猛烈反应。流速过快，容易产生和积聚静电。容易自聚，聚合反应随着温度的上升而急骤加剧。若遇高热，容器内压增大，有开裂和爆炸的危险

灭火注意事项及防护措施　消防人员必须佩戴防毒面具、穿全身消防服，在上风向灭火。尽可能将容器从火场移至空旷处。喷水保持火场容器冷却，直至灭火结束。处在火场中的容器若已变色或从安全泄压装置中发出声音，必须马上撤离。用水灭火无效

第六部分　泄漏应急处理

作业人员防护措施、防护装备和应急处置程序　消除所有点火源。根据液体流动和蒸气扩散的影响区域划定警戒区，无关人员从侧风、上风向撤离至安全区。建议应急处理人员戴正压自给式呼吸器，穿防毒、防静电服。作业时使用的所有设备应接地。禁止接触或跨越泄漏物。尽可能切断泄漏源

环境保护措施　防止泄漏物进入水体、下水道、地下室或有限空间

泄漏化学品的收容、清除方法及所使用的处置材料　小量泄漏：用砂土或其他不燃材料吸收。使用洁净的无火花工具收集吸收材料。大量泄漏：构筑围堤或挖坑收容。用泡沫覆盖，减少蒸发。喷水雾能减少蒸发，但不能降低泄漏物在有限空间内的易燃性。用防爆泵转移至槽车或专用收集器内

第七部分　操作处置与储存

操作注意事项　密闭操作，全面通风。操作人员必须经过专门培训，严格遵守操作规程。建议操作人员佩戴自吸过滤式防毒面具（半面罩），戴化学安全防护眼镜，穿防静电工作服，戴橡胶耐油手套。远离火种、热源，工作场所严禁吸烟。使用防爆型的通风系统和设备。防止蒸气泄漏到工作场所空气中。避免与氧化剂、酸类接触。灌装时应控制流速，且有接地装置，防止静电积聚。搬运时要轻装轻卸，防止包装及容器损坏。配备相应品种和数量的消防器材及泄漏应急处理设备。倒空的容器可能残留有害物

储存注意事项　通常商品加有稳定剂。储存于阴凉、通风的库房。远离火种、热源。库温不宜超过 37℃，包装要求密封，不可与空气接触。应与氧化剂、酸类分开存放，切忌混储。不宜大量储存或久存。采用防爆型照明、通风设施。禁止使用易产生火花的机械设备和工具。储区应备有泄漏应急处理设备和合适的收容材料

第八部分 接触控制/个体防护

职业接触限值
中国 未制定标准
美国（ACGIH） 未制定标准

生物接触限值 未制定标准

监测方法 空气中有毒物质测定方法：未制定标准。生物监测检验方法：未制定标准

工程控制 生产过程密闭，全面通风。提供安全淋浴和洗眼设备

个体防护装备
呼吸系统防护 空气中浓度超标时，必须佩戴过滤式防毒面具（半面罩）。紧急事态抢救或撤离时，应该佩戴空气呼吸器
眼睛防护 戴化学安全防护眼镜
皮肤和身体防护 穿防静电工作服
手防护 戴橡胶耐油手套

第九部分 理化特性

外观与性状 无色透明液体

pH 值 无资料　　　　**熔点（℃）** 无资料

沸点（℃） 67.6　　　　**相对密度（水＝1）** 0.76

相对蒸气密度（空气＝1） 无资料

饱和蒸气压（kPa） 无资料

临界压力（MPa） 无资料　　**辛醇/水分配系数** 无资料

闪点（℃） －20.56　　　**自燃温度（℃）** 无资料

爆炸下限（%） 无资料　　**爆炸上限（%）** 无资料

分解温度（℃） 无资料　　**黏度（mPa·s）** 无资料

燃烧热（kJ/mol） 无资料　　**临界温度（℃）** 244.85

溶解性 不溶于水，可混溶于乙醇、乙醚

第十部分 稳定性和反应性

稳定性 稳定

危险反应 与强氧化剂等禁配物接触，有发生火灾和爆炸的危险。容易发生自聚反应

避免接触的条件 光照

禁配物 强氧化剂、强酸

危险的分解产物 过氧化物

第十一部分 毒理学信息

急性毒性 LD$_{50}$：19000mg/kg（大鼠经口）

皮肤刺激或腐蚀 无资料　　**眼睛刺激或腐蚀** 无资料

呼吸或皮肤过敏 无资料　　**生殖细胞突变性** 无资料

致癌性 无资料　　　　**生殖毒性** 无资料

特异性靶器官系统毒性-一次接触 无资料

特异性靶器官系统毒性-反复接触 无资料

吸入危害 无资料

第十二部分 生态学信息

生态毒性 无资料

持久性和降解性
生物降解性 无资料
非生物降解性 无资料

潜在的生物累积性 无资料

土壤中的迁移性 无资料

第十三部分 废弃处置

废弃化学品 建议用焚烧法处置

污染包装物 将容器返还生产商或按照国家和地方法规处置

废弃注意事项 处置前应参阅国家和地方有关法规

第十四部分 运输信息

联合国危险货物编号（UN 号） 2335

联合国运输名称 烯丙基乙基醚

联合国危险性类别 3，6.1

包装类别 Ⅱ

包装标志

海洋污染物 否

运输注意事项 运输时运输车辆应配备相应品种和数量的消防器材及泄漏应急处理设备。夏季最好早晚运输。运输时所用的槽（罐）车应有接地链，槽内可设孔隔板以减少震荡产生的静电。严禁与氧化剂、酸类、食用化学品等混装混运。运输途中应防暴晒、雨淋，防高温。中途停留时应远离火种、热源、高温区。装运该物品的车辆排气管必须配备阻火装置，禁止使用易产生火花的机械设备和工具装卸。公路运输时要按规定路线行驶。严禁用木船、水泥船散装运输

第十五部分 法规信息

下列法律、法规、规章和标准，对该化学品的管理作了相应的规定。

中华人民共和国职业病防治法 职业病分类和目录：未列入

危险化学品安全管理条例 危险化学品目录：列入。易制爆危险化学品名录：未列入。重点监管的危险化学品名录：未列入。GB 18218—2009《危险化学品重大危险源辨识》（表1）：未列入

使用有毒物品作业场所劳动保护条例 高毒物品目录：未列入

易制毒化学品管理条例 易制毒化学品的分类和品种目录：未列入

国际公约 斯德哥尔摩公约：未列入。鹿特丹公约：未列入。蒙特利尔议定书：未列入

第十六部分 其他信息

编写和修订信息 缩略语和首字母缩写

培训建议 参考文献

免责声明

乙基溴硫磷

第一部分 化学品标识

化学品中文名 乙基溴硫磷；O,O-二乙基-O-(4-溴-2,5-

二氯苯基）硫代磷酸酯

化学品英文名　bromophos ethyl；*O*-4-bromo-2,5-dichlo-rophenyl-*O*,*O*-diethyl phosphorothioate

分子式　C₁₀H₁₂BrCl₂O₃PS　**分子量**　394.049

结构式

化学品的推荐及限制用途　用作农用杀虫剂

第二部分　危险性概述

紧急情况概述　吞咽会中毒，皮肤接触有害

GHS 危险性类别　急性毒性-经口，类别 3；急性毒性-经皮，类别 4；危害水生环境-急性危害，类别 1；危害水生环境-长期危害，类别 1

标签要素

象形图

警示词　危险

危险性说明　吞咽会中毒，皮肤接触有害，对水生生物毒性非常大并具有长期持续影响

防范说明

　　预防措施　避免接触眼睛、皮肤，操作后彻底清洗。作业场所不得进食、饮水或吸烟。戴防护手套、穿防护服。禁止排入环境

　　事故响应　皮肤接触：用大量肥皂水和水清洗，如感觉不适，呼叫中毒控制中心或就医。被污染的衣服经洗净后方可重新使用。食入：立即呼叫中毒控制中心或就医，漱口。收集泄漏物

　　安全储存　上锁保管

　　废弃处置　本品及内装物、容器依据国家和地方法规处置

物理和化学危险　可燃，其蒸气与空气混合，能形成爆炸性混合物

健康危害　本品为中等毒有机磷杀虫剂，抑制胆碱酯酶。中毒症状有头痛、头晕、恶心、呕吐、腹泻、流涎、多汗、瞳孔缩小、脑水肿、肌束震颤、肺水肿等

环境危害　对水生生物毒性非常大并具有长期持续影响

第三部分　成分/组成信息

√ 物质　　　　　　　　混合物

组分	浓度	CAS No.
乙基溴硫磷		4824-78-6

第四部分　急救措施

吸入　迅速脱离现场至空气新鲜处。保持呼吸道通畅。如呼吸困难，给输氧。呼吸、心跳停止，立即进行心肺复苏术。就医

皮肤接触　立即脱去污染的衣着，用肥皂水及流动清水彻底冲洗污染的皮肤、头发、指甲等。就医

眼睛接触　分开眼睑，用流动清水或生理盐水冲洗。就医

食入　饮足量温水，催吐（仅限于清醒者）。口服活性炭。就医

对保护施救者的忠告　根据需要使用个人防护设备

对医生的特别提示　解毒剂：阿托品、胆碱酯酶复能剂

第五部分　消防措施

灭火剂　用雾状水、泡沫、干粉、二氧化碳、砂土灭火

特别危险性　遇明火、高热可燃。与氧化剂可发生反应。遇高热分解释出高毒烟气。若遇高热，容器内压增大，有开裂和爆炸的危险

灭火注意事项及防护措施　消防人员必须佩戴防毒面具、穿全身消防服，在上风向灭火。尽可能将容器从火场移至空旷处。喷水保持火场容器冷却，直至灭火结束。处在火场中的容器若已变色或从安全泄压装置中发出声音，必须马上撤离

第六部分　泄漏应急处理

作业人员防护措施、防护装备和应急处置程序　根据液体流动和蒸气扩散的影响区域划定警戒区，无关人员从侧风、上风向撤离至安全区。建议应急处理人员戴正压自给式呼吸器，穿防毒服。穿上适当的防护服前严禁接触破裂的容器和泄漏物。尽可能切断泄漏源

环境保护措施　防止泄漏物进入水体、下水道、地下室或有限空间

泄漏化学品的收容、清除方法及所使用的处置材料　小量泄漏：用干燥的砂土或其他不燃材料吸收或覆盖，收集于容器中。大量泄漏：构筑围堤或挖坑收容。用泵转移至槽车或专用收集器内

第七部分　操作处置与储存

操作注意事项　密闭操作，局部排风。防止蒸气泄漏到工作场所空气中。操作人员必须经过专门培训，严格遵守操作规程。建议操作人员佩戴过滤式防毒面具（半面罩），戴化学安全防护眼镜，穿防毒物渗透工作服，戴乳胶手套。远离火种、热源，工作场所严禁吸烟。使用防爆型的通风系统和设备。在清除液体和蒸气前不能进行焊接、切割等作业。避免产生烟雾。避免与氧化剂接触。配备相应品种和数量的消防器材及泄漏应急处理设备。倒空的容器可能残留有害物

储存注意事项　储存于阴凉、通风的库房。远离火种、热源。防止阳光直射。保持容器密封。应与氧化剂、食用化学品分开存放，切忌混储。配备相应品种和数量的消防器材。储区应备有泄漏应急处理设备和合适的收容材料

第八部分　接触控制/个体防护

职业接触限值

　　中国　未制定标准

　　美国（ACGIH）　未制定标准

生物接触限值　全血胆碱酯酶活性（校正值）：原基础值或参考值的 70%（采样时间：开始接触后的 3 个月内），原基础值或参考值的 50%（采样时间：持续接触 3 个月后，任意时间）

监测方法　空气中有毒物质测定方法：未制定标准。生物监测检验方法：血中胆碱酯酶活性的分光光度测定方法——羟胺三氯化铁法；血中胆碱酯酶活性的分光光度测定方法——硫代乙酰胆碱-联硫代双硝基苯甲酸法

工程控制　密闭操作，局部排风

个体防护装备

　　呼吸系统防护　空气中浓度较高时，应该佩戴过滤式防毒面具（半面罩）。紧急事态抢救或逃生时，建议佩戴空气呼吸器

　　眼睛防护　戴化学安全防护眼镜

　　皮肤和身体防护　穿防毒物渗透工作服

　　手防护　戴橡胶手套

第九部分　理化特性

外观与性状　无色至淡黄色液体，几乎无味

pH 值　无资料　　　　　**熔点(℃)**　无资料

沸点(℃)　122～123（$0.13×10^{-3}$ kPa）

相对密度(水＝1)　1.52～1.55

相对蒸气密度(空气＝1)　无资料

饱和蒸气压(kPa)　$0.61×10^{-5}$（30℃）

临界压力(MPa)　无资料　　**辛醇/水分配系数**　无资料

闪点(℃)　无资料　　　　**自燃温度(℃)**　无资料

爆炸下限(%)　无资料　　**爆炸上限(%)**　无资料

分解温度(℃)　无资料　　**黏度(mPa·s)**　无资料

燃烧热(kJ/mol)　无资料　　**临界温度(℃)**　无资料

溶解性　难溶于水，可混溶于多数有机溶剂

第十部分　稳定性和反应性

稳定性　稳定

危险反应　与强氧化剂等禁配物发生反应

避免接触的条件　无资料

禁配物　强氧化剂

危险的分解产物　氯化氢、溴化氢、氧化硫、氧化磷

第十一部分　毒理学信息

急性毒性　LD_{50}：52mg/kg（大鼠经口），1000mg/kg（大鼠经皮），210mg/kg（小鼠经口），500mg/kg（兔经皮）

皮肤刺激或腐蚀　无资料　　**眼睛刺激或腐蚀**　无资料

呼吸或皮肤过敏　无资料　　**生殖细胞突变性**　无资料

致癌性　无资料　　　　　**生殖毒性**　无资料

特异性靶器官系统毒性-一次接触　无资料

特异性靶器官系统毒性-反复接触　无资料

吸入危害　无资料

第十二部分　生态学信息

生态毒性　LC_{50}：0.14～0.24mg/L（96h）（孔雀花鳉）

持久性和降解性

　　生物降解性　无资料

　　非生物降解性　无资料

潜在的生物累积性　无资料

土壤中的迁移性　无资料

第十三部分　废弃处置

废弃化学品　建议用焚烧法处置。在能利用的地方重复使用容器或在规定场所掩埋

污染包装物　将容器返还生产商或按照国家和地方法规处置

废弃注意事项　处置前应参阅国家和地方有关法规

第十四部分　运输信息

联合国危险货物编号（UN号）　3018

联合国运输名称　液态有机磷农药，毒性（乙基溴硫磷）

联合国危险性类别　6.1

包装类别　Ⅲ　　　　　　**包装标志**　

海洋污染物　是

运输注意事项　运输前应先检查包装容器是否完整、密封，运输过程中要确保容器不泄漏、不倒塌、不坠落、不损坏。严禁与酸类、氧化剂、食品及食品添加剂混运。运输时运输车辆应配备相应品种和数量的消防器材及泄漏应急处理设备。运输途中应防暴晒、雨淋，防高温。公路运输时要按规定路线行驶，勿在居民区和人口稠密区停留

第十五部分　法规信息

　　下列法律、法规、规章和标准，对该化学品的管理作了相应的规定。

中华人民共和国职业病防治法　职业病分类和目录：有机磷中毒

危险化学品安全管理条例　危险化学品目录：列入。易制爆危险化学品名录：未列入。重点监管的危险化学品名录：未列入。GB 18218—2009《危险化学品重大危险源辨识》（表1）：未列入

使用有毒物品作业场所劳动保护条例　高毒物品目录：未列入

易制毒化学品管理条例　易制毒化学品的分类和品种目录：未列入

国际公约　斯德哥尔摩公约：未列入。鹿特丹公约：未列入。蒙特利尔议定书：未列入

第十六部分　其他信息

编写和修订信息　缩略语和首字母缩写

培训建议　参考文献

免责声明

乙硫基乙醇

第一部分　化学品标识

化学品中文名　乙硫基乙醇；羟基乙硫醚；α-乙硫基乙醇

化学品英文名　2-(ethylthio) ethanol；ethyl 2-hydroxy-ethyl sulfide

分子式　$C_4H_{10}OS$　**分子量**　106.187

结构式

化学品的推荐及限制用途 用作杀虫剂、润滑剂等的中间体

第二部分 危险性概述

紧急情况概述 造成严重眼损伤

GHS危险性类别 严重眼损伤/眼刺激，类别1；危害水生环境-急性危害，类别3；危害水生环境-长期危害，类别3

标签要素

象形图

警示词 危险

危险性说明 造成严重眼损伤，对水生生物有害并具有长期持续影响

防范说明

预防措施 戴防护眼镜、防护面罩。禁止排入环境

事故响应 接触眼睛：用水细心冲洗数分钟，立即呼叫中毒控制中心或就医。如戴隐形眼镜并可方便地取出，取出隐形眼镜，继续冲洗

安全储存 —

废弃处置 本品及内装物、容器依据国家和地方法规处置

物理和化学危险 可燃，其蒸气与空气混合，能形成爆炸性混合物

健康危害 吸入、摄入或经皮肤吸收后对身体有害。对眼睛、皮肤、黏膜和上呼吸道有强烈刺激作用。接触后，可引起烧灼感、咳嗽、喉炎、气短、头痛、恶心和呕吐。眼接触可引起灼伤

环境危害 对水生生物有害并具有长期持续影响

第三部分 成分/组成信息

√物质　　　　　　混合物

组分	浓度	CAS No.
乙硫基乙醇		110-77-0

第四部分 急救措施

吸入 迅速脱离现场至空气新鲜处。保持呼吸道通畅。如呼吸困难，给输氧。呼吸、心跳停止，立即进行心肺复苏术。就医

皮肤接触 立即脱去污染的衣着，用流动清水彻底冲洗。就医

眼睛接触 立即分开眼睑，用流动清水或生理盐水彻底冲洗5～10min。就医

食入 漱口，饮水。就医

对保护施救者的忠告 根据需要使用个人防护设备

对医生的特别提示 对症处理

第五部分 消防措施

灭火剂 用雾状水、泡沫、干粉、二氧化碳、砂土灭火

特别危险性 遇高热、明火或与氧化剂接触，有引起燃烧的危险。受高热分解放出有毒的气体

灭火注意事项及防护措施 消防人员必须佩戴防毒面具、穿全身消防服，在上风向灭火。尽可能将容器从火场移至空旷处。喷水保持火场容器冷却，直至灭火结束。处在火场中的容器若已变色或从安全泄压装置中发出声音，必须马上撤离

第六部分 泄漏应急处理

作业人员防护措施、防护装备和应急处置程序 根据液体流动和蒸气扩散的影响区域划定警戒区，无关人员从侧风、上风向撤离至安全区。消除所有点火源。建议应急处理人员戴正压自给式呼吸器，穿防毒服。穿上适当的防护服前严禁接触破裂的容器和泄漏物。尽可能切断泄漏源

环境保护措施 防止泄漏物进入水体、下水道、地下室或有限空间

泄漏化学品的收容、清除方法及所使用的处置材料 小量泄漏：用干燥的砂土或其他不燃材料吸收或覆盖，收集于容器中。大量泄漏：构筑围堤或挖坑收容。用泵转移至槽车或专用收集器内

第七部分 操作处置与储存

操作注意事项 密闭操作，局部排风。防止蒸气泄漏到工作场所空气中。操作人员必须经过专门培训，严格遵守操作规程。建议操作人员佩戴自吸过滤式防毒面具（半面罩），戴化学安全防护眼镜，穿防毒物渗透工作服，戴橡胶手套。远离火种、热源，工作场所严禁吸烟。使用防爆型的通风系统和设备。在清除液体和蒸气前不能进行焊接、切割等作业。避免产生烟雾。避免与氧化剂接触。配备相应品种和数量的消防器材及泄漏应急处理设备。倒空的容器可能残留有害物

储存注意事项 储存于阴凉、通风的库房。远离火种、热源。防止阳光直射。保持容器密封。应与氧化剂分开存放，切忌混储。配备相应品种和数量的消防器材。储区应备有泄漏应急处理设备和合适的收容材料

第八部分 接触控制/个体防护

职业接触限值

中国 未制定标准

美国（ACGIH） 未制定标准

生物接触限值 未制定标准

监测方法 空气中有毒物质测定方法：未制定标准。生物监测检验方法：未制定标准

工程控制 密闭操作，局部排风

个体防护装备

呼吸系统防护 空气中浓度超标时，必须佩戴过滤式防毒面具（半面罩）。紧急事态抢救或撤离时，应该佩戴空气呼吸器

眼睛防护 戴化学安全防护眼镜

皮肤和身体防护 穿防毒物渗透工作服

手防护 戴橡胶手套

第九部分 理化特性

外观与性状 淡黄色液体

pH 值　无资料　　　　　熔点(℃)　无资料

沸点(℃)　184.5

相对密度(水＝1)　1.0166（20℃/4℃）

相对蒸气密度(空气＝1)　无资料

饱和蒸气压(kPa)　无资料

临界压力(MPa)　无资料　　辛醇/水分配系数　无资料

闪点(℃)　93　　　　　　自燃温度(℃)　无资料

爆炸下限(%)　无资料　　　爆炸上限(%)　无资料

分解温度(℃)　无资料　　　黏度(mPa·s)　无资料

燃烧热(kJ/mol)　无资料　　临界温度(℃)　无资料

溶解性　不溶于水，溶于多数有机溶剂

第十部分　稳定性和反应性

稳定性　稳定

危险反应　与强氧化剂等禁配物发生反应

避免接触的条件　无资料

禁配物　强氧化剂

危险的分解产物　氧化硫、硫化氢

第十一部分　毒理学信息

急性毒性　LD_{50}：2320mg/kg（大鼠经口）

皮肤刺激或腐蚀　家兔经皮：2mg（24h），重度刺激

眼睛刺激或腐蚀　家兔经眼：750μg（24h），重度刺激

呼吸或皮肤过敏　无资料　　生殖细胞突变性　无资料

致癌性　无资料　　　　　　生殖毒性　无资料

特异性靶器官系统毒性-一次接触　无资料

特异性靶器官系统毒性-反复接触　无资料

吸入危害　无资料

第十二部分　生态学信息

生态毒性　EC_{50}：29.6mg/L（24h）（大型溞，OECD 202，静态）

持久性和降解性

　生物降解性　OECD 301D，不易快速生物降解

　非生物降解性　无资料

潜在的生物累积性　无资料

土壤中的迁移性　无资料

第十三部分　废弃处置

废弃化学品　建议用焚烧法处置。在能利用的地方重复使用容器或在规定场所掩埋

污染包装物　将容器返还生产商或按照国家和地方法规处置

废弃注意事项　处置前应参阅国家和地方有关法规

第十四部分　运输信息

联合国危险货物编号（UN 号）　—

联合国运输名称　—　　　　联合国危险性类别　—

包装类别　—　　　　　　　包装标志　—

海洋污染物　否

运输注意事项　运输前应先检查包装容器是否完整、密封，运输过程中要确保容器不泄漏、不倒塌、不坠落、不损坏。严禁与酸类、氧化剂、食品及食品添加

剂混运。运输时运输车辆应配备相应品种和数量的消防器材及泄漏应急处理设备。运输途中应防暴晒、雨淋，防高温。公路运输时要按规定路线行驶，勿在居民区和人口稠密区停留

第十五部分　法规信息

下列法律、法规、规章和标准，对该化学品的管理作了相应的规定。

中华人民共和国职业病防治法　职业病分类和目录：未列入

危险化学品安全管理条例　危险化学品目录：列入。易制爆危险化学品名录：未列入。重点监管的危险化学品名录：未列入。GB 18218—2009《危险化学品重大危险源辨识》（表1）：未列入

使用有毒物品作业场所劳动保护条例　高毒物品目录：未列入

易制毒化学品管理条例　易制毒化学品的分类和品种目录：未列入

国际公约　斯德哥尔摩公约：未列入。鹿特丹公约：未列入。蒙特利尔议定书：未列入

第十六部分　其他信息

编写和修订信息　　　缩略语和首字母缩写

培训建议　　　　　　参考文献

免责声明

乙醛肟

第一部分　化学品标识

化学品中文名　乙醛肟；亚乙基羟胺；亚乙基胲

化学品英文名　acetaldehyde oxime；acetaldoxime

分子式　C_2H_5NO　分子量　59.0672

结构式　

化学品的推荐及限制用途　用于有机合成

第二部分　危险性概述

紧急情况概述　易燃液体和蒸气，皮肤接触会中毒，吸入会中毒，吞咽会中毒

GHS 危险性类别　易燃液体，类别3；急性毒性-经口，类别4；急性毒性-经皮，类别3；急性毒性-吸入，类别3；危害水生环境-急性危害，类别3

标签要素

象形图　

警示词　危险

危险性说明　易燃液体和蒸气，皮肤接触会中毒，吸入会中毒，吞咽会中毒

防范说明

　预防措施　远离热源、火花、明火、热表面。保持容器密闭。容器和接收设备接地连接。使用防爆型电器、通风、照明设备。只能使用不产生

火花的工具。采取防止静电措施。戴防护手套，穿防护服，戴防护眼镜、防护面罩。避免吸入蒸气、雾。仅在室外或通风良好处操作。避免接触眼睛、皮肤，操作后彻底清洗。作业场所不得进食、饮水或吸烟

事故响应 火灾时，使用雾状水、泡沫、干粉、二氧化碳、砂土灭火。如吸入：将患者转移到空气新鲜处，休息，保持利于呼吸的体位，呼叫中毒控制中心或就医。皮肤接触：用大量肥皂水和水清洗，立即脱去所有被污染的衣服，如感觉不适，呼叫中毒控制中心或就医。被污染的衣服经洗净后方可重新使用。食入：立即呼叫中毒控制中心或就医，漱口

安全储存 存放在通风良好的地方。保持低温。保持容器密闭。上锁保管

废弃处置 本品及内装物、容器依据国家和地方法规处置

物理和化学危险 易燃，其蒸气与空气混合，能形成爆炸性混合物

健康危害 吸入后对鼻、咽喉、肺部有刺激作用。皮肤和眼接触有刺激性

环境危害 对环境可能有害

第三部分 成分/组成信息

√物质 混合物

组分	浓度	CAS No.
乙醛肟		107-29-9

第四部分 急救措施

吸入 迅速脱离现场至空气新鲜处。保持呼吸道通畅。如呼吸困难，给输氧。呼吸、心跳停止，立即进行心肺复苏术。就医

皮肤接触 立即脱去污染的衣着，用流动清水彻底冲洗。就医

眼睛接触 立即分开眼睑，用流动清水或生理盐水彻底冲洗。就医

食入 漱口，饮水。就医

对保护施救者的忠告 根据需要使用个人防护设备

对医生的特别提示 对症处理

第五部分 消防措施

灭火剂 用雾状水、泡沫、干粉、二氧化碳、砂土灭火

特别危险性 本品会自动氧化形成具有爆炸性的过氧化物。燃烧分解时，放出有毒的氮氧化物气体。能腐蚀铁及其他金属

灭火注意事项及防护措施 消防人员必须佩戴防毒面具、穿全身消防服，在上风向灭火。尽可能将容器从火场移至空旷处。喷水保持火场容器冷却，直至灭火结束。处在火场中的容器若已变色或从安全泄压装置中发出声音，必须马上撤离

第六部分 泄漏应急处理

作业人员防护措施、防护装备和应急处置程序 消除所有点火源。根据液体流动和蒸气扩散的影响区域划定警戒区，无关人员从侧风、上风向撤离至安全区。建议应急处理人员戴正压自给式呼吸器，穿防静电服。作业时使用的所有设备应接地。禁止接触或跨越泄漏物。尽可能切断泄漏源

环境保护措施 防止泄漏物进入水体、下水道、地下室或有限空间

泄漏化学品的收容、清除方法及所使用的处置材料 小量泄漏：用砂土或其他不燃材料吸收。使用洁净的无火花工具收集吸收材料。大量泄漏：构筑围堤或挖坑收容。用抗溶性泡沫覆盖，减少蒸发。喷水雾能减少蒸发，但不能降低泄漏物在有限空间内的易燃性。用防爆泵转移至槽车或专用收集器内

第七部分 操作处置与储存

操作注意事项 密闭操作，全面通风。操作人员必须经过专门培训，严格遵守操作规程。建议操作人员佩戴自吸过滤式防尘口罩，戴化学安全防护眼镜，穿防静电工作服，戴橡胶手套。远离火种、热源，工作场所严禁吸烟。使用防爆型的通风系统和设备。避免与氧化剂、酸类接触。搬运时要轻装轻卸，防止包装及容器损坏。配备相应品种和数量的消防器材及泄漏应急处理设备。倒空的容器可能残留有害物

储存注意事项 储存于阴凉、通风的库房。远离火种、热源。库温不宜超过37℃，应与氧化剂、酸类、食用化学品分开存放，切忌混储。采用防爆型照明、通风设施。禁止使用易产生火花的机械设备和工具。储区应备有泄漏应急处理设备和合适的收容材料

第八部分 接触控制/个体防护

职业接触限值

中国 未制定标准

美国（ACGIH） 未制定标准

生物接触限值 未制定标准

监测方法 空气中有毒物质测定方法：未制定标准。生物监测检验方法：未制定标准

工程控制 生产过程密闭，全面通风。提供安全淋浴和洗眼设备

个体防护装备

呼吸系统防护 空气中粉尘浓度超标时，必须佩戴过滤式防尘呼吸器；可能接触其蒸气时，应该佩戴过滤式防毒面具（半面罩）

眼睛防护 戴化学安全防护眼镜

皮肤和身体防护 穿防静电工作服

手防护 戴橡胶手套

第九部分 理化特性

外观与性状 α型为白色固体，β型为白色液体

pH值 无资料		**熔点(℃)** 46（α型）	
沸点(℃) 115		**相对密度(水=1)** 0.97	
相对蒸气密度(空气=1) 无资料			
饱和蒸气压(kPa) 1.3（20℃）			
临界压力(MPa) 无资料		**辛醇/水分配系数** 无资料	

闪点(℃)	40	自燃温度(℃)	无资料
爆炸下限(%)	4.2	爆炸上限(%)	52.0
分解温度(℃)	无资料	黏度(mPa·s)	无资料
燃烧热(kJ/mol)	−1320.1	临界温度(℃)	294.85

溶解性　溶于水

第十部分　稳定性和反应性

稳定性　稳定

危险反应　与强氧化剂等禁配物接触，有发生火灾和爆炸的危险。会自动氧化形成具有爆炸性的过氧化物

避免接触的条件　无资料

禁配物　强氧化剂、强酸

危险的分解产物　氮氧化物、过氧化物

第十一部分　毒理学信息

急性毒性　LD_{50}：100mg/kg（小鼠腹腔）

皮肤刺激或腐蚀　无资料	**眼睛刺激或腐蚀**　无资料
呼吸或皮肤过敏　无资料	**生殖细胞突变性**　无资料
致癌性　无资料	**生殖毒性**　无资料

特异性靶器官系统毒性--一次接触　无资料

特异性靶器官系统毒性-反复接触　无资料

吸入危害　无资料

第十二部分　生态学信息

生态毒性　LC_{50}：15.5mg/L（96h）（蓝鳃太阳鱼）。LC_{50}：28.5mg/L（96h）（虹鳟）。EC_{50}：400mg/L（48h）（大型溞）。Eb_{50}：10.9mg/L（72h）（羊角月牙藻）

持久性和降解性
　生物降解性：易快速生物降解
　非生物降解性：无资料

潜在的生物累积性　根据 K_{ow} 值预测，该物质的生物累积性可能较弱

土壤中的迁移性　根据 K_{oc} 值预测，该物质可能易发生迁移

第十三部分　废弃处置

废弃化学品　建议用焚烧法处置。焚烧炉排出的氮氧化物通过洗涤器除去

污染包装物　将容器返还生产商或按照国家和地方法规处置

废弃注意事项　处置前应参阅国家和地方有关法规

第十四部分　运输信息

联合国危险货物编号（UN号）　2332

联合国运输名称　乙醛肟

联合国危险性类别　3

包装类别　Ⅲ　　　　**包装标志**　

海洋污染物　否

运输注意事项　运输时运输车辆应配备相应品种和数量的消防器材及泄漏应急处理设备。夏季最好早晚运输。运输时所用的槽（罐）车应有接地链，槽内可设孔隔板以减少震荡产生的静电。严禁与氧化剂、酸类、食用化学品等混装混运。运输途中应防暴晒、雨淋，防高温。中途停留时应远离火种、热源、高温区。装运该物品的车辆排气管必须配备阻火装置，禁止使用易产生火花的机械设备和工具装卸。公路运输时要按规定路线行驶。严禁用木船、水泥船散装运输

第十五部分　法规信息

下列法律、法规、规章和标准，对该化学品的管理作了相应的规定。

中华人民共和国职业病防治法　职业病分类和目录：未列入

危险化学品安全管理条例　危险化学品目录：列入。易制爆危险化学品名录：未列入。重点监管的危险化学品名录：未列入。GB 18218—2009《危险化学品重大危险源辨识》（表1）：未列入

使用有毒物品作业场所劳动保护条例　高毒物品目录：未列入

易制毒化学品管理条例　易制毒化学品的分类和品种目录：未列入

国际公约　斯德哥尔摩公约：未列入。鹿特丹公约：未列入。蒙特利尔议定书：未列入

第十六部分　其他信息

编写和修订信息	**缩略语和首字母缩写**
培训建议	**参考文献**
免责声明	

乙酸钡

第一部分　化学品标识

化学品中文名　乙酸钡；醋酸钡

化学品英文名　barium acetate；barium diacetate

分子式　$C_4H_6BaO_4$　　**分子量**　255.415

结构式　

化学品的推荐及限制用途　用于钙盐的分析，用作硫酸盐、铬酸盐的沉淀剂及有机反应的催化剂

第二部分　危险性概述

紧急情况概述　吞咽有害

GHS 危险性类别　急性毒性-经口，类别4；特异性靶器官毒性--一次接触，类别1

标签要素

象形图　

警示词　危险

危险性说明　吞咽有害，对器官造成损害

防范说明

预防措施　避免接触眼睛、皮肤，操作后彻底清洗。作业场所不得进食、饮水或吸烟。避免吸入粉尘

事故响应　食入：如果感觉不适，立即呼叫中毒控制中心或就医，漱口。如果接触：立即呼叫中毒控制中心或就医

安全储存　上锁保管

废弃处置　本品及内装物、容器依据国家和地方法规处置

物理和化学危险　可燃，其粉体与空气混合，能形成爆炸性混合物

健康危害　具有局部刺激和全身性毒作用。误服后出现进行性肌麻痹、心律紊乱、血压降低等，可死于心律紊乱和呼吸肌麻痹。长期接触可致口腔炎、鼻炎、结膜炎、脱发等

环境危害　对环境可能有害

第三部分　成分/组成信息

√物质　　　　　　　　　　混合物

组分	浓度	CAS No.
乙酸钡		543-80-6

第四部分　急救措施

吸入　迅速脱离现场至空气新鲜处。保持呼吸道通畅。如呼吸困难，给输氧。呼吸、心跳停止，立即进行心肺复苏术。就医

皮肤接触　立即脱去污染的衣着，用流动清水彻底冲洗。就医

眼睛接触　立即分开眼睑，用流动清水或生理盐水彻底冲洗。就医

食入　饮足量温水，催吐。给服硫酸钠。就医

对保护施救者的忠告　根据需要使用个人防护设备

对医生的特别提示　解毒剂：硫酸钠、硫代硫酸钠。有低血钾者应补充钾盐

第五部分　消防措施

灭火剂　用雾状水、泡沫、干粉、二氧化碳、砂土灭火

特别危险性　遇明火、高热或与氧化剂接触能燃烧，并散发出有毒气体

灭火注意事项及防护措施　消防人员必须佩戴空气呼吸器、穿全身防火防毒服，在上风向灭火。尽可能将容器从火场移至空旷处。喷水保持火场容器冷却，直至灭火结束

第六部分　泄漏应急处理

作业人员防护措施、防护装备和应急处置程序　隔离泄漏污染区，限制出入。建议应急处理人员戴防尘口罩，穿防毒服。穿上适当的防护服前严禁接触破裂的容器和泄漏物。尽可能切断泄漏源

环境保护措施　用塑料布覆盖泄漏物，减少飞散

泄漏化学品的收容、清除方法及所使用的处置材料　勿使水进入包装容器内。用洁净的铲子收集泄漏物，置于干净、干燥、盖子较松的容器中，将容器移离泄漏区

第七部分　操作处置与储存

操作注意事项　密闭操作，全面通风。防止粉尘释放到车间空气中。操作人员必须经过专门培训，严格遵守操作规程。建议操作人员佩戴自吸过滤式防尘口罩，戴化学安全防护眼镜，穿透气型防毒服，戴防化学品手套。远离火种、热源，工作场所严禁吸烟。使用防爆型的通风系统和设备。避免产生粉尘。避免与氧化剂、酸类接触。配备相应品种和数量的消防器材及泄漏应急处理设备。倒空的容器可能残留有害物

储存注意事项　储存于阴凉、通风的库房。远离火种、热源。防止阳光直射。包装密封。应与氧化剂、酸类分开存放，切忌混储。配备相应品种和数量的消防器材。储区应备有合适的材料收容泄漏物

第八部分　接触控制/个体防护

职业接触限值

中国　PC-TWA：0.5mg/m³；PC-STEL：1.5mg/m³〔按 Ba 计〕

美国（ACGIH）　TLV-TWA：0.5mg/m³〔按 Ba 计〕

生物接触限值　未制定标准

监测方法　空气中有毒物质测定方法：二溴对甲基偶氮甲磺分光光度法；等离子体原子发射光谱法。生物监测检验方法：未制定标准

工程控制　生产过程密闭，全面通风

个体防护装备

呼吸系统防护　空气中粉尘浓度超标时，必须佩戴过滤式防尘呼吸器

眼睛防护　戴化学安全防护眼镜

皮肤和身体防护　穿透气型防毒服

手防护　戴防化学品手套

第九部分　理化特性

外观与性状　无色至白色结晶性粉末

pH 值　无资料	**熔点(℃)**　（分解）
沸点(℃)　无资料	**相对密度(水＝1)**　2.4680
相对蒸气密度(空气＝1)　无资料	
饱和蒸气压(kPa)　无资料	
临界压力(MPa)　无资料	**辛醇/水分配系数**　无资料
闪点(℃)　无意义	**自燃温度(℃)**　无资料
爆炸下限(%)　无资料	**爆炸上限(%)**　无资料
分解温度(℃)　无资料	**黏度(mPa·s)**　无资料
燃烧热(kJ/mol)　无资料	**临界温度(℃)**　无资料
溶解性　溶于水、乙醇	

第十部分　稳定性和反应性

稳定性　稳定

危险反应　与强氧化剂、酸类等禁配物发生反应

避免接触的条件　无资料

禁配物　强氧化剂、酸类

危险的分解产物　氧化钡

第十一部分　毒理学信息

急性毒性　急性中毒死亡动物表现为脑及软脑膜水肿,心肌出血、水肿及肝细胞退行性变。LD_{50}:921mg/kg(大鼠经口)

皮肤刺激或腐蚀　无资料　　**眼睛刺激或腐蚀**　无资料
呼吸或皮肤过敏　无资料　　**生殖细胞突变性**　无资料
致癌性　无资料　　　　　　**生殖毒性**　无资料
特异性靶器官系统毒性-一次接触　无资料
特异性靶器官系统毒性-反复接触　无资料
吸入危害　无资料

第十二部分　生态学信息

生态毒性　无资料
持久性和降解性
　　生物降解性　无资料
　　非生物降解性　无资料
潜在的生物累积性　无资料
土壤中的迁移性　无资料

第十三部分　废弃处置

废弃化学品　用安全掩埋法处置。在能利用的地方重复使用容器或在规定场所掩埋
污染包装物　将容器返还生产商或按照国家和地方法规处置
废弃注意事项　处置前应参阅国家和地方有关法规

第十四部分　运输信息

联合国危险货物编号(UN号)　—
联合国运输名称　—　　　　**联合国危险性类别**　—
包装类别　—　　　　　　　**包装标志**　—
海洋污染物　否
运输注意事项　运输前应先检查包装容器是否完整、密封,运输过程中要确保容器不泄漏、不倒塌、不坠落、不损坏。严禁与酸类、氧化剂、食品及食品添加剂混运。运输时运输车辆应配备相应品种和数量的消防器材及泄漏应急处理设备。运输途中应防暴晒、雨淋,防高温。公路运输时要按规定路线行驶,勿在居民区和人口稠密区停留

第十五部分　法规信息

　　下列法律、法规、规章和标准,对该化学品的管理作了相应的规定。
中华人民共和国职业病防治法　职业病分类和目录:钡及其化合物中毒
危险化学品安全管理条例　危险化学品目录:列入。易制爆危险化学品名录:未列入。重点监管的危险化学品名录:未列入。GB 18218—2009《危险化学品重大危险源辨识》(表1):未列入
使用有毒物品作业场所劳动保护条例　高毒物品目录:未列入
易制毒化学品管理条例　易制毒化学品的分类和品种目录:未列入

国际公约　斯德哥尔摩公约:未列入。鹿特丹公约:未列入。蒙特利尔议定书:未列入

第十六部分　其他信息

编写和修订信息　缩略语和首字母缩写
培训建议　　　　参考文献
免责声明

乙酸苯汞

第一部分　化学品标识

化学品中文名　乙酸苯汞;裕米农;龙汞;赛力散;醋酸苯基汞;醋酸苯汞
化学品英文名　phenyl mercuric acetate; phenylmercury; PMA
分子式　$C_8H_8HgO_2$　**分子量**　336.75

结构式

化学品的推荐及限制用途　医疗上用作消毒剂,农业上用作杀虫剂

第二部分　危险性概述

紧急情况概述　吞咽会中毒,造成严重的皮肤灼伤和眼损伤
GHS危险性类别　急性毒性-经口,类别3;皮肤腐蚀/刺激,类别1B;严重眼损伤/眼刺激,类别1;特异性靶器官毒性-反复接触,类别1;危害水生环境-急性危害,类别1;危害水生环境-长期危害,类别1
标签要素

象形图

警示词　危险
危险性说明　吞咽会中毒,造成严重的皮肤灼伤和眼损伤,长时间或反复接触对器官造成损伤,对水生生物毒性非常大并具有长期持续影响
防范说明
　　预防措施　避免接触眼睛皮肤,操作后彻底清洗。作业场所不得进食、饮水或吸烟。穿防护服,戴防护眼镜、防护手套、防护面罩。避免吸入粉尘。禁止排入环境
　　事故响应　如吸入:将患者转移到空气新鲜处,休息,保持利于呼吸的体位。皮肤(或头发)接触:立即脱掉所有被污染的衣服,用水冲洗皮肤,淋浴。污染的衣服必须洗净后方可重新使用。眼睛接触:用水细心地冲洗数分钟。如戴隐形眼镜并可方便地取出,则取出隐形眼镜,继续冲洗。食入:漱口,不要催吐,立即呼叫中毒控制中心或就医。如感觉不适,就医。收集泄漏物
　　安全储存　上锁保管

废弃处置 本品及内装物、容器依据国家和地方法规处置

物理和化学危险 可燃，其粉体与空气混合，能形成爆炸性混合物

健康危害 本品属有机汞。有机汞系亲脂性毒物，主要侵犯神经系统。有机汞中毒的主要表现有：无论任何经途径侵入，均可发生口腔炎，口服引起急性胃肠炎；神经精神症状有神经衰弱综合征、精神障碍、昏迷、瘫痪、震颤、共济失调、向心性视野缩小等；可发生肾脏损害；可致皮肤损害。乙酸苯汞中毒时肝脏损害比较明显，出现黄疸、肝肿大、压痛、肝功能异常

环境危害 对水生生物毒性非常大并具有长期持续影响

第三部分 成分/组成信息

√ 物质   混合物

组分	浓度	CAS No.
乙酸苯汞		62-38-4

第四部分 急救措施

吸入 迅速脱离现场至空气新鲜处。保持呼吸道通畅。如呼吸困难，给输氧。呼吸、心跳停止，立即进行心肺复苏术。就医

皮肤接触 立即脱去污染的衣着，用大量流动清水彻底冲洗至少15min。就医

眼睛接触 立即分开眼睑，用流动清水或生理盐水彻底冲洗5～10min。就医

食入 用水漱口，禁止催吐。给饮牛奶或蛋清。就医

对保护施救者的忠告 根据需要使用个人防护设备

对医生的特别提示 解毒剂：二巯基丙磺酸钠、二巯基丁二酸钠、青霉胺

第五部分 消防措施

灭火剂 用雾状水、泡沫、干粉、二氧化碳、砂土灭火

特别危险性 遇明火、高热可燃。受高热分解放出有毒的气体

灭火注意事项及防护措施 消防人员必须佩戴空气呼吸器、穿全身防火防毒服，在上风向灭火。尽可能将容器从火场移至空旷处。喷水保持火场容器冷却，直至灭火结束

第六部分 泄漏应急处理

作业人员防护措施、防护装备和应急处置程序 隔离泄漏污染区，限制出入。建议应急处理人员戴防尘口罩，穿防毒服。穿上适当的防护服前严禁接触破裂的容器和泄漏物。尽可能切断泄漏源

环境保护措施 用塑料布覆盖泄漏物，减少飞散

泄漏化学品的收容、清除方法及所使用的处置材料 勿使水进入包装容器内。用洁净的铲子收集泄漏物，置于干净、干燥、盖子较松的容器中，将容器移离泄漏区

第七部分 操作处置与储存

操作注意事项 严加密闭，提供充分的局部排风和全面通风。操作人员必须经过专门培训，严格遵守操作规程。建议操作人员佩戴防尘面具（全面罩），穿胶布防毒衣，戴橡胶手套。远离火种、热源，工作场所严禁吸烟。使用防爆型的通风系统和设备。避免产生粉尘。避免与氧化剂、还原剂、酸类接触。搬运时要轻装轻卸，防止包装及容器损坏。配备相应品种和数量的消防器材及泄漏应急处理设备。倒空的容器可能残留有害物

储存注意事项 储存于阴凉、通风的库房内。远离火种、热源。应与氧化剂、还原剂、酸类、食用化工品分开存放，切忌混储。配备相应品种和数量的消防器材。储区应备有合适的材料收容泄漏物

第八部分 接触控制/个体防护

职业接触限值

中国　PC-TWA：0.01mg/m³；PC-STEL：0.03mg/m³［皮］［按 Hg 计］

美国（ACGIH）　0.1mg/m³［皮］［按 Hg 计］

生物接触限值 未制定标准

监测方法 空气中有毒物质测定方法：原子荧光光谱法；冷原子吸收光谱法。生物监测检验方法：未制定标准

工程控制 严加密闭，提供充分的局部排风和全面通风

个体防护装备

呼吸系统防护 可能接触其粉尘时，必须佩戴防尘面具（全面罩）。紧急事态抢救或撤离时，应该佩戴空气呼吸器

眼睛防护 呼吸系统防护中已作防护

皮肤和身体防护 穿密闭型防毒服

手防护 戴橡胶手套

第九部分 理化特性

外观与性状 白色有光泽斜方晶体

pH 值 无意义		**熔点（℃）** 148～150	
沸点（℃） 无资料		**相对密度（水＝1）** 无资料	
相对蒸气密度（空气＝1） 无资料			
饱和蒸气压（kPa） 无资料			
临界压力（MPa） 无资料		**辛醇/水分配系数** 无资料	
闪点（℃） ＞150		**自燃温度（℃）** 无资料	
爆炸下限（%） 无资料		**爆炸上限（%）** 无资料	
分解温度（℃） 无资料		**黏度（mPa·s）** 无资料	
燃烧热（kJ/mol） 无资料		**临界温度（℃）** 无资料	

溶解性 不溶于水，微溶于乙醇、苯，易溶于乙酸、丙酮

第十部分 稳定性和反应性

稳定性 稳定

危险反应 与强氧化剂、强酸等禁配物发生反应

避免接触的条件 无资料

禁配物 强氧化剂、强还原剂、强酸

危险的分解产物 氧化汞

第十一部分 毒理学信息

急性毒性 LD_{50}：22mg/kg（大鼠经口）；13.3mg/kg（小鼠经口）

皮肤刺激或腐蚀 无资料　　**眼睛刺激或腐蚀** 无资料

呼吸或皮肤过敏 无资料

生殖细胞突变性 姐妹染色单体交换：人类淋巴细胞 30mg/L。DNA 修复：大肠杆菌 2mmol/L。性染色体缺失和不分离：果蝇经口 200ppm。DNA 抑制：小鼠淋巴细胞 1μmol/L。微核试验：小鼠淋巴细胞 10μmol/L。细胞遗传学分析：猪经口 160mg/kg，32d（连续）

致癌性 IARC 致癌性评论：组 2B，对人类是可能致癌物

生殖毒性 小鼠孕后 7d 阴道内给予最低中毒剂量（TDLo）110μg/kg，致肌肉骨骼系统发育畸形。仓鼠孕后 8d 静脉内给予最低中毒剂量（TDLo）8mg/kg，致中枢神经系统发育畸形

特异性靶器官系统毒性-一次接触 无资料

特异性靶器官系统毒性-反复接触 无资料

吸入危害 无资料

第十二部分 生态学信息

生态毒性 汞化合物对水生生物有极高毒性

持久性和降解性

　　生物降解性 无资料

　　非生物降解性 无资料

潜在的生物累积性 元素汞易在生物体内富集

土壤中的迁移性 无资料

第十三部分 废弃处置

废弃化学品 根据国家和地方有关法规的要求处置。或与厂商或制造商联系，确定处置方法

污染包装物 将容器返还生产商或按照国家和地方法规处置

废弃注意事项 把倒空的容器归还厂商或在规定场所掩埋

第十四部分 运输信息

联合国危险货物编号（UN 号） 1674

联合国运输名称 乙酸苯汞

联合国危险性类别 6.1

包装类别 Ⅱ　　　　**包装标志**

海洋污染物 是

运输注意事项 运输前应先检查包装容器是否完整、密封，运输过程中要确保容器不泄漏、不倒塌、不坠落、不损坏。严禁与酸类、氧化剂、食品及食品添加剂混运。运输途中应防暴晒、雨淋，防高温

第十五部分 法规信息

　　下列法律、法规、规章和标准，对该化学品的管理作了相应的规定。

中华人民共和国职业病防治法 职业病分类和目录：汞及其化合物中毒

危险化学品安全管理条例 危险化学品目录：列入。易制爆危险化学品名录：未列入。重点监管的危险化学品

名录：未列入。GB 18218—2009《危险化学品重大危险源辨识》（表 1）：未列入

使用有毒物品作业场所劳动保护条例 高毒物品目录：未列入

易制毒化学品管理条例 易制毒化学品的分类和品种目录：未列入

国际公约 斯德哥尔摩公约：未列入。鹿特丹公约：列入。蒙特利尔议定书：未列入

第十六部分 其他信息

编写和修订信息　　　　缩略语和首字母缩写

培训建议　　　　　　　参考文献

免责声明

乙酸汞

第一部分 化学品标识

化学品中文名 乙酸汞；醋酸汞

化学品英文名 mercuric acetate；mercury diacetate

分子式 $C_4H_6O_4Hg$　**分子量** 318.68

结构式 $\left[\begin{array}{c} O \\ \parallel \\ -O^- \end{array}\right]_2 Hg^{2+}$

化学品的推荐及限制用途 用作有机合成催化剂、分析试剂，也用于医药工业

第二部分 危险性概述

紧急情况概述 吞咽致命，皮肤接触会中毒，造成严重的皮肤灼伤和眼损伤，可能导致皮肤过敏反应

GHS 危险性类别 急性毒性-经口，类别 2；急性毒性-经皮，类别 3；皮肤腐蚀/刺激，类别 1；严重眼损伤/眼刺激，类别 1；皮肤致敏物，类别 1；生殖细胞致突变性，类别 2；生殖毒性，类别 2；特异性靶器官毒性-一次接触，类别 2；特异性靶器官毒性-反复接触，类别 1；危害水生环境-急性危害，类别 1；危害水生环境-长期危害，类别 1

标签要素

象形图 ☠ 🗲 ☣ 🌲

警示词 危险

危险性说明 吞咽致命，皮肤接触会中毒，造成严重的皮肤灼伤和眼损伤，造成严重眼损伤，可能导致皮肤过敏反应，怀疑可造成遗传性缺陷，怀疑对生育力或胎儿造成伤害，可能对器官造成损害，长时间或反复接触对器官造成损伤，对水生生物毒性非常大并具有长期持续影响

防范说明

　　预防措施 避免接触眼睛、皮肤，操作后彻底清洗。作业场所不得进食、饮水或吸烟。戴防护手套、穿防护服、戴防护眼镜、防护面罩。避免吸入粉尘。污染的工作服不得带出工作场

所。得到专门指导后操作。在阅读并了解所有安全预防措施之前，切勿操作。按要求使用个体防护装备。禁止排入环境

事故响应 如吸入：将患者转移到空气新鲜处，休息，保持利于呼吸的体位，立即呼叫中毒控制中心或就医。皮肤接触：用大量肥皂水和水清洗，立即脱去所有被污染的衣服，如感觉不适，呼叫中毒控制中心或就医。被污染的衣服经洗净后方可重新使用。如出现皮肤刺激或皮疹：就医。眼睛接触：用水细心地冲洗数分钟，立即呼叫中毒控制中心或就医。如戴隐形眼镜并可方便地取出，则取出隐形眼镜，继续冲洗。食入：漱口，不要催吐，立即呼叫中毒控制中心或就医。如果接触或感觉不适：呼叫中毒控制中心或就医。收集泄漏物

安全储存 上锁保管

废弃处置 本品及内装物、容器依据国家和地方法规处置

物理和化学危险 可燃，其粉体与空气混合，能形成爆炸性混合物

健康危害 有刺激作用。如吸入、摄入或经皮吸收后对身体有害，严重者可致死。侵犯神经系统，引起进行性神经麻痹、共济失调、精神障碍等。眼睛和皮肤接触可引起灼伤

环境危害 对水生生物毒性非常大并具有长期持续影响

第三部分 成分/组成信息

√物质　　　　　　　　　混合物

组分	浓度	CAS No.
乙酸汞		1600-27-7

第四部分 急救措施

吸入 迅速脱离现场至空气新鲜处。保持呼吸道通畅。如呼吸困难，给输氧。呼吸、心跳停止，立即进行心肺复苏术。就医

皮肤接触 立即脱去污染的衣着，用大量流动清水彻底冲洗至少 15min。就医

眼睛接触 立即分开眼睑，用流动清水或生理盐水彻底冲洗 5～10min。就医

食入 用水漱口，禁止催吐。给饮牛奶或蛋清。就医

对保护施救者的忠告 根据需要使用个人防护设备

对医生的特别提示 解毒剂：二巯基丙磺酸钠、二巯基丁二酸钠、青霉胺

第五部分 消防措施

灭火剂 用雾状水、泡沫、干粉、二氧化碳、砂土灭火

特别危险性 受高热分解放出有毒的气体

灭火注意事项及防护措施 消防人员必须佩戴防毒面具、穿全身消防服，在上风向灭火。尽可能将容器从火场移至空旷处。喷水保持火场容器冷却，直至灭火结束

第六部分 泄漏应急处理

作业人员防护措施、防护装备和应急处置程序 隔离泄漏污染区，限制出入。建议应急处理人员戴防尘口罩，穿防毒服。穿上适当的防护服前严禁接触破裂的容器和泄漏物。尽可能切断泄漏源

环境保护措施 用塑料布覆盖泄漏物，减少飞散

泄漏化学品的收容、清除方法及所使用的处置材料 勿使水进入包装容器内。用洁净的铲子收集泄漏物，置于干净、干燥、盖子较松的容器中，将容器移离泄漏区

第七部分 操作处置与储存

操作注意事项 密闭操作，局部排风。操作人员必须经过专门培训，严格遵守操作规程。建议操作人员佩戴自吸过滤式防尘口罩，戴化学安全防护眼镜，穿防毒物渗透工作服，戴橡胶手套。远离火种、热源，工作场所严禁吸烟。使用防爆型的通风系统和设备。避免产生粉尘。避免与氧化剂、酸类接触。搬运时要轻装轻卸，防止包装及容器损坏。配备相应品种和数量的消防器材及泄漏应急处理设备。倒空的容器可能残留有害物

储存注意事项 储存于阴凉、通风良好的专用库房内，实行"双人收发、双人保管"制度。远离火种、热源。保持容器密封。应与氧化剂、酸类、食用化学品分开存放，切忌混储。配备相应品种和数量的消防器材。储区应备有合适的材料收容泄漏物

第八部分 接触控制/个体防护

职业接触限值

中国 PC-TWA：0.01mg/m³；PC-STEL：0.03mg/m³ ［按 Hg 计］［皮］

美国（ACGIH） TLV-TWA：0.01mg/m³；TLV-STEL：0.03mg/m³ ［按 Hg 计］［皮］

生物接触限值 未制定标准

监测方法 空气中有毒物质测定方法：原子荧光光谱法；冷原子吸收光谱法。生物监测检验方法：未制定标准

工程控制 密闭操作，局部排风。提供安全淋浴和洗眼设备

个体防护装备

呼吸系统防护 空气中粉尘浓度超标时，必须佩戴过滤式防尘呼吸器。紧急事态抢救或撤离时，应该佩戴空气呼吸器

眼睛防护 戴化学安全防护眼镜

皮肤和身体防护 穿防毒物渗透工作服

手防护 戴橡胶手套

第九部分 理化特性

外观与性状 白色结晶或粉末，有乙酸气味

pH 值 无意义		**熔点(℃)** 178～180	
沸点(℃) 无资料		**相对密度(水＝1)** 3.28	
相对蒸气密度(空气＝1) 11.0			
饱和蒸气压(kPa) 无资料			
临界压力(MPa) 无资料		**辛醇/水分配系数** 无资料	
闪点(℃) 无资料		**自燃温度(℃)** 无资料	
爆炸下限(%) 无资料		**爆炸上限(%)** 无资料	
分解温度(℃) 178		**黏度(mPa·s)** 无资料	

燃烧热(kJ/mol)　无资料　　临界温度(℃)　无资料
溶解性　溶于水、乙醇

第十部分　稳定性和反应性

稳定性　稳定
危险反应　与强氧化剂、强酸等禁配物发生反应
避免接触的条件　光照
禁配物　强氧化剂、强酸
危险的分解产物　氧化汞

第十一部分　毒理学信息

急性毒性　LD_{50}：40.9mg/kg（大鼠经口），570mg/kg
　　（大鼠经皮），23.9mg/kg（小鼠经口）
皮肤刺激或腐蚀　无资料　　眼睛刺激或腐蚀　无资料
呼吸或皮肤过敏　无资料
生殖细胞突变性　体细胞突变：仓鼠卵巢100nmol/L
致癌性　IARC致癌性评论：组2B，对人类是可能致癌物
生殖毒性　仓鼠孕后8d静脉内给药最低中毒剂量
　　（TDLo）4mg/kg，致肌肉骨骼系统发育畸形。仓鼠
　　孕后9d皮下给药最低中毒剂量（TDLo）15mg/kg，
　　致肌肉骨骼系统、中枢神经系统、颅面部（包括鼻、
　　舌）、心血管系统发育畸形。仓鼠孕后8d皮下给药最
　　低中毒剂量（TDLo）8mg/kg，致体壁发育畸形
特异性靶器官系统毒性-一次接触　无资料
特异性靶器官系统毒性-反复接触　无资料
吸入危害　无资料

第十二部分　生态学信息

生态毒性　无资料
持久性和降解性　含汞化合物对水生生物有极高毒性
　　生物降解性：无资料
　　非生物降解性：无资料
潜在的生物累积性　元素汞易在生物体内富集
土壤中的迁移性　无资料

第十三部分　废弃处置

废弃化学品　建议用焚烧法处置
污染包装物　将容器返还生产商或按照国家和地方法规
　　处置
废弃注意事项　处置前应参阅国家和地方有关法规

第十四部分　运输信息

联合国危险货物编号（UN号）　2025
联合国运输名称　固态汞化合物，未另作规定的［乙酸汞
　　（Ⅱ）］
联合国危险性类别　6.1

包装类别　Ⅱ　　　　　　　　包装标志

海洋污染物　是
运输注意事项　运输前应先检查包装容器是否完整、密
　　封，运输过程中要确保容器不泄漏、不倒塌、不坠

落、不损坏。严禁与酸类、氧化剂、食品及食品添加
剂混运。运输途中应防暴晒、雨淋，防高温

第十五部分　法规信息

　　下列法律、法规、规章和标准，对该化学品的管理作
了相应的规定。

中华人民共和国职业病防治法　职业病分类和目录：汞及
　　其他化合物中毒
危险化学品安全管理条例　危险化学品目录：列入。作为
　　剧毒化学品进行管理。易制爆危险化学品名录：未列
　　入。重点监管的危险化学品名录：未列入。GB
　　18218—2009《危险化学品重大危险源辨识》（表1）：
　　未列入
使用有毒物品作业场所劳动保护条例　高毒物品目录：未
　　列入
易制毒化学品管理条例　易制毒化学品的分类和品种目
　　录：未列入
国际公约　斯德哥尔摩公约：未列入。鹿特丹公约：未列
　　入。蒙特利尔议定书：未列入

第十六部分　其他信息

编写和修订信息　　缩略语和首字母缩写
培训建议　　　　　参考文献
免责声明

乙酸环己酯

第一部分　化学品标识

化学品中文名　乙酸环己酯；环己基乙酸酯；醋酸环己酯
化学品英文名　cyclohexyl acetate；cyclohexanol acetate
分子式　$C_8H_{14}O_2$　分子量　142.1956

结构式

化学品的推荐及限制用途　用于化学合成、用作香料和树
　　脂、油漆的溶剂

第二部分　危险性概述

紧急情况概述　易燃液体和蒸气，造成眼刺激，可能引起
　　呼吸道刺激
GHS危险性类别　易燃液体，类别3；严重眼损伤/眼刺
　　激，类别2B；特异性靶器官毒性--一次接触，类别2；
　　特异性靶器官毒性--一次接触，类别3（呼吸道刺激）
标签要素

象形图
警示词　警告
危险性说明　易燃液体和蒸气，造成眼刺激，可能对器
　　官造成损害，可能引起呼吸道刺激
防范说明
　　预防措施　远离热源、火花、明火、热表面。保持
　　　　容器密闭。容器和接收设备接地连接。使用防

爆型电器、通风、照明设备。只能使用不产生火花的工具。采取防止静电措施。戴防护手套、防护眼镜、防护面罩。避免接触眼睛、皮肤，操作后彻底清洗。避免吸入蒸气、雾。工作场所不得进食、饮水或吸烟

事故响应　火灾时，使用雾状水、泡沫、干粉、二氧化碳、砂土灭火。如皮肤（或头发）接触：立即脱掉所有被污染的衣服，用水冲洗皮肤，淋浴。如接触眼睛：用水细心冲洗数分钟。如戴隐形眼镜并可方便地取出，取出隐形眼镜，继续冲洗。如果眼睛刺激持续，就医。如果接触或感觉不适：呼叫中毒控制中心或就医

安全储存　存放在通风良好的地方。保持低温。上锁保管

废弃处置　本品及内装物、容器依据国家和地方法规处置

物理和化学危险　易燃，其蒸气与空气混合，能形成爆炸性混合物

健康危害　对眼睛、皮肤、黏膜和上呼吸道有刺激作用

环境危害　对环境可能有害

第三部分　成分/组成信息

√ 物质　　　　　　　　混合物

组分	浓度	CAS No.
乙酸环己酯		622-45-7

第四部分　急救措施

吸入　迅速脱离现场至空气新鲜处。保持呼吸道通畅。如呼吸困难，给输氧。呼吸、心跳停止，立即进行心肺复苏术。就医

皮肤接触　立即脱去污染的衣着，用流动清水彻底冲洗。就医

眼睛接触　立即分开眼睑，用流动清水或生理盐水彻底冲洗。就医

食入　漱口，饮水。就医

对保护施救者的忠告　根据需要使用个人防护设备

对医生的特别提示　对症处理

第五部分　消防措施

灭火剂　用雾状水、泡沫、干粉、二氧化碳、砂土灭火

特别危险性　其蒸气与空气可形成爆炸性混合物，遇明火、高热能引起燃烧爆炸。与氧化剂可发生反应。流速过快，容易产生和积聚静电。蒸气比空气重，沿地面扩散并易积存于低洼处，遇火源会着火回燃。若遇高热，容器内压增大，有开裂和爆炸的危险

灭火注意事项及防护措施　消防人员必须佩戴防毒面具、穿全身消防服，在上风向灭火。尽可能将容器从火场移至空旷处。喷水保持火场容器冷却，直至灭火结束。处在火场中的容器若已变色或从安全泄压装置中发出声音，必须马上撤离

第六部分　泄漏应急处理

作业人员防护措施、防护装备和应急处置程序　消除所有

点火源。根据液体流动和蒸气扩散的影响区域划定警戒区，无关人员从侧风、上风向撤离至安全区。建议应急处理人员戴正压自给式呼吸器，穿防静电服。作业时使用的所有设备应接地。禁止接触或跨越泄漏物。尽可能切断泄漏源

环境保护措施　防止泄漏物进入水体、下水道、地下室或有限空间

泄漏化学品的收容、清除方法及所使用的处置材料　小量泄漏：用砂土或其他不燃材料吸收。使用洁净的无火花工具收集吸收材料。大量泄漏：构筑围堤或挖坑收容。用泡沫覆盖，减少蒸发。喷水雾能减少蒸发，但不能降低泄漏物在有限空间内的易燃性。用防爆泵转移至槽车或专用收集器内

第七部分　操作处置与储存

操作注意事项　密闭操作，注意通风。操作人员必须经过专门培训，严格遵守操作规程。建议操作人员佩戴过滤式防毒面具（半面罩），戴化学安全防护眼镜，穿防静电工作服，戴防化学品手套。远离火种、热源，工作场所严禁吸烟。使用防爆型的通风系统和设备。防止蒸气泄漏到工作场所空气中。避免与氧化剂、碱类接触。充装时要控制流速，防止静电积聚。搬运时要轻装轻卸，防止包装及容器损坏。配备相应品种和数量的消防器材及泄漏应急处理设备。倒空的容器可能残留有害物

储存注意事项　储存于阴凉、通风的库房。远离火种、热源。库温不宜超过37℃，应与氧化剂、碱类分开存放，切忌混储。采用防爆型照明、通风设施。禁止使用易产生火花的机械设备和工具。储区应备有泄漏应急处理设备和合适的收容材料

第八部分　接触控制/个体防护

职业接触限值

中国　未制定标准

美国（ACGIH）　未制定标准

生物接触限值　未制定标准

监测方法　空气中有毒物质测定方法：未制定标准。生物监测检验方法：未制定标准

工程控制　密闭操作，注意通风

个体防护装备

呼吸系统防护　空气中浓度较高时，应该佩戴过滤式防毒面具（半面罩）。紧急事态抢救或逃生时，建议佩戴空气呼吸器

眼睛防护　空气中浓度较高时，佩戴化学安全防护眼镜

皮肤和身体防护　穿防静电工作服

手防护　戴防化学品手套

第九部分　理化特性

外观与性状　浅黄色液体，具有水果香味

pH值　无资料　　　　　**熔点（℃）**　−65

沸点（℃）　173　　　　　**相对密度（水＝1）**　0.966

相对蒸气密度（空气＝1）　4.9

饱和蒸气压(kPa)　0.93（60℃）

临界压力(MPa)　无资料　　辛醇/水分配系数　无资料

闪点(℃)　57.78　　　　自燃温度(℃)　335

爆炸下限(%)　无资料　　爆炸上限(%)　无资料

分解温度(℃)　无资料

黏度(mPa·s)　2.853（10.44℃）

燃烧热(kJ/mol)　无资料　　临界温度(℃)　无资料

溶解性　不溶于水，可混溶于醇、醚、烃类

第十部分　稳定性和反应性

稳定性　稳定

危险反应　与强氧化剂等禁配物接触，有发生火灾和爆炸的危险

避免接触的条件　无资料

禁配物　强氧化剂、强碱

危险的分解产物　无资料

第十一部分　毒理学信息

急性毒性　LD$_{50}$：6730mg/kg（大鼠经口），10100mg/kg（兔经皮）

皮肤刺激或腐蚀　无资料　　眼睛刺激或腐蚀　无资料

呼吸或皮肤过敏　无资料　　生殖细胞突变性　无资料

致癌性　无资料　　　　　生殖毒性　无资料

特异性靶器官系统毒性-一次接触　无资料

特异性靶器官系统毒性-反复接触　无资料

吸入危害　无资料

第十二部分　生态学信息

生态毒性　无资料

持久性和降解性

　　生物降解性　无资料

　　非生物降解性　无资料

潜在的生物累积性　无资料

土壤中的迁移性　无资料

第十三部分　废弃处置

废弃化学品　建议用焚烧法处置

污染包装物　将容器返还生产商或按照国家和地方法规处置

废弃注意事项　处置前应参阅国家和地方有关法规

第十四部分　运输信息

联合国危险货物编号（UN号）　2243

联合国运输名称　乙酸环己酯

联合国危险性类别　3

包装类别　Ⅲ　　　　　　包装标志

海洋污染物　否

运输注意事项　运输时运输车辆应配备相应品种和数量的消防器材及泄漏应急处理设备。夏季最好早晚运输。运输时所用的槽（罐）车应有接地链，槽内可设孔隔

板以减少震荡产生的静电。严禁与氧化剂、碱类等混装混运。运输途中应防暴晒、雨淋，防高温。中途停留时应远离火种、热源、高温区。装运该物品的车辆排气管必须配备阻火装置，禁止使用易产生火花的机械设备和工具装卸。公路运输时要按规定路线行驶。严禁用木船、水泥船散装运输

第十五部分　法规信息

下列法律、法规、规章和标准，对该化学品的管理作了相应的规定。

中华人民共和国职业病防治法　职业病分类和目录：未列入

危险化学品安全管理条例　危险化学品目录：列入。易制爆危险化学品名录：未列入。重点监管的危险化学品名录：未列入。GB 18218—2009《危险化学品重大危险源辨识》（表1）：未列入

使用有毒物品作业场所劳动保护条例　高毒物品目录：未列入

易制毒化学品管理条例　易制毒化学品的分类和品种目录：未列入

国际公约　斯德哥尔摩公约：未列入。鹿特丹公约：未列入。蒙特利尔议定书：未列入

第十六部分　其他信息

编写和修订信息　　缩略语和首字母缩写

培训建议　　　　　参考文献

免责声明

乙酸甲氧基乙基汞

第一部分　化学品标识

化学品中文名　乙酸甲氧基乙基汞；醋酸甲氧基乙基汞

化学品英文名　methoxyethyl mercury acetate；methoxy-ethylmercuric acetate

分子式　$C_5H_{10}HgO_3$　　分子量　318.7

结构式　

化学品的推荐及限制用途　用作种子消毒剂

第二部分　危险性概述

紧急情况概述　吞咽致命，皮肤接触会致命，吸入致命

GHS危险性类别　急性毒性-经口，类别2；急性毒性-经皮，类别1；急性毒性-吸入，类别2；特异性靶器官毒性-反复接触，类别2；危害水生环境-急性危害，类别1；危害水生环境-长期危害，类别1

标签要素

象形图

警示词　危险

危险性说明　吞咽致命，皮肤接触会致命，吸入致命，长时间或反复接触可能对器官造成损伤，对水生生

物毒性非常大并具有长期持续影响

防范说明

预防措施 避免接触眼睛、皮肤或衣服，操作后彻底清洗。作业场所不得进食、饮水或吸烟。戴防护手套、穿防护服。避免吸入粉尘。仅在室外或通风良好处操作。戴呼吸防护器具。禁止排入环境

事故响应 如吸入：将患者转移到空气新鲜处，休息，保持利于呼吸的体位，立即呼叫中毒控制中心或就医。皮肤接触：用大量肥皂水和水轻轻地清洗，立即脱去所有被污染的衣服，立即呼叫中毒控制中心或就医。被污染的衣服经洗净后方可重新使用。食入：立即呼叫中毒控制中心或就医，漱口。如感觉不适，就医。收集泄漏物

安全储存 在通风良好处储存。保持容器密闭。上锁保管

废弃处置 本品及内装物、容器依据国家和地方法规处置

物理和化学危险 可燃，其粉体与空气混合，能形成爆炸性混合物

健康危害 进入人体后蓄积性极大，易因蓄积引起中毒。主要损害中枢神经系统。可发生肾脏损害。口服可引起急性胃肠炎。此外，尚可引起心脏、肝脏和皮肤的损害

环境危害 对水生生物毒性非常大并具有长期持续影响

第三部分 成分/组成信息

√物质　　　　　　　　　混合物

组分	浓度	CAS No.
乙酸甲氧基乙基汞		151-38-2

第四部分 急救措施

吸入 迅速脱离现场至空气新鲜处。保持呼吸道通畅。如呼吸困难，给输氧。呼吸、心跳停止，立即进行心肺复苏术。就医

皮肤接触 立即脱去污染的衣着，用流动清水彻底冲洗。就医

眼睛接触 立即分开眼睑，用流动清水或生理盐水彻底冲洗。就医

食入 饮适量温水，催吐（仅限于清醒者）。就医

对保护施救者的忠告 根据需要使用个人防护设备

对医生的特别提示 解毒剂：二巯基丙磺酸钠、二巯基丁二酸钠、青霉胺

第五部分 消防措施

灭火剂 用雾状水、泡沫、干粉、二氧化碳、砂土灭火

特别危险性 遇明火、高热可燃。其粉体与空气可形成爆炸性混合物，当达到一定浓度时，遇火星会发生爆炸。受高热分解放出有毒的气体

灭火注意事项及防护措施 消防人员必须佩戴防毒面具、穿全身消防服，在上风向灭火。尽可能将容器从火场移至空旷处。喷水保持火场容器冷却，直至灭火结束

第六部分 泄漏应急处理

作业人员防护措施、防护装备和应急处置程序 隔离泄漏污染区，限制出入。消除所有点火源。建议应急处理人员戴防尘口罩，穿防毒服。穿上适当的防护服前严禁接触破裂的容器和泄漏物。尽可能切断泄漏源

环境保护措施 用塑料布覆盖泄漏物，减少飞散

泄漏化学品的收容、清除方法及所使用的处置材料 勿使水进入包装容器内。用洁净的铲子收集泄漏物，置于干净、干燥、盖子较松的容器中，将容器移离泄漏区

第七部分 操作处置与储存

操作注意事项 密闭操作，提供充分的局部排风。防止粉尘释放到车间空气中。操作人员必须经过专门培训，严格遵守操作规程。建议操作人员佩戴防尘面具（全面罩），穿胶布防毒衣，戴橡胶手套。远离火种、热源，工作场所严禁吸烟。使用防爆型的通风系统和设备。避免产生粉尘。避免与氧化剂、酸类接触。配备相应品种和数量的消防器材及泄漏应急处理设备。倒空的容器可能残留有害物

储存注意事项 储存于阴凉、通风良好的专用库房内，实行"双人收发、双人保管"制度。远离火种、热源。防止阳光直射。包装密封。应与氧化剂、酸类、食用化学品分开存放，切忌混储。配备相应品种和数量的消防器材。储区应备有合适的材料收容泄漏物

第八部分 接触控制/个体防护

职业接触限值

中国 PC-TWA：0.01mg/m³；PC-STEL：0.03mg/m³［按 Hg 计］［皮］

美国（ACGIH） TLV-TWA：0.01mg/m³；TLV-STEL：0.03mg/m³［按 Hg 计］［皮］

生物接触限值 未制定标准

监测方法 空气中有毒物质测定方法：原子荧光光谱法；冷原子吸收光谱法。生物监测检验方法：未制定标准

工程控制 严加密闭，提供充分的局部排风

个体防护装备

呼吸系统防护 可能接触其粉尘时，必须佩戴防尘面具（全面罩）。紧急事态抢救或撤离时，应该佩戴空气呼吸器

眼睛防护 呼吸系统防护中已作防护

皮肤和身体防护 穿密闭型防毒服

手防护 戴橡胶手套

第九部分 理化特性

外观与性状 白色结晶

pH 值 无资料	**熔点（℃）** 40～42
沸点（℃） 无资料	**相对密度（水＝1）** 无资料
相对蒸气密度（空气＝1） 无资料	
饱和蒸气压（kPa） 0.0017（20℃）	
临界压力（MPa） 无资料	**辛醇/水分配系数** 无资料
闪点（℃） 无意义	**自燃温度（℃）** 无资料
爆炸下限（%） 无资料	**爆炸上限（%）** 无资料

分解温度(℃)	无资料	黏度(mPa·s)	无资料
燃烧热(kJ/mol)	无资料	临界温度(℃)	无资料

溶解性　溶于水

第十部分　稳定性和反应性

稳定性　稳定

危险反应　与强氧化剂、强酸等禁配物发生反应

避免接触的条件　无资料

禁配物　强氧化剂、强酸

危险的分解产物　氧化汞

第十一部分　毒理学信息

急性毒性　亲脂性高毒物质。急性中毒主要损害中枢神经系统，表现为运动失调、痉挛、呆板、无欲、轻度瘫痪，甚至死亡。LD$_{50}$：25mg/kg（大鼠经口），45mg/kg（小鼠经口）

皮肤刺激或腐蚀　无资料　　眼睛刺激或腐蚀　无资料

呼吸或皮肤过敏　无资料　　生殖细胞突变性　细胞遗传学分析：黑腹果蝇经口 15900μg/L

致癌性　无资料　　　　　生殖毒性　无资料

特异性靶器官系统毒性--一次接触　无资料

特异性靶器官系统毒性-反复接触　无资料

吸入危害　无资料

第十二部分　生态学信息

生态毒性　无资料

持久性和降解性　含汞化合物对水生生物有极高毒性

　　生物降解性　无资料

　　非生物降解性　无资料

潜在的生物累积性　元素汞易在生物体内富集

土壤中的迁移性　无资料

第十三部分　废弃处置

废弃化学品　用安全掩埋法处置。在能利用的地方重复使用容器或在规定场所掩埋

污染包装物　将容器返还生产商或按照国家和地方法规处置

废弃注意事项　处置前应参阅国家和地方有关法规

第十四部分　运输信息

联合国危险货物编号（UN号）　2025

联合国运输名称　固态汞化合物，未另作规定的（乙酸甲氧基乙基汞）

联合国危险性类别　6.1

包装类别　Ⅰ　　　　　包装标志

海洋污染物　是

运输注意事项　运输前应先检查包装容器是否完整、密封，运输过程中要确保容器不泄漏、不倒塌、不坠落、不损坏。严禁与酸类、氧化剂、食品及食品添加剂混运。运输时运输车辆应配备相应品种和数量的消防器材及泄漏应急处理设备。运输途中应防暴晒、雨淋，防高温。公路运输时要按规定路线行驶，勿在居民区和人口稠密区停留

第十五部分　法规信息

下列法律、法规、规章和标准，对该化学品的管理作了相应的规定。

中华人民共和国职业病防治法　职业病分类和目录：汞及其化合物中毒

危险化学品安全管理条例　危险化学品目录：列入。作为剧毒化学品进行管理。易制爆危险化学品名录：未列入。重点监管的危险化学品名录：未列入。GB 18218—2009《危险化学品重大危险源辨识》（表1）：未列入

使用有毒物品作业场所劳动保护条例　高毒物品目录：未列入

易制毒化学品管理条例　易制毒化学品的分类和品种目录：未列入

国际公约　斯德哥尔摩公约：未列入。鹿特丹公约：未列入。蒙特利尔议定书：未列入

第十六部分　其他信息

编写和修订信息　　缩略语和首字母缩写

培训建议　　　　　参考文献

免责声明

乙酸铍

第一部分　化学品标识

化学品中文名　乙酸铍；醋酸铍

化学品英文名　beryllium acetate；diacetic acid beryllium salt

分子式　$C_4H_6BeO_4$　　分子量　127.1

结构式　$\left[\begin{array}{c} O \\ \| \\ C \\ O^- \end{array}\right]_2 Be^{2+}$

化学品的推荐及限制用途　无资料

第二部分　危险性概述

紧急情况概述　吞咽会中毒，吸入致命，造成皮肤刺激，造成严重眼刺激，可能导致皮肤过敏反应，可能致癌，可能引起呼吸道刺激

GHS危险性类别　急性毒性-经口，类别3；急性毒性-吸入，类别2；皮肤腐蚀/刺激，类别2；严重眼损伤/眼刺激，类别2；皮肤致敏物，类别1；致癌性，类别1A；特异性靶器官毒性--一次接触，类别3（呼吸道刺激）；特异性靶器官毒性-反复接触，类别1；危害水生环境-急性危害，类别2；危害水生环境-长期危害，类别2

标签要素

象形图　

警示词 危险

危险性说明 吞咽会中毒，吸入致命，造成皮肤刺激，造成严重眼刺激，可能导致皮肤过敏反应，可能致癌，可能引起呼吸道刺激，长时间或反复接触对器官造成损伤，对水生生物有毒并具有长期持续影响

防范说明

预防措施 避免接触眼睛、皮肤，操作后彻底清洗。作业场所不得进食、饮水或吸烟。避免吸入粉尘。仅在室外或通风良好处操作。戴呼吸防护器具、防护手套、防护眼镜、防护面罩。污染的工作服不得带出工作场所。得到专门指导后操作。在阅读并了解所有安全预防措施之前，切勿操作。按要求使用个体防护装备。禁止排入环境

事故响应 如吸入：将患者转移到空气新鲜处，休息，保持利于呼吸的体位，立即呼叫中毒控制中心或就医。如皮肤接触：用大量肥皂水和水清洗。如出现皮肤刺激或皮疹：就医。污染的衣服清洗后方可重新使用。如接触眼睛：用水细心冲洗数分钟。如戴隐形眼镜并可方便地取出，取出隐形眼镜，继续冲洗。如果眼睛刺激持续：就医。食入：立即呼叫中毒控制中心或就医，漱口。如果接触或有担心，就医。如感觉不适，就医。收集泄漏物

安全储存 在通风良好处储存。保持容器密闭。上锁保管

废弃处置 本品及内装物、容器依据国家和地方法规处置

物理和化学危险 可燃，其粉体与空气混合，能形成爆炸性混合物

健康危害 吸入引起的急性中毒可发生支气管炎、支气管肺炎，发生呼吸困难、发绀等症状。皮肤接触可引起接触性皮炎和过敏性皮炎。长期接触粉尘引起慢性铍肺

环境危害 对水生生物有毒并具有长期持续影响

第三部分 成分/组成信息

√物质 混合物

组分	浓度	CAS No.
乙酸铍		543-81-7

第四部分 急救措施

吸入 迅速脱离现场至空气新鲜处。保持呼吸道通畅。如呼吸困难，给输氧。呼吸、心跳停止，立即进行心肺复苏术。就医

皮肤接触 立即脱去污染的衣着，用流动清水彻底冲洗。就医

眼睛接触 立即分开眼睑，用流动清水或生理盐水彻底冲洗。就医

食入 漱口，饮水。就医

对保护施救者的忠告 根据需要使用个人防护设备

对医生的特别提示 对症处理

第五部分 消防措施

灭火剂 用雾状水、泡沫、干粉、二氧化碳、砂土灭火

特别危险性 粉体与空气可形成爆炸性混合物，遇明火、高热或与氧化剂接触，有引起燃烧爆炸的危险。受热分解产生有毒的烟气

灭火注意事项及防护措施 消防人员必须佩戴防毒面具、穿全身消防服，在上风向灭火。尽可能将容器从火场移至空旷处。喷水保持火场容器冷却，直至灭火结束

第六部分 泄漏应急处理

作业人员防护措施、防护装备和应急处置程序 隔离泄漏污染区，限制出入。消除所有点火源。建议应急处理人员戴防尘口罩，穿防毒服。穿上适当的防护服前严禁接触破裂的容器和泄漏物。尽可能切断泄漏源

环境保护措施 用塑料布覆盖泄漏物，减少飞散

泄漏化学品的收容、清除方法及所使用的处置材料 勿使水进入包装容器内。用洁净的铲子收集泄漏物，置于干净、干燥、盖子较松的容器中，将容器移离泄漏区

第七部分 操作处置与储存

操作注意事项 密闭操作，提供充分的局部排风。防止粉尘释放到车间空气中。操作人员必须经过专门培训，严格遵守操作规程。建议操作人员佩戴防尘面具（全面罩），穿胶布防毒衣，戴橡胶手套。远离火种、热源，工作场所严禁吸烟。使用防爆型的通风系统和设备。避免产生粉尘。避免与氧化剂接触。配备相应品种和数量的消防器材及泄漏应急处理设备。倒空的容器可能残留有害物

储存注意事项 储存于阴凉、通风的库房。远离火种、热源。防止阳光直射。包装密封。应与氧化剂、食用化学品分开存放，切忌混储。配备相应品种和数量的消防器材。储区应备有合适的材料收容泄漏物

第八部分 接触控制/个体防护

职业接触限值

中国 PC-TWA：0.0005mg/m³；PC-STEL：0.001 mg/m³〔按 Be 计〕〔G1〕

美国（ACGIH） TLV-TWA：0.00005mg/m³（可吸入性颗粒物）〔按 Be 计〕〔皮〕〔敏〕

生物接触限值 未制定标准

监测方法 空气中有毒物质测定方法：桑色素荧光分光光度法。生物监测检验方法：未制定标准

工程控制 严加密闭，提供充分的局部排风

个体防护装备

呼吸系统防护 可能接触其粉尘时，必须佩戴空气呼吸器

眼睛防护 呼吸系统防护中已作防护

皮肤和身体防护 穿密闭型防毒服

手防护 戴橡胶手套

第九部分 理化特性

外观与性状 白色结晶粉末

pH 值　无资料	熔点(℃)　295（分解）
沸点(℃)　无资料	相对密度(水＝1)　2.94

相对蒸气密度(空气＝1)　无资料

饱和蒸气压(kPa)　无资料

临界压力(MPa)　无资料	辛醇/水分配系数　无资料
闪点(℃)　无意义	自燃温度(℃)　620
爆炸下限(%)　80(g/m³)	爆炸上限(%)　无资料

分解温度(℃)　缓慢加热在 60～100℃分解，急热在
　　150～180℃分解

黏度(mPa·s)　无资料

燃烧热(kJ/mol)　无资料	临界温度(℃)　无资料

溶解性　不溶于冷水、无水乙醇及其他有机溶剂

第十部分　稳定性和反应性

稳定性　稳定

危险反应　与强氧化剂等禁配物发生反应

避免接触的条件　无资料

禁配物　强氧化剂

危险的分解产物　氧化铍

第十一部分　毒理学信息

急性毒性　LC_{50}：42mg/m³（小鼠吸入，2h）

皮肤刺激或腐蚀　无资料	眼睛刺激或腐蚀　无资料

呼吸或皮肤过敏　有致敏作用。"铍病"主要原因为变态
　　反应

生殖细胞突变性　无资料

致癌性　IARC 致癌性评论：1组，确认人类致癌物

生殖毒性　无资料

特异性靶器官系统毒性--一次接触　无资料

特异性靶器官系统毒性-反复接触　无资料

吸入危害　无资料

第十二部分　生态学信息

生态毒性　含铍化合物对水生生物有毒

持久性和降解性
　　生物降解性　无资料
　　非生物降解性　无资料

潜在的生物累积性　无资料

土壤中的迁移性　无资料

第十三部分　废弃处置

废弃化学品　根据国家和地方有关法规的要求处置。或与
　　厂商或制造商联系，确定处置方法

污染包装物　将容器返还生产商或按照国家和地方法规
　　处置

废弃注意事项　处置前应参阅国家和地方有关法规

第十四部分　运输信息

联合国危险货物编号（UN 号）　1566

联合国运输名称　铍化合物，未另作规定的（乙酸铍）

联合国危险性类别　6.1

包装类别　Ⅱ	包装标志	

海洋污染物　是

运输注意事项　运输前应先检查包装容器是否完整、密
　　封，运输过程中要确保容器不泄漏、不倒塌、不坠
　　落、不损坏。严禁与酸类、氧化剂、食品及食品添加
　　剂混运。运输时运输车辆应配备相应品种和数量的消
　　防器材及泄漏应急处理设备。运输途中应防暴晒、雨
　　淋，防高温。公路运输时要按规定路线行驶，勿在居
　　民区和人口稠密区停留

第十五部分　法规信息

下列法律、法规、规章和标准，对该化学品的管理作
了相应的规定。

中华人民共和国职业病防治法　职业病分类和目录：铍
　　病，溃疡

危险化学品安全管理条例　危险化学品目录：列入。易制
　　爆危险化学品名录：未列入。重点监管的危险化学品
　　名录：未列入。GB 18218—2009《危险化学品重大
　　危险源辨识》（表 1）：未列入

使用有毒物品作业场所劳动保护条例　高毒物品目录：
　　列入

易制毒化学品管理条例　易制毒化学品的分类和品种目
　　录：未列入

国际公约　斯德哥尔摩公约：未列入。鹿特丹公约：未列
　　入。蒙特利尔议定书：未列入

第十六部分　其他信息

编写和修订信息	缩略语和首字母缩写
培训建议	参考文献
免责声明	

乙酸铅

第一部分　化学品标识

化学品中文名　乙酸铅；醋酸铅（三水）

化学品英文名　lead acetate；lead acetate trihydrate

分子式　$C_4H_6O_4Pb·3H_2O$　　分子量　379.3318

结构式　

化学品的推荐及限制用途　制取铅盐、铅颜料，也用于生
　　物染色、有机合成和制药工业

第二部分　危险性概述

紧急情况概述　—

GHS 危险性类别　生殖毒性，类别1A；特异性靶器官毒
　　性-反复接触，类别2；危害水生环境-急性危害，类
　　别1；危害水生环境-长期危害，类别1

标签要素

象形图

警示词　危险

危险性说明 可能对生育力或胎儿造成伤害，长时间或反复接触可能对器官造成损伤，对水生生物毒性非常大并具有长期持续影响

防范说明

预防措施 得到专门指导后操作。在阅读并了解所有安全预防措施之前，切勿操作。按要求使用个体防护装备。避免吸入粉尘。禁止排入环境

事故响应 如果接触或有担心，就医。如感觉不适，就医。收集泄漏物

安全储存 上锁保管

废弃处置 本品及内装物、容器依据国家和地方法规处置

物理和化学危险 可燃，其粉体与空气混合，能形成爆炸性混合物

健康危害 损害造血、神经、消化系统及肾脏。职业中毒主要为慢性。神经系统主要表现为神经衰弱综合征、周围神经病（以运动功能受累较明显），重者出现铅中毒性脑病。消化系统表现有齿龈铅线、食欲不振、恶心、腹胀、腹泻或便秘；腹绞痛见于中度及较重病例。造血系统损害出现卟啉代谢障碍、贫血等。短时大量接触可发生急性或亚急性铅中毒，表现类似重症慢性铅中毒。本品可经皮肤吸收，可致灼伤；对眼睛有刺激性

环境危害 对水生生物毒性非常大并具有长期持续影响

第三部分 成分/组成信息

√物质　　　　　　　　混合物

组分	浓度	CAS No.
乙酸铅		6080-56-4

第四部分 急救措施

吸入 迅速脱离现场至空气新鲜处。保持呼吸道通畅。如呼吸困难，给输氧。呼吸、心跳停止，立即进行心肺复苏术。就医

皮肤接触 立即脱去污染的衣着，用流动清水彻底冲洗。就医

眼睛接触 立即分开眼睑，用流动清水或生理盐水彻底冲洗。就医

食入 漱口，饮水。就医

对保护施救者的忠告 根据需要使用个人防护设备

对医生的特别提示 解毒剂：依地酸二钠钙、二巯基丁二酸钠、二巯基丁二酸等

第五部分 消防措施

灭火剂 用雾状水、泡沫、干粉、二氧化碳、砂土灭火

特别危险性 遇明火能燃烧。受高热分解放出有毒的气体

灭火注意事项及防护措施 消防人员必须佩戴空气呼吸器、穿全身防火防毒服，在上风向灭火。尽可能将容器从火场移至空旷处。喷水保持火场容器冷却，直至灭火结束

第六部分 泄漏应急处理

作业人员防护措施、防护装备和应急处置程序 隔离泄漏污染区，限制出入。建议应急处理人员戴防尘口罩，穿防毒服。穿上适当的防护服前严禁接触破裂的容器和泄漏物。尽可能切断泄漏源。

环境保护措施 用塑料布覆盖泄漏物，减少飞散

泄漏化学品的收容、清除方法及所使用的处置材料 勿使水进入包装容器内。用洁净的铲子收集泄漏物，置于干净、干燥、盖子较松的容器中，将容器移离泄漏区

第七部分 操作处置与储存

操作注意事项 密闭操作，局部排风。操作人员必须经过专门培训，严格遵守操作规程。建议操作人员佩戴自吸过滤式防尘口罩，戴化学安全防护眼镜，穿防毒物渗透工作服，戴橡胶手套。远离火种、热源，工作场所严禁吸烟。使用防爆型的通风系统和设备。避免产生粉尘。避免与酸类、碱类接触。搬运时要轻装轻卸，防止包装及容器损坏。配备相应品种和数量的消防器材及泄漏应急处理设备。倒空的容器可能残留有害物

储存注意事项 储存于阴凉、通风的库房。远离火种、热源。应与酸类、碱类分开存放，切忌混储。配备相应品种和数量的消防器材。储区应备有合适的材料收容泄漏物

第八部分 接触控制/个体防护

职业接触限值

中国 未制定标准

美国（ACGIH） 0.05mg/m³ ［按 Pb 计］

生物接触限值 未制定标准

监测方法 空气中有毒物质测定方法：未制定标准。生物监测检验方法：未制定标准

工程控制 密闭操作，局部排风。提供安全淋浴和洗眼设备

个体防护装备

呼吸系统防护 空气中粉尘浓度超标时，必须佩戴过滤式防尘呼吸器。紧急事态抢救或撤离时，应该佩戴空气呼吸器

眼睛防护 戴化学安全防护眼镜

皮肤和身体防护 穿防毒物渗透工作服

手防护 戴橡胶手套

第九部分 理化特性

外观与性状 微有乙酸气味的无色透明晶体，工业品呈灰褐色的大块

pH 值 无意义		**熔点(℃)** 75（失水）	
沸点(℃) 280（无水物）		**相对密度(水＝1)** 2.55	
相对蒸气密度(空气＝1) 无资料			
饱和蒸气压(kPa) 无资料			
临界压力(MPa) 无资料		**辛醇/水分配系数** 无资料	
闪点(℃) 无资料		**自燃温度(℃)** 无资料	
爆炸下限(％) 无资料		**爆炸上限(％)** 无资料	
分解温度(℃) 200		**黏度(mPa·s)** 无资料	
燃烧热(kJ/mol) 无资料		**临界温度(℃)** 无资料	

溶解性 溶于水，微溶于醇，易溶于甘油

第十部分　稳定性和反应性

稳定性　稳定

危险反应　与强酸、强碱等禁配物发生反应

避免接触的条件　无资料

禁配物　强酸、强碱

危险的分解产物　氧化铅

第十一部分　毒理学信息

急性毒性　LD_{50}：4665mg/kg（大鼠经口），174mg/kg（小鼠腹腔）

皮肤刺激或腐蚀　无资料　　**眼睛刺激或腐蚀**　无资料

呼吸或皮肤过敏　无资料　　**生殖细胞突变性**　DNA抑制：小鼠腹腔内给药 20 g/kg

致癌性　IARC 致癌性评价：动物致癌性证据充分

生殖毒性　小鼠多代经口给予最低中毒剂量（TDLo）4.62mg/kg，致血液和淋巴系统发育畸形（包括脾和骨髓）

特异性靶器官系统毒性-一次接触　无资料

特异性靶器官系统毒性-反复接触　无资料

吸入危害　无资料

第十二部分　生态学信息

生态毒性　含铅化合物对水生生物有极高毒性

持久性和降解性

　　生物降解性　无资料

　　非生物降解性　无资料

潜在的生物累积性　无资料

土壤中的迁移性　无资料

第十三部分　废弃处置

废弃化学品　根据国家和地方有关法规的要求处置。或与厂商或制造商联系，确定处置方法

污染包装物　将容器返还生产商或按照国家和地方法规处置

废弃注意事项　把倒空的容器归还厂商或在规定场所掩埋

第十四部分　运输信息

联合国危险货物编号（UN号）　1616

联合国运输名称　醋酸铅（乙酸铅）

联合国危险性类别　6.1

包装类别　Ⅲ　　　　　　　**包装标志**　

海洋污染物　是

运输注意事项　运输前应先检查包装容器是否完整、密封，运输过程中要确保容器不泄漏、不倒塌、不坠落、不损坏。严禁与酸类、氧化剂、食品及食品添加剂混运。运输途中应防暴晒、雨淋，防高温

第十五部分　法规信息

下列法律、法规、规章和标准，对该化学品的管理作了相应的规定。

中华人民共和国职业病防治法　职业病分类和目录：铅及其化合物中毒

危险化学品安全管理条例　危险化学品目录：列入。易制爆危险化学品名录：未列入。重点监管的危险化学品名录：未列入。GB 18218—2009《危险化学品重大危险源辨识》（表1）：未列入

使用有毒物品作业场所劳动保护条例　高毒物品目录：未列入

易制毒化学品管理条例　易制毒化学品的分类和品种目录：未列入

国际公约　斯德哥尔摩公约：未列入。鹿特丹公约：未列入。蒙特利尔议定书：未列入

第十六部分　其他信息

编写和修订信息　　　**缩略语和首字母缩写**

培训建议　　　　　　**参考文献**

免责声明

乙酸烯丙酯

第一部分　化学品标识

化学品中文名　乙酸烯丙酯；醋酸烯丙酯

化学品英文名　allyl acetate；2-propenyl ethanoate

分子式　$C_5H_8O_2$　**分子量**　100.1158

结构式　

化学品的推荐及限制用途　用于树脂及黏合剂的合成

第二部分　危险性概述

紧急情况概述　高度易燃液体和蒸气，吞咽会中毒，吸入致命，造成皮肤刺激，造成严重眼刺激

GHS 危险性类别　易燃液体，类别2；急性毒性-经口，类别3；急性毒性-吸入，类别2；皮肤腐蚀/刺激，类别2；严重眼损伤/眼刺激，类别2A；特异性靶器官毒性-反复接触，类别2

标签要素

象形图　

警示词　危险

危险性说明　高度易燃液体和蒸气，吞咽会中毒，吸入致命，造成皮肤刺激，造成严重眼刺激，长时间或反复接触可能对器官造成损伤

防范说明

　　预防措施　远离热源、火花、明火、热表面。保持容器密闭。容器和接收设备接地、连接。使用防爆型电器、通风、照明设备。只能使用不产生火花的工具。采取防止静电措施。戴防护手套、防护眼镜、防护面罩。避免接触眼睛、皮肤，操作后彻底清洗。作业场所不得进食、饮水或吸烟。避免吸入蒸气、雾。仅在室外或通

风良好处操作。戴呼吸防护器具

事故响应 火灾时，使用泡沫、干粉、二氧化碳、砂土灭火。如吸入：将患者转移到空气新鲜处，休息，保持利于呼吸的体位，立即呼叫中毒控制中心或就医。皮肤接触：用大量肥皂水和水清洗，脱去被污染的衣服，如发生皮肤刺激，就医。被污染的衣服必须经洗净后方可重新使用。如接触眼睛：用水细心冲洗数分钟。如戴隐形眼镜并可方便地取出，取出隐形眼镜，继续冲洗。如果眼睛刺激持续：就医。食入：立即呼叫中毒控制中心或就医，漱口。如感觉不适，就医

安全储存 存放在通风良好的地方。保持低温。保持容器密闭。上锁保管

废弃处置 本品及内装物、容器依据国家和地方法规处置

物理和化学危险 易燃，其蒸气与空气混合，能形成爆炸性混合物。容易自聚

健康危害 本品蒸气对眼、鼻、喉、支气管有刺激性，吸入后引起鼻出血、声嘶、咳嗽、胸部紧束感。高浓度吸入可发生肺水肿，出现严重的呼吸困难。对皮肤有刺激性

环境危害 长时间或反复接触可能对器官造成损伤

第三部分 成分/组成信息

√物质 　　　　　　混合物

组分	浓度	CAS No.
乙酸烯丙酯		591-87-7

第四部分 急救措施

吸入 迅速脱离现场至空气新鲜处。保持呼吸道通畅。如呼吸困难，给输氧。呼吸、心跳停止，立即进行心肺复苏术。就医

皮肤接触 立即脱去污染的衣着，用流动清水彻底冲洗。就医

眼睛接触 立即分开眼睑，用流动清水或生理盐水彻底冲洗。就医

食入 饮适量温水，催吐（仅限于清醒者）。就医

对保护施救者的忠告 根据需要使用个人防护设备

对医生的特别提示 对症处理

第五部分 消防措施

灭火剂 用泡沫、干粉、二氧化碳、砂土灭火

特别危险性 其蒸气与空气可形成爆炸性混合物，遇明火、高热极易燃烧爆炸。与氧化剂接触猛烈反应。流速过快，容易产生和积聚静电。容易自聚，聚合反应随着温度的上升而急骤加剧。蒸气比空气重，沿地面扩散并易积存于低洼处，遇火源会着火回燃。若遇高热，容器内压增大，有开裂和爆炸的危险

灭火注意事项及防护措施 消防人员必须佩戴防毒面具、穿全身消防服，在上风向灭火。尽可能将容器从火场移至空旷处。喷水保持火场容器冷却，直至灭火结束。处在火场中的容器若已变色或从安全泄压装置中发出声音，必须马上撤离。用水灭火无效

第六部分 泄漏应急处理

作业人员防护措施、防护装备和应急处置程序 消除所有点火源。根据液体流动和蒸气扩散的影响区域划定警戒区，无关人员从侧风、上风向撤离至安全区。建议应急处理人员戴正压自给式呼吸器，穿防毒、防静电服。作业时使用的所有设备应接地。禁止接触或跨越泄漏物。尽可能切断泄漏源

环境保护措施 防止泄漏物进入水体、下水道、地下室或有限空间

泄漏化学品的收容、清除方法及所使用的处置材料 小量泄漏：用砂土或其他不燃材料吸收。使用洁净的无火花工具收集吸收材料。大量泄漏：构筑围堤或挖坑收容。用泡沫覆盖，减少蒸发。喷水雾能减少蒸发，但不能降低泄漏物在有限空间内的易燃性。用防爆泵转移至槽车或专用收集器内

第七部分 操作处置与储存

操作注意事项 密闭操作，全面通风。操作人员必须经过专门培训，严格遵守操作规程。建议操作人员佩戴自吸过滤式防毒面具（半面罩），戴化学安全防护眼镜，穿防静电工作服，戴橡胶耐油手套。远离火种、热源，工作场所严禁吸烟。使用防爆型的通风系统和设备。防止蒸气泄漏到工作场所空气中。避免与氧化剂、碱类、过氧化物接触。灌装时应控制流速，且有接地装置，防止静电积聚。搬运时要轻装轻卸，防止包装及容器损坏。配备相应品种和数量的消防器材及泄漏应急处理设备。倒空的容器可能残留有害物

储存注意事项 储存于阴凉、通风的库房。远离火种、热源。库温不宜超过 37℃，保持容器密封。应与氧化剂、碱类、过氧化物、食用化学品分开存放，切忌混储。采用防爆型照明、通风设施。禁止使用易产生火花的机械设备和工具。储区应备有泄漏应急处理设备和合适的收容材料

第八部分 接触控制/个体防护

职业接触限值

中国 未制定标准

美国（ACGIH） 未制定标准

生物接触限值 未制定标准

监测方法 空气中有毒物质测定方法：未制定标准。生物监测检验方法：未制定标准

工程控制 生产过程密闭，全面通风。提供安全淋浴和洗眼设备

个体防护装备

呼吸系统防护 空气中浓度超标时，必须佩戴过滤式防毒面具（半面罩）。紧急事态抢救或撤离时，应该佩戴空气呼吸器

眼睛防护 戴化学安全防护眼镜

皮肤和身体防护 穿防静电工作服

手防护 戴橡胶耐油手套

第九部分 理化特性

外观与性状 无色液体

pH值　无资料	熔点(℃)　无资料
沸点(℃)　103.5	相对密度(水＝1)　0.93
相对蒸气密度(空气＝1)　3.45	
饱和蒸气压(kPa)　无资料	
临界压力(MPa)　无资料	辛醇/水分配系数　无资料
闪点(℃)　6.67	自燃温度(℃)　374
爆炸下限(%)　无资料	爆炸上限(%)　无资料
分解温度(℃)　无资料	黏度(mPa·s)　0.52(20℃)
燃烧热(kJ/mol)　无资料	临界温度(℃)　无资料

溶解性　微溶于水，可混溶于乙醇、乙醚等

第十部分　稳定性和反应性

稳定性　稳定

危险反应　与强氧化剂、碱、过氧化物等禁配物接触，有发生火灾和爆炸的危险。容易发生自聚反应

避免接触的条件　受热、光照、潮湿空气

禁配物　强氧化剂、碱、过氧化物

危险的分解产物　无资料

第十一部分　毒理学信息

急性毒性　LD$_{50}$：130mg/kg（大鼠经口），170mg/kg（小鼠经口），1021mg/kg（兔经皮）。LC$_{50}$：1000ppm（大鼠吸入，1h）

皮肤刺激或腐蚀　无资料　　眼睛刺激或腐蚀　无资料

呼吸或皮肤过敏　无资料　　生殖细胞突变性　无资料

致癌性　无资料　　　　　　生殖毒性　无资料

特异性靶器官系统毒性-一次接触　无资料

特异性靶器官系统毒性-反复接触　无资料

吸入危害　无资料

第十二部分　生态学信息

生态毒性　无资料

持久性和降解性

　　生物降解性　无资料

　　非生物降解性　无资料

潜在的生物累积性　无资料

土壤中的迁移性　无资料

第十三部分　废弃处置

废弃化学品　建议用焚烧法处置

污染包装物　将容器返还生产商或按照国家和地方法规处置

废弃注意事项　处置前应参阅国家和地方有关法规

第十四部分　运输信息

联合国危险货物编号（UN号）　2333

联合国运输名称　乙酸烯丙酯

联合国危险性类别　3，6.1

包装类别　Ⅱ

包装标志　

海洋污染物　否

运输注意事项　运输时运输车辆应配备相应品种和数量的消防器材及泄漏应急处理设备。夏季最好早晚运输。运输时所用的槽（罐）车应有接地链，槽内可设孔隔板以减少震荡产生的静电。严禁与氧化剂、碱类、过氧化物、食用化学品等混装混运。运输途中应防暴晒、雨淋，防高温。中途停留时应远离火种、热源、高温区。装运该物品的车辆排气管必须配备阻火装置，禁止使用易产生火花的机械设备和工具装卸。公路运输时要按规定路线行驶，勿在居民区和人口稠密区停留。严禁用木船、水泥船散装运输

第十五部分　法规信息

下列法律、法规、规章和标准，对该化学品的管理作了相应的规定。

中华人民共和国职业病防治法　职业病分类和目录：未列入

危险化学品安全管理条例　危险化学品目录：列入。易制爆危险化学品名录：未列入。重点监管的危险化学品名录：未列入。GB 18218—2009《危险化学品重大危险源辨识》（表1）：未列入

使用有毒物品作业场所劳动保护条例　高毒物品目录：未列入

易制毒化学品管理条例　易制毒化学品的分类和品种目录：未列入

国际公约　斯德哥尔摩公约：未列入。鹿特丹公约：未列入。蒙特利尔议定书：未列入

第十六部分　其他信息

编写和修订信息　　缩略语和首字母缩写

培训建议　　　　　参考文献

免责声明

乙酸亚汞

第一部分　化学品标识

化学品中文名　乙酸亚汞；醋酸亚汞

化学品英文名　mercurous acetate；mercury（Ⅰ）acetate

分子式　C$_2$H$_3$O$_2$Hg　分子量　259.6337

结构式　

化学品的推荐及限制用途　用于医药工业

第二部分　危险性概述

紧急情况概述　吞咽会中毒，皮肤接触会中毒，造成轻微皮肤刺激，可能导致皮肤过敏反应

GHS危险性类别　急性毒性-经口，类别3；急性毒性-经皮，类别3；皮肤腐蚀/刺激，类别3；皮肤致敏物，类别1；生殖细胞致突变性，类别2；生殖毒性，类别2；特异性靶器官毒性--次接触，类别1；特异性靶器官毒性-反复接触，类别1；危害水生环境-急性危害，类别1；危害水生环境-长期危害，类别1

标签要素

象形图

警示词　危险

危险性说明　吞咽会中毒，皮肤接触会中毒，造成轻微皮肤刺激，可能导致皮肤过敏反应，怀疑可造成遗传性缺陷，怀疑对生育力或胎儿造成伤害，对器官造成损害，长时间或反复接触对器官造成损伤，对水生生物毒性非常大并具有长期持续影响

防范说明

预防措施　避免接触眼睛、皮肤，操作后彻底清洗。作业场所不得进食、饮水或吸烟。戴防护手套、穿防护服。避免吸入粉尘。污染的工作服不得带出工作场所。得到专门指导后操作。在阅读并了解所有安全预防措施之前，切勿操作。按要求使用个体防护装备。禁止排入环境

事故响应　皮肤接触：用大量肥皂水和水清洗，立即脱去所有被污染的衣服，如感觉不适，呼叫中毒控制中心或就医。被污染的衣服经洗净后方可重新使用。如出现皮肤刺激或皮疹：就医。食入：立即呼叫中毒控制中心或就医，漱口。如果接触或有担心，就医。如果接触：立即呼叫中毒控制中心或就医。如感觉不适，就医。收集泄漏物

安全储存　上锁保管

废弃处置　本品及内装物、容器依据国家和地方法规处置

物理和化学危险　可燃，其粉体与空气混合，能形成爆炸性混合物

健康危害　进入体内易因蓄积引起中毒。主要损害中枢神经系统，出现神经衰弱综合征，精神障碍、向心性视野缩小等；可发生肾脏损害，重者可致急性肾功能衰竭

环境危害　对水生生物毒性非常大并具有长期持续影响

第三部分　成分/组成信息

√物质　　　　　　　　　　混合物

组分	浓度	CAS No.
乙酸亚汞		631-60-7

第四部分　急救措施

吸入　迅速脱离现场至空气新鲜处。保持呼吸道通畅。如呼吸困难，给输氧。呼吸、心跳停止，立即进行心肺复苏术。就医

皮肤接触　立即脱去污染的衣着，用流动清水彻底冲洗。就医

眼睛接触　立即分开眼睑，用流动清水或生理盐水彻底冲洗。就医

食入　饮适量温水，催吐（仅限于清醒者）。就医

对保护施救者的忠告　根据需要使用个人防护设备

对医生的特别提示　解毒剂：二巯基丙磺酸钠、二巯基丁二酸钠、青霉胺

第五部分　消防措施

灭火剂　用雾状水、泡沫、干粉、二氧化碳、砂土灭火

特别危险性　遇明火、高热可燃。其粉体与空气可形成爆炸性混合物，当达到一定浓度时，遇火星会发生爆炸。受高热分解放出有毒的气体

灭火注意事项及防护措施　消防人员必须佩戴防毒面具、穿全身消防服，在上风向灭火。尽可能将容器从火场移至空旷处。喷水保持火场容器冷却，直至灭火结束

第六部分　泄漏应急处理

作业人员防护措施、防护装备和应急处置程序　隔离泄漏污染区，限制出入。建议应急处理人员戴防尘口罩，穿防毒服。穿上适当的防护服前严禁接触破裂的容器和泄漏物。尽可能切断泄漏源

环境保护措施　用塑料布覆盖泄漏物，减少飞散

泄漏化学品的收容、清除方法及所使用的处置材料　勿使水进入包装容器内。用洁净的铲子收集泄漏物，置于干净、干燥、盖子较松的容器中，将容器移离泄漏区

第七部分　操作处置与储存

操作注意事项　密闭操作，局部排风。防止粉尘释放到车间空气中。操作人员必须经过专门培训，严格遵守操作规程。建议操作人员佩戴自吸过滤式防尘口罩，戴化学安全防护眼镜，穿防毒物渗透工作服，戴乳胶手套。远离火种、热源，工作场所严禁吸烟。使用防爆型的通风系统和设备。避免产生粉尘。避免与氧化剂接触。配备相应品种和数量的消防器材及泄漏应急处理设备。倒空的容器可能残留有害物

储存注意事项　储存于阴凉、通风的库房。远离火种、热源。防止阳光直射。包装密封。应与氧化剂、食用化学品分开存放，切忌混储。配备相应品种和数量的消防器材。储区应备有合适的材料收容泄漏物

第八部分　接触控制/个体防护

职业接触限值

中国　PC-TWA：0.01mg/m³；PC-STEL：0.03mg/m³〔按 Hg 计〕〔皮〕

美国（ACGIH）　TLV-TWA：0.01mg/m³；TLV-STEL：0.03mg/m³〔按 Hg 计〕〔皮〕

生物接触限值　未制定标准

监测方法　空气中有毒物质测定方法：原子荧光光谱法；冷原子吸收光谱法。生物监测检验方法：未制定标准

工程控制　密闭操作，局部排风

个体防护装备

呼吸系统防护　空气中粉尘浓度超标时，建议佩戴过滤式防尘呼吸器。紧急事态抢救或撤离时，应该佩戴空气呼吸器

眼睛防护　戴化学安全防护眼镜

皮肤和身体防护　穿防毒物渗透工作服

手防护　戴橡胶手套

第九部分　理化特性

外观与性状　白色有光泽片状结晶或粉末，遇光变色

pH 值　无资料　　　　　　　**熔点(℃)**　（分解）

沸点(℃)　无资料　　　　**相对密度(水＝1)**　无资料

相对蒸气密度(空气＝1)　无资料

饱和蒸气压(kPa)　无资料

临界压力(MPa)　无资料　　**辛醇/水分配系数**　无资料

闪点(℃)　无意义　　　　　**自燃温度(℃)**　无资料

爆炸下限(%)　无资料　　　**爆炸上限(%)**　无资料

分解温度(℃)　无资料　　　**黏度(mPa·s)**　无资料

燃烧热(kJ/mol)　无资料　　**临界温度(℃)**　无资料

溶解性　溶于水、稀酸，不溶于乙醇、乙醚

第十部分　稳定性和反应性

稳定性　稳定

危险反应　与强氧化剂等禁配物发生反应

避免接触的条件　无资料

禁配物　强氧化剂

危险的分解产物　氧化汞

第十一部分　毒理学信息

急性毒性　LD$_{50}$：175mg/kg（大鼠经口），960mg/kg（大鼠经皮），150mg/kg（小鼠经口）

皮肤刺激或腐蚀　无资料　　**眼睛刺激或腐蚀**　无资料

呼吸或皮肤过敏　无资料　　**生殖细胞突变性**　无资料

致癌性　无资料　　　　　**生殖毒性**　容易穿过胎盘屏障，可能导致出生缺陷

特异性靶器官系统毒性-一次接触　无资料

特异性靶器官系统毒性-反复接触　无资料

吸入危害　无资料

第十二部分　生态学信息

生态毒性　无资料

持久性和降解性　含汞化合物对水生生物有极高毒性

　　生物降解性　无资料

　　非生物降解性　无资料

潜在的生物累积性　元素汞易在生物体内富集

土壤中的迁移性　无资料

第十三部分　废弃处置

废弃化学品　建议用焚烧法处置。在能利用的地方重复使用容器或在规定场所掩埋

污染包装物　将容器返还生产商或按照国家和地方法规处置

废弃注意事项　处置前应参阅国家和地方有关法规

第十四部分　运输信息

联合国危险货物编号（UN 号）　2025

联合国运输名称　固态汞化合物，未另作规定的（乙酸亚汞）

联合国危险性类别　6.1

包装类别　Ⅲ　　　　　　**包装标志**

海洋污染物　是

运输注意事项　运输前应先检查包装容器是否完整、密封，运输过程中要确保容器不泄漏、不倒塌、不坠落、不损坏。严禁与酸类、氧化剂、食品及食品添加剂混运。运输时运输车辆应配备相应品种和数量的消防器材及泄漏应急处理设备。运输途中应防暴晒、雨淋，防高温。公路运输时要按规定路线行驶，勿在居民区和人口稠密区停留

第十五部分　法规信息

下列法律、法规、规章和标准，对该化学品的管理作了相应的规定。

中华人民共和国职业病防治法　职业病分类和目录：汞及其化合物中毒

危险化学品安全管理条例　危险化学品目录：列入。易制爆危险化学品名录：未列入。重点监管的危险化学品名录：未列入。GB 18218—2009《危险化学品重大危险源辨识》（表 1）：未列入

使用有毒物品作业场所劳动保护条例　高毒物品目录：未列入

易制毒化学品管理条例　易制毒化学品的分类和品种目录：未列入

国际公约　斯德哥尔摩公约：未列入。鹿特丹公约：未列入。蒙特利尔议定书：未列入

第十六部分　其他信息

编写和修订信息　　缩略语和首字母缩写

培训建议　　　　　参考文献

免责声明

乙酸亚铊

第一部分　化学品标识

化学品中文名　乙酸亚铊；乙酸铊；醋酸铊

化学品英文名　thallium（Ⅰ）acetate；thallous acetate

分子式　C$_2$H$_3$O$_2$Tl　**分子量**　263.4273

结构式

化学品的推荐及限制用途　用于生产脱发剂、杀虫剂和用作分析试剂

第二部分　危险性概述

紧急情况概述　吞咽致命

GHS 危险性类别　急性毒性-经口，类别 2；生殖毒性，类别 2；特异性靶器官毒性-一次接触，类别 1；特异性靶器官毒性-反复接触，类别 1；危害水生环境-急性危害，类别 2；危害水生环境-长期危害，类别 2

标签要素

象形图

警示词　危险

危险性说明　吞咽致命，怀疑对生育力或胎儿造成伤害，对器官造成损害，长时间或反复接触对器官造成损伤，对水生生物有毒并具有长期持续影响

防范说明

预防措施　避免接触眼睛、皮肤，操作后彻底清洗。作业场所不得进食、饮水或吸烟。得到专门指导后操作。在阅读并了解所有安全预防措施之前，切勿操作。按要求使用个体防护装备。避免吸入粉尘。禁止排入环境

事故响应　食入：立即呼叫中毒控制中心或就医，漱口。如果接触或有担心，立即呼叫中毒控制中心或就医。如感觉不适，就医。收集泄漏物

安全储存　上锁保管

废弃处置　本品及内装物、容器依据国家和地方法规处置

物理和化学危险　可燃，其粉体与空气混合，能形成爆炸性混合物

健康危害　粉尘能刺激眼睛、鼻。易经皮肤吸收。中毒多半是由误服引起，主要损害中枢神经系统、周围神经、胃肠道和肾脏。此外，引起毛发脱落、皮疹

环境危害　对水生生物有毒并具有长期持续影响

第三部分　成分/组成信息

√ 物质　　　　　　　　　混合物

组分	浓度	CAS No.
乙酸亚铊		563-68-8

第四部分　急救措施

吸入　迅速脱离现场至空气新鲜处。保持呼吸道通畅。如呼吸困难，给输氧。呼吸、心跳停止，立即进行心肺复苏术。就医

皮肤接触　立即脱去污染的衣着，用流动清水彻底冲洗。就医

眼睛接触　立即分开眼睑，用流动清水或生理盐水彻底冲洗。就医

食入　如中毒者神志清醒，催吐，洗胃。用1％碘化钠或1％碘化钾溶液洗胃效果更佳。口服牛奶、淀粉膏、氢氧化铝凝胶、次碳酸铋。口服活性炭悬液。用硫酸钠、硫酸镁或蓖麻油导泻。就医

对保护施救者的忠告　根据需要使用个人防护设备

对医生的特别提示　解毒剂：普鲁士蓝

第五部分　消防措施

灭火剂　用雾状水、泡沫、干粉、二氧化碳、砂土灭火

特别危险性　遇明火、高热可燃。其粉体与空气可形成爆炸性混合物，当达到一定浓度时，遇火星会发生爆炸。受热分解产生有毒的烟气

灭火注意事项及防护措施　消防人员必须佩戴防毒面具、穿全身消防服，在上风向灭火。尽可能将容器从火场移至空旷处。喷水保持火场容器冷却，直至灭火结束

第六部分　泄漏应急处理

作业人员防护措施、防护装备和应急处置程序　隔离泄漏污染区，限制出入。消除所有点火源。建议应急处理人员戴防尘口罩，穿防毒服。穿上适当的防护服前严禁接触破裂的容器和泄漏物。尽可能切断泄漏源

环境保护措施　用塑料布覆盖泄漏物，减少飞散

泄漏化学品的收容、清除方法及所使用的处置材料　勿使水进入包装容器内。用洁净的铲子收集泄漏物，置于干净、干燥、盖子较松的容器中，将容器移离泄漏区

第七部分　操作处置与储存

操作注意事项　密闭操作，提供充分的局部排风。防止粉尘释放到车间空气中。操作人员必须经过专门培训，严格遵守操作规程。建议操作人员佩戴防尘面具（全面罩），穿胶布防毒衣，戴橡胶手套。远离火种、热源，工作场所严禁吸烟。使用防爆型的通风系统和设备。避免产生粉尘。避免与氧化剂、酸类接触。配备相应品种和数量的消防器材及泄漏应急处理设备。倒空的容器可能残留有害物

储存注意事项　储存于阴凉、通风良好的库房内。远离火种、热源。防止阳光直射。包装密封。应与氧化剂、酸类、食用化学品分开存放，切忌混储。配备相应品种和数量的消防器材。储区应备有合适的材料收容泄漏物

第八部分　接触控制/个体防护

职业接触限值

中国　PC-TWA：0.05mg/m³；PC-STEL：0.1mg/m³［按Tl计］［皮］

美国（ACGIH）　TLV-TWA：0.02mg/m³（可吸入性颗粒物）［按Tl计］［皮］

生物接触限值　未制定标准

监测方法　空气中有毒物质测定方法：石墨炉原子吸收光谱法。生物监测检验方法：未制定标准

工程控制　严加密闭，提供充分的局部排风

个体防护装备

呼吸系统防护　可能接触其粉尘时，必须佩戴防尘面具（全面罩）。紧急事态抢救或撤离时，应该佩戴空气呼吸器

眼睛防护　呼吸系统防护中已作防护

皮肤和身体防护　穿密闭型防毒服

手防护　戴橡胶手套

第九部分　理化特性

外观与性状　白色针状结晶，易潮解

pH值　无资料	熔点（℃）　131
沸点（℃）　无资料	相对密度（水＝1）　3.68

相对蒸气密度(空气＝1)　无资料

饱和蒸气压(kPa)　无资料

临界压力(MPa)　无资料　　辛醇/水分配系数　无资料

闪点(℃)　无意义　　自燃温度(℃)　无资料

爆炸下限(%)　无资料　　爆炸上限(%)　无资料

分解温度(℃)　无资料　　黏度(mPa·s)　无资料

燃烧热(kJ/mol)　无资料　　临界温度(℃)　无资料

溶解性　溶于水、乙醇

第十部分　稳定性和反应性

稳定性　稳定

危险反应　与强氧化剂、强酸等禁配物发生反应

避免接触的条件　空气、潮湿空气

禁配物　强氧化剂、强酸

危险的分解产物　氧化铊

第十一部分　毒理学信息

急性毒性　属高毒类，为强烈的神经毒物，易引起严重的肝、肾损害。急性中毒有躁动不安、共济失调、惊厥、进而上肢肢体麻痹、震颤、呼吸困难、呕吐及出血性腹泻，少尿或无尿，血中非蛋白氮急剧升高，最后死于呼吸和循环衰竭。LD$_{50}$：41.3mg/kg（大鼠经口），35mg/kg（小鼠经口）

皮肤刺激或腐蚀　无资料　　眼睛刺激或腐蚀　无资料

呼吸或皮肤过敏　无资料

生殖细胞突变性　肿瘤性转化：仓鼠胚胎 100μmol/L

致癌性　无资料

生殖毒性　大鼠孕后 6～15d 经口给予最低中毒剂量（TDLo）30mg/kg，致肌肉骨骼系统发育畸形

特异性靶器官系统毒性-一次接触　无资料

特异性靶器官系统毒性-反复接触　大鼠经口每日 0.45mg/kg，早期体重减轻、食欲不振；6 周后出现明显的脱毛现象；同时还有神经系统损害与球后视神经炎、视神经萎缩、睾丸萎缩等。4 个月后全部死亡

吸入危害　无资料

第十二部分　生态学信息

生态毒性　含铊化合物对水生生物有毒

持久性和降解性

　　生物降解性　无资料

　　非生物降解性　无资料

潜在的生物累积性　无资料

土壤中的迁移性　无资料

第十三部分　废弃处置

废弃化学品　建议用控制焚烧法或安全掩埋法处置。破损容器禁止重新使用，要在规定场所掩埋

污染包装物　将容器返还生产商或按照国家和地方法规处置

废弃注意事项　处置前应参阅国家和地方有关法规

第十四部分　运输信息

联合国危险货物编号（UN号）　1707

联合国运输名称　铊化合物，未另作规定的（乙酸亚铊）

联合国危险性类别　6.1

包装类别　Ⅱ　　　　包装标志　

海洋污染物　是

运输注意事项　运输前应先检查包装容器是否完整、密封，运输过程中要确保容器不泄漏、不倒塌、不坠落、不损坏。严禁与酸类、氧化剂、食品及食品添加剂混运。运输时运输车辆应配备相应品种和数量的消防器材及泄漏应急处理设备。运输途中应防暴晒、雨淋，防高温。公路运输时要按规定路线行驶，勿在居民区和人口稠密区停留

第十五部分　法规信息

下列法律、法规、规章和标准，对该化学品的管理作了相应的规定。

中华人民共和国职业病防治法　职业病分类和目录：铊及其化合物中毒

危险化学品安全管理条例　危险化学品目录：列入。易制爆危险化学品名录：未列入。重点监管的危险化学品名录：未列入。GB 18218—2009《危险化学品重大危险源辨识》（表1）：未列入

使用有毒物品作业场所劳动保护条例　高毒物品目录：列入

易制毒化学品管理条例　易制毒化学品的分类和品种目录：未列入

国际公约　斯德哥尔摩公约：未列入。鹿特丹公约：未列入。蒙特利尔议定书：未列入

第十六部分　其他信息

编写和修订信息　　缩略语和首字母缩写

培训建议　　　　　参考文献

免责声明

乙酸乙酯

第一部分　化学品标识

化学品中文名　乙酸乙酯；醋酸乙酯

化学品英文名　ethyl acetate；acetic ester

分子式　$C_4H_8O_2$　　分子量　88.106

结构式

化学品的推荐及限制用途　用途很广。主要用作溶剂及用于染料和一些医药中间体的合成

第二部分　危险性概述

紧急情况概述　高度易燃液体和蒸气，造成严重眼刺激，可能引起昏昏欲睡或眩晕

GHS危险性类别　易燃液体，类别2；严重眼损伤/眼刺激，类别2；特异性靶器官毒性---次接触，类别3（麻醉效应）

标签要素

象形图　

警示词　危险

危险性说明　高度易燃液体和蒸气，造成严重眼刺激，可能引起昏昏欲睡或眩晕

防范说明

　　预防措施　远离热源、火花、明火、热表面。禁止吸烟。保持容器密闭。容器和接收设备接地连接。使用防爆型电器、通风、照明设备。只能使用不产生火花的工具。采取防止静电措施。戴防护手套、防护眼镜、防护面罩。避免接触眼睛、皮肤，操作后彻底清洗

　　事故响应　火灾时，使用泡沫、二氧化碳、干粉、砂土灭火。如皮肤（或头发）接触：立即脱掉所有被污染的衣服，用水冲洗皮肤、淋浴。如接触眼睛：用水细心冲洗数分钟。如戴隐形眼镜并可方便地取出，取出隐形眼镜，继续冲洗。如果眼睛刺激持续：就医

　　安全储存　存放在通风良好的地方。保持低温

　　废弃处置　本品及内装物、容器依据国家和地方法规处置

物理和化学危险　高度易燃，其蒸气与空气混合，能形成爆炸性混合物

健康危害　对眼、鼻、咽喉有刺激作用。高浓度吸入可引发进行性麻醉作用，急性肺水肿，肝、肾损害。持续大量吸入，可致呼吸麻痹。误服者可产生恶心、呕吐、腹痛、腹泻等。有致敏作用，因血管神经障碍而致牙龈出血；可致湿疹样皮炎。慢性影响：长期接触本品有时可致角膜混浊、继发性贫血、白细胞增多等

环境危害　对环境可能有害

第三部分　成分/组成信息

√ 物质　　　　　　　　混合物

组分	浓度	CAS No.
乙酸乙酯		141-78-6

第四部分　急救措施

吸入　迅速脱离现场至空气新鲜处。保持呼吸道通畅。如呼吸困难，给输氧。呼吸、心跳停止，立即进行心肺复苏术。就医

皮肤接触　立即脱去污染的衣着，用流动清水彻底冲洗。就医

眼睛接触　立即分开眼睑，用流动清水或生理盐水彻底冲洗。就医

食入　漱口，饮水。就医

对保护施救者的忠告　根据需要使用个人防护设备

对医生的特别提示　对症处理

第五部分　消防措施

灭火剂　用泡沫、二氧化碳、干粉、砂土灭火

特别危险性　易燃，其蒸气与空气可形成爆炸性混合物，遇明火、高热能引起燃烧爆炸。与氧化剂接触猛烈反应。蒸气比空气重，沿地面扩散并易积存于低洼处，遇火源会着火回燃

灭火注意事项及防护措施　消防人员必须佩戴空气呼吸器、穿全身防火防毒服，在上风向灭火。尽可能将容器从火场移至空旷处。喷水保持火场容器冷却，直至灭火结束。处在火场中的容器若已变色或从安全泄压装置中发出声音，必须马上撤离。用水灭火无效

第六部分　泄漏应急处理

作业人员防护措施、防护装备和应急处置程序　消除所有点火源。根据液体流动和蒸气扩散的影响区域划定警戒区，无关人员从侧风、上风向撤离至安全区。建议应急处理人员戴正压自给式呼吸器，穿防静电服。作业时使用的所有设备应接地。禁止接触或跨越泄漏物。尽可能切断泄漏源

环境保护措施　防止泄漏物进入水体、下水道、地下室或有限空间

泄漏化学品的收容、清除方法及所使用的处置材料　小量泄漏：用砂土或其他不燃材料吸收。使用洁净的无火花工具收集吸收材料。大量泄漏：构筑围堤或挖坑收容。用泡沫覆盖，减少蒸发。喷水雾能减少蒸发，但不能降低泄漏物在有限空间内的易燃性。用防爆泵转移至槽车或专用收集器内。喷雾状水驱散蒸气、稀释液体泄漏物

第七部分　操作处置与储存

操作注意事项　密闭操作，全面通风。操作人员必须经过专门培训，严格遵守操作规程。建议操作人员佩戴自吸过滤式防毒面具（半面罩），戴化学安全防护眼镜，穿防静电工作服，戴橡胶耐油手套。远离火种、热源，工作场所严禁吸烟。使用防爆型的通风系统和设备。防止蒸气泄漏到工作场所空气中。避免与氧化剂、酸类、碱类接触。灌装时应控制流速，且有接地装置，防止静电积聚。搬运时要轻装轻卸，防止包装及容器损坏。配备相应品种和数量的消防器材及泄漏应急处理设备。倒空的容器可能残留有害物

储存注意事项　储存于阴凉、通风的库房。远离火种、热源。库温不宜超过37℃，保持容器密封。应与氧化剂、酸类、碱类分开存放，切忌混储。采用防爆型照明、通风设施。禁止使用易产生火花的机械设备和工具。储区应备有泄漏应急处理设备和合适的收容材料

第八部分　接触控制/个体防护

职业接触限值

　　中国　PC-TWA：200mg/m³；PC-STEL：300mg/m³

　　美国（ACGIH）　TLV-TWA：400ppm

生物接触限值　未制定标准

监测方法　空气中有毒物质测定方法：溶剂解吸-气相色谱法；无泵型采样-气相色谱法。生物监测检验方法：未制定标准

工程控制　生产过程密闭，全面通风。提供安全淋浴和洗

眼设备

个体防护装备

　　呼吸系统防护　可能接触其蒸气时,应该佩戴过滤式
　　　　防毒面具(半面罩)。紧急事态抢救或撤离时,
　　　　建议佩戴空气呼吸器

　　眼睛防护　戴化学安全防护眼镜

　　皮肤和身体防护　穿防静电工作服

　　手防护　戴橡胶耐油手套

第九部分　理化特性

外观与性状　无色澄清液体,有芳香气味,易挥发

pH 值　无资料		**熔点(℃)**　−83.6	

沸点(℃)　77.2　　　　**相对密度(水=1)**　0.90

相对蒸气密度(空气=1)　3.04

饱和蒸气压(kPa)　10.1(20℃)

燃烧热(kJ/mol)　2244.2　　**临界温度(℃)**　250.1

临界压力(MPa)　3.83　　　**辛醇/水分配系数**　0.73

闪点(℃)　−4　　　　　　**自燃温度(℃)**　426.7

爆炸下限(%)　2.2　　　　**爆炸上限(%)**　11.5

分解温度(℃)　无资料

黏度(mPa·s)　0.423(25℃)

燃烧热(kJ/mol)　−2238.1　**临界温度(℃)**　250.1

溶解性　微溶于水,溶于醇、酮、醚、氯仿等多数有机
溶剂

第十部分　稳定性和反应性

稳定性　稳定

危险反应　与强氧化剂、强酸等禁配物接触,有发生火灾
和爆炸的危险

避免接触的条件　无资料

禁配物　强氧化剂、碱类、酸类

危险的分解产物　无资料

第十一部分　毒理学信息

急性毒性　LD_{50}:5620mg/kg(大鼠经口);4100mg/kg
(小鼠经口);4935mg/kg(兔经口);18000mg/kg
(兔经皮)。LC_{50}:200mg/m³(大鼠吸入);45gm/
m³(小鼠吸入,2h)

皮肤刺激或腐蚀　无资料

眼睛刺激或腐蚀　人经眼:400ppm,引起刺激

呼吸或皮肤过敏　无资料

生殖细胞突变性　性染色体缺失和不分离:酿酒酵母菌
24400ppm。细胞遗传学分析:仓鼠成纤维细胞9g/L

致癌性　无资料　　　**生殖毒性**　无资料

特异性靶器官系统毒性-一次接触　急性吸入毒性试验动
物出现上呼吸道刺激、角膜混浊、呼吸困难以及麻醉
状态

特异性靶器官系统毒性-反复接触　豚鼠吸入2000ppm或
7.2g/m³,65次接触,无明显影响

吸入危害　无资料

第十二部分　生态学信息

生态毒性　LC_{50}:220mg/L(96h)(黑头呆鱼)(US EPA

E03-05);ErC_{50}:>100mg/L(72h)(羊角月牙藻)
(OECD 201);NOEC:2.4mg/L(21d)(大型溞)

持久性和降解性

　　生物降解性　易快速生物降解

　　非生物降解性　无资料

潜在的生物累积性　根据K_{ow}值预测,该物质的生物累积
性可能较弱

土壤中的迁移性　根据K_{oc}值预测,该物质可能易发生
迁移

第十三部分　废弃处置

废弃化学品　用焚烧法处置

污染包装物　将容器返还生产商或按照国家和地方法规
处置

废弃注意事项　把倒空的容器归还厂商或在规定场所掩埋

第十四部分　运输信息

联合国危险货物编号(UN号)　1173

联合国运输名称　乙酸乙酯

联合国危险性类别　3

包装类别　Ⅱ　　　　　　　**包装标志**

海洋污染物　否

运输注意事项　运输时运输车辆应配备相应品种和数量的
消防器材及泄漏应急处理设备。夏季最好早晚运输。
运输时所用的槽(罐)车应有接地链,槽内可设孔隔
板以减少震荡产生的静电。严禁与氧化剂、酸类、碱
类、食用化学品等混装混运。运输途中应防暴晒、雨
淋、防高温。中途停留时应远离火种、热源、高温
区。装运该物品的车辆排气管必须配备阻火装置,禁
止使用易产生火花的机械设备和工具装卸。公路运输
时要按规定路线行驶,勿在居民区和人口稠密区停
留。铁路运输时要禁止溜放。严禁用木船、水泥船散
装运输

第十五部分　法规信息

　　下列法律、法规、规章和标准,对该化学品的管理作
了相应的规定。

中华人民共和国职业病防治法　职业病分类和目录:未
列入

危险化学品安全管理条例　危险化学品目录:列入。易制
爆危险化学品名录:未列入。重点监管的危险化学品
名录:列入。GB 18218—2009《危险化学品重大危
险源辨识》(表1):列入。类别:易燃液体。临界量
(t):500

使用有毒物品作业场所劳动保护条例　高毒物品目录:未
列入

易制毒化学品管理条例　易制毒化学品的分类和品种目
录:未列入

国际公约　斯德哥尔摩公约:未列入。鹿特丹公约:未列
入。蒙特利尔议定书:未列入

第十六部分　其他信息

编写和修订信息　　　缩略语和首字母缩写
培训建议　　　　　　参考文献
免责声明

乙酸异丙烯酯

第一部分　化学品标识

化学品中文名　乙酸异丙烯酯；醋酸异丙烯酯
化学品英文名　isopropenyl acetate；acetatic acid，isopro-
　　　　　　　　penyl ester
分子式　$C_5H_8O_2$　**分子量**　100.1158

结构式　

化学品的推荐及限制用途　用作分析试剂

第二部分　危险性概述

紧急情况概述　高度易燃液体和蒸气，吞咽可能有害，造
　　成轻微皮肤刺激，造成严重眼刺激，可能引起昏昏欲
　　睡或眩晕
GHS危险性类别　易燃液体，类别2；急性毒性-经口，
　　类别5；皮肤腐蚀/刺激，类别3；严重眼损伤/眼刺
　　激，类别2A；特异性靶器官毒性-一次接触，类别3
　　（麻醉效应）；危害水生环境-急性危害，类别3
标签要素

象形图　

警示词　危险
危险性说明　高度易燃液体和蒸气，吞咽可能有害，造
　　成轻微皮肤刺激，造成严重眼刺激，可能引起昏昏
　　欲睡或眩晕，对水生生物有害
防范说明
　　预防措施　远离热源、火花、明火、热表面。禁止
　　　　吸烟。保持容器密闭。容器和接收设备接地连
　　　　接。使用防爆型电器、通风、照明设备。只能
　　　　使用不产生火花的工具。采取防止静电措施。
　　　　戴防护手套、防护眼镜、防护面罩。避免接触
　　　　眼睛、皮肤，操作后彻底清洗。禁止排入环境
　　事故响应　火灾时，使用雾状水、泡沫、干粉、二
　　　　氧化碳、砂土灭火。如皮肤（或头发）接触：
　　　　立即脱掉所有被污染的衣服，用水冲洗皮肤，
　　　　淋浴，如发生皮肤刺激，就医。如接触眼睛：
　　　　用水细心冲洗数分钟。如戴隐形眼镜并可方便
　　　　地取出，取出隐形眼镜，继续冲洗。如果眼睛
　　　　刺激持续：就医。如果感觉不适，呼叫中毒控
　　　　制中心或就医
　　安全储存　存放在通风良好的地方。保持低温
　　废弃处置　本品及内装物、容器依据国家和地方法
　　　　规处置
物理和化学危险　易燃，其蒸气与空气混合，能形成爆炸

性混合物。容易自聚
健康危害　吸入、摄入或经皮肤吸收后对身体有害。对眼
　　睛、皮肤有刺激作用，长时间接触可引起头痛、眩
　　晕、恶心以及麻醉作用
环境危害　对水生生物有害

第三部分　成分/组成信息

√物质		混合物
组分	浓度	CAS No.
乙酸异丙烯酯		108-22-5

第四部分　急救措施

吸入　迅速脱离现场至空气新鲜处。保持呼吸道通畅。如
　　呼吸困难，给输氧。呼吸、心跳停止，立即进行心肺
　　复苏术。就医
皮肤接触　立即脱去污染的衣着，用流动清水彻底冲洗。
　　就医
眼睛接触　立即分开眼睑，用流动清水或生理盐水彻底冲
　　洗。就医
食入　漱口，饮水。就医
对保护施救者的忠告　根据需要使用个人防护设备
对医生的特别提示　对症处理

第五部分　消防措施

灭火剂　用雾状水、泡沫、干粉、二氧化碳、砂土灭火
特别危险性　其蒸气与空气可形成爆炸性混合物，遇明
　　火、高热极易燃烧爆炸。与氧化剂接触猛烈反应。流
　　速过快，容易产生和积聚静电。容易自聚，聚合反应
　　随着温度的上升而急骤加剧。蒸气比空气重，沿地面
　　扩散并易积存于低洼处，遇火源会着火回燃。若遇高
　　热，容器内压增大，有开裂和爆炸的危险
灭火注意事项及防护措施　消防人员必须佩戴防毒面具、
　　穿全身消防服，在上风向灭火。尽可能将容器从火场
　　移至空旷处。喷水保持火场容器冷却，直至灭火结
　　束。处在火场中的容器若已变色或从安全泄压装置中
　　发出声音，必须马上撤离

第六部分　泄漏应急处理

作业人员防护措施、防护装备和应急处置程序　消除所有
　　点火源。根据液体流动和蒸气扩散的影响区域划定警
　　戒区，无关人员从侧风、上风向撤离至安全区。建议
　　应急处理人员戴正压自给式呼吸器，穿防静电服。作
　　业时使用的所有设备应接地。禁止接触或跨越泄漏
　　物。尽可能切断泄漏源
环境保护措施　防止泄漏物进入水体、下水道、地下室或
　　有限空间
泄漏化学品的收容、清除方法及所使用的处置材料　小量
　　泄漏：用砂土或其他不燃材料吸收。使用洁净的无火
　　花工具收集吸收材料。大量泄漏：构筑围堤或挖坑收
　　容。用抗溶性泡沫覆盖，减少蒸发。喷水雾能减少蒸
　　发，但不能降低泄漏物在有限空间内的易燃性。用防
　　爆泵转移至槽车或专用收集器内

第七部分　操作处置与储存

操作注意事项　密闭操作，注意通风。操作人员必须经过专门培训，严格遵守操作规程。建议操作人员佩戴过滤式防毒面具（半面罩），戴化学安全防护眼镜，穿防静电工作服，戴防化学品手套。远离火种、热源、工作场所严禁吸烟。使用防爆型的通风系统和设备。防止蒸气泄漏到工作场所空气中。避免与氧化剂、酸类、碱类接触。充装时要控制流速，防止静电积聚。搬运时要轻装轻卸，防止包装及容器损坏。配备相应品种和数量的消防器材及泄漏应急处理设备。倒空的容器可能残留有害物

储存注意事项　通常商品加有阻聚剂。储存于阴凉、通风的库房。远离火种、热源。库温不宜超过37℃，应与氧化剂、酸类、碱类分开存放，切忌混储。不宜大量储存或久存。采用防爆型照明、通风设施。禁止使用易产生火花的机械设备和工具。储区应备有泄漏应急处理设备和合适的收容材料

第八部分　接触控制/个体防护

职业接触限值
　中国　未制定标准
　美国（ACGIH）　未制定标准
生物接触限值　未制定标准
监测方法　空气中有毒物质测定方法：未制定标准。生物监测检验方法：未制定标准
工程控制　密闭操作，注意通风
个体防护装备
　呼吸系统防护　空气中浓度较高时，应该佩戴过滤式防毒面具（半面罩）。紧急事态抢救或逃生时，建议佩戴空气呼吸器
　眼睛防护　戴化学安全防护眼镜
　皮肤和身体防护　穿防静电工作服
　手防护　戴防化学品手套

第九部分　理化特性

外观与性状　无色、透明液体

pH 值　无资料	**熔点（℃）**　−92.9
沸点（℃）　94	**相对密度（水=1）**　0.91
相对蒸气密度（空气=1）　3.45	
饱和蒸气压（kPa）　无资料	
临界压力（MPa）　无资料	**辛醇/水分配系数**　无资料
闪点（℃）　18.89	**自燃温度（℃）**　431
爆炸下限（%）　1.8	**爆炸上限（%）**　7.8
分解温度（℃）　无资料	**黏度（mPa·s）**　无资料
燃烧热（kJ/mol）　无资料	**临界温度（℃）**　无资料
溶解性　可混溶于醇、醚、酮等	

第十部分　稳定性和反应性

稳定性　稳定
危险反应　与强氧化剂等禁配物等禁配物接触，有发生火灾和爆炸的危险。容易发生自聚反应
避免接触的条件　无资料
禁配物　氧化剂、碱类、酸类
危险的分解产物　无资料

第十一部分　毒理学信息

急性毒性　LD$_{50}$：3000mg/kg（大鼠经口）

皮肤刺激或腐蚀　无资料	**眼睛刺激或腐蚀**　无资料
呼吸或皮肤过敏　无资料	**生殖细胞突变性**　无资料
致癌性　无资料	**生殖毒性**　无资料

特异性靶器官系统毒性--一次接触　无资料
特异性靶器官系统毒性-反复接触　无资料
吸入危害　无资料

第十二部分　生态学信息

生态毒性　LC$_{50}$：21mg/L（96h）（虹鳟，OECD 203，流水式）。EC$_{50}$：34.87mg/L（24h）（大型溞，OECD 202，静态）
持久性和降解性
　生物降解性　OECD 301D，易快速生物降解
　非生物降解性　无资料
潜在的生物累积性　根据 K_{ow} 值预测，该物质的生物累积性可能较弱
土壤中的迁移性　根据 K_{oc} 值预测，该物质可能易发生迁移

第十三部分　废弃处置

废弃化学品　建议用焚烧法处置
污染包装物　将容器返还生产商或按照国家和地方法规处置
废弃注意事项　处置前应参阅国家和地方有关法规

第十四部分　运输信息

联合国危险货物编号（UN号）　2403
联合国运输名称　乙酸异丙烯酯
联合国危险性类别　3

包装类别　Ⅱ　　　　　　　　**包装标志**

海洋污染物　否
运输注意事项　运输时运输车辆应配备相应品种和数量的消防器材及泄漏应急处理设备。夏季最好早晚运输。运输时所用的槽（罐）车应有接地链，槽内可设孔隔板以减少震荡产生的静电。严禁与氧化剂、酸类、碱类等混装混运。运输途中应防暴晒、雨淋，防高温。中途停留时应远离火种、热源、高温区。装运该物品的车辆排气管必须配备阻火装置，禁止使用易产生火花的机械设备和工具装卸。公路运输时要按规定路线行驶，勿在居民区和人口稠密区停留。严禁用木船、水泥船散装运输

第十五部分　法规信息

　下列法律、法规、规章和标准，对该化学品的管理作了相应的规定。

中华人民共和国职业病防治法　职业病分类和目录：未列入

危险化学品安全管理条例　危险化学品目录：列入。易制爆危险化学品名录：未列入。重点监管的危险化学品名录：未列入。GB 18218—2009《危险化学品重大危险源辨识》（表1）：未列入

使用有毒物品作业场所劳动保护条例　高毒物品目录：未列入

易制毒化学品管理条例　易制毒化学品的分类和品种目录：未列入

国际公约　斯德哥尔摩公约：未列入。鹿特丹公约：未列入。蒙特利尔议定书：未列入

第十六部分　其他信息

编写和修订信息　　缩略语和首字母缩写
培训建议　　　　　参考文献
免责声明

乙酸正己酯

第一部分　化学品标识

化学品中文名　乙酸正己酯；醋酸己酯
化学品英文名　hexyl acetate；hexyl ethanoate
分子式　$C_8H_{16}O_2$　**分子量**　144.2114

结构式　

化学品的推荐及限制用途　用作纤维素酯和树脂的溶剂

第二部分　危险性概述

紧急情况概述　易燃液体和蒸气，造成皮肤刺激，造成眼刺激，可能引起呼吸道刺激
GHS 危险性类别　易燃液体，类别3；皮肤腐蚀/刺激，类别2；严重眼损伤/眼刺激，类别2B；特异性靶器官毒性—一次接触，类别3（呼吸道刺激）；危害水生环境-急性危害，类别3
标签要素

象形图　

警示词　警告
危险性说明　易燃液体和蒸气，造成皮肤刺激，造成眼刺激，可能引起呼吸道刺激，对水生生物有害
防范说明
　预防措施　远离热源、火花、明火、热表面。禁止吸烟。保持容器密闭。容器和接收设备接地连接。使用防爆型电器、通风、照明设备。只能使用不产生火花的工具。采取防止静电措施。戴防护手套、防护眼镜、防护面罩。避免接触眼睛、皮肤，操作后彻底清洗。禁止排入环境
　事故响应　火灾时，使用雾状水、泡沫、干粉、二氧化碳、砂土灭火。皮肤接触：用大量肥皂水和水清洗，脱去被污染的衣服，如发生皮肤刺

激，就医。污染的衣服必须经洗净后方可重新使用。如接触眼睛：用水细心冲洗数分钟。如戴隐形眼镜并可方便地取出，取出隐形眼镜，继续冲洗。如果眼睛刺激持续：就医
　安全储存　存放在通风良好的地方。保持低温
　废弃处置　本品及内装物、容器依据国家和地方法规处置

物理和化学危险　易燃，其蒸气与空气混合，能形成爆炸性混合物
健康危害　吸入、摄入或经皮肤吸收对身体有害。具有刺激作用
环境危害　对水生生物有害

第三部分　成分/组成信息

√ 物质		混合物
组分	浓度	CAS No.
乙酸正己酯		142-92-7

第四部分　急救措施

吸入　迅速脱离现场至空气新鲜处。保持呼吸道通畅。如呼吸困难，给输氧。呼吸、心跳停止，立即进行心肺复苏术。就医
皮肤接触　立即脱去污染的衣着，用流动清水彻底冲洗。就医
眼睛接触　立即分开眼睑，用流动清水或生理盐水彻底冲洗。就医
食入　饮适量温水，催吐（仅限于清醒者）。就医
对保护施救者的忠告　根据需要使用个人防护设备
对医生的特别提示　对症处理

第五部分　消防措施

灭火剂　用雾状水、泡沫、干粉、二氧化碳、砂土灭火
特别危险性　其蒸气与空气可形成爆炸性混合物，遇明火、高热能引起燃烧爆炸。与氧化剂可发生反应。流速过快，容易产生和积聚静电。蒸气比空气重，沿地面扩散并易积于低洼处，遇火源会着火回燃。若遇高热，容器内压增大，有开裂和爆炸的危险
灭火注意事项及防护措施　消防人员必须佩戴防毒面具、穿全身消防服，在上风向灭火。尽可能将容器从火场移至空旷处。喷水保持火场容器冷却，直至灭火结束。处在火场中的容器若已变色或从安全泄压装置中发生声音，必须马上撤离

第六部分　泄漏应急处理

作业人员防护措施、防护装备和应急处置程序　消除所有点火源。根据液体流动和蒸气扩散的影响区域划定警戒区，无关人员从侧风、上风向撤离至安全区。建议应急处理人员戴正压自给式呼吸器，穿防静电服。作业时使用的所有设备应接地。禁止接触或跨越泄漏物。尽可能切断泄漏源
环境保护措施　防止泄漏物进入水体、下水道、地下室或有限空间
泄漏化学品的收容、清除方法及所使用的处置材料　小量

泄漏：用砂土或其他不燃材料吸收。使用洁净的无火花工具收集吸收材料。大量泄漏：构筑围堤或挖坑收容。用泡沫覆盖，减少蒸发。喷水雾能减少蒸发，但不能降低泄漏物在有限空间内的易燃性。用防爆泵转移至槽车或专用收集器内

第七部分　操作处置与储存

操作注意事项　密闭操作，全面通风。操作人员必须经过专门培训，严格遵守操作规程。建议操作人员佩戴自吸过滤式防毒面具（半面罩），戴化学安全防护眼镜，穿防毒物渗透工作服，戴橡胶耐油手套。远离火种、热源，工作场所严禁吸烟。使用防爆型的通风系统和设备。防止蒸气泄漏到工作场所空气中。避免与氧化剂、还原剂、酸类接触。充装时要控制流速，防止静电积聚。搬运时要轻装轻卸，防止包装及容器损坏。配备相应品种和数量的消防器材及泄漏应急处理设备。倒空的容器可能残留有害物

储存注意事项　储存于阴凉、通风的库房。远离火种、热源。库温不宜超过37℃，应与氧化剂、还原剂、酸类等分开存放，切忌混储。采用防爆型照明、通风设施。禁止使用易产生火花的机械设备和工具。储区应备有泄漏应急处理设备和合适的收容材料

第八部分　接触控制/个体防护

职业接触限值
　　中国　未制定标准
　　美国（ACGIH）　未制定标准
生物接触限值　未制定标准
监测方法　空气中有毒物质测定方法：未制定标准。生物监测检验方法：未制定标准
工程控制　生产过程密闭，全面通风。提供安全淋浴和洗眼设备
个体防护装备
　　呼吸系统防护　空气中浓度超标时，必须佩戴过滤式防毒面具（半面罩）。紧急事态抢救或撤离时，应该佩戴空气呼吸器
　　眼睛防护　戴化学安全防护眼镜
　　皮肤和身体防护　穿防毒物渗透工作服
　　手防护　戴橡胶耐油手套

第九部分　理化特性

外观与性状　无色液体，有甜酯气味

pH 值　无资料		**熔点（℃）**　−80.9	
沸点（℃）　168～170		**相对密度（水＝1）**　0.87	
相对蒸气密度（空气＝1）　4.97			
饱和蒸气压（kPa）　无资料			
临界压力（MPa）　无资料		**辛醇/水分配系数**　无资料	
闪点（℃）　37.22		**自燃温度（℃）**　380	
爆炸下限（%）　1		**爆炸上限（%）**　7.5	
分解温度（℃）　无资料		**黏度（mPa·s）**　无资料	
燃烧热（kJ/mol）　无资料		**临界温度（℃）**　345.25	

溶解性　不溶于水，溶于醇、醚等多数有机溶剂

第十部分　稳定性和反应性

稳定性　稳定
危险反应　与强氧化剂等禁配物等禁配物接触，有发生火灾和爆炸的危险
避免接触的条件　无资料
禁配物　强氧化剂、强酸、强还原剂、强碱
危险的分解产物　无资料

第十一部分　毒理学信息

急性毒性　LD$_{50}$：41.5mL/kg（大鼠经口），＞5000mg/kg（兔经皮）

皮肤刺激或腐蚀　无资料	**眼睛刺激或腐蚀**　无资料
呼吸或皮肤过敏　无资料	**生殖细胞突变性**　无资料
致癌性　无资料	**生殖毒性**　无资料

特异性靶器官系统毒性-一次接触　无资料
特异性靶器官系统毒性-反复接触　无资料
吸入危害　无资料

第十二部分　生态学信息

生态毒性　无资料
持久性和降解性
　　生物降解性　无资料
　　非生物降解性　无资料
潜在的生物累积性　无资料
土壤中的迁移性　无资料

第十三部分　废弃处置

废弃化学品　建议用焚烧法处置
污染包装物　将容器返还生产商或按照国家和地方法规处置
废弃注意事项　处置前应参阅国家和地方有关法规

第十四部分　运输信息

联合国危险货物编号（UN 号）　3272
联合国运输名称　酯类，未另作规定的（乙酸正己酯）
联合国危险性类别　3

包装类别　Ⅲ　　　　　　　　**包装标志**

海洋污染物　否
运输注意事项　运输时运输车辆应配备相应品种和数量的消防器材及泄漏应急处理设备。夏季最好早晚运输。运输时所用的槽（罐）车应有接地链，槽内可设孔隔板以减少震荡产生的静电。严禁与氧化剂、还原剂、酸类、食用化学品等混装混运。运输途中应防暴晒、雨淋，防高温。中途停留时应远离火种、热源、高温区。装运该物品的车辆排气管必须配备阻火装置，禁止使用易产生火花的机械设备和工具装卸。公路运输时要按规定路线行驶。严禁用木船、水泥船散装运输

第十五部分　法规信息

下列法律、法规、规章和标准，对该化学品的管理作

了相应的规定。

中华人民共和国职业病防治法 职业病分类和目录：未列入

危险化学品安全管理条例 危险化学品目录：列入。易制爆危险化学品名录：未列入。重点监管的危险化学品名录：未列入。GB 18218—2009《危险化学品重大危险源辨识》（表1）：未列入

使用有毒物品作业场所劳动保护条例 高毒物品目录：未列入

易制毒化学品管理条例 易制毒化学品的分类和品种目录：未列入

国际公约 斯德哥尔摩公约：未列入。鹿特丹公约：未列入。蒙特利尔议定书：未列入

第十六部分 其他信息

编写和修订信息 缩略语和首字母缩写
培训建议 参考文献
免责声明

乙酸仲己酯

第一部分 化学品标识

化学品中文名 乙酸仲己酯；4-甲基-2-戊醇乙酸酯
化学品英文名 *sec*-hexyl acetate；4-methyl-2-pentanol acetate

分子式 $C_8H_{16}O_2$ **分子量** 144.2114

结构式

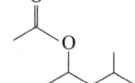

化学品的推荐及限制用途 用作硝化纤维素及油漆的溶剂，也用于香料

第二部分 危险性概述

紧急情况概述 易燃液体和蒸气，造成皮肤刺激，造成眼刺激，可能引起呼吸道刺激

GHS危险性类别 易燃液体，类别3；皮肤腐蚀/刺激，类别2；严重眼损伤/眼刺激，类别2B；特异性靶器官毒性--一次接触，类别3（呼吸道刺激）

标签要素

象形图

警示词 警告
危险性说明 易燃液体和蒸气，造成皮肤刺激，造成眼刺激，可能引起呼吸道刺激
防范说明

预防措施 远离热源、火花、明火、热表面。禁止吸烟。保持容器密闭。容器和接收设备接地连接。使用防爆型电器、通风、照明设备。只能使用不产生火花的工具。采取防止静电措施。戴防护手套、防护眼镜、防护面罩。避免接触眼睛、皮肤，操作后彻底清洗

事故响应 火灾时，使用雾状水、泡沫、干粉、二氧化碳、砂土灭火。皮肤接触：用大量肥皂水和水清洗，脱去被污染的衣服，如发生皮肤刺激，就医。污染的衣服必须经洗净后方可重新使用。如接触眼睛：用水细心冲洗数分钟。如戴隐形眼镜并可方便地取出，取出隐形眼镜，继续冲洗。如果眼睛刺激持续，就医

安全储存 存放在通风良好的地方。保持低温
废弃处置 本品及内装物、容器依据国家和地方法规处置

物理和化学危险 易燃，其蒸气与空气混合，能形成爆炸性混合物

健康危害 对眼睛和皮肤有刺激性，可引起头痛、麻醉作用

环境危害 对环境可能有害

第三部分 成分/组成信息

√ 物质　　　　　　　　混合物

组分	浓度	CAS No.
乙酸仲己酯		108-84-9

第四部分 急救措施

吸入 迅速脱离现场至空气新鲜处。保持呼吸道通畅。如呼吸困难，给输氧。呼吸、心跳停止，立即进行心肺复苏术。就医

皮肤接触 立即脱去污染的衣着，用流动清水彻底冲洗。就医

眼睛接触 立即分开眼睑，用流动清水或生理盐水彻底冲洗。就医

食入 漱口，饮水。就医

对保护施救者的忠告 根据需要使用个人防护设备
对医生的特别提示 对症处理

第五部分 消防措施

灭火剂 用雾状水、泡沫、干粉、二氧化碳、砂土灭火

特别危险性 其蒸气与空气可形成爆炸性混合物，遇明火、高热能引起燃烧爆炸。与氧化剂可发生反应。流速过快，容易产生和积聚静电。蒸气比空气重，沿地面扩散并易积存于低洼处，遇火源会着火回燃。若遇高热，容器内压增大，有开裂和爆炸的危险

灭火注意事项及防护措施 消防人员必须佩戴防毒面具、穿全身消防服，在上风向灭火。尽可能将容器从火场移至空旷处。喷水保持火场容器冷却，直至灭火结束。处在火场中的容器若已变色或从安全泄压装置中发出声音，必须马上撤离

第六部分 泄漏应急处理

作业人员防护措施、防护装备和应急处置程序 消除所有点火源。根据液体流动和蒸气扩散的影响区域划定警戒区，无关人员从侧风、上风向撤离至安全区。建议应急处理人员戴正压自给式呼吸器，穿防静电服。作业时使用的所有设备应接地。禁止接触或跨越泄漏物。尽可能切断泄漏源

环境保护措施　防止泄漏物进入水体、下水道、地下室或有限空间

泄漏化学品的收容、清除方法及所使用的处置材料　小量泄漏：用砂土或其他不燃材料吸收。使用洁净的无火花工具收集吸收材料。大量泄漏：构筑围堤或挖坑收容。用泡沫覆盖，减少蒸发。喷水雾能减少蒸发，但不能降低泄漏物在有限空间内的易燃性。用防爆泵转移至槽车或专用收集器内

第七部分　操作处置与储存

操作注意事项　密闭操作，全面通风。操作人员必须经过专门培训，严格遵守操作规程。建议操作人员佩戴自吸过滤式防毒面具（半面罩），戴化学安全防护眼镜，穿防毒物渗透工作服，戴橡胶耐油手套。远离火种、热源，工作场所严禁吸烟。使用防爆型的通风系统和设备。防止蒸气泄漏到工作场所空气中。避免与氧化剂、还原剂、酸类接触。充装时要控制流速，防止静电积聚。搬运时要轻装轻卸，防止包装及容器损坏。配备相应品种和数量的消防器材及泄漏应急处理设备。倒空的容器可能残留有害物

储存注意事项　储存于阴凉、通风的库房。远离火种、热源。库温不宜超过37℃，应与氧化剂、还原剂、酸类等分开存放，切忌混储。采用防爆型照明、通风设施。禁止使用易产生火花的机械设备和工具。储区应备有泄漏应急处理设备和合适的收容材料

第八部分　接触控制/个体防护

职业接触限值
　　中国　PC-TWA：300mg/m³
　　美国（ACGIH）　TLV-TWA：50ppm

生物接触限值　未制定标准

监测方法　空气中有毒物质测定方法：未制定标准。生物监测检验方法：未制定标准

工程控制　生产过程密闭，全面通风。提供安全淋浴和洗眼设备

个体防护装备
　　呼吸系统防护　空气中浓度超标时，必须佩戴过滤式防毒面具（半面罩）。紧急事态抢救或撤离时，应该佩戴空气呼吸器
　　眼睛防护　戴化学安全防护眼镜
　　皮肤和身体防护　穿防毒物渗透工作服
　　手防护　戴橡胶耐油手套

第九部分　理化特性

外观与性状　无色液体，有芳香气味

pH值　无资料	**熔点（℃）**　−63.8
沸点（℃）　146.3	**相对密度（水＝1）**　0.86

相对蒸气密度（空气＝1）　4.97

饱和蒸气压（kPa）　0.51（20℃）

临界压力（MPa）　无资料　　**辛醇/水分配系数**　无资料

闪点（℃）　45（OC）

自燃温度（℃）　266（计算值）

爆炸下限（%）　0.9（计算值）

爆炸上限（%）　5.7（计算值）

分解温度（℃）　无资料

黏度（mPa·s）　0.93（20℃）

燃烧热（kJ/mol）　−4831.1　　**临界温度（℃）**　319

溶解性　不溶于水，溶于乙醇等多数有机溶剂

第十部分　稳定性和反应性

稳定性　稳定

危险反应　与强氧化剂等禁配物接触，有发生火灾和爆炸的危险

避免接触的条件　无资料

禁配物　强氧化剂、强还原剂、强酸、强碱

危险的分解产物　无资料

第十一部分　毒理学信息

急性毒性　LD₅₀：6160mg/kg（大鼠经口），＞20mL/kg（兔经皮）

皮肤刺激或腐蚀　无资料	**眼睛刺激或腐蚀**　无资料
呼吸或皮肤过敏　无资料	**生殖细胞突变性**　无资料
致癌性　无资料	**生殖毒性**　无资料

特异性靶器官系统毒性-一次接触　无资料

特异性靶器官系统毒性-反复接触　无资料

吸入危害　无资料

第十二部分　生态学信息

生态毒性　无资料

持久性和降解性
　　生物降解性　无资料
　　非生物降解性　无资料

潜在的生物累积性　无资料

土壤中的迁移性　无资料

第十三部分　废弃处置

废弃化学品　建议用焚烧法处置

污染包装物　将容器返还生产商或按照国家和地方法规处置

废弃注意事项　处置前应参阅国家和地方有关法规

第十四部分　运输信息

联合国危险货物编号（UN号）　1233

联合国运输名称　乙酸甲基戊酯

联合国危险性类别　3

包装类别　Ⅲ　　　　　　　　**包装标志**

海洋污染物　否

运输注意事项　运输时运输车辆应配备相应品种和数量的消防器材及泄漏应急处理设备。夏季最好早晚运输。运输时所用的槽（罐）车应有接地链，槽内可设孔隔板以减少震荡产生的静电。严禁与氧化剂、还原剂、酸类、食用化学品等混装混运。运输途中应防暴晒、雨淋，防高温。中途停留时应远离火种、热源、高温

区。装运该物品的车辆排气管必须配备阻火装置，禁止使用易产生火花的机械设备和工具装卸。公路运输时要按规定路线行驶。严禁用木船、水泥船散装运输

第十五部分　法规信息

下列法律、法规、规章和标准，对该化学品的管理作了相应的规定。

中华人民共和国职业病防治法　职业病分类和目录：未列入

危险化学品安全管理条例　危险化学品目录：列入。易制爆危险化学品名录：未列入。重点监管的危险化学品名录：未列入。GB 18218—2009《危险化学品重大危险源辨识》（表1）：未列入

使用有毒物品作业场所劳动保护条例　高毒物品目录：未列入

易制毒化学品管理条例　易制毒化学品的分类和品种目录：未列入

国际公约　斯德哥尔摩公约：未列入。鹿特丹公约：未列入。蒙特利尔议定书：未列入

第十六部分　其他信息

编写和修订信息　　缩略语和首字母缩写
培训建议　　　　　参考文献
免责声明

2-乙烯吡啶

第一部分　化学品标识

化学品中文名　2-乙烯吡啶；2-乙烯基氮苯；2-乙烯基吡啶

化学品英文名　2-vinylpyridine；2-ethenylpyridine

分子式　C_7H_7N　**分子量**　105.1372

结构式

化学品的推荐及限制用途　是制造聚乙烯吡啶的单体，并用于合成橡胶、照相胶片、离子交换树脂及制药等

第二部分　危险性概述

紧急情况概述　易燃液体和蒸气，吞咽会中毒，皮肤接触会致命，造成皮肤刺激，造成严重眼刺激，可能导致皮肤过敏反应，可能引起呼吸道刺激

GHS危险性类别　易燃液体，类别3；急性毒性-经口，类别3；急性毒性-经皮，类别2；皮肤腐蚀/刺激，类别2；严重眼损伤/眼刺激，类别2A；皮肤致敏物，类别1；特异性靶器官毒性-一次接触，类别1；特异性靶器官毒性-一次接触，类别3（呼吸道刺激）；特异性靶器官毒性-反复接触，类别2；危害水生环境-急性危害，类别2；危害水生环境-长期危害，类别2

标签要素

象形图

警示词　危险

危险性说明　易燃液体和蒸气，吞咽会中毒，皮肤接触会致命，造成皮肤刺激，造成严重眼刺激，可能导致皮肤过敏反应，对器官造成损害，可能引起呼吸道刺激，长时间或反复接触可能对器官造成损伤，对水生生物有毒并具有长期持续影响

防范说明

预防措施　远离热源、火花、明火、热表面。保持容器密闭。容器和接收设备接地连接。使用防爆型电器、通风、照明设备。只能使用不产生火花的工具。采取防止静电措施。避免接触眼睛、皮肤或衣服，操作后彻底清洗。作业场所不得进食、饮水或吸烟。穿防护服，戴防护眼镜、防护手套、防护面罩。避免吸入蒸气、雾。污染的工作服不得带出工作场所。禁止排入环境

事故响应　火灾时，使用雾状水、泡沫、干粉、二氧化碳、砂土灭火。皮肤接触：用大量肥皂水和水轻轻地清洗，脱去被污染的衣服，衣服经洗净后方可重新使用。如出现皮肤刺激或皮疹：就医。如接触眼睛：用水细心冲洗数分钟。如戴隐形眼镜并可方便地取出，取出隐形眼镜，继续冲洗。如果眼睛刺激持续：就医。食入：立即呼叫中毒控制中心或就医，漱口。如果接触：立即呼叫中毒控制中心或就医，如感觉不适，就医。收集泄漏物

安全储存　存放在通风良好的地方。保持低温。上锁保管

废弃处置　本品及内装物、容器依据国家和地方法规处置

物理和化学危险　易燃，其蒸气与空气混合，能形成爆炸性混合物

健康危害　短暂吸入本品对眼和上呼吸道有刺激性，伴有头痛、恶心、紧张不安及食欲减退；严重者可有运动失调、呼吸困难和抽搐。可致皮肤灼伤，患处呈棕红色；对皮肤有致敏作用

环境危害　对水生生物有毒并具有长期持续影响

第三部分　成分/组成信息

√ 物质　　　　　　　　　混合物

组分	浓度	CAS No.
2-乙烯吡啶		100-69-6

第四部分　急救措施

吸入　迅速脱离现场至空气新鲜处。保持呼吸道通畅。如呼吸困难，给输氧。呼吸、心跳停止，立即进行心肺复苏术。就医

皮肤接触　立即脱去污染的衣着，用大量流动清水彻底冲洗至少15min。就医

眼睛接触　立即分开眼睑，用流动清水或生理盐水彻底冲洗5～10min。就医

食入　用水漱口，禁止催吐。给饮牛奶或蛋清。就医

对保护施救者的忠告　根据需要使用个人防护设备

对医生的特别提示　对症处理

第五部分　消防措施

灭火剂　用雾状水、泡沫、干粉、二氧化碳、砂土灭火

特别危险性　遇明火能燃烧。受热分解放出有毒气体。在使用和储存过程中，易发生自聚反应，酿成事故

灭火注意事项及防护措施　消防人员必须佩戴防毒面具、穿全身消防服，在上风向灭火。尽可能将容器从火场移至空旷处。喷水保持火场容器冷却，直至灭火结束。处在火场中的容器若已变色或从安全泄压装置中发出声音，必须马上撤离

第六部分　泄漏应急处理

作业人员防护措施、防护装备和应急处置程序　根据液体流动和蒸气扩散的影响区域划定警戒区，无关人员从侧风、上风向撤离至安全区。消除所有点火源。建议应急处理人员戴正压自给式呼吸器，穿防毒、防静电服。作业时使用的所有设备应接地。禁止接触或跨越泄漏物。尽可能切断泄漏源

环境保护措施　防止泄漏物进入水体、下水道、地下室或有限空间

泄漏化学品的收容、清除方法及所使用的处置材料　小量泄漏：用砂土或其他不燃材料吸收。使用洁净的无火花工具收集吸收材料。大量泄漏：构筑围堤或挖坑收容。用泡沫覆盖，减少蒸发。喷水雾能减少蒸发，但不能降低泄漏物在有限空间内的易燃性。用防爆泵转移至槽车或专用收集器内

第七部分　操作处置与储存

操作注意事项　严加密闭，提供充分的局部排风和全面通风。操作人员必须经过专门培训，严格遵守操作规程。建议操作人员佩戴自吸过滤式防毒面具（半面罩），戴化学安全防护眼镜，穿防毒物渗透工作服，戴橡胶耐油手套。远离火种、热源，工作场所严禁吸烟。使用防爆型的通风系统和设备。防止蒸气泄漏到工作场所空气中。避免与氧化剂、酸类、碱类接触。搬运时要轻装轻卸，防止包装及容器损坏。配备相应品种和数量的消防器材及泄漏应急处理设备。倒空的容器可能残留有害物

储存注意事项　通常商品加有阻聚剂。储存于阴凉、通风的库房。远离火种、热源。库温不宜超过30℃。保持容器密封。应与氧化剂、酸类、碱类、食用化学品分开存放，切忌混储。不宜大量储存或久存。采用防爆型照明、通风设施。禁止使用易产生火花的机械设备和工具。储区应备有泄漏应急处理设备和合适的收容材料

第八部分　接触控制/个体防护

职业接触限值
　　中国　未制定标准
　　美国（ACGIH）　未制定标准

生物接触限值　未制定标准

监测方法　空气中有毒物质测定方法：未制定标准。生物

监测检验方法：未制定标准

工程控制　严加密闭，提供充分的局部排风和全面通风

个体防护装备
　　呼吸系统防护　空气中浓度超标时，必须佩戴过滤式防毒面具（半面罩）。紧急事态抢救或撤离时，应该佩戴空气呼吸器
　　眼睛防护　戴化学安全防护眼镜
　　皮肤和身体防护　穿防毒物渗透工作服
　　手防护　戴橡胶耐油手套

第九部分　理化特性

外观与性状　无色液体，有恶臭，易挥发

pH值　无资料		**熔点(℃)**　无资料	
沸点(℃)　160		**相对密度(水=1)**　0.975	

相对蒸气密度(空气=1)　无资料

饱和蒸气压(kPa)　1.33（45℃）

临界压力(MPa)　无资料

辛醇/水分配系数　无资料

闪点(℃)　46.67　　　　　　**自燃温度(℃)**　无资料

爆炸下限(%)　无资料　　　**爆炸上限(%)**　无资料

分解温度(℃)　无资料　　　**黏度(mPa·s)**　1.17（20℃）

燃烧热(kJ/mol)　无资料　　**临界温度(℃)**　无资料

溶解性　溶于水，溶于普通溶剂

第十部分　稳定性和反应性

稳定性　不稳定

危险反应　与强氧化剂、强酸、强碱等禁配物接触，有发生火灾和爆炸的危险。容易发生自聚反应

避免接触的条件　受热

禁配物　强氧化剂、强酸、强碱

危险的分解产物　氮氧化物

第十一部分　毒理学信息

急性毒性　LD$_{50}$：100mg/kg（大鼠经口）；400mg/kg（小鼠经口）

皮肤刺激或腐蚀　无资料　　**眼睛刺激或腐蚀**　无资料

呼吸或皮肤过敏　对皮肤有致敏作用

生殖细胞突变性　无资料

致癌性　无资料　　　　　　**生殖毒性**　无资料

特异性靶器官系统毒性-一次接触　无资料

特异性靶器官系统毒性-反复接触　无资料

吸入危害　无资料

第十二部分　生态学信息

生态毒性　LC$_{50}$：6.48mg/L（96h）（青鳉）（OECD 203）；EC$_{50}$：9.48mg/L（48h）（大型溞）（OECD 202）；ErC$_{50}$：64.4mg/L（48h）（羊角月牙藻）（OECD 201）；NOEC：0.901mg/L（48h）（大型溞）（OECD 211）

持久性和降解性
　　生物降解性　不易快速生物降解（OECD 301E）
　　非生物降解性　无资料

潜在的生物累积性　根据 K_{ow} 值预测，该物质的生物累积性可能较弱

土壤中的迁移性 根据 K_{oc} 值预测，该物质可能易发生迁移

第十三部分 废弃处置

废弃化学品 建议用焚烧法处置。焚烧炉排出的氮氧化物通过洗涤器除去

污染包装物 将容器返还生产商或按照国家和地方法规处置

废弃注意事项 处置前应参阅国家和地方有关法规

第十四部分 运输信息

联合国危险货物编号（UN号） 3073

联合国运输名称 乙烯基吡啶，稳定的

联合国危险性类别 6.1（3，8）

包装类别 Ⅱ

包装标志

海洋污染物 是

运输注意事项 运输前应先检查包装容器是否完整、密封，运输过程中要确保容器不泄漏、不倒塌、不坠落、不损坏。严禁与酸类、氧化剂、食品及食品添加剂混运。运输时运输车辆应配备相应品种和数量的消防器材及泄漏应急处理设备。运输途中应防暴晒、雨淋，防高温。运输时所用的槽（罐）车应有接地链，槽内可设孔隔板以减少震荡产生的静电。中途停留时应远离火种、热源。公路运输时要按规定路线行驶，勿在居民区和人口稠密区停留

第十五部分 法规信息

下列法律、法规、规章和标准，对该化学品的管理作了相应的规定。

中华人民共和国职业病防治法 职业病分类和目录：未列入

危险化学品安全管理条例 危险化学品目录：列入。易制爆危险化学品名录：未列入。重点监管的危险化学品名录：未列入。GB 18218—2009《危险化学品重大危险源辨识》（表1）：未列入

使用有毒物品作业场所劳动保护条例 高毒物品目录：未列入

易制毒化学品管理条例 易制毒化学品的分类和品种目录：未列入

国际公约 斯德哥尔摩公约：未列入。鹿特丹公约：未列入。蒙特利尔议定书：未列入

第十六部分 其他信息

编写和修订信息　　**缩略语和首字母缩写**

培训建议　　　　　　**参考文献**

免责声明

4-乙烯-1-环己烯

第一部分 化学品标识

化学品中文名 4-乙烯-1-环己烯

化学品英文名 4-vinyl-1-cyclohexene

分子式 C_8H_{12}　**分子量** 108.1809

结构式

化学品的推荐及限制用途 用于聚合物制造和有机合成

第二部分 危险性概述

紧急情况概述 高度易燃液体和蒸气，吞咽可能有害，造成皮肤刺激，造成严重眼损伤

GHS危险性类别 易燃液体，类别2；急性毒性-经口，类别5；皮肤腐蚀/刺激，类别2；严重眼损伤/眼刺激，类别1；致癌性，类别2；生殖毒性，类别2；特异性靶器官毒性-反复接触，类别1；危害水生环境-急性危害，类别2；危害水生环境-长期危害，类别2

标签要素

　　象形图

　　警示词 危险

　　危险性说明 高度易燃液体和蒸气，吞咽可能有害，造成皮肤刺激，造成严重眼损伤，怀疑致癌，怀疑对生育力或胎儿造成伤害，长时间或反复接触对器官造成损伤，对水生生物有毒并具有长期持续影响

　　防范说明

　　　　预防措施 远离热源、火花、明火、热表面。保持容器密闭。容器和接收设备接地连接。使用防爆型电器、通风、照明设备。只能使用不产生火花的工具。采取防止静电措施。戴防护手套、防护眼镜、防护面罩。避免接触眼睛、皮肤，操作后彻底清洗。得到专门指导后操作。在阅读并了解所有安全预防措施之前，切勿操作。按要求使用个体防护装备。避免吸入蒸气、雾。操作现场不得进食、饮水或吸烟。禁止排入环境

　　　　事故响应 火灾时，使用雾状水、泡沫、干粉、二氧化碳、砂土灭火。皮肤接触：用大量肥皂水和水清洗，脱去被污染的衣服，衣服经洗净后方可重新使用，如发生皮肤刺激，就医。接触眼睛：用水细心冲洗数分钟。如戴隐形眼镜并可方便地取出，取出隐形眼镜，继续冲洗。如果接触或有担心，就医。如果感觉不适，呼叫中毒控制中心或就医。收集泄漏物

　　　　安全储存 存放在通风良好的地方。保持低温。上锁保管

　　　　废弃处置 本品及内装物、容器依据国家和地方法规处置

物理和化学危险 易燃，其蒸气与空气混合，能形成爆炸性混合物

健康危害 吸入、摄入或经皮吸收对身体有害。蒸气或雾对眼、黏膜和上呼吸道有刺激性。对皮肤有刺激

性。中毒症状为头痛、头晕、酩酊感，严重者可有昏迷

环境危害 对水生生物有毒并具有长期持续影响

第三部分 成分/组成信息

√ 物质   混合物

组分	浓度	CAS No.
4-乙烯-1-环己烯		100-40-3

第四部分 急救措施

吸入 迅速脱离现场至空气新鲜处。保持呼吸道通畅。如呼吸困难，给输氧。如呼吸、心跳停止，立即进行心肺复苏术。就医

皮肤接触 立即脱去污染的衣着，用流动清水彻底冲洗。就医

眼睛接触 立即分开眼睑，用流动清水或生理盐水彻底冲洗。就医

食入 漱口，饮水。就医

对保护施救者的忠告 根据需要使用个人防护设备

对医生的特别提示 对症处理

第五部分 消防措施

灭火剂 用雾状水、泡沫、干粉、二氧化碳、砂土灭火

特别危险性 其蒸气与空气可形成爆炸性混合物，遇明火、高热极易燃烧爆炸。与氧化剂接触猛烈反应。流速过快，容易产生和积聚静电。容易自聚，聚合反应随着温度的上升而急骤加剧。蒸气比空气重，沿地面扩散并易积存于低洼处，遇火源会着火回燃。若遇高热，容器内压增大，有开裂和爆炸的危险

灭火注意事项及防护措施 消防人员必须佩戴防毒面具、穿全身消防服，在上风向灭火。尽可能将容器从火场移至空旷处。喷水保持火场容器冷却，直至灭火结束。处在火场中的容器若已变色或从安全泄压装置中发出声音，必须马上撤离

第六部分 泄漏应急处理

作业人员防护措施、防护装备和应急处置程序 消除所有点火源。根据液体流动和蒸气扩散的影响区域划定警戒区，无关人员从侧风向、上风向撤离至安全区。建议应急处理人员戴正压自给式呼吸器，穿防静电服。作业时使用的所有设备应接地。禁止接触或跨越泄漏物。尽可能切断泄漏源

环境保护措施 防止泄漏物进入水体、下水道、地下室或有限空间

泄漏化学品的收容、清除方法及所使用的处置材料 小量泄漏：用砂土或其他不燃材料吸收。使用洁净的无火花工具收集吸收材料。大量泄漏：构筑围堤或挖坑收容。用泡沫覆盖，减少蒸发。喷水雾能减少蒸发，但不能降低泄漏物在有限空间内的易燃性。用防爆泵转移至槽车或专用收集器内

第七部分 操作处置与储存

操作注意事项 密闭操作，全面通风。操作人员必须经过专门培训，严格遵守操作规程。建议操作人员佩戴自吸过滤式防毒面具（半面罩），戴化学安全防护眼镜，穿防静电工作服，戴橡胶耐油手套。远离火种、热源，工作场所严禁吸烟。使用防爆型的通风系统和设备。防止蒸气泄漏到工作场所空气中。避免与氧化剂、酸类接触。充装要控制流速，防止静电积聚。搬运时要轻装轻卸，防止包装及容器损坏。配备相应品种和数量的消防器材及泄漏应急处理设备。倒空的容器可能残留有害物

储存注意事项 通常商品加有阻聚剂。储存于阴凉、通风的库房。远离火种、热源。库温不宜超过37℃，应与氧化剂、酸类分开存放，切忌混储。不宜大量储存或久存。采用防爆型照明、通风设施。禁止使用易产生火花的机械设备和工具。储区应备有泄漏应急处理设备和合适的收容材料

第八部分 接触控制/个体防护

职业接触限值

中国 未制定标准

美国（ACGIH） TLV-TWA：0.1ppm

生物接触限值 未制定标准

监测方法 空气中有毒物质测定方法：未制定标准。生物监测检验方法：未制定标准

工程控制 生产过程密闭，全面通风

个体防护装备

呼吸系统防护 空气中浓度超标时，必须佩戴过滤式防毒面具（半面罩）。紧急事态抢救或撤离时，应该佩戴空气呼吸器

眼睛防护 戴化学安全防护眼镜

皮肤和身体防护 穿防静电工作服

手防护 戴橡胶耐油手套

第九部分 理化特性

外观与性状 无色液体

pH 值 无资料		**熔点（℃）** −108.9	
沸点（℃） 128.9		**相对密度（水=1）** 0.83	

相对蒸气密度（空气=1） 3.76

饱和蒸气压（kPa） 1.36（25℃）

临界压力（MPa） 无资料	**辛醇/水分配系数** 无资料
闪点（℃） 21.1	**自燃温度（℃）** 269.44
爆炸下限（%） 无资料	**爆炸上限（%）** 无资料
分解温度（℃） 无资料	**黏度（mPa·s）** 无资料
燃烧热（kJ/mol） 无资料	**临界温度（℃）** 无资料

溶解性 溶于多数有机溶剂

第十部分 稳定性和反应性

稳定性 稳定

危险反应 与强氧化剂、强酸、卤代烃、卤素等禁配物接触，有发生火灾和爆炸的危险。容易发生自聚反应

避免接触的条件 受热、光照

禁配物 强氧化剂、强酸、卤代烃、卤素

危险的分解产物 无资料

第十一部分　毒理学信息

急性毒性　小鼠吸入 $12\sim20g/m^3$，出现皮肤及黏膜刺激现象，痉挛；$20\sim25g/m^3$ 时反应消失；$40g/m^3$ 时未见死亡，解剖未见实质器官病理改变。LD_{50}：$2563mg/kg$（大鼠经口）；$16640mg/kg$（兔经皮）。LC_{50}：$27000mg/m^3$（小鼠吸入，1h）

皮肤刺激或腐蚀　无资料　　**眼睛刺激或腐蚀**　无资料

呼吸或皮肤过敏　无资料　　**生殖细胞突变性**　无资料

致癌性　无资料　　　　　　**生殖毒性**　无资料

特异性靶器官系统毒性-一次接触　无资料

特异性靶器官系统毒性-反复接触　无资料

吸入危害　无资料

第十二部分　生态学信息

生态毒性　EC_{50}：$1.87mg/L$（48h）（大型溞）

持久性和降解性

　　生物降解性　OECD 301C，不易快速生物降解

　　非生物降解性　无资料

潜在的生物累积性　根据 K_{ow} 值预测，该物质可能有一定的生物累积性

土壤中的迁移性　根据 K_{oc} 值预测，该物质可能有一定的迁移性

第十三部分　废弃处置

废弃化学品　建议用焚烧法处置

污染包装物　将容器返还生产商或按照国家和地方法规处置

废弃注意事项　处置前应参阅国家和地方有关法规

第十四部分　运输信息

联合国危险货物编号（UN号）　1993

联合国运输名称　易燃液体，未另作规定的（4-乙烯-1-环己烯）

联合国危险性类别　3

包装类别　Ⅱ　　　　　**包装标志**　

海洋污染物　否

运输注意事项　运输时运输车辆应配备相应品种和数量的消防器材及泄漏应急处理设备。夏季最好早晚运输。运输时所用的槽（罐）车应有接地链，槽内可设孔隔板以减少震荡产生的静电。严禁与氧化剂、酸类、食用化学品等混装混运。运输途中应防暴晒、雨淋，防高温。中途停留时应远离火种、热源、高温区。装运该物品的车辆排气管必须配备阻火装置，禁止使用易产生火花的机械设备和工具装卸。公路运输时要按规定路线行驶，铁路运输时要禁止溜放。严禁用木船、水泥船散装运输

第十五部分　法规信息

下列法律、法规、规章和标准，对该化学品的管理作了相应的规定。

中华人民共和国职业病防治法　职业病分类和目录：未列入

危险化学品安全管理条例　危险化学品目录：列入。易制爆危险化学品名录：未列入。重点监管的危险化学品名录：未列入。GB 18218—2009《危险化学品重大危险源辨识》（表1）：未列入

使用有毒物品作业场所劳动保护条例　高毒物品目录：未列入

易制毒化学品管理条例　易制毒化学品的分类和品种目录：未列入

国际公约　斯德哥尔摩公约：未列入。鹿特丹公约：未列入。蒙特利尔议定书：未列入

第十六部分　其他信息

编写和修订信息　缩略语和首字母缩写

培训建议　参考文献

免责声明

4-乙烯基吡啶

第一部分　化学品标识

化学品中文名　4-乙烯基吡啶；4-乙烯基氮苯

化学品英文名　4-vinylpyridine；4-ethenylpyridine

分子式　C_7H_7N　**分子量**　105.1372

结构式　

化学品的推荐及限制用途　用于有机合成

第二部分　危险性概述

紧急情况概述　易燃液体和蒸气，吞咽会中毒，吸入致命，造成皮肤刺激，造成严重眼刺激，可能导致皮肤过敏反应，可能引起呼吸道刺激

GHS危险性类别　易燃液体，类别3；急性毒性-经口，类别3；急性毒性-吸入，类别1；皮肤腐蚀/刺激，类别2；严重眼损伤/眼刺激，类别2A；皮肤致敏物，类别1；特异性靶器官毒性-一次接触，类别3（呼吸道刺激）；危害水生环境-急性危害，类别1；危害水生环境-长期危害，类别1

标签要素

象形图　

警示词　危险

危险性说明　易燃液体和蒸气，吞咽会中毒，吸入致命，造成皮肤刺激，造成严重眼刺激，可能导致皮肤过敏反应，可能引起呼吸道刺激，对水生生物毒性非常大并具有长期持续影响

防范说明

　　预防措施　远离热源、火花、明火、热表面。保持容器密闭。容器和接收设备接地连接。使用防爆型电器、通风、照明设备。只能使用

不产生火花的工具。采取防止静电措施。戴防护手套、防护眼镜、防护面罩。避免接触眼睛、皮肤,操作后彻底清洗。作业场所不得进食、饮水或吸烟。避免吸入蒸气、雾。仅在室外或通风良好处操作。戴呼吸防护器具。污染的工作服不得带出工作场所。禁止排入环境

事故响应　火灾时,使用雾状水、泡沫、干粉、二氧化碳、砂土灭火。如吸入:将患者转移到空气新鲜处,休息,保持利于呼吸的体位。皮肤接触:用大量肥皂水和水清洗,脱去被污染的衣服,衣服经洗净后方可重新使用,如发生皮肤刺激,就医。如出现皮肤刺激或皮疹:就医。如接触眼睛:用水细心冲洗数分钟。如戴隐形眼镜并可方便地取出,取出隐形眼镜,继续冲洗。如果眼睛刺激持续,就医。食入:立即呼叫中毒控制中心或就医,漱口。收集泄漏物

安全储存　存放在通风良好的地方。保持低温。保持容器密闭。上锁保管

废弃处置　本品及内装物、容器依据国家和地方法规处置

物理和化学危险　易燃,其蒸气与空气混合,能形成爆炸性混合物

健康危害　对眼睛、皮肤、黏膜有强烈刺激性,可引起皮肤灼伤。吸入,可引起眼、鼻、咽喉刺激;重者可产生抽搐、昏迷。本品对皮肤有致敏作用

环境危害　对水生生物毒性非常大并具有长期持续影响

第三部分　成分/组成信息

√　物质　　　　　　　　混合物

组分	浓度	CAS No.
4-乙烯基吡啶		100-43-6

第四部分　急救措施

吸入　迅速脱离现场至空气新鲜处。保持呼吸道通畅。如呼吸困难,给输氧。如呼吸、心跳停止,立即进行心肺复苏术。就医

皮肤接触　立即脱去污染的衣着,用流动清水彻底冲洗。就医

眼睛接触　立即分开眼睑,用流动清水或生理盐水彻底冲洗。就医

食入　饮适量温水,催吐(仅限于清醒者)。就医

对保护施救者的忠告　根据需要使用个人防护设备

对医生的特别提示　对症处理

第五部分　消防措施

灭火剂　用雾状水、泡沫、干粉、二氧化碳、砂土灭火

特别危险性　遇明火、高热易燃。在使用和储存过程中,可发生爆炸性的自聚反应。受高热分解放出有毒的气体

灭火注意事项及防护措施　消防人员必须佩戴防毒面具、穿全身消防服,在上风向灭火。尽可能将容器从火场移至空旷处。喷水保持火场容器冷却,直至灭火结束。处在火场中的容器若已变色或从安全泄压装置中发出声音,必须马上撤离

第六部分　泄漏应急处理

作业人员防护措施、防护装备和应急处置程序　根据液体流动和蒸气扩散的影响区域划定警戒区,无关人员从侧风向、上风向撤离至安全区。消除所有点火源。建议应急处理人员戴正压自给式呼吸器,穿防毒、防静电服。作业时使用的所有设备应接地。禁止接触或跨越泄漏物。尽可能切断泄漏源

环境保护措施　防止泄漏物进入水体、下水道、地下室或有限空间

泄漏化学品的收容、清除方法及所使用的处置材料　小量泄漏:用砂土或其他不燃材料吸收。使用洁净的无火花工具收集吸收材料。大量泄漏:构筑围堤或挖坑收容。用泡沫覆盖,减少蒸发。喷水雾能减少蒸发,但不能降低泄漏物在有限空间内的易燃性。用防爆泵转移至槽车或专用收集器内。

第七部分　操作处置与储存

操作注意事项　密闭操作,局部排风。防止蒸气泄漏到工作场所空气中。操作人员必须经过专门培训,严格遵守操作规程。建议操作人员佩戴自吸过滤式防毒面具(半面罩),戴化学安全防护眼镜,穿防毒物渗透工作服,戴橡胶手套。远离火种、热源,工作场所严禁吸烟。使用防爆型的通风系统和设备。在清除液体和蒸气前不能进行焊接、切割等作业。避免产生烟雾。避免与氧化剂、酸类接触。配备相应品种和数量的消防器材及泄漏应急处理设备。倒空的容器可能残留有害物

储存注意事项　通常商品加有阻聚剂。储存于阴凉、通风的库房。远离火种、热源。防止阳光直射。库温不宜超过30℃。保持容器密封,严禁与空气接触。应与氧化剂、酸类、食用化学品分开存放,切忌混储。不宜大量储存或久存。采用防爆型照明、通风设施。禁止使用易产生火花的机械设备和工具。储区应备有泄漏应急处理设备和合适的收容材料

第八部分　接触控制/个体防护

职业接触限值

中国　未制定标准

美国(ACGIH)　未制定标准

生物接触限值　未制定标准

监测方法　空气中有毒物质测定方法:未制定标准。生物监测检验方法:未制定标准

工程控制　密闭操作,局部排风

个体防护装备

呼吸系统防护　空气中浓度超标时,必须佩戴过滤式防毒面具(半面罩)。紧急事态抢救或撤离时,应该佩戴空气呼吸器

眼睛防护　戴化学安全防护眼镜

皮肤和身体防护　穿防毒物渗透工作服

手防护　戴橡胶手套

第九部分　理化特性

外观与性状　无色液体

pH 值　无资料　　　　　　**熔点(℃)**　-39

沸点(℃)　65（15mmHg）

相对密度(水＝1)　0.988（20℃/4℃）

相对蒸气密度(空气＝1)　4.37

饱和蒸气压(kPa)　0.12（20℃）

临界压力(MPa)　无资料　**辛醇/水分配系数**　1.8

闪点(℃)　51.67　　　　**自燃温度(℃)**　585

爆炸下限(%)　1.0　　　**爆炸上限(%)**　14

分解温度(℃)　无资料　**黏度(mPa·s)**　无资料

燃烧热(kJ/mol)　无资料　**临界温度(℃)**　无资料

溶解性　微溶于水、乙醚，溶于热水、热乙醇

第十部分　稳定性和反应性

稳定性　稳定

危险反应　与强氧化剂、强酸等禁配物接触，有发生火灾和爆炸的危险。可能发生爆炸性的自聚反应

避免接触的条件　受热

禁配物　强氧化剂、强酸

危险的分解产物　氮氧化物

第十一部分　毒理学信息

急性毒性　LD$_{50}$：100mg/kg（大鼠经口）；161mg/kg（小鼠经口）。LC$_{50}$：170mg/m³（大鼠吸入）；380mg/m³（小鼠吸入，2h）

皮肤刺激或腐蚀　无资料　**眼睛刺激或腐蚀**　无资料

呼吸或皮肤过敏　无资料　**生殖细胞突变性**　无资料

致癌性　无资料　　　　**生殖毒性**　无资料

特异性靶器官系统毒性-一次接触　无资料

特异性靶器官系统毒性-反复接触　无资料

吸入危害　无资料

第十二部分　生态学信息

生态毒性　LC$_{50}$：1mg/L（96h）（青鳉）。EC$_{50}$：1.17mg/L（48h）（大型溞）。ErC$_{50}$：0.455mg/L（48h）（羊角月牙藻）

持久性和降解性

　　生物降解性　易快速生物降解

　　非生物降解性　无资料

潜在的生物累积性　无资料

土壤中的迁移性　无资料

第十三部分　废弃处置

废弃化学品　建议用焚烧法处置。在能利用的地方重复使用容器或在规定场所掩埋

污染包装物　将容器返还生产商或按照国家和地方法规处置

废弃注意事项　处置前应参阅国家和地方有关法规

第十四部分　运输信息

联合国危险货物编号（UN 号）　3073

联合国运输名称　乙烯基吡啶，稳定的

联合国危险性类别　6.1（3，8）

包装类别　Ⅱ

包装标志　

海洋污染物　否

运输注意事项　运输前应先检查包装容器是否完整、密封，运输过程中要确保容器不泄漏、不倒塌、不坠落、不损坏。严禁与酸类、氧化剂、食品及食品添加剂混运。运输时运输车辆应配备相应品种和数量的消防器材及泄漏应急处理设备。运输途中应防暴晒、雨淋，防高温。运输时所用的槽（罐）车应有接地链，槽内可设孔隔板以减少震荡产生的静电。中途停留时应远离火种、热源。公路运输要按规定路线行驶，勿在居民区和人口稠密区停留

第十五部分　法规信息

下列法律、法规、规章和标准，对该化学品的管理作了相应的规定。

中华人民共和国职业病防治法　职业病分类和目录：未列入

危险化学品安全管理条例　危险化学品目录：列入。易制爆危险化学品名录：未列入。重点监管的危险化学品名录：未列入。GB 18218—2009《危险化学品重大危险源辨识》（表1）：未列入

使用有毒物品作业场所劳动保护条例　高毒物品目录：未列入

易制毒化学品管理条例　易制毒化学品的分类和品种目录：未列入

国际公约　斯德哥尔摩公约：未列入。鹿特丹公约：未列入。蒙特利尔议定书：未列入

第十六部分　其他信息

编写和修订信息　　缩略语和首字母缩写

培训建议　　　　　参考文献

免责声明

乙烯基甲基醚

第一部分　化学品标识

化学品中文名　乙烯基甲基醚；乙烯基甲醚；甲基乙烯醚

化学品英文名　methyl vinyl ether；methoxyethylene

分子式　C$_3$H$_6$O　**分子量**　58.0791

结构式　╱╲╱O

化学品的推荐及限制用途　用于有机合成及医药

第二部分　危险性概述

紧急情况概述　极易燃气体，在高压和/高温条件下，即使没有空气仍可能发生爆炸反应

GHS 危险性类别　易燃气体，类别1；化学不稳定性气体，类别B；加压气体

标签要素

象形图

警示词 危险

危险性说明 极易燃气体，在高压和/高温条件下，即使没有空气仍可能发生爆炸反应

防范说明

预防措施 远离热源、火花、明火、热表面。禁止吸烟。在阅读和明了所有安全措施前切勿搬动

事故响应 漏气着火：切勿灭火，除非漏气能够安全地制止。如果没有危险，消除一切点火源

安全储存 防日晒。存放在通风良好的地方

废弃处置 本品及内资物、容器依据国家和地方法规处置

物理和化学危险 易燃，与空气混合能形成爆炸性混合物

健康危害 吸入对身体有害，能引起快速的窒息。中毒表现有烧灼感、咳嗽、喘息、喉炎、气短、头痛、恶心和呕吐。接触液态本品可引起皮肤冻伤

环境危害 对环境可能有害

第三部分 成分/组成信息

√物质　　　　　　　混合物

组分	浓度	CAS No.
乙烯基甲基醚		107-25-5

第四部分 急救措施

吸入 迅速脱离现场至空气新鲜处。保持呼吸道通畅。如呼吸困难，给输氧。呼吸、心跳停止，立即进行心肺复苏术。就医

皮肤接触 如发生冻伤，用温水（38～42℃）复温，忌用热水或辐射热，不要揉搓。就医

对保护施救者的忠告 根据需要使用个人防护设备

对医生的特别提示 对症处理

第五部分 消防措施

灭火剂 迅速切断气源，用水喷淋保护切断气源的人员，然后根据着火原因选择适当灭火剂灭火

特别危险性 与空气混合能形成爆炸性混合物。遇明火、高热或与氧化剂接触，有引起燃烧爆炸的危险。气体比空气重，沿地面扩散并易积存于低洼处，遇火源会着火回燃。若遇高热，容器内压增大，有开裂和爆炸的危险

灭火注意事项及防护措施 消防人员必须佩戴防毒面具、穿全身消防服，在上风向灭火。切断气源，若不能切断气源，则不允许熄灭泄漏处的火焰。尽可能将容器从火场移至空旷处。喷水保持火场容器冷却，直至灭火结束

第六部分 泄漏应急处理

作业人员防护措施、防护装备和应急处置程序 消除所有点火源。根据气体的影响区域划定警戒区，无关人员从侧风、上风向撤离至安全区。建议应急处理人员戴正压自给式呼吸器，穿防静电服。液化气体泄漏时穿防静电、防寒服。作业时使用的所有设备应接地。禁止接触或跨越泄漏物。尽可能切断泄漏源

环境保护措施 防止气体通过下水道、通风系统和有限空间扩散

泄漏化学品的收容、清除方法及所使用的处置材料 若可能翻转容器，使之逸出气体而非液体。喷雾状水抑制蒸气或改变蒸气云流向，避免水流接触泄漏物。禁止用水直接冲击泄漏物或泄漏源。隔离泄漏区直至气体散尽

第七部分 操作处置与储存

操作注意事项 密闭操作，全面通风。操作人员必须经过专门培训，严格遵守操作规程。建议操作人员佩戴自吸过滤式防毒面具（半面罩），戴化学安全防护眼镜，穿防静电工作服，戴乳胶手套。远离火种、热源，工作场所严禁吸烟。使用防爆型的通风系统和设备。防止气体泄漏到工作场所空气中。避免与氧化剂、酸类、卤素接触。在传送过程中，钢瓶和容器必须接地和跨接，防止产生静电。搬运时轻装轻卸，防止钢瓶及附件破损。配备相应品种和数量的消防器材及泄漏应急处理设备

储存注意事项 储存于阴凉、通风的易燃气体专用库房。远离火种、热源。库温不宜超过30℃。包装要求密封，不可与空气接触。应与氧化剂、酸类、卤素分开存放，切忌混储。不宜大量储存或久存。采用防爆型照明、通风设施。禁止使用易产生火花的机械设备和工具。储区应备有泄漏应急处理设备

第八部分 接触控制/个体防护

职业接触限值

中国 未制定标准

美国（ACGIH） 未制定标准

生物接触限值 未制定标准

监测方法 空气中有毒物质测定方法：未制定标准。生物监测检验方法：未制定标准

工程控制 生产过程密闭，全面通风。提供安全淋浴和洗眼设备

个体防护装备

呼吸系统防护 空气中浓度超标时，建议佩戴过滤式防毒面具（半面罩）。紧急事态抢救或撤离时，应该佩戴空气呼吸器

眼睛防护 必要时，戴化学安全防护眼镜

皮肤和身体防护 穿防静电工作服

手防护 戴橡胶手套

第九部分 理化特性

外观与性状 无色有香味的气体

pH值 无意义　　　　　　**熔点（℃）** −121.6

沸点（℃） 6.0　　　　　　**相对密度（水＝1）** 0.75

相对蒸气密度（空气＝1） 1.99

饱和蒸气压（kPa） 140（20℃）

临界压力(MPa)	无资料	辛醇/水分配系数	无资料
闪点(℃)	－51	自燃温度(℃)	无资料
爆炸下限(%)	2.6	爆炸上限(%)	39.0
分解温度(℃)	无资料	黏度(mPa·s)	无资料
燃烧热(kJ/mol)	无资料	临界温度(℃)	无资料

溶解性　微溶于水

第十部分　稳定性和反应性

稳定性　不稳定

危险反应　遇明火、高热或与氧化剂接触，有引起燃烧爆炸的危险

避免接触的条件　受热

禁配物　酸类、强氧化剂、卤素

危险的分解产物　过氧化物

第十一部分　毒理学信息

急性毒性　LD$_{50}$：4900mg/kg（大鼠经口），＞8000mg/kg（兔经皮）

皮肤刺激或腐蚀	无资料	眼睛刺激或腐蚀	无资料
呼吸或皮肤过敏	无资料	生殖细胞突变性	无资料
致癌性	无资料	生殖毒性	无资料

特异性靶器官系统毒性-一次接触　无资料

特异性靶器官系统毒性-反复接触　无资料

吸入危害　无资料

第十二部分　生态学信息

生态毒性　无资料

持久性和降解性

　　生物降解性　无资料

　　非生物降解性　无资料

潜在的生物累积性　无资料

土壤中的迁移性　无资料

第十三部分　废弃处置

废弃化学品　建议用焚烧法处置

污染包装物　将容器返还生产商或按照国家和地方法规处置

废弃注意事项　处置前应参阅国家和地方有关法规

第十四部分　运输信息

联合国危险货物编号（UN号）　1087

联合国运输名称　乙烯基甲基醚，稳定的

联合国危险性类别　2.1

包装类别　—　　　　　包装标志

海洋污染物　否

运输注意事项　采用钢瓶运输时必须戴好钢瓶上的安全帽。钢瓶一般平放，并应将瓶口朝同一方向，不可交叉；高度不得超过车辆的防护栏板，并用三角木垫卡牢，防止滚动。运输时运输车辆应配备相应品种和数量的消防器材。装运该物品的车辆排气管必须配备阻

火装置，禁止使用易产生火花的机械设备和工具装卸。严禁与氧化剂、酸类、卤素等混装混运。夏季应早晚运输，防止日光暴晒。中途停留时应远离火种、热源。公路运输时要按规定路线行驶，勿在居民区和人口稠密区停留

第十五部分　法规信息

下列法律、法规、规章和标准，对该化学品的管理作了相应的规定。

中华人民共和国职业病防治法　职业病分类和目录：未列入

危险化学品安全管理条例　危险化学品目录：列入。易制爆危险化学品名录：未列入。重点监管的危险化学品名录：未列入。GB 18218—2009《危险化学品重大危险源辨识》（表1）：未列入

使用有毒物品作业场所劳动保护条例　高毒物品目录：未列入

易制毒化学品管理条例　易制毒化学品的分类和品种目录：未列入

国际公约　斯德哥尔摩公约：未列入。鹿特丹公约：未列入。蒙特利尔议定书：未列入

第十六部分　其他信息

编写和修订信息	缩略语和首字母缩写
培训建议	参考文献
免责声明	

乙烯基乙醚

第一部分　化学品标识

化学品中文名　乙烯基乙醚；乙氧基乙烯；乙基乙烯醚

化学品英文名　vinyl ethyl ether；ethoxyethylene

分子式　C$_4$H$_8$O　**分子量**　72.1057

结构式　〜〜O〜

化学品的推荐及限制用途　用作化学中间体

第二部分　危险性概述

紧急情况概述　极易燃液体和蒸气，可能引起昏昏欲睡或眩晕

GHS危险性类别　易燃液体，类别1；特异性靶器官毒性-一次接触，类别3（麻醉效应）

标签要素

象形图　

警示词　危险

危险性说明　极易燃液体和蒸气，可能引起昏昏欲睡或眩晕

防范说明

　　预防措施　远离热源、火花、明火、热表面。禁止吸烟。保持容器密闭。容器和接收设备接地连接。使用防爆型电器、通风、照明设备。只能

使用不产生火花的工具。采取防止静电措施。戴防护手套、防护眼镜、防护面罩

事故响应 火灾时，使用泡沫、干粉、二氧化碳、砂土灭火。如皮肤（或头发）接触：立即脱掉所有被污染的衣服，用水冲洗皮肤，淋浴

安全储存 存放在通风良好的地方。保持低温

废弃处置 本品及内装物、容器依据国家和地方法规处置

物理和化学危险 极易燃，其蒸气与空气混合，能形成爆炸性混合物。在空气中久置后能形成有爆炸性的过氧化物。容易自聚

健康危害 吸入或口服后，先兴奋，随之神志不清、呼吸麻痹。蒸气对呼吸道有刺激性，可致角膜损伤。液体对皮肤有轻度刺激作用。

慢性影响：反复接触可能引起肝损害。长期皮肤接触，可因脱脂作用而发生皮炎

环境危害 对环境可能有害

第三部分 成分/组成信息

√ 物质 混合物

组分	浓度	CAS No.
乙烯基乙醚		109-92-2

第四部分 急救措施

吸入 迅速脱离现场至空气新鲜处。保持呼吸道通畅。如呼吸困难，给输氧。呼吸、心跳停止，立即进行心肺复苏术。就医

皮肤接触 立即脱去污染的衣着，用流动清水彻底冲洗。就医

眼睛接触 立即分开眼睑，用流动清水或生理盐水彻底冲洗。就医

食入 漱口，饮水。就医

对保护施救者的忠告 根据需要使用个人防护设备

对医生的特别提示 对症处理

第五部分 消防措施

灭火剂 用泡沫、干粉、二氧化碳、砂土灭火

特别危险性 其蒸气与空气可形成爆炸性混合物，遇明火、高热极易燃烧爆炸。与氧化剂接触猛烈反应。在空气中久置后能生成有爆炸性的过氧化物。流速过快，容易产生和积聚静电。容易自聚，聚合反应随着温度的上升而急骤加剧。蒸气比空气重，沿着地面扩散并易积存于低洼处，遇火源会着火回燃。若遇高热，容器内压增大，有开裂和爆炸的危险

灭火注意事项及防护措施 消防人员必须佩戴防毒面具、穿全身消防服，在上风向灭火。尽可能将容器从火场移至空旷处。喷水保持火场容器冷却，直至灭火结束。处在火场中的容器若已变色或从安全泄压装置中发出声音，必须马上撤离。用水灭火无效

第六部分 泄漏应急处理

作业人员防护措施、防护装备和应急处置程序 消除所有点火源。根据液体流动和蒸气扩散的影响区域划定警戒区，无关人员从侧风、上风向撤离至安全区。建议应急处理人员戴正压自给式呼吸器，穿防静电服。作业时使用的所有设备应接地。禁止接触或跨越泄漏物。尽可能切断泄漏源

环境保护措施 防止泄漏物进入水体、下水道、地下室或有限空间

泄漏化学品的收容、清除方法及所使用的处置材料 小量泄漏：用砂土或其他不燃材料吸收。使用洁净的无火花工具收集吸收材料。大量泄漏：构筑围堤或挖坑收容。用泡沫覆盖，减少蒸发。喷水雾能减少蒸发，但不能降低泄漏物在有限空间内的易燃性。用防爆泵转移至槽车或专用收集器内

第七部分 操作处置与储存

操作注意事项 密闭操作，全面通风。操作人员必须经过专门培训，严格遵守操作规程。建议操作人员佩戴自吸过滤式防毒面具（半面罩），戴化学安全防护眼镜，穿防静电工作服，戴橡胶耐油手套。远离火种、热源，工作场所严禁吸烟。使用防爆型的通风系统和设备。防止蒸气泄漏到工作场所空气中。避免与氧化剂、酸类接触。灌装时应控制流速，且有接地装置，防止静电积聚。搬运时要轻装轻卸，防止包装及容器损坏。配备相应品种和数量的消防器材及泄漏应急处理设备。倒空的容器可能残留有害物

储存注意事项 储存于阴凉、通风的库房。远离火种、热源。库温不宜超过29℃，保持容器密封。应与氧化剂、酸类等分开存放，切忌混储。不宜大量储存或久存。采用防爆型照明、通风设施。禁止使用易产生火花的机械设备和工具。储区应备有泄漏应急处理设备和合适的收容材料

第八部分 接触控制/个体防护

职业接触限值

中国 未制定标准

美国（ACGIH） 未制定标准

生物接触限值 未制定标准

监测方法 空气中有毒物质测定方法：未制定标准。生物监测检验方法：未制定标准

工程控制 生产过程密闭，全面通风。提供安全淋浴和洗眼设备

个体防护装备

呼吸系统防护 空气中浓度超标时，必须佩戴过滤式防毒面具（半面罩）。紧急事态抢救或撤离时，应该佩戴空气呼吸器

眼睛防护 戴化学安全防护眼镜

皮肤和身体防护 穿防静电工作服

手防护 戴橡胶耐油手套

第九部分 理化特性

外观与性状 无色透明液体

pH值 无资料		**熔点(℃)** −115.3	
沸点(℃) 33		**相对密度(水=1)** 0.754	
相对蒸气密度(空气=1) 2.5			

饱和蒸气压(kPa) 66.5（20℃）

临界压力(MPa) 无资料　辛醇/水分配系数 1.04

闪点(℃) －46　　　自燃温度(℃) 180

爆炸下限(%) 1.4　　　爆炸上限(%) 28.0

分解温度(℃) 无资料

黏度(mPa·s) 0.22（20℃）

燃烧热(kJ/mol) 无资料　临界温度(℃) 201.85

溶解性 微溶于水，溶于丙酮、苯、四氯化碳等多数有机溶剂

第十部分 稳定性和反应性

稳定性 不稳定

危险反应 与强氧化剂等禁配物接触，有发生火灾和爆炸的危险。在空气中久置后能生成有爆炸性的过氧化物。容易发生自聚反应

避免接触的条件 受热、光照

禁配物 强氧化剂、氧、酸类

危险的分解产物 无资料

第十一部分 毒理学信息

急性毒性 LD_{50}：6120mg/kg（大鼠经口），>20000mg/kg（大鼠经皮），15000mg/kg（兔经皮）

皮肤刺激或腐蚀 无资料　　眼睛刺激或腐蚀 无资料

呼吸或皮肤过敏 无资料　　生殖细胞突变性 无资料

致癌性 无资料　　　　　生殖毒性 无资料

特异性靶器官系统毒性-一次接触 无资料

特异性靶器官系统毒性-反复接触 无资料

吸入危害 无资料

第十二部分 生态学信息

生态毒性 无资料

持久性和降解性

　生物降解性 无资料

　非生物降解性 无资料

潜在的生物累积性 无资料

土壤中的迁移性 无资料

第十三部分 废弃处置

废弃化学品 建议用焚烧法处置

污染包装物 将容器返还生产商或按照国家和地方法规处置

废弃注意事项 处置前应参阅国家和地方有关法规

第十四部分 运输信息

联合国危险货物编号（UN号） 1302

联合国运输名称 乙烯基乙基醚，稳定的

联合国危险性类别 3

包装类别 Ⅰ　　　　　包装标志

海洋污染物 否

运输注意事项 运输时运输车辆应配备相应品种和数量的

消防器材及泄漏应急处理设备。夏季最好早晚运输。运输时所用的槽（罐）车应有接地链，槽内可设孔隔板以减少震荡产生的静电。严禁与氧化剂、酸类、食用化学品等混装混运。运输途中应防暴晒、雨淋，防高温。中途停留时应远离火种、热源、高温区。装运该物品的车辆排气管必须配备阻火装置，禁止使用易产生火花的机械设备和工具装卸。公路运输时要按规定路线行驶，勿在居民区和人口稠密区停留。严禁用木船、水泥船散装运输

第十五部分 法规信息

下列法律、法规、规章和标准，对该化学品的管理作了相应的规定。

中华人民共和国职业病防治法 职业病分类和目录：未列入

危险化学品安全管理条例 危险化学品目录：列入。易制爆危险化学品名录：未列入。重点监管的危险化学品名录：未列入。GB 18218—2009《危险化学品重大危险源辨识》（表1）：未列入

使用有毒物品作业场所劳动保护条例 高毒物品目录：未列入

易制毒化学品管理条例 易制毒化学品的分类和品种目录：未列入

国际公约 斯德哥尔摩公约：未列入。鹿特丹公约：未列入。蒙特利尔议定书：未列入

第十六部分 其他信息

编写和修订信息　　缩略语和首字母缩写

培训建议　　　　　参考文献

免责声明

乙烯基正丁基醚

第一部分 化学品标识

化学品中文名 乙烯基正丁基醚；正丁基乙烯（基）醚；正丁氧基乙烯；乙烯（基）正丁醚

化学品英文名 vinyl butyl ether

分子式 $C_6H_{12}O$　分子量 100.1589

结构式

化学品的推荐及限制用途 用于有机合成

第二部分 危险性概述

紧急情况概述 高度易燃液体和蒸气，皮肤接触可能有害，造成轻微皮肤刺激，造成严重眼刺激

GHS危险性类别 易燃液体，类别2；急性毒性-经皮，类别5；皮肤腐蚀/刺激，类别3；严重眼损伤/眼刺激，类别2；危害水生环境-急性危害，类别3；危害水生环境-长期危害，类别3

标签要素

象形图

警示词 危险

危险性说明 高度易燃液体和蒸气，皮肤接触可能有害，造成轻微皮肤刺激，造成严重眼刺激，对水生生物有害并具有长期持续影响

防范说明

预防措施 远离热源、火花、明火、热表面。禁止吸烟。保持容器密闭。容器和接收设备接地连接。使用防爆型电器、通风、照明设备。只能使用不产生火花的工具。采取防止静电措施。戴防护手套、防护眼镜、防护面罩。避免接触眼睛、皮肤，操作后彻底清洗。禁止排入环境

事故响应 火灾时，使用泡沫、干粉、二氧化碳、砂土灭火。如皮肤（或头发）接触：立即脱掉所有被污染的衣服，用水冲洗皮肤，淋浴，如感觉不适，呼叫中毒控制中心或就医。如发生皮肤刺激，就医。如接触眼睛：用水细心冲洗数分钟。如戴隐形眼镜并可方便地取出，取出隐形眼镜，继续冲洗。如果眼睛刺激持续：就医

安全储存 存放在通风良好的地方。保持低温

废弃处置 本品及内装物、容器依据国家和地方法规处置

物理和化学危险 易燃，其蒸气与空气混合，能形成爆炸性混合物。容易自聚

健康危害 蒸气或雾对眼、黏膜和上呼吸道有刺激性。对皮肤有刺激性。长时间接触本品有麻醉作用

环境危害 对水生生物有害并具有长期持续影响

第三部分 成分/组成信息

√物质 混合物

组分	浓度	CAS No.
乙烯基正丁基醚		111-34-2

第四部分 急救措施

吸入 迅速脱离现场至空气新鲜处。保持呼吸道通畅。如呼吸困难，给输氧。呼吸、心跳停止，立即进行心肺复苏术。就医

皮肤接触 立即脱去污染的衣着，用流动清水彻底冲洗。就医

眼睛接触 立即分开眼睑，用流动清水或生理盐水彻底冲洗。就医

食入 漱口，饮水。就医

对保护施救者的忠告 根据需要使用个人防护设备

对医生的特别提示 对症处理

第五部分 消防措施

灭火剂 用泡沫、干粉、二氧化碳、砂土灭火

特别危险性 其蒸气与空气可形成爆炸性混合物，遇明火、高热极易燃烧爆炸。与氧化剂接触猛烈反应。流速过快，容易发出和积聚静电。容易自聚，聚合反应随着温度的上升而急剧加剧。蒸气比空气重，沿地面扩散并易积存于低洼处，遇火源会着火回燃。若遇高热，容器内压增大，有开裂和爆炸的危险

灭火注意事项及防护措施 消防人员必须佩戴防毒面具、穿全身消防服，在上风向灭火。尽可能将容器从火场移至空旷处。喷水保持火场容器冷却，直至灭火结束。处在火场中的容器若已变色或从安全泄压装置中发出声音，必须马上撤离。用水灭火无效

第六部分 泄漏应急处理

作业人员防护措施、防护装备和应急处置程序 消除所有点火源。根据液体流动和蒸气扩散的影响区域划定警戒区，无关人员从侧风、上风向撤离至安全区。建议应急处理人员戴正压自给式呼吸器，穿防静电服。作业时使用的所有设备应接地。禁止接触或跨越泄漏物。尽可能切断泄漏源

环境保护措施 防止泄漏物进入水体、下水道、地下室或有限空间

泄漏化学品的收容、清除方法及所使用的处置材料 小量泄漏：用砂土或其他不燃材料吸收。使用洁净的无火花工具收集吸收材料。大量泄漏：构筑围堤或挖坑收容。用泡沫覆盖，减少蒸发。喷水雾能减少蒸发，但不能降低泄漏物在有限空间内的易燃性。用防爆泵转移至槽车或专用收集器内

第七部分 操作处置与储存

操作注意事项 密闭操作，全面通风。操作人员必须经过专门培训，严格遵守操作规程。建议操作人员佩戴自吸过滤式防毒面具（半面罩），戴化学安全防护眼镜，穿防静电工作服，戴橡胶耐油手套。远离火种、热源，工作场所严禁吸烟。使用防爆型的通风系统和设备。防止蒸气泄漏到工作场所空气中。避免与氧化剂、酸类接触。灌装时应控制流速，且有接地装置，防止静电积聚。搬运时要轻装轻卸，防止包装及容器损坏。配备相应品种和数量的消防器材及泄漏应急处理设备。倒空的容器可能残留有害物

储存注意事项 通常商品加有稳定剂。储存于阴凉、通风的库房。远离火种、热源。库温不宜超过37℃，包装要求密封，不可与空气接触。应与氧化剂、酸类分开存放，切忌混储。不宜大量储存或久存。采用防爆型照明、通风设施。禁止使用易产生火花的机械设备和工具。储区应备有泄漏应急处理设备和合适的收容材料

第八部分 接触控制/个体防护

职业接触限值

中国 未制定标准

美国（ACGIH） 未制定标准

生物接触限值 未制定标准

监测方法 空气中有毒物质测定方法：未制定标准。生物监测检验方法：未制定标准

工程控制 生产过程密闭，全面通风。提供安全淋浴和洗眼设备

个体防护装备

呼吸系统防护 空气中浓度超标时，必须佩戴过滤式防毒面具（半面罩）。紧急事态抢救或撤离时，

应该佩戴空气呼吸器

眼睛防护 戴化学安全防护眼镜

皮肤和身体防护 穿防静电工作服

手防护 戴橡胶耐油手套

第九部分 理化特性

外观与性状 无色液体

pH 值 无资料	**熔点(℃)** －112.7
沸点(℃) 94.1	**相对密度(水＝1)** 0.78

相对蒸气密度(空气＝1) 3.45

饱和蒸气压(kPa) 5.60(20℃)

临界压力(MPa) 无资料	**辛醇/水分配系数** 无资料
闪点(℃) －9.4	**自燃温度(℃)** 255
爆炸下限(%) 无资料	**爆炸上限(%)** 无资料

分解温度(℃) 无资料

黏度(mPa·s) 0.47(20℃)

燃烧热(kJ/mol) 无资料 　**临界温度(℃)** 266.85

溶解性 微溶于水，溶于乙醇、乙醚等多数有机溶剂

第十部分 稳定性和反应性

稳定性 稳定

危险反应 与强氧化剂等禁配物接触，有发生火灾和爆炸的危险。容易发生自聚反应

避免接触的条件 光照

禁配物 强氧化剂、强酸

危险的分解产物 过氧化物

第十一部分 毒理学信息

急性毒性 LD_{50}：10000mg/kg（大鼠经口），4240mg/kg（兔经皮）。LC_{50}：62000mg/m³（小鼠吸入，2h）

皮肤刺激或腐蚀 无资料	**眼睛刺激或腐蚀** 无资料
呼吸或皮肤过敏 无资料	**生殖细胞突变性** 无资料
致癌性 无资料	**生殖毒性** 无资料

特异性靶器官系统毒性-一次接触 无资料

特异性靶器官系统毒性-反复接触 无资料

吸入危害 无资料

第十二部分 生态学信息

生态毒性 无资料

持久性和降解性

　生物降解性 无资料

　非生物降解性 无资料

潜在的生物累积性 无资料

土壤中的迁移性 无资料

第十三部分 废弃处置

废弃化学品 建议用焚烧法处置

污染包装物 将容器返还生产商或按照国家和地方法规处置

废弃注意事项 处置前应参阅国家和地方有关法规

第十四部分 运输信息

联合国危险货物编号（UN 号） 2352

联合国运输名称 乙烯基丁基醚，稳定的

联合国危险性类别 3

包装类别 Ⅱ 　　　　　**包装标志**

海洋污染物 否

运输注意事项 运输时运输车辆应配备相应品种和数量的消防器材及泄漏应急处理设备。夏季最好早晚运输。运输时所用的槽（罐）车应有接地链，槽内可设孔隔板以减少震荡产生的静电。严禁与氧化剂、酸类、食用化学品等混装混运。运输途中应防暴晒、雨淋，防高温。中途停留时应远离火种、热源、高温区。装运该物品的车辆排气管必须配备阻火装置，禁止使用易产生火花的机械设备和工具装卸。公路运输时要按规定路线行驶，勿在居民区和人口稠密区停留。严禁用木船、水泥船散装运输

第十五部分 法规信息

下列法律、法规、规章和标准，对该化学品的管理作了相应的规定。

中华人民共和国职业病防治法 职业病分类和目录：未列入

危险化学品安全管理条例 危险化学品目录：列入。易制爆危险化学品名录：未列入。重点监管的危险化学品名录：未列入。GB 18218—2009《危险化学品重大危险源辨识》(表 1)：未列入

使用有毒物品作业场所劳动保护条例 高毒物品目录：未列入

易制毒化学品管理条例 易制毒化学品的分类和品种目录：未列入

国际公约 斯德哥尔摩公约：未列入。鹿特丹公约：未列入。蒙特利尔议定书：未列入

第十六部分 其他信息

编写和修订信息	缩略语和首字母缩写
培训建议	参考文献
免责声明	

乙烯-2-氯乙醚

第一部分 化学品标识

化学品中文名 乙烯-2-氯乙醚；乙烯（2-氯乙基）醚；(2-氯乙基)乙烯醚

化学品英文名 vinyl-2-chloroethyl ether；2-chloroethyl vinyl ether

分子式 C_4H_7ClO 　**分子量** 106.551

结构式 Cl～～O～

化学品的推荐及限制用途 用于聚合物单体、药物及纤维素酯的制造

第二部分 危险性概述

紧急情况概述 高度易燃液体和蒸气，吞咽会中毒，皮肤

接触可能有害，造成轻微皮肤刺激，造成眼刺激

GHS危险性类别　易燃液体，类别2；急性毒性-经口，类别3；急性毒性-经皮，类别5；皮肤腐蚀/刺激，类别3；严重眼损伤/眼刺激，类别2B

标签要素

象形图　

警示词　危险

危险性说明　高度易燃液体和蒸气，吞咽会中毒，皮肤接触可能有害，造成轻微皮肤刺激，造成眼刺激

防范说明

预防措施　远离热源、火花、明火、热表面。保持容器密闭。容器和接收设备接地连接。使用防爆型电器、通风、照明设备。只能使用不产生火花的工具。采取防止静电措施。戴防护手套、防护眼镜、防护面罩。避免接触眼睛、皮肤，操作后彻底清洗。作业场所不得进食、饮水或吸烟

事故响应　火灾时，使用雾状水、泡沫、干粉、二氧化碳、砂土灭火。如皮肤（或头发）接触：立即脱掉所有被污染的衣服，用水冲洗皮肤，淋浴。如感觉不适，呼叫中毒控制中心或就医。如发生皮肤刺激，就医。如接触眼睛：用水细心冲洗数分钟。如戴隐形眼镜并可方便地取出，取出隐形眼镜，继续冲洗。如果眼睛刺激持续：就医。食入：立即呼叫中毒控制中心或就医。漱口

安全储存　存放在通风良好的地方。保持低温。上锁保管

废弃处置　本品及内装物、容器依据国家和地方法规处置

物理和化学危险　易燃，其蒸气与空气混合，能形成爆炸性混合物。容易自聚

健康危害　吸入、摄入或经皮吸收对身体有害。蒸气或雾对眼、黏膜、上呼吸道有刺激性。接触后引起烧灼感、咳嗽、喘息、喉炎、气短、头痛、恶心、呕吐

环境危害　对环境可能有害

第三部分　成分/组成信息

√ 物质　　　　　　混合物

组分	浓度	CAS No.
乙烯-2-氯乙醚		110-75-8

第四部分　急救措施

吸入　迅速脱离现场至空气新鲜处。保持呼吸道通畅。如呼吸困难，给输氧。呼吸、心跳停止，立即进行心肺复苏术。就医

皮肤接触　立即脱去污染的衣着，用流动清水彻底冲洗。就医

眼睛接触　立即分开眼睑，用流动清水或生理盐水彻底冲洗。就医

食入　漱口，饮水。就医

对保护施救者的忠告　根据需要使用个人防护设备

对医生的特别提示　对症处理

第五部分　消防措施

灭火剂　用雾状水、泡沫、干粉、二氧化碳、砂土灭火

特别危险性　其蒸气与空气可形成爆炸性混合物，遇明火、高热极易燃烧爆炸。与氧化剂接触猛烈反应。受高热分解产生有毒的氯化物气体。流速过快，容易产生和积聚静电。容易自聚，聚合反应随着温度的上升而急骤加剧。蒸气比空气重，沿地面扩散并易积存于低洼处，遇火源会着火回燃。若遇高热，容器内压增大，有开裂和爆炸的危险

灭火注意事项及防护措施　消防人员必须佩戴防毒面具、穿全身消防服，在上风向灭火。尽可能将容器从火场移至空旷处。喷水保持火场容器冷却，直至灭火结束。处在火场中的容器若已变色或从安全泄压装置中发出声音，必须马上撤离

第六部分　泄漏应急处理

作业人员防护措施、防护装备和应急处置程序　消除所有点火源。根据液体流动和蒸气扩散的影响区域划定警戒区，无关人员从侧风、上风向撤离至安全区。建议应急处理人员戴正压自给式呼吸器，穿防静电服。作业时使用的所有设备应接地。禁止接触或跨越泄漏物。尽可能切断泄漏源

环境保护措施　防止泄漏物进入水体、下水道、地下室或有限空间

泄漏化学品的收容、清除方法及所使用的处置材料　小量泄漏：用砂土或其他不燃材料吸收。使用洁净的无火花工具收集吸收材料。大量泄漏：构筑围堤或挖坑收容。用泡沫覆盖，减少蒸发。喷水雾能减少蒸发，但不能降低泄漏物在有限空间内的易燃性。用防爆泵转移至槽车或专用收集器内

第七部分　操作处置与储存

操作注意事项　密闭操作，提供充分的局部排风。操作人员必须经过专门培训，严格遵守操作规程。建议操作人员佩戴自吸过滤式防毒面具（半面罩），戴化学安全防护眼镜，穿防静电工作服，戴橡胶耐油手套。远离火种、热源，工作场所严禁吸烟。使用防爆型的通风系统和设备。防止蒸气泄漏到工作场所空气中。避免与氧化剂、酸类、碱类接触。充装要控制流速，防止静电积聚。搬运时要轻装轻卸，防止包装及容器损坏。配备相应品种和数量的消防器材及泄漏应急处理设备。倒空的容器可能残留有害物

储存注意事项　通常商品加有阻聚剂。储存于阴凉、通风的库房。远离火种、热源。库温不宜超过37℃，应与氧化剂、酸类、碱类、食用化学品分开存放，切忌混储。不宜大量储存或久存。采用防爆型照明、通风设施。禁止使用易产生火花的机械设备和工具。储区应备有泄漏应急处理设备和合适的收容材料

第八部分 接触控制/个体防护

职业接触限值

中国 未制定标准

美国（ACGIH） 未制定标准

生物接触限值 未制定标准

监测方法 空气中有毒物质测定方法：未制定标准。生物监测检验方法：未制定标准

工程控制 严加密闭，提供充分的局部排风

个体防护装备

呼吸系统防护 空气中浓度超标时，必须佩戴过滤式防毒面具（半面罩）。紧急事态抢救或撤离时，应该佩戴空气呼吸器

眼睛防护 戴化学安全防护眼镜

皮肤和身体防护 穿防静电工作服

手防护 戴橡胶耐油手套

第九部分 理化特性

外观与性状 透明液体

pH 值 无资料	**熔点（℃）** −70.3
沸点（℃） 109（98.64kPa）	**相对密度（水＝1）** 1.05

相对蒸气密度（空气＝1） 3.67

饱和蒸气压（kPa） 98.64（109℃）

临界压力（MPa） 无资料

辛醇/水分配系数 0.99～1.28

闪点（℃） 26.6	**自燃温度（℃）** 无资料
爆炸下限（%） 无资料	**爆炸上限（%）** 无资料
分解温度（℃） 无资料	**黏度（mPa·s）** 无资料
燃烧热（kJ/mol） 无资料	**临界温度（℃）** 无资料

溶解性 微溶于水

第十部分 稳定性和反应性

稳定性 稳定

危险反应 与强氧化剂等禁配物接触，有发生火灾和爆炸的危险。容易发生自聚反应

避免接触的条件 无资料

禁配物 强氧化剂、强酸、强碱

危险的分解产物 氯化氢

第十一部分 毒理学信息

急性毒性 急性暴露本品蒸气，浓度 500ppm，6 只大鼠中一只在 4h 后死亡。LD_{50}：210mg/kg（大鼠经口），2400mg/kg（兔经皮）

皮肤刺激或腐蚀 无资料	**眼睛刺激或腐蚀** 无资料
呼吸或皮肤过敏 无资料	**生殖细胞突变性** 无资料
致癌性 无资料	**生殖毒性** 无资料

特异性靶器官系统毒性-一次接触 无资料

特异性靶器官系统毒性-反复接触 无资料

吸入危害 无资料

第十二部分 生态学信息

生态毒性 无资料

持久性和降解性

生物降解性 无资料

非生物降解性 无资料

潜在的生物累积性 无资料

土壤中的迁移性 无资料

第十三部分 废弃处置

废弃化学品 建议用焚烧法处置。与燃料混合后，再焚烧。焚烧炉排出的卤化氢通过酸洗涤器除去

污染包装物 将容器返还生产商或按照国家和地方法规处置

废弃注意事项 处置前应参阅国家和地方有关法规

第十四部分 运输信息

联合国危险货物编号（UN 号） 1992

联合国运输名称 易燃液体，毒性，未另作规定的（乙烯-2-氯乙醚）

联合国危险性类别 3，6.1

包装类别 Ⅱ

包装标志

海洋污染物 否

运输注意事项 运输时运输车辆应配备相应品种和数量的消防器材及泄漏应急处理设备。夏季最好早晚运输。运输时所用的槽（罐）车应有接地链，槽内可设孔隔板以减少震荡产生的静电。严禁与氧化剂、酸类、碱类、食用化学品等混装混运。运输途中应防暴晒、雨淋、防高温。中途停留时应远离火种、热源、高温区。装运该物品的车辆排气管必须配备阻火装置，禁止使用易产生火花的机械设备和工具装卸。公路运输时要按规定路线行驶，勿在居民区和人口稠密区停留。铁路运输时要禁止溜放。严禁用木船、水泥船散装运输

第十五部分 法规信息

下列法律、法规、规章和标准，对该化学品的管理作了相应的规定。

中华人民共和国职业病防治法 职业病分类和目录：未列入

危险化学品安全管理条例 危险化学品目录：列入。易制爆危险化学品名录：未列入。重点监管的危险化学品名录：未列入。GB 18218—2009《危险化学品重大危险源辨识》（表 1）：未列入

使用有毒物品作业场所劳动保护条例 高毒物品目录：未列入

易制毒化学品管理条例 易制毒化学品的分类和品种目录：未列入

国际公约 斯德哥尔摩公约：未列入。鹿特丹公约：未列入。蒙特利尔议定书：未列入

第十六部分 其他信息

编写和修订信息   缩略语和首字母缩写

培训建议   参考文献

免责声明

乙烯三乙氧基硅烷

第一部分　化学品标识

化学品中文名　乙烯三乙氧基硅烷；三乙氧基乙烯基硅烷
化学品英文名　vinyltriethoxysilane；triethoxyvinyl silane
分子式　$C_8H_{18}O_3Si$　**分子量**　190.3122

结构式

化学品的推荐及限制用途　用作硅酮的中间体

第二部分　危险性概述

紧急情况概述　易燃液体和蒸气
GHS危险性类别　易燃液体，类别3
标签要素

象形图

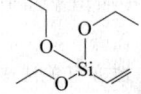

警示词　警告
危险性说明　易燃液体和蒸气
防范说明
　　预防措施　远离热源、火花、明火、热表面。禁止吸烟。保持容器密闭。容器和接收设备接地连接。使用防爆型电器、通风、照明设备。只能使用不产生火花的工具。采取防止静电措施。戴防护手套、防护眼镜、防护面罩
　　事故响应　火灾时，使用雾状水、泡沫、干粉、二氧化碳、砂土灭火。如皮肤（或头发）接触：立即脱掉所有被污染的衣服，用水冲洗皮肤，淋浴
　　安全储存　存放在通风良好的地方。保持低温
　　废弃处置　本品及内装物、容器依据国家和地方法规处置
物理和化学危险　易燃，其蒸气与空气混合，能形成爆炸性混合物
健康危害　吸入后引起头痛、头昏、恶心和共济失调。大量吸入可能致死。对眼有刺激性，摄入对机体有害
环境危害　对环境可能有害

第三部分　成分/组成信息

√物质		混合物
组分	浓度	CAS No.
乙烯三乙氧基硅烷		78-08-0

第四部分　急救措施

吸入　迅速脱离现场至空气新鲜处。保持呼吸道通畅。如呼吸困难，给输氧。呼吸、心跳停止，立即进行心肺复苏术。就医
皮肤接触　立即脱去污染的衣着，用流动清水彻底冲洗。就医
眼睛接触　立即分开眼睑，用流动清水或生理盐水彻底冲洗。就医
食入　漱口，饮水。就医
对保护施救者的忠告　根据需要使用个人防护设备
对医生的特别提示　对症处理

第五部分　消防措施

灭火剂　用雾状水、泡沫、干粉、二氧化碳、砂土灭火
特别危险性　其蒸气与空气可形成爆炸性混合物，遇明火、高热能引起燃烧爆炸。与氧化剂可发生反应。容易自聚，聚合反应随着温度的上升而急骤加剧。若遇高热，容器内压增大，有开裂和爆炸的危险
灭火注意事项及防护措施　消防人员必须佩戴防毒面具、穿全身消防服，在上风向灭火。尽可能将容器从火场移至空旷处。喷水保持火场容器冷却，直至灭火结束。处在火场中的容器若已变色或从安全泄压装置中发出声音，必须马上撤离

第六部分　泄漏应急处理

作业人员防护措施、防护装备和应急处置程序　消除所有点火源。根据液体流动和蒸气扩散的影响区域划定警戒区，无关人员从侧风、上风向撤离至安全区。建议应急处理人员戴正压自给式呼吸器，穿防静电服。作业时使用的所有设备应接地。禁止接触或跨越泄漏物。尽可能切断泄漏源
环境保护措施　防止泄漏物进入水体、下水道、地下室或有限空间
泄漏化学品的收容、清除方法及所使用的处置材料　小量泄漏：用砂土或其他不燃材料吸收。使用洁净的无火花工具收集吸收材料。大量泄漏：构筑围堤或挖坑收容。用泡沫覆盖，减少蒸发。喷水雾能减少蒸发，但不能降低泄漏物在有限空间内的易燃性。用防爆泵转移至槽车或专用收集器内

第七部分　操作处置与储存

操作注意事项　密闭操作，局部排风。操作人员必须经过专门培训，严格遵守操作规程。建议操作人员佩戴自吸过滤式防毒面具（半面罩），戴化学安全防护眼镜，穿防毒物渗透工作服，戴橡胶耐油手套。远离火种、热源，工作场所严禁吸烟。使用防爆型的通风系统和设备。防止蒸气泄漏到工作场所空气中。避免与氧化剂、碱类接触。搬运时要轻装轻卸，防止包装及容器损坏。配备相应品种和数量的消防器材及泄漏应急处理设备。倒空的容器可能残留有害物
储存注意事项　储存于阴凉、通风的库房。库温不宜超过37℃，远离火种、热源。应与氧化剂、碱类等分开存放，切忌混储。采用防爆型照明、通风设施。禁止使用易产生火花的机械设备和工具。储区应备有泄漏应急处理设备和合适的收容材料

第八部分　接触控制/个体防护

职业接触限值
　　中国　未制定标准
　　美国（ACGIH）　未制定标准

生物接触限值 未制定标准

监测方法 空气中有毒物质测定方法：未制定标准。生物监测检验方法：未制定标准

工程控制 密闭操作，局部排风

个体防护装备

呼吸系统防护 空气中浓度超标时，必须佩戴过滤式防毒面具（半面罩）。紧急事态抢救或撤离时，应该佩戴空气呼吸器

眼睛防护 戴化学安全防护眼镜

皮肤和身体防护 穿防毒物渗透工作服

手防护 戴橡胶耐油手套

第九部分 理化特性

外观与性状 无色透明液体

pH 值 无资料	熔点(℃) 无资料
沸点(℃) 160～161	相对密度(水＝1) 0.90

相对蒸气密度(空气＝1) 7.5

饱和蒸气压(kPa) 0.665（20℃）

临界压力(MPa) 无资料	辛醇/水分配系数 无资料
闪点(℃) 44	自燃温度(℃) 无资料
爆炸下限(%) 无资料	爆炸上限(%) 无资料
分解温度(℃) 无资料	黏度(mPa·s) 无资料
燃烧热(kJ/mol) 无资料	临界温度(℃) 无资料

溶解性 不溶于水，可混溶于醇、醚、苯

第十部分 稳定性和反应性

稳定性 稳定

危险反应 与强氧化剂、强碱、水及水蒸气等禁配物接触，有发生火灾和爆炸的危险。容易发生自聚反应

避免接触的条件 潮湿空气

禁配物 强氧化剂、强碱、水及水蒸气

危险的分解产物 氧化硅

第十一部分 毒理学信息

急性毒性 LD$_{50}$：7200mg/kg（大鼠经口），10000mg/kg（兔经皮）

皮肤刺激或腐蚀 无资料	眼睛刺激或腐蚀 无资料
呼吸或皮肤过敏 无资料	生殖细胞突变性 无资料
致癌性 无资料	生殖毒性 无资料

特异性靶器官系统毒性-一次接触 无资料

特异性靶器官系统毒性-反复接触 无资料

吸入危害 无资料

第十二部分 生态学信息

生态毒性 无资料

持久性和降解性

生物降解性 无资料

非生物降解性 无资料

潜在的生物累积性 无资料

土壤中的迁移性 无资料

第十三部分 废弃处置

废弃化学品 建议用焚烧法处置

污染包装物 将容器返还生产商或按照国家和地方法规处置

废弃注意事项 处置前应参阅国家和地方有关法规

第十四部分 运输信息

联合国危险货物编号（UN 号） 1993

联合国运输名称 易燃液体，未另作规定的（乙烯三乙氧基硅烷）

联合国危险性类别 3

包装类别 Ⅲ 包装标志

海洋污染物 否

运输注意事项 运输时运输车辆应配备相应品种和数量的消防器材及泄漏应急处理设备。夏季最好早晚运输。运输时所用的槽（罐）车应有接地链，槽内可设孔隔板以减少震荡产生的静电。严禁与氧化剂、碱类、食用化学品等混装混运。运输途中应防暴晒、雨淋，防高温。中途停留时应远离火种、热源、高温区。装运该物品的车辆排气管必须配备阻火装置，禁止使用易产生火花的机械设备和工具装卸。公路运输时要按规定路线行驶，勿在居民区和人口稠密区停留。铁路运输时要禁止溜放。严禁用木船、水泥船散装运输

第十五部分 法规信息

下列法律、法规、规章和标准，对该化学品的管理作了相应的规定。

中华人民共和国职业病防治法 职业病分类和目录：未列入

危险化学品安全管理条例 危险化学品目录：列入。易制爆危险化学品名录：未列入。重点监管的危险化学品名录：未列入。GB 18218—2009《危险化学品重大危险源辨识》（表1）：未列入

使用有毒物品作业场所劳动保护条例 高毒物品目录：未列入

易制毒化学品管理条例 易制毒化学品的分类和品种目录：未列入

国际公约 斯德哥尔摩公约：未列入。鹿特丹公约：未列入。蒙特利尔议定书：未列入

第十六部分 其他信息

编写和修订信息 缩略语和首字母缩写

培训建议 参考文献

免责声明

乙酰碘

第一部分 化学品标识

化学品中文名 乙酰碘；碘乙酰；碘化乙酰

化学品英文名 acetyl iodide；ethanoyl iodide

分子式 C$_2$H$_3$IO 分子量 169.9491

结构式

化学品的推荐及限制用途 用于有机合成

第二部分 危险性概述

紧急情况概述 造成严重的皮肤灼伤和眼损伤

GHS危险性类别 皮肤腐蚀/刺激，类别1；严重眼损伤/眼刺激，类别1

标签要素

象形图

警示词 危险

危险性说明 造成严重的皮肤灼伤和眼损伤

防范说明

预防措施 避免吸入烟雾。避免接触眼睛、皮肤，操作后彻底清洗。穿防护服、戴防护手套、防护眼镜、防护面罩

事故响应 如吸入：将患者转移到空气新鲜处，休息，保持利于呼吸的体位，立即呼叫中毒控制中心或就医。皮肤（或头发）接触：立即脱掉所有被污染的衣服，用水冲洗皮肤，淋浴。污染的衣服洗净后方可重新使用。眼睛接触：用水细心地冲洗数分钟，立即呼叫中毒控制中心或就医。如戴隐形眼镜并可方便地取出，则取出隐形眼镜，继续冲洗。食入：漱口，不要催吐

安全储存 上锁保管

废弃处置 本品及内装物、容器依据国家和地方法规处置

物理和化学危险 可燃。遇水产生有毒气体

健康危害 吸入或误服可引起中毒。蒸气对呼吸道黏膜有强烈刺激和腐蚀性。眼和皮肤接触可引起灼伤。遇水或水蒸气产生有毒或腐蚀性的烟雾

环境危害 对环境可能有害

第三部分 成分/组成信息

√物质   混合物

组分	浓度	CAS No.
乙酰碘		507-02-8

第四部分 急救措施

吸入 迅速脱离现场至空气新鲜处。保持呼吸道通畅。如呼吸困难，给输氧。呼吸、心跳停止，立即进行心肺复苏术。就医

皮肤接触 立即脱去污染的衣着，用大量流动清水彻底冲洗至少15min。就医

眼睛接触 立即分开眼睑，用流动清水或生理盐水彻底冲洗5～10min。就医

食入 用水漱口，禁止催吐。给饮牛奶或蛋清。就医

对保护施救者的忠告 根据需要使用个人防护设备

对医生的特别提示 对症处理

第五部分 消防措施

灭火剂 用干粉、二氧化碳、砂土灭火

特别危险性 可燃。遇水或乙醇发生反应放出有毒和腐蚀性的气体。遇潮时对大多数金属有强腐蚀性

灭火注意事项及防护措施 消防人员必须穿全身耐酸碱消防服。尽可能将容器从火场移至空旷处。处在火场中的容器若已变色或从安全泄压装置中发出声音，必须马上撤离。禁止用水、泡沫和酸碱灭火剂灭火

第六部分 泄漏应急处理

作业人员防护措施、防护装备和应急处置程序 根据液体流动和蒸气扩散的影响区域划定警戒区，无关人员从侧风、上风向撤离至安全区。建议应急处理人员戴正压自给式呼吸器，穿防酸碱服。作业时使用的所有设备应接地。穿上适当的防护服前严禁接触破裂的容器和泄漏物。尽可能切断泄漏源

环境保护措施 防止泄漏物进入水体、下水道、地下室或有限空间

泄漏化学品的收容、清除方法及所使用的处置材料 严禁用水处理。小量泄漏：用干燥的砂土或其他不燃材料覆盖泄漏物。大量泄漏：构筑围堤或挖坑收容。用碎石灰石（$CaCO_3$）、苏打灰（Na_2CO_3）或石灰（CaO）中和。用耐腐蚀泵转移至槽车或专用收集器内

第七部分 操作处置与储存

操作注意事项 严加密闭，提供充分的局部排风和全面通风。操作人员必须经过专门培训，严格遵守操作规程。建议操作人员佩戴自吸过滤式防毒面具（全面罩），穿橡胶耐酸碱服，戴橡胶耐酸碱手套。远离火种、热源，工作场所严禁吸烟。使用防爆型的通风系统和设备。防止蒸气泄漏到工作场所空气中。避免与氧化剂、醇类接触。尤其要注意避免与水接触。搬运时要轻装轻卸，防止包装及容器损坏。配备相应品种和数量的消防器材及泄漏应急处理设备。倒空的容器可能残留有害物

储存注意事项 储存于阴凉、通风的库房。远离火种、热源。保持容器密封。应与氧化剂、醇类等分开存放，切忌混储。配备相应品种和数量的消防器材。储区应备有泄漏应急处理设备和合适的收容材料

第八部分 接触控制/个体防护

职业接触限值

中国 未制定标准

美国（ACGIH） 未制定标准

生物接触限值 未制定标准

监测方法 空气中有毒物质测定方法：未制定标准。生物监测检验方法：未制定标准

工程控制 严加密闭，提供充分的局部排风和全面通风

个体防护装备

呼吸系统防护 空气中浓度超标时，必须佩戴过滤式防毒面具（全面罩）。紧急事态抢救或撤离时，应该佩戴空气呼吸器

眼睛防护 呼吸系统防护中已作防护

皮肤和身体防护 穿橡胶耐酸碱服

手防护 戴橡胶耐酸碱手套

第九部分 理化特性

外观与性状 无色发烟液体，在潮气中或空气中变棕色

pH 值 无资料　　　　　　熔点（℃） 无资料

沸点（℃） 105～108

相对密度（水＝1） 2.07（20℃）

相对蒸气密度（空气＝1） 无资料

饱和蒸气压（kPa） 无资料

临界压力（MPa） 无资料　　辛醇/水分配系数 无资料

闪点（℃） 无资料　　　　自燃温度（℃） 无资料

爆炸下限（%） 无资料　　爆炸上限（%） 无资料

分解温度（℃） 无资料　　黏度（mPa·s） 无资料

燃烧热（kJ/mol） 无资料　临界温度（℃） 无资料

溶解性 溶于乙醚、苯

第十部分 稳定性和反应性

稳定性 稳定

危险反应 与强氧化剂、醇类、水蒸气等禁配物发生反应。遇水或乙醇发生反应放出有毒和腐蚀性的气体

避免接触的条件 潮湿空气

禁配物 强氧化剂、醇类、水蒸气

危险的分解产物 碘化氢

第十一部分 毒理学信息

急性毒性 无资料

皮肤刺激或腐蚀 无资料　　眼睛刺激或腐蚀 无资料

呼吸或皮肤过敏 无资料　　生殖细胞突变性 无资料

致癌性 无资料　　　　　　生殖毒性 无资料

特异性靶器官系统毒性-一次接触 无资料

特异性靶器官系统毒性-反复接触 无资料

吸入危害 无资料

第十二部分 生态学信息

生态毒性 无资料

持久性和降解性

　　生物降解性 无资料

　　非生物降解性 无资料

潜在的生物累积性 无资料

土壤中的迁移性 无资料

第十三部分 废弃处置

废弃化学品 建议用焚烧法处置。焚烧炉排出的卤化氢通过酸洗涤器除去

污染包装物 将容器返还生产商或按照国家和地方法规处置

废弃注意事项 处置前应参阅国家和地方有关法规

第十四部分 运输信息

联合国危险货物编号（UN 号） 1898

联合国运输名称 乙酰碘

联合国危险性类别 8

包装类别 Ⅱ　　　　　　包装标志

海洋污染物 否

运输注意事项 起运时包装要完整，装载应稳妥。运输过程中要确保容器不泄漏、不倒塌、不坠落、不损坏。严禁与氧化剂、醇类、食用化学品等混装混运。运输时运输车辆应配备相应品种和数量的消防器材及泄漏应急处理设备。运输途中应防暴晒、雨淋，防高温。公路运输时要按规定路线行驶，勿在居民区和人口稠密区停留

第十五部分 法规信息

下列法律、法规、规章和标准，对该化学品的管理作了相应的规定。

中华人民共和国职业病防治法 职业病分类和目录：未列入

危险化学品安全管理条例 危险化学品目录：列入。易制爆危险化学品名录：未列入。重点监管的危险化学品名录：未列入。GB 18218—2009《危险化学品重大危险源辨识》（表 1）：未列入

使用有毒物品作业场所劳动保护条例 高毒物品目录：未列入

易制毒化学品管理条例 易制毒化学品的分类和品种目录：未列入

国际公约 斯德哥尔摩公约：未列入。鹿特丹公约：未列入。蒙特利尔议定书：未列入

第十六部分 其他信息

编写和修订信息 缩略语和首字母缩写

培训建议 参考文献

免责声明

乙酰基乙酰邻氯苯胺

第一部分 化学品标识

化学品中文名 乙酰基乙酰邻氯苯胺；邻氯乙酰基乙酰苯胺

化学品英文名 2-chloroacetoacetanilide；acetoacet-o-chloranilide

分子式 $C_{10}H_{10}ClNO_2$　分子量 211.647

结构式

化学品的推荐及限制用途 用于有机合成及用作偶氮染料中间体

第二部分 危险性概述

紧急情况概述 吞咽有害，皮肤接触有害，吸入有害

GHS 危险性类别 急性毒性-经口，类别 4；急性毒性-经皮，类别 4；急性毒性-吸入，类别 4；危害水生环境-急性危害，类别 3；危害水生环境-长期危害，类别 3

标签要素

象形图

警示词 警告

危险性说明 吞咽有害，皮肤接触有害，吸入有害，对水生生物有害并具有长期持续影响

防范说明

　预防措施 避免接触眼睛、皮肤，操作后彻底清洗。作业场所不得进食、饮水或吸烟。戴防护手套、穿防护服。避免吸入粉尘。仅在室外或通风良好处操作。禁止排入环境

　事故响应 如吸入：将患者转移到空气新鲜处，休息，保持利于呼吸的体位，如感觉不适，呼叫中毒控制中心或就医。皮肤接触：用大量肥皂水和水清洗，如感觉不适，呼叫中毒控制中心或就医。被污染的衣服经洗净后方可重新使用。食入：如果感觉不适，立即呼叫中毒控制中心或就医，漱口

　安全储存 —

　废弃处置 本品及内装物、容器依据国家和地方法规处置

物理和化学危险 可燃，其粉体与空气混合，能形成爆炸性混合物

健康危害 本品对人体有毒。受热分解出有毒烟雾

环境危害 对环境可能有害

第三部分　成分/组成信息

√ 物质　　　　　　　混合物

组分	浓度	CAS No.
乙酰基乙酰邻氯苯胺		93-70-9

第四部分　急救措施

吸入 迅速脱离现场至空气新鲜处。保持呼吸道通畅。如呼吸困难，给输氧。呼吸、心跳停止，立即进行心肺复苏术。就医

皮肤接触 立即脱去污染的衣着，用流动清水彻底冲洗。就医

眼睛接触 立即分开眼睑，用流动清水或生理盐水彻底冲洗。就医

食入 漱口，饮水。就医

对保护施救者的忠告 根据需要使用个人防护设备

对医生的特别提示 对症处理

第五部分　消防措施

灭火剂 用雾状水、泡沫、干粉、二氧化碳、砂土灭火

特别危险性 遇明火、高热可燃。其粉体与空气可形成爆炸性混合物，当达到一定浓度时，遇火星会发生爆炸。与氧化剂能发生强烈反应。受高热分解产生有毒的腐蚀性烟气

灭火注意事项及防护措施 消防人员必须佩戴空气呼吸器、穿全身防火防毒服，在上风向灭火。尽可能将容器从火场移至空旷处。喷水保持火场容器冷却，直至灭火结束

第六部分　泄漏应急处理

作业人员防护措施、防护装备和应急处置程序 隔离泄漏污染区，限制出入。消除所有点火源。建议应急处理人员戴防尘口罩，穿一般作业工作服。尽可能切断泄漏源

环境保护措施 用塑料布覆盖泄漏物，减少飞散

泄漏化学品的收容、清除方法及所使用的处置材料 勿使水进入包装容器内。用洁净的铲子收集泄漏物，置于干净、干燥、盖子较松的容器中，将容器移离泄漏区

第七部分　操作处置与储存

操作注意事项 密闭操作，全面通风。防止粉尘释放到车间空气中。操作人员必须经过专门培训，严格遵守操作规程。建议操作人员佩戴自吸过滤式防尘口罩，戴化学安全防护眼镜，穿透气型防毒服，戴防化学品手套。远离火种、热源，工作场所严禁吸烟。使用防爆型的通风系统和设备。避免产生粉尘。避免与氧化剂接触。配备相应品种和数量的消防器材及泄漏应急处理设备。倒空的容器可能残留有害物

储存注意事项 储存于阴凉、通风的库房。远离火种、热源。防止阳光直射。包装密封。应与氧化剂分开存放，切忌混储。配备相应品种和数量的消防器材。储区应备有合适的材料收容泄漏物

第八部分　接触控制/个体防护

职业接触限值

　中国 未制定标准

　美国（ACGIH） 未制定标准

生物接触限值 未制定标准

监测方法 空气中有毒物质测定方法：未制定标准。生物监测检验方法：未制定标准

工程控制 生产过程密闭，全面通风

个体防护装备

　呼吸系统防护 空气中粉尘浓度较高时，建议佩戴过滤式防尘呼吸器

　眼睛防护 戴化学安全防护眼镜

　皮肤和身体防护 穿透气型防毒服

　手防护 戴防化学品手套

第九部分　理化特性

外观与性状 白色结晶粉末

pH 值 无资料　　　　　　　**熔点(℃)** 107

沸点(℃) 无资料

相对密度(水＝1) 1.438（20℃）

相对蒸气密度(空气＝1) ＞1

饱和蒸气压(kPa) 0.0133（20℃）

临界压力(MPa) 无资料　　**辛醇/水分配系数** 无资料

闪点(℃) 177（OC）　　　**自燃温度(℃)** 无资料

爆炸下限(%) 无资料　　　**爆炸上限(%)** 无资料

分解温度(℃) 无资料　　　**黏度(mPa·s)** 无资料

燃烧热(kJ/mol) 无资料　　**临界温度(℃)** 无资料

溶解性 不溶于水、乙醚，溶于乙醇

第十部分　稳定性和反应性

稳定性 稳定

危险反应 与强氧化剂等禁配物发生反应

避免接触的条件 无资料

禁配物 强氧化剂

危险的分解产物 氮氧化物、氯化氢、氯化物

第十一部分　毒理学信息

急性毒性 LD_{50}：11600mg/kg（大鼠经口）

皮肤刺激或腐蚀 无资料　　**眼睛刺激或腐蚀** 无资料

呼吸或皮肤过敏 无资料　　**生殖细胞突变性** 无资料

致癌性 无资料　　　　　　　**生殖毒性** 无资料

特异性靶器官系统毒性-一次接触 无资料

特异性靶器官系统毒性-反复接触 无资料

吸入危害 无资料

第十二部分　生态学信息

生态毒性 根据结构类似物质预测，该物质对水生生物有害

持久性和降解性

　生物降解性 无资料

　非生物降解性 无资料

潜在的生物累积性 无资料

土壤中的迁移性 无资料

第十三部分　废弃处置

废弃化学品 建议用焚烧法处置。在能利用的地方重复使用容器或在规定场所掩埋

污染包装物 将容器返还生产商或按照国家和地方法规处置

废弃注意事项 处置前应参阅国家和地方有关法规

第十四部分　运输信息

联合国危险货物编号（UN号） —

联合国运输名称 —　　**联合国危险性类别** —

包装类别 —　　　　　　**包装标志** —

海洋污染物 否

运输注意事项 铁路运输时包装所用的麻袋、塑料编织袋、复合塑料编织袋的强度应符合国家标准要求。运输前应先检查包装容器是否完整、密封，运输过程中要确保容器不泄漏、不倒塌、不坠落、不损坏。严禁与酸类、氧化剂、食品及食品添加剂混运。运输时运输车辆应配备相应品种和数量的消防器材及泄漏应急处理设备。运输途中应防暴晒、雨淋，防高温。公路运输时要按规定路线行驶，勿在居民区和人口稠密区停留

第十五部分　法规信息

　下列法律、法规、规章和标准，对该化学品的管理作了相应的规定。

中华人民共和国职业病防治法 职业病分类和目录：未列入

危险化学品安全管理条例 危险化学品目录：列入。易制爆危险化学品名录：未列入。重点监管的危险化学品名录：未列入。GB 18218—2009《危险化学品重大危险源辨识》（表1）：未列入

使用有毒物品作业场所劳动保护条例 高毒物品目录：未列入

易制毒化学品管理条例 易制毒化学品的分类和品种目录：未列入

国际公约 斯德哥尔摩公约：未列入。鹿特丹公约：未列入。蒙特利尔议定书：未列入

第十六部分　其他信息

编写和修订信息　　**缩略语和首字母缩写**

培训建议　　　　　　**参考文献**

免责声明

乙酰溴

第一部分　化学品标识

化学品中文名 乙酰溴；溴乙酰；溴化乙酰

化学品英文名 acetyl bromide；ethanoyl bromide

分子式 C_2H_3BrO　**分子量** 122.95

结构式

化学品的推荐及限制用途 用于有机合成、染料制造

第二部分　危险性概述

紧急情况概述 可燃液体，造成严重的皮肤灼伤和眼损伤，可能引起呼吸道刺激

GHS危险性类别 易燃液体，类别4；皮肤腐蚀/刺激，类别1；严重眼损伤/眼刺激，类别1；特异性靶器官毒性—一次接触，类别3（呼吸道刺激）；危害水生环境-急性危害，类别3；危害水生环境-长期危害，类别3

标签要素

象形图

警示词 危险

危险性说明 可燃液体，造成严重的皮肤灼伤和眼损伤，可能引起呼吸道刺激，对水生生物有害并具有长期持续影响

防范说明

　预防措施 远离火焰和热表面。禁止吸烟。避免接触眼睛、皮肤，操作后彻底清洗。穿防护服，戴防护眼镜、防护手套、防护面罩。禁止排入环境

　事故响应 火灾时，使用干粉、二氧化碳、砂土灭火。如吸入：将患者转移到空气新鲜处，休息，保持利于呼吸的体位，立即呼叫中毒控制

中心或就医。皮肤（或头发）接触：立即脱掉所有被污染的衣服，用水冲洗皮肤，淋浴。污染的衣服必须洗净后方可重新使用。眼睛接触：用水细心地冲洗数分钟。如戴隐形眼镜并可方便地取出，则取出隐形眼镜，继续冲洗。食入：漱口，不要催吐

安全储存 存放在通风良好的地方。保持低温。上锁保管

废弃处置 本品及内装物、容器依据国家和地方法规处置

物理和化学危险 可燃，其蒸气与空气混合，能形成爆炸性混合物。遇水产生刺激性气体

健康危害 对眼睛、皮肤和黏膜有明显的刺激作用。吸入可引起呼吸道的明显危害。中毒表现有烧灼感、咳嗽、喘息、喉炎、气短、头痛、恶心和呕吐。眼和皮肤接触引起灼伤

环境危害 对水生生物有害并具有长期持续影响

第三部分 成分/组成信息

√ 物质　　　　　　　　混合物

组分　　　**浓度**　　　**CAS No.**

乙酰溴　　　　　　　　506-96-7

第四部分 急救措施

吸入 迅速脱离现场至空气新鲜处。保持呼吸道通畅。如呼吸困难，给输氧。呼吸、心跳停止，立即进行心肺复苏术。就医

皮肤接触 立即脱去污染的衣着，用大量流动清水彻底冲洗至少 15min。就医

眼睛接触 立即分开眼睑，用流动清水或生理盐水彻底冲洗 5～10min。就医

食入 用水漱口，禁止催吐。给饮牛奶或蛋清。就医

对保护施救者的忠告 根据需要使用个人防护设备

对医生的特别提示 对症处理

第五部分 消防措施

灭火剂 用干粉、二氧化碳、砂土灭火

特别危险性 易燃，受热分解放出溴化氢和有毒的碳酰溴。与水和乙醇发生激烈分解生成溴氢酸和乙酸。遇潮时对大多数金属有强腐蚀性

灭火注意事项及防护措施 消防人员必须穿全身耐酸碱消防服。尽可能将容器从火场移至空旷处。喷水保持火场容器冷却，直至灭火结束。处在火场中的容器若已变色或从安全泄压装置中发出声音，必须马上撤离。禁止用水、泡沫和酸碱灭火剂灭火

第六部分 泄漏应急处理

作业人员防护措施、防护装备和应急处置程序 根据液体流动和蒸气扩散的影响区域划定警戒区，无关人员从侧风、上风向撤离至安全区。建议应急处理人员戴正压自给式呼吸器，穿防腐、防毒服。作业时使用的所有设备应接地。穿上适当的防护服前严禁接触破裂的容器和泄漏物。尽可能切断泄漏源

环境保护措施 防止泄漏物进入水体、下水道、地下室或有限空间

泄漏化学品的收容、清除方法及所使用的处置材料 严禁用水处理。小量泄漏：用干燥的砂土或其他不燃材料覆盖泄漏物。大量泄漏：构筑围堤或挖坑收容。用粉煤灰或石灰粉吸收大量液体。用耐腐蚀泵转移至槽车或专用收集器内

第七部分 操作处置与储存

操作注意事项 密闭操作，局部排风。操作人员必须经过专门培训，严格遵守操作规程。建议操作人员佩戴自吸过滤式防毒面具（全面罩），穿橡胶耐酸碱服，戴橡胶耐酸碱手套。远离火种、热源，工作场所严禁吸烟。使用防爆型的通风系统和设备。防止蒸气泄漏到工作场所空气中。避免与氧化剂、碱类、醇类接触，尤其要注意避免与水接触。搬运时要轻装轻卸，防止包装及容器损坏。配备相应品种和数量的消防器材及泄漏应急处理设备。倒空的容器可能残留有害物

储存注意事项 储存于阴凉、干燥、通风良好的库房。远离火种、热源。库温不超过 30℃，相对湿度不超过 75%。保持容器密封。应与氧化剂、碱类、醇类等分开存放，切忌混储。采用防爆型照明、通风设施。禁止使用易产生火花的机械设备和工具。储区应备有泄漏应急处理设备和合适的收容材料

第八部分 接触控制/个体防护

职业接触限值

中国 未制定标准

美国（ACGIH） 未制定标准

生物接触限值 未制定标准

监测方法 空气中有毒物质测定方法：未制定标准。生物监测检验方法：未制定标准

工程控制 密闭操作，局部排风。提供安全淋浴和洗眼设备

个体防护装备

呼吸系统防护 空气中浓度超标时，必须佩戴过滤式防毒面具（全面罩）。紧急事态抢救或撤离时，应该佩戴空气呼吸器

眼睛防护 呼吸系统防护中已作防护

皮肤和身体防护 穿橡胶耐酸碱服

手防护 戴橡胶耐酸碱手套

第九部分 理化特性

外观与性状 无色发烟液体，露置空气中变黄

pH 值 无资料		熔点（℃） −96.5	
沸点（℃） 76.7		相对密度（水＝1） 1.663	
相对蒸气密度（空气＝1） 4.3			
饱和蒸气压（kPa） 12.26（25℃）			
临界压力（MPa） 无资料		辛醇/水分配系数 无资料	
闪点（℃） 1		自燃温度（℃） 无资料	
爆炸下限（%） 无资料		爆炸上限（%） 无资料	
分解温度（℃） 无资料		黏度（mPa·s） 无资料	
燃烧热（kJ/mol） 无资料		临界温度（℃） 无资料	

溶解性　溶于乙醚、氯仿、苯

第十部分　稳定性和反应性

稳定性　稳定

危险反应　与水、醇类、强氧化剂、强碱等禁配物发生反应。与水和乙醇发生激烈分解生成溴氢酸和乙酸

避免接触的条件　潮湿空气

禁配物　水、醇类、强氧化剂、强碱

危险的分解产物　溴化氢、溴氢酸、碳酰溴

第十一部分　毒理学信息

急性毒性　LD_{50}：250mg/kg（小鼠腹腔内）

皮肤刺激或腐蚀　无资料　　**眼睛刺激或腐蚀**　无资料

呼吸或皮肤过敏　无资料　　**生殖细胞突变性**　无资料

致癌性　无资料　　　　　　**生殖毒性**　无资料

特异性靶器官系统毒性-一次接触　无资料

特异性靶器官系统毒性-反复接触　无资料

吸入危害　无资料

第十二部分　生态学信息

生态毒性　LC_{50}：40.6mg/L（96h）（黑头呆鱼）

持久性和降解性

　　生物降解性　无资料

　　非生物降解性　遇水快速分解

潜在的生物累积性　无资料

土壤中的迁移性　无资料

第十三部分　废弃处置

废弃化学品　建议用焚烧法处置。焚烧炉排出的卤化氢通过酸洗涤器除去

污染包装物　将容器返还生产商或按照国家和地方法规处置

废弃注意事项　处置前应参阅国家和地方有关法规

第十四部分　运输信息

联合国危险货物编号（UN号）　1716

联合国运输名称　乙酰溴

联合国危险性类别　8

包装类别　Ⅱ　　　　**包装标志**　

海洋污染物　否

运输注意事项　起运时包装要完整，装载应稳妥。运输过程中要确保容器不泄漏、不倒塌、不坠落、不损坏。运输时所用的槽（罐）车应有接地链，槽内可设孔隔板以减少震荡产生的静电。严禁与氧化剂、碱类、醇类、食用化学品等混装混运。公路运输时要按规定路线行驶，勿在居民区和人口稠密区停留

第十五部分　法规信息

　　下列法律、法规、规章和标准，对该化学品的管理作了相应的规定。

中华人民共和国职业病防治法　职业病分类和目录：未列入

危险化学品安全管理条例　危险化学品目录：列入。易制爆危险化学品名录：未列入。重点监管的危险化学品名录：未列入。GB 18218—2009《危险化学品重大危险源辨识》（表1）：未列入

使用有毒物品作业场所劳动保护条例　高毒物品目录：未列入

易制毒化学品管理条例　易制毒化学品的分类和品种目录：未列入

国际公约　斯德哥尔摩公约：未列入。鹿特丹公约：未列入。蒙特利尔议定书：未列入

第十六部分　其他信息

编写和修订信息　　　缩略语和首字母缩写

培训建议　　　　　　参考文献

免责声明

乙酰亚砷酸铜

第一部分　化学品标识

化学品中文名　乙酰亚砷酸铜；祖母绿；醋酸亚砷酸铜；翡翠绿；巴黎绿

化学品英文名　copper acetoarsenite；cupric acetoarsenite

分子式　$C_4H_6As_6Cu_4O_{16}$　　**分子量**　1013.796

结构式　

化学品的推荐及限制用途　绿色颜料，主要用于古建筑物涂料、船底涂料、防虫涂料等

第二部分　危险性概述

紧急情况概述　吞咽致命，造成严重眼刺激，可能致癌

GHS危险性类别　急性毒性-经口，类别2；严重眼损伤/眼刺激，类别2；致癌性，类别1A；生殖毒性，类别2；特异性靶器官毒性-一次接触，类别1；特异性靶器官毒性-反复接触，类别1；危害水生环境-急性危害，类别1；危害水生环境-长期危害，类别1

标签要素

　　象形图

　　警示词　危险

　　危险性说明　吞咽致命，造成严重眼刺激，可能致癌，怀疑对生育力或胎儿造成伤害，对器官造成损害，长时间或反复接触对器官造成损伤，对水生生物毒性非常大并具有长期持续影响

　　防范说明

　　　　预防措施　避免接触眼睛、皮肤，操作后彻底清

洗。作业场所不得进食、饮水或吸烟。戴防护眼镜、防护面罩。得到专门指导后操作。在阅读并了解所有安全预防措施之前，切勿操作。按要求使用个体防护装备。避免吸入粉尘。禁止排入环境

事故响应　如接触眼睛：用水细心冲洗数分钟。如戴隐形眼镜并可方便地取出，取出隐形眼镜，继续冲洗。如果眼睛刺激持续，就医。食入：立即呼叫中毒控制中心或就医，漱口。如果接触或有担心，立即呼叫中毒控制中心或就医。如感觉不适，就医。收集泄漏物

安全储存　上锁保管

废弃处置　本品及内装物、容器依据国家和地方法规处置

物理和化学危险　可燃，其粉体与空气混合，能形成爆炸性混合物

健康危害　剧毒。吸入或误服会中毒。在水中水解或受空气中碳酸气的作用，生成亚砷酸，对皮肤黏膜有刺激性，能引起皮炎、结膜炎等

环境危害　对水生生物毒性非常大并具有长期持续影响

第三部分　成分/组成信息

√物质　　　　　　　　混合物

组分	浓度	CAS No.
乙酰亚砷酸铜		12002-03-8

第四部分　急救措施

吸入　迅速脱离现场至空气新鲜处。保持呼吸道通畅。如呼吸困难，给输氧。呼吸、心跳停止，立即进行心肺复苏术。就医

皮肤接触　立即脱去污染的衣着，用肥皂水和清水彻底冲洗。就医

眼睛接触　立即分开眼睑，用流动清水或生理盐水彻底冲洗。就医

食入　催吐、彻底洗胃，洗胃后服活性炭 30～50g（用水调成浆状），而后再服用硫酸镁或硫酸钠导泻。就医

对保护施救者的忠告　根据需要使用个人防护设备

对医生的特别提示　解毒剂：二巯基丙磺酸钠、二巯基丁二酸钠等

第五部分　消防措施

灭火剂　用雾状水、泡沫、干粉、二氧化碳、砂土灭火

特别危险性　遇水或与空气中的二氧化碳作用生成亚砷酸。受高热或接触酸或酸雾放出剧毒的烟雾

灭火注意事项及防护措施　消防人员必须佩戴防毒面具、穿全身消防服，在上风向灭火。尽可能将容器从火场移至空旷处。喷水保持火场容器冷却，直至灭火结束

第六部分　泄漏应急处理

作业人员防护措施、防护装备和应急处置程序　隔离泄漏污染区，限制出入。建议应急处理人员戴防尘口罩，穿防毒服。穿上适当的防护服前严禁接触破裂的容器和泄漏物。尽可能切断泄漏源

环境保护措施　用塑料布覆盖泄漏物，减少飞散

泄漏化学品的收容、清除方法及所使用的处置材料　勿使水进入包装容器内。用洁净的铲子收集泄漏物，置于干净、干燥、盖子较松的容器中，将容器移离泄漏区

第七部分　操作处置与储存

操作注意事项　密闭操作，提供充分的局部排风。防止粉尘释放到车间空气中。操作人员必须经过专门培训，严格遵守操作规程。建议操作人员佩戴防尘面具（全面罩），穿胶布防毒衣，戴橡胶手套。远离火种、热源，工作场所严禁吸烟。使用防爆型的通风系统和设备。避免产生粉尘。避免与酸类、二氧化碳接触。配备相应品种和数量的消防器材及泄漏应急处理设备。倒空的容器可能残留有害物

储存注意事项　储存于阴凉、干燥、通风良好的库房内。远离火种、热源。防止阳光直射。包装密封。应与酸类、二氧化碳、食用化学品等分开存放，切忌混储。配备相应品种和数量的消防器材。储区应备有合适的材料收容泄漏物

第八部分　接触控制/个体防护

职业接触限值

　中国　PC-TWA：0.01mg/m³；PC-STEL：0.02mg/m³［按 As 计］［G1］

　美国（ACGIH）　TLV-TWA：0.01mg/m³［按 As 计］

生物接触限值　未制定标准

监测方法　空气中有毒物质测定方法：原子荧光光谱法；氢化物-原子吸收光谱法；二乙氨基二硫代甲酸银分光光度法。生物监测检验方法：未制定标准

工程控制　严加密闭，提供充分的局部排风

个体防护装备

　呼吸系统防护　可能接触其粉尘时，必须佩戴防尘面具（全面罩）。紧急事态抢救或撤离时，应该佩戴空气呼吸器

　眼睛防护　呼吸系统防护中已作防护

　皮肤和身体防护　穿密闭型防毒服

　手防护　戴橡胶手套

第九部分　理化特性

外观与性状　具有翡翠绿色的结晶性粉末

pH 值　无资料		**熔点（℃）**　无资料	
沸点（℃）　（分解）			
相对密度（水＝1）　＞1.1（20℃）			
相对蒸气密度（空气＝1）　无资料			
饱和蒸气压（kPa）　无资料			
临界压力（MPa）　无资料		**辛醇/水分配系数**　无资料	
闪点（℃）　无意义		**自燃温度（℃）**　无资料	
爆炸下限（%）　无资料		**爆炸上限（%）**　无资料	
分解温度（℃）　沸点分解		**黏度（mPa·s）**　无资料	
燃烧热（kJ/mol）　无资料		**临界温度（℃）**　无资料	

溶解性　不溶于水、醇，溶于稀酸

第十部分 稳定性和反应性

稳定性 稳定

危险反应 遇水或与空气中的二氧化碳作用生成亚砷酸。受高热或接触酸或酸雾放出剧毒的烟雾

避免接触的条件 潮湿空气

禁配物 强酸、水、二氧化碳

危险的分解产物 氧化砷、氧化铜

第十一部分 毒理学信息

急性毒性 LD_{50}：22mg/kg（大鼠经口），45mg/kg（小鼠经口），13mg/kg（兔经口）

皮肤刺激或腐蚀 无资料　　**眼睛刺激或腐蚀** 无资料

呼吸或皮肤过敏 无资料　　**生殖细胞突变性** 无资料

致癌性 IARC致癌性评论：组1，确认人类致癌物

生殖毒性 无资料

特异性靶器官系统毒性-一次接触 无资料

特异性靶器官系统毒性-反复接触 无资料

吸入危害 无资料

第十二部分 生态学信息

生态毒性 LC_{50}：0.286mg/L（96h）（银鲑）

持久性和降解性

　　生物降解性　无资料

　　非生物降解性　无资料

潜在的生物累积性 无资料

土壤中的迁移性 无资料

第十三部分 废弃处置

废弃化学品 在污水处理厂处理和中和。若可能，重复使用容器或在规定场所掩埋

污染包装物 将容器返还生产商或按照国家和地方法规处置

废弃注意事项 处置前应参阅国家和地方有关法规

第十四部分 运输信息

联合国危险货物编号（UN号） 1585

联合国运输名称 乙酰亚砷酸铜

联合国危险性类别 6.1

包装类别 Ⅱ　　　　　　**包装标志**

海洋污染物 是

运输注意事项 运输前应先检查包装容器是否完整、密封，运输过程中要确保容器不泄漏、不倒塌、不坠落、不损坏。严禁与酸类、氧化剂、食品及食品添加剂混运。运输时运输车辆应配备相应品种和数量的消防器材及泄漏应急处理设备。运输途中应防暴晒、雨淋，防高温。公路运输时要按规定路线行驶，勿在居民区和人口稠密区停留

第十五部分 法规信息

下列法律、法规、规章和标准，对该化学品的管理作了相应的规定。

中华人民共和国职业病防治法 职业病分类和目录：砷及其化合物中毒，砷及其化合物所致肺癌、皮肤癌

危险化学品安全管理条例 危险化学品目录：列入。易制爆危险化学品名录：未列入。重点监管的危险化学品名录：未列入。GB 18218—2009《危险化学品重大危险源辨识》（表1）：未列入

使用有毒物品作业场所劳动保护条例 高毒物品目录：未列入

易制毒化学品管理条例 易制毒化学品的分类和品种目录：未列入

国际公约 斯德哥尔摩公约：未列入。鹿特丹公约：未列入。蒙特利尔议定书：未列入

第十六部分 其他信息

编写和修订信息 缩略语和首字母缩写

培训建议 参考文献

免责声明

4-乙氧基苯胺

第一部分 化学品标识

化学品中文名 4-乙氧基苯胺；对氨基苯乙醚；对乙氧基苯胺

化学品英文名 4-ethoxyaniline；4-aminophenetole；*p*-phenetidine

分子式 $C_8H_{11}NO$　　**分子量** 137.179

结构式

化学品的推荐及限制用途 用于有机合成

第二部分 危险性概述

紧急情况概述 吞咽有害，皮肤接触有害，吸入会中毒，造成严重眼刺激，可能导致皮肤过敏反应

GHS危险性类别 急性毒性-经口，类别4；急性毒性-经皮，类别4；急性毒性-吸入，类别3；严重眼损伤/眼刺激，类别2；皮肤致敏物，类别1；生殖细胞致突变性，类别2；危害水生环境-急性危害，类别2

标签要素

象形图

警示词 危险

危险性说明 吞咽有害，皮肤接触有害，吸入会中毒，造成严重眼刺激，可能导致皮肤过敏反应，怀疑可造成遗传性缺陷，对水生生物有毒

防范说明

　　预防措施　避免接触眼睛、皮肤，操作后彻底清洗。作业场所不得进食、饮水或吸烟。戴防护手套，穿防护服，戴防护眼镜、防护面罩。避免吸入蒸气、雾。仅在室外或通风良好处操

作。污染的工作服不得带出工作场所。得到专门指导后操作。在阅读并了解所有安全预防措施之前，切勿操作。按要求使用个体防护装备。禁止排入环境

事故响应　如吸入：将患者转移到空气新鲜处，休息，保持利于呼吸的体位。皮肤接触：用大量肥皂水和水清洗，如感觉不适，呼叫中毒控制中心或就医，被污染的衣服必须经洗净后方可重新使用。如出现皮肤刺激或皮疹：就医。如接触眼睛：用水细心冲洗数分钟。如戴隐形眼镜并可方便地取出，取出隐形眼镜，继续冲洗。如果眼睛刺激持续，就医。食入：如果感觉不适，立即呼叫中毒控制中心或就医，漱口。如果接触或有担心，就医

安全储存　在通风良好处储存。保持容器密闭。上锁保管

废弃处置　本品及内装物、容器依据国家和地方法规处置

物理和化学危险　可燃，其蒸气与空气混合，能形成爆炸性混合物

健康危害　对皮肤和眼睛有刺激作用。蒸气能经皮肤吸收。本品中毒有类似苯胺的中毒症状，如头痛、眩晕、发绀等

环境危害　对水生生物有毒

第三部分　成分/组成信息

　　　√ 物质　　　　　　　混合物

组分	浓度	CAS No.
4-乙氧基苯胺		156-43-4

第四部分　急救措施

吸入　迅速脱离现场至空气新鲜处。保持呼吸道通畅。如呼吸困难，给输氧。如呼吸、心跳停止，立即进行心肺复苏术。就医

皮肤接触　立即脱去污染衣着，用肥皂水或清水彻底冲洗。就医

眼睛接触　分开眼睑，用清水或生理盐水冲洗。就医

食入　漱口，饮水。就医

对保护施救者的忠告　根据需要使用个人防护设备

对医生的特别提示　高铁血红蛋白血症，可用亚甲蓝和维生素C治疗

第五部分　消防措施

灭火剂　用雾状水、泡沫、干粉、二氧化碳、砂土灭火

特别危险性　遇明火、高热可燃。与氧化剂可发生反应。受高热分解放出有毒的气体。若遇高热，容器内压增大，有开裂和爆炸的危险

灭火注意事项及防护措施　消防人员必须佩戴防毒面具、穿全身消防服，在上风向灭火。尽可能将容器从火场移至空旷处。喷水保持火场容器冷却，直至灭火结束。处在火场中的容器若已变色或从安全泄压装置中发出声音，必须马上撤离

第六部分　泄漏应急处理

作业人员防护措施、防护装备和应急处置程序　根据液体流动和蒸气扩散的影响区域划定警戒区，无关人员从侧风向、上风向撤离至安全区。消除所有点火源。建议应急处理人员戴正压自给式呼吸器，穿防毒服。穿上适当的防护服前严禁接触破裂的容器和泄漏物。尽可能切断泄漏源

环境保护措施　防止泄漏物进入水体、下水道、地下室或有限空间

泄漏化学品的收容、清除方法及所使用的处置材料　小量泄漏：用干燥的砂土或其他不燃材料吸收或覆盖，收集于容器中。大量泄漏：构筑围堤或挖坑收容。用泵转移至槽车或专用收集器内

第七部分　操作处置与储存

操作注意事项　密闭操作，局部排风。防止蒸气泄漏到工作场所空气中。操作人员必须经过专门培训，严格遵守操作规程。建议操作人员佩戴自吸过滤式防毒面具（半面罩），戴化学安全防护眼镜，穿防毒物渗透工作服，戴橡胶手套。远离火种、热源，工作场所严禁吸烟。使用防爆型的通风系统和设备。在清除液体和蒸气前不能进行焊接、切割等作业。避免产生烟雾。避免与氧化剂接触。配备相应品种和数量的消防器材及泄漏应急处理设备。倒空的容器可能残留有害物

储存注意事项　储存于阴凉、通风的库房。远离火种、热源。防止阳光直射。保持容器密封。应与氧化剂分开存放，切忌混储。配备相应品种和数量的消防器材。储区应备有泄漏应急处理设备和合适的收容材料

第八部分　接触控制/个体防护

职业接触限值

　　中国　未制定标准

　　美国（ACGIH）　未制定标准

生物接触限值　未制定标准

监测方法　空气中有毒物质测定方法：未制定标准。生物监测检验方法：未制定标准

工程控制　密闭操作，局部排风

个体防护装备

　　呼吸系统防护　空气中浓度超标时，必须佩戴过滤式防毒面具（半面罩）。紧急事态抢救或撤离时，应该佩戴空气呼吸器

　　眼睛防护　戴化学安全防护眼镜

　　皮肤和身体防护　穿防毒物渗透工作服

　　手防护　戴橡胶手套

第九部分　理化特性

外观与性状　无色油状液体，暴露在空气中和光照下渐变成红棕色

pH值　无资料		**熔点(℃)**　4	
沸点(℃)　253～255		**相对密度(水=1)**　1.062(16℃)	
相对蒸气密度(空气=1)　无资料			
饱和蒸气压(kPa)　无资料			

临界压力(MPa)	无资料	辛醇/水分配系数	无资料
闪点(℃)	115	自燃温度(℃)	无资料
爆炸下限(%)	无资料	爆炸上限(%)	无资料
分解温度(℃)	无资料	黏度(mPa·s)	无资料
燃烧热(kJ/mol)	无资料	临界温度(℃)	无资料

溶解性　不溶于水，溶于乙醇

第十部分　稳定性和反应性

稳定性　稳定

危险反应　与强氧化剂等禁配物发生反应

避免接触的条件　光照

禁配物　强氧化剂

危险的分解产物　氮氧化物

第十一部分　毒理学信息

急性毒性　LD$_{50}$：540mg/kg（大鼠经口）；530mg/kg（小鼠经口）；2353mg/kg（兔经皮）

皮肤刺激或腐蚀	无资料	眼睛刺激或腐蚀	无资料
呼吸或皮肤过敏	无资料	生殖细胞突变性	无资料
致癌性	无资料	生殖毒性	无资料

特异性靶器官系统毒性—一次接触　无资料

特异性靶器官系统毒性-反复接触　无资料

吸入危害　无资料

第十二部分　生态学信息

生态毒性

　　EC$_{50}$：5.1mg/L（72h）（羊角月牙藻）

持久性和降解性

　　生物降解性　易快速生物降解

　　非生物降解性　无资料

潜在的生物累积性　根据 K_{ow} 值预测，该物质的生物累积性可能较弱

土壤中的迁移性　根据 K_{oc} 值预测，该物质可能易发生迁移

第十三部分　废弃处置

废弃化学品　建议用焚烧法处置。在能利用的地方重复使用容器或在规定场所掩埋

污染包装物　将容器返还生产商或按照国家和地方法规处置

废弃注意事项　处置前应参阅国家和地方有关法规

第十四部分　运输信息

联合国危险货物编号（UN号）　2311

联合国运输名称　氨基苯乙醚

联合国危险性类别　6.1

包装类别　Ⅲ　　　　**包装标志**

海洋污染物　否

运输注意事项　运输前应先检查包装容器是否完整、密封，运输过程中要确保容器不泄漏、不倒塌、不坠落、不损坏。严禁与酸类、氧化剂、食品及食品添加剂混运。运输时运输车辆应配备相应品种和数量的消防器材及泄漏应急处理设备。运输途中应防暴晒、雨淋，防高温。公路运输时要按规定路线行驶，勿在居民区和人口稠密区停留

第十五部分　法规信息

下列法律、法规、规章和标准，对该化学品的管理作了相应的规定。

中华人民共和国职业病防治法　职业病分类和目录：苯的氨基及硝基化合物中毒

危险化学品安全管理条例　危险化学品目录：列入。易制爆危险化学品名录：未列入。重点监管的危险化学品名录：未列入。GB 18218—2009《危险化学品重大危险源辨识》（表1）：未列入

使用有毒物品作业场所劳动保护条例　高毒物品目录：未列入

易制毒化学品管理条例　易制毒化学品的分类和品种目录：未列入

国际公约　斯德哥尔摩公约：未列入。鹿特丹公约：未列入。蒙特利尔议定书：未列入

第十六部分　其他信息

编写和修订信息	缩略语和首字母缩写
培训建议	参考文献
免责声明	

2-异丙基苯酚

第一部分　化学品标识

化学品中文名　2-异丙基苯酚；邻异丙基苯酚

化学品英文名　2-isopropylphenol；o-hydroxycumene

分子式　C$_9$H$_{12}$O　**分子量**　136.191

结构式

化学品的推荐及限制用途　用作增塑剂、表面活性剂、香料合成中间体

第二部分　危险性概述

紧急情况概述　造成严重的皮肤灼伤和眼损伤

GHS危险性类别　皮肤腐蚀/刺激，类别1；严重眼损伤/眼刺激，类别1；危害水生环境-急性危害，类别2；危害水生环境-长期危害，类别2

标签要素

象形图

警示词　危险

危险性说明　造成严重的皮肤灼伤和眼损伤，对水生生物有毒并具有长期持续影响

防范说明

预防措施　避免吸入烟雾。避免接触眼睛、皮肤，操作后彻底清洗。穿防护服，戴防护手套、防护眼镜、防护面罩。禁止排入环境

事故响应　如吸入：将患者转移到空气新鲜处，休息，保持利于呼吸的体位，立即呼叫中毒控制中心或就医。皮肤（或头发）接触：立即脱掉所有被污染的衣服，用水冲洗皮肤，淋浴。污染的衣服洗净后方可重新使用。眼睛接触：用水细心地冲洗数分钟，立即呼叫中毒控制中心或就医。如戴隐形眼镜并可方便地取出，则取出隐形眼镜，继续冲洗。食入：漱口，不要催吐。收集泄漏物

安全储存　上锁保管

废弃处置　本品及内装物、容器依据国家和地方法规处置

物理和化学危险　可燃，其蒸气与空气混合，能形成爆炸性混合物

健康危害　本品对眼睛、黏膜和上呼吸道有强烈的刺激作用。吸入后可引起喉、支气管的炎症，水肿、痉挛，化学性肺炎或肺水肿。接触后可引起咳嗽、烧灼感、喘息、气短、头痛、恶心和呕吐等。眼睛和皮肤接触可致灼伤

环境危害　对水生生物有毒并具有长期持续影响

第三部分　成分/组成信息

√ 物质　　　　　　　　混合物

组分	浓度	CAS No.
2-异丙基苯酚		88-69-7

第四部分　急救措施

吸入　迅速脱离现场至空气新鲜处。保持呼吸道通畅。如呼吸困难，给输氧。呼吸、心跳停止，立即进行心肺复苏术。就医

皮肤接触　立即脱去污染的衣着，用大量流动清水彻底冲洗至少 15min。就医

眼睛接触　立即分开眼睑，用流动清水或生理盐水彻底冲洗 5～10min。就医

食入　用水漱口，禁止催吐。给饮牛奶或蛋清。就医

对保护施救者的忠告　根据需要使用个人防护设备

对医生的特别提示　对症处理

第五部分　消防措施

灭火剂　用雾状水、泡沫、干粉、二氧化碳、砂土灭火

特别危险性　遇明火、高热可燃。与氧化剂可发生反应。遇热分解出高毒的酚烟雾

灭火注意事项及防护措施　消防人员必须佩戴空气呼吸器、穿全身防火防毒服，在上风向灭火。尽可能将容器从火场移至空旷处。喷水保持火场容器冷却，直至灭火结束。处在火场中的容器若已变色或从安全泄压装置中发出声音，必须马上撤离

第六部分　泄漏应急处理

作业人员防护措施、防护装备和应急处置程序　根据液体流动和蒸气扩散的影响区域划定警戒区，无关人员从侧风、上风向撤离至安全区。消除所有点火源。建议应急处理人员戴正压自给式呼吸器，穿防酸碱服。穿上适当的防护服前严禁接触破裂的容器和泄漏物。尽可能切断泄漏源

环境保护措施　防止泄漏物进入水体、下水道、地下室或有限空间

泄漏化学品的收容、清除方法及所使用的处置材料　小量泄漏：用干燥的砂土或其他不燃材料吸收或覆盖，收集于容器中。大量泄漏：构筑围堤或挖坑收容。用耐腐蚀泵转移至槽车或专用收集器内

第七部分　操作处置与储存

操作注意事项　密闭操作，提供充分的局部排风。操作人员必须经过专门培训，严格遵守操作规程。建议操作人员佩戴自吸过滤式防毒面具（全面罩），穿橡胶耐酸碱服，戴橡胶耐酸碱手套。远离火种、热源，工作场所严禁吸烟。使用防爆型的通风系统和设备。防止蒸气泄漏到工作场所空气中。避免与氧化剂接触。搬运时要轻装轻卸，防止包装及容器损坏。配备相应品种和数量的消防器材及泄漏应急处理设备。倒空的容器可能残留有害物

储存注意事项　储存于阴凉、通风的库房。远离火种、热源。应与氧化剂等分开存放，切忌混储。配备相应品种和数量的消防器材。储区应备有泄漏应急处理设备和合适的收容材料

第八部分　接触控制/个体防护

职业接触限值

　　中国　未制定标准

　　美国（ACGIH）　未制定标准

生物接触限值　未制定标准

监测方法　空气中有毒物质测定方法：未制定标准。生物监测检验方法：未制定标准

工程控制　严加密闭，提供充分的局部排风

个体防护装备

　　呼吸系统防护　空气中浓度超标时，必须佩戴过滤式防毒面具（全面罩）。紧急事态抢救或撤离时，应该佩戴空气呼吸器

　　眼睛防护　呼吸系统防护中已作防护

　　皮肤和身体防护　穿橡胶耐酸碱服

　　手防护　戴橡胶耐酸碱手套

第九部分　理化特性

外观与性状　无色至琥珀色液体

pH 值　无资料		**熔点(℃)**　15～16
沸点(℃)　212～213		**相对密度(水＝1)**　1.012
相对蒸气密度(空气＝1)　无资料		
饱和蒸气压(kPa)　0.13 (56.6℃)		
临界压力(MPa)　无资料		**辛醇/水分配系数**　无资料
闪点(℃)　88.89		**自燃温度(℃)**　无资料
爆炸下限(%)　无资料		**爆炸上限(%)**　无资料
分解温度(℃)　无资料		**黏度(mPa·s)**　无资料

燃烧热(kJ/mol) 无资料   临界温度(℃) 无资料

溶解性 不溶于水，溶于乙醇、甲苯等

第十部分 稳定性和反应性

稳定性 稳定

危险反应 与氧化剂、酸酐、酰基氯等禁配物发生反应

避免接触的条件 受热

禁配物 氧化剂、酸酐、酰基氯

危险的分解产物 无资料

第十一部分 毒理学信息

急性毒性 LD_{50}：100mg/kg（小鼠静脉）

皮肤刺激或腐蚀 无资料   眼睛刺激或腐蚀 无资料

呼吸或皮肤过敏 无资料   生殖细胞突变性 无资料

致癌性 无资料   生殖毒性 无资料

特异性靶器官系统毒性—一次接触 无资料

特异性靶器官系统毒性-反复接触 无资料

吸入危害 无资料

第十二部分 生态学信息

生态毒性 根据结构类似物质预测，该物质对水生生物有毒

持久性和降解性

  生物降解性 无资料

  非生物降解性 无资料

潜在的生物累积性 无资料

土壤中的迁移性 无资料

第十三部分 废弃处置

废弃化学品 建议用焚烧法处置

污染包装物 将容器返还生产商或按照国家和地方法规处置

废弃注意事项 处置前应参阅国家和地方有关法规

第十四部分 运输信息

联合国危险货物编号（UN号） 3145

联合国运输名称 液态烷基苯酚，未另作规定的（2-异丙基苯酚）

联合国危险性类别 8

包装类别 —   包装标志

海洋污染物 是

运输注意事项 起运时包装要完整，装载应稳妥。运输过程中要确保容器不泄漏、不倒塌、不坠落、不损坏。严禁与氧化剂、食用化学品等混装混运。运输时运输车辆应配备相应品种和数量的消防器材及泄漏应急处理设备。运输途中应防暴晒、雨淋，防高温。公路运输时要按规定路线行驶，勿在居民区和人口稠密区停留

第十五部分 法规信息

下列法律、法规、规章和标准，对该化学品的管理作

了相应的规定。

中华人民共和国职业病防治法 职业病分类和目录：未列入

危险化学品安全管理条例 危险化学品目录：列入。易制爆危险化学品名录：未列入。重点监管的危险化学品名录：未列入。GB 18218—2009《危险化学品重大危险源辨识》（表1）：未列入

使用有毒物品作业场所劳动保护条例 高毒物品目录：未列入

易制毒化学品管理条例 易制毒化学品的分类和品种目录：未列入

国际公约 斯德哥尔摩公约：未列入。鹿特丹公约：未列入。蒙特利尔议定书：未列入

第十六部分 其他信息

编写和修订信息   缩略语和首字母缩写

培训建议   参考文献

免责声明

3-异丙基苯酚

第一部分 化学品标识

化学品中文名 3-异丙基苯酚；间异丙酚；间异丙基苯酚

化学品英文名 3-isopropylphenol；*m*-hydroxycumene

分子式 $C_9H_{12}O$ 分子量 136.191

结构式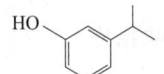

化学品的推荐及限制用途 用作增塑剂等

第二部分 危险性概述

紧急情况概述 造成严重的皮肤灼伤和眼损伤

GHS危险性类别 皮肤腐蚀/刺激，类别1；严重眼损伤/眼刺激，类别1

标签要素

象形图

警示词 危险

危险性说明 造成严重的皮肤灼伤和眼损伤

防范说明

  预防措施 避免吸入粉尘。避免接触眼睛、皮肤，操作后彻底清洗。穿防护服，戴防护手套、防护眼镜、防护面罩

  事故响应 如吸入：将患者转移到空气新鲜处，休息，保持利于呼吸的体位，立即呼叫中毒控制中心或就医。皮肤（或头发）接触：立即脱掉所有被污染的衣服，用水冲洗皮肤，淋浴。污染的衣服洗净后方可重新使用。眼睛接触：用水细心地冲洗数分钟，立即呼叫中毒控制中心或就医。如戴隐形眼镜并可方便地取出，则取出隐形眼镜，继续冲洗。食入：漱口，不要催吐

安全储存　上锁保管

废弃处置　本品及内装物、容器依据国家和地方法规处置

物理和化学危险　可燃，其粉体与空气混合，能形成爆炸性混合物

健康危害　本品对眼睛、皮肤、黏膜和上呼吸道有刺激作用。眼睛和皮肤接触可致灼伤

环境危害　对环境可能有害

第三部分　成分/组成信息

√物质　　　　　　　　　　混合物

组分　　　**浓度**　　　**CAS No.**

3-异丙基苯酚　　　　　　618-45-1

第四部分　急救措施

吸入　迅速脱离现场至空气新鲜处。保持呼吸道通畅。如呼吸困难，给输氧。呼吸、心跳停止，立即进行心肺复苏术。就医

皮肤接触　立即脱去污染的衣着，用大量流动清水彻底冲洗至少 15min。就医

眼睛接触　立即分开眼睑，用流动清水或生理盐水彻底冲洗 5~10min。就医

食入　用水漱口，禁止催吐。给饮牛奶或蛋清。就医

对保护施救者的忠告　根据需要使用个人防护设备

对医生的特别提示　对症处理

第五部分　消防措施

灭火剂　用雾状水、泡沫、干粉、二氧化碳、砂土灭火

特别危险性　遇明火、高热可燃。与氧化剂可发生反应。遇热分解出高毒的酚烟雾

灭火注意事项及防护措施　消防人员必须佩戴防毒面具、穿全身消防服，在上风向灭火。尽可能将容器从火场移至空旷处。喷水保持火场容器冷却，直至灭火结束

第六部分　泄漏应急处理

作业人员防护措施、防护装备和应急处置程序　隔离泄漏污染区，限制出入。消除所有点火源。建议应急处理人员戴防尘口罩，穿防酸碱服。穿上适当的防护服前严禁接触破裂的容器和泄漏物。尽可能切断泄漏源

环境保护措施　用塑料布覆盖泄漏物，减少飞散

泄漏化学品的收容、清除方法及所使用的处置材料　勿使水进入包装容器内。用洁净的铲子收集泄漏物，置于干净、干燥、盖子较松的容器中，将容器移离泄漏区

第七部分　操作处置与储存

操作注意事项　密闭操作，提供充分的局部排风。尽可能采取隔离操作。操作人员必须经过专门培训，严格遵守操作规程。建议操作人员佩戴自吸过滤式防尘口罩，戴化学安全防护眼镜，穿橡胶耐酸碱服，戴橡胶耐酸碱手套。远离火种、热源，工作场所严禁吸烟。使用防爆型的通风系统和设备。避免产生粉尘。避免与氧化剂接触。搬运时要轻装轻卸，防止包装及容器

损坏。配备相应品种和数量的消防器材及泄漏应急处理设备。倒空的容器可能残留有害物

储存注意事项　储存于阴凉、通风的库房。远离火种、热源。应与氧化剂等分开存放，切忌混储。配备相应品种和数量的消防器材。储区应备有合适的材料收容泄漏物

第八部分　接触控制/个体防护

职业接触限值

中国　未制定标准

美国（ACGIH）　未制定标准

生物接触限值　未制定标准

监测方法　空气中有毒物质测定方法：未制定标准。生物监测检验方法：未制定标准

工程控制　严加密闭，提供充分的局部排风。尽可能采取隔离操作

个体防护装备

呼吸系统防护　空气中粉尘浓度超标时，必须佩戴过滤式防尘呼吸器。紧急事态抢救或撤离时，应该佩戴空气呼吸器

眼睛防护　戴化学安全防护眼镜

皮肤和身体防护　穿橡胶耐酸碱服

手防护　戴橡胶耐酸碱手套

第九部分　理化特性

外观与性状　白色结晶

pH 值　无意义　　　　　　　**熔点（℃）**　25

沸点（℃）　288　　　　　　　**相对密度（水＝1）**　0.994

相对蒸气密度（空气＝1）　无资料

饱和蒸气压（kPa）　无资料

临界压力（MPa）　无资料　　**辛醇/水分配系数**　无资料

闪点（℃）　104.44　　　　　　**自燃温度（℃）**　无资料

爆炸下限（%）　无资料　　　　**爆炸上限（%）**　无资料

分解温度（℃）　无资料　　　　**黏度（mPa·s）**　无资料

燃烧热（kJ/mol）　无资料　　　**临界温度（℃）**　无资料

溶解性　微溶于水

第十部分　稳定性和反应性

稳定性　稳定

危险反应　与氧化剂、酸酐、酰基氯等禁配物发生反应

避免接触的条件　受热

禁配物　氧化剂、酸酐、酰基氯

危险的分解产物　无资料

第十一部分　毒理学信息

急性毒性　LD$_{50}$：1630mg/kg（小鼠经口）

皮肤刺激或腐蚀　无资料　　　**眼睛刺激或腐蚀**　无资料

呼吸或皮肤过敏　无资料　　　**生殖细胞突变性**　无资料

致癌性　无资料　　　　　　　**生殖毒性**　无资料

特异性靶器官系统毒性-一次接触　无资料

特异性靶器官系统毒性-反复接触　无资料

吸入危害　无资料

第十二部分　生态学信息

生态毒性　无资料
持久性和降解性
　　生物降解性　无资料
　　非生物降解性　无资料
潜在的生物累积性　无资料
土壤中的迁移性　无资料

第十三部分　废弃处置

废弃化学品　建议用焚烧法处置
污染包装物　将容器返还生产商或按照国家和地方法规处置
废弃注意事项　处置前应参阅国家和地方有关法规

第十四部分　运输信息

联合国危险货物编号（UN号）　2430
联合国运输名称　固态烷基苯酚，未另作规定的（3-异丙基苯酚）
联合国危险性类别　8

包装类别　—　　　　　　　**包装标志**

海洋污染物　否
运输注意事项　起运时包装要完整，装载应稳妥。运输过程中要确保容器不泄漏、不倒塌、不坠落、不损坏。严禁与氧化剂、食用化学品等混装混运。运输途中应防暴晒、雨淋，防高温

第十五部分　法规信息

　　下列法律、法规、规章和标准，对该化学品的管理作了相应的规定。
中华人民共和国职业病防治法　职业病分类和目录：未列入
危险化学品安全管理条例　危险化学品目录：列入。易制爆危险化学品名录：未列入。重点监管的危险化学品名录：未列入。GB 18218—2009《危险化学品重大危险源辨识》（表1）：未列入
使用有毒物品作业场所劳动保护条例　高毒物品目录：未列入
易制毒化学品管理条例　易制毒化学品的分类和品种目录：未列入
国际公约　斯德哥尔摩公约：未列入。鹿特丹公约：未列入。蒙特利尔议定书：未列入

第十六部分　其他信息

编写和修订信息　缩略语和首字母缩写
培训建议　　　　参考文献
免责声明

4-异丙基苯酚

第一部分　化学品标识

化学品中文名　4-异丙基苯酚；对异丙基苯酚

化学品英文名　*p*-isopropylphenol；*p*-hydroxycumene
分子式　$C_9H_{12}O$　**分子量**　136.191

结构式

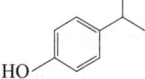

化学品的推荐及限制用途　用于有机合成

第二部分　危险性概述

紧急情况概述　造成严重的皮肤灼伤和眼损伤
GHS危险性类别　皮肤腐蚀/刺激，类别1；严重眼损伤/眼刺激，类别1
标签要素

象形图

警示词　危险
危险性说明　造成严重的皮肤灼伤和眼损伤
防范说明
　　预防措施　避免吸入粉尘。避免接触眼睛、皮肤，操作后彻底清洗。穿防护服，戴防护手套、防护眼镜、防护面罩
　　事故响应　如吸入：将患者转移到空气新鲜处，休息，保持利于呼吸的体位，立即呼叫中毒控制中心或就医。皮肤（或头发）接触：立即脱掉所有被污染的衣服，用水冲洗皮肤，淋浴。污染的衣服洗净后方可重新使用。眼睛接触：用水细心地冲洗数分钟，立即呼叫中毒控制中心或就医。如戴隐形眼镜并可方便地取出，则取出隐形眼镜，继续冲洗。食入：漱口，不要催吐
　　安全储存　上锁保管
　　废弃处置　本品及内装物、容器依据国家和地方法规处置
物理和化学危险　可燃，其粉体与空气混合，能形成爆炸性混合物
健康危害　本品对眼睛、皮肤、黏膜和上呼吸道有强烈的刺激作用。吸入后可引起喉、支气管的炎症、水肿、痉挛，化学性肺炎或肺水肿。接触后可引起烧灼感、咳嗽、喘息、气短、头痛、恶心和呕吐等。皮肤和眼睛接触可致灼伤
环境危害　对环境可能有害

第三部分　成分/组成信息

　√物质　　　　　　　　　　混合物

组分	浓度	CAS No.
4-异丙基苯酚		99-89-8

第四部分　急救措施

吸入　迅速脱离现场至空气新鲜处。保持呼吸道通畅。如呼吸困难，给输氧。呼吸、心跳停止，立即进行心肺复苏术。就医
皮肤接触　立即脱去污染的衣着，用大量流动清水彻底冲

洗至少 15min。就医

眼睛接触 立即分开眼睑，用流动清水或生理盐水彻底冲
洗 5～10min。就医

食入 用水漱口，禁止催吐。给饮牛奶或蛋清。就医

对保护施救者的忠告 根据需要使用个人防护设备

对医生的特别提示 对症处理

第五部分 消防措施

灭火剂 用雾状水、泡沫、干粉、二氧化碳、砂土灭火

特别危险性 遇明火、高热可燃。与氧化剂可发生反应。
遇热分解出高毒的酚烟雾

灭火注意事项及防护措施 消防人员必须佩戴防毒面具、
穿全身消防服，在上风向灭火。尽可能将容器从火场
移至空旷处。喷水保持火场容器冷却，直至灭火结束

第六部分 泄漏应急处理

作业人员防护措施、防护装备和应急处置程序 隔离泄漏
污染区，限制出入。消除所有点火源。建议应急处理
人员戴防尘口罩，穿防酸碱服。穿上适当的防护服前
严禁接触破裂的容器和泄漏物。尽可能切断泄漏源

环境保护措施 用塑料布覆盖泄漏物，减少飞散

泄漏化学品的收容、清除方法及所使用的处置材料 勿使
水进入包装容器内。用洁净的铲子收集泄漏物，置于
干净、干燥、盖子较松的容器中，将容器移离泄漏区

第七部分 操作处置与储存

操作注意事项 密闭操作，提供充分的局部排风。尽可能
采取隔离操作。操作人员必须经过专门培训，严格遵
守操作规程。建议操作人员佩戴防尘面具（全面罩），
穿橡胶耐酸碱服，戴橡胶耐酸碱手套。远离火种、热
源，工作场所严禁吸烟。使用防爆型的通风系统和设
备。避免产生粉尘。避免与氧化剂接触。搬运时要轻
装轻卸，防止包装及容器损坏。配备相应品种和数量
的消防器材及泄漏应急处理设备。倒空的容器可能残
留有害物

储存注意事项 储存于阴凉、通风的库房。远离火种、热
源。应与氧化剂等分开存放，切忌混储。配备相应品
种和数量的消防器材。储区应备有合适的材料收容泄
漏物

第八部分 接触控制/个体防护

职业接触限值

中国 未制定标准

美国（ACGIH） 未制定标准

生物接触限值 未制定标准

监测方法 空气中有毒物质测定方法：未制定标准。生物
监测检验方法：未制定标准

工程控制 严加密闭，提供充分的局部排风。尽可能采取
隔离操作

个体防护装备

呼吸系统防护 可能接触其粉尘时，必须佩戴防尘面
具（全面罩）。紧急事态抢救或撤离时，应该佩
戴空气呼吸器

眼睛防护 呼吸系统防护中已作防护

皮肤和身体防护 穿橡胶耐酸碱服

手防护 戴橡胶耐酸碱手套

第九部分 理化特性

外观与性状 白色针状结晶

pH 值 无意义		**熔点（℃）** 60～64	
沸点（℃） 212～213		**相对密度（水=1）** 0.98	

相对蒸气密度（空气=1） 无资料

饱和蒸气压（kPa） 0.13（67℃）

临界压力（MPa） 无资料	**辛醇/水分配系数** 无资料
闪点（℃） 无资料	**自燃温度（℃）** 无资料
爆炸下限（%） 无资料	**爆炸上限（%）** 无资料
分解温度（℃） 无资料	**黏度（mPa·s）** 无资料
燃烧热（kJ/mol） 无资料	**临界温度（℃）** 无资料

溶解性 微溶于水，易溶于乙醇、乙醚

第十部分 稳定性和反应性

稳定性 稳定

危险反应 与氧化剂、酸酐、酰基氯等禁配物发生反应

避免接触的条件 受热

禁配物 氧化剂、酸酐、酰基氯

危险的分解产物 无资料

第十一部分 毒理学信息

急性毒性 LD$_{50}$：870mg/kg（小鼠经口）

皮肤刺激或腐蚀 无资料	**眼睛刺激或腐蚀** 无资料
呼吸或皮肤过敏 无资料	**生殖细胞突变性** 无资料
致癌性 无资料	**生殖毒性** 无资料

特异性靶器官系统毒性-一次接触 无资料

特异性靶器官系统毒性-反复接触 无资料

吸入危害 无资料

第十二部分 生态学信息

生态毒性 无资料

持久性和降解性

生物降解性 无资料

非生物降解性 无资料

潜在的生物累积性 无资料

土壤中的迁移性 无资料

第十三部分 废弃处置

废弃化学品 建议用焚烧法处置

污染包装物 将容器返还生产商或按照国家和地方法规
处置

废弃注意事项 处置前应参阅国家和地方有关法规

第十四部分 运输信息

联合国危险货物编号（UN 号） 2430

联合国运输名称 固态烷基苯酚，未另作规定的（4-异丙
基苯酚）

联合国危险性类别 8

第十二部分 生态学信息

生态毒性 无资料

持久性和降解性

 生物降解性 无资料

 非生物降解性 无资料

潜在的生物累积性 无资料

土壤中的迁移性 无资料

第十三部分 废弃处置

废弃化学品 建议用焚烧法处置

污染包装物 将容器返还生产商或按照国家和地方法规处置

废弃注意事项 处置前应参阅国家和地方有关法规

第十四部分 运输信息

联合国危险货物编号（UN 号） 2430

联合国运输名称 固态烷基苯酚，未另作规定的（3-异丙基苯酚）

联合国危险性类别 8

包装类别 — **包装标志**

海洋污染物 否

运输注意事项 起运时包装要完整，装载应稳妥。运输过程中要确保容器不泄漏、不倒塌、不坠落、不损坏。严禁与氧化剂、食用化学品等混装混运。运输途中应防暴晒、雨淋，防高温

第十五部分 法规信息

 下列法律、法规、规章和标准，对该化学品的管理作了相应的规定。

中华人民共和国职业病防治法 职业病分类和目录：未列入

危险化学品安全管理条例 危险化学品目录：列入。易制爆危险化学品名录：未列入。重点监管的危险化学品名录：未列入。GB 18218—2009《危险化学品重大危险源辨识》（表1）：未列入

使用有毒物品作业场所劳动保护条例 高毒物品目录：未列入

易制毒化学品管理条例 易制毒化学品的分类和品种目录：未列入

国际公约 斯德哥尔摩公约：未列入。鹿特丹公约：未列入。蒙特利尔议定书：未列入

第十六部分 其他信息

编写和修订信息 缩略语和首字母缩写

培训建议 参考文献

免责声明

4-异丙基苯酚

第一部分 化学品标识

化学品中文名 4-异丙基苯酚；对异丙基苯酚

化学品英文名 *p*-isopropylphenol；*p*-hydroxycumene

分子式 $C_9H_{12}O$ **分子量** 136.191

结构式

化学品的推荐及限制用途 用于有机合成

第二部分 危险性概述

紧急情况概述 造成严重的皮肤灼伤和眼损伤

GHS 危险性类别 皮肤腐蚀/刺激，类别 1；严重眼损伤/眼刺激，类别 1

标签要素

象形图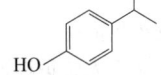

警示词 危险

危险性说明 造成严重的皮肤灼伤和眼损伤

防范说明

 预防措施 避免吸入粉尘。避免接触眼睛、皮肤，操作后彻底清洗。穿防护服，戴防护手套、防护眼镜、防护面罩

 事故响应 如吸入：将患者转移到空气新鲜处，休息，保持利于呼吸的体位，立即呼叫中毒控制中心或就医。皮肤（或头发）接触：立即脱掉所有被污染的衣服，用水冲洗皮肤，淋浴。污染的衣服洗净后方可重新使用。眼睛接触：用水细心地冲洗数分钟，立即呼叫中毒控制中心或就医。如戴隐形眼镜并可方便地取出，则取出隐形眼镜，继续冲洗。食入：漱口，不要催吐

 安全储存 上锁保管

 废弃处置 本品及内装物、容器依据国家和地方法规处置

物理和化学危险 可燃，其粉体与空气混合，能形成爆炸性混合物

健康危害 本品对眼睛、皮肤、黏膜和上呼吸道有强烈的刺激作用。吸入后可引起喉、支气管的炎症、水肿、痉挛，化学性肺炎或肺水肿。接触后可引起烧灼感、咳嗽、喘息、气短、头痛、恶心和呕吐等。皮肤和眼睛接触可致灼伤

环境危害 对环境可能有害

第三部分 成分/组成信息

√物质 混合物

组分	浓度	CAS No.
4-异丙基苯酚		99-89-8

第四部分 急救措施

吸入 迅速脱离现场至空气新鲜处。保持呼吸道通畅。如呼吸困难，给输氧。呼吸、心跳停止，立即进行心肺复苏术。就医

皮肤接触 立即脱去污染的衣着，用大量流动清水彻底冲

洗至少 15min。就医

眼睛接触　立即分开眼睑，用流动清水或生理盐水彻底冲洗 5～10min。就医

食入　用水漱口，禁止催吐。给饮牛奶或蛋清。就医

对保护施救者的忠告　根据需要使用个人防护设备

对医生的特别提示　对症处理

第五部分　消防措施

灭火剂　用雾状水、泡沫、干粉、二氧化碳、砂土灭火

特别危险性　遇明火、高热可燃。与氧化剂可发生反应。遇热分解出高毒的酚烟雾

灭火注意事项及防护措施　消防人员必须佩戴防毒面具、穿全身消防服，在上风向灭火。尽可能将容器从火场移至空旷处。喷水保持火场容器冷却，直至灭火结束

第六部分　泄漏应急处理

作业人员防护措施、防护装备和应急处置程序　隔离泄漏污染区，限制出入。消除所有点火源。建议应急处理人员戴防尘口罩，穿防酸碱服。穿上适当的防护服前严禁接触破裂的容器和泄漏物。尽可能切断泄漏源

环境保护措施　用塑料布覆盖泄漏物，减少飞散

泄漏化学品的收容、清除方法及所使用的处置材料　勿使水进入包装容器内。用洁净的铲子收集泄漏物，置于干净、干燥、盖子较松的容器中，将容器移离泄漏区

第七部分　操作处置与储存

操作注意事项　密闭操作，提供充分的局部排风。尽可能采取隔离操作。操作人员必须经过专门培训，严格遵守操作规程。建议操作人员佩戴防尘面具（全面罩），穿橡胶耐酸碱服，戴橡胶耐酸碱手套。远离火种、热源，工作场所严禁吸烟。使用防爆型的通风系统和设备。避免产生粉尘。避免与氧化剂接触。搬运时要轻装轻卸，防止包装及容器损坏。配备相应品种和数量的消防器材及泄漏应急处理设备。倒空的容器可能残留有害物

储存注意事项　储存于阴凉、通风的库房。远离火种、热源。应与氧化剂等分开存放，切忌混储。配备相应品种和数量的消防器材。储区应备有合适的材料收容泄漏物

第八部分　接触控制/个体防护

职业接触限值

中国　未制定标准

美国（ACGIH）　未制定标准

生物接触限值　未制定标准

监测方法　空气中有毒物质测定方法：未制定标准。生物监测检验方法：未制定标准

工程控制　严加密闭，提供充分的局部排风。尽可能采取隔离操作

个体防护装备

呼吸系统防护　可能接触其粉尘时，必须佩戴防尘面具（全面罩）。紧急事态抢救或撤离时，应该佩戴空气呼吸器

眼睛防护　呼吸系统防护中已作防护

皮肤和身体防护　穿橡胶耐酸碱服

手防护　戴橡胶耐酸碱手套

第九部分　理化特性

外观与性状　白色针状结晶

pH 值　无意义	**熔点(℃)**　60～64
沸点(℃)　212～213	**相对密度(水=1)**　0.98
相对蒸气密度(空气=1)　无资料	
饱和蒸气压(kPa)　0.13（67℃）	
临界压力(MPa)　无资料	**辛醇/水分配系数**　无资料
闪点(℃)　无资料	**自燃温度(℃)**　无资料
爆炸下限(%)　无资料	**爆炸上限(%)**　无资料
分解温度(℃)　无资料	**黏度(mPa·s)**　无资料
燃烧热(kJ/mol)　无资料	**临界温度(℃)**　无资料

溶解性　微溶于水，易溶于乙醇、乙醚

第十部分　稳定性和反应性

稳定性　稳定

危险反应　与氧化剂、酸酐、酰基氯等禁配物发生反应

避免接触的条件　受热

禁配物　氧化剂、酸酐、酰基氯

危险的分解产物　无资料

第十一部分　毒理学信息

急性毒性　LD_{50}：870mg/kg（小鼠经口）

皮肤刺激或腐蚀　无资料	**眼睛刺激或腐蚀**　无资料
呼吸或皮肤过敏　无资料	**生殖细胞突变性**　无资料
致癌性　无资料	**生殖毒性**　无资料

特异性靶器官系统毒性-一次接触　无资料

特异性靶器官系统毒性-反复接触　无资料

吸入危害　无资料

第十二部分　生态学信息

生态毒性　无资料

持久性和降解性

生物降解性　无资料

非生物降解性　无资料

潜在的生物累积性　无资料

土壤中的迁移性　无资料

第十三部分　废弃处置

废弃化学品　建议用焚烧法处置

污染包装物　将容器返还生产商或按照国家和地方法规处置

废弃注意事项　处置前应参阅国家和地方有关法规

第十四部分　运输信息

联合国危险货物编号（UN 号）　2430

联合国运输名称　固态烷基苯酚，未另作规定的（4-异丙基苯酚）

联合国危险性类别　8

包装类别 — 包装标志

海洋污染物 否

运输注意事项 起运时包装要完整，装载应稳妥。运输过程中要确保容器不泄漏、不倒塌、不坠落、不损坏。严禁与氧化剂、食用化学品等混装混运。运输途中应防暴晒、雨淋，防高温

第十五部分 法规信息

下列法律、法规、规章和标准，对该化学品的管理作了相应的规定。

中华人民共和国职业病防治法 职业病分类和目录：未列入

危险化学品安全管理条例 危险化学品目录：列入。易制爆危险化学品名录：未列入。重点监管的危险化学品名录：未列入。GB 18218—2009《危险化学品重大危险源辨识》（表1）：未列入

使用有毒物品作业场所劳动保护条例 高毒物品目录：未列入

易制毒化学品管理条例 易制毒化学品的分类和品种目录：未列入

国际公约 斯德哥尔摩公约：未列入。鹿特丹公约：未列入。蒙特利尔议定书：未列入

第十六部分 其他信息

编写和修订信息 缩略语和首字母缩写
培训建议 参考文献
免责声明

异丙硫醇

第一部分 化学品标识

化学品中文名 异丙硫醇；硫代异丙醇；2-巯基丙烷

化学品英文名 isopropyl mercaptan；isopropanethiol

分子式 C_3H_8S **分子量** 76.161

结构式

化学品的推荐及限制用途 石油分析用的标准，也用于有机合成

第二部分 危险性概述

紧急情况概述 高度易燃液体和蒸气，吞咽可能有害，造成轻微皮肤刺激，造成眼刺激，可能导致皮肤过敏反应，可能引起昏昏欲睡或眩晕

GHS 危险性类别 易燃液体，类别2；急性毒性-经口，类别5；皮肤腐蚀/刺激，类别3；严重眼损伤/眼刺激，类别2B；皮肤致敏物，类别1；特异性靶器官毒性--次接触，类别3（麻醉效应）；危害水生环境-急性危害，类别1；危害水生环境-长期危害，类别1

标签要素

象形图

警示词 危险

危险性说明 高度易燃液体和蒸气，吞咽可能有害，造成轻微皮肤刺激，造成眼刺激，可能导致皮肤过敏反应，可能引起昏昏欲睡或眩晕，对水生生物毒性非常大并具有长期持续影响

防范说明

预防措施 远离热源、火花、明火、热表面。禁止吸烟。保持容器密闭。容器和接收设备接地连接。使用防爆型电器、通风、照明设备。只能使用不产生火花的工具。采取防止静电措施。戴防护手套、防护眼镜、防护面罩。避免接触眼睛、皮肤，操作后彻底清洗。避免吸入蒸气、雾。污染的工作服不得带出工作场所。禁止排入环境

事故响应 火灾时，使用泡沫、干粉、二氧化碳、砂土灭火。如皮肤（或头发）接触：立即脱掉所有被污染的衣服，用水冲洗皮肤，淋浴，如出现皮肤刺激或皮疹，就医。污染的衣服清洗后方可重新使用。如接触眼睛：用水细心冲洗数分钟。如戴隐形眼镜并可方便地取出，取出隐形眼镜，继续冲洗。如果眼睛刺激持续，就医。如果感觉不适，呼叫中毒控制中心或就医。收集泄漏物

安全储存 存放在通风良好的地方。保持低温

废弃处置 本品及内装物、容器依据国家和地方法规处置

物理和化学危险 极易燃，其蒸气与空气混合，能形成爆炸性混合物

健康危害 吸入后，引起嗅觉丧失、肌无力、惊厥、呼吸麻痹。口服引起恶心、呕吐。对眼和皮肤有刺激性

环境危害 对水生生物毒性非常大并具有长期持续影响

第三部分 成分/组成信息

√物质 混合物

组分	浓度	CAS No.
异丙硫醇		75-33-2

第四部分 急救措施

吸入 迅速脱离现场至空气新鲜处。保持呼吸道通畅。如呼吸困难，给输氧。呼吸、心跳停止，立即进行心肺复苏术。就医

皮肤接触 立即脱去污染的衣着，用流动清水彻底冲洗。就医

眼睛接触 立即分开眼睑，用流动清水或生理盐水彻底冲洗。就医

食入 漱口，饮水。就医

对保护施救者的忠告 根据需要使用个人防护设备

对医生的特别提示 对症处理

第五部分 消防措施

灭火剂 用泡沫、干粉、二氧化碳、砂土灭火

特别危险性 其蒸气与空气可形成爆炸性混合物，遇明火、高热极易燃烧爆炸。与氧化剂接触猛烈反应。遇

强酸能分解释出有毒气体。遇水释出有毒的腐蚀性气体。蒸气比空气重，沿地面扩散并易积存于低洼处，遇火源会着火回燃。若遇高热，容器内压增大，有开裂和爆炸的危险

灭火注意事项及防护措施　消防人员必须佩戴防毒面具、穿全身消防服，在上风向灭火。尽可能将容器从火场移至空旷处。喷水保持火场容器冷却，直至灭火结束。处在火场中的容器若已变色或从安全泄压装置中发出声音，必须马上撤离。用水灭火无效

第六部分　泄漏应急处理

作业人员防护措施、防护装备和应急处置程序　消除所有点火源。根据液体流动和蒸气扩散的影响区域划定警戒区，无关人员从侧风、上风向撤离至安全区。建议应急处理人员戴正压自给式呼吸器，穿防静电服。作业时使用的所有设备应接地。禁止接触或跨越泄漏物。尽可能切断泄漏源。

环境保护措施　防止泄漏物进入水体、下水道、地下室或有限空间

泄漏化学品的收容、清除方法及所使用的处置材料　小量泄漏：用砂土或其他不燃材料吸收。使用洁净的无火花工具收集吸收材料。大量泄漏：构筑围堤或挖坑收容。用泡沫覆盖，减少蒸发。喷水雾能减少蒸发，但不能降低泄漏物在有限空间内的易燃性。用防爆泵转移至槽车或专用收集器内

第七部分　操作处置与储存

操作注意事项　密闭操作，局部排风。操作人员必须经过专门培训，严格遵守操作规程。建议操作人员佩戴自吸过滤式防毒面具（半面罩），戴化学安全防护眼镜，穿防静电工作服，戴橡胶手套。远离火种、热源，工作场所严禁吸烟。使用防爆型的通风系统和设备。防止蒸气泄漏到工作场所空气中。避免与氧化剂、酸类、碱金属接触。灌装时应控制流速，且有接地装置，防止静电积聚。搬运时要轻装轻卸，防止包装及容器损坏。配备相应品种和数量的消防器材及泄漏应急处理设备。倒空的容器可能残留有害物

储存注意事项　储存于阴凉、通风的库房。远离火种、热源。库温不宜超过29℃，包装要求密封，不可与空气接触。应与氧化剂、酸类、碱金属等分开存放，切忌混储。采用防爆型照明、通风设施。禁止使用易产生火花的机械设备和工具。储区应备有泄漏应急处理设备和合适的收容材料

第八部分　接触控制/个体防护

职业接触限值
中国　未制定标准
美国（ACGIH）　未制定标准
生物接触限值　未制定标准
监测方法　空气中有毒物质测定方法：未制定标准。生物监测检验方法：未制定标准
工程控制　密闭操作，局部排风
个体防护装备
呼吸系统防护　空气中浓度超标时，必须佩戴过滤式防毒面具（半面罩）。紧急事态抢救或撤离时，应该佩戴空气呼吸器
眼睛防护　戴化学安全防护眼镜
皮肤和身体防护　穿防静电工作服
手防护　戴橡胶手套

第九部分　理化特性

外观与性状　无色液体，有极不愉快的气味

pH值　无资料	**熔点（℃）**　−131
沸点（℃）　57～60	**相对密度（水＝1）**　0.82
相对蒸气密度（空气＝1）　2.6	
饱和蒸气压（kPa）　60.52（37.8℃）	
临界压力（MPa）　无资料	**辛醇/水分配系数**　无资料
闪点（℃）　−34	**自燃温度（℃）**　无资料
爆炸下限（%）　2.1	**爆炸上限（%）**　13.7
分解温度（℃）　无资料	**黏度（mPa·s）**　无资料
燃烧热（kJ/mol）　无资料	**临界温度（℃）**　无资料

溶解性　微溶于水，溶于乙醇、乙醚等

第十部分　稳定性和反应性

稳定性　稳定

危险反应　与强氧化剂、酸类、酸酐、酰基氯、碱金属等禁配物发生反应。遇强酸能分解释出有毒气体。遇水释出有毒的腐蚀性气体

避免接触的条件　无资料

禁配物　强氧化剂、酸类、酸酐、酰基氯、碱金属

危险的分解产物　硫化氢、氧化硫

第十一部分　毒理学信息

急性毒性　LD_{50}：>2000mg/kg（大鼠经口）。LC_{50}：>1792mg/m³（大鼠吸入，4h），130000mg/m³（小鼠吸入，1h）

皮肤刺激或腐蚀　无资料	**眼睛刺激或腐蚀**　无资料
呼吸或皮肤过敏　无资料	**生殖细胞突变性**　无资料
致癌性　无资料	**生殖毒性**　无资料

特异性靶器官系统毒性-一次接触　无资料

特异性靶器官系统毒性-反复接触　无资料

吸入危害　无资料

第十二部分　生态学信息

生态毒性　LC_{50}：34mg/L（96h）（虹鳟，OECD 203，半静态）。EC_{50}：0.2～0.5mg/L（48h）（大型溞，OECD 202，静态）。ErC_{50}：21.9mg/L（72h）（羊角月牙藻，OECD 201，静态）

持久性和降解性
生物降解性　OECD 301D，不易快速生物降解
非生物降解性　无资料
潜在的生物累积性　无资料
土壤中的迁移性　无资料

第十三部分　废弃处置

废弃化学品　建议用焚烧法处置。焚烧炉排出的硫氧化物通过洗涤器除去

污染包装物　将容器返还生产商或按照国家和地方法规处置

废弃注意事项　处置前应参阅国家和地方有关法规

第十四部分　运输信息

联合国危险货物编号（UN 号）　2402

联合国运输名称　丙硫醇

联合国危险性类别　3

包装类别　Ⅱ　　　　　　包装标志

海洋污染物　是

运输注意事项　运输时运输车辆应配备相应品种和数量的消防器材及泄漏应急处理设备。夏季最好早晚运输。运输时所用的槽（罐）车应有接地链，槽内可设孔隔板以减少震荡产生的静电。严禁与氧化剂、酸类、碱金属、食用化学品等混装混运。运输途中应防暴晒、雨淋，防高温。中途停留时应远离火种、热源、高温区。装运该物品的车辆排气管必须配备阻火装置，禁止使用易产生火花的机械设备和工具装卸。公路运输时要按规定路线行驶，勿在居民区和人口稠密区停留。铁路运输时要禁止溜放。严禁用木船、水泥船散装运输

第十五部分　法规信息

下列法律、法规、规章和标准，对该化学品的管理作了相应的规定。

中华人民共和国职业病防治法　职业病分类和目录：未列入

危险化学品安全管理条例　危险化学品目录：列入。易制爆危险化学品名录：未列入。重点监管的危险化学品名录：未列入。GB 18218—2009《危险化学品重大危险源辨识》（表1）：未列入

使用有毒物品作业场所劳动保护条例　高毒物品目录：未列入

易制毒化学品管理条例　易制毒化学品的分类和品种目录：未列入

国际公约　斯德哥尔摩公约：未列入。鹿特丹公约：未列入。蒙特利尔议定书：未列入

第十六部分　其他信息

编写和修订信息　缩略语和首字母缩写

培训建议　　　　参考文献

免责声明

异狄氏剂

第一部分　化学品标识

化学品中文名　异狄氏剂；(1R,4S,5R,8S)- 1,2,3,4, 10,10-六氯-1,4,4a,5,6,7,8,8a-八氢-6,7-环氧-1,4-桥-5,8-二亚甲基萘

化学品英文名　endrin；1,2,3,4,10,10-hexachloro-

6,7-epoxy-1,4,4a,5,6,7,8,8a-octahydro-exo-1,4-exo-5,8-dimethanonaphthalene

分子式　$C_{12}H_8Cl_6O$　分子量　380.909

结构式

化学品的推荐及限制用途　用作农用杀虫剂

第二部分　危险性概述

紧急情况概述　吞咽致命，皮肤接触会中毒

GHS 危险性类别　急性毒性-经口，类别 2；急性毒性-经皮，类别 3；危害水生环境-急性危害，类别 1；危害水生环境-长期危害，类别 1

标签要素

象形图

警示词　危险

危险性说明　吞咽致命，皮肤接触会中毒，对水生生物毒性非常大并具有长期持续影响

防范说明

　　预防措施　避免接触眼睛、皮肤，操作后彻底清洗。作业场所不得进食、饮水或吸烟。戴防护手套、穿防护服。禁止排入环境

　　事故响应　皮肤接触：用大量肥皂水和水清洗，立即脱去所有被污染的衣服，如感觉不适，呼叫中毒控制中心或就医。被污染的衣服经洗净后方可重新使用。食入：立即呼叫中毒控制中心或就医，漱口。收集泄漏物

　　安全储存　上锁保管

　　废弃处置　本品及内装物、容器依据国家和地方法规处置

物理和化学危险　可燃，其粉体与空气混合，能形成爆炸性混合物

健康危害　本品为高毒杀虫剂。中毒后症状有头痛、眩晕、乏力、食欲不振、视力模糊、失眠、震颤等，重者引起昏迷

环境危害　对水生生物毒性非常大并具有长期持续影响

第三部分　成分/组成信息

√物质　　　　　　　　混合物

组分	浓度	CAS No.
异狄氏剂		72-20-8

第四部分　急救措施

吸入　迅速脱离现场至空气新鲜处。保持呼吸道通畅。如呼吸困难，给输氧。呼吸、心跳停止，立即进行心肺复苏术。就医

皮肤接触　立即脱去污染的衣着，用流动清水彻底冲洗。就医

眼睛接触　立即分开眼睑，用流动清水或生理盐水彻底冲

洗。就医

食入　饮适量温水，催吐（仅限于清醒者）。就医

对保护施救者的忠告　根据需要使用个人防护设备

对医生的特别提示　对症处理

第五部分　消防措施

灭火剂　用雾状水、泡沫、干粉、二氧化碳、砂土灭火

特别危险性　遇明火、高热可燃。其粉体与空气可形成爆炸性混合物，当达到一定浓度时，遇火星会发生爆炸。受高热分解放出有毒的气体

灭火注意事项及防护措施　消防人员必须佩戴空气呼吸器、穿全身防火防毒服，在上风向灭火。尽可能将容器从火场移至空旷处。喷水保持火场容器冷却，直至灭火结束

第六部分　泄漏应急处理

作业人员防护措施、防护装备和应急处置程序　隔离泄漏污染区，限制出入。建议应急处理人员戴防尘口罩，穿防毒服。穿上适当的防护服前严禁接触破裂的容器和泄漏物。尽可能切断泄漏源

环境保护措施　用塑料布覆盖泄漏物，减少飞散

泄漏化学品的收容、清除方法及所使用的处置材料　勿使水进入包装容器内。用洁净的铲子收集泄漏物，置于干净、干燥、盖子较松的容器中，将容器移离泄漏区

第七部分　操作处置与储存

操作注意事项　密闭操作，提供充分的局部排风。防止粉尘释放到车间空气中。操作人员必须经过专门培训，严格遵守操作规程。建议操作人员佩戴防尘面具（全面罩），穿胶布防毒衣，戴橡胶手套。远离火种、热源，工作场所严禁吸烟。使用防爆型的通风系统和设备。避免产生粉尘。避免与氧化剂接触。配备相应品种和数量的消防器材及泄漏应急处理设备。倒空的容器可能残留有害物

储存注意事项　储存于阴凉、通风良好的专用库房内，实行"双人收发、双人保管"制度。远离火种、热源。防止阳光直射。包装密封。应与氧化剂、食用化学品分开存放，切忌混储。配备相应品种和数量的消防器材。储区应备有合适的材料收容泄漏物

第八部分　接触控制/个体防护

职业接触限值

中国　未制定标准

美国（ACGIH）　未制定标准

生物接触限值　未制定标准

监测方法　空气中有毒物质测定方法：未制定标准。生物监测检验方法：未制定标准

工程控制　严加密闭，提供充分的局部排风

个体防护装备

呼吸系统防护　可能接触其粉尘时，必须佩戴防尘面具（全面罩）。紧急事态抢救或撤离时，应该佩戴空气呼吸器

眼睛防护　呼吸系统防护中已作防护

皮肤和身体防护　穿密闭型防毒服

手防护　戴橡胶手套

第九部分　理化特性

外观与性状　白色结晶

pH 值　无意义　　　　　　　　**熔点(℃)**　200

沸点(℃)　无资料

相对密度(水＝1)　1.7（20℃）

相对蒸气密度(空气＝1)　无资料

饱和蒸气压(kPa)　0.399×10^{-6}（20℃）

临界压力(MPa)　无资料　　**辛醇/水分配系数**　5.34

闪点(℃)　无意义　　　　　　**自燃温度(℃)**　无资料

爆炸下限(%)　无资料　　　　**爆炸上限(%)**　无资料

分解温度(℃)　245　　　　　　**黏度(mPa·s)**　无资料

燃烧热(kJ/mol)　无资料　　　**临界温度(℃)**　无资料

溶解性　不溶于水，溶于醇、石油烃、苯、丙酮、二甲苯

第十部分　稳定性和反应性

稳定性　稳定

危险反应　与强氧化剂等禁配物发生反应

避免接触的条件　无资料

禁配物　强氧化剂

危险的分解产物　氯化氢

第十一部分　毒理学信息

急性毒性　LD_{50}：3mg/kg（大鼠经口），12mg/kg（大鼠经皮）

皮肤刺激或腐蚀　无资料　　**眼睛刺激或腐蚀**　无资料

呼吸或皮肤过敏　无资料

生殖细胞突变性　细胞遗传学分析：大鼠肠胃外 1mg/kg。精子形态学分析：大鼠肠胃外 10mg/kg（10d，连续）

致癌性　IARC 致癌性评论：组 3，现有的证据不能对人类致癌性进行分类

生殖毒性　雌鼠交配前 4d，经口给予最低中毒剂量（TDLo）2320μg/kg，致肌肉骨骼系统发育畸形。小鼠孕后 9d 经口染毒最低中毒剂量（TDLo）2500μg/kg，致眼、耳发育畸形。小鼠孕后 7～17d 经口染毒最低中毒剂量（TDLo）16500μg/kg，致泌尿生殖系统发育畸形。仓鼠孕后 8d 经口染毒最低中毒剂量（TDLo）5mg/kg，致中枢神经系统、眼、耳、肌肉骨骼系统、颅面部（包括鼻、舌）发育畸形

特异性靶器官系统毒性-一次接触　无资料

特异性靶器官系统毒性-反复接触　无资料

吸入危害　无资料

第十二部分　生态学信息

生态毒性　LC_{50}：0.00075mg/L（96h）（虹鳟，静态）。LC_{50}：0.0018mg/L（96h）（黑头呆鱼，静态）。LC_{50}：0.00061mg/L（96h）（蓝鳃太阳鱼，静态）

持久性和降解性

生物降解性　不易快速生物降解

非生物降解性　无资料

潜在的生物累积性　易在生物体内富集

土壤中的迁移性　无资料

第十三部分　废弃处置

废弃化学品　建议用控制焚烧法或安全掩埋法处置

污染包装物　将容器返还生产商或按照国家和地方法规处置

废弃注意事项　若可能，重复使用容器或在规定场所掩埋

第十四部分　运输信息

联合国危险货物编号（UN号）　2761

联合国运输名称　固态有机氯农药，毒性（异狄氏剂）

联合国危险性类别　6.1

包装类别　Ⅱ　　　　**包装标志**

海洋污染物　是

运输注意事项　运输前应先检查包装容器是否完整、密封，运输过程中要确保容器不泄漏、不倒塌、不坠落、不损坏。严禁与酸类、氧化剂、食品及食品添加剂混运。运输时运输车辆应配备相应品种和数量的消防器材及泄漏应急处理设备。运输途中应防暴晒、雨淋，防高温。公路运输时要按规定路线行驶，勿在居民区和人口稠密区停留

第十五部分　法规信息

下列法律、法规、规章和标准，对该化学品的管理作了相应的规定。

中华人民共和国职业病防治法　职业病分类和目录：未列入

危险化学品安全管理条例　危险化学品目录：列入。作为剧毒化学品进行管理。易制爆危险化学品名录：未列入。重点监管的危险化学品名录：未列入。GB 18218—2009《危险化学品重大危险源辨识》（表1）：未列入

使用有毒物品作业场所劳动保护条例　高毒物品目录：未列入

易制毒化学品管理条例　易制毒化学品的分类和品种目录：未列入

国际公约　斯德哥尔摩公约：列入。鹿特丹公约：未列入。蒙特利尔议定书：未列入

第十六部分　其他信息

编写和修订信息　　缩略语和首字母缩写

培训建议　　　　　参考文献

免责声明

异丁基乙烯基醚［抑制了的］

第一部分　化学品标识

化学品中文名　异丁基乙烯基醚［抑制了的］；乙烯基异丁基醚；异丁基乙烯（基）醚；乙烯（基）异丁醚；异丁氧基乙烯

化学品英文名　isobutyl vinyl ether；vinyl isobutyl ether

分子式　$C_6H_{12}O$　**分子量**　100.1589

结构式　

化学品的推荐及限制用途　用于制造涂料、黏合剂及用作化学中间体

第二部分　危险性概述

紧急情况概述　高度易燃液体和蒸气，吸入有害，造成皮肤刺激

GHS危险性类别　易燃液体，类别2；急性毒性-吸入，类别4；皮肤腐蚀/刺激，类别2；危害水生环境-急性危害，类别3

标签要素

象形图

警示词　危险

危险性说明　高度易燃液体和蒸气，吸入有害，造成皮肤刺激，对水生生物有害

防范说明

预防措施　远离热源、火花、明火、热表面。禁止吸烟。保持容器密闭。容器和接收设备接地连接。使用防爆型电器、通风、照明设备。只能使用不产生火花的工具。采取防止静电措施。戴防护手套、防护眼镜、防护面罩。避免吸入蒸气、雾。仅在室外或通风良好处操作。避免接触眼睛、皮肤，操作后彻底清洗。禁止排入环境

事故响应　火灾时，使用泡沫、干粉、二氧化碳、砂土灭火。如吸入：将患者转移到空气新鲜处，休息，保持利于呼吸的体位，如感觉不适，呼叫中毒控制中心或就医。皮肤接触：用大量肥皂水和水清洗，脱去被污染的衣服，如发生皮肤刺激，就医。被污染的衣服必须经洗净后方可重新使用

安全储存　存放在通风良好的地方。保持低温

废弃处置　本品及内装物、容器依据国家和地方法规处置

物理和化学危险　易燃，其蒸气与空气混合，能形成爆炸性混合物。容易自聚

健康危害　吸入、摄入或经皮肤吸收后对身体有害。蒸气对眼睛、皮肤、黏膜和上呼吸道有刺激作用

环境危害　对水生生物有害

第三部分　成分/组成信息

√物质　　　　　　　　　　混合物

组分	浓度	CAS No.
异丁基乙烯基醚［抑制了的］		109-53-5

第四部分　急救措施

吸入　迅速脱离现场至空气新鲜处。保持呼吸道通畅。如呼吸困难，给输氧。呼吸、心跳停止，立即进行心肺复苏术。就医

皮肤接触 立即脱去污染的衣着，用流动清水彻底冲洗。就医

眼睛接触 立即分开眼睑，用流动清水或生理盐水彻底冲洗。就医

食入 漱口，饮水。就医

对保护施救者的忠告 根据需要使用个人防护设备

对医生的特别提示 对症处理

第五部分 消防措施

灭火剂 用泡沫、干粉、二氧化碳、砂土灭火

特别危险性 其蒸气与空气可形成爆炸性混合物，遇明火、高热极易燃烧爆炸。与氧化剂接触猛烈反应。接触空气或在光照条件下可生成具有潜在爆炸危险性的过氧化物。容易自聚，聚合反应随着温度的上升而急骤加剧。蒸气比空气重，沿地面扩散并易积存于低洼处，遇火源会着火回燃。若遇高热，容器内压增大，有开裂和爆炸的危险

灭火注意事项及防护措施 消防人员必须佩戴防毒面具、穿全身消防服，在上风向灭火。尽可能将容器从火场移至空旷处。喷水保持火场容器冷却，直至灭火结束。处在火场中的容器若已变色或从安全泄压装置中发出声音，必须马上撤离。用水灭火无效

第六部分 泄漏应急处理

作业人员防护措施、防护装备和应急处置程序 消除所有点火源。根据液体流动和蒸气扩散的影响区域划定警戒区，无关人员从侧风、上风向撤离至安全区。建议应急处理人员戴正压自给式呼吸器，穿防静电服。作业时使用的所有设备应接地。禁止接触或跨越泄漏物。尽可能切断泄漏源

环境保护措施 防止泄漏物进入水体、下水道、地下室或有限空间

泄漏化学品的收容、清除方法及所使用的处置材料 小量泄漏：用砂土或其他不燃材料吸收。使用洁净的无火花工具收集吸收材料。大量泄漏：构筑围堤或挖坑收容。用粉煤灰或石灰粉吸收大量液体。用泡沫覆盖，减少蒸气。喷水雾能减少蒸发，但不能降低泄漏物在有限空间内的易燃性。用防爆泵转移至槽车或专用收集器内。喷雾状水驱散蒸气、稀释液体泄漏物

第七部分 操作处置与储存

操作注意事项 密闭操作，局部排风。防止蒸气泄漏到工作场所空气中。操作人员必须经过专门培训，严格遵守操作规程。建议操作人员佩戴自吸过滤式防毒面具（半面罩），戴化学安全防护眼镜，穿防静电工作服，戴橡胶手套。远离火种、热源，工作场所严禁吸烟。使用防爆型的通风系统和设备。在清除液体和蒸气前不能进行焊接、切割等作业。避免产生烟雾。避免与氧化剂、酸类接触。容器与传送设备要接地，防止产生的静电。灌装时应控制流速，且有接地装置，防止静电积聚。配备相应品种和数量的消防器材及泄漏应急处理设备。倒空的容器可能残留有害物

储存注意事项 通常商品加有阻聚剂。储存于阴凉、通风的库房。远离火种、热源。防止阳光直射。库温不宜超过 37℃，保持容器密封，严禁与空气接触。应与氧化剂、酸类等分开存放，切忌混储。不宜久存。采用防爆型照明、通风设施。禁止使用易产生火花的机械设备和工具。储区应备有泄漏应急处理设备和合适的收容材料

第八部分 接触控制/个体防护

职业接触限值
中国 未制定标准
美国（ACGIH） 未制定标准

生物接触限值 未制定标准

监测方法 空气中有毒物质测定方法：未制定标准。生物监测检验方法：未制定标准

工程控制 密闭操作，局部排风

个体防护装备
呼吸系统防护 空气中浓度超标时，必须佩戴过滤式防毒面具（半面罩）。紧急事态抢救或撤离时，应该佩戴空气呼吸器
眼睛防护 戴化学安全防护眼镜
皮肤和身体防护 穿防静电工作服
手防护 戴橡胶手套

第九部分 理化特性

外观与性状 无色透明液体，有醚味

pH 值 无资料	**熔点(℃)** −112
沸点(℃) 83	**相对密度(水=1)** 0.7706

相对蒸气密度(空气=1) 3.45

饱和蒸气压(kPa) 9.04（20℃）

临界压力(MPa) 无资料	**辛醇/水分配系数** 无资料
闪点(℃) −9.44	**自燃温度(℃)** 195
爆炸下限(%) 1.4	**爆炸上限(%)** 7.8
分解温度(℃) 无资料	**黏度(mPa·s)** 无资料
燃烧热(kJ/mol) 无资料	**临界温度(℃)** 无资料

溶解性 微溶于水，溶于醇、醚

第十部分 稳定性和反应性

稳定性 稳定

危险反应 与强氧化剂等禁配物接触，有发生火灾和爆炸的危险。接触空气或在光照条件下可生成具有潜在爆炸危险性的过氧化物。容易发生自聚反应

避免接触的条件 受热、光照

禁配物 强氧化剂、强酸

危险的分解产物 过氧化物

第十一部分 毒理学信息

急性毒性 LD$_{50}$：17000mg/kg（大鼠经口），15200mg/kg（兔经皮）

皮肤刺激或腐蚀 无资料		**眼睛刺激或腐蚀** 无资料
呼吸或皮肤过敏 无资料		**生殖细胞突变性** 无资料
致癌性 无资料		**生殖毒性** 无资料

特异性靶器官系统毒性--一次接触 无资料

特异性靶器官系统毒性-反复接触 无资料

吸入危害 无资料

第十二部分 生态学信息

生态毒性 LC_{50}：28.3mg/L（96h）（斑马鱼）。EC_{50}：46.3mg/L（48h）（大型溞）。ErC_{50}：45.9mg/L（72h）（*Desmodesmus subspicatus*）

持久性和降解性
生物降解性 易快速生物降解
非生物降解性 无资料

潜在的生物累积性 根据 K_{ow} 值预测，该物质的生物累积性可能较弱

土壤中的迁移性 根据 K_{oc} 值预测，该物质可能易发生迁移

第十三部分 废弃处置

废弃化学品 建议用焚烧法处置。在能利用的地方重复使用容器或在规定场所掩埋

污染包装物 将容器返还生产商或按照国家和地方法规处置

废弃注意事项 处置前应参阅国家和地方有关法规

第十四部分 运输信息

联合国危险货物编号（UN 号） 1304
联合国运输名称 乙烯基异丁基醚，稳定的
联合国危险性类别 3

包装类别 Ⅱ **包装标志**

海洋污染物 否

运输注意事项 运输时运输车辆应配备相应品种和数量的消防器材及泄漏应急处理设备。夏季最好早晚运输。运输时所用的槽（罐）车应有接地链，槽内可设孔隔板以减少震荡产生的静电。严禁与氧化剂、酸类、食用化学品等混装混运。运输途中应防暴晒、雨淋、防高温。中途停留时应远离火种、热源、高温区。装运该物品的车辆排气管必须配备阻火装置，禁止使用易产生火花的机械设备和工具装卸。公路运输时要按规定路线行驶，勿在居民区和人口稠密区停留。铁路运输时要禁止溜放。严禁用木船、水泥船散装运输

第十五部分 法规信息

下列法律、法规、规章和标准，对该化学品的管理作了相应的规定。

中华人民共和国职业病防治法 职业病分类和目录：未列入

危险化学品安全管理条例 危险化学品目录：列入。易制爆危险化学品名录：未列入。重点监管的危险化学品名录：未列入。GB 18218—2009《危险化学品重大危险源辨识》（表1）：未列入

使用有毒物品作业场所劳动保护条例 高毒物品目录：未列入

易制毒化学品管理条例 易制毒化学品的分类和品种目录：未列入

国际公约 斯德哥尔摩公约：未列入。鹿特丹公约：未列入。蒙特利尔议定书：未列入

第十六部分 其他信息

编写和修订信息 缩略语和首字母缩写
培训建议 参考文献
免责声明

异丁酸甲酯

第一部分 化学品标识

化学品中文名 异丁酸甲酯；2-甲基丙酸甲酯
化学品英文名 methyl isobutyrate；isobutyric acid, methyl ester

分子式 $C_5H_{10}O_2$ **分子量** 102.1317

结构式

化学品的推荐及限制用途 用作溶剂及用于有机合成

第二部分 危险性概述

紧急情况概述 高度易燃液体和蒸气
GHS 危险性类别 易燃液体，类别 2
标签要素

象形图

警示词 危险
危险性说明 高度易燃液体和蒸气
防范说明

预防措施 远离热源、火花、明火、热表面。禁止吸烟。保持容器密闭。容器和接收设备接地连接。使用防爆型电器、通风、照明设备。只能使用不产生火花的工具。采取防止静电措施。戴防护手套、防护眼镜、防护面罩

事故响应 火灾时，使用泡沫、干粉、二氧化碳、砂土灭火。如皮肤（或头发）接触：立即脱掉所有被污染的衣服，用水冲洗皮肤，淋浴

安全储存 存放在通风良好的地方。保持低温

废弃处置 本品及内装物、容器依据国家和地方法规处置

物理和化学危险 易燃，其蒸气与空气混合，能形成爆炸性混合物

健康危害 吸入、摄入或经皮肤吸收后对身体有害。对眼睛和皮肤有刺激作用

环境危害 对环境可能有害

第三部分 成分/组成信息

√ 物质 混合物

组分	浓度	CAS No.
异丁酸甲酯		547-63-7

第四部分　急救措施

吸入　迅速脱离现场至空气新鲜处。保持呼吸道通畅。如呼吸困难，给输氧。呼吸、心跳停止，立即进行心肺复苏术。就医

皮肤接触　立即脱去污染的衣着，用流动清水彻底冲洗。就医

眼睛接触　立即分开眼睑，用流动清水或生理盐水彻底冲洗。就医

食入　漱口，饮水。就医

对保护施救者的忠告　根据需要使用个人防护设备

对医生的特别提示　对症处理

第五部分　消防措施

灭火剂　用泡沫、干粉、二氧化碳、砂土灭火

特别危险性　其蒸气与空气可形成爆炸性混合物，遇明火、高热极易燃烧爆炸。与氧化剂接触猛烈反应。若遇高热，容器内压增大，有开裂和爆炸的危险

灭火注意事项及防护措施　消防人员必须佩戴防毒面具、穿全身消防服，在上风向灭火。尽可能将容器从火场移至空旷处。喷水保持火场容器冷却，直至灭火结束。处在火场中的容器若已变色或从安全泄压装置中发出声音，必须马上撤离。用水灭火无效

第六部分　泄漏应急处理

作业人员防护措施、防护装备和应急处置程序　消除所有点火源。根据液体流动和蒸气扩散的影响区域划定警戒区，无关人员从侧风、上风向撤离至安全区。建议应急处理人员戴正压自给式呼吸器，穿防静电服。作业时使用的所有设备应接地。禁止接触或跨越泄漏物。尽可能切断泄漏源

环境保护措施　防止泄漏物进入水体、下水道、地下室或有限空间

泄漏化学品的收容、清除方法及所使用的处置材料　小量泄漏：用砂土或其他不燃材料吸收。使用洁净的无火花工具收集吸收材料。大量泄漏：构筑围堤或挖坑收容。用泡沫覆盖，减少蒸发。喷水雾能减少蒸发，但不能降低泄漏物在有限空间内的易燃性。用防爆泵转移至槽车或专用收集器内

第七部分　操作处置与储存

操作注意事项　密闭操作，局部排风。防止蒸气泄漏到工作场所空气中。操作人员必须经过专门培训，严格遵守操作规程。建议操作人员佩戴自吸过滤式防毒面具（半面罩），戴化学安全防护眼镜，穿防静电工作服，戴橡胶手套。远离火种、热源，工作场所严禁吸烟。使用防爆型的通风系统和设备。在清除液体和蒸气前不能进行焊接、切割等作业。避免产生烟雾。避免与氧化剂、酸类、碱类接触。容器与传送设备要接地，防止产生的静电。灌装时应控制流速，且有接地装置，防止静电积聚。配备相应品种和数量的消防器材及泄漏应急处理设备。倒空的容器可能残留有害物

储存注意事项　储存于阴凉、通风的库房。远离火种、热源。防止阳光直射。库温不宜超过37℃，保持容器密封。应与氧化剂、酸类、碱类分开存放，切忌混储。采用防爆型照明、通风设施。禁止使用易产生火花的机械设备和工具。储区应备有泄漏应急处理设备和合适的收容材料

第八部分　接触控制/个体防护

职业接触限值

中国　未制定标准

美国（ACGIH）　未制定标准

生物接触限值　未制定标准

监测方法　空气中有毒物质测定方法：未制定标准。生物监测检验方法：未制定标准

工程控制　密闭操作，局部排风

个体防护装备

呼吸系统防护　空气中浓度超标时，必须佩戴过滤式防毒面具（半面罩）。紧急事态抢救或撤离时，应该佩戴空气呼吸器

眼睛防护　戴化学安全防护眼镜

皮肤和身体防护　穿防静电工作服

手防护　戴橡胶手套

第九部分　理化特性

外观与性状　无色易流动液体，有果香味

pH 值　无资料　　　　　　**熔点（℃）**　$-85\sim-84$

沸点（℃）　90　　　　**相对密度（水＝1）**　0.8910

相对蒸气密度（空气＝1）　无资料

燃烧热（kJ/mol）　2906（液体）

临界压力（MPa）　无资料　　**辛醇/水分配系数**　无资料

闪点（℃）　3.33　　　　**自燃温度（℃）**　440

爆炸下限（%）　无资料　　**爆炸上限（%）**　无资料

分解温度（℃）　无资料　　**黏度（mPa·s）**　无资料

燃烧热（kJ/mol）　无资料　　**临界温度（℃）**　无资料

溶解性　微溶于水，可混溶于醇、醚

第十部分　稳定性和反应性

稳定性　稳定

危险反应　与强氧化剂等禁配物接触，有发生火灾和爆炸的危险

避免接触的条件　无资料

禁配物　氧化剂、酸类、碱类

危险的分解产物　无资料

第十一部分　毒理学信息

急性毒性　给动物致死剂量时发生皮毛粗糙、共济失调、气急、呼吸困难、抽搐和体温降低等表现。LD_{50}：16000mg/kg（大鼠经口）。LC_{50}：25500mg/m³（小鼠吸入，2h）

皮肤刺激或腐蚀　无资料　　**眼睛刺激或腐蚀**　无资料

呼吸或皮肤过敏　无资料　　**生殖细胞突变性**　无资料

致癌性　无资料　　　　　**生殖毒性**　无资料

特异性靶器官系统毒性-一次接触　无资料

特异性靶器官系统毒性-反复接触　无资料

吸入危害　无资料

第十二部分　生态学信息

生态毒性　无资料
持久性和降解性
　　生物降解性　无资料
　　非生物降解性　无资料
潜在的生物累积性　无资料
土壤中的迁移性　无资料

第十三部分　废弃处置

废弃化学品　建议用焚烧法处置。在能利用的地方重复使用容器或在规定场所掩埋
污染包装物　将容器返还生产商或按照国家和地方法规处置
废弃注意事项　处置前应参阅国家和地方有关法规

第十四部分　运输信息

联合国危险货物编号（UN 号）　3272
联合国运输名称　酯类，未另作规定的（异丁酸甲酯）
联合国危险性类别　3

包装类别　Ⅱ　　　　　　　　**包装标志**　

海洋污染物　否
运输注意事项　运输时运输车辆应配备相应品种和数量的消防器材及泄漏应急处理设备。夏季最好早晚运输。运输时所用的槽（罐）车应有接地链，槽内可设孔隔板以减少震荡产生的静电。严禁与氧化剂、酸类、碱类、食用化学品等混装混运。运输途中应防暴晒、雨淋，防高温。中途停留时应远离火种、热源、高温区。装运该物品的车辆排气管必须配备阻火装置，禁止使用易产生火花的机械设备和工具装卸。公路运输时要按规定路线行驶，勿在居民区和人口稠密区停留。铁路运输时要禁止溜放。严禁用木船、水泥船散装运输

第十五部分　法规信息

　　下列法律、法规、规章和标准，对该化学品的管理作了相应的规定。
中华人民共和国职业病防治法　职业病分类和目录：未列入
危险化学品安全管理条例　危险化学品目录：列入。易制爆危险化学品名录：未列入。重点监管的危险化学品名录：未列入。GB 18218—2009《危险化学品重大危险源辨识》（表 1）：未列入
使用有毒物品作业场所劳动保护条例　高毒物品目录：未列入
易制毒化学品管理条例　易制毒化学品的分类和品种目录：未列入
国际公约　斯德哥尔摩公约：未列入。鹿特丹公约：未列入。蒙特利尔议定书：未列入

第十六部分　其他信息

编写和修订信息　　缩略语和首字母缩写
培训建议　　　　　参考文献
免责声明

异丁酰氯

第一部分　化学品标识

化学品中文名　异丁酰氯；2-甲基丙酰氯；氯化异丁酰；氯异丁酰
化学品英文名　isobutyryl chloride；2-methyl propionyl-chloride
分子式　C_4H_7ClO　**分子量**　106.551
结构式

化学品的推荐及限制用途　用作有机合成中间体

第二部分　危险性概述

紧急情况概述　高度易燃液体和蒸气，造成严重的皮肤灼伤和眼损伤
GHS 危险性类别　易燃液体，类别 2；皮肤腐蚀/刺激，类别 1A；严重眼损伤/眼刺激，类别 1
标签要素

象形图

警示词　危险
危险性说明　高度易燃液体和蒸气，造成严重的皮肤灼伤和眼损伤
防范说明
　　预防措施　远离热源、火花、明火、热表面。禁止吸烟。保持容器密闭。容器和接收设备接地连接。使用防爆型电器、通风、照明设备。只能使用不产生火花的工具。采取防止静电措施。避免吸入烟雾。避免接触眼睛、皮肤，操作后彻底清洗。穿防护服，戴防护手套、防护眼镜、防护面罩
　　事故响应　火灾时，使用泡沫、干粉、二氧化碳、砂土灭火。如吸入：将患者转移到空气新鲜处，休息，保持利于呼吸的体位、立即呼叫中毒控制中心或就医。皮肤（或头发）接触：立即脱掉所有被污染的衣服、用水冲洗皮肤、淋浴。污染的衣服洗净后方可重新使用。眼睛接触：用水细心地冲洗数分钟、立即呼叫中毒控制中心或就医。如戴隐形眼镜并可方便地取出，则取出隐形眼镜，继续冲洗。食入：漱口，不要催吐
　　安全储存　存放在通风良好的地方。保持低温。上锁保管
　　废弃处置　本品及内装物、容器依据国家和地方法规处置

物理和化学危险　易燃，其蒸气与空气混合，能形成爆炸性混合物。遇水产生刺激性气体

健康危害　本品对黏膜、上呼吸道、眼睛和皮肤有强烈刺激性。吸入后，可因喉和支气管的痉挛、炎症和水肿，化学性肺炎或肺水肿而致死。接触后出现烧灼感、咳嗽、喘息、喉炎、气短、头痛、恶心和呕吐。眼睛和皮肤接触可引起灼伤

环境危害　对环境可能有害

第三部分　成分/组成信息

√物质　　　　　　　　　混合物

组分	浓度	CAS No.
异丁酰氯		79-30-1

第四部分　急救措施

吸入　迅速脱离现场至空气新鲜处。保持呼吸道通畅。如呼吸困难，给输氧。呼吸、心跳停止，立即进行心肺复苏术。就医

皮肤接触　立即脱去污染的衣着，用大量流动清水彻底冲洗至少15min。就医

眼睛接触　立即分开眼睑，用流动清水或生理盐水彻底冲洗5~10min。就医

食入　用水漱口，禁止催吐。给饮牛奶或蛋清。就医

对保护施救者的忠告　根据需要使用个人防护设备

对医生的特别提示　对症处理

第五部分　消防措施

灭火剂　用泡沫、干粉、二氧化碳、砂土灭火

特别危险性　其蒸气与空气可形成爆炸性混合物，遇明火、高热极易燃烧爆炸。与氧化剂接触猛烈反应。受热分解能放出剧毒的光气。与水和水蒸气发生反应，放出有毒的腐蚀性气体。若遇高热，容器内压增大，有开裂和爆炸的危险

灭火注意事项及防护措施　消防人员必须穿全身耐酸碱消防服、佩戴空气呼吸器灭火。尽可能将容器从火场移至空旷处。喷水保持火场容器冷却，直至灭火结束。处在火场中的容器若已变色或从安全泄压装置中发出声音，必须马上撤离。禁止用水

第六部分　泄漏应急处理

作业人员防护措施、防护装备和应急处置程序　消除所有点火源。根据液体流动和蒸气扩散的影响区域划定警戒区，无关人员从侧风、上风向撤离至安全区。建议应急处理人员戴正压自给式呼吸器，穿防静电、防腐、防毒服。作业时使用的所有设备应接地。禁止接触或跨越泄漏物。尽可能切断泄漏源

环境保护措施　防止泄漏物进入水体、下水道、地下室或有限空间

泄漏化学品的收容、清除方法及所使用的处置材料　小量泄漏：用砂土或其他不燃材料吸收。使用洁净的无火花工具收集吸收材料。大量泄漏：构筑围堤或挖坑收容。用泡沫覆盖，减少蒸发。喷水雾能减少蒸发，但不能降低泄漏物在有限空间内的易燃性。用防爆、耐

腐蚀泵转移至槽车或专用收集器内

第七部分　操作处置与储存

操作注意事项　密闭操作，提供充分的局部排风。操作人员必须经过专门培训，严格遵守操作规程。建议操作人员佩戴自吸过滤式防毒面具（全面罩），穿胶布防毒衣，戴橡胶耐油手套。远离火种、热源，工作场所严禁吸烟。使用防爆型的通风系统和设备。防止蒸气泄漏到工作场所空气中。避免与氧化剂、醇类、碱类接触。搬运时要轻装轻卸，防止包装及容器损坏。配备相应品种和数量的消防器材及泄漏应急处理设备。倒空的容器可能残留有害物

储存注意事项　储存于阴凉、干燥、通风良好的库房。远离火种、热源。库温不宜超过37℃，保持容器密封。应与氧化剂、醇类、碱类等分开存放，切忌混储。不宜久存，以免变质。采用防爆型照明、通风设施。禁止使用易产生火花的机械设备和工具。储区应备有泄漏应急处理设备和合适的收容材料

第八部分　接触控制/个体防护

职业接触限值

　　中国　未制定标准

　　美国（ACGIH）　未制定标准

生物接触限值　未制定标准

监测方法　空气中有毒物质测定方法：未制定标准。生物监测检验方法：未制定标准

工程控制　严加密闭，提供充分的局部排风。提供安全淋浴和洗眼设备

个体防护装备

　　呼吸系统防护　空气中浓度超标时，必须佩戴过滤式防毒面具（全面罩）。紧急事态抢救或撤离时，应该佩戴空气呼吸器

　　眼睛防护　呼吸系统防护中已作防护

　　皮肤和身体防护　穿密闭型防毒服

　　手防护　戴橡胶耐油手套

第九部分　理化特性

外观与性状　无色液体，有刺激性气味

pH值　无资料		**熔点(℃)**　-90	
沸点(℃)　92		**相对密度(水=1)**　1.02	

相对蒸气密度(空气=1)　无资料

饱和蒸气压(kPa)　无资料

临界压力(MPa)　无资料	**辛醇/水分配系数**　无资料
闪点(℃)　1.11	**自燃温度(℃)**　无资料
爆炸下限(%)　无资料	**爆炸上限(%)**　无资料
分解温度(℃)　无资料	**黏度(mPa·s)**　无资料
燃烧热(kJ/mol)　无资料	**临界温度(℃)**　无资料

溶解性　可混溶于乙醚

第十部分　稳定性和反应性

稳定性　稳定

危险反应　与强氧化剂、水、醇类、强碱等禁配物接触，有发生火灾和爆炸的危险。受热分解能放出剧毒的光

气。与水和水蒸气发生反应，放出有毒的腐蚀性气体

避免接触的条件　受热、潮湿空气

禁配物　强氧化剂、水、醇类、强碱

危险的分解产物　氯化氢、光气

第十一部分　毒理学信息

急性毒性　LC_{50}：11600mg/m³（大鼠吸入，6h）［LCLO］

皮肤刺激或腐蚀　无资料	眼睛刺激或腐蚀　无资料
呼吸或皮肤过敏　无资料	生殖细胞突变性　无资料
致癌性　无资料	生殖毒性　无资料

特异性靶器官系统毒性-一次接触　无资料

特异性靶器官系统毒性-反复接触　无资料

吸入危害　无资料

第十二部分　生态学信息

生态毒性　无资料

持久性和降解性

生物降解性　OECD 301A，不易快速生物降解

非生物降解性　无资料

潜在的生物累积性　无资料

土壤中的迁移性　无资料

第十三部分　废弃处置

废弃化学品　建议用焚烧法处置。与燃料混合后，再焚烧。焚烧炉排出的卤化氢通过酸洗涤器除去

污染包装物　将容器返还生产商或按照国家和地方法规处置

废弃注意事项　处置前应参阅国家和地方有关法规

第十四部分　运输信息

联合国危险货物编号（UN号）　2395

联合国运输名称　异丁酰氯

联合国危险性类别　3，8

包装类别　Ⅱ

包装标志

海洋污染物　否

运输注意事项　运输时运输车辆应配备相应品种和数量的消防器材及泄漏应急处理设备。夏季最好早晚运输。运输时所用的槽（罐）车应有接地链，槽内可设孔隔板以减少震荡产生的静电。严禁与氧化剂、醇类、碱类、食用化学品等混装混运。运输途中应防暴晒、雨淋，防高温。中途停留时应远离火种、热源、高温区。装运该物品的车辆排气管必须配备阻火装置，禁止使用易产生火花的机械设备和工具装卸。公路运输时要按规定路线行驶，勿在居民区和人口稠密区停留。铁路运输时要禁止溜放。严禁用木船、水泥船散装运输

第十五部分　法规信息

下列法律、法规、规章和标准，对该化学品的管理作了相应的规定。

中华人民共和国职业病防治法　职业病分类和目录：未列入

危险化学品安全管理条例　危险化学品目录：列入。易制爆危险化学品名录：未列入。重点监管的危险化学品名录：未列入。GB 18218—2009《危险化学品重大危险源辨识》（表1）：未列入

使用有毒物品作业场所劳动保护条例　高毒物品目录：未列入

易制毒化学品管理条例　易制毒化学品的分类和品种目录：未列入

国际公约　斯德哥尔摩公约：未列入。鹿特丹公约：未列入。蒙特利尔议定书：未列入

第十六部分　其他信息

编写和修订信息	缩略语和首字母缩写
培训建议	参考文献
免责声明	

异佛尔酮二异氰酸酯

第一部分　化学品标识

化学品中文名　异佛尔酮二异氰酸酯；二异氰酸异佛尔酮酯

化学品英文名　isophorone diisocyanate；IPDI

分子式　$C_{12}H_{18}N_2O_2$　**分子量**　222.3

结构式

化学品的推荐及限制用途　用于生产涂料、弹性体、特种纤维、黏合剂等，也用于有机合成

第二部分　危险性概述

紧急情况概述　吸入会中毒，造成皮肤刺激，造成严重眼刺激，吸入可能导致过敏或哮喘症状或呼吸困难，可能导致皮肤过敏反应，可能引起呼吸道刺激

GHS危险性类别　急性毒性-吸入，类别3；皮肤腐蚀/刺激，类别2；严重眼损伤/眼刺激，类别2；呼吸道致敏物，类别1；皮肤致敏物，类别1；特异性靶器官毒性--次接触，类别3（呼吸道刺激）；危害水生环境-急性危害，类别2；危害水生环境-长期危害，类别2

标签要素

象形图

警示词　危险

危险性说明　吸入会中毒，造成皮肤刺激，造成严重眼刺激，吸入可能导致过敏或哮喘症状或呼吸困难，可能导致皮肤过敏反应，可能引起呼吸道刺激，对水生生物有毒并具有长期持续影响

防范说明

预防措施 避免吸入蒸气、雾。仅在室外或通风良好处操作。避免接触眼睛、皮肤,操作后彻底清洗。戴防护手套、防护眼镜、防护面罩。通风不良时,戴呼吸防护器具。污染的工作服不得带出工作场所。禁止排入环境

事故响应 如吸入:将患者转移到空气新鲜处,休息,保持利于呼吸的体位,呼叫中毒控制中心或就医。如有呼吸系统症状,呼叫中毒控制中心或就医。如皮肤接触:用大量肥皂水和水清洗。如出现皮肤刺激或皮疹,就医。污染的衣服清洗后方可重新使用。如接触眼睛:用水细心冲洗数分钟。如戴隐形眼镜并可方便地取出,取出隐形眼镜,继续冲洗。如果眼睛刺激持续,就医。收集泄漏物

安全储存 在通风良好处储存。保持容器密闭。上锁保管

废弃处置 本品及内装物、容器依据国家和地方法规处置

物理和化学危险 可燃,其蒸气与空气混合,能形成爆炸性混合物

健康危害 吸入、摄入或经皮肤吸收后对身体有害。蒸气或烟雾对眼睛、黏膜和上呼吸道有强烈刺激作用。对呼吸道有致敏性

环境危害 对水生生物有毒并具有长期持续影响

第三部分 成分/组成信息

√ 物质   混合物

组分	浓度	CAS No.
异佛尔酮二异氰酸酯		4098-71-9

第四部分 急救措施

吸入 迅速脱离现场至空气新鲜处。保持呼吸道通畅。如呼吸困难,给输氧。呼吸、心跳停止,立即进行心肺复苏术。就医

皮肤接触 立即脱去污染的衣着,用流动清水彻底冲洗。就医

眼睛接触 立即分开眼睑,用流动清水或生理盐水彻底冲洗。就医

食入 漱口,饮水。就医

对保护施救者的忠告 根据需要使用个人防护设备

对医生的特别提示 对症处理

第五部分 消防措施

灭火剂 用雾状水、泡沫、干粉、二氧化碳、砂土灭火

特别危险性 遇明火、高热可燃。与氧化剂可发生反应。受高热分解放出有毒的气体。容易自聚,聚合反应随着温度的上升而急骤加剧。若遇高热,容器内压增大,有开裂和爆炸的危险

灭火注意事项及防护措施 消防人员必须佩戴空气呼吸器、穿全身防火防毒服,在上风向灭火。尽可能将容器从火场移至空旷处。喷水保持火场容器冷却,直至灭火结束。处在火场中的容器若已变色或从安全泄压装置中发出声音,必须马上撤离

第六部分 泄漏应急处理

作业人员防护措施、防护装备和应急处置程序 根据液体流动和蒸气扩散的影响区域划定警戒区,无关人员从侧风、上风向撤离至安全区。建议应急处理人员戴正压自给式呼吸器,穿防毒服。作业时使用的所有设备应接地。穿上适当的防护服前严禁接触破裂的容器和泄漏物。尽可能切断泄漏源

环境保护措施 防止泄漏物进入水体、下水道、地下室或有限空间

泄漏化学品的收容、清除方法及所使用的处置材料 严禁用水处理。小量泄漏:用干燥的砂土或其他不燃材料覆盖泄漏物。大量泄漏:构筑围堤或挖坑收容。用泵转移至槽车或专用收集器内

第七部分 操作处置与储存

操作注意事项 密闭操作,提供充分的局部排风。防止蒸气泄漏到工作场所空气中。操作人员必须经过专门培训,严格遵守操作规程。建议操作人员佩戴自吸过滤式防毒面具(全面罩),穿胶布防毒衣,戴橡胶手套。远离火种、热源,工作场所严禁吸烟。使用防爆型的通风系统和设备。在清除液体和蒸气前不能进行焊接、切割等作业。避免产生烟雾。避免与氧化剂、碱类、醇类、胺类接触。尤其要注意避免与水接触。配备相应品种和数量的消防器材及泄漏应急处理设备。倒空的容器可能残留有害物

储存注意事项 储存于阴凉、干燥、通风良好的库房。远离火种、热源。防止阳光直射。保持容器密封,严禁与空气接触。应与氧化剂、碱类、醇类、胺类等分开存放,切忌混储。配备相应品种和数量的消防器材。储区应备有泄漏应急处理设备和合适的收容材料

第八部分 接触控制/个体防护

职业接触限值

中国 PC-TWA:0.05mg/m³;PC-STEL:0.1mg/m³

美国(ACGIH) TLV-TWA:0.005ppm

生物接触限值 未制定标准

监测方法 空气中有毒物质测定方法:高效液相色谱法。生物监测检验方法:未制定标准

工程控制 严加密闭,提供充分的局部排风

个体防护装备

呼吸系统防护 空气中浓度超标时,必须佩戴过滤式防毒面具(全面罩)。紧急事态抢救或撤离时,应该佩戴空气呼吸器

眼睛防护 呼吸系统防护中已作防护

皮肤和身体防护 穿密闭型防毒服

手防护 戴橡胶手套

第九部分 理化特性

外观与性状 无色至微黄色液体

pH 值 无资料 **熔点(℃)** −60

沸点(℃) 158(1.33kPa) **相对密度(水=1)** 1.056

相对蒸气密度(空气＝1)　无资料

饱和蒸气压(kPa)　$0.04×10^{-3}$（20℃）

临界压力(MPa)　无资料　辛醇/水分配系数　无资料

闪点(℃)　163　自燃温度(℃)　430

爆炸下限(%)　0.7　爆炸上限(%)　4.5

分解温度(℃)　310　黏度(mPa·s)　无资料

燃烧热(kJ/mol)　无资料　临界温度(℃)　无资料

溶解性　可混溶于酯、酮、醚、烃类

第十部分　稳定性和反应性

稳定性　稳定

危险反应　与强氧化剂、碱类、醇类、胺类、水等禁配物发生反应。容易发生自聚反应

避免接触的条件　受热、潮湿空气

禁配物　强氧化剂、碱类、醇类、胺类、水

危险的分解产物　氮氧化物、氰化氢

第十一部分　毒理学信息

急性毒性　LD_{50}：4825mg/kg（大鼠经口），1060mg/kg（大鼠经皮）。LC_{50}：123mg/m^3（大鼠吸入，4h）

皮肤刺激或腐蚀　无资料　　眼睛刺激或腐蚀　无资料

呼吸或皮肤过敏　无资料　　生殖细胞突变性　无资料

致癌性　无资料　　生殖毒性　无资料

特异性靶器官系统毒性-一次接触　无资料

特异性靶器官系统毒性-反复接触　无资料

吸入危害　无资料

第十二部分　生态学信息

生态毒性　LC_{50}：110mg/L（96h）（圆腹雅罗鱼，半静态）。EC_{50}：23mg/L（48h）（大型溞，静态）。EC_{50}：5.5mg/L（48h）（*Chaetogammarus marinus*，半静态）。ErC_{50}：＞50mg/L（72h）（*Desmodesmus subspicatus*）

持久性和降解性
　生物降解性　OECD 301A，不易快速生物降解
　非生物降解性　无资料

潜在的生物累积性　无资料

土壤中的迁移性　无资料

第十三部分　废弃处置

废弃化学品　建议用控制焚烧法或安全掩埋法处置。破损容器禁止重新使用，要在规定场所掩埋

污染包装物　将容器返还生产商或按照国家和地方法规处置

废弃注意事项　处置前应参阅国家和地方有关法规

第十四部分　运输信息

联合国危险货物编号（UN号）　2290

联合国运输名称　二异氰酸异佛尔酮酯

联合国危险性类别　6.1

包装类别　Ⅲ　　包装标志

海洋污染物　是

运输注意事项　运输前应先检查包装容器是否完整、密封，运输过程中要确保容器不泄漏、不倒塌、不坠落、不损坏。严禁与酸类、氧化剂、食品及食品添加剂混运。运输时运输车辆应配备相应品种和数量的消防器材及泄漏应急处理设备。运输途中应防暴晒、雨淋，防高温。公路运输时要按规定路线行驶，勿在居民区和人口稠密区停留

第十五部分　法规信息

下列法律、法规、规章和标准，对该化学品的管理作了相应的规定。

中华人民共和国职业病防治法　职业病分类和目录：未列入

危险化学品安全管理条例　危险化学品目录：列入。易制爆危险化学品名录：未列入。重点监管的危险化学品名录：未列入。GB 18218—2009《危险化学品重大危险源辨识》（表1）：未列入

使用有毒物品作业场所劳动保护条例　高毒物品目录：未列入

易制毒化学品管理条例　易制毒化学品的分类和品种目录：未列入

国际公约　斯德哥尔摩公约：未列入。鹿特丹公约：未列入。蒙特利尔议定书：未列入

第十六部分　其他信息

编写和修订信息　　缩略语和首字母缩写

培训建议　　参考文献

免责声明

异硫氰酸甲酯

第一部分　化学品标识

化学品中文名　异硫氰酸甲酯；硫代异氰酸甲酯；甲基芥子油

化学品英文名　methyl isothiocyanate；methyl mustard oil

分子式　C_2H_3NS　分子量　73.117

结构式　N＝C＝S

化学品的推荐及限制用途　用作军用毒剂，也用于制备农业杀虫剂

第二部分　危险性概述

紧急情况概述　吞咽会中毒，吸入会中毒，造成严重的皮肤灼伤和眼损伤，造成严重眼损伤，可能导致皮肤过敏反应

GHS危险性类别　急性毒性-经口，类别3；急性毒性-吸入，类别3；皮肤腐蚀/刺激，类别1B；严重眼损伤/眼刺激，类别1；皮肤致敏物，类别1；危害水生环境-急性危害，类别1；危害水生环境-长期危害，类别1

标签要素

象形图

警示词 危险

危险性说明 吞咽会中毒，吸入会中毒，造成严重的皮肤灼伤和眼损伤，造成严重眼损伤，可能导致皮肤过敏反应，对水生生物毒性非常大并具有长期持续影响

防范说明

预防措施 保持容器密闭。容器和接收设备接地连接。避免接触眼睛、皮肤，操作后彻底清洗。作业场所不得进食、饮水或吸烟。避免吸入蒸气、雾。仅在室外或通风良好处操作。穿防护服，戴防护手套、防护眼镜、防护面罩。污染的工作服不得带出工作场所。禁止排入环境

事故响应 火灾时，使用雾状水、泡沫、干粉、二氧化碳、砂土灭火。如吸入：将患者转移到空气新鲜处，休息，保持利于呼吸的体位，呼叫中毒控制中心或就医。皮肤（或头发）接触：立即脱掉所有被污染的衣服，用水冲洗皮肤，淋浴。污染的衣服洗净后方可重新使用。如出现皮肤刺激或皮疹：就医。眼睛接触：用水细心地冲洗数分钟，立即呼叫中毒控制中心或就医。如戴隐形眼镜并可方便地取出，则取出隐形眼镜，继续冲洗。食入：漱口，不要催吐，立即呼叫中毒控制中心或就医。收集泄漏物

安全储存 存放在通风良好的地方。保持低温。保持容器密闭。上锁保管

废弃处置 本品及内装物、容器依据国家和地方法规处置

物理和化学危险 易燃，其蒸气与空气混合，能形成爆炸性混合物

健康危害 本品对皮肤、眼睛和黏膜有强烈的刺激性。吸入、摄入可能致死。吸入后可能引起喉、支气管的痉挛、水肿，化学性肺炎或肺水肿。重复接触可引起哮喘、过敏反应。有成人摄入 50g 引起死亡的报道。眼和皮肤接触可引起灼伤

环境危害 对水生生物毒性非常大并具有长期持续影响

第三部分 成分/组成信息

√ 物质   混合物

组分	浓度	CAS No.
异硫氰酸甲酯		556-61-6

第四部分 急救措施

吸入 迅速脱离现场至空气新鲜处。保持呼吸道通畅。如呼吸困难，给输氧。呼吸、心跳停止，立即进行心肺复苏术。就医

皮肤接触 立即脱去污染的衣着，用大量流动清水彻底冲洗至少 15min。就医

眼睛接触 立即分开眼睑，用流动清水或生理盐水彻底冲洗 5～10min。就医

食入 用水漱口，禁止催吐。给饮牛奶或蛋清。就医

对保护施救者的忠告 根据需要使用个人防护设备

对医生的特别提示 对症处理

第五部分 消防措施

灭火剂 用雾状水、泡沫、干粉、二氧化碳、砂土灭火

特别危险性 其蒸气与空气可形成爆炸性混合物，遇明火、高热极易燃烧爆炸。与氧化剂接触猛烈反应

灭火注意事项及防护措施 消防人员必须佩戴防毒面具、穿全身消防服，在上风向灭火。尽可能将容器从火场移至空旷处。喷水保持火场容器冷却，直至灭火结束

第六部分 泄漏应急处理

作业人员防护措施、防护装备和应急处置程序 消除所有点火源。根据液体流动和蒸气扩散的影响区域划定警戒区，无关人员从侧风、上风向撤离至安全区。建议应急处理人员戴防尘口罩，穿防毒、防静电服。作业时使用的所有设备应接地。禁止接触或跨越泄漏物。尽可能切断泄漏源

环境保护措施 防止泄漏物进入水体、下水道、地下室或有限空间

泄漏化学品的收容、清除方法及所使用的处置材料 小量泄漏：用砂土或其他不燃材料吸收。使用洁净的无火花工具收集吸收材料。大量泄漏：构筑围堤或挖坑收容。用泡沫覆盖，减少蒸发。喷水雾能减少蒸发，但不能降低泄漏物在有限空间内的易燃性。用防爆泵转移至槽车或专用收集器内

第七部分 操作处置与储存

操作注意事项 严加密闭，提供充分的局部排风和全面通风。操作人员必须经过专门培训，严格遵守操作规程。建议操作人员佩戴防尘面具（全面罩），穿胶布防毒衣，戴橡胶耐油手套。远离火种、热源，工作场所严禁吸烟。使用防爆型的通风系统和设备。避免与氧化剂、酸类、碱类、醇类接触。搬运时要轻装轻卸，防止包装及容器损坏。配备相应品种和数量的消防器材及泄漏应急处理设备。倒空的容器可能残留有害物

储存注意事项 储存于阴凉、通风的库房。远离火种、热源。库温不宜超过 37℃，应与氧化剂、酸类、碱类、醇类、食用化学品分开存放，切忌混储。采用防爆型照明、通风设施。禁止使用易产生火花的机械设备和工具。储区应备有合适的材料收容泄漏物

第八部分 接触控制/个体防护

职业接触限值

中国 未制定标准

美国（ACGIH） 未制定标准

生物接触限值 未制定标准

监测方法 空气中有毒物质测定方法：未制定标准。生物监测检验方法：未制定标准

工程控制 严加密闭，提供充分的局部排风和全面通风

个体防护装备

呼吸系统防护 可能接触其粉尘时，必须佩戴防尘面具（全面罩）。紧急事态抢救或撤离时，应该佩戴空气呼吸器

眼睛防护　呼吸系统防护中已作防护
皮肤和身体防护　穿密闭型防毒服
手防护　戴橡胶耐油手套

第九部分　理化特性

外观与性状　白色至淡橙色固体

pH值　无意义　　　　　熔点(℃)　36

沸点(℃)　119　　　相对密度(水＝1)　1.07

相对蒸气密度(空气＝1)　无资料

饱和蒸气压(kPa)　2.8(20℃)

临界压力(MPa)　无资料　　辛醇/水分配系数　无资料

闪点(℃)　32.22　　　自燃温度(℃)　无资料

爆炸下限(%)　无资料　　爆炸上限(%)　无资料

分解温度(℃)　无资料　　黏度(mPa·s)　无资料

燃烧热(kJ/mol)　无资料　临界温度(℃)　无资料

溶解性　微溶于水，易溶于乙醇、乙醚

第十部分　稳定性和反应性

稳定性　稳定

危险反应　与强氧化剂、强碱、水、酸类、醇类、胺类等
　　禁配物接触，有发生火灾和爆炸的危险

避免接触的条件　潮湿空气

禁配物　强氧化剂、强碱、水、酸类、醇类、胺类

危险的分解产物　氮氧化物、氰化氢、硫化物

第十一部分　毒理学信息

急性毒性　LD_{50}：72mg/kg（大鼠经口），90mg/kg（小
　　鼠经口），33mg/kg（兔经皮）

皮肤刺激或腐蚀　无资料　　眼睛刺激或腐蚀　无资料

呼吸或皮肤过敏　无资料　　生殖细胞突变性　无资料

致癌性　无资料　　　　生殖毒性　无资料

特异性靶器官系统毒性--一次接触　无资料

特异性靶器官系统毒性-反复接触　无资料

吸入危害　无资料

第十二部分　生态学信息

生态毒性　LC_{50}：0.053mg/L（96h）（虹鳟，OECD 203，
　　半静态）。EC_{50}：0.076mg/L（48h）（大型溞，OECD
　　202，半静态）。ErC_{50}：0.58mg/L（72h）（羊角月牙藻，
　　OECD 201，静态）

持久性和降解性
　　生物降解性　OECD 301D，不易快速生物降解
　　非生物降解性　无资料

潜在的生物累积性　根据K_{ow}值预测，该物质的生物累积
　　性可能较弱

土壤中的迁移性　根据K_{oc}值预测，该物质可能易发生
　　迁移

第十三部分　废弃处置

废弃化学品　建议用焚烧法处置。焚烧炉排出的气体要通
　　过洗涤器除去

污染包装物　将容器返还生产商或按照国家和地方法规
　　处置

废弃注意事项　处置前应参阅国家和地方有关法规

第十四部分　运输信息

联合国危险货物编号（UN号）　2477

联合国运输名称　异硫氰酸甲酯

联合国危险性类别　6.1，3

包装类别　Ⅰ

包装标志　

海洋污染物　是

运输注意事项　运输时运输车辆应配备相应品种和数量的
　　消防器材及泄漏应急处理设备。夏季最好早晚运输。
　　运输时所用的槽（罐）车应有接地链，槽内可设孔隔
　　板以减少震荡产生的静电。严禁与氧化剂、酸类、碱
　　类、醇类、食用化学品等混装混运。运输途中应防曝
　　晒、雨淋，防高温。中途停留时应远离火种、热源、
　　高温区。装运该物品的车辆排气管必须配备阻火装
　　置，禁止使用易产生火花的机械设备和工具装卸。铁
　　路运输时要禁止溜放。严禁用木船、水泥船散装运输

第十五部分　法规信息

　　下列法律、法规、规章和标准，对该化学品的管理作
了相应的规定。

中华人民共和国职业病防治法　职业病分类和目录：未
　　列入

危险化学品安全管理条例　危险化学品目录：列入。易制
　　爆危险化学品名录：未列入。重点监管的危险化学品
　　名录：未列入。GB 18218—2009《危险化学品重大
　　危险源辨识》（表1）：未列入

使用有毒物品作业场所劳动保护条例　高毒物品目录：未
　　列入

易制毒化学品管理条例　易制毒化学品的分类和品种目
　　录：未列入

国际公约　斯德哥尔摩公约：未列入。鹿特丹公约：未列
　　入。蒙特利尔议定书：未列入

第十六部分　其他信息

编写和修订信息　　缩略语和首字母缩写

培训建议　　　　参考文献

免责声明

异硫氰酸-1-萘酯

第一部分　化学品标识

化学品中文名　异硫氰酸-1-萘酯；萘基芥子油

化学品英文名　α-naphthyl isothiocyanate；1-isothiocyana-
　　tonaphthalene

分子式　$C_{11}H_7NS$　分子量　185.245

结构式

化学品的推荐及限制用途　用于有机合成及测定脂肪族伯胺和仲胺的试剂，也用作杀虫剂

第二部分　危险性概述

紧急情况概述　吞咽会中毒

GHS危险性类别　急性毒性-经口，类别3

标签要素

象形图　

警示词　危险

危险性说明　吞咽会中毒

防范说明

预防措施　避免接触眼睛、皮肤，操作后彻底清洗。作业场所不得进食、饮水或吸烟

事故响应　食入：立即呼叫中毒控制中心或就医，漱口

安全储存　上锁保管

废弃处置　本品及内装物、容器依据国家和地方法规处置

物理和化学危险　可燃，其粉体与空气混合，能形成爆炸性混合物

健康危害　动物实验表明，本品对肝脏有损害作用。豚鼠注射本品死亡后，尸检见肝实质脂肪变性。长期用小剂量本品喂饲大鼠，在肝中出现上皮增生，最后导致胆汁性肝硬化

环境危害　对环境可能有害

第三部分　成分/组成信息

√物质　　　　　　　　混合物

组分	浓度	CAS No.
异硫氰酸-1-萘酯		551-06-4

第四部分　急救措施

吸入　迅速脱离现场至空气新鲜处。保持呼吸道通畅。如呼吸困难，给输氧。呼吸、心跳停止，立即进行心肺复苏术。就医

皮肤接触　立即脱去污染的衣着，用流动清水彻底冲洗。就医

眼睛接触　立即提起眼睑，用流动清水或生理盐水彻底冲洗。就医

食入　饮适量温水，催吐（仅限于清醒者）。就医

对保护施救者的忠告　根据需要使用个人防护设备

对医生的特别提示　对症处理

第五部分　消防措施

灭火剂　用雾状水、泡沫、干粉、二氧化碳、砂土灭火

特别危险性　遇明火能燃烧。与强氧化剂接触可发生化学反应。受高热分解放出有毒的气体。接触酸及酸气时，能放出有毒的氰化物及氧化硫烟气

灭火注意事项及防护措施　消防人员必须佩戴防毒面具、穿全身消防服，在上风向灭火。尽可能将容器从火场移至空旷处。喷水保持火场容器冷却，直至灭火结束。禁止使用酸碱灭火剂

第六部分　泄漏应急处理

作业人员防护措施、防护装备和应急处置程序　隔离泄漏污染区，限制出入。消除所有点火源。建议应急处理人员戴防尘口罩，穿防毒服。穿上适当的防护服前严禁接触破裂的容器和泄漏物。尽可能切断泄漏源

环境保护措施　用塑料布覆盖泄漏物，减少飞散

泄漏化学品的收容、清除方法及所使用的处置材料　勿使水进入包装容器内。用洁净的铲子收集泄漏物，置于干净、干燥、盖子较松的容器中，将容器移离泄漏区

第七部分　操作处置与储存

操作注意事项　密闭操作，提供充分的局部排风。操作尽可能机械化、自动化。操作人员必须经过专门培训，严格遵守操作规程。建议操作人员佩戴自吸过滤式防尘口罩，戴化学安全防护眼镜，穿防毒物渗透工作服，戴乳胶手套。远离火种、热源，工作场所严禁吸烟。使用防爆型的通风系统和设备。避免产生粉尘。避免与氧化剂、酸类、碱类、醇类接触。搬运时要轻装轻卸，防止包装及容器损坏。配备相应品种和数量的消防器材及泄漏应急处理设备。倒空的容器可能残留有害物

储存注意事项　储存于阴凉、通风的库房。远离火种、热源。应与氧化剂、酸类、碱类、醇类、食用化学品分开存放，切忌混储。配备相应品种和数量的消防器材。储区应备有合适的材料收容泄漏物

第八部分　接触控制/个体防护

职业接触限值

中国　未制定标准

美国（ACGIH）　未制定标准

生物接触限值　未制定标准

监测方法　空气中有毒物质测定方法：未制定标准。生物监测检验方法：未制定标准

工程控制　严加密闭，提供充分的局部排风。提供安全淋浴和洗眼设备

个体防护装备

呼吸系统防护　空气中粉尘浓度超标时，建议佩戴过滤式防尘呼吸器。紧急事态抢救或撤离时，应该佩戴空气呼吸器

眼睛防护　戴化学安全防护眼镜

皮肤和身体防护　穿防毒物渗透工作服

手防护　戴橡胶手套

第九部分　理化特性

外观与性状　白色、无臭无味结晶

pH值　无意义	**熔点（℃）**　55.5～57
沸点（℃）　无资料	**相对密度（水＝1）**　1.81
相对蒸气密度（空气＝1）　无资料	
饱和蒸气压（kPa）　无资料	
临界压力（MPa）　无资料	**辛醇/水分配系数**　无资料

眼睛防护 呼吸系统防护中已作防护

皮肤和身体防护 穿密闭型防毒服

手防护 戴橡胶耐油手套

第九部分 理化特性

外观与性状 白色至淡橙色固体

pH 值 无意义　熔点(℃) 36

沸点(℃) 119　相对密度(水＝1) 1.07

相对蒸气密度(空气＝1) 无资料

饱和蒸气压(kPa) 2.8(20℃)

临界压力(MPa) 无资料　辛醇/水分配系数 无资料

闪点(℃) 32.22　自燃温度(℃) 无资料

爆炸下限(%) 无资料　爆炸上限(%) 无资料

分解温度(℃) 无资料　黏度(mPa·s) 无资料

燃烧热(kJ/mol) 无资料　临界温度(℃) 无资料

溶解性 微溶于水,易溶于乙醇、乙醚

第十部分 稳定性和反应性

稳定性 稳定

危险反应 与强氧化剂、强碱、水、酸类、醇类、胺类等禁配物接触,有发生火灾和爆炸的危险

避免接触的条件 潮湿空气

禁配物 强氧化剂、强碱、水、酸类、醇类、胺类

危险的分解产物 氮氧化物、氰化氢、硫化物

第十一部分 毒理学信息

急性毒性 LD$_{50}$:72mg/kg(大鼠经口),90mg/kg(小鼠经口),33mg/kg(兔经皮)

皮肤刺激或腐蚀 无资料　眼睛刺激或腐蚀 无资料

呼吸或皮肤过敏 无资料　生殖细胞突变性 无资料

致癌性 无资料　生殖毒性 无资料

特异性靶器官系统毒性-一次接触 无资料

特异性靶器官系统毒性-反复接触 无资料

吸入危害 无资料

第十二部分 生态学信息

生态毒性 LC$_{50}$:0.053mg/L(96h)(虹鳟,OECD 203,半静态)。EC$_{50}$:0.076mg/L(48h)(大型溞,OECD 202,半静态)。ErC$_{50}$:0.58mg/L(72h)(羊角月牙藻,OECD 201,静态)

持久性和降解性

生物降解性 OECD 301D,不易快速生物降解

非生物降解性 无资料

潜在的生物累积性 根据 K_{ow} 值预测,该物质的生物累积性可能较弱

土壤中的迁移性 根据 K_{oc} 值预测,该物质可能易发生迁移

第十三部分 废弃处置

废弃化学品 建议用焚烧法处置。焚烧炉排出的气体要通过洗涤器除去

污染包装物 将容器返还生产商或按照国家和地方法规处置

废弃注意事项 处置前应参阅国家和地方有关法规

第十四部分 运输信息

联合国危险货物编号(UN 号) 2477

联合国运输名称 异硫氰酸甲酯

联合国危险性类别 6.1,3

包装类别 Ⅰ

包装标志

海洋污染物 是

运输注意事项 运输时运输车辆应配备相应品种和数量的消防器材及泄漏应急处理设备。夏季最好早晚运输。运输时所用的槽(罐)车应有接地链,槽内可设孔隔板以减少震荡产生的静电。严禁与氧化剂、酸类、碱类、醇类、食用化学品等混装混运。运输途中应防暴晒、雨淋,防高温。中途停留时应远离火种、热源、高温区。装运该物品的车辆排气管必须配备阻火装置,禁止使用易产生火花的机械设备和工具装卸。铁路运输时要禁止溜放。严禁用木船、水泥船散装运输

第十五部分 法规信息

下列法律、法规、规章和标准,对该化学品的管理作了相应的规定。

中华人民共和国职业病防治法 职业病分类和目录:未列入

危险化学品安全管理条例 危险化学品目录:列入。易制爆危险化学品名录:未列入。重点监管的危险化学品名录:未列入。GB 18218—2009《危险化学品重大危险源辨识》(表1):未列入

使用有毒物品作业场所劳动保护条例 高毒物品目录:未列入

易制毒化学品管理条例 易制毒化学品的分类和品种目录:未列入

国际公约 斯德哥尔摩公约:未列入。鹿特丹公约:未列入。蒙特利尔议定书:未列入

第十六部分 其他信息

编写和修订信息　缩略语和首字母缩写

培训建议　参考文献

免责声明

异硫氰酸-1-萘酯

第一部分 化学品标识

化学品中文名 异硫氰酸-1-萘酯;萘基芥子油

化学品英文名 α-naphthyl isothiocyanate;1-isothiocyanatonaphthalene

分子式 C$_{11}$H$_7$NS　分子量 185.245

结构式 S＝C＝N

化学品的推荐及限制用途　用于有机合成及测定脂肪族伯胺和仲胺的试剂，也用作杀虫剂

第二部分　危险性概述

紧急情况概述　吞咽会中毒
GHS危险性类别　急性毒性-经口，类别3
标签要素

象形图　

警示词　危险
危险性说明　吞咽会中毒
防范说明
　　预防措施　避免接触眼睛、皮肤，操作后彻底清洗。作业场所不得进食、饮水或吸烟
　　事故响应　食入：立即呼叫中毒控制中心或就医，漱口
　　安全储存　上锁保管
　　废弃处置　本品及内装物、容器依据国家和地方法规处置
物理和化学危险　可燃，其粉体与空气混合，能形成爆炸性混合物
健康危害　动物实验表明，本品对肝脏有损害作用。豚鼠注射本品死亡后，尸检见肝实质脂肪变性。长期用小剂量本品喂饲大鼠，在肝中出现上皮增生，最后导致胆汁性肝硬化
环境危害　对环境可能有害

第三部分　成分/组成信息

　　√ 物质　　　　　　　混合物
　　组分　　　**浓度**　　　**CAS No.**
异硫氰酸-1-萘酯　　　　　　551-06-4

第四部分　急救措施

吸入　迅速脱离现场至空气新鲜处。保持呼吸道通畅。如呼吸困难，给输氧。呼吸、心跳停止，立即进行心肺复苏术。就医
皮肤接触　立即脱去污染的衣着，用流动清水彻底冲洗。就医
眼睛接触　立即分开眼睑，用流动清水或生理盐水彻底冲洗。就医
食入　饮适量温水，催吐（仅限于清醒者）。就医
对保护施救者的忠告　根据需要使用个人防护设备
对医生的特别提示　对症处理

第五部分　消防措施

灭火剂　用雾状水、泡沫、干粉、二氧化碳、砂土灭火
特别危险性　遇明火能燃烧。与强氧化剂接触可发生化学反应。受高热分解放出有毒的气体。接触酸及酸气时，能放出有毒的氰化物及氧化硫烟气
灭火注意事项及防护措施　消防人员必须佩戴防毒面具、穿全身消防服，在上风向灭火。尽可能将容器从火场移至空旷处。喷水保持火场容器冷却，直至灭火结束。禁止使用酸碱灭火剂

第六部分　泄漏应急处理

作业人员防护措施、防护装备和应急处置程序　隔离泄漏污染区，限制出入。消除所有点火源。建议应急处理人员戴防尘口罩，穿防毒服。穿上适当的防护服前严禁接触破裂的容器和泄漏物。尽可能切断泄漏源
环境保护措施　用塑料布覆盖泄漏物，减少飞散
泄漏化学品的收容、清除方法及所使用的处置材料　勿使水进入包装容器内。用洁净的铲子收集泄漏物，置于干净、干燥、盖子较松的容器中，将容器移离泄漏区

第七部分　操作处置与储存

操作注意事项　密闭操作，提供充分的局部排风。操作尽可能机械化、自动化。操作人员必须经过专门培训，严格遵守操作规程。建议操作人员佩戴自吸过滤式防尘口罩，戴化学安全防护眼镜，穿防毒物渗透工作服，戴乳胶手套。远离火种、热源，工作场所严禁吸烟。使用防爆型的通风系统和设备。避免产生粉尘。避免与氧化剂、酸类、碱类、醇类接触。搬运时要轻装轻卸，防止包装及容器损坏。配备相应品种和数量的消防器材及泄漏应急处理设备。倒空的容器可能残留有害物
储存注意事项　储存于阴凉、通风的库房。远离火种、热源。应与氧化剂、酸类、碱类、醇类、食用化学品分开存放，切忌混储。配备相应品种和数量的消防器材。储区应备有合适的材料收容泄漏物

第八部分　接触控制/个体防护

职业接触限值
　　中国　未制定标准
　　美国（ACGIH）　未制定标准
生物接触限值　未制定标准
监测方法　空气中有毒物质测定方法：未制定标准。生物监测检验方法：未制定标准
工程控制　严加密闭，提供充分的局部排风。提供安全淋浴和洗眼设备
个体防护装备
　　呼吸系统防护　空气中粉尘浓度超标时，建议佩戴过滤式防尘呼吸器。紧急事态抢救或撤离时，应该佩戴空气呼吸器
　　眼睛防护　戴化学安全防护眼镜
　　皮肤和身体防护　穿防毒物渗透工作服
　　手防护　戴橡胶手套

第九部分　理化特性

外观与性状　白色、无臭无味结晶
pH值　无意义　　　　　　**熔点(℃)**　55.5～57
沸点(℃)　无资料　　　　**相对密度(水=1)**　1.81
相对蒸气密度(空气=1)　无资料
饱和蒸气压(kPa)　无资料
临界压力(MPa)　无资料　　**辛醇/水分配系数**　无资料

闪点(℃)　无资料　　　自燃温度(℃)　无资料
爆炸下限(%)　无资料　　爆炸上限(%)　无资料
分解温度(℃)　无资料　　黏度(mPa·s)　无资料
燃烧热(kJ/mol)　无资料　临界温度(℃)　无资料
溶解性　不溶于水，易溶于苯、丙酮、乙醚、热乙醇

第十部分　稳定性和反应性

稳定性　稳定
危险反应　与醇类、强碱、胺类、酸类、强氧化剂等禁配物发生反应。接触酸及酸气时，能放出有毒的氰化物及氧化硫烟气
避免接触的条件　无资料
禁配物　醇类、强碱、胺类、酸类、强氧化剂
危险的分解产物　氮氧化物、氧化硫

第十一部分　毒理学信息

急性毒性　LD_{50}：200mg/kg（大鼠经口），105mg/kg（小鼠经口）
皮肤刺激或腐蚀　无资料　　眼睛刺激或腐蚀　无资料
呼吸或皮肤过敏　无资料　　生殖细胞突变性　无资料
致癌性　无资料　　　　　　生殖毒性　无资料
特异性靶器官系统毒性-一次接触　无资料
特异性靶器官系统毒性-反复接触　无资料
吸入危害　无资料

第十二部分　生态学信息

生态毒性　无资料
持久性和降解性
　　生物降解性　无资料
　　非生物降解性　无资料
潜在的生物累积性　无资料
土壤中的迁移性　无资料

第十三部分　废弃处置

废弃化学品　建议用焚烧法处置。焚烧炉排出的气体要通过洗涤器除去
污染包装物　将容器返还生产商或按照国家和地方法规处置
废弃注意事项　处置前应参阅国家和地方有关法规

第十四部分　运输信息

联合国危险货物编号（UN号）　2811
联合国运输名称　有机毒性固体，未另作规定的（异硫氰酸-1-萘酯）
联合国危险性类别　6.1

包装类别　Ⅲ　　　　　　　包装标志　

海洋污染物　否
运输注意事项　运输前应先检查包装容器是否完整、密封，运输过程中要确保容器不泄漏、不倒塌、不坠落、不损坏。严禁与酸类、氧化剂、食品及食品添加剂混运。运输途中应防暴晒、雨淋，防高温

第十五部分　法规信息

下列法律、法规、规章和标准，对该化学品的管理作了相应的规定。

中华人民共和国职业病防治法　职业病分类和目录：未列入
危险化学品安全管理条例　危险化学品目录：列入。易制爆危险化学品名录：未列入。重点监管的危险化学品名录：未列入。GB 18218—2009《危险化学品重大危险源辨识》（表1）：未列入
使用有毒物品作业场所劳动保护条例　高毒物品目录：未列入
易制毒化学品管理条例　易制毒化学品的分类和品种目录：未列入
国际公约　斯德哥尔摩公约：未列入。鹿特丹公约：未列入。蒙特利尔议定书：未列入

第十六部分　其他信息

编写和修订信息　缩略语和首字母缩写
培训建议　　　　参考文献
免责声明

异氰基乙酸乙酯

第一部分　化学品标识

化学品中文名　异氰基乙酸乙酯；异氰乙酸乙酯
化学品英文名　ethyl isocyanoacetate；socyanoacetic acid ethyl ester
分子式　$C_5H_7NO_2$　分子量　113.1153
结构式

化学品的推荐及限制用途　用于有机合成

第二部分　危险性概述

紧急情况概述　可燃液体，吞咽有害，皮肤接触有害，吸入有害，造成皮肤刺激，造成严重眼刺激，可能引起呼吸道刺激
GHS危险性类别　易燃液体，类别4；急性毒性-经口，类别4；急性毒性-经皮，类别4；急性毒性-吸入，类别4；皮肤腐蚀/刺激，类别2；严重眼损伤/眼刺激，类别2；特异性靶器官毒性-一次接触，类别3（呼吸道刺激）
标签要素

象形图

警示词　警告
危险性说明　可燃液体，吞咽有害，皮肤接触有害，吸入有害，造成皮肤刺激，造成严重眼刺激，可能引起呼吸道刺激

防范说明

预防措施　远离火焰和热表面。穿防护服，戴防护
　　手套、防护眼镜、防护面罩。避免接触眼睛、
　　皮肤，操作后彻底清洗。作业场所不得进食、
　　饮水或吸烟。避免吸入蒸气、雾。仅在室外或
　　通风良好处操作

事故响应　火灾时，使用雾状水、泡沫、干粉、二
　　氧化碳、砂土灭火。如吸入：将患者转移到空
　　气新鲜处，休息，保持利于呼吸的体位，如感
　　觉不适，呼叫中毒控制中心或就医。皮肤接
　　触：用大量肥皂水和水清洗，如感觉不适，呼
　　叫中毒控制中心或就医。被污染的衣服经洗净
　　后方可重新使用。如接触眼睛：用水细心冲洗
　　数分钟。如戴隐形眼镜并可方便地取出，取出
　　隐形眼镜，继续冲洗。如果眼睛刺激持续，就
　　医。食入：如果感觉不适，立即呼叫中毒控制
　　中心或就医，漱口

安全储存　存放在通风良好的地方。保持低温

废弃处置　本品及内装物、容器依据国家和地方法
　　规处置

物理和化学危险　可燃，其蒸气与空气混合，能形成爆炸
　　性混合物

健康危害　吸入、食入或经皮吸收对身体有害。蒸气或雾
　　对眼、黏膜和上呼吸道有刺激性。对皮肤有刺激性

环境危害　对环境可能有害

第三部分　成分/组成信息

　　√ 物质　　　　　　　　混合物

组分	浓度	CAS No.
异氰基乙酸乙酯		2999-46-4

第四部分　急救措施

吸入　迅速脱离现场至空气新鲜处。保持呼吸道通畅。如
　　呼吸困难，给输氧。呼吸、心跳停止，立即进行心肺
　　复苏术。就医

皮肤接触　立即脱去污染的衣着，用流动清水彻底冲洗。
　　就医

眼睛接触　立即分开眼睑，用流动清水或生理盐水彻底冲
　　洗。就医

食入　漱口，饮水。就医

对保护施救者的忠告　根据需要使用个人防护设备

对医生的特别提示　对症处理

第五部分　消防措施

灭火剂　用雾状水、泡沫、干粉、二氧化碳、砂土灭火

特别危险性　遇明火能燃烧。与强氧化剂接触可发生化学
　　反应。受高热分解放出有毒的气体

灭火注意事项及防护措施　消防人员必须佩戴防毒面具、
　　穿全身消防服，在上风向灭火。尽可能将容器从火场
　　移至空旷处。喷水保持火场容器冷却，直至灭火结
　　束。处在火场中的容器若已变色或从安全泄压装置中
　　发出声音，必须马上撤离。禁止使用酸碱灭火剂

第六部分　泄漏应急处理

作业人员防护措施、防护装备和应急处置程序　根据液体
　　流动和蒸气扩散的影响区域划定警戒区，无关人员从
　　侧风、上风向撤离至安全区。消除所有点火源。建议
　　应急处理人员戴正压自给式呼吸器，穿一般作业工作
　　服。尽可能切断泄漏源

环境保护措施　防止泄漏物进入水体、下水道、地下室或
　　有限空间

泄漏化学品的收容、清除方法及所使用的处置材料　小量
　　泄漏：用砂土、干燥石灰或苏打灰混合。大量泄漏：
　　构筑围堤或挖坑收容。用泵转移至槽车或专用收集
　　器内

第七部分　操作处置与储存

操作注意事项　密闭操作，提供充分的局部排风。操作尽
　　可能机械化、自动化。操作人员必须经过专门培训，
　　严格遵守操作规程。建议操作人员佩戴自吸过滤式防
　　毒面具（半面罩），戴化学安全防护眼镜，穿防毒物
　　渗透工作服，戴橡胶耐油手套。远离火种、热源，工
　　作场所严禁吸烟。使用防爆型的通风系统和设备。防
　　止蒸气泄漏到工作场所空气中。避免与氧化剂、还原
　　剂、酸类、碱类接触。搬运时要轻装轻卸，防止包装
　　及容器损坏。配备相应品种和数量的消防器材及泄漏
　　应急处理设备。倒空的容器可能残留有害物

储存注意事项　储存于阴凉、干燥、通风良好的库房。远
　　离火种、热源。保持容器密封。应与氧化剂、还原
　　剂、酸类、碱类等分开存放，切忌混储。配备相应品
　　种和数量的消防器材。储区应备有泄漏应急处理设备
　　和合适的收容材料

第八部分　接触控制/个体防护

职业接触限值

　　中国　未制定标准

　　美国（ACGIH）　未制定标准

生物接触限值　未制定标准

监测方法　空气中有毒物质测定方法：未制定标准。生物
　　监测检验方法：未制定标准

工程控制　严加密闭，提供充分的局部排风。提供安全淋
　　浴和洗眼设备

个体防护装备

　　呼吸系统防护　空气中浓度超标时，必须佩戴过滤式
　　　　防毒面具（半面罩）。紧急事态抢救或撤离时，
　　　　应该佩戴空气呼吸器

　　眼睛防护　戴化学安全防护眼镜

　　皮肤和身体防护　穿防毒物渗透工作服

　　手防护　戴橡胶耐油手套

第九部分　理化特性

外观与性状　浅黄色液体

pH 值　无资料		**熔点（℃）**　无资料	
沸点（℃）　194～196		**相对密度（水＝1）**　1.035	
相对蒸气密度（空气＝1）　无资料			

闪点(℃)	无资料	自燃温度(℃)	无资料
爆炸下限(%)	无资料	爆炸上限(%)	无资料
分解温度(℃)	无资料	黏度(mPa·s)	无资料
燃烧热(kJ/mol)	无资料	临界温度(℃)	无资料

溶解性　不溶于水，易溶于苯、丙酮、乙醚、热乙醇

第十部分　稳定性和反应性

稳定性　稳定

危险反应　与醇类、强碱、胺类、酸类、强氧化剂等禁配物发生反应。接触酸及酸气时，能放出有毒的氰化物及氧化硫烟气

避免接触的条件　无资料

禁配物　醇类、强碱、胺类、酸类、强氧化剂

危险的分解产物　氮氧化物、氧化硫

第十一部分　毒理学信息

急性毒性　LD$_{50}$：200mg/kg（大鼠经口），105mg/kg（小鼠经口）

皮肤刺激或腐蚀	无资料	眼睛刺激或腐蚀	无资料
呼吸或皮肤过敏	无资料	生殖细胞突变性	无资料
致癌性	无资料	生殖毒性	无资料

特异性靶器官系统毒性-一次接触　无资料

特异性靶器官系统毒性-反复接触　无资料

吸入危害　无资料

第十二部分　生态学信息

生态毒性　无资料

持久性和降解性

　　生物降解性　无资料

　　非生物降解性　无资料

潜在的生物累积性　无资料

土壤中的迁移性　无资料

第十三部分　废弃处置

废弃化学品　建议用焚烧法处置。焚烧炉排出的气体要通过洗涤器除去

污染包装物　将容器返还生产商或按照国家和地方法规处置

废弃注意事项　处置前应参阅国家和地方有关法规

第十四部分　运输信息

联合国危险货物编号（UN号）　2811

联合国运输名称　有机毒性固体，未另作规定的（异硫氰酸-1-萘酯）

联合国危险性类别　6.1

包装类别　Ⅲ　　　　　**包装标志**　

海洋污染物　否

运输注意事项　运输前应先检查包装容器是否完整、密封，运输过程中要确保容器不泄漏、不倒塌、不坠落、不损坏。严禁与酸类、氧化剂、食品及食品添加剂混运。运输途中应防暴晒、雨淋，防高温

第十五部分　法规信息

下列法律、法规、规章和标准，对该化学品的管理作了相应的规定。

中华人民共和国职业病防治法　职业病分类和目录：未列入

危险化学品安全管理条例　危险化学品目录：列入。易制爆危险化学品名录：未列入。重点监管的危险化学品名录：未列入。GB 18218—2009《危险化学品重大危险源辨识》（表1）：未列入

使用有毒物品作业场所劳动保护条例　高毒物品目录：未列入

易制毒化学品管理条例　易制毒化学品的分类和品种目录：未列入

国际公约　斯德哥尔摩公约：未列入。鹿特丹公约：未列入。蒙特利尔议定书：未列入

第十六部分　其他信息

编写和修订信息	缩略语和首字母缩写
培训建议	参考文献
免责声明	

异氰基乙酸乙酯

第一部分　化学品标识

化学品中文名　异氰基乙酸乙酯；异氰乙酸乙酯

化学品英文名　ethyl isocyanoacetate；socyanoacetic acid ethyl ester

分子式　C$_5$H$_7$NO$_2$　　**分子量**　113.1153

结构式　

化学品的推荐及限制用途　用于有机合成

第二部分　危险性概述

紧急情况概述　可燃液体，吞咽有害，皮肤接触有害，吸入有害，造成皮肤刺激，造成严重眼刺激，可能引起呼吸道刺激

GHS危险性类别　易燃液体，类别4；急性毒性-经口，类别4；急性毒性-经皮，类别4；急性毒性-吸入，类别4；皮肤腐蚀/刺激，类别2；严重眼损伤/眼刺激，类别2；特异性靶器官毒性-一次接触，类别3（呼吸道刺激）

标签要素

象形图

警示词　警告

危险性说明　可燃液体，吞咽有害，皮肤接触有害，吸入有害，造成皮肤刺激，造成严重眼刺激，可能引起呼吸道刺激

防范说明

预防措施 远离火焰和热表面。穿防护服，戴防护手套、防护眼镜、防护面罩。避免接触眼睛、皮肤，操作后彻底清洗。作业场所不得进食、饮水或吸烟。避免吸入蒸气、雾。仅在室外或通风良好处操作

事故响应 火灾时，使用雾状水、泡沫、干粉、二氧化碳、砂土灭火。如吸入：将患者转移到空气新鲜处，休息，保持利于呼吸的体位，如感觉不适，呼叫中毒控制中心或就医。皮肤接触：用大量肥皂水和水清洗，如感觉不适，呼叫中毒控制中心或就医。被污染的衣服经洗净后方可重新使用。如接触眼睛：用水细心冲洗数分钟。如戴隐形眼镜并可方便地取出，取出隐形眼镜，继续冲洗。如果眼睛刺激持续，就医。食入：如果感觉不适，立即呼叫中毒控制中心或就医，漱口

安全储存 存放在通风良好的地方。保持低温

废弃处置 本品及内装物、容器依据国家和地方法规处置

物理和化学危险 可燃，其蒸气与空气混合，能形成爆炸性混合物

健康危害 吸入、食入或经皮吸收对身体有害。蒸气或雾对眼、黏膜和上呼吸道有刺激性。对皮肤有刺激性

环境危害 对环境可能有害

第三部分 成分/组成信息

√物质　　　　　混合物

组分	浓度	CAS No.
异氰基乙酸乙酯		2999-46-4

第四部分 急救措施

吸入 迅速脱离现场至空气新鲜处。保持呼吸道通畅。如呼吸困难，给输氧。呼吸、心跳停止，立即进行心肺复苏术。就医

皮肤接触 立即脱去污染的衣着，用流动清水彻底冲洗。就医

眼睛接触 立即分开眼睑，用流动清水或生理盐水彻底冲洗。就医

食入 漱口，饮水。就医

对保护施救者的忠告 根据需要使用个人防护设备

对医生的特别提示 对症处理

第五部分 消防措施

灭火剂 用雾状水、泡沫、干粉、二氧化碳、砂土灭火

特别危险性 遇明火能燃烧。与强氧化剂接触可发生化学反应。受高热分解放出有毒的气体

灭火注意事项及防护措施 消防人员必须佩戴防毒面具、穿全身消防服，在上风向灭火。尽可能将容器从火场移至空旷处。喷水保持火场容器冷却，直至灭火结束。处在火场中的容器若已变色或从安全泄压装置中发出声音，必须马上撤离。禁止使用酸碱灭火剂

第六部分 泄漏应急处理

作业人员防护措施、防护装备和应急处置程序 根据液体流动和蒸气扩散的影响区域划定警戒区，无关人员从侧风、上风向撤离至安全区。消除所有点火源。建议应急处理人员戴正压自给式呼吸器，穿一般作业工作服。尽可能切断泄漏源

环境保护措施 防止泄漏物进入水体、下水道、地下室或有限空间

泄漏化学品的收容、清除方法及所使用的处置材料 小量泄漏：用砂土、干燥石灰或苏打灰混合。大量泄漏：构筑围堤或挖坑收容。用泵转移至槽车或专用收集器内

第七部分 操作处置与储存

操作注意事项 密闭操作，提供充分的局部排风。操作尽可能机械化、自动化。操作人员必须经过专门培训，严格遵守操作规程。建议操作人员佩戴自吸过滤式防毒面具（半面罩），戴化学安全防护眼镜，穿防毒物渗透工作服，戴橡胶耐油手套。远离火种、热源，工作场所严禁吸烟。使用防爆型的通风系统和设备。防止蒸气泄漏到工作场所空气中。避免与氧化剂、还原剂、酸类、碱类接触。搬运时要轻装轻卸，防止包装及容器损坏。配备相应品种和数量的消防器材及泄漏应急处理设备。倒空的容器可能残留有害物

储存注意事项 储存于阴凉、干燥、通风良好的库房。远离火种、热源。保持容器密封。应与氧化剂、还原剂、酸类、碱类等分开存放，切忌混储。配备相应品种和数量的消防器材。储区应备有泄漏应急处理设备和合适的收容材料

第八部分 接触控制/个体防护

职业接触限值

中国 未制定标准

美国（ACGIH） 未制定标准

生物接触限值 未制定标准

监测方法 空气中有毒物质测定方法：未制定标准。生物监测检验方法：未制定标准

工程控制 严加密闭，提供充分的局部排风。提供安全淋浴和洗眼设备

个体防护装备

呼吸系统防护 空气中浓度超标时，必须佩戴过滤式防毒面具（半面罩）。紧急事态抢救或撤离时，应该佩戴空气呼吸器

眼睛防护 戴化学安全防护眼镜

皮肤和身体防护 穿防毒物渗透工作服

手防护 戴橡胶耐油手套

第九部分 理化特性

外观与性状 浅黄色液体

pH值 无资料	**熔点（℃）** 无资料
沸点（℃） 194～196	**相对密度（水=1）** 1.035
相对蒸气密度（空气=1） 无资料	

饱和蒸气压(kPa)　0.13（67.8℃）

临界压力(MPa)　无资料	辛醇/水分配系数　无资料
闪点(℃)　85.0	自燃温度(℃)　无资料
爆炸下限(%)　无资料	爆炸上限(%)　无资料
分解温度(℃)　无资料	黏度(mPa·s)　无资料
燃烧热(kJ/mol)　无资料	临界温度(℃)　无资料

溶解性　微溶于水、碱液，可混溶于乙醇、乙醚

第十部分　稳定性和反应性

稳定性　稳定

危险反应　与强氧化剂、强还原剂、强酸、强碱、水等禁配物发生反应

避免接触的条件　潮湿空气

禁配物　强氧化剂、强还原剂、强酸、强碱、水

危险的分解产物　氮氧化物、氰化氢

第十一部分　毒理学信息

急性毒性　无资料

皮肤刺激或腐蚀　无资料	眼睛刺激或腐蚀　无资料
呼吸或皮肤过敏　无资料	生殖细胞突变性　无资料
致癌性　无资料	生殖毒性　无资料

特异性靶器官系统毒性-一次接触　无资料

特异性靶器官系统毒性-反复接触　无资料

吸入危害　无资料

第十二部分　生态学信息

生态毒性　无资料

持久性和降解性

　　生物降解性　无资料

　　非生物降解性　无资料

潜在的生物累积性　无资料

土壤中的迁移性　无资料

第十三部分　废弃处置

废弃化学品　建议用焚烧法处置。焚烧炉排出的氮氧化物通过洗涤器除去

污染包装物　将容器返还生产商或按照国家和地方法规处置

废弃注意事项　处置前应参阅国家和地方有关法规

第十四部分　运输信息

联合国危险货物编号（UN号）　—

联合国运输名称　—	联合国危险性类别　—
包装类别　—	包装标志　—

海洋污染物　否

运输注意事项　运输前应先检查包装容器是否完整、密封，运输过程中要确保容器不泄漏、不倒塌、不坠落、不损坏。严禁与酸类、氧化剂、食品及食品添加剂混运。运输时运输车辆应配备相应品种和数量的消防器材及泄漏应急处理设备。运输途中应防暴晒、雨淋，防高温。公路运输时要按规定路线行驶，勿在居民区和人口稠密区停留

第十五部分　法规信息

　　下列法律、法规、规章和标准，对该化学品的管理作了相应的规定。

中华人民共和国职业病防治法　职业病分类和目录：未列入

危险化学品安全管理条例　危险化学品目录：列入。易制爆危险化学品名录：未列入。重点监管的危险化学品名录：未列入。GB 18218—2009《危险化学品重大危险源辨识》（表1）：未列入

使用有毒物品作业场所劳动保护条例　高毒物品目录：未列入

易制毒化学品管理条例　易制毒化学品的分类和品种目录：未列入

国际公约　斯德哥尔摩公约：未列入。鹿特丹公约：未列入。蒙特利尔议定书：未列入

第十六部分　其他信息

编写和修订信息	缩略语和首字母缩写
培训建议	参考文献
免责声明	

异氰酸丙酯

第一部分　化学品标识

化学品中文名　异氰酸丙酯；异氰酸正丙酯

化学品英文名　propyl isocyanate；n-propyl isocyanate

分子式　C_4H_7NO　分子量　85.1045

结构式　

化学品的推荐及限制用途　作为有机合成原料

第二部分　危险性概述

紧急情况概述　易燃液体和蒸气，吸入致命

GHS危险性类别　易燃液体，类别3；急性毒性-吸入，类别1

标签要素

象形图

警示词　危险

危险性说明　易燃液体和蒸气，吸入致命

防范说明

　　预防措施　远离热源、火花、明火、热表面。禁止吸烟。保持容器密闭。容器和接收设备接地连接。使用防爆型电器、通风、照明设备。只能使用不产生火花的工具。采取防止静电措施。戴防护手套、防护眼镜、防护面罩。避免吸入蒸气、雾。仅在室外或通风良好处操作。戴呼吸防护器具

　　事故响应　火灾时，使用干粉、二氧化碳、砂土灭火。如皮肤（或头发）接触：立即脱掉所有被污染的衣服，用水冲洗皮肤，淋浴。如吸入：

将患者转移到空气新鲜处，休息，保持利于呼吸的体位，立即呼叫中毒控制中心或就医

安全储存 存放在通风良好的地方。保持低温。保持容器密闭。上锁保管

废弃处置 本品及内装物、容器依据国家和地方法规处置

物理和化学危险 易燃，其蒸气与空气混合，能形成爆炸性混合物。容易自聚

健康危害 蒸气或雾对眼、黏膜和呼吸道有刺激性。吸入后可因喉和支气管的炎症、痉挛和水肿、化学性肺炎或肺水肿而死亡。目前尚无对呼吸道致敏的报道。长时间接触本品有强烈的刺激性或造成灼伤

环境危害 对环境可能有害

第三部分 成分/组成信息

√ 物质   混合物

组分	浓度	CAS No.
异氰酸丙酯		110-78-1

第四部分 急救措施

吸入 迅速脱离现场至空气新鲜处。保持呼吸道通畅。如呼吸困难，给输氧。呼吸、心跳停止，立即进行心肺复苏术。就医

皮肤接触 立即脱去污染的衣着，用大量流动清水彻底冲洗至少 15min。就医

眼睛接触 立即分开眼睑，用流动清水或生理盐水彻底冲洗 5～10min。就医

食入 用水漱口，禁止催吐。给饮牛奶或蛋清。就医

对保护施救者的忠告 根据需要使用个人防护设备

对医生的特别提示 对症处理

第五部分 消防措施

灭火剂 用干粉、二氧化碳、砂土灭火

特别危险性 其蒸气与空气可形成爆炸性混合物，遇明火、高热极易燃烧爆炸。与氧化剂接触猛烈反应。流速过快，容易产生和积聚静电。蒸气比空气重，沿地面扩散并易积存于低洼处，遇火源会着火回燃。若遇高热，容器内压增大，有开裂和爆炸的危险

灭火注意事项及防护措施 消防人员必须佩戴防毒面具、穿全身消防服，在上风向灭火。尽可能将容器从火场移至空旷处。喷水保持火场容器冷却，直至灭火结束。处在火场中的容器若已变色或从安全泄压装置中发出声音，必须马上撤离。禁止用水和泡沫灭火

第六部分 泄漏应急处理

作业人员防护措施、防护装备和应急处置程序 消除所有点火源。根据液体流动和蒸气扩散的影响区域划定警戒区，无关人员从侧风、上风向撤离至安全区。建议应急处理人员戴正压自给式呼吸器，穿防毒、防静电服。作业时使用的所有设备应接地。穿上适当的防护服前严禁接触破裂的容器和泄漏物。尽可能切断泄漏源

环境保护措施 防止泄漏物进入水体、下水道、地下室或有限空间

泄漏化学品的收容、清除方法及所使用的处置材料 严禁用水处理。小量泄漏：用干燥的砂土或其他不燃材料覆盖泄漏物。大量泄漏：构筑围堤或挖坑收容。用粉煤灰或石灰粉吸收大量液体。用防爆泵转移至槽车或专用收集器内

第七部分 操作处置与储存

操作注意事项 密闭操作，提供充分的局部排风。操作人员必须经过专门培训，严格遵守操作规程。建议操作人员佩戴自吸过滤式防毒面具（半面罩），戴化学安全防护眼镜，穿防静电工作服，戴橡胶耐油手套。远离火种、热源，工作场所严禁吸烟。使用防爆型的通风系统和设备。防止蒸气泄漏到工作场所空气中。避免与氧化剂、酸类、碱类、醇类接触。尤其要注意避免与水接触。充装时要控制流速，防止静电积聚。搬运时要轻装轻卸，防止包装及容器损坏。配备相应品种和数量的消防器材及泄漏应急处理设备。倒空的容器可能残留有害物

储存注意事项 储存于阴凉、干燥、通风良好的库房。远离火种、热源。库温不宜超过 37℃，保持容器密封。应与氧化剂、酸类、碱类、醇类、食用化学品分开存放，切忌混储。采用防爆型照明、通风设施。禁止使用易产生火花的机械设备和工具。储区应备有泄漏应急处理设备和合适的收容材料

第八部分 接触控制/个体防护

职业接触限值

中国 未制定标准

美国（ACGIH） 未制定标准

生物接触限值 未制定标准

监测方法 空气中有毒物质测定方法：未制定标准。生物监测检验方法：未制定标准

工程控制 严加密闭，提供充分的局部排风。提供安全淋浴和洗眼设备

个体防护装备

呼吸系统防护 空气中浓度超标时，必须佩戴过滤式防毒面具（半面罩）。紧急事态抢救或撤离时，应该佩戴空气呼吸器

眼睛防护 戴化学安全防护眼镜

皮肤和身体防护 穿防静电工作服

手防护 戴橡胶耐油手套

第九部分 理化特性

外观与性状 无色液体，有葱的气味

pH 值 无资料		**熔点（℃）** 无资料	
沸点（℃） 83～84		**相对密度（水＝1）** 0.91	
相对蒸气密度（空气＝1） 2.93			
饱和蒸气压（kPa） 6.65（19℃）			
临界压力（MPa） 无资料		**辛醇/水分配系数** 无资料	
闪点（℃） 26		**自燃温度（℃）** 无资料	
爆炸下限（%） 无资料		**爆炸上限（%）** 无资料	
分解温度（℃） 无资料		**黏度（mPa·s）** 无资料	

燃烧热(kJ/mol)　无资料　　临界温度(℃)　无资料

溶解性　不溶于水

第十部分　稳定性和反应性

稳定性　稳定

危险反应　与水、醇类、强碱、酸类、强氧化剂等禁配物发生反应

避免接触的条件　潮湿空气

禁配物　水、醇类、强碱、酸类、强氧化剂

危险的分解产物　氮氧化物、氰化氢

第十一部分　毒理学信息

急性毒性　LD_{50}：56mg/kg（小鼠静脉）

皮肤刺激或腐蚀　无资料　　眼睛刺激或腐蚀　无资料

呼吸或皮肤过敏　无资料　　生殖细胞突变性　无资料

致癌性　无资料　　生殖毒性　无资料

特异性靶器官系统毒性--一次接触　无资料

特异性靶器官系统毒性-反复接触　无资料

吸入危害　无资料

第十二部分　生态学信息

生态毒性　无资料

持久性和降解性

　　生物降解性　无资料

　　非生物降解性　无资料

潜在的生物累积性　无资料

土壤中的迁移性　无资料

第十三部分　废弃处置

废弃化学品　建议用焚烧法处置。焚烧炉排出的氮氧化物通过洗涤器除去

污染包装物　将容器返还生产商或按照国家和地方法规处置

废弃注意事项　处置前应参阅国家和地方有关法规

第十四部分　运输信息

联合国危险货物编号（UN号）　2482

联合国运输名称　异氰酸正丙酯

联合国危险性类别　6.1，3

包装类别　Ⅰ

包装标志　

海洋污染物　否

运输注意事项　运输时运输车辆应配备相应品种和数量的消防器材及泄漏应急处理设备。夏季最好早晚运输。运输时所用的槽（罐）车应有接地链，槽内可设孔隔板以减少震荡产生的静电。严禁与氧化剂、酸类、碱类、醇类、食用化学品等混装混运。运输途中应防暴晒、雨淋，防高温。中途停留时应远离火种、热源、高温区。装运该物品的车辆排气管必须配备阻火装置，禁止使用易产生火花的机械设备和工具装卸。公

路运输时要按规定路线行驶，勿在居民区和人口稠密区停留。铁路运输时要禁止溜放。严禁用木船、水泥船散装运输

第十五部分　法规信息

下列法律、法规、规章和标准，对该化学品的管理作了相应的规定。

中华人民共和国职业病防治法　职业病分类和目录：未列入

危险化学品安全管理条例　危险化学品目录：列入。易制爆危险化学品名录：未列入。重点监管的危险化学品名录：未列入。GB 18218—2009《危险化学品重大危险源辨识》（表1）：未列入

使用有毒物品作业场所劳动保护条例　高毒物品目录：未列入

易制毒化学品管理条例　易制毒化学品的分类和品种目录：未列入

国际公约　斯德哥尔摩公约：未列入。鹿特丹公约：未列入。蒙特利尔议定书：未列入

第十六部分　其他信息

编写和修订信息　　缩略语和首字母缩写

培训建议　　　　　参考文献

免责声明

异氰酸对硝基苯

第一部分　化学品标识

化学品中文名　异氰酸对硝基苯；对硝基苯异氰酸酯；异氰酸对硝基苯酯；异氰酸-4-硝基苯酯

化学品英文名　p-nitrophenyl isocyanate；4-nitrophenyl carbimide

分子式　$C_7H_4N_2O_3$　分子量　164.1183

结构式　

化学品的推荐及限制用途　用作测定醇、伯胺、仲胺和氨基酸的试剂

第二部分　危险性概述

紧急情况概述　吞咽有害，吸入有害，造成皮肤刺激，造成严重眼刺激，可能引起呼吸道刺激

GHS危险性类别　急性毒性-经口，类别4；急性毒性-吸入，类别4；皮肤腐蚀/刺激，类别2；严重眼损伤/眼刺激，类别2；特异性靶器官毒性--一次接触，类别3（呼吸道刺激）

标签要素

象形图

警示词　警告

危险性说明　吞咽有害，吸入有害，造成皮肤刺激，造成严重眼刺激，可能引起呼吸道刺激

防范说明

预防措施　避免接触眼睛、皮肤，操作后彻底清洗。作业场所不得进食、饮水或吸烟。避免吸入粉尘。仅在室外或通风良好处操作。戴防护手套、防护眼镜、防护面罩

事故响应　如吸入：将患者转移到空气新鲜处，休息，保持利于呼吸的体位，如感觉不适，呼叫中毒控制中心或就医。皮肤接触：用大量肥皂水和水清洗，脱去被污染的衣服，如发生皮肤刺激，就医。被污染的衣服必须经洗净后方可重新使用。如接触眼睛：用水细心冲洗数分钟。如戴隐形眼镜并可方便地取出，取出隐形眼镜，继续冲洗。如果眼睛刺激持续，就医，食入：如果感觉不适，立即呼叫中毒控制中心或就医，漱口

安全储存　—

废弃处置　本品及内装物、容器依据国家和地方法规处置

物理和化学危险　可燃，其粉体与空气混合，能形成爆炸性混合物

健康危害　本品对皮肤有刺激作用。其蒸气或雾对眼睛、黏膜和上呼吸道有刺激作用。接触后可引起烧灼感、咳嗽、喘息、喉炎、气短、头痛、恶心和呕吐

环境危害　对环境可能有害

第三部分　成分/组成信息

√物质　　　　　　　　混合物

组分	浓度	CAS No.
异氰酸对硝基苯		100-28-7

第四部分　急救措施

吸入　迅速脱离现场至空气新鲜处。保持呼吸道通畅。如呼吸困难，给输氧。呼吸、心跳停止，立即进行心肺复苏术。就医

皮肤接触　立即脱去污染的衣着，用流动清水彻底冲洗。就医

眼睛接触　立即分开眼睑，用流动清水或生理盐水彻底冲洗。就医

食入　漱口，饮水。就医

对保护施救者的忠告　根据需要使用个人防护设备

对医生的特别提示　对症处理

第五部分　消防措施

灭火剂　用雾状水、泡沫、干粉、二氧化碳、砂土灭火

特别危险性　遇明火能燃烧。遇水或水蒸气分解放出有毒的气体

灭火注意事项及防护措施　消防人员必须佩戴防毒面具、穿全身消防服，在上风向灭火。尽可能将容器从火场移至空旷处。喷水保持火场容器冷却，直至灭火结束

第六部分　泄漏应急处理

作业人员防护措施、防护装备和应急处置程序　隔离泄漏污染区，限制出入。消除所有点火源。建议应急处理人员戴防尘口罩，穿防毒服。穿上适当的防护服前严禁接触破裂的容器和泄漏物。尽可能切断泄漏源

环境保护措施　用塑料布覆盖泄漏物，减少飞散

泄漏化学品的收容、清除方法及所使用的处置材料　勿使水进入包装容器内。用洁净的铲子收集泄漏物，置于干净、干燥、盖子较松的容器中，将容器移离泄漏区

第七部分　操作处置与储存

操作注意事项　密闭操作，提供充分的局部排风。操作人员必须经过专门培训，严格遵守操作规程。建议操作人员佩戴自吸过滤式防尘口罩，戴化学安全防护眼镜，穿防毒物渗透工作服，戴橡胶手套。远离火种、热源，工作场所严禁吸烟。使用防爆型的通风系统和设备。避免产生粉尘。避免与氧化剂、酸类、碱类接触。搬运时要轻装轻卸，防止包装及容器损坏。配备相应品种和数量的消防器材及泄漏应急处理设备。倒空的容器可能残留有害物

储存注意事项　储存于阴凉、干燥、通风良好的库房。远离火种、热源。包装必须密封，切勿受潮。应与氧化剂、酸类、碱类分开存放，切忌混储。配备相应品种和数量的消防器材。储区应备有合适的材料收容泄漏物

第八部分　接触控制/个体防护

职业接触限值

中国　未制定标准

美国（ACGIH）　未制定标准

生物接触限值　未制定标准

监测方法　空气中有毒物质测定方法：未制定标准。生物监测检验方法：未制定标准

工程控制　严加密闭，提供充分的局部排风

个体防护装备

呼吸系统防护　空气中粉尘浓度超标时，必须佩戴过滤式防尘呼吸器。紧急事态抢救或撤离时，应该佩戴空气呼吸器

眼睛防护　戴化学安全防护眼镜

皮肤和身体防护　穿防毒物渗透工作服

手防护　戴橡胶手套

第九部分　理化特性

外观与性状　亮黄色针状结晶

pH 值　无意义	**熔点(℃)**　55～57

沸点(℃)　137～138（1.47kPa）

相对密度(水=1)　无资料

相对蒸气密度(空气=1)　无资料

饱和蒸气压(kPa)　1.47（137～138℃）

临界压力(MPa)　无资料	**辛醇/水分配系数**　无资料
闪点(℃)　无资料	**自燃温度(℃)**　无资料
爆炸下限(%)　无资料	**爆炸上限(%)**　无资料
分解温度(℃)　无资料	**黏度(mPa·s)**　无资料
燃烧热(kJ/mol)　无资料	**临界温度(℃)**　无资料

溶解性　易溶于乙醚、苯

第十部分　稳定性和反应性

稳定性　稳定

危险反应　与强氧化剂、强酸、强碱等禁配物发生反应。遇水或水蒸气分解放出有毒的气体

避免接触的条件　潮湿空气

禁配物　强氧化剂、强酸、强碱

危险的分解产物　氮氧化物、氰化氢

第十一部分　毒理学信息

急性毒性　LD_{50}：1600mg/kg（大鼠经口），10mL/kg（豚鼠经皮）

皮肤刺激或腐蚀　无资料	**眼睛刺激或腐蚀**　无资料
呼吸或皮肤过敏　无资料	**生殖细胞突变性**　无资料
致癌性　无资料	**生殖毒性**　无资料

特异性靶器官系统毒性-一次接触　无资料

特异性靶器官系统毒性-反复接触　无资料

吸入危害　无资料

第十二部分　生态学信息

生态毒性　无资料

持久性和降解性

　　生物降解性　无资料

　　非生物降解性　无资料

潜在的生物累积性　无资料

土壤中的迁移性　无资料

第十三部分　废弃处置

废弃化学品　建议用焚烧法处置。焚烧炉排出的氮氧化物通过洗涤器除去

污染包装物　将容器返还生产商或按照国家和地方法规处置

废弃注意事项　处置前应参阅国家和地方有关法规

第十四部分　运输信息

联合国危险货物编号（UN号）　—

联合国运输名称　—　　　　**联合国危险性类别**　—

包装类别　—　　　　**包装标志**　

海洋污染物　否

运输注意事项　运输前应先检查包装容器是否完整、密封，运输过程中要确保容器不泄漏、不倒塌、不坠落、不损坏。严禁与酸类、氧化剂、食品及食品添加剂混运。运输途中应防暴晒、雨淋，防高温

第十五部分　法规信息

　　下列法律、法规、规章和标准，对该化学品的管理作了相应的规定。

中华人民共和国职业病防治法　职业病分类和目录：未列入

危险化学品安全管理条例　危险化学品目录：列入。易制爆危险化学品名录：未列入。重点监管的危险化学品名录：未列入。GB 18218—2009《危险化学品重大危险源辨识》（表1）：未列入

使用有毒物品作业场所劳动保护条例　高毒物品目录：未列入

易制毒化学品管理条例　易制毒化学品的分类和品种目录：未列入

国际公约　斯德哥尔摩公约：未列入。鹿特丹公约：未列入。蒙特利尔议定书：未列入

第十六部分　其他信息

编写和修订信息　　缩略语和首字母缩写

培训建议　　　　　参考文献

免责声明

异氰酸对溴苯酯

第一部分　化学品标识

化学品中文名　异氰酸对溴苯酯；异氰酸-4-溴苯酯

化学品英文名　*p*-bromophenyl isocyanate；*p*-bromophenyl carbimide

分子式　C_7H_4BrNO　**分子量**　198.017

结构式　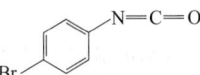

化学品的推荐及限制用途　用作有机合成中间体

第二部分　危险性概述

紧急情况概述　吞咽有害，吸入有害，造成皮肤刺激，造成严重眼刺激，可能引起呼吸道刺激

GHS危险性类别　急性毒性-经口，类别4；急性毒性-吸入，类别4；皮肤腐蚀/刺激，类别2；严重眼损伤/眼刺激，类别2；特异性靶器官毒性--次接触，类别3（呼吸道刺激）

标签要素

象形图　

警示词　警告

危险性说明　吞咽有害，吸入有害，造成皮肤刺激，造成严重眼刺激，可能引起呼吸道刺激

防范说明

　　预防措施　避免接触眼睛、皮肤，操作后彻底清洗。作业场所不得进食、饮水或吸烟。避免吸入粉尘。仅在室外或通风良好处操作。戴防护手套、防护眼镜、防护面罩

　　事故响应　如吸入：将患者转移到空气新鲜处，休息，保持利于呼吸的体位，如感觉不适，呼叫中毒控制中心或就医。皮肤接触：用大量肥皂水和水清洗，脱去被污染的衣服，如发生皮肤刺激，就医。被污染的衣服必须经洗净后方可重新使用。如接触眼睛：用水细心冲洗数分钟。如戴隐形眼镜并可方便地取出，取出隐形眼镜，继续冲洗。如果眼睛刺激持续，就医。食入：如果感觉不适，立即呼叫中毒控制中心或就医，漱口

　　安全储存　—

废弃处置　本品及内装物、容器依据国家和地方法规处置

物理和化学危险　可燃，其粉体与空气混合，能形成爆炸性混合物

健康危害　本品对眼睛、皮肤、黏膜和上呼吸道有刺激作用。有致敏作用，反复接触可引起哮喘。过长时间的接触可引起头痛、眩晕、恶心和肺部刺激作用

环境危害　对环境可能有害

第三部分　成分/组成信息

√物质　　　　　　　　　混合物

组分	浓度	CAS No.
异氰酸对溴苯酯		2493-02-9

第四部分　急救措施

吸入　迅速脱离现场至空气新鲜处。保持呼吸道通畅。如呼吸困难，给输氧。呼吸、心跳停止，立即进行心肺复苏术。就医

皮肤接触　立即脱去污染的衣着，用流动清水彻底冲洗。就医

眼睛接触　立即分开眼睑，用流动清水或生理盐水彻底冲洗。就医

食入　漱口，饮水。就医

对保护施救者的忠告　根据需要使用个人防护设备

对医生的特别提示　对症处理

第五部分　消防措施

灭火剂　用雾状水、泡沫、干粉、二氧化碳、砂土灭火

特别危险性　遇明火能燃烧。与强氧化剂接触可发生化学反应。受高热分解放出有毒的气体

灭火注意事项及防护措施　消防人员必须佩戴防毒面具、穿全身消防服，在上风向灭火。尽可能将容器从火场移至空旷处。喷水保持火场容器冷却，直至灭火结束。禁止使用酸碱灭火剂

第六部分　泄漏应急处理

作业人员防护措施、防护装备和应急处置程序　隔离泄漏污染区，限制出入。消除所有点火源。建议应急处理人员戴防尘口罩，穿防毒服。穿上适当的防护服前严禁接触破裂的容器和泄漏物。尽可能切断泄漏源

环境保护措施　用塑料布覆盖泄漏物，减少飞散

泄漏化学品的收容、清除方法及所使用的处置材料　勿使水进入包装容器内。用洁净的铲子收集泄漏物，置于干净、干燥、盖子较松的容器中，将容器移离泄漏区

第七部分　操作处置与储存

操作注意事项　密闭操作，提供充分的局部排风。操作人员必须经过专门培训，严格遵守操作规程。建议操作人员佩戴自吸过滤式防尘口罩，戴化学安全防护眼镜，穿防毒物渗透工作服，戴橡胶手套。远离火种、热源，工作场所严禁吸烟。使用防爆型的通风系统和设备。避免产生粉尘。避免与氧化剂、酸类、碱类、醇类接触。搬运时要轻装轻卸，防止包装及容器损

坏。配备相应品种和数量的消防器材及泄漏应急处理设备。倒空的容器可能残留有害物

储存注意事项　储存于阴凉、通风的库房。远离火种、热源。应与氧化剂、酸类、碱类、醇类等分开存放，切忌混储。配备相应品种和数量的消防器材。储区应备有合适的材料收容泄漏物

第八部分　接触控制/个体防护

职业接触限值

中国　未制定标准

美国（ACGIH）　未制定标准

生物接触限值　未制定标准

监测方法　空气中有毒物质测定方法：未制定标准。生物监测检验方法：未制定标准

工程控制　严加密闭，提供充分的局部排风

个体防护装备

呼吸系统防护　空气中粉尘浓度超标时，必须佩戴过滤式防尘呼吸器。紧急事态抢救或撤离时，应该佩戴空气呼吸器

眼睛防护　戴化学安全防护眼镜

皮肤和身体防护　穿防毒物渗透工作服

手防护　戴橡胶手套

第九部分　理化特性

外观与性状　白色针状结晶

pH 值　无意义	**熔点（℃）**　42～44
沸点（℃）　158（1.87kPa）	**相对密度（水＝1）**　无资料
相对蒸气密度（空气＝1）　无资料	
饱和蒸气压（kPa）　1.87（158℃）	
临界压力（MPa）　无资料	**辛醇/水分配系数**　无资料
闪点（℃）　109.44	**自燃温度（℃）**　无资料
爆炸下限（%）　无资料	**爆炸上限（%）**　无资料
分解温度（℃）　无资料	**黏度（mPa·s）**　无资料
燃烧热（kJ/mol）　无资料	**临界温度（℃）**　无资料

溶解性　易溶于乙醚

第十部分　稳定性和反应性

稳定性　稳定

危险反应　与强氧化剂、强碱、水、醇类、胺类、酸类等禁配物发生反应

避免接触的条件　潮湿空气

禁配物　强氧化剂、强碱、水、醇类、胺类、酸类

危险的分解产物　氮氧化物、氰化氢、碘化氢

第十一部分　毒理学信息

急性毒性　LD_{50}：＞3200mg/kg（大鼠经口）

皮肤刺激或腐蚀　无资料	**眼睛刺激或腐蚀**　无资料
呼吸或皮肤过敏　无资料	**生殖细胞突变性**　无资料
致癌性　无资料	**生殖毒性**　无资料
特异性靶器官系统毒性-一次接触　无资料	
特异性靶器官系统毒性-反复接触　无资料	
吸入危害　无资料	

第十部分　稳定性和反应性

稳定性　稳定

危险反应　与强氧化剂、强酸、强碱等禁配物发生反应。遇水或水蒸气分解放出有毒的气体

避免接触的条件　潮湿空气

禁配物　强氧化剂、强酸、强碱

危险的分解产物　氮氧化物、氰化氢

第十一部分　毒理学信息

急性毒性　LD_{50}：1600mg/kg（大鼠经口），10mL/kg（豚鼠经皮）

皮肤刺激或腐蚀　无资料		**眼睛刺激或腐蚀**　无资料	
呼吸或皮肤过敏　无资料		**生殖细胞突变性**　无资料	
致癌性　无资料		**生殖毒性**　无资料	

特异性靶器官系统毒性-一次接触　无资料

特异性靶器官系统毒性-反复接触　无资料

吸入危害　无资料

第十二部分　生态学信息

生态毒性　无资料

持久性和降解性

　　生物降解性　无资料

　　非生物降解性　无资料

潜在的生物累积性　无资料

土壤中的迁移性　无资料

第十三部分　废弃处置

废弃化学品　建议用焚烧法处置。焚烧炉排出的氮氧化物通过洗涤器除去

污染包装物　将容器返还生产商或按照国家和地方法规处置

废弃注意事项　处置前应参阅国家和地方有关法规

第十四部分　运输信息

联合国危险货物编号（UN号）　—

联合国运输名称　—　　　　**联合国危险性类别**　—

包装类别　—　　　　　　　**包装标志**　—

海洋污染物　否

运输注意事项　运输前应先检查包装容器是否完整、密封，运输过程中要确保容器不泄漏、不倒塌、不坠落、不损坏。严禁与酸类、氧化剂、食品及食品添加剂混运。运输途中应防暴晒、雨淋，防高温

第十五部分　法规信息

　　下列法律、法规、规章和标准，对该化学品的管理作了相应的规定。

中华人民共和国职业病防治法　职业病分类和目录：未列入

危险化学品安全管理条例　危险化学品目录：列入。易制爆危险化学品名录：未列入。重点监管的危险化学品名录：未列入。GB 18218—2009《危险化学品重大危险源辨识》（表1）：未列入

使用有毒物品作业场所劳动保护条例　高毒物品目录：未列入

易制毒化学品管理条例　易制毒化学品的分类和品种目录：未列入

国际公约　斯德哥尔摩公约：未列入。鹿特丹公约：未列入。蒙特利尔议定书：未列入

第十六部分　其他信息

编写和修订信息　缩略语和首字母缩写

培训建议　参考文献

免责声明

异氰酸对溴苯酯

第一部分　化学品标识

化学品中文名　异氰酸对溴苯酯；异氰酸-4-溴苯酯

化学品英文名　p-bromophenyl isocyanate；p-bromophenyl carbimide

分子式　C_7H_4BrNO　**分子量**　198.017

结构式　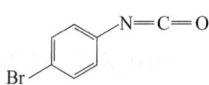

化学品的推荐及限制用途　用作有机合成中间体

第二部分　危险性概述

紧急情况概述　吞咽有害，吸入有害，造成皮肤刺激，造成严重眼刺激，可能引起呼吸道刺激

GHS危险性类别　急性毒性-经口，类别4；急性毒性-吸入，类别4；皮肤腐蚀/刺激，类别2；严重眼损伤/眼刺激，类别2；特异性靶器官毒性-一次接触，类别3（呼吸道刺激）

标签要素

象形图　

警示词　警告

危险性说明　吞咽有害，吸入有害，造成皮肤刺激，造成严重眼刺激，可能引起呼吸道刺激

防范说明

　　预防措施　避免接触眼睛、皮肤，操作后彻底清洗。作业场所不得进食、饮水或吸烟。避免吸入粉尘。仅在室外或通风良好处操作。戴防护手套、防护眼镜、防护面罩

　　事故响应　如吸入：将患者转移到空气新鲜处，休息，保持利于呼吸的体位，如感觉不适，呼叫中毒控制中心或就医。皮肤接触：用大量肥皂水和水清洗，脱去被污染的衣服，如发生皮肤刺激，就医。被污染的衣服必须经洗净后方可重新使用。如接触眼睛：用水细心冲洗数分钟。如戴隐形眼镜并可方便地取出，取出隐形眼镜，继续冲洗。如果眼睛刺激持续，就医。食入：如果感觉不适，立即呼叫中毒控制中心或就医，漱口

　　安全储存　—

废弃处置 本品及内装物、容器依据国家和地方法规处置

物理和化学危险 可燃,其粉体与空气混合,能形成爆炸性混合物

健康危害 本品对眼睛、皮肤、黏膜和上呼吸道有刺激作用。有致敏作用,反复接触可引起哮喘。过长时间的接触可引起头痛、眩晕、恶心和肺部刺激作用

环境危害 对环境可能有害

第三部分 成分/组成信息

√物质 混合物

组分	浓度	CAS No.
异氰酸对溴苯酯		2493-02-9

第四部分 急救措施

吸入 迅速脱离现场至空气新鲜处。保持呼吸道通畅。如呼吸困难,给输氧。呼吸、心跳停止,立即进行心肺复苏术。就医

皮肤接触 立即脱去污染的衣着,用流动清水彻底冲洗。就医

眼睛接触 立即分开眼睑,用流动清水或生理盐水彻底冲洗。就医

食入 漱口,饮水。就医

对保护施救者的忠告 根据需要使用个人防护设备

对医生的特别提示 对症处理

第五部分 消防措施

灭火剂 用雾状水、泡沫、干粉、二氧化碳、砂土灭火

特别危险性 遇明火能燃烧。与强氧化剂接触可发生化学反应。受高热分解放出有毒的气体

灭火注意事项及防护措施 消防人员必须佩戴防毒面具、穿全身消防服,在上风向灭火。尽可能将容器从火场移至空旷处。喷水保持火场容器冷却,直至灭火结束。禁止使用酸碱灭火剂

第六部分 泄漏应急处理

作业人员防护措施、防护装备和应急处置程序 隔离泄漏污染区,限制出入。消除所有点火源。建议应急处理人员戴防尘口罩,穿防毒服。穿上适当的防护服前严禁接触破裂的容器和泄漏物。尽可能切断泄漏源

环境保护措施 用塑料布覆盖泄漏物,减少飞散

泄漏化学品的收容、清除方法及所使用的处置材料 勿使水进入包装容器内。用洁净的铲子收集泄漏物,置于干净、干燥、盖子较松的容器中,将容器移离泄漏区

第七部分 操作处置与储存

操作注意事项 密闭操作,提供充分的局部排风。操作人员必须经过专门培训,严格遵守操作规程。建议操作人员佩戴自吸过滤式防尘口罩,戴化学安全防护眼镜,穿防毒物渗透工作服,戴橡胶手套。远离火种、热源,工作场所严禁吸烟。使用防爆型的通风系统和设备。避免产生粉尘。避免与氧化剂、酸类、碱类、醇类接触。搬运时要轻装轻卸,防止包装及容器损坏。配备相应品种和数量的消防器材及泄漏应急处理设备。倒空的容器可能残留有害物

储存注意事项 储存于阴凉、通风的库房。远离火种、热源。应与氧化剂、酸类、碱类、醇类等分开存放,切忌混储。配备相应品种和数量的消防器材。储区应备有合适的材料收容泄漏物

第八部分 接触控制/个体防护

职业接触限值

中国 未制定标准

美国(ACGIH) 未制定标准

生物接触限值 未制定标准

监测方法 空气中有毒物质测定方法:未制定标准。生物监测检验方法:未制定标准

工程控制 严加密闭,提供充分的局部排风

个体防护装备

呼吸系统防护 空气中粉尘浓度超标时,必须佩戴过滤式防尘呼吸器。紧急事态抢救或撤离时,应该佩戴空气呼吸器

眼睛防护 戴化学安全防护眼镜

皮肤和身体防护 穿防毒物渗透工作服

手防护 戴橡胶手套

第九部分 理化特性

外观与性状 白色针状结晶

pH 值 无意义		**熔点(℃)** 42~44	
沸点(℃) 158(1.87kPa)		**相对密度(水=1)** 无资料	
相对蒸气密度(空气=1) 无资料			
饱和蒸气压(kPa) 1.87(158℃)			
临界压力(MPa) 无资料		**辛醇/水分配系数** 无资料	
闪点(℃) 109.44		**自燃温度(℃)** 无资料	
爆炸下限(%) 无资料		**爆炸上限(%)** 无资料	
分解温度(℃) 无资料		**黏度(mPa·s)** 无资料	
燃烧热(kJ/mol) 无资料		**临界温度(℃)** 无资料	

溶解性 易溶于乙醚

第十部分 稳定性和反应性

稳定性 稳定

危险反应 与强氧化剂、强碱、水、醇类、胺类、酸类等禁配物发生反应

避免接触的条件 潮湿空气

禁配物 强氧化剂、强碱、水、醇类、胺类、酸类

危险的分解产物 氮氧化物、氰化氢、碘化氢

第十一部分 毒理学信息

急性毒性 LD$_{50}$:>3200mg/kg(大鼠经口)

皮肤刺激或腐蚀 无资料	**眼睛刺激或腐蚀** 无资料
呼吸或皮肤过敏 无资料	**生殖细胞突变性** 无资料
致癌性 无资料	**生殖毒性** 无资料

特异性靶器官系统毒性-一次接触 无资料

特异性靶器官系统毒性-反复接触 无资料

吸入危害 无资料

第十二部分 生态学信息

生态毒性 无资料

持久性和降解性
  生物降解性 无资料
  非生物降解性 无资料

潜在的生物累积性 无资料

土壤中的迁移性 无资料

第十三部分 废弃处置

废弃化学品 建议用焚烧法处置。焚烧炉排出的气体要通过洗涤器除去

污染包装物 将容器返还生产商或按照国家和地方法规处置

废弃注意事项 处置前应参阅国家和地方有关法规

第十四部分 运输信息

联合国危险货物编号（UN 号） —

联合国运输名称 — **联合国危险性类别** —

包装类别 — **包装标志** —

海洋污染物 否

运输注意事项 运输前应先检查包装容器是否完整、密封，运输过程中要确保容器不泄漏、不倒塌、不坠落、不损坏。严禁与酸类、氧化剂、食品及食品添加剂混运。运输途中应防暴晒、雨淋，防高温

第十五部分 法规信息

下列法律、法规、规章和标准，对该化学品的管理作了相应的规定。

中华人民共和国职业病防治法 职业病分类和目录：未列入

危险化学品安全管理条例 危险化学品目录：列入。易制爆危险化学品名录：未列入。重点监管的危险化学品名录：未列入。GB 18218—2009《危险化学品重大危险源辨识》（表1）：未列入

使用有毒物品作业场所劳动保护条例 高毒物品目录：未列入

易制毒化学品管理条例 易制毒化学品的分类和品种目录：未列入

国际公约 斯德哥尔摩公约：未列入。鹿特丹公约：未列入。蒙特利尔议定书：未列入

第十六部分 其他信息

编写和修订信息 **缩略语和首字母缩写**

培训建议 **参考文献**

免责声明

异氰酸三氟甲苯酯

第一部分 化学品标识

化学品中文名 异氰酸三氟甲苯酯；三氟甲苯异氰酸酯

化学品英文名 isocyanatobenzotrifluoride；alpha, alpha, alpha-trifluoro-*m*-tolyl isocyanate

分子式 $C_8H_4F_3NO$ **分子量** 187.1187

结构式

化学品的推荐及限制用途 用于合成除莠剂

第二部分 危险性概述

紧急情况概述 易燃液体和蒸气，吞咽有害，吸入致命，吸入可能导致过敏或哮喘症状或呼吸困难

GHS 危险性类别 易燃液体，类别3；急性毒性-经口，类别4；急性毒性-吸入，类别2；呼吸道致敏物物，类别1；危害水生环境-急性危害，类别2；危害水生环境-长期危害，类别2

标签要素

象形图

警示词 危险

危险性说明 易燃液体和蒸气，吞咽有害，吸入致命，吸入可能导致过敏或哮喘症状或呼吸困难，对水生生物有毒并具有长期持续影响

防范说明

  预防措施 远离热源、火花、明火、热表面。保持容器密闭。容器和接收设备接地连接。使用防爆型电器、通风、照明设备。只能使用不产生火花的工具。采取防止静电措施。戴防护手套、防护眼镜、防护面罩。避免接触眼睛、皮肤，操作后彻底清洗。作业场所不得进食、饮水或吸烟。避免吸入蒸气、雾。仅在室外或通风良好处操作。通风不良时，戴呼吸防护器具。禁止排入环境

  事故响应 火灾时，使用雾状水、泡沫、干粉、二氧化碳、砂土灭火。如吸入：将患者转移到空气新鲜处，休息，保持利于呼吸的体位，立即呼叫中毒控制中心或就医。如皮肤（或头发）接触：立即脱掉所有被污染的衣服，用水冲洗皮肤，淋浴。食入：如果感觉不适，立即呼叫中毒控制中心或就医，漱口。收集泄漏物

  安全储存 存放在通风良好的地方。保持低温。保持容器密闭。上锁保管

  废弃处置 本品及内装物、容器依据国家和地方法规处置

物理和化学危险 易燃，其蒸气与空气混合，能形成爆炸性混合物

健康危害 吸入、摄入或经皮吸收后会中毒。高浓度对眼睛、皮肤、黏膜和上呼吸道有强烈刺激性。引起呼吸道过敏反应。接触后可引起头痛、恶心、呕吐、咳嗽、气短等症状

环境危害 对水生生物有毒并具有长期持续影响

第三部分 成分/组成信息

√物质 混合物

组分	浓度	CAS No.
异氰酸三氟甲苯酯		329-01-1

第四部分 急救措施

吸入 迅速脱离现场至空气新鲜处。保持呼吸道通畅。如呼吸困难，给输氧。呼吸、心跳停止，立即进行心肺复苏术。就医

皮肤接触 立即脱去污染的衣着，用流动清水彻底冲洗。就医

眼睛接触 立即分开眼睑，用流动清水或生理盐水彻底冲洗。就医

食入 漱口，饮水。就医

对保护施救者的忠告 根据需要使用个人防护设备

对医生的特别提示 对症处理

第五部分 消防措施

灭火剂 用雾状水、泡沫、干粉、二氧化碳、砂土灭火

特别危险性 遇高热、明火或与氧化剂接触，有引起燃烧的危险。遇高热分解释出高毒烟气

灭火注意事项及防护措施 消防人员必须佩戴空气呼吸器、穿全身防火防毒服，在上风向灭火。尽可能将容器从火场移至空旷处。喷水保持火场容器冷却，直至灭火结束。处在火场中的容器若已变色或从安全泄压装置中发出声音，必须马上撤离

第六部分 泄漏应急处理

作业人员防护措施、防护装备和应急处置程序 根据液体流动和蒸气扩散的影响区域划定警戒区，无关人员从侧风、上风向撤离至安全区。建议应急处理人员戴正压自给式呼吸器，穿防毒、防静电服。作业时使用的所有设备应接地。穿上适当的防护服前严禁接触破裂的容器和泄漏物。尽可能切断泄漏源

环境保护措施 防止泄漏物进入水体、下水道、地下室或有限空间

泄漏化学品的收容、清除方法及所使用的处置材料 严禁用水处理。小量泄漏：用干燥的砂土或其他不燃材料覆盖泄漏物。大量泄漏：构筑围堤或挖坑收容。用防爆泵转移至槽车或专用收集器内

第七部分 操作处置与储存

操作注意事项 密闭操作，提供充分的局部排风。防止蒸气泄漏到工作场所空气中。操作人员必须经过专门培训，严格遵守操作规程。建议操作人员佩戴自吸过滤式防毒面具（全面罩），穿胶布防毒衣，戴橡胶手套。远离火种、热源，工作场所严禁吸烟。使用防爆型的通风系统和设备。在清除液体和蒸气前不能进行焊接、切割等作业。避免产生烟雾。避免与氧化剂、碱类、醇类、胺类接触。配备相应品种和数量的消防器材及泄漏应急处理设备。倒空的容器可能残留有害物

储存注意事项 储存于阴凉、干燥、通风良好的库房。远离火种、热源。防止阳光直射。保持容器密封。应与氧化剂、碱类、醇类、胺类等分开存放，切忌混储。采用防爆型照明、通风设施。禁止使用易产生火花的机械设备和工具。储区应备有泄漏应急处理设备和合适的收容材料

第八部分 接触控制/个体防护

职业接触限值

　中国 未制定标准

　美国（ACGIH） 未制定标准

生物接触限值 未制定标准

监测方法 空气中有毒物质测定方法：未制定标准。生物监测检验方法：未制定标准

工程控制 严加密闭，提供充分的局部排风

个体防护装备

　呼吸系统防护 空气中浓度超标时，必须佩戴过滤式防毒面具（全面罩）。紧急事态抢救或撤离时，应该佩戴空气呼吸器

　眼睛防护 呼吸系统防护中已作防护

　皮肤和身体防护 穿密闭型防毒服

　手防护 戴橡胶手套

第九部分 理化特性

外观与性状 无色或淡黄色液体，具有刺激性气味

pH 值 无资料		**熔点(℃)** −25	
沸点(℃) 54（1.46kPa）		**相对密度(水=1)** 1.359	
相对蒸气密度(空气=1) 无资料			
饱和蒸气压(kPa) 1.46（54℃）			
临界压力(MPa) 无资料		**辛醇/水分配系数** 无资料	
闪点(℃) 59		**自燃温度(℃)** 无资料	
爆炸下限(%) 无资料		**爆炸上限(%)** 无资料	
分解温度(℃) 无资料		**黏度(mPa·s)** 无资料	
燃烧热(kJ/mol) 无资料		**临界温度(℃)** 无资料	
溶解性 不溶于水			

第十部分 稳定性和反应性

稳定性 稳定

危险反应 与强氧化剂、强碱、水、醇类、胺类等禁配物发生反应

避免接触的条件 受热、潮湿空气

禁配物 强氧化剂、强碱、水、醇类、胺类

危险的分解产物 氰化氢、氟化氢、氮氧化物

第十一部分 毒理学信息

急性毒性 LD$_{50}$：975mg/kg（大鼠经口），975mg/kg（小鼠经口）。LC$_{50}$：3600mg/m³（大鼠吸入）

皮肤刺激或腐蚀 无资料　　**眼睛刺激或腐蚀** 无资料

呼吸或皮肤过敏 有致敏作用 **生殖细胞突变性** 无资料

致癌性 无资料　　　　　　**生殖毒性** 无资料

特异性靶器官系统毒性-一次接触 无资料

特异性靶器官系统毒性-反复接触 无资料

吸入危害 无资料

第十二部分 生态学信息

生态毒性 LC$_{50}$：4.2mg/L（96h）（鱼类）

持久性和降解性

　生物解性 无资料

　非生物降解性 无资料

潜在的生物累积性 无资料

土壤中的迁移性 无资料

第十三部分 废弃处置

废弃化学品 建议用控制焚烧法或安全掩埋法处置

污染包装物 将容器返还生产商或按照国家和地方法规处置

废弃注意事项 处置前应参阅国家和地方有关法规

第十四部分 运输信息

联合国危险货物编号（UN 号） 2285

联合国运输名称 异氰酸三氟甲苯酯

联合国危险性类别 6.1，3

包装类别 Ⅱ

包装标志

海洋污染物 是

运输注意事项 运输前应先检查包装容器是否完整、密封，运输过程中要确保容器不泄漏、不倒塌、不坠落、不损坏。严禁与酸类、氧化剂、食品及食品添加剂混运。运输时运输车辆应配备相应品种和数量的消防器材及泄漏应急处理设备。运输途中应防曝晒、雨淋，防高温。运输时所用的槽（罐）车应有接地链，槽内可设孔隔板以减少震荡产生的静电。中途停留时应远离火种、热源。公路运输时要按规定路线行驶，勿在居民区和人口稠密区停留

第十五部分 法规信息

下列法律、法规、规章和标准，对该化学品的管理作了相应的规定。

中华人民共和国职业病防治法 职业病分类和目录：未列入

危险化学品安全管理条例 危险化学品目录：列入。易制爆危险化学品名录：未列入。重点监管的危险化学品名录：未列入。GB 18218—2009《危险化学品重大危险源辨识》（表 1）：未列入

使用有毒物品作业场所劳动保护条例 高毒物品目录：未列入

易制毒化学品管理条例 易制毒化学品的分类和品种目录：未列入

国际公约 斯德哥尔摩公约：未列入。鹿特丹公约：未列入。蒙特利尔议定书：未列入

第十六部分 其他信息

编写和修订信息　缩略语和首字母缩写

培训建议　　　　参考文献

免责声明

异氰酸十八酯

第一部分 化学品标识

化学品中文名 异氰酸十八酯；十八（烷基）异氰酸酯；十八烷基异氰酸酯

化学品英文名 octadecyl isocyanate；1-isocyanato-octade-cane

分子式 $C_{19}H_{37}NO$　分子量 295.5032

结构式 $O{=}C{=}N{-}(CH_2)_{17}$

化学品的推荐及限制用途 用于有机合成以及织物、纸张等表面防水

第二部分 危险性概述

紧急情况概述 —

GHS 危险性类别 危害水生环境-急性危害，类别 3；危害水生环境-长期危害，类别 3

标签要素

象形图 —

警示词 —

危险性说明 对水生生物有害并具有长期持续影响

防范说明

预防措施 禁止排入环境

事故响应 —

安全储存 —

废弃处置 本品及内装物、容器依据国家和地方法规处置

物理和化学危险 可燃，其粉体与空气混合，能形成爆炸性混合物

健康危害 本品对皮肤有强烈刺激作用。其蒸气或雾对眼睛、黏膜和上呼吸道有刺激作用，长时间接触可引起头痛、恶心、眩晕、胸痛、肺水肿。有致敏作用，反复接触可致哮喘

环境危害 对环境可能有害

第三部分 成分/组成信息

√物质　　　　　　　　　混合物

组分	浓度	CAS No.
异氰酸十八酯		112-96-9

第四部分 急救措施

吸入 迅速脱离现场至空气新鲜处。保持呼吸道通畅。如呼吸困难，给输氧。呼吸、心跳停止，立即进行心肺复苏术。就医

皮肤接触 立即脱去污染的衣着，用大量流动清水冲洗。就医

眼睛接触 立即分开眼睑，用大量流动清水或生理盐水彻底冲洗至少 15min。就医

食入 漱口，饮水。就医

对保护施救者的忠告 根据需要使用个人防护设备

对医生的特别提示 对症处理

第五部分 消防措施

灭火剂 用雾状水、泡沫、干粉、二氧化碳、砂土灭火

特别危险性 遇明火能燃烧。与强氧化剂接触可发生化学反应。受高热分解放出有毒的气体

灭火注意事项及防护措施 消防人员必须佩戴空气呼吸

器、穿全身防火防毒服，在上风向灭火。尽可能将容
器从火场移至空旷处。喷水保持火场容器冷却，直至
灭火结束。处在火场中的容器若已变色或从安全泄压
装置中发出声音，必须马上撤离。禁止使用酸碱灭
火剂

第六部分　泄漏应急处理

作业人员防护措施、防护装备和应急处置程序　根据液体
流动和蒸气扩散的影响区域划定警戒区，无关人员从
侧风、上风向撤离至安全区。消除所有点火源。建议
应急处理人员戴正压自给式呼吸器，穿防毒服。穿上
适当的防护服前严禁接触破裂的容器和泄漏物。尽可
能切断泄漏源

环境保护措施　防止泄漏物进入水体、下水道、地下室或
有限空间

泄漏化学品的收容、清除方法及所使用的处置材料　小量
泄漏：用干燥的砂土或其他不燃材料吸收或覆盖，收
集于容器中。大量泄漏：构筑围堤或挖坑收容。用泵
转移至槽车或专用收集器内

第七部分　操作处置与储存

操作注意事项　密闭操作，提供充分的局部排风。操作人
员必须经过专门培训，严格遵守操作规程。建议操作
人员佩戴防尘面具（全面罩），穿胶布防毒衣，戴橡
胶手套。远离火种、热源，工作场所严禁吸烟。使用
防爆型的通风系统和设备。避免与氧化剂、碱类、酸
类接触。搬运时要轻装轻卸，防止包装及容器损坏。
配备相应品种和数量的消防器材及泄漏应急处理设
备。倒空的容器可能残留有害物

储存注意事项　储存于阴凉、通风的库房。远离火种、热
源。应与氧化剂、碱类、酸类、食用化学品分开存
放，切忌混储。配备相应品种和数量的消防器材。储
区应备有泄漏应急处理设备和合适的收容材料

第八部分　接触控制/个体防护

职业接触限值
中国　未制定标准
美国（ACGIH）　未制定标准
生物接触限值　未制定标准
监测方法　空气中有毒物质测定方法：未制定标准。生物
监测检验方法：未制定标准
工程控制　严加密闭，提供充分的局部排风
个体防护装备
呼吸系统防护　可能接触其粉尘时，必须佩戴防尘面
具（全面罩）；可能接触其蒸气时，应该佩戴过
滤式防毒面具（全面罩）
眼睛防护　呼吸系统防护中已作防护
皮肤和身体防护　穿密闭型防毒服
手防护　戴橡胶手套

第九部分　理化特性

外观与性状　无色液体或白色固体
pH值　无意义　　　　　**熔点（℃）**　15～16

沸点（℃）　172（0.67kPa）		**相对密度（水＝1）**　0.86	
相对蒸气密度（空气＝1）　无资料			
饱和蒸气压（kPa）　0.67（172℃）			
临界压力（MPa）　无资料		**辛醇/水分配系数**　无资料	
闪点（℃）　174～179		**自燃温度（℃）**　无资料	
爆炸下限（%）　无资料		**爆炸上限（%）**　无资料	
分解温度（℃）　无资料		**黏度（mPa·s）**　无资料	
燃烧热（kJ/mol）　无资料		**临界温度（℃）**　无资料	
溶解性　无资料			

第十部分　稳定性和反应性

稳定性　稳定
危险反应　与强氧化剂、强碱、水、酸类、醇类、胺类等
禁配物发生反应
避免接触的条件　潮湿空气
禁配物　强氧化剂、强碱、水、酸类、醇类、胺类
危险的分解产物　氮氧化物、氰化氢

第十一部分　毒理学信息

急性毒性　LD$_{50}$：100mg/kg（小鼠静脉）

皮肤刺激或腐蚀　无资料	**眼睛刺激或腐蚀**　无资料
呼吸或皮肤过敏　无资料	**生殖细胞突变性**　无资料
致癌性　无资料	**生殖毒性**　无资料

特异性靶器官系统毒性-一次接触　无资料
特异性靶器官系统毒性-反复接触　无资料
吸入危害　无资料

第十二部分　生态学信息

生态毒性　LC$_{50}$：80.7mg/L（48h）（鱼类）
持久性和降解性
生物降解性　不易快速生物降解
非生物降解性　无资料
潜在的生物累积性　无资料
土壤中的迁移性　无资料

第十三部分　废弃处置

废弃化学品　建议用焚烧法处置。焚烧炉排出的氮氧化物
通过洗涤器除去
污染包装物　将容器返还生产商或按照国家和地方法规
处置
废弃注意事项　处置前应参阅国家和地方有关法规

第十四部分　运输信息

联合国危险货物编号（UN号）　—
联合国运输名称　—　　　　**联合国危险性类别**　—
包装类别　—　　　　　　　**包装标志**　—
海洋污染物　否
运输注意事项　运输前应先检查包装容器是否完整、密
封，运输过程中要确保容器不泄漏、不倒塌、不坠
落、不损坏。严禁与酸类、氧化剂、食品及食品添加
剂混运。运输时运输车辆应配备相应品种和数量的消
防器材及泄漏应急处理设备。运输途中应防暴晒、雨
淋，防高温。公路运输时要按规定路线行驶，勿在居

民区和人口稠密区停留

第十五部分　法规信息

下列法律、法规、规章和标准，对该化学品的管理作了相应的规定。

中华人民共和国职业病防治法　职业病分类和目录：未列入

危险化学品安全管理条例　危险化学品目录：列入。易制爆危险化学品名录：未列入。重点监管的危险化学品名录：未列入。GB 18218—2009《危险化学品重大危险源辨识》（表1）：未列入

使用有毒物品作业场所劳动保护条例　高毒物品目录：未列入

易制毒化学品管理条例　易制毒化学品的分类和品种目录：未列入

国际公约　斯德哥尔摩公约：未列入。鹿特丹公约：未列入。蒙特利尔议定书：未列入

第十六部分　其他信息

编写和修订信息　缩略语和首字母缩写
培训建议　参考文献
免责声明

异氰酸叔丁酯

第一部分　化学品标识

化学品中文名　异氰酸叔丁酯
化学品英文名　*tert*-butyl isocyanate；2-isocyanato-2-methyl-propane

分子式　C_5H_9NO　**分子量**　99.1311

结构式　O＝C＝N

化学品的推荐及限制用途　用于有机合成

第二部分　危险性概述

紧急情况概述　高度易燃液体和蒸气，吸入致命

GHS 危险性类别　易燃液体，类别2；急性毒性-吸入，类别1

标签要素

象形图　

警示词　危险
危险性说明　高度易燃液体和蒸气，吸入致命
防范说明

预防措施　远离热源、火花、明火、热表面。禁止吸烟。保持容器密闭。容器和接收设备接地连接。使用防爆型电器、通风、照明设备。只能使用不产生火花的工具。采取防止静电措施。戴防护手套、防护眼镜、防护面罩。避免吸入蒸气、雾。仅在室外或通风良好处操作。戴呼吸防护器具

事故响应　火灾时，使用泡沫、干粉、二氧化碳、

砂土灭火。如皮肤（或头发）接触：立即脱掉所有被污染的衣服，用水冲洗皮肤，淋浴。如吸入：将患者转移到空气新鲜处，休息，保持利于呼吸的体位，立即呼叫中毒控制中心或就医

安全储存　存放在通风良好的地方。保持低温。保持容器密闭。上锁保管

废弃处置　本品及内装物、容器依据国家和地方法规处置

物理和化学危险　易燃，其蒸气与空气混合，能形成爆炸性混合物。容易自聚

健康危害　吸入、摄入或经皮吸收后会中毒。对眼睛、皮肤、黏膜和上呼吸道有强烈刺激性。可引起过敏反应。长时间接触，引起头痛、头晕、咳嗽、胸痛及肺水肿等

环境危害　对环境可能有害

第三部分　成分/组成信息

√物质　　　　　　　　混合物

组分	浓度	CAS No.
异氰酸叔丁酯		1609-86-5

第四部分　急救措施

吸入　迅速脱离现场至空气新鲜处。保持呼吸道通畅。如呼吸困难，给输氧。呼吸、心跳停止，立即进行心肺复苏术。就医

皮肤接触　立即脱去污染的衣着，用流动清水彻底冲洗。就医

眼睛接触　立即分开眼睑，用流动清水或生理盐水彻底冲洗。就医

食入　漱口，饮水。就医

对保护施救者的忠告　根据需要使用个人防护设备
对医生的特别提示　对症处理

第五部分　消防措施

灭火剂　用泡沫、干粉、二氧化碳、砂土灭火

特别危险性　其蒸气与空气可形成爆炸性混合物，遇明火、高热极易燃烧爆炸。与氧化剂接触猛烈反应。受热分解释出高毒烟雾。容易自聚，聚合反应随着温度的上升而急骤加剧。若遇高热，容器内压增大，有开裂和爆炸的危险

灭火注意事项及防护措施　消防人员必须佩戴空气呼吸器、穿全身防火防毒服，在上风向灭火。尽可能将容器从火场移至空旷处。喷水保持火场容器冷却，直至灭火结束。处在火场中的容器若已变色或从安全泄压装置中发出声音，必须马上撤离。用水灭火无效

第六部分　泄漏应急处理

作业人员防护措施、防护装备和应急处置程序　消除所有点火源。根据液体流动和蒸气扩散的影响区域划定警戒区，无关人员从侧风、上风向撤离至安全区。建议应急处理人员戴正压自给式呼吸器，穿防毒、防静电服。作业时使用的所有设备应接地。穿上适当的防护

服前严禁接触破裂的容器和泄漏物。尽可能切断泄漏源

环境保护措施 防止泄漏物进入水体、下水道、地下室或有限空间

泄漏化学品的收容、清除方法及所使用的处置材料 严禁用水处理。小量泄漏：用干燥的砂土或其他不燃材料覆盖泄漏物。大量泄漏：构筑围堤或挖坑收容。用防爆泵转移至槽车或专用收集器内

第七部分 操作处置与储存

操作注意事项 密闭操作，提供充分的局部排风。防止蒸气泄漏到工作场所空气中。操作人员必须经过专门培训，严格遵守操作规程。建议操作人员佩戴自吸过滤式防毒面具（全面罩），穿胶布防毒衣，戴橡胶手套。远离火种、热源，工作场所严禁吸烟。使用防爆型的通风系统和设备。在清除液体和蒸气前不能进行焊接、切割等作业。避免产生烟雾。避免与氧化剂、碱类、酸类、醇类、胺类接触。容器与传送设备要接地，防止产生的静电。灌装时应控制流速，且有接地装置，防止静电积聚。配备相应品种和数量的消防器材及泄漏应急处理设备。倒空的容器可能残留有害物

储存注意事项 储存于阴凉、干燥、通风良好的库房。远离火种、热源。防止阳光直射。库温不宜超过37℃，保持容器密封，严禁与空气接触。应与氧化剂、碱类、酸类、醇类、胺类、食用化学品等分开存放，切忌混储。采用防爆型照明、通风设施。禁止使用易产生火花的机械设备和工具。储区应备有泄漏应急处理设备和合适的收容材料

第八部分 接触控制/个体防护

职业接触限值

中国 未制定标准

美国（ACGIH） 未制定标准

生物接触限值 未制定标准

监测方法 空气中有毒物质测定方法：未制定标准。生物监测检验方法：未制定标准

工程控制 严加密闭，提供充分的局部排风

个体防护装备

呼吸系统防护 空气中浓度超标时，必须佩戴过滤式防毒面具（全面罩）。紧急事态抢救或撤离时，应该佩戴空气呼吸器

眼睛防护 呼吸系统防护中已作防护

皮肤和身体防护 穿密闭型防毒服

手防护 戴橡胶手套

第九部分 理化特性

外观与性状 无色液体

pH 值 无资料		**熔点(℃)** 无资料	
沸点(℃) 85~86		**相对密度(水=1)** 0.868	
相对蒸气密度(空气=1) >1			
饱和蒸气压(kPa) 无资料			
临界压力(MPa) 无资料		**辛醇/水分配系数** 无资料	
闪点(℃) −4.44		**自燃温度(℃)** 无资料	

爆炸下限(%) 无资料		**爆炸上限(%)** 无资料	
分解温度(℃) 无资料		**黏度(mPa·s)** 无资料	
燃烧热(kJ/mol) 无资料		**临界温度(℃)** 无资料	
溶解性 微溶于水			

第十部分 稳定性和反应性

稳定性 稳定

危险反应 与强氧化剂、强碱、水、酸类、醇类、胺类等禁配物发生反应，有发生火灾和爆炸的危险。容易发生自聚反应

避免接触的条件 受热、潮湿空气

禁配物 强氧化剂、强碱、水、酸类、醇类、胺类

危险的分解产物 氮氧化物、氰化氢

第十一部分 毒理学信息

急性毒性 无资料

皮肤刺激或腐蚀 无资料	**眼睛刺激或腐蚀** 无资料
呼吸或皮肤过敏 有致敏作用	**生殖细胞突变性** 无资料
致癌性 无资料	**生殖毒性** 无资料

特异性靶器官系统毒性-一次接触 无资料

特异性靶器官系统毒性-反复接触 无资料

吸入危害 无资料

第十二部分 生态学信息

生态毒性 无资料

持久性和降解性

生物降解性 无资料

非生物降解性 无资料

潜在的生物累积性 无资料

土壤中的迁移性 无资料

第十三部分 废弃处置

废弃化学品 建议用控制焚烧法或安全掩埋法处置

污染包装物 将容器返还生产商或按照国家和地方法规处置

废弃注意事项 处置前应参阅国家和地方有关法规

第十四部分 运输信息

联合国危险货物编号（UN 号） 2484

联合国运输名称 异氰酸叔丁酯

联合国危险性类别 6.1，3

包装类别 Ⅰ

包装标志

海洋污染物 否

运输注意事项 运输时运输车辆应配备相应品种和数量的消防器材及泄漏应急处理设备。夏季最好早晚运输。运输时所用的槽（罐）车应有接地链，槽内可设孔隔板以减少震荡产生的静电。严禁与氧化剂、碱类、酸类、醇类、胺类、食用化学品等混装混运。运输途中应防暴晒、雨淋，防高温。中途停留时应远离火种、

热源、高温区。装运该物品的车辆排气管必须配备阻火装置，禁止使用易产生火花的机械设备和工具装卸。公路运输时要按规定路线行驶，勿在居民区和人口稠密区停留。严禁用木船、水泥船散装运输

第十五部分　法规信息

下列法律、法规、规章和标准，对该化学品的管理作了相应的规定。

中华人民共和国职业病防治法　职业病分类和目录：未列入

危险化学品安全管理条例　危险化学品目录：列入。易制爆危险化学品名录：未列入。重点监管的危险化学品名录：未列入。GB 18218—2009《危险化学品重大危险源辨识》（表1）：未列入

使用有毒物品作业场所劳动保护条例　高毒物品目录：未列入

易制毒化学品管理条例　易制毒化学品的分类和品种目录：未列入

国际公约　斯德哥尔摩公约：未列入。鹿特丹公约：未列入。蒙特利尔议定书：未列入

第十六部分　其他信息

编写和修订信息　　缩略语和首字母缩写
培训建议　　　　　参考文献
免责声明

异氰酸乙酯

第一部分　化学品标识

化学品中文名　异氰酸乙酯；乙基异氰酸酯
化学品英文名　ethyl isocyanate；Isocyanatoethane
分子式　C_3H_5NO　**分子量**　71.0779
结构式

化学品的推荐及限制用途　作为有机合成原料

第二部分　危险性概述

紧急情况概述　高度易燃液体和蒸气，吞咽会中毒，造成严重的皮肤灼伤和眼损伤
GHS 危险性类别　易燃液体，类别 2；急性毒性-经口，类别 3；皮肤腐蚀/刺激，类别 1；严重眼损伤/眼刺激，类别 1
标签要素

象形图

警示词　危险
危险性说明　高度易燃液体和蒸气，吞咽会中毒，造成严重的皮肤灼伤和眼损伤
防范说明

　　预防措施　远离热源、火花、明火、热表面。保持容器密闭。容器和接收设备接地连接。使用防爆型电器、通风、照明设备。只能使用不产生火花的工具。采取防止静电措施。避免接触眼睛、皮肤，操作后彻底清洗。作业场所不得进食、饮水或吸烟。避免吸入烟雾。戴防护手套，穿防护服，戴防护眼镜、防护面罩

　　事故响应　火灾时，使用干粉、二氧化碳、砂土灭火。如吸入：将患者转移到空气新鲜处，休息，保持利于呼吸的体位，立即呼叫中毒控制中心或就医。皮肤（或头发）接触：立即脱掉所有被污染的衣服，用水冲洗皮肤，淋浴。污染的衣服洗净后方可重新使用。眼睛接触：用水细心地冲洗数分钟，立即呼叫中毒控制中心或就医。如戴隐形眼镜并可方便地取出，则取出隐形眼镜，继续冲洗。食入：漱口，不要催吐，立即呼叫中毒控制中心或就医

　　安全储存　存放在通风良好的地方。保持低温。上锁保管

　　废弃处置　本品及内装物、容器依据国家和地方法规处置

物理和化学危险　易燃，其蒸气与空气混合，能形成爆炸性混合物。容易自聚

健康危害　本品对呼吸道有刺激性，高浓度吸入可致肺水肿甚至死亡。眼和皮肤接触可引起灼伤

环境危害　对环境可能有害

第三部分　成分/组成信息

√物质		混合物
组分	浓度	CAS No.
异氰酸乙酯		109-90-0

第四部分　急救措施

吸入　迅速脱离现场至空气新鲜处。保持呼吸道通畅。如呼吸困难，给输氧。呼吸、心跳停止，立即进行心肺复苏术。就医

皮肤接触　立即脱去污染的衣着，用大量流动清水彻底冲洗至少 15min。就医

眼睛接触　立即分开眼睑，用流动清水或生理盐水彻底冲洗 5～10min。就医

食入　用水漱口，禁止催吐。给饮牛奶或蛋清。就医
对保护施救者的忠告　根据需要使用个人防护设备
对医生的特别提示　对症处理

第五部分　消防措施

灭火剂　用干粉、二氧化碳、砂土灭火
特别危险性　其蒸气与空气可形成爆炸性混合物，遇明火、高热极易燃烧爆炸。与氧化剂接触猛烈反应。流速过快，容易产生和积聚静电。若遇高热，容器内压增大，有开裂和爆炸的危险

灭火注意事项及防护措施　消防人员必须佩戴防毒面具、穿全身消防服，在上风向灭火。尽可能将容器从火场移至空旷处。喷水保持火场容器冷却，直至灭火结束。处在火场中的容器若已变色或从安全泄压装置中发出声音，必须马上撤离。禁止用水和泡沫灭火

第六部分 泄漏应急处理

作业人员防护措施、防护装备和应急处置程序 消除所有点火源。根据液体流动和蒸气扩散的影响区域划定警戒区，无关人员从侧风、上风向撤离至安全区。建议应急处理人员戴正压自给式呼吸器，穿防毒、防静电服。作业时使用的所有设备应接地。穿上适当的防护服前严禁接触破裂的容器和泄漏物。尽可能切断泄漏源

环境保护措施 防止泄漏物进入水体、下水道、地下室或有限空间

泄漏化学品的收容、清除方法及所使用的处置材料 严禁用水处理。小量泄漏：用干燥的砂土或其他不燃材料覆盖泄漏物。大量泄漏：构筑围堤或挖坑收容。用防爆泵转移至槽车或专用收集器内

第七部分 操作处置与储存

操作注意事项 密闭操作，提供充分的局部排风。操作人员必须经过专门培训，严格遵守操作规程。建议操作人员佩戴自吸过滤式防毒面具（半面罩），戴化学安全防护眼镜，穿防静电工作服，戴橡胶耐油手套。远离火种、热源，工作场所严禁吸烟。使用防爆型的通风系统和设备。防止蒸气泄漏到工作场所空气中。避免与氧化剂、酸类、碱类、醇类接触。尤其要注意避免与水接触。充装时要控制流速，防止静电积聚。搬运时要轻装轻卸，防止包装及容器损坏。配备相应品种和数量的消防器材及泄漏应急处理设备。倒空的容器可能残留有害物

储存注意事项 储存于阴凉、干燥、通风良好的库房。远离火种、热源。库温不宜超过37℃，保持容器密封。应与氧化剂、酸类、碱类、醇类、食用化学品分开存放，切忌混储。采用防爆型照明、通风设施。禁止使用易产生火花的机械设备和工具。储区应备有泄漏应急处理设备和合适的收容材料

第八部分 接触控制/个体防护

职业接触限值
中国 未制定标准
美国（ACGIH） TLV-TWA：0.02ppm；TLV-STEL：0.06ppm［皮］

生物接触限值 未制定标准

监测方法 空气中有毒物质测定方法：未制定标准。生物监测检验方法：未制定标准

工程控制 严加密闭，提供充分的局部排风。提供安全淋浴和洗眼设备

个体防护装备
呼吸系统防护 空气中浓度超标时，必须佩戴过滤式防毒面具（半面罩）。紧急事态抢救或撤离时，应该佩戴空气呼吸器
眼睛防护 戴化学安全防护眼镜
皮肤和身体防护 穿防静电工作服
手防护 戴橡胶耐油手套

第九部分 理化特性

外观与性状 无色液体，有刺激性气味

pH 值 无资料	**熔点（℃）** 无资料
沸点（℃） 60	**相对密度（水＝1）** 0.898

相对蒸气密度（空气＝1） 无资料

饱和蒸气压（kPa） 29.9（20℃）

临界压力（MPa） 无资料	**辛醇/水分配系数** 无资料
闪点（℃） －6.67	**自燃温度（℃）** 无资料
爆炸下限（%） 无资料	**爆炸上限（%）** 无资料
分解温度（℃） 无资料	**黏度（mPa·s）** 无资料

燃烧热（kJ/mol） －1776.96 kJ（液体）

临界温度（℃） 无资料

溶解性 溶于芳烃、卤代烃

第十部分 稳定性和反应性

稳定性 稳定

危险反应 与水、醇类、强碱、酸类、强氧化剂等禁配物发生反应，有发生火灾和爆炸的危险

避免接触的条件 潮湿空气

禁配物 水、醇类、强碱、酸类、强氧化剂

危险的分解产物 氮氧化物、氰化氢

第十一部分 毒理学信息

急性毒性 LD$_{50}$：230mg/kg（大鼠经口），56mg/kg（小鼠静脉）

皮肤刺激或腐蚀 无资料	**眼睛刺激或腐蚀** 无资料
呼吸或皮肤过敏 无资料	**生殖细胞突变性** 无资料
致癌性 无资料	**生殖毒性** 无资料

特异性靶器官系统毒性--一次接触 无资料

特异性靶器官系统毒性-反复接触 无资料

吸入危害 无资料

第十二部分 生态学信息

生态毒性 无资料

持久性和降解性
生物降解性 无资料
非生物降解性 无资料

潜在的生物累积性 无资料

土壤中的迁移性 无资料

第十三部分 废弃处置

废弃化学品 建议用焚烧法处置。焚烧炉排出的氮氧化物通过洗涤器除去

污染包装物 将容器返还生产商或按照国家和地方法规处置

废弃注意事项 处置前应参阅国家和地方有关法规

第十四部分 运输信息

联合国危险货物编号（UN号） 2481

联合国运输名称 异氰酸乙酯

联合国危险性类别 6.1，3

包装类别 I

包装标志

海洋污染物　否

运输注意事项　运输时运输车辆应配备相应品种和数量的消防器材及泄漏应急处理设备。夏季最好早晚运输。运输时所用的槽（罐）车应有接地链，槽内可设孔隔板以减少震荡产生的静电。严禁与氧化剂、酸类、碱类、醇类、食用化学品等混装混运。运输途中应防暴晒、雨淋，防高温。中途停留时应远离火种、热源、高温区。装运该物品的车辆排气管必须配备阻火装置，禁止使用易产生火花的机械设备和工具装卸。公路运输时要按规定路线行驶，勿在居民区和人口稠密区停留。严禁用木船、水泥船散装运输

第十五部分　法规信息

下列法律、法规、规章和标准，对该化学品的管理作了相应的规定。

中华人民共和国职业病防治法　职业病分类和目录：未列入

危险化学品安全管理条例　危险化学品目录：列入。易制爆危险化学品名录：未列入。重点监管的危险化学品名录：未列入。GB 18218—2009《危险化学品重大危险源辨识》（表1）：未列入

使用有毒物品作业场所劳动保护条例　高毒物品目录：未列入

易制毒化学品管理条例　易制毒化学品的分类和品种目录：未列入

国际公约　斯德哥尔摩公约：未列入。鹿特丹公约：未列入。蒙特利尔议定书：未列入

第十六部分　其他信息

编写和修订信息　缩略语和首字母缩写
培训建议　　　　参考文献
免责声明

异氰酸异丙酯

第一部分　化学品标识

化学品中文名　异氰酸异丙酯；异丙基异氰酸酯
化学品英文名　isopropyl isocyanate；2-isocyanatopropane
分子式　C_4H_7NO　**分子量**　85.1053
结构式　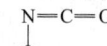

化学品的推荐及限制用途　用于有机合成

第二部分　危险性概述

紧急情况概述　高度易燃液体和蒸气，吞咽会中毒，吸入致命，造成严重的皮肤灼伤和眼损伤

GHS 危险性类别　易燃液体，类别2；急性毒性-经口，类别3；急性毒性-吸入，类别1；皮肤腐蚀/刺激，类别1；严重眼损伤/眼刺激，类别1

标签要素

象形图　

警示词　危险

危险性说明　高度易燃液体和蒸气，吞咽会中毒，吸入致命，造成严重的皮肤灼伤和眼损伤

防范说明

预防措施　远离热源、火花、明火、热表面。保持容器密闭。容器和接收设备接地连接。使用防爆型电器、通风、照明设备。只能使用不产生火花的工具。采取防止静电措施。避免接触眼睛、皮肤，操作后彻底清洗。作业场所不得进食、饮水或吸烟。避免吸入蒸气、雾。仅在室外或通风良好处操作。戴呼吸防护器具。穿防护服，戴防护手套、防护眼镜、防护面罩

事故响应　火灾时，使用泡沫、干粉、二氧化碳、砂土灭火。如吸入：将患者转移到空气新鲜处，休息，保持利于呼吸的体位，立即呼叫中毒控制中心或就医。皮肤（或头发）接触：立即脱掉所有被污染的衣服，用水冲洗皮肤，淋浴。污染的衣服洗净后方可重新使用。眼睛接触：用水细心地冲洗数分钟，立即呼叫中毒控制中心或就医。如戴隐形眼镜并可方便地取出，则取出隐形眼镜，继续冲洗。食入：漱口，不要催吐，立即呼叫中毒控制中心或就医

安全储存　存放在通风良好的地方。保持低温。保持容器密闭。上锁保管

废弃处置　本品及内装物、容器依据国家和地方法规处置

物理和化学危险　易燃，其蒸气与空气混合，能形成爆炸性混合物。容易自聚

健康危害　吸入、摄入或经皮吸收后会中毒。对眼睛、皮肤、黏膜和上呼吸道有刺激性。有致敏作用，可引起哮喘。长时间接触能引起头痛、头晕、恶心、肺水肿及胸痛等。眼睛和皮肤接触可致灼伤

环境危害　对环境可能有害

第三部分　成分/组成信息

√物质　　　　　　　　　　　混合物

组分	浓度	CAS No.
异氰酸异丙酯		1795-48-8

第四部分　急救措施

吸入　迅速脱离现场至空气新鲜处。保持呼吸道通畅。如呼吸困难，给输氧。呼吸、心跳停止，立即进行心肺复苏术。就医

皮肤接触　立即脱去污染的衣着，用大量流动清水彻底冲洗至少15min。就医

眼睛接触　立即分开眼睑，用流动清水或生理盐水彻底冲洗5～10min。就医

食入　用水漱口，禁止催吐。给饮牛奶或蛋清。就医

对保护施救者的忠告　根据需要使用个人防护设备

对医生的特别提示　对症处理

第五部分　消防措施

灭火剂　用泡沫、干粉、二氧化碳、砂土灭火

特别危险性　其蒸气与空气可形成爆炸性混合物，遇明火、高热极易燃烧爆炸。与氧化剂接触猛烈反应。受热分解释出高毒烟雾。容易自聚，聚合反应随着温度的上升而急骤加剧。若遇高热，容器内压增大，有开裂和爆炸的危险

灭火注意事项及防护措施　消防人员必须佩戴防毒面具、穿全身消防服，在上风向灭火。尽可能将容器从火场移至空旷处。喷水保持火场容器冷却，直至灭火结束。处在火场中的容器若已变色或从安全泄压装置中发出声音，必须马上撤离。用水灭火无效

第六部分　泄漏应急处理

作业人员防护措施、防护装备和应急处置程序　消除所有点火源。根据液体流动和蒸气扩散的影响区域划定警戒区，无关人员从侧风、上风向撤离至安全区。建议应急处理人员戴正压自给式呼吸器，穿防毒、防静电服。作业时使用的所有设备应接地。穿上适当的防护服前严禁接触破裂的容器和泄漏物。尽可能切断泄漏源

环境保护措施　防止泄漏物进入水体、下水道、地下室或有限空间

泄漏化学品的收容、清除方法及所使用的处置材料　严禁用水处理。小量泄漏：用干燥的砂土或其他不燃材料覆盖泄漏物。大量泄漏：构筑围堤或挖坑收容。用防爆泵转移至槽车或专用收集器内

第七部分　操作处置与储存

操作注意事项　密闭操作，局部排风。防止蒸气泄漏到工作场所空气中。操作人员必须经过专门培训，严格遵守操作规程。建议操作人员佩戴自吸过滤式防毒面具（半面罩），戴化学安全防护眼镜，穿防静电工作服，戴橡胶手套。远离火种、热源，工作场所严禁吸烟。使用防爆型的通风系统和设备。在清除液体和蒸气前不能进行焊接、切割等作业。避免产生烟雾。避免与氧化剂、碱类、醇类、胺类、酸类接触。容器与传送设备要接地，防止产生的静电。灌装时应控制流速，且有接地装置，防止静电积聚。配备相应品种和数量的消防器材及泄漏应急处理设备。倒空的容器可能残留有害物

储存注意事项　储存于阴凉、干燥、通风良好的库房。远离火种、热源。防止阳光直射。库温不宜超过37℃，保持容器密封，严禁与空气接触。应与氧化剂、碱类、醇类、胺类、酸类、食用化学品等分开存放，切忌混储。采用防爆型照明、通风设施。禁止使用易产生火花的机械设备和工具。储区应备有泄漏应急处理设备和合适的收容材料

第八部分　接触控制/个体防护

职业接触限值

　　中国　未制定标准

　　美国（ACGIH）　未制定标准

生物接触限值　未制定标准

监测方法　空气中有毒物质测定方法：未制定标准。生物监测检验方法：未制定标准

工程控制　密闭操作，局部排风

个体防护装备

　　呼吸系统防护　空气中浓度超标时，必须佩戴过滤式防毒面具（半面罩）。紧急事态抢救或撤离时，应该佩戴空气呼吸器

　　眼睛防护　戴化学安全防护眼镜

　　皮肤和身体防护　穿防静电工作服

　　手防护　戴橡胶手套

第九部分　理化特性

外观与性状　无色至淡黄色液体

pH 值　无资料		熔点（℃）　无资料	
沸点（℃）　74～75		相对密度（水＝1）　0.866	

相对蒸气密度（空气＝1）　>1

饱和蒸气压（kPa）　无资料

临界压力（MPa）　无资料	辛醇/水分配系数　无资料
闪点（℃）　−2.78	自燃温度（℃）　无资料
爆炸下限（%）　无资料	爆炸上限（%）　无资料
分解温度（℃）　无资料	黏度（mPa·s）　无资料
燃烧热（kJ/mol）　无资料	临界温度（℃）　无资料

溶解性　微溶于水

第十部分　稳定性和反应性

稳定性　稳定

危险反应　与强氧化剂、强碱、水、醇类、胺类、酸类等禁配物接触，有发生火灾和爆炸的危险。容易发生自聚反应

避免接触的条件　受热、潮湿空气

禁配物　强氧化剂、强碱、水、醇类、胺类、酸类

危险的分解产物　氮氧化物、氰化氢

第十一部分　毒理学信息

急性毒性　无资料

皮肤刺激或腐蚀　无资料	眼睛刺激或腐蚀　无资料
呼吸或皮肤过敏　无资料	生殖细胞突变性　无资料
致癌性　无资料	生殖毒性　无资料

特异性靶器官系统毒性—一次接触　无资料

特异性靶器官系统毒性-反复接触　无资料

吸入危害　无资料

第十二部分　生态学信息

生态毒性　无资料

持久性和降解性

　　生物降解性　无资料

　　非生物降解性　无资料

潜在的生物累积性　无资料

土壤中的迁移性　无资料

第十三部分　废弃处置

废弃化学品　建议用控制焚烧法或安全掩埋法处置

污染包装物 将容器返还生产商或按照国家和地方法规处置

废弃注意事项 处置前应参阅国家和地方有关法规

第十四部分 运输信息

联合国危险货物编号（UN 号） 2483

联合国运输名称 异氰酸异丙酯

联合国危险性类别 6.1，3

包装类别 Ⅰ

包装标志

海洋污染物 否

运输注意事项 运输时运输车辆应配备相应品种和数量的消防器材及泄漏应急处理设备。夏季最好早晚运输。运输时所用的槽（罐）车应有接地链，槽内可设孔隔板以减少震荡产生的静电。严禁与氧化剂、碱类、醇类、胺类、酸类、食用化学品等混装混运。运输途中应防暴晒、雨淋，防高温。中途停留时应远离火种、热源、高温区。装运该物品的车辆排气管必须配备阻火装置，禁止使用易产生火花的机械设备和工具装卸。公路运输时要按规定路线行驶，勿在居民区和人口稠密区停留。铁路运输时要禁止溜放。严禁用木船、水泥船散装运输

第十五部分 法规信息

下列法律、法规、规章和标准，对该化学品的管理作了相应的规定。

中华人民共和国职业病防治法 职业病分类和目录：未列入

危险化学品安全管理条例 危险化学品目录：列入。易制爆危险化学品名录：未列入。重点监管的危险化学品名录：未列入。GB 18218—2009《危险化学品重大危险源辨识》（表1）：未列入

使用有毒物品作业场所劳动保护条例 高毒物品目录：未列入

易制毒化学品管理条例 易制毒化学品的分类和品种目录：未列入

国际公约 斯德哥尔摩公约：未列入。鹿特丹公约：未列入。蒙特利尔议定书：未列入

第十六部分 其他信息

编写和修订信息　缩略语和首字母缩写
培训建议　　　　参考文献
免责声明

异氰酸正丁酯

第一部分 化学品标识

化学品中文名 异氰酸正丁酯；丁基异氰酸酯

化学品英文名 butyl isocyanate；1-isocyanato-butane

分子式 C_5H_9NO **分子量** 99.1311

结构式

化学品的推荐及限制用途 作为有机合成原料

第二部分 危险性概述

紧急情况概述 高度易燃液体和蒸气，吞咽有害，吸入致命，造成严重的皮肤灼伤和眼损伤，可能导致皮肤过敏反应

GHS 危险性类别 易燃液体，类别2；急性毒性-经口，类别4；急性毒性-吸入，类别1；皮肤腐蚀/刺激，类别1；严重眼损伤/眼刺激，类别1；皮肤致敏物，类别1；特异性靶器官毒性-一次接触，类别1；危害水生环境-急性危害，类别3

标签要素

象形图

警示词 危险

危险性说明 高度易燃液体和蒸气，吞咽有害，吸入致命，造成严重的皮肤灼伤和眼损伤，可能导致皮肤过敏反应，对器官造成损害，对水生生物有害

防范说明

预防措施　远离热源、火花、明火、热表面。保持容器密闭。容器和接收设备接地连接。使用防爆型电器、通风、照明设备。只能使用不产生火花的工具。采取防止静电措施。避免接触眼睛、皮肤，操作后彻底清洗。作业场所不得进食、饮水或吸烟。避免吸入蒸气、雾。仅在室外或通风良好处操作。戴呼吸防护器具。穿防护服，戴防护手套、防护眼镜、防护面罩。污染的工作服不得带出工作场所。禁止排入环境

事故响应　火灾时，使用干粉、二氧化碳、砂土灭火。如吸入：将患者转移到空气新鲜处，休息，保持利于呼吸的体位，立即呼叫中毒控制中心或就医。如皮肤（或头发）接触：立即脱掉所有被污染的衣服，用水冲洗皮肤，淋浴。污染的衣服洗净后方可重新使用。眼睛接触：用水细心地冲洗数分钟，立即呼叫中毒控制中心或就医。如戴隐形眼镜并可方便地取出，则取出隐形眼镜，继续冲洗。食入：漱口，不要催吐。如果感觉不适，立即呼叫中毒控制中心或就医。如果接触：立即呼叫中毒控制中心或就医

安全储存　存放在通风良好的地方。保持低温。保持容器密闭。上锁保管

废弃处置　本品及内装物、容器依据国家和地方法规处置

物理和化学危险 易燃，其蒸气与空气混合，能形成爆炸性混合物。容易自聚

健康危害 本品对黏膜、上呼吸道、眼睛和皮肤有强烈的刺激性。可致灼伤。对皮肤有致敏性。长时间接触本品引起头痛、头晕、恶心、胸痛，甚至发生肺水肿而

死亡

环境危害　对水生生物有害

第三部分　成分/组成信息

√物质　　　　　　　　　　混合物

组分	浓度	CAS No.
异氰酸正丁酯		111-36-4

第四部分　急救措施

吸入　迅速脱离现场至空气新鲜处。保持呼吸道通畅。如呼吸困难，给输氧。呼吸、心跳停止，立即进行心肺复苏术。就医

皮肤接触　立即脱去污染的衣着，用大量流动清水彻底冲洗至少15min。就医

眼睛接触　立即分开眼睑，用流动清水或生理盐水彻底冲洗5～10min。就医

食入　用水漱口，禁止催吐。给饮牛奶或蛋清。就医

对保护施救者的忠告　根据需要使用个人防护设备

对医生的特别提示　对症处理

第五部分　消防措施

灭火剂　用干粉、二氧化碳、砂土灭火

特别危险性　其蒸气与空气可形成爆炸性混合物，遇明火、高热极易燃烧爆炸。与氧化剂接触猛烈反应。流速过快，容易产生和积聚静电。蒸气比空气重，沿地面扩散并易积存于低洼处，遇火源会着火回燃。若遇高热，容器内压增大，有开裂和爆炸的危险

灭火注意事项及防护措施　消防人员必须佩戴空气呼吸器、穿全身防火防毒服，在上风向灭火。尽可能将容器从火场移至空旷处。喷水保持火场容器冷却，直至灭火结束。处在火场中的容器若已变色或从安全泄压装置中发出声音，必须马上撤离。禁止用水和泡沫灭火

第六部分　泄漏应急处理

作业人员防护措施、防护装备和应急处置程序　消除所有点火源。根据液体流动和蒸气扩散的影响区域划定警戒区，无关人员从侧风、上风向撤离至安全区。建议应急处理人员戴正压自给式呼吸器，穿防毒、防静电服。作业时使用的所有设备应接地。穿上适当的防护服前严禁接触破裂的容器和泄漏物。尽可能切断泄漏源

环境保护措施　防止泄漏物进入水体、下水道、地下室或有限空间

泄漏化学品的收容、清除方法及所使用的处置材料　严禁用水处理。小量泄漏：用干燥的砂土或其他不燃材料覆盖泄漏物。大量泄漏：构筑围堤或挖坑收容。用粉煤灰或石灰粉吸收大量液体。用防爆泵转移至槽车或专用收集器内

第七部分　操作处置与储存

操作注意事项　密闭操作，提供充分的局部排风。操作人员必须经过专门培训，严格遵守操作规程。建议操作

人员佩戴自吸过滤式防毒面具（全面罩），穿胶布防毒衣，戴橡胶耐油手套。远离火种、热源，工作场所严禁吸烟。使用防爆型的通风系统和设备。防止蒸气泄漏到工作场所空气中。避免与氧化剂、酸类、碱类、醇类接触。尤其要注意避免与水接触。充装要控制流速，防止静电积聚。搬运时要轻装轻卸，防止包装及容器损坏。配备相应品种和数量的消防器材及泄漏应急处理设备。倒空的容器可能残留有害物

储存注意事项　储存于阴凉、干燥、通风良好的库房。远离火种、热源。库温不宜超过37℃，保持容器密封。应与氧化剂、酸类、碱类、醇类、食用化学品分开存放，切忌混储。采用防爆型照明、通风设施。禁止使用易产生火花的机械设备和工具。储区应备有泄漏应急处理设备和合适的收容材料

第八部分　接触控制/个体防护

职业接触限值

中国　未制定标准

美国（ACGIH）　未制定标准

生物接触限值　未制定标准

监测方法　空气中有毒物质测定方法：未制定标准。生物监测检验方法：未制定标准

工程控制　严加密闭，提供充分的局部排风。提供安全淋浴和洗眼设备

个体防护装备

呼吸系统防护　空气中浓度超标时，必须佩戴过滤式防毒面具（全面罩）。紧急事态抢救或撤离时，应该佩戴空气呼吸器

眼睛防护　呼吸系统防护中已作防护

皮肤和身体防护　穿密闭型防毒服

手防护　戴橡胶耐油手套

第九部分　理化特性

外观与性状　无色液体，有刺激性气味。易潮解

pH值　无资料		**熔点（℃）**　无资料	
沸点（℃）　115		**相对密度（水＝1）**　0.88	
相对蒸气密度（空气＝1）　3.0			
饱和蒸气压（kPa）　1.41（20℃）			
临界压力（MPa）　无资料		**辛醇/水分配系数**　无资料	
闪点（℃）　17.78		**自燃温度（℃）**　无资料	
爆炸下限（%）　无资料		**爆炸上限（%）**　无资料	
分解温度（℃）　无资料		**黏度（mPa·s）**　无资料	
燃烧热（kJ/mol）　无资料		**临界温度（℃）**　无资料	

溶解性　溶于丙酮、苯等多数有机溶剂

第十部分　稳定性和反应性

稳定性　稳定

危险反应　与水、醇类、强碱、酸类、强氧化剂等禁配物接触，有发生火灾和爆炸的危险

避免接触的条件　潮湿空气

禁配物　水、醇类、强碱、酸类、强氧化剂

危险的分解产物　氮氧化物、氰化氢

第十一部分　毒理学信息

急性毒性　LD$_{50}$：600mg/kg（大鼠经口），150mg/kg（小鼠经口）

皮肤刺激或腐蚀　无资料　　**眼睛刺激或腐蚀**　无资料

呼吸或皮肤过敏　无资料　　**生殖细胞突变性**　无资料

致癌性　无资料　　　　　**生殖毒性**　无资料

特异性靶器官系统毒性-一次接触　无资料

特异性靶器官系统毒性-反复接触　无资料

吸入危害　无资料

第十二部分　生态学信息

生态毒性　LC$_{50}$：24mg/L（96h）（*Menidia beryllina*）。
EC$_{50}$：43mg/L（24h）（大型溞）

持久性和降解性
　生物降解性　OECD 301C，易快速生物降解
　非生物降解性　易水解

潜在的生物累积性　无资料

土壤中的迁移性　无资料

第十三部分　废弃处置

废弃化学品　建议用焚烧法处置。焚烧炉排出的氮氧化物通过洗涤器除去

污染包装物　将容器返还生产商或按照国家和地方法规处置

废弃注意事项　处置前应参阅国家和地方有关法规

第十四部分　运输信息

联合国危险货物编号（UN号）　2485

联合国运输名称　异氰酸正丁酯

联合国危险性类别　6.1，3

包装类别　Ⅰ

包装标志　

海洋污染物　否

运输注意事项　运输时运输车辆应配备相应品种和数量的消防器材及泄漏应急处理设备。夏季最好早晚运输。运输时所用的槽（罐）车应有接地链，槽内可设孔隔板以减少震荡产生的静电。严禁与氧化剂、酸类、碱类、醇类、食用化学品等混装混运。运输途中应防暴晒、雨淋，防高温。中途停留时应远离火种、热源、高温区。装运该物品的车辆排气管必须配备阻火装置，禁止使用易产生火花的机械设备和工具装卸。公路运输时要按规定路线行驶，勿在居民区和人口稠密区停留。铁路运输时要禁止溜放。严禁用木船、水泥船散装运输

第十五部分　法规信息

下列法律、法规、规章和标准，对该化学品的管理作了相应的规定。

中华人民共和国职业病防治法　职业病分类和目录：未

列入

危险化学品安全管理条例　危险化学品目录：列入。易制爆危险化学品名录：未列入。重点监管的危险化学品名录：未列入。GB 18218—2009《危险化学品重大危险源辨识》（表1）：未列入

使用有毒物品作业场所劳动保护条例　高毒物品目录：未列入

易制毒化学品管理条例　易制毒化学品的分类和品种目录：未列入

国际公约　斯德哥尔摩公约：未列入。鹿特丹公约：未列入。蒙特利尔议定书：未列入

第十六部分　其他信息

编写和修订信息　　**缩略语和首字母缩写**

培训建议　　　　　**参考文献**

免责声明

异戊酸甲酯

第一部分　化学品标识

化学品中文名　异戊酸甲酯

化学品英文名　methyl isovalerate；methyl isopentanoate

分子式　C$_6$H$_{12}$O$_2$　**分子量**　116.1583

结构式　

化学品的推荐及限制用途　用作溶剂，也用于有机合成

第二部分　危险性概述

紧急情况概述　高度易燃液体和蒸气

GHS危险性类别　易燃液体，类别2

标签要素

象形图

警示词　危险

危险性说明　高度易燃液体和蒸气

防范说明

　预防措施　远离热源、火花、明火、热表面。禁止吸烟。保持容器密闭。容器和接收设备接地连接。使用防爆型电器、通风、照明设备。只能使用不产生火花的工具。采取防止静电措施。戴防护手套、防护眼镜、防护面罩

　事故响应　火灾时，使用雾状水、泡沫、干粉、二氧化碳、砂土灭火。如皮肤（或头发）接触：立即脱掉所有被污染的衣服，用水冲洗皮肤，淋浴

　安全储存　存放在通风良好的地方。保持低温

　废弃处置　本品及内装物、容器依据国家和地方法规处置

物理和化学危险　易燃，其蒸气与空气混合，能形成爆炸性混合物

健康危害　吸入、误服本品能引起中毒。受热分解释出具

有腐蚀性的烟雾

环境危害 对环境可能有害

第三部分 成分/组成信息

√ 物质　　　　　　　混合物

组分　　　　浓度　　　CAS No.

异戊酸甲酯　　　　　556-24-1

第四部分 急救措施

吸入 迅速脱离现场至空气新鲜处。保持呼吸道通畅。如呼吸困难，给输氧。呼吸、心跳停止，立即进行心肺复苏术。就医

皮肤接触 立即脱去污染的衣着，用流动清水彻底冲洗。就医

眼睛接触 立即分开眼睑，用流动清水或生理盐水彻底冲洗。就医

食入 漱口，饮水。就医

对保护施救者的忠告 根据需要使用个人防护设备

对医生的特别提示 对症处理

第五部分 消防措施

灭火剂 用雾状水、泡沫、干粉、二氧化碳、砂土灭火

特别危险性 其蒸气与空气可形成爆炸性混合物，遇明火、高热极易燃烧爆炸。与氧化剂接触猛烈反应。若遇高热，容器内压增大，有开裂和爆炸的危险

灭火注意事项及防护措施 消防人员必须佩戴防毒面具、穿全身消防服，在上风向灭火。尽可能将容器从火场移至空旷处。喷水保持火场容器冷却，直至灭火结束。处在火场中的容器若已变色或从安全泄压装置中发出声音，必须马上撤离

第六部分 泄漏应急处理

作业人员防护措施、防护装备和应急处置程序 消除所有点火源。根据液体流动和蒸气扩散的影响区域划定警戒区，无关人员从侧风、上风向撤离至安全区。建议应急处理人员戴正压自给式呼吸器，穿防静电服。作业时使用的所有设备应接地。禁止接触或跨越泄漏物。尽可能切断泄漏源

环境保护措施 防止泄漏物进入水体、下水道、地下室或有限空间

泄漏化学品的收容、清除方法及所使用的处置材料 小量泄漏：用砂土或其他不燃材料吸收。使用洁净的无火花工具收集吸收材料。大量泄漏：构筑围堤或挖坑收容。用泡沫覆盖，减少蒸发。喷水雾能减少蒸发，但不能降低泄漏物在有限空间内的易燃性。用防爆泵转移至槽车或专用收集器内

第七部分 操作处置与储存

操作注意事项 生产过程密闭化。防止蒸气泄漏到工作场所空气中。操作人员必须经过专门培训，严格遵守操作规程。建议操作人员佩戴过滤式防毒面具（半面罩），戴化学安全防护眼镜，穿防静电工作服，戴乳胶手套。远离火种、热源，工作场所严禁吸烟。使用

防爆型的通风系统和设备。在清除液体和蒸气前不能进行焊接、切割等作业。避免产生烟雾。避免与氧化剂接触。容器与传送设备要接地，防止产生的静电。灌装时应控制流速，且有接地装置，防止静电积聚。配备相应品种和数量的消防器材及泄漏应急处理设备。倒空的容器可能残留有害物

储存注意事项 储存于阴凉、通风的库房。远离火种、热源。防止阳光直射。库温不宜超过 37℃，保持容器密封。应与氧化剂分开存放，切忌混储。采用防爆型照明、通风设施。禁止使用易产生火花的机械设备和工具。储区应备有泄漏应急处理设备和合适的收容材料

第八部分 接触控制/个体防护

职业接触限值

中国 未制定标准

美国（ACGIH） 未制定标准

生物接触限值 未制定标准

监测方法 空气中有毒物质测定方法：未制定标准。生物监测检验方法：未制定标准

工程控制 生产过程密闭化。保证良好的自然通风

个体防护装备

呼吸系统防护 空气中浓度较高时，应该佩戴过滤式防毒面具（半面罩）。紧急事态抢救或逃生时，建议佩戴空气呼吸器

眼睛防护 戴化学安全防护眼镜

皮肤和身体防护 穿防静电工作服

手防护 戴橡胶手套

第九部分 理化特性

外观与性状 无色透明液体

pH 值 无资料　　　　　　**熔点（℃）** 无资料

沸点（℃） 115～117　　　**相对密度（水=1）** 0.880

相对蒸气密度（空气=1） >1

饱和蒸气压（kPa） 无资料

临界压力（MPa） 无资料　　**辛醇/水分配系数** 无资料

闪点（℃） 16　　　　　　**自燃温度（℃）** 无资料

爆炸下限（%） 无资料　　　**爆炸上限（%）** 无资料

分解温度（℃） 无资料　　　**黏度（mPa·s）** 无资料

燃烧热（kJ/mol） 无资料　　**临界温度（℃）** 无资料

溶解性 微溶于水，可混溶于乙醇、乙醚

第十部分 稳定性和反应性

稳定性 稳定

危险反应 与强氧化剂等禁配物接触，有发生火灾和爆炸的危险

避免接触的条件 无资料

禁配物 强氧化剂

危险的分解产物 无资料

第十一部分 毒理学信息

急性毒性 LD$_{50}$：5693mg/kg（兔经口）。LC$_{50}$：20250mg/m³（小鼠吸入，2h）

皮肤刺激或腐蚀　无资料　　　眼睛刺激或腐蚀　无资料

呼吸或皮肤过敏　无资料　　　生殖细胞突变性　无资料

致癌性　无资料　　　　　　　生殖毒性　无资料

特异性靶器官系统毒性-一次接触　无资料

特异性靶器官系统毒性-反复接触　无资料

吸入危害　无资料

第十二部分　生态学信息

生态毒性　无资料

持久性和降解性

　　生物降解性　无资料

　　非生物降解性　无资料

潜在的生物累积性　无资料

土壤中的迁移性　无资料

第十三部分　废弃处置

废弃化学品　建议用焚烧法处置。在能利用的地方重复使用容器或在规定场所掩埋

污染包装物　将容器返还生产商或按照国家和地方法规处置

废弃注意事项　处置前应参阅国家和地方有关法规

第十四部分　运输信息

联合国危险货物编号（UN号）　2400

联合国运输名称　异戊酸甲酯

联合国危险性类别　3

包装类别　Ⅱ　　　　　　　包装标志

海洋污染物　否

运输注意事项　运输时运输车辆应配备相应品种和数量的消防器材及泄漏应急处理设备。夏季最好早晚运输。运输时所用的槽（罐）车应有接地链，槽内可设孔隔板以减少震荡产生的静电。严禁与氧化剂、等混装混运。运输途中应防暴晒、雨淋，防高温。中途停留时应远离火种、热源、高温区。装运该物品的车辆排气管必须配备阻火装置，禁止使用易产生火花的机械设备和工具装卸。公路运输时要按规定路线行驶，勿在居民区和人口稠密区停留。铁路运输时要禁止溜放。严禁用木船、水泥船散装运输

第十五部分　法规信息

　　下列法律、法规、规章和标准，对该化学品的管理作了相应的规定。

中华人民共和国职业病防治法　职业病分类和目录：未列入

危险化学品安全管理条例　危险化学品目录：列入。易制爆危险化学品名录：未列入。重点监管的危险化学品名录：未列入。GB 18218—2009《危险化学品重大危险源辨识》（表1）：未列入

使用有毒物品作业场所劳动保护条例　高毒物品目录：未列入

易制毒化学品管理条例　易制毒化学品的分类和品种目录：未列入

国际公约　斯德哥尔摩公约：未列入。鹿特丹公约：未列入。蒙特利尔议定书：未列入

第十六部分　其他信息

编写和修订信息　　缩略语和首字母缩写

培训建议　　　　　参考文献

免责声明

异戊酰氯

第一部分　化学品标识

化学品中文名　异戊酰氯

化学品英文名　isovaleryl chloride；3-methyl-butyryl chloride

分子式　C_5H_9ClO　分子量　120.577

结构式

化学品的推荐及限制用途　用于有机合成

第二部分　危险性概述

紧急情况概述　高度易燃液体和蒸气，造成严重的皮肤灼伤和眼损伤

GHS危险性类别　易燃液体，类别2；皮肤腐蚀/刺激，类别1；严重眼损伤/眼刺激，类别1

标签要素

象形图

警示词　危险

危险性说明　高度易燃液体和蒸气，造成严重的皮肤灼伤和眼损伤

防范说明

　　预防措施　远离热源、火花、明火、热表面。禁止吸烟。保持容器密闭。容器和接收设备接地连接。使用防爆型电器、通风、照明设备。只能使用不产生火花的工具。采取防止静电措施。避免吸入烟雾。避免接触眼睛、皮肤，操作后彻底清洗。穿防护服，戴防护手套、防护眼镜、防护面罩

　　事故响应　火灾时，使用干粉、二氧化碳、砂土灭火。如吸入：将患者转移到空气新鲜处，休息，保持利于呼吸的体位，立即呼叫中毒控制中心或就医。如皮肤（或头发）接触：立即脱掉所有被污染的衣服，用水冲洗皮肤，淋浴。污染的衣服洗净后方可重新使用。眼睛接触：用水细心地冲洗数分钟，立即呼叫中毒控制中心或就医。如戴隐形眼镜并可方便地取出，则取出隐形眼镜，继续冲洗。食入：漱口，不要催吐

　　安全储存　存放在通风良好的地方。保持低温。上

锁保管

废弃处置　本品及内装物、容器依据国家和地方法
　　规处置

物理和化学危险　易燃，其蒸气与空气混合，能形成爆炸
　　性混合物。遇水产生刺激性气体

健康危害　蒸气与液体能刺激眼睛、皮肤及呼吸系统，可
　　引起灼伤。吸入引起喉和支气管的痉挛、炎症和水
　　肿，化学性肺炎和肺水肿。接触后可引起头痛、恶
　　心、咳嗽等

环境危害　对环境可能有害

第三部分　成分/组成信息

√物质　　　　　　　　　混合物

组分　　　　浓度　　　CAS No.

异戊酰氯　　　　　　　108-12-3

第四部分　急救措施

吸入　迅速脱离现场至空气新鲜处。保持呼吸道通畅。如
　　呼吸困难，给输氧。呼吸、心跳停止，立即进行心肺
　　复苏术。就医

皮肤接触　立即脱去污染的衣着，用大量流动清水彻底冲
　　洗至少 15min。就医

眼睛接触　立即分开眼睑，用流动清水或生理盐水彻底冲
　　洗 5～10min。就医

食入　用水漱口，禁止催吐。给饮牛奶或蛋清。就医

对保护施救者的忠告　根据需要使用个人防护设备

对医生的特别提示　对症处理

第五部分　消防措施

灭火剂　用干粉、二氧化碳、砂土灭火

特别危险性　其蒸气与空气可形成爆炸性混合物，遇明
　　火、高热极易燃烧爆炸。与氧化剂接触猛烈反应。遇
　　水反应，放出具有刺激性和腐蚀性的氯化氢气体。遇
　　高热分解释出高毒烟气。遇潮时对大多数金属有腐蚀
　　性。若遇高热，容器内压增大，有开裂和爆炸的危险

灭火注意事项及防护措施　消防人员必须穿全身耐酸碱消
　　防服、佩戴空气呼吸器灭火。尽可能将容器从火场移
　　至空旷处。喷水保持火场容器冷却，直至灭火结束。
　　处在火场中的容器若已变色或从安全泄压装置中发出
　　声音，必须马上撤离。禁止用水、泡沫和酸碱灭火剂
　　灭火

第六部分　泄漏应急处理

作业人员防护措施、防护装备和应急处置程序　根据液体
　　流动和蒸气扩散的影响区域划定警戒区，无关人员从
　　侧风、上风向撤离至安全区。消除所有点火源。建议
　　应急处理人员戴正压自给式呼吸器，穿防静电、防腐
　　服。作业时使用的所有设备应接地。穿上适当的防护
　　服前严禁接触破裂的容器和泄漏物。尽可能切断泄
　　漏源

环境保护措施　防止泄漏物进入水体、下水道、地下室或
　　有限空间

泄漏化学品的收容、清除方法及所使用的处置材料　严禁

用水处理。小量泄漏：用干燥的砂土或其他不燃材料
覆盖泄漏物。大量泄漏：构筑围堤或挖坑收容。用防
爆、耐腐蚀泵转移至槽车或专用收集器内

第七部分　操作处置与储存

操作注意事项　密闭操作，局部排风。防止蒸气泄漏到工
　　作场所空气中。操作人员必须经过专门培训，严格遵
　　守操作规程。建议操作人员佩戴自吸过滤式防毒面具
　　（半面罩），戴化学安全防护眼镜，穿橡胶耐酸碱服，
　　戴橡胶耐酸碱手套。远离火种、热源，工作场所严禁
　　吸烟。使用防爆型的通风系统和设备。在清除液体和
　　蒸气前不能进行焊接、切割等作业。避免产生烟雾。
　　避免与氧化剂、碱类、醇类接触。尤其要注意避免与
　　水接触。配备相应品种和数量的消防器材及泄漏应急
　　处理设备。倒空的容器可能残留有害物

储存注意事项　储存于阴凉、干燥、通风良好的库房。远
　　离火种、热源。防止阳光直射。保持容器密封。应与
　　氧化剂、碱类、醇类、食用化学品等分开存放，切忌
　　混储。采用防爆型照明、通风设施。禁止使用易产生
　　火花的机械设备和工具。储区应备有泄漏应急处理设
　　备和合适的收容材料

第八部分　接触控制/个体防护

职业接触限值

中国　未制定标准

美国（ACGIH）　未制定标准

生物接触限值　未制定标准

监测方法　空气中有毒物质测定方法：未制定标准。生物
　　监测检验方法：未制定标准

工程控制　密闭操作，局部排风

个体防护装备

　　呼吸系统防护　空气中浓度超标时，必须佩戴过滤式
　　　　防毒面具（全面罩）。紧急事态抢救或撤离时，
　　　　应该佩戴空气呼吸器

　　眼睛防护　呼吸系统防护中已作防护

　　皮肤和身体防护　穿橡胶耐酸碱服

　　手防护　戴橡胶耐酸碱手套

第九部分　理化特性

外观与性状　无色，带有刺激性气味的液体

pH 值　无资料		**熔点（℃）**　无资料	
沸点（℃） 115～117		**相对密度（水=1）** 0.989	
相对蒸气密度（空气=1）　＞1			
饱和蒸气压（kPa）　无资料			
临界压力（MPa）　无资料		**辛醇/水分配系数**　无资料	
闪点（℃） 18.89		**自燃温度（℃）**　无资料	
爆炸下限（%）　无资料		**爆炸上限（%）**　无资料	
分解温度（℃）　无资料		**黏度（mPa·s）**　无资料	
燃烧热（kJ/mol）　无资料		**临界温度（℃）**　无资料	
溶解性　溶于部分有机溶剂			

第十部分　稳定性和反应性

稳定性　稳定

危险反应 与强氧化剂、强碱、水、醇类等禁配物发生反应。遇水反应，放出具有刺激性和腐蚀性的氯化氢气体

避免接触的条件 潮湿空气

禁配物 强氧化剂、强碱、水、醇类

危险的分解产物 氯化氢、光气

第十一部分 毒理学信息

急性毒性 无资料

皮肤刺激或腐蚀 无资料　　眼睛刺激或腐蚀 无资料

呼吸或皮肤过敏 无资料　　生殖细胞突变性 无资料

致癌性 无资料　　　　　　生殖毒性 无资料

特异性靶器官系统毒性-一次接触 无资料

特异性靶器官系统毒性-反复接触 无资料

吸入危害 无资料

第十二部分 生态学信息

生态毒性 无资料

持久性和降解性

　　生物降解性 无资料

　　非生物降解性 无资料

潜在的生物累积性 无资料

土壤中的迁移性 无资料

第十三部分 废弃处置

废弃化学品 建议用焚烧法处置。在能利用的地方重复使用容器或在规定场所掩埋

污染包装物 将容器返还生产商或按照国家和地方法规处置

废弃注意事项 处置前应参阅国家和地方有关法规

第十四部分 运输信息

联合国危险货物编号（UN号） 2920

联合国运输名称 腐蚀性液体，易燃，未另作规定的（异戊酰氯）

联合国危险性类别 8，3

包装类别 —

包装标志

海洋污染物 否

运输注意事项 起运时包装要完整，装载应稳妥。运输过程中要确保容器不泄漏、不倒塌、不坠落、不损坏。运输时所用的槽（罐）车应有接地链，槽内可设孔隔板以减少震荡产生的静电。严禁与氧化剂、碱类、醇类、食用化学品等混装混运。公路运输时要按规定路线行驶，勿在居民区和人口稠密区停留

第十五部分 法规信息

下列法律、法规、规章和标准，对该化学品的管理作了相应的规定。

中华人民共和国职业病防治法 职业病分类和目录：未列入

危险化学品安全管理条例 危险化学品目录：列入。易制爆危险化学品名录：未列入。重点监管的危险化学品名录：未列入。GB 18218—2009《危险化学品重大危险源辨识》（表1）：未列入

使用有毒物品作业场所劳动保护条例 高毒物品目录：未列入

易制毒化学品管理条例 易制毒化学品的分类和品种目录：未列入

国际公约 斯德哥尔摩公约：未列入。鹿特丹公约：未列入。蒙特利尔议定书：未列入

第十六部分 其他信息

编写和修订信息　　缩略语和首字母缩写

培训建议　　　　　　参考文献

免责声明

异辛烯

第一部分 化学品标识

化学品中文名 异辛烯

化学品英文名 isooctene；6-methyl-1-heptene

分子式 C_8H_{16}　分子量 112.2126

结构式

化学品的推荐及限制用途 用作溶剂

第二部分 危险性概述

紧急情况概述 高度易燃液体和蒸气

GHS危险性类别 易燃液体，类别2；危害水生环境-急性危害，类别2；危害水生环境-长期危害，类别2

标签要素

象形图

警示词 危险

危险性说明 高度易燃液体和蒸气，对水生生物有毒并具有长期持续影响

防范说明

　　预防措施 远离热源、火花、明火、热表面。禁止吸烟。保持容器密闭。容器和接收设备接地连接。使用防爆型电器、通风、照明设备。只能使用不产生火花的工具。采取防止静电措施。戴防护手套、防护眼镜、防护面罩。禁止排入环境

　　事故响应 火灾时，使用泡沫、干粉、二氧化碳、砂土灭火。如皮肤（或头发）接触：立即脱掉所有被污染的衣服，用水冲洗皮肤，淋浴。收集泄漏物

　　安全储存 存放在通风良好的地方。保持低温

　　废弃处置 本品及内装物、容器依据国家和地方法规处置

物理和化学危险 易燃，其蒸气与空气混合，能形成爆炸

性混合物

健康危害 本品有刺激性，高浓度时有麻醉作用

环境危害 对水生生物有毒并具有长期持续影响

第三部分 成分/组成信息

√物质　　　　　　　　混合物

组分	浓度	CAS No.
异辛烯		5026-76-6

第四部分 急救措施

吸入 迅速脱离现场至空气新鲜处。保持呼吸道通畅。如呼吸困难，给输氧。呼吸、心跳停止，立即进行心肺复苏术。就医

皮肤接触 立即脱去污染的衣着，用流动清水彻底冲洗。就医

眼睛接触 立即分开眼睑，用流动清水或生理盐水彻底冲洗。就医

食入 漱口，饮水。就医

对保护施救者的忠告 根据需要使用个人防护设备

对医生的特别提示 对症处理

第五部分 消防措施

灭火剂 用泡沫、干粉、二氧化碳、砂土灭火

特别危险性 易燃，其蒸气与空气可形成爆炸性混合物，遇明火、高热能引起燃烧爆炸。与氧化剂接触猛烈反应。若遇高热，可发生聚合反应，放出大量热量而引起容器破裂和爆炸事故。蒸气比空气重，沿地面扩散并易积存于低洼处，遇火源会着火回燃

灭火注意事项及防护措施 消防人员必须佩戴空气呼吸器、穿全身防火防毒服，在上风向灭火。喷水冷却容器，可能的话将容器从火场移至空旷处。处在火场中的容器若已变色或从安全泄压装置中发出声音，必须马上撤离。用水灭火无效

第六部分 泄漏应急处理

作业人员防护措施、防护装备和应急处置程序 消除所有点火源。根据液体流动和蒸气扩散的影响区域划定警戒区，无关人员从侧风、上风向撤离至安全区。建议应急处理人员戴正压自给式呼吸器，穿防静电服。作业时使用的所有设备应接地。禁止接触或跨越泄漏物。尽可能切断泄漏源

环境保护措施 防止泄漏物进入水体、下水道、地下室或有限空间

泄漏化学品的收容、清除方法及所使用的处置材料 小量泄漏：用砂土或其他不燃材料吸收。使用洁净的无火花工具收集吸收材料。大量泄漏：构筑围堤或挖坑收容。用泡沫覆盖，减少蒸气。喷水雾能减少蒸发，但不能降低泄漏物在有限空间内的易燃性。用防爆泵转移至槽车或专用收集器内

第七部分 操作处置与储存

操作注意事项 密闭操作，全面通风。操作人员必须经过专门培训，严格遵守操作规程。建议操作人员佩戴自吸过滤式防毒面具（半面罩），戴化学安全防护眼镜，穿防静电工作服，戴橡胶耐油手套。远离火种、热源，工作场所严禁吸烟。使用防爆型的通风系统和设备。防止蒸气泄漏到工作场所空气中。避免与氧化剂、酸类、过氧化物接触。灌装时应控制流速，且有接地装置，防止静电积聚。搬运时要轻装轻卸，防止包装及容器损坏。配备相应品种和数量的消防器材及泄漏应急处理设备。倒空的容器可能残留有害物

储存注意事项 通常商品加有阻聚剂。储存于阴凉、通风的库房。远离火种、热源。库温不宜超过37℃，包装要求密封，不可与空气接触。应与氧化剂、酸类、过氧化物分开存放，切忌混储。不宜大量储存或久存。采用防爆型照明、通风设施。禁止使用易产生火花的机械设备和工具。储区应备有泄漏应急处理设备和合适的收容材料

第八部分 接触控制/个体防护

职业接触限值

　　中国　未制定标准

　　美国（ACGIH）　未制定标准

生物接触限值 未制定标准

监测方法 空气中有毒物质测定方法：未制定标准。生物监测检验方法：未制定标准

工程控制 生产过程密闭，全面通风

个体防护装备

　　呼吸系统防护 空气中浓度较高时，应该佩戴过滤式防毒面具（半面罩）

　　眼睛防护 必要时，戴化学安全防护眼镜

　　皮肤和身体防护 穿防静电工作服

　　手防护 戴橡胶耐油手套

第九部分 理化特性

外观与性状 无色透明挥发性液体

pH 值 无资料　　　　　**熔点（℃）** 无资料

沸点（℃） 102～107

相对密度（水＝1） 0.72（15.5℃）

相对蒸气密度（空气＝1） 无资料

饱和蒸气压（kPa） 13.6（21℃）

临界压力（MPa） 无资料　　**辛醇/水分配系数** 无资料

闪点（℃） 10　　　　　　**自燃温度（℃）** 无资料

爆炸下限（%） 0.9　　　　**爆炸上限（%）** 无资料

分解温度（℃） 无资料　　　**黏度（mPa·s）** 无资料

燃烧热（kJ/mol） 无资料　　**临界温度（℃）** 无资料

溶解性 无资料

第十部分 稳定性和反应性

稳定性 稳定

危险反应 与强氧化剂、酸类、卤代烃、卤素等禁配物接触，有发生火灾和爆炸的危险。高热下可发生聚合反应

避免接触的条件 受热

禁配物 强氧化剂、酸类、卤代烃、卤素等

危险的分解产物 无资料

第十一部分　毒理学信息

急性毒性　无资料

皮肤刺激或腐蚀　无资料　　　**眼睛刺激或腐蚀**　无资料

呼吸或皮肤过敏　无资料　　　**生殖细胞突变性**　无资料

致癌性　无资料　　　　　　　**生殖毒性**　无资料

特异性靶器官系统毒性-一次接触　无资料

特异性靶器官系统毒性-反复接触　无资料

吸入危害　无资料

第十二部分　生态学信息

生态毒性　根据结构类似物质预测，该物质对水生生物有毒

持久性和降解性

　生物降解性　无资料

　非生物降解性　无资料

潜在的生物累积性　无资料

土壤中的迁移性　无资料

第十三部分　废弃处置

废弃化学品　建议用焚烧法处置

污染包装物　将容器返还生产商或按照国家和地方法规处置

废弃注意事项　处置前应参阅国家和地方有关法规

第十四部分　运输信息

联合国危险货物编号（UN 号）　1216

联合国运输名称　异辛烯

联合国危险性类别　3

包装类别　Ⅱ　　　　　　**包装标志**　

海洋污染物　是

运输注意事项　运输时运输车辆应配备相应品种和数量的消防器材及泄漏应急处理设备。夏季最好早晚运输。运输时所用的槽（罐）车应有接地链，槽内可设孔隔板以减少震荡产生的静电。严禁与氧化剂、酸类、过氧化物、食用化学品等混装混运。运输途中应防暴晒、雨淋，防高温。中途停留时应远离火种、热源、高温区。装运该物品的车辆排气管必须配备阻火装置，禁止使用易产生火花的机械设备和工具装卸。公路运输时要按规定路线行驶，勿在居民区和人口稠密区停留。铁路运输时要禁止溜放。严禁用木船、水泥船散装运输

第十五部分　法规信息

下列法律、法规、规章和标准，对该化学品的管理作了相应的规定。

中华人民共和国职业病防治法　职业病分类和目录：未列入

危险化学品安全管理条例　危险化学品目录：列入。易制爆危险化学品名录：未列入。重点监管的危险化学品名录：未列入。GB 18218—2009《危险化学品重大危险源辨识》（表 1）：未列入

使用有毒物品作业场所劳动保护条例　高毒物品目录：未列入

易制毒化学品管理条例　易制毒化学品的分类和品种目录：未列入

国际公约　斯德哥尔摩公约：未列入。鹿特丹公约：未列入。蒙特利尔议定书：未列入

第十六部分　其他信息

编写和修订信息　　**缩略语和首字母缩写**

培训建议　　　　　**参考文献**

免责声明

益棉磷

第一部分　化学品标识

化学品中文名　益棉磷；乙基保棉磷；乙基谷硫磷；O, O-二乙基-S-(3,4-二氢-4-氧代苯并 [d]-1,2,3-三氮苯-3-基甲基）二硫代磷酸酯

化学品英文名　azinphos-ethyl；azinos；O,O-diethyl S-[4-oxo-1,2,3-benzotriazin-3（4H)-ylmethyl] phosphorodithioate

分子式　$C_{12}H_{16}N_3O_3PS_2$　　**分子量**　345.378

结构式　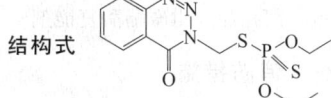

化学品的推荐及限制用途　用作农用杀虫剂

第二部分　危险性概述

紧急情况概述　吞咽致命，皮肤接触会中毒

GHS 危险性类别　急性毒性-经口，类别 2；急性毒性-经皮，类别 3；危害水生环境-急性危害，类别 1；危害水生环境-长期危害，类别 1

标签要素

象形图　

警示词　危险

危险性说明　吞咽致命，皮肤接触会中毒，对水生生物毒性非常大并具有长期持续影响

防范说明

　预防措施　避免接触眼睛、皮肤，操作后彻底清洗。作业场所不得进食、饮水或吸烟。戴防护手套、穿防护服。禁止排入环境

　事故响应　皮肤接触：用大量肥皂水和水清洗，立即脱去所有被污染的衣服，如感觉不适，呼叫中毒控制中心或就医。被污染的衣服经洗净后方可重新使用。食入：立即呼叫中毒控制中心或就医，漱口。收集泄漏物

　安全储存　上锁保管

废弃处置　本品及内装物、容器依据国家和地方法
　　　规处置
物理和化学危险　可燃，其粉体与空气混合，能形成爆炸
　　　性混合物
健康危害　抑制胆碱酯酶活性。中毒出现头痛、呕吐、流
　　　涎、瞳孔缩小、肌肉颤抖、抽搐、痉挛、呼吸困难、
　　　紫绀，重者伴有肺水肿和脑水肿，死于脑水肿和呼吸
　　　衰竭
环境危害　对水生生物毒性非常大并具有长期持续影响

第三部分　成分/组成信息

√物质　　　　　　　　　　　混合物

组分	浓度	CAS No.
益棉磷		2642-71-9

第四部分　急救措施

吸入　迅速脱离现场至空气新鲜处。保持呼吸道通畅。如
　　　呼吸困难，给输氧。呼吸、心跳停止，立即进行心肺
　　　复苏术。就医
皮肤接触　立即脱去污染的衣着，用肥皂水及流动清水彻
　　　底冲洗污染的皮肤、头发、指甲等。就医
眼睛接触　分开眼睑，用流动清水或生理盐水冲洗。就医
食入　饮足量温水，催吐（仅限于清醒者）。口服活性炭。
　　　就医
对保护施救者的忠告　根据需要使用个人防护设备
对医生的特别提示　解毒剂：阿托品、胆碱酯酶复能剂

第五部分　消防措施

灭火剂　用雾状水、泡沫、干粉、二氧化碳、砂土灭火
特别危险性　遇明火、高热可燃。其粉体与空气可形成爆
　　　炸性混合物，当达到一定浓度时，遇火星会发生爆
　　　炸。受高热分解放出有毒的气体
灭火注意事项及防护措施　消防人员必须佩戴防毒面具、
　　　穿全身消防服，在上风向灭火。尽可能将容器从火场
　　　移至空旷处。喷水保持火场容器冷却，直至灭火结束

第六部分　泄漏应急处理

作业人员防护措施、防护装备和应急处置程序　隔离泄漏
　　　污染区，限制出入。建议应急处理人员戴防尘口罩，
　　　穿防毒服。穿上适当的防护服前严禁接触破裂的容器
　　　和泄漏物。尽可能切断泄漏源
环境保护措施　用塑料布覆盖泄漏物，减少飞散
泄漏化学品的收容、清除方法及所使用的处置材料　勿使
　　　水进入包装容器内。用洁净的铲子收集泄漏物，置于
　　　干净、干燥、盖子较松的容器中，将容器移离泄漏区

第七部分　操作处置与储存

操作注意事项　密闭操作，提供充分的局部排风。防止粉
　　　尘释放到车间空气中。操作人员必须经过专门培训，
　　　严格遵守操作规程。建议操作人员佩戴防尘面具（全
　　　面罩），穿胶布防毒衣，戴橡胶手套。远离火种、热
　　　源，工作场所严禁吸烟。使用防爆型的通风系统和设
　　　备。避免产生粉尘。避免与氧化剂、碱类接触。配备

相应品种和数量的消防器材及泄漏应急处理设备。倒
　　　空的容器可能残留有害物
储存注意事项　储存于阴凉、通风良好的库房内。远离火
　　　种、热源。防止阳光直射。包装密封。应与氧化剂、
　　　碱类、食用化学品分开存放，切忌混储。配备相应品
　　　种和数量的消防器材。储区应备有合适的材料收容泄
　　　漏物

第八部分　接触控制/个体防护

职业接触限值
　　中国　　PC-TWA：未制定标准
　　美国（ACGIH）　未制定标准
生物接触限值　全血胆碱酯酶活性（校正值）：原基础值
　　　或参考值的 70％（采样时间：开始接触后的 3 个月
　　　内），原基础值或参考值的 50％（采样时间：持续接
　　　触 3 个月后，任意时间）
监测方法　空气中有毒物质测定方法：溶剂解吸-气相色
　　　谱法。生物监测检验方法：血中胆碱酯酶活性的分光
　　　光度测定方法——羟胺三氯化铁法；血中胆碱酯酶活
　　　性的分光光度测定方法——硫代乙酰胆碱-联硫代双
　　　硝基苯甲酸法
工程控制　严加密闭，提供充分的局部排风
个体防护装备
　　呼吸系统防护　可能接触其粉尘时，必须佩戴防尘面
　　　具（全面罩）。紧急事态抢救或撤离时，应该佩
　　　戴空气呼吸器
　　眼睛防护　呼吸系统防护中已作防护
　　皮肤和身体防护　穿密闭型防毒服
　　手防护　戴橡胶手套

第九部分　理化特性

外观与性状　无色针状结晶

pH 值　无资料		**熔点(℃)**　53	

沸点(℃)　111（0.133×10⁻³kPa）
$$\text{沸点(℃)}\quad 111\ (0.133 \times 10^{-3} \text{kPa})$$
相对密度(水=1)　1.284
相对蒸气密度(空气=1)　无资料
饱和蒸气压(kPa)　0.319×10^{-6}（20℃）

临界压力(MPa)　无资料		**辛醇/水分配系数**　3.4	
闪点(℃)　无意义		**自燃温度(℃)**　无资料	
爆炸下限(%)　无资料		**爆炸上限(%)**　无资料	
分解温度(℃)　无资料		**黏度(mPa·s)**　无资料	
燃烧热(kJ/mol)　无资料		**临界温度(℃)**　无资料	

溶解性　不溶于水，溶于多数有机溶剂

第十部分　稳定性和反应性

稳定性　稳定
危险反应　与强氧化剂、强碱等禁配物发生反应
避免接触的条件　无资料
禁配物　强氧化剂、强碱
危险的分解产物　氮氧化物、氧化硫、氧化磷

第十一部分　毒理学信息

急性毒性　LD_{50}：7mg/kg（大鼠经口），250mg/kg（大

鼠经皮）。LC$_{50}$：390mg/m^3（大鼠吸入）

皮肤刺激或腐蚀　无资料		**眼睛刺激或腐蚀**　无资料	
呼吸或皮肤过敏　无资料		**生殖细胞突变性**　无资料	
致癌性　无资料		**生殖毒性**　无资料	

特异性靶器官系统毒性-一次接触　无资料
特异性靶器官系统毒性-反复接触　无资料
吸入危害　无资料

第十二部分　生态学信息

生态毒性　LC$_{50}$：0.02mg/L（96h）（虹鳟，静态）。
　　　　　EC$_{50}$：0.004 mg/L（48h）（大型溞，静态）
持久性和降解性
　　生物降解性　无资料
　　非生物降解性　无资料
潜在的生物累积性　无资料
土壤中的迁移性　无资料

第十三部分　废弃处置

废弃化学品　建议用控制焚烧法或安全掩埋法处置
污染包装物　将容器返还生产商或按照国家和地方法规处置
废弃注意事项　处置前应参阅国家和地方有关法规

第十四部分　运输信息

联合国危险货物编号（UN号）　2783
联合国运输名称　固态有机磷农药，毒性（益棉磷）
联合国危险性类别　6.1

包装类别　Ⅱ　　　　　　**包装标志**

海洋污染物　是
运输注意事项　运输前应先检查包装容器是否完整、密封，运输过程中要确保容器不泄漏、不倒塌、不坠落、不损坏。严禁与酸类、氧化剂、食品及食品添加剂混运。运输时运输车辆应配备相应品种和数量的消防器材及泄漏应急处理设备。运输途中应防暴晒、雨淋，防高温。公路运输时要按规定路线行驶，勿在居民区和人口稠密区停留

第十五部分　法规信息

　　下列法律、法规、规章和标准，对该化学品的管理作了相应的规定。
中华人民共和国职业病防治法　职业病分类和目录：有机磷中毒
危险化学品安全管理条例　危险化学品目录：列入。易制爆危险化学品名录：未列入。重点监管的危险化学品名录：未列入。GB 18218—2009《危险化学品重大危险源辨识》（表1）：未列入
使用有毒物品作业场所劳动保护条例　高毒物品目录：未列入
易制毒化学品管理条例　易制毒化学品的分类和品种目录：未列入

国际公约　斯德哥尔摩公约：未列入。鹿特丹公约：未列入。蒙特利尔议定书：未列入

第十六部分　其他信息

编写和修订信息	**缩略语和首字母缩写**
培训建议	**参考文献**
免责声明	

萤蒽

第一部分　化学品标识

化学品中文名　萤蒽
化学品英文名　fluoranthene；1,2-benzacenaphthene
分子式　C$_{16}$H$_{10}$　**分子量**　202.2506

结构式
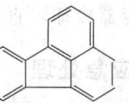

化学品的推荐及限制用途　用于制造染料、合成树脂和工程塑料等

第二部分　危险性概述

紧急情况概述　—
GHS危险性类别　危害水生环境-急性危害，类别1；危害水生环境-长期危害，类别1
标签要素

象形图

警示词　警告
危险性说明　对水生生物毒性非常大并具有长期持续影响
防范说明
　　预防措施　禁止排入环境
　　事故响应　收集泄漏物
　　安全储存　—
　　废弃处置　本品及内装物、容器依据国家和地方法规处置
物理和化学危险　可燃，其粉体与空气混合，能形成爆炸性混合物
健康危害　吸入、摄入或经皮肤吸收后会中毒。具腐蚀性
环境危害　对水生生物毒性非常大并具有长期持续影响

第三部分　成分/组成信息

√物质　　　　　　　　　　　混合物

组分	浓度	CAS No.
萤蒽		206-44-0

第四部分　急救措施

吸入　迅速脱离现场至空气新鲜处。保持呼吸道通畅。如呼吸困难，给输氧。呼吸、心跳停止，立即进行心肺复苏术。就医
皮肤接触　立即脱去污染的衣着，用流动清水彻底冲洗。

就医

眼睛接触 立即分开眼睑，用流动清水或生理盐水彻底冲洗。就医

食入 漱口，饮水。就医

对保护施救者的忠告 根据需要使用个人防护设备

对医生的特别提示 对症处理

第五部分   消防措施

灭火剂 用雾状水、泡沫、干粉、二氧化碳、砂土灭火

特别危险性 遇明火、高热可燃。其粉体与空气可形成爆炸性混合物，当达到一定浓度时，遇火星会发生爆炸。与氧化剂能发生强烈反应。具有腐蚀性

灭火注意事项及防护措施 消防人员必须佩戴防毒面具、穿全身消防服，在上风向灭火。尽可能将容器从火场移至空旷处。喷水保持火场容器冷却，直至灭火结束

第六部分   泄漏应急处理

作业人员防护措施、防护装备和应急处置程序 隔离泄漏污染区，限制出入。消除所有点火源。建议应急处理人员戴防尘口罩，穿防酸碱服。穿上适当的防护服前严禁接触破裂的容器和泄漏物。尽可能切断泄漏源

环境保护措施 用塑料布覆盖泄漏物，减少飞散

泄漏化学品的收容、清除方法及所使用的处置材料 勿使水进入包装容器内。用洁净的铲子收集泄漏物，置于干净、干燥、盖子较松的容器中，将容器移离泄漏区

第七部分   操作处置与储存

操作注意事项 密闭操作，局部排风。防止粉尘释放到车间空气中。操作人员必须经过专门培训，严格遵守操作规程。建议操作人员佩戴自吸过滤式防尘口罩，戴化学安全防护眼镜，穿橡胶耐酸碱服，戴橡胶耐酸碱手套。远离火种、热源，工作场所严禁吸烟。使用防爆型的通风系统和设备。避免产生粉尘。避免与氧化剂接触。配备相应品种和数量的消防器材及泄漏应急处理设备。倒空的容器可能残留有害物

储存注意事项 储存于阴凉、通风的库房。远离火种、热源。防止阳光直射。包装密封。应与氧化剂分开存放，切忌混储。配备相应品种和数量的消防器材。储区应备有合适的材料收容泄漏物

第八部分   接触控制/个体防护

职业接触限值

  中国   未制定标准

  美国（ACGIH）   未制定标准

生物接触限值   未制定标准

监测方法 空气中有毒物质测定方法：未制定标准。生物监测检验方法：未制定标准

工程控制 密闭操作，局部排风

个体防护装备

  呼吸系统防护 空气中粉尘浓度超标时，必须佩戴过滤式防尘呼吸器。紧急事态抢救或撤离时，应该佩戴空气呼吸器

  眼睛防护 戴化学安全防护眼镜

皮肤和身体防护 穿橡胶耐酸碱服

手防护 戴橡胶耐酸碱手套

第九部分   理化特性

外观与性状 无色或淡黄色结晶

pH 值 无资料   **熔点(℃)** 111

沸点(℃) 384

相对密度(水＝1) 1.252（0/4℃）

相对蒸气密度(空气＝1) 无资料

饱和蒸气压(kPa) $1.33×10^{-3}$（20℃）

临界压力(MPa) 无资料   **辛醇/水分配系数** 5.16

闪点(℃) 无意义   **自燃温度(℃)** 无资料

爆炸下限(%) 无资料   **爆炸上限(%)** 无资料

分解温度(℃) 无资料

黏度(mPa·s) 0.652（20℃）

燃烧热(kJ/mol) 无资料   **临界温度(℃)** 无资料

溶解性 不溶于水，溶于苯、醚、乙醇、乙酸

第十部分   稳定性和反应性

稳定性 稳定

危险反应 与强氧化剂等禁配物发生反应

避免接触的条件 无资料

禁配物 强氧化剂

危险的分解产物 无资料

第十一部分   毒理学信息

急性毒性 LD_{50}：2000mg/kg（大鼠经口），3180mg/kg（兔经皮）

皮肤刺激或腐蚀 无资料   **眼睛刺激或腐蚀** 无资料

呼吸或皮肤过敏 无资料   **生殖细胞突变性** 微生物致突变：鼠伤寒沙门氏菌 $5μg/皿$。哺乳动物体细胞致突变：人淋巴细胞 $2μmol/L$。姐妹染色单体互换：仓鼠卵巢 $9mg/L$。DNA损伤：大肠杆菌 $34.8μg/L(3h)$

致癌性 IARC致癌性评论：组 3，现有的证据不能对人类致癌性进行分类   **生殖毒性** 无资料

特异性靶器官系统毒性-一次接触 无资料

特异性靶器官系统毒性-反复接触 无资料

吸入危害 无资料

第十二部分   生态学信息

生态毒性 LC_{50}：0.0122mg/L（96h）（黑头呆鱼，流水式）。LC_{50}：0.0123mg/L（96h）（蓝鳃太阳鱼，流水式）。LC_{50}：0.0079mg/L（96h）（虹鳟，流水式）

持久性和降解性

  生物降解性 不易快速生物降解

  非生物降解性 无资料

潜在的生物累积性 根据 K_{ow} 值预测，该物质可能有较高的生物累积性

土壤中的迁移性 根据 K_{oc} 值预测，该物质的迁移性可能较弱

第十三部分   废弃处置

废弃化学品 用焚烧法处置。在能利用的地方重复使用容

器或在规定场所掩埋

污染包装物 将容器返还生产商或按照国家和地方法规处置

废弃注意事项 处置前应参阅国家和地方有关法规

第十四部分 运输信息

联合国危险货物编号（UN 号） 3077

联合国运输名称 对环境有害的固态物质，未另作规定的（萤蒽）

联合国危险性类别 9

包装类别 Ⅲ **包装标志**

海洋污染物 是

运输注意事项 起运时包装要完整，装载应稳妥。运输过程中要确保容器不泄漏、不倒塌、不坠落、不损坏。严禁与氧化剂、食用化学品等混装混运。运输时运输车辆应配备相应品种和数量的消防器材及泄漏应急处理设备。运输途中应防暴晒、雨淋，防高温。公路运输时要按规定路线行驶，勿在居民区和人口稠密区停留

第十五部分 法规信息

下列法律、法规、规章和标准，对该化学品的管理作了相应的规定。

中华人民共和国职业病防治法 职业病分类和目录：未列入

危险化学品安全管理条例 危险化学品目录：列入。易制爆危险化学品名录：未列入。重点监管的危险化学品名录：未列入。GB 18218—2009《危险化学品重大危险源辨识》（表 1）：未列入

使用有毒物品作业场所劳动保护条例 高毒物品目录：未列入

易制毒化学品管理条例 易制毒化学品的分类和品种目录：未列入

国际公约 斯德哥尔摩公约：未列入。鹿特丹公约：未列入。蒙特利尔议定书：未列入

第十六部分 其他信息

编写和修订信息 **缩略语和首字母缩写**

培训建议 **参考文献**

免责声明

蝇毒磷

第一部分 化学品标识

化学品中文名 蝇毒磷；蝇毒；蝇毒硫磷；O,O-二乙基-O-(3-氯-4-甲基香豆素-7) 硫代磷酸酯

化学品英文名 coumaphos；asunthol；O-(3-chloro-4-methyl-2-oxo-2H-1-benzopyran-7-yl) O,O-diethyl phosphorothioate

分子式 $C_{14}H_{16}ClO_5PS$ **分子量** 362.766

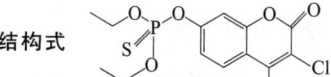

结构式

化学品的推荐及限制用途 用作畜用杀虫剂

第二部分 危险性概述

紧急情况概述 吞咽致命，皮肤接触有害

GHS 危险性类别 急性毒性-经口，类别 2；急性毒性-经皮，类别 4；危害水生环境-急性危害，类别 1；危害水生环境-长期危害，类别 1

标签要素

象形图

警示词 危险

危险性说明 吞咽致命，皮肤接触有害，对水生生物毒性非常大并具有长期持续影响

防范说明

预防措施 避免接触眼睛、皮肤，操作后彻底清洗。作业场所不得进食、饮水或吸烟。戴防护手套、穿防护服。禁止排入环境

事故响应 皮肤接触：用大量肥皂水和水清洗，如感觉不适，呼叫中毒控制中心或就医。被污染的衣服经洗净后方可重新使用。食入：立即呼叫中毒控制中心或就医，漱口。收集泄漏物

安全储存 上锁保管

废弃处置 本品及内装物、容器依据国家和地方法规处置

物理和化学危险 可燃，其粉体与空气混合，能形成爆炸性混合物

健康危害 能使全血胆碱酯酶活性下降，引起头痛、头晕、恶心、出汗、流涎、瞳孔缩小、肌肉震颤、抽搐、呼吸困难，重者常伴有肺水肿、脑水肿，可死于呼吸衰竭

环境危害 对水生生物毒性非常大并具有长期持续影响

第三部分 成分/组成信息

√物质 混合物

组分	浓度	CAS No.
蝇毒磷		56-72-4

第四部分 急救措施

吸入 迅速脱离现场至空气新鲜处。保持呼吸道通畅。如呼吸困难，给输氧。呼吸、心跳停止，立即进行心肺复苏术。就医

皮肤接触 立即脱去污染的衣着，用肥皂水及流动清水彻底冲洗污染的皮肤、头发、指甲等。就医

眼睛接触 分开眼睑，用流动清水或生理盐水冲洗。就医

食入 饮足量温水，催吐（仅限于清醒者）。口服活性炭。就医

对保护施救者的忠告 根据需要使用个人防护设备

对医生的特别提示 解毒剂：阿托品、胆碱酯酶复能剂

第五部分　消防措施

灭火剂　用雾状水、泡沫、干粉、二氧化碳、砂土灭火

特别危险性　遇明火、高热可燃。其粉体与空气可形成爆炸性混合物，当达到一定浓度时，遇火星会发生爆炸。遇高热分解释出高毒烟气

灭火注意事项及防护措施　消防人员必须佩戴空气呼吸器、穿全身防火防毒服，在上风向灭火。尽可能将容器从火场移至空旷处。喷水保持火场容器冷却，直至灭火结束

第六部分　泄漏应急处理

作业人员防护措施、防护装备和应急处置程序　隔离泄漏污染区，限制出入。建议应急处理人员戴防尘口罩，穿防毒服。穿上适当的防护服前严禁接触破裂的容器和泄漏物。尽可能切断泄漏源

环境保护措施　用塑料布覆盖泄漏物，减少飞散

泄漏化学品的收容、清除方法及所使用的处置材料　勿使水进入包装容器内。用洁净的铲子收集泄漏物，置于干净、干燥、盖子较松的容器中，将容器移离泄漏区

第七部分　操作处置与储存

操作注意事项　密闭操作，提供充分的局部排风。防止粉尘释放到车间空气中。操作人员必须经过专门培训，严格遵守操作规程。建议操作人员佩戴防尘面具（全面罩），穿胶布防毒衣，戴橡胶手套。远离火种、热源，工作场所严禁吸烟。使用防爆型的通风系统和设备。避免产生粉尘。避免与氧化剂接触。配备相应品种和数量的消防器材及泄漏应急处理设备。倒空的容器可能残留有害物

储存注意事项　储存于阴凉、通风良好的库房内。远离火种、热源。防止阳光直射。包装密封。应与氧化剂、食用化学品分开存放，切忌混储。配备相应品种和数量的消防器材。储区应备有合适的材料收容泄漏物

第八部分　接触控制/个体防护

职业接触限值

中国　未制定标准

美国（ACGIH）　TLV-TWA：0.05mg/m³（可吸入性颗粒物和蒸气）〔皮〕

生物接触限值　全血胆碱酯酶活性（校正值）：原基础值或参考值的70%（采样时间：开始接触后的3个月内），原基础值或参考值的50%（采样时间：持续接触3个月后，任意时间）

监测方法　空气中有毒物质测定方法：未制定标准。生物监测检验方法：血中胆碱酯酶活性的分光光度测定方法——羟胺三氯化铁法；血中胆碱酯酶活性的分光光度测定方法——硫代乙酰胆碱-联硫代双硝基苯甲酸法

工程控制　严加密闭，提供充分的局部排风

个体防护装备

呼吸系统防护　可能接触其粉尘时，必须佩戴防尘面具（全面罩）。紧急事态抢救或撤离时，应该佩

戴空气呼吸器

眼睛防护　呼吸系统防护中已作防护

皮肤和身体防护　穿密闭型防毒服

手防护　戴橡胶手套

第九部分　理化特性

外观与性状　无色结晶。工业品为棕色结晶

pH 值　无意义　　　　**熔点（℃）**　91

沸点（℃）　无资料

相对密度（水＝1）　1.47（20℃/4℃）

相对蒸气密度（空气＝1）　无资料

饱和蒸气压（kPa）　0.133×10⁻⁷（20℃）

临界压力（MPa）　无资料　　**辛醇/水分配系数**　4.13

闪点（℃）　无意义　　　　**自燃温度（℃）**　无资料

爆炸下限（%）　无资料　　**爆炸上限（%）**　无资料

分解温度（℃）　无资料　　**黏度（mPa·s）**　无资料

燃烧热（kJ/mol）　无资料　　**临界温度（℃）**　无资料

溶解性　微溶于水

第十部分　稳定性和反应性

稳定性　稳定

危险反应　与强氧化剂等禁配物发生反应

避免接触的条件　无资料

禁配物　强氧化剂

危险的分解产物　氯化氢、氧化硫、氧化磷

第十一部分　毒理学信息

急性毒性　LD₅₀：13mg/kg（大鼠经口），28mg/kg（小鼠经口），500mg/kg（兔经皮）。LC₅₀：303mg/m³（大鼠吸入）

皮肤刺激或腐蚀　无资料　　**眼睛刺激或腐蚀**　无资料

呼吸或皮肤过敏　无资料

生殖细胞突变性　肿瘤性转化：大鼠胚胎 1400ng/皿

致癌性　无资料　　　　　　**生殖毒性**　无资料

特异性靶器官系统毒性-一次接触　无资料

特异性靶器官系统毒性-反复接触　无资料

吸入危害　无资料

第十二部分　生态学信息

生态毒性　LC₅₀：0.89mg/L（96h）　（虹鳟，静态）。LC₅₀：0.001mg/L（48h）（大型溞）

持久性和降解性

生物降解性　无资料

非生物降解性　无资料

潜在的生物累积性　无资料

土壤中的迁移性　无资料

第十三部分　废弃处置

废弃化学品　建议用控制焚烧法或安全掩埋法处置

污染包装物　将容器返还生产商或按照国家和地方法规处置

废弃注意事项　处置前应参阅国家和地方有关法规

第十四部分　运输信息

联合国危险货物编号（UN 号）　2783
联合国运输名称　固态有机磷农药，毒性（蝇毒磷）
联合国危险性类别　6.1

包装类别　Ⅱ　　　　　　**包装标志**

海洋污染物　是
运输注意事项　运输前应先检查包装容器是否完整、密封，运输过程中要确保容器不泄漏、不倒塌、不坠落、不损坏。严禁与酸类、氧化剂、食品及食品添加剂混运。运输时运输车辆应配备相应品种和数量的消防器材及泄漏应急处理设备。运输途中应防暴晒、雨淋、防高温。公路运输时要按规定路线行驶，勿在居民区和人口稠密区停留

第十五部分　法规信息

下列法律、法规、规章和标准，对该化学品的管理作了相应的规定。
中华人民共和国职业病防治法　职业病分类和目录：有机磷中毒
危险化学品安全管理条例　危险化学品目录：列入。易制爆危险化学品名录：未列入。重点监管的危险化学品名录：未列入。GB 18218—2009《危险化学品重大危险源辨识》（表1）：未列入
使用有毒物品作业场所劳动保护条例　高毒物品目录：未列入
易制毒化学品管理条例　易制毒化学品的分类和品种目录：未列入
国际公约　斯德哥尔摩公约：未列入。鹿特丹公约：未列入。蒙特利尔议定书：未列入

第十六部分　其他信息

编写和修订信息　　**缩略语和首字母缩写**
培训建议　　　　　　**参考文献**
免责声明

原丙酸三乙酯

第一部分　化学品标识

化学品中文名　原丙酸三乙酯；三乙氧基丙烷；1,1,1-三乙氧基丙烷；原丙酸乙酯
化学品英文名　triethyl orthopropionate；ethyl orthopropinate
分子式　$C_9H_{20}O_3$　**分子量**　176.2533

结构式

化学品的推荐及限制用途　用作分析试剂、胶片增感剂，并用于有机合成、染料和制药工业

第二部分　危险性概述

紧急情况概述　易燃液体和蒸气

GHS 危险性类别　易燃液体，类别 3
标签要素

象形图

警示词　警告
危险性说明　易燃液体和蒸气
防范说明
　　预防措施　远离热源、火花、明火、热表面。禁止吸烟。保持容器密闭。容器和接收设备接地连接。使用防爆型电器、通风、照明设备。只能使用不产生火花的工具。采取防止静电措施。戴防护手套、防护眼镜、防护面罩
　　事故响应　火灾时，使用雾状水、泡沫、干粉、二氧化碳、砂土灭火。如皮肤（或头发）接触：立即脱掉所有被污染的衣服，用水冲洗皮肤，淋浴
　　安全储存　存放在通风良好的地方。保持低温
　　废弃处置　本品及内装物、容器依据国家和地方法规处置
物理和化学危险　易燃，其蒸气与空气混合，能形成爆炸性混合物
健康危害　吸入、摄入或经皮肤吸收后对身体有害。对皮肤有刺激作用。其蒸气或雾对眼睛、黏膜和上呼吸道有刺激作用
环境危害　对环境可能有害

第三部分　成分/组成信息

√物质　　　　　　　　　　　混合物

组分	浓度	CAS No.
原丙酸三乙酯		115-80-0

第四部分　急救措施

吸入　迅速脱离现场至空气新鲜处。保持呼吸道通畅。如呼吸困难，给输氧。呼吸、心跳停止，立即进行心肺复苏术。就医
皮肤接触　立即脱去污染的衣着，用流动清水彻底冲洗。就医
眼睛接触　立即分开眼睑，用流动清水或生理盐水彻底冲洗。就医
食入　漱口，饮水。就医
对保护施救者的忠告　根据需要使用个人防护设备
对医生的特别提示　对症处理

第五部分　消防措施

灭火剂　用雾状水、泡沫、干粉、二氧化碳、砂土灭火
特别危险性　其蒸气与空气可形成爆炸性混合物，遇明火、高热能引起燃烧爆炸。与氧化剂可发生反应。流速过快，容易产生和积聚静电。若遇高热，容器内压增大，有开裂和爆炸的危险
灭火注意事项及防护措施　消防人员必须佩戴防毒面具、穿全身消防服，在上风向灭火。尽可能将容器从火场

移至空旷处。喷水保持火场容器冷却，直至灭火结束。处在火场中的容器若已变色或从安全泄压装置中发出声音，必须马上撤离

第六部分 泄漏应急处理

作业人员防护措施、防护装备和应急处置程序 消除所有点火源。根据液体流动和蒸气扩散的影响区域划定警戒区，无关人员从侧风、上风向撤离至安全区。建议应急处理人员戴正压自给式呼吸器，穿防静电服。作业时使用的所有设备应接地。禁止接触或跨越泄漏物。尽可能切断泄漏源

环境保护措施 防止泄漏物进入水体、下水道、地下室或有限空间

泄漏化学品的收容、清除方法及所使用的处置材料 小量泄漏：用砂土或其他不燃材料吸收。使用洁净的无火花工具收集吸收材料。大量泄漏：构筑围堤或挖坑收容。用泡沫覆盖，减少蒸发。喷水雾能减少蒸发，但不能降低泄漏物在有限空间内的易燃性。用防爆泵转移至槽车或专用收集器内

第七部分 操作处置与储存

操作注意事项 密闭操作，注意通风。操作人员必须经过专门培训，严格遵守操作规程。建议操作人员佩戴自吸过滤式防毒面具（半面罩），戴化学安全防护眼镜，穿防毒物渗透工作服，戴橡胶耐油手套。远离火种、热源，工作场所严禁吸烟。使用防爆型的通风系统和设备。防止蒸气泄漏到工作场所空气中。避免与氧化剂、酸类、碱类接触。充装时要控制流速，防止静电积聚。搬运时要轻装轻卸，防止包装及容器损坏。配备相应品种和数量的消防器材及泄漏应急处理设备。倒空的容器可能残留有害物

储存注意事项 储存于阴凉、通风的库房。远离火种、热源。库温不宜超过 37℃，应与氧化剂、酸类、碱类分开存放，切忌混储。采用防爆型照明、通风设施。禁止使用易产生火花的机械设备和工具。储区应备有泄漏应急处理设备和合适的收容材料

第八部分 接触控制/个体防护

职业接触限值
中国 未制定标准
美国（ACGIH） 未制定标准
生物接触限值 未制定标准
监测方法 空气中有毒物质测定方法：未制定标准。生物监测检验方法：未制定标准
工程控制 密闭操作，注意通风
个体防护装备
呼吸系统防护 空气中浓度超标时，必须佩戴过滤式防毒面具（半面罩）。紧急事态抢救或撤离时，应该佩戴空气呼吸器
眼睛防护 戴化学安全防护眼镜
皮肤和身体防护 穿防毒物渗透工作服
手防护 戴橡胶耐油手套

第九部分 理化特性

外观与性状 无色透明液体，有芳香气味
pH 值 无资料　　　　**熔点(℃)** －76
沸点(℃) 155～160　　**相对密度(水＝1)** 0.88
相对蒸气密度(空气＝1) 无资料
饱和蒸气压(kPa) 无资料
临界压力(MPa) 无资料　　**辛醇/水分配系数** 无资料
闪点(℃) 60　　　　**自燃温度(℃)** 无资料
爆炸下限(%) 无资料　　**爆炸上限(%)** 无资料
分解温度(℃) 无资料　　**黏度(mPa·s)** 无资料
燃烧热(kJ/mol) 无资料　**临界温度(℃)** 无资料
溶解性 不溶于水，可混溶于醇、醚

第十部分 稳定性和反应性

稳定性 稳定
危险反应 与强氧化剂等禁配物接触，有发生火灾和爆炸的危险
避免接触的条件 无资料
禁配物 强氧化剂、强酸、强碱
危险的分解产物 无资料

第十一部分 毒理学信息

急性毒性 LD$_{50}$：6400～12800mg/kg（大鼠经口），＞10000mg/kg（兔经皮）
皮肤刺激或腐蚀 无资料　　**眼睛刺激或腐蚀** 无资料
呼吸或皮肤过敏 无资料　　**生殖细胞突变性** 无资料
致癌性 无资料　　　　　**生殖毒性** 无资料
特异性靶器官系统毒性-一次接触 无资料
特异性靶器官系统毒性-反复接触 无资料
吸入危害 无资料

第十二部分 生态学信息

生态毒性 无资料
持久性和降解性
生物降解性 无资料
非生物降解性 无资料
潜在的生物累积性 无资料
土壤中的迁移性 无资料

第十三部分 废弃处置

废弃化学品 建议用焚烧法处置
污染包装物 将容器返还生产商或按照国家和地方法规处置
废弃注意事项 处置前应参阅国家和地方有关法规

第十四部分 运输信息

联合国危险货物编号（UN 号） 3272
联合国运输名称 酯类，未另作规定的（原丙酸三乙酯）
联合国危险性类别 3

包装类别 Ⅲ　　　　　　　**包装标志**

海洋污染物　否

运输注意事项　运输时运输车辆应配备相应品种和数量的消防器材及泄漏应急处理设备。夏季最好早晚运输。运输时所用的槽（罐）车应有接地链，槽内可设孔隔板以减少震荡产生的静电。严禁与氧化剂、酸类、碱类、食用化学品等混装混运。运输途中应防暴晒、雨淋，防高温。中途停留时应远离火种、热源、高温区。装运该物品的车辆排气管必须配备阻火装置，禁止使用易产生火花的机械设备和工具装卸。公路运输时要按规定路线行驶，勿在居民区和人口稠密区停留。铁路运输时要禁止溜放。严禁用木船、水泥船散装运输

第十五部分　法规信息

下列法律、法规、规章和标准，对该化学品的管理作了相应的规定。

中华人民共和国职业病防治法　职业病分类和目录：未列入

危险化学品安全管理条例　危险化学品目录：列入。易制爆危险化学品名录：未列入。重点监管的危险化学品名录：未列入。GB 18218—2009《危险化学品重大危险源辨识》（表1）：未列入

使用有毒物品作业场所劳动保护条例　高毒物品目录：未列入

易制毒化学品管理条例　易制毒化学品的分类和品种目录：未列入

国际公约　斯德哥尔摩公约：未列入。鹿特丹公约：未列入。蒙特利尔议定书：未列入

第十六部分　其他信息

编写和修订信息　　缩略语和首字母缩写
培训建议　　　　　参考文献
免责声明

正丙基环戊烷

第一部分　化学品标识

化学品中文名　正丙基环戊烷；丙基环戊烷
化学品英文名　propylcyclopentane
分子式　C_8H_{16}　**分子量**　112.2126
结构式　
化学品的推荐及限制用途　用于有机合成

第二部分　危险性概述

紧急情况概述　高度易燃液体和蒸气
GHS危险性类别　易燃液体，类别2
标签要素

象形图　

警示词　危险
危险性说明　高度易燃液体和蒸气

防范说明

预防措施　远离热源、火花、明火、热表面。禁止吸烟。保持容器密闭。容器和接收设备接地连接。使用防爆型电器、通风、照明设备。只能使用不产生火花的工具。采取防止静电措施。戴防护手套、防护眼镜、防护面罩

事故响应　火灾时，使用雾状水、泡沫、干粉、二氧化碳、砂土灭火。如皮肤（或头发）接触：立即脱掉所有被污染的衣服，用水冲洗皮肤，淋浴

安全储存　存放在通风良好的地方。保持低温

废弃处置　本品及内装物、容器依据国家和地方法规处置

物理和化学危险　易燃，其蒸气与空气混合，能形成爆炸性混合物

健康危害　本品属烃类，吸入有关烃类化合物蒸气时可引起轻度呼吸道刺激、头晕、恶心和嗜睡；极高浓度可引起昏迷甚至死亡。液体进入肺部对肺组织产生强烈的刺激和损伤，甚至引起死亡。高浓度蒸气对眼有刺激性；液体可引起眼部暂时性红肿和疼痛。液体对皮肤有轻度刺激性；反复接触可致皮炎，摄入引起恶心和腹泻

环境危害　对环境可能有害

第三部分　成分/组成信息

√物质　　　　　　　　　混合物

组分	浓度	CAS No.
丙基环戊烷		2040-96-2

第四部分　急救措施

吸入　迅速脱离现场至空气新鲜处。保持呼吸道通畅。如呼吸困难，给输氧。呼吸、心跳停止，立即进行心肺复苏术。就医

皮肤接触　立即脱去污染的衣着，用流动清水彻底冲洗。就医

眼睛接触　立即分开眼睑，用流动清水或生理盐水彻底冲洗。就医

食入　漱口，饮水。就医

对保护施救者的忠告　根据需要使用个人防护设备

对医生的特别提示　对症处理

第五部分　消防措施

灭火剂　用雾状水、泡沫、干粉、二氧化碳、砂土灭火

特别危险性　遇明火、高热或与氧化剂接触，有引起燃烧爆炸的危险。蒸气比空气重，沿地面扩散并易积存于低洼处，遇火源会着火回燃。若遇高热，容器内压增大，有开裂和爆炸的危险

灭火注意事项及防护措施　消防人员必须佩戴防毒面具、穿全身消防服，在上风向灭火。尽可能将容器从火场移至空旷处。喷水保持火场容器冷却，直至灭火结束。处在火场中的容器若已变色或从安全泄压装置中发出声音，必须马上撤离

第六部分　泄漏应急处理

作业人员防护措施、防护装备和应急处置程序　根据液体流动和蒸气扩散的影响区域划定警戒区，无关人员从侧风、上风向撤离至安全区。消除所有点火源。建议应急处理人员戴防毒面具，穿一般作业工作服。作业时使用的所有设备应接地。禁止接触或跨越泄漏物。尽可能切断泄漏源

环境保护措施　防止泄漏物进入水体、下水道、地下室或有限空间

泄漏化学品的收容、清除方法及所使用的处置材料　小量泄漏：用砂土或其他不燃材料吸收。使用洁净的无火花工具收集吸收材料。大量泄漏：构筑围堤或挖坑收容。用泡沫覆盖，减少挥发。喷水雾能减少蒸发，但不能降低泄漏物在有限空间内的易燃性。用泵转移至槽车或专用收集器内

第七部分　操作处置与储存

操作注意事项　密闭操作，全面通风。操作人员必须经过专门培训，严格遵守操作规程。建议操作人员佩戴自吸过滤式防毒面具（半面罩），戴化学安全防护眼镜，穿防毒物渗透工作服，戴橡胶耐油手套。远离火种、热源，工作场所严禁吸烟。使用防爆型的通风系统和设备。防止蒸气泄漏到工作场所空气中。避免与氧化剂、酸类、碱类接触。搬运时要轻装轻卸，防止包装及容器损坏。配备相应品种和数量的消防器材及泄漏应急处理设备。倒空的容器可能残留有害物

储存注意事项　储存于阴凉、通风的库房。远离火种、热源。库温不宜超过 37℃，应与氧化剂、酸类、碱类分开存放，切忌混储。采用防爆型照明、通风设施。禁止使用易产生火花的机械设备和工具。储区应备有泄漏应急处理设备和合适的收容材料

第八部分　接触控制/个体防护

职业接触限值
　中国　未制定标准
　美国（ACGIH）　未制定标准
生物接触限值　未制定标准
监测方法　空气中有毒物质测定方法：未制定标准。生物监测检验方法：未制定标准
工程控制　生产过程密闭，全面通风
个体防护装备
　呼吸系统防护　空气中浓度超标时，必须佩戴过滤式防毒面具（半面罩）。紧急事态抢救或撤离时，应该佩戴空气呼吸器
　眼睛防护　戴化学安全防护眼镜
　皮肤和身体防护　穿防毒物渗透工作服
　手防护　戴橡胶耐油手套

第九部分　理化特性

外观与性状　无色液体
pH 值　无资料　　　　　　**熔点(℃)**　−121.7
沸点(℃)　131.3　　　　　**相对密度(水=1)**　0.77

相对蒸气密度(空气=1)　3.02
饱和蒸气压(kPa)　无资料
临界压力(MPa)　无资料　　**辛醇/水分配系数**　无资料
闪点(℃)　无资料　　　　　**自燃温度(℃)**　无资料
爆炸下限(%)　无资料　　　**爆炸上限(%)**　无资料
分解温度(℃)　无资料　　　**黏度(mPa·s)**　无资料
燃烧热(kJ/mol)　无资料　　**临界温度(℃)**　无资料
溶解性　溶于乙醇、乙醚等多数有机溶剂

第十部分　稳定性和反应性

稳定性　稳定
危险反应　与强氧化剂、强酸、强碱、卤素等禁配物接触，有发生火灾和爆炸的危险
避免接触的条件　无资料
禁配物　强氧化剂、强酸、强碱、卤素
危险的分解产物　无资料

第十一部分　毒理学信息

急性毒性　LC_{50}：50000mg/m³（小鼠吸入）
皮肤刺激或腐蚀　无资料　　　**眼睛刺激或腐蚀**　无资料
呼吸或皮肤过敏　无资料　　　**生殖细胞突变性**　无资料
致癌性　无资料　　　　　　　**生殖毒性**　无资料
特异性靶器官系统毒性-一次接触　无资料
特异性靶器官系统毒性-反复接触　无资料
吸入危害　无资料

第十二部分　生态学信息

生态毒性　无资料
持久性和降解性
　生物降解性　无资料
　非生物降解性　无资料
潜在的生物累积性　无资料
土壤中的迁移性　无资料

第十三部分　废弃处置

废弃化学品　建议用焚烧法处置。焚烧炉排出的氮氧化物通过洗涤器除去
污染包装物　将容器返还生产商或按照国家和地方法规处置
废弃注意事项　处置前应参阅国家和地方有关法规

第十四部分　运输信息

联合国危险货物编号（UN 号）　3295
联合国运输名称　液态烃类，未另作规定的（正丙基环戊烷）
联合国危险性类别　3

包装类别　Ⅱ　　　　　　　　**包装标志**

海洋污染物　否
运输注意事项　运输前应先检查包装容器是否完整、密封，运输过程中要确保容器不泄漏、不倒塌、不坠

落、不损坏。运输时运输车辆应配备相应品种和数量的消防器材及泄漏应急处理设备。夏季最好早晚运输。运输时所用的槽（罐）车应有接地链，槽内可设孔隔板以减少震荡产生的静电。严禁与氧化剂、酸类、碱类、食用化学品等混装混运。运输途中应防暴晒、雨淋，防高温。中途停留时应远离火种、热源、高温区。装运该物品的车辆排气管必须配备阻火装置，禁止使用易产生火花的机械设备和工具装卸。运输车船必须彻底清洗、消毒，否则不得装运其他物品。船运时，配装位置应远离卧室、厨房，并与机舱、电源、火源等部位隔离。公路运输时要按规定路线行驶

第十五部分　法规信息

下列法律、法规、规章和标准，对该化学品的管理作了相应的规定。

中华人民共和国职业病防治法　职业病分类和目录：未列入

危险化学品安全管理条例　危险化学品目录：列入。易制爆危险化学品名录：未列入。重点监管的危险化学品名录：未列入。GB 18218—2009《危险化学品重大危险源辨识》（表1）：未列入

使用有毒物品作业场所劳动保护条例　高毒物品目录：未列入

易制毒化学品管理条例　易制毒化学品的分类和品种目录：未列入

国际公约　斯德哥尔摩公约：未列入。鹿特丹公约：未列入。蒙特利尔议定书：未列入

第十六部分　其他信息

编写和修订信息　　缩略语和首字母缩写
培训建议　　　　　　参考文献
免责声明

正丙基三氯硅烷

第一部分　化学品标识

化学品中文名　正丙基三氯硅烷；三氯丙基硅烷；丙基三氯硅烷

化学品英文名　n-propyl trichlorosilane；trichloropropyl-silane

分子式　$C_3H_7Cl_3Si$　**分子量**　177.532

结构式

化学品的推荐及限制用途　用作有机硅中间体

第二部分　危险性概述

紧急情况概述　高度易燃液体和蒸气，吞咽有害，吸入会中毒，造成严重的皮肤灼伤和眼损伤

GHS危险性类别　易燃液体，类别2；急性毒性-经口，类别4；急性毒性-吸入，类别3；皮肤腐蚀/刺激，类别1A；严重眼损伤/眼刺激，类别1

标签要素

象形图　

警示词　危险

危险性说明　高度易燃液体和蒸气，吞咽有害，吸入会中毒，造成严重的皮肤灼伤和眼损伤

防范说明

预防措施　远离热源、火花、明火、热表面。保持容器密闭。容器和接收设备接地连接。使用防爆型电器、通风、照明设备。只能使用不产生火花的工具。采取防止静电措施。避免接触眼睛、皮肤，操作后彻底清洗。作业场所不得进食、饮水或吸烟。避免吸入蒸气、雾。仅在室外或通风良好处操作。穿防护服，戴防护手套、防护眼镜、防护面罩

事故响应　火灾时，使用干粉、二氧化碳、砂土灭火。如吸入：将患者转移到空气新鲜处，休息，保持利于呼吸的体位，呼叫中毒控制中心或就医。如皮肤（或头发）接触：立即脱掉所有被污染的衣服，用水冲洗皮肤，淋浴。污染的衣服洗净后方可重新使用。眼睛接触：用水细心地冲洗数分钟，立即呼叫中毒控制中心或就医。如戴隐形眼镜并可方便地取出，则取出隐形眼镜，继续冲洗。食入：漱口，不要催吐。如果感觉不适，立即呼叫中毒控制中心或就医

安全储存　存放在通风良好的地方。保持低温。保持容器密闭。上锁保管

废弃处置　本品及内装物、容器依据国家和地方法规处置

物理和化学危险　易燃，其蒸气与空气混合，能形成爆炸性混合物。遇水剧烈反应，产生有毒气体

健康危害　吸入、摄入或经皮肤吸收后对身体有害。对眼睛、皮肤、黏膜和上呼吸道有强烈刺激作用。接触后，可引起头痛、咳嗽、喉炎、气短、恶心、呕吐等症状。眼睛和皮肤接触可引起灼伤

环境危害　对环境可能有害

第三部分　成分/组成信息

√物质　　　　　　　　混合物

组分	浓度	CAS No.
正丙基三氯硅烷		141-57-1

第四部分　急救措施

吸入　迅速脱离现场至空气新鲜处。保持呼吸道通畅。如呼吸困难，给输氧。呼吸、心跳停止，立即进行心肺复苏术。就医

皮肤接触　立即脱去污染的衣着，用大量流动清水彻底冲洗至少15min。就医

眼睛接触　立即分开眼睑，用流动清水或生理盐水彻底冲洗5～10min。就医

食入　用水漱口，禁止催吐。给饮牛奶或蛋清。就医

对保护施救者的忠告　根据需要使用个人防护设备
对医生的特别提示　对症处理

第五部分　消防措施

灭火剂　用干粉、二氧化碳、砂土灭火
特别危险性　其蒸气与空气可形成爆炸性混合物，遇明火、高热能引起燃烧爆炸。与氧化剂可发生反应。遇水或水蒸气反应放热并产生有毒的腐蚀性气体。受高热分解产生有毒的腐蚀性烟气。受高热分解产生有毒的腐蚀性烟气。蒸气比空气重，沿地面扩散并易积存于低洼处，遇火源会着火回燃。遇潮时对大多数金属有腐蚀性。若遇高热，容器内压增大，有开裂和爆炸的危险
灭火注意事项及防护措施　消防人员必须佩戴空气呼吸器、穿全身防火防毒服，在上风向灭火。尽可能将容器从火场移至空旷处。喷水保持火场容器冷却，直至灭火结束。处在火场中的容器若已变色或从安全泄压装置中发出声音，必须马上撤离。禁止用水和泡沫灭火

第六部分　泄漏应急处理

作业人员防护措施、防护装备和应急处置程序　消除所有点火源。根据液体流动和蒸气扩散的影响区域划定警戒区，无关人员从侧风、上风向撤离至安全区。建议应急处理人员戴正压自给式呼吸器，穿防静电、防腐、防毒服。作业时使用的所有设备应接地。穿上适当的防护服前严禁接触破裂的容器和泄漏物。尽可能切断泄漏源
环境保护措施　防止泄漏物进入水体、下水道、地下室或有限空间
泄漏化学品的收容、清除方法及所使用的处置材料　严禁用水处理。小量泄漏：用干燥的砂土或其他不燃材料覆盖泄漏物。大量泄漏：构筑围堤或挖坑收容。用粉煤灰或石灰粉吸收大量液体。用防爆、耐腐蚀泵转移至槽车或专用收集器内

第七部分　操作处置与储存

操作注意事项　密闭操作，提供充分的局部排风。防止蒸气泄漏到工作场所空气中。操作人员必须经过专门培训，严格遵守操作规程。建议操作人员佩戴自吸过滤式防毒面具（全面罩），穿橡胶耐酸碱服，戴橡胶耐酸碱手套。远离火种、热源，工作场所严禁吸烟。使用防爆型的通风系统和设备。在清除液体和蒸气前不能进行焊接、切割等作业。避免产生烟雾。避免与氧化剂、酸类、碱类接触。尤其要注意避免与水接触。配备相应品种和数量的消防器材及泄漏应急处理设备。倒空的容器可能残留有害物
储存注意事项　储存于阴凉、干燥、通风良好的库房。远离火种、热源。防止阳光直射。包装必须密封，切勿受潮。应与氧化剂、酸类、碱类、食用化学品等分开存放，切忌混储。采用防爆型照明、通风设施。禁止使用易产生火花的机械设备和工具。储区应备有泄漏应急处理设备和合适的收容材料

第八部分　接触控制/个体防护

职业接触限值
　　中国　未制定标准
　　美国（ACGIH）　未制定标准
生物接触限值　未制定标准
监测方法　空气中有毒物质测定方法：未制定标准。生物监测检验方法：未制定标准
工程控制　严加密闭，提供充分的局部排风
个体防护装备
　　呼吸系统防护　空气中浓度超标时，必须佩戴过滤式防毒面具（全面罩）。紧急事态抢救或撤离时，应该佩戴空气呼吸器
　　眼睛防护　呼吸系统防护中已作防护
　　皮肤和身体防护　穿橡胶耐酸碱服
　　手防护　戴橡胶耐酸碱手套

第九部分　理化特性

外观与性状　无色液体，具有刺激性臭味

pH 值　无资料		**熔点(℃)**　无资料	

沸点(℃)　123.5
相对密度(水＝1)　1.195（20℃）
相对蒸气密度(空气＝1)　6.12
饱和蒸气压(kPa)　3.5（20℃）
临界压力(MPa)　无资料　　**辛醇/水分配系数**　无资料
闪点(℃)　37.8（OC），37（CC）
自燃温度(℃)　无资料
爆炸下限(%)　无资料　　**爆炸上限(%)**　无资料
分解温度(℃)　无资料　　**黏度(mPa·s)**　无资料
燃烧热(kJ/mol)　无资料　　**临界温度(℃)**　无资料
溶解性　溶于部分有机溶剂

第十部分　稳定性和反应性

稳定性　稳定
危险反应　与强氧化剂等禁配物接触，有发生火灾和爆炸的危险。遇水或水蒸气反应放热并产生有毒的腐蚀性气体
避免接触的条件　潮湿空气
禁配物　强氧化剂、强酸、强碱、水
危险的分解产物　氯化氢、氧化硅

第十一部分　毒理学信息

急性毒性　无资料
皮肤刺激或腐蚀　无资料　　**眼睛刺激或腐蚀**　无资料
呼吸或皮肤过敏　无资料　　**生殖细胞突变性**　无资料
致癌性　无资料　　**生殖毒性**　无资料
特异性靶器官系统毒性-一次接触　无资料
特异性靶器官系统毒性-反复接触　无资料
吸入危害　无资料

第十二部分　生态学信息

生态毒性　无资料
持久性和降解性
　　生物降解性　无资料

落、不损坏。运输时运输车辆应配备相应品种和数量的消防器材及泄漏应急处理设备。夏季最好早晚运输。运输时所用的槽（罐）车应有接地链，槽内可设孔隔板以减少震荡产生的静电。严禁与氧化剂、酸类、碱类、食用化学品等混装混运。运输途中应防暴晒、雨淋，防高温。中途停留时应远离火种、热源、高温区。装运该物品的车辆排气管必须配备阻火装置，禁止使用易产生火花的机械设备和工具装卸。运输车船必须彻底清洗、消毒，否则不得装运其他物品。船运时，配装位置应远离卧室、厨房，并与机舱、电源、火源等部位隔离。公路运输时要按规定路线行驶

第十五部分　法规信息

下列法律、法规、规章和标准，对该化学品的管理作了相应的规定。

中华人民共和国职业病防治法　职业病分类和目录：未列入

危险化学品安全管理条例　危险化学品目录：列入。易制爆危险化学品名录：未列入。重点监管的危险化学品名录：未列入。GB 18218—2009《危险化学品重大危险源辨识》（表1）：未列入

使用有毒物品作业场所劳动保护条例　高毒物品目录：未列入

易制毒化学品管理条例　易制毒化学品的分类和品种目录：未列入

国际公约　斯德哥尔摩公约：未列入。鹿特丹公约：未列入。蒙特利尔议定书：未列入

第十六部分　其他信息

编写和修订信息　　**缩略语和首字母缩写**
培训建议　　**参考文献**
免责声明

正丙基三氯硅烷

第一部分　化学品标识

化学品中文名　正丙基三氯硅烷；三氯丙基硅烷；丙基三氯硅烷

化学品英文名　*n*-propyl trichlorosilane；trichloropropyl-silane

分子式　$C_3H_7Cl_3Si$　**分子量**　177.532

结构式

$$\underset{Cl}{\overset{Cl}{\underset{|}{\overset{|}{Si}}}}\overset{Cl}{\diagup}$$

化学品的推荐及限制用途　用作有机硅中间体

第二部分　危险性概述

紧急情况概述　高度易燃液体和蒸气，吞咽有害，吸入会中毒，造成严重的皮肤灼伤和眼损伤

GHS危险性类别　易燃液体，类别2；急性毒性-经口，类别4；急性毒性-吸入，类别3；皮肤腐蚀/刺激，类别1A；严重眼损伤/眼刺激，类别1

标签要素

象形图　

警示词　危险

危险性说明　高度易燃液体和蒸气，吞咽有害，吸入会中毒，造成严重的皮肤灼伤和眼损伤

防范说明

预防措施　远离热源、火花、明火、热表面。保持容器密闭。容器和接收设备接地连接。使用防爆型电器、通风、照明设备。只能使用不产生火花的工具。采取防止静电措施。避免接触眼睛、皮肤，操作后彻底清洗。作业场所不得进食、饮水或吸烟。避免吸入蒸气、雾。仅在室外或通风良好处操作。穿防护服，戴防护手套、防护眼镜、防护面罩

事故响应　火灾时，使用干粉、二氧化碳、砂土灭火。如吸入：将患者转移到空气新鲜处，休息，保持利于呼吸的体位，呼叫中毒控制中心或就医。如皮肤（或头发）接触：立即脱掉所有被污染的衣服，用水冲洗皮肤，淋浴。污染的衣服洗净后方可重新使用。眼睛接触：用水细心地冲洗数分钟，立即呼叫中毒控制中心或就医。如戴隐形眼镜并可方便地取出，则取出隐形眼镜，继续冲洗。食入：漱口，不要催吐。如果感觉不适，立即呼叫中毒控制中心或就医

安全储存　存放在通风良好的地方。保持低温。保持容器密闭。上锁保管

废弃处置　本品及内装物、容器依据国家和地方法规处置

物理和化学危险　易燃，其蒸气与空气混合，能形成爆炸性混合物。遇水剧烈反应，产生有毒气体

健康危害　吸入、摄入或经皮肤吸收后对身体有害。对眼睛、皮肤、黏膜和上呼吸道有强烈刺激作用。接触后，可引起头痛、咳嗽、喉炎、气短、恶心、呕吐等症状。眼睛和皮肤接触可引起灼伤

环境危害　对环境可能有害

第三部分　成分/组成信息

√物质		混合物
组分	浓度	CAS No.
正丙基三氯硅烷		141-57-1

第四部分　急救措施

吸入　迅速脱离现场至空气新鲜处。保持呼吸道通畅。如呼吸困难，给输氧。呼吸、心跳停止，立即进行心肺复苏术。就医

皮肤接触　立即脱去污染的衣着，用大量流动清水彻底冲洗至少15min。就医

眼睛接触　立即分开眼睑，用流动清水或生理盐水彻底冲洗5～10min。就医

食入　用水漱口，禁止催吐。给饮牛奶或蛋清。就医

对保护施救者的忠告　根据需要使用个人防护设备

对医生的特别提示　对症处理

第五部分　消防措施

灭火剂　用干粉、二氧化碳、砂土灭火

特别危险性　其蒸气与空气可形成爆炸性混合物，遇明火、高热能引起燃烧爆炸。与氧化剂可发生反应。遇水或水蒸气反应放热并产生有毒的腐蚀性气体。受高热分解产生有毒的腐蚀性烟气。受高热分解产生有毒的腐蚀性烟气。蒸气比空气重，沿地面扩散并易积存于低洼处，遇火源会着火回燃。遇潮时对大多数金属有腐蚀性。若遇高热，容器内压增大，有开裂和爆炸的危险

灭火注意事项及防护措施　消防人员必须佩戴空气呼吸器、穿全身防火防毒服，在上风向灭火。尽可能将容器从火场移至空旷处。喷水保持火场容器冷却，直至灭火结束。处在火场中的容器若已变色或从安全泄压装置中发出声音，必须马上撤离。禁止用水和泡沫灭火

第六部分　泄漏应急处理

作业人员防护措施、防护装备和应急处置程序　消除所有点火源。根据液体流动和蒸气扩散的影响区域划定警戒区，无关人员从侧风、上风向撤离至安全区。建议应急处理人员戴正压自给式呼吸器，穿防静电、防腐、防毒服。作业时使用的所有设备应接地。穿上适当的防护服前严禁接触破裂的容器和泄漏物。尽可能切断泄漏源

环境保护措施　防止泄漏物进入水体、下水道、地下室或有限空间

泄漏化学品的收容、清除方法及所使用的处置材料　严禁用水处理。小量泄漏：用干燥的砂土或其他不燃材料覆盖泄漏物。大量泄漏：构筑围堤或挖坑收容。用粉煤灰或石灰粉吸收大量液体。用防爆、耐腐蚀泵转移至槽车或专用收集器内

第七部分　操作处置与储存

操作注意事项　密闭操作，提供充分的局部排风。防止蒸气泄漏到工作场所空气中。操作人员必须经过专门培训，严格遵守操作规程。建议操作人员佩戴自吸过滤式防毒面具（全面罩），穿橡胶耐酸碱服，戴橡胶耐酸碱手套。远离火种、热源，工作场所严禁吸烟。使用防爆型的通风系统和设备。在清除液体和蒸气前不能进行焊接、切割等作业。避免产生烟雾。避免与氧化剂、酸类、碱类接触。尤其要注意避免与水接触。配备相应品种和数量的消防器材及泄漏应急处理设备。倒空的容器可能残留有害物

储存注意事项　储存于阴凉、干燥、通风良好的库房。远离火种、热源。防止阳光直射。包装必须密封，切勿受潮。应与氧化剂、酸类、碱类、食用化学品等分开存放，切忌混储。采用防爆型照明、通风设施。禁止使用易产生火花的机械设备和工具。储区应备有泄漏应急处理设备和合适的收容材料

第八部分　接触控制/个体防护

职业接触限值

中国　未制定标准

美国（ACGIH）　未制定标准

生物接触限值　未制定标准

监测方法　空气中有毒物质测定方法：未制定标准。生物监测检验方法：未制定标准

工程控制　严加密闭，提供充分的局部排风

个体防护装备

呼吸系统防护　空气中浓度超标时，必须佩戴过滤式防毒面具（全面罩）。紧急事态抢救或撤离时，应该佩戴空气呼吸器

眼睛防护　呼吸系统防护中已作防护

皮肤和身体防护　穿橡胶耐酸碱服

手防护　戴橡胶耐酸碱手套

第九部分　理化特性

外观与性状　无色液体，具有刺激性臭味

pH 值　无资料　　　　　　　**熔点（℃）**　无资料

沸点（℃）　123.5

相对密度（水＝1）　1.195（20℃）

相对蒸气密度（空气＝1）　6.12

饱和蒸气压（kPa）　3.5（20℃）

临界压力（MPa）　无资料　　**辛醇/水分配系数**　无资料

闪点（℃）　37.8（OC），37（CC）

自燃温度（℃）　无资料

爆炸下限（%）　无资料　　　**爆炸上限（%）**　无资料

分解温度（℃）　无资料　　　**黏度（mPa·s）**　无资料

燃烧热（kJ/mol）　无资料　　**临界温度（℃）**　无资料

溶解性　溶于部分有机溶剂

第十部分　稳定性和反应性

稳定性　稳定

危险反应　与强氧化剂等禁配物接触，有发生火灾和爆炸的危险。遇水或水蒸气反应放热并产生有毒的腐蚀性气体

避免接触的条件　潮湿空气

禁配物　强氧化剂、强酸、强碱、水

危险的分解产物　氯化氢、氧化硅

第十一部分　毒理学信息

急性毒性　无资料

皮肤刺激或腐蚀　无资料　　　**眼睛刺激或腐蚀**　无资料

呼吸或皮肤过敏　无资料　　　**生殖细胞突变性**　无资料

致癌性　无资料　　　　　　　**生殖毒性**　无资料

特异性靶器官系统毒性-一次接触　无资料

特异性靶器官系统毒性-反复接触　无资料

吸入危害　无资料

第十二部分　生态学信息

生态毒性　无资料

持久性和降解性

生物降解性　无资料

非生物降解性　无资料

潜在的生物累积性　无资料

土壤中的迁移性　无资料

第十三部分　废弃处置

废弃化学品　建议用焚烧法处置。在能利用的地方重复使用容器或在规定场所掩埋

污染包装物　将容器返还生产商或按照国家和地方法规处置

废弃注意事项　处置前应参阅国家和地方有关法规

第十四部分　运输信息

联合国危险货物编号（UN 号）　1816

联合国运输名称　丙基三氯硅烷

联合国危险性类别　8，3

包装类别　Ⅱ

包装标志　

海洋污染物　否

运输注意事项　起运时包装要完整，装载应稳妥。运输过程中要确保容器不泄漏、不倒塌、不坠落、不损坏。运输时所用的槽（罐）车应有接地链，槽内可设孔隔板以减少震荡产生的静电。严禁与氧化剂、酸类、碱类、食用化学品等混装混运。公路运输时要按规定路线行驶，勿在居民区和人口稠密区停留

第十五部分　法规信息

下列法律、法规、规章和标准，对该化学品的管理作了相应的规定。

中华人民共和国职业病防治法　职业病分类和目录：未列入

危险化学品安全管理条例　危险化学品目录：列入。易制爆危险化学品名录：未列入。重点监管的危险化学品名录：未列入。GB 18218—2009《危险化学品重大危险源辨识》（表1）：未列入

使用有毒物品作业场所劳动保护条例　高毒物品目录：未列入

易制毒化学品管理条例　易制毒化学品的分类和品种目录：未列入

国际公约　斯德哥尔摩公约：未列入。鹿特丹公约：未列入。蒙特利尔议定书：未列入

第十六部分　其他信息

编写和修订信息　缩略语和首字母缩写

培训建议　参考文献

免责声明

N-正丁基苯胺

第一部分　化学品标识

化学品中文名　N-正丁基苯胺；N-丁基苯胺

化学品英文名　N-butyl aniline；N-butyl-benzenamine

分子式　$C_{10}H_{15}N$　**分子量**　149.2328

结构式　

化学品的推荐及限制用途　用作染料中间体，也用于有机合成

第二部分　危险性概述

紧急情况概述　吞咽有害，吸入会中毒，造成皮肤刺激，造成严重眼刺激，可能引起呼吸道刺激

GHS 危险性类别　急性毒性-经口，类别 4；急性毒性-吸入，类别 3；皮肤腐蚀/刺激，类别 2；严重眼损伤/眼刺激，类别 2；特异性靶器官毒性-一次接触，类别 3（呼吸道刺激）

标签要素

象形图　

警示词　危险

危险性说明　吞咽有害，吸入会中毒，造成皮肤刺激，造成严重眼刺激，可能引起呼吸道刺激

防范说明

预防措施　避免接触眼睛、皮肤，操作后彻底清洗。作业场所不得进食、饮水或吸烟。避免吸入蒸气、雾。仅在室外或通风良好处操作。戴防护手套。戴防护眼镜、防护面罩

事故响应　如吸入：将患者转移到空气新鲜处，休息，保持利于呼吸的体位，呼叫中毒控制中心或就医。皮肤接触：用大量肥皂水和水清洗，脱去被污染的衣服，如发生皮肤刺激，就医。被污染的衣服必须经洗净后方可重新使用。如接触眼睛：用水细心冲洗数分钟。如戴隐形眼镜并可方便地取出，取出隐形眼镜，继续冲洗。如果眼睛刺激持续，就医。食入：如果感觉不适，立即呼叫中毒控制中心或就医。漱口

安全储存　在通风良好处储存。保持容器密闭。上锁保管

废弃处置　本品及内装物、容器依据国家和地方法规处置

物理和化学危险　可燃，其蒸气与空气混合，能形成爆炸性混合物

健康危害　误服、与皮肤接触或吸入蒸气会中毒。对眼睛、皮肤有强烈刺激作用。遇热分解释出有毒的氮氧化物烟雾

环境危害　对环境可能有害

第三部分　成分/组成信息

√物质　　　　　　　　混合物

组分	浓度	CAS No.
N-正丁基苯胺		1126-78-9

第四部分 急救措施

吸入 迅速脱离现场至空气新鲜处。保持呼吸道通畅。如呼吸困难，给输氧。呼吸、心跳停止，立即进行心肺复苏术。就医

皮肤接触 立即脱去污染的衣着，用流动清水彻底冲洗。就医

眼睛接触 立即分开眼睑，用流动清水或生理盐水彻底冲洗。就医

食入 漱口，饮水。就医

对保护施救者的忠告 根据需要使用个人防护设备

对医生的特别提示 对症处理

第五部分 消防措施

灭火剂 用雾状水、泡沫、干粉、二氧化碳、砂土灭火

特别危险性 遇明火、高热可燃。与氧化剂能发生强烈反应。受热分解释出有毒烟雾。蒸气比空气重，沿地面扩散并易积存于低洼处，遇火源会着火回燃。若遇高热，容器内压增大，有开裂和爆炸的危险

灭火注意事项及防护措施 消防人员必须佩戴空气呼吸器、穿全身防火防毒服，在上风向灭火。尽可能将容器从火场移至空旷处。喷水保持火场容器冷却，直至灭火结束。处在火场中的容器若已变色或从安全泄压装置中发出声音，必须马上撤离

第六部分 泄漏应急处理

作业人员防护措施、防护装备和应急处置程序 根据液体流动和蒸气扩散的影响区域划定警戒区，无关人员从侧风、上风向撤离至安全区。消除所有点火源。建议应急处理人员戴正压自给式呼吸器，穿防毒服。穿上适当的防护服前严禁接触破裂的容器和泄漏物。尽可能切断泄漏源

环境保护措施 防止泄漏物进入水体、下水道、地下室或有限空间

泄漏化学品的收容、清除方法及所使用的处置材料 小量泄漏：用干燥的砂土或其他不燃材料吸收或覆盖，收集于容器中。大量泄漏：构筑围堤或挖坑收容。用泵转移至槽车或专用收集器内

第七部分 操作处置与储存

操作注意事项 密闭操作，提供充分的局部排风。防止蒸气泄漏到工作场所空气中。操作人员必须经过专门培训，严格遵守操作规程。建议操作人员佩戴自吸过滤式防毒面具（全面罩），穿聚布防毒衣，戴橡胶手套。远离火种、热源，工作场所严禁吸烟。使用防爆型的通风系统和设备。在清除液体和蒸气前不能进行焊接、切割等作业。避免产生烟雾。避免与氧化剂、酸类接触。配备相应品种和数量的消防器材及泄漏应急处理设备。倒空的容器可能残留有害物

储存注意事项 储存于阴凉、通风的库房。远离火种、热源。防止阳光直射。保持容器密封。应与氧化剂、酸类分开存放，切忌混储。配备相应品种和数量的消防器材。储区应备有泄漏应急处理设备和合适的收容材料

第八部分 接触控制/个体防护

职业接触限值

中国 未制定标准

美国（ACGIH） 未制定标准

生物接触限值 未制定标准

监测方法 空气中有毒物质测定方法：未制定标准。生物监测检验方法：未制定标准

工程控制 严加密闭，提供充分的局部排风

个体防护装备

呼吸系统防护 空气中浓度超标时，必须佩戴过滤式防毒面具（全面罩）。紧急事态抢救或撤离时，应该佩戴空气呼吸器

眼睛防护 呼吸系统防护中已作防护

皮肤和身体防护 穿密闭型防毒服

手防护 戴橡胶手套

第九部分 理化特性

外观与性状 无色或琥珀色液体，有苯胺气味

pH值 无资料		**熔点（℃）** −12	
沸点（℃） 241		**相对密度（水=1）** 0.93	

相对蒸气密度（空气=1） 5.15

饱和蒸气压（kPa） 2.7×10^{-3}（20℃）

临界压力（MPa） 无资料 **辛醇/水分配系数** 无资料

闪点（℃） 107 **自燃温度（℃）** 无资料

爆炸下限（%） 无资料 **爆炸上限（%）** 无资料

分解温度（℃） 无资料 **黏度（mPa·s）** 无资料

燃烧热（kJ/mol） 无资料 **临界温度（℃）** 无资料

溶解性 不溶于水，溶于醚，易溶于醇

第十部分 稳定性和反应性

稳定性 稳定

危险反应 与强氧化剂、强酸等禁配物发生反应

避免接触的条件 受热

禁配物 强氧化剂、强酸

危险的分解产物 氮氧化物、苯胺

第十一部分 毒理学信息

急性毒性 LD_{50}：1620mg/kg（大鼠经口），5990mg/kg（兔经皮）

皮肤刺激或腐蚀 家兔经皮：开放性刺激试验，10mg（24h），重度刺激；20mg（24h）

眼睛刺激或腐蚀 家兔经眼：500mg（24h），轻度刺激

呼吸或皮肤过敏 无资料 **生殖细胞突变性** 无资料

致癌性 无资料 **生殖毒性** 无资料

特异性靶器官系统毒性-一次接触 无资料

特异性靶器官系统毒性-反复接触 无资料

吸入危害 无资料

第十二部分 生态学信息

生态毒性 无资料

持久性和降解性

生物降解性 无资料

非生物降解性 无资料

潜在的生物累积性 无资料

土壤中的迁移性 无资料

第十三部分 废弃处置

废弃化学品 建议用焚烧法处置。在能利用的地方重复使用容器或在规定场所掩埋

污染包装物 将容器返还生产商或按照国家和地方法规处置

废弃注意事项 处置前应参阅国家和地方有关法规

第十四部分 运输信息

联合国危险货物编号（UN 号） 2738

联合国运输名称 N-丁基苯胺

联合国危险性类别 6.1

包装类别 Ⅱ   **包装标志**

海洋污染物 否

运输注意事项 运输前应先检查包装容器是否完整、密封，运输过程中要确保容器不泄漏、不倒塌、不坠落、不损坏。严禁与酸类、氧化剂、食品及食品添加剂混运。运输时运输车辆应配备相应品种和数量的消防器材及泄漏应急处理设备。运输途中应防暴晒、雨淋，防高温。公路运输时要按规定路线行驶，勿在居民区和人口稠密区停留

第十五部分 法规信息

下列法律、法规、规章和标准，对该化学品的管理作了相应的规定。

中华人民共和国职业病防治法 职业病分类和目录：未列入

危险化学品安全管理条例 危险化学品目录：列入。易制爆危险化学品名录：未列入。重点监管的危险化学品名录：未列入。GB 18218—2009《危险化学品重大危险源辨识》（表 1）：未列入

使用有毒物品作业场所劳动保护条例 高毒物品目录：未列入

易制毒化学品管理条例 易制毒化学品的分类和品种目录：未列入

国际公约 斯德哥尔摩公约：未列入。鹿特丹公约：未列入。蒙特利尔议定书：未列入

第十六部分 其他信息

编写和修订信息 **缩略语和首字母缩写**

培训建议   **参考文献**

免责声明

正丁基三氯硅烷

第一部分 化学品标识

化学品中文名 正丁基三氯硅烷；丁基三氯硅烷

化学品英文名 *n*-butyl trichlorosilane；butyl silicontrichloride

分子式 $C_4H_9Cl_3Si$ **分子量** 191.559

结构式

化学品的推荐及限制用途 用作有机硅中间体

第二部分 危险性概述

紧急情况概述 易燃液体和蒸气，造成严重的皮肤灼伤和眼损伤

GHS 危险性类别 易燃液体，类别 3；皮肤腐蚀/刺激，类别 1；严重眼损伤/眼刺激，类别 1

标签要素

象形图

警示词 危险

危险性说明 易燃液体和蒸气，造成严重的皮肤灼伤和眼损伤

防范说明

预防措施 远离热源、火花、明火、热表面。禁止吸烟。保持容器密闭。容器和接收设备接地连接。使用防爆型电器、通风、照明设备。只能使用不产生火花的工具。采取防止静电措施。避免吸入烟雾。避免接触眼睛、皮肤，操作后彻底清洗。穿防护服，戴防护手套、防护眼镜、防护面罩

事故响应 火灾时，使用干粉、二氧化碳、砂土灭火。如吸入：将患者转移到空气新鲜处，休息，保持利于呼吸的体位，立即呼叫中毒控制中心或就医。皮肤（或头发）接触：立即脱掉所有被污染的衣服，用水冲洗皮肤，淋浴。污染的衣服洗净后方可重新使用。眼睛接触：用水细心地冲洗数分钟，立即呼叫中毒控制中心或就医。如戴隐形眼镜并可方便地取出，则取出隐形眼镜，继续冲洗。食入：漱口，不要催吐

安全储存 存放在通风良好的地方。保持低温。上锁保管

废弃处置 本品及内装物、容器依据国家和地方法规处置

物理和化学危险 易燃，其蒸气与空气混合，能形成爆炸性混合物。遇水剧烈反应，产生有毒气体

健康危害 本品为具腐蚀性的毒物。蒸气对皮肤、黏膜有刺激性、腐蚀性。遇水或水蒸气发生剧烈反应释出有毒性的腐蚀性氯化氢烟雾，遇热放出高毒的氯气烟雾

环境危害 对环境可能有害

第三部分 成分/组成信息

√ 物质   混合物

组分	浓度	CAS No.
正丁基三氯硅烷		7521-80-4

第四部分　急救措施

吸入　迅速脱离现场至空气新鲜处。保持呼吸道通畅。如呼吸困难，给输氧。呼吸、心跳停止，立即进行心肺复苏术。就医

皮肤接触　立即脱去污染的衣着，用大量流动清水彻底冲洗至少15min。就医

眼睛接触　立即分开眼睑，用流动清水或生理盐水彻底冲洗5～10min。就医

食入　用水漱口，禁止催吐。给饮牛奶或蛋清。就医

对保护施救者的忠告　根据需要使用个人防护设备

对医生的特别提示　对症处理

第五部分　消防措施

灭火剂　用干粉、二氧化碳、砂土灭火

特别危险性　遇高热、明火或与氧化剂接触，有引起燃烧的危险。遇水发生剧烈反应，散发出具有刺激性和腐蚀性的氯化氢气体。受高热分解放出有毒的气体。遇潮时对大多数金属有腐蚀性

灭火注意事项及防护措施　消防人员必须佩戴防毒面具、穿全身消防服，在上风向灭火。尽可能将容器从火场移至空旷处。喷水保持火场容器冷却，直至灭火结束。处在火场中的容器若已变色或从安全泄压装置中发出声音，必须马上撤离。禁止用水和泡沫灭火

第六部分　泄漏应急处理

作业人员防护措施、防护装备和应急处置程序　消除所有点火源。根据液体流动和蒸气扩散的影响区域划定警戒区，无关人员从侧风、上风向撤离至安全区。建议应急处理人员戴正压自给式呼吸器，穿防静电、防腐、防毒服。作业时使用的所有设备应接地。穿上适当的防护服前严禁接触破裂的容器和泄漏物。尽可能切断泄漏源

环境保护措施　防止泄漏物进入水体、下水道、地下室或有限空间

泄漏化学品的收容、清除方法及所使用的处置材料　严禁用水处理。小量泄漏：用干燥的砂土或其他不燃材料覆盖泄漏物。大量泄漏：构筑围堤或挖坑收容。用粉煤灰或石灰粉吸收大量液体。用防爆、耐腐蚀泵转移至槽车或专用收集器内

第七部分　操作处置与储存

操作注意事项　密闭操作，局部排风。防止蒸气泄漏到工作场所空气中。操作人员必须经过专门培训，严格遵守操作规程。建议操作人员佩戴自吸过滤式防毒面具（半面罩），戴化学安全防护眼镜，穿橡胶耐酸碱服，戴橡胶耐酸碱手套。远离火种、热源，工作场所严禁吸烟。使用防爆型的通风系统和设备。在清除液体和蒸气前不能进行焊接、切割等作业。避免产生烟雾。避免与氧化剂、碱类、酸类接触。尤其要注意避免与水接触。配备相应品种和数量的消防器材及泄漏应急处理设备。倒空的容器可能残留有害物

储存注意事项　储存于阴凉、干燥、通风良好的库房。远离火种、热源。防止阳光直射。包装必须密封，切勿受潮。应与氧化剂、碱类、酸类、食用化学品等分开存放，切忌混储。采用防爆型照明、通风设施。禁止使用易产生火花的机械设备和工具。储区应备有泄漏应急处理设备和合适的收容材料

第八部分　接触控制/个体防护

职业接触限值

中国　未制定标准

美国（ACGIH）　未制定标准

生物接触限值　未制定标准

监测方法　空气中有毒物质测定方法：未制定标准。生物监测检验方法：未制定标准

工程控制　密闭操作，局部排风

个体防护装备

呼吸系统防护　空气中浓度超标时，必须佩戴过滤式防毒面具（半面罩）。紧急事态抢救或撤离时，应该佩戴空气呼吸器

眼睛防护　戴化学安全防护眼镜

皮肤和身体防护　穿橡胶耐酸碱服

手防护　戴橡胶耐酸碱手套

第九部分　理化特性

外观与性状　无色液体，具有刺激性臭味

pH 值　无资料	**熔点（℃）**　无资料
沸点（℃）　148.5	**相对密度（水＝1）**　1.1606

相对蒸气密度（空气＝1）　6.4

饱和蒸气压（kPa）　无资料

临界压力（MPa）　无资料	**辛醇/水分配系数**　无资料
闪点（℃）　54（OC）	**自燃温度（℃）**　无资料
爆炸下限（%）　无资料	**爆炸上限（%）**　无资料
分解温度（℃）　无资料	**黏度（mPa·s）**　无资料
燃烧热（kJ/mol）　−1915.59	**临界温度（℃）**　无资料

溶解性　溶于苯、乙醚、庚烷

第十部分　稳定性和反应性

稳定性　稳定

危险反应　与强氧化剂等禁配物接触，有发生火灾和爆炸的危险。遇水或水蒸气反应放热并产生有毒的腐蚀性气体

避免接触的条件　潮湿空气

禁配物　强氧化剂、强碱、水、强酸

危险的分解产物　氯化氢、氧化硅

第十一部分　毒理学信息

急性毒性　无资料

皮肤刺激或腐蚀　无资料	**眼睛刺激或腐蚀**　无资料
呼吸或皮肤过敏　无资料	**生殖细胞突变性**　无资料
致癌性　无资料	**生殖毒性**　无资料

特异性靶器官系统毒性-一次接触　无资料

特异性靶器官系统毒性-反复接触　无资料

吸入危害　无资料

第十二部分 生态学信息

生态毒性 无资料

持久性和降解性

    生物降解性 无资料

    非生物降解性 无资料

潜在的生物累积性 无资料

土壤中的迁移性 无资料

第十三部分 废弃处置

废弃化学品 建议用焚烧法处置。在能利用的地方重复使用容器或在规定场所掩埋

污染包装物 将容器返还生产商或按照国家和地方法规处置

废弃注意事项 处置前应参阅国家和地方有关法规

第十四部分 运输信息

联合国危险货物编号（UN号） 1747

联合国运输名称 丁基三氯硅烷

联合国危险性类别 8，3

包装类别 Ⅱ

包装标志

海洋污染物 否

运输注意事项 起运时包装要完整，装载应稳妥。运输过程中要确保容器不泄漏、不倒塌、不坠落、不损坏。运输时所用的槽（罐）车应有接地链，槽内可设孔隔板以减少震荡产生的静电。严禁与氧化剂、碱类、酸类、食用化学品等混装混运。公路运输时要按规定路线行驶，勿在居民区和人口稠密区停留

第十五部分 法规信息

下列法律、法规、规章和标准，对该化学品的管理作了相应的规定。

中华人民共和国职业病防治法 职业病分类和目录：未列入

危险化学品安全管理条例 危险化学品目录：列入。易制爆危险化学品名录：未列入。重点监管的危险化学品名录：未列入。GB 18218—2009《危险化学品重大危险源辨识》（表1）：未列入

使用有毒物品作业场所劳动保护条例 高毒物品目录：未列入

易制毒化学品管理条例 易制毒化学品的分类和品种目录：未列入

国际公约 斯德哥尔摩公约：未列入。鹿特丹公约：未列入。蒙特利尔议定书：未列入

第十六部分 其他信息

编写和修订信息 缩略语和首字母缩写

培训建议 参考文献

免责声明

正丁酸乙烯酯

第一部分 化学品标识

化学品中文名 正丁酸乙烯酯；乙烯基丁酸酯；丁酸乙烯酯

化学品英文名 vinyl butyrate；butyric acid，vinyl ester

分子式 $C_6H_{10}O_2$ **分子量** 114.1424

结构式

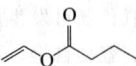

化学品的推荐及限制用途 用作水型涂料的聚合单体

第二部分 危险性概述

紧急情况概述 高度易燃液体和蒸气，造成轻微皮肤刺激

GHS危险性类别 易燃液体，类别2；皮肤腐蚀/刺激，类别3

标签要素

象形图

警示词 危险

危险性说明 高度易燃液体和蒸气，造成轻微皮肤刺激

防范说明

    预防措施 远离热源、火花、明火、热表面。禁止吸烟。保持容器密闭。容器和接收设备接地连接。使用防爆型电器、通风、照明设备。只能使用不产生火花的工具。采取防止静电措施。戴防护手套、防护眼镜、防护面罩

    事故响应 火灾时，使用雾状水、泡沫、干粉、二氧化碳、砂土灭火。如皮肤（或头发）接触：立即脱掉所有被污染的衣服，用水冲洗皮肤，淋浴。如发生皮肤刺激，就医

    安全储存 存放在通风良好的地方。保持低温

    废弃处置 本品及内装物、容器依据国家和地方法规处置

物理和化学危险 易燃，其蒸气与空气混合，能形成爆炸性混合物

健康危害 对皮肤、眼睛和黏膜有刺激作用

环境危害 对环境可能有害

第三部分 成分/组成信息

√ 物质　　　　　　　　　　混合物

组分	浓度	CAS No.
正丁酸乙烯酯		123-20-6

第四部分 急救措施

吸入 迅速脱离现场至空气新鲜处。保持呼吸道通畅。如呼吸困难，给输氧。呼吸、心跳停止，立即进行心肺复苏术。就医

皮肤接触 立即脱去污染的衣着，用流动清水彻底冲洗。就医

眼睛接触 立即分开眼睑，用流动清水或生理盐水彻底冲

洗。就医

食入 漱口，饮水。就医

对保护施救者的忠告 根据需要使用个人防护设备

对医生的特别提示 对症处理

第五部分 消防措施

灭火剂 用雾状水、泡沫、干粉、二氧化碳、砂土灭火

特别危险性 其蒸气与空气可形成爆炸性混合物，遇明火、高热能引起燃烧爆炸。与氧化剂可发生反应。流速过快，容易产生和积聚静电。容易自聚，聚合反应随着温度的上升而急骤加剧。蒸气比空气重，沿地面扩散并易积存于低洼处，遇火源会着火回燃。若遇高热，容器内压增大，有开裂和爆炸的危险

灭火注意事项及防护措施 消防人员必须佩戴防毒面具、穿全身消防服，在上风向灭火。尽可能将容器从火场移至空旷处。喷水保持火场容器冷却，直至灭火结束。处在火场中的容器若已变色或从安全泄压装置中发出声音，必须马上撤离

第六部分 泄漏应急处理

作业人员防护措施、防护装备和应急处置程序 消除所有点火源。根据液体流动和蒸气扩散的影响区域划定警戒区，无关人员从侧风、上风向撤离至安全区。建议应急处理人员戴正压自给式呼吸器，穿防静电服。作业时使用的所有设备应接地。禁止接触或跨越泄漏物。尽可能切断泄漏源

环境保护措施 防止泄漏物进入水体、下水道、地下室或有限空间

泄漏化学品的收容、清除方法及所使用的处置材料 小量泄漏：用砂土或其他不燃材料吸收。使用洁净的无火花工具收集吸收材料。大量泄漏：构筑围堤或挖坑收容。用抗溶性泡沫覆盖，减少蒸发。喷水雾能减少蒸发，但不能降低泄漏物在有限空间内的易燃性。用防爆泵转移至槽车或专用收集器内

第七部分 操作处置与储存

操作注意事项 密闭操作，注意通风。操作人员必须经过专门培训，严格遵守操作规程。建议操作人员佩戴自吸过滤式防毒面具（半面罩），戴化学安全防护眼镜，穿防静电工作服，戴橡胶耐油手套。远离火种、热源，工作场所严禁吸烟。使用防爆型的通风系统和设备。防止蒸气泄漏到工作场所空气中。避免与氧化剂、酸类、碱类、卤素接触。充装时要控制流速，防止静电积聚。搬运时要轻装轻卸，防止包装及容器损坏。配备相应品种和数量的消防器材及泄漏应急处理设备。倒空的容器可能残留有害物

储存注意事项 储存于阴凉、通风的库房。远离火种、热源。避光保存。库温不宜超过37℃，保持容器密封。应与氧化剂、酸类、碱类、卤素等分开存放，切忌混储。不宜大量储存或久存。采用防爆型照明、通风设施。禁止使用易产生火花的机械设备和工具。储区应备有泄漏应急处理设备和合适的收容材料

第八部分 接触控制/个体防护

职业接触限值

中国 未制定标准

美国（ACGIH） 未制定标准

生物接触限值 未制定标准

监测方法 空气中有毒物质测定方法：未制定标准。生物监测检验方法：未制定标准

工程控制 密闭操作，注意通风

个体防护装备

呼吸系统防护 空气中浓度超标时，必须佩戴过滤式防毒面具（半面罩）。紧急事态抢救或撤离时，应该佩戴空气呼吸器

眼睛防护 戴化学安全防护眼镜

皮肤和身体防护 穿防静电工作服

手防护 戴橡胶耐油手套

第九部分 理化特性

外观与性状 无色挥发性液体

pH 值 无资料　　　　　**熔点(℃)** −86.8

沸点(℃) 117　　　　　**相对密度(水=1)** 0.9

相对蒸气密度(空气=1) 4.0

饱和蒸气压(kPa) 无资料

临界压力(MPa) 无资料　　**辛醇/水分配系数** 无资料

闪点(℃) 20　　　　　　**自燃温度(℃)** 无资料

爆炸下限(%) 1.4　　　　**爆炸上限(%)** 8.8

分解温度(℃) 无资料　　　**黏度(mPa·s)** 无资料

燃烧热(kJ/mol) 无资料　　**临界温度(℃)** 无资料

溶解性 微溶于水

第十部分 稳定性和反应性

稳定性 稳定

危险反应 与氧化剂、酸类、碱类、卤素、过氧化物等禁配物接触，有发生火灾和爆炸的危险

避免接触的条件 光照

禁配物 氧化剂、酸类、碱类、卤素、过氧化物

危险的分解产物 无资料

第十一部分 毒理学信息

急性毒性 LD$_{50}$：8530mg/kg（大鼠经口），>7200mg/kg（兔经皮）

皮肤刺激或腐蚀 无资料　　**眼睛刺激或腐蚀** 无资料

呼吸或皮肤过敏 无资料　　**生殖细胞突变性** 无资料

致癌性 无资料　　　　　　**生殖毒性** 无资料

特异性靶器官系统毒性-一次接触 无资料

特异性靶器官系统毒性-反复接触 无资料

吸入危害 无资料

第十二部分 生态学信息

生态毒性 无资料

持久性和降解性

生物降解性 无资料

非生物降解性 无资料

潜在的生物累积性　无资料

土壤中的迁移性　无资料

第十三部分　废弃处置

废弃化学品　建议用焚烧法处置

污染包装物　将容器返还生产商或按照国家和地方法规处置

废弃注意事项　处置前应参阅国家和地方有关法规

第十四部分　运输信息

联合国危险货物编号（UN号）　2838

联合国运输名称　丁酸乙烯酯，稳定的

联合国危险性类别　3

包装类别　Ⅱ　　　　**包装标志**

海洋污染物　否

运输注意事项　运输时运输车辆应配备相应品种和数量的消防器材及泄漏应急处理设备。夏季最好早晚运输。运输时所用的槽（罐）车应有接地链，槽内可设孔隔板以减少震荡产生的静电。严禁与氧化剂、酸类、碱类、卤素、食用化学品等混装混运。运输途中应防暴晒、雨淋，防高温。中途停留时应远离火种、热源、高温区。装运该物品的车辆排气管必须配备阻火装置，禁止使用易产生火花的机械设备和工具装卸。公路运输时要按规定路线行驶。铁路运输时要禁止溜放。严禁用木船、水泥船散装运输

第十五部分　法规信息

下列法律、法规、规章和标准，对该化学品的管理作了相应的规定。

中华人民共和国职业病防治法　职业病分类和目录：未列入

危险化学品安全管理条例　危险化学品目录：列入。易制爆危险化学品名录：未列入。重点监管的危险化学品名录：未列入。GB 18218—2009《危险化学品重大危险源辨识》（表1）：未列入

使用有毒物品作业场所劳动保护条例　高毒物品目录：未列入

易制毒化学品管理条例　易制毒化学品的分类和品种目录：未列入

国际公约　斯德哥尔摩公约：未列入。鹿特丹公约：未列入。蒙特利尔议定书：未列入

第十六部分　其他信息

编写和修订信息　　缩略语和首字母缩写

培训建议　　　　　参考文献

免责声明

正丁酰氯

第一部分　化学品标识

化学品中文名　正丁酰氯；氯化丁酰；氯丁酰；丁酰氯

化学品英文名　butyryl chloride；butanoyl chloride

分子式　C_4H_7ClO　**分子量**　106.551

结构式

化学品的推荐及限制用途　用作有机合成原料，在医药上作为生产利尿酸的原料

第二部分　危险性概述

紧急情况概述　高度易燃液体和蒸气，造成严重的皮肤灼伤和眼损伤

GHS危险性类别　易燃液体，类别2；皮肤腐蚀/刺激，类别1B；严重眼损伤/眼刺激，类别1

标签要素

象形图

警示词　危险

危险性说明　高度易燃液体和蒸气，造成严重的皮肤灼伤和眼损伤

防范说明

预防措施　远离热源、火花、明火、热表面。禁止吸烟。保持容器密闭。容器和接收设备接地连接。使用防爆型电器、通风、照明设备。只能使用不产生火花的工具。采取防止静电措施。避免吸入烟雾。避免接触眼睛、皮肤，操作后彻底清洗。穿防护服，戴防护手套、防护眼镜、防护面罩

事故响应　火灾时，使用干粉、二氧化碳、砂土灭火。如吸入：将患者转移到空气新鲜处，休息，保持利于呼吸的体位，立即呼叫中毒控制中心或就医。皮肤（或头发）接触：立即脱掉所有被污染的衣服，用水冲洗皮肤，淋浴。污染的衣服洗净后方可重新使用。眼睛接触：用水细心地冲洗数分钟，立即呼叫中毒控制中心或就医。如戴隐形眼镜并可方便地取出，则取出隐形眼镜，继续冲洗。食入：漱口，不要催吐

安全储存　存放在通风良好的地方。保持低温。上锁保管

废弃处置　本品及内装物、容器依据国家和地方法规处置

物理和化学危险　易燃，其蒸气与空气混合，能形成爆炸性混合物。遇水产生刺激性气体

健康危害　本品对眼睛、黏膜、上呼吸道及皮肤有强烈刺激性。吸入后可因喉和支气管的炎症、痉挛和水肿，化学性肺炎或肺水肿而致死。接触后表现有烧灼感、咳嗽、喘息、喉炎、气短、头痛、恶心和呕吐。可致眼睛和皮肤灼伤

环境危害　对环境可能有害

第三部分　成分/组成信息

√物质　　　　　　　　　　混合物

组分	浓度	CAS No.
正丁酰氯		141-75-3

第四部分　急救措施

吸入　迅速脱离现场至空气新鲜处。保持呼吸道通畅。如呼吸困难，给输氧。呼吸、心跳停止，立即进行心肺复苏术。就医

皮肤接触　立即脱去污染的衣着，用大量流动清水彻底冲洗至少 15min。就医

眼睛接触　立即分开眼睑，用流动清水或生理盐水彻底冲洗 5～10min。就医

食入　用水漱口，禁止催吐。给饮牛奶或蛋清。就医

对保护施救者的忠告　根据需要使用个人防护设备

对医生的特别提示　对症处理

第五部分　消防措施

灭火剂　用干粉、二氧化碳、砂土灭火

特别危险性　其蒸气与空气可形成爆炸性混合物，遇明火、高热极易燃烧爆炸。与氧化剂接触猛烈反应。受热分解能放出剧毒的光气。与水和水蒸气发生反应，放出有毒的腐蚀性气体。若遇高热，容器内压增大，有开裂和爆炸的危险

灭火注意事项及防护措施　消防人员必须穿全身耐酸碱消防服、佩戴空气呼吸器灭火。尽可能将容器从火场移至空旷处。处在火场中的容器若已变色或从安全泄压装置中发出声音，必须马上撤离。禁止用水和泡沫灭火

第六部分　泄漏应急处理

作业人员防护措施、防护装备和应急处置程序　消除所有点火源。根据液体流动和蒸气扩散的影响区域划定警戒区，无关人员从侧风、上风向撤离至安全区。建议应急处理人员戴正压自给式呼吸器，穿防静电、防腐、防毒服。作业时使用的所有设备应接地。禁止接触或跨越泄漏物。尽可能切断泄漏源

环境保护措施　防止泄漏物进入水体、下水道、地下室或有限空间

泄漏化学品的收容、清除方法及所使用的处置材料　小量泄漏：用砂土或其他不燃材料吸收。使用洁净的无火花工具收集吸收材料。大量泄漏：构筑围堤或挖坑收容。用防爆泵转移至槽车或专用收集器内

第七部分　操作处置与储存

操作注意事项　密闭操作，提供充分的局部排风。操作人员必须经过专门培训，严格遵守操作规程。建议操作人员佩戴自吸过滤式防毒面具（全面罩），穿胶布防毒衣，戴橡胶耐油手套。远离火种、热源，工作场所严禁吸烟。使用防爆型的通风系统和设备。避免产生烟雾。防止烟雾和蒸气释放到工作场所空气中。避免与氧化剂、醇类、碱类接触。尤其要注意避免与水接触。搬运时要轻装轻卸，防止包装及容器损坏。配备相应品种和数量的消防器材及泄漏应急处理设备。倒空的容器可能残留有害物

储存注意事项　储存于阴凉、干燥、通风良好的库房。远离火种、热源。库温不宜超过 37℃，保持容器密封。应与氧化剂、醇类、碱类等分开存放，切忌混储。不宜久存，以免变质。采用防爆型照明、通风设施。禁止使用易产生火花的机械设备和工具。储区应备有泄漏应急处理设备和合适的收容材料

第八部分　接触控制/个体防护

职业接触限值

　中国　未制定标准

　美国（ACGIH）　未制定标准

生物接触限值　未制定标准

监测方法　空气中有毒物质测定方法：未制定标准。生物监测检验方法：未制定标准

工程控制　严加密闭，提供充分的局部排风。提供安全淋浴和洗眼设备

个体防护装备

　呼吸系统防护　空气中浓度超标时，必须佩戴过滤式防毒面具（全面罩）。紧急事态抢救或撤离时，应该佩戴空气呼吸器

　眼睛防护　呼吸系统防护中已作防护

　皮肤和身体防护　穿密闭型防毒服

　手防护　戴橡胶耐油手套

第九部分　理化特性

外观与性状　具有刺激性盐酸气味的无色透明液体

pH 值　无资料		**熔点(℃)**　−89	
沸点(℃)　102		**相对密度(水=1)**　1.03	
相对蒸气密度(空气=1)　无资料			
饱和蒸气压(kPa)　无资料			
临界压力(MPa)　无资料		**辛醇/水分配系数**　无资料	
闪点(℃)　21.67		**自燃温度(℃)**　无资料	
爆炸下限(%)　无资料		**爆炸上限(%)**　无资料	
分解温度(℃)　无资料		**黏度(mPa·s)**　无资料	
燃烧热(kJ/mol)　无资料		**临界温度(℃)**　无资料	
溶解性　可混溶于醚			

第十部分　稳定性和反应性

稳定性　稳定

危险反应　与强氧化剂等禁配物接触，有发生火灾和爆炸的危险。受热分解能放出剧毒的光气。与水和水蒸气发生反应，放出有毒的腐蚀性气体

避免接触的条件　受热、潮湿空气

禁配物　水、强碱、醇类、强氧化剂

危险的分解产物　氯化氢、光气

第十一部分　毒理学信息

急性毒性　无资料

皮肤刺激或腐蚀　无资料	**眼睛刺激或腐蚀**　无资料
呼吸或皮肤过敏　无资料	**生殖细胞突变性**　无资料
致癌性　无资料	**生殖毒性**　无资料
特异性靶器官系统毒性-一次接触　无资料	
特异性靶器官系统毒性-反复接触　无资料	
吸入危害　无资料	

第十二部分　生态学信息

生态毒性　无资料

持久性和降解性

　生物降解性　无资料

　非生物降解性　无资料

潜在的生物累积性　无资料

土壤中的迁移性　无资料

第十三部分　废弃处置

废弃化学品　建议用焚烧法处置。与燃料混合后，再焚烧。焚烧炉排出的卤化氢通过酸洗涤器除去

污染包装物　将容器返还生产商或按照国家和地方法规处置

废弃注意事项　处置前应参阅国家和地方有关法规

第十四部分　运输信息

联合国危险货物编号（UN号）　2353

联合国运输名称　丁酰氯

联合国危险性类别　3，8

包装类别　Ⅱ

包装标志　

海洋污染物　否

运输注意事项　运输时运输车辆应配备相应品种和数量的消防器材及泄漏应急处理设备。夏季最好早晚运输。运输时所用的槽（罐）车应有接地链，槽内可设孔隔板以减少震荡产生的静电。严禁与氧化剂、醇类、碱类、食用化学品等混装混运。运输途中应防暴晒、雨淋，防高温。中途停留时应远离火种、热源、高温区。装运该物品的车辆排气管必须配备阻火装置，禁止使用易产生火花的机械设备和工具装卸。公路运输时要按规定路线行驶，勿在居民区和人口稠密区停留。铁路运输时要禁止溜放。严禁用木船、水泥船散装运输

第十五部分　法规信息

　下列法律、法规、规章和标准，对该化学品的管理作了相应的规定。

中华人民共和国职业病防治法　职业病分类和目录：未列入

危险化学品安全管理条例　危险化学品目录：列入。易制爆危险化学品名录：未列入。重点监管的危险化学品名录：未列入。GB 18218—2009《危险化学品重大危险源辨识》（表1）：未列入

使用有毒物品作业场所劳动保护条例　高毒物品目录：未列入

易制毒化学品管理条例　易制毒化学品的分类和品种目录：未列入

国际公约　斯德哥尔摩公约：未列入。鹿特丹公约：未列入。蒙特利尔议定书：未列入

第十六部分　其他信息

编写和修订信息　**缩略语和首字母缩写**

培训建议　**参考文献**

免责声明

正戊酸

第一部分　化学品标识

化学品中文名　正戊酸；戊酸

化学品英文名　*n*-valeric acid；*n*-pentanoic acid

分子式　$C_5H_{10}O_2$　**分子量**　102.1317

结构式　

化学品的推荐及限制用途　用于香料制备和有机合成、制药工业，也用作溶剂

第二部分　危险性概述

紧急情况概述　造成严重的皮肤灼伤和眼损伤

GHS危险性类别　皮肤腐蚀/刺激，类别1B；严重眼损伤/眼刺激，类别1；危害水生环境-急性危害，类别3；危害水生环境-长期危害，类别3

标签要素

象形图　

警示词　危险

危险性说明　造成严重的皮肤灼伤和眼损伤，对水生生物有害并具有长期持续影响

防范说明

　预防措施　避免吸入烟雾。避免接触眼睛、皮肤，操作后彻底清洗。穿防护服，戴防护手套、防护眼镜、防护面罩。禁止排入环境

　事故响应　如吸入：将患者转移到空气新鲜处，休息，保持利于呼吸的体位，立即呼叫中毒控制中心或就医。皮肤（或头发）接触：立即脱掉所有被污染的衣服，用水冲洗皮肤，淋浴。污染的衣服洗净后方可重新使用。眼睛接触：用水细心地冲洗数分钟，立即呼叫中毒控制中心或就医。如戴隐形眼镜并可方便地取出，则取出隐形眼镜，继续冲洗。食入：漱口，不要催吐

　安全储存　上锁保管

　废弃处置　本品及内装物、容器依据国家和地方法规处置

物理和化学危险　可燃，其蒸气与空气混合，能形成爆炸性混合物

健康危害　吸入、摄入或经皮肤吸收后对身体有害。可引起灼伤。对眼睛、皮肤、黏膜和上呼吸道具有强烈刺激作用。吸入后，可引起喉、支气管的炎症、水肿、痉挛，化学性肺炎或肺水肿。接触后可引起烧灼感、咳嗽、喘息、气短、头痛、恶心和呕吐等

环境危害 对水生生物有害并具有长期持续影响

第三部分 成分/组成信息

√ 物质 混合物

组分	浓度	CAS No.
（正）戊酸		109-52-4

第四部分 急救措施

吸入 迅速脱离现场至空气新鲜处。保持呼吸道通畅。如呼吸困难，给输氧。呼吸、心跳停止，立即进行心肺复苏术。就医

皮肤接触 立即脱去污染的衣着，用大量流动清水彻底冲洗至少 15min。就医

眼睛接触 立即分开眼睑，用流动清水或生理盐水彻底冲洗 5～10min。就医

食入 用水漱口，禁止催吐。给饮牛奶或蛋清。就医

对保护施救者的忠告 根据需要使用个人防护设备

对医生的特别提示 对症处理

第五部分 消防措施

灭火剂 用雾状水、泡沫、干粉、二氧化碳、砂土灭火

特别危险性 遇明火、高热可燃

灭火注意事项及防护措施 消防人员必须佩戴空气呼吸器、穿全身防火防毒服，在上风向灭火。尽可能将容器从火场移至空旷处。喷水保持火场容器冷却，直至灭火结束。处在火场中的容器若已变色或从安全泄压装置中发出声音，必须马上撤离

第六部分 泄漏应急处理

作业人员防护措施、防护装备和应急处置程序 根据液体流动和蒸气扩散的影响区域划定警戒区，无关人员从侧风、上风向撤离至安全区。消除所有点火源。建议应急处理人员戴防毒面具，穿防腐、防毒服。穿上适当的防护服前严禁接触破裂的容器和泄漏物。尽可能切断泄漏源

环境保护措施 防止泄漏物进入水体、下水道、地下室或有限空间

泄漏化学品的收容、清除方法及所使用的处置材料 小量泄漏：用干燥的砂土或其他不燃材料吸收或覆盖，收集于容器中。大量泄漏：构筑围堤或挖坑收容。用粉煤灰或石灰粉吸收大量液体。用农用石灰（CaO）、碎石灰石（CaCO$_3$）或碳酸氢钠（NaHCO$_3$）中和。用耐腐蚀泵转移至槽车或专用收集器内

第七部分 操作处置与储存

操作注意事项 密闭操作，全面通风。操作人员必须经过专门培训，严格遵守操作规程。建议操作人员佩戴自吸过滤式防毒面具（全面罩），穿连体式防毒衣，戴橡胶手套。远离火种、热源，工作场所严禁吸烟。使用防爆型的通风系统和设备。防止蒸气泄漏到工作场所空气中。避免与氧化剂、还原剂、碱类接触。搬运时要轻装轻卸，防止包装及容器损坏。配备相应品种和数量的消防器材及泄漏应急处理设备。倒空的容器

可能残留有害物

储存注意事项 储存于阴凉、通风的库房。远离火种、热源。应与氧化剂、还原剂、碱类、食用化学品分开存放，切忌混储。配备相应品种和数量的消防器材。储区应备有泄漏应急处理设备和合适的收容材料

第八部分 接触控制/个体防护

职业接触限值

中国 未制定标准

美国（ACGIH） 未制定标准

生物接触限值 未制定标准

监测方法 空气中有毒物质测定方法：未制定标准。生物监测检验方法：未制定标准

工程控制 生产过程密闭，全面通风

个体防护装备

呼吸系统防护 空气中浓度超标时，必须佩戴过滤式防毒面具（全面罩）。紧急事态抢救或撤离时，应该佩戴空气呼吸器

眼睛防护 呼吸系统防护中已作防护

皮肤和身体防护 穿连体式防毒衣

手防护 戴橡胶手套

第九部分 理化特性

外观与性状 无色透明油状液体，有令人不愉快的气味

pH 值 无资料 　　**熔点（℃）** −34.5

沸点（℃） 186.4

相对密度（水＝1） 0.94（20℃）

相对蒸气密度（空气＝1） 3.5

饱和蒸气压（kPa） 0.02（25℃）

临界压力（MPa） 无资料

辛醇/水分配系数 0.99～1.69

闪点（℃） 88 　　**自燃温度（℃）** 375

爆炸下限（%） 1.6 　　**爆炸上限（%）** 7.6

分解温度（℃） 无资料

黏度（mPa·s） 2.30（20℃）

燃烧热（kJ/mol） −2834.5 　**临界温度（℃）** 378

溶解性 溶于水，溶于乙醇、乙醚

第十部分 稳定性和反应性

稳定性 稳定

危险反应 与氧化剂、还原剂、碱类等禁配物发生反应

避免接触的条件 无资料

禁配物 氧化剂、还原剂、碱类

危险的分解产物 无资料

第十一部分 毒理学信息

急性毒性 给家兔静脉内给药，0.7g/kg 或 1.35g/kg，引起中度神经系统的紊乱。大鼠暴露在饱和蒸汽中 8h，未发生死亡。LD$_{50}$：>400mg/kg（大鼠经口），600mg/kg（小鼠经口）。LC$_{50}$：4100mg/m^3（小鼠吸入，2h）

皮肤刺激或腐蚀 无资料	**眼睛刺激或腐蚀** 无资料
呼吸或皮肤过敏 无资料	**生殖细胞突变性** 无资料
致癌性 无资料	**生殖毒性** 无资料

特异性靶器官系统毒性--一次接触　无资料

特异性靶器官系统毒性-反复接触　无资料

吸入危害　无资料

第十二部分　生态学信息

生态毒性　无资料

持久性和降解性

　　生物降解性　无资料

　　非生物降解性　无资料

潜在的生物累积性　无资料

土壤中的迁移性　无资料

第十三部分　废弃处置

废弃化学品　建议用焚烧法处置

污染包装物　将容器返还生产商或按照国家和地方法规
　　处置

废弃注意事项　处置前应参阅国家和地方有关法规

第十四部分　运输信息

联合国危险货物编号（UN号）　3265

联合国运输名称　有机酸性腐蚀性液体，未另作规定的
　　［（正）戊酸］

联合国危险性类别　8

包装类别　Ⅱ　　　　　包装标志　

海洋污染物　否

运输注意事项　运输前应先检查包装容器是否完整、密
　　封，运输过程中要确保容器不泄漏、不倒塌、不坠
　　落、不损坏。严禁与氧化剂、还原剂、碱类、食用化
　　学品等混装混运。运输车船必须彻底清洗、消毒，否
　　则不得装运其他物品。船运时，配装位置应远离卧
　　室、厨房，并与机舱、电源、火源等部位隔离。公路
　　运输时要按规定路线行驶，勿在居民区和人口稠密区
　　停留

第十五部分　法规信息

　　下列法律、法规、规章和标准，对该化学品的管理作
了相应的规定。

中华人民共和国职业病防治法　职业病分类和目录：未
　　列入

危险化学品安全管理条例　危险化学品目录：列入。易制
　　爆危险化学品名录：未列入。重点监管的危险化学品
　　名录：未列入。GB 18218—2009《危险化学品重大
　　危险源辨识》（表1）：未列入

使用有毒物品作业场所劳动保护条例　高毒物品目录：未
　　列入

易制毒化学品管理条例　易制毒化学品的分类和品种目
　　录：未列入

国际公约　斯德哥尔摩公约：未列入。鹿特丹公约：未列
　　入。蒙特利尔议定书：未列入

第十六部分　其他信息

编写和修订信息　　缩略语和首字母缩写

培训建议　　　　　参考文献

免责声明

正戊酸甲酯

第一部分　化学品标识

化学品中文名　正戊酸甲酯；缬草酸甲酯

化学品英文名　methyl *n*-valerate；methyl pentanoate

分子式　$C_6H_{12}O_2$　分子量　116.1583

结构式　

化学品的推荐及限制用途　用作溶剂、分析试剂

第二部分　危险性概述

紧急情况概述　高度易燃液体和蒸气

GHS危险性类别　易燃液体，类别2

标签要素

象形图　

警示词　危险

危险性说明　高度易燃液体和蒸气

防范说明

　　预防措施　远离热源、火花、明火、热表面。禁止
　　　　吸烟。保持容器密闭。容器和接收设备接地连
　　　　接。使用防爆电器、通风、照明设备。只能使
　　　　用不产生火花的工具。采取防止静电措施。戴
　　　　防护手套、防护眼镜、防护面罩

　　事故响应　火灾时，使用雾状水、泡沫、干粉、二
　　　　氧化碳、砂土灭火。如皮肤（或头发）接触：
　　　　立即脱掉所有被污染的衣服，用水冲洗皮肤，
　　　　淋浴

　　安全储存　存放在通风良好的地方。保持低温

　　废弃处置　本品及内装物、容器依据国家和地方法
　　　　规处置

物理和化学危险　易燃，其蒸气与空气混合，能形成爆炸
　　性混合物

健康危害　吸入、摄入或经皮肤吸收后对身体可能有害。
　　对人的刺激作用阈浓度为20mg/m³。对眼睛、皮肤
　　有刺激作用

环境危害　对环境可能有害

第三部分　成分/组成信息

√　物质　　　　　　　　混合物

　　组分　　　　浓度　　　CAS No.

正戊酸甲酯　　　　　　　　624-24-8

第四部分　急救措施

吸入　迅速脱离现场至空气新鲜处。保持呼吸道通畅。如

呼吸困难，给输氧。呼吸、心跳停止，立即进行心肺复苏术。就医

皮肤接触 立即脱去污染的衣着，用流动清水彻底冲洗。就医

眼睛接触 立即分开眼睑，用流动清水或生理盐水彻底冲洗。就医

食入 漱口，饮水。就医

对保护施救者的忠告 根据需要使用个人防护设备

对医生的特别提示 对症处理

第五部分 消防措施

灭火剂 用雾状水、泡沫、干粉、二氧化碳、砂土灭火

特别危险性 其蒸气与空气可形成爆炸性混合物，遇明火、高热极易燃烧爆炸。与氧化剂接触猛烈反应。若遇高热，容器内压增大，有开裂和爆炸的危险

灭火注意事项及防护措施 消防人员必须佩戴防毒面具、穿全身消防服，在上风向灭火。尽可能将容器从火场移至空旷处。喷水保持火场容器冷却，直至灭火结束。处在火场中的容器若已变色或从安全泄压装置中发出声音，必须马上撤离

第六部分 泄漏应急处理

作业人员防护措施、防护装备和应急处置程序 消除所有点火源。根据液体流动和蒸气扩散的影响区域划定警戒区，无关人员从侧风、上风向撤离至安全区。建议应急处理人员戴正压自给式呼吸器，穿防静电服。作业时使用的所有设备应接地。禁止接触或跨越泄漏物。尽可能切断泄漏源

环境保护措施 防止泄漏物进入水体、下水道、地下室或有限空间

泄漏化学品的收容、清除方法及所使用的处置材料 小量泄漏：用砂土或其他不燃材料吸收。使用洁净的无火花工具收集吸收材料。大量泄漏：构筑围堤或挖坑收容。用泡沫覆盖，减少蒸发。喷水雾能减少蒸发，但不能降低泄漏物在有限空间内的易燃性。用防爆泵转移至槽车或专用收集器内

第七部分 操作处置与储存

操作注意事项 密闭操作，局部排风。防止蒸气泄漏到工作场所空气中。操作人员必须经过专门培训，严格遵守操作规程。建议操作人员佩戴自吸过滤式防毒面具（半面罩），戴化学安全防护眼镜，穿防静电工作服，戴橡胶手套。远离火种、热源，工作场所严禁吸烟。使用防爆型的通风系统和设备。在清除液体和蒸气前不能进行焊接、切割等作业。避免产生烟雾。避免与氧化剂、酸类、碱类接触。容器与传送设备要接地，防止产生的静电。灌装时应控制流速，且有接地装置，防止静电积聚。配备相应品种和数量的消防器材及泄漏应急处理设备。倒空的容器可能残留有害物

储存注意事项 储存于阴凉、通风的库房。远离火种、热源。防止阳光直射。库温不宜超过37℃，保持容器密封。应与氧化剂、酸类、碱类、食用化学品分开存放，切忌混储。采用防爆型照明、通风设施。禁止使用易产生火花的机械设备和工具。储区应备有泄漏应急处理设备和合适的收容材料

第八部分 接触控制/个体防护

职业接触限值
中国 未制定标准
美国（ACGIH） 未制定标准

生物接触限值 未制定标准

监测方法 空气中有毒物质测定方法：未制定标准。生物监测检验方法：未制定标准

工程控制 密闭操作，局部排风

个体防护装备
呼吸系统防护 空气中浓度超标时，必须佩戴过滤式防毒面具（半面罩）。紧急事态抢救或撤离时，应该佩戴空气呼吸器
眼睛防护 戴化学安全防护眼镜
皮肤和身体防护 穿防静电工作服
手防护 戴橡胶手套

第九部分 理化特性

外观与性状 无色液体

pH值 无资料	**熔点(℃)** −91.0
沸点(℃) 126	**相对密度(水=1)** 0.89
相对蒸气密度(空气=1) >1	
饱和蒸气压(kPa) 无资料	
临界压力(MPa) 无资料	**辛醇/水分配系数** 无资料
闪点(℃) 22	**自燃温度(℃)** 无资料
爆炸下限(%) 无资料	**爆炸上限(%)** 无资料
分解温度(℃) 无资料	**黏度(mPa·s)** 无资料
燃烧热(kJ/mol) 无资料	**临界温度(℃)** 316.85

溶解性 微溶于水，可混溶于乙醇、乙醚

第十部分 稳定性和反应性

稳定性 稳定

危险反应 与强氧化剂等禁配物接触，有发生火灾和爆炸的危险

避免接触的条件 无资料

禁配物 氧化剂、酸类、碱类

危险的分解产物 无资料

第十一部分 毒理学信息

急性毒性 LC$_{50}$：6600mg/m^3（小鼠吸入，2h）

皮肤刺激或腐蚀 无资料	**眼睛刺激或腐蚀** 无资料
呼吸或皮肤过敏 无资料	**生殖细胞突变性** 无资料
致癌性 无资料	**生殖毒性** 无资料

特异性靶器官系统毒性-一次接触 无资料

特异性靶器官系统毒性-反复接触 无资料

吸入危害 无资料

第十二部分 生态学信息

生态毒性 无资料

持久性和降解性
生物降解性 无资料

非生物降解性　无资料

潜在的生物累积性　无资料

土壤中的迁移性　无资料

第十三部分　废弃处置

废弃化学品　建议用焚烧法处置。在能利用的地方重复使用容器或在规定场所掩埋

污染包装物　将容器返还生产商或按照国家和地方法规处置

废弃注意事项　处置前应参阅国家和地方有关法规

第十四部分　运输信息

联合国危险货物编号（UN号）　3272

联合国运输名称　酯类，未另作规定的（正戊酸甲酯）

联合国危险性类别　3

包装类别　Ⅱ　　　**包装标志**

海洋污染物　否

运输注意事项　运输时运输车辆应配备相应品种和数量的消防器材及泄漏应急处理设备。夏季最好早晚运输。运输时所用的槽（罐）车应有接地链，槽内可设孔隔板以减少震荡产生的静电。严禁与氧化剂、酸类、碱类、食用化学品等混装混运。运输途中应防暴晒、雨淋、防高温。中途停留时应远离火种、热源、高温区。装运该物品的车辆排气管必须配备阻火装置，禁止使用易产生火花的机械设备和工具装卸。公路运输时要按规定路线行驶，勿在居民区和人口稠密区停留。铁路运输时要禁止溜放。严禁用木船、水泥船散装运输

第十五部分　法规信息

下列法律、法规、规章和标准，对该化学品的管理作了相应的规定。

中华人民共和国职业病防治法　职业病分类和目录：未列入

危险化学品安全管理条例　危险化学品目录：列入。易制爆危险化学品名录：未列入。重点监管的危险化学品名录：未列入。GB 18218—2009《危险化学品重大危险源辨识》（表1）：未列入

使用有毒物品作业场所劳动保护条例　高毒物品目录：未列入

易制毒化学品管理条例　易制毒化学品的分类和品种目录：未列入

国际公约　斯德哥尔摩公约：未列入。鹿特丹公约：未列入。蒙特利尔议定书：未列入

第十六部分　其他信息

编写和修订信息　　缩略语和首字母缩写

培训建议　　　参考文献

免责声明

正辛腈

第一部分　化学品标识

化学品中文名　正辛腈；庚基氰；辛腈

化学品英文名　octanenitrile；heptyl cyanide

分子式　$C_8H_{15}N$　**分子量**　125.2114

结构式　〰〰〰CN

化学品的推荐及限制用途　用于中间体

第二部分　危险性概述

紧急情况概述　可燃液体，皮肤接触有害，吸入有害，造成皮肤刺激，造成严重眼刺激，可能引起呼吸道刺激

GHS危险性类别　易燃液体，类别4；急性毒性-经口，类别4；急性毒性-经皮，类别4；急性毒性-吸入，类别4；皮肤腐蚀/刺激，类别2；严重眼损伤/眼刺激，类别2；特异性靶器官毒性-一次接触，类别3（呼吸道刺激）

标签要素

象形图　

警示词　警告

危险性说明　可燃液体，皮肤接触有害，吸入有害，造成皮肤刺激，造成严重眼刺激，可能引起呼吸道刺激

防范说明

预防措施　远离火焰和热表面。禁止吸烟。戴防护手套，穿防护服，戴防护眼镜、防护面罩。避免吸入蒸气、雾。仅在室外或通风良好处操作。避免接触眼睛、皮肤，操作后彻底清洗

事故响应　火灾时，使用雾状水、泡沫、干粉、二氧化碳、砂土灭火。如吸入：将患者转移到空气新鲜处，休息，保持利于呼吸的体位，如感觉不适，呼叫中毒控制中心或就医。皮肤接触：用大量肥皂水和水清洗，如感觉不适，呼叫中毒控制中心或就医。被污染的衣服经洗净后可重新使用。如发生皮肤刺激，就医。如接触眼睛：用水细心冲洗数分钟。如戴隐形眼镜并可方便地取出，取出隐形眼镜，继续冲洗。如果眼睛刺激持续，就医。食入：如果感觉不适，立即呼叫中毒控制中心或就医

安全储存　存放在通风良好的地方。保持低温

废弃处置　本品及内装物、容器依据国家和地方法规处置

物理和化学危险　易燃，其蒸气与空气混合，能形成爆炸性混合物

健康危害　腈类物质可抑制细胞呼吸，造成组织缺氧。腈类中毒出现恶心、呕吐、腹痛、腹泻、胸闷、乏力等症状，重者出现呼吸抑制、血压下降、昏迷、抽搐等

环境危害　对环境可能有害

第三部分　成分/组成信息

√物质　　　　　　　混合物

组分　　　**浓度**　　　**CAS No.**

辛腈　　　　　　　　　　124-12-9

第四部分　急救措施

吸入　迅速脱离现场至空气新鲜处。保持呼吸道通畅。如呼吸困难，给输氧。呼吸、心跳停止，立即进行心肺复苏术。就医

皮肤接触　立即脱去污染的衣着，用肥皂水和流动清水彻底冲洗。就医

眼睛接触　立即分开眼睑，用流动清水或生理盐水彻底冲洗。就医

食入　催吐（仅限于清醒者），给服活性炭悬液。就医

对保护施救者的忠告　根据需要使用个人防护设备

对医生的特别提示　解毒剂：亚硝酸钠、硫代硫酸钠、4-二甲基氨基苯酚等

第五部分　消防措施

灭火剂　用雾状水、泡沫、干粉、二氧化碳、砂土灭火

特别危险性　遇明火易燃。受高热分解放出有毒的气体。在火场中，受热的容器有爆炸危险

灭火注意事项及防护措施　消防人员必须佩戴防毒面具、穿全身消防服，在上风向灭火。尽可能将容器从火场移至空旷处。喷水保持火场容器冷却，直至灭火结束。处在火场中的容器若已变色或从安全泄压装置中发出声音，必须马上撤离

第六部分　泄漏应急处理

作业人员防护措施、防护装备和应急处置程序　根据液体流动和蒸气扩散的影响区域划定警戒区，无关人员从侧风、上风向撤离至安全区。消除所有点火源。建议应急处理人员戴正压自给式呼吸器，穿防毒服。作业时使用的所有设备应接地。禁止接触或跨越泄漏物。尽可能切断泄漏源

环境保护措施　防止泄漏物进入水体、下水道、地下室或有限空间

泄漏化学品的收容、清除方法及所使用的处置材料　小量泄漏：用砂土或其他不燃材料吸收。使用洁净的无火花工具收集吸收材料。大量泄漏：构筑围堤或挖坑收容。用泡沫覆盖，减少蒸发。喷水雾能减少蒸发，但不能降低泄漏物在有限空间内的易燃性。用泵转移至槽车或专用收集器内

第七部分　操作处置与储存

操作注意事项　密闭操作，局部排风。操作人员必须经过专门培训，严格遵守操作规程。建议操作人员佩戴自吸过滤式防毒面具（半面罩），戴化学安全防护眼镜，穿防毒物渗透工作服，戴橡胶耐油手套。远离火种、热源，工作场所严禁吸烟。使用防爆型的通风系统和设备。防止蒸气泄漏到工作场所空气中。避免与氧化剂、还原剂、酸类、碱类接触。搬运时要轻装轻卸，防止包装及容器损坏。配备相应品种和数量的消防器材及泄漏应急处理设备。倒空的容器可能残留有害物

储存注意事项　储存于阴凉、通风的库房。远离火种、热源。应与氧化剂、还原剂、酸类、碱类、食用化学品分开存放，切忌混储。配备相应品种和数量的消防器材。储区应备有泄漏应急处理设备和合适的收容材料

第八部分　接触控制/个体防护

职业接触限值

　中国　未制定标准

　美国（ACGIH）　未制定标准

生物接触限值　未制定标准

监测方法　空气中有毒物质测定方法：未制定标准。生物监测检验方法：未制定标准

工程控制　密闭操作，局部排风

个体防护装备

　呼吸系统防护　空气中浓度超标时，必须佩戴过滤式防毒面具（半面罩）。紧急事态抢救或撤离时，应该佩戴空气呼吸器

　眼睛防护　戴化学安全防护眼镜

　皮肤和身体防护　穿防毒物渗透工作服

　手防护　戴橡胶耐油手套

第九部分　理化特性

外观与性状　无色液体

pH 值　无资料	**熔点（℃）**　−45
沸点（℃）　198～200	**相对密度（水=1）**　0.81
相对蒸气密度（空气=1）　无资料	
饱和蒸气压（kPa）　无资料	
临界压力（MPa）　无资料	**辛醇/水分配系数**　无资料
闪点（℃）　73.89	**自燃温度（℃）**　无资料
爆炸下限（%）　无资料	**爆炸上限（%）**　无资料
分解温度（℃）　无资料	**黏度（mPa·s）**　无资料
燃烧热（kJ/mol）　无资料	**临界温度（℃）**　无资料

溶解性　不溶于水，微溶于乙醇，溶于乙醚

第十部分　稳定性和反应性

稳定性　稳定

危险反应　与强氧化剂、强还原剂、强酸、强碱等禁配物发生反应

避免接触的条件　受热

禁配物　强氧化剂、强还原剂、强酸、强碱

危险的分解产物　氮氧化物、氰化物

第十一部分　毒理学信息

急性毒性　LD_{50}：1760mg/kg（小鼠经口）

皮肤刺激或腐蚀　无资料	**眼睛刺激或腐蚀**　无资料
呼吸或皮肤过敏　无资料	**生殖细胞突变性**　无资料
致癌性　无资料	**生殖毒性**　无资料

特异性靶器官系统毒性-一次接触　无资料

特异性靶器官系统毒性-反复接触　无资料

吸入危害　无资料

第十二部分 生态学信息

生态毒性 无资料

持久性和降解性

　　生物降解性 无资料

　　非生物降解性 无资料

潜在的生物累积性 无资料

土壤中的迁移性 无资料

第十三部分 废弃处置

废弃化学品 建议用焚烧法处置。焚烧炉排出的氮氧化物通过洗涤器除去

污染包装物 将容器返还生产商或按照国家和地方法规处置

废弃注意事项 处置前应参阅国家和地方有关法规

第十四部分 运输信息

联合国危险货物编号（UN 号） —

联合国运输名称 —　　　**联合国危险性类别** —

包装类别 —　　　　　　**包装标志** —

海洋污染物 否

运输注意事项 运输前应先检查包装容器是否完整、密封，运输过程中要确保容器不泄漏、不倒塌、不坠落、不损坏。严禁与酸类、氧化剂、食品及食品添加剂混运。运输时运输车辆应配备相应品种和数量的消防器材及泄漏应急处理设备。运输途中应防暴晒、雨淋，防高温。公路运输时要按规定路线行驶，勿在居民区和人口稠密区停留

第十五部分 法规信息

　　下列法律、法规、规章和标准，对该化学品的管理作了相应的规定。

中华人民共和国职业病防治法 职业病分类和目录：氰及腈类化合物中毒

危险化学品安全管理条例 危险化学品目录：列入。易制爆危险化学品名录：未列入。重点监管的危险化学品名录：未列入。GB 18218—2009《危险化学品重大危险源辨识》（表 1）：未列入

使用有毒物品作业场所劳动保护条例 高毒物品目录：未列入

易制毒化学品管理条例 易制毒化学品的分类和品种目录：未列入

国际公约 斯德哥尔摩公约：未列入。鹿特丹公约：未列入。蒙特利尔议定书：未列入

第十六部分 其他信息

编写和修订信息　　缩略语和首字母缩写

培训建议　　　　　　参考文献

免责声明

正辛硫醇

第一部分 化学品标识

化学品中文名 正辛硫醇；巯基辛烷；辛硫醇

化学品英文名 *n*-octyl mercaptan；1-octanethiol

分子式 $C_8H_{18}S$　　**分子量** 146.294

结构式 $\diagdown\diagup\diagdown\diagup\diagdown\diagup\diagdown$SH

化学品的推荐及限制用途 用于有机合成

第二部分 危险性概述

紧急情况概述 易燃液体和蒸气，吞咽有害，皮肤接触有害，造成严重眼刺激，可能导致皮肤过敏反应，可能引起昏昏欲睡或眩晕

GHS 危险性类别 易燃液体，类别 3；急性毒性-经口，类别 4；急性毒性-经皮，类别 4；严重眼损伤/眼刺激，类别 2；皮肤致敏性，类别 1；特异性靶器官毒性——次接触，类别 2；特异性靶器官毒性——次接触，类别 3（麻醉效应）；特异性靶器官毒性-反复接触，类别 2；危害水生环境-急性危害，类别 1；危害水生环境-长期危害，类别 1

标签要素

象形图

警示词 危险

危险性说明 易燃液体和蒸气，吞咽有害，皮肤接触有害，造成严重眼刺激，可能导致皮肤过敏反应，可能对器官造成损害，可能引起呼吸道刺激，可能引起昏昏欲睡或眩晕，长时间或反复接触可能对器官造成损伤，对水生生物毒性非常大并具有长期持续影响

防范说明

　　预防措施 远离热源、火花、明火、热表面。保持容器密闭。容器和接收设备接地连接。使用防爆型电器、通风、照明设备。只能使用不产生火花的工具。采取防止静电措施。穿防护服，戴防护手套、防护眼镜、防护面罩。避免接触眼睛、皮肤，操作后彻底清洗，避免吸入蒸气、雾。污染的工作服不得带出工作场所。工作场所不得进食、饮水或吸烟。禁止排入环境

　　事故响应 火灾时，使用雾状水、泡沫、干粉、二氧化碳、砂土灭火。如皮肤接触：用大量肥皂水和水清洗，如感觉不适，呼叫中毒控制中心或就医。如出现皮肤刺激或皮疹：就医。污染的衣服清洗后方可重新使用。如接触眼睛：用水细心冲洗数分钟。如戴隐形眼镜并可方便地取出，取出隐形眼镜，继续冲洗。如果眼睛刺激持续：就医。食入：如果感觉不适，立即呼叫中毒控制中心或就医，漱口。如果接触或感觉不适：呼叫中毒控制中心或就医。如感觉不适，就医。收集泄漏物

　　安全储存 存放在通风良好的地方。保持低温。上锁保管

　　废弃处置 本品及内装物、容器依据国家和地方法规处置

物理和化学危险 易燃，其蒸气与空气混合，能形成爆炸

性混合物

健康危害　如吸入或口服，对机体有害。对皮肤和眼有刺激性。接触后出现恶心、头痛和呕吐

环境危害　对水生生物毒性非常大并具有长期持续影响

第三部分　成分/组成信息

√物质　　　　　　　　　　混合物

组分	浓度	CAS No.
正辛硫醇		111-88-6

第四部分　急救措施

吸入　迅速脱离现场至空气新鲜处。保持呼吸道通畅。如呼吸困难，给输氧。呼吸、心跳停止，立即进行心肺复苏术。就医

皮肤接触　立即脱去污染的衣着，用流动清水彻底冲洗。就医

眼睛接触　立即分开眼睑，用流动清水或生理盐水彻底冲洗。就医

食入　漱口，饮水。就医

对保护施救者的忠告　根据需要使用个人防护设备

对医生的特别提示　对症处理

第五部分　消防措施

灭火剂　用雾状水、泡沫、干粉、二氧化碳、砂土灭火

特别危险性　遇高热、明火或与氧化剂接触，有引起燃烧的危险。受高热分解产生有毒的硫化物烟气

灭火注意事项及防护措施　消防人员必须佩戴防毒面具、穿全身消防服，在上风向灭火。尽可能将容器从火场移至空旷处。喷水保持火场容器冷却，直至灭火结束。处在火场中的容器若已变色或从安全泄压装置中发出声音，必须马上撤离

第六部分　泄漏应急处理

作业人员防护措施、防护装备和应急处置程序　消除所有点火源。根据液体流动和蒸气扩散的影响区域划定警戒区，无关人员从侧风、上风向撤离至安全区。建议应急处理人员戴正压自给式呼吸器，穿防毒、防静电服。作业时使用的所有设备应接地。禁止接触或跨越泄漏物。尽可能切断泄漏源

环境保护措施　防止泄漏物进入水体、下水道、地下室或有限空间

泄漏化学品的收容、清除方法及所使用的处置材料　小量泄漏：用砂土或其他不燃材料吸收。使用洁净的无火花工具收集吸收材料。大量泄漏：构筑围堤或挖坑收容。用泡沫覆盖，减少蒸发。喷水雾能减少蒸发，但不能降低泄漏物在有限空间内的易燃性。用防爆泵转移至槽车或专用收集器内

第七部分　操作处置与储存

操作注意事项　密闭操作，提供充分的局部排风。操作人员必须经过专门培训，严格遵守操作规程。建议操作人员佩戴自吸过滤式防毒面具（全面罩），穿胶布防毒衣，戴橡胶手套。远离火种、热源，工作场所严禁吸烟。使用防爆型的通风系统和设备。防止蒸气泄漏到工作场所空气中。避免与氧化剂、还原剂、碱类接触。搬运时要轻装轻卸，防止包装及容器损坏。配备相应品种和数量的消防器材及泄漏应急处理设备。倒空的容器可能残留有害物

储存注意事项　储存于阴凉、通风的库房。远离火种、热源。应与氧化剂、还原剂、碱类等分开存放，切忌混储。采用防爆型照明、通风设施。禁止使用易产生火花的机械设备和工具。储区应备有泄漏应急处理设备和合适的收容材料

第八部分　接触控制/个体防护

职业接触限值

中国　未制定标准

美国（ACGIH）　未制定标准

生物接触限值　未制定标准

监测方法　空气中有毒物质测定方法：未制定标准。生物监测检验方法：未制定标准

工程控制　严加密闭，提供充分的局部排风。提供安全淋浴和洗眼设备

个体防护装备

呼吸系统防护　空气中浓度超标时，必须佩戴过滤式防毒面具（全面罩）。紧急事态抢救或撤离时，应该佩戴空气呼吸器

眼睛防护　呼吸系统防护中已作防护

皮肤和身体防护　穿密闭型防毒服

手防护　戴橡胶手套

第九部分　理化特性

外观与性状　水白色液体，略有气味

pH 值　无资料		**熔点（℃）**　−43	
沸点（℃）　197～200		**相对密度（水＝1）**　0.843	

相对蒸气密度（空气＝1）　5.0

饱和蒸气压（kPa）　0.21（37.7℃）

临界压力（MPa）　无资料	**辛醇/水分配系数**　无资料
闪点（℃）　68.89	**自燃温度（℃）**　无资料
爆炸下限（%）　无资料	**爆炸上限（%）**　无资料
分解温度（℃）　无资料	**黏度（mPa·s）**　无资料
燃烧热（kJ/mol）　无资料	**临界温度（℃）**　无资料

溶解性　溶于醇

第十部分　稳定性和反应性

稳定性　稳定

危险反应　与碱、强氧化剂、强还原剂、碱金属等禁配物等禁配物接触，有发生火灾和爆炸的危险

避免接触的条件　无资料

禁配物　碱、强氧化剂、强还原剂、碱金属

危险的分解产物　硫化氢、氧化硫

第十一部分　毒理学信息

急性毒性　LD$_{50}$：2000mg/kg（大鼠经口），2000mg/kg（大鼠经皮），2000mg/kg（兔经皮）

皮肤刺激或腐蚀　无资料　　**眼睛刺激或腐蚀**　无资料

呼吸或皮肤过敏　无资料　　生殖细胞突变性　无资料

致癌性　无资料　　生殖毒性　无资料

特异性靶器官系统毒性-一次接触　无资料

特异性靶器官系统毒性-反复接触　无资料

吸入危害　无资料

第十二部分　生态学信息

生态毒性　LC_{50}：0.326mg/L（96h）（青鳉，半静态，OECD 203）。EC_{50}：0.024mg/L（48h）（大型溞，半静态，OECD 202）。ErC_{50}：0.039mg/L（48h）（羊角月牙藻，半静态，OECD 201）。NOEC：0.001mg/L（21d）（大型溞，半静态，OECD 211）

持久性和降解性

　　生物降解性　OECD 301D，不易快速生物降解

　　非生物降解性　无资料

潜在的生物累积性　无资料

土壤中的迁移性　无资料

第十三部分　废弃处置

废弃化学品　建议用焚烧法处置。焚烧炉排出的硫氧化物通过洗涤器除去

污染包装物　将容器返还生产商或按照国家和地方法规处置

废弃注意事项　处置前应参阅国家和地方有关法规

第十四部分　运输信息

联合国危险货物编号（UN号）　3336

联合国运输名称　液态硫醇，易燃，未另作规定的，或液态硫醇混合物，易燃，未另作规定的（正辛硫醇）

联合国危险性类别　3

包装类别　Ⅲ　　　　　包装标志

海洋污染物　是

运输注意事项　运输前应先检查包装容器是否完整、密封，运输过程中要确保容器不泄漏、不倒塌、不坠落、不损坏。严禁与酸类、氧化剂、食品及食品添加剂混运。运输时运输车辆应配备相应品种和数量的消防器材及泄漏应急处理设备。运输途中应防暴晒、雨淋，防高温。运输时所用的槽（罐）车应有接地链，槽内可设孔隔板以减少震荡产生的静电。中途停留时应远离火种、热源。公路运输时要按规定路线行驶

第十五部分　法规信息

下列法律、法规、规章和标准，对该化学品的管理作了相应的规定。

中华人民共和国职业病防治法　职业病分类和目录：未列入

危险化学品安全管理条例　危险化学品目录：列入。易制爆危险化学品名录：未列入。重点监管的危险化学品名录：未列入。GB 18218—2009《危险化学品重大危险源辨识》（表1）：未列入

使用有毒物品作业场所劳动保护条例　高毒物品目录：未列入

易制毒化学品管理条例　易制毒化学品的分类和品种目录：未列入

国际公约　斯德哥尔摩公约：未列入。鹿特丹公约：未列入。蒙特利尔议定书：未列入

第十六部分　其他信息

编写和修订信息　缩略语和首字母缩写

培训建议　参考文献

免责声明

治螟磷

第一部分　化学品标识

化学品中文名　治螟磷；硫特普；触杀灵；苏化203；治螟灵；二硫代焦磷酸四乙酯

化学品英文名　sulfotepp；thiodiphosphoric acid tetraethyl ester

分子式　$C_8H_{20}O_5P_2S_2$　　分子量　322.319

结构式

化学品的推荐及限制用途　具有内吸兼触杀作用，主要用于防治水稻三化螟、稻虱、油菜蚜虫、棉蚜、豆蚜等

第二部分　危险性概述

紧急情况概述　吞咽致命，皮肤接触会致命

GHS危险性类别　急性毒性-经口，类别2；急性毒性-经皮，类别1；危害水生环境-急性危害，类别1；危害水生环境-长期危害，类别1

标签要素

象形图

警示词　危险

危险性说明　吞咽致命，皮肤接触会致命，对水生生物毒性非常大并具有长期持续影响

防范说明

　　预防措施　避免接触眼睛、皮肤，操作后彻底清洗。作业场所不得进食、饮水或吸烟。避免接触衣服。戴防护手套、穿防护服。禁止排入环境

　　事故响应　皮肤接触：用大量肥皂水和水轻轻地清洗，立即呼叫中毒控制中心或就医，立即脱去所有被污染的衣服。被污染的衣服必须经洗净后方可重新使用。食入：立即呼叫中毒控制中心或就医，漱口。收集泄漏物

　　安全储存　上锁保管

　　废弃处置　本品及内装物、容器依据国家和地方法规处置

物理和化学危险　可燃，其蒸气与空气混合，能形成爆炸性混合物

健康危害　抑制体内胆碱酯酶活性，造成神经生理功能紊乱。急性中毒症状有头痛、头昏、乏力、食欲不振、恶心、呕吐、腹痛、腹泻、流涎、瞳孔缩小、呼吸道分泌物增多、多汗、肌束震颤等。重度中毒者出现肺水肿、昏迷、呼吸麻痹、脑水肿。血胆碱酯酶活性降低

环境危害　对水生生物毒性非常大并具有长期持续影响

第三部分　成分/组成信息

√ 物质　　　　　　　　　　混合物

组分	浓度	CAS No.
治螟磷		3689-24-5

第四部分　急救措施

吸入　迅速脱离现场至空气新鲜处。保持呼吸道通畅。如呼吸困难，给输氧。呼吸、心跳停止，立即进行心肺复苏术。就医

皮肤接触　立即脱去污染的衣着，用肥皂水及流动清水彻底冲洗污染的皮肤、头发、指甲等。就医

眼睛接触　分开眼睑，用流动清水或生理盐水冲洗。就医

食入　饮足量温水，催吐（仅限于清醒者）。口服活性炭。就医

对保护施救者的忠告　根据需要使用个人防护设备

对医生的特别提示　解毒剂：阿托品、胆碱酯酶复能剂

第五部分　消防措施

灭火剂　用雾状水、泡沫、干粉、二氧化碳、砂土灭火

特别危险性　遇明火、高热可燃。受热分解，放出磷、硫的氧化物等毒性气体

灭火注意事项及防护措施　消防人员必须佩戴空气呼吸器、穿全身防火防毒服，在上风向灭火。尽可能将容器从火场移至空旷处。喷水保持火场容器冷却，直至灭火结束。处在火场中的容器若已变色或从安全泄压装置中发出声音，必须马上撤离

第六部分　泄漏应急处理

作业人员防护措施、防护装备和应急处置程序　根据液体流动和蒸气扩散的影响区域划定警戒区，无关人员从侧风向、上风向撤离至安全区。建议应急处理人员戴正压自给式呼吸器，穿防毒服。穿上适当的防护服前严禁接触破裂的容器和泄漏物。尽可能切断泄漏源

环境保护措施　防止泄漏物进入水体、下水道、地下室或有限空间

泄漏化学品的收容、清除方法及所使用的处置材料　小量泄漏：用干燥的砂土或其他不燃材料吸收或覆盖，收集于容器中。大量泄漏：构筑围堤或挖坑收容。用泵转移至槽车或专用收集器内

第七部分　操作处置与储存

操作注意事项　密闭操作，局部排风。操作人员必须经过专门培训，严格遵守操作规程。建议操作人员佩戴自吸过滤式防毒面具（全面罩），穿胶布防毒衣，戴橡胶手套。远离火种、热源，工作场所严禁吸烟。使用防爆型的通风系统和设备。防止蒸气泄漏到工作场所空气中。避免与氧化剂接触。搬运时要轻装轻卸，防止包装及容器损坏。配备相应品种和数量的消防器材及泄漏应急处理设备。倒空的容器可能残留有害物

储存注意事项　储存于阴凉、通风良好的专用库房内，实行"双人收发、双人保管"制度。远离火种、热源。寒冷季节要注意保持库温在结晶点以上，防止冻裂容器及变质。应与氧化剂、食用化学品分开存放，切忌混储。配备相应品种和数量的消防器材。储区应备有泄漏应急处理设备和合适的收容材料

第八部分　接触控制/个体防护

职业接触限值

中国　未制定标准

美国（ACGIH）　TLV-TWA：0.1mg/m³（可吸入性颗粒物和蒸气）［皮］

生物接触限值　全血胆碱酯酶活性（校正值）：原基础值或参考值的 70%（采样时间：开始接触后的 3 个月内），原基础值或参考值的 50%（采样时间：持续接触 3 个月后，任意时间）

监测方法　空气中有毒物质测定方法：未制定标准。生物监测检验方法：血中胆碱酯酶活性的分光光度测定方法——羟胺三氯化铁法；血中胆碱酯酶活性的分光光度测定方法——硫代乙酰胆碱-联硫代双硝基苯甲酸法

工程控制　密闭操作，局部排风

个体防护装备

呼吸系统防护　空气中浓度超标时，必须佩戴过滤式防毒面具（全面罩）。紧急事态抢救或撤离时，应该佩戴空气呼吸器

眼睛防护　呼吸系统防护中已作防护

皮肤和身体防护　穿密闭型防毒服

手防护　戴橡胶手套

第九部分　理化特性

外观与性状　纯品为无色透明油状液体，有硫黄气味

pH 值　无资料　　　　　　**熔点（℃）**　无资料

沸点（℃）　92(0.13kPa)　　**相对密度（水＝1）**　1.196

相对蒸气密度(空气＝1)　无资料

饱和蒸气压(kPa)　无资料

临界压力(MPa)　无资料　　**辛醇/水分配系数**　无资料

闪点（℃）　无资料　　　　**自燃温度（℃）**　无资料

爆炸下限(%)　无资料　　　**爆炸上限(%)**　无资料

分解温度（℃）　沸点分解　　**黏度(mPa·s)**　无资料

燃烧热(kJ/mol)　无资料　　**临界温度（℃）**　无资料

溶解性　溶于多数有机溶剂

第十部分　稳定性和反应性

稳定性　稳定

危险反应　与强氧化剂等禁配物发生反应

避免接触的条件　受热

禁配物　强氧化剂

危险的分解产物　硫化物、氧化硫、氧化磷

第十一部分　毒理学信息

急性毒性　LD$_{50}$：5mg/kg（大鼠经口），65mg/kg（大鼠经皮），22mg/kg（小鼠经口），25mg/kg（兔经口），20mg/kg（兔经皮）。LC$_{50}$：38mg/m³（大鼠吸入，4h）

皮肤刺激或腐蚀　无资料　眼睛刺激或腐蚀　无资料

呼吸或皮肤过敏　无资料

生殖细胞突变性　微生物诱变试验：鼠伤寒沙门氏菌1mg/皿

致癌性　美国政府工业卫生学家会议（ACGIH）：未分类为人类致癌物

生殖毒性　无资料

特异性靶器官系统毒性-一次接触　无资料

特异性靶器官系统毒性-反复接触　无资料

吸入危害　无资料

第十二部分　生态学信息

生态毒性　LC$_{50}$：0.178mg/L（96h）（黑头呆鱼）。LC$_{50}$：0.0016mg/L（96h）（蓝鳃太阳鱼）。LC$_{50}$：0.018mg/L（96h）（虹鳟）

持久性和降解性

　　生物降解性　无资料

　　非生物降解性　无资料

潜在的生物累积性　根据K_{ow}值预测，该物质可能有一定的生物累积性

土壤中的迁移性　根据K_{oc}值预测，该物质可能有一定的迁移性

第十三部分　废弃处置

废弃化学品　建议用焚烧法处置。焚烧炉排出的气体要通过洗涤器除去

污染包装物　将容器返还生产商或按照国家和地方法规处置

废弃注意事项　处置前应参阅国家和地方有关法规

第十四部分　运输信息

联合国危险货物编号（UN号）　3018

联合国运输名称　液态有机磷农药，毒性（治螟磷）

联合国危险性类别　6.1

包装类别　Ⅰ　　　　包装标志　

海洋污染物　是

运输注意事项　运输前应先检查包装容器是否完整、密封，运输过程中要确保容器不泄漏、不倒塌、不坠落、不损坏。严禁与酸类、氧化剂、食品及食品添加剂混运。运输时运输车辆应配备相应品种和数量的消防器材及泄漏应急处理设备。运输途中应防暴晒、雨淋，防高温。公路运输时要按规定路线行驶，勿在居民区和人口稠密区停留

第十五部分　法规信息

下列法律、法规、规章和标准，对该化学品的管理作了相应的规定。

中华人民共和国职业病防治法　职业病分类和目录：有机磷中毒

危险化学品安全管理条例　危险化学品目录：列入。作为剧毒化学品进行管理。易制爆危险化学品名录：未列入。重点监管的危险化学品名录：未列入。GB 18218—2009《危险化学品重大危险源辨识》（表1）：未列入

使用有毒物品作业场所劳动保护条例　高毒物品目录：未列入

易制毒化学品管理条例　易制毒化学品的分类和品种目录：未列入

国际公约　斯德哥尔摩公约：未列入。鹿特丹公约：未列入。蒙特利尔议定书：未列入

第十六部分　其他信息

编写和修订信息　　缩略语和首字母缩写

培训建议　　　　　参考文献

免责声明

参 考 文 献

[1] 《化学化工大词典》编委会. 化学化工大词典. 北京：化学工业出版社，2003.

[2] 《化工百科全书》编委会. 化工百科全书. 北京：化学工业出版社，1998.

[3] 化学工业出版社组织. 中国化工产品大全. 第4版. 北京：化学工业出版社，2013.

[4] 危险化学品目录（2015版）（国家安全生产监督管理总局、工业和信息化部、公安部等公告　2015年　第5号）.

[5] 危险化学品目录（2015版）实施指南（试行）（国家安全生产监督管理总局公告　安监总厅管三〔2015〕80号）.

[6] 全国危险化学品管理标准化技术委员会秘书处. 常用危险化学品包装储运手册. 北京：化学工业出版社，2004.

[7] 中华人民共和国交通运输部. 铁路危险货物运输安全监督管理规定（交通运输部令2015年第1号）.

[8] 危险货物品名表 GB 12268—2012.

[9] 危险货物分类和品名编号 GB 6944—2012.

[10] 危险货物包装标志 GB 190—2009.

[11] 化学品分类和危险性公示　通则 GB 13690—2009.

[12] 化学品分类和标签安全规范 GB 30000.2～30000.29—2013.

[13] 化学品安全技术说明书　内容和项目顺序 GB/T 16483—2008.

[14] 化学品安全技术说明书编写指南 GB/T 17519—2013.

[15] 常用化学危险品贮存通则 GB 15603—1995.

[16] 易燃易爆性商品储藏养护技术条件 GB 17914—2013.

[17] 腐蚀性商品储藏养护技术条件 GB 17915—2013.

[18] 毒害性商品储藏养护技术条件 GB 17916—2013.

[19] 工作场所有害因素职业接触限值　第1部分：化学有害因素 GBZ 2.1—2007.

[20] 工作场所空气有毒物质测定 GBZ/T 160.

[21] 《新编危险物品安全手册》编委会. 新编危险物品安全手册. 北京：化学工业出版社，2001.

[22] 国家经贸委安全生产局. 作业场所化学品安全管理. 北京：中国石化出版社，2000.

[23] 中华人民共和国公安部消防局，国家化学品登记注册中心. 危险化学品应急处置速查手册. 北京：中国人事出版社，2002.

[24] 《化学危险品消防与急救手册》编委会. 化学危险品消防与急救手册. 北京：化学工业出版社，1994.

[25] 张荣. 危险化学品安全技术. 北京：化学工业出版社，2005.

[26] 郑瑞文. 危险品防火. 北京：化学工业出版社，2003.

[27] 中国石油化工总公司安全监督局. 石油化工安全技术（中级本）. 北京：中国石化出版社，1998.

[28] 张德义，张海峰. 石油化工危险化学品实用手册. 北京：中国石化出版社，2006.

[29] 中国石化集团安全工程研究院. 有害化学品安全手册. 北京：中国石化出版社，2003.

[30] 周国泰，佘启元. 中国劳动防护用品实用全书. 北京：中国劳动出版社，1997.

[31] 祖因希. 液化石油气操作技术与安全管理. 北京：化学工业出版社，2004.

[32] 李正，周振. 油气田消防. 北京：中国石化出版社，2000.

[33] 赵庆贤，邵辉. 危险化学品安全管理. 北京：中国石化出版社，2005.

[34] 赵庆平. 消防特勤手册. 杭州：浙江人民出版社，2000.

[35] 郑瑞文，刘海辰. 消防安全技术. 北京：化学工业出版社，2004.

[36] 冀和平，崔慧峰. 防火防爆技术. 北京：化学工业出版社，2004.

[37] 王广生，张海峰，窦苏娅，等. 石油化工原料与产品安全手册. 北京：中国石化出版社，1996.

[38] 张维凡，张海峰. 常用化学危险物品安全手册：第一、二卷. 北京：中国医药科技出版社，1992.

[39] 张维凡，张海峰. 常用化学危险物品安全手册：第三、四卷. 北京：化学工业出版社，1994.

[40] 张维凡，张海峰. 常用化学危险物品安全手册：第五、六卷. 北京：中国石化出版社，1998.

[41] 董华模. 化学物的毒性及其环境保护参数手册. 北京：人民卫生出版社，1988.

[42] 汪晶，和德科，汪尧衢. 环境评价数据手册　有毒物质鉴定值. 北京：化学工业出版社，1988.

[43] 全浩，等. 恶臭环境科学词典. 北京：北京大学出版社，1993.

[44] 国家环境保护局有毒化学品管理办公室，化工部北京化工研究院环境保护研究所. 化学品毒性、法规、环境数据手册. 北京：中国环境科学出版社，1992.

[45] 徐刚. 危险化学品活性危害与混储危险手册. 北京：中国石化出版社，2008.

[46] 何凤生. 中华职业医学. 北京：人民卫生出版社，1999.

[47] 任引津，等. 实用急性中毒全书. 北京：人民卫生出版社，2003.

[48] 夏元洵. 化学物质毒性全书. 上海：上海科学技术文献出版社，1991.

[49] 任引津，张寿林. 急性化学物中毒救援手册. 上海：上海医科大学出版社，1994.

［50］ 江泉观，纪云晶，常元勋．环境化学毒物防治手册．北京：化学工业出版社，2004.

［51］ 王莹，顾祖维，张胜年，李文煜．现代职业医学．北京：人民卫生出版社，1996.

［52］ 王世俊．金属中毒．第 2 版．北京：人民卫生出版社，1988.

［53］ 李立明．最新危险化学品应急救援指南．北京：中国协和医科大学出版社，2003.

［54］ 王心如．毒理学基础．第 6 版．北京：人民卫生出版社，2012.

［55］ 孙贵范．职业卫生与职业医学．第 7 版．北京：人民卫生出版社，2012.

［56］ 孟紫强．环境毒理学．北京：中国环境科学出版社，2000.

［57］ 印木泉．遗传毒理学．北京：科学出版社，2002.

［58］ 中国疾病预防控制中心职业卫生与中毒控制所，全国职业卫生标准委员会．高毒物品作业职业病危害防护实用指南．北京：化学工业出版社，2004.

［59］ The International Chemical Safety Cards（ICSC）database. http://icsc. brici. ac. cn/.

［60］ SIGMA-ALDRICH SDS Search and Product Safety Center. http://www sigmaaldrich. com/china-mainland/zh/safety-center. html.

［61］ The Global Portal to Information on Chemical Substances（eChemPortal）. http://www. echemportal. org/echemportal/index? pageID＝0&request _ locale＝en.

［62］ USA/NOAA. Computer-Aided Management of Emergency Operations（CAMEO）. https://cameochemicals. noaa. gov/.

［63］ United States National Library of Medicine（NLM）. Hazardous Substances Data Bank（HSDB）. http://toxnet. nlm. nih. gov/newtoxnet/hsdb. htm.

［64］ Registry of Toxic Effects of Chemical Substances（RTECS）. http://ccinfoweb. ccohs. ca/rtecs/search. html.

［65］ WHO/International Agency for Research on Cancer（IARC）. Complete List of Agents evaluated and their classification. http://monographs. iarc. fr/ENG/Classification/index. php.

［66］ Canadian Centre for Occupational Health and Safety. CHEMINFO Database. ，http：//ccinfoweb. ccohs. ca/cheminfo/search. html.

［67］ National Institute of Technology and Evaluation（NITE）. Chemical Risk Information Platform（CHRIP）. http://www. safe. nite. go. jp/ghs/ghs _ index. html.

［68］ ChemWatch Database & Management System，2015.

［69］ 国家安全生产监督管理总局化学品登记中心，中国石化集团公司安全工程研究院组织编写．张海峰主编．危险化学品安全技术全书．第 2 版．北京：化学工业出版社，2008.

［70］ 国家安全生产监督管理总局化学品登记中心，中国石油化工股份有限公司青岛安全工程研究院，化学品安全控制国家重点实验室组织编写．孙万付主编．郭秀云，李运才副主编．危险化学品安全技术全书．通用卷．第 3 版．北京：化学工业出版社，2017.

索引编制说明

1. 本书安排了中文名、英文名、CAS号三种索引形式。

2. 危险化学品中英文名的确定参见本书编写和使用说明。

3. 中文名索引按汉字笔画顺序排列，笔画数目相同的字以笔顺横、竖、撇、点、折为序。如第一个字的笔划、笔顺（字）相同，则按其后面的字笔划、笔顺排列。

4. 英文名索引按英文字母顺序排列。

5. 英中文名称中代表取代基、官能团位置或异构体构象的字母（如下列所示），尽管是物质名称的组成部分，但在索引中未按字母顺序排列：

N-	β-
N,N'-	γ-
o-	cis-
m-	sec-
p-	tert-
α-	

6. 中文名索引中汉字检索顺序表：

一画　一、乙

二画　二、十、丁、七、八

三画　三、土、大、万、己、马

四画　丰、无、五、不、中、内、水、壬、什、化、反、月、六、火、巴、双

五画　正、扑、甘、艾、古、丙、石、龙、戊、灭、卡、甲、四、失、代、白、乐、立、尼、发、对

六画　地、亚、过、西、百、虫、吖、肉、仲、华、伊、全、杀、伞、杂、多、冰、羊、兴、安、导、异、收、防、红

七画　汞、赤、均、苊、苄、芳、克、苏、连、呋、吡、低、希、谷、邻、辛、间、灵

八画　环、表、苦、苯、林、非、叔、咔、钒、制、乳、庚、单、炔、泡、治

九画　降、线、毒、草、茨、枯、树、威、蚁、哌、钠、氟、氢、香、秋、重、顺、保、促、迷、遍、祖、癸

十画　盐、格、桉、速、砷、原、氧、氨、特、敌、倍、胶、胺、高、益、烟、涕

十一画　麸、萘、萜、菌、菜、萤、酞、硅、硒、铪、铬、银、偶、猛、羟、烯、隆

十二画　斯、联、棕、硬、硝、硫、紫、喹、黑、锇、锌、氰、氮、氯、焦、番、富、裕、琉

十三画　蒜、碘、硼、锰、鼠、触、新、煤、溴、福、叠

十四画　聚、酸、碱、碳、翡、蝇、熔、滴、赛、缩

十五画　醋、镉、羰、缬

十六画　燕、薯、磺、噻

十七画　磷、糠

二十画　壤

中文名索引

英文名索引

CAS 号索引